"十二五"国家重点图书出版规划
世界兽医经典著作译丛

禽 病 学

Diseases of Poultry

第十二版
12th edition

[美] Y. M. Saif 主 编

A. M. Fadly

J. R. Glisson

L. R. McDougald 副主编

L. K. Nolan

D. E. Swayne

苏敬良 高 福 索 勋 主 译

郭玉璞 吴培福 主 校

中国农业出版社

《世界兽医经典著作译丛》总序

　　引进翻译一套经典兽医著作是很多兽医工作者的一个长期愿望。我们倡导、发起这项工作的目的很简单，也很明确，概括起来主要有三点：一是促进兽医基础教育；二是推动兽医科学研究；三是加快兽医人才培养。对这项工作的热情和动力，我想这套译丛的很多组织者和参与者与我一样，来源于"见贤思齐"。正因为了解我们在一些兽医学科、工作领域尚存在不足，所以希望多做些基础工作，促进国内兽医工作与国际兽医发展保持同步。

　　回顾近年来我国的兽医工作，我们取得了很多成绩。但是，对照国际相关规则标准，与很多国家相比，我国兽医事业发展水平仍然不高，需要我们博采众长、学习借鉴，积极引进、消化吸收世界兽医发展文明成果，加强基础教育、科学技术研究，进一步提高保障养殖业健康发展、保障动物卫生和兽医公共卫生安全的能力和水平。为此，农业部兽医局着眼长远、统筹规划，委托中国农业出版社组织相关专家，本着"权威、经典、系统、适用"的原则，从世界范围遴选出兽医领域优秀教科书、工具书和参考书50余部，集合形成《世界兽医经典著作译丛》，以期为我国兽医学科发展、技术进步和产业升级提供技术支撑和智力支持。

　　我们深知，优秀的兽医科技、学术专著需要智慧积淀和时间积累，需要实践检验和读者认可，也需要具有稳定性和连续性。为了在浩如烟海、林林总总的著作中选择出真正的经典，我们在设计《世界兽医经典著作译丛》过程中，广泛征求、听取行业专家和读者意见，从促进兽医学科发展、提高兽医服务水平的需要出发，对书目进行了严格挑选。总的来看，所选书目除了涵盖基础兽医学、预防兽医学、临床兽医学等领域以外，还包括动物福利等当前国际热点问题，基本囊括了国外兽医著作的精华。

　　目前，《世界兽医经典著作译丛》已被列入"十二五"国家重点图书出版规划项目，成为我国文化出版领域的重点工程。为高质量完成翻译和出版工作，我们专门组织成立了高规格的译审委员会，协调组织翻译出版工作。每部专著的翻译工作都由兽医各学科的权威专家、学者担纲，翻译稿件需经翻译质量委员会审查合格后才能定稿付梓。尽管如此，由于很多书籍涉及的知识点多、面广，难免存在理解不透彻、翻译不准确的问题。对此，译者和审校人员真诚希望广大读者予以批评指正。

　　我们真诚地希望这套丛书能够成为兽医科技文化建设的一个重要载体，成为兽医领域和相关行业广大学生及从业人员的有益工具，为推动兽医教育发展、技术进步和兽医人才培养发挥积极、长远的作用。

农业部兽医局局长

《世界兽医经典著作译丛》主任委员　张仲秋

《世界兽医经典著作译丛》译审委员会

顾　问

贾幼陵　张仲秋　于康震　陈焕春　夏咸柱　刘秀梵　张改平
高　福　沈建忠　金宁一

主任委员

冯忠武

副主任委员（按姓名笔画排序）

刁新育　才学鹏　马洪超　王功民　王宗礼　江国托　李　明
步志高　张　弘　陆承平　陈　越　陈光华　陈伟生　秦有昌
徐百万　殷　宏　黄伟忠　童光志

专家委员（按姓名笔画排序）

丁伯良　马学恩　王云峰　王志亮　王树双　王洪斌　王笑梅
文心田　方维焕　卢　旺　田克恭　冯　力　朱兴全　刘　云
刘　朗　刘占江　刘明远　刘建柱　刘胜旺　刘雅红　刘湘涛
苏敬良　李怀林　李宏全　李国清　杨汉春　杨焕民　吴　晗
吴艳涛　邱利伟　余四九　张金国　陈怀涛　陈耀星　邵华莎
林典生　林德贵　罗建勋　周恩民　郑世军　郑亚东　郑增忍
赵玉军　赵兴绪　赵茹茜　赵晓丹　赵德明　侯加法　施振声
骆学农　袁占奎　索　勋　夏兆飞　黄保续　崔治中　崔保安
康　威　焦新安　曾　林　谢富强　窦永喜　雒秋江　廖　明
熊惠军　颜起斌　操继跃

执行委员

孙　研　陈国胜　黄向阳

支持单位

农业部兽医局　　　　　　　　　　　　大连三仪集团
中国动物疫病预防控制中心　　　　　　中农威特生物制品公司
中国动物卫生与流行病学中心　　　　　青岛易邦生物工程有限公司
中国农业科学研究院兰州兽医研究所　　哈尔滨维科生物技术开发公司
中国农业科学研究院哈尔滨兽医研究所

谨以此书献给

H. John Barnes 博士
《禽病学》第 8、9、10 和 11 版副主编

《禽病学》的中文译本已成为我国养禽业界同行的主要参考书之一。该书第 7 版于 20 世纪 80 年代由胡祥璧教授主持翻译，第 8 版没有中文版译出。1991 年高福博士和刘文军博士主持了第 9 版的翻译工作。随着各国禽病学工作者的不断努力，对有关禽病的发生、诊断及防治研究不断深入，《禽病学》一书的内容得到不断的补充和完善，为了及时展现禽病学领域研究成果，不断地为养禽业及相关工作人员提供最新的知识，我们对第 10、11 和 12 版都进行了翻译和出版。每一个中文版的问世都浸透着诸位译校者和出版社工作人员辛勤的汗水，为了体现不同时期译校者的历史贡献，特将第 9 至 11 版译校者的名单列出于此，以示谢意。中国农业大学郭玉璞教授、狄伯雄教授为各版本的译文进行了仔细的校对，倾注了大量心血，在此表示最诚挚的谢意。衷心感谢刘文军博士对本书出版的大力支持。

第九版译校者（按姓氏笔画排列）

孔小明　门常平　孔繁瑶　毛尧泮　田克恭　卢胜明　邝荣禄　任德林　刘　斌　刘文军　刘宇翔

刘尚高　李　峰　汪　明　汪东红　余　婷　余志东　狄伯雄　陈福勇　陈德威　宋清明　张卫红

张大丙　张中直　张中秋　张伟薇　张淑平　张鹤晓　张振宇　郑世军　林昆华　周占祥　范国雄

封文海　赵占民　赵树英　赵继勋　赵智博　郭玉璞　索　勋　高　福　高作信　徐宜为　殷佩云

唐桂运　龚人雄　戚丹英　梁礼成　蒋金书　程晓刚

第十版译校者（按姓氏笔画排列）

孔小明　孔繁瑶　王乐元　于海英　田夫林　田克恭　李　华　李文扬　李永清　李安兴　刘　斌

刘宇翔　刘金华　刘彦威　吕艳丽　杨汉春　汪　明　狄伯雄　张卫红　张中秋　张龙现　张培君

张鹤晓　吴清民　苏敬良　林昆华　凌育桑　周占祥　赵树英　赵继勋　郭玉璞　索　勋　高福

夏　威　殷佩云　黄　瑜　梁礼成　蒋金书　彭春香　裴建武　谯仕彦　樊丽红

第十一版译校者（按姓氏笔画排列）

高　福　苏敬良　郭玉璞　曹伟胜　廖　明　智海东　童光志　彭金美　曹永长　毕英佐　郭　鑫

高志强　杨汉春　吕艳丽　刘彦威　张仲秋　李永清　贾　强　秦卓明　张国中　凌育桑　黄爱芳

胡薛英　王洪海　黄　瑜　彭春香　王晓泉　刘晓文　刘秀梵　刘　爵　何召庆　丁家波　张　志

姜世金　邱亚峰　陈溥言　刘金华　田夫林　王选年　张改平　刘　祥　吴清民　王乐元　田克恭

张剑锐　王小佳　韦　莉　杨建民　郝永新　张鹤晓　李自力　毕丁仁　张龙现　康　凯　才学鹏

殷佩云　朱兴全　索　勋　林昆华　潘保良　汪　明　蒋金书　韩　博　吴培福　孔小明　张培君

梁礼成

第 12 版译校者（见各章节之后）

第十二版序

John R. Mohler 于 1943 年为《禽病学》写了第一个序，介绍了本书的特点和内容，同时说明了出版本书的原因及潜在的读者群。他指出：养禽业要获得效益，必须了解每一种疾病的特点并以此作为疫病防治的基础。他同时强调，这是一本难得的综合性的书籍，主要对象为学生、兽医、病理学家和特定领域的工作人员。65 年前所说的这些话，今天仍然适用。

Levine 博士在 1972 年第 6 版中阐述了养禽业的变化，从小规模的农场养殖转变为高度集约化的产业，仅美国每年的产值就高达 60 亿美元。他指出，养禽业的发展得益于科学研究所取得成果，通过净化、遗传选育、免疫接种和改善饲养管理等使疾病得到控制。新知识的不断出现也使得本书必须修订。Levine 博士还进一步预言："传染病的重要性将逐渐降低，应更加关注毒理学、营养、遗传和养殖问题。生命在不断地变化，禽病也不例外。"在 1978 年的第 7 版中，他列举了许多病原学鉴定方面取得的成绩，并指出《禽病学》必须跟上禽病的快速发展。

在第 8 版（1984）和第 9 版（1991）中，Ben Pomeroy 重申了新版本应跟上"禽病预防和控制知识的快速发展"。第 10 版（1997）的作者来自很多国家，Charles Beard 博士强调这对于全球疫病控制具有重要意义，并指出深入了解病原的分子遗传学也很重要，禽病研究人员必须将分子生物学技术应用传染病的研究和控制，这也是本书需要及时更新的一个理由。

有一点非常明确：全球养禽业及相关产业在不断地发展和变化，这就要求我们能够提供最新的疾病预防和控制信息。这些知识不仅仅是针对家禽，消费者也希望得到相关的信息，他们需要安全、营养的家禽产品。第 12 版继承了本书优良传统，为科研人员、家禽业主和家禽保健人员提供了最新、最全面的资料和信息。

从第 1 版出版印刷至今已过去 65 年。在所有细节还没有被遗忘的时候，我们可以回顾这本养禽业"圣经"的诞生和发展历程。本书诞生于 1930 年代。在美国禽病学会（AAAP）1965 年 12 月 22 日的一个备忘录中，H. E. Biester 指出，早在衣阿华大学出版社决定出版本书之前，即 1930 年代该大学的现代语言系的 Louis DeVries 翻译了斯图加特 Ferdinad Enke 出版社 1929 年出版的德文书- *Handbuch der Geflugelkrankheiten und der Gelflugelzucht*。这本书翻译后几年一直没有被重视，直到芝加哥的兽医学出版商 Campell 博士看到本书并表示对此书有兴趣。作为一个"对此项目无特别兴趣的单纯旁观者"，Biester 博士告诉 Campell 博士这本手稿因为多方面原因并不会受欢迎。如果真心要出版，建议挑选一些专家进行编辑和重写。最后，Biester 博士被拉到这个项目中来，他最后认为这本德文书已过时。很显然，许多作者接受了邀请一起来编写一本美国的版本。根据 Biester 博士的描述，他们一致认为根据美国的情况编写一本新书更合适。

Campell 博士放弃了这一计划，而衣阿华大学出版社决定出版一本原著。Biester 博士和 DeVries 博士担任主编，34 位美国研究人员参与了编写。该书包括的章节有解剖、消化、遗传学、血液学、卫生消毒、营养、传染病和非传染性疾病，另外还有一章专门叙述火鸡疾病。1943 年完成了第 1 版。因为出版费用很高，担心该书的发行量有限，所以决定免除版税并接受大学校长基金作为插图补助。首先印刷了 1 500 册，定价为 7.5 美元。出乎大家的意料，不到 9 个月又印刷了 2 500 本，而且 2 年后再加印了 2 500 本。后来也支付了版税。衣阿华大学出版社担心如果没有稿酬，作者们可能不得不情愿地"奉献"。

DeVries 博士没有任何医学背景，作为主编之一有点令人困惑，也许是为了尊重他翻译德文版的努力。在之后的版本中，Ames 兽医研究所的 L. H. Schwarte 博士代替了他。Schwarte 博士在第 1 版中编写了 4 章的内容，因此在他们未参与本书编辑之后的一段时间内，许多人仍然引用为"Biester and Schwarte"。他们一直负责到 1965 年的第 5 版，Schwarte 在前 5 版版中都编写了几章的内容，而 Biester 博士主要是负责总编辑的工作。他们给美国禽病学会的备忘录声明，他们两位负责制定索引并仔细核对所有的参考文献，因为他们觉得要保证内容准确。在他们的领导下，总共有61位作者参加了本书的编写，其中12位参加了全部5版的编写。

随着时间推移，Biester和Schwarte博士决定1965年的第5版之后不再担任主编。正如第6版序言所说，他们希望美国禽病学会负责本书将来的出版。这时美国禽病学会已成为一个强大的具有代表性的组织，《禽病学》的许多读者属于该组织。同时，美国禽病学会也负责出版Avian Diseases杂志，因此这个移交顺理成章。美国禽病学会指派M. S. Hofstad博士领导成立一个委员会。Hofstad博士是衣阿华大学的教研人员，已经参与了本书的编写。Biester博士、J. E. Williams博士、B. S. Pomeroy博士和C. F. Helmboldt博士作为委员会成员，于1966年6月建议美国禽病学会负责以后《禽病学》一书并继续由衣阿华大学出版社出版。他们要求指导委员会在1967年1月之前成立一个由1名主编和4名副主编组成的编辑委员会。美国禽病学会司库G. H. Snoeyenbos博士在1966年11月23日写给学会主席C. A. Bottorff博士的一封信中提到P. P. Levine博士不愿接受担任本书主编的建议，之后Hofstad博士被提名为主编，他个人邀请Helmboldt博士、B. W. Calnek博士、W. M. Reid博士和H. W. Yoder博士作为副主编。每一个人负责部分章节，主要内容都与各自研究工作密切相关。1967年5月8日，美国禽病学会与衣阿华大学出版社达成协议，同意在1969年9月1日之前将书稿交给出版社。至此这一过度正式而顺利地完成。

在新的编委会的全力支持下，第6版做了较大的调整。首先是书的长度，有些人认为可能需要分为两卷。为了避免这种情况，删除了几章内容，包括解剖、营养、遗传学和血液学，因为这些内容在其他书籍中有详细的叙述。同时对有些内容进行了整合，如将肿瘤性疾病合并为一章，并根据病原学特点，将火鸡疾病并入到相关的章节中。本书的作者也有很大的变化，在前5版的40为作者中，只有14为参加了第6版的编写。

因为担心本书的长度，Hofstad博士要求选择性地列出参考文献来控制数量。他认为读者在每个专题中能够发现或知道相关的文献资料，如综述文章等。参考文献应占的空间在后续的版本中一直也是一个难题。第7版和第8版去掉了参考文献的标题。编委和作者对这一点未能达成一致，因此第9版又恢复了参考文献的标题。有趣的是，按页码来算，第3版（1245页）比第11版（1231页）还长，但由于页面大、字体减小、每页分成两栏，后者所承载的内容可能是前者的两倍多。

与 Biester 和 Schwarte 博士那时的情况不同，文献的引用和内容准确性是由各个作者负责。在第 9 版的编写中，因为发现有很多错误，Calnek 博士要求每个作者对每篇参考文献的原始工作进行核对，以保证内容的准确性。这引发了很多抱怨和抵触，但最后还是严格执行了，可能有一到两个例外。当所有的作者都发现有错误，甚至引用的文献有些根本就不存在时，他们的态度发生令人惊奇的转变。有些章节检出参考文献引用错误率多达 10%，这可能因为很多参考文献是直接从别人的文献中复制的结果。

本书从第 9 版开始进入电子时代。所有的稿件都以 Word 文档提交，这样可以进行拼写检查和格式重排。这项工作起初有点繁杂和沉闷，因为那时的个人电脑运行缓慢，各个作者对计算机操作的熟练程度差异很大。随着计算机的发展和软件的改进，作者、编辑和出版社能够进行快速的文档转换，相对于老式的"硬印"来说，电子出版成了一件令人愉快的工作。

《禽病学》在不断地完善并紧跟时代。第 10 版的编委们对插图进行了认真仔细的评阅和更新，并首次采用部分彩色图片。另一个变化是在许多章节中加入了分子生物学的内容。分子生物学内容对疾病的分子诊断、阐述病原的重要分子组成、了解特定基因在病理发生过程中的作用以及研制基因工程疫苗等具有重要的意义。我们对很多疾病的基本特性的了解都是基于实验室利用分子技术进行研究的结果。

本书的一个更重要的变化是许多外国编者的加入，使得本书真正走向国际化。一位美国禽病学会指定的主编曾强烈主张本书应该是一本"美国"书，并依此安排作者。第 6 版的第一个"外国"作者 Bela Tumova 来自捷克斯洛伐克。他实际上是威斯康星大学的访问教授，当时与 B. C. Easterday 一起研究禽流感。直到第 8 版才真正邀请美国之外的作者，他们是来自英格兰的 P. M. Payne 博士、来自北爱尔兰的 J. B. McFerran 和 M. S. McNulty 博士，他们分别编写了肿瘤疾病、腺病毒和其他病毒感染等章节的内容。接下来的第 9 版才是真正的国际版，来自美国之外 9 个国家的 17 位作者参加了编写工作，到第 11 版则有 13 个国家 34 位作者参与。根据作者对某个疾病的研究和了解，不分地域来选择作者确实使本书的国际化程度得到进一步强化。

《禽病学》一书被其他国家翻译出版也反映了其重要性。该书已被授权翻译成西班牙语、中文和俄语，另外出版社与印度已达成协议出版原著影印本。

近年来对单个疾病的相对重要性进行评估一直都在进行着。根据实际生产中疾病的重要性，对某些章节的内容进行了增加、删减、合并和拆分。作者也在不断更换，部分内容也进行了重写，并且根据需要增加了新的章节，如新发生疾病。

多年来，编辑委员会也发生变化，美国禽病学会1968年指定的编辑已全部退出。Hofstad博士主编第6到8版后退休，Calnek博士接手主编第9版和第10版，随后将接力棒传给Y. M. Saif博士开始第11版之后的主编工作。同样美国禽病学会1968年指派副主编也有所增减，他们分别是H. J. Barnes博士（第8~11版），C. W. Beard博士（第9、10版），L. R. McDougald博士（第10版），Y. M. Saif博士（第10版），J. R. Glisson（第11版），A. M. Fadly（第11版），D. E. Swayne博士（第11版）和Lisa K. Nolan（第12版）。

总的来说，这本禽病领域的"圣经"在不断地完善、充满活力，不断地为禽病学领域的工作人员提供最新的知识，必将继续成为养禽业及相关人员的一本重要的参考书。

Bruce W. Calnek

第十二版前言

编委会邀请我们杰出的同事，前一版的主编 Bruce Calnek 博士为本书作序。Calnek 博士对《禽病学》的历史进行了全面的叙述，在此我们表示真诚的谢意。谢谢您，Bruce!

John Barnes 博士担任了本书第 8、9、10 和 11 版的编委，为保证本书的高质量出版作出了巨大的贡献，对此表示衷心的感谢。谨以此书献给 Barnes 博士。同时欢迎 Lisa Nolan 博士加入到编委会，对其工作表示感谢。

本版在继承了前面版本传统的基础上，加入了禽病学研究的最新资料，作者来自世界各地。对每章的格式尽可能进行标准化，以便于对某个章节特殊术语的搜寻。

本版对所有章节都做了更新，减少了一章，有些章节做了合并，并设立了一个新的章节。这样调整主要是因为某些疾病的影响增大或减少了，或者是因为对某个疾病的认识加深了。因为最新的研究表明某些小节的内容与别的章节更接近，所以这一些小节的内容被挪到一个章节。

最后一章，"新发生的疾病、综合征和病因未明疾病"的内容总是在不断地调整中，这主要由其所涉及的疾病的特点决定。最近研究表明，第 11 版中有两节的内容——"大肝脾病"和"肝炎脾肿大"与戊型肝炎病毒感染有关，在这一版中将其调整到第 14 章。因为病毒性腺胃炎病原不清楚，该节的内容并入到本章中。"雏火鸡肠炎和死亡综合征"和"多因性肠道疾病"均是由多重感染所引发，所以将两节的内容合并。

第 1 章被一分为二，增加了"宿主因素和疾病抗性"一章。对于一本有关疾病的书来说，这是一个重要方面，而且近年来有关这方面的研究越来越深。第 14 章包括了一些类似的疾病，将波氏杆菌病和巴氏杆菌及其他呼吸道细菌病合并为一章。

在此对本版和以前各版本所有的作者一并表示感谢。与你们一起工作是一个非常愉快的经历。

对 Wiley-Blackwell 出版社工作人员的帮助和支持表示诚挚的谢意。

这是我第二次担任《禽病学》的主编，再次衷心感谢同事们、副主编们的辛勤工作和大力支持。

最后，我要感谢一位特殊人物，我的助理 Hannah Gehman 小姐，感谢她热情、高效、耐心和细致的组织工作。

主　编　Y. M. Saif
副主编　A. M. Fadly
　　　　J. R. Glisson
　　　　L. R. McDougald
　　　　L. K. Nolan
　　　　D. E. Swayne

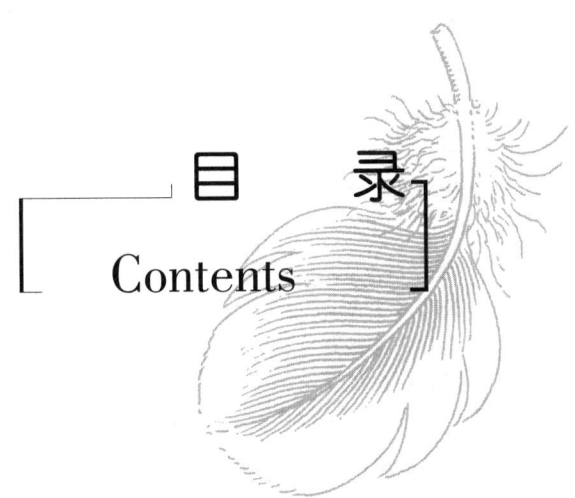

目 录
Contents

Ⅰ　病　毒　病

Ⅱ　细菌性疾病

Ⅲ　真　菌　病

Ⅳ　寄生虫病

V　非传染性疾病

第 1 章

疾病预防原则:
诊断与控制
Principies of Disease Prevention:
Diagnosis and Control

引言

Alex J. Bermudez

本章旨在为广大读者介绍禽类疾病的预防和诊断、治疗的基本概念,并特别介绍了在疾病的预防和家禽免疫接种的管理措施,抗生素治疗原则以及病理剖检基本程序。同时介绍了杀虫剂及消毒剂的基本知识。有关专门的诊断技术和控制措施,读者可以参考本书中的相关章节。

本章并不可能囊括所有疾病控制的具体方法和所有的家禽种类,只是列举和阐述一些基本概念。由于各个养禽场的情况不同,必须根据具体情况和设施条件妥善为之。为了跟上科研和信息时代的步伐,须定期查阅最新文献和适用于具体疾病、特定企业和特殊地域的新方法。新信息的最好来源包括以下一些杂志: *Avian Diseases*、*Avian Pathology*、*Poultry Science*、*Journal of Applied Poultry Research* 和 *World's Poultry Science Journal* 等。许多出版物和商业性杂志可供参考,这些杂志都有各自的有关家禽饲养各个方面的侧重点。如 *Poultry International*、*International Hatchery Practice*、*Industria Avicola*、*Watt Poultry USA*、*International Poultry Tribune*、*Poultry Times* 等;还有一些以其他语种文字出版的出版物。其他资料的来源有关于鸡和火鸡的生产、管理和营养的标准教科书。North 和 Bell 所著的《商品养鸡生产》是一本较好的实用性手册[2]。

在过去的 30 年中,养禽业发生了许多变化,这些变化对禽病的预防和控制产生了很大的影响。

最显著的变化之一就是禽类生产企业的不断联合、不断强大和相关行业的加盟。这些变化对养禽业具有深远的影响,如决策过程更集中于禽业公司,而生物制品和制药公司的合并使得产品和服务越来越少。

养禽业所发生的显著变化是市场内力作用的结果,同时也经历了非常大的外力作用,这些外力作用是本行业无法控制的,如经济全球化、食品安全问题、环境问题、动物福利问题及食用动物有关的抗生素使用问题。这些外力非常直接地影响到禽类健康专家的工作,他们要确认用于出口的禽类或产品,告诉消费者关心的问题并保证安全而规范的禽类产品的生产。虽然这类主题许多已超出了本文的直接范围,但是,它们还是对那些影响养禽业的病原有明显的直接或间接影响。

宿主—寄生物—环境的相互关系

当动物机体的正常功能受到损害时就会发生疾病,损害的程度决定疾病的严重程度。传染性病原和寄生物有害作用可引发疾病;外伤或家禽无法忍受的身体应激亦可引发疾病。当然,重要营养物质的缺乏或摄入有毒物质也可致病。

由传染性病原和寄生物引发的疾病常常是很复杂的,与宿主、病原的特点及农场的环境条件有关。某些营养缺乏症是暂时的,补以足量的营养物质后,禽类可以恢复正常,而有些缺乏症则是不可逆的。应激诱发的疾病与应激强度和持续时间密切相关。诸如过度断喙等造成的损伤一般持续时间较长，甚至可成为永久性疾患。

寄生现象是否导致疾病的发生，与寄生物的数量、类型和毒力，寄生物的侵入途径，机体的防御状态和防御能力等密切相关。后者取决于宿主是否罹患原发性疾病（如传染性法氏囊病）、宿主营养状况、宿主遗传抗性、环境应激以及采取控制对策的种类和时机（如药物、改善环境）。

即使是最健康的宿主，某些烈性病原微生物（如高致病性禽流感）也会很快冲破它们的防御系统，毒力较低的毒株（型）可引发家禽患中度到严重疾病，但多数患禽都要发生应答并可恢复健康状况。当然也有一些毒株（型）不引起宿主的明显反应，宿主很少或根本就没有明显的临床表现。有些传染性病原单独感染可能不会有很明显的影响，但可使其他病原感染加剧。还有些微生物平时存在于动物体内和周围环境中，不会引起疾病，但在合适的环境条件下，所谓非致病性微生物和低致病性微生物同样可造成严重损失。严重的物理应激，如受寒、过热、断水、饥饿及其他疾病因子并发感染等，可降低宿主的抵抗力，从而使宿主出现临床可见的疾病状态，如传染性支气管炎继发支原体病、寒冷或断水雏鸡容易感染沙门氏菌病。

宿主感染的严重程度与侵入宿主体内的微生物数量密切相关，球虫病就是一个最好的例子，因为球虫病引起不同种类宿主的发病率和死亡率与宿主摄入球虫卵囊的数量成正比。然而，环境因素也起了很大的作用，因为不良的环境有利于卵囊的存活。其他感染也有类似的情况，蛔虫的轻度感染可能并不会成为什么大的问题，而严重感染时则可能是十分有害的。及时清除死禽和濒死禽可以减少禽群中传染性微生物的数量。对禽舍彻底清洗和消毒虽然不可能做到完全无菌，但可减少传染性微生物的数量，从而不至于引发疾病。

引进家禽的前后，采取全面的疾病预防措施，确实保证新群处于合适的场所并给以高质量的饲料和饮水，定期合理使用疫苗和药物，尽可能地降低环境应激等，均可使养禽者取得控制禽群感染的主动权。

现代养禽实践的影响

禽病专家必须不断进取，努力掌握有关疾病的性质和控制疾病的新知识。与此同时，从事禽肉、商品蛋和种蛋、雏鸡和雏火鸡、饲料配方等生产的工作人员也应采取一些基本技术和管理措施来预防疾病的发生。还应当提供必要的设备和隔离检疫条件，以控制和消灭那些偶尔传入的疾病，使其不至于成为长期问题。疾病造成的经济损失尽管有时较轻，但可说明养禽的成败。那些不重视疾病预防基本原则的人，在市场看好时可能会成功，但在利润极低的情况下，就没有任何竞争力。一个现代化的养禽企业，拥有上等的建筑和节省人力的设备，但在建筑和使用上并没有考虑疾病控制和消灭的基本原则，可能在头几年保持禽群无病，随后即可能持续不断地受到某种疾病的侵扰，为了根除该病而采取更群的措施，将会带来巨大的经济损失，从而使企业长期背负经济负担。

如果在设计和建造新农场和养禽舍以及安排生产时，考虑到疾病的预防，并且一旦疾病传入可以进行净化，通过适当的努力就可以防止家禽免遭许多疾病的危害。若在饲养管理中采取一些基本管理措施预防疾病暴发，那么他们也就不需要掌握太多家禽传染病的详细知识。

合适的设施并不一定要全新的，但要充足。通常情况下，可以通过扩建旧的养禽场和重新规划安排生产来清除和消灭疾病。许多旧养禽舍、孵化场和饲料厂，经重新设计后，可以达到清除、消灭或者控制疾病的要求。在按标准设计和建设的鸡场中，严格实施疾病预防管理措施已成功地饲养出无特定病原鸡。

农业产业结构继续向着大型、集约化的联合企业方向发展。鸡和火鸡饲养业已成为这种发展趋势的带头产业，它们将重点放在提高生产效率、降低生产成本上。养殖业能否生存已取决于是否不断采纳新的、更为有效的生产措施。人们有时会忘记，疾病预防效率与清洁、饲养、管理和蛋加工等的效率是同等重要的。管理系统的演变已使疾病控制措施的重点发生了转变，今后还会不断变化。例如，单一日龄养禽场变成多日龄混养，改变了全进全出的生产模式，从而在呼吸道疾病的控制上给管理者提出更高的挑战。

农业生产合作加快了家禽产业朝着综合运作的方向发展，这些生产环节包括：饲料生产、种群管理、孵化作业、青年母鸡培育、肉鸡和火鸡的肥育、蛋鸡养殖、禽蛋加工、火鸡和肉鸡的屠宰加工，甚至包括销售及禽类产品深加工等。家禽产业的整合意味着在一个决策机构领导下，统一执行几百万只家禽的疾病防制措施和统一管理蛋、肉生产链中的各个环节。因此，由一个或几个人决定的全面卫生措施和紧急隔离检疫方法可迅速有效地应用到大群家禽中。通过生产整合，雇佣专职兽医在经济上是切实可行的，可以有禽病专家直接负责疾病控制。人们对疾病的考虑，有时完全缩小到简单的成本核算上，即将某一疾病造成的经济损失和用于治疗该病的花费，与预防和控制该病所需的开支进行权衡对比。养禽生产者应该仔细考虑，虽然短期内节约了成本，但由于发病率高，结果可能会造成长期的经济损失。例如，过度稀释马立克氏病疫苗、重复使用不洁净的火鸡孵化设备及过度缩短生产群之间的周期。

大家知道，养禽业已不再被看作是地区性产业，不再仅仅局限于某些州或地区。今天的养禽业是以跨州、甚至跨国公司为特点，产品每天都从产地运往各地市场。由于家禽育种的成本昂贵，世界各国的家禽生产者都对少数几个组织产生了依赖性，以获得高效种群和生产群。以火鸡为例，世界各国的绝大多数种群都源于美国的一个州。像这样一种有效运转的系统，种蛋、雏火鸡、雏鸡、后备小母鸡和成年家禽穿过州界和国界的大范围运输，几乎每天都在进行，因而，也就需要对旧的卫生条例进行重新评价，出现了指导卫生控制过程的禽病专家、州和联邦畜禽卫生官员。世界各主要养禽地区到处可见诊断实验室（私立的或国有的）。除以政府条例限制进口和使用的地方以外，所有的养禽地区均可买到高质量的疫苗和药物。当然，在现代的养禽业中，高质量的饲料是最基本的。

尽管养禽业取得很大的进步，疾病仍然造成巨大的损失。企业决策人（经理、业主、管理员、法人经理、贷款人）有权通过对疾病控制的管理来减少这类损失。他们必须意识到自己的责任，并不断通过管理建立一种疾病预防的基本体系，倾全力于获得长期效益，而不只是为了短期的省钱。

一旦疾病得到很好的控制，为禽群提供最舒适的禽舍环境是获得最佳生产性能的一个十分重要的管理因素。仅仅依靠无窗、隔离、光控和温控的禽舍达不到这一点。过度拥挤、断喙不好、室温不均

一以及不舒适的气流等条件，加上狭小的笼养空间对生产性能有不良影响。饲料槽和饮水器位置合适，以及良好光照都可提高生产性能。原有管理体系不经意的改变可对笼养、地面饲养的鸡群及其他商品禽群的生产性能产生不利影响。成年禽生产性能不佳，常常可追溯到在饲养期间发生过的有害事态。因而，一个细心且有经验的管理者对养禽的成功是至关重要的。

高 福 苏敬良 译
郭玉璞 校

参考文献

[1] Chute, H. L., D. R. Stauffer, and D. C. O'Meara. 1964. The production of specific pathogen free(SPF)broilers in Maine. Maine Agric Exp Stn Bull 633.

[2] North, M. O. and D. D. Bell. 1990. Commercial Chicken Production Manual,4th ed. Chapman & Hall:New York, NY.

疾病的预防和诊断

Alex J. Bermudez 和 Bruce Stewart-Brown

种群管理

种群必须按下列所提到的方法进行管理，才有可能以一种比较经济的方式提高洁净种蛋的产量。这种管理方式必须保证所生产雏鸡或火鸡在正常的生产环境下，免疫和营养状况良好。高效的种群饲养管理学在一定程度上已超过了本文的范围，关于这个主题可参阅 Leeson 和 Summers 发表的文章[34]。应采取预防措施防止种群的发病和死亡。最后对种禽群进行严格管理，采取各种可行的技术防止蛋传疾病。

日粮、保健和母源免疫力

种禽日粮的许多营养成分含量必须比产蛋禽日粮要高。能够维持产蛋量的产蛋日粮并不一定能保证良好的孵化率和后代幼雏的健康。有些情况下，种禽的产蛋量令人满意，但胚胎或幼雏出现维生素缺乏的症状和病变。种禽日粮不仅要能

够保证种禽达到良好的生产性能，还要能满足胚胎和幼雏发育所需。在国家研究委员会出版的《家禽的营养需求》中已明确规定了种禽的最低营养需求。负责商品种群营养的营养师往往会在最低营养需求的基础上补充营养，使日粮营养更加安全。

肉用禽的育种方向是生长快和个体大，但种用禽必须进行限饲以防过分肥胖而在成年后生产性能不佳。必须对限饲认真地控制，以防某些霸道好争的禽抢食过多的饲料。普遍采用的两种方式是：每日限饲和隔日饲喂。前者需要特殊的饲喂设备或操作程序，确保同时向整个群提供饲料，从而保证所有禽可同时采食。在隔日饲喂中，每隔一日给予较大量的饲料，以使那些退让的禽，即使不得不等到轮到它们采食时，也能获得它们的一份。无论采用哪一种方式，都必须注意在减量的配合饲料中加有足量的抗球虫药和必需的营养成分。

种禽出现健康不良时一般不能给胚胎提供一些生命所必需的营养因子，还有可能将一些有毒物质传给种蛋，引起孵化率降低或幼雏质量差而被淘汰。例如种鸡感染了毛细线虫，后代可能出现维生素A缺乏症。当然外表健康的鸡群偶尔也会出现这种情形，但临床健康的种群是获得高质量后代的最好保证。

幼雏将被分送到各种不同类型的饲养环境中去。某些地区的养殖方式可使幼雏在出壳后第1天即暴露于疾病之中，由于幼雏缺乏针对某种疾病的母源抗体可发生大量死亡或造成严重的经济损失，如传染性支气管炎、禽脑脊髓炎、传染性法氏囊病、鸭病毒性肝炎。在幼雏容易被感染的地方，母源抗体对疾病的预防具有重要意义，但另一方面，高水平母源抗体又会干扰早期的免疫接种。理想的母源抗体水平是多少？能够抵抗多少种疾病？这些问题尚无定论，因地区不同和饲养方式不同（笼养或地面饲养）而有所差异。

母源抗体会逐渐消失，出壳后持续时间一般不会超过2～4周。在管理良好的现代化蛋鸡和后备种鸡饲养场，雏鸡和雏火鸡头几周可得到很好的保护，不仅能防止那些不良因素的影响，还能抵抗从外面传进来的疾病，历时可超过早期高水平母源抗体所能保护的时间。在这种情况下，雏鸡母源抗体不是特别重要。但在卫生条件差和管理不良

的后备小火鸡饲养场和肉用仔鸡生产场可能并非如此，这些地方雏鸡一出壳后就有可能接触累积在垫料里的病原体，在这种情况下，保护性母源抗体在防止疾病或减少损失上就显得非常重要了。在实际生产中，通常用灭活苗免疫种禽，从而使其后代获得高水平母源抗体保护。经胸肌注射灭活苗引起的病变和残留是屠宰过程中胴体被废弃原因之一。

蛋内传播的疾病

已采用多种方法防止病原经蛋传给后代。最理想的是使种禽保持完全无病原状态。但对于大部分病毒性疾病，还达不到这一步。一些疾病，如禽脑脊髓炎，易感群很难保证无感染，在产蛋期间发生感染而造成种蛋传递的可能性很大（见第14章）。

免疫接种

种禽除了对一些常见的对产蛋有影响的疾病进行免疫接种外，在育成期应免疫接种禽脑脊髓炎以保证其在产蛋期间不发生自然感染。尽管这并不能绝对保证该病毒不再发生经蛋传播，但能防止病毒通过感染了的后代造成严重散播，是一种确实可行的方法。

检测和淘汰病原携带者

对某有些经卵传播疾病可用血清学或其他方法进行检测，通过检测清除种群中那些可能通过蛋排毒的种鸡。这是成功消灭鸡白痢和禽伤寒的首要环节。同样的方法目前也用于原种场降低淋巴白血病的垂直传播。

检疫和屠宰感染群

在检测出感染种禽的地方，全群可能要被淘汰，凡是不可能对全部感染禽进行检测时，就可应用此法。这种方法的代价很高，除非对后代确实可以带来好处，并能确保家禽进入这个养殖场后不再有其他感染源时才可采用。应用此法已成功地净化了种火鸡和种鸡群支原体感染。

消灭蛋内致病因子

可利用鸡蛋内外的压力差使抗生素浸入种蛋来预防致病性支原体的垂直传播。将温热的种蛋浸在冷的抗生素溶液里，或采用特殊真空机[2]。曾经将抗生素直接注入鸡蛋[40]。

提高种蛋温度也可杀灭蛋内的支原体[76]。这种方法的操作程序是将孵化器的温度和蛋内温度在12～14h内逐渐升高到鸡胚能够存活的最高温度（约46.9℃），之后，迅速冷却降至正常孵化温度，但这种方法常使孵化率降低。

治疗后代

来自感染母鸡的后代可用高浓度的抗生素进行治疗，可采取注射或投喂的方式给药，亦可两者结合使用。这种方法并不可靠，但可作为其他方法的辅助手段。这种方法可大大地降低那些对药物敏感的蛋传疾病所造成的经济损失。

蛋壳传播的疾病

可采取多种方法控制肠道内容物和外界环境的造成蛋壳污染，包括防止蛋壳污染，或在微生物进入蛋壳之前将其消灭。

多孔蛋壳更容易发生细菌穿透蛋壳而进入。这种情况见于种鸡的产蛋后期或者发生钙、磷和维生素D缺乏或失衡的时候。呼吸道病毒感染亦可导致蛋壳多孔和蛋壳质量差。

种蛋管理

清洗种蛋

特别脏的种蛋不能用于孵化。如果用于孵化，在收集种蛋时应进行干洗。蛋壳表面越清洁，细菌污染并穿透蛋壳的可能性就越小。

搞好种蛋卫生的最重要因素是加强种群管理，以保证在收集蛋时种蛋是清洁干净的。许多因素可影响这一目标的实现。用倾斜的铁丝网为底的自动滚蛋巢，配备或不配备自动收蛋装置通常就可保持种蛋干净，细菌污染程度最小。

如若能不断地更换脏垫料、认真保持产蛋箱中的垫料清洁，用传统的箱式产蛋巢也可获得干净的种蛋。在产蛋高峰提供足够的产蛋箱，可减少破蛋现象的发生。

种火鸡开产时，应根据房舍的不同，合理设计和摆放蛋巢，这样可减少母鸡将蛋产于地面和庭院。蛋巢应保持黑暗和良好的通风，还要防止母鸡晚上在巢内过夜而发生粪便污染。

保持垫料干燥，有助于防止蛋巢和垫料被土弄脏。种鸡舍设计和修建时如能使垫料保持干燥，则有助于孵化过程中疾病的控制。商品蛋鸡种群在无垫料的鸡舍里亦能获得满意的生产性能。鸡舍或者全部是条板地面，或者是倾斜的铁丝网地面，在很大程度上可消除由垫料和粪便沾染而弄脏鸡蛋。重型品种和火鸡在这类地面上生产性能表现不太好，故可采取部分条板、部分垫料相结合的办法，这样有助于垫料的管理。

应当采取措施防止沙门氏菌感染，包括使用无沙门氏菌饲料原料，尤其是肉粉，通过颗粒化消除混合饲料中的病原体，采用良好的饲喂方法和贮存条件以保持饲料清洁，防止自然带菌的啮齿动物、野鸟和伴侣动物等进入禽舍。预防沙门氏菌病和其他类型的肠道感染还有助于防止湿粪弄湿垫料。

总的说来，捡蛋要勤，尤其是前半天，因大多数产蛋鸡将在这个时候光顾蛋巢。应该使用清洁干燥的器具收集蛋，并将其存放在干燥、无尘的地方。

种蛋的卫生消毒

收集的种蛋须立即进行表面消毒。如鸡场内不能进行消毒或熏蒸，须尽快处理，最好在种蛋进入孵化厂之前或在孵化厂处理鸡蛋区的进口地方进行消毒。消毒愈迟，效果愈差，因为细菌穿入蛋壳的时间就愈多。在孵化厂，未经消毒的种蛋有可能给刚出壳的易感性幼雏造成严重的感染（见"消毒剂"一节甲醛部分）。因为吸入甲醛蒸气不利于健康，孵化厂工作人员应注意要采用新的、有效的蛋壳消毒剂和消毒方法。

清洗和液体消毒

商品蛋清洗的洗涤剂温度（43～51.8℃）至少

要比进入洗涤机的鸡蛋温度要高出 16.6℃，但不能超过 54℃，然后用含氯化合物、季铵盐类或其他消毒剂对蛋壳进行消毒。该方法已成功地用于入孵种蛋的消毒，但由于使用了脏水，特别是在循环洗涤机里，大量的蛋不仅没有清洁消毒，反而可能被污染，造成不良后果。太脏的种蛋首先应当用沙子干洗，以防止给洗涤液和器具造成严重污染。洗涤用水含铁量如超过 5mg/L，则有利于某些细菌的生长繁殖，造成种蛋严重腐败。Scott 和 Swetnam 对种蛋消毒剂进行了详细的介绍[57]。

如果要清洗种蛋，应当只用一种类型的机器（即利用流动洗涤水原理的刷子传送型），它能保证鸡蛋不受脏的洗涤水污染。还需要认真监督，使所有器具始终能够正常运转，每天都要进行清洁。有些类型的机器，如洗涤系统失效，在故障被发现和纠正前，少数污染了的种蛋会将水污染，进而使其他成千上万的种蛋遭到污染。已污染的种蛋在孵化器里爆裂污染周围的种蛋，造成更严重的污染。虽然种蛋的洗涤和液体消毒能圆满地完成，但操作过程中会遇到一些困难。如果对可能发生的危险没有充分认识，就不应把它作为一种常规的方法。

无论什么时候，若把冷蛋移至一个温暖、潮湿的环境中，水分总会凝聚在冷的蛋壳上（称此为"出汗"）。这种湿气为早已存在于未消毒的蛋壳上或源于蛋周围温暖的污染空气的细菌和真菌提供了一种生长繁殖的培养基。因此，在将冷蛋置于孵化器之前，应将其在洁净、低湿度空气环境中温热至室温。

贮存设备

种蛋经过熏蒸或蛋壳消毒处理后，在入孵前一般保存在孵化厂的冷藏室里（约 10℃）。冷藏室必须保持干净，没有霉菌和细菌，并定期消毒以防止蛋壳的再污染。种蛋放置过久或贮藏温度、湿度和环境不合适等可导致幼雏质量下降。临床资料表明，幼雏的感染有时可追溯到种蛋真菌污染。用霉菌孢子人工污染蛋壳可引发感染[75]。

孵化厂管理

涉及种蛋孵化的禽舍、设备以及运输工具必须进行清洁消毒。从无病原体种蛋孵出的幼雏只有置于干净孵化器里孵化、装在干净盒子里、放在干净的房间并保证呼吸到清洁空气，然后用干净的运输车送到养禽场，这样才能保持无病原体状态。

设计和位置

应将孵化厂设在远离有家禽病原体的地方，例如养禽场、加工场、剖检实验室、炼制厂和饲料厂。在孵化厂销售家禽设备及相关产品不是一种好做法，因为这样会招来养禽者和相关人员，可能会将污染物带入。

好的孵化厂应设计从进蛋室经由鸡蛋装盘、孵化、出雏、等候室和 1 日龄装运室到运输车载运区的单行交通线。清洁消毒区和孵化废料处理必须远离出雏室，有一个单独的装运区。

每个孵化室在设计时必须有利于彻底清洗和消毒。通风系统同样重要，应能防止被污染和带有尘埃的空气重新循环。Gentry 等[26]发现，凡是地面设计不良和物流线路错误的孵化厂，其污染程度比之单向流动的孵化厂要高。

良好卫生的重要性

孵化厂清洁卫生、交通通道安排合理和通风控制良好有利于生产出无病原雏鸡和雏火鸡。

评价商业性孵化厂的卫生状况可以采取下列方法：培养绒毛样品[74]；检查孵化室空气样品里的微生物菌群[19,26,36]；对孵化厂内各种表面进行培养[38]。Magwood[37]把这些方法的结果和孵化厂的管理情况联系起来，发现在洁净空气里，蛋壳上的细菌计数很快就会降低，到孵化完成为止所有表面上的细菌计数始终保持很低的水平。Chute 和 Barden[18]则发现，孵化厂里真菌区系同管理和卫生消毒有关。

为了最大限度地减少种蛋和幼雏的细菌污染，必须设法防止孵化车间变成污染源，而车间污染很容易引起空气传播[37]。孵化用蛋盘必须先用水彻底清洗，然后消毒，再放入种蛋。可将其浸入盛有合适消毒剂的消毒池里进行消毒（见"消毒剂"一节）；或者先用热水或蒸汽洗涤，接着喷洒消毒剂；也可在出雏器里用甲醛熏蒸。在种蛋转到出雏器后，常常马上对出雏盘和蛋同时进行熏蒸。可在出雏期间进行熏蒸（在出雏约 10% 时），但浓度要足够低，不至于损害孵化中的雏鸡。曾有一例报道，甲醛熏蒸不仅没有控制霉菌感染，反而使病情加重[75]。Wright[72] 曾强调了重视孵化场卫生以及达到这一目的实际意义。他的结论是：熏蒸只能作为辅助手段决不能用来代替清洁措施。

随着幼雏的孵出，暴露的胚液可汇集来源于被污染蛋壳、蛋盘和空气里的细菌。营养丰富的胚液和温暖的气温为细菌迅速繁殖提供了极好的条件[26]。空气和环境愈清洁，细菌的繁殖集聚就愈慢，而且随着孵化的继续进行，脐部感染（脐炎）的可能性也就更小。

种禽编号

种禽代号是用以表示种蛋的来源。通常用于标记那些来自同一或不同养禽场的同一年龄种禽，某一特殊养禽场上的所有种禽，或是其他任何组合。现在的趋势是种禽群越来越大，在实际工作中尽可能避免把具有许多不同微生物、营养和遗传背景的种蛋混合起来。如果种禽都保持无病而喂以优质饲料，生产的种蛋清洁并经适当的消毒，雏鸡饲养于清洁环境，那么雏鸡按不同种禽编号分开饲养，除了保证雏鸡对同一种疾病的母源抗体水平更加接近之外，再没有更多的实际意义。这样，具有保护性母源抗体的幼雏在头 2～3 周内对疫苗的免疫反应更加均匀。

如果发生经种蛋传播的疾病，往往在几个后代禽群中出现，而这些后代禽群都来源于同一种群，并被转到不同的养禽场中饲养。另一方面，如果一批雏禽被送到几个养禽场饲养，而某种疾病仅在其中的一个场中发生，这就表明，该病与该养殖场有关，而与孵化厂或种禽群无关。

雏禽性别鉴定人员

如果一个孵化厂生产的雏禽数目很大，则需要聘请全职雏禽性别鉴定人员。鉴定人员可能在各个孵化厂来回工作，这样便有可能把疾病带入。大多数鉴定者都注意到了这个危险并希望按正确的程序进行。如果雏禽性别鉴定人员还必须到其他孵化厂工作，应为他们提供专门的装备，以保证他们使用的器械能留在孵化厂。还应有个清洁区进行更衣洗澡和清洗设备；还要有干净的保护性外衣。他们至少应具有孵化厂工作人员那样的清洁卫生习惯。

外科措施

在某些情况下家禽很容易发生相互戕啄，对种鸡群和蛋鸡通常进行断喙，已有专门的断喙机器。断喙可在各种年龄大小的禽中进行，这要看采用的是哪种饲养管理制度。不透光禽舍所采用的极度暗淡的光线可大大减少或防止戕啄，但在自然光或明亮光线下饲养的雏鸡一般在 1 日龄或在转到育雏室几天后即行轻度断喙。早期轻度断喙不能保持长久，这类种群或商品产蛋群通常要在成熟前再进行一次断喙。如果其他的管理条件（如光的强度）可尽人意，早期断喙可使鸡在一生中免遭戕啄之苦。但是，做好断喙不只是一门科学，更多的还是一项技艺。若操作不当，可致许多鸡终生残废。

如果操作正确，喙尖被去除后，留下的正在生长的顶端可用热切割刀片烧烙掉，以防止出血和再生长，但决不能烧烙过分，以至于鸡喙变得敏感或长得奇形怪状，从而影响采食和饮水。恰当的断喙有利于获得最佳的生产性能。若断喙不合适，可能成为产蛋群和种禽群生产性能不理想的最主要管理因素之一。不可误将不合适断喙所致的低生产性能认为是某种神秘疾病所造成。有关戕啄和断喙的详细情况请参阅第 30 章。同样，其他外科措施，如去除肉垂、冠或某一爪子的趾甲等，为避免对禽造成伤害，必须由专门训练过的人员进行。

疾病预防中的饲养管理因素

疾病预防中较为重要的原则包括：养禽场的地理位置良好；禽舍之间的距离要合适，并考虑到风向；禽舍的内外设计及设备的设计和位置都要恰当。应重视长远计划和操作规程的制定工作，并且应当把下列诸方面考虑进去：各种运输工具和设备的流动方式；平时及假日值班人员和特种工作人员的工作路线；饲料的贮运系统；从养禽场运出蛋和禽群的路线。禽病学家能够帮助避免一些常见的隐患，但为避免发生高危疾病，最好在养禽场设计和制订生产规划时做些咨询，而不是疾病已经出现、问题已经明显的时候才去联系。

好的疾病预防实践可形象地比喻为一根链条，这根链条的坚强与否仅仅取决于最弱的那个环节。许多正确的原则由于一项或两项相关环节执行不力而失灵，这种情况往往是由于粗心大意或重视不够而造成的。虽然不可能完全实施全部措施，但实施得愈好，避免疾病暴发的机会就愈多。

成年禽群

现代蛋鸡育种方向是产蛋量高，而肉鸡则是生长快和饲料转化率高。饲养管理最重要的是从饲料、饮水和环境条件等方面保证产蛋鸡处于最舒适的状态，取得最大的效益。肉用禽、火鸡和其他类型的种禽也是如此。产蛋量或饲料转化率是家禽饲养管理是否成功的一个很好的标志。很多情况会影响生产性能，所以重要的一条是不仅要预防疾病的侵入，还要防止引起鸡群不适的情况发生。

隔离

并不是所有养禽者都遵循同样的疾病控制措施。近邻的养殖场可能会因为管理不善而发生多种感染，直到经济上的压力被迫退出这一行业为止。同时，养禽场里的致病因子会经由风吹或各种媒介和污物带到紧邻的养禽场。即使是管理良好的禽舍，也可能有疾病入侵。在疾病被消灭以前，该场就是该病的贮存库，也是本场后来鸡群和邻近养殖场鸡群的潜在传染源。一个养殖场的禽舍与另一养殖场的禽舍距离愈近，被感染散播的可能性就愈大。

某些地区家禽养殖高度集中主要是因为有许多有利的因素，如邻近市场、有屠宰加工厂、有饲料供应、土地廉价、气候适宜等。这些地区通常也是各类疾病的温床。就像大规模农场那样，这些地区有许多经营者，他们各自负责自己养殖场的免疫接种、治疗，不管其他人的生产程序。市场竞争也会引发一些问题。有利因素应能够抵消疾病带来的损失，否则疾病造成的额外消耗会使肉蛋产品的价格比市场还高。更严重的是，因疾病或药物的残留而使产品无法上市。不能降低疾病损失的家禽业主将会被迫退出市场，养殖场会被其他家禽业主收买或租用。有些家禽业主会把产业迁往其他地区，这样一般可以避开某些疾病，但也可能由于粗心而将疾病带到新地方。保留下来的牧场，通过重新设计房舍和重新计划生产周期可以加强对疾病的预防。重新采取单一年龄的养禽系统，在每个饲养周期或产蛋周期结束时便可全部清群。

对于养禽场距离太近而系统清群又无法奏效的地区，另一种解决问题的方法是协调进行地区性清群并重新安排生产，合理安排一定地理区域里的全部家禽同时上市，同时进鸡。这种做法更适合于肉鸡生产，而较少用于蛋鸡生产。

如果企业在开始时就有隔离的思想，可以避免大多数严重的疾病。同其他养禽场的距离会受到风向、气候、房舍的式样等因素的影响，养禽场之间的最短距离到底是多少很难确定。距离愈远，传染疾病的可能性就愈小。利用自然的和人造屏障可以有效地进行隔离，这些屏障包括水域、小山、城市或城镇、森林或中间的其他农业企业，如作物、蔬菜或水果生产场等。

一鸡场饲养同一日龄的鸡

清除鸡群和鸡舍带毒鸡是防止某些疾病再次发生的一个有效方法，但对某些疾病采用此法难于根除或根本不可行。防止带毒鸡引发感染的最好方法是在引进新的鸡群前清走原有鸡群。将后备种鸡隔离饲养在养殖场的另一隔离的单元，与康复老鸡群完全分开，最好是在另一个隔离区的鸡场。这种措施叫"全进全出"。

大型鸡场可能饲养着不同日龄鸡，清群似乎损失很大，但考虑到死亡率、生产性能不佳和无止境的药费开支，这可能是最经济的办法。在某些大型农场和可隔离检疫的养殖区，一个日龄段的鸡可多达10万只，而如此大的鸡群并不会妨碍在每个生产周期结束时有计划地进行清群。

只饲养同一日龄家禽的养禽场，每次将小母鸡或小火鸡转移到蛋鸡或种鸡场时进行清群，将肉用仔鸡或火鸡送去屠宰，将老蛋鸡和老种鸡卖掉。一旦鸡群发病，可采取隔离检疫、治疗和最好的应对措施。清群后应对房舍进行清洗和消毒，在引进健康鸡前空舍，时间越长越好，不得短于2周。

清群是控制那些在体外存活时间不长的病原感染的最有效方法。这种方法适用于大多数呼吸道感染，如支原体感染、传染性鼻炎、喉气管炎。对那些在自然界中可长期存活并具有很强抵抗力的病原效果较差，如肠道寄生虫和梭菌等。

后备小母鸡和小母鸡饲养场现在已成为养禽业中的一门专业化企业。这也使产蛋鸡场和种鸡场的清群工作更为切实可行，更为成功。与同时饲养多种日龄的蛋鸡场一样，同时饲养有多种日龄的养殖场可能会持续存在某些严重的疾病，直到这些鸡场改变为单一日龄饲养或分成为许多隔离单元饲养后才能有所改观。

除了卫生措施外，环境因素（温度、湿度）对空舍时间具有重要影响。病原体从体内排出后便慢慢死亡。有些疾病（如鼻炎）则很快消失，而寄生虫和球虫等可存活数月或数年，这与其是否发育为具有抗性的阶段以及相关章节讨论的其他因素有关。总的说来，鸡舍腾空的时间愈长，存活病原的数量就越少。

功能单元

由于某些经济上的原因（譬如，是一个种鸡场还是一个小的专门的市场交易所），整个养禽场并不总是能养同一年龄的禽。此时，养禽场必须划分为可以隔离封锁的单元或区域来饲养不同的禽群，如饲养区、纯种单元、生产群和试验禽（图1.1）。如配置恰当，每个区域可定期，或者在必要时清群、清洁和消毒。对于这种类型的作业，必须对工作人员、禽和设备的流动采取较为严格的安全措

图1.1　图中所示隔离的种禽场遵循了疾病预防和控制的基本原则。该场与其他养禽场隔离，周围有林地围绕，并由树木和保持一定距离分为可隔离的小区

施，还必须对疫病进行严格的监控，一旦发病，可及早查明并加以控制，使其限于某个可以隔离封锁的区域。

禽舍或各单元相互之间最小距离没有定论。与

开放式禽舍相比，人工控制温度和通风的无窗密闭式禽舍可更好地防止疾病在禽舍或养殖场之间的散播。距离大可以弥补禽舍设计和设备使用以及人员流动控制上的某些不足。由于养殖场和企业各不相同，所以养禽业主最好咨询从事疫病防治研究的专家。

把养禽场划分为互相隔离的单元时，要考虑的最重要因素不是怎样有利于分离开农场工作人员、设备和家禽，而是分隔出可以隔离封锁的单元，以防止疾病扩散，一旦发生疾病能及时清除。

房舍的建筑

防鸟

由于许多自由飞翔的野鸟可携带螨，这些螨也存在于鸟巢里，因此，家禽房舍建筑的第一条原则就是防止这些野鸟进入。另外，许多种野鸟对某些家禽的病毒性和细菌性疾病有易感性，可成为带毒者。放牧的火鸡特别容易受到野鸟携带的病原侵害，现在的趋势是将火鸡饲养在密闭和部分密闭的防鸟鸡舍里，这对种火鸡和小火鸡尤其重要。鸭和其他家养水禽也容易受到水媒疾病及野生水禽和海鸟，如鸥、燕鸥等所携带的疾病的侵害。

人工控制光照和温度的禽舍一般都可以防鸟（图1.2）。在炎热气候条件下，开放式禽舍也要做好通风和防鸟。养禽场的其他建筑防鸟也很重要。

图1.2　可控制采光、温度和通风的禽舍能防止野鸟和大多数有翅昆虫的入侵，水泥和铺石路面则可防止以土壤为媒介的疾病被带进禽舍

入口

在养禽舍进口处用混凝土铺一段路有助于防止疾病被带进鸡舍。雨和阳光有利于门前水泥路的清

洁和消毒。如果再设有水龙头、靴刷和带盖的消毒剂盘以消毒鞋，则可进一步防止以垫料和土壤为媒介的疾病进入养禽舍。消毒剂必须定期更新，保证溶液的消毒作用，否则消毒剂会无济于事。

通风

禽舍必须能防止各种应激因素的侵扰，包括：尘埃过多、通风不足导致氨气聚集、贼风、垫料潮湿以及设备或利器的损伤等。

无窗的温控禽舍有许多优点，但也有一个严重缺点，有时垫料过干，里面尘埃过多。Anderson 等[4]虽然没有能够证明试验鸡在短期吸进尘埃后会造成明显的伤害，但大肠杆菌病的暴发常常与吸入过多尘埃有关，这些尘埃存在于禽舍内流动的空气中。这就需要合理安排笼具或栏圈，加强空气流动，但也要防止外界冷空气直接吹到鸡身上。球虫卵囊需要高湿度才能发育到感染性阶段。垫料过干会抑制其发育成感染性卵囊，鸡群感染轻微则不足以激发良好的免疫反应。相反，通风不良则能使垫料过湿，有利于球虫和其他寄生虫的生存和发育。

潮湿的垫料和粪便有利于氨气的形成。如果通风不良，氨气会积累起来，达到一定浓度后，可抑制生长和生产，引起角膜结膜炎和激发呼吸道感染。

如能经常翻动垫料，就会干燥得好些。但无论如何努力，在冬季或潮湿天气里，仍可能会过于潮湿。如果禽舍潮湿，氨浓度过大，应更换垫料，改善通风。

通风是一门工程科学，最好是在安装通风系统前咨询专业人士。Anderrson 和 Hanson 对有关环境条件，如温度、湿度、辐射等对家禽病毒病的影响进行了综述。

地面和笼具

禽舍里所有的表面都应当用水泥等不透水的材料来修建，以便进行彻底清洗和消毒。否则不可能对肮脏的地面进行有效的消毒。

离地的条板地面已成功地用于育成蛋鸡和成年鸡养殖。这种地面是用木条拼制而成的，条间相距3/4in（约 19 mm）（图 1.3），粪便可经由空隙落到下面，不让鸡有接触到，从而防止肠道疾病和寄生虫的循环感染。这种措施可避免或大大减轻球虫感

染，鸡对寄生虫产生的免疫力低或不产生免疫力。对将来要采用笼养或条板地面饲养的后备母鸡来说，由于在产蛋期间抗球虫病免疫对它们来说并不重要，所以不是一个问题。如果这些后备母鸡将来要在地面垫料上饲养，很有可能严重感染球虫。商品肉鸡如果饲养在全部条板或铁丝网上，容易发生腿部疾患和胸部囊肿。饲养肉种鸡时，可以将部分地面或场地稍微升高并盖上条板加以改进。如把饲料和饮水放在条板区，使粪便更多地积聚在鸡不能接触到的地方会更好。

图 1.3 条板地面有助于控制肠道疾病和寄生虫，粪便可经由空隙落到地面，使鸡群不能直接接触到

无论是在密闭型鸡舍（图 1.4），还是开放型鸡舍，蛋鸡均可采用笼养。笼子和铁丝网地面也已广泛用于饲养小母鸡，以备以后成年鸡进行笼养。这一养殖方式在防止肠道疾病方面非常成功，以至鸡都没有机会对肠道寄生虫产生免疫力。如笼养鸡或其他家禽转移到有垫料的地面上，几乎总会发生球虫病。当然可用药物加以控制。但有关法规严格限制了肉鸡和蛋鸡使用药物。

饲料槽和饮水器

应设法防止大鼠、小鼠和其他啮齿动物接近饲料，因为这些动物可将沙门氏菌或其他病原污染饲料并散播，成为禽群疾病的传染源。

垫料掉进料槽和饮水里，或者饲料撒到垫料里都可增加食入垫料及其所携带病原的机会。当摄入球虫卵囊较多，但摄入抗球虫药不足时就会造成临

需要盖有网格的栖息区，以防止鸡聚集并避免垫料过于恶臭。在粪坑上方安放料槽和饮水器能使鸡在白天的大部分时间里以及晚上停留在栖息区，从而使大部分粪便远离鸡群。洒出的水也会落到栖息架下而不会进入垫料，所以垫料区能保持相对干燥。

　　饮水器常常放在或挂在垫料区之上，在这种情况下，饮水器的放置应尽量避免饮水溅洒到垫料上。饮水器基本上可分为两类：一类为持续性的自动蓄水槽，如饮水槽、饮水杯、悬挂式塑料钟状物；另一类为乳头饮水器（图1.5），这种饮水器在家禽吸吮时自动供给饮水。开放式饮水器必须经常清洗和消毒，以防病原微生物在水中繁衍。这种饮水器亦易于外溅，从而引发垫料潮湿的问题。对于1日龄雏鸡，显然是开放式饮水槽更为合适。乳头饮水器的优点是可以在很大程度上改进水质，水中不含那些在禽舍环境常见的微生物，并减少了饮水的外溅。使用乳头饮水器可保持垫料干燥，大大减少了球虫、细菌、真菌等在垫料中发育或繁殖。据肉鸡生产经营者称，禽舍更换为乳头饮水器确实减少了传染性疾病的发生。已有多种类型的乳头饮水器，适合各类家禽生产。

图1.4　许多国家将鸡饲养在可控制光照、温度和通风的建筑良好的鸡舍中，良好的圈舍可减少由于天气变化而引起的应激，笼养可减少肠道疾病和寄生虫寄生

床感染。如放任鸡采食垫料，就会因肌胃嵌塞而出现大量死亡和精神抑郁，垫料碎片的机械刺激可引起肠炎。

　　料槽必须有保护装置以防止家禽进入，并且不能装料过多，以免溢出到垫料中。没有保护装置的料槽，鸡会在里面排粪，有利于粪排出的病原体的散播。垫料里或场院上的潮湿饲料会引诱野鸟和啮齿动物，并为霉菌生长提供良好的培养基，引起家禽出现肝、肾、免疫系统及其他器官的损害。火鸡饲养场所用的料槽上面应有遮盖，以防雨淋日晒、防止霉菌生长和维生素损失。为产蛋设计的光、温控鸡舍中的生长笼和产蛋笼可消除绝大多数与垫料有关的疾患。已有许多很好的自动化添料与给水系统供应，但如果这些设备没有按厂家要求进行安装，结果还可能引发一些疾病。

　　地面产蛋舍和种鸡舍通常在盖有网格的粪沟上设有栖息区，以便鸡能远离粪便。蛋鸡和种鸡舍也

图1.5　乳头饮水器可有效地防止清洁的饮水被微生物污染，并保持垫料干燥

饲料和饮水给药

　　尽管采取了各种预防措施，但家禽还是有可能

发病。必须从一开始就认识到这一点，并在需要之前准备好能通过饮水或饲料投药进行迅速治疗的设施，上万只家禽集中在一个大房舍里，进行个体治疗是不切实际的，如果需要治疗，必须采用群体投药和群体免疫的方法。

通过饲料投药不是最好的治疗方法，因为病禽往往食欲不佳，且没有竞争饲料的能力。饮水投药略微好一些，因为患禽在不愿采食的时候却往往想喝水，但能够通过饮水投服的药品很有限。群体给药虽然不能完全有效地治愈病禽，但可以控制疾病发展，以便宿主能成功地产生免疫应答。也可通过饮水进行群体免疫，这是一种公认的省工而且有效的方法。如饮水是经氯或其他方法处理的，由于消毒药剂可能破坏疫苗，必须规定疫苗饮水免疫时只能用未处理的水或蒸馏水。

可利用一些方法来减少、除去或中和经氯处理过的水中的余氯。养禽场解决这一问题的唯一方法是在混合疫苗时，往水中加入蛋白质。常用的方法是在盛有 50 加仑（189.3L）水的槽中加入 1 杯脱脂牛奶粉，或用罐装脱脂液体牛奶与疫苗在配比容器中混合。

如禽舍里修建了大水箱，采用重力流水装置，那么水箱应当用塑料制造或衬以无反应性保护层，以利于清洗和药物混合。如供水装置要靠高压控制，则引进鸡舍的管子必须具有旁通管，上面备有合适的阀门装置，以便必要时能很快装上药剂配比容器。安装计量装置可以测定饲料和饮水的消耗量，随时了解鸡群的健康状态。用浮标调节或长流水水槽可能导致鸡舍里疾病的传播。已经证明传染性鼻炎能顺着水流方向传到下游的鸡笼。给每个笼子配备乳头饮水器之类的供水系统可以防止经饮水传播疾病。

现代养禽普遍使用大型饲料输送器、大型金属饲料贮存箱以及自动喂料器。由于饲料总在密闭箱而不是袋子或敞开的箱子里，因而排除了啮齿动物污染的可能性，但如短期内要从饲料里紧急投药而箱子又装满饲料，用这种系统就会感到困难。以下两种系统可有助于解决这一问题：一是增加一个较小的饲料箱，专门用于紧急饲料投药；另一个是在饲料箱与料槽之间安装一个小的配药箱。这样，需要紧急加药时就可手工将饲料放进较小的箱子。

鸡群更新和管理

雏禽的管理

出壳的雏鸡和雏火鸡都有尚未吸收的卵黄作为储备食物，足以维持生命 72h 左右。事实上，有些雏禽在从出雏器取出之前，已孵出 1～2 天。因此，需要尽快获得饲料和饮水，最好是在取出后 24h 之内。

育雏器的温度

寒冷、过热、饥饿和脱水都是严重的应激因素，可以激活潜伏感染。如果没有这些应激刺激，幼雏有可能克服潜伏感染，而不表现症状。来源于同一群母鸡的雏鸡被随机分为若干群，如果分送到某个鸡场的雏鸡发生的死亡率比分到其他鸡场的高得多，这就与环境应激和感染疾病有关。幼龄雏鸡和雏火鸡应当始终饲养在舒适的温度下，育雏室的温度在开始时通常为 35℃，随着小鸡的生长逐渐降低温度。虽然温度计有助于观察温度，但严格拘泥于温度计而忽视小鸡或小火鸡出现有明显的不舒适现象，是一种不良的养禽习惯。出现一只感到不很舒适的幼雏，就可让管理人员知道温度不合适。无论温度计读数如何，应当倾听它的唧唧叫声并去纠正造成不舒适的起因。

抗球虫药

地面饲养的肉鸡、火鸡及成年阶段将进行笼养的后备小母鸡，从第一天就开始在饲料中添加抗球虫药用于球虫病的预防和控制，直到其产生主动免疫。

然而，免疫力的产生取决于多种因素。饲料和抗球虫药的摄入量因鸡而不同，而活孢子卵囊数因湿度、温度和垫料条件不同而不同，甚至大鸡舍中不同区域都有能不同。根据这些可变因素的相互关系，球虫感染可能太轻微，以至于不足以诱发好的免疫力；或者可能太严重，引起疾病暴发。没有特别的管理模式可克服这种困境，只有严密注意那些可变因素，并保持合理的物理环境，达到所期望的感染程度（见第 29 章）。饲料、饮水的消耗与投药、科学的饲料配方是营养专家的事，基本原则是保证饲料的质量。家禽吃的是饲料，而不是配方，因而偶尔会出现由于饲料引发的问题，如意外地遗漏掉一种成分、低效维生素添加剂、某种成分发霉或污染了毒素。

在日常疾病控制中，更重要的是饲料消耗量的变化与天气冷热、房舍变化、禽的品种、品系、年龄、体重、产蛋率、饲料能量和纤维含量及饲料成分、颗粒大小等有关。如果上述任何一个因素引起的饲料消耗量降低 $10\%\sim20\%$，则抗球虫药或其他药物的摄入量也会以同样比例减少。反之，由于某个因素而出现饲料采食量增加，那么所有饲料成分，包括药物在内的总消耗量也会升高。

天气炎热时，可能由于饮水量的增加导致摄入过量药物发生中毒。在饮水很少时，例如天气很冷，可能控制不了疾病。此外，有天然水源时，特别是火鸡，从水槽摄入的水量可能很少。很多事件都是由于疏忽、计算错误或是没有考虑采食、饮水量、天气及其他可变因素而剂量过大所造成的。如通过饲料给药，在饮水里加入同种或其他药物时应特别慎重。

生物安全

生物安全即将可传播的传染性疾病、寄生虫和害虫排除在外的安全性，是一个概括性术语，包括防止病毒、细菌、真菌、原虫，寄生虫、昆虫、啮齿动物和野生鸟类等有害生物进入、感染或威胁正常禽群所应采取的一切方法。

读者可参考"禽类生物安全"录像带或 DVD，其内容详细说明了生物安全措施，多种威胁家禽健康的问题及其相应的生物安全措施。这套录像是由美国农业部（USDA）动植物卫生检验服务处（A-PHIS）兽医实验室录制的，可向所在州的 APHIS 兽医办公室索要详细的资料。这些专业化的电影录像带也可从州推广办公室和主要的家禽产业贸易协会那里得到，它们可提供建立生物安全体系的训练图解，对象是工人、经理和业主，来自所有类型的肉鸡、蛋鸡、火鸡、狩猎野禽、种禽场、孵化场、饲料厂、运输和活禽市场等企业的人员均需接受培训。

生物安全体系指南

通常可从大学的推广专家或互联网上获取专门针对养禽业不同部门（运输人员、服务人员、农场主、捉鸡人员及其他人）的疾病预防指南。

传染来源及预防措施

禽群的传染来源各种各样。为了弄清楚为什么要推荐各种预防措施，有必要对传染源和和传染途径作一简要叙述。

人

人的流动、工作、好奇心、无知、粗心大意等，是疾病传入的最主要的潜在原因之一。由于人的感染而散播病原的情况极为罕见，而常见的情况是由于人脚上沾上传染源、使用被污染的设备或者饲养管理太大意，而造成疾病的散播。

鞋是最容易传播疾病的媒介物，但在检查病变和排泄物时，手也会被污染。衣着则会受到灰尘、羽毛和粪便的污染。已经发现至少有一种禽病的病原体（如新城疫病毒）能在人类呼吸道黏膜上存活数天，并已从痰里分离到病毒[68]。

在疾病控制没有被重视的散养家禽场可长期保存某种疾病，对大型生产企业构成威胁；另一方面，由于绝大多数散养禽不进行免疫接种，因而对某些大型商品禽已有抵抗力的疾病，它们则特别易感。某些已在养禽企业根除的疾病，可能长期存在于观赏禽和散养禽中，对商品鸡群构成极大的危胁。因此，商业化生产企业的员工，决不能与家中或其他地方的家禽、伴侣动物、观赏鸟等有任何的接触。

邻居

邻近牧场暴发疾病是一种常见的传染来源。疾病检疫人员在不同鸡场走访也是播散疾病的一种方式。如附近鸡群患有一种新的疾病，最好是通过电话进行讨论。当鸡群正在发病时，应告诫邻居最好不要来访，尽量不要在邻近牧场周围走动。

合同工

鸡场的很多工作需要临时雇用一些工作人员，例如血检、断喙、免疫接种、授精、性别鉴定、称重及转运鸡群等。养禽者或鸡场经理常常不易找到懂得管理家禽的人，所以他需要同那些为许多家禽企业提供勤务的人订立合同。这些人出入于养禽场，并且要同许多禽群接触，应当被看作是传染的潜在来源。这些人必须有严格的预防措施，以保证他们所接触的每一家禽的健康。

来访者

某个区域发病往往与粗心的来访者有关。如果他们不进入养禽舍，就不会感染疾病。

新的或可怕的疾病，其来由往往是令人不解的。世界范围的贸易和旅游正变得日益频繁。人们往往早上离开一个养殖场后，当天就可以到本国的其他地方的另一养殖场、甚至另一个州。有些病原在这种长距离旅行中很易存活。凡是出差的人都必须认识到这一事实，应当在他出差回来时，注意防止将疾病引给请他办事的人、竞争者、朋友、同行的家里或自己的鸡群。

康复携带者

携带者是指从临床感染恢复，但身体的某些部分仍然保有传染性微生物的存在的禽类。虽然它们貌似健康，但传染因子还会继续在体内繁殖，并排到周围环境中。与正被感染的家禽一样可在鸡场内散播疾病，威胁其他的禽。许多常见的疾病都是由携带者传播的。这些携带者在下面几种情况下可构成疾病的潜在来源。

多日龄组禽群

同一养禽场中饲养多种日龄的禽，感染禽和康复携带者很可能酿成严重病害，特别是不同日龄的禽密切接触。能引起慢性感染或康复带毒的病原可通过多种方式传染，包括直接接触传给新引进的易感禽群。当场内还有前一次暴发遗留下来的带毒者时，新进入的青年蛋鸡可能会出现严重的产蛋量下降。应尽量采取全进全出饲养方式。

后备小母鸡

小母鸡一般是由专门的小母鸡饲养者或在蛋鸡场的一个单独的分场饲养到临近产蛋期。这种方式已在养禽业中推广。可是，小母鸡如果已经被感染，并且是康复携带者，而这种疾病在蛋鸡场未曾有过，则有可能成为产蛋鸡场的潜在传染来源。另一种危险是将饲养在不同地方的成熟小母鸡集中到一个产蛋鸡场中饲养，甚至集中到一个全进全出的产蛋鸡舍。这样一来，在某些地区曾被感染的康复携带者可能将某些疾病带给之前在其他地方饲养而未被感染的鸡群。

强制换羽的蛋鸡

生产实践中，为了供给特需市场，满足对蛋品的紧急要求，改善蛋壳质量，或者从经济上考虑，对产蛋母鸡或种鸡进行强制换羽比较常见。保留强制换羽母鸡而不饲养新的后备小母鸡的好处之一是老母鸡不易感染那些在育成期常发的疾病。这些鸡群如强制换羽并饲养在同一鸡舍里就很少有发病的问题。相反，业主如果从许多鸡场收集已产完蛋的母鸡，混养在一个鸡场内进行强制换羽，就有引起发病的危险。因为强制换羽群里任何一只鸡对其他易感群来说都可能是带菌者。

展览种禽

家禽展览会上展出的禽可能接触其他参展的感染禽或无症状带菌禽而感染疾病。接触感染禽可能不会立即发病，回到业主的养禽场后才可能出现明显的症状，之后则成为新的感染源。观赏鸟和狩猎禽的育种者以及计划养禽的青年人（美国未来农场主4－H俱乐部）应当充分注意：参展或参赛后禽类及引进的那些用于特种繁育的接近成熟或成年的家禽是非常危险的。对参展家禽来说，首要的原则是决不能重新回到业主的养禽场。如果有家禽参加展览，应当选那些展览会结束后，可以在市场里出售的个体参展。若参展家禽必须带回去，则应隔离检疫若干周。在某些地区，对参展家禽应进行某些疾病的免疫接种，并请当地的禽病学家或送兽医诊断室进行检测。

繁殖种群

被认为特别适宜作育种用的成年禽群，可能是无症状的病原体携带者，并会成为育种场的感染源。购进的种蛋或1日龄幼雏要饲养在远离养禽场的一个隔离检疫区里，以确认未被感染。

多品种家禽混养

一种家禽对某种疾病可能具有很强的天然抵抗力，但对该病非常易感的家禽来说可能是一个病原携带者。例如，盲肠肝炎只引起部分鸡死亡和虚弱，但给火鸡带来的损失却是灾难性的。因此，即使采用药物作为常规措施防止盲肠肝炎，这两种家禽也永远不能混群；同时火鸡也决不能饲养在肮脏的、最近饲养过鸡的场地上。

此外，支原体无症状感染鸡可传染给无支原体的火鸡，引起严重的窦炎和气囊感染。还有一些病可能对一种家禽危害很小，但对另一种却危害严重。由于同一疾病对肉鸡和蛋鸡造成的经济损失不同，所以最好把这两种类型的鸡分开饲养。

其他来源

兽医院病禽舍

来自不同舍的病禽送进同一医院病禽舍，以后又送回各自场所，带回的不仅是造成它们隔离的那种病，还会有一两种从医院接触到的疾病。因此，病舍不宜用作常规的病禽隔离舍，除非之后要送往诊断室或焚尸炉；如有特殊需要，如观察、养伤、防止互相啄等，则必须暂时安排在原舍内，并且只能把来自同舍的禽放在一起。

散养禽和观赏鸟

与商品禽群一样，观赏动物或为自己家庭提供蛋和肉的散养家禽也能携带并传播疾病。观赏禽也会将某些疾病传染给商品家禽。允许住场业主或雇员有这种业余爱好，对企业有很大的危险。美国许多州禁止斗鸡，但这些斗鸡在美国到处流动，将疾病从一个地方带到另一个地方。有些雇员饲养或经营这些禽类，则可能把疾病引进他们工作的养禽

场。养禽场和孵化厂的业主及其工人必须严防与进口的观赏鸟或迁徙水禽接触，因为它们可能携带对家禽毒力很强的病原，而本身并无症状。

活禽市场

活禽市场常常建于市内。在这里，各种类型、不同年龄、不同健康状态的家禽集中到一起，为市场提供活禽，满足那些希望确信所购买的禽类在屠宰时是活的或喜欢在家里剖杀家禽的小买主们的需要（图1.6）。这类设施很少进行清群、清洁和消毒处理，因而成为禽病传播和蔓延的理想场所。此外，拖运设备和运输汽车很可能在每次使用以后并不进行清扫和消毒。这些在养禽地区往返的运输工具是传播疾病的最好媒介物。精明的经理和业主会把这类买主及其设备与养禽场和办公室隔离开来。已证明活禽市场贸易与禽流感和喉气管炎的传播密切相关。

图1.6　城市活禽市场很少进行清群和消毒，因而容易将疾病传播给新引进的禽。业主有时会有意进行这种活禽市场交易，因为这样利润可能更高，但应注意，与引入强毒所造成的巨大损失相比，这种短期利润实在是少得可怜（引自马里兰大学）

蛋传性疾病

凡是能通过感染母禽受精蛋传给新孵出后代的疾病称为蛋传性疾病。有些病原是在蛋壳和蛋膜形成前进入蛋内，而由蛋内携带的。另外一些是由蛋壳携带或者在蛋产出后穿透蛋壳表面天然小孔进入蛋内。

卵巢和卵泡感染（经卵传递）、腹腔中游离卵子被污染或在输卵管中接触感染病原等都可能导致病原进入蛋内。一旦蛋壳和蛋膜形成后，里面的微

生物便受到保护，不容易破坏。之后便侵害正在发育的胚胎，引起胚胎组织和器官病变。在危害家禽的众多疾病中，只有少数存在经卵传递现象，而种禽的这类疾病大部分已经净化了。

新产蛋的温度在体温降至产蛋箱、禽舍或冷室环境的温度时，蛋内部和外界的大气之间便出现压力差，蛋壳表面的任何液体都会被吸进蛋内。在这种压力差的帮助下，有运动力的细菌能进入蛋壳。这种污染主要来自肠道微生物，特别是沙门氏菌和大肠杆菌，不过其他类型的细菌以及真菌也会被吸入蛋内。有关预防措施见"种群管理"和"孵化蛋管理"。

设备

设备可携带病原和寄生虫。清洁的设备和运输工具也往往会有垫料和粪便的积垢，在执行下一次清洁任务时，这些工具会对别的养禽场和禽舍构成威胁。在另一个养禽场或场区上使用之前，必须把工具上面的垫料和粪便彻底洗掉。对各种交通工具应严加控制，如饲料车、活禽运输车、死禽运输车，以及其他沾有粪便的设备。

经常可在蛋上发现螨，螨可通过蛋箱从一个鸡场转到另一个鸡场。铁丝笼和篮子不会提供螨的藏身之所。蛋盘里那些污染了沙门氏菌的鸡蛋残渣是疾病的一个潜在来源。如能清洁消毒塑料蛋盘，并及时运走空蛋盘和空架子，可减少疾病和寄生虫在鸡场之间互相传播。

条板箱、鞋和运输工具，特别是在小运输车的地板和刹车脚踏板可携带禽痘、传染性法氏囊病病

图1.7 污染的运输工具和设备可携带病原，每次运输活禽之后，应对其进行彻底清洁和消毒，1g鸡粪中可含有足以使100万只鸡感染的禽流感病毒

毒、马立克氏病病毒、球虫、蛔虫虫卵以及其他传染性材料。

人工授精器械，特别是重复使用的授精管，为疾病的传播提供了很好的途径。

捕禽器械上面的羽毛、粪便、血液、渗出物和皮痂也能散播一些传染性物质。捕禽器在用完后或拿到另一个养禽场之前必须洗涤和消毒（图1.7）。

疾病的其他来源

实验室感染

经过兽医人员实验检查后，小家禽业主、业余爱好者或狩猎业主往往把活禽带回家里。活禽在候诊区或诊断室里即使只停留很短时间，也会有很多接触病原的机会。除非在某些特殊情况下（外来鸟、有价值的观赏鸟），一般的家禽是不应当从实验室带回到养禽场去的，因为带回去后可能会发病，成为养禽场新的感染源。这些鸟应被淘汰或剖杀，若为观赏鸟，最好留给私人医师。

某些粗心的实验室工作人员、服务人员或饲养人员可能将疾病从实验室带到养禽场。兽医师的职责是使实验室保持清洁，经常清洗消毒。注意防止疾病从实验室传入养禽场是家禽生产者和服务人员的职责。

啮齿动物

啮齿动物的排泄物可污染饲料和垫料，因为它们经常感染细菌，使养禽场不断被污染，对控制沙门氏菌特别不利。

家庭宠物

和啮齿动物一样，狗和猫也携带对家禽有传染性的肠道微生物。如果这些宠物经常在禽舍和运动场里闲逛，就会对禽群健康构成严重危害。宠物的脚上和毛发可携带被污染的材料。

野鸟

野鸟可携带许多病原和寄生虫，有些可引起野鸟发病，而对于另一些病原，野鸟可能只是机械携带者。必须设法防止它们在家禽养殖区内筑巢定居。动物园进口的鸟类与家禽没有直接接触的危险，因为动物园位于城市，但应当被认为是外来禽病或寄生虫的一种潜在来源。外来观赏鸟类是一个

真正的危险，因为它们分布很广，可能被养禽人员购买回去。已经多次发现，进入或将要进入观赏宠物栈房的进口鸟感染有外国新城疫强毒；至少有一次家禽新城疫严重暴发是来源于此，损失惨重。严格的进口隔离检疫、扣押和销毁病禽可以很好地防止引进病原体携带者，切断疾病的传播，但有可能失控，如非法走私。所以家禽业主必须对个人的观赏动物保持警惕。家鸽也可成为新城疫病毒的传染源。

昆虫

许多昆虫是疾病的传播者，有些是血液和肠道寄生虫的中间宿主；另一些则由于具有叮咬习性而起着机械带毒者的作用。还有一些由于其采食习惯和隐藏地方不同，似乎只作为疾病的贮存宿主将病原从一个禽群传给下一个禽群。

饲料

某些饲料成分可能带有传染性病原，尤其是沙门氏菌，可能是由于原料污染，也可能是在加工或者贮存过程中被污染。饲料消毒方法很多，但会增加产品的最终成本。颗粒饲料在加工中需要加热，可大大降低污染，但不能达到完全消毒的目的。肉粉是最易传播沙门氏菌的饲料成分，避免这种危害只能通过使用植物蛋白成分，根据需要补充一些人工合成氨基酸。如果不方便生产颗粒饲料的话，建议种禽饲料使用这种无肉粉配方。

人员控制

公司和养禽场人员

经理、监督人和业主有时候是违反卫生消毒规则最主要的人员。他们经常参观访问许多不同类型的养禽企业、养禽场等。致病因子是不尊重权威或所有权的。像兽医师这样的人员，必须为工作人员树立一个良好的榜样。最重要的是每个人，包括业主、饲养员、饲料和补给送货人以及蛋、鸡和垫料承运人，还有访问养禽场或工作在养禽场的人都应当意识到自己在鸡场的疾病预防上起着重要作用。可集合工作人员进行职业教育，讨论卫生目标和采取这些措施的原因，这将培养工作人员的这种意识。这和已建立的预防措施同样重要，是利用本章前部分所述的生物安全录像带的一次极好的机会。

在禽舍设计和鸡场布局以及制订生产和管理计划时，最主要的是使每种疾病的预防工作都尽可能简便而有效。任何一种程序如有执行困难，都有可能发生错误。

来访人员和顾客

对于某些类型的养禽企业来说，他们必须向参观者展示其禽群、房舍和工作程序。在这种情况下，必须提供一个观察室、看台或围篱区。这样的一个区域，应与禽舍或孵化室绝对隔开。为了最大限度地确保安全，入口、通道和观察区应与工作区完全隔开。

来访人员如能得到适当安排，同时又能严格遵守卫生规则，那危险性就会降到最低限度。如一定要进入养禽区，必须穿戴保护性服装，除穿着消毒的胶皮靴或其他鞋外，还要穿戴清洁、洗过的或一次性新的工作服和帽子。最重要的是消毒的靴和鞋。塑料靴由于容易被砾石或其他锋利物品刺破而用处不大。因此，只能用很厚（≥5mm）的一次性塑料靴。进入地面饲养的禽舍时，卫生预防措施最为重要，这样可以防止将疾病带入禽舍。

免 疫 接 种

免疫接种的目的

养禽生产中使用疫苗是为了预防或减少野毒感染。疫苗和疫苗免疫程序对免疫效果的影响变化很大。有些疫苗是针对某些地方流行性疾病，可诱导产生高水平保护性免疫力，如速发型嗜内脏型新城疫。这些疫苗毒可以引起温和性疾病，但被认为是合适的和有用的，因为致死性野毒感染造成的后果是很危险的。疫苗和免疫程序的选择应充分考虑风险管理和成本效益。评价或判定一种免疫程序时，必须考虑到当地的条件。

家禽免疫接种的第二个原因是高免疫水平的母鸡可最大限度地将母源抗体经卵传给刚孵化的雏鸡。母源抗体对幼雏的保护作用一般可持续3周，在这段时间内雏鸡的免疫系统发育成熟，如果再接触到具有潜在危害的病毒或细菌时，能诱导有效的主动免疫反应。抗体不会总是能提供完全的保护，但是，对于传染性法氏囊病（IBD）却能达到这种作用。母源抗体对预防和控制 IBD 非常有效。

疫苗的类型

家禽疫苗分为活苗和死苗。疫苗的一般特点见表 1.1[14]。许多病毒、细菌和球虫活苗已有市售。

表 1.1　禽类活苗和死苗的一般特点

活　苗	死　苗
抗原量小，免疫反应依赖于疫苗毒在机体内的繁殖	抗原量大，免疫后不能繁殖
可进行大群免疫——饮水、喷雾	几乎全是注射免疫
一般无佐剂	需要佐剂
对体内存在的抗体敏感	在体内存在抗体时，免疫诱导作用更强
对有免疫力的禽加强免疫无效	对有免疫力的禽，可诱导再次免疫反应
刺激局部免疫反应（气管或肠道）	如果作为加强免疫可再刺激产生局部免疫，但如果不是再次免疫应答，则效果差
有疫苗污染的危险性（污染产蛋下降综合征病毒、网状内皮组织增殖症病毒）	无疫苗污染危险
组织反应——通常在各种组织可发生疫苗反应	无微生物繁殖，因此，不出现反应，体表的反应是佐剂造成的结果
由于多种微生物同时使用可能出现相互干扰（如：传染性支气管炎病毒、新城疫病毒和传染性喉气管炎病毒），联合使用相对受限制	联合使用干扰性较小
产生免疫力快速	一般免疫力产生较慢

活苗的生产技术变化较大。表 1.2 给出了现用于生产活苗的一些常用的方法及该种方法所生产的疫苗。

表 1.2　活疫苗生产方法

方　法	例　子
将强毒接种于不太敏感的靶组织或控制接种剂量	喉气管炎疫苗，泄殖腔途径接种
天然温和型毒株	鸡毒支原体 F 株
强毒株鸡胚传代致弱	传染性支气管炎 Arkansas 株
强毒株的温度敏感突变株	火鸡鼻炎疫苗——禽波氏杆菌
强毒株化学诱变	M-9 禽霍乱疫苗
强毒株组织培养和传代	喉气管炎病毒
强毒株鸡胚传代和组织传代相结合	传染性法氏囊病 Lukert 病毒
病毒噬斑克隆筛选	新城疫病毒 LaSota 克隆疫苗
根据体内繁殖特点筛选亚群	艾美耳属的早熟株
在引起疾病可能性最低的日龄接种毒力相对较强的微生物	禽脑脊髓炎病毒

活疫苗在世界范围内广泛应用，常用于群体免疫，并且比较经济。活苗产生的免疫一般持续时间较短，尤其是初次免疫后。但有些疫苗例外，如喉气管炎、禽痘和马立克氏病疫苗。

注意活苗的贮藏、稀释、使用剂量和使用方法。活疫苗一般避光贮存于冰箱的冷藏区。对于细胞结合性疫苗，如马立克氏病疫苗，液氮冻存可保持和延长细胞培养物的活力。已注册的活苗均在瓶上印有产品的有效期，如果按照标签说明进行贮存，在有效期内，可以保证达到推荐的最小剂量。活疫苗的有效期差异很大，但大多数注册的活疫苗有效期一般在 18 个月到 2 年。活苗的稀释方法差异也较大，大部分推荐使用水溶液稳定剂，如脱脂奶粉。水溶液稳定剂可降低氯、金属残余物及高温对疫苗毒的一些不良影响。细胞结合性马立克氏病疫苗一般有专用的稀释剂，目的是为了保持在稀释和接种疫苗期间疫苗培养物的活性。疫苗免疫剂量与所用的疫苗毒、禽类的遗传背景、日龄、体内存在的抗体及所采用的免疫方法有关。活苗要得到生产许可，一般都要用 SPF 来航鸡进行疫苗保护性试验，这些鸡体内不存在特定病原的抗体，并处于疫苗使用说明中推荐的最小年龄，每种疫苗在即将失效时必须保证达到所要求的最低效价。从上面分析的情况可知，疫苗也存在一定的变数，所以临床兽医和保健人员应根据当地情况调整疫苗的使用剂量。对疫苗的一些变数考虑不周，可能导致严重的疫苗免疫反应或免疫保护不充分。最后应注意，如果选择使用活苗，就应考虑禽舍的环境条件及当地的疾病发生情况。

随着遗传工程的发展，出现了活病毒和细菌载体疫苗及基因缺失苗等第二代活疫苗。这类重组疫苗利用活病毒或细菌作为载体装载编码其他病原的保护性抗原基因，接种后可产生对这种病原的免疫力。这类疫苗有表达禽流感 H5N2 基因的重组禽痘病毒疫苗[9]、表达新城疫病毒抗原的重组禽痘病毒[13]、表达传染性法氏囊病病毒抗原的禽痘病毒疫苗[7]及表达传染性法氏囊病毒抗原基因的杆状病毒载体疫苗[69]。细菌载体疫苗包括大肠杆菌[32]和沙门氏菌[54]，分别表达球虫和大肠杆菌抗原。鼠伤寒沙门氏菌基因缺失突变株疫苗可降低沙门氏菌感染[20]，现已商业化生产了。

与对照组相比，重组疫苗和基因缺失疫苗在试验条件下对病原的攻击有一定的保护作用，但临床应用效果和成本仍有待确定。传统疫苗可能存在将病毒扩散给敏感群的可能，有时难以控制，在这方面重组疫苗就能发挥其优势。此外，使用重组疫苗还可区别疫苗免疫和野毒感染，有利于疾病（如喉气管炎）的净化。载体疫苗要获得联邦生产许可证，必须阐述重组病毒或重组菌的遗传和表型稳定性、宿主范围或组织嗜性的变化（与亲代微生物相比）等[41]。

禽类所用的灭活苗或死苗一般是全细菌或全病毒加佐剂制成，经皮下或肌内注射来接种。常用于商品蛋鸡和种鸡，刺激产生长期的免疫力，或维持长时间的针对特定抗原的抗体水平。灭活疫苗一般由水相和油相两种成分乳化成均一的液体。抗原物质存在于水相，油相主要是增强禽类对抗原的反应。不同疫苗的抗原与佐剂的比例差异较大。这种比例一般与佐剂、抗原、黏稠度、免疫反应和组织反应特性有关。矿物油是最常用的佐剂，氢氧化铝一般用于具有严重反应的灭活疫苗中，如禽霍乱疫苗和传染性鼻炎疫苗。佐剂技术在不断的发展，植物、鱼和动物油可作为佐剂来生产低黏稠度、高免疫原性的疫苗[63]。应避免将这些灭活疫苗注射到人身上。已有报道，意外将这种疫苗注射到人的手指或手上引起了严重的外伤，注射部位出现肿胀、发红及疼痛，并且该部位的功能会受到影响。应立即接受治疗，同时应告诉主治医生灭活疫苗的病原成分及所含的佐剂。

DNA疫苗是一种全新的疫苗，它出现于20世纪90年代末期。疫苗使用后，可同时获得体液免疫和细胞免疫，这一特点与活苗相似，与活苗或载体疫苗联合使用相对安全。已研制了禽流感、新城疫病[24,56]及鸭乙型肝炎[67]DNA疫苗。尽管DNA疫苗有前途，但要商品化仍存在技术和成本方面的问题。

疫苗免疫途径

疫苗使用不当是免疫失败的最常见原因。随着全世界养禽业的发展，摆在人们面前的问题是如何提高疫苗的免疫效果和降低成本。在商品禽中，最常用的免疫方法包括：17～19日龄胚胎免疫、1日龄雏鸡皮下或肌肉接种、雏鸡喷雾免疫、滴鼻和点眼免疫、饮水免疫、刺羽及皮下或肌肉注射。

胚内免疫

胚胎免疫可在种蛋从孵化器转到出雏器的过程中进行。在蛋壳上戳一个孔，在气室底部的膜下面注射疫苗，马立克氏病疫苗常用此方法。落盘的胚胎日龄不同（一般17到19天），约25％～75％疫苗（0.05mL）注射到胚胎的颈部和肩部，其余25％～75％的疫苗注射到胚胎的其他部位[27]。最初的马立克氏病疫苗胚内免疫试验显示，保护力的产生比出雏后免疫早[58]。在美国，超过80％的肉鸡采用胚内免疫马立克氏病。与1日龄免疫相比，采用这种方法的主要原因是节约劳动力[66]。三个人操作一台卵内注射机（Embrex Inovoject egg Injection System，Research Triangle Park，NC）一般每小时可接种20 000～30 000枚胚（图1.8）。这种免疫方法会在出雏最后几天的鸡胚上留下一个孔，如果卫生条件差的孵化厂，由于出雏器中细菌或真菌感染，会导致幼雏早期存活率低。孵化厂应认真防止曲霉菌污染，这样才会保证卵内注射系统的成功使用[71]。

图1.8 现代化孵化厂中的卵内免疫注射系统

1日龄皮下或肌肉注射免疫

马立克氏病疫苗通常在1日龄免疫接种，于颈背部皮下注射0.2mL疫苗或腿部肌肉注射0.5mL疫苗。世界上许多地方，使用自动免疫注射器进行颈部皮下接种。一个熟练的操作者每小时可免疫1 600～2 000只雏鸡。一般使用20号针头，因为小号针头会阻碍细胞疫苗的流动。针头在使用过程中要更换几次，以防止钝针头或弯曲的针头对雏鸡造成损伤。雏鸡的位置不合适或针头弯曲会导致雏鸡颈部肌肉或颈椎损伤。疫苗中一般混有染料，是为了使注射后可看到颈部皮下的疫苗。免疫接种后抽查几盒鸡（每盒100只），仔细检查每一只鸡皮下被染的颜色以评价免疫接种技术。漏免最常见原因是操作者做得太快，疫苗还未注射到合适的剂量就从鸡体内拔出了针头。

孵化厂喷雾免疫

孵化厂一般使用喷雾盒进行喷雾免疫，每次放入一盒雏鸡触动开关免疫一次，或在自动化孵化器中使用流水线式喷雾箱，当鸡盒以固定的速度经过时向它们喷雾免疫。这两种方法均效仿点眼免疫，一般用于新城疫、传染性支气管炎病毒和球虫疫苗免疫。只要雾滴在$100\sim150\mu m$，喷雾免疫的效果一般都很好。雾滴大小非常重要，相对湿度低，雾滴到达鸡体时的颗粒大小就会降低，可能导致雾滴太小。直径不超过$20\mu m$的小雾滴可进入到呼吸道的深部，如果是呼吸道病疫苗可能会引起免疫反应过强。新城疫和传染性支气管炎疫苗一般每100头份疫苗溶于7mL蒸馏水中，但用水量可能稍微有一些变化。球虫疫苗一般用的蒸馏水较多，约为每100头份疫苗用20～25mL蒸馏水。禽类在喷雾免疫后立即会自己或相互之间梳理羽毛，尽管没有数据证明，但有人认为这对产生免疫反应很重要。

养禽场的喷雾免疫

尽管封闭节水系统逐渐被人们所接受和使用，但要通过饮水获得有效的免疫会增加劳动成本。呼吸道疫苗的喷雾免疫（新城疫和传染性支气管炎疫苗）逐渐被普遍使用。这种免疫方法所用的喷雾设备一般源于杀虫剂技术。与孵化厂喷雾免疫一样，这种方法也是效仿点眼免疫技术设计的，避免了免疫人员逐个地对禽舍中的每一只禽进行免疫。

一般用蒸馏水稀释疫苗。所选择的喷雾器不同，用水量不同，比较普遍的推荐量为每20 000只免疫鸡用5加仑（22.7L）水。许多鸡场偏向于早晨先免疫鸡群。应关闭排风扇，将光线调到尽可

能暗的程度，只要不影响免疫人员在鸡舍中的行动即可。在地面平养鸡舍，如果有其他人员可以帮忙，当免疫人员缓慢地在一边喷雾时，此人可以帮他把鸡群分开。如果可能，免疫后打开排风扇调到最低风速持续15min。

有效的喷雾免疫技术应让禽接触雾化的疫苗5～10s。最好是在禽舍缓慢地穿过，喷雾相对较粗的雾滴（颗粒大小为$100\sim150\mu m$）。每次免疫可眼观评价喷雾方式，观察分布是否均匀及喷雾姿势是否一致。雾滴大小可按表1.3所列各项粗略估计[62]。

表1.3 雾滴直径大小的眼观分析

参照	直径（μm）
湿雾	25～40
可见雾滴	50
雾状雨	50～100
小雨	200～400

孵化厂或养禽场的滴鼻或点眼免疫

尽管滴鼻或点眼方法免疫效率高，但劳动强度大，一般用于呼吸道疾病疫苗的免疫，如喉气管炎病。这种方法滴在鼻或眼中的稀释疫苗约为0.03mL。这两种技术一般均需要免疫人员在疫苗滴入鼻或眼后有短暂停顿。在稀释液中加入染料，通过观察鼻或眼周围的颜色可以检查免疫的质量。免疫鸡一般在喙、鼻裂周围或舌边缘可见有颜色。

养禽场的饮水免疫

饮水免疫是商品化养禽场普遍使用的一种免疫技术。免疫前两天，饮水系统应做好适当的准备，去除所有消毒剂，如氯。最好使用较稀的脱脂奶粉水溶液冲洗饮水系统来缓冲残余的消毒剂，一般50加仑（227L）水加1杯脱脂奶粉[16]。这种缓冲作用对于疫苗饮水免疫非常重要。

免疫前停水约2h，使禽群达到轻度口渴的程度，这样才会取得最好的效果。停水时间变化较大，与气候因素有关。从第一只鸡饮加疫苗的水到最后一只饮水之间持续约2h说明渴欲控制在最佳状态。一般所有的鸡在2h均能喝到加疫苗的水，即使较弱的鸡也有足够时间饮到加疫苗的水。这些需要根据气候的变化不断地进行调整。

翅下刺种免疫

翅下刺种免疫需要对鸡群逐个进行免疫，但相对较快。有两种较常用的刺种工具。第一种有约3cm长的塑料把，顶端有两根坚硬的不锈钢尖头叉，约2cm长，针尖端均有一个斜面。第二种是一种较新的工具，称为格兰特接种器（Grant inoculator）。这种工具能蓄积一定量疫苗，常用于禽痘或禽霍乱的免疫，接种针在疫苗溶液中蘸一下，就会沾上一头份疫苗。两种工具针头可将约0.01mL的疫苗接种到鸡的翅蹼上。翅蹼是羽毛、骨头或肌肉相对较少的区域。免疫人员拿着接种针，将针尖完全刺穿翅上的两层皮肤，接种针首先从翅蹼下边的皮肤进针。通过针孔接种疫苗，不出血或很少出血，7～10天后可触摸翅蹼疫苗接种部位是否有结节状疤块或肉芽肿来检查翅蹼免疫的质量。由疫苗所产生的这种结果一般称作"吸收"（takes）。免疫质量合格的话一般有95%～100%被"吸收"。

皮下或肌肉注射免疫

皮下和肌肉注射免疫常用于开产前的后备种鸡和商品蛋鸡。这些疫苗一般推荐在开产前4周使用，尽量降低免疫对产蛋性能的不良影响。皮下免疫接种一般使用长1/2in（约1.27cm）的18号针头注射到颈部。最好是在头和肩部之间的中间区域，接种人员可以将皮肤提取，针头朝鸡身体方向将疫苗注射到皮下。肌肉注射免疫采用长1/2in（约1.27cm）的18号针头将疫苗注射到胸部或腿部肌肉。胸部肌肉注射时如果将疫苗注射到胸骨外侧2～3cm的表面肌肉内是最安全的。如果保持45°角进针，可以避免刺穿体腔或刺伤肝脏等事故发生[35]。腿部注射免疫部位通常是外侧腓肠肌。两种肌肉注射方法，乳剂在免疫部位残留均会存留较长时间[21]。鸡肉中所残留的疫苗乳剂与许多因素有关，包括疫苗抗原和佐剂。在进行注射免疫之前，一定要注意该批禽是否将作为肉用禽。

免疫失败

有许多原因可引起免疫失败，但最为常见的则是使用不当。有些活苗，如马立克氏病疫苗很容易被灭活，如果不能完全按照制造商的操作程序，病毒往往在使用前即已失活。同样，活苗饮水免疫如果操作不当或水中的消毒剂未被去除，疫苗则可能会被灭活。经肌肉或皮下注射的疫苗，若注射部位不正确，同样可导致免疫失败。

免疫失败最常见原因是疫苗运输不当，但是，还有许多情况是疫苗本身不能提供合适的保护。野毒的毒力极强，而疫苗又过度致弱，在这种情况下，鸡群的免疫接种是有效的，但产生的免疫力不足以完全抗御疾病。许多传染性病原存在多种血清型，疫苗的血清型与野外流行的血清型不同，对野毒感染不能提供有效的保护，结果导致免疫失败。传染性支气管炎野毒的血清型与疫苗血清型不一致引起的免疫失败并不少见[8]。

管理因素对防止免疫失败非常重要。如果一个养禽厂在引进每批家禽时不进行彻底清洁消毒，病原因子逐渐积累，某一特定病原量达到一定程度，即使正常的有效免疫程序也不能提供保护作用。种禽的免疫状态亦直接影响到免疫效果。如果种禽可为其后代提供高水平的母源抗体，在头两周免疫接种的疫苗可能被中和。因此，在确定幼雏的活苗免疫时机时应考虑母源抗体的状况。

某些传染性病原和霉菌毒素具有免疫抑制作用，可引起免疫失败，引起鸡群严重免疫抑制的致病因子包括：传染性法氏囊病病毒（见第7章）、传染性贫血因子（见第8章）、马立克氏病病毒（见第15章）等。实验证实，黄曲霉毒素可引起免疫抑制，导致机体对疾病抵抗力下降（见第32章）。

免疫程序监测

用于免疫程序效果评价的方法有较大差异，但一般都涉及总体健康状况。一般把无发病和死亡作为免疫成功的标准。在有强毒（如嗜内脏速发型新城疫病毒）流行的地区，如果有临床发病或死鸡，免疫程序显然是无效的。然而，在世界上大部分地区，没有一个通用的理想的免疫程序。这种情况下，有效的免疫应尽可能将疾病造成的危害降到最低而且尽可能发挥最大的生产效率。

许多免疫程序可能获得了高水平的保护力，却不利于生产效率的提高，并且成本昂贵。兽医和保健专家的目标就是尽可能对这些标准进行有效的平衡。

生产性能参数

一般用来衡量鸡群总体健康状况（包括免疫程序效果）的度量参数包括：孵化淘汰率、7 日死亡率、14 日死亡率、最终成活率、饲料转化率、增重率、淘汰率、产蛋量和蛋的质量。这些度量参数中大部分是标准的，或公司通过自己历史数据的比较分析建立起来的。至少在美国，农业部农业统计局国家农业统计部门每月会公布国家统计报告，如 Agristats（AgriStats, Fort Wayne, IN）、Agrimetrics（Agrimetrics Associates, Inc, Midlothian, VA）及政府统计报告，如禽类屠宰报告。另一种能超时使用的度量参数是抗生素和抗寄生虫药的使用。尽管影响度量参数因素很多，如管理的改变和气候的变化，但这些参数作用仍是评估全群健康状况和免疫程序效果的必要组成部分。

现场检查

健康调查[6,33]，包括剖检样品的眼观和组织学检查，以及在可控制条件下进行攻毒保护试验[46]均可对疫苗的免疫效果进行评价。攻毒保护试验最常用于检查传染性法氏囊病高免母鸡对肉仔鸡的被动保护作用[46]。如果抽查的雏鸡群的样本量足够的话，可以确定免疫效果和趋势。

血清学监测

血清学监测[60]仅在生产管理中有效。如果所选择样品数足够大，采用特定的免疫程序，在特定的地方、特定的鸡、使用特定和相同的操作技术，而且样品一直由一个特定实验室处理，经过一段时间的分析就可建立标准基线。一旦基线建立，就可确定鸡群的血清学数据是分布在基线的上面还是下面。

对于肉鸡和火鸡群，在屠宰加工时按规则采集样本，测试血样即可进行有效的监测。这种血清学检测可建立起由于免疫接种抗体效价和野毒感染所引起的抗体效价基线，因此，平时所见的抗体水平的变化可能表明疫苗免疫效力下降或出现野毒感染。定期进行血清学监测有助于甄别过去从未在该地区出现过的新病原。

在鸡群转入产蛋舍之前应进行血清学检测，同时在整个产蛋期要进行定期监测。这样可评估疫苗免疫效力，也可监测到野毒感染。对于种鸡的监测，应按蛋鸡程序进行，如发现种鸡抗体效价过低，可在产蛋期加强免疫，以提高其子代母源抗体水平。

血清学结果的解释

一般情况下很难区分疫苗免疫和野毒感染产生的抗体。唯一可能的区别是野毒感染所产生的抗体效价稍高于免疫接种产生的抗体。合理解释血清学结果需要掌握禽群的免疫接种史。

通常情况下，家禽免疫 1～3 周后可在其血清中检测到抗体。因此，在疾病暴发中期采集血样完全有可能测不到针对病原的抗体。同一禽群，在 2 周后检测，血清抗体的效价可能会很高。在禽群发生一种未知疾病感染时，比较有效的诊断是采集急性期和康复期双份血清样本进行检测。如果疾病暴发初期采集的血清中针对所怀疑病原的抗体阴性，而康复后不久所采血样若为阳性，再结合临床症状与病变，可做出定性诊断。在解释血清学结果时，最为重要的概念是，一次血清学试验阳性只能说明该禽群在其生命周期中曾感染过某病原。

不同的实验室经常使用不同的试剂或采用不同的血清学检测方法。将不同实验室所测定的抗体效价进行比较，有时可能会出现一些混乱。一项检测试验，最好是用一个实验室的标准，这样，阴性、高效价、低效价的标准就会一目了然。经训练并随着经验的积累，生产经理也可熟练地解释血清学结果。

建立禽群档案

当今的疾病往往是一个禽群在不同阶段出现的各种亚临床疾病的汇集。要不断收集有关血清学数据和其他多种病原资料作充分分析，这就要求进行专业细致的组织。对这些资料进行系统的、图表化归纳总结通常称为"禽群建档"（"flock profile"）。酶联免疫吸附试验（ELISA）技术有利于这类档案库的建立，因为这项简单的基本检测试验系统可用于监测多种疾病[59]。

Snyder 等[61]对 ELISA 值与鸡群生产性能的关系进行了分析。Mallinson 等[39]结合大体和组织病理学资料，阐述了鸡群 ELISA 检测结果图表的制作及其诊断意义。这一方法已广泛用于流行病学调查、临床研究和质量控制。基础资料库的建立可用于衡量免疫接种的效果，而一旦临床出现问题时，还可以显示与正常值的偏离情况。现在可买到一些用于禽群建档操作系统。如果能对这些资料和图表（图 1.9）进行很好的回顾分析，结合诊断人员的兽医知识，可进一步提高档案资料的价值。

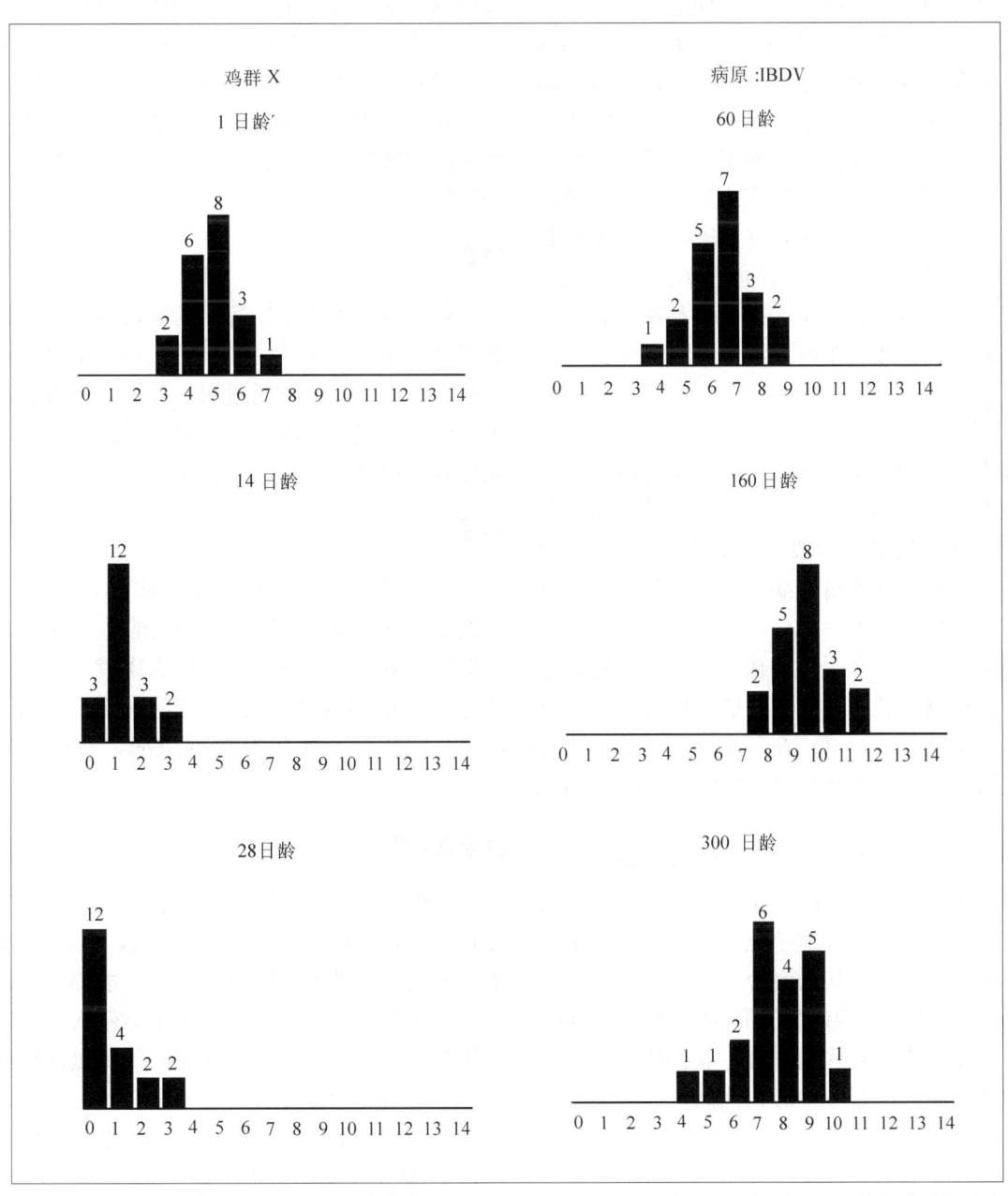

图 1.9　肉种鸡群免疫接种传染性法氏囊病疫苗后 1、14、28、60、160 和 300 日龄时 ELISA 效价的时间分布图：X 轴的数值代表 ELISA 效价组，0 组抗体效价为 0，1 组效价为 1～350，2 组为 350～1 500，3 组为 1 501～2 500，4 组为 2 501～3 550，以此类推，14 组效价高于 12 500，柱形线上面的数字代表样本数

环境卫生

禽舍周围的场地

啮齿动物的控制

堆积废料和废弃设备的地方是大鼠、小鼠、黄鼠等藏身和繁殖的良好场所，它们能成为疾病的贮存宿主并通过其排泄物污染饲槽。一般来说，啮齿动物不喜欢穿过没有防护遮掩的开放空间，房舍之间设计20m宽的低草坪或石子路足以避免啮齿动物由周围环境窜入禽舍。贮藏槽中散落或剩余的饲料对啮齿动物很有吸引力，吃完之后，它们就要寻找任何可能的途径进入禽舍，并与家禽发生密切接触。即使禽舍是防鼠的，它们的排泄物还是会通过鞋沾染进来。一旦禽舍中有大批啮齿动物出没，要想清除它们，就要较开始时设法避免困难得多。

昆虫的控制

许多寄生虫和致病因子可在禽舍中的昆虫内一代一代地隐匿下去（如马立克氏病），或者需要某种昆虫完成其中间发育阶段（如绦虫），或者通过机械性方法或叮咬（如禽痘病毒）在禽间传播，因此防虫也是环境卫生的一部分。

禽舍防虫方法很多，包括在周围铺一圈处理过的土壤防止植物生长，表面铺一层坚硬的材料或在周围种上刈割良好的绿草；在禽舍周围喷洒杀虫药也能防止昆虫孳生，这些方法还可减少禽舍周围火灾。

在进行清洁卫生时，最好是在鸡群转出后，立即向地面、垫料和禽舍喷洒杀虫药，作用几天后再进行清洁消毒，以便有效地杀死昆虫。这对于前批育雏中曾发生过虫媒疾病的禽舍尤其重要。禽舍在清洗后，应该用具有后效作用的杀虫剂再喷洒1次，以防重新孳生。有些地方有专业化的、综合控制啮齿动物和昆虫的服务中心，他们可提供廉价而便利服务。

死禽处理

感染疫点

死亡家禽的尸体是本场或其他鸡场的感染来源。同样，无法救治的病鸡可不断向环境排出传染性病原，必须从鸡群中清除，并采取不流血或不遗漏排泄物的方法加以扑杀（见"诊断程序"）。不论是死于严重的临床感染还是正常死亡的尸体都要采取下列方法之一加以处理，以防疾病扩散。

烧煮或炼油

像处理家畜尸体那样，新死的禽也可以炼制成肥料或其他产品。炼制温度必须达到灭菌的程度。运输尸体卡车的垫衬应进行清洗、消毒。装载尸体的容器必须采用蒸气清洁和灭菌。还要提醒大家应当记住，对于经营或承包尸体运输的人如果不采取严格的预防措施，就有可能从某些发病地区带入另一种疾病。

焚烧

焚烧是消灭传染性病原的最可靠方法。市场上有许多种无烟、无臭的焚尸炉出售，很昂贵，但从某些方面讲，却很方便适用。各种类型的自制焚尸炉也很好，但会造成空气污染，带来恶臭，不可能满足政府对空气污染标准的要求。

掩埋

对于那些死亡严重、给尸体处理带来一定困难的养禽场，如果当地环境法规允许的话，可挖一深沟掩埋尸体，这样其他动物就不会吃到了。最好也是最容易的方法就是挖一个深而窄的沟，把每天收集到的死禽投放到里面，然后覆盖，到装满为止。

坑或池处理

对少量死亡和正常淘汰的鸡，可采用分解坑（图1.10A），也可以修建较大的，但必须注意位置，不能污染供水，坑顶或边墙不能塌方，动物不会向坑里打洞，蝇和其他昆虫不能侵入，最重要的是儿童们不会跌落进去。顶盖必须用焦油纸或塑料封闭，必须能承受1ft（30.5cm）厚泥土覆盖的压力。地下水位较浅的地方（三角地、低地、海岸线），挖地下坑就不太方便。

堆肥

马里兰大学研究出一种处理方法，是利用需氧菌、嗜热细菌成批处理家禽尸体[43]。稻草、家禽尸体、粪便和水分别按 1∶1∶1.5∶0.5 的比例混合（每一层加 1/3 的水），这样可迅速分解且无臭味。堆肥很快加热，温度达 62.8～73.9℃，14 天内可完全处理软组织。堆肥的结构和操作程序很简单（图 1.10B）。病原存活检查表明，该处理过程是生物学"清洁"。试图分离大肠杆菌、沙门氏细菌和传染性法氏囊病病毒等，结果均为阴性。堆肥的方法可能是比传统死禽处理方法更为有效的一种方法，特别是在地下水位接近地面的地方尤其适用。

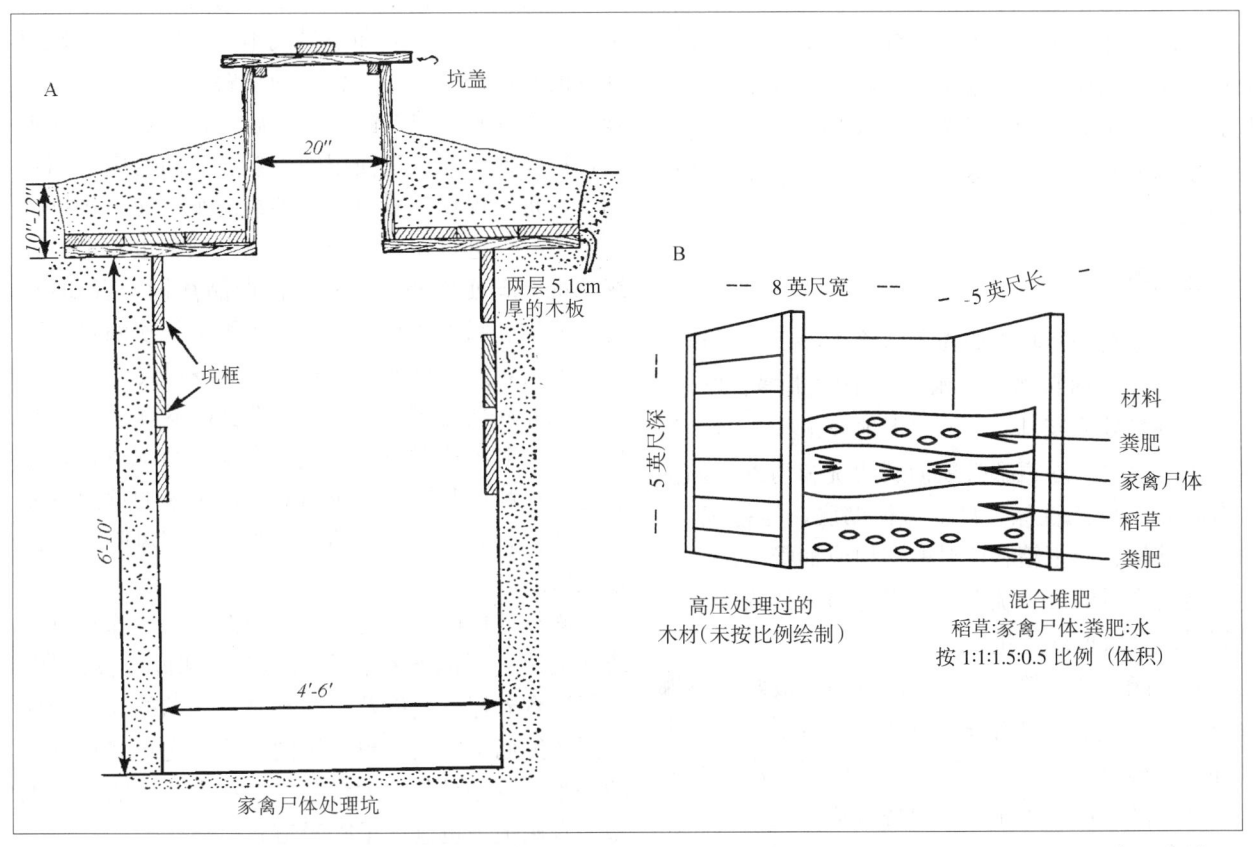

图 1.10　A. 家禽尸体处理坑，这种坑的大小可根据实际需要而设计；B. 地面简易家禽尸体堆肥箱，容量为 200ft³（5.7m³），5 个这种箱每天可处理 1 000 lb（约 454kg）尸体（马里兰大学家禽科学系）

禽舍和运动场

清洁禽舍

清洁卫生的环境是防止各种因素引起疾病暴发的一个有效保证。在禽舍和设备清洁、消毒之后，病原体会由鞋带进，或者总的卫生计划中某一步骤没有执行，某一个感染点可能被保留下来，因而严格的卫生工作并不总是完全有效。

垫料清除

禽舍清群后，在清洁消毒前应先将垫料或粪便清除掉。随着大型专业化养禽场的发展，合理、经济地处理垫料和家禽粪便已成为一个严峻的问题，没有一个明确的解决办法。一般的方法是先把它们运到远离禽舍的地方，使昆虫不会爬回或飞回舍内，并使其干燥，然后进行堆肥或撒到地上，翻进土里。带鸡清洁消毒时，则应注意工作人员、卡车和设备是否曾在另一个有疾病暴发的鸡场工作过或用过。

某些疾病的性质，可能决定了要对垫料采取某些额外的预防措施，如完全浸湿或用消毒剂浸泡、延期清除、掩埋、焚烧等，即使有时造价很高也要执行。有机废物或垫料不论采取哪一种处理方法，都必须考虑到处理过的有机废物再撒到地上时，所用化合物对植物的后效作用。对大多数致病因子来说，垫料或粪便经过堆肥就会被杀死。不论对垫料采取何种措施，人们必须意识到，垫料散落或堆放的地方，总会成为窝藏病原的地方，其持续期可长可短。

室外运动场

对于室外放牧场，如火鸡和狩猎野禽牧场，应刨去表土，运至远离家禽的地方。日光和土壤活性的长期联合作用可杀死大多数病原。可利用一切有效措施杀灭病原。清除残余有机物，如堆积的树叶和粪便可减少对以后各批禽类的威胁。最好是轮换使用牧场或脏的庭院，这样可以空置一个完整的生产周期。

清洗和消毒

一旦垫料和笼具里的粪便清除干净，那些清洁和运输工具、饲料槽、饮水器、蛋收集器、墙壁、地面、栖息处或笼具、室外水泥地或吊挂式运动箱以及进入禽舍的通道都必须彻底清洗和消毒。如供水有限而不可能洗涤，只要做得彻底，能把表面、角落、壁架、产蛋箱和饲料槽刮扫或抽吸干净，干洗也能达到目的。干洗表面所用的消毒剂的用量必须超过水洗表面的用量。

只要能达到有效清洁消毒的目的，最好在不挪动设备的情况下，对禽舍加以清洁。否则，应撤离全部可移动设备，用水浸泡，然后彻底洗涤，并使其干燥。高压水龙头能有效地将设备清洗干净。凡是不能移动的设备，应就地清洗，随后把禽舍内壁全部洗净。如禽舍在建设时就考虑到如何有利于清洗，操作起来就很容易。不然的话，就有可能完全失败，或者要费很大气力和成本。一个大的水泥台，配备一些架子和高压水龙头，则是清洁和存放设备的好地方。

清洗后，就要按程序进行消毒（见"消毒剂"一节）。现在有许多品牌的好的消毒剂可供选择，必须按照制造商的说明选用。重要的是，在用消毒剂之前表面必须清洁干净。有积垢的表面施用消毒剂均无效，会造成浪费。消毒剂会很快地被脏物里的有机物灭活，并且作用不到脏物底下的病原。彻底清洗可以把房舍和设备上的大多数病原清除掉。清洁表面，使得消毒剂能作用于残余的病原。在引进家禽前应空舍2～4周，这是防止疾病留存的又一个保证，但空舍只能作为一种辅助手段，不能代替彻底清洁、洗涤和消毒措施。

积存的垫料和未清洗的禽舍

商品禽饲养者要求雏鸡和小火鸡没有经蛋传播的疾病，不要因为孵化场和运送过程中卫生消毒不力而感染病原微生物。要维持这一无病状态，最好把新的健康群放在干净和消过毒的禽舍里，垫料新鲜而干净。由于劳力和垫料成本高，提供这些理想环境的费用是昂贵的。合适的垫料日益匮乏。为了降低成本和解决垫料匮乏的问题，在饲养肉用仔鸡时，往往连续几批鸡使用同一垫料，因为肉鸡饲养期短，每一鸡场饲养单一年龄组的鸡，使得每批饲养结束后可进行完全清群。火鸡育肥舍也常常是连续几批火鸡使用同一垫料。但商品禽饲养者知道，禽舍清洁和消毒还是必要的，否则会把疾病带给下一批家禽，随时可能造成较大的经济损失。

饲养周期超过18个月的产蛋鸡不宜进行垫料再利用，对种鸡群也不合适。在任何情况下，凡是要进行垫料再利用，就应当对可能带来的危险有充分的认识，并采取有效的防病措施，把风险减少到最低限度。

必须使用旧垫料时，保险的做法是清除掉有结块或大块粪污的垫料、聚积的羽毛和腐败禽尸体。在保温育雏器下面以及1周龄雏鸡活动的地方加放一层新鲜而干净的垫料。用同一垫料进行多批育雏的一个缺点是会积聚大量灰尘，吸入灰尘的同时细菌和真菌孢子也进入了呼吸道。

消 毒 剂

消毒就是清除致病性物质或微生物，或使微生物失去活性。消毒剂主要是指能消灭感染性因子（致病微生物），或者能使其失去活性的药剂或物质。消毒作用是指消灭致病微生物的过程。清洁卫生就是减少微生物的数量和防止微生物增殖。

消毒剂的特性

一种理想的消毒剂应该：成本较低、在硬水里很容易溶解、对人和动物比较安全、容易买到、对容器和纤维织物没有破坏性、在空气中稳定、没有令人讨厌的或持久的气味、没有残留毒性、对多种感染性因子都有效、消毒剂的任一成分都不会在肉或蛋里产生有害积累。要使任何一种消毒剂既有效，用量又经济，那么必须先用肥皂或清洁剂将所要消毒的物体表面进行彻底擦洗除尘，去除污垢和有机物质。只要这些基本清洁条件得到满足，许多消毒剂都是非常有效的。

消毒剂的类型

许多消毒剂的成分相似而商品名称不同。在购买一种不熟悉产品之前，应与熟悉的产品的类型和价格进行比较。应严格按照制造商的说明进行稀释并参考各种消毒剂和消毒方法的完整资料[12,52]，也可参考关于消毒剂及其用途的其他资料[28,48]以及药理学和治疗学方面的教科书。

已证实几种商品消毒剂可杀灭速发嗜内脏型新城疫病毒[73]。美国环保局的一个清单上列举了99种已批准可用于禽流感病毒消毒的商品消毒剂，上面列有产品名称、基本配方、稀释剂，并有销售商或制造商的名称、地址和电话号码。

酚（石炭酸）

酚是从煤焦油中提炼的一种化学物质。纯品呈无色针状结晶，具有人们所熟悉的特有气味（来苏儿药皂）。通常以水溶液形式出售，用于普通禽舍成本太高。但是它是确定各种消毒剂酚系数的基础（同酚相比，对所测试的微生物的相对杀灭能力）。O'Conner 和 Rugino[45]曾对酚类化合物作过全面的评价。近年来已开发了许多含酚类化合物的商品消毒剂，价格不高，在养禽生产中使用范围更大。有些在干燥后还具有后效活性，能在其喷洒面上继续保持对细菌和病毒的抑制作用，这是它的一大优点。

煤酚

煤焦油产物的煤酚提取物是在化学上同酚关系密切、杀菌性质相似的一类化合物，为黏稠的黄色或棕色液体。能同水混合，但溶解度很低。与肥皂混合构成许多商品消毒剂的基本成分。

双酚类

双酚类是由两个酚分子，通过各种化学键加以改造和连接构成的化合物。卤元素，特别是氯，与双酚类化合结合可增加其效力。有些氯酚物质具有高度抗真菌活性。双酚类经常同消毒剂里的其他酚类化合物结合使用。有关于这些化合物的其他资料可供参考[45]。

松油

松油作为消毒剂，其效果令人满意。它的优点是对皮肤的损伤作用比煤酚化合物要小，气味也不那么难闻，事实上还令人感到比较愉快，因此人们愿意将它用在办公室和卫生区。由于它不溶于水，通常同肥皂或其他乳化剂制成乳剂使用。

次氯酸盐和氯化石灰

氯是所谓次氯酸盐消毒剂的基础，约含70%的有效氯。次氯酸盐[22]有粉末和液体两种形式，粉末含次氯酸钙和次氯酸钠，它们同水化磷酸钠结合在一起；液体形式内含次氯酸钠。氯化石灰（漂白粉是由熟石灰饱和氯气构成的），是最早公认的消毒剂之一，但在许多情况下，已被更易获得的次氯酸盐所取代。

内含次氯酸钠的产品，基本上都是液体，浓度从1%～15%不等。可将15%溶液用水稀释至5%溶液，作为漂白剂和消毒药。次氯酸盐的杀菌能力取决于溶液里有效氯的浓度和pH值（酸碱度），或者所形成次氯酸的量。pH值的影响甚至比有效氯浓度的影响要大，尤其在稀溶液里。pH值升高会降低氯的杀灭微生物活性；pH值降低则增加其活性。升高温度，则可提高杀菌活性。

如能按照说明使用次氯酸盐，效率都是很高的。在养禽生产中，主要用于洗涤和消毒种蛋，也用于有限面积的消毒，如孵化器、孵化和出雏盘及孵化的附近地区、鸡蛋破碎的地方、小育雏器、饮水器及料槽等，也可用于水泥地表面。凡是要用次氯酸盐消毒的表面，必须预先洗刷干净，以保证收到最好的效果。储备的次氯酸盐应放于冷暗处，不用时必须盖紧容器。溶液必须当天配制，定期检查，以保证有效氯浓度合适。有一种用于游泳池检测的试剂盒也可用于这类检验。商品化次氯酸盐的浓度范围较大。

由于游离氯对纤维、皮革和金属都有破坏作

用，使用含氯产品时必须谨慎。

有机碘混合物

碘作为一种有效消毒剂由来已久，早期的产品有许多缺点，现在通过将碘与有机化合物结合解决了这些问题，有时称此为"驯化碘"（tamed iodine）。"碘附"（iodophor）就是指碘和一种增溶剂结合，用水稀释时，能慢慢放出游离碘来。该名词最常指碘和某些具有去污作用的表面活性剂结合所形成的复合物。这些复合物据说能增强碘的杀菌活性，并使碘（在按说明使用时）变得无毒、无刺激和无染色性。去污剂还能使产物溶于水，在常规贮藏条件下稳定。它没有异味，去污剂还具有清洁作用。有关碘化合物的其他资料可参考 Gottardi[30] 的著述。

商品碘附种类繁多，用途广泛。其中有些产品本身还带有杀菌活性指示剂，随着溶液的消耗，正常的琥珀色也就减弱。溶液一旦成为无色，也就不再有效了。这些产品可以用冷水和硬水混合。有机碘产品在养禽业的用途很广，可以用在所有表面消毒，几乎不会带来危险，也可用于孵化室和孵化表面、孵化盘和出雏盘、鸡蛋破碎的地方、料槽、饮水器、鞋和禽舍。与其他消毒剂一样，用在干净的表面时，效果最好。

生石灰（未熟化石灰、氧化钙）

生石灰的作用是由它与水接触后释放出热和氧而决定的。在养禽场，只用于潮湿而照不到日光的小片场地，也用于消毒排水沟和粪尿以及粉刷墙壁。生石灰有腐蚀作用，在完全干燥前应防止家禽接触。

甲醛

甲醛（CH_2O）是一种气体。市场上都是以 40% 的水溶液出售的（以重量计为 37%），称之为福尔马林。也可买到粉剂，称为三聚甲醛（paraform，triformal，formaldegen）。粉末在加热后释放甲醛气体。有一种比较适用的加热装置，是一种具有调温器和计时器的电热盆，可在熏蒸室的外面进行调节。在使用每种设备时，必须遵循厂商关于用量和放气方法的要求。

也可利用陶瓷或金属容器，将福尔马林与高锰酸钾混合后释放甲醛。由于化学反应要产热，所以不宜用玻璃容器。应当使用较深的容器，其容量必须为两种化学物质总量的若干倍，因为会出现大量气泡和溢出现象。福尔马林液体大约是干燥高锰酸钾的 2 倍（2mL 福尔马林加 1g 高锰酸钾）。如果加入的福尔马林过多，剩余的将留在容器里；如果加入的高锰酸钾过多，剩余的未发生反应，浪费掉了。高锰酸钾有毒。这两种化合物都必须存放在保险的容器内，置于远离繁忙工作场所的安全处。

有一种比较合适的熏蒸箱，里面有热源和能使温暖、湿润的空气和熏蒸剂循环的风扇、湿气源和甲醛气的发生器。这种箱子应密封，同时必须有通向室外的排气装置。应把熏蒸装置放在室外远离人类活动频繁的地方，以保证安全。

虽然甲醛是一种强有力的消毒剂，但它仍有许多缺点，尤其是挥发性、刺激性气味、腐蚀作用以及使皮肤逐渐变硬等，这些均使得人们不乐意用它。对结膜和黏膜的刺激性尤强，某些人对它非常敏感。必须采取预防措施，以防止甲醛进入工作区。其主要优点是可用气体或蒸气对孵化的种蛋进行熏蒸，在有机物存在的情况下是一种良好消毒剂，它不损坏设备并能渗透进去。有些州的职业安全和卫生管理条例规定，工作区大气中甲醛的最大浓度为 $2cm^3/m^3$。熏蒸箱的附近应设有合适的防毒面具。用 30% 左右的氢氧化铵溶液，可以中和甲醛，其用量不要超过福尔马林用量的一半。当表面完全干燥后，在撤出熏蒸箱时，可在室内喷洒氨水，释放的氨气将中和甲醛。

养禽生产中广泛应用甲醛熏蒸种蛋，以消灭蛋壳上的潜在致病性污染物。孵化结束并经彻底清洁后可用于孵化器和出雏器的内部及里面附件的熏蒸。

熏蒸孵化器和种蛋已成为养禽业中的常规程序，多年来几乎不变。对于种蛋蛋壳的消毒的用量、湿度、温度和时间有许多建议。现将常用的方法摘录如下：每 $1m^3$ 空间使用 21.4g 高锰酸钾和 42.8mL 福尔马林，在 21.1℃、相对湿度为 70% 条件下熏蒸 20min。温度越高、湿度越大，熏蒸效果就越好。熏蒸结束后，要打开排气管，打开所熏蒸房舍门之前应把气体彻底排出。

在现代养禽企业中，种蛋通常只处理 1 次，即直接将其放在平底塑料盘中，摆放在蛋架上通过熏蒸、运输和贮藏等过程，最后放入孵化器中。整个蛋架、小手推车或很多层密集垛起的蛋盘都放在大型熏蒸箱里熏蒸。为了产生适当浓度的甲醛，并使其渗透到蛋架叠层的中心，使蛋壳得以消毒，应增加化学药品的用量（每 $1m^3$ 空间用高锰酸钾 26.8g，福尔马林 53.6mL）、增加湿度（高达 90%）、提高温度（高达 32.2℃）和延长时间（可达 30min），在熏蒸期间要猛烈搅动甲醛气体，使其渗透到所有空间，使中心的种蛋表面也能得到有效的消毒。压纸蛋盘会吸附甲醛，并在以后的储存和操作期间还会继续发出气味，因此甲醛熏蒸应采用塑料盘或网篮装蛋。

有时也用甲醛熏蒸消毒孵化器的内部及内容物（包括孵化 18 天的种蛋）。由于这些机器都在室内，因此除非有一定措施保证熏蒸以后气体的排出，否则不能进行熏蒸。种蛋在熏蒸后需要采取某些措施。排除甲醛时所送进的空气必须是干净的，否则种蛋潮湿的表面会被再次污染。在极端寒冷的天气里，外界空气在进入熏蒸室前必须加温，以避免种蛋过度受凉。虽然甲醛的消毒作用需要一定的湿度，但熏蒸时种蛋表面不能湿润到可以看出来的程度，在离开熏蒸器时必须使其干燥。

不能在孵化器内进行熏蒸，因为有损伤胚胎的危险。出雏开始后，由于甲醛会伤害小鸡和小火鸡，也不能用那样高的浓度。出雏器里可按每 $1m^3$ 空间用大约 7.1mL 福尔马林溶液以产生甲醛气。先用纱布吸饱福尔马林不使流淌，然后把它挂在箱子里空气流通的地方。由于浓度低，此法的效果有限。

抗真菌咪唑

使用甲醛对于孵化厂工作人员的健康和安全会有一定影响，在控制孵化厂曲霉菌方面，甲醛的有效替代物是抑霉唑或恩康唑[70]。低浓度的咪唑通过抑制麦角固醇的合成而具有抑制真菌的作用，高浓度的咪唑则直接损伤膜具有杀真菌作用[55]。抑霉唑可通过液体喷雾器和烟气助推器消毒清洁的孵化场或仪器设备表面。抑霉唑的抗真菌作用必须与细菌消毒剂联合使用才能对孵化厂进行彻底消毒。

硫酸铜（绿矾）

虽然硫酸铜和铜的其他盐类对一些低等生物具有明显毒性，但不是常用的消毒剂。硫酸铜对藻类和真菌都有毒性，可用以防止真菌病的暴发。使用时，每吨饲料加 0.5lb（约 227g），有时在短期内可按 1lb/t（454g/t）使用，对鸡无明显毒性。家禽饮水硫酸铜含量一般不大于 1∶2 000。如果没有别的水源，浓度大于 1∶500 则可能引起中毒。火鸡不愿饮用含硫酸铜的水，会寻找其他水源。在真菌病暴发时，可用 0.5% 溶液消毒料斗、饮水池及其周围地区。

季铵盐表面活性剂

季铵盐产品按说明使用都是良好的消毒剂，这类产品无腐蚀性、无色透明、无味、含阳离子，对皮肤无刺激性，是较好的去臭剂，并有明显的去污作用。它们不含酚类、卤素或重金属，稳定性高，相对无毒性。大部分季铵盐化合物不能在肥皂溶液里使用。还要注意，待消毒的表面还要用水彻底冲洗，清除所有残留的肥皂或阴离子（负电荷离子）去污剂，然后再用季铵盐消毒。有些硬水中的矿物质会干扰季铵盐的作用。关于这些化合物的进一步资料可见 Merianos[42] 的著述。

季铵盐化合物也可用于种蛋和孵化室的表面、孵化器和出雏器盘、打蛋设备和场地、饲槽、饮水器和鞋等消毒。

日光和紫外线辐射

阳光辐射有消毒作用。鉴于需要处理的物品必须很薄且处在直射光线之下，所以这种方法只限于表面不渗水的院子、混凝土和黑顶护墙以及在照射前能彻底清洗的设备。大多数禽舍的建筑结构都妨碍有效的日光消毒。可用一个充分得到阳光照射的水泥平台来处理可移动的设备。如修建得当并有排水管，还可用作洗涤和消毒台。禽舍入口处的水泥平台可用雨水或自来水清洗，然后利用日光消毒。

杀菌（紫外线）灯的种类很多，但尚无充分的科学根据证明可普遍用于孵化厂或养禽场。对紫外线辐射消毒在微生物实验室应用已有详细的评述[47]。

热水

热水可以提高大部分消毒剂的消毒效率。沸水或高压蒸汽，不加任何化学药品也有消毒作用。若在产生热水和散发蒸汽的系统里加入去污剂，则可增加清洁和去污效率。高压蒸汽必须直接和近距离作用于需要消毒的部分。

干热

火焰接触到病原体就立即将其杀死，是一种有效的消毒方法。直接火焰消毒都有引起火灾的危险。除了用于水泥表面外，其他都不适用。在严格控制的情况下，可用火焰清除很难去掉的羽毛和绒毛的聚集物。

还可买到许多以商品名出售的商品消毒剂，大多是有机化合物。其中许多都是几种有互补特性的消毒剂的混合物，有些还有较长久的残留活性。为了选择好的消毒剂，必须通过最近的、科学的及非专业性的出版物，不断了解新产品的研制情况。

用于消毒饮水器的消毒剂，如有残留，会灭活疫苗病毒。因此，进行疫苗饮水免疫前，必须用新鲜水冲洗饮水器。

杀虫剂（杀寄生虫剂、杀昆虫剂、杀害虫剂）

杀虫剂的特性

杀虫剂可杀灭动物寄生虫，如虱、螨、蜱和蚤等，也能杀灭其他昆虫，如苍蝇、甲虫、蚂蚁和臭虫。某些杀虫剂对人和家畜有很强的毒性，仅仅用作全部卫生控制措施的一种辅助手段，最好由持有执照的专家协助进行，将其作为专业的、综合的昆虫和啮齿动物控制服务的一个组成部分。许多消毒剂也能杀灭虱、螨及其他类似的寄生虫，但必须与直接接触才能发挥这种作用。然而，多数杀虫剂却不能用作消毒剂。

合适的杀虫剂是指那些可以用于禽类或其周围环境杀虫，并且在接触和摄入时对人和禽类没有毒

性、也不会由于吞食或吸收而在可食用的组织或蛋里积聚达到有害程度的药物。

获批准的商品化杀虫剂的种类已经锐减，而且经常变动。俄亥俄州立大学推广中心定期出版"家畜和畜舍害虫管理"通报。许多过去广泛应用的杀虫剂，由于可在脂肪组织和蛋里沉积，在食用动物中已禁止使用，还有一些由于昆虫群体已产生抗药性而放弃使用。因此，有必要通过当前政府、大学和工业方面的文献，了解可以买到的有效杀虫药。有些情况下，把这一复杂、耗神的工作包给一个有专门杀虫服务的机构可能更加经济。当打算签订这样的服务合同时，一定要考虑受雇者及其设备的生物安全措施。

现有的几种商品杀寄生虫剂以及它们的化学性质、用途、耐受性和各种应用方法，将在第26章详细讨论。有些杀虫剂的毒性作用可参考第32章。

与蝇类控制不同，苍蝇可飞到杀虫剂诱饵处或经杀虫剂处理过的表面，控制禽类外寄生虫最好是使杀虫剂直接与其接触。现使用的圈舍类型和生产系统很多，没有适用于各类圈舍的一种通用方法或系统。应先确定最适用于特定的圈舍类型和管理系统的杀寄生虫药，然后按照标签上的说明使用。杀虫剂雾剂只有在禽舍内部应用或吹进裂缝中以及寄生虫聚集的羽毛上才有效，否则将白白浪费大部分劳力和经费。能控制光照和温度的禽舍可使用含有增效剂的除虫菊，但在作业时必须停止自动通风系统，改为手控。凡是地板升高的房舍，施放杀虫剂时必须计算地板下的大量空间以保证效果。

常犯的一种错误是认为一次用药就可达到杀虫目的。寄生虫虫卵很难被杀灭，它们可以发育产生新一代寄生虫，应在第一次用药后2～3周内再用一次药。没有一种方法或杀虫剂能取得100%的杀虫效果。一旦有了寄生虫，应考虑重复用药。通常需交替使用不同的方法和杀虫药来保证杀虫效果。不要误以为禽类已习惯于同它们的寄生虫相处，这样会使禽类生产性能降低，并产生许多问题。

操作注意事项

许多杀虫剂对人类和动物可能带来伤害，施药时最好戴上合适的防毒面具、橡皮手套，并穿上防护服。最重要的是在使用化学杀虫剂前阅读容器标签上的使用说明、可能带来的危害和解毒剂等资料。

使用杀虫剂最基本的规则是必须做好标记，并锁在专用的储藏室里。处理杀虫剂空瓶和剩余杀虫剂更危险，应更有责任心。如为大药桶，应送还药商，或加热至炽热持续 5～10min。纸质和塑料容器则应烧毁。小玻璃瓶和金属容器应当打破，以免被人捡去利用。对于废弃的杀虫药，除防止危害人类外，必须避免污染湖泊或溪流，也不能危害蜜蜂。保险的方法是在处理时与地方环境保护局（EPA）协作。

杀虫剂类型

原油、精馏油和类似化合物

在引进新的家禽前，普遍应用石油清洗房舍和设备以控制虱、螨和蜱。油性残余物在接触寄生虫后可使其窒息，这是一种对付裂缝皱襞里寄生虫的有效方法，但不能用于禽体表的寄生虫。蒽油是一种良好的木材防腐剂，使用后具有长时间驱除螨和其他昆虫的作用。这些产品比较脏而且有气味，效果可能不如一些新产品。

扩散性杀虫剂

除虫菊类产品可以烟雾或湿雾的形式释放，这种挥发性化合物可以充满房间。除虫菊是一种植物的提取物，对高等动物的毒性小，但对害虫的毒性大，价格较高，不能很好地渗透进鸡的羽毛内虫子隐藏的地方。现可买到人工合成的除虫菊。

敌敌畏有时可浸透在特殊物质中，从中缓慢挥发，在空气中扩散。常用于贮藏室或其他密闭不通风的房舍长时间（过夜）杀虫。

内吸性抑制剂

磺胺喹噁啉是一种广泛用于饲料和饮水，以控制球虫病和多种细菌感染的药物，也可控制北方禽螨[23]。这种产品或其代谢产物显然能在宿主体内造成一种不利于寄生虫的条件（可能是气味），从而将寄生虫驱离家禽。此药已禁止添加到用于人类消费的产蛋鸡的饲料，但其他产品据说也能发生类似作用，有些还能发挥没有预料到的驱螨效果。这类防螨作用的药物，在感染寄生虫前掺入饲料效果最好，但如在感染后用作治疗，则效果不大。

粉剂和喷雾剂

几乎所有适用于防治家禽寄生虫的杀虫剂都有现成的粉剂或呈可湿粉末、乳剂或液体混悬剂，所有这些都能喷雾。不同杀虫剂各有其优点和用途。

鸡天生能给自己撒粉。地面铺垫料的禽舍可根据厂商的说明把杀虫药粉剂加到垫料里控制螨虫。大的笼具和铁丝网或条板地面的禽舍里也可设一专用的撒粉箱，可达到同样的目的。笼养禽也可用撒粉器撒粉。粉剂必须吹进羽毛里接触寄生虫。对禽逐个撒粉是一种有效方法，但比较费事。

杀虫剂最常见的使用方法是喷雾。施用时应搅动混合物保持浓度一致，防止水与药分离。地面和墙壁最常采用喷雾，有些杀虫液可喷在家禽身体上。

没有一种杀虫剂是十全十美的，一些寄生虫对某些药剂已产生了抗药性。新的有效药物正在不断被开发出来。家禽生产者应留意那些更适于自己生产管理系统的产品、制剂，并与当地专业害虫控制服务部门的人员保持联系。

最好方法是通过良好的管理预防寄生虫的侵袭。再次强调，像细菌性和病毒性疾病一样，作为"疾病防治管理"（生物安全）的一部分，在饲养单一年龄养禽场或隔离单元最容易控制和消灭寄生虫感染。

对疾病暴发的处置

观察正常禽

好的养禽人员应当时刻注意观察饲料和饮水的用量和产蛋情况，但更重要的是，要注意鸡群的正常声音和动作。出现异常情况时能立刻察觉到，并判断是否为健康异常的征兆。如果出现这种情况，应当首先认为已经来了一种传染病，在调查过程中有可能会传到其他地方。在现代养禽生产中，任何一种疾病都可能造成养禽场及其产品加工厂的经济运转严重脱节。严重的传染病甚至还能造成浩劫。一旦怀疑发生了疾病，就必须采取下列步骤。

注意非传染性疾病

采取措施防止沾染可能存在的传染病，并立即检查管理上的漏洞。送到实验室诊断的疾病中，很大一部分是与饲养管理有关的非传染性疾病，如断喙不当、摄入了垫料和垃圾、断水断料、幼雏受寒、粗暴处置、自动化器具或药物注射造成的伤害、停电、戏啄、窒息、过度拥挤、喂料器、饮水器和通风装置安排不当、低价劣质饲料、饲料里有引起拒食的成分、饲料原料颗粒大小不合适以及啮齿类和捕食动物袭击等[1,11]。Zander 曾见到一个无病原鸡群，由于机械喂料器发生 48h 故障，产蛋量严重下降[77]。Bell[10]也见到蛋鸡因缺水而明显减产，这是因为断喙系统出了毛病，下喙留得过长，当水槽里水面过低时便不易取得饮水。这些情况都不需要求助于诊断实验室。至于外寄生虫（螨、虱、蜱等）感染，只要养鸡生产者亲自检查一些病鸡就可确定。

隔离检疫禽群

一旦未能找到管理上的因素，下一步就是要根据养禽场的设计和规划，将禽舍、养殖区或整个养禽场隔离起来。如在设计和规划养禽场之初就考虑到会有这种突发情况，那么，隔离则比较容易。如果在养禽场最初设计规划中，没有考虑到"可隔离的单元饲养同一日龄家禽"这一基本原则，一旦暴发某种疾病则可造成灾难性损失。必须设立感染群隔离看护人员，或至少也应当将病禽看管到最后。

样品送检或邀请兽医人员

业主或管理人员必须向诊断实验室提交典型样品，或是邀请兽医人员到现场进行诊断。业主应争取得到专业人员的诊断，而不是害怕可能被公众指控而试图掩盖某种疾病。兽医人员和管理人员应当帮助排除这一疑虑，保持高度的道德标准，避免同其他业主讨论某个业主的问题。但是，所有的业主迟早都应知晓这一问题。一般要求饲养管理人员仔细检查鸡群，挑选送检实验室样品，在兽医人员到来之前开始采取紧急措施。工作人员进入禽舍时，必须穿着保护性鞋和衣服。在去实验室的路上不应进入其他养禽场。

诊断

尽快做出诊断对疾病控制至关重要。应根据疾病的性质采取相应的措施，决不能以任何理由拖延，否则，等诊断结果出来之后有可能出现无法收拾的局面。并不是任何疾病都能够进行治疗或控制。考虑到将来的生产和发展，应当对所发生的任何一种和所有的疾病做出诊断。作为一个兽医人员，还必须认识到此时业主的经济困境，应根据现有的资料判断，尽快提出建议和帮助。

特殊预防措施

有些疾病（如衣原体病、丹毒和沙门氏菌感染）除了能造成家禽的严重损失外，对人也特别危险。如怀疑或已诊断有这些病，就必须采取特殊预防措施，以免感染人。如发现有衣原体病，必须报告有关政府卫生当局，应告知所有工作人员对疾病可能带来的危害以及必要的预防措施。

在一些州，某些疾病（沙门氏菌病、衣原体病、喉气管炎）一经发现就必须立即向州动物疾病控制当局报告，以便进行合理调查并采取相应措施以保护人类和家禽产业。如遇有速发性嗜内脏型新城疫、禽伤寒或禽流感等外来病，应立即报告有关管理机构。

护理

不论禽群里只有几百还是成千上万只禽，护理对于疾病的预后非常重要。对于那些因发病而开始挤成一堆的幼雏，应提高室温。应使其能就近饮到新鲜而清洁（或加药）的饮水。患病期间还有必要在附近增设一些临时饮水器。如水源按正常情况设置，鸡必须跳到台阶上，或者火鸡必须通过炙热的阳光才能达到，此时病禽就没有气力或主动性寻找饮水，就会很快出现脱水——这是走向死亡的第一步。火鸡的运动场必须排水良好，因为它们容易从最近的水潭饮水，而这些地方可能已经全部污染。

这一原则也适用于饲料。如果管理人员能走进禽舍，搅动饲料和开动送料斗或是添加少量新鲜饲料，一般都可促使病禽采食。有些抗生素加进饲料后似乎也可促进采食，凡是不合家禽口味的添加剂应立刻去掉。

有时病禽的精神十分沉郁，处于垂死状态，管理人员应在它们之中经常走动，惊醒它们，以便进食或饮水。

康复无望的病禽和残禽必须扑杀掉，但应防止血液或渗出液溅出（见"诊断程序"一节）。死亡和扑杀的家禽应当及时处理掉（见"尸体处理"部分）。

药物

只有在获得诊断结果或请教兽医人员以后方可投药。若用错了药，则浪费金钱，甚至还会有害。如发现传染病，应严格按照说明使用治疗药物。

用于食品动物的饲料添加药物有严格的规定。关于这方面的资料，可向美国食品与药物管理局（FDA）函询。地址为：U. S. Food and Drug Administration（FDA），5600Fishers Lane，Rockville，MD20857。明尼苏达州明尼阿波利斯城的Millet出版公司每年出版一本新的《饲料添加剂简编》手册。饲料生产商应取得食品与药物管理局的批准，才能在混合饲料里添加药物。用药的家禽要上市时，必须停药一定时间（取决于所用药物），以便残留药物在屠宰前从组织消散干净。如果家禽在治疗期间正在产食用蛋，必须选择允许用于蛋鸡群的药物，或者将治疗期间和治疗后一定时期内生产的蛋全部废弃——这是一个昂贵的选择。

种群在产蛋时如发生感染，就有可能将感染因子从母禽传给后代，如沙门氏菌病、支原体病、禽脑脊髓炎等。等危险过后，种蛋才可用作孵化。还应当记住，受精蛋残留有治疗药物时可能引起一些胚胎畸形。

禽群的处理

患病家禽在康复前不应转群，除非将病群转移到一个更为合适的环境有利于治疗。完成治疗后，禽群看来也完全健康，便可出栏或按饲养管理计划转群。这种情况往往会留下一些外表健康的带菌（毒）者。如鸡群移至另一个清了群的养禽场，除了因抓捕或转群等应激引起疾病发作外，一般不会出现什么问题。康复的鸡群如转移到饲养有不同日龄家禽的养禽场，那么带菌（毒）者就有可能将疾病传给该场的易感禽，后来引进的易感鸡群也有可能受到感染而患病。这是一种常发生的情况，特别是呼吸道病和以垫料为媒介的疾病。

诊断程序

有许多很好的诊断和剖检方法。所用技术和器械会随病理学家的不同而迥然有异。在此对学生和初学者提供一些建议。剖检的目的是通过检查组织和器官以确定生产性能不良、发病或死亡的原因，并尽可能采取最好的标本以便进行微生物学、血清学、病理组织学或动物接种等试验。重要的是，在此过程中，不要让有传染性的材料危害人、家畜或其他禽类的健康。只要按正常程序操作，有些线索就不易被忽视，组织也不会在检查前遭到污染。一定要记住，采取一份血液或组织样品，如果后来证明是多余的再丢弃。最好是先将采取的组织放置起来，在今后若确定它们对诊断不太紧要或不重要时，则可将其丢弃。

禽病诊断的秘诀就在于掌握"既要看到树木，又要看到森林"的艺术。尽力找出鸡群中最为重要的问题，决不能只一味地关注个别禽的没有代表性的症候。整个诊断过程应注意那些能说明问题的病理特征。

病理诊断和病原鉴定技术和程序可参考本书各章节和下述这些非常出色的参考书：*A Laboratory Manual for Isolation and Identification of Avian Pathogen*[64]、*Avian Disease Manual*[17]、*Avian Histopathology*[53]和*Color Atlas of Diseases of the Domestic Fowl and Turkey*[51]。欲详细了解有关禽血液成分和制备与研究方法请参阅*Avian Hematology and Cytology*[15]。下列杂志可源源不断地提供新资料：*Avian Diseases*、*Avian Pathology*、*Poultry Science*，一些地区性禽病大会的论文集以及其他禽病学和科学杂志。

病史

尚未亲临养禽场、未见鸡群的病理学家，如欲在此时对疾病问题做出诊断并试图提出治疗措施，那就存在一定的困难。如果能取得完整的病史资料并了解导致暴发有关的各种事态则可弥补部分不足。病理学家对病史和环境情况了解愈多，就能更加直接地找到解决问题的办法。遗憾的是，这种病史只能包括那些饲养员、业主、服务人员或邻居观察和记忆的情形、事态和症状。了解通风、喂料和给水系统、产蛋的详细记录、饲料消耗、饲料配方、体重、照明方案、断喙工作、育雏和饲养程序、日常用药和免疫接种、年龄、病前的历史、养禽场的位置、异常天气或养禽场的异常事态等各种管理情况，据此对禽群疾病做出的诊断可能与从那些有代表性或没有代表性的样品所得到结果有所不同。症状持续的长短、病禽和死禽的数目、死亡时间和地点等都是很重要的线索。

家禽生产者都已掌握了丰富的禽病知识，通常能识别具有明显特征的症状和病变。而兽医人员常常面临的是一些模糊的、没有特征性的和复杂的病例，需要广泛调查研究才能做出诊断。即使各方面都表明，生产性能下降可能是管理上的因素造成的，兽医人员还必须复核所有疾病的可能性。这就需要进行系统了解，保证没有任何被遗漏的东西。

外表检查

检查体外寄生虫。可在感染鸡身上发现虱子和北方羽螨（*Ornithonyssus silviarum*）。如疑有鸡刺皮螨（*Dermanyssus gallinae*）或波斯锐缘蜱（*Argas persicus*），那就必须检查栖息区及禽舍的里面和周围所有裂缝，因为这些寄生虫都不停留在禽身上。有关体外寄生虫的诊断和鉴定请参阅第26章。

应仔细识别活禽的一般体态和所有的异常情况。在扑杀之前应观察有无下面的一些症状，如运动失调、震颤、麻痹状况、异常姿态、腿软弱无力、精神沉郁、失明以及呼吸道症状。将禽饲养在笼子里，适应了周围环境并能最好地表现其原貌后即可对它们进行观察，这样做是非常有用的。往往还有必要留下几只活禽，以观察有无可能从下列情况中康复，如一过性疾病（一过性麻痹）、呼吸道感染、化学物质中毒、断料或断水以及送检途中过热。

应该检查有无肿瘤、脓肿、皮肤变化、喙的状态、有无相互戕啄的迹象、创伤、腹泻、鼻漏和呼吸道分泌物、眼结膜分泌物、羽毛及冠的状态、脱水以及肥瘦情况，这些都是有用的线索。

血液样品

可在诊断的同时采集血液样品，也可在宰杀后立即采集。比较好的做法是间隔几天采取2次血样（2份），以确定血清中抗某些疾病（如新城疫）抗体的消长。在这种情况下，可从主翅静脉、颈静脉或心脏穿刺直接采取血样，并保留禽只待第2次取样。

对于火鸡、鸡及绝大多数的家禽来说，现场采集血样的最简单、最好的方法是翅静脉穿刺，尤其是被采血禽仍要放回禽群的情况下更是如此。鸭可从跗关节附近的隐静脉采血。欲暴露静脉，可从翅膀肱骨区的腹面拔去少许羽毛。这样即在肱二头肌和肱三头肌间的深窝里见到翅静脉。若在局部先用70%酒精或其他无色消毒液涂湿则更明显。为了能更好地进行静脉穿刺，先将两翅向背部提起，然后用左手握住翅羽片，用左手紧紧地将两翅抓在一起，再用右手持注射器将针刺入右翼静脉（图1.11）。注射器应向血流的相反方向刺入。

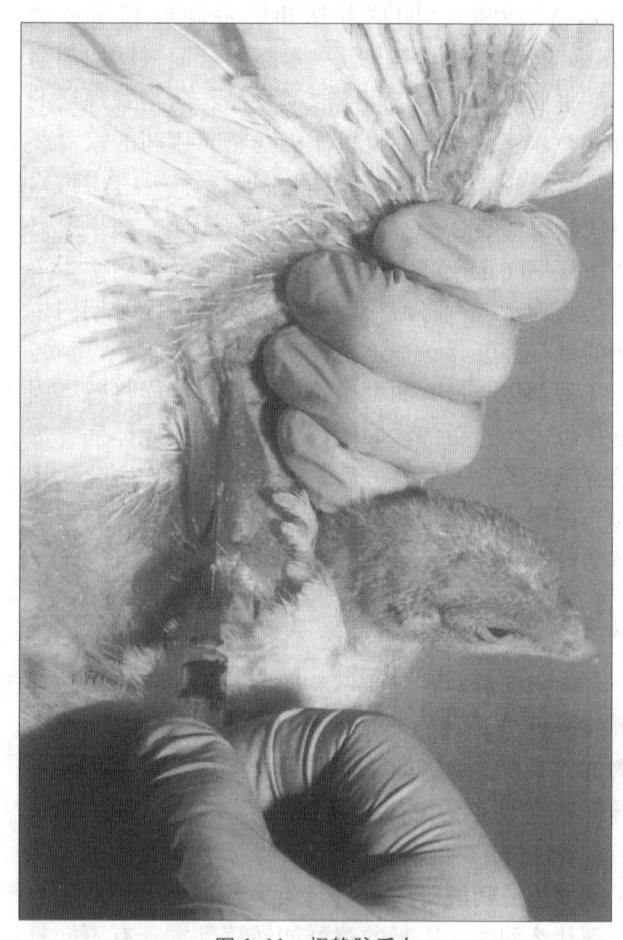

图 1.11　翅静脉采血

心脏采血是在胸骨和剑突之间的前方正中[31]，或从两侧经过肋间，或者顺前后方向经胸腔入口刺入。只有取得经验后才能确切知道在什么地方以什么角度插入针头。最好用未放血的刚杀死的鸡练习这一技术。侧面穿刺时必须遵守一个总的规则，即先在胸骨前端想像一条垂直线，使其与胸骨嵴构成直角，然后沿着这条想像的线进行触诊，此时可感觉到心跳，插入针头至适当深度。

通过胸腔入口进行心脏穿刺，应将鸡只仰卧，使胸骨嵴向上，用手指把嗉囊及其内容物压离局部，将针放在沿着入口腹角的位置上。针头穿进入口后，沿着中线向水平方向、向后刺去，直至进入心脏。

在胸骨和剑突之间进行心脏穿刺的位置，成年鸡约在胸骨嵴尖后端到前端1in（约2.5cm）处的背部。针头所处的角度约为45°，与对侧的肩关节呈正中方向。针头必须经过胸骨和剑突二者构成的角，直接刺入心脏。详细内容和图解见Hofstad的介绍[31]。

心脏和静脉穿刺所用针头的大小和长短，将取决于禽只的大小。雏鸡和雏火鸡用3/4in（约1.9cm）的20号针头；成年鸡用2in（5.08cm）的20号针头，成年火鸡可能需要较大的针头。为了迅速而准确地放血，针头必须锋利。为了确定是否刺入静脉或心脏，应当间歇地在针管中造成轻度真空。穿入静脉后，应利用稳定的轻度真空来吸出血液。如真空程度太大，血管壁会被吸入针孔而引起堵塞。所以往往需要转动针头和注射器，以搞清楚针孔是否悬空在血管腔里。

对于绝大多数血清学研究来说，2mL血液所析出的血清足够。血液应无菌采取并置于洁净的容器中，容器要水平放置（或基本平放），直至血液凝固为止。偶尔有个别样品的凝固时间较长，尤其是火鸡血。加入一滴组织浸出物可加速凝固过程，这种组织浸出物的制备过程为：取一些10～12日龄的鸡胚并处死，用韦林氏搅切器将其切碎研磨，然后冻结保存备用。血凝结实后，可将小瓶直立，使血清积聚底部。亦可用塑料小瓶采取血清，这样血凝块不会贴在瓶壁上，凝固过程中不需要将其放在特殊位置。肥胖母禽的血清由于含有较多的脂类而常呈乳样。将小瓶置入温箱中可促进血凝。新鲜血样在刚采出后，决不能立即放入冰箱，因为这样会阻止血凝过程。如欲进行凝集试验，血清决不可冷冻，因为这样常会引起假阳性反应。

如需要抗凝血样，应将血液注入装有枸橼酸钠溶液的瓶中，比例为每10mL新鲜血液加1.5mL 2％的枸橼酸钠溶液，或者装进内含枸橼酸钠粉的小瓶里，每毫升全血用3mg枸橼酸钠，并将混合物快速混匀。制备采集无菌枸橼酸钠血样的管子时，可先加入适量的2％枸橼酸钠溶液，然后消毒，置烘箱里烘干水蒸气。

可购买到含肝素或EDTA抗凝剂的血液采集小玻瓶。对于某些血清学试验，可将新鲜血液滴在滤纸条的尖上，干燥后送到诊断实验室，在实验室可将处理过的纸条放进盐水溶液中，以获得抗体供试验用。

如疑有血液寄生虫或血恶病质，应当用清洁的玻片制备全血涂片。为促进快速干燥，可将玻片进行预热。有关染色技术请参阅Campbell的文献[15]。

幼雏可刺破腿后内侧的静脉或剪破尚未成熟的鸡冠，采集一滴血液用于制备湿封片或涂片。

扑杀待剖检的家禽

断颈

有数种方法可用于扑杀家禽，各种方法自有其优点。目标是要在瞬间杀死禽类，而不使其在这一过程中感到痛苦。美国兽医协会（AVMA）认为断颈是一种家禽无痛苦死亡的人道方法[5]。

牛阉割钳可用于处死大鸡和大火鸡。一个人既抓禽只又要同时进行操作比较困难，要有一个助手帮忙，操作起来就相当自如了。如钳子在反射性肌肉痉挛停止前一直保持夹住状态的话，这项技术还能防止濒死期胃和嗉囊内容物反流而吸入呼吸道。对于年幼的雏鸡，也可在桌子的锐缘紧压，这样很易将颈部折断。用大拇指和食指紧捏或用外科剪没有刀刃的内角作为小钳子紧挟也有同样效果。

电死

电死也是一种较好的方法。把连接电线的夹子固定在泄殖腔和嘴上（这样可以保证潮湿接触），然后电线用标准插头直接连接110V家用交流电插座，打开开关使电线通电。采用这一方法鸡很少挣扎，因而不会造成尘土飞扬或嗉囊内容物返流。同时发生濒死性出血的危险也较小，当需要组织标本时也不会发生血液溢出的现象，但必须防止对人员的危险和金属桌面出现的短路。

其他方法

选择用作诊断标本的禽可采用静脉内注射安乐死溶液的方法；另一种方法也可获得满意的效果，即将禽放进充满二氧化碳（CO_2）的房间里，使其窒息死亡。当地CO_2的供应可能限制这一技术的应用。

其他无痛苦死亡的方法可见AVMA[5]的报告。选择方法应依据具体情况而定：所要剖检禽类的品种、大小和数量，要采取的组织、体液和培养物等。

剖检时注意事项

如果有理由怀疑待剖检的患禽已感染了疾病，而感染的疾病可能对人有接触传染性（如衣原体病、丹毒和马脑脊髓炎），必须采取严格的卫生预防措施。应当用消毒药将尸体和剖检台面完全浸湿。应戴一副优质的橡皮手套，操作中还要谨慎。

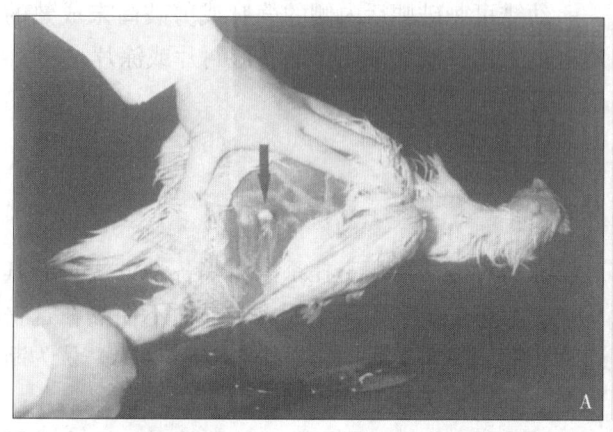
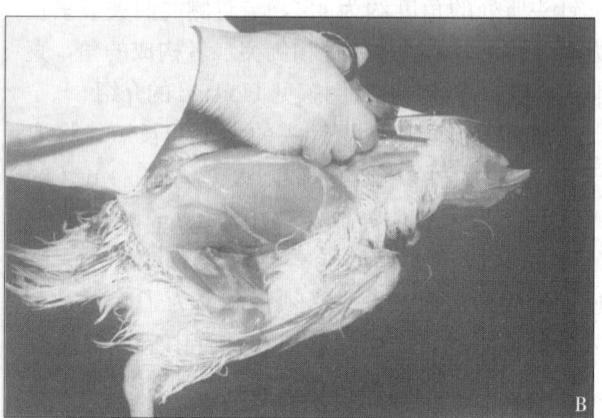
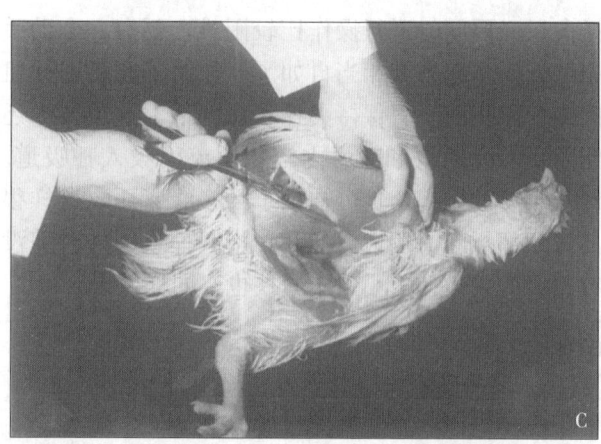
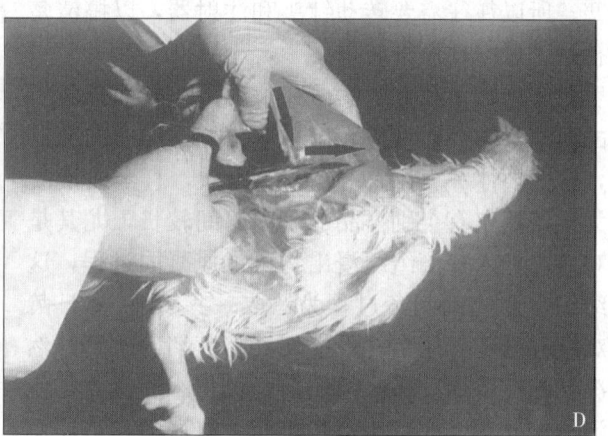
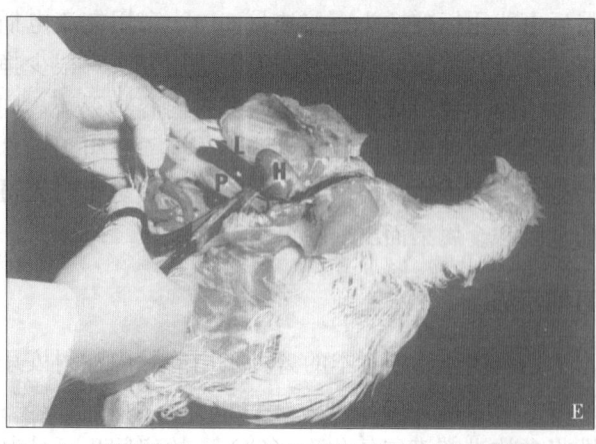
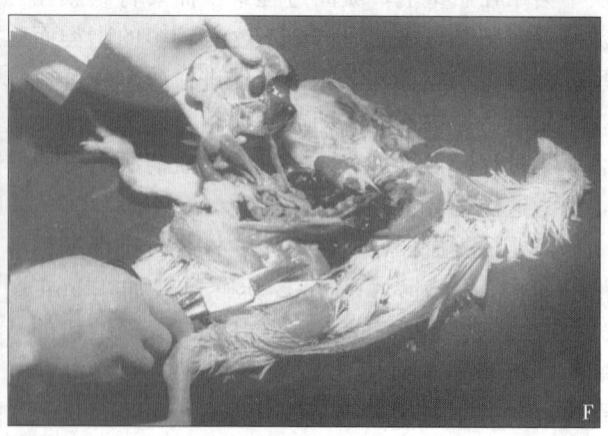

图 1.12 剖检程序。A. 先切开腿腹之间的皮肤和筋膜，拉开两腿，并来回牵拉使股骨头关节和髋部（箭头所示）断开。B. 剪开泄殖腔至喙之间的皮肤。C. 通过胸骨的腹尖打开体腔体，沿着胸肌剪开，直至第 2～3 根肋骨，骨对侧的胸部也按此剪开。D. 改变剪刀的方向（图中箭头所示），一直向前剪开相应的肌肉和骨，直至胸腔入口，可切断胸部放置于对侧或去掉，以便于暴露内脏，剖检至此可采取微生物样品。E. 切断肝脏前部的血管和腺胃，一直切至食道，整个腹部内脏即可脱离，图示心脏（H）、肝脏（L）和腺胃（P）。F. 轻轻牵引断肠系膜和气囊的联系即可引出肠道，肺脏、心脏、肾脏可留在体腔，待以后进一步检查。

应注意不要划破皮肤，防止吸入组织或粪便形成的尘埃或气溶胶，因此最好戴上防尘面具，以防吸入污染的尘埃。所有可能与尸体、组织或培养物发生接触的实验室人员，必须了解疾病的传染性质和相应的预防措施。

除了某些明显的病例外（见相关章节），绝大多数常侵害家禽的病原对人无致病性。然而，明智的做法是在剖检时随时带上手套。Galton 和 Arnstein[25] 曾就禽病的公共卫生意义做过评述。日常剖检工作所需的器具为一把剖检剪（用以切割骨头）、一把肠剪（用来剪开肠道）、一把剖检刀（用于切割皮肤和肌肉）、一把解剖刀（用于进行组织的检查）。此外，还应当补充一些镊子、消毒注射器、针头、瓶子和培养皿，根据情况需要，用以收集血样和组织标本。

剖检技术

内脏检查

将标本背位仰卧，依次将两条腿拉开，远离身体，在腿腹之间切开皮肤，然后紧握大腿股骨处，向前、向下、再向外折去，直至股骨头和髋臼完全分离，两腿便可以放在台上（图 1.12A）。

沿中线先把胸骨嵴和泄殖腔之间的皮肤剪开，然后向前，如果必要的话，直至身体的整个腹面连同颈部整个暴露出来（图 1.12B）。如有肌肉出血，此时即可观察到。

有两种暴露内脏的方法。一种是用剖检刀在胸骨和泄殖腔之间，横切腹壁，然后切开两侧胸脯肌肉（图 1.12C）。再用骨钳切断肋骨骨架，随后切断两侧的喙突和锁骨（图 1.12D）。要仔细操作，不要弄断大血管；另一种次序相反的做法也很好，即先切断锁骨和喙突，然后，切开两侧的肋骨骨架和腹壁。此时便可把胸骨及附属结构从尸体上移走，放在一侧。这样，所有器官已充分暴露，检查时即可随意采取（图 1.12 E，F）。

若事先尚未采集血样，且被检禽只刚好是在剖检前杀死的，则可在血液凝固之前用心脏穿刺采血，也可切开通向腿部的大静脉，使血液聚集在一定区域，随后收集。

实验室检查程序

细菌培养

如大体病变表明有必要进行细菌检查，则可从内脏上那些未暴露的表面取样，而不需烧烙。如已发生污染，就用加热的刮刀或其他铁器烧烙器官表面，然后插入无菌接种环。注意不要把组织烧烙过度。比较好的做法是无菌采取大块组织样品，置于灭菌培养皿内送交微生物学实验室，在清洁的环境里进行初代培养。

呼吸道病毒分离

如怀疑有呼吸道疾病，最好进行病毒培养或禽体传代。可用消毒剪刀和镊子无菌采取有完整截面的气管下段、支气管和肺的上部，放入消毒乳钵磨碎，或装入平皿暂时贮存。可无菌采集其他组织（如气囊）加到上述样品里，或者放进其他无菌容器中分开检查。采集的气管此时便可剪开，如有渗出物，也可加到前面收集的材料里或存放在另外的小瓶中。各种实质器官初代病毒分离可以采用相似的程序。

沙门氏菌培养

应该检查其他所有内脏器官的异常，如小脓肿、颜色变化、肿胀和变脆等。如有异常，应在剪开肠道前采集病变组织样品，放到适当的固体或液体培养基中，一旦打开肠道，肠道内容物肯定会污染其他器官。如怀疑有沙门氏菌感染，可用消毒镊子和剪子选取一些肠段，直接放进消毒乳钵研磨或装入消毒平皿准备以后培养。常规检查时，只取包括回肠下段、盲肠近段和盲肠"扁桃体"及大肠近端的一节，并在无菌状态下研磨以制备接种物。肠道的其他区段或者其他内脏器官的组织可加到胃肠道收集物中，或者分开培养。另外，可用消毒棉拭子从露出的胃肠壁取样进行沙门氏菌培养。培养技术详见 *A Laboratory Manual for Isolation and Identification of Avian Pathogens* 一书[64] 的第 2 章。

大体剖检

在完成必要的培养之后，应对所有的组织进行全面的检查，检查肝脏、脾脏和肾脏是否有肿大。大肝的明显标志是边缘变圆。肠道主要检查炎症、渗出物、寄生虫、异物、功能异常、肿瘤和脓肿。此时，还可检查各种神经、骨结构、骨髓状况以及关节。对于坐骨神经的检查，可剪去大腿内侧的肌肉使之暴露。位于体腔内的坐骨神经丛被肾脏掩盖着，用解剖刀的钝端刮去肾组织可很好地暴露该神经丛。臂神经丛的神经很易在胸腔入口的两侧找到，须查有无肿大。应对整个迷走神经进行检查，以防忽略了小段的肿胀。

用骨钳切断骨时的难易程度是骨骼状况的一个指征。应触诊肋骨软骨的交界处，检查有无肿胀（"串珠状"）。纵切长骨骨骺，检查有无异常的钙化过程。弯曲和对折测定胫跗骨或跖骨的坚硬度，可以检查有无营养缺乏症。健康的骨骼在折断时发出咯嚓的声响。缺乏维生素 D 或矿物质的鸡，其骨中矿物质严重减少，以至任凭弯曲到什么角度都不断裂。

关节如有渗出物，可在拔毛后用热烙铁烧烙局部皮肤，再用消毒解剖刀切开，然后用灭菌接种环或棉拭子采取关节渗出物。可用同样的方法采取并检查副鼻窦的渗出物。

脑的暴露和检查

由于各层脑膜在有些地方与骨骼黏附得很紧，不易把脑组织完整地取出来。在大多数情况下，可采取以下的操作方法快速取出和检查脑组织。

在寰枕交界处分离头部和下颌。烧烙切面并去掉过多的疏松组织。剥离颅骨和上颌的皮肤并把它向前翻，在那个位置上用一只手捏住，如果取出的脑组织的一部分要做动物接种、病毒分离或真菌或细菌培养，以下步骤必须使用灭菌器具。

捏住位于头两侧的通向颅腔的骨头，用无菌的有两个粗钳口的骨钳或大外科剪的端部，从枕骨大孔开始，向前从两侧向位于颅腔前缘的中点剪开（图 1.13A）。取下这片剪掉的颅骨，整个脑组织便暴露出来了（图 1.13B）。

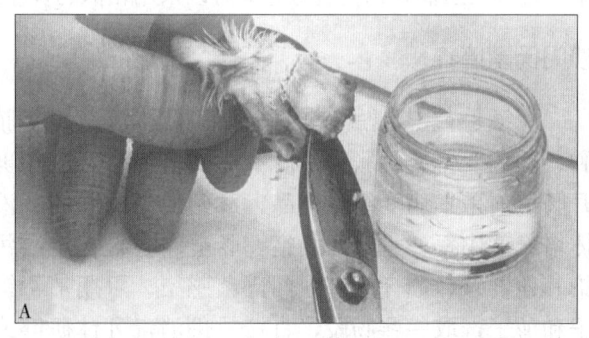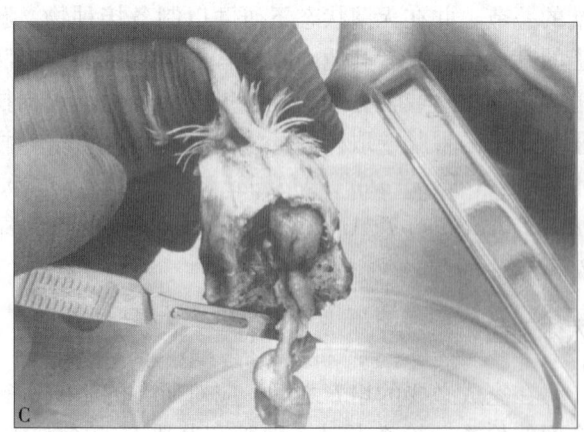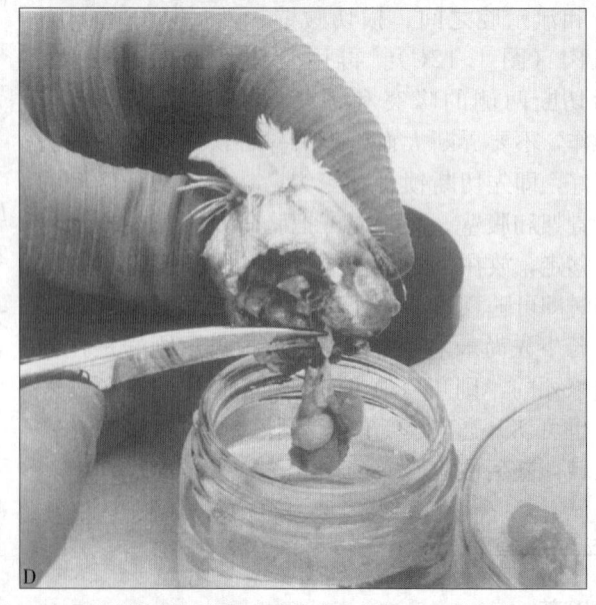

图 1.13　经过初步实践，就可取出脑组织，对脑组织的损伤极小：A. 用大剖检剪沿着颅腔边缘剪开颅骨；B. 除去剪下的颅骨；C. 用锋利的无菌解剖剪刀纵切脑组织，取出一半用于组织培养；D. 取出另一半放入 10% 的福尔马林中用以组织学检查

如一部分脑组织要用于培养或动物接种（例如疑似有禽脑脊髓炎病毒），另一部分用于病理组织学检查（如维生素 E 缺乏），可用锋利的外科刀片沿中线将脑组织由前到后切开，然后小心地从一个脑半球上切断神经和联系，同时将头部翻过来，当与其他部分完全脱离时，这一半脑组织就掉到盛有福尔马林的容器中（图 1.13C）。另一半脑组织可用锋利的灭菌弯剪取下（不必考虑保持组织结构的问题），放入平皿或灭菌的器皿中或乳钵里。注意别用接触了福尔马林的器具污染要分离病毒的脑组织。这两个半脑也可按相反的顺序取出（图 1.13D）。如果要用整个脑组织来做切片或培养，操作要谨慎。如只用于切片，也可原位固定，然后取出。大块脑组织应进行纵切，以便固定液能很好地渗透进去。

用于病理组织学检查的组织

常常需要制备染色的组织切片。一般都是由另一部门制备或送到专门实验室检查。切片的质量受到所取标本的质量和保藏技术的限制。组织块、特别是迅速分解的脑组织和肾组织，必须在死后立即采取才能保存得好。组织块必须很小，以使固定液很快渗透。应当用锋利的解剖刀或刮脸刀片轻轻切割，避免破坏其组织结构，然后将它们保存于 10 倍其体积的 10％的福尔马林或其他固定液里。除非很薄很软的骨片可用剪刀或解剖刀取材外，否则使用锋利的骨锯锯开，贴上标签，注明日期后，立刻将组织送到切片实验室。

通常情况下，肺组织总是浮在固定液的表面，因为其内含有空气。在组织上面覆浸湿的棉花保持其浸没状态，可取得满意的固定效果。固定剂中抽真空可耗尽肺中空气，但此法不太令人满意，可能引起一些人为变化。

骨组织在固定后应将其浸入脱钙溶液中进行脱钙，脱钙溶液为等量的 8％盐酸和 8％的蚁酸的混合液[50]，脱钙时间一般为 1～3 天，时间的长短取决于骨块的大小和密度。

若需要眼组织切片，应将整个眼球取出，去掉所有眼肌使固定液很快渗透。

无论何种组织，在福尔马林固定液中放置过久均会变得太硬。若切片工作拖延，应在固定液里处理 48h 后转入 70％酒精。操作细节详见有关组织学技术的教科书[49,50,65]。

进一步检查的线索

初学者欲检验某些常见疾病，剖检时按照下述程序是很有帮助的，但不是确切的诊断方法。为能做出诊断，学生和初学诊断的人员，必须参考特征性症状和病变、诊断程序以及各种传染性病原的特征（具体参见各章的内容），也可参考 "A Laboratory Manual for Isolation and Identification of Avian Pathogens" 一书[64]。

球虫　在剪开肠道之前，先注意观察浆膜下层。用肠道各段黏膜刮取物和盲肠内容物制成湿封片，直接在显微镜下检查悬浮的卵囊和裂殖子以及上皮细胞内发育阶段（组织阶段）。

其他原虫　采集感染组织制备湿封片，若有必要，可加少许温热生理盐水提供液体，在显微镜下检查六鞭虫、组织滴虫和毛滴虫等。

毛细线虫和蛔虫幼虫　采集黏膜渗出物和黏膜深部的刮取物，在 2 个厚玻片之间压成一薄层。在强光或低倍放大镜下检查有无寄生虫。放大后，寻找雌性毛细线虫里具有两极的柠檬形卵子。

真菌　取病变部刮取物制成湿封片，加 20％氢氧化钠或氢氧化钾。不时加热消化，持续 15min 或更长时间，在高倍镜下镜检霉菌菌丝。

弯曲菌　在暗视野或相差显微镜下检查新鲜胆汁的湿封片，只有阳性结果才有意义。

菌血症和血液寄生虫　制备新鲜的湿封片，最好用柠檬酸处理的血，在明视野和暗视野显微镜下检查活的微生物。制备新鲜血涂片，在空气中干燥，用姬姆萨染色、革兰氏染色、瑞氏染色或其他方法染色。

渗出液　如怀疑有传染性鼻炎，取清亮鼻涕或鼻窦渗出物制成薄涂片，用姬姆萨染色、革兰氏染色、美蓝染色或其他方法染色。接种适当培养基或易感雏鸡，以分离病原。

脓肿　选择适合于可引起脓肿的多种微生物生长的培养基。烧烙脓肿表面后切开，用消毒的接种环或棉拭子取出脓肿内容物，接种到培养基上。另外用干净的载玻片制成脓肿的涂片。如脓液太黏稠，可加一滴水稀释，自然干燥后用火焰固定，根据需要分别用革兰氏染色、抗酸染色或任何其他染料染色。

胚胎接种分离病毒　对于常规病毒分离，可取可疑组织研磨悬浮液（如气管、支气管、肺、肝、脾、肾、脑和骨髓）或体液及渗出物，经过离心和过滤，接种到不同日龄胚胎的绒毛尿囊腔、卵黄囊和绒毛尿囊膜上。病毒培养技术请参阅相关的疾病，也可参阅 "*A Laboratory Manual for Isolation and Identification of Avian Pathogens*" 一书[64]有关各病原所选用的胚胎日龄、接种途径以及接种的详细步骤。分离培养时须采用无特定病原（SPF）胚胎，以保证分离到的致病因子是来自接种物，而不是来自生产种蛋的家禽。同样，要保证分离培养结果阴性是由于接种物里没有传染因子，而不是因为种蛋中被动抗体干扰的结果。因为分离病毒的目的是要确定是什么病，所以最好用不同途径接种不同日龄的胚胎。在判定培养结果为阴性之前，可能需要进行若干次盲传。有一种不需要经绒毛尿囊膜接种（CAM）的简便方法[29]。

为了便于接种，也可把绒毛尿囊膜同蛋壳分离开来。先在气室上钻一小孔，再小心地在胚胎对面一侧的蛋壳上钻另一小孔，与此同时，从气室小孔用橡皮管轻轻吸气，使另一小孔下的绒毛尿囊膜与壳膜内层分离下沉。吸气时须应有明亮的烛光，以确定绒毛尿囊膜是否下沉。

进行卵黄囊接种时，接种针可直接穿过气室，进入蛋的中央。注射器里可吸进一些蛋黄，以判断针位是否正确。

绒毛尿囊腔接种时，借助于照蛋器在气室边上做一记号，然后在此打一小孔。尿囊腔靠近蛋壳，很容易从此小孔进入。在将接种的胚胎再放回孵化前，所有孔必须用适当的无菌材料封闭。

细胞培养技术在诊断实验室已日益普及。可将组织抽提物或体液直接接种细胞培养物，有时也可将胚胎用于初级分离并将胚液或其抽提物接种到细胞培养物上，以便进一步研究和鉴定。

标本的处理 凡是怀疑对人有传染性的疾病，其尸体必须高压处理、火化或经过其他处理，使其对实验室人员或其他人员失去感染性。在处理带有禽病原体强毒感染的尸体时，因为病原体会给养禽业的保健带来威胁，必须采取类似的措施。剖检场地、工具和手套也必须清洗消毒。

诊断报告

家禽业主对技术数据不感兴趣，他们只想了解问题是什么，以及如何治疗和防止其再次发生。有时技术数据对阐明诊断是必要的，但报告应使用业主能理解的语言和术语。尽量少用复杂的科学术语和技术名词。当某些医学术语容易引起混淆时，应用通俗的名词加以解释。报告应包括剖检结果、实验室研究结果（病理组织学、血清学和培养）、诊断结论（初步的还是最终的）和建议。业主寻求的是专业性意见，兽医人员应依据所掌握的情况给以确切的结论和良好的建议。最好在一完成剖检并开始实验时就立即向业主、管理人员或服务人员进行口头报告或打电话通知他们。在进一步肯定之前，可提供初步诊断。

高 福 译
苏敬良 郭玉璞 校

参考文献

[1] Adams, A. W. 1973. Consequences of depriving laying hens of water a short time. *Poultr Sci* 52:1221-1223.

[2] Alls, A. A., W. J. Benton, W. C. Krauss, and M. S. Cover. 1963. The mechanics of treating hatching eggs for disease prevention. *Avian Dis* 7:89-97.

[3] Anderson, D. P. and R. P. Hanson. 1965. Influence of environment on virus diseases of poultry. *Avian Dis* 9:171-182.

[4] Anderson, D. P., C. W. Beard, and R. P. Hanson. 1966. Influence of poultry house dust, ammonia, and carbon dioxide on resistance of chickens to Newcastle disease virus. *Avian Dis* 10:117-188.

[5] AVMA. 1993. Report of the American Veterinary Medical Association Panel on Euthanasia. *J Am Vet Med Assoc* 202:229-249.

[6] Bagley, R. A. 1972. Monitoring for disease control and prevention. Proc 21st Western Poultry Disease Conference, 48-52.

[7] Bayliss, C. D., R. W. Peters, J. K. A. Cook, R. L. Reece, K. Howes, M. M. Binns, and M. E. G. Boursnell. 1991. A recombinant fowlpox virus that expresses the VP2 antigen of infectious bursal disease virus induces protection against mortality caused by the virus. *Arch Virol* 120:193-205.

[8] Beard, C. W. 1979. Avian Immunoprophylaxis. *Avian Dis* 23:327-334.

［9］Beard, C. W., W. M. Schnitzlein, and D. N. Tripathy. 1991. Protection of chickens against highly pathogenic avian influenza virus(H5N2)by recombinant fowlpox viruses. *Avian Dis* 35:356 - 359.

［10］Bell, D. 1966. Water shortages can cut egg production. *Poultr Trib* 72:30.

［11］Bierer, B. W., T. H. Eleazer, and D. E. Roebuck. 1965. Effect of feed and water deprivation on chickens, turkeys, and laboratory mammals. *Poultr Sci* 44:768 -773.

［12］Block, S. S. 1991. Disinfection, Sterilization, and Preservation. Lea and Febiger:Philadelphia,PA.

［13］Boursnell, M. E. G., P. F. Green, A. C. R. Samson, J. I. A. Campbell, A. Deuter, R. W. Peters, N. S. Millar, P. T. Emmerson, and M. M. Binns. 1990. A recombinant fowlpox virus expressing the hemagglutinin - neuraminidase gene of Newcastle disease virus(NDV)protects chickens against challenge by NDV. *Virology* 178:297 - 300.

［14］Box, P. G. 1984. Poultry Vaccines——Live or Killed? Poultry International. May:58 - 66.

［15］Campbell, T. W. 1995. Avian Hematology and Cytology, 2nd ed. Iowa State University Press:Ames,IA.

［16］Cervantes, H. 1995. Farm vaccination——Water method. Proc ACPV Workshop on Poultry Vaccination Techniques and Evaluation,46th North Central Avian Disease Conference.

［17］Charlton, B. R., A. J. Bermudez, M. Boulianne, D. A. Halvorson, J. S. Jeffrey, L. J. Newman, J. E. Sander, and P. S. Wakenell. 2000. Avian Disease Manual, 5th ed. American Association of Avian Pathologists. Kennett Square,PA.

［18］Chute, H. L. and E. Barden. 1964. The fungous flora of chick hatcheries. *Avian Dis* 8:13 - 19.

［19］Chute, H. L. and M. Gershman. 1961. A new approach to hatchery sanitation. *Poultr Sci* 40:568 -571.

［20］Curtiss R. C. Ⅲ and S. M. Kelly. 1987. *Salmonella typhimurium* deletion mutants lacking adenylate cyclase and cyclic AMP receptor protein are avirulent and immunogenic. *Injection and Immunity*:55:3035 -3043.

［21］Droual R., A. A. Bickford, B. R. Charlton, and D. R. Kuney. 1990. Investigation of problems associated with intramuscular breast injections of oil - adjuvanted killed vaccines in chickens. *Avian Dis* 34:473 - 478.

［22］Dychdala, G. R. 1991. Chlorine and chlorine compounds. In S. S. Block(ed.). Disinfection, Sterilization, and Preservation. Lea and Febiger:Philadelphia,PA,131 - 151.

［23］Furman, D. P. and V. S. Stratton. 1963. Control of northern fowl mites, *Ornithonyssus sylviarum*, with sulphaquinoxaline, *J Econ Entomol* 56:904 - 905.

［24］Fynan, E. F., H. L. Robinson, and R. G. Webster. 1993. Use of DNA encoding influenza hemagglutinin as an avian influenza vaccine. *DNA Cell Biol* 12:785 - 789.

［25］Galton, M. M. and P. Arnstein. 1960. Poultry diseases in public health. US Public Health Serv Publ 767.

［26］Gentry, R. F., M. Mitrovic, and G. R. Bubash. 1962. Application of Andersen sampler in hatchery sanitation. *Poultr Sci* 41:794 - 804.

［27］Gildersleeve, R. P. and D. R. Klein Fluke. 1995. In ovo technology for vaccine delivery. Proc 46th North Central Avian Disease Conference,35 - 41.

［28］Glick, C. A., G. G. Gremillion, and G. A. Bodmer. 1961. Practical methods and problems of steam and chemical sterilization. Proc Anim Care Panel 11:37 - 44.

［29］Gorham, J. R. 1957. A simple technique for the inoculation of the chorioallantoic membrane of chicken embryos. *Am J Vet Res* 18:691 - 692.

［30］Gottardi, W. 1991. Iodine and iodine compounds. In S. S. Block(ed.). Disinfection, Sterilization, and Preservation. Lea and Febiger:Philadelphia,PA,152 - 166.

［31］Hofstad, M. S. 1950. A method of bleeding chickens from the heart. *J Am Vet MedAssoc* 116:353 - 354.

［32］Jenkins, M. C., M. D. Castle, and H. D. Danforth. 1991. Protective immunization against the intestinal parasite *Eimeria acervulina* with Recombinant coccidial Antigen. *Poultr Sci* 70:539 - 547.

［33］Keirs R. W. 1973. Health monitoring improves management efficiency. Proc 22nd Western Poultry Disease Conference,99 - 101.

［34］Leeson, S. and J. D. Summers. 2000. Broiler Breeder Production. University Books:Guelph,Canada,1 -329.

［35］Lovell, E. J. 1995. Farm vaccination-Injection method oil emulsion vaccines. Proc ACPV Workshop on Poultry Vaccination Techniques and Evaluation,46th North Central Avian Disease Conference.

［36］Magwood, S. E. 1964. Studies in hatchery sanitation. 1. Fluctuations in microbial counts of air in poultry hatcheries. *Poultr Sci* 43:441 - 449.

［37］Magwood, S. E. 1964. Studies in hatchery sanitation. 3. The effect of air - borne bacterial populations on contamination of egg and embryo surfaces. *Poultr Sci* 43:1567 - 1572.

［38］Magwood, S. E. and H. Marr. 1964. Studies in hatchery sanitation. 2. A simplified method for assessing bacterial populations on surfaces within hatcheries. *Poultr Sci* 43:1558 - 1566.

[39]Mallinson, E. T. , D. B. Snyder, W. W. Marquardt, and S. L. Gorham. 1988. In B. A. Morris, M. N. Clifford, and R. Jackman(eds.). Immunoassays for Veterinary and Food Analysis - 1. Elsevier; London and New York, 109 - 117.

[40]McCapes, R. H. , R. Yamamoto, G. Ghazikhanian, W. M. Dungan, and H. B. Ortmayer. 1977. Antibiotic egg injection to eliminate disease. I. Effect of injection methods on turkey hatchability and *Mycoplasma meleagridis* infection. *Avian Dis* 21;57 - 68.

[41]McMillen, J. 1995. Use of vector vaccines in poultry. Proc 46th North Central Avian Disease Conference, 4 -6.

[42]Merianos, J. J. 1991. Quaternary ammonium antimicrobial compounds. In S. S. Block (ed.). Disinfection, Sterilization, and Preservation. Lea and Febiger; Philadelphia, PA, 225 - 255.

[43]Murphy, D. W. 1988. Composting as a dead bird disposal method. *Poultr Sci* 67(Suppl 1);124.

[44] National Research Council(NRC). 1994. Nutrient Requirements of Poultry, 9th ed. National Academy Press; Washington, D. C. , 1 - 155.

[45]O'Connor, D. O. and J. R. Rubino. 1991. Phenolic compounds. In S. S. Block (ed.). Disinfection, Sterilization, and Preservation. Lea and Febiger; Philadelphia, PA, 204 -224.

[46]Odor, E. M. , J. K. Rosenberger, S. S. Cloud, M. Salem. 1995. Infectious bursal disease laboratory monitoring. Proc ACPV Workshop on Poultry Vaccination Techniques and Evaluation, 46th North Central Avian Disease Conference.

[47]Phillips, G. B. and E. Hanel. 1960. Use of ultraviolet radiation in microbiological laboratories [abst]. US Gov Res Rep 34;122.

[48]Phillips, C. R. and B. Warshowsky. 1958. Chemical disinfectants. *Annu Rev Microbiol* 12;525.

[49]Preece, A. 1965. A Manual for Histological Techniques, 2nd ed. Little, Brown & Co. ; Boston.

[50]Prophet, E. B. , B. Mills, J. B. Arrington, and L. H. Sobin. 1992. Laboratory Methods in Histotechnology. American Registry of Pathology, Washington, DC.

[51]Randall, C. J. , 1991. Color Atlas of Diseases and Disorders of the Domestic Fowl and Turkey. Iowa State University Press; Ames, IA.

[52]Reddish, G. F. 1957. Antiseptics, Disinfectants, Fungicides and Sterilization, 2nd ed. Lea and Febiger; Philadelphia, PA.

[53]Riddell, C. 1996. Avian Histopathology. American Association of Avian Pathologists; Kennett Square, PA.

[54]Roland, K. , R. Curtiss Ⅲ , and D. Sizemore. 1999. Construction and evaluation of a Dcya Dcrp *Salmonella typhimurium* strain expressing avian pathogenic *Escherichia coli* 078 LPS as a vaccine to prevent airsacculitis in chickens. *Avian Dis* 43;429 - 441.

[55]Russell, A. D. 1991. Principles of antimicrobial activity. In S. S. Block(ed.). Disinfection, Sterilization, and Preservation. Lea and Febiger; Philadelphia, PA, 29 - 58.

[56]Sakaguchi, M. , H. Nakamura, K. Sonoda, F. Hamada, and K. Hirai. 1996. Protection of chickens from Newcastle disease by vaccination with a linear plasmid DNA expressing the F protein of Newcastle disease virus. *Vaccine* 14;747 - 752.

[57]Scott, T. A. and C. Swetnam. 1993. Screening sanitizing agents and methods of application for hatching eggs. Ⅱ. Effectiveness against microorganisms on the egg shell. *J Appl Poultr Res* 2;7 - 11.

[58]Sharma, J. M. and B. R. Burmester. 1982. Resistance to Marek's disease at hatching in chickens vaccinated as embryos with the turkey herpesvirus. *Avian Dis* 26; 134 -149.

[59]Snyder, D. B. 1986. Latest developments in the enzyme - linked immunosorbent assay(ELISA). *Avian Dis* 30;19 - 23.

[60]Snyder. D. B. , W. W. Marquardt, F. T. Mallinson, E. Russek - Cohen, S. Gorham, E. Odor, G. Stein, Jr. , and S. Bakos. 1985. Cooperative serologic survey of Delmarva broiler flocks by enzyme linked immunosorbent assay. Proc 20th National Meeting on Poultry Health and Condemnations, 110 - 120.

[61]Snyder, D. B. , W. W. Marquardt, E. T. Mallinson, E. Russek - Cohen, P. K. Savage, and D. C. Allen. 1986. Rapid serological profiling by enzyme - linked immunosorbent assay. Ⅳ. Association of infectious bursal disease serology with broiler flock performance. *Avian Dis* 30;139 - 148.

[62]Stewart - Brown, B. 1995. Applying poultry vaccines via the aerosol route on the farm; Technique and critique. Proc ACPV Workshop on Poultry Vaccination Techniques and Evaluation, 46th North Central Avian Disease Conference.

[63]Stone, H. D. 1997. Newcastle disease oil emulsion vaccines prepared with animal, vegetable, and synthetic oils. *Avian Dis* 41;591 - 597.

[64]Swayne, D. E. , J. R. Glisson, M. W. Jackwood, J. E. Pearson, and W. E. Reed. 1998. A Laboratory Manual for Isolation and Identification of Avian Pathogens, 4th ed.

American Association of Avian Pathologists: Kennett Square,PA.

[65]Thompson,S. W. 1966. Selected Histochemical and Histopathological Methods. Charles C. Thomas, Springfield,IL.

[66]Thornton, G. 1993. In ovo vaccination trials at golden poultry. Broiler Industry,October. 28 - 30.

[67]Triyatni, M. A. ,R. Jilbert,M. Qiao,D. S. Miller, and C. J. Burrell. 1998. Protective efficacy of DNA vaccines against duck hepatitis B virus infection, *J Virol* 72: 84 -94.

[68]Utterback,W. W. and J. H. Schwartz. 1973. Epizootiology of velogenic viscerotropic Newcastle disease in Southern California, 1971 - 1973. *J Am Vet MedAssoc* 163: 1080 - 1088.

[69]Vakharia, V. N. ,D. B. Snyder,J. He,G. H. Edwards,P. K. Savage, and S. A. Mengel - Whereat. 1993. Infections bursal disease structural proteins expressed in a baculovirus recombinant confer protection in chickens. *J Gen Virol* 74:1201 - 1206.

[70]Van Cutsem, J. 1983. Antifungal activity of enilconazole on experimental aspergillosis in chickens. *Avian Dis* 27: 36 - 42.

[71]Williams,C. J. ,C. L. Griffin,D. R. Klein,W. R. Sorrell, M. N. Secrest, A. M. Miles, R. P. Gildersleeve. 1994. A microbiological survey of broiler hatcheries in North America—The prevalence of aspergillus and other deuteromycetes. *Poultr Sci* 73(Suppl. 1):166.

[72]Wright, M. L. 1958. Hatchery sanitation. *Can J Comp Med Vet Sci* 22:62 - 66.

[73]Wright,H. S. 1974. Virucidal activity of commercial disinfectants against velogenic viscerotropic Newcastle disease virus. *Avian Dis* 18:526 - 530.

[74]Wright,M. L. ,G. W. Anderson, andN. A. Epps. 1959. Hatchery sanitation. *Can J Comp Med Vet Sci* 23: 288 -290.

[75]Wright,M. L. ,G. W. Anderson, and J. D. McConachie. 1961. Transmission of aspergillosis during incubation. *Poultr Sci* 40:727 - 731.

[76]Yoder, H. W. ,Jr. 1970. Preincubation heat treatment of chicken hatching eggs to inactivate *Mycoplasma. Avian Dis* 14:75 - 86.

[77]Zander,D. V. 1977. Unpublished observations.
本节是在第十版的基础上写成。为些，作者对十版作者 D. V. Zander 和 E. T. Mallinson 的贡献，表示衷心的感谢。

抗生素治疗

Dennis Wages

引 言

尽管养禽业的趋势是向着提高疾病预防和管理水平的方向发展，但细菌病的暴发还是不可避免的。药物治疗已在养禽业进行了多年，在商业化的养禽生产中将继续发挥作用。在美国，现在使用的抗生素的抗菌谱都是有限的。因此，我们要保证治疗的成功，必须充分了解所使用的药物和治疗程序，使得我们总是处于有利的地位。一旦决定使用药物治疗，我们就必须考虑治疗的各个方面，以保证得到最好的结果。

抗生素治疗成功与否与许多方面有关，包括病原的鉴定、以药物敏感试验结果为基础的抗生素的选择、感染部位的有效药物浓度、合适的剂量和给药途径及相应的管理。抗生素治疗只是控制疾病暴发的一种手段，不是对管理的疏漏和营养缺乏的一种补救。禽类发生的许多细菌病都是继发于其他原发感染，确定原发感染的原因，对最大限度降低现代化养禽业生产中抗生素的过度应用极为重要。

总的来说，专门介绍家禽抗生素治疗的文献和专著非常少。本章中所要讨论的问题大部分是以作者的临床经验为基础。本章内容将叙述治疗途径、抗生素特征和抗生素注意事项，列出了美国兽医协会（American Veterinary Medical Association）确定的有关合理使用治疗性抗生素的总体原则，在应用抗生素过程中作为参考。

治疗给药的途径

禽类抗生素的给药途径有 3 种形式：注射、饮水和喂料。到目前为止，最常采用的治疗途径是饮水给药。病鸡血液中药物很快达到一定浓度并且便于大群给药。饮水给药的治疗期通常为 3～7d。根据临床评估、样品诊断结果、死亡率是否升高 2～3 倍等决定提前停药或改变治疗。饲料级抗生素的治疗是有限的。先在饮水给药进行治疗后再进行饲料级抗生素治疗，效果很好，并且可用于较长的疗程。饲料级抗生素的使用可能会涉及血液有效药物浓度滞后和病鸡饲料消耗下降的问题。在美国，饲料级抗生素的使用必须遵守《抗生素添加剂摘要》（Feed Additive Compendium）（由动物健康协会联合出版）[2]。美国 1996 年《动物医疗药物使用说明法》（AMDUCA）[1]禁止在饲料中使用超出按标签标注说明的（extra label use）抗生素。饲料级抗生素更常用于禽病的预防，如坏死性肠炎的控制。注射用抗生素偶尔用于育种群，是一种非常少用的方法，但是，较常用于卵内或 1 日龄雏鸡细菌性肠炎的防治。AMDUCA 对超出按标签标注说明的注射用抗生素有明确的界定[1]。

抗生素应用的注意事项

很久以来，禽类是通过饮水途径按饮水体积定量给药治疗，即已知饮水中抗生素浓度（ppm 或 mg/加仑）为前提。这种体积剂量一般都写在产品的说明中。体积剂量就是按制造商推荐的方法，将浓缩的抗生素混合成储备液，然后按照每加仑（1gal 约 4.5L）饮水加 1oz（31 g）抗生素储备液的比例进行投药。这种计量方法已在世界范围内使用多年。饮水量增加即提高了药物治疗的成本，并有潜在的药物残留和药物中毒的危险。同样，饮水量下降将导致抗生素摄入下降，这样就可能认为抗生素无效。其他所有动物，包括食用动物，治疗给药是以体重为标准。目前，还没有证据显示这种治疗给药方法不能用于养禽业。除了四环素类抗生素（给药剂量为按体重 55mg/kg）外，家禽按体重 mg/kg 剂量给药的研究资料很少。饮水量的不稳定，迫使人们去寻找更科学的方法用于禽类抗生素治疗。我们应知道，目前美国现有法律规定，大多数根据体重计算剂量被认为是超标签标注用药（extra label use），需要兽医处方。抗生素的休药期主要是根据标签说明，可能不根据 mg/kg 计算。另外，如果不是按标签推荐的剂量，则可能需要延长休药期。

水质，包括矿物质含量、pH 和硝酸盐含量会影响饮水量。水中的镁盐、硫酸盐和氯化物的含量高会使禽类产生轻度腹泻，同时增加饮水量。养禽业已认识很清楚，高钠/盐水平将增加饮水量[5]。当水的 pH 低于 4，饮水量将趋于下降。水中的硝酸盐水平超过 50mg/L（50 ppm）会引起家禽增重缓慢，饮水量下降和总体生产性能降低[5]。

饲料成分，如蛋白质来源、钠盐含量和能量高低也影响饮水量。鱼粉、面包房副产品和某些含磷物质均可能导致饮水量增加，这与钠离子和盐含量，或者含有生源胺有关。不同蛋白源的营养成分有所不同，结果饮水量也不同。饮水量同时也受环境温度的影响，大部分饮水量参照表是在环境温度为 70 °F（21.1℃）时测定的。环境温度每增加 1 °F，将会增加约 4% 的饮水量。因此，环境温度每增加 5 °F，预期将会增加 20% 的饮水量。而当环境温度高过 90 °F（32.2℃）时，鸡将不再愿意活动，从而影响水的消耗量。

从以上的材料中可以得出这样的结论，禽类的治疗给药最好是以体重为基础，而不要单纯地依赖于饮水量。

抗生素和抗菌特性

每种抗生素都有其自身的特点，与其他抗生素相比，有优点也有缺点。这些特点包括抗菌谱和作用机理。杀菌药能杀灭细菌，而抑菌药只能抑制细菌的繁殖，需要免疫系统（防御机制）的参与来清除体内的细菌。抑菌型抗生素治疗慢性感染的作用有限，因为疾病持续存在并损伤机体的防御系统。杀菌性抗生素既可用于急性感染也可用于慢性感染。抗生素有广谱抗菌和窄谱抗菌之分，也就是说，有的只对革兰氏阳性菌有效，有的只对革兰氏阴性菌有效，而有的对两类菌均有效。而总的规律是，大部分广谱抗生素均是抑菌性抗生素，而许多窄谱的抗生素往往是杀菌性抗生素。但是，高剂量的红霉素和四环素及氟喹诺酮类却例外，它们抗菌谱广并具有杀菌作用。

真正用于养禽业的抗生素数量不多。没有专门标注用于何种禽类某种疾病治疗的抗生素，必须按兽医的处方进行使用，并按超标签标注药物使用（extra label drug use）。美国的"动物医疗药物使用说明法"（AMDUCA）严格控制超标注药物的使用[1]。超标签标注药物只能按处方用于饮水或注射。如果这些药不在《饲料添加剂概要》之中[2]，无论有无处方，均不允许作为抗生素添加剂用于饲料中。非法药物，如氯霉素、硝基糖腙和硝基咪唑类等，均不得以特别标注药物方式使用。美国禁止氟喹诺酮类以超标签标注药物方式使用。表1.4是美国允许在家禽中使用的药物及其抗菌作用、抗菌谱和允许的给药途径。

表1.4　禽类抗生素的活性、抗菌谱及允许的给药途径^A

抗　生　素	活性	抗菌谱	给药途径
杆菌肽	杀菌	G^+	饲料、饮水
头孢噻呋	杀菌	G^+ 及 G^-	注射
金霉素	抑菌	G^+ 及 G^-	饲料、饮水
土霉素	抑菌	G^+ 及 G^-	饲料、饮水
四环素	杀菌	G^+ 及 G^-	饮水
庆大霉素	抑菌	G^+ 及 G^-	饮水
林可霉素	杀菌	G^+ 及 G^-	饲料、饮水
林可霉素/壮观霉素	抑菌	G^+ 及 G^-	注射
新霉素	抑菌	G^+ 及 G^-	饮水
新霉素/土霉素	杀菌	G^+ 及 G^-	饮水
新生霉素	杀菌	G^+ 及 G^-	饲料、饮水
青霉素	杀菌	G^+ 及 G^-	饲料
壮观霉素	杀菌	G^+	饲料
链霉素	抑菌	G^+	饲料、饮水
磺胺二甲氧嘧啶	杀菌	G^+ 及 G^-	饮水、注射
磺胺二甲氧嘧啶/奥美普林5∶1	抑菌	G^-	饮水
磺胺喹噁唑	杀菌	G^+ 及 G^-	饮水
泰乐菌素	杀菌	G^+ 及 G^-	饲料、饮水
维吉霉素	杀菌	G^+	饲料
班贝霉素^B	N/A	N/A	饲料

A：本表中所列数据是目前美国允许使用的抗生素。
B：班贝霉素是一种饲料添加剂，不具有特殊的抗菌作用。

混合抗生素

当面临急性疾病暴发时，多种抗生素的联合使用可以扩大抗菌作用范围。将未经许可可以联合使用的抗生素混合的混合抗生素构成一种新的动物药品，这些药物之间的非干扰作用、安全性和残留的研究均未进行或未得到食品与药品管理局（FDA）的批准。目前这种方法仅用于抗生素药物，还没有用到维生素、矿物质和电解质上面。混合抗生素不一定是安全而有效的，但它能改变单个药物的吸收量及药物从机体的排泄率[6]。排泄率的改变可能引起毒性作用或引起不合法的药物残留。混合药物可能影响药物的吸收，降低药物的功效。

微酸性的抗生素不能与微碱性的抗生素混合使用。微酸性抗生素包括磺胺药和青霉素。微碱性抗生素包括红霉素、链霉素、庆大霉素、新霉素、四环素和林可霉素。有些抗生素，如磺胺药和青霉素[6]在碱性溶液中（pH>7）效果更好。红霉素和四环素在酸性溶液中（pH6~7）效果更好[6]。有关禽类所用的抗生素之间的相互作用已有报道[6]。

抗生素中添加维生素和电解质会影响抗生素贮存液的pH。青霉素不应该与维生素制剂混合。金霉素和青霉素混合使用会出现拮抗作用。

治疗记录

应保留所有治疗方案的准确记录。这种记录系统中的一个重要环节是收集细菌培养物，并进行药物敏感性试验。这种资料将会保证所作出的治疗方案是对的，并为将来了解微生物耐药性的形成提供参考。另外，对所有抗生素治疗效果的记录将有助于将来制定抗生素治疗方案。

抗生素耐药性

食用动物抗生素的应用及现有抗生素耐药菌群的出现越来越引起人们的关注。就禽类健康而言，人们所关注的问题是禽类的病原将会对现经批准的抗生素产生耐药性。从人类健康的角度来看，那些能引起人类疾病的食源性细菌将会对抗生素治疗产生耐药性，或者这些细菌会把耐药性传递给人类正常菌群或其他病原菌，而这些微生物也将同样难以治疗。这两个问题是很现实的，并且不应将问题仅局限于那些既用于禽类同时也用于人类的抗生素上。这个领域的研究是必要的，要确定抗生素在禽类的应用是否对人类抗生素耐药性的形成起重要作用。与抗生素应用有关的所有环节都应注意这个问题，并且尽可能合理使用抗生素。与人类健康有关的细菌有弯曲菌、沙门氏菌和肠球菌等。还没有发现前面提到的细菌引起很严重的家禽临床疾病，也就是说，这些细菌引起的临床疾病很少。然而，我们应该意识到，随时都会进行抗生素治疗，这些微生物可接触到抗生素并产生耐药性。

抗生素耐药性是一种自然现象。细菌接触抗生素产生耐药性，但也有不接触抗生素而细菌本身固有的耐药性[4]。动物和人类均使用抗生素，增加了病原菌和非病原菌的选择压力，从而加速了耐药性的形成。我们应牢记，当对禽类进行抗生素治疗时，靶细菌和非靶细菌均会受到影响，从而使这两种菌均有可能形成耐药性。耐药性是由细菌染色体外DNA（质粒）交换及染色体基因的遗传变异产生的。质粒介导的耐药性可在同一菌群内或菌群间传播[4]。

有两种基本的方法可用于确定细菌对抗生素的敏感性：平板扩散法和稀释法[7]。诊断实验室平板扩散法使用最多。稀释法也是一种常用的方法，通过将抗生素的浓度逐级稀释，从而得到被测抗生素对某种微生物的最小抑菌浓度（MIC）。平板扩散法和稀释法为两种体外试验方法。兽医人员应考虑到药物与宿主的相互作用、药代动力学和抗菌以及治疗的其他方面，预测对某种疾病进行抗生素治疗时的效果。两种方法都应标准化，从而使结果有可重复性和可信性[7]。

因为抗生素耐药性是抗生素应用的一种结果，所以我们应保证在禽类养殖中合理使用抗生素。国内机构和世界性组织，如美国兽医协会（AVMA）和世界卫生组织（WHO）已经为所有动物提供了合理使用抗生素治疗的原则，其中包括食用动物，如家禽。这些原则（在下一部分提到）得到了AVMA的批准，并应用到养禽业中作为一种指导，来优化治疗效果，降低耐药性的产生，保护动物和公共卫生。在每个原则后面，对其在养禽业中重要性进行了讨论。

养禽业合理用药原则

在决定是否在家禽中应用治疗性抗菌药的过程中，就应联系到这里所列举的原则[3]。

1. 强调预防措施，例如良好的饲养管理和环境卫生、日常健康监测及免疫接种。

基本原则是通过对疾病预防最大限度降低抗生素的应用，这条原则已造就了许多成功的养禽企业。农场采用全进全出的生产模式，尽量避免农场中多种日龄段家禽同时存在，有利于疾病的预防。养禽场合理的生物安全程序可以阻止疾病的传入。穿工作服、鞋和帽子的使用均能预防疾病的进入和疾病在同一农场内或不同农场之间的传播。免疫预防可降低家禽疾病的暴发。对大批量动物进行免疫，且免疫程序新颖，养禽业可以算是领先的。对种鸡和肉用生产群疫苗的保护效果要进行监测。对疾病感染情况进行血清学监测是制订合理免疫程序的基础。

2. 进行抗生素治疗之前，应考虑有无其他选择。

养禽业使用抗生素治疗疾病应谨慎。因为抗生素治疗花费巨大，治疗性抗生素只能作为治疗正在发生的疾病的一种手段。当疾病暴发时，应改善管理条件，调节环境的温度、通风和降低湿度来降低任何致病性条件对家禽的影响。某些疾病暴发时也可用维生素和电解质进行支持性治疗。这些先期措施有利于减少抗生素的使用。

3. 在兽医人员的指导下，合理使用抗生素应满足兽医—客户—病禽三方的要求。

大型企业的兽医人员应密切监督公司中家禽抗生素的使用。他们应与使用抗生素的技术员和管理者保持密切联系。兽医应对每个员工进行培训，使得他们能完全按照自己的意图使用抗生素。抗生素通常应在公司的兽医或兽医顾问的指导下使用。

4. 处方、兽医饲料管理法和抗生素的超标签标注使用必须满足兽医—客户—病禽三方的要求。

目前，处方中不得有饲料添加剂，或禽类饲料管理法未批准可在饲料中添加的抗生素。如这些产品将来获准使用，也应和其他抗生素使用一样，严格地遵守规章制度，并在AMUCA的指导手册下使用[1]。

5. 超标签标注抗生素治疗处方必须符合"动物治疗药物使用说明法"修订法中对"食物、药品的规定和化妆品法"及其他规章制度[1]。

大型养禽企业中的兽医应尽量按照抗生素的标注说明和剂量使用。当处方中使用超标注抗生素，必须符合AMDUCA的指导手册的要求[1]。

6. 兽医与饲养管理人员应合理使用抗生素，与抗生素的销售系统毫无瓜葛。

养禽企业的兽医负责不同地区、不同层次的种禽和肉用禽的生产。他们的工作与技术员、饲养员和生产部经理的关系密切，同时，与负责治疗性抗生素使用的所有人员密切联系。对这些负责治疗性抗生素使用的人员进行培训，教给他们疾病的常识和给药的方案。兽医仅负责何时开始抗生素治疗并评估抗生素治疗的效果。

7. 必须利用现有的药物学知识和原则不断地完善治疗性抗生素的使用方案。

由美国兽医联合会、美国禽病学会组织的继续教育项目和兽医用药技术的更新，使得兽医和管理人员能够及时获得抗生素使用有关知识。

8. 对于那些用于治疗人或动物顽固性感染的重要抗生素，动物应慎用。应先选择其他抗生素。

兽医人员应了解抗生素耐药性在人医和兽医中

的重要性。对于禽类和人类都很重要的抗生素，使用时应有所保留，以降低耐药性的形成。如氟喹诺酮类只留作治疗其他抗生素无法治愈的细菌病。

9. 尽可能使用窄谱杀菌性抗生素。

细菌培养和药敏试验结果有效时，可以选窄谱的杀菌药。

10. 如果临床上需要，可以使用细菌培养和药敏试验的结果来筛选抗生素。

在进行抗生素治疗之前，应根据发病和死亡情况，选择有典型症状的病鸡进行安乐死，并采取病料进行细菌培养和药敏试验，这是目前养禽业中常用的方法。兽医人员根据这些信息做出决定，选择合适的抗生素治疗。这些资料将作为鸡群和鸡场历史资料的一部分进行保存，为以后确定鸡场抗生素敏感性的变化提供资料。

11. 治疗性抗生素的使用应限于适当的临床症状，对无并发感染的病毒病应避免使用抗生素。

禽类的病毒、真菌及其他非细菌性感染不应使用抗生素治疗。兽医应特别关注正在暴发的疾病，决定是否使用抗生素治疗及治疗的时机。在开始进行抗生素治疗之前，要尽最大努力改善与疾病暴发有关的其他致病性管理因素，密切监视发病率和死亡率。进行抗生素治疗之前，首先进行诊断性检测来确定有无细菌感染。

12. 尽可能缩短治疗时间，达到期望的临床效果即可。

因为在养禽业中抗生素使用的成本很高，兽医和技术员应密切监视抗生素的治疗情况，最大限度降低鸡群的抗生素治疗。治疗达到了预期的临床反应，就应避免延长抗生素的使用。可根据发病率和死亡率来判断治疗是否需要延长时间。

13. 抗生素治疗只限于控制发病或处于危险状态的家禽，没有临床症状的禽群不应进行抗生素治疗。

对于暴发疾病的家禽进行群体治疗时，并不是所有的鸡都同时感染了该细菌。但与发病鸡同一栋的鸡群都处于感染同一病原的危险中。只能对同一栋内的发病鸡和处于危险感染状态下的鸡进行抗生素治疗，而未出现临床感染症状的邻近鸡舍鸡群不进行治疗。投药的花费应保持在每磅（0.45kg）活体重为 0.01 美分。如果抗生素治疗成本不划算，或者每栋鸡舍感染鸡数量很少，从成本上考虑可能

就没有必要进行抗生素治疗。

14. 尽可能降低抗生素对环境的污染。

尽力避免抗生素污染环境。从成本上考虑，抗生素通常只用于发病的禽群，而不建议在环境中进行使用。

15. 准确记录治疗结果，以评价治疗方案的优劣。

保存记录是大型养禽企业生产程序的一部分，如投药成本、治疗效果评价和治疗结果等，这类生产记录应保存于养禽场的历史资料中，作为确定抗生素敏感性变化的参考资料。

总之，合理的抗生素治疗包括：合理的诊断、掌握抗生素的特点、投药剂量、抗菌谱、药物的相互作用及给药前所应采取的管理方面的措施，并不仅仅是简单将药投予病禽。可用于禽类的抗菌药物有限，需要将准确的诊断与抗生素知识准确结合起来，以取得疾病治疗的最佳效果。

高 福 胡团军 译

苏敬良 校

参考文献

[1] Animal medicinal drug use clarification act (AMDUCA) of 1994. Federal Register, November 7,1998,57731-57746.

[2] Feed Additive Compendium, 2006. The Miller Publishing Company: Minnetonka, MN.

[3] Judicious Use of Antimicrobials for Poultry Veterinarians. 2000. Department of Health and Human Services, Food and Drug Administration Center for Veterinary Medicine.

[4] Kahn, C. M. 2005. The Merck Veterinary Manual, 9th ed. Merck & Company, Inc.: Whitehouse Station, NJ. 2053-2055.

[5] Leeson, S. and J. D. Summers. 1998. Commercial Poultry Nutrition 2nd ed. University Books: Guelph, Ontario, Canada.

[6] Riviere, J. E. 1995. Pharmacology of Drug Compounding in Poultry. In Proceedings, American Association of Avian Pathologist Symposium on Drugs and Therapeutics. 39-54.

[7] Waltman, W. D. 1995. Antimicrobial Susceptibility Theory and Interpretation. In Proceedings, American Association of Avian Pathologists Symposium on Drugs and Therapeutics. 85-92.

第 2 章

宿主的抗病因素
Host Factors for Disease Resistance

引言

J. M. Sharma

家禽和野生鸟类对存在于它们生存环境中的许多微生物易感。这些微生物包括病毒、细菌、真菌和寄生虫。在集约化饲养商品家禽的局限的空间里，微生物的浓度会达到相当高的水平。通常情况下，这些微生物具有致病性和感染性，能够引起严重的临床疾病，甚至死亡。禽类之所以能够战胜微生物的感染而存活下来，是因为它们的免疫系统具有抗感染能力并限制微生物复制。没有有效的免疫反应，禽类的生命周期会变得非常短暂，而商业化的家禽生产也将终结。正是由于免疫在保持健康方面的重要作用，有关免疫机制的研究在最近几十年受到了广泛的关注，前期的研究结果为制定有效的疾病控制策略奠定了良好的基础。疫苗免疫为人类和动物免疫做出了最为重要的贡献，极大地降低了传染病的发生。尽管对禽类免疫系统研究没有哺乳动物免疫系统那么深入，但也取得了重要的进展。本章第一部分概略地阐述了禽类免疫系统的基本特征。尽管禽类和哺乳动物免疫机制有很高的相似性，但也有一些不同点，本章将给予简单的描述。

在本章的第二部分主要叙述遗传对免疫抗性的调控作用。宿主的遗传背景决定了对于特定的微生物免疫反应及其是否会产生保护性的免疫。种群内不同个体对同种病原反应的巨大差异也证明了这一点。一些个体很易感染并死亡，而另一些可能无症状表现。对相同病原反应的巨大差异归因于其内在

的基因多态性，这种多态性调控着免疫系统的表达及其不同成分的相互作用。

尽管遗传抗病性是由多基因决定的，但一般认为商品鸡群对疾病抗性和易感性往往受主要组织相容性符合体（MHC）的基因调控。MHC编码一系列的细胞表面蛋白，这些蛋白对于T细胞抗原识别是必要的，而识别抗原是T细胞产生特异性免疫的条件。MHC蛋白分化呈遗传学多态性。特异性MHC单倍体与抗病性之间的联系已用于抗病育种。最近，完整的鸡基因组测序已经完成，为识别和操作控制免疫和抗病性的基因提供了新的机会。第二部分阐述了最近的分子技术在抗病遗传方面的研究。这些新的信息很可能对商业家禽生产产生巨大的影响。

禽类免疫系统

J. M. Sharma

前　言

免疫系统在禽类抵抗病原微生物过程中起着关键作用。禽类免疫组织结构和免疫机制与哺乳动物很相似。早期对鸡法氏囊和胸腺的研究，得出了禽类免疫系统分为B细胞、T细胞两部分这个认识。这一认识开创了对哺乳动物、禽类和两栖类动物免疫机制广泛研究的新时代。这些五十年前就已开展起来的研究，至今仍是推动免疫学成为生物学中发展最迅速的分支的主要动力。新

的信息不断出现，相关的免疫机制概念不断被更新。

与哺乳动物一样，禽类免疫系统也很复杂，通过大量的细胞和可溶性因子协同作用才能产生保护性的免疫反应。商品家禽在集约化饲养条件下，保持正常的免疫功能是非常重要的。在密集的饲养环境中，家禽对传染性病原很易感。为了使禽群能抵抗环境中强毒病原微生物的感染，需要接种许多疫苗，有些疫苗还需要重复多次免疫。疫苗的保护效率取决于免疫系统对疫苗中微生物的反应强度。如果动物机体的免疫受到抑制，对疫苗反应差，那么这样的禽群就容易感染疾病。了解免疫反应产生过程是非常有意义的，同样应知道如何避免应激引起禽群免疫抑制。

这一部分的内容并不是全面的综述，而是选择性地提供了一些关于禽类免疫系统各个方面的概述。如果想要获得详细信息，读者可以参阅其他的书籍和综述[17,18,28,35,81,85,87,101]。

免疫系统的解剖学结构

免疫细胞位于初级淋巴器官（PLO）或次级淋巴器官（SLO）中。胸腺和法氏囊是初级淋巴器官（PLO），T细胞和B细胞前体在此分化和成熟。胸腺是一种狭长的多叶状结构，沿身体长轴分布于气管两侧，部分腺叶一直延伸到前胸腔（彩图2.1A）。胸腺的腺叶由小叶构成，每个小叶可分为外周的皮质区和中央的髓质区，皮质区淋巴细胞密集，而髓质区淋巴细胞较稀疏（彩图2.1B）。法氏囊是一种囊状的后肠的延伸物，位于泄殖腔背侧（彩图2.1C）。法氏囊由滤泡构成，滤泡中充满了淋巴细胞，和胸腺一样，淋巴细胞在法氏囊中也是按外周皮质和中央髓质进行排列（彩图2.1D）。

功能性免疫细胞离开初级淋巴器官，进入次级淋巴器官，次级淋巴器官为抗原诱导免疫反应的位置。次级淋巴器官是淋巴细胞和抗原递呈细胞聚集之处，分布于全身各处（彩图2.2）。脾脏、骨髓、哈德氏腺（位于眼球的腹侧和中后部）及结膜相关淋巴组织（CALT）、支气管相关淋巴组织（BALT）和肠道相关的淋巴组织（GALT）均为次

级淋巴器官。法氏囊也可作为次级淋巴器官。鸡不具有哺乳动物一样的淋巴结，但沿淋巴系统通路存在淋巴小结。

禽类免疫系统的基本特征

图2.3显示的是禽类抵抗病原感染的机理。禽类有完整的天然防御机制。皮肤或黏膜的正常菌群等物理屏障可以阻止病原侵入体内。对于进入机体的病原，吞噬细胞（包括异嗜细胞和巨噬细胞）[71]、补体[47]、自然性杀伤（NK）细胞[25,89]构成机体的第一道免疫防御系统。

天然免疫

广泛分布于宿主组织的巨噬细胞和物理屏障一起构成了抵抗病原的第一道屏障。这些细胞吞噬并破坏侵入的病原以阻止有效感染的发生。树突状细胞是组织中另一种吞噬细胞，它和巨噬细胞一起，通过分泌细胞因子来启动局部的炎症过程。异嗜性白细胞和血清中的蛋白在炎症部位聚集，局限并破坏病原。天然免疫系统，如巨噬细胞、中性粒细胞、树突状细胞等天然免疫细胞通过它们表面表达的toll样受体（TLRs）识别病原。TLRs是一类识别许多病原表达的共同抗原形式的膜蛋白。巨噬细胞和树突状细胞的TLRs的相互作用诱导这些细胞产生细胞因子和趋化因子。

补体是一种存在于正常禽类血浆中的热敏感成分。补体系统是禽类抵抗细菌病原入侵的一个重要而且必需的成分。补体系统激活可产生一系列的蛋白质，其中一些蛋白质可与细菌共价结合，这种结合将会造成细菌的死亡或增强细胞对细菌的吞噬和破坏作用。补体系统具有多种不同的激活途径。最熟知的两种途径为经典补体途径（CCP）和替代补体途径（ACP）。在经典途径中，补体系统被结合于病原表面的抗体激活。在替代途径中，被激活的补体蛋白黏附到细菌表面破坏细菌。目前，有关禽类补体系统的知识还远远落后于哺乳动物。表2.1和表2.2列出了禽类补体系统的一些重要的生物和分子特征。

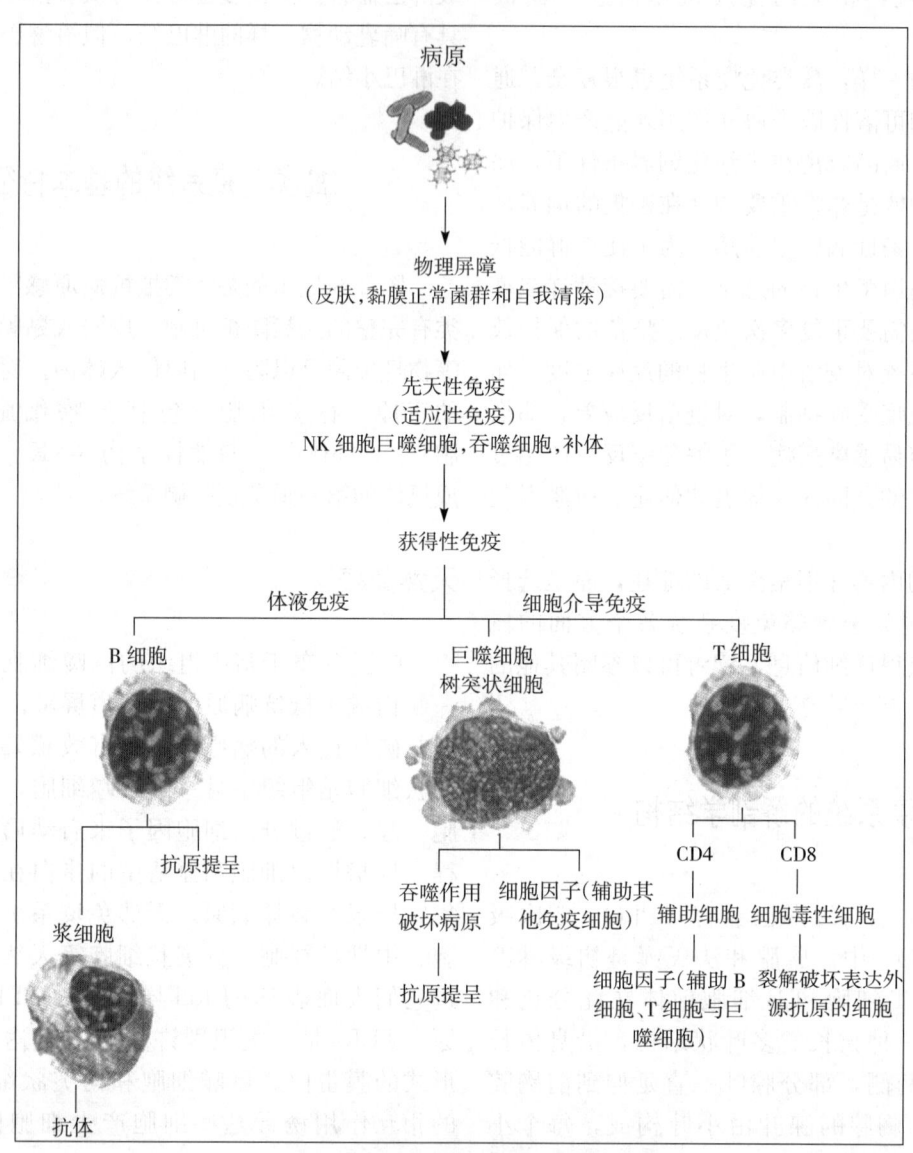

图 2.3　禽类中抵御病原的物理机制和免疫机制

表 2.1　禽类补体成分的分子特征

补体成分	动物种类	分子量（kD）	不同链的分子量（kD）	血清中近似浓度（μg/mL）	参考文献
C3	鸡	185	118	…	(50)
…	…	…	68	…	…
…	…	180	116	500	(61)
…	…	…	67	500	…
…	鹌鹑	183	110	…	(36)
…	…	…	73	…	…
B因子	鸡	95	…	50～100a	(46)
C1q	鸡	504	6H25.9	50～70	(108)
…	…	…	6H24.8	…	…
…	…	…	6H24.8	…	…

经许可引自 Koppenheffer，T. L. Complement. In J. M. Sharma（ed）. Avian Immunology. In Partonet, P. P. Partore, P. Griebel, H. Bazin, and A. Govaerts（eds）. Handbook of veterinary Immunology. Academic Press.

a. 根据 Koch[46] 的资料估算。

表 2.2　禽类补体的特征

- 体外证实具有非抗体依赖性 ACP 活性
- 体内的微生物寄生可激活 ACP
- ACP 可被禽类抗体激活
- 抗体的血细胞凝集水平引起最大的红细胞溶解
- CCP 活性很难检测
- ACP 和 CCP 作用均利用 B 因子
- 眼镜蛇毒不一定都能激活禽类的补体

鸡的溶血性补体水平与 MHC 关联

ACP：替代补体途径；CCP：经典补体途径；C：补体。

经许可引自 Koppenheffer, T. L. Complement. In J. M. Sharma (ed). Avian Immunology. In Partonet, P. P. Partore, P. Griebel, H. Bazin, and A. Govaerts (eds). Handbook of veterinary Immunology. Academic Press.

　　NK 细胞是一种非 B 细胞、也非 T 细胞的淋巴细胞，对病毒感染细胞和肿瘤细胞具有细胞毒性作用。NK 细胞存在于正常机体内，并不需要通过免疫来诱导。禽类的 NK 细胞表达表面 CD8αα 同源二聚体，是一种大颗状淋巴细胞，形态与哺乳动物 NK 细胞相似。NK 细胞的细胞毒性作用不受主要组织相容性复合体（MHC）的限制。在鸡体内，肠上皮细胞中含有特别丰富的 NK 细胞，在脾脏、外周血液中也有[25]。已报道过一株能与肠道 NK 细胞发生特异性反应的单克隆抗体[25]。对于鸡体内 NK 细胞分布的研究表明，这些细胞的前体源于骨髓，然后迁移到脾脏和肠道上皮，并发育成熟为功能细胞。鸡体内的 NK 细胞的表达随年龄、遗传背景、传染性病原感染情况或肿瘤的发生等情况的不同而有变化[89]。

　　如果靶细胞表面被抗体包被，NK 细胞和其他一些效应细胞可诱导靶细胞裂解。靶细胞表面的抗体分子与 NK 细胞上的 Fc 受体相互作用，激活 NK 细胞的细胞毒性，攻击靶细胞。这种对抗体包被靶细胞的破坏称为抗体依赖性细胞介导的细胞毒性作用（ADCC）。ADCC 作用有助于宿主进行防御，并已在好几种禽类中发现[90]。

　　当物理屏障或天然免疫防御机制不能把病原拒之门外的时候，就会引起特异性的免疫反应（适应性免疫）。适应性免疫对刺激因子具有高度特异性，而非适应性或天然免疫是非特异性的。介导特异性免疫的细胞对其遭遇过的病原具有记忆性，即使体内病原已被清除而且可检测到的免疫反应已消退，但当机体再次遇到该病原时，记忆细胞将产生更快更强的免疫反应。禽类的加强免疫就是利用了这种记忆性反应的特点。

　　适应性免疫是由多种细胞所介导，其中最重要的细胞是 T 细胞、B 细胞和巨噬细胞。T 细胞是细胞介导免疫（CMI）的主要细胞，能识别经抗原递呈细胞（APC）加工处理过的外源性抗原（如微生物）。巨噬细胞、树突状细胞和 B 细胞均属于重要的抗原递呈细胞（APC）。APC 可分解复杂抗原，并把与主要组织相容性复合体（MHC）结合的抗原片断递呈给 T 细胞。T 细胞识别递呈抗原并产生反应的先决条件是 T 细胞和 APC 有相同的 MHC。

　　主要组织相容性复合物是一种糖蛋白受体，由 MHC 基因编码。鸡的 MHC，又称为 B 基因座，比哺乳动物 MHC 小很多，仅含 19 个基因。而人类 MHC 含有 200 多个基因。鸡 MHC 的结构也与哺乳动物的有很大不同[40]。B 基因至少有 3 个基因座位点：编码 I 类抗原的 BF、编码 II 类抗原的 BL 和编码 IV 类抗原的 BG。I、II 类分子具有高度多态性，对 APC 递呈抗原起关键作用。MHC 基因能编码具有高度多态性的 I 类和 II 类分子，对于 APC 递呈抗原很关键。BF 分子（I 类抗原）广泛存在于各种有核细胞表面，其中包括红细胞。BL 分子的表达受诸多限制。巨噬细胞、树突状细胞、单核细胞、B 细胞及活化的 T 细胞表达这些分子。

　　T 细胞只能识别被加工过的抗原，B 细胞识别抗原不依赖于前期的加工。B 细胞是通过与突出于细胞表面的免疫球蛋白与抗原相互作用而识别抗原。B 细胞主要负责体液免疫，产生针对抗原的抗体。

　　尽管采用体液免疫还是细胞免疫作为主要保护措施是取决于微生物种类的，但多数的微生物能同时刺激产生这两种作用。细胞介导免疫和体液免疫的重要的特征将在下一部分讨论。

获得性免疫

细胞介导的免疫（CMI）

　　T 细胞是 CMI 最重要的细胞。鸡有许多功能不同的 T 细胞亚群。这些亚群表达特异性的表面抗原，可以用单克隆抗体进行检测。表 2.3 列出了能识别鸡 T 细胞表面标记的单克隆抗体。毫无疑问，由于新的抗体不断出现，所以该表需要定期地进行修改。

　　与哺乳动物一样，禽类 T 细胞也有两个结合抗原的表面受体，T 细胞受体（TCR）αβ 或 TCRγδ。鸡的 γδ 型 T 细胞比例比鼠或人的高，这种细胞比例占到鸡的循环淋巴细胞总量的 30%～50%[93]。两种类型的 TCR 与另外一种存在于所有 T 细胞表面，称为 CD3 的分子紧密相连。只有 TCR‑CD3 复合物中的 TCR 与抗原相互作用，由一系列复杂蛋白所构成的 CD3 分子蛋白复合体将抗原—受体相互作用的信号传递给细胞。来自于多个多态性基因拷贝的单个 V、D 和 J 片断重排后，使 TCR 分子多样化。鸡的 TCRβ 基因座含有两个 Vβ 家族：Vβ1 和 Vβ2[9]。

T 细胞可根据表面 CD4 和 CD8 分子分成两个重要的亚类。CD4 存在于辅助性 T 淋巴细胞（TH）细胞表面，而 CD8 存在于细胞毒性 T 细胞（CTL）表面。品种间最大的差异在于体循环中的 CD4 和 CD8 细胞的比例不同。

表 2.3 抗鸡 T 淋巴细胞抗原的单克隆抗体

抗原	单克隆抗体	分子量（kD）	同源性（%）	分布	参考文献
ChT1	CT1、CT1a、T10A6、RR5‑89、MuI83	63、45 和二聚体	0	胸腺及部分 T 细胞	(5, 8, 30)
CD3	CT3	20、19、17、16	36～40	所有 T 细胞	(4, 11)
CD4	CT4、2‑6、2‑35	64	23	αβ T 细胞亚群和胸腺细胞	(6, 58)
CD5	2‑191、3‑58	64	38	T 和 B 细胞	R. Koskinen 和 O. Vainio 未发表资料
CDw6	S3	110	…	脾脏 γδT 细胞、大多数 αβ T 细胞以及部分胸腺细胞	…
ChT6	INN‑CH‑16	50		活化的 T 细胞	(78)
ChT7	…	110	…	活化的 T 细胞	(52)
CD8α	CT8、EP72、11‑39、3‑298、AV12、AV13、AV14、CVI‑ChT‑74.1	34	37	α、β、γδ 和 NK 样 T 细胞亚群和胸腺细胞	(6, 58, 64, 102)
CD8β	EP42	34	34	α、β T 细胞亚群	…
ChT11	A19	120、90、28	…	肠道和活化的脾脏 T 淋巴细胞	(27)
CD28	2‑4、2‑102、AV7	40	50	αβT 细胞	(103, 109)
γδTCR	TCR1	50、40	30‑33	γδT 细胞	(93)
αβ1 TCR	TCR2	50、40	26‑35	αβT 细胞亚群	(12, 14)
αβ2 TCR	TCR3	48、40	26‑35	αβT 细胞亚群	(7, 10)

经许可引自 Jeurissen, S. H. M, O. Vianio, and M. J. H. Ratcliffe, 1998. Leukocyte markers in the chicken. In J. M. Sharma (section ed). Avian Immunology. In Partonet, P. P. Partore, P. Griebel, H. Bazin, and A. Govaerts (eds). Handbook of veterinary Immunology. Academic Press.

辅助性 T 细胞（TH）

TH 细胞（CD4+ 细胞）识别与 MHC II 类分子及其他共刺激分子结合的、被加工过的外源性抗原。当 T 细胞表面的 TCR 与呈递在 APC 表面的特异性抗原作用，T 细胞被激活、增殖并启动针对抗原的免疫反应。

对哺乳动物的研究表明，抗原诱导反应刺激 TH 细胞分化成两个效应群：TH1 和 TH2。TH 细胞向 TH1 分化还是向 TH2 分化取决于刺激抗原的性质及可溶性的细胞因子（见下面）。巨噬细胞、树突状细胞和其他细胞的胞内抗原刺激 TH1 细胞的分化，而细胞外抗原刺激 TH2 细胞的分化。TH1 效应细胞推动 CD8+CTL 增殖，增强它们的杀灭微生物活动，并且促进 B 细胞产生具有强效调理作用的抗原特异性抗体。TH2 效应细胞的主要作用是辅助 B 细胞产生不同的抗原特异性独特性免疫球蛋白。尽管没有明确的数据支持，有迹象表明被激活的鸡效应性 TH 细胞也同样可分成 TH1 和 TH2 两部分[19]。

细胞毒性 T 细胞（CTL）

大部分 CTL 表达 CD8 表面分子。虽然有少部分哺乳动物 CD4 T 细胞也具有细胞毒性作用，但没有证据表明禽类的 CTL 表达 CD4 表面分子。CD8+CTL 识别结合于 MHC I 类分子上的内源性抗原[59]。内化的抗原（如病毒）被一种叫蛋白酶体的蛋白酶复合物降解成小肽，小肽一般长 7～13 个氨基酸，被转运到内质网，肽段与 MHC I 类分子结合。肽—MHC I 复合物被转运到细胞表面，供抗原特异性 CTL 识别。

CTL 的一个重要功能是清除病毒感染细胞。因为大部分有核细胞都能表达表面 MHC I 类分子，几乎任何细胞一经病毒感染均会被 CTL 细胞识别和裂解。由于效应细胞和靶细胞的 MHC 限制性，很难对鸡的 CTL 体外定量。尽管如此，已证明，CTL 对禽类的病毒性和肿瘤疾病的发生有调节作用[15,35,79]。

禽类的细胞因子

细胞因子是由多种细胞，主要是免疫细胞分泌的一类具有生物活性的小蛋白质。细胞因子与靶细胞表面的特异性受体结合，通过在细胞间传递信号来调节免疫反应。与受体结合的细胞因子和其他膜相关分子共同作用，刺激靶细胞发挥效应作用。T细胞、B细胞、巨噬细胞和树突状细胞均能分泌细胞因子。尤其是 T_H 细胞分泌的细胞因子在调节免疫反应中起关键性作用。启动 CMI 反应的 T_H1 细胞主要分泌 IFN-γ，能激活巨噬细胞和增强对细胞结合性病原的杀灭作用。T_H1 分泌的其他重要细胞因子包括 IL-2 和肿瘤坏死因子 α（TNF-α）。IL-2 促进 T_H1 细胞、T_H2 细胞、CTL、NK 细胞和 B 细胞的增殖。T_H1 的活性和细胞因子的分泌是受 IL-12 和 IL-18 刺激的，而这两种细胞因子是由巨噬细胞、树突状细胞和 B 细胞分泌产生。

T_H2 细胞分泌产生的细胞因子可促进 B 细胞的活化和抗体的产生。T_H2 细胞分泌的细胞因子包括 IL-4、IL-5 和 IL-10。许多细胞（主要是巨噬细胞）可产生 IL-1，它能刺激 T_H2 细胞的活化。

近年来，一些禽类的细胞因子被分离和鉴定。编码禽类细胞因子和细胞因子受体的基因已被克隆和测序（表2.4）。尽管禽的细胞因子极少有种间交叉生物学反应性，但禽类的细胞因子生物学活性基本与哺乳类的非常相似。

体液免疫

由 B 细胞分泌的免疫球蛋白（Ig）或抗体构成体液免疫的基本成分。抗体存在于许多种体液中，在血清或血浆中最易检测到。禽类一旦接触到病原微生物即可刺激机体产生特异性抗体，抗体与病原微生物反应加速了病原的清除。抗体与病原作用有3种机制：①中和作用，抗体与特异性病原结合并中和病原，尤其是病毒。被中和的病毒就不能再吸附到靶细胞表面受体上，从而阻止它们的增殖；②调理作用，在细胞外繁殖的病原细菌如果被抗体包被，将更容易被吞噬细胞内吞和破坏；③补体激活作用，结合于病原表面的抗体能激活补体并产生新的补体蛋白，补体黏附到吞噬细胞受体上，促进吞噬细胞对病原的吞噬和破坏。

表 2.4 已克隆的禽类细胞因子基因

已克隆细胞因子基因	禽的种类	参考文献
IFN-α	鸡，火鸡，鸭	(83，84，96)
IFN-β	鸡	(92)
IFN-γ	鸡，火鸡，鹌鹑，珍珠鸡，鸭，鹅	(22，31，38，57，82)
IL-1β	鸡	(105)
IL-2	鸡，火鸡，鹌鹑，鸭，鹅	(37，51，55，94，95，111)
IL-3	鸡	(2，37)
IL-4	鸡	(2，37)
IL-5	鸡	(37)
IL-6	鸡	(37，100)
IL-7	鸡	(37)
IL-9	鸡	(37)
IL-10	鸡	(37，75)
IL-12	鸡	(3，20，37，100)
IL-13	鸡	(2，37)
IL-15	鸡	(13，37，55)
IL-16	鸡	(37，63)
IL-17	鸡	(63)
IL-17A，B，D，F	鸡	(37)
IL-18	鸡，火鸡	(37，80)
IL-19	鸡	(37)
IL-21	鸡	(37)
IL-22	鸡	(37)
IL-26	鸡	(37)
IFN-λ1（IL-29），-λ2（IL-28A）λ1（IL-28B）		
粒细胞集落刺激因子（CSF3）	鸡	(2，37)
GM-CSF		(37，76)
干细胞因子		(110)
鸡 MGF	鸡	(53)
TGFβ1		(34)
TGFβ2，TGFβ3		(37)
TGFβ4		(67)
淋巴细胞趋化因子	鸡	(100)
MIP-1β		(70)
趋化因子（K60，K203）	鸡	(91)
趋化因子		(32)
chXCL1，chCCLi5，chCCLi6 chCCLi7，chCCLi8，chCCLi9 chCCLi10，chCCLi1，chCCLi2 chCCLi3，chCCLi4，chCCLi17 chCCLi19，chCCLi20，chCCLi21	鸡	(37)
chCXCLi1，chCXCLi2（IL-8）	鸡	(72)
chCXCLi3，chCXCLi12	鸡	(97)
chCXCL13L1，chCXCL13L2 chCXCL13L3，chCLCXL14		(29)
chCX3CL1	鸡	(1，37)
基质衍生因子-1	鸡	(1)
ChTL1A	鸡	(1)
LPS 诱导 TNF-α 因子（LITAF）	鸡	(37)
TRAIL	鸡	(1，37)
TNFRII	鸡	(37)
TRAF5	鸡	
VEGF		
CD30L		
CD40L		
BAFF		

W. Lowenthal，CSIRO Livestock Industries，Australian Animal Health Laboratories，Geelong，Victoria 3220，Australian)

鸡主要有 3 类免疫球蛋白：IgM、IgG 和 IgA（表 2.5）。图 2.4 显示了免疫球蛋白分子的典型结构。所有的 Ig 分子均有两条不同型的多肽链。小的多肽链叫"轻链"，各类 Ig 是相同的。而较大的一条链叫"重链"，每一类或亚类 Ig 的均不同。两条链之间以共价键和非共价键结合。重链的结构决定了每类 Ig 的生物学功能。禽类的这三种 Ig 的编码基因均已被克隆并测序，推动了体外重组禽类和嵌合抗体的产生以及体外表达重组禽类免疫球蛋白的研究。

表 2.5　鸡免疫球蛋白的特性

型	重链（kD）	#H 链 Ig 功能区	与哺乳类的同源性	血清中的浓度	来源	结构和特点
IgM	70kD	5	约30%	1～2mg/mL	血清	900 kD；有 5 个重度糖基化的 $\mu_2 L_2$ 单体和一个 J 链
			78%TM*		细胞表面	膜 IgM $\mu_2 L_2$ 单体无 J 链
IgG6	7kD	4	30%～35%	5～10mg/mL 蛋黄	血清	175 kD；$\gamma_2 L_2$ 单体无 J 链。卵黄中浓度较高，约为10mg/mL，蛋清中浓度较低
IgA	65kD	4	32%～41%	约 3mg/mL	血清	170kD；$\alpha_2 L_2$ 单体，无 J 链
					胆汁	350 kD；2 个 $\alpha_2 L_2$ 单体加一个 J 链
					黏液（眼泪、唾液）	600～700 kD；4 个 $\alpha_2 L_2$ 单体和一个 J 链

* T M：指鸡 sIgM 的跨膜区和胞浆区重链。

经许可引自 Demaries, S. L. and M. J. H. RatcliffeCell surface and secreted immuoglubulinin Bcell development. In：J. M. Sharma, ed Avian Immunology. In Partonet, P. P. Partore, P. Griebel, H. Bazin, and A. Govaerts（eds）. Handbook of veterinary Immunology. Academic Press

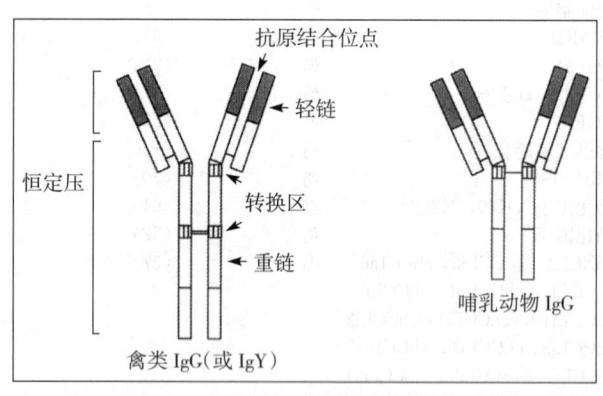

图 2.4　Ig 分子的典型结构及禽类与哺乳类 IgG 分子的比较类

IgM 存在于大部分 B 细胞表面，是初次免疫后最先产生的抗体。由于免疫反应过程的不断发展，产生 IgM 的细胞停止分泌 IgM，开始产生 IgG 和 IgA，这种现象叫做"类别转换"（Class switch）。在抗体类别转变过程中或转变之后，抗体结合抗原的能力没有改变。"类别转换"的产生是由于产生抗体的 B 细胞中不同类型 Ig 重链的可变区基因（V 基因）与恒定区基因（C 基因）拼接的结果。细胞因子 IL - 4、TGF - β 和 IFN - γ 刺激 B 细胞产生"类别转换"[21]。

鸡的典型免疫反应是先产生 IgM。一段时间后，IgM 的分泌停止，继而分泌产生 IgG。IgG 也是二次免疫后产生的重要抗体，并且是鸡血液中的首要 Ig 类型。因为禽类（包括两栖类、爬行类和鱼类）的 IgG 比哺乳类的大，因此，鸡的 IgG 常称作 IgY[104]。图 2.4 比较了哺乳类动物和禽类 IgG 结构的分子克隆数据，显示 IgY 在远古时代可能是哺乳动物 IgG 和 IgE 的前体[104]。

IgA 是黏膜免疫最主要的免疫球蛋白。鸡的分泌性 IgA（sIgA）以二聚体形式存在于黏膜分泌液中，而血液循环中的 IgA 以多聚体或单体的形式存在。有分泌成分的 IgA 复合物在黏膜上皮细胞形成 sIgA[107]。分泌成分可保护 IgA 在肠道中不被蛋白酶消化。IgA 主要分布于黏膜表面，血液循环中的数量很少。禽类的胆汁中富含 IgA。IgA 通过中和作用或阻止病原体与靶细胞上的受体结合来发挥作用，保护黏膜免受病原侵入，尤其是病毒的侵入。

B 细胞通过表面 Ig 与抗原结合，每个 B 细胞只产生一种类型的重链和轻链，并只针对一种抗原决定簇。因此，对一个抗原而言，必须与表达同源 Ig 受体的 B 细胞作用才能启动抗体的产生及克隆的扩大。在环境中有成千上万种抗原和成千上万种抗原形态，免疫系统怎样才能保持有足够多的 B 细胞与如此多的抗原进行特异性反应？这些是通过 B 细胞在形成和成熟的过程中的许多遗传机制来完成的。在哺乳动物中，Ig 基因的重排导致 Ig 的复杂多样。对鸡而言，由于 Ig 基因的数量较少，重排的基因必须经历一个叫"基因转换"（gene conversion）的过程才能实现所需要的多样化[21]。在基因转换中，重排的轻链和重链基因复合物形成染色体拟基因簇。高度同源的拟基因大片段存在于鸡染色体上轻链和重链基因附近[73,74]。

母源免疫转移

从母鸡转移给刚孵出的小鸡的免疫对早期保护小鸡免受感染中是很关键的。在鸡中，Ig 是免疫转移的首要形式。没有证据显示母源的免疫细胞传递给胚胎。母鸡循环血中的 Ig，沉积在输卵管上皮浅表和腺体。IgG 从输卵管转移进入卵泡中正在成熟的卵囊，并且在卵黄囊积聚。输卵管局部产生的 Ig 貌似组成转移 Ig 中的非重要部分。发育中的雏鸡需要卵黄囊中的母源 IgG。IgA 和 IgM 通过羊膜液转移。发育中的胚胎吞咽含有 IgA 和 IgM 的羊膜液。

免疫水平的检测

NK 细胞

NK 细胞的检测基于 NK 细胞对敏感靶细胞的体外细胞毒性作用[24,49,89]。最常用的靶细胞是 LSCC - RP9 细胞系[88]。该细胞系来源于反转录病毒诱导的 $B^2 B^{15}$ 公鸡肿瘤细胞[65]。靶细胞用 ^{51}Cr 标记，在体外与不同浓度的待检细胞悬液与 NK 细胞一起培养，检测 NK 细胞活性（效应细胞）。必须设立两个重要的对照：a. 用中性细胞（如胸腺细胞）替代效应细胞与靶细胞作用，其比例与试验组的效应细胞与靶细胞比率相同；b. 应用 NK 抗性靶细胞。37℃孵育 4h 后，检测释放到培养基中的放射性活度。特异性细胞毒性（NK 细胞裂解的检测）按如下公式计算：

细胞毒性（%）＝与效应细胞混合的靶细胞的每分钟计数－与普通胸腺细胞混合的靶细胞的每分钟计数/靶细胞的每分钟计数－与普通胸腺细胞混合的靶细胞的每分钟计数×100

巨噬细胞

巨噬细胞是一群表型不同的细胞，几乎存在于所有的组织中。由于大部分巨噬细胞可黏附于介质，因此，从外周血细胞（PBL）的短期体外培养物，或脾细胞悬液中很容易分离得到巨噬细胞。禽类腹腔注射炎性刺激物，如葡聚糖凝胶颗粒，可诱导产生腹腔巨噬细胞。部分用于分析巨噬细胞功能试验包括：①吞噬作用；②在有丝分裂原（脂多糖）刺激作用下细胞因子的产生；③裂解肿瘤细胞的能力；④被 T 细胞产生的细胞因子（主要是 IFN-γ）刺激后，一氧化氮（NO）的产生。已经有一些文献介绍禽类巨噬细胞的形态学和功能特征[41,42,62,66,71,86]。

T 细胞

大部分的 T_H 细胞检测方法都是以有丝分裂原或特异性抗原在体外刺激细胞为基础，被刺激的细胞增殖和分泌细胞因子。有丝分裂原诱导的增殖通常是用来分析 T 细胞成分。刀豆素 A（ConA）和植物血凝素（PHA）是较常用的有丝分裂原。这些有丝分裂原可结合于 T 细胞表面糖蛋白上从而刺激细胞增殖。典型的检测方法是将脾细胞、PBL 或稀释的全血在含有 ConA 或 PHA 的培养基中进行体外培养。37～41℃培养 40h 后，细胞被放射性胸腺嘧啶脱氧核苷脉冲标记，然后可定量检测细胞 DNA 上的标记。增殖活跃的培养物摄入的放射性物质比不增殖的培养物高。如果试验鸡比同龄健康对照组的增殖反应低，那么认为试验组的 T 细胞功能有缺陷。当然，对总的结论应持谨慎态度，因为，有丝分裂原诱导的增殖没有抗原特异性，而且，对有丝分裂原的反应只是 T 细胞的一种体外功能，与 T 细胞的在体内和体外其他功能的关系尚不清楚，而且非 T 细胞性抑制细胞（non-T suppressor cells）或培养物中的抑制物可能会阻止 T 细胞的增殖[43,69]。

从免疫过的动物收集的 T 细胞与用于免疫的该动物的抗原共培养时，这些 T 细胞可以增殖[44,99]。尽管理想的筛选条件没有被完善地建立起来，而且这些试验还无法广泛使用，但是这种抗原特异性的增殖已经见于几种禽类病毒。

有丝分裂原或抗原体外刺激 T 细胞，均可诱导细胞因子的分泌。培养基中细胞因子的量可以反映 T 细胞作用能力。已建立一氧化氮诱导因子（NOIF）试验，在该试验中，可以对诸如 IFN - γ 之类的巨噬细胞刺激细胞因子进行定量。将巨噬细胞系细胞加入到待检上清液中，计算上清液中的 NO 的量[39]。

CTL 的活性可以应用效应细胞和 51cr 标记的靶细胞共培养的方法来进行体外测量。实验过程与前面提到的 NK 细胞的细胞毒性试验非常相似。由于 CTL 的细胞毒性作用受 MHC 分子限制，在杂交鸡群内很难进行 CTL 试验。因此，效应细胞和靶细胞必须来源于相同的鸡。由于这种限制性，CTL 试验的应用一直局限于实验室研究。

某些体外试验也可用于检测 T 细胞的功能。迟发性变态反应试验可检测抗原特异性反应。在该试验中，用某种抗原免疫动物后，然后用同一种抗原进行皮内注射，如果注射部位肿胀就判定为阳性。皮下注射有丝分裂原如 PHA，如果发生局部肿胀，说明发生非特异性 T 细胞反应。

抗体水平

禽类感染病原后可产生循环抗体，在抗原被清除后，抗体一般可持续几周。检测抗体比检测细胞免疫方便得多，而且有许多血清学方法可以定量测定抗体。常规的血清学检测方法包括凝胶沉淀试验、病毒中和试验、免疫荧光试验、血凝抑制试验和酶联免疫吸附试验（ELISA）。试验方案可参阅有关文献[98]。

ELISA 是目前商业化背景下最常用的血清学试验方法。方法的自动化使其能够快速处理大批量血清样品。计算机化的数据传输有利于了解鸡群概况，提供环境中的病原和疫苗免疫反应信息，从而设计更合理的免疫程序。用以检测针对常见病毒和细菌病原抗体的 ELISA 试剂盒大多数已商品化。

胚胎或雏鸡通过体循环从卵黄囊吸收 IgG。卵黄囊有丰富的血管，IgG 通过受体介导的胞吞作用穿过卵黄囊上皮被转运[56]。IgG 传递开始于胚胎发育的第一周，但在出雏的前 3 天传递得最多[48]。出雏后，卵黄继续传递。新孵出的 2~3 日龄的小鸡循环系统中的母源抗体 IgG 达到最高水平。之后，小鸡体内的母源抗体直线下降，至 2~5 周后基本消失。

尽管母源抗体对新孵出的雏鸡的存活很重要，但是也会影响弱毒活疫苗的免疫。对于饲养于高污染环境中的鸡群通常需要对刚孵出的雏鸡进行免疫接种或卵内免疫。体内已存在的抗体，除了会中和疫苗抗原外，还可能由于其对免疫系统的负反馈作用，影响主动免疫的形成。

路希山　胡团军　译

吴培福　苏敬良　校

参考文献

[1] Abdalla, S. A. , H. Horiuchi, S. Furusawa, and H. Matsuda. 2004. Molecular cloning and characterization of chicken tumor necrosis factor (TNF)-superfamily ligands, CD30L and TNF-related apoptosis inducing ligand (TRAIL). *J Vet Med Sci* 66:643 - 650.

[2] Avery, S. , L. Rothwell, W. D. Degen, V. E. Schijns, J. Young, J. Kaufman, and P. Kaiser. 2004. Characterization of the first nonmammalian T2 cytokine gene cluster: the cluster contains functional single-copy genes for IL-3, IL-4, IL-13, and GM-CSF, a gene for IL-5 that appears to be a pseudogene, and a gene encoding another cytokinelike transcript, KK34. *J Interferon Cytokine Res* 24:600 -610.

[3] Balu, S. , and P. Kaiser. 2003. Avian interleukin-12beta (p40): cloning and characterization of the cDNA and gene. *J Interferon Cytokine Res* 23:699 - 707.

[4] Bernot, A. , and C. Auffray. 1991. Primary structure and ontogeny of an avian CD3 transcript. Proc *Natl Acad Sci USA* 88:2550 - 2554.

[5] Boyd, R. L. , T. J. Wilson, A. G. Bean, H. A. Ward, and M. E. Gershwin. 1992. Phonotypic characterization of chicken thymic stromal elements. *Dev. Immunol.* 2:51 -66.

[6] Chan, M. M. , C. L. Chen, L. L. Ager, and M. D. Cooper. 1988. Identification of the avian homologues of mammalian CD4 and CD8 antigens. *J Immunol* 140:2133 - 2138.

[7] Char, D. , P. Sanchez, C. L. Chen, R. P. Bucy, and M. D. Cooper. 1990. A third sublineage of avian T cells can be identified with a Tcell receptor-3-specific antibody. *J Immunol* 145:3547 - 3555.

[8] Chen, C. H. , T. C. Chanh, and M. D. Cooper. 1984. Chicken thymocyte-specific antigen identified by monoclonal an-

tibodies: ontogeny, tissue distribution and biochemical characterization. *Eur J Immunol* 14:385 - 391.

[9]Chen, C. H. , T. W. Gobel, T. Kubota, and M. D. Cooper. 1994. T cell development in the chicken. Poult Sci 73: 1012 - 1018.

[10]Chen, C. H. , J. T. Sowder, J. M. Lahti, J. Cihak, U. Losch, and M. D. Cooper. 1989. TCR3: a third T-cell receptor in the chicken. *Proc Natl Acad Sci USA* 86: 2351 -2355.

[11]Chen, C. L. , L. L. Ager, G. L. Gartland, and M. D. Cooper. 1986. Identification of a T3/T cell receptor complex in chickens. *J Exp Med* 164:375 - 80.

[12]Chen, C. L. , J. Cihak, U. Losch, and M. D. Cooper. 1988. Differential expression of two T cell receptors, TcR1 and TcR2, on chicken lymphocytes. *Eur J Immunol* 18:539 - 543.

[13]Choi, K. D. , H. S. Lillehoj, K. D. Song, and J. Y. Han. 1999. Molecular and functional characterization of chicken IL-15. *Dev Comp Immunol* 23:165 -177.

[14] Cihak, J. , H. W. Ziegler-Heitbrock, H. Trainer, I. Schranner, M. Merkenschlager, and U. Losch. 1988. Characterization and functional properties of a novel monoclonal antibody which identifies a T cell receptor in chickens. *Eur J Immunol* 18:533 - 537.

[15]Collisson, E. W. , J. Pei, J. Dzielawa, and S. H. Seo. 2000. Cytotoxic T lymphocytes are critical in the control of infectious bronchitis virus in poultry. *Der Comp Immunol* 24:187 - 200.

[16]Dahan, A. , C. A. Reynaud, and J. C. Weill. 1983. Nucleotide sequence of a chicken μ heavy chain mRNA. *Nucl Acids Res.* 11:5381 - 5389.

[17]Davison, T. F. , K. B, and K. A. Schat (ed.). 2007. *Avian Immunology.* Elsevier Limited.

[18]Davison, T. F. , T. R. Morris, and L. N. Payne. 1996. Poultry Immunology. Poultry Science Symposium Series. , vol. 24. Carfax Publishing Company. Abingdon, UK.

[19]Degen, W. G. , N. Daal, L. Rothwell, P. Kaiser, and V. E. Schijns. 2005. Th1/Th2 polarization by viral and helminth infection in birds. *Vet Microbiol* 105:163 - 167.

[20]Degen, W. G. , N. van Daal, H. I. van Zuilekom, J. Burnside, and V. E. Schijns. 2004. Identification and molecular cloning of functional chicken IL- 12. *J Immunol* 172: 4371 - 4380.

[21]Demaries, S. L. , and M. J. Ratcliffe. 1998. Cell surface and secreted immunoglobulins in B cell development. In J. M. Sharma (ed.), Avian Immunology, vol. Academic Press. Handbook of Vertebrate Immunology, Pastoret, P. P. , P. Griebel, H. Bazin and A. Govaerts.

[22]Digby, M. R. , and J. W. Lowenthal. 1995. Cloning and expression of the chicken interferon-gamma gene. *J Interferon Cytokine Res* 15:939 - 945.

[23]Fukui, A. , N. Inoue, M. Matsumoto, M. Nomura, K. Yamada, Y. Matsuda, K. Toyoshima, and T. Seya. 2001. Molecular cloning and functional characterization of chicken toil-like receptors. A single chicken toll covers multiple molecular patterns. *J Biol Chem* 276: 47143 -47149.

[24]Gobel, T. W. 2000. Isolation and analysis of natural killer cells in chickens. *Method Mol Biol.* 121:337 -345.

[25]Gobel, T. W. , B. Kaspers, and M. Stangassinger. 2001. NK and T cells constitute two major, functionally distinct intestinal epithelial lymphocyte subsets in the chicken. *Int Immunol* 13:757 - 762.

[26] Greunke, K. , E. Spillner, I. Braren, H. Seismann, S. Kainz, U. Hahn, T. Grunwald, and R. Bredehorst. 2006. Bivalent monoclonal IgY antibody formats by conversion of recombinant antibody fragments. *J Biotechnol* 124: 446 - 456.

[27]Haury, M. , Y. Kasahara, S. Schaal, R. P. Bucy, and M. D. Cooper. 1993. Intestinal T lymphocytes in the chicken express an integrinlike antigen. *Eur J Immunol* 23:313 - 319.

[28]Higgins, D. A. , and G. W. Warr. 2000. The avian immune responseto infectious diseases. Special Issue. *Developmental and Comparative Immunology* 24:85 -101.

[29] Hong, Y. H. , H. S. Lillehoj, S. Hyen Lee, D. Woon Park, and E. P. Lillehoj. 2006. Molecular cloning and characterization of chicken lipopolysaccharide-induced TNF-alpha factor (LITAF). *Dev Comp Immunol* 30: 919 - 929.

[30]Houssaint, E. , E. Dicz, and F. V. Jotereau. 1985. Tissue distribution and ontogenic appearance of a chicken T lymphocyte differentiation marker. *Eur J Immunol* 15: 305 - 308.

[31]Huang, A. , C. A. Scougall, J. W. Lowenthal, A. R. Jilbert, and I. Kotlarski. 2001. Structural and functional homology between duck and chicken interferon-gamma. *Dev Comp Immunol* 25:55 - 68.

[32]Hughes, S. , and N. Bumstead. 2000. The gene encoding a chicken chemokine with homology to human SCYC 1 maps to chromosome 1. *Anim Genet* 31:142 -143.

[33]Iqbal, M. , V. J. Philbin, and A. L. Smith. 2005. Expression patterns of chicken toil-like receptor mRNA in tis-

sues, immune cell subsets and cell lines. *Vet Immunol Immunopathol* 104:117 - 127.

[34] Jakowlew, S. B. , P. J. Dillard, M. B. Sporn, and A. B. Roberts. 1988. Nucleotide sequence of chicken transforming growth factor-beta 1 (TGF-beta 1). *Nucleic Acids Res* 16:8730.

[35] Jeurissen, S. H. , A. G. Boonstra-Blom, S. O. Al-Garib, L. Hartog, and G. Koch. 2000. Defense mechanisms against viral infection in poultry: A Review. *Veterinary Quart.* 22:204 - 208.

[36] Kai, C. , K. Yoshikawa, K. Yamanouchi, and H. Okada. 1983. Isolation and identification of the third component of complement of Japanese quails. *J Immunol.* 130: 2814 -2820.

[37] Kaiser, P. , T. Y. Poh, L. Rothwell, S. Avery, S. Balu, U. S. Pathania, S. Hughes, M. Goodchild, S. Morrell, M. Watson, N. Bumstead, J. Kaufman, and J. R. Young. 2005. A genomic analysis of chicken cytokines and chemokines. *J Interferon Cytokine Res* 25:467 - 484.

[38] Kaiser, P. , D. Sonnemans, and L. M. Smith. 1998. Avian IFN-gamma genes: sequence analysis suggests probable cross-species reactivity among galliforms. *J Interferon Cytokine Res* 18:711 - 719.

[39] Karaca, K. , I. J. Kim, S. K. Reddy, and J. M. Sharma. 1996. Nitric oxide inducing factor as a measure of antigen and mitogen-specific T cell responses in chickens. *J Immunol Methods* 192:97 - 103.

[40] Kaufman, J. , J. Jacob, I. Shaw, B. Walker, S. Milne, S. Beck, and J. Salomonsen. 1999. Gene organisation determines evolution of function in the chicken MHC. *Immunol Rev* 167:101 - 117.

[41] Khatri, M. , J. M. Palmquist, R. M. Cha, and J. M. Sharma. 2005. Infection and activation of bursal macrophages by virulent infectious bursal disease virus. *Virus Res* 113:44 - 50.

[42] Khatri, M. , and J. M. Sharma. 2006. Infectious bursal disease virus infection induces macrophage activation via p38 MAPK and NF-kappaB pathways. *Virus Res* 118: 70 -77.

[43] Kim, I. J. , and J. M. Sharma. 2000. IBDV-induced bursal T lymphocytes inhibit mitogenic response of normal splenocytes. *Vet Immunol Immunopathol* 74:47 - 57.

[44] Kim, I. J. , S. K. You, H. Kim, H. Y. Yeh, and J. M. Sharma. 2000. Characteristics of bursal T lymphocytes induced by infectious bursal disease virus, *J Virol* 74: 8884 -8892.

[45] Kimijama, T. , H. Y. , H. Kitagawa, Y. Kon, and M. Sugimura. 1990. Localization of immunoglogulins in the chicken oviduct. Japanese *J Vet Sci* 52:299 -305.

[46] Koch, C. 1986. The alternative complement pathway in chickens. Purification of factor B and production of a nonspecific antibody against it. *Acta Path Microbial Immunol Scand*, Se. C. 94:253 - 259.

[47] Koppenheffer, T. L. 1998. Complement. In J. Sharma (ed.), Avian Immunology, vol. Academic Press. Handbook of Vertebrate Immunology, Pastoret, P. P, P. Griebel. , H. Bazin and A. Govaerts.

[48] Kowaiczyk, K. , J. Doiss, J. Halpern, and T. F. Roth. 1985. Quantitation of maternal-fetal IgG transport in the chicken. *Immunol* 54:755 - 762.

[49] Kushima, K. , M. Fujita, A. Shigeta, H. Horiuchi, H. Matsuda, and S. Furusawa. 2003. Flow cytometric analysis of chicken NK activity and its use on the effect of restraint stress, *J Vet Med Sci* 65:995 - 1000.

[50] Laursen, I. , and C. Koch. 1989. Purification of chicken C3 and a structural and functional characterization. *Scand J Immunol* 30:529 - 538.

[51] Lawson, S. , L. Rothwell, and P. Kaiser. 2000. Turkey and chicken interleukin-2 cross-react in in vitro proliferation assays despite limited amino acid sequence identity, *J Interferon Cytokine Res* 20:161 - 170.

[52] Lee, T. H. , and C. H. Tempelis. 1992. A possible 110-kDa receptor for interleukin-2 in the chicken. *Dev Comp Immunol* 16:463 - 472.

[53] Leutz, A. , K. Damm, E. Sterneck, E. Kowenz, S. Ness, R. Frank, H. Gausepohl, Y. C. Pan, J. Smart, M. Hayman, and *et al.* 1989. Molecular cloning of the chicken myelomonocytic growth factor (cMGF) reveals relationship to interleukin 6 and granulocyte colony stimulating factor. *Embo J* 8:175 - 181.

[54] Leveque, G. , V. Forgetta, S. Morroll, A. L. Smith, N. Bumstead, P. Barrow, J. C. Loredo-Osti, K. Morgan, and D. Malo. 2003. Allelic variation in TLR4 is linked to susceptibility to Salmonella enterica serovar Typhimurium infection in chickens. *Infect Immun* 71:1116 - 1124.

[55] Lillehoj, H. S. , W. Min, K. D. Choi, U. S. Babu, J. Burnside, T. Miyamoto, B. M. Rosenthal, and E. P. Lillehoj. 2001. Molecular, cellular, and functional characterization of chicken cytokines homologous to mammalian IL-15 and IL-2. *Vet Immunol Immunopathol* 82:229 - 244.

[56] Linden, C. D. , and T. F. Roth. 1978. IgG receptors on fetal chicken yolk sac. *J Cell Sci* 33:3174 - 3328.

[57] Loa, C. C. , M. K. Hsieh, C. C. Wu, and T. L. Lin. 2001. Molecular identification and characterization of turkey

IFN-gamma gene. *Comp Biochem Physiol B Biochem Mol Biol* 130:579 – 584.

[58] Luhtala, M. , J. Salomonsen, Y. Hirota, T. Onodera, P. Toivanen, and O. Vainio. 1993. Analysis of chicken CD4 by monocional antibodies indicates evolutionary conservation between avian and mammalian species. *Hybridoma* 12:633 – 646.

[59] Maccubin, D. L. , and L. W. Schierman. 1986. MHC restricted cytotoxic response of chicken T cells: expression, augmentation and clonal characterisation. *J Immunol* 136:12 – 16.

[60] Mansikka, A. 1992. Chicken IgA H chains. Implications concerning the evolution of H chain genes. *J Immunol* 149:855 – 861.

[61] Mavroidis, M. , J. D. Sunyer, and J. D. Lambris. 1995. Isolation, primary structure and evolution of the third component of chicken complement and evidence for a new member of the x2-macroglobulin family. *J Immunol* 154:2164 – 2174.

[62] Mellata, M. , M. Dho-Moulin, C. M. Dozois, R. Curtiss, 3rd, B. Lehoux, and J. M. Fairbrother. 2003. Role of avian pathogenic Escherichia coil virulence factors in bacterial interaction with chicken heterophils and macrophages. *Infect Immun* 71:494 – 503.

[63] Min, W. , and H. S. Lillehoj. 2002. Isolation and characterization of chickeninterleukin-17 cDNA. *J InterferonCytokine Res* 22:1123 – 1128.

[64] Noteborn, M. H. , G. F. de Boer, D. J. van Roozelaar, C. Karreman, O. Kranenburg, J. G. Vos, S. H. Jeurissen, R. C. Hoeben, A. Zantema, G. Koch, and *et al*. 1991. Characterization of cloned chicken anemia virus DNA that contains all elements for the infectious replication cycle. *J Virol* 65:3131 – 3139.

[65] Okazaki, W. , R. L. Witter, C. Romero, K. Nazerian, J. M. Sharma, A. Fadly, and D. Ewert. 1980. Indication of lymphoid leukosis transplantable tumours and the establishment of lymphoblastoid cell lines. *Avian Path* 9: 311 – 329

[66] Palmquist, J. M. , M. Khatri, R. M. Cha, B. M. Goddeeris, B. Walcheck, and J. M. Sharma. 2006. In vivo activation of chicken macrophages by infectious bursal disease virus. *Viral Immunol* 19:305 – 315.

[67] Pan, H. , and J. Halper. 2003. Cloning, expression, and characterization of chicken transforming growth factor beta 4. *Biochem Biophys Res Commun* 303:24 – 30.

[68] Parvari, R. , A. Avivi, F. Lentner, E. Ziv, S. Tel-Or, Y. Burstein, and I. Schechter. 1988. Chicken immunoglobulin gamma-heavy chains: limited VH gene repertoire, combinatorial diversification by D gene segments and evolution of the heavy chain locus. *Embo J* 7:739 – 744.

[69] Pertile, T. L. , K. Karaca, M. M. Walser, and J. M. Sharma. 1996. Suppressor macrophages mediate depressed lymphoproliferation in chickens infected with avian reovirus. *Vet Immunol Immunopathol* 53:129 – 145.

[70] Petrenko, O. , I. Ischenko, and P. J. Enrietto. 1995. Isolation of a cDNA encoding a novel chicken chemokine homologous to mammalian macrophage inflammatory protein-1 beta. *Gene* 160:305 – 306.

[71] Qureshi, M. A. , C. L. Heggen, and I. Hussain. 2000. Avian macrophage: effector functions in health and disease. *Dev Comp Immunol* 24:103 – 119.

[72] Read, L. R. , J. A. Cumberbatch, M. M. Buhr, A. J. Bendall, and S. Sharif. 2005. Cloning and characterization of chicken stromal cell derived factor-l. *Dev Comp Immunol* 29:143 – 152.

[73] Reynaud, C. A. , V. Anquez, H. Grimal, and J. C. Weill. 1987. A hyperconversion mechanism generates the chicken light chain preimmune repertoire. *Cell* 48:379 – 388.

[74] Reynaud, C. A. , A. Dahan, V. Anquez, and J. C. Weill. 1989. Somatic hyperconversion diversifies the single Vh gene of the chicken with a high incidence in the D region. *Cell* 59:171 – 183.

[75] Rothwell, L. , J. R. Young, R. Zoorob, C. A. Whittaker, P. Hesketh, A. Archer, A. L. Smith, and P. Kaiser. 2004. Cloning and characterization of chicken IL-10 and its role in the immune response to Eimeria maxima. *J Immunol* 173:2675 – 2682.

[76] Santos, M. D. , M. Yasuike, I. Hirono, and T. Aoki. 2006. The granulocyte colony-stimulating factors (CSF3s) of fish and chicken. *Immunogenetics* 58:422 – 432.

[77] Sapats, S. I. , H. G. Heine, L. Trinidad, G. J. Gould, A. J. Foord, S. G. Doolan, S. Prowse, and J. Ignjatovic. 2003. Generation of chicken single chain antibody variable fragments (scFv) that differentiate and neutralize infectious bursal disease virus (IBDV). *Arch Virol* 148:497 – 515.

[78] Scauenstein, K. , G. Kronerm, K. Hala, G. Bock, and G. Wick. 1988. Chicken-activated-T-lymphocyte antigen (CATLA) recognized by monoclonal antibody INN-CH-16 represents the IL-2 receptor. *Dev Comp Immunol* 12: 823 – 831.

[79] Schat, K. A. , and Z. Xing. 2000. Specific and nonspecific immune responses to Marek's disease virus. *Dev Comp Immunol* 24:201 – 221.

[80]Schneider,K. ,F. Puehier,D. Baeuerle,S. Elvers,P. Staeheli,B. Kaspers,and K. C. Weining. 2000. cDNA cloning of biologically active chicken interleukin-18,*J Interferon Cytokine Res* 20:879 - 883.

[81]Schat,K. A. ,and Z. Xing. 2000. Specific and non-specific immune responses to Marek's disease. ,vol. 24. Developmental and Comparative Immunology.

[82]Schultz, U. , and F. V. Chisari. 1999. Recombinant duck interferon gamma inhibits duck hepatitis B virus replication in primary hepatocytes. *J Virol* 73:3162 -3168.

[83]Schultz,U. ,B. Kaspers,C. Rinderle,M. J. Sekellick,P. I. Marcus,and P. Staeheli. 1995. Recombinant chicken interferon:a potent antiviral agent that lacks intrinsic macrophage activating factor activity. *Eur J Immunol* 25: 847 - 851.

[84]Sekellick,M. J. ,A. F. Ferrandino,D. A. Hopkins,and P. I. Marcus. 1994. Chicken interferon gene: cloning, expression,and analysis. *J Interferon Res* 14:71 - 79.

[85]Sharma, J. M. 1991. *Avian Cellular Immunology*. CRS Press.

[86]Sharma,J. M. 1983. Presence of adherent cytotoxic cells and nonadherent natural killer cells in progressive and regressive Marek's disease tumors.*Vet Immunol Immunopathol* 5:125 - 140.

[87]Sharma,J. M. 1997. The structure and function of the avian immune system.*Acta Vet Hung* 45:229 -38.

[88]Sharma,J. M. ,and W. Okazaki. 1981. Natural killer cell activity in chickens:target cell analysis and effect of antithymocyte serum on effector cells. *Infect Immun* 31: 1078 - 1085.

[89]Sharma, J. M. , and K. A. Schat. 1991. Natural immune functions vol. CRS Press. Avian Cellular Immunology,J. M. Sharma.

[90]Sharma, J. M. , and K. A. Schat. 1991. Natural immune functions,vol. CRC Press. Avian Cellular Immunology, Sharma,J. M.

[91]Sick,C. ,K. Schneider, P. Staeheli, and K. C. Weining. 2000. Novel chicken CXC and CC chemokines. *Cytokine* 12:181 - 6.

[92]Sick,C. ,U. Schultz, and P. Staeheli. 1996. A family of genes coding for two serologically distinct chicken interferons. *J Biol Chem* 271:7635 - 7639.

[93]Sowder,J. T. ,C. L. Chen, L. L. Ager, M. M. Chan,and M. D. Cooper. 1988. A large subpopulation of avian T cells express a homologue of the mammalian T gamma/delta receptor. *J Exp Med* 167:315 -322.

[94]Sreekumar,E. ,A. Premraj,and T. J. Rasool. 2005. Duck (Anas platyrhynchos),Japanese quail (Coturnix coturnix japonica) and other avian interleukin-2 reveals significant conservation of gene organization,promoter elements and functional residues. *Int J Immunogenet* 32: 355 - 365.

[95]Sundick,R. S. ,and C. Gill-Dixon. 1997. A cloned chicken lymphokine homologous to both mammalian IL-2 and IL-15. *J Immunol* 159:720 - 725.

[96]Suresh, M. , K. Karaca, D. Foster, and J. M. Sharma. 1995. Molecular and functional characterization of turkey interferon. *J Virol* 69:8159 - 8163.

[97]Takimoto, T. , K. Takahashi, K. Sato, and Y. Akiba. 2005. Molecular cloning and functional characterizations of chicken TL1A. *Dev Comp Immunol* 29:895 - 905.

[98]Thayer, S. G. , and C. W. Beard. 1998. Serologic Procedures,vol. Am. Assoc. Avian Pathologists. A Laboratory Manual for Isolation and Identification of Avian Pathogens,Swayne,D. E. , J. R. Glisson, M. W. Jackwood,J. E. Pearson and W. M. Reed.

[99]Timms, L. M. , C. D. Bracewell, and D. J. Alexander. 1980. Cell mediated and humoral immune response in chickens infected with avian infectious bronchitis. *Br Vet J* 136:349 - 346.

[100]Tirunagaru, V. G. , L. Sofer, J. Cui, and J. Burnside. 2000. An expressed sequence tag database ofT-cell-enriched activated chicken splenocytes:sequence analysis of 5251 clones. *Genomics* 66:144 -151.

[101]Toivanen, A. ,and P. Toivanen (ed.). 1987. Avian Immunology,vol. 1. CRS Press.

[102]Tregaskes, C. A. , F. K. Kong, E. Paramithiotis, C. L. Chen,M. J. Ratcliffe, T. F. Davison, and J. R. Young. 1995. Identification and analysis of the expression of CD8 alpha beta and CD8 alpha alpha isoforms in chickens reveals a major TCR-gamma delta CD8 alpha beta subset of intestinal intraepithelial lymphocytes,*J Immunol* 154:4485 - 4494.

[103]Vainio, O. , B. Riwar, M. H. Brown, and O. Lassila. 1991. Characterization of the putative avian CD2 homologue,*J Immunol* 147:1593 - 1599.

[104]Warr, G. W. , K. E. Magor, and D. A. Higgins. 1995. IgY:clues to the origins of modern antibodies. *Immunol Today* 16:392 - 398.

[105]Weining, K. C. , C. Sick, B. Kaspers, and P. Staeheli. 1998. A chicken homolog of mammalian interleukin-1 beta:cDNA cloning and purification of active recombinant protein. *Eur J Biochem* 258:994 -1000.

[106]Wieland, W. H. , A. Lammers, A. Schots, and D. V.

Orzaez. 2006. Plant expression of chicken secretory antibodies derived from combinatorial libraries. *J Biotechnol* 122:382 - 391.

[107] Wieland, W. H. , D. Orzaez, A. Lammers, H. K. Parmentier, M. W. Verstegen, and A. Schots. 2004. A functional polymeric immunoglobulin receptor in chicken (Gallus gallus) indicates ancient role of secretory IgA in mucosal immunity. *Biochem J* 380:669 -676.

[108] Yonemasu, K. , and T. Sasaki. 1986. Purification, identification and characterization of chicken C 1 Q, a subcomponent of the first component of complement, *J Immunol* Meth. 88:245 - 253.

[109] Young, J. R. , T. F. Davison, C. A. Tregaskes, M. C. Rennie, and O. Vainio. 1994. Monomeric homologue of mammalian CD28 is expressed on chicken T cells, *J Immunol* 152:3848 - 3851.

[110] Zhou, J. H. , M. Ohtaki, and M. Sakurai. 1993. Sequence ofa cDNA encoding chicken stem cell factor. *Gene* 127: 269 - 270.

[111] Zhou, J. Y. , J. G. Chen, J. Y. Wang, J. X. Wu, and H. Gong. 2005. cDNA cloning and functional analysis of goose interleukin-2. *Cytokine* 30:328 - 338.

抗病遗传学

Genetics of Disease Resistance

Hans H. Cheng 和 Susan J. Lamont

简　介

无论从产业角度还是从学术研究角度来看，抗病遗传学都有着非凡的魅力。对于家禽养殖业来说，传染性病原所引起的损失仍然是一个重要的话题，是决定经济效益的关键性因素。究其原因，主要是病原可引起禽类的淘汰损失、抑制免疫反应、使禽类对其他病原或疾病更加易感、降低了重要养殖资源的利用率、甚至使饲养模式发生转变，所有这些因素都会增加生产成本的投入。此外，某些病原可引起国际贸易的中断，或使公众对食品安全产生不信任感。由于以上种种原因，与其他管理方法相结合时，遗传抗病性成为农业生产中清除或控制传染病的有效途径，尤其是在新的、毒力更强的病原出现和抗生素使用日益被限制的情况下，遗传抗病性成为一种长期的解决方式。

从学术研究角度看，现代分子遗传学为鉴定与抗病性相关基因和等位基因提供了新的工具。生物学上的某些复杂问题，尤其是免疫学问题终究会阐明。有理由相信，遗传学能够鉴定影响抗病性等复杂性状的基因，或至少能够找到含这些基因的基因组区域（即数量性状遗传位点，QTL），并将获得这些基因如何发挥作用及如何应对环境变化控制疾病的信息。最后，将这些信息用于养禽业，培育具有极强抗病力或对疫苗反应更好的优良种系。然而，该领域刚刚起步，对复杂性状进行预测和造模的能力仍然有限。尽管生物技术在不断地进步，但仍无法加快动物的成熟速率、缩短育种代次间隔、增加每只家禽或每天的繁殖量、克服某些受生物学限制的性状和资源。可以预计，随着生物学知识的不断积累，那些长期固有的思想将被打破，需要形成新的思维模式，创建新的模型。庆幸的是，基因组学的不断进步跟上了生物技术无限发展的时代步伐。

除上所述，遗传抗病性和遗传学的研究通常是生物学领域革新的先导，并终究会发生于所有的生物学领域，这包括兽医学和诊断学。随着分子遗传图谱、基因组测序和基因组学的问世，"探索性研究"已成为分析和理解复杂性状（如抗病性）的卓越方法。尽管遗传学常用整体方法来研究整个有机体，且能快速、经济地进行数以百万的 DNA、RNA 和蛋白质数据的测序和分析，但现有技术和即将问世的技术已经，而且将继续利用分子生物学和计算生物学方法及二者的结合，使整个领域向高通量无偏筛选转移。这并不意味着科学家和临床医生需要掌握基因组学技术，更确切地说，这些知识和信息将会更加容易用到其他领域。

在这部分，我们将关注遗传抗病性的近期研究进展，即分子遗传学和数量遗传学这两方面的内容。有关经典遗传学或特异抗病基因的综述，请查阅相关文献[16,27,37,55,56,75,96]。本节内容适合于动物健康专家及对分子遗传学和数量遗传学不熟悉人员。希望本章能够阐明该领域的热点问题（也包括局限性），其中包括最近发表的鸡基因组序列和其他相关技术。为此，本章包含以下几个部分：①对遗传学概念进行了综述，以便于读者的基本理解；②介绍了鉴定抗病性基因的分子遗传学方法；③阐述了功能基因组方法，以深入了解抗病性的生化机制和应答途径；④概述了特定疾病的遗传抗病性和实验研究情况；⑤如何把这些信息应用于家禽育种以提高对传染病抵抗力的思路。在所有内容中，重点强调的是基本概念，其中包括简史、该领域的发展动态、相关知识点和现有的研究方法，但这些方面更新很快。最后，在普遍关注的某些话题方面（如鸡基因组的拼装，分子遗传学工具在兽医诊断方面的应用），对热点问题和兽医诊断工具进行了简要的概述。

数量遗传学和分子遗传学概述

经典遗传学或孟德尔遗传学应用单个性状（可度量性状）通过数学（可量化）术语来思考生物学问题，而这些性状可用一个或数个基因位点来解释。大量基因位点和等位基因的研究表明了"简单"性状或质量性状的存在。描述羽毛的颜色和羽形时，这些性状常有有趣的描述性命名，如显性白羽、慢羽、裸颈。然而，对大部分性状（表型）来说，在一个种群内存在着自然变异，即存在连续性状（或数量性状）而非离散性状（或质量性状）。单个基因与复等位基因分离（遗传变异模式），或与多个基因分离，并与环境相互作用中受到调控作用时，可发生表型的变异。特定基因型的不同个体间，其数量性状的表型变异程度相对大于基因型间的平均表型差异，这是主要的差别。

遗传学正在研究生物的基因型（基因构成）如何影响其表型。希望借助现代分子遗传学阐明遗传变异与表型变异之间的关系。也就是说，该研究的目标是确定种群内的变异如何表现在基因水平上，这有助于育种过程中的性状筛选。这并不是说无明显变异的等位基因与表型无关，而是说种群遗传改良时没有发生变异。简而言之，对于某个遗传成分，需要知道某个基因或基因位点的不同等位基因是否与具有明显统计差异的某种性状有关。随着分子遗传图谱的问世，可将该研究拓展到整个基因组的角度。简单地说，遗传学的目标就是预测特定的杂交产生什么样的后代。在特殊意义上说，分子遗传学和数量遗传学的主要目的是鉴定与种群表型变异相关的基因和等位基因。通过绘制性状遗传图谱和研究表型遗传作用的基本机制，可实现该目的。

下文论述中涉及的遗传学基本概念已命名和使用多年，在家禽育种中已广泛应用。分子遗传图谱的问世和高通量基因型的筛选对育种业产生了明显的积极影响。如今，可对复杂性状（如抗病性）的潜在遗传基础进行鉴别。本章上节中所述及的许多基因和基因产物可能与遗传抗病性有关。

表型分布

即使在相同基因型的不同个体间，也会出现多种表型。换言之，单个基因型确实影响表型时，并不意味着基因型等同于表型。犹如田间玉米，虽有相同的遗传组成且表型非常单一，但仔细观察时会发现细微的差别，如高度或其他可度量性状。该差异基于以下事实：各种性状不单是基因作用的结果，且与正常的生物学变异、环境应答和其他因素有关。对单一性状和质量性状而言，特异基因型与表型分布紧密相关，不与其他单一基因型相重叠，但并不总是这样，处理复杂性状和数量性状时，常发现连续性状。这也暗示具有不同基因型的个体可能有相同表型。

疾病的定义随病原的不同而有所差异，因此利用数量性状来分析疾病是一个很独特的问题。疾病是宿主、病原和环境（利于病原生长和传播）之间相互作用的不好的结果。抗病性可定义为对感染的绝对抵抗。例如，对某些亚群的禽白血病病毒（ALV）具有抵抗力的鸡缺乏 ALV 吸附和侵入的相应细胞受体。另一方面，抗病性也可能与耐受性相关，例如，所有禽类都潜伏感染肠道寄生虫，但抗病禽不表现出疾病症状，换言之，抗病禽未超越界定疾病的阈值。但无论如何，对每个病原需明确病原体引发疾病的内涵。

对禽的抗病性来说，要么具有抵抗力，要么易感，因而抗病性也可简单地看作二岐性状或二项分类性状。可将抗病性分割成可度量和/或可测量的连续可变组分，这样有利于研究。以马立克氏病（MD）为例，除了询问禽是否有肿瘤或神经肿大（即发病）外，还可检测感染后的体内病毒量、死亡日龄及其他各种 MD 相关性状。除了提供额外的统计数据外，另一个潜在好处是可将抗病性归因于一种或多种因素。对疾病相关性状进行定义和定量，对兽医病理学家和免疫学家进行遗传抗病性的研究具有重要帮助。

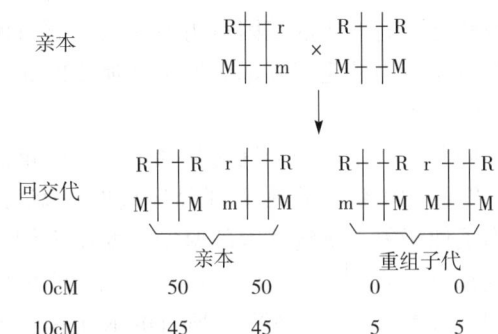

化而改变。

遗 传 性

遗传育种（遗传改良）的先决条件是靶性状要有遗传性。与非同种类的禽相比，观察同种类的禽是否具有更大的相似性，在某种程度上可发现某些性状的遗传性，但观察研究时所有的禽应处于同样的环境条件下。另一种更直接的研究方法是：选择表型性状处于两个极端个体，并将其与具有相似表型的个体进行交配，判定这两组的子代是否保持有可测量的表型差异，即是否发生遗传。例如，在相同环境和相同饲养管理措施下饲养的肉鸡，其腹脂的百分比有所不同。为了确定腹脂差异是否有遗传性，需要将高腹脂的公鸡和高腹脂的母鸡，低腹脂的公鸡和低腹脂的母鸡相交配，培育两套系列的子代鸡。随后，在同样环境下饲养子代鸡，如果腹脂具有遗传性，那么其表型分布在两组中会有差异，并与各自亲本具有相似的腹脂百分比。

对亲本与子代的相似度或遗传程度可以进行定量。种群内性状的变化主要由基因型变异（遗传效应）和环境介导的变异可导致。遗传变异可进一步分为显性方差分量和加性遗传方差分量。更确切地说，加性遗传方差说明了每个等位基因的平均效应，而显性方差揭示了两种等位基因预测平均值的偏差。一般情况下，性状遗传力是指表型变异的程度，可用加性遗传方差来表示，即 h^2。h^2 的范围为 0（无遗传性）到 1，通过亲本性状的测量可准确预测子代性状。获知性状的估计遗传力后，育种者可预测育种选择的反应。以腹脂的百分含量为例，如果种群的平均含量为 4%，所选亲本的腹脂含量为 2%，且如果腹脂含量的遗传力标准为 0（无遗传影响）、0.5（中等遗传影响）或 1.0（绝对遗传影响）时，那么子代腹脂含量的平均预测值分别为 4%、3% 和 2%。

对遗传抗病性而言，特殊疾病的遗传力估计值一般为中等以下[37]。然而，值得注意的是遗传力估计值是对单一环境下特殊种群（种禽和遗传组成）的估计值。在实验和估算过程中，种群情况和环境条件并不一致，这就是报道的同一性状的 h^2 值往往是在一定的范围的主要原因之一。这也表明，对任何一个种群来说，遗传力估计值并不是固定的，且随遗传选择（基因型发生改变）或环境变

连锁遗传

连锁遗传，或称等位基因非随机联合（共遗传），是分子遗传学家工具箱中的主要利器，可确定抗病基因是否位于某个特定分子标记的附近或与之连锁。为了说明这一点，以最简单的单基因性状的例子来说明。假设某一基因编码某种病毒的细胞受体，且病毒与受体结合后才能导致细胞感染，等位基因 R 编码缺陷性受体，因而对病毒感染具有抵抗力，而等位基因 r 编码正常蛋白，因此病毒可侵入细胞，对病毒具有易感性。禽类携带一个等位基因 r 时就能表现出易感性，而携带两个等位基因 R 时才能抵抗病毒感染，所以抗病性是一种隐性性状。如果将 R/r 基因型易感禽（鸡为二倍体，每个基因位点有两个等位基因）与 R/R 基因型抗病鸡进行杂交，那么一半子代鸡携带 R/r 基因型，对病毒易感，而另一半子代鸡携带 R/R 基因型，对病毒感染具有抵抗力。

利用分子标记技术并采用共分离方法可定位抗病基因。如图 2.5，在 100 只回交（BC）子代禽中，如果 50 只抗病禽和 50 只易感禽分别携带基因

图 2.5　病毒缺陷性受体等位基因（R）和功能性受体等位基因（r）间的连锁状况，以及分子标记等位基因 M 和 m。本例中，将易感（R/r）病毒的亲本鸡（P）和抗病（R/R）亲本鸡进行互交，培育回交（BC）子代鸡。如果基因位点编码病毒受体，且在遗传水平上分子标记与之完全连锁时，通过分子标记则可绝对预测鸡的病毒抵抗力，所有抗病鸡携带 M/M 基因型，而所有易感鸡携带 M/m 基因型。然而，如果基因位点有连锁现象，但减数分裂过程中能发生遗传分离时，且基因位点间的遗传距离为 10cM 时，可对分子标记进行再次预测，但只有 90% 的几率。

型 M/M 和 M/m，且将该基因型作为分子标记时，那么该标记完全与抗病基因连锁，不能与之分离。这并不是说分子标记 M 就是抗病基因，而是说遗传学上这两个基因位点在减数分裂形成配子时不会被分开。

这也说明了等位基因 M 和 R、等位基因 m 和 r 呈连锁不平衡（LD）的状态。如果标记位点和抗病基因不连锁，那么等位基因可随机分离。但事实并非如此，M 基因的携带频率比预测值更高，那么在这种情况下，标记等位基因便成为抗病等位基因的指示灯。

但是，如果这两个基因位点不完全连锁将会如何？假设 50 只抗病禽中，45 只携带 M/M 基因型，5 只携带 M/m 基因型。同样，50 只易感禽中，45 只携带 M/m 基因型，只有 5 只携带 M/M 基因型。等位基因 M 仍然是抗病性的最好指示灯（反之亦然，等位基因 m 是最好的指示灯），但这并非 100% 准确。在这种情况下，通过测定重组等位基因的百分比（非亲本等位基因——如 R 和 m，或 r 和 M）可确定两个基因位点的连锁状况。该例 100 只子代禽中有 10 只重组子代，说明抗病基因和标记基因的遗传距离是 10cM（厘摩）。遗传学术语厘摩反应了在 100 只子代禽中两个基因位点之间重组事件的数量。换言之，这两个基因位点的连锁程度是由减数分裂时发生的基因重组所决定，通过测定每个基因位点内特定等位基因发生共遗传的频率可确定连锁程度。

不同分离群中，每个抗病基因占所有变量的小部分（2%～10%），且是大部分疾病的典型特征，因而为了便于复杂抗病基因的鉴定，要使举例情况更加复杂化。此外，等位基因 r 并不总是充分表达，利于病毒入侵，因而并非所有的 R/r 携带禽对病毒易感。或者说，并不是所有的感染禽（如自然感染那样）被用于实验。虽然令人困惑，但可通过以下途径来克服这些问题：采用合理的对照实验；使用覆盖整个鸡基因组的分子标记；使许多子代鸡的性状更具统计意义；选用恰当的表型及生物统计分析。

分子遗传学的实验方法

基于分子标记的遗传图谱的研究促成了基因组学的诞生。科学家已不再局限于用不确定位置的分子标记来分析遗传效应。如今，可系统地研究整个基因组，同时原有的实验方法也得到改进。在还原论的方法中，首先要对特异基因形成假设，而后进行验证，然而基因组学是一个探索性研究领域，试验的最终结果能够指导一系列后续试验。基因组学方法的影响力越来越大，并随着全基因组测序和高通量技术的发展而更加深入，其中高通量技术具有高效、精确和低成本的优点。

候选基因

在前节内容中，已确定许多基因和基因产物具有调控免疫应答的作用。这些有免疫功能的基因有许多已成为或可能是抗病基因的候选基因。同样，先前鉴定特异抗病候选基因的方法是一种有效的方法，而且一般是检测遗传效果的首选方法。该方法需要具有疾病性状或疾病相关性状的分离群，且靶基因内或靶基因附近有丰富的 DNA 多态性。

尽管某个基因及其产物可能是免疫应答和抗病性的关键组分，但在特殊种群内，该基因可能没有突变或无遗传效应。因而，首先要鉴定分离群内的等位基因和基因多态性（DNA 结构变异）。此外，遗传效应的结果并不能证明目标基因与效应间的因果关系，因而有可能是效应基因与目标基因间的连锁导致了遗传效应的发生。最后，仅通过特定基因和基因组区域来筛选遗传效应时，不能获得基因组其他区域的信息，然而该区域也可能与抗病性有关。

MHC 给该领域的研究带来了独特情况和特殊机遇。在许多疾病中 MHC 具有重要的作用，因而已培育的鸡品系仅在 MHC 或 B 基因座上有所不同[1,5,40]，这些品系具有相同的遗传背景，但具有独特 MHC 单倍体型。鉴于此点，可直接利用这些"B 同类系"品系来研究 MHC 对抗病性的影响，即给每种品系接种目的病原，而后观察发病情况，并检测疾病性状；利用 MHC 的遗传标记来研究 MHC 是否与抗病性相关就显得没有必要了。此外，因每种品系的自交特性，鸡的遗传差异很小，只有极少数性状变异表达，需要检测其遗传变异与性状间的联系。

全基因组扫描

随着鸡分子遗传图谱的应用，如今可以对鸡全基因组中的抗病基因进行筛检。大致方法见图2.6。简而言之，鉴定或培育资源种群，而后按照抗病性进行分群。鉴定全部动物或部分动物的疾病性状或疾病相关性状。同样，根据分子标记（均匀间隔于鸡的整个基因组）可对同群动物进行基因型分群。进行统计分析，研究某段基因组区域（基因型）是否与抗病性（表型）相关，如果有相关性，而后则研究每段基因组区域对抗病性所占的比重。包含一个或多个抗病基因的基因组区域被称为数量性状位点（QTL）。

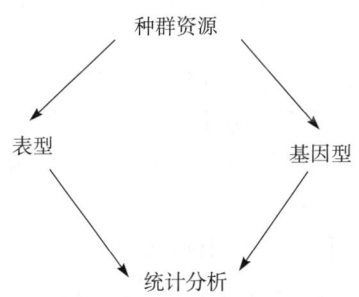

图2.6 鉴定表型相关基因或基因组区域的一般方案。根据可测量的性状将种群资源进行分群，并通过统计分析来研究遗传变异与观察的表型变异间的联系

可采用两种方法进行全基因组的 QTL 扫描。两种方法的不同点在于种群资源的来源不同，这点也会影响所需遗传标记的密度和数量。

遗传连锁分析

针对每个遗传标记，该方法研究等位基因的遗传是否影响特定种群的抗病性。这种连锁方式被称为血源同一（IBD）。选择抗病性截然不同的亲本，而后交配来培育子代。出于遗传单一性和已知疾病情况的考虑，常选用近交品系或趋异选择的试验品系。初次 QTL 扫描时，常用的杂交结构是回交（BC）子代或 F_2 代。基因型分群时，由于子代和重组事件的量有限，且会消减连锁不平衡的程度，所以可采用较高的标记间隔（20～40cM），从而能减少遗传标记的使用量，降低实验费用。

对 QTL 进行验证和精确绘图时，需要其他代次的子代，以降低连锁不平衡的程度；需要通过重组来打断标记基因与抗病基因间的长距离连锁，仅使标记基因与抗病基因紧密连锁。这方面最常用的方法是高代互交系（AILs），即将子代互交，培育 F_3 代、F_4 代、F_5 代等[28]。每经过一次互交传代，连锁不平衡的程度会降低，QTL 的分辨率会增加。

虽然易于理解，但实验的实际操作涉及多个方面。子代数量可能是最好控制的因素。子代数量增加时，就容易鉴别 QTL，且其效应较小。从实际角度来看，如果达不到 1 000 只或更多的禽时，至少要有 200 只禽。通常情况下，种群资源的培育和检测是一个缓慢的过程。

典型的结果是发现数个至 15 个 QTL。根据统计分析结果的差异是否显著，对 QTL 结果进行分类，并通过大量的多重检验来纠正。选择显著水平 QTL 的原因是下一步将设计试验对第一阶段的结果进行验证，并进一步比较不同条件下所做的相关实验的结果。

没有人确切知道该实验方法有适用性如何，因为目前还没有任何一个复杂的性状被完全破解。目前最深入的研究是对 1904 只 F_{50} 小鼠的 101 个性状的 13 549 个遗传标记进行了检测了，所有性状的遗传结构具有惊人的一致性[86]。对大部分性状来说，鉴定的较多量的 QTL 与 1%～5% 的表型变异有关。总体而言，QTL 可解释每种性状遗传变异的 75% 左右。由此可见，如果有充足的种群和实验经费，完全可深入了解鸡的抗病基因。虽说如此，在小鼠的深入研究中，每个 QTL 的分辨率仅达到 2cM，且其间包含 25～50 个基因，说明从 QTL 区域到单基因效应的确定仍存在巨大的挑战。

联合作图

在联合作图或连锁不平衡作图中，不需要纯种种群，因而更适合于商品种群，可对现有种群进行检测。该方法的优点是根据历史重组事件来最大限度地降低连锁不平衡的程度。联合作图分析遗传标记等位基因频率或地源同一（IBS），但不涉及特殊等位基因的遗传力（血源同一）。这样，抗病鸡会高度富集特异标记基因，而易感鸡携带其他等位基因。该方法既有优点也有缺点。其优点是：检测抗病基因时如果需要紧密连锁，那么任何显著关联的遗传标记都会比较紧密，也就是说，该方法几乎可立即经得起检验，从而应用于育种程序。另一方面，由于连锁不平衡的间隔小，所以需要更多量的遗传标记来筛选每一个区域。

在家禽中还没有应用过联合作图，其主要原因是：缺乏遗传标记；基因分型的成本；商品禽无连锁不平衡的估计值。将来这种情况会得到进一步的改善。近 300 万单核苷酸多态性（SNPs）的识别[91]和高通量的基因分型平台使该方法更加简便易行。

基因组工具

研究技术的进步对遗传学和基因组学产生了深刻的影响，其中最主要的是分子标记和鸡基因组测序。通过分子标记，可绘制高密度的遗传图谱。简而言之，通过精细的遗传图谱和基因组序列，可区分遗传的单一性状和复杂性状。

分子标记　以分子标记为基础的遗传图谱的发展标志着基因组学的问世。与经典标记不同，分子标记主要基于 DNA。通过对 DNA 差异分型可鉴定每个个体的等位基因，从而导致了连锁图谱和关联研究的发展。

最常用的分子标记是微卫星和单核苷酸多态性。这两种标记均依赖于特异性的独特序列，并可将其锚定到序列标签位点（STS）上。由此可见，任何一对分子标记之间的遗传物理距离均可被确定。

微卫星是一段包含 1～6 个碱基为单元的短串联重复序列，如 CACACACACACACACA 或 (CA)$_8$。不同个体间重复单位的数量不同。因此，利用 PCR 引物扩增该区域时，产物的大小不同。自动 DNA 测序仪和荧光标记 PCR 引物的使用为快速识别每个等位基因奠定了基础。鸡基因组中平均每隔 75kb 就有一个微卫星序列。鸡基因组中，1cM 遗传距离约等于 250kb 物理距离，但在染色体之间有所不同。因此，每厘摩（cM）鸡基因组包含几种高信息量的多等位基因微卫星。

单核苷酸多态性（SNPs）反映了 DNA 序列中特定碱基的突变。理论上，因存在 4 种碱基（A、C、G 和 T），SNPs 应反映 4 种等位基因，但大多数 SNPs 仅有 2 种等位基因，常称为双等位基因标记。SNPs 位点的频率比其他分子标记更高，鸡基因组序列中每隔 1kb 就约有 5 个 SNPs 位点。双等位基因大大简化了遗传分析，为该类分子标记的研究铺设了平台，并在大量研究中常选用该法。另一方面，SNPs 仅有 2 个等位基因而微卫星有数个等

位基因，因而 SNPs 位点的信息量没有微卫星高。

鸡基因组的组装　鸡基因组包含 38 个常染色体和 Z、W 两个性染色体。2002 年美国国立卫生研究院（NIH）资助鸡全基因组的测序，并在 2004 年公布。为了完成基因组序列草图的组装，研究者利用遗传图谱为基础构建了一个框架。将 180 000 个 BAC（长片段插入序列）克隆，按照限制性酶分析结果排序绘制了物理图谱。根据单个 BAC 克隆的遗传标记，建立了遗传图谱和物理图谱间的联系。最后，将全基因组鸟枪法序列组装成序列标签，并根据普通序列定位于基因组框架中，对 BAC 克隆末端序列进行了测定。结果，最初组装序列的大小为 1.05Gb，其中 933Mb 位于特定的染色体；鸡基因组单倍体的大小约为 1.2Gb。每个碱基平均测序约 6.6 次，表明覆盖了整个基因组。

与其他基因组序列（包括人类）一样，鸡基因组中也存在间隙和组装错误。2006 年构建了包含更多遗传标记和序列的第二个图谱。其他目标区域的测序正在进行中。

有关鸡基因组的可用网站如下：

NCBI：http://www.ncbi.nlm.nih.gov/genome/guide/chicken

UCSC：http://genome.ucsc.edu/cgi-bin/hgGateway

Ensembl：http://www.ensembl.org/Gallus_gallus/index.html

功能基因组学

如前所述，遗传学主要依靠基因型变异与表型变异间的统计学联系来鉴定基因组区域，并确定每个区域的变异程度。因此，抗病基因的鉴定有赖于统计学和概率论。现阶段 QTL 定位最小间隔为 5cM 或 20cM。最好的小鼠遗传图谱研究中，采用了很多种群和密集的标记位点，其 QTL 间隔仅为 2cM，达到了中等效应。也就是说，QTL 分辨率很难达到单基因水平。对鸡基因组来说，每 cM 的大小为 400kb（包含 5 个或更多的基因），因而，在较大的染色体中[43]，2cM 的间隔内一般有大量的 DNA 序列和候选基因。

为了完善该遗传学方法，在 RNA、蛋白质或

代谢水平上构建了系列研究工具。功能基因组学工具力求鉴别两种或更多状态下表达成分的不同，如，抗病禽和易感禽转录基因的表达不同。通过鉴别这些分子，可识别每个基因的功能，阐述其生物学通路。

通过功能基因组学试验可对基因转录产物、蛋白或其他分子进行鉴别，与全基因组 QTL 扫描相结合时，可识别特定位点的候选基因。在"马立克氏病抗病性"一节中，将会详细介绍该综合方法。下面介绍一些可用的技术，而这些技术也用于遗传学外的其他领域。

DNA 芯片

全基因组测序技术诞生时，科学家意识到研究所有的基因和基因产物是一项巨大的挑战。此外，研究单个基因或蛋白质的还原论方法不能充分满足研究的需求。

Pat Brown 及其合作者开发了 DNA 芯片技术[80]，推动了一项关键技术的进步。许多年来，科学家应用杂交技术来检测互补序列，即利用标记探针来分析特定的 DNA 和 RNA 序列。此后对该概念作了简单的延伸，即所有的探针并不单独标记，而是阵列于显微玻片上，但所有被检的 mR-NA 被标记，因而，可同时一步检测出单个样品中数千个基因的相对表达量。

在相对短的研究时间内，该技术适合具有如下特点的所有物种：具有基本的 RNA 和 DNA 序列信息或数据库。对于鸡，美国昂飞（Affymetrix）公司目前制作了最复杂的芯片，覆盖范围达到初次基因组组装时所预测的约 28 000 个基因。另外，该芯片还包含 17 种禽类病毒的基因探针（包括马立克氏病病毒、新城疫病毒和禽流感病毒），因而可用于这些病毒的兽医检测和诊断。

DNA 芯片实验可检测系列基因，两种或多种样品中这些基因的表达量或高或低。如，与同龄的易感禽相比，5 日龄抗病禽的胸腺中基因 A、B 和 C 的表达量高，而基因 X、Y 和 Z 的表达量低。值得注意的是：与检测 DNA 不同，该方法是测量基因表达（RNA），家禽个体、组织、取样时间点和其他影响因素不同，基因表达量也不同。因存在天然的生物学变异，即使在固定的条件下，也需进行多次重复检测。目前该检测技术的费用相对较高，每个样品为 500 美元或更高，如果在加上各种组织和取样时间点等变量，试验总成本会急剧升高。

对某些基因可作进一步分析，以对其有更深入的了解。如，与易感禽相比，抗病禽的某个特定功能群的所有基因的表达均升高，那么该通路很可能与抗病性有关。进一步的研究是深入分析芯片检测结果的生物学意义。

芯片技术很快被应用于分子生物学的其他方面或其他领域。目前已出现蛋白芯片、组织芯片、代谢组芯片，且应用范围不断延伸。可想而知，许多技术将会应用于养禽业。在动物诊断方面的应用见综述[33,81,89]。

蛋白质组学

目前在全球可进行中等规模至大规模的蛋白筛检。在复杂混合物中鉴定蛋白质时，可采用质谱分析法[29]。典型的做法是，先纯化蛋白质样品以降低成分的复杂性，然后用质谱法来分析多肽，最后，分析系列数据，推导蛋白质的相似性。说起来似乎很简单，但实际上蛋白分析比 DNA 和 RNA 更具挑战性，每个基因表达的蛋白可能出现不同的翻译后修饰，且表达量各有不同，可能出现不同的数量级。高丰度蛋白的鉴定相对简单，而低丰度蛋白的鉴定就显得困难。与 DNA 芯片一样，研究成本同样是一个严肃的话题，并在一定程度上限制了该技术的应用，因而在家禽研究方面应用得更少，但该情况正逐步改善[20]。

除鉴定单个蛋白外，还可研究蛋白间的相互作用。经典的方法是双杂交筛选[34,35]，即分两部分重建转录因子的活性。将 cDNA（捕获子）文库融合于转录激活因子的活化结构域（AD）时，可鉴定与 DNA 结合域（BD）相融合的捕捉子（目标蛋白）相互作用的蛋白。转录启动不需 AD 与 BD 间的物理结合，当两种蛋白靠近发生相互作用时，报告基因表达。因实验特性，应单独验证每个反应，以避免假阳性。

对细胞进行温和裂解，并利用针对某一蛋白的抗体进行免疫沉淀蛋白复合物时，可揭示蛋白间的相互作用。通过质谱法可快速鉴定其他的反应蛋白。

特定疾病的遗传抗性

如前所述，通常首先要阐明抗病遗传性，才能阐明遗传组分。不同品系鸡的抗病性有所不同，可能有一定的遗传基础，但仍没有充足的证据来证明这点。目前有关抗病性的分子遗传学和遗传标记的研究不多，特别是全基因组的扫描研究更有限。然而，有证据表明，可通过遗传控制多种病原，包括病毒、细菌和寄生虫引发的禽病。

禽白血病

如第 15 章所述，禽白血病病毒（ALV）是一群能诱导肿瘤的反转录病毒。根据病毒的特异性细胞受体和病毒囊膜糖蛋白可将禽白血病病毒分成不同的亚群。感染鸡的亚群是 A～E 和 J 亚群，但 J 亚群属于外源性禽白血病病毒。

基于特殊细胞受体的情况，对禽白血病病毒 A～E 亚群的遗传抗病性进行了详细的研究。病毒入侵需要单功能受体的等位基因，因而易感性呈显性，在遗传学上仅有一个基因位点。基于这点，分子研究不但揭示了其编码基因，而且还揭示了抗病品系和易感品系间的不同遗传学基础。有趣的是，尽管禽白血病病毒的亚群相关，且来自共同的祖先，但细胞受体没有明显的序列和结构的相似性。

28 号染色体上的 *tva* 基因位点决定了对 ALV 亚群 A 的抗性，且该位点编码一种未知功能的低密度脂蛋白受体（LDLR）家族的一员[10,30]。已鉴定该抗性与两个等位基因相关。*tva*[r] 等位基因一个单核苷酸突变后，编码的蛋白对 ALV 亚群 A 囊膜的亲和力极低，而另一个等位基因 *tva*[r2] 在编码序列的起始端有 4 个核苷酸的插入，表达蛋白发生变化。

tvc（对 ALV 亚群 C 具有抗性）与 *tva* 基因位点间的遗传距离约为 1cM[31]。该受体与嗜乳脂蛋白（免疫球蛋白超家族的成员）具有同源性。抗病等位基因包含一个提前终止密码子，因而不能产生完整的、具有功能的受体。

ALV 亚群 B、D 和 E（内源性）的抗性均由 *tvb* 基因位点控制[2]，且该基因位点位于 22 号染色体[82]。据报道，该受体有数个等位基因，并与肿瘤坏死因子受体（TNFR）家族相关。单核苷酸突变可产生提前终止密码子，导致形成无功能的受体，对 3 个亚群均有抗性。*tvb*[s1] 或野生型等位基因对 3 个亚群均易感，而 *tvb*[s3] 等位基因具有不同的单核苷酸突变，对亚群 E 具有抗性[53]。已报道了检测 *tvb* 基因型的分子试验[97]。

已鉴定了 ALV J 亚群的受体，即 Na^+/H^+ 交换泵 I（NHEI）[22]，但没有发现细胞抗性，说明不能结合病毒的突变体具有致死性。野外研究表明，不同品系对髓白血病的抵抗性不同，具有不同的遗传基础。

马立克氏病

鸡对马立克氏病（MD）的抗病性是在实验感染 MDV 时不出现典型的症状（见第 15 章）。60 年来，有关禽对 MD 引发瘫痪的抗性具有遗传差异都有报道[3]。对 MD 的抗病性很复杂，并且它是由多个基因或 QTLs 调控的。

对 MD 遗传抗性的机制了解最清楚的是主要组织相容性复合体（MHC）或鸡的 B 复合物。MHC 包含 3 个紧密连锁的区域，即 B～F（I 类）、B～G（II 类）和 B～L（IV 类），它们控制着细胞表面抗原。红细胞中表达 B～G 基因位点，有助于血型的分类。通过特定血型的等位基因频率的检测，发现某种 B 等位基因与抗病性或易感性相关。携带 B[21] 等位基因的鸡具有更高的抗病性，而携带其他 B 单倍体型的鸡次之[4,8]。单倍体型常指连锁遗传的一组等位基因。其他研究对其他 B 等位基因的相对作用位置进行了研究：B[2]、B[6] 和 B[14] 具有中等抗病性；B[1]、B[3]、B[5]、B[13]、B[15]、B[19]、B[27] 具有易感性[67]。MHC 也影响疫苗的免疫效果，一些单倍体型对某一种血清型的疫苗（非其他血清型疫苗）具有更好的免疫应答反应[7,9]。

除 MHC 外，16 号染色体包含另一组 I 类和 II 类 MHC 基因，称为 *Rfp-Y* 基因位点[73]。Wakenell[90] 对商品鸡进行了 MDV 攻毒实验，结果表明 *Rfp-Y* 基因位点与 MD 抗病性相关。然而，实验品系的杂交实验表明，在遗传背景下 *Rfp-Y* 基因并不影响 MD 的相关性状[88]。这些矛盾的实验结果进一步说明了 MD 遗传抗性的复杂性，并可能受遗传背景的影响。

除 MHC 外，其他遗传因素对 MD 抗病性也有较大的影响。如，品系 6 和品系 7 的鸡具有相同的

B 单倍体型（B²），但对 MD 分别有抗病性和易感性。由于这些特征品系的可利用性和遗传的简单性，已对全基因组进行了 QTL 扫描。一项研究中，对未免疫的 F_2 代进行了 MDV 攻毒，而后检测 MD 的发病情况和各种相关性状，如病毒滴度、肿瘤数量和存活时间[87,92]。利用鸡基因组的遗传标记，发现了 14 个 QTL（7 个为显著水平，7 个为建议水平），可以解释一种或多种 MD 相关性状。这些 QTL 具有小至中等的效应，可解释 2%～10% 的变异及其他具有 0.01～1.05 表型标准偏差的基因置换效应。整体而言，QTL 可解释 75% 的遗传差异。有趣的是，在 14 个 QTL 中，10 个具有非加性基因作用；3 个具有超显性（杂合子的表型适应度比纯合子高）；7 个呈隐性。对多种性状检测后，可对 QTL 进行分群。第一套位点中，3 个 QTL 几乎与病毒血症的程度有专一性联系，而其他 QTL 与发病、存活、肿瘤、神经肿大和其他相关性状有关。这说明抗病性至少有两个方面：最初的病毒复制过程和后期的细胞转化。同时也说明了测量数种性状的额外价值，这样便可分离复杂的功能性状，为候选基因的定位提供线索。

第二项研究中，Bumstead[17] 通过（6×7）×7 回交群，应用定量聚合酶链式反应（qPCR）检测了 MDV 的复制情况。在 1 号染色体中发现了一个单一的高效应 QTL，且该 QTL 与两个亲本代间将近半数的病毒复制差异有关。该结果也支持了病毒滴度和抗病性之间的联系。

如前所述，通过 QTL 来鉴定潜在的致病基因是一个巨大的挑战，即使在模式生物中也是如此。因此，还需额外的功能基因组学方法进行进一步的筛选。第一种方法是应用 DNA 芯片来剖析 MD 抗病性和易感性品系间转录表达的差异。基因表达谱已应用于如下实验：品系 6 和品系 7 在 MDV 攻毒后基因表达的差异[61]；B（MHC）同类系鸡注射不同 MD 疫苗后基因表达的差异；鸡胚成纤维细胞（CEF）感染 MDV 后基因表达的差异[74]。这些实验已鉴定了常与 MD 抗病性和 MDV 感染相关联的基因和表达通路。更重要的是，实验结果表明，免疫系统易被 MDV 感染激发的鸡往往更易感。最初，该结果似乎不合情理，但进一步研究发现，MDV 仅感染活化的淋巴细胞，因而免疫应答更强的鸡对 MDV 更易感，且后期发生转化。

第二种方法通过双杂交试验来鉴别与 MDV 特

异蛋白相互作用的宿主蛋白。目前，体内结合实验证实 MDV 和鸡间有 9 种蛋白与蛋白的相互作用，说明蛋白间的相互作用具有直接性和特异性，并不需要其他中间因子（如酵母蛋白）的参与[76]。

通过这两种方法已鉴定了一定数目的候选基因，随后将进一步研究其对遗传的影响。例如，一旦确定了 MDV SORF2 与鸡生长激素（GH）的相互作用，那么 GH 基因（GH1）可作为 MD 抗病性的候选基因。携带 MHC B^2/B^{15} 的商品白来航鸡中，GH1 突变与多种 MD 相关性状具有明显的相关性（$P<0.01$）[62]。此外，DNA 芯片结果表明，对抗病鸡（品系 6）和易感鸡（品系 7）进行 MDV 攻毒后，GH 的表达量具有差异性[61]。由此可见，MDV 蛋白与鸡蛋白的特异反应、MD 抗病鸡和易感鸡的 GH 表达差异、GH1 与 MD 相关性状的关联性及选择品系对 MD 的抗性，均明确表明 GH1 是 MD 的抗病基因[62]。应用同样的策略，发现 LY6E[63] 和 BLB[76] 符合同样的标准，其中 LY6E 包括淋巴细胞复合物 6、基因位点 E、aka、干细胞抗原 2（SCA2）和胸腺共同抗原 1（TSA1），而 BLB 是 MHC II 类分子 β 链的基因。

沙门氏菌病

家禽养殖业中沙门氏菌病的控制具有特殊的挑战性。如本书其他部分的详细描述（第 16 章），某些沙门氏菌对鸡具有高度致病性，能接触传染，而其他菌株仅引起鸡的轻微反应，且鸡成为亚临床携带者。生产禽中持续存在沙门氏菌，因而流行性亚临床发病禽会将病原传入人的食物链中。对孵化后立即感染沙门氏菌的鸡来说，致病菌可持续定殖至鸡的成熟期，这时细菌可垂直传播到餐桌蛋或孵化蛋，也可水平传播到其他母鸡[36]。

沙门氏菌不同应答参数的遗传力估计值表明，可通过遗传选择来提高沙门氏菌病的抗病性。沙门氏菌攻毒后，公鸡和母鸡的死亡遗传力分别为 0.14 和 0.62[11]。通过富集培养对产蛋鸡盲肠带菌的抗性进行了研究，发现其遗传力估计值为 0.20[13]。细菌在内脏器官持续存在的遗传力为 0.02～0.29[39]。抗体应答反应的遗传力估计值为 0.03～0.26，其范围较广[11,52]。与细菌定殖的检测相比，抗体反应的检测比较便宜、省力，且疫苗抗体与盲肠细菌定植间有负相关的遗传关系，因而疫苗抗体反应是提高鸡对细菌定殖抵抗力的有用的生物指标。

许多基因与沙门氏菌反应的遗传控制有关。在疾病表型变异方面，许多基因的单个效应相对较小，常占总变异的 3%～5%，这与疾病受多种基因综合调控的现象相一致。不同研究中一些重要的因素也不同，如鸡的遗传品系、种群结构、应答反应的界定（抗体、死亡率、全身定殖或肠道定殖）及沙门氏菌的血清型，因而研究结果存在某种程度的差异。然而，仍绘制了大体一致的遗传控制图。

先前已详细研究了小鼠（一种模式生物）对沙门氏菌的应答反应，因而比较基因组学的方法也可非常有效地应用于鸡，以鉴别调控沙门氏菌病的抗病基因。在小鼠中，主要基因位点调控着小鼠对鼠伤寒沙门氏菌感染的自然抵抗力，因而，已将其同系物作为候选基因，对鸡进行了检测。*NRAMP1* 和 *TNC* 共同揭示了 33% 近交系的回交群对沙门氏菌诱发死亡的抗病性差异[44]，其中，*NRAMP1* 为自然抗性相关巨噬细胞蛋白 1，现称为 SLC11A1，属于溶质转运蛋白家族 11 成员 1，而 *TNC* 是与 *LPS* 紧密连锁的基因位点，现称为 *TLR4*，与脂多糖结合，是革兰氏阴性菌菌膜的主要成分。此后，其他种群鸡对沙门氏菌的应答反应也进行了研究，并确定了数个参数与 *NRAMP1* 的相关性[12,54,64]，*TLR4* 的相关性也得到了确定[12,57,68]。

比较基因组学为其他候选基因的筛选成功提供了一个起点。根据其在基因组中的位置，将一些基因称为定位候选基因，如 *NRAMP1* 区域的 *CD28* 和 *VIL1*[38]。*CD28* 基因与肠道沙门氏菌感染有关[68]，*VIL1* 与内脏感染有关[39]。

根据对沙门氏菌感染应答反应的重要通路，对其他候选基因进行了筛选。*MD2* 基因产物可与细胞表面的 *TLR4* 受体发生反应，且 *MD2* 的单核苷酸多态性与盲肠沙门氏菌的持续定殖有关[68]。MHC 在抗原加工和递呈方面有着重要的作用，因而对其进行了研究。在 12 个 B 复合体的同类系中，沙门氏菌攻毒后，其发病率和死亡率存在着品系差异[26]。杂交品系的实验研究表明，MHC I 类与沙门氏菌定殖于脾脏的抗性有关[66]。凋亡通路的基因有 *CASP1* 和 *IAP1*。在实验杂交品系中，*CASP1* 的单核苷酸多态性与沙门氏菌在脾脏和盲肠中的长期定殖有关[65]，而在商品肉鸡中，与肝脏和盲肠中的长期定殖有关[54]。*IAP1* 基因与脾

脏[65]和盲肠[54]中的细菌负荷量有关。包含防御素（新发现的抗菌肽家族成员）基因的基因组区域与沙门氏菌疫苗的抗体应答有关[41]。

大多数候选基因实验的设计不能排除这种情况：致病基因可能是研究目标基因附近的基因，而研究目标基因并非真正的致病基因，因而，需要品系研究的支持证据（如独立种群的研究），即通过 QTL 扫描、基因表达数据或比较基因组学来增加基因和抗病性之间相关性的研究确信度。沙门氏菌攻毒和未攻毒实验，或易感动物和抗病动物的实验均表明了基因表达的差异，且在抗病性调控通路中这些基因可能具有活性[23,49,98]。

基因组扫描研究已鉴定了调控沙门氏菌抗病性的 QTL 区域。通过抗病亲本自交系和易感亲本自交系（分别为品系 6_1 和 15I）的回交的基因型分析发现：对脾脏中携带超量细菌的动物而言，其 5 号染色体的遗传标记和抗病性状有明显的连锁效应[70]。QTL 染色体定位的精细谱图中发现，*CKB* 和 *DNCH1* 基因附近的区域有非常明显的效应，这与亲本 50% 的性状差异有关。没有鉴定出与抗病性直接相关的特定基因，然而，该区域中具有沙门氏菌抗性的 QTL 是一个独特的基因位点（称为 *SAL1*）。*SAL1* 与沙门氏菌抗性 QTL 间的遗传距离将近为 50cM，且 QTL 与标记 ADL0298 连锁[51]，这样 *SAL1* 与抗性 QTL 不可能在同一个基因位点上，但他们都影响脾脏中细菌的定殖。

另一项沙门氏菌抗性 QTL 的基因组扫描研究中，使用了亲本品系 N 和 6_1 的 F_2 代和回交系，对泄殖腔和盲肠的带菌状况进行了评估[84]。该研究确定了 *SAL1* 区域和肠道带菌状况的相关性。此外，在 1 号、2 号、5 号和 16 号染色体中发现了具有显著水平和建议水平的新的 QTL 区域，其中某些区域具有 37.5% 的表型突变效应[84]。16 号染色体的 QTL 位于 MHC 中，但两种自交品系可能有相同的 MHC 单倍体型。5 号染色体的 QTL 位于 *TGFB3* 附近，独立种群的 *TGFB3* 与脾脏[54]和盲肠[69]中细菌的定殖有关。

大肠杆菌病

大肠杆菌是家禽的一种重要病原，它既是引起禽大肠杆菌病的病原菌，也是食品安全的潜在致病原（见第 18 章）。根据青年鸡体内大肠杆菌疫苗的

抗体水平，对鸡品系进行趋异选择，而后主要通过鸡品系的分析阐明大肠杆菌抗病性的遗传控制情况。该方法的主要原理是：如果疫苗抗体与抗病性有关，且抗病性受遗传调控时，那么通过抗体应答的遗传选择可培育出具有不同遗传抗病性的品系。这些品系将是鉴定特异性遗传差异（抗病性的调控差异）的种质源。

通过大肠杆菌疫苗抗体应答的趋异选择，成功地降低了死亡率，调节了致病性大肠杆菌和其他数种病原菌的免疫应答[42]。将趋异选择品系进行杂交，培育了 F_2 代种群，而后利用 F_2 代研究了大肠杆菌感染应答的遗传调控情况。在 MHC 区域，3个候选基因的研究应用了分子探针：B-F、B-G 和 TAP2[94]。每个探针均可反映种群的遗传变异（通过 RFLP 条带来鉴定），而每个基因都有反映抗体性状的多个条带。此外，与分析单个探针相比，同时分析所有探针时，更能反映明显的效应。

对同一个趋异选择品系的种质源进行基因组扫描，发现 QTL 与抗体应答和死亡率相关。起初，利用 25 个标记进行低密度扫描，发现 3 个标记与大肠杆菌抗体应答、新城疫病毒和/或致敏红细胞有关，1 个标记与死亡率有关[93]。在一项更加深入的研究中，将 F_1 代公鸡（趋异选择品系的杂交后代）与 4 种遗传背景的母鸡（F_1 代、2 种趋异选择品系和 1 种商品系）进行杂交，培育了 1 700 只子代鸡，而后给子代鸡免疫接种了大肠杆菌苗和肠炎沙门氏菌苗[95]。按照杂交类型和公鸡情况，在每一组中选择平均抗体效价最高或最低的鸡只进行了基因分型。每只公鸡的 125 个标记属于杂合子。12 个标记与大肠杆菌抗体的 QTL 相关，6 个标记与肠炎沙门氏菌抗体有关，2 个标记与 2 号染色体的 QTL 有关。公鸡与多品系母鸡的杂交实验表明，遗传标记的效应也受遗传背景的调控。

球虫病

球虫病是由艾美耳属的几种球虫引起的，每种球虫对胃肠道不同区域的亲嗜性不同（见第 7 章）。药物控制球虫病的成本高，且球虫不断出现了耐药性，使生长率下降，这些都表明需要其他方法（如遗传抗病性）来防控球虫病。种群差异及不同抗病品系/易感品系的遗传选择表明，可通过遗传选择来提高球虫病的遗传抗病性。

血细胞抗原群包括：与球虫病抗病性相关的主要基因、研究透彻的 B 基因座或 MHC，且这些抗原群代表了报道的大部分相关性。几项研究对 MHC（或 B 基因座）的同类系或不同种群进行了比较，其中，同类系具有相同的背景基因型，但具有不同的 B 基因座区域[21,58,79]，而种群的特点是：MHC 单倍体型在品系内发生分离，品系间有所不同[14,24,72,85]。整体而言，这些研究充分证明了 MHC 是球虫病的抗病基因位点。然而，特定 MHC 单倍体型的效应显著不同，这取决于如下因素：艾美耳球虫株和鉴定抗病性的特异性状（如，抗体、卵囊排出、增重和肠道损伤的严重程度）。一项禽的研究表明 MHC Ⅰ类区域对抗病性有更重要的作用[25]，而该研究中的禽是 MHC B-F 和 B-G（分别为Ⅰ类和Ⅱ类）区域的重组体。MHC 同类系的研究揭示了有关特定 MHC 单倍体型效应的清晰图谱，但并不能说明基因组其他区域的变异对抗病性的影响。MHC 单倍体型和遗传背景均发生变异的研究表明，MHC 和非 MHC 基因都可调控球虫病的抗病性[59,60]。除 B 基因座外，红细胞基因位点（血清学鉴定）也与球虫病的抗病性有关，这些位点有：Ea-A、Ea-E[46]、Ea-C[47] 和 Ea-Ⅰ[71]。

利用商品肉鸡的 F_2 代杂交系进行 QTL 的基因组扫描，发现 QTL 与巨型艾美耳球虫病相关[99]。通过 119 个遗传标记（覆盖了 80% 的基因组），发现与卵囊排出明显相关的 QTL 位于 1 号染色体。

传染性法氏囊病

传染性法氏囊病病毒（IBDV）可引发急性感染，使法氏囊和其他器官中的 B 细胞发生缺失，常导致严重的永久性的免疫抑制（见第 4 章）。将抗病品系和易感品系进行杂交来培育 F_1 代、F_2 和回交系，这些研究发现常染色体上的显性抗病基因可部分或完全调控 IBDV 诱发的死亡率[18,19]。多项研究检测了 MHC 与 IBDV 抗病性间的相关性，发现 MHC 没有遗传效应[18,19,45]。然而，另一项研究表明，MHC 对 IBDV 特异抗体和法氏囊病变的抗病参数具有遗传效应[48]。研究结果存在差异的原因可能是：在不同的遗传背景下，MHC 单倍体型存在差异。总而言之，IBDV 遗传抗病性的研究表明，MHC 和常染色体基因（至少存在一个目前未鉴定出的基因）具有遗传效应。全局转录谱的研究表明，在 IBDV 抗病品系和易感品系中许多基因的表达调控存在差异，这说明抗病性受以下因素的调控：更加快速的炎症反应和更加广泛的与 p53 相关的靶 B 细胞凋亡，因而限制了抗性禽中病毒的复制[78]。

展望

对鸡只和鸡品系来说，遗传抗病性是一种非常复杂的作用结果，表现于鸡与病原相互作用的应答反应和症状。用分子遗传学来揭示生物学的复杂性具有深远的意义。这方面虽然取得了快速的发展，但还需长期的努力才能详细地了解分子遗传学的分子通路，才能将这些信息转化于养禽业，才能提高商品鸡的生产性能。

家禽育种公司通过传统方法，增强了家禽对多种病原的抗病性。然而，传统方法非常费力，需要给每只健康鸡人为接种致病菌，且不能对所有鸡的存活率进行直接选择，因而育种进程相当缓慢。分子遗传学和基因组学的问世给育种研究带来了希望，可鉴定具有明显抗病性的基因和等位基因。将这些技术应用于育种时，可快速、准确地提高商品鸡的性状。实际生产中，育种者无需鉴定单个抗病基因，而是可利用连锁不平衡中的分子标记来提高有利等位基因的遗传频率。跟先前的科学研究一样，随着科学知识的增加，人类的生产能力也会相应增加，且常产生全新的生产方法。由此可见，该领域研究的最终目标是鉴定抗病基因及其表达通路，以揭示其生物学功能和调控途径。

那么，是什么加快了科学知识的发展呢？是确定基因型的高通量平台。资源种群的育种和检测过程中，基因型的鉴定限制了整个进程。对动物生产来说，一种有效的办法是加强家禽育种公司和分子遗传学家的友谊合作，这样可使专业知识和种群育种达到有机的结合。通过合作，科学家可对不同基因和等位基因的组合效应进行群体研究。除此之外，还需对遗传性状进行检测。DNA 芯片和蛋白质组学已显示了其强大的功能，可将遗传性状分解成不同的遗传组分，为生物学进程的研究提供了重要的信息，而在传统的表型检测方法中，不能或难于取得这样信息。由此可见，通过对疾病和疾病进程相关性状的精确检测，兽医学将会取得重要的

进展。

吴培福 路希山 译

苏敬良 校

参考文献

[1] Abplanalp, H. 1992. Inbred lines as genetic resources of chickens. *Poultry Science Reviews* 4, 29 - 39.

[2] Adkins, H. B., J. Brojatsch, and J. A. Young. 2000. Identification and characterization of a shared TNFR-related receptor for subgroup B, D, and E avian leukosis viruses reveal cysteine residues required specifically for subgroup E viral entry, *J Virol* 74, 3572 -3578.

[3] Asmundson, V. S., and J. Biely. 1932. Inheritance and resistance to fowl paralysis (neuro-lymphomatosis gallinarum). I. Differences in susceptibility. *Canadian. Journal of Research* 6, 171 - 176.

[4] Bacon, L. D. 1987. Influence of the major histocompatibility complex on disease resistance and productivity. *Poult Sci* 66, 802 - 811.

[5] Bacon, L. D., H. D. Hunt, and H. H. Cheng. 2000. A review of the development of chicken lines to resolve genes determining resistance to diseases. *Poult Sci* 79, 1082 -1093.

[6] Bacon, L. D., H. D. Hunt, and H. H. Cheng. 2001. Genetic resistance to Marek's disease. *Curv Top Microbiol Immunol* 255, 121 - 141.

[7] Bacon, L. D., and R. L. Witter. 1992. Influence of turkey herpesvirus vaccination on the B-haplotype effect on Marek's disease resistance in 15. B-congenic chickens. *Avian Dis* 36, 378 - 385.

[8] Bacon, L. D., and R. L. Witter. 1994. B haplotype influence on the relative efficacy of Marek's disease vaccines in commercial chickens. *Poult Sci* 73, 481 - 487.

[9] Bacon, L. D., and R. L. Witter. 1994. Serotype specificity of B-haplotype influence on the relative efficacy of Marek's disease vaccines. *Avian Dis* 38, 65 - 71.

[10] Bates, P., L. Rong, H. E. Varmus, J. A. Young, and L. B. Crittenden. 1998. Genetic mapping of the cloned subgroup A avian sarcoma and leukosis virus receptor gene to the TVA locus, *J Virol* 72, 2505 - 2508.

[11] Beaumont, C., J. Protais, J. F. Guillot, P. Colin, K. Proux, N. Millet, and P. Pardon. 1999. Genetic resistance to mortality of day-old chicks and carrier-state of hens after inoculation with Salomella enteritidis. *Avian Pathology* 28, 131 - 135.

[12] Beaumont, C., J. Protais, F. Pitel, G. Leveque, D. Malo, F. Lantier, F. Plisson-Petit, P. Colin, M. Protais, P. Le

Roy, J. M. Elsen, D. Milan, I. Lantier, A. Neau, G. Salvat, and A. Vignal. 2003. Effect of two candidate genes on the Salmonella carrier state in fowl. *Poult Sci* 82, 721-726.

[13] Berthelot, F. , C. Beaumont, F. Mompart, O. Girard-Santosuosso, P. Pardon, and M. Duchet-Suchaux. 1998. Estimated heritability of the resistance to cecal carrier state of Salmonella enteritidis in chickens. *Poult Sci* 77, 797-801.

[14] Brake, D. A. , C. H. Fedor, B. W. Werner, T. J. Miller, R. L. Taylor, Jr. , and R. A. Clare. 1997. Characterization of immune response to Eimeria tenella antigens in a natural immunity model with hosts which differ serologically at the B locus of the major histocompatibility complex. *Infect Immun* 65, 1204-1210.

[15] Bumstead, J. M. , N. Bumstead, L. Rothwell, and F. M. Tomley. 1995. Comparison of immune responses in inbred lines of chickens to Eimeria maxima and Eimeria tenella. *Parasitology* 111(Pt. 2), 143-151.

[16] Bumstead, N. 1998. Genetic resistance to avian viruses. Rev Sci Tech 17, 249-255.

[17] Bumstead, N. 1998. Genomic mapping of resistance to Marek's disease. *Avian Pathology* 27, S78-S81.

[18] Bumstead, N. , M. B. Huggins, and J. K. Cook. 1989. Genetic differences in susceptibility to a mixture of avian infectious bronchitis virus and Escherichia coli. *Br Poult Sci* 30, 39-48.

[19] Bumstead, N. , R. L. Reece, and J. K. Cook. 1993. Genetic differences in susceptibility of chicken lines to infection with infectious bursal disease virus. *Poult Sci* 72, 403-410.

[20] Burgess, S. C. 2004. Proteomics in the chicken: tools for understanding immune responses to avian diseases. *Poult Sci* 83, 552-573.

[21] Caron, L. A. , H. Abplanalp, and R. L. Taylor, Jr. 1997. Resistance, susceptibility, and immunity to Eimeria tenella in major histocompatibility(B)complex congenic lines. *Poult Sci* 76, 677-682.

[22] Chai, N. and P. Bates. 2006. Na$^+$/H$^+$ exchanger type 1 is a receptor for pathogenic subgroup J avian leukosis virus. *Proc Natl A cad Sci U SA* 103, 5531-5536.

[23] Cheeseman, J. H. , M. G. Kaiser, C. Ciraci, P. Kaiser, and S. J. Lamont. 2006. Breed effect on early cytokine mRNA expression in spleen and cecum of chickens with and without Salmonella enteritidis infection. *Dev Comp Immunol* 31, 52-60.

[24] Clare, R. A. , R. G. Strout, R. L. Taylor, Jr. , W. M. Collins, and W. E. Briles. 1985. Major histocompatibility (B)complex effects on acquired immunity to cecal coccidiosis. *Immunogenetics* 22, 593-399.

[25] Clare, R. A. , R. L. Taylor, Jr. , W. E. Briles, and R. G. Strout. 1989. Characterization of resistance and immunity to Eimeria tenella among major histocompatibility complex B-F/B-G recombinant hosts. *Poult Sci* 68, 639-645.

[26] Cotter, P. F. , R. L. Taylor, Jr. and H. Abplanalp. 1998. B-complex as sociated immunity to Salmonella enteritidis challenge in congenic chickens. *Poult Sci* 77, 1846-1851.

[27] Crawford, R. D. 1990. Poultry Breeding and Genetics, Elsevier, Amsterdam, New York.

[28] Darvasi, A. , and M. Soller. 1995. Advanced intercross lines, an experimental population for fine genetic mapping. *Genetics* 141, 1199-1207.

[29] Domon, B. , and R. Aebersold. 2006. Mass spectrometry and protein analysis. *Science* 312, 212-217.

[30] Elleder, D. , D. C. Melder, K. Trejbalova, J. Svoboda, and M. J. Federspiel. 2004. Two different molecular defects in the Tva receptor gene explain the resistance of two tvar lines of chickens to infection by subgroup A avian sarcoma and leukosis viruses. *J Virol* 78, 13489-13500.

[31] Elleder, D. , J. Plachy, J. Hejnar, J. Geryk, and J. Svoboda. 2004. Close linkage of genes encoding receptors for subgroups A and C of avian sarcoma/leucosis virus on chicken chromosome 28. *Anim Genet* 35, 176-181.

[32] Elleder, D. , V. Stepanets, D. C. Melder, F. Senigl, J. Geryk, P. Pajer, J. Plachy, J. Hejnar, J. Svoboda, and M. J. Federspiel. 2005. The receptor for the subgroup C avian sarcoma and leukosis viruses, Tvc, is related to mammalian butyrophilins, members of the immunoglobulin superfamily, *J Virol* 79, 10408-10419.

[33] Feilotter, H. E. 2004. Microarrays in veterinary diagnostics. *Anim Health Res Rev* 5, 249-255.

[34] Fields, S. 2005. High-throughput two-hybrid analysis. The promise and the peril. *Febs J* 272, 5391-5399.

[35] Fields, S. , and O. Song. 1989. A novel genetic system to detect protein-protein interactions. Nature 340, 245-6.

[36] Gast, R. K. , and P. S. Holt. 1998. Persistence of Salmonella enteritidis from one day of age until maturity in experimentally infected layer chickens. *Poult Sci* 77, 1759-1762.

[37] Gavora, J. S. 1990. Disease Genetics. In Poultry Breeding and Genetics(Crawford, R. D. , ed.), 805-846. Elsevier

Science Publishers, B. V. , New York.

[38] Girard-Santosuosso, O. , N. Bumstead, I. Lantier, J. Protais, P. Colin, J. F. Guillot, C. Beaumont, D. Malo, and F. Lantier. 1997. Partial conservation of the mammalian NRAMP1 syntenic group on chicken chromosome 7. *Mamm Genome* 8, 614 - 616.

[39] Girard-Santosuosso, O. , F. Lantier, I. Lantier, N. Bumstead, J. M. Elsen, and C. Beaumont. 2002. Heritability of susceptibility to Salmonella enteritidis infection in fowls and test of the role of the chromosome carrying the NRAMP 1 gene. *Genet Sel Evol* 34, 211 - 219.

[40] Hala, K. 1987. Inbred lines of avian species. In Avian Immunology: Basis and Practice (Toivanen, A. and P. Toivanen, eds.), Vol. II, 85 - 99. CRC Press, Bacon Raton.

[41] Hasenstein, J. R. , G. Zhang, and S. J. Lamont. 2006. Analyses of five gallinacin genes and the Salmonella enterica serovar Enteritidis response in poultry. *Infect Immun* 74, 3375 - 3380.

[42] Heller, E. D. , G. Leitner, A. Friedman, Z. Uni, M. Gutman, and A. Cahaner. 1992. Immunological parameters in meat-type chicken lines divergently selected by antibody response to Escherichia coli vaccination. *Vet Immunol Immunopathol* 34, 159 - 172.

[43] Hillier, L. W. , W. Miller, E. Birney, W. Warren, R. C. Hardison, C. P. Ponting, P. Bork, D. W. Burt, M. A. Groenen, M. E. Delany, J. B. Dodgson, A. T. Chinwalla, P. F. Cliften, S. W. Clifton, K. D. Delehaunty, C. Fronick, R. S. Fulton, T. A. Graves, C. Kremitzki, D. Layman, V. Magrini, J. D. McPherson, T. L. Miner, P. Minx, W. E. Nash, M. N. Nhan, J. O. Nelson, L. G. Oddy, C. S. Pohl, J. RandallMaher, S. M. Smith, J. W. Wallis, S. P. Yang, M. N. Romanov, C. M. Rondelli, B. Paton, J. Smith, D. Mortice, L. Daniels, H. G. Tempest, L. Robertson, J. S. Masabanda, D. K. Griffin, A. Vignal, V. Fillon, L. Jacobbson, S. Kerje, L. Andersson, R. P. Crooijmans, J. Aerts, J. J. van der Poel, H. Ellegren, R. B. Caldwell, S. J. Hubbard, D. V. Grafham, A. M. Kierzek, S. R. McLaren, I. M. Overton, H. Arakawa, K. J. Beattie, Y. Bezzubov, P. E. Boardman, J. K. Bonfield, M. D. Croning, R. M. Davies, M. D. Francis, S. J. Humphray, C. E. Scott, R. G. Taylor, C. Tickle, W. R. Brown, J. Rogers, J. M. Buerstedde, S. A. Wilson, L. Stubbs, I. Ovcharenko, L. Gordon, S. Lucas, M. M. Miller, H. Inoko, T. Shiina, J. Kaufman, J. Salomonsen, K. Skjoedt, G. K. Wong, J. Wang, B. Liu, J. Wang, J. Yu, H. Yang, M. Nefedov, M. Koriabine,

P. J. Dejong, L. Goodstadt, C. Webber, N. J. Dickens, I. Lemnic, M. Suyama, D. Torrents, C. von Mering, *et al*. 2004. Sequence and comparative analysis of the chicken genome provide unique perspectives on vertebrate evolution. *Nature* 432, 695 - 716.

[44] Hu, J. , N. Bumstead, P. Barrow, G. Sebastiani, L. Olien, K. Morgan, and D. Malo. 1997. Resistance to salmonellosis in the chicken is linked to NRAMP1 and TNC. *Genome Res* 7, 693 - 704.

[45] Hudson, J. C. , E. J. Hoerr, S. H. Parker, and S. J. Ewald. 2002. Quantitative measures of disease in broiler breeder chicks of different major histocompatibility complex genotypes after challenge with infectious bursal disease virus. *Avian Dis* 46, 581 - 592.

[46] Johnson, L. W. , and S. A. Edgar. 1984. Ea-A and Ea-E cellular antigen genes in Leghorn lines resistant and susceptible to acute cecal coccidiosis. *Poult Sci* 63, 1695 -1704.

[47] Johnson, L. W. , and S. A. Edgar. 1986. Ea-B and Ea-C cellular antigen genes in Leghorn lines resistant and susceptible to acute cecal coccidiosis. *Poult Sci* 65, 241 -252.

[48] Juul-Madsen, H. R. , O. L. Nielsen, T. Krogh-Maibom, C. M. Rontved, T. S. Dalgaard, N. Bumstead, and P. H. Jorgensen. 2002. Major histocompatibility complex-linked immune response of young chickens vaccinated with an attenuated live infectious bursal disease virus vaccine followed by an infection. *Poult Sci* 81, 649 - 656.

[49] Kaiser, M. G. , J. H. Cheeseman, P. Kaiser, and S. J. Lamont. 2006. Cytokine expression in chicken peripheral blood mononuclear cells after in vitro exposure to Salmonella enterica serovar Enteritidis. *Poultry Sci* 85, 1907 -1911.

[50] Kaiser, M. G. , N. Lakshmanan, T. Wing, and S. J. Lamont. 2002. Salmonella enterica serovar enteritidis burden in broiler breeder chicks genetically associated with vaccine antibody response. *Avian Dis* 46, 25 - 31.

[51] Kaiser, M. G. , and S. J. Lamont. 2002. Microsatellites linked to Salmonella enterica Serovar Enteritidis burden in spleen and cecal content of young F1 broiler-cross chicks. *Poult Sci* 81, 657 - 663.

[52] Kaiser, M. G. , T. Wing, A. Cahaner, and S. J. Lamont. 1997. Aviagen, 12th International Symposium on Current Problems in Avian Genetics, Prague, Czech Republic.

[53] Klucking, S. , H. B. Adkins, and J. A. Young. 2002. Resistance to infection by subgroups B, D, and E avian sar-

coma and leukosis viruses is explained by a premature stop codon within a resistance allele of the tvb receptor gene. *J Virol* 76,7918 - 7921.

[54]Kramer, J. , M. Malek, and S. J. Lamont. 2003. Association of twelve candidate gene polymorphisms and response to challenge with Salmonella enteritidis in poultry. *Anim Genet* 34,339 - 348.

[55]Lamont, S. J. 1998. Impact of genetics on disease resistance. *Poult Sci* 77,1111 - 1118.

[56]Lamont, S. J. 1998. The chicken major histocompatibility complex and disease. *Rev Sci Tech* 17,128 - 142.

[57]Leveque, G. , V. Forgetta, S. Morroll, A. L. Smith, N. Bumstead, P. Barrow, J. C. Loredo-Osti, K. Morgan, and D. Malo. 2003. Allelic variation in TLR4 is linked to susceptibility to Salmonella enterica serovar Typhimurium infection in chickens. *Infect Immun* 71,1116 - 1124.

[58]Lillehoj, H. S. , M. C. Jenkins, and L. D. Bacon. 1990. Effects of major histocompatibility genes and antigen delivery on induction of protective mucosal immunity to E. acervulina following immunization with a recombinant merozoite antigen. *Immunology* 71,127 -132.

[59]Lillehoj, H. S. , M. C. Jenkins, L. D. Bacon, R. H. Fetterer, and W. E. Briles. 1988. Eimeria acervulina; evaluation of the cellular and antibody responses to the recombinant coccidial antigens in B-congenic chickens. *Exp Parasitol* 67,148 - 158.

[60]Lillehoj, H. S. , M. D. Ruff, L. D. Bacon, S. J. Lamont, and T. K. Jeffers. 1989. Genetic control of immunity to Eimeria tenella. Interaction of MHC genes and non-MHC linked genes influences levels of disease susceptibility in chickens. *Vet Immunol Immunopathol* 20,135 - 148.

[61]Liu, H. C. , H. H. Cheng, V. Tirunagaru, L. Sofer, and J. Burnside. 2001. A strategy to identify positional candidate genes conferring Marek's disease resistance by integrating DNA microarrays and genetic mapping. *Anim Genet* 32,351 - 359.

[62]Liu, H. C. , H. J. Kung, J. E. Fulton, R. W. Morgan, and H. H. Cheng. 2001. Growth hormone interacts with the Marek's disease virus SORF2 protein and is associated with disease resistance in chicken. *Proc Natl Acad Sci USA* 98,9203 - 9208.

[63]Liu, H. C. , M. Niikura, J. E. Fulton, and H. H. Cheng. 2003. Identification of chicken lymphocyte antigen 6 complex, locus E (LY6E, alias SCA2) as a putative Marek's disease resistance gene via a virushost protein interaction screen. *Cytogenet Genome Res* 102,304 - 308.

[64]Liu, W. , M. G. Kaiser, and S. J. Lamont. 2003. Natural resistanceassociated macrophage protein 1 gene polymorphisms and response to vaccine against or challenge with Salmonella enteritidis in young chicks. *Poult Sci* 82, 259 -266.

[65]Liu, W. , and S. J. Lamont. 2003. Candidate gene approach; potentional association of caspase-1, inhibitor of apoptosis protein-1, and prosaposin gene polymorphisms with response to Salmonella enteritidis challenge or vaccination in young chicks. *Anim Biotechnol* 14,61 - 76.

[66]Liu, W. , M. M. Miller, and S. J. Lamont. 2002. Association of MHC class I and class II gene polymorphisms with vaccine or challenge response to Salmonella enteritidis in young chicks. *Immunogenetics* 54,582 -590.

[67]Longenecker, B. M. , and T R. Mosmann. 1981. Structure and properties of the major histocompatibility complex of the chicken. Speculations on the advantages and evolution of polymorphism. *Immunogenetics* 13,1 -23.

[68]Malek, M. , J. R. Hasenstein, and S. J. Lamont. 2004. Analysis of chicken TLR4, CD28, MIF, MD-2, and LITAF genes in a Salmonella enteritidis resource population. *Poult Sci* 83,544 - 549.

[69]Malek, M. , and S. J. Lamont. 2003. Association of INOS, TRAIL, TGF-beta2, TGF-beta3, and IgL genes with response to Salmonella enteritidis in poultry. *Genet Sel Evol* 35 Suppl 1,S99 - 111.

[70]Mariani, P. , P. A. Barrow, H. H. Cheng, M. M. Groenen, R. Negrini, and N. Bumstead. 2001. Localization to chicken chromosome 5 of a novel locus determining salmonellosis resistance. *Immunogenetics* 53,786 - 791.

[71]Martin, A. , W. B. Gross, E. A. Dunnington, R. W. Briles, W. E. Briles, P. B. Siegel. 1986. Resistance to natural and controlled exposures to Eimeria tenella; genetic variation and alloantigen systems. *Poult Sci* 65,1847 - 1852.

[72]Medarova, Z. , W. E. Briles, and R. L. Taylor, Jr. 2003. Resistance, susceptibility, and immunity to cecal coccidiosis; effects of B complex and alloantigen system L. *Poult Sci* 82,1113 - 1117.

[73]Miller, M. M. , R. M. Goto, R. L. Taylor, Jr. , R. Zoorob, C. Auffray, R. W. Briles, W. E. Briles, and S. E. Bloom. 1996. Assignment of Rfp-Y to the chicken major histocompatibility complex/NOR microchromosome and evidence for high-frequency recombination associated with the nucleolar organizer region. *Proc Natl Acad Sci USA* 93,3958 - 3962.

[74]Morgan, R. W. , L. Sofer, A. S. Anderson, E. L. Bernberg, J. Cui, and J. Burnside. 2001. Induction of host gene expression following infection of chicken embryo fibro-

blasts with oncogenic Marek's disease virus, *J Virol* 75, 533 - 539.

[75]Muir, W. M. , and S. E. Aggrey. 2003. Poultry Genetics, Breeding, and Biotechnology, CABI Publishing, Wallingford, Oxon, UK, Cambridge, MA.

[76]Niikura, M. , H. C. Liu, J. B. Dodgson, and H. H. Cheng. 2004. Acomprehensive screen for chicken proteins that interact with proteins unique to virulent strains of Marek's disease virus. *Poult Sci* 83, 1117 -1123.

[77]Pinard-van der Laan, M. H. , J. L. Monvoisin, P. Pery, N. Hamet, and M. Thomas. 1998. Comparison of outbred lines of chickens for resistance to experimental infection with coccidiosis (Eimeria tenella). *Poult Sci* 77, 185 -191.

[78]Ruby, T. , C. Whittaker, D. R. Withers, M. K. Chelbi-Alix, V. Morin, A. Oudin, J. R. Young, and R. Zoorob. 2006. Transcriptional profiling reveals a possible role for the timing of the inflammatory response in determining susceptibility to a viral infection, *J Virol* 80, 9207 -9216.

[79]Ruff, M. D. , and L. D. Bacon. 1989. Eimeria acervulina and Eimeria tenella in 15. B-congenic White Leghorns. *Poult Sci* 68, 380 - 385.

[80]Schena, M. , D. Shalon, R. W. Davis, and P. O. Brown. 1995. Quantitative monitoring of gene expression patterns with a complementary DNA microarray. *Science* 270, 467 - 470.

[81]Schmitt, B. , and L. Henderson. 2005. Diagnostic tools for animal diseases. *Rev Sci Tech* 24, 243 - 250.

[82]Smith, E. J. , and H. H. Cheng. 1998. Mapping chicken genes using preferential amplification of specific alleles. *Microb Comp Genomics* 3, 13 - 20.

[83]Staudt, L. M. , and S. Dave. 2005. The biology of human lymphoid malignancies revealed by gene expression profiling. *Adv Immunol* 87, 163 - 208.

[84]Tilquin, P. , P. A. Barrow, J. Marly, F. Pitel, F. Plisson-Petit, P. Velge, A. Vignal, P. V. Baret, N. Bumstead, and C. Beaumont. 2005. A genome scan for quantitative trait loci affecting the Salmonella carrier-state in the chicken. *Genet Sel Evol* 37, 539 -561.

[85]Uni, Z. , D. Sklan, N. Haklay, N. Yonash, and D. Heller. 1995. Response of three class-IV major histocompatibility complex haplotypes to Eimeria acervulina in meat-type chickens. *Br Poult Sci* 36, 555 - 561.

[86]Valdar, W. , L. C. Solberg, D. Gauguier, S. Burnett, P. Klenerman, W. O. Cookson, M. S. Taylor, J. N. Rawlins, R. Mott, and J. Flint. 2006. Genome-wide genetic association of complex traits in heterogeneous stock mice. *Nat*

Genet 38, 879 - 887.

[87]Vallejo, R. L. , L. D. Bacon, H. C. Liu, R. L. Witter, M. A. Groenen, J. Hillel, and H. H. Cheng. 1998. Genetic mapping of quantitative trait loci affecting susceptibility to Marek's disease virus induced tumors in F2 intercross chickens. *Genetics* 148, 349 -360.

[88]Vallejo, R. L. , G. T. Pharr, H. C. Liu, H. H. Cheng, R. L. Witter, and L. D. Bacon. 1997. Non-association between Rfp-Y major histocompatibility complex-like genes and susceptibility to Marek's disease virus-induced tumours in 6(3)×7(2)F2 intercross chickens. *Anim Genet* 28, 331 - 337.

[89]van de Rijn, M. , and C. B. Gilks. 2004. Applications of microarrays to histopathology. *Histopathology* 44, 97 -108.

[90]Wakenell, P. S. , M. M. Miller, R. M. Goto, W. J. Gauderman, and W. E. Briles. 1996. Association between the Rfp-Y haplotype and the incidence of Marek's disease in chickens. *Immunogenetics* 44, 242 -245.

[91]Wong, G. K. , B. Liu, J. Wang, Y. Zhang, X. Yang, Z. Zhang, Q. Meng, J. Zhou, D. Li, J. Zhang, P. Ni, S. Li, L. Ran, H. Li, J. Zhang, R. Li, S. Li, H. Zheng, W. Lin, G. Li, X. Wang, W. Zhao, J. Li, C. Ye, M. Dai, J. Ruan, Y. Zhou, Y. Li, X. He, Y. Zhang, J. Wang, X. Huang, W. Tong, J. Chen, J. Ye, C. Chen, N. Wei, G. Li, L. Dong, F. Lan, Y. Sun, Z. Zhang, Z. Yang, Y. Yu, Y. Huang, D. He, Y. Xi, D. Wei, Q. Qi, w. Li, J. Shi, M. Wang, F. Xie, J. Wang, X. Zhang, P. Wang, Y. Zhao, N. Li, N. Yang, W. Dong, S. Hu, C. Zeng, W. Zheng, B. Hao, L. W. Hillier, S. P. Yang, W. C. Warren, R. K. Wilson, M. Brandstrom, H. Ellegren, R. P. Crooijmans, J. J. van der Poel, H. Bovenhuis, M. A. Groenen, I. Ovcharenko, L. Gordon, L. Stubbs, S. Lucas, T. Glavina, A. Aerts, P. Kaiser, L. Rothwell, J. R. Young, S. Rogers, B. A. Walker, A. van Hateren, J. Kaufman, N. Bumstead, S. J. Lamont, H. Zhou, P. M. Hocking, D. Morrice, D. J. de Koning, A. Law, N. Bartley, D. W. Burt, H. Hunt, H. H. Cheng, U. Gunnarsson, P. Wahlberg, *et al*. 2004. A genetic variation map for chicken with 2. 8 million single-nucleotide polymorphisms. *Nature* 432, 717 - 722.

[92]Yonash, N. , L. D. Bacon, R. L. Witter, and H. H. Cheng. 1999. High resolution mapping and identification of new quantitative trait loci (QTL) affecting susceptibility to Marek's disease. *Anim Genet* 30, 126 - 135.

[93]Yonash, N. , H. H. Cheng, J. Hillel, D. E. Heller, and A. Cahaner. 2001. DNA microsatellites linked to quantitative trait loci affecting antibody response and survival rate in

meat-type chickens. *Poult Sci* 80,22 -28.

[94]Yonash,N. ,M. G. Kaiser,E. D. Heller, A. Cahaner, and S. J. Lamont. 1999. Major histocompatibility complex (MHC) related cDNA probes associated with antibody response in meat-type chickens. *Anim Genet* 30,92‐101.

[95]Yunis,R. ,E. D. Heller,J. Hillel, and A. Cahaner. 2002. Microsatellite markers associated with quantitative trait loci controlling antibody response to Escherichia coli and Salmonella enteritidis in young broilers. *Anim Genet* 33, 407‐414.

[96]Zekarias,B. ,A. A. Ter Huurne, W. J. Landman, J. M. Rebel,J. M. Pol,and E. Gruys. 2002. Immunological basis of differences in disease resistance in the chicken. *Vet Res* 33,109‐125.

[97]Zhang,H. M. ,L. D. Bacon, H. H. Cheng, and H. D. Hunt. 2005. Development and validation of a PCR-RFLP assay to evaluate TVB haplotypes coding receptors for subgroup B and subgroup E avian leukosis viruses in White Leghorns. *Avian Pathol* 34,324 -331.

[98]Zhou,H. ,and S. J. Lamont. 2007. Global gene expression profile after Salmonella enterica serovar Enteritidis challenge in two F8 advanced intercross chicken lines. *Cytogenet Genome Res* 117:131‐138.

[99]Zhu,J. J. ,H. S. Lillehoj,P. C. Allen,C. P. Van Tassell, T. S. Sonstegard, H. H. Cheng, D. Pollock, M. Sadjadi, W. Min, and M. G. Emara. 2003. Mapping quantitative trait loci associated with resistance to coccidiosis and growth. *Poult Sci* 82,9 -16.

I 病毒病
Viral Diseases

第 3 章

新城疫、其他禽副黏病毒和肺病毒感染

Newcastle Disease, Other Avian Paramyxovirus, and Pneumovirus Infections

引 言

D. J. Alexander 和 D. A. Senne

副黏病毒科、丝状病毒科和弹状病毒科构成了单分子负链病毒目，病毒基因组为单链、不分节段、负链 RNA，核衣壳呈螺旋对称。副黏病毒科又分为副黏病毒亚科和肺病毒亚科[4]。

副黏病毒亚科分为五个属：即腮腺炎病毒属、呼吸道病毒属、麻疹病毒属、亨尼病毒属和禽副黏病毒属。其中腮腺炎病毒属包括流行性腮腺炎病毒、哺乳动物副流感 2 和 4 型病毒；呼吸道病毒属包括哺乳动物副流感 1 和 3 型病毒；麻疹病毒属包括麻疹病毒、犬瘟热病毒和牛瘟病毒；亨尼病毒属包括尼帕病毒和亨得拉病毒；禽副黏病毒属包括新城疫病毒和其他禽副黏病毒[4]。

已确定的禽副黏病毒（APMV）有 9 个血清型，即 APMV-1 至 APMV-9[1]。其中，新城疫病毒（APMV-1）无疑是家禽最重要的病原体之一，而 APMV-2、APMV-3、APMV-6 和 APMV-7 对禽类亦有致病性。各血清型的代表毒株和已确定的自然宿主见表3.1。对于那些感染野生水禽但尚未证实感染家禽的血清型病毒，Alexander 已经有详尽的描述[1-3]。

肺病毒亚科有两个属：肺炎病毒属（包括哺乳动物肺病毒）和偏肺病毒属。该属的禽类的病毒正确的称谓就是"禽偏肺病毒"，而引起火鸡的疾病称为"火鸡的禽偏肺病毒感染"。但是，禽肺炎病毒和火鸡鼻气管炎病毒（TRTV）这些称谓仍然在广泛应用。

表 3.1　禽副黏病毒的代表株及宿主范围

代　表　毒	自然宿主	其他宿主	引起家禽的相关疾病
APMV-1——新城疫病毒	多种禽类	参见本章相关内容	根据毒株和宿主的不同表现为高致病性和隐性感染
APMV-2/鸡/加利福尼亚尤凯帕/56	火鸡、雀形目	鸡、鹦鹉、秧鸡	轻度呼吸道疾病或产量下降，并发感染时病情加重
（1）APMV-3*/火鸡/威斯康星/68	火鸡	无	轻度呼吸道疾病，但出现严重的产蛋下降并发感染或环境因素影响时病情加重
（2）APMV-3*/长尾小鹦鹉/荷兰/449/75	鹦鹉、雀形目	无	未知
APMV-4/鸭/香港/D3/75	鸭	鹅	未知
APMV-5/澳洲长尾小鹦鹉/日本/Kun-tachi/74	澳洲长尾小鹦鹉	无	未发现对家禽有感染性
APMV-6/鸭/香港/199/77	鸭	鹅、火鸡、秧鸡	火鸡轻度呼吸道感染、死亡率略有升高；鸭或鹅不感染
APMV-7/斑鸠田纳西/4/75	鸽、斑鸠	火鸡、鸵鸟	火鸡轻度呼吸道疾病
APMV-8/鹅/特拉华/1053/76	鸭、鹅	未知	未发现对家禽有感染性
APMV-9/家鸭/纽约/22/78	鸭	未知	商品鸭隐性感染

*　通过血清学试验可鉴别火鸡和鹦鹉分离株。

欧阳文军　苏敬良　译
秦卓明　吴培福　校

参考文献

[1]Alexander,D. J. 1988. Newcastle disease virus—An avian paramyxovirus. In D. J. Alexander(ed.). Newcastle Disease. Kluwer Academic Publishers;Boston,MA,11 - 22.

[2]Alexander,D. J. 1993. Paramyxovirus infections. In J. B. McFerran and M. S. McNulty(eds.)Volume 3;Viral Infections of Birds, Viral Infections of Vertebrates, M. C. Horzinek(series ed.)Elsevier Sci. Pub. Co. ;Amsterdam, 321 - 340.

[3]Alexander,D. J. 2000. Newcastle disease and other avian paramyxoviruses. *OIE Sci Technic Rev* 19;443 -462.

[4]Lamb,R. A. ,P. L. Collins,D. Kolakofsky,J. A . Melero, Y. Nagai,M. B. A. Oldstone,C. R. Pringle,and B. K. Rima. 2005. Family Paramyxoviridae. In C. M. Fauquet,M. A. Mayo, J. Maniloff, U. Desselberger and L. A. Ball (eds.)Virus Taxonomy,Eighth Report of the International Committee on Taxonomy of Viruses. Elsevier Academic Press;San Diego,655 - 668.

新 城 疫

Newcastle Disease

D. J. Alexander 和 D. A. Senne

引　言

新城疫病毒所引起的疾病类型和严重程度有较大差异，正因为如此，不同的国家和地区发生新城疫（ND）时对其认识和命名比较混乱。新城疫很复杂，因为不同的新城疫病毒毒株所引起的疾病的严重程度可能有很大差异，甚至对同种动物，如鸡，也是如此。为方便起见，Beard 和 Hanson[38]根据感染鸡所表现的临床症状，将新城疫归纳为几种致病型：①Doyle 型[77]——所有日龄的鸡均表现急性、致死性感染，常见消化道出血性病变，这一类型的疫病称作嗜内脏速发型新城疫（VVND）；②Beach 型[34]——急性、致死性感染，所有日龄鸡均易感，其特征是表现呼吸道和神经症状，因此称之为 嗜 神 经 速 发 型 （NVND）；③ Beaudette型[41]——似乎是致病性较弱的 NVND，一般仅引

起幼禽死亡。引起该类型感染的病毒为中发型，可用作活疫苗进行第 2 次免疫；④ Hitchner型[121]——是由缓发型病毒引起的轻度或隐性呼吸道感染，该类型病毒一般用作活疫苗；⑤无症状—肠型[166]——主要引起缓发型病毒肠道感染，不引起明显的疾病，某些商品活疫苗属于此类。

定义和同义名

新城疫曾称为 pseudo-fowl pest、pseudovogelpest、atypische Geflugelpest、pseudo-poultry plaque、avian pest、avian distemper、Ranikhet disease、Tetelo disease、Korean fowl plaque、avian pneumoencephalitis。

考虑到禽类感染任何一株 NDV 均可被称为新城疫，很容易引起命名混乱。因此，严格地说，新城疫应该是指由符合国际认可标准的病毒所引起的感染。为避免混乱，本章采用缩写 vND 代表由强毒株引起的感染。

20 世纪 80 年代初期，新城疫在鸽群中广泛流行。该新城疫强毒株（vND）开始命名为"鸽副黏病毒 1 型（PPMV-1）"，尽管根据实际情况进行了命名，但是该毒株会导致家禽发生新城疫。

经济意义

vND 给全球经济造成了巨大的损失。在高致病性禽流感 H5N1 发生之前，没有任何一种禽类病毒所造成的经济损失比 vND 大，且与其他动物病毒相比，vND 仍是对世界经济影响较大的毒株。对于发达国家养禽业，不仅因暴发 vND 导致巨大的经济损失，而且控制本病，包括免疫接种对于养殖业也是一种持续性的损失[158]。即使是无 vND 国家，为了进行贸易和维持无疫病状态，必须反复监测，成本较高。许多发展中国家，vND 呈地方流行性，成为制约家禽生产和家禽产品贸易的一个重要因素。一些国家依靠乡村养鸡所生产的蛋和肉作为膳食中动物蛋白的重要来源，尤其是妇女和儿童，因此，vND 长期造成的损失严重影响着人们的数量和质量[227,234]。vND 的经济影响不仅反映在其直接经济损失上，在一些国家还影响人们的身体健康，造成潜在的社会经济损失。

公共卫生意义

除了引起营养不良之外，NDV 本身也是一种人的病原。尽管有些病例无据考证，但已经明确的是人眼感染，一般表现为单侧或双侧眼睛红肿、过度流泪、眼睑水肿、结膜炎和结膜下出血[60]。感染为一过性，不侵害角膜。也有报道可能会发生全身性感染，引起寒战、头疼、发热、伴发或不发生结膜炎等症状[60]。有证据表明，NDV 疫苗株和强毒株（对家禽而言）均可能感染人，并引起临床症状。人感染 NDV 一般是直接接触病毒的结果，如在实验室不小心将感染性的尿囊液溅洒到眼内；处理被感染的禽类或尸体时，用被污染的手擦眼睛等；免疫接种感染，特别是进行气雾免疫。采取基本的卫生防护措施，穿戴隔离服并适当保护眼部，一般可以避免此类感染。人偶尔接触感染家禽，发生感染的风险较低，还没有人传染人的报道。

历 史

一般认为新城疫于 1926 年首次暴发于印度尼西亚的爪哇[151]和英国泰恩河畔纽卡斯尔（Newcastle）[77]。1926 年之前，在中欧即有类似于我们现在卡所说的 vND 报道[106]，Levine[160]引证 Ochi 和 Hashimoto 的报告认为：朝鲜早在 1924 年就可能已有此病。而 Macpherson[163]则认为，1896 年苏格兰 Western Isles 鸡群的死亡归因于 vND。

为了避免与其他疾病的描述性名词相混淆，Doyle 就临时命名为"新城疫病（Newcastle disease）"[78]。虽然近年来该病毒的同义名——禽副黏病毒 1 型（APMV-1）日渐盛行，但 75 年来，还没有发现比"新城疫"更好的名字。事实上，为了避免与世界动物卫生组织和其他国际机构命名的名称相冲突，APMV-1 常用来指一些低毒力毒株，而"新城疫"则指一些强毒株。

自 1926 年暴发和认识新城疫的数年后，发生了一些不太严重的疫情。显然，单独从病原学的角度，利用传统的方法无法与新城疫相区别。在美国，早在 1930 年就报道了一次温和型呼吸道疾病，通常伴有神经症状，随后被命名为肺脑炎（pneumoencephalitis）[34]，这是一种用血清学方法无法与

NDV 相区分的病毒[35]。随后几年里，世界各地陆续分离到许多 NDV 毒株，这些毒株不引起鸡发病或病症极轻微[29,121,166,228]。

大多数国家缺乏对新城疫历史的记载。Alexander[11]详细记录了英国新城疫的历史，被认为是新城疫对西方发达国家养禽业影响的一个典型案例。

病 原 学

分类

见本章开始的"引言"部分。

形态学

在电镜下，负染 NDV 颗粒呈多形性，具有副黏病毒亚科成员的典型特征。虽然可见到断面约 100nm 的不同长度的丝状体，但一般为圆形，直径 100～500nm，病毒粒子表面有长约 8nm 的纤突。在大多数电镜图片中，可见到游离的或从破碎病毒粒子中露出的约 18nm 的螺旋状"人"字样核衣壳（图 3.1）。

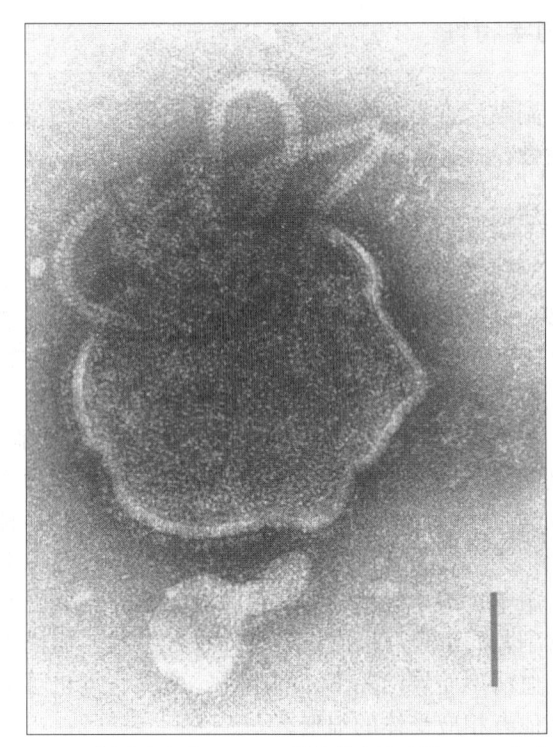

图 3.1 新城疫病毒 Ulster 2C 株负染电镜照片，显示部分破裂的病毒露出了核衣壳，×202 000。标尺＝100nm（Collins）

化学组成

副黏病毒仅含有一条单链 RNA 分子，分子量约 5×10^6[148]，约占病毒粒子重量的 0.5%。核苷酸序列分析表明，NDV 基因组由 15 186 个核苷酸组成[200]，但有些毒株为 15 192[126] 和 15 198 个核苷酸。

病毒粒子含有 20%～25%（W/W）的脂质（来源于宿主细胞）和大约 6%（W/W）的碳水化合物。病毒粒子总分子量平均为 500×10^6。蔗糖浮密度 1.18～1.20g/mL。

NDV 基因组有 6 个基因，共编码 7 种蛋白[154]：L 蛋白为 RNA 依赖 RNA 聚合酶，与核衣壳相联；HN 具有血凝素和神经氨酸酶活性，构成副黏病毒表面两种纤突中的大纤突；F 为融合蛋白，构成小的表面纤突；NP 为核衣壳蛋白；P 为磷酸化的核衣壳相关蛋白，P 基因有一个重叠的阅读框，编码富含半胱氨酸的 V 蛋白；M 为基质蛋白。编码这些蛋白的基因在病毒基因组中的排列顺序为 3'NP/V-M-F-HN-L5'。宿主的肌动蛋白也被整合到病毒粒子里。

生物学特性

副黏病毒有几个可以表现该群病毒特征的生物学活性。

血凝活性

NDV 和其他禽副黏病毒能够凝集红细胞（RBCs）是因为血凝素-神经氨酸酶（HN）蛋白能与 RBCs 表面的受体结合。血凝活性及抗血清的特异性血凝抑制作用是诊断该病的有效手段[57]。

虽然一般用鸡 RBCs 进行血凝（HA）试验，但是 NDV 可凝集所有两栖动物、爬行动物和禽类的红细胞[156]。Winslow 等[260]证明所有 NDV 毒株可凝集人、小鼠和豚鼠的红细胞，但不同毒株对牛、山羊、绵羊、猪和马的细胞凝集情况不同。其他禽副黏病毒也可以凝集多种动物红细胞，但因毒株及血清型而异。除了红细胞外，副黏病毒也可凝集其他有相应受体的细胞。

神经氨酸酶活性

神经氨酸酶（黏多糖 N-乙酰神经氨酰水解酶

EC 3.2.1.18）也是 HN 分子的一部分。带有该酶的一个明显的结果是使被凝集的红细胞缓慢洗脱[3]。神经氨酸酶在病毒复制中的确切作用仍不清楚，但有可能是去除宿主细胞表面的受体，防止被释放的病毒粒子重吸附和病毒聚集成团。

细胞融合和溶血

新城疫病毒和其他副黏病毒可通过相同机制引起红细胞溶血或和其他细胞融合。在复制过程中，病毒吸附到受体上，接着病毒囊膜与细胞膜融合，这样可以引起两个或更多的细胞发生融合（与病毒从细胞中出芽时形成合胞体相似）。与病毒囊膜融合时，硬化的红细胞膜常常引起细胞溶解。

病毒复制

副黏病毒复制过程总体上就是负链病毒的复制过程，具有禽副黏病毒复制的特征性[154,198]。

病毒首先通过 HN 多肽介导作用吸附于细胞受体上，经过融合（F）蛋白的作用，病毒与细胞膜发生融合，核衣壳复合体进入细胞。

病毒复制过程全部在胞浆中进行。由于病毒为负链 RNA，故必须依靠 RNA 依赖 RNA 聚合酶（转录酶）来合成互补的正链 RNA，该正链 RNA 可起着 mRNA 的作用，借助宿主细胞的生物合成系统来完成病毒蛋白质合成及病毒基因组的复制。F 蛋白先合成一个无功能的前体蛋白 F0，之后经过宿主的蛋白酶裂解为 F1 和 F2。裂解对于 NDV 致病性的影响在本章后面进行讨论。有些 NDV 毒株的 HN 也可能需要经过翻译后的裂解。

在感染细胞中，合成的病毒蛋白质被转运至细胞膜，细胞膜因这些蛋白的整合而被修饰。之后，在细胞膜的被修饰区附近组装核衣壳，病毒粒子从细胞表面出芽。

对理化因素的抵抗力

热、辐射（包括光和紫外线）、氧化作用、pH 和多种化合物等物理和化学因素均可以破坏 NDV 和其他禽副黏病毒的感染性。对病毒感染性的灭活程度与毒株、暴露时间、病毒数量、悬浮介质特性以及处理方法有关。单一处理不能保证杀灭所有的病毒，但可以降低感染性病毒的存活率。Lancaster[157]及 Beard 和 Hanson[38]有详细的综述。

加热对灭活 NDV 强毒十分重要，因为 NDV 强毒有可能存在于感染鸡的肌肉或其产品中。陆生动物卫生法典允许加工禽产品在国际间的贸易，甚至允许新城疫流行地区间的贸易，但只强调"需加工处理，确保新城疫病毒被灭活"[190]。Alexander 和 Manvell[14]对人工感染新城疫强毒 Herts 33 株的禽肉匀浆组织进行了热处理，得出了新城疫病毒与热灭活时间的 D_t 值（即在某个温度条件下，90%的病毒被灭活或降低 1 Log10 滴度所需的时间）为：65℃ 120s，70℃ 82s，74℃ 40s 和 80℃ 29s。

感染母鸡的蛋产品也存在危险。Gough[98]研究了蛋清中 vNDV 的灭活情况。Alexander 和 Chettle[13]根据发表文章的数据，推算蛋中新城疫病毒 Beaudette C 株（认为是耐热株）的 D_t 值为 64.4℃ 38s。尽管没有计算 D_t 值，但 King[142]对尿囊腔和卵黄囊中 Ulster 株和 California/1083/72 株在 57℃ 的环境下的存活时间进行了测定，发现其存活时间较长。在一项更为全面的研究中，Swayne 和 Beck[240]利用两株弱毒株 Ulster 和 B1 及强毒株 California/02 株做了一系列实验，来估测商业消毒温度下各种蛋产品中 NDV 的耐热情况。他们研究表明，商业消毒法可将 NDV 灭活到可接受水平，但强调仍有少量滴度的病毒存在于蛋中。

毒株分类

"毒株"这一名词一般是指各种特性已经完全清楚的病毒分离物。鉴定病毒特性的重要目的是把类似的病毒归类。对于新城疫病毒来讲，则意味着区分对鸡的致病性高低，或更确切的是区分毒株属于地方流行性还是大流行性。

致病性检测是确定新城疫分离株重要特性的标志，但不能表明相同毒力的毒株间的流行病学联系。病毒的其他生物学特性因毒株或分离株的不同而有差异，这些特性已用于分离株的鉴定和归类。

抗原性

病毒中和试验（VN）和琼扩试验结果表明，不同新城疫毒株和分离株之间仅有微小的抗原性变异[97,199,224]。因此，结合实际情况将所有的新城疫分离株归为同一抗原群。

单克隆抗体（MABs）技术可作为 NDV 标准株和分离株等不同毒株抗原性差异的重要鉴别手段[2,17,20,79,124,128,155,173,186,216,235]。

单克隆抗体可以检测出抗原性的微小变异，如抗体所针对的抗原表位的个别氨基酸差异。单克隆抗体不仅可以检测毒株之间的差异，也可以检测出病毒亚群间的差异[111]。有些研究人员已应用单克隆抗体鉴别特定的病毒。例如，已报道有两个研究小组使用单克隆抗体来鉴别常用的疫苗株——Hitchner B1 和 LaSota 之间的不同[79,173]，在某些地区可利用单克隆抗体区分疫苗毒和流行毒[235]。

Russell 和 Alexander[216] 以及 Alexander 等[17,19,20,21]对单抗在毒株鉴定和分类中的应用研究最为深入。根据与不同单抗的反应特性，他们将 NDV 标准株和分离株分为不同的群。同一单抗群具有相同的生物学和流行病学特性。Russell 等[219]研究表明，根据病毒遗传特性分群和利用单抗分群时，两种分群结果具有相似性。

单抗分型已检测出引起鸽大流行的 NDV 变异株的差异，并已确诊在许多国家有该病毒流行[17,20,196]。

致病性试验

实验室诊断首先是通过测定病毒毒力来进行分离株的鉴别和分类。Hanson 和 Brandly 提议，根据病毒在尿囊腔接种鸡胚后 60h 以内、60～90h 和 90h 以上的死亡率将 NDV 毒株分别分为速发型、中发型和缓发型[112]。该结果可作为鸡群感染疫病的参考。不管评价方法如何，这些术语已用于病毒的高毒力、中等毒力和低毒力的病毒。

另一些鉴别毒株的试验方法是直接评价感染禽的临床症状或死亡情况，根据严重程度计分和计算致病指数而量化。最广泛采用的试验是 1 日龄雏鸡脑内接种致病指数（ICPI）及 6 周龄鸡静脉接种致病指数（IVPI）。ICPI 是世界动物卫生组织（OIE）用来衡量病毒毒力的标准（见下文）。

遗传学鉴定

伴随着核酸测序技术的发展，越来越多的新城疫病毒株基因组序列被储存在计算机数据库中。研究表明，即使相对较短的序列对于病毒株遗传进化的分析也十分有意义。因此，近几年研究人员对病毒株的遗传进化关系进行了研究。通过对融合蛋白的基因分析可以预测病毒的毒力，故备受重视。尽管不同病毒株之间的遗传变异具有多样性，但仍可以根据时间、地域、抗原性或流行病学参数分为特定的谱系或分支，这对 NDV 的全球流行病学和局部传播评估具有重要意义[7,24,67,117,144,145,162,221,225,226,241,246]。Aldous 等[7] 提议参考实验室应将基因分型作为诊断新城疫病毒的一部分，即测定所有病毒株 F 基因的 375 个核苷酸序列（包括 F0 的裂解位点），并与新近分离的 NDV 毒株序列和 18 株已知遗传谱系和亚遗传谱系的代表株序列进行比较。

有趣的是，有些具有特异性遗传学特征的病毒并不随着其他变异株的出现而消失，且在首次出现许多年后仍有可能存在[162]。

尽管已有几株病毒的 HN 序列被测出，但与 F 基因相比，资料明显偏少。有些毒株可产生 HN0 前体蛋白，如 Ulster 2C[180] 和 D26[222]，但其他毒株，如缓发型 Hitchner B1[134]、中发型 Beaudette C[179]、2 株速发型毒株（澳大利亚 Victoria 株[168] 和 Italien 株[253]）、鸽变异株[66] 等，在 HN 基因末端之前均有终止密码子，因此不产生 HN0 前体蛋白和翻译后裂解。在某些情况下这种潜在的特性可用于鉴别地方流行性低毒力毒株和其他毒株[88]。

实验室宿主系统

动物

在人工感染试验中，新城疫病毒可以在多种非禽类[156]和禽类[136]宿主中增殖，但鸡仍然是最常用和最易得到的实验动物，也是该病最重要的自然宿主。

鸡胚

所有禽副黏病毒均可在鸡胚中增殖。因为鸡胚（最好是 SPF 鸡胚）容易得到，病毒易于在其中增殖并达到较高滴度，所以常用于病毒的分离和传代。

不同的新城疫标准株和分离株对鸡胚的致死力和致死时间不同。病毒滴度也因毒株不同而不同，鸡胚死亡较慢或不致死鸡胚时，病毒滴度最高[100]。卵黄中母源抗体影响着某些毒株的增殖和对鸡胚的致死性[86]。

接种途径也很重要[38]。卵黄囊接种比尿囊腔接种更快地致死鸡胚。经尿囊腔接种不能稳定致死鸡胚的毒株，卵黄囊接种时可以致死鸡胚[82]。

细胞培养

新城疫病毒可以在多种细胞中增殖。例如，Lancaster[156] 列出了 18 种敏感的原代细胞和 11 种传代细胞系。自 1966 年报道之后，又增加了更多的细胞。细胞病变（CPE）一般是形成合胞体，随后细胞死亡，而且 CPE 与病毒对鸡的毒力有关[205]。如果覆盖层不加 Mg^{2+} 和 DEAE[33] 或胰酶[212]，仅速发型和中发型毒株能在鸡胚细胞上形成蚀斑。

新城疫病毒在大多数细胞上生长相对较差，所以细胞培养对于扩增病毒不实用。

致病性

新城疫病毒对不同宿主的致病性有很大差异。鸡高度敏感，鸭也可感染，但很少或不表现临床症状，即使对鸡致死性毒株也是如此[118]。

NDV 对鸡的致病性虽然与感染剂量、感染途径、鸡的日龄及环境条件有关，但主要取决于毒株本身。一般情况下，鸡的日龄越小，发病就越急。在自然条件下，强毒株感染小鸡通常不表现任何明显的临床症状而突然死亡，而日龄较大的鸡病程可能较长，且表现特征性的临床症状。鸡的品种和遗传特征对其易感性影响不大[64]。自然途径（鼻、口和眼）感染时，呼吸道症状似乎更明显[37]，而肌肉、静脉和脑内途径感染时神经症状似乎更突出[38]。

致病性的分子基础

在 NDV 复制过程中，首先形成具有重要功能的融合蛋白-前体糖蛋白（F0），然后，F0 被裂解为具有感染性的子代病毒粒子中 F1 和 F2[213]。这种翻译后的裂解作用是由宿主细胞蛋白酶介导的[182]。如果未发生裂解，则不产生感染性病毒粒子。胰蛋白酶可以裂解所有 NDV 的 F0 蛋白，体外处理未裂解的病毒可使其恢复感染性[183]。

F0 裂解的重要性很容易得到证明。在细胞培养中，如果病毒不能正常增殖或不能产生蚀斑，在琼脂覆盖层或培养液中加入胰蛋白酶即可使其增殖或产生蚀斑。尽管所有的新城疫毒株均能在尿囊腔增殖并产生感染性子代病毒，而且对鸡有致病力的强毒在添加或不添加胰蛋白酶的情况下均可以在多种体外培养细胞上增殖，但有些低毒力毒株只有在添加胰蛋白酶的情况下才能增殖[211,212]。强毒株的 F0 分子可以被宿主或多种细胞和组织中的胰蛋白酶裂解，而弱毒株的 F0 分子仅能被有限的特异性的宿主酶裂解。所以，这些病毒仅能在某些类型的宿主细胞中增殖。

F0 前体的氨基酸序列主要是根据 NDV 毒株 F 基因核苷酸序列推导而来[59,65,94,168,178,223,245]，因此可以将低毒力毒株与速发型或中发型进行比较。所有病毒氨基酸的裂解位点是第 116 位的精氨酸，位于 F2 蛋白的羧基端（C 端）；而所有弱毒株的第 117 位是亮氨酸，位于 F1 蛋白氨基端（N 端），在第 113 位有一个碱性氨基酸残基。与此相对应，所有速发型或中发型新城疫毒株的第 117 位均为苯丙氨酸。有一株例外，即鸽 PMV - 1 变异株，除 113、116 位为碱性氨基酸外，115 位和 112 位也是碱性氨基酸，与强毒株基序相同，但在 112 位缺少一个碱性氨基酸。进一步的研究表明，这种变异在鸽 PMV - 1 变异株中常见，但这些病毒对鸡的致病性无差异[66]。

新城疫病毒致病性的调控机制与流感病毒十分相似[251]。强毒株含有额外的碱性氨基酸，意味着病毒可以被多种宿主蛋白酶或不同组织和器官中的蛋白酶裂解。尽管这些酶还未被充分鉴定，但与禽流感病毒类似，它们可能是一种或多种参与前体蛋白加工的与枯草杆菌蛋白酶相关的内切蛋白酶，其中以弗林蛋白酶为首要代表[87,238]。对于缓发型毒株来说，只有存在能识别单个精氨酸的蛋白酶时（如胰蛋白酶类），才能发生裂解，因此缓发型病毒仅在有类胰蛋白酶存在的部位增殖，如呼吸道和肠道上皮，而强毒株则可以在多种组织和器官中增殖，并引起全身性感染[211]。

随着核苷酸序列数据的不断增加，F0 蛋白裂解位点基序的差异逐步显现出来。已报道的裂解位点基序（motifs）见表 3.2。对澳大利亚 1998—2000 年暴发的新城疫进行深入调查和研究发现，所分离的几株新城疫病毒中，其 F0 裂解位点的氨基酸有所差异[254]，详见表 3.2。这些自然野毒株的差异确证了对鸡具有高毒力的毒株最基本的氨基酸基序为-113RXR/KR* F117。至于 117 位为什么必须是苯丙氨酸尚不清楚，可能也不是蛋白酶识别的基序的一部分。近年来应用 cDNA 克隆和反向遗传

技术，对与毒力相关的、最小的确切基序进行了研究[198]。De Leeuw 等[76]将 F0 的裂解位点进行了氨基酸替代，从而构建了系列毒株（见表 3.2），结果表明：有毒力的毒株的 117 位是苯丙氨酸，116 位是精氨酸，115 位是赖氨酸或精氨酸，113 位是精氨酸而非赖氨酸。有趣的是，所有构建的突变株在鸡体内单次传代后都回复为强毒基序112RRQRR* F117或112RRQKR* F117。

表 3.2　NDV 毒株 F0 裂解位点的氨基酸序列

毒　　株	对鸡的毒力	氨基酸裂解位点 111～117 位	参考文献
Herts33	高毒力	-G-R-R-Q-R-R* F-	246
Essex′70	高毒力	-G-R-R-Q-K-R* F-	65
135/93	高毒力	-V-R-R-K-K-R* F-	187
617/83	高毒力	-G-G-R-Q-K-R* F-	66
34/90	高毒力	-G-K-R-Q-K-R* F-	65
Beaudette C	高毒力	-G-R-R-Q-K-R* F-	65
La Sota	低毒力	-G-G-R-Q-G-R* L-	65
D26	低毒力	-G-G-K-Q-G-R* L-	246
MC110	低毒力	-G-R-E-Q-E-R* L-	65
1154/98	低毒力	-G-R-R-Q-G-R* L-	11
澳大利亚分离株			
Peats Ridge	低毒力	-G-R-R-Q-G-R* L-	254
NSW 12/86	低毒力	-G-K-R-Q-G-R* L-	254
Dean Park	高毒力	-G-R-R-Q-R-R* F-	254
Somersby 98	低毒力	-G-R-R-Q-G-R* L-	254
PR-32	?	-G-R-R-Q-G-R* F-	254
MP-2000	低毒力	-G-R-R-Q-K-R* L-	254
构建的毒株			
L（La Sota）	低毒力	-G-G-R-Q-G-R* L-	76
tag	高毒力	-G-R-R-Q-R-R* F-	76
FM	低毒力	-G-R-R-Q-R-R* L-	76
FM1	低毒力	-G-R-R-Q-G-R* F-	76
FM2	低毒力	-G-R-R-Q-G-R* F-	76
FM3	高毒力	-G-R-R-Q-R-R* F-	76
FM4	低毒力	-G-R-R-Q-K-R* F-	76
FM5	高毒力	-G-R-R-Q-K-R* F-	76

＊　表示裂解位点。示碱性氨基酸；注意所有自然强毒株的 117 位为苯丙氨酸（F），位于 F1 蛋白的氨基端。

尽管新城疫病毒 F0 蛋白裂解位点的氨基酸基序是 NDV 毒株真实或潜在毒力的绝好标志，但是必须牢记，与病毒基因和蛋白相关的其他因素也可能导致病毒毒力的变化。例如，反向遗传实验表明 HN 蛋白可能影响病毒的毒力[125,209]。

强毒株的出现

病毒毒力分子机制的深入研究扩大了人们的视野，使人们能够逐渐了解新城疫强毒出现的原因。针对 NDV 强毒的出现，Hanson[108,109] 提出 3 点看法：①病毒在家禽中原来就存在，只是在商品化养禽业发展之前未被注意到；②强毒株在另一种品种的禽类流行，但对这一品种本身所引起的疾病并不严重；③强毒株由低毒力毒株突变而来。

近年来，人们普遍认为上述第二种解释的可能性最大。第一种观点看似有可能，但未必如此，因为目前在全球某些地区散养鸡常广泛性暴发 vND。第三种解释被认为不可能，因为还没有见到其他病毒通过这种方式突变为强毒的报道，而且对于单纯的突变来说，遗传变异的程度似乎太大了。

第二种解释之所以被推崇，是因为 1970—1973 年的新城疫大流行，其病毒来源于不同地域笼养鸟的流动，特别是鹦鹉类[80,250]，且鹦鹉对那些对鸡有致病性的毒株具有一定的抵抗力[80,81]。虽然经常发现笼养鸟感染 NDV 强毒[192,228]，但往往认为是与感染家禽接触而引起的[136]。除了北美的鸬鹚[152]和鸽子可能携带新城疫强毒外，未见其他野禽作为 NDV 强毒储存宿主的报道。

至于第三种解释，也有一些典型实例，即 1990 年爱尔兰暴发 vND，人们对此的研究首次暗示强毒株有可能由低毒力毒株突变而来。这些毒株与经常水禽中分离到的低毒力变异株密切相关，但两者的抗原性和遗传特性与其他所有的 NDV 不同[21,67]。部分强毒株的 F 基因编码 112 到 117 位氨基酸的片段有 4 处核苷酸变异，其中 3 处构成最基本的毒力基序，第 4 处在 112 为赖氨酸[11]。1998—2000 年澳大利亚暴发的 vND 对毒力变异更有说服力[146,254]。病毒系统进化研究表明，澳大利亚 1998 和 1999 年暴发的 vND 强毒株间具有密切的关系，且与该地区从鸡分离到一株低毒力毒株也有密切关系[103]。这些结果提示我们，强毒株是因突变而形成的，如表 3.3 所示，这些毒株只要有两个点突变。这些毒株在裂解位点也有其他的变化，包括已分离到的两毒株的中间型毒株（表 3.2）。1998 年在澳大利亚发生的强毒完全可能由低毒力毒株突变而来，而且有理由相信，过去也可能发生过类似的突变。Shengqing 等[229]通过实验证明新城疫强毒株可由弱毒株突变而来。他们证实：一株水禽

NDV 弱毒株，其氨基酸裂解位点的基序为 ERQER*L，而经鸡气囊传代接种 9 次和经脑内传代接种 5 次后，该弱毒株已转变为对鸡有致病力的强毒株，且其氨基酸裂解位点的基序为 KRQKR*F。

表 3.3　1998 年澳大利亚分离的高毒力和低毒力 NDV F0 裂解位点的核苷酸和氨基酸序列

毒株	毒力	F0 裂解位点的核苷酸和氨基酸序列
1154/98	低	GGA AGG AGA CAG GGG CGT CTT 111GRRQGR*L117
1249/98	高	GGA AGG AGA CAG AGG CGT TTT 111GRRQRR*F117

引自文献[11]。

病理生物学和流行病学

发生和分布

由于世界各地的商品家禽广泛使用 ND 疫苗，对新城疫（即感染强毒株的禽类）真实的地理分布评估比较困难。在报道疾病暴发时，一般将商品鸡与散养鸡发生的新城疫区分开。尽管联合国粮农组织[84]和世界动物卫生组织（OIE）等机构对新城疫进行国际性监控，但其数据也不能完全反映 vND 的真实分布。

众所周知，在非洲大部分地区、亚洲、中美洲地区以及南美洲部分地区，vND 时有发生，呈地方流行性。在较发达国家，如西欧，虽然进行广泛的免疫预防，但也有散发性流行。

vND 的分布取决于世界各国对新城疫所采取的消灭和防控措施，而防控效果如何则取决于养禽业的集约化管理水平（例如，那些以散养为主的国家可能会遇到比集约化养鸡为主的国家更多的问题）。

vND 的传播方式对新城疫的分布也有影响。Alexander[11]认为，自该病首次发生以来，可能发生过 4 次大的流行。第一次大流行可能起源于东南亚，为本病首次暴发。Doyle[78]认为该病由亚洲缓慢传到欧洲，而在大规模流行之前暴发的个例，如 1926 年英国发生的病例可能是偶尔传入的。vND 传播的这一理论意味着 1926 年出现的病毒经过 30 多年传遍了全世界，且直到 20 世纪 60 年代早期该病在大多数国家仍然具有重要的意义。

与此相比，第二次大流行似乎在 20 世纪 60 年代后期始于中东地区，到 1973 年已扩散到大部分

国家。这次流行之所以传播较快，原因可能是当时的养禽业正在经历一场巨大的变革，养禽业已经成为一项具有巨大国际贸易的主要产业。此外，引起此次大流行的病毒似乎与一个进口笼养鹦鹉品种有关。这些鸟类的巨大贸易（包括快速的空运设备）被认为是导致上述疫病传播的主要因素[85,250]。

第二次新城疫大流行对大多数国家的养禽业造成了严重的经济损失，但同时促进了世界各国对该病疫苗的研发，以及相关防护法规的落实，确保家禽生产得到了良好的保护。此外，大多数国家对进口笼养鸟采取了相应的控制措施。Alexander[11]通过对新城疫病毒的抗原性和遗传学变异分析认为[21,162]，在20世纪70年代后期可能还存在第三次新城疫大流行。第三次大流行的起始时间和传播尚不清楚，可能是由20世纪70年代中期广泛使用疫苗所致，使用疫苗可以使鸡不发病，但在大部分情况下，禽群可能携带病毒并在禽体内增殖。对引起新城疫大流行的病毒种类的监测相当复杂，因为一些原来具有一定遗传特征或抗原性的病毒在首次出现后，并不会随着其他变异株的出现而消失，多年后仍可能分离到这些毒株[21,162]。

作为vND潜在来源的另一类家禽往往被忽略，而这类家禽在大部分国家的数量还很大，这类禽包括用来竞赛、观赏和肉用的斑鸠和家鸽。在大部分欧洲国家，鸽子的数量可达到几百万只。在第四次vND大流行中，鸽子首先被感染，疫病表现与鸡的嗜神经型新城疫相似，但没有呼吸道症状，该病最早起源于20世纪70年代后期中东地区[137]，直到1981年传到欧洲[45]，随后迅速传遍世界各地，很大程度上是因为这些禽类通过国际贸易、竞赛和展览等途径相互接触传播。病毒的自然变异特性能清楚地阐明24个国家的感染情况[17,20,196]。有几个国家还传播给鸡，如英国1984年因饲喂被感染鸽污染的饲料而导致20个未免疫鸡群暴发新城疫[18]。虽然人们对鸽新城疫的认识已超过25年，但在许多国家的赛鸽中似乎仍然有本病存在，并且常传染给野鸽和乳鸽，不断威胁着养禽业。

自然宿主和实验宿主

根据现有的文献资料，Kaleta和Baldauf[136]证实：除了家养禽类外，在50个鸟目中，有27目中至少241种鸟类可以自然或实验感染NDV。上述

作者强调了临床症状差异，即便是同一属中的不同品种症状也有差异。之后，分离出NDV的品种数量还大大增加，有些有临床症状，而有些没有。似乎可以得出这样的结论，绝大多数鸟类对新城疫易感，但特定的毒株感染所表现的疾病随宿主的不同可能有较大的差异。

传播

有关两种禽类之间新城疫病毒的传播，Alexander[9]认为，NDV可以通过呼吸或采食而传染，禽之间的传播取决于接触感染性病毒的方式。推测主要是易感禽吸入了小的气溶胶或大的雾滴而传染，但缺乏明确的实验依据来证实这一点。很明显，感染性病毒可以存在于气溶胶中，将禽类放在含有这种气溶胶的环境中会被感染，这也是采用喷雾或气雾进行活疫苗大规模免疫的依据[170]。在自然感染时，病毒在呼吸道增殖，感染禽排出含有病毒的大小雾滴、尘埃及其他颗粒，包括粪便等。这些被病毒污染的粒子被吸入或触落于黏膜上可引起感染。当然，气溶胶的形成以及这些感染性病毒在其中能否维持足够的传染时间与诸多环境因素有关。

大多数禽类在感染NDV的过程中从粪便中排出大量病毒，食入粪便可引起感染。这可能是无毒力的肠型NDV及鸽变异株在禽与禽之间传播的主要方式[16]，而被感染禽不表现呼吸道症状。在动物实验中，可经口腔后部感染病毒，实验研究证明通过该途径感染3周龄的雏鸡需要高达$10^4 EID_{50}$的vNDV，这表明通过粪便感染时，可能需要的粪便量（g）比较大。

垂直感染，即父母代通过胚胎将病毒传给子代仍有争议。该传染方式对新城疫流行的真正意义尚不清楚。利用新城疫强毒进行感染试验往往因感染禽产蛋停止而无法进行。有报道证实，产蛋鸡自然感染强毒期间的鸡胚可发生感染[38,157]，且鸡胚通常在孵化期间死亡。因为蛋表面可能粘有带病毒的粪便，所以裂纹蛋或破裂蛋可能是刚出壳小鸡感染的来源之一。病毒可能穿过蛋壳进入蛋内[257]，因此检测是否发生垂直传播或经卵传播是比较复杂的。被感染的雏鸡也许出自被疫苗毒株或其他不引起鸡胚死亡的缓发型毒株污染的种蛋[68,86]。虽然已证明LaSota疫苗毒免疫后，大部分生殖器官有该

病毒，但自然感染情况下，胚是如何被感染仍不清楚[204]。

Pospisil 等[201]从免疫的产蛋鸡群的鸡胚和孵化的雏鸡（包括 1 日龄雏鸡）中检测到缓发型病毒。Capua 等[58]在对鸡胚中意外分离到的强毒株进行调查研究时发现：尽管产蛋鸡抗 NDV 抗体效价很高，但仍从产蛋鸡的泄殖腔拭子及其后代中分离到了新城疫强毒。Chen 和 Wang[61]等的实验表明：利用小剂量新城疫强毒感染 SPF 蛋时，胚不会全部死亡，且能够从少量存活的孵化雏鸡中分离到病毒。

扩散

Lancaster 和 Alexander 对新城疫病毒的扩散方式做了综述[9,156,157]。在各种各样的疾病流行中，病毒的来源和传播方式如下：①活禽的流动——野鸟、宠物鸟/外来鸟、猎鸟、赛鸽、商品家禽；②与其他动物接触；③人员和设备流动；④禽产品流动；⑤空气传播；⑥家禽饲料被污染；⑦被污染的水；⑧疫苗。

不同因素所起作用大小的取决于当地流行的情况。有些国家的家禽饲养于防鸟的圈舍，野生鸟类侵害感染群或传播疾病的可能性较小，而在开放饲养农场的禽类最易受到野生鸟类所带病毒的感染。1990 年和 1992 年加拿大和美国北部的鸬鹚和鹈鹕就暴发过 vND[31,247,262]，且自此以后，鸬鹚不断零星发生该病。在美国北达科他州，从临近发病鸬鹚的地区表现速发性嗜神经新城疫症状的火鸡中分离到一株病毒，且应用单克隆抗体不能将其与鸬鹚 vNDV 毒株区分开，表明这两个毒株在基因型上属于同一型[225,247]。进一步的研究发现，在 2002 年佛罗里达州的鸬鹚越冬地也分离到了新城疫强毒，对该分离株 F 基因的部分核苷酸序列分析表明：其推导的氨基酸序列与 1992 年分离自美国北部鸬鹚和火鸡的新城疫分离株的同源性为 100%，表明是同一种毒株。

1997 年 1 月初和 4 月末在英国暴发的 11 起鸡和火鸡新城疫病原可能主要来源于迁徙鸟类所携带的病毒[23]。流行病学调查表明，大多数暴发病例是从一至两个原发点再次经人扩散传播。但核酸序列分析和病毒系统发育分析表明，英国的分离株与 1996 年斯堪底纳维亚国家暴发的 vND 毒株非常相似（包括 1 株来自野生秋沙鸭的病毒）[24]。1996

年末和 1997 年初候鸟不寻常的迁徙运动暗示，这些鸟类可能是英国感染 vND 病毒的媒介。

由于实行严格的进口检疫，尽管外来笼养鸟的国际贸易十分频繁，而且经常从中分离到强毒[228]，但通过这种传播途径（如 1971—1972 年加州流行）的威胁在大大减少[248]。但走私或在检疫中提前取走的鸟仍然是一种威胁[228]。自 1973 年以来，美国陆续从非法进口或隔离检疫的观赏鸟中分离到 NDV 强毒[192]。值得特别注意的是：1991 年有 6 个州非法进口的观赏鸟暴发新城疫[56,192]，但未传播给家禽。

1975、1998 和 2002—2003 年间，美国散养斗鸡曾暴发过三次新城疫强毒感染[32,140,147]。2002—2003 年在加利福尼亚南部的暴发病损失最重，为了控制疫情，2671 个斗鸡场的 149 000 多只鸡被销毁。在新城疫暴发期间，鸡主为了逃避检疫或被监管机构销毁，纷纷由加州南部逃到与其毗邻的内华达州和亚利桑那州，结果导致病鸡流动，使疫情发生扩散。怀疑由加州南部传播至毗邻的内华达州和亚利桑那州的 vND 流行是由病禽和污染物的流动引起的。尽管那次新城疫流行是从斗鸡场的斗鸡开始的，但却导致加州南部的 21 群多达 3 百万的商品蛋鸡被感染。其中最危险因素是农场的职员及与感染斗鸡的接触。

空气传播也是一种重要的传播途径，如 1970—1971 年在英格兰暴发的 ND[127]，但是，有时又并非如此，如在 1971—1972 年在加州暴发的新城疫[248]，尽管传染源都是同一病毒。在最近的几次疫情中，一般认为空气传播不作为传播的主要途径。

疾病传播的因素在某些情况下是多样的。如 1984 年英国暴发的 vND 是因为饲料被感染野鸽的粪便污染所致[18]。

毋庸置疑，人及设备是新城疫最大的潜在传播者。人的结膜囊会被 NDV 感染，并可作为一种传播方式，但更主要的是感染性材料的机械传播（大部分通过粪便）。现代化的交通使人在世界各国来去自由，因此，人传播疫病的可能性不再局限在国家和地区。

如果疫苗未被完全灭活[233]或疫苗被 NDV 污染[40,135]，那么来往于各农场的免疫接种人员也是 NDV 的传播者[248]。

潜伏期

新城疫自然感染的潜伏期为 2～15 天（平均 5～6 天）。临床症状出现的快慢因感染病毒的种类、宿主、日龄、免疫状态、其他病原混合感染、环境条件、感染途径及感染剂量不同而不同。

临床症状

根据临床症状可将新城疫分离株大致分为几种致病型，很显然，临床症状与感染的毒株有关。其他因素，包括宿主种类、日龄、免疫状态、其他病原的并发感染、环境应激、社会应激、感染途径及病毒剂量等也影响疾病的严重程度[166]。

毒力极强的病毒感染可能突然发病，死亡率高而不表现任何临床症状。对于由 VVND 引起的新城疫，一般开始表现为精神沉郁、呼吸加快、无力，最终衰竭死亡。1970—1973 年新城疫大流行期间，英国[27]和北爱尔兰[166]由此型病毒引起的疾病主要表现为严重的呼吸道症状，但在其他国家并无此症状。该型 vND 还可以引起发病鸡眼周围和头部水肿，在感染早期未死亡的鸡还常常伴有绿色下痢，死前有明显的肌肉震颤、斜颈、腿和翅膀麻痹和角弓反张，敏感鸡群的死亡率常常可达到 100%。

嗜神经速发型主要报道于美国。鸡群突然发生严重的呼吸道疾病，1～2 天后出现神经症状，产蛋急剧下降，但一般不出现下痢。发病率可达到 100%。虽然有报道成年鸡死亡率高达 50%，小鸡达 90%，但死亡率一般较低。

中发型毒株自然感染常引起呼吸道疾病。成年鸡产蛋明显下降，并可持续数周，有可能出现神经症状，但不常见。死亡率一般较低，但日龄较小的鸡群或易感的禽类除外，并发因素可大大加重病情。

缓发型病毒一般不引起成年禽发病，对于日龄较小的禽类，特别是易感幼龄禽有可能会出现严重的呼吸道疾病。随后感染毒力较强的 LaSota 毒株且并发感染其他微生物时，可以引起死亡。对于快要屠宰的肉鸡，免疫接种或感染这些毒株可引起大肠杆菌败血症或气囊炎，进而导致淘汰率增加。

对于引起 20 世纪 80 年代鸽子新城疫大流行的病毒来说，自然感染鸽[249]和鸡[18]的症状与其他的新城疫病毒不同。对于鸡和鸽，其主要临床特点是下痢和出现神经症状。成年鸡主要是产蛋急剧下降，而幼龄禽死亡率高。无并发感染时，鸽和鸡不表现呼吸道症状。

其他宿主感染的临床症状与鸡相比可能有很大的差别。与鸡一样，火鸡对新城疫病毒易感，但临床症状通常不会像鸡那么严重[25,50,166]。虽然，鸭，有时候鹅也被感染，但一般认为临床上对新城疫病毒有抗性，甚至是对鸡毒力较强的毒株。尽管如此，已有鸭严重暴发新城疫的报道[118]。大多数观赏鸟也有 vND 暴发的报道[156,157]，疾病的表现与鸡相似[43]。对于鸵鸟和其他平胸鸟，鸡的新城疫强毒通常不会导致其发生严重疫病。一般情况下，雏鸵鸟可能会表现精神沉郁和神经症状，但成年鸟通常不易被感染[10]。

病理变化

大体病变

与临床症状相似，除宿主范围及影响疾病严重程度的其他因素以外，感染禽类的眼观病变和受侵害的组织器官病变程度取决于毒株和感染病毒的致病型。未发现任何与疾病类型相关联的临床特征性病变。有时候还可能缺乏眼观病变。

尽管如此，有人常根据感染鸡肠道出血性病变的严重程度来区分 VVND 与 NVND[110,113]。这类病变通常在腺胃、盲肠及小肠和大肠黏膜表现特别明显。这些部位有明显的出血，可能是因肠壁和淋巴样组织（如，盲肠扁桃体及集合淋巴小结）坏死所致。

总体说来，不管是哪种类型的新城疫病毒感染均未在中枢神经系统观察到眼观病变[166]。

呼吸道并非总有眼观病变，如果有，则主要是黏膜出血和明显的气管充血[16]。相对较弱的毒株感染也会出现气囊炎，继发细菌感染时可见气囊壁增厚，并有卡他性或干酪样渗出[38]。

其他组织器官的眼观病变包括：结膜下出血，脾脏局灶性坏死，副支气管水肿，且支气管水肿通常发生于胸廓入口处。

鸡和火鸡在产蛋期感染速发型毒株通常可见腹腔中有卵黄，卵泡软化变性，其他生殖器官可能伴有出血和颜色变化。

易感鸡通过点眼途径感染速发嗜内脏型新城疫强毒时，其大体病变见彩图 3.2。

组织学病变

新城疫病毒感染的组织病理学随其临床症状和大体病变不同而不同，其影响因素在很大程度上是相同的。除病毒毒株和宿主外，感染方式和感染途径也十分重要。Beard 和 Easterday[37] 发现，气雾感染缓发型或速发型毒株时，气管组织学病变相似。很多文章对强致病型新城疫感染的组织病理学变化进行了描述，也有几篇报道和综述对新城疫感染期间各器官的组织学病变进行了描述[37,38,166,255]。归纳一下，主要病变如下：

神经系统 中枢神经系统的组织学病变有：非化脓性脑脊髓炎、神经元变性、胶质细胞局灶化、血管周淋巴细胞浸润、内皮细胞肥大。病变一般发生于小脑、延脑、中脑、脑干和脊髓，但大脑很少出现病变。

血管系统 许多脏器的血管出现充血、水肿和出血。其他病变有：血管中层水肿变性、毛细血管和微动脉玻璃样变、小血管内形成透明栓塞和血管内皮细胞坏死。

淋巴系统 淋巴系统出现退行性变化，淋巴组织消失。亚急性感染时各脏器，特别是肝脏单核吞噬细胞增生。整个脾脏有坏死病变。脾脏和胸腺皮质区和生发中心的淋巴细胞被破坏和局灶性空泡变性。法氏囊髓质部的淋巴细胞发生明显变性[237]。

肠道 某些新城疫强毒感染时，可见肠道黏膜淋巴组织出血和坏死。其他病变与血管系统损伤有关。

呼吸系统 新城疫病毒感染对上呼吸道黏膜有严重影响，且病变程度与呼吸紊乱相关。病变可延伸至整个气管，感染 2 天内纤毛脱落。上呼吸道黏膜充血、水肿，有大量的淋巴细胞和巨噬细胞浸润，且气雾感染时更严重[37]。该病变过程似乎很快消失，感染 6 天后检查时，已经没有炎症。

Cheville 等[62] 用 2 株美国的嗜内脏型分离株—Texas219 和 Florida Largo 感染鸡，均引起明显的肺脏病变，前者引起副支气管充血和水肿，后者的病变更广泛，主要是副支气管肺泡区出血和噬红细胞作用。

鸡还可能出现气囊水肿、细胞浸润，气囊壁增厚和密度增加。

生殖系统 生殖系统病变差异极大。Biswal 和 Morrill[46] 报道输卵管蛋壳形成部位的功能性损伤最严重。母禽生殖器官病变包括卵泡闭锁，并有炎性细胞浸润形成淋巴样集结，在输卵管也有类似的集结。

其他器官 肝脏出现局灶性坏死，有时胆囊和心脏出血。胰腺有淋巴细胞浸润。嗜内脏速发型病毒感染时，皮肤可能出现出血和溃疡，冠和肉垂常有充血和出血点。结膜病变可能与出血有关。

免疫力

主动免疫

细胞介导的免疫 新城疫病毒感染首先表现为细胞免疫，利用活疫苗毒株感染后 2～3 天即可检测到[91,124]，这也许可以解释为什么免疫鸡在可检测到抗体之前就对攻毒有保护作用[26,99]。但是，后来的一项研究证实，单独的细胞免疫对 NDV 强毒的攻击不会产生保护作用[207]。疫苗诱导细胞免疫的保护机理还不清楚，似乎还未出现类似于抗体反应那样的较强的二次应答[244]。

体液免疫 可以通过中和试验来测定保护性抗体。中和抗体反应似乎与 HI 抗体反应相平行，后者常用于检测保护性抗体反应，特别是免疫接种之后[27]。针对功能性表面糖蛋白 HN 或 F 多肽的抗体均可中和新城疫病毒[214]。事实上，体内和体外试验表明：针对 F 多肽的特异性表位的单克隆抗体，其中和作用比抗 HN 的单克隆抗体强[178,174]。因此，单纯依靠简单的 HI 试验来评估保护作用可能会出现错误结果。

如果鸡在感染新城疫后存活时间较长，一般在 6～10 天内可检测到血清抗体，抗体水平在很大程度上取决于感染的毒株，一般在 3～4 周达到高峰。抗体衰减的速度与其抗体水平有关，但比抗体产生的速度慢。当中发型毒株感染禽类或禽类多次免疫后，其体内的血凝抑制抗体可持续 1 年。重复感染，或当抗体效价开始下降几周后再次免疫接种时，可引起二次免疫应答[27]。

局部免疫 大约在首次检测到体液抗体时，鸡的上呼吸道和肠道分泌物中即出现分泌性抗体。上呼吸道分泌的免疫球蛋白主要是 IgA 和部分 IgG[194]。眼内感染后，哈德氏腺也有类似的分泌物，但肠道感染并非如此[194,202]。Malkinson 和

Small[164]研究证明了局部免疫的作用，他们发现禽类某个部位可能对病毒感染易感，但另一个部位则有保护作用。虽然呼吸道的局部免疫保护作用不依赖于体液免疫，但局部免疫的确切功能仍不清楚[123]。用Hitchner B1点眼免疫后，病毒可在哈德氏腺复制，但泪液中母源IgG会阻断病毒的增殖[215]。病毒在哈德氏腺增殖可刺激产生泪液IgG、IgA和IgM[215]。更重要的是，哈德氏腺是鸡IgA抗体分泌细胞所在的主要部位[218]。Russell和Eze-ifeka[217]强调，IgM可能是清除结膜内感染病毒的主要抗体。

被动免疫 母鸡可通过卵黄将其抗NDV抗体传给子代[116]。1日龄雏鸡的抗体水平与其亲代的抗体效价直接相关。Allan等[27]估测母源抗体HI效价下降2个滴度的半衰期约4.5天。母源抗体有保护作用，因此在确定雏鸡首次免疫接种时间时必须加以考虑。

免疫抑制 免疫抑制对NDV的致病性及疫苗免疫的保护作用均有很大的影响。在自然条件下，感染某些病毒，如传染性法氏囊病病毒可导致免疫抑制。免疫缺陷使某些NDV感染发病更为严重，而且对疫苗免疫不能产生充分的免疫反应[83,93,195,210]。鸡传染性贫血病毒引起的免疫抑制可导致再接种新城疫灭活苗时免疫失败[53]。

诊 断

诊断新城疫的目的是决定是否要采取控制措施并获取流行病学资料。由于感染毒株、宿主和其他因素不同，疾病的临床症状或病理变化差异很大。因此，上述特点只能作为vND诊断的一个指征，而不能作为确诊的依据。与此相同，由于大多数国家家禽中存在缓发型NDV毒株，并且普遍使用活疫苗，在发生感染而未对所感染病毒作出鉴定时，没有必要一定要采取控制措施。另外，vND常常引起灾难性流行，对家禽产品贸易有极大影响，因此，应确定全国性或国际性控制策略。

病原分离与鉴定

直接检测病毒抗原

免疫组织学技术是一种检测组织器官中病毒（病毒抗原）的快速、特异的方法。对NDV感染可采用免疫荧光技术检测气管切片[120]或组织触片[169]中的病毒，而免疫过氧化物酶技术适用于组织切片[107,161]。

新城疫病毒的分离

分子技术，尤其是利用RT－PCR技术能直接在感染禽的样品中检测到病毒，这意味着在没有进行病原分离的情况下就能快速检查出阳性样品[95]。但病原分离仍然很重要，特别是在首次暴发新城疫的地方，病毒分离对研究新城疫病毒的特性和后续工作意义重大。

培养系统 新城疫强毒可以在许多细胞培养系统中增殖，而低毒力的毒株只能在其中一部分细胞中增殖。可以用原代细胞，甚至细胞系做常规的NDV分离。鸡胚是繁殖NDV最敏感、最常用的载体，在诊断中普遍使用。

鸡胚应来源于无特定病原体（SPF）鸡群，使用前应在37℃孵化9～10天。如果没有SPF胚，应选用无NDV抗体鸡群的鸡胚。NDV可以在有卵黄抗体的鸡胚中繁殖，但病毒滴度大大降低，诊断时应避免使用这种胚。

样品 在被感染鸡中，病毒繁殖的两个主要部位是呼吸道和肠道。因此，采集的样本应包括粪便、肠内容物或泄殖腔拭子、气管拭子或根据情况采取气管样品。也可根据死前临床症状和感染明显的器官采集样品。

室温较低的情况下，新城疫病毒在未腐败组织中可存活较长时间[156]。但是，Gough等[102]认为样品冷冻运送对病毒分离十分重要。Omojola和Hanson[191]建议在运输慢、温度高而又没有地方冷藏时，骨髓是很好的病料，因为他们从30℃条件下存储几天的骨髓中仍然分离到了病毒。

分离方法 理想的做法是将每个样品都单独处理。通常将组织样本混合，但气管和粪便样本最好分开。粪便或研碎的组织用含抗生素的培养基制成20%（W/V）悬液。拭子应置于含足够量抗生素的培养基中充分浸泡。

悬液室温放置1～2h，然后1 000g离心10min，将上清液经尿囊腔接种5枚鸡胚，每枚0.2mL，鸡胚于37℃孵化并按常规检查。

收集死亡或濒死胚，或4～7天后，将鸡胚置于4℃冷冻，收获尿囊液。采用血凝试验（HA）

能检测尿囊液中是否有病毒。无血凝的尿囊液至少
应再传代一次以上。细菌也可能引起血凝，应做细
菌培养，检查是否污染。如果有细菌污染，被污染
的尿囊液可在鸡胚传代前用 450nm 滤膜过滤除菌。

病毒鉴定

由于缓发型毒株广泛存在于野禽中，又被用作
活疫苗，因此，仅分离到 NDV 还不能确诊是新城
疫疫情。要做出确诊并符合有关法规的要求，必须
对病毒的特性进一步进行鉴定，如致病性试验或核
酸序列分析。

致病性试验 NDV 分离株的意义和影响与病
毒的毒力直接相关。因为自然感染的病情并不能完
全反映病毒的真正毒力，所以对病毒的致病性必须
进行实验检测。过去，有 3 种体内试验可用于此项
检测：① 鸡胚平均死亡时间（MDT）；
②ICPT；③IVPI。

表 3.4 所列出的是用 3 种方法对一些已知
NDV 毒株所测定的结果。值得注意的是世界动物
卫生组织（OIE）所用的在体试验方法是 ICPI。

表 3.4 新城疫病毒毒株的致病力指数

毒株	致病型	ICPI[a]	IVPI[b]	MDT[c]
Ulser2C	无症状肠型	0.0	0.0	>150
Queensland V4	无症状肠型	0.0	0.0	>150
Hitchner B1	缓发型	0.2	0.0	120
F	缓发型	0.25	0.0	119
La Sota	缓发型	0.4	0.0	103
H	中发型	1.2	0.0	48
Mukteswar	中发型	1.4	0.0	46
Roakin	中发型	1.45	0.0	68
Beaudette C	中发型	1.6	1.45	62
Texas GB	速发型	1.75	2.7	55
NY parrot 70181	速发型	1.8	2.6	51
Italien	速发型	1.85	2.8	50
Milano	速发型	1.9	2.8	50
Herts 33/56	速发型	2.0	2.7	48

数据来源［12，27］

a. ICPI，1 日龄鸡脑内致病指数。

b. IVPI，6 周龄鸡静脉内致病指数。

c. MDT，鸡胚感染一单位最小致死剂量病毒时的平均死亡时间
（h）。

在疾病暴发期间，虽然这些致病性试验对于区
分疫苗毒、地方流行性毒株和流行性毒株非常重
要，但这些试验也有一些不足，在解释试验结果时
也有一些困难，如 Pearson 等[196]报道了 10 株鸽新
城疫病毒分离株的 ICPI 值为 1.2～1.45，IVPI 值

为 0～1.3，表明这些毒株至少是中发型，可是
MDT 的最低值为 98h，具有缓发型病毒的特点。
另外，Meulemans 等[176]对 1998—1999 年分自鸽的
27 株 PPMV‑1 分离株进行了研究，结果表明这些
分离株均具有 vNDV F0 裂解位点基序，且在抗原
特性上无法与 1983—1984 年的分离株区分，然而，
1998—1999 年分离株的 ICPI 平均值为 0.69（范围
0.21～1.27），但 1983—1984 年分离株的 ICPI 平
均值为 1.44。此外，Alexander 和 Parsons 等[15]研
究发现，来自鸽的 NDV（APMV‑1）通过鸡和鸡
胚传代后 ICPI 和 IVPI 值都会增加，这意味着对适
应野禽的分离株（非家禽）进行常规的致病性试验
时，并不能体现其对鸡的潜在毒力。

体外致病性试验 只有那些在融合蛋白裂解位
点具有额外碱性氨基酸的新城疫病毒才能够被非胰
蛋白酶样的蛋白酶激活而具有感染性。因此，
Rott[212]建议，在未加胰蛋白酶的细胞培养中能否
形成蚀斑，可作为检测 NDV 强毒的一个简单的体
外试验。如前所述，近年来对病毒致病性的分子机
制了解得越来越多，现在可检测 F0 裂解位点多个
碱性氨基酸，从而可替代体内试验以鉴定 NDV 强
毒[189]。利用分子生物学技术诊断 ND，特别是利用
该技术评价感染病毒的毒力，将在本章后面加以
阐述。

病毒的特性 新城疫病毒分离株在生物学和生
化特性方面有明显的差异（见"引言"）。一些研究
人员根据上述特性制定了不同的病毒分类方案，以
便用于 ND 的诊断[38,110]。在特定的条件下，依据
病毒的某个特性就足以区分强毒株和无毒力毒株，
而且在诊断中十分有用。

单克隆抗体 除了用于常规诊断外，单抗还可
用于病毒分离株的鉴定和分群。此外，以抗原为依
据进行分型可以快速鉴定和区分 NDV，是诊断人
员和流行病学工作者一个有力的工具[20,214]。

血清学

血清中出现抗 NDV 特异性抗体并不能反映感
染毒株的情况，因此诊断意义不大。但在某些情况
下，诊断人员只需要确证已发生感染就足矣。免疫
后进行血清学检查可以判断免疫是否成功以及家禽
是否已产生足够的免疫反应。

检测新城疫病毒抗体的血清学试验 检测家禽
血清中抗 NDV 抗体的方法有许多种，包括单向辐

射免疫扩散试验[63]、单向辐射溶血试验[114]、琼脂扩散[89]、鸡胚中和试验[36]和蚀斑中和试验[38]。酶联免疫吸附试验（ELISA），这种可以半自动化的技术已普及，特别是用于鸡群的抗体监测[232]，该方法已有多篇报道[4,171,176,208,231,259]。ELISA 与 HI 具有很好的相关性[4,54,74]。根据不同的动物品种，应修正 ELISA 实验操作并进行验证；使用一种或多种 mAb，采用竞争 ELISA 或阻断 ELISA 方法就可解决 NDV 的 ELISA 检测问题。

一般情况下，采用 HI 定量测定抗 NDV 和其他禽副黏病毒的抗体。HA 和 HI 试验有多种方法。其他动物品种（包括火鸡）的血清可使抗体效价的检测结果降低，引起鸡红细胞非特异性凝集，干扰检测试验。试验前用鸡红细胞吸附可消除非特异性凝集。

尽管 Brugh 等[55]在试验标准化中强调抗原/抗血清孵育时间，但方法上的小小改变对 HA 和 HI 试验的影响不大。不同实验室 HI 试验结果之间并非都有较好的重复性[39]。实验操作过程中，操作程序的差异（特别是使用的抗原不同）会导致实验缺少可重复性。因此，必须认真地按照国际机构如世界动物卫生组织（OIE）的标准程序来操作[189]。

鉴别诊断

感染家禽的 9 个血清型的禽副黏病毒和 16 个血凝素亚型的 A 型流感病毒均具有血凝活性。利用特异性的多克隆血清进行简单的 HI 试验即可测定病毒的血清型。

应用多克隆抗血清进行 HI 试验时，新城疫病毒（APMV‑1）与几个其他血清型的副黏病毒，特别鹦鹉分离株 APMV‑3 有一定程度的交叉反应[8]。在常规试验中，通过设立血清和抗原对照，在很大程度上可以避免误诊，而采用单克隆抗体诊断则可得出确切的结果。

分子生物学技术在新城疫诊断中的应用

前面介绍的常规诊断技术虽然包含病毒检测和某些特性鉴定，但在流行病学调查方面具有局限性。此外，这些方法比较费时、费力，使用动物多，总而言之，诊断成本较高。近年来，随着分子生物学诊断技术的发展，以及对 vND 致病分子基础了解的不断深入，许多研究人员开始进行采用分子生物学诊断技术替代常规诊断方法的研究。最具吸引力的是一次检测可能代替传统三个方面的诊断内容。对此，Aldous 和 Alexander 在一篇综述中，对不同的分子生物学方法和技术在 ND 诊断中的应用进行了详细的阐述[5]。大多数分子生物学技术均涉及多聚酶链式反应（PCR），由于 NDV 基因组为 RNA，第一步必须将其反转录（RT）成 DNA，这一步十分重要。

利用 PCR 进行 DNA 的扩增设计不同的引物，包括：通用引物，仅鉴定 NDV 或确定 NDV 的存在[95,132]；针对病毒某个特性的，如致病型的基因特异性引物[138]；将上述二者结合起来，这时常采用巢式 PCR[133,138,141,149]。

可用 PCR 产物进一步研究病毒的特性或病毒的来源，包括限制性内切酶分析[30,149,184,252]、探针杂交[6,130,131,87,203]、裂解位点的核酸序列分析和流行病学研究[24,65,66,67,72,115,117,144,145,162,165,225,226,236,241,245,246,263]。

利用分子生物学技术的好处是可以直接从感染组织中扩增病毒基因组而不需要分离病毒。但许多器官和组织，特别是血液和粪便中含有 PCR 抑制剂，对结果有影响[256]。Gohm 等[95]采用此方法直接从感染鸡组织中成功地扩增出含有裂解位点的182bp 片段。研究过程中发现该方法的主要缺点是没有任何一个组织的检测结果总是阳性，因此需要采集多个组织和器官样本。

有几个研究小组报道：使用能够识别 NDV 基因组特异性位点的探针可鉴定病毒的特性，至少可以确定病毒的毒力[6,130,187]。这一方法的优点是快速、可自动化，并可用于大量样本的筛选。与鉴定病毒致病型的引物相似，该方法也具有缺点，因为 NDV 在重要的裂解位点变异比较大，设计的探针不可能识别所有类型的 NDV。

最近，Wise 等建立了一步法实时荧光 RT‑PCR（rRT‑PCR）检测临床样品中 NDV 特异性的 RNA，具有高度的敏感性[261]。利用不同反应，就可将 NDV 强毒株（包括多株 PPMV‑1）和弱毒株以及不同致病型的混合株区别开。该技术在疫情控制时十分重要，因为它可以鉴别疫苗毒和强毒。2002—2003 年[140]美国暴发强毒新城疫期间建立了该方法，并得到了优化，最终，在疫情防控时代替了传统的诊断方法（病原分离）。作为一线 NDV 流行病学调查的工具，如今 rRT‑PCR 技术已在美国

48 家实验室授权应用，包括美国动物卫生健康实验室网（NAHLN）。

与传统 RT - PCR 技术相比，实时荧光 RT - PCR 具有其优势。该方法采用了产荧光的水解探针（Taqman）或荧光染料，每次 PCR 循环后，可检测靶 DNA 的存在情况，因而可实时检测靶 DNA 的量。此外，一步 RT - PCR 的主要优点是消除了 PCR 扩增后的后续步骤，减少了实验室对样品的污染。但是，许多小型实验室使用这种技术有一定局限性，因为开始时需要购买实时定量扩增仪，因而投资成本较高。

预防和控制

无论是从国际、国内还是农场的角度出发，防控 ND 的目标要么是防止易感禽被感染，要么通过免疫接种减少易感禽的数量。在前者防控策略中必须考虑疾病传播的每一环节。

管理措施

国际防控政策

如今，家禽饲养及其产品贸易国际化越来越频繁，且常由跨国公司管理操作，其间既有禽产品的贸易，也有品种资源的贸易。然而，vND 亦然是这些贸易的一大障碍。Bennejean[44]认为，只有世界各国向国际机构上报其国内 vND 的发病情况才能使该病在世界范围内得到控制。不同国家疫情监测程度和诊断能力有很大的差异，因而要达成国际性协议并非易事。

制定防控法规，特别是国际法规的先决条件是在疾病构成要素及防控措施内容上要达成共识。有些国家不接种疫苗，也不希望给自己国家的家禽被传入任何 NDV 毒株；有些国家仅允许使用特定的活疫苗，并认为某些疫苗由于毒力强而无法接受；然而，某些国家始终存在强毒力病毒，只是由于免疫接种而没有发生明显的疫情。世界动物卫生组织（OIE）负责世界贸易组织（WTO）中有关影响动物健康的标准化事宜。OIE[189]对 vND 的定义如下，反映了目前对病毒毒力分子机制的了解。

"新城疫是由符合以下标准之一的禽副黏病毒 1

型（AMPV - 1）引起的禽类感染：a）病毒对 1 日龄鸡（*Gallus gallus*）的脑内接种致病指数（IC-PI）为 0.7 或更高。b）直接测出或推导出病毒 F2 蛋白羧基端有多个碱性氨基酸，F1 蛋白的氨基端即 117 位为苯丙氨酸。'多个碱性氨基酸'是指在 113～116 位氨基酸残基间至少有 3 个精氨酸或赖氨酸。如果未能测出上述特征性的氨基酸残基，则需要对分离的病毒做脑内接种致病指数（ICPI）测定。

此标准中氨基酸的位点数是根据 F0 基因的核苷酸序列推导而来的，并从氨基端编号，113～116 位点与裂解位点的－4 至－1 位点相对应"。

国家防控政策

从国家的角度出发，其防控政策主要是防止病毒的传入及疾病在国内传播。为了控制 NDV 的传入，多数国家对家禽产品、蛋和活禽的贸易作了限制，但世界各国的标准与 OIE 动物疾病法典有较大的差异。

因为在 1970—1974 年的大流行中，NDV 的传播与外来笼养鸟有关[85,250]，而且已知鹦鹉感染后几周仍能排毒[80,81]，所以大多数进口国均制定了进口检疫程序。

20 世纪 80 年代赛鸽的 vND（APMV - 1）大流行是一个比较特殊的情况[249]，且对家禽具有潜在的致病力[250]。由于每年都有大量的赛鸽比赛，一些国家为此制定了相关的政策，包括禁止比赛、限制比赛或强化赛鸽的免疫接种等政策。

许多国家通过立法来控制 vND 的暴发。有些国家采取消灭措施，对感染禽、接触过的物品及其产品实行强制屠宰和处理。这些措施包括在暴发点周围划定检疫区，限制流动和禽类交易。有些国家则要求进行预防接种，甚至在未发生新城疫情况下也是如此，某些国家要求在暴发点周围实行"环行接种"，建立一个缓冲地带。

考虑到世界各国的政治、经济及气候条件有可能不同，Higgins 和 Shortridge[119]强调，应因地制宜采取控制措施，反对教条式地引用别国的成功措施。

养殖场 ND 的预防和控制

影响养殖场 NDV 预防效果的最主要因素可能是饲养的环境条件和饲养场采取的生物安全措施。

在第 1 章"疾病预防原则：诊断与控制"中详细讨论了疾病预防中的环境卫生安全措施。

尽管许多生物安全措施成本高、费时、费力，但只要这些措施得到贯彻，鸡群中传入 NDV 或传给其他鸡群的可能性则会大大降低。这些措施还有助于减少其他流行性疾病的传播，是提高养禽生产效益的一项重要措施。

免疫接种

理论上，新城疫免疫接种可以诱导机体产生免疫力，抵抗病毒感染和增殖，但事实上，新城疫免疫接种只能避免鸡群发生严重的感染，病毒在机体内仍能增殖，鸡群仍旧排毒，只是排毒量有所减少[25,104,193,248]。

Allan 等对新城疫的免疫接种及疫苗产品等已有详细的阐述[27]。Meulemans 对免疫接种防控新城疫也有详细的介绍[170]。Cross[73] 和 Thornton[243] 分别对疫苗产品和疫苗的质量进行了详细报道。

应该强调的是，对于养禽业来说，免疫接种并不能替代良好的饲养管理、生物安全和良好的卫生措施。

免疫接种的历史概况

早期研究证明，接种灭活的感染组织可以使鸡对感染产生保护，但在生产和标准化中容易出现问题，致使其未能大规模应用。20 世纪 30 年代，Iyer 和 Dobson 通过致弱强毒 NDV 研制出中发型疫苗株，至今仍有部分地区在使用[105,129]。

美国确诊 ND[35] 后，开始使用的疫苗是灭活苗[122]。后来发现，某些毒株仅引起轻度感染，结果研制出中发型活疫苗 Roakin 株[42]，再后来便是

更弱的 Hitchner B1[121] 和 La Sota[96] 株，也是现在使用最广的疫苗。

灭活疫苗一般是用铝胶吸附病毒，在欧洲 1970—1974 年大流行时使用最广，但效果不好，结果大多数国家使用 B1 和 La Sota 活疫苗免疫接种。这次大流行也促使人们研制出油乳剂灭活苗，已证明非常有效。

免疫接种政策

有些国家和政府制定了有关疫苗使用和疫苗质量控制的法规。根据 ND 流行状况或受威胁的程度各国制定不同的政策。有些国家，如瑞士禁止使用疫苗，而另一些国家（如荷兰）所有家禽都进行强制免疫接种。欧盟已立法限制其成员国所使用的疫苗毒的致病性。活疫苗种毒必须在特定条件下进行检测，其 ICPI 值应低于 0.4，而用于制备灭活苗种毒的 ICPI 值须低于 0.7[71]。OIE 也采用类似的标准[188]。

活疫苗

毒株　一般将 NDV 活疫苗分为两类：缓发型和中发型（表 3.5）。应注意，中发型疫苗属于目前 OIE 标准中引起 vND 的病毒。因为毒力较强，只能在有 vND 流行的国家用于二次免疫。即使是缓发型病毒，毒力也有很大的差异。Borland 和 Allan[47] 建立了一个应激指数试验，用于测定疫苗对易感鸡的潜在影响。免疫反应随着活疫苗致病性增加而增强[206]。为了达到理想的保护水平，又不出现严重的副反应，免疫程序中所使用的活疫苗毒力可逐步提高，或者活疫苗免疫后再用灭活疫苗免疫。常用的活疫苗及其对鸡的致病指数见表 3.5。

表 3.5　常用作活疫苗的新城疫毒株

毒　株	致病型	ICPIa	来　源	在鸡群中的应用	免疫途径b
La Sota	缓发型	0.4	野外分离株	首免	in, io, dw, sp, aerc
F（Asplin）	缓发型	0.25	野外分离株	首免	in, io, dw, sp, aerc
Hitchner B1	缓发型	0.2	野外分离株	首免	in, io, dw, sp, aer, bd
V4	无症状肠型	0.0	野外分离株	首免	in, io, sp, aer, oral
Strain Hd	中发型	1.4	鸡胚传代致弱	二免	im, sc
Muktesward	中发型	1.4	鸡胚传代致弱	二免	im, sc
Roakind	中发型	1.45	野外分离株	二免	im, ww

a. ICPI 1 日龄鸡脑内致病指数。

b. aer=气雾，bd=浸喙，dw=饮水，im=肌注，in=滴鼻，oral=拌料，sc=皮下，sp=喷雾，ww=刺羽。

c. 这些疫苗气雾免疫时可能会出现严重反应。

d. 虽然在 vND 流行地区仍然使用这些疫苗，但中发型疫苗已被 OIE 列为可引起 vND 的病毒。

活疫苗的应用　使用活疫苗的目的是使鸡群感染疫苗毒，最好是每只鸡都感染。缓发型疫苗常常进行逐只接种，如滴鼻、点眼和浸喙。中发型疫苗一般需要刺羽或肌注。

活疫苗好处是大规模使用时比较经济。全世界最常用的方法可能是饮水免疫。家禽通常禁水几个小时，然后将计算好的疫苗加入到新鲜的饮水中，保证每只均可获得足够的剂量，也可将疫苗加到水箱中。饮水免疫时，必须进行认真的检查，因为外界环境温度过高、水质不纯，甚至输水管道质量等都有可能杀灭病毒。在饮水中加入脱脂奶粉可以在一定程度上稳定病毒的活性[90]。

活疫苗大规模喷雾或气雾也很普遍，因为这样可以在短时间内免疫大量鸡。控制气雾形成的条件对于确保合适的雾粒大小十分重要[27,170]。为了避免严重的疫苗反应，气雾常常限用于二次免疫。粗喷雾不易进入禽的呼吸道深部，反应较轻，适合于幼禽的大规模免疫。1日龄雏鸡尽管有母源抗体，但粗喷雾仍可以使其感染。据报道，在这种情况下是由于小鸡头部摩擦其他鸡的背部经鼻或眼感染，而不一定是喷雾直接造成的[170]。气雾或粗雾滴发生器均可买到，在美国，1日龄雏鸡普遍在一小舱进行粗喷雾[92]。

一种由澳大利亚V4病毒制备的疫苗可专门用于热带国家的散养鸡群。推荐使用方法是包被到颗粒料中饲喂。最初的实验室和临床试验表明这种方法有效[69]，但后来研究发现存在一些问题，可能与用作载体的饲料类型有关[185,234]。

活病毒接种的优缺点　活疫苗一般是由感染胚尿囊液冻干而成，相对便宜，易于大规模使用。活病毒感染可刺激产生局部免疫，免疫后很快产生保护。疫苗毒还可以从免疫鸡传染给未免疫的鸡。

活疫苗也有几个缺点，最主要的缺点是有可能引发疾病，这主要取决于环境条件及是否有并发感染。因此，初次免疫接种应选用极其温和的疫苗，一般需要进行多次免疫接种。母源抗体可能影响活疫苗的初次免疫效果。疫苗毒在鸡群中扩散可能是一优点，但传播到易感鸡群，特别是不同日龄混养的地方可能会引起严重的疾病，特别是在并发或继发感染其他微生物时。在疫苗生产过程中如果控制不当，活疫苗很容易被化学药物和热杀灭，并且可能含有污染的病毒。

灭活疫苗

生产方法　灭活疫苗一般采用感染性尿囊液，用 β-丙内酯或福尔马林杀死病毒，并与载体佐剂混合。早期灭活苗用铝胶佐剂，油佐剂疫苗的研制成功是一大进步。不同的油乳剂疫苗的乳化剂组成、抗原及水/油比不同，且大多数使用矿物油[73]。

生产油乳剂疫苗的毒种包括 Ulster2C、B1、La Sota、Roakin 及几种强毒。选择的标准是在鸡胚中增殖的抗原量。无致病力的病毒滴度最高[101]，所以没有必要冒险使用强毒。

制备疫苗时，通常可加入一种或更多的其他抗原，与 NDV 一起乳化制成二联或多联疫苗，包括传染性支气管炎病毒、传染性法氏囊病病毒、产蛋下降综合征病毒和呼肠孤病毒[170]。

灭活苗的应用　灭活苗经肌肉或皮下注射接种。

灭活苗的优缺点　灭活苗的贮存比活苗容易得多。生产成本较高，使用比较费劳力。使用多联苗可以节省部分劳力。灭活苗与活苗不同，1日龄鸡免疫不受母源抗体影响[51]。有些国家，例如美国，规定在禽类产品进入消费市场前42天，禁止免疫灭活苗。该禁令限制了灭活疫苗在一些生产区的应用。灭活疫苗的质量控制较难，而且接种人员被意外注射了矿物油可能引起严重反应[239]。灭活苗的主要优点是对免疫鸡副反应非常小，可用于不适宜接种活疫苗的情况，特别是有并发病原感染的鸡。此外，还可刺激产生相对高水平的保护性抗体且可持续较长时间。

免疫程序

免疫程序和疫苗可能受政府政策的约束和控制，应根据疫病流行的情况、疫苗种类、母源抗体、其他疫苗的使用情况、是否有其他病原感染、鸡群大小、鸡群饲养期、劳力、气候条件、免疫接种史及成本等来制定和调整。

商品肉鸡因为有母源抗体，免疫接种时间有可能难于确定。由于肉鸡生长时间短，在受 ND 威胁较小的国家有时不进行免疫预防。

为了使产蛋鸡终生具有免疫力，往往需要进行多次免疫接种[27]。要因地制宜制定免疫程序。在许多国家，由于受当地的习惯或条件影响，常导致免疫太少、太多或免疫不及时，进而造成严重的后果。热带发展中国家养禽业主面临疾病的威胁和压力，通常会导致"疫苗滥用"[119]。

疫苗免疫反应判定

对于 NDV 一般采用 HI 试验测定免疫反应。易感禽免疫一次缓发型活疫苗后，抗体 HI 效价可达 $2^4 \sim 2^6$，而在油乳剂疫苗免疫后 HI 效价可达 2^{11} 或更高。对某个鸡群或某个免疫程序，抗体效价高低、免疫持续时间及其相互关系很难预测。Allan 等报道了对免疫小鸡用强毒 NDV 攻毒的结果[27]。

其他家禽的免疫接种

主要针对鸡而研发的疫苗用于其他禽类虽然也有效，但免疫反应有一些差异。例如火鸡对疫苗的反应一般较低，一般在 La Sota 首免后再接种油乳剂疫苗[52]。可是有证据表明 La Sota 可引起一些呼吸道反应[170]，缓发型病毒气雾免疫可引起气管病变[1]。有关火鸡活疫苗和灭活疫苗免疫程序的大量研究仍然正在进行[139,153]。

La Sota 和油乳剂苗已成功地用于珍珠鸡和鹦鹉的免疫。由于 20 世纪 80 年代鸽子 ND 大流行，对最适合于鸽的疫苗及免疫程序进行了大量的研究[249]。

对鸵鸟和其他平胸鸟免疫接种的研究不如其他鸟类，但也提出了免疫剂量和免疫程序[10]。

发展趋势

近年来分子生物学技术的发展，大大地促进了对 NDV 致病性[213]和抗原性[214]的研究及与之紧密相关基因克隆的研究[178]。已报道在重组禽痘病毒[48]和重组禽细胞[64]中表达 HN 基因，在重组禽痘病毒[49,242]、痘苗病毒[175]、鸽痘病毒[159]和火鸡疱疹病毒[181,220]中表达 F 基因，以及在禽痘病毒中表达 HN 和 F 基因均可刺激产生保护性免疫[143]。

欧阳文军　苏敬良　译

秦卓明　吴培福　校

参考文献

[1] Abdul-Aziz, T. A. and L. H. Arp. 1983. Pathology of the trachea in turkeys exposed by aerosol to lentogenic strains of Newcastle disease virus. *Avian Dis* 27:1002-1011.

[2] Abenes, G. B., H. Kida, and R. Yanagawa. 1986. Biological activities of monoclonal antibodies to the hemagglutinin-neuraminidase (HN) protein of Newcastle disease virus. *J pn J Vet Sci* 48:353-362.

[3] Ackerman, W. W. 1964. Cell surface phenomena of Newcastle disease virus. In R. P. Hanson (ed.). Newcastle Disease Virus an Evolving Pathogen. University of Wisconsin Press: Madison, WI, 153-166.

[4] Adair, B. M., M. S. McNulty, D. Todd, T. J. Connor, and K. Burns. 1989. Quantitative estimation of Newcastle disease virus antibody levels in chickens and turkeys by ELISA. *Avian Pathol* 18:175-192.

[5] Aldous, E. W. and D. J. Alexander. 2001. Technical review: Detection and differentiation of Newcastle disease virus (avian paramyxovirus type 1). *Avian Pathol*, 30 (2), 117-129

[6] Aldous, E. W., M. S. Collins, A. McGoldrick, and D. J. Alexander. 2001. Rapid pathotyping of Newcastle disease virus (NDV) using fluorogenic probes in a PCR assay. *Vet Microbiol*, 80:201-212.

[7] Aldous E. W., J. K. Mynn, J. Banks, and D. J. Alexander. 2003. A molecular epidemiological study of avian paramyxovirus type 1 (Newcastle disease virus) isolates by phylogenetic analysis of a partial nucleotide sequence of the fusion protein gene. *Avian Pathol* 32:239-357.

[8] Alexander, D. J. 1988. Newcastle disease virus—An avian paramyxovirus. In D. J. Alexander (ed.). Newcastle Disease. Kluwer Academic Publishers: Boston, MA, 11-22.

[9] Alexander, D. J. 1988. Newcastle disease: Methods of spread. In D. J. Alexander (ed.). Newcastle Disease. Kluwer Academic Publishers: Boston, MA, 256-272.

[10] Alexander, D. J. 2000. Newcastle disease in ostriches (*Struthio camelus*) - A review. *Avian Pathol* 29: 95-100.

[11] Alexander, D. J. 2001. Newcastle disease-The Gordon Memorial Lecture. *Brit Poult Sci* 42:5-22.

[12] Alexander, D. J. and W. H. Allan. 1974. Newcastle disease virus pathotypes. *Avian Pathol* 3:269-278.

[13] Alexander, D. J. and N. J. Chettle. 1998. Heat inactivation of serotype 1 infectious bursal disease virus. *Avian Pathol* 27:97-99.

[14] Alexander, D. J. and R. J. Manvell. 2004. Heat inactivation of Newcastle disease virus (strain Herts 33/56) in artificially infected chicken meat. *Avian Pathol* 33:222-225.

[15] Alexander, D. J. and G. Parsons. 1986. Pathogenicity for chickens of avian paramyxovirus type 1 isolates obtained from pigeons in Great Britain during 1983-1985. *Avian*

Pathol 15:487 - 493.

[16]Alexander, D. J. , G. Parsons, and R. Marshall. 1984. Infection of fowls with Newcastle disease virus by food contaminated with pigeon feces. *Vet Rec* 115:601 - 602.

[17]Alexander, D. J. , P. H. Russell, G. Parsons, E. M. E. Abu Elzein, A. Ballough, K. Cemik, B. Engstrom, M. Fevereiro, H. J. A. Fleury, M. Guittet, E. F. Kaleta, U. Kihm, J. Kosters, B. Lomniczi, J. Meister, G. Meulemans, K. Nerome, M. Petek, S. Pokomunski, B. Polten, M. Prip, R. Richter, E. Saghy, Y. Samberg, L. Spanoghe, and B. Tumova. 1985. Antigenic and biological characterisation of avian paramyxovirus type 1 isolates from pigeons-An international collaborative study. *Avian Pathol* 14:365 -376.

[18]Alexander, D. J. , G. W. C. Wilson, P. H. Russell, S. A. Lister, and G. Parsons. 1985. Newcastle disease outbreaks in fowl in Great Britain during 1984. *Vet Rec* 117:429 - 434.

[19]Alexander, D. J. , J. S. Mackenzie, and P. H. Russell. 1986. Two types of Newcastle disease virus isolated from feral birds in Western Australia detected by monoclonal antibodies. *Aust Vet J* 63:365 - 367.

[20]Alexander, D. J. , R. J. Manvell, P. A. Kemp, G. Parsons, M. Collins, S. Brockman, P. H. Russell, and S. A. Lister. 1987. Use of monoclonal antibodies in the characterisation of avian paramyxovirus type 1 (Newcastle disease virus) isolates submitted to an international reference laboratory. *Avian Pathol* 16:553 -565.

[21]Alexander, D. J. , R. J. Manvell, J. P. Lowings, K. M. Frost, M. S. Collins, P. H. Russell, and J. E. Smith. 1997. Antigenic diversity and similarities detected in avian paramyxovirus type 1 (Newcastle disease virus) isolates using monoclonal antibodies. *Avian Pathol* 26:399 -418.

[22]Alexander, D. J. , R. J. Manvell, and G. Parsons. 2006. Newcastle disease virus (strain Herts 33/56) in tissues and organs of chic'kens infected experimentally. *Avian Pathol* 35:99 - 101

[23]Alexander, D. J. , H. T. Morris, W. J. Pollitt, C. E. Sharpe, R. L. Eckford, R. M. Q. Sainsbury, L. M. Mansley, R. E. Gough and G. Parsons. 1998. Newcastle disease outbreaks in domestic fowl and turkeys in Great Britain during 1997. *Vet Rec* 143:209 -212.

[24]Alexander, D. J. , J. Banks, M. S. Collins, R. J. Manvell, K. M. Frost, E. C. Speidel, and E. W. Aldous. 1999. Antigenic and genetic characterisation of Newcastle disease viruses isolated from outbreaks in domestic fowl and

turkeys in Great Britain during 1997. *Vet Rec* 145:417 -421.

[25]Alexander, D. J. , R. J. Manvell, J. Banks, M. S. Collins, G. Parsons, B. Cox, K. M. Frost, E. C. Speidel, S. Ashman, and E. W. Aldous. 1999. Experimental assessment of the pathogenicity of the Newcastle disease viruses from outbreaks in Great Britain in 1997 for chickens and turkeys and the protection afforded by vaccination. *Avian Pathol* 28:501 - 512.

[26]Allan, W. H. and R. E. Gough. 1976. A comparison between the haemagglutination inhibition and complement fixation tests for Newcastle disease. *Res Vet Sci* 20:101 -103.

[27]Allan, W. H. , J. E. Lancaster, and B. Toth. 1978. Newcastle disease vaccines—Their production and use. FAO Animal Production and Health Series No. 10. FAO: Rome, Italy.

[28]Allison, A. B. , N. L. Gottdenker, and D. E. Stallknecht. 2005. Wintering of neurotropic velogenic Newcastle disease virus and West Nile virus in double - crested cormorants (*Phalacrocorax auritus*) from Florida Keys. *Avian Dis* 49:292 - 297.

[29]Asplin, F. D. 1952. Immunisation against Newcastle disease with a virus of low virulence (strain F) and observations on subclinical infection in partially resistant fowls. *Vet Rec* 64:245 - 249.

[30]Ballagi Pordany, A. , E. Wehmann, J. Herczeg, S. Belak, and B. Lomniczi. 1996. Identification and grouping of Newcastle disease virus strains by restriction site analysis of a region from the F gene. *Archiv Virol*, 141:243 -261.

[31]Banerjee, M. , W. M. Reed, S. D. Fitzgerald, and B. Panigrahy. 1994. Neurotropic velogenic Newcastle disease in cormorants in Michigan: Pathology and virus characterization. *Avian Dis* 38:873 - 878.

[32]Bankowski, R. A. 1975. Report of the Committee on Transmissible Diseases of Poultry. In: Proceedings of the 79th Annual Meeting of the United States Animal Health Association, November 2 - 7, Portland, Oregon.

[33]Barahona, H. H. and R. P. Hanson. 1968. Plaque enhancement of Newcastle disease virus (lentogenic strains) by magnesium and diethylaminoethyl dextran. *Avian Dis* 12:151 - 158.

[34]Beach, J. R. 1942. Avian pneumoencephalitis. *Proc Annu Meet US Livestock Sanit Assoc* 46:203 - 223.

[35]Beach, J. R. 1944. The neutralization *in vitro* of avian pneumoencephalitis virus by Newcastle disease immune

serum. *Science* 100：361 - 362.

［36］Beard，C. W. 1980. Serologic Procedures. In S. B. Hitchner，C. H. Domermuth，H. G. Purchase，and J. E. Williams （eds.）. Isolation and Identification of Avian Pathogens. American Association of Avian Pathologists：Kennett Square，PA，129 - 135.

［37］Beard，C. W. and B. C. Easterday. 1967. The influence of route of administration of Newcastle disease virus on host response. *J Infect Dis* 117：55 - 70.

［38］Beard，C. W. and R. P. Hanson. 1984. Newcastle disease. In M. S. Hofstad，H. J. Barnes，B. W. Calnek，W. M. Reid，H. W. Yoder （eds.）. Diseases of Poultry，8th ed. Iowa State University Press：Ames，IA，452 - 470.

［39］Beard，C. W. and W. J. Wilkes. 1985. A comparison of Newcastle disease hemagglutination - inhibition test results from diagnostic laboratories in the southeastern United States. *Avian Dis* 29：1048 - 1056.

［40］Beard，P. D.，J. Spalatin，and R. P. Hanson. 1970. Strain identification of NDV in tissue culture. *Avian Dis* 14：636 - 645.

［41］Beaudette，F. R. and J. J. Black. 1946. Newcastle disease in New Jersey. *Proc Annu Meet US Livestock Sanit Assoc* 49：49 - 58.

［42］Beaudette，F. R.，J. A. Bivins，and B. R. Miller. 1949. Newcastle disease immunization with live virus. *Cornell Vet* 39：302 - 334.

［43］Beer，J. V. 1976. Newcastle disease in the pheasant，*Phasianus colchicus*，in Britain. In L. A. Page（ed.）. Wildlife Diseases. Plenum Press：NY，423 -430.

［44］Bennejean，G. 1988. Newcastle disease：Control policies. In D. J. Alexander （ed.）. *Newcastle Disease*. Kluwer Academic Publishers：Boston，MA，303 - 317.

［45］Biancifiori，F. and A. Fioroni. 1983. An occurrence of Newcastle disease in pigeons：Virological and serological studies on the iso lates. *Comp Immunol Microbiol Infect Dis* 6：247 - 252.

［46］Biswal，G. and C. C. Morrill. 1954. The pathology of the reproductive tract of laying pullets affected with Newcastle disease. *Poult Sci* 33：880 - 897.

［47］Borland，L. J. and W. H. Allan. 1980. Laboratory tests for comparing live lentogenic Newcastle disease vaccines. *Avian Pathol* 9：45 - 59.

［48］Boursnell，M. E. G.，P. F. Green，A. C. R. Samson，J. I. Campbell，A. Deuter，R. W. Peters，N. S. Millar，P. T. Emmerson，and M. M. Binns. 1990. A recombinant fowlpox virus expressing the hemagglutininneuraminidase gene of Newcastle disease virus （NDV） protects chickens against challenge by NDV. *Virology* 176：297 - 300.

［49］Boursnell，M. E. G.，P. F. Green，J. I. Campbell，A. Deuter，R. W. Peters，F. M. Tomley，A. C. R. Samson，P. Chambers，P. T. Emmerson，and M. M. Binns. 1990. Insertion of the fusion gene from Newcastle disease virus into a non-essential region in the ter minal repeats of fowlpox virus and demonstration of protective im munity induced by the recombinant. *J Gen Virol* 71：621 -628.

［50］Box，P. G.，B. I. Helliwell，and P. H. Halliwell. 1970. Newcastle disease in turkeys. *Vet Rec* 86：524 -527.

［51］Box，R G.，I. G. S. Furminger，W. W. Robertson，and D. Warden. 1976. The effect of Marek's disease vaccination on the immunisation of day - old chicks against Newcastle disease，using B 1 and oil emulsion vaccine. *Avian Pathol* 5：299 - 305.

［52］Box，P. G.，I. G. S. Furminger，W. W. Robertson，and D. Warden. 1976. Immunisation of maternally immune turkey poults against Newcastle disease. *Avian Pathol* 5：307 - 314.

［53］Box，P. G.，H. C. Holmes，A. C. Bushell，and P. M. Finney. 1988. Impaired response to killed Newcastle disease vaccine in chicken possessing circulating antibody to chicken anaemia agent. *Avian Pathol* 17：713 - 723.

［54］Brown，J.，R. S. Resurreccion，and T. G. Dickson. 1990. The relationship between the hemagglutination-inhibition test and the enzyme - linked immunosorbent assay for the detection of antibody to Newcastle disease. *Avian Dis* 34：585 - 587.

［55］Brugh，M.，C. W. Beard，and W. J. Wilkes. 1978. The influence of test conditions on Newcastle disease hemagglutination - inhibition titers. *Avian Dis* 22：320 -328.

［56］Bruning - Fann，C.，J. Kaneene，and J. Heamon. 1992. Investigation of an outbreak of velogenic viscerotropic Newcastle disease in pet birds in Michigan，Indiana，Illinois，and Texas. *J Am Vet Med Assoc* 2011：1709 -1714.

［57］Burnet，F. M. 1942. The affinity of Newcastle disease virus to the influenza virus group. *Aust J Exp Biol Med Sci* 20：81 - 88.

［58］Capua，I.，M. Scacchia，T. Toscani，and V. Caporale. 1993. Unexpected isolation of virulent Newcastle disease virus from commercial embryonated fowls' eggs. *J Vet Med B* 40：609 - 612.

［59］Chambers，P.，N. S. Millar，and P. T. Emmerson. 1986. Nucleotide sequence of the gene encoding the fusion glycoprotein of Newcastle disease virus，*J Gen Virol* 67：2685 - 2694.

[60]Chang, P. W. 1981. Newcastle disease. In G. W. Beran (ed.), CRC Handbook Series in Zoonoses. Section B: Viral Zoonoses Volume Ⅱ. CRC Press: Baton Raton, 261 - 274.

[61]Chen, J-P. and C-H. Wang. 2002. Clinical epidemiologica and experiemntal evidence for the transmission of Newcastle disease virus through eggs. *Avian Dis* 46: 461 -465.

[62]Cheville, N. F., H. Stone, J. Riley, and A. E. Ritchie. 1972. Pathogenesis of virulent Newcastle disease in chickens. *J Am Vet Med Assoc* 161: 169 - 179.

[63]Chu, H. P., G. Snell, D. J. Alexander, and G. C. Schild. 1982. A single radial immunodiffusion test for antibodies to Newcastle disease virus. *Avian Pathol* 11: 227 - 234.

[64]Cole, R. K., and F. B. Hutt. 1961. Genetic differences in resistance to Newcastle disease. *Avian Dis* 5: 205 - 214.

[65]Collins, M. S., J. B. Bashiruddin, and D. J. Alexander. 1993. Deduced amino acid sequences at the fusion protein cleavage site of Newcastle disease viruses showing variation in antigenicity and pathogenicity. *Arch Virol* 128: 363 - 370.

[66]Collins, M. S., I. Strong, and D. J. Alexander. 1994. Evaluation of the molecular basis of pathogenicity of the variant Newcastle disease viruses termed'pigeon PMV - Ⅰ viruses. ' *Arch Virol* 134: 403 - 411.

[67]Collins, M. S., S. Franklin, I. Strong, G. Meulemans and D. J. Alexander. 1998. Antigenic and phylogenetic studies on a variant Newcastle disease virus using anti - fusion protein monoclonal antibodies and partial sequencing of the fusion protein gene. *Avian Pathol* 27: 90 -96.

[68]Coman, I. 1963. Possibility of the elimination of strain F virus of Asplin (1949) in the eggs of inoculated hens. *Lucr Inst Past Igiena Anita Buc* 12: 337 - 344.

[69]Copland J. W 1987. Newcastle disease in poultry. A new food pellet vaccine. Aust Centre for Int Agric Res Monogr No 5. ACIAR, Canberra.

[70]Cosset, F. L., J. F. Bouquet, A. Drynda, Y. Chebloune, A. ReySenelonge, G. Kohen, V. M. Nigon, P. Desmettre, and G. Verdier. 1991. Newcastle disease virus (NDV) vaccine based on immunization with avian cells expressing the NDV hemagglutininneuraminidase glycoprotein. *Virology* 185: 862 - 866.

[71] Council of the European Communities. 1993. Commission Decision of 8, February 1993 laying down the criteria to be used against Newcastle disease in the context of routine vaccination programmes. *Off J Eu Commun* L59: 35.

[72] Creelan, J. L., D. A. Graham, and S. J. McCullough. 2002. Detection and differentiation of pathogenicity of avian paramyxovirus serotype 1 from field cases using one-step reverse transcriptase - polymerase chain reaction. *Avian Pathol* 31: 493 - 499.

[73]Cross, G. M. 1988. Newcastle disease - vaccine production. In D. J. Alexander (ed.). Newcastle Disease. Kluwer Academic Publishers: Boston, MA, 333 - 346.

[74]Cvelic - Cabrilo, V., H. Mazija, Z. Bidin, and W. L. Ragland. 1992. Correlation of haemagglutination inhibition and enzyme-linked immunosorbent assays for antibodies to Newcastle disease virus. *Avian Pathol* 21: 509 -512.

[75]Czeglédi, A., D. Ujvári, E. Somogyi, E. Wehmann, O. Werner, and B. Lomniczi. 2006. Third genome size category of avian paramyxovirus serotype 1 (Newcastle disease virus) and evolutionary implications. *Virus Research* 120: 36 - 48.

[76]de Leeuw, O. S., L. Hartog, G. Koch, and B. P. H. Peters. 2003. Effect of fusion protein cleavage site mutations on virulence of Newcastle disease virus: non-virulent cleavage site mutations revert to virulence after one passage in chicken brain. *J Gen Virol* 84: 475 - 484.

[77]Doyle, T. M. 1927. A hitherto unrecorded disease of fowls due to a filter - passing virus. *J Comp Pathol Therap* 40: 144 - 169.

[78]Doyle, T. M. 1935. Newcastle disease of fowls. *J Comp Pathol Therap* 48: 1 - 20.

[79]Erdei, J., J. Erdei, K. Bachir, E. F. Kaleta, K. F. Shortridge, and B. Lomniczi. 1987. Newcastle disease vaccine (La Sota) strain specific monoclonal antibody. *Arch Virol* 96: 265 - 269.

[80]Erickson, G. A. 1976. Viscerotropic velogenic Newcastle disease in six pet bird species: Clinical response and virus-host interactions. PhD Dissertation. Iowa State University: Ames, IA.

[81]Erickson, G. A., C. J. Mare, G. A. Gustafson, L. D. Miller, S. J. Protor, and E. A. Carbrey. 1977. Interactions between viscerotropic velogenic Newcastle disease virus and pet birds of six species 1. Clinical and serologic responses, and viral excretion. *Avian Dis* 21: 642 - 654.

[82]Estupinan, J., J. Spalatin, and R. P. Hanson. 1968. Use of yolk sac route of inoculation for titration of lentogenic strains of NDV. *Avian Dis* 12: 135 -138.

[83]Faragher, J. T., W. H. Allan, and P. J. Wyeth. 1974. Immunosuppressive effect of infectious bursal disease agent in vaccination against Newcastle disease. *Vet Rec*

95:385 – 388.

[84]Food and Agriculture Organisation. 1985. In M. Bellver-Gallent（ed.）. Animal Health Yearbook, FAO Animal Production and Health Series No. 25. FAO:Rome, Italy.

[85]Francis, D. W. 1973. Newcastle and psittacines, 1970 – 1971. *Poult Dig* 32:16 – 19.

[86]French, E. L., T. D. St. George, and J. J. Percy. 1967. Infection of chicks with recently isolated Newcastle disease viruses of low virulence. *Aust Vet J* 43:404 – 409.

[87]Fijii, Y., T. Sakaguchi, K. Kiyotani, and T. Yoshida. 1999. Comparison of substrate specificities against the fusion glycoprotein of virulent Newcastle disease virus between a chick embryo fibroblast processing protease and mammalian subtilisin-like proteases. *Microb iol Immunol* 43:133 – 140.

[88]Garten, W., W Berk, Y. Nagai, R. Rott, and H. D. Klenk. 1980. Mutational changes of the protease susceptibility of glycoprotein F of Newcastle disease virus:Effects on pathogenicity. *J Gen Virol* 50:135 –147.

[89]Gelb, J. and C. G. Cianci. 1987. Detergent - treated Newcastle disease virus as an agar gel precipitin test antigen. *Poult Sci* 66:845 – 853.

[90]Gentry, R. F. and M. O. Braune. 1972. Prevention of virus inactivation during drinking water vaccination of poultry. *Poult Sci* 51:1450 – 1456.

[91]Ghumman, J. S. and R. A. Bankowski. 1975. *In vitro* DNA synthesis in lymphocytes from turkeys vaccinated with La Sota, TC and inactivated Newcastle disease vaccines. *Avian Dis* 20:18 - 31.

[92]Giambrone J. J. 1985. Laboratory evaluation of Newcastle disease vaccination programs for broiler chickens. *Avian Dis* 29:479 - 487.

[93]Giambrone, J. J., C. S. Eidson, R. K. Page, O. J. Fletcher, B. O. Barger, and S. H. Kleven. 1976. Effect of infectious bursal agent on the response of chickens to Newcastle disease and Marek's disease vaccination. *Avian Dis* 20:534 - 544.

[94]Glickman, R. L., R. J. Syddall, R. M. Iorio, J. P. Sheehan, and M. A. Bratt. 1988. Quantitative basic residue requirements in the cleavage - activation site of the fusion glycoprotein as a determinant of virulence for Newcastle disease virus. *J Virol* 62:354 –356.

[95]Gohm, D. S., B. Thur, and M. A. Hofmann. 2000. Detection of Newcastle disease virus in organs and feces of experimentally infected chickens using RT-PCR. *Avian Pathol* 29:143 - 152.

[96]Goldhaft, T. M. 1980. Historical note on the origin of the La Sota strain of Newcastle disease virus. *Avian Dis* 24:297 - 301.

[97]Gomez-Lillo, M., R. A. Bankowski, and A. D. Wiggins. 1974. Antigenic relationships among viscerotropic vetogenic and domestic strains of Newcastle disease virus. *Am J Vet Res* 35:471 - 475.

[98]Gough, R. E. 1973. Thermostability of Newcastle disease virus in liquid whole egg. *Vet Rec* 93:632 –633.

[99]Gough, R. E. and D. J. Alexander. 1973. The speed of resistance to challenge induced in chickens vaccinated by different routes with a B 1 strain of live NDV. *Vet Rec* 92:563 - 564.

[100]Gough, R. E., W. H. Allan, D. J. Knight, and J. W G. Leiper. 1974. The potentiating effect of an interferon inducer（BRL 5907）on oil-based inactivated Newcastle disease vaccine. *Res Vet Sci* 17:280 - 284.

[101]Gough, R. E., W. H. Allan, and D. Nedelciu. 1977. Immune response to monovalent and bivalent Newcastle disease and infectious bronchitis inactivated vaccines. *Avian Pathol* 6:131 - 142.

[102]Gough, R. E., D. J. Alexander, M. S. Collins, S. A. Lister, and W. J. Cox. 1988. Routine virus isolation or detection in the diagnosis of diseases of birds. *Avian Pathol* 17:893 - 907.

[103]Gould, A. R., J. A. Kattenbeldt, P. Selleck, E. Hansson, A. J. DellaPorta, and H. A. Westbury. 2001. Virulent Newcastle disease in Australia:Molecular analysis of viruses isolated prior to and during the outbreak of 1998 - 2000. *Virus Res*.

[104]Guittet, M., H. Le Coq, M. Morin, V. Jestin, and G. Bennejean. 1993. Distribution of Newcastle disease virus after challenge in tissues of vaccinated broilers. In Proceedings of the Xth World Veterinary Poultry Association Congress, Sydney, 179.

[105]Haddow, J. R. and J. A. Idnani. 1946. Vaccination against Newcastle (Ranikhet) disease. *Indian J Vet Sci* 16:45 - 53.

[106]Halasz, F. 1912. Contributions to the knowledge of fowlpest. Vet Doctoral Dissertation. Commun Hungar Roy Vet Schl:Patria, Budapest, 1 - 36.

[107]Hamid, H., R. S. F. Campbell, C. M. Lamihhane, and R. Graydon. 1988. Indirect immunoperoxidase staining for Newcastle disease virus (NDV). Proc 2nd Asian/Pacific Poult Health Conf. Australitan Veterinary Poultry Association:Sydney, Australia, 425 - 427.

[108]Hanson, R. P. 1972. World wide spread of viscerotropic Newcastle disease. Proceedings of the 76th Meeting of

the U. S. Animal Health Association; Florida, 276 -279.

[109] Hanson, R. P. 1978. Newcastle disease. In M. S. Hofstad, B. W. Calnek, C. F. Helmboldt, W. M. Reid, and H. W. Yoder, (eds.) Diseases of Poultry, Iowa State University Press. 513 - 535.

[110] Hanson, R. P. 1980. Newcastle disease. In S. B. Hitchner, C. H. Domermuth, H. G. Purchase, and J. E. Williams (eds.), Isolation and Identification of Avian Pathogens. American Association of Avian Pathologists; Kennett Square, PA, 63 - 66a.

[111] Hanson, R. P. 1988. Heterogeneity within strains of Newcastle disease virus; Key to survival. In D. J. Alexander (ed.). Newcastle Disease. Kluwer Academic Publishers; Boston, MA, 113 - 130.

[112] Hanson, R. P. and C. A. Brandly. 1955. Identification of vaccine strains of Newcastle disease virus. *Science* 122: 156 - 157.

[113] Hanson, R. P. , J. Spalatin, and G. S. Jacobson. 1973. The viscerotropic pathotype of Newcastle disease virus. *Avian Dis* 17: 354 - 361.

[114] Hari Babu, Y. 1986. The use of a single radial haemolysis technique for the measurement of antibodies to Newcastle disease virus. *Indian Vet J* 63: 982 - 984.

[115] Heckert, R. A. , M. S. Collins, R. J. Manvell, I. Strong, J. E. Pearson, and D. J. Alexander. 1996. Comparison of Newcastle disease viruses isolated from cormorants in Canada and the USA in 1975, 1990, and 1992. *Canad J Vet Res* 60: 50 - 54.

[116] Heller, E. D. , D. B. Nathan, and M. Perek. 1977. The transfer of Newcastle serum antibody from the laying hen to the egg and chick. *Res Vet Sci* 22: 376 - 379.

[117] Herczeg, J. , E. Wehmann, R. R. Bragg, P. M. Travassos Dias, G. Hadjiev, O. Werner, and B. Lomniczi. 1999. Two novel genetic groups (Ⅶb and Ⅷ) responsible for recent Newcastle disease outbreaks in South Africa, one (Ⅶb) of which reached Southern Europe. *Archiv Virol* 144: 2087 - 2099.

[118] Higgins, D. A. 1971. Nine disease outbreaks associated with myxoviruses among ducks in Hong Kong. *Trop Anim Health Prod* 3: 232 - 240.

[119] Higgins, D. A. and K. F. Shortridge. 1988. Newcastle disease in tropical and developing countries. In D. J. Alexander (ed.). Newcastle Disease. Kluwer Academic Publishers; Boston, MA, 273 - 302.

[120] Hilbink, F. , M. Vertommen, and J. T W. Van't Veer. 1982. The fluorescent antibody technique in the diagnosis of a number of poultry diseases; Manufacture of conjugates and use. *Tijdschr Diergeneeskd* 107: 167 - 173.

[121] Hitchner, S. B. and E. P. Johnson. 1948. A virus of low virulence for immunizing fowls against Newcastle disease (avian pneumoencephalitis). *Vet Med* 43: 525 -530.

[122] Hofstad, M. S. 1953. Immunization of chickens against Newcastle disease by formalin-inactivated vaccine. *Am J Vet Res* 14: 586 - 589.

[123] Holmes, H. C. 1979. Resistance of the respiratory tract of the chicken to Newcastle disease virus infection following vaccination; The effect of passively acquired antibody on its development. *J Comp Pathol* 89: 11 - 20.

[124] Hoshi, S. , T. Mikami, K. Nagata, M. Onuma, and H. Izawa. 1983. Monoclonal antibodies against a paramyxovirus isolated from Japanese sparrow-hawks (*Accipter virugatus gularis*). *Arch Virol* 76: 145 -151.

[125] Huang, Z. H. , A. Panda, S. Elankumaran, D. Govindarajan, D. D. Rockemann, and S. K. Samal. 2004. The hemagglutininneuraminidase protein of Newcastle disease virus determines tropism and virulence. *J Virol* 78: 4176 - 4184.

[126] Huang, Y. , H. Q. Wan, H. Q Liu, Y. T Wu, and X. E Liu. 2004. Genomic sequence of an isolate of Newcastle disease virus isolated from an outbreak in geese; a novel six nucleotide insertion in the non-coding region of the nucleoprotein gene. *Arch. Virol* 149: 1145 - 1457.

[127] Hugh-Jones, M. , W. H. Allan, F. A. Dark, and G. J. Harper. 1973. The evidence for the airborne spread of Newcastle disease. *J Hyg Camb* 71: 325 -339.

[128] Ishida, M. , K. Nerome, M. Matsumoto, T. Mikami, and A. Oye. 1985. Characterization of reference strains of Newcastle disease virus (NDV) and NDV - like isolates by monoclonal antibodies to HN subunits. *Arch Virol* 85: 109 - 121.

[129] Iyer, S. G. and N. Dobson. 1940. A successful method of immunization against Newcastle disease of fowls. *Vet Rec* 52: 889 - 894.

[130] Jarecki Black, J. C. and D. J. King. 1993. An oligonucleotide probe that distinguishes isolates of low virulence from the more pathogenic strains of Newcastle disease virus. *Avian Dis* 37: 724 - 730.

[131] Jarecki Black, J. C. , J. D. Bennett, and S. Palmieri. 1992. A novel oligonucleotide probe for the detection of Newcastle disease virus. *Avian Dis* 36: 134 -138.

[132] Jestin, V. and M. Cherbonnel. 1992. Use of monoclonal antibodies and gene amplification (PCR) for characterisation of a-PMV - Ⅰ strains. Proceedings CEC Workshop on Avian Paramyxoviruses, Rauischholhausen. In-

stitut Geflugelkrankheiten,Giessen,157 - 166.

[133]Jestin,V.,M. Cherbonnel,and C. Arnauld. 1994. Direct identification and characterization of A-PMV1 from suspicious organs by nested PCR and automated sequencing. Proceedings of the Joint First Annual Meetings of the National Newcastle Disease and Avian Influenza Laboratories of the European Communities; Brussels,1993,89 - 97.

[134]Jorgensen,E. D.,P. L. Collins,and P. T. Lomedico. 1987. Cloning and nucleotide sequence of Newcastle disease virus hemagglutininneuraminidase mRNA; Identification of a putative sialic acid binding site. *Virology* 156;12 - 24.

[135]Jϕrgensen,P. H.,K. Jensen Handberg,P. Ahrens,R. J. Manvell,K. M. Frost,and D. J. Alexander. 2000. Similarity of avian paramyxovirus serotype 1 isolates of low virulence for chickens obtained from contaminated poultry vaccines and from poultry flocks. *Vet Rec* 146; 665 -668.

[136]Kaleta,E. F. and C. Baldauf. 1988. Newcastle disease in free-living and pet birds. In D. J. Alexander (ed.). Newcastle Disease. Kluwer Academic Publishers; Boston,MA,197 - 246.

[137]Kaleta,E. F.,D. J. Alexander,and P. H. Russell. 1985. The first isolation of the PMV - 1 virus responsible for the current panzootic in pigeons? *Avian Pathol* 14; 553 -557.

[138]Kant,A.,G. Koch,D. Van Roozelaar,F. Balk,and A. Ter Huurne. 1997. Differentiation of virulent and nonvirulent strains of Newcastle disease virus within 24 hours by polymerase chain reaction. *Avian Pathol* 26; 837 - 849.

[139]Kelleher,C. J.,D. A. Halvorson,and J. A. Newman. 1988. Efficacy of viable and inactivated Newcastle disease virus vaccines in turkeys. Avian Dis 32;342 - 346.

[140]Kinde,H.,F. Uzal,S. Hietala,D. Read,A. Ardans,J. Ouani,B. Barr,B. Daft,P. Blanchard,J. Moore,M. McFarland,B. Charlton,H. Shivaprasad,R. Chin,M. Rezvani,F. Sommer,D. Zellner,R. Moeller,M. Anderson, L. Woods,Pl Pesavanto,P. Cortes,P. Woolcock,R. Breitmeyer,D. Castellan,and L. Garber. 2003. The diagnosis of exotic Newcastle disease in southern California; 2002 -2003. *Proceedings of the 46th Annual Conference of the American Association of Veterinary Laboratory Diagnosticians*. San Diego,CA,October 11 -13.

[141] Kho,C. L.,M. L. Mohd Azmi,S. S. Arshad,and K. Yusoff,2000. Performance of an RT - nested PCR

ELISA for detection of Newcastle disease virus,*J Virol Meths* 86;71 - 83.

[142]King,D. J. 1991. Evaluation of different methods of inactivation of Newcastle disease virus and avian influenza virus in egg fluids. *Avian Dis* 35;505 - 514.

[143]King,D. J. 1999. A comparison of the onset of protection induced by Newcastle disease virus strain B 1 and a fowl poxvirus recombinant Newcastle disease vaccine to a viscerotropic velogenic Newcastle disease virus challenge. *Avian Dis* 43;745 - 755.

[144]King,D. J. and B. S. Seal. 1997. Biological and molecular characterization of Newcastle disease virus isolates from surveillance of live bird markets in the northeastern United States. *Avian Dis* 41;683 - 689.

[145]King,D. J. and B. S. Seal. 1998. Biological and molecular characterization of Newcastle disease virus field isolates with comparisons to reference NDV strains. *Avian Dis* 42;507 - 516.

[146]Kirkland,P. D. 2000. Virulent Newcastle disease virus in Australia; in through the 'back door'. *Austral Vet J* 78;331 - 333.

[147]Kleven,S. H. 1998. Report of the Committee on Transmissible Diseases of Poultry. In; Proceedings of the 102nd Annual Meeting of the United States Animal Health Association,October 3 - 9,Minneapolis,Minnesota.

[148]Kolakofsky,D.,E. Boy de la Tour,and H. Delius. 1974. Molecular weight determination of Sendai and Newcastle disease virus RNA. *J Virol* 13;261 -268.

[149]Kou,Y. T.,L. L. Chueh,and C. H. Wang. 1999. Restriction fragment length polymorphism analysis of the F gene of Newcastle disease viruses isolated from chickens and an owl in Taiwan. *J Vet Med Sci* 61; 1191 -1195.

[150]Kouwenhoven,B. 1993. Newcastle disease. In J. B. McFerran and M. S. McNulty (eds.). Virus Infections of Vertebrates 4; Virus Infections of Birds. Elsevier, Amsterdam,341 - 361.

[151]Kraneveld,F. C. 1926. A poultry disease in the Dutch East Indies. *Ned Indisch BI Diergeneeskd* 38; 448 -450.

[152]Kuiken,T.,G. Wobeser,F. A. Leighton,D. M. Haines, B. Chelack,J. Bogdan,L. Hassard,R. A. Heckert,and J. Riva. 1999. Pathology of Newcastle disease in double-crested cormorants from Saskatchewan,with comparison of diagnostic methods,*J Wild Dis* 35;8 - 23.

[153]Kumar,M. C. 1988. New methods for immunizing tur-

keys against Newcastle disease. *Turkey World*（May-June）:48 - 50.

［154］Lamb, R. A., P. L. Collins, D. Kolakofsky, J. A. Melero, Y. Nagai, M. B. A. Oldstone, C. R. Pringle, and B. K. Rima. 2005. Family Paramyxoviridae. In C. M. Fauquet, M. A. Mayo, J. Maniloff, U. Desselberger, and L. A. Ball（eds.）Virus Taxonomy, Eighth Report of the International Committee on Taxonomy of Viruses. Elsevier Academic Press; San Diego, 655 - 668.

［155］Lana, D. P., D. B. Snyder, D. J. King, and W. W. Marquardt. 1988. Characterization of a battery of monoclonal antibodies for differentiation of Newcastle disease virus and pigeon paramyxovirus - 1 strains. *Avian Dis* 32:273 - 281.

［156］Lancaster, J. E. 1966. Newcastle disease—a review 1926 -1964. Monograph No 3. Canadian Department of Agriculture, Ottawa.

［157］Lancaster, J. E. and D. J. Alexander. 1975. Newcastle disease: Virus and spread. Monograph No. 11, Canadian Department of Agriculture, Ottawa.

［158］Leslie, J. 2000. Newcastle disease: outbreak losses and control policy costs. *Vet Rec* 146:603 - 606.

［159］Letellier, C., A. Burny, and G. Meulemans. 1991. Construction of a pigeonpox virus recombinant: Expression of the Newcastle disease virus (NDV) fusion glycoprotein and protection of chickens against NDV challenge. *Archiv Virol* 118:43 - 56.

［160］Levine, P. P. 1964. World dissemination of Newcastle disease. In R. P. Hanson（ed.）. Newcastle Disease, An Evolving Pathogen. University of Wisconsin Press; Madison, WI, 65 - 69.

［161］Lockaby, S. B., F. J. Hoerr, A. C. Ellis, and M. S. Yu. 1993. Immunohistochemical detection of Newcastle disease virus in chickens. *Avian Dis* 37:433 - 437.

［162］Lomniczi, B., E. Wehmann, J. Herczeg, A. Ballagi - Pordany, E. F. Kaleta, O. Werner, G. Meulemans, P. H. Jorgensen, A. P. Mante, A. L. J. Gielkens, I. Capua, and J. Damoser. 1998. Newcastle disease outbreaks in recent years in Western Europe were caused by an old（Ⅵ）and a novel genotype（Ⅶ）. *Archiv Virol* 143:49 - 64.

［163］Macpherson, L. W. 1956. Some observations on the epizootiology of Newcastle disease. *Canad J Comp Med* 20:155 - 168.

［164］Malkinson, M. and P. A. Small. 1977. Local immunity against Newcastle disease virus in the newly hatched chicken's respiratory tract. *Infect Immun* 16:587 -592.

［165］Matin, M. C., P Villegas, J. D. Bennett, and B. S. Seal.

1996. Virus characterization and sequence of the fusion protein gene cleavage site of recent Newcastle disease virus field isolates from the southeastern United States and Puerto Rico. *Avian Dis* 40:382 -390.

［166］McFerran, J. B. and R. M. McCracken. 1988. Newcastle disease. In D. J. Alexander（ed.）. Newcastle Disease. Kluwer Academic Publishers; Boston, MA, 161 - 183.

［167］McFerran, J. B. and R. Nelson. 1971. Some properties of an avirulent Newcastle disease virus. *Arch Ges Virusforsch* 34:64 - 74.

［168］McGinnes, L. W. and T. G. Morrison. 1986. Nucleotide sequence of the gene encoding the Newcastle disease virus fusion protein and comparisons of paramyxovirus fusion protein sequences. *Virus Res* 5:343 - 356.

［169］McNulty, M. S. and G. M. Allan. 1986. Application of immunofluorescence in veterinary viral diagnosis. In M. S. McNulty and J. B. McFerran（eds.）. Recent Advances in Virus Diagnosis. Martinus Nijhoff; Dordrecht, The Netherlands, 15 - 26.

［170］Meulemans, G. 1988. Control by vaccination. In D. J. Alexander（ed.）. Newcastle Disease. Kluwer Academic Publishers; Boston, MA, 318 - 332.

［171］Meulemans, G., M. C. Carlier, M. Gonze, P. Petit, and P. Halen. 1984. Diagnostic serologique de la maladie de Newcastle par les tests d'inhibition de l'hemagglutination et Elisa. *Zetralbl Veterinaermed*［*B*］31:690 - 700.

［172］Meulemans, G., M. Gonze, M. C. Carlier, P. Petit, A. Burny, and Le Long. 1986. Protective effects of HN and F glycoprotein - specific monoclonal antibodies on experimental Newcastle disease. *Avian Pathol* 15: 761 -768.

［173］Meulemans, G., M. Gonze, M. C. Carlier, P. Petit, A. Burny, and Le Long. 1987. Evaluation of the use of monoclonal antibodies to hemagglutination and fusion glycoproteins of Newcastle disease virus for virus identification and strain differentiation purposes. *Arch Virol* 92:55 - 62.

［174］Meulemans, G., C. Letellier, D. Espion, Le Long, and A. Burny. 1988. Importance de la proteine F dans l'immunite au virus de la maladie de Newcastle. *Bull A cad Vet France* 61:51 - 62.

［175］Meulemans, G., C. Letellier, M. Gonze, M. C. Carlier, and A. Burny. 1988. Newcastle disease virus F glycoprotein expressed from a recombinant vaccinia virus vector protects chickens against live virus challenge. *Avian Pathol* 17:821 - 827.

［176］Meulemans, G., T. P. van den Berg, M. Decaesstecker,

and M. Boschmans. 2002. Evolution of pigeon Newcastle disease virus strains. *Avian Pathol* 31:515 - 519.

[177] Miers,L. ,R. A. Bankowski,and Y. C. Zee. 1983. Optimizing the enzyme - linked immunosorbent assay for evaluating immunity in chickens to Newcastle disease. *Avian Dis* 27:1112 - 1125.

[178]Millar,N. S. and P. T. Emmerson. 1988. Molecular cloning and nucleotide sequencing of Newcastle disease virus. In D. J. Alexander (ed.). Newcastle Disease. Kluwer Academic Publishers:Boston, MA,79 - 97.

[179]Millar,N. S. ,P. Chambers,and P. T. Emmerson. 1986. Nucleotide sequence analysis of the haemagglutinin - neuraminidase gene of Newcastle disease virus, *J Gen Virol* 67:1917 - 1927.

[180]Millar,N. S. ,P. Chambers,and P. T. Emmerson. 1988. Nucleotide sequence of the fusion and haemagglutinin - neuraminidase glycoprotein genes of Newcastle disease virus, strain Ulster: Molecular basis for variations in pathogenicity between strains, *J Gen Virol* 69: 613 -620.

[181]Morgan,R. W. ,J. Gelb,C. R. Pope,and P. J. A. Sondermeijer. 1993. Efficacy in chickens of a herpesvirus of turkeys recombinant vaccine containing the fusion gene of Newcastle disease virus: Onset of protection and effect of maternal antibodies. *Avian Dis* 37:1032 -1040.

[182]Nagai,Y. , H. D. Klenk, and R. Rott. 1976. Proteolytic cleavage of the viral glycoproteins and its significance for the virulence of Newcastle disease virus. *Virology* 72:494 - 508.

[183]Nagai,Y. ,H. Ogura,and H. D. Klenk. 1976. Studies on the assembly of the envelope of Newcastle disease virus. *Virology* 69:523 - 538.

[184] Nanthakumar, T. , R. S. Kataria, A. K. Tiwari, G. Butchaiah, and J. M. Kataria. 2000. Pathotyping of Newcastle disease viruses by RT - PCR and restriction enzyme analysis. *Vet Res Cornrnun* 24:275 -286.

[185]Nasser,M. ,J. E. Lohr,G. T. Mebratu,K. H. Zessin,M. P. O. Baumann, and Z. Ademe. 2000. Oral Newcastle disease vaccination trials in Ethiopia. *Avian Pathol* 29: 27 - 34.

[186]Nishikawa,K. ,S. Isomura,S. Suzuki, E. Wanatabe,M. Hamaguchi, T. Yoshida, and Y. Nagai. 1983. Monoclonal antibodies to the HN glycoprotein of Newcastle disease virus. Biological characteriza tion and use for strain comparisons. *Virology* 130:318 -330.

[187]Oberdorfer,A. and O. Werner. 1998. Newcastle disease virus:detection and characterization by PCR of recent German isolates differing in pathogenicity. *Avian Pathol* ,27:237 - 243.

[188]Office International des Epizooties 2000. Report of the meeting of the OIE standards commission. November 2000. OIE,Paris 4.

[189]Office International des Epizooties 2004. Newcastle disease. Chapter 2. 1. 15. OIE Manual of Standards for Diagnostic Tests and Vaccines,5th ed volume I. OIE:Paris pp 270 - 282.

[190]Office International des Epizooties 2005. Chapter 2. 7. 13——Newcastle disease. Terrestrial Animal Health Code 14th ed. World Organisation for Animal Health, Paris,301 - 305.

[191]Omojola,E. and R. P. Hanson. 1986. Collection of diagnostic specimens from animals in remote areas. *World Anim Rev* 60:38 - 40.

[192]Panigrahy,B. ,D. A. Senne, J. E. Pearson, M. A. Mixson, and D. R. Cassidy. 1993. Occurrence of velogenic viscerotropic Newcastle disease in pet and exotic birds in 1991. *Avian Dis* 37:254 - 258.

[193]Parede,L. and P. L. Young. 1990. The pathogenesis of velogenic Newcastle disease virus infection of chickens of different ages and different levels of immunity. *Avian Dis* 34:803 - 808.

[194]Parry,S. H. and Ⅰ. D. Aitken. 1977. Local immunity in the respiratory tract of the chicken. Ⅱ The secretory immune response to Newcastle disease virus and the role of IgA. *Vet Microbiol* 2:143 - 165.

[195]Pattison,M. and W. H. Allan. 1974. Infection of chicks with infectious bursal disease and its effect on the carrier with Newcastle disease virus. *Vet Rec* 95:65 -66.

[196]Pearson,J. E. ,D. A. Senne, D. J. Alexander,W. D. Taylor,L. A. Peterson, and P. H. Russell. 1987. Characterization of Newcastle disease virus (avian paramyxovirus -1) isolated from pigeons. *Avian Dis* 31:105 - 111.

[197]Peeples, M. E. 1988. Newcastle disease virus replication. In D. J. Alexander (ed.). Newcastle Disease. Kluwer Academic Publishers:Boston,MA,45 - 78.

[198]Peeters,B. P. H. ,O. S. de Leeuw,G. Koch,and A. L. J. Gilkens. 1999. Rescue of Newcastle disease virus from cloned cDNA:Evidence that cleavability of the fusion protein is a major determinant for virulence. *J Virol* 73: 5001 - 5009.

[199]Pennington, T. H. 1978. Antigenic differences between strains of NDV. *Arch Virol* 56:345 - 351.

[200]Phillips,R. J. , A. C. R. Samson, and P. T. Emmerson. 1998. Nucleotide sequence of the 5'- terminus of New-

castle disease virus and assembly of the complete genomic sequence; agreement with the rule of six. *Archiv Virol* 143;1993 - 2002.

[201]Pospisil, Z. , D. Zendulkova, and B. Smid. 1991. Unexpected emergence of Newcastle disease virus in very young chicks. *Acta Vet Brno* 60;263 - 270.

[202]Powell, J. R. , I. D. Aitken, and B. D. Survashe. 1979. The response of the Harderian gland of the fowl to antigen given by the ocular route. Ⅱ Antibody production. *Avian Pathol* 8;363 - 373.

[203]Radhavan, V. S. , K. Kumanan, G. Thirumurugan, and K. Nachimuthu 1998. Comparison of various diagnostic methods in characterising Newcastle disease virus isolates from Desi chickens. *Trop Anim Hlth Prod* 30; 287 -293.

[204]Raszewska, H. 1964. Occurrence of the La Sota strain NDV in the reproductive tract of laying hens. *Bull Vet Inst Pulawy* 8;130 - 136.

[205]Reeve, P. and G. Poste. 1971. Studies on the cytopathogenicity of Newcastle disease virus; Relationship between virulence, polykaryocytosis and plaque size. *J Gen Virol* 11;17 - 24.

[206]Reeve, P. , D. J. Alexander, and W. H. Allan. 1974. Derivation of an isolate of low virulence from the Essex'70 strain of Newcastle disease virus. *Vet Rec* 94;38 - 41.

[207]Reynolds, D. L. and A. D. Maraqa. 2000. Protective immunity against Newcastle disease; The role of cell-mediated immunity. *Avian Dis* 44;145 - 154.

[208]Rivetz, B. , Y. Weisman, M. Ritterband, F. Fish, and M. Herzberg. 1985. Evaluation of a novel rapid kit for the visual detection of Newcastle disease virus antibodies. *Avian Dis* 29;929 - 942.

[209]Romer-Oberdorfer, A. , J. Veits, O. Werner, and T. C. Mettenleiter. 2006. Enhancement of pathogenicity of Newcastle disease virus by alteration of specific amino acid residues in the surface glycoproteins F and HN. *Avian Dis* 50;259 - 263.

[210]Rosenberger, J. K. and J. Gelb. 1978. Response to several avian respiratory viruses as affected by infectious bursal disease virus. *Avian Dis* 22;95 - 105.

[211]Rott, R. 1979. Molecular basis of infectivity and pathogenicity of myxoviruses. *Arch Virol* 59;285 - 298.

[212]Rott, R. 1985. *In vitro* Differenzierung von pathogenen und apathogenen aviaren Influenzaviren. *Ber Munch Tieraerztl Wochenschr* 98;37 - 39.

[213]Rott, R. and H. D. Klenk. 1988. Molecular basis of infectivity and pathogenicity of Newcastle disease virus.

In D. J. Alexander (ed.). Newcastle Disease. Kluwer Academic Publishers; Boston, MA, 98 -112.

[214]Russell, P. H. 1988. Monoclonal antibodies in research, diagnosis and epizootiology of Newcastle disease. In D. J. Alexander (ed.). Newcastle Disease. Kluwer Academic Publishers; Boston, MA, 131 -146.

[215]Russell, P. H. 1993. Newcastle disease virus; Virus replication in the Harderian gland stimulates lacrimal IgA; the yolk sac provides early lacrimal IgG. *Vet Immunol Immunopathol* 37;151 - 163.

[216]Russell, P. H. and D. J. Alexander. 1983. Antigenic variation of Newcastle disease virus strains detected by monoclonal antibodies. *Arch Virol* 75;243 -253.

[217]Russell, P. H. and G. O. Ezeifeka. 1995. The Hitchner B1 strain of Newcastle disease virus induces high levels of IgA, IgG, and IgM in newly hatched chicks. *Vaccine* 113;61 - 66.

[218]Russell, P. H. and G. Koch. 1993. Local antibody forming cell responses to the Hitchner B1 and Ulster strains of Newcastle disease virus. *Vet Immunol Immunopathol* 37;165 - 180.

[219]Russell, P. H. , A. C. R. Samson, and D. J. Alexander. 1990. Newcastle disease virus variations. In E. Kurstak, R. G. Marusyk, F. A. Murphy, and M. H. V. Regenmortel (eds.). Applied Virology Research, vol. Ⅱ. Plenum, NY, 177 - 195.

[220]Sakaguchi, M. , H. Nakamura, K. Sonoda, H. Okamura, K. Yokogawa, K. Matsuo, and K. Hira. 1998. Protection of chickens with or without maternal antibodies against both Marek's and Newcastle diseases by one-time vaccination with recombinant vaccine of Marek's disease virus type 1. *Vaccine* 16;472 - 479.

[221]Sakaguchi, T. , T. Toyoda, B. Gotoh, N. M. Inocencio, K. Kuma, T. Miyata, and Y. Nagai. 1989. Newcastle disease virus evolution 1. Multiple lineages defined by sequence variability of the hemagglutinin-neuraminidase gene. *Virology* 169;260 - 272.

[222]Sato, H. , M. Oh - Hira, N. Ishida, Y. Imamura, S. Hattori, and M. Kawakita. 1987. Molecular cloning and nucleotide sequence of P, M, and F genes of Newcastle disease virus avirulent strain D26. *Virus Res* 7;241 - 255.

[223]Schaper, U. M. , F. J. Fuller, M. D. W. Ward, Y. Mehrotra, H. O. Stone, B. R. Stripp, and E. V. De Buysscher. 1988. Nucleotide sequence of the envelope protein genes of a highly virulent, neurotropic strain of Newcastle disease virus. *Virology* 165;291 - 295.

[224]Schloer, G. , J. Spalatin, and R. P. Hanson. 1975. New-

castle disease virus antigens and strain variation. *Am J Vet Res* 36:505 - 508.

[225]Seal, B. S., D. J. King, and J. D. Bennett. 1995. Characterization of Newcastle disease virus isolates by reverse transcription PCR coupled to direct nucleotide sequencing and development of sequence database for pathotype prediction and molecular epidemiological analysis. *J Clinic Microbiol* 33:2624 - 2630.

[226]Seal, B. S., D. J. King, D. P. Locke, D. A. Senne, and M. W. Jackwood. 1998. Phylogenetic relationships among highly virulent Newcastle disease virus isolates obtained from exotic birds and poultry from 1989 to 1996. *J Clinic Microbiol*, 36:1141 - 1145.

[227]Sen, S., S. M. Shane, D. T. Scholl, M. E. Hugh-Jones, and J. M. Gillespie. 1998. Evaluation of alternative strategies to prevent Newcastle disease in Cambodia. *Prevent Vet Med* 35:283 - 295.

[228]Senne, D. A., J. E. Pearson, L. D. Miller, and G. A. Gustafson. 1983. Virus isolations from pet birds submitted for importation into the United States. *Avian Dis* 27:731 - 744.

[229]Shengqing, Y., N. Kishida, H. Ito, H. Kida, K. Otsuki, Y. Kawaoka, and T. Ito. 2002. Generation of velogenic Newcastle disease viruses from a nonpathogenic waterfowl isolate by passaging in chickens. *Virology* 301:208 -211.

[230]Simmons, G. C. 1967. The isolation of Newcastle disease virus in Queensland. *Aust Vet J* 43:29 - 30.

[231]Snyder, D. B., W. W. Marquadt, E. T. Mallinson, and E. Russek. 1983. Rapid serological profiling by enzyme-linked immunosorbent assay. I Measurement of antibody activity titer against Newcastle disease virus in a single dilution. *Avian Dis* 27:161 - 170.

[232]Snyder, D. B., W. W. Marquadt, E. T. Mallinson, P. K. Savage, and D. C. Allen. 1984. Rapid serological profiling by enzyme-linked immunosorbent assay. Ⅲ Simultaneous measurements of antibody titers to infectious bronchitis virus, infectious bursal disease and Newcastle disease virus in a single serum dilution. *Avian Dis* 28:12 - 24.

[233]Spalatin, J. S. and R. P. Hanson. 1966. Recovery of a Newcastle disease virus strain indistinguishable from Texas GB. *Avian Dis* 10:372 - 374.

[234]Spradbrow, P. B. (ed.). 1992. Newcastle disease in village chickens. Control with thermostable oral vaccines. Proceedings of an International Workshop, Kuala Lumpur, Malaysia 1991. ACIAR, Canberra.

[235]Srinivasappa, G. B., D. B. Snyder, W. W. Marquardt, and D. J. King. 1986. Isolation of a monoclonal antibody with specificity for commonly employed vaccine strains of Newcastle disease virus. *Avian Dis* 30:562 - 567.

[236]Stauber, N., K. Brechtbuhl, L. Bruckner, and M. A. Hofmann. 1995. Detection of Newcastle disease virus in poultry vaccines using the polymerase chain reaction and direct sequencing of amplified cDNA. *Vaccine* 13:360 - 4.

[237]Stevens, J. G., R. M. Nakamura, M. L. Cook, and S. P. Wilczynski. 1976. Newcastle disease as a model for paramyxovirus-induced neurological syndromes: Pathogenesis of the respiratory disease and preliminary characterization of the ensuing encephalitis. *Infect Immun* 13:590 - 599.

[238]Stieneke-Gober, A., M. Vey, H. Angliker, E. Shaw, G. Thomas, H. D. Klenk, and W. Garten. 1992. Influenza virus haemagglutinin with multibasic cleavage site is activated by furin, a subtilisin endoprotease. *EMBO J* 11:2407 - 2414.

[239]Stones, P. B. 1979. Self injection of veterinary oil - emulsion vaccines. *BMJ* 1:1627.

[240]Swayne, D. E. and J. R. Beck. 2004. Heat inactivation of avian influenza and Newcastle disease viruses in egg products. *Avian Pathol* 33:512 - 518.

[241]Takakuwa, H., T. Ito, A. Takada, K. Okazaki, and H. Kida. 1998. Potentially virulent Newcastle disease viruses are maintained in migratory waterfowl populations. *Jap J Vet Res* 45:207 - 215.

[242]Taylor, J., C. Edbauer, A. Rey-Senelonge, J. F. Bouquet, E. Norton, S. Goebel, P. Desmettre, and E. Paoletti. 1990. Newcastle disease virus fusion protein expressed in a fowlpox virus recombinant confers protection in chickens. *J Virol* 64:1441 - 1450.

[243]Thornton, D. H. 1988. Quality control of vaccines. In D. J. Alexander (ed.). Newcastle Disease. Kluwer Academic Publishers: Boston, MA, 347 - 365.

[244]Timms, L. and D. J. Alexander. 1977. Cell - mediated immune response of chickens to Newcastle disease vaccines. *Avian Pathol* 6:51 - 59.

[245]Toyoda, T., T. Sakaguchi, K. Imai, N. Mendoza Inocencio, B. Gotoh, M. Hamaguchi, and Y. Nagai. 1987. Structural comparison of the cleavage-activation site of the fusion glycoprotein between virulent and avirulent strains of Newcastle disease virus. *Virology* 158:242 -247.

[246]Toyoda, T., T. Sakaguchi, H. Hirota, B. Gotoh, K. Kuma, T. Miyata, and Y. Nagai. 1989. Newcastle disease

virus evolution Ⅱ. Lack of gene recombination in generating virulent and avirulent strains. *Virology* 169: 273 -282.

[247] USAHA. 1993. Report of the committee on transmissible diseases of poultry and other avian species. Proc 96th Annu Meet US Anim Health Assoc, 1992. United States Animal Health Association: Richmond, VA, 348 - 366.

[248] Utterback, W. W. and J. H. Schwartz. 1973. Epizootiology of velogenic viscerotropic Newcastle disease in southern California, 1971 - 1973. *J Am Vet Med Assoc* 163: 1080 - 1090.

[249] Vindevogel, H. and J. P. Duchatel. 1988. Panzootic Newcastle disease virus in pigeons. In D. J. Alexander (ed.). Newcastle Disease. Kluwer Academic Publishers: Boston, MA, 184 - 196.

[250] Walker, J. W., B. R. Heron, and M. A. Mixson. 1973. Exotic Newcastle disease eradication program in the United States of America. *Avian Dis* 17: 486 -503.

[251] Webster, R. G. and R. Rott. 1987. Influenza virus A pathogenicity: The pivotal role of hemagglutinin. *Cell* 50: 665 - 666.

[252] Wehmann, E., J. Herczeg, Ballagi, A. Pordany, and B. Lomniczi. 1997. Rapid identification of Newcastle disease virus vaccine strains La Sota and B 1 by restriction site analysis of their matrix gene. *Vaccine* 15: 1430 -1433.

[253] Wemers, C. D., S. de Henau, C. Neyt, D. Espion, C. Letellier, G. Meulemans, and A. Burny. 1987. The hemagglutininneuraminidase (HN) gene of Newcastle disease virus strain Italien (ndv Italien): Comparison with HNs of other strains and expression by a vaccinia recombinant. *Arch Virol* 97: 101 - 113.

[254] Westbury, H. 2001. Commentary. Newcastle disease virus: an evolving pathogen. *Avian Pathol* 30: 5 - 11.

[255] Wilczynski, S. P., M. L. Cook, and J. G. Stevens. 1977. Newcastle disease as a model for paramyxovirus-induced neurologic syndromes. *Am J Pathol* 89: 649 -666.

[256] Wilde, J., J. Eiden, and R. Yolken. 1990. Removal of inhibitory substances from human faecal specimens for detection of group A rotaviruses by reverse transcriptase and PCR. *J Clinic Microbiol* 28: 1300 - 1307.

[257] Williams, J. E. and L. H. Dillard. 1968. Penetration patterns of *Mycoplasma gallisepticum* and Newcastle disease virus through the outer structures of chicken eggs. *Avian Dis* 12: 650 - 657.

[258] Wilson, G. W. C. 1986. Newcastle disease and paramyxovirus 1 of pigeons in the European Community. *World Poult Sci J* 42: 143 - 153,

[259] Wilson, R. A., C. Perrotta, B. Frey, and R. J. Eckroade. 1984. An enzyme - linked immunosorbent assay that measures protective antibody levels to Newcastle disease virus in chickens. *Avian Dis* 28: 1079 - 1085.

[260] Winslow, N. S., R. P. Hanson, E. Upton, and C. A. Brandly. 1950. Agglutination of mammalian erythrocytes by Newcastle disease virus. *Proc Soc Exp Biol* 74: 174 - 178.

[261] Wise, M. G., J. C. Pedersen, D. A. Senne, D. Kapczynski, D. J. King, D. L. Suarez, B. S. Seal, and E. Spackman. 2004. Development of a real time reverse transcription-polymerase chain reaction for detection of Newcastle diseae virus RNA in clinical samples, *J. Clin. Microbiol.* 42(1): 329 - 338.

[262] Wobeser, G., F. A. Leighton, R. Norman, D. J. Myers, D. Onderka, M. J. Pybus, J. L. Neufeld, G. A. Fox, and D. J. Alexander. 1993. Newcastle disease in wild waterbirds in western Canada, 1990. *Can Vet J* 34: 353 - 359.

[263] Yang, C. Y., P. C. Chang, J. M. Hwang, and H. K. Shieh, 1997. Nucleotide sequence and phylogenetic analysis of Newcastle disease virus isolates from recent outbreaks in Taiwan. *Avian Dis* 41: 365 -375.

禽偏肺病毒

Avian Metapneumovirus

R. E. Gough 和 R. C. Jones

定义和同义名

　　根据临床症状和病变，由禽偏肺病毒感染（aMPV）火鸡或鸡引起的疾病称为火鸡鼻气管炎（TRT）、肿头综合征（SHS）和禽鼻气管炎（ART）。但是，临床症状或病变并非禽偏肺病毒感染所特有，容易与火鸡禽波氏杆菌、鼻气管鸟杆菌（ORT）、传染性支气管炎病毒（IBV）和支原体等其他的呼吸道病原体感染相混淆。尽管如此，人们现在已公认禽偏肺病毒感染可引起 TRT、SHS 或 ART。比较严重的感染可能是并发或继发其他微生物感染，如 SHS 的特征是"肿头"，可能是继发细菌感染，通常是大肠杆菌继发感染的结果。

经济意义

家禽，特别是火鸡感染禽肺病毒对其生长和经济效益有严重影响。即使是在免疫接种禽肺病毒的国家，该病仍然是除禽流感之外对火鸡影响最大的呼吸道疾病[59]。从 1997 年在美国首次暴发 aMPV感染以来，该病已经给火鸡生产造成了严重的经济损失。据估计，1997—2002 年，仅美国明尼苏达州的火鸡每年感染所造成的经济损失高达 1 500 万美元[85]。尽管在有些国家，感染鸡表现为肿头综合征和产蛋下降，且经济损失比较严重，但此病一般对商品鸡的经济影响不大。

公共卫生意义

尽管禽偏肺病毒与引起人严重呼吸道疾病的人偏肺病毒（hMPV）相似[102]，但禽偏肺病毒对公共卫生无任何威胁。

历　史

20 世纪 70 年代末期在南非首次报道了禽偏肺病毒引起的疾病[13]。此后，欧洲也报道了本病，英国和法国几乎同时分离到病原[73]，两年后对病原进行了鉴定，并将其归于副黏病毒科肺病毒属[21]。与此同时，在欧洲和中东地区的鸡群也出现病征，表现为上呼吸道症状，继而小部分鸡发生肿头。这种病被称为"肿头"综合征（SHS），并证明该病病原与火鸡鼻气管炎（TRT）病毒相同，均与肺病毒有关[1]。20 世纪 90 年代初，人们利用早期的火鸡分离株研制了可用于鸡和火鸡的疫苗。到了 1994 年人们发现，aMPV 有两个亚型，即 A和 B 亚型[55]。利用 A 亚型病毒研制的疫苗对 B 亚型病毒有保护作用[23]。20 世纪 90 年代中期，远东地区发现 aMPV 血清学呈阳性，且常与鸡 SHS 相关。1995 年[7]和 2004 年[34]分别在巴西的鸡和火鸡中检测到 A 亚型 aMPV。1997 年，美国火鸡首次发生禽偏肺病毒感染[88]，但后来证明该病毒与 A和 B 亚型病毒抗原性不同[86]。随后从北美火鸡分离的所有分离株的抗原性均相似，被认为是 C 亚型。尽管该病最早发生于科罗拉多，但在北美的鸡群中并未发现该病。根据 ELISA 血清学检测来看，该病仅发生于明尼苏达、衣阿华、威斯康辛和达科塔州的火鸡[12]。

有报道称，法国番鸭发生了与 C 亚型类似的病毒病，但该病毒与 C 亚型病毒的遗传谱系不同，发病鸭表现为呼吸道症状和产蛋下降[98]。

法国最近的一篇报道通过对 20 世纪 80 年代发病火鸡的 aMPV 分子生物学研究证明有第四种亚型存在，命名为 D 亚型[9,99]。

在英国患有呼吸道症状的雉鸡体内也检测到 A亚型病毒[42,105]。

病　原　学

分类

禽偏肺病毒属副黏病毒科，肺病毒亚科。该亚科包括两个属：肺病毒属包括哺乳动物呼吸道合胞体病毒和鼠肺病毒；禽偏肺病毒属于偏肺病毒属[84]。以前，禽偏肺病毒被认为是偏肺病毒属的唯一成员，但近年来，几个国家在患呼吸道感染的人体中检测到类似的病毒[64,102]。根据核苷酸及其推导的氨基酸序列，禽偏肺病毒可进一步分为 A、B、C 和 D 四个亚型。

形态学

电镜下，负染的禽偏肺病毒粒子呈多形性，有穗状边缘，一般为粗面球形，直径 80～200nm，偶尔可见直径 500nm 或更大的圆形粒子（图 3.1），也可见直径 80～100nm，长达 1000nm 的穗状纤丝（图 3.2）*，特别是经过器官培养传代的病毒。据 Collins 和 Gough[20]报道，病毒表面纤突长 13～14nm，螺旋形核衣壳直径约 14nm，每圈螺距约 7nm。

化学组成

病毒基因组为不分节段的一条长约 14kb 的单股负链 RNA。火鸡分离株在蔗糖梯度中的浮密度

---

　*　译者注：原著里无图 3.2。

为 1.21g/mL，分子量约为 $500×10^6$。病毒有 8 种结构多肽，其中 2 种为糖蛋白，3 种为病毒特异性的非结构蛋白[20]。这些蛋白分别是核蛋白（N）、磷蛋白（P）、基质蛋白（M）、第二基质蛋白（M2）、表面糖蛋白（G）、融合蛋白（F）、小疏水蛋白（SH）和病毒 RNA 依赖 RNA 聚合酶（L），基因组 3′端和 5′端分别有前导序列和尾随序列。

病毒复制

关于 aMPV 的复制机制的报道较少，但认为 aMPV 的复制机制与其他负链 RNA 病毒，如呼吸道合胞体病毒（RSV）相似。对 RSV 的研究表明，病毒的复制和转录都是从基因组 3′端的前导序列开始[37]。基因组由前导序列向尾部序列转录时，因聚合酶的解离，可使基因转录和表达减少。aMPV 反向遗传实验表明，病毒的最小复制单位与 RSV 一致，包括核衣壳蛋白、磷蛋白、M2 蛋白和病毒聚合酶。该研究还表明，敲除小疏水蛋白（SH）和黏附蛋白后，病毒亦具有活力，且至少在组织培养时有这种特点。这就提示我们，除了糖蛋白 G 外，融合蛋白在病毒黏附的过程中也起着重要的作用。

对理化因素的抵抗力

早期对欧洲第一株火鸡分离毒的研究表明，aMPV 对脂溶剂敏感、在 pH3.0～9.0 范围稳定，56℃ 30min 可灭活病毒[21]。最近对明尼苏达州火鸡分离的 C 型 aMPV 研究结果与此类似，病毒可在 pH5.0～9.0 存活 1h。另外，研究还表明，病毒存活时间在 4℃不超过 12 周、20℃不超过 4 周、37℃不超过 32 天、50℃不超过 6h；一些消毒剂如季铵盐类、乙醇、碘消灵、酚类和次氯酸钠等可有效地杀灭病毒。让人奇怪的是，aMPV 在室温干燥几天仍能存活[100]。有人对在不同温度条件下火鸡堆肥垫料中 C 亚型 aMPV 存活的时间进行了研究，结果表明：病毒在−12℃能存活 60 天以上，在 8℃保存 90 天还能在垫料中检测到病毒 RNA[104]。

毒株分类

早期利用交叉中和试验、ELISA 和多肽图谱

分析等发现，aMPV 欧洲分离株之间仅有微小的差异[8,39]。利用多个分离株制备的单克隆抗体进一步研究发现，毒株之间存在明显的抗原性差异[22,28]。对 G 黏附糖蛋白基因序列分析进一步证明亚型之间的差异，证明在一个血清型中存在两个亚型，命名为 A 和 B[55]。A 和 B 亚型分离于鸡和火鸡，且均可感染鸡和火鸡[23]。

应用单特异性血清和单克隆抗体进行中和试验表明最近从美国科罗拉多和明尼苏达的火鸡中分离到 aMPV 与欧洲分离的 A 和 B 亚型无明显的血清学关系[30]。对欧洲分离株和美国分离株 N、P、M、F 和 M2 蛋白基因的分子生物学研究表明：C 亚型间五个基因的同源性在 90% 以上，而与 A 和 B 亚型相比，只有 40%～70% 的同源性[92]。三个亚型（A、B 和 C）的进化分析表明，A 和 B 亚型的进化关系更近，而与 C 亚型的关系均比较远[86]。对法国两株分离株（1985 年分离，随后命名为 D 亚型）的研究表明：该分离株的 G 蛋白序列与 A、B 和 C 亚型都不同[9]。进化分析表明，A、B 和 D 亚型间的进化关系更近，而与 C 亚型的关系比较远[5,9,99]。

实验室宿主系统

禽偏肺病毒实验诊断和病原鉴定的首要难题是缺乏合适的实验繁殖系统。本病的传染性可以通过将易感雏火鸡与感染禽接触或者接种滤过的感染禽黏液而表现典型临床症状来加以证实[2]。

将感染性黏液接种到火鸡胚或鸡胚卵黄囊，传 4～5 代后可引起胚死亡，但病毒的滴度很低[2]。接种火鸡或鸡气管培养可引起纤毛运动停止，但病毒滴度同样很低[38,69]。适应胚和气管培养的分离株可以在鸡胚细胞、火鸡胚细胞、Vero 细胞、BS-C-1 细胞和 MA104 细胞中繁殖，形成合胞体等特征性细胞病变，病毒滴度相对较高。鹌鹑肿瘤细胞系（QT-35）也可用于病毒的传代[43]。

A 亚型和 B 亚型可在气管环上分离培养，但 C 亚型只能在细胞培养物或胚中分离培养。

致病性

尽管自然条件下 aMPV 感染的发病率和死亡率都很高，但在实验条件下检测 aMPV 分离株的

致病性很困难。在实验条件下，感染禽可观察到鼻气管炎症状，但比自然感染要轻得多[109]。实验感染鸡最多只表现轻度的呼吸道疾病，鸡打喷嚏后才能在鼻孔后看到鼻液。用2周龄肉鸡对分自明尼苏达的火鸡aMPV进行传染性试验，结果表现咳嗽、打喷嚏等临床症状，病程持续8天。肉鸡感染后9天，组织和肠道样本PCR检测仍然呈阳性[89]。从患SHS的鸡分离的1株aMPV感染雏火鸡可引起鼻气管炎[83]。推测，实验和自然感染的致病性差异可能与家禽的饲养条件以及是否有并发病原有关。研究表明，雏火鸡同时感染aMPV和呼吸道致病菌，如大肠杆菌、波氏杆菌和鼻气管炎鸟杆菌[27,49,68]、鸡毒支原体[74]和低毒力新城疫病毒[101]可明显增加发病率，使临床症状加重。在动物实验中，火鸡幼雏先感染鹦鹉热衣原体，再感染aMPV，明显增加了aMPV感染的严重性[103]。

病理生物学与流行病学

发生和分布

除澳大利亚外，其他饲养火鸡的国家均报道有aMPV。商品禽感染病毒仅仅以血清学为依据[23,33]。因为病毒鉴定或检测比较困难，所以报道分离到病毒的国家相对较少。尽管自1997年以来，在美国有火鸡发生aMPV的报道，而且邻国有该病发生的证据[50]，但在商品鸡中却没有分离到aMPV。

自然宿主和实验宿主

任何日龄的鸡和火鸡都可成为aMPV的自然宿主。此外，Picault等[82]从珍珠鸡（*Numida meleagris*）群中检测到禽肺病毒抗体，而且用分自aMPV感染火鸡的毒株感染珍珠鸡可引起鼻气管炎样疾病。也有珍珠鸡[61]和雉鸡[78]aMPV肿头综合征（SHS）的报道。英国从有呼吸道症状的雉鸡检测到aMPV，血清学调查也表明该病毒在观赏鸟中普遍存在[42,105]。用RT-PCR可以检测到禽偏肺病毒，偶尔可以从美国北部中心区的麻雀、鸭、鹅、燕子、海鸥和八哥的鼻甲骨中分离到病毒，这些分

离毒与商品火鸡C亚型分离株的亲缘性很近[11,12,90,91]。有报道称，从患呼吸道疾病和产蛋下降的商品番鸭中检测到了类C亚型病毒[98]。

Gough等[40]利用A亚型aMPV进行实验感染证实，火鸡、鸡和雉鸡易感并有临床症状，珍珠鸡可检测到对病毒的免疫应答，鸽、鹅和鸭似乎对病毒有抗性。从津巴布韦农场饲养的鸵鸟[15]、波罗的海鸥[47]中检测到抗禽aMPV抗体。用分自明尼苏达的火鸡禽aMPV进行小鼠、大鼠和水禽传染性研究发现，小鼠在感染后14天、大鼠在感染后6天仍可检测到病毒。水禽无临床症状，但在感染后21天利用PCR可检测到病毒RNA[72]。

传播

已确证易感小火鸡可以通过接触感染，接种过滤或未过滤的黏液、鼻液或感染禽其他呼吸道成分亦可感染[2,69]。Cook等[27]证明与感染禽直接接触9天，病毒可传染给易感小火鸡。这些作者都强调直接接触的重要性，因为在他们的实验中，在同一屋内不同笼饲养时，病毒未传染给易感禽。Alkhalaf等人利用C亚型aMPV得出了相似的结论[3]。虽然可以在产蛋鸡的生殖道中检测到高滴度病毒，但对aMPV垂直感染尚无公开发表的证据[53,57]。

在大多数国家aMPV感染是一种新病，且传播迅速。例如，在英国，英格兰和威尔士的大多数火鸡饲养区都发生了本病，首次暴发都在9周龄内[1,50]。传播的方式还不清楚，即使在一个点，其传播也难于预测。污染的水源、感染禽和康复禽的流动、人员和设备的流动、饲料车等都可能与疾病暴发有关，空气和垂直传播也有可能。目前只有接触感染被证实。事实上，这么多年来，该病在南美洲、中美洲、欧洲和其他国家呈地方流行，而北美仍然无aMPV感染，这说明直接接触对禽肺病毒的传播和扩散很重要。美国本身的情况也说明这一点，该病在明尼苏达州很普遍，但并没有传给其他火鸡养殖地区或商品鸡群。此外，家禽，尤其是火鸡的饲养密度对病毒的传播具有重要的影响[50]。尽管迁徙鸟，尤其是野生水禽可能是aMPV的传播者，但野生动物感染实验尚未充分证实这点。明尼苏达州是C亚型aMPV感染的中心区，野鸟的迁徙路线是由加拿大沿着美洲中部到达南美洲。然

而，并没有发现 A 和 B 亚型病毒从南美洲和中美洲传播到美国的证据，也没有证据证实 C 亚型病毒在南美洲传播。

临床症状、发病率和死亡率

火鸡偏肺病毒感染已有详细的介绍[23,60,73,93]。临床观察到症状的差异大部分是由于管理因素，如饲养密度过大、卫生较差、潮湿的环境或是否有并发感染等造成的。幼龄火鸡症状比较典型，包括以爪抓面部、啰音、打喷嚏、流鼻液、泡沫性结膜炎、眶下窦肿胀和颌下水肿，出现咳嗽和甩头，且日龄稍大的火鸡更常见。产蛋禽的产蛋下降可达70%，伴有蛋壳质量下降和腹膜炎增加[53]。深呼吸道感染可引起咳嗽并导致种火鸡输卵管脱出。各年龄段的火鸡发病率通常可高达 100%，死亡率低的为 0.4%，高的可达 50%，特别那些易感的雏火鸡，无并发感染时，一般 10～14 天可康复。

鸡的 aMPV 感染比较难确定，并且可能不表现临床症状[23,51]。aMPV 与鸡的肿头综合征（SHS）相关，主要有以下临床特征：眶下窦及眶周肿大、斜颈、脑定向失调及角弓反张，伴有大肠杆菌继发感染。虽然普遍出现呼吸道症状，但感染率一般不超过 4%。肉种鸡死亡率不超过 2%，通常对产蛋有影响。商品蛋鸡还可能影响蛋的质量[23,50]。实验室研究表明，点眼或滴鼻接种 aMPV 后产蛋一般正常，但静脉接种感染时临床症状要严重、且产蛋下降比较明显[31,48]。有证据表明，传染性支气管炎病毒和大肠杆菌混合感染也与 SHS 有关。

病理变化

大体病变

利用欧洲 aMPV 分离株人工感染 5 周龄易感火鸡，感染 96h 后可引起气管纤毛完全脱落[52]。产蛋火鸡感染后 1～9 天鼻甲有水样或黏液性渗出，气管黏液增多[53]。该作者同时报道了生殖道异常，包括卵黄性腹膜炎、输卵管内有皱褶的蛋壳膜、卵畸形、卵巢和输卵管退化、卵白浓缩及卵黄固化。产蛋鸡可能由于激烈的咳嗽而出现输卵管脱出。自然感染时，因继发其他病原而出现各种眼观病变，如气囊炎、心包炎、肺炎和肝周炎[23,41,51,87,93]。

鸡感染 aMPV，其明显的病变与肉鸡和肉种鸡

SHS 有关。大体病变包括头、颈和肉垂的皮下组织有广泛的黄色胶冻样或脓性水肿。眶下窦不同程度地肿胀[45,51,62,94]。

在日本，商品雏鸡也有类似病变的报道[78]。

组织学病变

对实验感染小火鸡的组织病理学有较详细的研究[66,73]。感染后 1～2 天可见鼻甲骨粒细胞活性增加、局部纤毛脱落、黏膜下充血和轻度单核细胞浸润。3～5 天可见上皮层损伤，黏膜下层有大量炎性单核细胞浸润。气管还可出现一过性病变。

用火鸡和鸡的分离株人工感染鸡可见类似的组织学病变，其他资料有详细的描述[16,66,67]。总的说来，尽管 aMPV 感染鸡引起的病变为局灶性和一过性，但结果明确说明可引起上呼吸道损伤。

免疫力

主动免疫

细胞免疫 实验研究表明细胞免疫反应是抗 aMPV 呼吸道感染的主力[56]。Jones 等[54]研究发现，经化学去除法氏囊的小火鸡免疫接种过 aMPV 疫苗后不能产生抗体，但对 aMPV 强毒攻击仍具有保护力。

体液免疫 有关火鸡感染 aMPV 的体液免疫已有很多报道，且有综述性文章[73]。可采用 ELISA、病毒中和试验和间接免疫荧光技术检测抗体，但这些方法都不是针对某种免疫球蛋白的。火鸡感染 aMPV 后，最早在第 7 天即可通过 ELISA 和病毒中和试验检测到抗体，并可持续 89 天到试验终止时[53]。

被动免疫

种鸡的抗体可经卵黄传递给后代，抗体效价与种鸡的循环抗体水平直接相关。但有证据表明有高水平母源抗体的 1 日龄火鸡也不能抵抗 aMPV 攻毒引起的临床发病[75]。

诊 断

病毒的分离和鉴定

由于病毒要求的条件苛刻、常常分离出继发感

染的病原及病毒分离的时机的把握等，使得本病毒的分离极其困难[41,50,60]。采用鸡胚、火鸡胚和鸡的器官培养已成功地分离到病毒，也是分离病毒的常规方法。最近已开发了分子生物学技术，特别是RT-PCR技术用于检测病毒。

病毒分离样本的选择和时机

虽然可从感染火鸡的气管、肺脏和内脏中分离到病毒，但含毒量最高的是感染禽的眼分泌物、鼻分泌物或鼻窦/鼻甲骨组织刮屑。由于感染后病毒在鼻窦和鼻甲中最多存在6～7天，所以应尽快采集样品。这个时机极为重要[33,40,50]。感染禽出现严重症状时很难分离到病毒，估计这种特别严重的症状往往是由于病毒感染后促使细菌继发感染或条件性细菌感染引起的。这也可能是SHS鸡分离不到病毒的原因，因为其特征性的症状似乎是由大肠杆菌继发感染引起的。此外，还有多种不明原因，从发病鸡上分离病毒远比火鸡困难。

由于病毒的不稳定性，采集样品必须马上置于冰上，并尽快送到诊断试验室进行病原分离[41,50]。如果不能马上送到实验室，则需在-50℃到-70℃冻存。

病毒分离

初次分离aMPV的方法已有文献的详细介绍[23,33,41,43,51]。根据欧洲和最近美国的经验，应采取多种方法进行诊断，以便最大限度提高病毒分离的成功率。

气管环培养　快出壳的火鸡或鸡胚及1～2周龄无aMPV抗体的雏鸡的气管培养可用于病毒的分离。这些培养可维持几周，接种样品后可观察到纤毛运动停止，而观察到恒定的病变时，需要数次传代培养[33]。早期A型和B型aMPV分离株就是采用这种方法分离到的。研究发现气管培养不适合C型毒株的分离，因为这些毒株不引起纤毛运动停止[30]。

鸡胚培养　可使用6～8日龄aMPV抗体阴性的火鸡和鸡胚分离病毒。一般情况下需要连续传代，才能稳定地致死胚。这一方法比较费钱、费力，有时候可能失败。可是，1997年采用这一方法分离到了C型aMPV科罗拉多株[79,88]，近期在明尼苏达暴发时也多采用此方法，1980年南非最原始的aMPV毒株也是采用这一方法分离到的[13]。

细胞培养　用培养细胞初代分离aMPV比较困难，但鸡胚细胞、VERO细胞偶尔也能成功[43]。分离结果呈阳性时，病毒需要盲传多次才能产生比较一致的细胞病变（CPE）。QT-35细胞也适合于aMPV的初代分离[43]。病毒一旦适应了鸡胚和气管培养，可通过禽类和哺乳动物细胞培养获得高滴度的病毒，此时培养细胞可产生特征性病变，在7天内形成合胞体。

病毒鉴定

所分离的病毒在电镜下呈副黏病毒样形态。病毒粒子为多形性，球状（80～600nm）或纤丝状（长达1 000nm），表面纤突长13～14nm。破碎的病毒粒子中有时可见螺旋形核衣壳，直径为14nm，螺距约7nm[20,33]。

对分离株理化特性的研究有助于分离株的鉴定，具体的理化特性见其他文献[41]。

应用单克隆抗体可区分不同的毒株，但近年来，主要根据病毒黏附蛋白（G）和其他蛋白基因的核苷酸差异，采用分子生物学方法进行了鉴别[33]。

直接检测病毒抗原

已建立了许多检测方法，可检测固定组织、非固定组织和触片中的aMPV抗原，最常使用的是免疫过氧化物酶（IP），免疫荧光（IF）和免疫金染色法，这些方法在文献中已详细描述[1,33,53]。实验室普遍运用这些方法来研究aMPV在鸡和火鸡上的复制和致病性，但在临床诊断上的价值是有限的。

分子生物学鉴定

近年来，随着PCR技术的发展，aMPV诊断技术取得了巨大的进步，毫无疑问，分子技术比传统的病毒分离技术更快、更敏感[17,23,33,41]。运用PCR方法检测时，特别需要考虑的是，选用亚型特异性引物还是通用引物，通用引物可检测数种亚型毒株，但不能区别各种亚型。在欧洲，四种亚型均有报道，所以最需要考虑引物的选择问题；然而在美国只有C亚型的报道，引物选择便不大重要。RT-PCR方法常用针对F、M和G蛋白基因的引物，其特异性有限，所以不能鉴定所有的亚型[33,41]。已有报道表明：根据N蛋白基因保守区设计引物进行PCR扩增可确定A、B、C和D亚型存在[9]。利用该方法确知阳性结果后，可采用亚型特异性引物进行 PCR 亚型鉴定，或通过扩增片段的测序和限制性片段长度多态性分析来进一步确定其亚型。现已建立了多种 RT—PCR 方法，且有大量的综述性文献[18,33,63,77]。

血清学

由于 aMPV 的分离和鉴定比较困难，可以采用血清学方法对商品鸡和其他禽的感染情况进行确诊。ELISA 是最常用的方法，其他方法包括病毒中和试验和间接免疫荧光技术[10,41]。与火鸡相比，感染鸡或免疫鸡的血清学应答通常比较低。

与其他血清学技术一样，需要送检发病急性期和康复期血清。血清应在 56℃ 处理 30min。如果不能及时检测可储存于−20℃。

ELISA

已有许多检测 aMPV 抗体的商品化试剂盒[23,41,73]，可用于大量血清样品的筛查，但敏感性和特异性有所不同[23,70,97]，这主要是包被 ELISA 板的抗原的纯度和抗原性不同造成的。利用异源性 aMPV 毒株包被 ELISA 板时，可能检测不到疫苗源性抗体[36]。研究表明：试剂盒中加入 A 或 B 亚型抗原时，对 aMPV 科罗拉多株抗体的检测不敏感[30]。有些竞争 ELISA 试剂盒加入了 aMPV 特异性单克隆抗体，有利于检测不同品种家禽的血清。可是，这些试剂盒不适合于美国 aMPV 分离株抗体的检测[30]。已建立了加有科罗拉多和明尼苏达分离株抗原的 ELISA[4,19,65]。有报道，用 M 和 N 蛋白表达抗原来建立夹心捕获 ELISA 检测 C 亚型抗体时，更敏感、特异性更好[44]。

病毒中和试验

按照标准的中和试验方法，采用敏感的培养细胞或气管环培养可进行 aMPV 抗体检测。鸡胚细胞检测的方法已有详细介绍[41]。检测结果与 ELISA 和间接免疫荧光有很好的相关性，但 A 和 B 亚型的病毒有交叉反应[10,33]。病毒中和试验费时、费钱，不适于鸡群大规模血清学筛查。

免疫荧光抗体试验

间接免疫荧光抗体试验已有许多报道[33,73]。这些试验是一项很好的研究技术，但在家禽血清样品抗体大规模检测中应用不多。

鉴别诊断

毒株的差异

aMPV 的外观形态并不能鉴定毒株类型和亚型。A 亚型与 B 亚型尽管属于同一血清型，但可根据黏附蛋白（G）基因的核苷酸序列[55]和单克隆抗体[22,28]分析结果来区分。美国出现 aMPV 的 C 亚型，法国出现 C 亚型和 D 亚型，似乎还有新的亚型未被发现。可能当前的 RT‐PCR 方法检测不到 aMPV 的"新"亚型。显然，为了鉴定出 aMPV 的"新"亚型，需要采用多种诊断方法，包括病原分离、电镜和建立更为敏感的 PCR 方法[33]。

其他病毒

与 aMPV 类似，副黏病毒，特别是新城疫病毒、APMV‐3、传染性支气管炎病毒和流感病毒也可引起鸡和火鸡的呼吸道疾病和产蛋下降。副黏病毒和某些禽流感病毒具有相似的形态，但这些病毒具有血凝活性和神经氨酸酶活性，因而易与 aMPV 区分。通过形态学和分子生物学特性可将 aMPV 与传染性支气管炎病毒区别开。

细菌和支原体

许多细菌和支原体引起的疾病症状与 aMPV 感染相似[50,59]，这些细菌常常是 aMPV 感染的继发性条件致病菌，给诊断带来很大困难，只能通过 aMPV 的分离和鉴定才能做出明确的区分。

预 防 控 制

管理措施

现普遍认为饲养管理因素对商品禽，尤其是火鸡 aMPV 感染的严重程度具有非常明显的影响。通风和温控不良、饲养密度大、垫料质量差、卫生措施不力、不同日龄混养，以及继发感染都可加重 aMPV 感染[41,51,59,93]。在敏感期进行断喙或免疫接种可加剧 aMPV 感染的严重程度和死亡率[6]。一般来说，良好的生物安全措施是防止 aMPV 传入家禽养殖场的必要措施（野禽可能是病毒的携带者），必须做好饲养管理人员、设备和运料车的日常消毒。

使用抗生素控制继发细菌感染可以降低疾病的严重性[46]。

免疫接种

可以购买到用于鸡和火鸡的 aMPV 弱毒疫苗和灭活疫苗。因人工复制病例比较难，且病毒弱化不好，使早期工作遇到了许多困难[96]。目前已有许多关于病毒致弱的报道，并可以作为有效的疫苗[14,24,25,26,80,106]。弱毒活疫苗既可刺激产生全身免疫，也可刺激呼吸道产生局部免疫[56]。火鸡，尤其是鸡在弱毒苗初免后的体液免疫应答差，但呼吸道的细胞免疫应答仍对毒株感染起保护作用[63]。雏火鸡体内高水平的母源抗体对 aMPV 强毒没有保护作用，同样出现临床症状[75]。研究表明免疫接种 A 和 B 亚型疫苗均可产生良好的交叉保护作用[29]。利用 A 和 B 亚型制备的 aMPV 疫苗对 C 型科罗拉多株病毒有保护作用[23]。为了使成年禽获得充分的保护，免疫活疫苗后，再接种 aMPV 油佐剂灭活疫苗。典型的火鸡免疫程序为：1 日龄粗喷免疫接种 A 或 B 亚型（或两者合用）活苗，7～10 日龄和 4～6 周龄再免疫。这一免疫程序主要刺激呼吸道产生细胞免疫。种鸡还需要在 16～20 周龄免疫灭活疫苗。有继发感染时可能会发生免疫接种反应[32]。

发展趋势

表达特异性免疫原（如 F 糖蛋白）的禽痘病毒苗和 DNA 质粒重组苗已得到评估。已确定禽痘重组苗可刺激试验火鸡产生 aMPV 抗体，对攻毒有部分保护作用[108]。卵内免疫火鸡 aMPV 疫苗的研究也有报道，结果表明这种免疫途径与常规方法相比有几方面的优势[107]。近来报道，aMPV 冷适应株可作为疫苗，且免疫 14 周时对攻毒具有保护作用[81]。

正在进行亚单位疫苗和基因缺失突变苗的开发和评估工作。

欧阳文军　译

秦卓明　校

参考文献

[1] Alexander, D. J. 1993. Pneumoviruses (Turkey rhinotracheitis and swollen head syndrome of chickens). In: J. B. McFerran and M. S. McNulty (eds). Virus Infections of Birds. Elsevier Science Publishers B. V. pp 375 - 382.

[2] Alexander, D. J. , E. D. Borland, C. D. Bracewell, N. J. Chettle, R. E. Gough, S. A. Lister and P. J. Wyeth. 1986. A preliminary report of investigations into turkey rhinotracheitis in Great Britain. State Veterinary Journal 40: 161 - 169.

[3] Alkahalaf, A. N. , L. A. Ward, R. N. Dearth and Y. M. Saif. 2002. Pathogenicity, transmissibility and tissue distribution of avian pneumovirus in turkey poults. Avian Diseases 46: 650 - 659.

[4] Alkahalaf, A. N. , D. A. Halvorson and Y. M. Saif. 2002a. Comparison of enzyme linked immunosorbent assays and virus neutralisation test for detection of antibodies to avian pneumovirus. Avian Diseases 46: 700 -703.

[5] Alvarez, R. , H. W. Lwamba, D. R. Kapczynski, M. K. Njenga and B. S. Seal. 2003. Nucleotide and predicted amino acid sequence-based analysis of the avian metapneumovirus type C cell attachment glycoprotein gene: Phylogenetic analysis and molecular epidemiology of U. S. pneumoviruses. Journal of Clinical Microbiology 41: 1730 -1735.

[6] Andral, B. C. , C. Louzis, D. Trap, J. A. Newman, D. Toquin and G. Bennejean. 1985. Respiratory disease (rhinotracheitis) in turkeys in Brittany, France, 1981—1982. I. Field observation and serology. Avian Diseases 29: 35 -42.

[7] Arns, C. W. and H. M. Hafez. 1995. Isolation and identification of APV from broiler breeder flocks in Brazil. Proceedings of the 44th Western Poultry Disease Conference, Sacramento, U. S. A. pp 124 - 125.

[8] Baxter - Jones, C. , J. K. A. Cook, J. A. Fraser, M. Grant, R. C. Jones, A. P. A. Mockett, and G. P. Wilding. 1987. Close relationship between TRT virus isolates. Vet Rec 120: 562.

[9] Bayon - Auboyer, M. H. , C. Arnauld, D. Toquin and N. Eterradossi. 2000. Nucleotide sequences of the F, L and G protein genes of two non - A/non - B avian pneumoviruses (APV) reveal a novel APV subgroup. Journal of General Virology 81: 2723 - 2733.

[10] Baxter - Jones, C. , M. Grant, R. C. Jones and G. P. Wilding. 1989. A comparison of three methods for detecting antibodies to turkey rhinotracheitis virus. Avian Patholo-

gy 18:91 - 98.

[11]Bennett,R. S. ,B. McComb,H. J. Shin,M. K. Njenga,K. V. Nagaraja and D. A. Halvorson. 2002. Detection of avian pneumovirus in wild Canadian geese(*Branta canadensis*)and blue-winged teal(*Anas discors*). Avian Diseases 46:1025 - 1029.

[12]Bennett,R. S. ,J. Nezworski,B. T. Velayudhan,K. V. Nagaraja,D. H. Zeman,N. Dyer,T. Graham,D. C. Lauer, M. K. Njenga and D. A. Halvorson. 2004. Evidence of avian pneumovirus spread beyond Minnesota among wild and domestic birds in Central North America. Avian Diseases 48:902 - 908.

[13]Buys,S. B. and J. H. du Preez. 1980. A preliminary report on the isolation of a virus causing sinusitis in turkeys in South Africa and attempts to attenuate the virus. Turkeys(June):36,56.

[14]Buys,S. B. ,J. H. du Preez. and H. J. Els. 1989. The isolation and attenuation of a virus causing rhinotracheitis in turkeys in South Africa. Onderstepoort Journal of Veterinary Research. 57:87 - 98.

[15]Cadman, H. F. , P. J. Kelly, R. Zhou, F. Davelaar and P. R. Manson. 1994. A serosurvey using ELISA for antibodies against poultry pathogens in ostriches(*Struthio camelus*)from Zimbabwe. Avian Diseases 38:621 - 625.

[16]Catelli,E. ,J. K. A. Cook,J. Chesher,S. J. Orbell,M. A. Woods,W. Baxendale and M. B. Huggins. 1998. The use of virus isolation, histopathology and immunoperoxidase techniques to study the dissemination of a chicken isolate of avian pneumovirus in chickens. Avian Pathology 27: 632 - 640.

[17]Cavanagh, D. , K. Mawditt, P. Britton and C. J. Naylor. 1999. Longitudinal field studies of infectious bronchitis virus and avian pneumovirus in broilers using type-specific polymerase chain reactions. Avian Pathology 28: 593 -605.

[18]Cecchinato,M. , E. Catelli, C. E. Savage, R. C. Jones and C. J. Naylor. 2004. Design,validation and absolute sensitivity of a novel test for the molecular detection of avian pneumovirus. Journal of Veterinary Diagnostic Investigation 16:582 - 585.

[19]Chiang,S. J. , A. M. Dar, S. M. Goyal, M. A. Sheik, J. C. Pedersen,B. Panigrahy,D. Senne,D. A. Halvorson,K. V. Nagaraja and V. Kapur. 2000. A modified enzyme-linked immunosorbent assay for the detection of avian pneumovirus antibodies. Journal of Veterinary Diagnostic Invest 12:381 - 384.

[20]Collins,M. S. and R. E. Gough. 1988. Characterisation of a virus associated with turkey rhinotracheitis. Journal of General Virology 69:909 - 916.

[21]Collins,M. S. ,R. E. Gough, S. A. Lister, N. Chettle,and R. Eddy. 1986. Further characterisation of a virus associated with turkey rhinotracheitis. Vet Rec 119:606.

[22]Collins,M. S. , R. E. Gough, and D. J. Alexander. 1993. Antigen differentiation of avian pneumovirus isolates using polyclonal antisera and mouse monoclonal antibodies. Avian Pathology 22:469 - 479.

[23]Cook,J. K. A. 2000. Avian Rhinotracheitis. Rev Sci Tech Off Int Epiz 19:602 - 613.

[24]Cook,J. K. A. , M. M. Ellis,C. A. Dolby, H. C. Holmes, P. M. Finney and M. B. Huggins. 1989. A live attenuated turkey rhinotracheitis virus vaccine. I. Stability of the attenuated strain. Avian Pathology 18:511 - 522.

[25]Cook,J. K. A. , M. M. Ellis, C. A. Dolby, H. C. Holmes, P. M. Finney and M. B. Huggins. 1989. A live attenuated turkey rhinotracheitis virus vaccine. 2 The use of the attenuated strain as an experimental vaccine. Avian Pathology 18:523 - 534.

[26]Cook,J. K. A. and M. M. Ellis. 1990. Attenuation of turkey rhinotracheitis virus by alternative passage in embryonated chicken eggs and tracheal organ cultures. Avian Pathology 19:181 - 185.

[27]Cook,J. K. A. , M. M. Ellis and M. B. Huggins. 1991. The pathogenesis of turkey rhinotracheitis virus in turkey poults inoculated with the virus alone or together with two strains of bacteria. Avian Pathology 119: 181 -185.

[28]Cook,J. K. A. ,B. V. Jones, M. M. Ellis, J. Li and D. Cavanagh. 1993. Antigenic differentiation of strains of turkey rhinotracheitis virus using monoclonal antibodies. Avian Pathology 22:257 - 273.

[29]Cook,J. K. A. , M. B. Huggins,M. A. Wood, S. J. Orbell and A. P. A. Mockett. 1995. Protection provided by a commercially available vaccine against different strains of turkey rhinotracheitis virus. Veterinary Record 136:392 - 393.

[30]Cook,J. K. A. , M. B. Huggins, S. J. Orbell and D. A. Senne. 1999. Preliminary antigenic characterisation of an avian pneumovirus isolated from commercial turkeys in Colorado,USA. Avian Pathology 28:607 - 617.

[31]Cook,J. K. A. ,J. Chesher, F. Orthel, M. A. Woods, S. J. Orbell, W. Baxendale and M. B. Huggins. 2000. Avian pneumovirus infection in laying hens:experimental studies. Avian Pathology 29:545 -556.

[32]Cook,J. K. A. , M. B. Huggins, S. J. Orbell, K. Mawditt

and D. Cavanagh. 2001. Infectious bronchitis virus vaccine interferes with the replication of avian pneumovirus vaccine in domestic fowl. Avian Pathology 30:233 - 242.

[33]Cook,J. K. A. and D. Cavanagh. 2002. Detection and differentiation of avian pneumoviruses (metapneumoviruses). Avian Pathology 31:117 - 132.

[34]D'Arce,R. C. F. ,L. T. Coswig,R. S. Almeida,I. M. Trevisol,M. C. B. Monteiro,L. I. Rossini,J. di Fabio, H. M. Hafez and C. W. Arns. 2005. Subtyping of new Brazilian avian metapneumovirus isolates from chickens and turkeys by reverse transcriptase-nested polymerase chain reaction. Avian Pathology 34:133 - 136.

[35]Droual,R. and P. R. Woolcock. 1994. Swollen head syndrome associated with *E. coli* and infectious bronchitis virus in the Central Valley of California. Avian Pathology 23:733 - 742.

[36]Eterradossi,N. ,D. Toqin,M. Guittet and G. Bennejean. 1992. Discrepancies in turkey rhinotracheitis ELISA results using different antigens. Veterinary Record 131: 563 - 564.

[37]Fearns,R. M. ,M. E. Peeples and P. L. Collins. 2002. Mapping the transcription and replication promoters of respiratory syncytial virus. Journal of Pathology 76: 1663 -1672.

[38]Giraud,P. ,G. Bennejean,M. Guittet and D. Toquin. 1986. Turkey rhinotracheitis in France: Preliminary investigation on a ciliostatic virus. Veterinary Record 119: 606 - 607.

[39]Gough,R. E. and M. S. Collins. 1989. Antigenic relationships of three turkey rhinotracheitis viruses. Avian Pathology 18:227 - 238.

[40]Gough,R. E. ,M. S. Collins,W. J. Cox and N. J. Chettle. 1988. Experimental infection of turkeys,chickens,ducks, guinea-fowl, pheasants and pigeons with turkey rhinotracheitis virus. Veterinary Record 123:58 - 59.

[41]Gough,R. E. and J. C. Pedersen. 2007. Avian Metapneumovirus. In: Isolation and Identification of Avian Pathogens(eds) L. Dufour-Zavala, D. E. Swayne, M. W. Jackwood,J. E. Pearson,W. M. Reed and P. Woolcock. American Association of Avian Pathologists,Kennett Square, PA,In Press.

[42]Gough,R. E. ,S. E. Drury, E. Aldous and P. W. Laing. 2001. Isolation and identification of an avian pneumovirus from pheasants. Veterinary Record 149:312.

[43]Goyal,S. M. ,S. J. Chiang, A. M. Dar,K. V. Nagaraja,D. P. Shaw, D. A. Halvorson and V. Kapur. 2000. Isolation of avian pneumovirus from an outbreak of respiratory ill-ness in Minnesota turkeys. Journal of Veterinary Diagnostic Invest 12:166 - 168.

[44]Gulati,B. R. , S. Munir, D. P. Patnayak, S. M. Goyal and V. Kapur. 2001. Detection of antibodies to US isolates of avian pneumovirus by a recombinant nucleocapsid protein-based sandwich enzyme-linked immunosorbent assay. Journal of Clinical Microbiology 39:2967 - 2970.

[45]Hafez, H. M. 1993. The role of pneumovirus in swollen head syndrome of chickens: review. Arch. Geflugelkde 57:181 - 185.

[46]Hafez, H. M. , J. Emele and H. Woernle. 1990. Turkey rhinotracheitis: serological flock profiles and economic parameters and treatment trials using Enrofloxacin(Baytril). Zeitschr Gebiete Veterin 45:111 - 114.

[47]Heffels-Redmann, U. , U. Neumann, S. Branne, J. K. A. Cook and J. Pruter. 1998. Serological evidence for susceptibility of sea gulls to avian pneumovirus (APV) infection. In. Proceedings International Symposium on Infectious Bronchitis and Pneumovirus Infections in Poultry. Heffels-Redmann, U. and E. Kaleta (eds) Rauischholzhausen,Germany 15 - 18 June pp 23 - 25.

[48]Hess,M. ,M. B. Huggins, R. Mudzamiri and U. Heincz. 2004. Avian metapneumovirus excretion in vaccinated and non-vaccinated specified pathogen free laying chickens. Avian Pathology 33:35 - 40.

[49]Jirjis,F. F. ,S. L. Noll,D. A. Halvorson,K. V. Nagaraja, F. Martin and D. P. Shaw. 2004. Effects of bacterial coinfection on the pathogenesis of avian pneumovirus in turkeys. Avian Disease 48:34 - 49.

[50]Jones,R. C. 1996. Avian pneumovirus infection:questions still unanswered. Avian Pathology 25:639 -648.

[51]Jones,R. C. 2001. Pneumovirinae. In: F. Jordan,M. Pattison, D. Alexander and T. Faragher(eds). Poultry Diseases,5th edition, W. B. Saunders publishers,pp 272 -280.

[52]Jones,R. C. , C. Baxter-Jones, G. P. Wilding and D. F. Kelly. 1986. Demonstration of a candidate virus for turkey rhinotracheitis in experimentally inoculated turkeys. Veterinary Record 119:599 - 600.

[53]Jones,R. C. ,R. A. Williams,C. Baxter-Jones,C. E. Savage and G. P. Wilding. 1988. Experimental infection of laying turkeys with rhinotracheitis virus: distribution of virus in the tissues and serological response. Avian Pathology 17:841 - 850.

[54]Jones,R. C. ,C. J. Naylor,A. Al - Afelaq, K. J. Worthington and R. Jones. 1992. Effect of cyclophosphamide immunosuppression on the immunity of turkeys to viral tracheitis. Res Vet Sci 53:38 - 41.

[55]Juhasz, K. and A. J. Easton. 1994. Extensive sequence variation in the attachment (G) protein gene of avian pneumovirus; evidence for two distinct subtypes. Journal of General Virology 75;2873 - 2880.

[56]Kehra, R. S. 1998. Avian pneumovirus infection in chickens and turkeys; studies on some aspects of immunity and pathogenesis. PhD Thesis. University of Liverpool. 216pp.

[57]Kehra, R. S. and R. C. Jones. 1999. *In vitro* and *in vivo* studies on the pathogenicity of avian pneumovirus for the chicken oviduct. Avian Pathology 28;257 -262.

[58]Ling, R. , A. J. Easton and C. R. Pringle. 1992. Sequence analysis of the 22K, SH and G genes of turkey rhinotracheitis virus and their intergenic regions reveal a gene order different from that of other pneumoviruses. 1992. Journal of General Virology 73;1709 -1715.

[59]Lister, S. A. 1998. Current experiences with respiratory diseases in meat turkeys in the U. K. In;1st International Symposium on Turkey Diseases. Ed H. M. Hafez. German Veterinary Medicine Society 19 - 21 February, Berlin. pp104 - 113.

[60]Lister, S. A. and D. J. Alexander. 1986. Turkey Rhinotracheitis;A Review. Veterinary Bulletin 56;637 - 663.

[61]Litjens, J. B. , F. C. Kleyn van Willigen and M. Sinke. 1980. A case of swollen head syndrome in a flock of guinea-fowl. Tijdschr Diergen 114;719 - 720.

[62]Lu, Y. S. , Y. S. Shien, H. J. Tsai, C. S. Tseng, S. H. Lee and D. F. Lin. 1994. Swollen head syndrome in Taiwan-isolation of an avian pneumovirus and serological survey. Avian Pathology 23;169 - 174.

[63]Lwamba, H. C. M. , R. S. Bennett, D. C. Lauer, D. A. Halvorson and M. K. Njenga. 2002. Characterisation of avian metapneumoviruses isolated in the USA. Animal Health Research Reviews 3;107 - 117.

[64]Lwamba, H. C. M. , R. Alvarez, M. G. Wise, Q. Yu, D. Halvorson, M. K. Njenga and B. S. Seal. 2005. Comparison of the full-length genome sequence of avian metapneumovirus subtype C with other paramyxoviruses. Virus Research 107;83 - 92.

[65]Maherchandani, S. , D. P Patnayak, C. A. Munoz - Zanzi, D. Lauer and S. M. Goyal. 2005. Evaluation of five different antigens in enzyme linked immunosorbent assay for the detection of avian pneumovirus antibodies. Journal of Veterinary Diagnostic Investigation 17;16 - 22.

[66]Majó, N. , G. M. Allan, C. J. O'loan, A. Pagès and A. J. Ramis. 1995. A sequential histopathologic and immunocytochemical study of chickens, turkeys poults and broil-er breeders experimentally infected with turkey rhinotracheitis virus. Avian Diseases 39;887 -896.

[67]Maió, N. , M. Marti, C. J. O'loan, S. M. Allan, A. Pagès and A. Ramis. 1996. Ultrastructural study of turkey rhinotracheitis virus infection in turbinates of experimentally infected chickens. Veterinary Microbiology 52;37 - 48.

[68]Marien, M. , A. Decostere, A. Martel, K. Chiers, R. Froyman and H. Nauwynck. 2005. Synergy between avian pneumovirus and *Ornitho-bacterium rhinotracheale* in turkeys. Avian Pathology 34;204 - 211.

[69]McDougall, J. S. and J. K. A. Cook. 1986. Turkey rhinotracheitis; preliminary investigations. Veterinary Record 118;206 - 207.

[70]Mckkes, D. R. and J. J. de Wit. 1998. Comparison of three commercial ELISA kits for the detection of rhinotracheitis virus antibodies. Avian Pathology 27;301 -305.

[71]Morley, A. J. and D. K. Thomson. 1984. Swollen-head syndrome in broiler chickens. Avian Diseases 28; 238 -243.

[72]Nagaraja, K. V. , H. J. Shin and D. A. Halvorson. 2000. Avian pneumovirus of turkeys and its host range. In; 3rd International symposium on Turkey Diseases. Ed H. M. Hafez. German Veterinary Medicine Society. June 14 - 17 Berlin pp. 208 - 213.

[73]Naylor, C. J. and R. C. Jones. 1993. Turkey rhinotracheitis; a review. Veterinary Bulletin 63;439 - 449.

[74]Naylor, C. J. , A. R. Al - Ankari, A. I. Al-Afaleq, J. M. Bradbury and R. C. Jones. 1992. Exacerbation of *Mycoplasma gallisepticum* infection in turkeys by rhinotracheitis virus. Avian Pathology 21;295 - 305.

[75]Naylor, C. J. , K. J. Worthington and R. C. Jones. 1997. Failure of maternal antibodies to protect young turkey poults against challenge with turkey rhinotracheitis virus. Avian Diseases 41;968 - 971.

[76]Naylor C. J. , P. A. Brown, N. Edworthy, R. Ling, R. C. Jones and A. J. Easton. 2004. Development of a reverse-genetics system for avian pneumovirus demonstrates that the small hydrophobic(SH) and attachment(G)genes are not essential for virus viability. Journal of General Virology 85;3219 - 3227.

[77]Njenga, M. K. , H. M. Lwamba and B. S. Seal. 2003. Metapneumoviruses in birds and humans. Virus Research 91;163 - 169

[78]Ogawa, A. , S. Murakami and T. Nakane. 2001. Field cases of swollen-head syndrome in pheasants. Journal of the Japanese Veterinary Medical Association 54;87 - 91.

[79]Panigrahy, B. , D. A, Senne, J. C. Pedersen, T. Gidlewski

and R. K. Edson. 2000. Experimental and serologic observations on avian pneumovirus (APV/turkey/Colorado/97) infection in turkeys. Avian Diseases 44:17 - 22.

[80] Patnayak, D. P., A. Tiwari and S. M. Goyal. 2005. Growth of vaccine strains of avian pneumovirus in different cell lines. Avian Pathology 34:123 - 126.

[81] Patnayak, D. P. and S. M. Goyal. 2006. Duration of immunity engendered by a single dose of a cold-adapted strain of avian pneumovirus. Canadian Journal of Veterinary Research 70:65 - 67.

[82] Picault, J. P., P. Drouin, J. Lamande, J. Toux, I. Marter, and P. Girault. 1986. L'Aviculteur 467:43

[83] Picault, J-P., P. Giraud, P. Drouin, M. Guittet, G. Bennejean, J. Lamande, D. Toquin and C. Gueguen. 1987. Isolation of a TRT-like virus from chickens with swollen head syndrome. Veterinary Record 121:135.

[84] Pringle, C. R. 1998. Virus taxonomy. Archives of Virology 143:1449 - 1459.

[85] Rautenschlein, S., A. M. Sheikh, D. P. Patnayak, R. L. Miller, J. M. Sharma, and S. M. Goyal. 2002. Effect of an immunomodulator on the efficacy of an attenuated vaccine against avian pneumovirus in turkeys. Avian Diseases 46:555 - 561.

[86] Seal, B. 1998. Matrix protein gene nucleotide and predicted amino acid sequence demonstrate that the first US avian pneu - movirus isolate is distinct from European strains. Virus Research 58:45 - 52.

[87] Seal, B. 2000. Avian pneumovirus and emergence of a new type in the United States of America. Animal Health Research Reviews 1:67 - 72.

[88] Senne, D. A., J. C. Pedersen, R. K. Edson, and B. Panigrahy 1997. Avian pneumovirus update. In: Proceedings of the American Veterinary Medical Association. 134th Annual Congress, July. Nevada p 190.

[89] Shin, H. J., B. McComb, A. Back, D. P. Shaw, D. A. Halvorson and K. Nagaraja. 2000. Susceptibility of broiler chicks to infection by avian pneumovirus of turkey origin. Avian Diseases 44:797 - 802.

[90] Shin, H. J., M. K. Njenga, B. McComb, D. A. Halvorson and K. V. Nagaraja. 2000a. Avian pneumovirus RNA from wild and sentinel birds in the US has genetic homology with APV isolates from domestic turkeys. Journal of Clinical Microbiology 38:4282 -4284.

[91] Shin, H. J., K. V. Nagaraja, B. McComb, D. A. Halvorson, F. F. Jirjis, D. P. Shaw, B. S. Seal and M. K. Njenga. 2002. Isolation of avian pneumovirus from mallard ducks that is genetically similar to viruses isolated from neighbouring commercial turkeys. Virus Research 83:207 -212.

[92] Shin, H. J., K. T. Cameron, J. A. Jacobs, E. A. Turpin, D. A. Halvorson, S. M. Goyal, K. V. Nagaraja, B. McComb, C. K. Mahesh, D. A. Lauer, B. S. Seal and M. K. Njenga. 2002. Molecular epidemiology of subtype C avian pneumovirus isolated in the United States and comparison with subgroups A and B viruses. Journal of Clinical Microbiology 40:1687 -1693.

[93] Stuart, J. C. 1989. Rhinotracheitis: turkey rhinotracheitis (TRT) in Great Britain. In: C. Nixey and T. C. Grey (eds) Recent Advances in Turkey Science. Poultry Science Symposium Series. No 21. Butterworth, London, pp 217 - 224.

[94] Tanaka, M., H. Takuma, N. Kokumai, E. Oiski, T. Obi, K. Hiramatsu and Y. Shimazu. 1995. Turkey rhinotracheitis virus isolated from broiler chickens with swollen head syndrome. Journal of Veterinary Medical Science 57:939 - 941.

[95] Tarpey, I., M. B. Huggins, P. J. Davis, R. Shilleto, S. J. Orbell and J. K. A. Cook. 2001. Cloning, expression and immunogenicity of the avian pneumovirus (Colorado isolate) F protein. AvianPathology 30:471 - 474.

[96] Tiwari, A., D. P. Patnayak and S. M. Goyal. 2006. Attempts to improve on a challenge model for subtype C avian pneumovirus. Avian Pathology 35:117 - 121.

[97] Toquin, D., N. Eterradossi and M. Guittet. 1996. Use of a related ELISA antigen for efficient TRT serological testing following live vaccination. Veterinary Record 139:71 - 72.

[98] Toquin, D., M. H. Bäyon-Auboyer, N. Eterradossi, H. Morin and V. Jestin. 1999. Isolation of a pneumovirus from a Muscovy duck. Veterinary Record 145:680

[99] Toquin, D., M. H. Bäyon-Auboyer, D. A. Senne, and N. Eterradossi. 2000. Lack of antigenic relationship between French and recent North American non-A/non-B turkey rhinotracheitis viruses. Avian Diseases 44:977 - 982.

[100] Townsend, E., D. A. Halvorson, K. E. Nagaraja, and D. P. Shaw. 2000. Susceptibility of an avian pneumovirus isolated from Minnesota turkeys to physical and chemical agents. Avian Diseases 44:336 -342.

[101] Turpin, E. A., L. E. L. Perkins and D. E. Swayne. 2002. Experimental infection of turkeys with avian pneumovirus and either Newcastle disease virus or Escherichia coli. Avian Diseases 46:412 - 422.

[102] Van den Hoogen, B. G., J. C. de Jong, J. Groen, T. Kuiken, R. de Groot, R. A. M. Fouchier and A. D. M. E.

Osterhaus. 2001. A newly discovered human pneumovirus isolated from young children with respiratory tract disease. Nature Med 7:719 - 724.

[103]Van Loock, M. , D. Vanrompay, S. Van den Zande, H. Nauwyck, G. Volckaert and B. M. Goddeeris. 2002. Pathogenicity of an avian pneumovirus infection in *Chlamydophila psittaci* infected turkeys. In: 4th International Symposium on Turkey Diseases. Ed H. M. Hafez. German Veterinary Medicine Society. May 15 - 18,Berlin pp. 149 - 150.

[104]Velayudhan, B. T. , V. C. Lopes, S. L. Noll, D. A. Halvorson and K. V. Nagaraja. 2003. Avian pneumovirus and its survival in poultry litter Avian Disease 47: 764 -768.

[105]Welchman, D. B. , J. M. Bradbury, D. Cavanagh and N. J. Aebischer. 2002. Infectious agents associated with respiratory disease in pheasants. Veterinary Record 150: 658 - 664.

[106]Williams, R. A. ,C. E. Savage and R. C. Jones. 1991. Development of a live attenuated vaccine against turkey rhinotracheitis. Avian Pathology 20:45 - 55.

[107]Worthington, K. J. , B. A. Sargent, F. G. Davelaar, and R. C. Jones. 2000. Immunity to avian pneumovirus infection in turkeys following *in ovo* vaccination with an attenuated vaccine. Vaccine 21:1355 -1362.

[108]Yu, Q. , T. Barrett, T. D. K. Brown, J. K. A. Cook, P. Green, M. A. Skinner and D. Cavanagh. 1994. Protection against turkey rhinotracheitis pneumovirus(TRTV) induced by a fowl pox virus recombinant expressing the TRTV fusion glycoprotein(F). Vaccine 12:569 - 573.

[109]Zande, van de. S. , H. Nauwynck, S. de Jonghe and M. Pensaert. 1999. Comparative pathogenesis of a subtype A with a subtype B avian pneumovirus in turkeys. Avian Pathology 28:239 - 244.

禽副黏病毒 2～9 型

Avian Paramyxoviruses 2～9

D. J. Alexander 和 D. A. Senne

引 言

其他 8 个血清型的禽副黏病毒（APMV - 2 到 APMV - 9）的代表株及其常见宿主见表 3.1。

定义和同义名

其他禽副黏病毒的同义名很少。APMV - 2 曾称为尤凯帕（Yucaipa 病毒，第一个分离株为 APMV -2/chicken/California/Yucaipa/56，为该血清型的代表株）。APMV - 5 偶尔被称作 Kunitachi 病毒，也是根据其原始毒株而来。

经济意义

除新城疫病毒外，其他禽副黏病毒感染主要引起明显的呼吸道疾病，影响产蛋禽产蛋。火鸡，特别是产蛋火鸡，单纯感染 APMV - 3 就可造成严重的经济损失，因为昂贵灭活疫苗的使用降低了生产利润[21,28]。此外，并发细菌和其他病毒感染会加重禽副黏病毒感染的程度，造成更严重的经济损失。Lang 等[37]认为在这种情况下，疾病可严重到需要"立即处置感染禽"的地步。

公共卫生意义

虽然新城疫病毒可感染人（参见前面的内容），但未见其他禽副黏病毒感染人的报道。因为从猕猴中分离到 APMV - 2，所以有感染人的潜在可能性[45]。

历 史

禽副黏病毒 2 型（APMV - 2）

Bankowski 等[17]于 1956 年在加利福尼亚尤凯帕患传染性喉气管炎的鸡中分离到一株副黏病毒[27]，该病毒在血清学上与 NDV 不同，仅引起鸡轻度的呼吸道疾病。对美国家禽的血清学调查表明，该病毒普遍存在，而且火鸡感染率比鸡高[18,23]。以后的调查表明，在全世界的家禽中普遍存在同一血清型的病毒[4]。

从 20 世纪 70 年代早期开始对笼养鸟检疫以来，经常分离到 APMV - 2 病毒，且主要来自雀形目和鹦鹉[4,49]；对野生鸟类进行监测时也常常分离到 APMV - 2 病毒，大多数来自雀形目鸟中[4]。

禽副黏病毒3型（APMV-3）

研究人员于1967年和1968年分别从安大略和威斯康星分离到代表第3个血清型的副黏病毒，随后血清学检测表明美国其他州的火鸡中也有该病毒[52]。在欧洲几个国家的火鸡中也报道了血清学相关病毒。

大多数国家在检疫时也常常从笼养鸟中分离到APMV-3病毒，虽然雀类也敏感但大多数分自鹦鹉[4]。有证据表明，这些病毒的抗原性与火鸡APMV-3不同[14]。

禽副黏病毒4～9型（AMPV-4型至AMPV-9型）

最初的其他型APMV分离株大都分离于20世纪70年代，即APMV-4、APMV-6和APMV-8，且从野鸭和野鹅的血清学调查（主要为流感病毒调查）过程中发现的。APMV-4和APMV-6分离自家鸭，而APMV-8不是。1978年从纽约家鸭分离到了APMV-9血清型病毒，且由单一的分离株组成，但在2004年，从意大利的野生针尾鸭（Anas acuta）分离到一株APMV-9毒株[24]，这说明野鸟也可能携带该血清型病毒，且呈世界性分布。

病　原　学

禽副黏病毒的分类

有关目、科、亚科和属的分类在本章的引言中已有介绍。

Tumova等[53]建议根据血凝抑制试验（HI）中的抗原相关性对禽副黏病毒进行分群，采用词头PMV-1、PMV-2等表示副黏病毒的不同血清型，并将流感病毒分离株的命名法[55]引用于副黏病毒。后来，国际病毒分类委员会采用了APMV-1、APMV-2等缩写来命名[47]，本章也采用这种缩写（表3.1）。

对某个血清型没有作更特别的定义，主要根据HI试验的相关性进行病毒分型。神经氨酸酶抑制试验[34,35,43,52]、血清中和试验[52]或琼脂扩散试验[1,11,34,36]的分型结果相似。

尽管血清学分型的结果是一致的，但不同血清型的病毒之间仍有一定的交叉性[4]。Lipkind等[38,40]认为有充分证据表明APMV-1、3、4、7、8与APMV-9之间，APMV-2与APMV-6之间在系统发育上有一定的关系，但这些关系很小。然而，APMV-1和APMV-3病毒之间的关系似乎更近，意义可能更重要。

Smit和Rondhuis认为，NDV和APMV-3[51]之间有低水平的血清学交叉，后来得以确认[6]。另外，鸡感染某些APMV-3病毒后，对NDV强毒株攻击有保护[9]。最近发现，在HI试验中抗APMV-1鸽变异株单克降抗体可抑制来自外来鸟的APMV-3病毒，并可结合到感染APMV-3病毒的细胞上[12,26]。火鸡APMV-3分离株也与APMV-1有关，但与该单抗不发生反应，说明这两个血清型可能共有其他的抗原表位。

有关APMV-2到APMV-9的基因数据很少。Chang等[25]测定了APMV-6分离株的基因组。该分离株基因组出现了编码SH蛋白的基因，腮腺炎病毒属成员具有编码SH蛋白的基因，但APMV-1缺失编码该蛋白的基因。系统进化分析表明，APMV-6较其他副黏病毒更接近APMV-1。现有APMV-2和APMV-4病毒HN基因及APMV-2F基因的数据，且据这些基因的系统进化分析表明，在副黏病毒亚科中，APMV-1、2、4和6形成了一个分枝，即禽腮腺炎病毒属。

形态学

电镜下，负染的禽腮腺炎病毒属病毒颗粒呈多形性。虽然可见到断面约100nm的不同长度的丝状体，但一般为圆形，直径为100～500nm，病毒粒子表面有长约8nm的纤突。在大多数禽副黏病毒电镜照片中，可见到游离的或从破碎病毒粒子中露出的"人"字形核衣壳。

化学组成

其他禽副黏病毒的结构多肽数量和分子量与报道的新城疫病毒相似，分子量的微小差异意味着聚丙烯酰胺凝胶电泳图谱可以显示分离株之间的相似程度，正好与血清型相一致[7]。已报道同一血清型也有差异，特别是 APMV-7 病毒[13]。

病毒复制

与新城疫病毒相似（参见前面的内容）。

对理化因素的抵抗力

与新城疫病毒相似（参见前面的内容）。

毒株分类

对大多数 APMV 血清型来说，由于毒株太少，无法研究毒株之间的关系和分类。对感染家禽的 3 个血清型已进行了一些研究。

禽副黏病毒 2 型

APMV-2 病毒抗原性和结构差异较大[2,7]，但与流行病学或生物学特性无关。Ozdemir 等[46]制备了 3 株有血凝抑制作用的抗 APMV-2 单克隆抗体，利用这些单抗可将 53 个分离株分为 4 个群。

禽副黏病毒 3 型

APMV-3 病毒的分离株亦呈现多样性。外来鸟分离株与火鸡分离株可能存在抗原性差异，这一点可利用抗 APMV-3/turkey/England/MPH/81 的单克隆抗体来证实。Anderson 等[14]发现，这些单抗中虽然有一部分可以和两种分离株发生反应，但另一部分仅与来自火鸡的病毒反应。分自美国和德国火鸡的病毒与分自英国和法国火鸡的病毒不同，并且可能与来自外来鸟的毒株关系更近。用一株抗 APMV-1 鸽变异株的单克隆抗体试验研究也支持将 APMV-3 分为两个群，这株单抗可以与来自外来鸟的 APMV-3 反应，但不与火鸡分离毒反应[24]。

禽副黏病毒 7 型

APMV-7 病毒分离株之间具有明显的抗原性差异，这些病毒是否归属同一血清型也有过争论。Alexander 等[13]对来自野鸽和家鸽的 6 株 APMV-7 病毒的抗原相关性进行了研究，结果发现存在很大的差异，并将这些病毒分为 3 个群。有两群分别

有 3 株和 2 株病毒，抗原相关性很低，但这两群病毒均与第 6 株病毒密切相关。

实验室宿主系统

与新城疫病毒一样，鸡胚最适合于其他禽副黏病毒的分离和增殖。对于有些血清型病毒，病毒的分离和复制可能需要选择卵黄囊或羊膜腔途径接种[31,44]。

病理生物学和流行病学

分布

禽副黏病毒 2 型

在欧洲、亚洲、非洲和美洲国家的野生鸟类，主要是雀类中发现了 APMV-2[3,30]，这可能是经常从进口笼养鸟分离到病毒的真正原因[3]。虽然在美国、加拿大、前苏联、日本、意大利、以色列、印度和法国的鸡或火鸡中亦有过与本病毒相关疾病的报道，但在家禽中很少分离到该种病毒[2,3]。

禽副黏病毒 3 型

虽然 APMV-3 病毒也分自进口的外来鸟和笼养鸟，但与 APMV-2 不同，未见在野生鸟类中分离到 APMV-3 病毒的报道[3]。家禽感染 APMV-3 的报道仅见于加拿大和美国[52]、英国[41]、法国[15]和德国[57]的火鸡。虽然鸡对 APMV-3 病毒完全易感，但未见有自然感染的报道[8]。

自然宿主和实验宿主

不同血清型病毒所感染的禽类见表 3.1 及相关文献[2,4]。从不同品种中分离到的禽副黏病毒很少与某种特定的疾病暴发关联在一起。但 APMV-3 病毒与某些鹦鹉品种的疾病有关，如 Neophema 和 Psephotus 属长尾小鹦鹉的高致死性脑炎[51]、Neophema 属长尾小鹦鹉的脂肪痢和胰腺病变[54]以及桃脸情侣鹦鹉（*Agapornis roseicollis*）的高致死性疾病[33]。APMV-5 病毒的宿主范围似乎很窄，

仅从虎皮鹦鹉（*Melopsittacus undulates*）中分离到，感染的死亡率很高[32,43]。从表现呼吸道和神经症状的死亡蛇中分离到了与 APMV-7 抗原相关的病毒[20]。

传播

对于其他禽副黏病毒的传播情况了解甚少。APMV-2 和 APMV-3 感染禽可通过呼吸道和消化道排毒，因此认为 APMV-2 和 APMV-3 的传播方式与 NDV 相同。已证明 APMV-2 可感染那些可以侵入禽舍的野生雀类，APMV-3 没有任何野生鸟类宿主，该病毒极有可能是通过进口禽或通过人把病原带到不同的国家。

APMV-7 病毒在鸽子中流行，而鸽子常侵入禽舍或混杂到户外饲养的家禽中，因此鸽子可能是两次已报道的火鸡[48]和鸵鸟[56]暴发 APMV-7 的传染源。

潜伏期

对禽副黏病毒感染家禽的潜伏期研究较少。Bankowski 等[17]报道鸡气管内感染 APMV-2 病毒后 4～6 天内出现啰音。Tumova 等[52]报道成年火鸡感染 APMV-3 病毒后 2 天开始出现轻度呼吸道症状。Saif 等[48]报道，火鸡感染 APMV-7 后 2 天开始出现轻度呼吸道症状。

临床症状

禽副黏病毒 2 型

APMV-2 可引起鸡和火鸡轻度呼吸道疾病或隐性感染[18,23,29]。与 NDV 不同，火鸡 APMV-2 感染比鸡严重。Lang 等[37]报道火鸡感染 APMV-2，且并发其他细菌感染时可出现严重的呼吸道疾病、窦炎、死亡率升高和产蛋率降低。据报道，以色列火鸡中广泛存在 APMV-2，并发感染时可引起严重的呼吸道疾病[39]。Bankowski 等[19]发现，APMV-2 感染可引起火鸡产蛋下降，孵化率和出壳率降低，但受精率未受影响。

禽副黏病毒 3 型

在家禽中，APMV-3 型病毒感染似乎仅限于火鸡。一般只影响产蛋，偶尔先表现出轻度呼吸道症状[10,15,16,41,52]。一般引起产蛋迅速下降并有大量的白壳蛋，但孵化率和受精率影响很小。

禽副黏病毒 6 型

曾经从表现轻度呼吸道症状和产蛋下降的火鸡中分离到 APMV-6。经常从家养鸭中分离到该血清型的病毒，但病毒对鸭似乎无致病性[42,50]。

禽副黏病毒 7 型

Saif 等[48]从多次暴发疾病的火鸡中分离到一株 APMV-7 病毒，火鸡主要表现呼吸道症状，死亡率升高连续 4 周以上（0.9%/周）。产蛋鸡的产蛋量未受到明显的影响，但白壳蛋增加。

诊　　断

病原的分离和鉴定

分离其他禽副黏病毒时，样品的采集和方法与 NDV 相同。可通过卵黄囊途径接种 6～7 日龄鸡胚，因为某些病毒通过此途径接种更易分离成功。APMV-5 病毒尿囊腔接种不易生长，需要经羊膜腔接种或在鸡胚原代细胞中繁殖[43]。

血清学

检测其他禽副黏病毒的血清学试验与 NDV（APMV-1）相同。APMV-5 病毒不凝集红细胞[43]。可是，Gough 等[32]分离到的与 APMV-5 病毒密切相关的病毒可很好地凝集豚鼠红细胞，但对鸡红细胞凝集效果较差。从新城疫病毒疫苗免疫抗体水平很高的鸡和火鸡中，也可能检测到 APMV-3 血凝抑制抗体，而且新城疫免疫禽感染 APMV-3 病毒后，两种病毒的 HI 抗体均升高[10,22]。

鉴别诊断

可感染家禽的 9 个血清型的禽副黏病毒和 16 个血凝素亚型的 A 型流感病毒均具有血凝活性。用特异性的多克隆血清进行简单的 HI 试验即可测定出病毒的血清型。

利用多克隆血清进行 HI 试验时，新城疫病毒（APMV‑1）与几个其他血清型的禽副黏病毒，特别是从鹦鹉分离的 APMV‑3 有一定程度的交叉反应[5]。在常规试验中，设立血清和抗原对照在很大程度上可以避免误诊，所以采用单克隆抗体诊断则可得出确切的结果。

预防和控制

有些国家允许对 APMV‑3 病毒进行免疫，但很少有国家对其他禽副黏病毒有全国性的防控政策。尽管在检疫时经常从雀类和鹦鹉中分离到 APMV‑2 和 APMV‑3 病毒[4]，但一般都没采取任何措施来限制引进这些鸟类。

对一个养殖场来说，防鸟禽舍可以大大地降低野鸟传入 APMV‑2 的几率。预防 NDV 的其他措施也适合于 APMV。对于感染 APMV‑2 病毒的火鸡群，如果有其他病原感染，Lang 等建议进行捕杀[37]。

管理措施

对养殖场来说，适合于预防新城疫的管理措施，特别是生物安全措施对控制其他禽副黏病毒感染也有效。

免疫接种

其他禽副黏病毒一般不引起高死亡率的疾病，因此其经济影响大大低于 NDV。但 APMV‑3 病毒感染可严重影响火鸡产蛋，需要进行免疫接种。多年来，在美国和欧洲均可以购买到该血清型的油佐剂疫苗[21,28]，可有效预防产蛋火鸡 APMV‑3 感染引起的产蛋下降。

欧阳文军　苏敬良　译

秦卓明　吴培福　校

参考文献

[1] Abenes, G. B., H. Kida, and R. Yanagawa. 1983. Avian paramyxoviruses possessing antigenically related HN but distinct M proteins. *Arch Virol* 77:71‑76.

[2] Alexander, D. J. 1980. Avian Paramyxoviruses. *Vet Bull* 50:737‑752.

[3] Alexander, D. J. 1985. Avian Paramyxoviruses. Proc 34th West Poult Dis Conf, 121‑125.

[4] Alexander, D. J. 1986. The classification, host range and distribution of avian paramyxoviruses. In J. B. McFermn and M. S. McNulty (eds.). Acute Virus Infections of Poultry. Martinus Nijhoff, Dordrecht: The Netherlands, 52‑66.

[5] Alexander, D. J. 1988. Newcastle disease virus-An avian paramyxovirus. In D. J. Alexander (ed.). Newcastle Disease. Kluwer Academic Publishers: Boston, MA, 11‑22.

[6] Alexander, D. J. and N. J. Chettle. 1978. Relationship of parakeet/Netherlands/449/75 virus to other avian paramyxoviruses. *Res Vet Sci* 25:105‑106.

[7] Alexander, D. J. and M. S. Collins. 1981. The structural polypeptides of avian paramyxoviruses. *Arch Virol* 67:309‑323.

[8] Alexander, D. J. and M. S. Collins. 1982. Pathogenicity of PMV 3/parakeet/449/75 for chickens. *Avian Pathol* 11:179‑185.

[9] Alexander, D. J., N. J. Chettle, and G. Parsons. 1979. Resistance of chickens to challenge with the virulent Herts' 33 strain of Newcastle disease virus induced by prior infection with serologically distinct avian paramyxoviruses. *Res Vet Sci* 26:198‑201.

[10] Alexander, D. J., M. Pattisson, and I. Macpherson. 1983. Avian paramyxoviruses of PMV‑3 serotype in British turkeys. *Avian Pathol* 12:469‑482.

[11] Alexander, D. J., V. S. Hinshaw, M. S. Collins, and N. Yamane. 1983. Characterization of viruses which represent further distinct serotypes(PMV‑8 and PMV‑9) of avian paramyxoviruses. *Arch Virol* 78:29‑36.

[12] Alexander, D. J., R. J. Manvell, P. A. Kemp, G. Parsons, M. S. Collins, S. Brockman, P. H. Russell, and S. A. Lister. 1987. Use of monoclonal antibodies in the characterisation of avian paramyxovirus type 1(Newcastle disease virus) isolates submitted to an international reference laboratory. *Avian Pathol* 16:553‑565.

[13] Alexander, D. J., R. J. Manvell, M. S. Collins, and S. J. Brockman. 1991. Evaluation of relationships between avian paramyxoviruses isolated from birds of the Columbidae family. *Archiv Virol* 114:267‑276.

[14] Anderson, C., R. Kearsley, D. J. Alexander, and P. H. Russell. 1987. Antigenic variation in avian paramyxovirus type 3 detected by mouse monoclonal antibodies. *Avian Pathol* 16:691‑698.

[15] Andral, B. and D. Toquin. 1984. Infectious a myxovirus:

Chutes de ponte chez les dindes reproductrices Infections par les paramyxovirus aviaires de type Ⅲ. *Recl Med Vet* 160:43 - 48.

[16]Bahl, A. K. and M. L. Vickers. 1982. Egg drop syndrome in breeder turkeys associated with turkey para-influenza virus - 3 (TPIV - 3). Proc 31 st West Poult Dis Conf,113.

[17]Bankowski,R. A. ,R. E. Corstvet,and G. T. Clark. 1960. Isolation of an unidentified agent from the respiratory tract of chickens. *Science* 132:292 -293.

[18]Bankowski,R. A. ,R. D. Conrad,and B. Reynolds. 1968. Avian influenza and paramyxoviruses complicating respiratory disease diagnosis in poultry. *Avian Dis* 12:259 -278.

[19]Bankowski,R. A. ,J. Almquist,and J. Dombrucki. 1981. Effect of paramyxovirus Yucaipa on fertility,hatchability and poult yield of turkeys. *Avian Dis* 25:517 - 520.

[20] Blahak, S. 1995. Isolation and characterisation of paramyxoviruses from snakes and their relationship to avian paramyxoviruses. *J Vet Med* B 42:216 - 224.

[21]Box, P. 1987. PMV3 disease of turkeys. *Int Hatch Prac* 2:4 - 7.

[22]Box,P. G. ,H. C. Holmes,A. C. Bushell,and K. J. Webb. 1988. Significance of antibody to avian paramyxovirus 3 in chickens. *Vet Rec* 121:423.

[23]Bradshaw,G. L. and M. M. Jensen. 1979. The epidemiology of Yucaipa virus in relationship to the acute respiratory disease syndrome in turkeys. *Avian Dis* 23:539 -542.

[24]Capua, I. ,R. De Nardi, M. S. Beato, C. Terregino, M. Scremin,V. Guberti. Isolation of an avian paramyxovirus type 9 from migratory waterfowl in Italy. *Vet Rec* 155:156.

[25]Chang,P - C. ,M - L. Hsieh,J - H. Shien,D. A. Graham, M - S. Lee and H. K. Shieh 2001. Complete nucleotide sequence of avian paramyxovirus type 6 isolated from ducks. *J Gen Virol* 82:2157 - 2168.

[26] Collins, M. S. , D. J. Alexander, S. Brockman, P. A. Kemp,and R. J. Manvell. 1989. Evaluation of mouse monoclonal antibodies raised against an isolate of the variant avian paramyxovirus type 1 responsible for the current panzootic in pigeons. *Arch Virol* 104:53 - 61.

[27]Dinter, Z. , S. Hermodsson, and L. Hermodsson. 1964. Studies on myxovirus Yucaipa: Its classification as a member of the paramyxovirus group. *Virology* 22:297 -304.

[28] Eskelund, K. H. 1988. Vaccination of turkey breeder hens against paramyxovirus type 3 infection. Proc 37th West Poult Dis Conf,43 - 45.

[29]Franciosi,C. ,P. N. D'Aprile, and M. Petek. 1981. Isolamento di un paramixovirus Yucaipa dal tacchino. *Boll Ist Sieroter Milan* 60:225 - 228.

[30]Goodman,B. B. and R. P. Hanson. 1988. Isolation of avian paramyxovirus - 2 from domestic and wild birds in Costa Rica. *Avian Dis* 32:713 - 717.

[31]Gough, R. E. and D. J. Alexander. 1983. Isolation and preliminary characterisation of a paramyxovirus from collared doves (*Streptopelia decaocto*). *Avian Pathol* 12:125 - 134.

[32]Gough, R. E. ,R. J. Manvell, S. E. N. Drury, P. F. Naylor,D. Spackman,and S. W. Cooke. 1993. Deaths in budgerigars associated with a paramyxovirus-like agent. *Vet Rec* 133:123.

[33]Hitchner,S. B. and K. Hirai. 1979. Isolation and growth characteristics of psittacine viruses in chicken embryos. *Avian Dis* 23:139 - 147.

[34]Ishida, M. , K. Nerome, M. Matsumoto, T. Mikami, and A. Oye. 1985. Characterization of reference strains of Newcastle disease virus (NDV) and NDV-like isolates by monoclonal antibodies to HN subunits. *Arch Virol* 85:109 - 121.

[35]Kessler,N. ,M. Aymard,and A. Calvet. 1979. Study of a new strain of paramyxoviruses isolated from wild ducks: Antigenic and biological properties. *J Gen Virol* 43:273 - 282.

[36]Kida, H. and R. Yanagawa. 1981. Classification of avian paramyxoviruses by immunodiffusion on the basis of the antigenic specificity of their M protein antigens. *J Gen Virol* 52:103 - 111.

[37]Lang,G. ,A. Gagnon,and J. Howell. 1975. Occurrence of paramyxovirus Yucaipa in Canadian poultry. *Can Vet J* 16:233 - 237.

[38]Lipkind,M. and E. Shihmanter. 1986. Antigenic relationships between avian paramyxoviruses. I. Quantitative characteristics based on hemagglutination and neuraminidase inhibition tests. *Arch Virol* 89:89 -111.

[39]Lipkind,M. ,E. Shihmanter, Y. Weisman, A. Aronovici, and D. Shoham. 1982. Characterization of Yucaipa-like avian paramyxoviruses isolated in Israel from domesticated and wild birds. *Ann Virol* 133E:157 - 161.

[40]Lipkind,M. ,D. Shoham,and E. Shihmanter. 1986. Isolation of a paramyxovirus from pigs in Israel and its antigenic relationships with avian paramyxoviruses. *J Gen Virol* 67:427 - 439.

[41]Macpherson, I. , R. G. Watt, and D. J. Alexander. 1983. Isolation of avian paramyxovirus, other than Newcastle disease virus, from commercial poultry in Great Britain. *Vet Rec* 112:479 - 480.

[42]Marius-Jestin, V. , M. Cherbonnel, J. P. Picault, and G. Bennejean. 1987. Isolement chez des canards mulards d' une souche hypervirulente de virus de la peste du canard et d'un paramyxovirus aviaire de type 6. *Comp Immunol Microbiol Infect Dis* 10:173 -186.

[43]Nerome, K. , M. Nakayama, M. Ishida, H. Fukumi, and A. Morita. 1978. Isolation of a new avian paramyxovirus from a budgerigar. *J Gen Virol* 38:293 -301.

[44]Nerome, K. , M. Ishida, A. Oya, and S. Bosshard. 1983. Genomic analysis of antigenically related avian paramyxoviruses. *J Gen Virol* 64:465 - 470.

[45]Nishikawa, F. , T. Sugiyama, and K. Suzuki, 1977. A new paramyxovirus isolated from cynomolgus monkeys. *Jap J Med Sci Biol* 30:191 - 204.

[46]Ozdemir, I. , P. H. Russell, J. Collier, D. J. Alexander, and R. J. Manvell. 1990. Monoclonal antibodies to avian paramyxovirus type 2. *Avian Pathol* 19:395 - 400.

[47]Rima, B. , D. J. Alexander, M. A. Billeter, P. L. Collins, D. W. Kingsbury, M. A. Lipkind, Y. Nagai, C. Orvell, C. R. Pringle, and V. ter Meulen. 1995. Paramyxoviridae. In F. A. Murphy, C. M. Fauquet, D. H. L. Bishop, S. A. Ghabrial, A. W. Jarvis, G. P. Martelli, M. A. Mayo, and M. D. Summers (eds.). Virus Taxonomy. Sixth Report of the International Committee on Taxonomy of Viruses. Springer-Verlag, Vienna, 268 - 274.

[48]Saif, Y. M. , R. Mohan, L. Ward, D. A. Senne, B. Panigrahy and R. N. Dearth. 1997. Natural and experimental infection of turkeys with avian paramyxovirus - 7. *Avian Dis* 41:326 - 329.

[49]Senne, D. A. , J. E. Pearson, L. D. Miller, and G. A. Gustafson. 1983. Virus isolations from pet birds submitted for importation into the United States. *Avian Dis* 27: 731 - 744.

[50]Shortridge, K. F. , D. J. Alexander, and M. S. Collins. 1980. Isolation and properties of viruses from poultry in Hong Kong which represent a new (sixth) distinct group of avian paramyxoviruses. *J Gen Virol* 49:255 - 262.

[51]Smit, T. and P. R. Rondhuis. 1976. Studies on a virus isolated from the brain of a parakeet (*Neophema* sp). *Avian Pathol* 5:21 - 30.

[52]Tumova, B. , J. H. Robinson, and B. C. Easterday. 1979. A hitherto unreported paramyxovirus of turkeys. *Res Vet Sci* 27:135 - 140.

[53]Tumova, B. , A. Stumpa, V. Janout, M. Uvizl, and J. Chmela. 1979. A further member of the Yucaipa group isolated from the common wren (*Troglodytes troglodytes*). *Acta Virol* 23:504 - 507.

[54]Uyttebroek, E. , R. Ducatelle, and D. J. Alexander. 1991. Steatorrhea and pancreatic lesions in *Neophema* parrots with paramyxovirus serotype 3 infection. *Vlaams Diergeneeskd Tijdschr* 60:55 - 58.

[55]WHO Expert Committee. 1980. A revision of the system of nomenclature for influenza viruses: A WHO memorandum. Bull WHO 58:585 - 591.

[56]Woolcock, P. R. , J. D. Moore, M. D. McFarland, and B. Panigrahy. 1996. Isolation of paramyxovirus serotype 7 from ostriches (*Struthio camelus*). *Avian Dis* 40: 945 -949.

[57]Zeydanli, M. M. , T. Redmann, E. F. Kaleta, and D. J. Alexander. 1988. Paramyxoviruses (PMV) isolated from turkeys with respira tory disease. Proc 37th West Poult Dis Conf, 46 - 50.

第 4 章

传染性支气管炎
Infectious Bronchitis

David Cavanagh 和 Jack Gelb Jr.

引 言

传染性支气管炎（IB），又称为禽传染性支气管炎，是一种由冠状病毒科的传染性支气管炎病毒（IBV）引起的鸡的常见的急性、高度传染性并具有重大经济意义的病毒病。病毒可通过呼吸，直接接触感染家禽、污染垫料、污染设备或其他污染物传播。从未报道过病毒的垂直传播，但感染禽的输卵管和消化道能够排毒，所以蛋壳表面存在 IBV。该病发生于所有的养禽国家。传染性支气管炎具有高度传染性，且病原存在多个血清型，因而疫苗免疫控制比较困难。成年家禽，如产蛋禽常携带新的未确认血清型的毒株，即所谓的变异株。IB 没有公共卫生意义。

IBV 常引起育成鸡呼吸道症状，可使肉仔鸡的日增重和饲料报酬降低。病毒感染可诱发肉鸡发生细菌性气囊炎、心包炎和肝周炎。肉仔鸡的死亡率可高达 30%，死亡高峰一般在最后两周（即 5~6 周龄）。免疫抑制会进一步加重病症，增加死亡率。弱毒株感染，或控制继发细菌感染时，死亡率很低（<1%），且病禽康复很快。

有些 IBV 毒株有致肾病变特性，引发肾源性死亡，易感禽的死亡率高达 25% 左右。

产蛋鸡和种鸡表现为产蛋量和蛋质量下降。IBV 可在输卵管复制，可对未成熟母鸡或后备母鸡造成永久性伤害，影响后期产蛋量。产蛋鸡感染后，产蛋量会下降 10% 或 10% 以上，这与鸡群的免疫水平有关。同时蛋壳变薄，易碎，常出现畸形蛋，且蛋壳颜色变浅。污染蛋的蛋清呈水样，黏滞

性差。免疫蛋鸡感染后，其产蛋量一般会恢复，但对高度易感鸡来说，产蛋率不能恢复到正常水平。

已从雉鸡（*Phasianus colchicus*）、火鸡、珍珠鸡（*Numida meleagridis*）、鹧鸪（石鸡属）、孔雀（*Pavo cristato*）和非鹑鸡类水鸭（鸭属）中分离到了冠状病毒，且这些分离株的蛋白序列与 IBV 非常相近。如后面章节所述，越来越多的证据表明，IBV 具有更广泛的宿主范围，并非我们之前所想的那样[20]。火鸡冠状病毒将在第 12 章中详述。

历 史

1930 年在美国北达科他州首先发现了传染性支气管炎。1931 年 Schalk 和 Hawn 报道了这些病例的临床症状和初步实验研究结果，这是首次报道传染性支气管炎[51]。最初认为 IB 是幼雏的一种疾病，但后来发现该病在育成鸡和产蛋鸡群中也普遍存在。20 世纪 40 年代，除典型的呼吸道症状外，人们随后还认识到了 IB 的其他表现形式（包括产蛋鸡的产蛋量下降）；20 世纪 60 年代人们观察到了肾脏的病变。该病流行范围广，并具有重要的经济意义，因而人们作出各种努力，控制开产前育成鸡接触感染 IBV，从而预防产蛋鸡暴发 IB。1941 年 Van Roekel[59] 采用这种方法取得了一些成效，这是向制定当今免疫程序迈出的第一步。

具有里程碑意义的早期研究还有：1936 年 Beach 和 Schalm 确定了该病的病因；1937 年 Beaudette 和 Hudson 首次用鸡胚培养 IBV；"H"疫苗的研发，如 1960 年左右普遍存在的 H120 株[10]；1956 年 Jungherr 与其同事报道了 1951 年的 Connecticut 株和 1941 年的 Massachusetts 株，这两株虽然都能引起相似的疾病，但却不能交叉保护或交叉中和[59]，且首次证实 IB 的病原不止有一个血清型。在 Fabricant[59] 的综述中，还可找到更多有关 IB 早期研究历史的资料。

发生和分布

传染性支气管炎呈世界性分布。在美国，除了最早鉴定出的 IBV Massachusetts（Mass）型外，从 20 世纪 50 年代开始，又陆续鉴定出其他几种 IBV 血清型[59,93,132]。从 20 世纪 40 年代至今，欧洲和亚洲分离到了大量的 Mass 型毒株，但其他大陆一般不存在北美分离的其他血清型毒株。从非洲、亚洲、印度、澳大利亚、欧洲和南美分离到了大量的其他血清型[18~20,31]。传染性支气管炎经常暴发，即使免疫鸡群也会如此，且分离毒株的血清型常与疫苗株不同[137]，但并不总是如此。某些地区常存在数种血清型毒株。

病 原 学

分类

传染性支气管炎病毒（IBV）属于冠状病毒科（*Coronaviridae*），该科有两个属，分别为冠状病毒属（*Coronavirus*）和凸隆病毒属（*Torovirus*）。冠状病毒科、动脉炎病毒科和杆状套病毒科都属于套病毒目（*Nidovirales*）[58]。与禽类其他冠状病毒一样，IBV 属于冠状病毒属的第三群[58,19]。第一群和第二群由哺乳动物的冠状病毒组成，在基因组结构和基因序列方面与 IBV 差异很大。从患肠道疾病的火鸡中分离到了凸隆病毒（见第 13 章）。

形态学

传染性支气管炎病毒呈圆形或多边形。病毒有囊膜，直径为 120nm，表面有长约 20nm 的棒状纤突（图 4.1）。IBV 纤突的排列不如副黏病毒的杆状纤突那样紧密[58]。通过投影技术可以观察到自发崩解病毒颗粒所释放出的核衣壳蛋白（RNP，核

芯），但负染技术则做不到这一点。多数情况下，观察到的 RNP 是直径为 1~2nm 的索状物，但偶尔也能见到直径为 10~15nm 的卷曲结构。在电子显微镜下，凸隆病毒和冠状病毒的外观非常相似[56]。

不同传染性支气管炎病毒株在蔗糖梯度中的密度有所不同。纤突成分齐全的病毒粒子密度为 1.18g/mL，而纤突少的病毒粒子可降至 1.15g/mL。进行病毒离心时，离心力最好不要超过 100 000g，否则会导致纤突丢失，或至少易丢失 S1 亚基，而 S1 亚基构成了纤突蛋白的大部分球状头。IBV 在 37℃ 孵育时可能也会导致 S1 亚基的丢失[159]。S2 糖蛋白将 S 蛋白锚定膜上，与 S1 糖蛋白不是二硫键连接。

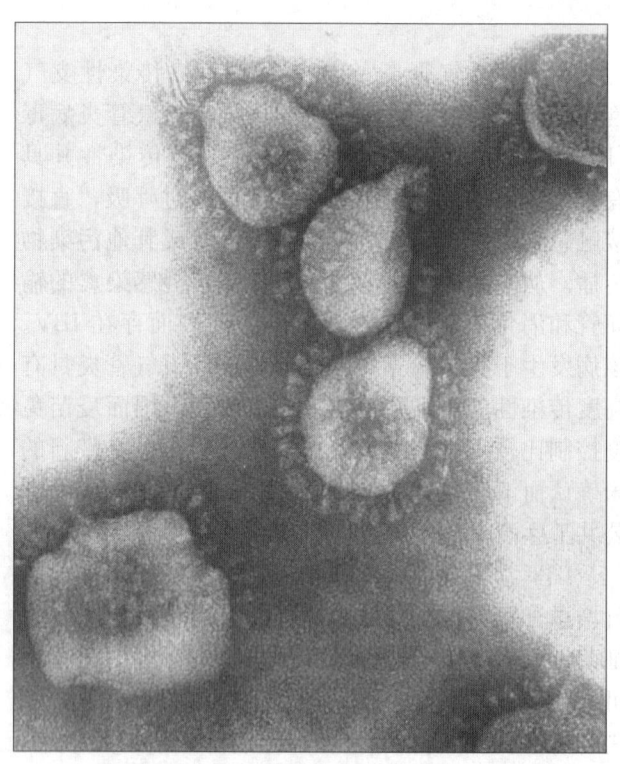

图 4.1 鸡传染性支气管炎病毒粒子，图示棒状突起。磷钨酸负染，×3 300 000（引自 Berry 和 Almeida）

化学组成

传染性支气管炎病毒粒子含有三种主要结构蛋白，即病毒粒子的主要组成：纤突蛋白（S）、膜糖蛋白（M）和内部的核衣壳蛋白（N）[58,112]。此外，还有少量的第四种蛋白（小膜蛋白，E），是病毒粒子形成所必需的。S 蛋白由 S1 和 S2 两种糖蛋白

（大小分别约为 520aa 和 625aa）组成，各含有 2～3 个拷贝。血凝抑制（HI）抗体和大部分病毒中和（VN）抗体由 S1 诱导产生[21,86,106]，具有免疫保护作用[94]。

只有 10% M 蛋白暴露于病毒外表面，N 蛋白则环绕着整个单股正链 RNA 基因组，形成 RNP。IBV 基因组 RNA 大约由 27 600 个核苷酸组成，数个毒株的全序列已被克隆和测定。已建立了 IBV "感染性克隆"系统，因而可对基因组的任何部分进行操控[16,17,167]。

病毒复制

IBV 对宿主细胞的吸附作用与 S 糖蛋白有关。重组 IBV 的实验结果表明，S 蛋白是决定病毒宿主细胞范围一个重要因子[16]。就其他禽的感染来说，S 蛋白是否决定了病毒在鸡体内和/或宿主范围的趋向性还有待研究。传染性支气管炎病毒在胞浆内复制，通过不连续的转录机制，产生 5 条亚基因组 mRNA，其中 2、4 和 6 分别编码病毒蛋白 S、M 和 N，而 3 和 5 分别编码 3 种和 2 种蛋白。亚基因组 3 编码的其中一种蛋白为 E 蛋白。亚基因组 3 和 5 编码的是非结构蛋白，不掺入到病毒颗粒中。遗传实验表明这四种非结构蛋白对病毒复制不是必须的，但有助于病毒在体内的复制[17,78]。在 37℃ 下，感染后 3～4h 开始出现新病毒粒子，而 12h 时单个细胞内的病毒量达到最大。病毒粒子在内膜，如高尔基体膜而非细胞表面组装。

对理化因素的抵抗力

热稳定性

56℃ 15min 和 45℃ 90min 可灭活大部分 IBV 毒株。应避免在 -20℃ 下保存 IBV，但感染性尿囊液在 -30℃ 存放多年后仍有活力[21]。感染性组织在 50% 甘油中保存良好，并且无需冷冻即可送往实验室进行诊断。据报道，春季时 IB 病毒可在户外存活 12 天，冬季为 56 天。

冻干

冻干的感染性尿囊液经真空密封后置于冰箱中，至少可存放 30 年[21]。蔗糖或乳糖对冻干弱毒苗有稳定作用，可延长其保存期。

pH 稳定性

据报道，不同 IBV 毒株在 pH3 条件下的稳定性不同。研究表明，室温下部分毒株经 pH3 处理 4h 后病毒滴度下降了 1～2log10，而其他大部分毒株则下降了 5log10[21]。在培养细胞中，IBV 在 pH 6.0～6.5 培养液中比 pH 7.0～8.0 时更稳定。

化学因素

IBV 对乙醚敏感，但有些毒株在 4℃ 20% 乙醚中可存活 18h[21]。50% 氯仿（室温，10min）和 0.1% 脱氧胆酸盐（4℃，18h）可破坏 IBV 的感染性。IBV 对普通消毒剂敏感。有人还比较了几种消毒剂对另一种冠状病毒——猪传染性胃肠炎病毒的效果。终浓度为 0.05% 或 0.1% 的 β-丙内酯（BPL）及 0.1% 的福尔马林能灭活 IBV 的感染性。仅 BPL 处理对 IBV 血凝抗原活性无影响。

毒株分类

用于 IBV 鉴别和分类的方法很多，de Wit 对这些方法进行了详细的比较[50]。基于 S 蛋白的特征，可对 IBV 血清型或基因型进行分类，而基因型分类是近年来发展起来的。目前已发现数十种 IBV 血清型和基因型，无疑还会报道更多的血清型和基因型。传统意义上的 IBV 血清型是通过 VN 和 HI 试验确定的。S1 亚基可诱导产生血清型特异性抗体。随着血清型数量的增多，对应标准血清的需求量也不断增加，但标准血清的量是有限的，因而 VN 和 HI 试验不常用。目前有些实验室采用了针对特定血清型的特异性单克隆抗体，这些单克隆抗体可作用于 S1 蛋白的抗原表位，且可用于酶联免疫吸附试验（ELISAs），比 VN 更为经济。但是只有少数的血清型有血清特异性单克隆抗体。现在有越来越多的实验室通过反转录聚合酶链式反应获取 IBV 基因的 DNA 片段（通常是 S 蛋白编码基因的 S1 片段），然后做限制性内切酶分析或测序（见该章后面的"采用核酸技术鉴定 IBV"）。这些方法是通过基因型，而不是血清型来鉴别 IBV 分离株。对临床分离株的序列分析表明 IBV 混合感染时可能发生重组[23,92,107,112,170]，结果有些毒株 S 基因序列可能很相似，但基因组的其他序列变化很大。"基因型"一词没有确切的定义，往往是按照作者的可操作性和主观性来决定。某个血清型毒株 S1 蛋白的氨基酸同源性大约为90%或更高，可被认为属于同一个 S1 基因型。然而，可能存在这种情况：分离株属于同一个 S1 基因型，但不属于同一个血清型，或至少交叉反应很弱[24,27]。许多分离株的序列信息表明 IBV 演化过程中发生了重组。也许所有的 IBV 分离株可能是重组子，且有可能在基因组的许多位点发生了重组。不可能确定基因重组发生的时间，也不可能断定来源于哪个亲本基因组的哪部分。

血清抗体分析

正如前面所述，通过 VN 和 HI 实验已确定了多种血清型。可采用多种实验系统进行病毒中和试验[50]。Arkansas (Ark) 和 Delaware 072 野毒株的交叉中和试验分析表明：IBV 存在亚型[130,137]。

有报道通过 HI 试验进行了毒株分类[50]。试验发现单次感染后产生的 HI 抗体反应具有高度的毒株特异性，甚至能将同一血清型（即 Massachusetts）的荷兰株和 M41 株区分开。用 HI 试验进行血清型分型的基础是早期应答的特异性和有限的交叉反应。但与之相反，Cook 等[37]应用气管环培养比较了 HI 试验和 VN 试验的效果，认为 HI 试验有很高且不稳定的交叉反应性，而 VN 试验更能明确地区分不同的 IBV 毒株。这两项研究均以标准血清为基础，因为感染血清具有更广泛的交叉反应性[65]。必须先用酶制剂（活性成分为神经氨酸酶）处理 IBV[152]才能产生 HA 活性[50,64]。随着 RT-PCR 技术和测序技术在病毒鉴定中的不断应用，HI 和 VN 技术的使用频率有所下降。

单克隆抗体分析

目前已建立了针对多个血清型毒株的单克隆抗体，但仅占已知血清型的很少部分[85,87,88,98,101,106]。单克隆抗体分析表明：大部分 VN 抗原表位位于 S1 糖蛋白的 1/4 区和 3/4 区[24,106]。从澳大利亚分离株的抗原分群与体内交叉保护数值之间的相关性来看，通过单克隆抗体确定抗原群要优于用抗血清[85]。关于单克隆抗体在鉴定 IBV 分离株中的应用，将在本文的诊断部分详述。

核酸分析

一些分离株的全基因组序列已经测定，此外多

个血清型 IBV 分离株结构蛋白的编码基因也已测定。由于 S1 蛋白决定了 IBV 血清型，而且在诱导 IBV 保护性免疫力中起主要作用，所以测定编码纤突蛋白 S1 亚基的基因序列最常用。另外，S1 蛋白的序列具有很大变异性，因而机体内虽然有某种血清型的抗体，但另一血清型的 IBV 毒株仍能继续感染复制并引发疾病。目前已发表了许多 S1 亚基的基因序列，并提交到了核苷酸序列数据库中，还有一些毒株的基因序列仅提交到数据库中。对 S1 蛋白的推导氨基酸序列进行比较后发现：VN 试验确定的不同 IBV 血清型的差异为20%～25%，个别高达40%或更高[68]。但也有例外，比如 Connecticut 46 株和 Massachusetts 41 株血清型不同，但其 S1 蛋白的氨基酸序列差异仅为7.6%（核苷酸序列差异为4.6%）。同样，有几个分离株的 S1 蛋白氨基酸序列与荷兰 D274 分离株的同源性高达97%以上，但 VN 试验表明它们属于不同的血清型[24]。以上发现以及对 VN 单克隆抗体逃逸突变株的测序结果[98]表明，主要中和抗体仅由少数 S1 表位诱导，当这些表位发生少量关键突变时就能导致新的血清型产生。但不同研究小组用 VN 试验得出的结果并不完全相符，与序列分析也不一致。例如，Johnson 和 Marquardt[93]认为，Arkansas 99 株和 Connecticut 46 株的血清型不同，这与两者 S1 蛋白前 200 个氨基酸残基差异29%的情况相符；但之前却将它们归类为同一个血清型。实验表明：随着 S1 基因序列差异增大，毒株间的交叉保护程度将减弱[25,68,111]。

同一血清型内的毒株也可能有中等程度的序列差异。例如，北美 Arkansas (Ark) 血清型不同分离株 S1 基因之间的核苷酸序列同源性≥93%，氨基酸序列同源性≥89%[137]。对来自不同国家、时间跨度为 15 年的 793/B (4/91; CR88) 血清型的多个分离株进行分析后发现，不同毒株之间的 S1 蛋白核苷酸序列和氨基酸序列同源性分别为≥96%和≥92%[15,28]。

从亚基因组 2 (S) 下游到基因组的 3′末端序列的大量分析的比较发现，重组是 IBV 演化的一个特征[23,92,108,170]。因此，不管用何种技术，发现两个分离株的 S 蛋白序列很相似时，不能因此认为这两个毒株的其他基因也一定很相似。有关核酸分析的其他方面将在"诊断"部分详述。

实验室宿主系统

鸡胚

大多数 IBV 分离株经尿囊腔途径接种到 10～11 日龄鸡胚后生长良好。野毒株需要数次传代（3 次或 3 次以上），才能在尿囊液（AF）中达到较高的滴度。鸡胚特征性的病变包括：生长阻滞（矮小），胚胎和爪卷曲[121]。随着传代次数的增加，胚胎死亡率会增加，病变更加明显。打开鸡胚的气室端，可见鸡胚缩成球状，爪畸形，压在头上，羊膜增厚并与胚体粘连（图 4.2）。感染鸡胚常见的内脏病变是中肾有尿酸盐沉积，但这对诊断没有实际意义，因为禽腺病毒也会引起类似的病变。

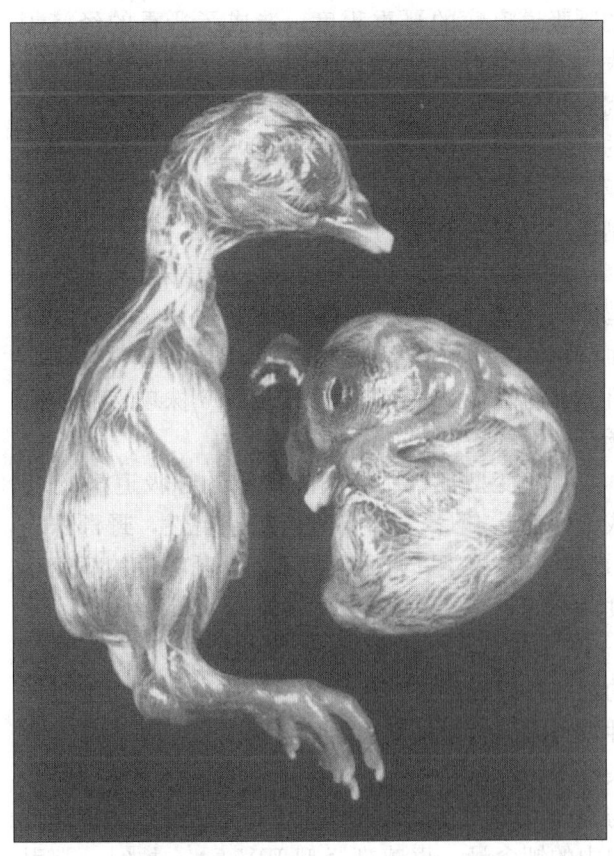

图 4.2 正常 16 日龄胚（左）；同日龄感染胚（右），表现为蜷曲和矮小

IBV 野毒株首次接种 10～11 日龄鸡胚孵化到第 19 日龄时有 90% 鸡胚存活，而传至第 10 代时，死亡率高达 80%。病毒接种后数天可看到特征性的鸡胚变化[121]。在照蛋时矮小胚仅有轻微的活动。

有关 IBV Beaudette 株经尿囊腔途径接种的最适鸡胚日龄、最适培养温度及获得最大感染滴度的孵化时间已有详细的研究和评述[97]。一般来说，接种 10^3 气管环感染剂量或 10^4 EID_{50} 病毒剂量后，经 37℃ 孵育 36～40h 时病毒滴度接近于最大。Loomis 等[121]研究了 IBV - M41 株感染鸡胚后所引起的组织学病变。感染第 6 天时病变表现为肝脏充血，血管袖套和局部坏死；肺脏出现炎症，表现为充血、炎性细胞浸润，细支气管囊有浆液性渗出；肾发生间质性肾炎，水肿，近曲小管扩张，出现管型；肾小球没有病变；绒毛尿囊膜（CAM）和羊膜水肿；未发现包涵体。从雉鸡中分离到的冠状病毒很容易在鸡胚中繁殖。

细胞培养

病毒感染鸡肾细胞可诱导形成合胞体，合胞体很快变圆，从培养板表面脱离，呈大球状，内含折光物。将 Vero 细胞适应株（IBV - Beaudette 株）接种 Vero 细胞后，形成的合胞体内含有数个胞核，且在培养板上黏附的时间比较长。

IBV 在细胞中的潜伏期为 3～4h，12h 时病毒滴度达到峰值，但最大滴度值可能还要晚一些（如 24～30h），这与感染病毒的增殖程度有关[16,17,78]。IBV 在鸡胚中的滴度要比 CEK 细胞或 CK 细胞高出 10～100 倍。通过鸡胚传代、并在 CK 细胞中多次传代的传染性支气管炎病毒株，可以在鸡胚成纤维细胞中增殖，但滴度要比 CK 细胞低几个 log10[16,139]。Beaudette，M41，和 Iowa97 株可在 Vero 细胞系中增殖，曾利用该细胞系对 IBV Beaudette 株的复制进行了基础研究[116]。在检测的 10 株 IBV 毒株中，其中 2 株可在 BHK - 21 细胞中增殖，但没有一株能在 Hela 细胞中增殖。在 BHK 细胞中，病毒滴度低于 CK 细胞[16,139]。总而言之，CK 细胞广泛用于 IBV 毒株的分离培养，而 Vero 细胞只是 Beaudette 株研究上用得比较多。

雉鸡冠状病毒能在鸡胚中很好的复制[73]，但不能在气管环培养中增殖。火鸡冠状病毒在细胞中生长不良，故可用火鸡胚繁殖病毒（见第 12 章）。

器官培养

Darbyshire 对 IBV 在气管及其他组织器官培养中的情况进行了综述[47]。取 20 日龄胚的气管环，单个培养在旋转培养管中，接种 IBV 后 3～4h，通过低倍显微镜很容易观察到纤毛停止运动，但接种滴度高时，纤毛停滞运动的时间会靠前。现已证明气管环培养是 IBV 分离、毒价测定和血清分型的有效方法，因为野毒株无需适应就可以在上面生长并引起纤毛运动停止。然而，对其他组织有亲嗜性的一些毒株来说，并不是全部能引起纤毛停滞。将肾致病性的 Belgian B1648 接种气管环后，病毒滴度较低，但接种胚时有较高的滴度［D. Cavenagh，未发表］。雄鸡的冠状病毒在鸡的气管培养中繁殖滴度较低。

致病性

传染性支气管炎主要感染鸡。不管毒株的组织亲嗜性（呼吸道、肾脏和生殖道）如何，首先是通过呼吸道感染。病毒可在多种类型的上皮细胞中复制并产生病变，包括呼吸管道上皮（鼻甲骨、哈德氏腺、气管、肺和气囊的上皮细胞）、肾脏上皮和生殖道上皮（输卵管和睾丸上皮细胞）[11]。病毒也可在多种消化道细胞（食管、腺胃、十二指肠、空肠、法氏囊、盲肠扁桃体、直肠和泄殖腔）中繁殖，但临床生物学病变不明显[6,100,19]。一些亚洲毒株可能引起腺胃病变。病毒通常在雏鸡[5]和产蛋鸡的消化道内持续存在，但不表现临床症状[96]。有些活疫苗株，如美国 Arkansas，可在呼吸道内持续存在，特别是与其他弱毒株共同免疫时（如 Massachusetts 株）[5]。

传染性支气管炎病毒可损害呼吸道上皮，常使雏鸡发生致病菌的继发感染。IBV 强毒株感染通常会引起气囊炎和全身性大肠杆菌病，尤其肉仔鸡更常见[127]。鸡人工感染 M41 株，而后经气雾感染大肠杆菌 02 或 078 株，引起的病变与商品鸡自然感染类似。鸡间隔 4 天感染 IBV 和大肠杆菌，出现气囊炎、心包炎和肝周炎，但单独感染 IBV 未产生这些病变[142]。实验证明：共同感染 IBV 和大肠杆菌时，可引起更严重和持久的呼吸道病变，但 IBV 单独感染时并非如此；与 IBV 单独感染相比，共同感染鸡的气管中更容易分离到大肠杆菌。单独感染大肠杆菌组呼吸道大肠杆菌的数量没有增加，也没有明显病变[133]。实验研究表明：感染 M41 株 4 天后再攻毒大肠杆菌时，15％的肉鸡出现腹水[166]。

长期以来，人们认为 IBV 感染可加重致病性禽支原体引起的病情，促进支原体的排毒。鸡毒支原体（*M. gallisepticum*）和拟支原体（*M. imitans*）也可加重 IBV 感染的病情（见综述 61）。新城疫和传染性支气管炎二联苗与鸡毒支原体和大肠杆菌间的相互作用，导致大肠杆菌大量繁殖，使 1 周龄 SPF 鸡死亡并引发严重而持久的组织学病变[134]。感染 IBV 强毒株 3 天后，再经气雾感染鸡滑膜支原体（*Mycoplasma synoviae*）时，可使后备母鸡关节炎的发病率增加，且 M41 引起的发病率比 D1466 更高[114]。另一项研究通过口服氟喹诺酮治疗 SPF 鸡的鸡毒支原体感染，但致病性的 M41 株可迅速激活鸡气管中潜伏的支原体[148]。利用雄鸡的对比实验表明：雄鸡常发生鼻窦炎，且这种情况与气管和结膜中的滑膜支原体有关。巴氏杆菌和禽冠状病毒（最常见的病原）也可引发鼻窦炎[174]。

免疫抑制加重了 IBV 和大肠杆菌混合感染引起的呼吸道疾病的严重程度，造成了严重的经济损失[136]。感染传染性法氏囊病病毒（IBDV）的商品肉鸡更易继发感染呼吸道大肠杆菌，从而导致严重的经济损失。鸡感染 IBV 和 IBDV 时，巨噬细胞吞噬大肠杆菌的能力显著下降。IBDV 引发的免疫抑制作用可延长 IBV 的排毒时间[150]。

免疫接种 IBV 和新城疫缓发型毒株苗可预防肉鸡的气囊炎。1 日龄肉鸡免疫接种 Massachusetts 血清型 H120 疫苗可降低肉鸡 IB 的临床发病率，且能显著降低 M41 和大肠杆菌 506 株攻毒后的大肠杆菌性气囊炎[127]。

肾病变型毒株不会引发严重的呼吸道病变[72]或临床症状[179]。不管何种组织亲嗜性，野毒株均通过呼吸道感染，且因毒力不同，呼吸道的病变程度亦不同。

Cumming[46]就澳大利亚发生的与肾型 IB 有关的某些管理因素进行了总结。冷应激、高动物蛋白性饲料可大打增加某些品种公鸡的死亡率。在实验条件下，针对某些可加重疾病临床症状的管理因素与不同 IBV 毒株间相互作用进行了研究。增加鸡日粮中的钙含量，再感染肾型 IBV Gray 株时，常引起尿石症和肾病变；但在增加钙含量前 8 周进行同样的感染却不能诱发尿石症[72]。

IBV 毒株的毒力差异也表现在其他方面。鸡胚连续传代后 IBV 对鸡的毒力会逐渐下降，这是制备 IBV 疫苗的传统方法。经滴鼻和点眼途径进行免疫后，一些弱毒株很少或不引起纤毛停滞，但将弱毒株接种气管环培养后仍能引起纤毛停滞[60,77]。弱毒株在鼻中的复制滴度比强毒株低[77]，感染初期在鼻中只增殖产生少量的病毒，因而后期对气管的影响很小，气管中的纤毛至少还有一部分保持着活力。某些IBV毒株有很强的肾致病性，在实验条件下能引起广泛的、可复制性肾脏疾病，许多IBV毒株在某种程度上可能与临床发生的肾炎有一定的相关性；环境因素对是否发生肾脏疾病具有重要的作用。将一株Connecticut血清型IBV经泄殖腔途径连续在体传代后，其组织亲嗜性可从呼吸道转为肾组织[168]。连续传13代后，获得的病毒在肾脏组织中能够生长，且引起的肾病变比其亲代病毒更加明显。肾脏和其他一些非呼吸道器官也是周期性鼻分泌物和粪便排出的病毒的持续感染点[55,63]。

IBV毒株对生殖道的致病力也不一样。母源抗体可阻止IBV感染对雏鸡输卵管的损伤[32]。不同IBV毒株对易感产蛋鸡致病力差异很大，有的只引起蛋壳色素变化而产蛋量不下降，有的则引起产蛋量下降10%~50%[82]。自1996年以来，中国报道了肉仔鸡的"腺胃型"IBV感染。该病的特征是腺胃发生肿大和出血性溃疡，死亡率为15%~80%[186]。中国另一项报道表明[180]：病鸡表现为精神沉郁、眼肿胀流泪、腹泻，随后出现明显的呼吸道症状；该病的发病率为100%，死亡率为20%。主要剖检病变是腺胃肿大。一株分离株被命名为QX IBV。

雉鸡的冠状病毒分离株在基因序列方面与IBV不同，但两者的差异程度类似于IBV不同血清型之间的差异[24]。将3株从雉鸡中分离出来的冠状病毒接种鸡，没有观察到症状[118]，从而认为雉鸡冠状病毒（PhCoV）是与IBV不同的毒株。雉鸡冠状病毒可引起呼吸道疾病和肾病[27,73,118,143]。火鸡冠状病毒与火鸡的肠道疾病有关（见第13章），在实验条件下不能引起鸡发病。从中国孔雀（*Pavo cristatus*）体内分离到了IBV H20疫苗株，而在水鸭（*Anas sp.*）体内分离到了肾病变型（对鸡）IBV毒株[119]。在这两次分离事例中，这些禽都饲养于鸡群的附近，但并没有报道孔雀和鸭感染该病的情况。在中国，从鹧鸪体内分离到了一株冠状病毒，且该病毒的全基因组序列与IBV有很高的同源性。在巴西，从家养珍珠鸡体内分离到了一株冠状病毒，且该毒株与IBV有抗原相似性，发病珍珠鸡饲养于商品鸡的附近，症状表现为死亡、肠炎和采食量下降。随后的实验研究表明，该毒株可引起鸡

和珍珠鸡发生呼吸困难和水样腹泻。该冠状病毒是否是真正的珍珠鸡病毒还是IBV（由鸡传播到珍珠鸡），这还不清楚，也许也没有实际意义。总的说来，上述的IBV毒株可在除鸡之外的其他禽类体内增殖，准确地说是在非鸡的鸟类中增殖，其他鸟类的冠状病毒可在鸡体内复制，但不一定能引起疾病。灰雁、野鸭和鸽体内都已检测到了冠状病毒。基因片段测序表明这些病毒和IBV一样属于第三群，但与IBV没有明显的进化相关性，如在N蛋白基因之后多出了1~2个基因[20,95]。从一只绿颊亚马逊鹦鹉（*Amazon viridigenalis cassin*）体内分离到了一株冠状病毒，部分序列的分析表明该毒株和IBV明显不同[74]，可能不属于第三群。从曼岛海鸥（*Puffinus puffinus*）体内分离到了一株属于第二群的冠状病毒[138]。

发病机理和流行病学

自然宿主和实验宿主

如前所述，尽管IBV可能只引起鸡发病，但目前认为，鸡不是IBV的唯一宿主。

常见的感染宿主年龄

所有年龄的鸡均易感，但以雏鸡病情最为严重，可引起死亡。随着日龄的增大，鸡对IB感染所致肾病、输卵管病变及死亡的抵抗力增强[2,44,157]。

传播、携带者和传播媒介

传染性支气管炎病毒具有很强的传染性，在鸡群中传播迅速，潜伏期短。与感染鸡同处一栋鸡舍的易感鸡通常在24~48h内出现症状。实验鸡经气雾接种后，24h到第7天从气管、肺脏、肾脏和法氏囊中都能分离到病毒[80]。病毒的分离率随病程的延长而降低，且因毒株不同而异，在感染后第14周还可从盲肠扁桃体中分离到病毒；感染后第20周时可从粪便中分离到IBV[3]。1日龄感染鸡在康复后的数周内病毒检测呈阴性，但产蛋鸡又出现排毒现象，且这些病毒是在开产期和19周龄鸡的气管和泄殖腔拭子中分离到的[96]。尽管肾脏可能是

IBV 持续感染的部位之一，但目前对该病毒持续性感染的性质仍不太清楚[55]。IBV 疫苗株可在各内脏器官中持续存在 163 天或更长时间[63]。在此期间，IBV 能够通过鼻分泌物和粪便定期排毒。IBV 能在体内长时间、间歇性地排毒，说明人员或设备污染对本病在鸡群间的传播具有潜在危险性。

病毒经空气传播的频率还不清楚，但一般认为 IBV 能在空气中稳定传播。近年来，在其他禽类中发现了 IBV，因而某些鸟类可能是 IBV 的传播媒介。

潜伏期

IB 的潜伏期取决于接种剂量，气管内接种为 18h，点眼为 36h。

临床症状

雏鸡 IB 的特征性呼吸道症状是喘气、咳嗽、打喷嚏、气管啰音和流鼻液。也可见眼睛流泪，偶尔出现鼻窦肿胀。病鸡精神沉郁，扎堆于热源下，饲料消耗和增重显著下降。6 周龄以上的鸡和成年鸡的症状与雏鸡相似，但通常很少出现流鼻液。除非把鸡抓起来仔细检查，或在夜间当鸡处于非常安静的情况下仔细倾听，否则有可能注意不到 IB 疫情的存在。

肉鸡感染肾型 IBV 后，可能会从呼吸道病程中康复，但随后出现精神沉郁、羽毛松乱、下痢及饮水量和死亡率增加[46,175]。产蛋鸡发生与 IB 相关的尿石症时，其死亡率可能会增加，但不发生尿石症时，鸡群表现得很健康[13,42]。

除呼吸道症状外，产蛋鸡还表现为产蛋量和蛋品质下降。然而也有人从产蛋量略有下降、蛋壳颜色变浅，却无呼吸道症状的种鸡和产蛋鸡泄殖腔拭子及盲肠扁桃体样品中分离到了 IBV。产蛋量下降的幅度因产蛋期[57]和毒株不同而异[82]。产蛋恢复正常需要 6～8 周的时间，但有时不能恢复到原来的产蛋水平。除产蛋量下降外，不能孵化的蛋量会增加，孵化率下降，出现软壳蛋、畸形蛋和粗壳蛋[43]（图 4.3）。

将蛋打破置于平面上，可见蛋的内部品质低劣。

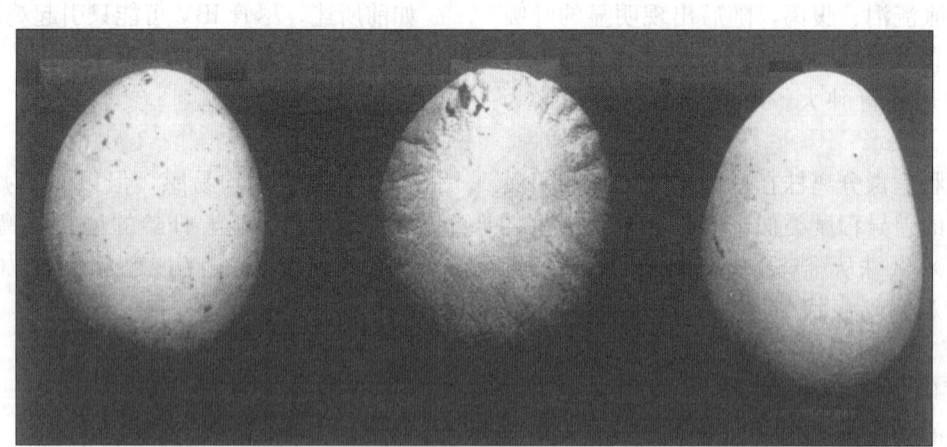

图 4.3 母鸡发生传染性支气管炎后所产的薄壳蛋、粗壳蛋和畸形蛋（Van Roekel）

蛋白变稀成水样，浓蛋白与稀蛋清间没有明确的分界线，而正常蛋有明确分界线（图 4.4）。

1 日龄雏鸡感染 IBV 可导致输卵管永久性损伤，使产蛋期的产蛋率和质量均下降。较大日龄的鸡感染 IBV 后，输卵管病变相对较轻。对某些血清型 IBV 株来说，即使在 1 日龄感染也不引起输卵管的任何病理变化。研究表明，母源抗体能防止雏鸡 IBV 早期感染对输卵管的损伤作用[32]。

产蛋雉鸡感染冠状病毒会导致种蛋孵化率降低、蛋体积变小和颜色改变，从原来正常的暗黄褐色变为黄白色或棕绿色[118]。从某雉鸡场分离到了一株冠状病毒，该场 15% 的雉鸡迅速发生死亡，但唯一的临床症状是打喷嚏。虽然雉鸡的产蛋量和孵化率出现下降，而蛋的品质却未受影响。据报道，有一群 10 周龄的幼雉鸡，其死亡率高达 45%，但未见呼吸道症状，可见到羽毛粗乱、翅膀下垂的症状[118]。

样物质（图 4.6A）、混浊并含黄色干酪样渗出物。在大支气管周围可见到肺炎区。肾病变型感染可引起肾脏苍白、肿大，同时肾小管和输尿管因尿酸盐沉积而扩张[45,179]（图 4.5）。

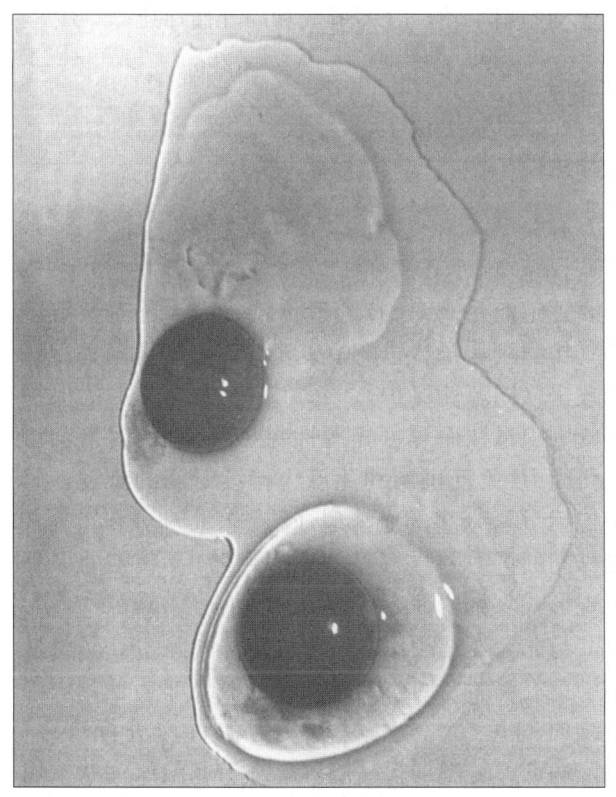

图 4.4 两枚蛋的内容物。下方为正常蛋；上方为 1 日龄 IBV 感染鸡所产的蛋，示水样蛋清，卵黄与浓蛋白分离（引自 Hofstad）

发病率和死亡率

虽然可发生全群感染，但死亡率有差异，这主要取决于所感染毒株的毒力、鸡的年龄、免疫力（母源性或主动免疫力）、应激（比如寒冷）和继发细菌感染等因素。一些呼吸型（如 DE072 株）和肾型毒株（如澳大利亚 T 株）可引起中度至严重的死亡。性别、品种及营养因素也与肾病变程度有关[45,46]。6 周龄以内的鸡死亡率可达 25% 或更高，但 6 周龄以上的鸡死亡率常不大明显。患尿石症的病鸡每周死亡率为 0.5%～1.0%。

据报道，个别观赏雉鸡场的 10 周龄雉鸡死亡率可达 45%，并从该场分离到一株冠状病毒[118]。成年雉鸡感染后会出现死亡，某些场的死亡率还曾达到 15%。

大体病变

病鸡的气管、鼻道和鼻窦中有浆液性、卡他性或干酪样的渗出物。在急性感染病例气囊内有泡沫

图 4.5 由 IBV T 株引起的传染性支气管炎的肾病变。注意肾脏肿胀，伴有肾小管和输尿管因尿酸盐沉积而扩张（Cumming）

产蛋病鸡的腹腔中可见卵黄液，但引起产蛋量明显下降的其他疾病也有类似现象。1 日龄鸡感染 IBV 可导致输卵管的永久性病变，这是造成产蛋量下降的原因。输卵管的中间三分之一区域受影响最为严重，常导致输卵管闭锁和腺机能减退。此外，鸡感染 IBV 对生殖道的影响见文献 155。他们报道，发病鸡的输卵管变短，输卵管重量减轻，卵巢出现退化。

雉鸡感染冠状病毒最明显的病变是内脏尿酸盐沉积（"内脏型痛风"）和尿石症，肾肿大、苍白[118,143]。

组织学病变

病鸡气管黏膜水肿。感染 18h 后可见气管纤毛缺损，上皮细胞变圆脱落，并有少量异嗜细胞和淋巴细胞浸润。感染 48h 后上皮开始再生。增生后的固有层出现大量淋巴样细胞浸润，并形成多个生发中心，这些生发中心在感染后 7 天仍会存在。如果气囊受到感染，会在 24h 内发生水肿、上皮细胞脱落和某种程度的纤维性渗出。随后异嗜细胞增多，伴有淋巴小结和成纤维细胞增生及立方上皮细胞再生[149]（彩图 4.6A～F）。

眼内接种 H120 疫苗毒后，病毒在哈德氏腺复制和呼吸道组织，其组织学变化以浆细胞内出现 Russell 体和腺管上皮细胞脱落为特征[165]。

传染性支气管炎的肾脏病变主要是间质性肾炎（彩图 4.6G～H）。该病毒可引起肾小管上皮细胞颗粒变性、空泡变性及肾小管上皮脱落，急性期肾间质组织中有大量异嗜性细胞浸润。髓质中的肾小管病变最明显。不仅能看到局灶坏死，而且也能观察到肾小管上皮的再生趋势。在康复期，炎性细胞逐渐变成淋巴细胞和浆细胞。在某些病例中，退行性病变可持续存在，并引起单个肾单位或整个肾区严重萎缩。患尿石症时，萎缩肾脏的输尿管因尿酸盐而扩张，且常含有由尿酸盐形成的大结石[149]。

对感染肾组织的超微研究发现：IBV 复制的主要靶位是肾单位下段和导管的上皮细胞[29,30]。在集合管、集合小管、远曲小管及海伦氏环处常含病毒粒子的大量上皮细胞，但近曲小管处比较少。感染上皮细胞的胞浆变化有：线粒体肿胀、高尔基体扩张及粗面内质网（RER）数量增多。还可观察到病毒颗粒从粗面内质网出芽，并且随着病毒复制的进行，病毒粒子被包裹于扩张的粗面内质网和胞浆囊泡内，有时可见包裹着病毒的致密电子小体。

实验性感染成年母鸡输卵管可导致上皮细胞纤毛变短和缺失，管腺扩张，淋巴细胞、其他单核细胞、浆细胞及异嗜细胞浸润，输卵管黏膜出现水肿和纤维增生[149,155]。IB 的病理组织学及与其他疾病的比较可参阅 Riddell[149]的著作、Siller 的肾病理学综述[156]及最近的一些详细研究[29,30,179]。

对感染冠状病毒的雏雉鸡进行病理组织学观察，可发现中等病变程度的间质性肾炎。主要表现为肾小管中大量单核细胞浸润，肾小管扩张，内衬上皮细胞扁平化，管型形成和局灶性坏死[118,143]。

免疫力

主动免疫

有关 IBV 免疫力的各个方面已有过综述[19,55]，不同品系鸡对 IBV 的遗传抵抗力不同[8,14,141,157]。但要评定商品鸡对 IB 的遗传抵抗力，还需做更多的工作。刚从自然感染中康复的鸡可抵抗同种毒株的攻击（同源性保护），而对其他毒株攻击的保护程度则因毒株而异（异源性保护）。有些因素会增大研究 IB 免疫机制和免疫力持续时间的难度，其中包括 IBV 众多的血清型（见"发生和分布"）、各毒株间的毒力差异（见"致病性"）及感染的多种表现形式（见"临床症状"）。

与非免疫鸡相比，用与疫苗株同源的 IBV 毒株感染免疫鸡后，回收到感染毒的滴度非常低，病毒持续时间短[36,53,113,144]。若用异源毒株进行攻毒，则该病毒可复制到很高滴度，并引起临床症状。用含异源 S 基因的重组 IBV 进行实验证明 S 蛋白的不同，交叉反应很弱[77]。

对呼吸道保护力的评定一般在感染或免疫后 3～4 周通过几种不同方法进行。感染途径包括气管内注射、滴鼻或点眼。评定免疫力的唯一标准是攻毒后 4～5 天不能从气管中分离到 IBV[79]。更全面的保护力评估应包括两项或多项有关攻毒抵抗力的标准，其中包括从肾和输卵管分离不到病毒、无 IB 临床症状、气管纤毛有活性等[11,48,77,176]。根据不同标准得出的累积分数，可表明所获得保护力究竟是完全的，还是部分的，或是没有保护力。另一个方法是检测免疫鸡对 IBV 和大肠杆菌混合感染的抵抗力。这种方法比其他检测气管免疫力的方法更能体现疫苗的交叉保护作用[36]。

在以肾炎为主的病例中，能够抵抗肾炎引起的死亡是证明疫苗免疫力良好的重要依据[104,147]。另外，攻毒后能降低或完全防止产蛋量下降，也可以证明产蛋鸡群获得了免疫保护力[12]。

尽管有证据表明 S1 糖多肽主要诱导产生 VN 抗体和 HI 抗体，并在保护性免疫中起重要作用[86,94,124,158]，但目前对防止 IB 临床发病的保护力机制了解得还不够。呼吸系统组织的局部免疫对保护也很重要，但对局部抗体在防止二次感染中的作用也不清楚。从一些研究报道看，鼻腔分泌液中的中和抗体在防止二次感染中有一定作用[81]，而哈德氏腺也可促进局部免疫力产生[49]。感染传染性法氏囊病病毒后，鸡的免疫受损伤，此时发生 IB 的临床症状更加严重，但免疫正常对照鸡并非如此，这一事实证明了抗体的保护作用[150,161]。用 ELISA 和 VN 试验均能在免疫鸡的泪液中检测到 IBV 抗体[66]。但与呼吸道的免疫评价不同，泪液中的抗体水平不能作为 IBV 免疫力的准确指标。抗体似乎不是构成抗 IB 抵抗力的唯一来源，用环磷酰胺处理或在体切除法氏囊的鸡感染 IBV 就可以证明这一点[33,38]。在这些试验中都检测不到抗体，但实验鸡却能够抵抗 IBV 的攻击。IBV 的细胞免疫应答可用其他试验得到证实[60,140]，其中包括：接种 IBV 活苗或灭活苗的淋巴细胞转化试验[163]、细胞毒性淋巴细胞活性试验[34,153,154]、迟发型超敏反应[35]、自然杀伤细胞活性试验[160]、IBV 感染鸡的呼吸道和肾脏组织中出现大量的 T 细胞（尤其是 CD4+细胞）浸润[90]。细胞毒性 T 淋巴细胞应答在 IBV 感染 10 天后达到峰值，并且与肺和肾中的 IBV 减少明显相关[163]。IBV 特异性 CTL 表位已定位在核衣壳蛋白羧基端 120 个氨基酸残基内[164]。

被动免疫

如果所用疫苗与种鸡免疫疫苗的血清型相同，母源抗体（MDA）既会降低免疫反应的严重程度，也会降低免疫效力[104,105]。尽管如此，目前对携带母源抗体的 1 日龄商品雏鸡仍做常规免疫接种。在一项研究中发现，MDA 对 1 日龄和 1 周龄攻毒有保护作用，但对 2 周龄攻毒不能提供保护[129]；而在另一项 2 日龄攻毒的研究中，MDA 并不能降低回收攻击毒的滴度[177]。Mondal 和 Naqi 的研究表明[130]：出壳时携带高水平 MDA 的雏鸡对 1 日龄的攻毒有良好保护作用（保护率＞95%，以分离不到攻击病毒为评价指标），但对 7 日龄的攻毒保护较差（＜30%）。这种保护作用与局部呼吸道抗体水平显著相关，但与血清抗体无显著相关性。通过点眼免疫 1 日龄母源抗体阳性（MDA＋）和无母源抗体（MDA－）鸡，不产生 IBV 抗体的比率很高。与 MDA－的鸡相比，MDA＋鸡对 IBV 二免所产生的病毒中和抗体应答会弱一些。1 日龄进行免疫后，MDA 滴度的下降速度也比非免疫对照组快。

诊 断

可根据临床病史、病变、血清转化或 IBV 抗体滴度升高、利用抗体捕捉 IBV 抗原的系列方法进行抗原检测（见下文）、也可根据病毒分离及 IBV RNA 检测做出诊断。如果可能的话，IB 诊断还应包括 IBV 血清型或基因型的鉴定，因为不同 IBV 毒株之间的抗原性差异很大，而且现在有多种针对不同 IBV 血清型的疫苗可供选择。de Wit 等对检测 IBV 及其抗体的各种方法进行了综述和比较[50]。但首先需要声明的是，无论采用抗体技术还是核酸技术，没有一种诊断技术能够完全确定 IBV 特定血清型的感染。

病原分离和鉴定

尽管 IBV 主要是呼吸道病原，但也可在非呼吸道组织（肾脏、输卵管、消化道）上生长。Dhinaker Raj 和 Jones[55] 总结了 IBV 的致病机理，这对 IBV 的检测具有指导意义。进行 IBV 检测时需要考虑感染和取样的间隔时间，以及感染鸡的免疫状况。de Wit 对上述因素及其他一些因素进行了探讨[50]。

病毒分离

气管是 IBV 的主要靶器官，因此也是采样的首选部位，尤其在发生感染的第一周内取样最好。可以取气管拭子或者剖检取气管组织。个别鸡在感染后第 4 或 5 天时 IBV 滴度达到最高，此后病毒滴度会迅速下降。对于感染持续 1 周以上的病例，在剖检过程中采集泄殖腔拭子或盲肠扁桃体更有价值。部分原因是病毒最初在上呼吸道生长繁殖，然后扩散到非呼吸器官，因此病毒在气管中的清除速度要快于肠道组织。另外有证据表明，IBV 可持续存在于某些组织器官，尤其是非呼吸器官中，如肾脏[3,96,122]，所以根据临床病史，也可考虑从肺脏、肾脏和输卵管采样。在特大鸡群中采样较为困难。若从鸡群中直接采样失败后，在患病鸡群中放置易感哨兵鸡是一个很有效的方法[67]。接触感染 1 周后即可将哨兵鸡取出直接采样。有关 IBV 分离的样品采集和处理过程已有详细报道[50,67]。

将用于病毒分离的样品接种于鸡胚或气管组织培养物中，最好是 SPF 源性，48～72h 后收获培养液进行盲传。如未能引起典型的鸡胚病变或死亡，则至少应盲传 3～4 代后才能判为阴性。初次在气管环上传代时，可能会观察到纤毛运动停滞，但仅靠这些方法并不足以确诊 IBV 的存在。确诊还必须通过血清学（如 VN、HI、ELISA）、免疫组化、核酸分析或电子显微镜检查。接种后第 4 周收集抗血清，并用 VN 试验进行双向比较，从而确定分离株的血清型[50,64]。

取发病雏鸡的呼吸道组织和肾脏组织[118]，或表现明显呼吸道症状时取口腔拭子[27]，均可检测出冠状病毒。经尿囊腔接种鸡胚后，病毒可在其中增殖[118]。相反，用 RT-PCR 检出的灰雁、野鸭和鸽子的冠状病毒经尿囊腔接种鸡胚后，不能在其中增殖[95]。

采用抗体技术鉴定 IBV

可以尝试用剖检材料直接检测 IBV[50,64]。例如采用 IBV 特异性多克隆血清或单克隆抗体，通过免疫荧光或免疫过氧化物酶法检测气管黏膜及其他组织的切片或刮取物[76]。由于存在非特异性反应，所以这些方法的实验结果不太容易解释，尤其自然感染病例。对气管样品的检测可用更为敏感的琼脂凝胶沉淀试验（AGPT）[50]。Bhattecharjee 等用 IBV 感染气管环后，无需固定培养物，即可通过免疫荧光法在低倍显微镜下直接观察到病毒的存在[9]。

如果是用鸡胚繁殖病毒，可通过 AGPT 法检测 IBV 的存在。当感染鸡胚中的 IBV 沉淀抗原量较低时，可利用绒毛尿囊膜切片或者尿囊液的沉积细胞进行免疫荧光或免疫过氧化酶测定。对于尿囊液中的 IBV 或者气管环培养物，采用单克隆抗体进行间接或抗原捕捉酶联免疫吸附试验（ELISA），能够检测病毒并鉴定血清型[50,85,88,93,122,35]。

现已发现分离自雏鸡的冠状病毒在 HI 和 VN 试验中与不同血清型 IBV 的抗血清交叉反应不好。目前还没有人尝试通过免疫荧光或者抗原捕捉 ELISA，同时结合 IBV 抗体的方法检测雏鸡的冠状病毒。但基于核酸的方法已成功地用于检测雏鸡冠状病毒的存在。火鸡冠状病毒与 IBV 之间的抗原交叉反应性已得到证实[120]，并且已有人用 ELISA 方法检测到火鸡血清中的冠状病毒抗体[75,120,165,173]。

采用核酸技术鉴定 IBV

用反转录-聚合酶链式反应（RT-PCR）可以直接检测感染鸡的组织样品或鸡胚初代繁殖样品。敏感的 RT-PCR 方法可检测到从口腔、气管拭子或泄殖腔拭子中提取的 RNA（也就是说，没有必要分离病毒，或没必要用鸡胚来扩繁病毒）。由于广泛使用 IB 活疫苗，所以简单的 PCR 阳性结果不能充分确诊病毒感染，应将 PCR 产物的序列跟疫苗株的相应序列进行比较。

RT-PCR 基因分型方法在很大程度上已取代了 HI 和 VN 的血清分型用于野毒株的鉴定。抗原性的变化可根据编码 S 蛋白核酸序列推测，因为中和抗体结合的大部分抗原表位位于 S 蛋白，更准确地说是 S1 亚基[98,106]。核酸分析结果与 HI 或 VN 结果没有确切的相关性，但不同血清型毒株 S1 亚基推导的氨基酸序列差异很大，一般为 20%～50%，而其他病毒通过中和试验可以明确区分开的毒株的氨基酸序列可能只有 2%～3% 的差异[24]。一般情况下，S1 序列分析结果与 VN 血清分型结果有较好的一致性。需要注意的是，目前不能根据 S 蛋白的基因序列来区分疫苗株和致病株。

基因分型方法的优点是周转时间快（主要与 VN 和 HI 实验相比）；能够检测各种基因型。如果病毒滴度有足够高，便可对气管或泄殖腔拭子的临床样本进行直接检测。RT-PCR 检测前，需要将毒株在胚胎中传代，以便达到较高的滴度。

采用 RT-PCR 扩增 S1 基因后，再对扩增产物进行限制性酶切片段长度多态分析（RELP），根据凝胶电泳的独特条带模式可鉴别 IBV 的基因型[5,125]。

采用通用引物和型特异性引物建立 S1 基因型特异性 RT-PCR，可用于临床分离株的鉴定[102]。现已设计了 Massachusetts（Mass）、Connecticut、Arkansas、JMK、DE/072/92 和 California 株的 S1 基因的特异分型引物。

RFLP、RT-PCR 和 S1 基因分型法都有一定的局限性。采用 IBV 通用引物，可鉴定出未知血清型的变异株，但只有对毒株测序并设计特异引物才能鉴定出其特异的血清型。

S1 基因测序是最有用的 IBV 鉴别技术，也是许多实验室进行基因分型的方法。对 S1 蛋白氨基端高突变区进行 RT-PCR 扩增测序，就可以鉴定先前未知的分离株和变异株[60,103,115,145]。对 S1 蛋白进行 RT-PCR 扩增测序的主要优点是可将未知分离株和变异株的扩增片段与标准株进行比较和分析。

据报道，斑点杂交技术更加简便，可替代 RT-PCR 测序技术和 RFLP 技术，但某些国家不能使用斑点杂交技术。利用狭缝印记杂交（slot blot hybridization）技术，将 S1 蛋白高突变区的 RT-PCR 模板 DNA 固定于硝酸纤维素膜上，便可进行 IBV 毒株的鉴别。根据标准株和未知分离株来合成地高辛标记探针，而后与模板 DNA 杂交。如果与标准株的同源性达到 95% 以上，那么通过基因型方法，可鉴别所有的标准株，而分离株可得到鉴定[131]。

对 S 蛋白基因进行 RT-PCR 检测的主要用途是病毒鉴定和 IBV 暴发的流行病学调查。与传统的 VN 血清型分型方法相比，S 蛋白基因序列的相似性是交叉中和的较好指标[111]。基于 S 蛋白基因的 RT-PCR 遗传分析并不能确定病毒致病性的信息。

分离的病毒 RNA 量少（如拭子）时，可采用巢式 PCR 技术。巢式 PCR 技术采用另外两条寡核苷酸引物，以第一轮 PCR 产物为模板，进行第二轮 PCR。然而对日常诊断来说，巢式 PCR 太过灵敏。一方面，它可能会扩增放大低含量疫苗残留株的基因片段；另一方面，少量的污染 DNA 也可能被扩增放大，造成假阳性。

现有两种策略值得进一步研究。第一种方法是一步法 RT-PCR，即从气管或拭子样品中抽提 RNA，反转录时尽量增加 RNA 用量，将所有反转录产物用于 PCR，扩增较短的 DNA 片段（如 600bp 左右或更短）。通过基因型特异引物或 RT-PCR 产物直接测序也可鉴定 IBV 的基因型。如果是直接测序，则可在 RT-PCR 中使用"通用"引物，即使设计的引物不能和所有基因型的 IBV 反应，但能和大多数基因型的 IBV 反应[1,26,102,103]。与使用基因型特异引物的方法相比，这种方法一般不会漏检新的 IBV 毒株。

第二种方法是先将组织样或拭子样中的毒株通过鸡胚来繁殖扩增。Jackwood 及其同事[89]和 Gelb 及其同事[68,102,103,137]常用这种方法。若要扩增较长的 PCR 片段（如 2 000bp 左右），则在 RT-PCR 之前，先要用鸡胚繁殖病毒，再抽提 RNA，这比直接从拭子样品中抽提 RNA 效果更好[109]。

由于火鸡和雉鸡冠状病毒的基因组与 IBV 基因组有很高的相似性，所以可用一些 IBV 通用引物来检测上述冠状病毒[26]。

血清学

由于 IBV 血清型众多，型间的抗原性也不同，因而给选择合适的血清学方法及分析试验结果增加了复杂性和难度。假设各血清型 IBV 毒株的 N 蛋白、M 蛋白和纤突 S2 蛋白（部分序列）有较高的氨基酸序列同源性，那么，毫无疑问它们可能拥有共同的抗原表位（群特异性抗原）。IBV 也能诱发型特异性抗体，当然这种抗体是由 S1 蛋白的抗原表位所决定的。

用于 ELISA、免疫荧光及免疫扩散试验的抗体不仅可与群特异性抗原结合，而且可与型特异性抗原结合，所以这些试验不能用于鉴别 IBV 血清型。IBV 初次感染后，大多数 VN 或 HI 抗体应答具有血清型特异性。二次感染（即使是同一血清型的毒株）时，血清抗体的反应性会更广。在自然条件下，几乎所有的鸡都进行过抗 IB 的免疫，也可能不止一次感染过野毒株，所以感染血清不适合于血清型分型。所以应该用 S 单次感染的 SPF 鸡血清进行血清分型。

常规的血清学方法有 VN 试验、HI 试验和 ELISA 试验，de Wit 对此进行了综述[50]。另外还有群特异性 AGPT 试验，但因沉淀抗体半衰期短，所以该方法可能出现假阴性结果。若 AGPT 试验结果呈阳性，则表明被检鸡群最近发生过感染。de Wit 等[51]用 H120 疫苗免疫免疫 1 日龄有母源抗体肉鸡和 9 周龄 SPF 鸡，两组实验鸡均检测不到 AGPT 抗体。而攻毒后，AGPT 试验结果却呈阳性，其敏感性约为 40%。若感染毒株与疫苗株的血清型相同，那么利用 AGPT 试验可检测到少量的抗体[51,52]。因此一般来说，不推荐用 AGPT 试验来检测 IBV 抗体，但可用于检测 IBV 抗原。

IBV ELISA 试验具有群特异性[51,99]。目前该方法被广泛应用，且已有商品化的 IBV ELISA 试剂盒供应。感染 1 周内便可用 ELISA 方法检出 IBV 抗体，比 HI 或 VN 试验的结果早[51,52,126,128]。检测时需要双份血清，其中一份在感染症状开始出现时采取，另一份在感染 1 周或 1 周后采取。第一份血清取样被延迟时，可能检测不到血清转化情况。IBV 感染后能迅速诱导 IgM 的产生，但这只是暂时性的，因此检测出 IBV 特异性 IgM 时，可说明最近发生过 IBV 感染（见综述 51 和 54）。由于一些实验结果很不一致，所以目前尚未将检测 IgM 作为常规方法使用。

尽管不同 IBV 血清型之间有交叉反应，尤其是用 HI 试验检测时，但通常还是认为检测 IBV 抗体的 VN 试验和 HI 试验具有型特异性。单次感染（包括免疫接种）后，采集的血清一般呈株特异性，而非血清型特异性[51,65,99]。这限制了用 HI 试验来监测免疫应答的应用。比如，M41 株和 H120 株经 VN 试验鉴定属于同一血清型，但用 M41 株作为 HI 试验抗原来检测 H120 疫苗免疫后的抗体时效果却并不理想。

以下情况常引起交叉反应：免疫过 IBV 疫苗后发生自然感染或实验感染的肉鸡（临床上最常见的情况）的血清；多次免疫过 IB 疫苗又多次感染过 IBV 的蛋鸡的血清。尽管 HI 试验凭借其成本低、设备要求简单、速度快等优点而成为常规诊断中非常有用的方法，但我们必须清楚该方法的局限性。若对 HI 试验有疑问，还要进一步采取其他备选分析方法[50]。

近来有人应用单克隆抗体进行了阻断或竞争 ELISA 试验，以检测实验感染鸡血清中抗北美 Massachusetts 和 Arkansas 血清型抗体[99]。先将含 IBV 抗体的鸡血清加入已包被病毒的微量反应板中，然后加入血清型特异性的单克隆抗体。这时鸡血清中抗特定 IBV 血清型的抗体可阻断抗同一血清型的单克隆抗体的结合，且这种阻断效应与鸡血清中的抗体浓度成正比。阻断 ELISA 的特异性与 VN 相似。

鉴别诊断

传染性支气管炎的临床表现可能与其他急性呼吸道病相似，如新城疫（ND）、传染性喉气管炎（LT）、低致病性禽流感及传染性鼻炎（IC）。新城疫的病原是速发嗜内脏型或速发嗜神经型副黏病毒 1 型时，其临床表现通常比 IB 更严重，病禽死亡率高于 IB。缓发型新城疫病毒感染，以及禽流感的嗜肺型和低致病性毒株感染时，呼吸道的症状呈轻度到中度，类似于 IB 引发的症状。喉气管炎在鸡群中的传播比较慢，但呼吸道症状比 IB 更严重。根据面部肿胀可将传染性鼻炎与传染性支气管炎区别

开（传染性支气管炎很少有面部肿胀的症状）。产蛋下降综合征（EDS）腺病毒所引起的产蛋量下降及蛋壳质量问题与传染性支气管炎相似，但前者并不影响鸡蛋内部的质量[57]。

预防与控制

管理措施

理想的管理措施包括在清洗和消毒后，对 1 日龄鸡进行严格的隔离。在当前商品鸡的生产模式中，肉鸡生产很难做到彻底消毒，蛋鸡场同时饲养着不同日龄的产蛋鸡，这使疾病防制难度增大，因而必须采用免疫接种来预防 IB。对于隔离饲养的单日龄产蛋鸡群也要进行免疫接种，以防止易感鸡群在产蛋期感染 IBV 而导致严重的产蛋下降。

免疫接种

疫苗的种类

活苗和灭活苗都可用于 IB 的免疫接种。活苗一般用于肉鸡的免疫以及种鸡和蛋鸡的首免。生产活苗的毒株一般都是经过鸡胚连续传代致弱（见本章"致病力"部分）[84,104,123]。但应避免过度传代，以防止毒株的免疫原性减弱。致弱的程度和疫苗稳定性可因疫苗不同而不同。有证据表明一些疫苗株在鸡体传代后毒力会增强[83]，说明某些疫苗株在鸡群中循环感染可能导致毒力返强。分散式接种 IBV 弱毒苗会促进鸡群中的周期性感染，增加疫苗的毒力。

在许多国家，目前最常用的是 Massachusetts 血清型疫苗。Massachusetts 血清型疫苗免疫鸡群表现出呼吸道症状，并从中分离到同型病毒时，一般倾向认为所分离到的只是疫苗毒，必定还有其他血清型毒株引起临床发病。但实际情况也可能不是这样，因为在很多国家或地区分离到了 Massachusetts 血清型强毒株。Massachusetts 株（M41 株）、H120 株和 Massachusetts 血清型的其他疫苗在世界各地被广泛使用。如果有新血清型 IBV 流行，疫苗中就应该包括这个新的型。在美国，Massachusetts、Connecticut 和 Arkansas 血清型的疫苗使用范围最广，而其他 IBV 血清型，如 DE072，只是

地区性使用。欧洲某些国家和亚洲国家除了使用H120和其他Massachusetts血清型疫苗外，还使用D274、D1466和4/91（也就是793/B和CR88，初次分离于欧洲）血清型疫苗。亚洲一些国家还使用自家苗[117]，但只有澳大利亚允许使用自家苗[104,169]。

尽管美国特拉华地区使用Ark DPI疫苗，但该地区还是发生过Ark血清型感染，并造成一定经济损失。其原因可能是Ark DPI弱毒苗中有少量具有致病力的毒株在田间鸡体选择压力下产生了Ark血清型变异株[137]。因此作者认为，该地区应该全年使用Ark DPI疫苗，而不是季节性使用（有时这样使用），这样其中有致病力的亚群就不太可能冒出来致病。

研究表明，IBV疫苗可干扰禽肺病毒弱毒株的复制，但不会阻止禽肺病毒诱导保护性免疫应答的产生[40]。因此，IBV疫苗毒和野毒的迅速增殖可能抑制了临床上禽肺病毒的复制，并降低了禽肺病毒的检出率[26]。

种鸡和蛋鸡发生产蛋下降之前需要接种油乳剂灭活苗[12]。根据免疫程序，产蛋母鸡在10~18周龄进行免疫。可用福尔马林、β-丙内酯或其他合适的灭活剂来灭活种毒，所以制备灭活苗时无需致弱种毒。通常用矿物油佐剂来制备疫苗[91]。灭活苗的效果很大程度上与前期活疫苗免疫有关。灭活苗必须通过肌注或皮下注射的方式逐只免疫。灭活苗诱导血清抗体对内脏、肾脏和生殖道有保护作用。不同于活疫苗，灭活苗对同源毒株引发的呼吸道感染的保护效果不如活疫苗，但灭活苗的确可降低攻毒感染鸡呼吸道中病毒数量，限制病毒向易感鸡群传播[110]。

可利用新的"变异株"来制备自家灭活苗，控制IB的流行，但使用"变异株"活苗时，病毒可能会传播到附近的鸡群，引发疾病。与其他灭活苗（包括标准血清型的疫苗，如Massachusetts和Connecticut灭活苗）相比，变异株灭活苗可提供更好的保护力，抵抗IBV致病性变异株的感染[110]。

使用方法

IBV活苗与ND活苗可联合使用。如果联苗中IBV组分过量，就会干扰NDV的免疫应答[162]。目前尚未有干扰IBV免疫应答的类似报道。

实验接种活苗可以逐只点眼、气管内注射[7]或滴鼻。也曾试验过胚胎免疫。商品鸡群体免疫的方法包括粗喷[7]、喷雾和饮水[146]。群体免疫由于操作简单方便而备受欢迎，但也出现了一些问题，即不容易获得均匀的免疫力，同时气雾免疫还可能会引起严重的呼吸道反应。因此必须随时密切关注喷雾设备的设置和保养维护情况。饮水免疫时，供水系统中用于控制细菌及真菌污染的消毒剂会灭活疫苗。所以接种疫苗前应先清除饮水中的这些消毒剂，并向饮水中按1∶400添加脱脂奶粉，以稳定免疫时的病毒效价[70]。

IBV灭活苗要求逐只鸡注射接种，家禽在10~18周龄接种，在经过3~4次活苗免疫后的2~4周进行免疫。IBV灭活苗常和其他灭活苗一起使用。

肉用仔鸡通常在孵化场时（1日龄）就已接种过IBV活苗。在10~18日龄时用相同或不同血清型的活苗进行第二次免疫。检测1日龄IB免疫效果的实验参见前文的"被动免疫力"部分。对于肉用种鸡和商品蛋鸡，可在2~3周龄时先做IBV活苗的免疫。首免的时机取决于雏鸡母源抗体水平及免疫方法。加强免疫可在7~12周龄或16~18周龄及开产时进行，但具体时间应随着鸡群管理及控制IB和其他疾病的需要而调整。美国的许多商品蛋鸡在整个产蛋期间，每隔8~10周就用Massachusetts疫苗做一次饮水或气雾免疫。

还没有可用于鸡胚免疫的IB疫苗，现有疫苗均可造成孵化率下降和经济损失。

IBV基因组的遗传操作可非常准确地致弱强毒株，也可交换纤突基因，使疫苗适合于新血清型的免疫接种，给疫苗的研究带来了新的希望[16]。

已构建了实验重组苗，即将Vic S株的S1基因重组到血清8型禽腺病毒（FAV）中。孵化期或出壳6天后通过口腔免疫接种该疫苗时，对35日龄肉鸡的同源毒株（Vic）或异源毒株（N1/62）的攻毒具有免疫保护作用。重组FAV苗能够表达S1蛋白，说明抗IBV替代苗的研发具有一定的潜力[94]。

未来的疫苗

至少有数十种IBV血清型/基因型有待发现，对养禽业和疫苗研发者带来了挑战。只有针对少数几种新血清型毒株来制备新的疫苗才经济、可行。因而，IB的防治还会持续这种现状：可选用的疫苗种类很少，必须依靠良好的管理措施。假设 IBV 能够在大量的上皮表面增殖，那么某些待发现的 IBV 型可能与新的临床表现有关。不管近年来我们对其他禽类的 IBV 或 IBV 样病毒了解了什么，我们可推测某些新 IBV 型可能会来自其他禽类，且可能在适应后才能对鸡有致病性。遗传操作系统给我们带来了新的希望和新的时代，可能开发出更加精确和稳定的疫苗苗将被开发，并可能用于胚胎免疫。

治疗

　　IB 无特异性治疗方法。改善饲养管理条件，如防止冷应激、避免过度拥挤、保证采食量并防止体重下降可减少损失。应用合适的抗生素进行治疗，减少继发性细菌感染引起的气囊炎所造成的损失。在澳大利亚，推荐在饮水中添加电解质替代物，以补偿钠和钾的急性丢失，从而降低因肾炎而造成的损失。钠和/或钾的推荐使用浓度为 72mEq，其中至少有 1/3 为柠檬酸盐或碳酸氢盐形式[46]。

李夏莹　曹伟胜　译
吴培福　苏敬良　廖　明　校

参考文献

[1]Adzhar, A. ,K. Shaw, P. Britton, and D. Cavanagh. 1996. Universal oligonucleotides for the detection of infectious bronchitis virus by the polymerase chain reaction. *Avian Pathol*. 25:817 - 836.

[2]Albassam, M. A. , R. W. Winterfield, and H. L. Thacker. 1986. Comparison of the nephropathogenicity of four strains of infectious bronchitis virus. *Avian Dis*. 30:468 - 476.

[3]Alexander, D. J. and R. E. Gough. 1977. Isolation of avian infectious bronchitis virus from experimentally infected chickens. *Res Vet Sci*. 23:344 - 347.

[4]Allred, J. N. , L. G. Raggi, and G. G. Lee. 1973. Susceptibility and resistance of pheasants, starlings, and quail to three respiratory diseases of chickens. *Calif Fish Game*. 59:161 - 167.

[5]Alvarado I. R. , P. Villegas, J. El-Attrache, and M. W. Jackwood. 2006. Detection of Massachusetts and Arkansas serotypes of infectious bronchitis virus in broilers. *Avian Dis*. 50:292 - 297.

[6]Ambali, A. G. and R. C. Jones. 1990. Early pathogenesis in chicks with an enterotropic strain of infectious bronchitis virus. *Avian Dis*. 34:809 - 817.

[7]Andrade, L. F. , P. Villegas, and O. J. Fletcher. 1983. Vaccination of day-old broilers against infectious bronchitis: Effect of vaccine strain and route of administration. *Avian Dis*. 27:178 - 187.

[8]Bacon, L. D. , Hunter, D. B. , Zhang, H. M. , Brand, K. , and Etches, R. (2004). Retrospective evidence that the MHC(B haplotype) of chickens influences genetic resistance to attenuated infectious bronchitis vaccine strains in chickens. *Avian Pathol*. 33,605 - 609.

[9]Bhattecharjee, P. S. , C. J. Naylor, and R. C. Jones. 1994. A simple method for fluorescence staining of tracheal organ cultures for the rapid identification of infectious bronchitis virus. *Avian Pathol*. 23:471 - 480.

[10]Bijlenga, G. , Cook, J. K. A. , Gelb, J. , and de Wit, J. J. (2004). Development and use of the H strain of avian infectious bronchitis virus from The Netherlands as a vaccine: a review. *Avian Pathol*. 33,550 - 557.

[11]Boltz, D. A. , Nakai, M. , and Bahra, J. M. (2004). Avian infectious bronchitis virus: a possible cause of reduced fertility in the rooster. *Avian Dis*. 48,909 - 915.

[12]Box, P. G. , H. C. Holmes, P. M. Finney, and R. Froymann. 1988. Infectious bronchitis in laying hens: The relationship between hemagglutination inhibition antibody levels and resistance to experimental challenge. *Avian Pathol*. 17:349 - 361.

[13]Brown, T. P. , J. R. Glisson, G. Rosales, P. Villegas, and R. B. Davis. 1987. Studies of avian urolithiasis associated with an infectious bronchitis virus. *Avian Dis*. 31:629 - 636.

[14]Bumstead N. , M. B. Huggins, and J. K. A. Cook. 1989. Genetic differences in susceptibility to a mixture of avian infectious bronchitis virus and Escherichia coli. *Br Poult Sci*. 30:39 - 48.

[15]Capua, I. , Z. Minta, E. Karpinska, K. Mawditt, P. Britton, P. D. Cavanagh, and R. E. Gough. 1999. Cocirculation of four types of infectious bronchitis virus (793/B, 624/L, B1648 and Massachusetts). *Avian Pathol*. 28:587 - 592.

[16]Casais, R. , Dove, B. , Cavanagh, D. , and Britton, P. (2003). Recombinant avian infectious bronchitis virus expressing a heterologous spike gene demonstrates that the spike protein is a determinant of cell tropism. *J. Virol*. 77,9084 - 9089.

[17]Casais, R. , Davies, M. , Cavanagh, D. , and Britton, P. (2005). Gene 5 of the avian coronavirus infectious bronchitis virus is not essential for replication, *J. Virol*. 79,

8065 - 8078.

[18]Cavanagh,D. 2001. Commentary:a nomenclature for avian coronavirus isolates and the question of species status. *Avian Pathol*. 30:109 - 115.

[19]Cavanagh,D. (2003). Severe acute respiratory syndrome vaccine development:experiences of vaccination against avian infectious bronchitis coronavirus. *Avian Pathol*. 32:567 - 582.

[20]Cavanagh,D. (2005). Coronaviruses in poultry and other birds. *Avian Pathol*. 34,439 - 448.

[21]Cavanagh,D. ,and Naqi,S. (2003). Infectious bronchitis, In Diseases of Poultry, Y. M. Sail, H. J. Barnes, J. R. Glisson,A. M. Fadly,L. R. McDougald,and D. E. Swayne (eds.). (Ames,Iowa:Iowa State University Press),pp. 101 - 119.

[22]Cavanagh,D. ,P. J. Davis, and A. P. A. Mockett. 1988. Amino acids within hypervariable region 1 of avian coronavirus IBV(Massachusetts serotype) spike glycoprotein are associated with neutralization epitopes. *Virus Res*. 11:141 - 150.

[23]Cavanagh,D. ,P. J. Davis,and J. K. A. Cook. 1992. Infectious bronchitis virus:Evidence for recombination within the Massachusetts serotype. *Avian Pathol*. 21:401 - 408.

[24]Cavanagh,D. ,P. J. Davis,J. K. A. Cook,D. Li,A. Kant, and G. Koch. 1992. Location of the amino acid differences in the S1 spike glycoprotein subunit of closely related serotypes of infectious bronchitis virus. *Avian Pathol*. 21: 33 - 43.

[25]Cavanagh,D. ,M. M. Ellis,and J. K. A. Cook. 1997. Relationship between variation in the S1 spike protein of infectious bronchitis virus and the extent of cross-protection. *Avian Pathol*. 26:63 - 74.

[26]Cavanagh,D. ,K. Mawditt,P. Britton,and C. J. Naylor. 1999. Longitudinal field studies of infectious bronchitis virus and avian pneumovirus in broilers using type-specific polymerase chain reactions. *Avian Pathol*. 28:593 - 605.

[27]Cavanagh,D. ,K. Mawditt,D. Welchman,P. Britton,and R. E. Gough. 2002. Coronaviruses from pheasants (Phasianus colchicus)are genetically closely related to coronaviruses of domestic fowl(infectious bronchitis virus)and turkeys. *Avian Pathol*. 31:81 - 93.

[28] Cavanagh, D. , Picault, J. P. , Gough, R. , Hess, M. , Mawditt,K. , and Britton, P. (2005). Variation in the spike protein of the 793/B type of infectious bronchitis virus,in the field and during alternate passage in chickens and embryonated eggs. *Avian Pathol*. 34:20 - 25.

[29]Chen,B. Y. and C. ltakura. 1996. Cytopathology of chick renal epithelial cells experimentally infected with avian infectious bronchitis virus. *Avian Pathol*. 25:675 - 690.

[30]Chen,B. Y. ,S. Hosi, T. Nunoya, and C. Itakura. 1996. Histopathology and immunohistochemistry of renal lesions due to infectious bronchitis virus in chicks. *Avian Pathol*. 25:269 - 283.

[31]Chen,C. H. ,C. L. Shao, and D. X. Peng. 1997. Isolation and identification of a kidney type strain of infectious bronchitis virus. *Chinese J Vet Sci Technol*. 27:22 - 23.

[32]Chew, P. H. , P S. Wakenell, and T. B. Farver. 1997. Pathogenicity of attenuated infectious bronchitis virus for oviduct of chickens exposed *in ovo*. *Avian Dis*. 41:598 - 603.

[33]Chubb,R. C. 1974. The effect of the suppression of circulating antibody on resistance to the Australian avian infectious bronchitis virus. *Res Vet Sci*. 17:169 - 173.

[34]Chubb,R. C. , V. Huynh, and R. Law. 1987. The detection of cytotoxic lymphocyte activity in chickens infected with infectious bronchitis virus or fowl pox virus. *Avian Pathol*. 16:395 - 405.

[35]Chubb,R. C. , V. Huynh, and R. Bradley. 1988. The induction and control of delayed type hypersensitivity reactions induced in chickens by infectious bronchitis virus. *Avian Pathol*. 17:371 - 383.

[36]Cook,J. K. A. , H. W. Smith, and M. B. Huggins. 1986. Infectious bronchitis immunity:Its study in chickens experimentally infected with mixtures of infectious bronchitis virus and Escherichia coli. *J Gen Virol*. 67:1427 - 1434.

[37]Cook,J. K. A. , A. J. Brown, and C. D. Bracewell. 1987. Comparison of the hemagglutination inhibition test and the serum neutralization test in tracheal organ cultures for typing infectious bronchitis virus strains. *Avian Pathol*. 16:505 - 511.

[38]Cook,J. K. A. , T. F. Davidson, M. B. Huggins, and P. I. McLaughlan. 1991. Effect of in ovo bursectomy on the course of an infectious bronchitis virus infection in line C White Leghorn chickens. *Arch Virol*. 118:225 - 234.

[39]Cook,J. K. A. ,K. Otsuki, N. R. Da Silva Martins,M. M. Ellis, and M. B. Huggins. 1992. The secretory antibody response of inbred lines of chickens to avian infectious bronchitis virus infection. *Avian Pathol*. 21:681 - 692.

[40]Cook,J. K. A. , M. B. Huggins, S. J. Orbell, K. Mawditt, and D. Cavanagh. 2001. Infectious bronchitis virus vaccine interferes with the replication of avian pneumovirus vaccine in domestic fowl. *Avian Pathol*. 30:233 - 242.

〔41〕Coria,M. F. and A. E. Ritchie. 1973. Serial passage of 3 strains of avian infectious bronchitis virus in African Green monkey kidney cells(VERO). *Avian Dis*. 17:697 - 704.

〔42〕Cowen,B. S. ,R. F. Wideman, H. Rothenbacher,and M. O. Braune. 1987. An outbreak of avian urolithiasis on a large commercial egg farm. *Avian Dis*. 31:392 - 397.

〔43〕Crinion, R. A. P. 1972. Egg quality and production following infectious bronchitis virus exposure at one day old. *Poult Sci*. 51:582 - 585.

〔44〕Crinion,R. A. P. and M. S. Hofstad. 1972. Pathogenicity of four serotypes of avian infectious bronchitis virus for the oviduct of young chickens of various ages. *Avian Dis*. 16:351 - 363.

〔45〕Cumming,R. B. 1963. Infectious avian nephrosis(uraemia)in Australia. *Aust Vet J*. 39:145 - 147.

〔46〕Cumming, R. B. 1969. The control of avian infectious bronchitis/nephrosis in Australia. *Aust Vet J*. 45:200 - 203.

〔47〕Darbyshire,J. H. 1978. Organ culture in avian virology: A review. *Avian Pathol*. 7:321 - 335.

〔48〕Darbyshire,J. H. 1985. A clearance test to assess protection in chickens vaccinated against avian infectious bronchitis virus. *Avian Pathol*. 14:497 - 508.

〔49〕Davelaar, F. G. and B. Kouwenhoven. 1976. Changes in the Harderian gland of the chicken following conjunctival and intranasal infection with infectious bronchitis virus in one-and 20-day old chickens. *Avian Pathol*. 5:39 - 50.

〔50〕De Wit, J. J. 2000. Detection of infectious bronchitis. *Avian Pathol*. 29:71 - 93.

〔51〕De Wit,J. J. ,D. R. Mekkes,B. Kouwenhoven, and J. H. M. Verheijden. 1997. Sensitivity and specificity of serological tests for detection of infectious bronchitis virus induced antibodies in broilers. *Avian Pathol*. 26: 105 - 118.

〔52〕De Wit, J. J. ,D. R. Mekkes, G. Koch, and F. Westenbrink. 1998a. Detection of specific IgM antibodies to infectious bronchitis virus by an antibody-capture ELISA. *Avian Pathol*. 27:155 - 160.

〔53〕De Wit,J. J. ,M. C. M. de Jong, A. Pijpers, and J. H. M. Verheijden. 1998b. Transmission of infectious bronchitis virus within vaccinated and unvaccinated groups of chickens. *Avian Pathol*. 27:464 - 471.

〔54〕De Wit, J. J. ,D. R. Mekkes, G. Koch, and F. Westenbrink. 1998. Detection of specific IgM antibodies to infectious bronchitis virus by an antibody capture ELISA. *Avian Pathol*. 27:2 155 - 160.

〔55〕Dhinaker Raj,G. and R. C. Jones. 1997. Infectious bronchitis virus: immunopathogenesis of infection in the chicken. *Avian Pathol*. 26:677 - 706.

〔56〕Duckmanton,L. ,B. Luan,J. Devenish,R. Tellier,and M. Petric. 1997. Characterization of torovirus from human fecal specimens. *Virology* 239:158 - 168.

〔57〕Eck,J. H. H. van. 1983. Effects of experimental infection of fowl with EDS'76 virus, infectious bronchitis virus, and/or fowl adenovirus on laying performance. *Vet Q*. 5: 11 - 25.

〔58〕Enjuanes,L. ,D. Brian, D. Cavanagh, K. Holmes, M. M. C. Lai, H. Laude,P. Masters,P. Rottier, S. Siddell, W. J. M. Spaan, F. Taguchi, P. Talbot, and P. Coronaviridae. 2000. In F. A. Murphy, C. M. Fauquet, D. H. L. Biship, S. A. Ghabrial,A. W. Jarvis,G. P. Martelli, M. A. Mayo, and M. D. Summers(eds.). Virus Taxonomy. Academic Press: New York, 835 - 849.

〔59〕Fabricant,J. 2000. The early history of infectious bronchitis. *Avian Dis*. 42:648 - 650.

〔60〕Fulton, R. M. , W. M. Reed, and H. L. Thacker. 1993. Cellular responses of the respiratory tract of chickens to infection with Massachusetts 41 and Australian T infectious bronchitis viruses. *Avian Dis*. 37:951 - 960.

〔61〕Ganapathy,K. and J. M. Bradbury. 1999. Pathogenicity of *Mycoplasma imitans in mixed infection with infectious bronchitis virus in chickens*. *Avian Pathol*. 28:229 - 237.

〔62〕Geilhausen, H. E. , F. B. Ligon, and P. D. Lukert. 1973. The pathogenesis of virulent and avirulent avian infectious bronchitis virus. *Arch Gesamte Virusforsch*. 40: 285 -290.

〔63〕Gay, K. 2000. Infectious bronchitis virus detection and persistence in experimentally infected chickens. M. S. thesis,Cornell University:Ithaca,New York.

〔64〕Gelb,J. ,Jr. ,and M. W. Jackwood. 1989. Infectious bronchitis. In D. E. Swayne,J. R. Glisson,M. W. Jackwood,J. E. Pearson,W. M. Reed(eds.). A Laboratory Manual for the Isolation and Identification of Avian Pathogens,4th ed. American Association of Avian Pathologists:Kennett Square,PA,169 - 174.

〔65〕Gelb,J. ,Jr. ,and S. L. Killian. 1987. Serum antibody responses of chickens following sequential inoculations with different infectious bronchitis virus serotypes. *Avian Dis*. 31:513 - 522.

〔66〕Gelb,J. ,Jr. ,W. A. Nix, and S. D. Gellman. 1998. Infectious bronchitis virus antibodies in tears and their relationship to immunity. *Avian Dis*. 42:364 - 374.

〔67〕Gelb J Jr,J. K. Rosenberger, P. A. Fries, S. S. Cloud, E.

M. Odor, J. E. Dohms, and J. S. Jaeger. 1989. Protection afforded infectious bronchitis virus-vaccinated sentinel chickens raised in a commercial environment. *Avian Dis.* 33:764 - 769.

[68]Gelb, J. , Jr. , C. L. Jr. Keeler, W. A. Nix, J. K. Rosenberger,and S. S. Cloud. 1997. Antigenic and S1 genomic characterization of the Delaware variant serotype of infectious bronchitis virus. *Avian Dis.* 41:661 - 669.

[69]Gelb, J. , Y. Weisman, B. S. Ladman, and R. Meir. 2005. S1 gene characteristics and efficacy of vaccination against infectious bronchitis virus field isolates from the United States and Israel(1996—2000). *Avian Pathol.* 34:194 - 203.

[70]Gentry, R. F. and M. O. Braune. 1972. Prevention of virus inactivation during drinking water vaccination of poultry. *Poult Sci.* 51:1450 - 1456.

[71]Gillette, K. G. 1973. Plaque formation by infectious bronchitis virus in chicken embryo kidney cell cultures. *Avian Dis.* 17:369 - 378.

[72]Glahn, R. P. , R. F. Wideman, Jr. , and B. S. Cowen. 1989. Order of exposure to high dietary calcium and Gray strain infectious bronchitis virus alters renal function and the incidence of urolithiasis. *Poultry Sci* 68:1193 - 1204.

[73]Gough, R. E. , W. J. Cox, C. E. Winkler, M. W. Sharp, and D. Spackman. 1996. Isolation and identification of infectious bronchitis virus from pheasants. *Vet Record* 138:208 - 209.

[74]Gough, R. E. , Drury, S. E. , Culver, F. , Britton, P. , and Cavanagh, D. (2006). Isolation of a coronavirus from a green-cheeked Amazon parrot(Amazon viridigenalis Cassin). *Avian Pathol.* 35,122 - 126.

[75]Guy, J. S. , H. J. Barnes, L. G. Smith, and J. J. Breslin. 1999. Antigenic characterization of a turkey coronavirus identified in poult enteritis and mortality syndrome-affected turkeys. Western Poultry Disease Conference: Vancouver, B. C. ,91 - 92.

[76]Handberg, K. J. , O. L. Nielsen, M. W. Pedersen, and P. H. Jorgensen. 1999. Detection and strain differentiation of infectious bronchitis virus in tracheal tissues from experimentally infected chickens by reverse transcriptase-polymerase chain reaction. Comparison with an immunohistochemical technique. *Avian Pathol.* 28:327 - 335.

[77]Hodgson, T. , Casals, R. , Dove, B. , Britton, P. , and Cavanagh, D. (2004). Recombinant infectious bronchitis coronavirus Beaudette with the spike protein gene of the pathogenic M41 strain remains attenuated but induces protective immunity, *J Virol.* 78:13804 - 13811.

[78]Hodgson, T. , Britton, P. , and Cavanagh, D. (2006). Neither the RNA nor the proteins of Open Reading Frames 3a and 3b of the Coronavirus infectious bronchitis virus are essential for replication. *J Virol.* 80:296 - 305.

[79]Hofstad, M. S. 1981. Cross-immunity in chickens using seven isolates of avian infectious bronchitis virus. *Avian Dis.* 25:650 - 654.

[80]Hofstad, M. S. and H. W. Yoder, Jr. 1996. Avian infectious bronchitis - virus distribution in tissues of chicks. *Avian Dis.* 10:230 - 239.

[81]Holmes, H. C. 1973. Neutralizing antibody in nasal secretions of chickens following administration of avian infectious bronchitis virus. *Arch Gesamte Virusforsch.* 43:235 -241.

[82]Hopkins, S. R. and C. W. Beard. 1985. Studies on methods for determining the efficacy of oil emulsion vaccines against infectious bronchitis virus. *J Am Vet Med Assoc.* 187:305.

[83]Hopkins, S. R. and H. W. Yoder, Jr. 1986. Reversion to virulence of chicken passaged infectious bronchitis vaccine virus. *Avian Dis.* 30:221 - 223.

[84]Huang Y. P. and C. H. Wang CH. 2006. Development of attenuated vaccines from Taiwanese infectious bronchitis virus strains. *Vaccine.* 24:785 - 791.

[85]Ignjatovic, J. and P. G. Mcwaters. 1991. Monoclonal antibodies to three structural proteins of avian infectious bronchitis virus:Characerization of epitopes and antigenic differentiation of Australian strains. *J Gen Virol.* 72:2915 - 2922.

[86]Ignjatovic, J. and L. Galli. 1994. The S1 glycoprotein but not the N or M proteins of avian infectious bronchitis virus induces protection in vaccinated chickens. *Arch Virol.* 138:117 - 134.

[87]Ignjatovic, J. and F. Ashton. 1996. Detection and differentiation of avian infectious bronchitis viruses using a monoclonal antibody based ELISA. *Avian Pathol.* 25: 721 - 736.

[88]Ignjatovic, J. , S. I. Sapats, and F. A. Ashton. 1997. Long term study of Australian infectious bronchitis viruses indicates a major antigenic change in recently isolated strains. *Avian Pathol.* 26:535 - 552.

[89]Jackwood, M. W. , N. M. H. Yousef, and D. A. Hilt. 1997. Further development and use of molecular serotype detection test for infectious bronchitis virus. *Avian Dis.* 4:105 - 110.

[90]Janse, M. E. , D. van Rooselaar, and G. Koch. 1994. Leukocyte subpopulations in kidney and trachea of chickens

infected with infectious bronchitis virus. *Avian Pathol*. 23:513 - 523.

[91]Jansen T,M. P. Hofmans,M. J. Theelen,F. Manders and V. E. Schijns. 2006. Structure-and oil type-based efficacy of emulsion adjuvants. *Vaccine*. 24:5400 - 5405.

[92]Jia,W. ,K. Karaca,C. R. Parrish,and S. A. Naqi. 1995. A novel variant of avian infectious bronchitis virus resulting from recombination among three different strains. *Arch Virol*. 140:259 - 271.

[93]Johnson,R. B. and W. W. Marquardt. 1975. The neutralizing characteristics of strains of infectious bronchitis virus as measured by the constant virus variable serum method in chicken tracheal cultures. *Avian Dis*. 19:82 - 90.

[94]Johnson,M. A. ,Pooley,C. ,Ignjatovic,J. ,and Tyack,S. G. (2003). A recombinant fowl adenovirus expressing the S1 gene of infectious bronchitis virus protects against challenge with infectious bronchitis virus. *Vaccine*. 21, 2730 - 2736.

[95]Jonassen,C. M. , Kofstad,T. , Larsen,I. L. , Lovland, A. , Handeland, K. , Follestad, A. , and Lillehaug, A. 2005. Molecular identification and characterization of novel coronaviruses infecting graylag geese(Anser anser), feral pigeons(Columbia livia) and mallards(Anas platyrhynchos). *J Gen Virol*. 86:1597 - 1607.

[96]Jones,R. C. and A. G. Ambali. 1987. Re-excretion of an enterotropic infectious bronchitis virus by hens at point of lay after experimental infection at day old. *Vet Rec*. 120:617 - 620.

[97]Jordan,F. T. W. and T J. Nassar. 1973. The combined influence of age of embryo and temperature and duration of incubation on the replication and yield of avian infectious bronchitis(IB)virus in the developing chick embryo. *Avian Pathol*. 2:279 - 294.

[98]Kant,A. ,G. Koch,D. J. van Roozelaar,J. G. Kusters,J. G. Poelwijk, and B. A. M. van der Zeijst. 1992. Location of antigenic sites defined by neutralizing monoclonal antibodies on the SI avian infectious bronchitis virus glycopolypeptide,*J Gen Virol*. 73:591 - 596.

[99]Karaca, K. and S. Naqi. 1993. A monoclonal antibody-based ELISA to detect serotype-specific infectious bronchitis virus antibodies. *Vet Microbiol*. 34:249 - 257.

[100] Karaca, K. , S. A. Naqi, P. Palukatis, and B. Lucio. 1990. Serological and molecular characterization of three enteric isolates of infectious bronchitis virus of chickens. *Avian Dis*. 34:899 - 904.

[101]Karaca, K. , S. Naqi, and J. Gelb, Jr. 1992. Production and characterization of monoclonal antibodies to three infectious bronchitis virus serotypes. *Avian Dis*. 36: 903 - 915.

[102]Keeler,C. L. ,Jr. K. L. Reed,W. A. Nix,and J. Gelb,Jr. 1998. Serotype identification of avian infectious bronchitis virus by RTPCR of the peplomer(S1)gene. *Avian Dis*. 42:275 - 284.

[103]Kingham,B. F. ,C. L. Keeler,Jr. ,W. A. Nix,B. S. Ladman, and J. Gelb, Jr. 2000. Identification of avian infectious bronchitis virus by direct automated cycle sequencing of the S1 gene. *Avian Dis*. 44:325 - 335.

[104]Klieve, A. V. and R. B. Cumming. 1988. Immunity and cross-protection to nephritis produced by Australian infectious bronchitis viruses used as vaccines. *Avian Pathol*. 17:829 - 839.

[105]Klieve,A. V. and R. B. Cumming. 1988. Infectious bronchitis:Safety and protection in chickens with maternal antibody. *Aust Vet J*. 65:396 - 397.

[106]Koch,G. ,L. Hartog, A. Kant, and D. J. van Roozelaar. 1990. Antigenic domains on the peplomer protein of avian infectious bronchitis virus:Correlation with biological functions. *J Gen Virol*. 71:1929 - 1935.

[107]Kusters,J. G. ,H. G. M. Niesters,J. A. Lenstra,M. C. Horzinek,and B. A. M. van der Zeijst. 1989. Phylogeny of antigenic variants of avian coronavirus IBV. *Virology*. 169:217 - 221.

[108]Kusters,J. G. ,E. J. Jager, H. G. M. Niesters,and B. A. M. van der Zeijst. 1990. Sequence evidence for RNA recombination in field isolates of avian coronavirus infectious bronchitis virus. *Vaccine*. 8:605 - 608.

[109]Kwon, H. M. ,M. W. Jackwood, and J. Gelb,Jr. 1993. Differentiation of infectious bronchitis virus serotypes using polymerase chain reaction and restriction fragment length polymorphism analysis. *Avian Dis*. 37:194 - 202.

[110]Ladman B. S. ,C. R. Pope, A. F. Ziegler, T. Swieczkowski T,C. J. Callahan, S. Davison S and J. Jr. Gelb J Jr. 2002. Protection of chickens after live and inactivated virus vaccination against challenge with nephropathogenic infectious bronchitis virus PA/Wolgemuth/98. *Avian Dis*. 46:938 - 44.

[111]Ladman,B. S. ,Loupos, A. B. ,and Gelb Jr,J. (2006). Infectious bronchitis virus SI gene sequence comparison is a better predictor of challenge of immunity in chickens than serotyping by virus neutralization. *Avian Pathol*. 35:127 - 133

[112]Lai,M. M. C. and D. Cavanagh. 1997. The molecular bi-

ology of coronaviruses. *Advances in Virus Research*. 48:1 - 100.

[113]Lambrechts, C. , M. Pensaert, and R. Ducatelle. 1993. Challenge experiments to evaluate cross-protection induced at the trachea and kidney level by vaccine strains and Belgian nephropathogenic isolates of avian infectious bronchitis virus. *Avian Pathol*. 22:577 - 590.

[114]Landman WJ and A Feberwee. 2004. Aerosol-induced Mycoplasma synoviae arthritis:the synergistic effect of infectious bronchitis virus infection. *Avian Pathol*. 33: 591 - 598.

[115]Lee CW, D. A. Hilt and M. W. Jackwood MW. 2003. Typing of field isolates of infectious bronchitis virus based on the sequence of the hypervariable region in the S1 gene. *J Vet Diagn Invest*. 15:344 - 348.

[116]Li, D. and D. Cavanagh. 1988. Coronavirus IBV-induced membrane fusion occurs at near-neutral pH. *Arch Virol*. 122:307 - 316.

[117]Lin K. Y. , H. C. Wang and C. H. Wang. 2005. Protective effect of vaccination in chicks with local infectious bronchitis viruses against field virus challenge. *J Microbiol lmmunol Infect*. 38:25 - 30.

[118]Lister, S. A. , J. V. Beer, R. E. Gough, R. G. Holmes, J. M. W. Jones, and R. G. Orton. 1985. Outbreaks of nephritis in pheasants(Phasianus colchicus)with a possible coronavirus aetiology. *Vet Rec*. 117:612 - 613.

[119]Liu, S. , Chen, J. , Kong, X. , Shao, Y. , Han, Z. , Feng, L. , Cai, X. , Gu, S. , and Liu, M. (2005). Isolation of avian infectious bronchitis coronavirus from domestic peafowl(Pavo cristatus) and teal(Anas). *J Gen Virol*. 86:719 - 725.

[120]Loa, C. C. , T. L. Lin, C. C. Wu, T. A. Bryan, H. L. Thacker, T. Hooper, and D. Schrader. 2000. Detection of antibody to turkey coronavirus by antibody-capture enzyme-linked immunosorbent assay utilizing infectious bronchitis virus antigen. *Avian Dis*. 44:498 - 506.

[121]Loomis, L. N. , C. H. Cunningham, M. L. Gray, and F. Thorp, Jr. 1950. Pathology of the chicken embryo infected with infectious bronchitis virus. *Am J Vet Res*. 11:245 - 251.

[122]Lucio, B. and J. Fabricant. 1990. Tissue tropism of three cloacal isolates and Massachusetts strain of infectious bronchitis virus. *Avian Dis*. 34:865 - 870.

[123]Macdonald, J. W. and D. A. McMartin. 1976. Observations on the effects of the H52 and H 120 vaccine strains of the infectious bronchitis virus in the domestic fowl. *Avian Pathol*. 5:157 - 173.

[124]Macnaughton, M. R. , H. J. Hasony, M. H. Madge, and S. E. Reed. 1981. Antibody to virus components in volunteers experimentally infected with human coronavirus 229E group viruses. *Infect Immun*. 31:845 - 849.

[125]Mardani K, A. H. Noormohammadi, J. Ignatovic, G. F. Browning. 2006. Typing infectious bronchitis virus strains using reverse transcription-polymerase chain reaction and restriction fragment length polymorphism analysis to compare the 3' 7. 5 kb of their genomes. *Avian Pathol*. 35:63 - 69.

[126] Marquardt, W. W. , D. B. Snyder, and B. A. Schlotthober. 1981. Detection and quantification of antibodies to infectious bronchitis virus by enzyme-linked immunosorbent assay. *Avian Dis*. 25:713 - 722.

[127]Matthijs MG, J. H. van Eck, J. J. de Wit, A, Bouma and J. A. Stegeman JA. 2005. Effect of IBV-H120 vaccination in broilers on colibacillosis susceptibility after infection with a virulent Massachusetts-type IBV strain. *Avian Dis*. 49:540 - 545.

[128]Mockett, A. P. A. and Darbyshire, J. H. 1981. Comparative studies with an enzyme-linked immunosorbent assay(ELISA)for antibodies to avian infectious bronchitis virus. *Avian Pathol*. 10:1 - 10.

[129]Mockett, A. P. A. , J. K. A. Cook, and M. B. Huggins. 1987. Maternally-derived antibody to infectious bronchitis virus:Its detection in chick trachea and serum and its role in protection. *Avian Pathol*. 16:407 - 416.

[130]Mondal, S. P. and S. A. Naqi. 2001. Maternal antibody to infectious bronchitis virus:Its role in protection against infection and development of active immunity to vaccine. *Vet Immunol and Immunopath*. 79:31 - 40.

[131]Mondal S. P. and C. J. Cardona. 2003. Characterization of infectious bronchitis virus isolates by slot blot hybridization. *Avian Dis*. 47:725 - 730.

[132]Mondal SP, B. Lucio-Martinez and S. A. Naqi SA. 2001. Isolation and characterization of a novel antigenic subtype of infectious bronchitis virus serotype DE072. *Avian Dis*. 45:1054 - 1059.

[133]Nakamura K, J. K. A. Cook, J. A. Frazier and M. Narita. 1992. Escherichia coli multiplication and lesions in the respiratory tract of chickens inoculated with infectious bronchitis virus and/or E. coli. *Avian Dis*. 36: 881 -890.

[134]Nakamura K, H. Ueda, T. Tanimura and K. Noguchi. 1994. Effect of mixed live vaccine(Newcastle disease and infectious bronchitis)and Mycoplasma gallisepticum on the chicken respiratory tract and on Escherichia

coli infection, *J Comp Pathol*. 111:33 - 42.

[135]Naqi, S. A., K. Karaca, and B. Bauman. 1993. A monoclonal antibody-based antigen capture enzyme - linked immunosorbent assay for identification of infectious bronchitis virus serotypes. *Avian Pathol*. 22:555 - 564.

[136]Naqi S, G. Thompson, B. Bauman and H. Mohammed. 2001. The exacerbating effect of infectious bronchitis virus infection on the infectious bursal disease virus-induced suppression of opsonization by Escherichia coil antibody in chickens. *Avian Dis*. 45:52 - 60.

[137]Nix, W. A., D. S. Troeber, B. F. Kingham, C. L. Keeler, Jr., and J. Gelb, Jr. 2000. Emergence of subtype strains of the Arkansas serotype of infectious bronchitis virus in Delmarva broiler chickens. *Avian Diseases*. 44:568 - 581.

[138]Nuttall, P. A., and Harrap, K. A. 1982. Isolation of a coronavirus during studies on puffinosis, a disease of the Manx shearwater(Puffinus puffinus). *Arch Virol*. 73:1 - 13.

[139]Otsuki, K., K. Noro, H. Yamamoto, and M. Tsubokura. 1979. Studies on avian infectious bronchitis virus(IBV) 2. Propagation of IBV in several cultured cells. *Arch Virol*. 60:115 - 122.

[140]Otsuki, K., T. Nakamura, Y. Kawaoka, and M. Tsubokura. 1988. Interferon induction by several strains of avian infectious bronchitis virus, a coronavirus, in chickens. *Acta Virol*. 32:55 - 59.

[141]Otsuki, K., M. B. Huggins, and J. K. A. Cook. 1990. Comparison of the susceptibility to infectious bronchitis virus infection of two inbred lines of White Leghorn chickens. *Avian Pathol*. 19:467 - 475.

[142]Peighambari SM, R. J. Julian and C. L. Gyles CL. Experimental Escherichia coli respiratory infection in broilers. *Avian Dis*. 44:759 - 769.

[143]Pennycott, T. W. 2000. Causes of mortality and culling in adult pheasants. *Vet Rec*. 146:273 - 278.

[144]Pensaert, M. and C. Lambrechts. 1994. Vaccination of chickens against a Belgian nephropathogenic strain of infectious bronchitis virus B1648 using attenuated homologous and heterologous strains. *Avian Pathol*. 23: 631 - 641.

[145]Ramneek, Mitchell NL, and R. G. McFarlane RG. 2005. Rapid detection and characterisation of infectious bronchitis virus(IBV) from New Zealand using RT-PCR and sequence analysis. *N Z Vet J* 53:457 - 461.

[146]Ratanasethakul, C. and R. B. Cumming. 1983. The effect

of route of infection and strain of virus on the pathology of Australian infectious bronchitis. *Aust Vet J*. 60: 209 - 213.

[147]Ratanasethakul, C. and R. B. Cumming. 1983. Immune response of chickens to various routes of administration of Australian infectious bronchitis vaccine. *Aust Vet J* 60:214 - 216.

[148]Reinhardt AK, A. V. Gautier-Bouchardon, M. Gicquel-Bruneau, M. Kobisch and I. Kempf I. 2005. Persistence of Mycoplasma gallisepticum in chickens after treatment with enrofloxacin without development of resistance. *Vet Microbiol*. 106:129 - 137.

[149]Riddell, C. 1987. Avian Histopathology. American Association of Avian Patholology:Kennett Square, PA.

[150]Rosenberger, J. K. and J. Gelb, Jr. 1987. Response of several avian respiratory viruses as affected by infectious bursal disease virus. *Avian Dis*. 22:95 - 105.

[151]Schalk, A. F. and M. C. Hawn. 1931. An apparently new respiratory disease of baby chicks. *J Am Vet Med Assoc* 78:413 - 422.

[152]Schultze, B., D. Cavanagh, and G. Herder. 1992. Neuraminidase treatment of avian infectious bronchitis coronavirus reveals a hemagglutinin activity that is dependent on sialic acid-containing receptors on erythrocytes. *Virology*. 189:792 - 794.

[153]Seo, H. S. and E. W. Collisson. 1997a. Specific cytotoxic T lymphocytes are involved in *in vivo* clearance of infectious bronchitis virus, *J Virol*. 71:5173 - 5177.

[154]Seo, H. S. and E. W. Collisson. 1997b. The carboxyl-terminal 120-residue polypeptide of infectious bronchitis virus nucleocapsid induces cytotoxic T lymphocytes and protects chickens from acute infection, *J Virol*. 71: 7889 - 7894.

[155]Sevoian, M. and P. P. Levine. Effects of infectious bronchitis on the reproductive tracts, egg production, and egg quality of laying chickens. 1957. *Avian Dis*. 1:136 - 164.

[156]Siller, W. G. 1981. Renal pathology of the fowl: A review. *Avian Pathol*. 10:187 - 262.

[157]Smith, H. W., J. K. A. Cook, and Z. E. Parsell. 1985. The experimental infection of chickens with mixtures of infectious bronchitis virus and Escherichia coli. *J Gen Virol*. 66:777 - 786.

[158]Song, C. S., Lee, Y. J., Lee, C. W., Sung, H. W., Kim, J. H., Mo, I. P., lzumiya, Y., Jang, H. K., and Mikami, T. 1998. Induction of protective immunity in chickens vaccinated with infectious bronchitis virus S1 gly-

coprotein expressed by a recombinant bacuiovirus, *J Gen Virol*. 79:719 - 723.

[159] Stern, D. F. and B. M. Sefton. 1982. Coronavirus proteins:Biogenesis of avian infectious bronchitis virus virion proteins,*J Virol*. 44:794 - 803.

[160] Thompson G. and S. Naqi. 1997. Cytotoxic activity of cells recovered from the respiratory tracts of chickens inoculated with infectious bronchitis virus. *Avian Dis*. 41:690 - 694.

[161] Thompson G. ,H. Mohammed,B. Bauman,and S. Naqi. 1997. Systemic and local antibody responses to infectious bronchitis virus in infectious bursal disease inoculated and control chickens. *Avian Dis*. 41:519 - 527.

[162] Thornton, D. H. and J. C. Muskett. 1975. Effect of infectious bronchitis vaccination on the performance of live Newcastle disease vaccine. *Vet Rec*. 96:467 - 468.

[163] Timms, L. M. and C. D. Bracewell. 1981. Cell mediated and humoral immune response of chickens to live infectious bronchitis vaccines. *Res Vet Sci*. 31:182 - 189.

[164] Timms, L. M. and C. D. Bracewell. 1983. Cell mediated and humoral immune response of chickens to inactivated oil - emulsion infectious bronchitis vaccine. *Res Vet Sci*. 34:224 - 230.

[165] Toro, H. , V. Godoy, J. Larenas, E. Reyes, and E. F. Kaleta. 1996. Avian infectious bronchitis viral persistence in the Harderian gland and histological changes after eyedrop vaccination. *Avian Dis*. 40:114 - 120.

[166] Tottori, J. , R. Yamaguchi, Y. Murakawa, M. Sato, K. Uchida, and S. Tateyama. 1997. Experimental production of ascites in broiler chickens using infectious bronchitis virus and Escherichia coll. *Avian Dis*. 41:214 - 220.

[167] Youn, S. , J. L. Leibowitz and E. W. Collisson. 2005. *In vitro* assembled, recombinant infectious bronchitis viruses demonstrated that the 5a open reading frame is not essential for replication. *Virology*. 332:206 - 215.

[168] Uenaka, T. , I. Kishimoto, T. Uemura, T. Ito, T. Umemura, and K. Otsuki. 1998. Cloacal inoculation with the Connecticut strain of avian infectious bronchitis virus:an attempt to produce nephropathogenic virus by *in vivo* passage using cloacal inoculation. *J Vet Med Sci*. 60:495 - 502.

[169] Wadey,C. N. and J. T. Faragher. 1981. Australian infectious bronchitis viruses:Identification of nine subtypes by a neutralization test. *Res Vet Sci*. 30:70 - 74.

[170] Wang, L. ,D. Junker, and E. W. Collisson. 1993. Evidence of natural recombination within the S1 gene of infectious bronchitis virus. *Virology*. 192:710 - 716.

[171] Wang, L. , D. Junker, L. Hock, E. Ebiary, and E. W. Collisson. 1994. Evolutionary implications of genetic variations in the S1 gene of infectious bronchitis virus. *Virus Res*. 34:327 - 338.

[172] Wang, Y. D. , Y. L. Wang, Z. C. Zhang, G. C. Fan, Y. H. Jiang, X. E. Liu, J. Ding, and S. S. Wang. 1998. Isolation and identification of glandular stomach type IBV(QX IBV) in chickens. *Chin J Anim Quarantine*. 15:1 - 3.

[173] Weisman, Y. , A. Aronovici, and M. Malkinson. 1987. Prevalence of IBV antibodies in turkey breeding flocks in Israel. *Vet Rec*. 120:494.

[174] Weichman Dde B, J. M. Bradbury, D. Cavanagh and N. J. Aebischer NJ. 2002. Infectious agents associated with respiratory disease in pheasants. *Vet Rec*. 150:658 - 64.

[175] Winterfield, R. W. and S. B. Hitchner. 1962. Etiology of an infectious nephritis-nephrosis syndrome of chickens. *Am J Vet Res*. 23:1273 - 1279.

[176] Winterfield, R. W. , A. M. Fadly, and A. A. Bickford. 1972. The immune response to infectious bronchitis virus determined by respiratory signs, virus infection, and histopathological lesions. *Avian Dis*. 16:260 - 269.

[177] Yachida, S. , G. Sugimori, S. Aoyama, N. Takahashi, Y. Iritani, and K. Katagiri. 1981. Effectiveness of maternal antibody against challenge with infectious bronchitis viruses. *Avian Diseases*. 25:736 - 741.

[178] Zhou, J. , L. Yu, and J. Hong. 1998. Isolation, identification and pathogenicity of virus causing proventricular-type infectious bronchitis. *Chinese J Animal and Poultry Infec Dis*. 20:62 - 65.

[179] Ziegler AF, B. S. Ladman, P. A. Dunn, A. Schneider, S. Davison, P. G. Miller, H. Lu, D. Weinstock, M. Salem, R. J. Eckroade, and J. Jr. Gelb. 2002. Nephropathogenic infectious bronchitis in Pennsylvania chickens 1997 - 2000. *Avian Dis*. 46:847 - 858.

第 5 章

喉气管炎
Laryngotracheitis

J.S.Guy 和 M.Garcia

引 言

喉气管炎（Laryngotracheitis，LT）是鸡的一种病毒性呼吸道传染病，该病能引起鸡的死亡和/或产蛋下降，给生产带来严重的损失。严重的感染往往表现为呼吸抑制、喘气、有血样黏液咳出，并有很高的致死性。温和型的感染在养禽业中逐渐增多，表现为黏液性气管炎、鼻炎、结膜炎、不愿活动和低死亡率等多种形式。喉气管炎病毒（LTV）在 SPF 鸡群属于应净化的病原。

经济意义

LT 的经济意义至今还没有进行准确的估计，但是 LT 引起的死亡和产蛋率下降给美国的养禽业每年造成数亿美元的损失，在其他国家的集约化养殖场中也造成同样的损失。

公共卫生意义

截至目前，没有任何证据证明 LTV 传染人和其他哺乳动物。

历 史

该病最早记载于 1925 年[126]，但是一些报道认为该病出现的更早[14,78]。曾被命名为喉气管炎、传染性喉气管炎和禽白喉。一些早期的研究人员认为该病为禽支气管炎。早在 1930 年喉气管炎一词就开始应用[15,66]，而在 1931 年，美国兽医协会禽病特别委员会采用了传染性喉气管炎这一名称。Beaudette[18]首次证实 LT 是一个滤过性的病毒，接下来，1934 年 Brandly 和 Busnell[26]基于禽泄殖腔强毒的应用设计出一种针对鸡的免疫方法。喉气管炎也是第一个研制出疫苗的禽类主要病毒性疾病。

病 原 学

分类

喉气管炎病毒属于疱疹病毒科，α 疱疹病毒亚科传染性喉气管炎病毒属[44]。利用 DNA 序列分析已证实该病毒遗传上不同于其他 α 疱疹病毒，因此近期的分类将其作为传染性喉气管炎病毒属的唯一成员[44,127]。分类学证实该病毒为禽疱疹病毒I型[44,155]。

形态学

感染鸡胚细胞培养物中的 LTV 电镜照片显示该病毒与单纯疱疹病毒形态相似，为 20 面体（图 5.1）。Watrach 等[184]研究表明 LTV 六边形的核衣壳直径为 80～100nm。核衣壳为 20 面体对称，由 162 个细长空心的壳粒组成[43,184]。

完整的病毒粒子直径为 195～250nm，并有不规则的囊膜包裹在核衣壳外，如果染色剂穿透囊膜，可观察到核衣壳；如果染色剂没有穿透病毒粒子，则很难与细胞碎片区分开。在囊膜表面上有病毒糖蛋白纤突构成的细小突起。

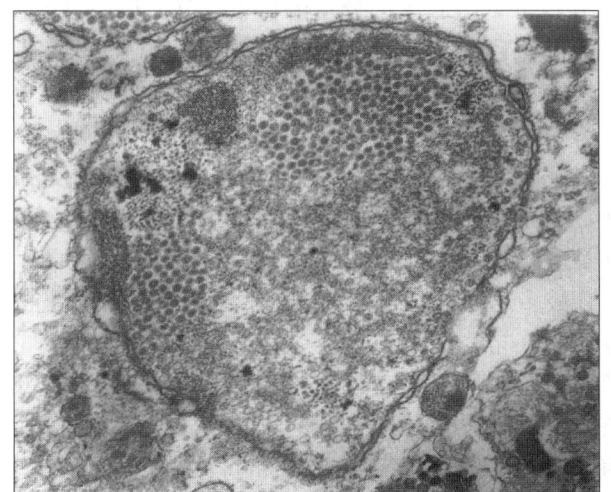

图 5.1　喉气管炎病毒感染细胞的电镜照片。在感染的鸡胚肾细胞核内，病毒粒子聚集成一个包涵体。注意染色质聚集在边缘，中央存在无定形物，后者构成包涵体的一部分。×18 500（Watrach）

化学组成

LTV 的核酸组成为 DNA，浮密度为 1.704g/mL，与其他疱疹病毒一致[141]。LTV DNA 的分子质量大约为 100×10^6，基因组含有两个异构体[119,121]。曾经报道喉气管炎病毒 DNA 的 G+C 含量为 45%[141]，该含量低于其他动物疱疹病毒。DNA 基因组是由 155kb 的双股线性分子组成，包括长独特区（UL）和短独特区（US）及两端的反向重复序列[97,122]。最近，根据已公布的 14 个不同的核酸序列组装了 LTV 基因组完整的基因组序列。组装的 LTV 基因组长 148kb，包含一个 113kb 的 UL 区域和一个 13kb 的 US 区域；这两条区域旁侧为两个 11kb 的反向重复序列。预测该基因组共有 77 个开放阅读框，其中有 62 个阅读框位于 UL 区域，9 个位于 US 区域，3 个位于反向重复序列。

早期对部分 LTV 胸苷激酶基因和上游重叠基因序列分析证明 LTV 和其他 α 疱疹病毒的同源性[67,106]。后来，将 LTV 的全基因组序列与其他疱疹病毒的基因组进行比对，结果显示 LTV 与鹦鹉疱疹病毒-1 型（PsHV-1）同处于禽 α 疱疹病毒的一个独特分支上，不同于类马立克氏病病毒［Marek's disease-like viruses（Mardivirus）][173]。LTV 和 PsHV-1 均有一个独特的基因组区段，该区段含有五个开放阅读框，并在长独特区有一个大

的内部倒位，与前期发现的猪伪狂犬病毒中的倒位相似[182,198]。

和其他疱疹病毒一样，LTV 的糖蛋白能够刺激机体产生体液免疫和细胞介导的免疫反应[192]。York 等[195,197]人早期研究证实了分子量为 205、160、115、90 和 60KD 的五个囊膜糖蛋白可能是 LTV 的主要免疫原。随后，数个实验室应用单因子血清和单克隆抗体对糖蛋白进行了研究。已鉴定 LTV 的几个糖蛋白与人的单纯疱疹病毒有同源性，这些糖蛋白被命名为糖蛋白 B（gB）[142]、gC[114,180]、gN[56]、gM[55,56]、gG[117] 和 gJ[180]。最早证实 gJ 蛋白的分子量为 60kDa，并命名为 gp60[118]。后来研究表明 gJ 表达为多个蛋白，分子量分别为 85、115、160 和 200kD，gC 只表达分子量为 60kD 的单一蛋白。

近期研究了 gJ、gM 和 gN 蛋白基因缺失的病毒（LTV 缺失突变株），结果显示这些糖蛋白不是病毒复制所必需[49,56,68]。另一个实验对 gI/gE 双基因缺失进行了研究，结果显示这两个糖蛋白是病毒复制不可缺少的[48]。

病毒复制

喉气管炎病毒的复制和其他 α 疱疹病毒，如伪狂犬病毒和单纯疱疹病毒相似[68,143,156]。病毒感染从结合于细胞受体开始，然后囊膜和宿主细胞膜融合；核衣壳释放到胞浆并运送到核膜；病毒 DNA 从核衣壳释放并通过核孔转运到细胞核。病毒 DNA 的转录和复制在细胞核中进行。

与其他 α 疱疹病毒一样，LTV DNA 转录是一个高度调控的有序级联反应[86,143]。产生大约 70 多种蛋白；其中一些是调控 DNA 复制的酶类及 DNA 结合蛋白，但多数是病毒的结构蛋白。病毒 DNA 以滚环模式复制形成多联体[19]。在细胞核内，DNA 多联体被切割成单体包装入形成的核衣壳中。包裹 DNA 的核衣壳在通过内层核膜时获得囊膜[68]。有囊膜的病毒粒子在内质网中移行，在细胞浆空泡中聚集[68]，通过细胞裂解或空泡膜融合及胞吐作用释放出有囊膜的病毒粒子。

对理化因素的抵抗力

有囊膜的 LTV 粒子对氯仿以及其他脂溶性试

剂非常敏感[54,130]。在 4℃ 条件下，在适当的溶液，如甘油和营养肉汤中，LTV 的感染性可以保持几个月。然而，关于 LTV 感染力的热稳定性报道不一，如 LTV 在 55℃、15min 或 38℃、48h 很快失去感染力[101]。可是，Meulemans 和 Halen 发现，Belgian 株 LTV 经 56℃、1h 后仍保持 1‰ 的感染性[130]；Cover 和 Benton 报道，鸡尸体气管组织中的病毒经 37℃、44h，绒毛尿囊膜中的病毒经 25℃、5h 即被破坏[39]，这些结果和以前的报道差异很大[101]。这些表明，在 13～23℃ 的适合温度下，病毒的感染力在鸡气管分泌物或者尸体中可以保持 10～100 天。这些差异有待于进一步研究。

3% 的来苏儿或 1% 的碱液可在 1min 内灭活 LTV，实验台的污染采用商品碘附或含卤素的去污剂很容易达到净化。过氧化氢微化气溶胶的试验表明，用 5% 过氧化氢喷雾或熏蒸禽舍设备可以完全杀灭 LTV[133]。

毒株分类

抗原性

病毒中和试验、免疫荧光试验和交叉保护试验的结果显示 LTV 的抗原性似乎一致[39,169]。但是异源血清对某些 LTV 毒株的中和作用却很微弱，表明 LTV 毒株间存在微小的抗原差异[145,158,169]。

分子生物学分类

可利用分子生物学方法区分 LTV 毒株，包括病毒 DNA 限制性内切酶分析[70,74,119,121]，DNA 杂交分析[120]，多聚酶链式反应（PCR）—DNA 限制性内切酶片段长度多态性分析（PCR-RFLP）[31,38,42,60,65,76,115]，PCR-RFLP 结合基因测序[75]，或单独进行基因测序分析[136]。病毒 DNA 限制性内切酶分析和 DNA 片段电泳分离已经用于区分不同的 LTV 毒株[119,121]，LTV DNA 限制性内切酶分析已广泛用于 LT 暴发时区分弱毒苗和非疫苗（野生型）LTV 毒株的流行病学研究[7,70,74,107,109]。

采用克隆片段的 DNA：DNA 杂交也可以区分不同的毒株[120]，可是需要额外的试验来证明这种方法的准确性。

基于已公布的核苷酸序列及组装基因组序列，我们对 LTV 基因组有了更深的理解[173]，这也为

PCR-RFLP 和/或基因测序鉴定毒株奠定了基础。应用 PCR-RFLP 来区分疫苗和非疫苗 LTV 毒株已有报道[31,38,42,60,65,76]。感染细胞蛋白 4（ICP4）基因的 PCR-RFLP 分析可区分疫苗毒和分离于中国台湾[31]和北爱尔兰[65]的非疫苗毒。两个报道表明在引进弱毒疫苗之前引起疾病暴发的毒株为非疫苗株，但在实行弱毒疫苗免疫后，引起疾病暴发的毒株是疫苗毒。在英国，利用 ICP4 基因中发现的单核苷酸多态性位点[65]，通过 PCR-RFLP 试验对苗毒和非疫苗毒（野毒株）进行了鉴定和区分[42]。韩国的另外一项研究[75]表明：通过 PCR-RFLP 和核苷酸序列分析技术，对糖蛋白 G（gG）和胸腺激酶（TK）的基因序列进行分析可区分疫苗株和非疫苗株，且这两种蛋白基因的分析揭示了分离株可能来源于疫苗株和非疫苗株间的重组。Kirkpatrick 等[115]利用 PCR-RFLP 技术对澳大利亚的分离株进行了鉴别，结果表明，近年来澳大利亚暴发的 LT 不是由疫苗株引起的。他们证明准确鉴别 LTV 需要对多个基因进行分析，如 gG、TK、ICP4、ICP18.5 基因和开放阅读框 B-TK 等[115]。

通过对 UL47 和 gG 基因核酸序列的分析可鉴别疫苗株和引起了安大略省 LT 暴发的非疫苗株[136]。

致病性

LTV 野毒株的毒力各有不同，有引起鸡高发病率和高致死率的强毒，以及感染后症状轻微或不明显的弱毒[39,101,144,145,167,174]。不同 LTV 毒株对鸡胚的毒力也不同[94]，在细胞培养物上形成的蚀斑大小、形态也不同[157]，在鸡胚的绒毛尿囊膜（CAM）上形成的蚀斑大小、形态方面也不尽相同[145]。对于不同毒力 LTV 毒株，尤其野毒和疫苗毒的鉴别是一个非常重要的现实问题。目前以鸡胚的致死率作为毒力的生物鉴定系统，因为鸡胚死亡率和病毒的毒力紧密相关[94]。

实验室宿主系统

LTV 能在鸡胚及多种禽类细胞上增殖。接种鸡胚后，在 CAM 上引起坏死和组织增生反应，形成不透明的痘斑（图 5.2）。痘斑一般边缘不透明，中间凹陷坏死。最早在接种鸡胚后 2 天就可以看到痘斑，在接种后 2～12 天鸡胚死亡。鸡胚存活时间

随着病毒传代次数的增加而缩短[23,25,28]。

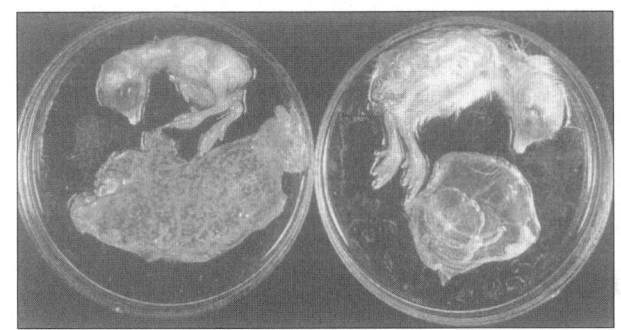

图5.2　14日龄的鸡胚。右：正常的鸡胚和绒毛尿囊膜；左：感染喉气管炎病毒的鸡胚，胚体矮小，绒毛尿囊膜有大量的坏死灶和增生性病灶

喉气管炎病毒可以在包括鸡胚肝细胞（CEL）、鸡胚肺细胞、鸡胚肾细胞（CEK）及鸡肾细胞（CK）等一些禽类细胞培养物中增殖[33,88,128,129]。Hughes和Jones[88]比较了不同实验室宿主系统分离和繁殖LTV的效果，发现CEL与CK细胞是较好的培养系统，而在鸡胚肾、鸡胚肺细胞培养物以及CAM上接种敏感性略差。鸡胚成纤维细胞、Vero细胞和鹌鹑细胞不适合LTV的增殖[88,162]。

细胞培养物在接种高感染量的病毒后4~6h出现细胞病变，细胞病变包括细胞折光性增强、细胞肿胀、染色质移位、核仁变圆，胞浆融合形成多核细胞（合胞体）（图5.3）。最早在接种后12h就检测到核内包涵体，30~36h最多。在多核细胞的胞浆内出现了大的空泡，随着细胞的变性，空泡嗜碱性增强[151]。

LTV还可以在鸡的白细胞培养物上增殖。最初发现LTV可以在鸡血棕黄层的白细胞中增殖[34]。后来发现LTV可以在来源于骨髓和脾脏的巨噬细胞中增殖[27]。此后，Calnek等[30]证实，巨噬细胞培养物与鸡肾细胞培养物对于LTV同样易感，但所检测的多数LTV株增殖受到限制。细胞和病毒的基因型影响了病毒的复制。其他类型的细胞，包括淋巴细胞、胸腺细胞、鸡血棕黄层的白细胞及激活的T细胞，几乎或者完全能够抵抗LTV的感染。

最近发现LTV可以在LMH细胞中增殖，该细胞是一个来源于化学诱变鸡胚肝癌细胞系[162]，但LTV在LMH细胞上繁殖需要适应，因此，它不适于病毒初代分离诊断，但可用于其他目的，例如研究病毒-宿主间的相互作用。

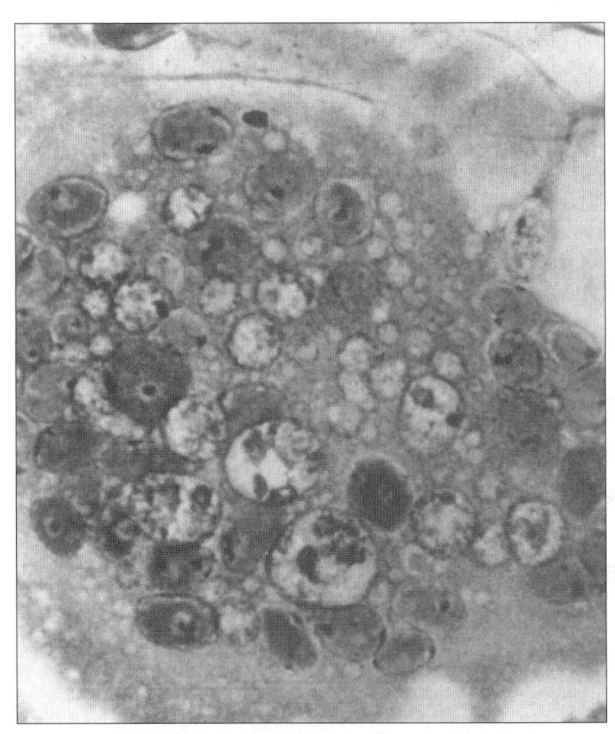

图5.3　感染喉气管炎病毒72h后的鸡胚单层肾细胞。大的多核巨细胞内有许多核，核内有包涵体。×320（May-Grünwald Giemsa染色）

发病机理和流行病学

发生和分布

已经证实LTV在多数国家都存在，可引起易感鸡群的严重感染，尤其是数量较大的鸡群[22]。在美国、欧洲、中国、东南亚和澳大利亚等集约化养禽或养禽密度高的国家，使用弱毒疫苗控制了蛋鸡的喉气管炎。对于集约化养殖的肉鸡，由于生长周期短和严格的现场检疫避免了预防接种的必要性。在发达国家，LTV主要持续地流行于庭院散养或观赏鸡群中。

自然宿主和实验宿主

鸡是LTV的主要自然宿主。虽然LTV可感染所有年龄的鸡，但多数特征性的症状见于成年鸡。病毒的繁殖仅限于呼吸道组织，很少或者根本不形成病毒血症[11,85]。

几位研究人员曾报道发生于雉鸡和雉鸡-家鸡杂交种的喉气管炎[41,87,111]。Winterfield和So[189]曾经在青年火鸡的上呼吸道人工诱发了LT病变，他们还报道从一只孔雀的气管内分离到LTV。以前感染火鸡未获成功说明火鸡对LTV的感染具有年

龄抵抗力[24,166]。椋鸟、麻雀、乌鸦、野鸽、鸭、家鸽及珍珠鸡似乎对 LTV 有抵抗力[16,26,166]，但 Yamada 等报道了鸭的亚临床感染和血清阳转[190]。

火鸡和鸡的胚对 LTV 易感，然而鸭胚敏感性较低[101,190]，珍珠鸡和鸽子的胚不易感。

传播、携带者和传播媒介

喉气管炎病毒天然的侵入门户是上呼吸道和眼[17,18]。摄食也可能是一种感染方式，但此途径感染需要病毒和鼻上皮细胞接触[154]。急性感染鸡比康复带毒鸡更易接触传播本病（见"发病机制"）。

被污染的设备与垫料可引起机械传播[18,50,64,113]。目前还没有发现病毒经蛋传播。

潜伏期

LTV 自然感染后一般在 6～12 天出现临床症状[110,165]。通过气管内人工接种，潜伏期较短，一般为 2～4 天[20,99,165]。

临床症状

喉气管炎病毒可以引起鸡的急性呼吸道疾病。典型的病症为流涕和湿性音，之后出现咳嗽和气喘（图 5.4）[14,110]。严重流行的特征是明显的呼吸困难并咳出血样黏液[14,78,79,98,165]。

图 5.4　成年鸡发病时表现为呼吸困难。在鼻孔和下喙周围有干的血样分泌物（箭头所示）（Munger）

以前 LT 严重流行的报道比较常见，可最近在欧洲、澳大利亚、新西兰和美国等集约化养殖地区

经常看到温和型 LT 的出现[39,123,145,165,167,185]。温和型的症状包括病鸡不愿活动、产蛋下降、流泪、结膜炎、眶下窦肿胀、轻度气管炎、持续性流涕和出血性结膜炎。

病程随病变的严重程度而不同，通常多数鸡在 10～14 天恢复，但也有在 1～4 周才恢复的报道[14,78]。

发病率和死亡率

本病严重流行可引起很高的发病率（90%～100%）；死亡率在 5%～70%不等，通常为 10%～20%[14,78,165]。在英国、澳大利亚、美国和新西兰报道过温和型 LT 的流行，发病率低至 5%，死亡率更低（0.1%～2%）[39,123,145,150,167,185]。

病理变化

大体病变

LTV 感染鸡的病变可见于结膜和整个呼吸道，但最常见于喉头和气管。气管和喉头组织变化轻微时，仅表现为过量的黏液[123]，严重时则有出血和或白喉样病变。严重感染病例初期为黏液性炎症，随后出现变性、坏死和出血。白喉型病变比较常见，常看到黏液团延伸于整个气管。一些病例，出血严重时在气管内形成血块（彩图 5.5A），或者血液混于黏液及坏死组织中。炎症可沿支气管向下扩散到肺脏和气囊。

在温和型的 LT 中，大体病变可能仅仅是结膜和眶下窦水肿、充血以及黏液性气管炎[45,123]。

组织学病变

组织病理学的变化随病程不同而异（彩图 5.5B～F），气管黏膜的早期病变包括杯状细胞的消失和炎性细胞浸润。随着病毒感染的发展，呼吸道上皮细胞肿大，纤毛丧失并出现水肿。在 2～3 天后，多核细胞（合胞体）形成，淋巴细胞、组织细胞及浆细胞移行到黏膜或者黏膜下层。最后，细胞崩解和脱落，黏膜表面覆盖一层基底细胞或无任何上皮细胞覆盖，固有层的血管深入到气管腔。由于表皮细胞崩解和严重脱落，导致毛细血管暴露，破裂出血。

感染 3 天后可在上皮细胞观察到核内包涵

体[146]。核内包涵体一般存在于感染的早期（1～5天）[73,178]，随着感染的发展，因上皮细胞的坏死和脱落而消失。

超微病变

电镜观察表明，细胞变化最早见于上皮细胞的细胞核中，此时病毒衣壳形成[151]。病毒衣壳通过核膜出芽，获得脂质囊膜，然后在细胞浆空泡中聚集成团。早期光镜观察到细胞浊肿与病毒粒子在细胞浆中聚集成的大团块有关[183]。

感染过程的致病机理

LTV感染易感鸡后，病毒在咽喉和气管的上皮细胞及其他的黏膜，如结膜、呼吸窦、气囊和肺脏中复制。通常LTV对这些组织具有溶细胞作用，尤其是气管，引起上皮细胞的严重损伤和出血。

几个研究小组都分别证明了在感染后的6～8天，在气管组织或者气管分泌物中存在有感染性的病毒[11,85,147,154]；在感染后的10天仍然有低水平的病毒[187]。没有明确证据表明在病毒感染期间存在病毒血症。Bagust等首先证明LTV可从气管外传递到三叉神经节[11]，通过气管感染澳大利亚LTV强毒株后4～7天，可以从三叉神经节检测到病毒。据德国报道，一个鸡群在疫苗免疫后的15个月，潜伏于三叉神经节的病毒被激活[104]。Williams等采用PCR技术，已经证明了三叉神经节是LTV建立潜伏感染的主要部位[187]。Hughs等认为因转群或开产引起应激反应后，LTV潜伏感染的鸡可再次排毒[90]。

临床上，LTV持续存在的一个主要特征是呼吸道潜伏感染。Komarov和Beaudette[116]、Gibbs[63]最早通过采集咽喉和气管拭子接种易感鸡，发现在一次LT暴发后的16个月，临床病毒携带者大约占2%。最近采用澳大利亚强毒和疫苗接种鸡，取出气管进行培养分析，发现在同样的时间大约有50%或者更多的鸡气管内有病毒潜伏感染[8,177]。最近PCR检测表明在试验感染后早期疫苗和感染毒可以同时在气管和三叉神经建立隐性感染[76]。人工感染分离于英国的低致病力野毒或疫苗株之后，连续采集喉拭子检测，发现LTV感染后7～20周内出现间歇性或连续排毒[89,91]。采用免疫抑制剂（如环磷酰胺或地塞米松），还未成功地

激活潜伏感染的病毒[8,89,90]。

免疫力

主动免疫

LTV感染后可以激发一系列的免疫应答[102]。在感染后的5～7天，可以检测到病毒的中和抗体，21天时达到高峰，而后逐渐下降，几个月后降到很低的水平。在1年或者更长的时间内均检测到中和抗体[84]。感染后大约7天可以在气管分泌物内检测到抗体[8,196]，在10～28天到达最高峰。在人工感染后3～7天，气管中的IgA和IgG合成细胞大量增加[196]。由于细胞介导的免疫应答（CMI）很复杂，对此未进行深入的研究。但已经证明LTV可诱发迟发型超敏反应[197]。对于LTV感染后细胞免疫持续的时间还不清楚。

虽然LTV的体液免疫反应与感染有关，但它不是产生保护的主要机制，已经发现血清抗体与鸡群的免疫状态之间没有相关性[102]。另外，Fahey和York[51]用切除法氏囊的鸡证明，免疫鸡黏膜抗体并不是抑制病毒复制所必需的。气管内局部的细胞介导的免疫是抗LT的主要因子[51]。切除法氏囊并用环磷酰胺处理的鸡，LTV疫苗免疫后虽然不能产生体液免疫应答，但能具有充分的免疫力[51,152]。Fahey等[53]证实，来源于同系免疫鸡的脾细胞和外周血白细胞可以传递对LT的抵抗力。

Sinkovic[171]和Fahey等[52]认为，鸡对LTV的敏感性随年龄增大而下降。Sinkovic[171]发现雄性肉鸡比雌性肉鸡易感，而且在高温（35℃）条件下，体重较大的成年肉鸡的死亡率比体重小的成年肉鸡高。

被动免疫

抗LTV的母源抗体可以通过蛋传递给子代[21]，但是母源抗体并不提供抗感染保护，或不干扰疫苗的免疫[52,171]。

诊　　断

由于其他呼吸道病原能够引起相似的临床症状和病变，因此IL的确诊需要借助实验室诊断。只有严重的急性病例出现高死亡率和咳血才能根据临

床症状确诊，否则必须借助一种或多种实验室诊断方法确诊，这些方法包括包涵体检测、病毒分离、在气管组织或呼吸道黏液检测病毒抗原、检测LTV 特异性 DNA 或者血清学方法[176]。

组织病理学检查

LT 的特征是在呼吸道和结膜的上皮细胞内形成病理性核内包涵体。可采用姬姆萨或苏木素-伊红染色法检测组织样品中的核内包涵体。Cover 和 Benton[39] 认为固定剂的选择对包涵体检测非常重要，要求使用低 pH 的固定剂。已经证实检测组织包涵体比病毒分离敏感性差。Keller 和 Hebel[108] 报道在同样 60 份样品中，仅有 57% 的样品可观察到包涵体，而 72% 的样品可分离到病毒。同样，Guy 等[73] 发现与病毒分离相比，采用组织病理学方法检测包涵体是一种高度特异的方法，但敏感性较差。

Pirozok 等[140] 和 Sevoian[168] 建立了快速检测 LTV 包涵体的组织病理学方法，两种方法只需 3h 处理组织，而传统的方法需要 24～48h。Pirozok 等[140] 采用一种水溶性包埋剂 Carbowax，节省了脱水的步骤，大大减少了样品的处理时间。Sevoian 等建立了一种可以同时对组织进行固定和脱水的方法。

病毒分离与鉴定

可以取呼吸道、结膜渗出物或适当的组织悬液，经处理后接种于 9～12 日龄的 SPF 鸡胚 CAM 或易感细胞（参考"实验室宿主系统"）进行病毒分离。临床样品可以采集气管、咽喉、肺、结膜或这些组织渗出物的拭子。最好在感染的早期采样，试验表明，感染后约 6 天检测不到 LTV 或不稳定[11,73,191]。样品最好放在冰盒中立刻送实验室。

LTV 的分离一般采用 CAM 途径接种鸡胚，因为该方法最敏感，而且获得病毒的滴度很高，比其他途径高 100 倍或更多[82,100]。最早在接种后的 2 天，可以观察到绒毛尿囊膜蚀斑，蚀斑边缘不透明、中心坏死区凹陷（图 5.2）。

也可选用鸡胚肝细胞和肾细胞来分离 LTV，可能在接种病毒后 24h 内可以观察到细胞病变，包括细胞折光性增强、细胞肿胀、染色体异位、细胞

核变圆、形成多核巨细胞（合胞体）等（图 5.3）。为了确保从临床检测样品中分离到 LTV，需要在 CEL 和 CK 上传代两次[8,88]。

Hughes 和 Jones 将 CAM 接种和其他一些细胞培养进行比较后发现，虽然 CK 细胞是一个很好的选择，但 CEL 细胞是 LTV 分离最敏感的实验室宿主系统。CEL 细胞和 CK 细胞都优于 CAM[88]。

应用组织病理学技术、荧光抗体（FA）技术、免疫过氧化物酶（IP）技术[167]、PCR 技术可以确切地鉴定 CAM 中感染的 LTV。应用电镜、FA 和 IP 技术可以鉴定 CEL 和 CK 细胞中感染的 LTV。

可用各种方法来鉴定临床样品中的 LTV，这些方法包括电镜技术、病毒抗原的检测技术（FA、IP、酶联免疫吸附试验 [ELISA]）以及病毒 DNA 检测技术（DNA 杂交技术、PCR 技术）。电镜技术已用于检测气管刮取物中的 LTV[88,179]。因为疱疹病毒的诊断则要依靠可见的形态学来鉴别，所以临床样本中存在大量的病毒粒子时，这种方法才能成功。Hughes 和 Jones 研究发现[88]，当临床样本中的病毒含量不低于 $10^{3.5}/0.1\text{mL}$ 时才可以观察到 LTV[88]。

Wilks 和 Kogan[186] 应用 FA 技术从感染后 2～14 天的气管组织中检测到了 LTV 抗原。但其他学者[11,85]报道，采用 FA 技术只能在感染后 6～8 天较短的时间段内检测到抗原。Guy[73] 等采用 IP 技术从感染后 1～9 天的气管冰冻切片中检测到了 LTV 抗原（图 5.6），表明检测组织内病毒时 IP 比 FA 更敏感[73]。Timurkaan 等通过福尔马林固定和

图 5.6　气管接种喉气管炎病毒，第 4 天对鸡的气管上皮进行免疫过氧化物酶染色。气管黏膜的大部分区域被染色（箭头所示）。×150

石蜡包埋的方法，从感染后 3～9 天的鸡气管和喉组织中检测出了 LTV 抗原[174]。同样，Sellers 等利用 IP 技术也从福尔马林固定和石蜡包埋的组织中检测出了 LTV 抗原[167]。

应用免疫过氧化酶及 FA 方法来检测感染鸡组织中 LTV 抗原时，需要 LTV 特异性抗体。免疫动物[11,85,174,186]和单克隆抗体技术[1,180,197]可以制备用于 FA 和 IP 的特异性抗体。单克隆抗体的产生量比较大而且特异性高，所以单克隆抗体技术有其优势，有望在全世界广泛应用，使 LTV 诊断程序标准化。

已建立了检测气管渗出物中 LTV 抗原的 ELISA 方法[135,191]。York 和 Fahey 应用单克隆抗体建立了抗原捕捉 ELISA 方法[191]。这种方法的检测结果和病毒分离方法一样准确，但比病毒分离法更快，比 FA 和琼脂扩散技术更准确[103]。

最近报道了检测临床样品中 LTV DNA 的方法。Keam 等[105]和 Key 等[112]采用地高辛标记的 LTV DNA 克隆片段和斑点印迹杂交试验来检测 LTV 的 DNA。这些方法敏感性很高，可应用于急性感染鸡的检测，也可应用于用 ELISA 和病毒分离法无法检测的康复鸡检测。这些方法同时也提供了一种快速检测 LTV 潜伏感染的方法。Abbas 等采用 PCR 方法制备生物素标记的 DNA 探针进行斑点印迹检测[2]。Nielsen 等[134]采用原位杂交的方法来检测组织中的 LTV DNA。

最近有很多研究小组采用 PCR 方法来检测 LTV 的 DNA[2,4,31,38,42,92,138,164,170,188]，这些检测方法包括：多重 PCR[138]，可检测包括 LTV 在内的多种禽呼吸道病原；实时荧光 PCR[42]能显著提高诊断速度。这些方法比病毒分离方法更敏感。另外 PCR 方法还可检测被其他微生物污染的样品，如腺病毒感染。污染微生物在培养物中过度生长，可能影响 LTV 的分离鉴定[188]。

血清学

已经建立了许多检测血清中 LTV 抗体的方法。包括琼脂免疫扩散（AGID）、病毒中和试验（VN）、间接免疫荧光抗体技术（IFA）和 ELISA。这些方法也可用来检测 LTV 感染的细胞培养物或 CAMs。

Burnet 首次描述了采用 CAM 接种建立 VN 试验检测 LTV 特异性抗体，通过计算 CAM 上形成的病变来检测血清中 LTV 的抗体[29]。采用细胞培养可以大大简化这种方法，可在试管、培养皿或微孔培养板上接种单层细胞来进行 VN 试验[36,153,157]。

ELSA 可用于 LTV 特异抗体的检测和定量[131,135,194]。对于 AGID、VN、IFA 和 ELISA 都可用于 LTV 抗体的检测和定量[3]。ELISA 和 IFA 一样，比 VN 敏感性差；AGID 的敏感性最低。ELISA 和 IFA 都有速度快、敏感性高的优点，但 ELISA 缺乏内在的相关性，更适合于大量血清样品的检测[13]。

最近报道了一种检测 LTV 特异性抗体的 ELISA 方法，该方法利用重组的大肠杆菌表达 LTV 糖蛋白 gE 和 gp60，结果表明基于重组蛋白的 ELISA 可以区分 LTV 疫苗免疫和非免疫/野毒感染的鸡，但是特异性和敏感性尚未报道[32]。

鉴别诊断

其他呼吸道疾病也可以导致相似的症状和病理变化，因此一定要区别 LT 与其他病原体引起的疾病。这些病原体包括白喉型鸡痘、新城疫、禽流感、传染性支气管炎、禽腺病毒和曲霉菌感染等。

预防和控制

管理措施

由于野毒感染或者疫苗接种可引起鸡的潜伏感染，因此避免将免疫鸡或康复鸡同易感鸡群混群饲养极为重要。种鸡混群饲养时，一定要有完整的病史记录。采取正确的生物安全措施可以避免易感鸡与污染物接触。

采取严格的定点检疫和卫生措施，防止有潜在污染的工作人员、饲料、设备和鸡的流动是成功防控 LT 的关键。加强对啮齿动物、猫和狗的控制[113]。应该认识庭院散养和观赏鸡群存在导致 LT 的潜在威胁，并加以防范[125,128]。

政府与养禽企业合作对于控制 LTV 非常理想。如果合作很好，可以避免 LT 疫苗的广泛使用[125]。当疾病暴发平息后，应及时将康复鸡运走，并进行严格检疫。宾夕法尼亚暴发 LT 的经验表明，从鸡群发病到最后一只鸡出现临床症状，最短时间间隔为 2 周[45,46]。

控制 LT 的暴发最有效的方法是将快速诊断、制定免疫程序以及预防病毒的进一步扩散结合起来[9]。疾病暴发前免疫不仅可以防止病毒的传播，还能缩短病程。采取适当的生物安全措施可以防止病毒在不同地点间的传播。

消毒剂或高温条件能很快杀灭鸡体外 LTV，因此在空舍期间进行彻底的清洗能够有效的预防 LT。将所有可能污染的尸体、羽毛、饲料、饮水和垃圾桶存放于同一鸡舍内，而后将鸡舍加热至 38℃ 100h 进行杀毒，彻底清洗建筑物和设备，采用消毒剂如酚盐、次氯酸钠、碘伏或季铵盐复合物进行喷雾消毒。所有的消毒剂都应该按照说明来稀释。

免疫接种

疫苗接种是保护易感鸡群的最好方法（见"免疫"）。因为疫苗接种可使鸡群发生潜伏感染，建议仅在该病流行的地区使用。应与专门的管理机构联系，选用合格的疫苗并正确使用。

弱毒疫苗

经泄殖腔接种强毒可成功预防 LT[26]，后来发现使用致弱病毒（弱毒）经眶下窦[169]、滴鼻[20]、毛囊接种[132]、点眼[172] 或者经口饮水免疫[161] 也能获得保护。通过连续的细胞[62,95,96]、鸡胚[160] 或者毛囊接种传代可弱毒野毒株[93]。

必须正确使用疫苗以保证免疫效果。确保足够的病毒剂量以提供有效的免疫保护。Raggi 和 Lee 等发现除口服途径之外，用其他途径免疫时，LT 疫苗毒含量必须超过 $10^2\,\text{PFU/mL}$ 才可以诱发满意的保护力[149]。口服疫苗病毒含量必须超过 10^5 个鸡胚感染剂量[80]。弱毒疫苗应正确使用，确保足量的有感染力的病毒。应严格遵循厂商的说明进行疫苗保存、混悬、稀释和使用。

LTV 弱毒疫苗饮水和喷雾免疫具有快速和大群免疫的优点，但也存在一些问题。Roberston 和 Egerton 证明经饮水途径免疫时，有很大比例的鸡未能产生良好的免疫保护[154]。饮水免疫的成功取决于疫苗株，要使疫苗株与易感的鼻黏膜上皮细胞接触，内外鼻孔吸入疫苗株时，可确保饮水免疫获

得成功。Roberston 和 Egerton 的研究表明饮水途径不能确保这一点[154]。喷雾免疫不当即疫苗株致弱不充分、小雾滴进入深呼吸道[148]，或者接种剂量大[37] 时会引起严重的副反应。

弱毒疫苗有一系列副作用，包括疫苗株传染给非免疫禽[6,35,77,161]、病毒致弱不够、潜伏带毒[8]、病毒在体内传代（鸡传鸡）引起毒力返强[72] 等。已证明 LTV 疫苗病毒非常容易由免疫鸡传染给非免疫鸡[6,35,77,161]，应该尽量避免这样的传播，防止疫苗毒在鸡与鸡之间的传播中出现毒力返强[72]。另外，疫苗毒致弱不够可导致非免疫鸡发病。可采取严格的生物安全措施防止鸡群之间的传播，或者在同一个鸡场对所有的易感鸡群同时免疫来防止疫苗毒的传播。

Guy 等提供的证据表明，临床上 LT 弱毒疫苗可引起 LT 的暴发。他们认为疫苗毒毒力返强是病毒传播是鸡与鸡之间体内传代的结果[70,71,72]。研究中比较了六株疫苗毒和野毒株，结果限制性酶切图谱不能区分开野毒和疫苗毒[70]，但所有疫苗毒毒力弱于野毒株[71]。将两株疫苗毒株，一株来源于鸡胚（CEO），另一株来源于组织培养物（TCO），接种 SPF 鸡进行多次传代来检测病毒毒力是否会返强[72]，结果 CEO 疫苗毒的毒力增强，而 TCO 疫苗毒没有增强。在连续传 10 代后，CEO 毒株的毒力与高致病性参考毒株（Illinois N7 1851 株，ATCC VR - 783）相似。Guy 等[72] 认为弱毒苗在野外毒力返强是因为饮水免疫和生物安全措施不好，病毒由免疫鸡传递给非免疫鸡，在机体内的连续传代。

灭活疫苗

在实验室，已采用灭活的 LTV 全病毒[12,52] 或亲和纯化的 LTV 糖蛋白[193] 制备了疫苗。这些疫苗可以诱发免疫反应，并且对强毒的攻击有不同程度的保护，但由于制备和运输的成本非常高，不适合实际应用。

基因工程疫苗

Bagust 和 Johnson[10] 近期详细地阐述了采用 DNA 重组技术制备 LT 基因工程疫苗的一些策略。他们认为这些基因工程疫苗的使用应该配合检疫以及卫生防护措施，从而启动区域性 LTV 根除计划。

LTV 的基因工程疫苗已用于 LT 的控制，主要

有以下几种：将 LTV 基因插入到病毒载体的重组疫苗、病毒基因突变或缺失的疫苗。对重组病毒载体苗免疫预防鸡 LT 已进行了评价[47,159,175]。Saif 等[159]研究了含有 LTV 基因的火鸡疱疹病毒重组苗的保护性，他们报道重组苗可产生免疫保护性，且效果可以和弱毒疫苗相比。Tong 等[175]构建了一个含有 LTV gB 基因的禽痘病毒重组苗，他们研究表明，该疫苗的保护力和弱毒活苗相似。Davison[47]构建了一个含有 LTV gB 基因和 UL‐32 基因的禽痘病毒重组苗，他们报道该疫苗能够提供足够的免疫力。

已构建了 LTV 基因突变或者缺失重组疫苗活疫苗，病毒突变株编码毒力因子的基因缺失，不能诱发疾病，但能诱导产生保护性免疫。有几个基因缺失突变株可能可用于控制 LT[57,58,69,124,137,163,181,182]。Guo 等[69]将 β-半乳糖苷酶报告基因插入到 LTV 基因组的一个开放阅读框中，构建了重组 LTV 病毒。Okamura 等[137]和 Schnitzlein 等[163]将 Lac‐Z 报告基因插入到病毒 DNA 胸苷激酶基因中，研究出了一种缺失胸苷激酶的重组 LTV，而胸苷激酶是疱疹病毒的一个毒力因子。绿色荧光蛋白（GFP）也用于重组 LTV 的标志。Fuchs 等[57]研究出了一种缺失 UL50 基因且能表达 GFP 的突变株，认为 LTV UL50 基因编码病毒的一种脱氧尿苷三磷酸腺苷酶，而该酶是一个毒力因子，且与病毒在禽类呼吸道中的增殖没有关系。缺失 gJ 基因[58]、gG 基因[59]和 ULO 基因[181]的 LTV 突变体在细胞培养物上有不明显的增殖缺陷，在鸡体内表现为致弱状态，但仍保存着免疫原性。认为基因缺失突变株（包括胸苷激酶基因[137,163]、ULO 基因[181]和 gJ 基因[58]）是制备疫苗的合适候选者。自然感染时血清抗体中有抗 gJ 抗体，所以 gJ 基因突变株更有意义；因而疫苗株中缺失该糖蛋白基因时，通过检测 gJ 特异性抗体的有无，便可以诊断是否感染 LTV[58]。可将 LTV 的基因缺失突变株作为载体来表达禽流感病毒的 H7 和 H5 基因，并应用这些突变株作为二价苗来预防 LT 和禽流感[124,181]。对一些基因缺失突变株在禽类中的应用已做过评价，这些突变株包括：缺失五个独特开放阅读框（ORF A~ORF E）[182]的突变株；缺失 UL49.5 基因的突变株，UL49.5 基因编码 gN 蛋白；缺失 UL10 基因的突变株，UL10 基因编码非糖酰化膜蛋白 M[55,56]。

通过插入编码绿色荧光蛋白基因的方式，已构建了一株临近基因 US7 和 US8 缺失的 LTV 突变株；US7 和 US8 基因分别编码 gI 和 gE 蛋白[48]，该突变株不能在细胞培养物上增殖，说明这些糖蛋白是 LTV 复制所必需的。

临床免疫程序

鸡可以在 1 日龄进行免疫[145]，但是小于 2 周龄的鸡对疫苗反应性不如较大的鸡[5,40,62]。另外，小鸡接种后可能会出现严重的反应。

2 周龄以上的鸡可采用 LT 弱毒活苗免疫，或在野外接触病毒可得到保护，免疫后的 3~4 天获得部分保护，6~8 天可完全保护[21,61,81]。在免疫后的 8~15 周免疫保护力开始下降[83]，但是大多数鸡在免疫后 15~20 周仍有免疫力[5,62,139]。疫苗的保护效力在免疫后 15~20 周下降，但再次免疫值得研究[102]。用弱毒苗再次免疫不能维持有效的保护，因为疫苗毒的感染性可能被中和，或者已存在的免疫力抑制了病毒的复制[51,196]。

用弱毒苗免疫不同日龄的产蛋鸡可以控制 LT。产蛋鸡通常在开产前免疫两次，大约 7 周龄时点眼首免，15 周龄时进行二免（点眼、喷雾或饮水）。Fulton 等[59]证明了两次免疫对于产生免疫保护的重要性。不论采用何种免疫途径（饮水、点眼、喷雾）或者何种来源的疫苗，两次疫苗免疫的效果要好于一次免疫。在单次免疫中，点眼免疫比喷雾和饮水的保护效果更均一。单次饮水免疫的效果取决于鸡到水源的远近，而且一些疫苗采用喷雾方法单次免疫时不能提供有效的保护[59]。

集约化养殖肉鸡的生长周期短，采用全进全出制度及严格的生物安全措施，可以减少预防免疫。可是当附近的鸡群暴发 LT，或者这里以前发生过 LT 时，就应该进行免疫。在这种情况下，一般在 10~21 日龄时通过饮水免疫。

抗 LTV 的重组禽痘病毒载体苗在美国已获得了商业化生产[47]，该疫苗用于免疫各年龄段的鸡群，通过翅下接种 8 周龄以上的鸡和开产前 4 周的鸡。

治疗

目前还没有有效的药物可减轻病变或减缓发病症状。如果在疫情暴发前能进行早期诊断，对未感染鸡进行免疫接种，就能使鸡在感染前产生足够的保护力。

净化

由于 LTV 的生物学和生态学特点，从集约化养鸡场消灭该病的可能性很大，这些在 Bagust 和 Johnson 的综述中阐述得很详细[10]。这些特点包括：LTV 高度的宿主特异性、病毒在鸡体外很脆弱及 LTV 基因组抗原性稳定。鸡是 LTV 的主要宿主和携带宿主。没有野生的携带宿主，或者在 LTV 的生态学中不重要，但散养鸡或观赏鸟很可能携带 LTV，因此根除工作应包括这些禽类[125]。LTV 的抗原性一致，所以一种疫苗能够对所有毒株产生交叉保护。

LT 的净化需要改变当前疫苗的应用情况，即用 DNA 重组技术生产的疫苗来代替常规的弱毒活苗，且这种疫苗在诱发保护性免疫反应的同时，不会引起潜伏感染[10]。

张　涛　智海东　译
王桂荣　童光智　校

参考文献

[1]Abbas, F., J. R. Andreasen, R. J. Baker, D. E. Mattson, and J. S. Guy. 1996. Characterization of monoclonal antibodies against infectious laryngotracheitis virus. *Avian Dis.*40:49-55.

[2]Abbas, F., J. R. Andreasen, and M. W. Jackwood. 1996. Development of a polymerase chain reaction and a nonradioactive DNA probe for infectious laryngotracheitis virus, *Avian Dis.*40:56-62.

[3]Adair, B. M., D. Todd, E. R. McKillop, and K. Burns. 1985. Comparison of serological tests for detection of antibodies to infectious laryngotracheitis virus. *Avian Pathol.*14:461-469.

[4]Alexander, H. S., D. W. Key, and E. Nagy. 1998. Analysis of infectious laryngotracheitis virus isolates from Ontario and New Brunswick by polymerase chain reaction. *Can J Vet Res.*62:68-71.

[5]Ails, A. A., J. R. Ipson, and W. D. Vaughan. 1969. Studies on an ocular infectious laryngotracheitis vaccine. *Avian Dis.*13:36-45.

[6]Andreasen, J. R., J. R. Glisson, M. A. Goodwin, R. S. Resurreccion, P. Villegas, and J. Brown. 1989. Studies of infectious laryngotracheitis vaccines: Immunity in layers. *Avian Dis.*33:524-530.

[7]Andreasen, J. R., J. R. Glisson, and P. Villegas. 1990. Differentiation of vaccine strains and Georgia field isolates of infectious laryngotracheitis virus by their restriction endonuclease fragment patterns. *Avian Dis.*34:646-656.

[8]Bagust, T. J. 1986. Laryngotracheitis(Gallid-1)herpesvirus infection in the chicken. 4. Latency establishment by wild and vaccinestrains of ILT virus. *Avian Pathol.*15:581-595.

[9]Bagust, T. J. 1992. Laryngotracheitis. In Veterinary Diagnostic Virology: A Practitioner's Guide. Mosby Year Book, St. Louis, MO, pp. 40-43.

[10]Bagust, T. J., and M. A. Johnson. 1995. Avian infectious laryngotracheitis: Virus-host interactions in relation to prospects for eradication. *Avian Pathol.*24:373-391.

[11]Bagust, T. J., B. W. Calnek, and K. J. Fahey. 1986. Gallid-1 herpesvirus infection in the chicken. 3. Reinvestigation of the pathogenesis of infectious laryngotracheitis in acute and early post-acute respiratory disease. *Avian Dis.*30:179-190.

[12]Barhoom, S. A., A. Forgacs, and F. Solyom. 1986. Development of an inactivated vaccine against laryngotracheitis (ILT)-serological and protection studies. *Avian Pathol,*15:213-221.

[13]Bauer, B., J. E. Lohr, and E. F. Kaleta. 1999. Comparison of commercial ELISA test kits from Australia and the USA with the serum neutralization test in cell culture for the detection of antibodies to the infectious laryngotracheitis virus of chickens. *Avian Pathol.*28:65-72.

[14]Beach, J. R. 1926, Infectious bronchitis of fowls. *J Am Vet Med Assoc.*68:570-580.

[15]Beach, J. R. 1930. The virus of laryngotracheitis of fowls. *Science.*72:633-634.

[16]Beach, J. R. 1931. A filterable virus, the cause of infectious laryngotracheitis of chickens, *J Exp Med.*54:809-816.

[17]Beaudette, F. R. 1930. Infectious bronchitis. *N J Agric Exp Stn Annu Rep.*51:286.

[18]Beaudette, F. R. 1937. Infectious laryngotracheitis. *Poult Sci.*16:103-105.

[19]Ben-Porat, T., and S. Tokazewski. 1977. Replication of herpesvirus DNA. Ⅱ. Sedimentation characteristics of newly synthesized DNA. *Virol.*79:292-301.

[20]Benton, W. J., M. S. Cover, and L. M. Greene. 1958. The clinical and serological response of chickens to certain laryngotracheitis viruses. *Avian Dis.*2:383-396.

[21]Benton, W. J., M. S. Cover, and W. C. Krauss. 1960.

Studies on parental immunity to infectious laryngotracheitis of chickens. *Avian Dis.* 4:491 - 499.

[22]Biggs, P. M. 1982. The world of poultry disease. *Avian Pathol.* 11:281 - 300.

[23]Brandly, C. A. 1935. Some studies on infectious laryngotracheitis. The continued propagation of the virus upon the CAM of the hen's egg. *J Infect Dis.* 57:201 - 206.

[24]Brandly, C. A. 1936. Studies on the egg-propagated viruses of infectious laryngotracheitis and fowl pox. *J Am Vet Med Assoc.* 88:587 - 599.

[25]Brandly, C. A. 1937. Studies on certain filterable viruses. 1. Factors concerned with the egg propagation of fowl pox and infectious laryngotracheitis. *J Am Vet Med Assoc.* 90:479 - 487.

[26]Brandly, C. A. , and L. D. Bushnell. 1934. A report of some investigations of infectious laryngotracheitis. *Poult Sci.* 13:212 - 217.

[27]Bülow, V. , and A. Klasen. 1983. Effects of avian viruses on cultured chicken bone-marrow-derived macrophages. *Avian Pathol.* 12:179 - 198.

[28]Burnet, F. 1934. The propagation of the virus of infectious laryngotracheitis on the CAM of the developing egg. *Br J Exp Pathol.* 15:52 - 55.

[29]Burnet, F. 1936. Immunological studies with the virus of infectious laryngotracheitis of fowls using the developing egg technique. *J Exp Med.* 63:685 - 701.

[30]Calnek, B. W. , K. J. Fahey, and T. J. Bagust. 1986. *In vitro* infection studies with infectious laryngotracheitis virus. *Avian Dis.* 30:327 - 336.

[31]Chang, P. C. , Y. L. Lee, J. H. Shien, and H. K. Shieh. 1997. Rapid differentiation of vaccine strains and field isolates of infectious laryngotracheitis virus by restriction fragment length polymorphism of PCR products. *J Virol Methods.* 66:179 - 186.

[32]Chang, P. C. , K. T. Chen, J. H. Shien, and H. K. Shieh. 2002. Expression of infectious laryngotracheitis virus glycoproteins in Escherichia coil and their applications in enzyme-linked immunosorbent assay. *Avian Dis.* 46:570 -580.

[33]Chang, P. W. , V. J. Yates, A. H. Dardiri, and D. E. Fry. 1960. Some observations on the propagation of infectious laryngotracheitis virus in tissue culture. *Avian Dis.* 4:384 - 390.

[34]Chang, P. W. , F. Sculo, and V. J. Yates. 1977. An *in vivo* and *in vitro* study of infectious laryngotracheitis virus in chicken leukocytes. *Avian Dis.* 21:492 - 500.

[35]Churchill, A. E. 1965. The development of a live attenua-

ted infectious laryngotracheitis vaccine. *Vet Rec.* 77:1227 -1234.

[36]Churchill, A. E. 1965. The use of chicken kidney tissue cultures in the study of the avian viruses of Newcastle disease, infectious laryngotracheitis, and infectious bronchitis. *Res Vet Sci.* 6:162 - 169.

[37]Clarke, J. K. , G. M. Robertson, and D. A. Purcell. 1980. Spray vaccination of chickens using infectious laryngotracheitis virus. *Aust Vet.* 56:424 - 428.

[38]Clavijo, A. , and E. Nagy. 1997. Differentiation of infectious laryngotracheitis virus strains by polymerase chain reaction. *Avian Dis.* 41:241 - 246.

[39]Cover, M. S. , and W. J. Benton. 1958. The biological variation of infectious laryngotracheitis virus. *Avian Dis.* 2:375 - 383.

[40]Cover, M. S. , W. J. Benton, and W. C. Krauss. 1960. The effect of parental immunity and age on the response to infectious laryngotracheitis vaccination. *Avian Dis.* 4:467 -473.

[41]Crawshaw, G. J. , and B. R. Boycott. 1982. Infectious laryngotracheitis in peafowl and pheasants. *Avian Dis.* 26:397 - 401.

[42]Creelan, J. L. , V. M. Calvert, D. A. Graham, and S. J. McCullough. 2006. Rapid detection and characterization from field cases of infectious laryngotracheitis virus by real-time polymerase chain reaction and restriction fragment length polymorphism. *Avian Pathol.* 35:173 - 179.

[43]Cruickshank, J. G. , D. M. Berry, and B. Hay. 1963. The fine structure of infectious laryngotracheitis virus. *Virology.* 20:376 - 378.

[44]Davison, A. J. , R. Eberle, G. S. Hayward, D. J. McGeoch, A. C. Minson, P. E. Pellett, B. Roizman, M. J. Studdert, and E. Thiry. 2005. Herpesviridae. In Virus Taxonomy: Eighth Report of the International Committee on Taxonomy of Viruses. C. M. Fauquet, M. A. Mayo, J. Maniloff, U. Desselberger, and L. A. Ball, eds. Elsevier Academic Press, San Diego. 193 - 212.

[45]Davison, S. , and K. Miller. 1988. Recent laryngotracheitis outbreaks in Pennsylvania. Proc 37th West Poult Conf. Sacramento, CA, 135 - 136.

[46]Davison, S. , R. Eckroade, and K. Miller. 1988. Laryngotracheitis the Pennsylvania experience. Proc 23rd Natl Meet Poult Health Condemnations. Ocean City, MD, 14 - 19.

[47]Davison, S. , E. N. Gingerich, S. Casavant, and R. J. Eckroade. 2006. Evaluation of the efficacy of a live fowlpox-vectored infectious laryngotracheitis/avian encephalomy-

elitis vaccine against ILT viral challenge. *Avian Dis*. 50:
50 - 54.

[48]Devlin,J. M. ,G. F. Browning,and J. R. Gilkerson. 2006.
A glycoprotein I and glycoprotein E-deficient mutant on
infectious laryngotracheits virus exhibits impaired cell-
to-cell spread in cultured cells. *Arch Virol*. 151:1281 -
1289.

[49]Devlin,J. M. ,G. F. Browning,C. A. Hartley,A. H. Mah-
moudian, N. C. Kirkpatrick, A. Noormahammadi, and J.
R. Gilkerson. 2006. Glycoprotein G is a virulence factor
in infectious laryngotracheitis virus. J Gen Virol. In
press.

[50]Dobson, N. 1935. Infectious laryngotracheitis in poultry.
Vet Rec. 15:1467 - 1471.

[51]Fahey, K. J. , and J. J. York. 1990. The role of mucosal
antibody in immunity to infectious laryngotracheitis virus
in chickens. *J Gen Virol*. 71:2401 - 2405.

[52]Fahey, K. J. , T. J. Bagust,and J. J. York. 1983. Laryngo-
tracheitis herpesvirus infection in the chicken: The role of
humoral antibody in immunity to a graded challenge in-
fection. *Avian Pathol*. 12:505 - 514.

[53]Fahey,K. J. ,J. J. York,and T. J. Bagust. 1984. Laryngo-
tracheitis herpesvirus infection in the chicken. 2. The
adoptive transfer of resistance to a graded challenge in-
fection. *Avian Pathol*. 13:265 - 275.

[54]Fitzgerald,J. E. , and L. E. Hanson. 1963. A comparison
of some properties of laryngotracheitis and herpes sim-
plex viruses. *A m J Vet Res*. 24:1297 - 1303.

[55]Fuchs,W. and T. C. Mettenleiter. 1999. DNA sequence of
the UL6 to UL 20 genes of infectious laryngotracheitis
virus and characterization of the UL10 gene product as a
nonglycosylated and nonessential virion protein. *J Gen
Virol*. 80:2173 - 2182.

[56]Fuchs,W. and T. C. Mettenleiter. 2005. The nonessential
UL49. 5 gene of infectious laryngotracheitis virus en-
codes an O-glycosylated protein which forms a complex
with the nonglycosylated UL10 gene product. *Virus Res*.
112:108 - 114.

[57]Fuchs,W. ,K. Ziemann,J. P. Teifke,O. Werner,and T.
C. Mettenleiter. 2000. The non-essential UL50 gene of a-
vian infectious laryngotracheitis virus encodes a function-
al dUTPase which is not a virulence factor. *J Gen Virol*.
81:627 - 638.

[58]Fuchs,W. , D. Wiesner,J. Veits,J. P. Teifke,and T. C.
Mettenleiter 2005. *In vitro* and *in vivo* relevance of in-
fectious laryngotracheitis virus gJ proteins that are ex-
pressed from spliced and nonspliced mRNAs. *J Virol*.

79:705 - 716.

[59]Fulton,R. M. ,D. L. Schrader,and M. Will. 2000. Effect
of route of vaccination on the prevention of infectious la-
ryngotracheitis in commercial egg-laying chickens. *Avian
Dis*. 44:8 - 16.

[60]Garcia, M. , and S. M. Riblet. 2001. Characterization of
infectious laryngotracheitis virus (ILTV) vaccine strains
and field isolates:demonstration of viral sub-populations
within vaccine preparations. *Avian Dis*. 45:558 - 566.

[61]Gelenczei,E. F. ,and E. W. Marty. 1964. Studies on a tis-
sue-culture modified infectious laryngotracheitis virus.
Avian Dis. 8:105 - 122.

[62]Gelenczei, E. F. ,and E. W. Marty. 1965. Strain stability
and immunologic characteristics of a tissue-culture modi-
fied infectious laryngotracheitis virus. *Avian Dis*. 9:44 -
56.

[63]Gibbs,C. S. 1933. The Massachusetts plan for the eradi-
cation and control of infectious laryngotracheitis. *J Am
Vet Med Assoc*. 83:214 - 217.

[64]Gibbs, C. S. 1934. Infectious laryngotracheitis field ex-
periments:Vaccination. *Mass Agric Exp Stn Bull*. 305:
57.

[65]Graham,D. A. ,I. E. Mclaren, V. M. Calvert,D. Torrens,
and B. M. Meeham. 2000. RFLP analysis of recent
Northern Ireland isolates of infectious laryngotracheitis:
comparison with vaccine virus and field isolates from
England, Scotland and Republic of Ireland. *Avian
Pathol*. 29:57 - 62.

[66]Graham, R. F. , F. Throp, Jr. , and W. A. James. 1930.
Subacute or chronic infectious avian laryngotracheitis. *J
Infect Dis*. 47:87 - 91.

[67]Griffin, A. M. ,and M. E. G. Boursnell. 1990. Analysis of
the nucleotide sequence of DNA from the region of the
thymidine kinase gene of infectious laryngotracheitis vi-
rus:Potential evolutionary relationships between the her-
pesvirus subfamilies. *J Gen Virol*. 71:841 - 850.

[68]Guo, P. , E. Scholz, J. Turek, R. Nordgreen, and B. Ma-
loney. 1993. Assembly pathway of avian infectious laryn-
gotracheitis virus. *Am J Vet Res*. 54:2031 - 2039.

[69]Guo, P. , E. Scholz, B. Maloney, and E. Welniak. 1994.
Construction of recombinant avian infectious laryngotra-
cheitis virus expressing the β-galactosidase gene and
DNA sequencing of the insertion region. *Virology*. 202:
771 - 781.

[70]Guy, J. S. , H. J. Barnes, L. L. Munger, and L. Rose.
1989. Restriction endonuclease analysis of infectious la-
ryngotracheitis viruses:Comparison of modified-live vac-

cine viruses and North Carolina field isolates. *Avian Dis.* 33:316 - 323.

[71]Guy,J. S. ,H. J. Barnes,and L. G. Smith. 1990. Virulence of infectious laryngotracheitis viruses: Comparison of modified-live vaccine viruses and North Carolina field isolates. *Avian Dis.* 34:106 - 113.

[72]Guy,J. S. ,H. J. Barnes,and L. G. Smith. 1991. Increased virulence of modified-live infectious laryngotracheitis vaccine virus following bird-to-bird passage. *Avian Dis.* 35:348 - 355.

[73]Guy,J. S. ,H. J. Barnes,and L. G. Smith. 1992. Rapid diagnosis of infectious laryngotracheitis using a monoclonal antibody-based immunoperoxidase procedure. *Avian Pathol.* 21:77 - 86.

[74]Han,M. G. and Kim S. J. 2001. Comparison of virulence and restriction endonuclease cleavage patterns of infectious laryngotracheitis viruses isolated in Korea. *Avian Pathol.* 30:337 - 344.

[75] Han,M. G. and Kim S. J. 2001. Analysis of Korean strains of infectious laryngotracheitis virus by nucleotide sequences and restriction fragment length polymorphism. *Vet Microbiol.* 83:321 - 331.

[76]Han,M. G. and Kim,S. J. 2003. Efficacy of live virus vaccines against infectious laryngotracheitis assessed by polymerase chain reaction-restriction fragment length polymorphism. *Avian Dis.* 47:261 - 271.

[77]Hilbink,F. W. ,H. L. Oei,and D. J. van Roozelaar. 1987. Virulence of five live virus vaccines against infectious laryngotracheitis and their immunogenicity and spread after eyedrop or spray application. *Vet Q.* 9:215 - 225.

[78]Hinshaw,W. R. 1931. A survey of infectious laryngotracheitis of fowls. *Calif Agric Exp Stn Bull.* 520:1 - 36.

[79]Hinshaw,W. R. ,E. C. Jones,and H. W. Graybill. 1931. A study of mortality and egg production in flocks affected with laryngotracheitis. *Poult Sci.* 10:375 - 382.

[80]Hitchner,S. B. 1969. Virus concentration as a limiting factor in immunity response to laryngotracheitis vaccines [abst]. *J Am Vet Med Assoc.* 154:1425.

[81]Hitchner,S. B. 1975. Infectious laryngotracheitis: The virus and the immune response. *Am J Vet Res.* 36:518 - 519.

[82]Hitchner,S. B. ,and P. G. White. 1958. A comparison of embryo and bird infectivity using five strains of laryngotracheitis virus. *Poult Sci.* 37:684 - 690.

[83]Hitchner,S. B. ,and R. W. Winterfield. 1960. Revaccination procedures for infectious laryngotracheitis. *Avian Dis.* 4:291 - 303.

[84]Hitchner,S. B. ,C. A. Shea,and P. G. White. 1958. Studies on a serum neutralization test for diagnosis of laryngotracheitis in chickens. *Avian Dis.* 2:258 - 269.

[85]Hitchner,S. B. ,J. Fabricant,and T. J. Bagust. 1977. A fluorescentantibody study of the pathogenesis of infectious laryngotracheitis. *Avian Dis.* 21:185 - 194.

[86]Honess,R. W. ,and B. Roizman. 1974. Regulation of herpesvirus macromolecular synthesis. I. Cascade regulation of the synthesis of three groups of viral proteins. *J Virol.* 14:8 - 19.

[87]Hudson,C. B. ,and F. R. Beaudette. 1932. The susceptibility of pheasants and a pheasant bantam cross to the virus of infectious bronchitis. *Cornell Vet.* 22:70 - 74.

[88]Hughes,C. S. and R. C. Jones. 1988. Comparison of cultural methods for primary isolation of infectious laryngotracheitis virus from field materials. Avian Pathol 17:295 -303.

[89]Hughes,C. S. ,R. C. Jones,R. M. Gaskell,F. T. W. Jordan,and J. M. Bradbury. 1987. Demonstration in live chickens of the carrier state in infectious laryngotracheitis. *Res Vet Sci.* 42:407 - 410.

[90]Hughes,C. S. ,R. M. Gaskell,R. C. Jones,J. M. Bradbury,and F. T. W. Jordan. 1989. Effects of certain stress factors on the re-excretion of infectious laryngotracheitis virus from latently infected carrier birds. *Res Vet Sci.* 46:247 - 276.

[91]Hughes,C. S. ,R. A. Williams,R. M. Gaskell,F. T. W. Jordan,J. M. Bradbury,M. Bennett,and R. C. Jones. 1991. Latency and reactivation of infectious laryngotracheitis vaccine virus. *Arch Virol.* 121:213 - 218.

[92] Humberd,J. ,M. Garcia,S. M. Riblet,R. S. Resurreccion,and T. P. Brown. 2002. Detection of infectious laryngotracheitis virus in formalin-fixed, paraffin-embedded tissues by nested polymerase chain reaction. *Avian Dis.* 46:64 - 74.

[93]Hunt,S. 1959. The feather follicle method of vaccinating baby chicks with laryngotracheitis vaccine. Proc Poult Sci Conv,29 - 30. Sydney, Australia.

[94]Izuchi,T. ,and A. Hasagawa. 1982. Pathogenicity of infectious laryngotracheitis virus as measured by chicken embryo inoculation. *Avian Dis.* 26:18 - 25.

[95]Izuchi,T. ,A. Hasegawa,and T. Miyamoto. 1983. Studies on a live virus vaccine against infectious laryngotracheitis of chickens. I. Biological properties of attenuated strain C7. *Avian Dis.* 27:918 - 926.

[96]Izuchi,T. ,A. Hasegawa,and T. Miyamoto. 1984. Studies on the live virus vaccine against infectious laryngotrache-

itis of chickens. Ⅱ. Evaluation of the tissue-culture-modified strain C7 in laboratory and field trials. *Avian Dis*. 28:323 - 330.

[97] Johnson, M. A. , C. T. Prideaux, K. Kongsuwan, M. Sheppard, and K. J. Fahey. 1991. Gallid herpesvirus 1(infectious laryngotracheitis virus): Cloning and physical maps of the SA-2 strain. *Arch Virol*. 119:181 - 198.

[98] Jordan, F. T. W. 1958. Some observations of infectious laryngotracheitis. *Vet Rec*. 70:605 - 610.

[99] Jordan, F. T. W. 1963. Further observations of the epidemiology of infectious laryngotracheitis of poultry. *J Comp Pathol*. 73:253 - 264.

[100] Jordan, F. T. W. 1964. The control of infectious laryngotracheitis. *Zentralbl Veterinaermed*. [B] 11:15 - 32.

[101] Jordan, F. T. W. 1966. A review of the literature on infectious laryngotracheitis. *Avian Dis*. 10:1 - 26.

[102] Jordan, F. T. W. 1981. Immunity to infectious laryngotracheitis. In M. E. Ross, L. N. Payne, and B. M. Freeman(eds.). Avian Immunology. British Poultry Science Ltd. , Edinburgh, Scotland, 245 - 254.

[103] Jordan, F. T. W. , and R. C. Chubb. 1962. The agar gel diffusion technique in the diagnosis of infectious laryngotracheitis(I. L. T.) and its differentiation from fowl pox. *Res Vet Sci*. 3:245 - 255.

[104] Kaleta, E. F. , T. H. Redman, U. Heffels-Redman, and K. Frese. 1986. Zum Nachweis der Latenz des attenuierten virus der infecktiosen laryngotracheitis des Huhnes im trigeminus-ganglion. *Dtsch Tieraerztl Wochenschr*. 93:40 - 42.

[105] Keam, L, J. J. York, M. Sheppard, and K. J. Fahey. 1991. Detection of infectious laryngotracheitis virus in chickens using a nonradioactive DNA probe. *Avian Dis*. 35:257 - 262.

[106] Keeler, C. L. , D. H. Kingsley, and C. R. A. Burton. 1991. Identification of the thymidine kinase gene of infectious laryngotracheitis virus. *Avian Dis*. 35:920 - 929.

[107] Keeler, C. L. , J. W. Hazel, J. E. Hastings, and J. K. Rosenberger. 1993. Restriction endonuclease analysis of Delmarva field isolates of infectious laryngotracheitis virus. *Avian Dis*. 37:418 - 426.

[108] Keller, K. , and P. Hebel. 1962. Diagnostico de las incusiones de laryngotraqueitis infecciosa en frotis y cortes histologicos. Zooiatria(Chile)1:1.

[109] Keller, L. H. , C. E. Benson, S. Davison, and R. J. Eckroade. 1992. Differences among restriction endonuclease DNA fingerprints of Pennsylvania field isolates, vaccine

strains and challenge strains of infectious laryngotracheitis virus. *Avian Dis*. 36:575 - 581.

[110] Kernohan, G. 1931. Infectious laryngotracheitis in fowls. *J Am Vet Med Assoc*. 78:196 - 202.

[111] Kernohan, G. 1931. Infectious laryngotracheitis in pheasants. *J Am Vet Med Assoc*. 78:553 - 555.

[112] Key, D. W. , B. C. Gough, J. B. Derbyshire, and E. Nagy. 1994. Development and evaluation of a non-isotopically labeled DNA probe for the diagnosis of infectious laryngotracheitis. *Avian Dis*. 38:467 - 474.

[113] Kingsbury, F. W. , and E. L. Jungherr. 1958. Indirect transmission of infectious laryngotracheitis in chickens. *Avian Dis*. 2:54 - 63.

[114] Kingsley, D. H. , J. W. Hazel, and C. L. Keeler Jr. 1994. Identification and characterization of the infectious laryngotracheitis virus glycoprotein C gene. *Virology*. 203:336 - 343.

[115] Kirkpatrick, N. C. , A. Mahmoudian, D. O'Rourke, and A. H. Noormohammadia. 2006. Differentiation of infectious laryngotracheitis virus isolates by restriction fragment length polymorphic analysis of polymerase chain reaction products amplified from multiple genes. *Avian Dis*. 50:28 - 34.

[116] Komarov, A. and F. R. Beaudette. 1932. Carriers of infectious bronchitis. *Poult Sci*. 11:335 - 338.

[117] Kongsuwan, K. , M. A. Johnson, C. T. Prideaux, and M. Sheppard. 1993. Identification of an infectious laryngotracheitis virus gene encoding an immunogenic protein with a predicted Mr of 32 kilodaltons. *Virus Res*. 29:125 - 140.

[118] Kongsuwan, K. , M. A. Johnson, C. T. Prideaux, and M. Sheppard. 1993. Use of alpha-gtl 1 and monoclonal antibodies to map the gene for the 60,000 dalton glycoprotein of infectious laryngotracheitis virus. *Virus Genes*. 7:297 - 303.

[119] Kotiw, M. , C. R. Wilks, and J. T. May. 1982. Differentiation of infectious laryngotracheitis virus strains using restriction endonucleases. *Avian Dis*. 26:718 - 731.

[120] Kotiw, M. , M. Sheppard, J. T. May, and C. R. Wilks. 1986. Differentiation between virulent and avirulent strains of infectious laryngotracheitis virus by DNA: DNA hybridization using a cloned DNA marker. *Vet Microbiol*. 11:319 - 330.

[121] Lieb, D. A. , J. M. Bradbury, R. M. Gaskell, C. S. Hughes, and R. C. Jones. 1986. Restriction endonuclease patterns of some European and American isolates of infectious laryngotracheitis virus. *Avian Dis*. 30:835 -

837.

[122]Lieb,D. A. ,J. M. Bradbury,C. A. Hart,and K. McCarthy. 1987. Genome isomerism in two alphaherpesviruses:Herpes saimiri-1(herpesvirus tamaerinus) and avian infectious laryngotracheitis virus. *Arch Virol*. 93:287 - 294.

[123]Linares,J. A. ,A. A. Bickford,G. L. Cooper,B. R. Charlton,and P. R. Woolcock. 1994. An outbreak of infectious laryngotracheitis in California broilers. *Avian Dis*. 38:188 - 192.

[124]Luschow,D. ,O. Werner,T. C. Mettenleiter,and W. Fuchs. 2001. Protection of chickens from lethal avian influenza A virus infection by live-virus vaccination with infectious laryngotracheitis virus recombinants expressing the hemagglutinin (H5) gene. *Vaccine*. 19: 4249 -4259.

[125]Mallinson,E. T. ,K. F. Miller,and C. D. Murphy. 1981. Cooperative control of infectious laryngotracheitis. *Avian Dis*. 25:723 - 729.

[126]May,H. G. ,and R. P. Tittsler. 1925. Tracheolaryngotracheitis in poultry. *J Am Vet Med Assoc* 67:229 - 231.

[127]McGeoch,D. J. ,A. Dolan, and A. C. Ralph. 2000. Toward a comprehensive phylogeny for mammalian and avian herpesviruses. *J Virol*. 74:10401 - 10406.

[128]McNulty, M. S. , G. M. Allan, and R. M. McCracken. 1985. Infectious laryngotracheitis in Ireland. *Irish Vet J*. 39:124 - 125.

[129]Meulemans, G. , and P. Halen. 1978. A comparison of three methods for diagnosis of infectious laryngotracheitis. *Avian Pathol*. 7:433 - 436.

[130]Meulemans,G. , and P. Halen. 1978. Some physiochemical and biological properties of a Belgian strain(U 76/ 1035) of infectious laryngotracheitis virus. *Avian Pathol*. 7:311 - 315.

[131]Meulemans,G. , and P. Halen. 1982. Enzyme-linked immunosorbent assay(ELISA) for detecting infectious laryngotracheitis viral antibodies in chicken serum. *Avian Pathol*. 11:361 - 368.

[132]Molgard,P. C. ,and J. W. Cavett. 1947. The feather follicle method of vaccinating with fowl laryngotracheitis vaccine. *Poult Sci*. 26:263 - 267.

[133]Neighbour,N. K. ,L. A. Newberry,G. R. Bayyari,J. K. Skeeles, J. N. Beasley, and R. W. McNew. 1994. The effect of microaerosolized hydrogen peroxide on bacterial and viral pathogens. *Poult Sci*. 73:1511 - 1516.

[134]Nielsen, O. L. ,K. J. Handberg, and P. H. Jorgensen. 1998. In sim hybridization for the detection of infectious laryngotracheitis virus in sections of trachea from experimentally infected chickens. *Acta Vet Scand*. 39: 415 -421.

[135]Ohkubo,Y. ,K. Shibata,T. Mimura,and I. Taskashima. 1988. Labeled avidin-biotin enzyme-linked immunosorbent assay for detecting antibody to infectious laryngotracheitis virus in chickens. *Avian Dis*. 32:24 - 31.

[136]Ojkic, D. , J. Swinton, M. Vallieres, E. Martin, J. Shapiro,B. Sanei,and B. Binnington. 2006. Characterization of field isolates of infectious laryngotracheitis virus from Ontario. *Avian Pathol*. 35:286 - 292.

[137]Okamura,H. ,M. Sakaguchi, T. Honda, A. Taneno, K. Matsuo,and S. Yamada. 1994. Construction of recombinant laryngotracheitis virus expressing the lac-Z gene of E. coli with thymidine kinase gene. *J Vet Med Sci*. 56: 799 - 801.

[138] Pang, Y. , H. Wang, T. Girshick, Z. Xie, and M. I. Khan. 2002. Development and application of a multiplex polymerase chain reaction for avian respiratory agents. *Avian Dis*. 46:691 - 699.

[139]Picault,J. P. ,M. Guittet, and G. Bennejean. 1982. Innocuite et activite de differents vaccins de la laryngotracheite infectieuse aviaire. *Avian Pathol*. 11:39 - 48.

[140]Pirozok, R. P. , C. F. Helmbolt, and E. L. Jungherr. 1957. A rapid histological technique for the diagnosis of infectious avian laryngotracheitis. *J Am Vet Med Assoc*. 130:406 - 407.

[141]Plummer, G. , C. R. Goodheart, D. Henson, and C. P. Bowling. 1969. A comparative study of the DNA density and behavior in tissue culture of fourteen different herpesviruses. *Virology*. 39:134 - 137.

[142]Poulsen, D. J. , C. R. A. Burton, J. J. O' Brian, S. J. Rabin,and C. L. Keeler Jr. 1991. Identification of infectious laryngotracheitis virus glycoprotein gB by the polymerase chain reaction. *Virus Genes*. 5:335 - 347.

[143] Prideaux, C. T. , K. Kongsuwan, M. A. Johnson, M. Sheppard,and K. J. Fahey. 1992. Infectious laryngotracheitis virus growth,DNA replication, and protein synthesis. *Arch Virol*. 123:181 - 192.

[144] Pulsford, M. F. 1963. Infectious laryngotracheitis of poultry. Part I. Virus variation, immunology and vaccination. *Vet Bull*. 33:415 - 420.

[145]Pulsford,M. F. ,and J. Stokes. 1953. Infectious laryngotracheitis in South Australia. *Aust Vet J*. 29:8 - 12.

[146]Purcell, D. A. 1971. The ultrastructural changes produced by infectious laryngotracheitis virus in tracheal epithelium of the fowl. *Res Vet Sci*. 12:455 - 458.

[147]Purcell，D. A. ，and J. B. McFerran. 1969. Influence of method of infection on the pathogenesis of infectious laryngotracheitis. *J Comp Path*. 79:285 - 291.

[148]Purcell,D. A. ,and P. G. Surman. 1974. Aerosol administration of the SA-2 vaccine strain of infectious laryngotrachcitis virus. *Aust Vet J*. 50:419 - 420.

[149]Raggi,L. G. ,and G. G. Lee. 1965. Infectious laryngotracheitis outbreaks following vaccination. *Avian Dis*. 9: 559 - 565.

[150]Raggi, L. G. , J. R. Brownell, and G. F. Stewart. 1961. Effect of infectious laryngotracheitis on egg production and quality. *Poult Sci*. 40:134 - 140.

[151]Reynolds, H. A. , A. W. Watrach, and L. E. Hanson. 1968. Development of the nuclear inclusion bodies of infectious laryngotracheitis. *Avian Dis*. 12:332 - 347.

[152]Robertson,G. M. 1977. The role of bursa-dependent responses in immunity to infectious laryngotracheitis. *Res Vet Sci*. 22:281 - 284.

[153]Robertson,G. M. , and J. R. Egerton. 1977. Micro-assay systems for infectious laryngotracheitis virus. *Avian Dis*. 21:133 - 135.

[154]Robertson,G. M. , and J. R. Egerton. 1981. Replication of infectious laryngotracheitis virus in chickens following vaccination. *Aust Vet J*. 57:119 - 123.

[155]Roizman, B. 1982. The family Herpesviridae: General description,taxonomy and classification. In B. Roizman (ed.). The Herpesviruses, vol. 1. Plenum Press, New York,1 - 23.

[156]Roizman,B. and A. E. Sears. 1990. Herpes simplex viruses and their replication. In B. N. Fields(ed.). Virology. Raven Press,New York,9 - 35.

[157]Rossi,C. R. ,H. A. Reynolds,and A. M. Watrach. 1969. Studies of laryngotracheitis virus in avian tissue cultures. 1. Plaque assay in chicken embryo kidney tissue cultures. *Arch Virol*. 28:219 - 228.

[158]Russell,R. G. ,and A. J. Turner. 1983. Characterization of infectious laryngotracheitis viruses, antigenic comparison of neutralization and immunization studies. *Can J Comp Med*. 47:163 - 171.

[159]Saif,Y. M. ,J. K. Rosenberger,S. S. Cloud,M. A. Wild, J. K. McMillen,and R. D. Schwartz. 1994. Efficacy and safety of a recombinant herpesvirus of turkeys containing genes from infectious laryngotracheitis virus. *Proc Am Vet Med Assoc*. Minneapolis,MN,p. 154.

[160]Samberg,Y. , and I. Aronovici. 1969. The development of a vaccine against avian infectious laryngotracheitis. 1. Modification of a laryngotracheitis virus. *Refu Vet*. 26:54 - 59.

[161]Samberg，Y. ，E. Cuperstein，U. Bendheim，and I. Aronovici. 1971. The development of a vaccine against avian infectious laryngotracheitis. Ⅳ. Immunization of chickens with modified laryngotracheitis vaccine in the drinking water. *Avian Dis*. 15:413 - 417.

[162]Schnitzlein,W. M. ，J. Radzevicius，and D. N. Tripathy. 1994. Propagation of infectious laryngotracheitis virus in an avian liver cell line. *Avian Dis*. 38:211 - 217.

[163]Schnitzlein,W. M. , R. Winans, S. Ellsworth, and D. N. Tripathy. 1995. Generation of thymidine kinase-deficient mutants of infectious laryngotracheitis virus. *Virology*. 209:304 - 314.

[164]Scholz, E. , R. E. Porter, and P. Guo. 1994. Differential diagnosis of infectious laryngotracheitis from other avian respiratory diseases by a simplified PCR procedure. *J Virol Methods*. 50:313 - 321.

[165]Seddon,H. R. ,and L. Hart. 1935. The occurrence of infectious laryngotracheitis in fowls in New South Wales. *Aust Vet J*. 11:212 - 222.

[166]Seddon, H. R. , and L. Hart. 1936. Infectivity experiments with the virus of laryngotracheitis of fowls. *Aust Vet J*. 12:13 - 16.

[167]Sellers,H. S. , M. Garcia,J. R. Glisson, T. P. Brown,J. S. Sander. and J. S. Guy. 2004. Mild infectious laryngotracheitis in broilers in the southeast. *Avian Dis*. 48: 430 - 436.

[168]Sevoian,M. 1960. A quick method for the diagnosis of avian pox and infectious laryngotracheitis. *Avian Dis*. 4:474 - 477.

[169]Shibley,G. P. , R. E. Luginbuhl,and C. F. Helmboldt. 1962. A study of infectious laryngotracheitis virus. I. Comparison of serologic and immunogenic properties. *Avian Dis*. 6:59 - 71.

[170]Shirley,M. W. ,D. J. Kemp,M. Sheppard,and K. J. Fahey. 1990. Detection of DNA from infectious laryngotracheitis virus by colourimetric analyses of polymerase chain reactions. *J Virol Methods*. 30:251 - 260.

[171]Sinkovic, B. S. 1974. Studies on the control of ILT in Australia. PhD dissertation. University of Sydney, Australia.

[172]Sinkovic, B. and S. Hunt. 1968. Vaccination of day-old chickens against infectious laryngotracheitis by conjunctival instillation. *Aust Vet J*. 44:55 - 57.

[173]Thuree,D. R. and C. L. Keeler Jr. 2006. Psittacid Herpesvirus 1 and infectious laryngotracheitis virus:Comparative genome sequence analyis of two avian alpha-

herpesviruses. *J Virol*. 80:7863 - 7872.

[174]Timurkaan, N. , F. Yilmaz, H. Bulut, H. Ozer, and Y. Bolat. 2003. Pathological and immunohistochemical findings in broilers inoculated with a low virulent strain of infectious laryngotracheitis virus. *J Vet Sci*. 4:175 - 180.

[175]Tong, G. , S. Zhang, S. Meng, L. Wang, H. Qui, Y. Wang, L. Yu, and M. Wang. 2001. Protection of chickens from infectious laryngotracheitis with a recombinant fowlpox virus expressing glycoprotein B of infectious laryngotracheitis virus. *Avian Pathol*. 30:143 - 148.

[176]Tripathy, D. N. , and L. E. Hanson. 1989. Laryngotracheitis. In H. G. Purchase, L. H. Arp, C. H. Domermuth, and J. E. Pearson, (eds.). A Laboratory Manual for the Isolation and Identification of Avian Pathogens, 3rd ed. American Association of Avian Pathologists, Kennett Square, PA, 85 - 88.

[177]Turner, A. J. 1972. Persistence of virus in respiratory infections of chickens. *Aust Vet J*. 48:361 - 363.

[178]VanderKop, M. A. 1993. Infectious laryngotracheitis in commercial broiler chickens. *Can Vet J*. 34:185.

[179]Van Kammen, A. , and P. B. Spradbrow. 1976. Rapid diagnosis of some avian virus diseases. *Avian Dis*. 20:748 - 751.

[180]Veits, J. , B. Kollner, J. P. Teifke, H. Granzow, T. C. Mettenleiter, and W. Fuchs. 2003. Isolation and characterization of monoclonal antibodies against structural proteins of infectious laryngotracheitis virus. *Avian Dis*. 47:330 - 342.

[181]Veits, J. , D. Luschow, K. Kindermann, O. Werner, J. P. Teifke, T. C. Mettenleiter, and W. Fuchs. 2003. Deletion of the non-essential ULO gene of infectious laryngotracheitis(ILT) virus leads to attenuation in chickens, and ULO mutants expressing influenza virus haemagglutinin(H7) protect against ILT and fowl plague, *J Gen Virol*. 84:3343 - 3352.

[182]Veits, J. , T. C. Mettenleiter, and W. Fuchs. 2003. Five unique open reading frames of infectious laryngotracheitis virus are expressed during infection but are dispensable for virus replication in cell culture. *J Gen Virol*. 84:1415 - 1425.

[183]Watrach, A. M. , A. E. Vatter, L. E. Hanson, M. A. Watrook, and H. E. Rhoades. 1959. Electron microscopic studies of the virus of infectious laryngotracheitis. *Am J Vet Res*. 20:537 - 544.

[184]Watrach, A. M. , L. E. Hanson, and M. A. Watrach.

1963. The structure of infectious laryngotracheitis virus. *Virology*. 21:601 - 608.

[185]Webster, R. G. 1959. Studies on infectious laryngotracheitis in New Zealand. *NZ Vet J*. 7:67 - 71.

[186]Wilks, C. R. , and V. G. Kogan. 1979. An immunofluorescence diagnostic test for avian infectious laryngotracheitis. *Aust Vet J*. 55:385 - 388.

[187]Williams, R. A. , M. Bennett, J. M. Bradbury, R. M. Gaskell, R. C. Jones, and F. T. W. Jordan. 1992. Demonstration of sites of latency of infectious laryngotracheitis virus using the polymerase chain reaction. *J Gen Virol*. 73:2415 - 2430.

[188]Williams, R. A. , C. E. Savage, and R. C. Jones. 1994. A comparison of direct electron microscopy, virus isolation, and a DNA amplification method for the detection of avian infectious laryngotracheitis virus in field material. *Avian Pathol*. 23:709 - 720.

[189]Winterfield, R. W. , and I. G. So. 1968. Susceptibility of turkeys to infectious laryngotracheitis. *Avian Dis*. 12:191 - 202.

[190]Yamada, S. , K. Matsuo, T. Fukuda, and Y. Uchinuno. 1980. Susceptibility of ducks to the virus of infectious laryngotracheitis. *Avian Dis*. 24:930 - 938.

[191]York, J. J. , and K. J. Fahey. 1988. Diagnosis of infectious laryngotracheitis using a monoclonal antibody ELISA. *Avian Pathol*. 17:173 - 182.

[192]York, J. J. , and K. J. Fahey. 1990. Humoral and cellmediated immune responses to the glycoproteins of infectious laryngotracheitis herpesvirus. *Arch Virol*. 115:289 - 297.

[193]York, J. J. , and K. J. Fahey. 1991. Vaccination with affinity-purified glycoproteins protects chickens against infectious laryngotracheitis herpesvirus. *Avian Pathol*. 20:693 - 704.

[194]York, J. J. , K. J. Fahey, and T. J. Bagust. 1983. Development and evaluation of an ELISA for the detection of antibody to infectious laryngotracheitis virus in chickens. *Avian Dis*. 27:409 - 421.

[195]York, J. J. , S. Sonza, and K. J. Fahey. 1987. Immunogenic glycoproteins of infectious laryngotracheitis herpesvirus. *Virology*. 161:340 - 347.

[196]York, J. J. , J. G. Young, and K. J. Fahey. 1989. The appearance of viral antigen and antibody in the trachea of naive and vaccinated chickens infected with infectious laryngotracheitis virus. *Avian Pathol*. 18:643 - 658.

[197]York, J. J. , S. Sonza, M. R. Brandon, and K. J. Fahey. 1990. Antigens of infectious laryngotracheitis herpes-

virus defined by monoclonal antibodies. *Arch Virol*. 115:147 - 162.

[198] Ziemann, K. , T. C. Mettenleiter, and W. Fuchs. 1998. Infectious laryngotracheitis herpesvirus expresses a re-

lated pair of unique nuclear proteins which are encoded by split genes located at the right end of the UL genome region. *J of Virol*. 72:6867 - 6874.

第 6 章

流感

Influenza

D.E.Swayne 和 D.A.Harvorson

引 言

流感一词本意是指由正黏病毒科的病毒引起的人急性、传染性、卡他热性流行病[142]。现在研究发现，正黏病毒不仅能引起人，而且也能引起马、猪和各种鸟类发生自然感染和发病，是引起上呼吸道感染的主要病原，此外，它还能引起水貂和海洋哺乳动物出现散发性感染[88,172,333]。自 2003 年以来，已报道了在豹、老虎、猫、狗、石燕、灵猫和猪等自然感染病例中分离到 H5N1 高致病性禽流感（HPAI）病毒，这些动物都与感染 H5N1 的禽类有过接触，但是，这些禽流感（AI）病毒在这些种间感染没有流行[62,138,153,223,260,356]。家禽感染 AI 病毒后，有的不表现出明显的症状，有的则表现为呼吸道感染和产蛋严重下降，严重者甚至引起全身性感染，导致 100% 死亡[80]，后一种类型的感染是由高致病性（HP）禽流感病毒引起。大多数自由飞翔的水禽感染 AI 病毒后通常不发病。

详细资料请参阅有关高致病性禽流感[308]、20 世纪 90 年代暴发的禽流感[212]、禽流感的免疫学[278]、不同禽类的禽流感[10]、禽流感的流行病学与控制[8]以及流感病毒的进化与生态学[283,333]等方面的综述。

定义和同义名

禽流感起初是指一种高度致死性的全身性疾病（称为高致病性或毒力性禽流感）。在 19 世纪 70 年代晚期到 1981 年间，HPAI 曾使用过多种名称，如 Fowl plague（这是最常用的名称）、Fowl peste、Peste aviaries、Geflugelpest、Typhus exudatious gallinarium、Brunswick bird plague、Brunswick disease、Fowl disease 以及 fowl 或 Bird grippe 等[272,273]。在 1981 年召开的首届禽流感国际研讨会上，官方正式采用高致病性禽流感（HPAI）代替高毒力禽流感[21]。High pathogenicity 和 Highly pathogenic 只是语法不同，但是通常交换使用。

1949 年至 20 世纪 60 年代中期，在家禽中首先发现了较温和的禽流感。这种类型的禽流感也有多种称呼：低致病性、致病性、非高致病性以及低致病性禽流感[6,83,238]。由于它们对家禽养殖和贸易的影响没有高致病性禽流感严重，在 2002 年召开的第 15 届禽流感国际研讨会上，正式采用"低致病性（LP）"命名低毒力 AI，即所有不符合 HPAI 标准的禽流感[95]。

设在世界贸易组织下的世界动物卫生组织（Office International des Epizooties，OIE），负责制订动物疾病的卫生和健康标准。OIE 规定的法定上报禽流感有：法定高致病性禽流感（HP notifiable AI，HPNAI）和法定低致病性禽流感（LP notifiable AI，LPNAI）[9,199]。HPNAI 包括所有的高致病性禽流感，而 LPNAI 仅包括低致病性 H5 和 H7。2004 年以前，OIE 陆生动物健康法典只包含 HPAI，属于 A 类最严重的疾病之一，从那以后 A 类和 B 类体系被取消。

经济学意义

禽流感引起的经济损失与感染病毒的毒株、家禽品种、牵涉的养殖场数量、控制手段以及采取扑灭措施的速度有关。在大部分发达国家，商品禽养殖中还没有出现过 HP 和 LP AI 的地方性流行。但在商品禽，尤其是鸡和火鸡的饲养中，暴发过多次 HP 或 LP AI 并造成了巨大的经济损失。一些发展中国家的商品化鸡场曾经出现过 LPAI 的地方性流行，尤其是 20 世纪 90 年代的 H9N2 病毒亚型，但在一些发达国家，LPAI 在散养家禽和大城市的活禽市场上（LPM）流行过。自 2003 年以来，H5N1 HPAI 流行于农村散养的禽中，尤其在一些地区的家鸭中。

总体上来说，所造成经济损失最准确的报道应该是扑灭 HPAI（表 6.1）。HPAI 暴发的直接经济损失包括扑杀家禽和处置费用、高死亡率和高致病率、清洁和消毒的费用，隔离和监测费用及补偿费等。间接的损失包括：家禽出口的损失、农民收入的损失、产量下降、消费者的花费因禽产品供应的减少而增加等。由于消费者购买减少，损失增加 5～10 倍。扑灭的损失很大，这当然与死亡和淘汰禽的数量成正比（表 6.1）。1983—1984 年美国 H5N2 流行，如不实施扑灭计划，预计养禽业主的损失为 5 亿美元，并且消费者的费用将增加 55 亿美元[161]。

表 6.1   由 HPAI 和 LPAI 流行造成的经济损失报道

年　份	暴　发	死亡或淘汰禽数（只）	费用项目	原始成本（美元）	按 2007 年美元计算成本（美元）	按 2007 年美元计算每个农场的成本（美元）	参考文献
HPAI							
1924—1925	美国鸡瘟	不详	直接损失	100 万	1 220 万	—	273
1983—1984	USA‑H5N2 HPAI	1 700 万（449 个农场）	USDA 扑灭	6 300 万	1.26 亿	280 000	94 161
			养禽业损失	1 500 万	3 000 万	66 500	
			消费者增加成本	3.49 亿	7 亿	150 万	
1985	澳大利亚 H7N7 HPAI	238 518（1 个农场）	扑灭	140 万	270 万	270 万	68
1999—2000	意大利 H7N7 HPAI	1 300 万（413 个农场）	扑灭	1 亿	1.21 亿	298 000	68
			间接损失	5 亿	6.05 亿	150 万	
1997	香港 H5N1 HPAI	150 万	扑灭	1 300 万	1 700 万		298
2003 年末至 2005 年中	亚洲 H5N1 HPAI	2 200 万	养禽业损失	大于 100 亿	大于 100 亿	—	298
LPAI							
1978	美国明尼苏达州多种 LPAI	141 个农场	养禽业损失	500 万	1 600 万	113 000	110
1995	美国明尼苏达州 H9N2LPAI						
1978—1995	美国明尼苏达州多种 LPAI	178 个农场 1058 个农场	养禽业损失 养禽业损失	600 万 2 200 万	820 万	46 000 21 000	110 110
1995	美国犹他州 H7N3LPAI	200 万（60 个农场）	养禽业损失	200 万	270 万	45 000	110，208
2002	美国维吉尼亚州 H7N2 LPAI	470 万（197 个农场）	USDA 扑灭 养禽业损失 州政府	8 100 万 1.3 亿 100 万	9 400 万 1.5 亿 120 万	47.7 万 76.1 万 6 000	3

LPAI 主要是给鸡、火鸡和鸭的饲养者带来了重大的经济损失，尤其是在伴随有细菌和病毒的继发感染时，损失尤其严重。但是，由此带来的经济损失没有准确的报道。总体上来说，经济损失不如 HPAI 严重，因为对感染禽主要通过有控制的上市措施来清群，家禽的死亡率较低。联邦政府不给经济补偿，而且对国内和国际的贸易影响较小（表 6.1）。LPAI 流行造成的损失主要包括死亡、屠宰、药物治疗细菌性继发感染、清洁消毒以及出栏延迟的损失。在亚洲大部分地区和中东地区禽感染 H9N2，以及墨西哥和美国中部禽感染 H5N2 LPAI 造成了较大的损失，但是报道很少。LPAI 通常不是按常规的强制性扑杀处理，所以由 LPAI 造成的损失不清楚。然而，在 2002 年弗吉尼亚州的流行 H7N2 LPAI 时，采取了扑杀措施，损失与早先的 HPAI 暴发相当（表 6.1）。

公共卫生意义

流感病毒通常表现为宿主品种适应性，在同品种的个体间较易扩散，感染传播频率高，偶尔在相近品种之间也可以发生种间传播[283]。在极少数情况下，AIV可以跨物种传播给人[80]。虽然极少见，但AIV或其基因可以通过以下方式传给人：①全病毒传给人引起个别感染；②在大流行的流感病毒中有单个的禽流感基因片段（即基因片段重排）。

全禽流感病毒的转移

已零星发生了几起AIV全病毒传播给人的事件[42,283]。但这些事件与每年由人流感病毒H1N1、H3N2引起的成千上万的感染事件相比就显得微不足道。位于呼吸道上皮细胞的细胞受体特性不同说明了流感病毒的传播和复制的一些差异。禽流感病毒优先与唾液酸（α2，3连接）受体上的N-乙酰神经氨酶-α2，3-半乳糖结合，而人流感病毒优先与唾液酸（α2，6连接）受体上的N-乙酰神经氨酶-α2，6-半乳糖结合[128]。禽呼吸道上皮细胞主要是α2，3联接；人呼吸道上皮细胞主要是α2，6联接[128]；尽管在人呼吸道深层细胞也有α2，3受体——非纤毛立方细支气管和Ⅱ型肺泡细胞，为AI复制提供了潜在的位点[243]。但是位于深层的这些受体不可能暴露而导致人感染禽流感，这种情况极少发生。此外，禽流感病毒的其他基因，例如聚合酶复合体在人体内往往是无效复制[243]。

在过去的50年里，全AIV病毒感染人比较少，据报道只有9例（表6.2）。主要症状表现为结膜炎（主要是H7病例）、呼吸道疾病（主要是H5病例）或流感样症状，但是一些病例表现出非典型症状，如胃肠道症状[346]。在2003年荷兰发生6起15个人感染H7N7事件。1997—2006年208个AIV感染死亡病例中，207例为H5N1 HPAI（表6.2）。H5N1 HPAI感染病例在多个国家或地区都有发生，包括阿塞拜疆、柬埔寨、吉布提、中国香港和中国内地、埃及、印度尼西亚、伊拉克、泰国、土耳其和越南。但是感染的病毒全部是直接来自于单个AI的H5血凝素基因的后代。大多数病例都曾经直接暴露于活禽市场或者村庄的H5N1 HPAI病毒感染的活禽或死禽[213,245]。有两例例外，认为一例是接触了购买的生鸭血液和器官，另一例是给已经感染H5N1死亡的天鹅拔毛[345,348]。最后，在柬埔寨的一个研究发现，村民近距离频繁接触感染H5N1 HPAI病毒感染禽类而没有被感染，表明病毒自禽传播给人的可能性很低[331]，表6.2的病例以及来自于动物实验数据表明，一些禽流感病毒如H5N1 HPAI病毒传染给人的可能性比其他HPAI以及大多数LPAI高[33,77]。

表6.2 已经确定禽流感感染人病例数
（修改于[214，346]）

年份	病毒	地点	症状	感染途径	病例数	死亡数	参考文献
1959	H7N7 HPAI	美国	肝炎	不详	1	0	72
1977	H7N7 HPAI	澳大利亚	结膜炎	实验室感染	1	0	314
1978—1979	H7N7 LPAI	美国	结膜炎	呼吸道疾病的海豹	未报到	0	335，337
1996	H7N7 LPAI	英国	结膜炎	家鸭和野鸭在同一水池饲养	1	0	23，155
1998，2003	H9N2 LPAI	中国香港和内地	3例呼吸道症状，5例流感样症状	1例在LPM于活禽接触，7例未报道	8	0	105，210，346
2002—2003	H7N2 LPAI	美国	1例无症状，1例呼吸道症状	1例养禽人员，1例不清楚	2	0	56，57
2003	H7N7 HPAI	荷兰	结膜炎症状大于流感样症状，大于其他症状	由于H7N7暴发，养禽人员和农场减少	89	1	150
2004	H7N3	加拿大	结膜炎，鼻炎和头疼	H7N3暴发，养禽人员减少	2	0	323
1997—2006	H5N1	亚洲，非洲	胃肠疾病症状大于呼吸道症状	在LPM和村庄与感染的活禽或死禽接触	348	207	187，209，347
				总数	452	208	

AI 基因片段的转移

野生水禽和其他水栖鸟类是所有流感病毒基因的原始储藏库[333]，虽然 AIV 存在感染人的可能性，但由于发生基因重排和形成一株新的人流感病毒的几率极小，因而要经历很长时间才会有新的能引起广泛流行的流感病毒出现[23]。核苷酸序列分析表明，1957 年（H2N2）和 1968 年（H3N2）大流行人流感病毒是由禽流感病毒的 3 个（HA，NA 和 PB$_1$）基因和两个（HA、PB1）基因分别与 5 个和 6 个人流感病毒的基因发生重排引起的[135,222,228,229]。理论上，猪是一个可以同时感染来源于禽和哺乳动物流感病毒的"混合器"，并能产生能够感染人和其他哺乳动物新的毒株（重组株）[230]。回顾 1957 年和 1968 年流感流行，H5N1 HPAI 感染人而没有 H2N2、H3N3 感染猪，人流感病毒和禽流感病毒基因的重组有可能发生于被双重感染的人，一些近期的证据表明，1918 年流行的病毒不是由重组产生的，而是由完整的禽流感病毒适应产生的[313]。

历　史

禽流感的历史可以划分为三个时期：①早期报道的 HPAI；②后来在家禽中发现了致病不严重的 AI（LPAI）；③从无症状的野鸟中分离鉴定出 AIV。Perroncito 于 1878 年在意大利首次报道了 HPAI（"fowlplague"）[273]。起初，常将该病与急性败血性禽霍乱混淆，直到 1878 年 Rivolto 和 Delprato 从临床症状和致病特征上才将这两种疾病区别开。1901 年 Centanni 和 Savonuzzi 确定该病是由一种可滤过的病原引起的，但直到 1955 年才将此病原鉴定并划归流感病毒[227,228,273]。

1894 年，意大利北部暴发了一次严重的 HPAI，并且通过鸡的运输扩散到了奥地利东部、德国、比利时和法国[176,272]。1901 年在 Brunswick 举办的禽产品博览会导致了 HPAI 在德国全国范围内的蔓延[272]。20 世纪早期，瑞士、罗马尼亚、俄国、荷兰、匈牙利、英国、埃及、中国、日本、巴西和阿根廷都报道过 HPAI 的流行[152,182,273]。20 世纪中期，在欧洲大部分地区、苏联、北非、中东、亚洲、南美和北美都诊断有 HPAI[82]。20 世纪 30 年代中期以前 HPAI 在欧洲的许多地方一直呈地方性流行[11]。美国在 1924—1925 年间和 1929 年都出现过 HPAI 的流行[273]。HPAI 从 1924 年开始暴发，主要是给纽约的活禽市场造成重大损失，随后发展到新泽西、费城和宾夕法尼亚州[273]。1925 年，康涅狄格、西弗吉尼亚、印第安纳、伊利诺伊、密歇根州和密苏里州也有农场和市场受感染。1929 年的 HPAI 主要是发生在新泽西州的一些养禽场[273]。美国采取了隔离、屠宰、清理和消毒等措施来消除 HPAI。

从 1901 年至 20 世纪 50 年代中期暴发的几次禽流感中分离到的病毒，现在被划归 H7N1 和 H7N7 亚型（见毒株分类）[80]。而 1959 年在苏格兰鸡群和 1961 年在南非的普通燕鸥（*Sterna hirundo*）中流行的 HPAI 分别由新的 AIV 亚型 H5N1 和 H5N3 引起[308]。于是出现了一种现在看来是错误的认识，即所有 H5 和 H7 亚型的 AIV 都是高致病性的。表 6.3 列出了从 1955—2007 年 HPAI 的流行情况。在 26 起流行中，其中有 23 次流行是发生在家养禽，主要是鸡和火鸡，唯有一次是发生在野鸟（如普通燕鸥），一次发生在家禽中和野禽，包括鸭和鹅以及野鸟。各自暴发的详细参考文献列在表 6.3 中。

表 6.3　1955 年发现禽流感病毒能引起禽流感以来 26 起文献记载的 HPAI 流行情况

（修改于 [11, 298, 308]）

时间	禽流感病毒原型	亚型	受影响的数量或屠宰的数量	主要参考文献
1959	A/chicken/Scotland/59	H5N1	两个鸡群，总数未报道	215 D. J. Alexander，私人通信，2000
1961	A/tern/South Africa/61	H5N3	1 300 只普通燕鸥	35
1963	A/turkey/England/63	H7N3	2 900 只种火鸡	343
1966	A/turkey/Ontario/7732/66	H5N9	8 100 只种火鸡	160
1975—1976	A/turkey/Victoria/75 或 A/turkey/Victoria/76	H7N7	25 000 产蛋鸡、17 000 只种鸡和 16 000 只鸭	18，322
1979	A/turkey/Germany/79	H7N7	三个饲养火鸡的农场，受影响的禽总数未报道	11

（续）

时间	禽流感病毒原型	亚型	受影响的数量或屠宰的数量	主要参考文献
1983—1984	A/turkey/Pennsylvania/1370/83	H5N2	452 个禽群的 1 700 万只禽，大量的是鸡或火鸡，少量欧石鸡或珍珠鸡	80，84，325
1983	A/turkey/Ireland/1378/83	H5N8	发病农场的 800 只肉火鸡死亡，发病农场和两个邻近农场的 8 640 只火鸡、28 020 只鸡和 270 000只鸭被宰杀	
1985	A/turkey/Victoria/185	H7N7	24 000 只仔鸡、27 000 只蛋鸡、6 900 只鸡和 118 518 只普通鸡	24，68
1991	A/turkey/England/50 - 92/91	H5N1	8 000 只火鸡	14
1992	A/turkey/Victoria/192	H7N3	12 700 只仔鸡、5 700 只鸭子	234，344
1994	A/chicken/Queensland/477/94	H7N3	22 000 只蛋鸡	344
1994—1995	A/chicken/Puebla/8623 - 607/94 A/chicken/Queretaro/14588 - 19/95	H5N2	鸡（b）	80，330
1994—1995 2004	A/chicken/Pakistan/447/95 A/chicken/Pakistan/1369 - CR2/95	H7N3	两次入侵：1.320 万仔鸡和种仔鸡（北部区，1994—1995）2.252 万蛋鸡（Karachi - 2004）	80，190
1996—2007	A/goose/Guangdong/1/1996 A/chicken/Hong kong/220/97	H5N1	超过 2.2 亿只禽死亡或屠宰，大多数是鸡，另外还有鸭、鹅、日本鹌鹑和野鸟（d）	91，248，249
1997	A/chicken/New South Wales/1651/97	H7N4	128 000 只种仔鸡，3 300 只仔鸡，261 只鸸鹋	213
1997	A/chicken/Italy/330/97	H5N2	2 116 只鸡、1 501 只火鸡、731 只珍珠鸡、2 322只鸭、204 只鹌鹑、45 只鸽子、45 只鹅和一只野鸡	51
1999—2000	A/turkey/Italy/4580/99	H7N1	413 个农场，810 万只蛋鸡、270 万只肉种火鸡、240 万只肉仔鸡和仔鸡、24.7 万只珍珠鸡、26 万只鹌鹑、鸭和野鸡、1 737 只庭院养禽和 387 只鸵鸟	49
2002	A/chicken/Chile/184240 - 1/2002	H7N3	两个农场多个鸡舍，61.78 万只种仔鸡，未知名数目的种火鸡（两舍）	226
2003	A/chicken/Netherlands/621557/2003	H7N7	225 个鸡群感染，1 381 个商业和 16 521 个后院/农户鸡群屠杀，3 000 万只禽死亡或屠杀，大多数是鸡	85
2004	A/chicken/Canada/AVFV2/04	H7N3	42 个商业和 11 个后院鸡群感染（120 只禽）大约 1 600 万只商业禽被屠宰，大部分是鸡	123，195
2004	A/chicken/Texas/298313/2004	H5N2	一个非商业农场和两个活禽市场，6 600 只鸡	168，197
2004，2006	A/ostrich/South Africa/2004	H5N2	2004 - 11 鸵鸟农场屠宰了 23 625 只鸵鸟和 3 550只其他禽（鸡、火鸡、鹅、鸭和鸽子）20 067 342只鸵鸟死亡或屠宰	196，200，201
2005	A/chicken/North Korea/1/2005	H7N7	3 个农场，218 882 只鸡屠杀，相当数量的鸡死亡未报到	197，198
2007	Not available	H7N3	1 个农场，48 560 只仔种鸡被屠杀	201a

（a）通过采取销毁感染和暴露禽群的政策使大部分暴发得到了控制。鸡、火鸡和鸡形目的禽出现了临床症状，其死亡模式与 HPAI 发生时一致，而鸭、鹅和其他禽类没有临床症状或死亡率较低，或偶尔出现临床症状。

（b）在本次暴发中没有采取销毁政策进行控制，而且同时出现了 LP 和 HP AIV 的流行，但只在 1994 年末到 1995 年中期出现过 HP AIV。感染 HP AIV 的禽数量无法估计，但 1995 年有 360 个商品鸡群被销毁。

（c）在本次暴发中没有采取销毁的政策进行控制。但是采取了监测、隔离、免疫和控制市场贸易措施。在两个不同时间段暴发感染禽的数量只是粗略的估计。但是病毒株在两次暴发是相同的。

（d）H5N1 的基因系谱与来自亚洲、欧洲、非洲和中国香港暴发的各个亚型保持一致（1997，2001，2002）这次是 2003—2005 年暴发于东南亚（韩国、越南、日本、印度、泰国、柬埔寨、老挝、中国及马来西亚）的区域延伸。2006 年亚洲报道了暴发于 2005 年中晚期家禽和野鸟之间的 AI 于 2006 年秋延伸到了东欧和中东地区。起初，鸡是感染和死亡的主要禽种，但是在许多暴发和病毒中，家鸭是主要的种。各种野鸟死于感染。

AIV 引起的温和型感染到 20 世纪中期才被人们认识[82]。现在，这些病毒被称为低致病性（LPAI）病毒（参阅“毒株分类和致病性”）。最早分离的 LPAIV 是德国的 Dinter 株，于 1949 年从鸡中分离到的，但是直到 1960 年才将它鉴定为 AIV（A/chicken/Germany/49［H10N7］）。同样的，

1953—1963 年在加拿大、捷克斯洛伐克、英格兰和乌克兰 LPAI 在患有呼吸道疾病的家鸭中也分离到[82]。在 20 世纪 60 年代早期，加拿大和美国出现的 LP AIV 主要是引起呼吸道疾病和产蛋率下降。1966 年和 1968 年分别从加拿大和美国（威斯康星州）分离到 H5 亚型 LPAI 病毒可以说具有重要意义[5,82,258]。1971 年，从美国俄勒冈州发生轻度的呼吸道感染并伴随有腹泻症状的火鸡中分离到了 H7N3 亚型 AIV[31]。此后，许多 H5 和 H7 亚型 LP AIV 被分离和鉴定，推翻了 H5 和 H7 亚型 AIV 就一定是高致病性毒株的观点[5,80,119]。

从无症状感染的水禽中也分离到了许多 AIV。起初是在对迁徙性水禽进行血清学监测时发现有流感病毒感染[81]。1972 年，在对迁徙鸭进行新城疫病毒监测时分离到了 AIV[254]，澳大利亚则是从海鸥类飞鸟中分离到了 AIV[75]。从那时起，大规模的监测显示健康野鸟主要是雁形目和鸻形目的鸟是 AIV 的储藏库[265]。从野鸟中分离到的 AIV 大多对家禽只具有轻度的致病性，但有几株例外，如：①在流行期间从普通燕鸥中分离到高致病性（A/tern/South Africa/61［H5N3］）；②单个分离到的 A/finch/Germany/72；A/gull/Germany/79（H7N7）和 A/Peregrine Falcon/UAE/2384/98（H7N3）；③H5N1 在亚洲暴发期间，在欧洲和非洲从野鸟中分离到多种亚型[7,61,170,174]。

自此，AI 备受国际关注，全球范围内出现了

禽流感热，于是在 1981、1986、1992、1997、2002 和 2006 年召开了多次国际性研讨会来解决禽流感问题[22,78,79,287,307,309]。因为流感是一个国际性问题，需要国际的努力与合作来解决[80]。

病 原 学

分类

AIV 属于正黏病毒科 A 型流感病毒属[67]。

形态学

病毒粒子呈典型的球形或多形性，也可以观察到丝状[67]。病毒粒子直径为 80～120nm，丝状病毒粒子可长达几百纳米（图 6.1）[67]。病毒粒子表面覆盖有两种类型的糖蛋白纤突（长 10～14nm，直径 4～6nm）：棒状三聚体血凝素（HA）和蘑菇形四聚体神经氨酸酶（NA）。病毒蔗糖溶液中的浮密度为 $1.19g/cm^3$，单个病毒粒子的分子量（Mr）为 $250×10^6$[67]。

核衣壳呈超螺旋状。病毒基因组由 8 个单股负链 RNA 组成，编码 10 种蛋白，表 6.4 列出了它们的大小和功能，其中 8 个蛋白（HA、NA、NP、M1、M2、PB1、PB2 和 PA）组成病毒的基本结构，

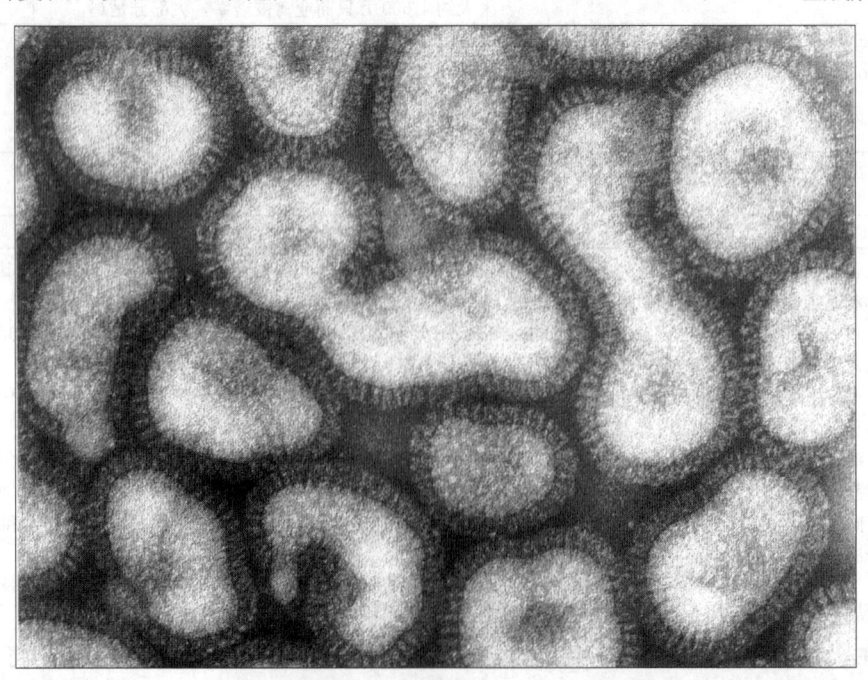

图 6.1　纯化的 A/WSN/33 禽流感病毒（Gopal Murti）。2% 的磷钨酸负染，×282 100

两个非结构蛋白（NS1 和 NS2）位于宿主细胞的胞质中。最近，有研究表明 NS2 是病毒粒子的次要成分[156]。

化学组成

流感病毒粒子由 0.8%～1.0% 的 RNA、5%～8% 的碳水化合物、20% 的脂质和 70% 的蛋白质组成[156]。碳水化合物主要存在于糖脂和糖蛋白中，其中包括半乳糖、甘露糖、墨角藻糖和氨基葡萄糖[144]。核糖存在于 RNA 基因组中。病毒囊膜上的脂质来源于宿主细胞，大部分脂质是磷脂，还有少量的胆固醇和糖脂。病毒基因组决定了病毒蛋白和潜在的糖基化位点的特异性。

病毒的复制

对病毒的复制过程许多研究者已经作了或详细[156,203] 或简单[67,80] 的描述。简要地说，AIV 依靠其表面的血凝素（HA）吸附到宿主细胞的唾液酸糖蛋白受体上，然后通过受体介导的内吞作用进入细胞。在内吞体中，病毒在低 pH 条件下通过 HA 介导病毒囊膜与内吞体膜融合。蛋白酶将 HA 裂解为 HA1 和 HA2 是病毒囊膜与内吞体膜融合和病毒感染宿主细胞的先决条件。病毒核衣壳进入宿主的细胞核中，在那里由病毒的转录酶复合体合成 mRNA。转录是从长为 10～13 个核苷酸的 RNA 片段开始的，这些小片段 RNA 由 PB2 的病毒核酸内切酶活性降解宿主细胞内的异源核酸产生。在细胞核中产生的 6 个单顺反子 mRNA 被转运到细胞质翻译出相应的蛋白：HA、NA、NP、PB1、PB2 和 PA。NS 和 M 蛋白的 mRNA 通过剪切分别产生编码蛋白 NS1、NS2 和 M1、M2 的两个 mRNA。HA 和 NA 蛋白在粗面内质网被糖基化，在高尔基体内进行剪切后转运到表面，植入细胞膜中。这 8 个病毒基因片段和病毒内部蛋白（NP、PB1、PB2、PA 和 M2）一起转运到整合有 HA、NA 和 M2 蛋白的质膜中。M1 蛋白启动病毒蛋白与质膜之间的联系关闭并导致病毒出芽。

表 6.4 A型流感病毒的基因和蛋白信息[54,125,159]

基因组		编码蛋白				
片段	长度（核苷酸）a	名称	长度（氨基酸）	分子数/病毒	型 别	功 能
1	2 341	PB1	759	30～60	多聚酶复合物	转录酶
2	2 341	PB2	757	30～60	多聚酶复合物	内切核酸酶
3	2 233	PA	716	30～60	多聚酶复合物	1. 病毒 RNA 复制；2. 蛋白裂解活性
4	1 788	HA	566	500	整合的 Ⅰ型囊膜糖蛋白	1. 介导病毒与细胞上唾液酸受体的结合包括血凝活性；2. 囊膜融合；3. 抗体介导的病毒中和活性
5	1 565	NP	498	1 000	主要是结构蛋白-与病毒 RNA 片段有关	1. 病毒 RNP 从细胞质向核内转移；2. 全长 vRNA 合成的必要条件；3.CTL 的靶抗原
6	1 413	NA	454	100	整合的 Ⅱ型囊膜糖蛋白	1. 细胞受体破坏酶（唾液酸残基）导致病毒释放；2. 抗体介导的病毒中和作用限制病毒的传播
7	1 027	M1	252	3 000	位于病毒囊膜下的非糖基化结构蛋白	大部分高丰度蛋白——参与病毒出芽
		M2	97	20～60	整合的 Ⅲ型囊膜糖	离子交换通道
8	890	NS1	230	—	RNA 结合蛋白	1. 抑制细胞 mRNA 的加工；2. 促进胞质内病毒 mRNA 的翻译；3. 可能抑制干扰素通路
		NS2	121	130～200	核输出蛋白	核输出病毒 RNP

a. 核苷酸数量主要根据人流感病毒 A/PR/8/34（H1N1）。

对理化因素的抵抗力

AIV 在环境中的稳定性相对较差。物理因素如热、极端 pH、非等渗条件和干燥等能使其失活。由于 AIV 是有脂质囊膜的病毒，因此对脂溶剂和去污剂如脱氧胆酸钠和十二烷基磺酸钠等敏感。在有机物存在时，AIV 能被化学试剂如醛类（福尔马林戊二醛）、β-丙内酯和二乙基亚胺等灭活。除去有机物，则可使用酚类、铵离子（四胺消毒剂）、氧化剂（如次氯酸钠）、稀酸和羟胺来破坏 AIV[99,165]。

实验室条件下

AIV 在含蛋白质的溶液中较稳定，但长时间保存需要放在 −70℃ 下或冻干。鸡胚增殖的病毒在 4℃ 下放置几周仍可以保留其感染性。在病毒已经失去感染性的情况下，病毒的血凝素和神经氨酸酶的活性仍然可以继续保持一段时间。各种浓度的福尔马林、二乙烯亚胺和 β-丙内酯可以用来灭活病毒，但仍具有血凝活性和神经氨酸酶活性[143]。这些化学试剂在疫苗生产中常用作灭活剂。许多常用的去污剂和灭活剂（如酚类消毒剂、季铵盐表面活性剂和次氯酸钠）可以用来灭活 AIV。

野外条件下

体内的某些物质如鼻腔分泌物或粪便可以增强病毒对理化因素的抵抗力，使病毒得到保护[80]。阴冷潮湿的条件有利于病毒的生存。冬天 AIV 在湿度较大的粪便中可以存活 105 天，4℃ 时可以存活 30～35 天，在 20℃ 可以存活 7 天[28,94,342]。最近在泰国研究 H5N1 HPAI 病毒时表明，在 25～32℃ 阴凉处的鸡粪中病毒可以存活 4 天[261]。在 28℃ 的水中，病毒株 A/whooping/swan/Mongolia/244/05（H5N1）（Mongolia/05）和 A/duck meat/Anyang/01（H5N1）（An yang/01）浓度分别在 4 天和 5 天减少 1 个 log。在 26 天和 30 天没有检测到病毒，然而在 17℃，Mongolia/2005 和 Anyang/2001 分别能存活 158 天和 94 天[38]。H5N1 HPAI 在环境中存活的时间比从野禽分离的 LPAI 短。

要控制野毒感染就必须采取适当的方法消灭环境中隐藏的病毒。如将房舍温度加热到 90～100 ℉（32.2～37.8℃）并维持 1 周，彻底清除和通过掩埋、堆肥或焚烧等方法处理粪便和垫草，对禽舍和设备进行清洗和消毒以及在再次放入动物之前空舍 2～3 周等措施都能有效地防止感染[106]。通过掩埋、堆肥或焚烧等方法来使粪便或垫草中的病毒灭活，在少于 10 天内，堆肥是杀灭动物尸体内 HPAI 的有效方法[237]。5.25％的次氯酸钠、2％的氢氧化钠、酚类、酸性离子消毒剂、二氧化氯消毒剂、强氧化剂和 4％的碳酸钠、0.1％硅酸钠等消毒剂可以有效灭活清洁表面上存在的流感病毒[65]。但是在使用消毒剂前必须先清除能有助于病毒抵抗消毒剂的一些有机物。

巴氏消毒法和烹饪能有效地灭活禽流感病毒，USDA 对于禽肉的标准烹饪时间是内部应达到 165 ℉（73.9℃），巴氏消毒法（55.6～63.3℃，210～372s）足以杀死病毒[286,290,315]。

毒株分类

抗原性

流感病毒属（型）的划分是根据内部蛋白主要是 NP 和 M1 的血清学反应情况来确定的。最典型的分型试验是免疫沉淀试验（如琼脂扩散试验[AGID]）[302]。所有的禽流感病毒均属于 A 型流感病毒。B 和 C 型流感病毒主要感染人，偶尔感染海豹和猪，但从来没有在禽类中分离到。

A 型流感病毒根据表面糖蛋白 HA 和 NA 的血清学反应情况进一步分为若干亚型。已经鉴定出来 16 个 HA 亚型和 9 个 NA 亚型（表 6.5）。HA 血清亚型的划分是通过血凝抑制试验（HI），而 NA 亚型的划分则是通过神经氨酸酶活性抑制试验（NI）进行的[96,302]。由 16 个 HA 亚型和 9 个 NA 亚型组合的大部分 AI 病毒亚型主要存在于家禽和野鸟中，其分布随年度、地理位置和宿主种类等的不同而变化。1980 年以来，HA 和 NA 的分型方法已经被标准化，适用于所有分离自鸟、猪、马和人（表 6.5）的流感病毒[256]。但 1980 年以前，HA 和 NA 亚型的划分是根据病毒来源的宿主种类划分的。

有研究曾经使用鸡和雪貂的康复期血清和单克隆抗体来确定同一个亚型内的不同流感病毒之间的抗原相关性[80]。这些研究主要是使用 HI、酶联免疫吸附试验（ELISA）和/或病毒中和试验进行的。单克隆抗体对单个抗原表位的详细研究非常有用，比如曾经使用单克隆抗体对分离自火鸡和猪的 H1N1 病毒的 HA 蛋白进行过抗原相关性比较[19,115]。

表 6.5　A 型流感病毒各亚型的命名[80,96,137,225,349]

血凝素		神经氨酸酶	
1980 年至今	1980 年以前	1980 年至今	1980 年以前
H1	H0，H1，Hsw1N	N1	N1
H2	H2	N2	N2
H3	H3，Heq2，Hav7	N3	Nav2，Nav3
H4	Hav4	N4	Nav4
H5	Hav5	N5	Hav5
H6	Hav6	N6	Nav6
H7	Hav1，Heq1	N7	Neq1
H8	Hav8	N8	Neq2
H9	Hav9	N9	Nav6
H10	Hav2		
H11	Hav3		
H12	Hav10		
H13	Hav11		
H14	—		
H15	—		
H16	—		

毒株命名

已建立了流感病毒毒株的国际标准命名法[349]。流感病毒的名称包括型（A、B 或 C）、原发宿主（除人之外，原发宿主可省略）、分离的地理位置、毒株的编号和分离的时间，以及 HA 和 NA 的亚型[80]。例如，1983 年从宾夕法尼亚州的鸡体中分离到的 H5N2 亚型的病毒可以命名为 "A/chicken/Pennsylvania/1370/83（H5N2）"。

毒株的抗原变异——漂移和转换

人流感病毒的表面糖蛋白 HA 和 NA 变异频率极高，主要有抗原漂移（drift）和转换（shift）两种形式。这两个概念的出现可以解释流感病毒在人群中长期流行的原因[188]。禽流感病毒也具有相似的现象[115]，但由于禽流感病毒的流行病学本质不同，而且禽流感病毒很少在商品化鸡群中发生地方性感染，因而不易作出可靠的推断。

流感病毒的抗原漂移是由 HA 和 NA 基因上的点突变引起的编码蛋白发生小范围的抗原性改变[188]。在哺乳动物中，免疫压力在抗原变异的选择方面发挥着重要作用，但其对禽流感病毒抗原变异的影响知之甚少。免疫鸡群中，免疫压力可能在

选择抗原变异上起到一定的作用[166]，但在发达国家，对大部分商品化鸡群来说，由于它们生活周期短、很少与禽流感病毒接触，而且很少使用疫苗，免疫压力是否能对变异的选择发挥作用以及抗原漂移这个概念能否使用都很难确定。然而，在中东地区及亚洲流行的 H9N2 LPAI 的地区，抗原漂移变异的野毒感染很常见，不清楚免疫压力是来自接种疫苗还是野毒感染。

抗原转换是由感染同一个细胞的两个流感病毒之间发生基因片段的重排，导致地方流行性病毒获得新的 HA 或 NA 抗原[188]。由于商品化鸡场没有地方性流感的流行，因而不禁让人怀疑抗原转换在产生新的流感病毒中的重要性，但是在活禽市场中已经证实出现了 HA 和或 NA 亚型的抗原转换。另外，从感染鸡和鹅的香港 H5N1 亚型禽流感病毒来看，基因重排导致的病毒基因之间的交换也不仅仅只发生在 HA 和 NA 基因[54,275,277]。抗原性和分子生物学检测证明在野鸭中存在混合感染[119]。

免疫原性或保护特性

HA 是流感病毒的主要保护性抗原，它可以诱导产生中和抗体，并保护免疫动物不出现临床症状和死亡。这些抗体具有 HA 亚型特异性，在体外试验中可以中和同一亚型的流感病毒。在体内其保护性也具有 HA 亚型特异性而且保护效力可以持续35 周以上[43]。在鸟类，针对 NA 的抗体可以对同源 NA 亚型病毒具有保护作用[170]，但是这种保护性低于 HA 诱导的保护性。

针对内部蛋白，主要是核蛋白的抗体不能抵抗 HPAIV 的感染，不能阻止免疫动物发病和死亡[340]。但是，有报道 NP 免疫之后可以降低流感病毒感染的晚期肺脏的病毒滴度[149]。这种保护可能是由细胞毒性 T 淋巴细胞介导的。在香港，研究发现 H9N2 LPAI 病毒诱导的细胞免疫对 H5N1 HPAI 病毒感染有一定的保护[240]。然而，临床上像这些异型之间的免疫尚不能提供足够的免疫水平和免疫时间。

遗传学或分子特征

在 20 世纪 80 年代，人们通过聚丙烯酰胺凝胶电泳进行 RNA 片段的迁移模式分析来区别单个的 AIV 毒株与基因重组的病毒株[80]。此外，如果变异发生在亲缘关系较近的病毒的基因片段中，则可

以使用寡核苷酸图谱的方法来鉴定[25]。然而，20世纪 90 年代，由于要获得和分析一段基因序列已经变得非常容易，因而对 AIV 的基因组信息的研究也是空前兴旺。包括可以获得大部分基因的部分序列、某些基因（HA、NA、M 和 NS）的全序列及在某些条件下还可以获得所有 8 个基因片段的全部核苷酸序列[277]。这样就可以对不同毒株进行详细的遗传进化分析，如分子流行病学、鉴定基因重组、检测特异性突变，以及分析它们与生物学特性之间的相关性。20 世纪末到 21 世纪初，随着高通量序列分析法的发展，全长基因序列分析法已经变成普通的实验室工具。

致病型

基于致病性（即致病的能力），将家禽的流感分为两种致病型：HP 和 LP（非 HP）。这种术语最早起源于实验接种鸡的致死性，但是，1994 年增加了分子特性和体外试验标准[326]。早期，OIE 指定的 HPAI 被列为 A 类传染病，LPAI 病毒没有报道，但是 A 类传染病和 B 类传染病这种分类体系后来被取消，为了适应国际贸易要求，出现了新的 AI 分类。因为一些 H5 和 H7 LPAI 病毒在鸡群或火鸡群中流行已经变为 HPAI 病毒，OIE 已经将 H5 和 H7 LPAI 病毒加入到了国际动物卫生法典[199]。OIE 陆生动物法典现在列举法定报告 AI（HPNAI 和 LPNAI）如下：

- HPNAI 病毒对 6 周龄鸡的 IVPI 大于 1.2，或 4～8 周龄鸡静脉接种的致死率至少为 75%。如果 H5 或 H7 亚型病毒的 IVPI 小于 1.2，或者静脉接种致死实验的致死率小于 75%，应该进行序列分析确定血凝素（HA₀）的裂解位点上否有多个碱性氨基酸。如果其氨基酸基序和其他 HPNAI 病毒序列相似，则认为分离到的是 HP-NAI。
- LPNAI 是指 H5 或 H7 亚型的非 HPNAI 流感病毒。

另外，OIE 默认的第三类禽流感病毒，即非 H5 和非 H7 LPAI 病毒，则不需要向 OIE 报告，但是需要向国家、州/省等官方部门报告。然而，不考虑 H 和 N 亚型，仅根据病理生物学的标准（如疾病、病变和症状），很难区分 LPAI 病毒。虽然致病性分类主要是针对鸡，但鸡形目的禽类体内试验结果相似[12,216]。对鸡具有高致病性大多数禽

流感病毒对于家鸭来说是可能为低致病性，但最近几年出现的亚洲 H5N1 HPAI 病毒的一些毒株例外，对幼龄鸭有很高的致死性，但对大鸭没有太高的致死性[12,129]。致病性检测结果是针对试验中所用的宿主。

1959 年以前，人们认为 HPNAI 病毒（"禽瘟病毒"）仅与 H7 亚型病毒相关，之后 1959 年和 1961 年分别发现了 H5 亚型也能引起相同的疾病。1966—1968 年在火鸡中发现了低致病性 H5 亚型[5,82,258]，1971 年发现了 H7 亚型的低致病性禽流感病毒[30]，因此抗原亚型不能用于高致病性的预测。仅有一小部分 H5 和 H7 亚型 AIV 是高致病性的。相比而言，所有 H1～4、H6 和 H8～16 亚型的禽流感病毒对禽类的毒力较低（即低致病性，LP）。根据 OIE 定义，非 H5 和非 H7 亚型为低致病性，但临床上，发生继发感染和应激因素作用时也会引起严重的疾病和重大的经济损失。

实验室宿主系统

分离和增殖禽流感病毒最好的方法是通过尿囊腔（CAS）接种 9～11 日龄的鸡胚[302]。有些毒株尿囊腔接种分离失败时，可通过卵黄囊或者绒尿囊膜接种分离到[352]。禽流感病毒可以在鸡胚中增殖到较高滴度，并且产生裂解的 HA 蛋白[80]。许多灭活疫苗就是通过鸡胚培养病毒制备的。

禽流感病毒只可在有限数量的细胞培养系统中增殖[80]。原代鸡胚成纤维细胞（CEF）或肾细胞在蚀斑形成试验和病毒中和试验中应用得比较广泛。有时也用 Madin-Darby 犬肾细胞。但是在用 CEF 和一些其他细胞培养 LPAI 病毒时需要在铺琼脂糖时或培养基中加入外源性胰酶裂解 HA，从而产生具有感染性的病毒[80]。如果不加入胰酶，形成的蚀斑可能直径不会超过 1mm，有些毒株根本不形成蚀斑，这与毒株的性质有关。HPAI病毒不需要添加胰酶来裂解 HA 就能产生感染性病毒。

在实验室研究中，鸡是确定病毒的致病力和致病机理的最常用的实验动物。其他常用的实验动物包括火鸡、家鸭、鼠以及雪貂。鼠和雪貂可以用作评价禽流感病毒从禽传播给哺乳动物的种间传播风险的模型[77]。其他实验动物可以用来评价病毒对自然宿主的感染性。

致病力

自然感染的临床症候群

虽然在实验室只证实存在两种致病型禽流感病毒（HP 和 LP），但自然感染禽流感病毒后的临床表现差异较大，这主要受毒株、宿主品种、宿主年龄和环境因素的影响。根据临床死亡率、临床症状和病理变化，可以将 AIV 分为四个临床症候群：高致病力；中等致病力；低致病力；无致病力。首先高致病性症候群主要是由 H5 和 H7 亚型禽流感病毒引起的鸡或亲缘关系较近的鹑鸡类禽的发病，表现为烈性的高度致死性全身性感染，引起多个器官系统包括神经系统和心血管系统的病变，发病率和死亡率接近 100%。在试验条件下，HP 禽流感病毒也可以使感染鸡复制与自然感染相似的病变和死亡率[308]。其次，中等致病力的临床症候群主要是由任一 HA 或 NA 亚型的 LPAI 病毒，伴发其他病原的混合感染时引起[48,194]，死亡率为 5%～97%，高死亡率主要出现在小鸡、产蛋鸡或严重应激的鸡[39,48,130]，病变主要发生在呼吸道、生殖器官、肾或胰腺[48,125,358]。这些病例可能包括并发感染的细菌分泌蛋白酶裂解了 LPAI 病毒的 HA 蛋白，加重了禽流感病毒的感染[252]。第三，低致病力临床症候群主要由 LPAI 病毒引起，表现为低致死率和轻度的呼吸道感染或产蛋下降。死亡率通常低于 5%，主要是老年鸡。第四，无致病力临床症候群也主要由 LPAI 病毒引起，不出现死亡或临床症状。这种现象主要发生在 LPAI 病毒引起的雁形目和鸻形目的野禽感染[283]。在家禽中，只有在感染低宿主适应性 LPAI 病毒时才可以出现无症状感染。这种病例首次发现于火鸡，在感染了来源于野水禽的 AI 病毒后没有出现临床症状，但在屠宰时检测到血清阳转[283]。自然条件下或者在实验室条件下，偶尔会出现 LP 和 HP 病毒的共同感染，在某些野外条件下，临床症状可能是四种症候群的混合。比如，在 H5 或 H7 亚型 LPAI 病毒转变为 HPAI 病毒的过程中，可以在一些死亡的鸟中发现与 HPAI 一致的病变，但死亡率较低，与低致病力禽流感相似。

血凝素蛋白对致病力的影响

对于鸡，HA 基因是决定病毒高致病力的主要因素，但要最大限度地体现病毒的毒力需要所有 8 个基因片段的适当组合[36]。简言之，HA 蛋白裂解为 HA1 和 HA2 两部分是病毒具备感染性和复制的首要条件。对于 LPAI 病毒，可以在有限的解剖位点比如呼吸道和肠上皮细胞或呼吸道分泌物中发现类胰酶的蛋白酶，这些蛋白酶可以识别和裂解 HA 产生具有感染性的病毒。LPAI 病毒在 HA1 的 C 末端有两个非连续的碱性氨基酸，第 13 位氨基酸残基上有一个糖基化位点覆盖了蛋白酶裂解位点。相反，H5 和 H7 HPAI 病毒的 HA 可以被许多内脏器官、神经系统和心血管系统的细胞中存在的弗林蛋白酶识别和裂解[268]。类胰酶的蛋白酶也可以裂解 HPAI 病毒的 HA 蛋白。和 LPAI 病毒比较，这些病毒位于 HA1 C 末端 HA 蛋白裂解位点的结构有所变化（表 6.6）：①碱性氨基酸替代非碱性氨基酸；②在血凝素裂解位点插入多个源自密码子重复的碱性氨基酸；③插入来源不明确的碱性氨基酸和非碱性氨基酸短序；④插入非同源重组序列加长了蛋白酶裂解位点，这些插入序列可能或者没有包含碱性氨基酸[48,101,126,211-213]（表 6.6）。另外，如果裂解位点有一定数量的碱性氨基酸，残基 Asn-11 上的保护性糖基化位点消失，就可能使一些禽流感病毒具有高致病性（表 6.6）[101,136]。

根据血凝素蛋白酶裂解位点结构变化和对各种组织中的不同酶的裂解敏感性的体外试验以用于病毒致病性的预测。比如，在组织培养如鸡胚成纤维细胞培养时，在没有添加胰酶的情况下产生大的噬斑的能力与弗林蛋白酶裂解 HA 以及鸡的高致病性相关，但 LPAI 病毒需要添加外源的胰酶来裂解 HA 才能产生大的蚀斑[36]。放射免疫沉淀试验检测不加胰酶的组织细胞培养中产生的裂解的 HA 与 HP 相关[238]。所有 HP 和 LPAI 病毒都可以在鸡胚中产生裂解的 HA。已经发现病毒是否为 HP 或能否转变为 HP，与 HA 蛋白裂解位点的多个碱性氨基酸有关[292,341]。

除 HA 的裂解活性外，另一个值得关注的是 HA 的受体结合位点与宿主细胞上的受体之间的结合问题。目前对这个问题的了解较少，它可以同时影响宿主特性（宿主适应性）和病毒在宿主内的细胞或组织亲嗜性。这限制病毒只能在一些特殊的细胞、组织和器官中复制。HA 受体结合位点的变化可以改变流感病毒的宿主范围[191]。病毒和宿主都可以影响受体结合。

表 6.6 诱导 H5 和 H7 AI 血凝素蛋白裂解酶位点氨基酸序列从 LP 到 HP 改变的遗传机制事例

流感病毒	亚型	致病型	氨基酸序列	1	2	3	4	5	参考文献
典型 H5 LPAI	H5	LP	PQ... RETR * GLF						(236)
A/turkey/England/91	H5N1	HP	PQ... RKRKTR * GLF	x	x				(236)
A/chicken/PA/1370/83	H5N2	HP	PQ... KKKR * GLF	x				x	(236)
A/tern/South Africa/61	H5N9	HP	PQRETRRQKR * GLF	x		x			(236)
A/chicken/Puebla/8623-607/94	H5N2	HP	PQ... RKRKTR * GLF						(101,126)
A/chicken/Queretaro/14588-19/95	H5N2	HP	PQRKRKRKTR * GLF	x	x				(101)
Typical H7LPAI	H7	LP	PEIP... KTR * GLF						(236)
A/chicken/Victoria/85	H7N7	HP	PEIP... KKREKR * GLF			x			(236)
A/turkey/Italy/4580/99	H7N1	HP	PEIPKG... SRVRR * GLF			x			(48)
A/chicken/Chile/176822/02	H7N3	HP	PEKPKTCSPLSRCRETR * GLF²				x		(279)
A/chicken/Canada/AVFV2/04	H3N3	HP	PENPK... QAYRKRMTR * GLF³				x		(207)

¹ 机制：①用碱性氨基酸替代非碱性氨基酸；②在血凝素水解位点插入来自密码子复制的多个碱性氨基酸；③较短插入来源不明确的碱性氨基酸和非碱性氨基酸；④和插入加长的水解酶水解位点片段进行非同源重组；⑤覆盖在残基 13 上的糖基化位点消失。

² 30 来自于同样病毒核蛋白的核苷酸编码 10 个氨基酸的插入。

³ 21 来自于同样病毒基质的核苷酸编码 7 个氨基酸的插入。

细胞病理生物学机制

形态学和生物化学的有关证据显示，禽流感病毒是通过两种机制引起禽类细胞发生病理变化：坏死和凋亡[118,231,277]。在很多类型的鸡细胞包括肾小管细胞、胰腺腺泡上皮细胞、心肌细胞、肾上腺皮质细胞和肺上皮细胞中发现了坏死现象[277]。坏死的发生与病毒的迅速繁殖，细胞核和细胞质中出现了大量的禽流感病毒的核蛋白有关[303]。在各种细胞培养系统中也证实存在凋亡性细胞死亡现象，其中涉及几种细胞因子，包括 IFN - β 和 TGF - β[118,231,232,311]。在体内，细胞凋亡主要发生在淋巴细胞，特别其中没有禽流感病毒复制的细胞[277]。鼠适应性流感病毒感染鼠并发生复制后，鼠的神经细胞、呼吸道上皮细胞和肺泡巨噬细胞也会发生凋亡[185,186]。在鸡胚中，凋亡和坏死可能具有相似的生物化学特征，表明在二者很难通过形态学和生物化学方法加以区分[93]。

病理生物学和流行病学

发生和分布

禽流感病毒在世界范围内分布，非洲、亚洲、澳大利亚、欧洲和南、北美洲都有分离的报道，南极的企鹅也有感染 AIV 的血清学证据[80,184,264,308]。

《禽流感国际研讨会进展》列出了自 1981 年以来 LP 和 HPAI 的暴发和发生情况[22,78,79,287,307,309]。

禽流感病毒最常见于自由飞翔的野水鸟，尤其是雁形目（鸭和鹅）和鸻形目（滨鸟、鸥、燕鸥和海雀），它们是所有禽流感病毒的生物和基因的储存库[265]。除了 1961 年南非的普通燕鸥感染禽流感病毒后出现了高死亡率（表 6.3）以外，上述这些鸟感染后通常不发病（LPAI 病毒），1996 年发生在亚洲的 H5N1 HPAI 病毒野鸟的感染率和死亡率也不相同（表 6.3）。钻水鸭，尤其是野鸭（*Anas platyrhnchos*）报道分离率最高，60% 的青年鸭在夏末迁徙之前就感染了禽流感病毒[122]。在越冬地鸭中调查，在冬季迁徙过程中这种感染率会降到最低（0.4%～31%）[267]。然而当迁徙鸭抵达越冬地后，本地非迁徙鸭感染频率增高[113,267]。从野鸭中分离到的禽流感病毒主要是 H3、H4、H6、N2、N6 和 N8 亚型[122,151,225,255,265]。就滨鸟（Charadriiformes 目）而言，在春季分离率最高，其次是在秋季迁徙过程中[134]。主要的禽流感病毒亚型是 H3、H9、H11、H13、N2、N4、N8 和 N9[104,134,151]。而且，在野生水禽中发现了许多由 16 个 HA 亚型和 9 个 NA 亚型组合的病毒。在野生陆鸟类很少分离到禽流感病毒，因为占据的是非水生态系统，这不利于禽流感病毒的保存[265]。

家禽中也可以零星分离到禽流感病毒，主要是鸡、火鸡、鸭和笼养的野鸟及宠物鸟，或检疫站、私人收藏/饲养及动物园饲养的鸟[5,7]。然而，发生和分布随地理位置、物种、年龄、季节、环境或农业系统的变化很大。

火鸡和其他鹑鸡类的禽（包括鸡）都不是AIV的自然储主[213,278]。人类通过捕捉、驯化、农业集约化、国内和国际的贸易及非传统的饲养方式等改变了鸟类的自然生态系统[283]，这为AIV提供了新的生存环境，也使得AI的发生和分布不断变化。已经发现有5种不同的人造生态系统可以影响禽流感病毒的生态分布[283]：①集约化的室内商品禽养殖场；②放牧的商品禽场；③活禽市场（LPM）；④庭院鸟和观赏鸟；⑤鸟类的收藏和交易体系。在不同系统内AIV的感染频率变化很大。比如，在发达国家的一体化室内商品禽养殖场，AI的发病率相对于每年饲养的250亿～300亿只鸡来说是非常低的[324]。但是，一旦AI发生，就有可能从一个农场传播到另一个农场，迅速传遍所有的集约化商品养禽场，导致HPAI（表6.3）或LPAI的流行。在商品化养禽场，火鸡的发病率最高，其次是产蛋鸡，其他家禽较少感染。墨西哥制订的一项免疫与控制措施成功消灭了国内的H5N2亚型HPAI，但H5N2亚型LP AI仍然在其境内的商品化鸡场流行[330]。在20世纪90年代中后期，亚洲和中东的一些发展中国家在商品化鸡场出现了H9N2亚型LPAI流行。自2003年，H5N1 HPAI在亚洲一些国家农村禽群中流行，尤其是在家鸭中。

在明尼苏达州，AI中暴发可能是由于迁徙水禽将流感病毒带到放牧的火鸡群引起的[112]。发生禽流感的火鸡养殖场每年的数目变化很大，1983年最少，仅有两个养殖场感染，高峰时则达141个（1978年）、258个（1988年）和178个（1995年）[110]。1998年，养禽业决定取缔火鸡放牧，结果是从1996年到2000年仅有33个群感染，但大多数感染的是H1N1猪流感[109]。然而，单从迁徙水禽与禽流感病毒的接触不能充分解释在火鸡群中LPAI暴发每年的变异。病毒和宿主的种类（鸡或火鸡）都会影响禽流感病毒从迁徙水禽传播给鸡或火鸡的种间传播可能性。例如在2002年在弗吉尼亚州暴发的H7N2先在火鸡群中发生了很高比例的患病率，而后才传到鸡群。在实验室试验中，这些病毒在火鸡群中接触传染较鸡群容易得多，鸡接触传染的病毒量要比火鸡高100～250倍[319]。

在20世纪50年代现代集约化的养禽体系出现以前，普遍是应用冷冻储藏和运输，这种典型储藏

的大多数肉和蛋都是由当地后院养殖和小规模养殖或小型商业农场通过直接屠宰和消费提供的[103]。像这样小批量生产和屠宰在发达国家LPM系统中今天仍然存在，但总产量与现代化养殖体系相比要低得多。无论是在发展中国家还是在发达国家，LPM系统中禽流感病毒的感染率都较高[245]。历史上由于缺乏有效的控制措施和生物安全观念，导致家禽中出现AI的地方性流行，尤其是1900—1930年间在欧洲和亚洲的一些地区[273]。1924—1925年间，美国LPM系统暴发了一次HPAI，但在出现地方性流行以前通过销毁的方法控制了疫情[152]。欧洲在20世纪30年代中期就消灭了地方性HPAI[11]。最近对香港、纽约和其他大城市LPM中的家禽进行监测表明，LPAI在这些农业体系中仍呈地方性流行[239,244,245,318,334]。LPM是1997年中国香港H5N1、1997年意大利H5N2亚型AI暴发的根源，而且LPM也很有可能是美国1983—1984年暴发的HPAI的发源地[51,245,277,334]。1993—2006年间，在美国东北部LPM的家禽中曾经出现过H7N2亚型LPAI的地方性流行，但采取控制措施后，感染的数量已经下降。该LPM也是导致1996—1998年宾夕法尼亚州24个商品化养禽场、2001—2002年宾夕法尼亚州7个农场、2002年弗吉尼亚州197个农场、2003年康涅狄格州一个大的蛋鸡公司以及罗德岛小型蛋鸡场和2004年德尔马瓦暴发LPAI的源头[3,76,87,235,276,288,358]。

家禽中发生的大部分流感感染主要是由禽源的流感病毒引起。但是，H1N1、H1N2和H3N2亚型的猪流感病毒曾经感染过火鸡，尤其是种火鸡发病严重[80,181,281,312]。

自然宿主和实验宿主

在自然条件下禽流感病毒可以感染很多种野鸟和家禽，尤其是自由飞翔的水栖鸟类。有时陆栖野鸟也可感染禽流感病毒，但这些鸟并不是禽流感病毒的主要来源或储存宿主[265]。已经从13个目的至少90多种鸟中分离到了AIV，这些目包括雁形目（鸭、鹅和天鹅）、鸻形目（如滨鸟中的翻石鹬和矶鹬、海鸥、燕鸥、角嘴海雀、海雀）、鹳形目（苍鹭、朱鹭）、鸽形目（鸽子）、隼形目（猛禽类）、鸡形目（山鹑和野鸡）、潜鸟目（潜水鸟）、鹤形目（黑鸭和雌苏格兰雷鸟）、雀形目（树栖鸟类如八哥、雀类和织巢鸟）、鹈形目（鸬鹚）、鴷形目（啄

木鸟)、鹃鹋目(鹃鹋)和鹱形目(海鸥鸟)[5,7,13,174,266],占已知禽类的61%,而禽流感病毒自然感染宿主的确切种类可能远不止这些[7]。大多数野鸟感染AI后不表现明显的症状。

在人造生态环境中(规模化饲养、笼养、观赏鸟饲养以及禽类展览等),下述科目的鸟均被感染过:鹦形目(鹦鹉、小鹦鹉、长尾小鹦鹉)、鹤鸵目(鸸鹋)、鸵形目(鸵鸟)、美洲鸵目(美洲鸵)、鸡形目和雁形目中的大多数家禽。最后两个科目中有鸡、火鸡、日本鹌鹑(Coturnix japonica)、珍珠鸡(Numida meleagris)、山齿鹑(Colinus virginianus)、野鸡、欧石鸡(Alectoris chukar)、鹅和鸭以及番鸭[80]。鹦形目的鹦鹉等可能是由于捕获后与已经感染AIV或处于隔离区的鸟混养而被感的[80]。有些雀形目的鸟(树栖鸟类——八哥和麻雀)感染禽流感病毒则可能是常与家禽密切接触而被感染[169,183]。

低致病性禽流感病毒引起水貂、海豹和鲸发生过呼吸道疾病[45,88,102,116,158,172,337]。最近报道了虎、豹、家猫、灵猫、石燕和猪散发H5N1 HPAI病毒感染[90],其中大多数病例于近距离接触或者采食过感染禽。在自然条件下也有少数禽流感病毒感染人的病例(见"公共卫生意义")。

在实验性研究中,AIV可以感染猪、雪貂、大鼠、家兔、豚鼠、小鼠、猫、水貂、非人灵长类和人[33,80,82,120,142,246]。

传播和携带者

由于AIV是在呼吸道、肠道、肾脏或生殖道中复制,因而它可以从感染禽的鼻腔、口腔、结膜和泄殖腔排放到环境中。通过鼻腔内接种3～4周龄的鸡,可以发现HPAI病毒滴度最高的地方是口咽部,拭子监测每毫升呼吸道分泌液含$10^{4.2～7.7}$个鸡胚半数感染量(EID$_{50}$)的病毒,而在泄殖腔中病毒滴度最高时粪便棉拭子检测只有$10^{2.5～4.5}$个EID$_{50}$每克粪便[291,297];LPAI病毒产生的病毒滴度明显低,咽部(呼吸道)拭子$10^{1.1～5.5}$EID$_{50}$/mL,泄殖腔拭子$10^{1.0～4.3}$EID$_{50}$/mL[291]。对于HPAI病毒,通过捕食感染高水平病毒的鸟尸体或同类相食将病毒传染到易感鸟类。肉中病毒的滴度随病毒株、家禽种类和感染的临床阶段不同而不尽相同:①1983年H5N2 HPAI宾夕法尼亚病毒株感染,死亡鸡体内的病毒滴度为$10^{2.0～3.4}$EID$_{50}$/g,而2003年的H5N1韩国株的病毒滴度为$10^{5.5～8.8}$EID$_{50}$;②在家养鸭中,H5N1病毒在临床正常情况下的病毒滴度为$10^{2.0～3.4}$EID$_{50}$/g,病鸭为$10^{4.0～6.0}$EID$_{50}$/g[291,315]。

病毒可以通过感染禽与易感禽之间的直接接触传播或通过气溶胶及与带有病毒的污染物接触而间接传播[80]。由于呼吸道中病毒的滴度非常高,因而呼吸道产生的气溶胶是一个重要的传播媒介。含毒量较低的粪便,由于体积大也是病毒传播的一个主要途径。禽流感病毒还很容易通过人(污染的鞋和衣服),污染生产和拖运设备以及活禽市场中的其他公用设施传播到其他场所[80]。

流感病毒对不同宿主的适应程度不同,种内传播频繁[283],但也可以发生种间传播,尤其是在分类学上属于同一科并且亲缘关系较近的宿主之间,比如鸡、火鸡、珍珠鸡和鸡形目雉科的鹌鹑。同一个纲但不同目的宿主可发生种间传播,比如野鸭(雁形目)和火鸡(鸡形目),但这种传播不如亲缘关系较近的宿主之间的传播频繁[283],但是,不同纲的宿主之间发生种间传播的频率非常低,甚至不及从鸡传播给人的频率[283]。但也有例外,当猪和火鸡饲养地很近,H1N1和H3N2亚型的猪流感病毒从猪传播给火鸡的频率就很高[181,280,283,312]。很明显,许多因素诸如宿主分布的地理限制、不同物种之间的接触、禽的年龄和密度、气候和温度都会影响禽流感病毒在宿主种内和种间的传播,并且影响总的发病率[283]。

商品禽中引入禽流感病毒感染,即原发感染的来源主要有:①其他家禽;②迁徙水禽和其他野鸟;③猪;④宠物鸟[5,7]。这些动物对家禽的相对危险程度与两者之间直接或间接接触的可能性呈正相关。首先,LPM对集约化饲养的商品禽发生LPAI或HPAI构成严重的威胁。理论上讲,与某些AI暴发一样,流感病毒可以通过空气传播[69]。但在1983—1984年美国暴发H5N2亚型HPAI时,从感染禽场下风向45m处采集的大量空气样品进行检测都没有发现病毒[41],这说明空气传播与通过设备、衣服或鞋上的粪便等机械传播相比,其传播病毒的能力有限[41]。尤其是感染的死禽从农场通过公共系统的运出作掩埋处理时,没有严格密封和消毒运输车辆,这极其危险[37]。其次,已经证明禽流感病毒,尤其是LPAI病毒可以从野鸟特别是水禽传入[112]。这可能是由于家禽与带有禽流感病毒的鸭粪直接接触或是由于食物或水污染了含病毒的鸭粪而被感染[121]。因为野生水禽是禽流感病毒的潜在传播者，所以家禽和商品禽饲养者有必要将野禽与家禽隔离[80]。第三，火鸡可以感染H1N1、H1N2、H3N2亚型，或其他亚型猪源流感病毒，感染途径可能是机械传播，也可能是通过感染猪源流感病毒的人传播[80]。第四，在笼养鸟中也发现了禽流感病毒，通常是在检疫隔离期间，虽然曾经有过笼养鸟传播NDV的事件[80]，但还没有证实笼养鸟是否可以将禽流感病毒传播给家禽。要减少引入和传播禽流感病毒的危险，饲养者最好在一个饲养场内只饲养一种禽，执行全进全出的生产模式，或者在引入新的禽之前必须进行检疫隔离，并采取严格的生物安全措施。

在暴发期间，AI病毒散播的其他方式有粪便等污物的机械传播、感染禽的移动，以及在一些条件下发生空气传播。在AI病毒原发传给家禽的过程中野鸟可能起着重要的作用，但是在商品禽或LPM禽中一旦发生感染或适应，野鸟所起的作用就很有限或没有作用[117,193]。然而近期发现野鸟已被H5N1 HPAI病毒感染，并在农村的禽群之间的传播起重要作用。

AIV的水平传播虽然很普遍，但很少发生垂直传播[80]。不过，HPAI病毒感染母鸡后可以从产出的鸡蛋的蛋壳上和内容物中检测到病毒[46]。在实验研究中发现，用宾夕法尼亚州分离的H5N2亚型HPAI病毒接种母鸡后第3～4天产出的大部分鸡蛋带有病毒[28]。但是，由于禽流感病毒可以致胚死亡，至今没有证明内部带毒的鸡蛋在孵化过程中是否可以存活。对排泄物的清理和鸡蛋表面的消毒是避免禽流感病毒通过孵化场所及其相关途径传播的必要步骤。大多数LPAI和HPAI分别引起产蛋鸡产蛋下降或者停产，产蛋量也进一步限制了禽流感病毒的垂直传播可能性。

不同的禽流感病毒可以通过气溶胶、鼻腔、窦内、气管内、口腔、结膜、肌内、腹膜内、尾部气囊内、静脉内、泄殖腔和颅骨内接种等途径进行人工感染[80]。

在实验研究中发现，禽流感病毒在鸡体内复制和排毒时间可持续36天[304]，火鸡可达22天[83,124]。然而在养禽生产中，禽流感病毒在禽群中保存的时间更长，受强应激因素刺激后可能再排

毒。例如在1997—1998年宾夕法尼亚州，某农场发生AI后6个月，一产蛋鸡群死亡率正常，但从死鸡中分离到一株LP H7N2禽流感病毒，另外还从一强制换羽后8周的死鸡中分离到病毒[358]。一旦鸡群被感染，就将成为一个潜在的传染源。在野生水禽中，禽流感病毒整年都可在易感禽中传代保存，秋季迁徙前的青年鸟感染率最高[80]，当它们到达越冬地时，迁徙水鸟中AI流行低，但是在到达之后可感染当地的易感水鸟，在当地水鸟中进行循环感染[113,267]。如此，在冬季留鸟促成了病毒的产生以及成为感染源，该感染源在春季迁徙之前再感染迁徙水鸟。

潜伏期

禽流感病毒引起的疾病的潜伏期长短不等：静脉接种时只有几小时，自然感染时为3～14天[80]。研究发现，鸡鼻腔感染H5N1 HPAI Mongolia株24h内即表现临床症状。潜伏期的长短与感染病毒的量、感染途径、被感染禽的品种和检测到临床症状的手段有关[80]。然而，出于国际监管的目的，OIE认为潜伏期为21天[199]，潜伏期的定义为接种到出现临床症状的时间，但该标准可能并不适用于所有AI的病毒，尤其是LPAI病毒。许多LPAI病毒感染并不出现临床疾病。"感染期"定义是从感染或检测到该病毒到不能检出病毒的时间，该定义可能更适用于控制和扑灭AI，尤其是LPAI病毒。

临床症状

AIV的致病型（LP或HP）对疾病的临床表现影响很大。但是临床疾病的症状很不相同，这也与其他一些影响因素，包括宿主种类、年龄、性别、并发感染情况、获得性免疫应答水平和环境等有关[80]。

低致病性禽流感病毒

大部分野鸟感染LPAI病毒一般不出现临床症状，但是在实验研究中发现，LPAI病毒感染绿头鸭可以使其T细胞功能受到抑制，感染鸭出现1周产蛋量下降[163,164]。

在家禽（鸡和火鸡）中，临床症状表现为呼吸

道、消化道、泌尿生殖器官的病变。呼吸道感染最常见的症状有咳嗽、打喷嚏、呼吸啰音和流泪。产蛋鸡和种鸡表现为喜欢抱窝但产蛋量下降。另外，另外还表现扎堆、羽毛蓬乱、精神沉郁、少动、食欲和饮水量下降，以及间歇性腹泻等非特异性症状。有时也有消瘦现象，但不常见，因为 AI 不是慢性病，是一种急性疾病。

在平胸鸟类，LPAI 病毒引起的呼吸道症状与家禽相似，一些病例表现为拉绿色稀粪或"尿"[17,52,131,173,202,205,295]。

高致病性禽流感病毒

HPAI 病毒在野禽和家鸭中几乎不能繁殖或繁殖水平很低，因而几乎不产生临床症状。这是因为对非鸡类适应性较差。但有两个大的例外：①1961 年在南非普通燕鸥中暴发的 H5N3 亚型 HPAI 病毒，在无任何其他临床症状的情况下，感染的鸟突然死亡[35]；②近几年的一些 H5N1 HPAI 病毒，在野鸟和非鸡类禽群中大多数表现神经症状、精神沉郁、厌食和突然死亡[167,320]。偶尔散发，曾经报道有从死亡野鸟中分离到 HPAI 病毒的事例。

鸡、火鸡和鸡形目的相关成员感染后出现的临床症状反映了病毒在其体内的繁殖水平以及多个内脏器官、心血管和神经系统的损伤情况。临床表现与特异性器官和组织的损伤程度有关，但并不是每只禽都会出现所有的临床症状。在大多数情况下，感染鸡和火鸡会在没有任何临床症状的情况下突然死亡。在不是暴发的情况下，存活禽在感染后 3～7 天内有些会出现神经症状，比如头和颈部颤动、站立不稳、角弓反张和歪脖子等症状。禽舍会因为感染禽活动和鸣叫声减少而异常的安静。采食和饮水量明显减少。产蛋量陡降，典型的特征为在感染后 6 天内产蛋完全停止。呼吸道症状不如 LPAI 感染明显，但也会出现呼吸啰音、打喷嚏和咳嗽等症状。其他鸡形目的禽具有相似的临床症状，但存活时间较长，也有神经紊乱症状如局部麻痹、瘫痪、前庭退化（斜颈和眼球震颤）以及行为失常[216]。

鸵鸟（*Struthio camelus*）感染后出现活动和饮食减少、精神抑郁、羽毛蓬乱、打喷嚏、出血性腹泻和张口呼吸等症状[47,52,63,64,173]。另外，有些会出现共济失调、斜颈、翅膀瘫痪和头颈部颤动等症状。

发病率和死亡率

鸡、火鸡和鸡形目相关成员的发病率和死亡率随临床症状、病毒的致病力、宿主年龄、环境和并发感染等因素的变化而变化[80]。对于 LPAI 病毒，高发病率和低死亡率是其典型的特征。死亡率不到 5%，除非伴随有其他感染或感染的是幼禽。比如，在 1999 年意大利暴发的 H7N1 亚型 LPAI 中，4 周龄内的火鸡在有其他病原的并发感染时死亡率达到了 97%[48]。

HPAI 病毒感染的发病率和死亡率都很高（50%～89%），有些鸡群中可达 100%。病毒在地面饲养的鸡群中传播得较快，在出现临床症状后 3～5 天死亡率达到最大（70%～100%）。但是在笼养鸡舍传播比较慢，10～15 天死亡率达到高峰。实验研究表明，H5N1 HPAI 病毒对鸡和火鸡平均死亡的时间（鼻内接种）比其他鸡形目禽类短很多[219]。家鸭感染 H5N1 HPAI 病毒的死亡率与毒株和鸭的年龄有关。1997—2001 年的 H5N1 HPAI 病毒通过鼻内接种不能引起发病和死亡，但 2001—2006 年的一些病毒能引起 2～3 周龄鸭不同程度的死亡[60,167,274,320]。特别是 2002 年香港分离株，通过鼻内接种可引起死亡，但感染 5～6 周龄鸭没有观察到死亡[299]。不同年龄的实验结果说明了为什么在自然情况下家鸭和鹅的死亡率都很低[247,335]。

鸵鸟中，LPAI 和 HPAI 病毒感染有中等程度的发病率，死亡率低[47]。小于 3 月龄幼鸟发病率和死亡率很高，死亡率可高达 30%[47]。有报道 1 月龄以内雏鸟感染 LPAI 病毒后死亡率高达 80%[17]。

在野禽中，尤其是水禽中，不管是 HPAI 还是 LPAI 病毒，通常不致病或死亡，偶尔，在 HP AI 暴发的农场会发现死亡的野鸟（麻雀）。1961 年在南非的暴发中，燕鸥的死亡率很高。在亚洲、非洲、欧洲最近发生的 H5N1 HPAI 相关病毒在野鸟中的死亡率不同。在一些疫情中，个别的禽群死亡是散发的，如鸽子（*Columbia livia*）。但是其他一些品种，如天鹅和鹅出现大量的死亡[61,86,247,336]。实验研究证实，在野鸟中发病和死亡不尽相同，尤其是鸭子[38,219]。然而，因为对 H5N1 HPAI 病毒感染野鸟的影响没有进行充分的研究和观察，野鸟种群病毒感染、发病和死亡率至今还不知道。

病理变化

有关禽流感病毒病理学方面的已经有一些综述文献出版[5,7,125,182,219,272,273]。野外暴发和实验室研究的详细情况也有报道[2,22,31,47,48,50,52,66,80,82,132,145,146,152,162-164,180,202,205,213,216-218,220,242,256,257,277,282,289,295,296,301,303-306,308,320]。本节对此作了一下概括。

大体病变

大体病变的部位和程度随宿主种类、感染病毒的致病力以及并发感染情况变化很大。大部分情况下对总体病理变化的描述是源自自然感染或实验室感染的鸡和火鸡的发病情况，到20世纪90年代末期几乎都没有关于其他宿主的病理变化的描述，如鹌鹑、鸭、鹅和平胸鸟类。

低致病性禽流感病毒　鸡的病变主要发生在呼吸道，尤其是鼻窦，典型特征是出现卡他性、纤维蛋白性、浆液纤维素性、黏脓性或纤维素性脓性的炎症。气管黏膜充血水肿，偶尔出血。气管渗出物从浆液性变为干酪样，偶尔发生通气闭塞，导致窒息。纤维素样炎症转化为纤维素性脓性炎症，则可能出现气囊炎，出现纤维素性及脓性的炎症通常是由于伴随有细菌的继发感染。眶下窦肿胀，鼻腔流出黏液性到黏脓性的分泌物。在伴随有继发病原如巴氏杆菌或大肠杆菌感染时，会导致纤维素性及脓性支气管炎。

在体腔（腹腔）和气囊会出现卡他性到纤维蛋白性炎症和卵黄性腹膜炎。卡他性到纤维蛋白性肠炎也可发生在盲肠和/或肠道，尤其是火鸡。产蛋禽的输卵管也有炎性分泌物，蛋壳上的钙沉积减少。这样的蛋形状怪异并且易碎，色素沉着少。卵巢衰退，开始表现为大滤泡出血，进而溶解。输卵管水肿，有卡他性、纤维蛋白性分泌物。少数产蛋鸡和静脉接种感染鸡会出现肾肿胀及内脏尿酸盐沉积（内脏痛风）。

其他病变也有零星报道，如胰腺变硬并有白色斑点和出血，一般发生在火鸡。

家鸭和鹅感染LPAI病毒后会产生呼吸道病变如窦炎、结膜炎和其他呼吸道损伤。和细菌的混合感染比较常见。

美洲鸵（*Rhea Americana*）和鸸鹋（*Dromaius novaehollandiae*）感染LPAI病毒后引起眼分泌物增多、纤维蛋白性窦炎、气管炎和气囊炎、间质性肺炎、内脏器官充血、气管出血，偶尔出现纤维蛋白性肝周炎和心包炎。

高致病性禽流感病毒　感染家禽后会出现内脏器官和皮肤的水肿、出血和坏死性病变（彩图6.2）。如果死亡非常迅速，则可能观察不到病变。感染鸡会出现头、面部和颈上部的肿大，脚部皮下水肿并伴随有出血点或渗出性出血，有可能观察到眼眶水肿。有报道出现充血及坏死、出血以及无羽毛部位皮肤发绀，尤其是鸡冠和肉髯。内脏器官的病变随病毒毒株不同而变化，共有的典型特征是浆膜和黏膜表面出血和内脏器官软组织出现坏死灶。心外膜、胸肌、腺胃和肌胃黏膜的出血尤其明显。H5N1亚型HPAI病毒引起小肠集合淋巴结的出血和坏死与20世纪初期报道的禽瘟中出现的病变一致。另外，这些HPAI病毒株可引起肺脏严重出血和水肿。

对大部分HPAI病毒来说，胰腺、脾脏和心脏坏死比较常见，偶尔也可见肝脏和肾脏坏死。肾损伤可能同时还伴随有尿酸盐沉积。肺脏首先在中部出现间质性肺炎，最后呈弥散状，并伴有水肿。肺充血或出血。法氏囊和胸腺萎缩。

鸵鸟感染HPAI病毒后会出现头颈部的水肿、严重的出血性肠炎、胰腺肿大变硬、轻度到严重的气囊炎、肾和脾肿大。

组织学病变

低致病性禽流感病毒　家禽感染LPAI病毒引起腹中部、纤维蛋白性到支气管周围淋巴细胞肺炎。严重病例出现弥散性肺炎，并有毛细管水肿。

异嗜性或淋巴细胞性气管炎和支气管炎较普遍。静脉（IV）或鼻腔接种鸡及自然感染鸡可出现肾的退行性病变和肾炎。但是这种肾脏的病变具有毒株特异性，与IV接种较一致。火鸡的实验性感染和临床感染病例可以观察到胰腺炎并伴有腺泡坏死，尤其是1999年意大利H7N1亚型禽流感病毒引起的感染。鸡比火鸡较少出现胰腺炎。LPAI感染死亡禽的法氏囊、胸腺、脾脏和鼻腔和气管有淋巴集结出现淋巴细胞缺失、坏死和凋亡。淋巴细胞中几乎不存在病毒抗原，但在坏死的呼吸道上皮细胞、肾小管上皮细胞和胰腺腺泡上皮细胞中普遍可检测到病毒抗原，后者主要见于鼻内接种感染鸡。

美洲鸵（*Rhea americana*）感染LPAI病毒后，

会发生异染性到出现肉芽肿的脓性窦炎、支气管炎和肺炎，并伴有呼吸道上皮细胞的坏死。鸵鸟的病变主要是脾脏和肝脏的坏死、肠炎和窦炎。

高致病性禽流感病毒　有关 HPAI 病毒自然感染和试验感染鸡引起的病理变化均有报道。HPAI 病毒引起的组织病变与上面在大体病变中提到的一致。在实验感染的组织病变随病毒毒株、接种剂量、鸡的种类、接种途径、传代情况等的不同而变化。一般来讲，组织病变主要为多器官坏死和炎症。最一致和最严重的病变发生在脑、心脏、肺脏、胰腺，以及初级和次级淋巴器官。普遍表现为淋巴细胞性脑膜脑炎并伴有局灶性神经胶质增多、神经元坏死和噬神经细胞作用，也可能出现出血和水肿。有报道出现心肌细胞的局灶性和弥散性凝固坏死，并伴有淋巴组织细胞性炎症。脑部和心脏的病变处神经元和肌细胞中有大量流感病毒蛋白。其他与流感病毒复制有关的病变包括骨骼肌纤维、肾小管、血管内皮细胞、肾上腺的促肾上腺皮质细胞和胰腺腺泡细胞的坏死。如果感染禽能存活 3～5 天，其坏死灶的数量将减少，但淋巴组织细胞的炎症程度将增加。法氏囊、胸腺和脾脏的淋巴组织中发生坏死、凋亡和缺失的现象较普遍，但淋巴细胞中几乎不存在禽流感病毒抗原。呼吸道的病变程度变化很大。无羽毛部位的皮肤在其真皮和皮下毛细血管以及小血管内形成许多微血栓，这常常伴随有脉管炎、血管周围的水肿、皮下水肿和毛细血管内皮坏死等现象。表皮形成不同程度的水疱，并发展成深层皮肤的坏死。

除了鸡和火鸡外，其他鸡形目的病变和上面提到的基本相似，一般情况下其存活时间要比鸡和火鸡长，组织中坏死和炎症更明显。

感染 HPAI 病毒的鸵鸟出现脾脏、肾脏和肝脏的凝固性坏死。脑和脾脏的微动脉普遍出现纤维蛋白样的坏死。胰腺腺泡细胞坏死并有中度的单核细胞炎症和纤维化。脑部出现软化和噬神经细胞作用，肠道则表现为坏死和出血性病变。

感染过程中的致病机理

第一，家禽吸入或摄食具有感染性的 LPAI 或 HPAI 病毒粒子后感染即开始。由于呼吸道和肠道内皮细胞中含有类似胰酶的酶，可以裂解病毒表面的血凝素蛋白，因而病毒可以在呼吸道和/或肠道

中复制并释放出具有感染性的病毒粒子。鼻腔是禽流感病毒在鸡形目禽体内复制的最主要的起始位点。

第二，对于 HPAI 病毒，在呼吸道上皮启动复制之后，病毒粒子侵入黏膜下层进入毛细血管。病毒在内皮细胞中复制，并通过血管或淋巴系统扩散到内脏器官、脑和皮肤，感染各种细胞并在其中复制。换句话说，病毒有可能在血管内皮细胞中充分复制之前已经造成了全身性感染。病毒出现在血浆、红细胞和白细胞碎片中。巨噬细胞在病毒全身性扩散中起着重要的作用。血凝素分子上存在能被类似胰酶的蛋白酶裂解的位点，而这种蛋白酶在各种细胞内普遍存在，从而有助于病毒在各种细胞内复制。临床症状的出现和死亡的发生是多器官衰竭的结果。AI 病毒通过以下四种方式之一导致病变的发生：①病毒直接在细胞、组织和器官中复制；②通过诸如细胞因子等细胞介质介导的间接效应；③脉管栓塞导致的缺血；④凝血或弥散性血管内凝血导致心血管功能衰退。

第三，LPAI 病毒通常局限在呼吸道和肠道中复制。发病和死亡主要是由于呼吸道的损伤，尤其是并发有细菌感染时。在一些品种中，LPAI 病毒偶尔也可以扩散到全身，复制并导致肾小管、胰腺腺泡上皮和其他具有上皮细胞并且上皮细胞中含有类似胰酶的蛋白酶的器官受损。

禽流感病毒对非鸡形目的其他禽类的感染过程中的致病机理知之甚少。

免疫力

主动免疫

禽流感病毒感染后和疫苗免疫一样都能诱导全身和黏膜体液抗体反应[278]。感染后 5 天可产生全身性的 IgM 抗体，随后产生 IgG 抗体应答。对黏膜免疫应答的特征了解较少[278]。抗体应答的强度与禽的种类有关，鸡＞野鸡＞火鸡＞鹌鹑＞鸭[114,278]。但是，在 1992 年澳大利亚暴发 H7N3 亚型禽流感时[344]，关于发病地点附近的一个农场中鸭的血清学检测情况有一些不同的报道，有的认为只能检测到非常低的抗体应答或根本检测不到 HI 抗体，而有的则认为有 29.5% 的鸭为阳性[140,316]。

针对表面蛋白（HA 和 NA）的抗体具有中和活性和保护性[278]。保护性抗体主要是抗 HA 蛋白

抗体。无论是针对 HA 或 NA，还是同时针对两者的抗体都可以阻止同源的 HA 或 NA 亚型 HPAI 病毒感染时出现临床发病和死亡。黏膜免疫以及对以后病毒感染的保护程度依赖于疫苗 HA 和感染病毒 HA 抗原的相似度（如蛋白序列）[293,297,300]。目前还不知道保护作用能持续多久，但对于产蛋鸡，已经证实免疫一次，就可以持续 30 周保护免疫鸡不发病和死亡[43]。野毒感染后康复的禽可以获得对同一 HA 和 NA 亚型病毒的抵抗力。一些禽类，如水禽、火鸡和一些生活史较长的鸡（如蛋鸡和种鸡）可能需要多次免疫以获得足够的保护力。

针对内部蛋白的免疫应答不能阻止发病和死亡，但可以缩短病毒的繁殖和排毒时间[149]。但是对于这种有限的保护作用机制仍不清楚，可能是诱导了细胞介导的免疫应答。最近的一项研究表明，灭活的 H9N2 亚型禽流感病毒可以短期内保护鸡抵抗 H5N1 亚型 HPAI 病毒的攻击，但免疫之后并没有完全阻止病毒在消化道的复制[240]。细胞介导的免疫应答也是保护性免疫的一个重要方面。

被动免疫

目前还没有关于使用母源抗体来抵抗同源 HA 或 NA 亚型病毒的报道，但是从其他禽病病原得到的证据推测，孵化后两周内母源抗体是有可能能够阻止同源禽流感病毒引起的发病和死亡。

诊　　断

禽流感的确诊可以通过下述方法：①直接从待检样本，如组织、拭子、细胞培养物或鸡胚中检测禽流感病毒的蛋白或基因；②分离和鉴定禽流感病毒。通过检测抗禽流感病毒的抗体可以作出初步诊断。在 HPAI 暴发期间，死亡率、临床症状以及病理变化对疾病的界定和决定哪个农场的家禽需要隔离检疫和扑杀十分重要。

样品的采集和保存

因为大部分 HP 和 LP 禽流感病毒是在呼吸道和肠道中复制，因而可以从活禽或死亡禽的气管或泄殖腔拭子中分离出禽流感病毒。拭子可以放在无菌运送液中，其中加入高浓度抗生素以抑制细菌的

繁殖[302]。呼吸道和肠道的组织、分泌物或排泄物都适合用作病毒分离。组织采集后可以放到无菌的塑料管或塑料袋中。检测内脏器官中的病毒时，采集样本和保存样本时都要非常小心，注意与呼吸道和肠道隔离开，因为从内脏器官分离出病毒可以反映病毒在全身的扩散情况，而且常常与 HPAI 病毒感染有关，因为 HPAI 病毒引起的全身性感染可形成高水平的病毒血症，病毒可以在实质脏器中繁殖。

如果样品采集后能够在 48h 内检测，可以放在 4℃。但是，如果样品要保存更长时间，最好放置在－70℃。在检测病毒之前，应该将样品磨碎后用运送液配成 5%～10% 的悬液，并通过低速离心除去杂质。

直接检测禽流感病毒蛋白或核酸

常用的诊断筛选方法是从采集的动物样品中检测流感病毒的 RNA 或蛋白。可以购买到检测 A 型禽流感核蛋白特异性抗原的试剂盒，可用于检测禽样本和接种病毒的鸡胚尿囊液的流感抗原[70,148,251,351]。这些抗原捕获酶联免疫试验的敏感性不同，最好的也比病毒分离敏感性低 3～4log[351]。基于单克隆抗体和多克隆抗体的免疫荧光或免疫过氧化物酶法定位可以检测组织中的病毒抗原[250,256,328]。放射性标记的基因探针原位杂交法能够检测感染禽组织中有病毒复制的细胞[327]。反转录多聚酶链式反应（RT－PCR）和实时荧光 RT－PCR（RRT－PCR）技术已经被一些实验室应用于检测禽流感感染[3,262,354]。RRT－PCR 检测只需 3h，其敏感性和特异性与病毒分离相当[97]。该技术加速了流感的诊断和临床监测。在美国，针对 M 蛋白基因的 RRT－PCR 已用于泄殖腔和咽样本筛选，如果检测结果阳性，再用 H5 或 H7 亚型特异性 RRT－PCR 进行检测。

病毒分离

流感病毒的分离与鉴定方法已有文献详细介绍[55,80,302]，可以通过尿囊腔途径接种 9～11 日龄的鸡胚约 0.2mL 样品来分离病毒。尿囊腔接种分离不到病毒时，可以通过卵黄囊途径接种[352]。

接种病毒后的鸡胚，如果在 24h 内死亡，这通常是由于细菌污染或是接种不当造成，这些鸡蛋应该抛弃。有些病毒可以在鸡胚中迅速增殖并在 48h

内致鸡胚死亡。但大部分情况下，鸡胚不会在这段时间死亡。死亡或72h后的鸡胚应该从孵化室取出，冷藏并收集尿囊液。通过测定尿囊液对鸡红细胞的凝集能力来确定病毒的存在，但应排除NDV。

通常情况下，如果样品中存在病毒，那么在首次传代时病毒就会充分繁殖并产生血凝活性，没有重复传代的必要。在实验室，样品的重复传代会增加交叉污染的危险。

病毒的长期储藏应置于−70℃或以下。病毒冻干后也适合长期保存，但这些保存品都需要定期检测其感染性。

病毒鉴定

检测鸡胚尿囊液血凝活性的标准方法是利用鸡红细胞进行常量或微量血凝试验[58,80,302]，并对血凝阳性的尿囊液做进一步的病毒鉴定。

必须确定尿囊液的血凝活性是由流感病毒引起而不是由其他具有血凝活性的病毒引起，如副黏病毒科的新城疫病毒（NDV）。因此，分离物还应该用针对新城疫的血清和其他血清进行HI试验。如果为阴性，然后检测病毒是否有A型特异性抗原出现，以证明A型流感病毒存在。通过双向免疫扩散试验[26,74]、单向溶血试验[74]或商品化的抗原捕获免疫试验来检测A型特异NP（核蛋白）或基质蛋白[24,60]。在ELISA检测中，可应用抗NP或基质蛋白的单克隆抗体来鉴定这些抗原[332]。

下一步工作是确定表面抗原HA和NA的亚型。可利用已知的9种NA亚型的抗血清通过微量NI试验来鉴定NA亚型[204,302,329]。

HA的亚型则可使用已知的16种HA亚型的抗血清进行HI试验来确定[302]。使用抗单一HA（而不是全病毒）的抗血清或抗异源NA的重组病毒的抗血清则更方便些，因为这有助于避免抗NA的抗体引起的空间位阻[137,139]。新出现的HA亚型不能通过与已知的HA亚型的血清反应来鉴定，因此，必须通过上面介绍的型特异性检测方法首先确定这种未知的具有血凝活性的病毒是流感病毒。

病毒的最后鉴定大多是由州、联邦或OIE的流感参考实验室完成。

血清学

禽流感病毒的特异性抗体可以通过血清学方法来检测，这种抗体一般是在感染后7天产生。几种技术已经用于血清学检测和诊断。在血清学监测中，通常使用双向免疫扩散试验（琼脂糖凝胶免疫扩散试验，AGID）来检测抗NP的抗体，因为这种检测抗特异性抗原的抗体方法适用于所有A型流感病毒。ELISA也可以用来检测抗禽流感病毒的抗体[1,34,92,241,259,357]。目前已有检测鸡和火鸡流感病毒抗体的商品化ELISA试剂盒。通过免疫扩散试验或ELISA检测为流感病毒后，可以进行HI试验确定HA亚型。

在血清学试验中，要注意不同禽品种的免疫应答的变化很大。比如，在火鸡和野鸡体内针对NP的抗体水平很高，但在已感染流感病毒的鸭体内几乎检测不到[253]。另外，鸭和其他禽类一样，都可诱导产生抗体，只是用常规的全病毒HI试验检测不到[141,171]。

许多动物的血清中都含有非特异性抑制因子可以影响HI试验和其他试验的特异性。由于某些病毒对这些抑制因子特别敏感，在血清学试验和病毒鉴定中引起一系列的实际问题。因此，血清应该进行处理以降低或破坏这些抑制因子的活性，应该承认有时处理可能会降低特异性抗体的水平。两种常用来处理这些抑制因子的试剂是受体破坏酶（RDE）和高碘酸钾[58,74]。除了这些血凝活性的非特异性抑制因子外，来源于其他禽类如火鸡和鹅的血清也可能引起HI试验中鸡红细胞凝集。这将会掩盖低水平的HI活性。用鸡红细胞预处理血清可以消除这种凝集活性[192]。有时在HI试验中使用与被检血清来源相同品种动物的红细胞也可以避免这种问题的出现。

鉴别诊断

由于不同品种的禽感染禽流感病毒后出现的临床症状和病理变化差异较大，因此禽流感必须通过病毒学和血清学方法来确诊。对于HPAI病毒，必须排除新城疫、败血性禽霍乱、心衰竭、脱水和一些毒素中毒，对于LPAI病毒，必须调查缓发型新城疫病毒、禽肺病毒、其他副黏病毒、传染性喉气管炎、传染性支气管炎、衣原体、支原体和各种细菌等引起呼吸道疾病和产蛋下降，而且常常并发其他病毒或细菌感染[80]。

预防和控制

管理措施

对禽流感的控制有 3 个不同的目标或结果：预防、管理和扑灭[284]。为了达到这些目标，必须将以下 5 个特殊要素结合起来制订相应的策略：①教育；②生物安全；③诊断和监测；④感染禽的清除；⑤降低宿主的易感性。每个控制策略的效果如何，取决于采用了 5 个要素中的几个，以及在实践中贯彻的彻底性。根据国家不同、病毒的亚型、经济状况以及对公共卫生的威胁不同，对 LPAI 和 HPAI 控制的目标和策略也不同。

对于禽流感的控制没有单一的策略。在大多数发达国家，一般采用传统的扑杀措施在 6 个月到一年扑灭 HPAI。但是一些发展中国家缺少赔偿措施、兽医基本设施落后、农村家禽饲养量大，不能立即进行扑杀。在这种情况下，最现实的做法是采取管理措施降低疾病感染率。比较发现，不同的国家，甚至在同一个国家的不同州或者省的 LPAI 控制很不相同[288]。明尼苏达州[106,221]和宾夕法尼亚州[41]的控制措施比较好，成功地扑灭了多起 LPAI。有文献推荐了控制禽流感暴发应该采取的措施，并阐明了相关责任[92]。明尼苏达州控制方案已成为其他州控制方案的范本，主要有 5 个要素，包括教育、预防感染、监测、报告和"责任制"[221]。将 H5 和 H7 LPAI 界定为 LPNAI 扩大了处理这两个亚型禽流感的扑杀政策范围，以防止 HPAI 病毒的出现。历史上曾经在 LPAI H5 和 H7 病毒在易感禽中流行几个月之后出现 HPAI 病毒。

教育

在控制禽流感过程中，一个关键的方面就是教育所有养禽者和养禽企业的人员，明确病毒怎样被引入、怎样扩散以及怎样才能预防。通过控制个人的危险行为控制病毒污染物及气溶胶的流动能极大地减少禽流感病毒在农场内和农场间扩散。

生物安全

生物安全是第一道防线（见第一章）。禽流感病毒最有可能是来源于其他感染禽，因此，预防家禽感染禽流感病毒的基本措施就是将易感禽与已经感染的禽以及它们的分泌物以及排泄物隔离。一旦易感禽与感染禽密切接触或将感染禽的污染物引入易感禽的环境中就会导致病毒的传播。病毒的引入与笼具、设备、鞋和衣服、车辆、授精仪器等有关。带有病毒的排泄物和呼吸道分泌物可能是病毒主要载体，易感鸡可以通过呼吸、摄食或黏膜接触而感染。污染的粪便是病毒群间传播的高风险源。在禽流感传入商品禽群以后，一些因素可促进禽流感传播，如不干净的运输设备、人员、部分禽交易市场、买卖感染禽、一起炼制处理死禽、鸟类的活动以及消毒和灭菌不彻底等[106]。饲养在户外的或者有户外通路的鸡群可接触感染野鸟，主要是感染鸭类和海滨鸟。在一些国家 LPM 和农村的家禽是禽流感病毒的一个重要储存宿主，如果不采取合理的生物安全措施，很可能将病毒引入商业鸡群。猪可能是火鸡 H1 和 H3 流感病毒的感染源，该病毒可机械传播或通过感染猪传染给火鸡[80]。

通过防止污染、控制禽类以及禽类产品、人员、设备的流动，或减少病毒的数量（如消毒和灭菌）等生物安全的措施可限制流感的扩散[106]。直接接触禽或禽粪便的人最有可能引起病毒在禽舍间传播，但在感染的高峰期进行扑杀和消毒时，空气传播也可能成为一些农场的传染源[37,69,233]。与家禽或其粪便直接接触的设备，在没有充分清洗和消毒的情况下，不应该在农场间流动，保持禽舍附近的道路不被粪便污染也是十分重要的。来访人员不应该被允许进入农场，或者强制性消毒其鞋、衣服后严格控制进入。在疾病没有扑灭之前，首先应控制流感病毒在农场与农场间的传播。

当扑杀、出售感染禽或者有接触危险的禽时，必须采取特别的生物安全措施，重新制订车辆的运行路线，避开其他养禽场；扑杀车辆离开农场前必须进行覆盖、清洗、消毒。另外，在恢复生产期，为了防止病毒的复苏，在感染过的地区或农场再次放养，需要采取特殊的生物安全措施。

诊断和监测

禽流感的准确和快速诊断是及早成功控制的必要条件。禽流感控制的速度主要取决于对首发病例的诊断和检测速度、现有的生物安全措施以及贯彻执行控制措施的速度，尤其是是否以根除为目的。被动监测是区分引起呼吸道疾病和产蛋减少的

LPAI 和其他相似症状疾病的关键。同样的，必须鉴别 HPAI 与其他引起高死亡率的疾病。必须通过禽类血清抗体监测，或每天随机检查死亡禽流感病毒感染情况，主动监测病毒存在于一个国家、地区或农场的什么地方。对于防控策略成功与否的评估以及改进策略的前决策，监测是关键。血清学检测已经用于证实一个国家、地区或农场禽流感的有无，并且在禽流感暴发期间决定感染区域的检疫范围。

清除感染禽

禽群感染被证实之后，为防止病毒传播，清除感染禽、蛋以及粪便是十分必要的。对于 HPAI，可以通过扑杀以及无害化方法如堆肥、焚烧、炼油和填埋来处理尸体、蛋和粪便。对于 LPAI，可以在感染禽康复后有计划上市销售来清除感染，禽蛋经过正确处理后也可进入市场销售。大多数流感在感染后的前两周或感染发生后 4 周内向外界散毒，采样并不能检测到病毒。如果在生物安全措施下，血清阳性的禽群和高风险传播没有相关性，但是应避免与康复禽接触，因为在一个群内禽的散毒时间长短还不清楚。流感可能导致严重的经济损失，对于控制措施不当的饲养者应当给予经济处罚，对于控制和净化 HPAI 和 LPAI，联邦政府的赔偿是必要的。

降低宿主的易感性

在病毒流行期间如果禽处于高风险，增强禽对感染的抵抗性对于切断病毒流行可能是必要的。理论上可以遗传选育抗病品种，但是截至目前，只发现和证明了少数鸡对 LPAI 病毒有一定抗性[301]。增强抵抗力的另一种方法是提高对禽流感病毒的血凝素或神经氨酸酶蛋白主动和被动免疫力，这主要通过接种疫苗实现，但输入抗体和免疫细胞具有保护作用。

免疫接种

在实验室，已经研究了各种疫苗生产技术，并在大多数鸡和火鸡试验研究中获得成功，对 LPAI 和 HPAI 病毒感染具有保护作用[284]。已批准的最常用的禽流感疫苗是灭活全病毒疫苗，通常应用 LPAI 临床分离株，最近也有用反向遗传产生的禽

流感疫苗株，经过化学灭活和油乳化制备[285]。这些疫苗已经广泛应用于各种家禽和其他一些禽的免疫，证实其可以有效地阻止发病和死亡。但是，该疫苗的保护效力具有亚型特异性。由于禽对已知的 16 种 HA 亚型都易感，但又无法预测会感染哪一个亚型，因此使用预防性疫苗来防止所有可能的亚型的发生是不现实的。如果预测有可能感染某个血凝素亚型，或者在疾病暴发之后分离鉴定出病毒血凝素亚型，疫苗免疫则有利于疾病的控制[111]。当前没有足够数据表明基于禽流感病毒保守蛋白，如核蛋白、基质蛋白、多聚酶蛋白的疫苗在临床实践中具有保护作用。

在美国已经批准灭活的 H5 和 H7 疫苗以及痘病毒-禽流感血凝素（H5）重组疫苗（rFP - AI - H5），这些疫苗可用于 HPAI 或 LPAI 根除计划中进行紧急接种。另外，还批准其他 LPAI 病毒血凝素亚型（非 H5 和非 H7）灭活疫苗可以在特定条件下限制性使用，特别是对火鸡[111,175]。大量的试验证实[15,20,40,43,44,133,140,270,271,338,350]，禽流感活疫苗能够诱导抗体产生并减少免疫动物的发病和死亡，预防产蛋下降。合理使用疫苗可以增加禽对禽流感病毒感染的抵抗性以及减少禽散毒量，大大降低排毒滴度并阻止接触传播。谨慎的使用疫苗控制 H5 和 H7 LPNA，可能延迟或减少 HPAI 病毒出现的机会。多数是在预计疫情暴发之前通过皮下注射疫苗来预防。鸡也能通过卵内接种灭活油乳化疫苗来预防[269]。rFP - AI - H5 疫苗主要是通过皮下或翅下接种 1 日龄小鸡。rFP - AI - H5 疫苗不能用于已经接种过痘病毒疫苗或感染过禽痘病毒的鸡群，否则鸡群 AI 保护性不均匀[294]。美国多次暴发 LPAI 都是在各州兽医许可的范围使用 USDA 批准的禽流感灭活疫苗。病毒感染以及病毒持续存在但不发病，同时又无法进行血清学监测的情况下，疫苗免疫受限。但是在禽养殖业中 LPAI 病毒的自然流行也影响感染 HPAI 病毒禽的检测。为了解决这一问题，必须设计监测方法以及区分疫苗免疫过的禽（即 DIVA 方案）。一种方法是在日常检测中，应用抗原捕获免疫试验或 RRT - PCR 检测死亡鸡流感病毒感染情况。另一种方法是针对免疫过的禽群和非免疫的哨兵动物应用常规的血清学试验（AGID，ELISA 或 HI）或合适的血清学试验进行抗体的血清学监测。例如用灭活疫苗免疫过的禽，可检测抗 NS1 蛋白抗体[321]。如果应用异源的 NA 疫苗，检

测针对野毒禽流感病毒 NA 的抗体可以作为免疫过疫苗感染的指标[53]。如果应用禽流感血凝素重组疫苗（如 rFP - AI - H5），检测针对禽流感病毒的 NP 或 M 蛋白（AGID 或 ELISA）抗体可以作为免疫过疫苗感染的指标。免疫过的禽群在没有充分监测的情况下不能认为没有禽流感病毒的存在。免疫禽群在屠宰之前始终必须监测流感病毒的带毒情况。

另外，也有文献提到了其他决定 H5 和 H7 LPAI 病毒免疫的因素[27,107,108]。以前在 LPAI 暴发时，政府一般没有给予补偿，一些生产部门（如蛋鸡饲养场）在 LPAI 病毒暴发期间所受的损失最为严重。政府也不向养禽者提供疫苗，而是鼓励他们将自己的禽有意地与病毒接触来减少 LPAI 对产蛋量的影响，这种暴露可能有助于疾病的传播。控制性地使用有效的疫苗可以减少易感禽的数量，并且在感染发生时减少排毒量。最近，在明尼苏达州[108,288]、犹他州[98,110]、意大利[89] 和康涅狄格州等地将 H5 或 H7 亚型的病毒灭活疫苗用作控制 LPNAI 的辅助手段。美国，在国家家禽改良计划框架下，控制 H5 和 H7 LPNAI 的一个全国性计划已经批准，该计划提供补偿，监测方案，联邦州政府间的合作以及在适当条件下应用疫苗的能力。

除了使用灭活疫苗和 rFP - AI - H5 疫苗外，其他表达血凝素的载体疫苗（劳斯肉瘤病毒、牛痘、传染性喉气管炎病毒、委内瑞拉马脑炎病毒、牛腺病毒）和 DNA 疫苗都可以提供保护[32,59,71,100,127,154,189,224,285,317]。已经应用了不同的实验途径成功地保护了禽以血凝素为基础的疫苗可以有效抵抗同一 HA 亚型的病毒感染[147,293,297]。最近研究的疫苗技术在大群体免疫中显示良好的应用前景，如新城疫病毒-禽流感 HA 载体疫苗[206,285,310]、AI - NDV 嵌合体疫苗[206] 以及其他的疫苗。最近在中国和墨西哥已批准了 NDV - AI - H5 载体疫苗，这些疫苗对 ND 和禽流感具有双重保护，与痘病毒载体疫苗相似，已有的抗 ND 免疫力可能干扰禽流感的保护作用。

很显然，还存在开发各种有效疫苗的机会。问题的焦点是这些疫苗对不同地域各种养禽群的不同致病性的流感病毒的控制作用。由于野鸟 A 型流感病毒的多样性，这些病毒一旦引入 LPM、农村散养禽群以及商品禽群将会持续引起严重的疾病。因此，只有合理使用疫苗才有可能减少流感的传播和降低家禽对流感病毒的敏感性，这样在疾病扩散和流行之前就可以实施根除措施。

治疗

目前对于商品禽中暴发的流感还没有切实可行的特异性的治疗方法。试验发现金刚烷胺可以有效降低死亡率[29,73,80,159,339]，但是不赞成对食用性动物使用，并且该药的使用会迅速导致出现抗金刚烷胺的病毒。加强管理和使用抗生素疗治可以减少细菌引起的并发感染。应用人用抗流感药物是绝对不允许的。

张 涛 彭金美 译
徐 冰 童光志 校

参考文献

[1] Abraham, A. , V. Sivanandan, D. A. Halvorson, and J. A. Newman. 1986. Standardization of enzyme-linked immunosorbent assay for avian influenza virus antibodies in turkeys. *Am J Vet Res*. 47:561 - 566.

[2] Acland, H. M. , L. A. Silverman Bachin, and R. J. Eckroade. 1984. Lesions in broiler and layer chickens in an outbreak of highly pathogenic avian influenza virus infection. *Vet Patrol*. 21:564 - 569.

[3] Akey, B. L. 2003. Low pathogenicity H7N2 avian influenza outbreak in Virginia during 2002. *Avian Dis*. 47:1099 - 1103.

[4] Alexander, D. J. 1981. Current situation of avian influenza in poultry in Great Britian. In Proceedings of the First International Symposium on Avian Influenza, R. A. Bankowski, (ed.). U. S. Animal Health Association, Richmond, Virginia. 35 - 45.

[5] Alexander, D. J. Avian influenza. 1982. Recent developments. *Vet Bull*. 52:341 - 359.

[6] Alexander, D. J. 1987. Criteria for the definition of pathogenicity of avian influenza viruses. In Proceedings of the Second International Symposium on Avian Influenza, B. C. Easterday, (ed.). U. S. Animal Health Association, Richmond, Virginia. 228 - 245.

[7] Alexander, D. J. 1993. Orthomyxovirus infections: In Virus Infections of Birds, J. B. McFerran and M. S. McNulty, (eds.). Elsevier Science, London. 287 - 316.

[8] Alexander, D. J. 1995. The epidemiology and control of avian influenza and Newcastle disease, *J Comp Pathol*. 112:105 - 126.

[9] Alexander, D. J. 1996. Highly pathogenic avian influenza

(fowl plague). In OIE Manual of Standards for Diagnostic Tests and Vaccines. List A and B diseases of mammals, birds and bees, 3 ed. Office International des Epizooties, Paris. 155 - 160.

[10]Alexander, D. J. 2000. A review of avian influenza in different bird species. *Vet Microbiol*. 74; 3 - 13.

[11]Alexander, D. J. 2000. The history of avian influenza in poultry. *World Poultry*. 7 - 8.

[12]Alexander, D. J. , W. H. Allan, D. G. Parsons, and G. Parsons. 1978. The pathogenicity of four avian influenza viruses for fowls, turkeys and ducks. *Res Vet Sci*. 24; 242 - 247.

[13]Alexander, D. J. and R. E. Gough. 1986. Isolations of avian influenza virus from birds in Great Britain. *Vet Rec*. 118; 537 - 538.

[14]Alexander, D. J. , S. A. Lister, M. J. Johnson, C. J. Randall, and P. J. Thomas. 1993. An outbreak of highly pathogenic avian influenza in turkeys in Great Britian in 1991. *Vet Rec*. 132; 535 - 536.

[15] Alexander, D. J. and G. Parsons. 1980. Protection of chickens against challenge with virulent influenza A viruses of Hav5 subtype conferred by prior infection with influenza A viruses of Hswl subtype. *Arch Virol*. 66; 265 - 269.

[16]Alexander, D. J. and D. Spackman. 1981. Characterisation of influenza A viruses isolated from turkeys in England during March-May 1979. *Avian Pathol*. 10; 281 - 293.

[17]Allwright, D. M. , W. P. Burger, A. Geyer, and A. W. Terblanche. 1993. Isolation of an influenza A virus from ostriches(*Struthio camelus*). *Avian Pathol*. 22; 59 - 65.

[18]Anonymous. 1976. The outbreak of fowl plague in Victoria. In Annual Report, Division of Animal Health, Department of Agriculture, Victoria. 4 - 6.

[19]Austin, F. J. and R. G. Webster. 1986. Antigenic mapping of an avian H 1 influenza virus haemagglutinin and interrelationships of H1 viruses from humans, pigs and birds. *J Gen Virol*. 67; 983 - 992.

[20]Bahl, A. K. and B. S. Pomeroy. 1977. Efficacy of avian influenza oil-emulsion vaccine in breeder turkeys. *J Am Vet Med Assoc*. 171; 1105.

[21]Bankowski, R. A. 1981. Introduction and objectives of the symposium. In Proceedings of the First International Symposium on Avian Influenza, R. A. Bankowski, (ed.). U. S. Animal Health Association, Richmond, Virginia. vii-xiv.

[22]Bankowski, R. A. 1981. Proceedings of the First International Symposium on Avian Influenza. U. S. Animal Health Association, Richmond, Virginia. 1 - 215.

[23]Banks, J. , E. Speidel, and D. J. Alexander. 1998. Characterisation of an avian influenza A virus isolated from a human—is an intermediate host necessary for the emergence of pandemic influenza viruses? *Arch Virol* 143; 781 -787.

[24]Barr, D. A. , A. P. Kelly, R. T. Badman, A. R. Campey, M. D. O'Rourke, D. C. Grix, and R. L. Reece. 1986. Avian influenza on a multi-age chicken farm. *Aust Vet J*. 63; 195 - 196.

[25]Bean, W. J. , Y. Kawaoka, J. M. Wood, J. E. Pearson, and R. G. Webster. 1985. Characterization of virulent and avirulent A/Chicken/Pennsylvania/83 influenza viruses; potential role of defective interfering RNAs in nature. *J Virol*. 54; 151 - 160.

[26]Beard, C. W. 1970. Avian influenza antibody detection by immunodiffusion. *Avian Dis*. 14; 337 - 341.

[27]Beard, C. W. 1987. To vaccinate or not to vaccinate. In Proceedings of the Second International Symposium on Avian Influenza, C. W. Beard, (ed.)U. S. Animal Health Association, Richmond, Virginia. 258 - 263.

[28]Beard, C. W. , M. Brugh, and D. C. Johnson. 1984. Laboratory studies with the Pennsylvania avian influenza viruses(H5N2). Proceedings of the 88th Annual Conference of the United States Animal Health Association 88; 462 - 473.

[29]Beard, C. W. , M. Brugh, and R. G. Webster. 1987. Emergence of amantadine-resistant H5N2 avian influenza virus during a simulated layer flock treatment program. *Avian Dis*. 31; 533 - 537.

[30]Beard, C. W. and B. C. Easterday. 1973. A-Turkey-Oregon-71, an avirulent influenza isolate with the hemagglutinin of fowl plague virus. *Avian Dis*. 17; 173 - 181.

[31]Beard, C. W. and D. H. Helfer. 1972. Isolation of two turkey influenza viruses in Oregon. *Avian Dis*. 16; 1133 - 1136.

[32]Beard, C. W. , W. M. Schnitzlein, and D. N. Tripathy. 1991. Protection of chickens against highly pathogenic avian influenza virus(H5N2) by recombinant fowlpox viruses. *Avian Dis*. 35; 356 - 359.

[33]Beare, A. S. and R. G. Webster. 1991. Replication of avian influenza viruses in humans. *Arch Virol*. 119; 37 - 42.

[34]Beck, J. R. and D. E. Swayne. 1998. Evaluation of ELISA for avian influenza serologic and diagnostic programs; Comparison with agar gel precipitin and hemagglutination inhibition tests. In Proceedings of the Fourth International Symposium on Avian Influenza, D. E. Swayne

and R. D. Slemons,(eds.). U. S. Animal Health Association,Richmond,Virginia. 297 - 304.

[35]Becker, W. B. 1966. The isolation and classification of Tern virus: influenza A-Tern South Africa—1961. *J Hyg Lond*. 64:309 - 320.

[36]Bosch,F. X. ,M. Orlich,H. D. Klenk,and R. Rott. 1979. The structure of the hemagglutinin,a determinant for the pathogenicity of influenza viruses. *Virology* 95: 197 - 207.

[37]Bowes, V. A. , S. J. Ritchie, S. Byme, K. Sojonky, J. J. Bidulka,and J. H. Robinson. 2004. Virus characterization,clinical presentation,and pathology associated with H7N3 avian influenza in British Columbia broiler breeder chickens in 2004. *Avian Dis*. 48:928 - 934.

[38]Brown, J. D. , D. E. Swayne, R. J. Cooper, R. E. Burns, and D. E. Stallknecht. 2007. Persistence of H5 and H7 avian influenza viruses in water. *Avian Dis*. 51:285 - 289.

[39]Brugh, M. and C. W. Beard. 1986. Influence of dietary calcium stress on lethality of avian influenza viruses for laying chickens. *Avian Dis*. 30:672 - 678.

[40]Brugh,M. ,C. W. Beard,and H. D. Stone. 1979. Immunization of chickens and turkeys against avian influenza with monovalent and polyvalent oil emulsion vaccines. *Am J Vet Res*. 40:165 - 169.

[41]Brugh,M. and D. C. Johnson. 1987. Epidemiology of avian influenza in domestic poultry. In Proceedings of the Second International Symposium on Avian Influenza,US-AHA,Athens,Georgia. 177 - 186.

[42]Brugh,M. and R. D. Slemons. 1994. Influenza. In Handbook of Zoonoses. Section B. Viral,G. W. Beran,(ed.). CRC Press,Boca Raton.

[43]Brugh,M. and H. D. Stone. 1987. Immunization of chickens against influenza with hemagglutinin-specific(H5)oil emulsion vaccine. In Proceedings of the Second International Symposium on Avian Influenza,C. W. Beard and B. C. Easterday,(eds.)U. S. Animal Health Association,Richmond,Virginia. 283 - 292.

[44]Butterfield,W. K. and C. H. Campbell. 1979. Vaccination of chickens with influenza A/Turkey/Oregon/71 virus and immunity challenge exposure to five strains of fowl plague virus. *Vet Microbiol*. 4:101 - 107.

[45]Callan, R. J. , G. Early, H. Kida, and V. S. Hinshaw. 1995. The appearance of H3 influenza viruses in seals, *J Gen Virol*. 76:199 - 203.

[46]Cappucci, D. T. , Jr. , D. C. Johnson, M. Brugh, T. M. Smith,C. F. Jackson, J. E. Pearson, and D. A. Senne. 1985. Isolation of avian influenza virus(subtype H5N2)

from chicken eggs during a natural outbreak. *Avian Dis*. 29:1195 - 1200.

[47]Capua, I. , F. Mutinelli, M. A. Bozza, C. Terregino, and G. Cattoli. 2000. Highly pathogenic avian influenza (H7N1)in ostriches(Struthio camelus). *Avian Pathol*. 29:643 - 646.

[48]Capua, I. , F. Mutinelli, S. Marangon, and D. J. Alexander. 2000. H7N1 avian influenza in Italy(1999 to 2000)in intensively reared chickens and turkeys. *Avian Pathol*. 29:537 - 543.

[49]Capua,I. 2003. The 1999—2000 avian influenza(H7N 1) epidemic in Italy. Vet Res Comm 27:123 - 127.

[50]Capua,I. and S. Marangon. 2000. The avian influenza epidemic in Italy,1999—2000: a review. *Avian Pathol*. 29: 289 - 294.

[51]Capua,I. , S. Marangon, L. Selli, D. J. Alexander, D. E. Swayne, M. D. Pozza, E. Parenti, and F. M. Cancellotti. 1999. Outbreaks of highly pathogenic avian influenza (H5N2)in Italy during October 1997-January 1998. *Avian Pathol*. 28:455 - 460.

[52]Capua,I. and F. Mutinelli. 2001. A color atlas and text on avian influenza. Papi Editore,Bologna. 1 - 287.

[53]Capua,I. ,C. Terregino,G. Cattoli,F. Mutinelli,and J. F. Rodriguez. 2003. Development of a DIVA(Differentiating Infected from Vaccinated Animals)strategy using a vaccine containing a heterologous neuraminidase for the control of avian influenza. *Avian Pathol*. 32:47 - 55.

[54]Cauthen, A. N. , D. E. Swayne, S. Schultz-Cherry, M. L. Perdue,and D. L. Suarez. 2000. Continued circulation in China of highly pathogenic avian influenza viruses encoding the hemagglutinin gene associated with the 1997 H5N1 outbreak in poultry and humans. *J Viroi*. 74: 6592 -6599.

[55]CDC. 1982. Concepts and procedures for laboratory based influenza surveillance. Centers for Disease Control,United States Department of Health and Human Services,Washington DC.

[56]CDC. 2005. Avian influenza infection in humans,http:// www. cdc. gov/flu/avian/gen-info/avian-flu-humans. htm.

[57]CDC. 2005. Outbreaks in North America with transmission to humans. http://www. cdc. gov/flu/avian/outbreaks/us. htm.

[58]CDC. 1982. Concepts and procedures for laboratory based influenza surveillance. Centers for Disease Control,United States Department of Health and Human Services,Washington DC.

[59]Chambers,T M. ,Y. Kawaoka,and R. G. Webster. 1988. Protection of chickens from lethal influenza infection by vaccine-expressed hemagglutinin. *Virology*. 167：414 - 421.

[60]Chen, H. , G. Deng, Z. Li, G. Tian, Y. Li, P. Jiao, L. Zhang,Z. Liu, R. G. Webster,and K. Yu. 2004. The evolution of H5N1 influenza viruses in ducks in southern China. Proceedings of the National Acad of Sci USA 101：10452 - 10457.

[61]Chen,H. ,G. J. D. Smith,S. Y. Zhang,K. Qin,J. Wang, K. S. Li, R. G. Webster, J. S. M. Peiris, and Y. Guan. 2005. H5N1 virus outbreak in migratory waterfowl：a worrying development could help to spread this dangerous virus beyond its stronghold in southeast Asia. *Nature*(London)436：191 - 192.

[62]Choi, Y. K. , T. D. Nguyen, H. Ozaki, R. J. Webby, P. Puthavathana,C. Buranathal, A. Chaisingh, P. Auewarakul,N. T. H. Hanh, S. K. Ma, P. Y. Hui, Y. Guan, J. Peiris,Sr. ,and R. G. Webster. 2005. Studies of H5N1 influenza virus infection of pigs by using viruses isolated in Vietnam and Thailand in 2004. *J Virol*. 79：10821 - 10825.

[63]Clavijo,A. ,J. E. Riva,J. Copps, Y. Robinson, and E. M. Zhou. 1901. Assessment of the pathogenicity of an emuorigin influenza A H5 virus in ostriches(Struthio camelus). *Avian Pathol*. 30：83 - 89.

[64]Clavijo,A. ,J. E. Riva, J. Copps, Y. Robinson, and E. M. Zhou. 2001. Assessment of the pathogenicity of an emuorigin influenza A H5 virus in ostriches(Struthio camelus). *Avian Pathol*. 30：83 - 89.

[65]Committee on Foreign Animal Diseases. 1998. Appendix 3：Cleaning and disinfection. In Foreign Animal Diseases, U. S. Animal Health Association, Richmond, Virginia. 445 - 448.

[66]Cooley, A. J. , H. Van Campen, M. S. Philpott, B. C. Easterday,and V. S. Hinshaw. 1989. Pathological lesions in the lungs of ducks infected with influenza A viruses. *Vet Pathol*. 26：1 - 5.

[67]Cox, N. J. , F. Fuller, N. Kaverin, H. D. Klenk, R. A. Lamb,B. W. Mahy, J. W. McCauley, K. Nakamura, P. Palese,and R. G. Webster. 2000. Orthomyxoviridae. In Virus Taxonomy. Seventh report of the International Committee on Taxonomy of Viruses,M. H. Van Regenmortel,C. M. Fauquet, D. H. L. Bishop, E. B. Carstens, M. K. Estes,S. M. Lemon,J. Maniloff,M. A. Mayo,D. J. McGeoch,C. R. Pringle,and R. B. Wickner,(eds.). Academic Press,San Diego. 585 - 597.

[68]Cross,G. M. 1987. The status of avian influenza in poultry in Australia. In Proceedings of the Second International Symposium on Avian Influenza, B. C. Easterday, (ed.). U. S. Animal Health Association, Richmond, Virginia. 96 - 103.

[69]Davison,S. ,R. J. Eckroade, andA. F. Ziegler. 2003. A review of the 1996—1998 nonpathogenic H7N2 avian influenza outbreak in Pennsylvania. *Avian Dis*. 47：823 - 827.

[70]Davison, S. , A. F. Ziegler, and R. J. Eckroade. 1998. Comparison of an antigen-capture enzyme immunoassay with virus isolation for avian influenza from field samples. *Avian Dis*. 42：791 - 795.

[71]De,B. K. ,M. W. Shaw, P. A. Rota, M. W. Harmon,J. J. Esposito, R. Rott, N. J. Cox, and A. P. Kendal. 1988. Protection against virulent H5 avian influenza virus infection in chickens by an inactivated vaccine produced with recombinant vaccinia virus. *Vaccine* 6：257 - 261.

[72]Delay, P. D. , H. Casey, and H. S. Tubiash. 1967. Comparative study of fowl plague virus and a virus isolated from man. *Public Health Rep*. 82：615 - 620.

[73]Dolin,R. ,R. C. Reichman, H. P. Madore,R. Maynard,P. N. Linton, and J. Webber Jones. 1982. A controlled trial of amantadine and rimantadine in the prophylaxis of influenza A infection. *N Engl J Med*. 307：580 - 584.

[74]Dowdle,W. R. and G. C. Schild. 1975. Laboratory propagation of human influenza viruses, experimental host range and isolation from clinical materials. In The Influenza Viruses and Influenza,E. D. Kilbourne,(ed.). Academic Press,New York. 257 - 261.

[75]Downie,J. C. and W. G. Laver. 1973. Isolation of a type A influenza virus from an Australian pelagic bird. *Virology* 51：259 - 269.

[76]Dunn, P. A. , E. A. Wallner-Pendleton, H. Lu, D. P. Shaw,D. Kradel, D. J. Henzler, P Miller,D. W. Key,M. Ruano,and S. Davison. 2003. Summary of the 2001 - 2002 Pennsylvania H7N2 low pathogenicity avian influenza outbreak in meat type chickens. *Avian Dis*. 47：812 - 816.

[77]Dybing,J. K. ,S. Schultz Cherry, D. E. Swayne,D. L. Suarez,and M. L. Perdue. 2000. Distinct pathogenesis of Hong Kong-origin H5N1 viruses in mice as compared to other highly pathogenic H5 avian influenza viruses,*J Virol*. 74：1443 - 1450.

[78]Easterday,B. C. 1987. Proceedings of the Second International Symposium on Avian Influenza. U. S. Animal Health Association,Richmond,Virginia. 1 - 475.

［79］Easterday, B. C. and C. W. Beard. 1992. Proceedings of the Third International Symposium on Avian Influenza. U. S. Animal Health Association, Richmond, Virginia. 1 - 458.

［80］Easterday, B. C., V. S. Hinshaw, and D. A. Halvorson. 1997. Influenza. In Diseases of Poultry, 10 ed. B. W. Calnek, H. J. Barnes, C. W. Beard, L. R. McDougald, and Y. M. Saif, (eds.). Iowa State University Press, Ames, Iowa. 583 - 605.

［81］Easterday, B. C., D. O. Trainer, B. Tumova, and H. G. Pereira. 1968. Evidence of infection with influenza viruses in migratory waterfowl. *Nature* 219:523 - 524.

［82］Easterday, B. C. and B. Tumova. 1972. Avian influenza. In Diseases of Poultry, 6 ed. M. S. Hofstad, B. W. Calnek, C. F. Helmbolt, W. M. Reid, and H. W. Yoder, Jr., (eds.). Iowa State University Press, Ames. 670 - 700.

［83］Easterday, B. C. and B. Tumova. 1978. Avian influenza. In Diseases of Poultry, 7 ed. M. S. Hofstad, B. W. Calnek, C. F. Helmbolt, W. M. Reid, and H. W. Yoder, Jr., (eds.). Iowa State University Press, Ames, Iowa. 549 - 573.

［84］Eckroade, R. J. and L. A. Silverman-Bachin. 1986. Avian influenza in Pennsylvania. The beginning. In Proceedings of the Second International Symposium on Avian Influenza, B. C. Easterday, (ed.). U. S. Animal Health Association, Richmond, Virginia. 22 - 32.

［85］Elbers, A. R. W., T. H. F. Fabri, T. S. de Vries, J. J. de Wit, A. Pipers, and G. Koch. 2004. The highly pathogenic avian influenza A(H7N7) virus epidemic in The Netherlands in 2003—lessons learned from the first five outbreaks. *Avian Dis.* 48:691 - 705.

［86］Ellis, T. M., B. R. Barry, L. A. Bissett, K. C. Dyrting, G. S. M. Luk, S. T. Tsim, K. Sturm-Ramirez, R. G. Webster, Y. Guan, and J. S. M. Peiris. 2004. Investigation of outbreaks of highly pathogenic H5N1 avian influenza in waterfowl and wild birds in Hong Kong in late 2002. *Avian Pathol.* 33:492 - 505.

［87］Enck, J. 1998. Update on avian influenza situation in Pennsylvania. In Proceedings of the 102nd Annual Meeting of the United States Animal Health Association, U. S. Animal Health Association, Richmond, Virginia. 632 - 633.

［88］Englund, L., B. Klingeborn, and T. Mejerland. 1986. Avian influenza A virus causing an outbreak of contagious interstitial pneumonia in mink. *Acta Vet Scand.* 27:497 - 504.

［89］European Commission. 2000. The definition of avian influenza and the use of vaccination against avian influenza. Sanco/B3/AH/R 17/ 2000:1 - 35.

［90］FAO. H5N1 in cats—8 March 2006. Animal Health Special Report 2006.

［91］FAO. 2006. Summary of confirmed HPAI outbreaks in affected countries. FAO AIDE News—AI Bulletin 41:9 - 10.

［92］Fatunmbi, O. O., J. A. Newman, V. Sivanandan, and D. A. Halvorson. 1989. A broad-spectrum avian influenza subtype antigen for indirect enzyme-linked immunosorbent assay. *Avian Dis.* 33:264 - 269.

［93］Fernandez, P. A., R. J. Rotello, Z. Rangini, A. Doupe, H. C. A. Drexler, and J. Y. Yuan. 1994. Expression of a specific marker of avian programmed cell death in both apoptosis and necrosis. *Proc Natl Acad Sci USA.* 91:8641 -8645.

［94］Fichtner, G. J. 1987. The Pennsylvania/Virginia experience in eradication of avian influenza (H5N2). In Proceedings of the Second International Symposium on Avian Influenza, B. C. Easterday, (ed.). U. S. Animal Health Association, Richmond, Virginia. 33 - 38.

［95］Fifth International Symposium on Avian Influenza. 2003. Recommendations of the Fifth International Symposium on Avian. *Avian Dis.* 47:1260 - 1261.

［96］Fouchier Ron, A. M., V. Munster, A. Wallensten, T. M. Bestebroer, S. Herfst, D. Smith, G. F. Rimmelzwaan, B. Olsen, and D. M. E. Osterhaus Albert. 2005. Characterization of a novel influenza a virus hemagglutinin subtype (H16) obtained from black-headed gulls, *J Virol.* 79:2814 - 2822.

［97］Fouchier, R. A., T. M. Bestebroer, S. Herfst, L. Van Der Kemp, G. F. Rimmelzwaan, and A. D. Osterhaus. 2000. Detection of influenza A viruses from different species by PCR amplification of conserved sequences in the matrix gene. *J Clin Microbiol* 38:4096 - 4101.

［98］Frame, D. D., B. J. McCluskey, R. E. Buckner, and F. D. Halls. 1996. Results of an H7N3 avian influenza vaccination program in commercial meat turkeys. Proceedings of the 45th Western Poultry Disease Conference 32.

［99］Franklin, R. M. and E. Wecker. 1959. Inactivation of some animal viruses by hydroxylamine and the structure of ribonucleic acid. *Nature* 84:343 - 345.

［100］Fynan, E. F., R. G. Webster, D. H. Fuller, J. R. Haynes, J. C. Santoro, and H. L. Robinson. 1993. DNA vaccines: protective immunizations by parenteral, mucosal, and gene-gun inoculations. *Proc Natl Acad Sci USA.* 90:11478 - 11482.

[101]Garcia, M. , J. M. Crawford, J. W. Latimer, M. V. Z. E. Rivera-Cruz, and M. L. Perdue. 1996. Heterogeneity in the hemagglutinin gene and emergence of the highly pathogenic phenotype among recent H5N2 avian influenza viruses from Mexico. *J Gen Virol*. 77:1493-1504.

[102]Geraci, J. R. , D. J. St. Aubin, I. K. Barker, R. G. Webster, V. S. Hinshaw, W. J. Bean, H. L. Ruhnke, J. H. Prescott, G. Early, A. S. Baker, S. Madoff, and R. T. Schooley. 1982. Mass mortality of harbor seals: pneumonia associated with influenza A virus. *Science* 215: 1129-1131.

[103]Gordy, J. F. Broilers. 1974. In American Poultry History:1823—1973, 1 ed. O. A. Hanke, J. L. Skinner, and J. H. Florea, eds. American Poultry Historical Society, Madison, Wisconsin. 370-432.

[104]Graves, I. L. 1992. Influenza viruses in birds of the Atlantic flyway. *Avian Dis*. 36:1-10.

[105]Guo, Y. J. , J. Li, X. Cheng, M. Wang, and Y. Zhou. 1999. Discovery of man infected by avian influenza virus. *Chinese Journal of Experimental and Clinical Virology* 13:105-108.

[106]Halvorson, D. A. 1987. A Minnesota cooperative control program. In Proceedings of the Second International Symposium on Avian Influenza, B. C. Easterday, ed. U. S. Animal Health Association, Richmond, Virginia. 327-336.

[107]Halvorson, D. A. 1998. Strengths and weaknesses of vaccines as a control tool. In Proceedings of the Fourth International Symposium in Avian Influenza, D. E. Swayne and R. D. Slemons, eds. U. S. Animal Health Association, Richmond, Virginia. 223-227.

[108]Halvorson, D. A. 2002. The control of H5 or H7 mildly pathogenic avian influenza: a role for inactivated vaccine. *Avian Pathol*. 31:5-12.

[109]Halvorson, D. A. 2002. Twenty-five years of avian influenza in Minnesota. In Proceedings of the 53rd North Central Avian Disease Conference, NCADC, Minneapolis. 65-69.

[110]Halvorson, D. A. , D. D. Frame, K. A. J. Friendshuh, and D. P. Shaw. 1998. Outbreaks of low pathogenicity avian influenza in U. S. A. In Proceedings of the Fourth International Symposium on Avian Influenza, D. E. Swayne and R. D. Slemons, eds. U. S. Animal Health Association, Richmond, Virginia. 36-46.

[111]Halvorson, D. A. , D. Karunakaran, A. S. Abraham, J. A. Newman, V. Sivanandan, and P. E. Poss. 1987. Efficacy of vaccine in the control of avian influenza. In Proceedings of the Second International Symposium on Avian Influenza, C. W. Beard and B. C. Easterday, eds. U. S. Animal Health Association, Richmond, Virginia. 264-270.

[112]Halvorson, D. A. , C. J. Kelleher, and D. A. Senne. 1985. Epizootiology of avian influenza: Effect of season on incidence in sentinel ducks and domestic turkeys in Minnesota. *Applied Environ Microbiol*. 49:914-919.

[113]Hanson, B. A. , D. E. Stallknecht, D. E. Swayne, L. A. Lewis, and D. A. Senne. 2003. Avian influenza viruses in Minnesota ducks during 1998—2000. *Avian Dis*. 47:867-871.

[114]Higgins, D. A. 1996. Comparative immunology of avian species. In Poultry Immunology, T. F. Davison, T. R. Morris, and L. N. Payne, eds. Carfax Publishing Co, Abingdon. 149-205.

[115]Hinshaw, V. S. , D. J. Alexander, M. Aymand, P. A. Bachmann, B. C. Easterday, C. Hannoun, H. Kida, M. Lipkind, J. S. MacKenzie, K. Nerome, G. C. Schild, C. Scholtissek, D. A. Senne, K. F. Shortridge, J. J. Skehel, and R. G. Webster. 1984. Antigenic comparisons of swine-influenza-like H1N1 isolates from pigs, birds and humans: an international collaborative study. *Bull WHO* 62:871-878.

[116]Hinshaw, V. S. , W. J. Bean, J. Geraci, P. Fiorelli, G. Early, and R. G. Webster. 1986. Characterization of two influenza A viruses from a pilot whale. *J Virol*. 58: 655-656.

[117]Hinshaw, V. S. , V. F. Nettles, L. F. Schorr, J. M. Wood, and R. G. Webster. 1986. Influenza virus surveillance in waterfowl in Pennsylvania after the H5N2 avian outbreak. *Avian Dis*. 30:207-212.

[118]Hinshaw, V. S. , C. W. Olsen, N. Dybdahlsissoko, and D. Evans. 1994. Apoptosis: A mechanism of cell killing by influenza A and B viruses, *J Virol*. 68:3667-3673.

[119]Hinshaw, V. S. and R. G. Webster. 1982. The natural history of influenza A viruses. In Basic and Applied Influenza Research, A. S. Beare, ed. CRC Press, Boca Raton, FL. 79-104.

[120]Hinshaw, V. S. , R. G. Webster, B. C. Easterday, and W. J. J. Bean. 1981. Replication of avian influenza A viruses in mammals. *Infect Immun*. 34:354-361.

[121]Hinshaw, V. S. , R. G. Webster, and B. Turner. 1979. Water-bone transmission of influenza A viruses? *Intervirology* 11:66-68.

[122]Hinshaw, V. S. , J. M. Wood, R. G. Webster, R. Deibel,

and B. Turner. 1985. Circulation of influenza viruses and paramyxoviruses in waterfowl originating from two different areas of North America. *Bull WHO* 63: 711 - 719.

[123]Hirst, M. , C. R. Astell, M. Griffith, S. M. Coughlin, M. Moksa, T. Zeng, D. E. Smailus, R. A. Holt, S. Jones, M. A. Marra, M. Petric, M. Krajden, D. Lawrence, A. Mak, R. Chow, D. M. Skowronski, Tweed S Aleina, S. Goh, R. C. Brunham, J. Robinson, V. Bowes, K. Sojonky, S. K. Byrne, Y. Li, D. Kobasa, T. Booth, and M. Paetzel. 2004. Novel avian influenza H7N3 strain outbreak, British Columbia. *Emerging infectious diseases*. 10:2192 - 2195.

[124] Homme, P. J. , B. C. Easterday, and D. P. Anderson. 1970. Avian influenza virus infections Ⅱ. Experimental epizootology of influenza A/turkey/Wisconsin/1966 virus in turkeys. *Avian Dis*. 14:240 - 247.

[125]Hooper, P. and P. Selleck. 1998. Pathology of low and high virulent influenza virus infections. In Proceedings of the Fourth International Symposium on Avian Influenza, D. E. Swayne and R. D. Slemons, eds. U. S. Animal Health Association, Richmond, Virginia. 134 - 141.

[126] Horimoto, T. , E. Rivera, J. Pearson, D. Senne, S. Krauss, Y. Kawaoka, and R. G. Webster. 1995. Origin and molecular changes associated with emergence of a highly pathogenic H5N2 influenza virus in Mexico. *Virology* 213:223 - 230.

[127] Hunt, L. A. , D. W. Brown, H. L. Robinson, C. W. Naeve, and R. G. Webster. 1988. Retrovirus-expressed hemagglutinin protects against lethal influenza virus infections. *J Virol*. 62:3014 - 3019.

[128]Ito, T. , J. N. S. S. Couceiro, S. Kelm, L. G. Baum, S. Krauss, M. R. Castrucci, I. Donatelli, H. Kida, J. C. Paulson, R. G. Webster, and Y. Kawaoka. 1998. Molecular basis for the generation in pigs of influenza A viruses with pandemic potential. *J Virol*. 72: 7367 - 7373.

[129]Jackwood, M. J. P. and D. E. Swayne. 2007. Pathobiology of Asian H5N1 avian influenza virus infections in ducks. *Avian Dis*. 51:280 - 259.

[130]Johnson, D. C. and B. G. Maxfield. 1976. An occurrence of avian influenza virus infection in laying chickens. *Avian Dis*. 20:422 - 424.

[131]Jorgensen, P. H. , O. L. Nielsen, H. C. Hansen, R. J. Manvell, J. Banks, and D. J. Alexander. 1998. Isolation of influenza A virus, subtype H5N2, and avian pa-

ramyxovirus type 1 from a flock of ostriches in Europe. *Avian Pathol*. 27:15 - 20.

[132]Jungherr, E. L. , E. E. Tyzzer, C. A. Brandly, and H. E. Moses. 1946. The comparative pathology of fowl plague and Newcastle disease. *Am J Vet Res*. 7:250 - 288.

[133]Karunakaran, D. , J. A. Newman, D. A. Halvorson, and A. Abraham. 1987. Evaluation of inactivated influenza vaccines in market turkeys. *Avian Dis*. 31:498 - 503.

[134]Kawaoka, Y. , T. M. Chambers, W. L. Sladen, and R. G. Webster. 1988. Is the gene pool of influenza viruses in shorebirds and gulls different from that in wild ducks? *Virology* 163:247 - 250.

[135]Kawaoka, Y. , S. Krauss, and R. G. Webster. 1989. Avian-to-human transmission of the PB1 gene of influenza A viruses in the 1957 and 1968 pandemics. *J Virol*. 63:4603 - 4608.

[136] Kawaoka, Y. and R. G. Webster. 1989. Interplay between carbohydrate in the stalk and the length of the connecting peptide determines the cleavability of influenza virus hemagglutinin. *J Virol*. 63:3296 - 3300.

[137]Kawaoka, Y. , S. Yamnikova, T. M. Chambers, D. K. Lvov, and R. G. Webster. 1990. Molecular characterization of a new hemagglutinin, subtype H 14, of influenza A virus. *Virology* 179:759 - 767.

[138]Keawcharoen, J. , K. Oraveerakul, T. Kuiken, A. M. Fouchier Ron, A. Amonsin, S. Payungporn, S. Noppornpanth, S. Wattanodom, A. Theambooniers, R. Tantilertcharoen, R. Pattanarangsan, N. Arya, P. Ratanakorn, D. M. E. Osterhaus, and Y. Poovorawan. 2004. Avian influenza H5N1 in tigers and leopards. *Emerg Inf Dis*. 10:2189 - 2191.

[139]Kendal, A. P. 1982. New techniques in antigenic analysis with influenza viruses. In Basic and Applied Influenza Research, A. S. Beare, ed. CRC Press, Inc. , Boca Raton, FL. 51 - 78.

[140]Kendal, A. P. , C. R. Madeley, and W. H. Allan. 1971. Antigenic relationships in avian influenza A viruses: identification of two viruses isolated from turkeys in Great Britain during 1969 - 1970. *J Gen Virol*. 13: 95 -100.

[141]Kida, H. , R. Yanagawa, and Y. Matsuoka. 1980. Duck influenza lacking evidence of disease signs and immune response. *Infect Immun*. 30:547 - 553.

[142]Kilbourne, E. D. 1987 Influenza. Plenum, New York. 1 - 359.

[143]King, D. J. 1991. Evaluation of different methods of in-

activation of Newcastle disease virus and avian influenza virus in egg fluids and serum. *Avian Dis.* 35:505-514.

[144]Klenk, H. D. , W. Keil, H. Niemann, R. Geyer, and R. T. Schwarz. 1983. The characterization of influenza A viruses by carbohydrate analysis. *Curr Top Microbiol Immunol.* 104:247-257.

[145]Kobayashi, Y. , T. Horimoto, Y. Kawaoka, D. J. Alexander, and C. Itakura. 1996. Pathological studies of chickens experimentally infected with two highly pathogenic avian influenza viruses. *Avian Pathol.* 25:285-304.

[146]Kobayashi, Y. , T. Horimoto, Y. Kawaoka, D. J. Alexander, and C. Itakura. 1996. Neuropathological studies of chickens infected with highly pathogenic avian influenza viruses. *J Comp Pathol.* 114:131-147.

[147]Kodihalli, S. , D. L. Kobasa, and R. G. Webster. 2000. Strategies for inducing protection against avian influenza A virus subtypes with DNA vaccines. *Vaccine* 18:2592-2599.

[148]Kodihalli, S. , V. Sivanandan, K. V. Nagaraja, S. M. Goyal, and D. A. Halvorson. 1993. Antigen-capture enzyme-immunoassay for detection of avian influenza-virus in turkeys. *Am J Vet Res.* 54:1385-1390.

[149]Kodihalli, S. , V. Sivanandan, K. V. Nagaraja, D. Shaw, and D. A. Halvorson. 1994. A type-specific avian influenza virus subunit vaccine for turkeys: Induction of protective immunity to challenge infection. *Vaccine* 12:1467-1472.

[150]Koopmans, M. , B. Wilbrink, M. Conyn, G. Natrop, H. van der Nat, H. Vennema, A. Meijer, J. van Steenbergen, R. Fouchier, A. Osterhaus, and A. Bosman. 2004. Transmission of H7N7 avian influenza A virus to human beings during a large outbreak in commercial poultry farms in the Netherlands. *Lancet* 363:587-593.

[151]Krauss, S. , D. Walker, S. P. Pryor, L. Niles, L. Chenghong, V. S. Hinshaw, and R. G. Webster. 2004. Influenza A viruses of migrating wild aquatic birds in North America. *Vector Borne Zoonotic Dis* 4:177-189.

[152]Krohn, L. D. 1925. A study on the recent outbreak of a fowl disease in New York City. *J Am Vet Med Assoc.* 20:146-170.

[153]Kuiken, T. , G. Rimmelzwaan, D. van Riel, G. van Amerongen, M. Baars, R. Fouchier, and A. Osterhaus. 2004. Avian H5N1 influenza in cats. *Science* 306:241.

[154]Kuroda, K. , C. Hauser, R. Rott, H. D. Klenk, and W. Doerfler. 1986. Expression of the influenza virus haemagglutinin in insect cells by a baculovirus vector. *EMBO J.* 5:1359-1365.

[155]Kurtz, J. , R. J. Manvell, and J. Banks. 1996. Avian influenza virus isolated from a woman with conjunctivitis [letter]. *Lancet* 348:901-902.

[156]Lamb, R. A. and R. M. Krug. 1996. Orthomyxoviridae: The viruses and their replication. In Fields Virology, B. N. Field, D. M. Knipe, and P. M. Howley, eds. Lippincott-Raven, New York. 1353-1395.

[157]Lamb, R. A. and R. M. Krug. 2001. Orthomyxoviridae: The viruses and their replication. In Fields Virology, 4 ed. D. M. Knipe and P. M. Howley, eds. Lippincott-Raven, New York. Vol. 1, 1487-1531.

[158]Lang, G. , A. Gagnon, and J. R. Geraci. 1981. Isolation of an influenza A virus from seals. *Arch Virol.* 68:189-195.

[159]Lang, G. , O. Narayan, and B. T. Rouse. 1970. Prevention of malignant avian influenza by 1-adamantanamine hydrochloride. *Arch Gesamte Virusforsch.* 32:171-184.

[160]Lang, G. , O. Narayan, B. T. Rouse, A. E. Ferguson, and M. C. Connell. 1968. A new influenza A virus infection in turkeys Ⅱ. A highly pathogenic variant, A/turkey/Ontario/7732/66. *Can Vet J.* 9:151-160.

[161]Lasley, F. A. 1986. Economics of avian influenza: control vs noncontrol. In Proceedings of the Second International Symposium on Avian Influenza, C. W. Beard, ed. U. S. Animal Health Association, Richmond, Virginia. 390-399.

[162]Laudert, E. , D. Halvorson, V. Sivanandan, and D. Shaw. 1993. Comparative evaluation of tissue tropism characteristics in turkeys and mallard ducks after intravenous inoculation of type A influenza viruses. *Avian Dis.* 37:773-780.

[163]Laudert, E. , V. Sivanandan, and D. Halvorson. 1993. Effect of an H5N1 avian influenza virus infection on the immune system of mallard ducks. *Avian Dis.* 37:845-853.

[164]Laudert, E. A. , V. Sivanandan, and D. A. Halvorson. 1993. Effect of intravenous inoculation of avian influenza virus on reproduction and growth in mallard ducks, *J Wildl Dis.* 29:523-526.

[165]Laver, G. 1963. The structure of influenza viruses. Ⅱ. Disruption of the virus particles and separation of neuraminidase activity. *Virology* 20:251-262.

[166]Lee, C. W. , D. A. Senne, and D. L. Suarez. 2004. Effect of vaccine use in the evolution of Mexican lineage

H5N2 avian influenza virus, *J Virol*. 78:8372 - 8381.

[167] Lee, C. W. , D. L. Suarez, TM. Tumpey, H. W. Sung, Y. K. Kwon, Y. J. Lee, J. G. Choi, S. J. Joh, M. C. Kim, E. K. Lee, J. M. Park, X. Lu, J. M. Katz, E. Spackman, D. E. Swayne, and J. H. Kim. 2005. Characterization of highly pathogenic H5N1 avian influenza A viruses isolated from South Korea. *J Virol*. 79:3692 - 3702.

[168] Lee, C. W. , D. E. Swayne, J. A. Linares, D. A. Senne, and D. L. Suarez. 2005. H5N2 avian influenza outbreak in Texas in 2004: the first highly pathogenic strain in the United States in 20 years? *J Virol*. 79: 3692 - 3702.

[169] Lipkind, M. , E. Shihmanter, and D. Shoham. 1982. Further characterization of H7N7 avian influenza virus isolated from migrating starlings wintering in Israel. *Zentralbl. Veterinarmed. B*. 29:566 - 572.

[170] Liu, J. , H. Xiao, F. Lei, Q. Zhu, K. Qin, X. -W. Zhang, X. -L. Zhang, D. Zhao, G. Wang, Y. Feng, J. Ma, W. Liu, J. Wang, and G. F. Gao. 2005. Highly pathogenic H5N1 influenza virus infection in migratory birds. *Science* 309:1206.

[171] Lu, B. L. , R. G. Webster, and V. S. Hinshaw. 1982. Failure to detect hemagglutination-inhibiting antibodies with intact avian influenza virions. *Infect Immun*. 38: 530 - 535.

[172] Lvov, D. K. , V. M. Zdanov, A. A. Sazonov, N. A. Braude, E. A. Vladimirtceva, L. V. Agafonova, E. I. Skljanskaja, N. V. Kaverin, V. I. Reznik, TV. Pysina, A. M. Oserovic, A. A. Berzin, I. A. Mjasnikova, R. Y. Podcernjaeva, S. M. Klimenko, V. P. Andrejev, and M. A. Yakhno. 1978. Comparison of influenza viruses isolated from man and from whales. *Bull World Health Organ*. 56:923 - 930.

[173] Manvell, R. J. , C. English, P. H. Jorgensen, and I. H. Brown. 2003. Pathogenesis of H7 influenza A viruses isolated from ostriches in the homologous host infected experimentally. *Avian Dis*. 47:1150 - 1153.

[174] Manvell, R. J. , P. McKinney, U. Wernery, and K. M. Frost. 2000. Isolation of a highly pathogenic influenza A virus of subtype H7N3 from a peregrine falcon (*Falco peregrinus*). *Avian Pathol*. 29:635 - 637.

[175] McCapes, R. H. and R. A. Bankowski. 1987. Use of avian influenza vaccines in California turkey breeders. In Proceedings of the Second International Symposium on Avian Influenza, U. S. Animal Health Association, Richmond, Virginia. 271 - 278.

[176] McFadyean, J. The ultravisible viruses. *Journal of Comparative Pathology and Therapeutics* 21: 58 - 242.

[177] McNulty, M. S. , G. M. Allan, and B. M. Adair. 1986. Efficacy of avian influenza neuraminidase-specific vaccines in chickens. *Avian Pathol*. 15:107 - 115.

[178] McNulty, M. S. , G. M. Allan, R. M. McCracken, and P. J. McParland. 1985. Isolation of a highly pathogenic influenza virus from turkeys. *Avian Pathol*. 14: 173 - 176.

[179] Meulemans, G. , M. C. Carlier, M. Gonze, and P. Petit. 1987. Comparison of hemagglutination-inhibition, agar gel precipitin, and enzyme-linked immunosorbent assay for measuring antibodies against influenza viruses in chickens. *Avian Dis*. 31:560 - 563.

[180] Mo, I. P. , M. Brugh, O. J. Fletcher, G. N. Rowland, and D. E. Swayne. 1997. Comparative pathology of chickens experimentally inoculated with avian influenza viruses of low and high pathogenicity. *Avian Dis*. 41: 125 - 136.

[181] Mohan, R. , Y. M. Saif, G. A. Erickson, G. A. Gustafson, and B. C. Easterday. 1981. Serologic and epidemiologic evidence of infection in turkeys with an agent related to the swine influenza virus. *Avian Dis*. 25:11 - 16.

[182] Mohler, J. R. 1926. Fowl Pest in the United States. *J Am Vet Med Assoc*. 21:549 - 559.

[183] Morgan, I. R. and A. P. Kelly. 1990. Epidemiology of an avian influenza outbreak in Victoria in 1985. *Aust Vet J*. 67:125 - 128.

[184] Morgan, I. R. and H. A. Westbury. 1981. Virological studies of Adelie Penguins (Pygoscelis adeliae) in Antarctica. *Avian Dis*. 25:1019 - 1026.

[185] Mori, I. and Y. Kimura. 2000. Apoptotic neurodegeneration induced by influenza A virus infection in the mouse brain. *Microb Inf* 2:1329 - 1334.

[186] Mori, I. , T. Komatsu, K. Takeuchi, K. Nakakuki, M. Sudo, and Y. Kimura. 1995. *In vivo* induction of apoptosis by influenza virus, *J Gen Virol*. 76:2869 - 2873.

[187] Mounts, A. W. , H. Kwong, H. S. Izurieta, Y. Ho, T. Au, M. Lee, B. C. Buxton, S. W. Williams, K. H. Mak, J. M. Katz, W. W. Thompson, N. J. Cox, and K. Fukuda. 1999. Case-control study of risk factors for avian influenza A (H5N1) disease, Hong Kong, 1997. *J Infect Dis* 180:505 - 508.

[188] Murphy, B. R. and R. G. Webster. Orthomyxoviruses. 1996. In Fields Virology, 3 ed. B. N. Fields, D. M. Knipe, and P. M. Howley, eds. Lippincott-Raven,

Philadelphia. 1397 - 1445.

[189]Murphy, T. M. 1986. The control and epidemiology of an influenza A outbreak in Ireland. In Acute Virus Infections of Poultry, J. B. McFerran and M. S. McNulty, eds. Martinus Nijhoff, Dordrecht. 23 - 28.

[190]Naeem, K. 1998. The avian influenza H7N3 outbreak in South Central Asia. In Proceedings of the 4th International Symposium on Avian Influenza, 4 ed. D. E. Swayne and R. D. Slemons, eds. American Association of Avian Pathologists, Kennett Square, Pennsylvania. 31 - 35.

[191]Naeve, C. W. , V. S. Hinshaw, and R. G. Webster. 1984. Mutations in the hemagglutinin receptor-binding site can change the biological properties of an influenza virus, *J Virol*. 51:567 - 569.

[192]Nakamura, R. M. and B. C. Easterday. 1967. Serological studies of influenza in animals. *Bull World Health Organ*. 37:559 - 567.

[193]Nettles, V. F. , J. M. Wood, and R. G. Webster. 1985. Wildlife surveillance associated with an outbreak of lethal H5N2 avian influenza in domestic poultry. *Avian Dis*. 29:733 - 741.

[194]Newman, J. , D. Halvorson, and D. Karunakaran. 1981. Complications associated with avian influenza infections. In Proceedings of the First International Symposium on Avian Influenza, U. S. Animal Health Association, Richmond, Virginia. 8 - 12.

[195]OIE. 2004. Highly pathogenic avian influenza in Canada. Followup report no. 7 (final report). OIE Disease Information 17 (30): http://www. oie. int/eng/info/hebdo/AIS_35. HTM♯Sec6.

[196]OIE. 2004. Highly pathogenic avian influenza in South Africa. Follow-up report No. 3. OIE Disease Information 17 (44): http:// www. oie. int/eng/info/hebdo/AIS_21. HTM♯Sec2.

[197]OIE. 2004. Highly pathogenic avian influenza in the United States of America. OIE Disease Information 17 (9): http://www. oie. int/ eng/info/hebdo/ AIS_56. HTM♯Sec4.

[198]OIE. 2005. Avian influenza in Korea. OIE Disease Information 18(14): http://www. oie. int/eng/info/hebdo/AIS_76. HTM♯Sec4.

[199]OIE. 2006. Avian influenza. International Animal Health Code—2006.

[200]OIE. 2006. Highly pathogenic avian influenza in South Africa. OIE Disease Information 19 (27): http:// www. oie. int/eng/info/hebdo/ AIS_11. HTM♯Sec6.

[201]OIE. 2006. Highly pathogenic avian influenza in South Africa. Follow-up report No. 2. OIE Disease Information 19 (31): http:// www. oie. int/eng/info/hebdo/AIS_07. HTM♯Sec4.

[201a]OIE. 2007. Highly pathogenic avian influenza, Canada. Immediate notification(9/28/2007). http://www. oie. int/wahid-prod/public. php? page: single_reports&pop=1 &reportid:6260.

[202]Olivier, A. J. Ecology and epidemiology of avian influenza in ostriches. *Dev Biol* 124:51 - 57.

[203]Palese, P. and A. Garcia-Sastre. 1999. Influenza Viruses (Orthomyxoviruses): Molecular Biology. In Encylopedia of Virology: Volume 2, 2 ed. A. Granoff and R. G. Webster, eds. Academic Press, San Deigo. 830 - 836.

[204]Palmer, D. F. , M. T. Coleman, W. D. Dowdle, and G. O. Schild. 1975 Advanced Laboratory Techniques for Influenza Diagnosis. Immunology Series no. 6. U. S. Department of Health, Education and Welfare, Public Health Service, Centers of Disease Control, Atlanta, Georgia.

[205]Panigrahy, B. , D. A. Senne, and J. E. Pearson. 1995. Presence of avian influenza virus(AIV)subtypes H5N2 and H7N1 in emus (*Dromaius novaehollandiae*) and rheas(*Rhea americana*): Virus isolation and serologic findings. *Avian Dis*. 39:64 - 67.

[206]Park, M. , J. Steel, A. Garcia-Sastre, D. Swayne, and P. Palese. 2006. Engineered viral vaccine constructs with dual specificity:avian influenza and Newcastle disease. Proceedings of the National Academy of Sciences of the United States of America 103:8203 - 8208.

[207]Pasick, J. , K. Handel, J. Robinson, J. Copps, D. Ridd, K. Hills, H. Kehler, C. Cottam-Birt, J. Neufeld, Y. Berhane, and S. Czub. 2005. Intersegmental recombination between the haemagglutinin and matrix genes was responsible for the emergence of a highly pathogenic H7N3 avian influenza virus in British Columbia. *Gen Virol* 86:727 - 731.

[208]Pearson, J. E. , D. A. Senne, and B. Panigrahy. 1998. Avian influenza in the Western Hemisphere including the Pacific Basin 1992—1996. In Proceedings of the Fourth International Symposium on Avian Influenza, D. E. Swayne and R. D. Slemons, eds. U. S. Animal Health Association, Richmond, Virginia. 14 - 17.

[209]Peiris, J. S. , W. C. Yu, C. W. Leung, C. Y. Cheung, W. F. Ng, J. M. Nicholls, T. K. Ng, K. H. Chan, S. T. Lai, W. L. Lim, K. Y. Yuen, and Y. Guan. 2004. Re-emergence of fatal human influenza A subtype H5N1 dis-

ease. *Lancet* 363;617 - 619.

[210]Peiris,M. ,K. Y. Yuen,C. W. Leung,K. H. Chan,P. L. Ip,R. W. Lai, W. K. Orr,and K. F. Shortridge. 1999. Human infection with influenza H9N2 [letter]. *Lancet* 354;916 - 917.

[211] Perdue, M. L. , M. Garcia, D. Senne, and M. Fraire. 1997. Virulenceassociated sequence duplication at the hemagglutinin cleavage site of avian influenza viruses. *Virus Res*. 49;173 - 186.

[212] Perdue, M. L. and D. L. Suarez. 2000. Structural features of the avian influenza virus hemagglutinin that influence virulence. *Vet Microbiol*. 74;77 - 86.

[213]Perdue, M. L. ,D. L. Suarez, and D. E. Swayne. 1999. Avian Influenza in the 1990's. *Poult Avian Biol Reviews* 11;1 - 20.

[214] Perdue, M. L. and D. E. Swayne. 2005. Public health risk from avian influenza viruses. *Avian Dis*. 49;317 - 327.

[215] Pereira, H. G. ,B. Tumova, and V. G. Law. 1965. Avian influenza A viruses. *Bull World Health Organ*. 32;855 - 860.

[216] Perkins, L. E. L. and D. E. Swayne. 2001. Pathobiology of A/chicken/Hong Kong/220/97(H5N1)avian influenza virus in seven gallinaceous species. *Vet Pathol*. 38;149 - 164.

[217]Perkins, L. E. L. and D. E. Swayne. 2002. Pathogenicity of a Hong Kong-origin H5N1 highly pathogenic avian influenza virus for emus, geese, ducks, and pigeons. *Avian Dis*. 46;53 - 63.

[218]Perkins,L. E. L. and D. E. Swayne. 2002. Susceptibility of laughing gulls(Larus atricilla)to H5N1 and H5N3 highly pathogenic avian influenza viruses. *Avian Dis*. 46;877 - 885.

[219]Perkins, L. E. L. and D. E. Swayne. 2003. Comparative susceptibility of selected avian and mammalian species to a Hong Kong-origin H5N1 high-pathogenicity avian influenza virus. *Avian Dis*. 47;956 - 967.

[220]Perkins, L. E. L. and D. E. Swayne. 2003. Varied pathogenicity of a Hong Kong-origin H5N1 avian influenza virus in four passerine species and budgerigars. *Vet Pathol*. 40;14 - 24.

[221]Poss, P. E. , K. A. Friendshuh, and L. T. Ausherman. 1987. The control of avian influenza. In Proceedings of the Second International Symposium on Avian Influenza,U. S. Animal Health Association, Richmond,Virginia. 318 - 326.

[222]Reid, A. H. and J. K. Taubenberger. 1999. The 1918 flu and other influenza pandemics;"over there" and back again. *Lab Invest* 79;95 - 101.

[223]Roberton,S. I,D. J. Bell,G. J. D. Smith,J. M. Nicholls, K. H. Chan, D. T. Nguyen,P. Q. Tran, U. Streicher, L. L. M. Poon, H. Chen, P. Horby, M. Guardo, Y. Guan,and J. S. M. Peiris. 2006. Avian influenza H5N1 in viverrids;implications for wildlife health and conservation. *Proceedings Biological Sciences* 273; 1729 - 1732.

[224]Robinson,H. L. ,L. A. Hunt,and R. G. Webster. 1993. Protection against a lethal influenza virus challenge by immunization with a haemagglutinin-expressing plasmid DNA. *Vaccine* 11;957 - 960.

[225]Rohm, C. , N. Zhou, J. Suss, J. MacKenzie, and R. J. Webster. 1996. Characterization of a novel influenza hemagglutinin,H15;criteria for determination of influenza A subtypes. *Virology* 217;508 - 516.

[226]Rojas, H. , R. Moreira, P. Avalos, I. Capua, and S. Marangon. 2002. Avian influenza in poultry in Chile. *Vet Rec*. 151;188.

[227] Schafer, J. R. , Y. Kawaoka, W. J. Bean, J. Suss, D. Senne,and R. G. Webster. 1993. Origin of the pandemic 1957 H2 influenza-A virus and the persistence of its possible progenitors in the avian reservoir. *Virology* 194;781 - 788.

[228] Schafer, W. 1955. Vergleichende sero-immunologische Untersuchungen uber die Viren der Influenza und Klassichen Geflugelpest. *Z. Naturforsch*. 10B;81 - 91.

[229]Scholtissek,C. , I. Koennecke, and R. Rott. 1978. Host range recombinants of fowl plague(influenza A)virus. *Virology* 91;79 - 85.

[230]Scholtissek,C. and E. Naylor. 1988. Fish farming and influenza pandemics. *Nature* 331;215.

[231] Schultz-Cherry, S. and V. S. Hinshaw. 1996. Influenza virus neuraminidase activates latent transforming growth factor beta. *J Virol*. 70;8624 - 8629.

[232] Schultz-Cherry, S. , R. M. Krug, and V. S. Hinshaw. 1998. Induction of apoptosis by influenza virus. *Sero Virol* 8;491 - 498.

[233]Selleck, P. W. , G. Arzey, P. D. Kirkland, R. L. Reece, A. R. Gould,P. W. Daniels, and H. A. Westbury. 2003. An outbreak of highly pathogenic avian influenza in Australia in 1997 caused by an H7N4 virus. *Avian Dis*. 47;806 - 811.

[234]Selleck,P. W. ,L. J. Gleeson,P. T. Hooper, H. A. Westbury,and E. Hansson. 1997. Identification and characterization of an H7N3 influenza A virus from an out-

break of virulent avian influenza in Victoria. *Aust Vet J*. 75:289 - 292.

[235]Senne, D. A. 2004. Avian influenza. In Proceedings of the 108 Annual Meeting of the U. S. Animal Health Association, USAHA, Richmond, Virginia. 545 - 547.

[236]Senne, D. A. , B. Panigrahy, Y. Kawaoka, J. E. Pearson, J. Suss, M. Lipkind, H. Kida, and R. G. Webster. 1996. Survey of the hemagglutinin (HA) cleavage site sequence of H5 and H7 avian influenza viruses: amino acid sequence at the HA cleavage site as a marker of pathogenicity potential. *Avian Dis*. 40:425 - 437.

[237]Senne, D. A. , B. Panigrahy, and R. L. Morgan. 1994. Effect of composting poultry carcasses on survival of exotic avian viruses: highly pathogenic avian influenza (HPAI) virus and adenovirus of egg drop syndrome-76. *Avian Dis*. 38:733 - 737.

[238]Senne, D. A. , J. E. Pearson, Y. Kawaoka, E. A. Carbrey, and R. G. Webster. 1986. Alternative methods for evaluation of pathogenicity of chicken Pennsylvania H5N2 viruses. In Proceedings of the Second International Symposium on Avian Influenza, B. C. Easterday, ed. U. S. Animal Health Association, Richmond, Virginia. 246 -257.

[239]Senne, D. A. , J. E. Pearson, and B. Panigrahy. 1992. Live poultry markets: A missing link in the epidemiology of avian influenza. In Proceedings of the Third International Symposium on Avian Influenza, B. C. Easterday, ed. University of Wisconsin-Madison, Madison, Wisconsin. 50 - 58.

[240]Seo, S. H. and R. G. Webster. 2001. Cross-reactive, cell-mediated immunity and protection of chickens from lethal H5N1 influenza virus infection in Hong Kong poultry markets. *J Virol*. 75:2516 - 2525.

[241]Shafer, A. L. , J. B. Katz, and K. A. Eernisse. 1998. Development and validation of a competitive enzyme-linked immunosorbent assay for detection of Type A influenza antibodies in avian sera. *Avian Dis* 42:28 - 34.

[242]Shalaby, A. A. , R. D. Slemons, and D. E. Swayne. 1994. Pathological studies of A/chicken/Alabama/7395/75 (H4N8) influenza virus in specific-pathogen-free laying hens. *Avian Dis*. 38:22 - 32.

[243]Shinya, K. , M. Ebina, S. Yamada, M. Ono, N. Kasai, and Y. Kawaoka. 2006. Influenza virus receptors in the human airway. Avian and human flu viruses seem to target different regions of a patient's respiratory tract. *Nature* 440:435 - 436.

[244]Shortridge, K. F. 1981. Avian influenza in Hong Kong. In Proceedings of the First International Symposium on Avian Influenza, R. A. Bankowski, ed. U. S. Animal Health Association, Richmond, Virginia. 29.

[245]Shortridge, K. F. 1999. Poultry and the influenza H5N1 outbreak in Hong Kong, 1997: Abridged chronology and virus isolation. *Vaccine* 17:S26 - S29.

[246]Shortridge, K. F. , N. N. Zhou, Y. Guan, P. Gao, T. Ito, Y. Kawaoka, S. Kodihalli, S. Krauss, D. Markhill, G. Murti, M. Norwood, D. Senne, L. Sims, A. Takada, and R. G. Webster. 1998. Characterization of avian H5N1 influenza viruses from poultry in Hong Kong. *Virology* 252:331 - 342.

[247]Sims, L. D. , J. Domenech, C. Benigno, S. Kahn, A. Kamata, J. Lubroth, V. Martin, and P. Roeder. 2005. Origin and evolution of highly pathogenic H5N1 avian influenza in Asia. *Vet Rec*. 157:159 - 164.

[248]Sims, L. D. , T. M. Ellis, K. K. Liu, K. Dyrting, H. Wong, M. Peiris, Y. Guan, and K. E. Shortridge. 2003. Avian influenza in Hong Kong 1997—2002. *Avian Dis*. 47:832 - 838.

[249]Sims, L. D. , Y. Guan, T. M. Ellis, K. K. Liu, K. Dyrting, H. Wong, N. Y. H. Kung, K. F. Shortridge, and M. Peiris. 2003. An update on avian influenza in Hong Kong 2002. *Avian Dis*. 47:1083 - 1086.

[250]Skeeles, J. K. , R. L. Morressey, A. Nagy, F. Helm, T. O. Bunn, M. J. Langford, R. E. Long, and R. O. Apple. 1984. The use of fluorescent antibody (FA) techniques for rapid diagnosis of avian influenza (H5N2) associated with the Pennsylvania outbreak of 1983 - 1984. In Proceedings of the 35th North Central Avian Disease Conference, 32.

[251]Slemons, R. D. and M. Brugh. 1998. Rapid antigen detection as an aid in early diagnosis and control of avian influenza. In proceedings of the Fourth International Symposium on Avian Influenza, D. E. Swayne and R. D. Slemons, eds. U. S. Animal Health Association, Richmond, Virginia. 313 - 317.

[252]Slemons, R. D. , B. Byrum, and D. E. Swayne. 1998. Bacterial proteases and co-infections as enhancers of virulence. In Proceedings of the Fourth International Symposium on Avian Influenza, D. E. Swayne and R. D. Slemons, eds. U. S. Animal Health Association, Richmond, Virginia. 203 - 208.

[253]Slemons, R. D. and B. C. Easterday. 1972. Host response differences among five avian species to an influenza virus A/turkey/Ontario/7732/66 (Hav5N?). *Bull*

WHO 47:521 - 525.

[254] Slemons, R. D. , D. C. Johnson, J. S. Osborn, and F. Hayes. 1974. Type-A influenza viruses isolated from wild free-flying ducks in California. *Avian Dis.* 18: 119 -124.

[255] Slemons, R. D. , M. C. Shieldcastle, L. D. Heyman, K. E. Bednarik, and D. A. Senne. 1991. Type A influenza viruses in waterfowl in Ohio and implications for domestic turkeys. *Avian Dis.* 35:165 - 173.

[256] Slemons, R. D. and D. E. Swayne. 1990. Replication of a waterfowlorigin influenza virus in the kidney and intestine of chickens. *Avian Dis.* 34:277 - 284.

[257] Slemons, R. D. and D. E. Swayne. 1992. Nephrotropic properties demonstrated by A/chicken/Alabama/75 (H4N8) following intravenous challenge of chickens. *Avian Dis.* 36:926 - 931.

[258] Smithies, L. K. , F. G. Emerson, S. M. Robertson, and D. D. Ruedy. 1969. Two different type A influenza virus infections in turkeys in Wisconsin. Ⅱ. 1968 outbreak. *Avian Dis.* 13:606 - 610.

[259] Snyder, D. B. , W. W. Marquardt, F. S. Yancey, and P. K. Savage. 1985. An enzyme-linked immunosorbent assay for the detection of antibody against avian influenza virus. *Avian Dis.* 29:136 - 144.

[260] Songserm, T. , A. Amonsin, R. Jam-on, N. Sae-Heng, N. Pariyothorn, S. Payungpom, A. Theambooniers, S. Chutinimitkul, R. Thanawongnuwech, and Y. Poovorawan. 2006. Fatal avian influenza A H5NI in a dog. *Emerging Infectious Diseases* 12:1744 - 1747.

[261] Songserm, T. , R. Jam-on, N. Sae-Heng, and N. Meemak. 2006. Survival and stability of HPAI H5N1 in different environments and susceptibility to disinfectants. *Developments in Biologics* (Basel)124:254.

[262] Spackman, E. , D. A. Senne, T. J. Myers, L. L. Bulaga, L. P. Garber, M. L. Perdue, K. Lohman, L. T. Daum, and D. L. Suarez. 2002. Development of a real-time reverse transcriptase PCR assay for type A influenza virus and the avian H5 and H7 hemagglutinin subtypes. *J Clin Microbiol.* 40:3256 - 3260.

[263] Spackman, E. , D. A. Senne, T. J. Myers, L. L. Bulaga, L. P. Garber, M. L. Perdue, K. Lohman, L. T. Daum, and D. L. Suarez. 2002. Development of a real-time reverse transcriptase PCR assay for type A influenza virus and the avian H5 and H7 hemagglutinin subtypes. *J Clin Microbiol.* 40:3256 - 3260.

[264] Spackman, E. , D. E. Stallknecht, R. D. Slemons, K. Winker, D. L. Suarez, M. Scott, and D. E. Swayne.

2005. Phylogenetic analyses of type A influenza genes in natural reservoir species in North America reveals genetic variation. *Virus Res.* 114:89 - 100.

[265] Stallknecht, D. E. 1998. Ecology and epidemiology of avian influenza viruses in wild bird populations: waterfowl, shorebirds, pelicans, cormorants, etc. In Proceedings of the Fourth International Symposium on Avian Influenza, D. E. Swayne and R. D. Slemons, eds. U. S. Animal Health Association, Richmond, Virginia. 61 - 69.

[266] Stallknecht, D. E. and S. M. Shane. 1988. Host range of avian influenza virus in free-living birds. *Vet Res Comm* 12:125 - 141.

[267] Stallknecht, D. E. , S. M. Shane, P. J. Zwank, D. A. Senne, and M. T. Kearney. 1990. Avian influenza viruses from migratory and resident ducks of coastal Louisiana. *Avian Dis.* 34:398 - 405.

[268] Stieneke Grober, A. , M. Vey, H. Angliker, E. Shaw, G. Thomas, C. Roberts, H. D. Klenk, and W. Garten. 1992. Influenza virus hemagglutinin with multibasic cleavage site is activated by furin, a subtilisin-like endoprotease. *EMBO J.* 11:2407 - 2414.

[269] Stone, H. , B. Mitchell, and M. Brugh. 1997. In ovo vaccination of chicken embryos with experimental Newcastle disease and avian influenza oil-emulsion vaccines. *Avian Dis.* 41:856 - 863.

[270] Stone, H. D. 1987. Efficacy of avian influenza oil-emulsion vaccines in chickens of various ages. *Avian Dis.* 31:483 - 490.

[271] Stone, H. D. 1988. Optimization of hydrophile-lipophile balance for improved efficacy of Newcastle disease and avian influenza oilemulsion vaccines. *Avian Dis.* 32: 68 - 73.

[272] Stubbs, E. L. 1926. Fowl pest. *J Am Vet Med Assoc.* 21:561 - 569.

[273] Stubbs, E. L. 1948. Fowl pest. In Diseases of Poultry, 2 ed. H. E. Biester and L. H. Schwarte, eds. Iowa State University Press, Ames, Iowa. 603 - 614.

[274] Sturm-Ramirez, K. M. , D. J. Hulse-Post, E. A. Govorkova, J. Humberd, P. Seiler, P. Puthavathana, C. Buranathai, T. D. Nguyen, A. Chaisingh, H. T. Long, T. S. P. Naipospos, H. Chen, T. M. Ellis, Y. Guan, J. S. M. Peiris, and R. G. Webster. 2005. Are ducks contributing to the endemicity of highly pathogenic H5N1 influenza virus in Asia? *J Virol.* 79:11269 - 11279.

[275] Suarez, D. L. 2000. Evolution of avian influenza viruses. *Vet Microbiol.* 74:15 - 27.

[276]Suarez, D. L. , M. Garcia, J. Latimer, D. Senne, and M. Perdue. 1999. Phylogenetic analysis of H7 avian influenza viruses isolated from the live bird markets of the Northeast United States. *J Virol*. 73:3567 - 3573.

[277]Suarez, D. L. , M. L. Perdue, N. Cox, T. Rowe, C. Bender, J. Huang, and D. E. Swayne. 1998. Comparison of highly virulent H5N1 influenza A viruses isolated from humans and chickens from Hong Kong. *J Virol*. 72: 6678 - 6688.

[278]Suarez, D. L. and C. S. Schultz. 2000. Immunology of avian influenza virus: a review. *Dev Comp Immunol*. 24:269 - 283.

[279]Suarez, D. L. , D. A. Senne, J. Banks, I. H. Brown, S. C. Essen, C. W Lee, R. J. Manvell, C. Mathieu-Benson, V. Moreno, J. C. Pedersen, B. Panigrahy, H. Rojas, E. Spackman, and D. J. Alexander. 2004. Recombination resulting in virulence shift in avian influenza outbreak, Chile. *Emerg Inf Dis* 10:693 - 699.

[280]Suarez, D. L. , E. Spackman, and D. A. Senne. 2003. Update on molecular epidemiology of H1, H5, and H7 influenza virus infections in poultry in North America. *Avian Dis*. 47:888 - 897.

[281]Suarez, D. L. , P. R. Woolcock, A. J. Bermudez, and D. A. Senne. 2002. Isolation from turkey breeder hens of a reassortant H1N2 influenza virus with swine, human, and avian lineage genes. *Avian Dis*. 46:111 - 121.

[282]Swayne, D. E. 1997. Pathobiology of H5N2 Mexican avian influenza virus infections of chickens. *Vet Pathol*. 34:557 - 567.

[283]Swayne, D. E. 2000. Understanding the ecology and epidemiology of avian influenza viruses: implications for zoonotic potential. In Emerging Diseases of Animals, C. C. Brown and C. A. Bolin, eds. ASM Press, Washington, D. C. 101 - 130.

[284]Swayne, D. E. 2004. Application of new vaccine technologies for the control of transboundary diseases. *Develop Biol*. 119:219 - 228.

[285]Swayne, D. E. 2006. Avian influenza vaccine technologies and laboratory methods for assessing protection. In Proceedings for the Requirements for Production and Control of Avian Influenza Vaccines, European Directorate for the Quality of Medicines, Strasbourg, France. 15 - 25.

[286]Swayne, D. E. 2006. Microassay for measuring thermal inactivation of H5N1 high pathogenicity avian influenza virus in naturallyinfected chicken meat. *International Journal of Food Microbiology* 108:268 - 271.

[287]Swayne, D. E. 2007. Proceedings of the Sixth International Symposium on Avian Influenza. *Avian Dis*. 51: 157 - 513.

[288]Swayne, D. E. and B. Akey. 2005. Avian influenza control strategies in the United States of America. In Proceedings of the Wageningen Frontis International Workshop on Avian Influenza Prevention and Control, G. Koch, ed. Kluwer Academic Publishers, Dordrecht. 113 - 130.

[289]Swayne, D. E. and D. J. Alexander. 1994. Confirmation of nephrotropism and nephropathogenicity of 3 low-pathogenic chicken-origin influenza viruses for chickens. *Avian Pathol*. 23:345 - 352.

[290]Swayne, D. E. and J. R. Beck. 2004. Heat inactivation of avian influenza and Newcastle disease viruses in egg products. *Avian Pathol*. 33:512 - 518.

[291]Swayne, D. E. and J. R. Beck. 2005. Experimental study to determine if low pathogenicity and high pathogenicity avian influenza viruses can be present in chicken breast and thigh meat following intranasal virus inoculation. *Avian Dis*. 49:81 - 85.

[292]Swayne, D. E. , J. R. Beck, M. Garcia, M. L. Perdue, and M. Brugh. 1998. Pathogenicity shifts in experimental avian influenza virus infections in chickens. In Proceedings of the Fourth International Symposium on Avian Influenza, D. E. Swayne and R. D. Slemons, eds. U. S. Animal Health Association, Richmond, Virginia. 171 - 181.

[293]Swayne, D. E. , J. R. Beck, M. Garcia, and H. D. Stone. 1999. Influence of virus strain and antigen mass on efficacy of H5 avian influenza inactivated vaccines. *Avian Pathol*. 28:245 - 255.

[294]Swayne, D. E. , J. R. Beck, and N. Kinney. 2000. Failure of a recombinant fowl poxvirus vaccine containing an avian influenza hemagglutinin gene to provide consistent protection against influenza in chickens preimmunized with a fowl pox vaccine. *Avian Dis*. 44:132 - 137.

[295]Swayne, D. E. , J. R. Beck, M. L. Perdue, M. Brugh, and R. D. Slemons. 1996. Assessment of the ability of ratite-origin influenza viruses to infect and produce disease in rheas and chickens. *Avian Dis*. 40:438 - 447.

[296]Swayne, D. E. , M. D. Ficken, and J. S. Guy. 1992. Immunohistochemical demonstration of influenza A nucleoprotein in lungs of turkeys with natural and experimental influenza respiratory disease. *Avian Pathol*. 21:547 - 557.

[297]Swayne, D. E., M. Garcia, J. R. Beck, N. Kinney, and D. L. Suarez. 2000. Protection against diverse highly pathogenic H5 avian influenza viruses in chickens immunized with a recombinant fowlpox vaccine containing an H5 avian influenza hemagglutinin gene insert. *Vaccine* 18:1088 - 1095.

[298]Swayne, D. E. and D. A. Halvorson. 2003. Influenza. In Diseases of Poultry, 11th ed. Y. M. Saif, H. J. Barnes, A. M. Fadly, J. R. Glisson, L. R. McDougald, and D. E. Swayne, eds. Iowa State University Press, Ames, IA. 135 - 160.

[299]Swayne, D. E. and M. Pantin-Jackwood. 2006. Pathogenicity of avian influenza viruses in poultry. *Dev Biol.* (Basel)124:61 - 67.

[300]Swayne, D. E., M. L. Perdue, J. R. Beck, M. Garcia, and D. L. Suarez. 2000. Vaccines protect chickens against H5 highly pathogenic avian influenza in the face of genetic changes in field viruses over multiple years. *Vet Microbiol.* 74:165 - 172.

[301]Swayne, D. E., M. J. Radin, T. M. Hoepf, and R. D. Slemons. 1994. Acute renal failure as the cause of death in chickens following intravenous inoculation with avian influenza virus A/chicken/ Alabama/7395/ 75(H4N8). *Avian Dis.* 38:151 - 157.

[302]Swayne, D. E., D. A. Senne, and C. W. Beard. 1998. Influenza. In Isolation and Identification of Avian Pathogens, 4th ed. D. E. Swayne, J. R. Glisson, M. W. Jackwood, J. E. Pearson, and W. M. Reed, eds. American Association of Avian Pathologists, Kennett Square, Pennsylvania. 150 - 155.

[303]Swayne, D. E. and R. D. Slemons. 1990. Renal pathology in specific-pathogen-free chickens inoculated with a waterfowl-origin type A influenza virus. *Avian Dis.* 34:285 - 294.

[304]Swayne, D. E. and R. D. Slemons. 1992. Evaluation of the kidney as a potential site of avian influenza virus persistence in chickens. *Avian Dis.* 36:937 - 944.

[305]Swayne, D. E. and R. D. Slemons. 1994. Comparative pathology of a chicken-origin and two duck-origin influenza virus isolates in chickens: The effect of route of inoculation. *Vet Pathol.* 31:237 - 245.

[306]Swayne, D. E. and R. D. Slemons. 1995. Comparative pathology of intravenously inoculated wild duck and turkey origin type A influenza virus in chickens. *Avian Dis.* 39:74 - 84.

[307]Swayne, D. E. and R. D. Slemons. 1998. Proceedings of the Fourth International Symposium on Avian Influen-

za. U. S. Animal Health Association, Richmond, Virginia. 1 - 401.

[308]Swayne, D. E. and D. L. Suarez. 2000. Highly pathogenic avian influenza. *Rev Sci Tech Off Int Epiz* 19:463 - 482.

[309]Swayne, D. E. and D. L. Suarez. 2003. Proceedings of the Fifth International Sympsoium on Avian Influenza. *Avian Dis.* 47:783 - 1267.

[310]Swayne, D. E., D. L. Suarez, S. Schultz-Cherry, T. M. Tumpey, D. J. King, T. Nakaya, P. Palese, and A. Garcia-Sastra. 2003. Recombinant paramyxovirus type 1-avian influenza-H7 virus as a vaccine for protection of chickens against influenza and Newcastle disease. *Avian Dis.* 47:1047 - 1050.

[311]Takizawa, T., R. Fukuda, T. Miyawaki, K. Ohashi, and Y. Nakanishi. 1995. Activation of the apoptotic fas antigen-encoding gene upon influenza virus infection involving spontaneously produced betainterferon. *Virology* 209:288 - 296.

[312]Tang, Y., C. W. Lee, Y. Zhang, D. A. Senne, R. Dearth, B. Byrum, D. R. Perez, D. L. Suarez, and Y. M. Saif. 2005. Isolation and characterization of H3N2 influenza A virus from turkeys. *Avian Dis.* 49:207 - 213.

[313]Taubenberger, J. K. 2005. Characterization of the 1918 influenza virus polymerase genes. *Nature* (London) 437:889 - 893.

[314]Taylor, H. R. and A. J. Turner. 1977. A case report of fowl plague keratoconjunctivitis. *Brit J Ophthal* 61: 86 - 88.

[315]Thomas, C. and D. E. Swayne. 2007. Thermal inactivation of H5N1 high pathogenicity avian influenza virus in naturally infected chicken meat. *J Food Protec* 70.

[316]Toth, T. E. and N. L. Norcross. 1981. Precipitating and agglutinating activity in duck anti-soluble protein immune sera. *Avian Dis.* 25:338 - 352.

[317]Tripathy, D. N. and W. M. Schnitzlein. 1991. Expression of avian influenza virus hemagglutinin by recombinant fowlpox virus. *Avian Dis.* 35:186 - 191.

[318]Trock, S. C. 1998. Epidemiology of influenza in live bird markets and ratite farms. In Proceedings of the Fourth International Symposium on Avian Influenza, D. E. Swayne and R. D. Slemons, eds. U. S. Animal Health Association, Richmond, Virginia. 76 - 78.

[319]Tumpey, T. M., D. R. Kapczynski, and D. E. Swayne. 2004. Comparative susceptibility of chickens and turkeys to avian influenza A H7N2 virus infection and protective efficacy of a commercial avian influenza

H7N2 virus vaccine. *Avian Dis*. 48:167 - 176.

[320]Tumpey, T. M. , D. L. Suarez, L. E. L. Perkins, D. A. Senne, J. G. Lee, Y. J. Lee, I. P. Mo, H. W. Sung, and D. E. Swayne. 2002. Characterization of a highly pathogenic H5N1 avian influenza a virus isolated from duck meat. *J Virol*. 76:6344 - 6355.

[321]Tumpey, T. M. , R. Alvarez, D. E. Swayne, and D. L. Suarez. 2005. Diagnostic approach for differentiating infected from vaccinated poultry on the basis of antibodies to NS 1, the nonstructural protein of influenza A virus. *J Clin Microbiol*. 43:676 - 683.

[322]Turner, A. J. 1976. The isolation of fowl plague virus in Victoria. *Aust Vet J*. 52:384.

[323] Tweed, S. Aleina, D. M. Skowroski, S. T. David, A. Larder, M. Petric, W. Lees, Y. Li, J. Katz, M. Krajden, R. Tellier, C. Halpert, M. Hirst, C. Astell, D. Lawrence, and A. Mak. 2004. Human illness from avian influenza H7N3, British Columbia. *Emerg Infect Dis*. 10:2196 - 2199.

[324]U. S. Department of Agriculture. 1999 Agricultural Statistics 1999. USDA, Washington D. C. 1 - 485.

[325]USAHA. 1985. Report of the Committee on Transmissible Diseases of Poultry and Other Species. In Proceedings of the 89th Annual Meeting of the U. S. Animal Health Association, Richmond, Virginia, U. S. Animal Health Association. 296 - 305.

[326]USAHA. 1994. Report of the Committee on Transmissible Diseases of Poultry and Other Avian Species. Criteria for determining that an AI virus isolation causing an outbreak must be considered for eradication. In Proceedings of the 98th Annual Meeting U. S. Animal Health Association, U. S. Animal Health Association, Grand Rapids, Michigan. 522.

[327] Van Campen, H. , B. Easterday, and V. S. Hinshaw. 1989. Pathogenesis of a virulent avian influenza A virus: lymphoid infection and destruction. *J Gen Virol*. 70:467 - 472.

[328]Van Campen, H. , B. C. Easterday, and V. S. Hinshaw. 1989. Virulent avian influenza A viruses: Their effect on avian lymphocytes and macrophages *in vivo* and *in vitro*. *J Gen Virol*. 70:2887 - 2895.

[329]Van Deusen, R. A. , V. S. Hinshaw, D. A. Senne, and D. Pellacani. 1983. Micro neuraminidase-inhibition assay for classification of influenza A virus neuraminidases. *Avian Dis*. 27:745 - 750.

[330] Villareal, C. L. and A. O. Flores. 1998. The Mexican avian influenza(H5N2)outbreak. In Proceedings of the 4th International Symposium on Avian Influenza, 4 ed. D. E. Swayne and R. D. Slemons, eds. U. S. Animal Health Association, Richmond, Virginia. 18 - 22.

[331]Vong, S. , B. M. S. Coghlan, D. Holl, H. Seng, S. Ly, M. J. Miller, P. Buchy, Y. Froehlich, J. B. Dufourcq, T. M. Uyeki, W. Lim, and T. Sok. 2006. Low frequency of poultry-to-human H5N1 virus tranmsission, Southern Cambodia, 2005. *Emerg Infect Dis* 12:1542 - 1547.

[332]Walls, H. H. , M. W. Harmon, J. J. Slagle, C. Stocksdale, and A. P. Kendal. 1986. Characterization and evaluation of monoclonal antibodies developed for typing influenza A and influenza B viruses. *J Clin Microbiol*. 23:240 - 245.

[333]Webster, R. G. , W. J. Bean, O. T. Gorman, T. M. Chambers, and Y. Kawaoka. 1992. Evolution and ecology of influenza A viruses. *Microbiol Rev*. 56:152 - 179.

[334]Webster, R. G. , W. J. Bean, Y. Kawaoka, and D. Senne. 1986. Characterization of H5N2 influenza viruses from birds in live poultry markets in USA. Proceedings of the United States Animal Health Association 90:278 - 286.

[335]Webster, R. G. , J. Geraci, G. Petursson, and K. Skirnisson. 1981. Conjunctivitis in human beings caused by influenza A virus of seals [letter]. *N Engl J Med*. 304:911.

[336]Webster, R. G. , Y. Guan, L. Poon, S. Krauss, R. Webby, E. Govorkova, and M. Peiris. 2005. The spread of the H5N1 bird flu epidemic in Asia in 2004. *Arch Virol*. 117 - 129.

[337] Webster, R. G. , V. S. Hinshaw, W. J. Bean, K. L. van Wyke, J. R. Geraci, D. J. St Aubin, and G. Petursson. 1981. Characterization of an influenza A virus from seals. *Virology* 113:712 - 724.

[338] Webster, R. G. , Y. Kawaoka, and W. J. Bean. 1986. Vaccination as a strategy to reduce the emergence of amantadine and-rimantadineresistant strains of A chick/Pennsylvania/83(H5N2)influenza virus, *J Antimicrob Chemother* 18:157 - 164.

[339]Webster, R. G. , Y. Kawaoka, W. J. Bean, C. W. Beard, and M. Brugh. 1985. Chemotherapy and vaccination: a possible strategy for the control of highly virulent influenza virus. *J Virol*. 55:173 - 176.

[340] Webster, R. G. , Y. Kawaoka, J. Taylor, R. Weinberg, and E. Paoletti. 1991. Efficacy of nucleoprotein and haemagglutinin antigens expressed in fowlpox virus as vaccine for influenza in chickens. *Vaccine* 9:303 - 308.

[341] Webster, R. G. and R. Rott. 1987. Influenza virus A

pathogenicity: the pivotal role of hemagglutinin. *Cell.* 50:665 - 666.

[342]Webster, R. G. , M. Yakhno, V. S. Hinshaw, W. J. Bean, and K. G. Murti. 1978. Intestinal influenza: replication and characterization of influenza viruses in ducks. *Virology.* 84:268 - 278.

[343]Wells, R. J. H. 1963. An outbreak of fowl plague in turkeys. *Vet Rec.* 75:783 - 786.

[344]Westbury, H. A. 1998. History of highly pathogenic avian influenza in Australia. In Proceedings of the Fourth International Symposium on Avian Influenza, D. E. Swayne and R. D. Slemons, eds. U. S. Animal Health Association, Richmond, Virginia. 23 - 30.

[345]WHO. 2005. Avian influenza—situation in Viet Nam—update 5. WHO Disease Outbreak News.

[346] WHO. 2005. Avian influenza: assessing the pandemic threat. http://www, who. int/csr/disease/influenza/WHO_CDS_2005_29/ en/1 - 62.

[347] WHO. 2006. Confirmed human cases of avian influenzaA(H5N1). http://www. who. int/csr/ disease/avian_influenza/country /cases_ table_2007_08_31/en/index. html.

[348]WHO. 2006. Human avian influenza in Azerbaijan, FebruaryMarch 2006. WHO Weekly Epidemiological Record 81:183 - 188.

[349]WHO Expert Committee. 1980. A revision of the system of nomenclature for influenza viruses: A WHO memorandum. *Bull. WHO* 585 - 591.

[350] Wood, J. M. , Y. Kawaoka, L. A. Newberry, E. Bordwell, and R. G. Webster. 1985. Standardization of inactivated H5N2 influenza vaccine and efficacy against lethal A/chicken/Pennsylvania/1370/83 infection. *Avian Dis.* 29:867 - 872.

[351]Woolcock, P. R. and C. J. Cardona. 2005. Commercial immunoassay kits for the detection of influenza virus type A: evaluation of their use with poultry. *Avian Dis.* 49:477 - 481.

[352]Woolcock, P. R. , M. D. McFarland, S. Lai, and R. P. Chin. 2001. Enhanced recovery of avian influenza virus isolates by a combination of chicken embryo inoculation methods. *Avian Dis.* 45:1030 - 1035.

[353]World Bank. 2006. Economic impact of avian flu. World Bank.

[354]Xie, Z. , Y. Pang, X. Deng, X. Tang, and J. Liu. 2005. Development of multiplex RT-PCR for identification of H5 and H7 subtypes of avian influenza virus. *Chinese Journal of Veterinary Science and Technology* 35: 437 - 440.

[355]Xu, X. , K. Subbarao, N. J. Cox, and Y. Guo. 1999. Genetic characterization of the pathogenic influenza A/Goose/Guangdong/1/96(H5N1)virus: similarity of its hemagglutinin gene to those of H5N1 viruses from the 1997 outbreaks in Hong Kong. *Virology* 261:15 - 19.

[356]Yingst, S. L. , M. D. Saad, and S. A. Felt. 2006. Qinghai-like H5N1 from domestic cats, northern Iraq. *Emerging Infectious Diseases* 12:1295 - 1297.

[357]Zhou, E. M. , M. Chan, R. A. Heckert, J. Riva, and M. F. Cantin. 1998. Evaluation of a competitive ELISA for detection of antibodies against avian influenza virus nucleoprotein. *Avian Dis.* 42:517 - 522.

[358]Ziegler, A. F. , S. Davison, H. Acland, and R. J. Eckroade. 1999. Characteristics of H7N2 (nonpathogenic) avian influenza virus infections in commercial layers, in Pennsylvania, 1997 - 1998. *Avian Dis.* 43:142 - 149.

第 7 章

传染性法氏囊病
Infectious Bursal Disease

N.Eterradossi 和 Y.M.Saif

本章改编自第 11 版《禽病学》中 Phil D. Lukert 和 Y. M Saif 博士的原始版本。

引　言

传染性法氏囊病（IBD）是一种危害青年鸡的烈性、高度接触性的病毒病，主要侵害淋巴组织（法氏囊）。本病由 Cosgrove[42] 于 1962 年首次报道，死于该病的鸡有严重的肾损伤，因此当时称之为"禽肾病"。本病首次发生在特拉华的甘保罗地区，因此又称为"甘保罗病"，这一名称现在还广泛使用。本病在经济上的重要性表现在两个方面：一方面，有一些毒株会引起 3 周龄以上的鸡高达 20％的死亡率；另一方面，雏鸡早期感染本病后会引起严重的免疫抑制。本病导致的免疫抑制可引起坏死性皮炎、包涵体肝炎—贫血综合征、大肠杆菌感染和免疫失败。因此，首先要预防雏鸡的早期感染，通常新孵出小鸡的母源抗体就可以起到预防作用。本病不感染人，因此不具有公共卫生方面的意义。

历　史

由于临床病例的肾组织中传染性支气管炎病毒（IBV）的存在，早期有关 IBD（禽肾病）病原鉴定的研究受到了干扰。Winterfield 和 Hitchner[290] 描述了一个临床肾病病例的病毒分离株（Gray），该病例与当时报道的综合征极为相似。由于 Gray 病毒引起的肾脏病变与 Cosgrove[42] 描述的禽肾病的表现相似，使得当时的人们相信 Gray 病毒是引起 IBD 的病因。后来的研究发现，用 Gray 病毒免疫过的鸡仍然可以发生 IBD，并且引起本病特有的法氏囊病变。在对 IBD 的进一步研究过程中，Winterfield 等[291] 利用鸡胚成功地分离到一个病原，该病原在鸡胚上传代比较困难、致死率不规律。该分离株被确定为 IBD 的真正病因，称为"传染性法氏囊因子"；而 Gray 病毒后来被确定为嗜肾型传染性支气管炎病毒。随后，Hitchner[97] 建议将这种引起法氏囊特征性病变的疾病命名为传染性法氏囊病。

Allan 等[6] 于 1972 年报道了 IBDV 早期感染可以引起免疫抑制。IBDV 感染引起免疫抑制的确定，极大地增加了人们对控制本病的兴趣。1980 年，有人报道 IBDV 存在第二个血清型[166]。最早在特拉华州、马里兰州和弗吉尼亚州家禽养殖区发现的血清 1 型 IBDV 变异株[220,225]，增加了控制 IBD 感染的复杂性。这些毒株能突破标准株母源抗体的保护，且其生物学特性与标准株不同[224,225]。这些变异株可能是早已存在于自然界中，而以前不为人们所知，也可能是在免疫压力下病毒发生突变。20 世纪 80 年代后期，在荷兰分离到 IBDV 超强毒株（vvIBDV）[32]。这些毒株很快传播到非洲、亚洲，随后又传播到南美[52]，但澳大利亚、新西兰和美国则没有 vvIBDV 的报道。

病原学

分类

传染性法氏囊病病毒属于双 RNA 病毒科

(*Birnaviridae*)[26,55,177]。该科有 3 个属，分别是：水生双 RNA 病毒属（*Aquabirnavirus*），其代表种是感染鱼类、软体动物和甲壳动物的传染性胰腺坏死病毒；禽双 RNA 病毒属（*Avibirnavirus*），其代表种是感染鸟类的传染性法氏囊病病毒；以及昆虫双 RNA 病毒属，其代表种是感染昆虫的果蝇 X 病毒（*Enteromobirnavirus*）[51]。该科病毒的基因组由两个片段的双股 RNA（dsRNA）组成[157,177,254]，因此被命名为双 RNA 病毒。在确定为双 RNA 病毒科和详细研究其形态学、理化特性之前，IBDV 曾归属于小 RNA 病毒科（*Picornaviridae*）[39,155] 或者呼肠孤病毒科（*Reoviridae*）[83,133,151,205]。

形态学

该病毒具有单层衣壳，无囊膜，呈 20 面体立体对称，其直径 55～65nm[94,191,200]（图 7.1）。完整病毒粒子的氯化铯浮密度为 1.31～1.34g/mL[15,64,115,175,191,205,264]，也报道过非完全病毒粒子低于这个密度值。

病毒的衣壳呈斜形对称，三角形数 T＝13。曾经有人报道这个衣壳为右旋对称的[200]，最近的结构学研究表明 IBDV 是典型的左旋二十面晶体[43,214]。

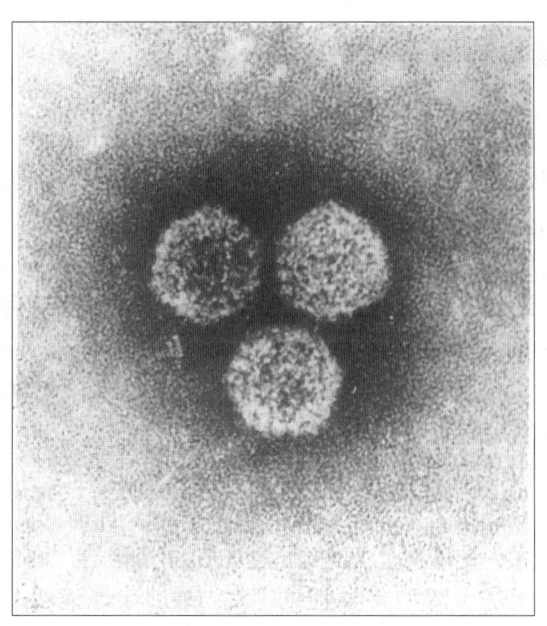

图 7.1　传染性法氏囊病病毒粒子负染的电镜照片。
×2 000 000

化 学 组 成

经聚丙烯酰胺凝胶电泳证明，IBDV 的基因组由 A、B 两个片段的双链 RNA 组成[15,55,116,177]。有报道表明，5 株血清 1 型病毒的 2 个片段有相似的电泳迁移率；血清 2 型病毒的 RNA 片段也有相似的迁移率，但同时电泳时与血清 1 型病毒的迁移率有差异[16,116]。

已确认 IBDV 有 5 种病毒蛋白，分别为 VP1、VP2、VP3、VP4 和 VP5[15,53,55,182,191,264]，其大致分子量分别为 97kD、41kD、32kD、28kD 和 21kD。此外，还发现了诸如 VPX 的另一些蛋白质，现在认为这些蛋白质与病毒蛋白质之间是前体-产物关系[53]。Becht 等[16] 比较了血清 1 型和血清 2 型分离株的病毒蛋白，分子量范围与 Jackwood 等和 Kibenge 等[116,129] 的结论相同。根据病毒的结构蛋白不能区分血清 1 型毒株[270]。VP2 和 VP3 是 IBDV 的主要结构蛋白，在血清 1 型病毒中分别占病毒蛋白的 51% 和 40%[55]，而 VP1 和 VP4 的含量较低，分别占 3% 和 6%。但是 VP4 在提纯的 IBDV 病毒颗粒中的准确量还不清楚，因为后来的研究表明 VP4 主要是非结构蛋白质，因为它在感染的细胞中形成了跟成熟病毒相同密度的 II 型小管结构，在氯化铯密度梯度同病毒粒子一起被提纯出来[80]。除结构蛋白外，成熟的病毒粒子会在表面还有四种小肽，这些小肽是随着 VP2 蛋白成熟的时候形成的[47]。

VP1 是病毒的 RNA 依赖 RNA 聚合酶，与其他的 RNA 聚合酶一样具有该酶的原始组成[77,282]，在病毒衣壳中以两种形式存在：一种与基因组相连，另一种为游离的蛋白[176]。VP2 是一个主要的衣壳蛋白，形成三聚体构成了病毒衣壳的基本单位。最近已鉴定了一个分辨率为 7A 晶体结构。另一个主要的结构蛋白 VP3，同自己以及 VP2、VP1、病毒基因组相互作用，在病毒的致病性和脱衣壳中起着重要的作用。VP3 很有可能没有暴露在病毒的表面，因为衣壳的晶体结构中只有 VP2，VP3 很可能以一种无序排列在病毒粒子的内表面，X 衍射未能显示[43]。VP4 是病毒的蛋白酶[103,187]，具有特殊的 Ser-Lys 催化作用[24,140]。VP4 在病毒组装过程中不断修饰 VP2 蛋白的 C 端末梢几个肽段，在病毒蛋白 VP2 成熟的过程中起着重要的作用[140]。最近已确定了双 RNA 病毒科的黄斑黑鱼病毒的蛋白酶的晶体结构[69]。VP5 的功能现在还不完全清楚，但是它有可能在病毒的释放和扩散中起着重要的调控作用，在感染的早期具有抗细胞凋亡的功能[144,147,184]。pVP2 成熟过程中产生的肽中，有两个在病毒的装配过程中对控制病毒的形态起着重要的作用[33,47]。其中一个在细胞膜上有着去稳作用，并且被证明在病毒从细胞膜之间的传递有这种作用[33,47]。

IBDV 的基因组小片段（B，大约 2.9kbp）编码 VP1 蛋白，而大片段（A，大约 3.3kbp）编码 VP5 蛋白，另一个与其部分重叠的阅读框编码一个110kD 的多聚蛋白，多聚蛋白随后被与其共转译的 VP4 裂解产生 VP2、VP4 和 VP3[9,103,173]。致病血清 1 型和非致病血清 2 型 B 片段高度同源，但是 A 片段编码区同源性较低[186]。在两个片段中，编码区的两侧有 5' 和 3' 端有长度为 79～111 碱基的非编码区[181]。3' 端非编码区的二级结构对于病毒的复制起着重要的作用[19]。

对于 IBDV 分子的抗原性现在有了很深入的研究。采用康复血清 Western blotting 实验证明，VP2 和 VP3 蛋白是病毒的重要抗原[64]。

VP3 蛋白被首先认为是 IBDV 的主要免疫原[65]。虽然有些报道抗 VP3 的单克隆抗体能够中和 IBDV[271,285]，但是后续的实验证明大多数情况下 VP3 不诱导产生中和性和保护性抗体[16,17]，而 VP2 却是 IBDV 必需的重要免疫原[16,66]。到现在为止，已经确定了 VP3 的功能域[122,159,198,300]。这些功能域都包含有两个血清型共同抗原表位（群特异性抗原表位），其中两个功能域还包含有血清特异性的抗原表位[159]。

VP2/pVP2 蛋白也有 2 个抗原性功能域[10]，其中的一个是非构造依赖性的，位于 VP2/VPX 的 C 端，可诱导产生非中和抗体[10,16,67]。某些 VP2 特异性的非中和性表位为群特异性[16]，而另一些则为毒株特异性[279]。VP2 的另一个功能域是构象依赖性，由 VP2 基因中的 AccI-SpeI 片段（中间 1/3）编码的[10]，主要是诱导产生血清型或毒株特异性中和抗体和被动保护抗体的抗原表位[67,250]。这种模式并不是绝对的，Synder 等建立了抗 VP2 的单克隆抗体，该抗体可以中和两种血清型的病毒[248,250]。最多的一组中和抗体能够检测到 VP2 的

6 个中和性抗原表位，这些表位位于至少 3 个重叠的抗原位点[61,89,137,229,272,276]。比较几株 IBDV 的氨基酸序列发现氨基酸变异最大的是在 AccI-SpeI 片段编码区，因此这个区域被认为是"VP2 的变异区"[14]。用不同的单克隆抗体进一步对 IBDV 毒株分析了与抗原性相关的一些氨基酸变化的热点区[61,89,137,229,272,276]。这些区域位于 VP2 序列中的亲水氨基酸区域：212～224 位和 314～324 位分别被认为是"VP2 主要的亲水峰"或"亲水峰 A 和 B"[229]，而 248～252 位和 279～290 位分别被认为是"VP2 次要的亲水峰 1 和 2"[276]。最近的研究表明这些氨基酸位于 VP2 的最外侧部位，暴露在病毒粒子的最外侧表面[43]。

对于病毒病原性的分子基础不太清楚。Mundt 和 Vakharia[185]建立的反向遗传操作系统可以帮助我们更深入地了解病毒生物学活性的分子基础。此研究显示片段 A 是血清 1 型 IBDV 对法氏囊嗜性的分子基础[305]。通过遗传工程构建的包含 vvIBDV 的 VP2 蛋白的经典血清 1 型的 IBDV 嵌合病毒并没有显示毒力增强，因此 VP2 可能并不是毒力的唯一决定基因[20]。一些流行病学和实验的研究表明 vvIBDV 的表型是基因片段的共同作用[22,99,105,141,143]。这些研究提示基因重排可能是 vvIBDV 出现的原因[27,99]。

Kibenge 等在多年前已描述了病毒的化学结构[127]。

病毒复制

Kibenge 等[127]以及 Nagarajan 和 Kibenge[186]对 IBDV 的复制进行了综述。对双 RNA 科病毒复制的生化过程已有所了解，本章将描述几种 IBDV 的实验室宿主。病毒接种鸡胚肾细胞 75min 后，附着在细胞上的病毒量达到最大[151]；病毒在鸡胚细胞内的增殖周期为 10～36h，潜伏期为 4～6h[15,116,151,191]；病毒在 Vero 细胞和 BGM-70 细胞内的增殖周期长一些（48h）[119,128,154]。

病毒的细胞受体还不清楚。Nieper 和 Muller 证明 1 型和 2 型 IBDV 在不同的细胞上有不同的受体，这些受体对于两种血清型来说可能是共同的，也可能是血清型特异性的[192]。Ogawa 等证明 IBDV 的受体是带有 IgM 的未成熟 B 淋巴细胞膜上的 N 端糖基化蛋白[194]。Pep46，源于 VP2 的一个肽

链，能够介导 IBDV 病毒粒子在细胞膜之间的移位[33,47]。

病毒 RNA 的合成过程还不是很清楚。dsRNA 依赖 RNA 聚合酶 VP1 被认为起了重要作用[253,282]。与病毒基因组相连接的蛋白已经被证明了，这表明病毒复制其核酸是通过单链置换完成的[253]。Von Einem 等证明，杆状病毒系统表达的 IBDV 正链 3'端非编码区的 RNA 依赖 RNA 聚合酶可利用正链 RNA 为模板，通过"回转复制"机制启动互补链的合成[282]。RNA 聚合酶在病毒没有预处理的情况下具有活性，说明病毒在进入细胞尚未脱衣壳的过程中发生转录和复制[253]。因此有假设认为，非多腺苷酸化的 mRNA 可能从 IBDV 衣壳 5 重对称轴的孔中突出来[43]。

Becht 曾报道感染了 IBDV 的 CEF 细胞并没有停止其自身的蛋白合成。在体外培养的法氏囊淋巴细胞系中，感染后 90min 和 6h 在细胞和培养基中可检测到病毒的多聚蛋白[175]。Tacken 等证明了 VP1 和真核翻译起始因子 4AⅡ之间的相互作用，表明 VP1 参与了 IBDV RNA 的翻译[258]。多聚蛋白在体内不能聚集说明翻译和剪切是同步进行的[175]。IBDV 病毒颗粒组装的模型涉及病毒大多数蛋白：就跟在另一个双 RNA 病毒 IPNV 中一样，VP1 最可能首先和病毒 RNA 相互作用[54]，然后 VP3 分别跟自己 pVP2、VP1 和病毒基因组相互作用，在病毒的形态及衣壳形成中起着关键性的伴侣分子作用[34,146,257]。在病毒的衣壳内，pVP2 的羧基端多肽经过一系列的裂解病毒成为成熟蛋白[33.35]。

病毒颗粒在感染细胞的胞浆中聚集[161]。VP5 可能有利于在早期能够通过影响 Caspases 和 NF-kB 信号通路来阻止凋亡[144]。但也曾报道 VP5[301] 和 VP2[70] 能够引起感染细胞的凋亡。VP5 可介导感染细胞膜孔的形成，从而促进了病毒的释放[147]。

对理化因素的抵抗力

IBDV 非常稳定。Benton 等[17]发现 IBDV 对乙醚和氯仿不敏感，在 pH 12 条件下病毒失活，但在 pH 2 时病毒不受影响。在 56℃经 5h 后病毒仍有活力。在 30℃ 1h 情况下，0.5% 的酚和 0.125% 的硫柳汞不能使 IBDV 灭活。但 0.5% 的甲醛 6h 可以使病毒的感染力明显降低。在 23℃用 3 种不同浓度的消毒剂（复合碘、酚的衍生物、季胺化合物）作用 2min，只有复合碘对病毒有灭活作用。Landgraf 等[138]发现病毒在 60℃作用 30min 仍然可以存活，但在 70℃ 30min 病毒会失去活力。0.5% 的氯化铵作用 10min 可以杀灭病毒。含有 0.05% 氢氧化钠的变性肥皂可灭活病毒或者对病毒活性有强抑制作用[236]。Alexander 和 Chettle[5]检测到法氏囊匀浆液中 IBDV 在 70℃、75℃和 80℃时，其感染力呈双相下降，开始时是快速下降，随后是逐渐缓慢下降。在 70℃、75℃和 80℃时其感染力下降 1 log10 所需时间分别 18.8min、11.4min 和 3min。Mandeville 等[162]将 IBDV 接种到鸡体部分或鸡产品中，接着将两种产品分别加热到 71℃和 74℃，然后冷却，在两种产品中都回收到活病毒。的确，IBDV 难以灭活的特性是它能够在鸡舍中长期存在的一个原因，甚至经过消毒和清洗的鸡舍也是如此。

毒株分类

目前已建立了许多表型和分子遗传学方法用于 IBDV 毒株的分类。自发现 IBDV 以来，像血清分型法这样的基于表型性状的分类系统已经成功地用于 IBDV 的分类。交叉病毒中和试验（VN）中采用多克隆抗体对 IBDV 分离株进行血清分型的结果与攻毒保护研究结果一致。新的分子遗传学方法对诊断和流行病学研究非常有用，但采用这些方法对毒株进行分类造成了某些混乱，主要是因为缺乏对结果进行解释的标准，以及血清分类和分子分类之间相互关系的资料。下面介绍几种用于 IBDV 毒株分类的方法。

抗原性

McFerran 等[166]在北爱尔兰首先报道了欧洲来源的 IBDV 分离株之间存在抗原上的差异。他们提出有两个血清型，称为 1 型和 2 型。血清 1 型的几个 IBDV 毒株与原型株之间的相关性仅有 30%。在美国也有相似的报道[115,150]，美国血清型被称为Ⅰ和Ⅱ。后来的研究[167]证明欧洲型和美国血清Ⅱ型之间有相关性，此后就用阿拉伯数字 1 和 2 表示 IBDV 的两个血清型。有报道认为血清 2 型的两个毒株之间的抗原相关性仅为 33%[167]，表明该型病毒的抗原差异与血清 1 型病毒相似。

利用病毒中和试验（VN）可以区分两个血清型，但是不能用荧光抗体和酶联免疫吸附试验（ELISA）加以区分。抗血清 2 型的免疫不能保护血清 1 型病毒的攻击。由于血清 2 型病毒没有毒力，不能用于攻毒，所以不能反过来证明抗血清 1 型的免疫能否保护血清 2 型病毒的攻击[108,118]。第一个血清 2 型的分离株来源于火鸡[115]，当时认为它具有宿主特异性，然而后来的研究表明，从鸡中也能分离到血清 2 型病毒[109]，而且抗血清 2 型 IBDV 的抗体在鸡和火鸡中普遍存在[113,227]。

据报道，血清 1 型病毒有变异株存在[221,227]，疫苗株不能充分保护变异株的攻击。变异株在抗原性上与标准血清 1 型分离株有差异。Jackwood 和 Saif[114] 使用 8 个血清 1 型的商品疫苗株、5 个血清 1 型的野毒株和 2 个血清 2 型野毒株进行了交叉中和试验研究，将 13 个血清 1 型毒株区分为 6 个亚型，其中 1 个亚型包括了所有的变异株。Snyder 等[249,250] 利用单克隆抗体研究发现，临床血清 1 型病毒中出现主要抗原的漂移。测序研究发现在 VP2 高变区几个氨基酸的改变跟在变异株上抗原的变化相一致[89,137,272]。Sapats 和 Ignajatovic[230] 几乎同时报到了澳大利亚的变异株。澳大利亚变异株与北美株变异株有相似的遗传机制，但通过单克隆抗体检测为不同的抗原型和基因型。有关澳大利亚变异株抗原型的变异对与交叉保护力的影响的研究不多。

vvIBDV 首先发现于欧洲[32]，与经典血清 1 型株的抗原性最相近[2,23,59,267,275,279]，然而，通过单抗的检测发现典型的 vvIBDV 与经典血清 1 型相比有一个中和位点的改变[60]。一些非典型的 vvIBDV 有更多的表面抗原的改变[61,62]。最近 Sapats 等研究出一种重组抗体（从免疫 vvIBDV 鸡的淋巴组织中分离，实验室合成的抗体，与单抗同样的用途）能识别 vvIBDV[231]。

总之，IBDV 有 3 个公认的抗原类型，分别是经典血清 1 型（常称为标准血清 1 型）、变异型（可能包括美洲群和欧洲群）以及血清 2 型。3 个抗原型的亚型也有过报道。

免疫原性或保护型

保护型一词是 Lohr 最早提出来的，是基于毒株的保护潜力而对传染性支气管炎病毒（IBV）进行分类的一种实用方法[145]。IBV 的分类一直是一个难题，这一方法根据活体交叉攻毒保护结果对病毒株进行分类。如前所述，IBDV 交叉保护的研究结果与用于抗原分型的交叉病毒中和试验的结果是一致的[107]。血清 1 型病毒有 2 种保护型——经典/标准型和变异型；血清 2 型病毒对血清 1 型病毒的攻击不能提供保护。

分子遗传学型和基因序列分析

分子遗传学技术越来越多地用于不同 IBDV 毒株的分类[120]。这些技术因其灵敏、省时、能用于原始样品或灭活样品，且不需要进行病毒繁殖等优点而越来越多地被人们所采用。最常用的方法是反转录/聚合酶链反应—限制性内切酶片段长度多态性（RT‑PCR/RFLP）。RT‑PCR/RFLP 通常通过对片段 B 分析来区分 IBDV 株的分子群[263]。目前报道的分子分类结果与抗原型分类或保护型分类结果并不完全一致，因而对采用这一方法获得的分类结论的解释要慎重。

一个更彻底的分子鉴定是对病毒基因组的测序并与已报道参考基因对比分析其进化关系。为了更好地分析毒株之间的遗传关系，应对两个基因片段进行比较[141]。由于关于毒力的基因标准仍然没有确定，因此通过基因数据得到的表型都只能是初步推断。

致病性

鸡是已知的唯一受 IBDV 感染而临床发病并有明显病变的动物。应注意，当通过实验评估不同 IBDV 分离株的致病性时，应以已知的致病性的 IBDV 作对照。在比较实验中影响标准化的主要因素包括鸡的品种、遗传因素、年龄、免疫状况、病毒的剂量和接种途径以及可能出现的接种物的病毒污染[294]。临床分离毒株对鸡致病力不同。根据作者实验感染 SPF 白来航鸡的结果，IBDV 变异株引起的临床症状和死亡率很低，但法氏囊病变很明显；经典 IBDV 死亡率约为 10%～50%，并有典型的临床症状；vvIBDV 的死亡率为 50%～100%，并有典型的症状和病变[294]。对比试验中，很难确定判定标准值，如果仅仅以 A 片段的序列来推断 vvIBDV，结果致病性可能有很大的差异[141,178]。疫苗毒株对鸡也有不同程度的潜在致病性，本章将在后面讨论这个问题。

血清 2 型病毒对鸡和火鸡的潜在致病力也引起人们关注。Jackwood 等[118] 报道了鸡接种一株血清

2型病毒未出现临床症状和肉眼及显微病变，而Sivanandan等给鸡接种同一分离株后，观察到鸡有典型的IBD病变[240]。后来，有人研究了5个血清2型的毒株，3个来源于鸡，2个来源于火鸡（包括Jackwood等和Sivanandan等所研究的分离株），发现这些毒株对鸡没有致病性[108]。

1～8日龄小火鸡接种1株来源于火鸡的血清2型分离株之后没有发病，其法氏囊、胸腺和脾脏也没有出现肉眼病变和显微病变[117]。然而，由于病毒的感染，小火鸡有血清学反应。Nusbanum等[193]使用来源于火鸡的血清1型和2型的代表性毒株感染1日龄火鸡，用免疫荧光可以在法氏囊、胸腺、脾脏及哈德氏腺内检测到感染病毒的细胞，却没有临床症状，仅有轻度的肉眼病变；组织学检查发现感染组和对照组火鸡没有差异。总的看来，组织内有荧光的细胞（受感染细胞）多数似乎并不是淋巴细胞，但在28日龄时哈德氏腺内的浆细胞数量减少。宿主系统对病毒的致病性具有极大的影响[85,265]。最近的研究表明，血清2型OH株在鸡胚中回传5次之后，表现出对鸡胚的致病性；然而这些病毒对2周龄的SPF鸡和火鸡没有致病力[4]。

实验室宿主系统

鸡胚

早期的绝大多数研究者用鸡胚分离病毒时遇到了一些困难，后来证明通过鸡胚连续传代才能获得成功。Landgraf等[138]报道了一个典型的采用鸡胚尿囊腔接种的试验。首次接种病毒时，所有接种过的鸡胚全部死亡，第二次病毒传代时30%鸡胚死亡，而第三次传代时没有鸡胚死亡。

进一步的研究[97]表明，有三个因素可以解释上述问题：①来源于患病后康复鸡群的胚胎对病毒的生长有很强的抵抗力；②在早期病毒传代时，尿囊羊膜液（AAF）中病毒量非常低，而绒毛尿囊膜（CAM）和鸡胚中病毒含量基本相同，均比AAF高得多；③比较尿囊腔、卵黄囊和绒毛囊膜三种接种途径，发现经尿囊腔接种效果最差，病毒的鸡胚半数感染量（EID_{50}）比CAM途径低1.5～2.0 log10，卵黄囊途径介于两者之间。

Winterfield[289]通过连续在鸡胚上继代培养病毒，使尿囊羊膜液（AAF）中病毒浓度增加。Hitchner[97]使用2512株（该毒株是Winterfield在鸡胚传到第46代的一个病毒株）进行一个多步生长曲线研究，发现接种后72h病毒浓度达到最高。

10日龄鸡胚在接种病毒后3～5天出现死亡。胚胎肉眼病变包括腹部水肿、皮下特别是羽管区皮下充血和点状出血、趾关节和脑部偶尔出血，后期肝脏斑驳坏死并有出血斑，心脏外观苍白"半熟"样，肾脏充血并有斑驳坏死，肺极度充血，脾苍白，偶尔伴有小的坏死灶。CAM没有病斑，但时常有小的出血区域。IBDV变异株引起鸡胚的病变与标准株引起的病变存在差异。由变异株引起的特征病变是肝脏坏死和脾脏肿大，但是几乎不引起死亡[224]。有报道说，两株超强毒株引起鸡胚稳定的高死亡率，而经典毒株引起鸡胚不稳定的低死亡率[259]。与经典毒株的情况相同，CAM是超强毒株感染鸡胚最敏感的途径，而卵黄囊也是一个较好的途径[259]。

细胞培养

许多IBDV毒株已适应鸡胚来源的细胞培养物，并能产生细胞病变效应。蚀斑测定和微量滴定技术可以用于适应细胞培养的病毒的定量测定。Rinaldi等[219]和Petek等[208]采用鸡胚成纤维细胞（CEF）培养鸡胚适应的IBDV毒株，并证明本方法比鸡胚和乳鼠都敏感。

Lukert和Davis[151]成功地把从感染法氏囊分离出的野毒株适应于鸡胚法氏囊细胞。病毒在鸡胚法氏囊细胞继代4次之后，能够在鸡胚肾细胞上生长并在琼脂层下产生蚀斑；接着将该病毒在鸡胚成纤维细胞中繁殖，最终培育成弱化的疫苗株[241]。除鸡源细胞外，IBDV还可以在火鸡和鸭胚细胞[168]、兔肾细胞（RK-13）[219]、猴肾细胞（Vero）[94,154]和幼素领猴肾细胞（BGM-70）[119]中生长。

Jackwood等[119]比较了3个哺乳动物细胞系（MA-104、Vero和BGM-70）对IBDV血清1型和2型及血清1型变异株的培养。病毒在3个细胞系内均能生长，但是出现细胞病变最明显的是BGM-70细胞。在BGM-70细胞内病毒的生长曲线与在鸡胚成纤维细胞的生长曲线相似。BGM-70细胞培养病毒的中和滴度和鸡胚成纤维细胞培养相近。

来源于日本鹌鹑的传代成纤维细胞系（QT35）适合IBDV和其他几种禽病毒的增殖[44]。这些已适应了组织培养的病毒，可在鹌鹑细胞中产生细胞病变。

Hirai 和 Calnek[93]利用正常淋巴细胞系和源于禽白血病病毒诱发的成淋巴样 B 细胞系增殖 IBDV 强毒株。但 IBDV 不能在 6 种来源于马立克氏病肿瘤的成淋巴样 T 细胞（MSB‑1，RPL‑1，GACL‑1，JMCL‑1，CVCL‑1 和 GBCL‑1）内增殖，这表明带有 IgM 的 B 淋巴细胞可能是 IBDV 的靶细胞，并被后来采用鸡正常淋巴细胞所做的研究所证实[188]。从法氏囊和胸腺内分离到的淋巴细胞分为 T 细胞、B 细胞及 N 细胞。带有表面 IgM 的 B 细胞对 IBDV 敏感，而 T 细胞和 N 细胞不敏感。

Müller[174]通过玫瑰花环试验和细胞分类富集携带 Ig 的细胞，观察到 IBDV 倾向于在增殖的细胞群内复制，细胞对病毒的敏感性与表面免疫球蛋白的表达没有关系。后来发现在繁殖几株弱毒株和强毒株时，1 株来源于有淋巴损伤鸡的 B 淋巴母细胞系（LSCC‑BK3；92）比 CEF、鸡肾细胞、BGM‑70 细胞能更好地增殖 IBDV[266]。

分离 IBDV 野毒株比较困难。McFerran 等[166]发现，用鸡胚源的细胞培养物分离和连续继代 IBDV 非常困难。Lee 和 Lukert[139]曾从火鸡、鸡及其他实验室提供的攻毒样品中分离 IBDV，经过 3～10 次盲传之后，5 株火鸡源毒株全部能适应 CEF，而 9 株鸡源毒株中仅有 2 株能适应 CEF，其他 7 个毒株即使传 20 代之后，也只能在鸡胚法氏囊细胞中生长。

有人成功地用 BGM‑70 细胞从自然感染的鸡法氏囊中分离到 IBDV[228]。通常，分离株经过 2～3 代盲传后一般可以出现细胞病变。

病毒在体外增殖时，有可能形成缺陷病毒粒子。Müller 等[179]报道，在鸡胚细胞内连续传代未稀释病毒，病毒的感染力出现波动，并出现稳定的、形成小蚀斑的病毒，这种病毒干扰标准病毒的复制，并促进缺陷病毒粒子的形成。缺陷病毒粒子失去了双链 RNA 的大片段。在 BGM‑70 和 CEF 细胞传代 6 次，可以使病毒失去病原性，但在鸡胚传代 6 次并不影响病毒的病原性[85]。

与血清 1 型经典株和变异株相比，超强毒株对细胞培养的适应要困难得多[2]。采用定位突变技术[185]确定了限制 vvIBDV 在细胞培养中繁殖的单个氨基酸[142,180]，但这些氨基酸可能是毒株特异性

的。有报道[3]说，病毒对 BGM‑70 细胞的适应引起了病毒在法氏囊中复制能力的显著下降。Tsukamoto 等[266]报道，LSCC‑BK3 细胞比 BGM‑70 细胞和 CEF 更适合于进行 IBDV 感染性分析。

病理生物学和流行病学

发生和分布

血清 1 型 IBDV 遍布全世界，所有的家禽主产区都有 IBD 发生。IBD 的感染率都很高，基本上所有的鸡群在幼龄阶段都面临 IBDV 的感染，要么是自然感染，要么是疫苗接种。由于多数家禽生产者都按免疫程序进行免疫，结果所有的鸡都是 IBD 抗体阳性。在美国极少发生 IBD 的临床病例，可能是母源抗体的作用，或者是变异株不引起发病。变异株在美国似乎是优势毒株，澳洲报道过经典毒株和当地变异株[230]。在欧洲、非洲、亚洲和南美，似乎是超强毒株占优势。在美国，血清 2 型 IBDV 抗体广泛存在于鸡[113,227]和火鸡[11,37,115]中，表明血清 2 型病毒是广泛存在的。

自然宿主和实验宿主

鸡和火鸡是 IBDV 的自然宿主。从 2 个 8 周龄的鸵鸟群有淋巴组织损伤的法氏囊、脾脏以及胸腺中分离到血清 1 型病毒[293]。从健康的鸭体内也分离到了血清 1 型病毒[166]。从没有特异症状的死亡企鹅体内分离到了血清 2 型病毒[78]。Van Den Berg[277]用 vvIBDV 接种雉、鹧鸪、鹌鹑和珍珠鸡，未见临床症状和组织病变，但病毒在鹌鹑的法氏囊中复制，5 天后粪便排毒，并产生中和抗体。这与 Weisman 和 Hitchner 先前的报道相反，他们报道鸡源病毒不能感染鹌鹑[284]，但与先前 IBDV 的珍珠鸡不出现组织变化，也不产生抗体的报道相同[196]。

有人检测了几种猎获的野生鸟类中 IBD 抗体，发现鹰为 IBD 抗体阳性[271]。从白嘴鸦、野生雉、几种稀有禽类[30]、鸭、海鸥[287]、乌鸦、鸥和猎鹰[195]中检测到 IBD 抗体。

多年来，鸡被认为是唯一自然感染 IBDV 的动物，所有品系的鸡均可发病。许多研究人员发现白

来航鸡对 IBD 的反应最严重，死亡率也是最高的。但是，Meroz[170]对 700 次 IBD 暴发情况进行调查，结果显示大型和小型品种鸡的死亡率没有差别。

3～6 周龄的鸡对本病最易感。3 周龄以下的易感鸡受到感染后并不表现临床症状，但能导致严重的免疫抑制，所以同样具有重要的经济意义。Allan 等[6]和 Faragher 等[68]首先发现了 IBDV 引起的免疫抑制。

有几篇关于 IBDV 感染的发病机理的研究论文讨论了鸡对 IBDV 的敏感性与年龄有关的原因。Fadley 等[63]用环磷酰胺处理 3 日龄雏鸡，然后在其 4 周龄时感染 IBDV，鸡没有临床症状和病变。Kaufer 和 Weiss[126]用外科手术切除 4 周龄雏鸡的法氏囊，1 周后或立即用 IBDV 攻毒，实验鸡没有临床症状；但未切除法氏囊的对照鸡 100%死亡。用强毒株攻击切除了法氏囊的实验鸡，IBDV 在其体内的数量还不到未切除法氏囊的对照鸡所产生病毒量的 1/1 000，实验鸡在感染后第 5 天产生中和抗体，仅出现散在的、一过性的淋巴组织坏死。

对 IBDV 的致病机理已有过许多研究。Skeeles 等[242]试图证明这些病变是由免疫复合物的形成而引起的，这与 Ivanyi 和 Morris[111]所提出的观点一致。法氏囊的病理组织学变化与局部过敏坏死反应相似，表现为出血坏死、大量的多形核细胞，这种反应是由抗原-抗体-补体复合物引起的局部免疫损伤，这种复合物可诱导趋化因子而引起出血和淋巴细胞浸润。他们还发现感染后 72h，2 周龄鸡与 8 周龄鸡均能很快产生高水平抗体，而且产生抗体的速度和水平一样，但补体成分的含量前者要少得多。他们推测，2 周龄鸡没有出现局部过敏坏死反应是由于缺乏足够的补体。他们还注意到，与未感染的对照组相比，8 周龄鸡受感染后，在第 3、第 5、第 7 天补体成分缺失。但 Skeeles 等[245]后来对另一株 IBDV 进行研究时未能证实感染后第 3 天补体成分的缺失。

Kosters 等[133]和 Skeeles 等[242,245]发现 IBDV 感染后鸡的凝血时间增加，这可能与 IBD 的出血症状有关。Skeeles 等[245]发现 17 日龄鸡不表现凝血障碍，但是 42 日龄鸡的凝血时间大大增加，并且出现临床症状，在 11 只实验鸡中有 4 只死亡。不同日龄鸡中 IBDV 的病变发生的关键与凝血时间、和/或免疫损伤等因素有关，可以肯定致病机制很复杂。

有文献报道了火鸡和鸭自然感染 IBD[125,166,168,201]。血清学证据和从这些品种中分离到 IBDV 证明这些品种确实感染了 IBDV。McNulty 等[168]检测了几个火鸡群的血清，1978 年以前的样品都检测不到 IBDV 抗体，表明 IBDV 感染火鸡的历史相对较短。

Giambrone 等[76]发现，实验感染 3～6 周龄小火鸡仅表现出亚临床症状，法氏囊有显微病变，用免疫荧光技术可以检测到受病毒感染的法氏囊细胞。在感染后 12 天可以检测到中和抗体。在鸡胚上连续传 5 代，能够再分离出 IBDV。Weisman 和 Hitchner[284]未能从 IBDV 感染的 6～8 周龄小火鸡中分离出病毒，但 IBDV 中和抗体上升，这种感染为亚临床感染，没有明显的法氏囊损伤。

传播、携带者和传播媒介

IBD 是高度接触性的传染病，而且病毒持续存在于鸡舍环境中。Benton 等[18]发现，将病鸡从鸡舍清除 54 天和 122 天之后，鸡舍仍然可以使其他鸡感染本病。他们还证明，52 天之后，来自感染鸡舍的饮水、饲料及粪便仍然具有感染性。

尚无证据表明 IBDV 是经卵传播或者康复鸡中有真正的带毒者。病毒对热和消毒剂有较强的抵抗力，使病毒在疾病暴发的间隔期能在环境中存活。Snedeker 等[246]将取自发病后第 8 周鸡舍的小粉甲虫（Alphitobius diaperinus）研磨成悬液饲喂易感鸡，证明其仍具有感染性。在另一个研究中[165]，用 IBDV 饲喂小粉甲虫后，可以从表面消毒过的成虫和幼虫的某些组织中分离到病毒。

Howie 和 Thorsen[100]在安大略省南部一个养鸡地区捕捉了一些蚊子，并从这些蚊子体内分离到 IBDV，但这个分离株对鸡不致病。Okoye 和 Uche[197]从有 IBDV 感染史的 4 个鸡场内得到 23 份死亡鼠组织样品，用琼脂扩散试验（AGP）检测 IBDV 抗体，其中 6 个样品为阳性。但迄今为止，还没有进一步的证据表明蚊子和老鼠可以作为本病的传播媒介和贮存宿主。

Pages-Mante 等报道用死于急性 IBDV 感染的鸡饲喂狗，在喂食后 2 天内从狗的粪便中分离到活的 vvIBDV[202]。

正如本章前面介绍过的，还有几种禽类对 IBDV 易感或者具有 IBD 抗体。

潜伏期和临床症状

本病的潜伏期很短，感染后 2～3 天内可以出现临床症状。

感染鸡群最早出现的临床症状是啄肛。Cosgrove[42] 最早的报告中对 IBD 的临床症状进行了描述：病鸡泄殖腔周围羽毛粘有泥土、白色或水样粪便，食欲减退，精神沉郁，羽毛竖起，严重虚脱，最终死亡。病鸡脱水，后期体温低于正常体温。

发病率和死亡率

在易感鸡群中，IBD 往往是突然暴发，发病率很高，接近 100%。死亡率可能是 0，也可能高达 20%～30%。在感染后第 3 天病鸡开始出现死亡，在 5～7 天内死亡率最高，随之开始下降。在 20 世纪 80 年代后期，vvIBDV 开始危害欧洲，有几个毒株可以使 4 周龄易感来航鸡的死亡率高达 90%[32] 到 100%[275]。有人对 70 年代的分离株（52/70 株）[29] 与 2 株 vvIBDV 进行比较，前者导致的死亡率为 50%，后者引起的死亡率为 90%[32]。另一个类似的研究中，vvIBDV 引起的死亡率较低，但是死亡率百分比至少是 52/70 株的 2 倍以上。

鸡场最初暴发的一般为最急性型，以后的暴发没有开始时那么严重，最后经常会变为隐性感染。许多感染是隐性的，这主要是因为鸡的年龄（小于 3 周龄），感染无毒力的野毒株或者存在母源抗体。

病理学

大体病变

死于 IBD 的鸡表现脱水，胸肌颜色发暗，股部和胸部肌肉经常有出血（图 7.2）。肠道内黏液增加，死亡或者病程较长的鸡肾脏病变明显[42]。这种病变极可能是严重脱水的结果。扑杀处于感染期的鸡，其肾脏似乎是正常的。

法氏囊似乎是 IBDV 的主要靶器官。Cheville[36] 对感染本病后 12 天内的法氏囊重量的变化情况进行了详细研究。了解法氏囊病变发生的过程对作出正确诊断具有重要意义。在感染第 3 天法氏囊水肿，体积和重量增加（图 7.3）。到第 4 天，其重

量和体积是原来的 2 倍，然后开始减少。到第 5 天法氏囊恢复到正常的重量，但还会继续萎缩，到第 8 天，其重量只相当于原来的 1/3。

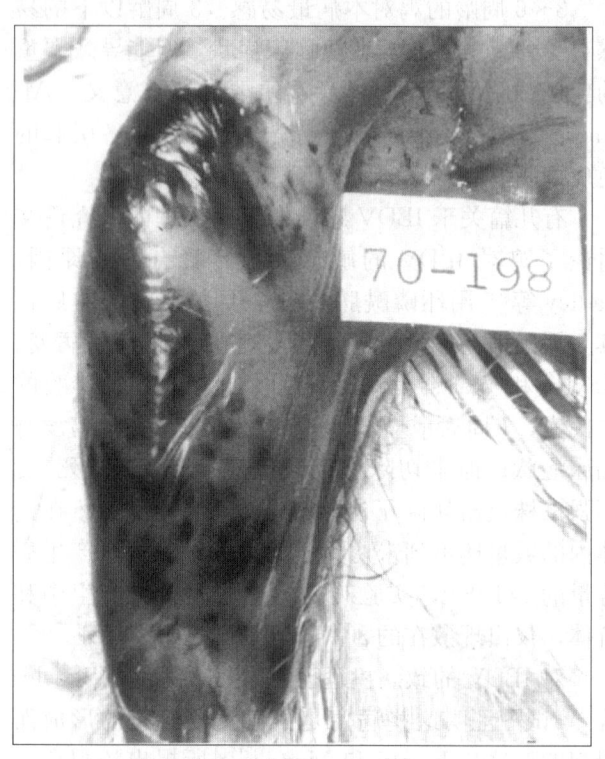

图 7.2　IBD 感染的腿肌出血

感染后 2～3 天，法氏囊浆膜面有胶冻样黄色渗出液，表面的纹理变得明显，颜色由正常的白色变成乳白色；随着法氏囊恢复到正常体积，表面的渗出液开始消失；当法氏囊开始萎缩时，即变成灰色。

现已证明 IBDV 的变异株不能引起炎症反应[221,234]，尽管有 1 个变异株（IN）可以引起炎症反应[86]。

受感染的法氏囊常常有坏死灶，或在黏膜表面有点状出血或淤血性出血。法氏囊表面偶尔有广泛出血（图 7.3）；在这样的病例中，病鸡可能会拉血便。

脾脏可能轻度肿大，表面有弥散性的灰色小病灶[218]。腺胃和肌胃的结合部黏膜偶尔有出血点。

与中等毒力毒株相比，vvIBDV 引起胸腺重量指数明显降低，盲肠扁桃体、胸腺、脾脏和骨髓的病变更严重，但法氏囊的病变相似。研究结果显示，vvIBDV 的致病性与法氏囊以外的淋巴器官的病变有关，表明 vvIBDV 的致病性与抗原在法氏囊以外的淋巴器官中的分布有关[260]。

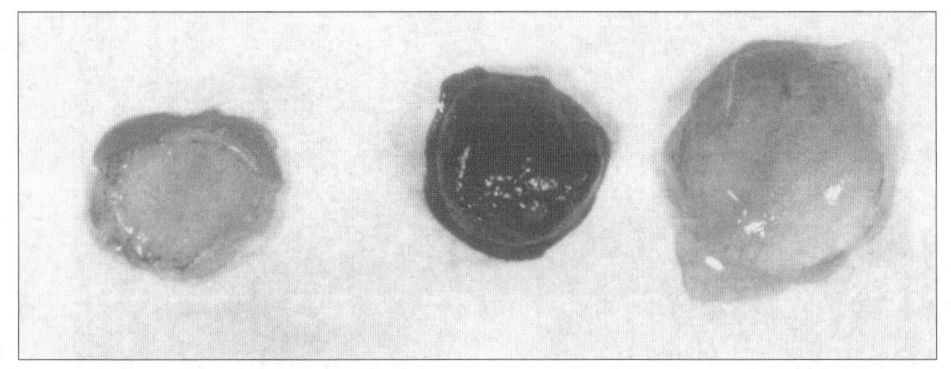

图 7.3　感染 72～96h 后急性法氏囊病的典型法氏囊变化。右：法氏囊水肿；中：法氏囊出血；
左：正常法氏囊

组织学病变

IBD 的组织学病变主要表现在淋巴组织中，如法氏囊、脾脏、胸腺、哈德氏腺和盲肠扁桃体。Helmboldt 和 Garner[91]、Cheville[36]、Mandelli 等[161]和 Peters[209]在光镜水平上研究了 IBD 的组织病理学变化。法氏囊的病变最严重，在感染后 1 天就可观察到法氏囊滤泡髓质区的淋巴细胞变性和坏死，淋巴细胞很快被异嗜细胞、固缩的细胞碎片及增生的网状内皮细胞所替代。常见出血，但这并不是固有的病变。在感染后 3～4 天所有的淋巴滤泡都受影响。由于严重的水肿、充血及异嗜细胞的大量聚集，法氏囊重量增加。随着炎症反应的减弱，滤泡髓质出现了囊状空洞，出现异嗜细胞和浆细胞的坏死和吞噬作用，同时滤泡之间的结缔组织中有纤维组织形成。由于法氏囊上皮层增生，出现了一个由柱状上皮细胞组成的腺体状结构，这些上皮细胞内有黏蛋白小体。对感染后 18 天的组织病变观察表明，在化脓阶段有散在淋巴细胞病灶的出现，但是不形成健康的淋巴滤泡[91]。图 7.4 显示的是法氏囊的某些组织病理学变化。一个最近分离的 IBDV 毒株（变异株 A）能引起法氏囊广泛的病变，但没有炎症反应[234]。

感染早期脾脏的鞘动脉周围有网状内皮细胞增生，在感染的第 3 天发生滤泡和动脉周围淋巴细胞鞘出现淋巴坏死。受感染的脾脏能很快康复，对生发滤泡没有持续的损害。

最近一系列关于初生期感染经典型 IBDV 的研究揭示在法氏囊感染第 1 周内造成最大限度 B 淋巴细胞缺失，同时在 3 天感染期内有大量的 T 淋巴细胞和巨噬细胞进入。从感染后第 1 周到第 8 周，可见有两种不同类型的法氏囊滤泡：大的再生功能性滤泡，可能由 IBDV 感染后存活的法氏囊干细胞产生，还有一种是小的发育不良的滤泡，没有明显的皮质和髓质。这些小滤泡的结构显示它们不能制造功能性外周 B 细胞，没有大的再生滤泡的鸡缺乏主动的抗体免疫应答也证实这一推断。在 T 细胞第一次涌入法氏囊后，其数量随着病毒被清除而逐渐减少，在恢复期大部分持续存在于小滤泡中。在恢复期，炎性灶持续存在，可能以抗原递呈细胞为主。对于它们的出现是否和 IBDV 在某些细胞的持续性感染有关仍然不太清楚[292]。vvIBDV 感染引起的组织学病变本质上相似，但更为严重，持续时间更长，并且可引起胸腺损伤[288]。

在感染早期，脾脏有网状组织内皮增生，周围有腺样动脉鞘。第 3 天出现初级滤泡的淋巴组织和动脉周围淋巴鞘坏死。脾脏感染后恢复迅速，对于初级滤泡没有持续性的损伤。

感染早期胸腺和盲肠扁桃体的淋巴组织内有细胞反应，与脾脏中的病变相似，但损害没有法氏囊那么广泛，并且恢复更迅速。据报道，变异株病毒（变异株 A）比标准株病毒（IM）引起胸腺的病变更温和[234]。

Survashe 等[256]和 Dohms 等[57]发现，1 日龄鸡感染 IBDV 后，哈德氏腺受到严重感染。通常情况下，随着年龄的增加，哈德氏腺内有浸润和定居的浆细胞，而 IBDV 感染后，没有浆细胞浸润。1～7 周龄受感染鸡的哈德氏腺内浆细胞数量为未感染对照组的 1/10～1/5[57]。相反，3 周龄肉鸡接种 IBDV 后 5～14 天，哈德氏腺内出现浆细胞坏死，感染后 7 天浆细胞数量减少 51%[58]。然而，浆细胞的减少是一过性的，在 14 天后浆细胞数量又恢复到正常水平。在接种后 1～7 天，观察到感染鸡法氏囊的滤泡出现坏死。

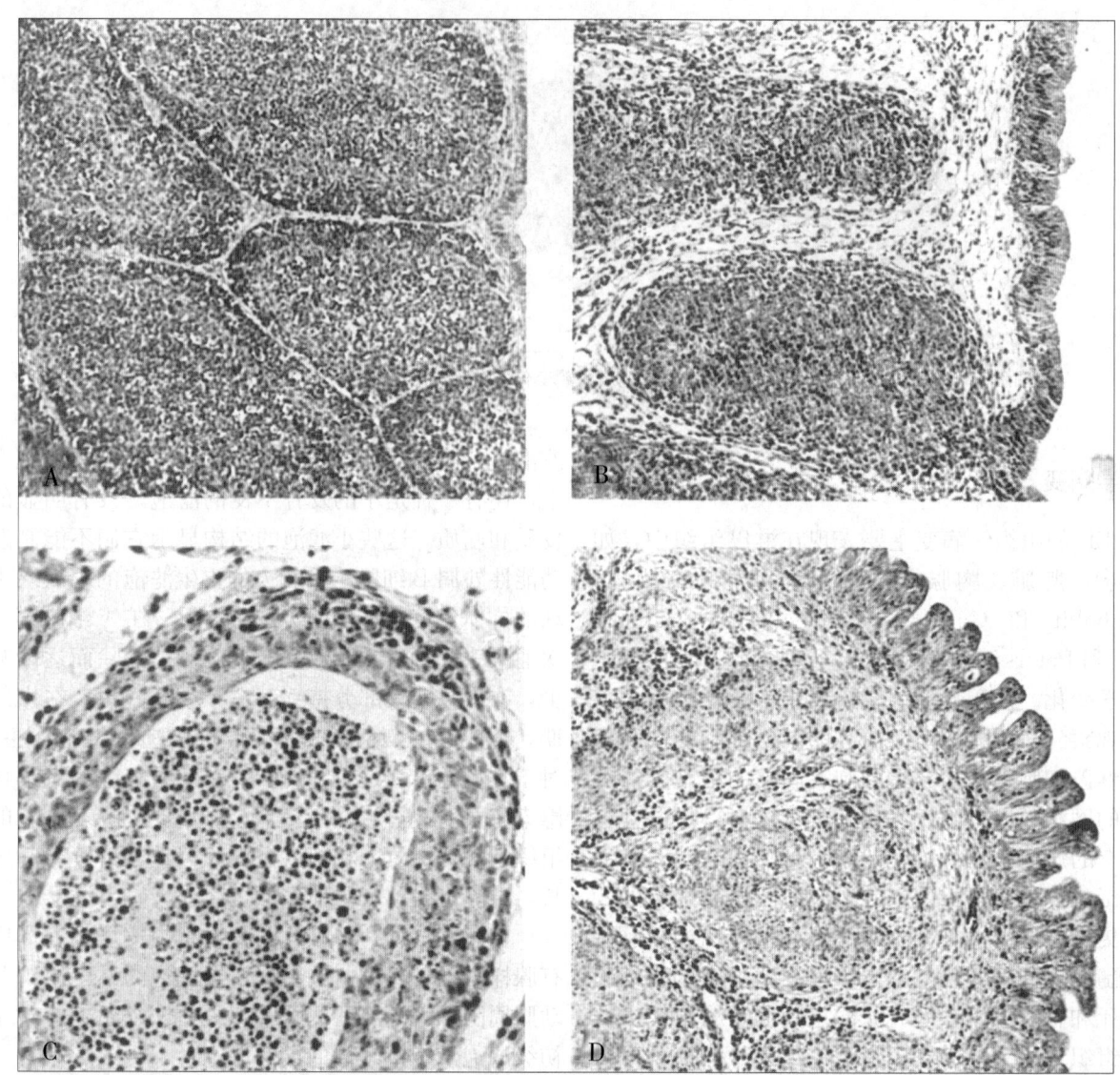

图 7.4　感染 IBDV 的 6 周龄鸡的法氏囊显微照片，组织用 10% 甲醛缓冲盐液固定，H. E. 染色。A. 正常组织，示由淋巴样
　　　细胞组成的大的活动性滤泡，该淋巴样细胞形成的滤泡只有少量滤泡间组织，表面的上皮为单层柱状上皮，×40；
　　　B. 发病后 24h 的法氏囊，注意滤泡间水肿，有吞噬细胞存在，其中多数为异嗜细胞，滤泡开始变性，×40；C. 发
　　　病后的 60h 的单个滤泡，髓质部已成为一个由许多细胞残屑构成的团块，周围环绕着残存的皮质，仅残存一些网状
　　　组织，但在网状组织之间散在有少量即将变性的细胞，×250；D. 严重感染的终期仅残留滤泡的痕迹，而异嗜细胞
　　　（散在的深色细胞）主动地参与吞噬作用，×40[91]

　　肾脏的组织学病变是非特异性的[209]，可能是病
鸡严重脱水造成的。Helmboldt 和 Garner[91] 发现，
在检查的鸡中仅有不到 5% 的鸡有肾脏病变，所观察
到的病变是由异嗜细胞浸润形成的均质大管。

　　肝脏有轻度的单核细胞血管周围浸润[209]。

超微结构

　　Naqi 和 Millar[189] 用扫描电镜观察了感染 IB-
DV 鸡的法氏囊表面上皮细胞的连续变化。他们发

现在感染后 48h，上皮细胞微绒毛的数量和体积减
小，表面正常的纽扣状滤泡逐渐消失；在感染后
72h，大多数滤泡已经消失；到 96h，上皮表面形
成巨大的溃疡。在感染后第 9 天整个表面仍是完
整，但滤泡消失，残留有较深的凹陷。

感染过程的发病机理

　　Helmboldt 和 Garner[91] 检测了受 IBDV 感染

24h 之内的法氏囊的组织学证据。应用免疫荧光对经口感染的鸡进行连续研究表明，在接种后 4h 可以在盲肠巨噬细胞和淋巴细胞检测到病毒抗原[178]。病毒首先到达肝脏，在接种后 5h 可以检测到病毒，随后病毒进入血液循环，并扩散到其他组织中，包括法氏囊。在第二次严重的病毒血症后法氏囊受到感染，而非淋巴样组织的病毒高峰比法氏囊低几个 log10，并且仅限于病毒血症期。

在对急性 IBDV 感染的基因表达研究显示脾脏巨噬细胞的活化[130]和法氏囊 T 细胞被激活[131]。Ruby 等最近对经典 IBDV（F52/70 株）感染幼雏的早期宿主反应进行了深入研究[226]。法氏囊基因表达水平的改变与本章前面讨论的早期组织学改变密切相关：B 细胞的特异性基因的低水平表达与 B 细胞缺失有关，许多基因的表达与巨噬细胞、T 细胞和 NK 细胞的激活有关。早期表达上调的一些基因包括抗病毒的干扰素系统（IFNα/β 和 IFN 诱导基因）、细胞因子（IL-18，IL-6）、趋化因子（IL-8，MIP-1β…）、与固有免疫应答有关的基因（MD-1 和 MD-2、补体成分、热休克蛋白 HSP70 和 47）、编码细胞骨架蛋白的基因、与促炎性反应和炎性反应有关基因。值得注意的是，在感染后 24h，有抗性鸡的一些基因的表达量显著高于易感鸡。另一个不同点是抗性鸡群在感染后 48h p53 基因一过性的超量表达。另一方面，在 IBDV 感染中有关 B 细胞和 T 细胞增殖的基因下调。作者推断在有抵抗力的鸡中，更迅速的炎症反应和更迅速的诱导 IBDV 的靶细胞凋亡，能限制病毒的复制以及引起的病理反应[226]。

实验表明，病毒接种 SPF 鸡之后可在法氏囊组织中存留长达 3 周时间，但在具有母源抗体的商品肉鸡中存留时间较短[1]。

因为在病毒载量开始下降（感染后第 5 天）后，IBDV 诱导的病变仍然在发展，Williams 和 Davison 指出发病机制与免疫病理反应以及病毒诱导的细胞裂解有关[288]。

免疫力

用荧光抗体技术和 ELISA 方法可以检测到 IBDV 2 个血清型病毒的共同抗原[106,115]。因此，这些方法不能鉴别血清型或它们各自的抗体。这两个血清型的共同（群）抗原位于 VP2（40kD）和 VP3（32kD）上。VP2 还有诱导中和抗体的血清型特异性群抗原[10,16]。Becht 等[16]报道，抗 VP3 的抗体没有任何保护作用。体内实验证实了这一点[107,118]，尽管体内有血清 2 型病毒的抗体，但仍然不能耐受血清 1 型病毒的感染。目前认为 VP2 是诱导产生保护性抗体的主要抗原[10,16]。

习惯上用血清 1 型病毒研究对 IBDV 的免疫应答。所有已知血清 2 型病毒分离株对鸡和火鸡没有致病力[108,117,118]，或仅有很弱的致病力[40,193,207]。血清 1 型变异株的发现，进一步增加了人们对 IBDV 免疫反应的兴趣。变异株最早是从有血清 1 型中和抗体的鸡体内分离到的[221,227]。用变异株制备的灭活疫苗和活疫苗能够保护由变异株或标准株引起的感染，而用标准株制备的灭活疫苗对变异株攻击不能提供保护或仅有部分保护[107,225]。

有人使用 5 个不同亚型的血清 1 型 IBDV 毒株作为灭活疫苗免疫[107]，以抵抗不同亚型变异株的攻击，结果表明，用 10^8（而非 10^5）的半数组织培养感染剂量（$TCID_{50}$）病毒制备的疫苗能够保护 $10^2 EID_{50}$ 感染剂量的攻击，但即使更大剂量的疫苗也不能保护 $10^{3.5} EID_{50}$ 的攻击。以上结果说明，血清 1 型各亚型毒株具有一个能诱导产生保护性抗体的次要共同抗原。

被动转移的抗体能够提供保护这一事实证明了体液免疫的保护作用。越来越多的证据显示，细胞介导的免疫能增加对本病的保护作用[216,235]。最近的研究表明，鸡的某些品种对本病具有自然抵抗力[84]。

主动免疫

临床感染病毒以及接种活疫苗或者灭活疫苗都能刺激机体产生主动免疫。交叉中和试验（CVN）、琼脂扩散试验（AGP）和酶联免疫吸附试验（ELISA）都可以用来检测 IBD 抗体。正常情况下，野毒感染或免疫后 IBD 抗体水平都很高，中和滴度常达 1∶1 000 以上。成年鸡对经口感染有抵抗力，但通过肌肉注射或皮下接种 IBDV 后能产生抗体[98]。表达 VP2 蛋白的重组鸡痘疫苗免疫鸡实验中，鸡群在缺乏可检测的中和抗体下产生了部分对 IBD 的保护力[13]，由此发现细胞介导的免疫反应可能在抗 IBD 感染中扮演了重要角色。

被动免疫

由卵黄囊获得的母源抗体能够保护雏鸡耐受

IBDV 的早期感染和防止由本病引起的免疫抑制。IBD 母源抗体的半衰期为 3～5 天[244]。因此，如果知道雏鸡的抗体滴度，就能预测雏鸡对 IBDV 易感的时间。Lucio 和 Hitchner[148]证明，中和抗体滴度在 1∶100 时，雏鸡的易感性是 100%，抗体滴度在 1∶100～1∶600 之间时，大约有 40% 的鸡受到保护。Skeeles 等[244]报道，抗体滴度必须下降到 1∶64 以下，用 IBDV 弱毒疫苗免疫才有效。应注意，因为不同实验室的差异决定报道中中和滴度的不同[169]。目前在生产中已广泛使用灭活油佐剂疫苗（包括变异株）以获得高母源抗体。Lucio 和 Hitchner[148]以及 Baxendale 和 Lutticken[12]的研究证明，IBD 油佐剂疫苗能够刺激鸡体产生足够的母源免疫力，可以保护雏鸡 4～5 周。而用活疫苗免疫母鸡，产生的母源抗体只能保护雏鸡 1～3 周。和其他许多疾病一样，被动获得的免疫会干扰主动免疫应答。

免疫抑制

Allan 等[6]和 Faragher 等[68]首次报道了 IBDV 感染引起的免疫抑制。1 日龄感染的雏鸡对新城疫病毒抗体反应的抑制最大；7 日龄感染时呈中度抑制；14 或 21 日龄感染时，这种抑制作用不明显[68]。Hirai 等[95]证实，IBDV 感染能降低对其他疫苗的体液免疫反应。早期感染 IBDV 的鸡不仅对疫苗的免疫反应受到抑制，而且对包涵体肝炎[63]、球虫病[7]、马立克氏病[38,232]、出血性再生障碍性贫血和坏疽性皮炎[222]、传染性喉气管炎[206]、传染性支气管炎[206]、鸡贫血因子[303]以及沙门氏菌和大肠杆菌[295]更易感。

受到 IBDV 感染的鸡还有一个矛盾的现象：尽管病鸡对其他许多抗原产生免疫抑制，但对 IBDV 本身的免疫反应却正常，甚至 1 日龄的易感鸡也是如此[243]。1 日龄鸡感染后，抗 IBDV 主动免疫抗体反应与恢复期大法氏囊滤泡的形成一致[292]。这可能不是唯一的机制，稍大日龄的鸡感染后不死亡，法氏囊极度萎缩，但可产生高滴度的中和抗体。是否是由于选择性地刺激了与产生 IBD 抗体有关的 B 细胞的扩增，有待进一步研究。

IBD 对于细胞免疫（CMI）的影响是暂时的，并且没有体液免疫那么明显。Panigrahy 等[203]报道，幼龄时受到 IBDV 感染的鸡能推迟皮肤移植的

排斥作用。但其他研究者发现[75,102]，早期感染 IBDV 对鸡的皮肤移植排斥作用和结核菌素的迟发超敏反应没有影响。Sivanandan 和 Maheswaran[239]利用淋巴母细胞转化试验检测了 CMI 反应受到抑制的情况，结果发现感染后第 6 周细胞免疫受抑制最严重。Nusbaum 等[193]检测到感染后 3 天至 4 周龄的小火鸡对促细胞分裂剂刀豆蛋白 A 的反应受到明显抑制，但对结核菌素的反应没有降低。有人曾对接种 IBDV 鸡的外周淋巴细胞进行连续研究，发现其对促细胞分裂剂的抑制是暂时的[41]。Sharma 和 Lee 报道[233]了 IBDV 感染对自然杀伤细胞毒性的作用不尽相同，脾细胞对植物血凝素的母细胞化也有一过性的早期抑制作用。Craft 等[45]证明，给 1 日龄鸡接种 IBDV 变异株（A）产生的 CMI 抑制比用标准株（Edgar）要严重得多，变异株对 CMI 的抑制作用可以持续 5 周。在 3 周龄感染时可以观察到类似的对 CMI 的一过性抑制作用。

免疫系统的另一个组成部分是哈德氏腺，它与呼吸道局部免疫系统有关。Pejkovski 等[206]和 Dohms 等[57]报道，用 IBDV 感染 1～5 日龄小鸡，哈德氏腺内浆细胞数量迅速减少，这一情况持续了 7 周。小火鸡感染 IBDV 后结果相似[193]。用 IBDV 感染 3 周龄肉仔鸡，发现哈德氏腺提取物和血清中抗流产布鲁氏菌（非 T 细胞依赖性抗原）和绵羊红细胞（SRBC，T 细胞依赖性抗原）的抗体滴度下降。和 SRBC 抗体反应比较，后期流产布鲁氏菌抗体反应明显降低。一株血清 1 型变异株对鸡也产生了相似的影响[56]。

1 日龄感染 IBDV 的雏鸡血清中完全缺乏 IgG，而仅产生单体 IgM[110,111]。感染 IBDV 后，外周血中的 B 淋巴细胞数量减少，而 T 细胞并没有受到明显的影响[96,237]。病毒主要在鸡的 B 细胞内复制[93,110,299]。很明显，IBDV 偏嗜于活跃的增殖细胞[174]，表明 IBDV 对不成熟或前体 B 淋巴细胞比成熟 B 淋巴细胞的影响更大[163]。

除淋巴细胞裂解以外，细胞凋亡是免疫抑制的另一机制。细胞凋亡也是发育缺失的机制，在各种组织和器官内都可能发生[6,136,261,280,281]。

尽管越来越多的证据显示 T 细胞在免疫保护方面起作用，但也有证据表明，其在因受细胞因子引起的组织损伤而导致的免疫发病机制方面起作用[216,235]。

诊 断

易感鸡群临床暴发急性 IBD 是容易辨认的，而且能很容易地做出初步诊断。该病的临床特点是发病迅速、发病率高、有明显的尖峰死亡曲线和迅速康复（5～7天）。根据剖检法氏囊的特征性病变即可确诊。应该特别注意感染过程中法氏囊的颜色和体积的明显变化，如出现炎症反应时法氏囊肿大，随后法氏囊萎缩（见"大体病变"）。

幼雏和有母源抗体的鸡通常呈亚临床感染，要根据大体观察和法氏囊的组织学检查，做出回顾性诊断。由 IBDV 变异株引起的任何日龄的感染，只有通过法氏囊的组织学观察或病毒分离才能作出诊断。

病原分离和鉴定

选择法氏囊和脾脏组织来分离 IBDV，法氏囊最常用，其他器官可能因为病毒血症也含有病毒，但病毒含量较低。用于病毒分离的组织应放于含有抗生素的肉汤或生理盐水中，离心去除大的组织碎片，然后用上清液接种鸡胚或细胞培养物。

Hitchner[97] 证明 9～11 天鸡胚绒毛尿囊膜（CAM）是分离病毒最敏感的途径。之后，病毒可能适应尿囊腔和卵黄囊接种途径。感染鸡胚通常在 3～5 天之内死亡。IBDV 变异株和标准株有差别，它们引起鸡胚肝坏死和脾肿大，但很少引起鸡胚死亡[224]。鸡胚接种是分离 IBDV 的最敏感的方法。McFerran 等[166] 报道，7 个 IBDV 分离株中有 3 株不能在 CEF 上生长，但能在鸡胚中增殖。

在本章前面曾讨论过 IBDV 在细胞培养物中的分离和增殖（见"实验室宿主系统"）。由于病毒在 B 淋巴细胞内复制，因此应选择来源于法氏囊的原代细胞或 B 细胞源的传代细胞系来进行 IBDV 的分离。由于某些毒株增殖条件苛刻，虽然可以在鸡胚或 B 淋巴细胞内复制，但是不能很好地适应 CEF 细胞或来源于肾脏和肝脏等器官的细胞[139,166]。使用免疫荧光和电镜检查受感染的胚胎和细胞培养物，对于 IBDV 的早期检测和鉴定有极大价值。现已用含有 50% 法氏囊淋巴细胞和 50% CEF 的细胞培养物成功地进行了 IBDV 的分离和血清型鉴定[149]。在这一系统中，用免疫荧光技术检测到受感染的淋巴细胞，而成纤维细胞是作为淋巴细胞的基质。此外，BGM-70 细胞也可用来分离 IBDV。

应用直接免疫荧光染色受感染组织或使用电镜直接观察，是 IBDV 分离和鉴定的辅助手段[166]。如果使用这些方法检测到病例中有抗原或病毒，应当使用鸡胚和细胞培养方法分离这种病毒。有必要对野毒株进行连续的分离、抗原分析和致病性研究，这样就可以检测出临床病毒的变化。

采用核酸探针技术[112] 和使用单克隆抗体的抗原捕捉 ELISA[248] 直接对组织中的病毒进行检测和分型，有利于 IBD 的快速诊断和临床病毒的分型。对抗原捕捉 ELISA 和细胞培养法进行的比较研究[87] 证实，细胞培养法比抗原捕捉 ELISA 更灵敏，而且采用多克隆抗体的抗原捕捉 ELISA 比采用单克隆抗体更灵敏。最近出现了一种基于抗原捕捉方法的单克隆抗体的一步法快速检测[304]。有人用几种不同的方法来检测实验室感染鸡的法氏囊中的 IBDV，结果发现反转录-聚合酶链反应（RT-PCR）是最灵敏的方法[1,4]。最近发展的 RT-PCR 方法有多重 RT-PCR[135] 或实时 RT-PCR[171,210]，可用来直接在组织中检测不同型的 IBDV（古典型，变异型和 vvIBDV）。应用标准剂量曲线，实时 RT-PCR 的方法可用来对研究样品中的病毒进行定量[172,210]。

鉴别诊断

突然发病，发病率高，羽毛竖起以及发病初期的精神沉郁，提示可能是鸡群暴发急性球虫病。在某些情况下，粪中有血，也会使人怀疑是球虫病。但肌肉出血、法氏囊水肿、出血的情况，无论如何都表明是 IBD。

死于 IBD 的鸡，可能表现出急性肾炎的病变。但因许多其他情况也能引起肾病，而且 IBD 病鸡的肾脏病变并不相同，所以肾脏的病变不足以作为 IBD 诊断的依据。另外，法氏囊的病变通常有助于区分 IBD 和其他引起肾脏病变的疾病。缺水可引起肾脏的变化，并能出现灰色萎缩的法氏囊，这与 IBD 引起的病变极为相似。然而，除非全群鸡都缺水，否则这种病变仅见于少数鸡只。了解鸡群的发病史将有助于对这些病例做出鉴别诊断。

有些肾变型传染性支气管炎病毒株引起肾

病[290]。这些病例可根据法氏囊无变化以及死亡之前有呼吸道症状而与 IBD 相区别。两种疾病在同一群鸡中暴发的可能性是不能忽视的。

腺胃和肌胃交界处肌肉和黏膜的出血和所谓的出血综合征的病变相似，可以根据 IBD 感染引起法氏囊病变而加以区分。在确诊为传染性法氏囊病之前，某些病例可能会被诊断为出血综合征。

Jakowski 等[123]报道，在实验室用 4 株马立克氏病的分离株感染鸡，导致了法氏囊的萎缩。萎缩出现在感染后 12 天，但组织学变化与 IBD 引起的完全不同（见第 15 章）。

Grimes 和 King[81]报道，1 日龄 SPF 鸡实验感染禽腺病毒 8 型，在感染后 2 周，发现法氏囊滤泡萎缩并出现一些小囊，在其他器官如肝脏、脾脏、胰脏和肾脏有肉眼病变，肝脏和胰脏细胞内有核内包涵体。

血清学

目前，ELISA 是评价鸡群 IBD 抗体最常用的血清学方法。Marquardt 等[163]首先建立了检测 IBD 抗体的间接 ELISA 方法。此后，一些研究者[25,160,247,252,262]也采用 ELISA 检测 IBD 抗体，并把 ELISA 结果与中和试验结果进行比较。ELISA 方法的一个优点是快速，而且能够将实验结果输入计算机中，利用计算机软件确定鸡群的抗体状况，指导制订适合鸡群及其后代的免疫程序。要想了解鸡群的抗体状况，评价免疫程序的效果，至少应检测 30 份血清样品，许多生产者采用50～100 份样品。根据种鸡或者 1 日龄雏鸡的血清样品，能够确定鸡群的抗体状况。如果是雏鸡血清，正常情况下，其抗体滴度一般比种鸡低60％～80％。应注意，间接 ELISA 法不能区分血清 1 型和 2 型的抗体[108]，商品化的试剂盒能同时检测两种抗体[8]。ELISA 试剂盒有不同的敏感度和特异性[50]，作为一种非常敏感的技术，ELISA 可能在实验室条件下和在实验室外表现不同[134]。因此建议在试剂盒中放置参考的阳性血清和标明反应条件。

在 ELISA 方法建立之前，检测抗体最常用的方法是在微量系统中进行固定病毒—稀释血清的病毒中和试验[243]。病毒中和试验是唯一能够区分不同 IBDV 血清型的方法，而且是区分 IBDV 分离株之间抗原差异的首选方法。由于在一定的血清型范围内存在几个不同的抗原亚型，因此，中和试验的指示病毒不同，常使实验结果出现明显差异[114]。在不同实验室中对显著差异的中和抗体滴度标准也是不统一的[169]。大多数现场饲养的鸡有高水平的、广谱的中和抗体，这是由于鸡只接触的野毒和疫苗毒与高水平抗体交叉反应的结果。

另一个检测 IBD 抗体的方法是 AGP。在英国，定量 AGP 方法作为常规方法使用[46]，但在美国不作为定量方法使用，这是因为它不能检测出血清型的差异，只能检测群特异性的可溶性抗原。

治 疗

目前还没有发现任何一种疗法或维持治疗方法能改变 IBDV 的感染过程[42,204]。因为受感染的鸡迅速康复，如果没有设立对照组进行比较，那么治疗似乎是很有效的。目前还没有用新的抗病毒化合物或干扰素诱导剂治疗 IBD 的报道。

预防和控制

对本病的流行病学一直没有进行深入的研究，但已知道接触感染鸡及其污染物容易引起本病的传播。由于该病毒对许多理化因子有较强的抵抗力，从而增加了 IBDV 从一群鸡传播到另一群鸡的可能性。在控制 IBD 时必须严格实施防止大多数禽类疾病传播的卫生防疫措施。本病还可能涉及其他媒介（如小粉甲虫、蚊子、狗和老鼠），因此，控制本病时也应该把这些因素考虑进去。

管理措施

在研制出弱毒疫苗株之前，为了控制 IBD，人们曾把小鸡有意识地暴露于感染环境中。因为正常雏鸡一般有母源抗体的保护，且 2 周龄以下的雏鸡在正常情况下没有 IBD 的临床症状，所以曾建议在有 IBD 病史的鸡场采用这种方法。但发现早期感染 IBD 导致严重免疫抑制作用后，这种措施就不受欢迎了。在许多农场，两批鸡之间清洁不彻底，加上 IBDV 非常稳定的特性，使得 IBDV 很容易持久存在，并通过自然方式提供早期感染的机会。

免疫接种

免疫接种是控制 IBD 的主要方法。种鸡群的免疫尤其重要，这样可以将母源免疫力传给后代，母源抗体能保护小鸡免受早期感染而引起的免疫抑制。母源抗体通常保护小鸡 1～3 周，但用油佐剂疫苗加强免疫后，被动免疫力可以延长到 4～5 周[12,148]。

在有母源抗体存在的情况下，用活疫苗免疫鸡的最大问题是确定合适的免疫时间。这取决于母源抗体的水平、免疫途径和疫苗的毒力。环境应激和管理因素可能也是制订有效的免疫程序时必须考虑的因素。监测种鸡群及其后代的抗体水平，有助于确定实施免疫的适当时间。需要提到的是，尽管 ELISA 和 VN 实验对抗体滴度的检测结果相关，但 ELISA 和 VN 可能对子代鸡群对疫苗敏感时间预测结果不同[49]。因此，建议对用于计算疫苗免疫日期的公式应该被充分评估。

按照毒力和抗原性差异，有许多活疫苗可供选择。在美国市场提供的 IBDV 疫苗，根据毒力强弱可分为温和型、温和中等毒力型、中等毒力型以及中等偏强毒力型或"强毒力"型。强毒力、中等毒力和无毒力的毒株突破母源中和抗体的滴度分别为 1∶500、1∶250 和小于 1∶100[148,244]。中等毒力疫苗的不同毒株的毒力不尽相同，都能导致 1 日龄和 3 周龄 SPF 鸡的法氏囊萎缩和免疫抑制[152]。如果母源中和抗体的滴度小于 1∶1 000，就可以给雏鸡通过注射无毒力毒株疫苗进行免疫。疫苗毒在胸腺、脾脏和法氏囊内复制，并持续存在 2 周[153]。一旦母源抗体消失，持续存在的疫苗毒即可引起初次抗体反应。将中等偏强毒力疫苗株与一定量的 IBDV 抗体混合后进行注射免疫的方法，已经成功地用于有母源抗体的 1 日龄小鸡的免疫[82]。

油佐剂灭活疫苗用于加强和延长种鸡群的免疫力，可采用抗原捕捉 ELISA 对疫苗中的 VP2 或者 VP3 进行定量来检测疫苗中的抗原含量。灭活疫苗对诱导小鸡初次免疫应答并没有实际意义，但有报道给 1～10 日龄的肉鸡或小母鸡注射一定量的灭活疫苗[296,298]。油佐剂疫苗对接种过活疫苗或感染过野毒的鸡最有效[203]。目前使用的油佐剂疫苗包含有 IBDV 的标准株和变异株。根据种鸡群的抗体状况可以评价疫苗的效果和估计抗体存在的时间。

在 18 日胚龄进行鸡胚免疫是针对 IBD 和其他疾病的一种新的免疫方法[47]。这一方法不仅能节省劳动力，还是疫苗克服母源抗体影响、启动初次免疫应答的一个好方法。注射的是 IBD 的活疫苗或与抗 IBDV 的抗体一起注射以便形成免疫复合物[286]。在鸡胚免疫的工作机理现在还不是很清楚：实验证明鸡胚免疫中等剂量的 IBD 疫苗比孵化后免疫法氏囊病变的恢复速度会更为迅速[215]。Jeurissen 认为免疫复合物疫苗的机理与其特异性地与脾脏和法氏囊滤泡树突状细胞相互作用有关[124]。Negash 对鸡胚免疫和孵化后免疫做过评述[190]。

生物技术的进步产生了更多的新型疫苗，但大多数还在试验中。

IBD 亚单位疫苗主要是以杆状病毒系统[164,252,273,274,302]或者酵母表达的蛋白，有报道用 Semliki 森林病毒为载体进行表达[211]。几项研究表明，杆状病毒表达的 VP2 蛋白能够对 IBDV 产生很好的抵抗力[164,212,273]。杆状病毒系统表达的重组苗免疫效力取决于所表达蛋白结构和组装[164]，现在对这个过程已有所了解[34,35]。杆状病毒系统表达的 VP2 蛋白已经商品化并应用在肉种鸡的免疫上，而且免疫力可以传给下一代[302]。最近，Pitcovski[213]报道了一种油佐剂疫苗，该疫苗是把毕赤酵母中表达的重组 VP2 蛋白提纯制备的。该疫苗能够诱导产生同传统疫苗相似的保护力，并且已经在以色列用在种鸡的免疫上了[213]。

基于表达多聚蛋白或者 VP2 表达质粒的 DNA 疫苗是一种新的方法[132,283]，但是还在试验中[71,31]。重复注射大量的质粒 DNA 可以产生高水平的保护抗体。人们做了很多努力来提高 IBD DNA 疫苗的效率：与白细胞介素基因一同注射，或者用含有未甲基化的 CpG 脱氧核苷酸作为佐剂，或者通过改变注射 DNA 疫苗途径[88]。

最后，已报道了表达 IBDV 免疫基因重组活病毒载体疫苗，包括禽痘病毒[13,28,90]，火鸡疱疹病毒（HVT）[48,269]，马立克病毒[268]，CELO 病毒[72]和新城疫病毒[101]。为了提高抗原的免疫范围或者为了区分疫苗诱导产生抗体，对重组病毒疫苗包括 IBDV 疫苗不断地进行改进。唯一的被准予生产的重组疫苗是 HVT 载体苗，针对高水平的中和母源抗体能够诱导产生抗 IBDV 抗体[79]。

由于母源抗体、管理和操作条件不同，要提供一个通用的免疫程序是不可能的。如果有很高的母源抗体，野毒的攻击就会降低，对小鸡的免疫就可能没必要进行。弱毒株和中等毒力疫苗免疫的时间从 7 天到 2～3 周。如果在 1 日龄免疫，可以在接种马立克氏病疫苗的同时接种 IBD 疫苗。对后备种鸡必须进行初次免疫，许多生产者在 10～14 周龄进行活疫苗免疫，通常在 16～18 周龄接种油佐剂灭活疫苗。如果鸡群抗体滴度明显下降，则需要进行再次免疫。

对 IBDV 的 VP2 基因进行限制性片段长度多态性分析是流行病学分析的有力工具。Jackwood 和 Sommer[120] 在其最早的报道中，将 13 个疫苗株和 5 个美国当地的 IBDV 分离株分为 5 个分子类型。他们后来研究了来自世界各地的 81 个毒株[121]，确定了多达 16 个分子类型，这表明该技术可以用来鉴定 IBDV 毒株，但不能区分病毒的抗原差异，因此无助于预测疫苗的免疫原性。

阮文科　李忠华　曹永长　译
苏敬良　毕英佐　校

参考文献

[1] Abdel-Alim, G. A. and Y. M. Saif. 2001. Detection and persistence of infectious bursal disease virus in specific pathogen-free and commercial broiler chickens. *Avian Dis* 45: 646 - 654.

[2] Abdel-Alim, G. A. and Y. M. Saif. 2001. Immunogenicity and antigenicity of very virulent strains of infectious bursal disease viruses. *Avian Dis* 45: 92 - 101.

[3] Abdel-Alim, G. A. and Y. M. Saif. 2001. Pathogenicity of cell culture-derived and bursa-derived infectious bursal disease virus in specific-pathogen-free chickens. *Avian Dis* 45: 844 - 852.

[4] Abdel-Alim, G. A. and Y. M. Saif. 2002. Pathogenicity of embryoadapted serotype 2 strain of infectious bursal disease virus in chickens and turkeys. Personal communication.

[5] Alexander, D. J. and N. J. Chettle. 1998. Heat inactivation of serotype 1 infectious bursal disease virus. *Avian Pathol* 27: 97 - 99.

[6] Allan, W. H., J. T. Faragher, and G. A. Cullen. 1972. Immunosuppression by the infectious bursal agent in chickens immunized against Newcastle disease. *Vet Rec* 90: 511 - 512.

[7] Anderson, W. I., W. M. Reid, P. D. Lukert, and O. J. Fletcher. 1977. Influence of infectious bursal disease on the development of immunity to Eimeria tenella. *Avian Dis* 21: 637 - 641.

[8] Ashraf, S., G. Abdel-Alim and Y. M. Saif. 2006. Detection of antibodies against serotypes 1 and 2 infectious bursal disease virus by commercial ELISA kits. *Avian Dis* 50: 104 - 109.

[9] Azad, A. A., S. A. Barrett, and K. J. Fahey. 1985. The characterization and molecular cloning of the double-stranded RNA genome of an Australian strain of infectious bursal disease virus. *Virology* 143: 35 - 44.

[10] Azad, A. A., M. N. Jagadish, M. A. Brown, and P. J. Hudson. 1987. Deletion mapping and expression in Escherichia coli of the large genomic segment of a birnavirus. *Virology* 161: 145 - 152.

[11] Barnes, H. J., J. Wheeler, and D. Reed. 1982. Serological evidence of infectious bursal disease virus infection in Iowa turkeys. *Avian Dis* 26: 560 - 565.

[12] Baxendale, W. and D. Lutticken. 1981. The results of field trials with an inactivated Gumboro vaccine. *Dev Biol Stand* 51: 211 - 219.

[13] Bayliss, C. D., R. W. Peters, J. K. A. Cook, R. L. Reece, K. Howes, M. M. Binns, and M. E. G. Boursnell. 1991. A recombinant fowlpox virus that expresses the VP2 antigen of infectious bursal disease virus induces protection against mortality caused by the virus. *Arch Virol* 120: 193 - 205.

[14] Bayliss, C. D., U. Spies, K. Shaw, R. W. Peters, A. Papageorgiou, H. Muller, and M. Boussnell. 1990. A comparison of the sequences of segment A of four infectious bursal disease virus strains and identification of a variable region in VP2. *J Gen Virol* 71: 1303 - 1312.

[15] Becht, H. 1980. Infectious bursal disease virus. *Curr Top Microbiol Immunol* 90: 107 - 121.

[16] Becht, H., H. Müller, and H. K. Müller. 1988. Comparative studies on structural and antigenic properties of two serotypes of infectious bursal disease virus. *J Gen Virol* 69: 631 - 640.

[17] Benton, W. J., M. S. Cover, and J. K. Rosenberger. 1967. Studies on the transmission of the infectious bursal agent (IBA) of chickens. *Avian Dis* 11: 430 - 438.

[18] Benton, W. J., M. S. Cover, J. K. Rosenberger, and R. S. Lake, 1967. Physicochemical properties of the infectious bursal agent (IBA). *Avian Dis* 11: 438 - 445.

[19] Boot, H. J. and S. B. Pritz-Verschuren. 2004. Modifications of the 3′UTR stem-loop of infectious bursal disease virus are allowed without influencing replication or virulence. *Nucl Ac Res* 32: 211 - 222.

[20] Boot, H. J., A. A. ter Hurne, A. J. Hoekman, B. P.

Peeters and A. L. Gielkens. 2000. Rescue of very virulent and mosaic infectious bursal disease virus from cloned cDNA:VP2 is not the sole determinant of the very virulent phenotype. *J Virol* 74:6701 - 6711.

[21]Boot, H. J. , A. A. ter Hurne, A. J. Hoekman, J. M. Poi, A. L. Gielkens and B. P. Peeters. 2002. Exchange of the C-terminal part of VP3 from very virulent infectious bursal disease virus results in an attenuated virus with a unique antigenic structure. *J Virol* 76:10346 - 10355.

[22]Boot, H. J. , A. J. Hoekman and A. L. Gielkens. 2005. The enhanced virulence of very virulent infectious bursal disease virus is partly determined by its B-segment. *Arch Virol* 150:137 - 144.

[23]Box, P. 1989. High maternal antibodies help chicks beat virulent viruses. *World Poultry* March:17 - 19.

[24]Birghan, C. , E. Mundt, A. E. Gorbalenya. 2000. A non-canonical Lon proteinase lacking the ATPase domain employs the Ser-Lys catalytic dyad to exercise broad control over the life cycle of a double-stranded RNA virus. *EMBO J*. 19:114 - 123.

[25]Briggs, D. J. , C. E. Whitfill, J. K. Skeeles, J. D. Story, and K. D. Reed. 1986. Application of the positive/negative ratio method of analysis to quantitate antibody responses to infectious bursal disease virus using a commercially available ELISA. *Avian Dis* 30:216 - 218.

[26]Brown, F. 1986. The classification and nomenclature of viruses:Summary of results of meetings of the International Committee on Taxonomy of Viruses in Sendai. *Intervirology* 25:141 - 143.

[27]Brown, M. D. and M. A. Skinner. 1996. Coding sequences of both genome segments of a European "very virulent" infectious bursal disease virus. *Virus Res* 40:1 - 15.

[28]Butter, C. D. , T. D. Sturman, B. J. Baaten and T. F. Davison. 2003. Protection from infectious bursal disease virus (IBDV)-induced immunosuppression by immunization with a fowl-pox recombinant containing IBDV-VP2. *Avian Pathol* 32:597 - 604.

[29]Bygrave, A. C. and J. T. Faragher. 1970. Mortality associated and Gumboro disease. *Vet Rec* 86:758 - 759.

[30]Campbell, G. 2001. Investigation into evidence of exposure to infectious bursal disease virus and infectious anaemia virus in wild birds in Ireland. Proceedings Ⅱ International Symposium on Infectious Bursal Disease and Chicken Infectious Anaemia. Rauischholzhausen, 230 - 235.

[31]Chang, H. C. , T. L. Lin and C. C. Wu. 2001. DNA-mediated vaccination against infectious bursal disease in chickens. *Vaccine* 20:328 - 335.

[32]Chettle, N. , J. C. Stuart, and P. J. Wyeth. 1989. Outbreak of virulent infectious bursal disease in East Anglia. *Vet Rec* 125:271 - 272.

[33]Chevalier, C. , M. Galloux, J. Pous, C. Henry, J. Denis, B. Da Costa, J. Navaza, J. Lepault, B. Delmas. 2005. Structural peptides of a nonenveloped virus are involved in assembly and membrane translocation. *J Virol* 79:12253 - 12263.

[34]Chevalier, C. , J. Lepault, B. Da Costa and B. Delmas. 2004. The last terminal residue of VP3, glutamic acid 257, controls capsid assembly of infectious bursal disease virus. *J Virol* 78:3296 - 3303.

[35]Chevalier, C. , J. Lepault, I. Erk, B. Da Costa and B. Delmas. 2002. The maturation process of pVP2 requires assembly of infectious bursal disease virus capsids. *J Virol* 76:2384 - 2392.

[36]Cheville, N. F. 1967. Studies on the pathogenesis of Gumboro disease in the bursa of Fabricius, spleen and thymus of the chicken. *Am J Pathol* 51:527 - 551.

[37]Chin, R. P. , R. Yamamoto, W. Lin, K. M. Lam, and T. B. Farver. 1984. Serological survey of infectious bursal disease virus:Serotypes 1 and 2 in California turkeys. *Avian Dis* 28:1026 - 1036.

[38]Cho, B. R. 1970. Experimental dual infections of chickens with infectious bursal and Marek's disease agents. I. Preliminary observation on the effect of infectious bursal agent on Marek's disease. *Avian Dis* 14:665 - 675.

[39]Cho, Y. and S. A. Edgar. 1969. Characterization of the infectious bursal agent. *Poult Sci* 48:2102 - 2109.

[40]Chui, C. H. and J. J. Thorsen. 1984. Experimental infection of turkeys with infectious bursal disease virus and the effect on the immunocompetence of infected turkeys. *Avian Dis* 28:197 - 207.

[41]Confer, A. W. , W. T. Springer, S. M. Shane, and J. F. Conovan. 1981. Sequential mitogen stimulation of peripheral blood lymphocytes from chickens inoculated with infectious bursal disease virus. *Am J Vet Res* 42:2109 - 2113.

[42]Cosgrove, A. S. 1962. An apparently new disease of chickensavian nephrosis. *Avian Dis* 6:385 - 389.

[43]Coulibaly, F. , C. Chevalier, I. Gutsche, J. Pous, J. , Navaza, S. Bressanelli, B. Delmas, F. Rey. 2005. The birnavirus crystal structure reveals structural relationship among icosahedral viruses. *Cell* 120:761 - 772.

[44]Cowen, B. S. and M. O. Braune. 1988. The propagation of avian viruses in a continuous cell line(QT35)of Japanese

quail origin. *Avian Dis* 32:282 - 297.

[45]Craft,D. W. ,J. Brown,and P. D. Lukert. 1990. Effects of standard and variant strains of infectious bursal disease virus on infections of chickens. *Am J Vet Res* 51:1192 - 1197.

[46]Cullen,G. A. and P. J. Wyeth. 1975. Quantitation of antibodies to infectious bursal disease. *Vet Rec* 97:315.

[47]Da Costa B. ,C. Chevalier,C. Henry,J. C. Huet,S. Petit, J. Lepault,H. Boot,B. Delmas. 2002. The capsid of infectious bursal disease virus contains several peptides arising from the maturation process of pVP2. *J. Virol*. 76: 2393 - 2402.

[48]Darteil, R. , M. Bublot, E. Laplace, J. F. Bouquet, J. C. Audonnet, and M. Riviere. 1995. Herpesvirus of turkey recombinant viruses expressing infectious bursal disease virus(IBDV) VP2 immunogen induce protection against an IBDV virulent challenge in chickens. *Virology* 211: 481 - 490.

[49]De Herdt,P. ,E. Jagt,G. Paul,S. Van Volen,R. Renard, C. Destrooper and G. van den Bosch. 2005. Evaluation of the enzyme linked immunosorbent assay for the detection of antibodies against infectious bursal disease virus(IBDV)and the estimation of the optimal age for IBDV vaccination in broilers. *Avian Pathol* 34:501 - 504.

[50]De Wit,J. J. ,J. F. Heijmans,D. R. Mekkes and A. A. W. M. van Loon. 2001. Validation of five commercially available ELISAs for the detection of antibodies against infectious bursal disease virus (serotype 1). *Avian Pathol* 30:543 - 549.

[51]Delmas,B. ,F. S. B. Kibenge,J. C. Leong,E. Mundt,V. N. Vakharia, J. L. Wu. 2004. *Birnaviridae*. In Virus Taxonomy:Eighth Report of the International Committee on Taxonomy of Viruses. C. M. Fauquet, M. A. Mayo,J. Maniloff,U. Desselberger and L. A. Ball (eds). Academic Press:London,561 - 569.

[52]DiFabio J. , L. Rossini, N. Eterradossi, D. Toquin, Y. Gardin. 1999. European-like pathogenic infectious bursal disease virus in Brazil. *Vet Record* 145:203 - 204.

[53]Dobos,P. 1979. Peptide map comparison of the proteins of infectious bursal disease virus. *J Virol* 32: 1046 - 1050.

[54]Dobos,P. 1995. Protein-primed synthesis *in vitro* by the virion associated RNA polymerase of infectious pancreatic necrosis virus. *Virology* 208:19 - 25.

[55]Dobos, P. , B. J. Hill, R. Hallett, D. T. Kells, H. Becht, and D. Teninges. 1979. Biophysical and biochemical characterization of five animal viruses with bisegmented double-stranded RNA genomes. *J Virol* 32:593 - 605.

[56]Dohms, J. E. and J. S. Jaeger. 1988. The effect of infectious bursal disease virus infection on local and systemic antibody responses following infection of 3-week-old broiler chickens. *Avian Dis* 32:632 - 640.

[57]Dohms, J. E. , K. P. Lee, and J. K. Rosenberger. 1981. Plasma cell changes in the gland of Harder following infectious bursal disease virus infection of the chicken. *Avian Dis* 25:683 - 695.

[58]Dohms, J. E. , K. P. Lee, J. K. Rosenberger, and A. L. Metz. 1988. Plasma cell quantitation in the gland of Harder during infectious bursal disease virus infection of 3-week-old broiler chickens. *Avian Dis* 32:624 - 631.

[59]Eterradossi, N. , J. P. Picault, P. Drouin, M. Guittet, R. L'Hospitalier,and G. Bennejean. 1992. Pathogenicity and preliminary antigenic characterization of six infectious bursal disease virus strains isolated in France from acute outbreaks. *Zentralbl Veterinaermed Reihe* B 39 9:683 - 691.

[60]Eterradossi, N. , D. Toquin, G. Rivallan, and M. Guittet. 1997. Modified activity of a VP2-located neutralizing epitope on various vaccine pathogenic and hypervirulent strains of infectious bursal disease virus. *Arch Virol* 142:255 - 270.

[61]Eterradossi,N. ,C. Arnauld,D. Toquin, and G. Rivallan. 1998. Critical amino acid changes in VP2 variable domain are associated with typical and atypical antigenicity in very virulent infectious bursal disease viruses. *Arch Virol* 143:1627 - 1636.

[62]Eterradossi,N. ,C. Gauthier, I. Reda, S. Comte, G. Rivallan,D. Toquin,C. de Boisseson,J. Lamande,V. Jestin,Y. Morin,C. Cazaban and P. M. Borne. 2004. Extensive antigenic changes in anatypical isolate of very virulent infectious bursal disease virus and experimental clinical control of this virus with an antigenically classical live vaccine. *Avian Pathol* 33:423 - 431.

[63] Fadly, A. M. , R. W. Winterfield, and H. J. Olander. 1976. Role of the bursa of Fabricius in the pathogenicity of inclusion body hepatitis and infectious bursal disease virus. *Avian Dis* 20:467 - 477.

[64]Fahey, K. J. , I. J. O'Donnell, and A. A. Azad. 1985. Characterization by western blotting of the immunogens of infectious bursal disease virus. *J Gen Virol* 66:1479 - 1488.

[65]Fahey,K. J. ,I. J. O'Donnell,and T. J. Bagust. 1985. Antibody to the 32K structural protein of infectious bursal disease virus neutralizes viral infectivity *in vitro* and con-

fers protection on young chickens. *J Gen Virol* 66:2693 - 2702.

[66]Fahey,K. J. ,K. M. Erny,and J. Crooks. 1989. A conformational immunogen on VP2 of infectious bursal disease virus that passively protects chickens. *J Gen Virol* 70: 1473 - 1481.

[67]Fahey,K. J. ,P. McWaters,M. A. Brown,K. Erny,V. J. Murphy and D. R. Hewish. 1991. Virus neutralizing and passively protective monoclonal antibodies to infectious bursal disease of chickens. *Avian Dis* 35:365 - 373.

[68]Faragher,J. T. ,W. H. Allan,and C. J. Wyeth. 1974. Immunosuppressive effect of infectious bursal agent on vaccination against Newcastle disease. *Vet Rec* 95: 385 - 388.

[69]Feldman, A. R. , J. Lee, B. Delmas, M Paetzel. 2006. Crystal structure of a novel viral protease with a serin/lysin catalytic dyad mechanism, *J Mol Biol* 358:1378 - 1389.

[70]Fernandez-Arias, A. , S. Martinez and J. F. Rodriguez. 1997. The major antigenic protein of infectious bursal disease virus,VP2,is an apoptotic inducer. *J Virol* 71: 8014 - 8018.

[71]Fodor,I. ,E. Horvath,N. Fodor,E. Nagy,A. Rencendorsh,V. N. Vakharia and S. K. Dube. 1999. Induction of protective immunity in chickens immunised with plasmid DNA encoding infectious bursal disease virus antigens. *Acta Vet Hung* 47:481 - 92.

[72]Francois,A. ,C. Chevalier,B. Delmas,N. Eterradossi,D. Toquin,G. Rivallan and P. Langlois. 2004. Avian adenovirus CELO recombinants expressing VP2 of infectious bursal disease virus induce protection against bursal disease in chickens.*Vaccine* 22,2351 - 2360.

[73]Gagic, M. ,C. St. Hill, and J. M. Sharma. 1999. *In ovo* vaccination of specific-pathogen-free chickens with vaccines containing multiple antigens. *Avian Dis* 43: 293 - 301.

[74]Gardner, H. , K. Kerry, M. Riddle, S. Brouwer and L. Gleeson. 1997. Polutry virus infection in Antartic penguins. *Nature* 387:245.

[75]Giambrone,J. J. ,J. P. Donahoe,D. L. Dawe,and C. S. Eidson. 1977. Specific suppression of the bursa-dependent immune system of chicks with infectious bursal disease virus. *Am J Vet Res* 38:581 - 583.

[76]Giambrone,J. J. ,O. J. Fletcher,P. D. Lukert,R. K. Page, and C. E. Eidson. 1978. Experimental infection of turkeys with infectious bursal disease virus. *Avian Dis* 22:451 - 458.

[77]Gorbalenya, A. E. , F. M. Pringle, J. L. Zeddam, B. T. Luke,C. E. Cameron,J. Kalmakoff,T. N. Hanzlik,K. H. J. Gordon, V. K. Ward. 2002. The palm subdomain-based active site is internally permuted in viral RNA-dependent RNA polymerases of an ancient lineage. *J Mol Biol* 324: 47 - 62.

[78]Gough,R. E. ,S. E. N. Drury, D. D. B. Welchman, J. R. Chitty and G. E. S. Summerhays. 2002. Isolation of birnavirus and reoviruslike agents from penguins in the United Kingdom. *Vet Rec* 151:422 - 424.

[79]Goutebroze, S. , M. Curet, M. L. Jay, C. Roux and F. X. Le Gros. 2003. Efficacy of a recombinant vaccine HVT-VP2 against Gumboro disease in the presence of maternal antibodies. *Br Poult Sci* 44:824 - 825.

[80]Granzow H. , C. Birghan, T. Mettenleiter, J. Beyer, B. Kollner, E. Mundt. 1997. A second form of infectious bursal disease virusassociated tubule contains VP4. *J Virol* 71:8879 - 8885.

[81]Grimes, T. M. and D. J. King. 1977. Effect of maternal antibody on experimental infections of chickens with a type-8 avian adenovirus. *Avian Dis* 21:97 - 112.

[82]Haddad, E. , C. Whitfill, A. Avakian, C. Ricks, P. Andrews,J. Thomas, and P. Wakenell. 1997. Efficacy of a novel infectious bursal disease virus immune complex vaccine in broiler chickens. *Avian Dis* 41:882 - 889.

[83]Harkness,J. W. ,D. J. Alexander,M. Pattison, andA. C. Scott. 1975. Infectious bursal disease agent:Morphology by negative stain electron microscopy. *Arch Virol* 48: 63 -73.

[84]Hassan,M. K. ,M. Afify,and M. M. Aly. 2002. Susceptibility of vaccinated and unvaccinated Egyptian chickens to very virulent infectious bursal disease virus. *Avian Pathol* 31:149 - 156.

[85]Hassan,M. K. and Y. M. Saif. 1996. Influence of the host system on the pathogenicity, immunogenicity, and antigenicity of infectious bursal disease viruses. *Avian Dis* 40:553 - 561.

[86]Hassan,M. K. ,M. Q. Al-Natour,L. A. Ward,and Y. M. Saif. 1996. Pathogenicity,attenuation,and immunogenicity of infectious bursal disease virus. *Avian Dis* 40:567 - 571.

[87]Hassan, M. K. , Y. M. Saif, and S. Shawky. 1996. Comparison between antigen-capture ELISA and conventional methods used for titration of infectious bursal disease virus. *Avian Dis* 40:562 - 566.

[88]Haygreen,E. A. ,P. Kaiser,S. C. Burgess and T. F. Davison. 2006. In ovo DNA immunisation followed by a re-

combinant fowlpox boost is fully protective to challenge with virulent IBDV. *Vaccine* 24:4951 - 4961.

[89]Heine,H. G. , M. Haritou, P. Failla, K. J. Fahey and A. A. Azad. 1991. Sequence analysis and expression of the host-protective immunogen VP2 of a variant strain of infectious bursal disease virus which can circumvent vaccination with standard serotype 1 strains. *J Gen Virol* 72: 1835 - 1843.

[90]Heine,H. G. and D. B. Boyle. 1993. Infectious bursal disease virus structural protein VP2 expressed by a fowlpox virus recombinant confers protection against disease in chickens. *Arch Virol* 131:277 - 292.

[91]Helmboldt,C. F. and E. Garner. 1964. Experimentally induced Gumboro disease(IBA). *Avian Dis* 8:561 - 575.

[92]Hihara, H. , H. Yamamoto, K. Arqi, W. Okazaki, and T. Shimizu. 1980. Conditions for successful cultivation of tumor cells from chickens with lymphoid leucosis. *Avian Dis* 24:971 - 979.

[93]Hirai, K. and B. W. Calnek. 1979. *In vitro* replication of infectious bursal disease virus in established lymphoid cell lines and chicken B lymphocytes. *Infect Immun* 25: 964 - 970.

[94]Hirai,K. and S. Shimakura. 1974. Structure of infectious bursal disease virus. *J Virol* 14:957 - 964.

[95]Hirai,K. ,S. Shimakura, E. Kawamoto, F. Taguchi, S. T. Kim,C. N. Chang, and Y. Iritani. 1974. The immunodepressive effect of infectious bursal disease virus in chickens. *Avian Dis* 18:50 - 57.

[96]Hirai, K. , K. Kunihiro, and S. Shimakura. 1979. Characterization of immunosuppression in chickens by infectious bursal disease virus. *Avian Dis* 23:950 - 965.

[97]Hitchner, S. B. 1970. Infectivity of infectious bursal disease virus for embryonating eggs. *Poult Sci* 49: 511 - 516.

[98]Hitchner, S. B. 1976. Immunization of adult hens against infectious bursal disease virus. *Avian Dis* 20:611 - 613.

[99]Hon C. C. , T. Y. Lam, A. Drummond, A. Rambaut, Y. F. Lee, C. W. Yip, F. Zeng, P. Y. Lam, P. T. Ng, F. C. Leung. 2006. Phylogenetic analysis reveals a correlation between the expansion of very virulent infectious bursal disease virus and reassortment of its genome segment B. *J Virol* 80:8503 - 8509.

[100]Howie, R. I. , and J. Thorsen. 1981. Identification of a strain of infectious bursal disease virus isolated from mosquitoes. *Can J Comp Med* 45:315 - 320.

[101]Huang,Z. , S. Elankumaran, A. S. Yunus and S. K. Samal. 2004. A recombinant Newcastle disease virus (NDV)expressing VP2 protein of infectious bursal disease virus(IBDV) protects against NDV and IBDV. *J Virol* 78:10054 - 10063.

[102]Hudson, L. , H. Pattison, and N. Thantrey. 1975. Specific B lymphocyte suppression by infectious bursal agent(Gumboro disease virus)in chickens. *Eur J Immunol* 5:675 - 679.

[103]Hudson, P. J. , N. M. McKern, B. E. Power, and A. A. Azad. 1986. Genomic structure of the large RNA segment of infectious bursal disease virus. *Nucleic Acids Res* 14:5001 - 5012.

[104]Hulse, D. J. and C. H. Romero. 2004. Partial protection against infectious bursal disease virus through DNA-mediated vaccination with the VP2 capsid protein and chicken IL-2 genes. *Vaccine* 22:1249 - 1259.

[105]Islam, M. R. , K. Zierenberg and H. Müller. 2001. The genome segment B encoding the rNA-dependent RNA polymerase protein VP1 of very virulent infectious bursal disease virus (IBDV) is phylogenetically distinct from that of all other IBDV strains. *Archiv Virol* 146: 2481 - 2492.

[106]Ismail, N. and Y. M. Saif. 1990. Differentiation between antibodies to serotypes 1 and 2 infectious bursal disease viruses in chicken sera. *Avian Dis* 34:1002 - 1004.

[107]Ismail, N. and Y. M. Saif. 1991. Immunogenicity of infectious bursal disease viruses in chickens. *Avian Dis* 35:460 - 469.

[108]Ismail, N. , Y. M. Saif, and P. D. Moorhead. 1988. Lack of pathogenicity of five serotype 2 infectious bursal disease viruses in chickens. *Avian Dis* 32:757 - 759.

[109]Ismail, N. , Y. M. Saif, W. L. Wigle, G. B. Havenstein, and C. Jackson. 1990. Infectious bursal disease virus variant from commercial leghorn pullets. *Avian Dis* 34: 141 - 145.

[110]Ivanyi, J. 1975. Immunodeficiency in the chicken. II. Production of monomeric IgM following testosterone treatment of infection with Gumboro disease. *Immunology* 28:1015 - 1021.

[111]Ivanyi, J. and R. Morris. 1976. Immunodeficiency in the chicken. IV. An immunological study of infectious bursal disease. *Clin Exp Immunol* 23:154 - 165.

[112]Jackwood,D. J. 1988. Detection of infectious bursal disease virus using nucleic acid probes [abst]. *J Am Vet Med Assoc* 192:1779.

[113]Jackwood,D. J. and Y. M. Saif. 1983. Prevalence of antibodies to infectious bursal disease virus serotypes I and II in 75 Ohio chicken flocks. *Avian Dis* 27:850 -

854.

[114]Jackwood, D. H. and Y. M. Saif. 1987. Antigenic diversity of infectious bursal disease viruses. *Avian Dis* 31: 766 - 770.

[115]Jackwood, D. J. , Y. M. Saif, and J. H. Hughes. 1982. Characteristics and serologic studies of two serotypes of infectious bursal disease virus in turkeys. *Avian Dis* 26:871 - 882.

[116]Jackwood, D. J. , Y. M. Saif, and J. H. Hughes. 1984. Nucleic acid and structural proteins of infectious bursal disease virus isolates belonging to serotypes Ⅰ and Ⅱ. *Avian Dis* 28:990 - 1006.

[117]Jackwood, D. J. , Y. M. Saif, P. D. Moorhead, and G. Bishop. 1984. Failure of two serotype Ⅱ infectious bursal disease viruses to affect the humoral immune response of turkeys. *Avian Dis* 28:100 - 116.

[118]Jackwood, D. J. , Y. M. Saif, and P. D. Moorhead. 1985. Immunogenicity and antigenicity of infectious bursal disease virus serotypes Ⅰ and Ⅱ in chickens. *Avian Dis* 29:1184 - 1194.

[119]Jackwood, D. H. , Y. M. Saif, and J. H. Hughes. 1987. Replication of infectious bursal disease virus in continuous cell lines. *Avian Dis* 31:370 - 375.

[120] Jackwood, D. J. and S. E. Sommer. 1997. Restriction length polymorphism in the VP2 gene of infectious bursal disease viruses. *Avian Dis* 41:627 - 637.

[121] Jackwood, D. and S. Sommer. 1999. Restriction fragment length polymorphisms in the VP2 gene of infectious bursal disease viruses from outside the United States. *Avian Dis* 43:310 - 314.

[122]Jagadish, M. N. and A. A. Azad. 1991. Localization of a VP3 epitope of infectious bursal disease virus. *Virology* 184:805 - 807.

[123]Jakowski, R. M. , T. N. Fredrickson, R. E. Luginbuhl and C. F. Helmboldt. 1969. Early changes in bursa of Fabricius from Marek's disease. *Avian Dis* 13:215 - 222.

[124]Jeurissen, S. H. M. , E. M. Janse, P. R. Lerbach, E. E. Haddad, A. Avakian and C. E. Whitfill. 1998. The working mechanism of an immune complex vaccine that protects chickens against infectious bursal disease. *Immunology* 95:494 - 500.

[125]Johnson, D. C. , P. D. Lukert, and R. K. Page. 1980. Field studies with convalescent serum and infectious bursal disease vaccine to control turkey coryza. *Avian Dis* 24:386 - 392.

[126]Kaufer, I. and E. Weiss. 1980. Significance of bursa of Fabricius as target organ in infectious bursal disease of chickens. *Infect Immun* 27:364 - 367.

[127]Kibenge, F. S. B. , A. S. Dhillon, and R. G. Russell. 1988. Biochemistry and immunology of infectious bursal disease virus. *J Gen Virol* 69:1757 - 1775.

[128]Kibenge, F. S. B. , A. S. Dhillon, and R. G. Russell. 1988. Growth of serotypes Ⅰ and Ⅱ and variant strains of infectious bursal disease virus in vero cells. *Avian Dis* 17:298 - 303.

[129]Kibenge, F. S. B. , A. S. Dhillon, and R. G. Russell. 1988. Identification of serotype Ⅱ infectious bursal disease virus proteins. *Avian Pathol* 17:679 - 687.

[130]Kim, I. J. , K. Karaka, T. L. Pertile, S. A. Erickson and J. M. Sharma. 1998. Enhanced expression of cytokine genes in spleen macrophages during acute infection with infectious bursal disease virus in chickens. *Vet Immunol Immunopathol* 61:331 - 341.

[131]Kim, I. J. , S. K. You, H. Kim, H. Y. Yeh and J. M. Sharma. 2000. Characteristics of bursal T lymphocytes induced by infectious bursal disease virus. *J Virol* 74: 8884 - 8892.

[132]Kim, S. J. , H. W. Sung, J. H. Han, D. Jackwood and H. M. Kwon. 2004. Protection against very virulent infectious bursal disease virus in chickens immunized with DNA vaccines. *Vet Microbiol* 101:39 - 51.

[133]Kosters, J. , H. Becht, and R. Rudolph. 1972. Properties of the infectious bursal agent of chicken(IBA). *Med Microbiol Immunol* 157:291 - 298.

[134]Kreider, D. L. , J. K. Skeeles, M. Parsley, L. A. Newberry and J. D. Story. 1991. Variability in a commercially available enzyme-linked immunosorbent assay system. Ⅱ Laboratory variability. *Avian Dis* 35:288 - 293.

[135]Kusk, M. , S. Kabell, P. H. Jorgensen and K. J. Handberg. 2005. Differentiation of five strains of infectious bursal disease virus: development of a strain-specific multiplex PCR. *Vet Microbiol* 109:159 - 167.

[136]Lam, K. M. 1997. Morphological evidence of apoptosis in chickens infected with infectious bursal disease viruses. *J Comp Pathol* 116:367 - 377.

[137]Lana, D. P. , C. E. Beisel and R. F. Silva. 1992. Genetic mechanisms of antigenic variation in infectious bursal disease virus: analysis of a naturally occuring variant virus. *Virus Genes* 6:2474 - 259.

[138] Landgraf, H. , E. Vielitz, and R. Kirsch. 1967. Occurrence of an infectious disease affecting the bursa of Fabricius(Gumboro disease). *Dtsch Tieraerztl Wochenschr* 74:6 - 10.

[139]Lee,L. H. and P. D. Lukert. 1986. Adaptation and anti-genic variation of infectious bursal disease virus. *J Chin Soc Vet Sci* 12:297-304.

[140]Lejal,N. ,B. Da Costa,J. C. Huet,B. Delmas. 2000. Role of Ser-652 and Lys-692 in the protease activity of infectious bursal disease VP4 and identification of its substrate cleavage sites. *J Gen Virol* 81:983-992.

[141]Le Nouen,C. ,G. Rivallan,D. Toquin, P. Darlu, Y. Morin,V. Beven,C. de Boisseson,C. Cazaban, S. Comte, Y. Gardin and N. Eterradossi. 2006. Very virulent infectious bursal disease virus: reduced pathogenicity in a rare natural segment-B-reassorted isolate. *J Gen Virol* 87:209-216.

[142]Lim,B. , Y. Cao, T. Yu,and C. Mo. 1999. Adaptation of very virulent infectious bursal disease virus to chicken embryonic fibroblasts by site-directed mutagenesis of residues 279 and 284 of viral coat protein VP2. *J Virol* 73:2854-2862.

[143]Liu,M. and V. N. Vakharia. 2004. VP1 protein of infectious bursal disease virus modulates the virulence *in vivo*. *Virology* 330:62-73.

[144]Liu,M. and V. N. Vakharia. 2006. Non structural protein of infectious bursal disease virus inhibits apoptosis at the early stage of virus infection,*J Virol* 80:3369-3377.

[145]Lohr,J. E. 1988. Proceedings of the First International Symposium on Infectious Bronchitis. E. F. Kaleta and V. Heffels-Redman(eds.). 199-207.

[146]Lombardo,E. A. ,A. Maraver, I. Espinosa,A. Fernadez-Arias and J. F. Rodriguez. 1999. VP 1, the putative RNA-dependent RNA polymerase of infectious bursal disease virus,forms complexes with the capsid protein VP3, leading to efficient encasidation into virus-like particles. *J. Virol*. 73:6973-6983.

[147]Lombardo,E. A. ,A. Maraver, I. Espinosa,A. Fernadez-Arias and J. F. Rodriguez. 2000. VP5,the non structural polypeptide of infectious bursal disease virus,accumulates within the host plasma membrane and induces cell lysis. *Virology* 277:345-357.

[148]Lucio,B. and S. B. Hitchner. 1979. Infectious bursal disease emulsified vaccine: Effect upon neutralizing-antibody levels in the dam and subsequent protection of the progeny. *Avian Dis* 23:466-478.

[149]Lukert, P. D. 1986. Serotyping recent isolates of infectious bursal disease virus. Proc 21 st Natl Meet Poult Health Condemn:Ocean City,MD,71-75.

[150]Lukert,P. D. 1988. Unpublished data.

[151]Lukert, P. D. and R. B. Davis. 1974. Infectious bursal disease virus: Growth and characterization in cell cultures. *Avian Dis* 18:243-250.

[152]Lukert,P. D. and L. A. Mazariegos. 1985. Virulence and immunosuppressive potential of intermediate vaccine strains of infectious bursal disease virus [abst]. *J Am Vet Med Assoc* 187:306.

[153]Lukert,P. D. and D. Rifuliadi. 1982. Replication of virulent and attenuated infectious bursal disease virus in maternally immune dayold chickens [abst]. *J Am Vet Med Assoc* 181:284.

[154]Lukert,P. D. ,J. Leonard,and R. B. Davis. 1975. Infectious bursal disease virus: Antigen production and immunity. *Am J Vet Res* 36:539-540.

[155]Lunger, P. D. and T. C. Maddux. 1972. Fine-structure studies of the avian infectious bursal agent. Ⅰ. *In vivo* viral morphogenesis. *Avian Dis* 16:874-893.

[156]Maas,R. S. Vanema, A. Kant, H. Oei and Ⅰ. Claassen. 2004. Quantification of infectious bursal disease viral proteins 2 and 3 in inactivated vaccines as an indicator of serological response and measure of potency. *Avian Pathol* 33:126-132.

[157]MacDonald,R. D. 1980. Immunofluorescent detection of doublestranded RNA in cells infected with reovirus,infectious pancreatic necrosis virus,and infectious bursal disease virus. *Can JMicrobiol* 26:256-261.

[158]Macreadie, I. G. ,P. R. Vaughan, A. J. Chapman, N. M. McKern,M. N. Jagadish, H. G. Heine, C. W. Ward, K. J. Fahey,and A. A. Azad. 1990. Passive protection against infectious bursal disease virus by viral VP2 expressed in yeast. *Vaccine* 8:549-552.

[159]Mahardika, G. N. K. and H. Becht. 1995. Mapping of crossreacting and serotype-specific epitopes on the VP3 structural protein of infectious bursal disease virus. *Arch Virol* 140:765-774.

[160]Mallinson, E. T. ,D. B. Snyder, W. W. Marquardt, E. Russek-Cohen, P. K. Savage, D. C. Allen, and F. S. Yancey. 1985. Presumptive diagnosis of subclinical infections utilizing computer-assisted analysis of sequential enzyme-linked immunosorbent assays against multiple antigens. *Poult Sci* 64:1661-1669.

[161]Mandelli, G. , A. Rinaldi, A. Cerioli, and G. Cervio. 1967. Aspetti ultrastrutturali della borsa di Fabrizio nella malattia di Gumboro de pollo. *Atti Soc Ital Sci Vet* 21:615-619.

[162]Mandeville Ⅲ, W. F. ,F. K. Cook, and D. J. Jackwood. 2000. Heat lability of five strains of infectious bursal

disease virus. *Poultry Science* 79:838 - 842.

［163］Marquardt,W. ,R. B. Johnson,W. F. Odenwald,and B. A. Schlotthober. 1980. An indirect enzyme-linked immunosorbent assay(ELISA)for measuring antibodies in chickens infected with infectious bursal disease virus. *Avian Dis* 24:375 - 385.

［164］Martinez-Torrecuadrada, J. L. , N. Saubi, A. Pagès-Manté,J. R. Caston, E. Espuna and J. I. Casal. 2003. Structure dependent efficacy of infectious bursal disease virus(IBDV) recombinant vac-cines. *Vaccine* 21:3342 - 3350.

［165］McAllister,J. C. , C. D. Steelman, L. A. Newberry, and J. K. Skeeles. 1995. Isolation of infectious bursal disease virus from the lesser mealworm,Alphitobius diaperinus (Panzer). *Poult Sci* 74(1):45 - 49.

［166］McFerran,J. B. , M. S. McNulty, E. R. McKillop, T. J. Conner,R. M. McCracken, D. S. Collins, and G. M. Allan. 1980. Isolation and serological studies with infectious bursal disease viruses from fowl, turkey and duck: Demonstration of a second serotype. *Avian Pathol* 9:395 - 404.

［167］McNulty, M. S. and Y. M. Saif. 1988. Antigenic relationship of non-serotype 1 turkey infectious bursal disease viruses. *Avian Dis* 32:374 - 375.

［168］McNulty,M. S. ,G. M. Allan,and J. B. McFerran. 1979. Isolation of infectious bursal disease virus from turkeys. *Avian Pathol* 8:205 - 212.

［169］Mekkes,D. R. ,and de Wit,J. J. 2002. Report of the second international ring trail for Infectious Bursal Disease Virus(IBDV) antibody detection in serum. Annual report and proceedings 2002 of COST Action 839:Immunosuppressive viral diseases in poultry,210 - 226.

［170］Meroz,M. 1966. An epidemiological survey of Gumboro disease. *Refu Vet* 23:235 - 237.

［171］Mickael,C. S. and D. J. Jackwood. 2005. Real time RT-PCR analysis of two epitope regions encoded by the vP2 gene of infectious bursal disease viruses. *J Virol Met* 128:37 - 46.

［172］Moody,A. , S. Sellers and N. Bumstead. 2000. Measuring infectious bursal disease virus RNA in blood by multiplex real-time quantitative RT-PCR. *J Virol Met* 85:55 - 64.

［173］Morgan, M. M. , I. G. Macreadie, V. R. Harley, P. J. Hudson,and A. A. Azad. 1988. Sequence of the small double-stranded RNA genomic segment of infectious bursal disease virus and its deduced 90-K Da product. *Virology* 163:240 - 242.

［174］Müller,H. 1986. Replication of infectious bursal disease virus in lymphoid cell. *Arch Virol* 87:191 - 203.

［175］Müller, H. and H. Becht. 1982. Biosynthesis of virus-specific proteins in cells infected with infectious bursal disease virus and their significance as structural elements for infectious virus and incomplete particles. *J Viro* 44:384 - 392.

［176］Müller,H. and N. Nitschke. 1987. The two segments of infectious bursal disease virus genome are circularized by a 90 000 Da protein. *Virology* 159:174 - 177.

［177］Müller,H. ,C. Scholtissek,and H. Becht. 1979. Genome of infectious bursal disease virus consists of two segments of doublestranded RNA. *J Virol* 31:584 - 589.

［178］Müller, R. , I. K. Weiss, M. Reinacher, and E. Weiss. 1979. Immunofluorescent studies of early virus propagation after oral infection with infectious bursal disease virus(IBDV). *Zentralbl Veterinaermed Med* ［B］ 26:345 - 352.

［179］Müller, H. ,H. Lange, and H. Becht. 1986. Formation, characterization and interfering capacity of a small plaque mutant and of incomplete virus particles of infectious bursal disease virus. *Virus Res* 4:297 - 309.

［180］Mundt, E. 1999. Tissue culture infectivity of different strains of infectious bursal disease virus is determined by distinct amino acids in VP2. *J Gen Virol* 80:2067 - 2076.

［181］Mundt,E. and H. Müller. 1995. Complete nucleotide sequences of 5' and 3' non-coding regions of both segments of different strains of infectious bursal disease virus. *Virology* 209:10 - 18.

［182］Mundt,E. ,J. Beyer,and H. Müller. 1995. Identification of a novel viral protein in infectious bursal disease virus-infected cells. *J Gen Virol* 76:437 - 443.

［183］Mundt,E. , N. de Haas and A. A. van Loon. 2003. Development of a vaccine for immunization against classical as well as variant strains of infectious bursal disease virus using reverse genetics. *Vaccine* 21:4616 - 4624.

［184］Mundt,E. , B. Kollner, and D. Kretzschmar. 1997. VP5 of infectious bursal disease virus is not essential for virus replication in cell culture. *J Virol* 71:5647 - 5651.

［185］Mundt, E. and V. N. Vakharia. 1996. Synthetic transcripts of double-stranded birnavirus genome are infectious. *Proc Natl Acad Sci USA* 93:11131 - 11136.

［186］Nagarajan, M. M. and F. S. B. Kibenge. 1997. Infectious bursal disease virus:A review of molecular basis for variations in antigenicity and virulence. *Canadian Journal of Veterinary Research* 61:81 - 88.

[187] Nagy, E. , R. Duncan, P. Krell, and P. Dobos. 1987. Mapping of the large RNA genome segment of infectious pancreatic necrosis virus by hybrid arrested translation. *Virology* 158:211 - 217.

[188] Nakai, T. and K. Hirai. 1981. *In vitro* infection of fractionated chicken lymphocytes by infectious bursal disease virus. *Avian Dis* 25:831 - 838.

[189] Naqi, S. A. and D. L. Millar. 1979. Morphologic changes in the bursa of Fabricius of chickens after inoculation with infectious bursal disease virus. *Am J Vet Res* 40: 1134 - 1139.

[190] Negash, T. , S. O. Al-Garib and E. Gruys. 2004. Comparison of *in ovo* and post-hatch vaccination with particular reference to infectious bursal disease: A review. *Vet Quarter* 26:76 - 87.

[191] Nick, H. , D. Cursiefen, and H. Becht. 1976. Structural and growth characteristics of infectious bursal disease virus. *J Virol* 18:227 - 234.

[192] Nieper, H. and H. Müller. 1996. Susceptibility of chicken lymphoid cells to infectious bursal disease virus does not correlate with the presence of specific binding sites. *J Gen Virol* 77:1229 - 1237.

[193] Nusbaum, K. E. , P. D. Lukert, and O. J. Fletcher. 1988. Experimental infection of one-day-old poults with turkey isolates of infectious bursal disease virus. *Avian Pathol* 17:51 - 62.

[194] Ogawa, M. , T. Yamaguchi, A. Setiyono, T. Ho, H. Matsuda, S. Furasawa, H. Fukushi and K. Hirai. 1998. Some characteristics of a cellular receptor for virulent infectious bursal disease virus using flow cytometry. *Arch Virol* 143,2327 - 2341.

[195] Ogawa, M. , T. Wakuda, T. Yamaguchi, K. Murata, A. Setiyono, H. Fukushi and K. Hirai. 1998. Seroprevalence of infectious bursal disease virus in free-living wild birds in Japan. *J Vet Med Sci* 60,1277 - 1279.

[196] Okoye, J. O. A. and G. C. Okpe. 1989. The pathogenicity of an isolate of infectious bursal disease virus in guinea fowls. *Acta Vet Brno* 58:91 - 96.

[197] Okoye, J. O. A. and U. E. Uche. 1986. Serological evidence of infectious bursal disease virus infection in wild rats. *Acta Vet Brno* 55:207 - 209.

[198] Öppling, V. , H. Müller and H. Becht. 1991. The structural polypeptide VP3 of infectious bursal disease virus carries group-and serotype-specific epitopes. *J Gen Virol* 72:2275 - 2278.

[199] Owoade, A. A. , M. N. Mulders, J. Kohnen, W. Ammerlaan and C. P. Muller. 2004. High sequence diversity in infectious bursal disease virus serotype 1 in poultry and turkey suggests West-African origin of very virulent strains. *Arch Virol* 149:653 - 672.

[200] Ozel, M. and H. Gelderblom. 1985. Capsid symmetry of viruses of the proposed birnavirus group. *Arch Virol* 84:149 - 161.

[201] Page, R. K. , O. J. Fletcher, P. D. Lukert, and R. Rimler. 1978. Rhinotracheitis in turkey poults. *Avian Dis* 22: 529 - 534.

[202] Pagès-Manté, A. , D. Torrents, J. Maldonado and N. Saubi. 2004. Dogs as potential carriers of infectious bursal disease virus. *Avian Pathol* 33:205 - 209.

[203] Panigrahy, B. , L. K. Misra, S. A. Naqi, and C. F. Hall. 1977. Prolongation of skin allograft survival in chickens with infectious bursal disease. *Poult Sci* 56:1745.

[204] Parkhurst, R. T. 1964. On-the-farm studies of Gumboro disease in broilers. *Avian Dis* 8:584 - 596.

[205] Pattison, M. , D. J. Alexander, and J. W. Harkness. 1975. Purification and preliminary characterization of a pathogenic strain of infectious bursal disease virus. *Avian Pathol* 4:175 - 187.

[206] Pejkovski, C. , F. G. Davelaar, and B. Kouwenhoven. 1979. Immunosuppressive effect of infectious bursal disease virus on vaccination against infectious bronchitis. *Avian Pathol* 8:95 - 106.

[207] Perelman, B. and E. D. Heller. 1983. The effect of infectious bursal disease virus on the immune system of turkeys. *Avian Dis* 27:66 - 76.

[208] Petek, M. , P. N. D'Aprile, and F. Cancellotti. 1973. Biological and physicochemical properties of the infectious bursal disease virus (IBDV). *Avian Pathol* 2: 135 - 152.

[209] Peters, G. 1967. Histology of Gumboro disease. *Berl Munch Tierarztl Wochenschr* 80:394 - 396.

[210] Peters, M. A. , T. L. Lin and C. C. Wu. 2005. Real-time RT-PCR differentiation and quantitation of infectious bursal disease virus strains using dual-labeled fluorescent probes. *J Virol Met* 127:87 - 95.

[211] Phenix, K. V. , K. Wark, C. J. Luke, M. A. Skinner, J. A. Smyth, K. A. Mawhinney and D. Todd D. 2001. Recombinant Semliki Forest virus vector exhibits potential for avian virus vaccine development. *Vaccine* 19:3116 - 3123.

[212] Pitcovski, J. , D. Di Castro, Y. Shaaltiel, A. Azriel, B. Gutter, E. Yarkoni, A. Michael, S. Krispel and B. Z. Levi. 1996. Insect cellderived VP2 of infectious bursal disease virus confers protection against the disease in

chickens. *Avian Dis* 40:753 - 761.

[213] Pitcovski, J. , B. Gutter, G. Gallili, M. Goldway, B. Perelman, G. Gross, S. Krispel, M. Barbakov and A. Michael. 2003. Development and large scale use of recombinant VP2 vaccine for the prevention of infectious bursal disease virus of chickens. *Vaccine* 21:4736 - 4743.

[214] Pous, J. , C. Chevalier, M. Ouldali, J. Navaza, B. Delmas, J. Lepault. 2005. Structure of birnavirus-like particles determined by combined electron cryomicroscopy and X-ray crystallography. *J Gen Virol* 86:2339 - 2346.

[215] Rautenschlein, S. and C. Haase. 2005. Differences in the immunopathogenesis of infectious bursal disease virus (IBDV) following in ovo and post-hatch vaccination of chickens. *Vet Immunol Immunopathol* 106:139 - 150.

[216] Rautenschlein, S. , H. Y. Yeh, M. K. Njenga and J. M. Sharma. 2002. Role of intrabursal T cells in infectious bursal disease virus infection: T cells promote viral clearance but delay follicular recovery. *Arch Virol* 147: 285 - 304.

[217] Reddy, S. K. , A. Silim and D. Frenette(1992) Biological roles of the major capsid proteins and relationships between the two existing serotypes of infectious bursal disease virus. *Arch Virol* 127:209 - 222.

[218] Rinaldi, A. , G. Cervio, and G. Mandelli. 1965. Aspetti epidemiologici, anatomo-clinici ed istologici di una nuova forma morbosa dei polli verosimilmente identificabile con la considdetta Malattia di Gumboro. Atti Conv Patol Aviare. Societa Italiana de Patologia Aviare, 77 - 83.

[219] Rinaldi, A. , E. Lodetti, D. Cessi, E. Lodrini, G. Cervio, and L. Nardelli. 1972. Coltura del virus de Gumboro (IBA) su fibroblast de embrioni di pollo. *Nuova Vet* 48: 195 - 201.

[220] Rosenberger, J. K. and S. S. Cloud. 1985. Isolation and characterization of variant infectious bursal disease viruses [abst]. *J Am Vet Med Assoc* 189:357.

[221] Rosenberger, J. K. and S. S. Cloud. 1986. Isolation and characterization of variant infectious bursal disease viruses [abst]. *J Am Vet Med Assoc* 189:357.

[222] Rosenberger, J. K. and J. Gelb, Jr. 1978. Response to several avian respiratory viruses as affected by infectious bursal disease virus. *Avian Dis* 22:95 - 105.

[223] Rosenberger, J. K. , S. Klopp, R. J. Eckroade, and W. C. Krauss. 1975. The role of the infectious bursal agent and several avian adenoviruses in the hemorrhagic-aplastic-anemia syndrome and gangrenous dermatitis. *Avian Dis* 19:717 - 729.

[224] Rosenberger, J. K. , S. S. Cloud, J. Gelb, Jr. , E. Odor,

and J. E. Dohms. 1985. Sentinel bird survey of Delmarva broiler flocks. Proc 20th Natl Meet Poult Health Condemn: Ocean City, MD, 94 - 101.

[225] Rosenberger, J. K. , S. S. Cloud, and A. Metz. 1987. Use of infectious bursal disease virus variant vaccines in broilers and broiler breeders. Proc 36th West Poult Dis Conf, 105 - 109.

[226] Ruby, T. , C. Whittaker, D. R. Withers, M. K. Chelbi-Alix, V. Morin, A. Oudin, J. R. Young and R. Zoorob. 2006. Transcriptional profiling reveals a possible role for the timing of the inflammatory response in determining susceptibility to a viral infection. *J Virol* 80: 9207 -9216.

[227] Saif, Y. M. 1984. Infectious bursal disease virus types. Proc 19th Natl Meet Poult Health Condemn: Ocean City, MD, 105 - 107.

[228] Saif, Y. M. 1995. Unpublished data.

[229] Schnitzler, D. , F. Bernstein, H. Müller and H. Becht. 1993. The genetic basis for the antigenicity of the VP2 protein of the infectious bursal disease virus. *J Gen Virol* 74:1563 - 1571.

[230] Sapats, S. I. and J. Ignjatovic. 2000. Antigenic and sequence heterogeneity of infectious bursal disease virus strains isolated in Australia. *Arch Virol* 145,773 - 785.

[231] Sapats, S. I. , L. Trinidad, G. Gould, H. G. Heine, T. P. Van den Berg, N. Eterradossi, D. Jackwood, L. Parede, D. Toquin and J. Ignjatovic. 2006. Chicken recombinant antibodies specific for very virulent infectious bursal disease virus. *Arch Virol* 151:1551 - 1566.

[232] Sharma, J. M. 1984. Effect of infectious bursal disease virus on protection against Marek's disease by turkey herpes virus vaccine. *Avian Dis* 28:629 - 640.

[233] Sharma, J. M. and L. F. Lee. 1983. Effect of infectious bursal disease virus on natural killer cell activity and mitogenic response of chicken lymphoid cells: Role of adherent cells in cellular immune suppression. *Infect Immun* 42:747 - 754.

[234] Sharma, J. M. , J. E. Dohms, and A. L. Metz. 1989. Comparative pathogenesis of serotype 1 and variant serotype 1 isolates of infectious bursal disease virus and the effect of those viruses on humoral and cellular immune competence of specific pathogen free on chickens. *Avian Dis* 33:112 - 124.

[235] Sharma, J. M. , S. Rautenschlein, and H. Y. Yeh. 2001. The role of T cells in immunopathogenesis of infectious bursal disease virus. Proceedings II International Symposium on Infectious Bursal Disease and Chicken Infec-

tious Anaemia. Rauischholzhausen,324 - 327.

[236]Shirai, J. , R. Seki, R. Kamimura, and S. Mitsubayashi. 1994. Effects of invert soap with 0. 05% sodium hydroxide on infectious bursal disease virus. *Avian Dis* 38:240 - 243.

[237]Sivanandan, V. and S. K. Maheswaran. 1980. Immune profile of infectious bursal disease. I. Effect of infectious bursal disease virus on peripheral blood T and B lymphocytes in chickens. *Avian Dis* 24:715 - 725.

[238]Sivanandan, V. and S. K. Maheswaran. 1980. Immune profile of infectious bursal disease(IBD). II. Effect of IBD virus on pokeweedmitogen-stimulated peripheral blood lymphocytes of chickens. *Avian Dis* 24: 734 - 742.

[239]Sivanandan, V. and S. K. Maheswaran. 1981. Immune profile of infectious bursal disease. III. Effect of infectious bursal disease virus on the lymphocyte responses to phytomitogens and on mixed lymphocyte reaction of chickens. *Avian Dis* 25:112 - 120.

[240]Sivanandan, V. , J. Sasipreeyajan, D. A. Halvorson, and J. A. Newman. 1986. Histopathologic changes induced by serotype II infectious bursal disease virus in specific-pathogen-free chickens. *Avian Dis* 30:709 - 715.

[241]Skeeles, J. K. and P. D. Lukert. 1980. Studies with an attenuated cell-culture-adapted infectious bursal disease virus: Replication sites and persistence of the virus in specific-pathogen-free chickens. *Avian Dis* 24:43 - 47.

[242]Skeeles, J. K. , P. D. Lukert, E. V. De Buysscher, O. J. Fletcher, and J. Brown. 1979. Infectious bursal disease virus infections. I. Complement and virus-neutralizing antibody response following infection of susceptible chickens. *Avian Dis* 23:95 - 106.

[243]Skeeles, J. K. , P. D. Lukert, E. V. De Buysscher, O. J. Fletcher, and J. Brown. 1979. Infectious bursal disease virus infections. II. The relationship of age, complement levels, virus-neutralizing antibody, clotting and lesions. *Avian Dis* 23:107 - 117.

[244]Skeeles, J. K. , P. D. Lukert, O. J. Fletcher, and J. D. Leonard. 1979. Immunization studies with a cell-culture-adapted infectious bursal disease virus. *Avian Dis* 23:456 - 465.

[245]Skeeles, J. K. , M. F. Slavik, J. N. Beasley, A. H. Brown, C. F. Meinecke, S. Maruca, and S. Welch. 1980. An age-related coagulation disorder associated with experimental infection with infectious bursal disease virus. *Am J Vet Res* 41:1458 - 1461.

[246]Snedeker, C. , F. K. Wills, and I. M. Moulthrop. 1967.

Some studies on the infectious bursal agent. *Avian Dis* 11:519 - 528.

[247]Snyder, D. B. , W. W. Marquardt, E. T. Mallinson, E. Russek-Cohen, P. K. Savage, and D. C. Allen. 1986. Rapid serological profiling by enzyme-linked immunosorbent assay. IV. Association of infectious bursal disease serology with broiler flock performance. *Avian Dis* 30:139 - 148.

[248]Snyder, D. B. , D. P. Lana, B. R. Cho, and W. W. Marquardt. 1988. Group and strain-specific neutralization sites of infectious bursal disease virus defined with monoclonal antibodies. *Avian Dis* 32:527 - 534.

[249]Snyder, D. B. , D. P. Lana, P. K. Savage, F. S. Yancey, S. A. Mengel, and W. W. Marquardt. 1988. Differentiation of infectious bursal disease viruses directly from infected tissues with neutralizing monoclonal antibodies: Evidence of a major antigenic shift in recent field isolates. *Avian Dis* 32:535 - 539.

[250]Snyder, D. B. , V. N. Vakharia and P. K. Savage. 1992. Naturally occurring neutralizing monoclonal antibody escape variants define the epidemiology of infectious bursal disease viruses in the United States. *Arch. Virol*. 127:89 - 101.

[251]Snyder, D. B. , V. N. Vakharia, S. A. Mengel-Whereat, G. H. Edwards, P. K. Savage, D. Lutticken, and M. A. Goodwin. 1994. Active cross-protection induced by a recombinant baculovirus expressing chimeric infectious bursal disease virus structural proteins. *Avian Dis* 38: 701 - 707.

[252]Solano, W. , J. J. Giambrone, and V. S. Panangala. 1985. Comparison of a kinetic-based enzyme-linked immunosorbent assay(KELISA)and virus-neutralization test for infectious bursal disease virus. I. Quantitation of antibody in white leghorn hens. *Avian Dis* 29:662 - 671.

[253]Spies, U. , H. Müller, and H. Becht. 1987. Properties of RNA polymerase activity associated with infectious bursal disease virus and characterization of its reaction products. *Virus Res* 8:127 - 140.

[254]Steger, D. , H. Müller, and D. Riesner. 1980. Helix-core transitions in double-stranded viral RNA: Fine resolution melting and ionic strength dependence. *Biochem Biophys Acta* 606:274 - 285.

[255]Sun, J. H. , Y. X. Yan, J. Jiang and P. Lu. 2005. DNA immunization against very virulent infectious bursal disease virus with VP2-4-3 gene and chicken IL-6 gene. *J Vet Med B* 52:1 - 7.

[256]Survashe, B. D. , I. D. Aitken, and J. R. Powell. 1979.

The response of the Harderian gland of the fowl to antigen given by the ocular route. I. Histological changes. *Avian Pathol* 8:77 - 93.

[257]Tacken,M. G. J. , B. P. H. Peeters, A. A. M. Thomas, P. J. M. Rottier, H. J. Boot. 2002. Infectious bursal disease virus capsid protein VP3 interacts both with VP1: The RNA dependent RNA polymerase,and with double-stranded RNA. *J Virol* 76:11301 - 11311.

[258]Tacken,M. G. , A. A. Thomas,B. P. Peeters,P. J. Rottier and H. J. Boot. 2004. VP1,the RNA-dependent RNA polymerase and genome-linked protein of infectious bursal disease virus,interacts with the carboxy-terminal domain of translational eukaryotic initiation factor 4AII. *Arch Virol* 149:2245 - 2260.

[259]Takase,K. ,G. M. Baba, R. Ariyoshi, and H. Fujikawa. 1996. Susceptibility of chicken embryos to highly virulent infectious bursal disease virus. *J Vet Med Sci* 58 (11):1129 - 1131.

[260]Tanimura,N. ,K. Tsukamoto, K. Nakamura,M. Narita, and M. Maeda. 1995. Association between pathogenicity of infectious bursal disease virus and viral antigen distribution detected by immunochemistry. *Avian Dis* 39: 9 - 20.

[261]Tham, K. M. and C. D. Moon. 1996. Apoptosis in cell culture induced by infectious bursal disease virus following *in vitro* infection. *Avian Dis* 40:109 - 113.

[262]Thayer, S. G. , P. Villegas, and O. J. Fletcher. 1987. Comparison of two commercial enzyme-linked immunosorbent assays and conventional methods for avian serology. *Avian Dis* 31:120 - 124.

[263]Tiwari, A. K. , R. Kataria, S. Indervesh, N. Prasad and R. Gupta. 2003. Differentiation of infectious bursal disease viruses by restriction enzymz analysis of RT-PCR amplified VP1 gene sequence. *Comp Immunol Microbiol Infect Dis* 26:47 - 53.

[264]Todd,D. and M. S. McNulty. 1979. Biochemical studies with infectious bursal disease virus: Comparison of some of its properties with infectious pancreatic necrosis virus. *Arch Virol* 60:265 - 277.

[265]Tsai, H. J. and Y. M. Saif 1992. Effect of cell-culture passage on the pathogenicity and immunogenicity of infectious bursal disease virus. *Avian Dis* 36:415 - 422.

[266]Tsukamoto,K. , T. Matsumura, M. Mase, and K. Imai. 1995. A highly sensitive,broad-spectrum infectivity assay for infectious bursal disease virus. *Avian Dis* 39: 575 - 586.

[267]Tsukamoto, K. , N. Tanimura, S. Kakita, K. Ota, M.

Mase,K. Imai, and H. Hihara. 1995. Efficacy of three live vaccines against highly virulent infectious bursal disease virus in chickens with or without maternal antibodies. *Avian Dis* 39:218 - 229.

[268]Tsukamoto, K. , C. Kojima, Y. Komori, N. Tanimura, M. Mase and S. Yamaguchi. 1999. Protection of chickens against very virulent infectious bursal disease virus (IBDV) and Marek's disease virus (MDV) with a recombinant MDV expressing IBDV VP2. *Virology* 257: 352 - 362.

[269]Tsukamoto, K. , S. Saito, S. Saeki, T. Sato, N. Tanimura, T. Isobe, M. Mase, T. Imada, N. Yuasa and S. Yamaguchi. 2002. Complete, long-lasting protection against lethal infectious bursal disease virus challenge by a single vaccination with an avian herpesvirus vector expressing VP2 antigens. *J Virol* 76:5637 - 5645.

[270]Ture, O. and Y. M. Saif. 1992. Structural proteins of classic and variant strains of infectious bursal disease viruses. *Avian Dis* 36:829 - 836.

[271]Ursula, Höfle, J. M. Blanco, and E. F. Kaleta. 2001. Neutralizing antibodies against infectious bursal disease virus in sera of freeliving and captive birds of prey from central Spain(preliminary results). Proceedings Ⅱ International Symposium on Infectious Bursal Disease and Chicken Infectious Anaemia. Rauischholzhausen, 247 - 251.

[272]Vakharia, V. N. , B. Ahamed and D. B. Snyder. 1994. Molecular basis of antigenic variation in infectious bursal disease virus. *Vir Res* 31:265 - 273.

[273]Vakharia, V. N. ,D. B. Snyder,J. He,G. H. Edwards,P. K. Savage, and S. A. Mengel-Whereat. 1993. Infectious bursal disease virus structural proteins expressed in a baculovirus recombinant confer protection in chickens. *J Gen Virol* 74:1201 - 1206.

[274]Vakharia, V. N. ,D. B. Snyder, D. Lutticken, S. A. Mengel-Whereat,P. K. Savage, G. H. Edwards, and M. A. Goodwin. 1994. Active and passive protection against variant and classic infectious bursal disease virus strains induced by baculovirus expressed structural proteins. *Vaccine* 12:452 - 456.

[275]Van den Berg, T. P. , M. Gonze, and G. Meulemans. 1991. Acute infectious bursal disease in poultry: Isolation and characterization of a highly virulent strain. *Avian Pathol* 20:133 - 143.

[276]Van den Berg, T. P. , M. Gonze, D. Morales and G. Meulemans. 1996. Acute infectious bursal disease in poultry:Immunological and molecular basis of antigeni-

city of a highly virulent strain. *Avian Pathol* 25:751 - 768.

[277]Van den Berg, T. B. , A. Ona, D. Morales, and J. F. Rodriguez. 2001. Experimental inoculation of game/ornamental birds with a very virulent strain of IBDV. Proceedings Ⅱ International Symposium on Infectious Bursal Disease and Chicken Infectious Anaemia. Rauischholzhausen, 236 - 246.

[278]Van den Berg, T. P. , D. Morales, N. Eterradossi, G. Rivallan, D. Toquin, R. Raue, K. Zierenberg, M. F. Zhang, Y. P. Zhu, C. Q. Wang, H. J. Zheng, X. Wang, G. C. Chen, B. L. Lim and H. Müller. 2004. Assessment of genetic, antigenic and pathotypic criteria for the characterization of IBDV strains. *Avian Pathol* 33:470 - 476.

[279]Van der Marel, R. , D. B. Snyder, and D. Luetticken. 1991. Antigenic characterization of IBDV field isolates by their reactivity with a panel of monoclonal antibodies. *Dtsch Tieraerztl Wochenschr* 97:81 - 83.

[280]Vasconcelos, A. C. and K. M. Lam. 1994. Apoptosis in chicken embryos induced by the infectious bursal disease virus. *J Comp Pathol* 112:327 - 338.

[281]Vasconcelos, A. C. and K. M. Lam. 1995. Apoptosis induced by infectious bursal disease virus. *J Gen Virol* 75:1803 - 1806.

[282]Von Einem, U. I. , A. E. Gorbalenya, H. Schirrmeier, S. E. Behrens, T. Letzel E. Mundt. 2004. VP 1 of infectious bursal disease virus is an RNA-dependent RNA polymerase. *J Gen Virol* 85:2221 - 2229.

[283]Wang, X. , P. Jiang, S. Deen, J. Wu, X. Liu and J. Xu. 2003. Efficacy of DNA vaccines against infectious bursal disease virus in chickens enhanced by coadministration with CpG oligodeoxynucleotide. *Avian Dis* 47:1305 - 1312.

[284]Weisman, J. and S. B. Hitchner. 1978. Infectious bursal disease virus infection attempts in turkeys and coturnix quail. *Avian Dis* 22:604 - 609.

[285]Whetzel, P. L. and D. J. Jackwood. 1995. Comparison of neutralizing epitopes among infectious bursal disease viruses using radioimmunoprecipitation. *Avian Dis* 39:499 - 506.

[286] Whitfill, C. E. , E. E. Haddad, C. A. Ricks, J. K. Skeeles, L. A. Newberry, J. N. Beasley, P. D. Andrews, J. A. Thoma and P. S. Wakenell. 1995. Determination of optimum formulation of a novel infectious bursal disease(IBD)vaccine constructed by mixing bursal disease antibody with IBDV. *Avian Dis* 39:687 - 699.

[287]Wilcox, J. E. , R. L. Flower and W. Baxendale. 1983. Serological survey of wild birds in Australia for the prevalence of antibodies to egg drop syndrome 1976 and infectious bursal disease viruses. *Avian Pathol* 12:135 - 139.

[288]Williams, A. E. , and T. F. Davison. 2005. Enhanced immunopathology induced by very virulent infectious bursal disease virus. *Avian Pathol* 34:4 - 14.

[289]Winterfield, R. W. 1969. Immunity response to the infectious bursal agent. *Avian Dis* 13:548 - 557.

[290]Winterfield, R. W. and S. B. Hitchner. 1962. Etiology of an infectious nephritis-nephrosis syndrome of chickens. *Am J Vet Res* 23:1273 - 1279.

[291]Winterfield, R. W. , S. B. Hitchner, G. S. Appleton, and A. S. Cosgrove. 1962. Avian nephrosis, nephritis and Gumboro disease. *L & M News Views* 3:103.

[292]Withers, D. R. , J. R. Young and T. F. Davison. 2005. Infectious bursal disease virus-induced immunosuppression in the chick is associated with the presence of undifferentiated follicles in the recovering bursa. *Viral Immunol* 18:127 - 137.

[293]Woolcock, P. R. , R. P. Chin, and Y. M. Saif. 1995. Personal communication.

[294]World Organization for Animal Health(Office International des Epizooties). 2004. Chapter 2. 7. 1 Infectious bursal disease. OIE Manual of Diagnostic Tests and Vaccines for Terrestrial Animals, Fifth Edition. Edited by OIE, Paris, France, 817 - 832.

[295]Wyeth, P. J. 1975. Effect of infectious bursal disease on the response of chickens to *S. typhimurium* and *E. coli* infections. *Vet Rec* 96:238 - 243.

[296]Wyeth, P. J. and N. J. Chettle. 1990. Use of infectious bursal disease vaccines in chicks with maternally derived antibodies. *Vet Rec* 126:577 - 578.

[297]Wyeth, P. J. and G. A. Cullen. 1978. Transmission of immunity from inactivated infectious bursal disease oilemulsion vaccinated parent chickens to their chicks. *Vet Rec* 102:362 - 363.

[298]Wyeth, P. J. , N. J. Chettle and A. R. Mohepat. 1992. Use of an inactivated infectious bursal disease oil emulsion vaccine in commercial layer chicks. *Vet Rec* 130:30 -32.

[299] Yamaguchi, S. I. Imada, and H. Kawamura. 1981. Growth and infectivity titration of virulent infectious bursal disease virus in established cell lines from lymphoid leucosis. *Avian Dis* 25:927 - 935.

[300]Yamaguchi, T. , K. Iwata, M. Kobayashi, M. Ogawa, H. Fukushi and K. Hirai. 1996. Epitope mapping of capsid

proteins VP2 and VP3 of infectious bursal disease virus. *Arch Virol* 141:1493 - 1507.

[301] Yao, K. and V. N. Vakharia. 2001. Induction of apoptosis *in vitro* by the 17kDa non-structural protein of infectious bursal disease virus: possible role in viral pathogenesis. *Virology* 285:50 - 58.

[302] Yehuda, H. , M. Goldway, B. Gutter, A. Michael, Y. Godfried, Y. Shaaltiel, B. Z. Levi and J. Pitcovski. 2000. Transfer of antibodies elicited by baculovirus derived VP2 of very virulent infectious bursal disease virus strains to progeny of commercial breeder chickens. *Avian Pathol* 29:13 - 19.

[303] Yuasa, N. , T. Taniguchi, T. Noguchi, and I. Yoshida. 1980. Effect of infectious bursal disease virus infection on incidence of anemia by chicken anemia agent. *Avian Dis* 24:202 - 209.

[304] Zhang, G. P. , Q. M. Li, Y. Y. Yang, J. Q. Guo, X. W. Li, R. G. Deng, Z. J. Xiao, G. X. Xing, J. F. Yang, D. Zhao, S. J. Cai and W. M. Zang. 2005. Development of a one strip test for the diagnosis of chicken infectious bursal disease. *Avian Dis* 49:177 - 181.

[305] Zierenberg, K. , R. Raue, H. Nieper, M. R. Islam, N. Eterradossi, D. Toquin and H. Müller. 2004. Generation of serotypel/serotype 2 reassortant viruses of the infectious bursal disease virus and their investigation *in vitro* and *in vivo*. *Virus Res* 105:23 - 34.

第 8 章

鸡传染性贫血病毒及其他圆环病毒感染

Chicken Infetious Anemia Virus and Other Circovirus Infections

引言

Karel A. Schat 和 Leslie W. Woods

病毒分类

圆环病毒科（Circoviridae）是一个新设立的病毒科，可感染哺乳动物和禽类[26]。该科病毒与一组被称为矮化病毒的植物病毒有关[29]。猪圆环病毒（PCV）于 1974 年首次报道，当时认为是猪肾传代细胞系 PK‑15 中的一种类小 RNA 病毒污染物，无致病性[23]，后来发现此病原的基因组是环状、共价闭合的单链 DNA，故命名为圆环病毒。PCV 与其他已知的动物病毒不同，但与双生病毒属中的植物病毒有类似的理化特性[22]。PCV 的另一血清型（PCV2）可引起断奶仔猪多系统衰竭综合征及其他一些可能的仔猪综合征〔见 1 综述〕。

20 世纪 80 年代发现了理化特性相似的鸡和鹦鹉的圆环病毒[20,27]，其中最知名的包括鹦鹉喙羽病病毒（PBFDV 或 BFDV）[16]、鸡传染性贫血病毒（CIAV）[31] 和新发现的鸽圆环病毒（PiCV）[30]。鹦鹉喙羽病病毒可引起鹦鹉羽毛营养不良、缺损、喙的畸形和免疫抑制。这些病毒和其他禽圆环病毒将在本章详细叙述。

虽然 CIAV、BFDV 及 PCV 有相似的特征，但是，这些动物病毒也存在明显的差异。由于 CIAV 同其他圆环病毒的 DNA 序列、抗原表位、复制机制及形态明显不同，似乎应将 CIAV 列入一个单独

的病毒群[12]。但随后的研究证实这是两个差异明显的病毒群，而且 PCV 和 BFDV 与植物圆环病毒关系密切[2,11]，植物圆环病毒目前已归入矮化病毒属[9,29]。研究表明脊椎动物圆环病毒是重组进化而来的，其 rep（复制起始蛋白）基因的 N 端来自矮化病毒，而 C 末端来自类小 RNA 病毒[7]。

为了更好地反映圆环病毒科各个成员的差异，1999 年在澳大利亚悉尼举行的第十一次国际病毒学会议上，对圆环病毒的分类作了一些新的变动。把 CIAV 划为一个新的病毒属，即环病毒属（Gyrovirus），目前该属只有 CIAV 一个成员，PCV 与 BFDV 则被归入圆环病毒属（Circovirus）[14]。后来，金丝雀圆环病毒和鹅圆环病毒也被划入圆环病毒属，而雀科鸣鸟圆环病毒、鸭圆环病毒和鸥圆环病毒则被暂列入该属[24]。

在人类病毒中发现了与 CIAV 基因组结构相似但序列相似性较低的病毒：TTV 病毒和 TTMV 病毒。TTV 最初是在一名日本患者体内检测到的，并根据该患者名字的首字母命名（见 3 综述）。现在，圆环病毒命名工作组已将 TTV 和 TTMV 分别重命名为 Torquetenovirus 和 Torquetenominivirus。这些病毒目前被列入一个新病毒属——指环病毒属（Anellovirus），该病毒属是一个移动属，不属于现存的任一病毒科[4]。继鉴定出 TTV 之后，在非人灵长类动物和其他动物体内检测到许多相似的病毒，但这些病毒的临床相关性尚不清楚[4]。

禽圆环病毒和类圆环病毒感染

在其他自由活动和驯养禽类中也发现了圆环病

毒和与 PBFDV、CIAV 以及 PiCV 不同的类圆环病毒因子。已发现存在圆环病毒感染的伴侣动物和自由活动禽类包括金丝雀[13]、鸣禽[10]、椋鸟[8]、渡鸦[19]、一种松鸦（Woods，个人观察）、鸽[15]和一种鸥[28]。存在圆环病毒感染的驯养/家养禽类包括鹅[17]、鸭[18]、雉[21]和鸵鸟[5]。大多数感染都与免疫抑制有关，这种免疫抑制可能伴有羽毛异常。主要的组织病理变化包括淋巴组织的淋巴细胞减少和继发感染引起的病理变化。在圆环病毒感染的相关报道中，大多数是通过电子显微镜或分子技术（PCR，原位杂交）鉴定圆环病毒或类圆环病毒因子的存在。在日本鹌鹑（*Coturnix coturnix japonica*）体内还发现了抗 CIAV 的抗体[6]，但日本鹌鹑存在 CIAV 抗体是否就说明它们感染了 CIAV 或相关病毒，目前还不清楚。Todd 等预言以后或许会发现更多的圆环病毒，而且很可能它们只是多因素疾病的引发因素之一[25]。

郭　鑫　李燕华　译
杨汉春　校

参考文献

[1]Allan,G. M. ,and J. A. Ellis. 2000. Porcine circoviruses:a review. *Journal of Veterinary Diagnostic Investigation* 12:3 - 14.

[2]Bassami, M. R. , D. Berryman, G. E. Wilcox, and S. R. Raidal. 1998. Psittacine beak and feather disease virus nucleotide sequence analysis and its relationship to porcine circovirus, plant circoviruses, and chicken anaemia virus. *Virology* 249:453 - 459.

[3]Bendinelli, M. , M. Pistello, F. Maggi, C. Fornai, G. Freer, and M. L. Vatteroni. 2001. Molecular properties, biology, and clinical implications of TT virus, a recently identified widespread infectious agent of humans. *Clinical Microbiology Reviews* 14:98 - 113.

[4]Biagini,P. ,D. Todd, M. Bendinelli, S. Hino, A. Mankertz, S. Mishiro,C. Niel, H. Okamoto, S. Raidal, B. W. Ritchie, and C. G. Teo. 2005. "Genus Anellovirus." In *Virus Taxonomy*, Ⅷ *th Report of the International Committee for the Taxonomy of Viruses*, edited by C. M. Fauqet, M. A. Mayo,J. Maniloff, U. Desselberger, and L. A. Ball, 335 - 341. London:Elsevier/Academic Press.

[5]Eisenberg,S. W. , A. J. van Asten, A. M. van Ederen,and G. M. Dorrestein. 2003. Detection of circovirus with a polymerase chain reaction in the ostrich(*Struthio camelius*) on a farm in The Netherlands. *Veterinary Microbiology*

[6]Farkas, T. , M. Maeda, H. Sugiura, K. Kai, K. Hirai, K. Ostuki, and T. Hayashi. 1998. A serological survey of chickens,Japanese quail,pigeons,ducks and crows for antibodies to chicken anaemia virus (CAV)in Japan. *Avian Pathology* 27:316 - 320.

[7]Gibbs, M. J. , and G. F. Weiller. 1999. Evidence that a plant virus switched hosts to infect a vertebrate and then recombined with a vertebrate-infecting virus. *Proceedings of the National Academy of Sciences U S A* 96:8022 - 8027.

[8]Johne,R. , D. Fernandez-de-Luco, U. Hofle, and H. Muller. 2006. Genome of a novel circovirus of starlings,amplified by multiply primed rolling-circle amplification. *Journal of General Virology* 87:1189 - 1195.

[9]Katul, L. , T. Timchenko, B. Gronenborn, and H. J. Vetten. 1998. Ten distinct circular ssDNA components, four of which encode putative replication-associated proteins,are associated with the faba bean necrotic yellows virus genome. *Journal of General Virology* 79:3101 - 3109.

[10]Mysore,J. ,D. Read, B. M. Daft, H. Kinde, and J. St. Leger. 1995. Feather loss associated with circovirus-like particles in finches. *Proceedings of the American Association Veterinary Laboratory Diagnosticians*, Histopathology section,38.

[11]Niagro, F. D. , A. N. Forsthoefel, R. P. Lawther, L. Kamalanathan, B. W. Ritchie, K. S. Latimer, and P. D. Lukert. 1998. Beak and feather disease virus and porcine circovirus genomes:intermediates between the geminiviruses and plant circoviruses. *Archives of Virology* 143:1723 - 1744.

[12]Noteborn, M. H. M. , and G. Koch. 1995. Chicken anaemia virus infection:molecular basis of pathogenicity. *Avian Pathology* 24:11 - 31.

[13]Phenix, K. V. , J. H. Weston, I. Ypelaar, A. Lavazza, J. A. Smyth, D. Todd, G. E. Wilcox, and S. R. Raidal. 2001. Nucleotide sequence analysis of a novel circovirus of canaries and its relationship to other members of the genus *Circovirus* of the family *Circoviridae*. *Journal of General Virology* 82:2805 - 2809.

[14]Pringle,C. R. 1999. Virus taxonomy at the XIth International Congress of Virology,Sydney,Australia,1999. *Archives of Virology* 144:2065 - 2069.

[15]Raidal, S. R. ,and P. A. Riddoch. 1997. A feather disease in senegal doves(*Streptopelia senegalensis*)morphologically similar to psittacine beak and feather disease. *Avian*

95:27 - 38.

Pathology 26:829 - 836.

[16]Ritchie,B. W. ,F. D. Niagro,P. D. Lukert,W. L. Steffens Ⅲ ,and K. S. Latimer. 1989. Characterization of a new virus from cockatoos with psittacine beak and feather disease. *Virology* 17:83 - 88.

[17]Soike,D. , B. Kohler, and K. Albrecht. 1999. A circovirus-like infection in geese related to a runting syndrome. *Avian Pathology* 28:199 - 202.

[18]Soike,D. , K. Albrecht, K. Hattermann, C. Schmitt, and A. Mankertz. 2004. Novel circovirus in mulard ducks with developmental and feathering disorders. *Veterinary Record* 154:792 - 793.

[19]Stewart,M. E. ,R. Perry,and S. R. Raidal. 2006. Identification of a novel circovirus in Australian ravens(*Corvus coronoides*) with feather disease. *Avian Pathology* 35:86 -92.

[20]Studdert, M. J. 1993. Circoviridae:new viruses of pigs, parrots and chickens. *Australian Veterinary Journal* 70:121 - 122.

[21]Terregino,C. ,F. Montesi,F. Mutinelli,I. Capua and A. Pandolfo 2001. Detection of a circovirus-like agent from farmed pheasants in Italy. *Veterinary Record* 149:340.

[22]Tischer,I. , H. Gelderblom, W. Vettermann, and M. A. Koch. 1982. A very small porcine virus with circular single-stranded DNA. *Nature* 295:64 - 66.

[23]Tischer,I. , R. Rasch, and G. Tochtermann. 1974. Characterization of papovavirus-and picornavirus-like particles in permanent pig kidney cell lines. *Zentralblatt für Bakteriologie* [*Orig A*] 226:153 - 167.

[24]Todd, D. , P. Biagini, M. Bendinelli, S. Hino, A. Mankertz,S. Mishiro,C. Niel, H. Okamoto, S. R. Raidal, B. W. Ritchie,and C. G. Teo. 2005. "Circoviridae. " In *Virus Taxonomy,* Ⅷth *Report of the International Committee for the Taxonomy of Viruses*,edited by C. M. Fauqet, M. A. Mayo,J. Maniloff,U. Desselberger,and L. A. Ball, 327 - 334. London:Elsevier/Academic Press.

[25]Todd,D. ,M. S. McNulty,B. M. Adair,and G. M. Allan. 2001. Animal circoviruses. *Advances in Virus Research* 57:1 - 70.

[26]Todd,D. ,M. S. McNulty,A. Mankertz,P. D. Lukert,J. W. Randles,and J. L. Dale. 2000. "Family Circoviridae. " In *Virus Taxonomy. Classification and Nomenclature of Viruses. Seventh Report of the International Committee of Taxonomy of Viruses*,edited by M. H. V. van Regenmortel, C. M. Fauqet, D. H. L. Bishop, E. B. Carstens, M. K. Estes, S. M. Lemon, J. Maniloff, M. A. Mayo,D. J. McGeogh, C. R. Pringle, and R. B. Wickner,

209 - 303. New York:Academic Press.

[27]Todd,D. ,F. D. Niagro,B. W. Ritchie,W. Curran,G. M. Allan,P. D. Lukert,K. S. Latimer,W. L. Steffens Ⅲ ,and M. S. McNulty. 1991. Comparison of three animal viruses with circular single-stranded DNA genomes. *Archives of Virology* 117:129 - 135.

[28]Twentyman,C. M. ,M. R. Alley,J. Meers,M. M. Cooke, and P. J. Duignan. 1999. Circovirus-like infection in a southern black backed gull(*Larus dominicanus*). *Avian Pathology* 28:513 - 516.

[29]Vetten, H. J. ,P. W. G. Chu, J. L. Dale, R. Harding, J. Hu,L. Katul, M. Kojima, J. W. Randles, Y. Sano, and J. E. Thomas. 2005. "Family Nanoviridae. " In *Virus Taxonomy. Classification and Nomenclature of Viruses. Seventh Report of the International Committee of Taxonomy of Viruses*,edited by M. H. V. van Regenmortel, C. M. Fauqet, D. H. L. Bishop, E. B. Carstens, M. K. Estes, S. M. Lemon, J. Maniloff, M. A. Mayo, D. J. McGeogh,C. R. Pringle, and R. B. Wickner, 343 - 352. New York:Academic Press.

[30]Woods, L. W. ,K. S. Latimer, B. C. Barr, F. D. Niagro,R. P. Campagnoli, R. W. Nordhausen, and A. E. Castro. 1993. Circoviruslike infection in a pigeon. *Journal of Veterinary Diagnostic Investigation* 5:609 - 612.

[31]Yuasa, N. , T. Taniguchi, and I. Yoshida. 1979. Isolation and some characteristics of an agent inducing anemia in chicks. *Avian Diseases* 23:366 - 385.

鸡传染性贫血

Chicken Infectious Anemia

Karel A. Schat 和 V. L. van Santen

引　言

鸡传染性贫血（CIA）是由 Yuasa 等最早发现的一种由新病毒引起的雏鸡新发病[260]。该病具有以下特点：再生障碍性贫血，全身淋巴组织萎缩的同时发生免疫抑制，常常继发病毒、细菌或真菌感染。该病毒在很多表现出血综合征和再生障碍性贫血的多病因疾病中发挥了重要作用。虽然该病的首次报道及随后的病毒分离都在日本[247]，但目前所有养禽国都分离到了此病毒。除贫血和相关的综合征以外，在商品化养殖中经常出现鸡传染性贫血病毒（CIAV）的亚临床感染，不引起贫血和死亡率上升。

定义和同义词

该病原的命名经过多年的演变，最初定名为鸡贫血因子（CAA）[260]，但在其形态学和生化特性确定后[53,123,207]，被重新命名为鸡贫血病毒（CAV）[53,138]，该名称已被国际病毒分类委员会采用[203]。因为该病通常被称为鸡传染性贫血，所以从逻辑上讲，致病的病毒应该称为鸡传染性贫血病毒（CIAV）[239]，本章将采用此术语。

CIA 及其密切相关的综合征通常被称为出血综合征[255]、贫血—真皮炎[228]或蓝翅病[8,48]。

经济意义

已经证实，CIAV 感染是 2～4 周龄鸡群发生传染性贫血综合征的病因[12,23,28,45,63,74,101,122,162,174,192,228,241,255]。发病鸡群生长迟缓，死亡率介于 10%～20%，偶尔可达到 60%。尚不清楚 CIAV 感染与 6 周龄或 6 周龄以上的鸡发生再生障碍性贫血—出血综合征之间的病原学关系[64,151,257]。

CIAV 感染导致严重的经济损失，特别是对肉鸡产业和 SPF 鸡蛋生产。据 Mcllory 等人[112]报道，15 个鸡群由于感染 CIAV，发病鸡体重下降，3 周龄时死亡率增加，导致纯收入损失 18.5%。这些鸡大约有 29% 来自同一个在 20 周龄时无 CIAV 抗体的种鸡群，导致后代幼龄时即对 CIAV 易感。有趣的是，它们的饲料转化率没有受到 CIA 的影响。据 Davidson 等人[35]报道，在具有 CIA 特征性临床症状的 CIAV 感染鸡群中，产肉量下降 14%～24%，且饲料转化率也有所改变。

关于 CIAV 亚临床感染对鸡群影响的研究结果与以前的研究相悖。以前报道的北爱尔兰一个亚临床感染鸡场中，由于生产过程中体重下降及非最佳的饲料转化率，导致处于亚临床状态的感染鸡群比阴性鸡群纯收入损失 13%[125]。比利时的研究显示，屠宰场对 CIAV 阳性鸡场的负面反应多于 CIAV 阴性鸡场，但无法检测到其他指标的不同[38]。但在美国[61]和丹麦[96]仍然无法确证亚临床感染对生产的其他负面影响。在美国进行的一个回顾性的案例对照调查表明，尽管 CIAV 感染可能与一些疾病（坏疽性皮炎，球虫病或呼吸性疾病）的发生有关，且这些疾病会导致生产损失，但单一的 CIAV 感染与鸡群生产性能的显著下降和产量损失无关[69]。但这也可能低估了 CIAV 亚临床感染的影响，特别是由于亚临床感染明显降低了抗原特异性细胞毒性 T 淋巴细胞（CTL）的产生[109]，也对巨噬细胞功能产生不良影响。

CIAV 对于 SPF 鸡所造成的经济损失难以估计，在 SPF 鸡产蛋期经常出现血清转阳[55,246]。因为血清阳转，鸡群被定为 CIAV 抗体阳性，所产鸡蛋就不再是 SPF 蛋了，其意义与疫苗生产法规有关。欧盟要求小于 7 日龄的禽类所使用的疫苗必须全部用无 CIAV 的鸡胚来生产，而根据美国农业部标准，CIAV 阳性鸡群所产鸡胚可能仍可使用。在澳大利亚、欧洲和美国，人用疫苗，如麻疹、流行性腮腺炎都需要用无 CIAV 的鸡胚生产。

公共卫生意义

CIAV 感染目前仅发现于鸡和火鸡[177]，也可能还有日本鹌鹑[50]和一些欧洲的乌鸦[18]，在其他鸟类和哺乳动物中也发现了圆环病毒或类圆环病毒[202]。血清学检测结果表明 CIAV 对公共卫生无影响[239]。

历　史

1979 年，Yuasa 等[260]在日本首次分离到鸡传染性贫血病毒（Gifu-1 株），但此病毒早在 1970 年就已经出现在 Jakowski 等[87]描述的造血功能被破坏的患马立克氏病的鸡只中。后来，从来源于这些病鸡的肿瘤细胞中分离到 CIAV ConnB 株[188,243]。最近有研究者对保存的血清进行了 CIAV 抗体检测，结果显示 CIAV 早在 1959 年就已出现于美国的鸡只中[215]。1983 年，Yuasa 等[257]的研究取得了重大突破，他报道病毒可以在某些鸡成淋巴细胞瘤细胞系（如马立克氏病鸡细胞 MDCC-MSB1）中传代并产生细胞病变。这一发现使体外血清学检测得到发展，如间接免疫荧光检测[234,254]和病毒中和试验[234,258]。这样从 CIAV 感染的细胞培养物上清液中纯化和鉴定病毒就很容易了[53,65,80,123,207]。

病毒鉴定以后，又有许多研究揭开了CIAV感染的发病机理和流行病学原理。在20世纪90年代初，有关CIAV分子生物学的研究取得显著进展[见144,202综述]。这些研究结果促进了准确诊断方法的建立和新型疫苗的研制[85,99,141]。

再生障碍性贫血综合征包括包涵体肝炎，在发现CIAV之前的许多年就已有记载，关于这些病与CIAV感染可能存在病原学相关性的综述，在与CIA有关的一些文章中也进行了讨论[117,166,232]。

病 原 学

分类

最近，CIAV已经被归类于圆环病毒科环病毒属唯一成员[167]。

形态学

在1‰醋酸铀负染样本中，CIAV为无囊膜、二十面体对称的病毒颗粒，平均直径为25～26.5nm[53,80,123]。根据病毒衣壳的三面折叠和五面折叠旋转对称，通常可见到两种类型的病毒粒子。Ⅰ型颗粒形态为中央空心，外周由圆心之间距离为7.5nm的6个相邻空心圆包围，形成一种规则的表面网络（图8.1B）。Ⅱ型颗粒由10个空间分布均匀的表面突起形成一种齿轮状结构的5褶旋转对称图形（图8.1A）。这种排列呈一个T=3的规则二十面体，有32个壳粒亚单位[53,123]。但是最近对冷藏保存的未染色CIAV病毒粒子的模型研究显示，衣壳中由60个VP1拷贝组成的T=1的网格状结构，由12个五角的喇叭状病毒壳粒组成。这些突出的病毒壳粒可以区分CIAV同其他圆环病毒科病毒，因为后者的衣壳表面更平滑[30]。

CIAV感染的MSB1细胞的超薄切片与CIAV特异性单克隆抗体（mAb）和金标羊抗鼠IgG反应，可显示核内包涵体的存在，经常呈油炸圈饼状[123]。电子密度结构显示，三种病毒蛋白都与凋亡小体相连[42,140,210]。在少数细胞，从与微管相连的胞质中可见到病毒颗粒[123]。

报道称病毒粒子在梯度氯化铯中的浮力密度在1.33～1.34g/mL[5,207]或介于1.35和1.37g/mL[53,65]之间，在等速蔗糖梯度中CIAV的沉降系数估测值为91S[5]。

化学组成

病毒DNA

CIAV的基因组为单股、圆环状、负链的共价闭合DNA[53,207,138]。许多分离株的全基因组序列已经确定[13,24,25,51,70,84,98,127,138,170,187,224,225,244,245]。几乎所有CIAV的病毒基因组长度都为2 298个核苷酸，包括4个21碱基的同向重复（direct repeat，DR），在第二和第三个DR之间有12碱基的插入。Todd等[204]报道Cux-1毒株在MSB1细胞上大约传30代后可获得第5个DR，其基因组长度为2 319个核苷酸。如有第5个DR，则存在于12bp插入序列上游。在感染细胞中，存在单股和双股DNA，但病毒粒子仅含有圆环状的单股负链DNA[138,161]。迄今，所有测序的毒株都有3个部分重叠的开放阅读框（ORFs），分别编码52kD（VP1，ORF1）、24kD（VP2，ORF2）和13kD（VP3，ORF3）的三个蛋白以及一个启动子区和一个多聚腺苷信号区。ORF3位于ORF2内，ORF2与ORF1部分重叠，这一基因组结构可以区分CIAV和圆环病毒科的其他成员。其他成员病毒的复制中间体的双链均可转录mRNA，因此其基因组为双义基因组[135]。

启动子—增强子区位于ORF2上游，包括4或5个21bp的DR和12bp插入片段[143]。DRs和12bp插入序列与不同的转录因子结合[127,131,138]。最佳的转录需要转录因子与DR和12bp插入序列两者的结合。额外重复序列的出现可以增强转录活性[143]，而前两个DR的缺失会使转录活性下降40%～50%[161]。用其他启动子元件干扰DR区域的相关空间结构和通过插入7bp连接序列启动转录可降低病毒培养中的病毒复制率[142]。DRs包含与雌激素效应元件相同半位点相似的序列，在核提取物中可与雌激素效应元件竞争雌激素受体结合位点[131]。在表达雌激素受体的细胞中CIAV启动子的表达量更高，且表达量会因加入雌激素而进一步升高[131]。Noteborn［未发表数据，引自142］发现包含3个DR，但缺少12bp插入序列的CIAV的DNA不能产生有活性的病毒粒子。尽管12bp插入序列结合于转录因子SP1[131]，但对于因DR区域和其他CIAV启动子间插入7bp连接序列导致病毒复制力受损的病毒，将该序列换成不同的 12bp 序列不会对病毒的复制能力造成进一步损伤[142]。12bp 插入序列的长度改变可以导致病毒的细胞病变和病毒在细胞培养中的扩散率下降，但仍可产生病毒中和表位[142]。转录起始位点的下游序列对转录起负调控作用[131]。

研究早期仅发现一条 2.1kb 的未剪接多顺反子 mRNA，包含全部的三个 ORFs。合成 VP1 和 VP2

需要使用内部起始密码子 AUG[139,161]。最近，通过 Northern Blotting 和 RT‐PCR 技术发现除一条主要的未剪接 mRNA 外还有已剪接的小 mRNA[97]。一条剪接 mRNA 编码的蛋白与 VP1 的氨基端和羧基端序列一致，但比 VP1 的 449 个氨基酸缺少 197 个氨基酸（132～328 位）。其他剪接 mRNA 因移码作用编码的都是新蛋白。但剪接 mRNA 编码的蛋白质产物还未经证实。

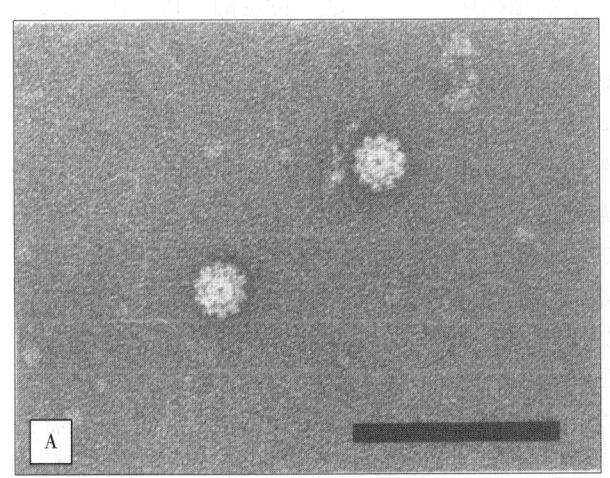 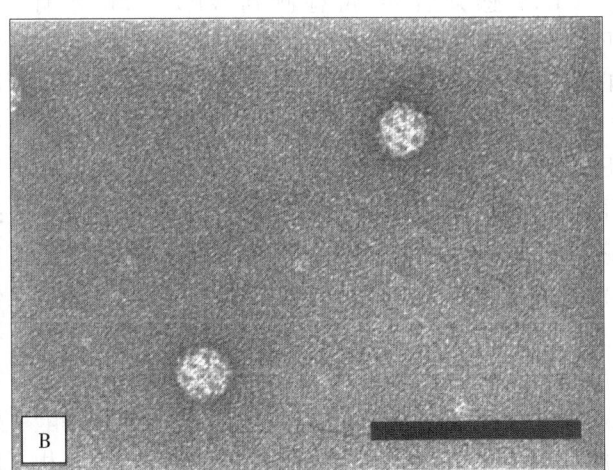

图 8.1 鸡传染性贫血病毒（CIAV）的电镜照片。负染标本中 CIAV 衣壳的不同结构的两种类型病毒颗粒纤突很明显。A. Ⅱ型纤突的特征是有 10 个外周突起，×250 000，标尺＝100nm（Gelderblom）；B. CIAV 衣壳的Ⅰ型纤突，呈现 6 个深染的形态单位围绕一个中央空洞

病毒蛋白

在高度纯化病毒粒子上唯一检测到的蛋白是 50kD 的病毒蛋白（VP1）[207]，其 N‐末端的 40 个氨基酸与组蛋白有一定的相似性，提示病毒衣壳蛋白可能具有 DNA 结合功能[25,127]。30kD 非结构性 VP2 在病毒粒子组装时，可能作为骨架蛋白，使得 VP1 能够正常折叠[99,41]。第三种病毒蛋白 VP3（16kD）与感染细胞的核相关联[22,42,140]，但与高度纯化的病毒粒子无关[14]。

利用有中和作用的单克隆抗体（mAbs）做免疫印迹的研究结果认为，天然的中和表位是构象决定簇，可能由 VP1 和 VP2 成分组成[14]。Douglas 等[42]为该理论提供了实验依据，他们发现在感染细胞的同一核结构中都存在 VP1 和 VP2。此外，用含有 VP1 和 VP2 的昆虫细胞接种鸡，可以诱导产生中和抗体，而用仅含有 VP1 或 VP2 的细胞则不然[99]。病毒中和性单克隆抗体仅与杆状病毒表达的带有 VP2 的 VP1 蛋白发生反应。但病毒衣壳仅包括 VP1，中和性单抗只能结合自然状态的 VP1

而不能结合变性蛋白，这也进一步提供了 VP2 作为支架蛋白的依据[141]。

VP2 和 VP3 是非结构蛋白。VP2 是一个多功能蛋白，除可能作为骨架蛋白使 VP1 正常折叠外，VP2 还有丝氨酸/苏氨酸和酪氨酸蛋白磷酸化酶活性[159]。VP3 又叫凋亡蛋白，在鸡胸腺细胞和鸡的类淋巴母细胞细胞系中是凋亡的强诱导剂[140]。

病毒复制

病毒可能通过常规的吸附和穿透方式进入细胞。MSB1 细胞感染后 8h 可检测到 2.1kb 多顺反子病毒 RNA 的低水平转录本，在 48h 可达到最高峰[139,161]。最初只能检测到一条 2.1kb 的未剪接 mRNA 和一个约 4kb 的小转录本[161]。后来，通过 Northern Blotting 和 RT‐PCR 均可检测到大的未剪接 mRNA 和小的剪接 mRNA[97]。

病毒 DNA 的复制通过双链的病毒复制型（replicative form，RF）开始，可能以滚环方式进行[209]。虽然 Bassami 等[7]认为一个 9 核苷酸基序

可能与 DNA 复制起始有关，但复制实际起始位点仍不清楚。用克隆的串联重复 CIAV 复制型（RF）进行转染实验表明可发生同源重组[209]，并生成与 RF 相同的双链环状分子。据 Cardona 等[20]报道，双链 RF 可导致潜在的游离 DNA 出现，也是性腺组织中出现病毒 DNA 的原因。Todd[202]则根据存在的与 DNA 滚环复制相关的 3 个氨基酸基序推测 VP1 可能在 DNA 复制中发挥作用。

CIAV 感染后 6h 可检测到 VP3，12h 才有 VP2，而直到感染后 30h 才能检测到衣壳蛋白 VP1[42]。VP2 的蛋白磷酸化酶活性非常重要，但在 CIAV 复制过程中不是完全必需的。对 CIAV VP2 上的半胱氨酸催化位点进行突变，使其失去丝氨酸/苏氨酸和酪氨酸蛋白磷酸化酶活性[159]，突变毒在 MSB1 细胞中的复制和细胞致病性均受损伤，其病毒滴度比野生型低 10 000 倍[160]。但令人惊奇的是，对 VP2 的另一个催化位点进行突变，使酪氨酸磷酸化酶活性增强 30%，丝氨酸/苏氨酸磷酸化酶活性降低 30%，这种改变与完全丧失两种磷酸化酶活性的改变对病毒复制的损伤程度基本相同[160]。其他对蛋白磷酸化酶活性影响很小或无影响的 VP2 的突变对 CIAV 复制造成的损伤程度各不相同[158]。遗憾的是，这些 VP2 突变株的磷酸化酶活性并无报道。VP2 的突变毒除复制能力受损外，还表现出细胞致病性的显著下降，其中细胞致病性必须通过对细胞培养的主观评估来确定。有趣的是，一株突变毒的细胞致病性下降，但病毒复制效率未受任何影响，这一结果表明病毒的复制功能和细胞致病性可能是彼此分离的。与野生型相比，CIAV 的 VP2 突变毒感染细胞后 VP3 分布于细胞浆而不是细胞核内，说明 VP2 在 VP3 的运输和功能实现中可能起某些作用。这一点非常重要，因为在初生细胞中 VP3 位于细胞质内，不会引起细胞凋亡，只有 VP3 位于细胞核后才会诱导变形细胞的凋亡。

VP3 对病毒复制周期至关重要（Noteborn，引自 140 的未发表数据）。缺少最后 11 个氨基酸的截短型凋亡蛋白转染 MSB1 细胞后无法诱导凋亡[140]。有意思的是，VP3 在正常人细胞中不能诱导凋亡[31]，但在一些人的恶性类淋巴母细胞细胞系[264]和人的骨肉瘤细胞[265]中却可以。这一发现已经在 70 多种细胞中得到验证，并已扩展到生长转化细胞和经 UV 照射的来自易患癌个体的细胞（引自

149 的综述和 172 的未发表研究），但最近有研究显示 VP3 可以在一些正常的人类细胞系中诱导凋亡[68]。用表达 VP3 的腺病毒载体进行动物试验，结果显示 VP3 可能被用于人类癌症的治疗[163,221]。

VP3 作为抗肿瘤因子的潜能使人们更多地投入对其在转化细胞中诱导凋亡机制的研究。要使 VP3 有诱导凋亡的能力，必须使其碳端的一个特定的苏氨酸残基被细胞激酶磷酸化，从而使 VP3 主要分布于细胞核中[172,263]。这一特定的 VP3 磷酸化反应也发生于 CIAV 感染的 MSB1 细胞中[172]。VP3 的核定位对于诱导凋亡仅是必要条件，而不是充分条件[34]。VP3 通过一个稳定的、包含约 30～40 个拷贝的非共价多聚体或聚合体发挥功能[103]。大量证据显示 VP3 通过内在途径（线粒体途径）启动凋亡，因此，VP3 可以引发线粒体失去膜电位、线粒体中细胞色素 C 和凋亡诱导因子的释放[15,33,107]。受 VP3 引发而从线粒体中释放出的凋亡诱导因子重新回到细胞核中，与 VP3 共定位于此[107]。另外，VP3 诱导凋亡需要 Apaf-1[15]，而不需要 FADD 和半胱天冬酶 8[33,107]，Apaf-1 是细胞色素 C 从线粒体中释放后形成的凋亡小体的组成成分之一，后两种物质则是外源性死亡的受体信号途径中重要信号成分。VP3 触发的线粒体成分释放会引起细胞半胱天冬酶 3 和 7 活化，它们是凋亡途径下游的半胱天冬酶，在细胞程序化死亡的执行中起重要作用[15,33]。半胱天冬酶 3 对 VP3 诱导的凋亡起作用，但不是必需的，这可能是因为其他下游半胱天冬酶可以替代其作用[15,107]。唯一不支持 VP3 通过线粒体途径诱导凋亡的证据是，有报道称可以抑制线粒体途径激活的 Bcl-2 非但不会抑制 VP3 诱导的凋亡，还会增强其凋亡[32,264]。但其他研究发现 Bcl 家族的 Bcl-2 和 Bcl-X$_L$ 可以抑制 VP3 诱导的凋亡，这些结果与其他证据一致，均说明 VP3 通过线粒体途径诱导凋亡[15,107]。对与此矛盾的结果尚未有任何解释。

近来的研究对 VP3 触发内在线粒体死亡途径的机制有了进一步认识。该过程不需要 p53[265]、细胞 RNA 或蛋白合成[34]。VP3 拥有功能性核定位和核输出信号[34,71,164,165]，其具有的在细胞核与细胞质间穿梭的能力对诱导凋亡有重要作用[71]。特定苏氨酸残基的磷酸化是 VP3 在细胞核中广泛分布所必需的，它可以抑制一种核输出信号[164]。VP3 与主要位于细胞质的后期促进复合体相关联，

并将其带至细胞核 PML 小体，PML 小体参与凋亡[71]。VP3 与后期促进复合体的 APC1 亚单位结合会干扰复合体，使其组分降解，G2/M 细胞周期终止[199]，其中 APC1 在细胞周期的有丝分裂关卡起作用。目前认为凋亡信号从细胞核传导至线粒体依赖于在 VP3 诱导的凋亡中起重要作用的 Nur77[107]。VP3 与 Nur77 结合后可使 Nur77 从胞核中移至线粒体。Nur77 从胞核移至线粒体外膜可以引起细胞色素 C 的释放，这种移动也会在许多其他触发内在途径的凋亡刺激因子的作用下发生[104]。如前所述，VP2 的突变会降低 VP3 在 CIAV 感染细胞的胞核中的分布[158]，但除了证明 CIAV 感染的细胞中的磷酸化 VP3 之外[172]，所有关于 VP3 诱导凋亡的机制的研究都是在没有 VP2 存在时进行的，因此 VP2 对 VP3 诱导凋亡的影响尚不清楚。

除了诱导凋亡外，现在还不清楚 VP3 在 CIAV 复制周期中是否起作用。但 VP3 多聚体与单链、双链 DNA 和 RNA 形成非序列特异性复合体，其末端往往是双链 DNA[102]。与 VP3 的结合可以使 DNA 弯曲。这些观察结果显示 VP3 可能会影响基因表达或 DNA 复制。

在雏鸡体内，CIAV 主要在骨髓造血前体细胞中和胸腺皮质的 T 细胞前体中复制［见 1 和 133 综述］。胸腺皮质中的病毒复制形成的 VP3 可引起细胞凋亡而致细胞死亡[91]。在其他器官中也发现了病毒的复制，淋巴细胞中多见，但并不总是在淋巴细胞中发生[185]。在 3 或 6 周龄的感染鸡体内，CIAV 的复制发生于胸腺皮质，但在骨髓中极少发现 CIAV 阳性细胞。

对理化因素的抵抗力

CIAV 对大多数理化因素都有相当的抵抗力[117]。Yuasa 等[249,260]检测了不同处理方法灭活 CIAV 的效果。对于肝脏悬液，用 50% 的酚处理 5min 即可灭活其中的 CIAV，但用 5% 的酚 37℃ 作用 2h 仍无效。该病毒能够抵抗 50% 乙醚 18h 和氯仿 15min 处理。用 0.1mol/L NaOH 37℃ 处理 2h 或 15℃ 处理 24h 不能彻底灭活 CIAV。用 1% 戊二醛室温（RT）处理 10min，0.4% β-丙酸丙酯 4℃ 处理 24h，或 5% 甲醛室温处理 24h 可使病毒完全灭活。以反向肥皂（invert soap）、两性肥皂或邻二氯苯为成分的商业用消毒剂对 CIAV 无效，用碘或次氯酸

盐处理对 CIAV 有效，但需 37℃2h，终浓度为 10%，而不是普遍采用的 2% 的浓度。福尔马林或氧化乙烯熏蒸消毒 24h 不能完全灭活 CIAV。该病毒可抵抗 pH3 的酸处理 3h。pH2 消毒剂在 SPF 生产中广泛应用，对于此病毒灭活极为有效[55,246]。

CIAV 同样可抵抗 90% 丙酮 24h 处理[198]。因此，丙酮固定的 CIAV 材料切片可能仍保持感染性，在最后处理时应进行消毒。虽然 CIAV 对 56℃ 或 70℃ 1h 和 80℃ 15min 热处理有抵抗力[45,64,260]，但对 80℃ 30min 热处理仅有部分抵抗，100℃ 15min 可使其完全灭活[64]。被感染的鸡副产品中 CIAV 的灭活需要核心温度为 95℃ 35min 或 100℃ 10min，而发酵对灭活无效[220]。

毒株分类

抗原性

利用多克隆鸡抗体已经证实在日本、欧洲、美洲的 CIAV 分离株间不存在抗原差异[45,231,234,251]。因此，人们普遍认为所有毒株均属于一个血清型[117,144]。可是，基于与 mAbs 反应模式的差异[124,178,186]和 DNA 序列差异引起的预想蛋白折叠模式的改变[170]，推测毒株之间在抗原性上可能有差异。

现已推测 CIAV 的第二个血清型以 CIAV-7 为代表[190,191]。CIAV-7 与 CIAV 同样具有形态小、耐热、耐酸和耐氯仿的特征[191]，可引起相似的临床疾病、大体和微观病变[190]。但 CIAV-7 引起的贫血以及胸腺和骨髓病变比 CIAV 引起的要轻许多。而且使用鸡血清多克隆抗体时缺乏抗原交叉反应和非严格条件时无交叉杂交，这都说明 CIAV-7 是一个新病毒，而不是 CIAV 的一个新血清型。美国东部几个种鸡场的后代鸡都可以抵御 CIAV-7 感染，说明此新病毒在该区域普遍存在。

分子差异

已经对来自世界不同地区的许多 CIAV 毒株进行了部分或全基因组序列测定和氨基酸序列的推测。总体来说，大多数 CIAV 毒株都很相似。Todd 等[213]根据多聚酶链式反应（PCR）扩增出的 ORF3 N 端 675bp 片段的限制性酶分析，将 CIAV 分离株分为 7 个群，但这些群是否具有生物学差异还不清楚。在推导氨基酸序列中存在一些小的差

别，特别是 VP1 的 139～151 位氨基酸（高变区）及 VP2 和 VP3 的 C 末端[170]。据报道，巴西[137,182]和澳大利亚[13]的分离株在 VP1 的该区域区别相似。美国一个州的商品鸡场的 14 株 CIAV 分离株中，只有两个不同的高变区[224]。根据 PCR 产物的限制性酶分析可以区别出编码这两个高变区的基因组。病毒传代培养过程中 VP1 高变区和其他区域会发生改变[24,70,178,244]。将高代次毒株 Cux-1 和低代次毒株 CIA-1 的一个编码高变区的片段进行置换以构建嵌合病毒，结果表明高变区的不同会影响病毒在 MSB1 细胞中的复制速度[170]。但高变区不同的低代次田间分离株无法通过在细胞培养中的复制速度来区分[225]。高变区在病毒的体内致病机制中的重要性尚不清楚。Meehan 等[126]分析了许多有多处突变的嵌合病毒的致病性，突变处包括病毒的高变区，最后认为高变区的不同改变对致病性的影响没有很大区别。但针对仅在该区突变的病毒的致病性研究还没有报道，高变区对致病性的重要性也依旧没有解决。

随着获得的 CIAV 序列越来越多，发现的变异性也越多，但其变异性依旧较低。许多学者依据病毒核苷酸或氨基酸序列相关性将 CIAV 分为不同群[84,100,182,224]，这些研究指出 CIAV 的序列同源性与地理分布无关。基于核苷酸序列比对和推导氨基酸序列比对的系统进化分析结果彼此不同[224]。而且，系统进化关系可能受细胞培养适应性的影响[24]。因为以上原因，根据 CIAV 序列的系统进化关系进行病毒分群的重要性还不清楚。

致病性

虽然人们普遍认为来自全球的 CIAV 毒株在致病性上没有本质差异，但对不同毒株在相同实验条件下进行比较的研究极少。Yuasa 和 Imai[251]比较了 11 个接种前在 MSB1 细胞中传代 12 次的毒株，用其接种 7 日龄而非 1 日龄的雏鸡，发现有微小的毒力差别，而接种 14 日龄的雏鸡则不会发生贫血。Natesan 等[134]在 1 日龄鸡体内比较了四株分离株的致病性，未检测到差异。Toro 等[217]报道，10 周龄的肉鸡感染 10343 毒株后胸腺和骨髓发生病变，但没有与其他分离株进行比较实验。

病毒致弱

Von Bülow 和 Fuchs 发现 CIAV（Cux-1）在

MSB1 细胞中至少传 49 代后毒力会减弱[233]，再传至 100 代病毒致病性会进一步减弱，但不会完全消失。但 Goroy 等和 Yuasa 等[65,247]发现其他 CIAV 分离株传代 19～40 次后致病性不会下降，Tan 和 Tannock[194]甚至在传至 129 代都没有检测到毒力的致弱。Todd 等[204]发现 Cux-1 在 MSB1 细胞上传代 173 次后，致病性已经很弱。减毒作用导致病毒种群遗传多样化。来源于减毒病毒的克隆毒株与原始毒株相比，致病性的确很低，但减毒作用有可能不稳定。一个致弱株在雏鸡体内传代 10 次，便可恢复致病性。但是，因为所有检测的毒力回复病毒的分子克隆毒均被致弱，现在还无法确定引起致病性恢复的分子水平的改变[206]。

将 Cux-1 在 MSB1 细胞中继续传代至 320 代（p320）导致毒力进一步减弱[205]。对 Cux-1 的 p310 的 9 个克隆毒株的抗原性和致病性进一步研究发现，大部分克隆毒株虽没有彻底丧失毒力，但已被显著致弱。试验中，大多数克隆毒株感染鸡只后仅 0～33% 出现贫血，只有一个克隆毒株导致 67% 感染鸡表现贫血；与之相比，接种低代次病毒的鸡只 50%～83% 出现贫血[178]。研究者又对一株显著致弱的 p320 克隆毒（CI34）和一株经 MSB1 细胞传代 173 次后经 SPF 鸡传代 10 次和 MSB1 细胞传代 7 次的高度致弱毒株的克隆株进行了致病性的进一步分析[113]。两株致弱病毒均未引起血细胞比容降低。与低代次 Cux-1 相比，CRI18 感染鸡后未引起胸腺萎缩，而 CI34 感染鸡后引起的胸腺萎缩程度也减轻许多，且感染持续时间缩短。流式细胞术显示，尽管两株克隆毒的感染均可引起胸腺中 CD4＋和 CD8＋T 细胞损耗，但损耗程度比低代次 Cux-1 显著降低。但这些克隆毒株经鸡传代后毒力致弱效果是否稳定还不清楚。

不同克隆毒株与单克隆抗体的反应模式也有一定差异。致弱毒 p320 的克隆毒与中和单抗 2A9 的反应性下降，而 2A9 与构象表位反应[178]。从 CIA-Vp320 病毒库中选择不被单抗 2A9 中和的毒株，发现它们的致病性大幅减弱，在一些试验中不引起贫血或胸腺萎缩，而低代次毒株引起贫血的比例高达 90%。通过嵌合病毒对毒力致弱的分子基础的研究绘制出了与致弱相关的编码 VP1 氨基端以及 VP2 和 VP3 羧基端的基因组序列图谱[179]。用嵌合病毒对 p320 克隆毒的毒力致弱基础的进一步研究和 CIAV 的 VP1 第 89 个密码子的特异性突变的研究显示，VP1 第 89 位氨基酸从苏氨酸突变为丙氨酸是 CIAV p320 克隆毒毒力减弱的必要条件，但不是充分条件。既有 VP1 第 89 位密码子变化又有 CI34 中发现的 VP1 其他变化（密码子 75，125，141，144）的 Cux-1 毒力明显致弱，不会引起贫血、白骨髓和胸腺萎缩[214]。在临床分离株中也发现了特性相似的氨基酸代替其中三处氨基酸（第 75，125 和 144 位氨基酸）的情况[84,182,224]。

Yamaguchi 等[244] 从另一株 CIAV 分离株 AH9410 的第 10 代未致弱病毒库中选择致病性降低的克隆毒，8 株克隆毒中有 3 株导致死亡、红细胞比容降低和增重下降的能力减弱。致病性减弱的克隆毒与高致病性克隆毒在 VP1 第 394 位氨基酸发生了改变，由高致病性毒株的谷氨酸变为组氨酸。向 CIAV 的另一株在 MSB1 细胞上传代 39 次的分离株的高致病性克隆毒引入这一单氨基酸的改变，其致病性显著降低，感染后未造成死亡，且感染组的血细胞比容和增重与未感染鸡无显著不同。致弱毒感染的鸡的肝脏病毒载量约为高致病性克隆毒感染的 1/10。但没有检测致弱毒对胸腺和 T 细胞的影响以及致弱效果的稳定性。

将引起贫血和胸腺萎缩的能力作为判断毒力强弱的指标，Chowdhury 等[24] 发现两株 CIAV 马来西亚分离株经 MSB1 细胞传代 60 次后毒力减弱，其中一株传至 123 代后毒力进一步减弱。但没有在同一次试验中直接比较传代致弱病毒与低代次病毒的致病性。P60 病毒的序列分析显示 VP1 的推导氨基酸序列出现了多处改变。令人惊奇的是，两个毒株经 60 次传代后序列比传代前更为相似，这说明一些特定的改变是在传代过程中被选择出来的。该研究没有检测致弱效果的稳定性，也没有找出与毒力致弱相关的序列改变。Todd 等发现的 VP1 第 89 位氨基酸的改变和 Yamaguchi 等发现的第 394 位氨基酸的改变对病毒在细胞培养中的传代致弱非常关键，但在 Chowdhury 的研究中没有发现这两处改变，说明 CIAV 在传代培养过程中发生的不同改变可能能够各自导致毒力的减弱。

实验室宿主系统

可用细胞培养物、1 日龄鸡或鸡胚增殖和检测鸡传染性贫血病毒。

细胞培养物

在 Yuasa[247] 发现一些 T 细胞系（如 MDCC-MSB1 和 MDCC-JP2）和 B 细胞系 LSCC-1104B1 适用于 CIAV 的增殖和检测以后，利用细胞培养分离和增殖病毒成为首选方法。研究证明，许多其他 T 细胞和 B 细胞的成淋巴样细胞系，对各自转化病毒无论是产毒者还是非产毒者，对 CIAV 都有抵抗力[17,235,247]。

目前，尽管 MSB1 细胞的亚系对感染的易感性有差异，但仍优先选用 MSB1 细胞做体外培养。CIAV 的某些毒株如 CIA-1[105] 在 MSB1 的一个亚系（MSB1-L）上无法复制，在另一个亚系（MSB1-S）上复制性也很差，而这两个亚系对 Cux-1 毒株的感染均敏感[170,171]。而且，易感性 MSB1 细胞对 CIAV 的敏感性在传代培养仅 8 周后就开始下降[17,234]。目前，MDCC-CU147（CU147）细胞系可能是 CIAV 包括 CIA-1 株增殖的最好细胞系[17]。比较检测表明，用 Cux-1 侵染 CU147 细胞，接种 3 天后即可检测到 VP3，而 MSB1 细胞在接毒 5 天后才表现阳性；MSB1 的被感染阳性细胞数目明显低于同期的 CU147 细胞数，而且 CU147 细胞对 CIAV 的敏感性在传代培养至 82 天都不会降低。从田间样品中不经病毒分离直接进行 CIAV 基因组分子克隆后，CU147 对克隆产物病毒拯救的敏感性也比 MSB1 高[225]。

病毒滴定需要每隔 2～4 天对接种细胞进行传代培养，直到接种 CIAV 最低稀释浓度的细胞全部死亡[234,247]。另外，最低稀释浓度也可以用 PCR[223] 或者免疫荧光试验检测[17]。

鸡

当临床症状提示可能存在 CIAV，但体外病毒分离和/或 PCR 检测为阴性时，可用 1 日龄无母源抗体的雏鸡分离和增殖 CIAV。12～16 天后阳性鸡表现贫血，并出现淋巴组织和骨髓的肉眼病变[260]。接种后 12～28 天之间，鸡可能发生死亡，但死亡率较低，极少超过 30%。刚孵出的鸡[253] 或胚胎期被切除法氏囊[105] 可以提高病毒分离的灵敏性，特别是在检测低滴度样品时。具有 CIAV 母源抗体的鸡对 CIAV 感染有抗性，因此不能用来分离或培养 CIAV[256]。

鸡胚

Bülow 和 Witt[240]已报道 CIAV 经卵黄囊接种可在鸡胚上增殖。接种后 14 天可从整个胚体而不是卵黄或绒毛尿囊膜中获得中等产量的病毒。用 CIAV Gifu‑1 和 Cux‑1 毒株接种鸡胚后观察不到病变。可是，一些毒株在接种后的第 16 天至第 20 天之间可明显致死鸡胚。CL‑1 毒株引起鸡胚的死亡率可达 50%，鸡胚变小、出血和水肿[101]。澳大利亚疫苗株 3711 也会引起高达 50% 的鸡胚死亡率[194]。

发病机理和流行病学

发生与分布

血清学数据表明，CIAV 广泛分布于世界上所有的家禽生产大国[117,232,239]。在各个洲的鸡群中分离病毒可以证明这一点[176]。

自然宿主与实验宿主

鸡是 CIAV 已知的唯一宿主，所有年龄的鸡均易感，虽然有报道称 10 周龄肉种鸡试验接种某些毒株出现了红细胞压积降低[217]，但是在免疫健全的鸡出生后 1～3 周中，随着免疫功能的完善，雏鸡对该病引起贫血的易感性迅速降低[64,173,251,259,260]。3 周龄及更大的鸡对 CIAV 引起的免疫功能影响依旧易感[109,110,168,184,217]。

在日本已经从鹌鹑中检测到 CIAV 抗体，但在鸽子、乌鸦和鸭子中没有发现抗体，关于特定禽类种群的信息未提供[50]。荷兰的花鸡经常出现 CIAV 抗体阳性[39]。爱尔兰的一项调查发现寒鸦、秃鼻乌鸦和一些罕见的禽种类有 CIAV 抗体，但鸽子、雉或鸭中反而没有[18]。McNulty 等人没有在火鸡和鸭血清中检测到抗体[120]。1 日龄小火鸡接种高剂量病毒仍然不会感染，也不会产生 CIAV 抗体[117 中引用的未发表数据]。但与 CIAV 相似的圆环病毒对小鸡有低致病性，却可以在火鸡体内分离到[177]。

传播

鸡传染性贫血病毒可以水平传播和垂直传播。

根据鸡感染后 5～7 周粪便中含有高浓度的病毒说明很有可能发生水平传播[72,258]。直接或间接接触造成的水平传播最可能经口腔感染，但雏鸡经气管内接种试验表明，临床上也可能发生呼吸道途径感染[173]。感染动物通过粪便排毒，而近来 Davidson 和 Skoda 研究认为还可能通过羽毛的毛囊上皮细胞排毒[36]。只要鸡群发生免疫抑制，CIAV 在同一鸡群中就很容易传播[259]。临床上，在自然接触 CIAV 的鸡群中，大多数鸡通常需要 2～4 周出现血清转化[120,189,231]。隔离饲养可以阻止早期血清阳转。在瑞典，对 70% 进口祖代鸡群进行检疫，直到 16 周龄后仍保持血清阴性[46]。

区别商品鸡群和有散发病例的 SPF 鸡群的垂直传播很重要，对于前者，病毒通过种蛋发生的垂直传染是最重要的传播方式[23,46]。当抗体阴性的母鸡被感染或被发病公鸡的精液传染时，即发生病毒的垂直传播[73]。在实验条件下母鸡仅在感染后 8～14 天发生垂直传染[72,261]。产生免疫反应后，即使给母鸡强制注射 β‑米松或调换鸡笼，也未发现垂直传播。临床观察表明，感染后垂直传播可持续 3～9 周，1～3 周为传染高峰。蛋传持续期显然取决于感染传播率和对 CIAV 产生免疫的速度[8,23,48,228]。

早期研究显示抗体产生后不会发生垂直传播，而更多新近研究在高滴度中和抗体的母鸡的子代体内检测到了 CIAV 的 DNA，检测使用的是高敏感性巢式 PCR，在子代中未发现疾病或病变[11]。

与商品鸡群相比，SPF 鸡群发生血清转阳的模式更复杂。已经有商品与非商品 SPF 鸡群发生 SPF 鸡血清转阳的相关报道，而且通常发生于第一个产蛋周期[19,49,55,119,120,132,246,254]。康奈尔大学饲养的 3 个遗传背景不同的 SPF 鸡群中意外感染 CIAV，发现血清转阳与性成熟发育过程一致，即使将禽类饲养在一个 CIAV 污染的环境中也是如此[19]。将鸡集中饲养于一个 CIAV 污染的环境中，60 周后，并非所有遗传品系的鸡都发生血清转阳，然而，用巢式 PCR 检测性腺组织及脾脏发现，在血清阳性和阴性的禽类中，都可以检测到 CIAV，甚至包括那些已经表现抗体阳性超过 40 周的鸡[19,20]。

笼养的 SPF 鸡群比野外饲养的鸡群水平传播效力低。Miller 等[132]跟踪观察了一群由 SPF 生产商提供的 90 只刚孵化出的小鸡。所有鸡每月采血，一只鸡在 6 周龄时血清阳转，并被宰杀，另外两只鸡分别在 16 周龄和 20 周龄时表现抗体阳性，其他鸡一直保持血清阴性。在一项水平传播试验中，将一只通过精液传播病毒的公鸡放入一个鸡笼，在此鸡笼两侧笼养的血清阴性的鸡至少 2 个月内未感染病毒[21]。不同的遗传品系血清转阳率明显不同[19]，即使同一遗传品系不同代次血清转阳率也在 4%～95% 间波动[132]。对性腺病毒 DNA 阳性母鸡的鸡胚组织进行检测，发现鸡胚可以携带无复制迹象的病毒 DNA，因此，传播周期仍在继续[130]。这些结果正如 McNulty[117] 最初所言，CIAV 能够建立潜伏感染。

潜伏期

在实验性感染的病例中，病毒经非胃肠道接种后 8 天就可见到贫血和明显的组织学病变。一般在 10～14 天后出现临床症状，接种后 12～14 天开始出现死亡[66,196,260]。与肌肉接种相比，经口感染后临床症状出现得更晚，且症状较轻[194,222]。

在野外条件下，先天性感染的雏鸡在 10～12 日龄可表现出临床症状，死亡率开始上升，在第 17～24 日龄出现死亡高峰[23,48,63,94,228]。严重感染的鸡群，在第 30～34 天可出现第二个死亡高峰[48,94]，这可能是由于水平感染造成的。

临床症状

CIAV 感染唯一的特征性症状是贫血，感染后 14～16 天达到高峰。血细胞比容介于 6%～27%，这是贫血的特征。病鸡精神沉郁，皮肤略显苍白。实验感染后 10～20 天增重下降，在接毒后 12～28 天病鸡出现死亡。即使鸡只发生死亡，死亡率通常也不超过 30%。到感染后的 20～28 天，存活雏鸡可从沉郁和贫血中完全康复[64,173,195,237,260]。病鸡康复延迟和死亡加剧可能与继发细菌或病毒感染有关。继发感染会导致严重的临床症状，这在临床病例中经常发生，但试验中若操作疏忽，实验鸡也常常会见到继发感染[47,63,228,237]。

血液学

一般来说，血细胞比容大于 27% 可以认为是正常的，但在自交品系的鸡中会有一些变化[86]。白来航鸡血细胞比容比肉鸡低，两者随年龄增加，血细胞比容下降[56,57,60]。严重感染鸡的血液或多或少变得稀薄，凝集时间延长，血浆比正常的苍白。感染 8～10 天后，血细胞比容下降到 27% 以下，第 14～20 天，一般为 10%～20%，濒死鸡甚至下降到 6%。在康复鸡中，血细胞比容在感染后第 16～21 天上升，第 28～32 天后，恢复正常（29%～35%）[66,78,174,196,260]。

CIAV 感染鸡的血细胞比容低是由于各类血细胞减少造成的[1,185,196]，由于最早在感染后 3～4 天时成血细胞被感染，导致红细胞、白细胞和血小板的数量显著降低。感染后 8 天即可见到红细胞大小不均。感染后 16 天外周血液中开始出现幼稚型的红细胞、粒细胞和血小板，几天后未成熟红细胞的发生率可超过 30%。到 40 天康复鸡的血象恢复到正常[196]。

血小板减少可能直接导致凝集速度下降，并引发与 CIA 相关的出血症。用传染性法氏囊病病毒（IBDV）共同感染可加重血小板减少症[166]。

发病率和死亡率

CIAV 感染的后果受病毒、宿主和环境等许多因素的影响。单纯的，特别是由水平感染引起的传染性贫血最多导致死亡率较正常略微升高，病鸡出现一过性的精神沉郁，因此在商品鸡舍不一定观察到病鸡。然而，CIAV 的亚临床感染可能加重其他疾病的发生（见"免疫抑制"）。

如果鸡群受到 CIAV 和马立克病病毒（MDV）、网状内皮组织增殖病毒（REV），或 IBDV 的混合感染，将在很大程度上加剧发病率和死亡率，这可能是病毒诱发的免疫抑制的结果[26,152,173,236,237,238,259]。因为在商品鸡中法氏囊的淋巴细胞减少总是早于 CIAV 感染引起的胸腺的淋巴细胞减少[189,218]，IBDV 等其他病毒引起的免疫抑制可能对商品鸡感染 CIAV 的后果有重要影响。某些呼肠孤病毒株也可能引起鸡的免疫抑制[47,180]，这可以解释由 Engstrom 等[47] 报道的在有呼肠孤病毒存在时 CIAV 致病力增强的原因。在实验条件下，贝氏隐孢子虫（*Cryptosporidium baileyi*）与 CIAV 双重感染会加重 CIA 和隐孢子虫病[76]。在商品鸡群中共感染造成的疾病偶然暴发已有报道[40]。

病理学

与 CIA 相关的病变因感染途径、感染年龄、病毒剂量及宿主免疫状态不同而不同。此外，CIAV 感染可能常常涉及到其他病原，并因此复杂化。病理学将分两部分进行描述，即：基于实验条件下的单一感染产生的出血性—再生障碍性贫血综合征和作为并发因子导致的其他疾病。

大体病变

胸腺萎缩是最常见的病变（彩图 8.2A），特别是当鸡对贫血产生年龄抗性时，有时可见胸腺小叶几乎完全消失，[64,89,184,196]，胸腺残留物常呈现暗红色。骨髓萎缩是最具特征性的病变，尤其是股骨腔中的骨髓[66,196]。被感染的骨髓呈脂肪样，颜色微黄或粉红（彩图 8.2B）。在某些病例中，虽然组织病理学检查可发现明显病变，但骨髓颜色呈现暗红。CIAV 感染时法氏囊萎缩并不常见。一小部分禽类的法氏囊体积可能缩小。有许多病例法氏囊的外壁呈半透明状态，以至于可见到内部的皱褶。有时可见到腺胃黏膜出血和皮下与肌肉出血，这与严重贫血有关[64,66,105,174,195,196,237]。已报道过更明显的出血或法氏囊萎缩，以及其他组织的病变，如肝脏肿大呈斑驳状[66,174]，但这些病变可能与其他病原的继发感染有关。

出血性—再生障碍性贫血综合征

临床上，鸡群中传染性贫血的暴发常伴随着所谓的出血性综合征，有时并发坏疽性皮炎（彩图 8.2C）[例如8,23,41,48,228,255]。大量证据表明，CIAV 也是与包涵体肝炎（IBH）[238]、IBH/心包积水综合征[216]或传染性法氏囊病[166]有关的再生障碍性贫血的病因。在患传染性法氏囊病的鸡见到的出血，在大多数情况下可能是继发感染 CIAV，而不是 IBDV 感染引起的。

所谓的出血综合征的特征性病变是皮内、皮下和肌肉内出血（彩图 8.2D，E）；腺胃远端黏膜常常有点状出血（彩图 8.2F）；翅的皮内或皮下出血，经常并发严重水肿和继发皮炎，因细菌感染发展成坏疽[48]。

胫和足的皮下出血可形成溃疡。发病鸡有时也似乎容易发生足皮炎。

尽管出血在很大程度上与贫血的严重程度相关，但发生贫血的鸡并不全有出血。因此，与血小板减少有关的凝血时间延长不能完全解释出血的原因。病毒感染引起内皮损伤和肝功能受损，继发细菌感染加重了这些病变，这在出血性素质的发病机理方面可能起着重要的作用。

组织病理学

贫血鸡组织病理学变化的特征是全骨髓萎缩和

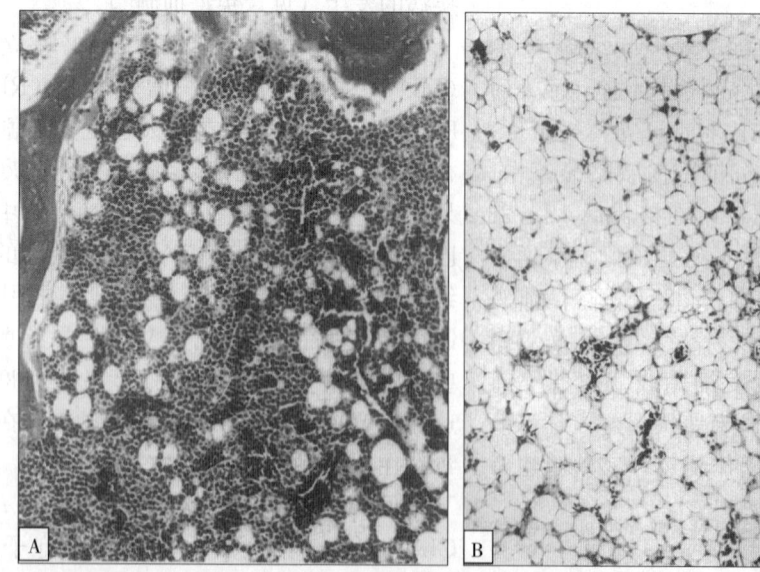

图 8.3　14 日龄鸡的股骨骨髓　A. 未感染对照组；B. 鸡传染性贫血病毒感染后 14 天，造血组织萎缩，出现脂肪细胞。H. E. ×160（Lucio 和 Shivaprasad）

全身淋巴组织萎缩[66,90,105,166,185,195,196,235,237]。骨髓的萎缩和再生障碍涉及所有的骨室和造血细胞系（图8.3）。偶尔可见残存的小细胞病灶的坏死。造血细胞被脂肪组织或增生的基质细胞替代。实验感染后16~18天出现由原成红细胞组成的再生区域，接种后24~32天康复鸡的骨髓增生。

起初，胸腺皮质的淋巴细胞严重减少，但是非淋巴性的白细胞和基质细胞不受影响。胸腺皮质和髓质表现出同等程度的萎缩，残存的细胞水肿性变性，偶尔有坏死病灶（图8.4）。感染后20~24天康复鸡胸腺内淋巴细胞开始明显增多，32~36天后胸腺的形态恢复到正常。

法氏囊病变表现为轻度到重度的淋巴样滤泡萎缩，偶尔有小的坏死病灶、失去褶皱的上皮、水肿性上皮变性和网状细胞增生（图8.5）。在完全康复之前，淋巴细胞的再生情况与胸腺相似。

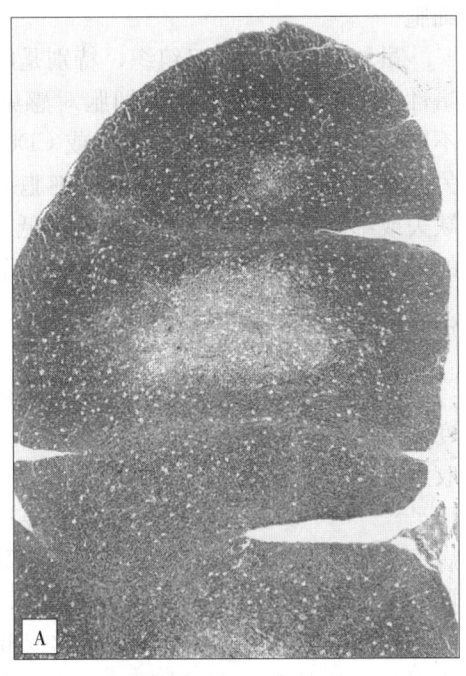
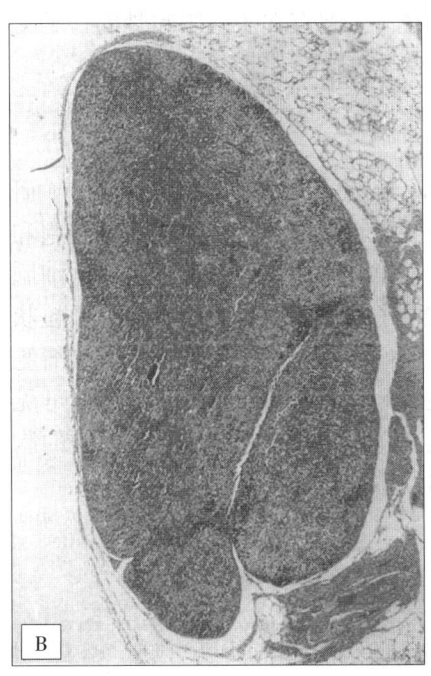

图8.4 14日龄鸡的胸腺 A. 未感染对照组；B. 鸡传染性贫血病毒感染接种后14天，髓质与皮质间的界限消失。H. E. ×63 （Lucio 和 Shivaprasad）

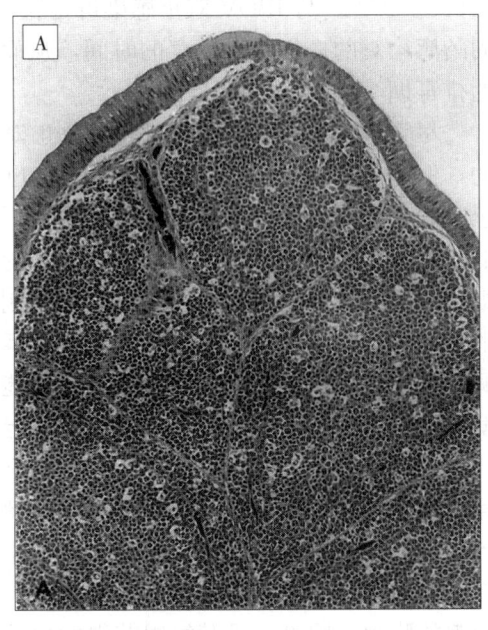
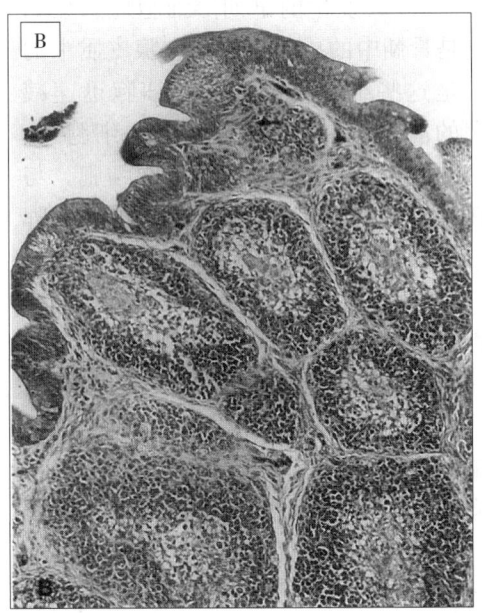

图8.5 14日龄鸡的法氏囊 A. 未感染对照组；B. 鸡传染性贫血病毒感染，接种后14天，淋巴细胞排空和滤泡萎缩。H. E. ×63 （Lucio 和 Shivaprasad）

在脾脏的淋巴滤泡和施赛鞘（Schweigger-Seidl sheaths）内，伴随着网状细胞增生 T 细胞减少。滤泡或鞘内很少见到坏死病灶。

在肝脏、肾脏、肺脏、腺胃、十二指肠和盲肠扁桃体中，淋巴组织病灶由于细胞排空，而使它们比未感染鸡的体积小、密度低。肝细胞肿胀，肝窦状隙可能扩张。

在感染组织中发生变化的肿大细胞内可见到小的嗜酸性核包涵体，主要存在于胸腺和骨髓，常常在实验感染后 5～7 天出现[66,185]。

超微结构病变

关于 CIAV 感染鸡的超微结构鲜有研究[62,67,91]。感染后第 6 天首次观察到了造血细胞和胸腺细胞的变化，第 8 天变化最明显。在感染细胞的细胞质中存在电子密集区和由均质或细小颗粒状物质组成的包涵体。此外，可见到不规则的细胞膜、液泡和伪足出现。在感染后 12～16 天，可见许多退化的细胞和有活性的吞噬细胞，在感染的胸腺细胞中出现凋亡体。20 天后开始再生。

发病机理

经一系列组织病理学[66,184,185,196]、超微结构[62,67,91]和免疫细胞化学研究[75,184,185]，已经阐明了 CIAV 感染的发病机理。从形态学研究结果可以肯定在接种后 6～8 天发生的早期溶细胞性感染的主要受害细胞是骨髓中的成血细胞和胸腺皮质中的成淋巴细胞，是这些细胞的凋亡导致细胞迅速减少。除了肿大的前成红细胞和变性的造血细胞外，在骨髓中可见到摄入变性造血细胞的巨噬细胞。与胸腺相反，在接种后的前 10～12 天，法氏囊、脾脏和其他淋巴组织中见不到淋巴样细胞缺失和偶尔的坏死[66,185,196,237]。从接种后 16 天开始，胸腺淋巴细胞再生、骨髓前成红细胞和前髓细胞的再生以及造血细胞活性的恢复似乎与开始形成抗体同时发生（见免疫力）。到 32～36 天可完全恢复。

用蛋白酶Ⅲ或ⅩⅣ处理福尔马林固定的胸腺组织，可以暴露病毒抗原[116]，为免疫细胞化学研究提供了便利[2,75,79,185]。蛋白酶与微波处理结合，可进一步提高病毒抗原检测的灵敏性[112]。在感染 4～6 天内，大量胸腺皮质成淋巴细胞表现病毒阳性。此外，窦内和窦外成血细胞、骨髓的网状细胞、脾脏的成熟 T 细胞都表现病毒抗原阳性。在感染后 6～7 天，胸腺和骨髓中受感染的细胞最多，到 10～12 天或以后还可检测到感染细胞。其他许多器官的淋巴组织中也可检测到病毒抗原[185]。腺胃、十二指肠的上衤部、肾脏和肺脏的感染为解释排毒现象提供了依据。虽然病毒在这些组织中可持续存在 28 天，在直肠内容物中存在 49 天或更长[258]，但在 1 日龄感染后 22 天以上通常检测不到感染细胞[185]。

虽然 CIAV 对淋巴组织，特别是胸腺皮质有亲嗜性[90]，但胸腺细胞或脾细胞对感染的易感性并不取决于特定细胞标志如 CD4 或 CD8 的表达[2,90]。另一方面，CD4＋和 CD8＋淋巴细胞一过性的严重缺失或细胞毒性 T 细胞的选择性降低在 CIAV 诱导的免疫抑制的机制中可能起着重要的作用[2,26,79,90]。

年龄抗性

年龄抗性在出壳后的第 1 周发展很快，对于免疫正常的鸡 3 周或更早一点将发育完全。抗性程度取决于病毒毒力、剂量和感染途径[64,173,174,217,251,259]。年龄抗性的发展与鸡只产生抗病毒抗体的能力紧密相关[251,259]。6 周龄感染高剂量 CIAV 的鸡可以迅速产生中和抗体并且不排毒，而感染较低剂量病毒的鸡需要更多时间才能产生可检测到的抗体且会排毒[43]。由于免疫抑制，抗体产生明显滞后，例如同时感染 IBDV[81,173,259]或切除法氏囊[78,253]。与 IBDV 双重感染可延长 CIAV 在 6 周龄感染鸡的血细胞中生存的时间，从而延长病毒的排毒期[81]。

尽管大多数 CIAV 实验都是在来航鸡体内进行的，但 Joiner 等[92]研究发现商品肉鸡也会对临床感染表现出年龄抗性，且在实验室条件下病毒载量低。但在生产条件下，CIAV 感染引起的贫血伴发细菌或寄生虫等继发感染引起的免疫抑制在 130 日龄鸡体内仍可观察到[35,219,242]。这说明年龄抗性的概念在生产操作中并不总是有效，这可能是因为环境因素或其他病原影响了鸡群的免疫功能。

Jeurissen 等[89]推断年龄抗性依赖于孵化前期和孵化后期发育中的胸腺前体细胞的易感性。但胚胎时期切除了法氏囊的 5 周龄鸡攻毒感染时，全部都易感，出现胸腺萎缩和贫血[78]。此外，从 28 日龄鸡的胸腺、脾脏、骨髓组织获得的单核细胞培养物对感染完全易感[115]。CIAV 在 3 或 6 周龄感染的鸡的胸腺皮质中复制，引起皮质的广泛缺损，而CIAV 阳性细胞在骨髓和其他组织中都很少见[184]。一些研究证实对亚临床感染缺乏年龄抗性的典型特征是细胞免疫反应减弱[109,110,168,184,217]。

感染途径和病毒剂量

病毒剂量影响着贫血严重程度或感染雏鸡的比例，但用低至 $10^{0.75}$ TCID50 的剂量的病毒进行肌内注射也可引起感染[121,173,260]。因为免疫系统完善的雏鸡接触感染后通常不会引起贫血，而免疫功能不全的禽类则不然，所以在实验感染中，感染途径也发挥了重要作用[173,259]。在诱发疾病方面，口、鼻、眼三种感染途径不如注射接种效果好[173,194,222,248]。

遗传抗性

关于对感染和疾病的遗传抗性的报道很少。Hu[77] 提出 S13（MHC：$B^{13}B^{13}$）雏鸡好像比 N2a（MHC：$B^{21}B^{21}$）和 P2a（MHC：$B^{19}B^{19}$）更易感染此病。这一结论与下面的发现相吻合，即 S13 鸡在自然感染和用佐剂处理的商品化疫苗接种后，血清阳转比例很低。S13 鸡在接种疫苗后 7 周，仅有 73％血清阳转，N2a 和 P2a 的血清阳性率则分别达到 100％和 85％[19]。在一个检测 MHC 对 4 周龄肉鸡的 CIAV 易感性的实验中，Joiner 等[92] 发现感染后两周不同 MHC 类型在血清阳转率和病毒载量方面统计学差异不显著。

免疫力

主动免疫

抗体反应是针对 CIAV 保护性免疫的主要武器，但 1 日龄敏感鸡接种后 3 周才能检测到中和抗体。抗体滴度低（1：80），直到 4 周后才稍有升高（1：320）。肌肉接种 2～6 周龄的鸡，其抗体反应相当强，接种后 4～7 天即可检测到中和抗体，12～14 天抗体达最高滴度（1：1 280～1：5 120）[43,254,258]。与肌内注射感染相比，经口接种后鸡的体液抗体形成滞后[194,222]。Yuasa 等[258] 报道抗体产生的增高与鸡组织中病毒浓度的下降一致。Joiner 等[92] 对 4 周龄时接种的鸡在感染后 14 天经 ELISA 检测的抗体水平进行了比较，发现病毒水平越高抗体水平也越高，说明高抗体水平是病毒刺激增强的结果。

在水平感染的种鸡群中，早在 8～9 周龄即可检测到血清阳转，大多数鸡群在 18～24 周龄有 CIAV 抗体[82,120]。鸡群的所有鸡高滴度的中和抗体至少可持续 52 周。然而，间接免疫荧光抗体检测结果显示，随日龄的增大抗体滴度下降[82]，而且鸡群的抗体阳性率很快低于 100％[58,120]。感染的 SPF 鸡群用 ELISA 试剂盒检测 CIAV 抗体可持续到 60～80 周龄[19]。关于细胞介导和非特异免疫的意义还没有报道，尽管 Hu 等[78] 发现一些胚胎时期切除法氏囊的鸡只在没有抗体存在条件下贫血可康复。

被动免疫

母源抗体可以使雏鸡获得对 CIAV 引起的贫血的完全保护[256]。如果雏鸡因病毒感染，特别是 IBDV 等影响体液免疫反应的其他因素，会失去对 CIAV 的保护力[173,237]。母源抗体介导的免疫，包括对实验攻毒的保护，可持续大约 3 周[120,154]。而且，主动免疫的母鸡不可能发生病毒的垂直传播，但病毒 DNA 仍能传播[11,19,20,130]。传染性贫血的田间暴发与它们各自父母代鸡群没有抗 CIAV 抗体有关[23,46,228,255]。

免疫抑制

由 CIAV 感染引起的免疫应答缺陷可直接损伤造血组织和淋巴生成组织，进而引起全身淋巴缺失或细胞因子失衡。人工感染 1～7 日龄的雏鸡，在感染后 7～15 天，其脾细胞对刀豆素 A 或植物血凝素的有丝分裂刺激活性降低，在 18～21 天则没有影响[3,9,150,155]。口服感染 3 周龄雏鸡，在感染后第 14～21 天，也出现了促细胞分裂反应降低的状况[110]。1 日龄和 3 周龄鸡感染后，巨噬细胞功能如 Fc 受体表达、IL-1 产生、吞噬作用和杀菌活性都降低[110,111]。尽管这种降低是一过性的，但对巨噬细胞功能的影响比对 T 细胞有丝分裂原的反应持续时间更长，一直持续到感染后 6 周[110,111]。体外丝裂原刺激的脾脏淋巴细胞的干扰素产量在接种后第 8 天增加，第 15～29 天下降[3,4,110]。在 CIAV 感染后 7 天脾脏的 γ 干扰素（IFN）mRNA 水平升高[109]，虽然随后降低了，但在感染后 14 天与未感染对照组相比并未降低[109]。感染后第 14～21 天，体外刺激后 T 细胞生长因子产量（推测为 IL-2）也下降[110]，但感染鸡的脾中 IL-2 的 mRNA 水平未检测到下降[109]。CIAV 感染会干扰 IBDV/NDV/IBV 三价灭活疫苗免疫后 4 小时内诱导的血细胞中 IFN-α 和 IFN-γ 的 mRNA 水平的升高[168]。4 周龄感染 CIAV 的鸡在感染后 1、2 和 3 周后均可发现对早期先天性免疫反应的这一显著影响。Markowski-Grimsrud 和 Schat[109] 发现 3 周龄后感染 CIAV 的鸡，受 CIAV 的影响，体内产生的针对 MDV 和 REV 的抗原特异性细胞毒性 T 细胞（CTL）数量显著减少，表明细胞介导的免疫反应非常重要时 CIAV 影响疫苗免疫和感染后的康复。显然，这里对 CIAV 免疫抑制的效果没有"年龄抗性"。

CIAV 在其他疾病中作为共作用因子

临床或亚临床 CIAV 感染影响了机体的特异或非特异免疫应答，因此，感染导致机体对其他病原的易感性增强就不足为怪。感染 CIAV 有贫血症的鸡出现免疫抑制，易被细菌和真菌感染[63,169,195,235,241]，增强了腺病毒[216,238]、呼肠孤病毒[47]和传染性支气管炎病毒（IBV）[218,226]的致病性。Van Santen 等[226]发现 CIAV 的感染推迟了泪液中传染性支气管炎病毒（IBV）特异性 IgA 的产生，同时使呼吸症状延长，且 IBV 感染鸡的 IBV 清除延迟。与单独感染沙门氏菌相比，实验室感染 CIAV 和出血性肠炎沙门氏菌导致了肠相关 T 细胞和 IgA＋细胞数量的减少，肠沙门氏菌特异性 IgA 水平也降低。但共感染鸡中沙门氏菌阳性细胞的数量没有显著增加[181]。Hagood 等[69]发现了商品肉鸡群中 CAV 的 DNA 与胸腺萎缩、球虫病、坏疽性皮炎或呼吸道疾病的出现有重要相关性。De Boer 等[37]用新城疫弱毒疫苗（ND）LaSota 在 1 日龄和 10 日龄免疫 1 日龄时感染了 CIAV 的雏鸡，结果发现共感染鸡出现了严重的呼吸道症状，但并没影响抗 ND 病毒的 HI 抗体效价。有可能破坏 ND 灭活疫苗的体液免疫反应[10,27]，但这在商品鸡群中不常见[59]。

CIAV 和 MDV 双重感染会增加早期死亡率和 MD 的发生率[52,151,236,262]，两个因素能够相互影响，协同作用。从表现出急性 MDV 感染的 14～24 周龄蛋鸡体内分离得到的大部分 MDV 也都分离到了 CIAV，而且对商品鸡接种 CIAV 会激活潜伏感染的 MDV[52]。低剂量 MDV 感染增强了 MD 淋巴增生性病变，而高剂量则减轻了这种病变[88]。MDV 株的毒力也会影响双重感染的结果。Miles 等[129]发现 CIAV 与超强毒（VV）MDV 共感染使感染鸡死亡率剧增、胸腺萎缩加重，而仅用 vv＋MDV 株感染则效果不明显。即使 CIAV 感染发生在 14 日龄，这种感染也会抑制 MDV 疫苗的免疫[150,155,252]，基于 MDV 特异的 CTL 应答的丧失[109]，后期可能也如此。

诊　断

CIAV 分离与鉴定

分离和鉴定 CIAV 的详细步骤已有报道[118]。病鸡在感染后 7 天病毒滴度最高，从感染鸡的大部分组织、（全血离心后的）灰层细胞、直肠内容物中都能分离到病毒[118,258]。随着抗体的形成，病毒滴度下降，但全血、淡灰层细胞和胸腺组织匀浆至少在感染后 14 天仍保持感染性，即使在有中和抗体的鸡中也是如此[222,236,250]。

肝脏或脾脏的淋巴细胞或灰层细胞都是分离病毒的最佳材料。接种细胞之前，首先将组织匀浆上清液在 70℃加热[64] 5min 或用氯仿处理，以便消除或灭活可能的污染物。

MDCC-CU147 或 MSB1 细胞是病毒分离和滴定的优先选择[17,274]。已有报道某些 CIAV 株在 MSB1 中不易复制，对 MSB1 亚系的易感性也有差异[170]。使用新制备的含 $2×10^5$ 个/mL 细胞的培养物，当细胞增殖到 10^5 个/cm^2 时接种先前制备的组织匀浆上清液，接种前先把接种物做 1∶20 或更大比例稀释（或 10 倍递进稀释），接种物与细胞培养物的比例为 0.1mL/mL。培养物每 2～4 天传代，培养至 10 代或直至观察到有细胞死亡。传代培养后 36～48h，显微镜下观察培养物，以区别病毒诱发的细胞病变（图 8.6）和非特异细胞退化。CIAV 的分离应当使用 PCR 确证。

1 日龄易感雏鸡肌肉或腹腔接种的生物学检测方法是初次分离 CIAV 的最特异的方法。如果怀疑有 CIAV，但无法进行病毒分离，可用该方法验证。生物学检测比细胞培养灵敏 100 倍，并且可以通过法氏囊切除术进一步增加试验的灵敏度[78,253]。在接种后 14～21 天，血细胞比容值小于 27％，表示 CIAV 存在[105,174]。对于非贫血的鸡只，可在死后检查骨髓萎缩。通过 PCR 或免疫组化技术来确证病变组织中的 CIAV 是很重要的。

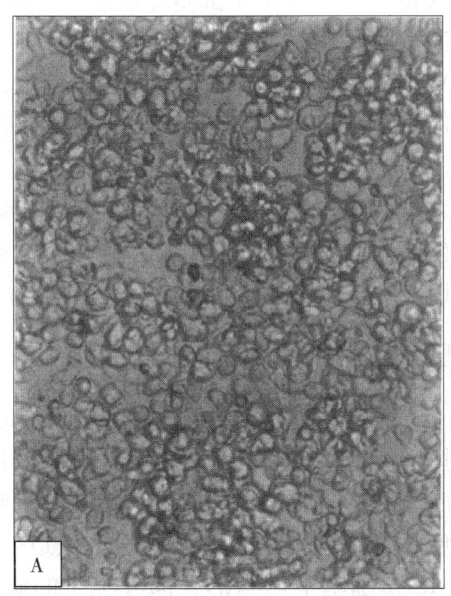

图8.6　CIAV 感染后 2 天的 MSB1 细胞病变：A. 未感染细胞；B. 用高剂量病毒感染的细胞，未染色，×230（von Bulow）

CIAV 的 DNA 检测

聚合酶链式反应

　　PCR 已经成为检测感染的细胞培养物、鸡组织、福尔马林固定石蜡包埋的组织或疫苗中 CIAV 的 DNA 的一个选择[145,188,200,201,213]。实验证明，PCR 比细胞培养分离病毒特异性高，灵敏性更强，便于序列分析和限制酶切分析。巢式 PCR 灵敏度更高，但也更容易产生交叉污染[20,188]。针对 CIAV 的热启动 PCR 也很灵敏，此外，以纤突 DNA（spike DNA）作为内参，可以反映 CIAV -阴性样品的有效性，并可用来估计测试样品中 CIAV 基因组的数量[44]。竞争性 PCR 使用缺失 33nt 的模板，可对病毒 DNA 定量[245]。已经建立了用于病毒 DNA 和 RNA 定量的实时 PCR[108,223]。不同的实验室已成功地采用了不同引物和条件。对于日常检测来说，最好从保守的 ORF 区选择引物。DNA 可以从用于病毒分离的同一组织中提取。Miller 等[130]用巢式 PCR 检测孵化后的鸡胚组织和蛋膜，来分析 SPF 母鸡后代中是否有病毒 DNA 存在。在 VP3 没有达到可检测水平的条件下，已经用原位 PCR 检测 CIAV 感染细胞[20]。

DNA 探针

　　已有报道[6,136]利用 PCR 制备的生物素化 DNA 探针或 digoxygenin 包被的 CIAV 基因组克隆探针[43]做原位杂交，可以检测福尔马林固定、石蜡包埋的胸腺切片中的 CIAV。微波处理与蛋白酶处理相结合可以显著增加检测的敏感性[114]。生物素 DNA 探针已经成功应用于快速检测血液涂片中的 CIAV[146,175]。用克隆的 ^{32}P 标记的 DNA 探针做斑点杂交，可检测感染后第 5～42 天的鸡组织[208]或用 CIAV 野外分离物感染的 MSB1 细胞中提取的病毒 DNA[145]。在 96 孔板中用生物素化 CIAV DNA 探针进行竞争杂交试验可以检测感染后 3～28 天灰层细胞中的 CIAV，也可以用作定量分析[147]。竞争杂交对灰层细胞的检测敏感性比病毒分离低，而与生物素化探针的原位杂交法检测血涂片和斑点杂交检测灰层细胞样品相比，竞争杂交的特异性为 100%，敏感性与另两种方法相近[147]。

CIAV 抗体检测

　　可以用免疫荧光或免疫过氧化物酶染色技术确证鸡组织中病毒的感染。通常优先选择感染后 7～12 天采集的胸腺材料做诊断试验。组织涂片和冰冻切片，经丙酮固定后，可用抗 CIAV 的多克隆鸡或兔高免血清，或单克隆抗体做间接或直接免疫荧光染色[75,78,116,124]，可以用福尔马林固定石蜡包埋的切片或冰冻切片做免疫过氧化物酶试验[78,116,185]。用蛋白酶Ⅲ预先处理组织将明显提高病毒抗原检测的灵敏性[116]。使用单克隆抗体可获得最满意的结果，因为多克隆抗体可产生严重的非特异性背景色。

电子显微镜检查

在 CIAV 的常规诊断中不推荐使用电子显微镜技术的原因是该方法敏感性差。

血清学

常用的血清学检测方法包括：ELISA、间接免疫荧光检测、病毒中和实验（VN）。选择哪种方法取决于血清学检测目的及每项检测方法的费用。

间接荧光抗体试验

在抗体检测中，IFA 试验[120,234,254]是一种标准检测方法，可用 CIAV 感染的 MSB1 或 CU147 细胞作抗原。在开始出现细胞溶解前收集细胞，这个时间通常在接种后 36～42h，把收集的细胞涂布于玻片上，丙酮固定。肿胀的细胞核内如果有较小的、形态不规则的荧光染色颗粒（图 8.7），就可以认为待检血清中有抗体；同时出现带荧光的、不很规则的环形结构也是特异性的，但不常见。这种类型的免疫荧光被认为是针对 CIAV 中和抗体的典型

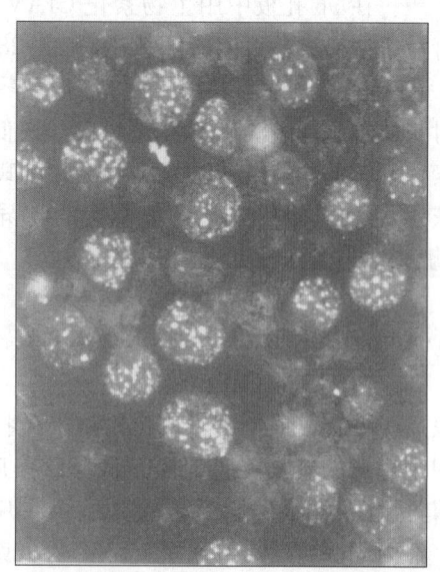

图 8.7 接种后 40h 收获的 MSB1 细胞样本，经免疫荧光染色检出的鸡传染性贫血病毒抗原。在肿胀的细胞中见到的抗原，具有特征性的核内颗粒荧光，×400（von Bulow）

试验[14,124,211]。FA 试验应该设立阳性和阴性参考血清对照。非感染细胞可作为对照。血清中可能有 MDV 的抗体，CU147 和 MSB1 细胞核与胞质能表达 MDV 抗原，从而混淆结果。通过使用充分稀释了的待检血清，如 1∶40～1∶100 或更高，可以大大降低非特异性染色和掩盖特异性反应的背景染色[120]。通过对预试验结合物的选择控制由于抗 IgG 结合物的直接结合引起的非特异性染色[106]。

酶免疫测定

已经建立了各种酶联免疫吸附试验（ELISA）技术用于检测和定量鸡血清中 CIAV 抗体。在一些使用疫苗的国家，这些方法常用于检测肉鸡群的免疫效力[46]，但已经有假阳性的报道[128]。通常用在 MSB1 细胞中增殖的、部分纯化的病毒制备抗原，但 MSB1 可能包含 MDV 抗原。利用重组技术，在细菌中生产 VP3 融合蛋白[157]或在杆状病毒中生产 VP1、VP2 和 VP3[85]。除 VP1 外，VP2 和 VP3 都可用作 ELISA 抗原。遗憾的是，这些抗原不能检测 VN 抗体。最近 Todd 等[212]用单抗 2A9 建立了阻断 ELISA，2A9 可与全世界不同地区分离的野生毒株发生反应，并识别一个 VN 抗原决定簇[124,211]。另一个使用同样中和单抗而抗原使用 CIAV 的一个澳洲分离株的相似的方法也已建立[197]。与前面提到的间接检测[211]比较，阻断 ELISA 成本降低[212]。阻断 ELISA 的假阳性结果也比未使用阻断配方的商品化的间接 ELISA 试剂盒低[197]。

病毒中和实验

在病毒中和试验中[234,258]，将血清或卵黄做二倍稀释，与等体积的含 200～500TCID$_{50}$/0.1mL 的 CIAV 悬液混合，混合物在 37℃下作用 60min 或 4℃过夜，然后在 MSB1 细胞培养上滴定。如果要做大批血清样本的检查，建议使用微量反应板[83,93]。试验完成之前，可能要花费 5 周的时间，感染细胞需要 8～9 次传代；可是，如果混合物中病毒浓度提高到 $10^{5.0}$～$10^{5.5}$ TCID$_{50}$/0.1mL[153,231,234]，可较早地获得结果，并可省略传代培养。在这种情况下，在接种后的第 2 天和第 3 天，应该用显微镜检查接种培养物的 CIAV 特异性的 CPE。如果以病毒对照培养物完全脱落确定终点，则只需一次传代培养。如果在感染后 3～4 天用 PCR 检测病毒的复制，病毒传代培养可以

省略[223]。

可以将血清稀释度固定为1∶80～1∶100与上所述的高滴度的待检病毒进行定性中和试验用于鸡群的筛选。不使用较低稀释度的血清是因为低稀释度的血清有时有细胞毒性，或者对病毒产生非特异性抑制。通过做连续传代培养，这种类型的试验可用做半定量；仍然存活的感染细胞传代次数可反映出相应的抗体水平[231,234]。

Otaki 等[153]对 ELISA、IFA 和 VN 三种方法进行了直接对较。VN 比其他两种方法更灵敏，而IFA 经常出现假阳性，特别是当检测血清稀释度＜1∶50 时。可惜没有关于商品化 ELISA 试剂盒与VN 比较的报道。

鉴别诊断

感染的标准在 CIAV 诱发疾病的诊断中价值不大，这是因为实际上 CIAV 在鸡群中普遍存在。如果在高比例的发病鸡群中检出足够高的水平的病毒、病毒抗原或病毒 DNA，则认为在病原学上很有意义。对 6 周龄以下的鸡，从症状、血液学变化、肉眼和显微镜下病变和鸡群病史进行综合分析，可怀疑为 CIA。然而，病鸡并没有具有诊断价值的特异性病变。

伴随胸腺和法氏囊萎缩，出现再生障碍性贫血症，但不是泛细胞减少，骨硬化症病毒也可引起免疫应答低下。通过对血液涂片的显微镜检查，可以把由成红细胞病毒引起的贫血与 CIAV 引起的贫血区分开来。MDV 能造成胸腺和法氏囊严重萎缩，特别是在高致病力病毒感染后[16,129]。IBDV 可诱发淋巴组织萎缩并伴随典型的组织病变，正常情况下不感染胸腺。虽然有关于某些 MDV 株引起贫血的报道，但 MDV 和 IBDV 一般不导致贫血[54]。与急性 IBDV 感染有关的再生障碍性贫血也会发生，但比 CIAV 诱发的贫血消失早[148]。腺病毒是包涵体肝炎—再生障碍性贫血综合征的主要病因，该综合征常常发生于 5～10 周龄的鸡[29]。可是，由 CIAV 单独感染的实验鸡没有发展成再生障碍性贫血。

高剂量的磺胺类药物或真菌毒素（如黄曲霉毒素）中毒能导致再生障碍性贫血和"出血性综合征"。黄曲霉毒素也可损害免疫系统。但在临床上，鸡很少接触足够剂量的能引起急性中毒的黄曲霉毒素和磺胺类药物。另一方面，鸡的亚临床中毒可能

增加 CIAV 的致病力，反之也是如此。

预防和控制

管理措施

注意日常管理和卫生措施，以预防因环境因素或其他传染病引发的免疫抑制，预防 CIAV 的早期感染。改善卫生条件可以降低血清转阳率，但鸡在后期感染后也可能带来一些问题[46,95,112]。临床上，不可能根除 CIAV，也很难清除感染的 SPF 鸡舍的CIAV。后者不仅因为 CIAV 对消毒剂有很强的抵抗力，也因为病毒 DNA 可以垂直传播，CIAV 在产卵期可能被重新激活[20,130]。应当检测种鸡群的CIAV 抗体，以避免经垂直传播感染，也可检验免疫接种的效果。

免疫接种

目前，通过使用疫苗免疫种鸡来预防病毒经垂直传播和水平传播感染雏鸡，已经成功降低了子代雏鸡的贫血发病率[46]。最初通过让青年种鸡接触CIAV 病鸡的垫料或在其饮用水中加入 CIAV 阳性组织匀浆的方式人工接种病毒，此方法在无疫苗国家或因经济原因没有使用疫苗的地区仍在使用，但因为卫生、接种量等原因，这些措施危险性相当高，因此应予以摒弃[228]。有些国家已经使用商品活疫苗[193,227,229,230]，应在 9～15 周龄时进行免疫接种，不能晚于开始收集种蛋前 3～4 周，以防经蛋传播疫苗病毒。疫苗可加入水中饮用或放入佐剂中注射。虽然活疫苗安全有效，但仍需进一步研究以检查使用疫苗可能产生的细胞因子的异常。

在商品化肉鸡场使用的是将自然接触免疫、血清阳转检测和免疫种鸡相结合的免疫接种策略。Smith 等[183]最近调查了全美 8 个大型垂直一体化肉鸡生产公司的 68 个机构，以了解何种免疫接种策略对肉种鸡最常用。他发现最多使用的策略还是依靠病毒的自然接触。调查的方法中有一半没有将血清阳转作为常规检测，但其中有一些是在新的或清洁的鸡舍免疫种鸡，在这些鸡舍应该不会发生病毒的自然接触免疫。依靠自然接触免疫的免疫接种方法中约有 1/3 对血清阳转进行常规性检测，随后

再用商品化疫苗接种血清阳转不充分的鸡群。Smith 认为鸡场的免疫策略主要依赖于自然接触免疫是因为商品化 CIAV 活疫苗的成本相对较高。但所调查机构中约 1/3 对所有种母鸡在 10 和 12 周龄进行免疫，公鸡一般不免疫。

因为母源抗体消失后发生的 CIAV 感染不利于细胞毒性 T 细胞的产生[109]，所以有必要对肉鸡进行免疫。最近美国有一种用于 1 日龄肉鸡的疫苗获批。尽管普遍认为这些活疫苗安全有效，但仍需进一步研究以检查使用疫苗可能产生的细胞因子的异常。

最近，一种灭活疫苗在 SPF 种鸡上进行了测试，接种的母鸡血清转阳，攻毒实验表明其后代能够抵抗强毒的攻击[156]。遗憾的是，MSB1 细胞中病毒滴度一般很低[117]，因此灭活疫苗的成本很高。虽然，表达 VP1 和 VP2 的重组疫苗非常可行[99,141]，但至今没有获得批准。

治疗

对 CIAV 感染的发病鸡尚无特异性治疗方法，通常用广谱抗生素控制与 CIAV 相关的细菌感染。

郭　鑫　高志强　译

杨汉春　吕艳丽　校

参考文献

[1]Adair,B. M. 2000. Immunopathogenesis of chicken anemia virus infection. *Developmental and Comparative Immunology* 24:247 - 255.

[2]Adair,B. M. , F. McNeilly, C. D. McConnell, and M. S. McNulty. 1993. Characterization of surface markers present on cells infected by chicken anemia virus in experimentally infected chickens. *Avian Diseases* 37:943 - 950.

[3]Adair,B. M. , F. McNeilly, C. D. McConnell, D. Todd, R. T. Nelson,and M. S. McNulty. 1991. Effects of chicken anemia agent on lymphokine production and lymphocyte transformation in experimentally in fected chickens. *Avian Diseases* 35:783 - 792.

[4] Adair, B. M. and M. S. McNulty. 1997. "Lymphocyte transformation and lymphokine production during chicken anaemia virus in fection." In *Cytokines in Veterinary Medicine*, edited by V. E. C. J. Schijns, and H. C. Horzinek, 301 - 310. Wallingford:CAB International.

[5]Allan,G. M. ,K. V. Phenix, D. Todd, and M. S. McNulty. 1994. Some biological and physico-chemical properties of porcine circovirus. *Journal of Veterinary Medicine Series B* 41:17 - 26.

[6]Allan,G. M. , J. A. Smyth, D. Todd, and M. S. McNulty. 1993. In situ hybridization for the detection of chicken anemia virus in formalin-fixed,paraffin-embedded sections. *Avian Diseases* 37:177 - 182.

[7]Bassami, M. R. , D. Berryman, G. E. Wilcox, and S. R. Raidal. 1998. Psittacine beak and feather disease virus nucleotide sequence analysis and its relationship to porcine circovirus, plant circoviruses, and chicken anaemia virus. *Virology* 249:453 - 459.

[8]Bisgaard,M. 1983. An age related and breeder flock associated hemorrhagic disorder in Danish broilers. *Nordisk Veterinaer Medicine* 35:397 - 407.

[9]Bounous, D. I. , M. A. Goodwin, R. L. Brooks, Jr. , C. M. Lamichhane, R. P. Campagnoli, J. Brown, and D. B. Snyder. 1995. Immunosuppression and intracellular calcium signaling in splenocytes from chicks infected with chicken anemia virus,CL‐1 isolate. *Avian Diseases* 39:135 - 140.

[10]Box, P. G. , H. C. Holmes, A. C. Bushell, and P. M. Finney. 1988. Impaired response to killed Newcastle disease vaccine in chicken possessing circulating antibody to chicken anaemia agent. *Avian Pathology* 17:713 - 723.

[11]Brentano,L. , S. Lazzarin, S. S. Bassi, T A. P. Klein, and K. A. Schat. 2005. Detection of chicken anemia virus in the gonads and in the progeny of broiler breeder hens with high neutralizing antibody titers. *Veterinary Microbiology* 105:65 - 72.

[12]Brentano,L. , N. Mores, I, Wentz, D. Chandratilleke, and K. A. Schat. 1991. Isolation and identification of chicken infectious anemia virus in Brazil. *Avian Diseases* 35:793 -800.

[13]Brown, H. K. , G. F. Browning, P. C. Scott, and B. S. Crabb. 2000. Full-length infectious clone of a pathogenic Australian isolate of chicken anaemia virus. *Australian Veterinary Journal* 78:637 - 640.

[14]Buchholz, U. and V. von Büllow. 1994. "Characterization of chicken anaemia virus (CAV) proteins. " In *Proceedings of the International Symposium on Infectious Bursal Disease and Chicken Infectious Anaemia* ,366 - 375. Rauischholzhausen,Germany.

[15]Burek, M. , S. Maddika, C. J. Burek, P. T. Daniel, K. SchulzeOsthoff,and M. Los. 2006. Apoptin-induced cell death is modulated by Bcl-2 family members and is Apaf‐1 dependent. *Oncogene* 25:2213 -2222.

[16]Calnek, B. W. , R. W. Harris, C. Buscaglia, K. A. Schat, and B. Lucio. 1998. Relationship between the immuno-

suppressive potential and the pathotype of Marek's disease virus isolates. *Avian Diseases* 42:124 - 132.

[17]Calnek, B. W. , B. Lucio-Martinez, C. Cardona, R. W. Harris, K. A. Schat, and C. Buscaglia. 2000. Comparative susceptibility of Marek's disease cell lines to chicken infectious anemia virus. *Avian Diseases* 44:114-124.

[18]Campbell, G. 2001. "Investigation into evidence of exposure to infectious bursal disease virus (IBDV) and chick infectious anaemia virus (CIAV) in wild birds in Ireland." In *Proceedings of the Second International Symposium on Infectious Bursal Disease and Chicken Infectious Anaemia*, 230 - 233. Rauischholzhausen, Germany.

[19]Cardona, C. , B. Lucio, P. O'Connell, J. Jagne, and K. A. Schat. 2000. Humoral immune responses to chicken infectious anemia virus in three strains of chickens in a closed flock. *Avian Diseases* 44:661 - 667.

[20]Cardona, C. J. , W. B. Oswald, and K. A. Schat. 2000. Distribution of chicken anaemia virus in the reproductive tissues of specificpathogen-free chickens. *Journal of General Virology* 81:2067 - 2075.

[21]Cardona, C. J. and K. A. Schat. 1999. Unpublished data.

[22]Chandratilleke, D. , P. O'Connell, and K. A. Schat. 1991. Characterization of proteins of chicken infectious anemia virus with monoclonal antibodies. *Avian Diseases* 35:854 -862.

[23]Chettle, N. J. , R. K. Eddy, P. J. Wyeth, and S. A. Lister. 1989. An outbreak of disease due to chicken anaemia agent in broiler chickens in England. *Veterinary Record* 124:211 - 215.

[24]Chowdhury, S. M. Z. H. , A. R. Omar, I. Aini, M. Hair-Bejo, A. A. Jamaluddin, B. M. Md-Zain, and Y. Kono. 2003. Pathogenicity, sequence and phylogenetic analysis of Malaysian chicken anaemiavirus obtained after low and high passages in MSB-1 cells. *Archives of Virology* 148:2437 - 2448.

[25]Claessens, J. A. , C. C. Schrier, A. P. Mockett, E. H. Jagt, and P. J. Sondermeijer. 1991. Molecular cloning and sequence analysis of the genome of chicken anaemia agent. *Journal of General Virology* 72:2003 - 2006.

[26]Cloud, S. S. , H. S. Lillehoj, and J. K. Rosenberger. 1992. Immune dysfunction following infection with chicken anemia agent and infectious bursal disease virus. Ⅰ. Kinetic alterations of avian lymphocyte subpopulations. *Veterinary Immunology and Immunopathology* 34:337 -352.

[27]Cloud, S. S. , J. K. Rosenberger, and H. S. Lillehoj. 1992.

Immune dysfunction following infection with chicken anemia agent and infectious bursal disease virus. Ⅱ. Alterations of *in vitro* lymphoproliferation and *in vivo* immune responses. *Veterinary Immunology and Immunopathology* 34:353 - 366.

[28]Connor, T. J. , F. McNeilly, G. A. Firth, and M. S. McNulty. 1991. Biological characterisation of Australian isolates of chicken anaemia agent. *Australian Veterinary Journal* 68:199 - 201.

[29]Cowen, B. S. 1992. Inclusion body hepatitis-anaemia and hydropericardium syndromes: Aetiology and control. *World's Poultry Science Journal* 48:247 - 254.

[30]Crowther, R. A. , J. A. Berriman, W. L. Curran, G. M. Allan, and D. Todd. 2003. Comparison of the structures of three circoviruses:chicken anemia virus, porcine circovirus type 2, and beak and feather disease virus. *Journal of Virology* 77:13036 - 13041.

[31]Danen-Van Oorschot, A. A. , D. F. Fischer, J. M. Grimbergen, B. Klein, S. Zhuang, J. H. Falkenburg, C. Backendorf, P. H. Quax, A. J. Van der Eb, and M. H. Noteborn. 1997. Apoptin induces apoptosis in human transformed and malignant cells but not in normal cells. *Proceedings of the National Academy of Science USA* 94:5843 -5847.

[32]Danen-Van Oorschot, A. A. , Y. Zhang, S. J. Erkeland, D. F. Fischer, A. J. van der Eb, and M. H. Noteborn. 1999. The effect of Bcl-2 on Apoptin in 'normal' vs transformed human cells. *Leukemia* 13 Suppl 1 :S75 - 77.

[33]Danen-van Oorschot, A. A. , A. J. van der Eb, and M. H. Noteborn. 2000. The chicken anemia virus-derived protein apoptin requires activation of caspases for induction of apoptosis in human tumor cells. *Journal of Virology* 74:7072 - 7078.

[34]Danen-van Oorschot, A. A. , Y. H. Zhang, S. R. Leliveld, J. L. Rohn, M. C. Seelen, M. W. Bolk, A. van Zon, S. J. Erkeland, J. P. Abrahams, D. Mumberg, and M. H. Noteborn. 2003. Importance of nuclear localization of apoptin for rumor-specific induction of apoptosis. *Journal of Biological Chemistry* 278:27729 - 27736.

[35]Davidson, I. , M. Kedem, H. Borochovitz, N. Kass, G. Ayali, E. Hamzani, B. Perelman, B. Smith, and S. Perk. 2004. Chicken infectious anemia virus infection in Israeli commercial flocks:virus amplification, clinical signs, performance, and antibody status. *Avian Diseases* 48:108 -118.

[36]Davidson, I. and I. Skoda. 2005. The impact of feathers use on the detection and study of DNA viral pathogens

in commercial poultry. *World's Poultry Science Journal* 61:407 - 417.

[37]de Boer, G. F. , D. J. Van Roozelaar, R. J. Moormann, S. H. M. Jeurissen, J. C. van den Wijngaard, F. Hilbink, and G. Koch. 1994. Interaction between chicken anaemia virus and live Newcastle disease vaccine. *Avian Pathology* 23:263 - 275.

[38]De Herdt, P. , G. Van den Bosch, R. Ducatelle, E. Uyttebroek, and C. Schrier. 2001. Epidemiology and significance of chicken infectious anemia virus infections in broilers and broiler parents under nonvaccinated European circumstances. *Avian Diseases* 45:706 - 708.

[39]de Wit, J. J. , J. H. van Eck, R. P. Crooijmans, and A. Pijpers. 2004. A serological survey for pathogens in old fancy chicken breeds in central and eastern part of The Netherlands. *Tijdschrift voor Diergeneeskunde* 129: 324 - 327.

[40]Dobos - Kovács, M. , I. Varga, L. Békési, C. N. Drén, I. Németh, and T. Farkas. 1994. Concurrent cryptosporidiosis and chicken anaemia virus infection in broiler chickens. *Avian Pathology* 23:365 - 368.

[41]Dorn, P. , J. Weikel, and E. Wessling. 1981. Anamia, Rükbildung der lymphatischen Organe und Dermatitis—Beobachtungen zu einem neuen Krankheitsbild in der Geflügelmast. *Deutsche Tierärztliche Wochenschrifi* 88:313 - 315.

[42]Douglas, A. J. , K. Phenix, K. A. Mawhinney, D. Todd, D. P. Mackie, and W. L. Curran. 1995. Identification of a 24 kDa protein expressed by chicken anaemia virus. *Journal of General Virology* 76:1557 -1562.

[43]Drén, C. N. , A. Kant, D. J. Van Roozelaar, L. Hartog, M. H. Noteborn, and G. Koch. 2000. Studies on the pathogenesis of chicken infectious anaemia virus infection in six-week-old SPF chickens. *Acta Veterinaria Hungarica* 48:455 - 467.

[44]Drén, C. N. , G. Koch, A. Kant, C. A. J. Verschueren, A. J. van der Eb, and M. H. N. Noteborn. 1994. "A hot start PCR for the laboratory diagnosis of CAV. " In *Proceedings of the International Symposium on Infectious Bursal Disease and Chicken Infectious Anaemia*, 413 - 420. Rauischholzhausen, Germany.

[45]Engström, B. E. 1988. Blue wing disease of chickens. Isolation of avian reovirus and chicken anaemia agent. *Avian Pathology* 17:23 - 32.

[46]Engström, B. E. 1999. Prevalence of antibody to chicken anaemia virus (CAV) in Swedish chicken breeding flocks correlated to outbreaks of blue wing disease

(BWD) in their progeny. *Acta Veterinaria Scandinavia* 40:97 - 107.

[47]Engström, B. E. , O. Fossum, and M. Luthman. 1988. Blue wing disease of chickens: Experimental infection with a Swedish isolate of chicken anaemia agent and an avian reovirus. *Avian Pathology* 17:33 - 50.

[48]Engström, B. E. and M. Luthman. 1984. Blue wing disease of chickens: signs, pathology and natural transmission. *Avian Pathology* 13:1 - 12.

[49]Fadly, A. M. , J. V. Motta, R. L. Witter, and R. M. Nordgren. 1994. "Epidemiology of chicken anemia virus in specific-pathogen-free chicken breeder flocks. " In *Proceedings of the International Symposium on Infectious Bursal Disease and Chicken Infectious Anaemia*, 447 - 455. Rauischholzhausen, Germany.

[50]Farkas, T. , M. Maeda, H. Sugiura, K. Kai, K. Hirai, K. Ostuki, and T. Hayashi. 1998. A serological survey of chickens, Japanese quail, pigeons, ducks and crows for antibodies to chicken anaemia virus (CAV) in Japan. *Avian Pathology* 27:316 - 320.

[51]Farkas, T. , A. Tanaka, K. Kai, and M. Kanoe. 1996. Cloning and sequencing of the genome of chicken anaemia virus (CAV) TK-5803 strain and comparison with other CAV strains. *Journal of Veterinary Medical Science* 58:681 - 684.

[52]Fehler, F. and C. Winter. 2001. "CAV infection in older chickens: an apathogenic infection?" In *Proceedings of the Second International Symposium on Bursal Disease and Chicken Infectious Anaemia*, 391 - 394. Rauischholzhausen, Germany.

[53]Gelderblom, H. , S. Kling, R. Lurz, I. Tischer, and V. von Bülow. 1989. Morphological characterization of chicken anaemia agent (CAA). *Archives of Virology* 109: 115 -120.

[54]Gilka, F. and J. L. Spencer. 1995. Extravascular hemolytic anemia in chicks infected with highly pathogenic Marek's disease viruses. *Avian Pathology* 24:393 -410.

[55]Girshick, T. (2001). Personal communication.

[56]Goodwin, M. A. , J. Brown, J. F. Davis, T Girshick, S. L. Miller, R. M. Nordgren, and J. Rodenberg. 1992. Comparisons of packed cell volumes (PCVs) from so-called chicken anemia agent (CAA; a virus)-free broilers to PCVs from CAA-free specific-pathogen-free leghorns. *Avian Diseases* 36:1063 -1066.

[57]Goodwin, M. A. , J. Brown, K. S. Latimer, and S. L. Miller. 1991. Packed cell volume reference intervals to aid in the diagnosis of anemia and polycythemia in young leg-

horn chickens. *Avian Diseases* 35:820 -823.

[58]Goodwin, M. A. , J. Brown, M. A. Smeltzer, C. K. Crary, T. Girchik, S. L. Miller, and T. G. Dickson. 1990. A survey for parvovirus-like virus (so-called chick anemia agent) antibodies in broiler breeders. *Avian Diseases* 34:704 - 708.

[59]Goodwin, M. A. , J. Brown, M. A. Smeltzer, T. Girshick, S. L. Miller, and T. G. Dickson. 1992. Relationship of common avian pathogen antibody titers in so-called chicken anemia agent (CAA)-antibody-positive chicks to titers in CAA-antibody-negative chicks. *Avian Diseases* 36:356 - 358.

[60]Goodwin, M. A. , J. F. Davis, and J. Brown. 1992. Packed cell volume reference intervals to aid in the diagnosis of anemia and polycythemia in young broiler chickens. *Avian Diseases* 36:440 - 443.

[61]Goodwin, M. A. , M. A. Smeltzer, J. Brown, T. Girshick, B. L. McMurray, and S. McCarter. 1993. Effect of so-called chicken anemia agent maternal antibody on chick serologic conversion to viruses in the field. *Avian Diseases* 37:542 - 545.

[62]Goryo, M. , S. Hayashi, K. Yoshizawa, T. Umemura, C. Itakura, and S. Yamashiro. 1989. Ultrastructure of the thymus in chicks inoculated with chicken anaemia agent (MSB1-TK5803 strain). *Avian Pathology* 18:605 -617.

[63]Goryo, M. , Y. Shibata, T. Suwa, T. Umemura, and C. Itakura. 1987. Outbreak of anemia associated with chicken anemia agent in young chicks. *Japanese Journal of Veterinary Research* 49:867 - 873.

[64]Goryo, M. , H. Sugimura, S. Matsumoto, T. Umemura, and C. Itakura. 1985. Isolation of an agent inducing chicken anaemia. *Avian Pathology* 14:483 -496.

[65]Goryo, M. , T. Suwa, S. Matsumoto, T. Umemura, and C. Itakura. 1987. Serial propagation and purification of chicken anaemia agent in MDCC-MSB1 cell line. *Avian Pathology* 16:149 - 163.

[66]Goryo, M. , T. Suwa, T. Umemura, C. Itakura, and S. Yamashiro. 1989. Histopathology of chicks inoculated with chicken anaemia agent (MSB1-TK5803 strain). *Avian Pathology* 18:73 - 89.

[67]Goryo, M. , T. Suwa, T. Umemura, C. Itakura, and S. Yamashiro. 1989. Ultrastructure of bone marrow in chicks inoculated with chicken anaemia agent (MSB1-TK5803 strain). *Avian Pathology* 18:329 -343.

[68]Guelen, L. , H. Paterson, J. Gaken, M. Meyers, F. Farzaneh, and M. Tavassoli. 2004. TAT-apoptin is efficiently delivered and induces apoptosis in cancer cells. *Oncogene* 23:1153 - 1165.

[69]Hagood, L. T. , T. F. Kelly, J. C. Wright, and F. J. Hoerr. 2000. Evaluation of chicken infectious anemia virus and associated risk factors with disease and production losses in broilers. *Avian Diseases* 44:803 -808.

[70]Hasmah, M. S. , A. R. Omar, K. F. Wan, M. Hair-Bejo, and I. Aini. 2004. Genetic diversity of chicken anemia virus following cell culture passaging in MSB-1 cells. *Acta Virologica* 48:85 - 89.

[71]Heilman, D. W. , J. G. Teodoro, and M. R. Green. 2006. Apoptin nucleocytoplasmic shuttling is required for cell type-specific localization, apoptosis, and recruitment of the anaphase-promoting complex/cyclosome to PML bodies. *Journal of Virology* 80:7535 - 7545.

[72]Hoop, R. K. 1992. Persistence and vertical transmission of chicken anaemia agent in experimentally infected laying hens. *Avian Pathology* 21:493 - 501.

[73]Hoop, R. K. 1993. Transmission of chicken anaemia virus with semen. *Veterinary Record* 133:551 - 552.

[74]Hoop, R. K. , F. Guscetti, and B. Keller. 1992. [An outbreak of infectious chicken anemia in fattening chickens in Switzerland]. *Schweizer Archiv für Tierheilkunde* 134:485 - 489.

[75]Hoop, R. K. and R. L. Reece. 1991. The use of immuno-fluorescence and immunoperoxidase staining in studying the pathogenesis of chicken anaemia agent in experimentally infected chickens. *Avian Pathology* 20:349 - 355.

[76]Hornok, S. , J. F. Heijmans, L. Békési, H. W. Peek, M. DobosKovács, C. N. Drén, and I. Varga. 1998. Interaction of chicken anaemia virus and Cryptosporidium baileyi in experimentally infected chickens. *Veterinary Parasitology* 76:43 - 55.

[77]Hu, L. 1992. Role of humoral immunity and T cell subpopulations in the pathogenesis of chicken infectious anemia virus. MS Thesis. Ithaca:Cornell University.

[78]Hu, L. - b. , B. Lucio, and K. A. Schat. 1993. Abrogation of agerelated resistance to chicken infectious anemia by embryonal bursectomy. *Avian Diseases* 37:157 - 169.

[79]Hu, L. -b. , B. Lucio, and K. A. Schat. 1993. Depletion of CD4 + and CD8 + T lymphocyte subpopulations by CIA- 1, a chicken infectious anemia virus. *Avian Diseases* 37:492 - 500.

[80]Imai, K. , M. Maeda, and N. Yuasa. 1991. Immunoelectron microscopy of chicken anemia agent. *Journal of Veterinary Medical Science* 53:1065 - 1067.

[81]Imai, K. , M. Mase, K. Tsukamoto, H. Hihara, and N. Yuasa. 1999. Persistent infection with chicken anaemia

virus and some effects of highly virulent infectious bursal disease virus infection on its persistency. *Research in Veterinary Science* 67:233 - 238.

[82] Imai, K. , S. Mase, K. Tsukamoto, H. Hihara, T. Matsumura, and N. Yuasa. 1993. A long term observation of antibody status to chicken anaemia virus in individual chickens of breeder flocks. *Research in Veterinary Science* 54:392 - 396.

[83] Imai, K. and N. Yuasa. 1990. Development of a microtest method for serological and virological examinations of chicken anemia agent. *Nippon Juigaku Zasshi* 52: 873 -875.

[84] Islam, M. R. , R. Johne, R. Raue, D. Todd, and H. Müller. 2002. Sequence analysis of the full-length cloned DNA of a chicken anaemia virus (CAV) strain from Bangladesh: evidence for genetic grouping of CAV strains based on the deduced VP 1 amino acid sequences. *Journal of Veterinary Medicine Series B* 49: 332 - 337.

[85] Iwata, N. , M. Fujino, K. Tuchiya, A. Iwata, Y. Otaki, and S. Ueda. 1998. Development of an enzyme-linked immunosorbent assay using recombinant chicken anemia virus proteins expressed in a baculovirus vector system. *Journal of Veterinary Medical Science* 60:175 - 180.

[86] Jaffe, P. 1960. Differences in numbers of erythrocytes between inbred lines of chickens. *Nature* 186:978 -979.

[87] Jakowski, R. M. , T. N. Fredrickson, T. W. Chomiak, and R. E. Luginbuhl. 1970. Hematopoietic destruction in Marek's disease. *Avian Diseases* 14:374 - 385.

[88] Jeurissen, S. H. and G. F. de Boer. 1993. Chicken anaemia virus influences the pathogenesis of Marek's disease in experimental infections, depending on the dose of Marek's disease virus. *Veterinary Quarterly* 15:81 -84.

[89] Jeurissen, S. H. , M. E. Janse, D. J. Van Roozelaar, G. Koch, and G. F. De Boer. 1992. Susceptibility of thymocytes for infection by chicken anemia virus is related to pre- and posthatching development. *Developmental Immunology* 2:123 - 129.

[90] Jeurissen, S. H. , J. M. Pol, and G. F. de Boer. 1989. Transient depletion of cortical thymocytes induced by chicken anaemia agent. *Thymus* 14:115 -123.

[91] Jeurissen, S. H. , F. Wagenaar, J. M. Pol, A. J. van der Eb, and M. H. Noteborn. 1992. Chicken anemia virus causes apoptosis of thymocytes after *in vivo* infection and of cell lines after *in vitro* infection. *Journal of Virology* 66:7383 - 7388.

[92] Joiner, K. S. , S. J. Ewald, F. J. Hoerr, V. L. van Santen,
and H. Toro. 2005. Oral infection with chicken anemia virus in 4-wk broiler breeders: lack of effect of major histocompatibility B complex genotype. *Avian Diseases* 49:482 - 487.

[93] Jørgensen, P H. 1990. A micro-scale serum neutralisation test for the detection and titration of antibodies to chicken anaemia agent prevalence of antibodies in Danish chickens. *Avian Pathology* 19:583 - 593.

[94] Jørgensen, P. H. 1991. Mortality during an outbreak of blue wing disease in broilers. *Veterinary Record* 129: 490 - 491.

[95] Jørgensen, P. H. , L. Otte, M. Bisgaard, and O. L. Nielsen. 1995. Seasonal variation in the incidence of subclinical horizontally transmitted infection with chicken anemia virus in Danish broilers and broiler breeders. *Archiv für Geflugelkunde* 59:165 - 168.

[96] Jørgensen, P. H. , L. Otte, O. L. Nielsen, and M. Bisgaard. 1995. Influence of subclinical infections and other factors on broiler performance. *British Poultry Science* 36:455 - 463.

[97] Kamada, K. , A. Kuroishi, T. Kamahora, P. Kabat, S. Yamaguchi, and S. Hino. 2006. Spliced mRNAs detected during the life cycle of chicken anemia virus. *Journal of General Virology* 87:2227 - 2233.

[98] Kato, A. , M. Fujino, T. Nakamura, A. Ishihama, and Y. Otaki. 1995. Gene organization of chicken anemia virus. *Virology* 209:480 - 488.

[99] Koch, G. , D. J. van Roozelaar, C. A. Verschueren, A. J. van der Eb, and M. H. Noteborn. 1995. Immunogenic and protective properties of chicken anaemia virus proteins expressed by baculovirus. *Vaccine* 13:763 - 770.

[100] Krapež, U. , D. Barlio-Maganja, I. Toplak, P. Hostnik, and O. Z. Rojs. 2006. Biological and molecular characterization of chicken anemia virus isolates from Slovenia. *Avian Diseases* 50:69 - 76.

[101] Lamichhane, C. M. , D. B. Snyder, M. A. Goodwin, S. A. Mengel, J. Brown, and T. G. Dickson. 1991. Pathogenicity of CL - 1 chicken anemia agent. *Avian Diseases* 35: 515 - 522.

[102] Leliveld, S. R. , R. T. Dame, M. A. Mommaas, H. K. Koerten, C. Wyman, A. A. Danen-van Oorschot, J. L. Rohn, M. H. Noteborn, and J. P. Abrahams. 2003. Apoptin protein multimers form distinct higher - order nucleoprotein complexes with DNA. *Nucleic Acids Research* 31:4805 - 4813.

[103] Leliveld, S. R. , Y. H. Zhang, J. L. Rohn, M. H. Noteborn, and J. P. Abrahams. 2003. Apoptin induces

tumor-specific apoptosis as a globular multimer. *Journal of Biological Chemistry* 278:9042 -9051.

[104]Li, H. , S. K. Kolluri, J. Gu, M. I. Dawson, X. Cao, P. D. Hobbs, B. Lin, G. Chen, J. Lu, F. Lin, Z. Xie, J. A. Fontana, J. C. Reed, and X. Zhang. 2000. Cytochrome c release and apoptosis induced by mitochondrial targeting of nuclear orphan receptor TR3. *Science* 289: 1159 -1164.

[105]Lucio, B. , K. A. Schat, and H. L. Shivaprasad. 1990. Identification of the chicken anemia agent, reproduction of the disease, and serological survey in the United States. *Avian Diseases* 34:146 - 153.

[106]Lucio, B. , K. A. Schat, and S. Taylor. 1991. Direct binding of protein A, protein G, and anti-IgG conjugates to chicken infectious anemia virus. *Avian Diseases* 35: 180 -185.

[107]Maddika, S. , E. P. Booy, D. Johar, S. B. Gibson, S. Ghavami, and M. Los. 2005. Cancer-specific toxicity of apoptin is independent of death receptors but involves the loss of mitochondrial membrane potential and the release of mitochondrial cell-death mediators by a Nur77-dependent pathway. *Journal of Cell Science* 118: 4485 -4493.

[108]Markowski-Grimsrud, C. J. , M. M. Miller, and K. A. Schat. 2002. Development of strain-specific real-time PCR and RT-PCR assays for quantitation of chicken anemia virus. *Journal of Virological Methods* 101:135 - 147.

[109]Markowski - Grimsrud, C. J. and K. A. Schat. 2003. Infection with chicken anemia virus impairs the generation of antigen-specific cytotoxic T lymphocytes. *Immunology* 109:283 - 294.

[110]McConnell, C. D. , B. M. Adair, and M. S. McNulty. 1993. Effects of chicken anemia virus on cell-mediated immune function in chickens exposed to the virus by a natural route. *Avian Diseases* 37:366 -374.

[111]McConnell, C. D. , B. M. Adair, and M. S. McNulty. 1993. Effects of chicken anemia virus on macrophage function in chickens. *Avian Diseases* 37:358 -365.

[112]McIlroy, S. G. , M. S. McNulty, D. W. Bruce, J. A. Smyth, E. A. Goodall, and M. J. Alcorn. 1992. Economic effects of clinical chicken anemia agent infection on profitable broiler production. *Avian Diseases* 36: 566 -574.

[113]McKenna, G. F. , D. Todd, B. J. Borghmans, M. D. Welsh, and B. M. Adair. 2003. Immunopathologic investigations with an attenuated chicken anemia virus in

day-old chickens. *Avian Diseases* 47:1339 -1345.

[114]McMahon, J. and S. McQuaid. 1996. The use of microwave irradiation as a pretreatment to in situ hybridization for the detection of measles virus and chicken anaemia virus in formalin-fixed paraffin-embedded tissue. *Histochemical Journal* 28:157 - 164.

[115]McNeilly, F. , B. M. Adair, and M. S. McNulty. 1994. *In vitro* infection of mononuclear cells derived from various chicken lymphoid tissues by chicken anaemia virus. *Avian Pathology* 23:547 - 556.

[116]McNeilly, F. , G. M. Allan, D. Moffett, and M. S. McNulty. 1991. Detection of chicken anaemia agent in chickens by immunofluorescence and immunoperoxidase staining. *Avian Pathology* 20:125 -132.

[117]McNulty, M. S. 1991. Chicken anemia agent: a review. *Avian Pathology* 20:187 - 203.

[118]McNulty, M. S. 1998. "Chicken anemia virus. " In *A Laboratory Manual for the Isolation and Identification of Avian Pathogens* , 4th ed , edited by D. E. Swayne, J. R. Glisson, M. W. Jackwood, J. E. Pearson, and W. M. Reed, 146 - 149. Kennett Square: American Association of Avian Pathologists.

[119]McNulty, M. S. , T. J. Connor, and F. McNeilly. 1989. A survey of specific pathogen-free chicken flocks for antibodies to chicken anemia agent, avian nephritis virus and group A rotavirus. *Avian Pathology* 18:215 - 220.

[120]McNulty, M. S. , T J. Connor, F. McNeilly, K. S. Kirkpatrick, and J. B. McFerran. 1988. A serological survey of domestic poultry in the United Kingdom for antibody to chicken anemia agent. *Avian Pathology* 17: 315 -324.

[121]McNulty, M. S. , T. J. Connor, and F. McNeilly. 1990. Influence of virus dose on experimental anaemia due to chicken anaemia agent. *Avian Pathology* 19:161 - 171.

[122]McNulty, M. S. , T. J. Connor, F. McNeilly, and D. Spackman. 1989. Chicken anemia agent in the United States: isolation of the virus and detection of antibody in broiler breeder flocks. *Avian Diseases* 33:691 - 694.

[123]McNulty, M. S. , W. L. Curran, D. Todd, and D. P. Mackie. 1990. Chicken anemia agent: an electron microscopic study. *Avian Diseases* 34:736 -743.

[124]McNulty, M. S. , D. P. Mackie, D. A. Pollock, J. McNair, D. Todd, K. A. Mawhinney, T J. Connor, and F. McNeilly. 1990. Production and preliminary characterization of monoclonal antibodies to chicken anemia agent. *Avian Diseases* 34:352 -358.

[125]McNulty, M. S. , S. G. McIlroy, D. W. Bruce, and D.

Todd. 1991. Economic effects of subclinical chicken a-nemia agent infection in broiler chickens. *Avian Diseases* 35:263 - 268.

[126]Meehan, B. M. , D. Todd, J. L. Creelan, T. J. Connor, and M. S. McNulty. 1997. Investigation of the attenuation exhibited by a molecularly cloned chicken anemia virus isolate by utilizing a chimeric virus approach. *Journal of Virology* 71:8362 - 8367.

[127]Meehan, B. M. , D. Todd, J. L. Creelan, J. A. P. Earle, E. M. Hoey, and M. S. McNulty. 1992. Characterization of viral DNAs from cells infected with chicken anaemia a-gent: sequence analysis of the cloned replicative form and transfection capabilities of cloned genome fragments. *Archives of Virology* 124:301 - 319.

[128]Michalski, W. P. , D. O'Rourke, and T. J. Bagust. 1996. Chicken anaemia virus antibody ELISA: problems with non-specific reactions. *Avian Pathology* 25:245 - 254.

[129]Miles, A. M. , S. M. Reddy, and R. W. Morgan. 2001. Coinfection of specific-pathogen-free chickens with Marek's disease virus (MDV) and chicken infectious anemia virus: effect of MDV pathotype. *Avian Diseases* 45:9 - 18.

[130]Miller, M. M. , K. A. Ealey, W. B. Oswald, and K. A. Schat. 2003. Detection of chicken anemia virus DNA in embryonal tissues and eggshell membranes. *Avian Diseases* 47:662 - 671.

[131]Miller, M. M. , K. W. Jarosinski, and K. A. Schat. 2005. Positive and negative regulation of chicken anemia virus transcription. *Journal of Virology* 79:2859 - 2868.

[132]Miller, M. M. , W. B. Oswald, J. Scarlet, and K. A. Schat. 2001. "Patterns of chicken infectious anemia vi-rus (CIAV) seroconversion in three Cornell SPF flocks." In *Proceedings of the Second International Symposium on Infectious Bursal Disease and Chicken Infectious Anaemia*, 410 - 417. Rauischholzhausen, Germany.

[133]Miller, M. M. and K. A. Schat. 2004. Chicken infectious anemia virus: an example of the ultimate host-parasite relationship. *Avian Diseases* 48:734 -745.

[134]Natesan, S. , J. M. Kataria, K. Dhama, S. Rahul, and N. Baradhwaj. 2006. Biological and molecular characteriza-tion of chicken anaemia virus isolates of Indian origin. *Virus Research* 118:78 - 86.

[135]Niagro, F. D. , A. N. Forsthoefel, R. P. Lawther, L. Ka-malanathan, B. W. Ritchie, K. S. Latimer, and P. D. Lukert. 1998. Beak and feather disease virus and por-cine circovirus genomes: intermediates between the geminiviruses and plant circoviruses. *Archives of Vi-rology* 143:1723 - 1744.

[136]Nielsen, O. L. , P. H. Jørgensen, M. Bisgaard, and S. Al-exandersen. 1995. In situ hybridization for the detection of chicken anaemia virus in experimentally-induced in-fection and field outbreaks. *Avian Pathology* 24: 149 -155.

[137]Nogueira, E. O. , L. Brentano, E. L. Durigon, and A. J. P. Ferreira. 2000. Variações no gene da proteina VP1 de amostras Brasileiras do virus da anemia infecciosa das galinhas (CAV). *Brazilian Journal of Poultry Science* 2:S2 - 102.

[138]Noteborn, M. H. , G. F. de Boer, D. J. van Roozelaar, C. Karreman, O. Kranenburg, J. G. Vos, S. H. Jeurissen, R. C. Hoeben, A. Zantema, G. Koch, H. van Ormondt, and A. J. van der Eb. 1991. Characterization of cloned chicken anemia virus DNA that contains all elements for the infectious replication cycle. *Journal of Virology* 65:3131 - 3139.

[139] Noteborn, M. H. , O. Kranenburg, A. Zantema, G. Koch, G. F. de Boer, and A. J. van der Eb. 1992. Tran-scription of the chicken anemia virus (CAV) genome and synthesis of its 52-kDa protein. *Gene* 118:267 -271.

[140]Noteborn, M. H. , D. Todd, C. A. Verschueren, H. W. de Gauw, W. L. Curran, S. Veldkamp, A. J. Douglas, M. S. McNulty, A. J. van der Eb, and G. Koch. 1994. A single chicken anemia virus protein induces apoptosis. *Journal of Virology* 68:346 - 351.

[141]Noteborn, M. H. , C. A. Verschueren, G. Koch, and A. J. Van der Eb. 1998. Simultaneous expression of recom-binant baculovirusencoded chicken anaemia virus (CAV) proteins VP1 and VP2 is required for formation of the CAV-specific neutralizing epitope. *Journal of General Virology* 79:3073 -3077.

[142]Noteborn, M. H. , C. A. Verschueren, H. van Ormondt, and A. J. van der Eb. 1998. Chicken anemia virus strains with a mutated enhancer/promoter region share re-duced virus spread and cytopathogenicity. *Gene* 223: 165 -172.

[143]Noteborn, M. H. , C. A. Verschueren, A. Zantema, G. Koch, and A. J. van der Eb. 1994. Identification of the promoter region of chicken anemia virus (CAV) contai-ning a novel enhancer-like element. *Gene* 150:313 - 318.

[144]Noteborn, M. H. M. and G. Koch. 1995. Chicken anae-mia virus infection: molecular basis of pathogenicity. *A-vian Pathology* 24:11 - 31.

[145]Noteborn, M. H. M. , C. A. J. Verschueren, D. J. van

Roozelaar, S. Veldkamp, A. J. van der Eb, and G. F. de Boer. 1992. Detection of chicken anaemia virus by DNA hybridisation and polymerase chain reaction. *Avian Pathology* 21:107 - 118.

[146] Novak, R. and W. L. Ragland. 1997. In situ hybridization for detection of chicken anaemia virus in peripheral blood smears. *Molecular and Cellular Probes* 11:135 -141.

[147] Novak, R. and W. L. Ragland. 2001. Competitive DNA hybridization in microtitre plates for chicken anaemia virus. *Molecular and Cellular Probes* 15:1 -11.

[148] Nunoya, T. , Y. Otaki, M. Tajima, M. Hiraga, and T. Saito. 1992. Occurrence of acute infectious bursal disease with high mortality in Japan and pathogenicity of field isolates in specific-pathogenfree chickens. *Avian Diseases* 36:597 - 609.

[149] Oro, C. and D. A. Jans. 2004. The tumour specific pro-apoptotic factor apoptin (Vp3) from chicken anaemia virus. *Current Drug Targets* 5:179 - 190.

[150] Otaki, Y. , T. Nunoya, A. Tajima, A. Kato, and Y. Nomura. 1988. Depression of vaccinal immunity to Marek's disease by infection with chicken anaemia agent. *Avian Pathology* 17:333 - 347.

[151] Otaki, Y. , T. Nunoya, A. Tajima, H. Tamada, and Y. Nomura. 1987. Isolation of chicken anaemia agent and Marek's disease virus from chickens vaccinated with turkey herpesvirus and lesions induced in chicks by inoculating both agents. *Avian Pathology* 16:291 - 306.

[152] Otaki, Y. , T. Nunoya, M. Tajima, K. Saito, and Y. Nomura. 1989. Enhanced pathogenicity of chicken anemia agent by infectious bursal disease virus relative to the occurrence of Marek's disease vaccination breaks. *Nippon Juigaku Zasshi* 51:849 - 852.

[153] Otaki, Y. , K. Saito, A. Tajima, and Y. Nomura. 1991. Detection of antibody to chicken anaemia agent: a comparison of three serological tests. *Avian Pathology* 20:315 - 324.

[154] Otaki, Y. , K. Saito, M. Tajima, and Y. Nomura. 1992. Persistence of maternal antibody to chicken anaemia agent and its effect on the susceptibility of young chickens. *Avian Pathology* 21:147 - 151.

[155] Otaki, Y. , M. Tajima, K. Saito, and Y. Nomura. 1988. Immune response of chicks inoculated with chicken anemia agent alone or in combination with Marek's disease virus or turkey herpesvirus. *Japanese Journal of Veterinary Research* 50:1040 - 1047.

[156] Pagès - Manté, A. , N. Saubi, C. Artigas, and E. Espuña.

1997. Experimental evaluation of an inactivated vaccine against chicken anaemia virus. *Avian Pathology* 26:721 -729.

[157] Pallister, J. , K. J. Fahey, and M. Sheppard. 1994. Cloning and sequencing of the chicken anaemia virus (CAV) ORF-3 gene, and the development of an ELISA for the detection of serum antibody to CAV. *Veterinary Microbiology* 39:167 - 178.

[158] Peters, M. A. , B. S. Crabb, E. A. Washington, and G. F. Browning. 2006. Site-directed mutagenesis of the VP2 gene of chicken anemia virus affects virus replication, cytopathology and host-cell MHC class I expression. *Journal of General Virology* 87:823 -831.

[159] Peters, M. A. , D. C. Jackson, B. S. Crabb, and G. F. Browning. 2002. Chicken anemia virus VP2 is a novel dual specificity protein phosphatase. *Journal of Biological Chemistry* 277:39566 - 39573.

[160] Peters, M. A. , D. C. Jackson, B. S. Crabb, and G. F. Browning. 2005. Mutation of chicken anemia virus VP2 differentially affects serine/threonine and tyrosine protein phosphatase activities. *Journal of General Virology* 86:623 - 630.

[161] Phenix, K. V. , B. M. Meehan, D. Todd, and M. S. McNulty. 1994. Transcriptional analysis and genome expression of chicken anaemia virus. *Journal of General Virology* 75:905 - 909.

[162] Picault, J. -P. , D. Toquin, G. Plassiart, P. Drouin, J. -Y. Toux, M. Wyers, M. Guittet, and G. Bennejean. 1992. Reproduction experimentale de l'anemie infectieuse aviaire et mise en evidence du virus en France à partir de prelèvements de poulets presentant la "maladie des ailes bleues." *Recueil de Medecine Veterinaire* 168:815 -822.

[163] Pietersen, A. M. , M. M. van der Eb, H. J. Rademaker, D. J. van den Wollenberg, M. J. Rabelink, P. J. Kuppen, J. H. van Dierendonck, H. van Ormondt, D. Masman, C. J. van de Velde, A. J. van der Eb, R. C. Hoeben, and M. H. Noteborn. 1999. Specific tumor-cell killing with adenovirus vectors containing the apoptin gene. *Gene Therapy* 6:882 - 892.

[164] Poon, I. K. , C. Oro, M. M. Dias, J. Zhang, and D. A. Jans. 2005. Apoptin nuclear accumulation is modulated by a CRM1 recognized nuclear export signal that is active in normal but not in tumor cells. *Cancer Research* 65:7059 - 7064.

[165] Poon, I. K. , C. Oro, M. M. Dias, J. P. Zhang, and D. A. Jans. 2005. A tumor cell-specific nuclear targeting sig-

nal within chicken anemia virus VP3/apoptin. *Journal of Virology* 79:1339-1341.

[166]Pope,C. R. 1991. Chicken anemia agent. *Veterinary Immunology and Immunopathology* 30:51-65.

[167]Pringle,C. R. 1999. Virus taxonomy at the XIth International Congress of Virology,Sydney,Australia,1999. *Archives of Virology* 144:2065-2069.

[168]Ragland,W. L. ,R. Novak,J. El-Attrache, V. Savic, and K. Ester. 2002. Chicken anemia virus and infectious bursal disease virus interfere with transcription of chicken IFN-α and IFN-γ mRNA. *Journal of Interferon and Cytokine Research* 22:437-441.

[169]Randall,C. J. ,W. G. Siller,A. S. Wallis,and K. S. Kirkpatrick. 1984. Multiple infections in young broilers. *Veterinary Record* 114:270-271.

[170]Renshaw, R. W. ,C. Soiné, T. Weinkle, P. H. O'Connell,K. Ohashi,S. Watson, B. Lucio, S. Harrington, and K. A. Schat. 1996. A hypervariable region in VP1 of chicken infectious anemia virus mediates rate of spread and cell tropism in tissue culture. *Journal of Virology* 70:8872-8878.

[171]Rodenberg,J. ,C. de Wannemaeker,J. Heeren, D. Colau, G. Thiry, and R. Nordgren. 1994. "Comparison of MSB 1 isolation and polymerase chain reaction to determine the presence of CAV in avian biological products. " In *Proceedings of the International Symposium on Infectious Bursal Disease and Chicken Infectious Anaemia*,421-424. Rauischholzhausen,Germany.

[172]Rohn,J. L. ,Y. -H. Zhang,J. M. Aalbers,N. Otto,J. den Hertog,N. V. Henriquez,C. J. H. van de Velde,P. J. K. Kuppen,D. Mumberg,P. Donner,and M. H. M. Noteborn. 2002. A tumor-specific kinase activity regulates the viral death protein apoptin. *Journal of Biological Chemistry* 277:50820-50827.

[173]Rosenberger,J. K. and S. S. Cloud. 1989. The effects of age,route of exposure,and coinfection with infectious bursal disease virus on the pathogenicity and transmissibility of chicken anemia agent(CAA). *Avian Diseases* 33:753-759.

[174]Rosenberger,J. K. and S. S. Cloud. 1989. The isolation and characterization of chicken anemia agent (CAA) from broilers in the United States. *Avian Diseases* 33:707-713.

[175]Sander, J. ,R. Williams, R. Novak, and W. Ragland. 1997. In situ hybridization on blood smears for diagnosis of chicken anemia virus in broiler breeder flocks. *Avian Diseases* 41:988-992.

[176]Schat,K. A. 2003. "Chicken infectious anemia. " In *Diseases of Poultry* 11 ed,edited by Y. M. Saif, H. J. Barnes, A. M. Fadly, J. R. Glisson, L. R. McDougald, and D. E. Swayne,182-202. Ames:Iowa State Press.

[177]Schrier, C. C. and H. J. M. Jagt 2004. Chicken anemia viruses of low pathogenicity. "US patent 6,723,324".

[178]Scott, A. N. , T. J. Connor, J. L. Creelan, M. S. McNulty,and D. Todd. 1999. Antigenicity and pathogenicity characteristics of molecularly cloned chicken anaemia virus isolates obtained after multiple cell culture passages. *Archives of Virology* 144:1961-1975.

[179]Scott, A. N. ,M. S. McNulty,and D. Todd. 2001. Characterisation of a chicken anaemia virus variant population that resists neutralisation with a group-specific monoclonal antibody. *Archives of Virology* 146:713-728.

[180]Sharma, J. M. and J. K. Rosenberger. 1987. "Infectious bursal disease and reovirus infection of chickens:immune responses and vaccine control. " In *Avian Immunology:Basis and Practice. Vol* Ⅱ,edited by A. Toivanen, and P. Toivanen, 144-157. Boca Raton:CRC Press.

[181]Sheela, R. R. ,U. Babu, J. Mu, S. Elankumaran, D. A. Bautista,R. B. Raybourne,R. A. Heckert,and W. Song. 2003. Immune responses against Salmonella enterica serovar enteritidis infection in virally immunosuppressed chickens. *Clinical and Diagnostic Laboratory Immunology* 10:670-679.

[182]Simionatto, S. ,C. A. Lima-Rosa, E. Binneck, A. P. Ravazzolo, and C. W. Canal. 2006. Characterization and phylogenetic analysis of Brazilian chicken anaemia virus. *Virus Genes* 33:5-10.

[183]Smith, J. A. 2006. "Impact of subclinical immunosuppression on poultry production. " In: *CD of the Proceedings of the Symposium on Impact of Subclinical Infection on Poultry Production*,42-48. Athens:American Association of Avian Pathologists.

[184]Smyth, J. A. , D. A. Moffett, T. J. Connor, and M. S. McNulty. 2006. Chicken anaemia virus inoculated by the oral route causes lymphocyte depletion in the thymus in 3-week-old and 6-week-old chickens. *Avian Pathology* 35:254-259.

[185]Smyth, J. A. , D. A. Moffett, M. S. McNulty, D. Todd, and D. P. Mackie. 1993. A sequential histopathologic and immunocytochemical study of chicken anemia virus infection at one day of age. *Avian Diseases* 37:324-338.

[186]Snyder, D. B., G. Noel, C. Schrier, and D. Lutticken. 1992. "Characterization of neutralizing monoclonal antibodies to strains of chicken anemia virus isolated in the United States." In *Proceedings of the ⅪⅩ World Poultry Congress*, 423. Wageningen: Ponsen & Looijen.

[187]Soiné, C., R. H. Renshaw, P. H. O'Connell, S. K. Watson, B. Lucio, and K. A. Schat. 1994. "Sequence analysis of cell culture-and noncell culture-adapted strains of chicken infectious anemia virus."In *Proceedings of the International Symposium on Infectious Bursal Disease and Chicken Infectious Anaemia*, 364 - 365. Rauischholzhausen, Germany.

[188]Soiné, C., S. K. Watson, E. Rybicki, B. Lucio, R. M. Nordgren, C. R. Parrish, and K. A. Schat. 1993. Determination of the detection limit of the polymerase chain reaction for chicken infectious anemia virus. *Avian Diseases* 37:467 - 476.

[189]Sommer, F. and C. Cardona. 2003. Chicken anemia virus in broilers: dynamics of the infection in two commercial broiler flocks. *Avian Diseases* 47:1466 -1473.

[190]Spackman, E., S. S. Cloud, C. R. Pope, and J. K. Rosenberger. 2002. Comparison of a putative second serotype of chicken infectious anemia virus with a prototypical isolate Ⅰ. Pathogenesis. *Avian Diseases* 46:945 - 955.

[191]Spackman, E., S. S. Cloud, and J. K. Rosenberger. 2002. Comparison of a putative second serotype of chicken infectious anemia virus with a prototypical isolate Ⅱ. Antigenic and physicochemical characteristics. *Avian Diseases* 46:956 - 963.

[192]Stanislawek, W. L. and J. Howell. 1994. Isolation of chicken anaemia virus from broiler chickens in New Zealand. *New Zealand Veterinary Journal* 42:58 -62.

[193]Steenhuisen, W., J. J. M. Jagt, C. C. Schrier. 1994. "The use of a live attenuated CAV vaccine in breeder flocks in the Netherlands." In *Proceedings of the International Symposium on Infectious Bursal Disease and Chicken Infectious Anaemia*, 482 - 497. Rauischholzhausen, Germany.

[194]Tan, J. and G. A. Tannock. 2005. Role of viral load in the pathogenesis of chicken anemia virus. *Journal of General Virology* 86:1327 - 1333.

[195]Taniguchi, T., N. Yuasa, M. Maeda, and T. Horiuchi. 1982. Hematopathological changes in dead and moribund chicks induced by chicken anemia agent. *National Institute of Animal Health Quarterly* (*Japan*) 22:61 -69.

[196]Taniguchi, T., N. Yuasa, M. Maeda, and T. Horiuchi. 1983. Chronological observations on hemato-pathological changes in chicks inoculated with chicken anemia agent. *National Institute of Animal Health Quarterly* (*Japan*) 23:1 - 12.

[197]Tannock, G. A., J. Tan, K. A. Mawhinney, D. Todd, D. O'Rourke, and T. J. Bagust. 2003. A modified blocking ELISA for the detection of antibody to chicken anaemia virus using an Australian strain. *Australian Veterinary Journal* 81:428 - 430.

[198]Taylor, S. P. 1992. The effect of acetone on the viability of chicken anemia agent. *Avian Diseases* 36:753 - 754.

[199]Teodoro, J. G., D. W. Heilman, A. E. Parker, and M. R. Green. 2004. The viral protein apoptin associates with the anaphase-promoting complex to induce G2/M arrest and apoptosis in the absence of p53. *Genes and Development* 18:1952 - 1957.

[200]Tham, K. M. and W. L. Stanislawek. 1992. Detection of chicken anaemia agent DNA sequences by the polymerase chain reaction. *Archives of Virology* 127:245 -255.

[201]Tham, K. M. and W. L. Stanislawek. 1992. Polymerase chain reaction amplification for direct detection of chicken anemia virus DNA in tissues and sera. *Avian Diseases* 36:1000 - 1006.

[202]Todd, D. 2000. Circoviruses: immunosuppressive threats to avian species: a review. *Avian Pathology* 29:373 -394.

[203]Todd, D., P. Biagini, M. Bendinelli, S. Hino, A. Mankertz, S. Mishiro, C. Niel, H. Okamoto, S. R. Raidal, B. W. Ritchie, and C. G. Teo. 2005. "Circoviridae." In *Virus taxonomy*, *Ⅷth Report of the International Committee for the Taxonomy of Viruses*, edited by C. M. Fauqet, M. A. Mayo, J. Maniloff, U. Desselberger, and L. A. Ball, 327 - 334. London: Elsevier/Academic Press.

[204]Todd, D., T. J. Connor, V. M. Calvert, J. L. Creelan, B. Meehan, and M. S. McNulty. 1995. Molecular cloning of an attenuated chicken anaemia virus isolate following repeated cell culture passage. *Avian Pathology* 24:171 -187.

[205]Todd, D., T. J. Connor, J. L. Creelan, B. J. Borghmans, V. M. Calvert, and M. S. McNulty. 1998. Effect of multiple cell culture passages on the biological behaviour of chicken anaemia virus. *Avian Pathology* 27:74 - 79.

[206]Todd, D., J. L. Creelan, T. J. Connor, N. W. Ball, A. N. J. Scott, B. M. Meehan, G. F. McKenna, and M. S. McNulty. 2003. Investigation of the unstable attenuation exhibited by a chicken anaemia virus isolate. *Avian Pa-

thology 32:375 - 382.

[207]Todd,D. ,J. L. Creelan,D. P. Mackie,F. Rixon,and M. S. McNulty. 1990. Purification and biochemical characterization of chicken anaemia agent. *Journal of General Virology* 71:819 - 823.

[208]Todd,D. ,J. L. Creelan,and M. S. McNulty. 1991. Dot blot hybridization assay for chicken anemia agent using a cloned DNA probe. *Journal of Clinical Microbiology* 29:933 - 939.

[209]Todd,D. ,J. L. Creelan,B. M. Meehan,and M. S. McNulty. 1996. Investigation of the transfection capability of cloned tandemlyrepeated chicken anaemia virus DNA fragments. *Archives of Virology* 141:1523 - 1534.

[210]Todd,D. ,A. J. Douglas,K. V. Phenix,W. L. Curran,D. P. Mackie,and M. S. McNulty. 1994. "Characterisation of chicken anaemia virus. " In *Proceedings of the International Symposium on Infectious Bursal Disease and Chicken Infectious Anaemia*, 349 - 363. Rauischholzhausen,Germany.

[211]Todd,D. ,D. P. Mackie,K. A. Mawhinney,T. J. Connor,F. McNeilly,and M. S. McNulty. 1990. Development of an enzyme-linked immunosorbent assay to detect serum antibody to chicken anemia agent. *Avian Diseases* 34:359 - 363.

[212]Todd,D. ,K. A. Mawhinney,D. A. Graham,and A. N. Scott. 1999. Development of a blocking enzyme-linked immunosorbent assay for the serological diagnosis of chicken anaemia virus. *Journal of Virological Methods* 82:177 - 184.

[213]Todd,D. ,K. A. Mawhinney,and M. S. McNulty. 1992. Detection and differentiation of chicken anemia virus isolates by using the polymerase chain reaction. *Journal of Clinical Microbiology* 30:1661 -1666.

[214]Todd,D. ,A. N. Scott,N. W. Ball,B. J. Borghmans,and B. M. Adair. 2002. Molecular basis of the attenuation exhibited by molecularly cloned highly passaged chicken anemia virus isolates. *Journal of Virology* 76:8472 -8474.

[215]Toro,H. ,S. Ewald,and F. J. Hoerr. 2006. Serological evidence of chicken infectious anemia virus in the United States at least since 1959. *Avian Diseases* 50:124 -126.

[216]Toro,H. ,C. Gonzalez,L. Cerda,M. Hess,E. Reyes,and C. Geissea. 2000. Chicken anemia virus and fowl adenoviruses:association to induce the inclusion body hepatitis/hydropericardium syndrome. *Avian Diseases* 44:51 - 58.

[217]Toro, H. , A. M. Ramirez, and J. Larenas. 1997. Pathogenicity of chicken anaemia virus (isolate 10343) for young and older chickens. *Avian Pathology* 26:485 -499.

[218]Toro,H. ,V. L. van Santen,L. Li,S. B. Lockaby,E. van Santen,and F. J. Hoerr. 2006. Epidemiological and experimental evidence for immunodeficiency affecting avian infectious bronchitis. *Avian Pathology* 35:455 -464.

[219]Tosi, G. , A. Lavazza, and F. Paganelli. 2001. "Chicken infectious anaemia in Italy:Virological investigations and immunodepressive effects. " In *Proceedings of the Second International Symposium on Infectious Bursal Disease and Chicken Infectious Anaemia*, 222 - 224. Rauischholzhausen,Germany.

[220]Urlings, H. A. ,G. F. de Boer,D. J. van Roozelaar,and G. Koch. 1993. Inactivation of chicken anaemia virus in chickens by heating and fermentation. *Veterinary Quarterly* 15:85 - 88.

[221]van der Eb,M. M. , A. M. Pietersen, F. M. Speetjens,P. J. Kuppen,C. J. van de Velde, M. H. Noteborn,and R. C. Hoeben. 2002. Gene therapy with apoptin induces regression of xenografted human hepatomas. *Cancer Gene Therapy* 9:53 - 61.

[222]van Santen,V. L. ,K. S. Joiner,C. Murray,N. Petrenko,F. J. Hoerr,and H. Toro. 2004. Pathogenesis of chicken anemia virus:comparison of the oral and the intramuscular routes of infection. *Avian Diseases* 48:494 - 504.

[223]van Santen, V. L. , B. Kaltenboeck, K. S. Joiner,K. S. Macklin,and R. A. Norton. 2004. Real-time quantitative PCR-based serum neutralization test for detection and titration of neutralizing antibodies to chicken anemia virus. *Journal of Virological Methods* 115:123 - 135.

[224]van Santen, V. L. , L. Li, F. J. Hoerr, and L. H. Lauerman. 2001. Genetic characterization of chicken anemia virus from commercial broiler chickens in Alabama. *Avian Diseases* 45:373 - 388.

[225]van Santen,V. L. ,H. Toro,and F. J. Hoerr. 2007. Biological characteristics of chicken anemia virus regenerated from clinical speciman by PCR. *Avian Diseases* 51:66 - 77.

[226]van Santen, V. L. , H. Toro, F. W. van Ginkel, K. S. Joiner,and F. J. Hoerr. 2006. Effects of CAV and/or IBDV on IBV infection and immune responses. In *Proceedings of the V International Symposium on Avian Corona- and Pneumoviruses and Complicating Pathogens*,296 - 299. Rauischholzhausen,Germany.

[227]Vielitz,E. ,C. Conrad,M. Voss,V. von Bülow,P. Dorn,

J. Bachmeier, and U. Lohren. 1991. Impfungen gegen die infektiöse Anämie des Geflügels (CAA): Ergebnisse von Feldversuchen. *Deutsche Tierärztliche Wochenschrifi* 98:144-147.

[228]Vielitz, E. and H. Landgraf. 1988. Anaemia-dermatitis of broilers: Field observations on its occurrence, transmission and prevention. *Avian Pathology* 17:113-120.

[229]Vielitz, E., V. von Bülow, H. Landgraf, and C. Conrad. 1987. Anämie des Mastgeflügels: Entwicklung eines Impfstoffes für Elterntiere. *Journal of Veterinary Medicine Series B* 34:553-557.

[230]Vielitz, E. and M. Voss. 1994. "Experiences with a commercial CAV vaccine. " In *Proceedings of the International Symposium on Infectious Bursal Disease and Chicken Infectious Anaemia*, 465-481. Rauischholzhausen, Germany.

[231]von Bülow, V. 1988. Unsatisfactory sensitivity and specificity of indirect immunofluorescence tests for the presence or absence of antibodies to chicken anaemia agent (CAA) in sera of SPF and broiler breeder chickens. *Journal of Veterinary Medicine Series B* 35:594-600.

[232]von Bülow, V. 1991. Avian infectious anemia and related syndromes caused by chicken anemia virus. *Critical Reviews in Poultry Biology* 3:1-17.

[233]yon Bülow, V. and B. Fuchs. 1986. Attenuierung des Erregers der aviären infektiösen Anämie (CAA) durch Serienpassagen in Zellkulturen. *Journal of Veterinary Medicine Series B* 33:568-573.

[234]von Bülow, V., B. Fuchs, and M. Bertram. 1985. Untersuchungen über den Erreger der infektiösen Anämie bei Hühnerküken (CAA) *in vitro*: Vermehrung, Titration, Serumneutralisationstest und indirekter Immunfluoreszentest. *Zentralblatt fur Veterinarmedizin Reihe B* 32:679-693.

[235]von Bülow, V., B. Fuchs, and R. Rudolph. 1986. "Avian infectious anaemia caused by chicken anaemia agent (CAA). " In *Acute Virus Infections of Poultry*, edited by J. B. McFerran, and M. S. McNulty, 203-212. Dordrecht: Martinus Nijhoff Publishers.

[236]von Bülow, V., B. Fuchs, E. Vielitz, and H. Landgraf. 1983. Frühsterblichkeitssyndrom bei Küken nach Doppelinfektion mit dem Virus der Marekschen Krankheit (MDV) und einem Anämia-Erreger (CAA). *Zentralblatt für Veterinarrnedizin Reihe B* 30:742-750.

[237] von Bülow, V., R. Rudolph, and B. Fuchs. 1986. Erhöhte Pathogenität des Erregers der aviären infektiösen Anämia bei Hühnerküken (CAA) bei simultaner Infektion mit Virus der Marekschen Krankheit (MDV), Bursitisvirus (IBDV) oder Reticuloendotheliosevirus (REV). *Journal of Veterinary Medicine Series B* 33:93-116.

[238]von Bülow, V., R. Rudolph, and B. Fuchs. 1986. Folgen der Doppelinfektion von Küken mit Adenovirus oder Reovirus und dem Erreger der aviären infektiösen Anämie (CAA). *Journal of Veterinary Medicine Series B* 33:717-726.

[239]von Bülow, V. and K. A. Schat. 1997. "Chicken infectious anemia. "In *Diseases of Poultry 10th ed*, edited by B. W. Calnek, J. H. Barnes, C. W. Beard, L. R. McDougald, and Y. M. Saif, 739-756. Ames: Iowa State University Press.

[240] von Bülow, V. and M. Witt. 1986. Vermehrung des Erregers der aviären infektiosen Anämie (CAA) in embryonierten Hühnereiern. *Journal of Veterinary Medicine Series B* 33:664-669.

[241] von Weikel, J., P. Dorn, H. Spiess, and E. Wessling. 1986. Ein Beitrag zur Diagnostik und Epidemiologie der infektiösen Anaemic (CAA) beim Broiler. *Berliner und Münchener Tierärztliche Wochenschrift* 99:119-121.

[242]Wang, X., X. Song, H. Gao, X. Wang, D. Wang, and G. Li. 2001. "The epidemiological survey and analyses of chicken infectious anemia. " In *Proceedings of the Second International Symposium on Infectious Bursal Disease and Chicken Infectious Anaemia*, 225-229. Rauischholzhausen, Germany.

[243]Wellenstein, R. C. 1989. Personal communication.

[244]Yamaguchi, S., T. Imada, N. Kaji, M. Mase, K. Tsukamoto, N. Tanimura, and N. Yuasa. 2001. Identification of a genetic determinant of pathogenicity in chicken anaemia virus. *Journal of General Virology* 82: 1233-1238.

[245]Yamaguchi, S., N. Kaji, H. M. Munang'andu, C. Kojima, M. Mase, and K. Tsukamoto. 2000. Quantification of chicken anemia virus by competitive polymerase chain reaction. *Avian Pathology* 29:305-310.

[246]Yersin, A. G. 2001. Personal communication.

[247]Yuasa, N. 1983. Propagation and infectivity titration of the Gifu-1 strain of chicken anemia agent in a cell line (MDCC-MSB1) derived from Marek's disease lymphoma. *National Institute of Animal Health Quarterly (Japan)* 23:13-20.

[248]Yuasa, N. 1989. "CAA: Review and recent problems. " In *Proceedings of the 38th Western Poultry Disease*

Conference,14-20. Tempe,AZ.

[249]Yuasa,N. 1992. Effect of chemicals on the infectivity of chicken anaemia virus. *Avian Pathology* 21:315-319.

[250]Yuasa,N. 1994. "Pathology and pathogenesis of chicken anemia virus infection." In *Proceedings of the International Symposium on Infectious Bursal Disease and Chicken Infectious Anaemia*, 385 - 389. Rauis-chholzhausen,Germany.

[251]Yuasa,N. and K. Imai. 1986. Pathogenicity and antigenicity of eleven isolates of chicken anaemia agent (CAA). *Avian Pathology* 15:639-645.

[252]Yuasa,N. and K. Imai. 1988. "Efficacy of Marek's disease vaccine, herpesvirus of turkeys, in chickens infected with chicken anemia agent". In *Advances in Marek's Disease Research*, edited by S. Kato, T. Horiuchi, T. Mikami,and K. Hirai,358 - 363. Osaka:Japanese Association on Marek's disease.

[253]Yuasa,N. ,K. Imai,and K. Nakamura. 1988. Pathogenicity of chicken aneamia agent in bursectomized chickens. *Avian Pathology* 17:363 - 369.

[254]Yuasa,N. ,K. Imai,and H. Tezuka. 1985. Survey of antibody against chicken aneamia agent (CAA) by an indirect immunofluorescent antibody technique in breeder flocks in Japan. *Avian Pathology* 14:521 -530.

[255]Yuasa,N. ,K. Imai,K. Watanabe, F. Saito, M. Abe,and K. Komi. 1987. Aetiological examination of an outbreak of haemorrhagic syndrome in a broiler flock in Japan. *Avian Pathology* 16:521 - 526.

[256]Yuasa, N. , T. Noguchi, K. Furuta, and I. Yoshida. 1980. Maternal antibody and its effect on the susceptibility of chicks to chicken anemia agent. *Avian Diseases* 24:197 - 201.

[257]Yuasa,N. ,T Taniguchi,M. Goda,M. Shibatani,T. Imada,and H. Hihara. 1983. Isolation of chicken anemia agent with MDCCMSB 1 cells from chickens in the field. *National Institute of Anirnal Health Quarterly* (*Japan*) 23:75 - 77.

[258] Yuasa, N. , T. Taniguchi, T. Imada, and H. Hihara. 1983. Distribution of chicken anemia agent (CAA) and detection of neutralizing antibody in chicks experimentally inoculated with CAA. *National Institute of Animal Health Quarterly* (*Japan*)23:78 - 81.

[259]Yuasa,N. ,T. Taniguchi, T. Noguchi, and I. Yoshida. 1980. Effect of infectious bursal disease virus infection on incidence of anemia by chicken anemia agent. *Avian Diseases* 24:202 - 209.

[260]Yuasa,N. ,T. Taniguchi,and I. Yoshida. 1979. Isolation and some characteristics of an agent inducing anemia in chicks. *Avian Diseases* 23:366 - 385.

[261]Yuasa,N. and I. Yoshida. 1983. Experimental egg transmission of chicken anemia agent. *National Institute of Animal Health Quarterly* (*Japan*) 23:99 -100.

[262]Zanella, A. , Dall'Ara, P. , Lavazza, A. , Marchi, R. , Morena,M. A. ,Rampin, T. ,G. Sironi, and G. Poli, G. 2001. "Interaction between Marek's disease and chicken infectious anemia virus." In *Current Progress on Marek's disease research*,edited by K. A. Schat,R. M. Morgan, M. S. Parcells,and J. L. Spencer,11 - 19. Kennett Square:American Association of Avian Pathologists.

[263]Zhang,Y. H. ,K. Kooistra, A. Pietersen, J. L. Rohn, and M. H. Noteborn. 2004. Activation of the tumor-specific death effector apoptin and its kinase by an N-terminal determinant of simian virus 40 large T antigen. *Journal of Virology* 78:9965 -9976.

[264]Zhuang,S. M. , J. E. Landegent, C. A. Verschueren, J. H. Falkenburg, H. van Ormondt, A. J. van der Eb, and M. H. Noteborn. 1995. Apoptin, a protein encoded by chicken anemia virus,induces cell death in various human hematologic malignant cells *in vitro*. *Leukemia* 9 Suppl 1:S118 - 120.

[265]Zhuang, S. M. , A. Shvarts, H. van Ormondt, A. G. Jochemsen,A. J. van der Eb,and M. H. Noteborn. 1995. Apoptin,a protein derived from chicken anemia virus, induces p53-independent apoptosis in human osteosarcoma cells. *Cancer Research* 55:486 -489.

鸽和其他禽类的圆环病毒感染

Circovirus Infections of Pigeons and Other Avian Species

Leslie W. Woods 和 Kenneth S. Latimer

引 言

定义和同义词

圆环病毒科病毒是目前在哺乳动物和禽类中发现和鉴定的最小的致病性 DNA 病毒[106]。圆环病毒科目前有两个属,圆环病毒属(*Circovirus*)和环病毒属(*Gyrovirus*)[50]。鸡贫血病毒(CAV)最近被划入新定的环病毒属;猪圆环病毒 1 型

（PCV-1）、猪圆环病毒 2 型（PCV-2）和鹦鹉喙羽病病毒（PBFDV 或 BFDV）依然是圆环病毒属成员[50]，而鸽圆环病毒（PiCV）[48,111,112]、金丝雀圆环病毒（CaCV）[62,108] 和鹅圆环病毒（GoCV）[93,105] 目前也加入圆环病毒属[109]。过去十年在其他禽类中也发现了圆环病毒。由于技术的进步和成本的降低，现在已对绝大多数重新获得的圆环病毒进行了系统进化分析，从而与圆环病毒属的现有成员进行比较。圆环病毒属的暂定种包括鸭（DuCV）[30,109]、雀科鸣鸟（FiCV）[88] 和鸥（GuCV）[110] 圆环病毒。

据报道，在东半球、新大陆和南太平洋有 60 多种鹦鹉类和非鹦鹉类鸟感染圆环病毒[106]，非鹦鹉类鸟包括赛鸽（*Columba livia*）[27,87,89,111,112]、塞内加尔斑鸠（*Streptopelia senegalensis*）[60,68]、金丝雀（*Serinus canaria*）[25,62]、雀科鸣鸟（*Poephila castanotis, Chloebia gouldiae*）[55,88]、鹅[4,9,91,93,117]、北京鸭和 mulard 鸭、渡鸦（*Corvus coronoides*）[98]、雉（*Phasianus colchicus*）[102]、南方黑鸥（*Larus dominicanus*）[110]、鸵鸟（*Struthio camelus*）[18,19] 和欧掠鸟（*Sturnus vulgaris* 和 *Sturnus unicolor*）[36]。

圆环病毒科以前曾建议用小型病毒科和圆环 DNA 病毒科来命名，这些分别是根据病毒粒子的大小和 DNA 基因组的环状构型而命名的。最后国际病毒分类委员会依据病毒环状的基因组构型将此病毒家族命名为圆环病毒科[46]。除鸡外，其他家禽圆环病毒病的同义名包括鹦鹉喙羽病（鹦鹉类鸟）、法国脱毛症（相思鹦鹉）、黑斑病（金丝雀）、幼鸽病综合征（鸽）、衰弱综合征（鸵鸟）及矮小综合征（鹅）。

圆环病毒属的病毒都无法在细胞培养上增殖，这限制了此类病毒及其相关疾病的研究，也使商品化疫苗的生产受阻。对鹅、鸭、雉和鸽等生产禽类的圆环病毒感染的识别增加了对该病的认识，也凸显出对禽圆环病毒病加强研究及进一步加强探讨圆环病毒对商品化养禽业影响的重要性。目前，对疾病的管理控制需要将对伴侣禽类圆环病毒、喙羽病病毒（BFDV）及其产生的临床疾病的良好的生物学认识外推至其他方面。因此，本章将对圆环病毒属所有禽类的圆环病毒进行讨论。

经济意义

鹦鹉喙羽病是最常诊断出的鹦鹉病毒性疾病，对伴侣鸟贸易和鸟类养殖产业造成了巨大经济损失。目前已确定了许多非鹦鹉圆环病毒相关疾病的经济意义，圆环病毒病的经济重要性建立在未来对多种禽类圆环病毒感染的临床病理重要性、圆环病毒流行和世界性分布的阐明。研究证明鸽和鹅的圆环病毒感染在世界某些地区很流行，而且可能在世界范围内分布。鸽[104,111,112]、鹅[93]、雉[102] 和鸭[30,95] 的潜在的免疫抑制和生长异常与圆环病毒感染有关。因此，如果这些禽类的主要生产国广泛流行圆环病毒诱发的临床疾病，圆环病毒感染将对全球经济产生重要影响[4,9,95,117]。除经济影响外，BFDV 可能对禽类种群有毁灭性影响，因为一些濒危物种如好望角鹦鹉（*Poicephalus robustus*）和黑颊爱情鸟（*Agapornis nigrigenis*）对该病高度敏感[31,38]。

公共卫生意义

到目前为止，对一小部分圆环病毒的实验室研究没有发现病毒有跨宿主感染性，而且还没有圆环病毒感染非典型宿主的自然病例的报道。因此，禽圆环病毒的公共卫生意义可能很小。人的 TTV 病毒和 TTMV 病毒最初都被定为圆环病毒科成员，系统进化分析显示圆环病毒属与 TTV 和 TTMV 之间同源性不高[54,100]。现在，这两种病毒被归入一个新属——指环病毒属（*Anellovirus*），该属目前还不归属于任一现有病毒科[8]。

历　史

早在 20 世纪初人们就在澳大利亚野生鹦鹉观察到了 PBFD 发生时羽毛发生病变的现象[66]。然而，直至 20 世纪 70 年代初，才有详细描述澳大利亚美冠鹦鹉发生此病的报道[41,66]。1981 年 Perry 首次命名此病为鹦鹉喙羽病[61]。直径 17～22nm 的病毒粒子与组织病理学病变相关。PBFD 的病原由 Pass 在 1984 年首次提出，在 1989 年由 Ritchie 确证[60,72]。自此以后，圆环病毒感染在 60 多种鹦鹉中有报道[108]。20 世纪 80 年代中期，病理学家们从发生类似 PBFD 的病鸽淋巴组织中发现了细胞内包涵体[28,85,111,112]。后来在 1993 年美国[111]和南非[22]通过电子显微镜鉴定出鸽圆环病毒（PiCV），该病毒在 1994 年被定为圆环病毒科的最新成员[112]。随后又在美国[87,112]、加拿大[58,112]、澳大利亚[112]、英联邦[89]、德国[92]、比利时[101]、法国[1]和意大利[10]报道了 PiCV 感染。此后十年间，大量其他的伴侣/捕获/生产性禽类和自由活动禽类体内都鉴定出圆环病毒存在并进行了特征分析[30,36,62,93,95,98,102,110]。

病原学

分类

国际病毒分类委员会第 8 次报告将猪圆环病毒（PCV-1 和 PCV-2）、鸡贫血病毒（CAV）、喙羽病病毒（BFDV）、金丝雀圆环病毒（CaCV）、鹅圆环病毒（GoCV）和鸽圆环病毒（PiCV）列入圆环病毒科[109]。由于 PCV-1、PCV-2、BFDV、PiCV、CaCV 和 GoCV 的病毒粒子大小与基因组特征相似，故将它们划归圆环病毒属（*Circovirus*）。因为 CAV 的病毒粒子及基因组相对较大，而且基因组结构有自己的特点，因此 CAV 被分到一个新属——环病毒属。鸭圆环病毒（DuCV）、雀科鸣鸟圆环病毒（FiCV）和鸥圆环病毒（GuCV）暂定为圆环病毒属[109]。椋鸟圆环病毒（StCV）和渡鸦圆环病毒（RaCV）也被建议为圆环病毒科圆环病毒属成员。经比较，各个成员的发展史和基因组结构各不相同[5,9,30,36,48,62,98,103,105,106,117]。

形态学

超微结构

圆环病毒无囊膜，呈球形或二十面体（T=1）对称，包括 60 个囊膜蛋白分子排列成的 12 个五聚体[11]，无明显表面结构（flat capsomeres）。负染的病毒粒子平均直径为 14～20.5nm[11,53,106]。

基因组大小和密度

Niagra 等[56]和 Bassami 等[5]于 1998 年发布了

BFDV 的全基因组序列，他们测得的基因组序列均由 1993 个核苷酸组成。后来对 8 个 PBFDV 分离株的序列分析发现，BFDV 基因组序列包括 1992 到 2 018 个核苷酸碱基[6]。基因组编码区和非编码区的点突变、缺失和插入造成了核苷酸大小和密度的变化。下面列出了对许多其他禽类圆环病毒基因组序列的分析：已确定了 PiCV[48]、DuCV[30]、RaCV[98]、CaCV[62]、StCV[36]和 GoCV[9]的基因组序列，其大小分别为 2037、1996、1898、1952、2063 和 1820～1821。PBFDV 在梯度氯化铯（CsCl）溶液中的浮力密度为 1.378g/cm^3[72,109]。

化学组成

圆环病毒科中各个成员的基因组 DNA 均为单链环状，并具有一个特征性的颈环结构[53,103,106]。Ritchie 等人[73]早年通过比较来源于多种鹦鹉的 7 个病毒分离株，鉴定出 3 种主要的病毒蛋白，分子量大小分别为 26kD、23kD 及 15kD，此外还发现了分子量大小分别为 48kD 及 58kD 的次要蛋白。但后来的研究证明，只有 26kD 和 23kD 两种病毒蛋白，分别是 ORF C1 和 ORF V1 编码的衣壳蛋白和可能的复制酶相关蛋白[47,48,104]。

病毒复制

由于禽圆环病毒难以在各种传代细胞或鸡胚中增殖，因此对其复制情况了解较少。目前圆环病毒科中只有两个成员可通过细胞培养来增殖[53,106]，提供了大量关于复制的信息。其中，鸡贫血病毒（CAV）可在来源于马立克氏病的肿瘤细胞系 MDCC-MSB1 中生长，猪圆环病毒（PCV）可于 PK15（猪肾细胞系）细胞系中增殖。由于圆环病毒的基因组大小有限，其复制高度依赖宿主细胞的酶。典型的圆环病毒复制发生于细胞核并产生核内包涵体，这一过程可能依赖细胞周期 S 期产生的细胞蛋白[106]。DNA 需要通过有丝分裂被摄入细胞核，且复制可能倾向于发生在迅速分裂的细胞，如羽毛基部的毛囊上皮细胞、淋巴组织和肠腺上皮中。然而通过采用免疫组化对自然感染 BFDV 的鸟类进行研究后，推测病毒的持续性存在或复制或许发生在肠道或其相关器官内[40]。一般认为病毒基因组采取滚环复制的方式复制，而且复制是从颈-环结构处开始，病毒基因组的开放阅读框 V1（ORF V1）编码 1 个复制相关蛋白[47,48,103,106]。此高度保守区与推测的植物矮化病毒及双生病毒复制相关蛋白序列具有明显的相似性[5,23,56,106]。

对理化因素的敏感性

理化稳定性的研究主要集中于可在细胞培养上增殖的圆环病毒（CAV 和 PCV）。圆环病毒在环境中相对比较稳定[53,106,109]。这类病毒对许多通常使用的消毒剂的灭活作用有一定的抵抗力，对酸性环境（pH3）、醚、氯仿和高温（60℃ 30min 或 70℃ 15min）也有相对强的抵抗力[106,109]。10％的碘或次氯酸盐 37℃ 处理 2h 可以灭活 CAV[118]。有蛋白（病毒悬液中有 40％胎牛血清）保护的 PCV 经戊二醛、甲酸、甲醛和乙醛酸在 20℃ 和 10℃ 共同处理需 60min 以上才可灭活[115]。BFDV 在 80℃ 孵育 30min 后仍可凝集红细胞[67]。由于此类病毒对不利因素有较强的抵抗力，故这类病毒非常难以灭活，目前还没有商品化生产的圆环病毒灭活疫苗[79,80]。

毒株分类

抗原性

对来自不同种属的两只白鹦，一只亚马逊鹦鹉及一只桃面情鸟的四个 BFDV 分离株进行的抗原性研究表明，四个分离株均可与兔抗 BFDV 多抗发生免疫反应，说明这四株分离株抗原性相关[73]。但感染鸽及塞内加尔鸽的圆环病毒与 BFDV 的抗原性差异明显，分别用抗 BFDV 的多抗（兔源）和单抗（鼠源杂交瘤）[78]进行免疫组化染色，显示圆环病毒感染鸽组织未出现可见的着色[111]。此外，感染 BFDV 的鹦鹉组织悬液可凝集白鹦的红细胞。相反，圆环病毒感染鸽的羽毛、肝、肾及胃肠道悬液并不能凝集粉红凤头鹦鹉的红细胞[68]。而且，将鸽子置于被 BFDV 感染的鹦鹉中或用 BFDV 接种鸽子后，并不能从鸽子体内检到抗鹦鹉圆环病毒的血凝抑制抗体。

免疫原性及免疫保护特征

研究表明，临床上接触过 BFDV 的健康鸟类比人工感染的鸟类有更高的抗体滴度，说明抗体可以保护鸟类免受病毒感染，而且不出现临床症状[77]。

最初对 BFDV 的研究表明母源抗体是有保护性的[76]。免疫接种母鸡后孵出的小鸡能抵抗 BFDV 的攻击，而未进行免疫接种的母鸡孵出的小鸡攻毒后，对病毒易感且易出现临床症状。用圆环病毒感染其他禽类的攻毒实验非常少。将鸽子置于被 BFDV 感染的鹦鹉中或用 BFDV 接种鸽子后，并不能从鸽子体内检到抗鹦鹉圆环病毒的血凝抑制抗体[68]，所以圆环病毒感染非宿主禽类时不会产生交叉保护免疫，但要阐明该现象还需进一步的细致实验。

遗传和分子特征

病毒发展史、序列分析比较和地理分布都说明动物圆环病毒（PCV 和 BFDV）与植物矮化病毒和双生病毒有进化相关性[23,56]。据推测，当植物矮化病毒由原宿主转移到脊椎动物时，其 DNA 进化为圆环病毒 DNA，且复制酶相关蛋白的编码序列与杯状病毒样病毒的 DNA 发生重组。

圆环病毒的 DNA 为单链环状 DNA，基因组为双义基因组，包括两个反向的主要开放阅读框（ORFs）。一个 ORF 编码复制蛋白（ORF V1），另一个 ORF 编码外壳蛋白（ORF C1）。这两个 ORFs 都起始于一个小的非编码区，该区域有颈-环结构和与病毒 DNA 滚环复制的起始有关的 nonanucleotide 基序（TAGTATTAC）[5,106]。

早些年，分别用短的单链探针（40nt）和长的双链探针（1 900bp，通过 PCR 产生）进行原位杂交，发现鸽圆环病毒与 BFDV 有关但又不同[111]。Mankertz 等测定的鸽圆环病毒（CoCV）/鸽子圆环病毒（PiCV）全基因组序列与 BFDV 具有 55％的同源性，而与 PCV-1 及 PCV-2 的同源性分别为 34％和 36％[48]。目前已对大多数禽圆环病毒的新成员进行了核苷酸序列分析。根据对衣壳和复制酶相关蛋白的编码区的比较，金丝雀圆环病毒（CaCV）与 PiCV 关系很近（58.3％）[62]。椋鸟圆环病毒（StCV）与 CaCV 相关性很高（67％）[36]。与 PiCV 相比，鹅圆环病毒（GoCV）与 BFDV 的相关性较小[105]。对 DuCV 的序列分析显示，与 GoCV、PiCV 和 CaCV 的序列同源性分别为 60％、44％和 39％[30]。RaCV 与金丝雀和鸽的圆环病毒同源性最高[98]。

对 BFDV 分离株的早期研究无法证明遗传变异与病毒的区域、致病性、抗原性和其他理化特性有关[6]。但后来的研究发现，病毒毒株与分布区域、种特异性与致病性之间确实有关系。目前有研究显示，在感染不同禽类宿主的 BFDV 分离株之间存在系统进化变异，说明存在不同的病毒毒株。1993年第一次报道 BFDV 临床疾病和动物种类易感性可能存在变异[38]。该报道发现捕获的黑颊爱情鸟和 Lillian's 爱情鸟（*Agapornis nigrigensis* 和 *A. lilianae*）感染 BFDV 后死亡率 100%，而 Fischer（*Agapornis fischeri*）和桃面爱情鸟（*A. roseicollis*）只发生一过性的羽毛异常。研究发现 BFDV 分离株存在序列多样性。感染吸蜜鹦鹉和引起非洲灰鹦鹉（*P. erithacus*）急性感染的毒株属于特定的基因型[69]。Ritchie 对感染新西兰的美冠鹦鹉、相思鹦鹉和吸蜜鹦鹉的 BFDV 不同支系进行研究，认为病毒和宿主间存在基因型的联系[81]。根据上述研究可以看出，不同的鹦鹉圆环病毒毒株可以感染不同的鹦鹉种类，在一个种、亚科或目的一些动物中引起疾病，但不使其他动物患病。另外，同种动物经常感染同源性高的毒株，但也可检测到高度变异的毒株。有报道称在一只临床发病鸟的体内检测到不同圆环病毒毒株，可能是圆环病毒多种毒株的共同感染，也可能是非致病性毒株突变成致病性毒株时发生的遗传分歧。病毒毒株、病毒感染的禽种类和毒株致病性之间的关系很复杂，而且目前还不能从感染病毒的基因组核苷酸序列及病毒的致病能力得出明确结论[14]。

目前已有对毒株及其分布区域之间关系的研究，证明不同地区的毒株间存在系统进化变异。例如，德国、中国台湾和中国内地的 GoCV 分离株存在变异[4,9]，新西兰、澳大利亚和南非的 BFDV 分离株存在变异[31]。南非的 BFDV 分离株与世界其他地区的病毒分离株不同，与非洲和澳大利亚分离株的差异为 8.3%～10.8%。与之相反，澳大利亚和新西兰的圆环病毒分离株的相似性显示，病毒和宿主间基因型相关性的演变加快了病毒在世界范围的传播[81]。还没有证据证明 BFDV 毒株群（变异可能是基因漂移造成的）中存在适应性选择。

对 10 株 PBFDV 分离株的 DNA 序列分析显示，编码复制酶相关蛋白的序列高度保守[116]。基因型和区域、宿主特异性及致病性等因素之间相关性的研究显示，病毒变异可能与病毒分布区域或基因组长度有关。一些研究评估了高度保守的复制相关蛋白（ORF V1）的可变长度。还有一些对基因组中编码衣壳蛋白的 ORF C1 区域（也许能够更准确地反应病毒-宿主相互作用）进行了研究。

病原性

不同禽种类接触或感染圆环病毒后表现出不同的临床反应，这可能与感染时动物日龄、个体或种属的自然抵抗力和毒株等多种因素有关。病毒毒株、感染的禽种类、临床表现和毒株致病性间的关系很复杂，目前还不能得出明确结论[14]。

现已阐明禽圆环病毒的病理学意义。大量组织学和临床证据显示免疫抑制与禽类的圆环病毒感染有关[41,43,70,71,80,93,104,106,110,111,112]。试验感染 BFDV 或 PiCV 后体液免疫和细胞免疫功能的详细评估尚未进行。

病理生物学和流行病学

发生和分布

PBFDV 呈世界性分布[41]，在澳大利亚[6,51,60]、新西兰[81]、非洲[2,31,38,39]、欧洲[7,32,63]、北美洲[13,58,112]和亚洲[37,57]的捕获禽类和野生禽类中均有报道，该病可能存在于世界大部分地区。在新威尔士南部，不同鹦鹉群的 BFD 血清阳性率在 41%～94% 之间[66]。1993 年的一项报道显示，用 DNA 探针对美国捕获的 10 000 只鸟进行检测时，血液中 BFD 病毒抗原阳性率为 5%[13]，它们绝大多数无 BFD 的临床表现，呈亚临床或一过性感染。检测中发现东半球（主要欧洲）鹦鹉的感染率较高。其中折衷鹦鹉（*Eclectus parrots*）的病毒血症出现比率最高（10.2%），其次为美冠鹦鹉（8.7%）和非洲灰鹦鹉（8%）；西半球（美洲）鹦鹉的检出率相对较低。多情鹦鹉的阳性检出率达 30%。

正如前面所提到的，鸽圆环病毒在包括美国[111]、南非[22]、加拿大[58,122]、澳大利亚[68,112]和欧洲[89,92,94,101]的广大区域内存在。此外，在冰岛北部发现有感染 PiCV 的鸟，而且感染 PiCV 的鸟可追踪至冰岛外其他几个欧洲地区，表明欧洲赛鸽的圆环病毒感染可能是广泛存在的[44]。由于一般飞行练习中常有易感的幼鸽，因此赛鸽中 PiCV 的感染在美国可能是很普遍的[27,53,80]。鹅圆环病毒在匈牙利、中国台湾和中国内地的鹅群中分布很广[4,9,117]。在匈牙利的 76 个受检鹅群中 65% 有发病或死亡病例，这 214 个病例的 48% 检测到 GoCV。

自然宿主和实验宿主

据报道，欧洲、南太平洋地区及美洲的 60 多个种属的鹦鹉可发生 BFD，其中在欧洲分布最广，而在美洲最少[106]。自由活动禽类和捕获的禽类均可感染。病毒可引起急性或慢性感染，衰竭性疾病会导致死亡。有些感染后出现前述 PBFD 病变的相思鹦鹉（*Melopsittacus undulatus*）、吸蜜鹦鹉及多情鹦鹉（*Agapornis sp.*）自然痊愈[38,41]。鸽圆环病毒（PiCV）可感染赛鸽（*Clumba livia*）和塞内加尔鸽（*Streptopelia senegalensis*）。来源于鸽和鸠的 PiCV 是否在遗传上具有一致性目前还不清楚。圆环病毒自然感染禽类的报道还见于金丝雀（*Serinus canaria*）[25,62]、雀科鸣鸟（*Poephila castanotis*，*Chloebia gouldiae*）[55,88]、鹅[4,9,93,117]、鸵鸟（*Struthio camelus*）[18,19]、雉（*Phasianus colchicus*）[102]、澳洲渡鸦（*Corvus coronoides*）[98]、鸭[30,95,Banda等2006年提交]、西方灌丛鸦（Woods，未发表）和南方黑鸥（*Larus dominicanus*）[110]。因为无法在体外复制禽的圆环病毒，禽圆环病毒的实验室感染以失败告终。用来自羽毛匀浆的纯化病毒感染鹦鹉，可成功复制 PBFD[77,114]。但用 BFDV 试验接种鸽子没有产生临床反应，也不产生相应的抗体应答[68]。

宿主的感染年龄

禽圆环病毒感染常见于幼鸟（小于 3 岁的鹦鹉及小于 1 岁的鸽子），但也有 20 岁的鸟类感染圆环病毒的报道，但不表现临床症状[41,71]。后者说明，尽管不得不考虑幼鸟的亚临床感染或潜伏感染以及疾病潜伏期的延长，但成年鸟或许也可感染发病。一般认为，先于法氏囊萎缩之前，鸟类对圆环病毒就是易感的。也有一些散发的有关鹅（2~9 周龄）[93]、鸭（6 周龄）[95]、鸵鸟（小于 8 周龄）[18]、雀科鸣鸟（3~6 月龄）[55]、金丝雀（10~20 日龄）[25]、雉（10~30 日龄）[102]及鸥（法氏囊）[110]感染圆环病毒的报道，这些鸟的感染年龄均属于新生

或幼龄。圆环病毒亚临床感染在幼鸟和成年鸟中均广泛分布，但幼鸟的感染率更高。一个实验用 PCR 检测 1516 只看似健康的鹦鹉，有 101 只 BFDV 阳性，而且幼鸟的阳性率更高[7]。另一个关于临床健康的鹦鹉的实验中，58/146 只 BFDV 阳性[63]。在另两个实验中，20 只年龄较大（1~9 岁）的健康鸽中 13 只 PCR 检测阳性[17]，而 50 只健康的成年鸽有 45 只 PCR 检测圆环病毒阳性[20]。

传播，携带者及传播媒介

通过口、泄殖腔及鼻内多途径试验接种新生相思鹦鹉和桃红鹦鹉，可发生 BFD[75,79,80]。而且可以从 BFDV 感染鹦鹉的嗉囊分泌物、粪便及羽毛屑中检测到圆环病毒。该研究表明病毒或许可以通过散在于空气中的病毒粒子或被病毒污染的饲料而进行传播的。通常 PBFDV 是通过羽毛屑、粪便污染的材料及带有嗉囊回流物的饲料排出和传播的。运用 Hess 发现病毒大多时候可以从羽毛中检出，且检出率与临床症状无关，这说明羽毛可能是成年鸟类体内病毒持续存在和排毒的部位[32]。经泄殖腔直接接种病毒的研究发现粪便和羽毛屑污染可能是鸽群中病毒传播的另一种途径[65]。电镜负染法可直接从圆环病毒感染鸽子的肠内容物中检测到圆环病毒，表明病毒的传播可以通过摄入或吸入粪便污染的材料而发生[22,111]。Duchatel 等所做的另一个实验证明，20 只 1~9 岁的看似健康鸽中 13 只可以检测到 PiCV[17]。病毒 DNA 多在呼吸器官中检到（气管、咽、肺），其次是脾、肾脏和肝脏。22 个胚胎中有 8 个也检测到了病毒 DNA，说明病毒可垂直传播。Duchatel 也对嗉囊灌洗物进行了检测，嗉囊灌洗物一直被认为是鸽感染圆环病毒的另一个感染源，但 64 份嗉囊检测样品中未出现圆环病毒阳性[16]。对健康鸽子的血液及小肠内容物的 PCR 检测结果显示，阳性率随鸽子的年龄增大而升高[20]。这一发现说明病毒的传播以水平传播为主。Duchatel 也得出了相似的实验结果，他在 37 日龄鸽子的泄殖腔拭子中检出的阳性率为 15.8%，而在 51 日龄时阳性率为 100%，说明鸽子可能是在饲养室中经病毒水平传播感染的[17]。鹦鹉、鸽和鸵鸟也有可能通过垂直传播感染圆环病毒，来自一只 BFDV 阳性的风头鹦鹉（*Cacatua sanguinea*）的胚，经人工孵化后，产出的小鹦鹉

均发生了 PBFD[41]。此外，一日龄鸽子可观察到同圆环病毒感染相符的组织学病变，表明可能是垂直感染的结果[58]。在未孵化的鸵鸟蛋的肝脏中也检测到圆环病毒，说明鸵鸟中存在病毒的垂直传播[18]。

潜伏期

试验观察表明，PBFD 的潜伏期随禽类种属和感染时年龄的不同而异。两项关于 BFDV 的研究显示禽类在试验接种 PBFDV 后 25～40 天出现临床症状[76,114]。桃红鹦鹉（*Eolophus roseicapillus*）和黄冠葵花鹦鹉（*Cacatua galerita*）的潜伏期为 3～4 周[65]。还有一些关于 4～5 岁[83]和 10～20 岁[41]鸟的圆环病毒感染的报道，说明年长鸟发生了病毒感染，或这些鸟是在幼龄时感染，但感染的潜伏期延长[41,71]。

临床症状

发病率和死亡率

鹦鹉感染 PBFDV 后的发病和死亡情况与多种因素有关，其中包括鹦鹉的种属差异、感染时的年龄差异、病毒毒株及是否存在其他病毒、细菌、真菌或寄生虫的混合感染[41]。某些种属的鹦鹉感染 PBFDV 后，存活时间不会超过 6 个月，但积极的治疗和护理能大大延长鹦鹉的存活时间。鹦鹉感染 PBFDV 后，因继发感染造成的死亡约占 69%[41]，或许是由于免疫抑制造成了鹦鹉的高 γ 球蛋白血症、相关病毒的感染及淋巴组织的破坏。Jacobson 发现，感染 BFDV 的鹦鹉血清蛋白浓度、前白蛋白浓度和 γ 球蛋白浓度均下降[33]。试验感染后 4 周，感染禽类表现出明显的沉郁和厌食[76,114]，随后出现呈对称性的渐进性羽毛营养不良和缺损，少数情况下会出现喙和爪的畸形。Raue 等在非洲灰鹦鹉体内发现了两种不同的圆环病毒毒株[69]。一株引起急性病症，发生严重的白细胞减少症和非再生障碍性贫血，但未引起 Donely 和 Schoemaker 等所述的羽毛异常[15,86]。另一株圆环病毒与羽毛异常有关。

鸽圆环病毒病暴发时，多数情况下表现为高发病率和低死亡率。鸽圆环病毒病的死亡率在 1%～100%。正如 PBFD 的感染，鸽圆环病毒的死亡率取决于感染禽类的年龄及有无混合感染[49,70,112,113]。

鸽圆环病毒的临床症状表现多样，严重程度也不尽相同。据一则报道显示，王鸽感染圆环病毒后，临床症状出现时间短则不到 1 周，长则可达 6 周[58]。病毒感染不会影响鸽血液中的红细胞数量、血红蛋白及总蛋白的浓度。白细胞数量变化较大，但显然与法氏囊的损伤程度不相关。

当圆环病毒在鸽群中传播时，大多数报道的临床症状为生长障碍和腹泻。有时感染圆环病毒的鸽群中的某些病鸽会发生自愈现象[112,113]。

据目前报道，飞羽和尾羽的减少是棕斑鸠（laughing turtle doves）感染圆环病毒后的唯一临床症状[60]。52 只表现精神沉郁、体重减轻、厌食和临死前腹泻的鸵鸟中有 23 只感染了圆环病毒，说明圆环病毒感染与鸵鸟的衰弱综合征有关[18]。

在一只患有黑斑病的金丝雀体内检测到圆环病毒，说明二者可能相关[25]。金丝雀黑斑病的临床症状包括腹胀和发育停滞，一般感染后 7 天内死亡，较少出现羽毛异常。

骡鸭感染圆环病毒后的临床症状为背部羽毛营养不良（出血）和增重下降[30]。有报道称生长滞后和饲养损失在 10%～70%[95]。

一例 10 周龄雀科鸣鸟感染圆环病毒的病例报道，感染后出现流鼻涕、呼吸困难、厌食和精神沉郁[88]。一则报道显示，在 3～6 月龄颈、腿和背部羽毛脱落的雀科鸣鸟脾脏中经电镜检测出圆环病毒粒子[55]。

病理学

大体病变

禽类感染 BFDV 后所致的羽毛损伤有的轻微、有的严重，主要取决于病毒感染时羽毛所处的生长阶段[41,59,60,114]。对于老龄的禽类，可能呈慢性经过，表现为羽毛从毛囊中长出不久后即停止生长。感染禽类每次换羽时，发育不良的羽毛数量都会增加。对于某些种属的禽类，尾部羽毛首先表现出明显的发育不良，随着病程发展，大面积的羽毛出现病变，之后主尾、次尾及冠毛表现发育不良。羽毛的发育不良和缺损大体呈对称分布，羽毛的变化包括毛鞘滞留，髓腔出血及近端羽干的断裂，进而羽毛不能出鞘；或许还可出现棒状的短毛，变形的卷毛，羽片压痕及圆形的缢痕。喙的畸形主要表现为喙的异常增长，上腭的坏死，横向或纵向的断裂或分层。少数情况下，可出现爪的畸形和趾的脱落。

赛鸽感染圆环病毒后，很少出现羽毛的发育不良。鸽子感染圆环病毒后唯一的大体病变是法氏囊的萎缩，但也不是所有感染的鸽子都会出现这样的病变。死于圆环病毒感染的鸽子在进行病理剖检时，观察到的病变多数是由于继发感染其他病毒、细菌或真菌造成的[112]。一则报道显示加利福尼亚州的商品鸽子暴发圆环病毒病后，表现为羽毛发育不良[96]，其羽毛的大体病变同鹦鹉感染 BFDV 后造成的羽毛病变相似。有报道表明，塞内加尔鸽感染圆环病毒后表现对称性的羽毛损伤和发育不良[60,68]。雀科鸣鸟[55]、渡鸦[98]、鸭[95]及鹅[93]感染圆环病毒后也可观察到羽毛的生长不良。金丝雀圆环病毒病或称"黑斑病"，会出现腹部肿大和胆囊充血[25]。患有衰弱综合征的鸵鸟的剖检病变包括胃滞留、卵黄囊感染和小肠炎[18]。

组织学病变

禽类感染圆环病毒后，羽毛发育不良处会出现程度不同的坏死及炎症[41,59,114]。塞内加尔鸽[60,68]、商品雏鸽[96]、鹅[93]、鸭[95]及雀科鸣鸟[55]也可观察到这样的病变。羽毛基部（pterlogenic）上皮有明显的多灶性及弥散性坏死，有大量异嗜性和单核炎性细胞浸润，髓腔可能伴有出血；囊泡上皮也有损伤，但不常见也不严重；羽毛和囊泡上皮细胞内可

见典型的嗜碱性及两嗜性核内包涵体；而多球状、葡萄状或针状胞浆包涵体仅见于羽毛上皮、囊泡上皮、髓腔及毛鞘中的巨噬细胞；偶尔也可见到喙和爪的退行性变化；嘴鞘的基部和中间层上皮细胞的变性坏死造成了喙裂隙的形成。这些病变或许还伴有超角化病的形成和病毒包涵体的出现，对于某些鹦鹉如非洲灰鹦鹉还存在圆环病毒的特急性感染，这类感染或许观察不到羽毛和喙的改变，但或许会出现白细胞的减少、贫血（肺灌流不足）法式囊的病变和肝坏死[86]。

圆环病毒感染可直接造成一级和二级淋巴组织的改变。在圆环病毒感染禽类的淋巴组织可观察到大范围的显微病变，病变从离散淋巴细胞坏死导致的淋巴滤泡增殖到严重的淋巴组织萎缩，淋巴组织萎缩常伴有脾、支气管相关淋巴组织和肠相关淋巴组织的巨噬细胞胞质以及法氏囊滤泡上皮细胞中出现球形的病毒包涵体[41,112]（图 8.8 和图 8.9）。

除皮肤和淋巴组织的显微病变外，其他显微病变的出现一般取决于协同感染的情况。一项对 35 只自然感染圆环病毒的鹦鹉进行的研究显示了病毒包涵体在真皮外的分布情况，胞浆内包涵体主要存在于淋巴组织（法氏囊、胸腺、骨髓和脾脏）、喙、硬腭、食管、嗉囊、舌、甲状旁腺、肝、肠道、甲状腺、肾上腺、胰腺及甲床的巨噬细胞内[40]。核内包涵体主要见于肠道、喙、腭、食管、嗉囊、甲床及

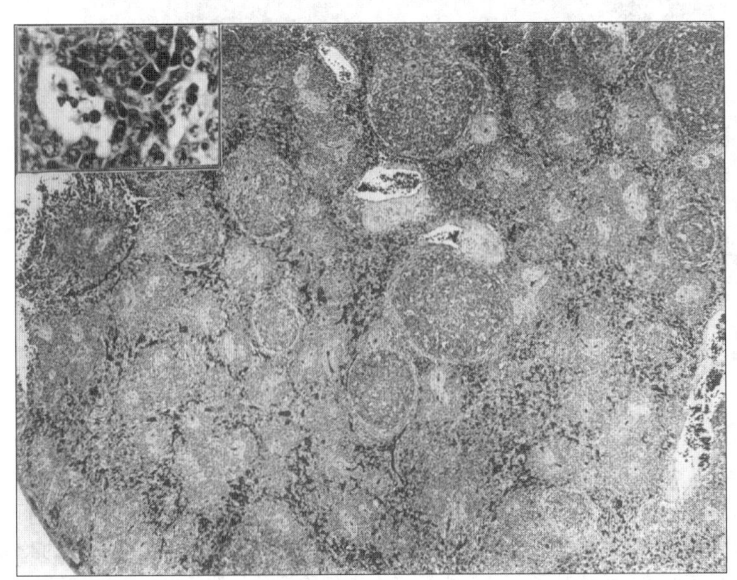

图 8.8　感染圆环病毒的鸽子脾脏的显微照片，可观察到淋巴滤泡的增殖及脾滤泡中淋巴细胞的坏死。H. E. 染色．自 Journal of Veterinary Diagnostic Investigation

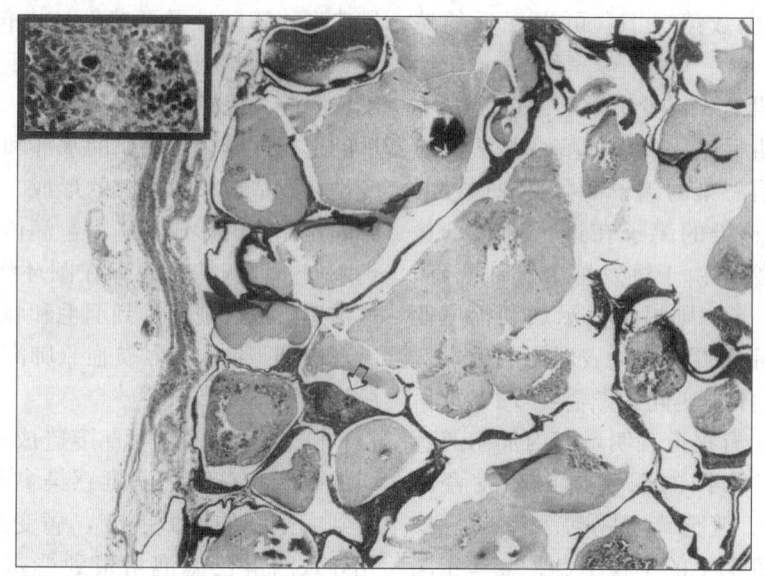

图 8.9　感染圆环病毒的鸽子法氏囊的显微照片，可观察到严重的胞囊萎缩，残存的囊淋巴组织
　　　　细胞中可见嗜碱性葡萄状的胞浆内包涵体（箭头）。插图显示了进一步放大的胞浆内包涵
　　　　体。H. E. 染色．自 Journal of Veterinary Diagnostic Investigation

睾丸胚层上皮的上皮细胞内。胞浆内包涵体仅见于胸腺、舌、甲状旁腺、骨髓、肝（枯否氏细胞）、脾、甲状腺、肾上腺及胰腺巨噬细胞中。尽管鹦鹉中存在圆环病毒包涵体的多系统分布，但在鸽子体内还没有相关报道。通过原位杂交已在肝脏、肾脏、气管、肺、脑、嗉囊、肠、脾、骨髓和心脏中检测到 PiCV，证明圆环病毒可以在全身分布[90]。原位杂交方法还证明了患衰弱综合征的鸵鸟肝脏 sinuoid 细胞核中有圆环病毒分布[18]。

超微病变

　　巨噬细胞及囊上皮细胞胞浆中的包涵体似乎是呈类晶体状排列的环状或半环状的病毒粒子（图 8.10）。上皮及内皮细胞核中偶尔可以见到松散排列的病毒粒子。典型病毒粒子的直径在 14～17nm 之间[83,111,112]。

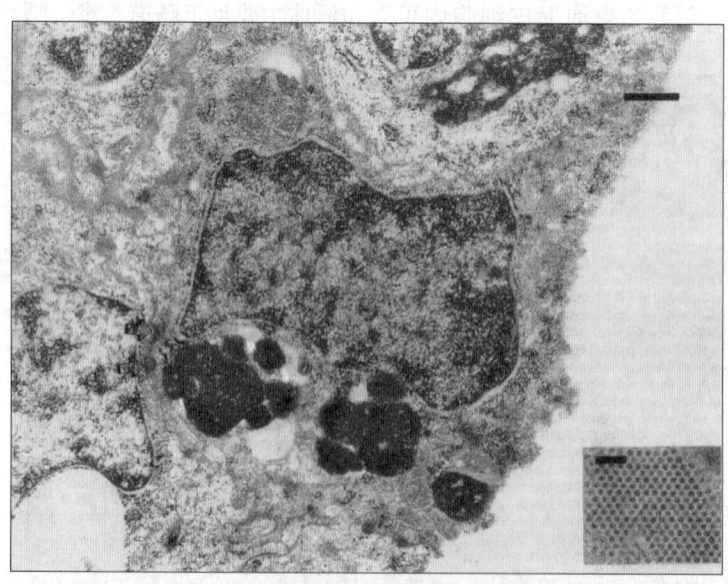

图 8.10　感染圆环病毒的鸽子法氏囊的透射电镜照片，法氏囊上皮细胞内有大量的类晶体状排
　　　　列的无囊膜的病毒粒子。箭头指示了上皮细胞间的细胞桥粒。Bar＝500nm。插图显
　　　　示了进一步放大的类晶体排列的病毒粒子（14～17nm）。Bar＝50nm。自 Journal of
　　　　Veterinary Diagnostic Investigation

发病机制

鹦鹉发生 BFD 后，圆环病毒可诱导基部上皮细胞坏死，从而导致羽毛发育不良及喙和爪的变形。一项研究将圆环病毒感染的禽类与未感染的禽类相比，前者的囊淋巴组织中凋亡细胞的数量更多，而后者属于生理性凋亡[1]。在淋巴细胞中并未检测出病毒抗原，说明凋亡活化的加快可能不是病毒直接作用的结果，而是间接的细胞因子介导的结果。圆环病毒的胞浆内包涵体一般位于巨噬细胞和囊上皮细胞中，与感染细胞的吞噬活性有关，而与细胞内复制产生的病毒关系不大。

圆环病毒的环状基因组很小，蛋白编码能力有限，需要依赖宿主细胞的 DNA 复制体系。因此，圆环病毒更多存在于有丝分裂期快速分裂的细胞中[106]，如基底部毛囊上皮、淋巴组织和肠上皮。禽类感染 BFDV 后，死亡的禽中 70% 是由继发感染造成的，这表明病毒感染可致禽类发生获得性免疫缺陷[41]。鸽[112]、鸭[95]、鹅[93]、黑背鸥[110] 和其他禽类[18,104]感染圆环病毒后也有免疫抑制和继发感染导致死亡的报道。禽类感染圆环病毒后出现法氏囊和脾脏的淋巴细胞的坏死及淋巴萎缩，这可以解释感染了圆环病毒的禽类为何出现高γ球蛋白血症、对免疫接种不产生体液应答和并发多种混合感染。淋巴细胞的坏死和萎缩或许会直接影响体液及细胞免疫。然而禽类感染圆环病毒后，显微镜检发现淋巴组织正常或出现增殖时仍可能发生获得性免疫缺陷。在这种情况下，圆环病毒可能在开始时作用于单核—巨噬细胞系统后，影响了免疫系统的抗原递呈和细胞免疫。设计试验以研究接种禽类的免疫功能或许可以阐明圆环病毒的致病机制。

免疫力

主动免疫力

禽类与 BFDV 接触后，会发生血清阳转[64,65,67,77]，自然接触 BFDV 而不表现临床症状的禽类同人工感染的禽类相比，有相对较高的抗体滴度，这表明抗体可以保护禽类免受病毒感染，从而不发病。

被动免疫力

试验研究表明，经免疫接种的禽所产蛋孵化的雏禽可抵抗 BFDV 的攻击，但不经免疫接种的禽所产蛋孵化的雏禽不能抵抗 BFDV 的攻击[76,77]。这表明禽类接种灭活的 BFDV 后，可将保护性抗体传递给它的后代[76,77]。

诊　　断

禽圆环病毒感染的初步诊断基于临床表现和常规的组织学观察。主要的组织学病变特征为核内和/或胞浆内病毒包涵体的出现。应用电子显微镜观察到特征性的病毒粒子，或应用免疫组化检测到病毒抗原，或通过聚合酶链式反应（PCR）、斑点印迹杂交（DBH）、巢式 PCR 或原位杂交技术检测到特异性的病毒核酸均可作出确诊[4,7,18,20,21,29,32,44,57,69,79,82,91,107]。血凝（HA）和血凝抑制（HI）试验也可以分别用于 BFDV 抗原和抗体的检测。因为圆环病毒感染非常普遍且会出现亚临床感染和潜伏感染，所以经血凝抑制试验检测病毒特异性抗体阳性只能说明曾接触过病毒，但无法确定是否正在发生病毒感染。此外，不同种属禽类的红细胞对 HA/HI 检测的适合性不同[84]，BFDV 可以使大多数澳大利亚和非洲禽类的红细胞凝集，但无法凝集南美洲禽类如金刚鹦鹉和亚马逊鹦鹉的红细胞（这与南美洲禽类对临床喙羽病的抵抗有关）[39]。而且 HI 无法检测慢性感染禽类的抗体。

在两项独立的研究中，Smyth 表示核酸检测的方法在检测感染禽类时比组织病理学方法更敏感。对于 107 只原位杂交方法检测阳性的鸽子，PCR 检测阳性率为 89%，组织病理学检测阳性率为 66%[90]。圆环病毒感染的鸽子中，肝脏、肾导管、肺脏、脑、嗉囊、肠、脾、骨髓和心脏均为病毒阳性。Smyth 认为在无法获得法氏囊时肝脏是最适合圆环病毒检测的组织。他还发现常规组织病理学检测不足以证明鹅中 GoCV 的感染[91]。原位杂交法证明鹅圆环病毒可存在于法氏囊、胸腺、骨髓、肝脏、肾脏、肺、心脏和肠中。

Hess 发现检测禽类的圆环病毒感染时，羽毛比泄殖腔拭子和血液更合适，但血液阳性结果更能反映临床疾病的存在[32]。采血时应当采集静脉血，但不要从趾甲采血，因为环境中可能存在病毒污染。趾甲血可以用来做圆环病毒感染的普检，但结果阳性时还要经静脉采血进行确诊[13]。Hess 认为病原携带者的羽毛中可以长期带毒[32]。通过羽毛检测病毒感染时最好的样品是新长出的尾部或翅膀的大羽毛（quill）[15]。Duchatel 发现宰杀前采集的咽拭子、泄殖腔拭子和血液的检测结果与剖检时采集组织的 PCR 检测结果不一致[17]，因此，他认为这些样品不适合在清除禽类的无临床症状的病毒感染时使用。病毒感染后最常检测为阳性的组织是脾、肾和肝脏，其次就是呼吸道组织。

用静脉穿刺采得的干血提取 DNA 后使用巢式 PCR 检测，其敏感性很高，比普通 PCR 高 10～100 倍[29,37]。

Todd[107] 和 Ball[4] 发现斑点印迹杂交（DBH）的敏感性低于 PCR。斑点印迹杂交可以检测 4～40pg 的病毒 DNA，而 PCR 可以检测到 0.10fg 的病毒 DNA。但 Todd 提出，尽管 DBH 的敏感性比 PCR 差，但它比 PCR 更有用，原因如下。如果认为病毒载量可以作为患病的一个指标，那么 DBH 的检测结果与是否发生临床疾病的相关性更高。猪感染 PCV 时，病毒滴度高可能意味着存在临床疾病，禽类的圆环病毒感染也是如此。此外，DBH 是半定量方法，交叉污染的可能性小，而且与 PCR 相比不易受小的序列变异的限制。

病原的分离和鉴定

除 CAV 外，其他禽类的圆环病毒均不能在各种细胞系及鸡胚中增殖。CAV 可以在来自马立克氏病的肿瘤细胞系 MDCC-MSB1 中增殖。

血清学

血凝及血凝抑制试验一直被用来确定某些特征病毒的感染（血凝试验），或通过测定病毒特异性抗体（血凝抑制试验）来确定动物是否曾感染某些特定病毒。Ritchie 等[77] 与 Raidal 等[64,67] 曾报道了 BFDV 导致的血凝现象，并建立了相应的血凝抑制试验用于检测 BFDV 的抗体。这些技术部分阐明了 BFD 的发病机制及伴侣鸟和自由活动鸟类感染 BFDV 的情况。不同禽类红细胞对圆环病毒的凝集活性不同，因此，对每个检测体系进行验证对于精准的诊断非常必要。

鉴别诊断

毛囊炎（由细菌、真菌及多瘤病毒等其他病毒感染引起）、代谢失衡、内分泌病及一些营养性疾病都可以造成禽类的羽毛发育不良，同 PBFD 的临床表现很相似。由于圆环病毒感染禽类后很容易引起继发感染，因此诊断时要考虑圆环病毒与其他传染性因子共同存在的可能性。

预防和控制

管理措施

预防鸽子和其他自由活动鸟类感染圆环病毒是非常困难的，这主要是由于各种年龄、来源和种属的鸟类常常混合在一起。在密闭鸟舍中常规的生物安全与隔离措施在预防病毒的传播方面会很有效。鸟群中一旦感染圆环病毒后，对鸟舍进行消毒很困难，甚至是不可能的。针对鸡贫血病毒和猪圆环病毒的研究表明，圆环病毒科中各成员在环境中似乎是非常稳定的，并能抵抗许多常用消毒剂的灭活作用[3,53,115]。

免疫接种

目前没有用于预防 PBFD 及鸽圆环病毒感染的有效商品化疫苗。非常有必要应用重组技术开发有效的疫苗，因为除 CAV 外，其他禽类的圆环病毒均不能通过细胞培养来增殖。最初的研究显示对于 BFD，母源抗体具有保护性[67,77]。另外，试验证明免疫接种对预防临床疾病的发生很有效，但对预防病毒感染无效[65]。因此，免疫接种无法阻止亚临床感染的发生。BFD 病毒完全灭活非常困难，而且此病毒对易感鸟具有高度传染性。因此，在实际中应用来自感染鸟组织的全病毒灭活苗是非常危险的[80]。一项研究显示，对一胎所生的 3 只黄冠葵花鹦鹉免疫灭活疫苗，但 3 只鹦鹉全部在用活病毒攻毒前死于 BFD。相关学者推测这 3 只鹦鹉可能在免疫前已感染了 BFDV，但也认为存在疫苗引起疾病的可能性[65]。

治疗

目前，对于鹦鹉或其他禽类的圆环病毒感染还没有有效的治疗方法。因为多数感染圆环病毒的禽类死于病毒、细菌、原虫或真菌的继发感染，应注意诊断引起继发感染的病原并进行相应的治疗。禽的γ干扰素可能有希望成为主动感染禽类的治疗方法的一部分。一项研究表明[97]，10只主动感染BFDV（PCR阳性，白细胞减少症严重）的非洲灰鹦鹉（*Psittacus erithacus*）中7只对禽的γ干扰素（Lowenthal；1 000 000IU IM SID×90天）与季铵（1∶125；15min，BID）喷雾的混合治疗有效。存活禽类的白细胞数量在治疗开始后180天恢复正常。

毫无疑问，病毒感染巨噬细胞并造成淋巴组织的破坏会影响细胞和体液免疫，因此在病毒感染的活动期，不应该进行免疫接种。对主动感染圆环病毒的鸽群进行副黏病毒或痘病毒免疫接种时，免疫鸽无法产生对免疫原的抗体反应[112]。所以在鸟舍或鸽笼感染圆环病毒期间或感染后不久进行免疫，应测定其间禽类的血清抗体滴度以评价免疫接种的效果。如果接种后抗体滴度较低，在圆环病毒病的临床症状消失后，应进行再次接种。免疫程序要通用，因为病毒感染普遍存在且圆环病毒感染经常伴发病毒的继发感染，而继发病毒感染常常造成圆环病毒病暴发时的死亡率增加。

郭　鑫　高志强　译

杨汉春　吕艳丽　校

参考文献

[1] Abadie, J. , F. Nguyen, C. Groizeleau, C. Amenna, B. Fernandez, C. Gueraud, L. Guigand, P. Robart, B. Lefebvre, and M. Wyers. 2001. Pigeon circovirus infection: Pathology observations and suggested pathogenesis. *Avian Pathology* 30:149-158.

[2] Albertyn, J. , K. M. Tajbhai, and R. R. Bragg. 2004. Psittacine beak and feather disease virus in budgerigars and ring-neck parakeets in South Africa. *Onderstepoort Journal of Veterinary Research* 71:29-34.

[3] Allan, G. M. , K. V. Phenix, D. Todd, and B. M. Adair. 1994. Some biological and physico-chemical properties of porcine circovirus. *Journal of Veterinary Medicine* 41:17-2.

[4] Ball, N. W. , J. A. Smyth, J. H. Weston, B. J. Borghmans, V. Palya, R. Glavits, E. Ivanics, A. Dan and D. Todd. 2004. Diagnosis of goose circovirus infection in Hungarian geese samples using polymerase chain reaction and dot blot hybridization tests. *Avian Pathology* 33:51-58.

[5] Bassami, M. R. , D. Berryman, G. E. Wilcox, and S. R. Raidal. 1998. Psittacine beak and feather disease virus nucleotide sequence analysis and its relationship to porcine circovirus, plant circoviruses, and chicken anaemia virus. *Virology* 249:453-459.

[6] Bassami, M. R. , I. Ypelaar, D. Berryman, G. E. Wilcox, and S. R. Raidal. 2001. Genetic diversity of beak and feather disease virus detected in psittacine species in Australia. *Virology* 279:392-400.

[7] Bert, E. , L. Tomassone, C. Peccati, M. G. Navarrete and S. C. Sola. 2005. Detection of beak and feather disease virus(BFDV) and avian polyomavirus(APV) DNA in psittacine birds in Italy. *Journal of Veterinary Medicine* 52:64-68.

[8] Biagini, P. , D. Todd, M. Bendinelli, S. Hino, A. Mankertz, S. Mishiro, C. Niel, H. Okamoto, S. Raidal, B. W. Ritchie, and C. G. Teo. 2005. "Genus Anellovirus. "In *Virus Taxonomy*, Ⅷ*th Report of the International Committee for the Taxonomy of Viruses*, edited by C. M. Fauqet, M. A. Mayo, J. Maniloff, U. Desselberger, and L. A. Ball, 335-341. London: Elsevier/Academic Press.

[9] Chen, C. -L. , P. -C. Chang, M. -S. Lee, J. -H. Shien, S. -J. Ou, and H. K. Shieh. 2003. Nucleotide sequences of goose circovirus isolated in Taiwan. *Avian Pathology* 32:165-171.

[10] Coletti, M. , M. P. Franciosini, G. Asdrubali, and F. Passamonti. 2000. Atrophy of the primary lymphoid organs of meat pigeons in Italy associated with circovirus-like panicles in the bursa of Fabricius. *Avian Diseases* 44:454-459.

[11] Crowther, R. A. , J. A. Berriman, W. L. Curran, G. M. Allan, and D. Todd. 2003. Comparison of the structures of three circoviruses: Chicken anemia virus, porcine circovirus type 2, and beak and feather disease virus. *Journal of Virology* 77:13036-13041.

[12] Daft, B. M. , R. W. Nordhausen, K. S. Latimer, and F. D. Niagro. 1996. Interstitial pneumonia and lymphadenopathy associated with circoviral infection in a 6-week old pig. *Proceedings of the American Association of Veterinary Laboratory Diagnosticians* 39:32.

[13] Dahlhausen, B. and S. Radabaugh. 1993. Update on psittacine beak and feather disease and avian polyomavirus testing. *Proceedings of the Association of Avian Veterinarians* 14:5-7.

[14] de Kloet, E. , S. R. deKloet. 2004. Analysis of the beak and feather disease viral genome indicates the existence of several genotypes which have a complex psittacine host specificity. *Archives of Virology* 149:2393-2412.

[15]Doneley, R. J. T. 2003. Acute beak and feather disease in juvenile African grey parrots—an uncommon presentation of a common disease. *Australian Veterinary Journal* 81:206 - 207.

[16]Duchatel, J. P., D. Todd, A. Curry, J. A. Smyth, J. C. Bustin, and H. Vindevogel. 2005. New data on the transmission of pigeon circovirus. *Veterinary Record* 157: 413 -415.

[17]Duchatel, J. P., D. Todd, J. A. Smyth, J. C. Bustin, and H. Vindevogel. 2006. Observations on detection, excretion and transmission of pigeon circovirus in adult, young and embryonic pigeons. *Avian Pathology* 35:30 - 34.

[18]Eisenberg, S. W. F., A. J. van Asten, A. M. van Ederen, and G. M. Dorrestein. 2003. Detection of circovirus with a polymerase chain reaction in the ostrich(*Struthio camelius*)on a farm in The Netherlands. *Veterinary Microbiology* 95:27 - 38.

[19]Els, H. J. and D. Josling. 1998. Viruses and virus-like particles identified in ostrich gut contents. *Journal of the South African Veterinary Association* 69:74 -80.

[20]Franciosini, M. P., E. Fringuelli, O. Tarhuni, G. Guelfi, D. Todd, P. Casagrande Proietti, N. Falocci, and G. Asdrubali. 2005. Development of a polymerase chain reaction-based *in vivo* method in the diagnosis of subclinical pigeon circovirus infection. *Avian Diseases* 49:340 - 343.

[21]Fringuelli, E., A. N. J. Scott, A. Beckett, J. McKillen, J. A. Smyth, V. Palya, R. Glavits, E. Ivanics, A. Mankertz, M. P. Fanciosini, and D. Todd. 2005. Diagnosis of duck circovirus infections by conventional and real-time polymerase chain reaction tests. *Avian Pathology* 34: 495 -500.

[22]Gerdes, G. H. 1993. Two very small viruses——a presumptive identification. *Journal of the South African Veterinary Association* 64:2.

[23]Gibbs, M. J. and G. F. Weiller. 1999. Evidence that a plant virus switched hosts to infect a vertebrate and then recombined with a vertebrate-infecting virus. *Proceedings of the National Academy of Science USA* 96: 8022 -8027.

[24]Glavits, R., E. Ferenczi, E. Ivanics, T. Bakonyi, T. Mato, P. Zarka, and V. Palya. 2005. Co-occurrence of West Nile fever and circovirus infection in a goose flock in Hungary. *Avian Pathology* 34:408 -414.

[25]Goldsmith, T. L. 1995. Documentation of passerine circoviral infection. *Proceedings of the Association of Avian Veterinarians* 16:349.

[26]Gopi, P. S., A. L. Hamel, L. Lin, C. Sachvie, E. Grudes-

ki, and G. Spearman. 1999. Evidence for circovirus in cattle with respiratory disease and from aborted bovine fetuses. *Canadian Veterinary Journal* 40:277 - 278.

[27]Gough, R. E., S. E. Drury. 1996. Circovirus-like particles in the bursae of young racing pigeons. *Veterinary Record* 138:167.

[28]Graham, D. L. 1990. Feather and beak disease: Its biology, management, and an experiment in its eradication from a breeding aviary. *Proceedings of the Association of Avian Veterinarians* 11:8 - 11.

[29]Hattermann, K., D. Soike, C. Grund, and A. Mankertz. 2002. A method to diagnose pigeon circovirus infection *in vivo*. *Journal of Virology Methods* 104:55 - 58.

[30]Hattermann, K., C. Schmitt, D. Soike, and A. Mankertz. 2003. Cloning and sequencing of duck circovirus (DuCV). *Archives of Virology* 148:2471 -2480.

[31]Heath, L., D. P. Martin, L. Warburton, M. Perrin, W. Horsfield, C. Kingsley, E. P. Rybicki, and A. -L. Williamson. 2004. Evidence of unique genotypes of beak and feather disease virus in southern Africa. *Journal of Virology* 78:9277 - 9284.

[32]Hess, M., A. Scope, and U. Heincz. 2004. Comparative sensitivity of polymerase chain reaction diagnosis of psittacine beak and feather disease on feather samples, cloacal swabs and blood from budgerigars(*Melopsittacus undulates*, Shaw 18005). *Avian Pathology* 33:477 - 481.

[33]Jacobson, E. R., S. Clubb, C. Simpson, M. Walsh, C. D. Lothrop, J. Gaskin, J. Bauer, S. Hines, G. V. Kollias, P. Poulos, and G. Harrison. 1986. Feather and beak dystrophy and necrosis in cockatoos: Clinicopathologic evaluations. *Journal of the American Veterinary Medical Association* 189:999 -1005.

[34]Jergens A. E., T. P. Brown, and T. L. England. 1988. Psittacine beak and feather disease syndrome in a cockatoo. *Journal of the American Veterinary Medical Association* 193:1292 - 1294.

[35]Jestin A. 2004. ssDNA viruses of plants, birds, pigs and primates. *Veterinary Microbiology* 98:79 - 80.

[36]Johne, R., D. Fernandez-de-Luco, U. Hofle, and H. Muller. 2006. Genome of a novel circovirus of starlings, amplified by multiply primed rolling-circle amplification. *Journal of General Virology* 87:1189 -1195.

[37]Kiatipattanasakul-Banlunara, W., R. Tantileartcharoen, K. Katayama, K. Suzuki, T. Lekdumrogsak, H. Nakayama, and K. Doi. 2002. Psittacine beak and feather disease in three captive sulphurcrested cockatoos (*Cacatua galerita*) in Thailand. *Journal of Veterinary Medical*

Science 64:527 - 529.

[38]Kock,N. D.,P. U. Hangartner,and V. Lucke. 1993. Variation in clinical disease and species susceptibility to psittacine beak and feather disease in Zimbabwean lovebirds. *Onderstepoort Journal Veterinary Research* 60:159 -161.

[39]Kondiah,K.,J. Albertyn,and R. R. Bragg. 2005. Beak and feather disease virus haemagglutinating activity using erythrocytes from African grey parrots and brown-headed parrots. *Onderstepoort Journal Veterinary Research* 72:263 - 265.

[40]Latimer,K. S.,P. M. Rakich,I. M. Kircher,B. W. Ritchie,F. D. Niagro,W. L. Steffens,and P. D. Lukert. 1990. Extracutaneous viral inclusions in psittacine beak and feather disease. *Journal of Veterinary Diagnostic Investigation* 2:204 - 207.

[41]Latimer,K. S.,P. M. Rakich,F. D. Niagro,B. W. Ritchie,W. L. Steffens,R. P. Campagnoli,D. A. Pesti,and P. D. Lukert. 1991. An updated review of psittacine beak and feather disease. *Journal of the Association of Avian Veterinarians* 5:211 - 220.

[42]Latimer,K. S.,P. M. Rakich,W. L. Steffens,I. M. Kircher,B. W. Ritchie,F. D. Niagro,and P. D. Lukert. 1991. A novel DNA virus associated with feather inclusions in psittacine beak and feather disease. *Veterinary Pathology* 28:300 - 304.

[43]Latimer,K. S.,W. L. Steffens,P. M. Rakich,B. W. Ritchie,F. D. Niagro,I. M. Kircher,and P. D. Lukert. 1992. Cryptosporidiosis in four cockatoos with psittacine beak and feather disease. *Journal of the American Veterinary Medical Association* 200:707 -710.

[44]Latimer,K. S.,F. D. Niagro,P. M. Rakich,R. P. Campagnoli,B. W. Ritchie,W. L. Steffens Ⅲ,D. A. Pesti,and P. D. Lukert. 1992. Comparison of DNA dot-blot hybridization,immunoperoxidase staining and routine histopathology in the diagnosis of psittacine beak and feather disease in paraffin-embedded cutaneous tissues. *Journal of the Association of Avian Veterinarians* 6:165 - 168.

[45]Latimer,K. S.,F. D. Niagro,W. L. Steffens Ⅲ,B. W. Ritchie,and R. P. Campagnoli. 1996. Polyomavirus encephalopathy in a Ducorps' cockatoo(*Cacatua ducorpsii*)with psittacine beak and feather disease. *Journal of Veterinary Diagnostic Investigation* 8:291 - 295.

[46]Lukert,P. D.,G. F. de Boer,J. L. Dale,P. Keese,M. S. McNulty,J. W. Randles,and I. Tischer. 1995. The *Circoviridae*. In *Virus Taxonomy*. *Classification and Nomenclature of Viruses*. *Sixth Report of the International Committee on Taxonomy of Viruses*. F. A. Murphy,C. M. Fauquet,D. H. L. Bishop,*et al.*(eds.). SpringerVerlag: New York,NY,166 - 168.

[47]Mankertz,J.,H. -J. Buhk,G. Blaess,and A. Mankertz. 1998. Identification of a protein essential for the replication of porcine circovirus. *Journal of General Virology* 79:381 - 384.

[48]Mankertz,A.,K. Hattermann,B. Ehlers,and D. Soike. 2000. Cloning and sequencing of columbid circovirus (CoCV),a new circovirus from pigeons. *Archives of Virology* 145:2469 - 2479.

[49]Marlier,D.,and H. Vindevogel. 2006. Viral infections in pigeons. *The Veterinary Journal* 172:40 - 51.

[50]McNulty,M.,J. Dale,P. Lukert,A. Mankertz,J. Randles,D. Todd. 2000. *Circoviridae*. In *Virus Taxonomy*. *Seventh Report of the International Committee on Taxonomy of Viruses*. M. H. V. van Regenmortel,C. M. Fauquet,D. H. L. Ghabrial,E. B. C. Bishop,M. K. Estes,S. M. Lemon,J. Maniloff,M. A. Mayo,D. J. McGeoch,C. R. Pringle,R. B. Wickner(eds.). Academic Press: New York,299 - 303.

[51]McOrist,S.,D. G. Black,D. A. Pass,P. C. Scott,and J. Marshall. 1984. Beak and feather dystrophy in wild sulphur-crested cockatoos(*Cacatua galerita*). *Journal of Wildlife Diseases* 20:120 -124.

[52]Meehan,B. M.,J. L. Creelan,M. S. McNulty,and D. Todd. 1997. Sequence of porcine circovirus DNA: affinities with plant circoviruses. *Journal of General Virology* 78:221 - 227.

[53]Murphy,F. A.,E. P. J. Gibbs,M. C. Horzinek,and M. J. Studdert. 1999. *Circoviridae*. In *Veterinary Virology*,3d ed. San Diego,Academic Press,357 -362.

[54]Mushahwar,I. K.,J. C. Erker,A. S. Muerhoff,T. P. Leary,J. N. Simons,L. G. Birkenmeyer,M. L. Chalmers,T. J. Pilot-Matias,and S. M. Dexai. 1999. Molecular and biophysical characterization of TT virus: Evidence for a new virus family infecting humans. *Proceedings of the National Academy of Science USA* 96:3177 - 3182.

[55]Mysore,J.,D. Read,B. M. Daft,H. Kinde,and J. St. Leger. 1995. Feather loss associated with circovirus-like particles in finches. *Proceedings of the American Association Veterinary Laboratory Diagnosticians*,Histopathology section,38.

[56]Niagro,F. D.,A. N. Forsthoefel,R. P. Lawther,L. Kamalanathan,B. W. Ritchie,K. S. Latimer,and P. D. Lukert. 1998. Beak and feather disease virus and porcine circovirus genomes: intermediates between the geminiviruses

and plant circoviruses. *Archives of Virology* 143: 1723 -1744.

[57]Ogawa, H. , T. Yamaguchi, and H. Fukushi. 2005. Duplex shuttle PCR for differential diagnosis of budgerigar fledgling disease and psittacine beak and feather disease. *Microbiology Immunology* 49:227 - 237.

[58]Pare,J. A. , M. L. Brash, D. B. Hunter, and R. J. Hampson. 1999. Observations on pigeon circovirus infection in Ontario. *Canadian Veterinary Journal* 40:659 - 562.

[59]Pass, D. A. , and R. A. Perry. 1984. The pathology of psittacine beak and feather disease. *Australian Veterinary Journal* 61:69 - 74.

[60]Pass,D. A. ,S. L. Plant, and N. Sexton. 1994. Natural infection of wild doves (*Streptopelia senegalensis*) with the virus of psittacine beak and feather disease. *Australian Veterinary Journal* 71:307 - 308.

[61]Perry, R. A. 1981. A psittacine combined beak and feather disease syndrome. *Proceedings Post-Graduate Committee Veterinary Science ,Cage and Aviary Birds* 61: 69 - 74.

[62]Phenix, K. V. , J. H. Weston, I. Ypelaar, A. Lavazza, J. A. Smyth,D. Todd,G. E. Wilcox, and S. R. Raidal. 2001. Nucleotide sequence analysis of a novel circovirus of canaries and its relationship to other members of the genus *Circovirus* of the family *Circoviridae*. *Journal of General Virology* 82:2805 - 2809.

[63]Rahaus,M. , and M. H. Wolff. 2003. Psittacine beak and feather disease: a first survey of the distribution of beak and feather disease virus inside the population of captive birds in Germany. *Journal of Veterinary Medicine* 50: 368 - 371.

[64]Raidal,S. R. ,M. Sabine, and G. M. Cross. 1993. Laboratory diagnosis of psittacine beak and feather disease by haemagglutination and haemagglutination inhibition. *Australian Veterinary Journal* 70:133 - 137.

[65]Raidal,S. R. ,G. A. Firth, and G. M. Cross. 1993. Vaccination and challenge studies with psittacine beak and feather disease virus. *Australian Veterinary Journal* 70: 437 - 441.

[66]Raidal, S. R. ,C. L. McElnea, and G. M. Cross. 1993. Seroprevalence of psittacine beak and feather disease in wild birds in New South Wales. *Australian Veterinary Journal* 70:137 - 139.

[67]Raidal,S. R. ,and G. M. Cross. 1994. The haemagglutination spectrum of psittacine beak and feather disease virus. *Avian Pathology* 23:621 - 630.

[68]Raidal, S. R. , and P. A. Riddoch. 1997. A feather disease in Senegal doves (*Streptopelia senegalensis*)morphologically similar to psittacine beak and feather disease. *Avian Pathology* 26:829 - 836.

[69]Raue,R. ,R. Johne, L. Crosta,M. Burkle, H. Gerlach, and H. Muller. 2004. Nucleotide sequence analysis of a C1 gene fragment of psittacine beak and feather disease virus amplified by real-time polymerase chain reaction indicates a possible existence of genotypes. *Avian Pathology* 33:41 - 50.

[70]Raue,R. , V. Schmidt, M. Freick, B. Reinhardt, R. Johne, L. Kamphausen, E. F. Kaleta, H. Muller, and M. KrautwaldJunghanns. 2005. A disease complex associated with pigeon circovirus infection, young pigeon disease syndrome. *Avian Pathology* 34:418 - 425.

[71]Ritchie,B. W. ,F. D. Niagro, P. D. Lukert, K. S. Latimer, W. L. Steffens, and N. Pritchard. 1989. A review of psittacine beak and feather disease. Characteristics of the PBFD virus. *Journal of the Association of Avian Veterinarians* 3:143 - 149.

[72]Ritchie, B. W. , F. D. Niagro, P. D. Lukert, W. L. Steffens, and K. S. Latimer. 1989. Characterization of a new virus from cockatoos with psittacine beak and feather disease. *Virology* 171:83 - 88.

[73]Ritchie B. W. ,F. D. Niagro, K. S. Latimer, P. D. Lukert, W. L. Steffens, P. M. Rakich, and N. Pritchard. 1990. Ultrastructural, protein composition, and antigenic comparison of psittacine beak and feather disease virus purified from four genera of psittacine birds. *Journal Wildlife Diseases* 26:196 - 203.

[74]Ritchie, B. W. , F. D. Niagro, and K. S. Latimer. 1990. Advances in understanding the PBFD virus. *Proceedings of the Association of Avian Veterinarians* 11:12 - 24.

[75]Ritchie,B. W. , F. D. Niagro, K. S. Latimer, W. L. Steffens, D. Pesti, J. Ancona, and P. D. Lukert. 1991. Routes and prevalence of shedding of psittacine beak and feather disease virus. *American Journal of Veterinary Research* 52:1804 - 1809.

[76]Ritchie B. W, F. D. Niagro, K. S. Latimer, W. L. Steffens, D. Pesti, and P. D. Lukert. 1991. PBFD virus: Disease prevention through experimental vaccination. *Proceedings of the Association of Avian Veterinarians* 12: 50 -55.

[77]Ritchie, B. W. , F. D. Niagro, K. S. Latimer, W. L. Steffens, D. Pesti, R. P. Campagnoli, and P. D. Lukert. 1992. Antibody response to and maternal immunity from an experimental psittacine beak and feather disease vaccine. *American Journal of Veterinary Research* 53:1512 -1518.

[78]Ritchie,B. W,F. D. Niagro,K. S. Latimer,W. L Steffens, D. Pesti,L. Aron,and P. D. Lukert. 1992. Production and characterization of monoclonal antibodies to psittacine beak and feather disease virus. *Journal of Veterinary Diagnostic Investigation* 4:13 -18.

[79]Ritchie,B. W. and K. S. Latimer. 1995. Beak and feather disease virus. In *Kirk's Current Veterinary Therapy* Ⅻ: *Small Animal Practice*,J. D. Bonagura,R. W. Kirk,and C. A. Osborne(eds.). Philadelpia: W. B. Saunders Co. 1288 - 1294.

[80]Ritchie,B. W 1995. *Avian Viruses: Function and Control.* Lake Worth: Wingers Publishing,Inc. 223 -252.

[81]Ritchie,P. A. ,I. L. Anderson,and D. M. Lambert. 2003. Evidence for specificity of psittacine beak and feather disease virus among avian hosts. *Virology* 306:109 -115.

[82]Roy,P. , A. S. Dhillon, L. Lauerman, and H. L. Shivaprasad. 2003. Detection of pigeon circovirus by polymerase chain reaction. *Avian Diseases* 47:218 -222.

[83]Sanada,Y. ,N. Sanada,and M. Kubo. 1999. Electron microscopical observations of psittacine beak and feather disease in an umbrella cockatoo(*Cacatua alba*). *Journal of Veterinary Medical Science* 61:1063 -1065.

[84]Sanada,N. ,and Y. Sanada. 2000. The sensitivities of various erythrocytes in a haemagglutination assay for the detection of psittacine beak and feather disease virus. *Journal of Veterinary Medicine* 47:441 - 443.

[85]Schmidt, R. E. 1992. Circovirus in pigeons. *Journal of the Association of Avian Veterinarians* 6:204.

[86]Schoemaker,N. J. ,G. M. Dorrestein,K. S. Latimer,J. T. Lumeij,M. L. J. Kik, M. H. van der Hage,and R. P. Campagnoli. 2000. Severe leukopenia and liver necrosis in young African grey parrots (*Psittacus erithacus erithacus*) infected with psittacine circovirus. *Avian Diseases* 44:470 - 478.

[87]Shivaprasad,H. L. ,R. P. Chin,J. S. Jeffrey,K. S. Latimer,R. W. Nordhausen,F. D. Niagro,and R. P. Campagnoli. 1994. Particles resembling circovirus in the bursa of Fabricius of pigeons. *Avian Diseases* 38:635 - 641.

[88]Shivaprasad H. L. , D. Hill, D. Todd, and J. A. Smyth. 2004. Circovirus infection in a Gouldian finch (*Chloebia gouldiae*). *Avian Pathology* 33:525 - 529.

[89]Smyth,J. A. and B. P. Carroll. 1995. Circovirus infection in European racing pigeons. *Veterinary Record* 136:173 - 174.

[90]Smyth, J. A. , J. Weston, D. A. Moffett, and D. Todd. 2001. Detection of circovirus infection in pigeons by *in situ* hybridization using cloned DNA probes. *Journal of*

Veterinary Diagnostic Investigation 13:475 - 482.

[91]Smyth,J. A. ,D. Soike,D. Moffett,J. H. Weston,and D. Todd. 2005. Circovirus-infected geese studied by *in situ* hybridization. *Avian Pathology* 34:227 - 232.

[92]Soike,D. 1997. Circovirusinfektion bei Tauben. *Tierarztliche Praxis* 25:52 - 54.

[93]Soike,D. , B. Kohler, and K. Albrecht. 1999. A circovirus-like infection in geese related to a runting syndrome. *Avian Pathology* 28:199 - 202.

[94]Soike,D. ,K. Hattermann,K. Albrecht,J. Segales,M. Domingo,C. Schmitt,and A. Mankertz. 2001. A diagnostic study on columbid circovirus infection. *Avian Pathology* 30:605 - 611.

[95]Soike,D. ,K. Albrecht,K. Hattermann,C. Schmitt,and A. Mankertz. 2004. Novel circovirus in mulard ducks with developmental and feathering disorders. *Veterinary Record* 154:792 - 793.

[96]St. Leger,J. ,B. M. Daft,R. W Nordhausen,and K. S. Latimer. 1997. Feather dystrophy associated with circovirus infection in columbiformes. *Proceedings: Western Poultry Disease Conference* 18:38.

[97]Stanford,M. 2004. Interferon treatment of circovirus infection in grey parrots(*Psittacus erithacus*). *Veterinary Record* 154:435 - 36.

[98]Stewart,M. E. ,R. Perry,and S. R. Raidal. 2006. Identification of a novel circovirus in Australian ravens(*Corvus coronoides*) with feather disease. *Avian Pathology* 35:86 -92.

[99]Studdert,M. J. 1993. *Circoviridae*: new viruses of pigs, parrots and chickens. *Australian Veterinary Journal* 70:121 - 122.

[100]Takahashi K. , Y. Iwasa, M. Hijikata, and S. Mishoro. 2000. Identification of a new human DNA virus(TTV-like mini virus, TLMV) intermediately related to TT virus and chicken anemia virus. *Archives of Virology* 145:979 - 993.

[101]Tavernier,P. ,P. De Herdt,M. Bos,H. Thoonen,H. De Bosschere,G. Charlier,M. Vereecken,and R. Ducatelle. 1999. Circovirus infection in the pigeon: Review and first experiences in Flanders. *Vlaams Diergeneeskundig Tijdschrifi.* 68:31 -36.

[102]Terregino,C. ,F. Montesi,F. Mutinelli,I. Capua and A. Pandolfo. 2001. Detection of a circovirus-like agent from farmed pheasants in Italy. *Veterinary Record* 149:340.

[103]Todd,D. L. ,F. D. Niagro,B. W. Ritchie,W. Curran,G. M. Allan,P. D. Lukert,K. S. Latimer,W. L. Steffens,

and M. S. McNulty. 1991. Comparison of three animal viruses with circular single-stranded DNA genomes. *Archives of Virology* 117:129 - 135.

[104] Todd, D. L. 2000. Circoviruses: Immunosuppressive threats to avian species: A review. *Avian Pathology* 29:373 - 394.

[105] Todd, D. , J. H. Weston, D. Soike, and J. A. Smyth. 2001. Genome sequence determinations and analyses of novel circoviruses from goose and pigeon. *Virology* 286:354 - 362.

[106] Todd, D. , M. S. McNulty, B. M. Adair, and G. M. Allan. 2001. Animal circoviruses. *Advances in Virus Research* 57:1 - 70.

[107] Todd, D. , J. P. Duchatel, J. H. Weston, N. W Ball, B. J. Borghmans, D. A. Moffett, and J. A. Smyth. 2002. Evaluation of polymerase chain reaction and dot blot hybridization tests in the diagnosis of pigeon circovirus infections. *Veterinary Microbiology* 89:1 - 16.

[108] Todd, D. 2004. Avian circovirus diseases: lessons for the study of PMWS. *Veterinary Microbiology* 98:169 - 174.

[109] Todd, D. , M. Bendinelli, P. Biagini, S. Hino, A. Mankertz, S. Mishiro, C. Niel, H. Okamoto, S. R. Raidal, B. W. Ritchie, and C. G. Teo. 2005 *Circoviridae*. In *Virus Taxonomy*, Ⅷ th *Report of the International Committee for the Taxonomy of Viruses*. C. M. Fauqet, M. A. Mayo, J. Maniloff, U. Desselberger, and L. A. Ball (eds.) London: Elsevier/Academic Press. 327 - 334.

[110] Twentyman, C. M. , M. R. Alley, J. Meers, M. M. Cooke, and P. J. Duignan. 1999. Circovirus-like infection in a southern black backed gull (*Larus dominicanus*).

Avian Pathology 28:513 - 516.

[111] Woods, L. W. , K. S. Latimer, B. C. Barr, F. D. Niagro, R. P. Campagnoli, R. W. Nordhausen, and A. E. Castro. 1993. Circovirus-like infection in a pigeon. *Journal of Veterinary Diagnostic Investigation* 5:609 - 612.

[112] Woods, L. W, K. S. Latimer, F. D. Niagro, C. Riddell, A. M. Crowley, M. L. Anderson, B. M. Daft, D. D. Moore, R. P. Campagnoli, and R. W. Nordhausen. 1994. A retrospective study of circovirus infection in pigeons: Nine cases(1986—1993). *Journal of Veterinary Diagnostic Investigation* 6:156 - 164.

[113] Woods, L. W. and K. S. Latimer. 2000. Circovirus infection of nonpsittacine birds. *Journal of Avian Medicine and Surgery* 14:154 - 163.

[114] Wylie, S. L. and D. A. Pass. 1987. Experimental reproduction of psittacine beak and feather disease/French moult. *Avian Pathology* 16:269 - 281.

[115] Yilmaz, A. , and E. F. Kaleta. 2004. Disinfectant tests at 20 and 10 degrees C to determine the virucidal activity against circoviruses. *Dtsch Tierarztl Wochenschr* 111: 248 - 251.

[116] Ypelaar, I. , M. R. Bassami, G. E. Wilcox, and S. R. Raidal. 1999. A universal polymerase chain reaction for the detection of psittacine beak and feather disease virus. *Veterinary Microbiology* 68:141 - 148.

[117] Yu, X. P. , X. T. Zheng, S. C. He, J. L. Zhu, and Q. F. Shen. 2005. Cloning and analysis of the complete genome of a goose circovirus from Yongkang Zhejiang. *Wei Sheng Wu Xue Bao*. 45:860 - 864.

[118] Yuasa, N. 1992. Effect of chemicals on the infectivity of chicken anaemia virus. *Avian Pathology* 21:315 -319.

第 9 章

腺病毒感染
Adenovirus Infections

引言

Introduction

Scott David Fitzgerald

腺病毒是全世界家禽和野禽常见的传染性原。许多腺病毒可在健康禽体内复制，症状非常轻微或不表现感染症状，但有其他一些因素，特别是并发感染时，腺病毒可成为条件性病原，从而影响禽类宿主的健康。然而有些腺病毒（如火鸡出血性肠炎病毒、鹌鹑支气管炎病毒和产蛋下降综合征病毒）本身就是原发病原，且在某些特异性疾病中发现了其他一些腺病毒，说明腺病毒与一些疾病存在某种程度的关联性，但通过实验感染来研究其致病性时往往又不尽如人意。

1949 年，第一株禽腺病毒分离自一例接种了牛结节性皮肤病病料的鸡胚[12]，其他早期无意中分离到的禽类腺病毒包括：从鸡胚中分离到的鸡胚致死性孤儿病毒（CELO）[13]和从鸡细胞培养物中分离到的鸡腺病毒样病毒（GAL）[4]。第一株从病禽中分离的禽腺病毒是由 Olson 从暴发呼吸道病的北美鹑（*Colinus virginianus*）中分离到的[11]。人的腺病毒是 1954 年在进行呼吸道疾病调查过程中分离到的[8]，开始称作腺样-咽-结膜病原（adenoidal-pharyngeal-conjunctival agents），但随后采用了腺病毒这一名称[7]。

大多数病毒可在肝或肾等禽组织细胞培养物上复制。病毒在细胞核内复制并产生核内包涵体，这有助于组织病理学诊断[9]。国际病毒分类委员会（ICTV）已规定了腺病毒分类的基本特征[3]。该报告将腺病毒科分为哺乳动物腺病毒和禽腺病毒两个属，人腺病毒 2 型和 CELO 病毒分别为两个属的代表种（表 9.1）。禽腺病毒在血清学上与哺乳动物腺病毒不

同[10]，基因组结构也有差异[3]。禽腺病毒属包括大部分从鸡、火鸡和鹅分离到的腺病毒（见"I群腺病毒感染"），有关文献常把这些病毒称为 1 群禽腺病毒[9]。

表 9.1　腺病毒的分类

科：腺病毒科
属：哺乳动物腺病毒属　哺乳动物腺病毒
　　人、猿、牛、马、鼠、猪、绵羊、山羊等
属：禽腺病毒属　Ⅰ亚群禽腺病毒
　　鸡、火鸡、鸭和鹅常规腺病毒
　　A、B、C、D、E 5 个种；12 个血清型
属：唾液酸酶腺病毒属（*Siadenovirus*）Ⅱ亚群禽腺病毒
　　出血性肠炎病毒（火鸡）
　　大理石脾病（雉鸡）
　　AASV（鸡）
属：腺胸腺病毒属　Ⅲ亚群禽腺病毒
　　产蛋下降综合征病毒及相关病毒

然而，引起禽类明显疾病的两种最重要的病毒在分子水平上与禽腺病毒有很大的区别，即：属于Ⅱ亚群的出血性肠炎病毒（见"出血性肠炎及相关感染"一节）；属于Ⅲ亚群的产蛋下降综合征病毒（见"产蛋下降综合征"一节）。最近，出血性肠炎（HE）病毒、雉鸡大理石脾（MSD）病毒、鸡的脾肿大病毒和新近分离于蛙的病毒组成了一个名为唾液酸酶腺病毒属（*Siadenovirus*）的新属，该属的命名反映了其独特的基因组特征，即含有编码唾液酸酶的基因[5,6]。产蛋下降综合征（EDS）病毒以及某些相关的反刍动物腺病毒、有袋动物腺病毒和爬行动物腺病毒被归为腺胸腺病毒属（*Atdenovirus*），以表明其高腺嘌呤-胸腺嘧啶（AT）的特点[1,2,3,6]（表9.1）。此外，最近从鱼体分离到了一株腺病毒，而该腺病毒似乎与近年来确立的腺病毒属没有相关性，

可能属于第五种未命名的腺病毒属[1,6]。

文献中常用 I、II、III 亚群禽腺病毒的命名，在本书下文将继续沿用[9]。

李 翔 刘彦威 张仲秋 译
苏敬良 校

参考文献

[1] Benko, M., P. Elo, K. Ursu, W. Ahne, S. E. LaPatra, D. Thomon, and B. Harrach. 2002. First molecular evidence for the existence of distinct fish and snake adenoviruses. *J Virol* 76:10056 - 10059.

[2] Benko, M. and B. Harrach. 1998. A proposal for a new (third) genus within the family *Adenoviridae*. *Archives of Virology*. 143/4:829 - 837.

[3] Benko, M., B. Harrach, and W. C. Russell. 2000. Family Adenoviridae. In M. H. V. Van Regenmortel, C. M. Fauquet, D. H. L. Bishop, E. B. Carstens, M. K. Estes, S. M. Lemon, J. Maniloff, M. A. Mayo, D. J. McGeoch, C. R. Pringle, and R. B. Wickner (eds.). Virus Taxonomy. Seventh Report of the International Committee on Taxonomy of Viruses. Academic Press: New York and San Diego. 227 - 238.

[4] Burmester, B. R., G. R. Sharpless, and A. K. Fontes. 1960. Virus isolated from avian lymphomas unrelated to lymphomatosis virus. *J Natl Cancer Inst* 24:1443 - 1447.

[5] Davison, A. and B. Harrach. 2002. Genus Siadenovirus. In C. A. Tidona, G. Darai (eds.). The Springer Index of Viruses. Springer Verlag: Heidelberg, 29 -33.

[6] Davison, A. J., M. Benko, and B. Harrach. 2003. Genetic content and evolution of adenoviruses. *J Gen Virol* 84: 2895 - 2908.

[7] Enders, J. F., J. A. Bell, J, H. Dingle, T. Francis, H. R. Hilleman, R. J. Huebner, and A. M. Payne. 1956. Adenoviruses:Group name proposed for the new respiratory tract viruses. *Science* 124:119 - 120.

[8] Huebner, R. J., W. P. Rowe, T. G. Ward, R. J. Parrott, and J. A. Bell. 1954. Adenoidal-pharyngeal-conjunctival agents. *New Engl J Med* 257:1077 -1086.

[9] McFerran, J. B. and J. Smyth. 2000. Avian Adenoviruses. *Rev Sci Tech Int Epiz* 19:589 - 601.

[10] McFerran, J. B., B. Adair, and T. J. Connor. 1975. Adenoviral antigens (CELO, QBV, GAL). *Am J Vet Res* 36:527 - 529.

[11] Olson, N. O. 1950. A respiratory disease (bronchitis) of quail caused by a virus. Proc 54th Annu Meet US Livestock Sanit Assoc. ,171 - 174.

[12] Van den Ende, M. P., P. A. Don, and A. Kipps. 1949. The isolation in eggs of a new filterable agent which may be the cause of bovine lumpy skin disease. *J Gen Microbiol* 3:174 - 182.

[13] Yates, V. J. and D. E. Fry. 1957. Observations on a chicken embryo lethal orphan (CELO) virus. *Am J Vet Res* 18:657 - 660.

I 亚群腺病毒感染
Grouop I Adenovirus Infections
Brian McConnell Adair 和 Scott David Fitzgerald

引 言

定义和同义名

I亚群禽腺病毒组成了腺病毒科的禽腺病毒属。II亚群（火鸡出血性肠炎和相关病毒）和III亚群（产蛋下降综合征）腺病毒与疾病的关系明确，相比之下，大多数I亚群的禽腺病毒对禽类的致病作用还未完全确定。但 FAdV-1 株和 FAdV-4 株明显属于例外，其中 FAdV-1 株能引发鹌鹑支气管炎（见"鹌鹑支气管炎"一节），FAdV-4 株是心包积水综合征的主要病因。此外，当鸡的健康受到损害时，如并发感染鸡传染性贫血病毒（CIAV）和传染性法氏囊病病毒（IBDV）等其他病原，其他的腺病毒毒株可使条件性致病原发生快速感染。有些种的毒株，尤其是E种（见本章后面的内容）特别偏好在肝细胞上生长，且在特定的情况下（目前还不十分清楚），能导致严重肝损伤，即包涵体肝炎（IBH）（见后面的内容）。有几篇综述可供参考[7,71,94,96,97,99,101]。

经济意义

由于 I 亚群禽腺病毒与疾病的相关性存在变异性，目前还不可能对其经济意义作出全面评估。

公共卫生意义

因为I亚群禽腺病毒不能在人体细胞上繁殖，所以其对公共卫生的影响可能也非常小。然而目前，越来越多的人们却在关注 FAdV-1（CELO）的另一个应用,即该病毒株可作为一种基因转移媒介而应用于人及其他一些物种上[142]。不通过有效的增殖,FAdV-1即可表现出在人类细胞系中的转导作用,另外,已证明一种编码了1型单纯疱疹病毒胸苷激酶(TK)基因的CELO载体具有在人细胞中诱导产生抵抗癌症的活性[142]。此外,尽管目前尚存在着争议,但仍有迹象表明禽腺病毒SMAM-1可能在导致人的肥胖中起到了一定的作用[48]。

病 原 学

分类

在腺病毒科中,种名的确定至少需要符合众多关键标准中的两项,这些标准包括:计算系统发生距离、限制内切酶片段、宿主范围、致病性、交叉中和及重组可能性[16]。已鉴定了5个禽腺病毒种,其名称用字母A~E表示,这种分类很大程度上依据限制性内切酶片段图谱和核酸序列等分子生物学标准(表9.2)。

表9.2 I亚群禽腺病毒——分类*

禽腺病毒属(I亚群禽腺病毒)

该属内的种
禽腺病毒A
血清型:禽腺病毒1型(FAdV-1)(CELO、112、QBV、Ote、H1)
禽腺病毒B
血清型:禽腺病毒5型(FAdV-5)(340、TR-22、Tipton、M2)
禽腺病毒C
血清型:禽腺病毒4型(FAdV-4)(506、J2、KR5、H2、K31、61)
禽腺病毒D
血清型:禽腺病毒2型(FAdV-2)(GAL-1、685、SR-48、H3、P7)
禽腺病毒3型(FadV-3)(SR-49、75、H5)
禽腺病毒9型(FadV-9)(A2、90、CFA19)
禽腺病毒11型(FadV-11)(380、UF71)
禽腺病毒E
血清型:禽腺病毒6型(FAdV-6)(CR119、168)
禽腺病毒7型(FAdV-7)(YR36、X-11、122)
禽腺病毒8a型(FAdV-8a)(58、TR-59、T-8、CFA40)
禽腺病毒8b型(FAdV-8b)(765、B3、VRI-133)
禽腺病毒属暂定种
鸭腺病毒(DAdV)(鸭腺病毒-2)
鸽腺病毒(PiAdV)
火鸡腺病毒(TadV)(火鸡腺病毒1、2)

* 引自 Benko 等[14]

每个种内的病毒主要根据交叉中和实验结果进一步分为不同的血清型[23,39,42,67,80,81,83,99,102]。

形态学

超微结构和对称性

具体的内容在之前的综述中已经介绍过[94,97]。腺病毒粒子由252个壳粒组成,中间包着直径60~65nm的髓芯,壳粒排列在三角形的面上,呈每边6个壳粒。有240个直径8~9.5nm不在顶点的壳粒(六邻体)和12个顶点壳粒(五邻体),顶点壳粒带有被称为纤丝的纤突[134]。哺乳动物腺病毒在每一个五邻体上有一根纤丝。禽腺病毒似乎具有两根纤丝[27,59]。在多数情况下,两根纤丝的长度相近,而且纤丝的长度还与抗原性相关,因为交叉中和试验相关的血清型的纤丝长度相近。FAdV-1(CELO)有两种长度不同的纤丝(长42.5nm和8.5nm),从部分肽段作图得知似乎是2种不同的蛋白[87,89]。FAdV-1(CELO)基因序列研究证实了这一点,发现存在有两个纤丝基因[27]。顶点壳粒如何组装容纳两种纤丝尚不十分清楚[27]。

超微结构研究证明病毒颗粒在细胞核中堆积,形成晶格状排列[3](图9.1)。根据病毒蛋白和DNA含量不同,发现了四种类型的包涵体,他们的密度和形态各有差异[2,3]。通过细胞化学或免疫组化染色的方法,可在感染鸡组织或细胞培养物上清楚地观察到大核内包涵体(图9.2和图9.3),这些可用于禽腺病毒的诊断。

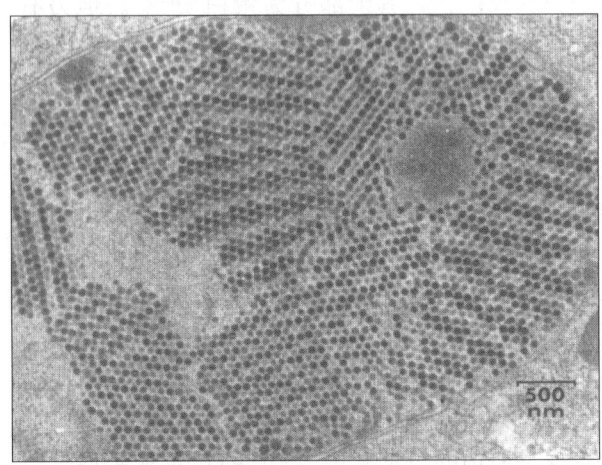

图9.1 腺病毒感染的鸡肝细胞培养物(感染后48h),腺病毒颗粒几乎充满细胞核

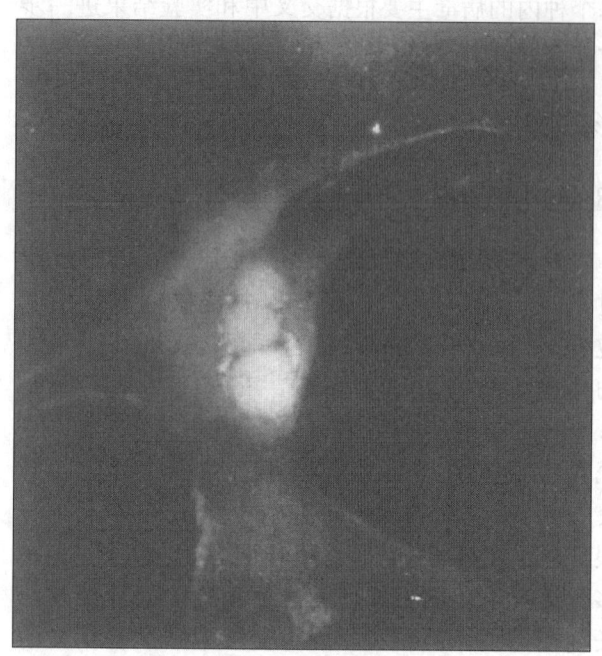

图 9.2 FAdV-8 (764) 在鸡肾细胞培养物中繁殖。直接免疫荧光染色核内包涵体

大小和密度

腺病毒颗粒直径为 70～90nm，无囊膜，呈 20 面体对称结构[97]。在氯化铯中的浮密度为 1.32～1.37g/mL。在人腺病毒中也发现了类似的密度差异，并认为是由于不同毒株的 DNA 含量和碱基成分的不同而造成的。

化学组成

病毒核酸为双股 DNA，占整个病毒粒子的 11.3%～13.5%，其余部分为蛋白质[162]。但另有报道 FAdV-1 病毒 DNA 占 17.3%，估计 DNA 的 G+C 含量为 54%，这个数字介于人腺病毒高致癌性血清型（47%～49%）和非致癌性血清型（57%～59%）之间。FAdV-1 型病毒的结构多肽链有 11～14 条。

病毒复制

病毒复制可分为两个完整的阶段。早期阶段涉及病毒侵入宿主细胞和病毒 DNA 的转运入核，紧接着就是所谓的早期基因（E）的转录和翻译[134]。早期基因编码的蛋白负责重新调整细胞的功能，以促进病毒 DNA 的复制及后续编码病毒结构蛋白的

晚期基因（L）的转录和翻译。病毒蛋白在核内组装成完整的病毒颗粒，随后通过细胞核膜破裂，细胞结构破坏而释放病毒。

对理化因素的抵抗力

目前为止，所有已检验过的禽腺病毒都具有典型腺病毒的特性。病毒对脂溶剂，如乙醚和氯仿、脱氧胆酸钠、胰蛋白酶、2% 酚和 50% 乙醇等具有抵抗力，同时可耐受 pH 3～9，但在浓度 1∶1 000 的甲醛中可被灭活。另外，病毒的增殖也可被 DNA 抑制剂 IuDR 和 BuDR 所抑制。

一般来说，腺病毒在水溶液中 56℃ 30min 被灭活，而存在双价离子时热稳定性会降低，尽管人们接受这些观点，但在禽腺病毒上却表现出较大的差异性，即对热具有较强的抵抗力。有些病毒株在 60℃，甚至 70℃ 30min 仍具有活力。一株 FAdV-1 病毒于 56℃ 作用 180min 后感染滴度迅速下降，而另一株 FAdV-1 在 56℃ 存活 18h。即使在同一实验所测定的毒株，其对热的稳定性也有差别，说明造成这种差异的原因并非技术问题。虽然很多学者发现二价阳离子可以降低腺病毒的稳定性，但也有学者称其并未发现此种影响。这些分歧的结果可能是由于测定技术的因素造成的，因此，仔细地将悬浮病毒的介质和 pH 标准化很重要。

血凝作用

McFerran 已对血凝作用做过综述[97]。FAdV-1 病毒可凝集大鼠红细胞。红细胞凝集作用的最适 pH 在 6～9 之间，而温度为 20～45℃。血凝素对胰酶、RNA 酶、DNA 酶和神经氨酸酶耐受，但 56℃ 15min 却可被灭活，且 0.2% 的甲醛也能使血凝价降低 8 倍。除了大鼠红细胞，多数 FAdV-1 型病毒不能凝集其他动物的红细胞。然而，FAdV-1（Indiana C）却能凝集绵羊红细胞，表明在血清型内存在着一些变异。目前还没有证据证明禽的其他血清型病毒，包括火鸡和鸭的腺病毒具有血凝作用[18]。

毒株分类

抗原性

病毒六邻体是主要的衣壳蛋白，含有型、群和

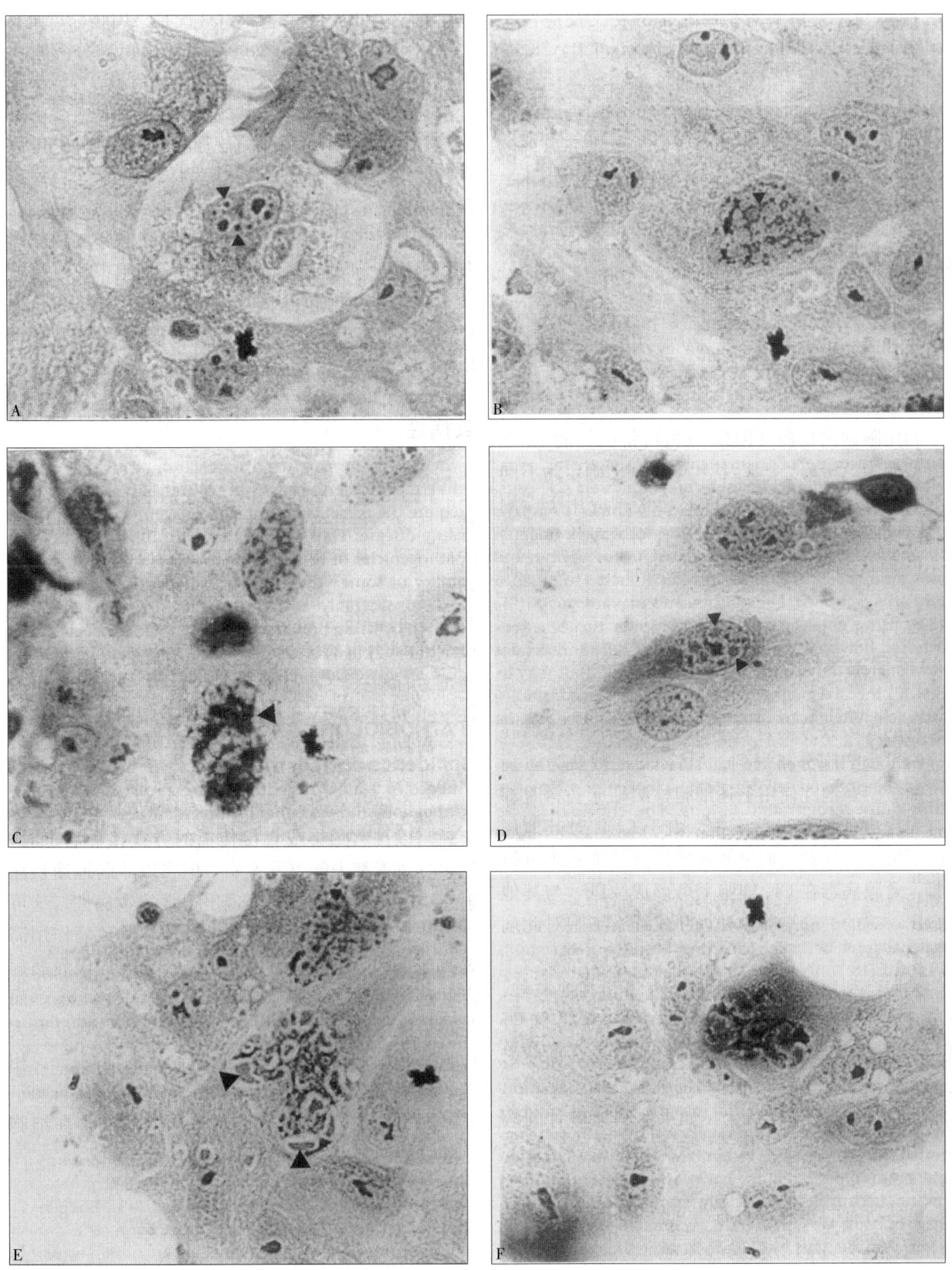

图 9.3　FAdV‑8（768）感染的鸡肾细胞，H.E. 染色示嗜碱性核内包涵体

亚群特异性抗原决定簇[97,98]。因而鸡感染禽腺病毒后可产生型特异性、群特异性和亚群特异性抗体，所有Ⅰ亚群病毒存在相同的群特异性抗原决定簇，而Ⅱ亚群和Ⅲ亚群没有（虽然但通过间接方法证明

EDS 病毒与Ⅰ亚群病毒似乎有部分交叉反应性）。用于确定群特异性反应的免疫双扩散（DID）实验可用于区分Ⅰ亚群、Ⅱ亚群和Ⅲ亚群病毒。

型特异性抗原决定簇能刺激产生中和病毒感染性的抗体，因此广泛使用中和试验来鉴别分离毒的血清型[23,39,42,67,80,81,83,99,102]。Ⅰ亚群腺病毒的分类见表 9.2。

免疫原性和保护特性

抗型特异性表位的中和抗体应该有保护作用，但临床和试验结果表明这种保护作用时间较短。

分子生物学

利用限制内切酶（RE）分析可将已知的 12 个血清型分为 A～E 5 个基因型[161]，现已确定为不同的腺病毒种[16]（表 9.2）。PCR 已经被应用于检测Ⅰ亚群禽腺病毒，用六邻体基因作引物可将病毒的 A～E 种区分出来，并且定位到种内特定的血清型[16,71,161]。

实验室宿主系统

鸡的大多数分离毒是采用鸡肾（CK）或鸡胚肝（CEL）细胞分离得到。尽管 CEL 被认为对病毒更加敏感，但在使用上述细胞检测临床病料时却没有表现出任何差异。不过，由于 CEL 对其他病毒也更敏感，因此人们更倾向使用这种细胞来进行诊断。禽腺病毒在 CK 细胞上可形成蚀斑。与其他细胞比，鸡的气管培养物和鸡胚成纤维细胞对此毒并不敏感[98]。

人们已利用鸡细胞培养物从火鸡和其他禽种，包括鸭[18]、珍珠鸡[120]、鸽、虎皮鹦鹉和野鸭[104,152]中分离到腺病毒。然而火鸡的某些毒株只能在火鸡细胞上繁殖，而在鸡细胞上不增殖或增殖得很差[123]。可以这样认为，如果对其他禽种的病毒使用同源细胞系统来检查，我们可能会发现更多的病毒。

虽然所有的禽腺病毒都有可能在胚体中增殖，但并非所有鸡和火鸡的分离毒都能引起可见的病变。通过绒毛尿囊膜途径接种较尿囊腔接种更易分离到病毒[80]。除 FAdV-3（SR49）外，所有代表毒株在滴度高时都可致死鸡胚，而在病毒滴度低时，仅 FAdV-1（Ote）株对鸡胚有致死作用。对

于自然感染的病料[20]，只有 3 次是采用胚分离而有 45 次是用细胞分离用鸡胚分离的腺病毒分离毒大多数为血清 1 型或 5 型，而在血清学调查[67]或病毒分离研究[40,41,157]发现这两型病毒在鸡群中并不是最流行的。已知 11 个血清型经卵黄囊接种，可以在胚体中繁殖，而绒毛尿囊膜接种稍差[37]。病毒可在鸡胚中产生诸如死胚、发育迟缓、胎儿蜷曲、肝炎、脾肿大、胚体充血及局部出血和肾脏尿酸盐蓄积等症状和病理变化。通常在肝细胞中可见嗜碱性或嗜酸性核内包涵体。引起心包积水综合征的 FAdV-4 病毒经绒毛膜和卵黄囊接种可在鸡胚中增殖[6,92]。

致病性

由于Ⅰ亚群腺病毒作为原发病原的作用尚不清楚，所以，与其致病性有关的因素也不清楚。不同的血清型，甚至相同血清型的不同毒株，在引起发病和死亡[19,34]、或者引发呼吸道疾病[47]的能力也有所不同。在胚胎的腱移植块上生长和持续感染[60]的能力也有差异。已发现某些病毒的基因型与毒力有相关性，但血清型与毒力之间则无相关性[52]。尽管 FAdV-1 型病毒接种仓鼠可引起多种肿瘤，而且该病毒也可转化人和仓鼠的细胞[97]，但尚未证实禽腺病毒其他血清型的有致瘤性[54]。

很多研究发现，接种途径对疾病的产生极为重要。当以自然感染或直接传播的方式接种病毒时，很多分离毒都未能引发疾病，但当以非肠道途径注射感染时这些毒株就会表现出很强的致病性。这可能意味着很多腺病毒是潜在的病原，其致病作用需要其他一些协同因子。因此当与传染性法氏囊病病毒共感染可增强一些禽腺病毒的致病性[55,132]，而与鸡传染性贫血病病毒（CIAV）共感染则可大大增强某些禽腺病毒引起肝炎和致死的能力[19]。相反，当腺病毒相关的细小病毒（adenovirus-associated parvovirus）存在时，可以减缓腺病毒在细胞培养物中的增殖，降低其致病性和致瘤性[97]。

发病机理和流行病学

发生和分布

Ⅰ亚群禽腺病毒呈世界性分布，各年龄段家禽

均易感。其他品种的禽类似乎不仅仅对自身的血清型易感，也对鸡血清型易感，但对此尚无充分的研究。

自然宿主和实验宿主

通过抗体检测的流行病学调查[67,157]以及健康和发病鸡样品腺病毒的高分离率均证明鸡的腺病毒普遍存在[41,80,83,101]。除感染鸡以外，已从火鸡、鸽子、虎皮鹦鹉和一种野鸭中发现了某些禽腺病毒的血清型[28,104]，也可能还有一些禽的分离毒是来自珍珠鸡[102]和雉鸡[22]。

从茶隼[144]、银鸥[88]、桃面爱情鸟[153]、红领绿鹦鹉[45]、虎皮鹦鹉、玫瑰鹦鹉、红腰鹦鹉[109]、折衷鹦鹉[124]、普通海鸠[90]、澳洲鹦鹉[141]和茶色蟆口鸱[127]的组织超薄切片中已观察到一些颗粒，有可能是腺病毒。

火鸡除了能被鸡腺病毒感染外，还能被那些可以在火鸡源细胞中繁殖的腺病毒感染，而这些病毒在鸡源细胞中要么不生长，要么长得很差[140]。这些病毒的抗体在火鸡中普遍存在。

从鹅也已分离到了腺病毒，且鹅普遍具有抗体。交叉中和试验表明，这些病毒与已知的禽腺病毒的血清型无关，但它们在鹅和鸡源细胞中都能生长[129,160]。已从一只番鸭中分离出一株Ⅰ亚群的腺病毒[18]，它与已知的鸡和火鸡的病毒没有关系，但可在鸡和鸭的细胞中生长。此病毒现在归于鸭腺病毒2型（DAdV-2，表9.2），产蛋下降综合征（EDS）病毒被定义为鸭腺病毒1型（DADV-1）。

利用哺乳动物来增殖禽腺病毒的成功案例罕见。仓鼠注射FAdV-1病毒可产生纤维肉瘤、肝细胞瘤、室管膜瘤和腺癌[97]，另一分离株亦可引起仓鼠肝炎[54]。

宿主感染日龄

有些病毒可致1日龄的鸡死亡，随后接种10日龄鸡却不死亡[34]。毒力与毒株、鸡的日龄和感染滴度有关，最小致死量的范围在4到300 000 TCID$_{50}$以上[15]。

传播、携带者和传播媒介

垂直传播途径在腺病毒的传播中占有非常重要的地位。腺病毒可通过胚传播，用感染鸡的胚和子代雏鸡来制备细胞培养物时，可再激活腺病毒性[98]。这是要建立无特定病原（SPF）鸡群最强的动因之一。有证据表明，在SPF鸡群中，腺病毒潜伏感染并维持至少一代而无法检测出来[56]。

虽然感染后1天就能分离到腺病毒，但正常情况下在3周后才会排毒。肉鸡排毒的高峰是第4～6周龄[97]。后备母鸡在感染后5～9周排毒量达到高峰，而在14周后仍有70%排毒从4个农场的样品中分离到了6个血清型的病毒[157]。在一次研究中用8周龄的鸡进行试验，发现病毒的排泄在14周龄之前一直保持高水平，并从7个鸡场的样品中分离到了8个血清型病毒[41]。从一只禽中分离到两个甚至三个血清型的病毒也不稀奇，这表明血清型之间很少有交叉保护作用。很显然，虽然禽类对其他血清型的中和抗体水平很高，但还是能排出一种血清型的病毒。大约在产蛋高峰时，出现二次排毒期，此时常可检测到腺病毒。大概是产蛋作为一种应激，或是高水平的性激素再次激活了病毒。这无疑导致了通过种蛋最大限度地将病毒传给下一代。

水平传播也很重要。病毒可存在于粪便、气管和鼻黏膜以及肾脏中。因此，病毒可经各种排泄物传播，但粪便中病毒滴度最高。病毒也存在于精液中，预示着人工授精具有潜在的危险。已查明了雏鸡和成鸡的排毒方式。35日龄的鸡排毒方式与成年鸡类似，与刚出壳雏鸡的排毒模式相比，粪便中病毒的峰值滴度较低、下降早，排毒时间短[33]。圈内的水平传播似乎主要是通过动物与粪便的直接接触来实现的，并但在短距离范围内也可以通过空气缓慢传播，持续数周[33]。这种感染方式在实验感染中可见到，偶尔发生于SPF鸡群，但与商品鸡群中看到的常见传播方式形成鲜明对比，商品鸡群经常是大多数鸡排泄腺病毒。在这种情况下，一个鸡群中可能会因为潜伏感染病毒再激活而存在多个感染点。商品鸡常常来自多个父母代群，这些种鸡可能携带不同的血清型病毒，因此，当商品鸡被混养时，会产生交叉感染，导致多种血清型病毒的混合。因清群而清扫鸡舍时，灰尘可引起农场之间的传播外，但空气传播好像并不是那么重要。通过污染物（如蛋盘和运蛋车）、人员和运输工具造成的传染也可能是很重要的感染途径。

潜伏期

虽然腺病毒与很多临床症状有关，但它们是否作为原发病原仍有争议。腺病毒自然感染的潜伏期较短（24～48h）。

临床症状

包涵体肝炎

包涵体肝炎（IBH）特征是3～4天后突然出现死亡高峰，一般第5天停止，但偶尔也持续2～3周。发病率低，病鸡呈蹲伏姿势，羽毛粗乱，48h内死亡或康复[73,93,105]，死亡率可达10%，偶尔高达30%[15]。正常情况下，IBH多见于3～7周龄的肉用鸡，但早至7日龄[15]，晚至20周龄[76]也有发生。在一个集约化的肉鸡企业，有迹象表明此病来源于某些种鸡群[93]。

自然暴发的IBH与多个不同的血清型病毒有关，已报道的有：FAdV-1[138]；FAdV-2、FAdV-3和FAdV-4[65,105]；FAdV-5[53,104]；FAdV-6、FAdV-7和

FAdV-8[81]；FAdV-7和FAdV-10[15]；FAdV-8[68,93,105]；FAdV-9[69]和FAdv-12[137]。

有些研究者通过非肠道途径将腺病毒接种于幼雏鸡时，成功地复制出肝脏病变并有嗜碱性核内包涵体[68,95,137]（图9.4A），或肝和胰脏均有病变[130]。用一株FAdV-1病毒静脉接种12月龄的鸡[78]，无可见的临床症状，但肝脏出现变性、坏死和细胞变化，气管和肺脏出现轻度反应。较大日龄的鸡自然途径感染时，偶尔也产生肝脏病变[53]，但多数情况即使以非自然途径感染也没能引发疾病[93,96]。

在澳大利亚3周龄以下的鸡暴发IBH，死亡率达到了30%[15]。用属于血清型FAdV-6、FAdV-7和FAdV-8的24个分离毒通过鼻和眼途径接种1日龄鸡，成功复制出了IBH。利用限制性酶切分析，发现这些毒株均属于FAdV-E基因型[52]。从新西兰暴发IBH的病鸡中分离出的毒株大多数为FAdV-8，但也有血清FAdV-1和FAdV-12，全都属于FAdV-E基因型[29]，但却与澳大利亚IBH FAdV-E的基因型分离株不同[137]。这些分离毒经口感染2日龄雏鸡时可引发局灶性肝炎，与其接触

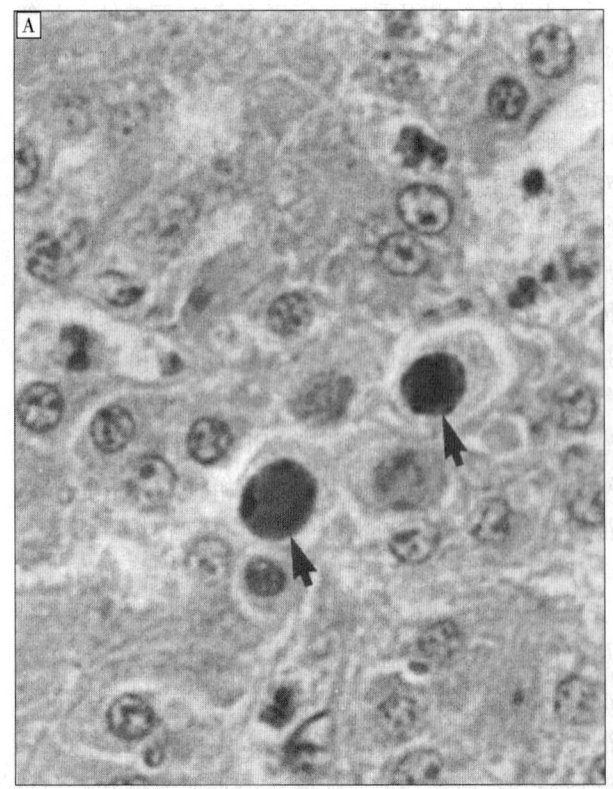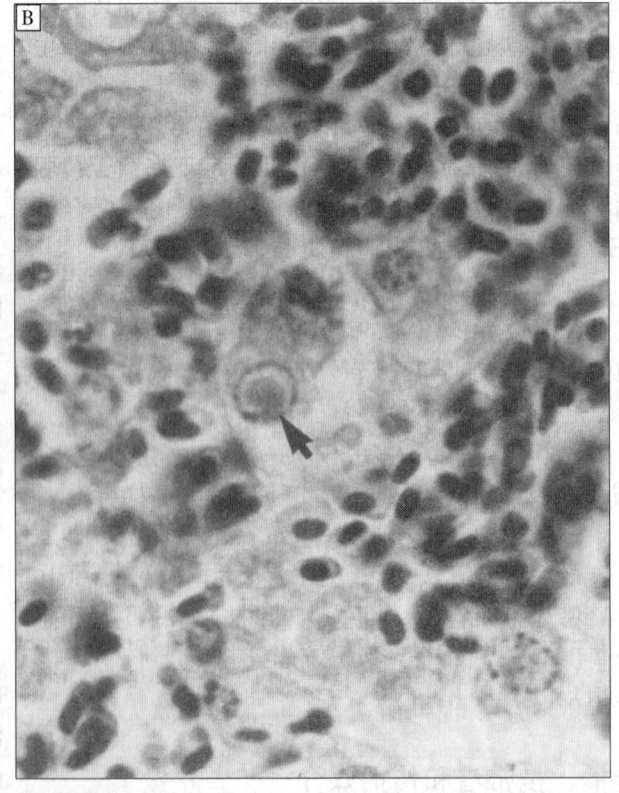

图9.4　A. 从FAdV-8实验感染鸡的肝脏中检测到了大的嗜碱性核内包涵体；B. 鸡自然感染发生包涵体肝炎时，肝细胞内出现嗜酸性核内包涵体

的鸡没有发生 IBH，但表现了严重的生长受阻[135]。

由传染性法氏囊病（IBD）引起的免疫抑制有助于腺病毒诱发 IBH[55,132]。但在北爱尔兰和新西兰，IBD 发生之前就发生了 IBH[29]，并且在没有 IBD 的 SPF 鸡中也偶尔发生过 IBH[126]。用鸡传染性贫血病毒（CIAV）和腺病毒一起感染鸡时，可增加肝炎的发病率和死亡率[19]。

其他禽的包涵体肝炎

鸽子已多次暴发过 IBH，除了发生肝炎外，还出现胰腺炎[35,61,82,105,146]。在一群折衷鹦鹉[124]、茶隼[144]和灰背隼[138]上已诊断出 IBH。从患 IBH 的 1 日龄火鸡中也分离到一株腺病毒[64]。

心包积水综合征

1987 年在巴基斯坦发现了一种新病——心包积水综合征或安卡拉病，一年当中此病殃及了巴基斯坦全国的肉鸡企业。之后在印度、科威特、伊朗、日本和前苏联也发现该病。在中美洲、南美洲和墨西哥确诊过一种非常严重的 IBH，该病与心包积水综合征相似，两者仅有的区别似乎是前者死亡率和心包积水的发生率更高些。心包积水综合征的死亡率在 20%～80% 之间，但发病率很低。典型的过程是，在 3 周出现死亡，在 4 周和 5 周有 4～8 天的死亡高峰，然后死亡率下降[13,38]。心包积水综合征也发生在种鸡和产蛋鸡群中，引起的死亡率低。腺病毒被认为是该病的病原，但有些研究者认为可能有其他病原参与[6,13,26]。通过研究亚洲和美洲 7 个国家临床感染心包积水综合征的 12 个分离毒发现，除了一例报道包含有 FAdV-12 分离株共感染之外，其余均为 FAdV-4 病毒，而且与 FAdV-1 分离毒的基因组还具有相关性[72,121]。实验研究表明毒株间的毒力存在差异[9]，有些 FAdV-4 本身就可以引起发病，而其他毒株似乎需要免疫抑制因素（如 CIAV 或者饲料中的黄曲霉毒素）的协同作用才能致病[143,148]。

该病原能在鸡群中水平传播，人似乎是很重要的媒介[10,11]。肝脏悬液经口或鼻内接种时具有感染性。皮下接种可引起较高的死亡率，因此在巴基斯坦首次大范围传播很可能与被污染的疫苗有关[10]。除此之外，该病毒也可垂直传播[14,150]。

鸽子中也有此病[110]。所以用含该病毒的鸽肝脏接种肉鸡可能能复制出此病使用家禽的疫苗可以控制鸽子发病。

肌胃糜烂症

在过去的 6 年中，有许多暴发一种与 I 亚群禽腺病毒有关的肉鸡肌胃糜烂症的报道[1,118,119]。到目前为止，区些的报道都来源于日本，且除了确诊一例血清 8 型的感染外，绝大多数的分离株为血清 1 型[113,118,119]。自然暴发时，除了导致幼龄肉鸡死亡外，没有任何临床症状。肌胃扩张，内有出血性液体，同时鲭林层内出现多个黑色的糜烂斑[1]。许多攻毒实验表明：给 1～5 周龄肉鸡或者来航鸡经口接种毒株时，能在接种后的 3～18 天成功复制肌胃糜烂症[111,113,114,116,117]。在一些实验中，研究者除了复制出肌胃糜烂症外，还观察到了胰腺炎，肝炎，胆囊炎和胆管炎，这说明除肌胃外，病毒还可通过多种消化道器官扩散感染。

最近，美国报道了与腺病毒引发的肉鸡肌胃糜烂症相类似的病例，但这次病变仅局限于腺胃炎，作者将该病称为传染性病毒性腺胃炎（TVP）[70]。该腺病毒似乎与所有已知的禽腺病毒不同，经 IFA 或 PCR 分析与 I、II 或者 III 群均无交叉反应。

鸡腺病毒感染

产蛋量：一些学者报道，腺病毒感染可使产蛋降低 10%[32]或者影响蛋壳质量[40,154]。在另一项类似的研究中，用 4 株病毒感染实验鸡，对蛋的质量没有产生任何影响，只有一株病毒对产蛋数量有轻微影响[40]。可从商品鸡，甚至那些产蛋量和受精率都正常的鸡群中分离到腺病毒，而且产蛋的 SPF 鸡群感染腺病毒时，对产蛋和蛋壳质量不产生或仅产生轻度影响。

饲料转化和生长：已有一些关于腺病毒感染导致饲料消耗下降的报道[40]。虽然用腺病毒接种鸡后，鸡增重受到抑制，甚至有高死亡率[34,66]，但几乎没有证据表明自然感染会引起饲料报酬下降或生长缓慢。不过，将自然感染鸡饲养在实验条件下时确实出现了生长迟缓[137]。接种腺病毒的鸡表现为增重缓慢，伴有过多的脂肪沉积及胆固醇、甘油三酯水平下降[49]。然而，丹麦的一项研究未发现对肉鸡群生产性能的任何影响[77]。

呼吸道疾病：鸡发生呼吸道疾病时，经常可从其上呼吸道和下呼吸道分离出 I 亚群腺病毒[51,79,101,115,130]。一项调查研究对 20 多年间记载的分离毒、临床症状和剖检病变进行了分析，其中涉及了数百个分离毒，结果表明禽腺病毒不是鸡呼吸道疾病的原发病原。鸡传染性支气管炎没有得到免疫控制，以及鸡毒支原体和滑液囊支原体未根除之前，每当呼吸道疾病的症状比较严重时，便可分离到腺病毒。Schmidt 等[139]报道，传染性支气管炎-支原体-腺病毒混合感染时，临床症状与传染性喉气管炎相似。在 13 次暴发病中，观察到了卡他性气管炎和多灶性肺炎的病变，而这些病变与实验性感染腺病毒的病变相似，因而认为腺病毒是呼吸道病的重要病因[43]。

实验感染的研究结果模棱两可。气溶胶感染时可复制出温和型呼吸道病[8]。气管内接种一般可引起呼吸道疾病[32,96]，但偶尔也不表现出症状[42]。

腱鞘炎：已从患有腱鞘炎的病鸡中分离到了腺病毒，但实验感染未能证实腺病毒的致病作用[76]。

火鸡腺病毒感染

从临床上暴发呼吸道病、腹泻和产蛋下降的火鸡中分离出了腺病毒，但试图复制此病一直未获成功[51,145]。

鹅和鸭腺病毒感染

从鹅分离到了三个血清型病毒，但用雏鹅未能复制出此病[160]。在与肝炎有关的几次高死亡率疫情中，从病禽肝脏中观察到了腺病毒样颗粒[128]。

番鸭的一次暴发病例中，7~21 日龄的番鸭发生气管炎，气管表现为白喉样并变得狭窄，另外，还偶见支气管炎和肺炎，且气管上皮细胞中含有大量的腺病毒[17]。最近，加拿大报道了鹅的类似疾病[129]，一群被隔离的父母代鹅发生感染，其两批子代 4~11 日龄的雏鹅的死亡达到了 12%。

鸽腺病毒感染

在比利时，鸽的两起临床病例与腺病毒有关，即腺病毒Ⅰ型（古典型腺病毒）和Ⅱ型腺病毒（坏死性肝炎）[44,82]。不足 1 年的鸽发生了古典型腺病毒感染，其感染似乎与首次赛鸽应激有关。病毒在肝脏和肠上皮的细胞核内复制。感染鸽出现水样腹泻、呕吐和体重减轻。该病在感染鸽群迅速传播，2 天内不足 1 年的鸽的发病率为 100%。无并发感染时病鸽在 1 周内康复，但继发细菌感染时病鸽的

病情加重，病程延长，出现死亡。康复鸽的比赛性能受到了极大损害。

各种日龄的鸽全年均可发生坏死性肝炎。临床症状一般很不明显，唯一症状是 24~48h 内突然死亡，但某些病例有呕吐或排黄色稀粪等症状。病毒可导致鸽的肝脏发生大面积坏死。6 周以后，鸽群还有新发病例，总死亡率达 30%，但也有报道为 100%。幸存鸽完全恢复。剖检可见肝脏呈黄色，肿胀，发生广泛性肝坏死，肝细胞内有嗜酸性或两染性核内包涵体[44]。Vereecken 等对此进行了综述[152]。

珍珠鸡腺病毒感染

从自然暴发胰腺炎的珍珠鸡病例中已分离出两株腺病毒。其中 1 株经口鼻感染 1 日龄珍珠鸡后可引起严重的发病和死亡，呼吸道和胰腺有病理变化[120]。在罹患坏死性胰腺炎的珍珠鸡中已观察到有大的嗜碱性包涵体和较小的嗜酸性包涵体的坏死灶[125]。最近，在实验室用 FAdV-1 毒株复制出了坏死性胰腺炎病例，该毒株分自患有坏死性胰腺炎的珍珠鸡[85]。已报道了珍珠鸡的出血性疾病，病禽脾脏中有腺病毒包涵体，并在实验室复制出了该病[91]。

鸵鸟腺病毒感染

在鸵鸟养殖场，鸵鸟的发病、死亡及孵化率降低与腺病毒有关[122]。从一只鸵鸟分离的病毒可引起珍珠鸡的胰腺炎[24,63]。在一项研究中，用分离于鸵鸟的腺病毒接种 3 日龄雏鸵鸟，结果全部死亡[123]。

病理变化

包涵体肝炎

文献中报道的数次病例主要侵害肝脏，但另一篇文献报道的主要病变似乎是在造血系统，有可能是由鸡传染性贫血病毒感染而引发的所谓的再生障碍性贫血[159]（见第 8 章）。IBH 主要的病变是肝脏苍白、质脆、肿胀。肝和骨骼肌有出血点和出血斑[73,93,105]。

肝细胞内可见有包涵体。嗜酸性，大而圆，或者不规则，周边有明显的苍白晕[67,68,74]，偶尔可见有嗜碱性包涵体[67,68,74]（图 9.4A、B）。澳大利亚

的 IBH 病例似乎以嗜碱性包涵体为主[15,81]。仅在含嗜碱性包涵体的细胞内检测到了病毒粒子，而嗜酸性包涵体是由纤维样颗粒物质组成[75]。新西兰报道的病变包括法氏囊和胸腺萎缩、骨髓再生障碍和肝炎。包涵体嗜酸性。在没有感染 IBD 时出现法氏囊和胸腺萎缩，应值得注意[29]。

心包积水综合征

在心包积水综合征病例中，心包腔中有淡黄色清亮的积液，肺水肿，肝脏肿胀和变色，肾脏肿大伴有肾小管扩张。心脏和肝脏出现多发性局灶性坏死，伴有单核细胞浸润。在肝细胞中有嗜碱性包涵体[13]。一项有关心包积水综合征的报道描述了多灶性胰腺坏死和肌胃糜烂的病变[112]。

呼吸道疾病

在自然暴发的疫情中，肉眼仅观察到的病变是：轻微至中等程度的卡他性气管炎和黏液分泌增多[46]。实验感染，可看到肺充血、气囊混浊和咽喉部的点状出血[7]。组织病理学变化主要有纤毛消失，部分上皮细胞坏死，核内包涵体和黏膜固有层有单核细胞浸润。也可观察到多灶性肺炎，偶尔有弥散性间质性肺炎[7,46,47]。气雾感染后，气囊表现为上皮增生、水肿和单核细胞浸润[7]。

坏死性胰腺炎和肌胃糜烂症

在日本：在自然暴发和实验室感染的肉鸡均有局灶性胰腺炎和肌胃糜烂[113,116]。腺上皮细胞的核内包涵体包含腺病毒抗原，这与鲭林层坏死及固有层、黏膜下层和肌层巨噬细胞和淋巴细胞的浸润有关[1,111,112,116,117,118,119]。在坏死的胰腺炎腺泡细胞中也发现了核内包涵体[112,116,147]。在珍珠鸡中报道过与腺病毒感染相关的胰腺炎[120,125]。

免疫力

Ⅰ亚群的鸡腺病毒具有共同的群特异性抗原，与人腺病毒群特异性抗原不同[24,80,103]。不同血清型共同抗原的相同程度有差异。例如，FAdV-1病毒对本身的抗血清呈强反应，但 FAdV-1 抗原不能检查出 FAdV-2 和 FAdV-4 的抗体[80]。采用微量滴定荧光抗体试验[4]可以确定滴度上的差异。

采用双向免疫扩散（DID）试验可以检测到火鸡Ⅰ亚群腺病毒（TAdV-1 和 2；见表9.1）的共同抗原，可与Ⅱ亚群（火鸡出血性肠炎）病毒区分[50,103]。从一只番鸭分离的腺病毒（DAdV-2）与 FAdV-1 病毒有一种共同抗原[18]。

禽类感染后迅速产生中和抗体（型特异性），1周后可检查出来，3周后滴度达到峰值[158]。禽类感染后，用 DID 试验可检测出群特异性抗体，但通常为一过性。抗体的检测与所用方法的敏感性有关[32,103,158]。也可用间接免疫荧光试验检测抗体[4]。

血清中和抗体的产生与排毒停止相吻合。幼雏产生中和抗体的速度较慢，所以排毒时间较长[31]。

初次感染后 45 天时，禽类对同一血清型病毒的再感染有抵抗力[30]。但另一项研究表明[158]，初次感染 8 周后用相同的病毒株可使鸡发生再次感染，并且可刺激机体出现再次免疫应答，产生中和抗体和沉淀抗体。尽管有体液抗体，但仍然排毒，在 2.5、4.5 和 7.5 月龄时出现排毒高峰[84]，这点与理论解释一致，即局部免疫可持续 8 周，然后消退，病毒又可以在黏膜表面复制。

用灭活苗诱导的血清中和抗体对粪便排毒无影响，但能减少咽部排毒，其原因可能是阻止了病毒从肠道向咽的血源性传播。因此，感染后对病毒再感染有抵抗力可能是由于有短期的局部免疫力，而循环抗体主要是预防病毒侵入内脏器官。产生循环抗体与排毒停止之间有明显相关性，这很可能是同时产生了局部免疫（较短暂）和体液免疫（持续时间较长）的原因。母源抗体不能防止自然感染[30]，但可防止腹腔接种感染[53,66]，这点支持了上述的假设。有证据表明，某些腺病毒毒株感染可引起法氏囊、胸腺和脾脏中的淋巴细胞严重缺失，导致免疫抑制[136]。

诊　断

腺病毒分离与鉴定

分离样品可选择粪便、咽、肾和受侵器官（如包涵体肝炎中的肝脏）。将样品制成 10% 悬液，如发生在鸡，可接种鸡胚肝细胞或鸡肾细胞。鸡胚成纤维细胞和气管培养物不敏感。虽然都是经过三次传代[20,41]，但一般每次培养 7 天，盲传两代也就足够了。如果试图从其他禽类分离腺病毒，虽然可用鸡的细胞,但最好还是使用被调查禽种的细胞。部分火鸡分离毒在鸡细胞培养物上可能生长较差或根本不生长[140]。胚胎对大部分禽腺病毒的分离不敏感,但 Cowen[37] 对代表 11 个血清型的实验毒株进行试验表明,卵黄囊接种是一种敏感的途径。这种接种途径对临床材料中的腺病毒分离是否同样敏感还有待探讨,但对于不能进行细胞培养的实验室来说,不妨试一试。

有许多方法可以对腺病毒分离株进行鉴定。通过电镜可直接检查培养细胞裂解物,能很快得出阳性结果,且该方法的其他优点是:如果有细小病毒,还可检查到细小病毒。利用异硫氰酸荧光素标记的禽腺病毒抗血清,采用细胞免疫化学(直接免疫荧光)染色技术可检测感染细胞中的腺病毒(图9.2)。利用所有已知血清型的标准参照血清进行病毒中和试验可以鉴定分离毒的血清型[23,24,39,99,102],且该方法已被广泛应用。也可采用分子生物学方法进行病毒鉴定,该方法也已广泛应用。已报道利用 DNA 原位杂交(ISH)技术检测组织样品的腺病毒[71],ISH 探针主要是根据报道的 FAdV - 10 和 FAdV - 1 序列设计[62,86]。PCR 已广泛用于 I 亚群腺病毒的检测,且可鉴定到种和血清型。仔细考虑,根据试验的需要合理设计引物。利用普通诊断 PCR 检测 I 亚群、II 亚群和 III 亚群病毒时[71],采用检测种和血清型的引物则更为实用。对不同国家和地区心包积水综合征病例中分离到的 FAdV - 4 的研究已经证明该方法是有用的[58,72,151]。如不能利用这些技术,可对感染单层细胞和组织切片进行 H. E. 染色,检查核内嗜碱性包涵体,可作为 DNA 病毒感染的一种非特异性指征(图9.3)。

血清学

采用双向免疫扩散(DID)试验可以检测针对群特异性抗原的抗体,但是该方法对自然感染病例很敏感,可能是因为重复感染不同血清型腺病毒所致,所以用来检查 SPF 鸡的感染情况时就不那么可靠[32,56,103]。但如果使用组合 3 个血清型腺病毒的三价抗原,则可增加 DID 的敏感性[36]。间接免疫荧光试验更敏感、快速和经济[4],但需要培训和熟练掌握才能解释实验结果。酶联免疫吸附试验(ELISA)已用来检查群特异性抗体,具有廉价和敏感的特点[24,43,107]。通常利用血清中和试验检查

型特异性抗体,但也可采用 ELISA[107]。

对于任何一种血清学试验,主要问题是如何判定结果。健康和发病禽中普遍存在腺病毒特异性抗体,但有些禽常被几种血清型病毒感染。对于致病力的预测,确定病毒基因型可能比鉴定血清型更有意义。此外,体液抗体并不能反映黏膜表面的局部免疫状态。

预防和控制措施

管理措施

由于 IBDV 和 CIAV 都能增强腺病毒的致病性,因此,首先必须要控制和消灭这两种病毒。腺病毒具有较强的抵抗力,虽然有可能消灭那些具有不漏水、不透气、密封等可控制环境的房舍中的腺病毒,但消除商品鸡群中的腺病毒是否值得仍有疑问。因为病毒可通过种蛋垂直传播,几乎可以肯定病毒可传给下一代鸡群,所以,控制病毒只能从原种鸡开始。此外,从 SPF 鸡群获得的经验表明,水平传播也是一大问题,要保持商品鸡群不受感染相当困难。

免疫接种

越来越多的证据表明,某些基因型病毒可能是原发病原,因而免疫预防显得更具有吸引力。母源抗体效价为 1:64 或更高可以预防 IBH,但鸡出现某种程度的生长受阻[156]。在巴基斯坦,已广泛使用用感染禽的肝脏匀浆制备的灭活疫苗,在预防心包积水综合征中获得了显著的效果[5,12,133]。一项研究表明:给肉用种鸡接种 CIAV 和 FAdV - 4 两种疫苗后,再对其子代进行实验性攻毒,结果增强了子代对心包积水综合征的保护力,而仅接种两种疫苗中的一种时,获得了较少的保护[149]。这再次强调了管理控制免疫抑制性病毒感染的重要性,以便减少腺病毒的影响。研究证明 FAdV - 1(CELO)基因组具有插入外源 DNA 序列的能力,因而这点具有重要意义,即将 CELO 作为一种疫苗载体来研发用于禽类的疫苗[106]。将 IBDV 序列插入到 CE-LO 病毒的试验证明可有效表达和加工 IBDV 蛋白表达和加工的有效性,这表明 CELO 病毒可作为疫

苗转载工具或者生产重组蛋白载体的可能性。

刘彦威　张仲秋　译

苏敬良　校

参考文献

[1]Abe,T. ,K. Nakamura,T. Tojo,and N. Yuasa. 2001. Gizzard erosion in broiler chicks by group I avian adenovirus. *Avian Dis* 45:234 - 239.

[2]Adair,B. M. 1978. Studies on the development of avian adenoviruses in cell cultures. *Avian Pathol* 7:541 -550.

[3]Adair,B. M. ,W. L. Curran,and J. B. McFerran. 1979. Ultrastructural studies of the replication of fowl adenoviruses in primary cell cultures. *Avian Pathol* 8:133 - 144.

[4]Adair,B. M. ,J. B. McFerran,and V. M. Calvert. 1980. Development of a microtitre fluorescent antibody test for serological detection of adenovirus infection in birds. *Avian Pathol* 9:291 - 300.

[5]Afzal,M. and I. Ahmad. 1990. Efficacy of an inactivated vaccine against hydropericardium syndrome in broilers. *Vet Rec* 126:59 - 60.

[6]Afzal,M. ,R. Muneer,and G. Stein. 1991. Studies on the aetiology of hydropericardium syndrome (Angara disease) in broilers. *Vet Rec* 128:591 - 593.

[7]Aghakhan,S. M. 1974. Avian adenoviruses. *Vet Bull* 44:531 - 552.

[8]Aghakhan,S. M. and M. Pattison. 1974. Pathogenesis and pathology of infections with two strains of avian adenovirus. *J Comp Pathol* 84:495 - 503.

[9]Ahmad,K. 1999. *In vivo* pathogenicity of hydropericardium hepatitis syndrome (Angara disease) and efficacy of vaccines. *Pakistan Vet J* 4:200 - 203.

[10]Ahmad,K. ,I. Ahmad,M. A. Akram - Muneer,and M. Ajmal. 1992. Experimental transmission of Angara disease in broiler fowls. *Stud Res Vet Med* 1:53 - 55.

[11]Akhtar,S. ,S. Zahid,and M. I. Khan. 1992. Risk factors associated with hydropericardium syndrome in broiler flocks. *Vet Rec* 131:481 - 484.

[12]Anjum,A. D. 1990. Experimental transmission of hydropericardium syndrome and protection against it in commercial broiler chickens. *Avian Pathol* 19:655 -660.

[13]Anjum, A. D. , M. A. Sabri, and Z. Iqbal. 1989. Hydropericarditis syndrome in broiler chickens in Pakistan. *Vet Rec* 124:247 - 248.

[14]Balamurugan, V. , and J. M. Kataria. 2004. The hydropericardium syndrome in poultry - a current scenario. *Vet Res Commun* 28:127 - 148.

[15]Barr, D. A. and P. Scott. 1988. Adenoviruses and IBH. Proc 2nd Asian/Pacific Poult Health Conf [Proc 112]. *Post Graduate Comm Vet Sci*, University of Sydney, Australia,323 - 326.

[16]Benko,M. ,B. Harrach,and W. C. Russell. 2000. Family Adenoviridae. In M. H. V. Van Regenmortel,C. M. Fauquet,D. H. L. Bishop,E. B. Carstens,M. K. Estes,S. M. Lemon,J. Maniloff,M. A. Mayo,D. J. McGeoch,C. R. Pringle,R. B. Wickner (eds.). Virus Taxonomy. Seventh Report of the International Committee on Taxonomy of Viruses. Academic Press: New York and San Diego. 227 -238.

[17]Bergmann, Von V. , R. Heidrich, and E. Kinder. 1985. Pathomorphologische und Elektronenmikroskopische Feststellung einer Adenovirus - tracheitis bei Moschusenten (Cairina moschata). Monatschefte fur *Vet Med* 40:313 -315.

[18]Bouquet,J. F. , Y. Moreau,J. B. McFerran,and T. J. Connor. 1982. Isolation and characterisation of an adenovirus isolated from Muscovy ducks. *Avian Pathol* 11:301 -307.

[19]Bülow, V. v. , R. Rudolph,and B. Fuchs. 1986. Folgen der Doppelinfektion yon Kuken mit adenovirus oder Reovirus und dem Erreger der aviaren infektiosen Anamie (CAA). *J Vet Med* [B] 33:717 - 726.

[20]Burke,C. N. ,R. E. Luginbuhl,and E. L. Jungherr. 1959. Avian enteric cytopathogenic viruses. I. Isolation. *Avian Dis* 3:412 - 419.

[21]Burmester, B. R. , G. R. Sharpless, and A. K. Fontes. 1960. Virus isolated from avian lymphomas unrelated to lymphomatosis virus. *J Nat Cancer Inst* 24:1443 -1447.

[22]Cakala,A. 1966. Szczep wirusa CELO wyosobniony z bazantow. *Med Wet* 22:261 - 264.

[23]Calnek, B. W. and B. S. Cowen. 1975. Adenoviruses of chickens:Serologic groups. *Avian Dis* 19:91 -103.

[24]Calnek, B. W. , W. R. Shek, N. A. Menendez, and P. Stiube. 1982. Serological cross - reactivity of avian adenovirus serotypes in an enzyme - linked immunosorbent assay. *Avian Dis* 26:897 - 906.

[25]Capua,I. ,R. E. Gough,P. Scaramozzino,R. Lelli,and A. Gatti. 1994. Isolation of an adenovirus from an ostrich (Struthio camelus) causing pancreatitis in an experimentally infected guinea fowl (Numida meleagris). *Avian Dis* 38:642 - 646.

[26]Cheema, A. H. , J. Ahmad, and M. Afzal. 1989. An adenovirus infection of poultry in Pakistan. *Rev Sci Tech Int Epizootics* 8:789 - 795.

[27]Chiocca, S. , R. Kutzbauer, G. Schaffner, A. Baker, V.

Mautner, and M. Cotton. 1996. The complete DNA sequence and genomic organisation of the avian adenovirus CELO. *Journal of Virology* 70:2939 -2949.

[28]Cho, B. R. 1976. An adenovirus from a turkey pathogenic to both chicks and turkey poults. *Avian Dis* 20: 714 -723.

[29]Christensen, N. H. and Md. Saifuddin. 1989. A primary epidemic of inclusion body hepatitis in broilers. *Avian Dis* 33:622 - 630.

[30]Clemmer, D. L. 1965. Experimental enteric infection of chickens with an avian adenovirus (strain 93). *Proc Soc Exp Biol Med* 118:943 - 948.

[31]Clemmer, D. I. 1972. Age associated changes in fecal excretion patterns of strain 93 chick embryo lethal orphan virus in chicks. *Infect Immun* 5:60 - 64.

[32]Cook, J. K. A. 1972. Avian adenovirus alone or followed by infectious bronchitis virus in laying hens. *J Comp Pathol* 82:119 - 128.

[33]Cook, J. K. A. 1974. Spread of an avian adenovirus (CELO virus) to uninoculated fowls. *Res Vet Sci* 16: 156 -161.

[34]Cook, J. K. A. 1974. Pathogenicity of avian adenoviruses for dayold chicks. *J Comp Pathol* 84:505 - 515.

[35] Coussement, W. H. , R. Ducatelle, P. Lemahieu, R. Froyman, L. Devriese, and J. H. Hoorens. 1984. Pathology of adenovirus infection in pigeons. *Vlaam Diergeneeskd Tijdschr* 53:277 - 283.

[36]Cowen, B. S. 1987. A trivalent antigen for the detection of type 1 avian adenovirus precipitin. *Avian Dis* 31:351 - 354.

[37]Cowen, B. S. 1988. Chicken embryo propagation of type I avian adenoviruses. *Avian Dis* 32:347 - 352.

[38]Cowen, B. S. 1992. Inclusion body hepatitis-anaemia and hydropericardium syndromes: Aetiology and control. *World's Poult Sci J* 48:247 - 254.

[39]Cowen, B. , B. W. Calnek, and S. B. Hitchner. 1977. Broad antigenicity exhibited by some isolates of avian adenovirus. *Am J Vet Res* 38:959 - 962.

[40]Cowen, B. , B. W. Calnek, N. A. Menendez, and R. F. Ball. 1978. Avian adenoviruses-effect on egg production, shell quality and feed consumption. *Avian Dis* 22: 459 -470.

[41]Cowen, B. , G. B. Mitchell, and B. W. Calnek. 1978. An adenovirus survey of poultry flocks during the growing and laying periods. *Avian Dis* 22:115 -121.

[42]Cox, J. C. 1966. An avian adenovirus isolated in Australia. *Aust Vet J* 42:482.

[43]Dawson, G. J. , L. N. Orsi, V. J. Yates, P. W. Chang, and A. D. Pronovost. 1980. An enzyme - linked immunosorbent assay for detection of antibodies to avian adenovirus and avian adenovirusassociated virus in chickens. *Avian Dis* 24:393 - 402.

[44]De Herdt, P. , R. Ducatelle, C. Lepoundre, G. Charlier, and H. Nauwynck. 1995. An epidemic of fatal hepatic necrosis of viral origin in racing pigeons. *Avian Pathol* 24:475 - 483.

[45]Desmidt, M. , R. Ducatelle, E. Uyttebroek, G. Charlier, and J. Hoorens. 1991. Respiratory adenovirus-like infection in a roseringed parakeet (Psittacula krameri). *Avian Dis* 35:1001 - 1006.

[46]Dhillon, A. S. and F. S. B. Kibenge. 1987. Adenovirus infection associated with respiratory disease in commercial chickens. *Avian Dis* 31:654 - 657.

[47]Dhillon, A. S. and R. W. Winterfield. 1984. Pathogenicity of various adenovirus serotypes in the presence of Escherichia coli in chickens. *Avian Dis* 28:147 -153.

[48]Dhurandhar, N. V. 2004. Contribution of pathogens in human obesity. *Drug News Perspect* 17:307 - 313.

[49]Dhurandhar, N. V. , P. Kulkarni, S. M. Ajinkya, and A. Sherikar. 1992. Effect of adenovirus infection on adiposity in chicken. *Vet Microbiol* 31:101 - 107.

[50]Domermuth, C. H. , J. R. Harris, W. B. Gross, and R. T DuBose. 1979. A naturally occurring infection of chickens with a hemorrhagic enteritis/marble spleen disease. *Avian Dis* 23:479 - 484.

[51]Easton, G. D. and D. G. Simmons. 1977. Antigenic analysis of several turkey respiratory adenoviruses by reciprocal - neutralization kinetics. *Avian Dis* 21:605 -611.

[52]Erny, K. M, , D. A. Barr, and K. J. Fahey. 1991. Molecular characterisation of highly virulent fowl adenoviruses associated with outbreaks of inclusion body hepatitis. *Avian Pathol* 20:597 - 606.

[53]Fadly, A. M. and R. W. Winterfield. 1973. Isolation and some characteristics of an agent associated with inclusion body hepatitis, hemorrhages and aplastic anaemia in chickens. *Avian Dis* 17:182 - 193.

[54]Fadly, A. M. , R. W. Winterfield, and H. J. Olander. 1976. The oncogenic potential of some avian adenoviruses causing diseases in chickens. *Avian Dis* 20:139 -145.

[55]Fadly, A. M. , R. W. Winterfield, and H. J. Olander. 1976. Role of the bursa of Fabricius in the pathogenicity of inclusion body hepatitis and infectious bursal disease viruses. *Avian Dis* 20:467 - 472.

[56]Fadly, A. M. , B. J. Riegle, K. Nazerian, and E. A. Ste-

phens. 1980. Some observations on an adenovirus isolated from specific pathogen‑free chickens. *Poult Sci* 59: 21‑27.

[57] Francois, A., N. Enteradossi, B. Delmans, V. Payet, and P. Langlois. 2001 Construction of avian adenovirus CELO recombinants in cosmids. *J Virol* 75:5288‑5301.

[58] Ganesh, K., V. V. Suryanarayana, and R. Raghavan. 2002. Detection of fowl adenovirus associated with hydropericardium hepatitis syndrome by polymerase chain reaction. *Vet Res Commun* 26:73‑80.

[59] Gelderblom, H. and I. Maichle‑Laupper. 1982. The fibers of fowl adenoviruses. *Arch Virol* 72:289‑298.

[60] Georgiou, K., R. C. Jones, and J. R. M. Guneratne. 1983. Organ cultures studies on adenoviruses isolated from tenosynovitis in chickens. *Avian Pathol* 12:199‑212.

[61] Goodwin, M. A. and J. F. Davis. 1990. Inclusion body hepatitis in pigeons. Proc 39th West Poult Dis Conf, March 4‑6, Sacramento, CA, 35.

[62] Goodwin, M. A., K. S. Latimer, R. S. Resurreccion, P. G. Miller, and R. P. Campagnoli. 1996 DNA in stu hybridization for the rapid diagnosis of massive necrotizing avian adenovirus hepatitis and pancreatitis in chicks. *Avian Dis* 40:828‑831.

[63] Gough, R. E., S. E. Drury, I. Capua, A. E. Courtney, M. W. Sharp, and A. C. K. Dick. 1997. Isolation and identification of an adenovirus from an ostrich (Struthio camelus). *Aet Rec* 140:402‑403.

[64] Guy, J. S. and H. J. Barnes. 1997. Characterization of an avian adenovirus associated with inclusion body hepatitis in day‑old turkeys. *Avian Dis* 41:726‑731.

[65] Grimes, T M. and D. J. King. 1977. Serotyping avian adenoviruses by a microneutralization procedure. *Am J Ves Res* 38:317‑321.

[66] Grimes, T. M. and D. J. King. 1977. Effect of maternal antibody on experimental infections of chickens with a type 8 avian adenovirus. *Avian Dis* 21:97‑112.

[67] Grimes, T. M., D. H. Culver, and D. J. King. 1977. Virusneutralizing antibody titers against 8 avian adenovirus serotypes in breeder hens in Georgia by a microneutralization procedure. *Avian Dis* 21:220‑229.

[68] Grimes, T. M., D. J. King, S. H. Kleven, and O. J. Fletcher. 1977. Involvement of a type‑8 avian adenovirus in the etiology of inclusion body hepatitis. *Avian Dis* 21: 26‑38.

[69] Grimes, T M., D. J. King, O. J. Fletcher, and R. K. Page. 1978. Serologic and pathogenicity studies of avian adenovirus isolated from chickens with inclusion body hepati‑

tis. *Avian Dis* 22:177‑180.

[70] Guy, J. S., H. J. Barnes, L. Smith, R. Owen, and F. J. Fuller. 2005. Partial characterization of an adenovirus‑like virus isolated from broiler chickens with transmissible viral proventriculitis. *Avian Dis* 49:344‑351.

[71] Hess, M. 2000. Detection and differentiation of avian adenoviruses: a review. *Avian Pathol* 29:195‑206.

[72] Hess, M., R. Raue, and C. Prusas. 1999. Epidemiological studies on fowl adenoviruses isolated from cases of infectious hydropericardium. *Avian Pathol* 28:433‑439.

[73] Howell, J., D. W. McDonald, and R. G. Christian. 1970. Inclusion body hepatitis in chickens. *Can Vet J* 11: 99‑101.

[74] Itakura, C., M. Yasuba, and M. Goto. 1974. Histopathological studies on inclusion body hepatitis in broiler chickens. *Jpn J Vet Sci* 36:329‑340.

[75] Itakura, C., S. Matsushita, and M. Goto. 1977. Fine structure of inclusion bodies in hepatic cells of chickens naturally affected with inclusion body hepatitis. *Avian Pathol* 6:19‑32.

[76] Jones, R. C. and K. Georgiou. 1984. Experimental infection of chickens with adenoviruses isolated from tenosynovitis. *Avian Pathol* 13:13‑23.

[77] Jorgensen, P. H., L. Otte, O. L. Nielson, and M. Bisgaard. 1995. Influence of subclinical virus infections and other factors in broiler flock performance. *Brit Poultry Sci* 36:455‑463.

[78] Kawamura, H. and T. Horiuchi. 1964. Pathological changes in chickens inoculated with CELO virus. *Natl Inst Anim Health Q* (Tokyo) 4:31‑39.

[79] Kawamura, H., T. Sato, H. Tsubahara, and S. Isogai. 1963. Isolation of CELO virus from chicken trachea. *Natl Inst Anim Health Q* (Tokyo) 3:1‑10.

[80] Kawamura, H., F. Shimizu, and H. Tsubahara. 1964. Avian adenovirus: Its properties and serological classification. *Natl Inst Anim Health Q* (Tokyo) 4:183‑193.

[81] Kefford, B., R. Borland, J. F. Slattery, and D. C. Grix. 1980. Serological identification of avian adenoviruses isolated from cases of inclusion body hepatitis in Victoria, Australia. *Avian Dis* 24:998‑1006.

[82] Ketterer, P. J., B. J. Trimmins, H. C. Prior, and J. G. Dingle. 1992. Inclusion‑body hepatitis associated with an adenovirus in racing pigeons in Australia. *Aust Vet J* 69:90‑91.

[83] Khanna, P. N. 1964. Studies on cytopathogenic avian enteroviruses. I. Their isolation and serological classification. *Avian Dis* 8:632‑637.

[84]Khanna,P. N. 1965. Studies on cytopathogenic avian enteroviruses. II. Influence of age on virus excretion and incidence of certain serotypes in a colony of chicks. *Avian Dis* 9:274 - 282.

[85]Kles,V. ,M. Morin,G. Plassiart,M. Guittet,and G. Bennejcan. 1991. Isolation of an adenovirus involved in a guinea fowl pancreatitis outbreak. J *Vet Med* [B] 38:610 -620.

[86]Latimer,K. S. ,F. D. Niagro, O. C. Williams, A. Ramis, M. A. Goodwin, B. W. Ritchie, and R. P. Campagnoli. 1997. Diagnosis of avian adenovirus infections using DNA in situ hybridization. *Avian Dis* 41:773 - 782.

[87]Laver,W. G. , H. B. Younghusband, and N. G. Wrigley. 1971. Purification and properties of chick embryo lethal orphan virus (an avian adenovirus). *Virology* 45:598 -614.

[88]Leighton,F. A. 1984. Adenovirus - like agent in the bursa of Fabricius of herring gulls (Lams argentatus Pontoppidan) from Newfoundland, Canada. J *Wildl Dis* 20:226 -230.

[89]Li,P. ,A. J. D. Bellett,and C. R. Parish. 1984. The structural proteins of chick embryo lethal orphan virus (fowl adenovirus type 1). J *Gen Virol* 65:1803 -1815.

[90]Lowenstine, L. J. and D. M. Fry. 1985. Adenovirus-like particles associated with intranuclear inclusion bodies in the kidney of a common murre (Uria aalge). *Avian Dis* 29:208 - 213.

[91]Massi,P. ,D. Gelmetti,G. Sironi,M. Dottori,A. Lavazza, and S. Pascucci. 1995. Adenovirus associated hemorrhagic disease in guinea fowl. *Avian Pathol* 24:227 -237.

[92]Mazaheri, A. , C. Prusas, M. Voss, and M. Hess. 1998. Some strains of serotype 4 fowl adenovirus cause inclusion body hepatitis and hydropericardium syndrome in chickens. *Avian Pathol* 27:269 - 276.

[93] Macpherson, I. , J. S. McDougall, and A. P. Laursen - Jones. 1974. Inclusion body hepatitis in a broiler integration. *Aet Rec* 95:286 - 289.

[94]McCracken,R. M. and B. M. Adair. 1993. 'Avian Adenviruses'. In Viral Infections of Veterbrates (Vol 3. Viral Infections of Birds,Chapter 7) edited by J. B. McFerran and M. S. McNulty, 123 - 144. Amsterdam, The Netherlands:Elsevier Scientific Publishing Company.

[95]McCracken,R. M. ,J. B. McFerran, R. T. Evans, and T. J. Connor. 1976. Experimental studies on the aetiology of inclusion body hepatitis. *Avian Pathol* 5:325 - 339.

[96]McDougall,J. S. and R. W. Peters. 1974. Avian adenoviruses. A study of 8 field isolates. *Res Vet Sci* 16:12 - 18.

[97]McFerran, J. B. 1981. Adenoviruses of vertebrate animals. In E. Kurstak and C. Kurstak (eds.). Comparative Diagnosis of Viral Diseases III. Academic Press: New York,102 - 165.

[98]McFerran,J. B. and B. M. Adair. 1977. Avian adenoviruses - A re view. *Avian Pathol* 6:189 - 217.

[99]McFerran, J. B. and T. J. Connor. 1977. Further studies on the classification of fowl adenovirus. *Avian Dis* 21:585 - 595.

[100]McFerran, J. B. and Smyth, J. 2000 Avian Adenoviruses. *Rev Sci Tech Int Epiz* 19:589 - 601.

[101]McFerran,J. B. ,W. A. M. Gordon,S. M. Taylor,and P. J. McParland. 1971. Isolation of viruses from 94 flocks of fowl with respiratory disease. *Res Vet Sci* 12:565 -569.

[102]McFerran, J. B. ,J. K. Clarke, and T. J. Connor. 1972. Serological classification of avian adenoviruses. *Arch Virusforsch* 39:132 - 139.

[103]McFerran, J. B. , B. M. Adair, and T. J. Connor. 1975. Adenoviral antigens (CELO, QBV, GAL). *Am J Vet Res* 36:527 - 529.

[104]McFerran, J. B. , T. J. Connor, and R. M. McCracken. 1976. Isolation of adenoviruses and reoviruses from avian species other than domestic fowl. *Avian Dis* 20:519 -524.

[105]McFerran, J. B. , R. M. McCracken, T. J. Connor, and R. T. Evans. 1976. Isolation of viruses from clinical outbreaks of inclusion body hepatitis. *Avian Pathol* 5:315 -324.

[106]Michou,A. I. ,H. Lehrmann,M. Saltik,and M. Cotton. 1999. Mutational analysis of the avian adenovirus CELO,which provides a basis for gene delivery vectors. J. Virol. 73:1399 - 1410.

[107]Mockett, A. P. A. and J. K. A. Cook. 1983. The use of an enzymelinked immunosorbent assay to detect IgG antibodies to serotypespecific and group specific antigens of fowl adenovirus serotypes 2, 3 and 4. *J Virol Methods* 7:327 - 335.

[108]Monreal, G. 1992. Adenoviruses and adeno - associated viruses of poultry. *Poult Sci Rev* 4:1 - 27.

[109]Mori,F. , A. Touchi, T. Suwa, C. Itakura, A. Hashimoto,and K. Hirai. 1989. Inclusion bodies containing adenovirus - like particles in the kidneys of psittacine birds. *Vvian Pathol* 18:197 - 202.

[110]Naeem, K. and H. S. Akram. 1995. Hydropericardium syndrome outbreak in a pigeon flock. *Vet Rec* 136:296 - 297.

[111] Nakamura, K., T. Ohyama, M. Yamada, T. Abe, H. Tanaka, and M. Mase. 2002. Experimental gizzard erosions in specific - pathogen free chicks by serotype 1 group I avian adenoviruses from broilers. *Avian Dis* 46:893 - 900.

[112] Nakamura, K., H. Tanaka, M. Mase, T. Imada, and M. Yamada. 2002. Pancreatic necrosis and ventricular erosions in adenovirusassociated hydropericardium syndrome of broilers. *Vet Pathol* 39:403 - 406.

[113] Okudo, Y., M. Ono, I. Shibata, and S. Sato. 2004. Pathogenicity of serotype 8 fowl adenovirus isolated from gizzard erosions of slaughtered broiler chickens. J *Vet Med Sci* 66:1561 - 1566.

[114] Okuda, Y., M. Ono, S. Yazawa, I. Shibata, and S. Sato. 2001. Experimental infection of specific - pathogen - free chickens with serotype - 1 fowl adenovirus isolated from a broiler chicken with gizzard erosions. *Avian Dis* 45:19 - 25.

[115] Olson, N. O. 1950. A respiratory disease (bronchitis) of quail caused by a virus. Proc 54th Annu Meet US Livestock Sanit Assoc, 171 - 174.

[116] Ono, M., Y. Okuda, I. Shibata, S. Sato, and K. Okada. 2004. Pathogenicity by parenteral injection of fowl adenovirus isolated from gizzard erosion and resistance to reinfection in adenoviral giz zard erosions in chickens. *Vet Pathol* 41:483 - 489.

[117] Ono, M. Y. Okuda, S. Yazawa, Y. Imai, I. Shibata, S. Sato, and K. Okada. 2003. Adenoviral gizzard erosions in commercial broiler chickens. *Vet Pathol* 40:294 - 303.

[118] Ono, M., Y. Okuda, S. Yazawa, I. Shibata, S. Sato, and K. Okada. 2003. Outbreaks of adenoviral gizzard erosion in slaughtered broiler chickens in Japan. *Vet Rec* 153:775 - 779.

[119] Ono, M., Y. Okunda, S. Yazawa, I. Shibata, N. Tanimura, K. Kimura, M. Haritani, M. Mase, and S. Sato. 2001. Epizootic out breaks of gizzard erosion associated with adenovirus infection in chickens. *Avian Dis* 45:268 -275.

[120] Pascucci, S., A. Rinaldi, and A. Prati. 1973. CELO virus in guineafowl: Characterization of two isolates. Proc 5th Int ConfWorld Vet Poult Assoc, 1524 -1531.

[121] Rahul, S., J. M. Kataria, N. Senthilkumar, K. Dhama, S. A. Sylvester, and R. Uma. 2005. Association of fowl adenovirus serotype 12 with hydropericardium syndrome of poultry in India. *Acta Virol* 49:139 - 143.

[122] Raines, A. M. 1993. Adenovirus infection in the ostrich (Struthio camelus). Proc Annu ConfAssoc Avian Vet,

Nashville, TN, August, 31 - September 4. 304 - 312.

[123] Raines, A. M., A. Kocan, and R. Schmidt 1977. Experimental inoc ulation of adenoviruses in ostrich chicks (Struthio camelus). *J Avian Med Surg* 11:255 - 259.

[124] Ramis, A., M. J. Marlasca, N. Majo, and L. Ferrer. 1992. Inclusion body hepatitis (IBH) in a group of eclectus parrots (Eclectus roratus). *Avian Pathol* 21:165 - 169.

[125] Reece, R. L. and D. A. Pass. 1986. Inclusion body pancreatitis in guinea fowl (Numida meleagris). *Aust Vet J* 63:26 - 27.

[126] Reece, R. L., D. C. Grix, and D. A. Barr. 1986. An unusual case of inclusion body hepatitis in a cockerel. *Avian Dis* 30:224 - 227.

[127] Reece, R. L., D. A. Pass, and R. Butler. 1985. Inclusion body hepatitis in a tawny frogmouth (Podargus strigoides:Caprimulgiformes). *Aust Vet J* 62:426.

[128] Riddell, C. 1984. Virus hepatitis in domestic geese in Saskatchewan. *Avian Dis* 28:774 - 782.

[129] Riddell, C., J. V. Van - den - Hurk, S. Copeland, and G. Wobeser. 1992. Virus tracheitis in goslings in Saskatchewan. *Avian Dis* 36:158 - 163.

[130] Rinaldi, A., G. Mandelli, D. Cessi., A. Valeri, and G. Cervio. 1968. Proprieta di un ceppo di virus CELO isolato dal Pollo in Italia. *Clin Vet* (Milan) 91:382 - 404.

[131] Rosenberger, J. K., R. J. Eckroade, S. Klopp, and W. C. Krauss. 1974. Characterization of several viruses isolated from chickens with inclusion body hepatitis and aplastic anaemia. *Avian Dis* 18:399 -409.

[132] Rosenberger, J. K., S. Klopp, R. J. Eckroade, and W. C. Krauss. 1975. The role of the infectious bursal agent and several avian adenoviruses in the hemorrhagic - aplastic - anaemia syndrome and gangrenous dermatitis. *Avian Dis* 19:717 - 729.

[133] Roy, P., M. Koteeswaran, and R. Manickam. 1999. Efficacy of an inactivated oil emulsion vaccine against hydropericardium syndrome in broilers. *Vet Rec* 145:458 - 459.

[134] Russell, W. C. 2000 Update on adenovirus and its vectors. *J Gen Virol* 81:2573 - 2604.

[135] Saifuddin, M. D. and C. R. Wilks. 1990. Reproduction of inclusion body hepatitis in conventionally reared chickens inoculated with a New Zealand isolate of avian adenovirus. *NZ Vet J* 38:62 - 65.

[136] Saifuddin, M. D. and C. R. Wilks. 1992. Effect of fowl adenovirus infection on the immune system of chickens. *J Comp Pathol* 107:285 -294.

[137]Saifuddin, M. D. , C. R. Wilks, and A. Murray. 1992. Characterisation of avian adenoviruses associated with inclusion body hepatitis. *NZ Vet J* 40;52 -55.

[138]Schelling,S. H. ,D. S. Garlick,and J. Alroy. 1989. Adenoviral hepatitis in a Merlin (Falco columbarius). *Vet Pathol* 26;529 - 530.

[139]Schmidt,U. , H. Hantschel, P. Schulze,and H. Linsert. 1970. Untersuchungen uber eine Mischinfektion von Aviarem. AdenoVirus und dcm Virus der infektiosen Bronchitis. *Arch Exp Vetmed* 24;587 -607.

[140]Scott,M. and J. B. McFerran. 1972. Isolation of adenoviruses from turkeys. *Avian Dis* 16;413 - 420.

[141]Scott, P. C. , R. J. Condron,and R. L. Reece. 1986. Inclusion body hepatitis associated with adenovirus - like particles in a cockatiel (Psittaciformes;Nymphicus hollandicus). *Aust Vet J* 63;337 - 338.

[142]Shaskova, E. V. , L. V. Cherenova, D. B. Kazansky, and K. Doronin. 2005. Avian adenovirus vector CELO - TK displays anticancer activity in human cancer cells and suppresses established murine melanoma tumors. *Can Gene Ther* 12;617 - 626.

[143]Shivachandra,S. B. ,R. L. Sah,S. D. Singh, J. M. Kataria, and K. Manimaran. 2003. Immunosuppression in broiler chicks fed aflatoxin and inoculated with fowl adenovirus serotype - 4 (FAV - 4) associated with hydropericardium syndrome. *Vet Res Commun* 27;39 - 51.

[144]Sileo, L. , J. C. Franson, D. L. Graham, C. H. Domermuth, B. A. Rattner,and O. H. Patee. 1983. Hemorrhagic enteritis in captive American kestrels (Falco sparverius). *J Wildl Dis* 19;244 - 247.

[145]Sutjipto, S. , S. E. Miller, D. G. Simmons, and R. C. Dillman. 1977. Physicochemical characterization and pathogenicity studies of two turkey adenovirus isolants. *Avian Dis* 21;549 - 556.

[146]Takase, K. , N. Yoshinaga, T. Egashira, T. Uchimura, and M. Yamamoto. 1990. Avian adenovirus isolated from pigeons affected with inclusion body hepatitis, *Jpn J Vet Sci* 52;207 - 215.

[147]Tanimura,N. ,K. Nakamura,K. Imai,M. Maeda,T. Gobo,S. Nitta,T. Ishihara,and H. Amano. 1993. Necrotizing pancreatitis and gizzard erosion associated with adenovirus infection in chickens. *Avian Dis* 37;606 - 611.

[148]Toro,H. ,C. Gonzalez,L. Cerda,M. Hess, E. Reyes,and C. Geisse. 2000. Chicken anemia and fowl adenoviruses; association to induce inclusion body hepatitis / hydropericardium syndrome. *Avian Dis* 44;51 - 58.

[149]Toro, H. , C. Gonzalez, L. Cerda, M. A. Morales, P. Dooner,and M. Salamero. 2002. Prevention of inclusion body hepatitis/hydropericardium syndrome in progeny chickens by vaccination of breeders with fowl adenovirus and chicken anemia virus. *Avian Dis* 46;547 - 554.

[150]Toro, H. ,O. Gonzalez,C. Escobar,L. Cerda,M. A. Morales,and C. Gonzalez. 2001. Vertical induction of the inclusion body hepatitis/ hydropericardium syndrome with fowl adenovirus and chicken anemia virus. *Avian Dis* 45;215 - 222.

[151]Toro, H. , C. Prusas, R. Raue, L. Cerda, C. Geisse, C. Gonzalez, and M. Hess. 1999. Characterization of fowl adenoviruses from outbreaks of inclusion body hepatitis/ hydropericardium syndrome in Chile. *Avian Dis* 43;262 - 270.

[152]Vereecken, M. , P. De Herdt, and R. Ducatelle. 1998. Adenovirus infections of pigeons; A review. *Avian Pathol* 27;333 - 338.

[153]Wallner - Pendleton, E. , D. H. Helfer, J. A. Schmitz, and L. Lowenstine. 1983. An inclusion body pancreatitis in Agapornis. Proc 32nd West Poult Dis Conf,99.

[154]Wigand, R. , A. Bartha, R. S. Dreizin, H. Esche, H. S. Ginsberg, M. Green, J. C. Hierholzer, S. S. Kalter, J. B. McFerran, U. Pettersson, W. C. Russell, and G. Wadell. 1982. Adenoviridae; Second Report. *Intervirology* 18; 169 - 176.

[155] Winterfield, R. W. , A. M. Fadly, and A. M. Gallina. 1973. Adenovirus infection and disease. I. Some characteristics of an isolate from chickens in Indiana. *Avian Dis* 17;334 - 342.

[156]Xie,Z. , A. A. Fadl, T. Girshick, and M. I. Khan, 1999. Detection of avian adenoviruses by polymerase chain reaction. *Avian Dis* 43;98 - 105.

[157]Yates, V. J. and D. E. Fry. 1957. Observations on a chicken embryo lethal orphan (CELO) virus. *J Vet Res* 18;657 - 660.

[158]Yates, V. J. , Y. O. Rhee, D. E. Fry, A. M. El Mishad, and K. J. McCormick. 1976. The presence of avian adenoviruses and adenovirus associated viruses in healthy chickens. *Avian Dis* 20;146 - 152.

[159]Yates, V. J. , Y. O. Rhee, and D. E. Fry. 1977. Serological response of chickens exposed to a type 1 avian adenovirus alone or in combination with the adeno-associated virus. *Avian Dis* 21;408 - 414.

[160]Yuasa, N. , T Taniguchi, and I. Yoshida. 1979. Isolation and some characteristics of an agent inducing anaemia in chicks. *Avian Dis* 23;366 - 385.

[161]Zsak, L. and J. Kisary. 1984. Characterisation of adeno-

viruses isolated from geese. *Avian Pathol* 13:253-264.

[162]Zsak,L. and J. Kisary. 1984. Grouping of fowl adenoviruses based upon the restriction patterns of DNA generated by BAM HI and Hind Ⅲ. *Intervirology* 22:110-114.

产蛋下降综合征

Egg Drop Syndrome

John Brian McFerran 和 Brian McConnell Adair

引　言

定义和同义名

产蛋下降综合征（EDS）病毒是Ⅲ亚群禽腺病毒唯一成员，在血清学上，与Ⅰ亚群和Ⅱ亚群病毒无关。尽管不同的分离毒的限制性内核酶图谱分析有一定的差异，但该病毒仅有一个血清型[51]。

自从首次报道以来，EDS病毒变成了世界范围引起产蛋量下降的一个主要原因[56]。该病毒可能是通过污染的疫苗传染给鸡。该病特征是产薄壳或无壳蛋，而鸡健康。一个种鸡场一旦被感染，常看到的是鸡群不能够达到生产性能指标，而蛋壳的变化不明显。自认识该病以来，已明确EDS的零星暴发是鸡群直接或间接接触感染的野生或家养水禽造成的。

历　史

1976年荷兰学者报道了产蛋母鸡的一种病[56]，并分离到血凝性腺病毒[39]。利用其中的1株病毒进行血清学研究并检查鸡群的生产记录，确定了疾病发生方式[38,40]。看来病毒是垂直传播，鸡群间的水平传染并不是该病的特性。在鸡群产蛋达到高峰之前，病毒常呈潜伏感染状态，1974年以前的鸡群缺乏抗本病毒抗体，病毒不能在哺乳动物细胞中生长，而在火鸡细胞中生长很差，但适合在鸭细胞中生长，表明有可能这是一种鸭腺病毒。从正常鸭分离到EDS病毒，而且很多鸭群中存在抗体[9,15]，这样很快就证实这一点。

公共卫生意义

本病毒仅感染禽类，因此没有公共卫生意义。

病　原　学

分类

依据EDS病毒的形态、复制特点和化学组成将其归为一种腺病毒。血清中和试验（SN）或血凝抑制（HI）试验证明，EDS病毒与11个鸡的和2个火鸡的腺病毒代表毒株没有相关性[3]。尽管用免疫扩散试验或免疫荧光试验，在EDS病毒样品中没有检测到腺病毒群特异性抗原，但在实验室条件下证明有共同的抗原决定簇，在此试验中，鸡接种Ⅰ亚群腺病毒后产生腺病毒群特异性抗体，之后再接种EDS病毒抗体反应得到加强[39]。

基因序列分析表明EDS病毒与Ⅰ亚群腺病毒有明显差异[25]，如基因组（33.2kb）比FAdV-1（43.8kb）小而AT含量高[25]。EDS病毒似乎缺少禽腺病毒的某些早期基因，而其他已鉴定的基因与已知腺病毒蛋白基因没有明显同源性[25]。EDS病毒的遗传学特性与羊腺病毒（278株）和某些牛腺病毒有相似性。该群与哺乳类动物腺病毒（哺乳动物腺病毒属）和Ⅰ亚群和Ⅱ亚群腺病毒有明显区别，因此可归为单独的病毒属，命名为腺胸腺病毒属，以体现高AT含量[11,12]。虽然EDS病毒最早是从鸡中分离到[40]，但目前认为其来源于鸭，所以其种名定为鸭腺病毒1型（DadV-1）[12]。

形态学

超微结构

用氯化铯梯度离心获得的纯病毒呈典型的腺病毒形态，每边带有6个壳粒的三角面组成，从每一顶点突出一根25nm的纤突[31]。在未纯化的样品中，这种结构不明显[40,60]。在电镜下，EDS病毒粒子壳粒清晰，有空心，这有可能区别于普通腺病毒（图9.5）。在被感染鸡胚的肝细胞超薄切片中，从核内可见70～75nm的病毒颗粒[3]。已报道在输卵管黏膜上皮细胞核中有直径68～80nm的颗粒[53]。EDS 病毒每个五邻体有一个纤突，不同于Ⅰ亚群腺病毒有两个纤突。

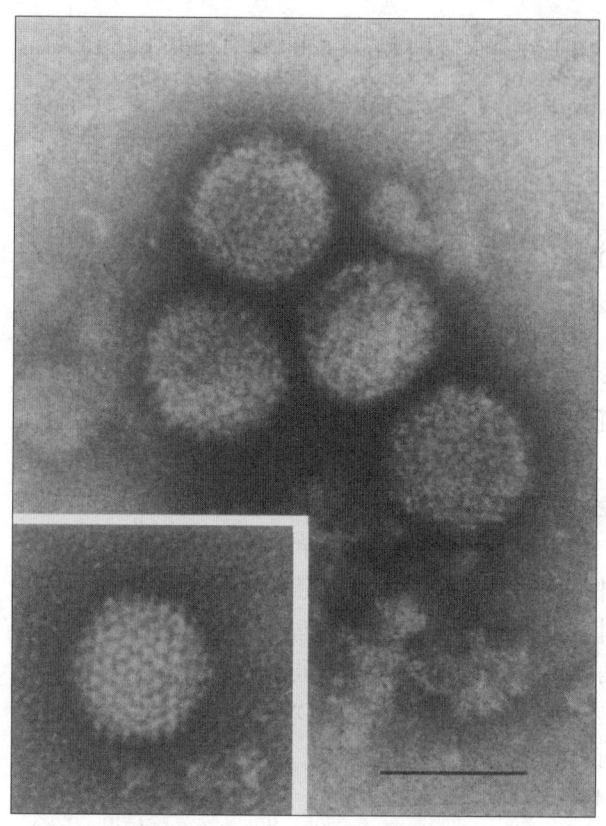

图 9.5　EDS 病毒的 4 个病毒颗粒。虽然病毒的壳粒容易分辨，但没有典型腺病毒形态特点。插图示腺病毒 8 型（FadV-8）的病毒粒子，清晰的三角面。标尺＝80nm

大小和密度

在负染标本中观察到的 EDS 病毒的大小是在 76nm[40] 到 80nm±5nm[31]，在腺病毒的正常大小范围之内[56]。

关于 EDS 病毒在氯化铯中浮密度的报道存在差异。Todd 和 McNulty[54] 发现，处于 1.32 和 1.30g/mL 浮密度的病毒颗粒具有传染性，但较重的颗粒不凝集鸡红细胞，在电镜下呈轻度损伤，而 1.30g/mL 密度带的病毒粒子有血凝作用，似乎没有破损。在 1.28g/mL 密度带是一些空心的、破碎的、没有感染性，但有血凝性颗粒。相反，Kraft 等[28] 报道有两条带，具有传染性的血凝性颗粒位于 1.32g/mL 处，不具传染性的破碎颗粒在 1.30g/mL 处。Yamaguchi 等[60] 报道了在 1.30g/mL 的血凝性颗粒带和在 1.33g/mL 处的感染性颗粒带，而 Takai 等[52] 发现感染性血凝素是在 1.33g/mL 处的一条带中，并且在 1.29g/mL 的一条带也有血凝素。Isak 和 Kisary[65] 报

道 EDS 病毒颗粒的浮密度和血凝性与病毒纯化方法以及是用细胞还是用胚来增殖病毒有关。

化学组成

用 [3]H-胸腺嘧啶标记和碘脱氧尿嘧啶抑制试验表明，EDS 病毒含有 DNA[3,31,54,60]，DNA 分子质量估计在 $22.6×10^6$d，而 FAdV-1（Phelps）分子量为 $28.9×10^6$d。限制性核酸内切酶分析表明这两种病毒之间没有相关性[63]。EDS 病毒有 13 条结构多肽，其中最少有 7 条与 FadV-1 的结构多肽相对应[54,62]。

血凝作用

EDS 病毒可凝集鸡、鸭、火鸡、鹅、鸽和孔雀的红细胞，但不凝集大鼠、兔、马、绵羊、牛、山羊或猪的红细胞[3,34]。

血凝素（HA）对 56℃具有抵抗力，在 56℃作用 16h 后 HA 效价会降低 4 倍，但可维持 4 天不变，56℃作用 8 天后就检不出 HA 活性。60℃不破坏 HA，但 70℃加热 30min 却被破坏。在 4℃下 HA 活性可保持很长时间[3,41]。在 37℃对胰酶、2-巯基乙醇、EDTA、木瓜蛋白酶、无花果蛋白酶和 0.5％的戊二醛可抵抗 1h，但用高碘酸钾和 0.5％的戊二醛处理效价会大大下降[52]。然而，提纯后的可溶性血凝素可被胰酶破坏[54]。α-胰凝乳蛋白酶能破坏鸡红细胞上的病毒受体，而胰酶和神经氨酸酶没有这种作用[52]。

病毒复制

EDS 病毒为核内复制，这点与Ⅰ亚群禽腺病毒复制模式相似[1,2,3]。感染细胞培养物[3]、输卵管伞上皮细胞、输卵管蛋壳分泌腺、壶腹部蛋壳分泌腺、狭窄部和鼻黏膜以及实验感染鸡的脾脏[50,53]切片经苏木精伊红染色后可见到核内包涵体。在感染细胞的超薄切片中，核内的病毒颗粒和Ⅰ～Ⅳ型包涵体很明显，这与其他禽腺病毒相似[2,3]。

对理化因素的抵抗力

EDS 病毒对氯仿和 pH3～10 的处理表现稳定。

加热 60℃ 30min 被灭活，56℃ 3h 可存活，在单价而非双价阳离子中稳定[3,60]。经 0.5% 甲醛或 0.5% 戊二醛处理后检测不出感染性[52]。

毒株分类

该病毒仅有一个血清型[19,60]。但是，采用限制性核酸内切酶分析，可将大量的分离毒分为三组基因型[55]。第一组包括 11 年来从欧洲感染鸡中分离到的毒株；第二组是英国从鸭中分离的一些毒株；澳大利亚从鸡分离的一株病毒为第三组。

实验室宿主系统

EDS 病毒在鸭肾、鸭胚肝和鸭胚成纤维细胞中高滴度繁殖。在鸡胚肝细胞中繁殖也很好，在鸡肾细胞中次之，在鸡胚成纤维细胞中繁殖相当差。病毒在火鸡细胞中增殖较差，在很多哺乳动物细胞中不能繁殖[33]。病毒在鹅细胞培养物中高滴度繁殖[65]。在鸡肝细胞中，病毒滴度和 HA 高峰出现的时间，在细胞内为 48h，在细胞外为 72h[62]。

鸭胚和鹅胚尿囊腔接种，病毒增殖良好，滴度可达到 1∶16 000～1∶32 000。病毒不能在鸡胚中增殖[3,62]。

致病力

虽然从鸡中分离到的 EDS 病毒的毒力相近，但美国从鸭分离到的毒株对鸡的产蛋没有影响[57]或仅影响蛋的大小[14]。在欧洲从鸭和鸡获得的分离毒对鸡致病性相同[7]。

病理生物学和流行病学

发生和分布

澳大利亚[21]、比利时[41]、中国[64]、法国[44]、大不列颠[9]、匈牙利[65]、印度[32]、以色列[36]、意大利[63]、日本[60]、北爱尔兰[40]、新加坡[47]、南非[13]和中国台湾省[34]等已从鸡中分离出 EDS 病毒。巴西[28]、丹麦[5]、墨西哥[45]、新西兰[27]和尼日利亚[42]等通过血清学证明鸡已受到了感染。

自然宿主和实验宿主

尽管都是在产蛋鸡发病，但自然宿主可能是鸭和鹅。在家鸭[5,89,15,21,35,36]和家鹅[8,66]中普遍存在 EDS 病毒血凝抑制抗体。在对美国大西洋迁徙线上的鸭进行的一次研究中，从红鸭、环纹颈鸭、森林鸭、浅黄色头鸭、较小的斑背潜鸭、绿头鸭、北部琵嘴鸭和赤膀鸭，以及秋沙鸭、清水鸭中已发现有抗体[24,26]。在番鸭和驯养的白鹭[36]、加拿大鹅[46]、鲱鱼鸥[8]和猫头鹰、一只鹤及一只天鹅[29]中也检查到了抗体。

已从健康的家鸭[9,57]和病鸭[22]中分离到病毒，但用分离毒不能复制出该病。从表现产蛋下降和严重腹泻的鸭中分离了一株病毒[6]，这表明 EDS 病毒可能引起鸭产蛋下降、蛋壳变粗糙和变薄[33]。

鹅的 EDS 病毒感染也很普遍[29,35,66]。实验感染雏鹅和成鹅既不发病也不影响产蛋[66]。

鹌鹑（Coturnix coturnix japonica）也易感，并出现典型症状[20]。没有证据表明火鸡或雉鸡会自然感染，但可被实验感染[8,43,63]。珍珠鸡可被自然或实验感染[21]，并可产出软壳蛋。其他研究发现，鸡的分离毒可实验感染珍珠鸡，但没有临床表现[58]。

由于 EDS 病毒最开始主要是垂直传播，所以该病往往与某些种鸡有关。尽管对自然发病的结果分析表明，肉种鸡和产褐壳蛋的重型鸡较产白壳蛋的鸡感染更严重，但很多品种对实验感染具有相同的易感性。在对两群产褐壳蛋、一群产白壳蛋的品系鸡进行感染时[26]，发现白壳蛋品系鸡产蛋下降，而褐壳蛋品系鸡产蛋几乎没有降低，但蛋壳不好的蛋较多。一群褐壳蛋鸡产出蛋壳不好的蛋的数量是白壳蛋鸡产出量的 3 倍。

所有年龄的鸡都易感。如果 EDS 病毒进入一个鸡场，所有日龄的开产母鸡都可能出现产蛋问题。但从外表看，主要在产蛋高峰前后发病[40]，这可能是由于潜伏的病毒被激活的结果。

传播、携带者和传播媒介

EDS 暴发可以分为三种类型。最早出现的经典型是原种鸡受到感染，病毒主要是通过鸡胚垂直传播[40]。虽然这种类型中受感染的鸡胚数量不大[10]，但水平传染非常有效。多数情况，经卵感染的雏鸡只有到全群产蛋达到50％以上时才出现排毒并产生HI抗体。在此阶段，病毒被激活并排出，由于有多个感染点，导致病毒迅速传播。

病毒已存在于某些地区的商品蛋鸡群，可能是从经典型引发而来。在印度，已发现32.6％的鸡群受到感染[32]。这种地方流行形式常常与共用鸡蛋包装场所有关。病毒在输卵管蛋壳分泌腺中繁殖期间，鸡产下蛋壳正常和非正常的蛋，在蛋的外部和内部含有病毒[46]。这导致了蛋盘的污染。粪便中也含有病毒，但排毒呈间断性，一般滴度不高[17]。成年鸡粪便中的病毒可能来源于输卵管分泌液[47]。除了鸡与鸡之间的直接传染外，有证据表明，用不清洁的卡车运鸡或将积压的饲料从一个鸡场运到另一鸡场时，也能发生传染。还有证据表明，用于免疫和给病毒血症的鸡采血使用的注射器和刀片，如没有经过适当消毒，也能传播疾病。水平传播较慢且呈间断性，在笼养鸡舍引起全群感染要达11周的时间。有一病例，毗邻的一群鸡由一铁丝网阻拦而未被感染。在垫料上饲养的鸡之间的传播通常较快[17,56]。

第三种发病类型好像是由于家养或野生的鸭、鹅，也可能包括其他野生禽类，通过粪便污染饮水而将病毒传给母鸡。在某些地区这种类型是非常重要。病例多为散发，但总是有一个感染群造成地方性流行的危险。

临床症状

很多学者发现，实验感染后的7～9天开始出现症状[18,37]，但也有些实验感染中要到感染后的17天才出现症状[41]。

最初的症状是有色蛋的色泽消失。紧接着产出薄壳、软壳或无壳蛋（图9.6）。薄壳蛋经常是壳质粗糙，像砂纸样，或是蛋的一端壳上有粗颗粒。如果弃掉有明显异常的蛋，对受精率和孵化率没有影响，并对蛋的质量不会形成长期影响。如果鸡在产蛋后期受到感染，鸡群施行强制换羽后似乎可以使产蛋恢复到正常。产蛋量下降迅速或者持续几周。EDS暴发一般持续4～10周，产蛋可能减少40％，但在产蛋上通常存在后期补偿作用，这样总的产蛋损失数量一般为每只鸡10～16枚。如果由于潜伏的病毒被激活而发病，产蛋下降通常是在产蛋率达50％和高峰期之间出现。已报道过在自然发生疫病

图9.6 感染了产蛋下降综合征（EDS）病毒母鸡所产的蛋。从正常褐壳蛋（N）到蛋壳色素消失（1和2）；一端变薄（1）；薄壳蛋（2）；软壳（3）；无壳（4）。蛋可能是被吃掉或破裂，但可以看到很多蛋壳膜（5）

中发现有小型蛋[40]，但在实验感染中没有发现对蛋的大小有影响[37]。虽然某些学者[19,37,61]没有发现对蛋白有影响，但已有关于水样蛋白的报道[41,56]。感染的日龄可能很重要。在1日龄感染的鸡，以后在产蛋中除蛋白质量受影响和蛋较小外，蛋的外表很正常[18]。

如果一些鸡在潜伏的病毒被激活之前已经获得了抗体，临床症候群就会有明显的差异。有的不能达到预定的生产性能，而有的产蛋期可能推迟。如果进行仔细检查，一般可发现在鸡群中曾有过小病（小范围的经典型 EDS）不断。据推测，鸡产生EDS特异性抗体可减缓病毒的传播。在笼养鸡中常可见到相似的情形，在这些鸡场病毒传播缓慢，没有怀疑到 EDS。

虽然已报道在某些受感染的鸡群有食欲消失及沉郁症状，但被感染的鸡其他方面都很正常，并非一定会有症状表现。有些作者报道有短暂腹泻症状，这可能是由于从输卵管排出的渗出液[50]所致。

临床上，EDS病毒不引发育成鸡的临床疾病。1日龄易感雏鸡口服感染后，第一周可引起死亡率增高[18]，但被感染的父母代鸡繁育的很多鸡群并没有增高死亡率。

病理变化

大体病变

自然发病病例，仅能发现的病变常常是卵巢静止不发育和输卵管萎缩，并且这些病变也不是一定要出现。报道过一例病例出现子宫水肿[34]。缺乏病变的原因，可能是很难挑选到正在发病的鸡。

实验感染后，在9～14天内通常会出现子宫皱褶水肿以及在蛋壳分泌腺处有渗出液[48,53]。也会出现脾脏轻度肿胀，卵泡无弹性，在腹腔中会有各种发育阶段的卵[48,53]。

组织学病变

主要的病理学变化出现在输卵管蛋壳分泌腺（图9.7）。从感染后的7天开始，病毒在上皮细胞核内复制，产生核内包涵体[48,53]。很多被感染的细胞脱落到管腔中，并很快出现严重的炎性反应，基底膜和上皮可见有巨噬细胞、浆细胞和淋巴细胞以及数量不等的异嗜性细胞一起侵及（图9.7）。在产出异常蛋的第3天以后，没有见到包涵体，但病毒

抗原可持续存在1周的时间[48]。

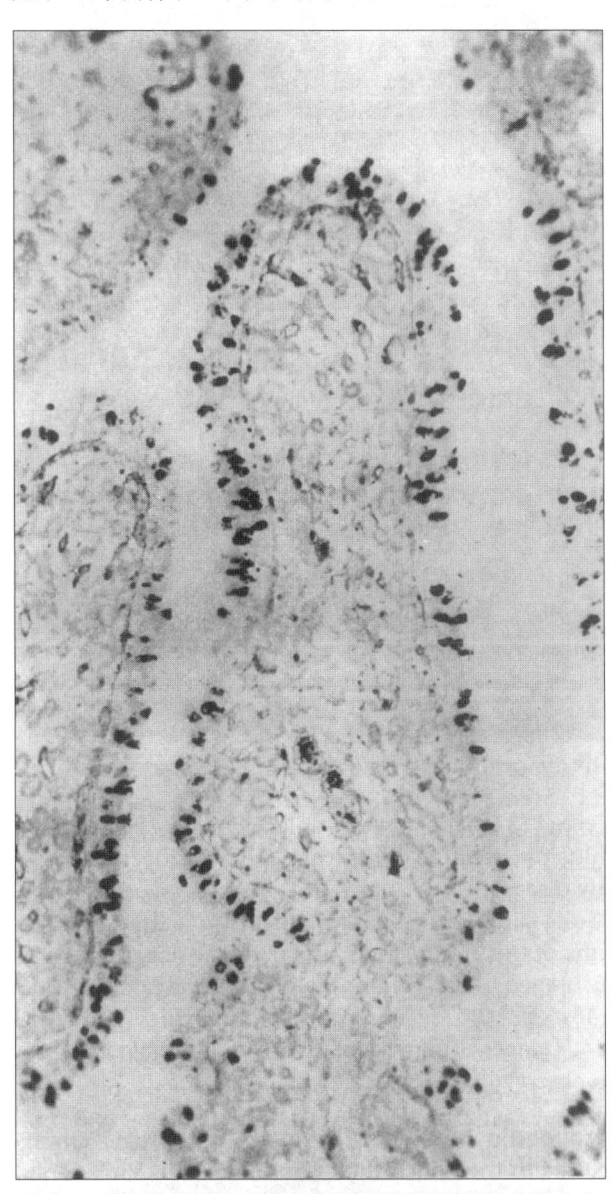

图9.7 EDS病毒实验感染母鸡的蛋壳分泌腺。注意用生物素标记的纯化病毒基因组探针显示表面上皮层的病毒核酸（Allan）

感染过程的致病机理

经口实验感染成年母鸡后，形成病毒血症并有一定量的病毒在鼻黏膜复制[50]，感染后（PI）3～4天，病毒在全身淋巴组织复制，尤其是在脾和胸腺。另外，输卵管伞部总要受感染。感染后7～20天，在输卵管狭部蛋壳分泌腺有大量病毒复制（图9.8），而在输卵管的其他部位则要少得多。这种病毒的复制与输卵管蛋壳分泌腺明显的炎症反应和蛋壳异常有关[50,53,61]。

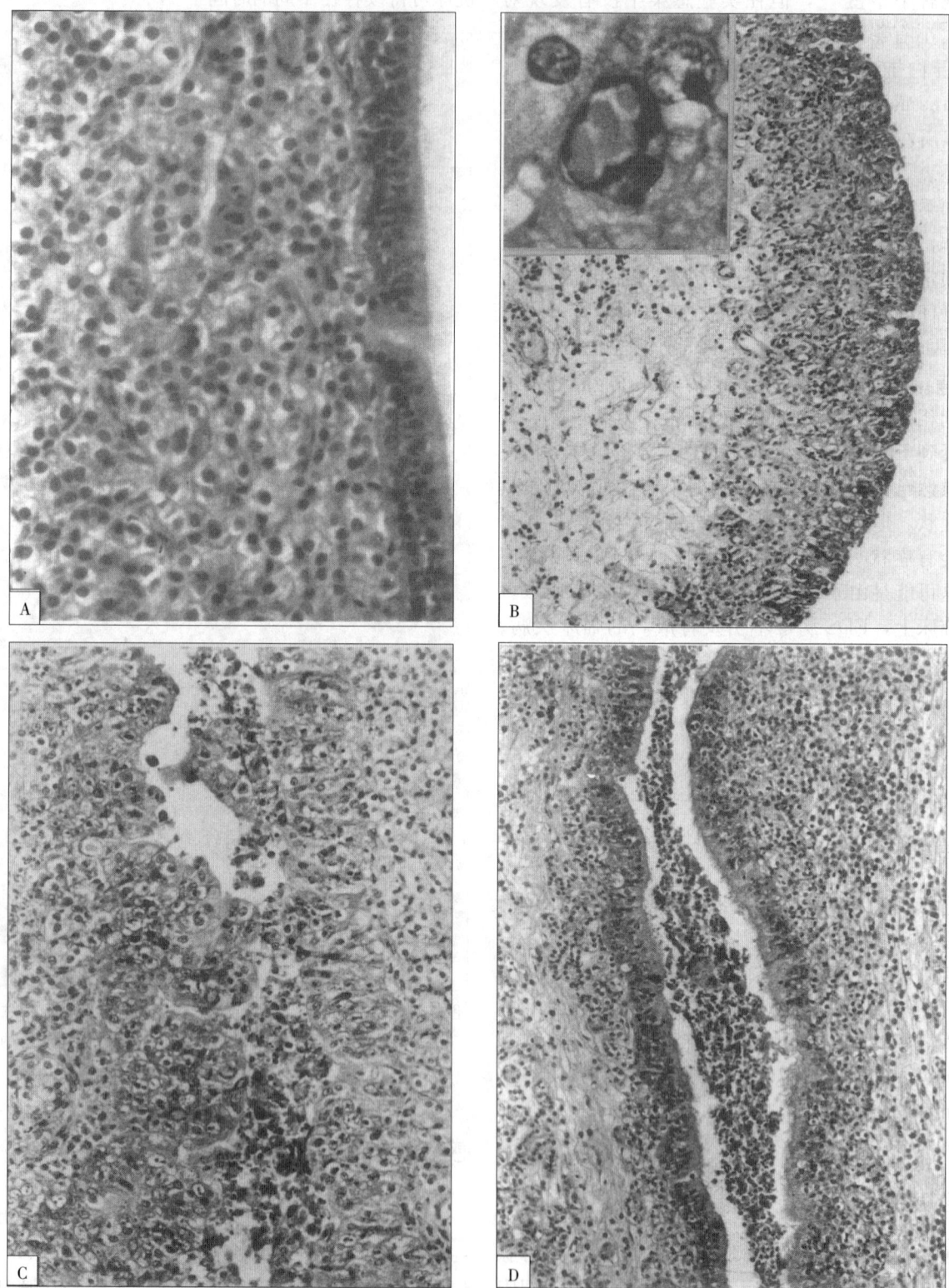

图 9.8　A. 正常的子宫黏膜，表面上皮由单层柱状上皮细胞组成，许多细胞表面有纤毛；上皮下有许多管状腺体；B. 子宫黏膜下层明显水肿，腺体萎缩，感染后 8 天整个黏膜层内单核细胞浸润。插图：表面上皮细胞内有核内包涵体，注意核内染色质边移和三个核内嗜酸性包涵体；C. 感染后 11 天子宫表面明显增生，纤毛完全消失（Smyth）；D. 子宫腔内的渗出物中有变性的上皮细胞和异嗜细胞，并混有黏液，上皮无纤毛，管状腺体几乎消失。子宫壁有淋巴细胞和异嗜细胞浸润（Smyth）

与Ⅰ、Ⅱ亚群腺病毒不同，EDS病毒并不在肠黏膜复制，而粪便中出现的病毒可能是由于输卵管渗出液污染所致[50]。

免疫力

在实验感染后5天，用间接荧光抗体试验（IFA）、酶联免疫吸附试验（ELISA）、SN和HI试验可检测到抗体。在感染后7天时，用双向免疫扩散试验（DID）能够检查到抗体[4]，抗体水平大约在4~5周达到高峰。免疫沉淀性抗体为一过性。

即便有高水平的HI抗体，鸡仍能排毒，但某些排毒的鸡并不产生抗体[18]。

抗体可通过卵黄囊传递给胚胎。幼雏可获得高水平抗体（效价的几何平均值为6~9 $\log_2$）。这种抗体的半衰期为3天[19]。要到4~5周龄后母源抗体近于不能检出时才能诱导产生主动抗体[19]。在过去对该病实施根除的过程中，曾经发现某些鸡群在2~3次HI监测时都没有抗体，却突然暴发了EDS。这提示某些经卵感染的雏鸡，可发展为隐性感染，不产生抗体，而产蛋开始后病毒被激活并开始排毒。尚不知在这个分界点上是否所有的鸡会产生抗体，但有可能不产生，这是因为在感染的鸡群中也不是100％的鸡都具有抗体。

如果一群鸡在进入产蛋之前全部产生了抗EDS76病毒的抗体，产蛋将不受影响[10]。

诊　断

EDS病毒分离与鉴定

分离病毒最敏感系统是来自非EDS病毒感染的鸭胚或鹅胚，或者是鸭或鹅的细胞培养物。如果没有这些，可用鸡细胞。鸡胚肝细胞比鸡肾细胞更易感，而鸡胚成纤维细胞不易感[3]。鸡胚不适用。鸭或鹅的细胞，或鸭或鹅胚，不仅仅是更易感，它们还有优点，即鸡的很多病毒在这些系统中不能生长。

EDS分离毒不能完全依靠死胚或细胞病变进行确定。在每一次传代以后，应检查鹅或鸭胚尿囊液或细胞培养物上清液是否具有凝集禽红细胞的作用（0.8％鸡红细胞悬液较合适）。使用标记的EDS病毒抗血清做免疫荧光试验也能鉴定细胞中的病毒。与Ⅰ亚群禽腺病毒结合的抗血清不能检测EDS病毒。要判断一份样品为阴性时，如果使用鸭细胞，要求最少传两代，而用鸡细胞需传2~5代。之所以要多次传代，部分原因是这些病毒在鸡细胞中初次培养生长较差，另外，也是由于组织中病毒的滴度不稳定，很难选择到那些处于发病最佳时期的病料。

样品选择

由于缺少明显的临床症状，感染传播经常是很缓慢的，要选择确实的病鸡用于分离病毒或做血清学工作可能非常困难。但当发现含有病毒的畸形蛋并且这些蛋是在鸡有了抗体后产生出来的，我们便可做出初步诊断[49]。为了分离病毒，可将受到影响的蛋饲喂给没有抗体的产蛋母鸡，一旦它们产出异常蛋，应将其杀死，采输卵管狭部蛋壳分泌腺用于病毒分离。若进行血清学诊断，那些正在产出异常蛋的所有笼养鸡都应采血进行血清学检验。如果鸡是在垫料上饲养，通常由于不可能确定哪只鸡产出了异常蛋，所以必须在整个鸡舍中仔细地选样。

血清学

HI、ELISA、SN、DID和IFA试验的敏感性相似[4]。然而，当鸡受到多种血清型腺病毒感染并产生高水平腺病毒交叉反应抗体时，ELISA、FA或DID试验检测为阳性，而HI或SN试验则不应出现阳性[4]。HI试验血清学诊断首选方法之一。HI抗原可用鸭胚或鸭胚细胞制备。如果用鸭胚可获得较高的HA滴度，而用鸡胚肝细胞培养物也能获得较高的HA滴度。HI试验是用4个单位HA抗原，血清最初始稀释度为1∶4，鸡红细胞浓度为0.8％。EDS病毒能够凝集鸡、鹅、火鸡和鸭的红细胞，但不凝集哺乳动物红细胞，没有溶血素。如果在血清中存在非特异血凝素，用10％红细胞悬液进行预吸附能将其除掉。SN试验敏感而特异，用100个 $TCID_{50}$ 的病毒量，在37℃下作用1h，并以鸭或鸡细胞培养物作为指示系统。当使用鸡细胞培养物时，常用上清液中是否存在血凝素而不是用细胞病变学来判定终点。只是在根除疫病过程中，HI试验结果异常，或者以前未报道过发生EDS的品种 HI 检测阳性时，需要确证这些结果时才进行血清中和试验。

很多经卵感染的鸡群，在生长期间并不产生抗体，而只是出现临床症状后才很快产生抗体。因此，一个鸡群，即便在 20 周龄时所有的鸡血清学检查阴性，也不能保证没有受到感染。

鉴别诊断

每当不能达到预定的产蛋水平或出现生产下降，尤其是在鸡很健康而先发生蛋壳变化，或产蛋量下降同时发生蛋壳变化，就应怀疑是 EDS。通常情况下，产无壳蛋是 EDS 的一个特征，但由于常常被鸡吃掉而发现不了。因此，应在早晨蛋还没有被吃时就检查。如果鸡是养在垫草上，仔细地搜寻就能发现蛋膜。畸形和起皱的蛋不具有特征性，而无壳、软壳和薄壳蛋是具有特征性的。在一个已经发生了垂直感染的鸡群，大多数鸡在产蛋高峰前后发病，但任何年龄的鸡都能经水平感染。

虽然 EDS 症状具有特点，诊断不能仅靠临床症状，在免疫接种之前，应考虑通过 HI 实验确定。

预防和控制

管理措施

由于经典型 EDS 主要是经蛋垂直传播，所以，应从非感染鸡群引种。地方流行性 EDS 经常与公用包装场有关，在此，污染的蛋盘是造成传播的主要因素。病毒也存在于粪便中，病毒具有较强的抵抗力，有可能造成水平传播。有证据表明人员和运输工具可造成传染，因此，要求采用合理的卫生预防措施。

感染的鸡可形成病毒血症，采血和注射疫苗用的注射器及其他器械在使用中要消毒。

如在同一种鸡场有感染和非感染种鸡群，应将孵化室、工作人员和运输工具分开。如果做不到，应将要使用单独的蛋盘和出雏器，并将孵化时间错开。最低要求（当然这不是推荐措施）是要将出雏器、雌雄鉴别和免疫注射分开，先清洁健康鸡群，在此之前不要对潜伏感染的雏鸡做任何事性。尤其重要的是将原种或祖代的感染和非感染种群分开，

它们的蛋不要在同一孵化室孵化。

世界上某些地区，尤其是在鸡能喝到水库、湖泊、河水的地方，EDS 的感染可能更普遍。采用饮井水或对水进行氯处理，可控制这种疫情。在养鸭和鹅的地方，应注意将其与鸡分开。如有可能，所有鸡舍应配有防野鸟进入装置。已证实野鸭、野鹅常被感染，但还不知其他品种禽的感染情况。

根除

在北爱尔兰的一个种鸡场已成功地清除了 EDS，其方法是基于下列假设：①从感染的蛋孵出的鸡可能处于潜伏感染中，并且不产生抗体；②在产蛋高峰病毒被激活并排毒，这时产生抗体，抗体将预防或减少排毒；③水平传播低。

净化程序是在 40 周龄以上原种和祖代鸡群中进行。在这时鸡已开始产异常蛋并有了 HI 抗体。从这些种蛋孵出的幼雏鸡被分成小组，每组大约 100 个（用铁丝网隔开），间隔大约 6 周，对 10%～25% 的鸡进行 HI 试验，如出现 1～2 只反应者，将其去除。此栏及相邻栏的鸡以后间隔 1 周 100% 检验两次。如发现有 HI 阳性或反阳性鸡就在同一栏内，整个栏的鸡都去掉，并对相邻栏进行重检。40 周龄时，利用 HI 试验对全部鸡进行检验，选择鸡蛋作为下一世代的种蛋。这种措施是成功的，消除了祖代和父母代鸡群的感染。

免疫接种

疫苗类型

一种油佐剂灭活苗被广泛使用并对临床疾病有良好的保护作用。鸡在 14～16 周龄进行免疫。非感染鸡群免疫后的 HI 抗体效价可达 8～9log$_2$。如果鸡群以前曾感染过 EDS 病毒，效价能达到 12～14log$_2$。免疫后第 7 天能检测到 HI 抗体，第 2～5 周时抗体达到峰值。免疫力至少持续 1 年[10,18,30,51]。免疫不当的鸡 HI 滴度不高，当攻击病毒时出现排毒，而免疫适当的鸡可抵抗感染，也不排毒[16]。

临床免疫接种

在有可能存在垂直或水平传播的鸡场，受威胁的鸡群通过在育成期免疫接种可获得保护。在饲养

有不同日龄的蛋鸡场，如果1栋或多栋鸡舍被水平传播感染，在对健康产蛋鸡进行免疫之前，一定要仔细考虑。毫无疑问，健康鸡通过免疫接种能获得保护，但一定要权衡免疫鸡的花费和注射疫苗造成影响与通过免疫取得的经济收益。在一个鸡场通过良好的兽医卫生措施有可能限制病毒传播。最重要的是，要切记受感染的蛋是最危险的病毒来源的。

治疗

尚无成功的治疗方法。各种方法都已尝试（维生素、增加饲料中的钙和蛋白），但在对照实验中，未发现有任何效果。

刘彦威 刘 洋 张仲秋 译
苏敬良 校

参考文献

［1］Adair,B. M. 1978. Studies on the development of avian adenoviruses in cell cultures. *Avian Pathol* 7:541-550.

［2］Adair, B. M. , W. L. Curran, and J. B. McFerran. 1979a. Ultrastructural studies of the replication of fowl adenovirus in primary cell cultures. *Avian Pathol* 8:133-144.

［3］Adair, B. M. , J. B. McFerran, T. J. Connor, M. S. McNulty, and E. R. McKillop. 1979b. Biological and physical properties of a virus (strain 127) associated with the egg drop syndrome 1976. *Avian Pathol* 8:249-264.

［4］Adair, B. M. , D. Todd, J. B. McFerran, and E. R. McKillop. 1986. Comparative serological studies with egg drop syndrome virus. *Avian Pathol* 15:677-685.

［5］Badstue,P. B. and B. Smidt. 1978. Egg drop syndrome 76 in Danish poultry. *Nord Vet Med* 30:498-505.

［6］Bartha,A. 1984. Dropped egg production in ducks associated with adenovirus infection. *Avian Pathol* 13:119-126.

［7］Bartha, A. and J. Meszaros. 1985. Experimental infection of laying hens with an adenovirus isolated from ducks showing EDS symptoms. *Acta Vet Hung* 33:125-127.

［8］Bartha,A. ,J. Meszaros, and J. Tanyi. 1982. Antibodies against EDS 76 avian adenovirus in bird species before 1975. *Avian Pathol* 11:511-513.

［9］Baxendale,W. 1978. Egg drop syndrome 76. *Vet Rec* 102:285-286.

［10］Baxendale,W. ,D. Lutticken,R. Hein, and I. McPherson. 1980. The results of field trials conducted with an inactivated vaccine against the egg drop syndrome 76 (EDS 76). *Avian Pathol* 9:77-91.

［11］Benko, M. and B Harrach. 1998. A proposal for a new (third) genus within the family Adenoviridae. *Arch Virol* 143/4:829-837.

［12］Benko, M. ,B. Harrach, and W. C. Russell. 2000. Family Adenoviridae. In M. H. V. Van Regenmortel,C. M. Fauquet, D. H. L. Bishop, E. B. Carstens, M. K. Estes, S. M. Lemon, J. Maniloff, M. A. Mayo, D. J. McGeoch, C. R. Pringle, R. B. Wickner (eds.). Virus Taxonomy. Seventh Report of the International Committee on Taxonomy of Viruses. Academic Press: New York and San Diego 227-238.

［13］Bragg,R. R. ,D. M. Allwright, and L. Coetzee. 1991. Isolation and identification of adenovirus 127,the causative agent of egg drop syndrome (EDS), from commercial laying hens in South Africa. *Onderstepoort J Vet Res* 58:309-310.

［14］Brugh, M. , C. W. Beard, and P. Villegas. 1984. Experimental infection of laying chickens with adenovirus 127 and with a related virus isolated from ducks. *Avian Dis* 28:168-178.

［15］Calnek, B. W. 1978. Hemagglutination-inhibition antibodies against an adenovirus (virus-127) in White Pekin ducks in the United States. *Avian Dis* 22:798-801.

［16］Cook, J. K. A. 1983. Egg Drop Syndrome 1976 (EDS-76) virus infection in inadequately vaccinated chickens. *Avian Pathol* 12:9-16.

［17］Cook,J. K. A. and J. H. Darbyshire. 1980. Epidemiological studies with egg drop syndrome 1976 (EDS-76) virus. *Avian Pathol* 9:437-443.

［18］Cook, J. K. A. and J. H. Darbyshire. 1981. Longitudinal studies on the egg drop syndrome 1976 (EDS 76) in the fowl following experimental infection at 1-day old. *Avian Pathol* 10:449-459.

［19］Darbyshire,J. H. and R. W. Peters. 1980. Studies on EDS 76 virus infection in laying chickens. *Avian Pathol* 9:277-290.

［20］Das, B. B. and H. K. Pradhan. 1992. Outbreaks of egg drop syndrome due to EDS-76 virus in quail (Coturnix coturnix japonica). *Vet Rec* 131:264-265.

［21］Firth,G. A. ,M. J. Hall, and J. B. McFerran. 1981. Isolation of a hemagglutinating adeno-like virus related to virus 127 from an Australian poultry flock with an egg drop syndrome. *Aust Vet J* 57:239-242.

［22］Gough,R. E. ,M. S. Collins, and D. Spackman. 1982. Isolation of a haemagglutinating adenovirus from commercial ducks. *Vet Rec* 110:275-276.

[23]Guittet,M. ,J. P. Picault,and G. Bennejean. 1981. Experimental soft-shelled eggs disease（EDS 76）in guinea fowl(Numida meleagridis). Proc VIIth Int Cong World Vet Poult Assoc,Oslo,Norway,22.

[24]Gulka,C. M. , T. H. Piela,V. J. Yates,and C. Bagshaw. 1984. Evidence of exposure of waterfowl and other aquatic birds to the hemagglutinating duck adenovirus identical to EDS 76 virus. *J Wildl Dis* 20:1 - 5.

[25]Hess,M. ,H. Blocker,and P. Brandt. 1997. The complete nucleotide sequence of the Egg Drop Syndrome virus: An intermediate between Mastadenoviruses and Aviadenoviruses. *Virology* 238:145 - 156.

[26]Higashihara,M. ,M. Hiruma,T. Houdatsu,S. Takai,and M. Matumoto. 1987. Experimental infection of laying chickens with egg drop syndrome 1976 virus. *Avian Dis* 31:193 - 196.

[27]Howell, J. 1982. Egg drop syndrome in Ross Brown hens:An interim report. *Surveillance* 9:10 - 11.

[28]Hwang,M. H. ,J. M. Lamas,O. Hipolito,and E. N. Silva. 1980. Egg drop syndrome 1976 a serological survey in Brazil. Proc 6th European Poultry Conf,Hamburg,Germany,371 - 378.

[29]Kaleta, E. F. , S. E. D. Khalaf,and O. Siegmann. 1980. Antibodies to egg drop syndrome 76 virus in wild birds in possible conjunction with egg-shell problem. *Avian Pathol* 9:587 - 590.

[30]Khalaf, S. E. D. , E. F. Kaleta,and O. Siegmann. 1982. Comparative studies on the kinetics of hemagglutination inhibition and virus neutralising antibodies following vaccination of chickens against egg drop syndrome 1976 （EDS 76）. *Dev Biol Stand* 51:127 -137.

[31]Kraft, V. , S. Grund,and G. Monreal. 1979. Ultrastructural characterisation of isolate 127 of egg drop syndrome 1976 virus as an adenovirus. *Avian Pathol* 8:353 - 361.

[32]Kumar,R. ,G. C. Mohanty,K. C. Verma,and Ram-Kumar. 1992. Epizootiological studies on egg drop syndrome in poultry. *Indian J Anim Sci* 62:497 -501.

[33]Liu,M. R. S. 1986. Occurrence and pathology of rough and thin shelled eggs in ducks. *J Chin Soc Vet Sci* 12: 65 -76.

[34]Lu,Y. S. ,D. F. Lin,H. J. Tsai,Y. L. Lee,S. Y. Chui,C. Lee,and S. T. Huang. 1985a. Outbreaks of egg drop syndrome 1976 in Taiwan and isolation of the etiological agent. *J Chin Soc Vet Sci* 11:157 - 165.

[35]Lu,Y. S. ,H. J. Tsai,D. F. Lin,S. Y. Chiu,Y. L. Lee,and C. Lee. 1985b. Survey on antibody against egg drop syndrome 1976 virus among bird species in Taiwan. *J Chin*

Soc Vet Sci 11:151 - 156.

[36]Malkinson,M. and Y. Weisman. 1980. Serological survey for the prevalence of antibodies to egg drop syndrome 1976 virus in domesticated and wild birds in Israel. *Avian Pathol* 9:421 - 426.

[37]McCracken, R. M. and J. B. McFerran. 1978. Experimental reproduction of the egg drop syndrome 1976 with a hemagglutinating adenovirus. *Avian Pathol* 7:483 - 490.

[38]McFerran,J. B,H. M. Rowley, M. S. McNulty,and L. J. Montgomery. 1977. Serological studies on flocks showing depressed egg production. *Avian Pathol* 6:405 - 413.

[39]McFerran, J. B. , T. J. Connor, and B. M. Adair. 1978a. Studies on the antigenic relationship between an isolate （127）from the egg drop syndrome 1976 and a fowl adenovirus. *Avian Pathol* 7:629 - 636.

[40]McFerran,J. B. ,R. M. McCracken, E. R. McKillop, M. S. McNulty,and D. S. Collins. 1978b. Studies on a depressed egg production syndrome in Northern Ireland. *Avian Pathol* 7:35 - 47.

[41]Meulemans,G. , D. Dekegel, J. Peeters, E. Van Meirhaeghe,and P. Halen. 1979. Isolation of an adeno-like virus from laying chickens affected by egg drop syndrome 1976. Vlaams Diergeneeskd Tijdschr 2:151 -157.

[42]Nawathe, D. R. and A. Abegunde. 1980. Egg drop syndrome 76 in Nigeria: Serological evidence in commercial farms. *Vet Rec* 107:466 - 467.

[43]Parsons,D. G,C. D. Bracewell,and G. Parsons. 1980. Experimental infection of turkeys with egg drop syndrome 1976 virus and studies on the application of the haemagglutination inhibition test. *Res Vet Sci* 29:89 - 92.

[44]Picault,J. P. 1978. Chutes de ponte associees a la production d'oeufs sans coquille ou a coquille fragile: Proprietes de l'agent infectious isole au cours de la maladie. *L'Aviculteur* 379:57 - 60.

[45]Rosales, G. , A. Antillon,and C. Morales. 1980. Reporte en Mexico sobre la presencia de anticuerpos contra el adenovirus causante del sindrome de la baja en postura （CEPA BC-14）en parvadas de gallinas domesticas. Proc 29th West Poult Dis Conf,192 - 196.

[46]Schloer, G. M. 1980. Frequency of antibody to adenovirus 127 in domestic ducks and wild waterfowl. *Avian Dis* 24:91 - 98.

[47]Singh, K. Y. and M. Chew-Lim. 1981. Breeder farm egg drop syndrome 1976 （EDS 76）in Singapore. *Singapore Vet J* 5:8 - 13.

[48]Smyth,J. A. 1988. A study of the pathology and pathogenesis of egg drop syndrome （EDS）virus infection in

fowl. PhD Thesis. The Queen's University of Belfast, Belfast, Northern Ireland.

[49]Smyth, J. A. and B. M. Adair. 1988. Lateral transmission of egg drop syndrome 76 virus by the egg. *Avian Pathol* 17:193 - 200.

[50]Smyth, J. A. , M. A. Platten, and J. B. McFerran. 1988. A study of the pathogenesis of egg drop syndrome in laying hens. *Avian Pathol* 17:653 - 666.

[51]Solyom, F. , M. Nemesi, A. Forgacs, E. Balla, and T. Perenyi. 1982. Studies on EDS vaccine. *Dev Biol Stand* 51: 105 - 121.

[52]Takai, S. , M. Higashihara, and M. Matumoto. 1984. Purification and hemagglutinating properties of egg drop syndrome 1976 virus. *Arch Virol* 80:59 -67.

[53]Taniguchi, T. , S. Yamaguchi, M. Maeda, H. Kawamura, and T. Horiuchi. 1981. Pathological changes in laying hens inoculated with the JPA-1 strain of egg drop syndrome 1976 virus. *Natl Inst Anim Health Q* (Tokyo) 21:83 - 93.

[54]Todd, D. and M. S. McNulty. 1978. Biochemical studies on a virus associated with Egg Drop Syndrome 1976. *J Gen Virol* 40:63 - 75.

[55]Todd, D. , M. S. McNulty, and J. A. Smyth. 1988. Differentiation of egg drop syndrome virus isolates by restriction endonuclease analysis of virus DNA. *Avian Pathol* 17:909 - 919.

[56]Van Eck, J. H. H. , F. G. Davelaar, T. A. M. Van den HeuvelPlesman, N. Van Kol, B. Kouwenhoven, and F. H. M. Guldie. 1976. Dropped egg production, soft shelled and shell-less eggs associated with appearance of precipitins to adenovirus in flocks of laying fowl. *Avian Pathol* 5:261 - 272.

[57]Villegas, P. , S. H. Kleven, C. S. Eidson, and F. Arnold. 1979. Adenovirus 127 and egg drop syndrome 76: Studies in the USA. Proc 28th West Poultry Dis Conf, 62 -64.

[58]Watanabe, T. and H. Ohmi. 1983. Susceptibility of guinea fowls to the virus of infectious laryngotracheitis and egg drop syndrome 1976. *J Agric Sci* (Japan) 28:193 - 200.

[59]Wigand, R. , A. Bartha, R. S. Dreizin, H. Esche, H. S. Ginsberg, M. Green, S. S. Hierholzer, S. S. Kalter, J. B. McFerran, U. Pettersson, W. C. Russell, and G. Wadell. 1982. Adenoviridae: Second report. *Intervirology* 18: 169 - 176.

[60]Yamaguchi, S. , H. Imada, H. Kawamura, T. Taniguchi, H. Saio, and K. Shimamatsu. 1981a. Outbreaks of egg drop syndrome 1976 in Japan and its etiological agent.

Avian Dis 25:628 - 641.

[61]Yamaguchi, S. , T. Imada, H. Kawamura, T. Taniguchi, and M. Kawakami. 1981b. Pathogenicity and distribution of egg drop syndrome 1976 virus (JPA-1) in inoculated laying hens. *Avian Dis* 25:642 -649.

[62]Zakharchuk, A. N. , V. A. Kruglyak, T. A. Akopian, B. S. Naroditsky, and T. I. Tikchonenko. 1993. Physical mapping and homology studies of egg drop syndrome (EDS - 76) adenovirus DNA. *Arch Virol* 128:171 - 176.

[63]Zanella, A. , A. Di Donato, A. Nigrelli, and G. Poli. 1980. Egg drop syndrome (EDS 76). Etiopathogenesis, epidemiology, immunology and control of the disease. *Clin Vet* 103:459 - 469.

[64]Zhu, G. Q. and Y. K. Wang. 1994. Study on egg drop syndrome 1976 (EDS-76) and its control. *J Jiangsu Agric Coll* 15:5 - 13.

[65]Zsak, L. and J. Kisary. 1981. Some biological and physicochemical properties of egg drop syndrome (EDS) avian adenovirus strain B8/78. *Arch Virol* 68:211 - 219.

[66]Zsak, L. , A. Szekely, and J. Kisary. 1982. Experimental infection of young and laying geese with egg drop syndrome 1976 adenovirus strain B8/78. *Avian Pathol* 11: 555 - 562.

出血性肠炎和相关的感染

Hemorrhagic Enteritis and Related Infections

F. W. Pierson 和 S. D Fitzgerald

引 言

定义和同义名

出血性肠炎（HE）是 4 周龄或较大火鸡的一种急性病毒病，以精神沉郁、排血便和死亡为特征，被感染群临床发病通常持续 7～10 天。如果发生免疫抑制，继发细菌感染，可使发病和死亡的病程延长 2～3 周。

大理石脾病（MSD）是一种侵害 3～8 月龄封闭饲养雉鸡的疾病。其病原在血清学上与出血性肠炎病毒难于区别，在基因组水平上仅有细微的差异。自然发生的临床病例主要是呼吸道疾病，由于肺水肿、出血和窒息而出现死亡。

有证据表明其他家禽也有类似的疾病，特别是肉种鸡的禽腺病毒性大脾病（AAS），其主要特征是脾肿大、肺水肿和充血。

经济意义

研发出疫苗之前，在美国 HE 每年造成的经济损失估计要超过 300 万美元[20]。1984 年，因大肠杆菌继发感染而使 HE 的每年经济损失大约为 4 000 万美元[108]。如今，由于疫苗的广泛应用，美国高致病 HE 的暴发已不多见。然而，预防过程本身失误可引起 HE 或继发细菌感染（如大肠杆菌病），并在商品火鸡养殖业中具有重要的经济意义。MSD 对雉鸡生产的经济影响，或 AAS 对鸡养殖的经济影响还不清楚。

公共健康意义

目前还不清楚 HE、MSD 和 AAS 的病原体能否引起人的相关疾病，其血清型转化也没有相关报道。

历　　史

Pomeroy 和 Fenstermacher[99]首先在明尼苏达州观察到了 HE，其后 Gale 和 Wyne[44]在俄亥俄州观察到了 HE。该病就是通常所指的"破产性肠炎（bankruptcy gut）"，在 20 世纪 60 年代早期和中期分别在得克萨斯州和弗吉尼亚州呈地方流行性[48]。该病发生于圈养和放养的火鸡群，并且对同一饲养场后期饲养的火鸡有明显的感染性。1966 年，Mandelli 等[69]首先报道了环颈雉鸡发生的 MSD。1979 年，Domermuth 等在肉种鸡上确诊了 AAS[27]。

1967 年，用死于 HE 的火鸡肠内容物经过滤和不过滤后试验感染火鸡获得成功[48]。在 20 世纪 70 年代中期，将该病毒确定为腺病毒[8,19,25,43,47,59,117]。同期研究表明，MSD 的研究也得出相似的结果[55,56,58,59]。

病　原　学

分类

对形态学、组织学、免疫学及对氯仿抵抗力的

研究表明，HEV、MSDV 和 AASV 全都为腺病毒科成员[8,19,25,43,47,56,60,118]。

HEV、MSDV 和 AASV 在以前的分类中命名为 Ⅱ 群（型）禽腺病毒[28]，这主要是区别于腺病毒的其他成员（Ⅰ 群禽腺病毒；Ⅲ 群 EDS76）。根据以下实验结果进行这种分类的：火鸡 HE 恢复期的抗血清能保护雏鸡抵抗 MSD[25]，而且琼脂扩散试验无法区分 MSDV、AASV 和 HEV[19,25,27,28,29,58]。这一病毒群在血清学上与 CELO 病毒和其他火鸡腺病毒不同[28,62]。最近的 DNA 序列同源性分析揭示 HEV 和 MSDV 与其他感染家禽的腺病毒明显不同，这就为重新分类提供了依据[4,14,63,98]。他们组成一个新属，即唾液酸腺病毒属（*Siadenavirus*），种名为火鸡腺病毒 A[5,13,14]。这个属的另一个成员是蛙腺病毒 Ⅰ。这些病毒的早期转录区域（E1）的开放阅读框序列与编码唾液酸酶的细菌基因有高度同源性，因而将该属定义为唾液酸腺病毒属。它们也含有与其他腺病毒无同源性的属特异性基因[13]。但是关于唾液酸酶同源基因和属特异性基因的功能暂时没有确定。据推测，唾液酸腺病毒起源于两栖动物，后又寄生于鸟类[15]。

形态学

超微结构

用电镜观测超薄组织切片发现 HE 和 MSD 病毒粒子无囊膜，病毒粒子总壳粒数为 252 个。有空心和致密的两种形态，在细胞核内疏松聚积或呈晶格排列[8,43,56,60,118,127]。每一个五邻体顶上仅有一根纤丝[124]，与具有两根纤丝的禽腺病毒不同[73]。

大小和密度

早期研究发现 HEV 很容易通过 220nm 和 100nm 滤膜，但不能通过 10nm 的滤膜[17,48]。超微结构分析揭示 HEV 的直径为 60～90nm[9,56,59,60,118]，这种大小上的差异可能是受实验误差的影响。据报道 HEV 与 MSDV 的浮密度为 1.32～1.34g/mL[8,55,57,124,127]。

化学组成

HEV、MSDV 和 AASV 为线性双股 DNA 病

毒[14,55]。强弱毒株的完整序列（Genbank 检索号 AF074946，AY849321）和 HEV 基因图已发表[4,13,98]，其长度大约为 26.6kb，是腺病毒中基因组较短的病毒[15]。G＋C 含量为 34.9％，比其他腺病毒低[98,4]。但与腺病毒属的其他成员的 DNA 序列对比后发现有 16 个保守基因[15]。

有关 HEV 蛋白的详细资料已发表[14]。用聚丙烯酰胺凝胶电泳和免疫印迹技术已鉴定 HEV 和 MSDV 的 11 种结构多肽，分子质量在 14～97kD[82] 及 9.5～96kD[124] 之间。这些蛋白中的 6 种已被进一步定性，认为 96kD 的多肽是主要外衣壳或六邻体蛋白的单体，51/52kD 和 29kD 多肽是顶点五邻体基底蛋白和纤丝蛋白，57kD 多肽与人腺病毒 2 群Ⅲa 蛋白同源，而 12.5kD 和 9.5kD 的多肽为两个髓芯核蛋白[124]。

病毒复制

早期的电镜照片显示，HEV 和 MSDV 是在网状内皮细胞的核内进行复制[9,43,60,118,127]。病毒可在黏附性单核巨噬细胞和带有 IgM 的非黏附性单核细胞内复制[111,112,113]。因而，B 淋巴细胞和巨噬细胞被认为是病毒的主要靶细胞[111,112]。

酶联免疫吸附试验（ELISA）、免疫荧光和免疫过氧化酶染色法、多聚酶链反应（PCR）表明不同组织，包括肠道、法氏囊、盲肠扁桃体、胸腺、肝、肾、外周血液白细胞、肺和脾中有感染细胞的存在[4,35,40,52,94,108,112,119]。但根据免疫扩散和免疫过氧化物酶染色分析，脾脏是病毒复制的主要部位[20,107]。

在细胞水平上，病毒复制方式与其他腺病毒类似。感染开始时，病毒通过纤丝或五邻体基质蛋白黏附到细胞上；受体介导细胞内吞；DNA 在细胞核转录并利用宿主细胞 RNA 聚合酶Ⅱ；基因组在细胞核内复制，有病毒编码的 DNA 依赖 DNA 聚合酶参与，末端反向重复序列碱基配对形成锅柄样中间体；病毒颗粒在核内组装，细胞裂解释放病毒[14]。

对理化因素的抵抗力

70℃加热 1h、在 37℃或 25℃下干燥 1 周[17] 或用 0.0086％次氯酸钠[18] 都可破坏 HEV 的感染性。十二烷基磺酸钠、酚类、碘等消毒剂也有效的[17]。而 65℃加热 1h，37℃贮存 4 周，4℃贮存 6 个月，－20℃贮存 4 年，用 50％的氯仿或 50％乙醚处理，都不能破坏其感染性[20]。病毒对低 pH 也有耐受性[20]。

毒株分类

传统的分类方法是按 HEV、MSDV 和 AASV 的宿主来源（如火鸡、鸡、雉鸡）来进行分类。单克隆抗体亲和力可以区分抗原差异[122,129]，毒株的血清型不同，但能产生交叉保护[22,25,26,27,30,58]。HEV 强毒株和弱毒株的基因组对比发现它们有 99.9％的相似性[4]。但是五邻体纤丝、开放阅读框 1（ORF1）和/或 E3 基因突变可引起毒力变化[4]。有报道用限制内切酶指纹图谱可以检出毒株间的差异[128]，但这种方法不可靠，这并不奇怪，因为该方法没有得出高水平的序列同源性。总的说来，通常根据 HEV 对火鸡引起的损伤程度来判定到底是强毒株或弱毒株，如强毒株会引起脾肿大、胃肠出血和死亡，弱毒株一般只会引起脾肿大。

实验室宿主系统

实验室一般将患病火鸡的脾组织用 PBS 按 1：1（v/v）稀释后经静脉或口腔接种 6 周龄的雏火鸡来繁殖 HEV。接种后（DPI）3 天或 5 天分别收获脾脏并冷冻。用 MSDV 接种 24 日龄 SPF 火鸡胚，可引起感染，接种后（PI）6 天在脾脏、肠和肝脏病毒抗原复制达到高峰[1]。有人尝试在体外用脾细胞繁殖 HEV，虽然理论上可行，但并没有获得成功。Perrin 等[89] 用 HEV 接种脾细胞，随后回收到病毒，但他们不能证明这些病毒不是接种的残留病毒。Fasina 和 Fabricant[35] 用免疫荧光证明了鸡、火鸡和雉鸡的脾细胞可体外感染，但不能证明发生病毒释放。直到 1982 年 Nazerian 和 Fadly[79] 用火鸡 B 淋巴细胞母细胞传代细胞系（源自马立克氏病病毒诱导的肿瘤）成功地进行了 HEV 和 MSDV 的连续传代，这种细胞系被称为 MDTC-RP19，已成为制备 HE 疫苗的标准细胞系。也有报道表明，可使用纯化的火鸡的外周血白细胞作为疫苗生产的体外培养系统[123]。

致病性

临床暴发 HE 的死亡率差异很大，达到 60% 以上[48]或低于 0.1%。在一些实验中，根据脾脏大小和沉淀抗原检测表明实验禽 100% 感染，而死亡率则不同，毒力最强的毒株为 80%，而毒力最弱的为 0。现有的资料表明，特定毒株的致死性相当稳定。仅有一例无毒力毒株发生毒力返强的报道[96]。

据报道 MSDV 自然感染的雏鸡死亡率为 5%～20%，持续 10 天至数周时间[72]。预料 MSDV 分离毒的致病性也像 HEV 那样有所不同。雏鸡可实验性感染用培养细胞繁殖的 MSDV、有毒力或无毒力的 HEV，脾脏有典型的眼观和显微病变，但没有肺的病变或死亡[30]，表明临床病例的肺病变和死亡可能与其他环境因素有关[30]。

病理生物学和流行病学

发生和分布

在美国至少有 10 个州 HE 已成为严重问题，而且在全世界饲养火鸡的地方都已发现有该病[20]。血清阳转调查表明成年火鸡普遍感染 HEV[92]。已报道在美国、加拿大、欧洲、澳大利亚和韩国[6,68,69,72,101,110,113,114,115]的封闭式雏鸡饲养场中都有 MSDV 的发生。成年鸡中抗体阳性率也比较高，表明大多数鸡群已被 AASV 感染[29]。

自然宿主和实验宿主

直至最近，火鸡、雏鸡和鸡是仅知的 HEV 和相关病毒的自然宿主，目前，怀疑珍珠鸡[11,71]和鹦鹉[45]也可能被自然感染。关于野禽，除鸡形目以外的 42 种禽种的血清学调查未发现感染的证据[16]。甚至野生的火鸡可能因其躲避天性，受到感染的危险性很小[51]。火鸡[67]和雏鸡[64]即使发生感染，宿主的遗传特性对临床发病和病变的严重程度也有影响。实验研究表明，环颈雏鸡 MSDV 分离毒可感染火鸡[26]，火鸡 HEV 分离毒也能感染环颈雏鸡。同样，鸡的分离毒可感染火鸡[27,28,29]。实验性感染 HEV 后，鸡形目的其他很多品种，包括金鸡、孔雀、鸡和石鸡可产生病变[20]，但在自然宿主以外

的禽种上还没有死亡的报道。

宿主的易感年龄

由于母源抗体有保护作用[32]，很少有小于 6 周龄的火鸡感染 HE，大多病例都发生于 6～11 周龄的火鸡[44,100]。曾有 2 周龄雏火鸡自然感染的报道，推测可能是由于缺乏母源抗体的原因[49]。刚孵化的阴性幼禽易感，但不易产生肠损伤[79,31]，这表明某些靶细胞的成熟对完全发病是必需的[32]。

雏鸡大理石脾病自然发生于在 3～8 月龄[6,72]。4 周龄前的雏鸡对感染有抵抗力，这可能与两种不可检测的因素有关，即母源抗体水平或靶细胞的不完全发育[39]。

有 20～45 周龄肉种鸡临床感染 AAS 的报道[27,29]。

传播、带毒者和媒介物

感染性粪便通过口腔和泄殖腔途径接种易感小火鸡可以传播 HEV[48,61]。病毒的感染性可在防干尸体或潮湿粪便中保持数周。在污染的垫草中已发现 HEV，所以曾发过病的房舍中可再次发病[20]。最近的数据显示，在康复的禽类中有持续感染发生[4]。还没有通过蛋或其他生物媒介传播的流行病学证据[20]。因此 HEV、MSDV 和 AASV 很可能是从感染群机械性地传给易感群。

潜伏期

火鸡经静脉接种感染性脾脏提取物后 3～4 天，或经口腔或泄殖腔接种后 5～6 天，会引起 HE 的临床症状和死亡[24]。雏鸡口腔接种 MSDV[25]与雏鸡口腔接种 AASV[27,126]的潜伏期分别是 6 天和 5～7 天。

临床症状

HE 的特征是临床症状发展迅速，持续 24h 以上[20,99]，这些症状包括精神沉郁、排血便和死亡。在濒死和死亡禽泄殖腔周围的皮肤和羽毛上有带血的粪便。如果在腹部稍加压力，可从肛门挤出血便。自然感染的禽群，出现血便的 6～10 天内症状会减轻。感染 MSDV 的雏鸡常发生急性死亡。如

果有症状，则表现精神沉郁、虚弱和进行性呼吸困难，偶尔可见死前有鼻分泌物[37]。雏鸡感染AASV症状类似雏鸡，但病程通常没有那么急[27,29]。

发病率和死亡率

临床暴发HE时，血清学阳转表明，几乎所有的禽都被感染[24]，而且对随后的实验性攻击具有抵抗力。临床感染的小火鸡，一般在24h内死亡，或完全恢复。死亡率范围低于1%或略高于60%，平均约为10%～15%。在实验条件下，如果100%感染，死亡率可达80%。MSD和AAS的发病率可能与HE类似。据报道圈养环颈雉鸡感染MSDV的死亡率为2%～3%，但如果病程超过10天至数周死亡率则可高达到5%～20%[9,20,62,72]。有报道成年鸡AAS感染的死亡率为8.9%[29]。

病理变化

眼观病变

死亡的雏火鸡由于失血而表现为苍白外观，但膘情良好，在嗉囊中有食物。小肠通常扩张，变色，被血样内容物所充盈（彩图9.11F）。肠黏膜充血，个别火鸡肠黏膜表面覆盖有黄色、坏死性纤维素膜。小肠近端（十二指肠袢）的病变通常更明显，但在较严重的病例也常扩展到远端。感染鸡的脾特征性肿大、质脆并呈斑驳样（彩图9.11G），但死亡雏火鸡的脾脏趋向于变小，推测这是由于失血和死后脾收缩造成的。肺通常充血，但其他器官呈苍白色。据报道死亡雏火鸡肝肿大，各种组织中有点状出血，但这些病变很不固定，因而不具有诊断价值[8,43,44,46,60,100]。强毒株对组织的损害呈剂量依赖性[80,88]。

感染了MSDV的雉鸡，其大体病变为脾肿大，呈斑驳样（大理石样）、肺水肿、充血[6,72]。未有肠病变的报道。感染AASV的肉种鸡，其脾脏的眼观病变与感染MSDV的雉鸡的脾病变相似[27,29]。

组织学病变

HE的特征性病理学变化多见于免疫系统和胃肠系统。死亡时的脾病变（图9.9）包括白髓增生、淋巴坏死。单核细胞，即巨噬细胞和淋巴细胞内有核内包涵体[75,107,112]。在HEV感染后的3天，鞘动脉

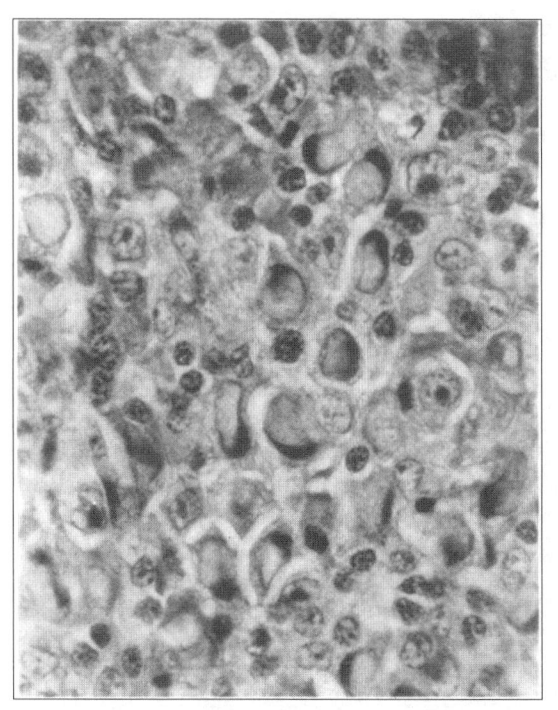

图9.9 HE发病火鸡的脾脏组织切片：感染细胞含有特征性的核内包涵体。H.E.，×550

周围出现明显的白髓增生，这导致在感染后4～5天，白髓肿大、边缘不齐、融合，脾外观呈斑驳样[107]。感染后3～5天，经H.E.染色和免疫过氧化物酶染色，在这些区域可见大量核内包涵体。感染后4～5天，白髓开始出现坏死。感染后6～7天，白髓完全坏死，仅在红髓偶尔见到一些浆细胞[107]。感染后3～9天，除了脾脏的变化外，可见胸腺[56]和法氏囊[56,107]的皮质和髓质部淋巴样缺失。

胃肠道的典型病变包括肠黏膜严重充血，绒毛上皮细胞变性和脱落及绒毛顶端的出血（图9.10）。出血被认为是由内皮细胞崩解所致，因为固有层的血管是完整的，但红细胞借助血细胞渗出作用移到血管外边[107]。除了肥大细胞[86]、浆细胞和异嗜细胞[107]外，固有层中核内抗原阳性单核细胞的数量也增加[52]。胰导管开口后端的十二指肠发生的组织病理学变化最明显，但腺胃、肌胃、小肠远端、盲肠、盲肠扁桃体和法氏囊中也有类似病变，但程度稍轻[20]。另外，肝脏、骨髓、外周血白细胞、肺脏、胰腺、脑和肾小管上皮细胞中可见到具有核内包涵体的细胞[8,43,46,52,60,75,119]。

MSDV和AASV所产生的核内包涵体及脾脏病变与HEV相似，但没有明显的胃肠变化。MSDV和AASV自然感染病例中，可见肺心叶充血，三级支气管内有纤维蛋白、红细胞和血管充血[6,29,40]。但实

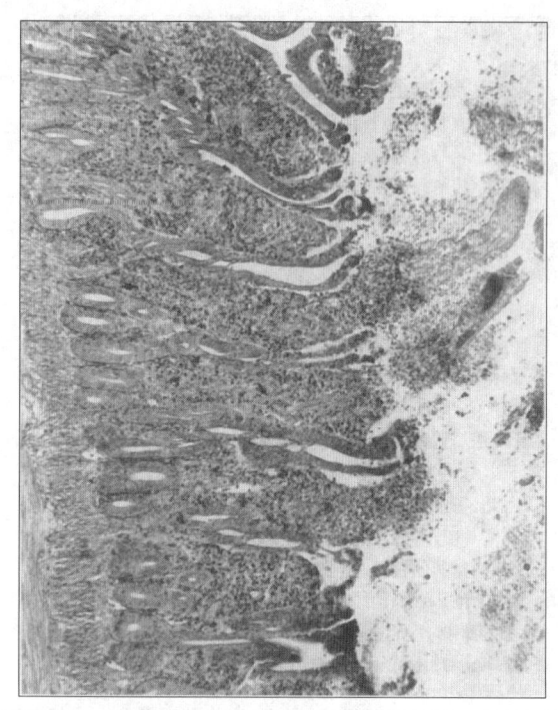

图9.10 感染出血性肠炎火鸡的小肠组织切片。病变包括黏膜严重充血，绒毛顶部的上皮细胞变性，上皮细胞和绒毛顶端脱落，肠腔内有出血。H.E.，×550

验感染一般没有这类病变。肺、肝、肾、法氏囊和骨髓组织中有典型的核内包涵体。然而，在胃肠道看不到包涵体[37,40]。对自然感染雏鸡的肺切片进行免疫组织化学染色，检测 MSDV 抗原，可见心叶单核细胞出现一定数量的核阳性染色[40]。该病变是否与 HEV 感染相似，存在外周血白细胞感染，或存在 MSDV 感染的肺水肿，还不清楚。

感染过程的病理机制

HEV 及相关病毒对淋巴细胞具有亲嗜性和淋巴细胞致病性[38,52,107,123]，带有 IgM 的 B 淋巴细胞为其主要靶组织[105,112]。病毒也可在巨噬细胞内复制[111,123]。如果是这样，法氏囊切除可影响病毒复制和病变形成[31,38,111]，或在 HEV 急性感染期脾脏和外周血中带有 IgM 的细胞会发生明显缺失[105,111]，这也符合常理。HEV 和 MSDV 也能一过性地抑制对羊红细胞[36,76]和新城疫病毒[77]抗体的产生，在体外试验可抑制 B 细胞和 T 细胞对有丝分裂原刺激的反应[36,76,77,78]。

有关 HE 及相关病毒的免疫致病机制有多种假设[31,52,74,86,87,92,103,106,107,111,112]。根据多数研究，

Rautenschlein 和 Sharma[104] 提出了如下合理的模型：经口感染后，HEV 要么在小肠和法氏囊内的 B 细胞中复制，要么通过外周血直接运至脾，在此处感染更多的 B 细胞和巨噬细胞并大量复制，导致 CD4＋T 细胞和巨噬细胞汇集于白髓以清除病毒，这样就引起了在急性感染期所见的增生。一旦被激活，巨噬细胞产生多种细胞因子，包括白细胞介素-6（IL-6）和肿瘤坏死因子（TNF），继而诱导 T 细胞产生干扰素（IFN）和 TNF，Ⅱ型 IFN 可激活巨噬细胞群，刺激产生一氧化氮，而一氧化氮有抗病毒和免疫抑制特性。也可能产生Ⅰ型 IFN，对病毒复制有限制作用[106]。随着感染过程的发展，HEV 病毒复制诱导靶细胞凋亡和坏死，使得带有 IgM 的 B 细胞群缺失。被激活 T 细胞和巨噬细胞释放的细胞因子可诱导周围细胞凋亡，结果引起大量凋亡，伴发一过性免疫抑制。也有人认为，大量细胞因子的释放可引起系统性休克，促进火鸡胃肠道血管特征性病变，即主要的靶向休克器官。

有证据表明，在 HEV 致病机制中，组胺和前列腺素对肠道病变形成也起着一定的作用[85,86]。肠道有少量感染细胞[112]及环孢菌素 A（T 细胞抑制剂）可抑制小肠出血等现象表明，胃肠道病变的形成是由免疫介导的[111]。如果这种解释模型是合理的，那么 MSDV 和 AASV 引起的雏鸡和鸡肺脏病变，很可能与靶向休克器官的种属差异有关。

由于能引起免疫抑制，HEV 单独[66,109]或与其他病原，包括禽波氏杆菌、新城疫病毒、火鸡支原体混合感染可促发临床上大肠杆菌的继发感染[91]。据报道，在实验条件下，用 HEV 无毒株也能引起类似的结果[65,66,83,95]。HEV 感染可继发副黏病毒-2 型和鹦鹉热衣原体感染[2]。

奇怪的是，报道表明：火鸡同时感染 HEV（或 MSDV）和火鸡艾美耳球虫时，出现了增重加快和球虫卵囊排出减少现象[84]。免疫接种 NDV 和 HEV 两种疫苗似乎有特殊效果，即 HEV 抗体产生被抑制，但 NDV 抗体产生却增强。家禽免疫接种上述两种疫苗后脾白髓增生更明显且凋亡率升高[103]。

有毒力和无毒力的 HEV 毒株似乎均可引发免疫抑制[66,74,90]。因此可以认为有毒力的毒株一定具有致病性，但无毒力株不一定完全无致病性。

免疫力

主动免疫

HE 自然和实验感染的康复火鸡对攻毒具有抵抗力。保护作用似乎不具有毒株特异性。致死率低于 1％的病毒株可诱导产生免疫力，对那些致死率很高的致病毒株的感染具有保护作用[22]。HEV 感染后 3 天就可利用 ELISA 方法检测到抗体[121]。这种免疫力即使不是终生免疫，但好像要持续很长时间。对一群火鸡 4 年多的监测证实，感染后 4 周血清 100％阳转，40 个月仍有 83％为阳性[21]。认为终生免疫是持续感染的结果，因为尽管存在高水平的抗体，但感染后 70 天仍可在许多组织中检测到病毒 DNA[4]。

很显然，细胞免疫对主动抵抗 HEV 和 MSDV 感染和病变形成起着作用，但这种作用并不完全清楚。火鸡感染 HEV 后 4～6 天可引起脾脏 CD4 T 细胞增加[104,111]，感染后 8～10 天和 16 天 CD8 细胞毒性 T 细胞/抑制性 T 细胞也升高[90,111]。利用环孢菌素 A 选择性地缺失体内 T 细胞，可加剧 MSDV 感染雏鸡的脾脏病变和促进病毒复制[42]，但 HEV 感染火鸡中没有观察到类似的情况[111]。

被动免疫

临床上，母源抗体对 6 周龄内火鸡的 HE 有保护作用，且对 5 周龄内的疫苗免疫有干扰作用[32]。然而，在商品鸡场，3.5～4 周龄时母源抗体明显下降，此时可接种 HEV 疫苗。注射康复鸡的血清也可传递被动免疫。在实验条件下，注射 0.5～1.0mL 抗血清可防止所有大体病变的发生，而 0.1～0.25mL 就可防止肠病变[19]。注射高免血清，可在 5 周内防止病变发生[32]。

诊　断

病原分离与鉴定

死亡或濒死雏火鸡的血性肠内容物或脾组织中存在大量的 HEV[48]。MSDV 感染雏鸡和 AASV 感染鸡的脾脏也是适于病毒分离的原始材料。对这三种病原体来说，可用肠内容物经口，或用脾脏匀浆液（1∶1V/V，脾脏∶PBS）经口或静脉接种 HE 血清学阴性的火鸡，最好是 6 周龄火鸡。强毒静脉接种一般在 3 天后出现死亡，经口感染后 5～6 天死亡。未死亡小火鸡的脾脏通常肿胀呈斑驳样，并有典型的核内包涵体。从脾脏中获得大量病毒可用于沉淀反应和分子诊断。在这时采集的血清中也含有病毒[24]。另外，可将过滤（0.22μm）的脾组织液接种于 MDTC-RP19 细胞（美国菌种保藏中心，马纳萨斯，弗吉尼亚州）中来分离和繁殖病毒，这种细胞需要在添加了 L-谷氨酸（1∶1V/V）、5％胰蛋白胨、20％鸡血清（HEV 阴性）、10％胎牛血清、10 万 IU/L 青链霉素的 65％麦考伊 5A 和莱博维茨 L-15 的磷酸盐肉汤中培养[79,80]。

可采用琼脂扩散（AGID）试验检测 HEV、MSDV 和 AASV，该方法是将脾组织（新鲜或冷冻）按 1∶1（V/V）PBS 稀释，而后与 HEV 多克隆抗血清发生免疫沉淀反应[23,24,93]。用免疫荧光[35]和免疫过氧化酶染色法也能对冰冻和甲醛固定组织切片中的病毒抗原进行鉴定[40,41,53,107]。根据近期发表的基因组序列资料可采用标准、巢式和实时 PCR 检测新鲜或冷冻组织中的病毒 DNA[4,50,94,98]。保存在滤纸上的脾脏干材料和 DNA 提取物均可进行 PCR 检测[98]。标准 PCR 可使用商品试剂盒来提取 DNA。25～50μL 反应体系中可加入 DNA 聚合酶、MgCl$_2$、dNTPs、寡核苷酸引物、无菌去离子水和样品 DNA。可以利用扩增六邻体基因 270 个碱基区域的引物（nHEVL，5′- gtg gtt cag cag aaa gtt ctt - 3′；nHEVR，5′- cag tag act cat aag caa cta t - 3′）。可利用标准的 3 步扩增程序，循环数是 35 个[4]。使用不多的检测方法包括抗原捕捉 ELISA[54,81,108,121]和 DNA 原位杂交[112]。

血清学

将已知阳性脾组织用 PBS 1∶1（V/V）稀释作为检测抗原，利用 AGID 技术可检测到感染后 2～3 周康复禽血浆或血清中的 HEV 抗体[23,24,93]。如果依据血清学可做出诊断，最好采用急性期和恢复期的血清。可采用 AGID 法检测母源抗体，但这种方法对 1 周龄以上火鸡的敏感性不高[121]。已建立了更敏感的 ELISA 方法来检测母源抗体[12,54,80,81,121]。这种方法能够检测到约 4～6 周龄火鸡血清中的母源抗体，但大多数禽在 3 周龄时血清为阴性[13,121]。感染后 3 天就能检测到有效的免疫应答[121]。可利用 HEV ELISA 商品检测试剂盒，且对 MSDV 和 AASV 的检测也应该有用。

鉴别诊断

在火鸡，如果出现脾脏肿胀、大理石脾，用 AGID 不能证明有 HEV 抗原，且又缺少肠道出血现象时，应注意与网状内皮组织增生症或淋巴增生性疾病进行鉴别。火鸡脾脏肿大和充血常被误认为 HEV 所致，但多数是细菌性败血症（即大肠杆菌病、沙门氏杆菌病、丹毒）所造成的。这些疾病通常有其他的症状和病变。胃肠出血和黏膜充血可能与急性败血症、病毒血症和毒血症有关，但这些情况往往都有与其病原相对应的其他病变和症状。也应考虑到球虫病和毒性物质（如重金属和化学物质）中毒。

雉鸡和鸡如果发生急性死亡，伴有呼吸道症状，但没有肿大的大理石样脾脏时，则应检查其他呼吸道病原，包括新城疫病毒、禽流感病毒、传染性喉气管炎病毒和鸡的传染性支气管炎病毒。脾肿大、充血，且有呼吸道症状时，应考虑巴氏杆菌、大肠杆菌等细菌性病原。对圈养鸡来说，应考虑一氧化碳、二氧化碳和天然气中毒。脾肿大并呈大理石样，但 AGID 检查不到 MSDV 或 AASV 抗原时，应根据组织病理学变化来确定是否为肿瘤病，如马立克氏病、淋巴白血病和网状内皮组织增生症。对于鸡，还应考虑戊型肝炎。

预防和控制

管理措施

由于感染性垫草或粪便的群间转运是最常见的传播方式，所以对 HE、MSD 和 AAS 的预防和控制要遵循良好的管理措施，特别是生物安全措施。用 0.0086% 次氯酸钠溶液或其他杀病毒制剂，辅以 25℃ 干燥 1 周[17,18]可对污染设施进行清洁和消毒。但在大多数商品鸡群，尤其是不同日龄的鸡混养

时，要想完全消灭病毒是不切实际的。在这种情况下，疫苗接种是控制和预防临床发病的最可行办法。

免疫

接种疫苗的类型

已成功地将 HEV 和 MSDV 的无毒力分离株用作饮水型活疫苗[22]。现在普遍使用的火鸡疫苗有两种。一种是用无毒力 HEV I（Domermuth 株）或无毒力 HEV II 经口或静脉接种 6 周龄火鸡，取脾脏（1:1V/V 脾脏:PBS）制备成的一种粗制匀浆。另一种是 MDTC-RP19 细胞的体外悬浮培养液[33]。这两种疫苗都能产生足够的血清阳转和免疫保护[3]，并在美国广泛使用，但只有后一种疫苗已商品化。第三种疫苗的生产方法是用外周血白细胞增殖无毒力病毒 I[123]，目前在加拿大已投入使用。实验表明，表达 HEV 天然六邻体的禽痘病毒重组苗可预防攻毒火鸡发生死亡和肠道眼观病变。根据淋巴细胞增殖试验结果，重组苗产生的免疫抑制作用比 HEV 强毒感染和组织培养致弱的 HEV 商品疫苗低[7]。已研发了其他疫苗，包括纯化的六邻体亚单位苗[125]和五邻体纤突结亚单位重组苗，且能产生保护作用[97]。饲料级转基因植物（烟草）和口服性重组 HEV 纤维载体苗已经研制[116,117]。

免疫规程和制度

已报道对 SPF 火鸡经卵成功免疫[1]，但目前对健康火鸡一般选择在 3.5～6 周龄进行饮水免疫。应在饮水中添加疫苗稳定剂，清除水道中的任何消毒剂（包括氯化物），以保证疫苗毒存活和免疫成功。有趣的是，接种疫苗当天的应激作用，例如换圈引起的骚动，可以增强疫苗的反应，可能是因为它激发了细胞免疫或增强了病毒的有效复制[74]。鸡群首免的免疫保护率低于 100%，但在 2～3 周内经水平传播可获得保护。尽管这样，有时还在首免 1 周后进行第 2 次免疫。火鸡先前患有免疫抑制性疾病（如禽肺病毒感染）时，对疫苗的反应较低，这点并不为奇[10]。

无毒力饮水型活疫苗对控制雉鸡 MSD 也有效[26,30]，但在美国没有可利用的商品苗。现在还没有研制出鸡的 AAS 疫苗。

治疗

在有效的疫苗接种前，可在屠宰场收集健康鸡群的恢复期抗血清，通过皮下或肌内注射 0.5～1.0mL 抗血清进行治疗[19]。未曾报道过对雉鸡 MSD 和鸡 AAS 进行治疗。由于 HEV 和相关病毒具有免疫抑制特性，所以一定要考虑细菌继发感染（主要是大肠杆菌病）的治疗。要依据细菌培养和药敏试验选择适宜的抗生素。矫正管理漏洞，并对加重 HEV 野毒株和疫苗株反应的其他主要病原（如禽波氏杆菌、新城疫病毒）进行免疫预防。

薛燕飞　刘彦威　张仲秋　译

苏敬良　校

参考文献

[1] Ahmad, J. and J. M. Sharma. 1993. Protection against hemorrhagic enteritis and Newcastle disease in turkeys by embryo vaccination with monovalent and bivalent vaccines. *Avian Dis* 37:485 - 491.

[2] Andral, B., M. Metz, D. Toquin, J. LeCoz, and J. Newman. 1985. Respiratory disease (rhinotracheitis) of turkeys in Brittany, France. Ⅲ. Interaction of multiple infecting agents. *Avian Dis* 29:233 - 243.

[3] Barbour, E. K., P. E. Poss, M. K. Brinton, J. B. Johnson, and N. H. Nabbut. 1993. Evaluation of cell culture propagated and *in vivo* propagated hemorrhagic enteritis vaccines in turkeys. *Vet Immunol Immunopathol* 35:375 -383.

[4] Beach, N. M. 2006. Characterization of avirulent turkey hemorrhagic enteritis virus:a study of the molecular basis for variation in virulence and the occurrence of persistent infection. PhD diss., Virginia Polytechnic Institute and State University,Blacksburg,VA.

[5] Benko, M., B. Harrach, and W. C. Russell. 2000. Family Adenoviridae. In *Virus Taxonomy. Seventh Report of the International Committee on Taxonomy of Viruses*. M. V. H. Van Regenmortel,C. M. Fauquet,D. H. L. Bishop, E. B. Carstens,M. K. Estes,S. M. Lemon,J. Maniloff,M. A. Mayo,D. J. McGeoch,C. R. Pringle,and R. B. Wickner (eds.),pp. 227 - 238. Academic Press,New York,NY.

[6] Bygrave, A. C. and M. Pattison. 1973. Marble spleen disease in pheasants (Phasianus colchicus). *Aet Rec* 92:534 -535.

[7] Cardona,C. J., W. M. Reed, R. L. Witter, and R. E Silva. 1999. Protection of turkeys from hemorrhagic enteritis with a recombinant fowl poxvirus expressing the native hexon of hemorrhagic enteritis virus. *Avian Dis* 43:234 -244.

[8] Carlson, H. C., F. Al - Sheikhly, J. R. Pettit, and G. L. Seawright. 1974. Virus particles in spleens and intestines of turkeys with hemorrhagic enteritis. *Avian Dis* 18:67 -73.

[9] Carlson, H. C., J. R. Pettit, R. V. Hemsley, and W. R. Mitchell. 1973. Marble spleen disease of pheasants in Ontario. *Can J Comp Med* 37:281 - 286.

[10] Chary,P., S. Rautenschlein,and J. M. Sharma. 2002. Reduced efficacy of hemorrhagic enteritis virus vaccine in turkeys exposed to avian pneumovirus. *Avian Dis* 46:353 -359.

[11] Cowen, B. S., H. Rothenbacher, L. D. Schwartz, M. O. Braune,and R. L. Owen. 1988. A case of acute pulmonary edema, splenomegaly, and ascites in guinea fowl. *Avian Dis* 32:151 - 156.

[12] Davidson, I., A. Aronovici, Y. Weisman, and M. Malkinson. 1985. Enzyme immunoassay studies on the serological response of turkeys to hemorrhagic enteritis virus. *Avian Dis* 29:43 - 52.

[13] Davison,A. J., K. M. Wright, and B. Harrach. 2000. DNA sequence of frog adenovirus. *J Gen Virol* 10:2431 - 2439.

[14] Davison,A. J. and B. Harrach. 2002. Genus Siadenovirus. In *The Springer Index of Viruses*. C. A. Tidona and G. Darai (eds.), pp. 29 - 33, Springer-Verlag, Berlin, Germany.

[15] Davison,A. J., M. Benko, and B. Harrach. 2003. Genetic content and evolution of adenoviruses. *J Gen Virol* 84:2895 - 2908.

[16] Domermuth,C. H., D. J. Forrester, D. O. Trainer, and W J. Bigler. 1977. Serologic examination of wild birds for hemorrhagic enteritis of turkey and marble spleen disease of pheasants. *J Wildl Dis* 13:405 - 408.

[17] Domermuth,C. H. and W. B. Gross. 1971. Effect of disinfectants and drying on the virus of hemorrhagic enteritis of turkeys. *Avian Dis* 15:94 - 97.

[18] Domermuth,C. H. and W B. Gross. 1972. Effect of chlorine on the virus of hemorrhagic enteritis of turkeys. *Avian Dis* 16:952 - 953.

[19] Domermuth, C. H. and W B. Gross. 1975. Hemorrhagic enteritis of turkeys. Antiserum-efficacy, preparation and use. *Avian Dis* 19:657 - 665.

[20] Domermuth, C. H. and W. B. Gross. 1984. Hemorrhagic enteritis and related infections. In *Diseases of Poultry*,

8th Ed. M. S. Hofstad, H. J. Barnes, B. W. Calnek, W. M. Reid, and H. W. Yoder, Jr. (eds.), pp. 511 - 516. Iowa State University Press, Ames, IA.

[21]Domermuth, C. H. and W. B. Gross. 1991. Hemorrhagic enteritis and related infections. In *Diseases of Poultry*, *9th Ed*. B. W. Calnek, H. J. Barnes, C. W. Beard, W. M. Reid, and H. W. Yoder, Jr. (eds.), pp. 567 - 572. Iowa State University Press, Ames, IA.

[22]Domermuth, C. H., W. B. Gross, C. S. Douglass, R. T. DuBose, J. R. Harris, and R. B. Davis. 1977. Vaccination for hemorrhagic enteritis of turkeys. *Avian Dis* 21: 557 -565.

[23] Domermuth, C. H., W. B. Gross, and R. T. DuBose. 1973. Microimmunodiffusion test for hemorrhagic enteritis of turkeys. *Avian Dis* 17:439 - 444.

[24] Domermuth, C. H., W. B. Gross, R. T. DuBose, C. S. Douglass, and C. B. Reubush, Jr. 1972. Agar gel diffusion precipitin test for hemorrhagic enteritis of turkeys. *Avian Dis* 16:852 - 857.

[25]Domermuth, C. H., W. B. Gross, R. T. DuBose, and E. T. Mallinson. 1975. Experimental reproduction and antibody inhibition of marble spleen disease of pheasants. *J Wildl Dis* 11:338 - 342.

[26]Domermuth, C. H., W. B. Gross, L. D. Schwartz, E. T. Mallinson, and R. Britt. 1979. Vaccination of ring - necked pheasant for marblespleen disease. *Avian Dis* 23: 30 - 38.

[27]Domermuth, C. H., J. R. Harris, W. B. Gross, and R. T. DuBose. 1979. A naturally occurring infection of chickens with a hemorrhagic enteritis/marble spleen disease type of virus. *Avian Dis* 23:479 - 484.

[28] Domermuth, C. H., C. R. Weston, B. S. Cowen, W. M. Colwell, W. B. Gross, and R. T. DuBose. 1980. Incidence and distribution of avian adenovirus group II splenomegaly of chickens. *Avian Dis* 24:591 -594.

[29]Domermuth, C. H., L. van der Heide, and G. P. Faddoul. 1982. Pulmonary congestion and edema (marble spleen disease) of chickens produced by group II avian adenovirus. *Avian Dis* 26:629 - 633.

[30]Fadly, A. M., B. S. Cowen, and K. Nazerian. 1988. Some observations on the response of ring-necked pheasants to inoculation with various strains of cell-culture-propagated type II avian adenovirus. *Avian Dis* 32:548 - 552.

[31]Fadly, A. M. and K. Nazerian. 1982. Evidence for bursal involvement in the pathogenesis of hemorrhagic enteritis of turkeys. *Avian Dis* 26:525 - 533.

[32]Fadly, A. M. and K. Nazerian. 1989. Hemorrhagic enteri-tis of turkeys: Influence of maternal antibody and age at exposure. *Avian Dis* 33:778 - 786.

[33]Fadly, A. M., K. Nazerian, K. Nagaraja, and G. Below. 1985. Field vaccination against hemorrhagic enteritis of turkeys by a cellculture live - virus vaccine. *Avian Dis* 29:768 - 777.

[34]Fasina, S. O. and J. Fabricant. 1982. *In vitro* studies of hemorrhagic enteritis virus with immunofluorescent antibody technique. *Avian Dis* 26:150 - 157.

[35]Fasina, S. O. and J. Fabricant. 1982. Immunofluorescence studies on the early pathogenesis of hemorrhagic enteritis virus infection in turkeys and chickens. *Avian Dis* 26: 158 - 163.

[36]Fitzgerald, S. D., A. L. Fitzgerald, W. M. Reed, and T. Burnstein. 1992. Immune function in pheasants experimentally infected with marble spleen disease virus. *Avian Dis* 36:410 - 414.

[37]Fitzgerald, S. D. and W. M. Reed. 1989. A review of marble spleen disease of ring - necked pheasants. *J Wildl Dis* 25:455 - 461.

[38]Fitzgerald, S. D. and W. M. Reed. 1991. Pathogenesis of marble spleen disease in bursectomized and non-bursectomized ringnecked pheasants following oral inoculation with cell-culturepropagated virus. *Avian Dis* 35: 579 -584.

[39]Fitzgerald, S. D., W. M. Reed, and T. Burnstein. 1991. The influence of age on the response of ring - necked pheasants to infection with marble spleen disease virus. *Avian Dis* 35:960 - 964.

[40]Fitzgerald, S. D., W. M. Reed, and T. Burnstein. 1992. Detection of type II avian adenoviral antigen in tissue sections using immunohistochemical staining. *Avian Dis* 36:341 - 347.

[41]Fitzgerald, S. D. and A. Richard. 1995. Comparison of four fixatives for routine splenic histology and immunohistochemical staining for group II avian adenovirus. *Avian Dis* 39:425 - 431.

[42]Fitzgerald, S. D., W. M. Reed, A. M. Furukawa, E. Zimels, and L. Fung. 1995. Effect of T-lymphocyte depletion on the pathogenesis of marble spleen disease virus infection in ring-necked pheasants. *Avian Dis* 39:68 -73.

[43]Fujiwara, H., S. Tanaami, M. Yamaguchi, and T Yoshiro. 1975. Histopathology of hemorrhagic enteritis in turkeys. *Natl Inst Anim Hlth Quart* 15:68 -75.

[44]Gale, C. and J. W. Wyne. 1957. Preliminary observations on hemorrhagic enteritis of turkeys. *Poult Sci* 36: 1267 -1270.

［45］Gomez - Villamandos, J. C. , J. M. Martin de las Mulas, J. Hervas, F. Chancon - M. de Lara, J. Perez, and E. Mozos. 1995. Splenoenteritis caused by adenovirus in psittacine birds: A pathological study. *Avian Pathol* 24:553 - 563.

［46］Gross, W. B. 1967. Lesions of hemorrhagic enteritis. *Avian Dis* 11:684 - 693.

［47］Gross, W. B. and C. H. Domermuth. 1976. Spleen lesions of hemorrhagic enteritis of turkeys. *Avian Dis* 20: 455 -466.

［48］Gross, W. B. and W. E. C. Moore. 1967. Hemorrhagic enteritis of turkeys. *Avian Dis* 11:296 - 307.

［49］Harris, J. R. and C. H. Domermuth. 1977. Hemorrhagic enteritis in two-and-one-half-week-old turkey poults. *Avian Dis* 21:120 - 122.

［50］Hess, M. , R. Raue. H. M. Hafez. 1999. PCR for specific detection of haemorrhagic enteritis of turkeys, an avian adenovirus. *J Virol Meth* 81:199 - 203.

［51］Hopkins, B. A. , J. K. Skeeles, G. E. Houghten, D. Slagle, and K. Gardner. 1990. A survey of infectious diseases in wild turkeys (Meleagridis gallopavo silvestris) from Arkansas. *J Wildl Dis* 26:468 - 472.

［52］Hussain, I. , C. U. Choi, B. S. Rings, D. P. Shaw, and K. V. Nagaraja. 1993. Pathogenesis of hemorrhagic enteritis virus infection in turkeys, *J Vet Med* 40:715 - 726.

［53］Hussain, I. and K. V. Nagaraja. 1993. A monoclonal antibody - based immunoperoxidase method for rapid detection of haemorrhagic enteritis virus of turkeys. *Res Vet Sci* 55:98 - 103.

［54］Ianconescu, M. , E. J. Smith, A. M. Fadly, and K. Nazerian. 1984. An enzyme-linked immunosorbent assay for detection of hemorrhagic enteritis virus and associated antibodies. *Avian Dis* 28:677 - 692.

［55］Iltis, J. P. 1976. Experimental transmission of marble spleen disease in turkeys and pheasants with demonstration, characterization and classification of the causative virus. *Diss Abstr* 36:4890B.

［56］Iltis, J. P. , S. B. Daniels, and D. S. Wyand. 1977. Demonstration of an avian adenovirus as the causative agent in marble spleen disease. *Am J Vet Res* 38:95 - 100.

［57］Iltis, J. P. , and S. B. Daniels. 1977. Adenovirus of ring - necked pheasants: purification and partial characterization of marble spleen disease virus. *Infect Immun* 16: 701 - 705.

［58］Iltis, J. P. , R. M. Jakowski, and D. S. Wyand. 1975. Transmission of marble spleen disease in turkeys and pheasasnts. *Am J Vet Res* 36:97 - 101.

［59］Ittis, J. P. and D. S. Wyand. 1974. Indications of a viral e-tiology for marble spleen disease in pheasants. *J Wildl Dis* 10:272 - 278.

［60］Itakura, C. and H. C. Carlson. 1975. Electron microscopic findings of cells with inclusion bodies in experimental hemorrhagic enteritis of turkeys. *Can J Com Med* 39: 299 -304.

［61］Itakura, C. , H. C. Carlson, and G. N. Lang. 1974. Experimental transmission of hemorrhagic enteritis of turkeys. *Avian Pathol* 3:279 - 292.

［62］Jakowski, R. M. and D. S. Wyand. 1972. Marble spleen disease in ring - necked pheasants: demonstration of agar gel precipitin antibody in rheasants from an infected flock, *J Wildl Dis* 8:261 - 263.

［63］Jucker, M. T. , J. R. McQuiston, J. V. van den Hurk, S. M. Boyle, and F. W. Pierson. 1996. Characterization of the haemorrhagic enteritis virus genome and the sequence of the putative penton base and core protein genes. *J Gen Virol* 77:469 - 479.

［64］Kunze, L. S. , S. D. Fitzgerald, A. Richard, R. Balander, and W. M. Reed. 1996. Variations in response of four lines of ring-necked pheasants to infection with marble spleen disease virus. *Avian Dis* 40:306 - 311.

［65］Kwaga, J. K. , B. J. Allen, J. V. van den Hurk, H. Seida, and A. A. Potter. 1994. A carAB mutant of avian pathogenic Escherichia coli serogroup 02 is attenuated and effective as a live oral vaccine against colibacillosis in turkeys. *Infect Immun* 62:3766 - 3772.

［66］Larsen, C. T. , C. H. Domermuth, D. P. Sponenberg, and W. B. Gross. 1985. Colibacillosis of turkeys exacerbated by hemorrhagic enteritis virus - laboratory studies. *Avian Dis* 29:729 - 732.

［67］Le Gros, F. X. , D. Toquin, M. Guittet, G. Bennejean. 1989. Sensibilite comparee de quatre varietes genetiques de dinde a des souches virulentes ou attenuees du virue de l'enterite hemorragique. *Avian Pathol* 18:147 - 160.

［68］Lee, J. K. , J. H. Choi, D. W. Lee, S. J. Kim, S. D. Fitzgerald, Y. S. Lee, and D. Y. Kim. 2001. Marble spleen disease in pheasants in Korea. *J Vet Med Sci* 63:699 - 701.

［69］Lucientes, J. , J. F. Garcia - Marin, and J. J. Badiola. 1984. Outbreak of marble spleen disease in Spain. *Med Vet* 1:59 - 61.

［70］Mandelli, G. , A. Rinaldi, and G. Cervio. 1966. A disease involving the spleen and lungs in pheasants: Epidemiology, symptoms, and lesions. *Clin Vet* (Milano) 89: 129 -138.

［71］Massi, P. , D. Gelmett, G. Sironi, M. Dottori, A. Lavazza, and S. Pascucci. 1995. Adenovirus - associated haemorrhagic disease in guinea fowl. *Avian Pathol* 24:227 -237.

[72]Mayeda,B. ,G. B. West,A. A. Bickford,and B. R. Cho. 1982. Marble spleen disease in pen-raised pheasants in California. *Proc Am Assoc Vet Lab Diag* 25:261 - 270.

[73]McFerran,J. B. 1997. Group I adenovirus infections. In *Diseases of Poultry*, 10th Ed. B. W. Calnek, H. J. Barnes,C. W. Beard, L. R. McDougald, and Y. M. Saif (eds.), pp. 608 - 620. Iowa State University Press, Ames,IA.

[74]Meade,S. M. 2004. The effect of social stress and vitamin C on immunity and response to vaccination with hemorrhagic enteritis virus in turkeys. PhD diss. ,Virginia Polytechnic Institute and State University,Blacksburg,VA.

[75]Meteyer,C. U. , H. O. Mohammed,R. P. Chin, A. A. Bickford,D. W. Trampel,and P. N. Klein. 1992. Relationship between age of flock seroconversion to hemorrhagic enteritis virus and appearance of adenoviral inclusions in the enteritis and renal tubule epithelia of turkeys. *Avian Dis* 36:88 - 96.

[76]Nagaraja,K. V. ,D. J. Emery,B. L. Patel,B. S. Pomeroy, and J. A. Newman. 1982. *In vitro* evaluation of B-lymphocyte function in turkeys infected with hemorrhagic enteritis virus. *Am J Vet Res* 43:502 -504.

[77]Nagaraja, K. V. , S. Y. Kang, and J. A. Newman. 1985. Immunosuppressive effects of virulent strain of hemorrhagic enteritis virus in turkeys vaccinated against Newcastle disease. *Poult Sci* 64:588 - 590.

[78] Nagaraja, K. V. , B. L. Patel, D. A. Emery, B. S. Pomeroy,and J. A. Newman. 1982. *In vitro* depression of the mitogenic response of lymphocytes from turkeys infected with hemorrhagic enteritis virus. *Am J Vet Res* 43:134 - 136.

[79]Nazerian,K. and A. Fadly. 1982. Propagation of virulent and avirulent turkey hemorrhagic enteritis virus in cell culture. *Avian Dis* 26:816 - 827.

[80]Nazerian,K. and A. M. Fadly. 1987. Further studies on *in vitro* and *in vivo* assays of hemorrhagic enteritis virus (HEV). *Avian Dis* 31:234 - 240.

[81]Nazerian,K. ,L. F. Lee,and W. S. Payne. 1990. A double-antibody enzyme - linked immunosorbent assay for the detection of turkey hemorrhagic enteritis virus antibody and antigen. *Avian Dis* 34:425 - 432.

[82]Nazerian,K. ,L. F. Lee,and W. S. Payne. 1991. Structural polypeptides of type Ⅱ avian adenoviruses analyzed by monoclonal and polyclonal antibodies. *Avian Dis* 35: 572 -578.

[83]Newberry,L. A. ,J. K. Skeeles,D. L. Kreider,J. N. Beas-ley,J. D. Story,R. W. McNew,and B. R. Berridge. 1993. Use of virulent hemorrhagic enteritis virus for the induction of colibacillosis in turkeys. *Avian Dis* 37:1 - 5.

[84]Norton,R. A. ,J. K. Skeeles,and L. A. Newberry. 1993. Evaluation of the interaction of Eimeria meleagrimitis with hemorrhagic enteritis virus or marble spleen disease virus in turkeys. *Avian Dis* 37:290 -294.

[85]Opengart, K. N. 1991. Studies on the immunopathologic mechanisms of intestinal lesion formation in turkey poults infected with hemorrhagic enteritis virus. PhD diss. ,Virginia Polytechnic Institute and State University,Blacksburg,VA.

[86]Opengart, K. , P. Eyre, and C. H. Domermuth. 1992. Increased numbers of duodenal mucosal mast cells in turkeys inoculated with hemorrhagic enteritis virus. *Am J Vet Res* 53:814 - 819.

[87]Ossa, I. E. ,J. Alexander,and G. G. Schurig. 1982. Role of splenectomy in prevention of hemorrhagic enteritis and death from hemorrhagic enteritis virus in turkeys. *Avian Dis* 27:1106 - 1111.

[88]Ossa,I. E. ,R. C. Bates,and G. G. Schurig. 1983. Hemorrhagic enteritis in turkeys:purification and quantification of the virus. *Avian Dis* 27:235 -245.

[89]Perrin, G. , C. Louzis, and D. Toquin. 1981. L' enterite hemorragique du dindon:Culture du virus *in vitro*. *Bull Acad Vet Fr* 54:231 - 235.

[90]Pierson, F. W. 1993. The roles of multiple infectious agents in the predisposition of turkeys to colibacillosis. PhD diss. ,Virginia Polytechnic Institute and State University Blacksburg,VA.

[91]Pierson,F. W. ,V. D. Barta,D. Boyd,and W. S. Thompson. 1996. The association between exposure to multiple infectious agents and the development of colibacillosis in turkeys. *J Appl Poult Res* 5:347 - 357.

[92]Pierson,F. W. and C. H. Domermuth. 1997. Hemorrhagic enteritis,marble spleen disease,and related infections. In *Diseases of Poultry*, 10th Ed. B. W. Calnek, H. J. Barnes,C. W. Beard, L. R. McDougald, and Y. M. Saif (eds.),pp. 624 - 632. Iowa State University Press, Ames,IA 624 - 632.

[93] Pierson, F. W. , C. H. Domermuth, and W. B. Gross. Hemorrhagic enteritis of turkeys and marble spleen disease of pheasants. 1998. In *A Laboratory Manual for the Isolation and Identification of Avian Pathogens*, 4th Ed. D. E. Swayne, J. R. Glisson, M. W. Jackwood, J. E. Pearson,and W. M. Reed (eds.),pp. 106 - 110. American Association of Avian Pathologists,Kennett Square,PA.

［94］Pierson, F. W., R. B. Duncan, Jr., and D. Wise. 1998. Tissue distribution of hemorrhagic enteritis virus over time as determined by PCR. Proceedings of the 70th Northeastern Conference on Avian Diseases, June 10 - 12, Guelph, Ontario, Canada.

［95］Pierson, F. W., C. T Larsen, and C. H. Domermuth. 1996. The production of colibacillosis in turkeys following sequential exposure to Newcastle disease virus or *Bordetella avium*, avirulent hemorrhagic enteritis and *Escherichia coli*. *Avian Dis* 40:837 -840.

［96］Pierson, F. W., A. Miles, F. Hegngi, G. Saunders, and K. Opengart. 1995. A hemorrhagic enteritis (HE)- like syndrome observed in turkeys vaccinated with a commercially available cell cultured HE vaccine. Proceedings of the 132nd Annual Meeting of the American Veterinary Medical Association, Pittsburgh, PA.

［97］Pitcovski, J., E. Fingerut, G. Gallili, D. Eliahu, A. Finger, and B. Gutter. 2005. A subunit vaccine against hemorrhagic enteritis adenovirus. *Vaccine* 23:4697 - 4702.

［98］Pitcovski, J., M. Mualem, Z. Rei - Koren, S. Krispel, E. Shmueli, Y. Peretz, B. Gutter, G. E. Gallili, A. Michael, and D. Goldberg. 1998. The complete DNA sequence and genome organization of the avian adenovirus, hemorrhagic enteritis virus. *Virol* 249:307 - 315.

［99］Pomeroy, B. S. 1972. Hemorrhagic enteritis. In *Diseases of Poultry*, 6th Ed. M. S. Hofstad, B. W. Calnek, C. F. Helmboldt, W. M. Reid, and H. W. Yoder, Jr. (eds.), pp. 235 - 255. Iowa State University Press, Ames, IA.

［100］Pomeroy, B. S. and R. Fenstermacher. 1937. Hemorrhagic enteritis in turkeys. *Poult Sci* 16:378 - 382.

［101］Rachac, V. and K. Marjankova. 1983. Occurrence of marble spleen disease in pheasants in southern Bohemia. *Veterinarstvi* 33:359 - 361.

［102］Rautenschlein, S., R. L. Miller, and J. M. Sharma. 2000. The inhibitory effect of imidazoquinolinamine S - 28828 on the pathogenesis of type II adenovirus in turkeys. *Antiviral Res* 46:195 - 205.

［103］Rautenschlein, S. and J. M. Sharma. 1999. Response of turkeys to simultaneous vaccination with hemorrhagic enteritis and Newcastle disease viruses. *Avian Dis* 43:286 - 292.

［104］Rautenschlein, S. and J. M. Sharma. 2000. Immunopathogenesis of haemorrhagic enteritis virus (HEV) in turkeys. *Devel Comp Immno* 24:237 - 246.

［105］Rautenschlein, S., M. Suresh, U. Newmann, and J. M. Sharma. 1998. Comparative pathogenesis of haemorrhagic enteritis virus (HEV) infection in turkeys and

chickens. *J Comp Path* 119:251 - 261.

［106］Rautenschlein, S., M. Suresh, and J. M. Sharma. 2000. Pathogenic avian adenovirus type II induces apoptosis in turkey spleen cells. *Arch Virol* 145:1671 - 1683.

［107］Saunders, G. K., F. W. Pierson, and J. V. van den Hurk. 1993. Haemorrhagic enteritis virus infection in turkeys: A comparison of virulent and avirulent virus infections, and a proposed pathogenesis. *Avian Pathol* 22:47 - 58.

［108］Silim, A. and J. Thorsen. 1981. Hemorrhagic enteritis: Virus distribution and sequential development of antibody in turkeys. *Avian Dis* 25:444 - 453.

［109］Sponenberg, D. P., C. H. Domermuth, and C. T. Larsen. 1985. Field outbreaks of colibacillosis of turkeys associated with hemorrhagic enteritis virus. *Avian Dis* 29:838 - 842.

［110］Stoikov, V. and I. Nikiforov. 1983. Clinical features, epidemiology and pathology of marble spleen disease in pheasants. *Veterinarnomed Nauk* 20:89 -97.

［111］Suresh, M. and J. M. Sharma. 1995. Hemorrhagic enteritis virus induced changes in the lymphocyte subpopulations in turkeys and the effect of experimental immunodeficiency on viral pathogens. *Vet Immunol Immunopathol* 45:139 - 150.

［112］Suresh, M. and J. M. Sharma. 1996. Pathogenesis of type II avian adenovirus infection in turkeys: *in vivo* immune cell tropism and tissue distribution of the virus. *J Virol* 70:30 - 36.

［113］Szankowska, Z., E. Kubissa, M. Piotrowska, H. Panufnik. 1982. Outbreak of marble spleen disease in pheasants in Poland. *Med Wet* 38:288 - 290.

［114］Sztojkov, V., F. Ratz, and E. Saghy. 1978. Marble spleen disease of pheasants in Hungary. *Magy Alltorvosok Lapja* 33:223 - 226.

［115］Tham, V. L. and N. F. Thies. 1988. Marble spleen disease of pheasants. *Aust Vet J* 65:130 - 131.

［116］Tian, Y., C. C. Cramer, S. M. Boyle, F. W. Pierson, 2000. Transgenic plants as edible vaccines. Proceedings of the XXI World Poultry Congress, August 20 - 24, Montreal, Canada.

［117］Tian, Y., F. W. Pierson, C. C. Cramer, and S. M. Boyle. 2000. Expression of the hemorrhagic enteritis virus fiber protein in transgenic tobacco. Proceedings of the 72nd Northeastern Conference on Avian Diseases, June 14 - 16, Newark, DE.

［118］Tolin, S. A. and C. H. Domermuth. 1975. Hemorrhagic enteritis of turkeys: electron microscopy of the causal virus. *Avian Dis* 19:118 - 125.

[119] Trampel, D. W. , C. U. Meteyer, A. A. Bickford. 1992. Hemorrhagic enteritis virus inclusions in turkey renal tubular epithelium. *Avian Dis* 36:1086 - 1091.

[120] van den Hurk, J. 1985. Propagation of hemorrhagic enteritis virus in normal (nontumor derived) cell culture. *J Am Vet Med Assoc* 187:307.

[121] van den Hurk, J. V. 1986. Quantitation of hemorrhagic enteritis virus antigen and antibody using enzyme-linked immunosorbent assays. *Avian Dis* 30:662 - 671.

[122] van den Hurk, J. 1988. Characterization of group II avian adenoviruses using a panel of monoclonal antibodies. *Can J Vet Res* 52:458 - 467.

[123] van den Hurk, J. V. 1990. Efficacy of avirulent hemorrhagic enteritis virus propagated in turkey leukocyte cultures for vaccination against hemorrhagic enteritis in turkeys. *Avian Dis* 34:26 - 35.

[124] van den Hurk, J. V. 1992. Characterization of the structural proteins of hemorrhagic enteritis virus. *Arch Virol* 126:195 - 213.

[125] van den Hurk, J. V. and S. van Drunen Littel - van den Hurk. 1993. Protection of turkeys against hemorrhagic enteritis by monoclonal antibody and hexon immunization. *Vaccine* 11:329 - 335.

[126] Veit, H. P. , C. H. Domermuth, and W. B. Gross. 1981. Histopathology of avian adenovirus group II splenomegaly of chickens. *Avian Dis* 25:866 - 873.

[127] Wyand, D. S. , R. M. Jakowski, and C. N. Burke. 1972. Marble spleen disease in ring - necked pheasants——histology and ultrastructure. *Avian Dis* 16:319 - 329.

[128] Zhang, C. and K. V. Nagaraja. 1989. Differentiation of avian adenovirus type II strains by restriction endonuclease fingerprinting. *Am J Vet Res* 50:1466 - 1470.

[129] Zhang, C. L. , K. V. Nagaraja, V. Sivanandan, and J. A. Newman. 1991. Identification and characterization of viral polypeptides from type - II avian adenoviruses. *Am J Vet Res* 52:1137 - 1141.

鹌支气管炎
Quail Bronchitis

Willie M. Reed 和 Sherman W. Jack

引　言

鹌支气管炎（QB）是幼龄北美鹌（*Colinus* *uirginianus*）的一种自然发生的急性、高度传染性和致死性呼吸道疾病。该病对猎禽的种禽具有较大的经济意义，呈世界范围分布[1,2]。QB 的特征为发病快、高发病率、高死亡率，且主要危害笼养的禽。致病病原为鹌支气管炎病毒（QBV）。QBV 和鸡胚致死性孤儿病毒（CELO）都为禽腺病毒血清I型，被认为是相同的致病因子，但用常规的技术不能区分它们[3,20]。这两种病毒在北美鹌和鸡胚中产生相似的疾病和病变。

除了 QBV 和 CELO 病毒外，I型禽腺病毒对北美鹌的致病性很少有研究（印第安纳 C 腺病毒除外）。最新的研究结果[11]已证实，幼龄北美鹌对印第安纳 C 腺病毒也易感，自然发病和实验感染疾病的临床表现和病理学变化与 QBV 感染难于区别。

虽然 QBV 可感染家禽，包括鸡和火鸡以及其他品种，并导致血清学转阳，但这种感染一般无症状。QB/CELO 病毒在实验动物上可诱生肿瘤，但其公共卫生意义还不清楚[15]。

历史、发生和分布

1949 年 Olson[16]首先报道了西弗尼亚暴发的 QB。然而，早在 1933 年 Levine 已报道了鹌鹑的一种相似的疾病，1939 年 Beaudette 分离到了与 QBV 相似的一种致病因子。Olson 报道之后，1956—1957 年在得克萨斯州，1959 年在弗吉尼亚州[4,5]均有数起疫情发生。感染发生在 3 周龄到成年的北美鹌，一些笼养鸟的死亡率可达到 80%。猎禽场的石鸡没有发病。环境迹象表明 QBV 是由隐性感染的鸡或捕获的野禽（而非鹌鹑）传播到北美鹌的。

从早期的资料来看，经常将 QB 诊断为笼养北美鹌死亡的原因，而真实的发病率和分布情况不是很清楚，但认为在老龄鹌中隐性感染很普遍。直到 1981 年以后，King 等[14]检查了一个研究站收储的自由栖息的北美鹌，结果 23% 的成年鹌有禽腺病毒血清I型抗体，这才确定了野生北美鹌也能发生感染。

病原学

QB 是由禽腺病毒引起的，病毒基因组为

DNA，呈二十面体，无囊膜，直径大小为 69～75nm[6]。根据病毒中和试验，QBV 为 I 群的血清 I 型病毒，与 CELO 病毒的 Phelp 株难于区分[8,15,20]。QBV/CELO 作为禽腺病毒 I 群血清 I 型的代表株。其他的方法（即理化特性、血凝作用和核酸限制性内切酶图谱）可用来对禽腺病毒分类，但它们还不能对这些病原进行更清晰的分类。与其他禽腺病毒一样，QBV 感染也可能伴有禽腺联病毒（AAAV）感染[23]。

实验宿主和致病性

可用鸡胚和鸡肾细胞或鸡肝细胞培养物来增殖 QBV，但在鸡成纤维细胞中增殖差，所以此系统不适于培养病毒。并发感染的 AAAV[15,23] 或卵黄中的母源抗体可能干扰病毒的增殖[21,22]。

在多数诊断室，最开始用鸡胚进行分离，有时需要盲传几代才能出现典型病变和死亡。较好的接种途径是尿囊腔接种。接种后 48～96h 尿囊液中的病毒达到高峰值。在无抗体的鸡胚上应用卵黄囊途径来分离和增殖 QBV 也是一种有效的方法。通过卵黄囊或尿囊腔途径感染 2～4 天可导致胚胎矮小、蜷曲和发育受阻。检查感染胚胎可发现肝脏广泛性充血、出血和肿大，有不同程度的坏死和肝炎，伴有核内包涵体。

实验接种仓鼠，据接种途径不同可引起不同的肿瘤，皮下接种形成纤维肉瘤、肝肿瘤或肝癌，而颅内接种可产生室管膜瘤[1,15]。还没有发现 QBV/CELO 对小鼠和鸡有致瘤性[15]。

发病机理和流行病学

自然宿主和实验宿主

QBV 主要引起北美鹑发病和死亡。也报道了日本鹌鹑的临床发病。可实验性感染鸡和火鸡，但不产生或仅产生轻微的临床症状。血清学检测表明鸡可隐性感染[19,20]。

传播、携带者和传播媒介

鹑支气管炎为高度传染性，在易感群中发病率和死亡率呈暴发性。大多数症状见于 6 周龄以下的鹌鹑。虽然没有实验证据，但可能通过气溶胶传播。已有记载其他禽腺病毒可通过粪—口途径或机械传播，在实验感染期间能够从盲肠扁桃体中分离出 QBV[12]。血清学检测表明其他感染家禽虽然不产生临床症状，但可能是 QBV 的携带者。

潜伏期、症状、发病率和死亡率

对于笼养北美鹑，QB 经常是一种灾难性的疾病，表现为呼吸困难而导致幼鹑死亡。从野外病例来看，发病率和死亡率常超过 50%，并且在小于 3 周龄的群体中会更高。通过气管内接种途径实验感染 1 周龄鹌鹑时，感染后 2 天开始死亡，9 天时平息下来[7]。3 周龄接种的鹌鹑，在接种后 6～11 天出现死亡。大于 6 周龄的禽很少见到死亡。

一般情况下，禽群首先表现为死亡率突然升高。仔细检查，常观察到病禽耗料减少，羽毛粗乱，蜷缩扎堆，翅膀下垂，张口呼吸，打喷嚏，鼻、眼有分泌物。感染后，可能早在 2 天时表现症状，但一般是在 3～7 天。感染的严重程度因感染时的年龄不同而不同。小于 3 周龄的鹌鹑，QB 最严重。较大的禽一般无症状，但产生抗 I 群腺病毒血清 I 型的抗体。这意味着幸存者在病毒感染之后获得了免疫，但未曾调查过这些抗体的持续时间和免疫水平。在新出壳的无感染症状的鹌鹑中已检测出 QBV 抗体，这些抗体在 4～6 周龄时消失。表明它们是母源抗体。

大体病变和组织学病变

QB 的主要病变发生在呼吸道[9]。也可看到鼻、眼分泌物。气管内有白色不透明的、湿润的、坏死性物质，有时有出血性渗出（彩图 9.11A）。气管黏膜横断面明显增厚（彩图 9.11B），前气囊中也可见到同样的分泌物。气管组织学病变包括气管上皮纤毛脱落、细胞肿胀、细胞核异常增大、细胞坏死、细胞脱落和白细胞浸润（彩图 9.11C）。气管正常的上皮细胞或脱落的上皮细胞中常见有嗜碱性病毒性核内包涵体。电镜变化与组织学所见相似，但也可观察到被吞噬的病毒颗粒。

肺门周围有红色的实变区（彩图 9.11D）。切开肺组织，支气管内常含有与气管相似的分泌物，表明发生了坏死性增生性支气管炎，炎性渗出物含有淋巴细胞和异嗜性细胞，而且这些渗出液可扩散到肺实质细胞周围，但白细胞反应的程度不同，继发细菌感染时可加重病情。在组织学上，除支气管发生较多的上皮增生外，其他病变与气管病变相似。大多数病变伴有大量的嗜碱性核内包涵体（彩图 9.11E）。

肝脏病变可见针尖大小至 3mm 的灰白色多灶性坏死灶。组织学上，坏死灶的特征是肝细胞坏死，淋巴细胞和少量异嗜性细胞的浸润。坏死灶和胆管上皮毗邻的肝细胞中偶尔会看到包涵体。

脾脏和法氏囊也发生病变，但在小于 3 周龄的鹌鹑上很难鉴别。脾脏呈斑驳样并轻度肿大。组织学上，受损脾脏表现为多灶性、常为广泛性的坏死带，其特征是淋巴细胞溶解，细胞间嗜酸性纤维样物质增多，并有少量的白细胞浸润。脾脏中很少见到腺病毒包涵体。法氏囊的组织病变包括淋巴细胞性坏死，通常伴有全身性淋巴缺失和滤泡萎缩。法氏囊上皮细胞中常见到病毒性核内包涵体。实验感染鹌鹑也可发生坏死性胰腺炎，伴有腺病毒包涵体。

免 疫 力

QB 的免疫持续期尚属未知，但自然和实验感染后的幸存者对 QBV 攻击的抵抗力至少可持续 6 个月，并在感染后，鹑血清抗体水平明显上升[2,3,16]。带有母源抗体的幼雏也能抵抗 QBV 的攻击，但认为不能阻止病毒的增殖。

诊 断

鹑雏突然发生呼吸啰音、打喷嚏或咳嗽，并且迅速传播导致死亡，这就意味着可能是 QB。气管、支气管和气囊中过量的黏液是该病的其他表征。较大的鹑中，其症状可能不严重，传播速度和病变程度可能不明显。如分离和鉴定出一种与 QBV 或

ECLO 病毒相似的病原即可确诊。可将气管、气囊或肺的悬液经绒毛尿囊腔接种 9～11 日龄鸡胚以分离病毒。Yates 等[23]推荐采用粪样、小肠后段（空肠）或结肠的匀浆悬液来进行病毒分离。Jack 等[12,13]报道，从自然感染禽的肝脏及实验感染禽的法氏囊和盲肠扁桃体中成功地分离出 QBV。可将接种后 6 天或更长时间的活胚，或接种 24h（或 24h 后）的死胚及每天照胚检查中发现的矮小胚冷冻致死，用其绒毛尿囊液盲传 3～5 代。据 Yates 等[23]介绍，有几株病毒似乎需要通过卵黄囊接种 5～7 日龄的鸡胚。

QBV 或 CELO 病毒引起的典型病变是鸡胚死亡（随传代次数而增加）、矮小，羊膜增厚，肝脏出现坏死灶或斑驳样，中肾有尿酸盐聚积。用特异性 QBV 或 CELO 病毒抗血清对分离到的病毒进行中和试验，可对病毒进行鉴定并做出诊断。

一般说来，有关 CELO 或任何 I 群血清 I 型腺病毒的分离、增殖和鉴定的方法都适用于 QBV。Yates 等[23]表明，他们曾用鸡胚肾或肾细胞来培养病毒。Jack 和 Reed[10,11]报道了用鸡胚肝组织增殖 QBV。琼脂免疫沉淀试验（AGP）可将分离到的病毒鉴定到禽腺病毒群，但不能鉴定其血清型。可用中和试验进行病毒的血清学鉴定[10]。没有分离到病毒或不能分离病毒时，可用标准抗原对双份血清样品进行 AGP 试验。康复期血清（开始出现症状后 2～4 周）的检测阳性率明显高于急性期（出现症状的最初几天）血清，这样可进一步佐证根据临床观察所做的推测性诊断。

发生肺曲霉菌病时，肺脏有干酪样栓塞，气囊上有沉淀物，表现为灰色或绿色的孢子积聚，这可以同痘病区分开。虽然细菌性感染可加重病情，但没有哪种细菌引发的发病症状、病变和死亡会像 QB 那样快。DuBose[2]指出，新城疫在临床上可能与 QB 部分相似，但在北美鹑中还未曾报道过临床型新城疫。从组织学上，在气管或支气管上皮细胞中观察到形态学上具备腺病毒特征的核内包涵体则进一步表明可能是 QBV 感染[9]。

治疗、预防和控制

对 QB 还没有特异疗法。在疫病暴发期间应采取切实措施，即增加育雏室温度，适当通风，

但不要有穿堂风，避免拥挤。主要是防止易感鹌免遭各种来源的 QBV 或 CELO 病毒感染。除采用一般兽医卫生措施和手段防止感染源进入饲养场外，还应注意保持成年鹌及其他禽种远离幼鹌。在一个饲养场，即使仅做出一例推断性 QB 诊断，也应立即采取控制措施。除了防止群与群之间传播的一般性措施外，还可推迟孵化时间，直到症状消失两周后再开始，以防止高度易感幼鹌暴发感染。

在大型猎禽饲养场，试图从北美鹌中消灭 QBV 未获成功，但可在 2 年时间内防止 QB 的临床发病和造成的损失[3]。例如，在前一年孵出的 10 000只鹌中，80％死于该病。除了采取前面介绍的防制措施外，卖掉了较大日龄的鹌，只将 4 周龄以下已感染而幸存下来的雏鹌留做种用。两年以后孵化出的鹌在 3 月龄时仍检测到了高水平的病毒中和抗体，但在这期间直至冬季封闭饲养场时，都没有出现 QB 症状。Winterfield 和 Dhillon[17] 使用了一株血清Ⅰ型腺病毒作为雏鹌的疫苗来预防 QB，该毒株被命名为印第安纳 C 株且分离于发病鸡[18]。实验研究已证明印第安纳 C 株对鹌没有致病性，且随后在 QB 流行并造成严重损失的一个农场进行了试用，据报道疫情很快被平息。但最近的研究表明[11]，给 1 或 3 周龄的鹌进行实验性接种时，导致了 33％～100％的死亡率。6 或 9 周龄接种鹌的死亡率为 0～10％。大体和组织学病变包括：坏死性气管炎和支气管炎，伴有肺炎、坏死性肝炎和脾炎，法氏囊淋巴缺失。据此，印第安纳 C 株好像对北美鹌具有高致病力，不能推荐用作预防 QB 的疫苗。需要进一步研究具有潜力预防 QB 的疫苗。

薛燕飞　刘彦威　张仲秋　译
苏敬良　校

参考文献

[1] Aghakhan, S. M. 1974. Avian adenoviruses. *Vet Bull* 44: 531 - 552.

[2] DuBose, R. T. 1967. Quail bronchitis. *Bull wildl Dis Assoc* 3: 10 - 13.

[3] DuBose, R. T. and L. C. Grumbles. 1959. The relationship between quail bronchitis virus and chicken embryo lethal orphan virus. *Avian Dis* 3: 321 - 344.

[4] DuBose, R. T., L. C. Grumbles, and A. I. Flowers. 1958. The isolation of a nonbacterial agent from quail with a respiratory disease. *Poult Sci* 37: 654 - 658.

[5] DuBose, R. T., L. C. Grumbles, and A. I. Flowers. 1960. Differentiation of quail bronchitis virus and infectious bronchitis virus by heat stability. *Am J Vet Res* 21: 740 - 743.

[6] Dutta, S. K. and B. S. Pomeroy. 1967. Electron microscopic studies of quail bronchitis virus. *Am J Vet Res* 28: 296 - 299.

[7] Jack, S. W. and W. M. Reed. 1989. Experimentally-induced quail bronchitis. *Avian Dis* 34: 433 - 437.

[8] Hess, M. 2000. Detection and differentiation of avian adenoviruses: a review. *Avian Path* 29: 195 - 206.

[9] Jack, S. W. and W. M. Reed. 1990. Pathology of quail bronchitis. *Avian Dis* 34: 44 - 51.

[10] Jack, S. W. and W. M. Reed. 1990. Further characterization of an avian adenovirus associated with inclusion body hepatitis in bobwhite quail. *Avian Dis* 34: 526 - 530.

[11] Jack, S. W. and W. M. Reed. 1994. Experimental infection of bobwhite quail with Indiana C adenovirus. *Avian Dis* 38: 325 - 328.

[12] Jack, S. W., W. M. Reed, and T. A. Bryan. 1987. Inclusion body hepatitis in bobwhite quail (*Colinus virginianus*). *Avian Dis* 31: 662 - 665.

[13] Jack, S. W., W. M. Reed, and T Burnstein. 1994. Pathogenesis of quail bronchitis. *Avian Dis* 38: 548 - 556.

[14] King, D. J., S. R. Pursglove Jr., and W. R. Davidson. 1981. Adenovirus isolation and serology from wild bobwhite quail (*Colinus virginianus*). *Avian Dis* 25: 678 - 682.

[15] Monreal, G. 1992. Adenoviruses and adeno-associated viruses of poultry. *Poult Sci Rev* 4: 1 - 27.

[16] Olson, N. O. 1950. A respiratory disease (bronchitis) of quail caused by a virus. Proc 54th Annu Meet US Livest Sanit Assoc 171 - 174.

[17] Winterfield, R. W. and A. S. Dhillon. 1980. Unpublished data.

[18] Winterfield, R. W., A. M. Fadly, and A. M. Gallina. 1973. Adenovirus infection and disease. I. Some characteristics of an isolate from chickens in Indiana. *Avian Dis* 17: 334 - 342.

[19] Yates, V. J. 1960. Characterization of the chicken-embryolethal-orphan (CELO) virus. PhD dissertation, University of Wisconsin, Madison, WI.

[20] Yates, V. J. and D. E. Fry. 1957. Observations on a chicken embryo lethal orphan (CELO) virus. *Am J Vet Res* 18: 657 - 660.

[21] Yates, V. J., P. W. Chang, A. H. Dardiri, and D. E. Fry.

1960. A study in the epizootiology of the CELO virus. A-vian Dis 4:500 - 505.

[22]Yates, V. J., D. V. Ablashi, P. W. Chang, and D. E. Fry. 1962. The chicken-embryo-lethal-orphan(CELO) virus as a tissue-culture contaminant. Avian Dis 6:406 - 411.

[23]Yates, V. J., Y. O. Rhee, and D. E. Fry. 1975. Comments on adenoviral antigens(CELO, QBV, GAL). Am J Vet Res 36:530 - 531.

第 10 章

痘

Pox

Deoki N.Tripathy 和 Willie M.Reed

引　言

定义和同义名

痘是商品家禽（鸡和火鸡）、观赏鸟和野生鸟类的一种常见的病毒病。在分属 23 个目的约 9 000 种鸟类中，约 232 种有自然感染痘病毒的报道[11]。禽痘是对商品禽有很重要经济影响的疾病，可引起产蛋下降和死亡。禽痘感染的同义名有：contagious epithelioma（接触传染性上皮瘤）、avian diphtheria（禽白喉）、variole aviaire（法语）、difteria aviar（西班牙语）、bouba aviaria（葡萄牙语）、Geflugelpocken（德语）、virula aviar 和 variola gallinarum。该病传播慢，其特征是体表无羽毛部位出现散在的、结节状的增生性皮肤病灶（皮肤型），或上呼吸道、口腔和食管黏膜出现纤维素性坏死和增生性病灶（白喉型），也可能同时发生全身性感染。

经济意义

禽群发生温和性皮肤型痘时，死亡率通常较低，而发生全身性感染，特别是发生白喉型，或者有并发感染或环境条件差时，死亡率较高。金丝雀的全身性感染可引起较高死亡率。

公共卫生意义

禽痘没有公共卫生学意义。对哺乳动物不发生增殖性感染，但是 Mayr 和 Mahnel[62] 曾从一头犀牛中分离到了禽痘病毒（FPV）。

历　史

很久以前就发现几种禽类的痘病，"禽痘"一词起初包括所有鸟类的痘病毒感染，但现在一般指商品家禽的疾病，Woodruff 和 Goodpasture[146,147,148] 曾证明包涵体（Bollinger 小体）中的病毒粒子（Borrell 小体）为该病的病原。之后，Ledingham 和 Aberd[57] 证实，免疫或康复鸡的 FPV 抗血清能够凝集 FPV 的原体（elementary bodies of FPV）悬液。

病 原 学

禽痘病毒（鸡、火鸡、鸽、金丝雀、灯心草雀、八哥、鹦鹉、鹌鹑、麻雀、乌鸦、孔雀、企鹅、夏威夷乌鸦、白臀蜜鸟、秃鹫和椋鸟）属痘病毒科禽痘病毒属[74,130]。FPV 是该属中的代表种。由于它在经济上的重要性，与本属的其他成员相比，对 FPV 的基础和应用研究比较深入。

形 态 学

同痘病毒科其他属的成员一样，所有的禽痘病毒形态相似。成熟的病毒粒子呈砖形，大小约330nm×280nm×200nm，外膜为不规则分布的表面管状物（图10.1A）。FPV 中央为一个电子致密的双凹核或拟核，每侧凹陷中有两个侧小体，外有囊膜（图10.1B）。

化 学 组 成

FPV 的主要成分为蛋白质、DNA 和脂质。病毒粒子重 20.4fg，含 7.51fg 蛋白质、0.403fg DNA 及 5.54fg 脂质[84]，约 1/3 为脂质。在感染雏鸡的头皮病毒提取物中，角鲨烷是主要的脂质成分，并且检测到胆甾醇酯升高[60,141]。包涵体的平均重量约 61ng，其中 50% 是可抽提的脂质。每个包涵体含蛋白质 76.9pg，DNA 的平均重量为 6.64pg[83]。

病毒的复制

痘病毒的特点是在胞浆内合成 DNA 并包装其感染性病毒粒子。痘病毒复制的详细资料可参阅其他文献[13,18,73]。

FPV 含有编码 DNA 连接酶、ATP-GTP 结合蛋白、尿嘧啶 DNA 糖苷酶、DNA 聚合酶、DNA 拓扑异构酶、DNA 加工因子和复制必需蛋白激酶的基因[1]。此外，FPV 还编码 DNA 修复酶基因和 CPD 光解酶基因，CPD 光解酶能以可见光为能源，修复 UV 引起的 DNA 损伤。推测光解酶的存在有助于延长病毒在禽类外部病灶和环境中的存活时间[107,109]。

禽痘病毒在鸡的皮肤或气囊上皮、绒毛尿囊膜（CAM）外胚层细胞及鸡胚皮肤细胞中的复制方式相似，但是，宿主细胞及毒株的不同时，病毒复制时间和释放量也可能不同。

FPV 在皮肤上皮细胞内的生物合成分为两个不同的阶段：即感染后（PI）72h 内以细胞增生为

主的宿主反应阶段和 72～96h 感染性病毒的合成阶段[20,21]。

皮肤上皮细胞中的病毒 DNA 在感染后 12～24h 开始复制，随后产生感染性病毒。上皮增生一般从感染后 36～48h 开始，到 72h 停止，此时的细胞数量可提高到起初的 2.5 倍。感染后前 60h 内病毒 DNA 合成率较低，60～72h 则逐渐升高，而此时细胞的 DNA 合成则急剧下降。感染后 72～96h 之间，病毒 DNA 合成逐渐占据优势，但无进一步的细胞增生[20,21]。Swallen[111] 通过放射自显影证实，鸡表皮感染 FPV 48h 后被标记的细胞核比对照组高 3 倍，表明病毒感染与核内 DNA 的合成增加有关。在感染后 24～72h 的细胞胞核中，检测病毒的 RNA 和 DNA 杂交信号均为阳性[34]。

鸡胚皮肤细胞培养物感染后 16h 病毒滴度增加并出现细胞病变效应（CPE）。虽然病毒滴度在随后 20h 内继续升高，但感染后 36～48h 其增加幅度下降。在增殖期内，FPV 滴度可增加 100 倍。在这些宿主细胞中，FPV DNA 在感染后 12～16h 开始复制，持续 48h[80]。

FPV 基因组含 6 个具有蛋白修饰功能的基因，这些包括 3 个丝氨酸/苏氨酸蛋白激酶（PK）、1 个酪氨酸蛋白激酶、1 个金属蛋白酶和 1 个酪氨酸/丝氨酸蛋白磷酸酶。在病毒组装、病毒蛋白加工和病毒的形态发生过程中，它们参与病毒蛋白的磷酸化[1]。

近期的序列分析显示，FPV 至少编码 31 个与痘苗病毒结构蛋白类似的蛋白[1]，其中大多数与细胞内成熟病毒颗粒（IMV）有关。这些蛋白中，12 个位于核芯，7 个与膜相关。3 个蛋白还与细胞外囊膜病毒粒子（EEVs）有关。另外，在 FPV 中还存在代表了 2 个保守的痘病毒基因家族，推测有结构功能的 5 个蛋白的同源体。FPV 还含有痘病毒 A 型包涵体（ATI）蛋白同源体。这些包涵体可保护病毒免受外界环境侵害，延长其在自然界的存活时间。光解酶和谷胱甘肽过氧化物酶可进一步增加病毒在环境中的稳定性[1,107]。

对病毒成熟的不同阶段的形态发生进行了超微结构的研究[4,5,87]。FPV 首先吸附和进入皮肤上皮细胞，感染上皮细胞后 1h[5] 和感染 CAM 后 2h[4]，即开始利用前体物质合成新病毒之前发生脱壳。感染后 12h 时胞浆中即出现含有新月体和少量独立的不成熟病毒粒子（IV）的"小工厂"。感染后 16h

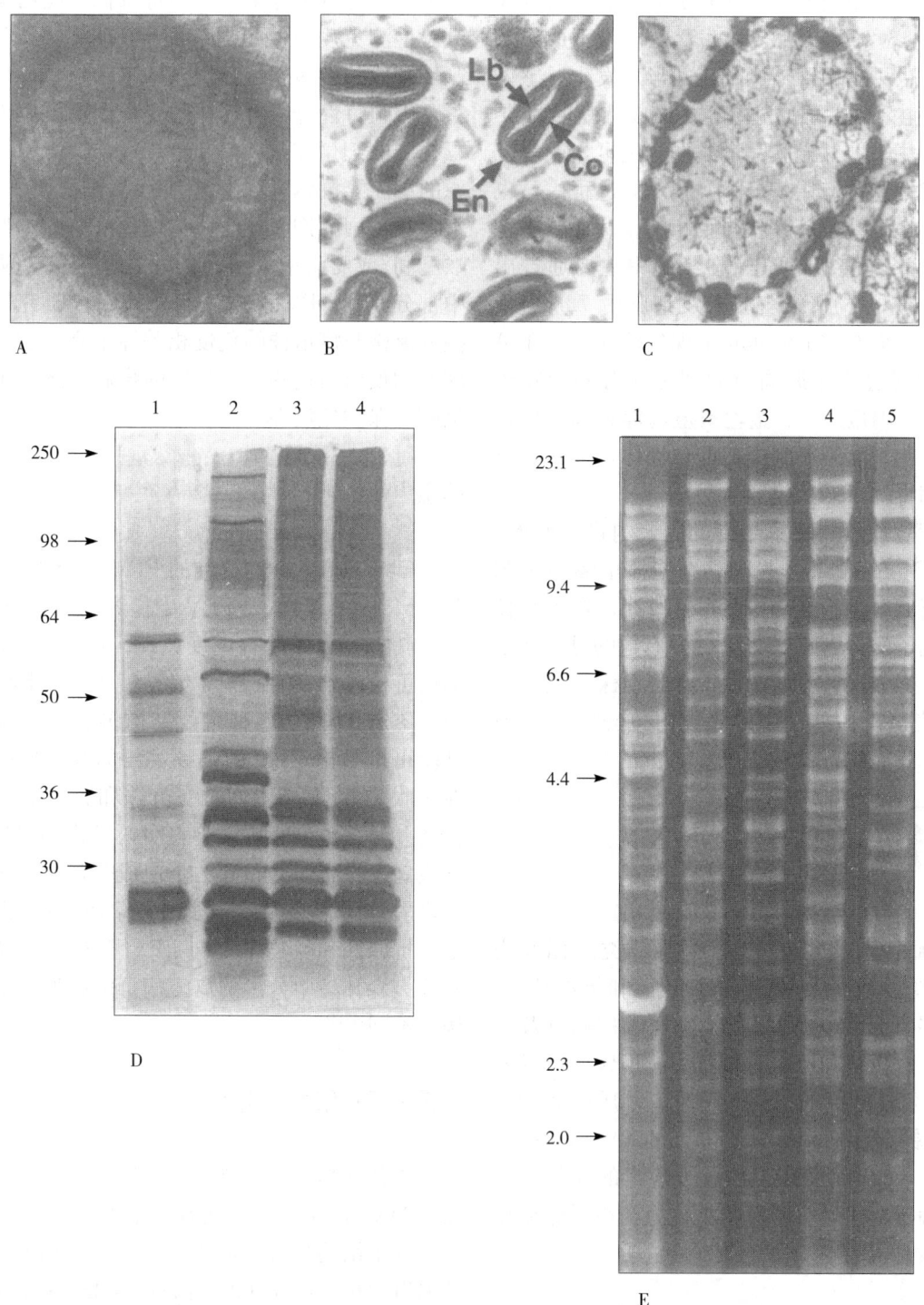

图 10.1 A. FPV 的负染标本，显示表面不规则分布的管状结构。B. 自然感染鸽的皮肤痘超薄切片，示典型
痘病毒形态，Co，核芯；Lb，侧小体；En，囊膜（引自 Basgall）。C. 鸡白喉型禽痘超薄切片，显示
A 型包涵体，在包涵体周边分布有典型痘病毒粒子。D. 免疫印迹显示禽痘病毒不同毒株的可溶性抗
原组分上的差异。用 FPV 各毒株感染细胞制备抗原：101 株（1 泳道），Ceva 株（2 泳道），Minneso-
ta 株（3 泳道）和 Nebraska 株（4 泳道）。蛋白经 SDS‑PAGE 分离并转移到硝酸纤维膜上。病毒抗
原用鸡抗 FPV 血清反应检测。E. 痘病毒基因组 Hind Ⅲ 酶切后进行琼脂糖凝胶电泳分析：1 泳道为
八哥痘野外分离株；2 和 3 泳道分别为禽痘的疫苗和野外分离株；4 泳道为金丝雀痘野外分离株；5
泳道为鹌鹑痘疫苗株。左侧的标尺代表 Ⅰ Hind Ⅲ 各片段（kb）的位置

这些"小工厂"不断增大，含有更多不成熟病毒粒子。感染后16～66h，大多数病毒粒子为不成熟病毒粒子，但也可观察到随后几步的形态发生。感染后47h细胞内可检测到一些孤立的成熟病毒粒子（IMV），其中一些被囊膜完全或部分包裹，或者正处于加工成细胞内有膜病毒（IEV）的过程中。也可见到成熟病毒粒子呈簇状与膜相连。病毒粒子在胞浆膜附近聚集表明，FPV在细胞中主要通过出芽的方式释放[13]。感染皮肤上皮细胞后72h出现包涵体[5]，感染CAM后96h出现包涵体[4]，在A型包涵体的周边或靠近周边的部位含有病毒粒子（图10.1C）。鸡痘病毒、金丝雀痘病毒和鸽痘病毒感染时，细胞中能观察到类似的包涵体，可能所有禽类的痘病毒均可产生包涵体。

尽管痘病毒仅在感染细胞的胞浆内进行装配，但Gafford和Randall[34]发现，细胞核也参与了鸡痘病毒的复制，因为在感染后24～72h，在细胞核内可检测到了病毒RNA和DNA。有趣的是，从暗眼灯草鹀（*Junco hyemalis*）分离的一株禽痘病毒除形成胞浆包涵体外，还形成核内包涵体[10]，但核内包涵体没有病毒粒子。

对理化因素的抵抗力

对乙醚处理的抵抗力是痘病毒分类的标准之一[74]。一些学者[84]认为痘病毒对乙醚和氯仿敏感，而另外一些研究者[116]则报道了一株鸽痘病毒及其两个变异株对氯仿和乙醚有抵抗力。FPV对1%苯酚和1‰福尔马林可抵抗9天。脱离基质的病毒可被1%苛性钾灭活。50℃ 30min和60℃ 8min可灭活该病毒[3]，胰酶对病毒DNA或病毒的完整性均无影响。病毒对干燥有明显的抵抗力，在干燥痂皮中能存活数月或数年。

毒株分类

所有的痘病毒都具有一种共同的核蛋白沉淀原[146]。禽痘病毒之间的抗原性和免疫原性虽然不同，但仍存在不同程度的交叉。曾报道过采用免疫学方法，例如补体结合试验、被动血凝、琼脂凝胶沉淀、免疫过氧化物酶、ELISA、病毒中和试验以

及免疫荧光试验等来区分病毒毒株。应用免疫印迹试验检测免疫原性蛋白（图10.1D）及DNA的限制性片段长度多态性分析（RFLP）（图10.1E）进行基因组特性分析时，在一定程度上可用于鉴别病毒株间的细微差异[38,77,88,101,112]。抗FPV特异性抗原的单克隆抗体可用于鉴别FPV毒株[100,102]。近年来，在美国的许多地区，免疫过疫苗的鸡群由于白喉型和/或皮肤型痘引起的死亡率很高，从这些鸡中都分离到FPV毒株。经交叉保护研究发现，这些分离株与疫苗株的免疫相关性不高，这就意味着现有的疫苗对这些"变异"的痘病毒感染不能提供足够的保护免疫性[31,32,101]。

多肽

Obijeski等[78]在提纯的FPV中检测到28种多肽。Mockett等[67]在FPV中检测到约30种结构多肽，其中大多数具有免疫原性。用35S蛋氨酸脉冲标记可检测到21种FPV编码多肽，在提纯的FPV中已鉴定其含有57种主要结构多肽[80]。免疫印迹试验可以检出FPV的几种主要的和次要的免疫原性多肽[77,88,100]。FPV的疫苗株和野毒株的抗原性存在差异。免疫印迹试验表明，尽管鹌鹑痘病毒与鸡痘病毒具有一些相同的蛋白成分，但其抗原性有明显的不同[38]。从秃鹫脾中分离的痘病毒在遗传学、抗原性和生物学上与FPV不同[46]。从濒危的夏威夷森林鸟中分离的禽痘病毒的抗原谱也与禽痘病毒不同[47,48]。

禽痘病毒的基因组差异

与其他痘病毒相似，FPV基因组为一条线性双股DNA，在每个末端有一个发夹环。FPV的整个基因组结构与痘病毒科的其他成员相似，但存在基因组重排。FPV和痘苗病毒的DNA限制性酶切图谱不同[75,88]。虽然鸡、鸽子和灯芯草雀痘病毒的DNA基因组图谱相似，但鹌鹑、金丝雀和八哥痘病毒DNA限制性内切酶图谱与FPV有很大差异。

从濒危的夏威夷森林鸟分离的2株禽痘病毒，即从夏威夷乌鸦（*Corvus hawaiiansis*）分离的夏威夷乌鸦痘病毒和从白臀蜜鸟（*Himatoine sanguinea*）中分离的白臀蜜鸟痘病毒，在遗传学和生物学上与FPV不同[132]。从濒危的夏威夷森林鸟

（帕里拉雀和夏威夷鹅）中分离的禽痘病毒株在生物学上与 FPV 也不同[48]。

FPV 基因组含 1 个中央编码区，在两个末端有 2 个相同的长 9 520bp 的反向末端重复（ITR）区。FPV 疫苗样毒株的基因组全序列已进行了测定[1]。全长为 288 539bp，比以前估计的稍小，推测包含 260 个基因，氨基酸长度为 60aa 到 1949aa。组织培养传代的 FPV FP9 株基因组大小约 260kb[55]。与其他病毒或细胞基因的同源性比较，推测 FPV 有 101 个开放阅读框（ORFs），编码基因具有类似的功能或推测功能。FPV 的核苷酸组成中，A+T 为 69%，均匀分布在整个基因组中。在基因组末端有 6 个高 G+C 含量（50%）的区域。由于存在多个，甚至一些大的基因家族，FPV 基因组比其他已测序的痘病毒大。FPV 基因组的 32% 是由 31 个锚蛋白家族重复序列基因、10 个 N1R/p28 家族基因和 6 个 B22R 家族基因组成。仅 B22R ORFs 就占病毒基因组的 12%。因为经过组织培养的多次传代的鸡痘病毒基因组中锚蛋白基因较少，所以其他禽痘病毒中锚蛋白重复基因的数量可能不同。由于禽痘病毒锚蛋白重复基因与宿主范围相关，这些基因的丢失或破坏可能与宿主范围变窄有关[1]。值得一提的是，引起免疫鸡群暴发鸡痘的野外分离株，其基因组含有整合的、几乎完整的网状内皮细胞增殖病毒（REV）的前病毒拷贝。而在目前所检测的所有 FPV 疫苗株的 DNA 中，只有 1 个长度不等的 REV 长末端重复（LTR）序列残迹。在每种野毒株种群中，有一小部分毒株仍然保留有这些残迹，推测可能已丢失了 REV 前病毒[35,69,104,105,113]。

从夏威夷森林鸟中分离禽痘病毒的基因组中已鉴定出泛素基因并已测序[92]，但在 FPV 基因组中，只残存这个基因的某一些片段[1]。

秃鹫痘病毒 DNA 的 4.5kb HindⅢ 片段序列与 FPV 基因组相应区域存在差异。FPV 在这个区域有 11 个开放阅读框，包括与 REV 整合相关的序列。而秃鹫痘病毒只有 8 个开放阅读框，且没有任何 REV 序列[46]。金丝雀痘病毒全基因组测序已经完成[136]。夏威夷鹅中分离的禽痘病毒（HGP）的 5.3kb Pst-HindⅢ 基因组片段分析发现，该序列与金丝雀痘病毒高度同源，但 3 株禽痘病毒 ORFs（包括 REV 序列）不存在同源性[47]。

至今，还没有对禽痘病毒属的其他成员的完整核苷酸序列进行测定。但通过 RFLP 比较和部分基因组片段的核苷酸序列比较，可清楚发现，遗传特性不同的痘病毒毒株可感染家禽、宠物禽和野生禽类。据此，金丝雀痘、八哥痘、夏威夷乌鸦痘、白臀蜜鸟痘、秃鹫痘、鹅痘和鹌鹑痘病毒与 FPV 的基因组图谱截然不同[38,46,47,88,132]。鹌鹑痘病毒的胸腺嘧啶激酶（TK）基因的序列分析显示，它与 FPV TK 基因的相应区段具有中等程度的同源性。

非必需基因和免疫调节基因

从痘苗病毒已有的资料可清楚发现，FPV 的很多基因对组织培养中病毒的复制是非必需的，其中一些与免疫调节功能相关，可能干扰正常的免疫监视或宿主反应。FPV 半数以上基因编码蛋白的功能还是未知的[1]，对其在病毒复制中的作用只是推测。这里只简要介绍一些基因和它们编码蛋白的主要功能：（a）FPV 基因组编码的一种真核细胞转化生长因子 β（TGF-β）的同源体，一种可刺激结缔组织生长和分化的多功能肽。TGF-β 还具有一系列的免疫调节作用，包括抑制细胞免疫和体液免疫，因而 FPV 编码的这种蛋白可抑制宿主的免疫反应和细胞的生长和分化。（b）FPV 基因组中已鉴定出 2 个与编码细胞 β 神经生长因子（β-NGF）相似的开放读码框。在病毒感染皮肤和呼吸道感染中，这些蛋白可能参与抑制抗病毒免疫反应。（c）FPV 的 4 个 ORFs 与小的可溶性 CC 类趋化因子相似。CC 趋化因子可将 T 淋巴细胞和 NK 细胞吸引到感染部位。在宿主抗病毒免疫反应中，这些 CC 趋化因子同源体可作为拮抗剂，抑制正常 CC 趋化因子的功能。（d）FPV 基因组中存在编码 G 蛋白偶联受体同源蛋白的 3 个基因。编码蛋白能与参与细胞信号的趋化因子结合，影响病毒复制和宿主病理的发生。（e）FPV 的 1 个 ORF 可能编码一种 IL-18 结合蛋白。由于 IL-18 同源体抑制 IL-18 依赖的 γ 干扰素的产生，在鸡痘病毒感染中，它可能有抗炎作用。（f）FPV 的 1 个 ORF 与导向蛋白同源，可能与免疫调控功能相关。（g）FPV 基因组有 8 个 ORFs，编码位于 NK 细胞的 C 型凝集素 NKG2 和 CD94 蛋白及位于淋巴细胞表面的 CD69 的同源体。C 型凝集素细胞的 NK 细胞受体与 Ⅰ 型主要组织相容性复合体抗原结合，通过细胞内信号途径促进或抑制免疫活性。FPV 感染细胞中这些蛋白的表达可干扰正常的免疫监视或宿主反应。

（h）FPV 编码的 5 个丝氨酸蛋白酶抑制剂（丝抑蛋白）的同源体可能与宿主的抗炎活性和特异细胞的细胞凋亡调控功能有关[1]。

禽痘病毒感染的一个特点是受感染组织的细胞增生。也就是说，FPV 基因组中存在一个编码类似于表皮生长因子（EGF）蛋白的基因。尽管这个病毒蛋白不是病毒复制所必需的，但它可能影响病毒的毒力，刺激细胞增殖，导致感染组织出现细胞增生。FPV 的基因组中还有一个 T10 基因的同源体，它编码能在脊椎动物气管、食管和肺脏的表皮细胞中高效表达的蛋白。这个 T10 基因同源体很可能是病毒能将其宿主范围扩展到呼吸道上皮细胞所需要的[1]。

在 FPV DNA 中，含有一个编码类似于马立克氏病病毒和鸡腺病毒蛋白的开放阅读区，这表明它在宿主范围功能中起作用。有趣的是，曾有人报道，FPV 和疱疹病毒共同感染气管[33]。由于在马立克氏病病毒的基因组检测到了 FPV 开放阅读框的同源体[17]，因此有可能出现不同病毒间的基因互换并产生新种病毒。FPV 中存在 REV 基因序列的整合，这表明病毒中有"天然的遗传工程"。在 FPV 基因组中还含有谷胱甘肽过氧化物酶基因的同源体，其编码蛋白可提供对氧化应激的保护，以便让病毒在环境条件下有效复制。该酶和其他蛋白（例如光解酶）对延长病毒在环境中的存活时间有协同作用[1,107,109]。

有人发现，少数 FPV[138] 及鸽痘病毒[36,116] 具有血凝活性。虽然这种血凝活性不存在于大多数禽痘病毒中，但最近已发现在 FPV 基因组中存在 HA 基因[1]。在其他 FPV 毒株的 DNA 中，也出现类似核酸序列，但用鸡红细胞做血凝试验时，却没有发现它具有血凝活性。组织培养时该基因似乎不是病毒复制所必需的，其功能至今还不清楚。

实验室宿主系统

鸟类

禽痘病毒可自然或人工感染不同科中的许多鸟类。这些病毒仅增殖性感染禽类，这表明禽痘病毒已明显适应禽类宿主。已发现在 FPV 基因组许多基因与细胞基因有同源性[1]，其中一些（例如编码

TGβ 和 β-NGF 的基因）可能与免疫调节有关。

某些禽痘病毒，特别是感染野鸟的痘病毒存在着某种程度的宿主特异性。用金翼啄木鸟（Colaptes auratus）的痘病毒分离株分析其对几种野生禽类和家禽的易感性时发现，该病毒具有严格宿主特异性[49]。从不同鸫科（Turdidae）鸟中分离的禽痘病毒株对鸡的 FPV 感染无保护作用[51]。将鹦鹉痘病毒分离株接种易感鹦鹉和鸡也观察到宿主易感性不同。虽然该毒株对鹦鹉的致病力比鸡强，但对鸡的 FPV 感染无保护作用。同样，接种鸡痘或鸽痘疫苗的鸡对鹦鹉痘病毒感染也无保护作用[12]。加拿大雁（Branta canadensis）的痘病毒分离株可传染给家鹅，但不能感染鸡和家鸭[25]。麻雀暴发痘期间分离到的一株痘病毒对麻雀和金丝雀高度易感，但对鸡、火鸡和鸽仅能产生轻度的局部皮肤反应[39]。鸡和鸽对从游隼雀鹰（Accipiter nisus）的禽痘病毒分离株感染有抵抗力[117]。在一个饲养有数种共 100 多只鸟的饲养场内，仅长冠八哥（Leucospar rothchildii）被禽痘病毒感染。该病毒虽对周边地区椋鸟具有致病性，但并不感染鸡。八哥和椋鸟是椋鸟科的成员，据报道椋鸟痘病毒对该科鸟类易感性具有特异性[56]。从喜鹊（Pica pica）和大山雀（Parus major）分离的痘病毒毒株不感染青年鸡[42]。用不同品种松鸡的痘病毒分离株免疫鸡可抵抗 FPV 攻击[50]。曾经从免疫过的火鸡分离到一株与 FPV 抗原性不同的痘病毒[145]。从马来西亚进口的大山八哥（Gracula religiosa）皮肤增生性病变部位分离到的痘病毒能使曾免疫过鸡、鸽或鹌鹑痘苗的鸡和北美鹌发生严重的坏死和增生性病变[85,86]。在一次禽痘暴发时，同一圈舍内的 10 种雀形目鸟类中只有金丝雀和麻雀受到感染[27]。

禽痘病毒感染是限制夏威夷森林鸟群数量的重要因素。从夏威夷森林鸟（夏威夷乌鸦和白臀蜜鸟）分离的 3 株痘病毒对鸡只引起轻微病变，只有 2 株可适应鸡的细胞系。基因组的 RFLP 图谱比较显示，2 株夏威夷森林鸟痘病毒之间的相关性比 FPV 高，表明在夏威夷森林鸟中存在遗传特征不同的痘病毒[132]。从濒危的夏威夷森林鸟（夏威夷鹅和帕里拉雀）中分离的 2 株禽痘病毒仅能使易感鸡发生局部病变。病变持续时间短，但这些鸡并不能抵抗禽痘病毒的攻击[48]。

根据对鸡、火鸡、鸽、鸭和金丝雀致病性不同来鉴别鸡、金丝雀、火鸡和鸽痘病毒的研究已

有专门的综述[26,37,61]。金丝雀对金丝雀痘病毒高度敏感，但对火鸡、鸡以及鸽痘病毒有抵抗力。虽然鸽痘病毒对鸡和火鸡产生轻度感染，但对鸽的致病力较强。鸭对火鸡痘病毒具易感性而对鸡痘病毒不敏感，这一点可用来区分这两种密切相关的病毒。

禽胚

常用绒毛尿囊膜（CAM）途径接种10～12日龄无特定病原体（SPF）鸡胚来进行禽痘病毒分离和增殖[93,129,130,147]，也可使用鸭胚、火鸡胚及其他禽类的胚胎。接种的胚置37℃孵育5～7天。鸡胚CAM感染后的典型病变是出现局灶性或弥漫性的致密的增生性痘斑（彩图10.2 D）。可用鸡胚半数感染量（EID$_{50}$）或痘斑计数的方法来定量测定病毒感染性[139]。从野鸟分离的痘病毒株有时不能在鸡胚CAM增殖。

细胞培养

禽痘病毒能在禽源细胞培养物上增殖，如鸡胚成纤维细胞、鸡胚真皮细胞和肾细胞以及鸭胚成纤维细胞。病毒经过适应后可以在日本鹌鹑源的"QT35"[88]和鸡肝细胞系LMH[44]上生长，但也有些分离株（尤其是来自火鸡和野生禽类的）即使在反复多次传代后也不能在这些细胞系上增殖。尽管认为禽痘病毒感染哺乳动物细胞不会增殖[141]，但最近研究发现有3个禽痘病毒株可以在叙利亚幼仓鼠肾（BHK-21）细胞上增殖。

细胞病变效应

禽痘病毒在鸡胚成纤维细胞和QT35细胞上产生典型的CPE，早期表现为细胞圆缩，第二阶段为变性和坏死。定量测定病毒的方法是根据CPE测定半数感染量[139]。

蚀斑形成

不同禽痘病毒株蚀斑形成能力不同。并非所有的毒株都能产生蚀斑，因而有必要使病毒适应细胞培养物[71]。某些禽痘病毒株在鸡胚成纤维单层细胞上形成的蚀斑有特征性，可以作为鉴别病毒株的辅助手段[61]。经过传代适应的禽痘病毒株在感染鹌鹑细胞培养物后3～4天产生明显的蚀斑[88]。

病理生物学和流行病学

发病率和分布

禽痘病毒可感染不同性别、不同年龄和不同种类的鸟类。已报道有200多种鸟类发生该病[11]。鸡痘在商品家禽中呈世界范围分布[79]，但其发病率不同。在养殖密集的地区，不同日龄的禽类混养，即使进行了预防性免疫接种，但该病也可能长时间存在。近年来，有几起免疫过的鸡群暴发白喉型鸡痘。

自然宿主和实验宿主

鸡和火鸡痘病毒感染给养鸡业造成了重大的经济损失。观赏鸟中，该病最常发生于蓝顶亚马逊鹦鹉。在大型金丝雀养殖场，由于鸟类密切接触，很可能导致地方性流行，可在短时间内引起较大的经济损失，因此，金丝雀和鹦鹉的痘病应引起养禽者关注。曾有人报道舍饲鹌鹑暴发严重的禽痘。

不同日龄的易感鸡，因为价格便宜和容易获得而被广泛用作禽痘病毒分离株生物特性鉴定的实验宿主。大部分的发病机理研究是用FPV进行的。用FPV给鸡进行皮内和气管内接种后发病情况相似，但只有很小差异。鸡皮内接毒后2天可在接种部位的皮肤检测到病毒，4天时可在肺脏检测到病毒，感染后5天可查出病毒血症。经气管感染的鸡，感染后2天在肺脏可检测到病毒，第4天出现病毒血症。两种方式攻毒均可在肝脏、脾脏、肾脏和脑部分离到病毒[99]。经静脉接毒的鸡，除能引起皮肤结节和上呼吸道黏膜白喉型病变外，在感染后10～18天还可观察到肾脏上有粟状小结节。典型的显微变化是在感染后4～14天和4～10天分别在肾小管上皮细胞和胸腺髓质的上皮网状细胞内观察到包涵体[115]。

传　播

痘病毒感染是病毒通过受损伤的皮肤而机械性传播。在免疫接种时，可通过工作人员的手和衣服携带病毒，在未知情况下将病毒传入易感鸟类的眼内。昆虫也可作为病毒的机械性媒介引起禽类眼部感染。病毒可通过泪管传至喉部引起上呼吸道感染[30]。在污染环境中，含病毒的羽毛及干燥痂皮所形成的气溶胶为皮肤及呼吸道感染提供了合适的条件。由于很多感染是在没有明显损伤的情况下发生的，故认为上呼吸道和口腔上皮细胞对病毒的易感性较高。当只有肺部病变，而其他部位无任何病变时，提示该病是经气溶胶感染[64]。FPV 基因编码的 T10 同源体可在呼吸道上皮细胞特异性高效表达，可能与宿主范围的选择功能相关。

蚊子只要叮咬一次被痘病毒感染的鸟类，即可将本病传给许多其他鸟类。已报道有 11 种双翅目昆虫可以作为禽痘病毒感染的媒介[2]。鸡皮刺螨（*Dermanyss gallinae*）也可传播 FPV[96]。也有通过人工授精将感染雄火鸡的痘病毒机械性传播给雌火鸡的报道[65]。

病毒可以在某些禽群内长时间存在，特别是不同日龄混养的禽群。Kirmse[49] 曾报道禽痘病毒在一只金翼啄木鸟皮肤病变中持续感染达 13 个月之久，并在病灶中观察到了胞浆包涵体。Duran Reynals 和 Bryan 的研究[28]发现，用甲基胆蒽处理鸡和鸽的皮肤可激活 FPV 的潜伏感染。

潜　伏　期

鸡、火鸡和鸽自然感染的潜伏期约 4～10 天，金丝雀约为 4 天。

临　床　症　状

该病可表现为皮肤型、白喉型，或者混合型。然而，在金丝雀通常发生全身感染，死亡率高。症状的严重程度取决于宿主易感性、病毒毒力、病变部位以及其他并发因素。皮肤型的特点是冠、肉髯、眼睑和其他身体无毛部位有结节性病变（彩图 10.2A，C）。眼部皮肤型结节可影响鸟类的采食和饮水。白喉型（湿痘）病例的口腔、食道或气管黏膜可见溃疡或白喉样黄白色病变（彩图 10.2B），并伴有鼻炎样轻微或严重的呼吸道症状，这些症状与传染性喉气管炎病毒感染气管出现的症状相似。口角、舌、喉头和气管上部分的病变可影响采食、饮水和呼吸。对即将开产的和老龄的禽类来说，该病病程缓慢，伴有不愿活动和产蛋下降。

发病率和死亡率

鸡和火鸡群痘病毒感染的发病率有很大的差异，轻者只有少数感染，如果痘病毒毒力较强，而控制措施又不得力，则可引起全群感染。皮肤型感染比侵害口腔和呼吸道黏膜的白喉型更容易康复。

病鸡常表现为衰弱和增重不良，蛋鸡还可出现一过性产蛋下降。温和性皮肤型感染病程一般为 3～4 周，如果存在混合感染，则病程较长。鸡痘病毒强毒感染时，无论是原发性还是继发性皮肤病变均可持续 4 周以上。眼周围的皮肤型病变或口腔和上呼吸道白喉型病变可影响正常生理功能而导致死亡率明显增高。

对于火鸡来说，由于增重较缓而推迟上市时间所造成的经济损失比死亡更大。眼部皮肤病灶致盲和饥饿是引起经济损失的最主要原因。种禽感染可引起产蛋下降和受精率降低。轻度感染且无并发感染时，病程约 2～3 周；但严重暴发时，则可持续 6～7 周，甚至 8 周。

鸡与火鸡的死亡率一般较低，病情严重时死亡率可能较高。鸽与鹦鹉的发病率和死亡率与鸡相似。金丝雀发生痘病时，死亡率高约 80%～100%。据报道，鹌鹑感染鹌鹑痘病毒的死亡率相当高。痘病毒感染是限制夏威夷森林鸟群数量的因素之一。

病　理　学

大体病变

鸡皮肤型痘的特征性病变是局灶性上皮组织增

生（包括表皮和羽毛囊），初期为小的白色局部病灶，很快体积增大、变黄，形成结节。鸡皮肤感染后，第4天可见有少量原发性病变，到第5或第6天形成丘疹，接着是水疱期，并形成广泛的厚痂[66]。邻近的病变可能融合，变得粗糙，呈灰色或暗褐色。大约两周或更短的时间内，病灶基部发炎并出血。之后，形成痂块，这一过程可能要持续1~2周，并随着变性上皮层的脱落而结束。若在早期除去痂皮，则可见到湿润、浆液脓性渗出物，底层为出血性肉芽表面。当痂自然脱落后，可见到光滑的疤痕，轻微病例则无可见的疤痕。弱苗毒只产生局部病灶，与致病性毒株引起的严重病变相比则表现轻微。致病性毒株引起的继发性感染病变可能会持续几周[124]。

白喉型可在口腔、食管、舌或上呼吸道黏膜表面形成微隆起、白色不透明结节或出现黄色斑点。病变结节迅速增大，并融合成黄色、奶酪样、坏死的伪白喉或白喉样膜（彩图10.2B）。若撕去这层膜，可见出血性糜烂。炎症还可延伸至窦腔，尤其引起眶下窦的肿胀，也可危及咽喉部（引起呼吸困难）和食管。一般冠、肉髯皮肤型感染及口腔和（或）呼吸道白喉型病变比较常见。除皮肤其他部位的病变和白喉型病变外，还常伴有眼和眼睑病变。

某些情况下，禽痘感染以皮肤型、白喉型、全身型和致瘤型病变为特征[135]，但有些感染呈局部性，主要特征是在一些内脏器官形成小的、坚实的白色结节[64]。加岛鸽（*Nesopelia g. galapagoensis*）自然感染痘病毒时，肺部有小（1~6mm）的白色硬结，且以分叶和不分叶的结节性病变为特征，主要位于初级和二级支气管的呼吸道中。电镜检查可见有痘病毒颗粒[64]。

一只3月龄安第斯山秃鹫死后其全身皮肤无可见病变，但在口腔、食道和嗉囊中有多灶性隆起的黄色蚀斑。大部分内脏器官包括心脏、肺脏、肝脏、肾脏、小肠、胰腺和脾脏都存在一个到多个柔软的白色结节，直径大小在0.2~0.8cm。组织病理学观察可见胞浆包涵体。通过透射电子显微镜观察口腔、脾脏和肝脏的超薄切片，可见到明显的痘病毒粒子形态[46]。

火鸡感染后，首先在喉部肉垂、肉冠和头部的其他部位出现细小的淡黄色疹块。这些痘疹在脓疱期柔软，易除去，炎性部位覆盖着黏稠的浆液性渗出物。口角、眼睑和口腔黏膜也常常受到感染。病灶进一步扩大，覆盖一层干痂或红黄色至棕色的疣状组织。幼火鸡的头部、腿部及趾部可完全被病灶覆盖。有时病变甚至波及身体有羽毛的部位。在一起罕见的种火鸡暴发痘病的病例中，输卵管、泄殖腔及肛门周围皮肤出现增生性病灶[65]。

组织学病变

禽痘感染（不管是皮肤型还是白喉型病灶，甚至是感染绒毛尿囊膜）最重要的组织病理学特征是上皮增生和细胞肿大及与之相关的炎性反应。FPV基因组存在表皮生长因子（EGF）样功能区，在FPV感染组织增生中可能起着重要作用。在光镜下可见到在感染细胞中存在特征性的嗜酸性A型胞浆包涵体（Bollinger氏体）（彩图10.2E）。由于痘病毒是最大的病毒，在Gimenez染色的病灶抹片中，可见原生小体[126]。

气管黏膜的组织病理学变化包括：早期分泌黏液的细胞发生肥大和增生；随后黏膜上皮细胞出现肿胀，内含嗜酸性胞浆包涵体（彩图10.2E）。这些包涵体经吖啶橙染色后呈绿色，表明包涵体含有DNA（彩图10.2F）。感染时间不同，包涵体形成阶段不同，包涵体可几乎占据整个胞浆，从而引起细胞变性。通常可见到类似于乳头状瘤的簇状上皮细胞[114]。

超微结构

禽痘病毒的超微结构特征在病毒复制和诊断部分中有简要介绍。由于它比较大，形态典型，有特征性的超微结构，所以通过负染或超薄切片（图10.1A、B、C），在电镜下诊断禽痘病毒相对容易。

诊　断

对本病诊断可参考其他有关文献[26,127,130,133,134]。

显微镜观察

病灶抹片经瑞氏染色或 Gimenez 染色后，可进行禽痘病毒的原生小体（Borrel 氏体）观察[126]。皮肤型或白喉型病灶的组织切片可以通过常规方法或使用能够同时固定组织和脱水的方法来进行染色[94]，用来观察胞浆包涵体（彩图 10.2E）。Thompson 和 Hunt[121] 曾报道过多种有关组织化学和病理组织学技术。典型的皮肤病灶（彩图 10.2A，C）及上呼吸道和口腔黏膜的白喉病灶（彩图 10.2B）必须通过组织病理学（彩图 10.2E 所示的胞浆包涵体）或病毒分离来确诊。

对病灶及分泌物进行负染，或对感染组织做超薄切片（图 10.1A，B，C），在电镜下可直接观察到病毒粒子[22,87]。在电镜下可以观察到周边或全部布满病毒粒子的 A 型包涵体（图 10.1C）。

病毒的分离与鉴定

禽类接种

通过划冠、刺翼和大腿毛囊接种可将感染病料组织悬液中的禽痘病毒传播给易感鸟类。FPV 很容易在鸡群间传播，5～7 天可产生特征性皮肤病灶。对非典型病例，建议对病变标本进行镜检，给禽进行接种。

禽胚接种

将皮肤型或白喉型疑似病变材料的悬液通过 CAM 途径接种于 9～12 日龄 SPF 鸡胚，接种后 5～7 天可发现痘斑（图 10.2D）。某些分离株有时不能在鸡胚 CAM 上生长[25,49]。

细胞培养

一般不使用细胞培养进行病毒的初次分离。并非所有的毒株都能在初次接种后产生 CPE，因此必须先使病毒适应宿主系统。研究分离株的抗原性和遗传特征时，细胞培养比 CAM 增殖病毒更方便。

血清学与保护试验

自然感染康复或疫苗接种可产生针对禽痘病毒的主动免疫。自然感染康复或疫苗接种后产生的细胞免疫和体液免疫均具有保护作用[70,125]。细胞免疫反应早于体液免疫。鸡接种禽痘病毒后可出现淋巴细胞增殖反应[103]。

可通过血清学试验来检测禽痘病毒的免疫反应，如 ELISA、病毒中和试验或保护试验。保护试验一般用来检测鸡和鸽痘病毒疫苗的免疫原性。根据生产厂商的要求，至少应免疫接种 20 只 SPF 鸡，而将另外 20 只来源和日龄相同的非免疫鸡隔离饲养作为对照。免疫后 3 周，用不同的 FPV 毒株（能引起对照组出现临床症状）对免疫组和对照组进行攻毒。可在大腿无毛囊处攻毒，或采用刺冠途径攻毒，或在免疫接种翅的另一侧翅进行刺翼攻毒。攻毒时对出痘情况进行检查（见"免疫接种"部分）。判断免疫是否有效的依据是对照组至少 90% 发病，而免疫组至少 90% 被保护。

一般来说，确定抗原相关性的交叉保护试验不能用于常规诊断，但对痘病毒的生物学特性鉴定是必要的[16,48,86,101,144]。

免疫扩散

免疫扩散可用于鉴别鸡痘和鸽痘病毒，也可用于区分鸡痘和其他禽类病毒性疾病引起的抗体反应[43,137]。这个试验简便、容易操作，但其敏感性低，不宜进行交叉反应抗原的鉴别诊断。由于沉淀抗体在感染后持续时间较短，所以采血时机应恰当，通常在已感染后的第 15～20 天。

被动血凝试验

被动血凝试验检测到 FPV 感染血清中抗体的时间早于免疫扩散[122]。该方法非常敏感，但由于它需要可溶性痘病毒抗原致敏的绵羊或马红细胞，其应用受到了限制。另外，由于存在交叉反应抗原，不能用于病毒的鉴别。

中和试验

可在培养细胞[72]或鸡胚上进行病毒中和试验，但该方法不便用于常规诊断。

荧光抗体、免疫过氧化物酶和酶联免疫吸附试验（ELISA）

直接或间接荧光试验，或免疫过氧化物酶试验可对病毒感染细胞中的胞浆包涵体进行特异染色。在间接试验中，先将抗FPV的抗体与感染细胞中的抗原进行孵育，然后已结合抗体与异硫氰酸荧光素或过氧化物酶标记的抗鸡γ球蛋白（例如羊抗鸡）二抗作用[19,123]。

目前，ELISA是检测体液抗体反应的最佳选择，感染后7～10天便可检测到抗体反应。

免疫印迹

可采用免疫印迹对鸡痘疫苗株和野毒株的免疫原性蛋白进行比较。虽然毒株间具有共同的抗原成分（图10.1D），但根据某些特异性蛋白质的不同电泳迁移率可以在一定程度上对毒株进行鉴别[38,77,88,97]。最近报道了可用于区分FPV野毒株和疫苗株的2株单克隆抗体[100,102]。

分子生物学方法

诊断痘病毒感染的分子生物学技术可参考其他文献[134]。

禽痘病毒DNA的限制性内切酶分析　限制性片段长度多态性（RFLP）可通过检查病毒DNA限制性内切酶产生片段的相对迁移率来比较禽痘病毒基因组[22,88,112]。虽然大部分FPV毒株可通过1个或2个DNA片段的有无加以区分，但这些毒株的基因图谱相似，并有较大部分的共迁移片断（图10.1E）。限制性内切酶酶切DNA的特征性电泳图谱，也可用于比较禽痘病毒属的其他成员。鸡、鹌鹑、金丝雀和八哥痘病毒的基因图谱不同[91]。同样，夏威夷森林鸟痘病毒，即夏威夷乌鸦痘病毒和白臀蜜鸟痘病毒之间有基因遗传差异，与FPV也不同，因此可以相互区分[46,47,132]。

基因片段作为诊断探针　根据已发表的FPV的序列来选择基因片段或设计寡核苷酸[89]作为探针，以检测样品中FPV特异性DNA。将皮肤型或白喉型病灶中粗提的DNA转移到固相表面（例如硝酸纤维膜），然后与放射性标记的（通常为^{32}P dCTP）或非放射性标记的（例如地高辛）克隆片段或寡核苷酸进行杂交。这种方法敏感、特异，可用于混合感染的诊断。例如，用病毒特异的基因探针确诊鸡痘和传染性喉气管炎的双重感染[33]。

多聚酶链式反应　应用特异性引物进行多聚酶链式反应（PCR）可以扩增出大小不同的FPV基因组DNA片段[45,58,59,82,106,112]。样品中病毒含量非常少时，可利用该技术。在混合感染情况下，可在一次PCR反应中用病原特异引物扩增不同大小的片段。例如白喉型鸡痘和传染性喉气管炎有相似临床症状和气管病变，利用病毒特异性引物，可检测到其中任何一个感染毒株[52]。PCR也用于区分FPV疫苗株和野毒株，野毒株含有完整的REV前病毒，而疫苗株只含有REV LTR序列[45,101,104,112]。

鉴别诊断

由于鸡痘和传染性喉气管炎病毒引起的气管病变相似，所以有呼吸道症状的白喉型鸡痘必须与传染性喉气管炎进行区分。传染性喉气管炎时可在气管上皮中检测到核内包涵体。

小鸡的泛酸和生物素缺乏[6]或T-2毒素引起的病变与痘病毒病变容易混淆。野鸽和家鸽的白喉型痘病变与鸽子毛滴虫（*Trichomonas gallinae*）引起的病变不易区分，后者可通过涂片进行微生物检查或通过培养进行诊断。

预防策略

管理措施

由于FPV的遗传学特性和内在稳定性，在禽舍环境下病毒可在痂块中持续存在，并成为易感后备幼禽的传染源。鸡的封闭饲养，尤其是不同日龄鸡混养使该病的发生频率增高。这样的条件使该病

禽病学 Diseases of Poultry

在禽群间传染以及通过气溶胶传播的机会增多。封闭饲养和不清洁的禽舍增加了疾病的传播机会。

免疫接种

痘的免疫预防可使用活毒苗。在疾病流行区，鸡和火鸡一般免疫接种鸡痘和鸽痘来源的疫苗。为了获得理想的保护效果，疫苗应保证其最低的病毒含量为 10^5 EID_{50}/mL[37,143]。从感染的 CAM 制备的鸡痘和鸽痘疫苗标有"鸡胚源"字样；从感染的鸡胚成纤维细胞制备的 FPV 疫苗则标有"组织培养源"字样。

免疫程序的成功与否取决于所使用疫苗的性能、纯度及其特定的使用条件。从本质上讲，免疫接种会产生轻微的发病，所以使用时应严格遵循生产者提供的疫苗使用说明。鸡群感染其他疾病或健康状况不良的情况下不应接种该苗。同一禽舍内的禽应在同一天接种，养殖场内的其他易感禽应与这些免疫禽隔离。鸡群开始暴发禽痘时，如果只有少数被感染，应立即对未受感染的禽进行免疫接种。

疫苗应在开瓶后立即使用，一次只能打开一瓶，且应在 2h 内用完。疫苗准备好后，接种疫苗的人应彻底清洗手。疫苗只能与接种部位接触，千万注意不要让疫苗沾到禽的其他部位，或溅到禽舍和其他设备上。

所有污染的接种器械、未用完的疫苗、空疫苗瓶等应焚烧而彻底清理。保存未稀释的疫苗以备后用。

鸡痘苗

"鸡胚源"疫苗中含有活 FPV，若使用不当，能在鸡群中引起严重的疾病。

鸡痘苗通常通过刺翼接种的方法免疫 4 周龄鸡或开产前 1～2 月的育成母鸡。对留到第二年产蛋的鸡也可重复接种。该疫苗不适合于正在产蛋的鸡群。

鸡痘弱毒细胞苗可用于 1 日龄雏鸡接种，并可与马立克氏病疫苗合用[29,98]。

Mayr 和 Danner 报道，德国已有用弱毒细胞苗经口接种成功免疫的[63]。根据疫苗毒的不同，接种 10^6～10^8 $TCID_{50}$ 可产生良好的免疫效果。Shar-ma 和 Sharma[95] 曾对 FPV 疫苗经肌注、羽毛囊接种、口腔接种与鼻内接种不同日龄鸡的免疫效果做过评价。他们报道，口腔免疫时 50% 以上不能产生保护，而其他方式接种时可产生 80%～100% 的保护。Nagy 等[76]证实，1 日龄雏鸡经饮水接种高浓度（10^6 CID_{50}/mL）的疫苗毒时能产生有效的保护作用。

火鸡可通过刺翼接种，但病毒可扩散而造成头部感染。接种部位应在大腿中部。2～3 月龄时初次接种，种火鸡应在开产前加强免疫一次。根据鸡群受疾病威胁程度的不同，产蛋期每隔 3～4 个月重复接种一次，对蛋鸡有好处。鸡痘疫苗不能接种鸽。

近年来，美国所有用鸡痘或鸽痘疫苗免疫的鸡都有鸡痘的暴发，表明这些疫苗不能提供足够的免疫力[31,32,101]。通常使用鸡痘和鸽痘的联苗来免疫鸡群，但免疫效果不同。从免疫鸡群中分离到的 FPV 野毒株，对鸡的致病性不同。大部分野毒株基因组中含有全长 REV 序列。实验研究表明，含有整合 REV 前病毒的 FPV 能够对感染的幼龄鸡产生很强的选择性免疫抑制效果[140]。体内实验分析 FPV 野毒株，即通过比较遗传修饰株（敲除 REV 的全部序列）和恢复突变株（按原始插入位点将 REV 前病毒基因整合到 FPV 基因组中）的毒力，发现 REV 前病毒序列的缺失与毒力减弱相关[105]。

鸽痘苗

鸽痘苗中含有活的、未致弱的鸽痘自然毒株。若使用不当，可引起鸽严重的不良反应。该病毒对鸡和火鸡的致病力较小。

可采用刺翼方法来接种鸽痘苗，且适用于各年龄段的幼鸽，但常用于 4 周龄和开产前 1 个月的幼鸽。4 周龄前接种的幼鸽，应在开产前再免疫一次。保留到第二年产蛋的鸽也应再次进行免疫。

火鸡可在任何年龄进行刺翼或腿部接种。如有必要，可接种 1 日龄雏火鸡，但最好在 8 周龄左右进行接种，这样能产生更好的免疫反应。育成期可进行再次接种，种用火鸡也应再次接种。

也可用刺翼方法接种鸽。也可通过羽毛囊接种，但该方法不常用。据报道，不同鸽痘苗的免疫特性不同[150]。

346

金丝雀痘苗

实验研究表明，接种鸡胚弱化金丝雀痘苗对金丝雀有效[40]。在美国，目前已有商品化的金丝雀弱毒活苗，可通过刺翼方法进行皮肤接种。建议在鸟开始独立生活时进行接种，每隔 6～12 个月、产蛋前 4 周或虫媒季节进行加强免疫。

鹌鹑痘苗

鹌鹑痘来源的活疫苗已商品化，该苗对鸡痘病毒感染无有效的保护作用[32,144]。

火鸡痘苗

已有商品化的未弱化活苗，可用于火鸡免疫接种，该疫苗对鸡、鸽或鹌鹑痘病毒感染不能提供足够的保护作用[145]。

疫苗出痘检查

应注意观察接种后 7～10 天的禽群有无"出痘"现象。"出痘"包括接种部位的皮肤肿胀和结痂，是免疫成功的标志。正常情况下，接种后 10～14 天将产生免疫力。若给易感禽正确接种了痘苗，则大部分禽应有"出痘"现象。对大的禽群应至少对 10% 的禽进行"出痘"检查。接种后而不"出痘"可能是接种禽已具有免疫力，或使用的疫苗效力不够（失效或受到不良因素的影响），也可能是疫苗使用不当。

预防接种

为预防痘病的发生，应在可能发病前对易感禽进行免疫接种。在秋冬季多发本病的地区，通常在春夏季进行免疫接种。然而，不同日龄禽混养的大型饲养场或四季均有本病发生的热带地区，应因地制宜，随时进行免疫接种。

一般在下面三种情况下进行预防接种：（a）往年发过病的养殖场，孵出的所有幼雏或从其他地方引入的幼雏应进行鸡痘苗免疫；（b）因为鸽痘苗免疫持续时间不够长，所以如果往年发生过痘病且免疫过鸽痘苗时，应再接种一次鸡痘苗；（c）在痘病流行地区，应接种鸡痘苗以预防邻近禽群的感染。

卵内接种　最近用 FPV 疫苗对 18 日龄鸡胚进行了卵内接种，已获得可喜的结果[7,8]。不断推广卵内接种可明显降低疫苗的费用及抓禽时引起的相关应激。

重组鸡痘苗

FPV 作为多价疫苗的潜力

痘病毒具有一些独有的特征，例如细胞浆内增殖、庞大的基因组以及独特病毒酶和转录系统，这些特征可使外源基因忠实表达。因此，许多病原的编码特异性抗原蛋白的基因可插入到鸡痘病毒的基因组中。FPV 庞大的基因组可容纳相当数量的外源 DNA，而不降低病毒自身的感染性。FPV 的物理和生物学特性使得它作为表达载体具有几方面的优越性。第一，鸡痘苗用于商品鸡已有 70 多年。疫苗毒引起轻微的、局部自愈性感染。第二，FPV 宿主谱窄，仅感染几种禽类。该病毒可在鸡胚成纤维细胞、鸡胚肾细胞或皮肤细胞等原代细胞上增殖，也能在传代细胞系，如日本鹌鹑细胞系 QT35 中增殖。第三，由于该病毒的基因组较大，因而可以将一个或多个病原的基因插入其基因组中而制备多价苗。

要构建重组 FPV 活苗，重要的是将其他禽病原体的外源目标基因稳定地插入到 FPV 的基因组中，且能高效表达该基因并保持病毒的感染性。因此，FPV 表达载体的构建必须具备如下条件：（a）鸡痘病毒应有一个用于外源基因插入的非必需区，这样才不会干扰病毒的复制；（b）外源基因编码家禽病原体的保护性抗原；（c）具有一个能高效调控外源基因表达的痘病毒启动子；（d）一种符合上述三个特征的供体质粒；（e）一种筛选和检测重组子代病毒的方法。

非必需区

现已证实，FPV 基因组中含有几个非必需区，其中有些位于末端反向重复区[1]。FPV 基因组中常用于外源序列插入的位点是 TK 基因[14,89]。由于禽痘病毒的增殖不需要 TK 活性，这为外源基因的插入提供了有利位点，而且 TK 基因的插入失活还降低了重组鸡痘病毒的毒力[9]，使其比亲本病毒的毒力更弱。其他非必需区，例如编码光解酶、ATI 蛋白和血凝素同源体的基因，也可作为插入外源基因的潜在位点。

调控序列（启动子）

强痘病毒启动子对插入外源基因的表达是必不可少的。痘病毒启动子相对保守，因而可被异源痘病毒识别[14,15,90,128]。最初，应用痘苗病毒启动子代替 FPV 转录调控元件来构建重组鸡痘病毒。虽然同源的 FPV 启动子早已被确定[53,54,81]，并且已使用合成的早—晚期转录调控元件，但也用两种痘病毒启动子，即早—晚期 P7.5 和晚期 P11 来构建重组禽痘病毒。FPV 基因组的序列分析表明，存在 56 个早期、3 个中期和 55 个晚期启动子。近来，对几个 FPV 启动子的同源体，包括一个双向启动子进行了评价[108,110]。由于这些启动子中有些与痘病毒启动子一样强，因而有望用于开发新一代多价 FPV 载体疫苗。

构建重组病毒的供体质粒

为构建重组痘病毒，必须构建一个引导外源 DNA 插入到 FPV 基因组中的供体质粒。在此质粒中，连续的 FPV DNA 序列被外源基因隔断，而外源基因受痘病毒启动子的调控。此后将该质粒转入鸡痘病毒感染的细胞，在细胞质中，正在复制的 FPV 基因组的同源序列与插入外源基因的质粒 DNA 同源序列之间发生体内重组，这种重组结果是外源转录单位被导入 FPV 基因组中。

重组病毒的筛选程序

转染所获得的子代病毒 99％都是亲本型的，因此有必要建立一种筛选和鉴定重组病毒的方法。一般根据插入到外源基因附近的标记基因的表达来筛选和鉴定重组病毒。大肠杆菌的 LacZ 基因广泛用于重组病毒的筛选和鉴定。在接种感染细胞的琼脂

糖细胞层上加入酶组化底物 X-gal 或者 Bluo-gal，来鉴定 β-半乳糖苷酶（LacZ 基因产物）的表达，从而筛选和鉴定重组病毒[81,90]，因为 β-半乳糖苷酶能水解上述酶底物，所以重组病毒感染形成的蚀斑呈蓝色，而未重组病毒形成的蚀斑呈无色。将大肠杆菌黄嘌呤磷酸核糖基转移酶基因作为标记的重组子因其耐受霉酚酸，所以可作为另一种选择标记[15]。也可用绿色荧光蛋白（GFP）标记[41]进行筛选。此外，使用针对外源基因的特异性 DNA 探针作空斑杂交也可用来鉴定重组病毒。

重组 FPV 疫苗

采用上述分子生物学技术，制备了表达几种禽病原基因的重组鸡痘或鸽痘病毒疫苗，其中包括禽流感病毒的血凝素、新城疫病毒的融合蛋白和血凝素-神经氨酸酶、马立克氏病病毒的糖蛋白 B、传染性法氏囊病毒的病毒蛋白 VP2、传染性支气管炎病毒的核蛋白。在大多数情况下，将这些禽类病原的外源基因插入到痘病毒基因组时都能获得表达，并且表达的蛋白对各自抗原能产生特异性免疫。

近来，含禽流感 H5 血凝素基因 cDNA 的 FPV 载体活疫苗"禽流感—鸡痘疫苗"已商品化。推荐皮下免疫注射 1 日龄鸡或更大的鸡。初次免疫后，对鸡痘免疫保护可持续 10 周，对禽流感 H5 亚型的免疫保护可持续 20 周。除墨西哥外，该疫苗还未广泛应用。

通过皮下或刺翼免疫 1 日龄鸡的活 FPV 载体疫苗"新城疫-鸡痘疫苗"也已商品化。最近，表达传染性喉气管炎病毒基因的重组 FPV 疫苗也已商品化。

表达哺乳动物病原基因的禽痘病毒载体

禽痘病毒的自然宿主仅局限于禽类，但在体外可引起非禽源细胞系的顿挫性感染。虽不能产生感染性的子代病毒，但却能如实地合成、加工外源抗原并提呈到细胞表面。表达狂犬病病毒糖蛋白的重组 FPV 和金丝雀痘病毒的构建[118,119,120]为应用禽痘病毒开发人和动物疫苗起了很大的推动作用。例如，表达狂犬病病毒糖蛋白 G 的金丝雀痘病毒载体疫苗

已商品化，用来免疫猫。同样，表达西尼罗病毒抗原的重组金丝雀痘病毒疫苗已经注册，用来免疫马。

李海花　李永清　译

苏敬良　译

治　疗

目前，尚无特异治疗方法来治疗禽痘病毒感染。

参考文献

[1]Afonso,C. L. ,E. R. Tulman,Z. Lu,L. Zsak,G. F. L. Kutish,and D. L. Rock. 2000. The genome of fowlpox virus,*J Virol* 74:3815 - 3831.

[2]Akey,B. L. ,J. K. Nayar,and D. J. Forrester. 1981. Avian pox in Florida wild turkeys:Culex nigripalpus and *Wyeomyia vanduzeei* as experimental vectors,*J Wildl Dis* 17:597 - 599.

[3]Andrews,C. ,H. G. Pereira,and P. Wildy. 1978. Viruses of Vertebrates, 4th ed. Bailliere Tindall:London, United Kingdom,356 - 389.

[4]Arhelger, R. B. and C. C. Randall. 1964. Electron microscopic observations on the development of fowlpox virus in chorioallantoic membrane. *Virology* 22:59 -66.

[5]Arhelger, R. B. ,R. W. Darlington, L. G. Gafford, and C. C. Randall. 1962. An electron microscopic study of fowlpox infection in chick scalps. *Lab Invest* 11:814 - 825.

[6]Austic,R. E. and M. L. Scott. 1997. Nutritional Diseases. In B. W. Calnek, H. J. Barnes,C. W. Beard, L. R. McDougald,and Y. M. Saif(eds.). Diseases of Poultry,10th ed. Iowa State University Press:Ames,IA,47 - 73.

[7]Avakian, A. ,B. Singbeil, R. Poston, D. Grosse, C. Klein, C. Whitfill, and D. Tripathy. 1999. Safety and efficacy of fowl and pigeon pox vaccines administered in-ovo to SPF and broiler embryos. Proc. 48th WPDC,56 - 60.

[8]Avakian, A. ,B. Singbeil, D. Grosse, C. Ard, C. Whitfill, and D. Tripathy. 2000. Safety and efficacy of tissue culture origin fowlpox virus vaccines administered in-ovo. Proceedings World Poultry Congress,Montreal,Canada.

[9]Beard, C. W. ,W. M. Schnitzlein, and D. N. Tripathy. 1991. Protection of chickens against highly pathogenic avian influenza virus(H5N2) by recombinant fowlpox viruses. *Avian Dis* 35:356 - 359.

[10]Beaver,D. L. and W. J. Cheatham. 1963. Electron micros-copy of juncopox. *Am J Pathol* 42:23 - 40.

[11]Bolte, A. L. , J. Meurer, E. F. and Kaleta. 1999. Avian host spectrum of avipox viruses. *Avian Pathol* 28:415 -432.

[12]Boosinger, T R. ,R. W. Winterfield, D. S. Feldman, and A. S. Dhillon. 1982. Psittacine pox virus:Virus isolation and identification,transmission and cross-challenge studies in parrots and chickens. *Avian Dis* 26:437 - 444.

[13]Boulanger,D. , T Smith, and M. A. Skinner. 2000. Morphogenesis and release of fowlpox virus,*J Gen Virol* 81:675 - 687.

[14]Boyle,D. B. and B. E. H. Couper. 1986. Identification and cloning of the fowl pox virus thymidine kinase gene using vaccinia virus. *J Gen Virol* 67:1591 -1600.

[15]Boyle,D. and B. E. H. Couper. 1988. Construction of recombinant fowlpox viruses as vectors for poultry vaccines. *Virus Res* 10:343 - 356.

[16]Boyle, D. B. and B. E. H. Couper. 1997. Comparison of field and vaccine strains of Australian fowlpox viruses. *Arch Virol* 142:737 - 748.

[17]Brunovskis, P. and L. F. Velicer. 1995. The Marek's disease virus(MDV) unique short region:Alphaherpesvirus-homologous, fowlpox-virus-homologous, and MDV-specific genes. *Virology* 206:324 - 338.

[18]Buller,R. M. L. and G. J. Palumbo. 1991. Pox virus pathogenesis. *Microbiol Rev* 55:80 - 122.

[19]Buscaglia,C. ,R. A. Bankowski, and L. Miers. 1985. Cell-culture virus-neutralization test and enzyme-linked immunosorbent assay for evaluation of immunity in chickens against fowl pox. *Avian Dis* 29:672 - 680.

[20]Cheevers, W. P. and C. C. Randall. 1968. Viral and cellular growth and sequential increase of protein and DNA during fowlpox infection *in vivo*. Proc Soc Exp Biol Med 127:401 - 405.

[21]Cheevers, W. P. D. J. O'Callaghan, and C. C. Randall. 1968. Biosynthesis of host and viral deoxyribonucleic acid during hyperplastic fowlpox infection *in vivo*. *J Virol* 2:421 - 429.

[22]Cheville, N. F. 1966. Cytopathic changes in fowlpox(turkey origin) inclusion body formation. *Am J Pathol* 49:723 - 737.

[23]Chi, M. S. and C. J. Mirocha. 1978. Necrotic oral lesions in chickens fed diacetoxyscirpenol,T - 2 toxin,and croto-cin. *Poult Sci* 57:807 - 808.

[24]Coupar,B. E. H. ,T. Teo, and D. B. Boyle. 1990. Restriction endonuclease mapping of the fowlpox virus genome. *Virology* 179:159 - 167.

[25]Cox,W. R. 1980. Avian pox infection in a Canada goose (Branta canadensis). *J Wildl Dis* 16:623-626.

[26]Cunningham,C. H. 1978. Avian Pox. In M. S. Hofstad, B. W. Calnek,C. F. Helmboldt,W. M. Reid,and H. W. Yoder,Jr. (eds.). Diseases of Poultry,7th edition,Iowa State University Press:Ames,Iowa,597 - 609.

[27]Donnelly,T. M. and L. A. Crane. 1984. An epornitic of avian pox in a research aviary. *Avian Dis* 28:517-525.

[28]Duran-Reynals, F. and E. Bryan. 1952. Studies on the combined effects of fowl pox virus and methylcholanthrene in chickens. *Ann NY Acad Sci* 54:977 - 991.

[29]Eidson,C. S. ,P. Villegas,and S. H. Kleven. 1975. Efficacy of turkey herpesvirus vaccine when administered simultaneously with fowl pox vaccine. *Poult Sci* 54: 1975 -1981.

[30]Eleazer, T. H. , J. S. Harrel, and H. G. Blalock. 1983. Transmission studies involving a wet fowl pox isolate. *Avian Dis* 27:542 - 544.

[31]Fatunmbi, O. O. and W. M. Reed. 1996. Evaluation of a commercial modified live virus fowl pox vaccine for the control of "variant" fowl pox virus infections. *Avian Dis* 40:582 - 587.

[32]Fatunmbi, O. O. and W. M. Reed. 1996. Evaluation of a commercial quail pox vaccine(Bio-Pox QTM)for the control of "variant" fowl pox virus infections. *Avian Dis* 40: 792 - 797.

[33]Fatunmbi,O. O. ,W. M. Reed,D. L. Schwartz,and D. N. Tripathy. 1995. Dual infection of chickens with pox and infectious laryngotracheitis(ILT)confirmed with specific pox and ILT DNA DOTBLOT hybridization assays. *Avian Dis* 39:925 - 930.

[34]Gafford, L. G. and C. C. Randall. 1976. Virus-specific RNA and DNA in nuclei of cells infected with fowlpox virus. *Virology* 69:1 - 14.

[35]Garcia M, N. Narang, W. M. Reed and A. M. Fadly. 2003. Molecular characterization of reticuloendotheliosis virus insertions in the genome of field and vaccine strains of fowl pox virus. *Avian Dis* 47:343 - 354.

[36]Garg, S. K. , M. S. Sethi, and S. K. Negi. 1967. Hemagglutinating property of pigeon pox virus strains. *Ind J Microbiol* 7:101 - 102.

[37]Gelenczei, E. F. and H. N. Lasher. 1968. Comparative studies of cell-culture-propagated avian pox viruses in chickens and turkeys. *Avian Dis* 12:142 - 150.

[38]Ghildyal, N. , W. Schnitzlein, and D. N. Tripathy. 1989. Genetic and antigenic differences between fowl pox and quailpox viruses. *Arch Virol* 106:85 - 92.

[39]Giddens,W. E. ,L. J. Swago, J. D. Handerson,Jr. ,R. A. Lewis,D. S. Farner, A. Carlos, and W. C. Dolowy. 1971. Canary pox in sparrows and canaries(Fringillidae)and in Weavers(Ploceidae). *Vet Pathol* 8:260 - 280.

[40]Hitchner, S. B. 1981. Canary pox vaccination with live embryoattenuated virus. *Avian Dis* 25:874 - 881.

[41]Hollinshead, M. , G. Rodger, H. Van Eijl, M. Law, R. Hollinshead,D. J. T Vaux,and G. L. Smith. 2001 Vaccinia virus utilizes microtubules for movement to the cell surface. *J Cell Biol* 154:389 -402.

[42]Holt,G. and J. Krogsrud. 1973. Pox in wild birds. *Acta Vet Scand* 14:201 - 203.

[43]Jordan,F. T. W. and R. C. Chubb. 1962. The agar gel diffusion technique in the diagnosis of infectious laryngotracheitis(ILT)and its differentiation from fowlpox. *Res Vet Sci* 3:245 - 255.

[44]Kawaguchi,T. ,K. Nomura, Y. Hirayama, and T. Kitagawa,1987. Establishment and characterization of a chicken hepato-cellular carcinoma cell line,LMH. *Cancer Res* 47: 4460 - 4464.

[45]Kim,T. J. and D. N. Tripathy. 2001. Reticuloendotheliosis virus integration in the fowl pox virus genome:Not a recent event. *Avian Dis* 45:663 - 669.

[46]Kim,T J. ,W. M. Schnitzlein, D. McAloose, A. P. Pessier,and D. N. Tripathy. 2003. Characterization of an avian pox virus isolated from an Andean condor(*Vultur gryphus*). *Vet. Microbiol.* 96:237 - 246.

[47]Kim,T J. and D. N. Tripathy,2006. Antigenic and genetic characterization of an avian pox virus isolated from an endangered Hawaiian goose(*Branta sandvicensis*). *Avian Dis.* 50:15 - 21.

[48]Kim,T. J. and D. N. Tripathy,2006. Evaluation of pathogenicity of avian pox virus isolates from endangerd hawaiian wild birds in Chickens. *Avian Dis.* 50:288 -291.

[49]Kirmse,P. 1967. Host specificity and long persistence of pox infection in the flicker (Colaptes auratus). *Bull Wildl Dis Assoc* 3:14 - 20.

[50]Kirmse, P. 1969. Host specificity and pathogenicity of pox viruses from wild birds. *Bull Wildl Dis Assoc* 5: 376 -386.

[51]Kirmse,P. and H. Loftin. 1969. Avian pox in migrant and native birds in Panama. *Bull Wildl Dis Assoc* 5: 103 -107.

[52]Kohrt,L. J. and D. N Tripathy. 1996. Use of single polymerase chain reaction to detect both infectious laryngotracheitis and fowlpox virus in clinical samples. Abst. 77th Ann. Mtg. Conf. Res. Workers Anim. Dis. ; Chicago, IL

（Abst No. 219）.

［53］Kumar, S. and D. B. Boyle. 1990a. Mapping of early/late gene of fowlpox virus. *Virus Res* 15:175 - 186.

［54］Kumar, S. and D. B. Boyle. 1990b. A pox virus bidirectional promoter element with early/late and late functions. *Virology* 179:151 - 158.

［55］Laidlaw, S. M. and M. A. Skinner. 2004 Comparison of the genome sequence of FP9, an attenuated, tissue culture-adapted European strain of fowlpox virus, with those of virulent American and European viruses. *J. Gen. Virol*. 85:305 - 322.

［56］Landolt, M. and R. M. Kocan. 1976. Transmission of avian pox from starlings to Rothchild's mynahs. *J Wildl Dis* 12:353 - 356.

［57］Ledingham, J. C. G. and M. B. Aberd. 1931. The aetiological importance of the elementary bodies in vaccinia and fowlpox. *Lancet* 221:525 - 526.

［58］Lee, L. H. and K. H. Lee. 1997. Application of polymerase chain reaction for the diagnosis of fowl pox virus infection. *Journal of Virological Methods* 63:113 -119.

［59］Luschow, D. , T. A. Hoffmann and H. M. Hafez. 2004. Strains on the basis of necleotide sequences of 4b gene fragment. *Avian Dis* 48:453 - 462.

［60］Lyles, D. S. , C. C. Randall, L. G, Gafford, and H. B. White, Jr. 1976. Cellular fatty acids during fowlpox virus infection of three different host systems. *Virology* 70: 227 - 229.

［61］Mayr, A. 1963. Neue Verfahren für die Differenzierung der Geflüge lpokenviren. *Berl Munch Tierarztl Wochenschr* 76:316 - 324.

［62］Mayr, A. and H. Mahnel. 1970. Charakteisierung eines Vom Rhinozeros isolierten Hühnerpockenvirus. Arch Gesamte Virusforsch 31:51 - 60.

［63］Mayr, A. and K. Danner. 1976. Oral immunization against pox. Studies on fowlpox as a model. 14th Congr Int Assoc Biol Stand Dev Biol Stand 33:249 - 259.

［64］Mete, A. , G. H. A. Borst, and G. M. Dorrestein. 2001. Atypical pox virus lesions in two Galapagos doves（*Nesopelia g. galapagoensis*）. *Avian Pathology* 30: 159 -162.

［65］Metz, A. L. , L. Hatcher, J. A. Newman, and D. A. Halvorson. 1985. Venereal pox in breeder turkeys in Minnesota. *Avian Dis* 29:850 - 853.

［66］Minbay, A. and J. P. Kreier. 1973. An experimental study of the pathogenesis of fowlpox infection in chickens. *Avian Dis* 17:532 - 539.

［67］Mockett, A. P. A. , D. J. Southee, F. M. Tomley, and A.
Deuter. 1987. Fowlpox virus: Its structural proteins and immunogens and the detection of viral-specific antibodies by ELISA. *Avian Pathol* 16:493 - 504.

［68］Mockett, B. , M. Binns, M. Boursnell, and M. Skinner. 1992. Comparison of the locations of homologous fowlpox and vaccinia virus genes reveals major genome reorganization. *J Gen Virol* 73:2661 - 2668.

［69］Moore, K. M. , J. R. Davis, T. Sato, and A. Yasuda. 2000. Reticuloendotheliosis virus（REV）long terminal repeats incorporated in the genomes of commercial fowl pox virus vaccines and pigeon pox viruses without indication of the presence of infectious REV. *Avian Dis* 44:827 - 841.

［70］Morita, C. 1973a. Role of humoral and cell-mediated immunity on the recovery of chickens from fowl pox virus infection. *J Immunol* 111:1495 - 1501.

［71］Morita, C. 1973b. Studies on fowlpox viruses. Ⅰ. Plaque formation of fowlpox virus on chick embryo cell culture. *Avian Dis* 17:87 - 92.

［72］Morita, C. 1973c. Studies on fowlpox viruses. Ⅱ. Plaque-neutralization test. *Avian Dis* 17:93 - 98.

［73］Moss, B. 1996. Poxviridae:The viruses and their replication. In B. N. Fields, D. M. Knipe, P. M. Hawley, R. M. Chanock, J. L. Melnick, T. P. Monath, B. Roizman, and S. E. Straus(eds.). Fields Virology, 3rd Ed. Lippincott-Raven Publishers:New York, 2637 - 2671.

［74］Moyer, R. W. , B. M. Arif, D. N. Black, D. B. Boyle, R. M. Buller, K. R. Dumbell, J. J. Esposito, G. McFadden, B. Moss, A. A. Mercer, S. Ropp, D. N. Tripathy, and C. Upton. 2000. Family Poxviridae. In M. H. V. Van Regenmortel, C. M. Fauquet, D. H. L. Bishop, E. B. Carstens, M. K. Estes, S. M. Lemon, J. Maniloff, M. A. Mayo, D. J. McGeoch, C. R. Pringle, and R. B. Wickner(eds.). *Virus Taxonomy, Classifcation and Nomenclarure of Viruses, Seventh Report of the International Committee on Taxonomy of Viruses*. 137 - 157.

［75］Müller, H. K. , R. Wittek, W. Schaffner, D. Schümperli, A. Menna, and R. Wyler. 1977. Comparison of five pox virus genomes by analysis with restriction endonucleases Hind III, Bam HI and Eco RI. *J Gen Virol* 38:135 - 147.

［76］Nagy, E. , A. D. Maeda-Machang'u, P. J. Krell, and J. B. Derbshire. 1990. Vaccination of 1 - day-old chicks with fowlpox virus by the aerosol, drinking water, or cutaneous routes. *Avian Dis* 34:677 - 682.

［77］Nazerian, K. , S. Dhawale, and W. S. Payne. 1989. Structural proteins of two different plaque-size phenotypes of fowl pox virus. *Avian Dis* 33:458 - 465.

［78］Obijeski, J. F. , E. L. Palmer, L. G. Gafford, and C. C.

Randall. 1973. Polyacrylamide gel electrophoresis of fowl pox and vaccinia virus proteins. *Virology* 51:512 - 516.

[79] Odend' hal, S. 1983. The Geographical Distribution of Animal Viral Diseases. Academic Press:New York,NY.

[80] Prideaux,C. T and D. B. Boyle. 1987. Fowl pox virus polypeptides: Sequential appearance and virion associated polypeptides. *Arch Virol* 96:185 - 199.

[81] Prideaux,C. T. , S. Kumar, and D. B. Boyle. 1990. Comparative analysis of vaccinia virus promoter activity in fowl pox and vaccinia virus recombinants. *Virus Res* 16: 43 - 58.

[82] Prukner-Radovcic, Luschow, D. , Grozdanic, I. C. , Tisljar,M. ,Mazija,H. ,Vranesic,D. and Hafez, H. M. 2006. Isolation and molecular biological investigations of avian pox viruses from chickens,a turkey,and a pigeon in Croatia. *Avian Dis* 50:440 - 444,2006.

[83] Randall,C. C. and L. G. Gafford. 1962. Histochemical and biochemical studies of isolated viral inclusions. *Am J Pathol* 40:51 - 62.

[84] Randall,C. C. , L. G. Gafford, R. W. Darlington, and J. Hyde. 1964. Composition of fowlpox virus and inclusion matrix. *J Bacteriol* 87:939 - 944.

[85] Reed,W. M. and D. L. Schrader. 1989. Immunogenicity and pathogenicity of mynah pox virus. *Poult Sci* 68:631 - 638.

[86] Reed, W. M. and O. O. Fatunmbi. 1993. Pathogenicity and immunological relationship of quail and mynah pox viruses to fowl and pigeon pox viruses. *Avian Pathol* 22: 395 - 400.

[87] Sadasiv, E. C. , P. W. Chang, and G. Gluka. 1985. Morphogenesis of canary pox virus and its entrance into inclusion bodies. *Am J Vet Res* 46:529 - 535.

[88] Schnitzlein, W. M. , N. Ghildyal, and D. N. Tripathy. 1988. Genomic and antigenic characterization of avipoxviruses. *Virus Res* 10:65 - 76.

[89] Schnitzlein, W. M,, N. Ghildyal, and D. N. Tripathy. 1988. A rapid method for identifying the thymidine kinase genes of avipoxviruses, *J Virol Methods* 20: 341 -352.

[90] Schnitzlein, W. M. and D. N. Tripathy. 1990. Utilization of vaccinia virus promoters by fowlpox virus recombinants. *Anim Biotech* 1:161 - 174.

[91] Schnitzlein, W. M. and D. N. Tripathy, Differentiation of Avipox Viruses by RFLP(unpublished).

[92] Schnitzlein, W. M. and D. N. Tripathy. Ubiquitin gene in the genome of an avian pox virus(unpublished).

[93] Senne, D. A. Virus propagation in embryonating eggs. 1998. In D. E. Swayne, J. R. Glisson, M. W. Jackwood, J. E. Pearson,and W. M. Reed(eds.). A Laboratory Manual for the Isolation and Identification of Avian Pathogens, 4th ed. American Association of Avian Pathologists:Kennett Square,PA,235 -240.

[94] Sevoian, M. 1960. A quick method for the diagnosis of avian pox and infectious laryngotracheitis. *Avian Dis* 4: 474 - 477.

[95] Sharma, D. K. and S. N. Sharma. 1988. Comparative immunity of fowl pox virus vaccines. *J Vet Med B* 35: 19 -23.

[96] Shirinov, F. B. , A. I. Ibragimova, and Z. G. Misirov. 1972,Spread of fowl pox virus by the mite Dermanyssus gallinae. *Veterinariya* (Moscow) 4: 48 - 49. [*Abst Vet Bull* 42:5206].

[97] Shivprasad HL, T. J. Kim, P. R. Woolcock, and D. N. Tripathy. 2002. Genetic and antigenic characterization of a pox virus isolate from ostriches. *Avian Dis* 46: 429 -436.

[98] Siccardi, F. J. 1975. The addition of fowlpox and pigeon-pox vaccine to Marek's vaccine in broilers. *Avian Dis* 19:362 - 365.

[99] Singh, G. K. , N. P. Singh, and S. K. Garg. 1987. Studies on pathogenesis of fowlpox: Virological study. *Acta Virol* 31:417 - 423.

[100] Singh, P. and D. N. Tripathy. 2000. Characterization of monoclonal antibodies against fowl pox virus. *Avian Dis* 44:365 - 371.

[101] Singh, P. , T. J. Kim, and D. N. Tripathy. 2000. Re-emerging fowlpox:evaluation of isolates from vaccinated flocks. *Avian Pathol* 29:449 - 455.

[102] Singh,P. , T. J. Kim, and D. N. Tripathy. 2003. Identification and characterization of fowl pox virus strains utilizing monoclonal antibodies *J Vet Diagn Invest* 15:50 - 54.

[103] Singh, P. and D. N. Tripathy. 2003. Fowl pox virus infection causes a lymphoproliferative response in chickens. *Viral Immunol.* 16:223 - 227.

[104] Singh,P. ,W. M. Scjhnitzlein and D. N. Tripathy. 2003. Reticuloendotheliosis virus sequences within the genomes of field strains of fowl pox virus display variability. *J Virol* 77:5855 - 5862.

[105] Singh,P. ,W. M. Schnitzlein and D. N. Tripathy,2005. Construction and characterizatin of a fowl pox virus field isolate whose genome lacks reticuloendotheliosis provirus neucleotide sequences. *Avian Dis* 49:401 -408.

[106] Smits, J. E. J. L. Tella, M. Carrete, D. Serrano, and G.

Lopez. 2005. An epizootic of avian pox in endemic short-toed larks(*Calandrella rufescens*)and Berthelot's Pipits(*Anthus berthelotti*)in the Canary Islands,Spain. *Vet Pathol* 42:59 - 65.

[107]Srinivasan, V. , W. M. Schnitzlein, and D. N. Tripathy. 2001. Fowlpox virus encodes a novel DNA repair enzyme, CPD-photolyase, that restores infectivity of UV light-damaged virus, *J Virol* 75:1681 -1688.

[108]Srinivasan, V. , W. M. Schnitzlein, and D. N. Tripathy. 2003. A consideration of previously uncharacterized fowlpox virus unidirectional and bidirectional late promoters for inclusion in homologous recombinant vaccines. *Avian Dis* 47:286 - 295.

[109]Srinivasan, V. , and D. N. Tripathy. 2005. The DNA repair enzyme, CPD-photolyase restores the infectivity of UV-damaged fowlpox virus isolated from infected scabs of chickens. *Vet Microbiol* 108:215 -223.

[110]Srinivasan, V. , W. M. Schnitzlein, and D. N. Tripathy. 2006. Genetic manipulation of two fowlpox virus late transcriptional regulatory elements influenes their ability to direct expression of foreign genes. *Virus Res* 116: 85 - 90.

[111]Swallen, T. O. 1963. A radioautographic study of the lesions of fowlpox using thymidine - H³. *Am J Pathol* 42:485 - 491.

[112]Tadese T. , W. M. Reed. 2003, Use of restriction fragment length polymorphism, immunoblotting and polymerase chain reaction in the differentiation of avian pox viruses, *J. Vet Diagn Invest* 15:141 - 150

[113]Tadse, T. and W. M. Reed. 2003. Detection of specific reticuloendotheliosis virus sequences and protein from REV-integrated fowlpox virus strains. *J Virol Methods* 110:99 - 104.

[114]Tanizaki, E. , T. Kotani, and Y. Odagiri. 1986. Pathological changes of tracheal mucosa in chickens infected with fowlpox virus. *Avian Dis* 31:169 -175.

[115]Tanizaki, E. , T. Kotani, Y. Odagiri, and T. Horiuchi. 1989. Pathologic changes in chickens caused by intravenous inoculation with fowlpox virus. *Avian Dis* 33: 333 -339.

[116]Tantwai, H. H. , M. M. Al Falluji, and M. O. Shony. 1979. Heatselected mutants of pigeon pox virus. *Acta Virol* 23:249 - 252.

[117]Tantwai, H. H. , S. Al Sheikhly, and F. K. Hussain. 1981. Avian pox in buzzard(Accipiter nisus)in Iraq. *J Wildl Dis* 17:145 - 146.

[118]Tartaglia,J. ,O. Jarrett,J. C. Neil,P. Desmettre, and E. Paoletti. 1993. Protection of cats against feline leukemia virus by vaccination with a canarypox virus recombinant,ALVAC-FL. *J Virol* 67:2370 - 2375.

[119]Taylor, J. , C. Trimarchi, R. Weinberg, B. Languet, F. Guillemin,P. Desmettre, and E. Paoletti. 1991. Efficacy studies on a canarypoxrabies recombinant virus. *Vaccine* 9:190 - 193.

[120]Taylor, J. , R. Weinberg, B. Languet, P. Desmettre, and E. Paoletti. 1988. Recombinant fowlpox virus inducing protective immunity in non-avian species. *Vaccine* 6: 497 -503.

[121]Thompson,S. W. and R. D. Hunt. 1966. Selected histochemical and histopathoiogical methods. Charles C. Thomas:Springfield,IL,885 - 887.

[122]Tripathy,D. N. , L. E. Hanson, and W. L. Myers. 1970. Passive hemagglutination test with fowlpox virus. *Avian Dis* 14:29 - 38.

[123]Tripathy, D. N. , L. E. Hanson, and A. H. Killinger. 1973. Immunoperoxidase technique for detection of fowlpox antigen. *Avian Dis* 17:274 - 278.

[124]Tripathy, D. N. , L. E. Hanson and Killinger, A. H. 1974. Atypical fowl pox in a poultry farm in Illinois. *Avian Dis* 18:84 - 90.

[125]Tripathy, D. N. and L. E. Hanson. 1975. Immunity to fowlpox. *Am J Vet Res* 36:541 - 544.

[126]Tripathy,D. N. and L. E. Hanson. 1976. A smear technique for staining elementary bodies of fowlpox. *Avian Dis* 20:609 - 610.

[127]Tripathy, D. N. and C. H. Cunningham. 1984. Avian pox. In M. S. Hofstad, H. J. Barnes, B. W. Calnek, W. M. Reid,and H. W. Yoder,Jr. (eds.). Diseases of Poultry, 8th ed. Iowa State University Press: Ames, IA, 524 -534.

[128]Tripathy, D. N. and R. Wittek. 1990. Regulation of foreign gene in fowlpox virus by a vaccinia virus promoter. *Avian Dis* 34:218 - 220.

[129]Tripathy, D. N. 1993. Avipox Viruses. In J. B. McFerran,and M. S. McNulty(eds.). Virus Infections of Vertebrates,vol 4. Virus Infections of Birds. Elsevier Science: Amsterdam, The Netherlands,5 - 15.

[130]Tripathy, D. N. and W. M. Reed. 1998. Pox. In D. E. Swayne,J. R. Glisson,M. W. Jackwood. J. E. Pearson, and W. M. Reed(eds.). A Laboratory Manual for the Isolation and Identification of Avian Pathogens, 4th ed. American Association of Avian Pathologists: Kennett Square,PA,137 - 143.

[131]Tripathy, D. N. and W. M. Schnitzlein. 1999. Fowlpox

Virus(Poxviridae). In A. Granoff and R. G. Webster (eds.). Encyclopedia of Virology, Second Edition. Academic Press; San Diego, CA, 5764 -5782.

[132]Tripathy, D. N. , W. M. Schnitzlein, P J. Morris, D. L. Janssen, J. K. Zuba, G. Messy, and C. T. Atkinson. 2000. Characterization of pox viruses from forest birds in Hawaii. *J Wildlife Dis* 36;225 - 230.

[133]Tripathy, D. N. 2000. Fowl Pox, Chapter X. 13. In Manual of Standards for Diagnostic Tests and Vaccines. Office International des Epizooties. World Organisation for Animal Health, 915 - 921.

[134]Tripathy, D. N. 2000. Molecular techniques for the diagnosis of fowlpox. 137th AVMA Convention Notes, 655 - 656.

[135]Tsai, S. S. , T. C. Chang, S. F. Yang, Y. C. Chi, R. S. Cher, M. S. Chien, and C. Itakura, 1997. Unusual lesions associated with avian pox virus infection in rosy-faced lovebirds(Agapornis roseicollis). *Avian Pathology* 26; 75 - 82.

[136]Tulman, E. R. , C. L. Afonso, Z. Lu, G. E Kutish, and D. L. Rock. 2004. The genome of canarypox virus. *J Virol* 78;353 - 366.

[137]Uppal, P. K. and P. R. Nilakantan. 1970. Studies on the serological relationship between avian pox, sheep pox, goat pox and vaccinia viruses. *J Hyg Camb* 68; 349 -358.

[138]Uppal, P. K. and P. R. Nilakantan. 1974. Hemagglutination by fowlpox, sheep pox and vaccinia viruses. *Indian Vet J* 51;451 - 456.

[139]Villegas, P. 1998. Titration of biological suspensions In D. E. Swayne, J. R. Glisson, M. W. Jackwood. J. E. Pearson, and W. M. Reed(eds.). A Laboratory Manual for the Isolation and Identification of Avian Pathogens, 4th ed. American Association of Avian Pathologists; Kennett Square, PA, 248 - 253.

[140]Wang. J. , J. Meers, P. B. Spradbrow and W. F. Roibinson. 2006. Evaluation of immune effects of fowlpox vaccine strains and field isolates. Veterinary Microbiol 116;

106 - 119.

[141]Weli, S. C. , O. Nilssen and T. Traavik. 2005. Avian pox virus multiplication in a mammalian cell line. *Virus Res* 109;39 - 49.

[142]White, H. B. , S. S. Powell, L. G. Gafford, and C. C. Randall. 1968. The occurrence of squalene in lipid of fowlpox virus, *J Biol Chem* 243;4517 -4525.

[143]Winterfield, R. W. and S. B. Hitchner. 1965. The response of chickens to vaccination with different concentrations of pigeon pox and fowl pox viruses. *Avian Dis* 9;237 - 241.

[144]Winterfield, R. W. and W. Reed. 1985. Avian pox; Infection and immunity with quail, psittacine, fowl, and pigeon pox viruses. *Poult Sci* 64;65 - 70.

[145]Winterfield, R. W. , W M. Reed, and H. L. Thacker. 1985. Infection and immunity with a virus isolate from turkeys. *Poult Sci* 64;2076 - 2080.

[146]Woodroofe, G. M. and F. Fenner. 1962. Serological relationship within the pox virus group; An antigen common to all members of the group. *Virology* 16; 334 -341.

[147]Woodruff, A. M. and E. W. Goodpasture. 1931. The susceptibility of the chorio-allantoic membrane of chick embryo to infection with the fowlpox virus. *Am J Pathol* 7;209 - 222.

[148]Woodruff, C. E. and E. W. Goodpasture. 1929. The infectivity of isolated inclusion bodies of fowlpox. *Am J Pathol* 5;1 - 10.

[149]Woodruff, C. E. and E. W. Goodpasture. 1930. The relation of the virus of fowl-pox to the specific cellular inclusions of the disease. *Am J Pathol* 6;713 -720.

[150]Woodward, H. and D. C. Tudor. 1973. The immu-nizing effect of commercial pigeon pox vaccines on pigeons. *Poult Sci* 52;1463 - 1468.

[151]Wyatt, R. D. , B. A. Weeks, P. B. Hamilton, and H. R. Brumeister. 1972. Severe oral lesions in chickens caused by ingestion of dietary fusariotoxin T -2. *Appl Microbiol* 24;251 - 257.

第 11 章

呼肠孤病毒感染
Reovirus Infections

John K.Rosenberger

引言

Richard C. Jones

　　禽呼肠孤病毒归属于呼肠孤病毒科（Reovirdae）、正呼肠孤病毒属（Orthoreovirus）[5,7]。该病毒具有相同的理化和形态学特性[8]：病毒粒子的基因组为双链 RNA（dsRNA），有 10 个节段，无囊膜，呈二十面体对称，具有双层衣壳结构。最初呼肠孤病毒分离于人的呼吸道和肠道，因而该命名来源于呼吸道肠道孤儿病毒，与引发的疾病没有明显的联系。

　　正呼肠孤病毒可根据不同的生物学特性进行分类，主要是根据宿主范围和某些成员的特异性能，即在培养细胞中能诱导细胞融合并形成合胞体。正呼肠孤病毒属有四个成员，分三个不同的亚群[15]。非融合性哺乳动物正呼肠孤病毒（MRV）代表亚群Ⅰ；融合性呼肠孤病毒归于亚群Ⅱ，包括禽呼肠孤病毒（ARV）和分离自狐蝠的尼尔森海湾病毒；狒狒呼肠孤病毒（BRV）归于亚群Ⅲ。分离于蛇的两株合胞体诱导性毒株属于正呼肠孤病毒属的未定种，归于亚群Ⅳ。

　　除融合特性不同外，禽呼肠孤病毒与哺乳动物呼肠孤病毒的不同之处还有：宿主致病性不同，禽呼肠孤病毒缺乏血凝特性[6]。可根据抗原结构、致病型、相对致病性、细胞上的增殖特性、对胰酶的敏感性和宿主特异性来鉴别禽呼肠孤病毒[2,3,4,5,6,10,11,12,13,14]。

　　尽管禽呼肠孤病毒在商品禽中极其常见，且大部分毒株无致病性，但从病鸡（包括多种疾病）的各种组织和器官中分离到了禽呼肠孤病毒，这些疾病包括病毒性关节炎/腱鞘炎、矮小综合征、呼吸道病、肠道病、免疫抑制性疾病和吸收不良综合征[11,12,13,14]。临床上也经常从表现正常的鸡中分离到该病毒。呼肠孤病毒感染引起的疾病很大程度上取决于宿主年龄、免疫状态、病毒致病型以及感染途径。文献报道[11,13,14]呼肠孤病毒可与其他传染性病原体相互作用，使呼肠孤病毒感染的疾病和严重程度有所不同。

　　呼肠孤病毒也能感染火鸡、鸭和鹅，且从几种野鸟中也检测到了呼肠孤病毒，见本章后面的分节内容。

　　对青年肉鸡来说，呼肠孤病毒感染造成的经济损失通常与以下因素有关：死亡率升高、病毒性关节炎/腱鞘炎[3,11]和总体生产性能低下，包括增重下降、饲料转化率低、生长不齐、病鸡屠宰性能下降使上市率降低[1]。种鸡群在开产前或产蛋期发生病毒性关节炎时，除引发跛行外，还表现为死亡率升高、产蛋量下降、孵化率/受精率低下和垂直传播，因而增加了养禽的生产成本。

　　目前研究最清楚、也最容易诊断的与呼肠孤病毒相关的鸡病是病毒性关节炎[11]，有时也称为腱鞘炎[9]。本病广泛分布于世界各地的大部分禽生产区，且主要发生于重型肉鸡，但轻型肉鸡也会发病。其他与呼肠孤病毒感染有关的疾病可通过实验进行诊断，或通过临床分离样品进行推断。然而，在商业养殖场，难于辨别这些疾病，且也难于作出确诊。此外，在实验室很难复制出这些疾病，或不可能复制出这些疾病，因此，常常不能将呼肠孤病毒感染和相关疾病联系起来。由于疾病表现形式不同，并且只有呼肠孤病毒和病毒性关节炎的联系是清楚的，所以本章中将病毒性关节炎与其他呼肠孤病毒相关疾病分别进行阐述。

参考文献

[1]Dobson, K. N. and J. R. Glisson. 1992. Economic impact of a documented case of reovirus infection in broiler breeders. *Avian Dis* 36:788-791.

[2]Jones, R. C. 2000. Avian reovirus infections. *Revue Scientifique et Technique*. 19:614-625.

[3]Jones, R. C., A. Al-Afaleq, C. E. Savage, and M. R. Islam. 1994. Early pathogenesis in chicks of infection with a trypsin-sensitive avian reovirus. *Avian Pathol* 23:683-692.

[4]Jones, R. C. and K. Georgiou. 1984. Reovirus-induced tenosynovitis in chickens: The influence of age at infection. *Avian Pathol* 13:441-457.

[5]Kawamura, H. and H. Tsubahara. 1966. Common antigenicity of avian reoviruses. *Natl Inst Anim Health Q*(Tokyo)6:187-193.

[6]Kawamura, H., F. Shimizu, M. Maeda, and H. Tsubahara. 1965. Avian reovirus: Its properties and serological classification. *Natl Inst Anim Health Q*(Tokyo)5:115-124.

[7]Mathews, R. E. F. 1982. Classification and nomenclature of viruses. *Intervirology* 17:1-200.

[8]Nibert, M. L., R. L. Margraf, and K. M. Coombs. 1996. Nonrandom segregation of parental alleles in reovirus reassortants. *Journal of Virology* 70:7295-7300.

[9]Olson, N. O. and K. M. Kerr. 1966. Some characteristics of an avian arthritis viral agent. *Avian Dis* 10:470-476.

[10]Roessler, D. E. and J. K. Rosenberger. 1989. *In vitro* and *in vivo* characterization of avian reoviruses. Ⅲ. Host factors affecting virulence and persistence. *Avian Dis* 33:555-565.

[11]Rosenberger, J. K. and N. O. Olson. 1997. Viral arthritis. In B. W. Calnek, H. J. Barnes, C. W. Beard, L. R. McDougald, and Y. M. Saif(eds.). Diseases of Poultry, 10th ed. Iowa State University Press; Ames, IA, 711-718.

[12]Sterner, F. J., J. K. Rosenberger, A. Margolin, and M. D. Ruff. 1989. *In vitro* and *in vivo* characterization of avian reoviruses. II Clinical evaluation of chickens infected with two avian reovirus pathotypes. *Avian Dis* 22:545-554.

[13]Van der Heide, L. 1996. Introduction on avian reovirus. Proc. International Symposium on Adenovirus and Reovirus Infections in Poultry, Rauischholzhausen, Germany, 138-142.

[14]Van der Heide, L. 2000. The history of avian reovirus. *Avian Dis* 44:638-641.

[15]Van Regenmortel, M. H. V., C. M. Fauquet, D. H. L. Bishop, E. B. Carstens, M. K. Estes, S. M. Lemon, J. Maniloff, M. A. Mayo, D. L. McGeoch, C. L. Pringle, and R. B. Wickner(eds.)2000. Virus Taxonomy. Seventh Report of the International Committee on Taxonomy of Viruses. San Diego. Academic Press.

病毒性关节炎

Viral Arthritis

Richard C. Jones

引　言

病毒性关节炎是鸡的一种由不同血清型和致病型的禽呼肠孤病毒引起的有重要经济价值的疾病[36,46,47,55,102,105]。该病主要侵害肉鸡，但也常见于商品蛋鸡[53,116,129]。尽管有火鸡发生病毒性关节炎的报道[1,2,26,83,92,119,136,149]，但一般不能实验复制出该病[1,136]。

可用弱化活苗和/或灭活的全病毒苗来免疫控制典型的禽呼肠孤病毒感染。通常用呼肠孤病毒S1133株的衍生株来制备疫苗，并在世界大部分地区得到有效使用。然而，不同抗原性的呼肠孤病毒株可以突破疫苗免疫保护。自家苗可为不同血清型的毒株提供免疫保护[36,109,130]。火鸡和其他禽类通常不接种病毒性关节炎疫苗。

公共卫生学意义

目前还没有公共卫生学影响的报道。

历　史

1954年，Fahey和Crawley[16]首次从患慢性呼吸道病的鸡呼吸道内分离到禽呼肠孤病毒，后来由Peter等[70]进一步证实。当时将这种病毒称为Fahey-Crawley病毒，接种易感鸡后，表现为轻度呼吸道疾病、肝坏死、肌腱炎和滑膜炎。

1957年，Olson等[91]报道了一鸡群自然发生滑膜炎，并从病鸡体内分离到了一种病原。该病原对氯霉素和呋喃唑酮不敏感，在血清学方面也与鸡毒支原体或滑液囊支原体无关。后来 Olson 和 Kerr[87] 将这种病原命名为"病毒性关节炎因子"，最后在 1972 年由 Walker[143] 等将该病原确定为呼肠孤病毒。Dalton 和 Henry[15] 使用腱鞘炎（有时使用同义词病毒性关节炎）这一术语来定义腱和腱鞘的变化，他们认为这与滑液囊支原体引起的变化是不同的。Olson 和 Solomon[89] 报道了无滑液囊支原体感染的商品肉鸡群暴发了腱鞘炎，进一步证实了 Dalton 的观点。从这些病鸡中分离到了 1 株具有与"病毒性关节炎因子"相同特性、且抗原性与 Fahey-Crawley 病毒相似的分离物[90]。自从在美国和英格兰首次报道腱鞘炎以来，已有许多国家发现了本病。有几篇文献综述了呼肠孤病毒诱发腱鞘炎的情况[61,99,129]。

认识到母源抗体对后代的保护作用[131,135]大大促进了病毒性关节炎的防控工作。种鸡接种活苗或灭活疫苗后产生的抗体可以防止后代发生接触传染和垂直感染[131,37,138]。Vanderheide 等[133,137]利用禽呼肠孤病毒 S1133 株开发了第一代商品化的活疫苗。该毒株目前已广泛用于生产灭活疫苗，或和其他致病型呼肠孤病毒一起制备联苗。

引起病毒性关节炎的呼肠孤病毒也可能引起鸡的其他病理变化，尤其是垂直感染或孵化后不久就发生感染时更是如此[16,48,55,78,79,101,102]。与嗜关节型呼肠孤病毒有关的疾病还有：腓肠肌腱断裂、心包炎、心肌炎、心包积液、生长不齐和死亡[37,53,60,101,102,124,129]。

发病率和分布

呼肠孤病毒感染呈全球性分布，病毒可感染鸡、火鸡及其他禽类。病毒性关节炎主要发生于肉鸡，但也可发生于产蛋鸡[53,116]和火鸡[1,5,26,83,92,119,136,149]。应注意的是，从临床上正常的鸡和火鸡的消化道、呼吸道经常可分离到呼肠孤病毒[58,94,119,149]，并已证明本病毒可污染疫苗。据估计从鸡体内分离到的病毒 80% 以上都是非致病性的[130]，这一情况对于呼肠孤病毒感染的诊断有一定影响。

病 原 学

病毒的形态和结构

呼肠孤病毒的复制在胞浆内进行，病毒无囊膜，呈二十面体对称并具双层衣壳结构。完整的病毒粒子直径约为 75nm，氯化铯浮密度为 $1.36 \sim 1.37 \mathrm{g/mL}$[29,113,114,122]。病毒的基因组由双链 RNA 节段组成，根据其在凝胶电泳上的迁移率大小可以分为大（L1 - L3）、中（M1 - M3）、小（S1 - S4）三个级别。这些基因节段至少编码 11 个原始的翻译产物，分属于 λ、μ 和 σ 三种类型[118,142]。

相对哺乳动物呼肠孤病毒，禽呼肠孤病毒蛋白特性的研究很少。大部分报道集中于鸡源呼肠孤病毒毒株，关注 σ 蛋白和 S 类基因组编码的蛋白。预测 S1 基因编码分子量分别为 10kDa、17kD 和 35kD 的多肽。最近报道 P10 蛋白为非结构蛋白，与病毒融合特性有关[118]。认为 P17 蛋白与病毒的致病性有关[117]。开放阅读框 3' 端编码小外衣壳蛋白 σC，σC 蛋白位于纤突顶，并在其中表达，具有吸附细胞和产生型特异性中和抗体的功能[110]。S2 基因编码主要核蛋白 σA，认为 σA 蛋白与 ARV 抗干扰素作用有关[73]；S3 基因编码主要核蛋白 σB，σB 蛋白能与抗呼肠孤病毒多克隆血清反应，也是群特异性中和抗原成分之一[110]。S4 基因编码小的非结构蛋白 σNS，它在病毒粒子的最早期组装阶段有重要作用[8,159]。

M1 基因编码一种小的核蛋白 μA；基因 M2 编码一种大的衣壳蛋白 μB；M3 基因编码一种非结构蛋白 μNS[85,125]。L 类基因组编码的蛋白很少引起关注。

S 基因的序列分析使一些作者认为火鸡和鸭的呼肠孤病毒应该归类于禽呼肠孤病毒中不同于鸡呼肠孤病毒的一个亚群[115]，而鹅呼肠孤病毒和鸭呼肠孤病毒具有相似性[6]。

病毒复制

Benavente 和 Martinez-Costas[9] 综述了禽呼肠孤病毒的复制过程。禽呼肠孤病毒通过受体介导的细胞内吞作用进入细胞，含病毒的吞噬小体被酸化后，病毒脱衣壳，释放具有转录活性的内核进入胞浆。病毒的复制发生于胞浆包涵体。胞浆包涵体呈球形，被称为"病毒加工厂"，与细胞微管无相关性，并由非结构蛋白 NS 组成。NS 蛋白也介导某些病毒蛋白（但不是所有的病毒蛋白）与包涵体的相关性，表明募集病毒蛋白被特异性地集中到"病毒加工厂"。禽呼肠孤病毒的形态发生是一个复杂的、临时的调控过程，且该过程严格地在感染细胞的"病毒加工厂"中进行。病毒蛋白合成后的前 30min 开始核芯的组装，而在随后的 30min 内，完整的核芯被外衣壳多肽包被，从而形成了成熟的具有感染性的呼肠孤病毒粒子。

据报道禽呼肠孤病毒可在禽的多种组织中复制，但主要靶器官可能是肠道[55]、胫跗关节和跗趾关节（跗关节)[53]及肝[62,35]。

理化特性

呼肠孤病毒对热有抵抗力，能耐受 60℃ 8～10h、56℃ 22～24h、37℃ 15～16 周、22℃ 48～51 周、4℃3 年以上、−20℃4 年以上、−63℃ 10 年以上[74]。半纯化病毒于 60℃ 条件下放置 5h，其滴度降低，但并不能完全使病毒失活。在氯化镁存在的条件下，加热处理可使病毒的毒价增高。Savage 和 Jones 研究了禽呼肠孤病毒在禽舍废物表面或废物内的存活能力[112]，发现禽呼肠孤病毒在羽毛、蛋壳、刨花和饲料中能存活 10 天以上，但在饮水中呼肠孤病毒可存活 10 周以上，病毒的感染力基本未丢失。

呼肠孤病毒对乙醚不敏感，对氯仿轻度敏感。对 pH 3、室温下过氧化氢作用 1h、2% 来苏儿、3% 福尔马林、DNA 代谢抑制剂（放线菌素 D、阿糖胞苷和 5 - 氟 - 2 - 脱氧尿嘧啶）有抵抗力。70% 乙醇、0.5% 有机碘和 5% 过氧化氢溶液可灭活病毒[82]。禽呼肠孤病毒对胰蛋白酶的敏感性不同，但与抗原结构和动物来源无关[47]。对胰蛋白酶的敏感性与病毒相对致病性间的关系仍不清楚，但对胰蛋白酶敏感的病毒经口感染后在肠道内复制较差，也不易扩散到其他组织[47,81]。有趣的是，胰蛋白酶处理可灭活源于 S1133 的疫苗毒。

禽呼肠孤病毒可以诱导细胞融合，在系统发育上与其他动物的大多数呼肠孤病毒不同[18]。培养

细胞上形成合胞体增加了病毒对细胞的致病率和病毒的释放量，但对这两种特性并不是必需的[19]。

除了两例之外[19,20]，一般认为禽呼肠孤病毒不具有血凝特性，有别于哺乳动物呼肠孤病毒。

毒株分类

可利用血清学方法或根据病毒对鸡的相对致病性对呼肠孤病毒进行分类。Kawamura 和 Tsubahara 等人[57,58]将分离自粪便、泄殖腔拭子和气管的 77 个呼肠孤病毒分离株分为 5 个血清型。Sahu 和 Olson[108]从肠道、呼吸道和关节液分离株中发现了 4 个血清型。Wood 等[147]分析了来自美国、英国、德国和日本的呼肠孤病毒的相关性，尽管不同的型之间有很大程度的交叉中和性，但至少有 11 个血清型。Hieronymus 等[37]将 5 株呼肠孤病毒分为 3 个血清型，而 Robertson 和 Wilcox[98]将 10 个澳大利亚分离株分为 3 个有很大程度交叉反应的群。显然，呼肠孤病毒可能有很多抗原亚型，而非不同血清型，可发生重排[98]。

Rosenberger 等[104]和 Sterner 等[124]曾将经蚀斑纯化的抗原性相似的病毒通过各种途径接种 SPF 鸡，根据其相对致病性和病毒的持续时间证明了毒株间有明显差异。

实验室宿主系统

经卵黄囊或绒毛尿囊膜（CAM）接种后，呼肠孤病毒容易在鸡胚内生长。初次分离选用卵黄囊接种，一般在接种后 3～5 天鸡胚死亡，鸡胚由于皮下大量出血而呈紫色。CAM 接种鸡胚一般在7～8 天死亡。鸡胚轻度矮小，偶尔伴有肝脏、脾脏肿大。特别是接种后存活 7 天以上的鸡胚，在肝脏和脾脏可能出现坏死灶。绒毛尿囊膜有散在的稍隆起的白色病灶。组织学检查可见外胚层有坏死区域，伴有中度的上皮增生。邻近坏死病灶的中胚层发生水肿，内有大量炎性细胞。有时仅见有水肿。尿囊腔接种的胚胎死亡率不一。

病毒可在原代鸡胚细胞、肺、肾、肝、巨噬细胞和睾丸中增殖。2～6 周龄原代鸡肾细胞较好，但做蚀斑试验和分离病毒时，应选择鸡胚原代肝细胞[30,32]。鸡胚成纤维细胞适合病毒的繁殖，但一般需要传代适应[7,32,54]。感染呼肠孤病毒的鸡源细胞

培养物以形成合胞体为特征，这种合胞体最早出现于24～48h之间，随后可见单层细胞变性所留下的空洞和悬浮于培养液中的巨大细胞。感染细胞内有嗜酸性或嗜碱性胞浆包涵体[99]。病毒也可以在许多细胞系上成功增殖，但需要传代适应。已用的细胞有：绿猴肾（Vero）[108]细胞、乳地鼠肾（BHK21/13）细胞、1TT细胞、猫肾（CRFK）细胞、佐治亚牛肾（GBK）细胞、兔肾（RK）细胞、猪肾（PK）细胞[7]、源于诱发性纤维肉瘤[14]的日本鹌鹑细胞系（QT35）[117]、鸡淋巴母细胞和鸡淋巴细胞亚群[80]。

致病性

虽然人们总是把呼肠孤病毒与关节炎联系在一起，但它也是其他疾病的病因，包括生长受阻、心包炎、心肌炎、心包积水、肠炎、肝炎、法氏囊和胸腺萎缩、骨质疏松以及急、慢性呼吸道综合征[24,26,47,60,83,84,101,124,136]。柔嫩艾美耳球虫或巨型艾美耳球虫的协同感染会加强某些呼肠孤病毒的致病作用[106,107]。鸡感染传染性法氏囊病病毒或限饲可使WVU2937株引发的腱鞘炎加重[12,13,123]。呼肠孤病毒也能加重其他病原引起的疾病，例如鸡传染性贫血病毒[23,76]、大肠杆菌病和一些常见的呼吸道病毒[97,105]。呼肠孤病毒感染或与其并发感染时可引起机体的免疫功能降低，导致对其他传染性病原体的易感性增加[97,101,105,106,107]。

发病机理和流行病学

自然宿主和实验宿主

虽然已从许多种禽类体内发现呼肠孤病毒，但是，认为鸡是唯一可被呼肠孤病毒感染引起关节炎的天然或实验宿主。对火鸡关节炎的了解仍不清楚。已从患有关节炎的火鸡中分离到呼肠孤病毒[92]。Van der Heide 等[136]发现火鸡分离株对鸡也有致病性。该毒株可被鸡呼肠孤病毒 S1133 株抗血清所中和。Al-Afaleq 等[1]发现火鸡对呼肠孤病毒引起的腱鞘炎比鸡更有抵抗力，但呼肠孤病毒可引起雏火鸡高死亡率[119]。McFerran 等[75]对分自火鸡粪便的呼肠孤病毒进行了鉴定，发现该病毒与

鸡源分离株具有共同的群特异性抗原，但不能被现有的标准血清所中和。

从临床感染的鸭、鸽、鹅、小丘鹬和鹦鹉均检测到呼肠孤病毒，但并非总能确定其固定的病因学关系[17,75,111]。已有几个国家报道了番鸭的一种疾病[25,56,71]，且利用分离株已复制出该病[25,71]，病鸭表现为萎靡不振、腹泻和生长受阻。金丝雀、鸽子、豚鼠、大鼠、小鼠、仓鼠和家兔对该病的实验感染均未成功，但 Phillips 等[95]报道通过口腔和鼻腔感染新生小鼠后出现肝脏病变。Nersessian 等[83]报道经脑内接种几株火鸡分离株后可引起乳鼠生长受阻和共济失调。Al-Afaleq 等[3]研究表明嗜关节型呼肠孤病毒 R2 株能使接种小鼠产生神经症状和油质性表皮，与哺乳动物呼肠孤病毒感染相似。其他禽类的呼肠孤病毒感染将在本章的第二部分进行讨论。

年龄相关的抗性

Kerr 和 Olson[59]首次报道呼肠孤病毒诱发的关节炎具有年龄抵抗性。利用无母源抗体的 1 日龄雏鸡很容易复制本病[48,135]，而日龄较大的鸡虽然可以被感染，但病情一般很轻且潜伏期长。Rosenberger[104]在研究可引起明显矮小综合征和关节炎的禽源呼肠孤病毒时也报道了类似的结果。Jones 和 Georgiou[48]提出与年龄有关的易感性可能和雏鸡还不能产生有效的免疫应答有关。

传播

已有大量文献报道了呼肠孤病毒的水平传播情况[99,129]，然而，不同毒株的传播能力差异较大。尽管呼肠孤病毒接种后从肠道和呼吸道排毒时间最少可持续 10 天，但肠道排毒时间更长，这就意味着粪便污染是接触传染的主要来源[53,70]。Roessler 等[101]证实，1 日龄雏鸡经呼吸道感染时比口腔更易感。病毒可长期存在于盲肠扁桃体和跗趾关节内，特别是幼龄感染的鸡更是如此[51,72]，因此，带毒鸡是潜在的接触感染源。

Menendez 等[78]，Van der Heide 和 Kalbac[132]和 Al-Mufarrej[4]等已明确地证明禽呼肠孤病毒可以垂直传播。Menendez 等[78]通过口腔、气管和鼻腔接种感染了 15 月龄种鸡，发现从感染后 17、18

和 19 天所产的蛋而孵化的雏鸡内存在病毒。从实验感染鸡种蛋制备的成纤维细胞中也可分离到呼肠孤病毒[102]。Al-Mufarrej[4] 等研究表明：给 SPF 母鸡实验接种病毒，发现感染后 5～17 天所产的蛋被病毒感染，且从感染蛋孵化的小鸡肝脏、肠道和跗趾关节内能分离到病毒。尽管这样，但从感染母鸡的泄殖腔拭子中从未分离到病毒。所有研究报道表明垂直传播的几率比较低。

胰酶敏感株的研究表明，禽呼肠孤病毒能通过趾部破损皮肤感染，且能聚积于跗趾关节内[2]。

潜伏期

潜伏期的长短取决于病毒的致病型、宿主年龄和感染途径[99,129]。感染 2 周龄鸡时，其潜伏期从 1 天（爪垫接种）到 11 天（肌肉、静脉和窦内接种）不等。气管内接种和接触感染的潜伏期分别为 9 天和 13 天[89]。

呼肠孤病毒经常呈隐性感染，只能通过血清学方法或病毒分离才能确诊。FDO 株经口腔和呼吸道途径接种成年鸡，感染后 4 天在所有被检器官内均能检测到病毒。至 2 周时病毒的分离率大大降低，20 天后则分离不到病毒。虽然肉眼病变不明显[79]，但病毒常聚积于后肢的屈肌腱和伸肌腱。用嗜关节型病毒（R2 株）接种 1 日龄鸡，爪垫接种比口腔、皮下或关节接种发病快[43]。经口感染（可能是病毒自然感染的途径）后 2～12 h，病毒首先在肠黏膜和法氏囊的上皮细胞内复制，24～48 h 内病毒广泛分布于大量组织，包括跗趾关节[55]。许多呼肠孤病毒可引起趾屈肌腱和跖伸肌腱组织学炎性变化，但无眼观病变[88]。

关节炎病变是一个慢性过程，幼龄鸡对呼肠孤病毒最易感。病毒性关节炎自然感染病例多见于 4～7 周龄鸡，也见于更大的鸡[129]。随着年龄增加，对该病的抵抗力也增大，因而难于对成年禽的病变作出解释，也许繁殖活动的应激再次激活了潜伏的病毒。发病率可高达 100%，而死亡率一般低于 6%。病毒在腱内至少可以存活 22 周[102]。

临床症状

急性感染时，病鸡表现为跛行，部分鸡表现为生长迟缓。慢性感染的鸡跛行更加明显，少数病鸡单侧或双侧的跗趾关节固化不能运动。某一群 36 000 只发病肉鸡，最初诊断为传染性滑膜炎，3～4 周龄时，16 栋鸡中有 8 栋鸡发病，至 7～8 周时，大约有 550 只鸡死亡或因跛行而被淘汰，另外有 4 500 只鸡出现生长迟缓。

另一群 15 000 只左右的肉鸡，没有观察到病毒性关节炎/腱鞘炎的临床症状，但约有 5% 的鸡在屠宰时发现趾屈肌腱和腓肠肌的肿大。9 周龄时该鸡群的平均重仅为 1.66kg，饲料转化率为 2.45，死亡率为 5%，淘汰率达 2.6%。从两只发生病毒血症的病鸡体内分离到了病毒。用琼脂沉淀试验检查本群的 80 份血清样品，发现 89% 的血清呈呼肠孤病毒抗体阳性。这种隐性感染可能是引起这群肉鸡生产性能不良的原因。

其他研究者也有类似的报道[45,229]。腓肠肌腱断裂常与呼肠孤病毒感染有关，特别是 12～16 周龄公鸡[45,54]。据报道，5～8 周龄火鸡也有相似的病变[92]。当双侧腱断裂时，因不能固定跖骨，而出现典型蹒跚步态，且常伴发血管破裂。

大体病变

自然感染鸡的肉眼病变是腓肠肌腱、趾屈肌腱和跖伸肌腱肿胀。从跗关节上部触诊能明显感觉到最初的病变，掉毛后则更容易观察到病变（图 11.1）。发病关节常有温热感，如果腓肠肌断裂，就会观察到皮肤因血液外渗而发绿。切开皮肤就会看到肌腱的断裂末端[51]。

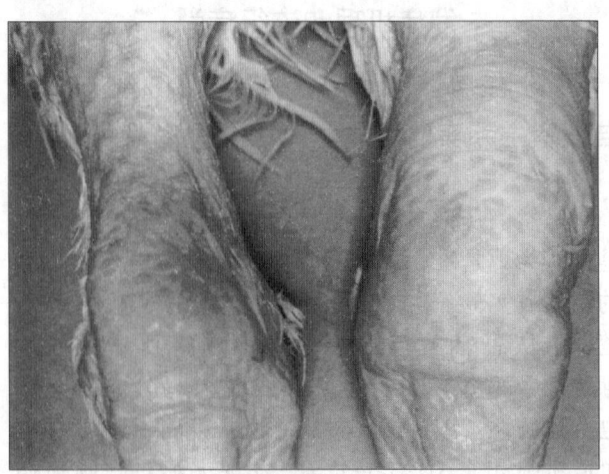

图 11.1　一只 8 周龄肉鸡表现明显的趾屈肌腱和跖伸肌腱肿胀。通常根据这些肌腱的双侧性肿胀就可以做出初步诊断

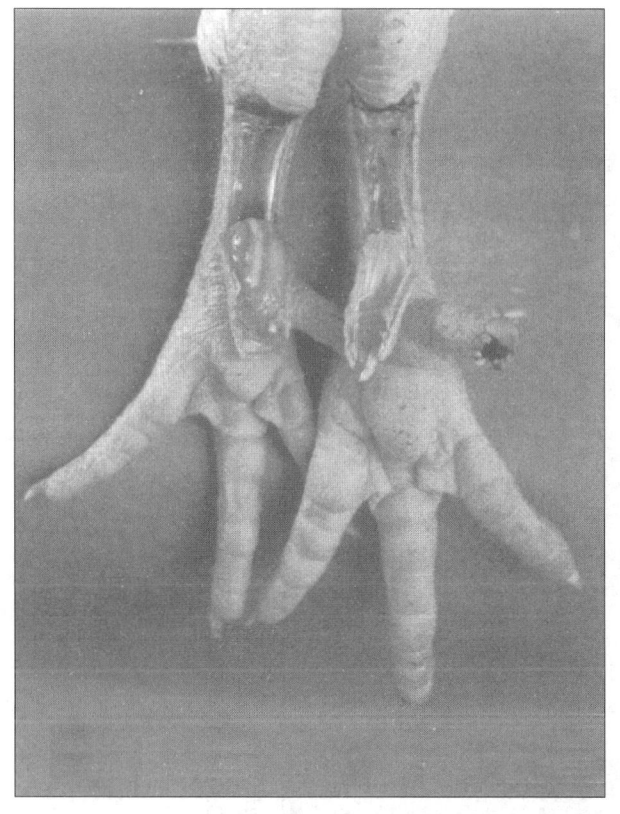

图 11.2　左：趾屈肌腱鞘明显水肿；右：正常对照

爪垫和跗关节肿胀比较少见。跗关节内常含有少量草黄色或血样渗出物；少数病例有大量的脓性渗出物，与传染性滑膜炎相似。感染早期跗关节和跖关节腱鞘有明显水肿（图 11.2）。跗关节以上的滑膜经常有点状出血（图 11.3A）。

腱部的炎症逐渐发展为慢性病变，其特征是腱鞘硬化和粘连。胫跗关节远端的关节软骨上出现凹陷的小糜烂灶，糜烂灶逐渐变大，融合并延伸到底层的骨质（图 11.3B，C）。关节表面的纤维软骨膜常过度增生，殃及骨髁和上髁[60]。实验感染鸡患肢跖骨的近端骨干肿大。

组织学病变

Kerr 和 Olson[59] 描述了该病的组织学变化。一般来讲，实验感染和自然发病的病变是相同的。在急性期（爪垫接种后 7～15 天）可见有水肿、凝固性坏死、异嗜细胞集聚和血管周浸润。也可见有滑膜细胞肥大和增生、淋巴细胞和巨噬细胞浸润及网状细胞增生。后面这些病理过程引起腱鞘壁层和脏层显著增厚。滑膜腔充满异嗜细胞、巨噬细胞和脱落的滑膜细胞，形成以破骨细胞增多为特征的骨膜

炎。在慢性期（接种后 15 天开始）滑膜形成绒毛样突起，见有淋巴样结节。30 天以后，炎症愈发慢性化，纤维性结缔组织增多，网状细胞、淋巴细胞、巨噬细胞、浆细胞显著浸润或增生。

跖关节和跗关节部位的炎症变化相同。患肢的腱内籽骨发育受阻。有些腱完全被形状不规则的肉芽组织取代，滑膜上有大量的绒毛。

口腔感染 54 天后，腱鞘发生慢性纤维化，纤维组织侵入腱组织，导致关节强硬和僵化[134]。

跗跖骨近端的软骨细胞生长线变得狭窄而不规则。跗关节软骨溃烂，伴发肉芽组织的生成。成骨细胞开始活跃，在溃烂的底面形成一厚层骨质。骨髁、上髁和副胫骨的成骨活性加强，引起成骨发生，形成外生骨疣[60]。1 日龄肉鸡口腔感染呼肠孤病毒时，超微病变可见腓肠肌腱和腱鞘的成纤维细胞呈退行性变化，包括胞质空泡化、膜破裂、内质网核糖体丢失及线粒体和细胞破裂[39]。

心脏病变已有详细描述[60,89]。心肌纤维间常有异嗜细胞浸润。某些病例伴发单核细胞或网状细胞的增生，但这点是否具有病理学诊断意义还不清楚。对 1 日龄鸡的致病性实验表明，许多禽呼肠孤病毒株具有致关节病变的潜能，且能引起明显的肝坏死[32]。虽然可能出现异嗜细胞百分比增加，且淋巴细胞百分比下降，但红细胞、血细胞压积和白细胞总数一般在正常范围内。

免疫力

禽呼肠孤病毒免疫机制的研究报道相对较少，但都研究了对关节和肠道的影响。

体液免疫

琼脂扩散试验表明禽呼肠孤病毒有一个群特异性抗原[146]，用蚀斑减少中和试验或鸡胚中和试验可检测到血清型特异性抗原[99,129]。感染后 7～10 天可检测到中和抗体，大约在 2 周后出现沉淀抗体。中和抗体的持续时间比沉淀抗体长，但这可能只是实验方法敏感性的反映。存在高水平循环抗体时，仍可能发生持续感染[52]，所以抗体保护作用的重要性仍不十分清楚。然而，很明确的是母源抗体对 1 日龄雏鸡的实验或自然感染具有一定程度的保护作用[133,135]。抗体的相对保护作用可能与血清

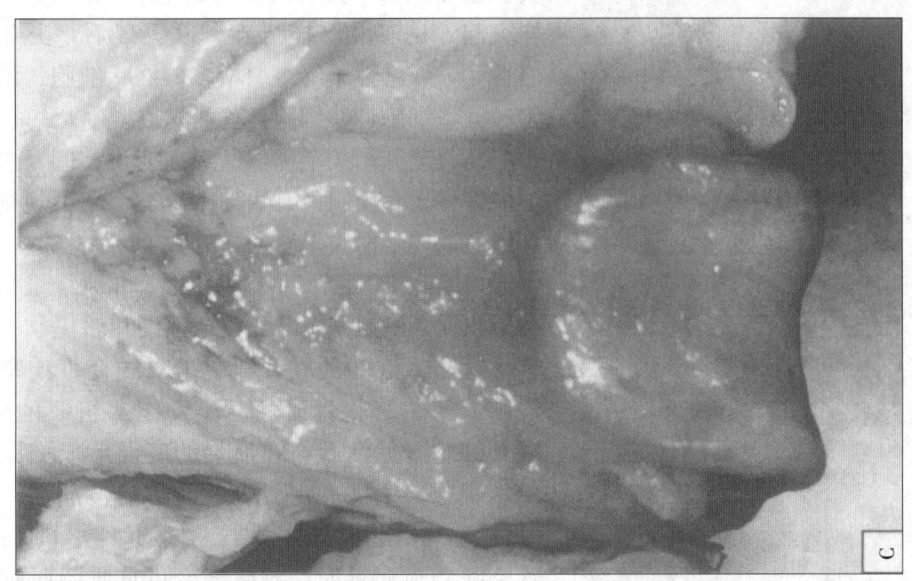
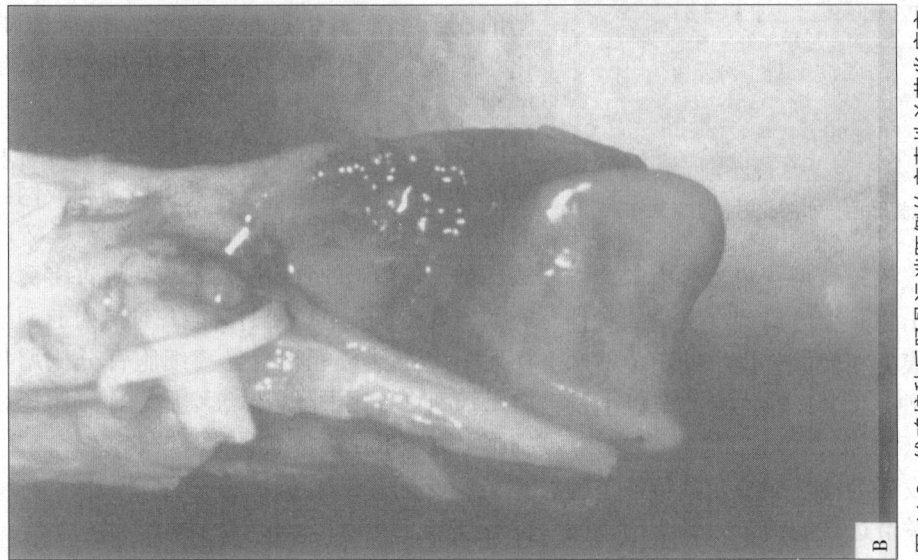
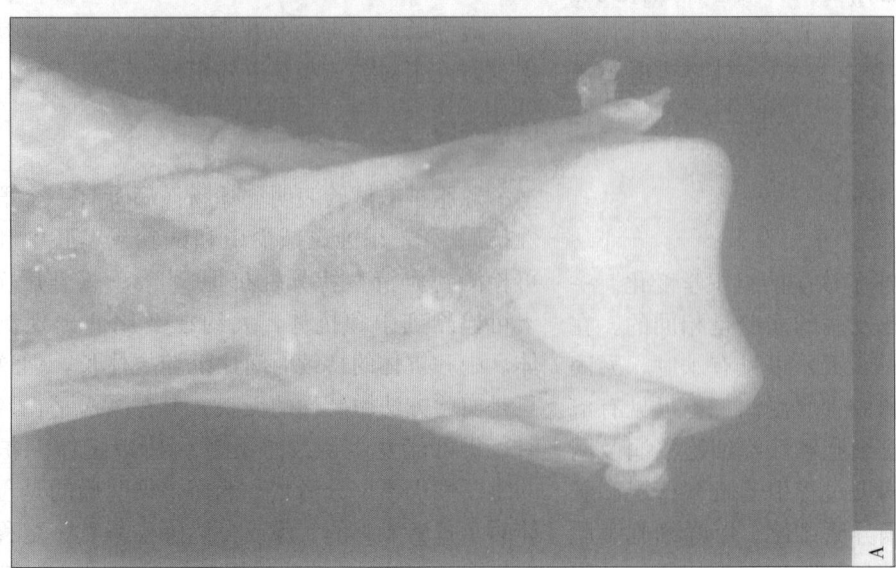

图 11.3　雏鸡接种后胫骨远端跗侧的病毒性关节炎病变。

A.正常对照；B.接种 35 天后关节软骨糜烂和滑膜出血；C.接种 212 天后软骨糜烂和滑膜显著增厚

型同源性、病毒毒力、宿主年龄及抗体效价有关[96,104,126,135,144]。

局部免疫

肠黏膜特异性 IgA 对于限制禽呼肠孤病毒的致病潜力和扩散起着重要作用，它的产生受到感染途径、年龄和病毒对胰蛋白酶敏感性的影响[81]。1 日龄感染或口腔感染胰酶敏感性呼肠孤病毒后，不能检测到肠黏膜 IgA 反应。

细胞免疫

Kibenge 等[62]早期的细胞免疫研究，通过法氏囊切除术和/或胸腺切除术使鸡产生免疫抑制时，表明呼肠孤病毒感染的康复需要 B 和 T 淋巴细胞系统，但 B 淋巴系统起主要作用。同时切除法氏囊和胸腺时，病毒感染的持续时间更长。Hill 等[38]报道用环孢菌素 A 抑制 T 细胞免疫时，呼肠孤病毒感染鸡的死亡率增加，但肌腱病变的严重程度未受影响。

Songserm 等[121]研究了几株呼肠孤病毒在肠道中的活性，结果表明 CD8+ T 细胞在小肠发病机制和病毒清除过程中可能起着重要的作用。Van Loon 等[139]利用 B 细胞免疫抑制的鸡进行实验，发现缺乏主动免疫抗体时也能控制体内感染的毒株，即不依赖于 B 淋巴细胞，这说明对有抗呼肠孤病毒母源抗体的肉鸡，早期进行活疫苗免疫后，细胞免疫有足够的保护作用。

Pertile 等[93]用 B 和 T 淋巴细胞特异性单抗来研究呼肠孤病毒引起的关节炎。T 细胞和浆细胞是滑膜中最主要的炎性细胞。急性期，T 细胞，主要是 CD8+ 细胞的数量较少；炎性细胞活性最强的时候是在亚急性期，CD4+ 和 CD8+ 细胞数量增多，IgM 阳性 B 细胞和浆细胞出现聚集；慢性阶段，大量的 CD4+ 细胞占主要优势。认为这些变化与人的类风湿性关节炎很相似。这些细胞免疫变化表明，病毒感染后巨噬细胞被激活，阻止了病毒的复制和细胞毒性效应，从而保护宿主细胞，且这种保护作用可能受宿主细胞中一氧化氮的细胞稳定效应的调控。禽类呼肠孤病毒感染后对脾细胞的进一步研究表明，病毒感染不会损害 T 细胞功能，但可诱导产生抑制性巨噬细胞，进而抑制 T 细胞功能（Pertile 等）[93]。呼肠孤病毒感染禽中抗核蛋白抗体和抗胶原蛋白抗体的检查为区分病毒性关节炎和类风湿性

关节炎提供了证据。

体内外实验均已证明呼肠孤病毒能诱导产生干扰素。S1133 弱毒株可诱导鸡胚细胞培养物产生干扰素，但在体内，只能在肺脏中检测到干扰素，而在其他器官中检测不到干扰素[21,22,145]。一株致病性更强的呼肠孤病毒株感染后可在血清中检测到干扰素[21,22]。

诊　　断

根据症状和病变可做出初步诊断。然而，病毒性关节炎没有特征性的病变，一些关节炎的病变可能与滑液囊支原体、葡萄球菌或其他细菌引起的病变相似。病变主要涉及趾伸肌腱、跖屈肌腱（图 11.2）及心脏中异嗜细胞浸润，这些有助于与细菌感染和支原体性滑膜炎相区别。然而，通过病原分离才能确定临床病因。但是，近年来更快的分子生物学方法，尤其是 PCR 方法得到了进一步发展。

病原检测

病毒分离

由于禽呼肠孤病毒通常很容易增殖，因此，本与禽呼肠孤病毒关系不大或无关系的临床症状，可能常常认为禽呼肠孤病毒是病原。

建议通过关节和组织样品来分离病毒，因为拭子的分离率不高[49]。跗骨下的籽骨连同肌腱片段、滑膜和关节软骨是病毒分离的常用组织样。除采集发病关节的样品外，也应采集临床上明显正常的关节样，因为任何时候临床发病禽的数量相对较少，且关节病变的后期不容易分离到病原。值得注意的是：禽呼肠孤病毒无处不在，且大部分毒株没有致病性，所以从肠道中分离到禽呼肠孤病毒时不能认为关节炎的病因就是呼肠孤病毒。尽管呼肠孤病毒对外界的抵抗力较强，但也要将其置于保存液内，并尽快送到实验室。如果不能及时运送，则需 4℃ 保存，如时间长，则置于−20℃ 保存。

病毒分离的最好方法是将跗关节组织液经卵黄囊接种 5～7 日龄鸡胚或鸡胚肝细胞。鸡胚接种 5～6 天后能典型地致死鸡胚，而细胞培养能形成典型

的合胞体。通过鸡胚和细胞培养物分离呼肠孤病毒可能至少传代一代以上。

根据病毒典型的理化特性和群特异性抗体（利用琼脂扩散试验检测）很容易将呼肠孤病毒和其他病毒区分开。经绒毛尿囊膜接种 9～11 日龄鸡胚，接种后 7 天内收获死亡或病变胚的绒毛尿囊膜，经匀浆制备成抗原[90]。如果有已知的阳性血清，可利用琼扩试验对分离的病毒进行鉴定，琼扩试验也可用于感染鸡群抗体水平的监测。分离的病毒可通过形态学来鉴定，在电镜下，呼肠孤病毒直径为 70～80nm，双衣壳病毒粒子；也可通过免疫荧光染色来鉴定感染细胞中的病毒。

分子生物学方法

数位作者报道了鉴定禽呼肠孤病毒的分子生物学方法，且如今已被诊断实验室采用。这些方法包括斑点杂交技术[66,151]和 TR - PCR 技术[63,67]，但 RT - PCR 应用比较多。Liu 等[69]描述了一种 RT-PCR 结合限制性片段长度多态性分析（RFLP）的方法，这是一种鉴定呼肠孤病毒的简单、快速的方法，且该方法有助于鉴定鸡群中是否存在变异株，或检测特定株在鸡群中的水平传播情况。Caterina 等[11]建立了可同时检测呼肠孤病毒、腺病毒、传染性法氏囊病毒和鸡传染性贫血病毒的多重 PCR。RT - PCR 方法也可用于兽医生物制品的质控检测，如疫苗中异源性禽呼肠孤病毒的检测。

毫无疑问，分子生物学方法，尤其是 RT - PCR 具有快速的特点，结合 RFLP 技术可用于分子流行病学调查。然而，在病料的常规检测过程中，需要将分子生物学方法的敏感性与病毒分离方法进行仔细对比，因为如今仍然认为病毒分离方法是鉴定禽呼肠孤病毒的"金标准"。需要注意的是：RT - PCR 诊断方法中可以不分离有活性的毒株，因此，需要对新分离株进行进一步研究时必须分离病毒。

病毒的组织定位

通过免疫过氧化物酶技术[127]可检测福尔马林固定组织中的呼肠孤病毒蛋白或核酸。采用荧光抗体染色技术[99]检测速冻腱鞘和其他组织冰冻切片中的呼肠孤病毒抗原是另一种快速检测方法，但该方法可能仅在病毒感染的早期有效[66]。Liu 和 Giambrone 使用原位杂交技术来示踪禽呼肠孤病毒

S1133 株在感染鸡组织中的分布[66]。他们在肝、胰腺、心脏和肌腱的石蜡包埋组织切片中检测到了病毒，从而确定了病毒的靶器官。当然，免疫染色和原位杂交技术都能应用于致病性的研究，但也可用于新毒株的组织亲嗜性研究。

尽管进行了广泛的分子生物学研究，但仍未发现禽呼肠孤病毒致病性的关键因子，因此还需作实验感染研究。从感染关节分离到禽呼肠孤病毒后，可通过脚垫将其接种于 1 日龄易感鸡，以此可确定分离株的关节致病性。如果具有致病性，可在接种 72h 内观察到脚垫的明显炎性反应。

血清学

通过琼脂扩散试验[57,97]或间接荧光抗体试验（IFA）[31]很容易检测到呼肠孤病毒的群特异性抗体。IFA 试验更敏感，因而更适合于进行定量检测。利用兔或鸡抗血清及单克隆抗体，在鸡肾细胞或鸡胚肝细胞和其他细胞系上进行蚀斑减少中和试验可以确定病毒血清型之间的差异[58,64,126,144,147]。虽然报道呼肠孤病毒有几个血清型，但是各毒株之间有相当高的同源性，因此，许多呼肠孤病毒株被划归为抗原亚型，而非不同的血清型。呼肠孤病毒抗体特异性的体外试验结果与母源抗体对同源和异源病毒感染的保护作用结果并不完全一致[148]，灭活苗免疫鸡所产生的中和抗体的型特异性比较低，但免疫鸡感染后所产生的抗体型特异性较高[77]。这些试验不适合大规模筛检。

出于商业目的，ELISA 技术已替代上述方法用于血清学检测，从而使大量样品的筛检自动化和快速化。Slaght 等[120]首先建立了检测禽呼肠孤病毒抗体的 ELISA 方法。使用 S1133 株作为抗原可与 Reo - 25 和 WVU - 2939 株的抗体发生反应，说明同源抗体滴度最高。Islam 和 Jones[42]发现 ELISA 和病毒中和抗体具有重要的相关性。已有商业化的 ELISA 检测系统，且已广泛运用于鸡群呼肠孤病毒抗体水平的检测和评价[128]。最近报道的 ELISA 优化方法有：用细菌表达的 σC 和 σB 蛋白作为 ELISA 包被抗原以及单抗竞争 ELISA 均可以提高鸡群免疫状况检测评价的准确性。

由于呼肠孤病毒在商品鸡群中广泛存在，所以用血清学分析来诊断是很困难的，但血清学分析可作为反映疫苗免疫情况的指标。

预防和控制

生物安全

由于普遍存在禽呼肠孤病毒感染（但不一定引发疾病），病毒可垂直传播和水平传播，而且病毒对体外界环境具有抵抗力，且常通过机械方式传播，所以，在现代高密度饲养条件下，要消除病毒感染似乎是不可能的。清除感染群后，对鸡舍进行彻底清洗消毒可防止致病性病毒感染下一批鸡。禽呼肠孤病毒具有较高的稳定性，因而使用商品消毒剂前要对其有效性进行检测。碱溶液和0.5%有机碘液可有效地灭活病毒。尽管控制鸡群呼肠孤病毒感染的主要方法是免疫接种，但良好的管理措施和生物安全措施也能减少呼肠孤病毒感染的几率，尤其是雏鸡。

免疫接种

1日龄雏鸡对致病性呼肠孤病毒最易感，但最早在2周龄后开始有年龄抵抗力。正因为这点，所以疫苗和免疫程序应考虑使1日龄鸡获得免疫保护。接种弱毒活苗可诱导产生主动免疫，虽然可进行粗喷免疫[137]，但通常采取皮下接种[28]。可对随后的免疫情况进行检测评价。源于S1133株的弱毒苗与马立克氏病疫苗同时免疫时可干扰马立克氏病疫苗的免疫效果[86,103]。对马立克氏病火鸡疱疹病毒苗的干扰最明显[97,103]。与来自S1133株的疫苗[138]相比，用2177株制备的疫苗[101,102,124]更适合与马立克氏病疫苗同时免疫接种1日龄鸡，2177株是分离于美国的天然无致病力的呼肠孤病毒株。如果马立克氏病疫苗效价低，或者马立克氏病毒感染很严重时，要慎重使用呼肠孤病毒疫苗。种鸡群可以使用呼肠孤病毒活疫苗或灭活疫苗，或者二者联合应用。使用灭活苗前先接种活疫苗，效果可能会更好[130,148]。

如果使用活苗，应在产蛋前免疫接种以防止疫苗毒的垂直传播[27]。这种免疫程序的优点是母源抗体可以立即对1日龄仔鸡提供保护，并降低垂直传播的可能性，这点具有重要的经济意义[16]。种鸡免疫是控制病毒性关节炎和其他致病性呼肠孤病毒的一种有效的方法，但应注意，这种保护只对同源血清型有效[36,96,109]。当野毒株与商用疫苗的血清型明显不同时，使用自家苗的效果会更好[36,109]。

已做过卵内免疫接种试验。Guo等[33,34]报道，无母源抗体的雏鸡不能单独接种呼肠孤病毒疫苗，否则会产生免疫抑制，但如果和其他抗体复合体一起接种时，可消除免疫抑制。

Wu等[151]利用粟酒裂殖酵母（*Schizosaccharomyces pombe*）表达了σC蛋白进行免疫接种，对S133株的攻毒保护效果稍优于商品苗。这些结果支持了利用植物转基因疫苗进行免疫的可行性。Huang等[40]也做了类似的工作，即在紫花苜蓿中表达了σC蛋白，这为食用疫苗的研制铺平了道路。

评价呼肠孤疫苗免疫效果的常规方法如下：接种疫苗，3～4周后经爪垫接种强毒株，通过脚垫的肿胀情况来评价免疫效果。该方法会给攻毒鸡带来损伤，且有时很难对结果作出解释。Van Loon等[141]建立了一种可替代攻毒模式，即从对照鸡和免疫鸡的样品组织中分离攻毒株，而后运用单抗来区分攻毒株和疫苗株。

欧阳文军 张国中 译

苏敬良 校

参考文献

[1] A1 Afaleq, A. and R. C. Jones. 1989. Pathogenicity of three turkey and three chicken reoviruses for poults and chicks with particular reference to arthritis/tenosynovitis. *Avian Pathol* 18:433 - 440.

[2] A1 - Afaleq, A. I. and R. C. Jones. 1990. Localisation of avian reovirus in the hock joints of chicks after entry through broken skin. *Res Vet Sci* 48:381 - 382.

[3] A1 - Afaleq, A. I. , C. E. Savage, C. Payne - Johnson, and R. C. Jones. 1997. Experimental inoculation of mice with trypsinresistant and trypsin-sensitive avian reoviruses. *J Comp Path* 117:253 - 259.

[4] A1 - Mufarrej, S. I. , C. E. Savage, and R. C. Jones. 1996. Egg transmission of avian reoviruses in chickens: comparison of a trypsinsensitive and a trypsin-resistant strain. *Avian Pathology* 25:469 - 480.

[5] Back, A. and K. V. Nagaraja. 1996. Pathogenicity of chickens reovirus strains S1133 and 1733 for turkeys. Proc International Symposium on Adenovirus and Reovirus Infections in Poultry, Rauischholzhausen, Germany, 245 -250.

[6] Banyai, K. , V. Palya, M. Benko, J. Bene, V. Havasi, B. Me-

legh, and G. Szucs. 2005. The goose reovirus genome segment encoding the minor outer capsid protein 1/C is bicistronic and shares structural similarities with its counterpart in Muscovy duck reovirus. *Virus Genes* 31: 285 -291.

[7]Barta, V. , W. T. Springer, and D. L. Miller. 1984. A comparison of avian and mammalian cell cultures for the propagation of avian reovirus WVU 2937. *Avian Dis* 28: 216 - 223.

[8]Becker, B. A. , M. I. Goral, P. R. Hazleton, G. S. Baer, S. E. Rogers, E. G. Brown, K. M. Combs, and T. S. Dermody. 2001. Reovirus SNS protein is required for nucleation of viral assembly complexes and formation of viral inclusions. *J Virol* 75:1459 - 1475.

[9]Benavente. J. and J. Martinez - Costas. 2006. Early steps in avian reovirus morphogenesis. *Curr Top Microbiol Immun* 309:67 - 85.

[10]Bruhn, S. , L. Bruckner, and H. P. Ottiger 2005. Application of RT - PCR for the detection of avian reovirus contamination in avian viral vaccines. *J Virol Methods* 123: 179 - 186.

[11]Caterina, K. M. , S. Frasca Jr. , T. Girshick, and M. I. Khan. 2004. Development of a multiplex PCR for detection of avian adenovirus, avian reovirus, infectious bursal disease virus, and chicken anemia virus. *Mol Cell Probes* 18:293 - 308.

[12]Cook, M. E. , W. T. Springer, K. M. Kerr, and J. A. Herbert. 1984. Severity of tenosynovitis in reovirus-infected chickens fed various dietary levels of choline, folic acid, manganese, biotin, or niacin. *Avian Dis* 28:562 - 573.

[13]Cook, M. E. , W. T. Springer, and J. A. Herbert. 1984. Enhanced incidence of leg abnormalities in reovirus WVU 2937—infected chickens fed various dietary levels of selected vitamins. *Avian Dis* 28:548 - 561.

[14]Cowen, B. S. and M. O. Braune. 1988. The propagation of avian viruses in a continuous cell line(QT35) of Japanese quail origin. *Avian Dis* 32:282 - 297.

[15]Dalton, P. J. and R. Henry. 1967. Tenosynovitis in poultry. *Vet Rec* 80:638.

[16]Dobson, K. N. and J. R. Glisson. 1992. Economic impact of a documented case of reovirus infection in broiler breeders. *Avian Dis* 36:788 - 791.

[17]Docherty, D. E. , K. A. Converse, W. R. Hansen, and G. W. Norman. 1994. American woodcock (Scolopox minor) mortality associated with a reovirus. *Avian Dis* 38: 899 -904.

[18]Duncan R. 1999. Extensive sequence divergence and phylogenetic relationships between the fusogenic and nonfusogenic orthoreoviruses: A species proposal. *Virol* 260: 316 - 328.

[19]Duncan R. , A. Chen, S. Walsh, and S. Wu. 1996. Avian reovirus induced syncytium formation is independent of infectious progeny virus production and enhances the rate, but is not essential for virusinduced cytopathology and virus egress. *Virol* 224:453 - 464.

[20]Dutta, S. K. and B. S. Pomeroy. 1967. Isolation and characterization of an enterovirus from baby chicks having an enteric infection. I. Isolation and pathogenicity. *Avian Dis* 11:1 - 9.

[21]Ellis, M. N. , C. S. Eidson, J. Brown, and S. H. Kleven. 1983. Studies on interferon induction and interferon sensitivity of avian reoviruses. *Avian Dis* 27:927 - 936.

[22]Ellis, M. N. , C. S. Eidson, O. J. Fletcher, and S. H. Kleven. 1983. Viral tissue tropisms and interferon production in white leghorn chickens infected with two reovirus strains. *Avian Dis* 27:644 - 651.

[23]Engstrom, B. E. , O. Fossum, and M. Luthman. 1988. Blue wing disease of chickens: Experimental infection with Swedish isolate of chicken anemia agent and an avian reovirus. *Avian Pathol* 17:33 - 50.

[24]Fahey, J. E. and J. E Crawley. 1954. Studies on chronic respiratory disease of chickens. Ⅱ. Isolation of a virus. *Can J Comp Med* 18:13 - 21.

[25]Gaudry, D. , J. Tektoff, and J. M. Charles. 1972. Apropos d'un nouveau virus isole chez le canard de Barbarie. *Bull Soc Sci Vet Med Comp Lyon* 74:137 -143.

[26]Gershowitz, A. and R. E. Wooley. 1973. Characterization of two reoviruses isolated from turkeys with infectious enteritis. *Avian Dis* 17:406 - 414.

[27]Giambrone, J. J. , T. L. Hathcock, and S. B. Lockaby. 1991. Effect of a live reovirus vaccine on reproductive performance of broiler breeder hens and development of viral tenosynovitis in progeny. *Avian Dis* 35:380 - 383.

[28]Giambrone, J. J. , T. Dormitorio, and S. B. Lockaby. 1992. Coarsespray immunization of one-day-old broilers against enteric reovirus infections. *Avian Dis* 36: 364 -368.

[29]Glass, S. E. , S. A. Naqi, C. F. Hall, and K. M. Kerr. 1973. Isolation and characterization of a virus associated with arthritis of chickens. *Avian Dis* 17:415 - 424.

[30]Gouvea, V. S. and T. J. Schnitzer. 1982. Polymorphism of the genomic RNAs among the avian reoviruses. *J Gen Virol* 61:87 - 91.

[31]Gouvea, V. and T. J. Schnitzer. 1982. Pathogenicity of a-

vian reoviruses: examination of six isolates and a vaccine strain. *Infect Immun* 38:731 - 738.

[32]Guneratne,J. R. M. ,R. C. Jones,and K. Georgiou. 1982. Some observations on the isolation and cultivation of avian reoviruses. *Avian Pathol* 11:453 -462.

[33]Guo,Z. Y. ,J. J. Giambrone,Z. Liu,T. V. Dormitorio and H. Wu. 2004. Effect of *in ovo* administered reovirus vaccines on immune responses of specific-pathogen-free chickens. *Avian Dis* 48:224 - 228.

[34]Guo,Z. Y. ,J. J. Giambrone,H. Wu and T. Dormitorio. 2003. Safety and efficacy of an experimental reovirus vaccine for *in ovo* administration. *Avian Dis* 47:1423 -1428.

[35]Heggen - Peay,C. L. ,M. A. Qureshi,F. W. Edens,B. Sherry,P. S. Wakenell,P. H. O'Connell and K. A. Schat, 2002. Isolation of a reovirus from poult enteritis and mortality syndrome and its path o-genicity in turkey poults. *Avian Dis* 46:32 - 47.

[36]Hemzani,E. ,M. Meroz,A. Weisz,G. Ayali,N. Kass,S. Mikhlin, E. Berman,and Y. Samberg. 1996. Isolation of an avian reovirus with unique antigenicity from a tenosynovitis outbreak. Proc International Symposium on Adenovirus and Reovirus Infections in Poultry, Rauischholzhausen,Germany,269 -278.

[37]Hieronymus,D. R. K. ,P. Villegas,and S. H. Kleven. 1983. Identification and serological differentiation of several reovirus strains isolated from chickens with suspected malabsorption syndrome. *Avian Dis* 27:246 -254.

[38]Hill,J. E. ,G. N. Rowland,K. S. Latimer,and J. Brown. 1989. Effects of cyclosporin A on reovirus-infected broilers. *Avian Dis* 33:86 - 92.

[39]Hill,J. E. ,G. N. Rowland,W. L. Steffens,and M. B. Ard. 1989. Ultrastructure of the gastrocnemius tendon and sheath from broilers infected with reovirus. *Avian Dis* 33:79 - 85.

[40]Huang,L. K. ,S. C. Liao ,C. C. Chang and H. J. Liu. 2006. Expression of avian reovirus C protein in transgenic plants. *J Virol Methods*. 134:217 - 222.

[41]Ide,P. R. 1982. Avian reovirus antibody assay by indirect immunofluorescence using plastic microculture plates. *Can J Comp Med* 46:39 - 42.

[42]Islam,M. R. and R. C. Jones 1988. An enzyme-linked immunosorbent assay for measuring antibody tites against avian reovirus using a single dilution of serum. *Avian Path* 17:421 - 425.

[43]Islam,M. R. ,R. C. Jones,and D. F. Kelly. 1988. Pathogenesis of experimental reovirus tenosynovitis in chickens: influence of the route of infection. *J Comp Pathol*

98:325 - 336.

[44]Islam,M. R. ,R. C. Jones,D. F. Kelly and A. I. Al - Afaleq. 1990. Studies on the development of of autoantibodies in chickens following experimental reovirus infection. *Avian Pathol* 13:409 - 416.

[45]Johnson,D. C. and L. Van der Heide. 1971. Incidence of tenosynovitis in Maine broilers. *Avian Dis* 15:829 -834.

[46]Jones,R. C. 2000. Avian reovirus infections. *Rev Sci Tech* 19:614 - 625.

[47]Jones,R. C. ,A. Al - Afaleq,C. E. Savage,and M. R. Islam. 1994. Early pathogenesis in chicks of infection with a trypsin-sensitive avian reovirus. *Avian Pathol* 23:683 - 692.

[48]Jones,R. C. and K. Georgiou. 1984. Reovirus-induced tenosynovitis in chickens: The influence of age at infection. *Avian Pathol* 13:441 - 457.

[49]Jones,R. C. and K. Georgiou. 1985. The temporal distribution of an arthrotropic avian reovirus in the leg of the chicken after oral infection. *Avian Path* 14:75 - 85.

[50]Jones,R. C. and J. R. M. Guneratne. 1984. The pathogenicity of some avian reoviruses with particular reference to tenyosynovitis. *Avian Pathol* 13:173 -189.

[51]Jones,R. C. and F. S. B. Kibenge. 1984. Reovirus-induced tenosynovitis in chickens: The effect of breed. *Avian Pathol* 13:511 - 528.

[52]Jones,R. C. and B. N. C. Nwajei. 1985. Reovirus-induced tenosynovitis: persistence of homologous challenge virus in broiler chicks after vaccination of parents. *Res Vet Sci* 39:39 - 41.

[53]Jones,R. C. and O. Onunkwo. 1978. Studies on experimental tenosynovitis in light hybrid chickens. *Avian Pathol* 7:171 - 181.

[54]Jones,R. C. ,F. T. W. Jordan,and S. Lioupis. 1975. Characteristics of reovirus isolated from ruptured gastrocnemius tendons of chickens. *Vet Rec* 96:153 -154.

[55]Jones,R. C. ,M. R. Islam,and D. F. Kelly. 1989. Early pathogenesis of experimental reovirus infection in chickens. *Avian Pathol* 18:239 - 253.

[56]Kaschula,V. R. 1950. A new virus disease of the Muscovy duck (Cairina moschata) present in Natal. *J S Afr Vet Med Assoc* 21:18 - 26.

[57]Kawamura,H. and H. Tsubahara. 1966. Common antigenicity of avian reoviruses. *Natl Inst Anim Health Q* (Tokyo) 6:187 - 193.

[58]Kawamura,H. ,F. Shimizu,M. Maeda,and H. Tsubahara. 1965. Avian reovirus: its properties and serological classification. *Natl Inst Anim Health Q* (Tokyo) 5:

115 -124.

[59]Kerr,K. M. and N. O. Olson. 1964. Control of infectious synovitis. The effect of age of chickens on the susceptibility to three agents. *Avian Dis* 8:256 - 263.

[60]Kerr,K. M. and N. O. Olson. 1969. Pathology of chickens experimentally inoculated or contact-infected with an arthritis producing virus. *Avian Dis* 13:729 -745.

[61]Kibenge, F. S. B. and G. E. Wilcox. 1983. Tenosynovitis in chickens. *Vet Bull* 53:431 - 444.

[62]Kibenge, F. S. B. , R. C. Jones and C. E. Savage. 1987. Effects of experimental immunosuppression on tenosynovitis in light hybrid chickens. *Avian Pathol* 16: 73 -92.

[63]Lee,L. H. ,J. H. Shien and H. K. Shieh. 1998. Detection of avian reovirus RNA and comparison of a portion of genome segment S3 by polymerase chain reaction and restriction enzyme fragment length polymorphism. *Res Vet Sci* 65:11 - 15.

[64]Li,L. ,J. J. Giambrone, U. S. Ponongala, and F. J. Hen. 1996. Production and characterization of monoclonal antibodies against avian reovirus strain S1133. *Avian Dis* 40:349 - 357.

[65]Lin, Y. L. , J. H. Shien, and L. H. Lee. 2006. A monoclonal antibody-based competitive enzyme-linked immunosorbent assay for detecting antibody production against avian reovirus protein 6A. *J Virol Methods* 136: 71 -77.

[66]Liu, H. J. and J. J. Giambrone. 1997. *In situ* detection of reovirus in formalin-fised paraffin-embedded tissues using a digoxigeninlabelled cDNA probe. *Avian Dis* 41: 447 - 451.

[67]Liu,H. J. ,J. H. Chen,M. H. Liao,M. Y. Lin, and G. N. Chang. 1999. Identification of the C-encoded gene of avian reovirus by nested PCR and restriction endonuclease analysis. *J Virol Methods* 81:83 -90.

[68]Liu, H. J. , L. C. Kuo, Y. C. Hu, M. H. Liao, and Y. Y. Lien. 2002. Development of an ELISA for detection of antibodies to avian reovirus in chickens. *Journal of Virological Methods* 102:129 - 138.

[69]Liu,H. J. ,L. H. Lee, W L. Shih, Y. J. Li, and H. Y. Su. 2004. Rapid characterization of avian reoviruses using phylogenetic analysis, reverse transcription-polymerase chain reaction and restriction enzyme fragment length polymorphism. *Avian Pathol* 33:171 -180.

[70]Macdonald, J. W. , C. J. Randall, M. D. Dagless, and D. A. McMartin. 1978. Observations on viral tenosynovitis (viral arthritis) in Scotland. *Avian Pathol* 7:471 - 482.

[71]Malkinson,M. ,K. Perk, and Y. Weisman. 1981. Reovirus infection of young Muscovy ducks (Cairina moschata). *Avian Pathol* 10:433 - 440.

[72]Marquardt,J. , W. Herrmanns, L. C. Schulz, and W. Leibold. 1983. A persistent reovirus infection of chickens as a possible model of human rheumatoid arthritis (RA). *Zentralbl Veterinaermed* 30B:274 -282.

[73]Martinez - Costas,J. C. Gonzalez - Lopez, V. N. Vakharia and J. Benavente. 2000. Possible involvement of the double-stranded RNA-binding core protein sigmaA in the resistance of avian reovirus to interferon. *J Virol* 74: 1124 - 1131.

[74]Mathews, R. E. F. 1982. Classification and nomenclature of viruses. *Intervirology* 17:1 - 200.

[75]McFerran, J. B. , T. J. Connor, and R. M. McCracken. 1976. Isolation of adenoviruses and reoviruses from avian species other than domestic fowl. *Avian Dis* 20: 519 -524.

[76]McNeilly, F. , J. A. Smyth, B. M. Adair, and M. S. McNulty. 1995. Synergism between chicken anemia virus (CAV) and avian reovirus following dual infection of 1 - day - old chicks by a natural route. *Avian Dis* 39: 32 -537.

[77]Meanger, J. , R. Wickramasinghe, C. E. Enriquez, M. D. Robertson, and G. E. Wilcox. 1995. Type-specific antigenicity of avian reoviruses. *Avian Pathol* 24:121 - 124.

[78]Menendez, N. A. , B. W Calnek, and B. S. Cowen. 1975. Experimental egg-transmission of avian reovirus. *Avian Dis* 19:104 - 111.

[79]Menendez, N. A. , B. W Calnek, and B. S. Cowen. 1975. Localization of avian reovirus (FDO isolate) in tissues of mature chickens. *Avian Dis* 19:112 - 117.

[80]Mills, J. N. and G. E. Wilcox. 1993. Replication of four antigenic types of avian reovirus in subpopulations of chicken leukocytes. *Avian Pathol* 22: 353 - 361.

[81]Mukiibi - Muka,G. and R. C. Jones. 1999. Local and systemic IgA and IgG responses of chicks to avian reoviruses: effects of age of chick, route of infection and virus strain. *Avian Pathol* 28:54 - 60.

[82]Neighbor, N. K. , L. A. Newberry, G. R. Baygori, J. K. Skeeles, J. N. Beasly, and R. W. McNew. 1994. The effect of microaerosolized hydrogen peroxide on bacterial and viral poultry pathogens. *Poult Sci* 73:1511 - 1516.

[83]Nersessian, B. N. , M. A. Goodwin, R. K. Rage, S. H. Kleven, and J. Brown. 1986. Studies on orthoreoviruses isolated from young turkeys. III. Pathogenic effects in chicken embryos, chicks, poults, and suckling mice. *Avian Dis* 30:585 - 592.

[84]Ni,Y. and M. C. Kemp. 1995. A comparative study of a-vian reovirus pathogenicity: virus spread and replication and induction of lesions. *Avian Dis* 39:554 -566.

[85]Noad,L. ,J. Shoul, K. M. Coombs and R. Duncan. 2006 Sequences of avian reovirus M1,M2 and M3 genes and predicted structure/ function of the encoded μ proteins. *Virus Research* 116:45 - 57.

[86]Olson,N. O. and K. M. Kerr. 1966. Some characteristics of an avian arthritis viral agent. *Avian Dis* 10:470 -476.

[87]Olson,N. O. and K. M. Kerr. 1967. The duration and dis-tribution of synovitis-producing agents in chickens. *Avi-an Dis* 11:578 - 585.

[88]Olson, N. O. and M. A. Khan. 1972. The effect of in-tranasal exposure of chickens to the Fahey - Crawley vi-rus on the development of synovial lesions. *Avian Dis* 16:1073 - 1078.

[89]Olson,N. O. and D. P. Solomon. 1968. A natural outbreak of synovitis caused by the viral arthritis agent. *Avian Dis* 12:311 - 316.

[90]Olson,N. O. and R. Weiss. 1972. Similarity between ar-thritis virus and Fahey - Crawley virus. *Avian Dis* 16: 535 - 540.

[91]Olson,N. O. ,D. C. Shelton,and D. A. Munro. 1957. In-fectious synovitis control by medication-effect of strain differences and pleuropneumonia-like organisms. *Am J Vet Res* 18:735 - 739.

[92]Page,R. K. ,O. J. Fletcher,and P. Villegas. 1982. Infec-tious tenosynovitis in young turkeys. *Avian Dis* 26:924 - 927.

[93]Pertile,T. L. ,K. Karaka,M. M. Walser,and J. M. Shar-ma. 1996. Suppressor macrophages mediate depressed lymphoproliferation in chickens infected with avian reo-virus. *Vet Immunol Immunopath* 53:129 -145.

[94]Petek,M. ,B. Felluga,G. Borghi, and A. Baroni. 1967. The Crawley agent: An avian reovirus. *Arch Gesamte Virusforsch* 21:413 - 424.

[95]Phillips,P. A. ,N. F. Stanley, and M. Walters. 1970. Mu-rine disease induced by avian reovirus. *Aust J Exp Biol Med Sci* 48:277 - 284.

[96]Rau,W. E. ,L. Van der Heide,M. Kalbac,and T. Gir-shick. 1980. Onset of progeny immunity against viral ar-thritis/tenosynovitis after experimental vaccination of parent breeder chickens and cross immunity against six reovirus isolates. *Avian Dis* 24:648 - 657.

[97]Rinehart,C. L. and J. K. Rosenberger. 1983. Effects of a-vian reoviruses on the immune responses of chickens. *Poult Sci* 62:1488 - 1489.

[98]Robertson, M. D. and G. E. Wilcox. 1984. Serological characteristics of avian reoviruses of Australian origin. *Avian Pathol* 13:585 - 594.

[99]Robertson, M. D. and G. E. Wilcox. 1986. Avian reovi-rus. *Vet Bull* 56:155 - 174.

[100]Robertson,M. D. ,G. E. Wilcox, and F. S. B. Kibenge. 1984. Prevalence of reoviruses in commercial chickens. *Aust Vet J* 61:319 - 322.

[101]Roessler, D. E. 1986. Studies on the pathogenicity and persistence of avian reovirus pathotypes in relation to age resistance and immunosuppression. PhD Thesis. U-niversity of Delaware,Newark.

[102]Roessler, D. E. and J. K. Rosenberger. 1989. *In vitro* and *in vivo* characterization of avian reoviruses. III. Host factors affecting virulence and persistence. *Avian Dis* 33:555 - 565.

[103] Rosenberger, J. K. 1983. Reovirus interference with Marek's disease vaccination. Proc 32nd West Poult Dis Conf,50 - 51.

[104]Rosenberger, J. K. 1983. Characterization of reoviruses associated with runting syndrome in chickens. Proc No 66. International Union of the Immunological Society: Sydney,Australia, 141 - 152.

[105]Rosenberger,J. K. ,P. A. Fries, S. S. Cloud, and R. A. Wilson. 1986. *In vitro* and *in vivo* characterization of Escherichia coli. II. Factors associated with pathogenic-ity. *Avian Dis* 29:1094 - 1107.

[106]Ruff,M. D. and J. K. Rosenberger,1985. Concurrent in-fections with reoviruses and coccidia in broilers. *Avian Dis* 29:465 - 478.

[107]Ruff,M. D. and J. K. Rosenberger,1985. Interaction of lowpathogenicity reoviruses and low levels of infection with several coccidia species. *Avian Dis* 29: 1057 -1065.

[108]Sahu, S. P and N. O. Olson. 1975. Comparison of the characteristics of avian reoviruses isolated from the di-gestive and respiratory tract,with viruses isolated from the synovia. *Am J Vet Res* 36:847 - 850.

[109]Samberg, Y. and M. Meroj. 1996. Experiments with an autogenous reovirus oil emulsion vaccine. Proc. Interna-tional Symposium on Adenovirus and Reovirus Infec-tions in Poultry: Rauischholzhausen, Germany, 305 -311.

[110]Samorek - Salamonowicz,E. ,W. Kozdrun,and H. Czek-aj. 1999. The influence of reovirus infection on the effi-cacy of vaccinations against Marek's disease (in Pol-ish). *Medycyna - Weterynaryjnass* 7:455 -466.

[111] Sanchez - Cordon, P. J. , J. Hervas, F. Chacon de Lara, J. Jahn, F. J. Salguero and J. C. Gomez - Villamandos. 2002. Reovirus infection in psittacine birds (*Psittacus erithacus*): morphologic and immunohistochemical study. *Avian Dis* 46:485 - 492.

[112] Savage, C. E. and R. C. Jones. 2003. The survival of avian reoviruses on materials associated with the poultry house. *Avian Pathol* 32: 419 - 425.

[113] Schnitzer, T J. , T Ramos, and V. Gouvea. 1982. Avian reovirus polypeptides: analysis of intracellular virus-specified products, virions, top component and cores. *J Virol* 43:1006 - 1014.

[114] Schnitzer, T J. , J. Rosenberger, D. D. Huang, V. Gouvea, T. Ramos, and K. Hassett. 1983. Molecular biology and pathogenicity of avian reoviruses. In R. W. Compons and D. H. Bishop (eds.). Double stranded RNA Viruses. Elsevier, New York, 383 - 390.

[115] Sellers, H. S. , E. G. Linneman, L. Periera and D. R. Kapczynski. 2004. Phylogenetic analysis of the σ2 protein gene of turkey reoviruses. *Avian Dis* 48:651 - 657.

[116] Schwartz, L. D. , R. F. Gentry, H. Rothenbacher, and L. Van der Heide. 1976. Infectious tenosynovitis in commercial white leghorn chickens. *Avian Dis* 20: 769 -773.

[117] Shapouri, M. R. S. , S. K. Reddy, and A. Silim. 1994. Interaction of avian reovirus with chicken lymphoblastoid cell lines. *Avian Pathol* 23:287 - 296.

[118] Shmulevitz, M. and R. Duncan. 2000. A new class of fusionassociated small transmembrane (FAST) proteins encoded by the non-enveloped fusogenic reoviruses. *Europ Mol Biol Org J*. 19:902 - 912.

[119] Simmons, D. G. , W. M. Colwell, K. E. Muse, and C. E. Brewer. 1972. Isolation and characterization of an enteric reovirus causing high mortality in turkey poults. *Avian Dis* 16:1094 - 1102.

[120] Slaght, S. S. , T J. Yang, L. Van der Heide, and T N. Fredrickson. 1978. An enzyme-linked immunosorbent assay(ELISA) for detecting chicken antireovirus antibody at high sensitivity. *Avian Dis* 22:802 -805.

[121] Songserm, T. , D. van Roozelaar, A. Kant, J. Pol, A. Pijpers and A ter Huurne. 2003. Enteropathogenicity of Dutch and German avian reoviruses in SPF white leghorn chickens and broilers. *Vet Res* 34:285 - 295.

[122] Spandidos, D. A. and A. F. Graham. 1976. Physical and chemical characterization of an avian reovirus. *J Virol* 19:968 - 976.

[123] Springer, W. T, N. O. Olson, K. M. Kerr, and C. J. Fabacher. 1983. Responses of specific-pathogen-free chicks to concomitant infections of reovirus (WVU - 2937) and infectious bursal disease virus. *Avian Dis* 27: 911 - 917.

[124] Sterner, F. J. , J. K. Rosenberger, A. Margolin, and M. D. Ruff. 1989. *In vitro* and *in vivo* characterization of avian reoviruses. II Clinical evaluation of chickens infected with two avian reovirus pathotypes. *Avian Dis* 22: 545 - 554.

[125] Su, Y. P. , Su, B. S. , J. H. Shien, H. J. Liu, and L. H. Lee. 2006. The sequence and phylogenetic analysis of avian reovirus genome segments M1, M2, and M3 encoding the minor core protein μA, the major outer capsid protein μB, and the nonstructural protein μNS. *J Virol Methods*. 133:146 - 157.

[126] Takase, K. , H. Fujikawa, and S. Yamada. 1996. Correlation between neutralizing antibody titre and protection from tenosynovitis in avian reovirus infections. *Avian Pathol* 25:807 - 815.

[127] Tang, K. and O. J. Fletcher. 1987. Application of the avidin-biotin-peroxidase complex (ABC) techniques for detecting avian reovirus in chickens. *Avian Dis* 31: 591 -596.

[128] Thayer, S. G. , P. Villegas, and O. J. Fletcher. 1987. Comparison of two commercial enzyme-linked immunosorbent assays and conventional methods for avian serology. *Avian Dis* 31:120 - 124.

[129] Van der Heide, L. 1977. Viral arthritis/tenosynovitis: A review. *Avian Pathol* 6:271 - 284.

[130] Van der Heide, L. 1996. Introduction on avian reovirus. Proc. International Symposium on Adenovirus and Reovirus Infections in Poultry, Rauischholzhausen, Germany, 138 - 142.

[131] Van der Heide, L. 2000. The history of avian reovirus. *Avian Dis* 44:638 - 641.

[132] Van der Heide, L. and M. Kalbac. 1975. Infectious tenosynovitis(viral arthritis): characterization of a Connecticut viral isolant as a reovirus and evidence of viral egg transmission by reovirus infected broiler breeders. *Avian Dis* 19:683 - 688.

[133] Van der Heide, L. and R. K. Page. 1980. Field experiments with viral arthritis/tenosynovitis vaccination of breeder chickens. *Avian Dis* 24:493 - 497.

[134] Van der Heide, L. , J. Geissler, and E. S. Bryant. 1974. Infectious tenosynovitis: Serologic and histopathologic response after experimental infection with a Connecticut isolate. *Avian Dis* 18:289 - 296.

[135]Van der Heide,L. ,M. Kalbac,and W C. Hall. 1976. Infectious tenosynovitis (viral arthritis): Influence of maternal antibodies on the development of tenosynovitis lesions after experimental infection by day-old chickens with tenosynovitis virus. *Avian Dis* 20:641 - 648.

[136]Van der Heide,L. ,M. Kalbac,M. Brustolon,and M. G. Lawson. 1980. Pathogenicity for chickens of a reovirus isolated from turkeys. *Avian Dis* 24:989 -997.

[137]Van der Heide,L. ,M. Kalbac,and M. Brustolon. 1983. Development of an attenuated apathogenic reovirus vaccine against viral arthritis/tenosynovitis. *Avian Dis* 27:698 - 706.

[138]van Loon,A. A. W M. ,A. M. Braber,and D. Roessler. 1996. Vaccination of one-day-old chickens with a new live avian reovirus vaccine(strain 2177). Proc. International Symposium on Adenovirus and Reovirus Infections in Poultry, Rauischholzhausen, Germany, 318 -323.

[139]van Loon, A. A. ,W. Kosman, H. I. van Zuilekom, S. van Riet,M. Frenken and E. J. Schijns. 2003. The contribution of humoral immunity to the control of avian reoviral infection in chickens after vaccination with live reovirus vaccine (strain 2177) at an early age. *Avian Pathol* 32:15 - 23.

[140]van Loon,A. A. ,H. C. Koopman,W. Kosman,J. Mumczur, O. Szeleszczuk, E. Karpinska, G. Kosowska, and D. Lutticken. 2001. Isolation of a new serotype of avian reovirus associated with malabsorption syndrome in chickens.*Vet Quart* 23:129 -133.

[141]van Loon, A. A. ,B. Suurland and P. van der Marel. 2002. A reovirus challenge model applicable in commercial broilers after live vaccination. *Avian Pathol* 31:13 - 21.

[142]Varela R. and J. Benavente. 1994. Protein coding assignment of avian reovirus strain S 1133. *J Virol* 68:6775 - 6777.

[143]Walker,E. R. ,M. H. Friedman, and N. O. Olson. 1972. Electron microscopic study of an avian reovirus that causes arthritis. *J Ultrastruct Res* 41:67 - 79.

[144]Wickramasinghe, R. , J. Meonger, C. E. Enriquez, and G. E. Wilcox. 1993. Avian reovirus proteins associated with neutralization of virus infectivity. *Virol* 194:688 -696.

[145]Winship,T. R. and P. I. Marcus. 1980. Interferon induction by viruses. Ⅶ. Reovirus: Virion genome dsRNA as the interferon inducer in aged chick embryo cells. *J Interferon Res* 1:155 - 167.

[146]Woernle, H. , A. Brunner, and K. F. Kussaul. 1974. Nachweis aviären Reo-Viren im Agar-Gel-Präzipitationstest. *Tieraerztl Umsch* 29:307 - 312.

[147]Wood, G. W. , R. A. J. Nicholas, C. N. Hebert, and D. H. Thornton. 1980. Serological comparisons of avian reoviruses. *J Comp Pathol* 90:29 - 38.

[148]Wood, G. W. , J. C. Muskett, and D. H. Thorton. 1986. Observations on the ability of avian reovirus vaccination of hens to protect their progeny against the effects of challenge with homologous and heterologous strains. *J Comp Pathol* 96:125 - 129.

[149]Wooley, R. E. , T A. Dees, A. S. Cromack, and J. B. Gratzek. 1972. Infectious enteritis of turkeys: characterization of two reoviruses isolated by sucrose density gradient centrifugation from turkeys with infectious enteritis. *Am J Vet Res* 33:157 - 164.

[150]Wu H. ,Y. Williams,K. S. Gunn, N. K. Singh,R. D. Locy and J. J. Giambrone. 2005. Yeast-derived σC protein-induced immunity against avian reovirus. *Avian Dis* 49:281 - 284.

[151]Yin, H. S. and L. H. Lee. 1998. Development and characterization of a nucleic acid probe for avian reoviruses. *Avian Pathol* 27:423 - 426.

[152]Yin, H. S. and L. H. Lee. 1998. Identification and characterization of RNA-binding activities of avian reovirus nonstructural protein ∂NS. *J Gen Virol* 79:1411 -1413.

[153]Yin, H. S. and L. H. Lee. 2000. Characterization of avian reovirus non structural protein sigmaNS synthesized in *Escherichia coli*.*Virus Res* 67:1 - 9.

其他呼肠孤病毒感染

Other Reovirus Infections
Richard C Jones

引 言

呼肠孤病毒被认为是引起鸡的腱鞘滑膜炎/病毒性关节炎的原因（见前面"病毒性关节炎"部分），但在鸡和火鸡的其他几种疾病中也分离到了呼肠孤病毒。有时还可从其他许多健康鸡或发病禽中分离到该病毒。很多情况下想证明呼肠孤病毒是这些疾病的病因，但都没有成功，特别是野禽病例，根本无法进行实验，所以，呼肠孤病毒与这些疾病的关系仍不清楚。在某些情况下，血清学调查表明其他一些禽类有抗群抗原的抗体，所以在这种情况下，呼肠孤病毒感染所起的作用完全不清楚。

从其他禽类（鸡和火鸡除外）分离的病毒感染鸡可引起病理变化（主要是跗关节），表明病毒可以在种间交叉传播[33]。其他禽类是否是病毒的携带者和贮存宿主尚未进行研究。

病　毒

几乎所有已经分离到呼肠孤病毒的案例都是使用"病毒性关节炎"部分所描述的方法来培养病毒，即鸡胚卵黄囊接种、鸡胚成纤维细胞、肝或肾细胞、或者鸡肾细胞接种。可以根据培养特性和电子显微镜下典型的呼肠孤病毒形态对分离株进行鉴定。很少对分离自病毒性关节炎和其他疾病或其他禽类的呼肠孤病毒进行比较研究。

Rekik 等[60]对分离自魁北克 9 个肉鸡群的呼肠孤病毒进行了研究，血清中和试验表明这些病毒和 S1133 疫苗株存在抗原性差异，因此他们断言从病毒性关节炎以外的其他疾病中分离到的呼肠孤病毒抗原性不同。Heffels Redann[28]等对 2 株分离自番鸭的呼肠孤病毒进行了研究。尽管免疫沉淀性多肽的基本电泳图谱与鸡源分离株非常相近，但从蛋白水平上还是可以发现大量的株特异性差异。根据交叉中和试验结果，将两株鸭源病毒株划分为同一血清型，二者同鸡 S1133 血清型没有交叉反应。

Lozano 等[45]利用聚丙烯酰胺凝胶电泳比较了70 株禽呼肠孤病毒的基因谱型，其中 60 株来源于火鸡，8 株来源于鸡（包括 S1133 株），另两株分别来源于金丝雀和澳洲鹦鹉，结果显示火鸡源呼肠孤病毒的电泳图谱与 8 株鸡源病毒有很大不同，特别是 S（小）基因组节段。因为鸡和火鸡病毒的电泳图谱呈现高度多态性，所以根据禽的品种不能得到病毒特征性的电泳图谱。然而，金丝雀和澳洲鹦鹉分离毒的电泳图谱十分相似，与鸡和火鸡的不同。作者指出评价这些差异的意义有一定困难，因为这两株病毒的处理是分别进行的，而且分离时间也不相同。

对来自不同鸟类的呼肠孤病毒株还需要做进一步比较。

引起的鸡病

除腱鞘滑膜炎外，从商品鸡的其他很多疾病中也分离到了呼肠孤病毒，包括呼吸道疾病、肠道疾病、包涵体肝炎、心包积水、幼雏肝炎、全身疾病、蓝翅病、矮小综合征和吸收障碍综合征。而且，从临床健康的鸡肠道内也很容易分离到呼肠孤病毒。除了组织亲嗜性差异外，毒力也有差异，从高毒力到无毒力。有几篇报道表明呼肠孤病毒感染可引起不同程度的增重减少，说明不同毒株对胃肠道功能的影响可能不同。

Robertson 等[62]的一份调查研究表明，健康商品鸡群和发生矮小综合征或腱鞘炎的其他鸡群都存在呼肠孤病毒感染。从 3 周龄或 3 周龄以上健康鸡群的粪便样品、患矮小综合征的 2 周龄或 2 周龄以上鸡的几种组织样品以及患腱鞘炎的年龄较大的鸡体内几乎都可以分离到呼肠孤病毒。此外，所有受检的肉种鸡群都有禽呼肠孤病毒抗体。在没有明显发病症状的情况下，发现有广泛的呼肠孤病毒感染，这表明从组织样品内分离到的呼肠孤病毒并不一定会引起发病。

Kant 等[35]对禽呼肠孤病毒 S1 基因编码的 σC 蛋白的基因片段进行了序列测定，没找到 σC 基因序列与不同临床症状的联系，也没找到与时间和地域的联系。实验病毒株于 1998—2000 年分离于德国和荷兰发生多种临床症状的鸡群。因而，呼肠孤病毒致病型和组织亲嗜性的标志性因子还有待于研究。

除关节疾病外，与呼肠孤病毒有关的疾病包括以下几种：

呼吸道疾病

所谓的 Fahey - Crawley 病毒[18]，后来证明是第一株禽呼肠孤病毒[59]，可引起幼雏轻微的呼吸道症状[73]，较大的雏鸡则有抵抗力。另一呼吸道分离株（UGA）单独不能引起呼吸道症状，但同低致病性的鸡败血支原体混合感染时，就可引起呼吸道症状和病变[69]。但是一般认为呼肠孤病毒不是家禽呼吸道疾病的主要病原体。

肠道疾病和全身感染

有几篇报道描述了与呼肠孤病毒有关的肠道疾病。Krauss 和 Ueberschar[40] 从患有溃疡性肠炎的幼雏鸡中分离到了一株呼肠孤病毒，但没有证明该病就是由这株病毒引起的。早期还有引起幼雏鸡肠道疾病[14]、拉稀和死亡的报道[16]。

对一个商品鸡场进行了调查研究[3]，该场的鸡有饲料转化率低和慢性饲料消化不良的病史。从 9 日龄开始可以观察到肉鸡的异常组织病变。从中分离到了禽腺病毒和呼肠孤病毒，并用分离的呼肠孤病毒接种 SPF 鸡，但没有弄清它同原发病之间的关系。

Lenz 等[43] 将来自商品肉鸡的腺病毒和呼肠孤病毒接种于 1 日龄鸡来研究其对胃肠道的致病性。接种组的粪便潮湿、不成形。腺病毒引起了明显的肌胃糜烂、坏死性胰腺炎和腺胃炎，相比而言，呼肠孤病毒的影响则比较温和，包括淋巴集结增生和轻度肌胃糜烂。

一些研究者强调呼肠孤病毒同其他病原体共同感染时的协同作用。例如，呼肠孤病毒和贝氏隐孢子虫可引起全身感染[26]，且 Ruff 和 Rosenberger[66] 指出，呼肠孤病毒可加剧球虫感染的致病作用，但致病结果与所用的毒株有关。

其他一些报道描述了许多全身性感染，包括多个器官受损。Bagust 和 Westbury[4] 对暴发于澳大利亚和维多利亚的四次肉鸡疾病进行了检查。感染鸡为 4～38 日龄。猝死和拒食可能在不同程度上与肝炎、腹水、心包积水、肾苍白以及法氏囊萎缩有关。从感染鸡的组织内不断地分离到了呼肠孤病毒。将这些病毒通过腹腔或口腔接种 1 日龄 SPF 鸡时，可引起零星死亡，但没有临床症状。估计可能有其他因素和呼肠孤病毒共同作用引发这些疾病。

蓝翅病是肉鸡的一种疾病，其特征是死亡率为 10%，皮下和肌肉内出血，胸腺、脾脏和法氏囊萎缩。Engstron 等[17] 指出这是由鸡传染性贫血病毒和呼肠孤病毒协同作用引起的。McNeilly 等[48] 也指出这两种病原体之间存在协同作用，二者共同感染比单独感染更能引起明显的增重降低和组织损伤。当然，疾病的严重程度与呼肠孤病毒毒株有关。

研究表明禽呼肠孤病毒还可增强其他传染性病原，如大肠杆菌[64] 和传染性法氏囊病病毒[51] 的致病作用。

包涵体肝炎，雏鸡肝炎

鸡的肝脏是呼肠孤病毒感染的靶器官之一。实验表明，呼肠孤病毒感染能导致雏鸡发生肝炎和免疫抑制[38]。McFerran 等[47] 从暴发包涵体肝炎的鸡群中分离到了呼肠孤病毒和腺病毒，但如今已知是腺病毒而非呼肠孤病毒起主要致病作用。

最近，Z. Minta 报道了在波兰因呼肠孤病毒感染而导致 10 日龄鸡死亡的病例（个人通讯）。Van Loon 等[75] 研究了这些病毒的特性，将这些毒株称作"肠道呼肠孤病毒株（ERS）"。现已报道的常见呼肠孤病毒的特性有：致病性、传播、导致消化不良综合征、与单抗不同寻常的反应模式和血清型特征。呼肠孤病毒野毒株的普查研究表明在其他地区也存在这些毒株，并且经常可从发生吸收不良综合征的禽中分离到。作者认为这些"肠道呼肠孤病毒株"与吸收不良综合征有关。能否将这些毒株跟其他毒株区分开，还有待于研究。

心包积水

Bains 等[5] 报道过发生在昆士兰 14 日龄内肉鸡的一种死亡率高达 10%～18% 的疾病。剖检可见心包积水，某些病例可达 3mL 液体，同时还伴有脾脏萎缩。通过鸡胚或细胞培养接种从这些病鸡的心脏内分离到了呼肠孤病毒，但作者未能证明呼肠孤病毒是该病的病因。Jones[32] 也报道了类似的情况，并证明静脉接种分离毒可诱发实验感染鸡发生心包积水。该病毒的致病机理还没有做进一步的研究。

肉鸡矮小—发育不全综合征/脆骨病/吸收不良综合征

疾病综合征最早于 20 世纪 70 年代发生于肉鸡，主要以体重轻为特征，且有不同的命名：矮小—发育不全综合征、苍白鸡综合征、吸收不良综合征、脆骨病、直升飞机病。该综合征可能与多种病原体有关，包括呼肠孤病毒[12,22,55,58,63,75,76]。但是几项研究表明呼肠孤病毒似乎是继发病原，而非原发病原。Montgomery 等[50]曾试图使用分离于密西西比的感染肉鸡的不同病原来复制本病，包括一株传染性支气管炎病毒（IBV）和一株呼肠孤病毒。尽管传染性支气管炎病毒和呼肠孤病毒混合感染后可抑制体重增长，但这两种病毒株都不是引起综合征的最终原因。

Songserm 等[71]对肠致病性禽呼肠孤病毒进行了研究，研究毒株分离于德国和新西兰的发生消化不良综合征的鸡群。分离株可在肠道上皮中复制，并能引起小肠病变（包括绒毛脱离），但没有一株病毒能导致增重受阻。因此，作者认为单纯的呼肠孤病毒感染不能引起像吸收不良综合征那样的肠道病变。然而，该研究组最近的研究（Songserm 等，2002）表明，将肠致病性禽呼肠孤病毒、其他病原及病鸡和健康鸡肠匀浆液成分混合接种时，可导致火鸡发生吸收不良综合征。大肠杆菌对鸡增重抑制无重要影响，但对肠道病变起着一定的作用，因为单纯的大肠杆菌并不能总是导致增重抑制。

Van Loon 等[75]对分离于波兰的呼肠孤病毒株进行了研究，且该毒株可使雏鸡发生肝炎和死亡。该毒株被称为"肠道呼肠孤病毒株"（ERS）。对病毒株的致病性、组织分布、引发吸收不良综合征的能力、与其他呼肠孤病毒单克隆抗体的特异反应谱等已有报道。其他国家也分离到了该毒株，且常从发生吸收不良综合征的鸡群中分离到。作者认为这些"肠道呼肠孤病毒株"与吸收不良综合症有关。利用分子生物学方法能否将这些毒株跟其他毒株区分开，还有待于研究。

因此，尽管几项研究表明分离株有时能引起不同程度的肠炎[65,75]或仅引发增重减缓[65,74]，但比较一致的观点是认为引起该综合征的最重要的病原体是一种能在肠细胞内观察到，但未能分离成功的小病毒[50]。

尽管如此，现已有一些商品化的呼肠孤病毒苗，并声称对发育不全或吸收障碍综合征有效。这种说法可能有一定的根据，但疫苗不可能对原发病原有保护作用。

火鸡疾病

腱鞘炎

已从患腱鞘炎的火鸡中分离到了呼肠孤病毒[44,56]，但病毒和疾病的关系仍不清楚。Al-Afaleq 和 Jones[1]研究了分离自跗关节的 3 株鸡源呼肠孤病毒和 3 株火鸡源呼肠孤病毒，所有的病毒都能诱发雏鸡的腱鞘组织发生炎症变化，但不能引起雏火鸡的病变。甚至与滑液囊支原体共同感染时，也只能引起实验感染火鸡发生轻微的关节病变[2]。

肠道疾病

从健康或发生肠道疾病的火鸡肠道中分离到了呼肠孤病毒[13,20,53,54,68]。这些毒株的体内试验结果各有不同：有些有致病性，有些没有致病性或具有低致病性。Dees 等[10]对不同分离株进行了比较，发现尽管 BC-7 株无致病性，但 BC-3 株却可引发肠炎，导致肠绒毛结构破坏。Goodwin 等[21]在饲料内添加了鲜红的粉末，发现饲料通过呼肠孤病毒感染火鸡胃肠道的时间比正常火鸡长很多。

在美国，雏火鸡发生过一种被称作"雏火鸡肠炎死亡综合征"（PEMS）的疾病。PEMS 给火鸡养殖业带来了巨大的损失，尤其是 20 世纪 90 年代。除美国外，其他国家很少发生该病，但最近英国报道了该病的发生[10]。起初 PEMS 被称为雏火鸡肠炎综合征[7]，主要症状有生长迟缓和肠炎所致饲料利用率下降。严重病例可见发育不全、免疫功能障碍及 100%的发病率和死亡率。肠炎的组织学病变有多种形式，但一般没有特异性。该病的病因还不完全清楚，可能与多种因素有关。已分离出了对该病有重要作用的病原体，包括肠道致病性的大肠杆菌、火鸡冠状病毒[27]、火鸡星状病毒[39]和呼肠孤病毒[29]。Heggen-Peay 等[29]的实验表明，呼肠孤病毒分离株 ARV-CU98 不会导致 PEMS 在雏火鸡中的暴发，只能引起一些典型的临床症状，包括肠道变化及肝和法氏囊重重的明显降低。作者认为增加火鸡对机会病原体（可促进临床性 PEMS 的发生）的易感性时，可间接影响综合征的发生。对分离自 PEMS 的 NC98 株和火鸡其他分离株[36]的序列分析表明，这些毒株与鸡和鸭源性呼肠孤病毒的同源性较低，应归属于正呼肠孤病毒属亚群 II 中一个单独的病毒种。

根据 PEMS 中分离的三种病毒，Spackman 等[72]建立了一种多重实时 RT-PCR，可同时检测火鸡冠状病毒、星状病毒和呼肠孤病毒，并声称该方法的敏感性与单独分离每种病毒的敏感性一样。

鸭和鹅的呼肠孤病毒感染

早期有几篇文章报道从不同种类的鸭体内分离到了呼肠孤病毒，包括野鸭[46]、健康北京鸭[33]及患病观赏鸭[23]。所有分离株与鸡呼肠孤病毒有共同的群特异性抗原，但这些毒株与鸭病的关系不清楚。但北京鸭分离株[33]能引起SPF鸡发生腱鞘炎的组织病变。Heffels Redmann等[28]认为他们研究的两株鸭分离株与鸡标准株在抗原性上存在差异。

首先是南非，然后是法国（1972）报道了番鸭呼肠孤病毒感染引起的疾病，典型的症状是：2～4周龄的雏番鸭发病、腹泻、运动困难、高发病率和10%以上的死亡率。Malkinson等[49]从感染鸭分离到了呼肠孤病毒，该鸭的肝脏、脾脏和肾脏有坏死灶。给鸭实验肌注该毒株，可在2天内可引起死亡，但没有临床症状，剖检可见肝脏和肾脏有坏死灶。Kuntz-Simon等[41]和Zhang等[77]根据σC蛋白的编码基因序列，建议将番鸭呼肠孤病毒单独归类。目前，市场上还没有比较好的疫苗，但Kuntz-Simon等[42]研究表明，表达σC蛋白或表达σC和σB蛋白的杆状病毒苗是预防鸭呼肠孤病毒感染的良好的代表性疫苗株。

Hollmen等[31]利用北京鸭的细胞培养物，从芬兰西海湾死亡绒鸭的多种组织中分离到了呼肠孤病毒，但利用鸡胚成纤维细胞未分离到毒株。鸭群高阳性率的中和抗体与死亡率相一致，说明呼肠孤病毒可能是病因。

已报道从患有小鹅瘟的鹅体内分离到了呼肠孤病毒[7]，但病毒的作用不清楚，因为现在已知道该病是由细小病毒感染引起的。

有关鹅呼肠孤病毒感染的血清学调查有两篇报道。Kaleta等[34]检测了家鹅（Anser anser domesticus）血清中抗番鸭分离株和抗鸡标准株S1133的中和抗体。Hlinak等[30]检测了德国豆雁（Anser fabalis）和白额雁（Anser albifrons）的血清，发现29%的血液样品中有禽呼肠孤病毒抗体，两种禽的血清阳性率没有差别。作者指出，尽管野鹅在禽病流行病学中的角色和作用仍不清楚，但可能是家禽某些疾病的储存宿主和携带者。

Palya等[57]首次报道呼肠孤病毒引起鹅关节炎。发病特点是：急性发病鹅表现为脾炎，脾脏有粟粒状坏死灶。亚急性或慢性期发病鹅表现为心包炎、关节炎和腱鞘炎。临床症状出现在2～3周龄，病程为3～6周。从发病鹅的多种器官中分离到了呼肠孤病毒，且通过雏鹅能复制出该病。

鸭和鹅呼肠孤病毒编码σC的基因组片段在结构和序列上具有相似性，因此，Banvai等[6]认为鸭和鹅呼肠孤病毒应归属于正呼肠孤病毒属亚群Ⅱ中的一个单独种，不同于其他的禽呼肠孤病毒。Kunz-Simon等（2002）和Zhang等（2006）根据σC蛋白编码基因的序列分析，也认为番鸭呼肠孤病毒应单独分类。

其他禽类的呼肠孤病毒感染

McFerran等[46]从鸽子体内分离到了呼肠孤病毒。Gough等[23]从患病的鸽、雉鸡、鹦鹉和其他外来禽的体内分离到了呼肠孤病毒。Jones和Guneratne[33]从动物园楔尾鹰（Aquila andax）的粪便内分离到了1株呼肠孤病毒，该病毒可引起SPF雏鸡腱鞘发生组织学病变。这些毒株与鸡的呼肠孤病毒有共同的群特异性抗原，但它们对这些宿主的致病性仍不清楚。

Graham[24]从一只送检的非洲灰鹦鹉肝脏内分离到1株呼肠孤病毒，剖检时可见皮下出血，肝脏、脾脏、骨髓、肠黏膜固有层有多灶性坏死，气囊炎和心包炎。用该分离株实验接种两只非洲灰鹦鹉可引起鹦鹉死亡、出血和坏死病变，与原发病例相同。Sanchez-Cordon[67]等报道从非洲灰鹦鹉分离到呼肠孤病毒，病禽的发病率为80%，死亡率为30%。他们认为呼肠孤病毒分离株可能激活了疱疹病毒（帕切科氏病）和霉菌病。

Doherty等[15]从美洲丘鹬（Scolopax monor）也分离到1株致死性呼肠孤病毒。比较一致的剖检病变是尸体消瘦。作者认为呼肠孤病毒感染是全身性的，是引起丘鹬身体恶病质的原因。通过粪—口途径传播，但是病毒同疾病的真正关系还是不能确定。

Ritter等[61]报道过山齿鹑（Colinus virginanus）的一种肠道疾病，该病使5日龄到5周龄山齿鹑的死亡率增加。从粪便内分离到了 1 株呼肠孤病毒，但肠道也有隐孢子虫。实验复制本病发现，呼肠孤病毒可引起亚临床感染，而隐孢子虫引起的病变更类似于自然发病。两种病原共同感染鹌鹑可引起全身感染[25]。

Mutlu 等[52]报道过土耳其雉鸡暴发呼肠孤病毒感染。100 只雉鸡中有 27 只被感染，感染年龄为 3～5 月龄。除体质不良外，感染鸡还表现为呼吸困难、绿色腹泻和 1 周内死亡。病理变化有纤维素性气管炎、肠道卡他性炎症、肝脏严重坏死和纤维素性肝周炎。从多个脏器中分离到了呼肠孤病毒，但这是否是唯一的病原没有进一步研究。

Curtis 等[11]报道了 6～7 周龄雉鸡发生的腱鞘炎。从跛行鸡肿胀的跗关节内分离到了金黄色葡萄球菌和 1 株抗原性上与 S1133 株相关的呼肠孤病毒。只是推测呼肠孤病毒是致病的原因之一，但未确证。

有人对津巴布韦鸵鸟[8]（*Struthio camelus*）、阿根廷跳岩企鹅（*Eudyptes crestatus*）[37]、德国豆雁（*Anser fabalis*）和白额雁（*Anser albifrons*）[30]的禽呼肠孤病毒抗体（或其他呼肠孤病毒抗体）进行了检测。但这些检测结果的意义尚不清楚。

结　论

呼肠孤病毒在家禽和其他禽类中非常普遍。病毒比较容易培养，也容易查到血清抗体，这可能使人们认为这些分离病毒株是某些疾病的病因之一。除了与鸡的腱鞘炎有明确关系外，呼肠孤病毒在其他禽病中所起的作用仍不清楚。从外来鸟种中也零星地分离到呼肠孤病毒。呼肠孤病毒分离株致病性变化很大，大多数可能无致病性。

尽管所有的病毒都能在肠道内复制，但病毒对组织的亲嗜性有所不同，因为致病株可侵害肝脏。大多数情况下，从外来鸟分离的呼肠孤病毒与腱鞘炎致病毒株的血清学或分子生物学关系仍不清楚。用鸡对外来毒株进行实验时，病毒对跗关节或腱鞘有亲嗜性，表明有可能存在跨品种交叉感染。但是还从未证明外来鸟类是家禽感染的贮存宿主。

除鸡以外，其他禽类的疾病与呼肠孤病毒的关系仍不确定，因此还没有疫苗问世。

张国中　欧阳文军　译
苏敬良　校

参考文献

[1]Al-Afaleq, A. I. and R. C. Jones. 1989. Pathogenicity of three turkey and three chicken reoviruses for poults and chicks with particular reference to arthritis/tenosynovitis. *Avian Pathol* 18:433-440.

[2]Al-Afaleq, A. I., J. M. Bradbury, R. C. Jones, and A. M. Metwali. 1989. Mixed infection of turkeys with Mycoplasma synoviae and reovirus: field and experimental observations. *Avian Pathol* 18:441-453.

[3]Apple, R. O., J. K. Skeeles, G. E. Houghten, J. N. Beesley, and K. S. Kim. 1991. Investigation of a chronic feed-passage problem in a broiler farm in Northwest Arkansas. *Avian Dis* 35:422-425.

[4]Bagust, T. J. and H. A. Westbury. 1975. Isolation of reoviruses associated with diseases of chickens in Victoria. *Aust Vet J* 51:406-407.

[5]Bains, B. S., M. Mackenzie, and P. Spradbrow. 1974. Reovirus-associated mortality in broiler chickens in Victoria. *Avian Diseases* 18:472-476.

[6]Banyai, K., V. Palya, M. Benko, J. Bene, V. Havasi, B. Melegh and G. Szucs. 2005. The goose reovirus genome segment encoding the minor outer capsid protein o1/σC is bicistronic and shares structural similarities with its counterpart in Muscovy duck reovirus. *Virus Genes* 31:285-291.

[7]Barnes, H. J., J. S. Guy and J. P. Vallaincourt. 2000. Poult enteritis complex. *Rev Sci Tech* 19:565-588.

[8]Cadman, H. F., P. J. Kelly, R. Zhou, E Davelaar, and P. R. Mason. 1994. A serosurvey using enzyme-linked immunosorbent assay for antibodies against poultry pathogens in ostriches(*Struthio camelus*) from Zimbabwe. *Avian Dis* 38:621-625.

[9]Csontos, L. and M. M-K. Csatari. 1976. Etiological studies on goose influenza. 1. Isolation of a virus. *Acta Vet Acad Sci Hung* 17:107-114.

[10]Culver, F., F. Dziva, D. Cavanagh, and M. P. Stevens. 2006. Poult enteritis and mortality syndrome in turkeys in Great Britain. *Vet Rec* 159:209-210.

[11]Curtis, P. E., S. I. Al-Mufarrej, R. C. Jones, J. Morris, and P. M. Sutton. 1992. Tenosynovitis in young pheasants associated with reovirus, staphylococci and environmental factors. *Vet Rec* 131:293.

[12]Decaesstecker, M., G. Charlier, and G. Meulemans. 1986.

Significance of parvoviruses, entero-like viruses and reoviruses in the aetiology of chicken malabsorption syndrome. *Avian Pathol* 15:769 - 782.

[13]Dees, T A. , R. E. Wooley, J. B. Gratzek. 1972. Pathogenicity of bacteria-free filtrates and a viral agent isolated from turkeys with infectious enteritis. *Am J of Vet Res* 33:165 - 170.

[14]Desmukh, D. R. and B. S. Pomeroy. 1969. Avian reoviruses. Ⅱ. Physiochemical characterisation and classification. *Avian Dis* 13:243 - 251.

[15]Doherty, D. E. , K. A. Converse, W. R. Hansen, and G. W. Norman. 1994. American woodcock (*Scolopax minor*) mortality associated with a reovirus. *Avian Dis* 38:899 - 904.

[16]Dutta, S. K. and B. S. Pomeroy. 1967. Isolation and characterisation of an enterovirus from baby chicks having an enteric infection. Ⅱ. Physical and chemical characteristics and ultrastructure. *Avian Dis* 11:9 -15.

[17]Engstrom, B. E. , O. Fossum, and M. Luthman. 1988. Blue wing disease of chickens. Experimental infection with a Swedish isolate of chicken anaemia agent and an avian reovirus. *Avian Pathol* 17:33 - 50.

[18]Fahey, J. E. and J. F. Crawley. 1954. Studies on chronic respiratory disease of chickens. Ⅱ. Isolation of a virus. *Can J Comp Med* 18:13 - 21.

[19]Gaudry, D. , J. Tecktoff and J. M. Charles. 1972. Apropos d'un nouveau virus isole chez le canard the Barbarie. *Bull Soc Sci Vet Med Comp Lyon*. 74: 137.

[20]Gershowitz, A. and R. E. Wooley. 1973. Characterisation of two reoviruses isolated from turkeys with infectious enteritis. *Avian Dis* 17:406 - 414.

[21]Goodwin. M. A. , B. N. Nersessian, J. Brown, and O. J. Fletcher. 1985. Gastrointestinal transit times in normal and reovirus-infected turkeys. *Avian Dis* 29:920 - 928.

[22]Goodwin, M. A. , J. F. Davis, M. S. McNulty, J. Brown, and E. C. Player. 1993. Enteritis(so-called runting-stunting syndrome) in Georgia broiler chicks. *Avian Dis* 37:451 - 458.

[23]Gough, R. E. , D. J. Alexander, M. S. Collins, S. A. Lister, and W. J. Cox. 1988. Routine virus isolation or detection in the diagnosis of diseases in birds. *Avian Pathol* 17:893 - 907.

[24]Graham, D. L. 1987. Characterisation of a reo-like virus from and pathogenicity for parrots. *Avian Dis* 31:411 -419.

[25]Guy, J. S. , M. G. Levy, D. H. Ley, H. J. Barnes, and T. M. Gerig. 1987. Experimental reproduction of enteritis in

bobwhite quail(*Colinus virginianus*)with Cryptosporidium and reovirus. *Avian Dis* 31:713 - 722.

[26]Guy, J. S. , M. G. Levy, D. H. Ley, H. J. Barnes, and T. M. Gerig. 1988. Interaction of reovirus and *Cryptosporidium baileyi* in experimentally infected chickens. *Avian Dis* 32:381 - 390.

[27]Guy, J. S. , L. G. Smith, J. J. Breslin, J. P. Vaillancourt, and H. J. Barnes. 2000. High mortality and growth depression experimentally produced in young turkeys by dual infection with enteropathogenic Escherichia coli and turkey coronavirus. *Avian Dis* 105 -113.

[28]Heffels-Redmann, U. , H. Muller, and E. F. Kaleta. 1992. Structural and biological characteristics of reoviruses isolated from Muscovy ducks(*Cairina moschata*). *Avian Pathol* 21:481 - 491.

[29]Heggen - Peay, M. A. , F. W. Qureshi, B. Edens, P. S. Sherry, P. H. Wakenell, C. L. O'Connell, and K. A. Schat 2002. Isolation of a reovirus from poult enteritis and mortality syndrome and its pathogenicity in turkey poults. *Avian Dis* 46:360 - 369.

[30]Hlinak, A. , T. Muller, M. Kramer, R. U. Muhle, H. Liebherr, and K. Ziedler. 1998. Serological survey of viral pathogens in bean and white-fronted geese from Germany. *J of Wildl Dis* 34:479 - 486.

[31]Hollmen, T. , J. C. Franson, M. Kilpi, D. E. Docherty, W. R. Hanson, and M. Hario. 2002. Isolation and characterization of a reovirus from common eiders (*Somateria mollissima*)from Finland. *Avian Dis* 46: 478 - 484.

[32]Jones, R. C. 1975. Reoviruses from chickens with hydropericardium. *Vet Rec* 99:458.

[33]Jones, R. C. and J. R. M. Guneratne. 1984. The pathogenicity of some avian reoviruses with particular reference to tenosynovitis. *Avian Pathol* 13:441 -457.

[34]Kaleta, E. F. , H. Will, E. Bernius, W. Kruse, and A. L. Bolte. 1998. Serological detection of viral-induced infections in the domestic goose (*Anser anser domesticus*). *Tierarzt Prax Ausg Grobt Nutz* 26:234 - 238.

[35]Kant, A. , F. Balk, L. Born, D. van Roozelaar, J. Heijmans, A. Gielkens and A. ter Huurne. 2003. Classification of Dutch and German avian reoviruses by sequencing the sC protein. *Vet Res* 34:203 - 212.

[36]Kapczynski, D. , H. S. Sellers, V. Simmons, and S. Schultz-Cherry. 2002. Sequence analysis of the S3 gene from a turkey reovirus. *Virus Genes* 25:95 -100.

[37]Karesh W. B. , M. M. Uhart, E. Frere, P. Gandini, W. E. Braselton, H. Puche, and R. A. Cook. 1999. Health evaluation of free-ranging rockhopper penguins (Eudyptes

chrysocomes) in Argentina. *J Zoo Wildl Med* 30:
25 -31.

[38]Kibenge, F. , R. C. Jones, and C. E. Savage. 1987. Effects
of experimental immunosuppression on reovirus-induced
tenosynovitis in light hybrid chickens. *Avian Pathol* 16:
73 - 92.

[39]Koci, M. D. and S. Schulz - Cherry. 2002. Avian astrovir-
uses. *Avian Pathol* 31: 213 - 227.

[40]Krauss, H. and S. Ueberschar. 1966. Zur Structur eines
neuen Geflugel - Orphanvirus. *Zentral Vet B* 13:
239 -249.

[41]Kuntz - Simon, G. , G. Le Gall - Recule, C. de Boisseson,
and V. Jestin. 2002. Muscovy duck reovirus sC protein is
atypically encoded by the smallest genome segment, *J
Gen Virol* 83:1189 - 2002.

[42]Kuntz - Simon G. , P. Blanchard, M. Cherbonnel, A. Jestin
and V. Jestin. 2002. Baculovirus - expressed Muscovy
duck reovirus σC protein induces serum-neutralising an-
tibodies and protection against challenge. *Vaccine* 20:
3113 - 3122.

[43]Lenz, S. D. , F. J. Hoerr, A. C. Ellis, M. A. Toivio - Kin-
nucan, and M. Yu. 1998. Gastrointestinal pathogenicity
of adenoviruses and reoviruses isolated from broiler
chickens in Alabama. *Avian Dis* 10:145 - 151.

[44]Levisohn, S. , A. Gur-Lavi, and J. Weisman. 1980. Infec-
tious synovitis in turkeys: isolation of a tenosynovitis vi-
rus-like agent. *Avian Pathol* 9:1 - 4.

[45]Lozano, L. F. , S. Hammami, A. E. Castro, and B. I. Os-
burn. 1992. Interspecies polymorphism of double-stran-
ded RNA extracted from reoviruses of turkeys and
chickens. *J Vet Diag Invest* 4:74 - 77.

[46]McFerran, J. B. , T. J. Connor, and R. M. McCracken.
1976. Isolation of adenoviruses and reoviruses from avian
species other than the domestic fowl. *Avian Dis* 20:
519 -524.

[47]McFerran, J. B. , R. M. McCracken, T. J. Connor, and R.
T. Evans. 1976. Isolation of viruses from clinical out-
breaks of inclusion body hepatitis. *Avian Pathol* 5:315 -
324.

[48]McNeilly, F. , J. A. Smyth, B. M. Adair, and M. S. Mc-
Nulty. 1995. Synergism between chicken anaemia virus
(CAV) and avian reovirus following dual infection of 1 -
day - old chicks by a natural route. *Avian Dis* 39:
532 -537.

[49]Malkinson, M. , K. Perk, and Y. Weisman. 1981. Reovirus
infection in young Muscovy ducks. *Avian Pathol* 10:
440 -443.

[50]Montgomery, R. D. , C. R. Boyle, W. R. Maslin, and D. L.
Magee. 1997. Attempts to reproduce a runting/stunting-
type syndrome using infectious agents isolated from af-
fected Mississippi broilers. *Avian Dis* 41:80 - 92.

[51]Moradian, A. , J. Thorsen, and R. J. Julian. 1991. Single
and combined infection of specific-pathogen-free chick-
ens with infectious bursal disease virus and an intestinal
isolate of reovirus. *Avian Dis* 34:63 - 72.

[52]Mutlu, O. F. , C. Grund, and F. Coven. 1998. Reovirus in-
fection of pheasants (*Phasianus colchicus*). *Tierartzl
Prax Ausg Grobti Nutz* 26:104 - 107.

[53]Nersessian, B. N. , M. A. Goodwin, R. K. Page, and S. H.
Kleven. 1985. Studies on orthoreoviruses isolated from
young turkeys. II. Virus distribution in organs and sero-
logical response of poults inoculated orally. *Avian Dis*
29:963 - 969.

[54]Nersessian, B. N. , M. A. Goodwin, R. K. Page, S. H.
Kleven, and J. Brown. 1986. Studies on orthoreoviruses
isolated from young turkeys. III. Pathogenic effects in
chicken embryos, chicks, poults and suckling mice. *Avi-
an Dis* 29:963 - 969.

[55]Page, R. K. , O. J. Fletcher, G. N. Rowland, D. Gaudry,
and P. Villegas. 1982. Malabsorption syndrome in broiler
chickens. *Avian Dis* 26:618 - 624.

[56]Page, R. K. , O. J. Fletcher, and P. Villegas. 1982. Infec-
tious synovitis in young turkeys. *Avian Dis* 26:
924 -927.

[57]Palya, V. R. Glavits, M. Dobos - Kovacs, E. Ivanics, E.
Nagy, K. Banyai, G. Reuter, G. Szucs, A. Dan, and M.
Benko. 2003. *Avian Pathol* 32:129 -138.

[58]Pass, D. A. , D. M. Robertson, and G. E. Wilcox. 1982.
Runting syndrome in broiler chickens in Australia. *Vet
Rec* 110:386 - 387.

[59]Petek, M. , B. Felluga, G. Borghi, and A. Baroni. 1967.
The Crawley agent: an avian reovirus. *Arch Ges Virus-
forsch* 21:413 - 424.

[60]Rekik, M. R. , A. Silim, and G. Bernier. 1991. Serological
and pathogenic characterisation of avian reoviruses isola-
ted in Quebec. *Avian Pathol* 20:607 - 617.

[61]Ritter, D. G. , D. H. Ley, M. Levy, J. J. Guy. and Barnes,
H. J. 1986. intestinal cryptosporidiosis and reovirus iso-
lation from bobwhite quail (*Colinus virginianus*) with
enteritis. *Avian Dis* 30:603 - 608.

[62]Robertson, M. D. , G. E. Wilcox, and E S. B. Kibenge.
1984. Prevalence of reoviruses in commercial chickens.
Aus Vet J 61:319 - 322.

[63]Rosenberger, J. K. 1983. Characterisation of reoviruses

associated with stunting syndrome in chickens. In International Union of Immunological Societies Proceedings 66. University of Sydney, New South Wales,141‐152.

[64]Rosenberger, J. K. , P. A. Fries, S. S. Cloud, and R. A. Wilson. 1985. *In vitro* and *in vivo* characterisation of avian *Escherichia coli*. Ⅱ. Factors associated with pathogenicity. *Avian Dis* 29:1094‐1107.

[65]Rosenberger, J. S. , E J. Sterner, S. Botts, K. P. Lee, and A. Margolin. 1989. *In vitro* and *in vivo* characterisation of avian reoviruses. I. Pathogenicity and antigenic relatedness of several avian reovirus isolates. *Avian Dis* 33: 535‐544.

[66]Ruff, M. D. and J. K. Rosenberger. 1985. Concurrent infections with reoviruses and coccidia in broilers. *Avian Dis* 29:465‐478.

[67]Sanchez‐Cordon, P. J. , J. Hervas, F. Chacon de Lara, J. Jahn, F. J. Salguero and J. C. Gomez‐Villamandos. 2002. Reovirus infection in psittacine birds (Psittacus erythacus): morphological and immunohistochemical study. *Avian Dis* 46:485‐492.

[68]Simmons, D. G. , W. M. Colwell, K. E. Muse, and C. E. Brewer. 1972. Isolation and characterisation of an enteric reovirus causing high mortality in turkey poults. *Avian Dis* 16:1094‐1102.

[69]Simmons, D. G. and P. D. Lukert. 1972. Isolation,identification and characterisation of an avian respiratory reovirus. *Bull G Acad Sci* 30:1‐10.

[70]Songserm, T. , B. Zekarias, D. J. van Roozelar, R. S. Kok, J. M. Pol, A. A. Pijpers and A. A. ter Huurne. 2002. Experimental reproduction of malabsorption syndrome with different combinations of reovirus, *Escherichia coli* and treated homogenates obtained from broilers. *Avian Dis* 46: 87‐94.

[71]Songserm, T. , D. J. van Roozelar, A. Kant, J. M. Pol, A. A. Pijpers and A. A. ter Huurne. 2003. Enteropathogenicity of Dutch and German avian reoviruses in SPR white leghorn chickens and broilers. *Vet Res* 34: 285‐295.

[72]Spackman, E. , M. Pantin-Jackwood, J. M. Day, and H. Sellers. 2005. The pathogenesis of turkey origin reoviruses in turkeys and chickens. *Avian Pathol* 34:291‐296.

[73]Subramanyam, P. and B. S. Pomeroy. 1960. Studies on the Fahey‐Crawley virus. *Avian Dis* 4:165‐175.

[74]Tang, K. N. , O. J. Fletcher, and P. Villegas. 1987. Comparative study on the pathogenicity of avian reoviruses. *Avian Dis* 31:577‐583.

[75]van Loon, A. A, H. C. Koopman, W. Kosman, J. Mumczur, O. Szeleszczuk, E. Karpinska, G. Kosowska and D. Lutticken. 2001. Isolation of a new serotype of avian reovirus associated with malabsorption in chickens. *Vet Quart* 23: 129‐133.

[76]Vertommen, M. , J. H. H. van Eck, B. Kouwenhoven, and K. van Nol. 1980. Infectious stunting and leg weakness in broilers. I. Pathology and biochemical changes in blood plasma. *Avian Pathol* 9:133‐142.

[77]Zhang, Y. , M. Liu, Q. Hu, S. Ouyang and G. Tong. 2006. Characterisation of the σC encoding gene from Muscovy duck reovirus. *Virus Genes* 32:165‐170.

第 12 章

病毒性肠道感染
Viral Enteric Infections

Y.M.Saif

引　言

在过去的 30 年，我们对肠道病毒的了解取得了巨大的进展，这与几方面的因素有关。首先是非细菌性病原体很可能在肠道疾病的发生中起重要作用，促使人们寻找其他的致病因子，特别是病毒在肠道疾病发生中的作用，另外，诊断手段更加完善，其中最有用的是电子显微镜。

利用电镜对粪便中病毒形态进行鉴别，为纯化、培养、诊断试剂的开发及进一步了解这些致病因子的特性铺平了道路。另一成功用于鉴定粪便样品中病毒的技术是病毒基因组 RNA 的电泳图谱分析，这一技术适用于检测和鉴别双链 RNA 病毒，如轮状病毒和呼肠孤病毒。

早期研究的一个重大发现是在幼龄商品禽的胃肠道（GI）内可能存在各种各样的病毒组合。为便于研究各个病毒在引发肠道疾病中的作用，有必要将这些病毒单独分离出来。无特定病原（SPF）禽在这些病毒的研究中具有重要的价值。最近十年来，出现了更多的实用诊断技术，如反转录多聚酶链式反应（RT‐PCR），一些实验室已作为检测肠道内容物中的病毒的常规方法。消除粪便材料中的抑制因子增加了该方法的实用性，另外，内参的设置提高了实验的特异性。

肠道病毒感染大多数发生于 3 周龄内的雏禽，但之后亦可能发生感染。不同病毒引起的临床症状和病变具有相似性，因此难以确定某一特定肠道疾病是由某已知病毒所引发，除非通过实验室研究对致病因子进行鉴定。此外，不同的病毒组合引起的疾病表现不同。一般来说，单一病毒感染的发病率高，死亡率低；而由几种病毒并发感染时，死亡率高。美国发现的小火鸡肠炎—死亡综合征就是一个混合感染造成重大经济损失的例子。

文献中对肠道疾病/综合征描述时会使用不同的名词。因为对疾病的描述不是针对特定的病原，所以很容易引起混乱。现今对大多数肠道病毒感染具有有效的诊断手段，对肠炎疾病的描述往往指出特定的病原。

这类疾病的常见症状为腹泻，胃肠道通常因充满气体和液体等内容物而扩张。不同的病毒在胃肠道及肠绒毛中复制增殖的部位也有不同。流行病学研究表明，这些病毒并不能在禽体内长期存在。许多肠道病毒人工培养尚未成功，在一定程度上阻碍了诊断和研究工作。

还没有证据证明肠道病毒可经蛋传播，对这些肠道病毒感染的流行病学的了解还相当有限。很明显，主动免疫和被动免疫在这些疾病中具有一定的作用，但大多数感染尚无可供使用的商品性疫苗。

大多数幼龄禽胃肠道疾病的原发病原为肠道病毒。这就为其他致病因子（尤其是细菌）提供了生长繁殖、黏附和穿入创造了条件，并引起病理损伤。已经证实，在某些肠道病毒感染期间，细菌黏附在肠绒毛表面并形成一层菌膜。对于某些由病毒引起的肠道疾病病例，采用针对继发性细菌感染的治疗有一定的效果，很可能有这方面的原因。

大多数肠道病毒的知识来源于火鸡，因为在商品火鸡中，肠道病毒造成巨大的经济损失。随后人们将注意力转到肉仔鸡，因为在商品肉鸡中，肠道病毒病严重影响着肉鸡业。

禽体内，胃肠道有着最广泛的暴露面，并不断遭受各种各样的损伤和刺激。食用动物的胃肠道完整性非常重要，营养的有效利用有赖于胃肠道的健康状况，特别是幼禽更是如此，生命早期的肠道损伤可能会对禽群造成不可逆的损害。

对肠道病毒的了解，虽然过去30年已取得显著的成绩，但仍有很多空白。获取建立控制这些感染的各种新方法的更多知识，是我们面临的重大挑战。

火鸡冠状病毒性肠炎

Turkey Coronavirus Enteritis

James S. Guy

引　言

火鸡冠状病毒（TCV）是引发火鸡的一种急性、高度接触传染性的肠道疾病的致病因子。该病以精神沉郁、厌食、腹泻和增重缓慢为特征。火鸡冠状病毒性肠炎（CE）又名蓝冠病、泥淖热（mud fever）、传染性肠炎和冠状病毒性肠炎。

历　史

Peterson 和 Hymas[59]1951 年介绍了一种在华盛顿州已发生了几年的火鸡肠道疾病，当地称之为泥淖热。后来，因为其在临床症状上与禽单核细胞增多症（鸡蓝冠病）相似，又称为蓝冠病。20世纪50年代和60年代，美国和加拿大因蓝冠病曾造成严重的经济损失。在 1951 年到 1971 年期间，蓝冠病曾被认为是造成明尼苏达州火鸡业经济损失最大的一种疾病[50]，其损失是因感染鸡群的死亡率升高和体重减轻造成的。1966 年，CE 占明尼苏达州全部火鸡总死亡数的 23%[58]。

从 20 世纪 50 年代早期开始，寻找和鉴定蓝冠病病原的努力一直持续了 20 多年[58]。在发病火鸡中发现了几种不同的感染因子，包括呼肠孤病毒、肠道病毒及弯曲菌，但没有一种能实验复制出该病[20,24,74,75,82]。1971 年，Adams 和 Hosfstad[1]利用鸡胚和火鸡胚成功地培养、增殖了来自患蓝冠病火鸡的一株病毒，并用此胚胎增殖病毒人工复制出该病。1973 年，冠状病毒被确定为该病的病原[55,65]。

明尼苏达州从 20 世纪 70 年代初期开始净化此病，到 1976 年已成功地从该州火鸡场中清除了该病[58]。此后，TCV 在北美的火鸡养殖地区只是零星发生。然而，近年来 TCV 作为火鸡肠道疾病的重要病原在北美又不断有所发现。该病毒也曾被认为与小火鸡肠炎和死亡综合征有关，后者以高死亡率、严重生长抑制及免疫功能障碍为特征[5]。

病 原 学

分类

火鸡冠状病毒属冠状病毒科[23]。冠状病毒科是由多种 RNA 病毒组成的一个大病毒科，这些病毒能感染多种禽类和哺乳动物[69]。冠状病毒科归属于套病毒目，包括基因组为线形、不分节段、单链、正股 RNA 的多种病毒，各病毒具有相似的基因结构和亚基因 mRNA 巢式系统[13]。冠状病毒的基因组由一个 RNA 分子组成，大小约 30kb[69]。已知其有 4 种主要的结构蛋白：表面（纤突）糖蛋白（90～180kD）、膜内在蛋白（20～35kD）、小囊膜蛋白（125kD）和核衣壳（N）蛋白（50～60 kD）[69]。此外，某些冠状病毒还有第 5 种结构蛋白，即血凝素-酯酶蛋白（120～140 kD）[33,69]。

血清学分析证实，冠状病毒不同毒株间抗原存在差异，据此可将冠状病毒分为 3 个主要的抗原群，而此发现已为核苷酸序列分析的结果所证实[33,69]。人冠状病毒（HCV）（229E 株）、猪传染性胃肠炎病毒、犬冠状病毒及猫传染性腹膜炎病毒属于抗原 1 群；人冠状病毒（OC43 株）、鼠肝炎病毒、猪血凝性脑脊髓炎病毒和牛冠状病毒（BCV）属抗原 2 群；传染性支气管炎病毒（IBV）、TCV 属抗原 3 群[11,12,14,27]。

早期免疫电镜、血凝抑制试验和病毒中和试验的抗原分析结果显示，TCV 和 IBV 在抗原性上不同，也与哺乳动物冠状病毒不同[15,65]。根据这些研究，将 IBV 和 TCV 分别归于冠状病毒抗原 3 群和抗原 4 群[81]。随后，Dea 等根据一系列的抗原和基因分析证明 2 群冠状病毒的 TCV 与 BCV 之间存在密切的抗原关系[17,78,79]。然而，最近的研究却发现 TCV 在抗原性和遗传学上与 3 群的冠状病毒 IBV 密切相关[11,12,14,27,39,40,41]。TCV 和 IBV 在抗原性上关系密切[28,36,39,42]，核酸序列分析也进一步证明了这一点[4,6,7,14,36,39,41,73]。研究表明，TCV 和 IBV 的膜内在蛋白、核衣壳蛋白和多聚酶（ORF1b）的基因序列具有高度的同源性，而与哺乳动物冠状病毒相应序列同源性很低[4,6,7,14,36,40,41,73]。

实验研究证实，BCV 可在接种小火鸡的肠道组织中复制[18,35]。Dea 等[18]证实，2 种不同的 BCV 毒株均能在实验感染火鸡的肠道中复制，但不会产生明显的临床症状或肠道病变。Ismail 等[35]在最近的一项研究中证明，BCV 可在实验感染火鸡的肠道组织中复制，并诱发轻微的临床症状（腹泻、增重减慢，但无死亡），以及轻度至中等程度的肠道病变，但还未能证实火鸡可自然感染 BCV。

形态学

冠状病毒颗粒为近似球形或多形的、有囊膜、直径为 60～200nm 的病毒[33,69]，表面有由许多长（12～24nm）而间隙较宽的棒状纤突（图 12.1），这些纤突使病毒粒子看起来像一个清晰的日晕，据此而命名为冠状病毒。TCV 在蔗糖中的浮密度为 1.16～1.24g/mL[15]。

化学组成

关于 TCV 化学组成的资料很少。研究表明 TCV 基因组为 RNA[19]，但有关 TCV RNA 特性的资料极少。火鸡冠状病毒 RNA 可能与其他冠状病毒相似，不分节段的线性单链，大小为 30kb 左右[12,13]。TCV 基因序列分析表明，病毒与 IBV 一样，有表面（纤突）糖蛋白、膜内在蛋白和核衣壳蛋白[6,7,14,40,41]。但这些蛋白的大小和结构尚不清楚，目前没有关于 TCV 其他蛋白的资料。

病毒复制

根据免疫荧光和免疫过氧化物酶染色的检测结果显示，TCV 主要在空肠和回肠的肠细胞[3,8,56,62]

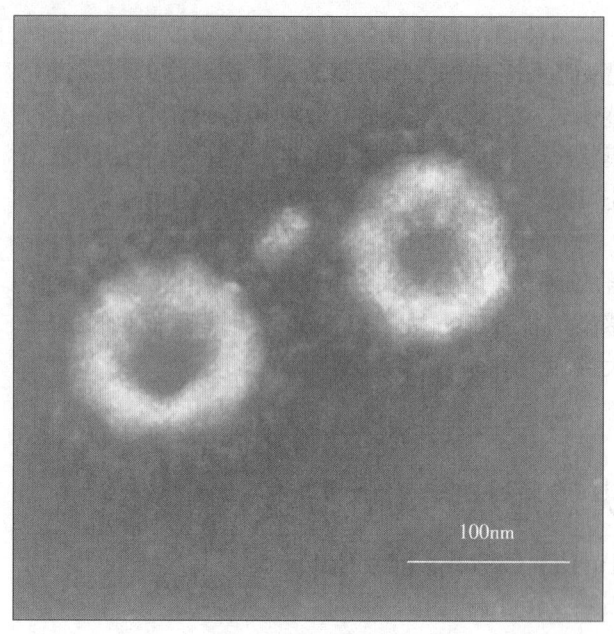

图 12.1　火鸡冠状病毒的负染相差电镜照片

以及法氏囊的上皮细胞[28]中复制。肠细胞中的病毒抗原主要见于肠绒毛的上 1/2～2/3 的肠细胞内（图 12.2）[8,28,62]。在法氏囊，病毒抗原可见于滤泡和滤泡间的上皮细胞内（图 12.3），但法氏囊的淋巴滤泡内未见有病毒抗原。在接种的胚内，病毒只在胚肠上皮细胞和法氏囊上皮细胞内复制增殖[62]，而在尿囊膜、卵黄和羊膜内未能检到病毒。

TCV 感染的火鸡胚和小火鸡肠组织超薄切片电镜观察显示，TCV 在细胞浆内复制增殖[3,62]。TCV 经内质网膜和高尔基体膜出芽的过程而获得囊膜，病毒粒子聚集在内质网池内。

对理化因子的抵抗力

TCV 在 22℃下，pH3 环境中处理 30 min 仍然稳定；能耐受 50℃ 1h，即使在 1M 硫酸镁的环境中也不被灭活[15]，但 4℃ 条件下氯仿处理 10 min 即可将其灭活。

感染 TCV 的肠组织在 −20℃ 或更低温度条件下保存 5 年以上，病毒仍然存活。在明尼苏达州，TCV 在禽舍及养殖区内能持续存活相当长的时间，即使在火鸡清群以后亦是如此[50]。皂化酚和甲醛是杀灭污染舍中 TCV 的有效消毒剂[58]。

毒株分类

最近的研究表明，TCV 毒株的抗原性及遗传学

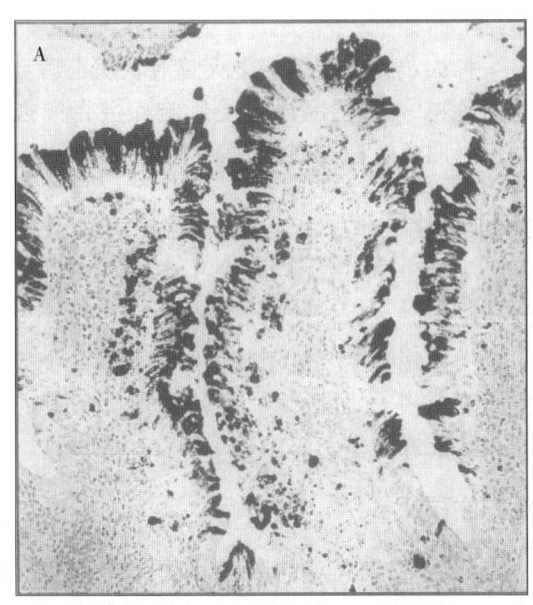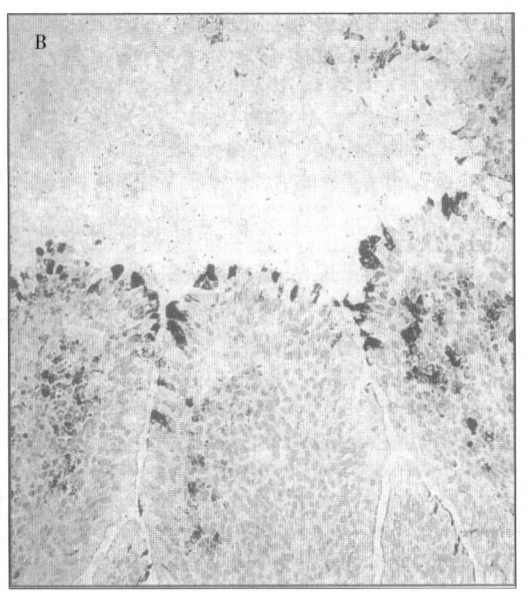

图 12.2　TCV 感染火鸡的肠组织免疫过氧化酶染色。A. 接种感染后 1 天的盲肠；B. 接种感染后 14 天的回肠。×350

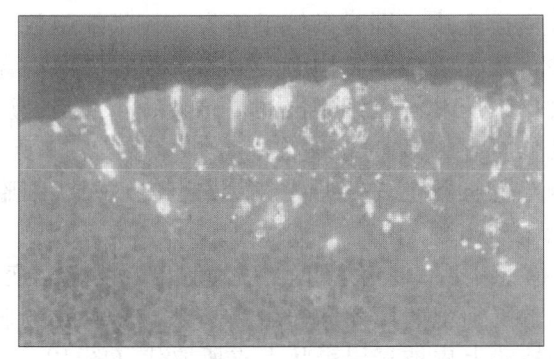

图 12.3　接种感染 TCV 后 2 天的感染火鸡的法氏囊组织，免疫荧光染色。注意法氏囊上皮组织内的免疫荧光。×240

上密切相关[6,7,28,36,39,41]。TCV 的各地方分离株间交叉保护作用、交叉免疫荧光和酶联免疫吸附试验结果表明，这些毒株间的抗原关系密切[28,36,39]。表面糖蛋白基因、核衣壳蛋白基因和 3′-端非编码区的核苷酸序列分析结果表明，毒株之间遗传特征极其相似[6,7,36,41]，而对不同 TCV 分离株毒力差异的研究还未进行。

实验室宿主系统

　　TCV 通过羊膜腔接种可以在 16 日龄以上的鸡胚或 15 日龄以上的火鸡胚进行培养增殖[1]，但是只能在接种胚的肠道、卵黄和法氏囊检测到病毒[50]。

　　试图利用各种禽类和哺乳动物的细胞培养物增殖 TCV 都没有成功[21,50]。Dea 等报道，TCV 能适应人的直肠腺癌细胞系（HRT），并可连续继代[16]，

但这还未能得到其他研究者的进一步证实[28,35,63]。

病理生物学与流行病学

发生与分布

　　美国、加拿大、巴西、意大利、英国和澳大利亚的火鸡中，都已分离到火鸡冠状病毒[12,14,15,50]。美国的大部分火鸡养殖地区，都证实存在该病毒。

自然宿主和实验宿主

　　不同日龄的火鸡都可感染冠状病毒，但临床发病最常见于几周龄内的小火鸡。火鸡被认为是 TCV 的唯一自然宿主，而雉、海鸥、鹌鹑和仓鼠则有抵抗力[32,50]。以前以为鸡对 TCV 有抗性[60,71]，但最近的研究证明并非如此[29,37]。在两个独立的研究中，以 TCV 实验感染 1 日龄 SPF 鸡，感染雏虽不表现明显的临床症状，但在接种后 2～8 天可见血清阳转并在肠组织及法氏囊组织中检测到病毒和病毒抗原[29]，在感染后 1～14 天的肠道内容物中检测到病毒[37]。在其他组织，包括气管、肺和肾等组织中未能检出 TCV。

传播、携带者及传播媒介

　　火鸡冠状病毒感染后可通过粪便排毒，通过摄

食粪便或粪便污染物而发生水平传播。用感染火鸡的肝、心、脾、肾和胰脏组织匀浆实验感染火鸡未能成功，而用经过过滤或未过滤的感染火鸡的肠组织匀浆液或经过滤的法氏囊匀浆液则容易引发感染[50,53]。

TCV 通常能在群内和同场或邻近场的各群间迅速传播，亦可通过人员、设备和运输工具的移动而机械传播。已证实，拟甲虫的幼虫和家蝇是TCV 潜在的机械传播媒介[10,80]。野鸟、啮齿动物和犬也可作为机械传播者。虽然还没有 TCV 经蛋传播的证据，但孵化场内的小火鸡会被来自感染场的人员和工具（如蛋箱）污染而引发感染。

临床病例康复后数周仍可经粪便排毒[8,38]。据报道，实验感染后 6 周仍能从感染火鸡的肠内容物中分离到病毒，而采用 RT‑PCR 技术在感染后 7周仍可检到病毒[8]。

潜伏期

本病潜伏期 1～5 天，但一般为 2～3 天。

临床症状

自然感染时，表现为突然出现临床症状，发病率高。病禽精神沉郁、食欲不振、饮水减少、水样腹泻、脱水、体温低于正常和消瘦，粪便呈绿色到棕褐色、水样或泡沫样，可能含有黏液和尿酸盐。与正常火鸡群相比，TCV 感染群的死亡增多，生长缓慢，饲料转化率低[66]。感染禽群的死亡率高低不一，随禽龄、并发感染、饲养管理及天气状况的不同而有所差异。

以胚适应 TCV 毒株进行的研究表明，TCV 感染只引起轻微发病和中等程度的生长缓慢，几无死亡率[30,37,51,54,63]。

种火鸡在产蛋期感染火鸡冠状病毒后会导致产蛋量骤减[50]，蛋品质也受影响，蛋壳失去正常的颜色（白色、白垩质蛋）。

病理变化

大体病变

大体病变主要见于肠道和法氏囊。十二指肠和空肠通常苍白而松弛，盲肠扩张，充满水样内容物，法氏囊萎缩。感染火鸡消瘦、脱水。

组织学病变

TCV 感染火鸡的肠道和法氏囊可见有显微病变。实验感染火鸡的肠组织病变包括绒毛变短，隐窝加深，肠道直径变小[2,25]。肠绒毛柱状上皮变成立方上皮，同时微绒毛消失；杯状细胞数量减少，肠上皮细胞与固有层分离，固有层内有异嗜性白细胞和淋巴细胞浸润。感染后 5 天肠上皮开始修复，21 天时恢复正常[2,25]。感染后 5 天，微绒毛的柱状上皮开始代替立方上皮，杯状细胞开始重新出现[25]。

在感染后 2 天法氏囊上皮细胞出现明显病变，包括上皮细胞的坏死和增生[30]。法氏囊正常的假复层柱状上皮被复层鳞状上皮所取代（图 12.4）；上皮细胞间及上皮周围可见严重的异嗜细胞性炎症。法氏囊淋巴滤泡中度萎缩，但因淋巴滤泡内不能检测到 TCV 抗原，所以法氏囊淋巴组织的损害不可能由 TCV 直接造成的。法氏囊淋巴滤泡细胞缺失可能继发于囊上皮的损伤，或是感染期间糖皮质激素释放的一种结果。感染后 10 天可见法氏囊上皮明显修复，柱状上皮取代复层鳞状上皮。

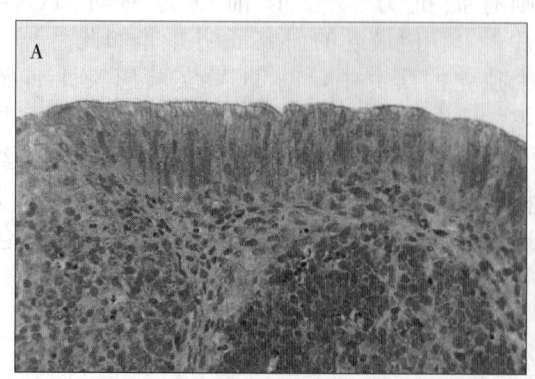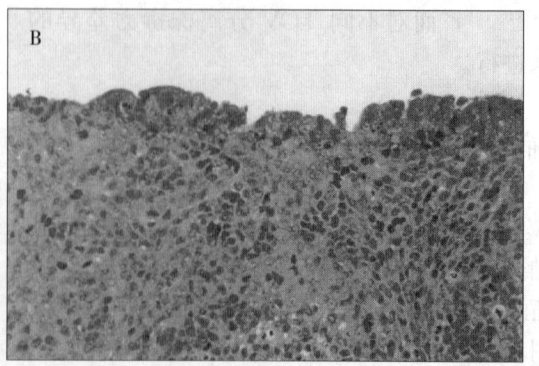

图 12.4 TCV 感染火鸡法氏囊的组织病理学变化。A. 对照组火鸡的法氏囊。注意其上皮为假复层柱状上皮；
B. TCV 感染后 4 天的火鸡法氏囊。注意其上皮细胞坏死和增生，以及异嗜细胞性炎症。×240

超微结构

TCV 感染火鸡肠道的超微结构变化限于上皮细胞[3,62]。超微结构变化包括微绒毛消失、终端蛛网状区破坏、线粒体退化、内质网池扩张、细胞间液增多、绒毛顶端的细胞大量脱落和肠绒毛变短；内质网池内可见到直径为 80~140nm 的冠状病毒颗粒[62]。

发病机理

火鸡冠状病毒首先在肠绒毛顶端部分的肠细胞[30,62]和法氏囊上皮中复制增殖[21]。TCV 肠道感染表明，该病毒与其他肠冠状病毒相似，可引起消化吸收不良和腹泻[46,67]。消化吸收不良及腹泻可能是 TCV 引起绒毛上皮损伤的结果，但亦有人认为该病毒也可能通过改变这些肠细胞生理学这一更微妙的方式而起作用[62]。此外，TCV 也可通过改变肠道正常菌群而影响肠道正常生理功能[52]。感染 TCV 火鸡肠道菌群的变化特征是腐败和不发酵乳糖的细菌数量增多，以及乳杆菌也同时增多。

早期报道的 TCV 感染（蓝冠病）和以粗制的粪便/肠匀浆实验感染的一个共同特征是死亡率高[50]。最近用胚胎增殖的 TCV 进行的试验研究表明，TCV 感染引起的死亡率通常可以忽略不计，至少在实验条件下如此[30,37,51,54,63]。天气情况、饲养管理、拥挤及继发感染都可能加剧 TCV 感染，引起更大的损失。已经证实，抗生素可降低 TCV 感染的死亡率，这很可能是因为其能控制继发性细菌感染的缘故[59,70]。用 TCV 和致肠病变型大肠杆菌菌株进行的实验研究所提供的证据表明，TCV 和细菌的相互作用可引发严重的临床症状[30,54]。仅采用 TCV 实验感染小火鸡，只导致中等程度的生长抑制，而无明显的死亡；只用致肠病变型大肠杆菌菌株实验感染火鸡也不产生明显的临床症状。但是，采用 TCV 和致肠病变型大肠杆菌同时接种火鸡，则可引起严重的生长抑制和高死亡率。

免疫力

主动免疫

TCV 感染康复火鸡对攻毒有抵抗力[50,61]。4 天龄时实验感染 TCV 后存活的火鸡雏，于 11 和 22 周龄时攻毒未出现临床症状[44]。临床观察显示，感染 TCV 的康复群对以后的感染有抵抗力[60]。

对康复禽的保护性免疫力的性质尚未完全了解。但已证实，康复火鸡体内存在特异性分泌性 IgA 和 T 细胞介导免疫[33,43,44,47,48]。特异性分泌性 IgA 在康复火鸡的肠道分泌物和胆汁中至少存在 6 个月[47]。采用酶联免疫吸附试验可以在 TCV 感染火鸡粪便中检测到 TCV 特异性 IgA 抗体，抗体在感染后 3~4 周达到高峰，大约在感染后 6 周消失[44]。

被动免疫

皮下注射免疫禽的血清，对小火鸡的实验感染无保护作用[60]。来自免疫和非免疫种火鸡的子代小火鸡，对 TCV 的攻击同样易感[56]。

诊　断

病原分离鉴定

TCV 感染的诊断通常需要辅以实验室检测，因为其他火鸡肠道病原体可引发与其相似的临床症状和病理变化。实验室诊断可依据病毒分离、电镜观察、血清学实验，以及肠道组织、法氏囊组织或肠内容物中的病毒抗原或病毒 RNA 的检测结果做出判断。

TCV 的分离可用疑似感染火鸡的肠内容物、粪便样品或组织（肠道或法氏囊）匀浆的悬液接种鸡胚或火鸡胚（见"实验宿主系统"）。临床样品应该用合适的稀释液（如 MEM）稀释匀浆，离心除掉沉淀，然后用 0.45μm 的过滤器过滤；取滤液经羊膜腔途径接种鸡胚（＞16 日龄）或火鸡胚（＞15 日龄）。最好选用火鸡胚进行病毒的分离和继代，因为鸡胚对 TCV 的敏感性尚未确定。接种胚继续孵化 2~5 天后，用免疫组化染色可以检测到胚体肠道中 TCV。利用免疫荧光抗体或免疫过氧化物酶进行免疫组化染色需要病毒特异性抗血清。

电镜诊断需要对具有冠状病毒典型形态的病毒颗粒作出鉴定。在诊断过程中，必须将冠状病毒和与其相似的细胞膜碎片加以区别，后者通常存在于正常火鸡的粪便样品中。采用免疫电镜技术可对 TCV 可做出确切的诊断[64]，但这需要有病毒特异性抗血清。

已有报道采用直接或间接免疫荧光在检测火鸡肠道和法氏囊组织中 TCV 抗原[8,56,62]。从简单、快捷方面来说，直接免疫荧光法是一种很好的诊断方法。但这一方法的敏感性和特异性依赖于用于荧光素标记抗体的质量，且制备的结合抗体存放期较短。已证实，感染后 1~28 天，采用直接免疫荧光方法能检出实验感染火鸡体内的 TCV 抗原[56]。

已有报道采用间接免疫荧光和间接免疫组化技术法检测感染火鸡组织中的 TCV 抗原，这两种方法都需要 TCV 特异性单克隆抗体（MAB）。以MAB 为基础的免疫组化方法最早在接种后 1 天即能检出实验感染火鸡肠道和法氏囊中的 TCV 抗原，而最晚检出的时间是接种后 42 天，与病毒分离相比，具有很高的特异性（＞92%），但敏感性低（61%~69%）。TCV 特异性单抗据称是 TCV 检测中高质量抗体的一种不竭来源。

RT－PCR 是为检测感染火鸡粪便和肠道内容物中 TCV RNA 而建立的一种方法[8,77]。采用这一方法，检测实验感染火鸡体内的 TCV RNA，早在感染后 1 天即可检出，而最晚检出时间是感染后 49天。与病毒分离相比，RT－PCR 的敏感性和特异性分别为 93% 和 92%。此外，多重 RT－PCR 可以同时检测 TCV 和其他肠道病毒[45,68,72]。

血清学

检测 TCV 特异性抗体最常用的方法是间接免疫荧光技术，所用的抗原为 TCV 感染胚体肠道组织冰冻切片[57]，或感染火鸡剥脱的法氏囊上皮细胞[26]。采用 TCV 胚体适应株感染火鸡胚 24~48h后，取肠组织制备冰冻组织切片[57]。用这种方法制备抗原费时费力，但优点是可通过肠染色位置（如易感染肠绒毛顶端上皮细胞）来排除假阳性。此外，还用 TCV 接种 2 周龄火鸡，感染后 4 天采集剥脱的法氏囊上皮细胞来制备抗原检测片[26]。收集感染火鸡的法氏囊，在细胞培养液中漂洗后，于 4℃ 条件下孵育 18~24h，其间不时轻轻摇动以使上皮细胞脱落；通过低速离心以浓缩细胞，然后涂布于载玻片上。采用前述间接免疫荧光法，在实验感染后 7 天，即可检测到实验感染火鸡体内的TCV 特异抗体。孵化场内早期感染的火鸡，在整个生长期间血清抗体阳性[34]。

已有报道利用酶联免疫吸附试验（ELISA）检测火鸡 TCV 特异抗体[31,42]。可利用商品化传染性支气管炎病毒包被的 ELISA 板。此外，利用杆状病毒表达的 TCV 核衣壳蛋白和针对核衣壳蛋白的生物素标记的特异性单克隆抗体已建立了竞争ELISA（cELISA）[9,31]。与间接免疫荧光相比，IBV ELISA 和 cELISA 有较高敏感性（＞92%）和特异性（＞96%），两种方法与 IBV 抗体有交叉反应[31,42]。

IBV ELISA 和 cELISA 不能区分 IBV－和 TCV特异性抗体，但这似乎并不妨碍其用于检测火鸡TCV 特异性抗体，因为火鸡对 IBV 不易感。与其他冠状病毒相似，IBV 的宿主范围很小。目前所知，IBV 的自然宿主为鸡和雉鸡，实验感染火鸡未能成功[27,31]。

鉴别诊断

由 TCV 引起的肠道疾病必须与火鸡的其他肠道疾病进行鉴别，尤其是由其他病毒、细菌和原虫所引起的肠道疾病。

预防和控制

管理措施

预防是控制 TCV 的最好方法。已经证实，TCV 感染火鸡在康复后的很长一段时间内仍可经由粪便排毒[8,38,56]，这些康复带毒火鸡、其排泄的粪便及被粪便污染的物品都是潜在的感染源。被感染火鸡的粪便污染的物品，如衣服、靴子、用具、羽毛及车辆等可携带 TCV。其他潜在的媒介（如鸟、啮齿动物、犬和蝇类）也可传播病毒。为防止TCV 通过污染的人、污染物及感染火鸡传入健康群，必须采用各种正确的生物安全措施。

消除污染场 TCV 的方法是通过清群，然后彻底清洁、消毒房舍和设备[58]。清洁、消毒后，场舍需空置至少 3~4 周。

免疫接种

现仍无可供使用的注册疫苗。

治疗

对 TCV 肠炎目前尚无特异性的治疗方法。已证明抗生素治疗可以降低死亡率，这很可能是通过控制细菌性继发感染的结果[50,59,70]。在饮水中加入葡萄糖、电解质或牛奶代用品并没有什么效果[22]。提高育雏舍温度、避免拥挤等可降低死亡率。

苏敬良　凌育燊　黄爱芳　译
吴培福　郭玉璞　校

参考文献

[1] Adams, N. R., and M. S. Hofstad. 1971. Isolation of transmissible enteritis agent of turkeys in avian embryos. *Avian Dis* 15:426 - 433.

[2] Adams, N. R., R. A. Ball, and M. S. Hofstad. 1970. Intestinal lesions in transmissible enteritis of turkeys. *Avian Dis* 14:392 - 399.

[3] Adams, N. R., R. A. Ball, C. L. Annis, and M. S. Hofstad. 1972. Ultrastructural changes in the intestines of turkey poults and embryos affected with transmissible enteritis. *J Comp Pathol* 82:187 - 192.

[4] Akin, A., T. L. Lin, C. C. Wu, T. A. Bryan, T. Hooper, and D. Schrader. 2001. Nucleocapsid protein gene sequence analysis reveals close genomic relationship between turkey coronavirus and avian infectious bronchitis virus. *Acta Virol* 45:31 - 38.

[5] Barnes, H. J. and J. S. Guy. 2003. Poult enteritis-mortality syndrome. In: Diseases of Poultry, 11th ed., Y. M. Saif, H. J. Barnes, A. Fadly, J. R. Glisson, L. R. McDougald, and D. E. Swayne. Iowa State University Press, Ames, Iowa. 1171 - 1180.

[6] Breslin, J. J., L. G. Smith, F. J. Fuller, and J. S. Guy. 1999. Sequence analysis of the matrix/nucleocapsid gene region of turkey coronavirus. *Intervirol* 42:22 - 29.

[7] Breslin, J. J., L. G. Smith, F. J. Fuller, and J. S. Guy. 1999. Sequence analysis of the turkey coronavirus nucleocapsid protein gene and 3' untranslated region identifies the virus as a close relative of infectious bronchitis virus. *Virus Res* 65:187 - 193.

[8] Breslin, J. J., L. G. Smith, H. J. Barnes, and J. S. Guy. 2000. Comparison of virus isolation, immunohistochemistry, and reverse transcriptase-polymerase chain reaction procedures for detection of turkey coronavirus. *Avian Dis* 44:624 - 631.

[9] Breslin, J. J., L. G. Smith, and J. S. Guy. 2001. Baculovirus expression of turkey coronavirus nucleocapsid protein. *Avian Dis* 45:136 - 143.

[10] Calibeo-Hayes, D., S. S. Denning, S. M. Stringham, J. S. Guy, L. G. Smith, and D. W. Watson. 2003. Mechanical transmission of turkey coronavirus by domestic house flies (Musca domestica Linneaus). *Avian Dis* 47:149 - 153.

[11] Cavanagh, D. 2001. A nomenclature for avian coronavirus isolates and the question of species status. *Avian Pathol* 30:109 - 115.

[12] Cavanagh, D. 2005. Coronaviruses in poultry and other birds. *Avian Pathol* 34:439 - 448.

[13] Cavanagh, D., Brian, D. A., Brinton, M. A., Eujuanes, L., Holmes, K. V., Horzinek, M. C., Lai, M. M. C., Laude, H., Lagemann, P. G. W., Siddell, S. G., Spann, W., Taguchi, F. & Talbot, P. J. 1997. *Nidovirales*: a new order comprising *Coronaviridae* and *Arteriviridae*. *Arch Virol* 142:629 - 633.

[14] Cavangh D., K. Mawditt, M. Sharma, S. E. Drury, H. L. Ainsworth, P. Britton, and R. E. Gough. 2001. Detection of a coronavirus from turkey poults in Europe genetically related to infectious bronchitis virus of chickens. *Avian Pathol* 30:355 - 368.

[15] Dea, S., G. Marsolais, J. Beaubien, and R. Ruppanner. 1986. Coronaviruses associated with outbreaks of transmissible enteritis of turkeys in Quebec: hemagglutination properties and cell cultivation. *Avian Dis* 30:319 - 326.

[16] Dea, S., S. Garzon, and P. Tijssen. 1989. Isolation and trypsinenhanced propagation of turkey enteric (bluecomb) coronaviruses in a continuous human rectal adenocarcinoma cell line. *Am J Vet Res* 50:1310 -1318.

[17] Dea, S., A. J. Verbeek, and P. Tijssen, P. 1990. Antigenic and genomic relationships among turkey and bovine enteric coronaviruses. *J Virol* 64:3112 - 3118.

[18] Dea, S., A. Verbeek, and P. Tijssen. 1991. Transmissible enteritis of turkeys: experimental inoculation studies with tissue-cultureadapted turkey and bovine coronaviruses. *Avian Dis* 35:767 - 777.

[19] Deshmukh, D. R., and B. S. Pomeroy. 1974. Physicochemical characterization of a bluecomb coronavirus of turkeys. *Am J Vet Res* 35:1549 - 1552.

[20] Deshmukh, D. R., C. T. Larsen, S. K. Dutta, and B. S. Pomeroy. 1969. Characterization of pathogenic filtrate and viruses isolated from turkeys with bluecomb. *Am J Vet Res* 30:1019 - 1025.

[21] Deshmukh, D. R., C. T. Larsen, and B. S. Pomeroy. 1973. Survival of bluecomb agent in embryonating turkey

eggs and cell cultures. *Am J Vet Res* 34:673 - 675.

[22]Dziuk, H. E. , G. E. Duke, and O. A. Evanson. 1970. Milk replacer, electrolytes, and glucose for treating bluecomb in turkeys. *Poult Sci* 49:226 - 229.

[23]Enjuanes, L. , D. Brian, D. Cavanagh, K. Holmes, M. Lai, H. Laude, P. Masters, P. Rottier, S. Siddell, W. Spaan, F. Taguchi, and P. Talbot. 2000. Coronaviridae. In: Virus Taxonomy: Seventh Report of the International Committee on Taxonomy of Viruses. M. Regenmortel, C. Fauquet, D. Bishop, E. Carstens, M. Estes, S. Lemon, J. Maniloff, M. Mayo, D. McGeoch, C. Pringle and R. B. Wickner. Academic Press, San Diego. 835 - 849.

[24]Fujisaki, Y. , H. Kawamura, and D. P. Anderson. 1969. Reoviruses isolated from turkeys with bluecomb. *Am J Vet Res* 30:1035 - 1043.

[25]Gonder, E. , B. L. Patel, and B. S. Pomeroy. 1976. Scanning electron, light, and immunofiuorescent microscopy of coronaviral enteritis of turkeys (bluecomb). *Am J Vet Res* 37:1435 - 1439.

[26]Guy, J. S. 1998. New methods for diagnosis of turkey coronavirus infections. In: Proc 49th North Central Avian Dis Conf, Indianapolis, Indiana, 8 - 10.

[27]Guy, J. S. 2000. Turkey coronavirus is more closely related to avian infectious bronchitis virus than to mammalian coronaviruses: a review. *Avian Path* 29:207 - 212.

[28]Guy, J. S. , H. J. Barnes, L. G. Smith, and J. Breslin. 1997. Antigenic characterization of a turkey coronavirus identified in poult enteritis and mortality syndrome-affected turkeys. *Avian Dis* 41:583 - 590.

[29]Guy, J. S. , H. J. Barnes, L. G. Smith, and J. J. Breslin. 1999. Experimental infection of specific-pathogen-free chickens with turkey coronavirus. Proc 48th Western Poultry Disease Conference, Vancouver, B. C. 91 - 92.

[30]Guy, J. S. , L. G. Smith, J. J. Breslin, J. P. Vaillancourt, and H. J. Barnes. 2000. High mortality and growth depression experimentally produced in young turkeys by dual infection with enteropathogenic Escherichia coli and turkey coronavirus. *Avian Dis* 44:105 - 113.

[31]Guy, J. S. , L. G. Smith, J. J. Breslin, and S. Pakpinyo. 2002. Development of a competitive enzyme-linked immunosorbent assay for detection of turkey coronavirus antibodies. *Avian Dis* 46:334 - 341.

[32]Hofstad, M. S. , N. Adams, and M. L. Frey. 1969. Studies on a filterable agent associated with infectious enteritis (bluecomb) of turkeys. *Avian Dis* 13:386 - 393.

[33]Holmes, K. V. and M. M. C. Lai. 1996. Coronaviridae. In: B. N. Fields, D. M. Knipe, and P. M. Howly (eds.), Fundamental Virology, 3rd ed. , Vol. 1. Lippencott-Raven Publishers, Philadelphia, 1075 - 1093.

[34]Hooper, T. A. and J. S. Guy. 1998. Identification of turkey coronavirus infections in commercial turkey flocks. Proc. 47th Western Poult Dis Conf. Sacramento, CA, 42.

[35]Ismail, M. M. , K. O. Cho, L. A. Ward, L. J. Saif, and Y. M. Saif. 2001. Experimental bovine coronavirus in turkey poults and young chickens. *Avian Dis* 45:157 - 163.

[36]Ismail, M. M. , K. O. Cho, M. Hasoksuz, L. J. Saif, and Y. M. Saif. 2001. Antigenic and genomic relatedness of turkey-origin coronaviruses, bovine coronaviruses, and infectious bronchitis virus of chickens. *Avian Dis* 45: 978 -984.

[37]Ismail, M. M. , Y. Tang, and Y. M. Saif. 2003. Pathogenicity of turkey coronavirus in turkeys and chickens. *Avian Dis* 47:515 - 522.

[38]Larsen, C. T. 1979. The etiology of bluecomb disease of turkeys. PhD thesis. University of Minnesota, Minneapolis-St. Paul.

[39]Lin, T. L. , C. C. Loa, C. C. Wu, T. Bryan, T Hooper, and D. Schrader. 2002. Antigenic relationship of turkey coronavirus isolates from different geographic locations in the United States. *Avian Dis* 46:466 - 467.

[40]Lin, T. L. , C. C. Loa, and C. C. Wu. 2002. Existence of gene 5 indicates close genomic relationship of turkey coronavirus to infectious bronchitis virus. *Acta Virol* 46: 107 - 116.

[41]Lin, T. L. , C. C. Loa, and C. C. Wu. 2004. Complete sequences of 3' end coding region for structural genes of turkey coronavirus. *Virus Res* 106:61 - 70.

[42]Loa, C. C. , T. L. Lin, C. C. Wu, T. A. Bryan, H. L. Thacker, T. Hooper, and D. Schrader. 2000. Detection of antibody to turkey coronavirus by antibody-capture enzyme-linked immunosorbent assay utilizing infectious bronchitis virus antigen. *Avian Dis* 44:498 -506.

[43]Loa, C. C. , T. L. Lin, C. C. Wu, T. A. Bryan, H. L. Thacker, T. Hooper, and D. Schrader. 2001. Humoral and cellular immune responses in turkey poults infected with turkey coronavirus. *Poult Sci* 80:1416 - 1424.

[44]Loa, C. C. , T. L. Lin, C. C. Wu, T. A. Bryan, T. Hooper, and D. Schrader. 2002. Specific mucosal IgA immunity in turkey poults infected with turkey coronavirus. *Vet Immunol Immunopathol* 88:57 - 64.

[45]Loa, C. C. , T. L. Lin, C. C. Wu, T. A. Bryan, T. A. Hooper, and D. L. Schrader. 2006. Differential detection of turkey coronavirus, infectious bronchitis virus, and bovine coronavirus by a multiplex polymerase chain reaction, *J*

Virol Methods 131:86 - 91.

[46]Moon, H. W. 1978. Mechanisms in the pathogenesis of diarrhea. *J Am Vet Med Assoc* 172:443 - 448.

[47]Nagaraja, K. V. , and B. S. Pomeroy. 1978. Secretory antibodies against turkey coronaviral enteritis. *Am J Vet Res* 39:1463 - 1465.

[48]Nagaraja, K. V. , and B. S. Pomeroy. 1980. Cell-mediated immunity against turkey coronaviral enteritis (bluecomb). *Am J Vet Res* 41:915 - 917.

[49]Nagaraja, K. V. , and B. S. Pomeroy. 1980. Immunofluorescent studies on localization of secretory immunoglobulins in the intestines of turkeys recovered from turkey coronaviral enteritis. *Am J Vet Res* 41:1283 - 1284.

[50]Nagaraja, K. V. and B. S. Pomeroy. 1997. Coronaviral enteritis of turkeys (bluecomb disease). In: Diseases of Poultry, 10th ed. B. W. Calnek, H. J. Barnes, C. W. Beard, L. R. McDougald and Y. M. Saif, eds. Iowa State University Press, Ames. 686 -692.

[51]Naqi, S. A. 1993. Coronaviral enteritis of turkeys. In: Virus Infections of Birds. J. B. McFerran and M. S. McNulty, eds. Elsiever Science Publishers, New York. 277 - 281.

[52]Naqi, S. A. , C. F. Hall, and D. H. Lewis. 1971. The intestinal microflora of turkeys: Comparison of apparently healthy and bluecomb-infected turkey poults. *Avian Dis* 15:14 - 21.

[53]Naqi, S. A. , B. Panigrahy, and C. F. Hall. 1972. Bursa of Fabricius, a source of bluecomb infectious agent. *Avian Dis* 16:937 - 939.

[54]Pakpinyo, S. , D. H. Ley, H. J. Barnes, J. P. Vaillancourt, and J. S. Guy. 2003. Enhancement of enteropathogenic Escherichia coli pathogenicity in young turkeys by concurrent turkey coronavirus infection. *Avian Dis* 47:396 - 405.

[55]Panigrahy, B. , S. A. Naqi, and C. F. Hall. 1973. Isolation and characterization of viruses associated with transmissible enteritis (bluecomb) of turkeys. *Avian Dis* 17: 430 -438.

[56]Patel, B. L. , D. R. Deshmukh, and B. S. Pomeroy. 1975. Fluorescent antibody test for rapid diagnosis of coronaviral enteritis of turkeys (blueco mb). *Am J Vet Res* 36: 1265 - 1267.

[57]Patel, B. L. , B. S. Pomeroy, E. Gonder, and C. E. Cronkite. 1976. Indirect fluorescent antibody test for the diagnosis of coronaviral enteritis of turkeys (bluecomb). *Am J Vet Res* 37:1111 - 1112.

[58]Patel, B. L. , E. Gonder, and B. S. Pomeroy. 1977. Detection of turkey coronaviral enteritis (bluecomb) in field epiornithics, using the direct and indirect fluorescent antibody tests. *Am J Vet Res* 38:1407 - 1411.

[59]Peterson, E. H. , and T. A. Hymas. 1951. Antibiotics in the treatment of unfamiliar turkey disease. *Poult Sci* 30:466 - 468.

[60]Pomeroy, B. S. , and J. M. Sieburth. 1953. Bluecomb disease of turkeys. Proc 90th Annu Meet Am Vet Med Assoc. 321 - 328.

[61]Pomeroy, B. S. , C. T. Larsen, D. R. Deshmukh, and B. L. Patel. 1975. Immunity to transmissible (coronaviral) enteritis of turkeys (bluecomb). *Am J Vet Res* 36: 553 - 555.

[62]Pomeroy, K. A. , B. L. Patel, C. T. Larsen, and B. S. Pomeroy. 1978. Combined immunofluorescence and transmission electron microscopic studies of sequential intestinal samples from turkey embryos and poults infected with turkey enteritis coronavirus. *Am J Vet Res* 39: 1348 - 1354.

[63]Reynolds, D. 2001. Personal communication.

[64]Reynolds, D. , and B. S. Pomeroy. 1989. Enteric viruses. In H. G. Purchase, L. H. Arp, C. H. Domermuth, and J. E. Pearson (eds.). Isolation and Identification of Avian Pathogens. American Association of Avian Pathologists, Kennett Square, PA, 128 -134.

[65]Ritchie, A. E. , D. R. Deshmukh, C. T. Larsen, and B. S. Pomeroy. 1973. Electron microscopy of coronavirus-like particles characteristic of turkey bluecomb disease. *Avian Dis* 17:546 - 558.

[66]Rives, D. V. and D. B. Crumpler. 1998. Effect of turkey coronavirus infection on commercial turkey flock performance. Proc Am Vet Med Assoc Annual Convention, July 28, 1998, Baltimore. 189.

[67]Saif, L. J. 1989. Comparative aspects of enteric viral infections. In: Viral Diarrheas of Man and Animals. L. J. Saif and K. W. Thiel, eds. CRC Press, Inc. Boca Raton, Florida, 9 - 31.

[68]Sellers, H. S. , M. D. Koci, E. Linnemann, L. A. Kelley, and S. Schultz-Cherry. 2004. Development of a multiplex reverse transcription-polymerase chain reaction diagnostic test specific for turkey astrovirus and coronavirus. *Avian Dis* 48:531 - 539.

[69]Siddell, S. G. 1995. The Coronaviridae: an introduction. In: Coronaviridae, S. Siddell, ed. , Plenum Press, Inc. New York, 1 - 9.

[70]Sieburth, J. M. , and B. S. Pomeroy. 1956. Bluecomb disease of turkeys. II. Antibiotic treatment of poults. *J Am*

Vet Med Assoc 128:509 - 513.

[71]Sieburth, J. M. , and E. P. Johnson. 1957. Transmissible enteritis of turkeys (bluecomb disease). I. Preliminary studies. *Poult Sci* 36:256 - 261.

[72]Spackman, E. , D. Kapczynski, and H. Sellers. 2005. Multiplex realtime reverse transcription-polymerase chain reaction for the detection of three viruses associated with poult enteritis complex: turkey astro- virus, turkey coronavirus, and turkey reovirus. *Avian Dis* 49:86 - 91.

[73]Stephensen, C. B. , D. B. Casebolt, and N. N. Gangopadhyay 1999. Phylogenetic analysis of a highly conserved region of the polymerase gene from eleven coronaviruses and development of a consensus polymerase chain reaction assay. *Virus Res* 60:181 - 189.

[74]Truscott, R. B. 1968. Transmissible enteritis of turkeys-disease reproduction. *Avian Dis* 12:239 - 245.

[75]Tumlin, J. T. , and B. S. Pomeroy. 1958. Bluecomb disease of turkeys. V. Preliminary studies on parental immunity and serum neutralization. *Am J Vet Res* 19:725 - 728.

[76]Tumlin, J. T. , B. S. Pomeroy, and R. K. Lindorfer. 1957. Bluecomb disease of turkeys. Ⅳ. Demonstration of a filterable agent. *J Am Vet Med Assoc* 130:360 - 365.

[77]Velayudhan, B. T. , H. J. Shin, V. C. Lopes, T. Hooper, D. A. Halvorson, and K. V. Nagaraja. 2003. A reverse transcriptase-polymerase chain reaction assay for the diagnosis of turkey coronavirus infection. *J Vet Diagn Invest* 15:592 - 596.

[78]Verbeek, A. and P. Tijssen, P. 1991. Sequence analysis of the turkey enteric coronavirus nucleocapsid and membrane protein genes: a close genomic relationship with bovine coronavirus. *J Gen Virol* 72:1659 -1666.

[79]Verbeek, A. , S. Dea, and P. Tijssen, P. 1991. Genomic relationship between turkey and bovine enteric coronaviruses identified by hybridization with BCV or TCOV specific cDNA probes. *Arch Virol* 121:199 -211.

[80]Watson, D. W. , J. S. Guy, and S. M. Stringham. 2000. Limited transmission of turkey coronavirus in young turkeys by adult Alphitobius diapernius (Coleoptera: Tenebrionidae). *J Med Entomol* 37:480 -483.

[81]Wege, H. , S. Siddel, and V. ter Meulen. 1982. The biology and pathogenesis of coronaviruses. *Current Topics Microbiol Immunol* 99:165 - 200.

[82]Wooley, R. E. , T. A. Dees, A. S. Cromack, and J. B. Gratzek. 1972. Infectious enteritis of turkeys: characterization of two reoviruses isolated by sucrose density gradient centrifugation from turkeys with infectious enteri-

tis. *Am J Vet Res* 33:157 - 164.

轮状病毒感染

Rotavirus Infections

M. S. McNulty 和 D. L. Reynolds

引　言

轮状病毒是许多哺乳动物（包括人在内）肠炎和下痢的一个主要病因[50,111]，而禽类轮状病毒感染则是由 Bergeland 等于 1977 年首次报道[7]。他们在排水样便和死亡率升高的小火鸡肠内容物中发现了形态学上与轮状病毒难以区分的病毒粒子。此后，已逐渐明确轮状病毒可感染许多不同种类的家禽。

如同哺乳动物那样，禽类的轮状病毒感染也常与腹泻有关。轮状病毒性肠炎对养禽业的经济意义虽然仍不明确，但以哺乳动物的情况推理，可能具有重要的经济意义。某些哺乳动物轮状病毒对其他种类哺乳动物的感染力有限，但来自火鸡和雉的轮状病毒却能感染鸡[119]。有一报告指出，从一头腹泻犊牛中分离到 1 株 A 群禽样轮状病毒（avianlike group A rotavirus）[10]，基因序列分析和其他资料充分证明该病毒来源于鸽[8,89,90,91]。但轮状病毒从禽类传播到哺乳动物，或反过来从哺乳动物传播到禽类的情况比较罕见。禽轮状病毒在公共卫生上的意义还不明了。

在本节中，轮状病毒一词包括非典型轮状病毒、副轮状病毒，以及抗原性不同的轮状病毒和轮状病毒样病毒。

病　原　学

分类

轮状病毒属于呼肠孤病毒科。该科病毒包括 12 个属，涉及感染脊椎动物、非脊椎动物、植物和真菌的多种病毒。轮状病毒仅感染脊椎动物，并通过粪-口途径传播，其形态与该科内其他属的病毒不同。轮状病毒为双链 RNA，有 11 个节段[85]，其形态学包括在内质网暂时性获得脂质囊膜及病毒编码的糖蛋白沉积[36,65]。该病毒易发生基因重排，即当同一血清群的 2 种不同的轮状病毒感染同一细胞时，可能产生含有来源于两个亲代病毒的混合基因组片段的杂交病毒。

形态学

电镜下，负染的完整的轮状病毒颗粒的直径约为 70～75nm。病毒粒子由 3 个同心蛋白层组成，包括一直径约 50nm 的芯髓，芯髓被包裹于由内衣壳和外衣壳组成的二层衣壳内。轮状病毒曾被描述为呼肠孤样病毒，但依其界限较为清晰而平滑的外缘，可使之与呼肠孤病毒相区别（图 12.5）。一些负染的完整的轮状病毒颗粒类似于车轮，从里向外呈辐射状排列的短轮辐，因此从拉丁词"rota"（词义为车轮）衍生出轮状病毒一词。病毒的外层衣壳

可能脱落而成为无感染性或感染性差的类似于环状病毒的所谓单层衣壳颗粒[9]，比双层衣壳的完整病毒颗粒约小 10nm（图 12.5）。完整的火鸡轮状病毒颗粒和单层衣壳的火鸡轮状病毒颗粒在氯化铯中的浮密度分别为 1.34g/mL 和 1.365g/mL[48]。从一雉鸡中分离到的完整的 D 群轮状病毒的单层衣壳颗粒比 A 群禽轮状病毒大，分别为 80nm 和 70nm，其浮密度分别为 1.347g/ml 和 1.365g/mL[16]。根据我们对轮状病毒粒子结构的深入了解，所谓单层衣壳的病毒颗粒实际上是双层结构，同样，以前认为是双层衣壳的完整病毒粒子则具有三层结构。

内层衣壳和外层衣壳都有一种 $T=13$（l）的 20 面体的晶格组成的表面，具有 132 条管道横跨各层核衣壳，并从病毒粒子的表面延伸到芯髓；从外层核衣壳的平滑表面向外突出 60 个 12nm 的纤突，因此成熟的病毒粒子实际大小为 100nm 左右[65,85]。

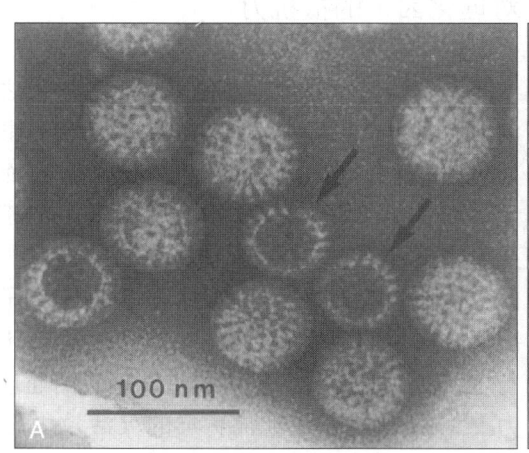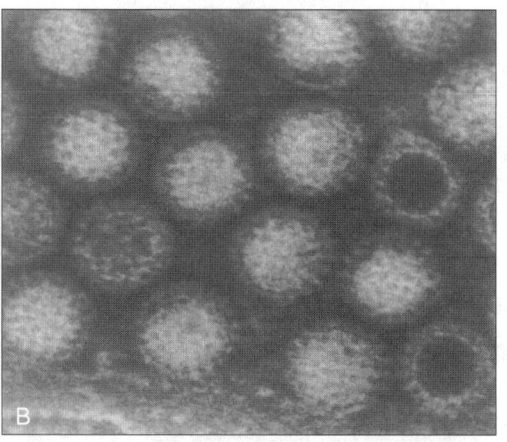

图 12.5 轮状病毒和呼肠孤病毒。A. 鸡粪便中的轮状病毒颗粒，图示具有光滑外缘的完整病毒颗粒和无衣壳而呈锯齿状外缘的颗粒（箭头所示）；B. 珍珠鸡粪便中的呼肠孤病毒，依据轮状病毒具有较为清晰、平滑的外缘可将其与呼肠孤病毒相鉴别。钨酸甲胺染色

化学组成

与哺乳动物轮状病毒一样，禽轮状病毒含有由分子量约为 0.2×10^6～2.1×10^6 的 11 个节段组成的双链 RNA 基因组[1,6,12,18,21,24,26,27,38,45,46,53,54,55,61,64,68,69,86,87,93,102,103,104,105,106,107,108,109,110,14,118]。

在感染火鸡轮状病毒的 MA 104 细胞内已检出 10 种主要病毒多肽，其中分子量分别为 125kDa、100kDa 和 45kDa 的 VP1、VP2 和 VP6 存在于失去外层衣壳的病毒颗粒中；VP3、VP4、VP5s 和 VP7 多肽构成部分外层衣壳，分子量分别为 90kD、

88kD、54～55kD 和 37kD，其中 37kD 的多肽为糖基化多肽，另外两种分子量分别为 30kD 和 28kD 的非结构多肽亦已证实是糖蛋白[47]。

上述结果与哺乳动物轮状病毒代表株 SA-11 相似，但并不完全一致。VP1、VP2、VP3 和 VP6 的四条多肽的分子量分别为 125kD、94kD、88kD 和 41kD，存在于无外层核衣壳的 SA-11 颗粒中；而 VP1、VP2 和 VP3 组成芯髓，VP6 是内层核衣壳的唯一蛋白。SA-11 的外层衣壳由 2 条多肽组成，称为 VP4 和 VP7，其分子量分别为 88kD 和 34kD；VP7 是一种糖蛋白。VP4 经蛋白酶水解而产生 VP5*（60KD）和 VP8*（28kD）后，病毒的

感染性增强。此外，SA－11 还有 5 条非结构蛋白[19]。

Brüsson 等[11]从纯化的轮状病毒 993/83（来源于下痢犊牛粪便的禽样 A 群轮状病毒[10,91]）和从日本分离的鸽轮状病毒 PO－13[69]）的完整病毒粒子中鉴定出 VP1、VP2、VP3、VP5*、VP6 和 VP7 多肽。经 EDTA 处理后可除去 VP5* 和 VP7，表明这两种蛋白存在于外层衣壳中[11]。

SA－11 轮状病毒的 11 个节段基因组中，每一个节段所编码的蛋白质多肽已确定，整个基因组已测序，其他许多哺乳动物的轮状病毒也已测序[19,85]。鸽源禽轮状病毒 PO－13 的全基因组序列已测定完毕[40,42]。禽 A 群轮状病毒编码 VP3[13]、VP6[18,41,42,88,90]、VP7[51,79,89]、VP8*[91] 和 NSP4[73] 的基因序列及其与哺乳动物轮状病毒对应片断的比较已有报道。

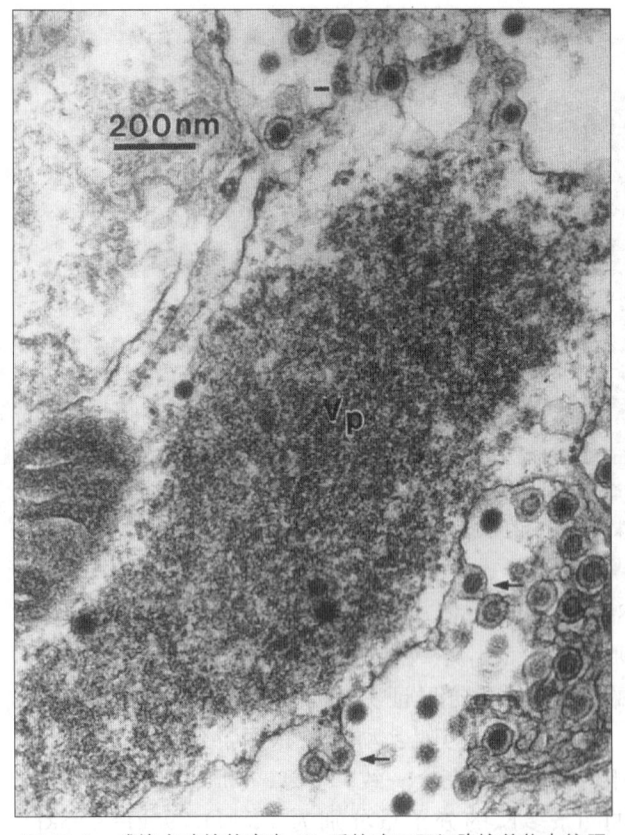

图 12.6　感染火鸡轮状病毒 48h 后的鸡胚肝细胞培养物电镜照片。图示一感染细胞的部分细胞浆，可见其内含有病毒芯髓的病毒质(Vp)以及从粗面内质网和 2 型包涵体出芽并获得囊膜的病毒粒子(细箭头所示)。此外，亦可见无囊膜的病毒粒子(粗箭头所示)体内，病毒芯髓都是在病毒前体物质(病毒质)构成的颗粒性基质中形成，这些病毒前体物质在胞浆内呈游离状态存在

病毒复制

关于轮状病毒的复制，最近已有详细的评述[19]。这里仅就对禽病工作者可能感兴趣的禽轮状病毒的形态发生特征进行描述。

利用电镜对超薄切片进行观察，研究了火鸡、鸡和雉轮状病毒的形态发生[20,34,55,61,69]。病毒在细胞浆内复制。无论在细胞培养物中，还是在宿主体内，在胞浆内病毒前体物质的颗粒性基质中形成病毒核芯。发育中的病毒颗粒被释放进入扩张的粗面内质网的间隙内。一些病毒颗粒似乎通过内质网的无核糖体区出芽，并在此过程中获得一囊膜（图 12.6）。在内质网内，颗粒上的囊膜丢失，代之以构成外层核衣壳的一薄层蛋白质。最后感染细胞发生溶解，释放出病毒。

对理化因子的抵抗力

有关禽轮状病毒对理化因子灭活作用之敏感性的公开发表资料极少。有 2 株火鸡轮状病毒对氯仿处理 30min 和 pH3 处理 2h 仍表现稳定；而在有或无镁离子存在的情况下，56℃处理 30min 都能使其感染力下降到 1%[48]。1 株鸭轮状病毒对氯仿和酸的灭活作用的敏感性与之类似，但在镁离子存在情况下，对热的耐受较差[100]。鸽的 1 株轮状病毒也与之相似，对乙醚、氯仿和脱氧胆酸钠处理有抵抗力[69]。戊二醛对禽轮状病毒的灭活效力较次氯酸钠或碘伏强[71]。

毒株分类

抗原性

对哺乳动物轮状病毒的特性鉴定证明，最重要的病毒抗原是构成内层和外层核衣壳的那些蛋白质（即 VP4、VP6 和 VP7），而其他蛋白质也对其抗原性有影响。轮状病毒有 3 种重要特异性抗原，即群、亚群和血清型抗原[15,45]。

采用 ELISA、免疫电镜、补体结合反应和免疫荧光技术等试验证明，绝大多数哺乳动物轮状病毒都具有一种相同的群抗原。这类病毒被称之为 A 群轮状病毒或常规轮状病毒，以区别无此抗原的所谓非典型轮状病毒，该群反应主要位于 VP6，该蛋白

构成内层核衣壳，同时也是病毒粒子的主要结构成分。其他用于非典型轮状病毒的术语包括非 A 群轮状病毒、副轮状病毒、抗原性不同的轮状病毒和轮状病毒样病毒。根据非典型轮状病毒所具有的不同的群抗原及病毒 RNA 终末指纹图谱分析，可进一步分为 B、C、D、E、F 和 G 群[8,36,83,84,92]。

从哺乳动物和鸟类中都已分离到 A 群轮状病毒，但 B、C 和 E 群轮状病毒迄今只见于哺乳动物，而 D、F 和 G 群则仅在鸟类中发现[36,65]。

应用高免血清或康复抗血清进行交叉免疫荧光试验显示，一些禽轮状病毒和哺乳动物 A 群轮状病毒间存在有抗原相关性[61,64,108,118]。在抗原性上与哺乳动物 A 群轮状病毒具有相关性的禽轮状病毒被称为禽 A 群轮状病毒。最初推测，这种抗原相关性是由于禽 A 群轮状病毒拥有和哺乳动物 A 群轮状病毒相同的抗原所引起，但最近应用单克隆抗体进行的有关研究表明，它们之间存在一种更为复杂的关系。某些单克隆抗体，特别是用于检测 A 群禽轮状病毒 VP6 的单克隆抗体能与所有哺乳动物轮状病毒和所有 A 群禽轮状病毒起反应，而其他单克隆抗体则只能识别 A 群禽轮状病毒[49,70]。相反，其他能识别 A 群哺乳动物轮状病毒的单克隆抗体并不能识别 A 群禽轮状病毒[22,30,38]。因此，A 群禽轮状病毒和哺乳动物轮状病毒的 VP6 上似乎存在有不同于所有 A 群轮状病毒共同抗原决定簇的表位。

核苷酸序列分析和抗原位点图谱提供的证据表明，哺乳动物和禽的 A 群轮状病毒的真正相同的群抗原是位于 PO‑13 鸽轮状病毒 VP6 的 134～142 位氨基酸残基。此外，其他所有哺乳动物和禽轮状病毒（Ch1 鸡分离物除外）的共同抗原位点位于 45～65 位的氨基酸残基[39,41]。禽轮状病毒的 VP6 的核苷酸和氨基酸序列与哺乳动物轮状病毒的同源性较低（约 70%～75%），而 Ch1 的 VP6 的氨基酸序列与 2 株鸽和 2 株火鸡的轮状病毒的差异至少在 13% 以上[40,88]。

除了群特异性抗原区外，VP6 上的一些抗原区也与亚群特异性有关，后者已证明其是一种有用的流行病学标记，特别是在人轮状病毒的流行病学调查上更为有用。A 群哺乳动物轮状病毒能进一步分为 Ⅰ 亚群、Ⅱ 亚群、Ⅰ 和 Ⅱ 混合亚群，或既非 Ⅰ 也非 Ⅱ 亚群。最初的证据表明，A 群禽轮状病毒并不属于哺乳动物轮状病毒任何亚群[22,38,49,104]，而最近的研究则证实，分离自鸽、火鸡和鸡的禽轮状病毒

能与 Ⅰ 亚群特异性 A 群单克隆抗体反应[70]。但要证实这些 A 群禽轮状病毒是否真正属于 Ⅰ 亚型病毒，还需进行更多的研究。

利用交叉免疫荧光技术，除了鉴定出 A 群禽轮状病毒以外，鸡轮状病毒还有另外三种在抗原性上不同的血清群[61,64]。这些病毒群的代表毒株，132、A4 和 555 分别归属于 D 群、F 群和 G 群[8,36,84,92]。迄今为止，D 群、F 群和 G 群轮状病毒仅见于禽类。交叉免疫荧光试验证实，火鸡轮状病毒样病毒[93,105,107]在抗原性上与鸡轮状病毒 132[56]相关，似乎也应归属于 D 群轮状病毒。同样，雄的一株轮状病毒样病毒也被归属于 D 群轮状病毒[16]。美国曾从火鸡中分离鉴定出一个抗原性不同于 A 群和 D 群的禽轮状病毒血清群，并称之为非典型轮状病毒[105]。

最近将属于 A～E 群的各种病毒归属于轮状病毒属中的不同种，同时将 F 群和 G 群的病毒归属于该病毒属中另外的未定种[65,85]。

A 群哺乳动物轮状的血清型特异性主要取决于构成外层衣壳的糖蛋白 VP7，该蛋白仅次于 VP6，后者是病毒中含量最大的蛋白质。由 VP7 介导的血清型特异性被称为 G 血清型，而外层衣壳的纤突成分 VP4 亦与其血清型特异性有关，此特异性被称之为 P 血清型。根据多克隆抗血清或单克隆抗体中和试验的结果，已知最少有 15 个 G 血清型和 14 个 P 血清型[85]。基于单克隆抗体的 ELISA 可用于鉴定 G 血清型[50]。在遗传重排过程中，编码 VP7 和 VP4 的基因能各自分离。P 血清型鉴定因缺乏方便使用的定型抗体而难以进行。根据核酸杂交和测序发现，VP4 的基因型与血清型有很好的相关性，因此基因型鉴定可用作血清分型的一种替代方法[50]。

有关禽轮状病毒型血清的资料还很有限。采用荧光定位中和试验（fluorescent focus-neutralization test）从属于 A 群禽轮状病毒的 6 株火鸡分离株和 2 株鸡分离株中，鉴定出 3 种血清型[62]。然而，应用更为敏感的蚀斑减少试验证实，其中被分为不同血清型的 2 株病毒却具有最密切的毒株关系，并归属于血清型 G7[38]。直至目前，只有禽轮状病毒被确定为此血清型，还未有关于 P 血清型禽轮状病毒的资料。但有关编码禽 VP7[51,89]和拥有 P 血清型特异性的主要抗原位点的 VP8*[91]的基因测序资料表明，禽 A 群轮状病毒存在 G 和 P 血清型

的多样性。现尚无关于非 A 群轮状病毒的血清型变异的资料，但 B、C、D、E 和 F 群病毒中可能存在不同的血清型。

一些 A 群和 D 群的禽轮状病毒可凝集多种禽类和哺乳动物的红细胞[16,32,48,69]。已经证实，A 群哺乳动物轮状病毒的血凝作用与 VP8* 有关[50]。血凝和血凝抑制试验也为毒株分类提供了一种方法。

遗传学

聚丙烯酰胺凝胶电泳对轮状病毒基因节段的迁移图谱，特别是对节段 5、节段 7、8 和 9 组成的三片段组及节段 10 和 11 组成的二片段组迁移图谱进行分析，在禽轮状病毒的初步鉴定及其流行病学的调查时都极为有用。该技术的一个最大优点是不需要在细胞培养物中分离和增殖病毒，能对肠内容物或粪便中的病毒进行相关分析。通过对火鸡和鸡的轮状病毒 RNAs 进行电泳，鉴定出 5 种称为"电泳群"的主要 RNA 图谱型[109]（图 12.7）。1、2、3 和 4 电泳群见于鸡，而 1、2、3 和 5 电泳群则见于火鸡。

有趣的是，分属于不同鸡电泳群的 4 种代表性轮状病毒分离株属于不同的血清群[64]。此外，美国分离到的火鸡和雉 D 群轮状病毒与鸡 D 群轮状病毒均具有相似的 RNA 节段电泳迁移模式[16,61,64,105,109]。上述情况表明，电泳分群群模式可作为群抗原差异的一个指征，而禽轮状病毒中第 5 电泳群的存在提示有另一种血清群存在的可能性。见于 A 群轮状病毒的由 7、8、9 节段组成的三片段组合的解体对非 A 群轮状病毒似乎是一种有用的标记。将基因组电泳图谱与电泳群 3[45,105]（即所谓非典型轮状病毒）及阿根廷的鸡轮状病毒[6]相似的美国火鸡病毒同基因组电泳图谱与英国分离株相似的 F 群鸡轮状病毒进行比较，比较它们是否具有抗原相关性将具有一定的意义。

据报道，英国分离的各个电泳群内火鸡和鸡轮状病毒存在有微小的差异，称为电泳型（electropherotypes）[97]。美国分离到的火鸡轮状病毒也有类似的差异[45,106]。尽管电泳图谱的微小差异并非一定意味着血清型的不同，但这些差异对轮状病毒的毒株分类也许是有用的[48]。

实验宿主系统

利用雏鸡肾和和鸡胚肝的原代细胞培养物，曾

从火鸡、鸡、雉、鸭和鸽的粪便或肠内容物中分离

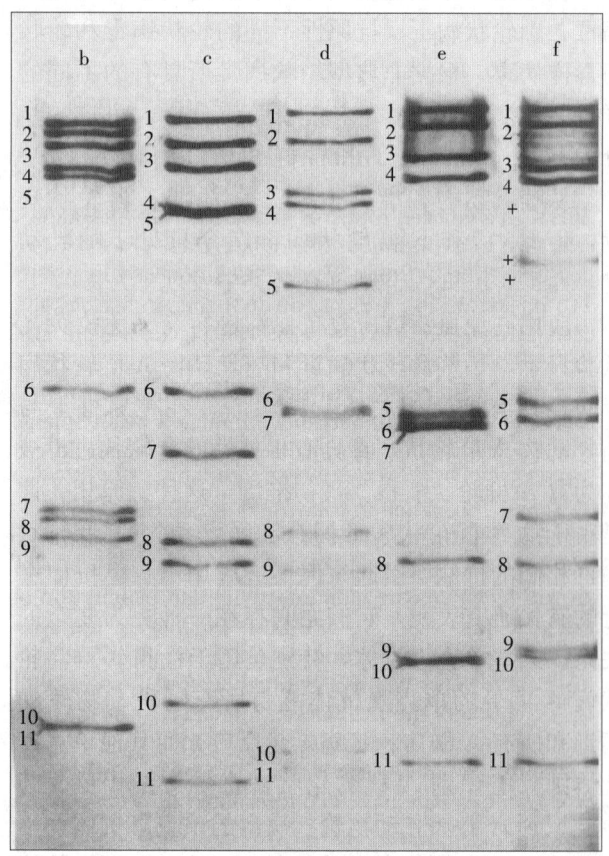

图 12.7 在 5% 聚丙烯酰胺凝胶中轮状病毒的基因组 RNA 电泳图谱。图示典型的禽轮状病毒电泳群 1（b 泳道）、2（c 泳道）、3（d 泳道）、4（f 泳道）和 5（e 泳道）的电泳迁移带。基因节段以 1~11 标记。"＋"表示未鉴定的污染带。（引自 Avian Pathology）

到轮状病毒[3,26,60,61,62,100,118]。虽然鸡轮状病毒在雏鸡肾细胞上生长增殖比恒河猴胎肾传代细胞（MA104）好[75]，但以 MA104 作火鸡[46,107]、雉[20]和鸽[69]的轮状病毒的初次分离亦已获得成功。鸽轮状病毒分离株在 MDBK 细胞上培养的滴度比雏鸡肾细胞上培养高[69]。某些 A 群轮状病毒不但能感染未致敏的禽脾淋巴细胞，也能感染已转化的禽淋巴母细胞系[96]。

轮状病毒在细胞培养物中连续传代通常需要对病毒接种物进行胰酶处理。VP4 在蛋白酶的作用下裂解为 VP5* 和 VP8* 可增强病毒的感染性和穿入细胞的能力，从而促进其在体外细胞培养物中的增殖[19,50]。大多数病毒分离株初代分离时并不产生细胞致病作用，需要在细胞培养物中连传数代才能出现可见的细胞病变。除鸡轮状病毒 132 株[61]，可能还有法国的火鸡轮状病毒分离

毒[3]和日本的鸭轮状病毒分离毒[100]以外，迄今在细胞培养物中分离到并连续传代的轮状病毒全都属A群禽轮状病毒。

分离自情侣鸟的1株轮状病毒，经卵黄囊途径接种可致死鸡胚。该病毒在6～8日龄的胚中传代，接种后4～6天可致胚胎死亡[24]。同样，采用卵黄囊途径接种鸡胚，从小火鸡中也分离出A群轮状病毒。死胚除表现出血和矮小外，无其他眼观可见病变[12]。到目前为止，尚无有关其他禽轮状病毒在胚中复制增殖的资料。

有关禽轮状病毒在其自然宿主中的实验感染传代的报道很多[16,20,34,57,69,81,82,119,120,121,122]。一些A群禽轮状病毒除了能感染其自然宿主外，亦还能感染其他禽类[118,119,120,122]。相反的，以分离自雉的一株非典型轮状病毒实验感染青年鸡、火鸡和鹧鸪，未能发现其排毒现象[28]。

致病力

轮状病毒可引起禽和哺乳动物的肠炎和腹泻。然而，禽类的轮状病毒感染虽可能与肠道疾病的暴发有关，但亚临床感染也很常见。在美国对患肠道疾病的火鸡群及健康火鸡群进行的一项广泛调查显示，健康群中的A群轮状病毒的检出率比发病群稍高，而健康群轮状病毒样病毒的检出率则远远低于发病群[86]。法国的一项调查发现，2000年和2001年出现腹泻的雏鸡群轮状病毒的感染率分别为48.4％和50％，而健康鸡群的感染率为20.2％和18％[94]。

已经证实，哺乳动物轮状病毒的不同病毒的毒力不同[15,50]，但迄今尚无直接的证据表明禽轮状病毒的不同病毒间的毒力有所差异。

理论上，病毒遗传重配可引起毒力的变异。曾有报道，哺乳动物轮状病毒的遗传重配可发生于同群病毒之间，而不同群的病毒之间则不发生[19]。据报道，A群火鸡轮状病毒和猿猴轮状病毒间的体外重配产生出一种含有编码猿猴轮状病毒VP4基因，其余10个基因节段来自禽轮状病毒亲代的重配病毒[52]。但是，在自然条件下，禽轮状病毒即使发生重配，这种重配发生于禽病毒之间的可能性远远大于禽类病毒与哺乳动物病毒之间重配的几率。

病理生物学和流行病学发生和分布

英国[37,60,63]、美国[7,12,93,118]和法国[2]都曾报道过小火鸡轮状病毒性肠炎；阿根廷[6]、比利时[66]、巴西[1]、中国[114]、古巴[21]、德国[18]、印度[68]、英国[59,61,62]、美国[118]和前苏联[4]都曾有从鸡粪便中分离或检测出轮状病毒的记录；而日本[95,101]、英国[60]和比利时[113]还分别报道了从鸡、鸭和鸽中检测到轮状病毒抗体。意大利曾在罹患可传播性肠炎的珍珠鸡的粪便中检出轮状病毒，但对其在病因学上的意义则未能确定[81]。意大利[20]、英国[27,28]和美国[87,118]从病雏雉的粪便中发现了轮状病毒。曾从日本[100]和英国[112]的临床正常鸭、日本的明显正常的野鸽[69]、英国的病赛鸽[26]、意大利[80]和英国[23]的病鹧鸪、意大利的病鹧鸪和日本鹌鹑[80]、日本一种野鸟（*Melanitta fusca*）[102]，以及南非[17]和美国[35]的发病平胸类鸟的粪便中分离到或检出了轮状病毒。英格兰从一只发病的情侣鸟的肝和小肠中分离到一种可致死鸡胚的轮状病毒[24]。上述证据表明，轮状病毒存在与世界各地的多种禽鸟中。

自然宿主和实验宿主

如上所述，火鸡、鸡、雉、鹧鸪、鸭、珍珠鸡、鸽和情侣鸟等都能自然感染轮状病毒，有些还能实验感染。在自然情况下，大多数轮状病毒感染均发生于小于6周龄的火鸡、鸡、雉、鹧鸪和鸭中，但矛盾的是，实验感染时，日龄较大的鸡（56～119日龄）和火鸡（112日龄）均比其最初几周龄内的雏禽敏感[119,121]。这种现象很是有趣，但与现场情况的关系却有矛盾，因为有证据表明，大多数火鸡和鸡在饲养到上述日龄之前可能已被感染或产生了免疫力。一次32到92周龄的商品蛋鸡暴发与轮状病毒感染有关的腹泻说明，禽对轮状病毒感染缺乏年龄抵抗力[43]。

纵向调查揭示，肉仔鸡群和火鸡群常同时或先后发生不同电泳群的轮状病毒感染[64,86,108,109]。

有些轮状病毒在实验条件下可以在乳鼠中传代[74]。

传播、携带者和传播媒介

大量的轮状病毒经由禽的粪便排出宿主体外[121]。虽然现在尚无有关禽轮状病毒在粪便中存活情况的资料，但从哺乳动物的轮状病毒推测，其对环境的污染可能是持久的。禽类通过直接和间接接触而发生水平传播，但有证据表明，拟甲虫的幼虫在火鸡轮状病毒的传播上起着一种机械传递者的作用[15]。尚未证实可经蛋垂直传播，但从3日龄雏火鸡中检测到轮状病毒的事实又令人怀疑本病毒可能经蛋内或蛋壳表面的途径引发感染和传播[108]。现仍无证据表明禽类存在带毒状态。

潜伏期、临床症状、发病率和死亡率

本病的潜伏期和病程均短。火鸡实验感染后2～5天排水样和稀软粪，在稀软粪便中可见橙色的黏液。在感染后2天和4天，肠道对D-木糖的吸收明显受损。火鸡感染后的1和5天之间，表现精神沉郁和食欲消失。实验感染火鸡雏，亦可见糊肛症状[33,119,121]。在大多数的研究中，实验感染的火鸡或鸡都未见死亡，但在一项系列试验中，23只2日龄感染的火鸡雏中有3只死亡[98]。鸡实验感染本病毒后可见轻微的症状[57]或无临床表现[67,119]。症状的出现与排毒高峰相一致，大约在感染后3天。病雏轻度下痢[61]或排出的盲肠粪便量增多[57]。产蛋鸡实验感染轮状病毒后4～9天，可见其产蛋量下降[121]。从感染后24h开始，即可从实验感染鸡和火鸡的粪便中检出病毒，一些禽的排毒时间可持续16天以上[57,119,120,121]。

肉仔鸡轮状病毒自然感染的临床表现有所差异，可从亚临床感染到暴发性下痢，其严重程度从垫料上可以明显看出，同时可见病鸡脱水、增重减慢和死亡增加[1,6,60,62]。小火鸡轮状病毒感染引发的临床症状的严重程度亦有差异，如1周龄内的雏火鸡只出现非常轻微的腹泻，只有发生啄肛时才引起死亡[37]；12～21日龄的小火鸡发病较为严重，以精神委顿、啄食垫料、排水样稀粪和死亡率达4%～7%为特征[7]；2～5周龄小火鸡感染时，出现严重腹泻，病火鸡拥挤成堆，窒息而死，幸存者生长迟滞[59]。在其他暴发中，突出症状是下痢和垫料潮湿。

在美国，2～3周龄雏感染轮状病毒后，表现下痢和死亡增加[87]；而在英国，1周龄内雏感染后，病雏生长受阻和死亡率上升[27,28]。以自然病例含轮状病毒的肠内容物接种20只2日龄雏鸡雏，其中6只于接种感染后5～6天死亡[28]；而以D群轮状病毒实验感染雏鸡雏，亦可引起高死亡率[34]。在意大利，6～40日龄的雏鸡感染后，表现精神沉郁、翅下垂、带黄色水样下痢、脱水，死亡率为20%～30%[20]。在英国，轮状病毒感染曾引起3～4月龄赛鸽下痢、嗜睡和食欲废绝[26]。

禽轮状病毒感染的临床症状的严重程度也存在差异，这可能与哺乳动物轮状病毒感染那样[19,50]，是由于禽轮状病毒毒株间的毒力真正不同所致，也可能是轮状病毒与其他因素，如其他传染性因子[30]或种种环境应激相互作用的结果。

感染禽群的发病率高，从感染禽群中随机收集粪便样品中，大多数都可检出轮状病毒。

病理变化

大体病变

剖检时最常见的眼观病变是肠道和盲肠内液体和气体含量异常，而肠道苍白及其肌张力丧失也可能很明显。其次包括脱水，生长不良，糊肛，肛门发炎，因啄肛所致的贫血，肌胃内含有垫料，爪垫发炎并黏附粪便[7,33,34,37,57,62,98,122]。一些实验感染的雏鸡雏可见其盲肠壁出血[28]。84和112日龄时实验感染的火鸡，十二指肠和空肠可见散在多发性的棕红色浅表糜烂[112]。

组织学病变

应用免疫荧光（IF）对轮状病毒实验感染鸡和火鸡研究证明，病毒复制的主要部位是小肠成熟绒毛上皮细胞的胞浆，且感染细胞在绒毛的远端1/3处最多（图12.8），在结肠上皮、盲肠、盲肠扁桃体和一些绒毛的固有层中也可见少量感染细胞，而在腺胃、肌胃、脾、肝或肾则不见IF阳性细胞[57,67,119,120,121]。不同的轮状病毒毒株，对小肠内的一些特定区域的亲嗜性可能也有所不同。A群轮状病毒在实验感染鸡的十二指肠增殖复制最好，而D群轮状病毒则对空肠和回肠有亲嗜性[57]。实验感染不同日龄的鸡和火鸡的结果显示，随着感染禽日龄的增长，病毒抗原量也随之增多[121]。

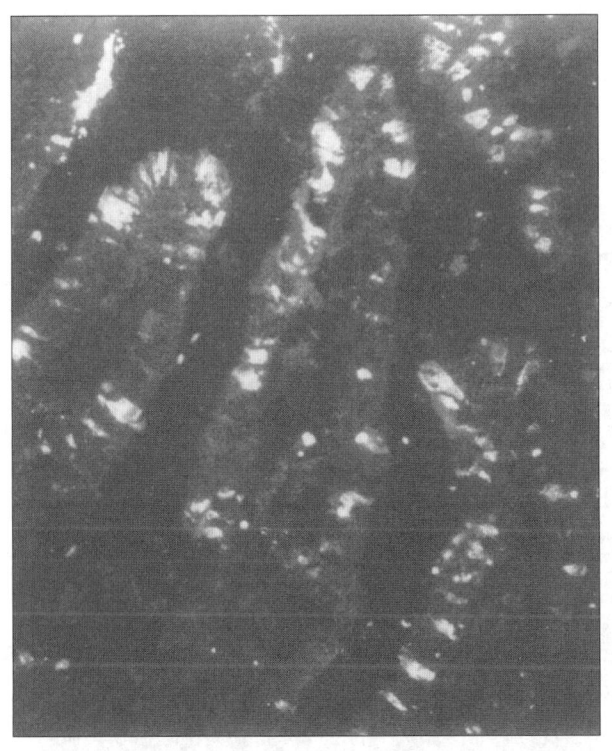

图12.8 14日龄SPF鸡感染轮状病毒后3天扑杀之十二指肠免疫荧光染色的显微图像：在肠绒毛上皮细胞内可见轮状病毒抗原。×96（Avian Pathology）

以A群轮状病毒实验感染火鸡，感染鸡小肠的组织病理学变化包括肠细胞基部空泡化，并与固有层分离和脱落，绒毛萎缩，固有层增厚，绒毛表面呈扇形，绒毛融合，以及固有层的白细胞浸润[98,122]。总的来说，实验感染鸡的肠绒毛平均长度减少而隐窝深度增加，结果绒毛与隐窝的比率下降；[33,98,122]。一些感染禽的盲肠和结肠的固有层内有多形核细胞和单核细胞浸润[122]。扫描电镜证实，肠绒毛的表面变得粗糙，形态和大小不一[33,122]；绒毛顶端的肠细胞微绒毛消失[122]。在一项实验感染鸡的研究中揭示，仅见感染鸡肠道固有层有轻度白细胞浸润和绒毛顶端细胞的微绒毛轻度消失[122]，但其他研究者也曾描述实验感染鸡的肠绒毛（特别是回肠段的肠绒毛）呈中等程度萎缩[67]。实验感染SPF火鸡所出现的显微变化见图12.9。

以D群轮状病毒实验感染雉鸡雏，所见病变与感染火鸡相似，但在感染后7天，显微病变最严重，沿整个绒毛的侧面都能检出病毒抗原，偶亦见于肠隐窝。病变在十二指肠和空肠部位最严重[34]。

自然感染的小火鸡，未发现有组织病理学变化[37]，但也有关于患轮状病毒性肠炎的小火鸡十二指肠和空肠的绒毛发生退行性变和炎症的报道[7]。回肠、盲肠、结肠、泄殖腔或其他器官未见有病变。

无论是大体病变还是显微变化，对轮状病毒感染来说都无特异性的示病意义。尚未见有关禽轮状病毒感染禽的详细和系列的超微结构病理学的研究报道。主要的超微结构变化见图12.6。

感染过程的发病机理

有关禽轮状病毒感染的病理发生机理的资料极少，但可参考已知的哺乳动物轮状病毒感染的有关资料。禽轮状病毒和哺乳动物轮状病毒的靶细胞都是分布于肠绒毛上皮的成熟柱状吸收细胞。应用全病毒和纯化的细胞黏附蛋白VP8进行研究表明，病毒主要以MA104细胞表面含有唾液酸的分子作为受体启动感染[99]。体内感染机制是否相似，尚不清楚。

正常情况下，这些哺乳动物和禽类的成熟细胞的生命较短，死亡后从绒毛的顶端脱落。隐窝中的肠细胞通过细胞分裂产生新的上皮细胞，随后沿着绒毛的周边向上迁移直至绒毛的顶端并替代脱落的成熟细胞。隐窝的细胞是分化程度低的不成熟细胞，在向绒毛上部的迁移过程中，这些细胞发生分化，并开始产生双糖酶、碱性磷酸酶，以及形成转运钠的机制。轮状病毒感染仔猪的成熟绒毛上皮细胞因遭受病毒的感染和破坏，结果导致隐窝细胞的分裂和迁移加速，以致肠绒毛为不成熟和分化程度低的细胞所被覆。这些不成熟的细胞缺乏双糖酶、碱性磷酸酶和（Na$^+$-K$^+$）-ATP酶，而葡萄糖刺激的钠转运和钠、钾、氯和水的净吸收也有所减少，从而引起一种突发性的严重水样腹泻，同时伴发电解质的丢失[31]。

据推测，轮状病毒感染禽的病理发生机理与哺乳动物轮状病毒感染的病理发生机理非常相似。D-木糖在实验感染火鸡肠道的吸收减少[33,98,121]，但实验感染火鸡[33,98,122]和鸡[122]的绒毛缩短程度较感染犊牛和仔猪的绒毛缩短程度轻。有人认为，感染禽和感染哺乳动物的病变以及火鸡和鸡的日龄相关敏感性的不同可能是由于哺乳动物和禽的肠绒毛在发生上的差异所引起[120,121,122]。推测感染禽盲肠

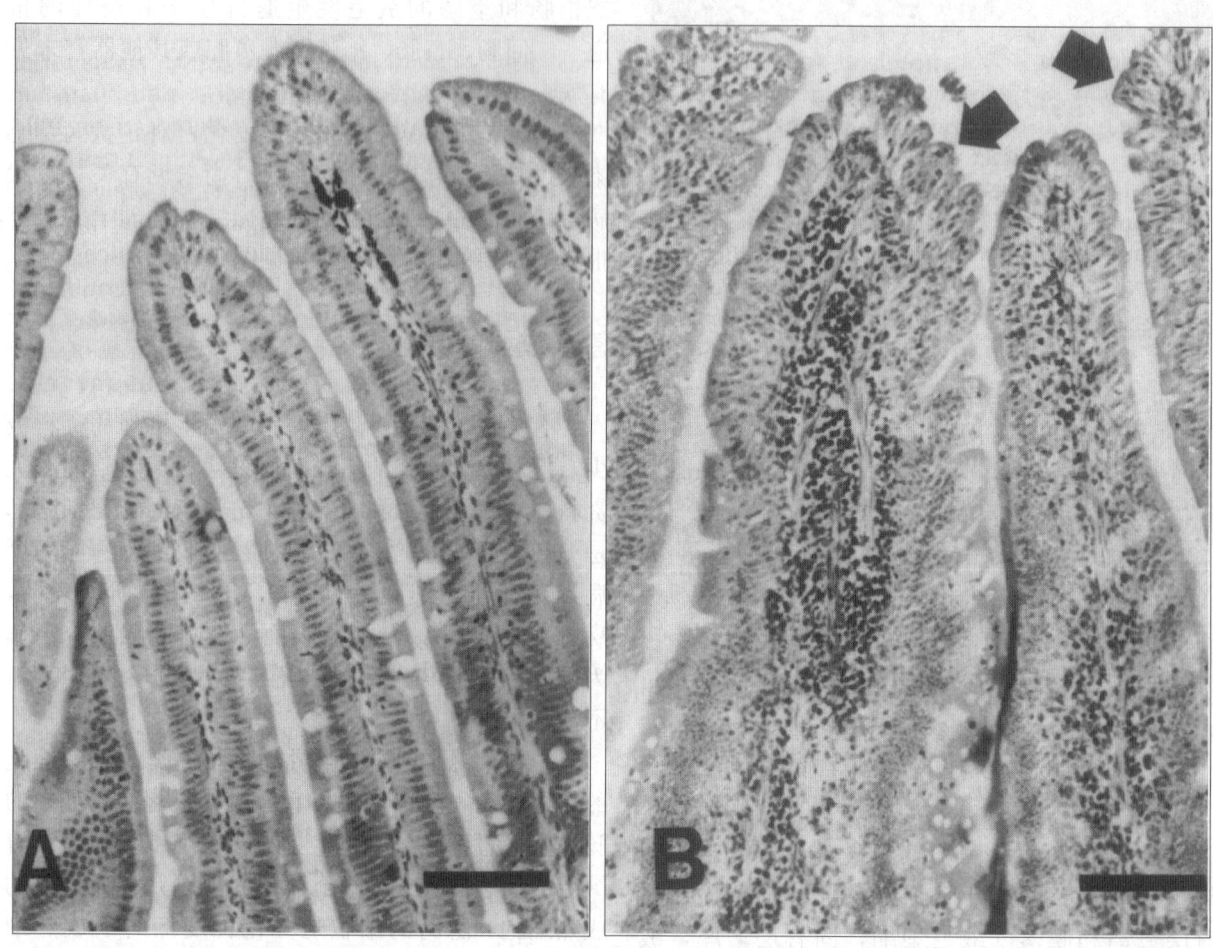

内的泡沫样液体可能是因为各种碳水化合物和糖的消化和吸收受损,随后经盲肠内细菌的发酵而产生种种代谢产物,通过渗透作用而将水吸入盲肠内所致[120]。

图12.9 SPF小火鸡的十二指肠显微图像。A.10日龄未感染对照雏的正常肠绒毛;B.7日龄时感染Tu-2株轮状病毒后3天(10日龄)火鸡的肠绒毛,可见固有层内显著细胞性增生,绒毛表面呈扇状及其顶端上皮细胞基部空泡化(箭头所示)。H.E.染色,标尺=0.1mm

但是,吸收不良可能不是轮状病毒感染引起腹泻的唯一原因。哺乳动物轮状病毒NSP4为肠毒素,可引起乳鼠腹泻[5,50]。尽管禽类轮状病毒NSP4糖蛋白的氨基酸序列与哺乳动物轮状病毒有很大的差异,但生物学活性相似[72,73]。哺乳动物轮状病毒NSP4通过激活细胞信号传导通路提高了细胞内钙的浓度,增加了胞浆膜氯通透性,促进氯分泌从而引起分泌性腹泻[5,50]。

许多哺乳动物自然和试验感染病例出现病毒血症,并且出现非肠道感染或从非肠道组织中检测到抗原。近期的研究也证明试验感染大鼠引起肝脏、肺脏细胞的组织学变化,病毒在血管和肺脏巨噬细胞内繁殖,这可能是病毒全身扩散的机制之一[14]。禽类感染情况是否与此类似,尚不清楚。

免疫力

主动免疫

经间接免疫荧光测定,经口感染轮状病毒的鸡和火鸡在接种感染4~6天即出现血清抗体反应。一般来说,日龄较大的禽在感染后抗体反应发生较日龄较小者快,产生的抗体滴度也较高[119,120,121]。有关禽类感染轮状病毒后,其免疫力的产生和持续的时间仍了解甚少。利用类特异性免疫球蛋白ELISA跟踪检测A群轮状病毒实验感染鸡的抗体应答反应[78],在血清中可检出轮状病毒特异性抗体IgM、IgG和IgA,而肠道抗体应答则几乎完全是IgA。实验感染胚胎期切除法氏囊的雏鸡,用同型毒株攻击后康复和产生抵抗力的时间均要比正常

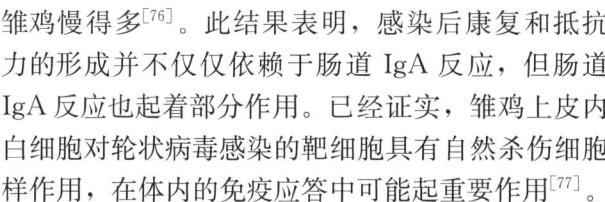

雏鸡慢得多[76]。此结果表明，感染后康复和抵抗力的形成并不仅仅依赖于肠道 IgA 反应，但肠道 IgA 反应也起着部分作用。已经证实，雏鸡上皮内白细胞对轮状病毒感染的靶细胞具有自然杀伤细胞样作用，在体内的免疫应答中可能起重要作用[77]。

被动免疫

抗轮状病毒母源抗体可经卵黄传递给胚胎。出壳后，血清中抗体的滴度不断下降，至 3～4 周龄时难以检测到[56,120]。虽然母源抗体的存在对鸡和火鸡的实验感染轮状病毒的敏感性无明显影响[67,120]，但高强度免疫种火鸡的子代在 2 或 5 日龄时对实验感染的抵抗力比无母源 IgG 抗体的小火鸡要强，而在 12 日龄时感染则无明显差异。上述情况表明，循环母源抗体 IgG 能保护 1 周龄内禽的肠黏膜免受轮状病毒的感染，而此保护作用则有赖于抗体滴度的高低[67,98,120]。随后的研究显示，高免母火鸡的子代雏火鸡，1 周龄内的肠洗出液的母源抗轮状病毒抗体（rIgG）滴度比血清的 rIgG 低 200～500 倍，且肠道的 rIgG 滴度在 10 和 13 日龄已可忽略不计。有证据表明，rIgG 可从血液转移到肠，但从自然感染母鸡后代的肠洗出液中则未能检出母源性 rIgG[97]。

与未免疫对照雏相比，种雏鸡接种一种 A 群雏轮状病毒灭活疫苗后血清中和抗体升高。雏鸡雏在 1～2 日龄感染 A 群轮状病毒时，免疫母雏后代的死亡率为 19.4%，而对照雏鸡雏的死亡率则为 48.3%[25]。上述结果和先前引用的免疫火鸡子代的资料表明：①未经疫苗免疫的火鸡和雏鸡的子代所获得的母源抗体对轮状病毒自然感染无明显的保护作用；②为使幼龄禽（甚至是 1 周龄内的幼雏）获得完全的保护，应通过疫苗免疫接种产生更高水平的抗体。

诊　断

病原分离和鉴定

实验室内对轮状病毒感染的经典诊断方法是用电镜直接观察鉴定粪便或肠内容物中的病毒。该法较为敏感，且可检出所有血清群的轮状病毒。检测材料的制备有多种方法[63]，标准的方法是用等体积的碳氟化合物和磷酸盐缓冲液将粪便制备成约 15% 的悬液；3 000 转/min 离心 15～30min 分离水相和氟烃相；吸取水相，并用 Eppendrof 5414 台式离心机以 12 000 转/min 离心 15min；这种沉淀病毒程序可获得和超速离心法相似的结果，但其更为快捷和简便。用几滴水重新悬浮离心沉淀物，然后进行检查。有些研究者采用免疫电镜技术进行检测，此技术需要特异性抗血清，但可以鉴别不同血清群轮状病毒[93,105]。轮状病毒在形态上颇为特别，因此有经验的电镜工作者对确切地鉴别轮状病毒应不存在多少困难。然而，本病毒可能会和呼肠孤病毒发生混淆，后者也常见于禽的粪便中。轮状病毒和呼肠孤病毒的主要鉴别特征是，前者具有界限更为清晰的外层衣壳（图 12.5）。

本病诊断的另一种方法是检测肠内容物或粪便中的轮状病毒 RNA。将抽提的 RNA 进行聚丙烯酰胺凝胶电泳，银染色法染色，对照轮状病毒 RNA11 个基因组节段电泳迁移图谱即能对待检 RNA 作出鉴定。该方法的敏感性和电镜技术几乎一样[54,64,103,105]，可为待检病毒提供有关血清群的初步资料，是鉴定不同分离物的一种简便方法，并已为目前那些对轮状病毒流行病学和分类感兴趣的研究者们广泛采用。

采用负染电镜技术检测 A 群轮状病毒实验感染火鸡的粪便样品比用于检测哺乳动物 A 群轮状病毒的葡萄球菌蛋白 A 协同凝集试验和商品化 ELISA 方法更敏感，后两种检测方法的敏感性基本相同，分别为 87% 和 90%，比用 MA104 细胞培养分离病毒的敏感性稍高[44]。商品化 ELISA 方法常用于哺乳动物和禽类粪便样品的 A 群轮状病毒的检测，但未有适合于检测 D、F 和 G 群轮状病毒的 ELISA 方法。如果禽类存在这些血清群感染，采用该 ELISAs 方法检测时将会导致许多感染漏检。

用细胞培养分离病毒只适用于 A 群禽轮状病毒的诊断，分离其他血清群则极为困难[16,46,64,107]。因为鸡[64,109]和火鸡[86,108]轮状病毒感染主要由其他血清群的轮状病毒所引起，故而不推荐采用细胞培养分离病毒的方法来进行诊断。即使是 A 群禽轮状病毒，在大多数情况下都需用诸如胰蛋白酶一类的蛋白水解酶活化病毒的感染力后，才能成功地在细胞培养上进行连续继代，并非所有在电镜检出的 A 群禽轮状病毒都能在细胞培养物上增殖。初次分离时无细胞致病作用的毒株需要用免疫荧光抗体技术来检测病毒的生长增殖情况。关于 A 群禽轮状病毒的分离，建议采用 MA104 细胞系，或鸡胚肝或雏鸡肾细胞原代细胞培养，将接种物进行胰蛋白酶处理并离心后，接种到上述细胞单层上[46,60,66,69,75,00,107,118]。

可以预料，为检测各种哺乳动物粪便中的轮状病毒核酸而建立起来的种种多聚酶链反应技术[26,116,117]，也将应用于禽类轮状病毒的诊断。

血清学

轮状病毒感染的血清学诊断比较困难，因而不推荐使用这类方法。抗轮状病毒抗体的普遍存在[58,69]使得用血清学方法获得的结果难以解释，而且某些禽轮状病毒血清群不适宜作细胞培养，从而导致可利用的抗原库不足。间接免疫荧光[58]或 ELISA[78]可用于血清学筛查以及对 SPF 禽群的监测。

鉴别诊断

轮状病毒感染必须与引发腹泻的其他疾病相鉴别。由于轮状病毒感染所引起的临床症状和病理变化无特异性的示病意义，因此必须进行实验室诊断。然而，正如前面曾讨论过的，轮状病毒感染并不一定导致感染禽发病。此外，罹患肠道疾病的禽群中，除了轮状病毒外，亦常可发现其他病毒性肠道病原体[3,23,35,80,93,123]。因此，肠道疾病暴发的诊断可能颇为困难。

预防和控制

管理措施

火鸡和鸡的轮状病毒感染普遍存在，表明维持商品禽群无轮状病毒感染是不切实际的。目前，尚无特异性的治疗和控制本病的方法。增加通风、提高舍温和添加新鲜垫料能减轻因腹泻对垫料的影响。在那些垫料重复使用数次的地方，病毒感染的机会将会增加，而且因之引发的问题会比那些每批禽进舍前对禽舍进行清洁、熏蒸和更换新鲜垫料的情况可能更严重。一旦出现严重问题，建议清除垫料，彻底清洁禽舍和设备，并用福尔马林进行熏蒸，然后才能引入新的禽群。

免疫接种

现还未研制出商品化疫苗。因为禽轮状病毒存在抗原多样性，以及非 A 群轮状病毒难以在细胞培养物上生长，这些都给疫苗的研制带来很多困难。火鸡[97]和雉[25]A 群轮状病毒疫苗初步试验结果表明，种禽接种灭活疫苗后对后代的攻毒保护作用不超过 1 周龄，除非疫苗接种能诱发产生更高水平的抗体。

苏敬良　凌育燊　译
吴培福　郭玉璞　校

参考文献

[1]Alfieri, A. F. , M. Resende, *et al* . 1989. Atypical rotavirus infections among broiler chickens in Brazil. *Arq Bras Med Vet Zoot* 41:81 - 82.

[2]Andral, B. and D. Toquin. 1984. Observations au microscope electronique a partir de prelevements de dindes presentant des troubles pathologiques. *Avian Pathol* 13:389 - 417.

[3]Andral, B. , D. Toquin, *et al* . 1985. Les diarrhees du dindonneau: Un bilan des rechemhes virales effectuees (rotavirus, reovirus, adenovirus, pseudopicornavir us). *Avian Pathol* 14:147 - 162.

[4]Bakulin, V. , A. S. Aliev, *et al* . 1991. Morphology of avian rotavirus and the lesions it produces in chicks. *Veterinariya (Moskva)* 1:36 - 37.

[5]Ball, J. M. , P. Tian, *et al* . 1996. Age - dependent diarrhea induced by a rotaviral nonstructural glycoprotein. *Science* 272(5258):101 - 104.

[6]Bellinzoni, R. , N. Mattion, *et al* . 1987. Atypical rotavirus in chickens in Argentina. *Res Vet Sci* 43 (1):130 - 131.

[7]Bergeland, M. E. , J. P. McAdaragh, *et al* . 1977. *Rotaviral enteritis in turkey poults* . Proc 26th West Poult Dis Conf. 129 - 130.

[8]Bridger, J. C. 1987. *Novel rotaviruses in animals and man* . *Ciba Found Symp* . 5 - 23.

[9]Bridger, J. C. and G. N. Woode. 1976. Characterization of two particle types of calf rotavirus. *J Gen Virol* 31(2): 245 - 250.

[10]Brussow, H. , O. Nakagomi, *et al* . 1992. Isolation of an avianlike group A rotavirus from a calf with diarrhea. *J Clin Microbiol* 30(1):67 - 73.

[11]Brussow, H. , O. Nakagomi, *et al* . 1992. Rotavirus 993/83, isolated from calf faeces, closely resembles an avian

rotavirus. *J Gen Virol* 73 (Pt 7):1873 - 1875.

[12]Castro, A. E. , J. Moore, *et al*. 1992. Direct isolation of rotaviruses from turkeys in embryonating chicken eggs. *Vet Rec* 130(17):379 - 380.

[13]Cook, J. P. and M. A. McCrae. 2004. Sequence analysis of the guanylyltransferase (VP3) of group A rotaviruses. *J Gen Virol* 85(Pt 4):929 - 932.

[14]Crawford, S. E. , D. G. Patel, *et al*. 2006. Rotavirus viremia and extraintestinal viral infection in the neonatal rat model. *J Virol* 80(10):4820 - 4832.

[15]Despins, J. L. , R. C. Axtell, *et al*. 1994. Transmission of enteric pathogens of turkeys by darkling beetle larva (Alphitobius diaperinus). *J Appl Poult Res* 3:61 - 65.

[16]Devitt, C. M. and D. L. Reynolds. 1993. Characterization of a group D rotavirus. *Avian Dis* 37(3):749 -755.

[17]Els, H. J. and D. Josling. 1998. Viruses and virus - like particles identified in ostrich gut contents. *J S African Vet Assoc* 69:74 - 80.

[18]Elschner, M. , H. Hotzel, *et al*. 2005. Isolation, identification and characterization of group A rotavirus from a chicken:the inner capsid protein sequence shows only a distant phylogenetic relationship to most other avian group A rotaviruses. *J Vet Med B Infect Dis Vet Public Health* 52(5):211 - 213.

[19]Estes, M. K. 2001. Rotaviruses and their replication. *Fields Virology*. D. M. Knipe, P. M. Howley, D. E. Griffin *et al*. Philadelphia, PA, Lippincott Williiams & Wilkins. 2:1747 - 1785.

[20]Foni, E. , D. Gelmetti, *et al*. 1989. Transmissible enteritis syndrome in pheasants for restocking:Experimental reproduction of the disease. Isolation of rotavirus. *Sel Vet* 30:879 - 888.

[21]Fraga, M. , M. T. Frias, *et al*. 1985. Diagnosis of rotavirus in broilers. *Revista de Salud Animal* 1:13 - 18.

[22]Gary, G. W. , Jr. , D. R. Black, *et al*. 1982. Monoclonal IgG to the inner capsid of human rotavirus. *Arch Virol* 72(3):223 - 227.

[23]Gough, R. E. , M. S. Collins, *et al*. (1990). Viruses and virus - like particles detected in samples from diseased game birds in Great Britain during 1988. *Avian Pathol* 19:331 - 342.

[24]Gough, R. E. , M. S. Collins, *et al*. (1988). Isolation of a chicken embryo - lethal rotavirus from a lovebird (Agapornis species). *Vet Rec* 122(15):363 -364.

[25]Gough, R. E. , W. J. Cox, *et al*. 1999. Studies with an inactivated pheasant rotavirus vaccine. *Vet Rec* 144(15):423 - 424.

[26]Gough, R. E. , W. J. Cox, *et al*. 1992. Isolation and identification of rotavirus from racing pigeons. *Vet Rec* 130(13):273.

[27]Gough, R. E. , G. W. Wood, *et al*. 1985. Rotavirus infection in pheasant poults. *Vet Rec* 116(11):295.

[28]Gough, R. E. , G. W. Wood, *et al*. 1986. Studies with an atypical avian rotavirus from pheasants. *Vet Rec* 118(22):611 - 612.

[29]Gouvea, V. , J. R. Allen, *et al*. 1991. Detection of group B and C rotaviruses by polymerase chain reaction. *J Clin Microbiol* 29(3):519 - 523.

[30]Greenberg, H. , V. McAuliffe, *et al*. 1983. Serological analysis of the subgroup protein of rotavirus, using monoclonal antibodies. *Infect Immun* 39(1):91 - 99.

[31]Hamilton, J. R. and D. G. Gall. 1982. Pathophysiological and clinical features of viral enteritis. *Virus Infections of the Gastrointestinal Tract*. D. A. J. Tyrrell and A. Z. Kapikian. New York, NY, Marcel Dekker. 227 - 238.

[32]Hancock, K. , G. W. Gary, Jr. , *et al*. 1983. Adaptation of two avian rotaviruses to mammalian cells and characterization by haemagglutination and RNA electrophoresis. *J Gen Virol* 64(Pt 4):853 - 861.

[33]Hayhow, C. S. and Y. M. Saif. 1993. Experimental infection of specific-pathogen-free turkey poults with single and combined enterovirus and group A rotavirus. *Avian Dis* 37(2):546 - 557.

[34]Haynes, J. S. , D. L. Reynolds, *et al*. 1994. Morphogenesis of enteric lesions induced by group D rotavirus in ringneck pheasant chicks (Phasianus colchi cus). *Vet Pathol* 31(1):74 - 81.

[35]Hines, M. E. , 2nd, E. L. Styer, *et al*. 1995. Combined adenovirus and rotavirus enteritis with Escherichia coli septicemia in an emu chick (Dromaius novaehollandiae). *Avian Dis* 39(3):646 - 651.

[36]Holmes, I. H. , G. Boccardo, *et al*. 1995. Reoviridae. *Virus Taxonomy:Sixth Report of the International Committee on Taxonomy of Viruses*. F. A. Murphy, C. J. Fauquet, D. H. L. Bishop, *et al*. Wien, Vienna, Austria, Springer - Verlag:208 - 239.

[37]Horrox, N. E. 1980. *Some observations and comments on rotaviruses in turkey poults*. 29th West Poult Dis Conf. 162 - 164.

[38]Hoshino, Y. , R. G. Wyatt, *et al*. 1984. Serotypic similarity and diversity of rotaviruses of mammalian and avian origin as studied by plaque - reduction neutralization. *J Infect Dis* 149(5):694 - 702.

[39]Ito, H. , N. Minamoto, *et al*. 1996. Mapping of antigenic

sites on the major inner capsid protein of avian rotavirus using an Escherichia coli expression system. *Arch Virol* 141(11):2129 - 2138.

[40]Ito,H. ,N. Minamoto,*et al*. 1997. Sequence analysis of the VP6 gene in group A turkey and chicken rotaviruses. *Virus Res* 47(1):79 - 83.

[41]Ito,H. ,N. Minamoto,*et al*. 1995. Sequence analysis of cDNA for the VP6 protein of group A avian rotavirus:a comparison with group A mammalian rotaviruses. *Arch Virol* 140(3):605 - 612.

[42]Ito,H. ,M. Sugiyama,*et al*. 2001. Complete nucleotide sequence of a group A avian rotavirus genome and a comparison with its counterparts of mammalian rotaviruses. *Virus Res* 75(2):123 - 138.

[43]Jones,R. C. ,C. S. Hughes,*et al*. 1979. Rotavirus infection in commercial laying hens.*Vet Rec* 104(1):22.

[44]Kang,S. Y. ,K. V. Nagaraja,*et al*. 1985. Rapid coagglutination test for detection of rotaviruses in turkeys. *Avian Dis* 29(3):640 - 648.

[45]Kang,S. Y. ,K. V. Nagaraja,*et al*. 1986. Electropherotypic analysis of rotaviruses isolated from turkeys. *Avian Dis* 30(4):794 - 801.

[46]Kang,S. Y. ,K. V. Nagaraja,*et al*. 1986. Primary isolation and identification of avian rotaviruses from turkeys exhibiting signs of clinical enteritis in a continuous MA 104 cell line. *Avian Dis* 30(3):494 - 499.

[47]Kang,S. Y. ,K. V. Nagaraja,*et al*. 1987. Characterization of viral polypeptides from avian rotavirus. *Avian Dis* 31(3):607 - 621.

[48]Kang,S. Y. ,K. V. Nagaraja,*et al*. 1988. Physical,chemical,and serological characterization of avian rotaviruses. *Avian Dis* 32(2):195 - 203.

[49]Kang,S. Y. and L. J. Saif. 1991. Production and characterization of monoclonal antibodies against an avian group A rotavirus. *Avian Dis* 35(3):563 - 571.

[50]Kapikian,A. Z. ,Y. Hoshino,*et al*. 2001. Rotaviruses. *Fields Virology*. D. M. Knipe,P. M. Howley,D. E. Griffin,*et al*. Philadelphia, PA, Lippincott Williams & Wilkins. 2:1787 - 1833.

[51]Kool,D. A. and I. H. Holmes. 1993. The avian rotavirus Ty - 1 Vp7 nucleotide and deduced amino acid sequences differ significantly from those of Ch - 2 rotavirus. *Arch Virol* 129(1 - 4):227 - 234.

[52]Kool, D. A. , S. M. Matsui,*et al*. 1992. Isolation and characterization of a novel reassortant between avian Ty - 1 and simian RRV rotaviruses. *J Virol* 66 (11): 6836 - 6839.

[53]Legrottaglie,R. ,V. Rizzi,*et al*. 1997. Isolation and identification of avian rotavirus from pheasant chicks with signs of clinical enteritis. *Comp Immunol Microbiol Infect Dis* 20(3):205 - 210.

[54]Lozano, L. F. , S. Hammami,*et al*. 1992. Comparison of electron microscopy and polyacrylamide gel electrophoresis in the diagnosis of avian reovirus and rotavirus infections. *Avian Dis* 36(2):183 - 188.

[55]McNulty,M. S. 1980. Morphology and chemical composition of rotaviruses. *Viral Enteritis in Humans and Animals*. F. Bricout and R. Scherrer. Paris, France, INSERM:111 - 140.

[56]McNulty,M. S. 1988. Unpublished data.

[57]McNulty,M. S. ,G. M. Allan,*et al*. 1983. Experimental infection of chickens with rotaviruses:Clinical and virological findings. *Avian Pathol* 12:45 - 54.

[58]McNulty,M. S. ,G. M. Allan,*et al*. 1984. Prevalence of antibody to conventional and atypical rotaviruses in chickens. *Vet Rec* 114(9):219.

[59]McNulty,M. S. ,G. M. Allan,*et al*. 1978. Rotavirus infection in avian species. *Vet Rec* 103(14):319 -320.

[60]McNulty,M. S. ,G. M. Allan,*et al*. 1979. Isolation and cell culture propagation of rotaviruses from turkeys and chickens. *Arch Virol* 61(1 - 2):13 - 21.

[61]McNulty,M. S. ,G. M. Allan,*et al*. 1981. Isolation from chickens of a rotavirus lacking the rotavirus group antigen. *J Gen Virol* 55 (Pt 2):405 - 413.

[62]McNulty,M. S. ,G. M. Allan,*et al*. 1980. Isolation of rotaviruses from turkeys and chickens:Demonstration of distinct serotypes and RNA electropherotypes. *Avian Pathol* 9:363 - 375.

[63]McNulty,M. S. ,W. L. Curran,*et al*. 1979. Detection of viruses in avian faeces by direct electron microscopy. *Avian Pathol* 8:239 - 247.

[64]McNulty,M. S. ,D. Todd,*et al*. 1984. Epidemiology of rotavirus infection in broiler chickens:recognition of four serogroups. *Arch Virol* 81(1 - 2):113 -121.

[65]Mertens,P. P. C. ,M. Arella,*et al*. 2000. Reoviridae. *Virus Taxonomy: Seventh Report of the International Committee on Taxonomy of Viruses*. M. H. V. v. Regenmortel,C. M. Fauquet,D. H. L. Bishop,*et al*. San Diego, Academic Press:395 - 480.

[66]Meulemans,G. ,G. Charlier,*et al*. 1985. Detection de rotavirus aviaire et adaptation a la culture cellulaire. D. *Ann Med Vet* 127:43 - 48.

[67]Meulemans,G. ,J. E. Peeters,*et al*. 1985. Experimental infection of broiler chickens with rotavirus. *Br Vet J* 141

(1):69 - 73.

[68]Minakshi,G. P. ,S. Verma,*et al*. 2004. Detection of avian rotaviruses from diarrhoeic poultry in India. *Ind J Microbiol* 44:205 - 209.

[69]Minamoto,N. ,K. Oki,*et al*. 1988. Isolation and characterization of rotavirus from feral pigeon in mammalian cell cultures. *Epidemiol Infect* 100(3):481 -492.

[70]Minamoto,N. ,O. Sugimoto,*et al*. 1993. Antigenic analysis of avian rotavirus VP6 using monoclonal antibodies. *Arch Virol* 131(3 - 4):293 - 305.

[71]Minamoto,N. ,M. Yuki,*et al*. 1988. Inactivation of several animal viruses by glutaraldehyde. *J Jap Vet Med Assoc* 41:497 - 501.

[72]Mori,Y. ,M. A. Borgan,*et al*. 2002. Diarrhea - inducing activity of avian rotavirus NSP4 glycoproteins,which differ greatly from mammalian rotavirus NSP4 glycoproteins in deduced amino acid sequence in suckling mice. *J Virol* 76(11):5829 - 5834.

[73]Mori,Y. ,M. A. Borgan,*et al*. 2002. Sequential analysis of nonstructural protein NSP4s derived from Group A avian rotaviruses. *Virus Res* 89(1):145 -151.

[74]Mori,Y. ,M. Sugiyama,*et al*. 2001. Avian-to-mammal transmission of an avian rotavirus:analysis of its pathogenicity in a heterologous mouse model. *Virology* 288 (1):63 - 70.

[75]Myers,T. J. and K. A. Schat. 1989. Propagation of avian rotavirus in primary chick kidney cell and MA104 cell cultures. *Avian Dis* 33(3):578 - 581.

[76]Myers,T. J. and K. A. Schat. 1990. Intestinal IgA response and immunity to rotavirus infection in normal and antibody - deficient chickens. *Avian Pathol* 19:697 -712.

[77]Myers,T. J. and K. A. Schat. 1990. Natural killer cell activity of chicken intraepithelial leukocytes against rotavirus - infected target cells. *Vet Immunol Immunopathol* 26(2):157 - 170.

[78]Myers,T. J. ,K. A. Schat,*et al*. 1989. Development of immunoglobulin class - specific enzyme - linked immunosorbent assays for measuring antibodies against avian rotavirus. *Avian Dis* 33(1):53 - 59.

[79]Nishikawa,K. ,Y. Hoshino,*et al*. 1991. Sequence of the VP7 gene of chicken rotavirus Ch2 strain of serotype 7 rotavirus. *Virology* 185(2):853 - 856.

[80]Pascucci,S. and A. Lavazza. 1994. A survey of enteric viruses in commercial avian species:Experimental studies of transmissible enteritis of guinea fowl. *New and Evolving Virus Diseases of Poultry*. M. S. McNulty and J. B. McFerran. Brussels,Belgium,Commission of the European Communities:225 - 241.

[81]Pascucci,S. ,M. E. Misciattelli,*et al*. 1981. *Transmissible enteritis of guinea fowl; electron microscopic studies and isolation of a rotavirus strain*. 8th Int Congr World Vet Poult Assoc. 57.

[82]Pascucci,S. ,M. E. Misciattelli,*et al*. 1982. Aetiology of transmissible enteritis of the guinea fowl:experimental infection with a rotavirus strain. *La Clinica Veterinaria* 105:41 - 43.

[83]Pedley,S. ,J. C. Bridger,*et al*. 1983. Molecular characterization of rotaviruses with distinct group antigens. *J Gen Virol* 64 (Pt 10):2093 - 2101.

[84]Pedley,S. ,J. C. Bridger,*et al*. 1986. Definition of two new groups of atypical rotaviruses. *J Gen Virol* 67 (Pt 1):131 - 137.

[85]Ramig,R. F. ,M. Ciarlet,*et al*. 2005. Rotavirus. *Virus Taxonomy:Eighth Report of the International Committee on the Taxonomy of Viruses*. M. Fauquet,M. A. Mayo,J. Maniloff,U. Desselberger and L. A. Ball. Amsterdam,Elsevier:484 - 496.

[86]Reynolds,D. L. ,Y. M. Saif,*et al*. 1987. A survey of enteric viruses of turkey poults. *Avian Dis* 31 (1):89 - 98.

[87]Reynolds,D. L. ,K. W. Theil,*et al*. 1987. Demonstration of rotavirus and rotavirus - like virus in the intestinal contents of diarrheic pheasant chicks. *Avian Dis* 31 (2):376 - 379.

[88]Rohwedder,A. ,H. Hotop,*et al*. 1997. Chicken rotavirus Ch - 1 shows a second type of avian VP6 gene. *Virus Genes* 15(1):65 - 71.

[89]Rohwedder,A. ,H. Hotop,*et al*. 1997. Bovine rotavirus 993/83 shows a third subtype of avian VP7 protein. *Virus Genes* 14(2):147 - 151.

[90]Rohwedder,A. ,H. Irmak,*et al*. 1993. Nucleotide sequence of gene 6 of avian - like group A rotavirus 993/ 83. *Virology* 195(2):820 - 825.

[91]Rohwedder,A. ,K. I. Schutz,*et al*. 1995. Sequence analysis of pigeon,turkey,and chicken rotavirus VP8* identifies rotavirus 993/83,isolated from calf feces,as a pigeon rotavirus. *Virology* 210(1):231 - 235.

[92]Saif,L. J. and B. Jiang 1994. Nongroup A rotaviruses of humans and animals. *Curr Top Microbiol Immunol* 185:339 - 371.

[93]Saif,L. J. ,Y. M. Saif,*et al*. 1985. Enteric viruses in diarrheic turkey poults. *Avian Dis* 29(3):798 -811.

[94]Saison,A. ,C. Puyalto - Moussu,*et al*. 2004. Epidemiology of and prophylaxis for neonatal diarrhoea in chicks. Results from a study in lower Normandy. *Equ' Idee* 50:

16 - 18.

[95]Sato,K. ,Y. Inaba,*et al*. 1981. Neutralizing antibody to bovine rotavirus in various animal species. *Vet Microbiol* 6:259 - 261.

[96]Schat,K. A. and T. J. Myers. 1987. Cultivation of avian rotaviruses in chicken lymphocytes and lymphoblastoid cell lines. *Arch Virol* 94(3 - 4):205 - 213.

[97]Shawky,S. A. ,Y. M. Saif,*et al*. 1994. Transfer of maternal antirotavirus IgG to the mucosal surfaces and bile of turkey poults. *Avian Dis* 38(3):409 - 417.

[98]Shawky,S. A. , Y. M. Saif,*et al*. 1993. Role of circulating maternal anti - rotavirus IgG in protection of intestinal mucosal surface in turkey poults. *Avian Dis* 37(4): 1041 - 1050.

[99]Sugiyama,M. ,K. Goto,*et al*. 2004. Attachment and infection to MA104 cells of avian rotaviruses require the presence of sialic acid on the cell surface. *J Vet Med Sci* 66(4):461 - 463.

[100]Takase,K. , F. Nonaka,*et al*. 1986. Cytopathic avian rotavirus isolated from duck faeces in chicken kidney cell cultures. *Avian Pathol* 15:719 - 730.

[101]Takase,K. , T. Uchimura,*et al*. 1990. A survey of chicken sera for antibody to atypical avian rotavirus of duck origin,in Japan. *Nippon Juigaku Zasshi* 52(6): 1319 - 1321.

[102]Takehara,K. ,H. Kiuchi,*et al*. 1991. Identification and characterization of a plaque forming avian rotavirus isolated from a wild bird in Japan. *J Vet Med Sci* 53(3): 479 - 486.

[103]Theil,K. W. 1987. A modified genome electropherotyping procedure for detecting turkey rotaviruses in small volumes of intestinal contents. *Avian Dis* 31(4):899 - 903.

[104]Theil,K. W. and C. M. McCloskey. 1989. Nonreactivity of American avian group A rotaviruses with subgroup - specific monoclonal antibodies. *J Clin Microbiol* 27 (12):2846 - 2848.

[105]Theil,K. W. ,D. L. Reynolds,*et al*. 1986. Comparison of immune electron microscopy and genome electropherotyping techniques for detection of turkey rotaviruses and rotaviruslike viruses in intestinal contents. *J Clin Microbiol* 23(4):695 - 699.

[106]Theil,K. W. ,D. L. Reynolds,*et al*. 1986. Genomic variation among avian rotavirus - like viruses detected by polyacrylamide gel electrophoresis. *Avian Dis* 30(4): 829 - 834.

[107]Theil,K. W. ,D. L. Reynolds,*et al*. 1986. Isolation and

serial propagation of turkey rotaviruses in a fetal rhesus monkey kidney (MA104) cell line. *Avian Dis* 30(1): 93 -104.

[108]Theil,K. W. and Y. M. Saif. 1987. Age - related infections with rotavirus,rotaviruslike virus,and atypical rotavirus in turkey flocks. *J Clin Microbiol* 25(2):333 - 337.

[109]Todd,D. and M. S. McNulty. 1986. Electrophoretic variation of avian rotavirus RNA in polyacrylamide gels. *Avian Pathol* 15:149 - 159.

[110]Todd,D. , M. S. McNulty,*et al*. 1980. Polyacrylamide gel electrophoresis of avian rotavirus RNA. *Arch Virol* 63(2):87 - 97.

[111]Tzipori, S. 1985. The relative importance of enteric pathogens affecting neonates of domestic animals. *Adv Vet Sci Comp Med* 29:103 - 206.

[112]Varley,J. ,R. C. Jones,*et al*. 1993. A survey of the viral flora of two commercial Pekin duck flocks. *Avian Pathol* 22:703 - 714.

[113]Vindevogel, H. U. , L. Dagenais,*et al*. 1981. Incidence of rotavirus, adenovirus and herpesvirus infection in pigeons. *Vet Rec* 109(13):285 - 286.

[114]Wang,Z. D. ,S. W. Lu,*et al*. 1995. Investigation and identification of atypical rotavirus from animals and humans. *Chinese J Virol* 11:336 - 341.

[115]Wani, S. A. , M. A. Bhat, *et al*. 2003. Detection of a mammalianlike group A rotavirus in diarrhoeic chicken. *Vet Microbiol* 94(1):13 - 18.

[116]Wilde,J. ,R. Yolken,*et al*. 1991. Improved detection of rotavirus shedding by polymerase chain reaction. *Lancet* 337(8737):323 - 326.

[117]Xu,L. ,D. Harbour,*et al*. 1990. The application of polymerase chain reaction to the detection of rotaviruses in faeces. *J Virol Methods* 27(1):29 - 37.

[118]Yason,C. V. and K. A. Schat. 1985. Isolation and characterization of avian rotaviruses. *Avian Dis* 29(2):499 - 508.

[119]Yason,C. V. and K. A. Schat. 1986. Experimental infection of specific - pathogen - free chickens with avian rotaviruses. *Avian Dis* 30(3):551 - 556.

[120]Yason,C. V. and K. A. Schat. 1986. Pathogenesis of rotavirus infection in turkey poults. *Avian Pathol* 15: 421 -435.

[121]Yason,C. V. and K. A. Schat. 1987. Pathogenesis of rotavirus infection in various age groups of chickens and turkeys:clinical signs and Virology. *Am J Vet Res* 48 (6):977 - 983.

[122] Yason, C. V., B. A. Summers, et al. 1987. Pathogenesis of rotavirus infection in various age groups of chickens and turkeys: pathology. Am J Vet Res 48(6):927-938.

[123] Yu, M., M. M. Ismail, et al. 2000. Viral agents associated with poult enteritis and mortality syndrome: the role of a small round virus and a turkey coronavirus. Avian Dis 44(2):297-304.

星状病毒感染

Astrovirus Infections

D. L. Reynolds 和 S. L. Schultz-Cherry

引 言

星状病毒引起人、牛、猪、绵羊、猫、狗、鹿、小鼠、火鸡和珍珠鸡的急性胃肠炎以及鸭的致死性肝炎[1,4~6,9,15,22,23,28,29,34,35,41,59,52~54]。感染鸡的星状病毒在遗传学上与火鸡星状病毒和禽肾炎病毒（ANV）更相似[10]。本章不讨论禽肾炎病毒（见第14章）。近期曾从患小火鸡肠炎和死亡综合征（PEMS）的病例中检出星状病毒，但其在PEMS中的确切作用还不清楚[10,20,21,55,56]。禽星状病毒感染对养禽业的经济影响还有待确定，而这类病毒是否亦能感染包括人类在内的其他动物，是否具有公共卫生学意义也还未明了。有趣的是，近期的回顾调查发现，某些家养火鸡群感染了鸡星状病毒（CastV）[2]。

1980年，McNulty等[28]首次从下痢和死亡上升的11日龄火鸡雏的肠内容物中鉴定出星状病毒。后来，美国至少在1985年，就开始有幼龄火鸡群中存在星状病毒的报道[7,8,19~21,31,34,35,38,40,55,56]。

发生和分布

星状病毒感染的地理分布很广。在1~5周龄小火鸡肠道疾病中，除了轮状病毒感染外，感染率最高的病毒就是星状病毒[34~36]。在一项调查研究中发现，病禽群中有近约80%发生了星状病毒感染，是检测到的感染率最高的病毒[36]。在健康禽群中也曾检测到本病毒，但其检出频度却低得多（<30%）。在罹患肠道疾病的病群中，星状病毒并不是检出的唯一病毒。一般来说，这些病毒常并发其他肠道病毒感染，特别是D群轮状病毒[36]。

星状病毒感染通常发生于4周龄内的小火鸡[35]。从1日龄开始直至上市的整个饲养期间，通过对火鸡群进行肠道病毒感染的连续监测，发现第一份的病毒阳性样品中总会含有星状病毒，其或单独出现，或与其他肠道病毒同时存在[35]。

病原学

典型的星状病毒是一种细小、圆形的病毒，其直径为25~35nm。因在电子显微镜下，病毒表面有5或6个星状突起，故称之为星状病毒（图12.10）。但只有10%的星状病毒显示此形态，且其形态与样品制备有关[19,21,23,25~27,29,52]。

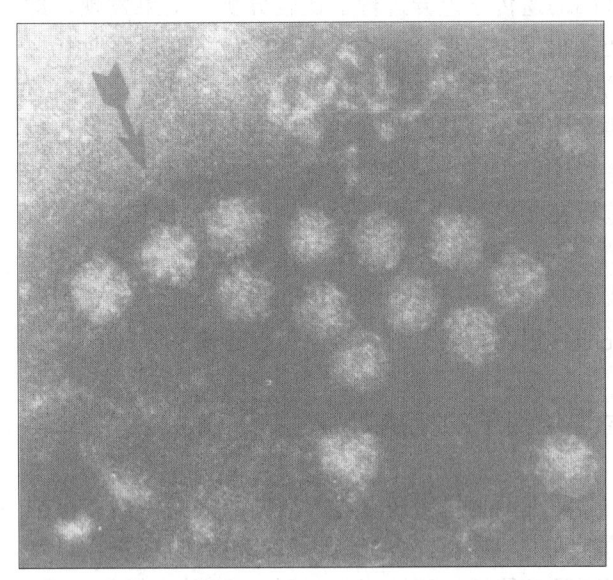

图12.10 实验感染腹泻小火鸡的肠道样品的免疫电镜图像：在星状病毒聚集体中可见一星状病毒颗粒（箭头所示）。病毒粒子的平均直径为29.6nm。（Avian Disease）

星状病毒是一种无囊膜、正链RNA病毒。病毒基因组长度为6.5~7.5kb，含有3个开放阅读框（ORF）。这些阅读框编码非结构蛋白（ORF1a）、病毒RNA依赖RNA聚合酶（ORF1b）和核衣壳前体蛋白（ORF2）。

星状病毒在分子水平上不同于小RNA病毒，在病毒复制过程中，其合成一种亚基因信息，不同于小 RNA 病毒和杯状病毒，这两种病毒在 ORF1a 和 ORF1b 之间有一反转录病毒样的移码信号序列[19,21,27]。目前，仅人星状病毒（HAstV）、2 株不同的火鸡星状病毒（TAstV）、猪星状病毒（SAstV）和禽肾炎病毒（ANV）基因组全序列已全部测定[10,12~14,21,50,51]。禽星状病毒在分子水平上有明显不同，基因片断序列同源性极小。火鸡星状病毒构成不同于 ANV 的另一病毒群。

　　与人星状病毒类似，火鸡星状病毒之间存在有抗原性差异[19]。1985 年分离自美国的 TAstV-1 代表株与 TAstV-2 代表株北卡罗莱纳/96 抗原性和血清型不同。很明显，即使在同一个基因型内也有不同的亚型。Tang 等证明，TAstV1987 和 TAstV 2001 的抗原性和血清型不同，后者与 NC/96 关系更近[44,45]。Guy 等证明起初鉴定为肠病毒的"小圆病毒"与 TAstV-2 有关[8]。近期的一项研究对美国分离的 TAstV-2 的聚合酶基因和衣壳基因的遗传学差异进行了比较分析。结果发现，即使是很保守的聚合酶基因，其核苷酸也有至少 10% 的差异，可将这些分离株分为 2 个不同的群[31]。这些毒株的衣壳基因和氨基酸序列有很大的差异。这些毒株可归属 9 个发育进化群，各群之间的核苷酸差异在 10% 以上[31]，这些差异是由于 RNA 依赖 RNA 聚合酶的修正错误，还是宿主的免疫压力，或者是 Pantin-Jackwood，Spackman 等 2006 年所说的真正的基因重组，目前仍有争议。

对理化因子的抵抗力

　　哺乳动物星状病毒对灭活剂的灭活作用有很强的抵抗力，同样，火鸡星状病毒也极为稳定。星状病毒颗粒能抵抗酸性 pH、氯仿、多种去垢剂、热、室温和脂溶剂等的灭活作用[38]。此外，Kurtz[24]证实，星状病毒对大多数醇有抗性，但 90% 的甲醇能灭活纯化的星状病毒和粪便中的星状病毒。

　　从胚胎肠道收获的火鸡星状病毒非常稳定，4℃ 条件下数周仍有感染性，而 -20℃ 或 -70℃ 保存，其传染性可长期保持不变。甚至在胚胎模型中，星状病毒也能抵抗各种消毒剂（包括酚类、酸性 pH、氯仿、各种清洁剂、热、温度、季铵盐和大多数醇）的灭活作用[38]。甲醛、β-丙醇酸内脂、90% 甲醇和一种含过硫酸盐的消毒剂曾被用于消除胚胎模型的感染性。实验条件下，用 90% 甲醇或使

用含过硫酸盐的消毒剂能达到灭活星状病毒的目的[38]。

实验室宿主系统

　　火鸡星状病毒能经卵黄囊途径接种 20 日龄，或经羊膜途径接种 24~25 日龄火鸡胚，进行连续继代增殖[3,16~21]。接种后 5 天，能从接种胚的肠道和法氏囊分离到病毒，可用氯化铯作进一步纯化，或作为病毒材料保存备用。以火鸡星状病毒接种 SPF 胚，在接种后 5 天，其中有 75%~80% 的胚肠肿胀，肠壁变厚和充满液体，此液体及胚肠中可用于星状病毒的纯化。虽然星状病毒亦能在商品胚中复制增殖，但未能观察到上述病变。星状病毒感染并不导致胚胎的死亡，火鸡星状病毒迄今未能成功地在各种细胞系的培养物中复制增殖，即使在外源性胰蛋白酶存在时亦是如此。

　　相比之下，鸡星状病毒可以进行细胞培养。鸡星状病毒可以在原代鸡胚肝细胞和 LMH（鸡肝癌细胞系）中增殖，并且在传 4~5 代后产生明显的细胞病变。鸡星状病毒开始在鸡胚成纤维细胞和鸡肾细胞上生长不良，但经过传代后可以在鸡肾细胞中增殖并引起细胞病变。

发病机理和流行病学

　　从患病毒性肠炎的小火鸡中曾分离到星状病毒。病禽通常在 1~3 周龄期间表现临床症状，一般可持续 10~14 天。临床症状虽有某些差异，但通常有下痢、精神沉郁、啄食垫料和神经质等典型症状。病情的严重程度有差异，可从轻度到中等程度，只有少量死亡。最令人关注的是生长缓慢。

　　火鸡实验感染 TAstV-2 后第 2 天出现严重的水样腹泻[18,29,34]。感染后第 3 天，感染小火鸡肠道扩张，是对照组的 3~5 倍，肠内充满液体[3]。TAstV 感染鸡在感染后 5 天至整个试验期间生长迟缓，可能是由于吸收减少的缘故[18]。以只含星状病毒的接种物感染 SPF 小火鸡，与不感染的对照小火鸡相比，增重明显减缓，对 D-木糖的吸收也显著减少。商品小火鸡接种感染星状病毒后 3 天，肠道麦芽糖酶活性降低。星状病毒感染小火鸡

的特异性麦芽糖酶活性的降低是暂时的，在接种后10天可恢复正常[11,48]。

组织学和大体病变

剖检时，眼观特征性病理变化是盲肠扩张，内含黄色、泡沫样的气性液体，肠壁失去弹性（肠壁变薄）和肠道充血。星状病毒感染引发下痢的发病机理至最少在一定程度上是由于肠内未消化、未吸收的各种双糖及其他营养物质的渗透作用将水吸入肠腔所致。

在感染小火鸡表现临床症状和出现眼观病变之前，即可从其肠内容物中检出星状病毒。这种结果可以解释为什么有时能从外表健康的小火鸡中检出星状病毒，这些小火鸡很可能是处于疾病的早期阶段。业已证明，在临床症状和病理变化消退之前，星状病毒的排出已经减少。因此，在星状病毒感染的后期，小火鸡可能出现临床症状和病理变化，但肠道中不一定能检出星状病毒。

20世纪90年代中期的研究表明，星状病毒感染小火鸡所诱发的小肠组织病理学变化的特征是隐窝轻度增生，从而导致隐窝的深度和范围加大[47]。早在接种感染后1天，空肠的近端即有组织学病变，感染后5天，则可累及小肠的各个部分。与其他一些肠道病毒感染不同，星状病毒感染并不引起

肠绒毛萎缩。应用TAstV-2特异性探针进行原位杂交研究表明，病毒仅限于肠道内复制（图12.11）。

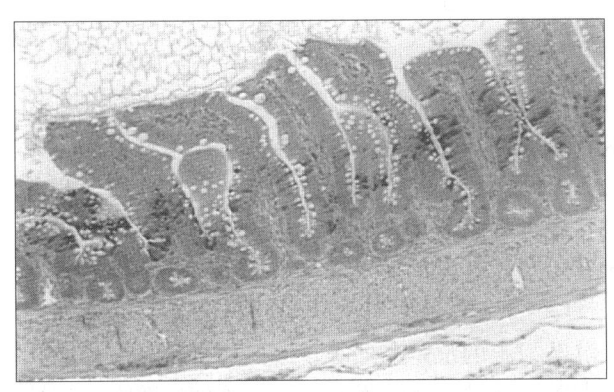

图12.11 原位杂交研究表明小火鸡TAstV-2病毒感染后3天在肠道内复制

感染后24小时可在小肠的上段检测到病毒增殖[3]。感染后2天绒毛基底层可见肠细胞变性并持续到第4天，至第5天绒毛略微变短[3]，随着感染的发展，在绒毛基底部偶尔可见成簇的坏死肠细胞[18]。在感染后7天，TAstV-2主要位于大肠。TAstV-2在感染后3～5天增殖达到高峰，9天后就不容易检测到[3]。尽管TAstV-2主要在肠道内增殖，但从法氏囊、胸腺、脾脏、肾脏、骨骼肌、胰腺和血浆中也分离到病毒[18]。总的说来，TAstV-2可引起轻度的组织学病变，TUNEL染色有少量细胞死亡（图12.12）[18]。

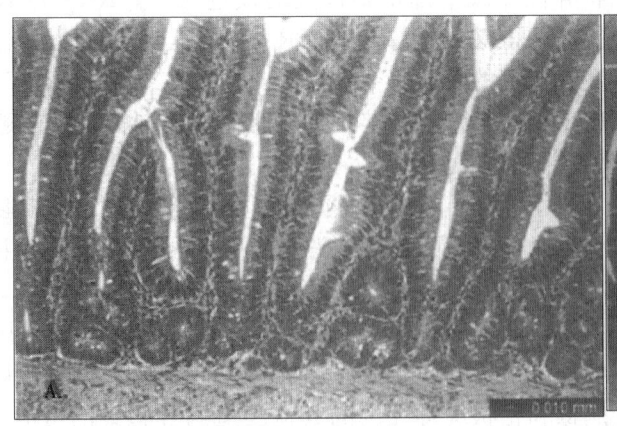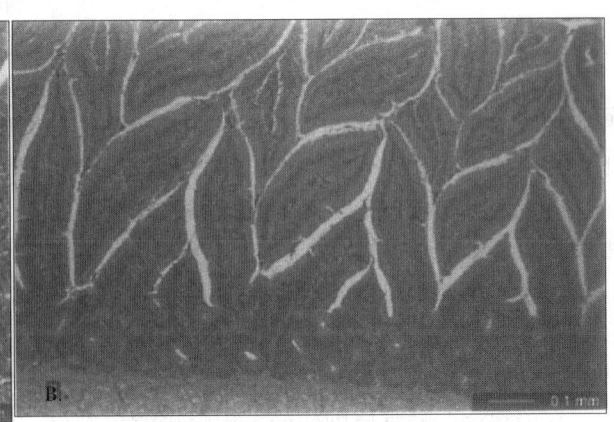

图12.12 与未感染对照组(A)相比，TAstV-2感染引起轻度的组织学变化(B)

感染肠道没有炎性反应可能是由于炎性反应抑制因子-转化生长因子β（TGF-β）升高的缘故。有趣的是，雏火鸡感染模型的组织学病变与人星状病毒感染类似[39]。结果表明，星状病毒引起腹泻的机制不是破坏绒毛上皮细胞或诱发炎症反应。问题是星状病毒感染如何引起腹泻？初步研究表明，星状病毒感染引起细胞渗透性增加和离子调节发生改变，从而导致腹泻[30]。

免疫反应

虽然 TAstV-2 病毒仅限于肠道内增殖，但从其他脏器能分离到病毒并在感染后 3 天出现一过性病毒血症[18]。TAstV-2 感染火鸡 5 天可引起胸腺的一过性发育受阻，但感染后 12 天恢复[18]。有关星状病毒对免疫反应的影响及病毒的清除机制正在研究之中[16]。

Qureshi 等证明星状病毒感染 7 天，火鸡外周血淋巴细胞的反应性比对照组显著降低[33]。星状病毒感染可引起血循环中 CD4$^-$-CD8$^+$ 细胞一过性下降[32,33]。这一结果与另一项研究相反，这项研究的结果是星状病毒感染对 T 细胞群以及抗 TAstV-2 特异性抗体没有明显的影响[17]。感染火鸡中未检测到 TAstV-2 中和抗体。现阶段的研究表明，先天性免疫反应对控制病毒感染至关重要。感染过程中以非复制依赖型方式诱导巨噬细胞产生 NO，而 NO 可抑制病毒复制[17]。另一个控制病毒感染的机制可能是诱导产生 1 型干扰素（IFN）。与其他病毒一样，1 型干扰素可以抑制星状病毒复制，但星状病毒感染过程中能够通过抑制 IFN 的产生来促进病毒扩散[30]。

诊　断

到目前，免疫电镜（IEM）技术一直是鉴定粪便和肠道样品中星状病毒的首选方法。其检测程序如下：用灭菌稀释剂（如磷酸盐缓冲液，pH7.2）稀释粪便/肠样品，制备成工作液；用匀浆机或涡旋混合器将稀释后的样品充分混合后，超声波处理；500 转/min 离心 20min 以除去样品中的颗粒样物和细菌，上清液用孔径为 450nm 的滤膜过滤；滤出液与经适当稀释的含星状病毒抗体的抗血清一起孵育；超速离心孵育后的样品，用磷钨酸负染后置电镜下观察，放大 30 000～50 000 倍，很容易发现星状病毒聚集体。星状病毒虽呈星状形态，但只有一小部分病毒颗粒具有这种特征，因此如不作 IEM 检测很难对星状病毒感染作出正确的诊断。星状病毒感染的最后确诊有赖于通过免疫电镜发现典型的星状病毒颗粒聚集体。根据作者的经验，火鸡

星状病毒仅在偶然情况下出现非特异性凝集，因此本病的诊断必须依靠 IEM 对病毒颗粒聚集体进行检测（图 12.10）。

近期已建立了几种检测不同 TAstV 的诊断方法。有两种抗原捕获酶联免疫吸附试验（AC-ELISA）方法可用于检测肠匀浆中的 TAstV-1 和 TAstV-2 毒株。该方法的基础是用捕作抗体包被 96 孔板，然后加入可疑病例的肠匀浆，然后用特异性的二抗检测样品中有 TAstV 抗原。该方法不能检测粪便和非肠道组织样品，但检测肠道组织匀浆的病毒滴度可以达到 5×10^2 鸡胚半数感染量[43]。因为 TAstV 检测没有"金标准"，作者们没有对 AC-ELISA 的特异性和敏感性进行检测。

最近，为鉴定粪便或肠匀浆中的星状病毒，建立了一种反转录聚合酶链式反应（RT-PCR）方法[20,43]。其程序是从每群中收集 3～5 只鸡的粪便或下段肠道，直接提取 RNA 或过滤后接种一代火鸡胚。然后以来自现场样品或胚肠的 RNA 为模板，采用针对病毒基因组中的 2 个不同基因（一个保守区和一个可变区）的特异性寡核苷酸引物进行 RT-PCR。来自该病毒的 2 个不同区域的引物可以鉴别星状病毒不同的基因型。这种试验方法，有可能鉴别 20 世纪 80 年代在商品火鸡群中流行的星状病毒和最近的 NC96 分离株。采用 RT-PCR 在感染后 1 天即可检出星状病毒。由于实时 RT-PCR（RRT-PCR）方法的建立，RT-PCR 检测方法的敏感性、特异性和成本都得到极大的改进[17,42]。RRT-PCR 扩增的核酸片段与 RT-PCR 类似，但该方法是采用荧光标记的特异性探针进行"实时"检测。RRT-PCR 在医学上应用广泛，并且作为很多病毒的检测的"金标准"。

小火鸡星状病毒感染的鉴别诊断应包括所有能引发肠道疾病的各种传染性、寄生虫性和非传染性因子。因此，应进行肠道致病性细菌的分离培养，如沙门氏菌属和弯曲菌属等多种细菌；涂片或组织切片镜检可以证实是否有原虫感染；排除包括冠状病毒和轮状病毒在内的其他肠道病毒感染的可能。后者应给予高度的重视，并应采取相应的检测方法予以排除。现阶段可采用多重 RT-PCR 或 RRT-PCR 鉴别多种肠道病毒[40,42,46]。这些方法可以鉴别肠道匀浆中的火鸡星状病毒、火鸡冠状病毒和火鸡呼肠孤病毒。由于诊断技术的快速发展，也许不久的将来我们可以利用基因芯片技术快速诊断火鸡传

染性肠炎的病原。

治疗、预防和控制

迄今尚无有效控制和预防星状病毒感染的疫苗、化学治疗药物或其他方法的报道。总的来说，强调实施包括清洁、消毒、垫料管理和在引进新禽群之前空舍一段时间等在内的良好的饲养管理措施是值得推荐的。然而，星状病毒感染至今仍是一个不断困扰那些拥有现代养禽设施、采用高标准管理的养禽生产者的难题，由此说明现代管理实践在本病的防制上也可能不是完全有效的。

苏敬良　凌育燊　译
吴培福　郭玉璞　校

参考文献

[1]Aroonprasert,D. ,J. A. Fagerland,et al. 1989. Cultivation and partial characterization of bovine astrovirus. *Vet Microbiol* 19(2):113 - 125.

[2]Baxendale, W. and T. Mebatsion. 2004. The isolation and character isation of astroviruses from chickens. *Avian Pathol* 33(3):364 - 370.

[3]Behling-Kelly, E. , S. Schultz-Cherry,et al. 2002. Localization of as - trovirus in experimentally infected turkeys as determined by in situ hybridization. *Vet Pathol* 39(5):595 -598.

[4]Bridger, J. C. 1980. Detection by electron microscopy of caliciviruses, astroviruses and rotavirus-like particles in the faeces of piglets with diarrhoea. *Vet Rec* 107(23):532 -533.

[5]Cattoli,G. , A. Toffan, et al. 2005. Astroviruses found in the intestinal contents of guinea fowl suffering from enteritis. *Vet Rec* 156(7):220.

[6]Gough,R. E. ,M. S. Collins,et al. 1984. Astrovirus - like particles as sociated with hepatitis in ducklings. *Vet Rec* 114(11):279.

[7]Guy, J. S. 1998. Virus infections of the gastrointestinal tract of poul - try. *Poult Sci* 77(8):1166 - 1175.

[8]Guy,J. S. , A. M. Miles,et al. 2004. Antigenic and genomic characterization of turkey enterovirus - like virus (North Carolina, 1988 isolate): identification of the virus as turkey astrovirus 2. *Avian Dis* 48(1):206 -211.

[9]Hoshino, Y. ,J. F. Zimmer,et al. 1981. Detection of astroviruses in feces of a cat with diarrhea. Brief report. *Arch Virol* 70(4):373 - 376.

[10]Imada,T. ,S. Yamaguchi,et al. 2000. Avian nephritis virus (ANV) as a new member of the family Astroviridae and construction of infectious ANV cDNA. *J Virol* 74(18):8487 - 8493.

[11]Ismail,M. M. , A. Y. Tang,et al. 2003. Pathogenicity of turkey coronavirus in turkeys and chickens. *Avian Dis* 47(3):515 - 522.

[12]Jonassen,C. M. , T. O. Jonassen,et al. 1998. A common RNA motif in the 3'end of the genomes of astroviruses, avian infectious bron chitis virus and an equine rhinovirus. *J Gen Virol* 79 (Pt 4):715 - 718.

[13]Jonassen,C. M. , T. O. Jonassen,et al. 2001. Comparison of capsid sequences from human and animal astroviruses. *J Gen Virol* 82 (Pt 5):1061 - 1067.

[14]Jonassen, C. M. , T. T. Jonassen,et al. 2003. Complete genomic sequences of astroviruses from sheep and turkey:comparison with related viruses. *Virus Res* 91 (2):195 - 201.

[15]Kjeldsberg,E. and A. Hem. 1985. Detection ofastroviruses in gut contents of nude and normal mice. Brief report. *Arch Virol* 84(1 - 2):135 - 140.

[16]Koci, M. D. 2005. Immunity and resistance to astrovirus infection. *Viral Immunol* 18(1):11 - 16.

[17]Koci, M. D. , L. A. Kelley, et al. 2004. Astrovirus - induced synthesis of nitric oxide contributes to virus control during infection. *J Virol* 78(3):1564 - 1574.

[18]Koci, M. D. , L. A. Moser, et al. 2003. Astrovirus induces diarrhea in the absence of inflammation and cell death. *J Virol* 77(21):11798 - 11808.

[19]Koci, M. D. and S. Schultz-Cherry. 2002. Avian astroviruses. *Avian Pathol* 31 (3):213 - 227.

[20]Koci, M. D. , B. S. Seal, et al. 2000. Development of an RT - PCR diagnostic test for an avian astrovirus. *J Virol Methods* 90(1):79 - 83.

[21]Koci,M. D. ,B. S. Seal,et al. 2000. Molecular characterization of an avian astrovirus. *J Virol* 74 (13): 6173 - 6177.

[22]Kurtz, J. B. and T. W. Lee. 1987. Astroviruses: human and animal. *Ciba Found Symp* 128:92 - 107.

[23]Kurtz,J. B. , T. W. Lee. 1979. Astrovirus infection in volunteers. *J Med Virol* 3(3):221 - 230.

[24]Kurtz,J. B. ,T W. Lee,et al. 1977. Astrovirus associated gastroenteritis in a children's ward. *J Clin Pathol* 30 (10):948 - 952.

[25]Madeley, C. R. 1979. Comparison of the features of astroviruses and caliciviruses seen in samples of feces by elec-

tron microscopy. *J Infect Dis* 139(5):519 -523.

[26]Madeley,C. R. and B. P. Cosgrove. 1975. Letter:28 nm particles in faeces in infantile gastroenteritis. *Lancet* 2 (7932):451 - 452.

[27]Matusi,S. M. and H. B. Greenburg. 2001. Astroviruses. *Fields Virology*. D. M. Knipe and P. M. Howley. Philadelphia,Lippincott William & Wilkins:875 - 894.

[28]McNulty,M. S. , W. L. Curran,*et al*. 1980. Detection of astroviruses in turkey faeces by direct electron microscopy. *Vet Rec* 106(26):561.

[29]Moser, L. A. and S. Schultz - Cherry. 2005. Pathogenesis of astrovirus infection. *Viral Immunol* 18(1):4 - 10.

[30]Moser,L. A. , M. Carter,*et al*. 2007. Astrovirus increases epithelial barrier permeability independently of viral replication. *J Virol* 81:in press.

[31]Pantin - Jackwood,M. J. , E. Spackman,*et al*. 2006. Phylogenetic analysis of turkey astroviruses reveals evidence of recombination. *Virus Genes* 32(2):187 - 192.

[32]Qureshi,M. A. ,F. W. Edens,*et al*. 1997. Immune system dysfunction during exposure to poult enteritis and mortality syndrome agents. *Poult Sci* 76(4):564 - 569.

[33]Qureshi, M. A. , M. Yu,*et al*. 2000. A novel "small round virus" inducing poult enteritis and mortality syndrome and associated immune alterations. *Avian Dis* 44 (2):275 - 283.

[34]Reynolds,D. L. and Y. M. Saif. 1986. Astrovirus:a cause of an enteric disease in turkey poults. *Avian Dis* 30(4): 728 - 735.

[35]Reynolds,D. L. , Y. M. Saif,*et al*. 1987. Enteric viral infections of turkey poults:incidence of infection. *Avian Dis* 31(2):272 - 276.

[36]Reynolds,D. L. , Y. M. Saif,*et al*. 1987. A survey of enteric viruses of turkey poults. *Avian Dis* 31(1):89 -98.

[37]Schultz-Cherry,S. ,D. R. Kapczynski,*et al*. 2000. Identifying agent(s) associated with poult enteritis mortality syndrome:importance of the thymus. *Avian Dis* 44(2): 256 - 265.

[38]Schultz - Cherry,S. ,D. J. King,*et al*. 2001. Inactivation of an astrovirus associated with poult enteritis mortality syndrome. *Avian Dis* 45(1):76 - 82.

[39]Sebire,N. J. ,M. Malone,*et al*. 2004. Pathology of astrovirus associated diarrhoea in a paediatric bone marrow transplant recipient. *J Clin Pathol* 57(9):1001 - 1003.

[40]Sellers,H. S. ,M. D. Koci,*et al*. 2004. Development of a multiplex reverse transcription-polymerase chain reaction diagnostic test specific for turkey astrovirus and coronavirus. *Avian Dis* 48(3):531 - 539.

[41]Snodgrass, D. R. and E. W. Gray. 1977. Detection and transmission of 30 nm virus particles (astroviruses) in faeces of lambs with diarrhoea. *Arch Virol* 55(4):287 - 291.

[42]Spackman,E. ,D. Kapczynski,*et al*. 2005. Multiplex real-time reverse transcription-polymerase chain reaction for the detection of three viruses associated with poult enteritis complex:turkey astrovirus, turkey coronavirus, and turkey reovirus. *Avian Dis* 49(1):86 - 91.

[43]Tang,Y. ,M. M. Ismail,*et al*. 2005. Development of antigen-capture enzyme-linked immunosorbent assay and RT-PCR for detection of turkey astroviruses. *Avian Dis* 49(2):182 - 188.

[44]Tang,Y. , A. M. Murgia,*et al*. 2005. Molecular characterization of the capsid gene of two serotypes of turkey astroviruses. *Avian Dis* 49(4):514 - 519.

[45]Tang,Y. and Y. M. Saif. 2004. Antigenicity of two turkey astrovirus isolates. *Avian Dis* 48(4):896 -901.

[46]Tang,Y. ,Q. Wang,*et al*. 2005. Development of a ssRNA internal control template reagent for a multiplex RT-PCR to detect turkey astroviruses. *J Virol Methods* 126(1 - 2):81 - 86.

[47]Thouvenelle,M. L. ,J. S. Haynes,*et al*. 1995. Astrovirus infection in hatchling turkeys:histologic,morphometric, and ultrastructural findings. *Avian Dis* 39(2):328 - 336.

[48]Thouvenelle,M. L. ,J. S. Haynes,*et al*. 1995. Astrovirus infection in hatchling turkeys:alterations in intestinal maltase activity. *Avian Dis* 39(2):343 - 348.

[49]Tzipori,S. ,J. D. Menzies,*et al*. 1981. Detection of astrovirus in the faeces of red deer. *Vet Rec* 108(13):286.

[50]Willcocks, M. M. , T. D. Brown,*et al*. 1994. The complete sequence of a human astrovirus. *J Gen Virol* 75 (Pt 7):1785 - 1788.

[51]Willcocks, M. M. and M. J. Carter. 1992. The 3′terminal sequence of a human astrovirus. *Arch Virol* 124(3 - 4): 279 - 289.

[52]Williams, F. P. ,Jr. 1980. Astrovirus - like,coronavirus - like,and parvovirus-like particles detected in the diarrheal stools of beagle pups. *Arch Virol* 66(3):215 - 226.

[53]Woode,G. N. and J. C. Bridger. 1978. Isolation of small viruses resembling astroviruses and caliciviruses from acute enteritis of calves. *J Med Microbiol* 11 (4):441 - 452.

[54]Woode,G. N. ,N. E. Gourley,*et al*. 1985. Serotypes of bovine astrovirus. *J Clin Microbiol* 22(4):668 - 670.

[55]Yu,M. ,M. M. Ismail,*et al*. 2000. Viral agents associated with poult enteritis and mortality syndrome:the role

of a small round virus and a turkey coronavirus. *Avian Dis* 44(2):297 - 304.

[56]Yu, M., Y. Tang, *et al*. 2000. Characterization of a small round virus associated with the poult enteritis and mortality syndrome. *Avian Dis* 44(3):600 - 610.

禽肠道病毒样病毒

Avian Enterovirus-like Viruses

M. S. McNalty 和 James S. Guy

引 言

近几年来，从各种禽鸟中已鉴定出多种肠道病毒样病毒（ELVs）。将这些病毒称为肠道病毒样病毒，是因为对它们的特性还缺乏充分的了解，而且还有待于对之作进一步的生物学、理化和分子特性研究才能明确其分类归属。本节将讨论那些除了鸭1型和3型肝炎病毒（第13章）和火鸡肝炎病毒（第14章）以外的从各类家禽中已鉴定的种种ELVs。

迄今对禽ELVs的经济意义仍不了解，尚无证据表明它们能从禽传播到人或其他哺乳动物。它们在不同种类家禽之间的传播程度（即使存在的话）也仍未了解。

病 原 学

分类

肠道病毒是小RNA病毒科内9个属中的一个属。小RNA病毒科中的成员都含有一具有感染性的单股正链RNA，大小为7~8.8kb。依其对酸的敏感性、病毒粒子在氯化铯中的浮密度和感染宿主的临床表现进行属的区分。肠道病毒属中的成员在酸性pH条件下稳定，在氯化铯中的浮密度为1.30~1.34g/mL，并主要在肠道复制增殖[21,40]。根据病毒粒子的大小、形态、肠细胞胞浆内复制以及对酸性抵抗力的不同，对大多数禽ELVs进行了分类。然而，必须强调的是，这些生物学指标还不足以作为明确分类的标准，最近对完全符合这些标准的一些禽病毒RNAs进行克隆和测序所获得的资料也证实了这一点。对小RNA病毒科中不同属的病毒推导的氨基酸序列进行比较发现，禽脑脊髓炎病毒（AEV）与甲型肝炎病毒之间氨基酸同源性最高[24,43]。由此表明，AEV归于小RNA病毒科的肝病毒属[40]。同样，对其他病毒的核酸序列分析表明，禽肾炎病毒（ANV）和两株当初确定为火鸡ELVs的病毒最后归属于星状病毒科[14,15,20,22,32,40,45,46]。根据抗原性分析，几株当初确定为鸡ELVs的病毒将来可能都应归属于星状病毒，因为这些病毒与ANV都有一定的抗原相关性[4,10,29,42]。因为星状病毒存在一定的抗原性差异，某些与ANV无抗原相关性的ELVs也可能在将来归属于星状病毒。

形态学

小RNA病毒的成熟病毒粒子呈二十面体（T=1），无囊膜，直径为22~30nm。病毒粒子缺乏明显的表面结构，表面亦无纤突[21,40]（图12.13）。虽然有报道称美国火鸡ELVs粒子的直径为18~24nm，但大多数有关禽ELVs粒子大小的报道均为22~30nm[41]。

火鸡ELVs在氯化铯中的浮密度为1.33g/ml[18]。

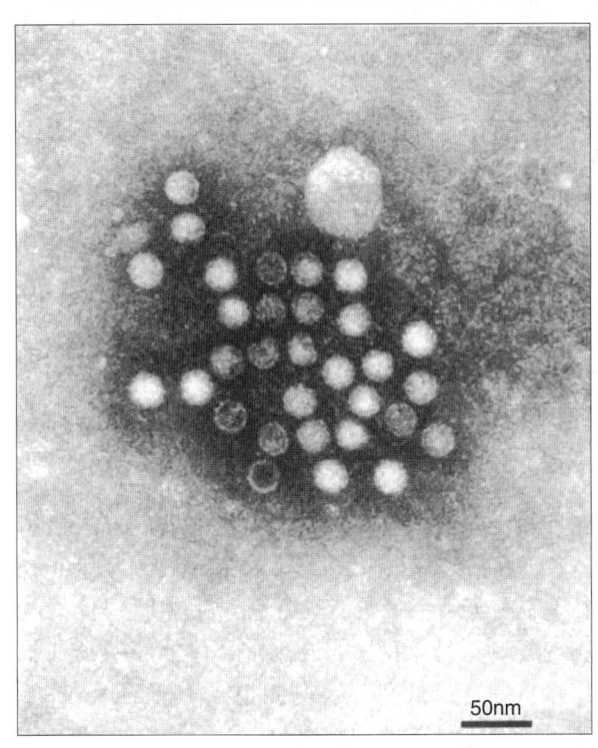

图12.13 患肠道疾病的幼龄火鸡粪便中，分离出ELVs，呈球形，直径18~27mm。磷钨酸钠染色

化学组成

迄今尚无有关禽 ELVs 化学组成的资料。目前仅有一株美国火鸡分离株的基因组结构的资料[18]。病毒基因组为单股 RNA，约 7.5kb。没有禽类 ELV 蛋白的报道。

病毒复制

采用免疫组织化学和超薄切片电镜观察技术对火鸡 ELVs 的复制增殖情况进行了研究[19]。研究揭示，病毒在肠细胞的胞浆内复制增殖，可见直径约 23nm 的小的圆形病毒样颗粒呈晶格状排列（图 12.14）[19]，而较早的一项研究所描述的病毒粒子的大小则为 17.1nm[41]。类似于前者的发现也见于鸡 ELVs 的报道[6,9,25,27]。然而，深入的研究中发现[9]，在固有层的间质细胞和巨噬细胞内比肠细胞更容易看到有膜包裹的含病毒样颗粒之包涵体。某些鸡 ELVs 也能在肾脏中复制增殖，并引起肾病变[37]。

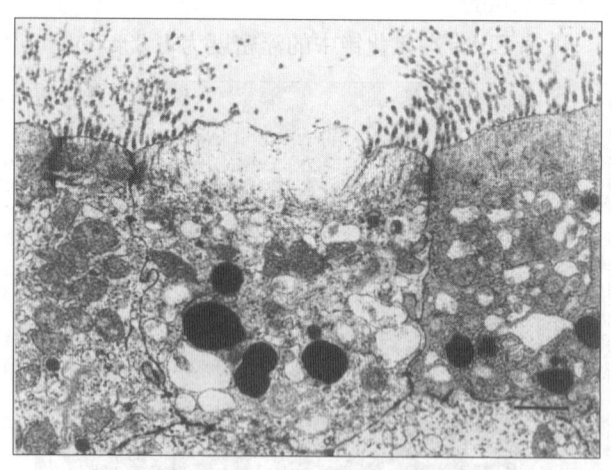

图 12.14　退行性变性的肠细胞胞浆内含有晶格状排列的禽肠道病毒样病毒（ELVs）

应用免疫荧光和免疫过氧化氢酶染色方法揭示 ELV 实验感染小火鸡后，病毒主要在空肠和回肠进行复制增殖，并首先在位于肠绒毛中间部位的肠细胞内复制增殖，而紧靠肠隐窝开口上部的肠细胞内病毒抗原含量最多[17]。与此相似，鸡 ELVs 抗原主要见于绒毛基部的细胞内[6]。

迄今尚无关于禽 ELVs RNA 转录和转译的资料。

对理化因素的抵抗力

据试验测定，禽 ELVs 在 pH3 时稳定，氯仿和乙醚等溶剂对它亦无影响[25,27,28,39,42]。现尚无有关病毒对各种消毒剂的敏感性的资料报道。

毒株分类

由于禽 ELVs 难以在细胞培养物和其他实验宿主系统中生长和培养，因此有关病毒抗原间的相互关系的资料非常少。利用交叉免疫荧光试验发现，分离自鸡的 3 株分别命名为 EF84/700[28]、FP3[39] 和 612[25] 的 ELVs 之间的抗原性不同，与禽肾炎病毒、禽脑脊髓炎病毒、鸭 1 型和 3 型肝炎病毒在抗原性上也有所差别[25,29]。从日本罹患雏鸡肾病变的病雏[37]和患生长不良综合征的肉仔鸡[42]分离的几株 ELVs 具有与禽肾炎病毒 G-4260 株相似的生物学和物理学特性，但抗原性则与后者不同[36,37]。需要对这些病毒的基因组进行分析以确定这些病毒是否为肠病毒或禽肾炎病毒的第 3 种血清型[36,37]。

交叉中和试验表明，法国的 2 个火鸡 ELVs 分离株与禽脑脊髓炎病毒和鸭肝炎病毒无抗原相关性[1]。

实验室内，ELV 经口接种于分离到该病毒的同种禽类的新生雏时，可引发接种雏感染，并在其体内增殖。根据感染的病毒不同，感染禽可表现肠道疾病，或生长速度减缓。感染后 1～3 天，电镜检测感染禽肠内容物负染样品，一般都能检测到所接种的病毒。此外，利用免疫电镜技术有助于鉴定接种禽肠内容物中的 ELVs[33,34,35]。然而，即使是 SPF 禽都可能受到 ELVs 的侵染，因此用此方法检测这些病毒时，对其结果的解释必须极为谨慎。

大部分鸡 ELVs 都能在 6 日胚龄的鸡胚卵黄囊内增殖，约有 50% 的接种胚会在 3～7 天内死亡，剖检可见胚胎矮小[37]。其中有些病毒亦能在鸡胚绒毛尿囊膜上增殖。为检测病毒的增殖情况，可将卵黄膜压片或绒毛尿囊膜冰冻切片作免疫荧光染色检查。此外，一些 ELVs，如 FP3 和 612 株，在鸡胚肝或鸡肾细胞的原代细胞培养物上仅见有限的生长。免疫荧光染色法是检测病毒在细胞培养物上生长增殖情况的最好方法（图 12.15），因为 ELVs 中的许多病毒几乎都不引起细胞病变，即使有亦相当轻微[4,25,29]。

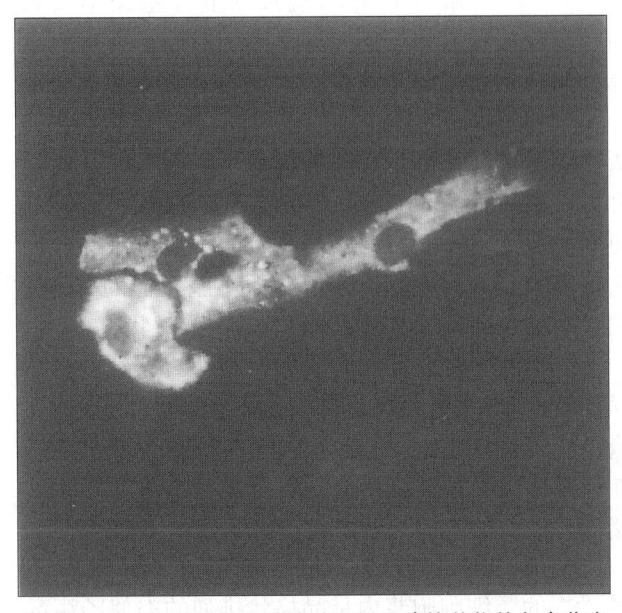

图 12.15 ELV (612 株) 感染鸡胚肝细胞培养物的免疫荧光染色图像。×450

含鸡 ELVs 的粪便或肠内容物的样品中也可能含有呼肠孤病毒，后者在胚胎和细胞培养物中的增殖速度通常比 ELVs 快，因此呼肠孤病毒的存在会干扰 ELVs 的分离培养。

在英国，采用负染电镜检测技术从患肠道疾病的火鸡和雉的粪便和肠内容物中发现的 4 株火鸡 ELVs 和 2 株雉 ELVs 中，没有 1 株能在鸡胚肝原代细胞培养物中引起细胞致病作用。但 1 株火鸡病毒经卵黄囊途径接种鸡胚，病毒能在其中复制增殖，但滴度低[12]。法国从火鸡肠内容物中分离到的 2 株 ELVs 经卵黄囊途径接种鸡胚时亦有类似的表现[1]。

经卵黄囊途径接种 7 日龄珍珠鸡胚，从罹患传播性肠炎的珍珠鸡中成功地分离到 1 株 ELV，但胚胎的死亡和病变不一致。该病毒亦能在珍珠鸡胚脑原代细胞上生长，虽无明显的细胞致病作用出现，但接种珍珠鸡胚和 1 日龄珍珠鸡可证明病毒的存在[31]。

致病性

这些特性还未经全面鉴定的 ELVs 的致病作用还有待进一步阐明。虽然现场和实验的证据表明，这些病毒可能引发幼龄火鸡、鸡和珍珠鸡的肠道疾病以及幼龄雏鸡的肾病变，但其致病意义仍需作进一步的研究。

病理生物学和流行病学

发生和分布

应用电镜负染技术已从许多禽的粪便中发现 ELVs。英国 1979 年曾报道青年火鸡和鸡的肠内容物中存在 ELVs[26]。随后，美国[33,34,35]、意大利[31] 和法国[1] 从小火鸡粪便中，比利时[5]、美国[11]、马来西亚[3]、南非[25]、意大利[31]、荷兰[38] 和德国[38] 从鸡粪便中，意大利[23,31]、法国[2] 从患传染性肠炎的珍珠鸡中、英国从鹧鸪[13] 和雉[12] 中都先后鉴定出 ELVs。此外，从澳大利亚[31,44] 患肠疾病的葵花鸟和桃红鹦鹉的粪便和肠细胞内，以及南非[9] 表现肠炎的鸵鸟肠内容物中也曾发现 ELVs。根据这些发现，禽 ELVs 很可能已呈世界性分布。

自然宿主和实验宿主

火鸡、鸡、珍珠鸡、鹧鸪、雉、鸵鸟和鹦鹉类鸟都已有 ELVs 感染的报道。家禽中，已证实 ELVs 的自然感染主要发生于最初几周龄内的幼禽。然而，从一死鸡胚的胎粪中分离到 1 株鸡 ELV[39] 表明，成禽也可能发生这类病毒感染。

传播、携带者和传播媒介

ELVs 复制增殖的主要部位是小肠上皮细胞 (图 12.16)，有些鸡 ELVs 也能在肾脏中复制增殖[37]。因此，通过摄食污染的粪便可发生水平传播，但其他传播途径也不能排除。从死鸡胚的胎粪中分离到 1 株鸡 ELV 表明，此病毒可发生垂直传播[39]，而其他 ELVs 亦可能以此方式传播和感染。此外，有证据表明，拟甲虫的幼虫在火鸡 ELVs 的传播中可能起着机械性传播媒介的作用[7]。

临床症状

自然感染 ELV 的家禽，临床上主要表现下痢、饲料利用率降低和长势不均，同时也可见死亡增加。发病最常见于几周龄内的雏禽，以 ELVs 经口接种新生禽可复制出肠道疾病。

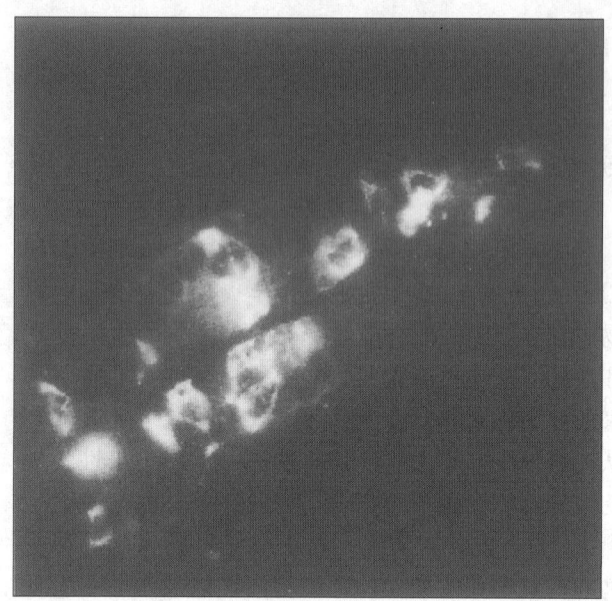

图 12.16 ELV（612 株）感染鸡空肠绒毛上皮细胞内的特异
性免疫荧光。×450

以一株美国火鸡 ELV 实验感染 3 或 4 日龄的 SPF 雏火鸡，于接种后 3～4 天出现明显的临床症状，感染雏表现精神沉郁、排水样便和糊肛。实验感染 2、3 和 4 周龄时的小火鸡也可见类似的症状，同时也可见感染小火鸡增重减缓。在接种感染后的 3、4 天，从感染火鸡的肠内容物中可检测到的 ELVs 量最大，一些感染禽则到接种后 14 天仍能检出病毒[17,19,41]。

ELVs 口服感染肉仔鸡，可见严重程度不同的粪便异常和暂时性生长迟滞[5,25,29]。以日本 ELVs 经口感染 SPF 雏鸡，可引发感染雏下痢和不同程度的死亡（死亡率可高达 53.3%），死亡发生于感染后 2～6 天[37]。

从意大利罹患传播性肠炎的珍珠鸡中分离到的 1 株 ELV，经口接种 1 日龄的商品珍珠鸡后，可引起接种雏生长发育受阻和增重减缓[31]。

桃红鹦鹉和葵花鸟自然感染 ELV 时，临床上以严重的顽固性下痢、消瘦和死亡为特征[30,44]。

病理变化

美国火鸡肠道病毒实验感染火鸡后，大体病变包括盲肠壁变薄，胃肠道因充满黄色、泡沫样液体而扩张，浆膜极度苍白；小肠内可见卡他性分泌物。用形态测定法的研究表明，小肠段的肠绒毛不同程度缩短，隐窝变长[17,19,41]。火鸡自然感染时，

ELVs 通常以混合感染中的一员出现。有趣的是，以一种 ELV 和 A 群轮状病毒的混合感染小火鸡时，比仅接种其中任何一种病毒的对照小火鸡的临床症状、增重减缓及病变的程度均更为严重[17]。

实验感染日本 ELVs 的雏鸡，剖检接种后 2～6 天内的死雏，可见其肾脏的特征性病变，即肾病变和内脏尿酸盐沉着；幸存者于接种后 14 天检查，可见间质性肾炎[37]。以分离自比利时罹患矮小综合征肉仔鸡的 ELVs 实验感染雏鸡，可见感染雏的小肠苍白，小肠和盲肠内容物呈水样，有时为丝状[5]。

青年桃红鹦鹉和葵花鸟 ELV 感染综合征的自然病例的大体病变包括肠道扩张、肠壁增厚和肠腔内充满黏液样液体和气体。肠道的显微病变包括肠绒毛萎缩和融合、Leiberkuhn 氏隐窝变深、隐窝上皮明显增生，以及绒毛缩短和严重程度不同的炎症[31,44]。

超薄切片电镜检查可见感染鸡[6,27]和葵花鸟[30,44]的肠细胞胞浆内呈晶格状排列的类似肠病毒的颗粒。

感染过程中的发病机理

感染禽小肠的显微病变的性质表明，EMVs 感染引起的吸收不良和腹泻是由于小肠绒毛上皮细胞受到破坏所致。对实验感染小火鸡肠道 D-木糖吸引收情况的测定证实，3 日龄火鸡雏感染后可引起一过性吸收不良，而 2 周龄小火鸡感染则无此症状[17]。但亦有报道认为，火鸡 ELVs 是通过改变绒毛上皮细胞的细胞生理学和肠道正常菌群，或通过某种全身性机制（如淋巴细胞减少）而发挥其致病作用[41]。

病毒在肾脏等其他器官中的复制增殖对疾病的发生亦有影响。

免疫力

尚未有关于 ELV 感染诱发主动免疫的研究，同样，关于母源抗体的被动免疫保护作用也未明了。

诊　断

病毒分离和鉴定

诊断禽类 ELVs 感染最常用的方法是利用电镜

检查可疑禽的粪便和肠内容物。采用直接电镜检查和免疫电镜技术，已从粪便和肠内容物中鉴定出多株火鸡 ELVs。进行直接电镜检查时，用磷酸盐缓冲液将粪便或肠内容物配制成 10%～20% 的混悬液，然后以 800 转/min 离心 20min 以除去大颗粒物质；上清液置于一台式离心机内，15 000g 离心 20min；用约 $50\mu l$ 的蒸馏水和 $100\mu l 2\%$ 的磷钨酸混合液重新悬浮离心沉淀，充分混合后铺展到 Formvar 膜支持的铜网上，或滴一滴于铜网上，经 1～3min 后用吸水纸吸干水分。应用免疫电镜技术亦可检出粪便或肠内容中的 ELVs[34]，但需要特异性抗血清。

为进一步证实电镜所观察到的颗粒是否为动物病毒，可按照前面所介绍的通过火鸡胚和鸡胚，或者细胞培养进行病毒分离。可采用群特异性抗血清对分离毒的抗原性进行鉴定。可将接种胚的卵黄囊膜或绒毛尿囊膜制成压片或冰冻切片，并用血清群特异性抗血清进行免疫荧光染色检查。这样可以对已知的血清群病毒作出鉴定，同时也有助于发现新的血清群。

已报道了一种检测火鸡肠内容物中 ELV 的抗原捕获 ELISA 方法[16]，这是一种快速，具有高度敏感性和特异的诊断方法。

血清学

采用血清中和试验和间接免疫荧光试验已检测出多种抗 ELVs 抗体[6,29,37]，但由于病毒和参考血清不容易获得，因此在本病的诊断中不建议采用血清学方法。但是，血清学方法在 SPF 禽群 ELV 感染状态的监测方面是有用的。

鉴别诊断

必须将 ELVs 引发的肠道疾病和由其他肠病毒（如轮状病毒、星状病毒及冠状病毒）引起的类似疾病相鉴别。ELV 感染的临床症状和大体病变无示病意义，但 ELVs 和其他肠道病原体常常发生混合感染，因此要确定每种致病因子在此类混合感染中的作用比较困难。

预防和控制

对 ELVs 作为禽类病原的作用仍未能充分了解，因此迄今尚未有特异性的治疗或预防方法。如果禽 ELVs 确实与一些疫病有关，为更充分地了解这些病毒的流行病学和致病性，以及更充分地掌握其生物学、抗原及生化学的特征以便对之进行分类和比较，研发更好的诊断方法似乎是明智的。

苏敬良　凌育燊　译
吴培福　郭玉璞　校

参考文献

[1]Andral,B. and D. Toquin. 1984. Observations and isolation of pseudopicornavirus from sick turkeys. *Avian Pathol* 13:377 - 388.

[2]Andral,B. ,M. Lagadic,C. Louzis, J. P. Guillou, and J. M. Gourreau. 1987. Fulminating disease of guinea fowl: Aetiological studies. *Point Veterinaire* 19:515 - 520.

[3]Chooi, K. F. and U. Chulan. 1985. Broiler runting/stunting syndrome in Malaysia. *Vet Rec* 116:354

[4]Decaesstecker, M. and G. Meulemans. 1989. Antigenic relationships between fowl enteroviruses. *Avian Pathol* 18:715 - 723.

[5]Decaesstecker, M. , G. Charlier, and G. Meulemans. 1986. Significance of parvoviruses,entero-like viruses and reoviruses in the aetiology of the chicken malabsorption syndrome. *Avian Pathol* 15:769 - 782.

[6]Decaesstecker, M. , G. Charlier, J. Peeters, and G. Meulemans. 1989. Pathogenicity of fowl enteroviruses. *Avian Pathol* 18:697 - 713.

[7]Despins,J. L. ,R. C. Axtell,D. V. Rives, J. S. Guy, and M. D. Ficken, 1994. Transmission of enteric pathogens of turkeys by darkling beetle larva (Alphitobices diaperinus). *J Appl Poultry Res* 3:61 - 65.

[8]Els, H. J. and D. Gosling, 1998. Viruses and virus - like particles identified in ostrich gut contents. *J S African Vet Assoc* 69:74 - 80.

[9]Frazier, J. A. and R. L. Reece. 1990. Infectious stunting syndrome of chickens in Great Britain: Intestinal ultrastructural pathology. *Avian Pathol* 19:759 - 777.

[10]Frazier, J. A. , K. Howes, R. L. Reece, A. W. Kidd, and D. Cavanagh. 1990. Isolation of non-cytopathic viruses implicated in the aetiology of nephritis and baby chick nephropathy and serologically related to avian nephritis virus. *Avian Pathol* 19:139 - 160.

[11]Goodwin, M. A. , J. F. Davis, M. S. McNulty, J. Brown, and E. C. Player. 1993. Enteritis (so - called runting stunting syndrome) in Georgia broiler chicks. *Avian Dis* 37:451 - 458.

[12]Gough, R. E. , D. J. Alexander, M. S. Collins, S. A. Lister, and W. J. Cox. 1988. Routine virus isolation or detection in the diagnosis of diseases in birds. *Avian Pathol* 17:893 - 907.

[13]Gough, R. E. , M. S. Collins, D. J. Alexander, and W. J. Cox. 1990. Viruses and virus - like particles detected in samples from diseased game birds in Great Britain during 1988. *Avian Pathol* 19:331 - 343.

[14]Guy, J. S. and H. J. Barnes. 1991. Partial characterization of a turkey enterovirus - like virus. *Avian Dis* 35:197 - 203.

[15]Guy, J. S. , A. M. Miles, L. G. Smith, S. Schultz -Cherry, and F. J. Fuller. 2004. Antigenic and genomic characterization of turkey enterovirus-like virus (North Carolina, 1988 isolate): identification of the virus as turkey astrovirus 2. *Avian Dis* 48:206 - 211.

[16]Hayhow, C. S. and Y. M. Saif. 1993a. Development of an antigencapture enzyme-linked immunosorbent assay for detection of enterovirus in commercial turkeys. *Avian Dis* 37:375 - 379.

[17]Hayhow, C. S. and Y. M. Saif. 1993b. Experimental infection of specific pathogen free turkey poults with single and combined enterovirus and group A rotavirus. *Avian Dis* 37:546 - 557.

[18]Hayhow, C. S. , A. V. Parwani, and Y. M. Saif, 1993a. Single-stranded genomic RNA from turkey enterovirus-like virus. *Avian Dis* 37:558 - 560.

[19]Hayhow, C. S. , Y. M. Saif, K. M. Kerr, and R. E. Whitmoyer. 1993b. Further observations on enterovirus infection in specific pathogen free turkey poults. *Avian Dis* 37:124 - 134.

[20]Imada, T. , S. Yamaguchi, M. Mase, K. Tsukamoto, M. Kubo, and A. Morooka. 2000. Avian nephritis virus (ANV) as a new member of the family Astroviridae and construction of infectious ANV cDNA. *J Virol* 74: 8487 -8493.

[21]King, A. M. Q. , F. Brown, P. Christian, T. Hovi, T. Hyypiä, N. J. Knowles, S. M. Lemon, P. D. Minor, A. C. Palmenberg, T. Skern, and G. Stanway. 2000. Picornaviridae. In M. H. V. van Regenmortel, C. M. Fauquet, D. H. L. Bishop, E. B. Carstens, M. K. Estes, S. M. Lemon, J. Maniloff, M. A. Mayo, D. J. McGeogh, C. R. Pringle, and R. B. Wickner (eds.). Virus Taxonomy: Seventh Report of the International Committee on Taxonomy of Viruses. Academic Press: San Diego, CA, 657 - 678.

[22]Koci, M. D. , B. S. Seal, and S. Schultz-Cherry. 2000. Molecular characterization of an avian astrovirus. *J Virol* 74:6173 - 6177.

[23]Lavazza, A. , S. Pascucci, and D. Gelmetti. 1990. Rod - shaped viruslike particles in intestinal contents of three avian species. *Vet Rec* 126:581.

[24]Marvil, P. , N. J. Knowles, A. P. A. Mockett, P. Britton, T. D. K. Brown, and D. Cavanagh. 1999. Avian encephalomyelitis virus is a picornavirus and is most closely related to hepatitis A virus. *J Gen Virol* 80:653 - 662.

[25]McNeilly, F. , T J. Connor, V. M. Calvert, J. A. Smyth, W. L. Curran, A. J. Morley, D. Thompson, S. Singh, J. B. McFerran, B. M. Adair, and M. S. McNulty. 1994. Studies on a new enterovirus-like virus isolated from chickens. *Avian Pathol* 23:313 - 327.

[26]McNulty, M. S. , W. L. Curran, D. Todd, and J. B. McFerran. 1979. Detection of viruses in avian faeces by direct electron microscopy. *Avian Pathol* 8:239 - 247.

[27]McNulty, M. S. , G. M. Allan, T. J. Connor, J. B. McFerran, and R. M. McCracken, 1984. An entero - like virus associated with the runting syndrome in broiler chickens. *Avian Pathol* 13:429 - 439.

[28]McNulty, M. S. , G. M. Allan, and J. B. McFerran. 1987. Isolation of a novel avian entero - like virus. *Avian Pathol* 16:331 - 337.

[29]McNulty, M. S. , T J. Connor, F. McNeilly, and J. B. McFerran. 1990. Biological characterisation of avian enteroviruses and enteroviruslike viruses. *Avian Pathol* 19:75 - 87.

[30]McOrist, S. , D. Madill, M. Adamson, and C. Philip. 1991. Viral enteritis in cockatoos (Cacatua spp.). *Avian Pathol* 20:531 - 539.

[31]Pascucci, S. and A. Lavazza. 1994. A survey of enteric viruses in commercial avian species: Experimental studies of transmissible enteritis of guinea fowl. In M. S. McNulty and J. B. McFerran (eds.). New and Evolving Virus Diseases of Poultry. Commission of the European Communities: Brussels, Belgium, 225 -241.

[32]Qureshi, M. A. , M. Yu, and Y. M. Saif, 2000. A novel "small round virus" inducing poult enteritis and mortality syndrome and associated immune functions. *Avian Dis* 44:275 - 283.

[33]Reynolds, D. L. , Y. M. Saif, and K. W. Theil. 1987. A survey of enteric viruses of turkey poults. *Avian Dis* 31: 89 - 98.

[34]Saif, L. J. , Y. M. Saif, and K. W. Theil. 1985. Enteric viruses in diarrheic turkey poults. *Avian Dis* 29:798 - 811.

[35]Saif, Y. M. , L. J. Saif, C. L. Hofacre, C. Hayhow, D. E. Swayne, and R. N. Dearth. 1990. A small round virus as-

sociated with enteritis in turkey poults. *Avian Dis* 34：762 - 764.

[36]Shirai, J. , K. Nakamura, K. Shinohara, and H. Kawamura. 1991. Pathogenicity and antigenicity of avian nephritis isolates. *Avian Dis* 35：49 - 54.

[37]Shirai, J. , N. Tanimura, K. Uramoto, M. Narita, K. Nakamura, and H. Kawamura. 1992. Pathologically and serologically different avian nephritis virus isolates implicated in etiology of baby chick nephropathy. *Avian Dis* 36：369 -377.

[38]Songserm, T, J. M. A. Pol, D. van Roozelaar, G. L. Kok, F. Wagenaar, and A. A. H. M. ter Huurne. 2000. A comparative study of the pathogenesis of malabsorption syndrome in broilers. *Avian Dis* 44：556 - 567.

[39]Spackman, D. , R. E. Gough, M. S. Collins, and D. Lanning. 1984. Isolation of an enterovirus - like agent from the meconium of deadin-shell chicken embryos. *Vet Rec* 114：216 - 218.

[40]Stanway, G. , F. Brown, P. Christian, T. Hovi, T Hyypia, A. M. Q. King, N. J. Knowles, S. M. Lemon, P. D. Minor, M. A. Pallansch, A. C. Palmenberg, and T. Skern. 2005. Picornaviridae. In：Virus taxonomy：eighth report of the International Committee on Taxonomy of Viruses. C. M. Fauquet, M. A. Mayo, J. Maniloff, U. Desselberger, and L. A. Ball, eds. Elsevier Academic Press, San Diego. 757 - 778.

[41]Swayne, D. E. , M. J. Radin, and Y. M. Saif. 1990. Enteric disease in specific pathogen free turkey poults inoculated with a small round turkey-origin enteric virus. *Avian Dis* 34：683 - 692.

[42]Takase, K. , K. Shinohara, M. Tsuneyoshi, M. Yamamoto, and S. Yamada, 1989. Isolation and characterization of cytopathic avian enteroviruses from broiler chicks. *Avian Pathol* 18：631~642.

[43]Todd, D. , J. H. Weston, K. A. Mawhinney, and C. Laird. 1999. Characterization of the genome of avian encephalomyelitis virus with cloned cDNA fragments. *Avian Dis* 43：219 - 226.

[44]Wylie, S. L. and D. A. Pass. 1989. Investigations of an enteric infection of cockatoos caused by an enterovirus-like agent. *Aust Vet J* 66：321 - 324.

[45]Yu, M. , M. M. Ismail, M. A. Qureshi, R. N. Dearth, H. J. Barnes, and Y. M. Saif, 2000a. Viral agents associated with poult enteritis and mortality syndrome：The role of a small round virus and a turkey coronavirus. *Avian Dis* 44：297 - 304.

[46]Yu, M. , Y. Tang, M. Guo, Q. Zhang, and Y. M. Saif.

2000b. Characterization ora small round virus associated with the poult enteritis and mortality syndrome. *Avian Dis* 44：600 - 610.

火鸡凸隆病毒感染

Turkey Torovirus Infection

D. L. Reynolds 和 A. Ali

引　言

凸隆病毒属套式病毒目冠状病毒科凸隆病毒属[13,15]。基因组比较分析发现，凸隆病毒应归于冠状病毒的一个亚科，或者是套式病毒目的一个科[14]。第一个被确定的凸隆病毒是伯尔尼病毒（Berne virus），是 20 世纪 80 年代早期从一匹马中分离到的，是迄今唯一能在细胞（马上皮细胞）培养物上增殖的凸隆病毒[15,33]。此后，先后从人、狗、牛（牛布里达病毒 1 型和布里达病毒 2 型）和猪等腹泻/肠炎病例中分离到凸隆病毒[12,16~19,23,24,28,29,34]。最近，从腹泻的小火鸡中检出一种此前曾被认为是矮小综合征因子（SSA）的肠病毒[2]，现已确定为凸隆病毒。火鸡凸隆病毒与分离自其他动物的凸隆病毒之间的关系还未明确。此外，该病毒感染对火鸡养殖业造成的经济影响也不清楚。

历　史

矮小综合征（SS）是发生在幼禽的一种疾病，以下痢、增重缓慢、生产性能较差为特征[11,22,24,35]。小火鸡矮小综合征曾被称为吸收不良综合征、小火鸡肠炎、火鸡病毒性肠炎等[24]。许多传染性因子（包括病毒、细菌、寄生虫）和非传染性因子都与这一疾病有关[24]。20 世纪 90 年代早期，曾在实验条件下复制出该病。随后，用含有病原因子（现在已知是火鸡凸隆病毒）的接种物建立了一种疾病模型[10]，并用这一实验模型确定了火鸡矮小综合征的特征。在确定该病几年后，病原因子才被分离出来并进行鉴定[7]。发生矮小综合征的小火鸡表现为增重减慢、下痢、双糖酶活性下降及饲料转化率降低[9~11]。该综合征是由一种病毒引起的,这一病毒最初被称为矮小综合征因子(SSA)。对SSA进一步鉴定揭示,其理化特性与凸隆病毒一致[5]。此外,还发现SSA在抗原性和基因组结构方面与其他已知的禽病病原体(包括肠道冠状病毒、传染性支气管炎病毒及新城疫病毒等)不同[6]。最近的研究表明,SSA的基因序列与伯尔尼病毒的聚合酶蛋白基因非常相似。伯尔尼病毒是凸隆病毒属的成员之一(Ali and Reynolds,未发表资料)。根据该病毒的理化性质及最近获得的基因序列资料,可以认为SSA就是火鸡凸隆病毒。

发生与分布

因为火鸡凸隆病毒最近才被确定为火鸡矮小综合征的致病因子,所以关于此病毒在火鸡和其他禽类中流行情况的资料很少。现已建立起一种直接和间接免疫荧光实验,分别用以检测肠组织中的凸隆病毒抗原和抗凸隆病毒血清抗体[27],并用于美国火鸡群的血清学调查[26]。研究结果表明,患有肠道疾病(即矮小综合征)的火鸡中有30%呈凸隆病毒阳性。此外,从以色列的火鸡群中亦已检测到抗凸隆病毒的血清抗体。上述结果证实,美国以外的其他国家及地区也有凸隆病毒的存在。

由火鸡凸隆病毒感染引起的肠道疾病通常发生于3周龄内的小火鸡。日龄较大的火鸡虽亦易感,但其减重和肠道症状轻微或无临床症状。

现在还不清楚凸隆病毒感染火鸡是否带毒和排毒,以及是否可经蛋传播。另外,火鸡凸隆病毒在周围环境中的存活机制也尚不清楚。鸡和鸡胚对火鸡凸隆病毒不易感。

病 原 学

透射电镜观察发现,火鸡凸隆病毒具有囊膜,直径约为60~95nm[2]。随该病毒在镜下的方位的不同,核衣壳可呈哑铃形、肾形或逗点状,囊膜表面有纤突(图12.17)。

火鸡凸隆病毒在4℃或室温下能凝集大鼠红细胞,但不能凝集鸡、火鸡、兔、小鼠、豚鼠、猫、马、狗、绵羊及牛的红细胞。凸隆病毒用乙醚处理

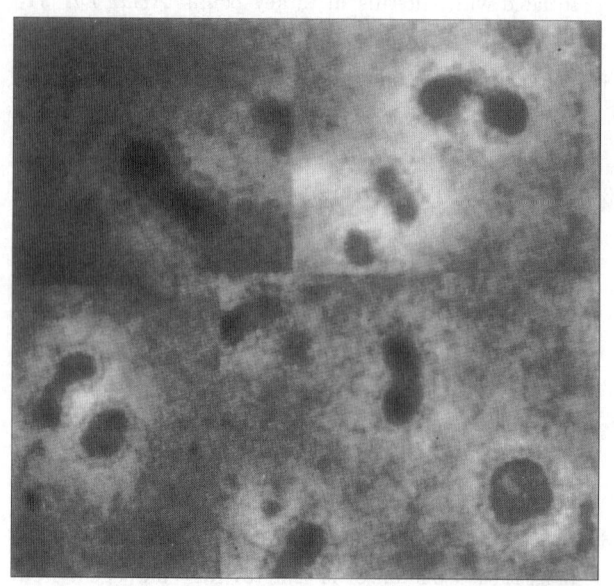

图12.17 火鸡凸隆病毒的4幅电镜照片。注意病毒囊膜表面有纤突,根据病毒排列方位不同,核衣壳形态不同。病毒粒子的大小为60~95nm

后失去感染力,但在pH3.0的酸性条件下于37℃作用1h仍然保持稳定。在pH10.0的条件下可使之失活。该病毒能抵抗脱氧胆酸钠和磷酸酯酶C的作用,而用胰蛋白酶、胰凝乳蛋白酶和胰酶处理后,其感染力增强。纯化的病毒基因组对RNA酶敏感,其3'末端似乎是多聚腺苷酸[5]。火鸡凸隆病毒基因组的部分序列与凸隆病毒属成员之一的伯尔尼病毒聚合酶蛋白基因有关(Ali and Reynolds,未发表资料)。

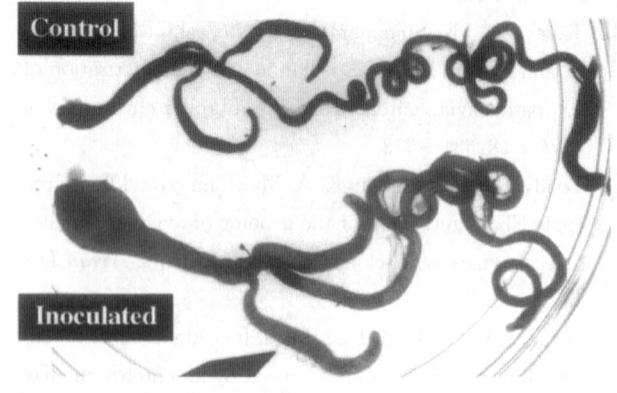

图12.18 27日龄(出壳前夕)的火鸡胚肠道照片。图上方为正常对照胚的肠道,下方为攻毒接种胚的肠道。感染胚的肠管扩张,内充满含有凸隆病毒的液体。(Avian Disease)

火鸡凸隆病毒能在原代火鸡肠上皮细胞培养物上增殖[1,2],经羊膜腔途径接种也能在23~24日龄火鸡胚中增殖[3]。凸隆病毒仅在火鸡胚肠内复制增

殖，可通过免疫荧光或 RT－PCR 进行检测。凸隆病毒在胚胎内的复制可导致肠腔内聚集大量的液体（图 12.18），肠内麦芽糖酶活性降低及 D-木糖吸收减少。

发病机理和流行病学

已知火鸡凸隆病毒可感染火鸡，但鸡对此病毒感染有抵抗力。火鸡凸隆病毒感染引起的临床疾病主要见于几周龄以内小火鸡。大于 4 周龄的火鸡虽可感染，但临床症状轻微或不表现临床症状。凸隆病毒感染的小火鸡，临床症状通常可持续 7～10 天，包括下痢、排出稀松和泡沫样粪便，内含未消化的饲料，精神沉郁和啄食垫草。最受关注的是感染火鸡体重增长缓慢（发育迟缓），饲料转化率低及由此造成的经济损失[11]。本病发病率高，而死亡率一般较低，与未感群相比，感染火鸡群大小不一（图 12.19）和生长停滞。感染小火鸡的肠道双糖酶活性和 D-木糖吸收能力都有所降低。对火鸡凸隆病毒实验研究证明，1 日龄火鸡口服经梯度纯化的病毒液可导致增重缓慢、腹泻、肠双糖酶（如麦芽糖酶、蔗糖酶等）的活性降低及 D-木糖的吸收减少[2]。在接种后 2～3 天可检测到肠道麦芽糖酶活性的降低，并可持续 10～14 天。感染雏的肠壁变薄、苍白，肠道内容物水样并含有未消化的饲料；盲肠扩张，内有棕褐色的稀溏泡沫样内容物。用纯化病毒实验感染的小火鸡，与用感染小火鸡的肠匀浆接种感染的小火鸡相比，其病程较短、症状较轻，这证明其他因子（如细菌及其他微生物）对本病的发生也有影响[31]。

以凸隆病毒经羊膜腔途径接种 23～24 日龄火鸡胚，所引发的疾病与凸隆病毒感染小火鸡的疾病相似，肠内积聚大量的液体（图 12.18）、肠麦芽糖酶的活性降低和 D-木糖的吸收减少等是该病毒感染的典型症状[3]。感染火鸡胚的肠壁变薄、苍白易碎，内充满含有凸隆病毒的黄白色至绿色的液体，肠内液体量随接种后时间的延长而增多。组织学检查，肠细胞变化轻微，有时并不明显。

如前所述，感染火鸡凸隆病毒的小火鸡发生腹泻。同样，感染凸隆病毒的火鸡胚肠道内也积聚大量的液体，积液量通过称重的方法容易进行测量，这是量化腹泻的一个有用指标。感染小火鸡和火鸡

胚肠道内过量液体积聚的机理还不清楚。凸隆病毒感染引起腹泻可能是由于肠上皮的损伤而导致未消化和未吸收的饲料积聚于肠腔内，由于渗透压的作用使水穿过肠壁而进入肠腔内，从而导致液体丢失。但应该注意到，实验感染凸隆病毒的火鸡胚，肠道损伤即使有，但也很轻微（即组织学检查其肠道表现正常）。此外，火鸡胚的肠腔内没有饲料，因此不可能存在渗透作用的影响。这些观察资料说明，在火鸡凸隆病毒感染期间，体液丢失还可能存在其他机制。最近的实验研究表明，在火鸡凸隆病毒感染期间，免疫细胞或其产物与体液丢失有关[4]。火鸡胚用环磷酰胺处理缺失免疫细胞后在感染火鸡凸隆病毒，结果这些火鸡胚与感染病毒的正常火鸡胚相比，分泌进入肠腔内的液体要少得多。此外还发现，与对照组相比，感染胚的肠道上皮细胞内合成前炎性细胞因子（包括如白介素-8、肿瘤坏死因子、巨噬细胞-单核细胞炎性蛋白）的 mRNA 的水平较高[7]。这些发现说明，免疫细胞可能被吸引至遭病毒损害部位（即肠道），这些细胞或其产物在凸隆病毒性肠道疾病的病理生理学方面起着某种作用。此外，火鸡凸隆病毒引发的小火鸡和火鸡胚的感染导致上皮间淋巴细胞的激活（代谢增强、丝氨酸酯酶水平提高—这些酶在激活的细胞毒性淋巴细胞胞浆内的浓度较高）。这些结果进一步提示，免疫细胞（包括肠上皮间淋巴细胞）在火鸡凸隆病毒感染期间被激活，并可能是引起感染期间腹泻和体液丢失的原因。

在火鸡凸隆病毒感染期间，感染火鸡胚和小火鸡的肠道双糖酶（如麦芽糖酶、蔗糖酶）也会减少。活性双糖酶正常情况下存在于绒毛顶端成熟肠上皮细胞的刷状缘的膜内[30]。双糖在被吸收前，需要这些双糖酶消化为相应单糖才能被上皮细胞吸收。酶活性降低的机理还不清楚。在火鸡凸隆病毒感染期间，成熟肠上皮细胞损伤很小或几乎没有损伤。用凸隆病毒人工感染火鸡胚期间，采用竞争 RT－PCR 检测发现，对照组和实验组的上皮细胞内合成蔗糖-异麦芽糖酶的 mRNA 水平相近[4]。

这一发现说明，双糖酶活性降低的机理是超出转录后水平，而这种阻断机理尚不清楚。曾有报道，一些淋巴因子可影响某些细胞内的双糖酶活性[20,21]。在我们的研究中，用火鸡凸隆病毒接种有细胞免疫缺陷（用环磷酰胺处理）的火鸡胚，尽管病毒在肠上皮内复制，肠内麦芽糖酶的活性并无明

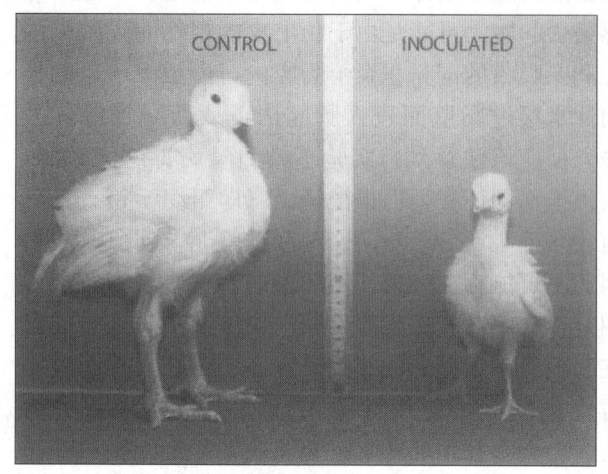

图 12.19 完全同等条件下饲养的同批小火鸡。左图为正常对照小火鸡，右图为罹患小火鸡矮小综合征（即凸隆病毒感染）的小火鸡，其体形较小。（经爱尔华州立大学 Jerry Sell 同意）

显降低。从这些发现可以推论，免疫细胞或其产物也可能在病毒感染后肠道麦芽糖酶活性降低的机理中起着某种作用。

已有报道，含有包括火鸡凸隆病毒在内的肠道病毒性病原的接种物中，细菌的存在可加剧肠道疾病的严重性和延长其病程[31]，而何种细菌可加剧肠道疾病的严重性及其产生此附加效应的机理则尚未明了[8]。在肠道疾病的发生上，其他肠道致病因子（即病毒、寄生虫等）之间是否存在协同作用亦还不清楚

诊　断

几种方法可用于火鸡凸隆病毒感染的诊断。可采用直接电镜检测盲肠内容物，但需考虑多种因素的影响。凸隆病毒是一种有囊膜的病毒，因此临床样本（肠道或粪便）的冻融通常会引起纤突丢失，给病毒的鉴定以及与细胞膜碎片的鉴别带来困难。凸隆病毒存在于肠上皮细胞中，可能需要浓缩大量的临床样本才能检测到肠道或粪便中的病毒。已经证实，感染后 3～9 天小火鸡脱落的肠上皮细胞中有病毒存在[2]。

采用直接荧光抗体实验（FA）可检测到肠上皮细胞内的凸隆病毒抗原[27]，含病毒抗原的细胞分布于肠绒毛的中部。凸隆病毒接种感染后 2～12 天，于其肠上皮细胞内都可发现该病毒抗原。凸隆

病毒感染也可采用间接荧光抗体（IFA）试验检测血清中的抗体进行诊断。在进行 IFA 检测时，感染小火鸡是较好的病毒抗原来源，因为与感染火鸡胚相比，感染小火鸡肠道的非特异性荧光（背景）较弱。在实验条件下，用 IFA 在接种后 5 天即可检出火鸡凸隆病毒特异性抗体；而在现场，曾从 25 周龄的火鸡群血清中检测到凸隆病毒特异抗体。

已建立一种用于检测火鸡凸隆病毒的 RT-PCR，并已于实验条件下用于该病毒的检测（Ali 和 Doyndd，未发表资料），进一步完善后可用于凸隆病毒临床检测。

火鸡凸隆病毒可通过羊膜腔途径接种 23～24 日龄的火鸡胚进行分离[3]，接种胚继续孵化 96h 后观察其病变及测定其肠内麦芽糖酶活性，表现为肠内积液和麦芽糖酶活性下降。凸隆病毒感染肠道（及内容物）可能需在火鸡胚上盲传几代才能观察到病变。可直接通过电镜检查肠积液中的凸隆病毒。虽然原代肠上皮细胞培养对病毒复制敏感，但作为火鸡凸隆病毒的常规分离方法还有一定的难度，因为体外维持这些细胞很困难，并且它们对接种物中的有毒物质非常敏感[1]。

治疗、预防与控制

目前尚无用于预防和控制火鸡凸隆病毒感染的疫苗。该病常发生于 1～2 周龄内小火鸡，因此出壳后疫苗免疫可能没有足够的时间产生保护性免疫。小火鸡对凸隆病毒感染有年龄易感性（见前述），也就是说，刚孵出几天雏火鸡感染后发病最严重，而日龄较大时感染（即 4 周龄后），则临床发病轻微或不表现临床症状。因此，最有效的预防措施使雏鸡早期获得保护。人工被动免疫在实验条件下是有效的[25]。小火鸡 1 日龄注射抗火鸡凸隆病毒抗体，1 天后用凸隆病毒攻毒，比注射非特异抗体或没有注射抗体小火鸡的增重效果好得多。被动获得的抗体虽不能预防凸隆病毒感染，但可大大减轻疾病的严重性和缩短病程。这些研究说明，通过免疫母火鸡或以人工方法使小火鸡获得被动免疫力可能是预防或治疗凸隆病毒疾病的一种可行的途径。

应该采取良好的管理措施以减少或杜绝小火鸡接触感染凸隆病毒。据报道，应用肠道抗生素可减

轻矮小综合征的严重程度和缩短病程[32]。此外，也有报道称，给予特殊的饲料或营养亦有良好的效果[9]。应该注意的是，这些研究是用含有凸隆病毒及其他未确定因子（如细菌等）作为感染材料进行的，这些治疗措施的效果并不是直接作用于凸隆病毒，而很可能是作用于对临床症状有影响的细菌或其他因子所致。

苏敬良　凌育燊　黄爱芳　译

吴培福　郭玉璞　校

参考文献

[1] Ali, A. and D. L. Reynolds. 1996. Primary cell culture of turkey intestinal epithelial cells. *Avian Dis* 40(1):103 - 108.

[2] Ali, A. and D. L. Reynolds. 1997. Stunting syndrome in turkey poults: isolation and identification of the etiologic agent. *Avian Dis* 41(4):870 - 881.

[3] Ali, A. and D. L. Reynolds. 1998. The *in vitro* propagation of stunting syndrome agent. *Avian Dis* 42(4):657 - 666.

[4] Ali, A. and D. L. Reynolds. 1999. *Pathophysiology of an enteric virus in a turkey embryo model: the stunting syndrome agent and sucrase-isomaltase expression*. Conference of Researchers in Animal Diseases, Chicago, IL.

[5] Ali, A. and D. L. Reynolds. 2000. Characterization of the stunting syndrome agent: physicochemical properties. *Avian Dis* 44(2):426 - 433.

[6] Ali, A. and D. L. Reynolds. 2000. Characterization of the stunting syndrome agent: relatedness to known viruses. *Avian Dis* 44(1):45 - 50.

[7] Ali, A. and D. L. Reynolds. 2000. *The pathophysiology of stunting syndrome disease of turkeys: pro-inflammatory cytokines and intestinal epithelium*. Proceedings of the 49th Western Poultry Disease Conference. , Sacramento, CA.

[8] Angel, C. R. , J. L. Sell, *et al*. 1990. Long-segmented filamentous organisms observed in poults experimentally infected with stunting syndrome agent. *Avian Dis* 34(4): 994 - 1001.

[9] Angel, C. R. , J. L. Sell, *et al*. 1992. Dietary effects on stunting syndrome in poults. *Poult Sci* 71(5):859 - 871.

[10] Angel, C. R. , J. L. Sell, *et al*. 1990. Stunting syndrome in turkeys. Development of an experimental model. *Avian Dis* 34(2):447 - 453.

[11] Angel, C. R. , J. L. Sell, *et al*. 1990. Stunting syndrome in turkeys: physical and physiological changes. *Poult Sci* 69 (11):1931 - 1942.

[12] Beards, G. M. , D. W Brown, *et al*. 1986. Preliminary characterisation of torovirus-like particles of humans: comparison with Berne virus of horses and Breda virus of calves. *J Med Virol* 20(1):67 - 78.

[13] Brian, D. A. and R. S. Baric. 2005. Coronavirus genome structure and replication. *Curr Top Microbiol Immunol* 287:1 - 30.

[14] Gonzalez, J. M. , P Gomez-Puertas, *et al*. 2003. A comparative sequence analysis to revise the current taxonomy of the family Coronaviridae. *Arch Virol* 148(11):2207 - 2235.

[15] Horzinek, M. C. and M. Weiss. 1984. Toroviridae: a taxonomic proposal. *Zentralbl Veterinarmed* 31（B）:649 - 659.

[16] Koopmans, M. and M. C. Horzinek. 1994. Toroviruses of animals and humans: a review. *Adv Virus Res* 43:233 - 273.

[17] Koopmans, M. , L. van Wuijckhuise-Sjouke, *et al*. 1991. Association of diarrhea in cattle with torovirus infections on farms. *Am J Vet Res* 52(11):1769 - 1773.

[18] Koopmans, M. P. , E. S. Goosen, *et al*. 1997. Association of torovirus with acute and persistent diarrhea in children. *Pediatr Infect Dis J* 16(5):504 - 507.

[19] Kroneman, A. , L. A. Cornelissen, *et al*. 1998. Identification and characterization of a porcine torovirus. *J Virol* 72(5):3507 - 3511.

[20] McKay, D. M. and M. H. Perdue. 1993. Intestinal epithelial function: the case for immunophysiological regulation. Cells and mediators (1). *Dig Dis Sci* 38(8):1377 - 1387.

[21] McKay, D. M. and M. H. Perdue. 1993. Intestinal epithelial function: the case for immunophysiological regulation. Implications for disease (2). *Dig Dis Sci* 38(9): 1735 - 1745.

[22] McLoughlin, M. F. , D. A. McLoone, *et al*. 1987. Runting and stunting syndrome in turkeys. *Vet Rec* 121(25 - 26): 583 - 586.

[23] Penrith, M. L. and G. H. Gerdes. 1992. Breda virus-like particles in pigs in South Africa. *J S Afr Vet Assoc* 63 (3):102.

[24] Reynolds, D. 1992. Enteric virus infections of young poultry. *Poultry Science Rev* 4:197 - 212.

[25] Reynolds, D. , S. Akinc, *et al*. 2000. Passively administered antibodies alleviate stunting syndrome in turkey poults. *Avian Dis* 44(2):439 - 442.

[26] Reynolds, D. , J. Oesper, *et al*. 1999. *A survey study for the stunting syndrome agent in turkeys*. The 50th North Central Avian Disease Conference, Minneapolis, MN.

[27]Reynolds, D. L., J. Oesper, *et al*. 2000. The fluorescent antibody and indirect fluorescent antibody assays for diagnosing stunting syndrome of turkeys. *Avian Dis* 44 (2):313 - 317.

[28]Scott, A. C., M. J. Chaplin, *et al*. 1987. Porcine torovirus? *Vet Rec* 120(24):583.

[29]Scott, F. M., A. Holliman, *et al*. 1996. Evidence of torovirus infection in diarrhoeic cattle. *Vet Rec* 138(12):284 - 285.

[30]Sell, J. L., O. Koldovsky, *et al*. 1989. Intestinal disaccharidases of young turkeys: temporal development and influence of diet composition. *Poult Sci* 68(2):265 - 277.

[31]Sell, J. L., D. L. Reynolds, *et al*. 1992. Evidence that bacteria are not causative agents of stunting syndrome in poults. *Poult Sci* 71(9):1480 - 1485.

[32]Trampel, D. W. and J. L. Sell. 1994. Effect of bacitracin methylene disalicylate on turkey poult performance in the presence and absence of stunting syndrome. *Avian Dis* 38(1):86 - 92.

[33]Weiss, M., F. Steck, *et al*. 1983. Purification and partial characterization of a new enveloped RNA virus(Berne virus). *J Gen Virol* 64 (Pt 9):1849 - 1858.

[34]Woode, G. N., D. E. Reed, *et al*. 1982. Studies with an unclassified virus isolated from diarrheic calves. *Vet Microbiol* 7(3):221 - 240.

[35]Wyeth, P. J. and N. J. Chettle. 1985. Infectious stunting syndrome: evidence of vertical transmission. *Vet Rec* 117 (18):465 - 467.

水禽病毒性感染

Viral Infections of Waterfowl

引言

Peter R. Woolcock

　　本章主要讨论感染水禽的病毒性疾病，包括以下疾病：

　　·鸭肝炎　为雏鸭的主要疾病之一，由 1、2、3 型 3 种不同的鸭肝炎病毒（DHV）引起。从上一版之后，已有 DHV-1 的分子生物学研究资料。

　　·鸭病毒性肠炎（DVE）　对商品水禽和野生水禽都具有潜在的威胁。近期有关 PCR 检测病毒已取得进展[25,52,54,77]，这对于疾病的快速诊断，特别是野生和观赏禽疾病快速诊断有很大的帮助。PCR 也有助于研究病毒的致病机制及该病毒的潜伏感染。

　　·鹅和番鸭细小病毒感染　分子生物学研究表明，虽然番鸭细小病毒（MDVP）与鹅细小病毒（GPV）关系密切，但也有所不同，二者引起的疾病不同。美国也发现了 MDPV 感染[76]。

　　·鹅出血性多瘤病毒（GHPV）　可引起鹅出血性肾炎肠炎（HNEG），这是一种新确定的鹅病毒性疾病[24]。

　　对其他与水禽有关的病毒感染在前言这一部分都加以介绍，包括可感染水禽，但不一定引起发病的病毒。

　　相对于家禽疾病来说，人们对水禽病毒性感染的兴趣更多样化，主要集中在 3 个方面：①与商业养殖有关；②与野生水禽有关；③迁徙水禽可将疾病传染给商品水禽和家禽。

　　与水禽有关的 RNA 病毒包括：小 RNA 病毒科（1 和 3 型 DHV）、星状病毒科（2 型 DHV）、副黏病毒科（禽肺病毒和禽副黏病毒）、正黏病毒科（禽流感）、黄病毒科（西尼罗病毒）和呼肠孤病毒科（番鸭呼肠孤病毒）。DNA 病毒包括：疱疹病毒科（DVE 和 GHV）、腺病毒科（鸭腺病毒）、圆环病毒科（鸭和鹅类圆环病毒感染）、嗜肝 DNA 病毒科（鸭乙型肝炎病毒）、细小病毒（MDPV 和 GPV）和多瘤病毒（GHPV）。

　　本章不包括水禽的致瘤病毒。

禽副黏病毒

　　禽副黏病毒（APMV）1、4、6、8 和 9 型可感染水禽，但一般认为没有致病性。有报道从水禽中分离到病毒[23,55,60,58,26,30,13]，也有报道从水禽中检测到抗体[9,10,29,47]。

　　2001 年 Chang 等报道了 1 株分自鸭的无致病性 APMV 6 的全基因组序列[14]。

　　2005 年 Zou 等[78]和 Jinding 等[36]报道中国的 1 型 APMV 对鹅具有高致死率。

　　有关 APMVs 请参见第 3 章。

禽偏肺病毒

　　禽偏肺病毒（aMPV）为副黏病毒科的一群新成员[53]。1980 年代后期首次分离到[21]。与火鸡养殖业关系最为密切，美国 1996 年才检测到该病毒[59]。因为与欧洲的 A 和 B 型不同，美国的火鸡 aMPV 分离株命名为 C 型[57]。法国的鸭源分离株也归属于 C 亚群[73]，但 Toquin 等 2006 年证明欧洲和美国的 C 亚群病毒属于不同的遗传分支[74]。

1999 年 Toquin 等[73]从 42 周龄番鸭分离到一株肺病毒，临床表现为持续 7 天咳嗽，随后 2 周出现产蛋下降，死亡率约 2%。大体病变为全身充血和脾肿大，组织学检查还可见有气管炎。采用 Vero 细胞从气管拭子中分离到该病毒。传一代后出现细胞病变，病变特征为细胞肿胀、脱落和形成合胞体。应用抗肺病毒多价血清对细胞培养物进行间接免疫荧光染色（IFA），结果为阳性，该血清是用 SPF 火鸡同时接种 4 株 aMPV 制备。利用 RT - PCR 确诊该分离毒为肺病毒，该方法主要针对 N 基因，可用于 aMPV 的诊断，但不能确定病毒的亚型。应用抗 aMPV 单因子血清进行 ELISA 和 IFA 试验，结果同 A 亚型、B 亚型和非 A 非 B 亚型抗血清相比，番鸭分离株与 aMPV 科罗拉多株抗血清反应最强。采用 RT - PCR 也证明与 aMPV 科罗拉多株关系最近，因为根据 G 蛋白基因设计的 A 和 B 亚型的特异性引物不能检测出该病毒。在这次发病过程中，这株 aMPV 分离株的致病作用需要做进一步的研究，因为同时也分离到鸭疫里默氏菌。随后，Jestin 等用该株 aMPV 人工感染 18 日龄 SPF 番鸭，在血清转阳之前有临床表现，这时也能同步从气管拭子中分离到病毒[35]。

从美国中北部的野鸭、野鹅和捕捉的哨兵动物的鼻气管拭子中检测到 aMPV RNA[63]。病毒核酸和氨基酸序列与火鸡 aMPV 同源性为 90%～95%。不清楚病毒是否是分离自这些病例。作者们认为野禽可能与火鸡 aMPV 传播有关。McComb 等[45]从明尼苏达中部与野生水禽混养在一起的 8 周龄哨兵鸭（野鸭）的鼻气管拭子中检测到 aMPV RNA。从一例病例鼻气管拭子中分离到 aMPV，推导的氨基酸序列与火鸡 aMPV MN/2A 株的同源性为 96%。作者也曾从加拿大鹅、兰翅水鸭和雪鹅的鼻咽拭子中检测到 aMPV RNA，但未分离到病毒[45]。他们认为 aMPV 在自然界的分布比想象的要广。

实验研究发现，10 日龄商品鸭口服或滴鼻-点眼感染明尼苏达 aMPV 分离株后临床表现正常，但在感染后 3～21 天，可从感染鸭组织中检测到 aMPV RNA，也可以从感染鸭中再分离到 aMPV[48]。

将 aMPV 阴性野鸭放到临近严重暴发 aMPV 感染的火鸡群旁边并未引起临床发病，但 2 周后从

咽喉拭子中分离到病毒，4 周后检测到抗体。结果表明火鸡和鸭的 aMPV 分离株来源相同，来源于不同品种的病毒可以发生交叉感染[61]。

Bennett 在 2002 年采用 RT - PCR 证明加拿大鹅（*Brannta candensis*）和翅水鸭（*Anas discors*）中检测到 aMPV[7]，但只从加拿大鹅中分离到病毒。因此 RT - PCR 检测病毒似乎更敏感。Bennett 等 2005 年[5]对病毒的基因组结构进行了研究，8 个基因中，除 1 个外，大小、序列和基因排列均与火鸡病毒相似。但黏附基因（G）编码 585 个氨基酸，比其他肺病毒和偏肺病毒的相应蛋白大，是其他 C 亚型病毒和人偏肺病毒 G 蛋白的 2 倍多，比 aMPVA、B 和 D 亚型 G 蛋白多 170 个氨基酸。虽然在火鸡中未检测到在 G 基因有大片段插入的病毒，但该病毒可以在人工感染火鸡的上呼吸道繁殖而不引起临床症状。该病毒可以水平传染给无免疫力的火鸡，感染后可诱导产生特异性的抗体。作者们认为这株病毒可能是一个商品火鸡的安全有效地疫苗株。

Shin 等 2001 年认为鸭可能 aMPV 的无症状携带者，是家养火鸡的潜在感染源[62]。

禽流感病毒

有关水禽流感病毒的报道一般是：水禽感染禽流感病毒一般不发生明显的疾病，但感染比较普遍[71]。从迁徙的水禽，特别是鸭中能分离到禽流感病毒。在 149 个鸭、鹅和天鹅品种中，至少有 30 种可分离到病毒[72]。

但自 2002 年末香港两个水禽公园的鹅、鸭和雁发生高致病性（H5N1）禽流感后，情况发生变化[18]。在这次暴发中，各种水禽的病理变化与鸡高致病性禽流感病毒感染相似[72]。

自 2002 年香港暴发 HPAI H5N1 以来，禽流感传遍了亚洲、欧洲和非洲部分地区。人们怀疑迁徙水禽在 H5N1 HPAI 传播中的作用。Chen 等[16]报道了 2005 年 5 月中国西部青海湖斑头雁（*Anser indicus*）暴发禽流感，1 500 多只死亡。

Hulse - Post 等报道[34] HPAI H5N1 在鸭中可回复为无致病性，因此，包括鸭在内的野生水禽看似未感染 H5N1，但仍然排毒，并使得病毒能够持续循环。Sturm - Ramirez 也有类似的报道[69]。

有关水禽 H5N1 HPAI 及其在病毒传播中的作用已有许多报道，详细内容见第 5 章。

西尼罗病毒

西尼罗病毒（WNV）为虫媒性黄病毒（黄病毒科）中日本脑炎病毒抗原群（Japanese encephalitis virus antigenic complex）的成员，可通过蚊子传染给多种哺乳动物和鸟类[39]。

该病毒自 1999 年从纽约开始流行引起野生美洲鸦（Corvus brachynchus）死亡后受到重视[50]，这是首次在北美洲检测到 WNV。在同一时间，许多野生鸟类、人、马[39,40,68]以及在纽约采集的动物园内哺乳动物和鸟类样品为 WNV 阳性[12]。

以色列和罗马尼亚曾报道过鸭和鹅暴发 WNV 感染[40,49,56]。在纽约暴发本病期间，Steel 等[68]检查了该市两个野生动物门诊部的鸟类，这些死亡或被施与安乐死的鸟类被怀疑感染了 WNV。这些消瘦的雁形目鸟类的病变包括脑出血、脾炎、脾肿大、肾炎和肾充血。本研究中检查了 3 只鸭子，包括 1 只野鸭和 2 只青铜羽鸭，应用免疫组化技术在野鸭的脑、心脏、肝脏、肾脏和胰腺中检测到大量的病毒抗原，肾上腺和肠道抗原量稍低。脑、心脏、脾脏、肝脏和肾脏分离病毒量超过 10^2 pfu/0.2mL。采用 RT-PCR 在这些组织中也检测到病毒。对青铜羽鸭组织仅进行了免疫组织化学检测，结果与野鸭相同。

Calle 等[12]报道，1999 年纽约暴发本病期间，1 只阿比西尼亚兰羽鹅（Cyanochen cyanopterus）、1 只玫瑰嘴鸭（Netta peposcaca）和 1 只家鹅（Anser anser）无症状表现，但 WNV 血清学转阳，家鹅和号手天鹅（Cygnus Cygnus buccinator）发病但可康复，没有鸟类死亡。

从纽约分离的 WNV 的 E 基因与 1998 年以色列的鹅分离株及 1996 年罗马尼亚分离株同源性极高[40,42]。

Swayne 等[70]在一项研究中发现，2 周龄鹅皮下接种 WNV 后，病毒可在其体内复制，感染后 1～5 天形成病毒血症，血浆稀释到 1∶10^6 后仍可检测到病毒。所有实验感染鹅都出现临床症状，典型的表现为精神沉郁、消瘦和活动减少，1 只鹅出现神经症状。感染鹅的组织学病变为脑炎和心肌炎。从脑和心脏分离到病毒。应用免疫组织化学从心脏、脑、胰腺、肾脏和肠道自主神经节细胞内（不同个体有所不同）检测到病毒抗原。作者认为本病对雏鹅有威胁，从血液中检出高滴度的病毒意味着雏鹅可成为病毒的一个增幅宿主，并传染给容许性蚊子媒介，病毒在雏鹅之间可通过密切接触传播。

Austin 等认为鹅群可以发生鹅与鹅之间的传播[1]。他们对加拿大 Manitoba 的一个鹅场进行了调查，该鹅场有不同日龄的不同鹅群血清阳性率超过通过蚊虫传播的预期。Banet-Noach 等证明 WNV 在鹅群中可以直接（无媒介）传播[4]。他们将 10 只皮下注射感染的鹅与 20 只健康鹅混合饲养于无昆虫的房间里，感染后 7～10 天，所有注射感染鹅产生抗体，8 只形成病毒血症并有 5 只死亡。3 只鹅通过泄殖腔和口腔排毒。感染后 10 天和 17 天，有 2 只接触感染鹅死亡，并且从另外 3 只鹅中分离到病毒。作者们认为这些结果充分说明商品群可发生水平传播，如果发生啄羽等更易加重传播。

有关 RT-PCR 检测 WNV 已有报道[8,40,56]。

番鸭和鹅呼肠孤病毒感染

已报道过番鸭呼肠孤病毒感染[37,43]，在法国该病是番鸭的一种主要病毒性疾病[41]。2～4 周龄鸭发病急、发病率高，死亡率可达到 10%。临床症状主要表现精神沉郁、腹泻和不愿活动。死亡鸭有纤维素性心包炎、脾脏大理石样、肝脏肿大、质脆[43,44]。组织学检查可见心包浆膜单核炎性细胞浸润并有纤维素性渗出，肝脏有坏死灶或者肝门区淋巴细胞和浆细胞浸润，脾脏网状细胞增生、淋巴缺失和局灶性坏死明显，腿腱腱鞘有渗出性炎症[44]。

交叉中和试验表明番鸭呼肠孤病毒与鸡呼肠孤病毒 S1133 抗原性不同[28]。

野鸭中也分离到 1 株呼肠孤病毒[46]。

Palya 等[51]2003 年报道了小鹅呼肠孤病毒感染发病。该病的特征为脾炎、肝炎，在急性期肝脏和脾脏有粟粒样坏死灶，亚急性和慢性病例伴有心包炎、关节炎和腱鞘炎。尽管之前多次从鹅分离到呼肠孤病毒，但一直没有发病的报道。该病主要发生于 2～20 周龄鹅。Banyai 等[5] 2005 年报道了鹅呼肠孤病毒（GRV）之间的遗传学差异。5 株 GRV 病毒的 S4 片段与番鸭呼肠孤病毒（DRV）具有很高的同源性。作者认为 GRV 和 DRV 与正呼肠孤病毒属 2 亚群的其他病毒属于不同的种。

Hollmen 等 2002 年报道从芬兰的绒鸭（*Somateria mollissima*）中分离到 1 株呼肠孤病毒[31]。利用番鸭胚成纤维细胞从法氏囊中分离到，但用 SPF 鸡胚未分离到病毒。雏野鸭试验感染后血清学转阳，未引起死亡，但剖检见部分鸭肝脏、脾脏和法氏囊局部出血。试验感染康复鸭血清不能抑制禽关节炎病毒（S1133）在番鸭胚成纤维细胞上繁殖。该病毒与 GRV 和 DRV 的关系未见报道。

鹅疱疹病毒（GHV）

澳大利亚曾发生一种疱疹病毒引起的家养鹅超急性疾病，24 天死亡率为 97%[38]。临床症状和大体病变与鸭肠炎病毒（DEV）感染相似。组织学检查可见感染鹅小肠黏膜淋巴集结有小的纽扣溃疡和大的病斑。肝脏有小的白色坏死灶和局灶性出血。显微镜下可见肝细胞有大量的核内包涵体。用不同的鸡和鸭胚细胞培养分离到一种疱疹病毒，该病毒不能被抗 DEV 血清中和。人工感染研究发现，该病毒可引起成年鹅 100% 死亡，1 日龄雏鸭的死亡率为 50%，4～6 周龄的商品雏鸭死亡率为 25%[38]。可是 Gough 和 Hanson[22] 认为北京鸭对 GHV 不敏感。

Gough 和 Hanson[22] 进行交叉保护试验发现，DVE 免疫的鹅、番鸭和北京鸭的死亡率分别为 100%、50% 和 0；反过来，免疫接种灭活的 GHV，用 DEV 攻毒，鹅和番鸭的死亡率为 100%，北京鸭为 80%。采用细胞培养与其他 5 种禽类疱疹病毒进行中和试验，分别是鹅 DEV、番鸭 DEV、传染性喉气管炎病毒、Pacheco 疱疹病毒和隼疱疹病毒，结果没有明显的交叉中和作用，说明 GHV 与 DVE 病毒是抗原性不同的病毒。采用限制性内切酶分析比较了 GHV 与 3 株不同的 DVE 病毒，结果证明 GHV 与 DVE 病毒完全不同。使用 2 对不同的 DVE 特异性引物进行 PCR 也证明 GHV 与

3 株 DVE 病毒不同。

腺 病 毒

鸭腺病毒 1 型，又称为禽腺病毒Ⅲ群、产蛋下降综合征、1976 病毒、EDS 禽腺病毒和产蛋下降综合征病毒（NCBI 和 ICTV 资料），属腺胸腺病毒属，鸭腺病毒 A 种。鸭和鹅是本病毒的自然宿主，但尚无证据表明该病毒可引起水禽发病。

从野鸭[46] 和番鸭[11] 中也分离到禽腺病毒，而且番鸭还出现死亡，但没有用这株初步命名为鸭腺病毒 2 型的分离株复制疾病。

未分类腺病毒

Hollmen 等 2003 年报道从阿拉斯加北海岸的 Beaufort 海的死亡长尾鸭（*Clangula hyemalis*）中分离到一株腺病毒[32]，并将该病毒注射长尾鸭中试验复制了该病。感染鸭未出现死亡，但出现胃肠炎症状，包括排水样粪便和粪便带血。感染鸭血清转阳。抗Ⅰ、Ⅱ 或Ⅲ 群禽腺病毒的标准血清不能中和该病毒，因此该分离株可能是一个新的血清型。

Hollmen 等[33] 还报道了一起绒鸭腺病毒相关的小肠后段嵌塞和黏膜坏死有 10 只绒鸭死亡。他们从 6 只鸭的泄殖腔拭子中分离到 1 株腺病毒。该病毒不能被抗Ⅰ、Ⅱ 或Ⅲ 群禽腺病毒的标准血清中和。试验感染雏野鸭有临床表现，并有胃肠炎的病理学变化。

Cheng 等 2001 年报道过 1 株引起中国雏鹅肠炎的病毒，鉴定为腺病毒并命名为新雏鹅病毒性肠炎病毒[17]。

详细资料请参阅第 9 章"腺病毒感染"。

鸭和鹅类圆环病毒感染

Soike 等[67] 1999 年通过负染电镜观察，从一群有消瘦和生长迟缓病史的捷克杂交鹅的法氏囊、脾脏和胸腺组织中发现约 15nm 的类圆环病毒粒子。此后，从 2 只有圆环病毒感染症状的雌野鸭中分离

到病毒[66]。这株鸭圆环病毒［DuCV］的遗传进化与鹅圆环病毒及其相近，但仍有所不同[27]。

禽类在头一个月感染圆环病毒的主要特征是身体或羽毛发育不良。病毒侵害淋巴组织导致免疫抑制、生长受阻和继发感染，如鸭疫里默氏菌和曲霉菌感染。2周龄和9周龄鹅仅有的病变为气囊混浊[67]。淋巴网状组织的组织学病变明显，法氏囊淋巴细胞缺失和组织细胞增多最明显。法氏囊上皮细胞、皮质和髓质滤泡细胞胞浆中有嗜碱性管状包涵体。包涵体超薄切片中可见平行晶格状、多层排列或不规则排列病毒粒子复合体，病毒粒子直径约14nm。在我国台湾，自然感染的商品番鸭、骡鸭、北京鸭和白鹅的临床症状主要是身体和翅膀羽毛脱落、羽毛囊坏死和生长不良，主要见于4～6周龄。最常见的肉眼病变为多发性浆膜炎，特别是心包和肝脏表面，气囊可见有干酪样物质[15]。

Smyth等2005年[64]采用鹅圆环病毒DNA探针对圆环病毒感染情况进行了研究，在法氏囊、脾脏、胸腺、骨髓、肝脏、肾脏、肺脏和心脏均可检测到病毒DNA，表明病毒是多系统感染。

鹅和鸭圆环病毒感染的诊断主要是依靠PCR。Ball等2004年报道了用PCR和斑点杂交诊断匈牙利鹅圆环病毒[2]。Fringuelli等2005年报道了用常规PCR和实时PCR诊断鸭圆环病毒感染[19]。Chen等2006年报道了应用PCR可以区分鹅和鸭圆环病毒[15]。

Glavits等2005年对匈牙利的一个鹅群的西尼罗病进行调查，他们发现除了西尼罗病毒引起的组织病变外，更多的是圆环病毒的病变[20]。分别采用RT-PCR和PCR诊断为两个病毒感染，但未分离到病毒。

采用PCR从纽约的北京鸭法氏囊和胸腺样品中检测到鸭圆环病毒。鸭表现为法氏囊和胸腺萎缩，并有葡萄球菌性关节炎[3]。这是首次报道北京鸭圆环病毒感染。

其他病毒感染

Tsai等[75]报道，检测台湾611只鸭中，77.3%为日本脑炎病毒抗体阳性，542只鹅中，70.9%为阳性。

Smyth和McNulty[65]报道过一种鸭的法氏囊传染病，但未能确定病原。

刘　建　苏敬良　译
郭玉璞　校

参考文献

[1] Austin, R. J. , T. L. Whiting, R. A. Anderson, and M. A. Drebot. 2004. An outbreak of West Nile virus-associated disease in domestic geese(Anser anser domesticus)upon initial introduction to a geographic region, with evidence of bird to bird transmission. *Can Vet J*. 45:117 - 123.

[2] Ball, N. W. , J. A. Smyth, J. H. Weston, B. J. Borghmans, V. Palya, R. Glavits, E. Ivanics, A. Dan, and D. Todd. 2004. Diagnosis of goose circovirus infection in Hungarian geese samples using polymerase chain reaction and dot blot hybridization tests. *Avian Pathol*. 33:51 - 58.

[3] Banda, A. , R. Galloway-Haskins, T. Sandhu, and K. A. Schat. 2006. Detection by PCR and nucleotide sequence a-nalysis of duck circovirus detected in Pekin ducks in the United States. *AAAP/AVMA*. AAAP, Honolulu, HI.

[4] Banet-Noach, C. , L. Simanov, and M. Malkinson. 2003. Direct(nonvector)transmission of West Nile virus in geese. *Avian Pathol*. 32:489 - 494.

[5] Banyai, K. , V. Palya, M. Benko, J. Bene, V. Havasi, B. Melegh, and G. Szucs. 2005. The goose reovirus genome segment encoding the minor outer capsid protein, sigmal/sigmaC, is bicistronic and shares structural similarities with its counterpart in Muscovy duck reovirus. *Virus Genes*. 31:285 - 291.

[6] Bennett, R. S. , R. LaRue, D. Shaw, Q. Yu, K. V. Nagaraja, D. A. Halvorson, and M. K. Njenga. 2005. A wild goose metapneumovirus containing a large attachment glycoprotein is avirulent but immunoprotective in domestic turkeys, *J Virol*. 79:14834 - 14842.

[7] Bennett, R. S. , B. McComb, H. J. Shin, M. K. Njenga, K. V. Nagaraja, and D. A. Halvorson. 2002. Detection of avian pneumovirus in wild Canada (Branta canadensis) and blue-winged teal (Anas discors) geese. *Avian Dis*. 46: 1025 - 1029.

[8] Berthet, F. X. , H. G. Zeller, M. T. Drouet, J. Rauzier, J. P. Digoutte, and V. Deubel. 1997. Extensive nucleotide changes and deletions within the envelope glycoprotein gene of Euro-African West Nile viruses, *J Gen Virol*. 78:2293 - 2297.

[9] Bolte, A. L. , W. Lutz, and E. F. Kaleta. 1997. Investigations on the occurrence of ortho- and paramyxovirus infections among free living greylag Geese(Anser anser Linne,

1758). *Zeitschrift fuer Joragdwissenschaft*. 43;48 - 55.

[10]Bolte,A. L. ,W. Lutz, and E. F. Kaleta. 2000. Investigation of the occurrence of infective agents among free living gray geese (Anser anser Linne, 1758). *Zeitschrifi fuer Jagdwissenschaft*. 46;176 - 179.

[11]Bouquet,J. F. , Y. Moreau,J. B. McFerran, and T. J. Connor. 1982. Isolation and characterisation of an adenovirus isolated from Muscovy ducks. *Avian Pathology*. 11; 301 - 307.

[12]Calle,P. P. ,G. V. Ludwig,J. F. Smith,B. L. Raphael,T. L. Clippinger, E. M. Rush, T. McNamarra, R. Manduca, M. Linn,M. J. Turell, R. J. Schoepp, T. Larsen, J. Mangiafico,K. E. Steele, and R. A. Cook. 2000. Clinical aspects of West Nile virus infection in a zoological collection. American Association of Zoo Veterinarians and International Association for Aquatic Animal Medicine Joint Conference. C. S. Baer and R. A. Patterson, (eds.) New Orleans,LA,92 - 96.

[13]Capua, I. , R. De Nardi, M. S. Beato, C. Terregino, M. Scremin,and V. Guberti. 2004. Isolation of an avian paramyxovirus type 9 from migratory waterfowl in Italy. *Vet Rec*. 155;156.

[14]Chang, P. C. , M. L. Hsieh, J. H. Shien, D. A. Graham, M. S. Lee, and H. K. Shieh. 2001. Complete nucleotide sequence of avian paramyxovirus type 6 isolated from ducks. *J Gen Virol*. 82;2157 - 2168.

[15]Chen,C. -L. , P. -X. Wang, M. -S. Lee, J. -H. Shien, H. K. Shieh,S. -J. Ou,C. -H. Chen, and P. -C. Chang. 2006. Development of a polymerase chain reaction procedure for detection and differentiation of duck and goose circovirus. *Avian Diseases*. 50;92 - 95.

[16]Chen,H. ,G. J. Smith,S. Y. Zhang,K. Qin,J. Wang,K. S. Li, R. G. Webster,J. S. Peiris, and Y. Guan. 2005. Avian flu; H5N1 virus outbreak in migratory waterfowl. *Nature*. 436;191 - 192.

[17]Cheng, A. C. , M. S. Wang, X. Y. Chen, Y. F. Guo, Z. Y. Liu, and P. F. Fang. 2001. Pathogenic and pathological characteristic of new type gosling viral enteritis first observed in China. *World J Gastroenterol*. 7;678 - 684.

[18]Ellis,T. M. ,R. B. Bousfield,L. A. Bissett,K. C. Dyrting, G. S. Luk,S. T. Tsim,K. Sturm-Ramirez,R. G. Webster, Y. Guan, and J. S. Malik Peiris. 2004. Investigation of outbreaks of highly pathogenic H5N1 avian influenza in waterfowl and wild birds in Hong Kong in late 2002. *Avian Pathol*. 33;492 - 505.

[19]Fringuelli,E. ,A. N. Scott,A. Beckett,J. McKillen,J. A. Smyth,V. Palya,R. Glavits,E. Ivanics,A. Mankertz,M. P. Franciosini,and D. Todd. 2005. Diagnosis of duck circovirus infections by conventional and real-time polymerase chain reaction tests. *Avian Pathol*. 34;495 - 500.

[20]Glavits,R. ,E. Ferenczi, E. Ivanics, T. Bakonyi, T. Mato, P. Zarka,and V. Palya. 2005. Co-occurrence of West Nile fever and circovirus infection in a goose flock in Hungary. *Avian Pathol*. 34;408 - 414.

[21]Gough,R. E. 2003. Avian pneumoviruses. In; Y. M. Saif, H. J. Barnes,J. R. Glisson,A. M. Fadly,L. R. McDougald and D. E. Swayne, (eds.). Diseases of Poultry,1 1th ed. Iowa State Press;92 - 99.

[22]Gough, R. E. , and W. R. Hansen. 2000. Characterization of a herpesvirus isolated from domestic geese in Australia. *Avian Pathology*. 29;417 - 422.

[23]Graves, I. L. 1996. Newcastle disease viruses in birds in the Atlantic flyway; Isolations, haemagglutination-inhibition and elutioninhibition antibody profiles. *Veterinary Research (Paris)*. 27;209 - 218.

[24]Guerin,J. -L. , J. Gelfi, L. Dubois, A. Vuillaume, C. Boucraut Baralon, and J. -L. Pingret. 2000. A novel polyomavirus (goose hemorrhagic poiyomavirus) is the agent of hemorrhagic nephritis enteritis of geese. *Journal of Virology*. 74;4523 - 4529.

[25]Hansen, W. R. , S. E. Brown, S. W. Nashold, and D. L. Knudson. 1999. Identification of duck plague virus by polymerase chain reaction. *Avian Diseases*. 43; 106 - 115.

[26]Hanson, B. A. , D. E. Swayne, D. A. Senne, D. S. Lobpries,J. Hurst, and D. E. Stallknecht. 2005. Avian influenza viruses and paramyxoviruses in wintering and resident ducks in Texas. *J Wildl Dis*. 41;624 - 628.

[27]Hattermann,K. ,C. Schmitt,D. Soike, and A. Mankertz. 2003. Cloning and sequencing of duck circovirus (DuCV). *Arch Virol*. 148;2471 - 2480.

[28] Heffels-Redmann, U. , H. Mueller, and E. F. Kaleta. 1992. Structural and Biological Characteristics of reoviruses isolated from Muscovy ducks Cairina-Moschata. *Avian Pathology*. 21;481 - 491.

[29]Hlinak, A. , T. Mueller, M. Kramer, R. U. Muehle, H. Liebherr,and K. Ziedler. 1998. Serological survey of viral pathogens in bean and white-fronted geese from Germany. *Journal of Wildlife Diseases*. 34;479 - 486.

[30]Hlinak, A. , R. U. Muhle, O. Werner, A. Globig, E. Starick, H. Schirrmeier, B. Hoffmann, A. Engelhardt, D. Hubner, F. J. Conraths, D. Wallschlager, H. Kruckenberg,and T. Muller. 2006. A virological survey in migrating waders and other waterfowl in one of the most important resting sites of Germany. *J Vet Med B Infect*

Dis Vet Public Health. 53:105－110.

[31]Hollmen, T. , J. C. Franson, M. Kilpi, D. E. Docherty, W. R. Hansen, and M. Hario. 2002. Isolation and characterization of a reovirus from common eiders(Somateria mollissima)from Finland. *Avian Dis*. 46:478－484.

[32]Hollmen, T. E. , J. C. Franson, P. L. Flint, J. B. Grand, R. B. Lanctot, D. E. Docherty, and H. M. Wilson. 2003. An adenovirus linked to mortality and disease in long-tailed ducks (Clangula hyemalis) in Alaska. *Avian Dis*. 47: 1434－1440.

[33]Hollmen, T. E. , J. C. Franson, M. Kilpi, D. E. Docherty, and V. Myllys. 2003. An adenovirus associated with intestinal impaction and mortality of male common eiders (Somateria mollissima) in the Baltic Sea. *J Wildl Dis*. 39:114－120.

[34]Hulse-Post, D. J. , K. M. Sturm-Ramirez, J. Humberd, P. Seiler, E. A. Govorkova, S. Krauss, C. Scholtissek, P. Puthavathana, C. Buranathai, T. D. Nguyen, H. T. Long, T. S. Naipospos, H. Chen, T. M. Ellis, Y. Guan, J. S. Peiris, and R. G. Webster. 2005. Role of domestic ducks in the propagation and biological evolution of highly pathogenic H5N1 influenza viruses in Asia. *Proc Natl Acad Sci U S A*. 102: 10682－10687. Epub 12005 Jul 10619.

[35]Jestin, V. , D. Toquin, M. O. Le Bras, and N. Amenna. 2000. The new duck pneumovirus: Experimental assessment of the pathogenicity for the respiratory tract of Muscovy ducklings. 5th International Congress of the European Society for Veterinary Virology. Brescia, Italy, 341－342.

[36]Jinding, C. , L. Ming, R. Tao, and X. Chaoan. 2005. A goose-sourced paramyxovirus isolated from southern China. *Avian Dis*. 49:170－173.

[37]Kaschula, V. R. 1950. A new virus disease of the Muscovy duck [Cairina moschata (Linn)] present in Natal. *Journal of the South African Veterinary Medicine Association*. 21:18－26.

[38]Ketterer, P. J. , B. J. Rodwell, H. A. Westbury, P. T. Hooper, A. R. Mackenzie, J. G. Dingle, and H. C. Prior. 1990. Disease of geese caused by a new herpesvirus. *Australian Veterinary Journal*. 67:446－448.

[39]Komar, N. 2000. West Nile viral encephalitis. *Review scientific and technical Office International des Epizooties*. 19:166－176.

[40]Lanciotti, R. S. , J. T Roehfig, V. Deubel, J. Smith, M. Parker, K. Steele, B. Crise, K. E. Volpe, M. B. Crabtree, J. H. Scherret, R. A. Hall, J. S. MacKenzie, C. B. Cropp,

B. Panigrahy, E. Ostlund, B. Schmitt, M. Malkinson, C. Banet, J. Weissman, N. Komar, H. M. Savage, W. Stone, T. McNamara, and D. J. Gubler. 1999. Origin of the West Nile virus responsible for an outbreak of encephalitis in the northeastern United States. *Science (Washington D C)*. 286:2333－2337.

[41]Le Gall-Recule, G. , M. Cherbonnel, C. Arnauld, P. Blanchard, A. Jestin, and V. Jestin. 1999. Molecular characterization and expression of the S3 gene of Muscovy duck reovirus strain 89026. *Journal of General Virology*. 80: 195－203.

[42]Malkinson, M. , C. Banet, and Y. Weisman. 2000. West Nile fever—a reemerging zoonosis. 49th Western Poultry Disease Conference. Sacramento, CA, 24－25.

[43]Malkinson, M. , K. Perk, and Y. Weisman. 1981. Reovirus infection of young Muscovy ducks. *Avian Pathology*. 433－440.

[44]Marius-Jestin, V. , M. Lagadic, Y. Le Menec, and G. Bennejean. 1988. Histological data associated with Muscovy duck reovirus in fection. *Vet Rec*. 123:32－33.

[45]McComb, B. , R. Bennett, H. J. Shin, K. V. Nagaraja, F. J. Jirjis, and D. A. Halvorson. 2001. Wild waterfowl as a source of avain pneumovirus(APV)infection in domestic poultry. 50th Western Poultry Disease Conference. Davis, CA, 76－77.

[46]McFerran, J. B. , T. J. Connor, and R. M. McCracken. 1976. Isolation of adenoviruses and reoviruses from avian species other than domestic fowl. *Avian Diseases*. 20: 519－524.

[47]Mueller, T. , A. Hlinak, R. U. Muehle, M. Kramer, H. Liebherr, K. Ziedler, and D. U. Pfeiffer. 1999. A descriptive analysis of the potential association between migration patterns of bean and whitefronted geese and the occurrence of Newcastle disease outbreaks in domestic birds. *Avian Diseases*. 43:315－319.

[48]Nagaraja, K. V. , H. J. Shin, M. Njenga, D. Shaw, and D. A. Halvorson. 2001. Host range and epidemiology of avian pneumovirus infection. 50th Western Poultry Disease Conference. Davis, CA, 80－81.

[49]Office International des Epizooties. 1999. West Nile fever in Israel: in geese. *Disease Information*. 12:166－167.

[50]Office International des Epizooties. 2000. West Nile fever in the United States of America. *Disease Information*, 13.

[51]Palya, V. , R. Glavits, M. Dobos-Kovacs, E. Ivanics, E. Nagy, K. Banyai, G. Reuter, G. Szucs, A. Dan, and M. Benko. 2003. Reovirus identified as cause of disease in

young geese. *Avian Pathol*. 32:129 - 138.

[52]Plummer,P. J. , T. Alefantis, S. Kaplan, P. O'Connell, S. Shawky, and K. A. Schat. 1998. Detection of duck enteritis virus by polymerase chain reaction. *Avian Diseases*. 42:554 - 564.

[53]Pringle, C. R. 1998. Virus taxonomy—San Diego 1998. *Arch Virol*. 143:1449 - 1459.

[54]Pritchard, L. I. , C. Morrissy, K. Van Phuc, P. W. Daniels, and H. A. Westbury. 1999. Development of a polymerase chain reaction to detect Vietnamese isolates of duck virus enteritis. *Vet Microbiol*. 68:149 - 156.

[55]Roy,P. , A. T. Venugopalan, and R. Manvell. 2000. Characterization of Newcastle disease viruses isolated from chickens and ducks in Tamilnadu, India. *Veterinary Research Communications*. 24:135 - 142.

[56]Savage, H. M. , C. Ceianu, G. Nicolescu, N. Karabatsos, R. Lanciotti, A. Vladimirescu, L. Laiv, A. Ungureanu, C. Romanca, and T. F. Tsai. 1999. Entomologic and avian investigations of an epidemic of West Nile fever in Romania in 1996, with serologic and molecular characterization of a virus isolate from mosquitoes. *American Journal of Tropical Medicine and Hygiene*. 61:600 -611.

[57]Seal, B. S. 2000. Avian pneumoviruses and emergence of a new type in the United States of America. *Anim Health Res Rev*. 1:67 - 72.

[58]Seal, B. S. , M. G. Wise, J. C. Pedersen, D. A. Senne, R. Alvarez, M. S. Scott, D. J. King, Q. Yu, and D. R. Kapczynski. 2005. Genomic sequences of low-virulence avian paramyxovirus-1(Newcastle disease virus) isolates obtained from live-bird markets in North America not related to commonly utilized commercial vaccine strains. *Vet Microbiol*. 106:7 - 16. Epub 2005 Jan 2028.

[59]Senne, D. A. , R. K. Edson, J. C. Pederson, and B. Panigrahy. 1997. Avian pneumovirus update. 134th American Association of Avian Pathologists/American Veterinary Medical Association. Reno, NV, 190.

[60]Shihmanter, E. , Y. Weisman, R. Manwell, D. Alexander, and M. Lipkind. 1997. Mixed pararnyxovirus infection of wild and domestic birds in Israel. *Vet Microbiol*. 58:73 - 78.

[61]Shin, H. J. , K. V. Nagaraja, B. McComb, D. A. Halvorson, F. F. Jirjis, D. P. Shaw, B. S. Seal, and M. K. Njenga. 2002. Isolation of avian pneumovirus from mallard ducks that is genetically similar to viruses isolated from neighboring commercial turkeys. *Virus Res*. 83:207 -212.

[62]Shin, H. J. , M. K. Njenga, D. A. Halvorson, D. P. Shaw, and K. V. Nagaraja. 2001. Susceptibility of ducks to avian pneumovirus of turkey origin. *Am J Vet Res*. 62:991 - 994.

[63]Shin, H. J. , M. K. Njenga, B. McComb, D. A. Halvorson, and K. V. Nagaraja. 2000. Avian pneumovirus (APV) RNA from wild and sentinel birds in the United States has genetic homology with RNA from APV isolates from domestic turkeys. *J Clin Microbiol*. 38:4282 - 4284.

[64]Smyth, J. , D. Soike, D. Moffett, J. H. Weston, and D. Todd. 2005. Circovirus-infected geese studied by in situ hybridization. *Avian Pathol*. 34:227 - 232.

[65]Smyth, J. A. , and M. S. McNulty. 1994. A transmissible disease of the bursa of Fabricius of ducks. *Avian Pathology*. 23:447 - 460.

[66]Soike, D. , K. Albrecht, K. Hattermann, C. Schmitt, and A. Mankertz. 2004. Novel circovirus in mulard ducks with developmental and feathering disorders. *Vet Rec*. 154:792 - 793.

[67]Soike, D. , B. Koehler, and K. Albrecht. 1999. A circovirus-like infection in geese related to a runting syndrome. *Avian Pathology*. 28:199 - 202.

[68]Steele, K. E. , M. J. Linn, R. J. Schoepp, N. Komar, T. W. Geisbert, R. M. Manduca, P. P. Calle, B. L. Raphael, T. L. Clippinger, T. Larsen, J. Smith, R. S. Lanciotti, N. A. Panella, and T. S. McNamara. 2000. Pathology of fatal West Nile virus infections in native and exotic birds during the 1999 outbreak in New York City, New York. *Vet Pathol*. 37:208 - 224.

[69]Sturm-Ramirez, K. M. , D. J. Hulse-Post, E. A. Govorkova, J. Humberd, P. Seiler, P. Puthavathana, C. Buranathai, T. D. Nguyen, A. Chaisingh, H. T Long, T. S. Naipospos, H. Chen, T. M. Ellis, Y. Guan, J. S. Peiris, and R. G. Webster. 2005. Are ducks contributing to the endemicity of highly pathogenic H5N1 influenza virus in Asia? *J Virol*. 79:11269 - 11279.

[70]Swayne, D. E. 2001. WNV and geese.

[71]Swayne, D. E. , and D. A. Halvorson. 2003. Influenza. In: Y. M. Saif, H. J. Barnes, J. R. Glisson, A. M. Fadly, L. R. McDougald and D. E. Swayne, (eds.). Diseases of Poultry, 11th ed. Iowa State Press:135 - 160.

[72]Swayne, D. E. , and D. L. Suarez. 2000. Highly pathogenic avian influenza. *Review of Science and Technology of the Office International des Epizooties*. 19:463 - 482.

[73]Toquin, D. , M. H. Bayon-Auboyer, N. Eterradossi, and V Jestin. 1999. Isolation of a pneumovirus from a Muscovy duck. *Vet Rec*. 145:680.

[74] Toquin, D. , O. Guionie, V. Jestin, F. Zwingelstein, C. Allee, and N. Eterradossi. 2006. European and American

subgroup C isolates of avian metapneumovirus belong to different genetic lineages. *Virus Genes*. 32:97 - 103.

[75]Tsai, H. -J. , M. -J. Pan, and Y. -K. Liao. 1999. A serological survey of ducks, geese, pigeons and cows for antibodies to Japanese B encephalitis virus in Taiwan. *Journal of the Chinese Society of Veterinary Science*. 25:104 - 112.

[76]Woolcock, P. R. , V. Jestin, H. L. Shivaprasad, F. Zwingelstein, C. Arnauld, M. D. McFarland, J. C. Pedersen, and D. A. Senne. 2000. Evidence of Muscovy duck parvovirus in Muscovy ducklings in California. *Vet Rec*. 146:68 - 72.

[77]Yang, F. -L. , W. -X. Jia, H. Yue, W. Luo, X. Chen, Y. Xie, W. Zen, and W. -Q. Yang. 2005. Development of quantitative real-time polymerase chain reaction for duck enteritis virus DNA. *Avian Dis*. 49:397 - 400.

[78]Zou, J. , S. Shan, N. Yao, and Z. Gong. 2005. Complete genome sequence and biological characterizations of a novel goose paramyxovirus-SF02 isolated in China. *Virus Genes*. 30:13 - 21.

鸭肝炎

Duck Hepatitis

Peter R. Woolcock

引　言

鸭肝炎（DH）是一种传播迅速并对雏鸭具有高度致死性的病毒病，以肝炎为其主要特征。本病可由三种不同类型的病毒引起，分别是1型、2型和3型鸭肝炎病毒（DHV）。人们首次认识到2型和3型DHV作为独立的病原体是由于免疫了1型DHV的雏鸭仍可罹患肝炎。对鸭肝炎如果不采取控制措施，死亡率很高，给养鸭场造成很大的经济损失。现知这三型病毒没有任何公共卫生学意义。有关1型DHV和3型DHV可参阅Calnek的综述[15]，2型DHV的内容可参阅Gough和Stuart的综述[48]。

除了上述三种可引起鸭肝脏疾病的病毒外，在野鸭和家鸭中还发现有一种嗜肝DNA病毒（乙型肝炎病毒）。虽然未见有关鸭乙型肝炎病毒可引起鸭的临床疾病或病变的报道，我们还是在本节的后面作为一个单独部分进行简单介绍。

1型鸭肝炎

历史和分布

1945年，Levine和Hofstad[73]发现一种雏鸭的急性疾病，以肝脏肿大和出血为特征，主要侵害1周龄内雏鸭，被感染鸭出现症状后很快死亡，同时发现疾病可在雏鸭之间传播，但没有分离到病原。1949年春，Levine和Fabricant[72]对发生在纽约长岛的白色北京鸭雏的一种高度致死性疾病进行了研究，现认为是1型鸭肝炎。这一疾病传播迅速，在夏天结束之前，这一地区的70多个鸭场被感染。起初是2～3周龄的雏鸭死亡。在疫情严重的鸭场，一些批次雏鸭的死亡率常可高达95%，以后各批几乎无一幸免。稍后，偶尔有几批雏鸭的死亡率可能很低。估计在那一年，有15%的雏鸭（共75万羽）死于这种疾病。美国其他养鸭地区也有本病发生。1型鸭肝炎呈世界性分布[107]，最新报道分离出该病毒的包括中国[50]和韩国[90]。

病原学

Levine和Fabricant[72]首次用鸡胚分离出1型鸭肝炎病毒，证实这一病毒与引起鸭瘟（鸭病毒性肠炎）的病毒没有血清学关系，同时不能与人和犬的病毒性肝炎的康复血清发生中和反应[28]。1型鸭肝炎病毒核酸为RNA，是一种小RNA病毒[106]。1型鸭肝炎与Mason等[82]报道的由鸭乙型肝炎病毒引起的嗜肝病毒感染没有关系。在中国和美国，家鸭中发现有鸭乙型肝炎病毒。

形态学

1型鸭肝炎病毒大小20～40nm[97]。Richter等[98]在电子显微镜下从肝脏超薄切片中观察到30nm的颗粒。Tauraso等[106]通过滤过性研究证实该病毒小于50nm。

生物学特性

Fitzgerald和Hanson[32]证实，细胞培养繁殖的1型鸭肝炎病毒不能凝集鸡、鸭、绵羊、马、豚鼠、小鼠、蛇、猪和兔的红细胞。

感染了 1 型 DHV 的细胞培养物不能吸附绿猴、恒河猴、仓鼠、小鼠、大鼠、家兔、豚鼠、人类 O 型、鹅、鸭和 1 日龄雏鸡的红细胞。在 pH 6.8～7.4，温度为 4℃、24℃、37℃时，高滴度的病毒悬液不能凝集以上各种动物的红细胞[106]。

对理化因素的抵抗力

1 型鸭肝炎病毒可耐受乙醚和氯仿，具有一定的热稳定性，在正常的环境条件下可存活较长时间。

1 型鸭肝炎病毒可耐受乙醚和碳氟化合物[91]、氯仿、pH3、胰酶[106]及 30%的甲醇或硫酸铵[53]的处理。Davis[20]报道细胞培养的 1 型鸭肝炎病毒可耐受 pH3 达 9h，但时间再长（48h），病毒滴度则会降低。2%来苏儿或 0.1%的福尔马林[6]、15%煤酚皂溶液、来苏萘酚、二甲苯萘酚或 20%的无水碳酸钠[92]都不能使病毒失活。病毒在 1%甲醛或 2%氢氧化钠中 2h（15～20℃）、2%次氯酸钙中 3h（15～20℃）[92]、3%氯胺中 5h 或 0.2%福尔马林中 2h[27]可完全失活。Haider[51]报道 5%苯酚、Wescodyne 原液（一种无机碘溶液）和 Clorox 原液（次氯酸钠溶液）可完全灭活该病毒。

在 50℃加热 1h 不影响 1 型鸭肝炎病毒的滴度[106]。大部分病毒在 56℃加热 30min 后失活[53]。然而，Asplin[6]报道 1 型鸭肝炎病毒 56℃加热 60min 仍可存活，但 62℃加热 30min 后失活。Dvorakova 和 Kozusnik[27]报道 56℃加热 23h 才能使 1 型鸭肝炎病毒完全失活。1 型鸭肝炎病毒在 37℃条件下可存活 21 天[91]。1M 的二价阳离子（Mg^{2+}）不影响病毒的热稳定性[110]。Davis 的研究[20]表明细胞培养的 1 型病毒在 50℃的半衰期为 48min，但一定浓度的 NaCl、Na_2SO_4、$MgCl_2$ 或 $MgSO_4$ 可防止病毒在 50℃失活。

在自然环境中，病毒可在未清洗的污染孵化器内至少存活 10 周，在阴凉处的湿粪中可存活 37 天以上[6]。在 4℃条件下病毒可存活 2 年以上[6,27]，在 -20℃则可长达 9 年[53]。

变异性

印度[95]和埃及[104]发现可引起雏鸭肝炎，但与 1 型鸭肝炎病毒不同或有明显血清学差异的毒株。已知印度的病毒分离株与 1 型鸭肝炎病毒不同，但

它与其他型鸭肝炎病毒的关系尚不清楚。

Sandhu 等[102]发现一种 1 型鸭肝炎病毒的变异株，称为 1a 型鸭肝炎。这一毒株的来源尚不清楚，但所有已知的分离株都可追溯到同一地点。用鸡胚作交叉中和试验证实，1 型和 1a 型之间有部分交叉反应，但结果有些反复。他们还证实当用其中任一毒株感染用另一毒株免疫过的雏鸭时，可产生部分交叉保护。Woolcock[124]通过鸭胚肾细胞空斑减数试验证明这两个病毒有所不同。1 型和 1a 型鸭肝炎病毒与 3 型鸭肝炎病毒血清学不同。

实验室宿主系统

胚胎 Levine 和 Fabricant[72]首次采用 9 日龄鸡胚尿囊腔接种增殖该病毒，在接种后 5 天或 6 天有 10%～60%的鸡胚死亡，鸡胚发育不良或水肿（图 13.1A）。Hwang 和 Dougherty[63]通过两个途径将 1 型鸭肝炎病毒在 10 日龄鸡胚中传代，第 20 代和第 26 代病毒对新生雏鸭已失去致病力。鸡胚中病毒滴度比在雏鸭体内的病毒滴度低 1～3log$_{10}$。

Hwang[55]应用鸡胚连续传代的方法，培育出可致死鸡胚的 1 型鸭肝炎病毒。应用死胚匀浆和含绒毛尿囊膜的胚液传代，在第 63 代时鸡胚的死亡率可达 100%。卵黄囊途径接种 5～7 日龄胚的结果更为一致。

Toth[108]发现第 80 代鸡胚适应病毒在接种后 53h 左右滴度最高：胚体为 10$^{7.50}$、绒毛尿囊膜为 10$^{5.79}$、胚液为 10$^{3.62}$。接种后 53～69h 收获所有以上各部分即可制备出高滴度的活疫苗。Pan[87]也得到了基本相同的结果。

Mason 等[81]报道了鸡胚致弱的 1 型鸭肝炎病毒可达更高的滴度，接种后 48h 达到高峰（10^8），其潜伏期为 6～24h。

鹅胚对该病毒敏感，尿囊腔接种后 2～3 天死亡[4]。

细胞培养 许多学者[32,34,57,65,81,91]曾尝试用鸭胚或鸡胚细胞培养 1 型鸭肝炎病毒。Maiboroda[76]研究出一种鸭肾单层细胞培养直接荧光抗体技术（FA）检测 1 型肝炎病毒的方法，接种 8h 以后即可观察到荧光，2～4 天后荧光最强，并且只限于细胞质，接种后 2 天出现细胞病变（细胞变圆），病毒滴度达到最高。Maiboroda 和 Kontrimavichus[77]在鹅胚肾细胞上成功培养该病毒，并观察到细胞致病作用。Kurilenko 和 Strelnikov[71]用仔猪

肾细胞的培养物得到类似结果。Davis 和 Woolcock[23] 的研究表明致弱的 1 型鸭肝炎病毒可在鹅、火鸡、鹌鹑、雉、珍珠鸡和鸡的胚细胞培养物上生长，而强毒只能在珍珠鸡、鹌鹑和火鸡的胚细胞上有不同程度的生长。Golubnichi 等[42] 报道 1 型鸭肝炎病毒鸡胚适应毒可以在鸭胚成纤维细胞上生长，并有很强的细胞致病作用，他们推荐应用这种方法进行疫苗生产和病毒中和试验。

Woolcock 等[121] 报道过在原代鸭胚肾细胞（DEK）上进行 1 型鸭肝炎病毒弱毒株空斑试验，发现培养基中胎牛血清的浓度可影响空斑的大小。随后，Chalmers 和 Woolcock[17] 证实几种哺乳动物的血清对病毒有抑制作用，但这种作用是非特异性的，只有当血清与病毒直接接触时才产生抑制作用。对病毒有抑制作用的物质似乎是胎牛血清中的白蛋白成分，鸭或鸡的血清中没有或有极微弱的病毒抑制作用。Woolcock[116] 报道了在原代鸭胚肝细胞（DEL）上进行的 1 型病毒强毒和弱毒的空斑试验，并将体外试验的结果与卵内和体内试验结果进行了比较。Kaleta[66] 报道过应用弱毒在原代鸭胚肾细胞上进行微量中和试验。Woolcock[117] 对这一方法进行了改进并用于检测对疫苗的免疫反应。

致病性

Asplin[5] 和 Reuss[96] 报道，1 型鸭肝炎病毒通过鸡胚传代后可失去对雏鸭的致病性。Hwang[55] 发现 1 株病毒经鸡胚传 20 代或更多代以后失去对雏鸭的致病力。他还证实同一株病毒在鸭胚成纤维细胞上传 6 代以后，即可失去对雏鸭的致病力，但对鸡胚仍然有致病力[56]。

Hwang 和 Dougherty[63] 报道鸡胚传代毒虽然对雏鸭无致病性，但可在鸭体组织内增殖，其滴度比野毒低。在雏鸭的脑组织中可检测到很高滴度的野毒，但却检测不到鸡胚传代毒或滴度很低。

通过鸭胚传代同样也可致弱 1 型鸭肝炎病毒的致病力[11]。经胚胎传代致弱的 1 型鸭肝炎病毒株接种后仍可引起轻微的、一过性的组织学变化[101,105]，经雏鸭回复传代后可发生毒力返强现象[122,123]。

Kapp 等[67] 报道几群 3～4 周龄的雏鸭暴发 1 型鸭肝炎，造成严重损失，他们怀疑不适当的饲料配比是本病的诱因。经过实验，9 只 3 周龄雏鸭饲喂这一农场的饲料，感染病毒后，8 只死亡，而饲喂正常饲料的对照组则无一只死亡，这就证实了他们的推测。因此可以认为不适当的饲料配比会损伤肝功能，使雏鸭在较大日龄对肝炎易感。

Friend 和 Trainer[35,37,38] 连续 10 天给野鸭雏饲喂低浓度的氯化联苯、滴滴涕和狄氏剂，5 天后感染 1 型鸭肝炎病毒，饲喂毒物的雏鸭死亡率明显高于没有饲喂毒物的对照组。这表明不适当的饲料配比或摄入毒物可加重病毒的致病作用。

Lu 等[74] 报道过台湾的雏鸭暴发传染性喙萎缩综合征，他们认为是由细小病毒和鸭肝炎病毒混合感染引起的。鸭肝炎病毒在这一综合征中的确切作用还不清楚。

Sandhu 等[102] 报道 1 型和 1a 型鸭肝炎病毒的病理作用相似。

发病机理和流行病学

自然宿主和实验宿主

1 型鸭肝炎自然病例仅发生于雏鸭，成年种鸭即使在污染的圈舍中也无临床症状，产蛋正常。临床观察表明，鸡和火鸡对该病有抵抗力，但 Rahn[94] 发现 1 日龄和 1 周龄雏火鸡感染 1 型鸭肝炎病毒表现出症状和病变，并产生中和抗体。雏火鸡经口腔或腹腔内攻毒后可出现肝脏斑驳、胆囊和脾肿大等病理变化。1 日龄雏火鸡经口腔感染后 17 天还可以从肝脏中分离出 1 型鸭肝炎病毒。Schoop 等[103] 和 Reuss[97] 用该病毒人工感染鸡未成功。Reuss 的研究表明，该病不能传播给家兔、豚鼠、小鼠或狗。Asplin[6] 报道幼龄雏鸡可隐性感染，并通过接触传给其他雏鸡。人工感染雏鹅[4] 及雏野鸭[36] 已有报道。在人工感染试验中，雏鸡、雏番鸭或幼鸽未出现死亡，雏火鸡和鹌鹑的死亡率很低，而雏雉、鹅和珍珠鸡的死亡率则很高。所有受试禽都感染了 1 型鸭肝炎病毒[61]。

传播、携带者和传播媒介

自然条件下，1 型鸭肝炎病毒在易感雏鸭群中传播很快。该病在鸭场死亡率高、传播迅速，表明有很强的接触传染性，但偶尔也有例外，例如有一个圈的鸭只死亡率为 65%，而只隔 14in（35.56cm）厚围栏的另一圈则几乎无死亡。

第一次给几个小群（3～4 只）笼养雏鸭通过饲喂和注射胚毒来进行疾病传播试验没有成功。在另一个试验中，用自然发病的病鸭组织，有些雏鸭可被感染。饲养在垫料上的较大的雏鸭群（10～20只），肌肉注射和饲喂胚毒及感染组织最易发生传染。多数试验潜伏期为24h，4天内几乎所有雏鸭都发生死亡。与接种雏鸭在同一圈舍中饲养的雏鸭可发生接触感染，但死亡时间稍晚于接种雏鸭。

估计该病不能通过蛋传播。饲养在污染环境的种鸭后代，如新孵出时即转到从未养过鸭的地方，则不发病。Asplin[5]证实了这一点。

Priz[93]发现，1型鸭肝炎病毒 Yagotinski 株可通过气雾感染并致雏鸭死亡。

Hanson 和 Tripathy[54]报道1型鸭肝炎病毒弱毒可以经口感染，但 Toth 和 Norcross[111]认为在这种情况下病毒侵入的真正门户是咽或上呼吸道，因为用胶囊包裹的病毒未能引起感染。

康复鸭到感染后8周仍可从粪便排毒[97]。Asplin[6]认为有足够证据表明野生鸟类在短距离内可作为机械带毒者，他还认为很远的地方出现新的暴发可能是由一种未知的宿主作为健康带毒者引起的。然而，Asplin[8]通过病毒中和试验，从6个品种共520份野生水禽的血清中，未检测到1型鸭肝炎病毒抗体，Ulbrich[113]的结果也证实了这一点，他从发生过家鸭1型鸭肝炎的池塘中取36份野鸭（4个品种）的血清进行检测，未检测到抗该病毒的中和抗体。另外，来自感染地区的所有153个野鸭胚都对人工感染敏感。

Demakov 等[25]报道棕色大鼠（*Rattus norvegicus*）可作为1型鸭肝炎病毒的储存宿主，这对于该病的流行病学有重要意义。经口摄入的病毒可在体内存活长达35天，感染后18～22天可排毒，感染后12～24天血清中产生抗体。

媒介生物在1型肝炎传播中的作用尚不清楚。

症状

1型鸭肝炎的发生和传播很快，且死亡几乎都发生在3～4天内。感染雏鸭首先表现为跟不上群，此后短时间内就停止运动、蹲伏并半闭眼，病鸭身体侧卧，两腿痉挛性后踢，头向后背，很快死亡（彩图 13.1B）。雏鸭在出现症状后1h左右死亡。在疾病严重暴发时，雏鸭的死亡速度惊人。

Farmer 等[29,30]记述了鸭脂肪肾综合征和胰腺的局灶性坏死，认为这也是1型鸭肝炎的表现。在1978年到1983年间，英国的一些鸭场该病的损失高达30%。发病鸭为1～2周龄和4～6周龄两个年龄组，且都进行了常规1型疫苗的免疫。大体病变以肝和肾肿大、苍白、脾脏斑驳肿大为特点。病理组织学检查提示为1型肝炎。尽管雏鸭已进行了1型鸭肝炎病毒弱毒疫苗的免疫，且发病雏鸭的年龄偏大，但作者仍认为这一综合征是由1型鸭肝炎病毒引起的。可是，他们承认，随后在 East Anglia 发现的2型鸭肝炎病毒[45,46]可能对该综合征的形成起了一定的作用。

发病率和死亡率

幼龄雏鸭感染1型鸭肝炎病毒的发病率为100%，死亡率则有所差异。小于1周龄雏鸭群的死亡率可达95%，而1～3周龄雏鸭的死亡率为50%或更低。4～5周龄雏鸭的发病率和死亡率都很低。

大体病变

由1型鸭肝炎病毒引起的病变主要在肝脏，表现为肿大、有点状或淤斑状出血（彩图 13.1C）。通常可见肝脏颜色变淡，表面呈斑驳状，有时脾脏肿大呈斑驳状。许多病例肾脏肿大，血管充血。

组织学病变

对1型鸭肝炎病毒实验感染的组织学病变已有研究[28]。急性病例的主要病变为肝细胞坏死（彩图 13.1D），幸存鸭只则有许多慢性病变，表现为肝脏胆管广泛性增生（彩图 13.1E），有不同程度的炎性细胞反应及出血。未死亡雏鸭可见肝实质再生。10日龄鸡胚在接种1型鸭肝炎病毒后10天内，每隔12h剖检观察，组织学变化为各器官的粒性白细胞增生、肝脏的局灶性坏死、胆管增生和皮下水肿，未发现有包涵体[33]。6日龄雏鸭鼻内和肌肉接种1型鸭肝炎病毒后14～24h剖杀，用电镜观察其肝脏变化，发现在感染1h后，偶尔可见肝细胞内糖原分解，并观察到未知来源的直径为100～300nm的球形颗粒。超急性病例的病变为变性，24h后有广泛的细胞坏死。在感染1h和18～20h后可观察到病毒样颗粒[1]。

Adamiker[2]用电镜观察感染1型病毒鸭的脾脏和肌肉。脾脏从感染后6h出现退行性变化，24h开始坏死。浆细胞胞核变性，这可能是由病毒感染引起，但未发现病毒颗粒。肌肉只有轻微的变化。

生化指标

Ahmed 等[3] 报道，罹患 1 型鸭肝炎的鸭，血清中总蛋白和白蛋白的水平降低，碱性磷酸酶、谷丙转氨酶（GPT）、胆红素和肌酸酐的水平升高。Mennella 和 Mandelli[83] 认为，血清中谷丙转氨酶和谷草转氨酶水平升高与感染的严重程度有关。Buynitzky 等[12,13] 发现感染 1 型鸭肝炎病毒但无明显临床症状的野鸭的肝脏酶的格局也要发生改变，之后对滴滴涕的代谢也发生了改变。这在一定程度上也可以解释氯化烃和 1 型鸭肝炎之间的相互关系[35,37,38]。

免疫力

1 型肝炎康复鸭的血清中有中和抗体，可使其产生坚强的免疫力。给成年鸭接种某些病毒株可使其产生主动免疫[6]。有些毒株需重复接种才能使鸭产生高水平抗体[96]。雏鸭注射康复鸭血清或免疫鸭的血清可获得被动免疫。被动抗体也可通过蛋黄传给孵出的雏鸭，使其获得保护。Malinovskaya[79] 用被动血凝试验检测种鸭和 7 日龄雏鸭对 1 型鸭肝炎病毒疫苗的血清抗体反应，结果表明鸭血清中 7S 抗体（对半胱氨酸敏感）的量比 19S 抗体（抗半胱氨酸）高。在接种后 3～7 天采取血清样品的 7S 抗体量的下降，其中 43% 的血凝抑制效价减半。3～21 日龄进行人工感染的雏鸭，在以后的 20 天中其参与免疫应答的主要抗体类型是 19S，而 30 日龄感染的雏鸭，首先产生 19S 抗体，15 天后出现 7S 抗体。Davis 和 Hannant[22] 报道 2 日龄雏鸭免疫后 4 天可产生中和抗体。用葡聚糖 G200 色谱法分析，表明抗体为巨球蛋白，由 7S 组成，免疫电泳为 γ 或 β2 迁移。

诊断

1 型鸭肝炎病毒的分离和鉴定

1 型鸭肝炎病毒可以通过以下一种或几种方法进行鉴定[119,120]：

①将分离株经皮下或肌肉注射接种 1～7 日龄易感雏鸭，接种雏鸭出现 1 型 DHV 感染的典型症状，并且在 24h 出现死亡，死亡雏鸭具有 1 型鸭肝炎特有的大体病变，从肝脏中再分离到病毒即可确诊。

②将肝匀浆系列稀释后经尿囊腔接种 10～14 日龄来源于无 1 型 DHV 种鸭的鸭胚，或 8～10 日龄鸡胚，感染 1 型 DHV 的鸭胚在 24～72h 死亡。鸡胚死亡不规律，通常在接种后 5～8 天死亡。死亡胚的尿囊液呈乳白色或淡黄绿色，胚胎的大体病变包括发育不良、全身性皮下出血、水肿，特别是腹部和后肢。胚体肝脏肿胀，呈红黄色并有坏死灶。死亡晚的胚胎肝脏病变和发育不良更明显。

③接种原代鸭胚肝细胞培养物[116]。含有 1 型 DHV 的肝匀浆稀释液可引起以细胞圆缩和坏死为特征的细胞病变作用（CPE）。在覆盖有 1%（W/V）琼脂的细胞培养物上，细胞致病作用可产生直径约 1mm 的空斑。

应用直接荧光抗体技术检测自然病例或接种鸭胚，可以进行快速、准确的诊断[76,114]。

病毒分离和鉴定可参阅相关文献[51,110]。

血清学

血清学试验不太适于诊断 1 型鸭肝炎病毒急性感染。但从首次发现该病毒以来[72]，一直采用病毒中和试验进行病毒鉴定、检测疫苗免疫的血清学反应以及流行病学调查。

Hwang[58] 报道了 1 型鸭肝炎病毒鸡胚中和试验，该方法准确、重复性好。现已对这一试验进行了改进[47,111]。Haider[51] 报道了几种改进的鸭胚或雏鸭中和试验。Golubnichi 等[42] 报道用组织培养适应毒进行中和试验。Malinovskaya[78] 认为被动血凝试验比中和试验更敏感。Ivashhenko[64] 采用间接血凝试验诊断 1 型鸭肝炎病毒，结果表明间接血凝试验的结果与病毒中和试验符合率为 90%。

Murty 和 Hanson[84] 应用琼脂凝胶扩散沉淀试验（AGDP）鉴定 1 型鸭肝炎病毒。以后 Wachendorfer[115] 及 Toth 和 Norcross[111] 的研究表明，Murty 和 Hanson 所观察到的反应不是 1 型鸭肝炎病毒或其抗体的特异反应。Zhao 等[125] 对酶联免疫吸附试验（ELISA）、中和试验和琼脂凝胶扩散沉淀试验检测鸭血清中 1 型鸭肝炎病毒抗体进行了比较。一个有几处错误的报道认为 ELISA 和中和试验的敏感性相似，但他们对中和试验的结果并没有量化。琼脂凝胶扩散试验的敏感性很低，根据其他报道[111,115]，应对他们所检测的确切目标提出疑问。

Woolcock 等[121] 首先建立了空斑减少试验检测

病毒中和抗体，这一方法比鸡胚中和试验敏感得多。Chalmers 和 Woolcock[17]检测了从 16 只非感染鸭采集的血清，其空斑减少半数效价（VN50）在 1：12 到 1：250 之间，平均为 1：59。他们建议阴性对照血清的 VN50 最高应设为 1：250。Woolcock[116]报道了在鸭胚肝细胞上进行的空斑减少试验，结果 1 型 DHV 只能被 1 型抗血清中和，不能被 2 型或 3 型抗血清中和。他还报道用鸡胚测定 VN50 为 1：64 则相当于在鸭胚肾细胞测定的 VN50 高于 1：3 200。Kaleta[66]报道了在鸭胚肾细胞上进行的微量中和试验检测 1 型 DHV，他认为这种方法比其他方法实用、快速、经济，但没有空斑减少试验灵敏。Woolcock[117]曾采用这种微量中和试验监测鸭只在临床或实验室试验中疫苗免疫后的中和抗体反应。

鉴别诊断

1 型鸭肝炎的特征是发病突然、传播快和病程急，3 周龄以下雏鸭的肝脏出血具有实际诊断意义。由 1 型病毒的血清学变异株或 2 型和 3 型鸭肝炎病毒引起的疾病与此类似，是鉴别诊断的主要难题。

Chalmers 等[16]报道了 4～6 周龄鸭暴发 1 型鸭肝炎，伴有鹦鹉热衣原体感染，死亡率为 15％，他们认为这是两种病原协同作用的结果。Gough 和 Wallis[49]在一野生动物饲养场的 2～5 周龄的野鸭体内分离出 1 型鸭肝炎病毒和流感病毒，该 1 型 DHV 的毒力不强，表明流感病毒可能加剧肝炎感染。

其他可能引起雏鸭急性死亡的因素有沙门氏菌病和黄曲霉毒素中毒，后一种疾病可引起共济失调、抽搐和角弓反张，以及胆管增生等与肝炎相似的组织学病变，但不引起肝脏出血。其他常见的鸭的致死性疾病在雏鸭群中并不多见。

治疗

从 Levine 和 Fabricant[72]搞清了 1 型鸭肝炎的起因和性质以后，就认识到可以使用免疫鸭的血清保护雏鸭。实验室和临床试验证明这一措施非常有效。多年来在纽约长岛东港的养鸭研究室一直保持着一个抗血清库，这些血清是在康复鸭屠宰时收集的。在疾病暴发第一只雏鸭死亡时，每只雏鸭肌注 0.5mL 抗 1 型 DHV 抗血清，是一个非常有效的控制方法。

Rispens[100]建议注射高免种鸭的蛋黄进行被动免疫，后来改进的方法是用 1 型 DHV 免疫 SPF 鸡来生产高免蛋黄。

预防和控制

管理措施

严格隔离，特别是雏鸭在最初 4～5 周龄隔离饲养，可防止发生 1 型鸭肝炎。但在疾病流行地区，很难做到严格的隔离。

Panikar[89]及 Kaszanyitzky 和 Tanyi[68]证实在一些执行严格隔离的地区消灭鸭肝炎是可行的。在这两项研究中，种鸭的免疫也作为防制计划的一部分。

免疫接种

有三种方法可以使雏鸭产生抗 1 型鸭肝炎的抵抗力，如"治疗"部分所述注射免疫血清或蛋黄；免疫种鸭以保证后代雏鸭得到高水平的被动免疫抗体；雏鸭直接用 1 型 DHV 活的无毒力病毒株进行主动免疫。

可用作疫苗的 1 型 DHV 弱毒株是通过鸡胚[5,39,40,2,62,103]或鸭胚[100]传代培育的。到目前为止，使用最多的疫苗是用鸡胚传代的 1 型 DHV。Davis 报道[21]经 3 次空斑纯化的 1 型疫苗毒株同未克隆的毒株一样易于返强。不同代次的胚胎传代毒也是如此[118]。Davis 建议用快速传代的方法来增加遗传稳定性。

种鸭　Asplin[5]研制出 1 株可用于种鸭免疫的鸡胚致弱毒。免疫方法是在种鸭开产前 2～4 周肌注 0.5mL 未稀释的鸡胚毒原液。Reuss[96]发现，就他所用的毒株，种鸭必须多次免疫才能使其后代雏鸭有足够的抗体抵抗强毒攻击。种鸭免疫的最适年龄、剂量、途径、毒株、首免和再免时间间隔还不清楚[6]。

Rispens[100]建议种鸭应免疫两次弱毒疫苗，两次至少间隔 6 周，在第二次免疫后大约 9 个月时间内，其产生的后代雏鸭可获得被动免疫。

Hwang[59]和 Rinaldi 等[99]，Nikitin 和 Panikar[85]及 Doroshko 和 Bezrukavaya[26]等人都证实，为保证后代雏鸭有足够水平的抗体，种鸭应免疫 2

次或 3 次弱毒疫苗。Bezrukavaya[11]证实用鸭胚弱毒疫苗免疫种鸭可提供有效的保护。Demakov等[24]报道用氢氧化铝吸附和皂甙佐剂可增强鸡胚化弱毒株的免疫效力。Malinovskaya[80]用被动血凝试验和病毒中和试验就化学刺激物对 1 型 DHV 疫苗免疫作用的影响进行了研究,结果发现地巴唑无效,但皂甙、甲基尿嘧啶和抗坏血酸可加速抗体反应,在免疫后 15 天更明显。

Golubnichi 和 Malinovskaya[41]通过检测血凝和中和抗体对种鸭的免疫反应进行了监测,跟踪了 3 次免疫,为期 3 个多月。结果认为血凝抗体效价为 1∶64 及中和抗体效价为 1∶32 对其后代才能产生保护作。

对灭活疫苗的应用也有不少研究。Gough 和 Spackman[47]认为种鸭免疫 3 次灭活油乳剂苗后,其后代可获得有效保护。他们还发现种鸭在 2～3 日龄时用 1 型 DHV 的活毒疫苗免疫,22 周龄时再用灭活苗免疫,比免疫 3 次灭活苗产生的中和抗体水平更高。他们最后还认为用鸭胚繁殖病毒制备的灭活疫苗比用鸡胚繁殖病毒制备的灭活疫苗引起更强的抗体反应。Woolcock[117]对 1 型 DHV 灭活苗在种鸭中的应用进行了研究,他认为必须先接种 1 型鸭肝炎的弱毒苗活毒才能确保灭活苗的免疫效果。种鸭在 12 周龄时首免弱毒疫苗,在 18 周龄时用 1 型 DHV 灭活疫苗加强免疫,其中和抗体滴度比仅用弱毒疫苗首免的鸭高 16 倍。利用 1 型 DHV 强毒攻毒实验证明,这种免疫水平可以使整个产蛋期(8 个月)内孵化的雏鸭获得足够的保护。用弱毒感染胚胎与用 1 型 DHV 强毒感染的雏鸭制成的灭活疫苗效果相同。Woolcock[117]采用鸭胚肝细胞微量中和试验对灭活疫苗的免疫程序进行了研究,63 只鸭中只有 7 只(11%)的效价为 6log2 或更高。这一效价被认为是最低保护水平,而且只有那些多次接种灭活疫苗的鸭只才能达到这一水平。

雏鸭 Asplin[5]将 1 型 DHV 的鸡胚弱毒通过脚蹼刺种的方法免疫接种雏鸭。Reuss[96]也报道了用弱毒株成功地进行了免疫试验。

刚孵出的雏鸭肌注 1 型 DHV 弱毒株后 3 天内可产生抵抗力[60],而口服则需要 6 天。有证据表明,即使在疾病开始暴发时进行免疫也是有益的。

1 日龄雏鸭经肌肉、鼻内或脚蹼等途径接种 1 型 DHV 弱毒冻干苗具有一定的保护作用[126]。

Crighton 和 Woolcock[19]以及 Gazdzinski[40]也报道了通过皮下和肌注接种 1 型 DHV 鸡胚传代毒对雏鸭免疫成功。Golubnichi 等[42]用 1 型 DHV 组织培养传代毒株免疫接种雏鸭。有许多通过气雾和饮水进行雏鸭群体免疫报道[54,69,70,86,88,112]。雏鸭 2～3 日龄进行口服免疫后,第 17 天再次免疫未发现免疫应答增强[9]。Balla 等[10]对临床上皮下接种和饮水免疫 1 型 DHV 疫苗的效果进行了比较,他们认为雏鸭 2～3 日龄时饮水免疫 2 个剂量的与 2 日龄时口服免疫 1 个剂量效果相同。

Balla 和 Veress[9]对不同免疫状态的雏鸭皮下接种和口服免疫 1 型 DHV 弱毒苗后的抗体反应进行了检测,他们发现,无论是易感雏鸭还是有母源抗体的雏鸭在头 3 周龄内,免疫接种 1 600～9 600EID$_{50}$疫苗均可产生免疫反应,只是有母源抗体的雏鸭的免疫应答稍低。他们还发现,不管雏鸭的免疫状态如何,2～21 日龄的雏鸭每只免疫 300～600EID$_{50}$、35 日龄雏鸭接种 100EID$_{50}$就足以使其发生血清转阳。2～5 日龄的易感雏鸭气雾免疫 5～6min 即可刺激产生良好免疫应答,但有母源抗体的雏鸭不行;气雾免疫 30min 可产生良好的免疫应答,但 16 日龄再次免疫时其反应不增强。他们未报道对以上雏鸭进行强毒攻击的结果。Luff 和 Hopkins[75]就母源抗体对弱毒疫苗免疫雏鸭的影响进行了研究,雏鸭于出壳后 12h 进行免疫,在 24h、3 天和 6 天时进行攻毒,结果表明有部分保护作用的母源抗体水平对现有活毒疫苗产生免疫保护的速度和程度都无不利影响。遗憾的是这只是 6 日龄以前雏鸭的试验数据。

与 Luff 和 Hopskins 的结果不同,临床实践表明,免疫成败与母源抗体有关,并且受强毒感染的时间和感染程度的影响。如果雏鸭早期感染强毒,特别是在鸭肝炎呈地方性流行地区和严重污染的鸭舍,免疫效果较差。采取严格的卫生消毒措施对于提高免疫效果有很大的好处。

2 型鸭肝炎

虽然 2 型鸭肝炎与 1 型鸭肝的病理性质相似,但却是由一种完全不同的病原体引起的[48]。1965 年在英格兰的诺福克(Norfolk)首次报道了雏鸭暴发 2 型鸭肝炎[7]。发病鸭群已免疫过 1 型 DHV

弱毒。雏鸭交叉免疫保护试验表明，所分离的病原与 1 型 DHV 不同，命名为 2 型 DHV[7]。到 1969 年，该病在商品鸭群中消失，但 1983—1984 年在英格兰诺福克 3 个鸭场中再次发生[45]，3～6 周龄的鸭损失 10%～25%，6～14 日龄的雏鸭损失高达 50%。在发病鸭场，本病通常是散发，一些批次的鸭发病而另一些则不发病。在英格兰 East Anglia 以外的地区未见由 2 型 DHV 引起的鸭肝炎的报道，而且自 1980 年代中期暴发后，该地区也未见本病发生[44]。

在电子显微镜下观察，2 型 DHV 颗粒形态类似星状病毒，直径为 28～30nm[46]。肝悬液中可见超过 1 000 个病毒颗粒聚集而成的聚集体。根据这一点，将 2 型鸭肝炎病毒归为星状病毒，并且有人建议更名为鸭星状病毒（duck astrovirus）[43]。通过交叉保护试验和传染性试验证明，该病毒与鸡和火鸡的星状病毒分离株的抗原特性不同[48]。病毒可耐受氯仿、pH3、胰酶处理和 50℃ 加热 60min。甲醛熏蒸消毒和标准的消毒措施可杀灭污染圈舍中的病毒[48]。

2 型 DHV 经过在尿囊腔盲传几代以后，可以在鸡胚中增殖[45]。少数胚胎在接种后 7 天内死亡，感染的胚胎发育不良、肝脏淡绿色且有坏死，肝组织电镜观察可见有星状病毒样颗粒。通过鸡胚传代可致弱 2 型病毒[45]。多种鸭和鸡的细胞培养物对 2 型 DHV 不敏感[45,116]。

2 型 DHV 似乎只感染鸭，未发现有野生动物储存宿主和媒介。所报道的病例都发生于开放饲养的鸭，因此怀疑野生水禽、海鸥和其他野禽可作为传播媒介[43]。

2 型 DHV 可通过口腔、泄殖腔和皮下感染。1～4 天内出现死亡，且通常在出现临床症状后 1～2h 内死亡，这些症状包括烦渴、拉稀、尿酸盐分泌过量，有时可能有抽搐和角弓反张[48]。死亡鸭通常营养状态良好，死亡时间和死亡率（10%～50%）都与鸭的日龄有关[45]。幸存鸭感染后至少排毒 1 周[48]，生长正常，没有发育迟缓的迹象[45]。成年鸭对该病有抵抗力[45]。

2 型 DHV 的靶器官为肝脏和肾脏[45]。肝脏内有大量病毒存在。肝脏呈浅粉红色，表面有许多小点状出血，这种出血点常融合成带状；脾脏肿大、表面散布有白色病灶，形成"西米样"外观；肾脏肿胀、血管充血并凸于肾表面；消化道内通常没有

食物，偶尔肠壁和心冠脂肪上有小出血点。急性病例的组织学病变以肝细胞的广泛坏死为特征，常见胆管大面积增生。

Gough[48] 发现 2 型 DH 幸存鸭对再次感染有免疫抵抗力。用鸡胚进行稀释病毒—固定血清的中和试验方法检测感染鸭抗体，结果表明其抗体水平较低[43]。

2 型 DHV 最可靠的诊断方法是用电镜观察肝匀浆，检查星状病毒样颗粒。可采用鸡胚或鸭胚的尿囊腔途径连续传代的方法分离该病毒，但有一定的困难。病毒接种易感雏鸭的结果不同，接种后 2～4 天的死亡率可达到 20%[45,119,120]。

在生产实践中，给易感雏鸭注射 2 型鸭肝炎病毒感染康复鸭血清可成功地控制该病[48]。一种实验用弱毒疫苗可保护雏鸭抵抗强毒攻击，但这一疫苗并未商品化生产[48]。

3 型鸭肝炎病毒

Toth[109] 首次报道了纽约长岛发生 3 型鸭肝炎，他发现了一种可引起对 1 型鸭肝炎病毒有免疫力的雏鸭发病和死亡的肝炎，这种疾病不如 1 型鸭肝炎病毒感染严重，雏鸭的死亡率很少超过 30%。根据它与 1 型和 2 型鸭肝炎病毒不同，被命名为 3 型鸭肝炎病毒[52]。目前只知道美国发生过这种由 3 型鸭肝炎病毒引起的鸭肝炎。

根据 3 型鸭肝炎病毒对 5 -碘脱氧尿苷不敏感，Haider 和 Calnek[52] 认为 3 型鸭肝炎病毒含 RNA。该病毒可耐受氯仿和 pH3.0 的处理，对 50℃ 加热敏感。电镜观察感染病毒的鸭肾细胞培养物，可见胞浆中有直径大约 30nm 的呈晶格排列的颗粒。根据这些发现，他们建议将 3 型鸭肝炎病毒归类于小 RNA 病毒，但与 1 型鸭肝炎病毒无关，因中和抗体试验和荧光抗体试验证实它们没有共同抗原。

9～10 日龄鸭胚绒毛尿囊膜接种对 3 型鸭肝炎病毒敏感[52]。在鸭胚传第一代，胚胎死亡不规律，一般在接种后 8～9 天死亡。但在高代次的传代中，胚胎的死亡时间缩短，感染严重的胚胎绒毛尿囊膜颜色发生变化，感染部位的表面有干痂或干酪样物质、绒毛尿囊膜水肿，比正常时增厚约 10 倍，胚体病变包括发育不良、水肿、皮肤出血、外观柔

软、胶状液体聚集，肝脏、肾脏和脾脏肿大。通过绒毛尿囊膜接种在鸭胚连续传代后，该病毒对鸭胚的致病力增强，对雏鸭的致病力减弱。鸡胚对3型鸭肝炎病毒不敏感。

3型鸭肝炎病毒可在鸭胚肝或鸭源的肝、肾细胞培养中增殖，用直接荧光抗体试验观察感染细胞可见荧光斑点，可以证实这一点[52]。Woolcock[116]报道3型鸭肝炎病毒不能在原代鸭胚肾和鸭胚肝单层细胞上形成空斑。

3型鸭肝炎病毒对实验感染雏鸭的致病力较低，且只有雏鸭可被该病毒感染。1日龄易感雏鸭皮下或肌肉注射感染雏鸭的肝匀浆并不一定能复制出该病。静脉注射可能会增加成功率。1～3日龄雏鸭使用2～3次环磷酰胺（2mg/次），并于6日龄时攻毒，雏鸭的死亡率和肝脏的含毒量增加[14]。

死于3型鸭肝炎病毒感染的雏鸭与1型病毒感染的典型症状相似，即两腿向后伸和角弓反张[109]。死亡率很少超过30%，大体病变与1型鸭肝炎相似。

成年鸭接种3型病毒弱毒可激发主动免疫反应，这种免疫力可通过卵黄被动地传给下一代。

10日龄鸭胚绒毛尿囊膜上接种肝悬液，如果胚胎病变和死亡情况与上面所述相似，则可对3型鸭肝炎病毒感染做出初步诊断[119,120]。另外，可采用鸭肾或鸭胚肾细胞分离和鉴定病毒，接毒后48～72h用3型鸭肝炎病毒的特异性抗血清进行免疫荧光检测。已报道过利用雏鸭肝和鸭胚肾细胞培养物或鸭肾细胞培养直接荧光试验检测3型DHV[52]，也可用鸭胚进行血清中和试验。鉴别诊断与1型鸭肝炎类似。

3型鸭肝炎病毒感染康复鸭血清对控制该病很有效。种鸭进行弱毒疫苗免疫试验表明，雏鸭获得被动免疫，但这一疫苗还未商品化。

鸭乙型肝炎病毒感染

在家鸭和几种迁徙的野鸭中，鸭乙型肝炎病毒（DHBV）感染很普遍，一般可于肝脏和血清中检测到病毒。该病毒是一种小DNA病毒（直径40nm），属于嗜肝DNA病毒群，该群中有人和土拨鼠的乙型肝炎病毒。与这些哺乳动物嗜肝DNA病毒不同，鸭乙型肝炎病毒在慢性先天性感染或急

性实验性感染病例中，都不引起明显的病变或临床症状。有关该病毒特征的详细情况请参阅有关文献[31]。

Chang等[18]报道了一种新的感染雪鹅（*Anser caerulescens*）的禽嗜肝病毒。采用PCR扩增基因序列分析表明这一病毒与其他禽嗜肝病毒完全不同。

刘　建　胡薛英　译
苏敬良　郭玉璞　校

参考文献

[1] Adamiker, D. 1969. Elektronenmikroskopische Untersuchungen zur Virushepatitis der EntenUken. *Zentralbl Veterinaermed* (B). 16:620 - 636.

[2] Adamiker, D. 1970. Die Virushepatitis der Entenk Uken im elektronenmikroskopischen Bild. Teil Ⅱ: Befunde an der Milz und am Muskel. *Zentralbl Veterinaermed* (B). 17:880 - 889.

[3] Ahmed, A. A., Y. Z. EL-Abdin, S. Hamza, and F. E. Saad. 1975. Effect of experimental duck virus hepatitis infection on some biochemical constituents and enzymes in the serum of white Pekin ducklings. *Avian Dis*. 19:305 - 310.

[4] Akulov, A. V., L. M. Kontrimavichus, and A. D. Maiboroda. 1972. [Sensitivity of geese to duck hepatitis virus]. *Veterinariia*. 48:47.

[5] Asplin, F. D. 1958. An attenuated strain of duck hepatitis virus. *Vet Rec*. 70:1226 - 1230.

[6] Asplin, F. D. 1961. Notes on epidemiology and vaccination for virus hepatitis of ducks. *Off Int Epizoot Bull*. 56:793 - 800.

[7] Asplin, F. D. 1965. Duck hepatitis: vaccination against two serological types. *Vet Rec*. 77:1529 - 1530.

[8] Asplin, F. D. 1970. Examination of sera from wildfowl for antibodies against the viruses of duck plague, duck hepatitis and duck influenza. *Vet Rec*. 87:182 - 183.

[9] Balla, L., and T. Veress. 1984. Immunization experiments with a duck virus hepatitis vaccine. I Antibody response of ducklings of different immune status after subcutaneous, oral and aerosol vaccination. *Magy Allatorv Lapja*. 39:395 - 400.

[10] Balla, L., T. Veress, E. Horvath, and G. Hegedus. 1984. Immunization experiments with a duck virus hepatitis vaccine. Ⅱ. Efficacy of vaccination by drinking water in large duckling flocks. *Magy Allatorv Lapja*. 39:401 - 404.

[11] Bezrukavaya, I. J. 1978. Vaccine against duck virus hepa-

titis from strain ZM. *Sborn Rab Puti Ob Vet Blago Prom Zivot(Kiev)*. 90 - 95.

[12]Buynitzky, S. J. , G. J. Tritz, and W. L. Ragland. 1977. Correlation of induced drug metabolism with titer of duck hepatitis virus in chickens. *Res Commun Chem Pathol Pharmacol*. 17:275 - 282.

[13]Buynitzky, S. J. , G. O. Ware, and W. L. Ragland. 1978. Effect of viral infection on drug metabolism and pesticide disposition in ducks. *Toxicol Appl Pharmacol*. 46:267 - 278.

[14]Calnek, B. W. 1988. Personal communication.

[15]Calnek, B. W. 1993. Duck virus hepatitis. In: J. B. McFerran and M. S. McNulty, (eds.). Virus Infections of birds. Elsevier Science Publishers B. V. : Amsterdam. 485 -495.

[16]Chalmers, W. S. , H. Farmer, and P. R. Woolcock. 1985. Duck hepatitis virus and Chlamydia psittaci outbreak [letter]. *Vet Rec*. 116:223.

[17]Chalmers, W. S. K. , and P. R. Woolcock. 1984. The effect of animal sera on duck hepatitis virus. *Avian Path*. 13:727 - 732.

[18]Chang, S. -F. , H. J. Netter, M. Bruns, R. Schneider, K. Froelich, and H. Will. 1999. A new avian hepadnavirus infecting snow geese (Anser caerulescens) produces a significant fraction of virions containing single-stranded DNA. *Virology*. 262:39 - 54.

[19]Crighton, G. W, and P. R. Woolcock. 1978. Active immunisation of ducklings against duck virus hepatitis. *Vet Rec*. 102:358 - 361.

[20]Davis, D. 1987. Temperature and pH stability of duck hepatitis virus. *Avian Path*. 16:21 - 30.

[21]Davis, D. 1987. Triple plaque purified strains of duck hepatitis virus and their potential as vaccines. *Res Vet Sci*. 43:44 - 48.

[22]Davis, D. , and D. Hannant. 1987. Fractionation of neutralizing antibodies in serum of ducklings vaccinated with live duck hepatitis virus vaccine. *Res Vet Sci*. 43:276 - 277.

[23]Davis, D. , and P. R. Woolcock. 1986. Passage of duck hepatitis virus in cell cultures derived from avian embryos of different species. *Res Vet Sci*. 41:133 -134.

[24]Demakov, G. P. , V. N. Ogorodnikova, and A. P. Semenovykh. 1979. Improvement of prophylaxis of duck viral hepatitis. *Vestn Skn Nauki*. 10:85 - 87.

[25]Demakov, G. P. , S. N. Ostashev, V. N. Ogordnikova, and M. A. Shilov. 1975. [Infection of brown rats with the duck hepatitus virus]. *Veterinariia*. 57 -58.

[26]Doroshko, I. N. , and I. Y. Bezrukavaya. 1975. Field trials of duck viral hepatitis vaccine. *Veterinariya*. 1:52 - 53.

[27]Dvorakova, D. , and Z. Kozusnik. 1970. The influence of temperature and some disinfectants on duck hepatitis virus. *Acta Brno*. 39:151 - 156.

[28]Fabricant, J. , C. G. Rickard, and P. P. Levine. 1957. The pathology of duck virus hepatitis. *Avian Dis*. 1: 256 - 275.

[29]Farmer, H. , W S. K. Chalmers, and P. R. Woolcock. 1986. Recent advances in duck viral hepatitis. In: J. B. McFerran and M. S. McNulty, (eds.). Acute Virus Infections of Poultry, Martinus Nijhoff Publishers: Dordrecht. 213 - 222.

[30]Farmer, H. , W. S. K. Chalmers, and P. R. Woolcock. 1987. The duck fatty kidney syndrome: An aspect of duck viral hepatitis. *Avian Path*. 16:227 -236.

[31]Fernholz, D. , H. Wetz, and H. Will. 1993. Hepatitis B viruses in birds. In: J. B. McFerran and M. S. McNulty, (eds.). Virus Infections of Birds, Elsevier Science Publishers, B. V: Amsterdam. 111 - 119.

[32]Fitzgerald, J. E. , and L. E. Hanson. 1966. Certain properties of a cell-culture-modified duck hepatitis virus. *Avian Dis*. 10:157 - 161.

[33]Fitzgerald, J. E. , L. E. Hanson, and J. Simon. 1969. Histopathologic changes induced with duck hepatitis virus in the developing chicken embryo. *Avian Dis*. 13: 147 - 157.

[34]Fitzgerald, J. E. , L. E. Hanson, and M. Wingard. 1963. Cytopathic effects of duck hepatitis virus in duck embryo kidney cell cultures. *Proc Soc Exp Biol Med*. 114:814 - 816.

[35]Friend, M. , and D. O. Trainer. 1970. Polychlorinated biphenyl: interaction with duck hepatitis virus. *Science*. 170:1314 - 1316.

[36]Friend, M. , and D. O. Trainer. 1972. Experimental duck virus hepatitis in the mallard. *Avian Dis*. 16:692 - 699.

[37]Friend, M. , and D. O. Trainer. 1974. Experimental DDT—duck hepatitis virus interaction studies in mallards. *J Wildl Manage*. 38:887 - 895.

[38]Friend, M. , and D. O. Trainer. 1974. Experimental dieldrin—duck hepatitis virus interaction studies in mallards, *J Wildl Manage*. 38:896 - 902.

[39]Gazdzinski, P. 1979. Attenuation of duck hepatitis virus and evaluation of its usefulness for duckling immunization. I Studies on attenuation of the virus. *Bull Vet Inst Pulawy*. 23:80 - 89.

[40]Gazdzinski, P. 1979. Attenuation of duck hepatitis virus

第13章 水禽病毒性感染

and evaluation of its usefulness for duckling immunization. Ⅱ. Studies on application of the attenuated strain of DVH for vaccination of ducklings. *Bull Vet Inst Pulawy*. 23:89 - 98.

[41]Golubnichi, V. P. , and G. V. Malinovskaya. 1984. Dynamics of postvaccinal antibodies in blood serum against duck hepattis virus. *Vet Nauk Proiz(Minsk)*. 22:72 -75.

[42]Golubnichi, V. P. ,G. P. Tishchenko, and V. I. Korolkov. 1976. Preparation of tissue culture antigens of duck hepatitis virus. *Vet Nauk Proiz Tr(Minsk)*. 14:88 - 90.

[43]Gough, R. E. 1986. Duck hepatitis type 2 associated with an astrovirus. In: J. B. McFerran and M. S. McNulty, (eds.). Acute Virus Infections of Poultry, Martinus Nijhoff:Dordrecht. 223 - 230.

[44]Gough,R. E. 2001. personal communication.

[45]Gough, R. E. , E. D. Borland, I. F. Keymer, and J. C. Stuart. 1985. An outbreak of duck hepatitis type Ⅱ in commercial ducks. *Avian Path*. 14:227 - 236.

[46]Gough,R. E. ,M. S. Collins, B. E, and K. L. F. 1984. Astroviruslike particles associated with hepatitis in ducklings. *Vet Rec*. 114:279.

[47]Gough,R. E. ,and D. Spackman. 1981. Studies with inactivated duck virus hepatitis vaccines in breeder ducks. *Avian Path*. 10:471 - 479.

[48] Gough, R. E. , and J. C. Stuart. 1993. Astroviruses in ducks(duck virus hepatitis type Ⅱ). In: J. B. McFerran and M. S. McNulty, (eds.). Virus Infections of Birds. Elsevier Science Publishers, B. V. : Amsterdam. 505 - 508.

[49]Gough,R. E. ,and A. S. Wallis. 1986. Duck hepatitis type I and influenza in mallard ducks(Anas platyrhynchos). *Vet Rec*. 119:602.

[50]Guo, Y. P. , and W. S. Pan. 1984. Preliminary identifications of the duck hepatitis virus serotypes isolated in Beijing, China. *Chinese Journal of Veterinary Medicine*. 10:2 - 3.

[51]Haider,S. A. 1980. Duck Virus Hepatitis. In:S. B. Hitchner,C. H. Domermuth, H. G. Purchase and J. E. Williams, (eds.). Isolation and Identification of Avian Pathogens,American Association of Avian Pathologists: Kennett Square,PA. 75 - 76.

[52]Haider,S. A. ,and B. W. Calnek. 1979. *In vitro* isolation, propagation,and characterization of duck hepatitis virus type Ⅲ. *Avian Dis*. 23:715 - 729.

[53] Hanson, L. E. , H. E. Rhoades, and R. L. Schricker. 1964. Properties of duck hepatitis virus. *Avian Dis*. 8: 196 - 202.

[54]Hanson,L. E. ,and D. N. Tripathy. 1976. Oral immunization of ducklings with attenuated duck hepatitis virus. *Der Biol Stand*. 33:357 - 363.

[55]Hwang, J. 1965. A chicken-embryo-lethel strain of duck hepatitis virus. *Avian Dis*. 9:417 - 422.

[56]Hwang,J. 1965. Duck hepatitis virus in duck embryo fibroblast cultures. *Avian Dis*. 9:285 - 290.

[57]Hwang,J. 1966. Duck hepatitis virus in duck embryo liver cell cultures. *Avian Dis*. 10:508 - 512.

[58]Hwang, J. 1969. Duck hepatitis virus-neutralization test in chicken embryos. *Am J Vet Res*. 30:861 -864.

[59]Hwang,J. 1970. Immunizing breeder ducks with chicken embryopropagated duck hepatitis virus for production of parental immunity in their progenies. *Am J Vet Res*. 31: 805 - 807.

[60]Hwang,J. 1972. Active immunization against duck hepatitis virus. *Am J Vet Res*. 33:2539 - 2544.

[61]Hwang,J. 1974. Susceptibility of poultry to duck hepatitis viral infection. *Am J Vet Res*. 35:477 - 479.

[62]Hwang, J. , and D. I. E. Dougherty. 1962. Serial passage of duck hepatitis virus in chicken embryos. *Avian Dis*. 6: 435 - 440.

[63] Hwang, J. , and D. I. E. Dougherty. 1964. Distribution and concentration of duck hepatitis virus in inoculated ducklings and chicken embryos. *Avian Dis*. 8:264 - 268.

[64]Ivashhenko, V. 1982. The use of indirect hemagglutination reaction for the diagnosis of virus hepatitis of ducklings. *Eksp Infinst Ptits*. 109:32 - 34.

[65]Kaeberle, M. L. , J. W. Drake, and L. E. Hanson. 1961. Cultivation of duck hepatitis virus in tissue culture. *Proc Soc Exp Biol Med*. 106:755 - 757.

[66]Kaleta, E. F. 1988. Duck viral hepatitis type 1 vaccination: Monitoring of the immune response with a microneutralization test in Pekin duck embryo kidney cell cultures. *Avian Path*. 17:325 - 332.

[67]Kapp, P. , F. Karsai, and I. Weiner. 1969. On the pathogensis of virus hepatitis of ducks. *Magy Allatorv Lapja*. 24:289 - 294.

[68]Kaszanyitzky,E. J. ,and J. Tanyi. 1980. Studies on the laboratory diagnosis and epizootiology of duck virus hepatitis. *Magy Allatorv Lapja*. 35:808 - 814.

[69]Korolkov, V. I. , V. P. Golubnichi, P. S. Khandogin, and M. A. Karvus. 1979. Aerosol vaccination method for virus hepatitis in ducklings. *Vet Nauk Proiz Tr(Minsk)*. 17:82 - 83.

[70]Korolkov, V. I. ,and G. P. Tishchenko. 1975. Laboratory trials of a duck hepatitis vaccine. *Tr Beloruss NI Vet*

441

Inst. 13:79 - 83.

[71]Kurilenko, A. N. , and A. P. Strelnikov. 1976. Cytopathic effect of duck hepatitis virus in transplantable piglet kidney cell culture. *Sb Nauk Trud Moscow Vet Akad*. 85: 122 - 124.

[72]Levine, P. P. , and J. Fabricant. 1950. A hitherto-undescribed virus disease of ducks in North America. *Cornell Vet*. 40:71 - 86.

[73]Levine, P. P. , and M. S. Hofstad. 1945. Duck disease investigation. *Annual Report of the New York State Veterinary College*, Ithaca. 55 - 56.

[74]Lu, Y. S. , D. F. Lin, Y. L. Lee, Y. K. Liao, and H. J. Tsai. 1993. Infectious bill atrophy syndrome caused by parvovirus in a cooutbreak with duck viral hepatitis in ducklings in Taiwan. *Avian Dis*. 37:591 - 596.

[75]Luff, P. R. , and I. G. Hopkins. 1986. Live duck virus hepatitis vaccination of maternally immune ducklings. *Vet Rec*. 119:502 - 503.

[76]Maiboroda, A. D. 1972. Formation of duck hepatitis virus in culture cells. *Veterinariya*. (8):50 - 52.

[77]Maiboroda, A. D. , and L. M. Kontrimavichus. 1968. Propagation of duck hepatitis virus in goose-embryo cells. *Byull Vses Inst Eksp Vet*. (4):5 - 7.

[78]Malinovskaya, G. V. 1980. Use of passive hemagglutination reaction to determine antibodies in hyperimmune serum against virus hepatitis of ducklings. *Tr Beloruss Inst Eksp Vet Minsk*. 18:54 - 56.

[79]Malinovskaya, G. V. 1982. Formation of 19S and 7S antibodies during immunogenesis and pathogensis of duck viral hepatitis. *Vet Nauk Proiz*(*Minsk*). 19:68 - 70.

[80]Malinovskaya, G. V. 1984. Influence of chemical stimulators on postvaccinal immunity against duck viral hepatitis. *Vet Nauk Proiz* (*Minsk*). 22:75 - 78.

[81]Mason, R. A. , N. M. Tauraso, and R. K. Ginn. 1972. Growth of duck hepatitis virus in chicken embryos and in cell cultures derived from infected embryos. *Avian Dis*. 16:973 - 979.

[82]Mason, W. S. , G. Seal, and J. Summers. 1980. Virus of Pekin ducks with structural and biological relatedness to human hepatitis B virus, *J Virol*. 36:829 - 836.

[83]Mennella, G. R. , and G. Mandelli. 1977. Glutamic-oxaloacetic (GOT)and glutamic-pyruvic(GPT)transaminases in the blood serum in experimental viral hepatitis of ducklings. *Arch Vet Ital*. 28:187 - 190.

[84]Murty, D. K. , and L. E. Hanson. 1961. A modified microgel diffusion method and its application in the study of the virus of duck hepatitis. *Am J Vet Res*. 22: 274 -

278.

[85]Nikitin, M. G. , and I. I. Panikar. 1974. Specific prophylaxis of duck virus hepatitis. *Veterinariya*. (8):51 - 53.

[86]Nikitin, M. G. , I. I. Panikar, and V. V. Garkavaya. 1976. Aerosol immunization against duck virus hepatitis. *Vestn Skh Nauki*. (1):124 - 126.

[87]Pan, W. S. 1981. Growth curve and distribution of chick-embryoadapted duck hepatitis virus in embryonated chicken eggs. *Acta Vet Zootech Sin*. 12:259 -262.

[88]Panikar, II. 1979. [Eradication of viral hepatitis of ducklings on farms]. *Veterinariia*. 35 - 36.

[89]Panikar, I. , and V. Gostrik. 1981. Aerosol vaccination of ducklings against duck virus hepatitis. *Ptitsevodstvo*. 35.

[90]Park, N. Y. 1985. Occurrence of duck virus hepatitis in Korea. *Korean Journal of Veterianry Research*. 25: 171 -174.

[91]Pollard, M. , and T. J. Starr. 1959. Propagation of duck hepatitis virus in tissue culture. *Proc Soc Exp Biol Med*. 101:521 - 524.

[92]Polyakov, A. A. , and G. D. Volkovskii. 1969. Survival of duckling hepatitis virus outside the host and methods of disinfection. *Vses Inst Vet Sanit*. 34:278 - 290.

[93]Priz, N. N. 1973. Comparative study of virus hepatitis in animals (dogs and ducks)using different routes of influence. *Vopr Virusol*. 696 - 700.

[94]Rahn, D. P. 1962. Susceptibility of turkeys to duck hepatitis virus and turkey hepatitis virus.

[95]Rao, S. B. V. , and B. R. Gupta. 1967. Studies on a filterable agent causing hepatitis in ducklings, and biliary cirrhosis and blood dyscrasia in adults. *Indian J Poult Sci*. 2:18 - 30.

[96]Reuss, U. 1959. Versuche zur aktiven und passiven Immunisierung bei der Virushepatitis der Entenkuken. *Zentralbl Veterinaermed*. 6:808 - 815.

[97]Reuss, U. 1959. Virusbiologische Untersuchungen bei der Entenhepatitis. *Zentralbl Veterinaermed*. 6: 209 - 248.

[98]Richter, W. R. , E. J. Rozok, and S. M. Moize. 1964. Electron microscopy of virus-like particles associated wit duck viral hepatitis. *Virology*. 24:114 -116.

[99]Rinaldi, A. , G. Mandelli, G. Cervio, and A. Valeri. 1970. Immunization of the duck against viral hepatitis. *Atti Soc Ital Sci Vet*. 24:663 - 665.

[100]Rispens, B. H. 1969. Some aspects of control of infectious hepatitis in ducklings. *Avian Dis*. 13:417 -426.

[101] Roszkowski, J. , W. Kozaczynski, and P. Gazdzinski.

1980. Effect of attenuation on the pathogenicity of duck hepatitis virus, histopathological study. *Bull Vet Inst Pulawy*. 24:41 - 48.

[102]Sandhu, T. S. , B. W. Calnek, and L. Zeman. 1992. Pathologic and serologic characterization of a variant of duck hepatitis type I virus. *Avian Dis*. 36:932 - 936.

[103]Schoop, G. , H. Staub, and K. Erguney. 1959. Virus hepatitis of ducks. V. Attempted adaptation of the virus to chicken embryos. *Monatsh Tierheilkd*. 11:99 -106.

[104]Shalaby, M. A. , M. N. K. Ayoub, and I. M. Reda. 1978. A study on a new isolate of duck hepatitis virus and its relationship to other duck hepatitis virus strains. *Vet Med J Cairo Univ*. 26:215 - 221.

[105]Syurin, V. N. , I. I. Panikar, and I. M. Shchetinskii. 1977. Immunogenesis and pathogenesis of viral hepatitis of ducks. *Veterinariya*. 53 - 55.

[106]Tauraso, N. M. , G. E. Coghill, and M. J. Klutch. 1969. Properties of the attenuated vaccine strain of duck hepatitis virus. *Avian Dis*. 13:321 -329.

[107]Tempel, E. , and J. Beer. 1968. Die Virushepatitis der Enten. In: H. Rohrer, (ed.) Handbuch der Virusinfektionen bei Tieren, Gustav Fischer: Jena, Germany. 1019 -1032.

[108]Toth, T. E. 1969. Chicken-embryo-adapted duck hepatitis virus growth curve in embryonated chicken eggs. *Avian Dis*. 13:535 - 539.

[109]Toth, T. E. 1969. Studies of an agent causing mortality among ducklings immune to duck virus hepatitis. *Avian Dis*. 13:834 - 846.

[110]Toth, T. E. 1975. Duck Virus Hepatitis. In: S. B. Hitchner, C. H. Domermuth, H. G. Purchase and J. E. Williams, (eds.). Isolation and Identification of Avian Pathogens, American Association of Avian Pathologists: College Station, TX. 192 - 96.

[111]Toth, T. E. , and N. L. Norcross. 1981. Humoral immune response of the duck to duck hepatitis virus: virus-neutralizing vs. virusprecipitating antibodies. *Avian Dis*. 25:17 - 28.

[112]Tripathy, D. N. , and L. E. Hanson. 1986. Impact of oral immunization against duck viral hepatitis in passively immune ducklings. *Prevent Vet Med*. 4:355 - 360.

[113]Ulbrich, F. 1971. Significance of wild ducks in the transmission of duck viral hepatitis. *Monatsh Veterinaermed*. 26:629 - 631.

[114]Vertinskii, K. I. , B. F. Bessarabov, A. N. Kurilenko, A. P. Strelnikov, and P. M. Makhno. 1968. Pathogensis and diagnosis of duck viral hepatitis. *Veterinariya*. 7: 27 -

30.

[115]Wachendorfer, G. 1965. Das Agar-prazipitationsverfahren bei der Entenhepatitis, der Newcastle-Krankheit und besonders der klassischen Schweinepest-Seine Leistungsfahigkeit und Grenzen in der Virusdiagnostik. *Zentralbl Veterinaermed*. 12:55 - 56.

[116]Woolcock, P. R. 1986. An assay for duck hepatitis virus type I in duck embryo liver cells and a comparison with other assays. *Avian Path*. 15:75 - 82.

[117]Woolcock, P. R. 1991. Duck hepatitis virus type I: Studies with inactivated vaccines in breeder ducks. *Avian Path*. 20:509 - 522.

[118]Woolcock, P. R. 1995. Unpublished data. Personal Communication.

[119]Woolcock, P. R. 2004. Duck Virus Hepatitis. In: Manual of Diagnostic Tests and Vaccines for Terrestrial Animals, 5th ed. Office International des Epizooties: Paris, France. 905 - 912.

[120] Woolcock, P. R. 1998. Duck Hepatitis. In: D. E. Swayne, J. R. Glisson, M. W. Jackwood, J. E. Pearson and W. M. Reed, (eds.). A Laboratory Manual for the Isolation and Identification of Avian Pathogens, 4th ed. American Association of Avian Pathologists: Kennett Square, PA. 200 - 204.

[121] Woolcock, P. R. , W. S. K. Chalmers, and D. Davis. 1982. A plaque assay for duck hepatitis virus. *Avian Path*. 11:607 - 610.

[122]Woolcock, P. R. , and G. W. Crighton. 1979. Duck virus hepatitis: serial passage of attenuated virus in ducklings. *Vet Rec*. 105:30 - 32.

[123]Woolcock, P. R. , and G. W. Crighton. 1981. Duck virus hepatitis: The effect of attenuation on virus stability in ducklings. *Avian Path*. 10:113 - 119.

[124]Woolcock, P. R. , and J. Fabricant. 1991. Duck virus hepatitis. In: B. W. Calnek, H. J. Barnes, C. W. Beard, R. W. M and J. Yoder, H. W, (eds.). Diseases of Poultry, 9th ed. Iowa State University Press: Ames, IA. 597 -608.

[125]Zhao, X. , R. M. Phillips, G. Li, and A. Zhong. 1991. Studies on the detection of antibody to duck hepatitis virus by enzyme-linked immunosorbent assay. *Avian Dis*. 35:778 - 782.

[126]Zubtsova, R. A. 1971. Laboratory trial of live vaccine against duck hepatitis containig GNKI attenuated strains. *Tr Gos NauchnKontrol Inst Vet Prep*. 17:127 - 132.

鸭病毒性肠炎（鸭瘟）

Duck Virus Enteritis（Duck Plague）

Tirath S. Sandhu 和 Samia A. Metwally

引　言

定义及同义名

鸭病毒性肠炎（DVE）是鸭、鹅和天鹅的一种急性、接触传染性疱疹病毒感染，其特征是血管损伤、组织出血、消化道黏膜疹性损害、淋巴器官损害、实质器官退行性病变。该病的同义名有鸭瘟、eednpest（荷兰语）、peste du canard（法语）、Entenpest（德语）和鸭病毒性肠炎[90]。虽然 Bos 最早使用鸭瘟这一名词[4]，但直到 1949 年 Jansen 和 Kunst 才提议作为正式的名称[39]。随后，人们根据该病的特点，为了区别于鸡瘟，将其命名为"鸭病毒性肠炎"。

公共卫生意义

DVE 是水禽的主要疾病，目前尚未出现人类感染该病的报道。

经济意义

由于鸭病毒性肠炎能引起死亡、淘汰和产蛋下降，该病对疫区水禽养殖业造成了巨大的经济损失。1967 年，美国纽约长岛地区首次暴发鸭病毒性肠炎，造成该地区当年经济损失超过 100 万美元[54]，且这只是小型养殖场的损失，而非大型养殖场的损失。

历　史

1923 年，Baudet[2] 报道荷兰暴发了一种家鸭的急性出血性疾病。病料细菌培养阴性，家鸭接种无菌过滤的肝悬液后可以复制出该病。虽然是一种感染鸭而不感染鸡的未知病毒，但当时还是认定该病

是由一株适应鸭的特异性的鸡瘟（流感）病毒引起。随后，在荷兰有更多的病例报道。DeZeeuw[20] 证实了 Baudet 的发现并推断出鸭病毒性肠炎的潜在病原是适应鸭的特异性鸡瘟病毒。他还证实鸡、家鸽和家兔对实验感染有抗性。因为在发病地区发现有野生水禽，所以 DeZeeuw 怀疑水禽是该病原的携带者。

Bos[4] 对前人的工作进行了重新验证，并观察了新暴发的疾病。他进一步对鸭的病理损伤、临床特征、免疫反应进行了深入的实验研究，人工感染鸡、鸽、兔、豚鼠、大鼠和小鼠均未成功。他认为该病并非由鸡瘟病毒引起，而是鸭的一种新的病毒性疾病，并称之为"鸭瘟"。这样命名的依据是：自然和人工感染中，病原对鸭具有高度的特异性；在荷兰，该病表现一直很一致，潜伏期越来越长。他将该病与新城疫进行了鉴别。对病毒增殖、发病率和分布、病理学和免疫力的深入研究也进一步证实了这些观点[34,35,36,37,38,39,40,41]。

自从首次报道家养动物和野生的鸭科动物（鸭、鹅和天鹅）发病以来[49,55]，在迁徙水禽中已暴发过多次，而且死亡率高[22]。动物园和观赏鸟养殖场的鸟群也暴发过该病[33,53,62]。

1973 年以前，沿南达科他州的安第斯湖飞行线路上迁徙的水禽大量暴发该病，美国农业部认为这是外来病。因为鸭病毒性肠炎在北美分布广泛，所以现在认为是地方流行性疾病。新的暴发应向相关州的兽医和联邦兽医报告，以便控制疫情。有关北美水禽的该病情况可参见 Brand 的综述[5]。

病　原　学

分类

DVE 的病原为疱疹病毒，属 α 疱疹病毒亚科。鸭肠炎病毒（DEV）无血凝[34]和血细胞吸附特性[17]。

形态学

电镜下，在感染细胞的胞核和胞浆均有病毒粒子（图 13.2）[7]。Bergmann 和 Kinder[3] 及 Tantaswasdi 等[86]对病毒在感染雏鸭细胞中的结构和成熟过程进行了研究。他们发现在感染细胞核中球形的核衣壳直径 91～93nm，核芯直径约 61nm。在细胞浆和核周隙中，可能由于核膜包裹的存在，病毒粒子直径约 126～129nm。在细胞浆内质网的微管系中可见直径 156～384nm 的更大的成熟粒子，这些粒子是由包裹于嗜锇酸基质中有囊膜的核衣壳构成，外周有额外的一层膜包围。DEV 的这些形态学结构使其有别于其他动物疱疹病毒[3]。在另一研究中，感染鸭的组织中发现并确认了四种形式的核衣壳，它们存在于细胞的胞浆和胞核，直径 42～90nm[100]。包括：其中两种核衣壳与核内包涵体有关；圆形或杆状核衣壳，含有高电子密度内核；邻近内衣壳壁有高电子密度颗粒并有电子密度透亮过渡区的核衣壳，或邻近内衣壳壁有高电子密度颗粒且内部有五角形电子密度透亮区的核衣壳。在肝、小肠、脾、胸腺和法氏囊感染细胞的胞核和胞浆中

有许多核衣壳、成熟病毒和病毒包涵体。

化学组成

病毒粒子含有 DNA[7]。RNA 酶对超薄切片中病毒的超微形态无影响。DNA 酶可以去除病毒中央核芯，而不影响囊膜。培养细胞吖啶橙染色，核内包涵体的荧光与 DNA 荧光一致[30]。病毒可被胰脂肪酶灭活，表明病毒粒子含有脂质成分[30]。

病毒复制

根据电镜及其在细胞内外的生长曲线对病毒在细胞中的增殖进行了研究[3,7,86]。感染后 12h 切片检查仅仅在细胞核中发现病毒。到 24h，除胞核中病毒外，在胞浆中可见更大的有囊膜的颗粒。对相似的细胞培养物进行病毒滴定表明，感染后 4h 即出现新的细胞相关性病毒，48h 滴度达到最高。感染后 6～8h 可初次检测到细胞外病毒，感染后 60h 达到最高[7]。提高培养温度（39.5～41.5℃）可以促进病毒特别是低毒力毒株的复制[8]。

在易感动物体内，病毒首先在消化道黏膜，尤其是食道黏膜复制，随后扩散到法氏囊、胸腺、脾脏和肝脏，并在这些器官的上皮细胞和巨噬细胞内进行增殖[31]。

对理化因素的抵抗力

病毒对乙醚和氯仿敏感[30]。胰蛋白酶、胰凝乳蛋白酶和胰脂肪酶在 37℃处理 18h 可以大大地降低病毒滴度或灭活病毒，而木瓜酶、溶菌酶、纤维素酶、DNA 酶和 RNA 酶对病毒无影响。细胞用 DNA 酶处理可以显露核内包涵体，但吖啶橙染色荧光明显减弱[30]。

热灭活研究[30]表明，56℃加热 10min 或 50℃加热 90～120min 可以破坏病毒的感染性；室温（22℃）30 天后感染性丧失；22℃温度下，用氯化钙干燥 9 天后病毒被灭活。

病毒处于 pH7、8 和 9 环境中 6h，滴度未下降，但 pH 为 5、6 和 10 时可检测到病毒滴度下降；pH 为 3 和 11 时病毒很快被灭活。pH 为 10 和 10.5 对病毒灭活率有明显差异[30]。

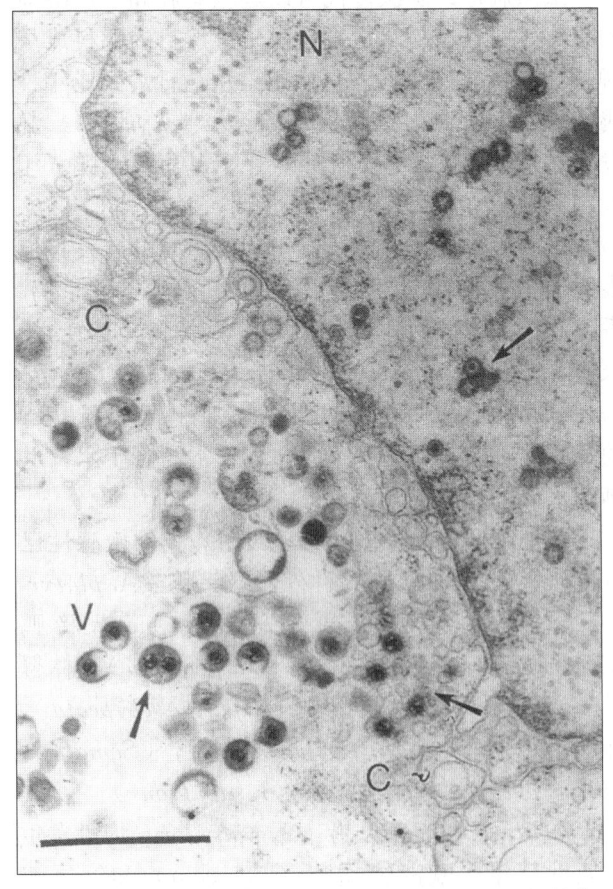

图 13.2　鸭肠炎病毒长岛分离株感染细胞 48h 后环氧树脂包埋的超薄切片。病毒粒子（箭头所示）以几种形式出现于细胞核（N）、细胞浆（C）和胞浆空泡（V）内。标尺＝1μm[7]

毒株分类

虽然 DEV 毒株的毒力不同，但免疫学[30,38,84]和抗原相关性[80]上似乎相同。该病毒在免疫学上与其他禽病毒，如鸡瘟、新城疫、鸭肝炎病毒[4,17,39,56]和其他疱疹病毒[74]不同。

在澳大利亚曾分离到一株家鹅疱疹病毒，大体病变和组织病变均与DVE相似[42]，但通过保护性试验、血清学试验、限制性内切酶和PCR反应的遗传分析，在抗原性和基因结构上与DEV不同[26]。

实验室宿主系统

鸭肠炎病毒可在 39.5~41.5℃ 条件[8]下培养的北京鸭胚成纤维细胞中增殖[98]，在鸭胚肝或肾原代细胞[25]、番鸭胚成纤维细胞[44]和9~14日龄鸭胚绒毛尿囊膜（CAM）上繁殖[34]。鸭肠炎病毒能适应鸡胚[34]和鸡胚细胞培养物[17]并能生长，但是初代分离效果不佳。病毒能在细胞培养中引发CPE[17,46]，可在感染的鸡胚和鸭胚细胞培养物上产生核内包涵体[29]（图 13.3）。已建立了细胞培养蚀斑试验来测定病毒滴度和中和抗体效价[17]。在补体存在的情况下，DEV 抗体能够使被感染的鸭胚成纤维细胞溶解[47]。

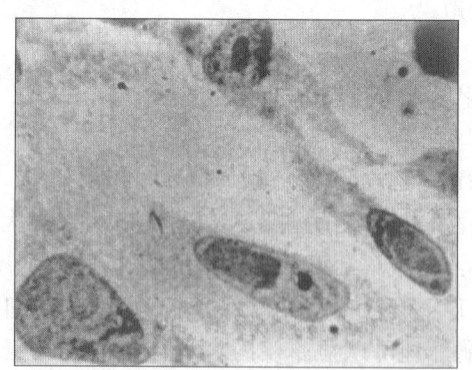

图 13.3　感染鸭肠炎病毒的鸭胚成纤维细胞内包涵体。×10 000（引自梅岛动物疾病研究所）

病理生物学和流行病学

发生和分布

除荷兰外，中国也有鸭病毒性肠炎的报道[40]，

法国[23,59]、比利时[19]、印度[64,65]、泰国[68]、英格兰[1,27]、加拿大[29,96]、匈牙利[92]、丹麦[69]、奥地利[66]和越南[94]均已确诊有本病。

北美地区 1967 年首次在养鸭密集的长岛地区的北京鸭中暴发了该病[54]。另外，在纽约长岛 7 个不同地方的野生水禽中也暴发过该病[49,55]。美国 21 个州报道过该病，而且在纽约、宾夕法尼亚[32,81]、马里兰[63]、加利福尼亚[83]、弗吉尼亚和威斯康星州和得克萨斯多次暴发。曾对北美野生水禽进行了鸭病毒性肠炎病毒的广泛调查，但并未检测到病毒，这表明 DVE 在这些地方没有地方性流行[6]。

在荷兰发现春季的发病率高[35]；可是在长岛未出现季节性增加。而 1967 年长岛自由飞翔的野生雁形目动物在秋季的发病率较高[49]。

自然宿主和实验宿主

虽然病毒经多次传代可以适应鸡胚和 2 周龄前的雏鸡，但自然易感宿主仅限于雁形目的鸭科成员（鸭、鹅和天鹅）[37,38]。自然感染从 7 日龄到成年种鸭均可发生。许多家鸭（*Anas platyrhynchos*）都发生过自然感染，包括北京鸭、卡基康贝尔鸭、印度跑鸭、杂交鸭及各种本地鸭。番鸭（*Cairina moschata*）较常发生[34,55]。伊利诺伊州的暴发报道表明[14]，在一个包括绿嘴黑鸭、大腹鸭、北京鸭、番鸭和鹅的 650 只水禽中有 625 只番鸭全部死亡。家鹅（*Anser anser*）[41]和疣鼻天鹅（*Cygnus olor*）[43]亦自然暴发过该病。灰色鸣鸭可抵抗病毒的致死性感染[91]。家鸭暴发 DVE 常与野生水禽共栖的水环境有关[20,55]。

多种雁形目动物对人工感染 DVE 的敏感性已有过研究[91]。除家养的种外，绿头鸭（*A. platyrhynchos*）、白眉鸭（*A. querquedula*）、赤膀鸭（*A. strepera*）、欧洲赤颈鸭（*A. penelope*）、林鸳鸯（*Aix sponsa*）、琵嘴鸭（*Spatula clypeata*）、红头潜鸭（*Aythga ferina*）、绒鸭（*Somateria mollissima*）、白额雁（*Anser albifrons*）、豆雁（*A. fabalis*）和疣鼻天鹅（*Cygnus olor*）均可发生致死性感染。欧洲绿翅鸭（*A. crecca*）和针尾鸭（*A. acuta*）对致死性感染有抵抗力，但人工感染可产生抗 DVE 抗体。绿头鸭对致死性感染有较强的抵抗力，可能是感染的自然贮存宿主。最近一次实验研究[96]发现，蓝翅鸭（*A. disors*）和加拿大鹅

（*Branta candensis*）对 DEV 特别易感，而且死亡率极高。剖检时蓝翅鸭大体病变很少。

最近 DEV 在鹤形目秧鸡科的白骨顶（*Fulica atra*）和红瘤白骨顶（*Fulica cristata*）[75]中暴发，但未分离和鉴定病毒。鸻形目（*Charadriiformes*）禽类中，银鸥（*Larus argentatus*）和红嘴鸥（*L. ridibundus*）对人工感染不敏感，而且也不产生抗 DEV 抗体[91]。

首次报道野生水禽暴发 DVE 是在纽约长岛[49,54]。在绿头鸭、绿嘴黑鸭（*A. rubripes*）、加拿大鹅（*Branta candensis*）、白枕鹊鸭（*Bucephala albeola*）、斑背潜鸭（*Aythya marila*）和疣鼻天鹅也发生了鸭病毒性肠炎。

1973 年在南达科他州的安德第斯湖发生一次 DVE 大流行，总数 100 000 以上鸭和鹅中，约损失 43 000 只[22]。在绿嘴黑鸭、绿头鸭、针尾鸭和绿头鸭的杂交鸭、红头潜鸭（*Aythya americana*）、秋沙鸭、白颊鸭（*Bucephala clangula*）、帆背潜鸭（*Aythya valisineria*）、美洲赤颈鸭（*Mareca americana*）、林鸳鸯和加拿大鹅中也诊断出鸭病毒性肠炎。安第斯湖毒株对水禽的易感性研究表明，蓝翅鸭、林鸳鸯和红头潜鸭高度易感，番鸭和赤膀鸭中度易感，绿头鸭和加拿大鹅易感性较低，针尾鸭易感性最低[85]。

传播、携带者及传播媒介

易感鸭与感染鸭直接接触可以传染 DVE，接触被污染的环境也可间接传染。因为水禽往往在水中采食、饮水和栖居，所以水是病毒从感染禽传播到易感禽的自然媒介。在家鸭新的暴发历史中，往往限于那些与野生水禽共同栖居开放水域的鸭群。如果将易感群转入新近污染的房舍，即使没有开放水源和感染禽时，感染也能持续存在。

被感染的水禽进入易感群或者无病毒污染的水域就可能形成新的感染点。感染过程和发展趋向取决于群体密度以及感染水禽与易感水禽之间的传播率。养鸭密集地区，DVE 传播快而且死亡率高。为了保证种鸭的生产周期，种群一般饲养于一个特定的稳定的地区，所以一旦种鸭群感染 DVE 往往是自限性的。相反，商品鸭则根据不同生长阶段更换饲养场地，通常饲养在上批鸭占用过的场地。易感禽不断地迁入被污染的环境，所以商品雏鸭感染

不断循环。

在实验条件下，DVE 可通过口腔、鼻内、静脉、腹腔、肌肉和泄殖腔等途径传染。但不同感染途径的致死剂量不同，肌肉注射的剂量最少，鼻内和结膜感染所需量较大，而经口感染所需的剂量最大[85]。在形成病毒血症阶段，吸血昆虫也可能传播本病。曾经从一只被感染家鸭泄殖腔取出的蛋中分离到病毒[37]，但在自然发病期间所产的蛋中未分离到病毒。实验条件下，持续感染的水禽可以发生垂直感染[91]。

曾怀疑野鸭携带病毒[12,20,82,91]。康复禽可成为带毒者，并且周期性排毒[11]。和其他疱疹病毒一样，DEV 的潜伏和激活可引起该病在家养和迁徙水禽中的暴发。最近的研究表明，三叉神经结是病毒的潜伏位点[79]。三叉神经结和淋巴细胞中的病毒在体外可以被激活。皮质类固醇的免疫抑制作用可以激活体内病毒。

潜伏期

家鸭潜伏期为 3～7 天，一旦出现明显症状，通常在 1～5 天内发生死亡。

临床症状

家养种鸭起初突然出现持续性高死亡率，成年鸭死亡时膘情良好，死亡种鸭的阴茎脱垂明显，在死亡高峰期产蛋鸭群的产蛋量明显下降。

随着鸭群内 DVE 的蔓延，可出现更多的症状，如畏光、眼半闭、眼睑粘连、食欲丧失、极度口渴、无精打采、运动失调、羽毛松乱、流鼻液、泄殖腔黏糊、水样下痢。感染鸭不能站立、双翅扑地、头下垂，表明病鸭虚弱、精神沉郁，驱赶病鸭可见其头、颈和身体震颤。

2～7 周龄商品雏鸭表现为脱水、消瘦、喙发蓝、结膜炎、流泪、鼻腔分泌物和泄殖腔周围血染。

发病率和死亡率

家鸭总的死亡率从 5％～100％不等，发病鸭一般都死亡，所以发病率与死亡率相近。成年种鸭比小鸭死亡率高。绿头鸭和北京鸭实验感染 DEV 和

鸭疫里默氏菌的死亡率无差异，表明这两种病原之间无协同作用[61]。用环磷酰胺处理使绿头鸭出现免疫抑制后，再用亚致死量DEV攻毒时，死亡率升高[24]。由于低毒力的DEV毒株能引起免疫抑制，使得自然发病的雏鸭普遍发生多杀性巴氏杆菌、鸭疫里默氏菌和大肠杆菌的继发感染[81]。

病理变化

DEV感染引起的病理学变化取决于被感染禽的品种[49]、感染宿主的年龄、性别和易感性、感染阶段以及病毒毒力和感染强度[54,55]。

大体病变

DVE的病变包括弥散性血管内凝血、胃肠道黏膜和黏膜下层变性坏死、淋巴器官病变及实质性器官的退行性变化。综合这些病变，即可诊断为DVE。

心肌、其他内脏器官及其肠系膜和浆膜等支持结构有出血点、出血斑或弥漫性血液外渗。心外膜，特别是在冠状沟有密集的出血点，使其表面呈红色"漆刷样"（彩图13.4A）。后一种病变在成年种鸭比商品雏鸭更常见。打开心腔，可见心内膜和瓣膜出血。

肝脏、胰腺、肠道、肺脏和肾表面有出血斑。成年产蛋鸭卵泡变形、变色并有出血，卵巢的大量出血可充入腹腔。肠腔和肌胃中有积血。食道—腺胃括约肌出现出血环。

口腔、食管、盲肠、直肠和泄殖腔等消化道黏膜有特异性的病变[12]。各种病变在疾病发展过程中呈进行性变化。首先是表面出现出血斑，之后被隆起的黄白色痂块覆盖。接着原来病变的出血性基部消失，聚集形成绿色的表面痂块，病变长约1～10mm。食道及泄殖腔部位的病变可能融合在一起，但仔细检查可看出病变轮廓。食管的病斑与其纵褶相平行。出现大量的病斑时，小的病变可发生融合，形成一片白喉样假膜（彩图13.4B）。雏鸭食管很少出现单个病变，常发生整个膜脱落，食管衬有一层黄白色的厚膜。慢性感染的水禽可见舌下唾液腺管开口处发生溃烂[12]，梅克耳憩室出血并含有纤维素性核[72]。

盲肠黏膜褶间的病斑为单个、散在，界限明显，盲肠外表面呈条状充血。

直肠病变较少，病变主要集中于直肠后部邻近泄殖腔的部分。

泄殖腔病斑密布；病初整个黏膜发红，随后病斑凸起变绿，在泄殖腔内形成一连续的鳞片样带。

所有淋巴器官均受到侵害。脾脏大小正常或变小，色深并呈斑驳状（彩图13.4E）。胸腺萎缩，有许多出血斑（彩图13.4F），表面和切面有坏死灶，胸腺周围有清亮的黄色液体，渗入胸廓前口到颈前部1/3处附近的皮下组织使其出现变色。后一种病变在加工过程中切开胴体颈部很容易检查到，在肉品检验中作为重要指标。感染早期法氏囊极度充血（彩图13.4C），外周有黄色透明液体，使盆腔邻近组织变色。切开法氏囊，在极度充血的表面可见有针尖大小的黄色斑点。随后法氏囊壁变薄，颜色变深，囊腔内充满白色凝固性渗出物（彩图13.4C）。肠道内外面均可见到深红色的环。黏膜面有针尖大小的黄色斑点，之后整个环状带呈深棕色，边缘开始从黏膜面脱落。肠淋巴组织出现多灶坏死，引起溃疡，表面覆盖一层伪膜（彩图13.4D）。

感染早期整个肝表面呈浅铜色，表面有不规则的针尖状出血和白色病灶（彩图13.4E），使其呈不均匀斑驳外观。感染后期肝脏呈深铜色或胆染，无出血点，白色病灶变大，在深背景下更加明显。

虽然这些病变有代表性，但各年龄组病变有所不同。雏鸭出血不很明显，而淋巴组织的病变较突出。法氏囊和胸腺自然退化的成年鸭以组织出血和生殖道病变为主。

鹅的肠淋巴盘[51]与鸭的环状带相似。在加拿大鹅中，肠道淋巴盘病变类似于"纽扣状溃疡"[50]。在一次加拿大鹅和埃及雁暴发DVE时，也出现类似的肠道病变。天鹅的一个共同病变是白喉性食道炎[43]。

最近，在2～6周龄的商品北京鸭自然感染低致病力DEV的过程中，出现了非典型的大体病变，包括舌下、鼻腔和眶下窦出现白喉样膜，食道黏膜有坏死斑，泄殖腔黏膜覆盖有绿色的白喉样坏死膜，而在肠道，包括环状带并未发现病变，胸腺和法氏囊萎缩并出血（彩图13.4F），而且在法氏囊腔内充满乳酪样渗出物。一项研究表明，法氏囊萎缩在感染后至少可持续39天，而胸腺在感染后10天即可恢复[81]。

组织学病变

病变首先出现于血管壁。小血管、小静脉和毛细血管病变更明显，而较大的血管则不明显。内皮基层破裂，管壁的结缔组织疏松。在血液外渗点可见到组织分离，血液透过破裂的薄管壁进入周围组织。

特定部位的血管出血非常明显，如腺胃小叶间静脉、肝小叶边缘的肝静脉和门静脉、肺副支气管间小静脉、肠绒毛的毛细血管，而肾小叶星状出血尤为明显。

因为血管损伤，受侵害的组织出现退行性变化。包括没有明显大体病变的内脏在内，所有脏器均有组织学病变。

消化道病变首先出现黏膜下乳突或皱褶的毛细血管连拱出血，出血点变大和融合，使得覆盖的黏膜隆起并发生分离。出血点上层的上皮水肿、坏死，高于邻近正常黏膜而突出于管腔（彩图13.4G）。随后，坏死上皮边缘分离形成隆起斑块的周界。食道和泄殖腔的复层鳞状上皮发生变性坏死[71]。上皮细胞中可见嗜酸性核内包涵体和胞浆包涵体[81,86]。

小静脉和毛细血管出血充满肠环状带内的淋巴样组织、淋巴盘及食管—腺胃括约肌和脾脏内的淋巴组织。淋巴细胞发生核破裂、细胞固缩，各处都有淋巴碎片，并被吞噬细胞吞噬。除细胞碎片及淋巴滤泡内出血外，网状细胞明显肿胀，细胞浆分裂和浓缩形成球形或卵圆形浅染色小体。网状细胞破裂，细胞质内容物进入组织间隙，剩下核内包涵体、纤细核膜和胞膜等残迹。

肠道淋巴组织病变为大的出血性梗死，游离的血液层将淋巴组织与黏膜分离，使黏膜出现凝固性坏死，坏死的黏膜形成一层高于邻近正常肠黏膜的伪膜。

小肠上皮细胞从绒毛上成块脱落，许多绒毛断裂释放至肠腔中，因而肠腔中充满大量血液和细胞残骸。

法氏囊黏膜下层及滤泡间毛细血管出血。滤泡内淋巴细胞严重缺损，髓质部出现许多中空腔，空腔周边为皮质髓质上皮细胞、毛细血管网、及含有淋巴细胞碎片的大吞噬细胞。滤泡内淋巴细胞严重缺失，代之以嗜酸性物质并混有异嗜细胞。有时会出现有核内包涵体的单核细胞。法氏囊上皮细胞肥大，胞质空泡化，并含有核内包涵体和胞浆包涵体[81]。

胸腺滤泡间隙充满血液，中央髓质网状细胞发生凝固性坏死和皮质淋巴细胞明显破裂。

成年种鸭输卵管充血、出血并有坏死，卵泡变形和血染。未成熟种母鸭的卵巢可见毛细血管和小静脉血管局灶性条状出血。

成年种公鸭输精管小间的间质组织出现局灶性毛细血管出血。实质性器官（如肝脏、胰腺和肾脏）的血管周有出血和局灶性坏死。

在肝细胞坏死灶内，肝索出现一系列变化，肝细胞彼此分离并从周围结构脱离。少量坏死的肝细胞肿胀或裂解。破裂的细胞胞浆排出，仅剩核内包涵体。局部坏死区充满纤维素（彩图13.4H）。胰腺和肾脏病变相似，但更局部化[52]。

免疫力

主动免疫

接种致弱的活苗[37]和组织培养灭活苗[80]均可产生主动免疫。体液免疫和细胞免疫均与保护作用有关[48,89]。临床观察表明DEV感染康复后对再感染有免疫力。

被动免疫

雏鸭可携带母源抗体，但衰减很快。免疫接种过活苗的种鸭的后代也完全易感。可是，免疫种鸭发生强毒株感染时，其后代在4日龄对强毒攻击有100%保护，但13日龄时保护率低于40%[88]。试验研究表明，持续感染的绿头鸭可因重复感染而死亡，说明针对死亡率的保护与感染途径、最初感染毒株和重复感染毒株有关。

诊　断

DEV分离和鉴定

虽然根据大体和组织学病变可作出初步诊断，但即使没有典型的病变，分离和鉴定DEV即可以确诊。用于病毒分离的病料应采自肝脏、脾脏、法氏囊、肾脏、外周血淋巴细胞和泄殖腔拭子。初代病毒分离应接种易感的 1 日龄番鸭或北京鸭，也可经绒毛尿囊膜接种 9～14 日龄鸭胚。接种鸭的典型病变和死亡率可明显反映出 DVE。也可通过北京鸭或番鸭胚成纤维细胞、肝原代细胞和肾原代细胞进行分离和繁殖病毒。采用 DEV 特异性抗血清，在鸭胚和细胞培养物上进行中和试验则可鉴别病毒。

利用传统的 PCR 方法可对感染组织或细胞培养物中 DEV DNA 进行检测[28,67,70]。如今已建立了实时定量 PCR 方法，可对急性和潜伏感染的 DEV DNA 进行快速诊断和检测[99]。在病毒抗原的检测方面，据称乳胶凝集试验和鸭胚接种、病毒中和试验具有相同的敏感性[15]。对于 DEV 毒株的区分可采用限制酶内切试验进行分析[93]。

血清学

DVE 恢复期的病毒中和（VN）效价升高证明该病在鸭群中扩散，中和指数为 1.75 或更高表明感染了 DEV[16]。在未感染该病的家鸭和野生水禽中，中和指数为 0～1.5。采用鸡胚适应毒在鸡胚中进行中和试验比使用野毒接种鸭胚绒毛尿囊膜更安全、方便[16]。可采用免疫荧光检测细胞培养或组织中的抗原[21,78]。其他检测抗体的方法包括使用鸭胚成纤维细胞培养进行微量中和试验[97]、反向被动血凝试验[18]和 ELISA[45,77]。已建立斑点 ELISA 和间接血凝试验来检测 DEV 抗体，但是的特异性和敏感性为中等[60]。

鉴别诊断

应注意与雁形目的其他出血、坏死性疾病相区别，家鸭中出现这类病变的疾病有鸭病毒性肝炎、禽霍乱、坏死性肠炎、球虫病和某些特异性中毒。也报道过雁形目的新城疫、禽痘和鸡瘟也有类似的病变，但这些疾病并不常见。

预防和控制

管理措施

预防措施是保护易感禽的饲养环境不受病毒感染。这些措施包括从无感染区引种，避免与污染材料直接或间接接触。防止自由飞翔的雁形目动物传进疾病或污染水环境。应采取一切措施防止水流散毒。当 DVE 传入后应采取淘汰措施，从污染环境中转出发病禽，而后对环境清洁消毒，并对所有易感雏鸭进行免疫接种以有效控制蔓延。

在未流行 DVE 或从国外传入该病的国家，应进一步采取措施防止本病传入，并防止本病扩散到无该病的地区。这些措施包括进行特别的检疫，防止进口被感染的雁形目动物。对观赏鸟饲养场、动物园和雁形目动物饲养场应进行监测。研究人员和水禽专家应研究出 DEV 检测的有效方法，以更好地确定本病的发生、流行状况及其影响。

免疫接种

免疫接种已作为预防和控制该病暴发的措施。

已试用过灭活苗，但效果不如弱毒苗[13]。用组织培养物繁殖的病毒制备的灭活疫苗能够对强毒感染产生保护力[80]，此疫苗可应用于家养和捕猎水禽，而且不会引入活病毒。

荷兰已研制了对家鸭无致病性的鸡胚适应 DEV 株，并大规模应用，效果良好[37]。美国和加拿大也使用该疫苗来预防和控制商品鸭及捕猎水禽的 DVE[62,76]。在疫病暴发时可使用该疫苗，因为可产生干扰现象，免疫接种后很快就可产生保护作用[36,73]。应注意的是，发病潜伏期的鸭可能不能获得保护。据报道，一株具有免疫原性的自然无致病力的 DEV 可用于鸭的主动和被动免疫[57,58]。

2 周龄以上的家养雏鸭经皮下或肌肉接种弱毒苗。通常要对产蛋期的鸭进行免疫接种。饲养一年以上的鸭，每年要再次免疫。显然，免疫雏鸭不能排出足够的疫苗毒而产生接触免疫[38,87]。

治疗

对于 DEV 感染，目前无特异性的治疗方法。

王淑侠　王洪海　译
吴培福　苏敬良　校

参考文献

[1]Asplin,F. 1970. Examination of sera from wildfowl for antibodies against the viruses of duck plague,duck hepatitis

and duck influenza. *Vet Rec* 87:182 – 183.

[2]Baudet, A. E. R. F. 1923. Mortality in ducks in the Netherlands caused by a filtrable virus; fowl plague. *Tijdschr Diergeneeskd* 50:455 – 459.

[3]Bergmann, V. and E. Kinder. 1982. Zu Morphologie, Reifung und Wirkung des Entenpestvirus im Wirtsgewebe-Eine Elektronenmikroskopische studie. *Arch Exp Vet Med* 36:455 – 463.

[4]Bos, A. 1942. Some new cases of duck plague. *Tijdschr Diergeneeskd* 69:372 – 381.

[5]Brand, C. J. 1987. Chapter 11: Duck plague. In M. Friend (ed.). Field Guide to Wildlife Diseases(General Field Procedures and Disease of Migratory Birds). United States Department of Interior Fish and Wildlife Services Resource Publication No. 167, Washington, DC.

[6]Brand, C. J. and D. E. Docherty. 1984. A survey of North American migratory waterfowl for duck plague(duck virus enteritis)virus. *J Wildl Dis* 20:261 –266.

[7]Breese, S. S. , Jr. , and A. H. Dardiri. 1968. Electron microscopic characterization of duck plague virus. *Virology* 34:160 – 169.

[8]Burgess, E. C. and T. M. Yuill. 1981a. Increased cell culture incubation temperatures for duck plague virus isolation. *Avian Dis* 25:222 - 224.

[9]Burgess, E. C. and T. M. Yuill. 1981 b. Vertical transmission of duck plague virus(DPV)by apparently healthy DPV carrier waterfowl. *Avian Dis* 25:795 - 800.

[10]Burgess, E. C. and T. M. Yuill. 1982. Superinfection in ducks persistently infected with duck plague virus. *Avian Dis* 26:40 - 46.

[11]Burgess, E. C. and T. M. Yuill. 1983. The influence of seven environmental and physiological factors on duck plague virus shedding by carrier mallards. *J Wildl Dis* 19:77 - 81.

[12]Burgess, E. C. , J. Ossa, and T. M. Yuill. 1979. Duck plague: A carrier state in waterfowl. *Avian Dis* 23:940 - 949.

[13]Butterfield, W. K. and A. H. Dardiri. 1969. Serologic and immunologic response of ducks to inactivated and attenuated duck plague virus. *Avian Dis* 13:876 - 887.

[14]Campagnolo, E. R. , M. Banerjee, B. Panigrahy, and R. L. Jones. 2001. An outbreak of duck viral enteritis (duck plague)in domestic Muscovy ducks(*Cairina moschata*)in Illinois. *Avian Dis* 45:522 - 528.

[15] Chandrika, P. , K. Kumanan, R. Jayakumar, and K. Nachimuthu. 1999. Latex agglutination test for the detection of duck plague viral antigen. *Indian Vet J* 76:372 –374.

[16]Dardiri, A. H. and W. R. Hess. 1967. The incidence of neutralizing antibodies to duck plague virus in serums from domestic ducks and wild waterfowl in the United States of America. Proc 71 st Annu Meet US Livest Sanit Assoc,225 - 237.

[17]Dardiri, A. H. and WR. Hess. 1968. A plaque assay for duck plague virus. *Can J Comp Med Vet Sci* 32:505 - 510.

[18]Deng, M. Y. , E. C. Burgess, and T. M. Yuill. 1984. Detection of duck plague virus by reverse passive hemagglutination test. *Avian Dis* 28:616 - 628.

[19]Devos, A. , N. Viaene, and H. Staelens. 1964. Duck plague in Belgium. *Vlaams Diergeneeskd Tijdschr* 33:260 - 266.

[20]DeZeeuw, F. A. 1930. Nieuwe gevallen van eendenpest en de specificiteit van het virus. *Tijdschr Diergeneeskd* 57:1095 - 1098.

[21]Erickson, G. A. , J. S. Proctor, J. E. Pearson, and G. A. Gustafson. 1974. Diagnosis of duck virus enteritis(duck plague). *Am Assoc Vet Lab Diag Proc* 17:85 - 89.

[22]Friend, M. and G. L. Pearson. 1973. Duck plague(duck virus enteritis)in wild waterfowl. US Dept Int Bur Sport Fish Wildl Bull, Washington,DC.

[23] Gaudry, D. , P. Precausta, G. de Saint-Aubert, J. Fontaine,J. Janson, R. Wemmenhove, and H. Kunst. 1970. Mise en evidence d'agents infectieux dans un elevage de Canards de Barbarie. *Rev Med Vet* 121:317 - 331.

[24]Goldberg, D. R. , T. M. Yuill, and E. C. Burgess. 1990. Mortality from duck plague virus in immunosuppressed adult mallard ducks. *J Wildl Dis* 26:299 –306.

[25]Gough, R. E. and D. J. Alexander. 1990. Duck virus enteritis in Great Britain,1980 to 1989. *Vet Record* 126:595 - 597.

[26]Gough, R. E. and WR. Hansen. 2000. Characterization of a herpesvirus from domestic geese in Australia. *Avian Pathol* 29:417 - 422.

[27]Hall, S. A. and J. R. Simmons. 1972. Duck plague(duck virus enteritis)in Britain. *Vet Rec* 90:691.

[28]Hansen, W. R. , S. W. Nashold, D. E. Docherty, S. E. Brown, and D. L. Knudson. 2000. Diagnosis of duck plague in waterfowl by polymerase chain reaction. *Avian Dis* 44:266 - 274.

[29]Hanson, J. A. and N. G. Willis. 1976. An outbreak of duck virus enteritis (duck plague) in Alberta. *J Wildl Dis* 12:258 - 262.

[30]Hess, W. R. and A. H. Dardiri. 1968. Some properties of

the virus of duck plague. *Arch Gesamte Virusforsch* 24: 148 - 153.

[31]Islam, M. R. and M. A. Khan. 1995. An immunocytological study on the sequential tissue distribution of duck plague virus. *Avian Pathol* 24 :189 - 194.

[32]Hwang, J. , E. T. Mallinson, and R. E. Yoxheimer. 1975. Occurrence of duck virus enteritis(duck plague)in Pennsylvania, 1968 - 74. *Avian Dis* 19:382 - 384.

[33]Jacobsen, G. S. , J. E. Pearson, and T. M. Yuill. 1976. An epornitic of duck plague on a Wisconsin game farm. *J Wildl Dis* 12:20 - 26.

[34]Jansen, J. 1961. Duck plague. *Br Vet J* 117:349 -356.

[35]Jansen, J. 1963. The incidence of duck plague. *Tijdschr Diergeneeskd* 88:1341 - 1343.

[36]Jansen, J. 1964a. The interference phenomenon in the development of resistance against duck plague, *J Comp Pathol Ther* 74:3 - 7.

[37]Jansen, J. 1964b. Duck plague(a concise survey). *Indian Vet J* 41:309 - 316.

[38]Jansen, J. 1968. Duck plague. *J Am Vet MedAssoc* 152: 1009 - 1016.

[39]Jansen, J. and H. Kunst. 1949. Is duck plague related to Newcastle disease or to fowl plague? Proc 14th Int Vet Congr 2:363 - 365.

[40]Jansen, J. and H. Kunst. 1964. The reported incidence of duck plague in Europe and Asia. *Tijdschr Diergeneeskcl* 89:765 - 769.

[41]Jansen, J. and R. Wemmenhove. 1965. Duck plague in domesticated geese(Anser anser). *Tijdschr Diergeneeskd* 90:811 - 815.

[42]Ketterer, P. J. , B. J. Rodwell, H. A. Westbury, P. T. Hooper, A. R. Mackenzie, J. G. Dingles, and H. C. Prior. 1990. Disease of geese caused by a new herpesvirus. *Australian Vet J* 67:446 - 448.

[43]Keymer, I. F. and R. E. Gough. 1986. Duck virus enteritis (Anatid herpesvirus infection) in mute swans (Cygnus olor). *Avian Pathol* 15:161 - 170.

[44]Kocan, R. M. 1976. Duck plague virus replication in Muscovy duck fibroblast cells. *Avian Dis* 20:574 -580.

[45]Kumar, N. V. , Y. R. Reddy and M. V. S. Rao. 2004. Development of enzyme linked immunosorbent assay for the detection of antibodies to duck plague virus. *Indian Vet J* 81:363 - 365.

[46]Kunst, H. 1967. Isolation of duck plague virus in tissue cultures. *Tijdschr Diergeneeskd* 92:713 - 714.

[47]Lam, K. M. 1984. Antibody-and complement - mediated cytolysis against duck-enteritis-virus-infected cells. *Avi-*

an Dis 28:1125 - 1129.

[48]Lam, K. M. and W. Lin. 1986. Antibody-mediated resistance against duck enteritis virus infection. *Can J Vet Res* 50:380 - 383.

[49]Leibovitz, L. 1968. Progress report: Duck plague surveillance of American Anseriformes. *Bull Wildl Dis Assoc* 4:87 - 90.

[50]Leibovitz, L. 1969a. The comparative pathology of duck plague in wild Anseriformes. *J Wildl Manage* 33:294 - 303.

[51]Leibovitz, L. 1969b. Duck plague. In J. W. Davis, R. C. Anderson, L. Karstad, and D. O. Trainer (eds.). Infectious and Parasitic Diseases of Wild Birds. Iowa State University Press: Ames, IA 22 - 33.

[52]Leibovitz, L. 1971. Gross and histopathologic changes of duck plague(duck plague enteritis). *Am J Vet Res* 32: 275 - 290.

[53]Leibovitz, L. 1973. Necrotic enteritis of breeder ducks. *Am J Vet Res* 34:1053 - 1061.

[54]Leibovitz, L. and J. Hwang. 1968a. Duck plague on the American continent. *Avian Dis* 12:361 - 378.

[55]Leibovitz, L. and J. Hwang. 1968b. Duck plague in American Anseriformes. *Bull Wildl Dis Assoc* 4:13 -14.

[56]Levine, P. P. and J. Fabricant. 1950. A hitherto-undescribed virus disease of ducks in North America. *Cornell Vet* 40:71 - 86.

[57]Lin, W. , K. M. Lam, and W. E. Clark. 1984a. Active and passive immunization of ducks against duck viral enteritis. *Avian Dis* 28:968 - 977.

[58]Lin, W. , K. M. Lam, and W. E. Clark. 1984b. Isolation of an apathogenic immunogenic strain of duck enteritis virus from waterfowl in California. *Avian Dis* 28: 641 - 650.

[59]Lucam, F. 1949. La peste aviare en France. Proc 14th Int Vet Congr 2:380 - 382.

[60]Malmarugan, S. , and S. Sulochana. 2002. Comparison of dot ELISA passive haemagglutination test for the detection of antibodies to duckplague. *Indian Vet J* 79:648 - 651.

[61]Mo, C. L. and E. C. Burgess. 1987. Infection of duck plague carriers with Pasteurella multocida and P. anatipestifer. *Avian Dis* 31:197 - 201.

[62]Montali, R. J. , M. Bush, and G. A. Greenwell. 1976. An epornitic of duck viral enteritis in a zoological park. *J Am Vet Med Assoc* 169:954 - 958.

[63]Montgomery, R. D. , G. Stein, Jr. , M. N. Novilla, S. S. Hurley, and R. J. Fink. 1981. An outbreak of duck virus

enteritis(duck plague) in a captive flock of mixed water-fowl. *Avian Dis* 25:207-213.

[64]Mukerji, A., M. S. Das, B. B. Ghosh, and J. L. Ganguly. 1963. Duck plague in West Bengal. Ⅰ and Ⅱ. *Indian Vet J* 40:457-462.

[65]Mukerji, A., M. S. Das, B. B. Ghosh, and J. L. Ganguly. 1965. Duck plague in West Bengal. Ⅲ. *Indian Vet J* 42:811-815.

[66]Pechan, V. P., H. Schweighardt, and E. Lauermann. 1985. Zum auftreten der Entenpest in Oberosterreich. *Wien Tierarztl Monatsschr* 72:358-360.

[67]Plummer, P. J., T. Alefantis, S. Kaplan, P. O'Connell, S. Shawky, and K. A. Schat. 1998. Detection of duck enteritis virus by polymerase chain reaction. *Avian Diseases* 42:554-564.

[68]Poomvises, P. 1976. Personal communication.

[69]Prip, M., B. Jylling, J. Flensburg, and B. Bloch. 1983. An outbreak of duck virus enteritis among ducks and geese in Denmark. *Nord Vet Med* 35:385-396.

[70]Pritchard, L. I., C. Morrissy, K. Van-Phuc, P. W. Daniels, and H. A. Westbury. 1999. Development of a polymerase chain reaction to detect Vietnamese isolates of duck virus enteritis. *Vet Microbiol* 16:149-156.

[71]Proctor, S. J. 1974. Pathogenesis of digestive tract lesions in duck plague. *Vet Pathol* 12:349-361.

[72]Proctor, S. J., G. L. Pearson, and L. Leibovitz. 1975. A color atlas of wildlife pathology. 2. Duck plague in free-flying water-fowl. *Wildl Dis Color Fiche* 67.

[73]Richter, J. H. M. and M. C. Horzinek. 1993. Duck plague. In J. B. McFerran and M. S. McNulty (eds.). Virus Infections of Birds. Elsevier Science Publishing Company: New York, 77-90.

[74]Roizman, B., L. E. Carmicheal, F. Deinhardt, G. de-Thé, A. J. Nahmias, *et al*. 1981. Herpesviridae: Definition, provisional nomenclature, and taxonomy. *Intervirology* 16:201-217.

[75]Salguero, F. J., P. J. Sanchez-Cordon, A. Nunez and J. C. Gomez-Villamandos. 2002. Histopathological and ultrastructural changes associated with herpesvirus infection in waterfowl. *Avian Path* 31:133-140.

[76]Sandhu, T. 1992. Unpublished data.

[77]Shawky, S. 1994. Unpublished data.

[78]Shawky, S. 2000. Target cells for duck enteritis virus in lymphoid organs. *Avian Pathol* 29:609-616.

[79]Shawky, S. and K. A. Schat. 2002. Latency sites and reactivation of duck enteritis virus. *Avian Dis* 46:461-466.

[80]Shawky, S. and T. S. Sandhu. 1997. Inactivated vaccine for protection against duck virus enteritis. *Avian Dis* 41:461-468.

[81]Shawky S., T. Sandhu, and H. L. Shivaprasad. 2000. Pathogenicity of a low-virulence duck virus enteritis isolate with apparent immunosuppressive ability. *Avian Dis* 44:590-599.

[82]Simpson. 2002. Review: Wild animals as reservoirs of infectious diseases in the UK. *Vet J* 163:128-146.

[83]Snyder, S. B., J. G. Fox, L. H. Campbell, K. F. Tam, and A. O. Soave. 1973. An epornitic of duck virus enteritis (duck plague) in California. *J Am Vet Med Assoc* 163:647-652.

[84]Spieker, J. O. 1977. Virulence assay and other studies of six North American strains of duck plague virus tested in wild and domestic waterfowl. PhD Dissertation. University of Wisconsin, Madison, WI.

[85]Spieker, J. O., T. M. Yuill, E. C. Burgess. 1996. Virulence of six strains of duck plague virus in eight waterfowl species. *J Wildlife Dis* 32:453-460.

[86]Tantaswasdi, U., W. Wattanavijarn, S. Methiyapun, T. Kumagai, and M. Tajima. 1988. Light, immunofluorescent and electron microscopy of duck virus enteritis (duck plague). *Jpn J Vet Sci* 50:1150-1160.

[87]Toth, T. E. 1971a. Active immunization of white pekin ducks against duck virus enteritis (duck plague) with modified-live virus vaccine: Serologic and immunologic response of breeder ducks. *Am J Vet Res* 32:75-81.

[88]Toth, T. E. 1971b. Two aspects of duck virus enteritis: parental immunity, and persistence/excretion of virulent virus. Proc 74th Annu Meet US Anim Health Assoc 1970-1971, 304-314.

[89]Umamaheswararao, S. and B. V. Rao. 1993. Assay of cell mediated immune responses of ducks vaccinated against duck plague. *Indian J Poult Sci* 28:256-258.

[90]USDA. 1967. Duck virus enteritis. *Fed Reg* 32:7012-7013.

[91]Van Dorssen, C. A. and H. Kunst. 1955. Susceptibility of ducks and various other waterfowl to duck plague virus. *Tijdschr Diergeneeskd* 80:1286-1295.

[92]Vetesi, F. V. Palya, S. Levay, and P. Kapp. 1982. A kacsapestis (duck plague) elofordulasa kacsaallomanyokban. *Magy Allatorv Lapja* 37:171-182.

[93]Vijaysri, S., S. Sulochana, and K. T. Punnoose. 1997. Restriction endonuclease analysis of duck plague viral DNA. *J Vet Animal Sci* 28:86-91.

[94]Welling, R. 1993. Personal communication.

[95]Wobeser, G. 1987. Experimental duck plague in blue-winged

teal and Canada geese. *J Wildl Dis* 23:368-375.

[96]Wobeser,G. and D. E. Docherty. 1987. A solitary case of duck plague in a wild mallard. *J Wildl Dis* 23:479-482.

[97]Wolf,K. ,C. N. Burke,and M. C. Quimby. 1974. Duck viral enteritis: Microtiter plate isolation and neutralization test using the duck embryo fibroblast cell line. *Avian Dis* 18:427-434.

[98]Wolf,K. ,C. N. Burke,and M. C. Quimby. 1976. Duck viral enteritis: A comparison of replication by CCL-141 and primary cultures of duck embryo fibroblasts. *Avian Dis* 20:447-454.

[99]Yang,F. , W. Jia, H. Yue, W. Luo, X. Chen, Y. Xie, W. Zen and W. Yang. 2005. Development of quantitative real-time polymerase chain reaction for duck enteritis virus DNA. *Avian Dis* 49:397-400.

[100]Yuan,G. , A. Cheng, M. Wang, F. Liu, X. Han, Y. Liao and C. Xu. 2005. Electron microscopic studies of the morphogenesis of duck enteritis virus. *Avian Dis* 49:50-55.

鹅出血性肾炎肠炎

Hemorrhagic Nephritis Enteritis of Geese（HNEG）

J-L Guérin

前 言

鹅出血性肾炎肠炎是欧洲鹅的主要疾病之一。在很长时间内，一直与鹅细小病毒感染相混淆，该病被称为"幼鹅病"（young geese disease），或"迟发型小鹅瘟"（late form of Derzsy's disease）。根据其病原学，更确切的名称应该是"鹅多瘤病毒病"（Goose polymavirosis）。也是迄今为止唯一的引起家禽全身性高度致死性的多瘤病毒感染。

公共卫生意义

一般认为多瘤病毒感染的宿主范围小[20]。近期的研究表明，哺乳动物和禽类多瘤病毒与其宿主一样具有和大的差异[13]，所以 HNEG 应该没有任何公共卫生意义。

历 史

鹅出血性肾炎肠炎最早于 1969 年在匈牙利发生[2]，当地自然病例都与使用血清有关，血清主要采自感染过小鹅瘟的康复鹅群，主要目的是使小鹅获得被动免疫力。到目前为止，在该国尚未见鹅出血性肾炎肠炎自发病例报道。几年之后，在德国[17]和法国[18,22]报道了本病，起初为散发，20 世纪 80 年代后期和 1997 年之后呈流行性[5]。多年以来 HNEG 一直被疑为一种新型小鹅瘟。实际上，抗鹅细小病毒或鸭肝炎病毒高免血清对雏鹅 HENG 无保护作用这一事实已清楚地表明 HENG 的病原是一种不同的病毒[10]。刚好在第一例临床病例发生后 30 年，Guérin 等澄清了 HENG 的病原学[6]。

病 原 学

分类

HENG 的病原为鹅出血性的多瘤病毒（Goose hemorrhagic polyomavirus，GHPV），属多瘤病毒科的多瘤病毒属[6]。小虎皮鹦鹉多瘤病毒（Budgerigar Fledgling polyomavirus，BFPyV）为禽类多瘤病毒属的代表株，该病毒可感染鹦鹉、隼和雀形目鸟类[3,4,8,15]。

形态学

该病毒无囊膜、球形，直径为 40~50nm，二十面体对称。病毒粒子的蔗糖浮密度为 1.20 g/cm^3[6]，CsCl 浮密度为 1.34~1.35g/cm^3。

化学组成

GHPV 的基因组为 5256bp 的环型双股 DNA。基因组结构特征与所有多瘤病毒相同，有一组编码聚合酶（t 和 T 抗原）的早期基因（early genes）和晚期基因（late genes），后者编码结构蛋白，包括主要衣壳蛋白 VP1 和另外两种结构蛋白 VP2 和 VP3[9]。作为禽多瘤病毒另外还有一个 VP4 蛋白，其确切功能尚待进一步研究[9]。

病毒复制

GHPV 在细胞核内复制，细胞培养或感染雏鹅组织可见胞核内有高浓度的病毒（图 13.5）[6]。利用 HNEG 康复鹅血清进行免疫荧光检查很容易检测到核内的病毒（图 13.6）。病毒释放后细胞膜被破坏。

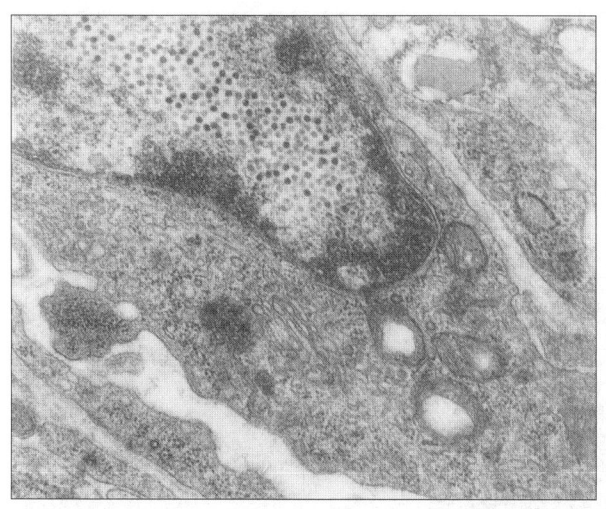

图 13.5 感染细胞中 GHPV 电镜图片。细胞核内和染色质周边有大量无囊膜病毒粒子积聚。×25 000

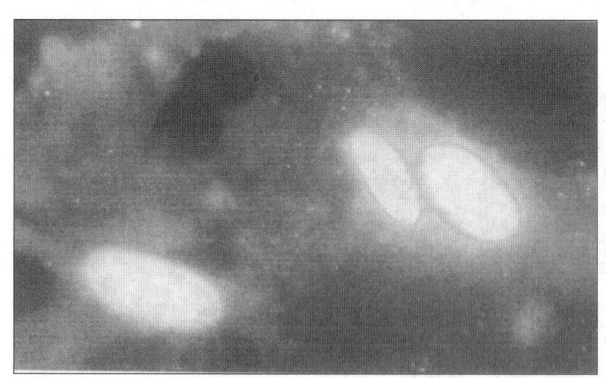

图 13.6 肾细胞培养中鹅多瘤病毒免疫荧光染色。应用 FITC 标记抗体间接免疫荧光染色证明病毒在细胞核内复制

对理化因素的抵抗力

GHPV 对热有一定的抵抗力，病毒在 55℃ 作用 2h 毒力不受影响[6]。病毒对冻融和脂溶剂不敏感，1％的酚对其活性无影响[10]。另一个禽类多瘤病毒，BFPyV 对氯制剂敏感[16]。

毒株分类

尚未发现临床分离株之间的遗传学差异。多瘤病毒基因组高度稳定，从鹦鹉、隼或雀分离的所有 BFPyV 变异株的核苷酸同源性在 99％ 以上[14]。系统进化树分析表明，不同国家分离株的 VP1 高度保守[12]。到目前为止，尚未对 GHPV 分离株进行交叉中和试验。

实验室宿主系统

1 日龄雏鹅非口服途径感染可复制出 HNEG。超急性型 HNEG 在感染后 6～8 天死亡。雏鹅皮下或腹腔接种均易感。HNEG 病毒未能适应鸭成纤维细胞和鸭胚[6,7]。鹅成纤维细胞对病毒感染不敏感[6]。报道过用鹅胚繁殖 GHPV：通过绒毛尿囊膜途径接种 14 日龄鹅胚后 8～10 天死亡，其病变与 1 日龄雏鹅感染相似[1]。可采用 1 日龄雏鹅肾上皮细胞培养进行传代，接毒后 5 天出现细胞病变（CPE），胞浆颗粒化和出现空泡，之后病毒从细胞中出芽和释放。因为病毒感染后出现 CPE 比较晚，极少用细胞培养来进行病毒滴度测定，可采用定量实时 PCR 对细胞培养中的病毒进行定量测定[7]。

病理生物学和流行病学

发生和分布

到目前为止，匈牙利、德国和法国报道过 HNEG[2,5,17,18,22]，但在其他国家也有可能发生。疾病常发于冬季，可能是因为气候原因或来源于光调节种群（lightconditioned breeders）的雏鹅体质较弱的缘故[5,7]。

自然宿主和实验宿主

HNEG 仅发生于育成鹅。迁徙性野鹅发生过隐性感染[7]。其他水禽，包括骡鸭或者番鸭在临床上对 GHPV 感染有抵抗力[7]。1970 年 Szalai 和 Bernath 报道过对雏鸭可引起 HNEG 症状[21]，但未被其他研究确证。同样，在自然条件下未发现北京鸭、骡鸭或番鸭有类鹅出血性肾炎肠炎综合征。

传播、携带者和传播媒介

感染禽可通过粪便大量排毒，并污染环境，导致直接或间接传播。病毒通过卵垂直传播既未被证实也未被排除。试验条件下可使鹅胚发生感染，但在临床上未证明有垂直感染[1]。似乎没有什么生物媒介参与 GHPV 的传播。

潜伏期

潜伏期与年龄有关。1 日龄雏鹅接种后 6～8 天内死亡。相比之下 3 周龄鹅潜伏期则可长达 15 天[12]，大于 4 周龄的鹅感染则成为无症状携带者。与其他多瘤病毒感染一样，病毒感染可能发生于早期，在 5～6 周龄前很极少观察到临床表现[15]。

临床症状、发病率和死亡率

HNEG 发生于 4～10 周龄的鹅。感染群发病率为 10%～80%，大多数以死亡而告终[5]。只是在临死前几小时出现临床症状，表现为离群扒卧、昏迷和死亡[2,10]。实验感染或医源性感染雏鹅可见有角弓反张等神经症状[5]。慢性病例可发生内脏和关节尿酸盐沉积，引起跛行。每天死亡几只，可持续到到 12 周龄。

病理变化

剖检可见皮下结缔组织水肿、胶冻样腹水和肾脏炎症（图 13.7），偶尔可见出血性肠炎。肾功能

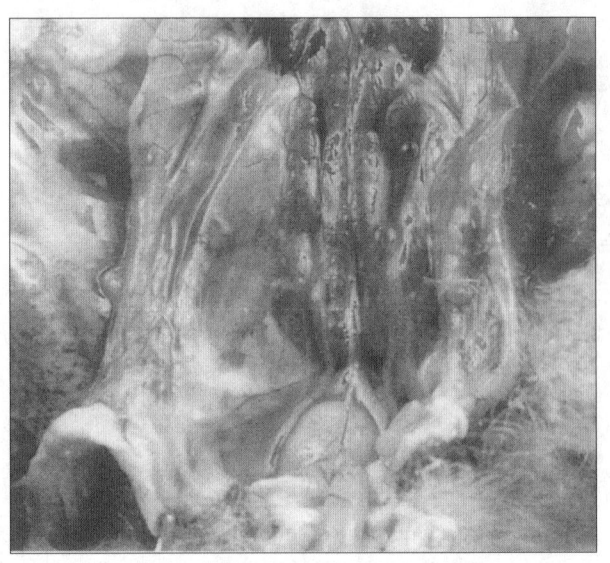

图 13.7 10 日龄鹅感染鹅多瘤病毒后大体病变。表现水肿、胶冻样腹水和肾脏肿胀

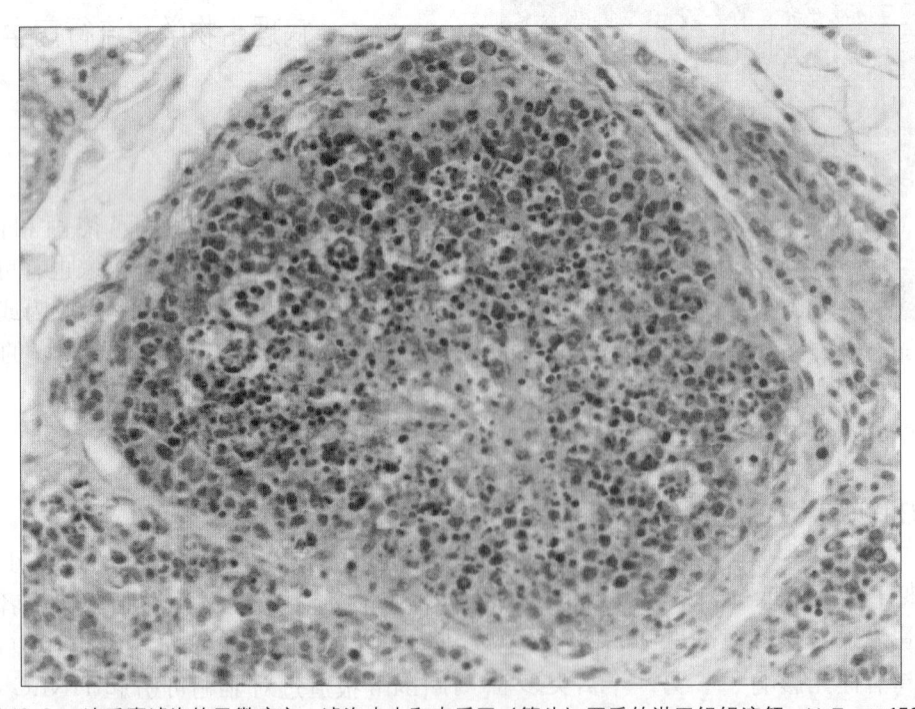

图 13.8 法氏囊滤泡的显微病变。滤泡中央和皮质区（箭头）严重的淋巴组织溶解。H.E，×150

紊乱导致血液尿酸浓度增加[17]，慢性感染死亡的雏鹅表现内脏痛风和关节尿酸盐沉积[10,11,19]。最明显的组织学变化表现为：①间质性肾炎和肾小管上皮细胞坏死[10,11]；②法氏囊滤泡皮质和髓质区中度至严重的淋巴细胞增多（图 13.8），这意味着 B 淋巴细胞缺失[6,11]。肠炎等大体病变与肠上皮细胞坏死有关。大多数组织可见有出血性病灶，尤其是急性感染[11,12]。诊断为 HNEG 的鹅组织中未见有包涵体[6,12]。电镜检查感染组织可见细胞核内病毒聚积（图 13.5），而且约有 20％的感染细胞，无论是细胞培养还是鹅组织细胞胞浆内有大的致密物质构成的大泡，中央透亮[6]。

感染过程的发病机理

在感染过程中，病毒似乎首先在内皮细胞中复制，首先出现内皮细胞核肿大和小动脉炎[11,12]。这种组织学变化表明病毒对内皮细胞有选择性的亲嗜性，可能与 HNEG 的致病机制密切相关。内皮细胞在许多生物学通路中发挥着关键性作用，可引起血管异常，如腹水或水肿。GHPV 的另一个主要靶细胞为淋巴细胞：在许多法氏囊淋巴细胞中可见有大量的病毒粒子，整个法氏囊可见有明显的淋巴细胞溶解，但胸腺淋巴细胞影响很少或不被感染。这一特征与多瘤病毒对 B 淋巴细胞的亲嗜性密切相关[20]，表明非显性感染的免疫抑制作用。

免 疫 力

HNEG 的免疫学目前未引起太多的重视。被感染过的鹅可检测到中和抗体，并可传递给下一代。雏鹅如果来源于感染过鹅出血性肾炎肠炎的种鹅，则对实验感染，甚至高滴度病毒有抵抗力[7,21]。免疫持续期尚不清楚。

诊 断

病原分离和鉴定

从怀疑被感染的材料或长时间无临床症状的

携带者中可检测到 GHPV。可利用肾细胞培养[5]或鹅胚接种[1]分离病毒，但比较费时，很少采用。检查 GHPV 的基因组是一种更可靠的检测病毒的方法。根据 VP1 基因设计引物，从感染组织（肝、脾和肾）中提取 DNA 进行 PCR 检测，该方法高效而可靠[6]。对非显性病毒携带者可取血液或泄殖腔拭子进行 PCR 检测[7]。因为血清学反应变化很大，血清学试验很少作为多瘤病毒感染的诊断手段。相比之下，因为病毒在感染禽体内可持续数月，所以检测病毒更为可靠[17]。

鉴别诊断

4～10 周龄鹅出现腹水、皮下水肿、内脏尿酸盐和肾炎等病变提示可能是 HNEG，但鹅细小病毒感染也可能出现类似病变。组织学、病毒学或血清学检测有利于病原学的确定。诊断为 HNEG 的病例并不多，可能是与小鹅瘟混淆之故。

预防和控制

管理措施

鹅多瘤病毒主要通过粪便传播[5,10]。必须执行严格的消毒制度，在彻底清除有机物质之后用适当的消毒剂消毒，预防疾病的暴发。氯制剂对杀灭多瘤病毒有效，但极易受残留有机物质的影响[16]。感染鹅可形成病毒血症，接种疫苗的针头应消毒。虽然还不知道病毒能否经卵传递，但应严格遵守孵化消毒制度以防止雏鹅早期感染。不良的管理措施（如应激和寒冷）可使临床症状加重。对感染 HNEG 的鹅群免疫接种巴氏杆菌病时应格外小心。

免疫接种

改善饲养管理不能完全控制 HNEG 感染。免疫种鹅可以使易感期的雏鹅获得被动免疫[5]。种鹅的免疫程序是在开产前免疫 2 次。在临床感染严重的情况下，免疫接种育成雏鹅可诱导产生主动免疫，使其产生终生保护。

治疗

无有效的治疗措施。避免应激因素的刺激可以防止无症状感染者和病毒携带者发病。

刘 建 苏敬良 译

郭玉璞 校

参考文献

[1]Bernath,S. ,A. Farsang, A. Kovacs, E. Nagy, and M. Dobos-Kovacs. 2006. Pathology of goose hemorrhagic polyomavirus infection in goose embryos. *Avian Pathol.* 35 (1): 49 - 52.

[2]Bernath,S. ,and F. Szalai. 1970. Investigations for clearing the etiology of the disease appeared among goslings in 1969. *Magyar. Alla. Lap.* 25:531 - 536.

[3]Bozeman,L. H. ,R. B. David,D. Gaudry, P. D. Luckert, O. J. Fletcher,and M. J. Dykstra. 1981. Characterization of a papovavirus isolated from fledgling budgerigars. *Avian Dis.* 25:972 - 980.

[4]Fauquet, C. M. , M. A. Mayo, J. Maniloff, U. Desselberger,and L. A. Ball(Ed). 2005. Virus Taxonomy: Ⅷth Report of the International Committee on Taxonomy of Viruses. Academic Press.

[5]Guerin,J. L. ,J. Gelfi,O. Leon,C. Claverys and M. Pappalardo. 2004. Un nouveau polyomavirus isolé chez l'oie: de l'identification du virus au développement d'un vaccin. *Bull. Acad. Vet. France.* 156(4): 71 -77.

[6]Guérin, J. L. , J. Gelfi, L. , Dubois, A. , Vuillaume, C. , Boucraut-Baralon,and J. L. Pingret. 2000. A novel polyomavirus goose hemorrhagic polyomavirus is the agent of hemorrhagic nephritis enteritis of geese. *J Virol.* 74: 4523 -4529.

[7]Guérin,J. L. ,J. Gelfi,and O. Léon. 2006. Unpublished data.

[8]Johne, R. and H. Müller. 1998. Avian polyomaviruses in wild birds:genome analysis of isolates from falconiformes and psittaciformes. *Arch. Virol.* 143:1501 -1512.

[9]Johne,R. and H. Müller. 2003. The genome of goose hemorrhagic polyomavirus, a new member of the proposed subgenus Avipolyomavirus. *Virology.* 10,308(2),291 - 302.

[10]Kisary, J. 1993. Haemorrhagic Nephritis and Enteritis of Geese. 513 - 514. In Virus Infections of Birds (Elsevier Edit.)J. B. McFerran,MS. Mc Nulty,London.

[11]Lacroux, C. , O. Andreoletti, B. Payre, J. L. Pingret, A.

Dissais,and J. L. Guérin. 2004. Pathology of spontaneous and experimental infections by goose haemorrhagic polyomavirus. *Avian Pathol* 33(3):351 - 358.

[12]Palya, V. , E. Ivanics,R. Glavits, A. Dan, T. Mato,and P. Zarka. 2004. Epizootic occurrence of haemorrhagic nephritis enteritis infections of geese. *Avian Pathol* 33(2): 244 - 250.

[13]Perez-Losada, M. , R. G. Christensen, D. A. McCellan, B. J. Adams, R. P. Viscidi, J. C. Demma, and K. A. Crandall. 2006. Comparing divergence between polyomaviruses and their hosts. *J. Virol.* 80(12):5663 - 5669.

[14]Phalen, N. L. , V. G. Wilson, J. M. Gaskin, J. N. Derr, and D. L. Graham. 1999. Genetic diversity in twenty variants of the avian polyomavirus. *Avian Dis* 43: 207 - 218.

[15]Ritchie, B. W. 1991. Avian polyomavirus: an overview. *J. Am. Avian Vet.* 3:147 - 153.

[16]Ritchie, B. W, N. , Pritchard, D. , Pest, F. D. , Niagro, K. S. ,Latimer,and P. D. Lukert. 1993. Susceptibility of avian polyomavirus to inactivation. *J. Assoc. Avian Vet.* 7 (4): 193 - 195.

[17]Schettler, C. H. 1976. Advantage and danger of passive immunization of goslings to prevent losses from virus infection during the rearing period. Proc. Intern. Cong. Actual problems in large scale production of geese,Bratislava,Czechoslovakia,293 - 301.

[18]Schettler,C. H. 1977. Détection en France de la néphrite hémorragique et entérite de l'oie, *Rec. Med. Vet.* 153: 353 - 355.

[19]Schettler, C. H. 1980. Clinical picture and pathology of haemorragic and enteritis in geese. Tier. Prax. 8: 313 - 320.

[20]Shah, K. V. 1996. Polyomaviruses. In Fields Virology Third Edition(Lippincott-Ravett Publishers)B. N. Fields *et al.* ,Philadelphia. 2027 - 2043.

[21]Szalai, F. and S. Bernath. 1971. Investigations for clearing the etiology of the disease appeared among goslings in 1969: Ⅱ. The elaboration of passive immunization, the production of hyperimmune serum. Ⅲ. Pathohistological investigations. Magyar. Alia. Lap. 26: 420 - 423.

[22]Vuillaume, A. ,J. ,Tournut, and H. Banon. 1982. Apropos de la maladie des oisons d'apparition tardive ou Néphrite Hémorragique-Entérite de l'Oie(N. H. E. O.). *Rev. Med. Vet.* 133: 341 - 346.

鹅细小病毒感染

Parvovirus Infection

Richad E. Gough

引 言

鹅细小病毒感染，又称 Derzsy 氏病，俗称鹅流感、鹅或小鹅瘟、鹅肝炎、鹅肠炎、传染性心肌炎、腹水性肝肾炎，是一种侵害幼鹅和番鸭（*Cairina moschata*）的高度接触传染性疾病。病名的多样性反映了该病多个病理学特征。根据感染雏鹅的日龄的不同，该病可表现为急性、亚急性或慢性型[12,67,73]。急性型可引起 10 日龄以内的雏鹅 100% 死亡。许多国家报道了 1 种抗原性完全不同的番鸭细小病毒感染，死亡率高达 80%。番鸭细小病毒的致病性比鹅细小病毒弱[28]。除了鹅和番鸭之外，其他禽类或哺乳动物，包括人尚未有本病报道。

经济意义

在大规模饲养鹅和番鸭的国家，该病具有重要的经济意义。种鹅免疫接种可大大降低本病的影响。在中国，养鹅作为农村的经济来源之一，而且鹅毛作为加工衣服和床上用品的原料，鹅细小病毒感染造成的损失具有更深的社会影响。

公共卫生意义

鹅和番鸭细小病毒感染对公共卫生没有任何威胁。

历史

1956 年，中国首次详细描述了雏鹅发生一种严重的疾病，1981 年方定一和王永坤报道是由细小病毒引起[22]，郑玉美等后来证实了这一结果[92]。1960 年代，许多欧洲国家，包括波兰[83]、联邦德国[54]、匈牙利[51]、保加利亚[2]、荷兰[10]、法国、前苏联和前捷克斯洛伐克[16]均报道了相似的疾病。最初，许多学者称其为"鹅流感"，结果与嗜血杆菌引起的一种鹅病相混淆[16]。为了区别这两种疾病，将这种"新"病称为"俗称的鹅流感"[19]，随后的几年中，欧洲主要养鹅和番鸭的国家均报道了本病，并给予多种病名。

曾经认为多种病毒感染与本病有关，直到 1971 年 Schettler 确定该病是有细小病毒引起[75]。1978 年建议将该病称为鹅细小病毒感染[17]。以前认为来源于鹅和番鸭的细小病毒抗原性密切相关，但在一株毒力更强的番鸭细小病毒出现之后，通过病毒中和试验、分子生物学研究证明，从鹅和番鸭分离的细小病毒有明显的差异[3,7,56,91]。

病 原 学

在过去的 20 年中，曾提出了几种病原因子。早期有些报道归因于呼肠孤病毒[14,18,21]。因为在疾病暴发时常分离或检测到腺病毒，所以也有报道认为腺病毒是本病病原[13,18,68]。后来经过详细的研究确定病原为细小病毒[12,15,29,49,52,75]。

分类

该病毒为细小病毒科一个独立的细小病毒。近期的分子生物学研究表明，鹅细小病毒与人的依赖病毒属（Dependovirus）关系更密切[6,90]。与鸡或哺乳动物细小病毒无抗原相关性[15,45,64]。

形态学

完整的病毒粒子直径 20～22nm，无囊膜，六角形（图 13.9），衣壳由 32 个壳粒组[15,29,49,75]。氯化铯浮密度约为 1.38g/mL[42,75]。

化学组成

与哺乳动物细小病毒一样，鹅细小病毒基因组为单股 DNA[49]，大小为 5～6kb[56,90]。通过对保加利亚和俄罗斯分离株的分析表明，4 种病毒蛋白的分子量分别为 88、77、65 和 60kD[1]。日本和匈牙利对番鸭细小病毒研究结果与此类似[81,90]。与哺乳动物细小病毒不同，鹅细小病毒在各种条件下不凝集红细胞[75]。

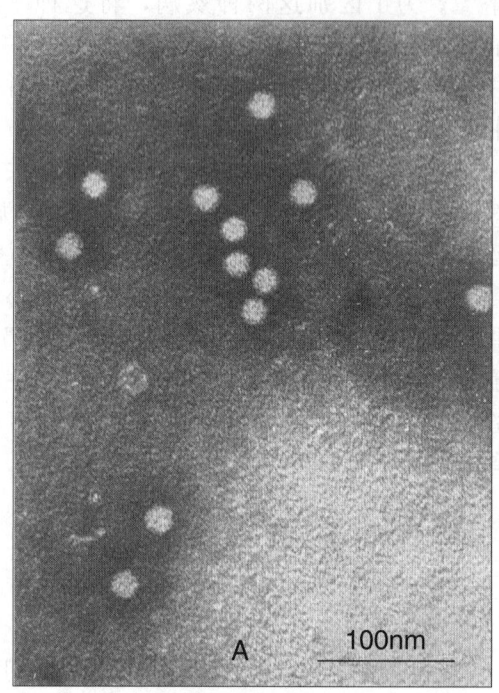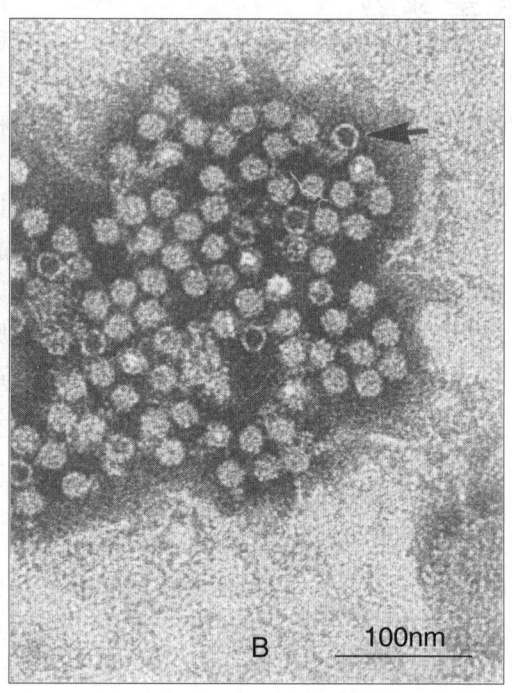

图 13.9　纯化的鹅细小病毒电镜照片。A. 纯化的病毒粒子；B. 自然感染后的 10 日龄雏鹅粪便中的病毒粒子，图示完整、中空的粒子（箭头所示）

病毒复制

虽然 Kisary 和 Derzsy 通过体外研究表明病毒在细胞核内复制[49]，Bermann 通过电镜证明感染雏鹅心脏和法氏囊细胞核内有大的细小病毒聚集体[4]，但对鹅细小病毒的复制过程尚未进行详细的研究。鹅细小病毒与其他细小病毒一样，在无辅助病毒存在的情况下也能进行复制，其复制有赖于DNA 合成活跃的细胞[44]。已证明人辅助病毒依赖腺联病毒 2 型可以增强 GPV 在体外培养中的复制[62]。

对理化因素的抵抗力

鹅细小病毒对理化因素的灭活作用有很强的抵抗力。Gough 等报道病毒经 65℃ 加热处理 30min 滴度不受影响[29]。此外，还发现病毒在 pH3.0 溶液中，37℃ 条件下作用 1h 仍然稳定。Schettler 对1 株细小病毒在不同条件下对多种化学物质的稳定性进行了检测，结果发现对病毒活性没有明显的影响[75]。

毒株分类

早期应用交叉中和试验和雏鹅保护试验研究表明毒株之间存在有血清学差异[20]，但当时对该病的病原学尚未完全确定，之后发现当时的几株病毒被呼肠孤病毒污染[21]。随后的研究表明分自鹅和番鸭的细小病毒抗原性密切相关[26,31,41]。最近利用交叉中和试验和限制性核酸内切酶分析证实番鸭细小病毒和鹅细小病毒基因组有明显的差异[7,9,36,82,91]。最近在美国宾夕法尼亚州的番鸭中分离到 1 株细小病毒，鸭群死亡率为 10%～40%。该病毒基因的保守区与其他鹅和番鸭细小病毒的同源性为 85%，而以往已测序的 MDPV 和 GPV 分离株同源性为 99% 和 95%[69]。

实验宿主系统

鹅细小病毒只能用鹅或番鸭胚，或者原代胚细胞培养物进行分离。胚必须来源于非免疫、无细小病毒的种群分离的病毒可以在鹅胚成纤维细胞系（CGBQ）上培养。

病理生物学和流行病学

发生和分布

欧洲主要养鹅国家，包括前苏联和以色列，均有鹅细小病毒的报道。中国（包括台湾省）、越南、日本和美国也有本病报道[69,86]。南美报道的番鸭发病的未经确诊。加拿大报道过有相似临床和剖检特征的疾病，但未分离到细小病毒[70]。

自然宿主和实验宿主

自然病例仅见于鹅、番鸭和一些杂交品种，所有家鹅都易感。加拿大鹅（*Branta canadensis*）和雪鹅（*Chen hypoborea atlantica*）偶尔也可感染[74]。德国的一个血清学调查表明，48%的豆雁（*Anser fablis*）和白额雁（*Anser aalbifrons*）具有抗GPV中和抗体[34]。其他家禽和鸭对实验感染似乎有抵抗力[29,35]。

易感日龄

本病有严格的年龄相关性，1周龄内雏鹅感染死亡率可达100%，而4～5周龄感染造成的损失很小。虽然较大的鹅感染后不表现临床症状，但有免疫学反应[19,26,43]。番鸭的情况与此类似[35,53,94]。

传播、携带者和传播媒介

感染鹅粪便可排出大量的病毒，经过直接或间接接触使本病迅速传播。易感雏鹅最严重的暴发是由垂直感染引起的。较大的鹅易发生亚临床感染和潜伏感染，这些鹅作为病毒携带者，通过卵将病毒传给孵房中的易感雏鹅[16,46]。尚未证实有生物传播媒介。

潜伏期

易感雏鹅的潜伏期与年龄有关。1日龄雏鹅实验感染后3～5天表现临床症状，2～3周龄鹅感染的潜伏期为5～10天[46,73]。

临床症状

易感雏鹅的临床表现随感染禽的日龄不同而不同。1周龄以内雏鹅疾病发展很快，2～5天内出现厌食、衰竭和死亡。日龄较大的鹅或有一定母源抗体的雏鹅的病程则较长，且表现本病特征性的临床症状。首先表现为厌食、渴欲增加、无力而不愿走动，许多鹅眼和鼻有分泌物并甩头，眼睑红肿，拉白稀。这一阶段检查鹅可见舌表面和口腔有纤维素性伪膜。耐过急性期的雏鹅病程变长，表现为严重的生长停滞、背部和颈部羽毛脱落，裸露的皮肤呈红色。病鹅的腹腔有可能积水而呈"企鹅样"姿势站立。

比较研究发现，GPV可引起雏鹅和雏番鸭严重感染，但番鸭细小病毒接种雏鹅无临床症状和病理变化[24]。

发病率和死亡率

孵化期感染的雏鹅的死亡率有时高达100%，而2～3周龄的鹅发病率虽然很高，但死亡率可能低于10%。饲养管理不善，继发细菌、真菌或病毒感染等可影响最终死亡率[46,52]。虽然报道过1～3月龄鹅发生"迟发型"感染，但4周龄以上的鹅很少表现临床症状[12]。所有年龄的鹅和番鸭对细小病毒感染都有免疫学反应，但不一定表现临床症状[43]。

病理变化

大体病变

临床病程短的急性病例心脏通常有病变，心尖周围有特征性心肌苍白（图13.10）。肝脏、脾脏和胰腺肿大和充血[16]。病程长的病例可能出现其他病变，比较典型的是浆液—纤维素性肝周炎、心包炎，腹腔有大量的淡黄色积液。还可能伴有肺水肿、肝脏萎缩和卡他性肠炎。偶尔可见腿肌和胸部肌肉出血。如有继发感染，口腔、咽部和食道可见有白喉性病变和溃疡。

组织学病变

许多研究人员对鹅细小病毒感染进行了详细的

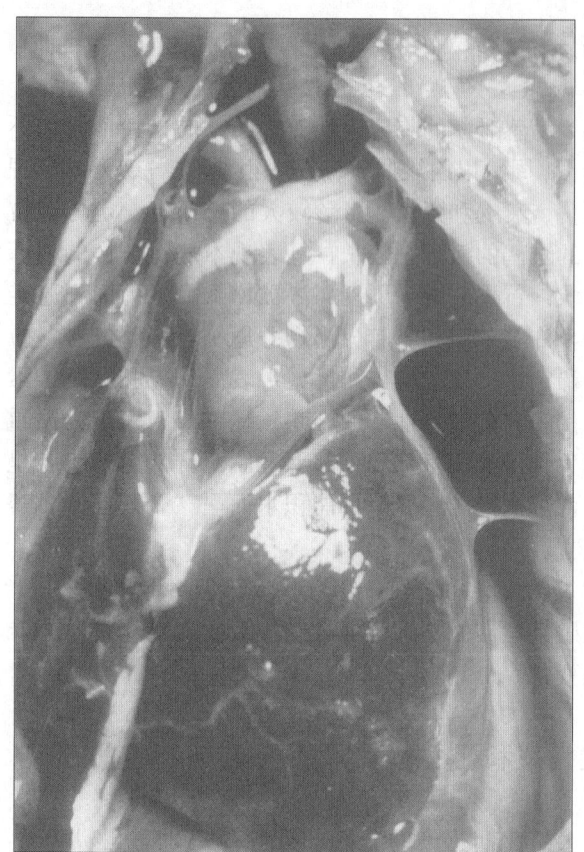

图 13.10　12 日龄雏鹅感染鹅细小病毒剖检病变。表现
心包积水和腹水，肝脏包被有一层纤维素膜

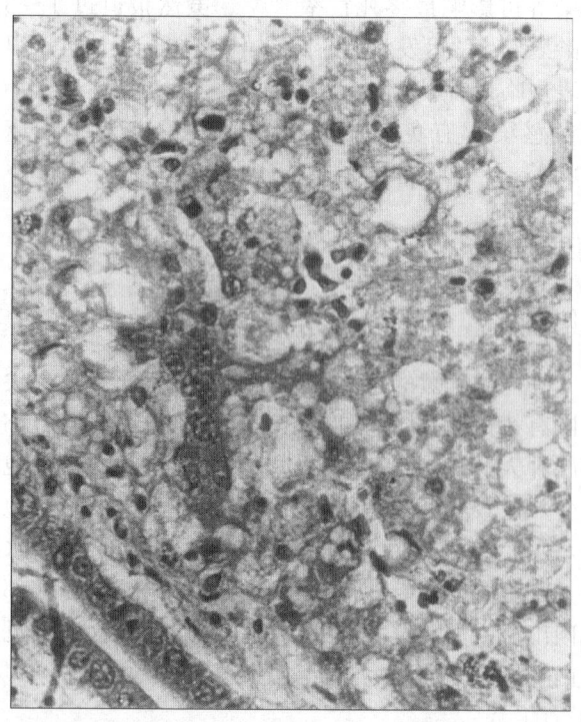

图 13.11　10 日龄雏鹅感染鹅细小病毒肝脏切片，表现
广泛的肝细胞变性和空泡化

研究，结果相似[11,63,65,66]，主要是心肌细胞严重变性、条纹消失和脂肪浸润，并有散在的 Cowdry A 型核内包涵体。肠道和平滑肌细胞也有类似的病变。肝脏主要病变是肝细胞变性，伴有空泡化和脂肪浸润（图 13.11）。空泡化的肝细胞胞浆中有时可见小的嗜酸性包涵体样小体。胰腺腺泡细胞皱缩坏死，并有脂肪浸润。脾脏、法氏囊和胸腺偶尔可见成淋巴细胞化过程，并伴有肾细胞明显的空泡化。雏番鸭表现为肌纤维变性，轻度的坐骨神经炎和脑脊髓灰质炎[24]。病理变化随感染日龄的不同而表现不同。

感染过程的致病机理

对水禽细小病毒感染的致病机理没有详细的研究。水平传播主要是摄入被病毒污染的饲料和饮水[46]。病毒首先在肠壁复制，然后进入血流，形成病毒血症，到达肝脏和心脏，在此引起最严重的病理变化[46]。已证明有肠型 GPV 感染[24]。

免疫力

被动免疫

种鹅在雏鹅或成年阶段自然感染细小病毒可通过卵黄将母源 IgG 抗体传给后代[18,27,35]，这种被动获得的抗体在 2 周龄前可维持较高的水平[43]。

体液免疫

雏鹅细小病毒感染体液免疫反应的特征是先产生免疫球蛋白 IgM，然后是 IgG[43]。利用病毒中和试验（VN）和琼脂凝胶沉淀试验测定感染后存活鹅血清中细小病毒抗体，发现感染后产生高水平的抗体可持续 80 个月，这些康复鹅的后代 4 周龄时仍能够完全抵抗实验感染[27]。Kisary[43]指出，20 日龄以内的雏鹅免疫功能并未完全发育成熟。

主动免疫

细胞免疫在鹅细小病毒感染中作用不明显。

诊　　断

病原的分离和鉴定

通过尿囊腔途径接种 10～15 日龄鹅胚或番鸭

胚可以从多种组织中分离到鹅细小病毒。接种后5~10天胚胎出现死亡，死亡胚胎出血、肝脏为黄褐色。也可利用鹅或番鸭胚原代细胞分离鹅细小病毒，而且在细胞单层未长满之前接种更容易分离到病毒[49]。接种后3~5天可形成很明显的细胞病变，经苏木素—伊红染色后可见有Cowdry A型核内包涵体和合胞体[49,77]。电镜检查或利用特异性鹅细小病毒血清中和试验可以确定感染细胞中的病毒[28]。

直接检查病毒抗原

可采用免疫荧光检查雏鹅体内[1]、鹅胚[85]和感染细胞[75]中的病毒抗原，也可采用免疫酶染色[71]、ELISA[40]和反向间接血凝[87]等方法。曾报道过利用地高辛标记的DNA探针检测和鉴定番鸭细小病毒[57]。

也报道过利用兔抗鹅细小病毒血清进行琼扩试验检测感染鹅胚尿囊液中的病毒[5]。

电镜检查

利用电镜可从有鹅细小病毒临床症状的雏鹅粪便[25]、感染鹅的心脏和法氏囊超薄切片[4]中检测到病毒。已建立了免疫电镜检测细小病毒的方法，该方法利用鹅细小病毒单克隆抗体可检测到感染雏鹅器官和细胞培养中的病毒[1]。

分子生物学鉴定

已建立了检测鹅细小病毒的PCR技术，引物设计主要针对编码衣壳蛋白的VP1、2和3基因的保守区，进行基因序列分析和限制性内切酶片段长度多态性分析后，可以鉴别GPV和番鸭细小病毒[69,76,80,82,91]。PCR可从实验感染雏鹅的多个组织检测到鹅细小病毒的DNA[58]。核酸斑点杂交可用于检测感染鹅多个组织中的GPV DNA[89]。

血清学

利用血清学试验可检测种鹅和种番鸭及其后代的免疫状态。种鹅是否有细小病毒抗体决定了其后代是否易感。血清学方法还可用于雏鹅和番鸭近期暴发疾病的诊断。检测卵黄中抗体水平也可以了解其后代的母源抗体水平。

病毒中和试验

最常用的方法是利用鹅胚、番鸭胚或原代细胞培养检测鹅细小病毒中和抗体[28]。交叉中和试验可以鉴别GPV和MDPV抗体[3]。鸭胚适应毒也可在鸭胚上进行病毒中和试验[30]。中和效价为1：16或更高可判定为鹅细小病毒抗体阳性。

琼扩试验

琼扩试验（AGP）虽然比病毒中和试验敏感性低，但适合于大量血清样本的细小病毒抗体检测。该方法不能区分是鹅的抗体还是番鸭的抗体[26,60]。

其他血清学试验

可采用ELISA检测鹅和细小病毒抗体[33,36,55]。已建立了一种加鹅抗鹅细小病毒IgG的阻断ELISA，并与其他血清学方法进行了比较[40]。该方法快速、稳定，并且易于标准化，与病毒中和试验相关性好。阻断ELISA也可用于MDPV抗体的检测，ELISA值与攻毒保护具有良好的相关性[40]。在本方法中采用非SPF鹅制备的血清和IgG进行试验可能会出现一些问题。其他的血清学试验包括精子凝集抑制试验[61]、蚀斑减少试验[78]和间接免疫荧光技术等[81]。已报道了应用纯化的水禽细小病毒衣壳和非结构蛋白抗原进行免疫印迹检测感染雏鹅血清[84]。

鉴别诊断

以前认为鹅源和番鸭源细小病毒抗原性密切相关，但自发现一株毒力更强的番鸭细小病毒后，应用病毒中和试验、限制性酶切图谱分析和病毒基因组测序表明，鹅和番鸭分离株有明显的不同[7,28,69]。

可采用地高辛标记的DNA探针检测番鸭细小病毒，该方法敏感性高，并可区分疫苗毒[57]。

禽腺联病毒为缺陷型细小病毒，可能与细小病毒感染有关，在体外试验中，无辅助病毒存在时不能复制。

雏鹅和番鸭很少有其他病原与小鹅瘟一样具有严格的年龄相关性。鸭病毒性肠炎疱疹病毒可感染各种日龄的鹅和鸭，死亡率高。通过病原的分离和鉴定很容易与鹅细小病毒区分开。鸭肝炎病毒可引起 6 周龄以内的鸭死亡，但该病毒对鹅或番鸭无致病性（此说法不一定准确，译者注）。

鹅出血性肾炎肠炎（HNEG）主要侵害 4～20 周龄鹅，该病最早在 1970 年代由法国报道并称为"迟发型小鹅瘟"[47]。HNEG 的病原为一种禽多瘤病毒[28]。曾报道过一种发生于 2～8 周龄番鸭的 K 病毒病[23]，其病原被认为是一种呼肠孤病毒，不引起鹅发病。

鸭疫巴氏杆菌（现称"鸭疫里默氏菌"，译者注）和多杀性巴氏杆菌也可高度致死雏鹅和雏番鸭。采用适当的抗生素治疗并利用适当的培养基对病原进行分离培养则可与鹅细小病毒区分开。

预防和控制

管理措施

许多鹅细小病毒感染的暴发都是在孵化过程中先天性感染引起的，所以不要孵化来源于不同种群的种蛋。应选用已知无细小病毒感染群的种蛋进行孵化，并保持良好的孵化卫生。

在暴发过本病的鹅场，感染过本病而存活的雏鹅不能留作种用，因为这些鹅可能成为潜在的病毒携带者。所有接触过的鹅，包括雏鹅和成年鹅，都应进行血清学检查确定哪些被水平感染，淘汰血清学阳性者，因为这些鹅可能成为病毒携带者。

免疫接种

由于本病仅限于雏鹅和番鸭，控制措施主要是使雏鹅在头 4～5 周内产生足够的免疫力。1962 年中国暴发鹅细小病毒感染曾使用高免血清进行控制[22]。之后欧洲发生本病时也广泛使用血清治疗，主要是高免鹅血清[16,32,35,72]。可是被动免疫成本高、费时，一般需要两个剂量的血清才能获得足够的免疫力[50]。曾报道过对成年鹅或番鸭免疫接种强毒而产生主动免疫[35]，结果证明可通过卵黄使雏鹅获得良好的保护。

中国最早研制出预防本病的疫苗，在 1962～1979 年间，大约免疫接种了 400 万只母鹅[22]。病毒在鹅胚中经多次传代后被致弱，其后代雏鹅对攻毒具有良好的抵抗力。通过鹅或番鸭胚细胞培养传

代致弱培育出其他几种可用于种鹅和雏鹅的疫苗[39,50,59,88,95]。鸭胚适应的细小病毒疫苗也可诱导雏鹅和种鹅产生良好的免疫反应[8,30]。

种鹅和番鸭使用灭活疫苗也可产生高水平的免疫力[37,79]。已研制出鹅细小病毒和番鸭细小病毒二价疫苗。

未来发展

对油佐剂重组疫苗在产蛋鹅和番鸭中的免疫作用已作过研究，免疫种鹅的后代可完全抵抗鹅细小病毒感染[48]。

刘 建 黄 瑜 译

苏敬良 郭玉璞 校

参考文献

[1] Alexandrov, M., R. Alexandrova, I. Alexandrov, S. Zacharieva, S. Lasarova, L. Doumanova, R. Pesher and T. Donev. 1999. Fluorescent and electron-microscopy immunoassays employing polyclonal and monoclonal antibodies for detection of goose parvovirus infection. *J. Virol Methods* 79: 21 - 32.

[2] Angelacev, A. 1966. Exudative septicaemia of geese-goose influenza. *Vet Sbir Sof* 63: 9 - 12.

[3] Barnes, H. J. 1997. Muscovy duck parvovirus. In: Diseases of Poultry 10th edition. Ed B. W. Calnek. Iowa State University Press, Ames, IA. pp. 1032 - 1033.

[4] Bergmann, V. 1987. Pathology and electron microscopical detection of virus in the tissues of goslings with Derzsy's disease (parvovirus infection). *Arch Exp VetMed* 41: 212 -221.

[5] Bondarenko, A. F. 1982. Improved diagnosis of parvoviral enteritis in geese. (Immunodiffusion test). *Veterinariya*, Moscow 11: 68 - 69.

[6] Brown, K. E., S. W. Green, and N. S. Young. 1995. Goose parvovirus——an autonomous member of the Dependovirus genus? *Virology* 210: 283 - 291.

[7] Chang, P. C., J. H. Shien, M. S. Wang, and H. K. Shieh. 2000. Phylogenetic analysis of parvoviruses isolated in Taiwan from ducks and geese. *Avian Path* 29: 45 - 49.

[8] Chen, B. L., B. H. Ye, and J. H. Li. 1985. Duck embryo adapted vaccine for gosling plague. *Acta Vet Zootech Sin* 16: 269 - 275.

[9] Chu, C. Y., M. J. Pan, and J. T. Cheng. 2001. Genetic vari-

ation in the nucleocapsid genes of waterfowl parvovirus. *J Vet Med Science* 63:1165 - 1170.

[10]Cleef, S. A. M. van and J. T. Miltenburg. 1966. A serious virus disease with an acute course and high mortality in goslings. *Tijdschr Diergeneesk* 91:372 -382.

[11]Coudert, M. , M. Fedida, G. Dannacher, M. Peillon, R. Labatut, and P. Ferlin. 1972. Viral disease of gosling. *Recl Med Vet* 148:455 - 472.

[12]Coudert, M. , M. Fedida, G. Dannacher, and M. Peillon. 1974. Parvovirus disease of goslings. Late form. *Recl Med Vet* 150:899 - 906.

[13]Csontos, L. 1967. Isolation of an adenovirus from geese. *Acta Vet Hung* 17:217 - 219.

[14]Dannacher, G. , M. Coudert, M. Fedida, M. Peillon, and X. Fouillet. 1972. Etiology of the virus disease of geese. *Recl Med Vet* 148:1333 - 1349.

[15]Dannacher, G. , X. Fouillet, M. Coudert, M. Fedida, and M. Peillon. 1974. Etiology of the virus disease of geese: The beta virus. *Recl Med Vet* 150:49 - 58.

[16]Derzsy, D. 1967. A viral disease of goslings. *Acta Vet Hung* 17:443 - 448.

[17]Derzsy, D. 1978. A viral disease of goslings. In H. Rohrer (ed.)Handbuch der Virusinfektionen bei Tieren Ⅶ/2 pp 919 - 949. VEB Gustav Fischer Verlag.

[18]Derzsy, D. , I. Szep, and F. Szoke. 1966. Investigation on the etiology of the so-called goose influenza. *Magy Allatorv Lap* 21:388 - 389.

[19]Derzsy, D. and J. Meszaros. 1969. Epidemiological problems of the so-called goose influenza and the possibilities of protection. *Magy Allatorv Lap* 10:1 - 11.

[20]Derzsy, D. , C. Dren, M. Szedo, J. Surjan, B. Toth, and E. Iro. 1970. A viral disease of goslings Ⅲ Isolation, properties and antigenic patterns of the virus strains. *Acta Vet Hung* 20:419 - 428.

[21]Derzsy, D. , J. Kisary, L. M. Kontrimavichus, and G. A. Nadtochey. 1975. Presence of reoviruses in certain goose embryo isolates from outbreaks of viral gosling disease and in chicken embryos. *Acta Vet Hung* 25:383 - 391.

[22]Fang, D. Y. and Y. K. Wang. 1981. Studies on the etiology and specific control of goose parvovirus infection. *Sci Agric Sin* 4:1 - 8.

[23]Gaudry, D. , J. Tetkoff, and J. M. Charles. 1972. A propos d'un nouveau virus isole chez le canard de Barbarie. *Bull Soc Sci Vet Med Lyon*. 74: 137 - 143.

[24]Glavits, R. , A. Zolnai, E. Szabo, E. Ivanics, P. Zarka, T. Mato, and V. Palya. 2005. Comparative pathological studies on domestic geese and Muscovy ducks experimentally infected with parvovirus strains of goose and Muscovy duck origin. *Acta Vet Hung* 53:73 - 89.

[25]Gough, R. E. 1982. Unpublished data.

[26]Gough, R. E. 1984. Application of the agar gel precipitin and virus neutralisation tests to the serological study of goose parvovirus. *Avian Path* 13:501 - 509.

[27]Gough, R. E. 1987. Persistence of parvovirus antibody in geese that have survived Derzsy's disease. *Avian Path* 16:327 - 330.

[28]Gough, R. E. Parvoviruses of Waterfowl. In: Isolation and Identification of Avian Pathogens. Eds D. E. Swayne, J. R. Glisson, M. W. Jackwood, J. E. Pearson, W. M. Reed. American Association of Avian Pathologists, University of Pennsylvania, Kennett Square, PA. In Press.

[29]Gough, R. E. , D. Spackman, and M. S. Collins. 1981. Isolation and characterisation of a parvovirus from goslings. *Vet Rec* 108:399 - 400.

[30]Gough, R. E. and D. Spackman. 1982. Studies with a duck embryo adapted goose parvovirus. *Avian Path* 11:503 - 510.

[31]Hanh, N. V. 1974. A disease of goslings in Vietnam. *Magy Allatorv Lap* 29:262 - 265.

[32]Hansen, H. C. 1980. Derzsy's disease(parvovirus infection)in geese. *Dansk Vet* 63:191 - 194.

[33]Have, P. and H. C. Hansen. 1981. Detection of goose parvovirus antibodies by microneutralisation and enzyme-linked immunosorbent assay. Proc 7th Wld Vet Poult Assoc, Oslo, Norway. 60.

[34]Hlinak, A, T. Muller, M. Kramer, R. U. Muhle, H. Liebherr, and K. Ziedler. 1998. Serological survey of viral pathogens of Bean and white-fronted geese from Germany. *J of Wildlife Dis* 34:479 - 486.

[35]Hoekstra, J. , T. Smit and C. van Brakel. 1973. Observations on the host range and control of goose virus hepatitis. *Avian Path* 2:169 - 178.

[36]Jestin, V. , M. Le Bras, M. Cherbonnel, G. Le Gall-Recule, and G. Bennejean. 1991. Demonstration of very pathogenic parvovirus(Derzsy's disease virus)in Muscovy duck farms. *Recl. Med. Vet.* 167: 849 -857.

[37]Jestin, V. , M. O. Le-Bras, and M. Cherbonnel. 1994. Control of Muscovy duck parvovirus. In: M. S. McNulty and J. B. McFerran, eds. New and Evolving Diseases of Poultry. Commission of the European Communities, Brussels, 167 - 181.

[38]Kaleta, E. F. 1969. Celo-virus from goslings. *Dt Tierarztl Wschr* 76:427 - 428.

［39］Kaleta, E. F. 1985. Immunisation of geese and Muscovy ducks against parvovirus hepatitis (Derzsy's disease). Report of a field trial with the attenuated live vaccine "Palmivax". _Dt Tirarztl Wschr_ 92:303 -305.

［40］Kardi, V. , and E. Szegletes. (1996). Use of ELISA procedures for the detection of Derzsy's disease virus in geese and antibodies produced against it. _Avian Pathol_ 25: 25 - 34.

［41］Kisary, J. 1974. Cross-neutralisation tests on parvoviruses isolated from goslings. _Avian Path_ 3:293 -296.

［42］Kisary, J. 1976. Buoyant density of goose parvovirus strain B. _Acta Microbiol Hung_ 23:205 - 207.

［43］Kisary, J. 1977. Immunological aspects of Derzsy's disease in goslings. _Avian Path_. 6:327 - 334.

［44］Kisary, J. 1979. Interaction in replication between the goose parvovirus strain B and duck plague herpesvirus. _Arch Virol_ 59:81 - 88.

［45］Kisary, J. 1985. Indirect immunofluorescence as a diagnostic tool for parvovirus infection of broiler chickens. _Avian Path_ 14:269 - 273.

［46］Kisary, J. 1986. Diagnosis and control of parvovirus infection of geese(Derzsy's disease). In J. B. McFerran and M. S. McNulty(eds) Acute Virus Infections of Poultry 239 - 242. Martinus Nijhoff, Dordrecht, Netherlands.

［47］Kisary, J. 1993. Hemorrhagic Nephritis and Enteritis of Geese. In: Virus Infections of Birds. Eds. J. B. McFerran and M. S. McNulty. Elsevier Science Publishers B. V. 513 - 514.

［48］Kisary, J. 1999. RecombiVac-S, the first Hungarian biosynthetic(recombinant)subunit vaccine. _Maggar Allator Lapja_ 121:243 - 247.

［49］Kisary, J. and D. Derzsy. 1974. A viral disease of goslings. IV Characterization of the causal agent in tissue culture systems. _Acta Vet Hung_ 24:287 - 292.

［50］Kisary, J. , D. Derzsy, and J. Meszaros. 1978. Attenuation of the goose parvovirus strain B. Laboratory and field trials of the attenuated mutant for vaccination against Derzsy's disease. _Avian Path_ 7:397 - 406.

［51］Kis-Csatari, M. 1965. An outbreak of exudative septicaemia(goose influenza)in goslings _Magy Allatorv Lap_ 20: 148 - 151.

［52］Kontrimavichus, L. M. 1975. Comparison of strains of virus isolated from goslings with enteritis. _Trudy Vses Inst Eksp Vet_ 43:212 - 224.

［53］Kontrimavichus, L. M. , V. F. Makogon, and V. V. Navrotskii. 1980. Epidemiological, clinical and pathological features of goose viral enteritis. _Veterinariya Moscow_ 7:34 - 35.

［54］Krauss, H. 1965. Eine Verlustreiche Aufzuchtkrankheit bei Gansekuken. _Berl Munch Tierarztl Wschr_ 78:372 - 375.

［55］Kwang, M. J. , H. J. Tsai, Y. S. Lu, A. C. Y. Fei, Y. L. Lee, D. F. Lin and C. Lee. 1987. Detection of antibodies against goose parvovirus by an enzyme-linked immunosorbent assay(ELISA). _J Chin Soc Vet Sci_ 13:17 -23.

［56］Le Gall-Recule, G and V. Jestin. 1994a. Biochemical and genomic characterisation of Muscovy duck parvovirus. _Arch Virology_ 139:121 - 131.

［57］Le Gall - Reule, G and V. Jestin. 1994b. A digoxigenin-labelled DNA probe for the detection of Muscovy duck parvovirus. In: New and Evolving Virus Diseases of Poultry. M. S. McNulty and J. B. McFerran(eds) 157 - 166.

［58］Limn, C. K. , T. Yamada, M. Nakamura, and K. Takehara. 1996. Detection of goose parvovirus genome by polymerase chain reaction: distribution of goose parvovirus in Muscovy ducklings. _Virus Research_ 42: 167 -172.

［59］Lu, Y. S. , Y. L. Lee, D. F. Lin, H. J. Tsai, C. Lee and T. H. Fuh. 1985. Control of parvoviral enteritis in goslings in Taiwan: The development and field application of immune serum and an attenuated vaccine. _Taiwan J Vet Med_ 46:43 - 50.

［60］Malkinson, M. 1974. Application of the gel diffusion test to the study of the serological response to gosling hepatitis virus. Proc Goose Dis Symp, Doom, Netherlands, 1974. 47 - 51.

［61］Malkinson, M. , B. A. Peleg, R. Nily, and E. Kalmar. 1974. The assay of gosling hepatitis virus and antibody by spermagglutination and spermagglutination-inhibition. II Spermagglutination-inhibition. _Avian Path_ 3: 201 -209.

［62］Malkinson, M. , and E. Wincour. 2005. Adeno-associated virus type 2 enhances goose parvovirus replication in embryonated goose eggs. _Virology_ 336:265 -273.

［63］Mandelli, G. , A. Valire, A. Rinaldi, and E. Lodetti. 1971. Histological and ultramicroscopical findings in a viral disease of goslings. _Folia Vet Latina_ 1:121 -170.

［64］Mengeling, W. L. , P. S. Paul, T. O. Bunn, and J. F. Ridpath. 1986. Antigenic relationships among autonomous parvoviruses. _J Gen Virol_ 67:2839 - 2844.

［65］Nadtochei, G. A. and E. V. Petelina. 1985. Ultrastructural changes in the liver and small intestine of geese infected with parvovirus. _Trudy Vses Inst Eksp Vet_ 62:103 -112.

［66］Nagy, Z. and D. Derzsy. 1968. A viral disease of goslings.

Ⅱ Microscopic lesions. *Acta Vet Hung* 18：3 -18.

[67]Nougayrede,P. 1980. Virus diseases of Palmipeds or domestic Anatidae. *Recl Med Vet* 156：471 - 477.

[68]Peter, W. 1985. Parvovirus infection in geese. *Mh Vet-Med* 40：636 - 639.

[69]Poonia,B. ,P. A. Dunn, H. Lu,K. W. Jarosinski, and K. A. Schat. 2006/7. Isolation and molecular characterisation of a new parvovirus from Muscovy ducks in the USA. *Avian Pathology* ,in press.

[70]Riddell, C. 1984. Viral hepatitis in domestic geese in Saskatchewan. *Avian Dis* 28：774 - 782.

[71]Roszkowski,J. , P. Gazdzinski, W. Kozaczynski, and M. Bartoszcze. 1982. Application of the immunoperoxidase technique for the detection of Derzsy's disease virus antigen in cell cultures and goslings. *Avian Path* 11：571 - 578.

[72]Samberg,Y. R. Bock,and Z. Perlstein. 1972. A new infectious disease of goslings in Israel. *Refuah Vet* 29：29 -33.

[73]Schettler,C. H. 1971a. Virus hepatitis of geese. Ⅱ. Host range of goose hepatitis virus. *Avian Dis* 15：809 -823.

[74]Schettler,C. H. 1971b. Goose virus hepatitis in the Canada goose and Snow goose. *J Wildl Dis* 7：147 -148.

[75]Schettler,C. H. 1973. Virus hepatitis of geese. Ⅲ. Properties of the causal agent. *Avian Path* 2：179 -193.

[76]Sirivan, P. , M. Obayashi, M. Nakamura, U. Tantaswasch, and K. Takehara. 1998. Detection of goose and Muscovy duck parvoviruses using polymerase chain reaction-restriction fragment length polymorphism analysis. *Avian Diseases* 42：133 - 139.

[77]Suvorov, A. V. 1982. Cytopathic changes produced in goose fibroblast cultures by goose parvovirus. *Bull Vses Inst Eksp Vet* 48：16 - 18.

[78]Takehara,K. ,K. Hyakutake,T. Imamura,K. Mutoh,and M. Yeshimura. 1994. Isolation, identification and plaque titration of parvovirus from Muscovy ducks in Japan. *Avian Diseases* 38：810 - 815.

[79] Takehara, K. , T. Ohshiro. E. Matsuda, T. Nishio, T. Yamada,and M. Yoshimura. 1995. Effectiveness of an inactivated goose parvovirus vaccine in Muscovy ducks. *J. Vet. Med. Sci* 57：1093 - 1095.

[80]Takehara,K. ,M. Saitoh, M. Kiyono, and M. Nakamura. 1998. Distribution of attentuated goose parvoviruses in Muscovy ducklings. *J. Vet. Med. Sci* 60：341 - 344.

[81]Takehara, K. , T. Nakata, K. Takizawa, C. K. Limn, K. Mutoh, and M. Nakamura. 1999. Expression of goose parvovirus VPI capsid protein by a baculovirus expression system and establishment of a fluorescent antibody test to diagnose goose parvovims infection. *Arch Virol*. 144：1639 - 1645.

[82]Tsai, H. J. ,C. H. Tseng, P. C. Chang, K. Mei, and S. C. Wang. 2004. Genetic variation of viral protein 1 genes of field strains of waterfowl parvoviruses and their attenuated derivatives. *Avian Dis*. 48：512 -521.

[83]Wachnik, Z. , and J. Novaki 1962. Wirosowe zapaleine watroby u gesiat. *Medycyna Wet* 18：344 - 347.

[84]Wang,C. Y. ,H. K. Sheih, J. H. Shien, C. Y. Ko and P. C. Chang. 2005. Expression of capsid proteins and non-structural proteins of waterfowl parvoviruses in *Escherichia coli* and their use in serological assays. *Avian Path* 34：376 - 382.

[85]Winteroll, G. 1974. Fluorescent antibody studies on goose hepatitis. Proc. Goose Disease Symp,Doorn Netherlands. 65 - 67.

[86]Woolcock, P. R. , V. Jestin, H. L. Shivaprasad, F. Zwingelstein,C. Arnauld, M. D. McFarland,J. C. Pedersen, and D. A. Senne. 2000. Evidence of Muscovy duck parvovirus in Muscovy ducklings in California. *The Vet Record* 146：68 - 72.

[87]Xu, W. Y. ,and Y. S. Chou. 1981. Preliminary report on the reverse indirect hemagglutination test for goose hepatitis virus. *Acta Vet Zootech Sin* 12：23 -26.

[88]Yadin, H. , D. J. Roozelaar, and J. Hoekstra. 1977. Vaccines against viral hepatitis in geese. *Tijdschr Diergeneesk* 102：318 - 325.

[89]Yu, B. , Y. K. Wang, and G. Q. Zhu. 2002. Detection of goose parvovirus by nucleic acid dot-blotting assay. *Chinese J of Vet Med*. 22：453 - 454.

[90]Zadori, Z. , R. Stefancsik, T. Ranch, and J. Kisary. 1995. Analysis of the complete nucleotide sequences of goose and Muscovy duck parvovirus indicates common ancestral origin with adeno-associated virus 2. *Virology* 212：562 - 573.

[91]Zadori,Z. ,J. Erdei,J. Nagy, and J. Kisary. 1994. Characteristics of the genome of goose parvovirus. *Avian Pathology* 23：359 - 364.

[92]Zheng, Y. M. ,J. B. Li, and Y. S. Zhou. 1985. Determination of the nucleic acid type of goose plague virus. *J Jiangsu Agic Coll* 6：7 - 10.

[93]Zhou, Y. S. ,H. F. Tian,J. Y. Guo, and D. Y. Fang. 1984. Safety and potency tests of gosling plague vaccine in newly hatched goslings. *Chin J Vet med* 10：2 - 4.

[94]Ziedler,von K. ,W. Peter, and E. Sobanski. 1984. Studies into the pathogen of entero-hepatitis of Muscovy ducks. *Mh VetMed* 39：374 - 377.

第 14 章

其他病毒性感染
Other Viral Infections

前言

Y. M. Saif

本章包含了一些难以归类的病毒性感染。由于各种原因，前几版中这些病毒感染所安排的章节有所不同。禽脑脊髓炎在商品鸡群中极少发生，本版是以子章节出现而不是像前几版作为单独的一个章节。戊型肝炎感染作为完全新的子章节出现，替代了前几版的两节"大肝脾病"和"肝炎脾肿大综合征"。这两个子章节在 11 版归属第 34 章"新发生的综合征或不明病因的疾病"。目前的共识是这两种疾病有相同的临床症状——肠炎。此外，Meng 等的工作说明戊型肝炎病毒是该疾病的病原。

鸡腺胃炎的病原仍是个谜，在本版中归于第 33 章"新发生的综合征或不明病因的疾病"中。

其他疱疹病毒感染
Miscellaneous Herpesvirus Infections

J. P. Duchatel 和 H. Vindevogel

引 言

已报道过多种家禽和野禽，如鸽[10,38]、鹦鹉[32]、猎鹰[24]、猫头鹰[4]、鸱鹠[13]、鹤[5]、鹳[19] 和山齿鹌鹑[18] 的疱疹病毒感染。

在比利时、法国、澳大利亚和前捷克斯洛伐克，自鸽中分离的所有疱疹病毒株的抗原性相近，培养特性相同[3,17,21,38,39]。因此，鸽疱疹病毒只存在一个型，即 1 型鸽疱疹病毒（PHV1）。然而，随后 Kaleta[16] 报道不同品种的赛鸽和观赏鸽可能有两种不同血清学的疱疹病毒，其中某些分离株可能含有小蚀斑和大蚀斑变异株。

1 型鸽疱疹病毒在抗原性上不同于火鸡疱疹病毒、鸡马立克氏病病毒、鸡传染性喉气管炎病毒、鸭瘟病毒[25,27]。与鹦鹉疱疹病毒（Pacheco 病病毒）在抗原成分和细胞培养的蚀斑大小方面也存在明显的差异[49]。

1 型鸽疱疹病毒在血清学上不能与猎鹰疱疹病毒（FHV）和猫头鹰疱疹病毒（OHV）相区别，因此，仍需明确这三种疱疹病毒是否为同一种疱疹病毒的不同分离株[24,25]。除了山齿鹌鹑疱疹病毒和鹤疱疹病毒血清学相关外，其他所有的鸟类疱疹病毒分离株的抗原性均不同，与其他家禽疱疹病毒也有差异[18]。

这一节主要阐述 I 型鸽疱疹病毒感染，并对实验感染的鸽和雏鸡伪狂犬病作简单介绍。

历 史

1945 年首次报道在可能与 PHV1 感染相关的病鸽肝脏中观察到核内包涵体[33]。自 1967 年以来，许多国家从病鸽中分离到 PHV1[9,38]。

发生和分布

PHV1 呈世界性分布。目前英国[8]、前捷克斯洛伐克[21]、澳大利亚[3]、比利时[43]、匈牙利[37]、德国[14]、法国[23]和意大利[56]等国家均已分离到PHV1。在美国也发现有PHV1感染[27]。在欧洲，50％以上的鸽带有PHV1特异性抗体，可见大多数鸽均感染了PHV1[16,22,38,50]。在比利时，60％的鸽舍已证实有PHV1的存在，这些鸽舍中鸽子大多持续感染呼吸道病，从82％感染急性鼻炎的鸽子咽部可分离到PHV1[38,51]。

病 原 学

PHV1属于疱疹病毒科（大多数可能是α疱疹病毒），在新的命名法中称为 *Columbid* 疱疹病毒Ⅰ型。PHV1具有疱疹病毒典型的形态学和理化特性[58]。

试验过的所有禽细胞培养物对PHV1均敏感，但细胞病变（CPE）有所不同[7,44,45]。在鸡胚成纤维细胞（CEF）培养上，比较一致的变化是细胞体积增大，形成含2～4个细胞核的合胞体。早期表现为染色质边移，接毒后10h可见 *Cowdry* A型包涵体。接毒后首先于细胞核中可检测到病毒抗原，而后整个细胞浆中均可检测到。接毒后12h时可检出病毒，36h病毒滴度达到高峰[44]。所有哺乳动物细胞系中只有乳仓鼠肾细胞系（BHK）对PHV1敏感[45]。

在细胞培养物上覆盖碳氧甲基纤维素、琼脂糖或特异性抗血清可形成蚀斑[42,43]。培养液中加入磷酸甲酸三钠[28,29,38]和鸟嘌呤[35]可抑制PHV1的增殖。在冻存前于营养液中加入5％二甲基亚砜可保护细胞外的PHV1[43]。

发病机理和流行病学

自然宿主和实验宿主

鸽似乎是PHV1潜伏感染的自然宿主[38]。从与鸽密切接触而偶尔感染的一种长尾鹦鹉（*Nymphicus hollandicus*）中分离到PHV1[46]。不论通过咽部涂布还是腹腔注射途径人工感染鸽，都是较为敏感的，但前者主要引起局部病征[42,48]，而后者可引起全身感染[10]。另一种长尾鹦鹉（*Melopsittacus undulates*）经鼻内接种病毒也可引起全身性感染[39]。鸡、鸭、金丝雀和仓鼠对PHV1感染有抵抗力[10,38,40]。

传播

易感鸽可通过直接接触病鸽而传染，PHV1不经蛋垂直传播[41]。感染鸽群中的成年鸽为无症状的病毒携带者，其中的部分鸽可不定期排毒[48]。

在繁殖季节和育雏期间，绝大多数隐性感染的成年鸽可经咽喉部再次排毒[60]，因此，常在出壳后不久将该病直接传染给幼鸽。幼鸽虽然感染，但幼鸽靠卵黄中的母源抗体可获得保护。因此，大多幼鸽首次感染后成为无症状的病毒携带者[41]。从12日龄幼鸽的腔上囊和肾脏中可分离到病毒。

潜伏期、排毒和隐性感染

幼鸽接毒后24h开始排毒，且高水平排毒至少持续7～10天。感染后1～3天排毒达到高峰，出现典型病变。同时也可能出现轻度无症状感染。有高滴度特异性抗体的鸽不能预防本病的复发，相反，缺乏特异性抗体的鸽群并不总是复发该病。用环磷酰胺处理PHV1感染鸽可诱导再排毒，并且排毒期间可能伴有病变的出现[48]。

PHV1在宿主中的分布

典型的PHV1感染，病毒通常局限于上呼吸道和消化道。然而，自然感染或咽部人工感染病鸽，病毒可能扩散到全身，病毒在气管、脾、肝、肾及脑等脏器增殖并出现病变[6,8,41,42]。事实上，在感染早期和环磷酰胺处理的再排毒期间，会出现短暂的病毒血症[42]。此外，在高滴度的特异性抗体存在时，PHV1仍可从一个细胞传到另外一个细胞[42]。所以，PHV1可通过组织之间或病毒血症而传播，尤其是出现免疫抑制的鸽群[38]。

约有65％的赛鸽感染圆环病毒[11,12,34]，造成免疫抑制，因此，目前PHV1感染是一种主要的病毒性疫病，发病率高。在15个鸽群感染圆环病毒出现症状的5个的鸽群中，45份肝样品有7份检测出PHV1 DNA[26]。

临床症状

急性发病时病鸽常打喷嚏、出现结膜炎及鼻腔阻塞充满黏液。肉髯由正常的白色变为灰黄色。

慢性病例若并发鸟毛滴虫或继发支原体或细菌感染（如鸽支原体、鸽口支原体、多杀性巴氏杆菌、溶血性巴氏杆菌、大肠杆菌、溶血葡萄球菌和溶血链球菌）可引起窦炎及明显的呼吸困难[30,38]。

发病率和死亡率

临床病例主要出现在无保护性母源抗体的幼鸽的原发感染。在有促发因素存在时病毒携带者也可感染出现临床发病[41]。

大体病变

病鸽口腔、咽、喉黏膜充血，严重病鸽还可见坏死灶和小溃疡。咽部黏膜可能覆盖假膜。当全身病毒感染（病毒血症）时，肝脏可见坏死灶。假如并发细菌感染，病鸽气管内充满干酪样物质，有些病鸽出现气囊炎和心包炎（鸽慢性呼吸道病）[38]。

组织学病变

在咽部复层鳞状上皮和唾液腺中可见大量的坏死灶。坏死灶含有不同程度变性和坏死的细胞，在邻近的上皮细胞中存在核内包涵体。大的坏死灶可能扩大形成溃疡。在喉和气管上皮也可见类似的坏死灶[42]。

全身感染的病鸽出现肝炎，整个肝脏的许多肝细胞有核内包涵体[8,42,43]。胰腺和脑也有病变[6,8,10]。

免疫力

感染后1周幼鸽出现中和抗体。这些抗体的水平难以评价鸽群是否复发该病[48]，但母源抗体对幼鸽有保护作用[41]。和其他疱疹病毒一样，在PHV1感染中细胞免疫可能具有重要意义。

诊　断

病毒的分离与鉴定

用鸡胚成纤维细胞培养从感染鸽的咽拭子中很容易分离出PHV1，但从气管、肺或肝脏等内脏器官中却较难。对于分离到的毒株，应以血清学方法如免疫荧光技术进行鉴定[38,47]。

已报道用PCR方法扩增长242 bp的PHV1 DNA依赖DNA聚合酶基因片段[26]。

血清学

已建立病毒中和试验、间接免疫荧光或反向免疫电泳检测PHV1特异性抗体[38,47]。

鉴别诊断

急性PHV1感染可能与新城疫病毒感染（缓发型嗜肺副黏病毒1型毒株）相混淆，继发细菌感染的慢性PHV1感染应与假膜型的痘病毒感染相区别[57,59]。PHV1的确诊需要依据病毒分离鉴定或血清学证据，然而，这两种技术可能均无法证明单个鸽的PHV1感染，其原因一为并非每只鸽正好处于排毒期，其二是隐性带毒鸽的血清不阳转。因此，检查某鸽群是否感染PHV1时待检样品必须尽可能多些[38,47]。

治疗、预防和控制

初次感染后的鸽成为无症状的病毒携带者和排毒者。用磷酸甲酸三钠和环鸟苷不能预防该病感染[28,29,35,52]。Vindevogel等[53,54,55]比较了PHV1油佐剂灭活疫苗和弱毒疫苗对临床症状、带毒状况及排毒的预防作用，结果发现两种疫苗均可减少早期排毒、缓解临床症状，但不能防止病毒携带者的出现，因为大多病鸽以环磷酰胺处理后会再排毒。不论怎样，免疫接种有助于防止排毒，因而利于控制病毒的扩散。

禽类伪狂犬感染

伪狂犬病毒（猪疱疹病毒 1 型- SHV1）对其自然宿主——猪有轻微的致病性，但对牛却有高致死性。其他动物自然感染 SHV1 的有犬、猫、绵羊和大鼠[20,23]。该病毒在 CEF 上生长良好[2]。

在实验条件下，SHV1 可人工感染鸡、鸡胚和鸽[15,20,36]。绒毛尿囊膜途径接种鸡胚后可致死鸡胚，并出现脑炎，皮下接种 2 日龄鸡也出现相同结果[1]。成年鸡对该病毒有抵抗力[31]。

Toneva[36] 通过肌肉和皮下交替注射鸽连续传代获得 SHV1 弱毒株即 SHV1 鸽- 80 株。人工感染鸽表现出典型脑炎症状，如扭颈、共济失调。对家兔、鼠、豚鼠和仔猪皮下注射 SHV1 鸽- 80 株无致病力，但脑内注射可致死这些动物。

韦　莉　黄　瑜　彭春香　译
刘　爵　苏敬良　校

参考文献

[1]Bang, F. B. 1942. Experimental infection of the chick embryo with the virus of pseudorabies. *J Exp Med* 76:263 - 270.

[2]Beladi, I. 1962. Study on the plaque formation and some properties of the Aujeszky disease virus on chicken embryo cells. *Acta Vet Acad Sci Hung* 12:417 - 422.

[3]Boyle, D. B., and J. A. Binnington. 1973. Isolation ora herpesvirus from a pigeon. *Aust Vet J* 49:54.

[4]Burtscher, H. 1965. Die virubedingte Hepatosplenitis infectiosa strigum. 1. Mitteilung: Morphologishe Untersuchungen. *Pathol Vet* 2:227 - 255.

[5]Burtscher, H., and W. Grünberg. 1979. Herpesvirus - Hepatitis bei Kranichen (Aves Gruidae). Ⅰ. Pathomorphologische Befunde. *Zentralbl Veterinaermed*（B）26: 561 - 569.

[6]Callinan, R. B., B. Kefford, R. Borland and R. Garrett. 1979. An outbreak of disease in pigeons associated with a herpesvirus. *Aust Vet J* 55:339 - 341.

[7]Cornwell, H. J. C., and A. R. Weir. 1970. Herpesvirus infection of pigeons. Ⅳ. Growth of the virus in tissue - culture and comparison of its cytopathogenicity with that of the viruses of laryngotracheitis and pigeon pox. *J Comp Pathol* 80:517 - 523.

[8]Cornwell, H. J. C., and N. G. Wright. 1970. Herpesvirus infection in pigeons. I. Pathology and virus isolation. *J Comp Pathol* 80:221 - 227.

[9]Cornwell, H. J. C., A. R. Weir, and E. A. C. Follett. 1967. A herpes infection of pigeons. *Vet Rec* 81:267 - 268.

[10]Cornwell, H. J. C., N. G. Wright, and H. B. McCusker. 1970. Herpesvirus infection of pigeons. Ⅱ. Experimental infections of pigeons and chicks. *J Comp Pathol* 80: 229 -232.

[11]Duchatel, J. P., T. Jauniaux, F. Vandersanden, G. Charlier, F. Coignoul, H. Vindevogel. 1998. Première mise en evidence en Belgique de particules ressemblant à des circovirus chez le pigeon voyageur. *Ann Méd Vét* 142:425 - 428.

[12]Duchatel J. P., D. Todd, J. A. Smyth, J. C. Bustin, and H. Vindevogel. 2006. Observations on detection, excretion and transmission of pigeon circovirus in adult, young and embryonic pigeons. *Avian Pathol* 35:30 - 34.

[13]French, E. L., H. G. Purchase, and K. Nazerian. 1973. A new herpesvirus isolated from a nestling cormorant (Pharmalacrocorax melanoleucos). *Avian Pathol*. 2:3 - 15.

[14]Fritzche, K., U. Heffels, and E. F. Kaleta. 1981. Ubersichtreferat: Virusbedingte Infektionen der Taube. *Dtsch Tieraerztl Wochenschr* 88:72 - 76.

[15]Glover, R. E. 1939. Cultivation of the virus of Aujeszky's disease on the chorioallantoic membrane of the developing egg. *Br J Exp Pathol* 20:150 - 158.

[16]Heffels, U., K. Fritzche, E. F. Kaleta, and U. Neumann. 1981. Serologische Untersuchungen zum Nachweis virusbedingter Infektionen bei der Taube in der Bundesrepublik Deutschland. *Dtsch Tieraerztl Wochenschr* 88: 97 - 102.

[17]Kaleta, E. F. 1990. Herpesviruses of birds. A review. *Avian Pathol* 19:193 - 211.

[18]Kaleta, E. F., H. J. Marschall, G. Glünder, and B. Stiburek. 1980. Isolation and serological differentiation of a herpesvirus from bobwhite quail (Colinus virginianus, L. 1758). *Arch Virol* 66:359 - 364.

[19]Kaleta, E. F., T. I. Mikami, H. J. Marschall, U. Heffels, M. Heidenreich and B. Stiburek. 1980. A new herpesvirus isolated from black storks (Ciconia nigra). *Avian Pathol* 9:301 - 310.

[20]Kaplan, A. S., 1969. Herpesvirus simplex and pseudorabies viruses. In S. Gard, C. Hallauer, K. F. Meyer (eds). Virology Monographs. Springer - Verlag, Vienna/New York, 66 - 68, 80 - 82.

[21]Krupicka, V., B. Smid, L. Valicek, and V. Pleva. 1970. I-

solation of an herpesvirus from pigeons in the chorio - allantoic membrane of embryonated eggs. *Vet Med (Praha)* 15:609 - 612.

[22]Landré, F. , H. Vindevogel, P. P. Pastoret, A. Schwers, E. Thiry, and J. Espinasse. 1982. Fréquence d l'infection du pigeon par le Pigeonherpesvirus 1 et le virus de la maladie de Newcastle dans le Nord de la France. *Rec Med Vet* 158:523 - 528.

[23]Lautié, R. 1969. Les maladies animales à virus. La maladie d'Aujeszky. In P. Lépine, P. Goret (eds). Collection de monographies, direction scientifique. L'expansion scientifique francaise Editeur, Paris.

[24]Mare, C. J. , and D. L. Graham. 1973. Falcon herpesvirus, the etiologic agent of inclusion body disease of falcons. *Infect Immun* 8:118 - 126.

[25]Purchase, H. G. , C. J. Mare, and B. R. Burmester. 1972. Antigenic comparison of avian and mammalian herpesviruses and protection tests against Marek's disease. Proc. 76th Annu Meet US Animal Health Assoc, 484 - 492.

[26]Raue, R. , V. Schmidt, M. Freick, B. Reinhardt, R. Johne, L. , Kamphausen, E. F. , Kaleta, H. Müller and M. E. Krautwald-Junghanns. 2005. A disease complex associated with pigeon circovirus infection, young pigeon disease syndrome. *Avian Pathol* 34:418 - 425.

[27]Saik, J. E. , E. R. Weintraub, R. W. Diters, and M. A. E. Egy. 1986. Pigeon herpesvirus: Inclusion body hepatitis in a free - ranging pigeon. *Avian Dis* 30:426 - 429.

[28]Schwers, A. , P. P. Pastoret, H. Vindevogel, P. Leroy, A. Aguilar - Setien, and M. Godart. 1980. Comparison of the effect of trisodium phosphonoformate on the mean plaque size of pseudorabies virus, infectious bovine rhinotracheitis virus and pigeon herpesvirus. *J Comp Pathol* 90:625 - 633.

[29]Schwers A. , H. Vindevogel, P. Leroy, and P. P. Pastoret. 1981. Susceptibility of different strains of pigeon herpesvirus to trisodium phosphonoformate. *Avian Pathol* 10:23 - 29.

[30]Shimizu, T. , H. Erno, and H. Nagatomo. 1978. Isolation and characterization of Mycoplasma columbinum and Mycoplasma columborale, two new species from pigeons. *Int J Syst Bact* 28:538 - 546.

[31]Shope, R. E. 1931. An experimental study of mad itch with special reference to its relationship to pseudorabies. *J Exp Med* 45:233 - 248.

[32]Simpsons, C. F. , J. E. Hanley, and J. M. Gaskin. 1975. Psittacine herpesvirus resembling Pacheco's parrot disease. *J. Infect Dis* 131:390 - 396.

[33]Smadel, J. E. , E. B. Jackson, and J. W. Harman. 1945. A new virus of pigeons. I. Recovery of the virus. *J Exp Med* 81:385 - 398.

[34]Tavernier P. , P. De Herdt, H. Thoonen, and R. Ducatelle. 2000. Prevalence and pathogenic significance of circovirus - like infections in racing pigeons (Columba livia). *Vlaams Diergeneeskd Tijdschr* 69:338 -341.

[35]Thiry, E. , H. Vindevogel, P. Leroy, P. P. Pastoret, A. Schwers, B. Brochier, Y. Anciaux, and P. Hoyois. 1983. *In vivo* and *in vitro* effect of acyclovir on pseudorabies virus, infectious bovine rhinotracheitis virus and pigeon herpesvirus. *Ann Rech Vét* 14:239 -245.

[36]Toneva, V. 1961. Obtention d'une souche non - virulente du virus de la maladie d'Aujeszki au moyen de passages et de l'adaptation des pigeons. *C R Acad Bulgare Sci* 14:187 - 190.

[37]Vetesy, F. , and J. Tanyi. 1975. Occurrence of a pigeon disease in Hungary caused by a herpesvirus. *Magyar Allotorv Lapja*, 193 - 197.

[38]Vindevogel, H. 1981. Le coryza infectieux du pigeon. Thesis of "Agregation de l'Enseignement Supéri eur". University of Liège, Fac Vet Med.

[39]Vindevogel, H. , and J. P. Duchatel. 1977. Réceptivté de la perruche au virus herpès du pigeon. *Ann Méd Vét* 121:193 - 195.

[40]Vindevogel, H. , and J. P. Duchatel. 1979. 1. Etude de la réceptivité de différentes espèces animales au virus herpès du pigeon. 2. Résistance du pigeon au virus de la laryngotrachéite infectieuse aviaire. *Ann Méd Vét* 123:63 - 65.

[41]Vindevogel, H. , and P. P. Pastoret. 1980. Pigeon herpes infection: Natural transmission of the disease. *J Comp Pathol* 90:409 - 413.

[42]Vindevogel, H. and P. P. Pastoret, 1981. Pathogenesis of pigeon herpes infection. *J Comp Pathol* 91:415 - 426.

[43]Vindevogel, H. , P. P. Pastoret, G. Burtonboy, M. Gouffaux, and J. P. Duchatel. 1975. Isolement d'un virus herpes dans un élevage de pigeons de chair. *Ann Rech Vét* 6:431 - 436.

[44]Vindevogel, H. , J. P. Duchatel, and M. Gouffaux. 1977. Pigeon herpesvirus. I. Pathogenesis of pigeon herpesvirus in chicken embryo fibroblasts. *J Comp Pathol* 87:597 - 603.

[45]Vindevogel, H. , J. P. Duchatel, M. Gouffaux and P. P. Pastoret. 1977. Pigeon herpesvirus. Ⅱ. Susceptibility of avian and mammalian cell cultures to infection with pigeon herpesvirus. *J Comp Pathol* 87:605 -610.

[46]Vindevogel，H.，J. P. Duchatel，and G. Burtonboy. 1978. Infection herpétique de psittacidés. *Ann Méd Vét* 122：167 - 169.

[47]Vindevogel，H.，A. Aguilar - Setien，L. Dagenais，and P. P. Pastoret. 1980. Diagnostic de l'infection herpétique du pigeon. *Ann Méd Vét* 124：407 - 418.

[48]Vindevogel，H.，P. P. Pastoert，and G. Burtonboy. 1980. Pigeon herpes infection：Excretion and re - excretion of virus after experimental infection. *J Comp Pathol* 90：401 - 408.

[49] Vindevogel，H.，P. P. Pastoret，P. Leroy，and F. Coignoul. 1980. Comparaison de trois souches de virus herpétique isolées de psittacidés avec le virus herpes du pigeon. *Avian Pathol* 9：385 - 394.

[50]Vindevogel，H.，L. Dagenais，B. Lansival，and P. P. Pastoret. 1981. Incidence of rotavirus, adenovirus and herpesvirus infection in pigeons. *Vet Rec* 109：285 -286.

[51] Vindevogel，H.，A. Kaeckenbeeck，and P. P. Pastoret. 1981. Fréquence de l'ornithose - psittacose et de l'infection herpétique chez le pigeon voyageur et les psittacidés en Belgique. *Rev Méd de Liège* 36：693 -696.

[52]Vindevogel，H.，P. P. Pastoret，and A. Aguilar - Setien. 1982. Assays of phosphonoformate - treatment of pigeon herpesvirus infection in pigeons and budgerigars, and Aujesky's disease in rabbits. *J Comp Pathol* 92：177 - 180.

[53]Vindevogel，H.，P. P. Pastoret，and P. Leroy. 1982. Vaccination trials against pigeon herpesvirus infection (Pigeon herpesvirus 1). *J Comp Pathol* 93：484 - 494.

[54]Vindevogel，H.，P. P. Pastoret，and P. Leroy. 1982. Essais de vaccination contre l'infection herpétique du pigeon (Pigeon herpesvirus 1). 17th Int Congr Herpesvirus Man Anim：Standard Immunol Proc Dev Biol Stand 52：429 - 436.

[55]Vindevogel，H.，P. P. Pastoret，and P. Leroy. 1982. Comportement d'une souche atténuée de pigeon herpesvirus 1 et de souches pathogènes lors d'infections successives chez le pigeon. *Ann Rech Vét* 13：143 -148.

[56]Vindevogel，H.，P. P. Pastoret，E. Thiry，and N. Peeters. 1982. Réapparition de formes graves de la maladie de Newcastle chez le pigeon. *Ann Méd Vét* 126：5 - 7.

[57]Vindevogel，H.，E. Thiry，P. P. Pastoret，and G. Meulemans. 1982. Lentogenic strains of Newcastle disease virus in pigeons. *Vet Rec* 110：497 - 499.

[58]Vindevogel，H.，P. P. Pastoret，and E. Thiry. 1983. Pigeon herpesvirus 1. WHO collaborating Centre for Collection and Evaluation of Data on Comparative Virology. Veterinärstr. 13，Munich，W. Germany.

[59]Vindevogel，H.，J. P. Duchatel，and P. P. Pastoret. 1984. Les dominantes pathologiques respiratoires chez le pigeon. *Rec Med Vet* 160：1031 - 1036.

[60]Vindevogel，H.，H. Debruyne，and P. P. Pastoret. 1985. Observation of Pigeon herpesvirus 1 re - excretion during the reproduction period in conventionally reared homing pigeons. *J Comp Patrol* 95：105 - 112.

禽肾炎

Avian Nephritis

Tadao lmada

引　言

禽肾炎是由星状病毒引起的雏鸡出现肾脏病变为特征的一种急性、高度接触传染病。

该病病原为禽肾炎病毒（ANV），1976 年在日本从外表正常的 1 周龄肉雏鸡直肠内容物中以鸡肾细胞（CKC）培养首次分离到[46]。已证明 ANV 为星状病毒，在致病性[9,18]、免疫原性[3,22,23,27,42]和基因组[14,15,20]特性等方面与禽脑脊髓炎病毒、鸭肝炎病毒和火鸡星状病毒不同。ANV 是通过基因组分析而非据形态学特性鉴定的第一种星状病毒[14]。其致病性通过实验室感染鸡和鸡胚得到证实。由于该病毒极难分离和鉴定，因此，关于由 ANV 引起的临床病例报道很少[19,36,42]，该病导致的经济损失和其公共卫生学意义也不甚清楚。最近，报道了较多有关禽星状病毒的资料[1,16,17]。

发生与分布

由于该病通常呈一过性、亚临床感染，且病毒分离困难，该病真正的发生和分布目前尚不完全清楚。在一些国家，报道过与 ANV 血清学相同或相关，但生物学特性不同的类肠道病毒样病毒有关的雏鸡生长迟缓及腹泻[4,6,7,8,22,24,25,33,40]。用血清学方法已证明 ANV 已广泛分布于日本鸡群[10,43,45]、一些欧洲国家的鸡群[3,5,32]和几个 SPF 鸡群[3,26,32]。自北爱尔兰和英国火鸡中检测到 ANV 抗体[3,32]。最近，在匈牙利急性肾炎和痛风的病例中证实存在 ANV 基因[19]。

病 原 学

分类与形态学

根据 ANV 的以下特性，将该病毒归于星状病毒科的一个新属：①基因组大小为 7 000 nt，有 3 个开放阅读框（ORF），即 ORF1a、ORF1b 和 ORF2（图 14.1）。ORF1a 编码 3C 样丝氨酸蛋白酶，ORF1b 编码病毒的 RNA 依赖 RNA 聚合酶，ORF1a 和 ORF1b 之间存在一个核糖体移码结构；而 ORF2 可能编码衣壳前体聚合蛋白，其编码的产物与人类星状病毒（HAst）编码产物氨基酸同源

性为 26%。与 HAst 一样，ANV 的 ORF2 很可能表达于亚基因组 RNA，因为在 ANV 感染的细胞和基因组 RNA 中均可检测到亚基因组 RNA 的存在。此外，ANV 的基因组组成与 HAst 的也很相近。②ANV 在组织培养中生长不需要胰蛋白酶，这与已知的哺乳动物星状病毒不同。在体外培养中，病毒复制依赖胰蛋白酶的复制特性是星状病毒的特异性特性。③ANV 在遗传性上不同于其他星状病毒。④病毒在胞浆中复制。⑤病毒粒子直径为 28 nm。⑥对乙醚、氯仿、胰酶和酸（pH 3.0）不敏感。⑦对热相对不稳定。⑧1 M 氯化镁 50℃时部分稳定[2,14,21,46]。

根据形态学特性难以将该病毒与小的圆形病毒尤其是小 RNA 病毒区分开[16,21]。

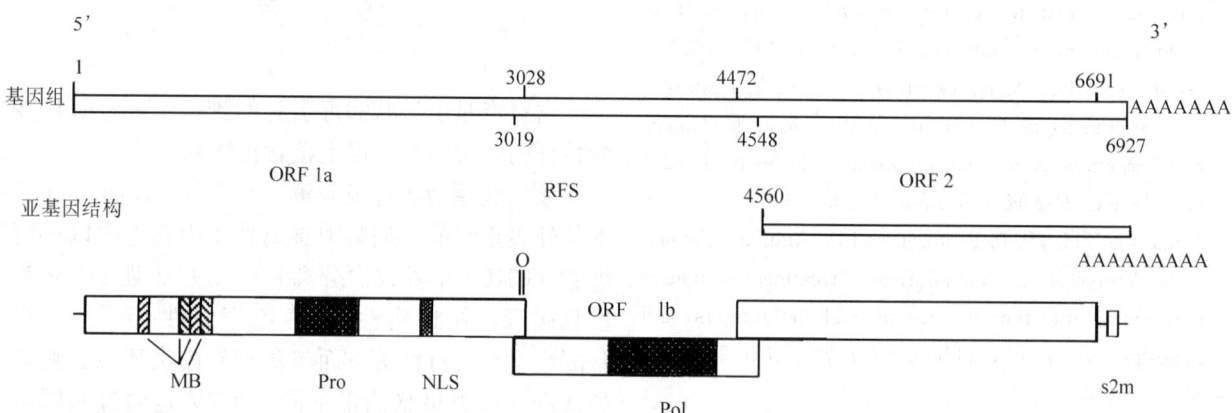

图 14.1 ANV（G-4260 株）基因组图示。开放盒，PRF。标出 3 个 ORF、预测的跨膜螺旋（MB）、蛋白酶（Pro）、核定位信号（NLS）、核糖体移码结构（RFS）、RNA 依赖 RNA 聚合酶（POI）、类茎-环Ⅱ基序（s2m）等的位置。数字根据 ANV 的基因序列（序号：AB033998）

实验室宿主系统

鸡胚

用 ANV 经卵黄囊接种 6 日龄鸡胚，接种后 3～14 天死亡，接毒后 3～6 天整个胚体出血和水肿，7～14 天生长停滞。以高剂量 ANV 通过绒毛尿囊膜途径接种鸡胚可 100% 致死胚胎，而低剂量接种鸡胚仅能部分致死胚胎，有的可存活到正常孵出。经绒毛尿囊膜途径接种致死的鸡胚，接种部位的绒毛尿囊膜上可见水肿、增厚或出现痘斑，胚胎生长延缓。通过尿囊腔途径接种的鸡胚有时感染发病，但在其尿囊液中检测不到病毒[8,12]。

细胞培养

ANV 的代表株（G-4260）可在 CKC 上生长，

且使细胞变圆，接种后 24 h 病毒滴度最高[46]。该病毒不能在鸭胚成纤维细胞、鸭胚肾细胞和一些已建立的哺乳类细胞系（Hela、Vero、MDBK、PK-15 和 MDCK）中生长。ANV 体外复制和产生 CPE 的能力很可能与细胞培养条件和毒株不同有关[3,6,8,27,42]。该病毒可在鸡胚肝细胞和鸡肝癌细胞系-LMH 细胞上培养，这些细胞适合于鸡星状病毒的分离和传代[1]。

致病力

ANV 的感染实验中，只有青年鸡出现临床症状和明显的肾脏病变。ANV 野毒株对鸡呈现不同程度的致病力，这表明不同 ANV 血清型，甚至同一血清型的不同毒株对鸡的致病和致死能力存在差异[6,8,9,19,34,38,39,40,42]。ANV 对蛋鸡的产蛋率或蛋的

质量无明显影响[13]。有报道传染性法氏囊病毒感染和以环磷酰胺处理可增强 ANV 对鸡的致病力[30,31]。

发病机理和流行病学

自然宿主和实验室宿主

已知鸡可感染本病，在火鸡群中检测到 ANV 抗体。对其他动物进行实验感染未获得成功。各种日龄鸡均可感染本病，但以 1 日龄雏鸡最易感[8,11,29]。本病通过直接或间接接触而传播[11]。据临床观察认为本病可通过蛋垂直传播[3,42]，且可从人工感染的鸡胚孵出的雏鸡中分离到病毒[12]。实验感染 ANV 的雏鸡，在感染后 2 天首先于粪便中检测到病毒，4～5 天排毒达到高峰。病毒广泛分布于体内，其中以肾脏和空肠含毒量最高，法氏囊、脾脏和肝脏含毒量低些，接毒后头 10 天内从试验鸡肾脏、空肠和直肠中总可分离到病毒，但从脑和气管中却不然[9]。

1 日龄雏鸡感染 ANV 后仅出现一过性腹泻，并非所有的试验鸡均表现该症状。接种后 7～10 天雏鸡增重受阻。接种后 4～21 天剖检可见肾脏轻度到严重的变色和肿胀，接种后 2 周内死亡的雏鸡内脏可见尿酸盐沉积[7,9,18,28,29,34,35,37]（图 14.2）。与未感染雏鸡相比，1 日龄雏鸡感染 ANV 后血清中尿酸盐的浓度或血浆中尿酸盐的水平呈现一过性增高[28,29,30,31,37,39]。

本病的死亡率与 ANV 毒株的毒力、鸡的品种和实验条件有关[8,34,39,44]。

野外，ANV 感染肉仔鸡的临床症状不同，有的无任何临床症状，有的呈亚临床症状，有的暴发所谓的鸡矮小综合征和雏鸡肾病[7,10,19,22,24,36,40,42,46]。关于火鸡感染的临床症状尚不清楚。

组织学病变

对 ANV 实验感染即肾脏的组织病理学变化已进行了研究[8,11,12,13,18,28,29,30,31,34,35,37,38,40]。主要病变为近曲小管上皮细胞变性和坏死，并伴有粒细胞浸润。在变性的上皮细胞胞浆中见大小不等的嗜酸性颗粒（图 14.3）。此外，还见间质性淋巴细胞浸润

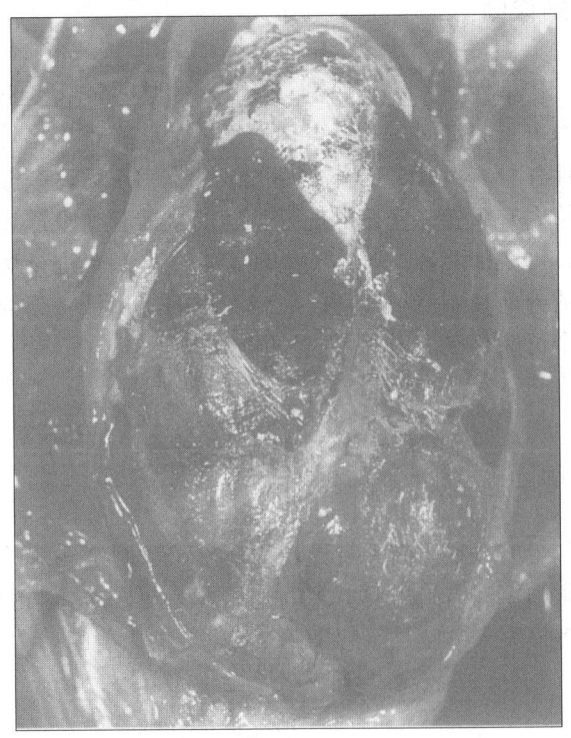

图 14.2 接毒后 10 天死亡的雏鸡内脏尿酸盐沉积。尽管在剖检时大部分已被除去，但腹膜和肝脏表面沉积大量的白色粉末样尿酸盐结晶，心脏因心包膜上沉积有大量尿酸盐而呈白色

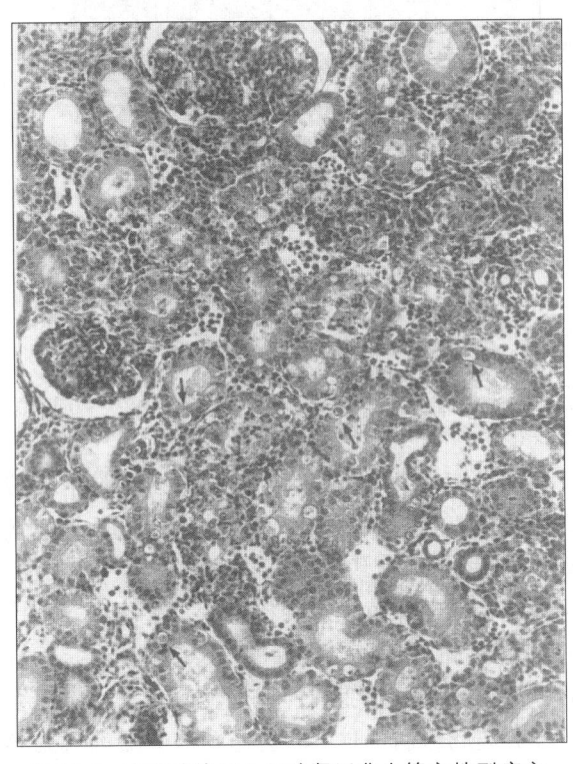

图 14.3 实验感染后 5 天鸡肾近曲小管变性型病变。上皮细胞胞浆中含有嗜酸性颗粒（箭头所示），间质中淋巴细胞浸润。H. E，×300

和中度纤维化。在感染后期，即接种后 14~28 天，出现淋巴滤泡。分别用电镜在技术和免疫荧光技术（IF）可检测到变性上皮细胞内的 ANV 粒子和病毒抗原（图 14.4）。用免疫荧光技术也可检测空肠中 ANV 特异性抗原，在小肠中未见明显的组织学病变。本病病死鸡浆膜面和全身实质脏器（包括肾脏）表面有大量的尿酸盐颗粒。

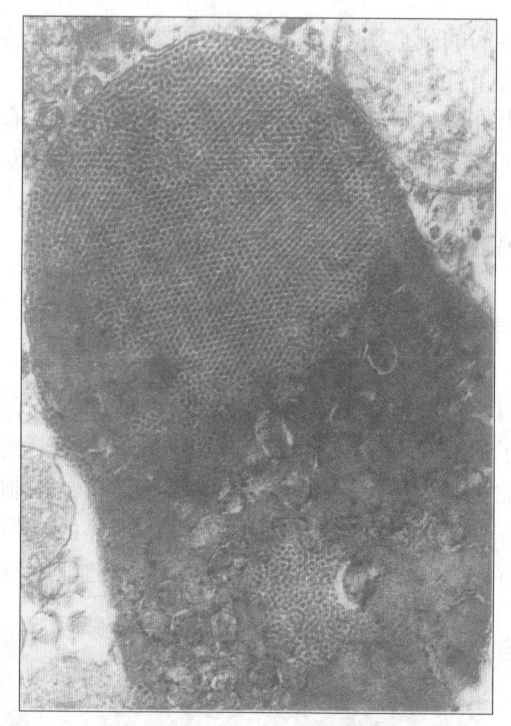

图 14.4　实验感染后 3 天鸡肾上皮细胞胞浆中呈晶格状排列的病毒粒子（×30 000）

诊　断

病原分离与鉴定

从感染病鸡中分离 ANV 时，先以细胞培养液制备肾脏或直肠内容物悬液作为接种物，反复冻融 3 次，离心去除大组织碎片，将上清液接种于 CKC 单层细胞上或经卵黄囊途径接种 6 日龄无 ANV 抗体的 SPF 鸡胚[44,46]。在接种的 CKC 培养物，于接毒后 72h 内出现细胞变圆，不产生血凝素。应用细胞培养分离肠道病毒时可能会遇到一些困难（见第 12 章，诊断）。

用胚体分离 ANV 时，接种的鸡胚出现出血和水肿或生长受阻。获得的病毒分离物要以 50nm 微孔滤膜滤过检查，或以 50％的鸡胚组织悬液接种 1 日龄雏鸡，接种后 3~7 天肾脏是否出现病变加以鉴定。

免疫荧光技术可检测出 ANV 的群特异性抗原，是诊断本病的有效手段。在本病急性感染早期，用抗 ANV 特异性荧光抗体染色受感染的肾脏，可检出 ANV 特异性抗原。该项技术也可用于检测细胞培养物和胚胎中的 ANV 抗原。在 ANV 感染的 CKC 培养物中，接种后不到 12h，在胞浆中可见块状和颗粒状抗原。

用核酸方法可确定 ANV 感染。RT - PCR 可特异性检测 ANV 蛋白酶、聚合酶片段以及衣壳蛋白基因[1,14,19]（见第 3 章诊断）。

血清学

自然和实验感染康复鸡可产生免疫应答，可通过常规的病毒中和试验、间接免疫荧光技术和 ELISA 进行测定[5]。据报道，目前在临床上 ANV 至少有两个血清型[8,38,40,42]。

鉴别诊断

传染性支气管炎病毒（IBV）的某些肾病变型毒株可引起鸡间质性肾炎，据组织学病变难以将传染性气管炎（IB）与本病区分开[41]。IB 病鸡一般气管内有病变并且在出现肾脏病变之前有呼吸道症状，可区别两者。若雏鸡出现肾炎，有必要进行病毒的分离和血清学检查。应当注意的是在某一鸡群完全可能存在 IB 和禽肾炎的混合感染。

治疗、预防和控制

目前对本病尚无特异性治疗方法，制定该病的预防和控制措施需要更多的知识。为此根据鸡群的经济损失来判定是否感染 ANV 是至关重要的。

韦　莉　黄　瑜　彭春香　译

刘　爵　苏敬良　校

参考文献

[1] Baxendale, W., and T. Mebatsion. 2004. The isolation and characterization of astroviruses from chickens. *Avian*

Pathol 33:364 - 370.

[2]Carter, M. J., and M. M. Willcocks. 1996. The molecular biology of astroviruses. *Arch Virol Suppl* 12:277 - 285.

[3]Connor, T. J., F. McNeilly, J. B. McFerran, and M. S. McNulty. 1987. A survey of avian sera from Northern Ireland for antibody to avian nephritis virus. *Avian Pathol* 16:15 -20.

[4]Decaesstecker, M., and G. Meulemans. 1989. Antigenic relationships between fowl enteroviruses. *Avian Pathol* 18:715 - 723.

[5]Decaesstecker, M., and G. Meulemans. 1991. An ELISA for the detection of antibodies to avian nephritis virus and related entero - like viruses. *Avian Pathol* 20:523 - 530.

[6]Decaesstecker, M., G. Charlier, J. Peeters, and G. Meulemans. 1989. Pathogenicity of fowl enteroviruses. *Avian Patrol* 18:697 - 713.

[7]Frazier, J. A., and R. L. Reece. 1990. Infectious stunting syndrome of chickens in Great Britain: Intestinal ultrastructural pathology. *Avian Pathol* 19:759 -777.

[8]Frazier, J. A., K. Howes, R. L. Reece, A. W. Kidd, and D. Cavanagh. 1990. Isolation of non - cytopathic viruses implicated in the aetiology of nephritis and baby chick nephropathy and serologically related to avian nephritis virus. *Avian Pathol* 19:139 - 160.

[9]Imada, T., S. Yamaguchi, and H. Kawamura. 1979. Pathogenicity for baby chicks of the G - 4260 strain of the picornavirus"Avian nephritis virus."*Avian Dis* 23:582 - 588.

[10]Imada, T., S. Yamaguchi, and H. Kawamura. 1980. Antibody survey against avian nephritis virus among chickens in Japan. *Natl Inst Anim Health Q*(Jpn)20:79 - 80.

[11]Imada, T., T. Taniguchi, S. Yamaguchi, T. Minetoma, M. Maeda, and H. Kawamura. 1981. Susceptibility of chickens to avian nephritis virus at various inoculation routes and ages. *Avian Dis* 25:294 -302.

[12]Imada, T., T. Taniguchi, S. Sato, S. Yamaguchi, and H. Kawamura. 1982. Pathogenicity of avian nephritis virus for embryonating hen's eggs. *Natl Inst Anim Health Q*(Jpn)22:8 - 15.

[13]Imada, T., M. Maeda, K. Furuta, S. Yamaguchi, and H. Kawamura. 1983. Pathogenicity and distribution of avian nephritis virus (G4260 stain) in inoculated laying hens. *Natl InstAnim Health Q*(Jpn)23:43 - 48.

[14]Imada, T., S. Yamaguchi, M. Mase, K. Tsukamoto, M. Kubo, and A. Morooka. 2000. Avian nephritis virus (ANV) as a new member of the family Astroviridae and construction of infectious ANV cDNA. *J Virol* 74:8487 -8493.

[15]Koci, M. D., B. S. Seal, and S. Schultz - Cherry. 2000. Molecular characterization of an avian astrovirus. *J Virol* 74:6173 - 6177.

[16]Koci, M. D., and S. Schultz - Cherry. 2002. Avian astroviruses. *Avian Pathol* 31:213 - 227.

[17]Lukashov, V. V., and J. Goudsmit. 2002. Evolutionary relationships among Astroviridae. *J Gen Virol* 83:1397 - 1405.

[18]Maeda, M., T. Imada, T. Taniguchi, and T. Horiuchi. 1979. Pathological changes in chicks inoculated with the picornavirus"Avian nephritis virus." *Avian Dis* 23:589 - 596.

[19]Mandoki, M., T. Bakonyi, E. Ivanics, C. Nemes, M. Dobos - Kovacs, and M. Rusvai. 2006. Phylogenetic diversity of avian nephritis virus in Hungarian chicken flocks. *Avian Pathol* 35:224 - 229.

[20]Marvi, P., N. J. Knowles, A. P. A. Mockett, P. Britton, T. D. K. Brown, and D. Cavanagh. 1999. Avian encephalomyelitis virus is a picornavirus and is most closely related to hepatitis A virus. *J Gen Virol* 80:653 - 662.

[21]Matsui, S. M., and H. B. Greenberg. 2001. Astroviruses. P. 875 - 893. In D. M. Knipe, and P. M. Howley (ed.), Fields Virology, Vol. 1, 4th ed. Baltimore, MD: Lippincott Williams and Wilkins.

[22]McFerran, J. B., and M. S. McNulty. 1986. Recent advances in enterovirus infections of birds. In J. B. McFerran and M. S. McNulty(eds.). Acute Virus Infections of Poultry. Martinus Nijhoff, Dordrecht, Netherlands, 195 - 202.

[23]McNeilly, F., T. J. Connor, V. M. Calvert, J. A. Smyth, W. L. Curran, A. J. Morley, D. Thompson, S. Singh, J. B. McFerran, B. M. Adair, and M. S. McNulty. 1994. Studies on a new enterovirus - like virus isolated from chickens. *Avian Pathol* 23:313 - 327.

[24]McNulty, M. S., G. M. Allan, T. J. Connor, J. B. McFerran, and R. M. McCracken. 1984. An entero - like virus associated with the runting syndrome in broiler chickens. *Avian Pathol* 13:429 - 439.

[25]McNulty, M. S., G. M. Allan, and J. B. McFerran. 1987. Isolation of a novel avian entero - like virus. *Avian Pathol* 16:331 - 337.

[26]McNulty, M. S., T. J. Connor, and F. McNeilly. 1989. A survey of specific pathogen - free chicken flocks for antibodies to chicken anaemia agent, avian nephritis virus and group A rotavirus. *Avian Pathol* 18:215 - 220.

[27]McNulty, M. S., T. J. Connor, F. McNeilly, and J. B. McFerran. 1990. Biological characterisation of avian entero-

viruses and enteroviruslike viruses. *Avian Pathol* 19:75 - 87.

[28]Narita, M. , H. Kawamura, K. Nakamura, J. Shirai, K. Furuta, and F. Abe. 1990. An immunohistological study on the nephritis in chicks experimentally produced with avian nephritis virus. *Avian Pathol* 19:497 - 509.

[29]Narita, M. , K. Ohta, H. Kawamura, J. Shirai, K. Nakamura, and F. Abe. 1990. Pathogenesis of renal dysfunction in chicks experimentally induced by avian nephritis virus. *Avian Pathol* 19:571 - 582.

[30]Narita, M. , H. Kawamura, K. Furuta, J. Shirai, and K. Nakamura. 1990. Effects of cyclophosphamide in newly hatched chickens after inoculation with avian nephritis virus. *Am J Vet Res* 51:1623 - 1628.

[31]Narita, M. , S. Umiji, K. Furuta, J. Shirai, and K. Nakamura. 1991. Pathogenicity of avian nephritis virus in chicks previously infected with infectious bursal disease virus. *Avian Pathol* 20:101 - 111.

[32]Nicholas, R. A. J. , R. D. Goddard, and P. R. Luff. 1988. Prevalence of avian nephritis virus in England. *Vet Rec* 123:398.

[33]Reece, R. L. , and J. A. Frazier. 1990. Infectious stunting syndrome of chickens in Great Britain: Field and experimental studies. *Avian Pathol* 19:723 -758.

[34]Reece, R. L. , K. Howes, and J. A. Frazier. 1992. Experimental factors affecting mortality following inoculation of chickens with avian nephritis virus (G - 4260). *Avian Dis* 36:619 - 624.

[35]Shirai, J. , K. Nakamura, M. Narita, K. Furuta, H. Hihara, and H. Kawamura. 1989. Visceral urate deposits in chicks inoculated with avian nephritis virus. *Vet Rec* 124:658 - 661.

[36]Shirai, J. , H. Obata, K. Nakamura, K. Furuta, H. Hihara, and H. Kawamura. 1990. Experimental infection in SPF chicks with avian reo and avian nephritis viruses isolated from broiler chicks showing runting syndrome. *Avian Dis* 34:295 - 303.

[37]Shirai, J. , K. Nakamura, M. Narita, K. Furuta, and H. Kawamura. 1990. Avian nephritis virus infection of chicks: Virology, pathology, and serology. *Avian Dis* 34:558 - 565.

[38]Shirai, J. , K. Nakamura, K. Shinohara, and H. Kawamura. 1991. Pathogenicity and antigenicity of avian nephritis isolates. *Avian Dis* 35:49 - 54.

[39]Shirai, J. , K. Nakamura, H. Nozaki, and H. Kawamura. 1991. Differences in the induction of urate deposition of specific - pathogen - free chicks inoculated with avian ne-

phritis virus passaged by five different methods. *Avian Dis* 35:269 - 275.

[40]Shirai, J. , N. Tanimura, K. Uramoto, M. Narita, K. Nakamura, and H. Kawamura. 1992. Pathologically and serologically different avian nephritis virus isolates implicated in etiology of baby chick nephropathy. *Avian Dis* 36:369 -377.

[41]Siller, W. G. 1981. Renal pathology of the fowl—a review. *Avian Pathol* 10:187 - 262.

[42]Takase, K. , K. Shinohara, M. Tsuneyoshi, M. Yamamoto, and S. Yamada. 1989. Isolation and characterisation of cytopathic avian enteroviruses from broiler chicks. *Avian Pathol* 18:631 - 642.

[43]Takase, K. , K. Matsuo, and M. Yamamoto. 1990. A survey of avian sera for avian nephritis virus, strain AAF in Japan. *J Jpn Vet Med Assoc* 43:199 - 201.

[44]Takase, K. , T. Uchimura, M. Yamamoto, and S. Yamada. 1994. Susceptibility of embryos and chicks, derived from immunized breeding hens, to avian nephritis virus. *Avian Pathol* 23:117 - 125.

[45]Takase, K. , Y. Murakawa, R. Ariyoshi, S. Eriguchi, T. Sugimura, and H. Fujikawa. 2000. Serological monitoring on layer farms with specific pathogen - free chickens. *J Vet Med Sci* 62:1327 - 1329.

[46]Yamaguchi, S. , T. Imada, and H. Kawamura. 1979. Characterization of a picornavirus isolated from broiler chicks. *Avian Dis* 23:571 - 581.

虫媒病毒感染

Arbovirus Infections

J. S. Guy 和 M. Malkinson

引　言

虫媒病毒（*Arbovirus*）是节肢动物传播病毒（*Arthropod - borne - virus*）的缩写，是指在吸血节肢动物体内复制并通过叮咬传播给其他脊椎动物宿主的一类病毒。按分类学而言，虫媒病毒是指通过节肢动物媒介传播的一些病毒。1985 年出版的最新版《国际虫媒病毒分类》列举了 504 种已知的虫媒病毒[60]，该出版物已经正式承认又增加了 33 种虫媒病毒[61]。从鸟类或嗜鸟类节肢动物媒介中已分离到 100 多种虫媒病毒，但只有东部马脑炎病毒

（EEEV）、西部马脑炎病毒（WEEV）、高地 J 病毒（HJV）、西尼罗病毒（WNV）和以色列火鸡脑膜炎病毒（ITV）这五种病毒可引起家禽和人工养殖的猎鸟发病。

活性。

公共卫生意义

EEEV、WEEV、WNV 是人畜共患传染病病原，导致人类发生神经性疾病，感染引起瘫痪、痉挛、昏迷甚至死亡。EEEV 对人的致死率为 50%～75%，幸存者常出现永久性神经后遗症（智力发育迟缓、癫痫发作、运动障碍、语言表达能力减弱、听力减弱）[90]。WEEV 和 WNV 的危害不如 EEEV 严重，主要引起亚临床感染，对人的致死率分别为 3%～7% 和 4%～11%[68,90]。估计大约 20% 的 WNV 感染者有身体不适的症状，只有 1% 的人导致脑炎、脑膜炎或急性弛缓性麻痹[126]。

人感染通常由于蚊子叮咬而引起，实验室内感染和门诊性感染罕见。但在处理可疑患病鸟类或进行剖检时应注意避免直接接触或飞沫感染。HJV 和 ITV 认为对人不致病。

病 原 学

分类

虫媒病毒包含一大群病毒，分属于 12 个不同的病毒科，仅有披膜病毒科和黄病毒科所包含的病毒能引起家禽和猎鸟等发病。下面介绍这 2 个病毒科的主要特性。

披膜病毒科

披膜病毒科病毒有囊膜，直径为 50～70 nm（图 14.5）。其基因组为单分子正链、单股 RNA，大小为 9～11.8 kb，包裹于直径为 40 nm 呈二十面体对称的核衣壳中[119]。病毒粒子包括两种或三种通常已糖基化的囊膜蛋白（E1、E2、有时有 E3）和一种衣壳蛋白（C）。甲病毒属 E1 和 E2 结构蛋白的分子量（MW）为 45～58 kD，当 E3 出现时，其分子量为 10 kD，蛋白 C 的分子量为 30～33 kD[119]。病毒在胞浆内复制，核衣壳通过宿主细胞膜出芽组装。有些披膜病毒具有 pH 依赖性血凝

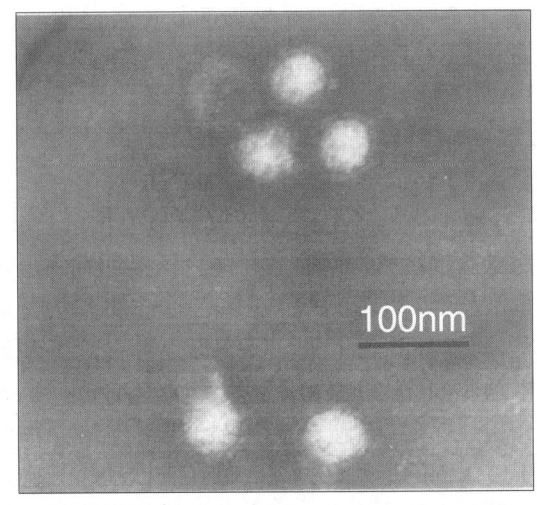

图 14.5 东部马脑炎病毒负染电镜照片（×150 000）

披膜病毒由甲病毒属和风疹病毒属这 2 个属组成，但只有甲病毒属含有虫媒病毒[119]。甲病毒属以前称为 A 群虫媒病毒，该属包括 29 种病毒，了解最多的是 EEEV、WEEV、委内瑞拉马脑炎病毒（VEEV）和 HJV。根据血清交叉试验[59,119]，甲病毒属病毒又可区分为 8 个抗原群，其原型病毒分别为：EEEV、WEEV、VEEV、塞姆利基森林病毒（Semiliki Forest virus）、恩杜茂病毒（Ndumu virus）、Trocara 病毒、Middleburg 病毒和 Barmah 森林病毒。只要证实某一病毒与原型病毒存在抗原相关性，则可将其列入相关抗原群病毒之中。

黄病毒科

黄病毒以前称为 B 群虫媒病毒，最近才划出披膜病毒科。根据两者病毒粒子的结构、基因序列、形态发生和复制方式等方面的差异，现在认为是不同的两个病毒科[110]。黄病毒类似于披膜病毒，但病毒粒子稍小，直径为 50nm，在胞浆内复制，通过进入胞浆内空泡芽生而获得脂质囊膜。其基因组为单分子的单股正链 RNA，大约 11kb。病毒粒子包括三种结构蛋白即 51～59kD 的囊膜糖蛋白（E）、13～16kD 的核心蛋白（C）和 7～9kD 的类膜蛋白（PrM 或 M）[64,110]。黄病毒科病毒具有 pH 依赖性血凝活性。

本科包含三个属，即黄病毒属、瘟疫病毒属和肝炎病毒属，但只有黄病毒属含虫媒病毒[110]。黄

病毒属包括约 70 种病毒成员，根据抗原性可划分为 8 个抗原群[19,71]。日本脑炎病毒抗原群包括WNV、日本脑炎病毒、圣路易斯脑炎病毒和 Usutu 病毒[36,120]。ITV 归入 Ntaya 抗原群。

实验室宿主系统

1 日龄雏鸡、新生鼠和乳鼠对脑内接种（IC）虫媒病毒高度敏感，而通过外周途径接种有的也对该病毒敏感[88,101]。分离虫媒病毒首选的方法是脑内接种 1～4 日龄新生鼠，该病毒也可在鸡胚和许多脊椎动物及节肢动物细胞培养物上增殖。Vero细胞、BHK - 21 细胞、鸡和鸭原代细胞培养物均常用于该病毒的增殖，虫媒病毒在脊椎动物细胞培养物上易产生细胞病变，而在节肢动物细胞培养物上却不然。

禽类的虫媒病毒病
Arbovirus Diseases of Birds

已证明危害家禽和人工饲养猎鸟的五种虫媒病毒病为东部马脑炎病毒（EEEV）、西部马脑炎病毒（WEEV）、高地 J 病毒（HJV）、以色列火鸡脑膜脑炎病毒（ITV）和西尼罗病毒（WNV）。

东部马脑炎（EEE）
Estern Equine Encephalitis

历史

1933 年在美国东部从患脑炎的病马脑中首次分离出 EEEV[109]。1938 年 Tyzzer 等证实该病毒可引起圈养雏鸡发生禽疫[113]。随后相继证实了该病毒可引起鸽[33]（1938 年）、石鸡[83]、北京鸭[28]（1960 年）和火鸡[103]（1961 年）发病。

发病机理和流行病学

发生与分布

EEEV 是危害马的一种常见病，已证实在农场饲养的雏鸡和石鸡中也多次暴发该病，但其他

禽类和猎鸟多为散发。该病最初发生在北美东部，后遍及美国中部、加勒比和南美东部、美国密西西比河东端许多州、路易斯安那州和得克萨斯州也有本病的存在，但以大西洋沿岸各州和墨西哥湾沿海各州较常发生。在欧洲和亚洲无分离到EEEV 的报道。

该病通常发生于夏末和秋季，由于此时蚊类增多。Wallis 等[118]证实本病的暴发与蚊子数量增多直接相关。Hayes 和 Hess[44]研究了美国马萨诸塞州和新泽西州本病的暴发与气候条件的关系，认为秋季前数月大量降雨会影响本病的发生。

自然和实验室宿主

在禽类中，最早报道雏鸡暴发本病[58,113]，以后相继报道鸽[33]、石鸡[83,93]、火鸡[32,103,115]和鸭[28]中也有本病的暴发。在野外未见鸡和鹌鹑发生本病的报道，但在实验感染时两者对该病毒高度易感[112,113]。

传播、携带者和传播媒介

在北美，已证实黑尾脉毛蚊（一种亲嗜鸟类的蚊类）是 EEEV 的主要传播媒介[20,51]。在烦扰伊蚊、*Coquilletia perturbans*、*Culex*（*Cx.*）*pancossa*、*Cx. dunni* 和 *Cx. sacchettae* 和螨、虱、蚋科蝇及库蠓中也证实有 EEEV 的存在[24,116,117]。黑尾脉毛蚊很可能是禽类和猎鸟的传播媒介，而传播到哺乳动物的媒介最可能是其他以吸食鸟类且有叮咬哺乳动物习性的蚊类（如伊蚊和瘿蚊）[82]。

野生鸟类，尤其是雀形目的小鸟类是 EEEV主要的脊椎动物宿主[66,82,122]，这些鸟类本身很少发生本病，但在本病毒的传播过程中充当贮存宿主和放大宿主。实验研究表明许多野生鸟类可出现长达 4 天之久的病毒血症，雀形目的小鸟也会出现病毒血症，其血液中病毒的 LD_{50} 最大可超过 $10^6/mL$[66]。

EEEV 主要通过蚊类传播，但在雏鸡群中可通过啄羽和啄癖而直接传播[50]。此外，口服感染也可使雏鸡发生本病[97]。目前认为雏鸡发生本病时，首先是雏鸡群中个别或部分雏鸡被蚊类叮蛟传播而感染，然后通过啄羽和同类相食而水平传播给同群的其他雏鸡。

已证实 EEEV 还可通过精液传播[41]，雄火鸡

在实验感染后1~5天其精液中带毒，于接种后1~2天收集的精液经人工授精可将该病毒传播给种母火鸡。

临床症状与病变

禽类和猎鸟由EEEV引起的临床症状常与中枢神经系统（CNS）受到侵害有关，同时出现或不出现其内脏侵害。然而，EEEV也可能导致禽类和猎鸟内脏型感染，而几乎不侵害其中枢神经系统。

雉鸡

自然感染的病雏出现神经性功能障碍，包括精神沉郁、肢瘫痪、扭颈和震颤[8,113]。实验感染的雉鸡40%~100%表现临床症状，死亡率为25%~100%[43,65,97]。自然暴发的死亡率高达80%。

Tyzzer等[113]和Jungherr等[58]描述了EEEV对雉鸡的致病性，认为无肉眼可见病变，但中枢神经系统出现组织学病变，主要表现为血管炎、斑块状坏死、神经元变性和脑膜炎。

火鸡

在美国威斯康星州，暴发本病的火鸡以昏睡、共济失调、进行性消瘦、双腿和双翅瘫痪为特征[103]。发病火鸡群的死亡率较低，通常不超过5%。病火鸡有神经病变，表现为大脑皮层、小脑和髓质基底部血管壁钙化。脑内接种的火鸡中枢神经系统出现病变，包括血管周围淋巴细胞浸润、神经元变性、内皮细胞肿胀，但接种后6天内致死的火鸡未见血管壁钙化现象。

Ficken等[32]通过血清学方法确定EEEV是引起1~4周龄小火鸡高度死亡的病原，后经实验研究证实青年火鸡对实验感染易感[38]。实验感染EEEV的2周龄雏火鸡表现精神沉郁、嗜睡、死亡率高，接种后1~2天出现病毒血症，接种后1天血中病毒滴度达到高峰（为$10^{5.5}$ PFU/mL）。病理变化为心脏（彩图14.6A）、肾脏、胰脏多灶性坏死，胸腺（彩图14.6B）、脾脏和法氏囊（彩图14.6C）淋巴坏死和缺失。脑未见病变。

1993年Wages等[115]报道产蛋种火鸡感染EEEV后产蛋急剧下降。以突然发生产蛋下降、产白壳蛋、薄蛋、无壳蛋为特征，未发现死亡率增高，但可见急性卵巢退化。实验感染EEEV的母火鸡可

复制出与自然感染病例相同的病征[40]，接种后1天表现轻度沉郁和厌食，在接种后2天产蛋量急剧下降，而且持续15天之久，未见火鸡死亡。EEEV感染的母鸡病毒血症持续1~2天，在接种后1天滴度达到高峰（为$10^{5.8}$ PFU/mL）。

石鸡

感染EEEV石鸡的临床症状表现为精神委顿、嗜睡和高死亡率（30%~80%）[93]。大体病变包括心脏表面局灶性苍白灶、脾脏肿大呈斑驳样。组织学病变为脑神经胶质增生，出现卫星现象和血管周围淋巴细胞浸润及心脏心肌坏死、伴有淋巴细胞浸润。

鸭

感染EEEV的北京雏鸭主要表现为瘫痪，以发病突然、后躯轻瘫或瘫痪为特征[28]，死亡率为2%~60%。组织学病变为脊髓白髓水肿、淋巴细胞性脑膜炎和小神经胶质增生。

鸡

刚出壳雏鸡对EEEV高度易感，且感染后常不表现中枢神经系统症状而迅速死亡。Byrne和Robbins[16]证明鸡对致死性EEEV感染的易感性随日龄的增长而迅速下降，14日龄雏鸡对致死性EEEV感染有抵抗力。与他们的发现相反，Tyzzer和Sellardy[112]、Guy等[31]分别证明了3~13日龄和14日龄雏鸡对致死性EEEV感染的易感性。目前尚未能完全解释不同日龄雏鸡对EEEV感染的易感性差异，但可能与宿主的遗传差异和不同研究所用的EEEV的毒力不同有关。

实验感染EEEV的1~14日龄雏鸡表现委顿、嗜睡、高死亡率，但瘫痪并不常见[39,112]。其主要病变和可能的死因是心肌炎。心脏的组织学病变为多灶性坏死，伴有心肌纤维断裂和淋巴细胞、浆细胞及巨噬细胞浸润（彩图14.6E）。中枢神经系统的病变不尽一致[39,112]，脑的组织学病变为偶见小坏死灶和轻度血管套（彩图14.6D）。肝表面多灶性坏死（彩图14.6F），胸腺、脾脏和法氏囊淋巴缺失和坏死[39]。急性感染EEEV后的幸存雏鸡表现腹水症和右心室扩张，这很可能是心肌损伤的后遗症[39]。

诊断

病毒分离与鉴定

本病的诊断有赖于病毒的分离与鉴定、用抗原捕获 ELISA[48,49,98,99] 或免疫组化法[123] 检测病毒抗原、RT-PCR[114] 检测病毒 RNA 及血清学检测[101]。将病禽血液或脑、脾、肝、心脏等组织匀浆物脑内接种新生乳鼠、皮下或肌肉接种 1 日龄雏鸡、或卵黄囊接种 5～7 日龄鸡胚均可分离该病毒[88,101]。此外，许多细胞可用于病毒的分离，如 Vero、BHK-21 和鸡或鸭胚细胞对病毒高度敏感。新生乳鼠和 1 日龄雏鸡常在接种后 2～5 天死于脑炎；鸡胚通常在接种后 18～72 h 死亡，死亡鸡胚胚体出血；细胞培养物接种后 24～48 h 出现 CPE、36～48 h 形成蚀斑。接种动物、鸡胚或细胞收获的病毒液可通过特异性病毒中和试验（VN）或补体结合试验（CF）进行鉴定。

抗原捕获 ELISA 可用于检测 EEEV 抗原[14,48,49,98,99]，该方法敏感性高。实验雏鸡最早可在攻毒后 12h 检出 EEEV，对 EEEV 感染率仅为 1% 的昆虫混合物也可检出该病毒[14,48,49,98,99]。最近抗原捕捉 ELISA 试剂已商品化，可用于蚊子中 EEEV 检测，这些方法也用于检测 WEEV 和 WNV[85]。

免疫组化[123] 和 RT-PCR[114] 可分别用于检测感染鸟类组织中 EEEV 抗原和 EEEV RNA，这两种方法均为 EEEV 的快速、敏感、特异的检测方法。免疫组化法、RT-PCR 和 ELISA 三种方法可最大限度地减少因病毒分离鉴定带来的对人类健康造成的危害。

血清学诊断

用于诊断该病的血清学方法有病毒中和试验（VN）、血凝抑制试验（HI）、ELISA 和补体结合试验（CF），其中 VN 和 HI 应用最为广泛。HI 快速、简便，仅需鹅或 1 日龄鸡红细胞，所用抗原为 EEEV 感染的乳鼠脑组织经蔗糖-丙酮提取制备[21,101]。由于禽血清中含有非特异性血凝抑制因子，因此进行 HI 试验之前应以高岭土吸附。应用血清学方法检测康复鸡的血样中 EEEV 抗体，可获得推测性诊断，在出现临床症状后不久和 1～2 周后采集的血样中检出抗体滴度升高便可作出确诊。

Guy 等[40] 对 EEEV 引起的种火鸡产蛋下降进行血清学诊断具有重要意义，因为实验感染种火鸡表明感染火鸡的组织中仅在接种后 1～2 天存在病毒，接种后 2 天产蛋量才明显下降。

鉴别诊断

在诊断本病时，应注意与家禽和猎鸟的其他神经性疾病（如高地 J 病毒感染、新城疫、禽脑脊髓炎、肉毒中毒和李氏杆菌病）的区别。在母火鸡发生产蛋下降时，应考虑到 WEE、EEEV、高地 J 病毒感染、新城疫、禽流感、禽脑脊髓炎、副黏病毒 3 型感染、火鸡冠状病毒感染和火鸡鼻气管炎等。以上这些疾病可通过病原的分离和鉴定或血清学方法加以鉴别。

预防和控制

预防和控制本病的最佳措施是减少传播媒介数量。这些措施包括改善环境、喷洒化学药物减少传播媒介的栖息地，若有可能饲养有对本病易感的禽类的农场应远离沼泽和昆虫等传播媒介的其他栖息地。

用于马的 EEE 福尔马林灭活疫苗已用于雏鸡免疫[105]，但其免疫效果仍有争议[29]。

西方马脑炎
Western Equine Encephalitis

西方马脑炎（WEEV）在许多方面与 EEEV 相同，尽管在养禽业中本病比较罕见，但毕竟还有该病病例报道[23,31,93,124]。1957 年 Woodring[124] 通过血清学研究首次证明 WEEV 是美国威斯康星州火鸡发生脑炎和高死亡率的病原，患病火鸡表现嗜睡、震颤和腿瘫痪。Faddoul 和 Fellows[34] 报道，自马萨诸塞州雏鸡脑中分离到 WEEV，Ranck 等[93] 鉴定 WEEV 是美国佛罗里达州石鸡高死亡率的病因。但 WEEV 与以上禽类疾病之间的关系不甚清楚。目前一般认为在美国东部不发生 WEE，且在美国东部分离的所有与 WEE 相关的甲病毒均为高地 J 病毒（见后）[17,111]。

最近，加利福尼亚州种火鸡发生与 WEE 有关产蛋下降[22]，感染的种火鸡群突然发生产蛋下降，产小蛋、白壳蛋和无壳蛋。死亡率未见升高，不表现临床症状，自感染鸡群的种火鸡中分离到WEEV，并以 2 周龄火鸡测定了其致病性[23]，结果试验雏火鸡未表现明显的临床症状，但其法氏囊和胸腺出现轻度到中度的淋巴坏死。

本病主要发生于美国和加拿大西部、中美洲和南美洲，主要通过跗骨脉毛蚊（*Culiseta tarsalis*）传播，这种蚊在美国密西西比河西岸相对较为常见[20]。WEE 的实验室诊断方法与 EEE 相同。

高地 J 病毒感染
Highlands J Virus Infection

高地 J 病毒（HJV）最早于 1960 年分自美国佛罗里达州的有冠蓝背鸟[47]。此后相继证实了该病毒可引起石鸡[30,93]和火鸡发病[32,38,40,115]。

Ranck 等[93]报道认为 WEEV 是 1964 年美国佛罗里达州石鸡死亡的病因，但此病毒很可能是HJV。其实，HJV 在抗原性方面与 WEEV 密切相关，所以多年来人们一直认为 HJV 是 WEEV 的变异株[45,47,62]。但最近应用血清学方法和寡核苷酸图谱分析可清楚鉴别这两种病毒，且证实 HJV 是甲病毒属 WEE 抗原群中的新成员[17,18,59,111]。美国东部分离的属 WEE 抗原群的所有病毒经检测表明均为 HJV[17]。

Ranck 等[93]经皮下接种青年石鸡可实验复制出该病。实验感染 HJV 的石鸡表现嗜睡、羽毛蓬乱、侧卧和死亡，其病变主要为脑炎和心肌坏死。Eleazer 和 Hill 报道[30]，在美国南卡罗来纳州石鸡暴发该病，表现出相似的临床症状和高达 35% 的死亡率，主要病变为心肌炎，脑病变并不常见。

Wages 等[115]发现 HJV 可引起种火鸡产蛋量急剧下降。此外，这些病毒与雏火鸡死亡存在血清学关系[32]。HJV 实验感染的产蛋母火鸡产蛋量突然下降[40]，HJV 对雏火鸡有轻度致病性[38]。感染HJV 的火鸡所表现的临床症状和致病特性与 EEEV 感染极为相似（见前）。

HJV 感染的实验室诊断方法与 EEEV 和WEEV 的相同。包括病毒分离、血清学、抗原捕捉 ELISA 和 RT - PCR 方法[32,40,121]。基于多克隆抗体和单克隆抗体的许多血清学方法很容易将HJV 与 WEEV 区别开[55]。

以色列火鸡脑膜脑炎
Israel Turkey Meningoencephalitis

历史

以色列火鸡脑膜脑炎（IT）最早于 1960 年由以色列的 Komarov 和 Kalmar 报道[30]。1961 年Porterfield[91]证实了该病病原系黄病毒科的新成员，基于 ITV 的血清学特征，ITV 划归到 Ntaya血清群中，1978 年在南非也证实了有该病的存在[7]。

发生与分布

目前仅以色列和南非报道过本病。在以色列该病的暴发有季节性，且与节肢动物媒介的活动密切相关，这些节肢动物媒介的活动规律一般在夏末出现，10 月份活动最为频繁，冬初消失[52]。

发病机理和流行病学

自然宿主和实验宿主

目前仅见火鸡发生该病，10 周龄以下自然感染病例极少见，但雏火鸡同样对该病易感[95]。实验感染 10 周龄内的火鸡可复制出本病，潜伏期 5～8 天[52]，接种后 24 h 内出现病毒血症，且持续 5～8 天[55]。

刚出壳雏火鸡[53]、日本鹌鹑[56]和乳鼠[53]经脑内和肌肉接种以色列火鸡脑膜脑炎病毒（ITV）高度敏感，而鸡、鸭、鹅和鸽可抵抗该病毒感染[70]。

传播、携带者和传播媒介

该病在同一农场的火鸡群常呈季节性和散发性发生，说明该病通过昆虫媒介传播。从感染本病的火鸡群附近捕捉的蚊类（伊蚊和尖音库蚊）和库蠓混合物中分离出 ITV 病毒[12]。实验表明该病毒可感染埃及伊蚊和骚扰库蚊[87]。临床观察和实验研究表明，该病毒在感染火鸡与未感染火鸡之间不能通过直接接触传播[55,57]。

临床症状与病变

自然感染病例主要见于 10～12 周龄的火鸡，患病火鸡表现神经功能异常，以渐进性轻瘫和瘫痪及死亡率高低不一为特征，发病率和病死率通常为 15％～30％，偶尔高达 80％[52]。病火鸡最初表现共济失调，行走时单翅或双翅着地。随着病程的发展，病火鸡不愿活动或不能行走，常以胸部着地、肢前伸、双翅外展。种母火鸡感染该病后产蛋量明显下降，但所产的蛋的质量、受精率和孵化率不受影响，直到康复后其产蛋量才可能恢复到正常水平。

患病火鸡的大体病变包括脾脏肿大或萎缩、卡他性肠炎和心肌炎[6,54,70]。母火鸡卵巢退化、卵泡破裂和腹膜炎[6]。主要组织学病变为非化脓性脑膜脑炎，以脑膜下和血管周围淋巴细胞浸润及心肌局灶性坏死为特征[54,70]。

诊断

脑、脾脏、肝脏、血清和卵巢是分离病毒的首选病料[53,55]。将组织匀浆或未稀释的血清样本经卵黄囊接种 6～8 日龄鸡胚或直接接种到鸡胚成纤维细胞（CEF）单层培养物上均易分离出该病毒。在接种鸡胚时，常需盲传 1～2 代后鸡胚才出现死亡，且在接种后 3～6 天死亡，死亡鸡胚明显呈樱桃红色。也可通过脑内或肌肉途径接种乳鼠分离该病毒[53]。最近已报道一种特异的 RT-PCR 方法可用于 IT 自然感染病例的诊断。

尽管 CEF 对 ITV 的敏感性不如鸡胚或乳鼠高，但感染该病毒的 CEF 在接种后 3～6 天可出现较明显的 CPE[54,55]，分离到的病毒需通过 VN 进行鉴定。

在 CEF 或 BHK-21 细胞上作 HI 或 VN 可进行血清学诊断[7,54,55,89]。在进行 HI 试验时，需配制鹅或 1 日龄鸡红细胞悬液，所用的血凝抗原为感染乳鼠脑组织经蔗糖-丙酮抽提后制备而成[53]。

鉴别诊断

以色列火鸡脑膜脑炎，必须与引起火鸡的其他神经性疾病，尤其是新城疫、高致病性禽流感、EEE、HJ 病毒感染相区别。与 EEE、HJ 病毒感染

相比较，本病引起火鸡的瘫痪程度更为严重，据此并结合这些类似疾病的地理分布有助于鉴别它们。新城疫虽可引起火鸡神经症状，但通常不出现瘫痪。此外，鸭疫里默氏菌感染和离子载体中毒也可引起神经症状。

控制

本病可用疫苗进行控制。ITV 在鸡胚[54]、日本鹌鹑肾细胞[57]和 BHK-21 细胞[7]连续传代研制出了弱毒活疫苗，其中以日本鹌鹑肾细胞致弱的弱毒疫苗具有高的免疫效力，已商品化。尽可能减少火鸡群周围昆虫媒介的数量也有助于控制该病。ITV 不感染人。

西尼罗病毒感染
West Nile Virus

历史

西尼罗病毒（WNV）最早于 1937 年自一发热的乌干达妇女血液中分离到[102]，该病毒于 1951 年首次确诊为以色列人发生的热性流行病的病原。后来，在暴发本病的老年病例中可见严重脑膜脑炎。

20 世纪 50 年代在埃及的系列野外调研详尽描述了蚊类在该病传播中的作用[108]，并且指出多种野鸟为该病毒的贮存宿主[125]。数年后，埃及和法国报道了马的西尼罗病毒感染发热病例。直到 1997 年确定 WNV 为雏鹅神经性疫病的病原时，才首次明确 WNV 可引起家禽发病[75]。1999 年 8 月，美国野生鸟类、动物园中的鸟、马和人出现死于本病的病例时，该病才首次发生于西半球[104]。

发病机理和流行病学

发生与分布

在非洲、亚洲和欧洲南部等地区的许多国家以及美国北部、中部，WNV 感染呈地方流行性[46,109]，其中某些国家的人群中无规律性流行该病。有证据表明非洲与欧洲之间该病是通过鸟类迁徙传播[76]。1996 年在罗马尼亚、1999 年在俄罗斯流行该病。在以上流行中，数以百计的人被感染，

致死率 10% 以上。1998 年意大利和 2000 年法国南部马暴发该病。以色列于 1998—2000 年间鹅再次暴发本病，有 500 人也被感染该病，其中 29 人于 2000 年死亡。

据对自世界不同地区分离的 WNV 的全基因序列[72]和 E 蛋白基因的序列分析[10]结果，表明 WNV 可划分为两个不同的谱系，谱系 I 包括了自欧洲和非洲分离的 WNV，谱系 II 包括自非洲、马达加斯加和最近欧洲中部分离的病毒[4]。

自然宿主和实验宿主

在家禽中，WNV 暴发主要发生于鹅[3,5,54,75,79]。鸡和火鸡没有临床病例的报道，但在实验室感染两种动物均易感[100,106]。人工感染青年番鸭可致死。

已知许多不同野禽对 WNV 易感[68]。研究不同的野生鸟作为 WNV 储存宿主在该病毒传播中的作用，发现 25 种鸟可试验感染纽约 1999 分离株[69]。按照病毒血症水平，最易感染的 5 个品种分别是雀形目鸟类：蓝松鸦（*Cyanocitta cristata*），鹩哥（*Quiscalus quiscula*），家朱雀（*Carpodacus mexicanus*），美洲鸦（*Corvus brachynchos*）和家雀（*Passer domesticus*）。

传播、携带者和传播媒介

本病的主要传播途径是通过库蚊叮咬。于 1999 年和 2000 年期间，美国大多数 WNV 分离株源自尖音库蚊和 *Cx. restans*[37]。在非洲和中东，常见的传播媒介为南非单条库蚊；而在欧洲主要传播媒介为尖音库蚊和凶小库蚊。至今，已从分属于花蜱属、革蜱属、璃眼蜱属、扇头蜱属、锐缘蜱属、钝缘蜱属的至少 10 种蜱中分离到 WNV。从纽约的冬眠尖音库蚊和肯尼亚的雄性南非单条库蚊中均发现 WNV，这表明自然条件下 WNV 可经卵传播[80]。

本病暴发多见于 7 月中旬至 10 月底，当夜晚温度变冷，蚊类活动减少，特别是为库蚊。在加拿大[3]、匈牙利[34]和美国[79]也有鹅群暴发西尼罗病的报道。

直至最近，才认为野禽是 WNV 散发性感染的唯一宿主，血清流行病学调查表明野禽是 WNV 的携带者。在 2000 年本病流行期间，从白鹳、鸥、野鸽和美国的多种鸟类（包括乌鸦、坚鸟、鸽、鹰等）中分离到该病毒，这表明野生鸟类已成为本病

的传染源，而且随着它们的迁徙可将病毒传播很远。例如乌鸦血液中的 WNV 滴度很高，可超过 10^{10} PFU/mL[2]。根据试验感染结果推测群栖的乌鸦间可能发生直接传播，因而导致 WNV 在自然界中广泛扩散[78]。

潜伏期

脑内感染鹅于接毒后 5 天出现死亡，经肌肉途径接种的试验鹅于接毒后 8 天发生死亡。在自然感染本病的鹅群中，死亡率为 10% ～ 60%[4,34]，死亡率如此之高可能因为水平传播所致。在一次试验中发现，与接种 WNV 乌鸦分离株感染鹅同笼饲养的 1 只对照鹅在第 10 天出现病毒血症[107]。

临床症状与病理变化

鹅

WNV 感染鹅表现不同程度的神经症状，有的斜卧，有的腿和翅瘫痪（图 14.7）[34,107]。感染鹅有的不愿或不能活动，共济失调明显，有的不能站立，斜颈和角弓反张。

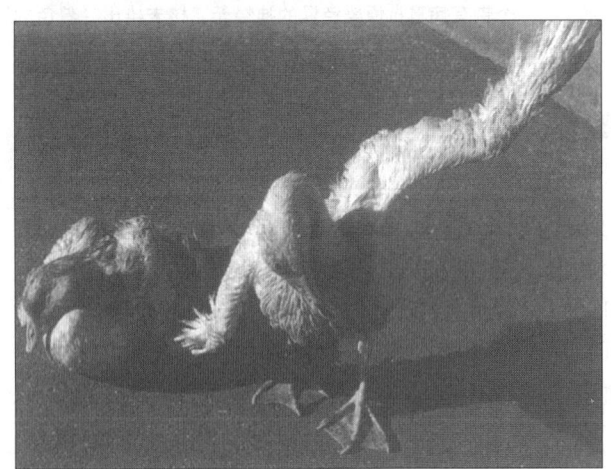

图 14.7　WNV 感染 6 周龄鹅。左侧鹅不能站立，右侧鹅双翅张开以平衡身体（*Weisman*）

经皮下或肌肉途径实验感染的 3～4 周龄鹅，有的早在感染后 1 天就出现病毒血症，感染后 2～4 天病毒血症达到高峰，为 10^4～10^6 TCID$_{50}$/mL。随着感染鹅血清中和抗体的出现，血液中病毒滴度逐渐下降甚至消失，有的感染鹅于攻毒后 4 天就可检测到中和抗体。皮下感染 2 周龄雏鹅，感染后 10 天自 1 羽同居的雏鹅血浆中分离到该病毒，且于第

14天和21天均检测到中和抗体[107]。经测定表明以上这一试验中的感染雏鹅是通过咽部而非粪便排出病毒。感染鹅高病毒血症有利于WNV传至蚊类，因此感染鹅充当了WNV进一步循环的病毒库。

最近该病流行期间，若蚊子是该病感染的主要传播途径，WNV在幼鹅群中感染的损失比预期估计大的多。实验研究接触感染作为另一种解释[5]。皮下接种3周龄鹅并放置同龄的20只鹅于防昆虫房间，接种组所有鹅均产生抗体。8只产生病毒血

症，5只在感染后7～10天死亡，3只鹅从泄殖腔和口腔排毒，2只同笼饲养鹅在感染后10～17天死亡，另3只发现病毒。这些发现强烈支持WNV在商业鹅群中能水平传播，假若病鹅发生啄食和啄羽更能加剧该病的发生。

WNV感染鹅的大体病变包括心肌苍白、偶尔肾苍白、脾肿大、肝肿大、脑膜血管充血。组织学病变主要见于脑，表现为血管外周淋巴细胞浸润和神经元变性（图14.18）；心肌可见小坏死灶，但淋巴细胞浸润轻微。

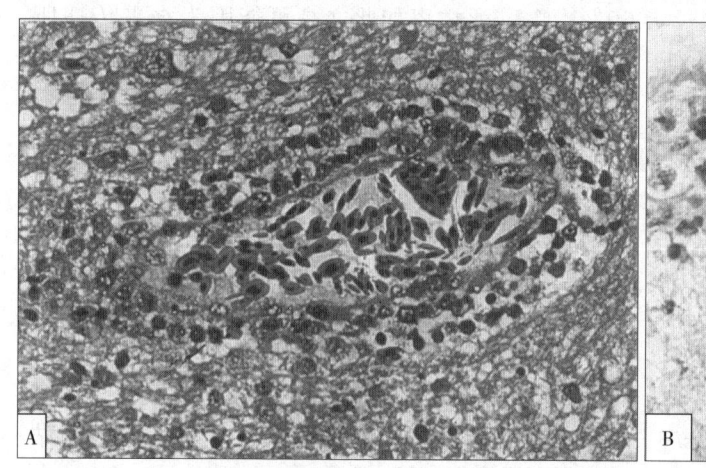
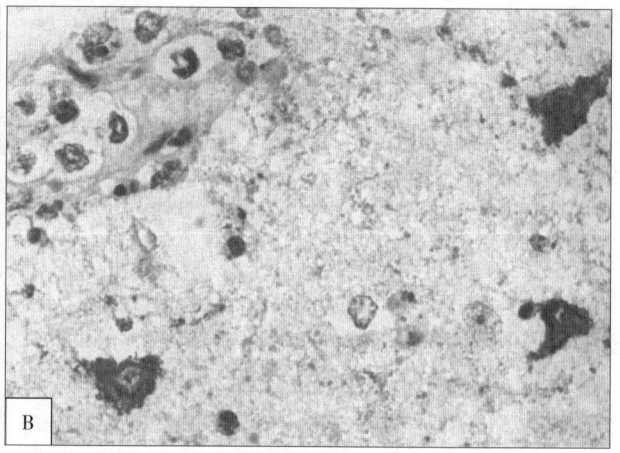

图14.8　WNV感染鹅脑组织病变。A. 血管外周单核细胞形成血管套（H. E. 染色）（Perl）。B. 免疫组化染色，于胞浆中可见3个带有病毒抗原染色深的神经元，核未染出，着色的颗粒扩散于神经纤维网中（苏木素衬染）（Perl）。单抗由巴黎巴斯德研究所的Vincent Deubel博士提供

鸡

多种途径感染的1日龄雏鸡一般在接毒后5～10天内出现震颤、瘫痪等神经症状[94]。1～11日龄的雏鸡在被蚊子叮咬感染后可形成病毒血症（10^4～$10^{6.3}$小鼠感染量/mL）[108]。在流行地区，鸡可自然感染该病，血清阳性率可达20%。哨兵鸡在血清学监视中起重要作用，并在美国[67]和英国[15]广泛应用。

7周龄鸡实验感染WNV后第5天病毒血症滴度达到10^5 TCID$_{50}$/mL，且持续到攻毒后第7天。有的试验鸡于攻毒后4～5天经粪便排毒[100]。然而，以美国乌鸦分离毒株经皮下途径感染的鸡既不出现临床症状，也未发生死亡[100]，但其血液中病毒的含量足以感染吸血蚊子。于感染后5～10天剖检的鸡表现心肌坏死、肾炎、腹膜炎，在攻毒后21天出现非化脓性脑炎。由于同居的未直接攻毒的鸡在21天的试验观察期间未形成病毒血症，也未产生抗体，这表明攻毒鸡与同居的未直接攻毒的鸡之

间未出现病毒的传播。根据以上结果可见雏鸡可成为WNV潜在的贮存宿主和放大宿主。

火鸡

据报道商品火鸡群未见发生本病或死亡。以美国乌鸦WNV分离株经皮下途径感染的3周龄火鸡均未出现临床症状，然而大多感染火鸡于攻毒后可形成病毒血症，并持续到攻毒后第10天[106]。于攻毒后4～7天自感染火鸡粪便中可回收到病毒，但同居的未直接攻毒的试验火鸡未见感染。

免疫力

虽然鹅可迅速产生高滴度的抗WNV循环抗体，但却无明显的保护作用。关于鹅的细胞介导免疫尚未开展研究。以色列火鸡脑膜脑炎活疫苗接种的鹅能抵抗WNV野毒株的脑内攻击[77]，但不能产生抗体。在小鼠模型中，B细胞和抗体在预防传播感染中起重要作用。

来自商品种鹅群的雏鹅，1～2周龄时采集的血清中可检出母源抗体，但不干扰鹅对WNV灭活疫苗的主动应答。根据临床观察结果发现，鹅自然感染本病的易感性随着其日龄的增大而降低。12周龄以上的鹅对该病似乎有抵抗力。

诊断

病毒分离与鉴定

分离WNV的首选组织为脑、脾脏和肾脏。将组织匀浆经脑内途径接种新生乳鼠、经卵黄囊途径接种鸡胚或接种到Vero细胞或蚊细胞单层培养物上均可分离到该病毒。大多数乳鼠于接种后4～7天内出现共济失调；鸡胚于接种后2～6天内死亡，且死亡鸡胚外观有特征性；单层细胞于接毒后48～72h内形成CPE。对于以单层细胞培养的病毒，可应用WNV单抗进行间接免疫荧光试验鉴定。

RT-PCR可快速检出禽组织、细胞培养物和野外采集的蚊子样品中的WNV[10,73]。免疫组化和原位杂交可用于检测感染鹅组织中的WNV抗原和病毒RNA[104]。以上这些诊断方法无疑最大限度减少了病毒分离与鉴定对人健康带来的危害。

血清学

HI和ELISA可用于血清学诊断。自感染鼠脑组织以丙酮抽提的黄病毒群特异性抗原可用于血凝抑制试验（见EEE一节）。已建立了检测黄病毒的多种ELISA，但不同之处是要使用黄病毒交叉反应性单抗阻断家禽血清[42]。以源自细胞培养的黄病毒抗原包被平板建立的间接ELISA也可使用，另外，用多种禽的血清建立了阻断ELISA方法[11]。用ELISA方法于感染后6～10天在鸡血清中可检出黄病毒抗体[13]。

鉴别诊断

引起雏鹅神经症状的细菌性疾病有鸭疫里默氏菌病、链球菌病、丹毒杆菌病、李氏杆菌病和沙门氏菌病。嗜神经性病毒包括极少在鹅中发生的新城疫病毒和高致病性禽流感病毒。曲霉菌和离子载体中毒也可引起鹅的神经症状。

防治策略

管理程序

任何WNV的控制措施中，控制蚊子是最为关键的一环。然而，由于蚊子飞越的空间距离大以及蚊子可被风刮走，因此控制蚊子并非易事。对于集约化饲养的禽场，其邻近的不流动水和小昆虫产卵处应以杀蚴剂进行消毒。建造禽舍时，应尽可能防昆虫。由于WNV具有重要的公共卫生学意义，因此应与人医部门合作以获得更多的关注。

免疫接种

控制雏鹅WNV感染的主要的措施是免疫接种易感日龄的雏鹅，尤其在7～11月份，由于库蚊数量增多，免疫接种显得更为重要。由于雏鹅对本病较易感，因此应尽早免疫接种雏鹅，最佳时机为3周龄。现在有商品化WNV疫苗可供使用，并且有几种类型的疫苗用于禽和马[81,86,96]。

以鼠脑组织甲醛灭活疫苗已进行了田间试验[76,96]，其试验方法和记录参照了日本脑炎病毒疫苗[1]。于3周龄一次性免疫雏鹅，保护率达75%以上。免疫两次（间隔2周）保护率高达94%，其免疫持续期约12周。以鸡胚或Vero细胞制备的WNV灭活疫苗由于病毒抗原含量低，无保护作用。

以蚊细胞培养物连续传代后可致弱WNV[74]。雏鹅一次性免疫接种蚊细胞传代致弱疫苗可抵抗脑内接毒攻击。蚊子饲喂和毒力返强试验研究尚未完成。

在商品鹅群中已使用以色列火鸡脑膜脑炎病毒（ITMV）疫苗[77]，3周龄时接种一次疫苗，2周后可产生保护，这是黄病毒科内存在的交叉保护例子[92]。但在某些鹅群中，免疫接种ITV疫苗后发生免疫后瘫痪，损失高达10%。

已研制出表达preM和E蛋白的重组质粒DNA疫苗[26]，试验表明免疫接种DNA疫苗的鼠和马可获得保护，能抵抗WNV的致死性攻击。

韦　莉　黄　瑜　彭春香　译

刘　爵　苏敬良　校

参考文献

[1] Aizawa, C. , S. Hasegawa, C. Chih‐Yuan, and I. Yoshio-ka. 1980. Large‐scale purification of Japanese encephalitis

virus from infected mouse brain for preparation of vaccine. *Appl Environ Microbiol* 39:54 - 57.

[2]Anderson, J. F., T. G. Andreadis, C. R. Vossbrinck, S. Tirrel, E. M. Wakem, R. A. French, A. E. Garmendia, and H. J. Van Kruiningen. 1999. Isolation of West Nile virus from mosquitoes, crows and a Cooper's hawk in Connecticut. *Science* 286:2331 - 2333.

[3]Austin, R. J., T. L. Whiting, R. A. Anderson, and M. A. Drebot. 2004. An outbreak of West Nile virus - associated disease in domestic geese (Anser anser domesticus) upon initial introduction to a geographic region, with evidence of bird to bird transmission. *Can Vet J* 45:117 - 123.

[4]Bakonyi, T., E. Ivanics, K. Erdelyi, K. Ursu, E. Ferenczi, H. Weissenbock, and N. Nowotny. 2006. Lineage 1 and 2 strains of encephalitic West Nile virus, central Europe. *Emerg Infect Dis* 12:618 - 623.

[5]Banet - Noach, C., L. Simanov, and M. Malkinson. 2003. Direct (non - vector) transmission of West Nile virus in geese. *Avian Pathol* 32:489 - 494.

[6]Barnard, B. J. H., and H. J. Geyer. 1981. Attenuation of turkey meningo - encephalitis virus in BHK21 cells. Onderstepoort *J Vet Res* 48:105 - 108.

[7]Barnard, B. J. H., S. B. Buys, J. H. Du Preez, S. P. Greyling, and H. J. Venter. 1980. Turkey meningo - encephalitis in South Africa. Onderstepoort *J Vet Res* 47:89 - 94.

[8]Beaudette, F. R., J. J. Black, C. B. Hudson, and J. A. Bivens. 1952. Equine encephalomyelitis in pheasants from 1947 to 1951. *J Am Vet Med Assoc* 121:478 -483.

[9]Bernkopf H., S. Levine, and R. Nerson. 1953. Isolation of West Nile virus in Israel. *J Infect Dis* 83:207 - 218.

[10]Berthet F. X., H. G. Zeller, M. T. Drouet, J. Rauzier, J. P. Digoutte, and V. Deubel. 1997. Extensive nucleotide changes and deletions within the envelope glycoprotein gene of Euro - African West Nile viruses. *J Gert Virol* 78:2293 - 2297.

[11]Blitvich, B. J., N. L. Marlenee, R. A. Hall, C. H. Calisher, R. A. Bowen, J. T. Roehrig, N. Komar, S. A. Langevin, and B. J. Beaty. 2003. Epitope - blocking enzyme - linked immunosorbent assays for the detection of serum antibodies to West Nile virus in multiple avian species. *J Clin Microbiol* 41:1041 - 1047.

[12]Braverman, Y., M. Rubina, and K. Frish. 1981. Pathogens of veterinary importance isolated from mosquitoes and biting midges in Israel. *Insect Sci Appl* 2:157 - 161.

[13]Broom A. K., J. Charlick, S. J. Richards, and J. S. Mackenzie. 1987. An enzyme - linked immunosorbent assay for detection of flavivirus antibodies in chicken sera. *J Virol Meth* 15:1 - 9.

[14]Brown, T. M., C. J. Mitchell, R. S. Nasci, G. C. Smith, and J. T. Roehrig. 2001. Detection of eastern equine encephalitis virus in infected mosquitoes using a monoclonal antibody - based antigen - capture enzyme - linked immunosorbent assay. *Am J Trop Med Hyg* 65:208 - 213.

[15]Buckley, A., A. Dawson, and E. A. Gould. 2006. Detection of seroconversion to West Nile virus, Usutu virus and Sindbis virus in UK sentinel chickens. *Virol J* 3:71.

[16]Byrne, R. J., and M. L. Robbins. 1961. Mortality patterns and antibody response in chickens inoculated with eastern equine encephalitis virus. *J Immunol* 86:13 - 16.

[17]Calisher, C. H., T. P. Monath, D. J. Muth, J. S. Lazuick, D. W. Trent, D. B. Francy, G. E. Kemp, and F. W. Chandler. 1980. Characterization of Fort Morgan virus, an alphavirus of the western equine encephalitis virus complex in an unusual ecosystem. *Am J Trop Med Hyg* 29: 1428 -1440.

[18]Calisher, C. H., N. Karabotsos, J. S. Lazuick, T. P. Monath, and K. L. Wolff. 1988. Reevaluation of the western equine encephalitis antigenic complex of alphaviruses (family Togaviridae) as determined by neutralization tests. *Am J Trop Med Hyg* 38:447 -452.

[19]Calisher, C. H., N. Karabatsos, J. M. Dalrymple, R. E. Shope, J. S. Porterfield, E. G. Westaway, and W. E. Brandt. 1989. Antigenic relationships between flaviviruses as determined by crossneutralization tests with polyclonal antisera. *J Gen Virol* 70:37 - 43.

[20]Chamberlain, R. W. 1958. Vector relationships of the arthropodborne encephalitides in North America. *Ann N Y Acad Sci* 70:312 - 319.

[21]Clarke, D. H., and J. Casals. 1958. Techniques for hemagglutination and hemagglutination - inhibition with arthropod - borne viruses. *Am J Trop Med Hyg* 7:561 - 573.

[22]Cooper, G. L., and H. A. Medina. 1999. Egg production drops in breeder turkeys associated with western equine encephalitis virus infection. *Avian Dis* 43:136 - 141.

[23]Cooper, G. L., H. A. Medina, P. R. Woolcock, M. D. McFarland, and B. Reynolds. 1997. Experimental infection of turkey poults with western equine encephalitis virus. *Avian Dis* 41:578 - 582.

[24]Crans, W. J., J. McNelly, T. L. Sulze, and A. Main. 1986. Isolation of eastern equine encephalitis virus from Aedes sollicitans during an epizootic in southern New Jersey. *J Am Mosq Control Assoc* 2:68 - 72.

［25］Davidson，I. ，R. Grinberg，M. Malkinson，S. Mechani，S. Pokamonski，and Y. Weisman. 2000. Diagnosis of turkey meningoencephalitis virus infection in field cases by RT - PCR compared to virus isolation in embryonated eggs and suckling mice. *Avian Pathol* 29：35 - 39.

［26］Davis B. S. ，G. J. Chang，B. Cropp，J. T. Roehrig，D. A. Martin，C. J. Mitchell，R. Bowen，and M. L. Bunning. 2001. West Nile recombinant DNA vaccine protects mouse and horse from virus challenge and expresses *in vitro* a noninfectious recombinant antigen that can be used in enzyme - linked immunosorbent assays. *J Virol* 75：4040 - 4047.

［27］Diamond，M. S. ，B. Shrestha，A. Marri，D. Mahan，and M. Engle. 2003. B cells and antibody play critical roles in the immediate defense of disseminated infection by West Nile encephalitis virus. *J Virol* 77：2578 - 2586.

［28］Dougherty，E. ，3rd，and J. I. Price. 1960. Eastern encephalitis in white Pekin ducklings on Long Island. *Avian Dis* 4：247 - 258.

［29］Eisner，R. J. ，and S. R. Nusbaum. 1983. Encephalitis vaccination of pheasants：A question of efficacy. *J Am Vet Med Assoc* 183：280 - 281.

［30］Eleazer，T. H. ，and J. E. Hill. 1994. Highlands J virus - associated mortality in chukar partridges. *J Vet Diagn Invest* 6：98 - 99.

［31］Faddoul，G. P. ，and G. W. Fellows. 1965. Clinical manifestations of eastern equine encephalomyelitis in pheasants. *Avian Dis* 9：530 - 535.

［32］Ficken，M. D. ，D. P. Wages，J. S. Guy，J. A. Quinn，and W. H. Emory. 1993. High mortality of domestic turkeys associated with Highlands J virus and eastern equine encephalitis virus infections. *Avian Dis* 37：585 - 590.

［33］Fothergill，G. P. ，and J. H. Dingle. 1938. A fatal disease of pigeons caused by the virus of the eastern variety of equine encephalomyelitis. *Science* 88：549 - 50.

［34］Glavits，R. ，E. Ferenczi，E. Ivanics，T. Bakonyi，T. Mato，P. Zarka，and V. Palya. 2005. Co - occurrence of West Nile fever and circovirus infection in a goose flock in Hungary. *Avian Pathol* 34：408 - 414.

［35］Goldblum N. ，V. V. Sterk，and B. Paderski. 1954. West Nile fever. The clinical features of the disease and the isolation of West Nile virus from the blood of nine human cases. *Am J Hyg* 59：1954 - 1959.

［36］Gould，E. A. 2002. Evolution of the Japanese encephalitis serocomplex viruses. *Curr Top Microbiol Immunol* 267：391 - 404.

［37］Granwehr，B. P. ，K. M. Lillibridge，S. Higgs，P. W. Ma-

son，J. F. Aronson，G. A. Campbell，and A. D. Barrett. 2004. West Nile virus：where are we now? *Lancet Infect Dis* 4：547 - 556.

［38］Guy，J. S. ，M. D. Ficken，H. J. Barnes，D. P. Wages，and L. G. Smith. 1993. Experimental infection of young turkeys with eastern equine encephalitis virus and Highlands J virus. *Avian Dis* 37：389 - 395.

［39］Guy，J. S. ，H. J. Barnes，and L. G. Smith. 1994. Experimental infection of young broiler chickens with eastern equine encephalitis virus and Highlands J virus. *Avian Dis* 38：572 - 582.

［40］Guy，J. S. ，H. J. Barnes，M. D. Ficken，L. G. Smith，W. H. Emory，and D. P. Wages. 1994. Decreased egg production in turkeys experimentally infected with eastern equine encephalitis virus or Highlands J virus. *Avian Dis* 38：563 - 571.

［41］Guy，J. S. ，T P. Siopes，H. J. Barnes，L. G. Smith，and W. H. Emory. 1995. Experimental transmission of eastern equine encephalitis virus and Highlands J virus via semen collected from infected tom turkeys. *Avian Dis* 39：337 - 342.

［42］Hall，R. A. ，A. K. Broom，A. C. Harmett，M. J. Howard，and J. S. MacKenzie. 1995. Immunodominant epitopes on the NS1 protein of Murray Valley encephalitis and Kunjin viruses serve as targets for a blocking ELISA to detect virus - specific antibodies in sentinel animal serum. *J Virol Meth* 51：201 -210.

［43］Hanson，R. P. ，S. Vadlamudi，D. O. Trainer，and R. Anslow. 1968. Comparison of the resistance of different aged pheasants to eastern encephalitis virus from different sources. *Am J Vet Res* 29：723 - 727.

［44］Hayes，R. O. ，and A. D. Hess. 1964. Climatological conditions associated with outbreaks of eastern encephalitis. *Am J Trop Med Hyg* 13：851 - 858.

［45］Hayes，C. G. ，and R. C. Wallis. 1977. Ecology of western equine encephalitis virus in the eastern United States. *Adv Virus Res* 21：37 - 83.

［46］Hayes C. G. 1989. West Nile fever. In：T P. Monath (ed.)，The Arboviruses：Epidemiology and Ecology，Vol 5，CRC Press，Inc，Boca Raton，FL，59 - 88.

［47］Henderson，J. R. ，N. Karabotsos，A. T. C. Bourke，R. C. Wallis，and R. M. Taylor. 1962. A survey of arthropod - borne viruses in southcentral Florida. *Am J Trop Med Hyg* 11：800 - 810.

［48］Hildreth，S. W. ，and B. J. Beaty. 1984. Detection of eastern equine encephalitis virus and Highlands J virus antigens within mosquito pools by enzyme - linked immunoassay (EIA) 1. A laboratory study. *Am J Trop Med Hyg* 33:965-972.

[49]Hildreth,S. W. ,B. J. Beaty, H. K. Maxfield,R. F. Gilfillan,and B. J. Rosenau. 1984. Detection of eastern equine encephalitis virus and Highlands J virus antigens within mosquito pools by enzymelinked immunoassay(EIA)2. Retrospective field test of the EIA. *Am J Trop Med Hyg* 33:973-980.

[50]Holden,P. 1955. Transmission of eastern equine encephalitis virus in ring - neck pheasants. *Proc Soc Exp Biol Med* 88:607-610.

[51]Howard,J. S. ,and R. C. Wallis. 1974. Infection and transmission of eastern equine encephalitis virus with colonized Culiseta melanura (Coquillett). *Am J Trop Med Hyg* 23:522-525.

[52]Ianconescu,M. 1976. Turkey meningo - encephalitis: A general review. *Avian Dis* 20:135-138.

[53]Ianconescu,M. 1989. Turkey meningo - encephalitis. In H. G. Purchase, L. H. Arp,C. H. Domermuth, and J. E. Pearson (eds.),A Laboratory Manual for the Isolation and Identification of Avian Pathogens,3rd ed. American Association of Avian Pathologists,Kennett Square,PA, 163-164.

[54]Ianconescu,M. ,A. Aharonovici,Y. Samberg, M. Merdinger,and K. Hornstein. 1972. An aetiological and immunological study of the 1971 outbreak of turkey meningo - encephalitis. *Refu Vet* 29:110-117.

[55]Ianconescu,M. ,A. Aharonovici, Y. Samberg, K. Hornstein,and M. Merdinger. 1973. Turkey meningo - encephalitis: Pathologic and immunological aspects of the infection. *Avian Pathol* 2:251-262.

[56]Ianconescu,M. ,A. Aharonovici, and Y. Samberg. 1974. The Japanese quail as an experimental host for turkey meningoencephalitis virus. *Refu Vet* 31:100-108.

[57]Ianconescu,M. ,K. Hornstein, Y. Samberg, A. Aharonovici,and M. Merdinger. 1975. Development of a new vaccine against turkey meningo - encephalitis using a virus passaged through Japanese quail(Coturnix coturnix japonica). *Avian Pathol* 4:119-131.

[58]Jungherr,E. L. ,C. F. Helmboldt,S. F. Satriano, and R. E. Luginbuhl. 1958. Investigation of eastern equine encephalomyelitis. Ⅲ. Pathology in pheasants and incidental observations in feral animals. *Am J Hyg* 67:10-20.

[59]Karabotsos,N. 1975. Antigenic relationships of group A arboviruses by plaque - reduction neutralization testing. *Am J Trop Med Hyg* 24:527-532.

[60]Karabotsos,N. 1985. International Catalog of Arboviru-

ses,3rd ed. American Society of Tropical Medicine and Hygiene. San Antonio,TX.

[61]Karabotsos,N. 2006. Personal communication.

[62]Karabotsos,N. ,A. T. C. Burke, and J. R. Henderson. 1963. Antigenic variation among strains of western equine encephalomyelitis virus. *Am J Trop Med Hyg* 12: 408-412.

[63]Karabotsos,N. ,A. L. Lewis,C. H. Calisher, A. R. Hunt, and J. T. Roehrig. 1988. Identification of Highlands J virus from a Florida horse. *Am J Trop Med Hyg* 39:603- 606.

[64]Kaufmann, B. , G. E. Nybakken, P. R. Chipman, W. Zhang,M. S. Diamond,D. H. Fremont,R. J. Kuhn, and M. G. Rossmann. 2006. West Nile virus in complex with the Fab fragment of a neutralizing monoclonal antibody. *Proc Natl Acad Sci* 103: 12400-12404.

[65]Kissling,R. E. 1958. Eastern equine encephalomyelitis in pheasants. *J Am Vet Med Assoc* 132:466-468.

[66]Kissling,R. E. 1958. Host relationship of the arthropod - borne encephalitides. *Ann N Y Acad Sci* 70:320-327.

[67]Komar,N. 2001. West Nile virus surveillance using sentinel birds. *Ann N Y Acad Sci* 951:58-73.

[68]Komar,N. 2003. West Nile virus: epidemiology and ecology in North America. *Adv Virus Res* 61: 185-234.

[69]Komar,N. ,S. Langevin, S. Hinten, N. Nemeth, E. Edwards,D. Hettler, B. Davis, R. Bowen, and M. Bunning. 2003. Experimental infection of North American birds with the New York 1999 strain of West Nile virus. *Emerg Infect Dis* 9:311-322.

[70]Komarov, A. , and E. Kalmar. 1960. A hitherto undescribed disease—turkey meningoencephalitis. *Vet Rec* 72: 257-261.

[71]Kuno,G. ,G. J. Chang, K. R. Tsuchiya, N. Karabatsos, and C. B. Cropp. 1998. Phylogeny of the genus flavivirus. *J Virol* 72:73-83.

[72]Lanciotti, R. S. , G. D. Ebel, V. Deubel, A. J. Kerst, S. Murri,R. Meyer, M. Bowen, N. McKinney, W. E. Morrill, M. B. Crabtree, L. D. Kramer, and J. T. Roehrig. 2002. Complete genome sequences and phylogenetic analysis of West Nile virus strains isolated from the United States,Europe, and the Middle East. *Virology* 298:96- 105.

[73]Lanciotti R. S. ,A. J. Kerst,R. S. Nasci,M. S. Godsey,C. J. Mitchell,H. M. Savage,N. Komar,N. A. Panella,B. C. Allen,K. E. Volpe,B. S. Davis, and J. T. Roehrig. 2000. Rapid detection of West Nile virus from human clinical samples, field - collected mosquitoes and avian samples

by a TaqMan reverse transcriptase - PCR assay. *J Clin Micro* 38:4066 - 4071.

[74]Lustig S. , U. Olshevsky, D. Ben - Nathan, B. E. Lachmi, M. Malkinson, D. Kobiler, and M. Halevy. 2000. A live attenuated West Nile virus strain as a potential veterinary vaccine. *Viral Immunol* 13:401 -410.

[75]Malkinson M. , C. Banet, S. Machany, Y. Weisman, A. Frommer, and R. Bock. 1998. Virus encephalomyelitis of geese: some properties of the viral isolate. *Israel J Vet Med* 53:44 - 45.

[76]Malkinson M. and C. Banet. 2002. The role of birds in the ecology of West Nile virus in Europe and Africa. *Curr Top Microbiol Immunol* 267:309 - 322.

[77]Malkinson M. , C. Banet, Y. Khinich, I. Samina, S. Pokamonski, and Y. Weisman. 2002. Use of live and inactivated vaccines in the control of West Nile fever in domestic geese. *Ann NY Acad Sci* 951:255 -261.

[78]McLean R. G. , S. R. Ubico, D. E. Docherty, W. R. Hansen, and L. Sileo. 2002. West Nile virus transmission and ecology in birds. *Ann N Y Acad Sci* 951:54 - 57.

[79]Meece, J. K. , T A. Kronenwetter - Koepel, M. F. Vandermause, and K. D. Reed. 2006. West Nile virus infection in commercial waterfowl operation, Wisconsin. *Emerg Infect Dis*. 451 - 453.

[80]Miller B. R. , R. S. Nasci, M. S. Godsey, H. M. Savage, J. J. Lutwama, R. S. Lanciotti, and C. J. Peters. 2000. First field evidence for natural vertical transmission of West Nile virus in Culex univittatus complex mosquitoes from Rift Valley Province, Kenya. *Am J Trop Med Hyg* 62:240 - 246.

[81]Minke, J. M. , L. Siger, K. Karaca, L. Austgen, P. Gordy, R. Bowen, R. W. Renshaw, S. Loosmore, J. C. Audonnet, and B. Nordgren. 2004. Recombinant canarypoxvirus vaccine carrying the prM/E genes of West Nile virus protects horses against a West Nile virusmosquito challenge. *Arch Virol Suppl* 221 -230.

[82]Monath, T. P. , and D. W. Trent. 1981. Togaviral diseases of domestic animals. In E. Kurstak and C. Kurstak (eds.). Comparative Diagnosis of Viral Diseases, vol. 4. Academic Press, New York, 331 -440.

[83]Moulthrop, I. M. , and B. A. Gordy. 1960. Eastern viral encephalomyelitis in chukar (Alectoris graeca). *Avian Dis* 4:380 - 383.

[84]Mumcuoglu, K. Y. , C. Banet - Noach, M. Malkinson, U. Shalom, and R. Galun. 2005. Argasid ticks as possible vectors of West Nile virus in Israel. *Vector Borne Zoonotic Dis* 5: 65 - 71.

[85]Nasci, R. S. , K. L. Gottfried, K. L. , Brukhalter, J. R. Ryan, E. Emmerich, and K. Dave. 2003. Sensitivity of the VecTest antigen assay for eastern equine encephalitis and western equine encephalitis viruses. *J Am Mosq Control Assoc* 19:440 - 444.

[86]Ng, T. , D, Hathaway, N. Jennings, D. Champ, Y. W. Chiang, and H. J. Chu. 2003. Equine vaccine for West Nile virus. *Dev Biol* (Basel)114: 221 - 227.

[87]Nir, Y. 1972. Some characteristics of Israel turkey virus. *Arch ges Virusforsch* 36:105 - 114.

[88]Pearson, J. E. 1989. Arbovirus infections. In H. G. Purchase, L. H. Arp, C. H. Domermuth, and J. E. Pearson (eds.). A Laboratory Manual for the Isolation and Identification of Avian Pathogens, 3rd ed. American Association of Avian Pathologists, Kennett Square, PA, 161 -162.

[89]Peleg, B. A. 1963. A small - scale serological survey of Israel turkey meningo - encephalitis. *Refu Vet* 20: 253 - 250.

[90]Peters, C. J, and J. M. Dalrymple. 1990. Alphaviruses. In B. N. Fields, D. M. Knipe, R. M. Chanock, M. S. Hirsch, J. L. Melnick, T P. Monath, and B. Roizman (eds.). Virology, 2nd ed. , Vol. 1. Raven Press, Ltd. , New York, 713 - 761.

[91]Porterfield, J. S. 1961. Israel turkey meningoencephalitis virus. *Vet Rec* 73:392 - 393.

[92]Price, W. H. and I. S. Thind. 1972. The mechanism of crossprotection afforded by dengue virus against West Nile virus in hamsters, *J Hyg Cambridge* 70:611 - 617.

[93]Ranck, F. M. , Jr. , J. H. Gainer, J. E. Hanley, and S. L. Nelson. 1965. Natural outbreak of eastern and western encephalitis in pen - raised chukars in Florida. *Avian Dis* 9:8 - 20.

[94]Reagan R. L. , W. C. Day, M. P. Harmon, and A. L. Brueckner. 1952. Response of the baby chick to West Nile virus. *Proc Soc Exp Biol Med* 80:210 -212.

[95]Samberg, Y. , M. Ianconescu, and K. Hornstein. 1972. Epizootiological aspects of turkey meningoencephalitis. *Refu Vet* 29:103 - 110.

[96]Samina, I. , Y. Khinich, M. Simanov, and M. Malkinson. 2005. An inactivated West Nile virus vaccine for domestic geese—Efficacy study and a summary of 4 years of field application. *Vaccine* 23:4955 - 4958.

[97]Satriano, S. F. , R. E. Luginbuhl, R. C. Wallis, E. L. Jungherr, and L. H. Williamson. 1958. Investigation of eastern equine encephalomyelitis. Susceptibility and transmission studies with virus of pheasant origin. *Am J Hyg* 67:21 -

34.

[98]Scott，T. W. ，and J. G. Olsen. 1986. Detection of eastern equine encephalitis viral antigen in avian blood by enzyme immunoassay: A laboratory study. *Am J Trop Med Hyg* 35:611 - 618.

[99]Scott, T. W. , J. G. Olsen, T E. Lewis, J. W. Carpenter, L. H. Lorenz, L. A. Lembeck, S. R. Joseph, and B. B. Pagac. 1987. A prospective field evaluation of an enzyme immunoassay: Detection of eastern equine encephalitis virus in pools of Culiseta melanura. *J Am Mosq Control Assoc* 3:412 - 417.

[100]Senne D. A. , J. C. Pedersen, D. L. Hutto, W. D. Taylor, B. J. Schmitt, and B. Panigrahy. 2000. Pathogenicity of West Nile virus in chickens. *Avian Dis* 44:642 - 649.

[101]Shope, R. E. , and G. E. Sather. 1979. Arboviruses. In E. H. Lennette and N. J. Schmidt (eds.). Diagnostic Procedures for Viral, Rickettsial, and Chlamydial infections, 5th ed. American Public Health Service, Washington, DC, 767 - 814.

[102]Smithburn K. C. , T. P. Hughes, A. W. Burke, and J. H. Paul. 1940. A neurotropic virus isolated from the blood of a native in Uganda. *Am J Trop Med* 20:471 - 493.

[103]Spalatin, J. , L. Karstad, J. R. Anderson, L. Lauerman, and R. P. Hanson. 1961. Natural and experimental infections in Wisconsin turkeys with the virus of eastern encephalitis. *Zoonoses Res* 1:29 - 48.

[104]Steele K. E. , M. J. Linn, R. J. Schoepp, N. Komar, T W. Geisbert, R. M. Manduca, P. P. Calle, B. L. Raphael, B. L. Clippinger, T. Larsen, J. Smith, R. S. Lanciotti, N. A. Panella, and T. S. McNamara. 2000. Pathology of fatal West Nile virus infections in native and exotic birds during the 1999 outbreak in New York City, New York. *Vet Pathol* 37:208 - 234.

[105] Sussman，O. , D. Cohen, J. E. Gerende, and R. E. Kissling. 1958. Equine encephalitis vaccine studies in pheasants under epizootic and preepizootic conditions. *Ann N YAcad Sci* 70:328 - 340.

[106]Swayne, D. E. , J. R. Beck, and S. Zaki. 2000. Pathogenicity of West Nile virus for turkeys. *Avian Dis* 44:932 -937.

[107]Swayne, D . E . , J. R . Beck, C . Smith, and S . Zaki. 2001. Fatal encephalitis and myocarditis in young geese (Anser anser domesticus) caused by West Nile virus infection. *Emerging Infect Dis* 7:751 -753.

[108]Taylor R. M. , T. H. Work, H. S. Hurlbut, and F. Rizk. 1956. A study of the ecology of West Nile virus in Egypt. *Am J Trop Med Hyg* 5:579 - 620.

[109]TenBroeck, C. , and M. H. Merrill. 1933. A serological difference between eastern and western equine encephalomyelitis virus. *Proc Soc Exp Med* 31:217 - 220.

[110]Thiel, H. J. , M. S. Collett, E. A. Gould, F. X. Heinz, M. Houghton, G. Meyers, R. H. Purcell, and C. M. Rice. 2005. Flaviviridae. In: Virus taxonomy: Eighth Report of the International Committee on Taxonomy of Viruses. C. M. Fauquet, M. A. Mayo, J. Maniloff, U. Desselberger, and L. A. Ball, eds. Elsevier Academic Press, San Diego. 981 -998.

[111]Trent, D. W. , and J. A. Grant. 1980. A comparison of New World alphaviruses in the western equine encephalomyelitis complex by immunochemical and oligonucleotide fingerprint techniques, *J Gen Virol* 47:261 - 282.

[112]Tyzzer, E. E. , and A. W. Sellards. 1941. The pathology of equine encephalomyelitis in young chickens. *Am J Hyg* 33:69 - 81.

[113]Tyzzer, E. E. , A. W. Sellards, and B. L. Bennett. 1938. The occurrence in nature of equine encephalomyelitis in the ring - necked pheasant. *Science* 88:505 - 506.

[114] Vodkin, M. H. , G. L. McLaughlin, J. F. Day, R. E. Shope, and R. J. Novak. 1993. A rapid diagnostic assay for eastern equine encephalitis viral RNA. *Am J Trop Med Hyg* 49:772 - 776.

[115]Wages, D. P. , M. D. Ficken, J. S. Guy, T. S. Cummings, and S. R. Jennings. 1993. Egg - production drop in turkeys associated with alphaviruses: Eastern equine encephalitis virus and Highlands J Virus. *Avian Dis* 37:1163 - 1166.

[116]Walder, R. , O. M. Suarez, and C. H. Calisher. 1984. Arbovirus studies in the Guajira region of Venezuela: Activities of eastern equine encephalitis and Venezuelan equine encephalitis viruses during an interepizootic period. *Am J Trop Med Hyg* 33:699 -707.

[117]Wallis, R. C. , and A. J. Main. 1974. Eastern equine encephalitis in Connecticut, progress and problems. *Mem Conn Entomol Soc*. 117 - 144.

[118]Wallis, R. C. , J. J. Howard, A. J. Main, Jr. , C. Frazier, and C. Hayes. 1974. An epizootic of eastern equine encephalomyelitis in Connecticut. *Mosq News* 34:63 - 65.

[119]Weaver, S. C. , T. K. Frey, H. V. Huang, R. M. Kinney, C. M. Rice, J. T. Roehrig, R. E. Shope, and E. G. Strauss. 2005. Togaviridae. In: Virus Taxonomy: Eighth Report of the International Committee on Taxonomy of Viruses. C. M. Fauquet, M. A. Mayo, J. Maniloff, U. Desselberger, and L. A. Ball, eds. Elsevier Academic Press, San Diego. 999 - 1008.

[120]Weissenbock, H., J. Kolodziejek, A. Url, H. Lussy, B. RebelBauder, and N. Nowotny. 2002. Emergence of Usutu virus, an African mosquito - borne flavivirus of the Japanese encephalitis virus group, central Europe. *Emerg Infect Dis* 8:652 - 656.

[121]Whitehouse C. A., A. Guibeau, D. McGuire, T. Takeda, and T. N. Mather. 2001. A reverse transcriptase - polymerase chain reaction assay for detecting Highlands J virus. *Avian Dis* 45:605 - 611.

[122]Williams, J. E., O. P. Young, D. M. Watts, and T. J. Reed. 1971. Wild birds as eastern equine encephalitis and western equine encephalitis sentinels. *J Wildl Dis* 7:188 - 194.

[123]Williams, S. M., R. M. Fulton, J. S. Patterson, and W. M. Reed. 2000. Diagnosis of eastern equine encephalitis by immunohistochemistry in two flocks of Michigan ring - neck pheasants. *Avian Dis* 44:1012 - 1016.

[124]Woodring, F. R. 1957. Naturally occurring infection with equine encephalomyelitis virus in turkeys. *J Am Vet Med Assoc* 130:511 - 512.

[125]Work T. H., H. S. Hurlbut, and R. M. Taylor. 1955. Indigenous wild birds of the Nile Delta as potential West Nile virus circulating reservoirs. *Am J Trop Med Hyg* 4:872 - 888.

[126]Zohrabian, A., E. B. Hayes, and L. R. Petersen. 2006. Costeffectiveness of West Nile virus vaccination. *Emerg Infect Dis* 12:375 - 380.

火鸡病毒性肝炎

Turkey Viral Hepatitis

James S. Guy

引　言

火鸡病毒性肝炎（TVH）是火鸡的一种高度接触性传染病，通常呈亚临床感染，临床上以肝脏多灶性坏死为特征，偶尔伴有胰腺坏死。

关于该病的经济学意义，目前尚不清楚。无证据表明火鸡肝炎病毒（THV）可传染人或其他哺乳动物。

历　史

火鸡病毒性肝炎首次报道是在1959年，Mon-

gean等[6]在加拿大和Snoeyenbos等[9]在美国同时进行了报道。

病　原　学

1959年Mongeau等[6]和Snoeyenbos等[9]根据膜滤过试验认为该病病原是病毒，但目前尚未完全鉴定。经Mongeau等[6]、Tzuanabos和Snoeyenbos[8]试验测定该病病原可通过100nm的滤膜。

基于形态学、复制位点和抗原分析，TVHV可能是一种小RNA病毒[2,3,5,12]。1982年McDonald等[3]从患肝炎和胰腺炎的火鸡肝脏变性的肝细胞胞浆中证实存在大小为24 nm、小RNA病毒样粒子的聚集体。1991年Klein等[2]从感染THV火鸡的肝脏和胰腺组织中分离到一种直径为26～28 nm、呈二十面体对称的小RNA病毒样病毒，接种雏火鸡可实验复制出该病。琼脂扩散试验表明THV和鸭肝炎病毒（一种小RNA病毒）之间存在单向抗原关系[12]，兔抗THV血清能与THV和鸭肝炎病毒抗原结合出现融合的沉淀线，而兔抗鸭病毒性肝炎血清不与THV抗原反应。尽管以上这些研究认为TVH的病原很可能是小RNA病毒，但时该病毒进行确切分类尚需进一步研究，尤其应在生化特性和核苷酸序列等方面开展研究。

对理化因素的抵抗力

该病毒能抵抗乙醚、氯仿、酚和煤皂酚，但不能抵抗福尔马林。在卵黄中，该病毒在60℃、56℃和37℃条件下分别可存活6 h、14 h和4周。该病毒在pH 2条件下可存活1 h，在pH 12条件下失活[11]。

实验室宿主系统

THV能在鸡胚、火鸡胚和雏火鸡中生长增殖，但不能在细胞培养中繁殖[12]。

可通过卵黄囊接种5～7日龄鸡胚进行该病毒的增殖[6,8,9]。曾试图以较大日龄的鸡胚或采取不同的接种途径来增殖该病毒，但未获成功。已测定接种后66 h鸡胚中存在该病毒，于90 h时病毒滴度

达到最高为 $10^{3.5}\,\mathrm{EID}_{50}/\mathrm{mL}$[10] 也可经卵黄囊途径接种火鸡胚并孵化 10 天来增殖该病毒，但鸡胚是首选的实验室宿主系统，这可能是因为火鸡胚中存在该病毒的母源抗体[4]。

雏火鸡经腹腔注射、静脉注射和肌肉注射途径感染该病易感。实验感染的雏火鸡很少出现临床症状，但在接种后 5～10 天可通过剖检特征性病变来证实是否发生感染[7]。

发病机理和流行病学

发生与分布

已报道加拿大、美国、意大利和英国有本病的发生[3,4,6,9]。该病广泛分布于北美，但其真正的发生和分布尚不清楚，因为该病通常呈亚临床感染，并缺乏血清学诊断方法。

自然宿主和实验宿主

目前认为该病仅发生于火鸡，而鸡、雉、鸭、鹌鹑、鼠和兔子对该病感染有抵抗力[12]。

传播、携带者和传播媒介

本病通过直接和间接接触传播。患病火鸡排出的粪便是该病主要传染源。在实验感染火鸡，前 28 天内从肝脏和粪便中可分离出该病毒，而从胆汁、血液和肾脏中却不易分离到，28 天后于组织和粪便中未能检出该病毒[10,12]。通过临床观察并从实验感染母火鸡的卵泡中分离到该病毒，表明该病可通过蛋垂直传播[8]。

潜伏期

根据病变进行判断，腹腔接种和接触感染的雏火鸡潜伏期长短不一，一般为 2～7 天[8,10]。

临床症状

该病通常呈亚临床感染[3,7]，但若并发感染其他疾病或环境应激因素影响时则变得明显。该病临

床症状尚不完全明确。感染火鸡群表现不同程度的精神委顿，自然感染时，多见外观正常的火鸡突然

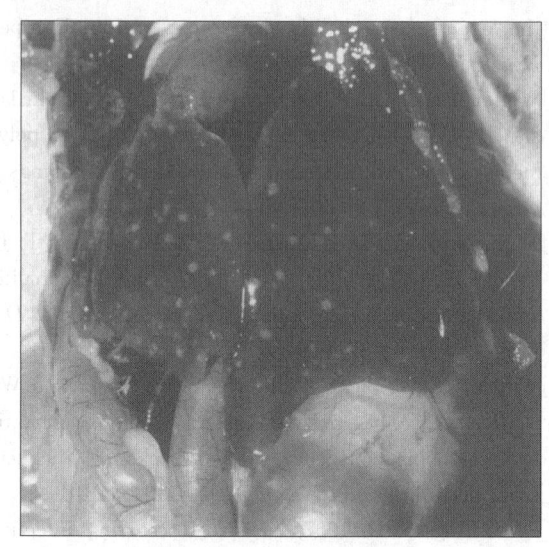

图 14.9 感染火鸡病毒性肝炎的雏火鸡。可见大量浅褐到灰色的病灶。病灶大小从 1 毫米到几毫米，散布于整个肝脏，形状近似圆形、卵圆形或椭圆形，边缘常为不规则的"磨纹"，有的病灶中心色深且稍有下陷。（*Barnes*）

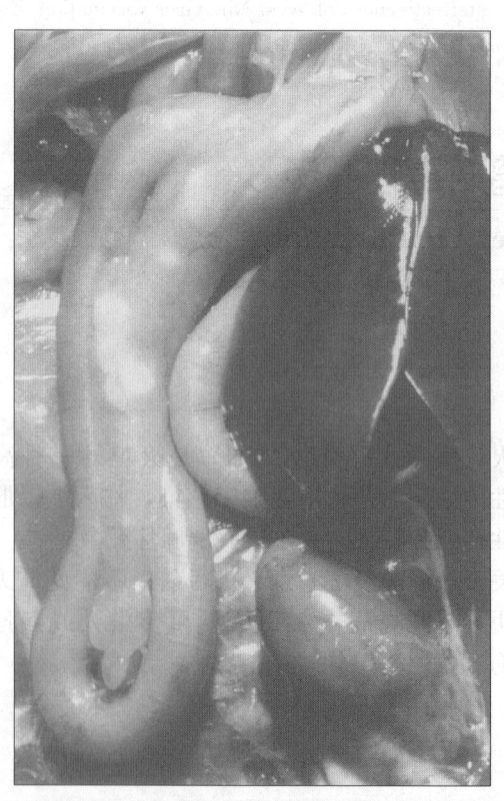

图 14.10 患火鸡病毒性肝炎的雏火鸡胰脏可见明显的坏死灶。（*Barnes*）

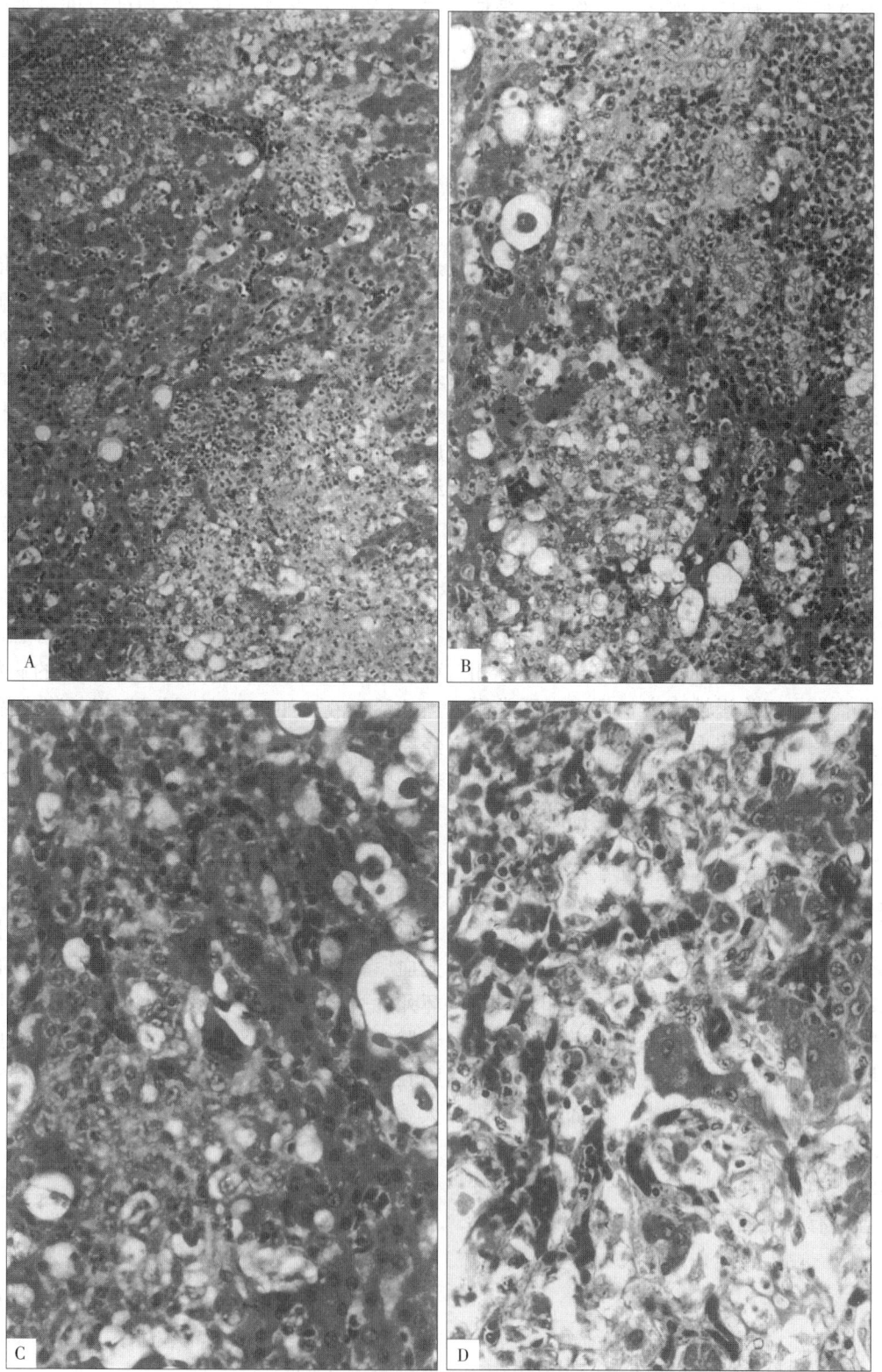

图 14.11　火鸡病毒性肝炎的组织学病变（*Barnes*）。A. 早期病变主要为大量空泡变性和凝固性坏
　　　　　死。细胞应答主要是淋巴细胞和巨噬细胞偶见异嗜性细胞，但数量不多。胰腺损伤与肝脏
　　　　　相似。在肝脏常见胆管增生，但感染火鸡之间差异很大。B. 病变沿肝窦发展形成边缘不
　　　　　规则的肝细胞岛。C. 通常病灶内或相邻的肝细胞形成合胞体细胞。D. 病灶相邻的肝细胞
　　　　　核有形成包涵体的迹象，其性质尚不清楚，但其并非起源于病毒

死亡。种火鸡群感染本病后表现产蛋率降低、受精率和孵化率下降，但 THV 是否是引起这些异常的病原学原因尚未定论[7]。

发病率与死亡率

不同火鸡群感染本病的发病率和病死率差异较大，一般均较低，且死亡可持续 7～10 天[7]。有些火鸡群发病率几乎 100%，仅有一个火鸡场死亡率达 25%[7]。目前认为该病发病率和死亡率的高低与是否并发其他感染有关。至今，尚未报道 6 周龄以上的火鸡群感染本病后出现死亡。

病理变化

大体病变

TVH 的大体病变仅见于肝脏和胰腺。肝脏肿大，肝表面可见局灶性、灰色、直径数毫米大小凹陷的坏死区（图 14.9）。不同火鸡病变分布各不相同，死亡的火鸡常出现弥漫性病变，且病变区常融合并被血管充血及局灶性出血所掩盖。与肝脏病变相比，胰腺病变不尽一致，主要表现为胰腺表面有灰红色、近乎圆形的坏死灶，有时可能扩延到一个胰叶（图 14.10）。

组织学病变

本病感染早期肝细胞中出现空泡，并伴有单核白细胞高度浸润和胆小管增生。随着病程的发展，局灶性坏死病变更为明显，坏死灶周围淤血，在浸润的淋巴细胞中夹杂有坏死的细胞（图 14.11）。在病程后期，可见网状内皮细胞增生，且常形成巨细胞（图 14.11）。

胰腺的组织学病变与肝脏的相同，胰腺细胞变性和坏死，且伴有巨噬细胞和淋巴细胞浸润。

免疫力

关于 TVH 的免疫学研究报道不多。Tzianabos 和 Snoeyenbos 报道在康复火鸡血清或高免的鸡、火鸡和兔血清中不能检出中和抗体[12]，但观察到感染过本病的火鸡对再度感染表现出免疫力，康复后间隔 21 天后再次感染的火鸡与首次感染的对照火鸡相比，发病率降低，病变也较轻微[9]。感染

TVH 的康复火鸡可抵抗该病的再度感染，但免疫持续期尚不清楚。

诊　断

根据组织学和病毒分离可作出诊断。目前尚未建立和应用血清学方法进行诊断，但依据组织学病变仅能作出初步诊断，只有火鸡肝脏和胰腺均出现病变时方可诊断为本病。引起火鸡肝脏出现类似病变的还有细菌性感染、病毒性感染和原虫病。这些包括沙门氏菌、多杀性巴氏杆菌、禽腺病毒 I 群和 II 群[1,14]，呼肠孤病毒[13]和鞭毛组织滴虫病[7,8]。

病毒分离与鉴定

患病火鸡的肝脏、胰腺、脾脏、肾脏或粪便均可用于该病毒的分离，但肝脏是首选的病料。以适当的稀释液（如 MEM）制成组织匀浆或稀释粪便，经离心和 0.45 μm 滤膜抽滤后备用，将处理好的组织匀浆或粪便悬液经卵黄囊途径接种 5～7 日鸡胚，若是阳性病料于接种后 4～11 天鸡胚出现死亡；若病料中含毒量较低，鸡胚死亡时间可能延长，甚至有的病料需再次传代方可致死鸡胚。死亡鸡胚皮肤充血和水肿，较长时间死亡的鸡胚发育不良、轻度充血[9]。接种后 11 天仍存活的鸡胚肝脏有时出现坏死灶。接种致死的鸡胚胚液不凝集红细胞。进一步鉴定可收集感染鸡胚卵黄中的病毒，经卵黄囊或腹腔途径接种雏火鸡，接种后 5～10 天检查试验雏火鸡的病变。

预防和控制

目前对本病尚无有效的预防和治疗措施，然而避免应激和感染其他疾病有利于防止亚临床感染的火鸡发生 TVH。

韦莉　黄瑜　彭春香　译

刘爵　苏敬良　校

参考文献

[1]Cho,B. R. 1976. An adenovirus from a turkey pathogenic

for both chicks and turkey poults. *Avian Dis* 20:714-723.

[2]Klein,P. N.,A. E. Castro,C. U. Meteyer,B. Reynolds,J. A. Swartzmann - Andert,G. Cooper,R. P. Chin,and H. L. Shivaprasad. 1991. Experimental transmission of turkey viral hepatitis to day - old poults and identification of associated viral particles resembling picornaviruses. *Avian Dis* 35:115 - 125.

[3]MacDonald,J. W.,C. J. Randall,and M. D. Dagless. 1982. Picornaviruslike virus causing hepatitis and pancreatitis in turkeys. *Vet Rec* 111:323.

[4]Mandelli,G. A.,A. Rinaldi,and G. Cervio. 1966. Gross and ultramicroscopic lesions in hepatopancreatitis in turkeys. *Atti Soc Ital Sci Vet* 20:541 - 545.

[5]McFerran,J. B. 1993. Other avian enterovirus infections. In:Virus Infections of Vertebrates, Vol. 4, Virus Infections of Birds, J. B. McFerran and M. S. McNulty, eds. Elsevier,Amsterdam. 497 - 503.

[6]Mongeau,J. D.,R. B. Truscott,A. E. Ferguson,and M. C. Connell. 1959. Virus hepatitis in turkeys. *Avian Dis* 3:388 -396.

[7]Snoyenbos,G. H. 1991. Turkey viral hepatitis. In B. W. Calnek, H. J. Barnes,C. W. Beard,W. M. Reid,and H. W. Yoder, Jr.（eds.）,Disease of Poultry, 9th Ed.,699 - 701.

[8]Snoeyenbos,G. H.,and H. I. Basch. 1960. Further studies of virus hepatitis in turkeys. *Avian Dis* 4:477 - 485.

[9]Snoeyenbos,G. H.,H. I. Basch,and M. Sevoian. 1959. An infectious agent producing hepatitis in turkeys. *Avian Dis* 3:377 - 388.

[10]Tzianabos,T. 1965. Turkey viral hepatitis. Some clinical, immunological,and physiochemical properties. PhD diss, Univ Massachusetts,Amherst.

[11]Tzianabos,T. and G. H. Snoeyenbos. 1965a. Some physiochemical properties of turkey hepatitis virus. *Avian Dis* 9:152 - 156.

[12]Tzianabos,T. and G. H. Snoeyenbos. 1965b. Clinical, immunological and serological observations on turkey virus hepatitis. *Avian Dis* 9:578 - 595.

[13]Van der Heide,L.,M. Brustolon and M. G. Lawson. 1980. Pathogenicity for chickens of a reovirus isolated from turkeys. *Avian Dis* 24:989 - 997.

[14]Wilcock,B. P. and H. L. Thacker. 1976. Focal hepatic necrosis in turkeys with hemorrhagic enteritis. *Avian Dis* 20:205 - 208.

禽脑脊髓炎

Avian Encephalomyelitis

Bruce W. Calnek

引　言

禽脑脊髓炎（AE）是一种能引起青年鸡、雏鸡、鹌鹑和火鸡感染的病毒性传染病。其特征是共济失调和快速震颤，特别是头和颈部的震颤。因此，过去常称为"流行性震颤"。

该病没有公共卫生意义。在20世纪60年代早期商品疫苗未推广应用之前，该病对养禽业曾有重要的经济影响。

历　史

1930年，Jones[47,48]在2周龄商品代洛岛红鸡首次遇到AE，表现为震颤。1931年观察到的两次暴发虽然发生在不同鸡场的1周龄和4周龄鸡群，但这两个群源于同一种鸡群。在以后的两年间，康涅狄格、缅因、马萨诸塞和新罕布什尔等州均发现了AE的暴发，因此又称为"新英格兰病"。

1934年，Jones[48]取自然发病鸡的脑组织滤液，经脑内接种易感鸡复制出了本病。直到20世纪50年代中期，Schaaf才第一次报道通过免疫成功控制了本病[84]。1960年Calnek等阐明了AE的流行病学[21]，随后开发出了口服疫苗[22]。Calnek[17]、Tannock和Shafren[102]及Van der Heide[107]等人对该病的控制和其他细节分别进行了详细的评述。

病　原　学

分类

基于病毒基因组的分子特征，禽脑脊髓炎病毒（AEV）属于小RNA病毒科[53,105]。以前的研究[13]认为AEV属于肠道病毒属，但最近的研究发现该病毒与 A 型肝炎病毒具有很高的蛋白同源性[66,105]，因此，暂时定在肝病毒属中[46]。

形态学

超微结构、大小和密度

Gosting 等[33]通过观察纯化的 AEV，发现病毒粒子为六边形，无囊膜。Jones[48]首先证明 AEV 为滤过性病毒。Olitsky 和 Bauer[79]及 Butterfield 等[13]分别根据滤过性研究发现：病毒直径界于 20~30 nm 或 16~25 nm。Gosting 等[33]用电镜观察提纯的 AEV，发现病毒粒子的直径为 24~32 nm。后来 Tannock 和 Shafren[97]通过电镜研究确定病毒平均直径为 26.1 ± 0.4 nm。在感染鸡的蒲金野氏细胞中，发现了呈晶格排列的病毒粒子，直径为 22 nm[23]或 25 nm[35]。

病毒的浮密度为 $1.31\sim1.33$ g/mL[13,33,101]，沉降系数为 148 S[33]。

对称性

Gosting[33]等发现其为五重对称，含有 32 或 42 个壳粒。而 Krauss 和 Ueberschaer[55]早先报道认为病毒粒子是二十面体对称，仅含 12 个壳粒。

化学组成

根据 AEV 在体外复制不受 DNA 酶[8]和 DNA 抑制剂 5-溴-2′-脱氧尿苷[93]的影响证实：AEV 是 RNA 病毒。Tannock 和 Shafren[102]最初检出了 4 种病毒特异蛋白（VP1-4），其分子量分别为 43 000、35 000、33 000 和 14 000。可他们后来的研究[92]表明：其中有一种蛋白是污染的卵清蛋白，而其他三种蛋白（VP1-3）的大小与脊髓灰质炎病毒相似，利用放射免疫沉淀分析比较 AEV 野毒株和鸡胚适应 Van Roekel（VR）株，结果没有差异。这与 Butterfield 等[13]以前对两株病毒的物理、化学和血清学特性的比较结果是一致的。

Todd 等[105]应用 RT-PCR 证实 AEV 的基因组为一条大小为 7.5 kb 具有 polyA 结构的单链 RNA。Marvil 等[63]通过克隆测序进一步阐明了病毒的 RNA 基因组成：包含 7 032 个核苷酸。通过对自第 495 位核苷酸起始的长为 6 405 个核苷酸的开放阅读框的扩增产物比较，证明其与甲型肝炎病毒有较近的亲缘关系（全部的氨基酸同源率为 39%）。Hughes 和 Stanway[38]发现：AEV 的一种非结构蛋白（2A）与另外两种小 RNA 病毒，人双埃柯病毒（Human parechovirus）和爱知病毒（Aichi virus）具有相同的保守基序（Motif）。作者强调，这些基序是一细胞蛋白家族的特征性序列，其中有两种基序与细胞生长有关。

对理化因素的抵抗力

AEV 对氯仿、酸、胰蛋白酶、胃蛋白酶和 DNA 酶具有耐受性，在两价镁离子保护下可耐热[8,13]。AEV 对甲醛熏蒸敏感[39]，β-丙内酯可灭活病毒[12,20]。

毒株分类及致病性

尽管所有的 AEV 分离株在血清学上相似，但仍存在两种明显不同的致病型。一种为嗜肠型，以自然界的野毒株为代表。这些毒株易经口感染鸡群，通过粪便散毒。这些毒株致病力相对较弱，但可经种蛋垂直传播或使易感雏鸡早期水平感染，并引起神经症状。在实验条件下，脑内接种易感鸡可引起神经症状。

AEV 鸡胚适应株构成另外一种致病型。这类病毒高度嗜神经，脑内接种（发病率稳定）或非肠道途径，如肌肉或皮下接种（发病率不稳定）均可引起严重的神经症状。除非剂量很高，口服一般不引起感染，也不能水平传播[19,44,45,70,92,113]。在无抗体的鸡胚上多次传代后，AEV 可适应鸡胚[22,69,117]，这可能是实验室突变株选择的结果[69]。最常用的 AE 鸡胚适应株是通过鸡脑内接种反复传代而获得的 VR 株[108]。当 VR 株在鸡体内传 150 代后首次接种鸡胚时，已具有鸡胚适应株的表型特征[18,98]。

两种致病型病毒都能在来源于易感鸡群的鸡胚上复制，但自然野毒株一般不会引起明显的症状或大体病变。相反，鸡胚适应株对鸡胚有致病性，可引起肌肉营养不良（图 14.12）和骨骼肌运动抑制[18,50]。接种后 3~4 天，即可在鸡胚脑中检出 AEV，接种后 6~9 天，病毒繁殖的滴度达到高峰[10,18]。鸡胚适应毒感染鸡胚后，呈现典型的病理组织变化：脑软化和肌肉营养不良，但病变程度和位置不同[50]。肌肉的病变为：嗜酸性肿胀、坏死和断裂，受侵害的肌纤维横纹消失，偶尔出现肌膜增生和异嗜细胞浸润。神经组织的病变特征是局部的严重水肿、神经胶质增生、血管增生和细胞固缩等。

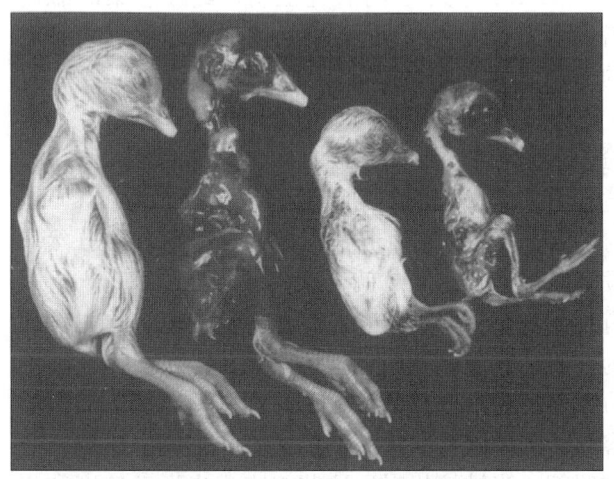

图 14.12　右侧为 6 日龄经卵黄囊接种禽脑脊髓炎病毒 VR 株的鸡胚，左侧为正常对照鸡胚。检测 18 日龄感染鸡胚，表现为肌肉极度营养不良（除去皮肤的鸡胚最明显）和腿僵直

实验室宿主系统

AEV 能在易感鸡群的雏鸡、鸡胚和多种细胞培养系统上繁殖。鸡和鸡胚必须来自易感鸡群，否则，只有通过脑内接种途径才能感染鸡。已尝试过几种鸡胚接种途径[50,98,117]，但一般选择卵黄囊途径接种 5～7 日龄胚。仅鸡胚适应株可引起大体病变（参阅上部分）。Tannock 和 Shafren[102] 对 AEV 细胞培养进行了总结。1967 年，Mancini 和 Yates 在鸡胚脑细胞培养物中首次成功繁殖了 AEV VR 株[63]。随后，鸡胚成纤维细胞、肾细胞、神经胶质细胞和雏鸡胰腺细胞也被成功用于鸡胚适应株和野毒株的培养[3,51,54,64,65,76,86]。病毒繁殖的滴度一般较低（很少超过 $10^{3.5}\,EID_{50}/mL$），特别是自然界的野毒株，看不到细胞病变。病毒在细胞培养中的繁殖可通过鸡胚接种（仅对鸡胚适应株而言）来检测或通过免疫荧光（FA）和酶联免疫吸附试验（ELISA）来检测抗原。Nicholas 等[75]证实，鸡胚神经胶质细胞是生产 AEV 抗原的最好材料，可用于各种血清学方法，如免疫扩散和 ELISA，并建议把细胞培养作为测定疫苗病毒滴度的一种方法[75]。

Shafren 和 Tannock[92] 比较了 VR 株、一株野毒和疫苗株在鸡胚脑细胞上的生长繁殖情况，感染 2 天后，VR 株的病毒滴度比其他毒株高 8～10 倍，且病毒大多数为细胞结合型。Abe[1] 未能证实 AEV 能够在哺乳类细胞系上复制。

病理学和流行病学

发生和分布

禽脑脊髓炎在全世界均有发生[102,107]。几乎所有鸡群，最终都会被病毒感染，但临床发病率较低，除非种鸡不接种疫苗并在开产后被感染。血清学调查发现火鸡群自然感染率也很高[25,26]，尚不清楚雉鸡和鹌鹑的感染情况。

自然宿主和实验宿主

AEV 的宿主范围很窄。鸡、雉鸡、鹌鹑、鸽子和火鸡均有自然感染[11,106,107]。实验感染雏鹌鹑，可引起临床症状并传染同舍的种鹌鹑[34]。成年鸡感染可引起产蛋率下降和孵化率降低，在疾病暴发期间所产种蛋孵出的雏鸡出现 AE 的临床症状。火鸡自然发病情况和鸡基本相同[37]。雏鸭、雏火鸡、雏鸽和珍珠鸡在实验条件下也可被感染。小鼠、豚鼠、兔和猴对病毒脑内接种有抵抗力[67,74,80,109,110]。Van Steenis[112] 发现，在鹧鸪、雉鸡和火鸡血清中存在自然感染的 AEV 抗体，但在鸣鸟类、麻雀、椋鸟、鸽、寒鸦、秃鼻乌鸦、斑鸠和鸭的血清中没有抗体。后四种禽经口服途径接种 AEV 也不产生抗体。从鸵鸟[14]、信天翁[81]和企鹅[52]的血清中也存在 AEV 的抗体。Bodin 等[4] 比较了成年雉鸡、红色和灰色鹧鸪对肌肉或口-鼻接种感染 AE VR 毒株的敏感性，所有试验鸟类均被感染，而灰鹧鸪的症状和病变最重，雉鸡最轻。这三种鸟的胚也易感。

传播

脑内接种鸡复制 AE 的结果最稳定。其他已确定的实验感染途径包括腹腔内、皮下、皮内、静脉、肌肉、坐骨神经内、眼内、口和鼻内接种[13,21,27,49,78,89,109]。

在自然条件下，AE 基本上是肠道感染[21]。常见的感染途径是摄食[21,36]。与消化道感染相比，呼吸道感染是次要的[21]。粪便排毒可持续几天，由于病毒对环境条件有相当强的抵抗力，因此，可长时间保持感染性。粪便排毒的时间在一定程度上与日龄有关，非常小的雏鸡排毒时间在 2 周以上，而 3 周龄以上雏鸡感染，排毒时间仅为 5 天左右[116]。Shafren 和 Tannock[91]发现 AEV 野毒株感染 4～10 天后，粪便中便有病毒存在。污染的垫料是病毒的来源，通过人员流动和污染物容易引起水平传播。一旦病毒侵入鸡舍，很快就会引起鸡之间传播。如果鸡场没有特别好的防护措施，就会引起鸡舍间的传播。不同日龄分开饲养的鸡群比各种日龄混养的鸡群感染几率少。笼养鸡群比地面饲养鸡群疫病传播慢[21,28,90]。

田间和实验研究结果表明，垂直传播是很重要的病毒传播方式[21,49,89,104,111]。Taylor 和 Schelling[99]报道在北美，种鸡群在 5 月龄时，有 57% 感染过病毒，到 13 月龄时，96% 的鸡群血清学阳性。虽然易感鸡群的传染源还不清楚，但病毒很可能是由污染场的人员或污物引入的。当易感鸡群在性成熟后感染病毒时，母鸡或多或少地会污染种蛋。Calnek 等[21]证实，易感种鸡实验感染后 5～13 天所产的种蛋可引起鸡胚和雏鸡感染。Jungherr 和 Minard[49]报道感染鸡群所产种蛋的孵化率不受影响。相反，Taylor 等[104]发现在孵化的最后 3 天，鸡胚死亡率很高。在临床上，疾病期间孵化率由感染前的 78.6% 下降到 59.6%，感染过后又上升到 75.4%。在刚出现产蛋率下降前和产蛋下降期间，孵化率降低并在孵化的后 3 天鸡胚死亡率升高。只有来自孵化率降低期的雏鸡表现临床症状，而孵化率降低之前或之后的雏鸡表现正常。其他研究人员也有相似的报道[21,84]。

Calnek 等[21]证明 AE 病毒可在孵化器内传播。6 日龄接种的鸡胚孵出的雏鸡在 1 日龄就表现明显的 AE 症征，到 6 日龄时，52 只中有 49 只出现 AE 症征。一起孵化的未接种鸡胚所孵出的雏鸡在第 10 天开始出现 AE 临床症状，18 只雏鸡中有 15 只出现症状。而隔离孵化的对照组 19 只雏鸡均正常。

尚不清楚鸡群中病毒携带情况。Richey[84]发现，一群在 3 周龄时曾有 AE 急性暴发的待产母鸡是饲养在同一栋鸡舍不同栏内的另外几群 45 周龄易感种鸡发生 AE 的传染源，这表明鸡群中存在病

毒携带者。虽然已经确认了一些传播方式，但有一些尚不清楚。

潜伏期

Calnek 等人[21]的研究证明，经胚感染的雏鸡潜伏期为 1～7 天，而经接触传播或口服感染雏鸡的潜伏期至少为 11 天。

临床症状

AE 表现为一种十分有趣的综合征。在自然暴发时，虽然在出雏时就可观察到感染的病鸡，但只有在雏鸡 1～2 周龄时才表现症状。病鸡首先表现为：眼睛反应轻微的迟钝，紧接着由于肌肉运动不协调而出现渐进性共济失调，在强迫雏鸡运动时更容易看到。随着共济失调的进一步加剧，雏鸡斜坐在跗部。当被惊扰时，这些鸡表现出运动速度和步态失控，停下来休息或倒向一侧。有些鸡不愿走动或者用跗部或胫部行走。鸡的反应越来越迟钝，且拌有衰弱的叫声。头、颈震颤明显，但频率和强度有所不同。刺激或骚扰可引起震颤，持续时间及再次发作的间隔时间缺乏规律。共济失调通常出现在震颤之前，有些病例仅出现震颤。病情重的雏鸡行走不便，随后便发展为营养不良，衰竭，最终死亡。出现明显共济失调和衰竭症状的鸡常被同栏的鸡踩踏。有些出现 AE 症状的鸡可以幸存并生长成熟，有些鸡的症状可完全消失。幸存鸡可能会由于晶状体蓝色褪去变混浊而失明[7,82]。

2～3 周龄的鸡感染后，对临床症状有明显的日龄抵抗性（参见发病机理）。成年鸡感染可引起一过性产蛋下降（5%～10%），但不出现神经症状。

发病率和死亡率

自然发病仅见于雏鸡。若雏鸡全部来自感染鸡群，发病率一般为 40%～60%，平均死亡率为 25%，甚至可能超过 50%。若雏鸡大部分来自免疫后的种鸡，其发病率和死亡率较低。

病理变化

大体病变

鸡 AE 的唯一大体病变是由于大量淋巴细胞浸

润，在鸡的胃壁肌层出现白色区。这些细微的变化，需要在合适的条件下才能看清。成年禽感染，除了晶状体混浊外，未见"临床症状"部分所描述的其他病变。

组织学病变

病变主要见于中枢神经系统（CNS）和一些脏器，但不涉及外周神经系统，这一点在鉴别诊断中有重要意义。

中枢神经系统的病变为弥散性、非化脓性脑脊髓炎以及背根神经节的神经节炎。此外，最常见的病变是在整个脑和脊髓形成明显的血管周浸润（图14.13，图14.14），但在小脑，仅限于小脑神经核（n.）内。浸润的小淋巴细胞累积成几层，形成明显的血管套。

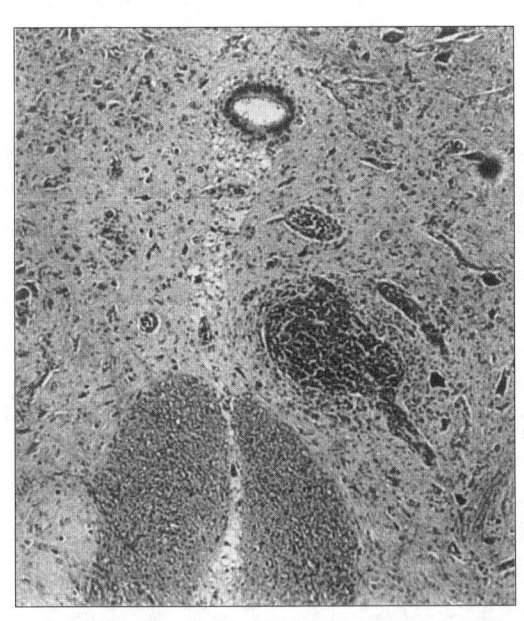

图14.13 雏鸡的腰部脊髓，在灰质内有大量胶质结节和几处血管周围的淋巴细胞浸润。中央管在图的顶部。H. E.，×75

出现为弥散性和结节性聚集小神经胶质细胞增生。神经胶质病变主要见于小脑分子层，病变部位致密（图14.15）。在小脑核、脑干、中脑和视叶内常见一种稀疏的神经胶质增生，但在纹状体中则很少见到。在中脑、两个核，圆核和卵圆核总有稀疏的小胶质细胞增生，这一点具有诊断意义。另一个具有特殊诊断意义的病变是脑干核区的神经元，特别是延髓神经元的中心染色质溶解（轴突反应）（图14.16）。如果做一些矢向切片，几乎总能找到这样的变化，濒临死亡的神经元被卫星少突胶质细胞包围，随后小神经胶质细胞吞噬残余物，若没有细胞反应的参与，就永远无法看到中心染色质溶解。

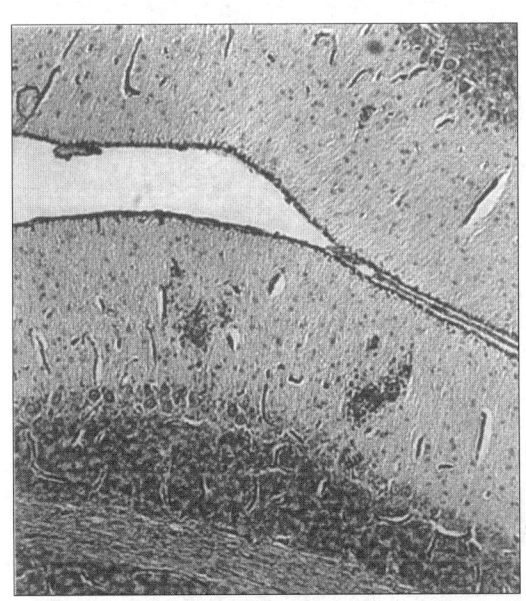

图14.14 小脑核血管周围浸润和神经胶质增生。H. E. ×363。（Jakowski）

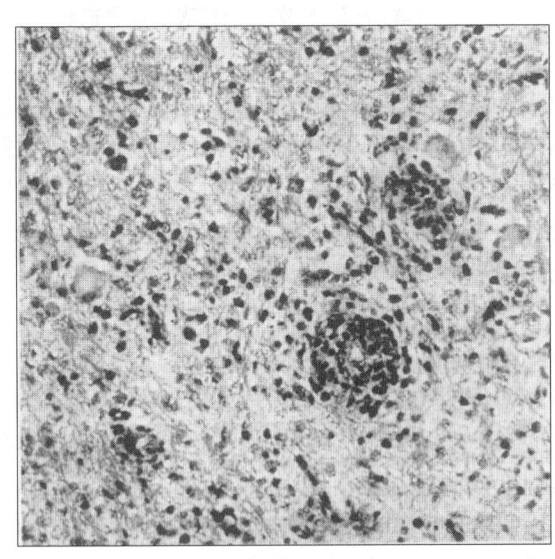

图14.15 雏鸡小脑。禽脑脊髓炎常见的神经胶质病灶位于小脑分子层。H. E. ×375

Hishida 等[35]利用光学和电子显微镜及免疫荧光技术观察了实验感染鸡脑和脊髓的系列变化。他们认为最具特征的变化是小脑蒲金野氏细胞和延髓及脊髓运动神经元变性。运动神经元中心染色质溶解是可逆的，而被感染的蒲金野氏细胞的坏死是永久的。蒲金野氏细胞的胞质含有大量的病毒抗原，病毒粒子呈晶格排列，这进一步证实了 Cheville 的结果[23]。变性的神经细胞粗面内质网肿胀、核糖

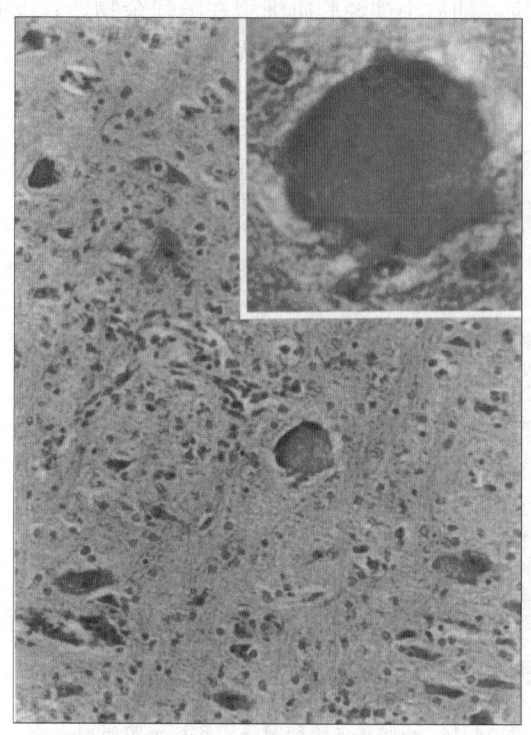

图 14.16　雏鸡延髓。可见弥散性神经胶质细胞增生，图中心的神经元正发生中心染色质溶解，H.E. ×375。插图表示核虎斑状溶解和消失，×3480

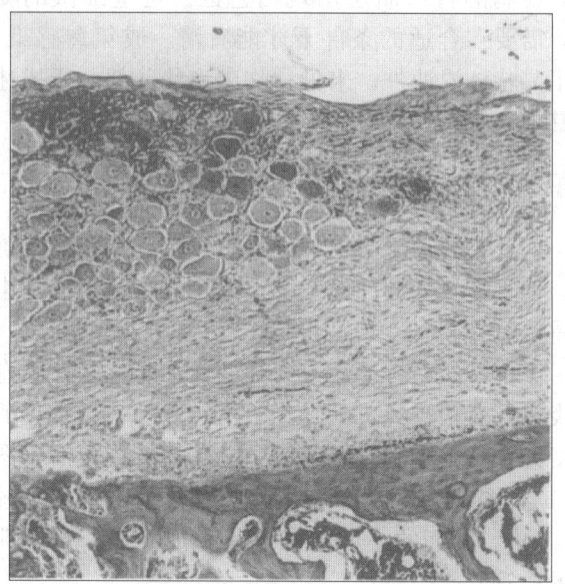

图 14.17　雏鸡腰部背根神经节，局限于神经节内的致密淋巴细胞浸润，坐骨神经不受影响。H.E. ×375

体减少、线粒体变性[23,35,119]。Liu 等[56,57,58]对病毒非结构蛋白 3A 的一系列研究部分解释了 AEV 感染导致细胞死亡的原因，膜作用蛋白导致膜通透性改变，通过激活细胞色素 c/caspase-9 通路介导产生凋亡。

背根神经节神经元之间含有非常致密的小淋巴细胞集结。这些病变始终限定于神经节内而从不进入神经中（图 14.17）。

通常情况下，临床症状与中枢神经系统病变的严重程度或位置无相关性。

内脏器官的病变表现为鸡体内脏器的淋巴细胞聚集增生。正常腺胃的肌层有少量小淋巴细胞聚集，AE 感染后则为明显的浓密结节，具有一定的诊断意义（图 14.18）。肌胃肌层也有类似的病变，遗憾的是马立克氏病也有这种病变。胰脏的淋巴滤泡外观正常[59]，但感染后数量增加数倍（图14.19）。心肌，特别在心房，出现淋巴细胞聚集被认为是 AE 引起的[97]。但是，幼龄雏鸡心肌内有淋巴细胞并非异常，但如果广泛分布并伴有以上的变化则视为病变。

临床症状和神经系统的组织病变之间似乎有明

图 14.18　雏鸡腺胃，肌层中有浓密的淋巴细胞病灶，具有诊断意义。H.E. ×330

显的相关性。在一项研究中发现，11％的鸡有临床症状而没有病变，而 8％有病变但没有临床症状[49]。Jungherr 认为所有表现临床症状的鸡都会有组织学病变。根据对脑和脏器多次切片和深入细致研究证明了这一点。对实验感染的雏鸡进行连续扑杀检查发现在产生临床症状之前 1～2 天均出现病变。而没有表现临床症状的康复鸡，其中枢神经系统的病变至少持续一周或更长时间。

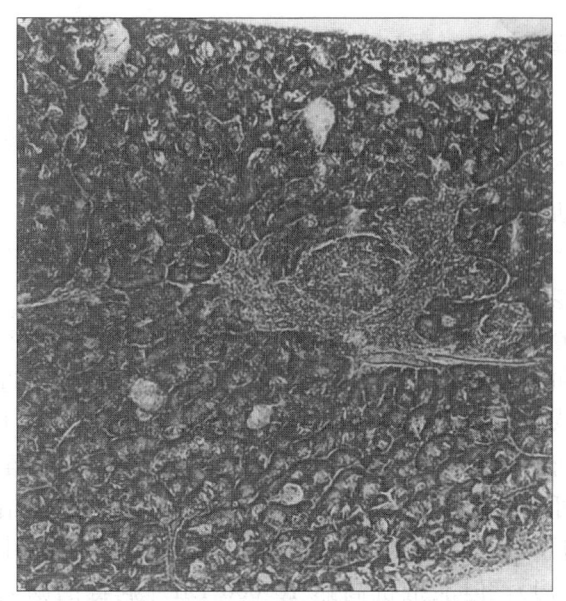

图 14.19 幼龄雏鸡胰腺，可见到一些淋巴滤泡，只有当淋巴滤泡数量异常时，这种病变才有意义。H.E. ×330

感染过程的发病机理

AEV 鸡胚适应株和野毒株的致病机理有明显不同，主要是因为鸡胚适应株一般都失去了野毒株的嗜肠特性。AEV 鸡胚适应毒经口途径接种无感染性，病毒不在肠道内复制，经非肠道途径感染后不经粪便排毒[19,21,102]。

Van der Heide[107]、Braune 和 Gentry[6]、Ikeda 等[40,42,45]、Miyamae 等[65,68,70,71,72,73]，Shafren 和 Tannock[91,92]采用病毒分离、免疫扩散、免疫荧光和 ELISA 技术对 AE 病毒抗原进行了定位。雏鸡口服感染 AEV 野毒株后，最早感染的是消化道，特别是十二指肠，很快出现病毒血症，随后感染胰腺和其他内脏（肝、心、肾、脾）及骨骼肌，最后感染中枢神经系统（CNS）。消化道感染可侵害到肌层，胰脏感染时病毒可侵害腺泡和胰岛细胞，而后者持续时间更长。中枢神经系统病毒抗原含量相对更大，小脑的蒲金野氏细胞和分子层是病毒复制主要部位。考虑到体外试验时的敏感性，神经胶质细胞也可被感染[72]。对 10～30 日龄有临床症状的鸡检测发现，病毒抗原主要在中枢神经系统和胰脏，心和肾含量较少，肝和脾病毒含量极少。中枢神经系统、消化道和胰脏病毒持续性感染比较常见。虽然其他组织，包括肝、心脏和脾偶尔也可以

检测到少量病毒，但 AEV 鸡胚适应毒比较一致的感染部位只有中枢神经系统和胰脏。

Van der Heide[107]在检查实验感染的成年鸡组织时，未能发现病毒抗原。但 Miyamae[71]在口服感染 AEV 野毒株的 2 年龄母鸡的脏器和肠道中均检测到病毒抗原。在肠道中，病毒抗原存在于肠道黏膜上皮、环肌层或黏膜肌层及固有膜内，其检出率比雏鸡低。中枢神经系统未检测到病毒抗原，这可能与成年禽感染没有临床发病有关。与幼龄雏鸡情况相同，除在中枢神经系统外，大龄鸡感染 AEV 鸡胚适应毒后病毒组织分布比野毒更局限化，病毒滴度也更低[42,43]。

Cheville[23]、Westbury 和 Sinkovic[113,114,115,116]为搞清自然和实验感染的发病机理做了大量工作。感染日龄特别重要，Cheville 报道 1 日龄感染的鸡通常死亡，8 日龄感染出现轻瘫，但一般可以恢复，而 28 日龄感染不引起临床症状。切除法氏囊但不切除胸腺可消除这种日龄抵抗性。Westbury 和 Sinkoric[113]也报道 14 日龄以内感染可引起发病，而 20 日龄以上感染时，不引起发病。他们支持 Cheville[23]的"体液免疫是日龄抵抗性的基础"的结论。在他们的研究中发现，日龄小（免疫不健全）与病毒血症延长、病毒在脑内的持续存在和临床疾病的发展相关。推测可能是免疫功能正常的鸡可阻止病毒传播到中枢神经系统。实验性脑内接种不表现日龄抵抗性。有趣的是，Calnek 等[21]发现接触感染的雏鸡出现临床症状的潜伏期仅为 10～11 天，成年鸡在同样的时间则可检测到病毒中和（VN）抗体。

免疫力

自然和实验感染的康复鸡能产生中和病毒的循环抗体[11,15,16,102]。

Cheville[23]及随后 Westbury 和 Sinkovic[114]的研究清楚表明体液免疫在抗病毒感染中发挥重要作用，而不是细胞免疫。正如大于 21 日龄的鸡一样，如果能够很快产生免疫应答，中枢神经系统感染一般不会发展到出现临床症状的地步。

主动免疫

当鸡只的免疫系统功能正常时，血清学反应相对较快。Calnek 等[21]的研究认为，鸡感染后 11 天

所产蛋孵出的雏鸡已有被动免疫抗体，因此出壳后能抵抗接触性感染。感染后 4～10 天，琼脂扩散试验阳性[41]，11～14 天病毒中和试验阳性，即中和指数为 1.1 或更高[18,22,115]。

血清学阳性的鸡群，很少再次暴发 AE。

被动免疫

抗体能够通过胚胎由母体传递给后代，从卵黄中可以检测到[98]。来源于免疫母体的幼雏 8～10 周龄对口服感染仍不完全敏感，4～6 周龄时，血清中仍可检出抗体[22]。被动获得的抗体可防止疾病的发生[116]，也能防止或缩短粪便排毒时间[21,116]，还使鸡胚对卵黄囊接种病毒有抵抗性，这也是鸡胚敏感试验的基础（见"诊断"部分）。

诊　断

病原分离和鉴定

虽然雏鸡接种其他组织也能引起发病，但是脑组织仍是病毒分离的最好材料[48,103]。Miyamae[69] 发现除了脑以外，胰脏和十二指肠也是特别可靠的病毒来源。

因为需要测定疫苗的滴度，所以建立一种灵敏的检测病毒的方法显得非常重要。一种检测病毒的方法是经卵黄囊途径接种 5～7 日龄的胚（来自易感鸡群），然后继续孵化出雏鸡，观察 10 日龄前雏鸡的发病症状[9,36]。当临床症状出现时，应该按"病理学"部分所描述的来检查脑、腺胃和胰脏的病变。另外，可用免疫荧光[5,6,68,70,107] 或免疫扩散试验[40]检查患病鸡的脑、胰脏和十二指肠中特异性病毒抗原。最新报道的单克隆抗体[74]能识别 AEV 的共同抗原表位，在疫苗效价测定及其他试验中可能是一种有用的检测试剂。

Berger[3] 的方法是先感染鸡胚脑组织细胞培养物，然后用间接荧光抗体（FA）试验检测病毒抗原。他发现这种方法比鸡胚接种更敏感。Nicholas 等[76]比较了几种检测 AEV 的方法。将 AEV 接种脑细胞培养后，用间接 FA 检测很方便，但接种 2 周龄易感鸡后，采用 ELISA 或免疫扩散试验检测血清则更敏感。Xie 等[118]建立了 RT-PCR 方法检测 AEV，特异、敏感，检测限量为 10 pg AEV RNA。

血清学

可采用标准病毒中和试验[18,99]、间接免疫荧光试验[24]、免疫扩散试验[31,41,60]，ELISA[29,95,102,96] 和被动血凝试验[2]检测感染 AEV 鸡产生的抗体。

推荐用鸡胚适应株 VR 来测定血清或血浆的中和能力。病毒稀释液与血清混合，经卵黄囊接种 6 日龄胚，接种后 10～12 天检查鸡胚特征性病变。中和指数为 1.1 或更高为阳性，判定为以前感染过 AEV。近期感染鸡群的中和指数可能在 1.5～3.0 之间。感染后第 2 周就可检出抗体，高水平抗体至少可维持数月。Calnek 和 Jehnich[18]报道在许多情况下，鸡体内检测不到病毒中和抗体（中和指数小于 1.1），但能抵抗高达 10 000 EID_{50} 病毒的脑内感染。

另一个确定鸡群免疫力的方法是鸡胚敏感性（ES）试验[99]。将来自实验鸡群的受精蛋与已知易感鸡群的对照蛋同时孵化。6 天后，每个胚经卵黄囊接种 100 EID_{50} 鸡胚适应病毒。接种后 10～12 天，检查鸡胚的特征性病变。若鸡胚 100% 有病变，则认为鸡群是易感鸡群；若低于 50% 有病变，则认为有免疫力；中间的数字应被看作为不确定，可能表示近期的感染。

间接免疫荧光试验检测的抗体效价和病毒中和试验的抗体效价可能是平行的。Choi 和 Miura[24] 及 Dovadola 等[26]发现间接免疫荧光试验和 ES 试验一样可用于评估火鸡种群的免疫力。

Ikeda[40,41]首次报道了免疫扩散（ID）试验的标准程序，以感染胚的浓缩组织提取物作抗原。鸡发生感染后 4～10 天可以检测到抗体，且至少能维持 28 个月。与病毒中和试验相比，很少有假阳性或假阴性。Girshick 和 Crary[31]用相似的抗原，基本肯定了 Ikeda 的结果，但未发现免疫扩散与病毒中和有不符合之处。

Ahmed 等[2]报道被动血凝试验比免疫扩散更敏感，与 ES 试验敏感性相同。

ELISA 试验使用纯化的病毒抗原，与病毒中和试验有良好的可比性，比免疫扩散更适合于评估免疫力[29,62,85,100]。采用阴性抗原去背景可提高区分阴阳性血清的能力[91]。Smart 等[96]证明 ELISA 和 ES 试验有良好的相关性。他们用 ELISA 通过检测连续血清样品抗体滴度的升高来诊断 AEV 感染。

Garrett 等[30]发现了母鸡抗体 ELISA 效价与其子代鸡胚对 AEV 的抵抗力之间有相关性。

鉴别诊断

对于自然病例，了解鸡群病史并对典型病料进行组织病理学检查后可做出推测性诊断。

病理组织学检查可见中枢神经系统的神经胶质增生、血管周围淋巴细胞浸润、轴突型神经元变性和一些脏器的淋巴滤泡增生等，一般可作为诊断依据。病毒分离和血清抗体效价升高可做出更特异性的诊断。

禽脑脊髓炎不应与具有相似临床症状的其他禽病如新城疫、马脑炎感染、营养障碍（佝偻病、脑软化、核黄素缺乏）及马立克氏病等相混淆。

禽脑脊髓炎主要导致 1～3 周龄的鸡发病，而此时新城疫也可发生感染，这就需要进行鉴别诊断。有些病变是 AE 特有的，如神经元中心染色质溶解，而新城疫则是周边染色质溶解；新城疫不会出现圆核或卵圆核区的胶质增生；腺胃肌层的淋巴细胞灶和胰脏的淋巴滤泡增多。新城疫很少引起间质性胰腺炎。

脑软化一般比 AE 出现晚 2～3 周，从临床史来看，症状类似。但在组织学方面，脑软化引起的严重退行性病变与 AE 不同。

马立克病发病较晚，很容易鉴别。在 AE 中通常见不到周围神经受影响和脏器淋巴瘤病变。

预防和控制

对急性暴发的雏鸡没有有效的治疗方法。在一般情况下，可淘汰和隔离感染雏鸡，但这些鸡即使存活也不会有太大的价值。一旦鸡群暴发过 AE，就不会再重复发生[89]。

预防接种

在育成期接种疫苗，能控制种鸡群在性成熟后不再发生感染，同时也能防止病毒经蛋途径扩散。此外，母源抗体能保护雏鸡在最易感的头 2～3 周抵抗 AEV 感染。商品产蛋鸡群也可以进行免疫接种，以防止由 AE 引起的一过性产蛋下降。用于控制鸡 AE 的疫苗对火鸡也同样有效[25]。

Calnek[17]详述了 AE 免疫接种的发展情况。已研制成功灭活疫苗[12,20,61,88]，可用于开产鸡或者限制使用活疫苗的地区。多数鸡群可免疫接种鸡胚繁殖的活病毒如 1 143 株[22]，可通过类似于自然感染途径，如饮水和喷雾免疫[9,22,28]。活毒疫苗可冷冻或冻干保存[8,83]，与野毒一样，容易在鸡群内传播。可以对鸡群中的一小部分鸡口服，然后传播给其他的鸡，但这种方法对笼养鸡效果不好[28,90]。Shafren 等[94]发现给 10%（不是 5%）鸡点眼免疫与全群饮水免疫的血清学反应相同。有些鸡群经翅膀刺种免疫，但这种方法有可能带来发病危险[32]。一般应在 8 周龄后，最迟在开产前 4 周接种。

鸡胚适应株不能当作活毒疫苗。其原因：①鸡胚适应毒丧失了通过肠道感染的能力，因此，自然途径免疫无效[22]；②鸡胚适应毒和野毒株一样，经翅膀刺种时，可能会引起临床疾病[19]。Glisson 和 Fletcher[32]发现给青年肉种鸡经翅膀途径接种鸡胚增殖的疫苗引起了临床性脑炎，认为极有可能是在制苗过程中，疫苗毒偶然变成了鸡胚适应毒。在生产疫苗时，应仔细监测接种鸡胚的特征表现（见"病原学"），以检测是否发生了鸡胚适应。利用易感雏鸡口服感染传代，可去除疫苗种毒中的鸡胚适应毒。

韦莉 贾强 秦卓明 译

刘爵 苏敬良 校

参考文献

[1]Abe,T. 1968. A search for susceptible cells to avian encephalomyelitis(AE)virus. *Jap J Vet Res* 16:88-89.

[2]Ahmed,A. A. S. ,I. M. Abou El - Azm,N. N. K. Ayoub, and B. I. M. E. Toukhi. 1982. Studies on the serological detection of antibodies to avian encephalomyelitis virus. *Avian Patrol* 11:253 - 262.

[3]Berger,R. G. 1982. An *in vitro* assay for quantifying the virus of avian encephalomyelitis. *Avian Dis* 26:534 -541.

[4]Bodin,G. ,J. L. Pellerin, A. Milon, M. F. Geral, X. Berthelot,and R. Laurie. 1981. Etude de la contamination experimentale du gibier a plumes(faisnas, perdrix rouges, perdrix grises),par le virus de l'encephalomyelite infectieuse aviare. *Revue Med Vet* 132:805 - 816.

[5]Braune,M. O. and R. F. Gentry. 1971a. Avian encephalomyelitis virus. Ⅰ. Pathogenesis in chicken embryos. *Avian Dis* 15:638 - 647.

[6]Braune, M. O. and R. F. Gentry. 1971b. Avian encephalomyelitis virus. II. Pathogenesis in chickens. *Avian Dis* 15:648 - 653.

[7]Bridges, C. H. and A. I. Flowers. 1958. Iridocyclitis and cataracts associated with an encephalomyelitis in chickens. *J Am Vet Med Assoc* 132:79 - 84.

[8]Bülow, V. v. 1964. Studies on the physico-chemical properties of the virus of avian encephalomyelitis(AE) with special reference to purification and preservation of virus suspensions. Zentralbl Veterinaermed [B] 11:674 - 686.

[9]Bülow, V. v. 1965. Avian encephalomyelitis(AE). Cultivation, titration, and handling of the virus for live vaccines. *Zentralbl Veterinaermed* [B] 12:298 - 311.

[10]Burke, C. N. , H. Krauss, and R. E. Luginbuhl. 1965. The multiplication of avian encephalomyelitis virus in chicken embryo tissues. *Avian Dis* 9:104 - 108.

[11]Butterfield, W. K. 1975. Avian encephalomyelitis: The virus and immune response. *Am J Vet Res* 36:557 - 559.

[12]Butterfield, W. K. , R. E. Luginbuhl, C. F. Helmboldt, and F. W. Sumner. 1961. Studies on avian encephalomyelitis. III. Immunization with an inactivated virus. *Avian Dis* 5:445 - 450.

[13]Butterfield, W. K. , C. M. Helmboldt, and R. E. Luginbuhl. 1969. Studies on avian encephalomyelitis. IV. Early incidence and longevity of histopathologic lesions in chickens. *Avian Dis* 13:53 - 57.

[14]Cadman, H. F. , P J. Kelly, R. Zhou, F. Davelaar, and P. R. Mason. 1994. A serosurvey using enzyme-linked immunosorbent assay for antibodies against poultry pathogens in ostriches(*Struthio camelus*) from Zimbabwe. *Avian Dis* 38:621 - 625.

[15]Calnek, B. W. and J. Fabricant. 1981. Immunity to infectious avian encephalomyelitis. In M. E. Rose, L. N. Payne, and B. M. Freeman (eds.). Avian Immunology. British Poultry Science:Edinburgh, Scotland, 235 - 244.

[16]Calnek, B. W. 1993. Avian Encephalomyelitis. In J. B. McFerran and M. S. McNulty(eds.). Virus Infections of Vertebrates. 4. Virus Infections of Birds. Elsevier Science:Amsterdam, The Netherlands, 469 -478.

[17]Calnek, B. W. 1998. Control of avian encephalomyelitis: A historical account. *Avian Dis* 42:632 - 647.

[18]Calnek, B. W. and H. Jehnich. 1959a. Studies on avian encephalomyelitis. I. The use of a serum-neutralization test in the detection of immunity levels. *Avian Dis* 3:95 - 104.

[19]Calnek, B. W. and H. Jehnich. 1959b. Studies on avian encephalomyelitis. II. Immune responses to vaccination procedures. *Avian Dis* 3:225 - 239.

[20]Calnek, B. W. and P. J. Taylor. 1960. Studies on avian encephalomyelitis. III. Immune response to beta-propiolactone inactivated virus. *Avian Dis* 4:116 -122.

[21]Calnek, B. W. , P. J. Taylor, and M. Sevoian. 1960. Studies on avian encephalomyelitis. IV. Epizootiology. *Avian Dis* 4:325 - 347.

[22]Calnek, B. W. , P. J. Taylor, and M. Sevoian. 1961. Studies on avian encephalomyelitis. V. Development and application of an oral vaccine. *Avian Dis* 5:297 - 312.

[23]Cheville, N. F. 1970. The influence of thymic and bursal lymphoid systems in the pathogenesis of avian encephalomyelitis. *Am J Pathol* 58:105 - 125.

[24]Choi, W. P. and S. Miura. 1972. Research Note: Indirect fluorescent antibody technique for the detection of avian encephalomyelitis antibody in chickens. *Avian Dis* 16:949 - 951.

[25]Deshmukh, D. R. , C. T. Larsen, T. A. Rude, and B. S. Pomeroy. 1973. Evaluation of live-virus vaccine against avian encephalomyelitis in turkey breeder hens. *Am J Vet Res* 34:863 - 867.

[26]Dovadola, E. , M. Petek, P. D'Aprile, and F. Cancellotti. 1973. Detection of avian encephalomyelitis virus antibodies in turkey breeder flocks by the embryo-susceptibility and immunofluorescence tests. Proc 5th Int Congr World Vet Poult Assoc, 1501 - 1506.

[27]Feibel, F. , C. F. Helmboldt, E. L. Jungherr, and J. R. Carson. 1952. Avian encephalomyelitis C Prevalence, pathogenicity of the virus, and breed susceptibility. *Am J Vet Res* 13:260 - 266.

[28]Folkers, C. , D. Jaspers, M. E. M. Stumpel, and E. A. E. Wittebrongel. 1976. Vaccination against avian encephalomyelitis with special reference to the spray method. *Dev Biol Stand* 33:364 - 369.

[29]Garrett, J. K. , R. B. Davis, and W. L. Ragland. 1984. Enzymelinked immunosorbent assay for detection of antibody to avian encephalomyelitis virus in chickens. *Avian Dis* 28:117 - 130.

[30]Garrett, J. K. , R. B. Davis, and W. L. Ragland. 1985. Correlation of serum antibody titer for avian encephalomyelitis virus(AEV) in hens with the resistance of progeny embryos to AEV. *Avian Dis* 29:878 - 880.

[31]Girshick, T. and C. K. Crary, Jr. 1982. Preparation of an agar-gel precipitating antigen for avian encephalomyelitis and its use in evaluating the antibody status of poultry. *Avian Dis* 26:798 - 804.

[32]Glisson, J. R. and O. J. Fletcher. 1987. Clinical encephali-

tis following avian encephalomyelitis vaccination in broiler pullets. *Avian Dis* 31:383 - 385.

[33] Gosting, L. H., B. W. Grinnell, and M. Matsumoto. 1980. Physicochemical and morphological characteristics of avian encephalomyelitis virus. *Vet Microbiol* 5:87 - 100.

[34] Hill, R. W. and R. G. Raymond. 1962. Apparent natural infection of Coturnix quail hens with the virus of avian encephalomyelitis. Case report. *Avian Dis* 6:226 - 227.

[35] Hishida, N., Y. Odagiri, T. Kotani, and T. Horiuchi. 1986. Morphological changes of neurons in experimental avian encephalomyelitis. *Jap J Vet Sci* 48:169 - 172.

[36] Hoekstra, J. 1964. Experiments with avian encephalomyelitis. *Br Vet J* 120:322 - 335.

[37] Hohlstein, W. M., D. R. Deshmukh, C. T. Larsen, J. H. Sautter, B. S. Pomeroy, and J. R. MCDowell. 1970. An epiornithic of avian encephalomyelitis in turkeys in Minnesota. *Am J Vet Res* 31: 2233 -2242.

[38] Hughes, P. J. and G. Stanway. 2000. The 2A proteins of three diverse picornaviruses are related to each other and to the H-rev107 family of proteins involved in the control of cell proliferation. *J Gen Virol* 81:201 -207.

[39] Ide, P. R. 1979. The sensitivity of some avian viruses to formaldehyde fumigation. *Can J Comp Med* 43: 211- 216.

[40] Ikeda, S. 1977. Immunodiffusion tests in avian encephalomyelitis. I. Standardization of procedure and detection of antigen in infected chickens and embryos. *Natl Inst Anim Health Q: Tokyo*, 17:81 - 87.

[41] Ikeda, S. 1977. Immunodiffusion tests in avian encephalomyelitis. II. Detection of precipitating antibody in infected chickens in comparison with neutralizing antibody. *Natl Inst Anita Health Q: Tokyo*, 17:88 -94.

[42] Ikeda, S. and K. Matsuda. 1976. Susceptibility of chickens to avian encephalomyelitis virus. IV. Behavior of the virus in laying hens. *Natl Inst Anim Health Q: Tokyo*, 16:83 - 89.

[43] Ikeda, S. and K. Matsuda. 1976. Susceptibility of chickens to avian encephalomyelitis virus. V. Behavior of a field strain in laying hens. *Natl Inst Anim Health Q: Tokyo*, 16:90 - 96.

[44] Ikeda, I., K. Matsuda, and K. Yonaiyama. 1976. Susceptibility of chickens to avian encephalomyelitis virus. III. Behavior of the virus in growing chicks. *Natl Inst Anita Health Q: Tokyo*, 16:33 - 38.

[45] Ikeda, S., K. Matsuda, and K. Yonaiyama. 1976. Susceptibility of chickens to avian encephalomyelitis virus. II.

Behavior of the virus in day-old chicks. *Natl Inst Health Q:, Tokyo*, 16:1 - 7.

[46] International Committee on Taxonomy of Viruses. 2000. In M. H. V. Van Regenmortel, C. M. Fauquet, and D. H. L. Bishop(eds.). Virus Taxonomy. Academic Press: San Diego, 1162.

[47] Jones, E. E. 1932. An encephalomyelitis in the chicken. *Science* 76:331 - 332.

[48] Jones, E. E. 1934. Epidemic tremor, an encephalomyelitis affecting young chickens. *J Exp Med* 59:781 -798.

[49] Jungherr, E. and E. L. Minard. 1942. The present status of avian encephalomyelitis. *J Am Vet Med Assoc* 100: 38 -46.

[50] Jungherr, E. L., F. Sumner, and R. E. Luginbuhl. 1956. Pathology of egg-adapted avian encephalomyelitis. *Science* 124:80 - 81.

[51] Kamada, M., G. Sato, and S. Miura. 1974. Characterization of multiplication of embryo-adapted avian encephalomyelitis virus in chick embryo brain cell cultures, *J pn J Vet Res* 22:32 - 42.

[52] Karesh, W. B., M. M. Uhart, E. Frere, P. Gandidni, W. E. Braselton, H. Puche, and R. A. Cook. 1999. Health evaluation of free-ranging rockhopper penguins (Eudyptes chrysocomes) in Argentina. *J Zoo Wildl Med* 30: 25 - 31.

[53] Knowles, P., N. J. Knowles, A. P. Mockett, P. Britton, T. D. Brown, and D. Cavanagh. 1999. Avian encephalomyelitis virus is a picornavirus and is most closely related to hepatitis A virus. *J Gen Virol* 80:653 - 662.

[54] Kodama, H., G. Sato, and S. Miura. 1975. Avian encephalomyelitis virus in chicken pancreatic cell cultures. *Avian Dis* 19:556 - 565.

[55] Krauss, H. and S. Ueberschär. 1966. Zur Ultrastruktur des Virus deraviaeren Enzephalomyelitis. *Berl Munch Tierarztl Wochenschr* 79:480 - 482.

[56] Liu, J., T. Wei, and J. Kwang. 2002. Avian encephalomyelitis virus induces apoptosis via major structural protein VP3. *Virology* 300:39 - 49.

[57] Liu, J., T. Wei, and J. Kwang. 2004a. Avian encephalomyelitis virus nonstructural protein 2C induces apoptosis by activating cytochrome c/caspase - 9 pathway. *Virology* 318:169 - 182.

[58] Liu, J., T. Wei, and J. Kwang. 2004b. Membrane-association properties of avian encephalomyelitis virus protein 3A. *Virology* 321:297 - 306.

[59] Lucas, A. M. 1951. Lymphoid tissue and its relationship to socalled normal lymphoid foci and to lymphomatosis.

Ⅵ. A study of lymphoid areas in the pancreas of doves and chickens. *Poult Sci* 30:116‑124.

[60]Lukert,P. D. and R. B. Davis. 1971. New methods under investigation for the evaluation of the immune status of breeder hens to avian encephalomyelitis. Ⅱ. Preliminary studies with an immunodiffusion test for avian encephalomyelitis antibodies. *Avian Dis* 15:935‑938.

[61]MacLeod,A. J. 1965. Vaccination against avian encephalomyelitis with a betapropialactone inactivated vaccine. *Vet Rec* 77:335‑338.

[62]Malkinson, M. , Y. Weisman, A. Stavinski, I. Davidson, U. Orgad, and M. S. Dison. 1986. Application of ELISA to study avian encephalomyelitis in a flock of turkeys. *Vet Rec* 119:503‑504.

[63]Mancini,I. O. and V. J. Yates. 1967. Cultivation of avian encephalomyelitis virus *in vitro*. Ⅰ. In chick embryo neuroglial cell culture. *Avian Dis* 11:672‑679.

[64]Mancini,I. O. and V. J. Yates. 1968. Cultivation of avian encephalomyelitis virus *in vitro*. Ⅱ. In chick embryo fibroblastic cell culture. *Avian Dis* 12:278‑284.

[65]Mancini,I. O. and V. J. Yates. 1968. Cultivation of avian encephalomyelitis virus in chicken embryo kidney cell culture. *Avian Dis* 12:686‑688.

[66]Marvil,P. , N. J. Knowles, A. P. Mockett, P. Britton, T. D. Brown, and D. Cavanagh. 1999. Avian encephalomyelitis virus is a picornavirus and is most closely related to hepatitis A virus. *J Gen Virol* 80:653‑662.

[67] Mathey, W. J. , Jr. 1955. Avian encephalomyelitis in pheasants. *Cornell Vet* 45:89‑93.

[68]Miyamae,T. 1974. Ecological survey by the immunofluorescent method of virus in enzootics of avian encephalomyelitis. *Avian Dis* 18:369‑377.

[69]Miyamae, T. 1976. Emergence pattern of egg-adapted avian encephalomyelitis virus by alternating passage in chickens and embryos. *Avian Dis* 20:425‑428.

[70]Miyamae, T. 1977. Immunofluorescent study on egg-adapted avian encephalomyelitis virus infection in chickens. *Am J Vet Res* 38:2009‑2012.

[71]Miyamae, T. 1981. Localization of viral protein in avianencephalomyelitis-virus-infected hens. *Avian Dis* 25:1065‑1069.

[72]Miyamae, T. 1983. Invasion of avian encephalomyelitis virus from the gastrointestinal tract to the central nervous system in young chickens. *Am J Vet Res* 44:508‑510.

[73]Miyamae,T. and S. Miura. 1971. Patterns of virus multiplication in chickens infected orally with wild and egg a-

dapted encephalomyelitis viruses. *Jpn J Vet Sci* 33:40‑41.

[74]Mohanty,G. C. and J. L. West. 1968. Some observations on experimental avian encephalomyelitis. *Avian Dis* 12:689‑693.

[75]Nicholas,R. A. ,I. G. Hopkins, S. J. Southern, and D. H. Thornton. 1986. A comparison of titration methods for live avian encephalomyelitis virus vaccines. *Dev Biol Stand* 64:207‑212.

[76]Nicholas, R. A. J. , A. J. Ream, and D. H. Thornton. 1987. Replication of avian encephalomyelitis virus in chick embryo neuroglial cell cultures. *Arch Virol* 96:283‑287.

[77]Ohishi,K. , M. Senda, H. Yamamoto, H. Nagai, M. Norimatsu, and H. Sasaki. 1994. Detection of avian encephalomyelitis viral antigen with a monoclonal antibody. *Avian Pathol* 23:49‑59.

[78]Olitsky,P. K. 1939. Experimental studies on the virus of infectious avian encephalomyelitis. *J Exp Med* 70:565‑582.

[79]Olitsky,P. K. and J. H. Bauer. 1939. Ultrafiltration of the virus of infectious avian encephalomyelitis. *Proc Soc Exp Biol Med* 42:634‑636.

[80]Olitsky,P. K. and H. Van Roekel. 1952. Avian encephalomyelitis(epidemic tremor). In H. E. Biester and L. H. Schwarte(eds.). Diseases of Poultry,3rd ed. Iowa State University Press:Ames,IA,619‑628.

[81]Padilla, L. R. , K. P. Huyvaert, J. Merkel, R. E. Miller, and P. G. Parker. 2003. Hematology, plasma chemistry, serology, and chlamydophila status of the waved albatross(*Phoebastria irrorata*)on the Galapagos Islands. *J Zoo Wildl Med* 34:278‑283.

[82]Peckham, M. C. 1957. Lens opacities in fowls possibly associated with epidemic tremors. Case report. *Avian Dis* 1:247‑255.

[83]Polewaczyk, D. E. , Z. Zolli, Jr. , and W. D. Vaughn. 1972. Efficacy studies for a freeze-dried avian encephalomyelitis vaccine. *Poult Sci* 51:1851.

[84]Richey, D. J. 1962. Avian encephalomyelitis (epidemic tremor). *Southeast Vet* 13:55‑57.

[85]Richter, V. R. ,J. Kosters, and S. Kuhavanta‑Kalkosol. 1985. Vergleichende Untersuchungen zur Anwendung eines Enzyme-linked-immunosorbent-assay(ELISA) zum Antikorpernachweis gegen den Erreger der aviaren Encephalomyelitis. *Zentralbl Veterinarmed* [B] 32:116‑127.

[86]Sato, G. , M. Kamada, T. Miyamae, and S. Miura. 1971.

Propagation of non-egg-adapted avian encephalomyelitis virus in chick embryo brain cell culture. *Avian Dis* 15: 326 - 333.

[87] Schaaf, K. 1958. Immunization for the control of avian encephalomyelitis. *Avian Dis* 2: 279 - 289.

[88] Schaaf, K. 1959. Avian encephalomyelitis immunization with inactivated virus. *Avian Dis* 3: 245 - 256.

[89] Schaaf, K. and W. F. Lamoreaux. 1955. Control of avian encephalomyelitis by vaccination. *Am J Vet Res* 16: 627 - 633.

[90] Schneider, T. 1967. Beobachtungen ueber die Durchseuchung von Zuchthuehnerbestaenden nach Lebendvaccination mit dem Virus der aviaeren Encephalomyelitis (AE) der Huehner. *Arch Gefluegelkd* 31: 342 -348.

[91] Shafren, D. R. and G. A. Tannock. 1988. An enzyme-linked immunosorbent assay for the detection of avian encephalomyelitis virus antigens. *Avian Dis* 32: 209 - 214.

[92] Shafren, D. R. and G. A. Tannock. 1991. Pathogenesis of avian encephalomyelitis viruses. *J Gen Virol* 72: 2713 - 2719.

[93] Shafren, D. R. and G. A. Tannock. 1992. Further evidence that the nucleic acid of avian encephalomyelitis virus consists of RNA. *Avian Dis* 36: 1031 - 1033.

[94] Shafren, D. R. , G. A. Tannock, and P. J. Groves. 1992. Antibody responses to avian encephalomyelitis virus vaccines when administered by different routes. *Aust Vet J* 69: 272 - 275.

[95] Smart, I. J. and D. C. Grix. 1985. Measurement of antibodies to infectious avian encephalomyelitis virus by ELISA. *Avian Pathol* 14: 341 - 352.

[96] Smart, I. J. , D. C. Grix, and D. A. Barr. 1986. The application of the ELISA to the diagnosis and control of avian encephalomyelitis. *Aust Vet J* 63: 297 -299.

[97] Springer, W. T. and S. C. Schmittle. 1968. Avian encephalomyelitis. A chronological study of the histopathogenesis in selected tissues. *Avian Dis* 12: 229 - 239.

[98] Sumner, F. W. , E. L. Jungherr, and R. E. Luginbuhl. 1957. Studies on avian encephalomyelitis. I. Egg adaption of the virus. *Am J Vet Res* 18: 717 -723.

[99] Sumner, F. W. , R. E. Luginbuhl, and E. L. Jungherr. 1957. Studies on avian encephalomyelitis. II. Flock survey for embryo susceptibility to the virus. *Am J Vet Res* 18: 720 - 723.

[100] Sytuo, B. and M. Matsumoto. 1981. Detection of chicken antibodies against avian encephalomyelitis virus by an enzyme-linked immunoassay. *Poult Sci* 60: 1742.

[101] Tannock, G. A. and D. R. Shafren. 1985. A rapid procedure for the purification of avian encephalomyelitis viruses. *Avian Dis* 29: 312 - 321.

[102] Tannock, G. A. and D. R. Shafren. 1994. Avian encephalomyelitis: A review. *Avian Patrol* 23: 603 - 620.

[103] Taylor, J. R. E. and E. P. Schelling. 1960. The distribution of avian encephalomyelitis in North America as indicated by an immunity test. *Avian Dis* 4: 122 - 133.

[104] Taylor, L. W. , D. C. Lowry, and L. G. Raggi. 1955. Effects of an outbreak of avian encephalomyelitis (epidemic tremor) in a breeding flock. *Poult Sci* 34: 1036 - 1045.

[105] Todd, D. , J. H. Weston, K. A. Mawhinney, and C. Laird. 1999. Characterization of the genome of avian encephalomyelitis virus with cloned cDNA fragments. *Avian Dis* 43: 219 - 226.

[106] Toplu, N. , and G. Alcigir. 2004. Avian encephalomyelitis in naturally infected pigeons in Turkey. *Avian Patrol* 33: 381 - 386.

[107] Van der Heide, L. 1970. The fluorescent antibody technique in the diagnosis of avian encephalomyelitis. *Univ Maine Tech Bull* 44: 1 - 79.

[108] Van Roekel, H. , K. L. Bullis, and M. K. Clarke. 1938. Preliminary report on infectious avian encephalomyelitis. *J Am Vet Med Assoc* 93: 372 - 375.

[109] Van Roekel, H. , K. L. Bullis, and M. K. Clarke. 1939. Infectious avian encephalomyelitis. *Vet Med* 34: 754 - 755.

[110] Van Roekel, H. , K. L. Bullis, O. S. Flint, and M. K. Clarke. 1940. Avian encephalomyelitis. *Mass Agric Exp Stn Annu Rep Bull* 369: 94.

[111] Van Roekel, H. , K. L. Bullis, and M. K. Clarke. 1941. Transmission of avian encephalomyelitis. *J Am Vet Med Assoc* 99: 220.

[112] Van Steenis, G. 1971. Survey of various avian species for neutralizing antibody and susceptibility to avian encephalomyelitis virus. *Res Vet Sci* 12: 308 -311.

[113] Westbury, H. A. and B. Sinkovic. 1978. The pathogenesis of infectious avian encephalomyelitis. I. The effect of the age of the chicken and the route of administration of the virus. *Aust Vet J* 54: 68 - 71.

[114] Westbury, H. A. and B. Sinkovic. 1978. The pathogenesis of infectious avian encephalomyelitis. II. The effect of immunosuppression on the disease. *Aust Vet J* 54: 72 -75.

[115] Westbury, H. A. and B. Sinkovic. 1978. The pathogenesis of infectious avian encephalomyelitis. III. The rela-

tionship between viraemia, invasion of the brain by the virus, and the development of specific serum neutralising antibody. *Aust Vet J* 54:76 - 80.

[116] Westbury, H. A. and B. Sinkovic. 1978. The pathogenesis of infectious avian encephalomyelitis. Ⅳ. The effect of maternal antibody on the development of the disease. *Aust Vet J* 54:81 - 85.

[117] Wills, F. K. and I. M. Moulthrop. 1956. Propagation of avian encephalomyelitis virus in the chick embryo. *Southwest Vet* 10:39 - 42.

[118] Xie, Z., M. I. Khan, T Girshick, and Z. Xie. 2005. Reverse transcriptase-polymerase chain reaction to detect avian encephalomyelitis virus. *Avian Dis* 49:227 - 230.

[119] Yamagiwa, S., T. Yamashita, and C. Itakura. 1969. Poliomyelitis of newborn chicks (epidemic tremor of chickens, avian encephalomyelitis). Ⅱ. Electron microscopic observations of degenerated nerve cells. *Jpn J Vet Sci* 31:173 - 177.

[120] Zobisch, H., W. Gaede, and C. Kretzschmar. 1994 Development and testing of an indirect ELISA for the detection of antibodies against avian encephalomyelitis. *Berl Munch Tierarztl Wochenschr* 107:85 - 90.

禽戊型肝炎病毒感染

Avian Hepatitis E Virus Infections

X. J. Meng, H. L. Shivaprasad 和 C. Payne

引 言

肝炎-脾脏肿大（Hepatitis-splenomegaly，HS）综合征是一种主要由禽戊型肝炎病毒（HEV）感染引起的蛋鸡、肉种鸡疾病，它可导致产蛋量下降甚至死亡[19,40,42,51]。死禽在腹部有红色液体或凝固的血液，肝脾肿大。自20世纪80年代中期美国一些地方发生该病以来，HS综合征曾称作大肝脾（BLS）病[30,38,39,58]、坏死性出血肝炎—脾肿大综合征[45]、坏死出血性肝肿大肝炎[55]、肝炎-肝出血性综合征[25]和慢性暴发性胆管肝炎[26]。HS综合征仅在加拿大和美国有几次暴发的报道，该病的经济学意义还不清楚。但在澳大利亚该病是一种重要的肉

鸡疾病，估计50％肉种鸡群中每只母鸡每年产蛋减少8枚，总经济损失达到280万澳元[39,40,41]。

相关戊型肝炎病毒（HEV）（见以下分类）引起的肝炎病已在人（人HEV）和猪（猪HEV）中有报道[31,32,35,37,43]。此外，HEV抗体已在包括啮齿类动物、狗、猫、羊、山羊、牛和非人灵长类等多种动物中检测到，表明这些动物已感染分类还不清楚的HEV[1,33~36,43]。遗憾的是，除猪和鸡以外，不能鉴定这些感染动物HEV基因型和血清阳性结果。猪HEV能感染人[33~37]。但没有禽HEV感染人报道。

病 原 学

除在一起暴发病例中分离出胎儿弯曲杆菌外[26]，从感染肝脏通常不能分离到细菌[24,45,47,49,51,55]。HS综合征可能不是由毒素或细菌感染引起[44,45,55]。现在知道引起HS综合征或BLS的主要致病因子是戊型肝炎病毒[19,40]。

分类

根据其与杯状病毒相似的基因组结构，HEV最初被归属到杯状病毒科[43]。然而，随着测定的HEV序列越来越多，清楚地表明HEV基因组结构与杯状病毒明显不同，其基因组5′末端有一个帽结构，而杯状病毒没有，HEV与杯状病毒序列无显著同源性[12,28]。因此，最近国际病毒分类委员会将HEV从杯状病毒科分出来将其归于一个新的肝病毒科（Heperiridae）[13]。至今为止，鉴定的所有HEV株包括来自鸡的禽HEV均属于单独的肝病毒属。世界范围内，人和其他动物的HEV至少有5个基因型[22,23]：基因1型（人的类缅甸亚洲HEV株）、基因2型（一株墨西哥人HEV株）、基因3型（工业化国家散发的人HEV株和来自猪的猪HEV株）、基因4型（亚洲散发病例的人HEV和来自猪的猪HEV变异株）和可能的基因5型（来自美国、加拿大、澳大利亚的禽HEV株）（图14.20）。

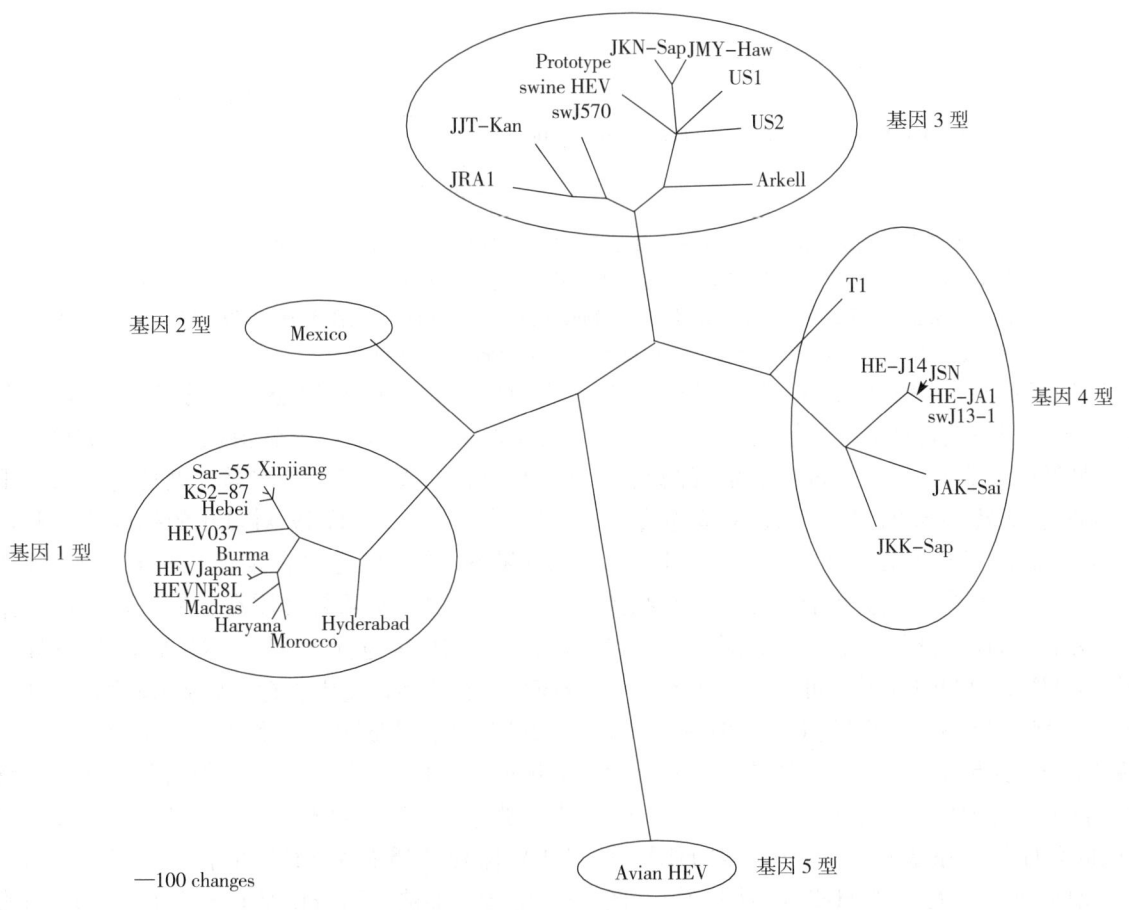

图 14.20　基于禽 HEV（基因 5 型）和 29 株人和猪 HEV（基因 1～4 型）全基因序列的系统发育树。该进化树由 PAUP 软件生成。标尺表示状态改变的数量，其与遗传距离成正比。转自 The Society for General Micrology[22]

形态学

人 HEV 是一个球形、无囊膜、对称、直径 32～34 nm 的病毒颗粒。表面有类似杯状病毒的杯状物[43]。HS 综合征鸡的胆汁样品负染 EM 观察，发现禽 HEV 病毒粒子大小和形态与人 HEV 相似（图 14.21）。

化学组成

已测定禽 HEV 全基因组序列，为一个含 poly（A）的单链正链 RNA 分子，除 poly（A）尾巴全长为 6 654bp，比人和猪 HEV 短 600bp 左右。与哺乳动物 HEV 基因组相似，禽 HEV 基因组包括一个短的 5′-非编码区（NCR），紧接着为 3 个部分重叠的开放阅读框（ORFs）和 3′-NCR（图 14.22）。ORF1 位于基因组 5′-末端，编码非结构蛋

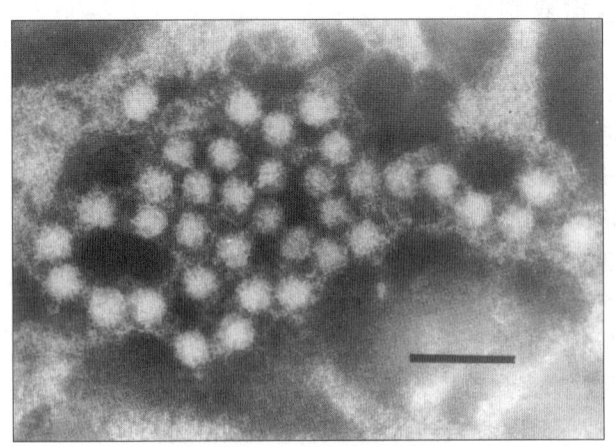

图 14.21　鸡肝炎-脾脏肿大综合征，患鸡的胆汁样品用负染电镜观察，可见禽戊型肝炎病毒颗粒直径为 30～35nm。Bar＝100nm。转载自 The Society for General Micrology[19]

白。禽 HEV ORF1 编码的多聚蛋白含有几个假定的功能域，包括甲基转移酶、木瓜酶样半胱氨酸蛋白酶、解旋酶及 RNA 依赖 RNA 聚合酶，它们也

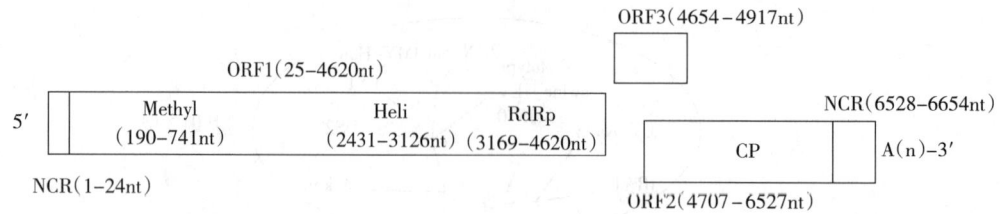

图14.22 禽 HEV 基因组结构示意图，包含一个短的 5′NCR、3′NCR 和 3 个部分重叠的开放阅读框（ORFs）：ORF1 编码非结构蛋白包括甲基转移酶（Methyl）、解旋酶（Heli）和 RNA 依赖 RNA 聚合酶（RdRp）功能结构区；ORF2 编码衣壳蛋白（CP）；ORF3 编码一个小蛋白，功能不清。NCRs 和 ORFs 的起始和终止位置在括号中标出。转载自 The Society for General Micrology[22]

存在于哺乳动物 HEVs 中（图 14.22），这进一步支持禽 HEV 是肝炎病毒属成员的结论。

已证明存在于整个 α-样病毒群的解旋酶超家族 I 和病毒甲基转移酶的典型功能性基序在禽 HEV 和哺乳动物 HEVs 之间很保守[22,28]。ORF2 编码免疫原性衣壳蛋白，其截短衣壳蛋白已在细菌中表达，用于禽 HEV 感染的血清学诊断[20,22]。虽然已证明人 HEV 的 ORF3 蛋白可能是一个参与病毒复制的细胞骨架-相关磷蛋白[60]，但禽 HEV ORF3 编码一个小蛋白，功能尚不清楚。全基因组序列列分析表明，禽 HEV 与人和猪 HEV 约有 50% 的核苷酸同源性[22]。系统发育树分析，禽 HEV 代表基因 5 型分支，与人和猪 HEVs 不同[22,54]（图 14.20）。

病毒复制

禽 HEV 或哺乳动物 HEVs 由于没有合适的细胞培养系统，该病毒复制机制几乎不知道。用禽 HEV 人工感染 SPF 鸡，在肝脏以及包括结肠、回肠、十二指肠和盲肠扁桃体等肝以外细胞检测到复制的病毒[5]，表明禽 HEV 不仅在肝脏，而且在胃肠组织中也复制。禽 HEV 在鸡中的复制的开始位置仍不清楚，但认为在病毒到达它的靶器官肝脏之前，病毒从口摄入后首先在胃肠道复制[7,59]。同猪和人 HEVs 一样，禽经粪便中排出大量 HEV[4,53]。

对理化因子的抵抗力

关于禽 HEV 对于物理化学或环境因素灭活的抵抗力知道极少。大多数资料是基于人 HEV，但禽 HEV 和人 HEV 可能对灭活抵抗力方面相同。含有禽 HEV 的肝脏悬液用氯仿和乙醚处理仍具有感染性[11,42]，但 56℃加热 1 h 或 37℃加热 6 h 就丧失感染性。禽 HEV 肝悬液用 0.05% 的吐温 20、0.1% NP40 或 0.15% 福尔马林处理后感染性下降 1 000 倍[11,41]。人 HEV 对氯化铯梯度离心和低温保存敏感[6,43]。碘化物消毒剂和高压灭菌破坏该病毒[3,48]。人 HEV 颗粒暴露在三氧三氯乙烷中据说稳定[56]。像其他无囊膜小 RNA 病毒一样，禽 HEV 能在恶劣环境中生存。以粪-口途径传播表明禽 HEV 能抵抗肠道的酸和弱减环境而不失活。最近报道人 HEV 比另一种肠道传播肝炎病毒甲型肝炎病毒（HAV）对热更不稳定[14]。HAV 和人 HEV 株粪悬浮液用 PBS 稀释，45、50、56、60、66 或 70℃加热 1 h，HAV 在 60℃仅有 50% 病毒失活，而在 66℃绝大部分病毒灭活。相反，人 HEV 在 56℃时有约 50% 病毒灭活，60℃时绝大多数（96%）病毒失活。

分类

从澳大利亚患 BLS 病鸡分离的病毒株被认为是禽 HEV 变异株[29,30,40,58]，与美国和加拿大分离的禽 HEV 株核苷酸同源性大约为 80%[2,19,20,21,54]。最近 Sun 等[54]从弗吉尼亚正常鸡群健康鸡中分离到了一株禽无毒力 HEV，初步鉴定结果表明从患 HS 综合征的鸡和健康鸡分离的 HEV 毒株之间存在独特的基因差异（Billam 和 Meng，未发表资料）。从正常鸡群健康鸡只中分离的禽 HEV 毒株是否真正无致病性有待进一步研究。

禽 HEV 在遗传学和抗原性上与猪和人 HEVs 关系密切[15,16,19,20,22]。已证明禽 HEV 衣壳蛋白与抗人 HEV 基因 1 型及人和猪 HEVs 基因 3 型的抗血清反应。禽 HEV 人工感染鸡康复血清也能与猪 HEV 基因 3 型和人 HEV 基因 1 型重组衣壳蛋白反应[20]。

实验室宿主系统

众所周知 HEV 很难体外培养。禽 HEV 静脉接种能在鸡胚上增殖，而用别的常规方法接种不能增殖[8,38]（Haqshenas 和 Meng，未发表资料）。用来自禽 HEV 感染性 cDNA 克隆的 RNA 转录子转染 LMH 鸡肝细胞（ATCC CRL2117）已证明该细胞支持禽 HEV 复制[23]。使用禽 HEV 抗血清进行免疫光法检测到转染的 LMH 细胞中有病毒抗原，并且荧光信号主要在细胞浆中。大约 10％～15％细胞为禽 HEV 抗原阳性细胞，但病毒没有从一个细胞扩散到另一个细胞[23]。

病理生物学和流行病学

发生和分布

1991 年首次报道 HS 综合征[47]发生在加拿大西部，现在加拿大东部[21,35]、加利福尼亚[45]和美国中西部和东部[26]（Shivaprasad，未发表资料）均有发生。澳大利亚报道过 BLS[8,9,10,18,38,40]。血清学调查表明英国也有禽 HEV 感染[57]。笼养来航母鸡易感，HS 综合征在一些农场频繁发生[45,47]。该病在产蛋肉种鸡中也有报道[24,49,50]，产蛋母鸡和饲养在垫料上的小群鸡的散发性死亡可能与此有关[25]。

美国禽 HEV 感染在鸡群是地方性流行，最近对 5 个州（CA、CO、CT、VA 和 WI）76 个不同年龄的 1276 只肉种鸡进行禽 HEV 抗体的血清学调查[21]，发现美国约 71％的鸡群和 31％的鸡 HEV 抗体阳性。约 17％的青年鸡（18 周龄以下）和约 36％的成年鸡禽 HEV 特异性抗体阳性。

自然宿主和实验宿主

野外条件下，鸡是禽 HEV 感染的唯一宿主。在实验室条件下，所有年龄的鸡对禽 HEV 易感[4,5,23,38,53]。禽 HEV 通过静脉和口鼻两种途径可试验感染 SPF 鸡[4]。鸡胚也对禽 HEV 易感，但只能经静脉接种[38]（Haq shena 和 Meng，未发表资

料）。实验室条件下，用禽感染性 HEV 种毒静脉接种 8 周龄火鸡，禽 HEV 抗体血清转阳、出现病毒血症并经粪便排毒[53]。试图用禽 HEV 人工感染猴[22]和小鼠（Sun 和 Meng，未发表资料）没有成功。

传播、携带者、媒介

病毒在同群或不同群之间很容易传播。在一群自然感染禽 HEV 的鸡群[54]，所监测的 14 只鸡在 12 周龄时血清反应全部阴性，13 周龄有一只鸡变成血清阳性，到 21 周龄时所有 14 只鸡全部变成血清阳性[54]。像人和猪 HEV 一样，禽 HEV 传播途径可能是粪-口感染，通过口鼻途径接种 SPF 鸡人工感染已成功复制出禽 HEV 感染[4]。感染鸡的粪便是病毒的主要来源，因为人工感染鸡粪便排出大量病毒[4,53]。不能排除有其他的传播途径。母鸡感染 HEV 可能发生垂直传播[9]，人工气雾传播禽 HEV 没有成功[10,11]。非接种鸡与接种 HEV 鸡在同一笼中饲养可通过与感染的鸡直接接触而感染[53]。虽然啮齿类在鸡场可能充当机械携带者（Sun 和 Meng，未发表资料），但禽 HEV 的传播携带者和媒介不知道。

临床症状

从病毒感染到从粪便中排出，口鼻感染鸡的潜伏期为 1～3 周[4]。该病（HS 综合征或 BLS）临床发病率和死亡率相对较低，但禽 HEV 亚临床感染在美国（可能还有其他国家）鸡群中广泛存在[21,54]。HS 综合征的鸡在死之前无临床症状[45,47,49,55]。在一些暴发禽 HEV 感染时，产蛋量下降 20％以上[45,47]，另一些则产蛋量不受影响[55]。产蛋肉种鸡和 30～72 周龄产蛋母鸡 HS 综合征死亡率比正常死亡高，40～50 周龄发病率最高[46,49]。产蛋中期的几周每周的死亡率增加大约 0.3％，有时可能超过 1％[45,47,49,55]。澳大利亚 BLS 病例临床症状也不同，从亚临床感染到产蛋下降可达 20％，并伴随每周死亡率超过 1％，持续 3～4 周[9,18]。病鸡可能出现鸡冠肉垂苍白、沉郁、食欲不振、肛门口羽毛污染或有糊状粪便[9,10,18,41,46]。感染鸡群产小蛋，蛋壳薄并且颜色淡，但鸡蛋的内在质量、受精率和孵化率未受到影响[41,42]。与澳大利亚感染鸡

群相比，美国和欧洲感染鸡群的临床症状更轻或只出现亚临床感染[42,54]。

病理学

自然条件下，死亡鸡通常出现卵巢退化，腹部有红色液体，并且肝和脾肿大[18,46,47,49,55]。死亡前感染鸡通常体况良好，伴有鸡冠和肉垂苍白[55]，但有时也能见到鸡的状态很差[47]。肝肿大，腹腔中可见出血或血凝块（彩图14.23）。

肝脏通常变脆，有色斑和红色、黄色和/或黄褐色病灶，被膜下有血肿以及表面附着血凝块[45,49]。腹腔出现凝血和肝脏出血通常与出血性脂肪肝综合征（HFLS）混淆。HFLS通常发生在蛋鸡，但HS综合征肝脏没有脂化。感染鸡脾脏轻度到重度肿大（彩图14.24），有时有白色病灶[24,45,49,55]，感染鸡卵巢通常退化[45,47]，但有些鸡卵巢正常[55]。

肝脏组织学病变从多灶性出血到大面积坏死、出血及肝静脉周围异嗜性粒细胞及单核炎性细胞浸润。在门静脉周围经常有部分淋巴细胞浸润和少数浆细胞。还常见肝细胞组织间隙中同类嗜酸性物质淀粉样物聚集及肝细胞分隔。在严重病例中，可见门静脉不连续的肉芽肿并可能形成血栓。脾脏病变包括感染后期淋巴细胞缺失伴随单核吞噬细胞增加，在小动脉和微小动脉管壁内及细胞间隙有同类嗜酸性粒细胞和淀粉样物聚集。用刚果红染色认为肝和脾组织中嗜酸性物质是淀粉样蛋白[45,49,50,51,55]（彩图14.25）。

实验条件下，用禽HEV人工感染SPF鸡大体病变主要在肝脏[4]。感染的鸡中大约有1/4鸡只可见到被膜下出血和肝右中叶轻度肿大（彩图14.26）。

显微镜下，在肝组织切片中可见淋巴细胞性静脉周炎和静脉炎病灶（彩图14.27）。静脉接种鸡接种10天后肝脏损伤最严重。有些鸡中还可见到肝脏其他病变，如肝细胞坏死灶、间质淀粉样变、被膜下出血（彩图14.27）。用禽HEV感染的SPF鸡其他器官也可见到组织学病变，脾脏轻度淋巴组织增生、胸腺轻度皮质增生、肾脏偶见轻度淋巴细胞性间质肾炎、肺脏轻度淋巴细胞性和异嗜性细胞旁支气管炎和间质性炎症。通常情况下，肠胃道组织无明显的组织学病变。肝脏谷草转氨酶、白蛋白/

球蛋白（A/G）比值或胆汁酸的血清水平变化未见显著升高[4]。但是，LDH水平随时间的推移发生改变（$p = 0.0851$）。静脉接种鸡，LDH水平在接种后1周达到高峰，然后恢复到正常水平。口鼻接种鸡，从接种后1~4周LDH水平一直升高，接种后7周恢复到正常水平。口鼻接种鸡总蛋白量静脉接种鸡及对照组鸡高（$p < 0.000\ 1$）[4]。

感染过程的发病机制

禽HEV感染鸡的发病机制尚不清楚，相信与哺乳动物HEVs一样[43,59]，禽HEV通过粪-口途径进入宿主。禽HEV在鸡中主要复制部位还不清楚。已证明人HEV或猪HEV人工感染灵长类或猪时，病毒在肝脏中复制[17,32]。HEV在肝脏细胞中复制后从肝脏细胞释放到胆囊，然后从粪便排出。Willams等[59]证明用猪HEV或人HEV人工感染猪HEV也可在肝外区域复制。为了鉴定禽HEV在鸡肝外区域复制，Billam等[5]使用负链特异性RT - PCR，能检测到组织中复制型禽HEV RNA。除肝脏外，人工感染的鸡感染后5、16、20和35天后结肠，感染后20和35天盲肠和空肠，感染后7、10、20和35天回肠，感染后20天十二指肠以及感染后35天和56天的盲肠扁桃体中也都能检测到复制型禽HEV[5]。因此，经口腔接种胃肠道组织可能是禽HEV首先复制的部位。然而HEV在肝外区域复制的临床和病理学意义还不清楚。

免疫力

禽HEV感染鸡的体液免疫反应的特征是接种后大约1~4周产生IgG抗体[4,53]。禽HEV感染鸡的细胞免疫反应还不清楚。像哺乳动物HEVs一样，禽HEV的衣壳蛋白是免疫原性蛋白，介导抗禽HEV感染的保护性免疫反应[16]。已证明禽HEV衣壳蛋白与猪和人HEVs有共同的抗原决定簇，能产生交叉反应[15,16,20]。禽HEV衣壳蛋白能与抗人HEV（Sar - 55株）抗血清及抗猪HEV和人HEV US2株恢复期的抗血清发生反应。相反，禽HEV人工感染鸡的恢复血清也能与猪和人HEVs的重组衣壳蛋白发生反应[20]。在禽HEV衣壳蛋白已鉴定出4个抗原结构域（Ⅰ、Ⅱ、Ⅲ、

Ⅳ）。最近 Guo 等[15]鉴定出结构域Ⅱ的 C 末端（可能在氨基酸残基 477‑492 位）存在一个 B 细胞表位，为禽 HEV 所特有；结构域Ⅰ（氨基酸残基 389‑410 位）有一个 B 细胞表位，为禽、人和猪 HEVs 所共有；及结构域Ⅳ（氨基酸残基 583‑600 位）有一个或多个 B 细胞表位，为禽和人 HEV 所拥有。迄今鉴定的所有 HEV 株属于同一个血清型。

诊 断

基于临床症状和大体病变或显微病变对 HS 综合征可进行初步诊断。HS 综合征必须与出血性脂肪肝综合征（HFLS）相区别，因为 HS 综合征在腹腔出现凝血块，并造成肝脏出血，而且 HS 综合征的肝脏不像 HFLS 综合征那样有脂肪化。然而，杀虫剂（抗凝剂）中毒时，腹腔或肝脏周围有时会有或无凝血。鉴别诊断也应考虑鸡受外伤或肝脏出血或肝脏周围出血。负染电镜观察可在患 HS 综合征鸡的胆汁中检出病毒粒子，大小为 30～35nm。

禽 HEV 不能在细胞培养物上复制。虽然禽 HEV 经静脉接种鸡胚后，鸡胚可被感染［38，Haqshenas 和 Meng，未发表资料］，但由于操作技术难度大或在静脉接种过程中造成鸡胚死亡率高，使用鸡胚进行病毒分离不现实。目前，禽 HEV 的诊断主要是用 RT‑PCR 检测病毒 RNA 或用 ELISA 检测病毒抗体[21,53,54]。然而，这些诊断方法的敏感性和特异性还很不清楚。已表达禽 HEV 截断的衣壳蛋白并应用于 ELISA 中检测鸡体中的禽 HEV 抗体[4,20,21,53,54]。在澳大利亚，用患病鸡的脾脏和肝脏中提纯的抗原用于琼脂扩散试验（AGID）和 ELISA 方法，来检测禽 HEV 感染[11,40,57]。

仅用血清学方法检测急性禽 HEV 感染是不够的。感染鸡中，病毒血症和经粪便排毒的时间要比出现禽 HEV IgG 抗体早，因此，血清学测定为阴性的鸡只仍可能感染禽 HEV[4,53-54]。禽 HEV 特异性 RT‑PCR 方法已成功用于鸡群中禽 HEV 感染的检测[4,21,27,53-54]。从不同地区鉴定的禽 HEV 毒株存在遗传学差异，因此来用这种 RT‑PCR 检测不同地区鸡群中禽 HEV 毒株其特异性还不清楚[21,54]。因此，了解不同地区分离到的禽 HEV 毒株的遗传背景及特点对于开发一种能检测出所有毒株的通用型 RT‑PCR 检测方法是至关重要的。最近，建立了一种异源双链移位方法作为一种工具可鉴别遗传上有差异的禽 HEV 毒株[52]。目前，禽 HEV 衣壳蛋白独特性抗原表位的鉴定[15]有助于进一步开发出鉴别诊断方法，以区分是禽 HEV、猪 HEV 还是人 HEV 引起的感染。

防治措施

抗禽 HEV 和哺乳动物 HEVs 还没有疫苗可供使用。目前，禽 HEV 感染也没有治疗方法。在鸡场执行严格的生物安全措施可能能够限制病毒的传播。

韦 莉 译

刘 爵 苏敬良 校

参考文献

[1] Arankalle, V. A., M. V. Joshi, A. M. Kulkarni, S. S. Gandhe, L. P. Chobe, S. S. Rautmare, A. C. Mishra, and V. S. Padbidri. 2001. Prevalence of anti‑hepatitis E virus antibodies in different Indian animal species. *J Viral Hepat* 8:223‑227.

[2] Agunos, A. C., D. Yoo, S. A. Youssef, D. Ran, B. Binnington, and D. B. Hunter. 2006. Avian hepatitis E virus in an outbreak of hepatitis‑splenomegaly syndrome and fatty liver haemorrhage syndrome in two flaxseed‑fed layer flocks in Ontario. *Avian Pathol*. 35:404‑412.

[3] Balayan, M. S. 1997. Epidemiology of hepatitis E virus infection, *J Viral Hepat* 4:155‑165.

[4] Billam, P., F. F. Huang, Z. F. Sun, F. W. Pierson, R. B. Duncan, F. Elvinger, D. K. Guenette, T. E. Toth, and X. J. Meng. 2005. Systematic pathogenesis and replication of avian hepatitis E virus in specific‑pathogen‑free adult chickens. *J Virol* 79:3429‑3437.

[5] Billam, P., F. W. Pierson, R. Duncan, and X. J. Meng. 2006. Evidence of extrahepatic sites of replication for hepatitis E virus in a chicken model under natural route of infection. Proceeding of 25th Annual Meeting of American Society for Virology, 221. July 15‑19, 2006, Madison, Wisconsin.

[6] Bradley, D. W., K. Krawczynski, E. H. Cook Jr, K. A. McCaustland, C. D. Humphrey, J. E. Spelbring, H. Myint, and J. E. Maynard. 1987. Enterically transmitted non‑A,

non - B hepatitis; serial passage of disease in cynomolgus macaques and tamarins and recovery of diseaseassociated 27 - to 34 - nm viruslike particles. *Proc Natl Acad Sci USA* 84;6277 -6681.

[7]Choi,C. , and C. Chae. 2003. Localization of swine hepatitis E virus in liver and extrahepatic tissues from naturally infected pigs by in situ hybridization. *J Hepatol* 38;827 - 832.

[8]Clarke,J. K. ,G. M. Allan,D. G. Bryson, W. Williams,D. Todd,D. P. Mackie, and J. B. McFerran. 1990. Big liver and spleen disease of broiler breeders. *Avian Pathol* 19; 41 - 50.

[9]Crerar,S. K. , and G. M. Cross. 1994a. The experimental production of big liver and spleen disease in broiler breeder hens. *Aust Vet J* 71;414 - 417.

[10]Crerar,S. K. , and G. M. Cross. 1994b. Epidemiological and clinical investigations into big liver and spleen disease of broiler breeder hens. *Aust Vet J* 71;410 - 413.

[11]Ellis,T. M. ,C. J. Payne, S. L. Plant, and A. R. Gregory. 1995. An antigen detection immunoassay for big liver and spleen disease agent. *Vet Microbiol* 46;315 - 326.

[12]Emerson,S. U. , and R. H. Purcell. 2003. Hepatitis E virus. *Rev Med Virol* 13;145 - 154.

[13]Emerson,S. U. ,D. Anderson, A. Arankalle, X. J. Meng, M. Purdy, G. G. Schlauder,and S. A. Tsarev. 2004. Hepevirus. In; Virus Taxonomy, Ⅷth Report of the ICTV. Fauquet C. M. ,M. A. Mayo,J. Maniloff,U. Desselberger,and L. A. Ball(eds), 851 - 855. Elsevier/Academic Press,London.

[14] Emerson, S. U. , V. A. Arankalle, and R. H. Purcell. 2005. Thermal stability of hepatitis E virus. *J Infect Dis* 192;930 - 933.

[15]Guo,H. , E. M. Zhou, Z. F. Sun, X. J. Meng, and P. G. Halbur. 2006. Identification of B-cell epitopes in the capsid protein of avian hepatitis E virus(avian HEV) that are common to human and swine HEVs or unique to avian HEV. *J Gen Virol* 87;217 - 223.

[16]Guo,H. , E. M. Zhou, Z. F. Sun, and X. J. Meng. 2007. Protection of chickens against avian hepatitis E virus(avian HEV) infection by immunization with recombinant avian HEV ORF2 protein. *Vaccine*. 25;2892 - 2899.

[17] Halbur, P. G. , C. Kasorndorkbua, C. Gilbert, D. K. Guenette,M. B. Potters, R. H. Purcell, S. U. Emerson, T. E. Toth,and X. J. Meng. 2001. Comparative pathogenesis of infection of pigs with hepatitis E viruses recovered from a pig and a human. *J Clin Microbiol* 9;918 - 923.

[18]Handlinger,J. H. ,and W. Williams. 1988. An egg drop associated with splenomegaly in broiler breeders. *Avian Dis* 32;773 - 778.

[19]Haqshenas,G. , H. L. Shivaprasad, P. R. Woolcock, D. H. Read,and X. J. Meng. 2001. Genetic identification and characterization of a novel virus related to human hepatitis E virus from chickens with hepatitis-splenomegaly syndrome in the United States. *J Gen Virol* 82;2449 - 2462.

[20]Haqshenas,G. ,F. F. Huang,M. Fenaux,D. K. Guenette, F. W. Pierson, C. T. Larsen, H. L. Shivaprasad, T. E. Toth,and X. J. Meng. 2002. The putative capsid protein of the newly identified avian hepatitis E virus shares antigenic epitopes with that of swine and human hepatitis E viruses and chicken big liver and spleen disease virus. *J Gen Virol* 83;2201 -2209.

[21]Huang, F. F. , G. Haqshenas, H. L. Shivaprasad, D. K. Guenette,P. R. Woolcock,C. T. Larsen, F. W. Pierson, F. Elvinger, T. E. Toth,and X. J. Meng. 2002. Heterogeneity and seroprevalence of a newly identified avian hepatitis E virus from chickens in the United States. *J Clin Microbiol* 40;4197 - 4202.

[22]Huang, F. F. , Z. F. Sun, S. U. Emerson, R. H. Purcell, H. L. Shivaprasad, F. W. Pierson, T. E. Toth, and X. J. Meng. 2004. Determination and analysis of the complete genomic sequence of avian hepatitis E virus(avian HEV) and attempts to infect rhesus monkeys with avian HEV. *J Gen Virol* 85;1609 - 1618.

[23]Huang,F. F. ,F. W. Pierson,T. E. Toth,and X. J. Meng. 2005. Construction and characterization of infectious cDNA clones of a chicken strain of hepatitis E virus (HEV),avian HEV. *J Gen Virol* 86;2585 -2593.

[24]Jeffrey,J. S. , and H. L. Shivaprasad. 1998. Investigation of hemorrhagic hepatosplenomegaly syndrome in broiler breeder hens. *Proc West Poultry Dis Confer*,46 - 48.

[25]Julian, R. J. 1995. Hepatitis-liver hemorrhage syndrome in laying hens. Proc 67th NE Conf Avian Dis,P17. Mystic,CT.

[26]Kerr,K. M. ,D. E. Swayne, and G. A. March. 1993. Chronic fulminating cholangiohepatitis associated with Campylobacter species in mature laying chickens. Proc 130th Meet AVMA,150. Minneapolis, MN.

[27]Kasorndorkbua, C. , P. G. Halbur, P. J. Thomas, D. K. Guenette, T. E. Toth, and X. J. Meng. 2002. Use of a swine bioassay and a RT - PCR assay to assess the risk of transmission of swine hepatitis E virus in pigs. *J Virol Methods* 101;71 - 78.

［28］Koonin, E. V. , A. E. Gorbalenya, M. A. Purdy, M. N. Rozanov, G. R. Reyes, and D. W. Bradley. 1992. Computer-assisted assignment of functional domains in the nonstructural polyprotein of hepatitis E virus: delineation of an additional group of positive-strand RNA plant and animal viruses. *Proc Natl Acad Sci USA* 89:8259 - 8263.

［29］McAlinden, V. A. , A. J. Douglas, F. McNeilly, and D. Todd. 1995. The identification of an 18,000 - molecular-weight antigen specific to big liver and spleen disease. *Avian Dis* 39:788 - 795.

［30］McFerran, J. B. 1994. Big liver and spleen disease. In: McNulty M. S. and McFerran J. B. (eds.). New and Evolving Virus Diseases of Poultry,299 - 304. Commission of the European Communities, Brussels.

［31］Meng, X. J. , R. H. Purcell, P. G. Halbur, J. R. Lehman, D. M. Webb, T. S. Tsareva, J. S. Haynes, B. J. Thacker, and S. U. Emerson. 1997. A novel virus in swine is closely related to the human hepatitis E virus. *Proc Natl Acad Sci USA* 94:9860 - 9865.

［32］Meng, X. J. , P. G. Halbur, M. S. Shapiro, S. Govindarajan, J. D. Bruna, I. K. Mushahwar, R. H. Purcell, and S. U. Emerson. 1998. Genetic and experimental evidence for cross-species infection by swine hepatitis E virus. *J Virol* 72:9714 - 9721.

［33］Meng, X. J. 2000. Novel strains of hepatitis E virus identified from humans and other animal species: Is hepatitis E a zoonosis? *J Hepatol* 33:842 - 845.

［34］Meng, X. J. , B. Wiseman, F. Elvinger, D. K. Guenette, T. E. Toth, R. E. Engle, S. U. Emerson, and R. H. Purcell. 2002. Prevalence of antibodies to hepatitis E virus in veterinarians working with swine and in normal blood donors in the United States and other countries. *J Clin Microbiol* 40:117 - 122.

［35］Meng, X. J. 2003. Swine hepatitis E virus: cross-species infection and risk in xenotransplantation. *Curr Top Microbiol Immunol* 278:185 - 216.

［36］Meng, X. J. 2005a. Hepatitis E as a zoonosis. In: H. Thomas, A. Zuckermann, and S. Lemon (eds.). Viral Hepatitis,3rd edition, pp611 - 623. Blackwell Publishing Ltd,Oxford,U. K.

［37］Meng, X. J. , and P. G. Halbur. 2005. Swine hepatitis E virus. In: B. E. Straw et al(eds): Diseases of Swine,9th Edition,537 - 545. Blackwell Publishing/Iowa State University Press,Ames,Iowa.

［38］Payne, C. J. , S. L. Plant, T. M. Ellis, P. W. Hillier, and W. Hopkinson. 1993. The detection of big liver and spleen agent in infected tissues via intravenous chick embryo inoculation. *Avian Pathol* 22:245 - 256.

［39］Payne,C. J. ,M. E. Cook,T. M. Ellis,and R. E. Harms. 1991. ELISA testing of US breeders and layers for big liver and spleen disease(BLS). Proc 40th West Poult Dis Conf,216 - 218.

［40］Payne,C. J. , T. M. Ellis, S. L. Plant, A. R. Gregory, and G. E. Wilcox. 1999. Sequence data suggests big liver and spleen disease virus(BLSV) is genetically related to hepatitis E virus. *Vet Microbiol* 68:119 - 125.

［41］Payne,C. J. 2001. Studies of big liver and spleen disease virus of broiler breeder hens. Ph. D. Dissertation. Murdoch University, Australia.

［42］Payne,C. J. 2003. Big liver and spleen disease. In: Diseases of Poultry 11th edition, 1183 - 1186. Ames: Iowa State University Press.

［43］Purcell,R. H. ,and S. U. Emerson. 2001. Hepatitis E virus. In: Knipe, D. , P. Howley, D. Griffin, R. Lamb, M. Martin, B. Roizman, et al(eds.). Fields Virology(4th edition),3051 - 3061. Lippincott: Williams and Wilkins, Philadelphia.

［44］Rampin, T. , G. Sironi, and D. Gallazi. 1989. Episodes of amyloidosis in young hens after repeated use of antibacterial and emulsion vaccines. *Deutsch Tierarztl Wochenschr* 96:168 - 172.

［45］Reed,D. H. ,B. M. Daft,J. T. Barton,P. R. Woolcock,G. Cutler, and F. Galey. 1993. Necrotic hemorrhagic hepatitis- splenomegaly syndrome: An unsolved sudden death syndrome in layer leghorn chickens. Proc 36th Ann Meet Am Assoc Vet Lab Diagn,8 - 9. Las Vegas, Nevada.

［46］Riddell,C. 1997. Hepatitis-Splenomegaly Syndrome. Diseases of Poultry 10th edition,1041. Ames: Iowa State University Press.

［47］Ritchie, S. J. , and C. Riddell. 1991. "Hepatitis-splenomegaly" syndrome in commercial egg laying hens. *Can Vet J* 32:500 - 501.

［48］Schlauder,G. G. ,and G. J. Dawson. 2003. Hepatitis E virus. In: P. R. Murray,E. J. Baron,J. H. Jorgensen,M. A. Pfaller,and R. H. Yolken(eds),Manual of Clinical Microbiology 8th edition (Vol. 2), 1495 - 1911. ASM Press,Washington,DC.

［49］Shivaprasad, H. L. , and P. R. Woolcock. 1995. Necrohemorrhagic hepatitis in broiler breeders. Proc West Poult Dis Conf,6. Sacramento,CA.

［50］Shivaprasad, H. L. , D. H. Read, P. R. Woolcock, J. Jeffrey, B. Daft, G. Haqshenas, and X. J. Meng. 2001. Hepatitis-Splenomegaly syndrome in chickens associated with 30-35 nm virus particles. Proc West Poultry Dis Confer,

55 - 56.

[51]Shivaprasad, H. L. 2003. Hepatitis - Splenomegaly Syndrome. In: Diseases of Poultry 11th edition,1186 - 1188. Ames:Iowa State University Press.

[52]Sun,Z. F. , F. F. Huang, P. G. Halbur, S. K. Schommer, F. W. Pierson, T. E. Toth, and X. J. Meng. 2003. Use of heteroduplex mobility assays(HMA) for pre-sequencing screening and identification of variant strains of swine and avian hepatitis E viruses. *Vet Microbiol* 96: 165 - 176.

[53]Sun, Z. F. , C. T. Larsen, F. F. Huang, P. Billam, F. W. Pierson, T. E. Toth, and X. J. Meng. 2004a. Generation and infectivity titration of an infectious stock of avian hepatitis E virus(HEV) in chickens and cross-species infection of turkeys with avian HEV. *J Clin Microbiol*42:2658 - 2662.

[54]Sun,Z. F. ,C. T. Larsen, A. Dunlop, F. F. Huang,F. W. Pierson, T. E. Toth, and X. J. Meng. 2004b. Genetic identification of avian hepatitis E virus(HEV) from healthy chicken flocks and characterization of the capsid gene of 14 avian HEV isolates from chickens with hepatitis-splenomegaly syndrome in different geographical regions of the United States. *J Gen Virol* 85:693 - 700.

[55] Tablante, N. L. , J. P. Vaillancourt, and R. J. Julian. 1994. Necrotic, haemorragic,hepatomegalic hepatitis associated with vasculitis and amyloidosis in commercial laying hens. *Avian Pathol* 23:725 - 732.

[56]Ticehurst, J. 1991. Identification and characterization of hepatitis E virus. In: Hollinger, F. B. , S. M. Lemon, H. Margolis(eds.). Hepatitis and Liver Disease,501 - 513. Williams & Wilkins,Baltimore,MD.

[57]Todd,D. ,K. A. Mawhinney, V. A. McAlinden, and A. J. Douglas. 1993. Development of an enzyme-linked immunosorbent assay for the serological diagnosis of big liver and spleen disease. *Avian Dis* 37:811 - 816.

[58]William, W. , P. Curtin, J. Handlinger, and J. B. McFerran. 1993. A new disease of broiler breeders-big liver and spleen disease. In McFerran, J. B. , and M. S. McNulty (eds.). Virus Infections of Birds, 563 - 568. Elsevier Science Publishers:B. V. ,Amsterdam.

[59] Williams, T P. , C. Kasorndorkbua, P. G. Halbur, G. Haqshenas,D. K. Guenette, T E. Toth, and X. J. Meng. 2001. Evidence of extrahepatic sites of replication of the hepatitis E virus in a swine model. *J Clin Microbiol* 39: 3040 - 3046.

[60] Zafrullah, M. , M. H. Ozdener, S. K. Panda, and S. Jameel. 1997. The ORF3 protein of hepatitis E virus is a phosphoprotein that associates with the cytoskeleton. *J Virol* 71:9045 - 9053.

第 15 章

肿瘤性疾病
Neoplastic Diseases

引言

Aly. M. Fadly

家禽的肿瘤性疾病包括各种相关和不相关的疾病，具有一个共同的特性：肿瘤特性。依据病原体是否已知，这类疾病分为两个主要的类型。这类疾病除了肿瘤引起的死亡及生产性能下降所造成的经济损失外，其中某些疾病已经成为研究各种肿瘤现象的理想模型。事实上，医学研究已经发现禽类肿瘤学是一个丰富的资源[4]。本章主要论述 3 个从经济上来说最重要的病毒引起的禽类肿瘤性疾病，分别为由疱疹病毒引起的马立克氏病，及由反转录病毒引起的禽白血病和禽网状内皮增生症。病毒引起的肿瘤大多起源于中胚层且具有传染性。鉴于这些肿瘤性疾病或肿瘤疾病综合征的病原不同，所以分为不同部分进行阐述。

第一部分描述马立克氏病，这是一种由高度细胞相关的 α 疱疹病毒引起的鸡的 T 淋巴细胞瘤，虽然马立克病毒嗜淋巴细胞的特性与 γ 疱疹病毒的嗜淋巴细胞特性相似。马立克淋巴细胞增生症损害的不仅包括外周神经系统，还包括其他组织和内脏器官。从 1970 年以来，通过接种传统疫苗，马立克氏病已经被控制。在过去的三十年里，通过对马立克氏病的研究，不仅改善了传统疫苗的质量，优化了疫苗的免疫方式，并且很好的了解了宿主对疾病的遗传免疫力。但是，尽管有疫苗的广泛使用和免疫方式的改进，蛋鸡的死亡和肉鸡的弃用所引起的经济损失仍然存在[12,18,23]。另外，在法国、德国、以色列、乌克兰的火鸡群中诊断出了马立克氏

病[6,7,15,16,23]，这明显意味着马立克氏病病毒的宿主范围已经波及火鸡。很明显，在没有采取控制措施的情况下，MD 可以引起商品蛋鸡和肉鸡群毁灭性的损失。作为一种世界范围内发生的疾病，有关免疫失败和更多高毒力病变型毒株出现的报道不断增多，MD 严重威胁养禽业，如何改善控制措施仍然是当今一个巨大的难题。

第二部分阐述的是由许多与禽白血病/肉瘤病毒群病毒（L/S）密切相关的禽反转录病毒引起的白细胞增生病、肉瘤病和相关的肿瘤病。白血病这个术语被使用是因为造血系统发生白血病样淋巴细胞增生病时并非均出现白血病血相。禽反转录病毒中 L/S 群病毒引起的造血系统肿瘤疾病形式多样，包括淋巴细胞系统，成红细胞系统和成髓细胞系统。淋巴细胞白血病是一种主要侵害法氏囊和内脏器官的鸡淋巴细胞增生性疾病，是白血病最常见的形式，它是由一组淋巴/肉瘤病毒群病毒中已知的禽白血病病毒感染引起的。虽然情况很少发生，但是禽白血病病毒感染的鸡也会出现造血系统的其他肿瘤性疾病，包括成红细胞瘤、成髓细胞瘤、髓细胞瘤以及其他相关的肿瘤病，如肾胚细胞瘤和骨石化病。然而，随着 J 亚群 ALV 的发现，髓细胞瘤做为肿瘤性疾病常常被检测到，尤其在被感染的肉鸡种鸡中。这些疾病与肉瘤以及其他结缔组织肿瘤在病原学上是相关的，因此，作为一类疾病来论述。

第三部分阐述的是禽网状内皮增生症，是由与白血病/肉瘤病毒群不相关的一种称为禽网状内皮增生症病毒的禽反转录病毒引起的一组疾病综合征。REV 引起的最常见的临床疾病是慢性淋巴细胞瘤和免疫抑制先天性矮小症。尽管 REV 很少引

起临床疾病，但是病毒分布很广泛。REV 可感染鸡、火鸡、鸭、鹅、野鸡、鹌鹑甚至许多其他禽类。REV 感染引起的主要经济损失是污染用鸡胚细胞或组织生产的生物制品或者影响种禽向其他国家出口。

第四部分讨论未知病原的肿瘤，只以形态学特征加以描述。包括多种的肌肉、上皮、神经组织、浆膜和色素细胞的良性和恶性肿瘤。

在欧洲和以色列已经报道的火鸡肿瘤病中，淋巴细胞增生症是由另一种与 L/S 和 REV 不同的反转录病毒引起的[2]。火鸡的 LPD 总是零星发生[10,24]，所以这种少见的火鸡肿瘤性疾病在本章就不进行讨论了。

由于许多禽肿瘤病毒表现出多重潜在的特性，比如它们有时能诱导机体产生多种肿瘤，所以对这些诱发肿瘤的病毒进行分类和命名就出现了困难。主要是由于某些病毒株诱发的病理损伤很难与那些不相关病毒引起的损伤相区分。MD 和淋巴细胞白血病这两种流行的淋巴瘤病尤其容易混淆。尽管 REV 诱发的淋巴瘤很少见于通过疫苗污染造成感染的鸡，或仅见于人工感染，但它也会增加区分的难度。禽类肿瘤病毒广泛存在，感染后没有肿瘤症状的现象很普遍，这就使问题进一步复杂化。最近 Witter 等[27] 提出了一项鉴别诊断鸡病毒性淋巴瘤的方案。

本章选用的专有名词（表 15.1）是以世界家禽兽医学会（WVPA）[3] 最初采用的名词为基础，并包括了目前通用的修正词。这种命名分类系统特别适合于以下的模式，及用病原学代替病理学表现对疾病或疾病综合征进行分类。在适当时候可用病理表现对相同病原的疾病进行分类。

人们对家禽肿瘤的发生率和重要性只能进行大概的估计。Feldman 和 Olson 引用的报告指出，除了神经细胞瘤和骨石化病外，肿瘤的发生率各异，从 3%～19% 不等。最近，美国农业部（USDA）在全国范围内检查屠宰鸡群所收集的数据表明，从 1961 年以来过去的 10 年里，青年鸡白血病的发生率（或许几乎全是马立克氏病）急剧增长。

青年鸡因白血病而使淘汰率逐渐上升，由 1961 年的 0.1% 上升至 1968—1970 年的高于 1.5%。1970 年以后，这一趋势发生逆转，青年鸡的淘汰率又恢复到 1961 年的水平，这无疑是肉用仔鸡进行 MD 疫苗免疫的结果。在发病高峰年间，因白血病而淘汰的青年鸡超过 4 000 万只（几乎占全部淘汰鸡的 50%），应该承认，白血病是养禽业面临的最严重的问题之一。

由白血病引起的成年鸡淘汰率较一致，并且比较低（少于 50 万只，通常低于全部成年鸡淘汰率的 10%）。其他则主要是由输卵管系膜平滑肌瘤引起的淘汰，实际上比白血病造成的损失高得多（高达 5 倍）。某些情况下，鳞状细胞癌引起的淘汰率会超过白血病，且能产生一定的经济损失（主要看鳞状细胞瘤的分布情况）。由于白血病所造成的损失多见于蛋鸡的生长和产蛋阶段，因此屠宰时发现的大体病变并不不能作为确定该病真实发生率和重要性的最佳指标。

1967 年，在马立克氏病疫苗使用以前，美国每年的损失多于 1.5 亿美元[1]。1985 年，Purchase 估计 MD 疫苗的使用使美国的养禽业每年获利近 1.7 亿美元。这包括增加产蛋量，减少非 MD 损失的间接利益和降低 MD 死亡率和淘汰率 的直接效益。一些鸡群淋巴白血病引起的损失可能很大，但是死亡带来的损失只是该病造成损失的一小部分。Gavora 等和 Spencer 等研究表明，非淋巴白血病引起的产蛋量下降和死亡率增加，实际上仍然与淋巴白血病病毒感染有关，而由此造成的总的经济损失可能相当大。但是，沿用至今的净化措施可大大降低这种损失。一般来说，淋巴细胞瘤以外的肿瘤发生率可能很低，其经济意义尚有疑问。

本章作者对本书第十一版的作者 P. B. Biggs，B. R. Burmester，B. W. Calnek，T. N. Fredric-

表 15.1 可传播的肿瘤疾病

病　毒	核酸类型	致病病毒的分类	肿瘤疾病
反转录病毒	RNA	白血病/肉瘤群病毒	白血病
			淋巴白血病
			成红细胞增生病
			成髓细胞增生病
			肉瘤及其他结缔组织肿瘤
			纤维肉瘤，纤维瘤
			黏液肉瘤，黏液瘤
			成骨肉瘤，骨瘤
			组织细胞肉瘤
			相关肿瘤
			血管瘤
			肾母细胞瘤
			肝癌
			骨硬化病
		网状内皮组织增殖病群	网状内皮组织增殖病
			淋巴细胞增生病
疱疹病毒	DNA	马立克氏病病毒	马立克氏病

son，C. F. Helmbolt，L. N. Payne 和 H. G. Purchase 等对本章的贡献表示衷心的感谢。

参考文献

[1]AAAP. 1967. Report of the AAAP-Sponsored Leukosis Workshop. *Avian Diseases* 11：694 - 702.

[2]Biggs，P. M. 1997. Lymphoproliferative disease of turkeys. In B. W. Calnek，H. J. Barnes，C. W. Beard，L. R. Mc Dougald and Y. M. Saif（ed.），Diseases of Poultry，10th ed. Iowa State University Press，Ames，IA，485 - 489.

[3]Biggs，P. M. 1962. Some observations on the properties of cells from lesions of Marek's disease and lymphoid leucosis，13th Symp Colston Res Soc. 83 - 99.

[4]Calnek，B. W. 1986. Marek's disease：a model for herpesvirus oncology. CRC Crit. *Rev Microbiol* 12：293 -320.

[5]Crittenden，L. B. 1981. Exogenous and endogenous leukosis virus genes - a review. *Avian Pathology* 10：101 - 112.

[6]Davidson，I.，M. Malkinson，and Y. Weisman. 2002. Marek's disease in Turkeys. I. A seven-year survey of commercial flocks and experimental infection using two field isolates. *Avian Diseases* 46：314 - 321.

[7]Davidson，I.，M. Malkinson，and Y. Weisman. 2002. Marek's disease in Turkeys. Ⅱ. Characterization of the viral glycoprotein B gene and antigen of a turkey strain of Marek's disease virus. *Avian Diseases* 46：322 - 333.

[8]Ewert，D. L.，and G. F. DeBoer. 1988. Avian lymphoid leukosis：Mechanism of lymphomagenesis. In K. Perk （ed.），Immunode ficiency Disorders. Academic Press，Inc，Boston，37 - 53.

[9]Fadly，A.，Garcia，M. C. 2005. Detection of reticuloendotheliosis virus in live virus vaccines of poultry. In P. Vannier，and D. Espeseth，（ed.），New Diagnostic Technology：Application in Animal Health and Biologics Controls，vol. 126：301 - 305. Basel，Karger，Saint - Mato，France.

[10]Fadly，A. M. 2003. Neoplastic Diseases：Introduction. In Y. M. Saif，H. J. Barnes，A. M. Fadly，J. R. Glisson，L. R. McDougald，and D. E. Swayne（ed.），Diseases of Poultry，11th ed. Iowa State University Press，Ames，IA，405 -407.

[11]Fadly，A. M.，and L. N. Payne. 2003. Leukosis/sarcoma group. In Y. M. Saif，H. J. Barnes，J. R. Glisson，A. M. Fadly，L. R. McDougald，and D. E. Swayne（ed.），Diseases of Poultry 11th ed. Iowa State Press，Ames，IA，465 - 516.

[12]Fadly，A. M.，R. L. Witter，R. Crespo，I. Davidson，and H. M. Hafez. 2004. Retroviruses and Marek's Disease virus. AAAP Symposium on Emerging and Re-emerging Diseases. American Association of Avian Pathologists，Philadelphia，33 - 36.

[13]Feldman，W. H.，and C. Olson. 1965. Neoplastic diseases of the chicken. In H. E. Biester，and L. H. Schwarte （ed.），Diseases of Poultry，5th ed. Iowa State University Press，Ames，IA.

[14]Gavora，J. S.，J. L. Spencer，R. S. Gowe，and D. L. Harris 1980. Lymphoid leukosis virus infection：Effects on production and mortality and consequences in selection for high egg production. *Poultry Science* 59：2165 - 2178.

[15]Hafez，H. M. 2003. Marek's disease in turkeys：history and current status. 52nd Western Poultry Disease Conference，Sacramento，50 - 52.

[16]Hafez，H. M.，D. Lüschow，F. Fehler，and H. L. Shivaprasad. 2002. Marek's disease in commercial turkeys：Case report. Workshop on Molecular Pathogenesis of Marek's disease and avian immunology，Limassol，43.

[17]Payne，L. N. 2000. History of ALV - J. In E. F. Kaleta，L. N. Payne，and U. Heffels - Redmann（ed.），International Symposium on ALV - J and Other Avian Retroviruses，Rauischholzhausen，Germany，3 -12.

[18]Payne，L. N.，and K. Venugopal. 2000. Neoplastic diseases：Marek's disease，avian leukosis and reticuloendotheliosis. *Rev. Sci. Tech.*，*Off. Int. Epiz* 19：544 - 564.

[19]Purchase，H. G. 1985. Clinical disease and its economic impact. In L. N. Payne（ed.），Marek's Disease：Developments in Veterinary Virology. Martinus Nijhoff Publishing，Boston，17 - 42.

[20]Purchase，H. G.，C. G. Ludford，K. Nazerian，and H. W. Cox. 1973. A new group of oncogenic viruses：reticuloendotheliosis，chick syncytial，duck infectious anemia，and spleen necrosis viruses. *Journal of the National Cancer Institute* 51：489 - 499.

[21]Purchase，H. G. a. R. L. W. 1975. The reticuloendotheliosis viruses. *Current Topics in Microbiology and Immunology* 71：103 - 124.

[22]Spencer，J. L.，J. S. Gavora，and R. S. Gowe 1980. Lymphoid leukosis virus：Natural transmission and nonneoplastic effects. Conf Cell Prolif vol. 7：553 -564，Cold Spring Harb.

[23]Witter，R. L.，and K. A. Schat. 2003. Marek's disease. In Y. M. Saif，H. J. Barnes，A. M. Fadly，J. R. Glisson，L. R. McDougald，and D. E. Swayne（ed.），Diseases of Poultry，11th ed. Iowa State University Press，Ames，IA，407 -465.

[24]Witter，R. L. 2003. Avian viral tumors：Enigmas，issues and challenges. Proceedings Ⅷ World Vet Poultry Asso-

ciation Congress. American Association of Avian Pathologists, Denver. 57 - 59.

[25]Witter, R. L. 2001. Marek's disease vaccines——past, present and future(Chicken vs virus——a battle of the centuries). In K. A. Schat, R. W. Morgan, M. S. Parcells, and J. L. Spencer(ed.), 6th International Symposium on Marek's Disease,. American Association of Avian Pathologists, Kennett Square, 1 - 9.

[26]Witter, R. L., and A. M. Fadly. 2003. Reticuloendotheliosis. In Y. M. Saif, H. J. Barnes, J. R. Glisson, A. M. Fadly, L. R. McDougald, and D. E. Swayne(ed.), Diseases of Poultry, 11th ed. Iowa State Press, Ames, IA, 517 - 536.

[27]Witter, R. L., I. M. Gimeno, and A. M. Fadly. 2005. Differential diagnosis of lymphoid and myeloid tumors in the chicken. AAAP Slide Study Set vol. 27: 1 - 49. American Association of Avian Pathologists Athens, GA(Electronic media).

马立克氏病

Marek's Disease

Karel A. Schat 和 Venugopal Nair

引　言

马立克氏病（MD）是鸡的一种常见的淋巴细胞增生性疾病，通常以外周神经和包括虹膜、皮肤在内的其他各种器官和组织的单核细胞浸润为特征。该病由疱疹病毒引起，具有传染性，在病原学上可与鸡的其他淋巴组织肿瘤相区别。

有关 MD 的文献数量浩繁，且在不断增加，在对该病的阐述中不可能引用所有的相关文献。本章有选择地引用部分文献，一般以引用综述代替引用许多单独的文献。读者可从其他地方寻找详细资料。MD 方面很有价值的资料有 L. N. Payne[481]主编的《马立克氏病：科学基础和控制方法》，K. Hirai[263]主编的《马立克氏病》和 F. Davison 和 V. Nair 主编的《马立克氏病：一种进化的疾病》三本书，以及1978、1984、1988、1992、1996、2000 和 2004 年所召开的 7 次 MD 国际会议的论文集。

定义和同义名

本病以前的命名容易使人混淆，因为早期作者采用多种名称来命名本病的淋巴细胞增生和肿瘤症状，而且最初也混淆了炎症和肿瘤方面的区别，可能是因为毒株毒力不是很强，很少产生淋巴瘤。Jozsef Marek[408]将本病定为多发性神经炎，其他常见的同义名还包括神经炎、鸡神经淋巴瘤病和牧场麻痹症（range paralysis）。Jungherr 和同事们[323]提出将淋巴瘤病再分成内脏型、神经型和眼型。这种命名法被广泛应用于鸡的所有淋巴细胞增生性疾病（也称为白血病），包括 MD，已有 20 多年，但是它掩盖了 MD 与淋巴白血病（LL）在病原学上的不同。经过回顾性调查，认为神经型和眼型淋巴瘤可能是 MD，而内脏型淋巴瘤则包括 MD 和 LL。20 世纪 60 年代曾用急性白血病或急性马立克氏病来命名以内脏淋巴瘤为特征的毒力更强的 MD 毒株。皮肤淋巴瘤在肉鸡中常见，有时称为皮肤白血病。1961 年，Biggs[53,59]建议使用马立克氏病这个名称，以区别病原学上明显不同的淋巴细胞增生病，这一名称现已被普遍应用。

MD 也曾分为急性型和经典型，后者主要指在20 世纪 50 年代之前流行的疾病[54]。MD 病毒也可诱发其他临床症状显著不同的疾病综合征，如暂时性麻痹、早期死亡综合征、溶细胞性感染、动脉硬化症和持续性神经疾病。

经济意义

使用疫苗以前，MD 对养禽业构成严重的经济危害，产蛋鸡死亡率可高达 60%，而肉鸡的淘汰率则高达 10%。由于疫苗不是 100% 有效，因此，仍有 MD 的零星发生，但不再是一个严重的问题。Purchase[526]估计，1984 年，美国由于 MD 引起的死亡和淘汰的总损失约为 1 200 万美元。然而，加上购买和使用疫苗的费用及产蛋下降的经济损失，美国共损失约 1.69 亿美元，全世界则损失 9.43 亿美元。Morrow 和 Fehler 认为当今世界范围内的年损失在 10 亿到 20 亿美元范围内，但是他们指出这些数据不能查证[432]。由于本病意外暴发以及随着 MD 病毒毒力不断增强可能导致疫苗免疫的失败，本病仍然是养禽业关注的焦点。

公共卫生意义

Purchase 和 Witter[530]详细评述了有关 MD 和人

类健康（特别是人类癌症）的关系。他们引用了大量有关病毒学、病理学、血清学及流行病学方面的研究资料，证明 MD 病毒或任何 MD 疫苗毒与人类癌症没有病原学联系。MD 的公共卫生意义很少引起人们的注意。MD 病毒在人类多发性硬化症病原学中所起的作用曾被提出[404,405,415]，但后来又被否定[257]。最近，提出了一份关于 HVT 或 HVT 样病毒[71]相似的宣称，但是缺乏有利的证据支持这种假说。在接触和未接触家禽的人的血清中检测到 MD 病毒 gD 基因的 DNA 序列[363,364]，但还未分析该基因是否是 MD 病毒所独有。Henning 等[256]采用荧光定量 PCR 的方法没有能够从 300 份人类血浆中检测到任何 MDV 序列。直到现在，仍没有颇具说服力的证据表明 MDV 可感染人或对人类健康有害。

科学意义

MD 已为兽医医学、基础科学和比较肿瘤学研究做出了重要贡献。该病本身非常复杂，肿瘤和炎症之间相互作用表现出几种不同的临床症状，每种症状随宿主的遗传特性而不同。MD 病毒属于 α 疱疹病毒但具有 γ 疱疹病毒的嗜淋巴特性，呈高度细胞结合性，易于传播，毒力有差异且不断演化。它有 2 个独特的姊妹病毒，都是非致瘤的，可自然感染鸡和火鸡。感染后能诱发机体产生复杂的免疫应答从而产生高水平的免疫保护。MD 疫苗接种是兽医学上成功控制疾病的一个突出事例，而且 MD 疫苗是所有物种中能有效控制癌症的第一个疫苗。

历　史

1907 年，Jozef Marek 报道了 4 只轻瘫公鸡[408]，首次对本病作了描述，以致现在本病用他的名字命名。早在 1914 年，美国就有暴发 MD 的报道，随后，荷兰、英国及其他很多国家均发现此病。Pappenheimer 等[471]详细描述了本病在外周神经和脊神经节病变的淋巴细胞增生特性，并确定卵巢和其他内脏器官的淋巴肿瘤为该综合征的一部分。

早期感染本病的许多尝试是模棱两可的或是不成功的，主要是由于缺乏敏感鸡和合适的生物试验条件及未能认识病原体的细胞结合特性。1935 年 Hutt 和 Cole[282,283]的研究确定了遗传抵抗力对本病的作用，并最终为疾病感染研究提供了敏感品系的鸡。

MD 的危害是逐渐上升的。早在 1922 年，Pappenheimer 等[471]报道在一个仔鸡群由于鸡麻痹导致的死亡率达 20％。1925—1937 年间，商品鸡的死亡率明显增加，其中至少有一半死于鸡麻痹和其他肿瘤[685]。对养禽业的重视促使美国政府拨款在密歇根州东兰辛市建立一个新实验室来专门研究 MD。它的首个研究计划，开始于 1939 年，主要针对鸡麻痹的遗传学和病理学进行研究。

20 世纪 50 年代中期，首次报道肉鸡中出现一种以多个内脏器官、肌肉、皮肤的肿瘤为特征的急性型 MD[50]。直到 20 世纪 60 年代初期，它仍是肉鸡屠宰时胴体废弃的主要原因[51]。20 世纪 60 年代发病率持续上升，到 1970 年，美国大约有 1.5％的肉鸡在加工时因肿瘤病变而废弃。青年母鸡和蛋鸡的死亡率高达 30％～60％，家禽业面临着严重的经济危机。20 世纪 60 年代初期建立的明确的 MD 感染实验[64,593]，证实了本病的传染性质，并为 MD 的研究提供了一个试验系统。MD 病毒严格的细胞结合特性使其鉴定困难重重[65]。1967 年，2 个独立的实验室均报道从接种病鸡细胞的细胞培养物中可分离到疱疹病毒[154,443,631]。细胞结合性试验[60,706]和最终从羽毛毛囊获得的细胞游离性病毒进行的感染性试验[110]证实了该病的病原体是病毒。该病毒在鸡肾细胞培养物[156]上连续传代毒力可逐渐减弱，将该致弱病毒接种刚孵出的雏鸡，能够抵抗随后的强毒攻击[157]。在火鸡[718]和鸡[63,143]体内发现天然无毒力、抗原性相关的毒株，并能够提供保护性免疫。因此，在取得丰硕研究成果的当代，已确定本病的病原体，并将免疫接种作为有效的控制手段。

同时，Calnek 等[110,114,130]发现该病毒以一种游离细胞且具有完全感染性的形式从羽毛毛囊中排出，这种特性为该病的高度接触传染性提供了一个解释。病毒在鸡舍的环境中相对稳定，而呼吸系统接触灰尘或羽屑，可能引起该病的自然传播[48]。

随后几年有关 MD 的研究不断有新发现。1985 年以前的重要贡献，包括 MD 肿瘤诱导的成淋巴细胞细胞系的建立[13]，肿瘤细胞的 T 细胞特性[280]，疾病的溶细胞期和免疫抑制期的确定[485]，暂时麻痹与 MD 病毒感染的联系[343]，CVI988[546]和 SB-1[571]株的分离（它们已被证明是成功的疫苗），及根据抗原特性将 MDV 区分为 3 个血清型[370,676]。遗传抗性与 B 位点或主要组织相容性抗原复合体（MHC）有关[77,249]。从呼吸道感染到 B 细胞溶细胞感染，到 T 细胞的活化、潜伏感染和最终发生 T 细胞转化的发展进程已阐述清楚[105,127,613]。发现疫苗毒之间存在协同作用[574,688]，并有助于研制二价疫苗[123,722]。

以上成果及其他重要发现为我们当前认识该病奠定了基础，这些在几个历史性的综述中有详细描述[58,59]。20 世纪 60 年代对 MD 的认识取得的进展，从而研制出有效疫苗，在 1996 年第五届 MD 国际学术讨论会上作了展示，相关的资料在会议论文集、录像带——"20 世纪 60 年代的传承"（"Legacy of the 1960s"）和美国家禽病理学家协会的历史性文献档案中可以找到。

病　原　学

分类

MDV 是一种细胞结合性疱疹病毒（引自564），其嗜淋巴特性与 γ 疱疹病毒类似。然而，其分子结构和基因组成与 α 疱疹病毒相似[83,375,664]。最近，McGeoch 等[414] 建议将 MDV 所有血清型都归在 α 疱疹病毒亚科的一个单独 a3 亚群。根据国际病毒学分类委员会（ICTV）（http：//www. nc-bi. nlm. gov/ICTVdb/ICTVdB）最近的分类，所

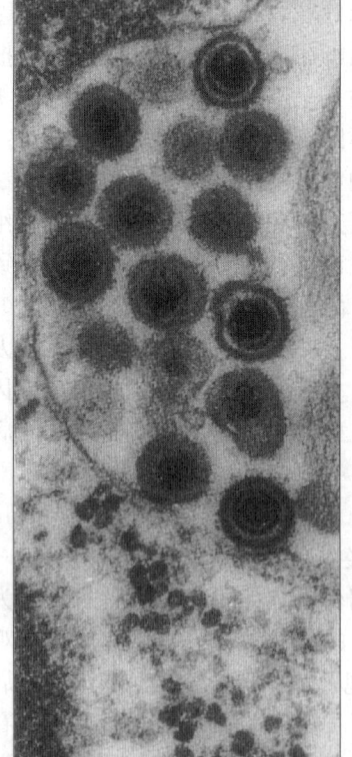
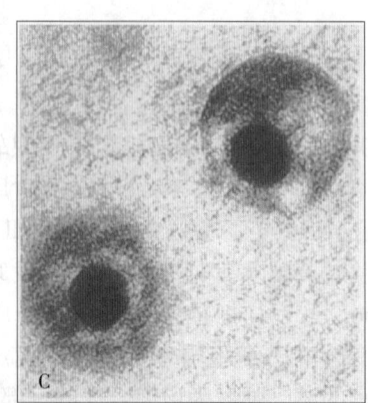

图 15.1　马立克氏病病毒（MDV）的电镜照片。A. 感染 MDV 的鸭胚成纤维细胞超薄切片，可见细胞核中散在的病毒粒子，×8 400。B. 感染 MDV 的鸭胚成纤维细胞超薄切片，示核空泡内有囊膜的病毒粒子，×60 000。C. 感染 MDV 的鸡羽毛囊上皮超薄切片，示胞浆包涵体内有囊膜的病毒粒子，注意比较与图 B 形态上的差别，×70 000[441]。（Nazerian）

有的 MDV 的血清型均属于 α 疱疹病毒亚类的 *Mardivirus* 属[284]。*Mardivirus* 属的成员分为三个血清型，即禽疱疹病毒 2 型（血清 1 型），禽疱疹病毒 3 型（血清 2 型）和火鸡疱疹病毒 1 型（血清 3 型）。血清 1 型 MDV 是这群禽类病毒群的原型毒株，除非有另外说明，MDV 一般是指血清 1 型病毒。按照其毒力，血清 1 型病毒株进一步分成几个病理型，通常包括：温和型 MDV（mMDV）、强毒型 MDV（vMDV）、超强毒型 MDV（vvMDV）及特超强毒型 MDV（vv+MDV）病毒株[699,708]。

分别从鸡[63,143]和火鸡[338,718]体内分离的另外两组非致瘤疱疹病毒，也是 MDV 群的一部分，因此也在本章中加以讨论。MDV 和 HVT 病毒株的血清学分型最早是基于对每个血清型共同和不同的抗原表位的识别[675,676]，最近是根据血清 2 型 HPRS-24 和血清 3 型 FC126 毒株的全基因组序列进行判定[11,304,347]。

形态学

Kato 和 Hirai[335] 及 Schat[564] 对 MDV 的形态和形态发生进行了综述。总的来说，病毒颗粒具有典型的疱疹病毒的形态。通常散在的病毒粒子主要存在于细胞核，很少出现于细胞浆或细胞外间隙。感染细胞培养物的超薄切片中，可见直径为 85～100nm 的六角形核衣壳，以及直径为 150～160nm 的带囊膜的病毒颗粒。将溶解的羽毛毛囊上皮细胞（FFE）负染，可见直径为 273～400nm 的有囊膜的病毒颗粒，表现为不定型结构[110]。观察羽毛毛囊上皮细胞的超薄切片，可见角质化细胞的胞浆中有大量的有囊膜的疱疹病毒颗粒。细胞培养物和 FFE 中 MD 病毒粒子形态见图 15.1A。

血清 2 型和 3 型毒株形态与血清 1 型 MDV 相似，但在超薄切片中，火鸡疱疹病毒（HVT）的核衣壳通常表现为独特的十字形外观。对血清 2 型 MDV 的形态尚未进行详细研究，但可见典型疱疹病毒粒子的形态[485,571]。

病毒 DNA 的化学组成

物理特性

三种血清型病毒的全基因序列分析[11,304,347,375,664]证实 MDV 基因组很相似，由线性双股 DNA 组成，

约 160～180kb，血清 1 型在氯化铯中浮密度为 1.706g/mL[368,550]。3 个血清型碱基组成的 G+C（鸟嘌呤+胞嘧啶）比率不同，血清 1 型和 2 型分别为 43.9% 和 53.6%，而 HVT 为 47.6%（表 15.2）[304,621]。从宿主细胞 DNA 中分离病毒 DNA 很难，因为它们的密度接近。但是已报道有几种提取病毒 DNA 的方法[550]。脉冲场电泳可能是获得纯的感染性病毒 DNA 的最好方式[269,298,683]。然而，将 MDV 全基因组克隆到细菌人工染色体（BAC）上的方法大大方便了病毒 DNA 的获得[588,745]。至少已经构建成功 4 种不同的 MDV 感染性 BAC 克隆-3 株无毒力和 1 株高感染性的 RB1B，这有利于 MDV 基因组的快速遗传操作来鉴定与 MD 生物学有关的各种决定因素[137,467]。相似的，将 MDV Md5 株的相互重叠的黏性质粒克隆转染鸡胚成纤维细胞获得的感染性 MDV[537]，使通过对 MDV 的 DNA 进行定点突变及产生重组病毒株来了解基因的功能成为可能。

结构组成

如前所述，所有 3 个血清型病毒的基因组结构均为典型的 α 疱疹病毒[135]，含有一长独特区（UL）和一短独特区（US）。这些独特序列的侧翼是倒置重复序列，分别为末端长重复序列（TRL）、内部长重复序列（IRL）、内部短重复序列（IRS）和末端短重复序列（TRS）。典型的 α 疱疹病毒的 α 型序列位于 TRL 和 IRL 末端及 IRL 和 IRS 之间的区域[11,304,348,664]（表 15.2），其长度是可变的[539]。这些 α 型序列对病毒 DNA 切割和包装成病毒粒子很重要。

表 15.2　马立克氏病病毒三种血清型毒株的基因组结构

基因组组成A	血清型和病毒株（参考文献）			
	血清 1 型		血清 2 型	血清 3 型
	GA[375]	Md5[664]	HPRS-24[304]	FC126[11,347]
%G+CB	43.9	44.1	53.6	47.6
核苷酸的数目				
总数	174 040C	177 874	164 270C	159 160[11]，160 673[347]
α 型		963	NDD	251
TRL	12 585	13 065	11 825	5 658
UL	113 476	113 563	109 933	111 868
IRL	12 579	13 065	11 825	5 658
α 型		879	660	251

（续）

基因组组成A	血清型和病毒株（参考文献）			
	血清1型		血清2型	血清3型
	GA[375]	Md5[664]	HPRS-24[304]	FC126[11,347]
IRS	12 120	12 264	8 959	13 303
US	11 160	10 847	12 109	8 617
TRS	12 120	12 264	8 959	13 303
α型		965	NDD	251

A下列缩写：NT=核苷酸；UL=长独特序列；TRL=长末端重复序列；IRL=长内部重复序列；US=短独特序列；IRS=短内部重复序列；TRS=短末端重复序列。B见参考文献[304,401]。C不包括α型序列。D ND=未定

到现在为止，已公布4株血清1型的MDV的全基因序列。包括Md5（177874个碱基对，Genbank的登录号为AF243438），GA（174077个碱基，Genbank的登录号为AF147806），Md11的BAC克隆（178632个碱基对，Genbank的登录号为AY510475），CVI988的BCA克隆（178311个碱基对，Genbank的登录号为DQ530348）。这些毒株的基因组结构和序列非常相似，长度的不同主要是由于基因组的重复区的直接重复序列拷贝数的改变所引起的。

将vMDV GA株和vvMDV Md5株的基因组进行比较发现，血清1型病毒之间结构差异很小[621]。GA株和Md5株的UL在长度和结构上很相似，但GA株的US序列比Md5长。US及其两侧重复序

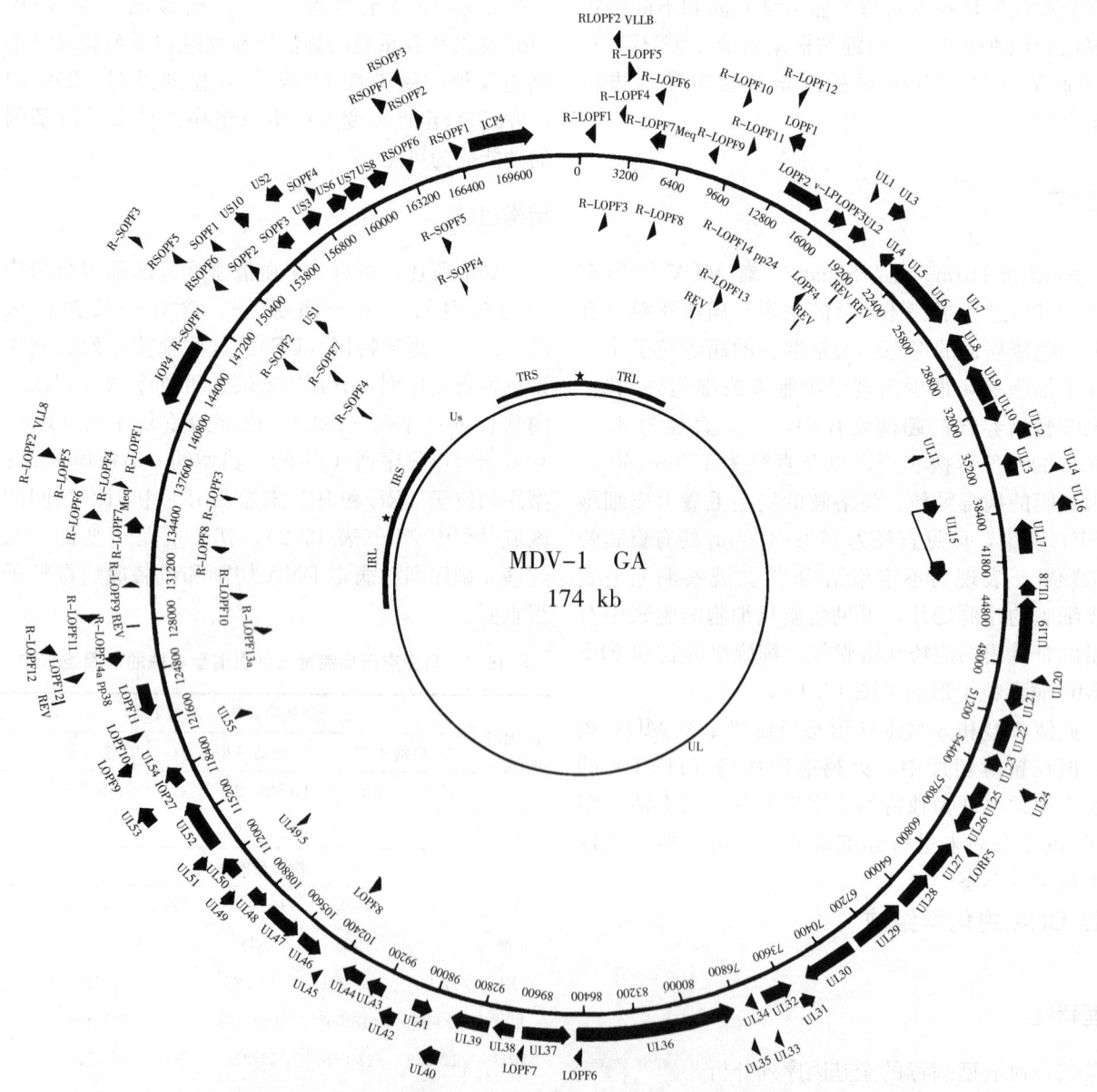

图15.2 马立克氏病病毒GA株的基因图谱（375）。（Proceedings of the National Academy of Sciences）（L. F. Lee）

列的差异导致在 GA 株存在 1 个拷贝的小 ORF2（SORF2），而在 Md5 毒株存在另一个 SORF2 样基因。此外，Md5 毒株 SORF1 完全位于重复序列内，但由于阅读框移码产生一个截短的 SORF1。这些差异的重要意义还不清楚。可以预料毒株之间还可能有其他次要差异。CVI988 BCA 含有 14 个拷贝的 132bp 的重复序列，它的扩增曾被认为与病毒的减毒作用有关联。Kaplan 和 Schat 报道[333]在 GA、RB-1B 和 CVI988 株之间 ICP4 的 3 个启动子区域中有两个存在差异。体外试验表明这些差异可能影响 ICP4 的转录水平。13 株不同毒力的病毒的基因组中的 T_{RL}/I_{RL} 区序列的综合性分析已经确定了几个单核苷酸多态性（SNPs），这在弱毒和强毒株间区分的很模糊。

GA 株的物理图谱见图 15.2。

血清 2 型 HPRS24 株（Genbank 的登录号为 NC-002577）[304]和血清 3 型 HVT Fc126 株（Genbank 的登录号为 AF291866，AF282130）[11,347]的全基因组序列也已经被确定。3 个血清型病毒序列测定证实，其基因组为共线性，正如 3 个血清型病毒克隆片段交叉杂交试验所表明的那样[285,465]。3 个血清型的限制性内切酶图谱有很大不同[225,264,554,618]，但在 DNA 水平上有很高的同源性[11,304,347,375,664]。

感染细胞中 DNA 结构 感染细胞中 DNA 结构取决于病毒与细胞的相互作用。正在进行病毒复制的细胞核内可见有线性病毒 DNA[135]。在潜伏感染的非转化细胞中，病毒 DNA 是如何维持的仍不清楚[426,550]。转化细胞中 DNA 的状态很难测定，因为任何时候总有一定量的转化细胞中的病毒正处于复制阶段，在此期间可检测到线性 DNA。此外，大部分病毒 DNA 结构的研究是利用已建立的细胞系，这些细胞系可能经过别的选择。最初的报道表明不存在整合[652]或整合 DNA 和附加体 DNA 的混合体[334,544]。密度梯度离心和原位杂交中病毒 DNA 和染色体的结合支持了可能存在整合的观点。最近，Decluse 等[186,187]证明病毒 DNA 可以整合到原代肿瘤细胞和肿瘤细胞系。整合到原代淋巴瘤细胞可在多个位点随机发生。在细胞系上整合可发生在 2-12 个位点，整合发生在哪些位点是各个细胞系的特征。整合优先发生在大染色体和中等大小染色体的端粒上或是微染色体上。注意 MDV 基因组末端含有宿主细胞端粒样序列[348]，这更证了病毒

DNA 的优先整合区域在潜伏感染细胞中与宿主细胞 DNA 的端粒很接近。

重组和/或突变后的结构变化 尽管鸡免疫接种所有 3 个血清型的疫苗后还经常会重复感染 MDV 强毒，但在野外条件下，3 个血清型之间自发性重组的可能性很小。同一组织[142]和细胞[447]同时感染的现象已有报道。仅报道过有一例 2 个血清型之间重组，即从 MSB1-41C 细胞系分离到一个带有血清 1 型和 2 型 MDV 序列的病毒。该连接片段的克隆表明它确实是一个重组病毒[269]。

血清 1 型毒株经体外连续传代后，其生物特性很快发生改变，如致瘤特性的丧失[156]、A 抗原，即糖蛋白 C（gC）的表达减少[156]和体内复制水平下降[576]，表明可能已发生自发性突变。MDV 在鸡体内回归传代时致病性逐渐增强以及生物学特性的改变进一步证实 MDV 的可变异性[692]。

这些生物学特性的变化伴随着几种分子的改变，但到底是哪种分子改变与特定的生物学变化相关还不清楚。与血清 1 型毒株细胞培养传代和毒力减弱有关的 BamHI D 和 H 片段内发现有一个扩增序列[221,265,623]。该序列是由 132bp 的直接重复子首尾串联而成[278,406,555]。其他分子变化也已有报道，包括 CVI988 克隆 C（988C）和 988C/R6[278]的 BamHI A 片段内有 400bp 序列缺失，和超强毒株（vvMDV）Md11 株的 BamHI L 片段内有一 200bp 序列缺失[683]。另外一些分子的变化也有报道如 CVI988 的 meq 基因[378]和 ICP4 启动子/增强子区[333]这些变化是细胞培养传代的结果还是反映毒株之间的差异，尚不清楚。

血清 2 型和 3 型经连续传代也会导致生物学和结构的改变。生物学变化通常与体内复制和保护性免疫的丧失有关[703,719,735]。其他变化也有报道，如大量细胞游离性 HVT 的释放[735]或磷酰乙酸抑制抗性的形成[371]。DNA 结构变化可采用限制性内切酶图谱[267,618]和根据脉冲电场电泳估算总 DNA 大小[683]来表述。

将 MDV 或 HVT 与禽白血病病毒（ALV）或网状内皮组织增殖病病毒（REV）体外共培养，反转录前病毒的长末端重复序列（LTR）可自发插入 MDV 基因组[295,319]，但全长的感染性前病毒偶尔也能发生整合[297]。内源性 ALV 序列整合到 MDV 也有报道[560]。整合常发生在 MDV 重复序列和独特序列的边界区域和 gD 基因内[80]。Davidson 和

Borenshtain[173,174,175]报道，在商品鸡体内反转录病毒序列整合到 MDV 基因组中。尽管 LTR 插入可能引起 MDV 基因转录水平上升[318]，但反转录病毒整合与 MD 的致病机理之间的关系还不清楚。

病毒基因和蛋白

在过去的 20 年内，MDV‐1 许多单个基因已经鉴定和测序，其蛋白质的特性也已确定[558,720]。最近，在 3 个血清型病毒基因组全序列基础上发表了许多综述，包括列出开放阅读框（ORFS）及其推测的产物[304,401,467,621]。表 15.3 概括了 ORF 的位置，并指出与单纯疱疹病毒（HSV）同源的 ORF数、3 个血清型病毒共有的同源 ORF 数和每个血清型独特基因的数目。在 U_L 和 U_S 区许多基因都与 HSV 和马疱疹病毒 1 和 4 型同源，基因组结构与这两个 α 疱疹病毒相似[401]。在本章，MDV 基因分为两大类，即与 α 疱疹病毒同源的基因和 MDV 特有基因。仅对致病性和免疫应答重要的基因作简要评述，其他有关资料读者可参阅现在发表的文献。

与 α 疱疹病毒同源的基因

这一大类基因可分为即时早期基因（IE）、早期基因和晚期基因，这些基因对病毒复制都很重要，很少有例外。

表 15.3　3 个血清型 MDV 中与其他 α 疱疹病毒相关的暂定基因的数目

血清型	基因类型	预期的功能性 ORFS 的位置[B]						
		TRL（R-LORF）	UL（L-ORF）	IRL（R-LORF）	IRS（RS）	US（S-ORF）	TRS（RS）	总数[C]
1	HSV 同源物[D]	0	57	0	1	7	1	65，66
	MDV 特异的[E]	1	4	1	0	1	0	6，7
	血清特异性的	13[H]	8	13	2	3[H]	2	26，41
	总数	14	69	14	3	11	3	97，114
2	HSV 同源物	0	59	0	1	7	1	67，68
	MDV 特异的[F]	1	4	1	0	1	0	6，7
	血清特异性的	9	4	9	1	4	1	17，27
	总数	10	66	10	2	12	2	90，102
3	HSV 同源物	0	59	0	1	8[I]	1	68，69
	MDV 特异的[G]	1	6	0	0	0	0	7，7
	血清特异性的	4	2	4	6	1	6	13，23
	总数	4	67	4	7	10[I]	7	88，99

A 参见［11，304，375，401］。B 基于其起始密码子位置。C 斜体数字表示每个血清型单基因的数目；黑体数字是包括重复区重复基因的基因总数。D 基于 GA 株的序列，命名主要取自（340）。E 存在于血清 2 或 3 型同源基因的血清型特异性基因。F 存在于血清 1 或 3 型同源基因的血清型特异性基因。G 存在于血清 1 或 2 型同源基因的血清型特异性基因。H Md5 毒株与 GA 株有细微差别的基因序列。I 包括 2 拷贝 US8。

与 HSV 同源的 IE 和早期基因　IE 基因是重要的转录调控子。已鉴定出 4 个 IE 基因，即细胞内蛋白 ICP4、ICP0、ICP22 和 ICP27。Anderson 等[17]确定 ICP4 为一个 4245bp 的开放阅读框（ORF），但序列分析资料表明存在一个 6 969bp 的 ORF。这与下述发现相符，两个功能性启动子/增强子区域位于一个较大 ORF 的上游，而体外试验[333]表明针对短 ORF 的推测的启动子/增强子为非功能性的。通过将短 ICP4 转染 MD 细胞系（MDCC）MSB‐1，证明 ICP4 蛋白是一种转录激活因子，这些试验表明 pp38 和 pp24 基因[520]和内源性 ICP4 基因[206,520]转录水平上升。ICP4 也可低水平地激活调节劳斯肉瘤病毒的 LTR[41]。ICP4 的转录可能要求 VP16 的存在，VP16 是由 UL48 编码的存在于 MD 病毒颗粒被膜的一种晚期蛋白[72]。然而，Kaplan 和 Schat[333]不能证实这个观察结果，细胞结合病毒对 VP16 的要求并不是绝对的。

ICP22（＝US1）蛋白[81]在 MD 病毒复制过程中所起的作用了解得很少。尽管缺乏 ICP22 的突变株复制水平比野生毒株低，但体外可发生复制。ICP22 对病毒体内感染、致瘤性和病毒再次分离并不是必需的[472,473]。MD 病毒磷酸蛋白 ICP27 存在于核内，可不依赖 ICP4 而反式激活 pp38 和 pp14，并抑制早期胸苷激酶基因[541]。虽然 MDV ICP27 的剪切功能还不确定，但是最近的关于 HSV ICP27 在 mRNA 向外运输的途径和 NFkB 激活途径中的作用的报告显示这个蛋白对 MD 而言有重要的生物学作用。ICP0（LORF1）是 TRL 和 IRL 区的一个 ORF，最近的用蛋白组学的方法所做的研究已经证明 ICP0 基因产物在 MDV 感染的 CEF 中表达[393]。但是其蛋白质是否具有与 HSV ICP0 同样的功能，目前还是未知的。

与 HSV-1 同源的早期基因已经鉴定出来。预计其功能与其他 α 疱疹病毒[401]相似，在本章不再作进一步讨论。分别编码相关的磷酸化蛋白 pp24 和 pp38[664] 的 MDV 基因 MDV008 和 MDV073 以及其早期表达动力学被分别讨论。

晚期基因产物包括核衣壳蛋白和包括 VP16 和糖蛋白在内的被膜蛋白（见 401 的论述）。本章仅简要讨论糖蛋白（糖蛋白 gB、gC、gD、gH、gI、gK、gL 和 gM），因为这些糖蛋白可能对细胞感染、病毒在细胞间传播和免疫应答很重要。Churchill 等[156]用 AGP 试验鉴定出两种糖蛋白，即可溶性 A 抗原和细胞结合性 B 抗原，现在分别称为 gC 和 gB。

gB 由 UL27 编码，是三种糖蛋白的复合物，三种成分的分子量分别为 100、60 和 49kD（gp100、gp60 和 gp49）[138,292,299,449,620]。根据产生 gB 特异性病毒中和（VN）抗体推断[292,299,442,463,552]，gB 对病毒吸附细胞和侵入具有重要意义。但是 MDV 中 gB 的缺失会阻碍细胞间的传播，这证明 gB 蛋白在 MDV 复制中的重要特性[588]，这种现象在其他的疱疹病毒中类似。

gC 是 57-65kD 的糖蛋白，由 UL44 基因编码，在早期文献中称作 gA，它在产毒的感染细胞中大量合成，并表达于细胞表面和胞浆。此外，gC 由感染细胞主动分泌[165,290,296,300]，是鸡免疫系统中主要抗原中的一种，参与大多数血清学反应。gC 的作用尚未清楚，随着毒力减弱[156,291]，细胞培养时 gC 的产量大大降低，可能是 UL44 转录水平下降引起的[684]。最近数据显示在细胞培养中由于 gC 的过度表达而导致的 MDV 复制的减少可能是由于 gC 的分泌形式不同所造成的。gC 基因缺失突变株具有致弱的表型，伴有感染率、水平传播能力及致瘤能力的下降。但是需要产生一种返强病毒以证实

毒力的减弱是由 gC 基因的缺失引起[422]。最近用 gC 阴性突变株做的体内试验证明尽管外周血中病毒量并未受到影响，但是它的影响在建立延迟和诱发肿瘤上，这表明 gC 在 MDV 致病原因上有重要作用[468]。

gD 由 US6 编码，对它的重要性现在了解得很少。在体外表达不佳[464]或完全不表达[651]，可能是 gD 基因不转录或限制性转录的后果。在羽毛毛囊上皮细胞[450]，与 pp38 和 gB 相比 gD 的表达有限，表明 gD 的产生可能需要羽毛毛囊上皮细胞中特定的转录因子。由致瘤毒株 RB-1B 构建的 gD 缺失突变株具有致瘤性，且能水平传播，说明 gD 是非必需的[18]。最近在回顾性分子流行病学调查实验中用 gD 基因的 SNP 试验来确定 MDV 株的变异株。

其他糖蛋白的功能还未作详细研究。免疫沉淀试验表明 gI 和 gE 之间可相互作用[651]。gE/gI 复合物是否如其他 α 疱疹病毒所描述的那样起 Fc 受体的作用还不清楚。用 BAC 克隆构建了 gM、gI 和 gE 基因缺失的突变株，试验研究表明这些基因编码的糖蛋白对病毒复制是必需的，因为缺失突变株不能将易感性从感染细胞向未感染细胞传播[589,660]。

MDV 特有基因

已有几个基因被鉴定为 MDV 特有基因（表 15.3），其中部分基因仅存在于血清 1 型，其他的则可能在 MDV 血清 2 型或/和 HVT 有同源基因。

潜伏感染相关转录子（LATs） LATs 是一组转录子，相对于 ICP4 是反义的，近来已有详细综述[426]。已报道一个 10kb 的大转录子和几个剪接的转录子比如 MSR（MDV 小 RNA）或 SAR（小反义 RNA）[132,133,387,388,417]。LATs 对潜伏感染或转化有何意义还不清楚。LATs 在溶细胞性的感染细胞和转化细胞中均有表达。一个小 LATs，称之为 SAR，在原发性淋巴瘤[557]的 CD4+、AV37+ 细胞恒有表达。LATs 在 MDV 阳性的 QT35 细胞系上也有描述[736]。MSR 的 5′端插入 LacZ 基因产生了 RB-1B 的缺失突变株。用这个突变的病毒接种鸡能诱发强烈的溶细胞作用但是不能诱发肿瘤。直到这个突变株的拯救病毒产生，该发现的重要性才清楚了[426]。

Meq（马立克氏 EcoQ） 关于 Meq（RLORF7）的分子生物学最近已有综述[360,426,435]。Meq 蛋白由 339 个氨基酸残基组成，N 末端含一个

碱性亮氨酸拉链（bZIP）结构域，该结构域与jun/fos致癌基因家族相似。C末端富含脯氨酸的重复区域与WT-1肿瘤抑制基因相似[320]。Meq蛋白在淋巴瘤细胞和肿瘤细胞系细胞核中恒有表达[396,532,557]，在S期细胞浆中也有表达[394]。Meq的一个结构域与其自身或细胞致瘤蛋白Jun形成二聚体；该复合体可结合两个不同的序列MERE Ⅰ和MERE Ⅱ。MERE Ⅰ位于Meq的启动子/增强子区，MERE Ⅱ定位于推测的MDV复制起始区[531,532]。几个方面证据都表明Meq对转化至关重要。在MSB-1细胞中表达Meq反义RNA可减少软琼脂上细胞集落的形成[732]。在转染的大鼠细胞上Meq过量表达导致细胞形态学转变、凋亡抑制[396]及与细胞周期调控因子CDK2的相互作用[397]。有趣的是，CVI988中有一段178bp的插入序列，导致编码富含脯氨酸结构域的阅读框架发生移位[378]，虽然蛋白质序列的读框移码在后来的试验中未被证实[502]。据报告基因分析含有插入序列的大Meq（L-Meq）的形成对Meq的形成有抑制作用[136]。富含亮氨酸的区域的序列变异也表明与毒力有关[594]。

依据其二聚化状态，Meq与不同的启动子的结合表现的不同。就像与亮氨酸拉链蛋白同源的二聚体，比如c-jun，Meq能反式激活包括AP-1位点在内的启动子从而使大量基因上调，这些基因包括干扰素-2（IL-2）和CD30，Ⅱ类肿瘤坏死因子家族的成员（TNFR-Ⅱ）。有证据表明Meq通过例如JTAP-1，JAC及HB-EGF基因的活化来转化进鸡的细胞，这些基因都与v-jun转化途径有关。这些数据以及抗凋亡因子如Bcl-2和c-Ski，反转录病毒转导的致瘤基因v-Ski的细胞同源物的上调，强有力的证明致癌的反转录病毒和疱疹病毒的共同的转化路径。进一步证明Meq直接作用的证据来源于最近的研究，在这个研究中vvMDV中Md5株的Meq的缺失突变不能诱发肿瘤。但是这也可能是由于病毒复制的显著减少造成的。Meq和转录共抑制因子CtBP蛋白的特定相互作用被表明与MD的致肿瘤特性至关重要，因为丧失了相互作用的特定的突变导致病毒致瘤性全部丧失。

Meq区的两个剪接的产物也已鉴定，一个命名为vIL-8，另一个缺失反式激活子结构域。通过检测动态细胞的特性和Meq以及Meq/vIL8蛋白的分布，Anobile等指出这两种形式在MDV感染的细

胞中可能从根本上就有不同的作用。除了Meq基因外，两个与Meq反义的长度为852bp和1168bp的转录子也已有描述。1168bp的ORF编码一个23kd的核蛋白，这个蛋白可在溶细胞性感染细胞和转化细胞中检测到。

v-IL8 近年来，禽类趋化学因子IL8的同源物在MDV中已确认[395,475]。v-IL8基因（R-LORF2）位于长重复区域，最初由Peng和Shirazi[494]鉴定为剪接的Meq变异体。该基因由三个外显子组成，在溶细胞性感染晚期表达。IL8吸引T细胞，特别是在IL8受体受到γ干扰素（IFN-γ）的上调后，于是Schat和Xing[584]推测v-IL8可能对从B细胞感染到T细胞感染的转换很重要（见"致病机理"）。

pp38/pp24 马立克氏病毒磷酸化蛋白复合物，通常称之为pp38/pp24，由位于UL区域相反方向两端的两个基因编码[749]。Pp24基因（R-LORF14）部分位于TR_L和U_L区域，pp38基因（R-LORF14a）位于IR_L和U_L区域。血清2型毒株中存在pp24和pp38的同源物[304,446]。HVT的TR_L和IR_L包含与pp38的同源基因，但它与血清1型毒株中pp38功能是否有关系不清楚[11,626]。HVT和SB-1能诱导对pp38的细胞介导免疫应答[460,521]，所以预测有这种同源物的存在。

pp24/pp38复合物的功能还未阐明清楚。起初将它与致瘤性联系起来，因为pp38在不定比例量的马立克氏病病毒转化的潜伏感染的淋巴细胞胞浆中表达[169,288,437,438]。通过IUdR处理[289]或者ICP4基因转染[520]，pp38/pp24的表达水平提高。有趣的是，血清1型马立克病病毒潜伏感染的QT35细胞，感染HVT可激活pp38的表达[736]。这些数据说明pp38可能在再次激活和随后的病毒复制中而不是在致瘤性中发挥作用。pp38也可在生产性感染的细胞包括FFE中表达[169,288,437,438]的事实支持了这个推论。此外，Ross[558]认为pp38可能诱导细胞凋亡。最近的关于检测QT35细胞中pp38的表达的研究证实了两个新的剪切可变体增强新陈代谢的活力，这显示这种磷蛋白在MDV潜伏期和转化感染中的新的作用。最近，已经证实pp38在B细胞的溶细胞性感染和转化感染的维持中是必须的。但是pp38的缺失并不影响病毒水平传播的能力[229]。不同毒株的pp38的氨基酸序列有微小的差别。最初，曾以为pp38在CVI988中不表达[755]。

但是，随后证实这个基因在 CVI988 中存在，单克隆抗体 H19 识别的一个表位在第 107 位氨基酸从谷氨酸变为精氨酸[170,171]。这个差异的生物学相关性尚不清楚。表达来自 CVI988pp38 蛋白的 vvMDV5 株仍具有致瘤性，这个实证表明 CVI988 毒力减弱与 pp38 没有关系[367]。

pp38 和 pp24 的启动子/增强子是双向启动子复合体的一部分，调控 pp38/pp24 和 1.8kb 基因族的转录。这个区域还包含复制起始区[423]。有几个转录因子，包括 Meq 结合位点，位于该区域。有趣的是，尽管在 HPRS‑24 中还未鉴定出 Meq 同源基因[304]，但是血清 2 型病毒在该区也有一个 Meq 结合位点（MERE Ⅱ）[614]。pp38/pp24 和 1.8kb 基因族的转录的差别已有报道[614]。

1.8kb 基因家族 几个快速早期转录子起源于包含 3 个外显子的 1.8kb 基因家族[73,354]（综述426）。弱毒株的这些转录子被截断，是由于串联的 132bp 直接重复序列（132 bpDR）扩增引起[74,555]。通常在血清 1 型非弱毒株包括低代次的 CVI988 毒株中 132bp 的直接重复序列拷贝很少，而弱毒株拷贝数很多[278,331,556]，这种差异形成了通过 PCR 鉴别的基础[49,616,750]。但是这个 132bp 的区域似乎与致瘤性没有直接联系，因为这段区域的缺失没有影响肿瘤的形态和发生率[622]。另外，实验证明缺失这 132bp 重复区的病毒在连续的细胞传代中仍可致弱。

迄今为止，7KDa[493] 和 14KDa[277] 的蛋白质认为与这些转录子有关。两种蛋白质都能在溶细胞性感染细胞和转化细胞中检出，但感染弱毒株后没有发现 7KDa 的蛋白质。这些蛋白质的功能还不清楚，虽然源自 1.8kb 基因家族的 1.69kb 和 1.5kb cDNA 在转染的成纤维细胞中的表达能延缓增殖和降低血清依赖性，表明功能之一可能涉及细胞周期的控制[492]。此外，针对 132bp DR 转录子的反义寡核苷酸的表达抑制淋巴细胞系的增殖[339]，进一步表明 1.8kb 基因家族可能对转化很重要。

端粒酶 RNA（vTR） 编码端粒酶亚基的 RNA 的独特区域被认定位于 MDV 基因组的 IR_L/TR_L 区[217]。MDV vTR 近 88% 的序列与鸡的端粒酶 RNA（ChTR）相同，这表明它的转变来自于宿主基因组。vTR 通过与鸡端粒酶反转录酶（ChTERT）而非 ChTR 更有效的结合来构成端粒酶的活力[218]。通过使用缺失一个或两个拷贝 vTR 的 RB‑1B 病毒，最近证实了 MDV 致瘤性与 vTR 之间的直接联系[662]。vTR 阴性株诱发较小的稀少分布的淋巴细胞瘤的能力受到极其严重的损伤。

MDV 编码的微 RNA 微 RNA（miRNAs）是一类独特的小的调节分子，大约 22nt，在各种细胞类型中都能影响基因表达。它们已经在大量的有机体中被确定，包括几种疱疹病毒[436]。最近，几种新颖的位于 Meq 基因和基因组的 LAT 区侧翼的 MDV 编码的微 RNA 在 MDV 感染的鸡胚成纤维细胞中被确定。这些新颖的 miRNA 在 MD 生物学上的准确功能还不确定。但是因为这些分子在 MD 淋巴瘤和 MDV 感染的细胞系中高水平表达，所以他们可能在致瘤性上起作用。

其他独特基因 在肿瘤细胞中转录的几个独特 ORF 编码的蛋白质还未鉴定。除了几个例外，大多数 ORF 没有进行进一步的研究。RLORF5a（ORF‑L1）[456]能在肿瘤细胞系，MDV 潜伏感染的 QT35 肿瘤细胞系及 MDV 潜伏感染的 REV 细胞系中表达[456,496,736]。RLORF5a 的功能还不清楚。它的表达对潜伏感染和病毒复制[580]或肿瘤转化的重新激活是非必需的[313]。

Jarosinski 等[312]发现 RLORF4 在 MD 肿瘤细胞系中表达，并且这个 ORF 在一系列的减毒的 MDV 株中缺失。在 RB‑1B 中是两拷贝而非一拷贝的 RLORF4 缺失，这形成了体外减毒的表型，也导致肿瘤发生的大量减少，但是早期的病毒复制不受缺失的影响[313]。

病毒载体

存在于三种血清型 MDV 的几个非必需部位可用于外源基因和特定 MDV 基因的插入和表达（见综述 268）。MDV 载体疫苗的预期优势是这些疫苗能同时产生对 MD 和其他病原的保护，潜伏状态的再激活可强化对 MD 和其他病原的免疫应答。迄今为止，大多数 MDV 载体疫苗对 SPF 鸡有保护力（如抵抗新城疫（ND）[424]和 IBD 超强毒[663]的攻击）。缺点是 MDV 载体疫苗需要在卵内或孵出时免疫。针对所表达的外源蛋白的母源抗体可能会阻碍针对插入基因，也可能是 MDV 的主动免疫的形成，特别是当插入基因处于强启动子的控制之下时。例如，当新城疫病毒 F 蛋白在 SV40 晚期启动子调控下在 CVI988 MDV 载体疫苗中表达时，针对 ND 病毒的保护性免疫在母源抗体存在时达不到最理想状态。但在 MD 病毒 gB 启动子调控下表达可诱导产生保护[633]。

病毒复制

三个血清型 MDV 病毒的复制是其他细胞结合性疱疹病毒的典型代表，已被广泛论述[58,335,467,550,564]。细胞游离性病毒在开始感染细胞培养物或鸡时，有囊膜病毒可能通过 gB，也可能与其他糖蛋白相结合而结合到细胞受体上。硫酸乙酰肝素——一种氨基葡聚糖，已确定为细胞受体分子之一[377]。对于细胞培养来说，在吸附后 1h 内病毒侵入细胞，类似 ED-TA 的螯合剂可加速血清 1 型病毒侵入细胞的过程[8]。随后，与被感染细胞直接接触使得感染向其他细胞传播，且病毒传递可能通过形成细胞间桥来完成[327]。推测这是病毒在体外和体内传播的主要模式。最近的数据证明 Us3 编码的剪切酶在形态形成中的作用与通过对纤维破裂和肌动蛋白的聚合所形成的压力影响病毒在细胞间的传播中一样[590]。糖蛋白 gE、gI 和 gM 可能对病毒从感染细胞向未感染细胞传播起重要作用[589,660]。复制率随血清型、毒株的传代次数、细胞类型及培养温度而不同。

在体内，病毒在细胞间的传播要求感染细胞和未感染细胞之间紧密接触，尽管上皮细胞也可参与到这个过程中，但大多数是淋巴细胞。这些细胞之间精确的相互作用仍然是一个悬而未决的重要问题。

病毒与细胞间的相互作用

病毒与细胞间相互作用的三种主要类型有：生产性，潜伏性和转化性。

生产性感染（productive infection） 在生产性感染过程中，出现病毒 DNA 复制，合成蛋白质，在某些情况下，产生病毒颗粒。以 HVT 为例，每一细胞中的基因组拷贝可增加 100 倍并超过 1200 个[334]。生产性感染有两种类型：鸡羽毛毛囊上皮细胞的完全生产性感染，可产生大量有囊膜的，完全具感染性的病毒粒子[110]。在限制性生产性感染（productive restrictive infection）中，绝大多数病毒粒子无囊膜，因而不具感染性。然而，在培养细胞中，可能有数量不定的病毒粒子有囊膜，细胞裂解后，则形成细胞游离型感染性病毒。选用合适的

稳定剂，如 SPA 将提高细胞游离型病毒产量。据报道有一株 HVT 变异株可将大量细胞游离型病毒释放到感染细胞的培养基中，这株病毒在鸡体内复制是缺陷性的[735]。在所有易感细胞中，生产性感染可形成核内包涵体并导致细胞裂解。已鉴定了一个病毒宿主阻断蛋白基因（viral host shut off protein gene）——UL41[401]，该基因可能启动裂解过程。体内溶解性感染可直接导致坏死性病变的形成，因此生产性感染又称作溶细胞性感染，这些名称可作同义名使用[105]。

在生产性感染的成纤维细胞中，大部分 MDV 基因组都进行转录[407,570,625]。1 型强毒株和致弱毒株之间存在生产性感染转录子差异已经被报道[73,555]，多与 UL 两侧重复区侧翼 U_L 内的转录子有关。最近的研究进一步证实在溶细胞性感染的成纤维细胞中 MDV 编码的大部分蛋白的表达[393]。

有几个因素可影响细胞培养中的生产性感染。病毒 DNA 聚合酶和胸苷激酶的抑制剂能抑制生产性感染的细胞培养物病毒的复制，但不影响成淋巴细胞系的生长[550,564]。细胞培养中的一氧化氮（NO）以剂量依赖性的方式降低病毒复制[188,734]。体外感染试验可改变感染细胞及邻近细胞的细胞基因的转录性调控。以及在感染及其邻近的细胞中是细胞的基因。通过感染 MDV，芯片技术已经被应用来确定哪些基因被正调节或负调节[425]。例如，Ⅰ Ⅱ 类 MHC 分子的基因和 2 种干扰素反应元件被正调节。这些结果的重要性需要被进一步检验。Hunt 等[281]报道在 OU2 细胞和类淋巴母细胞系中生产限制性 MDV 的复制负调节 Ⅰ 类 MHC 分子的表达。在未感染的细胞[340]中可能通过 IFN[383]来正调节 MHC 分子的表达。这当然与 IFN 反应基因的正调节相一致。至少有一些 MDV 及 HVT 株可能产生 IFN，可能是 IFN - α[276,326]。

潜伏感染 疱疹病毒潜伏感染已被定义为在没有病毒转录物和蛋白质的情况下存在病毒 DNA，许多疱疹病毒都报道有 LATs。这种定义适合于非转化的血清 2 型和血清 3 型病毒株。而对于血清 1 型病毒，潜伏和转化之间的区别尚未确定。两种情况下都有病毒基因组存在，但潜伏感染细胞和转化细胞之间的转录调控的差异目前还不了解，因为不可能将潜伏感染的非转化细胞与非感染细胞分开。因此关于潜伏感染的研究通常是在 MD 转化细胞系上进行。

尽管 CD8⁺ T 淋巴细胞和 B 淋巴细胞也可发生潜伏感染 MDV 潜伏感染主要与 CD4⁺ T 淋巴细胞有关[125,376]。在潜伏感染的细胞中病毒基因组的拷贝数小于 5 个[550]。体外研究表明 REV 转化细胞[522]、OU2[6] 和 QT35 细胞系[736] 均可发生潜伏感染。通过接种易感鸡、与容许性细胞共培养和潜伏感染淋巴细胞的体外培养，可再次激活潜伏感染的细胞和肿瘤细胞中的 MDV 基因组。后一种方法可以通过计算 0h 和 48h 时细胞培养物中抗原阳性细胞来计算潜伏感染细胞的数目[127]。PCR 也可用于检测 MD 潜伏感染（见本章后面"诊断"部分）。但是 PCR 方法需要结合 RT-PCR 方法，以证明不存在早期和晚期转录，保证扩增的 DNA 是来自潜伏感染细胞而不是少数几个限制性生产性感染细胞，这种细胞常见于潜伏感染的淋巴细胞群。ICP4 转录子的正调节和 LATS 的负调节与潜伏感染细胞中早期和晚期基因的再激活有关[6,736]。

由 ConA 刺激脾细胞培养物产生的细胞因子至少有两种可帮助维持培养淋巴细胞的潜伏状态[96]。后来，2 种重组的鸡（rCh）细胞因子——rChIFN-γ[671] 和 rChIFN-γ[332]，被证明可抑制潜伏感染的淋巴细胞中的立即早期、早期和晚期病毒抗原产生。令人惊奇的是，IFN-α 抑制病毒基因的作用在潜伏感染的晚期比在早期更为有效[671]。用环孢菌素 A 或倍他米松处理可选择性地再激活体内潜伏感染细胞[97]，但免疫抑制性病毒，如 IBDV 或 REV 的感染则无这种作用。鸡传染性贫血病毒（CIAV）通过影响细胞因子产生和细胞毒性 T 淋巴细胞（CTL）来影响 MD 的潜伏状态[567]。

转化感染 转化感染仅发生于血清 1 型 MDV 感染的细胞。从免疫学上定向和非定向细胞[490] 的背景中选择转化细胞，有助于对肿瘤和肿瘤细胞系中的转化细胞进行比较研究。对肿瘤相关的特定表面标志的探寻发现了两种潜在的抗原。在 MD 淋巴瘤和成淋巴细胞系细胞中可检测到一种与 MD 肿瘤相关的表面抗原（MATSA），但在生产性感染细胞的表面检测不到[511,731]。MATSA 也可从免疫 HVT 或血清 2 型 MDV 的鸡的淋巴细胞中检测到[349,512,572]，随后的研究表明 MATSA 还存在于未感染鸡的激活 T 淋巴细胞中[412]。最近，用单克隆抗体 AV37 检测到第二个抗原，CD30，它与溶细胞感染阶段的 MD 转化 CD4⁺ T 细胞和 MDV 感染细胞有关。但是这种抗原也可在 B 细胞和 REV 转化细胞中检测到[92,557]。最近的研究表明 CD30ʰⁱ 的表达是 MD 淋巴瘤的特性，这意味着 CD30 是肿瘤性转化中扰乱重要的细胞内信号通路的成分[90]。MATSA 和 CD30 都可用于肿瘤细胞悬浮物中转化细胞的富集。Ross 等[577] 用 CD4 和 AV37 的单抗从淋巴瘤中纯化细胞并发现这些细胞群体中富含 meq 和 SAR 转录物。相反，在这些细胞中未检测到 pp38 和 VP16 转录子。大多数其他研究利用成淋巴细胞系来鉴定转录物，这些在前面一节中已作详尽的描述。用恢复期血清作荧光抗体试验，在淋巴瘤或成淋巴细胞样细胞系的细胞中不能检测到抗原，在那些可能已转成生产性感染的细胞中偶有例外[12,119]，根据定义，它们已不再属于转化细胞。用碘苷处理[128,195,366] 或在非最适温度下培养[23,128]，可诱导一些转化的淋巴细胞产生病毒抗原。

其他血清型病毒的复制

在大部分报道中，血清 2 型 MDV 病毒和 HVT 的复制与血清 1 型病毒相似。因为 HVT 和血清 2 型不致瘤[571,718]，所以还未建立与 MD 肿瘤细胞系同等的细胞系，而且还未发现转化感染。

已证明鸡可发生血清 2 型和 3 型病毒潜伏感染[613]，但发生潜伏感染的细胞表型尚不清楚。在 ALV 转化 B 淋巴细胞系观察到 SB-1 的潜伏感染，表明 B 淋巴细胞可能是血清 2 型病毒潜伏感染的靶细胞[223]。HVT 偶尔也可存在于 MDV 转化的 T 淋巴细胞系，可能代表一种潜伏感染[119,266]。

Holland 等[274] 报道在没有 gB 表达的情况下，TRL 和 IRL 内编码的 HVT 转录物存在于胸腺和脾脏，而不是法氏囊。有趣的是，这些转录子在外周神经和羽毛相关组织中也能检测到。

毒种生产和稳定性

生产性感染细胞培养物是 3 种血清型病毒，细胞结合性病毒及细胞游离性 HVT 病毒的种毒来源。细胞游离性和细胞结合性病毒种毒的生产和低温储藏技术已有描述（综述 153）。MDV 或 HVT 的细胞结合性种毒常保存于 −196℃。但是这些种毒的感染力直接与制备物中的存活细胞有关，也取决于合适的冻融技术。在理想条件下，稀释后的细胞结合性病毒种毒或疫苗半衰期至少为 2～6h[656]。

细胞游离性血清 1 型和 2 型病毒种毒最好从羽

毛毛囊上皮细胞（低代次病毒）或感染的细胞培养物（高代次病毒）中获得。在 SPA 中裂解细胞可从感染的细胞培养物中获得少量低代次病毒[116]。细胞游离性 HVT 的生产最好是通过裂解严重感染的培养细胞来获取。细胞游离性 MDV 和 HVT 可储存于−70℃或冻干保存[116]。储存温度、配制技术、稀释剂的选择和配制后保存时间及温度对细胞结合性和细胞游离性疫苗的效力可产生不利影响[245,478]。

对物理化学试剂的易感性

细胞结合性 MDV 血清 1 型和 2 型毒株的稳定性完全依赖于细胞的活力，任何影响细胞活力的处理方法都将直接影响病毒的感染力。

在 pH3 或 pH11 处理 10min、4℃保存 2 周、25℃4 天、37℃18h、56℃30min 或 60℃10min 都可使从感染鸡皮肤获得的细胞游离性 MDV 失活[109]。感染鸡的皮屑、垫料及羽毛具有感染性，推测其含有羽毛囊上皮产生的结合有细胞碎屑的细胞游离性病毒。这些物质室温 4～18 个月[271,705]和 4℃至少10 年[102]仍有感染性，但病毒用各种常用化学消毒剂处理，10min 内即可失活[115,270]。增加湿度不利于垫料中病毒的存活[705]。

毒株分类

血清型

Von Bülow 和 Biggs[675,676]将 MDV 疱疹病毒群依据生物学特性分为三组不同的病毒群。通常用型特异性单克隆抗体[286,370]来鉴定病毒血清型。

这三个血清型虽然可用血清学试验加以区分，但它们仍具有许多共同抗原成分。因此，抗一种血清型的血清通常能同其他血清型的抗原反应，只是没有与同源抗原反应强[675]。

许多生物学特性与病毒血清型有关[63,564]。低代次血清 1 型病毒在鸭胚成纤维细胞（DEF）或鸡肾细胞（CKC）培养物上最易生长，其生长缓慢，产生小蚀斑。血清 2 型病毒在鸡胚成纤维细胞（CEF）上最易生长，其生长缓慢，产生中等大小蚀斑，伴有一些大的合胞体。HVT 最适合在 CEF上生长，其生长迅速，并产生大蚀斑。从 HVT 感染细胞中提取的感染性病毒比从血清 1 型或 2 型病毒感染细胞中多。

病理型

只有血清 1 型 MDV 与毒力或致瘤性有关。但该群病原的致病力差异很大，毫无疑问从几乎无毒到最强毒都有。过去的 30 年里，随着毒力不断增强，MDV 病理型分类已发生变化。目前分为四类病毒群，分别为温和型（mMDV）、强毒型（vMDV）、超强毒型（vvMDV）和特超强毒型（vv＋MDV）[699,708]。可用免疫和非免疫但母源抗体阳性鸡进行致病性试验来鉴定病毒分离株的病理型，用原型株病毒作为对照[693,708]。目前尚没有研究出体外定型的方法。CVI988[546]和 CU2[627]毒株属于mMDV 原型病毒；JM[593]、GA[197]和 HPRS -16[527]毒株属于 vMDV 原型毒；Md5[721]和 RB -1B[574]毒株属于 vvMDV 原型毒；RK - 1（Witter称为 625 株[699]）和 648A[699]毒株属于 vv＋MDV原型毒。现已认识到 MDV 毒株毒力的演化模式，但演化的分子基础还未搞清楚。许多年来，马立克氏病是由病理型为温和型 MDV 引起以麻痹为主的经典疾病。20 世纪 40 年代末首次发现强毒 MDV 病理型有关的更强毒力类型的 MD[50]，这一类型的 MDV成为 20 世纪 60 年代的主要病理型。20 世纪 70 年代末首次发现超强毒 MDV 病理型毒株[196]，主要位于仍有严重的 MD 发生的 HVT 免疫的鸡群中，这导致80 年代早期引入双价疫苗。90 年代早期，特超强毒株出现，与超强毒一起成为主要的病理型。

一定的生物学特性与血清 1 型病毒的病理型有关，但在低代次和高代次（致弱）毒株之间最为明显。强毒分离株体外连续传代（一般需 30～70 代）后可导致株毒力减弱[156,546,576,688]。致弱毒株更易在体外生长，但在体内产生较低滴度的病毒血症[712]，这可能与其在淋巴细胞中感染和复制能力明显下降有关[576]。gC（A 抗原）产量降低或不产生[156]。致弱毒株在鸡群中不能通过接触有效传播[184,692]。有些致弱不完全的毒株可在易感鸡引起轻微损伤[505,674]。过度致弱毒株不能在鸡体内复制或对鸡起保护作用[353,719]。虽然已经有一例毒力增强的报道[185]，但是通过在鸡体内回复传代，血清 1 型致弱毒株在体内的繁殖能力得到提高[185,692]。通过感染 7 日龄鸡胚或免疫抑制，可增加血清 1 型 MDV低毒力毒株引起的肿瘤的发生率[112,121]。而经过同样处理后，血清 2 型（SB - 1 株）和血清 3 型病毒仍无致瘤性[121,571]。

系也是重要的实验室宿主系统。

实验室宿主系统

MDV 通常可在组织培养、新生雏鸡和鸡胚中繁殖和测定。来自 MD 淋巴瘤的成淋巴细胞样细胞

细胞培养

不同血清型 MDV 的体外繁殖已有综述[58,564]。DEF 或用 1～2 周龄雏鸡制备的 CKC 培养物适合分离 MDV 和增殖低代次的分离毒[154,631]。低代次的

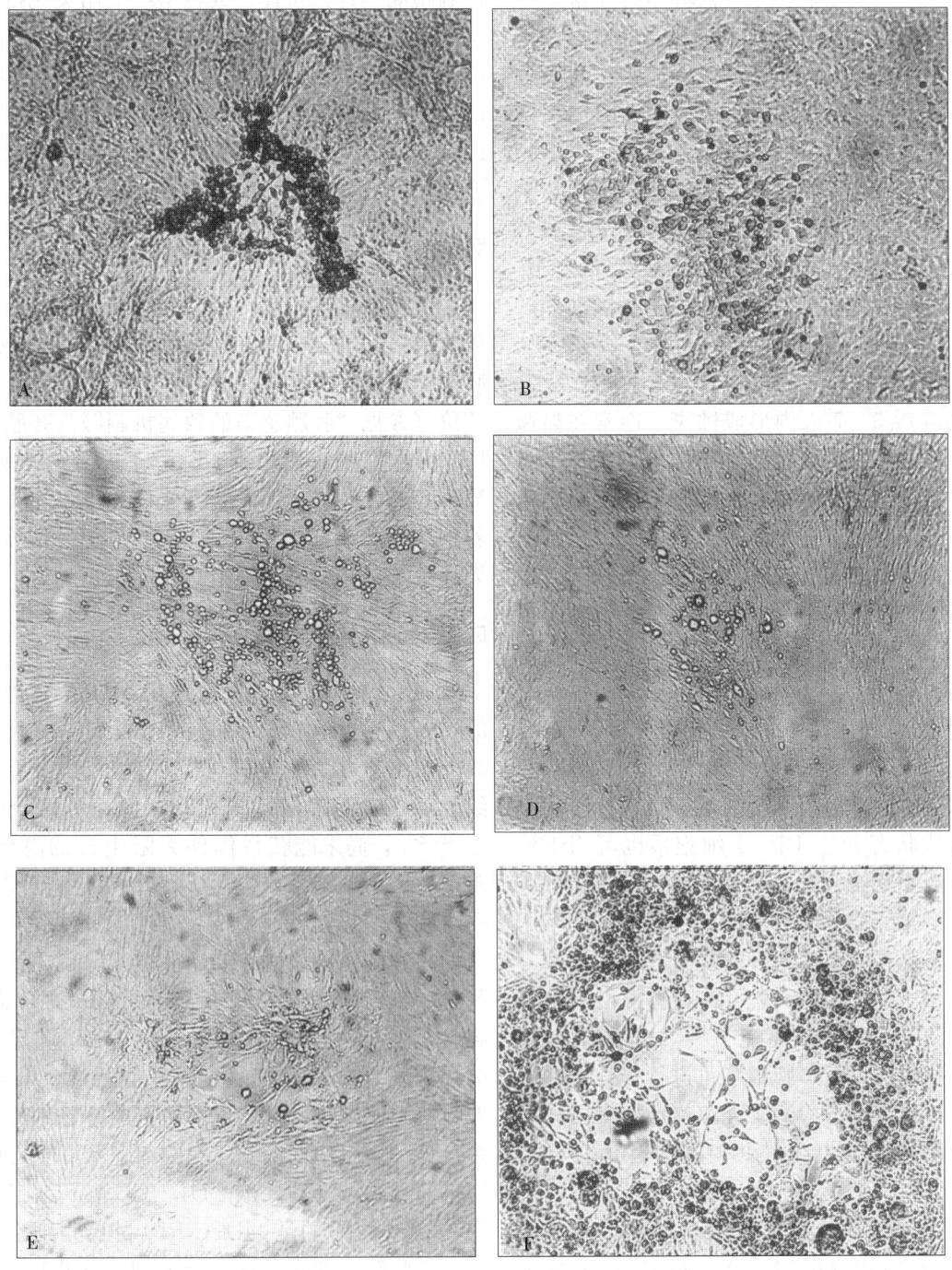

图 15.3　感染不同血清型马立克氏病毒（MDV）的培养细胞的局灶性病变。A. 源于感染鸡的鸡肾细胞培养物中的低代次血清 1 型 MDV,9d;B. 鸭胚成纤维细胞(DEF)上的低代次血清 1 型 MDV,5 天;C. 鸡胚成纤维细胞(CEF)上高代致弱的血清 1 型 MDV,5d。D. 鸡胚成纤维细胞上低代血清 2 型 MDV,8 天。E. 鸡胚成纤维细胞上低代 HVT(血清 3型),4d;F. 鸭胚成纤维细胞上低代次火鸡疱疹病毒(HVT),12 天。所有照片均未着色,大约 40 倍。(witter)

MDV 在 CEF 或鸡胚 CKC 上分离远不及在 CKC 或 DEF 上的效率高。与 CKC 或 DEF 相比，在 CEF 上增殖病毒可加速毒力减弱[576]。在鸡胚肾细胞中，血清 1 型病毒（不是 HVT）的复制是顿挫性的，传 2 或 3 代可导致感染力的丧失。致弱的 MDV 和血清 2 型和血清 3 型 MDV 用鸡胚成纤维细胞很容易分离和增殖[63,571]。感染的细胞培养物通常形成分散的局灶性病变，称为病灶或蚀斑，成熟时由圆形折光的变性细胞簇组成（图 15.3）。蚀斑直径通常不到 1mm，且细胞密度多变，蚀斑大小随毒株、时间和其他因素而异。培养的成纤维细胞可见多核细胞增生症，是蚀斑或病灶的主要成分，常作为病毒测定的标志。被感染的细胞可能含有两个甚或几百个核，常见的有 A 型核内包涵体。尽管蚀斑成熟时可向培养液内释放圆缩的细胞，但未见大面积的细胞溶解。

血清 1 型病毒初次分离在 5～14 天内形成蚀斑，适应培养后 3～7 天内形成蚀斑，通常在显微镜下检查计数，但是现在已建立不同的染色技术可允许晚些时候计数。据报道，血清 1 型病毒在小鸡和鸭细胞中蚀斑的形成和形态有差异，三种血清型病毒引起的蚀斑的区别也已经被描述[546]。现在也已经应用诸如鸡胚皮肤[518]、气管移植物[535]和包括日本鹌鹑[528]在内的几种禽类的胚胎成纤维细胞等其他细胞培养系统。

有几种禽类细胞系可用来增殖 MDV 毒株。OU2 细胞系可用来增殖三种血清型 MDV。细胞单层长成后形成蚀斑，但当细胞尚未融合成片时病毒仍然处于潜伏状态[5,7]。DF-1 细胞系也可用于增殖这三种血清型病毒。最近已近形成了不含 MDV 的鹌鹑细胞系来繁殖 MDV 血清 1 型病毒，HVT，但是 SB-1 不能在其上面很好的复制[390]。

在体外，血清 1 型 MDV 可在鸡脾淋巴细胞上生长，但血清 2 型病毒则不能[126]。每隔两天向悬浮细胞培养物中加入新鲜脾细胞可进行传代，并用免疫荧光法对感染进行检测。火鸡疱疹病毒同样可在火鸡脾细胞培养物上生长，但即使有病毒性抗原，也很少见。

一般认为，哺乳动物细胞系和基础培养基对 MDV 感染有抵抗力（综述 530，564）。但是最近一个报道提出 MDV 和 HVT 可在 Vero（非洲绿猴肾）细胞上复制，但还未能排除来自 CEF 的接种物或鸡细胞-绿猴肾细胞杂交体的可能存活物[308]。

鸡

新生雏鸡接种血清 1 型 MDV 强毒后 2～4 周，可在其神经节、神经和某些内脏器官上产生肉眼可见的病变或组织学病变。其反应在很大程度上依赖于鸡的遗传易感性和 MDV 分离株的毒力。用体外试验检测病毒或抗体，或在组织上用荧光抗体试验检测病毒相关抗原，都可以反映接种鸡对 MD 感染的特异性反应。所有这些反应在无 MDV 母源抗体的雏鸡上显著增强[100]。在翼蹼[118]或羽髓（feather pulp）[427]中诱发病毒特异的病变是病毒直接到达病变部位的另一途径。

胚胎

MDV 细胞毒经卵黄囊途径接种鸡胚后在绒毛尿囊膜上可形成病毒豆斑[62,673]。因为在临床上，胚胎免疫接种越来越普遍，胚胎已用于 MD 疫苗的评价（参见"胚胎感染的致病机制"）。胚胎还可以用于分离那些直接用细胞培养不能分离的病毒株。Yamagguchi 报道了利用 4～7 日龄雏鸡的肾细胞培养物从 QT35 细胞系中分离到 MDV，该雏鸡在 8 天胚龄接种过 QT35 细胞[736]。

成淋巴细胞样细胞系

成淋巴细胞样细胞系是从 MD 淋巴瘤中建立的[106]，它在细胞培养中连续生长而不贴附于培养皿上。由于方法的改进[128,486]，从 MD 淋巴瘤建立细胞系的成功率在逐步提高，但除了两个细胞系外[120,287]，尚未能获得体外无限生长的淋巴细胞。现已有许多细胞系（包括从火鸡 MD 淋巴瘤产生的几个细胞系）已经建立[439]。绝大多数由淋巴瘤建立的鸡细胞系是表达 MHC Ⅱ 类分子和 T 淋巴细胞受体（TCR）2 或 3 的 $CD4^+/CD8^-$ T 淋巴胞[474,577]。通过翼蹼或胸肌注射 MDV 和异源细胞的混合物，从其早期病变（感染后 4～6 天，PI）上收获淋巴细胞，据此也可建立成淋巴细胞样细胞系。这种来自早期病变建立的细胞系可能是 $CD4^+/CD8^-$、$CD4^-/CD8^+$ 或 $CD4^-/CD8^-$ T 细胞[577,579]。图 15.4 中显示的是 MDCC-RP1 细胞系细胞。

一些转化细胞含有大约 5～15 个拷贝病毒基因组，虽然在不同细胞系的平均数目可能大得多，这也许与细胞群体中生产性感染的细胞比例有关[426,550]。与生产性感染细胞中病毒 DNA 相反，细胞系中病毒 DNA 呈高度甲基化[330]，但甲基化对维持转化状态并不是必需的[474]。

大部分细胞系可称为"生产者"细胞系，因其有一小部分（1%～2%）细胞发生了生产性感染[128,511]。虽然一些建成的非生产者细胞系基因组表达的证据有限或缺乏，但在大多数细胞系中很容易发现病毒[444,486,652]。延期培养可减少 MDV 基因组的表达[411]。在大部分（不是所有）从淋巴瘤产生的 MD 细胞系中发现有染色体畸变，在 1 号染色体上，通过 DNA 复制发现其短臂上有一额外的 G 带和间带[70,421]。只来源于局部病变的 MD 细胞系中畸变不常见[420]。这一变化与肿瘤转化之间关系还有待确定。

MD 细胞系已用于分析肿瘤抑制基因和细胞肿瘤基因之间可能的相互作用。Meq 蛋白诱导 Rat-2 细胞中原癌基因 bcl-2 的转录[396]，其基因产物可延缓细胞凋亡。但是 Ohashi 等[455]在 2 个细胞系及体内感染后 3 周的 T 细胞中未能检测到 bcl-2 的转录。另一个能控制凋亡的基因 bcl-xL 转录子得到表达，表明是 bcl-xL 而不是 bcl-2 基因产物对转化具有重要意义。肿瘤抑制基因 p53 的几个突变也

有报道，但这些突变并不位于与 p53 功能丧失有关的传统热点区[647,649]。但是几种截断的 p53 转录子，截断的范围从 101～765bp 不等，被认为是选择性剪切所产生的，它们在 MD 派生的肿瘤细胞系中被确定[648]。进一步检测 p53 蛋白的表达的研究确定了在 MD 转化的细胞系中 p53 的两种形式——40kD 的大蛋白和 30kD 的小蛋白[650]。小蛋白的量随着凋亡而增加，表明这种形式的 p53 起始凋亡中起作用。

最近建立的一个成纤维细胞系显然是 MDV 转化的。这个细胞系能产生 pp38、Meq 及晚期基因产物 gB，但是并未产生病毒颗粒[88]。是否有完整的病毒 DNA 存在于这些细胞中还不清楚。

病理生物学和流行病学

多重综合征

现在很清楚 MD 是由几个不同的病理学综合征

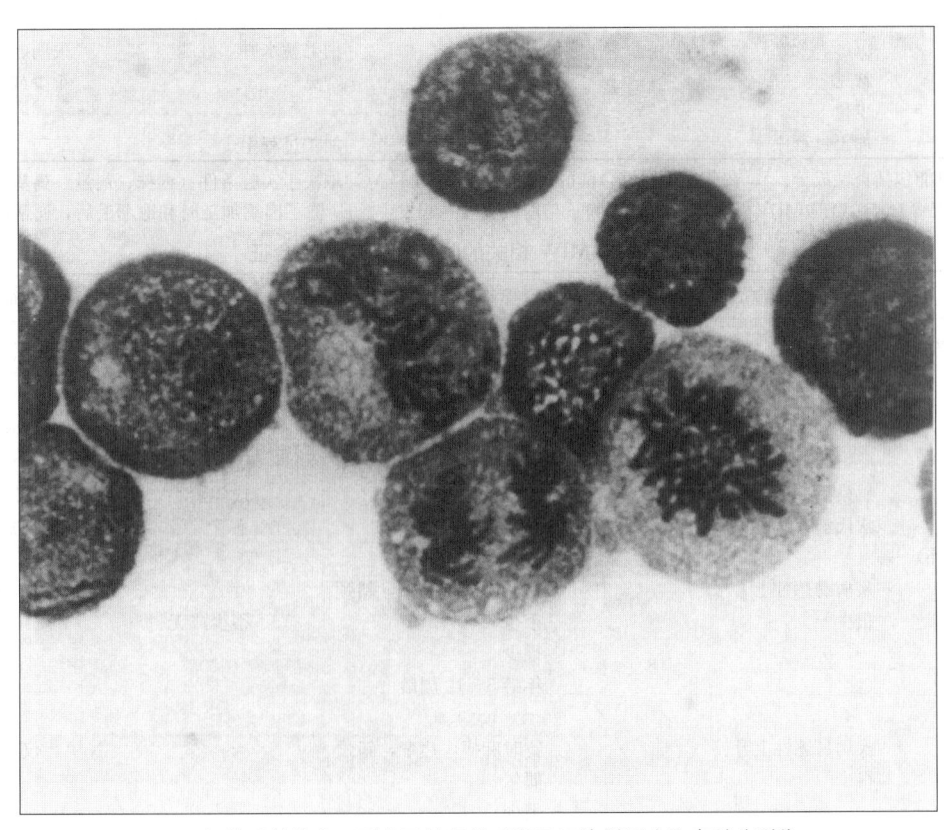

图 15.4　MDCC-RP1 细胞系的涂片。列出了特征性成淋巴细胞样形态和有丝分裂像。姬姆萨染色，×1 500。(Nazerian)

组成的[107]。在产蛋/种鸡群、肉鸡群中，MDV诱导的综合征与实验室诱导的综合征之间差异明显。在各种综合征中，淋巴增生性综合征与MD关系最密切，并具有最实际的意义（表15.4A）。其中，MD淋巴瘤可能最常见。此外鸡麻痹、持续的神经性疾病、皮肤白血病和眼病变也是淋巴增生性综合征的临床表现。某些淋巴增生综合征还有变性变化。实验室MDV感染诱发的临床症状（表15.4B）主要以变性和炎性病变为特征，并常伴有免疫抑制。脑部非瘤性病变主要是血管性水肿，造成暂时麻痹[231]。

血管病变表现为动脉粥样硬化。在实验室条件下，幼雏接种肿瘤细胞可能形成局部或弥散性的可移植的肿瘤[641,655]。感染MDV的异源CKC经翼蹼接种鸡可诱发Calnek等[118]所称的局部病变。实验室条件下诱发的部分症状在野外情况下很少见或不存在，可能是因为大多数商品鸡孵出时具有MD母源抗体或在孵出前后接种了MD疫苗所致。

亚临床症状也有发生，但很难确定。Purchase等发现免疫鸡群产蛋量高于非免疫鸡群，说明MD病毒可降低外表表现正常的非免疫鸡的增殖性能[529]。

表15.4A 与MDV相关的临床和病理学综合征情况

	淋巴增生性综合征AB（马立克氏病）			
	淋巴瘤和神经病变	鸡麻痹（神经病变）	皮肤白血病（外皮）	失明和眼部病变
实验鸡（实验室）				
临床症状	沉郁、死亡、发育不良、麻痹	麻痹	羽毛囊肿大	失明和眼部损伤
死亡率	0~100%C	0~30%CD	无	很少或无C
年龄	感染后2~8周开始	生长鸡	青年鸡E	感染后4~8周
器官	内脏组织+外周神经	主要是外周神经	皮肤	眼（虹膜，瞳孔）
产蛋/种鸡群（临床）				
临床症状	沉郁、死亡、麻痹	麻痹、死亡	羽毛囊水肿，灰眼	失明
流行	常见	偶尔D	很少或无E	很少
死亡率	0~60%	0~20%	无	无
年龄	4~90周	8~20周	感染后4~8周	大于10
肉鸡群（临床）				
临床症状	沉郁、死亡、麻痹	麻痹、死亡	羽毛囊水肿，红腿	失明、灰眼
流行	常见	很少或无D	常见E	很少或无
死亡率	少量		无	无
年龄	加工过程中		加工过程中	

A. 肿瘤病变可能包括炎性成分。B. 在免疫鸡群综合征的严重程度通常较轻。C. 取决于实验条件（毒株、剂量、鸡基因型、母源抗体水平、前期免疫情况等）。D. 当前MDV毒株很少诱发，除了与内脏肿瘤一起发生。E. 除了肉鸡加工时和退羽毛后，通常情况下看不到。

表15.4B 与MDV相关的临床和病理学综合征

	淋巴变性综合征	CNS综合征	血管综合征	其他综合征
综合征观察时的情况	早期死亡综合征，溶细胞感染，免疫抑制	暂时麻痹和持续的神经疾病	动脉粥样硬化	局部损伤，移植
实验鸡（实验室）				
临床症状	沉郁、发育不良及疾病易感性上升	暂时麻痹，痉挛，斜颈，死亡	无	接种部位肿大
死亡率	0~100%AB	0~100%AB	无	有（移植）
年龄	感染后9~20天	感染后9~28天	成年禽	青年鸡
器官	法氏囊，胸腺，脾	脑	血管	翼蹼—局部和许多—移植
产蛋/种鸡群（野外）				
临床症状	疾病易感性上升	暂时麻痹，痉挛，斜颈		N/A：仅在试验鸡
流行	很少A	很少A	很少或无	
死亡率		很少		
年龄		年龄5~12周龄		
肉鸡群（临床）				
临床症状	疾病易感性上升	暂时麻痹，痉挛，斜颈		N/A：仅在试验鸡
流行	很少A	偶尔A	无	
死亡率		很少		
年龄		5~7周龄		

A 在免疫MD疫苗的鸡群正常时不会见到。
B 取决于试验条件（毒株、剂量、鸡基因型、母源抗体水平、前期免疫情况等）。

发生和分布

MD 存在于全世界所有养鸡的国家。在饲养家禽流行的地区，每个鸡群都会被感染，很多鸡群遭受一定损失。但是由于报告系统不同，很难确定真正的发病率。感染率肯定比发病率高得多。即使在易感鸡群，感染并不一定导致临床发病，而在遗传抗性或免疫鸡群，感染则很少引起明显的疾病。

在美国，MD 所致损失可根据从 1961 年开始在畜禽加工厂收集到的肉鸡淘汰数据得到说明。可以观察到一个双相变化模式，高峰期为 4 月，8 月发病率最低（图 15.5A），这可能反映了温度应激及冬季通风不良的影响[526]。地区差异也很明显。分析 20 世纪 60 年代 MD 灾难性暴发，表明最初的损失发生在 Delmarva（美国特拉华州、马里兰州、弗吉尼亚州三州的总称——译者注）和美国东北部各州，但疾病很快向其他地区扩散[698]。在历史上和直到现在，特拉华州 MD 废弃率一直较高，而佐治亚州一直低于美国全国的平均值（见 15.5B）。疫苗的使用而造成 MD 的长期趋势和短期走向也可根据 MD 淘汰数据作出评估。自 1971 年开始使用 HVT 疫苗，到 2000 年底，特拉华州、全美国和佐治亚州每年的淘汰率分别下降 79 倍、169 倍和 958 倍（图 15.5B）。由于更有效的新疫苗投入使用，20 世纪 80 年代初期和 90 年代初期发病的现象（见"免疫接种"部分），都成功地得到解决。但是在 2005 年的上半年特拉华州的肉鸡发生了将近 10% 的淘汰率的大暴发，这些肉鸡被免疫了双价苗和三价苗。产蛋鸡和种鸡经历了相似的情形。

个别农场或地区发生 MD 的零星暴发。有几个报告显示超强毒 MDV 分离物在疫苗失败中的意义[196,510,574,721]。通常很难将 MDV 毒力的增强与地区性 MD 发生率的波动联系起来，但 1995 年[399]在俄亥俄州西北部暴发的产蛋鸡群中分离到几个毒力异常强的毒株[113,699]。

自然宿主和实验宿主

到目前为止，鸡是 MD 最重要的自然宿主，但鹌鹑、火鸡和雉也很易感染病毒和发病。实际上所有鸡，包括观赏鸡[344]、土种鸡[235,559]和热带丛林鸡[145,681]都易感并形成肿瘤。其他许多禽种包括鸭、

麻雀、鹧鸪、鸽子和孔雀[46,234,342,513]对 MD 可能具有抵抗力，尽管 MDV 接种鸭可产生抗体[46]。哺乳动物，包括几种灵长类都对实验性接种有抵抗力[155,272,546,609,611]。鼠接种来自于 MD 感染的野外病鸡的肿瘤细胞后，肿瘤发生率很高[16]，但 MDV 对这些肿瘤所起的病原学作用还未得到证实。

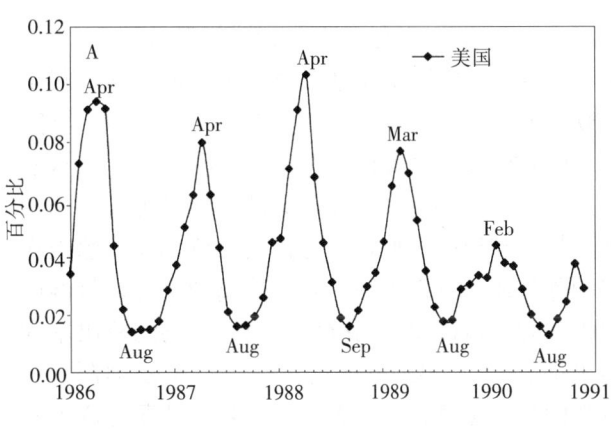
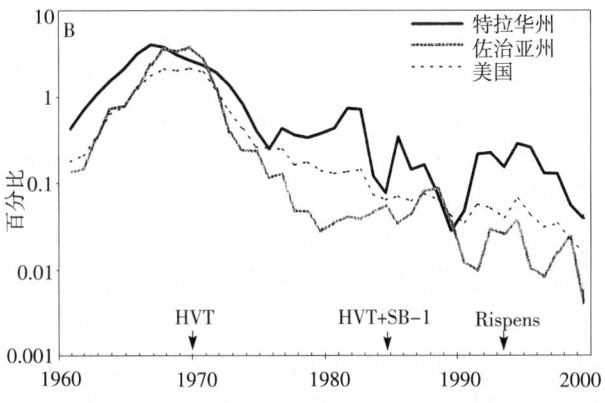

图 15.5 肉仔鸡马立克氏病的废弃。A. 每月平均值，每年呈双相图形（美国）；B. 1960—2000 年特拉华州、全美国和佐治亚州每年的平均值，主要疫苗株使用的大概时间用箭头指出。（国家农业统计局数据）

鹌鹑

日本鹌鹑的商品群自然暴发 MD 比较常见[350]。感染鹌鹑多个内脏器官内会形成淋巴肿瘤，但外周神经很少受到侵害[350,497,516]。死亡率可达 10%～20%，但死亡发生相对较晚。可在羽毛毛囊上皮细胞中检测到 MDV 抗原，偶尔也能在血液里分离到 MDV，尽管滴度可能很低[279,293]，或通过 PCR 实验来检测[497]。

MDV 从鸡传播到鹌鹑和从鹌鹑传播到鸡均有报道[294]。实验接种或接触感染鸡和鹌鹑源 MDV，可诱发鹌鹑发生 MD[293,345]。实验条件下发生的疾病与自然暴发的表现相似。许多商品鹌鹑群免疫接

种 HVT，Kobayashi 等认为疫苗免疫接种具有保护性[350]。然而 Kaul 和 Pradhan[337] 报道鹌鹑接种 HVT 后，对 10 日龄接种鹌鹑源 MDV 毒株的攻击的保护作用很差。山齿鹑也易感，但比日本鹌鹑发病率低[513]。

火鸡

偶尔也有报道火鸡发生 MD 样肿瘤[21,679]，但缺乏与 MDV 的因果联系，至少到目前为止，很少出现自然暴发。然而火鸡对 MDV 实验感染易感，8～19 周的死亡率大约 22%～70%[179,479,730]。自然发病和实验感染都很少或未见外周神经肿大。病毒感染特征与鸡的相似，但通常会有所减弱。感染火鸡的外周血液淋巴细胞中可再分离到病毒，且淋巴组织和肺中可以检测到抗原，但均比鸡的检出率和检出量低[201]。出现肿瘤的火鸡也有免疫抑制[201]。有趣的是，免疫接种 HVT 对 MDV 强毒的攻击不能提供保护[202]。接种 MDV 的火鸡诱发产生淋巴瘤，从该淋巴瘤建立了 B 细胞[440] 和 T 细胞[509] 两个细胞系，表明这两种细胞对转化都敏感。

最近，法国[164]、以色列[179]、德国[670] 和苏格兰[498] 报道 MD 在商品火鸡群严重暴发。8～17 周龄火鸡发生肿瘤的死亡率达 40%～80%。在某些暴发病例，受感染的火鸡群饲养在肉鸡群附近。病变情况与实验感染相似（见前面讨论），尽管有报道说有些火鸡发生麻痹，并偶见外周神经有淋巴细胞浸润[164]。病毒分离和 PCR 可检测到血清 1 型 MDV[176]。鸡与火鸡之间和火鸡到火鸡的传播也已确定[164]。火鸡接种 CVI988/Rispens 毒株可提供保护[164]。该病还未表现出能在商品火鸡群中发生地方流行性。

其他禽类

雉鸡和其他相关种类如黑鹧鸪可能也易感，如偶尔报道这些禽类有典型淋巴瘤和神经病变[251,322,503]。普通雉鸡（*Phasianus colchicus*）受到 MDV 强毒攻击后，会产生麻痹、内脏淋巴瘤，并于感染后 75～85 天出现沉淀抗体[380]。与鹌鹑和火鸡不同，雉鸡表现出更敏感 MD 神经性损伤。但是这个品种感染 MDV 后的疾病特点还没有很好的研究。在日本白额雁（*Anser albifrons*）也被报道发生 MD[661]。后来的研究表明在此品种的羽毛尖中有高含量的 MDV 基因组[433]。

传播、携带者和媒介

MDV 在鸡只之间很容易发生直接或间接接触传播，显然是通过空气途径[57]。鸡羽毛毛囊角质层的上皮细胞中可复制出具有完全感染性的病毒[110]，这些细胞成为环境及其他鸡的污染来源。与羽毛和皮屑结合的病毒是有感染性的[48,130]，污染的禽舍灰尘在 20～25℃ 至少几个月、4℃ 数年仍有感染性[105]。在商业化饲养条件下，小鸡常常会暴露于 MDV，主要是接触育成鸡舍残存的灰尘和皮屑或是通过气溶胶（来自相邻鸡舍）、污染物和人员。病毒一旦感染鸡群后，不论鸡群免疫状态如何，都会在鸡群中快速传播。接种或接触后两周开始排出病毒[341]，在第 3～5 周达到高峰[686]。一旦感染，鸡会长久排毒[729]。荧光定量 PCR 方法最近也已经被建立来确定 FFE 和灰尘中病毒的含量，主要是包括 CVI988 在内的 MDV 血清 I 病毒[234,39,301]、血清 II 型病毒[543] 和 III 型病毒[301]。初步数据更确定了 FFE 中在病毒感染后最大的排毒量发生在早期。

黑色甲壳虫（*Alphitobius diaperinus*）可被动携带病毒，但自由生活在垫料中的螨类、蚊子和球虫的卵囊与传播无关[47,75,198]。MDV 不能垂直传播[546,630,632]，由于很少有病毒能在孵化的温度和湿度条件下存活，因此由蛋外污染造成的母体到子代的传播也是不可能的[115]。

给 1 日龄遗传敏感鸡注射接种血液、肿瘤悬液或细胞游离性病毒，可实验传播本病。通过与感染鸡直接或间接接触也能传播疾病。用细胞游离性病毒制备物气管内滴注或吸入感染也可有效地进行人工感染。细胞接种物中的感染性病毒粒子很少，除注射接种外一般不能引起感染。

潜伏期

人工感染引起 MD 的潜伏期已相当明确（见综述 32，107）。大约感染两周后可见神经和其他器官的单核细胞浸润[488]。然而，一般要到第 3 周和第 4 周才出现临床症状和大体病变[484]。

MDV 感染引起的几种非淋巴瘤综合征的潜伏期可能较短。溶细胞感染见于感染后 3～6 天，在 6～8 天后伴有胸腺和法氏囊的变性性病变（萎缩）[107]。早期死亡综合征以感染后 8～14 天死亡为特征[721]。从感染后 8～18 天开始，急性型和古典型的临床表现为暂时性麻痹[343,710]。暂时性麻痹的野外病例通常出现在 6～12 周龄，可能反映近期接触过 MD 病毒（出现症状前 8～10 天）。动脉粥样硬化诱发需要 3～7 月[209]。接种细胞性制备物后 10～14 天内诱发肿瘤，说明有移植应答[641]。用 MDV 感染的异源 CKC 接种后 3～4 天可见翼蹼出现局部病变[118]。

临床上，有时早至 3～4 周龄的非免疫产蛋鸡暴发本病。大多数严重病例都从 8～9 周龄后开始，而且有时要到开产后才发病[358]。在免疫的商品鸡群中，MD 的暴发被称为"早"、"晚"期暴发，是指疫苗的明显免疫失败不能提供保护[703]。晚期免疫失败尤其麻烦，现已表明发生于产蛋后期[446]，或甚至发生在强制换羽后和第 2 个产蛋周期开始时。现在很难确定新发疾病是早期感染（老的）还是后来感染（新近的）引起。Witter 和 Gimeno 感染 18～102 周龄的鸡，发现当换成是强毒力的毒株时，非免疫的鸡在感染后 68 天发生 MD。相反，当变换毒株时相同日龄的免疫鸡则不发生 MD 感染。作者指出晚期免疫失败不可能是新近感染单独引起的，造成晚期免疫失败还需要其他的额外因素。

临床症状

MD 相关症状因特定的综合征而异（表 15.4A 和 15.4B）。鸡 MD 淋巴瘤或鸡麻痹综合征可能会表现症状，但很少是 MD 特异的[55]。总的来说，外周神经功能障碍相关症状，与不对称性、进行性不全麻痹及随后的一个或多个神经末端完全痉挛性麻痹有关。牵连到迷走神经时则可导致麻痹和嗉囊扩张和/或呼吸困难。由于运动障碍易于观察，因此共济失调或不自然步态可能是最早观察到的症状。一个最具特征的姿势就是一条腿前伸而另一条腿后伸（图 15.6），这是由于鸡腿的单侧性不全麻痹或完全瘫痪造成的。但患有 MD 淋巴瘤的鸡可能不表现症状，而是死亡前精神沉郁和昏迷。其他鸡临床表现可能正常，扑杀后解剖可见大量的肿瘤。也可观察到体重减轻、苍白、食欲减退和腹泻等非特异性症状，特别是病程长的病鸡更是如此。在商业性饲养条件下，病鸡可能常常由于吃不到食物和

饮水而导致饥饿和脱水而死亡，或在很多情况下被同圈的鸡践踏而死。有些鸡接触病毒后 18～20 天，会出现神经症状或斜颈，这常常见于经典型暂时性麻痹恢复后。这种综合征被称为持续性神经疾病[231]，可由部分致弱而不再诱发暂时性麻痹的 MDV 引起[230]。但是中枢神经系统症状难以与 MD 神经损伤相关症状区别。

虽然临床上识别失明需要仔细观察，但眼睛受害的鸡可出现眼盲征兆[214]，可能单侧或双侧。受害眼睛逐渐失去适应光强度的能力。

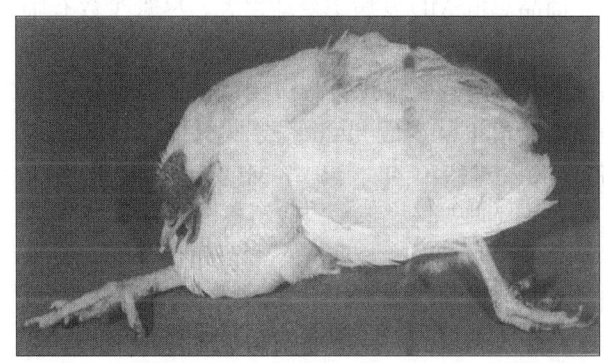

图 15.6　鸡麻痹。MD 侵害外周神经引起的后肢痉挛性麻痹

早期死亡综合征在青年鸡感染 MDV 强毒后 8～16 天可导致高死亡率[667,721]。症状出现后 48h 内发生死亡，鸡在死前精神沉郁和昏迷。部分感染鸡死亡前颈部麻痹无力[710]。经受急性溶细胞感染的鸡在感染后 3～6 天可能表现为精神沉郁，但这个时期很少死亡，虽然部分鸡后来死于早期死亡综合征。免疫抑制的鸡常死于并发感染，但部分鸡接种后 20～40 天死亡而不表现临床症状。

暂时性麻痹综合征在野外鸡群发生已有报道[741]，并与 MDV 感染有关[343]。但由于 MD 疫苗免疫已很普遍，因此在野外并不常见。MD 存在两

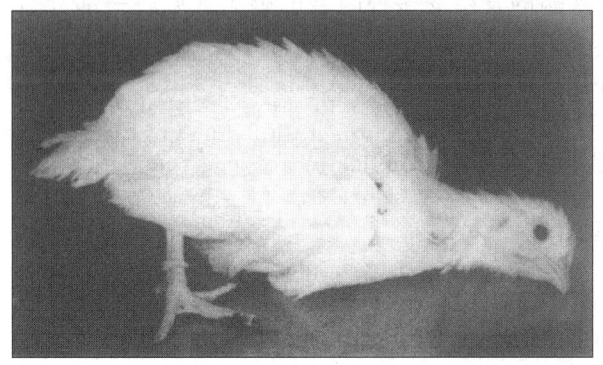

图 15.7　暂时性麻痹征。接种 MD 病毒 9 天后雏鸡颈部疲软性麻痹。（引自 Avian Disease）

种表现型：经典型和急性型。发生经典型 MD 时，感染的鸡表现出不同程度的共济失调和颈部或四肢的疲软性麻痹，一般从接种或接触病毒后 8～12 天开始（图 15.7）。症状通常持续 1～2 天，接着快速且完全康复，尽管康复鸡几周后可能会死于 MD 淋巴瘤。鸡发生急性（致死）型 MD 在麻痹开始后 24～72h 内死亡[710]。

发病率和死亡率

商品鸡群 MD 发病率变动很大。尽管少数有临床症状的病鸡可康复[65,89]，但康复不是永久的；有临床症状的鸡通常会死亡。应用疫苗以前，估计感染鸡群的损失从少数到 25％ 或 30％ 不等，偶尔可高达 60％。1970 年，肉鸡 MD 废弃率平均为 1.0％，个别鸡群达到 10％ 或更高。目前，几乎所有商品产蛋鸡都免疫接种 MD 疫苗，这使大多数国家的 MD 损失小于 5％[526]。一些国家对肉用仔鸡群进行免疫，而另一些国家则不进行免疫，肉鸡群的死亡率可能为 0.1％～0.5％，废弃率为 0.2％ 或更高[526]。但是美国的平均废弃率急剧下降，2002 年在大多数地区降低到 0.001％ 以下[432]，但是据报道 Delmarva 地区在 2005 年淘汰率最高[561]。

尽管进行了免疫接种，有些鸡群仍然严重暴发马立克氏病。一旦发病，死亡率逐渐升高并持续 4～10 周。疾病一般发生于某个鸡群，偶尔在某个地区有多个鸡群暴发，或者某个鸡场的多批鸡连续发生。有趣的是，某个地区疾病暴发会逐渐减少。对于地区性马立克氏病的发生和停止的原因尚不清楚。

非免疫的易感鸡接触或接种 MDV 发病率和死亡率可达到 100％，主要表现有：淋巴肿瘤、早期死亡综合征、急性溶细胞性感染或一过性瘫痪。因为疾病的发生受多种因素的影响（见后一部分），实验感染可以复制出一系列特异性临床症状和病理变化。

影响死亡和病变的因素

毒株

MDV 毒株毒力差异较大，并且表现出随时间的推移而不断增强[699]。与主要引起外周神经损伤的 MD 温和型毒株相比，MDV 毒力越强，死亡率及多发性内脏淋巴瘤发生率越高，突破宿主遗传抗

性或疫苗提供的免疫保护的趋势就越明显[66,721]。在一些暴发中，失明及眼损伤的高发生率似乎仅与某些特定的毒株有关[214,638]。但在其他试验过程中，现在很多的 MDV 毒株也能造成眼部损伤[699]。某一特定毒株引发疾病的程度部分取决于宿主的遗传结构[575]。

病毒剂量和感染途径

自然条件下，剂量可能会影响疾病发生率，即使接种有限稀释的强毒，遗传易感鸡也能产生最大的 MD 反应[628]。感染途径可能也有同样类型的作用，低效途径可能会有效地减少给予鸡的剂量。

宿主性别

Biggs[56] 引用了几项关于母鸡的死亡比公鸡早而且损失比公鸡大的研究。这一差异显然不是由于性激素所致，是依遗传品系而变化的，在易感品系的鸡中最为明显，且只有在感染强毒株时才明显地表现出来。在实践中性别的影响是可变的，也许不如其他因素重要。

母源抗体

母源抗体大概是通过感染后最初几天内限制病毒在组织中的扩散[151]来减少与推迟 MD 的死亡率[99,488]和其他临床症状的出现。暂时麻痹可在缺乏母源抗体的鸡稳定地复制出来[343]。有母源抗体的鸡早期死亡综合征明显减弱[721]。种鸡群免疫预防比较一致并接触过 MDV 强毒，因此事实上所有鸡孵出后都带有母源抗体（正常可抵抗多个血清型）。SPF 鸡是供实验研究用的抗体阴性鸡。不像其他病毒感染，被动抗体不能提供杀毒免疫力，且抗体阳性鸡仍能成功感染和免疫接种，虽然免疫接种时应答减弱。

宿主遗传学和感染年龄

宿主遗传因素和初次接触时年龄是 MD 易感性的决定因素[25,86]。遗传抗性及病毒中和抗体的产生[99,607]与保持细胞介导的免疫功能[372,582]有关。这是由于有抵抗力鸡的免疫活性没有受损害，而不是品系间先天性差异的结果[259,260,627]。

刚孵出的雏鸡和较大的鸡都易于发生感染和溶细胞性感染[107]，但较大的鸡溶细胞性感染会迅速减轻[97]，而且病毒载量较低[181]。淋巴瘤的发生率

与之不同，与新生雏鸡相比较，大日龄鸡发生率明显偏低，尤其在遗传抗病品系鸡中[19,101,668,724]。然而，非免疫的大日龄 SPF 鸡在超强毒攻击后可出现高淋巴瘤发生率[548,709]。新生雏鸡摘除胸腺后年龄相关的抗病性丢失[610]，表明至少在某些情况下可能还有其他免疫抑制应激因素增加了大日龄鸡对 MD 的易感性。病变退化被确定为是与年龄相关的抵抗力的基础[608]。

早期感染

在使用疫苗之前，自然感染血清 2 型 MD 病毒可提供部分保护，抵抗以后 MDV 致瘤毒株的感染[307]。血清 1 型温和 MDV 毒株也可诱导产生保护性免疫应答[628]。但是自然感染无毒力 MDV 对免疫鸡的疾病应答的影响可能微乎其微，目前这种感染不可能有太大的临床意义。

环境因素和应激

通过对宿主免疫应答的抑制或竞争，各种环境因素和并发感染可影响 MD 的发生。Gross[237] 观察到，遭受高度应激或选择高浓度的血浆皮质酮的鸡，发病率增高。给潜伏感染的鸡饲喂皮质类固醇可加速临床 MD 的发生[507]，而饲料中添加皮质类固醇抑制剂会增加鸡对 MD 的抗病性[160]。限饲饲喂可推迟和降低 MD 的发生率[247]，而使用高蛋白饲料[524] 或快速生长鸡的选育与易感性增加相关[246]。

其他禽类病原体的并发感染对 MD 的影响，已有广泛研究。因为 MDV 感染本身会抑制宿主的免疫应答，因此常会加重并发感染，如球虫感染[61] 和隐孢子虫病[1,434]。但是，当并发感染本身可引起免疫抑制时，所致免疫抑制将加剧这两种疾病的进程，比如 IBDV、REV 和 CIAV[316,677,678,713]。不幸的是，MDV 种毒偶尔会污染其他病毒，尤其是在鸡体繁殖时。CIAV 污染的问题总是会干扰对 MDV 种毒的毒力的评估[418]。

病 理 学

大体病变

MD 病理变化已有综述[482,483,485]，主要包括神

经损伤和内脏淋巴瘤。感染鸡常见外周神经肿大。脑部未见大体病变，但脊神经节明显肿大。自然病例和人工感染鸡的病变分布相似[471,484]。Goodchild[233] 发现很多神经和神经丛通常受到侵害，但以腹腔神经丛受侵害最常见。通常坐骨神经和臂神经丛比其相应的神经干明显肿大。Witter[697] 发现颈部迷走神经对诊断具有特别重要的意义。

神经

严重受侵害的外周神经表现横纹消失、灰色或黄色的褪色及有时呈水肿样外观。局限性或弥散性增大可使受损害部位是正常情况的 2～3 倍，有些病例则更大。然而轻度肿大可能是人工感染的重要指标。由于损伤常常较轻微或呈单侧性，因此检查对侧神经及在人工感染中与年龄相同的正常对照鸡比较，特别有助于诊断。受损害神经的一部分与另一部分的病变程度不同，因此可能非常有必要仔细检查各个神经分支以发现某些鸡的大体病变。图 15.8 说明单侧坐骨神经的肿大。

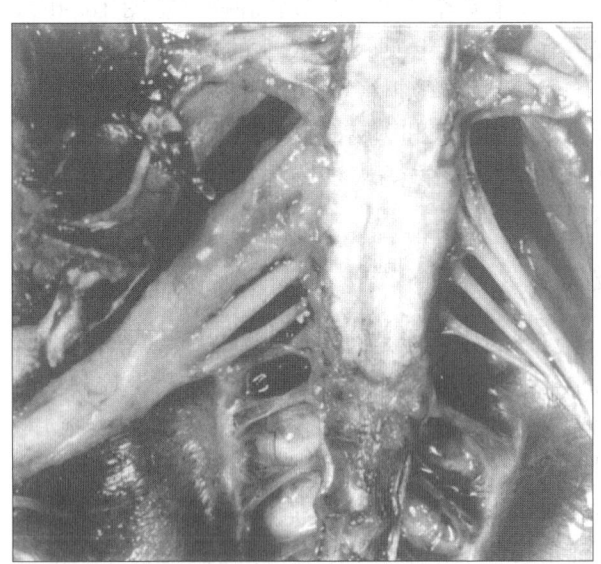

图 15.8　肿大的坐骨神经（左）和正常的坐骨神经（右）。（Peckham）

内脏器官

淋巴瘤可在一种或多种器官和组织中发生。淋巴瘤性病变可见于性腺（尤其是卵巢）、肺、心脏、肠系膜、肾脏、肝脏、脾脏、法氏囊、胸腺、肾上腺、胰腺、腺胃、肠、虹膜、骨骼肌及皮肤。可能没有任何组织或器官可以完全幸免。鸡的遗传品系和病毒株型都可影响病变的部位。在该病的较急性

病例中，内脏淋巴瘤尤为常见[699]。内脏淋巴瘤可发生于没有肉眼可见的神经病变的鸡，尤其在某些品系的鸡。MD 淋巴瘤在大多数内脏器官表现为弥散性肿大，有时为正常大小的几倍，且常呈弥散性白色或灰色的褪色（彩图 15.9B）。另外，淋巴瘤也可见大小不一的局灶性或结节性生长物（彩图 15.9E、F）。结节呈白色或灰色，质地坚硬，切面光滑。坏死并不多见，但可见于快速生长的病变中心。

肝脏弥散性浸润导致正常的肝小叶结构丧失，且常使肝表面呈粗糙颗粒样外观。也可在肝脏见到结节状肿瘤。未成熟卵巢可见从小到大的浅灰色半透明的病变区（彩图 15.9B），当肿瘤肿大时，卵巢的正常叶状外观消失。即使有些卵泡已产生肿瘤，但成熟卵巢仍可保持其功能。侵害严重的卵巢外观呈花椰菜样。腺胃是由于腺体内和腺体间存在局灶性白细胞增生区而变厚和变硬，可通过浆膜面或切面观察到这些区域，如是弥散性病灶可触诊来查明。受损害的心脏因弥散性浸润而呈苍白色，或在心肌中有单个或多个结节状肿瘤（彩图 15.9F），或可在心外膜上见针尖大小的病灶。肺（彩图 15.9E）及腺胃受损害可通过触诊时硬度增加来判断。肌肉的浅表和深层都有病变，且在胸肌中最为常见[50]。大体病变从浅白色细纹到结节状肿瘤不等。

皮肤

皮肤病变可能是肉鸡遭废弃的最重要的原因，通常与羽毛毛囊有关。结节状病变涉及少数散在的羽毛毛囊，或者是涉及多个羽毛毛囊而融合成片。明显的白色结节（彩图 15.9A）在去毛后的胴体尤为明显，极度严重病例其结节变成带褐色痂皮的疤痕样结构[50]。Lapen 和 Kenzy[362]发现病变在某些羽区比在其他区更常见；发生率最高的部位是腿内外侧和颈背侧。小腿皮肤可见红斑，在肉鸡发生该病强毒感染时尤其如此，常被叫做"阿拉巴马红腿"。鸡冠或肉垂出现肿大，表明在其下层组织中有淋巴瘤生长[199]。

眼

眼部大体病变包括虹膜失去色素沉着（"灰眼"）及瞳孔形状不规则，两者都是虹膜发生单核细胞浸润的结果（彩图 15.9C）。Ficken 等[214]报道

结膜炎的病例，间或有多灶性出血，并可看到角膜水肿。Witter[699]发现几乎所有野外分离株都能诱发非免疫鸡或 HVT 免疫鸡的眼部病变，发生率在 5%～100% 不等。

其他综合征

大体病变至少与 MDV 感染引起的一些其他综合征有关。淋巴变性综合征与严重的淋巴器官溶细胞性感染有关，通常以法氏囊和胸腺严重萎缩为特征。溶细胞性感染最早出现在感染后 3～6 天，但有些病例持续到感染后 8～14 天才更明显（图 15.10）[113,667,721]。有些鸡在感染超强野毒株后 20～50 天可能死亡，除了法氏囊和胸腺严重萎缩没有其他大体病变[699]。有些鸡也可在感染后 4～12 天发生暂时性脾肥大[111]，这种损害是对病毒复制的非肿瘤性应答，因为有毒力和无毒力的毒株都可诱发这种病变，而且 1、2、3 型血清型都可诱发。血管综合征主要表现为阻塞性动脉粥样硬化[210]。易感 P 系鸡接种 MDV CU2 分离株后，可在大冠状动脉、主动脉和主要的主动脉分支及其他动脉内产生肉眼可见的脂肪性动脉粥样硬化（彩图 15.9D）。淋巴瘤移植物和局部损伤是实验性综合征，以接种部位出现结节状生长物为特征，尽管某些可移植性肿瘤容易转移到肝脏和脾脏，引起弥散性肿大[641]。移植性肿瘤的大体外观因移植物、宿主鸡和接种途径而异。

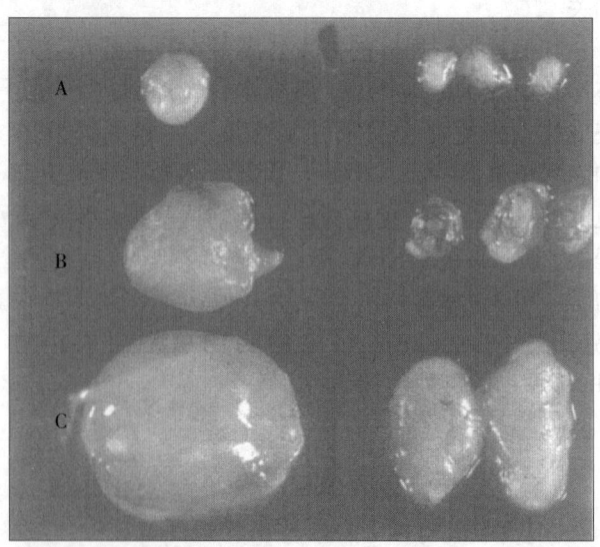

图 15.10 新孵出的雏鸡感染马立克氏病病毒后 15 天出现法氏囊（左）和胸腺小叶（右）萎缩。A 组感染 Md11（超强毒）。B 组感染 JM/102W（强毒）。C 组为相同日龄的未感染对照组。（引自 Avian Diseases）

组织病理学

许多学者都对马立克氏病有关的组织病理学变化进行了描述，且在组织学病变和涉及细胞的型别方面基本上取得了一致意见[480,485]。

神经

外周神经的病变主要有两种类型的淋巴组织增生性损害。一种类型以肿瘤为特征，由大量的多形性淋巴细胞组成；有些病例还伴有髓鞘变性和雪旺氏细胞增生。另一种病变反应主要是炎性反应，以小淋巴细胞和浆细胞的轻微到中度弥漫性浸润为特征，通常伴有水肿，有时存在髓鞘变性和雪旺氏细

胞增生。可发现少量巨噬细胞。Payne 和 Biggs[484]分别称这些反应为 A 型和 B 型，可在同一病鸡的不同神经甚至同一神经的不同区域观察到这两种病变类型。Lawn 和 Payne[365]观察到，早在感染后 5 天就有细胞性浸润，到第 3 周逐渐增至很强，这时没有麻痹症状和髓鞘变性的病鸡中可见严重的增生性病变（A 型）。与接种后 4 周时见到的最初神经症状一致，增生性病变中可发现广泛的髓鞘变性。最后，特征性炎性（B 型）病变（水肿、少量浸润）出现。Payne[485]已详细综述了病变发生的顺序。神经的特征性变化见图 15.11。

脑

早期报道确认有轻度的血管周围套，通常伴有

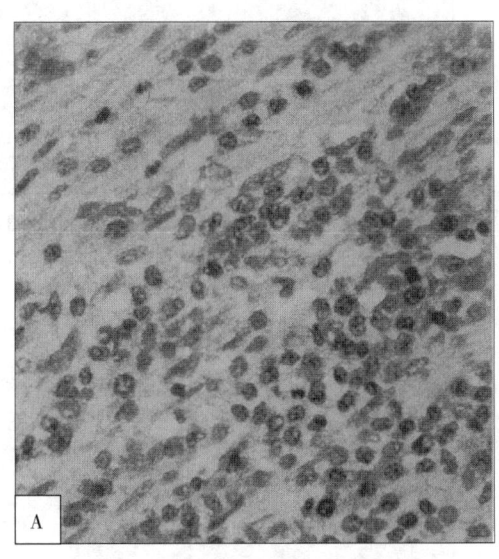
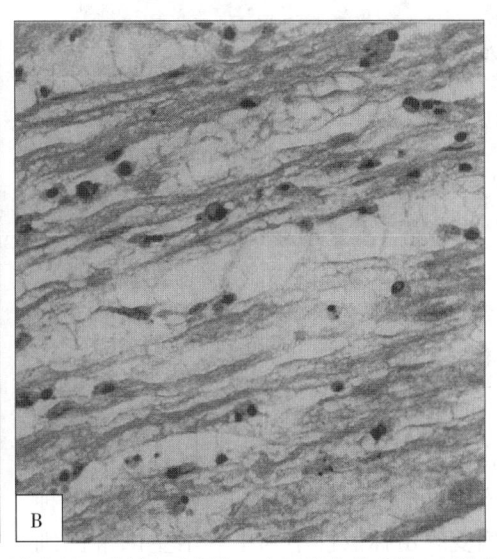

图 15.11 马立克氏病外周神经的显微病变。A. A 型病变以显著的细胞浸润、大量增生性成淋巴细胞和无水肿为特征，H.E.，×550。B. B 型病变的特征是，有水肿和散在的小型和中型淋巴细胞、浆细胞，H.E.，×420。(Gimeno)

神经胶质增生，但没有见到 MD 的主要中枢神经系统病变的原发性髓鞘变性（见综述 485）。Wight[682]发现病鸡的中枢神经系统（CNS）在组织学上常为正常或只有轻微病变。人工感染低毒力 MDV 毒株，在接种后 7～10 天可见病变，且病变程度中等[488,592]。MDV 超强毒株诱发的病变出现更早且更广泛[228]。最初的病变（描述为暂时性麻痹）涉及血管成分，在感染后 6 天发生内皮增生，感染后 8～10 天接着血管周围出现中等到严重的淋巴细胞和巨噬细胞浸润，并散布于整个神经纤维网[228]。脉管炎和水肿消失，可能紧接着发生大淋巴细胞和神经胶质细胞增生性浸润。这些病变趋向

于持续存在，并且与持续性神经疾病有关。严重的成淋巴细胞浸润出现于感染 MDV 超强毒后 4 周[228]，常伴有广泛的空泡区，它们可能与继发性髓鞘变性相对应。感染了 C12/130 毒株（超强毒株）和 RK‑1（特超强毒株）的鸡的血管周围套中会出现单核细胞以及 T 淋巴细胞浸润。感染了 C12/130 毒株的鸡群的单核细胞会表达 pp38 蛋白，而感染了 RK‑1 毒株则不会。然而在感染 RK‑1 毒株的鸡群中，首先可以在白质中观察到单核细胞有丝分裂或者凋亡，继而在灰质中可见。Cho 等[147]报道鸡感染超强毒 MDV 后 10 周，脑部有严重的坏死和非坏死性病变。因此，正如神经病变，

脑部病变既是炎性的又是淋巴组织增生性的。但与神经病变相比，脑部的炎性损伤病变最先出现[231]。小脑的严重淋巴组织浸润见图15.12。

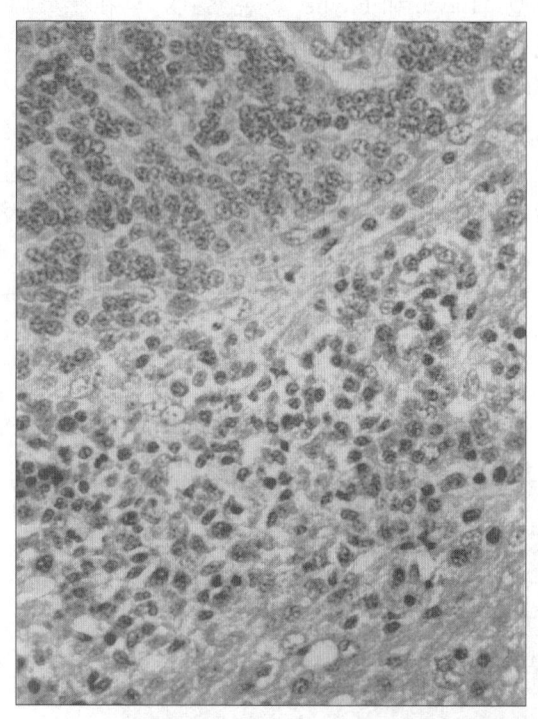

图 15.12　鸡感染 MDV 3 周后，广泛的成淋巴细胞浸润侵袭到脑部神经纤维网。H.E.，×400。(Gimeno)

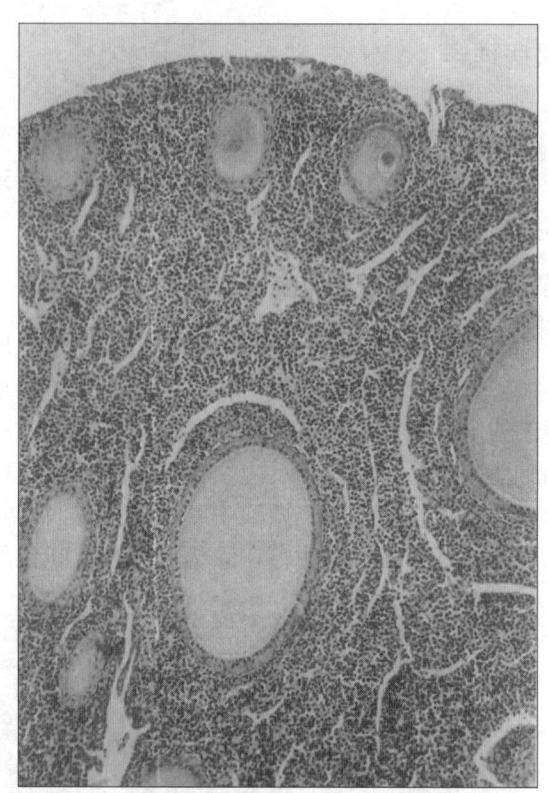

图 15.13　卵巢的淋巴细胞浸润，器官主要由肿瘤细胞组成，但可见少数几个卵泡。H.E.，×116（Witter)

内脏器官

　　内脏器官的淋巴瘤性病变性质上比神经病变更一致，均为增生性的（图 15.13）。细胞组成很像神经的增生性病变，由弥散性小到中等增生的淋巴细胞、成淋巴细胞和活化的或幼稚型网状细胞组成[527]（图 15.14），很少见到浆细胞[527]。在肿瘤块中也存在巨噬细胞，尤其在缓慢生长的肿瘤中，也许反映出宿主的免疫应答[53]。尽管肉眼可见的病变类型可能不同，但不同器官的肿瘤细胞组成彼此相似。几位学者描述了肿瘤细胞的超微结构特性[191,219]。Pradhan 等[515]在 MDV 感染鸡肾脏中发现免疫复合物导致肾小球病，认为这些病变可能是鸡死于 MD 的主要原因之一。

皮肤

　　皮肤病变大部分表现为炎性，但也可能为淋巴瘤性。它们通常位于感染的羽毛囊周围。此外，真皮中可见常在血管周围的增生性细胞的致密聚集物、少量浆细胞和组织细胞[255,484]。病变小时，皮

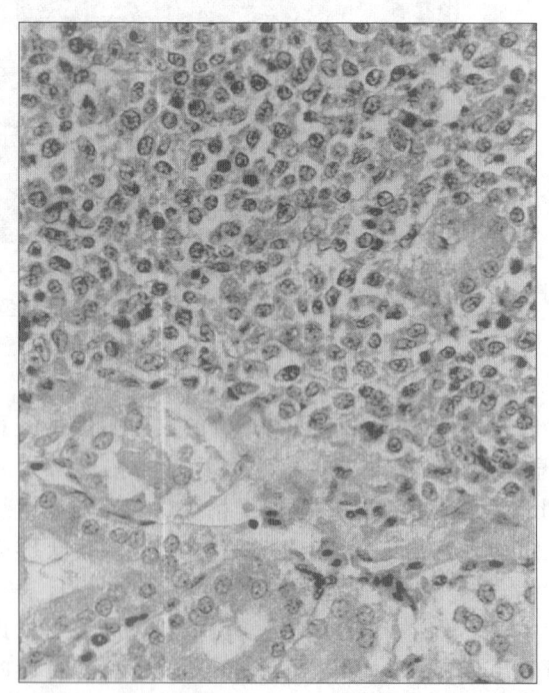

图 15.14　肾淋巴瘤高倍放大，可见多形性肿瘤细胞。肾小管（下方）可见肿瘤细胞挤压导致的变性。H.E.，×450。(Gimeno)

肤仍可保持结构的完整性，但大量的增生性病变可

能会引起表皮破裂、形成溃疡。Moricuchi 等[427]描述了羽髓的炎性和淋巴组织增生性病变，后者与 MD 的发生密切相关。羽髓病变有助于死前确诊。淋巴组织增生性结节常包围着含有病毒抗原的羽毛囊，其上皮细胞中存在核内包涵体[110,149]。

眼

眼部最常见的病变为虹膜的单核细胞浸润，但也可在眼肌，特别是在外直肌和睫状肌中发现浸润[324]。有时在眼前房可见颗粒状或无定形物存在。其他的但更为罕见的病变可见于角膜（巩膜静脉窦附近）、球结膜、梳膜和视神经。Ficken 等[214]描述的异常严重的眼部病变包括眼房液状蛋白的增加和虹膜的血管充血及从轻度充血到严重肿胀等变化。这些学者也观察到角膜的严重炎性变化和水肿，包括核内包涵体。Sevoian 和 Chamberlain[591] 与 Smith 等[629]曾人工复制出眼的病变。后者报道了包括视神经、睫神经及眼色素层中的增生淋巴网状细胞的浸润，及随后整个眼发生的类似浸润这一连续变化。Dukes 和 Petit[193]发现 18 例自发眼型 MD 中 7 例有白内障。

血液

血液白细胞数可能升高，多半是由于大淋巴细胞和成淋巴细胞数量增加所致[477]。Payne 等[487]鉴定大多数白血病细胞为 T 细胞。白血病反应则与此不同，它可能不存在或只有轻度的白细胞增多[324,592]。感染超毒株 C12/130 约 8 天后会引起单核细胞总量显著增高。随后，伴随着早期溶细胞感染，B 细胞，$CD4^+$，$CD8^+$ T 细胞会减少。但是感染 HPRS-16 毒株后 T 细胞也有这些变化。关于 MD 的骨髓病变已有各种不同的报道，包括多发性肿瘤结节[592]或再生障碍[309]，或未观察到变化[527]。Gilka 和 Spenser[226]报道 MDV 感染鸡出现血管外溶血性贫血，以细胞压积减少为特征。这一发现的重要性还不清楚，因为红细胞比容不是 MD 常用的参数。

淋巴组织变性综合征

增殖性疱疹病毒在法氏囊和胸腺的复制，能导致这些器官出现暂时性、急性溶细胞变化，并伴有萎缩[105,485]。人工感染中，法氏囊病变包括滤泡变性、淋巴缺失性坏死和囊肿形成（图 15.15 上方）。胸腺常严重萎缩，皮质和髓质中淋巴细胞缺失（图

15.15 下方）。有时变性病变的细胞中可见核内包涵体。在急性溶细胞性感染阶段，病毒抗原大量存在，尤其在胸腺髓质区及部分法氏囊滤泡（图 15.16）。无母源抗体的鸡感染后，可能出现再生障碍性贫血，同时在多种内脏器官包括肾脏出现局灶性或全身性坏死[100,215,309]。随着急性溶细胞感染期的发展，抗原阳性细胞消失，至少部分淋巴细胞再生。但法氏囊和胸腺萎缩可持续几周或更长。法氏囊出现滤泡间 T 细胞浸润。

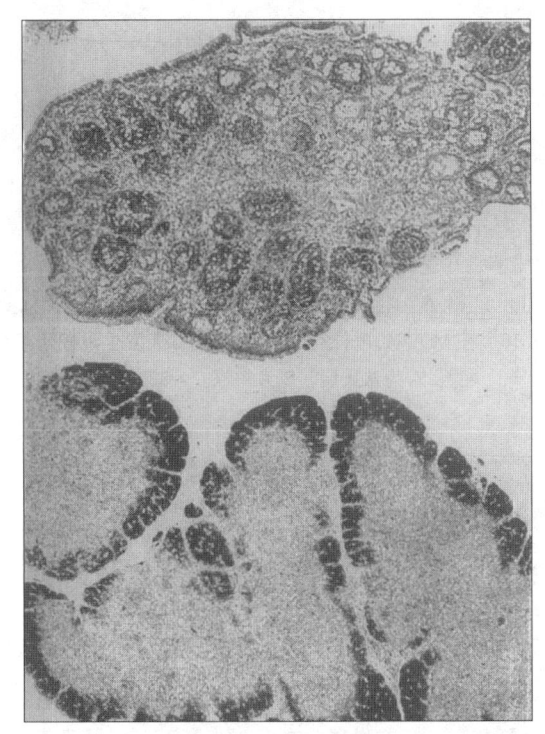

图 15.15　鸡接种 MDV648A（vv+）毒株后法氏囊和胸腺变性性病变。感染后 10 天法氏囊（上方）滤泡变性萎缩。感染后 6 天胸腺（下方）出现坏死和淋巴细胞缺失。×12。（Gimeno）

尽管正常早期死亡综合征以严重的淋巴组织变性和死亡为特征，且常伴有脾肿大坏死[721]，但最近发现它与中枢神经系统症状和暂时性麻痹相关的病变联系在一起[710]。

中枢神经系统综合征（一过性麻痹）

Swayne 等[644,645,646]报道一过性麻痹的关键病变是血管炎（图 15.17），它可导致血管原性脑水肿。病变血管周围免疫球蛋白 G（IgG）和白蛋白的渗漏形成空泡。水肿和血管炎与临床上疲软性麻痹一致，一般 2～3 天内恢复。其他显然不相关的

脑部病变（血管周围套、淋巴细胞增多和神经胶质增多），在临床症状恢复后或临床表现正常的感染鸡都可观察到。没有髓鞘变性的超微结构变

化[355,645]。与急性（致死）型暂时性麻痹相关的中枢神经系统病变在本质上相似，尽管比经典型综合征更为严重[231,710]。

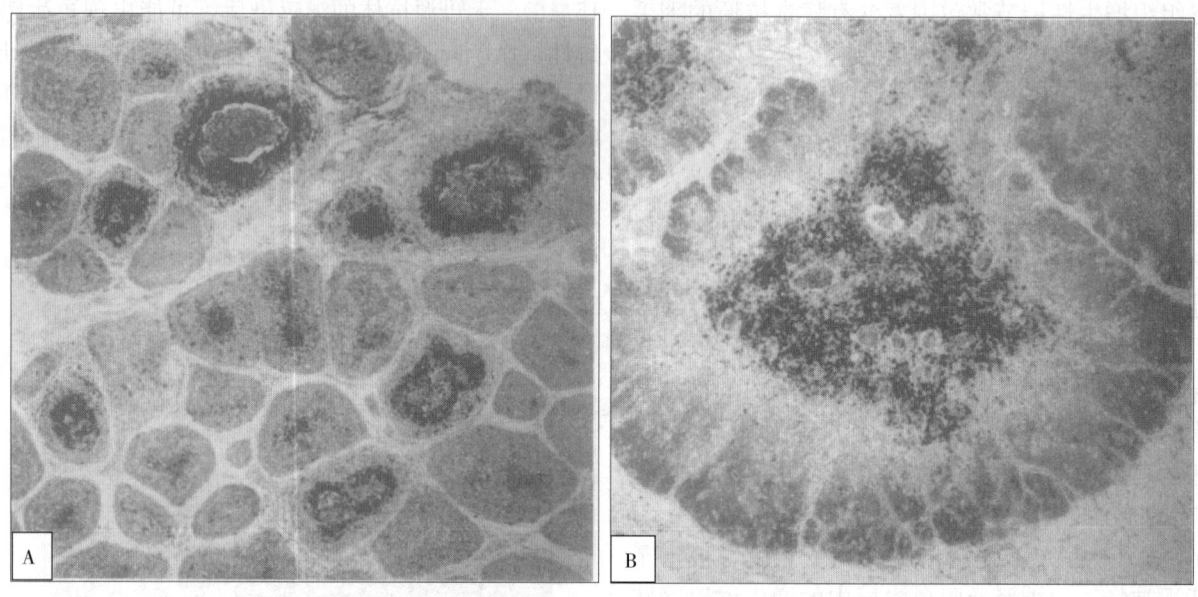

图 15.16　在 MDV648A（超强毒）感染后 6 天发生淋巴组织急性溶细胞性感染。通过免疫组化染色显示出病毒 pp38 抗原（黑色）。A 为法氏囊，B 为胸腺。×30。（Witter）

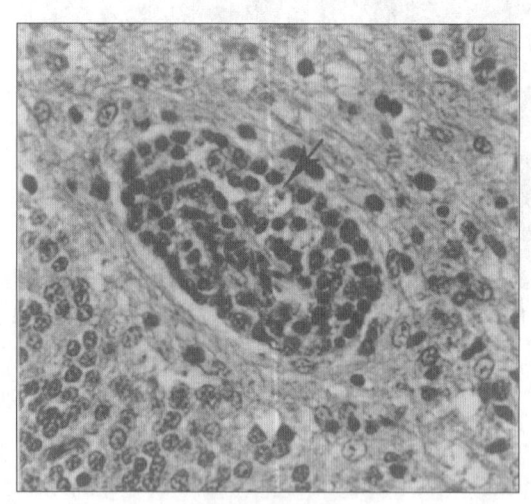

图 15.17　脑部一过性麻痹病变。感染后 10 天小脑出现血管炎，表现为内皮细胞坏死、淋巴细胞积聚和空泡形成。注意：血管壁内坏死碎片（箭头所示）及血管壁异嗜细胞的浸润。H. E.，×250。（Gimeno）

血管综合征

　　与 MDV 引起的动脉粥样硬化有关的动脉病变包括主动脉、冠状动脉、腹部动脉、胃动脉和肠系膜动脉的增生性和脂肪增生性变化[210,419]（图 15.18A、B）。内膜和中膜的空泡细胞、细胞外脂

质、胆固醇裂隙和钙沉积为脂肪增生性病变的特征。用免疫荧光试验可在病变动脉的附近检测到 MDV 抗原。Fabricant 等[211]的研究发现体外动脉平滑肌感染 MDV，可导致磷脂、游离脂肪酸、胆固醇和胆固醇酯的聚集，认为脂质代谢发生了变化。在体内的研究也支持这一结论；Hajjar 等[243]发现主动脉的脂质聚集在一定程度上是由于疾病早期胆固醇或胆固醇酯的代谢紊乱引起。

肿瘤移植物和局部病变

　　肿瘤移植物一般由均一的有少量宿主细胞浸润[641]的成淋巴细胞组成，或特别在消退的肿瘤中，包括小淋巴细胞、异嗜细胞、血管入侵和坏死[216]。接种感染 MDV 异源肾细胞诱导的翼蹼或胸肌的局部病变，本质上是炎性的，由淋巴细胞和巨噬细胞组成，有时伴有出血和坏死[118]。

发病机理

　　最近有几篇关于 MD 发病机理的综述发表[32,107,584]。其中 Calnek 的综述[107]还对较早的综述提供了几篇参考文献。采用 BACs 和重叠粘粒技术可以缺失些特定基因。在细胞培养中，可以检测

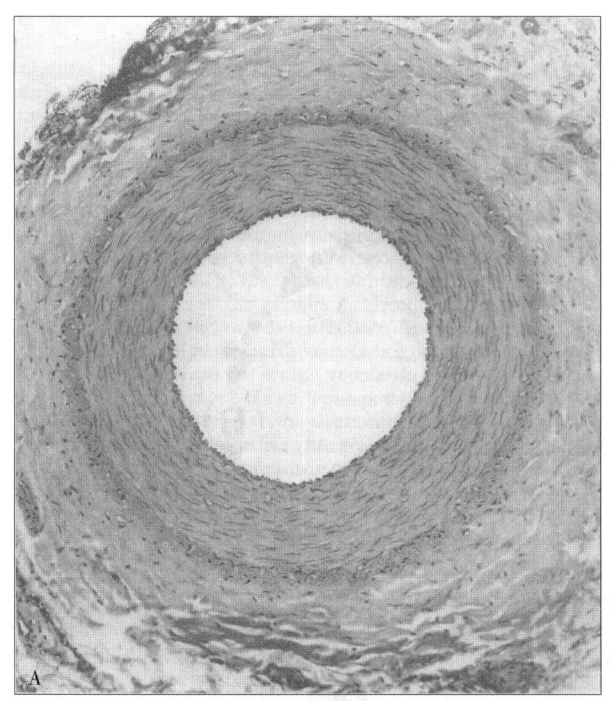

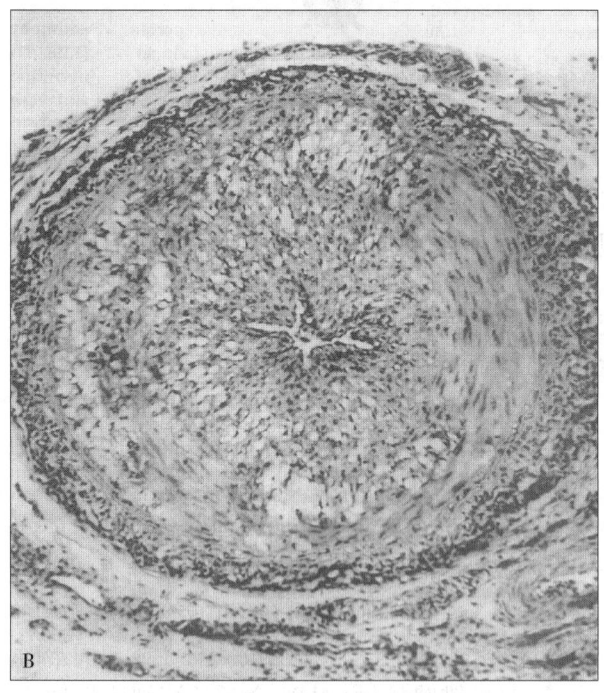

图 15.18 A. 正常鸡的胃动脉。B. 感染 MDV CU2 分离株鸡的粥样硬化的肌胃动脉。增厚的血管内膜使管腔闭合，血管的内膜和中膜深层有粥样变化。H.E.，×24。(C. Fabricant)

许多缺失突变株，但只确定了少数基因的致病作用。这在接下来的部分中会继续讨论。与期望不同的是，致癌的RB-1B BAC 克隆不能水平传播[313]，因此不能了解特定基因对病毒在羽毛囊上皮细胞中繁殖的影响。

MD 的体内感染可分为 4 个阶段：①早期增殖性—限制性病毒感染，引起初期的变性变化；②潜伏感染；③二期溶细胞增殖性—限制性感染，与永久性免疫抑制一致；④涉及淋巴样细胞非生产性感染的增生期，可能最终形成淋巴瘤或不形成淋巴瘤（图 15.19）。这种分法有点绝对，第 2～4 阶段可同时见于同一只鸡不同细胞中。某些特超强毒（vv＋）毒株感染不遵守这种发病模式，甚至尚未进入潜伏期鸡只可能已死亡。但下一节主要是基于 SPF 鸡的研究结果来描述淋巴组织的经典发病机理。羽毛囊上皮细胞感染的发病机理涉及上皮细胞，将放在羽毛囊上皮细胞溶细胞性感染部分中阐述。

早期增殖性-限制性感染（第一阶段）

病毒经呼吸道进入宿主体内，细胞游离性病毒在气管内接种后 24～36h 内到达淋巴器官[562]。MDV 可能是由吞噬细胞转运到淋巴器官，有可能是巨噬细胞。近来 Barrow 等[42]在脾巨噬细胞的细胞质和细胞核中检测到 MDV 转录子为这一假设提供了佐证。因为无法检测到病毒粒子，所以无法确证这是流产性感染还是生产性感染。很快就可在脾脏、法氏囊和胸腺检测到溶细胞性感染，3～6 天达到高峰。Shek 等[612]发现，这三个器官的主要靶细胞为 B 细胞。被激活的 T 细胞（非静息 T 细胞）也发生溶细胞性感染[122,124,125]。Baigent 等[33,36,37,42]应用 B 细胞和 T 细胞标志特异性单克隆抗体及 pp38 特异性单克隆抗体进行双染，证实早期溶细胞性感染主要发生在 B 细胞。此外，他们证明表达 TCRαβ1、TCRαβ2、TCRγδ 的 CD4+ 和 CD8+ T 细胞在发病早期都可发生溶细胞性感染，结果是淋巴器官暂时性萎缩，尤其是胸腺和法氏囊。根据攻毒毒株的毒力不同，感染鸡可能在接种后 8～14 天康复，也可能是免疫器官发生永久性萎缩[111,113]。细胞溶解可能起始于宿主"阻断"蛋白的激活（见"病毒复制"），细胞凋亡导致细胞死亡[429]。尽管胸腺中 MDV 感染细胞主要是 B 细胞，但胸腺细胞大量凋亡可能是病毒感染[36]或是病毒诱发细胞因子变化的结果。

在溶细胞期，脾细胞中促炎细胞因子的表达发生变化。表达的上调及所涉及的细胞因子随病毒的致病型以及宿主不同的基因型而不同[311,325]。有报道说明早在感染后 3～4 天脾细胞中 IFNγ 的 mRNA 水平即上调[190,311,315,325,733]，但是循环血白细

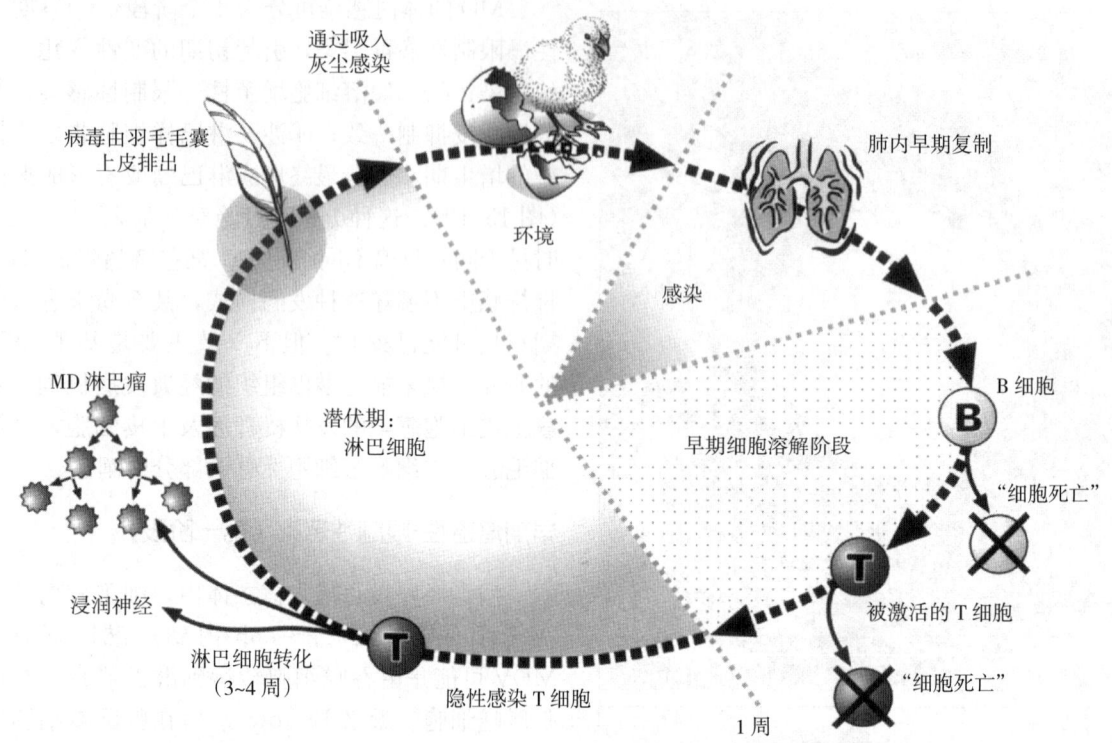

图 15.19　易感鸡 MD 发病机理的不同阶段示意图，包括羽毛囊上皮细胞排毒和 T 淋巴细胞转化

胞没有这种现象[534]。还有关于 IL‑1β 以及 IL‑8 上调的相关报道[311,733]，其他的未见[325]。另外两种促炎细胞因子，IL‑6[311,325] 和 IL‑18 也被上调[325]。除了细胞因子，在溶细胞感染中，诱导性一氧化氮合成酶（iNOS，正式命名为 NOSⅡ）也上调（见"免疫"）。

　　细胞因子的表达可解释淋巴组织和网状组织细胞的增生[485]，引起脾肿大[111]。在溶解性感染早期，遗传抗性品系和易感品系鸡的感染水平大体相当[4,213,325,740]。但是遗传抗性 6 系鸡感染的淋巴细胞水平显著低于易感性 7 系鸡。Lee 等[372] 指出，这种现象一定程度上是由于 6 系鸡靶细胞中聚集体数的不足。Baigent 等[33,36] 的研究表明，在溶细胞性感染阶段 7 系鸡表达 pp38 的细胞比 6 系鸡多，但第 6 系鸡脾脏中 B 细胞比 7 系鸡的多。7 系鸡脾明显的变化是不规则 pp38+ B 细胞块周围逐渐被 TCRαβ1+CD4+ 和 CD8+ 细胞包围，为病毒从 B 淋巴细胞转向 T 淋巴细胞提供了理想条件。这些资料表明 MDV 在 7 系鸡体内复制和传播比在 6 系鸡中更有效。有趣的是，Calnek 等[124] 报道 7 系鸡 B 细胞对体外感染比 6 系鸡 B 细胞更敏感。

　　IFN‑γ 的早期激活对上调被活化的 T 细胞表面的 IL‑8 受体可能很重要，vIL‑8 能够将活化的

T 细胞吸引到被溶源性感染的 B 细胞处，促进病毒向 T 细胞转移[475,584]。最近的用 vIL‑8 或 vIL‑8 的第一个外显子缺失突变株的研究明确地证明了 vIL‑8 对于早期溶细胞感染的重要性。感染这些突变株会引起在早期溶解性感染时病毒复制水平显著性下降，继而使肿瘤发生率降低[163,168,314,475]。除了 vIL‑8，pp38 也是早期溶细胞感染的重要因素[229]。Meq、RLORF4、RLORF5a、vLIP（LORF2）以及病毒端粒酶的缺失对第一阶段的影响不显著。

　　有几个因素可以改变早期病理发生。早期免疫接种或母源抗体存在可减少溶细胞性感染[100,121,574,628]。溶细胞感染降低可减少潜伏感染细胞的数量及减少或推迟肿瘤形成。与 2 或 7 周龄时相比，1 日龄雏鸡接触 MDV 会延长溶细胞性感染时间[97]。同样，毒株的致病性也会影响早期感染的严重程度。超强毒（如 Md5 株）和特超强毒（如 RK‑1 株），比低致瘤毒株引起更严重的淋巴器官萎缩，导致早期死亡综合征[113,721]。

　　早期溶细胞性感染阶段淋巴细胞凋亡可引起暂时性或持续性的免疫抑制，这取决于攻击所用毒株的毒力。另外有丝分裂原刺激的暂时性抑制也有报道，但这实际上可能是一种保护性应答[581,584]。这些观察结果的重要性在"免疫抑制"中讨论。

潜伏感染（第二阶段）

在大约 6～7 天，感染进入潜伏期，此时不再检测到溶细胞性感染，且肿瘤尚查不出来。潜伏状态的建立与免疫应答的发展相一致。在潜伏期诱导过程中，病毒与细胞之间的相互作用还不完全清楚。细胞介导免疫（CMI）的损害可推迟潜伏期的启动[97]。多种毒力和致病性的混合感染也可以推迟潜伏期的启动。有几种可溶性因子与潜伏期诱导有关，其中包括 IFN-α、IFN-γ、潜伏维持因子（LMF）和 NO[96,671,734]。Levy[381] 等用含有 IFN 的 RB-1B 病毒上清感染 CEF，得到的结果说明在后续基因翻译之前 IFN 就可以阻断病毒复制。

尽管 CD8+ T 细胞和 B 细胞也可参与潜伏感染[125,376,557,612]，但大多数潜伏感染细胞是活化的 CD4+ T 细胞。在遗传抗性品系鸡，除了在羽毛囊上皮细胞中的持续低度感染[101,114,372,636]，淋巴细胞仍保持潜伏状态并可持续到鸡的一生[729]。潜伏感染期间 T 细胞的凋亡已有报道[428,430]，尽管还不能排除在这些细胞中 MDV 被重新激活。在持续免疫抑制的同时，易感鸡或抗性鸡感染超强毒（vv）或特超强毒（vv+）后第 2 或第 3 周可产生第二次溶细胞性感染。

非淋巴细胞性潜伏感染的程度未知，尽管脊神经节中雪旺氏细胞和卫星细胞可观察到明显的潜伏感染[499]。

溶细胞性感染的第二阶段（第三阶段）

第二次溶细胞性感染还未进行详细研究。它发生于淋巴器官，并可在各种内脏器官（如肾脏、胰腺、肾上腺、腺胃等）的上皮源性组织中发现感染的局灶性病灶。受害区域周围有灶性细胞死亡和炎性反应[9,107]。第二次溶细胞性感染并不一定会发生。它的发展和程度取决于宿主的抗病力和毒株的毒力。

羽毛囊上皮细胞溶细胞性感染

溶细胞性感染也见于羽毛囊上皮细胞[114]。在羽毛囊上皮细胞中病毒复制方式独特，因为这是已知能复制出完全病毒的唯一部位，而且 MDV 毒株的毒力在遗传抗病鸡及易感鸡都能进行这种复制。MDV 最可能是通过感染的淋巴细胞转运到羽毛囊上皮细胞。CVI988 感染后仅 7 天就可以用荧光定量 PCR 的方法检测到病毒 DNA[38]，尽管还不确定这是否代表感染了无细胞病毒。由带有核内包涵体的小淋巴细胞组成淋巴集合，早在感染后 7 天就可在真皮毛囊周围检测到[148]。淋巴组织集合可进一步发展成由羽毛囊上皮细胞和变性淋巴细胞组成的坏死灶或发展成皮肤肿瘤。前者与 pp38 细胞大量表达有关，但后者仅有少量 pp38 阳性细胞。vIL-8[168] 和 pp38[229] 的缺失突变株可以在羽毛囊上皮细胞中复制全病毒说明病毒在羽毛囊上皮细胞中可能是被从潜伏状态中重新激活。Niikura 等[450] 检查了蛋白质表达的时间顺序。pp38 的表达始于淋巴细胞，可能表示病毒从潜伏状态重新激活，接着 gB 蛋白在上皮细胞内层表达，最后 gD 在与羽毛轴直接接触的细胞层表达。gD 表达的重要性还不清楚，因为 gD 缺失突变株像野生型病毒一样传播[18]。

淋巴瘤的形成（第四阶段）

构成疾病最终应答的淋巴增生性变化可能发展成肿瘤，但在淋巴瘤出现前后，病变常发生退化。从大约 3 周起的任何时间都可发生由淋巴瘤引起的死亡。有报道说在感染 vMDV 毒株后病变开始衰退，而且因感染鸡群遗传抗性以及感染的年龄不同而不同[89,608]。

淋巴瘤的成分很复杂，它是由肿瘤性、炎性和免疫学活性或非活性细胞构成的混合物[490]。T 细胞和 B 细胞都存在，但以前者为主[489]。转化的 T 细胞是表达 TCRαβ1 或 TCRαβ2 以及 MHC II 类分子的 CD4+ T 细胞[577]。如果进行翼膜或胸肌人工感染[118]，可能出现其他的 T 细胞亚类（如 CD8+ CD4−，CD3− CD4− CD8−，CD3+ CD4− CD8−）[458,577]。Burgess 等[91] 用从体内得到的淋巴瘤细胞和 MHC Ihi 类分子，MHC IIhi 类分子，CD4+，TCRαβ1+ 或者 TCRαβ2，CD28−，CD30hi，IL-2Ra+ 的瘤细胞系深入阐释了肿瘤细胞。用 AV37 的单克隆抗体可以检测到 CD30 的高水平表达，Burgess[93] 等表示马立克可以作为霍奇金病的天然模型。除了这些标志，肿瘤细胞还可能表达 MATSA[731] 以及一些弱特征性鸡胚抗原[508]。

无论在体内和体外，转化细胞的感染大部分是非增殖性的。CD4+ CD30hi 阳性肿瘤细胞可以表达 Meq 和 SAR（见"病毒基因和蛋白"），但不表达 pp38 和 gB[91,557]。另外，肿瘤细胞也可以表达其他一些基因，比如 RLORF4 和 RLORF5a[456]，但是它们的重要性还不知道。pp38 仅在少数肿瘤细胞中表达，它们可能是增殖性—限制性感染已被启动的肿瘤细胞。体外研究表明，肿瘤细胞中 pp38 和后续基因的表达是受到 IFN 的调控的[381,672]。

基于对 MDV DNA 随机整合到淋巴瘤细胞基因组的观察[187]，有人提出 MD 肿瘤的克隆起源假设。尽管整合是随机的，但在特定的淋巴瘤或淋巴瘤源细胞系中，整合位点的分布是一致的，这对阐明 MD 的发病机理相当重要，但需进一步证实和明确。然而 Schat 等[577]的研究明确显示，同一只鸡身上的不同淋巴瘤可培育出不同 T 细胞表型的细胞系，这种表型是依据 CD 分子和 T 细胞受体标志而定。

对不同遗传品系的宿主抗移植物反应的研究表明，通过遗传连锁或功能性依赖，同种异体免疫活性低和 MD 的抗病性密切相关[398,491]。这使 Schat 等[578]和 Clanek[105]推测，应答 B 细胞溶解性感染的 T 细胞活化在致病机制上起很大作用，因为它可提供通过作为转化靶细胞的大量细胞。这个假设已被 Clanek[108,118]的研究所证实，即 MDV 接种部位的肿瘤的诱导，可被接种部位细胞介导免疫（CMI）抗同种异体细胞的激发所增强。因而推测转化需要以下条件：①对感染的易感性；②病毒复制的内在或外在控制（潜伏期）；③细胞分裂以便整合病毒基因组；④病毒致癌基因的表达，细胞致癌基因的活化，或凋亡诱导的抑制。在细胞因子和/或 CMI 应答时，活化 T 细胞的感染可转为潜伏感染，这一现象可能符合该模式。有趣的是，早在接种 MDV 感染的同种异体肾细胞（CKC）4 天后存在的细胞，可在体外长成 MD 细胞系[118]。因此，转化细胞，或至少是转化靶细胞甚至在早期 MD 溶细胞感染阶段就已存在。

影响发病机理的因素

Bradley[485]及 Schat 等[576]已对在体外传代致弱的致瘤 MDV 的感染机制进行了研究。这两组研究人员发现，致弱毒株不能引起淋巴器官的溶细胞性感染，且与细胞相关的病毒血症的水平也低。后者进一步研究表明，在体外致弱毒株对淋巴细胞没有感染性，这大概可解释体内观察的结果。

在宿主有抵抗力的情况下，发病机理改变的机制还不清楚。然而，大概有 CMI 参与，且有证据（见"免疫力"）表明，宿主的免疫应答可能直接针对早期的病毒学过程，或针对以后的增生阶段，且对任一阶段的有效应答都可能减少发病的机会。年龄和遗传抗性都依赖于免疫学活性[101,610]。用于病毒复制的适当靶细胞的获得也很重要，正如第 6 纯系对第 7 纯系鸡的比较试验所示[33,372]。T 细胞抗早期 B 细胞的溶细胞性感染的强烈反应，可促进肿瘤的发生，如果这种假设正确的话，那么能限制该反应的因素可减少肿瘤的发生。疫苗的免疫、胚胎法氏囊摘除和脾切除都可抑制活动性病毒感染[121,563,573,574,628]，因而能消除炎性反应和减少肿瘤的发生率。有趣的是，有证据[103,108,117]表明，一些有异常强烈的 CMI 反应的遗传品系鸡对 MD 特别易感，虽然这不是在所有情况下都如此。

不同毒株致瘤性不同，但与毒株相关的不同发病机理的分子基础尚未完全明确。所有毒株都能引起同样的早期溶细胞性感染，尽管 vv＋毒株导致的时间长且更严重。最近有报道指出，一些新出现的毒株可以在巨噬细胞中复制，导致巨噬细胞死亡增加[37,42,44]。

免疫应答本身可能与 MD 的一些特征性病变有关。神经病变的有些特征提示 MD 可能是一种自身免疫性疾病[523,586]，且已被认为是兰德里格巴综合征（Landry - Gullain - Barré）的模型[499]。有研究表明，MDV 感染的鸡和鹌鹑，其肾脏有免疫复合物，这一证据也支持 MD 是一种自身免疫疾病[336,515]。

如上所述，这些结果是在控制条件下使用 SPF 鸡进行研究得出的。但早期溶细胞性感染并不是肿瘤形成的绝对先决条件。Schat 等[573]发现，MDV 感染胚胎期法氏囊摘除的鸡，在无早期溶细胞性感染的情况下也能形成肿瘤。这与用 vIL - 8 和 pp38 缺失突变株感染后病理过程的第一阶段无溶细胞感染时的肿瘤形成过程是相似的[168,229,314,475]。显然，攻毒时有足够的活化 T 细胞才能被感染。因此，溶细胞性感染对肿瘤的发生并不是绝对必需的，在疫苗免疫的商品鸡情况可能也一样。然而，应激和免疫抑制性感染可诱导第二次溶细胞性感染，从而使疫苗免疫的效果降低。

胚胎感染的致病机理

了解卵内注射三种血清型病毒后感染的发病机理对认识广泛应用卵内免疫接种很重要。在 17 日龄鸡胚羊膜腔接种后 1 天，就可在胚胎肺组织中分离到 HVT，而绒毛尿囊膜、胚胎的脾和腺胃都是阴性。但在孵出后 4 天脾脏可检测阳性[605]。原位杂交实验可以证实这些发现[640]。

在肺组织中 HVT 的靶细胞是一种黏附性成纤维样细胞或上皮样细胞，但是几乎没有细胞出现溶解性感染，因为没有病毒蛋白产生[599]以及没有细胞凋亡现象[639]。HVT 不复制而很高的病毒滴度是因为在胚胎时期感染的细胞快速分裂[605]，这种可能性是存在的。HVT 中抗凋亡 ORF 的表达[347]，以及/或者 IFN 高水平作用[600]可能是导致没有细胞凋亡和病毒复制过程的原因。

16～18 日龄鸡胚经羊水接种后在孵出前不久，从胚胎肺组织中可发现低水平 SB‑1 或血清 1 型弱毒株 Md11/75C[598]。16 日龄鸡胚静脉内接种 MDV 超强毒株 RB‑1B，导致鸡胚孵化到 21 日龄时法氏囊中病毒复制活跃，而且羊膜腔内注射会导致肺和胸腺组织中出现病毒 DNA[598,639,640]。羊水接种后致病株和 HVT 能诱导鸡胚产生高水平的 IFN，而不是 SB‑1 或 Md11/75C 株[600]。

非瘤性疾病的发病机理

MDV 感染会引起几种非瘤性综合征（表 15.4B）。MDV 引起的动脉粥样硬化的发病机理还不清楚。组织学变化是动脉平滑肌脂肪增生性病变伴有类脂代谢改变，早在感染后 1 个月就可检测到[208,243]。早在感染后 2 周，CD4+ 和 CD8+ T 细胞就浸润到内皮层。另外感染鸡但不是正常鸡内皮细胞可表达 MHC Ⅱ类分子[452]。这些细胞使病毒侵入平滑肌细胞，偶尔导致病毒抗原表达和类脂代谢紊乱。与 Fabricant 等[210,211]最初的研究相反，Nienga 和 Dangler[453] 在饲料中没有添加胆固醇未能证明动脉脂类积聚，尽管可检测到内皮细胞浸润，而且与未感染对照鸡相比血清中胆固醇显著增加。

神经损伤伴随着传统暂时性麻痹（TP），急性暂时性麻痹导致感染后 1～3 天内死亡，持续性神经综合征（PND）以及迟发型麻痹[231]，这种过程的发病机理还不是很清楚。传统和急性暂时性麻痹的区别在一定程度上是随机的[710]，而且它们的早期发病机理是相似的。这两种暂时性麻痹的发展都受 MHC 和 MDV 毒株毒力的影响，毒力越强，急性暂时性麻痹受到的影响的越大[585,710]。B 细胞在这个过程中是必要的[476]。脑部病变在 6～8 天时以

脉管炎开始，接着白蛋白从血管渗漏进空泡[646]。这种血管源性水肿是暂时性的，与疾病引起的临床麻痹相关[643]。Jarosinski 等[311]发现 vv＋RK‑1 毒株导致的神经综合征的发展与小脑中 iNOS 的 mRNA 和血清中 NO 的水平上升有关（见"一氧化氮"）。NO 会导致血管扩张和水肿。接种了强毒株 JM‑16 的鸡不会出现神经症状，小脑中也不会出现 iNOS 的 mRNA。

脑中病毒复制程度与疾病严重程度相关。病毒复制程度低[3]或者不复制[230]，就不会出现神经综合征。通过比较 JM‑16 和 RK‑1 两个毒株便可看出病毒复制的重要性，前者小脑中的病毒复制程度低，也不会产生综合征，而 RK‑1 的复制程度明显高于前者，就会在 MHC 抗性和易感鸡群中产生损伤[311]，vv＋648A 毒株在 CEF 上连续传代后毒力减弱，引起的暂时性麻痹发生率下降与淋巴器官和羽毛囊上皮细胞中病毒复制水平下降相一致[230]。

内皮细胞不表达病毒抗原，但病毒进入脑后不久内皮细胞即开始增生肥大，且早在感染后 6 天表现出 MHC Ⅱ类分子的上游调节和感染后 10 天表现出 MHC Ⅰ类分子的下游调节作用[228]。感染 RK‑1 或者 RB‑1B 会引起小脑中包括 IFN‑γ，IL‑1β，IL‑6，IL‑8，IL‑12 和 IL‑18 在内的促炎细胞因子转录水平的上升[3,311]。感染 RB‑1B 出现传统暂时性麻痹的鸡群中 IFN‑γ，IL‑6，IL‑18 表达水平的上升幅度要高于没有临床症状的感染鸡群[3]。

持续性神经性综合征的临床症状与神经纤维网内成淋巴细胞高度浸润相关，大多数成淋巴细胞表达 Meq 蛋白，该综合征发生较迟（约在感染后 3 周），表明其发病机理与其他组织淋巴瘤的发生一致。而且持续性神经性疾病与外周神经和内脏器官淋巴组织增生性病变的发生密切相关[230]。

免疫力

感染致病性 MDV 或疫苗株不仅导致天然的或非特异的和获得性或特异性免疫应答的激活，而且会引起免疫抑制作用，特别是感染血清 1 型致病株。免疫应答和免疫抑制之间相互作用对 MD 发病机理的重要性怎么强调也不过分，平衡偏向于免疫抑制将发生疾病。MD 免疫应答和免疫抑制的特征有很多文献报道和综述[182,431,565,581,584]。

免疫应答

在早期溶细胞性感染阶段建立的免疫应答对感染的结果至关重要。这个时期免疫应答障碍，可延缓潜伏感染的建立，从而延长溶细胞性感染和随后通过病毒诱发的凋亡使免疫细胞持续破坏。免疫应答障碍包括 1 日龄免疫应答未完全形成时发生感染，环孢菌素处理或摘除雏鸡胸腺并结合环磷酰胺处理[97]。潜伏期免疫应答的重要性与抵抗第二次溶细胞性感染的保护有关，且依赖于细胞介导免疫。有人提出疫苗诱导的免疫是抗肿瘤免疫反应，因为疫苗免疫不能防止野生型毒株的重复感染，但确实能防止肿瘤形成。不过疫苗免疫的确明显减少早期溶细胞性感染[121,574]，从而防止免疫系统的广泛性损伤，并减少潜伏感染 T 细胞的数量。已报道的病变消退现象[89,608]，认为可发生针对肿瘤细胞的免疫应答。Burgess 等[93]在感染了强毒株 HPRS-16 的具有抗性的第 6 纯系鸡群中发现了针对 CD30 的特异性抗体，而易感的第 7 纯系鸡群中则没发现。这个重要的发现需要深入研究，因为没有证据证明在第 6 纯系鸡群中是 HPRS-16 诱导产生了 CD30[hi]细胞（见"淋巴瘤发展"）[89,93]。

免疫应答的启动 专业的抗原递呈细胞（APC），比如树突状细胞，遇到病原体后会通过病原体相关分子模式（PAMS）和识别它的模式识别受体（PRR）的相互作用而被激活，比如 APC 上的 Toll 样受体。这种相互作用激活了可以引起先天性免疫和获得性免疫的细胞因子。最近关于 MDV 三种血清型的 PAMS 没有信息。

尽管近年来先天性免疫和获得性免疫的定义不是特别绝对了，但是本书中还是分开讨论这两种免疫。

先天性免疫应答 先天性免疫应答包括细胞因子表达水平的变化，以及自然杀伤（NK）细胞和巨噬细胞的激活。

细胞因子感染 MDV 会导致大量促炎细胞因子上调（见"早期繁殖障碍感染"），并引发 T[H]型免疫应答。MHC 易感或抗性的鸡群感染了 vv+RK-1 毒株会在脾脏和小脑中引起强烈的促炎因子反应，抗性鸡群在感染后 4～10 天时 IFN-γ，IL-1β，IL-8 水平显著上升，这对宿主没有益处[311]。作者推测强烈的遗传依赖性应答会产生高水平的 NO，实际上对宿主是有害的。

IFN-γ 是一种重要的细胞因子，它在抗病毒免疫应答中有多种功能，但是几乎没有研究说明 IFN-γ 在对 MD 的保护性免疫中所扮演的角色。体外研究表明，IFN-γ 通过产生 NO 和活性氧中间产物能直接或间接地抑制病毒复制[188,734]。

IFN-α 对于 MD 免疫的重要性还没有从细节上阐述清楚。Xing 和 Schat[733]没有解释清楚对照组和有抗性的感染鸡的脾脏中 IFN-αmRNA 的调节情况。Quéré 等[534]发现抗性鸡群感染 1 天后血细胞中 IFN-αmRNA 表达水平有所下降，但是易感鸡群中没有这种现象。在易感鸡群中，免疫接种过的感染鸡受到 IFN-αmRNA 的刺激，可能在感染 1 天后会阻断转录过程，抗性鸡群没有这种现象。研究这种现象在其他鸡群中是否可以复制将会是很有趣的过程。刺激感染新城疫病毒的 CEF 细胞得到的包括 IFN-α，IFN-γ 在内的各种 IFN 混合物可以上调 MHC I 类分子的表达，这种作用可以与 RB-1B 引起的 MHC I 类分子的表达水平下降作用相抵消[382]。

一氧化氮（NO） 巨噬细胞、神经胶质细胞、星形胶质细胞可能还有其他一些细胞诱导产生了 iNOS（NOS II），NO 是由三种同型的 NOS 合成的。iNOS 的产生是机体对微生物的非特异性免疫应答和炎性反应的一个组成部分。NO 和其他一些氮化物是相对独立并具有多种功能的小分子。NO 被认为在杀伤病原体和人的神经性退化中发挥作用[79,194]。

NO 能抑制体外 MVD 的复制[188,734]。已有报道说明在 MDV 感染后 6～12 天之间 iNOS 转录增加[733]，这导致遗传抗性鸡但不是易感鸡的血浆 NO 水平上升[190,315]。NO 的产生可能是有益的，因为当遗传抗性的鸡群接触到 vMDV 时，它能抑制体内 MDV 复制[734]。但是，Jarosinski 等[311]发现，尤其是当遗传抗性的鸡群接触到 vv+MDV 时，病理过程与大量的 NO 产物是密切相关的。

NK 细胞 NK 细胞是第一道防线，因为这些细胞能溶解病毒感染的细胞和肿瘤细胞而不必事先接触病原。NK 细胞也是 IFN-γ 有效的诱导剂。为了能溶解靶细胞，NK 细胞必须能将靶细胞识别为外物（如，MHC I 类分子改变或下游调节表达）。Sharma 与 Coidson[604]报道，NK 细胞对 MD-CC-MSB1 细胞具有细胞毒性，但 Heller 和 Schat[253]发现绝大多数 MDCC 细胞系能抵抗溶解。

NK 细胞对 MD 免疫的意义还不清楚。Sharma[596] 报道，带有肿瘤的遗传敏感鸡，其 NK 细胞活性降低，与此相反，无肿瘤的遗传抗病鸡或免疫鸡 NK 细胞水平增强。当遗传抗性鸡群 N2a 感染 SB‑1B 后至少 14 天时，NK 细胞即产生活性，但是，在易感鸡群 P2a 中 8 天后还是检测不到 NK 细胞活性[224]。用 SB‑1 或 HVT 免疫后，NK 细胞立即被激活[254]。当雏鸡免疫后不久就被感染，NK 细胞活性增强是有益的，可能通过提供 IFN‑γ 或溶解病毒感染细胞起作用。最近报道的溶细胞性感染阶段 MHC Ⅰ 类分子的下游调节[281]肯定了 NK 细胞可能的作用。

巨噬细胞 活化巨噬细胞可限制病毒复制和降低肿瘤发生[238,239,261]。Schat 等[581,584]提出，这些现象可能是 NO 及活性氧中间物[188]的产生所致。MDV 感染后不久收集的巨噬细胞能在体外抑制 MD 成淋巴细胞系 DNA 合成和繁殖，可认为是一种暂时性免疫抑制作用[373,595]。但这种抑制实际上更可能是一种保护性应答，因为在 MDV 感染由 B 细胞向 T 细胞转变的关键时期，它限制了活化的 T 细胞的数量[581,584]。

体液免疫 感染 MDV 的鸡在 1～2 周内会产生沉淀和病毒中和抗体；免疫球蛋白 G（IgG）代替了暂时的免疫球蛋白 M（IgM）应答[260]。这些抗体是针对多种蛋白质[666]。绝大多数抗体与保护性免疫应答无关，因为它们识别的是非结构蛋白或者未表达在病毒囊膜表面及病毒感染细胞表面的蛋白。由于 MDV 细胞结合的特性，抗体在 MD 免疫中的意义有限。仅当细胞游离性病毒感染鸡或 MDV 蛋白表达在细胞表面时，病毒中和抗体才有意义。在后面一种情况下，抗体加补体或抗体依赖性细胞介导的细胞毒作用能溶解感染细胞。实际上利用细胞游离性病毒和细胞结合性病毒已证实体内病毒中和作用的存在[94]。母源抗体的存在可减少溶细胞性感染[100]，且降低低滴度细胞结合性疫苗或细胞游离性 HVT 的免疫效率[131,346]。

涉及体液免疫的特异抗原没有鉴定几个。抗纯化 gB 蛋白的抗体可中和细胞游离性 MDV[292]。接种表达 gB 重组禽痘病毒（rFPV）[442]或单独接种 gB[463]可使鸡体产生病毒中和抗体，抵抗 MDV 攻击。其他糖蛋白（如 gC、gE 和 gI）的抗体在感染后可检测到。接种杆状病毒表达的 gC[310]或表达 gC 的 rFPV[442]不能抵抗攻毒。

通过研究，MATSA（见"病原学"）的抗独特型抗体表现出可用于免疫鸡抵抗 MDV 强毒的攻击[172]，因而提出 MDV 转化细胞表面发现的一种表面抗原可能参与免疫。

有实验揭释了抗体依赖性细胞介导的细胞杀伤作用（ADCC）在 MD 免疫中的作用[351,549]。但是靶抗原和效应性细胞还没确定。

获得性免疫

细胞免疫 自身 MHC Ⅰ 类分子帮助下细胞毒性 T 淋巴细胞（CTL）能识别 8～12 个氨基酸残基的短肽。这些短肽产生于重新合成的蛋白，这种蛋白合成过程复杂，涉及蛋白酶体和抗原加工相关的运输蛋白（TAP）1 和 2。体外实验证实抗原特异的 CTL 要求效应细胞和靶细胞表达相同 MHC Ⅰ 类抗原[602]。

Pratt 等在带有已知的 MHC 抗原的 REV 转化细胞系上稳定地转染和表达 MDV 基因。这些细胞系用来表明感染鸡或免疫鸡的 CTL 能识别源自 pp38、Meq、ICP4、ICP27、gB、gC、gH、gI 和 gE 的肽片段[409,460,584]。感染后大约 7 天效应细胞产生，且以表达 CD3、CD8 和 TCRαβ1 但不是 CD4 的典型 CTL 为特征[461]。通过分析抗性鸡和易感鸡 CTL 识别的蛋白可以发现显著差异。抗性鸡 N2a（MHC：B²¹B²¹）的 CTL 可以识别 ICP4，而易感鸡 P2a（MHC：B¹⁹B¹⁹）不能[460]。ICP4 一旦开始表达，感染细胞就会被有效地杀伤，比如，当潜在感染细胞被重新激活，以及病毒复制完成之前，杀伤感染细胞便会成为 MHC 依赖的遗传抗性的影响因素之一。两种鸡的 CTL 都可以识别 gB 和 gI 两种糖蛋白。N2a 的 CTL 裂解表达 gC、gK，少量的 gH，gL，以及 gM 的细胞。P2a 的 CTL 识别表达 gE 的细胞。鸡免疫接种表达 gB 的 rFPV 后除产生病毒中和抗体[442]外，还能形成 gB 特异的 CTL 反应[462]。Lee 等[374]发现表达 gI 的 rFPV 也能提供对 MDV 攻击的保护，但是 gE 和 gH 的 rFPV 不能。重组疫苗产生的保护性免疫效应可能是通过 gB 和 gI 的特异性 CTL 起作用。免疫接种表达 pp38 的 rFPV 在不存在病毒中和抗体时可以暂时降低病毒血症，所以针对 pp38 的 CTL 可能对免疫力很重要[442]。

疫苗免疫 HVT、致弱的 MDV 和血清 2 型 MDV 毒株可保护鸡体抵抗强毒攻击后在淋巴器官的早期复制，并降低潜伏感染水平[121,514,574,628]。基于目前的知识，下列事件顺序用来解释在孵化后 3 天内攻毒，就如同在野外典型发生的那样，疫苗是如何诱导免疫力的（见"免疫"）。NK 细胞早在免疫后 3 天被激活，可能产生 IFN-γ 并杀死有限的病毒感染的 B 细胞。在早期其他细胞（如巨噬细胞）也可能产生 IFN-γ。IFN-γ 能减少病毒复制和刺激巨噬细胞启动 iNOS 合成。iNOS 在接种后 3～7 天内产生 NO，这就限制了攻击病毒的复制。抗原特异性 CTL 在接种后 7 天开始形成，并可能与 ADCC 作用协同消灭病毒攻击后的其他感染细胞。这些效应机制的协同作用使攻击病毒进入潜伏状态。记忆性 CTL 能快速消除重新活化的病毒感染细胞。

一些因素会干扰疫苗免疫力，比如 MDV 引起的免疫逃逸（见"免疫逃逸"）。感染免疫抑制病毒如 CIAV[410] 和应激会影响疫苗诱导产生的细胞介导的免疫应答。摘除法氏囊和 X 线放射处理引起的体液免疫缺失似乎并没有对 MDV 弱毒提供的保护产生影响[203]，尽管相似处理会部分妨碍 HVT 的疫苗免疫力[542]。

免疫逃逸

包括 MDV[568] 在内的许多病毒会产生免疫逃逸的机制，以影响免疫应答。Schat 和 Skinner[583] 将免疫逃逸定义为"病原体启动的针对特异性病原体的免疫应答"。体外感染 MDV 会引起 MHCⅠ类分子的下调，可能就是通过将Ⅰ类分子滞留在内质网上作用的[281]。Hunt 等[281] 表示 HVT 也能下调 MHCⅠ类分子水平，但是 Levy 等[382] 不能肯定这种观点。在溶细胞感染以及后续过程中 CD8α 和 β 链的转录水平下降，这就导致了 T 细胞，可能还有 NK 细胞上 CD8 分子的表达水平下降[428,429]。产生的 INF 一系列产物可以上调 MHCⅠ类分子的表达水平，以抵消感染后的免疫逃逸作用[340,382]。MD 肿瘤细胞上 CD28[91] 的下调会干扰抗肿瘤免疫。比如鸡胚抗原之类的其他一些抗原会干扰 NK 细胞活性[454]。

免疫抑制

MDV 感染后免疫应答受到抑制是该病的一个关键特征，可归于 MDV 分离株的毒力和宿主对其他病原体易感性的改变[568]。免疫应答的初次损伤

是首次溶细胞感染时淋巴细胞的溶细胞感染的结果（见"发病机理"）[568]。持久免疫抑制与溶细胞性感染的第二阶段同时发生，并与肿瘤最终形成相关[582]，且可能只在已形成肿瘤的鸡中发现[654]。因为肿瘤细胞本身具有抑制活性，所以很难区别它们之间的因果关系[84,253,533,653]。因为维持潜伏状态需要一定的免疫活性[97]，与转化的成淋巴细胞的出现相关的免疫抑制，可能通过溶细胞性感染导致其他 B 细胞和 T 细胞的消亡，这样就使情况更为复杂，最终导致 MD 病死鸡的法氏囊和胸腺萎缩。应该注意到，免疫抑制和溶细胞性感染的活化与 MD 在产蛋周期中的暴发，可能有一定的关联。然而，免疫抑制并不是肿瘤发生的前提条件。Witter 等[716] 发现，vMDV 的 JM 毒株与 REV 共培养后得到插入的反转录病毒 LTR[318]，形成 RM1 克隆株，它不再具有致瘤性，但可以引起严重的早期溶细胞性感染。这对进一步分析病毒诱导的免疫抑制和致瘤性之间关系有重要意义。虽然这两种特性并不一定具有必然联系，但它们常同时出现，在这种情况下免疫抑制可增强致瘤性。

体液和细胞介导的免疫都可被 MDV 感染所抑制，这可能由对各种抗原的抗体应答下降和包括以下一些变化的 T 细胞功能的改变而反映出来：如皮肤移植物的排斥、淋巴细胞的促有丝分裂作用、迟发性超敏反应、NK 细胞活性的下降、球虫的首次和二次感染以及 Rous 肉瘤消退的改变等[485]。

诊　断

MDV 感染的诊断技术不同于疾病鉴别诊断所需的技术，感染无处不在，但疾病不是。识别感染存在的主要方法是病毒的分离、组织中病毒 DNA 或抗原的显示和抗体的检测。近来有报道说明各种方法的使用[457,746]。

病毒分离

病毒分离作为诊断目的是为了证实它的存在和获得感染性病毒作进一步研究，Sharma[601] 详细综述了所有血清型病毒的分离方法。

病毒来源

接种后 1～2 天[504] 或接触感染后 5 天的鸡[9] 及

病鸡的一生都可分离到 MDV。尽管感染鸡的皮肤、皮屑或羽髓尖的细胞游离性制备物可含有病毒[110]，但完整的有活力的细胞为较好的接种物，因为大多数情况下感染性是严格细胞结合性的。接种物包括血液淋巴细胞、肝素化全血、脾细胞或肿瘤细胞。通常能从在 4℃ 保存 24h 的感染细胞悬液中分离到病毒，这有利于样品的运输[712]。

细胞培养技术

大概初次分离 MDV 的最常用的方法是用血液淋巴细胞或感染鸡淋巴组织的单细胞悬液接种易感的组织培养物。CKC 和 DEF 是初次分离血清 1 型 MDV 的首选培养物，而 CEF 通常用于分离血清 2 和 3 型病毒及致弱的血清 1 型疫苗株。尽管 CEF 一直认为不太利于低代次的血清 1 型 MDV 生长[152,569,715]，但一些同期分离株在 CEF 上生长良好，甚至在初次分离时也是这样[697]。尽管对有些病毒来说，超过 8×10^6 个细胞的剂量可引起病毒蚀斑形成的抑制[129]，但培养物常用 $1 \times 10^6 \sim 2 \times 10^6$ 个细胞剂量接种。接种后 24～48h，洗去接种物，培养物在液体或琼脂培养基下维持，通常不必传代。

接种的培养物在 3～12 天内出现典型蚀斑（图 15.3），相比之下未接种而作为对照的培养物就没有这种变化，这就是已分离到 MDV 的证据。在实践中根据形态学标准[564,689]可以区分血清 1、2 和 3 型病毒产生的蚀斑，但用血清型特异性单克隆抗体进行的免疫荧光染色可做出更为准确的结论。观察蚀斑的最适时间随细胞培养物和病毒血清型的不同而不同。通过感染鸡的肾细胞直接培养或将胰蛋白酶处理的感染鸡肾细胞接种到正常肾培养物上也可分离到 MD 病毒[728]。

分离物鉴定

MDV 血清 1 型分离株应当无 MD 疫苗株的污染。正常情况下，最好在尽可能低的代次时将分离株蚀斑纯化或克隆。病毒血清型鉴定和纯度可通过血清型特异性单克隆抗体进行免疫荧光染色来证实[370]。对 I 型 MDV，可以通过接种非免疫鸡和免疫了 HVT 或二价疫苗的鸡来比较其致病力，从而确定其病理型[699,708]。保证无外源病毒污染也很重要，如果传代的病毒中有污染，则可能使分离株的表观致病性发生改变[316,418,677]。将 MDV 分离株在

CEF 或 CKC 培养物中连传 6 代，可排除诸如 CIAV 的污染[738]，并能够用作制备种子毒和工作用毒种，这样会使毒种更易标准化和定量化。尽管必须考虑病毒在细胞上增殖毒力致弱的可能性，但这需要在细胞培养中传 20 代才对致病性的影响才能检测到。为了保持毒力，一些学者宁愿选择在体内繁殖血清 1 型病毒，从感染鸡制备用于低温保存的脾脏细胞或血沉棕黄层细胞。

病毒分析和滴定

在体外可用与病毒分离相同的技术对血清 1、2 型和 3 型病毒进行定量测定。不同血清型的方法不同，但均依靠在易感细胞培养物上产生蚀斑进行测定。蚀斑一成熟就应进行计数（不同的分离物出现的时间不同），因为培养物在液体培养液中维持时可能形成二次蚀斑。琼脂覆盖方法已有报道[635]，但并未达到广泛使用，可能因为琼脂覆盖后，蚀斑形成会推迟，也可能因为人们从未认为二次蚀斑的形成是什么大问题。有人做了滴定疫苗病毒步骤的综述[656]，且基本上与那些有致病力的分离物相同。

组织中病毒标志

人们通常希望不进行组织培养分离病毒，而能发现鸡有病毒感染。这种感染标记物对于细胞培养中推测的 MDV 分离物的鉴定也很有价值。

病毒抗原检测

现已制备了抗所有三种 MDV 血清型的型共同或型特异性表位的单克隆抗体[370]进行组织中抗原检测，它比多克隆抗体更实用。可用相应抗体通过荧光抗体试验[636]、免疫组化试验[134,227]、琼脂凝胶沉淀试验[242,379]和酶联免疫吸附试验[178,587]，在羽毛尖和羽毛囊上皮、溶细胞性感染的淋巴组织、脑或感染的培养细胞物中检测到病毒抗原。尽管 pp38 和 Meq 常在脑内检测到[228]，但淋巴瘤和潜伏感染组织中的抗原阳性细胞相对较少。在 MD 淋巴瘤内偶尔也能观察到 pp38 阳性细胞[437]（图 15.20），而 Meq 表达可能相对常见[557]。

聚合酶链反应（PCR）试验

大量病毒不同基因的核苷酸序列，包括三种血清型的 MDV 全基因组序列的可得性允许通过 PCR

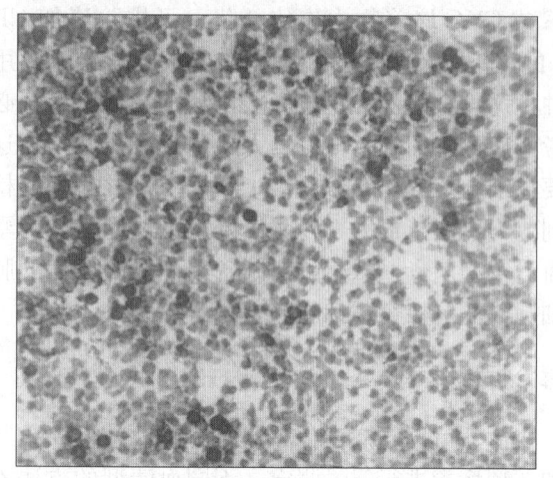

图 15.20　马立克氏病淋巴瘤，显示一些肿瘤细胞中有 pp38 抗原（黑色）的表达。用单克隆抗体 H19 进行免疫过氧化物酶染色和苏木精衬染。× 450[700]（Witter）

的方法检测 MDV。有报道使用针对 MDV 血清 1 型的 132bp 序列的特异性引物[49,616,750]。使用这些引物的 PCR 实验可以区分致弱株以及野毒株，并且能够检测淋巴瘤中的病毒[177,617]。还有其他大量不同的引物被使用。但是，由于阳性细胞的低比例以及每个细胞中比较少的病毒基因组使 PCR 在检测隐性感染时不够敏感。荧光定量 PCR 使用多种引物序列检测感染鸡组织中的载毒量[34,87,90,302,538]，并且已成为 MD 诊断以及流行病学调查中的重要手段。例如，荧光定量 PCR 可以被用来检测相关的 MD 疫苗株[87]，并且 PCR 被用于养殖鸡血液淋巴细胞以及羽髓尖 MDV 以及 HVT 的鉴别诊断[248]。由于临床样品中可能具有抑制 PCR 反应以及产生假阳性的抑制因子，因此内参的建立对于抵消抑制因子具有很重要的作用。最近，荧光定量 PCR 被用于研究 MD 生物学的不同方面，例如 MDV 在羽毛及淋巴组织中的复制曲线[38,303]，保护力和疫苗用量的关系[39]，病毒复制速率与其毒力的关系[740]以及特定基因的却是对其复制的影响[78]。目前，已经发展了用于绝对定量血清 2 型以及血清 3 型的荧光定量 PCR 试验[301,543]。

DNA 探针

用 DNA 探针进行 DNA - DNA 斑点杂交检测羽毛尖抽提物中的 MD 病毒 DNA 已有报道[180]。此外，可通过原位杂交对 MDV[205,553] 和 HVT[273] 所感染的细胞进行定位。

电子显微镜

用电镜可在感染鸡的羽毛囊上皮细胞及体外生产性感染的细胞中检测到疱疹病毒颗粒[110]。

抗体检测

检测鸡血清中特异抗体的试验对于病毒的发病机理研究和无特定病原鸡群的监测很有用。常用方法包括：琼脂凝胶沉淀试验、荧光抗体试验、ELISA 和病毒中和试验，有关方法另有评述[601]。目前仅用于琼脂凝胶沉淀试验的试剂有市售，这种方法是最不敏感的，但用于监测感染或疫苗免疫鸡群的血清学还是很合适的。但是这些方法中还没有一种能区分三种血清型的抗体。用不同方法检测到的抗体，其生物学意义可能不同[99]。

疾病诊断

尽管有长期建立的 MD 病理诊断准则[615]，但有几种原因使临床疾病的诊断实际上仍然困难。首先，MD 没有真正的特征性肉眼病变。其次，MD 肉眼病变与其他肿瘤病和以内脏器官肿瘤或神经眼观肿大为特征的不相关疾病相似。最后 MDV、ALV 和 REV 在商品鸡群广泛存在，常常同时感染[176]，使基于病毒学方法的诊断复杂化。缺乏普遍接受确诊的试验，甚至会使正规的病理诊断遭受争议。目前 MD 不存在可接受的诊断标准，但提出了下面的模式。

MD 诊断首先应考虑构成 MD 的增生细胞群的特征。其他 MD 特异的标准，如流行病学因素也是有价值的。病毒学标准价值较低，但有助于确定病原体的存在，或者更重要的是确定其他某些病原体的不存在。该诊断过程开始是获得鸡群病史和足够数量有病变的代表性病鸡和死鸡（5～10 只），然后诊断按一系列步骤进行。

步骤 1——临床资料和大体病变

尽管外周神经肿大和内脏淋巴瘤在 MD 常见而且其中一个或者两个病变通常出现，但没有哪种病变必定发生或是具有确诊意义。因此，必须在 MD 病鸡的死后诊断中考虑诸如年龄和病变分布等其他标准。如果至少符合下列条件之一就可诊断为

MD：①外周神经淋巴组织增生性肿大；②16周龄以内的鸡发生多种组织的淋巴肿瘤（肝脏、心脏、性腺、皮肤、肌肉和腺胃）；③16周龄或更大的鸡，在没有发生法氏囊肿瘤的情况下，出现内脏淋巴肿瘤；或④虹膜褪色和瞳孔不规则，如图15.9C所示。认真检查法氏囊尤其重要，需要切开法氏囊，仔细观察上皮表面。但仅根据大体病变不能确诊，还需要另外的步骤。

步骤2——肿瘤细胞的组织学、细胞学和组织化学诊断

用福尔马林或新鲜冷冻固定，分别制备石蜡切片和冷冻切片。也可进行肿瘤压片。必要的诊断特性可在苏木精伊红染色的常规组织切片或甲基绿哌洛宁或 Shorr 染色的触片中见到[615]。通过免疫组化试验可检测到冰冻切片或石蜡切片中细胞和病毒抗原。MD肿瘤和神经病变中可见典型的从小到大的淋巴细胞、成淋巴细胞、浆细胞和巨噬细胞的混合细胞群[484]。不同类型细胞比例随疾病发展阶段和病毒毒力而异，而最具侵袭性的淋巴瘤可含有大量成淋巴细胞。MD肿瘤是混合的细胞群体，多数细胞表达 Ia 抗原和 T 细胞表面标志，尤其是 CD4（尽管 CD8+ 细胞也可能存在）[577]，但 IgM 仅在不到5%细胞中存在。细胞标志 AV37 也常见于 MD 肿瘤细胞[557]。MATSA[731] 是另一种细胞抗原，可用多克隆抗体或单克隆抗体检测到，它在5%～40%的 MD 肿瘤细胞中存在，但也可见于活化的 T 淋巴细胞[412]。在步骤1中初步确定为 MD 的肿瘤病变由多形性淋巴组织细胞组成，这些细胞主要表达 CD4/CD8 标志，而 IgM 或 B 淋巴细胞标志表达有限或不表达，就可暂时诊断为 MD。细胞抗原如 AV37 或 MATSA 的检测可能有助于诊断，但确诊还需更多数据。

步骤3——病毒学标准

对于符合步骤1和2列出的 MD 标准的肿瘤，或对于非典型肿瘤，MDV 与肿瘤细胞的相关性是有用的确认步骤。用免疫组化试验或荧光抗体试验[437,557]可检测到肿瘤细胞中的病毒抗原，如 pp38 或 Meq，但由于它们没有一种是在所有细胞或所有肿瘤中表达，所以阴性结果与阳性结果相比更没有诊断意义。而且很少量阳性细胞也可能反映炎性 T 细胞存在，偶然感染 MDV 与原发肿瘤无关。原位

杂交是另外一种用于定位肿瘤细胞内 MDV 基因组的技术[557]。PCR 方法也可检测肿瘤中 MDV 的 DNA，尤其在含高浓度肿瘤细胞（如肿瘤结节）的组织。其他组织 PCR 检测和从血沉棕黄层细胞或脾细胞中分离病毒，以证明鸡体内确实存在病毒，但病毒与肿瘤细胞联系不上。抗体试验提供的信息相似。在病毒载量和 MD 肿瘤之间可能有一种定量的联系。低水平病毒或病毒 DNA 可在不带瘤的鸡淋巴细胞内检测到，但绝大多数带有肿瘤的鸡具有高滴度病毒血症[729]，并且通常呈 PCR 阳性[177,624]。所以应探索超过一定阈值的感染标准（尚未确定）与淋巴瘤性病变相关的可能性。这样，在排除其他肿瘤相关的病毒后，肿瘤细胞中存在大量 MD 病毒或病毒抗原，连同步骤1和2中的标准一起，应足以诊断 MD。

应用

步骤2和3并不一定必须按顺序进行。因为 PCR 方法可快速完成，确定是否存在单个或多个肿瘤病毒感染，在某些情况下有助于决定要采用的其他程序。但肿瘤本身的特征应当最重要。

MDV 毒株的致病型

由于认识到毒株生存能力是与毒力相关的，所以提出 MDV 致病型的概念，它与野毒株疫苗免疫被破坏有关[708]。已经试验出区别传统毒株和毒力较强毒株的方法。然而，ADOL（禽病与肿瘤学实验室）方法被广泛使用，它是基于总结出用不同免疫策略免疫的鸡群出现的不同的淋巴组织增生病变而产生的。这种方法将45种分离毒株分为 vMDV，vvMDV，vv＋MDV 致病型[699]。即使 ADOL 方法规定了使用15×7系鸡来区分致病型，但是用其他品系禽也可以得到相似结果[98,708]。

与其他疾病的鉴别诊断

LL 是 ALV 诱导的法氏囊淋巴瘤，在有些情况下，REV 可诱发16周龄以上的鸡产生 LL。鸡法氏囊通常有肉眼肿瘤病变，形态上为均匀一致的胚型细胞，嗜哌洛宁性，表达 B 细胞标志和 IgM。而且肿瘤细胞在靠近 c-myc 基因位置有前病毒 DNA 的克隆性插入（见"白血病/肉瘤群"）。REV 可引

起神经肿大、矮小症和非法氏囊T细胞淋巴瘤，但迄今为止仅见于人工感染条件下的鸡，或接种污染疫苗的鸡。从REV引起的神经病变或肿瘤中获得的淋巴细胞不表达pp38或Meq。非法氏囊RE肿瘤细胞为MHCⅡ类分子阴性，主要是CD8抗原阳性[162]（见网状内皮组织增殖病）。当MD相关的其他诊断标准都符合时，且可能的话PCR、肿瘤组织组化或抗体检测排除ALV或REV，可对MD的诊断提供强有力的支持。

外周神经病变由一种不确定病原引起的神经性疾病，它可引起少量6～12周龄商品鸡[31,321]发生麻痹和神经肿大，在商品鸡[704]和SPF鸡群的已有报道[67]。病鸡不出现内脏淋巴瘤，神经病变均一致，为B型，且很少能检测到MDV。其他可能与MD大体病变或麻痹症状相混淆的疾病包括髓细胞瘤、成髓细胞增生病、成红细胞增生病、卵巢瘤、其他各种非病毒性肿瘤、核黄素缺乏、结核、组织滴虫病、遗传性灰眼、新城疫、禽脑脊髓炎和关节感染或损伤。髓细胞性白血病是肉种鸡群常见的肿瘤，它表面上与MD相似，但组织学上可加以鉴别。肿瘤细胞本质上是髓细胞，且缺乏T细胞和MD病毒标志。多中心的组织细胞增生症[240]是肉鸡的一种疾病，特征是脾肿大呈斑驳状，其他内脏器官的病变主要由组织细胞组成。没有鉴定出淋巴细胞，肿瘤中也未检测到MDV，虽然有人提出可能与ALV J亚群有关[24]。

其他MD综合征的诊断

暂时性麻痹偶尔见于野外，尤其是在没有用MD疫苗免疫的鸡。多数病例为经典型，鸡颈部或四肢麻痹无力大约1～43天，然后就完全康复。这种综合征因其具有暂时性和无力的特性而不是痉挛性麻痹，可与MD神经型（鸡麻痹）相区别。暂时性麻痹因具有暂时性特征且不存在B型病变的外周神经的肿大，可与外周神经病变加以区别。Davidson等[180]通过PCR检测脑组织中MDV可将暂时性麻痹与外周神经病病变区分开来；但没有暂时性麻痹的MDV感染鸡的脑组织中也可检测出PCR阳性结果[710]。相对而言，脑部检测到病毒抗原似乎与麻痹症状的出现有关[228]。

皮肤白血病（MD皮肤型）可与真皮鳞状细胞癌区别开来。真皮鳞状细胞癌一般见于加工过程中的脱羽肉鸡[241]。尽管都可发生在与羽毛囊有关的羽毛管[361]，但MD病变是结节状的且含有淋巴细胞；而鳞状细胞癌如火山口样外观，由鳞状上皮细胞组成。

以器官萎缩和免疫抑制为特征的淋巴器官组织变性病变，难以做出诊断，因为许多疾病都产生相似的病变。但是MDV生产性感染导致的淋巴器官萎缩也可能含有病毒抗原，如pp38，至少短期之内会存在。

预防和控制

控制MD的疫苗的成功研制是一项意义重大的成就[157,459,546]。对于现在及可预见的将来，疫苗接种是MD预防和控制的中心策略。但遗传抗性和生物安全对疫苗接种来说是关键的辅助措施。对病鸡个体或感染鸡群没有实际有效的治疗方法。一种防止早期感染、减缓野毒株获得毒力和提供良好免疫应答的综合措施，最可能获得成功[701]。关于MD疫苗和控制方面已有详细综述[82,566,703]。

免疫接种

疫苗类型

常用的有几个不同类型的MD疫苗，既有单价的也有多种组合的。使用最广泛的疫苗是致弱的MD血清1型疫苗[545,546]和天然无毒力HVT[459]或血清2型病毒疫苗[571,725]。通常血清2型与HVT联合使用，以充分利用文献报道的血清2型和3型之间协同作用的优势[574,688]。所有疫苗都具有保护性，但程度不一样。HVT疫苗，主要是FC126毒株[718]，还在继续广泛使用，因为效果好且生产成本较低，与其他产品联合使用效果也很好。有细胞游离性和细胞结合性HVT疫苗，后者使用更广泛，因为在母源抗体存在时它比细胞游离性病毒更有效[707]。HVT与血清2型SB-1株[571]或301B/1株[692]联合的双价疫苗在20世纪80年代中期投入使用。CVI988株[546]，欧洲和其他国家从20世纪70年代初期开始使用，90年代初期才引入美国。另一株致弱的血清1型毒株-R2/23[694]也在90年代开始使用。血清1型和血清2型疫苗仅有细胞结合性产品。

疫苗接种

MD 疫苗接种于出壳前和刚孵出的雏鸡，因为早期免疫力很重要。细胞结合性疫苗和细胞游离性疫苗都是通过皮下或肌内注射，一般每只鸡剂量超过 2 000 蚀斑形成单位（PFU）。在孵化到第 18 天直接给鸡胚接种疫苗也能发挥作用[603]。现在通过自动化技术[317]来完成卵内接种，并广泛应用于商品肉鸡的免疫，主要由于其人工费用较低且疫苗使用精确性提高。羊膜腔和胚内中胚层途径会产生最有效的保护[680]。在疫苗冻融和稀释过程中正确的操作对保证得到足够的剂量至关重要[245,306]。

影响免疫效力的因素

通常每只雏鸡使用 2 000～6 000PFU 的疫苗剂量。更高的剂量[196,689]和再次免疫[40]对免疫水平提高的作用甚微。在 7～12 天再次免疫在欧洲很普遍，间或美国也进行再次免疫，但这个程序的效果未得到实验室研究证实。母源抗体能降低细胞结合性疫苗的效果但不会完全破坏保护作用[131]。种鸡接种血清 1 型或 2 型病毒，则其后代对 HVT 疫苗免疫有更好的应答[346]。

免疫接种和接触野外强毒之间的时间间隔越短，免疫保护水平越低[459]。早期接触无疑是免疫鸡群 MD 发病率过高的最重要的原因之一，因为野外接触通常在鸡一进入育雏舍就很快发生[717]，而免疫接种后建立坚固的免疫力至少需要 7 天[45]。毒株也是影响疫苗免疫效果的主要因素。毒力较弱的疫苗如 HVT 诱导的免疫力抵抗低毒力毒株攻击的效果可能很好，但对早期的超强毒株攻击可能完全抵挡不住[699]。尽管强毒株一般用来解释 MD 的野外暴发，但很多其他原因也应当考虑。

鸡的品系也是疫苗免疫效果的重要决定因素。Schat 等[574]发现遗传抗性品系鸡使用 HVT 疫苗产生的免疫力比易感鸡使用双价疫苗（HVT＋SB - 1）免疫力还要强。

应激似乎也能干扰疫苗免疫力的维持。在孵化时正确免疫接种且对随后强毒攻击有较好保护性的鸡，Powell 和 Davison[507]在 10 周龄时通过免疫抑制处理，诱导了 MD 病变和死亡。免疫抑制应激可能对疫苗免疫鸡群 MD 暴发起重要作用，尤其是那些开产后发生 MD 的鸡，这种可能性值得考虑[703]。据报道，传染性法氏囊病毒[597]、网状内皮组织增

殖病病毒[713]、呼肠孤病毒[547]和 CIAV[469,470,739]可干扰疫苗免疫力的产生，尽管有时要求特定条件的存在。

疫苗接种策略

对各种疫苗免疫效果的比较已有文献记载[566,691,703]。双价的血清 2 型＋3 型疫苗和 R2/23 疫苗明显比 HVT 更有效[695]。但最有效的疫苗似乎是原型的 CVI988 疫苗[695]，这个结果与欧洲早期报道一致[669]。但疫苗的效果排序在不同实验室并不总是相同的，解释时应当慎重。

MD 疫苗是一类异常有效的疫苗，在野外条件下其保护率常高于 90％[703]。但是人们的注意力往往集中在 MD 引起超常损失的鸡群[305,357,744]。尽管早期接触和毒力增强的 MDV 新毒株的出现可能对疫苗失败起重要作用，但通过回顾性分析[703]，这种失败的原因很难确定。

MDV 向更强毒力演化的趋势[699]，对策略性使用疫苗控制 MD 是关键。疫苗免疫本身毫无疑问有助于病毒毒力增强，使以前使用的疫苗无效。Kreager[359]已注意到，在当前管理条件下 MD 疫苗的使用寿命大约 10 年。虽然这种推测可能有点言过其实，但内在含义是很严肃的。自从美国引进 CVI988 疫苗以来，一些证据已表明在 CVI988 免疫鸡群分离到的同期毒株毒力已增强[702]。

疫苗免疫程序的选择是 MD 控制必须考虑的重要方面。合理的方法是在特定时间特定鸡场使用 MD 控制所需的最低效产品[700]。实际上在正常条件下 HVT 疫苗单独免疫能对许多肉鸡群提供足够的保护。肉鸡群，尤其是在冬季，和产蛋鸡或种鸡群常需要使用双价疫苗（血清 2 型＋3 型）而不是 HVT 单苗。在这些疫苗不能充分保护的地方使用 CVI988 疫苗，CVI988 与 HVT 混合或与血清 2＋3 型混合的疫苗也可使用，虽然没有什么证据表明 CVI988 与其他血清型疫苗有协同保护作用[714]。

通过重组 DNA 技术继续研制更好的疫苗[551]，但是没有取得实际的成功。表达各种 MDV 基因的重组禽痘病毒[374,445]、火鸡疱疹病毒[552]和马立克氏病毒[268]疫苗，具有一定的保护效果。在有母源抗体鸡群中，rFPV 疫苗在一定程度上是有效的，但是未曾在有 rFPV 母源抗体的鸡中试验。重组疫苗中细胞因子的协同作用可以增强疫苗效应，正如所说，FPV 中包含禽成髓单核细胞生长因

子[189]。然而，有针对 FPV 抗体的鸡免疫表达禽流感基因的 rFPV 疫苗，并不能产生对禽流感的保护力[642]，这说明 rFPV 疫苗的方法也不能改进 MD 疫苗。

缺失突变株疫苗仍在设计中。缺失 vIL-8[167] 的 MD 毒株或 CtBP-meq[78] 突变株可以对接触到 vv 或 vv+ MDV 的鸡群产生保护力。有限的试验说明，用致弱的 MDV 研制的 pBAC 的 DNA 疫苗可以产生有限的保护力[658]。

一直尝试用经典的病毒学[702]和反转录病毒整合的方法[716]获得更有效的血清 1 型疫苗，但结果并不理想。这些毒株产生的保护力都不如经典商品疫苗 CVI988[711]。作者们对 MD 疫苗的有效性是否有生物学阈值提出疑问。

在过去的 20 年里，由于毒力不断增强的毒株的出现与疫苗免疫效果明显降低，因而人们的担心是情理之中的事。这就说明疫苗免疫本身并不能提供对该病的完全控制，也不是解决 MD 问题的最终办法。严格的生物安全措施以减少早期接触的机会以及遗传抵抗力的存在，是成功的疫苗免疫程序的必要辅助手段。

遗传抵抗力

众所周知不同品系鸡对 MDV 的易感性差异是由遗传因素决定的[159]，为此提供了一种特别的机会可以考虑从遗传途径来控制 MD。事实上，家禽育种者将对 MD 的抵抗力作为选择计划的一个因素已经多年。但遗传抗性可被 MDV 超强毒攻击击破，最好将免疫接种和生物安全协调应用以取得最佳控制效果。关于 MD 遗传抗性的文献很多（见综述 25、86）。实际上，遗传影响对 MD 的宿主应答的每一方面。但是，这里仅考虑与 MD 控制计划有关的问题。

一般来说，对 MD 遗传抗性的特性，最初的育种者把它纳入选种计划是有利的。至少在某些情况下这种作用有相当大的经济意义[159]。抗病性独立于控制生产性状的遗传因子[68]，而在一个研究中[15]它与高产蛋量和蛋重有关。在同一父系家族中 MD 易感性的差异表明，有丰富的异质性[68]来作为在商品鸡群中进行抗病性选育的根据[204]。此外，尽管抗性的遗传力具有可变性，但这种遗传力常常相当大[25]。

选育方法

抗病力的选育，传统上利用后裔测定法或家族选择[158]，或用感染鸡群的幸存者繁殖进行大群选育[402]。测定抗病性的传统方法是用强毒 MDV 攻击非免疫鸡只，但最近的研究认为[26]，测定抗性最好用免疫鸡群，选育能很快获得抗病性。Mass 等[402]鸡群经 6 代大群选育使其易感性从 76% 下降到 8%。从康奈尔随机繁殖对照鸡群通过家族选育经 4 代后培育出的 N 系和 P 系[158]，其易感性的差异很大，分别为 4% 和 96%。为了避免在初次攻毒时遗传材料大量丢失[25]，对于商品种鸡家族选育可能比群体选择更合理。

以血型为基础的选育方法，依赖于 MD 抗病力与 MHC 上 B-F 区的特定等位基因，特别是 B^{21} 之间的密切关系[76,77]。理论上，这样的选育方法可以是从含有特异性抗性简化抗性等位基因的鸡群中选育抗性群的程序简单化，虽然与生产性状呈相关的可能性亦需测定[232]；更何况与 MHC 关联的标记物作为选育标准时，不同商品品系和杂交品系间可能存在很大差别[69,252]。

有证据表明，非 MHC 基因也可能与抗性有关。据观察，RPL6 系和 7 系鸡都在 B 位点上的 B2 等位基因为纯合子，但它们对 MD 的易感性差异极为明显[166]。据认为，在几个商品品系的研究中[236]，非 MHC 的影响比 MHC 的影响更为重要。识别和定位与 MD 抗性相关的数量性状位点的研究，为加强 MD 抗病品系的选育提供新的工具。已鉴定出多达 14 或更多的数量性状位点[85,665,737]，其中部分目前正在商品鸡群中进行评估。McElory 等用微卫星检测出与抗性有关的标志。QTL 重组分析、微阵列[392]、酵母双杂交技术[448]有助于识别有用的标志。抗性认为是显性的，当然其显性程度是不同的[258]，但在大多数情况下，杂交品系的抗病力是介于其父母代的中间型[69,103]。

疾病控制中的应用

遗传抗性鸡通过免疫接种得到的保护程度比易感鸡更大[637]，这种认识导致商品鸡育种者在选育计划中强调 MD 的抗性。但是宿主抗性与疫苗之间的协同作用很复杂。有些抗病的 B-单倍体型仅能通过免疫鸡攻毒来证实[26]，但 MD 疫苗的相对效果也受到 B-单倍体型的影响[27]。血清 1 型疫苗对某种 B-单倍体型能提供最好的保护，但血清 2 型疫苗对 B[5] 鸡效果最好[28]，这说明在特定品系中优势 B-单倍体型的基础上可以选择出最合适的疫苗[29]。在实际工作中这个问题或者被忽视或者通过使用含有多个血清型的疫苗来解决。

现有有效的选育手段，缺乏负相关性，获得主要利益，那么一些育种者把这种方法放在优先的位置是不足为奇的。虽然 B-单倍体型选育所取得的成功不一致，并业已证明是很复杂的，尤其是在肉鸡品系[416]，但是育种者认同改进遗传抗病力对克服毒株毒力增强和现有疫苗不足之处的价值[357]。

管理措施

尽管作为主要的疾病控制措施是不现实的，但严格的生物安全可减少早期接触 MDV 是疫苗接种的关键且费用极低的辅助措施。现代家禽饲养管理中，仍然常常将不同年龄的鸡群放置在很近的地方饲养，甚至还要重复使用上批肉用鸡群使用过的垫料，因此危及 MD 的控制。不能防止早期感染可能是疫苗免疫失败最主要的原因。改善卫生条件常常是减少免疫鸡群 MD 严重损失的关键，且该方法成本很低。但在商品养禽中，与成本分析和有益控制方法相关的经营管理决策并不总是能实施[356]。相关的卫生标准已有综述[57,478]。

对于 SPF 鸡群而言，需要更高的生物安全标准，产生成本效益。多数 SPF 企业依靠使用空气过滤的正压动物房[20,192]，连同严格的生物安全措施，可以成功地使大鸡群长期无 MDV 感染。在这种情况下，生物安全成为疫苗接种的替代措施，为至少在特定条件下能够在某些鸡群根除 MDV 提供了实践证明。

火鸡和鸡的非致瘤性疱疹病毒

火鸡疱疹病毒和血清 2 型 MDV 不是禽类宿主的病原。对这些病毒的兴趣，主要源于它们可用来免疫鸡抵抗 MD。然而，这两种病毒在自然界存在，与免疫接种无关，因此似乎应当考虑它们在自然或禽类替代宿主的流行病学和发病机理的某些方面，在本章其他地方都没有进行过讨论。可参阅 Calnek 的综述[104,107]，详细介绍了这些感染的发病机理。

火鸡疱疹病毒（HVT）

火鸡疱疹病毒（HVT）是由 Kawamura 等[338] 和 Witter 等[718] 从正常火鸡体内分离到的。该病毒呈地方流行性，普遍存在于在家养火鸡中[726]，也有报道从野生火鸡中分离到该病毒[161]。由于广泛对 1 日龄雏鸡进行疫苗接种以预防 MD，这种病毒在鸡体内也已普遍存在。尽管也有截然不同的基因，但是 HVT 基因组的结构和序列都与 1 型血清型相似[11,347]。HVT 基因功能的分析对 HVT 的 BAC 克隆成功建立有很大帮助[35]。

在火鸡中，通过感染火鸡群，病毒迅速传播，可能是通过接触传染；实际上，在几周内所有火鸡都有病毒血症并产生抗体[726]。病毒可能在羽毛囊上皮中成熟，因为细胞游离性皮肤抽提物具有传染性[727]，尽管感染火鸡的羽毛囊上皮中不常发现病毒性抗原，且水平较低[212]。未证实有垂直传播[726]。在实验条件下病毒可从火鸡传给鸡[727]，但这样的传播在野外大概很少发生。鸡之间接触传播有限[144,146]，但未能证实经空气传播[140]。感染鸡羽毛囊上皮中病毒的复制很有限且短暂[111,139,751]。看来该病毒在皮肤中的复制不如 MDV 复制有效[519]，尽管有报道称，经 MDV 攻击后，HVT 免疫鸡的羽毛囊上皮中 HVT DNA 的含量增高[386]。

Fabricant 等[212] 对 HVT 感染鸡和火鸡的早期发病机理进行了比较。鸡的淋巴器官没有溶细胞性感染。在感染后 4～14 天，感染 HVT 的火鸡脾脏中确有一些病毒性抗原阳性细胞，但中未见法氏囊或胸腺的溶细胞性感染。鸡感染后未见法氏囊和胸腺的萎缩，尽管有的鸡存在暂时性脾肿大[111,212]。B 细胞很少感染，但在 MHC II 类分子阳性 T 细胞中可存在潜伏感染[104]。Holland[274,275] 在感染鸡脾脏中检测到 gB 的表达，胸腺中则水平低一些，法氏囊的表达水平很有限，而神经组织则均为阴性。至少在接种后 8 周，NK 细胞活性激发[605]。感染鸡体内可长期检测到 HVT，抗体可终身存在[525,723]。显然该病毒对火鸡无致瘤性[687,718]，但已提出感染 HVT 的公火鸡繁殖力可能受到影响[10,657]。该病毒一般不能在未受损的或有免疫抑制的鸡中引起临床症状[606,718]，且对免疫应答没有不良影响[220]。但给予很高剂量，可出现法氏囊和胸腺的萎缩[244]，及神经组织中少量细胞浸润[212,723]。相反，当S系8日龄鸡胚卵内接种HVT后孵化并饲养，超过19%的鸡在临床上表现麻痹，并由于炎性病变而出现肉眼可见的神经肿大[121]。14日龄鸡胚接触到HVT或者早期免疫耐受都会导致HVT的持续病毒血症[748]。HVT认为可能作为自身免疫性疾病的促进因素，参与外周神经疾病[31]和自身免疫性白癜风[207]；这两种综合征只限于某些品系的鸡。

血清2型马立克氏病毒

从临床正常鸡体内分离到的无致病性毒株[63,143]，依据荧光抗体试验（FA）和琼脂扩散实验（AGP）将其归为一个独立的血清型[675,676]。自然感染这种毒株可产生抵抗MD攻击的保护性免疫[63,742]。这组病毒的其他特性在分离到SB-1毒株后得到进一步的阐述[571]。在血清2型病毒作为疫苗广泛使用之前，它们已普遍存在，尽管在英国和美国的商品鸡群还不是随处都有[63,690]。在澳大利亚，也有同样病毒的流行[517]。在美国，由于通过种雏计划[742,743]和血清2型疫苗将近20年的使用[123,722]，该病的流行病学因人为造成的病毒散布而更为复杂。目前，应当认为该病毒在鸡群中普遍存在。尽管从饲养动物园中的日本丝光鸡、红丛林鸡和锡兰丛林鸡中分离到类似HN毒株的无致病力分离物[145]，但似乎鸡是唯一的自然宿主。

血清2型病毒易于通过接触传播[571,725]，并在羽毛囊上皮中复制[142]。1日龄雏鸡可在接种后5～6天首次分离到病毒[111]，病毒的滴度可在2～4周达到高峰并能维持很长时间[111,725]。抗体很容易产生并持续存在。

接种SB-1株病毒的雏鸡，在4～12天内出现暂时性脾脏肿大，但未见法氏囊萎缩，偶见胸腺萎缩，淋巴器官没有溶细胞性感染[111]。相反，Lin等[391]发现，感染后5～14天，脾脏和法氏囊组织中（主要是B细胞）有病毒抗原的表达，但未观察到大体或显微的病理变化。Calnek[104]认为B细胞和巨噬细胞相对能抵抗感染，而具有潜伏感染的细胞缺乏MHCⅡ类分子抗原，因此不同于那些HVT感染中的细胞。但是T细胞可能不太敏感，因为SB-1感染鸡体内的$CD4^+$和$CD8^+$T细胞在细胞培养物上产生的蚀斑即便有也很少[376]。某些法氏囊细胞亚群看来也具有与ALV相互作用的潜伏感染，且从B成淋巴细胞系分离到血清2型病毒[262]。SB-1不引起体液免疫的抑制[200]，因而通常并不认为它是免疫抑制性的。然而，Friedman等[220]发现，SB-1株和HVT联合免疫的鸡，对B淋巴细胞特异性有丝分裂原的应答消失，且对牛血清白蛋白的抗体应答锐减。

SB-1毒株不能引起正常或免疫抑制鸡的肿瘤性病变，但可引起免疫抑制鸡发生部分溶细胞性病变，因此该病毒被称作非致瘤性而不是非致病性病毒[571]。卵内接种SB-1可引起多种病变，但没有肿瘤性病变[121,571,715]。Pol等[506]描述了48只接种HPRS-24毒株的鸡中发现有两只产生内脏淋巴瘤，但其他学者并未见到淋巴瘤[63,141,725]。

在早期接触A亚群ALV[30]或REV[14]的某些遗传品系鸡，血清2型疫苗免疫可引起B细胞淋巴瘤明显的增强。Salter等报道感染SB-1可促进自然发生的淋巴瘤（见"白血病/肉瘤群"）。显然，对转化敏感的B细胞亚群，血清2型MDV也很易感，但HVT不易感[222]。血清2型病毒促进LL能力可被减弱，而不取消其抵抗MD攻击的能力[696]。ALV（A亚群）目前已从多数对血清2型MDV增强作用敏感的易感品系鸡中根除，因此在野外遭遇这种情况的机会几乎没有（见"白血病/肉瘤群"）。

吴 艳 黄 翌 王小泉 刘晓文
常建宇 苏敬良 刘秀梵 译
刘 爵 何召庆 校

参考文献

[1]Abbassi, H., F. Coudert, Y. Cherel, G. Dambrine, J. BrugerePicoux, and M. Naciri. 1999. Renal cryptosporidiosis (Cryptosporidium baileyi) in specific-pathogen-free chickens experimentally coinfected with Marek's disease virus. *Avian Diseases* 43:738-744.

[2]Abdul-Careem, M. F., B. D. Hunter, E. Nagy, L. R. Read, B. Sanei, J. L. Spencer, and S. Sharif. 2006. Development of a real-time PCR assay using SYBR Green chemistry for monitoring Marek's disease virus genome load in feather tips. *Journal of Virological Methods* 133:34-40.

[3]Abdul-Careem, M. F., B. D. Hunter, A. J. Sarson, A. Mayameei, H. Zhou, and S. Sharif. 2006. Marek's disease virus-induced transient paralysis is associated with cytokine gene expression in the nervous system. *Viral Immunology* 19:167-176.

［4］Abplanalp，H．，K. A. Schat，and B. W. Calnek. 1985. "Resistance to Marek's disease of congenic lines differing in major histocompatibility haplotypes to 3 virus strains." In *Proceedings of the International Symposium on Marek's Disease*，edited by B. W. Calnek and J. L. Spencer，pp. 347-358. Kennett Square：American Association of Avian Pathologists.

［5］Abujoub，A. and P. M. Coussens. 1995. Development of a sustainable chick cell line infected with Marek's disease virus. *Virology* 214：541-549.

［6］Abujoub，A. A. and P. M. Coussens. 1997. Evidence that Marek's disease virus exists in a latent state in a sustainable fibroblast cell line. *Virology* 229：309-321.

［7］Abujoub，A. A.，D. L. Williams，and J. D. Reilly. 1999. Development of a cell line system susceptible to infection with vaccine strains of MDV *Acta Virologica* 43：186-191.

［8］Adldinger，H. K. and B. W. Calnek. 1972. "Effect of chelators on the *in vitro* infection with Marek's disease virus." In *Oncogenesis and Herpesviruses*，edited by P. M. Biggs，G. de Thé and L. N. Payne，pp. 99-105. Lyon：IARC.

［9］Adldinger，H. K. and B. W. Calnek. 1973. Pathogenesis of Marek's disease：early distribution of virus and viral antigens in infected chickens. *Journal of the National Cancer Institute* 50：1287-1298.

［10］Adldinger，H. K.，R. J. Thurston，R. F. Solorzano，and H. V Biellier. 1974. Herpesvirus：A possible cause of low fertility in male turkeys. *Archiv für Gesamte Virusforschung* 46：370-376.

［11］Afonso，C. L.，E. R. Tulman，Z. Lu，L. Zsak，D. L. Rock，and G. F. Kutish. 2001. The genome of turkey herpesvirus. *Journal of Virology* 75：971-978.

［12］Akiyama，Y. and S. Kato. 1974. Two cell lines from lymphomas of Marek's disease. *Biken Journal* 17：105-116.

［13］Akiyama，Y.，S. Kato，and N. Iwa. 1973. Continuous cell culture from lymphoma of Marek's disease. *Biken Journal* 16：177-179.

［14］Aly，M. M.，R. L. Witter，and A. M. Fadly. 1996. Enhancement of reticuloendotheliosis virus-induced bursal lymphomas by serotype 2 Marek's disease virus. *Avian Pathology* 25：81-94.

［15］Ameli，H.，J. S. Gavora，J. L. Spencer，and R. W. Fairfull. 1992. Genetic resistance to two Marek's disease viruses and its relationship to production traits in chickens. *Canadian Journal of Animal Science* 72：213-225.

［16］Amos，M. A.，A. H. Nielsen，and A. A. Werder. 1981.

Mice inoculated with Marek's disease tumor cells：increased number of lymphomas. *Comparative Immunology，Microbiology and Infectious Diseases* 4：21-28.

［17］Anderson，A. S.，A. Francesconi，and R. W. Morgan. 1992. Complete nucleotide sequence of the Marek's disease virus ICP4 gene. *Virology* 189：657-667.

［18］Anderson，A. S.，M. S. Parcells，and R. W. Morgan. 1998. The glycoprotein D(US6)homolog is not essential for oncogenicity or horizontal transmission of Marek's disease virus. *Journal of Virology* 72：2548-2553.

［19］Anderson，D. P.，C. S. Eidson，and D. J. Richey. 1971. Age susceptibility of chickens to Marek's disease. *American Journal of Veterinary Research* 32：935-938.

［20］Anderson，D. P.，D. D. King，C. S. Eidson，and S. H. Kleven. 1972. Filtered-air positive-pressure(FAPP)brooding of broiler chickens. *Avian Diseases* 16：20-26.

［21］Andrews，C. H. and R. E. Glover. 1939. A cause of neurolym-phomatosis in a turkey. *Veterinary Record* 51：934-935.

［22］Anobile，J. M.，V Arumugaswami，D. Downs，K. Czymmek，M. Parcells，and C. J. Schmidt. 2006. Nuclear localization and dynamic properties of the Marek's disease virus oncogene products Meq and Meq/vIL8. *Journal of Virology* 80：1160-1166.

［23］Arita，K. and S. Nii. 1979. Effect of culture temperature on the production of Marek's disease virus antigens in a chicken lymphoblastoid cell line. *Biken Journal* 22：31-34.

［24］Arshad，S. S.，A. P. Bland，S. M. Hacker，and L. N. Payne. 1997. A low incidence of histiocytic sarcomatosis associated with infection of chickens with the HPRS-103 strain of subgroup J avian leukosis virus. *Avian Diseases* 41：947-956.

［25］Bacon，L. D.，H. D. Hunt，and H. H. Cheng. 2001. Genetic resistance to Marek's disease. *Current Topics in Microbiology and Immunology* 255：121-141.

［26］Bacon，L. D. and R. L. Witter. 1992. Influence of turkey herpesvirus vaccination on the B-haplotype effect on Marek's disease resistance in 15. B-congenic chickens. *Avian Diseases* 36：378-385.

［27］Bacon，L. D. and R. L. Witter. 1993. Influence of B-haplotype on the relative efficacy of Marek's disease vaccines of different serotypes. *Avian Diseases* 37：53-59.

［28］Bacon，L. D. and R. L. Witter. 1994. Serotype specificity of B-haplotype influence on the relative efficacy of Marek's disease vaccines. *Avian Diseases* 38：65-71.

［29］Bacon，L. D. and R. L. Witter. 1995. Efficacy of Marek's

disease vaccines in Mhc heterozygous chickens: Mhc congenic x inbred line F1 matings. *Journal of Heredity* 86: 269 - 273.

[30]Bacon, L. D. , R. L. Witter, and A. M. Fadly. 1989. Augmentation of retrovirus-induced lymphoid leukosis by Marek's disease herpesviruses in white leghorn chickens. *Journal of Virology* 63:504 - 512.

[31]Bacon, L. D. , R. L. Witter, and R. F. Silva. 2001. Characterization and experimental reproduction of peripheral neuropathy in white leghorn chickens. *Avian Pathology* 30:487 - 499.

[32]Baigent, S. and F. Davison. 2004. "Marek's disease virus: biology and life cycle." In *Marek's Disease, An Evolving Problem*, edited by F. Davison and V. Nair, pp. 62 - 77. Oxford: Academic Press.

[33]Baigent, S. J. and T. F. Davison. 1999. Development and composition of lymphoid lesions in the spleens of Marek's disease virusinfected chickens: association with virus spread and the pathogenesis of Marek's disease. *Avian Pathology* 28:287 - 300.

[34]Baigent, S. J. , L. J. Petherbridge, K. Howes, L. P. Smith, R. J. Currie, and V. K. Nair. 2005. Absolute quantitation of Marek's disease virus genome copy number in chicken feather and lymphocyte samples using real-time PCR. *Journal of Virological Methods* 123:53 - 64.

[35]Baigent, S. J. , L. J. Petherbridge, L. P. Smith, Y. Zhao, P. M. Chesters, and V. K. Nair. 2006. Herpesvirus of turkey reconstituted from bacterial artificial chromosome clones induces protection against Marek's disease. *Journal of General Virology* 87:769 - 776.

[36]Baigent, S. J. , L. J. Ross, and T. F. Davison. 1998. Differential susceptibility to Marek's disease is associated with differences in number, but not phenotype or location, of pp38+ lymphocytes. *Journal of General Virology* 79:2795 - 2802.

[37]Baigent, S. J. , L. J. N. Ross, and T. F. Davison. 1996. A flow cytometric method for identifying Marek's disease virus pp38 expression in lymphocyte subpopulations. *Avian Pathology* 25:255 - 267.

[38]Baigent, S. J. , L. P. Smith, R. J. Currie, and V. K. Nair. 2005. Replication kinetics of Marek's disease vaccine virus in feathers and lymphoid tissues using PCR and virus isolation. *Journal of General Virology* 86:2989 - 2998.

[39]Baigent, S. J. , L. P. Smith, V. K. Nair, and R. J. Currie. 2006. Vaccinal control of Marek's disease: current challenges, and future strategies to maximize protection. *Veterinary Immunology and Immunopathology* 112:78 -

86.

[40]Ball, R. F. and J. F. Lyman. 1977. Revaccination of chicks for Marek's disease at twenty-one days old. *Avian Diseases* 21:440 - 444.

[41]Banders, U. T. and P. M. Coussens. 1994. Interactions between Marek's disease virus encoded or induced factors and the Rous sarcoma virus long terminal repeat promoter. *Virology* 199:1 - 10.

[42]Barrow, A. D. , S. C. Burgess, S. J. Baigent, K. Howes, and V. K. Nair. 2003. Infection of macrophages by a lymphotropic herpesvirus: a new tropism for Marek's disease virus. *Journal of General Virology* 84: 2635 - 2645.

[43]Barrow, A. D. , S. C. Burgess, K. Howes, and V. K. Nair. 2003. Monocytosis is associated with the onset of leukocyte and viral infiltration of the brain in chickens infected with the very virulent Marek's disease virus strain C12/130. *Avian Pathology* 32:183 - 191.

[44]Barrow, A. D. , S. C. Burgess, K. Howes, and K. Venugopal. 2001. "Invasion of avian macrophages by highly virulent Marek's disease virus strain C12/130 represents a "tropic" shift in the pathogenesis." In *Current Progress on Marek's Disease Research*, edited by K. A. Schat, R. M. Morgan, M. S. Parcells and J. L. Spencer, pp. 63 - 67. Kennett Square: American Association of Avian Pathologists.

[45]Basarab, O. and T. Hall. 1976. Comparisons of cell-free and cellassociated Marek's disease vaccines in maternally immune chicks. *Veterinary Record* 99:4 - 6.

[46]Baxendale, W. 1969. Preliminary observations on Marek's disease in ducks and other avian species. *Veterinary Record* 85:341 - 342.

[47]Beasley, J. N. and J. L. Lancaster. 1971. Studies on the role of arthropods as vectors of Marek's disease. *Poultry Science* 50:1552 - 1552.

[48]Beasley, J. N. , L. T. Patterson, and D. H. McWade. 1970. Transmission of Marek's disease by poultry house dust and chicken dander. *American Journal of Veterinary Research* 31:339 - 344.

[49]Becker, Y. , Y. Asher, E. Tabor, I. Davidson, M. Malkinson, and Y. Weisman. 1992. Polymerase chain reaction for differentiation between pathogenic and nonpathogenic serotype 1 Marek's disease viruses(MDV) and vaccine viruses of MDV-serotypes 2 and 3. *Journal of Virological Methods* 40:307 - 322.

[50]Benton, W. J. and M. S. Cover. 1957. The increased incidence of visceral lymphomatosis in broiler and replace-

ment birds. *Avian Diseases* 1:320 - 327.

[51]Benton,W. J. ,M. S. Cover,and W. C. Krauss. 1962. The incidence of avian leukosis in broilers at processing. *Avian Diseases* 6:430 - 435.

[52]Beyer, J. and O. Werner. 1990. Tumorhistogenese und Makro phagengehalt in Lymphomen bei Marekscher Krankheit des Huhnes. *Archiv für experimentelle Veterinärmedizin* 44:233 - 249.

[53]Biggs, P. M. 1961. A discussion on the classification of the avian leucosis complex and fowl paralysis. *British Veterinary Journal* 117:326 - 334.

[54]Biggs, P. M. 1966. "Avian leukosis and Marek's disease. " In *Thirteenth World's Poultry Congress Symposium Papers*,pp. 91 - 118.

[55]Biggs, P. M. 1968. Marek's disease:Current state of knowledge. *Current Topics in Microbiology and Immunology* 43:93 - 125.

[56]Biggs,P. M. 1973. "Marek's disease. " In *The Herpesviruses*, edited by A. S. Kaplan, pp. 557 - 594. New York:Academic Press.

[57]Biggs, P. M. 1985. "Spread of Marek's disease. " In *Marek's Disease*,*Scientific Basis and Methods of Control*, edited by L. N. Payne, pp. 329 - 340. Dordrecht: Martinus Nijhoff.

[58]Biggs,P. M. 2001. The history and biology of Marek's disease virus. *Current Topics in Microbiology and Immunology* 255:1 - 24.

[59]Biggs,P. M. 2004. "Marek's disease—long and difficult beginnings. " In *Marek's Disease. An Evolving Problem*,edited by F. Davison and V Nair,pp. 8 - 16. London: Elsevier Academic Press.

[60]Biggs, P. M. , A. E. Churchill, D. G. Rootes, and R. C. Chubb. 1968. "The etiology of Marek's disease virus an oncogenic herpes-type virus". In *Perspectives in Virology*. Ⅵ. *Virus-Induced Immunopathology*, edited by M. Pollard,pp. 211 - 237. New York:Academic Press.

[61]Biggs,P. M. ,P. L. Long, S. G. Kenzy, and D. G. Rootes. 1968. Relationship between Marek's disease and coccidiosis. Ⅱ. The effect of Marek's disease on the susceptibility of chickens to coccidial infection. *Veterinary Record* 83:284 - 289.

[62]Biggs,P. M. and B. S. Milne. 1971. Use of the embryonating egg in studies on Marek's disease. *American Journal of Veterinary Research* 32:1795-1809.

[63]Biggs,P. M. and B. S. Milne. 1972. "Biological properties of a number of Marek's disease virus isolates. " In *Oncogenesis and Herpesviruses*,edited by P. M. Biggs, G.

de Thé and L. N. Payne,pp. 88 - 94. Lyon:IARC.

[64]Biggs,P. M. and L. N. Payne. 1963. Transmission experiments with Marek's disease(fowl paralysis). *Veterinary Record* 75:177 - 179.

[65]Biggs,P. M. and L. N. Payne. 1967. Studies on Marek's disease. I. Experimental transmission. *Journal of the National Cancer Institute* 39:267 - 280.

[66]Biggs,P. M. ,H. G. Purchase, B. R. Bee,and P. J. Dalton. 1965. Preliminary report on acute Marek's disease(fowl paralysis)in Great Britain. *Veterinary Record* 77:1339 - 1340.

[67]Biggs, P. M. ,R. F. W. Shilleto, A. M. Lawn, and D. M. Cooper. 1982. Idiopathic polyneuritis in SPF chickens. *Avian Diseases* 11:163 - 178.

[68]Biggs,P. M. ,R. J. Thorpe, and L. N. Payne. 1968. Studies on genetic resistance to Marek's disease in the domestic chicken. *British Poultry Science* 9:37 - 52.

[69]Blankert, J. J. , G. A. Albers, W. E. Briles, M. Vrielink-van Ginkel,A. J. Groot,G. P. te Winkel,M. G. Tilanus, and A. J. van der Zijpp. 1990. The effect of serologically defined major histocompatibility complex haplotypes on Marek's disease resistance in commercially bred White Leghorn chickens. *Avian Diseases* 34:818 - 823.

[70]Bloom, S. E. 1981. Detection of normal and aberrant chromosomes in chicken embryos and in tumor cells. *Poultry Science* 60:1355 - 1361.

[71]Bougiouklis, P. A. 2006. Suggesting the possible role of turkey herpesvirus or HVT-like as a predisposing factor or causative agent in multiple sclerosis. *Medical Hypotheses* 67:926 - 929.

[72]Boussaha, M. , W. Sun, R. Pitchyangkura, S. Triezenberg,and P. M. Coussens. 1996. "Marek's disease virus (MDV) UL48(VP16) contains multiple functional domains and transactivates both homologous and heterologous immediate early gene promoters. " In *Current Research on Marek's Disease*, edited by R. F. Silva, H. H. Cheng, P. M. Coussens, L. F. Lee and L. F. Velicer, pp. 182 - 188. Kennett Square:American Association of Avian Pathologists.

[73]Bradley, G. , M. Hayashi, G. Lancz, A. Tanaka, and M. Nonoyama. 1989. Structure of the Marek's disease virus BamHI-H gene family:Genes of putative importance for tumor induction. *Journal of Virology* 63:2534 - 2542.

[74]Bradley, G. , G. Lancz, A. Tanaka, and M. Nonoyama. 1989. Loss of Marek's disease virus tumorigenicity is associated with truncation of RNAs transcribed within BamHI-H. *Journal of Virology* 63:4129 - 4135.

[75]Brewer,R. N. ,W. M. Reid,J. Johnson,and S. C. Schmittle. 1969. Studies on the acute Marek's disease. Ⅷ. The role of mosquitoes in transmission under experimental conditions. *Avian Diseases* 13:83 - 88.

[76]Briles,W. E. ,R. W. Briles,R. E. Taffs,and H. A. Stone. 1983. Resistance to a malignant lymphoma in chickens is mapped to subregion of major histocompatibility (B) complex. *Science* 219:977 - 979.

[77]Briles,W. E. ,H. A. Stone,and R. K. Cole. 1977. Marek's disease:Effects of B histocompatibility alloalleles in resistant and susceptible chicken lines. *Science* 195:193 - 195.

[78]Brown,A. C. ,S. J. Baigent,L. P. Smith,J. P. Chattoo,L. J. Petherbridge,P. Hawes,M. J. Allday,and V. Nair. 2006. Interaction of MEQ protein and C-terminal-binding protein is critical for induction of lymphomas by Marek's disease virus. *Proceedings of the National Academy of Science USA* 103:1687 - 1692.

[79]Bruckdorfer,R. 2005. The basics about nitric oxide. *Molecular Aspects of Medicine* 26:3 - 31.

[80]Brunovskis,P. and H. J. Kung. 1996. Retrotransposition and herpesvirus evolution. *Virus Genes* 11:259 - 270.

[81]Brunovskis,P. and L. F. Velicer. 1995. The Marek's disease virus(MDV) unique short region:alphaherpesvirus-homologous,fowlpox virus-homologous,and MDV- specific genes. *Virology* 206:324 - 338.

[82]Bublot, M. and J. Sharma. 2004. "Vaccination against Marek's disease. " In *Marek's Disease,An Evolving Problem*,edited by F. Davison and V. Nair, pp. 168 - 185. London:Elsevier Academic Press.

[83]Buckmaster,A. E. ,S. D. Scott,M. J. Sanderson,M. E. G. Boursnell,L. J. N. Ross,and M. M. Binns. 1988. Gene sequence and mapping data from Marek's disease virus and herpesvirus of turkeys:implications for herpesvirus classification. *Journal of General Virology* 69:2033 - 2042.

[84]Bumstead,J. M. and L. N. Payne. 1987. Production of an immune suppressor factor by Marek's disease lymphoblastoid cell lines. *Veterinary Immunology and Immunopathology* 16:47 - 66.

[85]Bumstead, N. 1998. Genomic mapping of resistance to Marek's disease. *Avian Pathology* 27:S78 - S81.

[86]Bumstead, N. and J. Kaufman. 2004. "Genetic resistance to Marek's disease. "In *Marek's Disease,An Evolving Problem*,edited by F. Davison and V. Nair, pp. 112 - 125. London:Elsevier Academic Press.

[87]Bumstead,N. ,J. Sillibourne, M. Rennie, N. Ross, and F. Davison. 1997. Quantification of Marek's disease virus in chicken lymphocytes using the polymerase chain reaction with fluorescence detection. *Journal of Virological Methods* 65:75 - 81.

[88]Buranathai,C, J. Rodriguez, and C. Grose. 1997. Transformation of primary chick embryo fibroblasts by Marek's disease virus. *Virology* 239:20 - 35.

[89]Burgess, S. C. , B. H. Basaran, and T. F. Davison. 2001. Resistance to Marek's disease herpesvirus-induced lymphoma is multiphasic and dependent on host genotype. *Veterinary Pathology* 38:129 - 142.

[90]Burgess, S. C. and T. F. Davison. 1999. A quantitative duplex PCR technique for measuring amounts of cell-associated Marek's disease virus:differences in two populations of lymphoma cells. *Journal of Virological Methods* 82:27 - 37.

[91]Burgess, S. C. and T. F. Davison. 2002. Identification of the neoplastically transformed cells in Marek's disease herpesvirus induced lymphomas:recognition by the monoclonal antibody AV37. *Journal of Virology* 76:7276 - 7292.

[92]Burgess, S. C. , P. Kaiser, and T. F. Davison. 1996. "A novel lymphoblastoid surface antigen and its role in Marek's disease(MD). " In *Current Research on Marek's Disease*, edited by R. F. Silva, H. H. Cheng, P. M. Coussens,L. F. Lee, and L. F. Velicer, pp. 29 - 39. Kennett Square:American Association of Avian Pathologists.

[93]Burgess,S. C, J. R. Young, B. J. G. Baaten, L. Hunt, L. N. J. Ross, M. S. Parcells, P. M. Kumar, C. A. Tregaskes,L. F. Lee, and T. F. Davison. 2004. Marek's disease is a natural model for lymphomas overexpressing Hodgkin's disease antigen(CD30). *Proceedings of the National Academy of Science USA* 101:13879 - 13884.

[94]Burgoyne, G. H. and R. L. Witter. 1973. Effect of passively transferred immunoglobulins on Marek's disease. *Avian Diseases* 17:824 - 837.

[95]Burnside, J. , E. Bernberg, A. Anderson, C. Lu, B. C. Meyers,P. J. Green, N. Jain, G. Isaacs, and R. W. Morgan. 2006. Marek's disease virus encodes microRNAs that map to meq and the latency associated transcript. *Journal of Virology* 80:8778 - 8786.

[96]Buscaglia, C. and B. W. Calnek. 1988. Maintenance of Marek's disease herpesvirus latency *in vitro* by a factor found in conditioned medium. *Journal of General Virology* 69:2809 - 2818.

[97]Buscaglia,C. ,B. W. Calnek, and K. A. Schat. 1988. Effect

of immunocompetence on the establishment and maintenance of latency with Marek's disease herpesvirus. *Journal of General Virology* 69:1067-1077.

[98]Buscaglia,C. ,P. Nervi,and M. Risso. 2004. Characterization of four very virulent Argentinian strains of Marek's disease virus and the influence of one of those isolates on synergism between Marek's disease virus. *Avian Pathology* 33:190 - 195.

[99]Calnek,B. W. 1972. "Antibody development in chickens exposed to Marek's disease virus. "In *Oncogenesis and Herpesviruses*,edited by P. M. Biggs,G. de Thé, and L. N. Payne,pp. 129 - 136. Lyon:IARC.

[100]Calnek,B. W. 1972. Effects of passive antibody on early pathogenesis of Marek's disease. *Infection and Immunity* 6:193 - 198.

[101]Calnek,B. W. 1973. Influence of age at exposure on the pathogenesis of Marek's disease. *Journal of the National Cancer Institute* 51:929 - 939.

[102]Calnek,B. W. (1979). Personal communication.

[103]Calnek,B. W. 1985. "Genetic Resistance. " In *Marek's Disease*,*Scientific Basis and Methods of Control*, edited by L. N. Payne,pp. 293 - 328. Dordrecht:Martinus Nijhoff.

[104]Calnek,B. W. 1985. "Pathogenesis of Marek's disease: A review. " In *Proceedings of the International Symposium on Marek's Disease*,edited by B. W. Calnek and J. L. Spencer,pp. 374 - 390. Kennett Square:American Association of Avian Pathologists.

[105]Calnek,B. W. 1986. Marek's disease:a model for herpesvirus oncology. *CRC Critical Reviews in Microbiology* 12:293 - 320.

[106]Calnek,B. W. 1987. Established cell lines of avian lymphocytes and their use. In *Avian Immunology Basis and Practice*,edited by A. Toivanen and P. Toivanen, pp. 57 - 70. Boca Raton:CRC Press.

[107]Calnek,B. W. 2001. Pathogenesis of Marek's disease virus infection. *Current Topics in Microbiology and Immunology* 255:25 - 55.

[108]Calnek,B. W. ,D. F. Adene, K. A. Schat, and H. Abplanalp. 1989. Immune response versus susceptibility to Marek's disease. *Poultry Science* 68:17 - 26.

[109]Calnek,B. W. and H. K. Adldinger. 1971. Some characteristics of cell-free preparations of Marek's disease virus. *Avian Diseases* 15:508 - 517.

[110]Calnek,B. W. ,H. K. Adldinger,and D. E. Kahn. 1970. Feather follicle epithelium:A source of enveloped and infectious cell-free herpesvirus from Marek's disease.

Avian Diseases 14:219 - 233.

[111]Calnek,B. W. ,J. C. Carlisle, J. Fabricant,K. K. Murthy,and K. A. Schat. 1979. Comparative pathogenesis studies with oncogenic and nononcogenic Marek's disease viruses and turkey herpesvirus. *American Journal of Veterinary Research* 40:541 - 548.

[112]Calnek,B. W. ,J. Fabricant,K. A. Schat,and K. K. Murthy. 1977. Pathogenicity of low-virulence Marek's disease viruses in normal versus immunologically compromised chickens. *Avian Diseases* 21:346 - 358.

[113]Calnek,B. W. ,R. W. Harris,C. Buscaglia,K. A. Schat, and B. Lucio. 1998. Relationship between the immunosuppressive potential and the pathotype of Marek's disease virus isolates. *Avian Diseases* 42:124 - 132.

[114]Calnek,B. W. and S. B. Hitchner. 1969. Localization of viral antigen in chickens infected with Marek's disease herpesvirus. *Journal of the National Cancer Institute* 43:935 - 949.

[115]Calnek,B. W. and S. B. Hitchner. 1973. Survival and disinfection of Marek's disease virus and the effectiveness of filters in preventing airborne dissemination. *Poultry Science* 52:35 - 43.

[116]Calnek,B. W. , S. B. Hitchner, and H. K. Adldinger. 1970. Lyophilization of cell-free Marek's disease herpesvirus and a herpesvirus from turkeys. *Applied Microbiology* 20:723 - 726.

[117]Calnek,B. W. ,B. Lucio,and K. A. Schat. 1989. "Pathogenesis of Marek's disease virus-induced local lesions. 2. Influence of virus strain and host genotype. " In *Advances in Marek's Disease Research*,edited by S. Kato, T. Horiuchi, T. Mikami and K. Hirai, pp. 324 - 330. Osaka:Japanese Association on Marek's Disease.

[118]Calnek,B. W. ,B. Lucio,K. A. Schat,and H. S. Lillehoj. 1989. Pathogenesis of Marek's disease virus-induced local lesions. 1. Lesion characterization and cell line establishment. *Avian Diseases* 33:291 - 302.

[119]Calnek,B. W. ,K. K. Murthy,and K. A. Schat. 1978. Establishment of Marek's disease lymphoblastoid cell lines from transplantable versus primary lymphomas. *International Journal of Cancer* 21:100 - 107.

[120]Calnek,B. W. and K. A. Schat. 1991. Proliferation of chicken lymphoblastoid cells after *in vitro* infection with Marek's disease virus. *Avian Diseases* 35:728 - 737.

[121]Calnek,B. W. ,K. A. Schat,and J. Fabricant. 1980. "Modification of Marek's disease pathogenesis by in ovo infection or prior vaccination. "In *Viruses in Natu-*

rally Occurring Cancers, M. Essex, G. Todaro and H. zur Hausen, pp. 185 - 197. New York: Cold Spring Harbor Press.

[122]Calnek, B. W. , K. A. Schat, E. D. Heller, and C. Buscaglia. 1985. "*In vitro* infection of T-lymphoblasts with Marek's disease virus. " In *Proceedings of the International Symposium on Marek's Disease*, B. W. Calnek and J. L. Spencer, pp. 173 - 187. Kennett Square: American Association of Avian Pathologists.

[123]Calnek, B. W. , K. A. Schat, M. C. Peckham, and J. Fabricant. 1983. Field trials with a bivalent vaccine (HVT and SB - 1) against Marek's disease. *Avian Diseases* 27: 844 - 849.

[124]Calnek, B. W. , K. A. Schat, L. J. Ross, and C. L. Chen. 1984. Further characterization of Marek's disease virus-infected lymphocytes. Ⅱ. *In vitro* infection. *International Journal of Cancer* 33: 399 - 406.

[125]Calnek, B. W. , K. A. Schat, L. J. Ross, W. R. Shek, and C. L. Chen. 1984. Further characterization of Marek's disease virus-infected lymphocytes. Ⅰ. *In vivo* infection. *International Journal of Cancer* 33: 389 - 398.

[126]Calnek, B. W. , K. A. Schat, W. R. Shek, and C. -L. H. Chen. 1982. *In vitro* infection of lymphocytes with Marek's disease virus. *Journal of the National Cancer Institute* 69: 709 - 713.

[127]Calnek, B. W. , W. R. Shek, and K. A. Schat. 1981. Latent infections with Marek's disease virus and turkey herpesvirus. *Journal of the National Cancer Institute* 66: 585 - 590.

[128]Calnek, B. W. , W. R. Shek, and K. A. Schat. 1981. Spontaneous and induced herpesvirus genome expression in Marek's disease tumor cell lines. *Infection and Immunity* 34: 483 - 491.

[129]Calnek, B. W. , W. R. Shek, K. A. Schat, and J. Fabricant. 1982. Dose-dependent inhibition of virus rescue from lymphocytes latently infected with turkey herpesvirus or Marek's disease virus. *Avian Diseases* 26: 321 - 331.

[130]Calnek, B. W. , T. Ubertini, and H. K. Adldinger. 1970. Viral antigen, virus particles, and infectivity of tissues from chickens with Marek's disease. *Journal of the National Cancer Institute* 45: 341 - 351.

[131]Calnek, W. and M. W. Smith. 1972. Vaccination against Marek's disease with cell-free turkey herpesvirus: interference by maternal antibody. *Avian Diseases* 16: 954 -957.

[132]Cantello, J. L. , A. S. Anderson, and R. W. Morgan.

1994. Identification of latency-associated transcripts that map antisense to the ICP4 homolog gene of Marek's disease virus. *Journal of Virology* 68: 6280 - 6290.

[133]Cantello, J. L. , M. S. Parcells, A. S. Anderson, and R. W. Morgan. 1997. Marek's disease virus latency-associated transcripts belong to a family of spliced RNAs that are antisense to the ICP4 homolog gene. *Journal of Virology* 71: 1353 - 1361.

[134]Cauchy, L. 1974. "The detection of viral antigens in Marek's disease by immunoperoxidase. " In *Viral Immunodiagnosis*, edited by E. Krustak and R. Morisett, pp. 77 - 87. New York: Academic Press.

[135]Cebrian, J. , C. Kaschka-Dierich, N. Berthelot, and P. Sheldrick. 1982. Inverted repeat nucleotide sequences in the genomes of Marek's disease virus and the herpesvirus of the turkey. *Proceedings of the National Academy of Science USA* 79: 555 - 558.

[136]Chang, K. S. , K. Ohashi, and M. Onuma. 2002. Suppression of transcription activity of the MEQ protein of oncogenic Marek's disease virus serotype 1 (MDV1) by L-MEQ of non-oncogenic MDV1. *Journal of Veterinary Medical Science* 64: 1091 - 1095.

[137]Chattoo, J. P. , M. P. Stevens, and V. Nair. 2006. Rapid identification of non-essential genes for *in vitro* replication of Marek's disease virus by random transposon mutagenesis. *Journal of Virological Methods* 135: 288 -291.

[138]Chen, X. and L. F. Velicer. 1992. Expression of the Marek's disease virus homolog of herpes simplex virus glycoprotein B in Escherichia coli and its identification as B antigen. *Journal of Virology* 66: 4390 - 4398.

[139]Cho, B. R. 1975. Horizontal transmission of turkey herpesvirus to chickens. Ⅳ. Viral maturation in the feather follicle epithelium. *Avian Diseases* 19: 136 - 141.

[140]Cho, B. R. 1976. Horizontal transmission of turkey herpesvirus to chickens. 5. Airborne transmission between chickens. *Poultry Science* 55: 1830 - 1833.

[141]Cho, B. R. 1976. A possible association between plaque type and pathogenicity of Marek's disease herpesvirus. *Avian Diseases* 20: 324 - 331.

[142]Cho, B. R. 1977. Dual virus maturation of both pathogenic and apathogenic Marek's disease herpesvirus (MDHV) in the feather follicles of dually infected chickens. *Avian Diseases* 21: 501 - 507.

[143]Cho, B. R. and S. G. Kenzy. 1972. Isolation and characterization of an isolate (HN) of Marek's disease virus with low pathogenicity. *Applied Microbiology* 24: 299 -

306.

［144］Cho, B. R. and S. G. Kenzy. 1975. Horizontal transmission of turkey herpesvirus to chickens. 3. Transmission in three different lines of chickens. *Poultry Science* 54：109 - 115.

［145］Cho, B. R. and S. G. Kenzy. 1975. Virologic and serologic studies of zoo birds for Marek's disease virus infection. *Infection and Immunity* 11：809 - 814.

［146］Cho, B. R., S. G. Kenzy, and S. A. Haider. 1971. Horizontal transmission of turkey herpesvirus to chickens. 1. Preliminary observation. *Poultry Science* 50：881 - 887.

［147］Cho, K. O., D. Endoh, J. F. Qian, K. Ochiai, M. Onuma, and C. Itakura. 1998. Central nervous system lesions induced experimentally by a very virulent strain of Marek's disease virus in Marek's disease resistant chickens. *Avian Pathology* 27：512 - 517.

［148］Cho, K. O., M. Mubarak, T. Kimura, K. Ochiai, and C. Itakura. 1996. Sequential skin lesions in chickens experimentally infected with Marek's disease virus. *Avian Pathology* 25：325 - 343.

［149］Cho, K. O., K. Ochiai, Y. Fukikawa, and C. Itakura. 1997. Cutaneous lesions in broiler chickens spontaneously affected with Marek's disease. *Avian Pathology* 26：277 - 291.

［150］Cho, K. O., N. Y. Park, D. Endoh, K. Ohashi, C. Sugimoto, C. Itakura, and M. Onuma. 1998. Cytology of feather pulp lesions from Marek's disease (MD) virus-infected chickens and its application for diagnosis and prediction of MD. *Journal of Veterinary Medical Science* 60：843 - 847.

［151］Chubb, R. C. and A. E. Churchill. 1969. Effect of maternal antibody on Marek's disease. *Veterinary Record* 85：303 - 305.

［152］Churchill, A. E. 1968. Herpes-type virus isolated in cell culture from tumors of chickens with Marek's disease. Ⅰ. Studies in cell culture. *Journal of the National Cancer Institute* 41：939 - 950.

［153］Churchill, A. E. 1985. "Production of vaccines." In *Marek's Disease, Scientific Basis and Methods of Control*, edited by L. N. Payne, pp. 251 - 266. Dordrecht：Martinus Nijhoff.

［154］Churchill, A. E. and P. M. Biggs. 1967. Agent of Marek's disease in tissue culture. *Nature* 215：528 - 530.

［155］Churchill, A. E. and P. M. Biggs. 1968. Herpes-type virus isolated in cell culture from tumors of chickens with Marek's disease. Ⅱ. Studies *in vivo*. *Journal of the National Cancer Institute* 41：951 - 956.

［156］Churchill, A. E., R. C. Chubb, and W. Baxendale. 1969. The attenuation, with loss of oncogenicity of the herpes-type virus of Marek's disease (strain HPRS - 16) on passage in cell culture. *Journal of General Virology* 4：557 - 564.

［157］Churchill, A. E., L. N. Payne, and R. C. Chubb. 1969. Immunization against Marek's disease using a live attenuated virus. *Nature* 221：744 - 747.

［158］Cole, R. K. 1968. Studies on genetic resistance to Marek's disease. *Avian Diseases* 12：9 - 28.

［159］Cole, R. K. 1985. "Natural resistance to Marek's disease：A review." In *Proceedings of the International Symposium on Marek's Disease*, edited by B. W. Calnek and J. L. Spencer, pp. 318 - 329. Kennett Square：American Association of Avian Pathologists.

［160］Colmano, G. and W. B. Gross. 1971. Effect of metyrapone and DDD on infectious diseases. *Poultry Science* 50：850 - 854.

［161］Colwell, W. M., C. F. Simpson, L. E. Williams, Jr., and D. J. Forrester. 1973. Isolation of a herpesvirus from wild turkeys in Florida. *Avian Diseases* 17：1 - 11.

［162］Cooper, M. D., C. -L. H. Chen, R. P. Bucy, and C. B. Thompson. 1991. Avian T-cell ontogeny. *Advances in Immunology* 50：87 - 117.

［163］Cortes, P. L. and C. J. Cardona. 2004. Pathogenesis of a Marek's disease virus mutant lacking vIL-8 in resistant and susceptible chickens. *Avian Diseases* 48：50 - 60.

［164］Coudert, F., A. Vuillaume, M. Wyers, and A. M. Chaussé. 1997. Marek's disease in turkeys. *World Poultry*：S28 - 29.

［165］Coussens, P. M. and L. F. Velicer. 1988. Structure and complete nucleotide sequence of the Marek's disease herpesvirus gp57-65 gene. *Journal of Virology* 62：2373 - 2379.

［166］Crittenden, L. B., R. L. Muhm, and B. R. Burmester. 1972. Genetic control of susceptibility to the avian leukosis complex. 2. Marek's disease. *Poultry Science* 51：261 - 267.

［167］Cui, X., L. F. Lee, H. D. Hunt, W. M. Reed, B. Lupiani, and S. M. Reddy. 2005. A Marek's disease virus vIL-8 deletion mutant has attenuated virulence and confers protection against challenge with a very virulent plus strain. *Avian Diseases* 49：199 - 206.

［168］Cui, X., L. F. Lee, W. M. Reed, H. J. Kung, and S. M. Reddy. 2004. Marek's disease virus-encoded vIL-8 gene is involved in early cytolytic infection but dispensable for establishment of latency *Journal of Virology* 78:4753 - 4760.

[169]Cui, Z. Z. , Y. Ding, and L. F. Lee. 1990. Marek's disease virus gene clones encoding virus-specific phosphorylated polypeptides and serological characterization of fusion proteins. *Virus Genes* 3:309 - 322.

[170]Cui, Z. , A. Qin, X. Cui, Y. Du, and L. F. Lee. 2001. "Molecular identification of 3 epitopes on 38 KD phosphorylated proteins of Marek's disease viruses." In *Current Progress on Marek's Disease Research*, edited by K. A. Schat, R. M. Morgan, M. S. Parcells and J. L. Spencer, pp. 103 - 107. Kennett Square: American Association of Avian Pathologists.

[171]Cui, Z. , A. Qin, L. F. Lee, P. Wu, and H. J. Kung. 1999. Construction and characterization of a H19 epitope point mutant of MDV CVI988/Rispens strain. *Acta Virologica* 43:169 - 173.

[172]Dandapat, S. , H. K. Pradhan, and G. C. Mohanty. 1994. Antiidiotype antibodies to Marek's disease-associated tumour surface antigen in protection against Marek's disease. *Veterinary Immunology and Immunopathology* 40:353 - 366.

[173]Davidson, I. and R. Borenshtain. 2001. *In vivo* events of retroviral long terminal repeat integration into Marek's disease virus in commercial poultry: detection of chimeric molecules as a marker. *Avian Diseases* 45:102 - 121.

[174]Davidson, I. , R. Borenshtain, H. J. Kung, and R. L. Witter. 2002. Molecular indications for *in vivo* integration of the avian leukosis virus, subgroup J-long terminal repeat into the Marek's disease virus in experimentally dually-infected chickens. *Virus Genes* 24:173 - 180.

[175]Davidson, I. , R. Borenshtain, and Y. Weisman. 2002. Molecular identification of the Marek's disease virus vaccine strain CVI988 in vaccinated chickens. *Journal of Veterinary Medicine Series B* 49:83 - 87.

[176]Davidson, I. and R. Borenstein. 1999. Multiple infections of chickens and turkeys with avian oncogenic viruses: prevalence and molecular analysis. *Acta Virologica* 43:136 - 142.

[177]Davidson, I. , A. Borovskaya, S. Perl, and M. Malkinson. 1995. Use of the polymerase chain reaction for the diagnosis of natural infection of chickens and turkeys with Marek's disease virus and reticu-loendotheliosis virus. *Avian Pathology* 24:69 - 94.

[178]Davidson, I. , M. Malkinson, C. Strenger, and Y. Becker. 1988. An improved ELISA method, using a streptavidin-biotin complex, for detecting Marek's disease virus antigens in feather-tips of infected chickens. *Journal of Virological Methods* 14:237 - 241.

[179]Davidson, I. , M. Malkinson, and Y. Weisman. 2002. Marek's disease in turkeys. I. A seven-year survey of commercial flocks and experimental infection using two field isolates. *Avian Diseases* 46:314 - 321.

[180]Davidson, I. , Y. Weisman, S. Perl, and M. Malkinson. 1998. Differential diagnosis of two paralytic conditions affecting young birds with emphasis on PCR findings. *Avian Pathology* 27:417 - 419.

[181]Davison, F. , S. Baigent, M. Rennie, and N. Bumstead. 1998. Ageand strain-related differences in the quantity of Marek's disease virus in different sub-populations of lymphocytes. *Avian Pathology* 27:S88.

[182]Davison, F. and P. Kaiser. 2004. "Immunity to Marek's disease." In *Marek's Disease, An Evolving Problem*, edited by F. Davison and V. Nair, pp. 126 - 141. London: Elsevier Academic Press.

[183]Davison, F. and V. Nair, Editors. (2004). Marek's Disease: An Evolving Problem. London: Elsevier Academic Press.

[184]de Boer, G. F. , J. Pol, and H. Oei. 1987. Biological characteristics of Marek's disease vaccine CVI-988 clone C. *Veterinary Quarterly* 9. 16S - 28S.

[185]de Boer, G. F. , J. M. A. Pol, and S. H. M. Jeurissen. 1989. "Marek's disease vaccination strategies using vaccines made from three avian herpesvirus serotypes." In *Advances in Marek's Disease Research*, edited by S. Kato, T. Horiuchi, T. Mikami and K. Hirai, pp. 405 - 413. Osaka: Japanese Association on Marek's Disease.

[186]Delecluse, H. J. and W. Hammerschmidt. 1993. Status of Marek's disease virus in established lymphoma cell lines: Herpesvirus integration is common. *Journal of Virology* 67:82 - 92.

[187]Delecluse, H. J. , S. Schüller, and W. Hammerschmidt. 1993. Latent Marek's disease virus can be activated from its chromosomally integrated state in herpesvirus-transformed lymphoma cells. *EMBO Journal* 12:3277 - 3286.

[188]Djeraba, A. , N. Bernardet, G. Dambrine, and P. Quéré. 2000. Nitric oxide inhibits Marek's disease virus replication but is not the single decisive factor in interferon-gamma-mediated viral inhibition. *Virology* 277:58 - 65.

[189]Djeraba, A. , E. Kut, D. Rasschaert, and P. Quere. 2002. Antiviral and antitumoral effects of recombinant chicken myelombnocytic growth factor in virally induced lymphoma. *International Immunopharmacology* 2:

1557‐1566.

[190]Djeraba, A. , E. Musset, N. Bernardet, Y. Le Vern, and P. Quéré. 2002. Similar pattern of iNOS expression, NO production and cytokine response in genetic and vaccination-acquired resistance to Marek's disease. *Veterinary Immunology and Immunopathology* 85:63‐75.

[191]Doak, R. L. , J. F. Munnell, and W. L. Ragland. 1973. Ultrastructure of tumor cells in Marek's disease virusinfected chickens. *American Journal of Veterinary Research* 34:1063‐1069.

[192]Drury, L. N. , W. C. Patterson, and C. W. Beard. 1969. Ventilating poultry houses with filtered air under positive pressure to prevent airborne diseases. *Poultry Science* 48:1640‐1646.

[193]Dukes, T. W. and J. R. Pettit. 1983. Avian ocular neoplasia—a description of spontaneously occurring cases. *Canadian Journal of Comparative Medicine* 47:33‐36.

[194]Duncan, A. J. and S. J. R. Heales. 2005. Nitric oxide and neurological disorders. *Molecular Aspects of Medicine* 26:67‐96.

[195]Dunn, K. and K. Nazerian. 1977. Induction of Marek's disease virus antigens by IdUrd in a chicken lymphoblastoid cell line. *Journal of General Virology* 34:413‐419.

[196]Eidson, C. S. , R. K. Page, and S. H. Kleven. 1978. Effectiveness of cell-free or cell-associated turkey herpesvirus vaccine against Marek's disease in chickens as influenced by maternal antibody, vaccine dose, and time of exposure to Marek's disease virus. *Avian Diseases* 22:583‐597.

[197]Eidson, C. S. and S. C. Schmittle. 1968. Studies on acute Marek's disease. I. Characteristics of isolate GA in chickens. *Avian Diseases* 12:467‐476.

[198]Eidson, C. S. , S. C. Schmittle, R. B. Goode, and J. B. Lai. 1966. Induction of leukosis tumors with the beetle Alphitobius diaperinus. *American Journal of Veterinary Research* 27:1053‐1057.

[199]Ekperigin, H. E. , A. M. Fadly, L. F. Lee, X. Liu, and R. H. McCapes. 1983. Comb lesions and mortality patterns in white leghorn layers affected by Marek's disease. *Avian Diseases* 27:503‐512.

[200]Ellis, M. N. , C. S. Eidson, J. Brown, O. J. Fletcher, and S. H. Kleven. 1981. Serological responses to mycoplasma synoviae in chickens infected with virulent or avirulent strains of Marek's disease virus. *Poultry Science* 60:1344‐1347.

[201]Elmubarak, A. K. , J. M. Sharma, R. L. Witter, K. Nazerian, and V. L. Sanger. 1981. Induction of lymphomas and tumor antigen by Marek's disease virus in turkeys. *Avian Diseases* 25:911‐926.

[202]Elmubarak, A. K. , J. M. Sharma, R. L. Witter, and V. L. Sanger. 1982. Marek's disease in turkeys: Lack of protection by vaccination. *American Journal of Veterinary Research* 43:740‐742.

[203]Else, R. W. 1974. Vaccinal immunity to Marek's disease in bursectomized chickens. *Veterinary Record* 95:182‐187.

[204]Emara, M. G. , M. A. Abdellatif, D. L. Pollock, M. Sadjadi, S. S. Cloud, C. R. Pope, J. K. Rosenberger, and H. Kim. 2001. Genetic variation in susceptibility to Marek's disease in a commercial broiler population. *Avian Diseases* 45:400‐409.

[205]Endoh, D. 1996. Enhancement of gene expression by Marek's disease virus homologue of the herpes simplex virus-1 ICP4. *Japanese Journal of Veterinary Science* 44:136‐137.

[206]Endoh, D. , S. Ikegawa, Y. Kon, M. Hayashi, and F. Sato. 1995. Expression of the endogenous Marek's disease virus ICP4 homolog(MDVICP4)gene is enhanced in latently infected cells by transient transfection with the recombinant MDV ICP4 gene. *Japanese Journal of Veterinary Science* 43:109‐124.

[207]Erf, G. F. , T. K. Bersi, X. L. Wang, G. P. Sreekumar, and J. R. Smyth. 2001. Herpesvirus connection in the expression of autoimmune vitiligo in Smyth line chickens. *Pigment Cell Research* 14:40‐46.

[208]Fabricant, C. G. 1985. Atherosclerosis: The consequence of infection with a herpesvirus. *Advances in Veterinary Science and Comperative Medicine* 30:39‐66.

[209]Fabricant, C. G. and J. Fabricant. 1985. "Marek's disease virusinduced atherosclerosis and evidence for a herpesvirus role in the human vascular disease. " In *Proceedings of the International Symposium on Marek's Disease*, edited by B. W. Calnek and J. L. Spencer, pp. 391‐407. Kennett Square: American Association of Avian Pathologists.

[210]Fabricant, C. G. , J. Fabricant, M. M. Litrenta, and C. R. Minick. 1978. Virus-induced atherosclerosis. *Journal of Experimental Medicine* 148:335‐340.

[211]Fabricant, C. G. , D. P. Hajjar, C. R. Minick, and J. Fabricant. 1981. Herpesvirus infection enhances cholesterol and cholesteryl ester accumulation in cultured arterial smooth muscle cells. *American Journal of Pathology*

105:176 – 184.

[212]Fabricant,J. ,B. W. Calnek, and K. A. Schat. 1982. The early pathogenesis of turkey herpesvirus infection in chickens and turkeys. *Avian Diseases* 26:257 – 264.

[213]Fabricant, J. , M. Ianconescu, and B. W. Calnek. 1977. Comparative effects of host and viral factors on early pathogenesis of Marek's disease. *Infection and Immunity* 16:136 – 144.

[214]Ficken, M. D. , M. P. Nasisse, G. D. Boggan, J. S. Guy, D. P. Wages, R. L. Witter, J. K. Rosenberger, and R. M. Nordgren. 1991. Marek's disease virus isolates with unusual tropism and virulence for ocular tissues: Clinical findings, challenge studies and pathological features. *Avian Pathology* 20:461 – 474.

[215]Fletcher, O. J. , Jr. , C. S. Eidson, and R. K. Page. 1971. Pathogenesis of Marek's disease induced in chickens by contact exposure to GA isolate. *American Journal of Veterinary Research* 32:1407 – 1416.

[216]Fletcher, O. J. and L. W. Schierman. 1985. Variation in histology and growth characteristics of transplantable Marek's disease lymphomas. *Cancer Research* 45:1762 –1765.

[217]Fragnet, L. , M. A. Blasco, W. Klapper, and D. Rasschaert. 2003. The RNA subunit of telomerase is encoded by Marek's disease virus. *Journal of Virology* 77:5985 – 5996.

[218]Fragnet, L. , E. Kut, and D. Rasschaert. 2005. Comparative functional study of the viral telomerase RNA based on natural mutations. *Journal of Biological Chemistry* 280:23502 – 23515.

[219]Frazier, J. A. 1974. Ultrastructure of lymphoid tissue from chicks infected with Marek's disease virus. *Journal of the National Cancer Institute* 52:829 – 837.

[220] Friedman, A. , E. Shalem-Meilin, and E. D. Heller. 1992. Marek's disease vaccines cause temporary B-lymphocyte dysfunction and reduced resistance to infection in chicks. *Avian Pathology* 21:621 – 631.

[221]Fukuchi, K. , A. Tanaka, L. W. Schierman, R. L. Witter, and M. Nonoyama. 1985. The structure of Marek's disease virus DNA: the presence of unique expansion in nonpathogenic viral DNA. *Proceedings of the National Academy of Science USA* 82:751 – 754.

[222]Fynan, E. , T. M. Block, J. DuHadaway, W. Olson, and D. L. Ewert. 1992. Persistence of Marek's disease virus in a subpopulation of B cells that is transformed by avian leukosis virus, but not in normal bursal B cells. *Journal of Virology* 66:5860 – 5866.

[223]Fynan, E. F. , D. L. Ewert, and T. M. Block. 1993. Latency and reactivation of Marek's disease virus in B lymphocytes transformed by avian leukosis virus. *Journal of General Virology* 74:2163 – 2170.

[224]Garcia-Camacho, L. , K. A. Schat, R. J. Brooks, and D. I. Bounous. 2003. Early cell-mediated immune responses to Marek's disease virus in two chicken lines with defined major histocompatibility complex antigens. *Veterinary Immunology and Immunopathology* 95: 145 – 153.

[225]Gibbs, C. P. , K. Nazerian, L. Velicer, and H. J. Kung. 1983. Extensive homology exists between Marek's disease herpesvirus and its vaccine virus, herpesvirus of turkeys. *Proceedings of the National Academy of Science USA* 81:3365 – 3369.

[226]Gilka, F. and J. L. Spencer. 1995. Extravascular hemolytic anemia in chicks infected with highly pathogenic Marek's disease viruses. *Avian Pathology* 24: 393 – 410.

[227]Gimeno, I. M. , R. L. Witter, H. D. Hunt, L. F. Lee, S. M. Reddy, and U. Neumann. 2001. "Chronological study of brain alterations induced by a very virulent plus (vv⁺) strain of Marek's disease virus(MDV). " In *Current Progress on Marek's Disease Research*, edited by K. A. Schat, R. W. Morgan, M. S. Parcells, and J. L. Spencer, pp. 21 – 26. Kennett Square: American Association of Avian Pathologists.

[228]Gimeno, I. M. , R. L. Witter, H. D. Hunt, L. F. Lee, S. M. Reddy, and U. Neumann. 2001. Marek's disease virus infection in the brain: virus replication, cellular infiltration, and major histocompatibility complex antigen expression. *Veterinary Pathology* 38:491 – 503.

[229]Gimeno, I. M. , R. L. Witter, H. D. Hunt, S. M. Reddy, L. F. Lee, and R. F. Silva. 2005. The pp38 gene of Marek's disease virus(MDV) is necessary for cytolytic infection of B cells and maintenance of the transformed state but not for cytolytic infection of the feather follicle epithelium and horizontal spread of MDV. *Journal of Virology* 79:4545 – 4549.

[230]Gimeno, I. M. , R. L. Witter, H. D. Hunt, S. M. Reddy, and U. Neumann. 2001. Differential attenuation of the induction by Marek's disease virus of transient paralysis and persistent neurological disease: a model for pathogenesis studies. *Avian Pathology* 30:397 – 410.

[231]Gimeno, I. M. , R. L. Witter, and W. M. Reed. 1999. Four distinct neurologic syndromes in Marek's disease: effect of viral strain and pathotype. *Avian Diseases* 43:

721 - 737.

[232] Gomez, V. M. J. E., R. Preisinger, E. Kalm, D. K. Flock, and E. Vielitz. 1991. Marek's disease(MD): possibilities and problems to improve disease resistance by breeding. *Archiv für Geflügelkunde* 55:207 - 212.

[233] Goodchild, W. M. 1969. Some observations on Marek's disease(fowl paralysis). *Veterinary Record* 84:87 - 88.

[234] Grewal, G. S. and B. Singh. 1976. A note on epidemiological observations on Marek's disease in wild birds. *Indian Journal of Poultry Science* 11:209 - 211.

[235] Grewal, G. S., B. Singh, and H. P. Singh. 1977. Epidemiology of Marek's disease: Incidence of viral specific antigen in feather follicle epithelium of domestic fowl of Punjab, India. *Indian Journal of Poultry Science* 12:1 -5.

[236] Groot, A. J. C. and G. A. A. Albers. 1992. "The effect of MHC on resistance to Marek's disease in White Leghorn crosses." In *Proceedings of the 4th International Symposium on Marek's Disease*, edited by G. de Boer, and S. H. M. Jeurissen, pp. 185 - 188. Wageningen: Ponsen & Looijen.

[237] Gross, W. B. 1972. Effect of social stress on occurrence of Marek's disease in chickens. *American Journal of Veterinary Research* 33:2275 - 2279.

[238] Gupta, M. K., H. V. Chauhan, G. J. Jha, and K. K. Singh. 1989. The role of the reticuloendothelial system in the immunopathology of Marek's disease. *Veterinary Microbiology* 20:223 - 234.

[239] Haffer, K., M. Sevoian, and M. Wilder. 1979. The role of the macrophages in Marek's disease: *in vitro* and *in vivo* studies. *International Journal of Cancer* 23:648 - 656.

[240] Hafner, S., M. A. Goodwin, E. J. Smith, D. I. Bounous, M. Puette, L. C. Kelley, K. A. Langheinrich, and A. M. Fadly. 1996. Multicentric histiocytosis in young chickens. Gross and light microscopic pathology. *Avian Diseases* 40:202 - 209.

[241] Hafner, S., B. G. Harmon, G. N. Rowland, R. G. Stewart, and J. R. Glisson. 1991. Spontaneous regression of "dermal squamous cell carcinoma" in young chickens. *Avian Diseases* 35:321 - 327.

[242] Haider, S. A., R. F. Lapen, and S. G. Kenzy. 1970. Use of feathers in a gel precipitation test for Marek's disease. *Poultry Science* 49:1654 - 1165.

[243] Hajjar, D. P., C. G. Fabricant, C. R. Minick, and J. Fabricant. 1986. Virus-induced atherosclerosis. Herpesvirus infection alters aortic cholesterol metabolism and accumulation. *American Journal of Pathology* 122:62 - 70.

[244] Halouzka, R. and V. Jurajda. 1992. Pathological lesions in the organs of chicks after infection with turkey herpesvirus THV-BI0-I. *Veterinary Medicine* 37: 463 - 470.

[245] Halvorson, D. A. and D. O. Mitchel. 1979. Loss of cell-associated Marek's disease vaccine titer during thawing, reconstitution and use. *Avian Diseases* 23: 848 - 853.

[246] Han, P. F. and J. R. Smyth, Jr. 1972. The influence of growth rate on the development of Marek's disease in chickens. *Poultry Science* 51:975 - 985.

[247] Han, P. F. and J. R. Smyth, Jr. 1972. The influence of restricted feed intake on the response of chickens to Marek's disease. *Poultry Science* 51:986 - 991.

[248] Handberg, K. J., O. L. Nielsen, and P. H. Jorgensen. 2001. The use of serotype 1- and serotype 3-specific polymerase chain reaction for the detection of Marek's disease virus in chickens. *Avian Pathology* 30: 243 - 249.

[249] Hansen, M. P., J. N. Van Zandt, and G. R. J. Law. 1967. Differences in susceptibility to Marek's disease in chickens carrying two different B locus blood group alleles [abst]. *Poultry Science* 46:1268.

[250] Hargett, D., S. Rice, and S. L. Bachenheimer. 2006. Herpes simplex virus type 1 ICP27-dependent activation of NF$\kappa\beta$. *Journal of Virology*:80:10565 - 10578.

[251] Harriss, S. T. 1939. Lymphomatosis(fowl paralysis) in the pheasant. *Veterinary Journal* 95:104 - 106.

[252] Hartmann, W., K. Hala, and G. Heil. 1992. The B blood group system of the chicken and resistance to Marek's disease: Effect of B blood group genotypes in leghorn crosses. *Archiv für Tierzucht* 35:169 - 180.

[253] Heller, E. D. and K. A. Schat. 1985. "Inhibition of natural killer activity in chickens by Marek's disease virus-transformed cell lines." In *Proceedings of the International Symposium on Marek's Disease*, edited by B. W. Calnek and J. L. Spencer, pp. 286 - 294. Kennett Square: American Association of Avian Pathologists.

[254] Heller, E. D. and K. A. Schat. 1987. Enhancement of natural killer cell activity by Marek's disease vaccines. *Avian Pathology* 16:51 - 60.

[255] Helmboldt, C. F., F. K. Wills, and M. N. Frazier. 1963. Field observations of the pathology of skin leukosis in Gallus gallus. *Avian Diseases* 7:402 - 441.

[256] Hennig, H., N. Osterrieder, M. Muller-Steinhardt, H. M. Teichert, H. Kirchner, and K. P. Wandinger. 2003.

Detection of Marek's disease virus DNA in chicken but not in human plasma. *Journal of Clinical Microbiology* 41:2428 - 2432.

[257]Hennig, H. , K. Wessel, P. Sondermeijer, H. Kirchner, and K. P. Wandinger. 1998. Lack of evidence for Marek's disease virus genomic sequences in leukocyte DNA from multiple sclerosis patients in Germany. *Neuroscience Letters* 250:138 - 140.

[258]Hepkema, B. G. , J. J. Blankert, G. A. Albers, M. G. Tilanus, E. Egberts, A. J. van der Zijpp, and E. J. Hensen. 1993. Mapping of susceptibility to Marek's disease within the major histocompatibility(B) complex by refined typing of White Leghorn chickens. *Animal Genetics* 24:283 - 287.

[259]Higgins, D. A. and B. W. Calnek. 1975. Fowl immunoglobulins: quantitation and antibody activity during Marek's disease in genetically resistant and susceptible birds. *Infection and Immunity* 11:33 - 41.

[260]Higgins, D. A. and B. W. Calnek. 1975. Fowl immunoglobulins: Quantitation in birds genetically resistant and susceptible to Marek's disease. *Infection and Immunity* 12:360 - 363.

[261]Higgins, D. A. and B. W. Calnek. 1976. Some effects of silica treatment on Marek's disease. *Infection and Immunity* 13:1054 - 1010.

[262]Hihara, H. , K. Imai, K. Tsukamoto, and K. Nakamura. 1998. Isolation of serotype 2 Marek's disease virus from a cell line of avian lymphoid leukosis. *Journal of Veterinary Medical Science* 60:143 - 148.

[263]Hirai, K. , Editor. (2001). Marek's Disease. Current Topics in Microbiology and Immunology, Vol. 255. Berlin: Springer-Verlag.

[264]Hirai, K. , K. Ikuta, and S. Kato. 1979. Comparative studies on Marek's disease virus and herpesvirus of turkey DNAs. *Journal of General Virology* 45:119 - 131.

[265]Hirai, K. , K. Ikuta, and S. Kato. 1981. Structural changes of the DNA of Marek's disease virus during serial passage in cultured cells. *Virology* 115:385 - 389.

[266]Hirai, K. , K. Ikuta, N. Kitamoto, and S. Kato. 1981. Latency of herpesvirus of turkey and Marek's disease virus genomes in a chicken T-lymphoblastoid cell line. *Journal of General Virology* 53:133 - 143.

[267]Hirai, K. , K. Ikuta, T. Mikami, and S. Kato. 1989. Genomic differences of herpesvirus of turkeys at low and high passage levels in culture of O1 and FC126 strains. *Microbiology and Immunology* 33:871 - 876.

[268]Hirai, K. and M. Sakaguchi. 2001. Polyvalent recombinant Marek's disease virus vaccine against poultry diseases. *Current Topics in Microbiology and Immunology* 255:261 - 287.

[269]Hirai, K. , M. Yamada, Y. Arao, S. Kato, and S. Nii. 1990. Replicating Marek's disease virus(MDV) serotype 2 DNA with inserted MDV serotype 1 DNA sequences in a Marek's disease lymphoblas-toid cell line MSB1 - 41C. *Archives of Virology* 114:153 - 165.

[270]Hlozanek, I. , V. Jurajda, and V. Benda. 1977. Disinfection of Marek's disease virus in poultry dust. *Avian Pathology* 6:241 - 250.

[271]Hlozanek, I. , O. Mach, and V Jurajda. 1973. Cell-free prepartions of Marek's disease virus from poultry dust. *Folia Biologica* [Praha] 19:118 - 123.

[272]Hlozanek, I. and V. Sovova. 1974. Lack of pathogenicity of Marek's disease herpesvirus and herpesvirus of turkeys for mammalian hosts and mammalian cell cultures. *Folia Biologica* [Praha] 20:51 - 58.

[273]Holland, M. S. , C. D. Mackenzie, R. W. Bull, and R. F. Silva. 1996. A comparative study of histological conditions suitable for both immunofluorescence and in situ hybridization in the detection of herpesvirus and its antigens in chicken tissues. *Journal of Histochemistry and Cytochemistry* 44:259 - 265.

[274]Holland, M. S. , C. D. Mackenzie, R. W. Bull, and R. F. Silva. 1998. Latent turkey herpesvirus infection in lymphoid, nervous, and feather tissues of chickens. *Avian Diseases* 42:292 - 299.

[275]Holland, M. S. , R. F. Silva, C. D. Mackenzie, R. W. Bull, and R. L. Witter. 1994. Identification and localization of glycoprotein B expression in lymphoid tissues of chickens infected with turkey herpesvirus. *Avian Diseases* 38:446 - 453.

[276]Hong, C. C. and M. Sevoian. 1971. Interferon production and host resistance to type Ⅱ avian(Marek's) leukosis virus(JM strain). *Applied Microbiology* 22:818 - 820.

[277]Hong, Y. and P. M. Coussens. 1994. Identification of an immediate early gene in the Marek's disease virus long internal repeat region which encodes a unique 14 - kilodalton polypeptide. *Journal of Virology* 68:3593 - 3603.

[278]Hooft van Iddekinge, B. J. , L. Stenzler, K. A. Schat, H. Boerrigter, and G. Koch. 1999. Genome analysis of Marek's disease virus strain CVI-988: effect of cell culture passage on the inverted repeat regions. *Avian Diseases* 43:182 - 188.

〔279〕Horiuchi, T. , A. Horinouchi, T. Kotani, Y. Odagiri, S. Kato, K. Imai, and S. Kobayashi. 1988. "Isolation of serotype 1 Marek's disease virus from a quail." In *Advances in Marek's Disease Research*, edited by T. H. S. Kato, T. Mikami and K. Hirai, pp. 367 - 371. Osaka: Japanese Association on Marek's Disease.

〔280〕Hudson, L. and L. N. Payne. 1973. An analysis of the T and B cells of Marek's disease lymphomas of the chicken. *Nature(New Biology)* 241:52 - 53.

〔281〕Hunt, H. D. , B. Lupiani, M. M. Miller, I. Gimeno, L. F. Lee, and M. S. Parcells. 2001. Marek's disease virus down-regulates surface expression of MHC(B Complex)Class I(BF)glycoproteins during active but not latent infection of chicken cells. *Virology* 282:198 - 205.

〔282〕Hutt, F. B. and R. K. Cole. 1957. Control of leukosis in fowl. *Journal of the American Veterinary Medical Association* 131:491 - 495.

〔283〕Hutt, F. B. , R. K. Cole, and J. H. Bruckner. 1941. Four generations of fowls bred for resistance to neoplasms. *Poultry Science* 20:514 - 526.

〔284〕ICTVdB-Management. 2006. 00. 031. 1. 03 *Mardivirus*. In C. Búchen-Osmond ICTVdB—The Universal Virus Database, version 4 New York, USA: Columbia University.

〔285〕Igarashi, T. , M. Takagashi, J. Donovan, J. Jessip, M. Smith, K. Hirai, A. Tanaka, and M. Nonoyama. 1987. Restriction enzyme map of herpesvirus of turkey DNA and its collinear relationship with Marek's disease virus DNA. *Virology* 157:351 - 358.

〔286〕Ikuta, K. , H. Honma, K. Maotani, S. Ueda, S. Kato, and K. Hirai. 1982. Monoclonal antibodies specific to and cross-reactive with Marek's disease virus and herpesvirus of turkeys. *Biken Journal* 25:171 - 175.

〔287〕Ikuta, K. , K. Nakajima, A. Kanamori, K. Maotani, J. S. Mah, S. Ueda, S. Kato, M. Yoshida, S. Nii, M. Naito, C. Nishida-Umehara, M. Saski, and K. Hirai. 1987. Establishment and characterization of a T-lymphoblastoid cell line MDCC-MTB1 derived from chick lymphocytes infected *in vitro* with Marek's disease serotype 1. *International Journal of Cancer* 39:514 - 520.

〔288〕Ikuta, K. , K. Nakajima, M. Naito, S. H. Ann, S. Ueda, S. Kato, and K. Hirai. 1985. Identification of Marek's disease virus-specific antigens in Marek's disease lymphoblastoid cell lines using monoclonal antibody against virus-specific phosphorylated polypeptides. *International Journal of Cancer* 35:257 - 264.

〔289〕Ikuta, K. , K. Nakajima, M. Naito, A. Kanamori, K. Hirai, and S. Kato. 1989. "Expression of the antigen related to Marek's disease virus serotype 1-specific phosphorylated polypeptides in *in vitro* transformed cell line, MDCC-MTB-1." In *Advances in Marek's Disease Research*, edited by S. Kato, T. Horiuchi, T. Mikami and K. Hirai, pp. 135 - 139. Osaka: Japanese Association on Marek's Disease.

〔290〕Ikuta, K. , K. Nakajima, S. Ueda, S. Kato, and K. Hirai. 1985. Differences in the processing of secreted glycoprotein A induced by Marek's disease virus and herpesvirus of turkeys. *Journal of General Virology* 66:1131 -1137.

〔291〕Ikuta, K. , S. Ueda, S. Kato, and K. Hirai. 1983. Most virus-specific polypeptides in cells productively infected with Marek's disease virus or herpesvirus of turkeys possess cross-reactive determinants. *Journal of General Virology* 64:961 - 965.

〔292〕Ikuta, K. , S. Ueda, S. Kato, and K. Hirai. 1984. Processing of glycoprotein gB related to neutralization of Marek's disease virus and herpesvirus of turkeys. *Microbiology and Immunology* 28:923 - 933.

〔293〕Imai, K. , N. Yuasa, K. Furuta, M. Narita, H. Banba, S. Kobayashi, and T. Horiuchi. 1991. Comparative studies on pathogenical, virological and serological properties of Marek's disease virus isolated from Japanese quail and chicken. *Avian Pathology* 20:57 - 65.

〔294〕Imai, K. , N. Yuasa, S. Kobayashi, K. Nakamura, K. Tsukamoto, and H. Hihara. 1990. Isolation of Marek's disease virus from Japanese quail with lymphoproliferative disease. *Avian Pathology* 19:119 - 129.

〔295〕Isfort, R. , D. Jones, R. Kost, R. Witter, and H. -J. Kung. 1992. Retrovirus insertion into herpesvirus *in vitro* and *in vivo*. *Proceedings of the National Academy of Science USA* 89:991 - 995.

〔296〕Isfort, R. , H. Kung, and L. Velicer. 1987. Identification of the gene encoding Marek's disease herpesvirus A antigen. *Journal of Virology* 61:2614 - 2620.

〔297〕Isfort, R. J. , Z. Qian, D. Jones, R. F. Silva, R. Witter, and H. Kung. 1994. Integration of multiple chicken retroviruses into multiple chicken herpesviruses: Herpesviral gD as a common target of integration. *Virology* 203:125 - 133.

〔298〕Isfort, R. J. , D. Robinson, and H. J. Kung. 1990. Purification of genomic sized herpesvirus DNA using pulse-field electrophoresis. *Journal of Virological Methods* 27:311 - 317.

〔299〕Isfort, R. J. , I. Sithole, H. J. Kung, and L. F. Velicer.

1986. Molecular characterization of the Marek's disease herpesvirus B antigen. *Journal of Virology* 59:411 - 419.

[300]Isfort,R. J. ,R. A. Stringer, H. -J. Kung,and L. F. Velicer. 1986. Synthesis, processing, and secretion of the Marek's disease herpesvirus A antigen glycoprotein. *Journal of Virology* 57:464 - 474.

[301]Islam, A. ,B. F. Cheetham, T. J. Mahony, P. L. Young, and S. W. Walkden-Brown. 2006. Absolute quantitation of Marek's disease virus and herpesvirus of turkeys in chicken lymphocyte,feather tip and dust samples using real-time PCR. *Journal of Virological Methods* 132: 127 - 134.

[302]Islam, A. , B. Harrison, B. F. Cheetham, T. J. Mahony, P. L. Young,and S. W. Walkden-Brown. 2004. Differential amplification and quantitation of Marek's disease viruses using real-time polymerase chain reaction. *Journal of Virological Methods* 119:103 - 113.

[303]Islam,A. F. , S. W. Walkden-Brown, A. Islam, G. J. Underwood, and P. J. Groves. 2006. Relationship between Marek's disease virus load in peripheral blood lymphocytes at various stages of infection and clinical Marek's disease in broiler chickens. *Avian Pathology* 35:42 - 48.

[304]Izumiya,Y. ,H. K. Jang,M. Ono,and T. Mikami. 2001. A complete genomic DNA sequence of Marek's disease virus type 2,strain HPRS24. *Current Topics in Microbiology and Immunology* 255:191 - 221.

[305]Jackson,C. A. W. 1998. Multiple causes of Marek's disease vaccination failure in Australian poultry flocks. *Proceedings of the 47th Western Poultry Disease Conference*,pp. 49 - 51.

[306]Jackson,C. A. W. 1999. Quality assurance of Marek's disease vaccine use in hatcheries. *Proceedings of the 48th Western Poultry Disease Conference*,pp. 34 - 38.

[307]Jackson,C. A. W. , P. M. Biggs, R. A. Bell, F. M. Lancaster, and B. S. Milne. 1976. The epizootiology of Marek's disease. 3. The interrelationship of virus pathogenicity, antibody and the incidence of Marek's disease. *Avian Pathology* 5:105 - 101.

[308]Jaikumar, D. , K. M. Read, and G. A. Tannock. 2001. Adaptation of Marek's disease virus to the Vero continuous cell line. *Veterinary Microbiology* 79:75 - 82.

[309]Jakowski, R. M. , T. N. Fredrickson, T. W. Chomiak, and R. E. Luginbuhl. 1970. Hematopoietic destruction in Marek's disease. *Avian Diseases* 14:374 - 385.

[310]Jang, H. K. , T. Kitazawa, M. Ono, Y. Kawaguchi, K.

Maeda,N. Yokoyama, Y. Tohya,M. Niikura,and T. Mikami. 1996. Protection studies against Marek's disease using baculovirus-expressed glycoproteins B and C of Marek's disease virus type 1. *Avian Pathology* 25:5 - 24.

[311]Jarosinski,K. W. ,B. L. Njaa, P. H. O'Connell, and K. A. Schat. 2005. Pro-inflammatory responses in chicken spleen and brain tissues after infection with very virulent plus Marek's disease virus. *Viral Immunology* 18: 148 - 161.

[312]Jarosinski, K. W. , P. H. O'Connell, and K. A. Schat. 2003. Impact of deletions within the Bam HI-L fragment of attenuated Marek's disease virus on vIL-8 expression and the newly identified transcript of open reading frame LORF4. *Virus Genes* 26:255 - 269.

[313]Jarosinski,K. W. ,N. Osterrieder,V. K. Nair,and K. A. Schat. 2005. Attenuation of Marek's disease virus by deletion of open reading frame RLORF4 but not RLORF5a. *Journal of Virology* 79:11647 - 11659.

[314]Jarosinski,K. W. and K. A. Schat. 2007. Multiple alternative splicing to exons II and III of viral interleukin 8 (vIL-8) in the Marek's disease virus genome: the importance of vIL-8 exon I. *Virus Genes* 34:9 - 22.

[315]Jarosinski,K. W. , R. W. Yunis, P. H. O'Connell,C. J. Markowski Grimsrud, and K. A. Schat. 2002. Influence of genetic resistance of the chicken and virulence of Marek's disease virus(MDV)on nitric oxide responses after MDV infection. *Avian Diseases* 46:636 - 649.

[316]Jeurissen,S. H. and G. F. de Boer. 1993. Chicken anaemia virus influences the pathogenesis of Marek's disease in experimental infections,depending on the dose of Marek's disease virus. *Veterinary Quarterly* 15:81 - 84.

[317]Johnston, P. A. , H. Liu, T. O'Connell, P. Phelps, M. Bland,J. Tyczkowski, A. Kemper, T. Harding, A. Avakian,E. Haddad,C. Whitfill, R. Gildersleeve, and C. A. Ricks. 1997. Applications in in ovo technology. *Poultry Science* 76:165 - 178.

[318]Jones, D. , P. Brunovskis, R. Witter, and H. J. Kung. 1996. Retroviral insertional activation in a herpesvirus: transcriptional activation of US genes by an integrated long terminal repeat in a Marek's disease virus clone. *Journal of Virology* 70:2460 - 2467.

[319]Jones, D. , R. Isfort, R. Witter, R. Kost, and H. -J. Kung. 1993. Retroviral insertions into a herpesvirus are clustered at the junctions of the short repeat and short unique sequences. *Proceedings of the National Acade-*

my of Science USA 90：3855‑3859.

［320］Jones,D.,L. Lee,J. L. Liu,H. J. Kung,and J. K. Tillotson. 1992. Marek's disease virus encodes a basic‑leucine zipper gene resembling the fos/jun oncogenes that is highly expressed in lymphoblas toid tumors. *Proceedings of the National Academy of Science USA* 89：4042‑4046.

［321］Julian,R. J. 1992. Peripheral neuropathy causing "range paralysis" in Leghorn pullets ［abst］. *Proceedings of the 129th Annual Meeting of the American Veterinary Medical Association*,pp. 130.

［322］Jungherr, E. 1939. Neurolymphomatosis phasianorum. *Journal of the American Veterinary Medical Association* 94：49‑52.

［323］Jungherr,E.,L. P. Doyle,and E. P. Johnson. 1941. Tentative pathologic nomenclature for the disease and/or for the disease complex variously designated as fowl leukemia,fowl leucosis,etc. *American Journal of Veterinary Research* 2：116.

［324］Jungherr, E. L. and W. F. Hughes. 1965. "The avian leukosis complex." In *Diseases of Poultry* 5 *ed*,edited by H. E. Biester and L. H. Schwarte, pp. 512‑567. Ames：Iowa State University Press.

［325］Kaiser,P.,G. Underwood,and F. Davison. 2003. Differential cytokine responses following Marek's disease virus infection of chickens differing in resistance to Marek's disease. *Journal of Virology* 77：762‑768.

［326］Kaleta, E. F. and R. A. Bankowski. 1972. Production of interferon by the Cal‑1 and turkey herpesvirus strains associated with Marek's disease. *American Journal of Veterinary Research* 33：567‑571.

［327］Kaleta, E. F. and U. Neumann. 1977. Investigations on the mode of transmission of the herpesvirus of turkeys *in vitro*. *Avian Pathology* 6：33‑39.

［328］Kamil, J.,D. Robinson, L. F. Lee, and H. J. Kung. 2001. "Marek's disease virus encodes a secreted lipase." In *Current Progress on Marek's Disease Research*,edited by K. A. Schat,R. M. Morgan,M. S. Parcells and J. L. Spencer, pp. 209‑213. Kennett Square：American Association of Avian Pathologists.

［329］Kamil,J. P.,B. K. Tischer,S. Trapp, V. K. Nair,N. Osterrieder,and H. ‑J. Kung. 2005. vLIP, a viral lipase homologue,is a virulence factor of Marek's disease virus. *Journal of Virology* 79：6984‑6996.

［330］Kanamori,A.,K. Ikuta,S. Ueda,S. Kato,and K. Hirai. 1987. Methylation of Marek's disease virus DNA in chicken Tlymphoblastoid cell lines. *Journal of General*

Virology 68：1485‑1490.

［331］Kanamori,A.,K. Nakajima,K. Ikuta,S. Ueda,S. Kato, and K. Hirai. 1986. Copy number of tandem direct repeats within the inverted repeats of Marek's disease virus DNA. *Biken Journal* 29：83‑89.

［332］Kaplan, S. K.,B. W. Calnek, and K. A. Schat（2001）. Unpublished data.

［333］Kaplan, S. K. and K. A. Schat（2001）. Unpublished data.

［334］Kaschka‑Dierich, C.,K. Nazerian, and R. Thomssen. 1979. Intracellular state of Marek's disease virus DNA in two tumourderived chicken cell lines. *Journal of General Virology* 44：271‑280.

［335］Kato, S. and K. Hirai. 1985. Marek's disease virus. *Advances in Virus Research* 30：225‑277.

［336］Kaul,L. and H. K. Pradhan. 1991. Immunopathology of Marek's disease in quails：presence of antinuclear antibody and immune complex. *Veterinary Immunology and Immunopathology* 28：89‑96.

［337］Kaul, L. and H. K. Pradhan. 1991. Vaccination trial of quail with herpes virus of turkey. *Preventive Veterinary Medicine* 11：69‑73.

［338］Kawamura,H.,D. J. King Jr.,and D. P. Anderson. 1969. A herpesvirus isolated from kidney cell culture of normal turkeys. *Avian Diseases* 13：853‑886.

［339］Kawamura,M.,M. Hayashi, T. Furuichi, M. Nonoyama, E. Isogai, and S. Namioka. 1991. The inhibitory effects of oligonucleotides,complementary to Marek's disease virus mRNA transcribed from the BamHI‑H region,on the proliferation of transformed lymphoblastoid cells,MDCC‑MSB1. *Journal of General Virology* 72：1105‑1111.

［340］Kent,J.,E. Bernberg,and R. Morgan. 2001. "Major histocompatibility complex（MHC）expression is down‑regulated on the surface of Marek's disease（MDV）‑infected chicken embryo fibroblasts but up‑regulated on the surface of adjacent uninfected CEF." In *Current Progress on Marek's Disease Research*, edited by K. A. Schat,R. M. Morgan,M. S. Parcells and J. L. Spencer, pp. 163‑166. Kennett Square：American Association of Avian Pathologists.

［341］Kenzy, S. G. and P. M. Biggs. 1967. Excretion of the Marek's disease agent by infected chickens. *Veterinary Record* 80：565‑568.

［342］Kenzy,S. G. and B. R. Cho. 1969. Transmission of classical Marek's disease by affected and carrier birds. *Avian Diseases* 13：211‑214.

［343］Kenzy, S. G. , B. R. Cho, and Y. Kim. 1973. Oncogenic Marek's disease herpesvirus in avian encephalitis(temporary paralysis). *Journal of the National Cancer Institute* 51:977 - 982.

［344］Kenzy, S. G. , G. S. McLean, W. J. Mathey, and H. C. Lee. 1964. Preliminary observations of gamefowl neurolymphomatosis. *National Cancer Institute Monograph* 17:121 - 130.

［345］Khare, M. L. ,J. Grun, and E. V. Adams. 1975. Marek's disease in Japanese quail—a pathological, virological and serological study. *Poultry Science* 54:2066 - 2068.

［346］King, D. ,D. Page, K. A. Schat, and B. W. Calnek. 1981. Difference between influences of homologous and heterologous maternal antibodies on response to serotype - 2 and serotype - 3 Marek's disease vaccines. *Avian Diseases* 25:74 - 81.

［347］Kingham, B. F. , V. Zelnik, J. Kopacek, V. Majerciak, E. Ney, and C. J. Schmidt. 2001. The genome of herpesvirus of turkeys:comparative analysis with Marek's disease viruses. *Journal of General Virology* 82: 1123 - 1135.

［348］Kishi, M. , G. Bradley, J. Jessip, A. Tanaka, and M. Nonoyama. 1991. Inverted repeat regions of Marek's disease virus DNA possess a structure similar to that of the alpha sequence of herpes simplex virus DNA and contain host cell telomere sequences. *Journal of Virology* 65:2791 - 2797.

［349］Kitamoto, N. , K. Ikuta, S. Kato, and K. Wataki. 1979. Demonstration of cells with Marek's disease tumor-associated surface antigen in chicks infected with herpesvirus of turkey, O1 strain. *Biken Journal* 22:137 - 142.

［350］Kobayashi, S. , K. Kobayashi, and T. Mikami. 1986. A study of Marek's disease in Japanese quails vaccinated with herpesvirus of turkeys. *Avian Diseases* 30: 816 - 819.

［351］Kodama, H. , C. Sugimoto, F. Inage, and T. Mikami. 1979. Antiviral immunity against Marek's disease virus-infected chicken kidney cells. *Avian Pathology* 8: 33 - 44.

［352］Koffa, M. D. ,J. B. Clements, E. Izaurralde, S. Wadd, S. A. Wilson, I. W. Mattaj, and S. Kuersten. 2001. Herpes simplex virus ICP27 protein provides viral mRNAs with access to the cellular mRNA export pathway. *EMBO Journal* 20:5769 - 5778.

［353］Konobe, T. , T. Ishikawa, K. Takaku, K. Ikuta, N. Kitamoto, and S. Kato. 1979. Marek's disease virus and herpesvirus of turkey noninfective to chickens, obtained by repeated *in vitro* passages. *Biken Journal* 22:103 - 107.

［354］Kopacek, J. , L. J. N. Ross, V. Zelnik, and J. Pastorek. 1992. "RNA transcripts from 1. 8 kb family of MDCC-MSB1 contain 132 bp repeats. " In *Proceedings of the 4th International Symposium on Marek's Disease*, edited by G. de Boer, and S. H. M. Jeurissen, pp. 80 - 83. Wageningen:Ponsen & Looijen.

［355］Kornegay, J. N. , E. J. Gorgacz, M. A. Parker, J. Brown, and L. W. Schierman. 1983. Marek's disease virus-induced transient paralysis:Clinical and electrophysiologic findings in susceptible and resistant lines of chickens. *American Journal of Veterinary Research* 44: 1541 - 1544.

［356］Kreager, K. 1996. "Industry concerns workshop. " In *Current Research on Marek's Disease*, edited by R. F. Silva, H. H. Cheng, P. M. Coussens, L. F. Lee and L. F. Velicer, pp. 509 - 511. Kennett Square:American Association of Avian Pathologists.

［357］Kreager, K. 1997. A global perspective on Marek's disease control in layers and layer breeders. *World Poultry*:S14 - 15.

［358］Kreager, K. 1997. "Marek's disease:Clinical aspects and current field problems in layer chickens. " In *Diagnosis and Control of Neoplastic Diseases of Poultry*, edited by A. M. Fadly, K. A. Schat and J. L. Spencer, pp. 23 - 26. Kennett Square:American Association of Avian Pathologists.

［359］Kreager, K. S. 1998. Chicken industry strategies for control of tumor virus infections. *Poultry Science* 77: 1213 - 1216.

［360］Kung, H. J. , L. Xia, P. Brunovskis, D. Li, J. L. Liu, and L. F. Lee. 2001. Meq: an MDV-specific bZIP transactivator with transforming properties. *Current Topics in Microbiology and Immunology* 255:245 - 260.

［361］Langheinrich, K. A. 1991. "Pathology of squamous cell carcinomas in broilers. " In *Proceedings of the Avian Tumor Virus Symposium*, pp. 58 - 62. Kennett Square: American Association of Avian Pathologists.

［362］Lapen, R. F. and S. G. Kenzy. 1972. Distribution of gross cutaneous Marek's disease lesions. *Poultry Science* 51:334 - 336.

［363］Laurent, S. , E. Esnault, G. Dambrine, A. Goudeau, D. Choudat, and D. Rasschaert. 2001. Detection of avian oncogenic Marek's disease herpesvirus DNA in human sera. *Journal of General Virology* 82:233 - 240.

［364］Laurent, S. , E. Esnault, and D. Rasschaert. 2004. Single-nucleotide polymorphisms in two Marek's disease virus genes(Meq and gD); application to a retrospective molecular epidemiology study(1982—1999)in France. *Journal of General Virology* 85:1387 - 1392.

[365]Lawn, A. M. and L. N. Payne. 1979. Chronological study of ultrastructural changes in the peripheral nerves in Marek's disease. *Neuropathology and Applied Neurobiology* 5:485 - 497.

[366]Lee, L. F. 1993. Characterization of a monoclonal antibody against a nuclear antigen associated with serotype-1 Marek's disease virusinfected and transformed cells. *Avian Diseases* 37:561 - 567.

[367]Lee, L. F. , X. Cui, Z. Cui, I. Gimeno, B. Lupiani, and S. M. Reddy. 2005. Characterization of a very virulent Marek's disease virus mutant expressing the pp38 protein from the serotype 1 vaccine strain CVI988/Rispens. *Virus Genes* 31:73 - 80.

[368]Lee, L. F. , E. D. Kieff, S. L. Bachenheimer, B. Roizman, P. G. Spear, B. R. Burmester, and K. Nazerian. 1971. Size and composition of Marek's disease virus deoxyribonucleic acid. *Journal of Virology* 7:289 - 294.

[369]Lee, L. F. , X. Liu, J. M. Sharma, K. Nazerian, and L. D. Bacon. 1983. A monoclonal antibody reactive with Marek's disease tumorassociated surface antigen. *Journal of Immunology* 130:1007 - 1011.

[370]Lee, L. F. , X. Liu, and R. L. Witter. 1983. Monoclonal antibodies with specificity for three different serotypes of Marek's disease viruses in chickens. *Journal of Immunology* 130:1003 - 1006.

[371]Lee, L. F. , K. Nazerian, R. L. Witter, S. S. Leinbach, and J. A. Boezi. 1978. A phosphonoacetate-resistant mutant of herpesvirus of turkeys. *Journal of the National Cancer Institute* 60:1141 - 1146.

[372]Lee, L. F. , P. C. Powell, M. Rennie, L. J. Ross, and L. N. Payne. 1981. Nature of genetic resistance to Marek's disease in chickens. *Journal of the National Cancer Institute* 66:789 - 796.

[373]Lee, L. F. , J. M. Sharma, K. Nazerian, and R. L. Witter. 1978. Suppression of mitogen-induced proliferation of normal spleen cells by macrophages from chickens inoculated with Marek's disease virus. *Journal of Immunology* 120:1554 - 1559.

[374] Lee, L. F. , R. L. Witter, S. M. Reddy, P. Wu, N. Yanagida, and S. Yoshida. 2003. Protection and synergism by recombinant fowl pox vaccines expressing multiple genes from Marek's disease virus. *Avian Diseases* 47:549 - 558.

[375]Lee, L. F. , P. Wu, D. Sui, D. Ren, J. Kamil, H. J. Kung,

and R. L. Witter. 2000. The complete unique long sequence and the overall genomic organization of the GA strain of Marek's disease virus. *Proceedings of the National Academy of Science USA* 97:6091 - 6096.

[376]Lee, S. I. , K. Ohashi, T. Morimura, C. Sugimoto, and M. Onuma. 1999. Re-isolation of Marek's disease virus from T cell subsets of vaccinated and non-vaccinated chickens. *Archives of Virology* 144:45-54.

[377]Lee, S. I. , K. Ohashi, C. Sugimoto, and M. Onuma. 2001. Heparin inhibits plaque formation by cell-free Marek's disease viruses *in vitro*. *Journal of Veterinary Medical Science* 63:427 - 432.

[378]Lee, S. I. , M. Takagi, K. Ohashi, C. Sugimoto, and M. Onuma. 2000. Difference in the meq gene between oncogenic and attenuated strains of Marek's disease virus serotype 1. *Journal of Veterinary Medical Science* 62:287 - 292.

[379]Lesnik, F. , D. Chudy, J. Bogdan, O. J. Vrtiak, and M. Rudic. 1978. Testing the immunogenicity of the dermal antigen of Marek's disease virus. *Veterinary Medicine* 23:421 - 430.

[380] Lesnik, F. , T. Paauer, O. J. Vrtiak, M. Danihel, A. Gdovinova, and M. Gergely. 1981. Transmission of Marek's disease to wild feathered game. *Veterinary Medicine* 26:623 - 630.

[381]Levy, A. M. , S. C. Burgess, I. Davidson, G. Underwood, G. Leitner, and E. D. Heller. 2003. Interferon-containing supernatants increase Marek's disease herpesvirus genomes and gene transcription levels, but not virion replication *in vitro*. *Viral Immunology* 16:501 - 509.

[382]Levy, A. M. , I. Davidson, S. C. Burgess, and E. D. Heller. 2003. Major histocompatibility complex class I is downregulated in Marek's disease virus infected chicken embryo fibroblasts and corrected by chicken interferon. *Comparative Immunology, Microbiology and Infectious Diseases* 26:189 - 198.

[383]Levy, A. M. , I. Davidson, S. C. Burgess, G. Underwood, G. Leitner, and E. D. Heller. 2001. "Quantifying the effect induced by native chicken interferon on the RB1B strain of Marek's disease virus. " In *Current Progress on Marek's Disease Research*, edited by K. A. Schat, R. M. Morgan, M. S. Parcells and J. L. Spencer, pp. 237 - 239. Kennett Square: American Association of Avian Pathologists.

[384]Levy, A. M. , O. Gilad, L. Xia, Y. Izumiya, J. Choi, A. Tsalenko, Z. Yakhini, R. Witter, L. Lee, C. J. Cardona, and H. J. Kung. 2005. Marek's disease virus Meq trans-

forms chicken cells via the v-Jun transcriptional cascade: A converging transforming pathway for avian oncoviruses. *Proceedings of the National Academy of Science USA* 102:14831 - 14836.

[385]Levy, A. M. , Y. Izumiya, P. Brunovskis, L. Xia, M. S. Parcells, S. M. Reddy, L. F. Lee, H. W. Chen, and H. J. Kung. 2003. Characterization of the chromosomal binding sites and dimerization partners of the viral oncoprotein Meq in Marek's disease virustransformed T cells. *Journal of Virology* 77:12841 - 12851.

[386]Levy, H. , T. Maray, I. Davidson, M. Malkinson, and Y. Becker. 1991. Replication of Marek's disease virus in chicken feather tips containing vaccinal turkey herpesvirus DNA. *Avian Pathology* 20:35 - 44.

[387]Li, D. -S. , J. Pastorek, V Zelnik, G. D. Smith, and L. J. N. Ross. 1994. Identification of novel transcripts complementary to the Marek's disease virus homologue of the ICP4 gene of herpes simplex virus. *Journal of General Virology* 75:1713 - 1722.

[388]Li, D. , L. O'Sullivan, L. Greenall, G. Smith, C. Jiang, and N. Ross. 1998. Further characterization of the latency-associated transcription unit of Marek's disease virus. *Archives of Virology* 143:295 - 311.

[389]Li, X. , K. W. Jarosinski, and K. A. Schat. 2006. Expression of Marek's disease virus phosphorylated polypeptide pp38 produces splice variants and enhances metabolic activity. *Veterinary Microbiology* 117:154 - 168.

[390]Li, X. and K. A. Schat. 2004. Quail cell lines supporting replication of Marek's disease virus serotype 1 and 2 and herpesvirus of turkeys. *Avian Diseases* 48:803 - 812.

[391]Lin, J. A. , H. Kodama, M. Onuma, and T. Mikami. 1991. The early pathogenesis in chicken inoculated with non-pathogenic serotype 2 Marek's disease virus. *Journal of Veterinary Medical Science* 53:269 - 273.

[392]Liu, H. C. , H. H. Cheng, V. Tirunagaru, L. Sofer, and J. Burnside. 2001. A strategy to identify positional candidate genes conferring Marek's disease resistance by integrating DNA microarrays and genetic mapping. *Animal Genetics* 32:351 - 359.

[393]Liu, H. C. , E. J. Soderblom, and M. B. Goshe. 2006. A mass spectrometry-based proteomic approach to study Marek's disease virus gene expression. *Journal of Virological Methods* 135:66 - 75.

[394]Liu, J. L. , L. F. Lee, Y. Ye, Z. Qian, and H. J. Kung. 1997. Nucleolar and nuclear localization properties of a herpesvirus bZIP oncoprotein, MEQ. *Journal of Virology* 71:3188 - 3196.

[395]Liu, J. L. , S. F. Lin, L. Xia, P. Brunovskis, D. Li, I. Davidson, L. F. Lee, and H. J. Kung. 1999. MEQ and V-IL8:cellular genes in disguise? *Acta Virologica* 43:94 - 101.

[396]Liu, J. L. , Y. Ye, L. F. Lee, and H. J. Kung. 1998. Transforming potential of the herpesvirus oncoprotein MEQ: morphological transformation, serum-independent growth, and inhibition of apoptosis. *Journal of Virology* 72:388 - 395.

[397]Liu, J. L. , Y. Ye, Z. Qian, Y. Qian, D. J. Templeton, L. F. Lee, and H. J. Kung. 1999. Functional interactions between herpesvirus oncoprotein MEQ and cell cycle regulator CDK2. *Journal of Virology* 73:4208 - 4219.

[398]Longenecker, B. M. , F. Pazderka, J. S. Gavora, J. L. Spencer, and R. F. Ruth. 1976. Lymphoma induced by herpesvirus: Resistance associated with a major histocompatibility gene. *Immunogenetics* 3:401 - 407.

[399]Lucio-Martinez, B. 1999. Impact of vv Marek's disease on mortality and production in a multiple-age farm. *Proceedings of the 48th Western Poultry Disease Conference*, pp. 55 - 56.

[400]Lupiani, B. , L. F. Lee, X. Cui, I. Gimeno, A. Anderson, R. W. Morgan, R. F. Silva, R. L. Witter, H. J. Kung, and S. M. Reddy. 2004. Marek's disease virus-encoded Meq gene is involved in transformation of lymphocytes but is dispensable for replication. *Proceedings of the National Academy of Science USA* 101:11815 - 11820.

[401]Lupiani, B. , L. F. Lee, and S. M. Reddy. 2001. Protein-coding content of the sequence of Marek's disease virus serotype 1. *Current Topics in Microbiology and Immunology* 255:159 - 190.

[402]Maas, H. J. L. , H. W. Antonisse, A. J. Van Der Zypp, J. E. Groenendal, and G. L. Kok. 1981. The development of two white plymouth rock lines resistant to Marek's disease by breeding from survivors. *Avian Pathology* 10:137 - 115.

[403]Maas, H. J. L. , B. H. Rispens, and J. E. Groenendal. 1974. Control of Marek's disease in the Netherlands: Large scale field trials with the avirulent cell-associated Marek's disease vaccine virus(strain CVI988). *Tijdschrift voor Diergeneeskunde* 99:1273 - 1288.

[404]MacGregor, H. S. and Q. I. Latiwonk. 1992. Search for the origin of multiple sclerosis by first identifing the vector. *Medical Hypotheses* 37:67 - 73.

[405]MacGregor, H. S. and Q. I. Latiwonk. 1993. Complex role of gamma-herpesviruses in multiple sclerosis and

infectious mononucleosis. *Neurological Research* 15: 391 - 394.

[406]Maotani, K. , A. Kanamori, K. Ikuta, S. Ueda, S. Kato, and K. Hirai. 1986. Amplification of a tandem direct repeat within inverted repeats of Marek's disease virus DNA during serial *in vitro* passage. *Journal of Virology* 58:657 - 660.

[407]Maray, T. , M. Malkinson, and Y. Becker. 1988. RNA transcripts of Marek's disease virus(MDV) serotype 1 in infected and transformed cells. *Virus Genes* 2:49 - 68.

[408]Marek, J. 1907. Multiple Nervenentzuendung(Polyneuritis) bei Huehnern. *Deutsche Tierärztliche Wochenschrift* 15:417 - 421.

[409]Markowski-Grimsrud, C. J. and K. A. Schat. 2002. Cytotoxic T lymphocyte responses to Marek's disease herpesvirus-encoded glycoproteins. *Veterinary Immunology and Immunopathology* 90:133 - 144.

[410]Markowski-Grimsrud, C. J. and K. A. Schat. 2003. Infection with chicken anemia virus impairs the generation of antigen-specific cytotoxic T lymphocytes. *Immunology* 109:283 - 294.

[411]McColl, K. 1988. Cellular and molecular studies on transformed cells in Marek's disease. Ph. D. Thesis Ithaca, NY:Cornell University.

[412]McColl, K. , B. W. Calnek, W. V. Harris, K. A. Schat, and L. F. Lee. 1987. Expression of a putative tumor-associated antigen on normal versus Marek's disease virus-transformed lymphocytes. *Journal of the National Cancer Institute* 79:991 - 100.

[413]McElroy, J. P. , J. C. Dekkers, J. E. Fulton, N. P. O'sullivan, M. Soller, E. Lipkin, W. Zhang, K. J. Koehler, S. J. Lamont, and H. H. Cheng. 2005. Microsatellite markers associated with resistance to Marek's disease in commercial layer chickens. *Poultry Science* 84:1678 - 1688.

[414]McGeoch, D. J. , A. Dolan, and A. C. Ralph. 2000. Toward a comprehensive phylogeny for mammalian and avian herpesviruses. *Journal of Virology* 74:10401 - 10406.

[415]McHatters, G. R. and R. G. Scham. 1995. Bird viruses in multiple sclerosis:combination of viruses or Marek's alone? *Neuroscience Letters* 188:75 - 76.

[416]McKay, J. C. 1998. A poultry breeder's approach to avian neoplasia. *Avian Pathology* 27:S74 - S77.

[417]McKie, E. A. , E. Ubukata, S. Hasegawa, S. Zhang, M. Nonoyama, and A. Tanaka. 1995. The transcripts from the sequences flanking the short component of Marek's disease virus during latent infection form a unique family of 3' - coterminal RNAs. *Journal of Virology* 69: 1310 - 1314.

[418]Miles, A. M. , S. M. Reddy, and R. W. Morgan. 2001. Coinfection of specific-pathogen-free chickens with Marek's disease virus(MDV) and chicken infectious anemia virus:effect of MDV patho-type. *Avian Diseases* 45:9 - 18.

[419]Minick, C. R. , C. G. Fabricant, J. Fabricant, and M. M. Litrenta. 1979. Atheroarteriosclerosis induced by infection with a herpesvirus. *American Journal of Pathology* 96:673 - 706.

[420]Moore, F. R. , B. W. Calnek, and S. E. Bloom. 1994. Cytogenetic studies of cell lines derived from Marek's disease virus-induced local lesions. *Avian Diseases* 38: 797 -779.

[421]Moore, F. R. , K. A. Schat, N. Hutchison, C. LeCiel, and S. E. Bloom. 1993. Consistent chromosomal aberration in cell lines transformed with Marek's disease herpesvirus:Evidence for genomic DNA amplification. *International Journal of Cancer* 54:685 - 692.

[422]Morgan, R. W. , A. Anderson, J. Kent, and M. S. Parcells. 1996. "Characterization of Marek's disease virus RBIB-based mutants having disrupted glycoprotein C or glycoprotein D homolog genes. " In *Current Research on Marek's Disease*, edited by R. F. Silva, H. H. Cheng, P. M. Coussens, L. F. Lee and L. F. Velicer, pp. 207 - 212. Kennett Square, PA.

[423]Morgan, R. W. , J. L. Cantello, J. A. J. Claessens, and P. J. A. Sondermeijer. 1991. Inhibition of Marek's disease virus DNA transfection by a sequence containing an alphaherpesvirus origin of replication and flanking transcriptional regulatory elements. *Avian Diseases* 35:70 - 81.

[424]Morgan, R. W. , J. Gelb Jr. , C. R. Pope, and P. J. A. Sondermeijer. 1993. Efficacy in chickens of a herpesvirus of turkeys recombinant vaccine containing the fusion gene of Newcastle disease virus:Onset of protection and effect of maternal antibodies. *Avian Diseases* 37:1032 - 1040.

[425]Morgan, R. W. , L. Sofer, A. S. Anderson, E. L. Bernberg, J. Cui, and J. Burnside. 2001. Induction of host gene expression following infection of chicken embryo fibroblasts with oncogenic Marek's disease virus. *Journal of Virology* 75:533 - 539.

[426]Morgan, R. W. , Q. Xie, J. L. Cantello, A. M. Miles, E.

L. Bernberg, J. Kent, and A. Anderson. 2001. Marek's disease virus latency. *Current Topics in Microbiology and Immunology* 255:223 - 243.

[427]Moriguchi, R., M. Oshima, F. Mori, I. Umezawa, and C. Itakura. 1989. "Chronological change of feather pulp lesions during the course of Marek's disease virus-induced lymphoma formation in field chickens." In *Advances in Marek's Disease Research*, edited by S. Kato, T. Horiuchi, T. Mikami and K. Hirai, pp. 338 - 343. Osaka: Japanese Association on Marek's Disease.

[428]Morimura, T., M. Hattori, K. Ohashi, C. Sugimoto, and M. Onuma. 1995. Immunomodulation of peripheral T cells in chickens infected with Marek's disease virus: involvement in immunosuppression. *Journal of General Virology* 76:2979 - 2985.

[429]Morimura, T., K. Ohashi, Y. Kon, M. Hattori, C. Sugimoto, and M. Onuma. 1996. Apoptosis and CD8-downregulation in the thymus of chickens infected with Marek's disease virus. *Archives of Virology* 141:2243 -2249.

[430]Morimura, T., K. Ohashi, Y. Kon, M. Hattori, C. Sugimoto, and M. Onuma. 1997. Apoptosis in peripheral CD4+T cells and thymocytes by Marek's disease virus-infection. *Leukemia* 11 Suppl 3:206 - 208.

[431]Morimura, T., K. Ohashi, C. Sugimoto, and M. Onuma. 1998. Pathogenesis of Marek's disease(MD)and possible mechanisms of immunity induced by MD vaccine. *Journal of Veterinary Medical Science* 60:1 - 8.

[432]Morrow, C. and F. Fehler. 2004. "Marek's disease: a worldwide problem." In *Marek's Disease. An Evolving Problem*, edited by F. Davison and V. Nair, pp. 49 - 61. London: Elsevier Academic Press.

[433]Murata, S., K. S. Chang, S. -L. Lee, M. Onuma, and K. Ohashi. 2005. "Detection of the Marek's disease virus genome from feather tips of white-fronted geese in Japan." In *Recent Advances in Marek's Disease Research*, *Proceedings of the 7th International Symposium on Marek's Disease*, edited by V Nair, pp. 161 - 165. Compton: Institute for Animal Health.

[434]Naciri, M., O. Mazzella, and F. Coudert. 1989. Interactions of cryptosporidia and savage or vaccinal virus in Marek's diseases in chickens. *Recueil Medecine Veterinaire* 165:383 - 338.

[435]Nair, V. and H. J. Kung. 2004. "Marek's disease virus oncogenicity: Molecular mechanisms." In *Marek's Disease, An Evolving Problem*, edited by F. Davison and V. Nair, pp. 32 - 48. London: Elsevier Academic Press.

[436]Nair, V. and M. Zavolan. 2006. Virus-encoded microRNAs: novel regulators of gene expression. *Trends in Microbiology* 14:169 - 175.

[437]Naito, M., K. Nakajima, N. Iwa, K. Ono, I. Yoshida, T. Konobe, K. Ikuta, S. Ueda, S. Kato, and K. Hirai. 1986. Demonstration of a Marek's disease virus-specific antigen in tumour lesions of chickens with Marek's disease using monoclonal antibody against a virus phosphorylated protein. *Avian Pathology* 15:503 - 510.

[438]Nakajima, K., K. Ikuta, M. Naito, S. Ueda, S. Kato, and K. Hirai. 1987. Analysis of Marek's disease virus serotype 1-specific phosphorylated polypeptides in virus-infected cells and Marek's disease lymphoblastoid cells. *Journal of General Virology* 68:1379 - 1389.

[439]Nazerian, K. 1987. An updated list of avian cell lines and transplantable tumours. *Avian Pathology* 16:527 - 544.

[440]Nazerian, K., A. Elmubarak, and J. M. Sharma. 1982. Establishment of B-lymphoblastoid cell lines from Marek's disease virus-induced tumors in turkeys. *International Journal of Cancer* 29:63 - 68.

[441]Nazerian, K., L. F. Lee, R. L. Witter, and B. R. Burmester. 1970. Ultra-structural studies of a herpesvirus of turkeys antigenically related to Marek's disease virus. *Virology* 43:442 - 452.

[442]Nazerian, K., L. F. Lee, N. Yanagida, and R. Ogawa. 1992. Protection against Marek's disease by a fowlpox virus recombinant expressing the glycoprotein B of Marek's disease virus. *Journal of Virology* 66:1409 - 1413.

[443]Nazerian, K., J. J. Solomon, R. L. Witter, and B. R. Burmester. 1968. Studies on the etiology of Marek's disease. II. Finding of a herpesvirus in cell culture. *Proceedings of the Society of Experimental Biology and Medicine* 127:177 - 182.

[444]Nazerian, K., E. A. Stephens, J. M. Sharma, L. F. Lee, M. Gailitis, and R. L. Witter. 1977. A nonproducer T lymphoblastoid cell line from Marek's disease transplantable tumor(JMV). *Avian Diseases* 21:69 - 76.

[445]Nazerian, K., R. L. Witter, L. F. Lee, and N. Yanagida. 1996. Protection and synergism by recombinant fowl pox vaccines expressing genes from Marek's disease virus. *Avian Diseases* 40:368 - 376.

[446]Nicholls, T. J. 1984. Marek's disease in sixty week-old laying chickens. *Australian Veterinary Journal* 61:243.

[447]Nii, S., M. Yamada, M. Yoshida, Y. Arao, F. Uno, T.

Ishikawa, M. Hayashi, K. Ono, and K. Hirai. 1989. "Growth of MDV Ⅱ in MDCC-MSB1 - 41C." In *Advances in Marek's Disease Research*, edited by S. Kato, T. Horiuchi, T. Mikami and K. Hirai, pp. 197 - 203. Osaka: Japanese Association on Marek's Disease.

[448] Niikura, M., H. C. Liu, J. B. Dodgson, and H. H. Cheng. 2004. A comprehensive screen for chicken proteins that interact with proteins unique to virulent strains of Marek's disease virus. *Poultry Science* 83: 1117 - 1123.

[449] Niikura, M., Y. Matsuura, D. Endoh, M. Onuma, and T. Mikami. 1992. Expression of the Marek's Disease Virus(MDV) homolog of glycoprotein B of herpes simplex virus by a recombinant baculovirus and its identification as the B antigen(gp100, gp60, gp49) of MDV. *Journal of Virology* 66: 2631 - 2638.

[450] Niikura, M., R. L. Witter, H. K. Jang, M. Ono, T. Mikami, and R. F. Silva. 1999. MDV glycoprotein D is expressed in the feather follicle epithelium of infected chickens. *Acta Virologica* 43: 159 - 163.

[451] Njaa, B. L., K. W. Jarosinski, and K. A. Schat(2004). Unpublished data.

[452] Njenga, M. K. and C. A. Dangler. 1995. Endothelial MHC class Ⅱ antigen expression and endarteritis associated with Marek's disease virus infection in chickens. *Veterinary Pathology* 32: 403 - 411.

[453] Njenga, M. K. and C. A. Dangler. 1996. Intimal lipid accretion and elevated serum cholesterol in Marek's disease virus-inoculated chickens. *Veterinary Pathology* 33: 704 - 708.

[454] Ohashi, K., T. Mikami, H. Kodama, and H. Izawa. 1987. Suppression of NK activity of spleen cells by chicken fetal antigen present on Marek's disease lymphoblastoid cell line cells. *International Journal of Cancer* 40: 378 - 382.

[455] Ohashi, K., T. Morimura, M. Takagi, S. I. Lee, K. O. Cho, H. Takahashi, Y. Maeda, C. Sugimoto, and M. Onuma. 1999. Expression of bcl - 2 and bcl-x genes in lymphocytes and tumor cell lines derived from MDV-infected chickens. *Acta Virologica* 43: 128 - 132.

[456] Ohashi, K., W. Zhou, P. H. O'Connell, and K. A. Schat. 1994. Characterization of a Marek's disease virus BamHI-L specific cDNa clone obtained from a Marek's disease lymphoblastoid cell line. *Journal of Virology* 68: 1191 - 1195.

[457] OIE. 2004. Chapter 2. 7. 2. Marek's Disease Manual of Diagnostic Tests and Vaccines for Terrestrial Animals.

[458] Okada, K., Y. Tanaka, K. Murakami, S. Chiba, T. Morimura, M. Hattori, M. Goryo, and M. Onuma. 1997. Phenotype analysis of lymphoid cells in Marek's disease of CD4 + or CD8 + T-cell-deficient chickens: occurrence of double negative T-cell turnout. *Avian Pathology* 26: 525 - 534.

[459] Okazaki, W., H. G. Purchase, and B. R. Burmester. 1970. Protection against Marek's disease by vaccination with a herpesvirus of turkeys. *Avian Diseases* 14: 413 - 429.

[460] Omar, A. R. and K. A. Schat. 1996. Syngeneic Marek's disease virus(MDV)-specific cell-mediated immune responses against immediate early, late, and unique MDV proteins. *Virology* 222: 87 - 99.

[461] Omar, A. R. and K. A. Schat. 1997. Characterization of Marek's disease herpesvirus-specific cytotoxic T lymphocytes in chickens inoculated with a non-oncogenic vaccine strain of MDV. *Immunology* 90: 579 - 585.

[462] Omar, A. R., K. A. Schat, L. F. Lee, and H. D. Hunt. 1998. Cytotoxic T lymphocyte response in chickens immunized with a recombinant fowlpox virus expressing Marek's disease herpesvirus glycoprotein B. *Veterinary Immunology and Immunopathology* 62: 73 - 82.

[463] Ono, K., M. Takashima, T. Ishikawa, M. Hayashi, T. Konobe, K. Ikuta, K. Nakajima, S. Ueda, S. Kato, K. Hirai, and I. Yoshida. 1985. Partial protection against Marek's disease in chickens immunized with glycoproteins gB purified from turkey-herpesvirus infected cells by affinity chromatography coupled with monoclonal antibodies. *Avian Diseases* 29: 533 - 539.

[464] Ono, M., H. K. Jang, K. Maeda, Y. Kawaguchi, Y. Tohya, M. Niikura, and T. Mikami. 1996. Detection of Marek's disease virus serotype 1(MDV1) glycoprotein D in MDV 1-infected chick embryo fibroblasts. *Journal of Veterinary Medical Science* 58: 777 - 780.

[465] Ono, M., R. Katsuragi-Iwanaga, T. Kitazawa, N. Kamiya, T. Horimoto, M. Niikura, C. Kai, K. Hirai, and T. Mikami. 1992. The restriction endonuclease map of Marek's disease virus(MDV) serotype 2 and collinear relationship among three serotypes of MDV *Virology* 191: 459 - 463.

[466] Ono, M., Y. Kawaguchi, K. Maeda, N. Kamiya, Y. Tohya, C. Kai, M. Niikura, and T. Mikami. 1994. Nucleotide sequence analysis of Marek's disease virus(MDV) serotype 2 homolog of MDV serotype 1 pp38, an antigen associated with transformed cells. *Virology* 201: 142 - 146.

[467]Osterrieder,K. and J. F. Vautherot. 2004. "The genome content of Marek's disease-like viruses." In *Marek's Disease*, *An Evolving Problem*, edited by F. Davison and V. Nair, pp. 17 – 31. London: Elsevier Academic Press.

[468]Osterrieder, N. ,J. P. Kamil, D. Schumacher, B. K. Tischer,and S. Trapp. 2006. Marek's disease virus: from miasma to model. *Nature Reviews of Microbiology* 4: 283 – 294.

[469]Otaki, Y. , T. Nunoya, M. Tajima, A. Kato, and Y. Nomura. 1988. Depression of vaccinal immunity to Marek's disease by infection with chicken anaemia agent. *Avian Pathology* 17: 333 – 347.

[470]Otaki, Y. , M. Tajima, K. Saito, and Y. Nomura. 1988. Immune response of chicks inoculated with chicken anemia agent alone or in combination with Marek's disease virus or turkey herpesvirus. *Nippon Juigaku Zasshi* 50: 1040 – 1047.

[471]Pappenheimer, A. M. ,L. C. Dunn, and V. Cone. 1926. A study of fowl paralysis (neuro-lymphomatosis gallinarum). *Bulletin 143 Storrs Agricultural Experiment Station*, 187 – 289.

[472]Parcells, M. S. , A. S. Anderson, J. L. Cantello, and R. W. Morgan. 1994. Characterization of Marek's disease virus insertion and deletion mutants that lack US1 (ICP22 homolog), US 10, and/or US2 and neighboring short-component open reading frames. *Journal of Virology* 68: 8239 – 8253.

[473]Parcells, M. S. , A. S. Anderson, and R. W. Morgan. 1995. Retention of oncogenicity by a Marek's disease virus mutant lacking six unique short region genes. *Journal of Virology* 69: 7888 – 7898.

[474]Parcells, M. S. , R. L. Dienglewicz, A. S. Anderson, and R. W. Morgan. 1999. Recombinant Marek's disease virus(MDV)-derived lymphoblastoid cell lines: regulation of a marker gene within the context of the MDV genome. *Journal of Virology* 73: 1362 – 1373.

[475]Parcells, M. S. , S. F. Lin, R. L. Dienglewicz, V. Majerciak, D. R. Robinson, H. C. Chen, Z. Wu, G. R. Dubyak, P. Brunovskis, H. D. Hunt, L. F. Lee, and H. J. Kung. 2001. Marek's disease virus(MDV)encodes an interleukin – 8 homolog(vIL – 8): characterization of the vIL – 8 protein and a vIL – 8 deletion mutant MDV. *Journal of Virology* 75: 5159 – 5173.

[476]Parker, M. A. and L. W. Schierman. 1983. Suppression of humoral immunity in chickens prevents transient paralysis caused by a herpesvirus. *Journal of Immunology* 130: 2000 – 2001.

[477]Patterson, L. T. , S. K. Wade, D. L. Evans, and J. N. Beasley. 1969. Hematological changes in acute leukosis (Marek's disease). *Poultry Science* 48: 1857 – 1857.

[478]Pattison, M. 1985. "Control of Marek's disease by the poultry industry: Practical considerations. " In *Marek's Disease*, *Scientific Basis and Methods of Control*, edited by L. N. Payne, pp. 341 – 349. Dordrecht: Martinus Nijhoff.

[479]Paul, P. S. ,J. H. Sautter, and B. S. Pomeroy. 1977. Susceptibility of turkeys to Georgia strain of Marek's disease virus of chicken origin. *American Journal of Veterinary Research* 38: 1653 – 1656.

[480]Payne, L. N. 1972. "Pathogenesis of Marek's disease: A review. " In *Oncogenesis and Herpesviruses*, edited by P. M. Biggs, G. de Thé, and L. N. Payne, pp. 21 – 37. Lyon: IARC.

[481]Payne, L. N. 1985. Marek's Disease: Scientific Basis and Methods of Control. Dordrecht: Martinus Nijhoff.

[482]Payne, L. N. 1985. "Pathology. " In *Marek's Disease*, *Scientific Basis and Methods of Control*, edited by L. N. Payne, pp. 43 – 75. Dordrecht: Martinus Nijhoff.

[483]Payne, L. N. 2004. "Pathological responses to infection. " In *Marek's Disease: An Evolving Problem*, edited by F. Davison and V. Nair, pp. 78 – 97. London: Elsevier Academic Press.

[484]Payne, L. N. and P. M. Biggs. 1967. Studies on Marek's disease. II. Pathogenesis. *Journal of the National Cancer Institute* 39: 281 – 302.

[485]Payne, L. N. , J. A. Frazier, and P. C. Powell. 1976. Pathogenesis of Marek's disease. *International Review of Experimental Pathology* 16: 59 – 154.

[486]Payne, L. N. , K. Howes, M. Rennie, J. M. Bumstead, and A. W. Kidd. 1981. Use of an agar culture technique for establishing lymphoid cell lines from Marek's disease lymphomas. *International Journal of Cancer* 28: 757 – 766.

[487]Payne, L. N. , P. C. Powell, and M. Rennie. 1974. Response of B and T lymphocytes and other blood leukocytes in chickens with Marek's disease. *Cold Spring Harbor Symposium on Quantitative Biology* 39: 817 – 826.

[488]Payne, L. N. and M. Rennie. 1973. Pathogenesis of Marek's disease in chicks with and without maternal antibody. *Journal of the National Cancer Institute* 51: 1559 – 1573.

[489]Payne, L. N. and M. Rennie. 1976. The proportions of B

and T lymphocytes in lymphomas, peripheral nerves and lymphoid organs in Marek's disease. *Avian Pathology* 5:147 - 154.

[490] Payne, L. N. and J. Roszkowski. 1972. The presence of immunologically uncommitted bursa and thymus dependent lymphoid cells in the lymphomas of Marek's disease. *Avian Pathology* 1:27 - 34.

[491] Pazderka, F., B. M. Longenecker, G. R. J. Law, H. A. Stone, W. E. Briles, and R. F. Ruth. 1974. Detection of identical B alleles in different strains of chickens: Association with resistance to Marek's disease. *Animal Blood Groups and Biochemical Genetics* 5:18.

[492] Peng, F., J. Donovan, S. Specter, A. Tanaka, and M. Nonoyama. 1993. Prolonged proliferation of primary chicken embryo fibroblasts transfected with cDNAs from the BamHI-H gene family of Marek's disease virus. *International Journal of Oncology* 3:587 - 591.

[493] Peng, F., S. Specter, A. Tanaka, and M. Nonoyama. 1994. A 7 kDa protein encoded by the BamHI-H gene family of Marek's disease virus is produced in lytically and latently infected cells. *International Journal of Oncology* 4:799 - 802.

[494] Peng, Q. and Y. Shirazi. 1996. Characterization of the protein product encoded by a splicing variant of the Marek's disease virus Eco Q gene (Meq). *Virology* 226:77 - 82.

[495] Peng, Q. and Y. Shirazi. 1996. Isolation and characterization of Marek's disease virus (MDV) cDNAs from a MDV-transformed lymphoblastoid cell line: identification of an open reading frame antisense to the MDV Eco-Q protein (Meq). *Virology* 221:368 - 374.

[496] Peng, Q., M. Zeng, Z. A. Bhuiyan, E. Ubukata, A. Tanaka, M. Nonoyama, and Y. Shirazi. 1995. Isolation and characterization of Marek's disease virus (MDV) cDNAs mapping to the BamHI - I2, BamHI - Q2, and BamHI - L fragments of the MDV genome from lymphoblastoid cells transformed and persistently infected with MDV. *Virology* 213:590 - 599.

[497] Pennycott, T. W., G. Duncan, and K. Venugopal. 2003. Marek's disease, candidiasis and megabacteriosis in a flock of chickens (Gallus gallus domesticus) and Japanese quail (Coturnix japonica). *Veterinary Record* 153:293 - 297.

[498] Pennycott, T. W. and K. Venugopal. 2002. Outbreak of Marek's disease in a flock of turkeys in Scotland. *Veterinary Record* 150:277 - 279.

[499] Pepose, J. S., J. G. Stevens, M. L. Cook, and P. W. Lampert. 1981. Marek's disease as a model for the Landry-Guillain-Barré, Syndrome: Latent viral infection in nonneuronal cells is accompanied by specific immune responses to peripheral nerve and myelin. *American Journal of Pathology* 103:309 - 332.

[500] Pereira, L. 1994. Function of glycoprotein B homologues of the family herpesviridae. *Infectious Agents and Disease* 3:9 - 28.

[501] Petherbridge, L., A. C. Brown, S. J. Baigent, K. Howes, M. A. Sacco, N. Osterrieder, and V. K. Nair. 2004. Oncogenicity of virulent Marek's disease virus cloned as bacterial artificial chromosomes. *Journal of Virology* 78:13376 - 13380.

[502] Petherbridge, L., K. Howes, S. J. Baigent, M. A. Sacco, S. Evans, N. Osterrieder, and V. Nair. 2003. Replication-competent bacterial artificial chromosomes of Marek's disease virus: Novel tools for generation of molecularly defined herpesvirus vaccines. *Journal of Virology* 77:8712 - 8718.

[503] Pettit, J. R., P. A. Taylor, and A. W. Gough. 1976. Microscopic lesions suggestive of Marek's disease in a Black Francolin (Francolinus f. francolinus). *Avian Diseases* 20:410 - 415.

[504] Phillips, P. A. and P. M. Biggs. 1972. Course of infection in tissues of susceptible chickens after exposure to strains of Marek's disease virus and turkey herpesvirus. *Journal of the National Cancer Institute* 49:1367 - 1137.

[505] Pol, J. M., G. L. Kok, H. L. Oei, and G. F. de Boer. 1986. Pathogenicity studies with plaque-purified preparations of Marek's disease virus strain CVI - 988. *Avian Diseases* 30:271 - 275.

[506] Pol, J. M. A., G. L. Kok, and G. F. de Boer. 1985. "Studies on the oncogenic properties of various Marek's disease virus strains." In *Proceedings of the International Symposium on Marek's Disease*, edited by B. W. Calnek and J. L. Spencer, pp. 469 - 479. Kennett Square: American Association of Avian Pathologists.

[507] Powell, P. C. and T. F. Davison. 1986. Induction of Marek's disease in vaccinated chickens by treatment with betamethasone or corti costerone. *Israel Journal of Veterinary Medicine* 42:73 - 78.

[508] Powell, P. C., K. J. Hartley, B. M. Mustill, and M. Rennie. 1983. The occurrence of chicken foetal antigen after infection with Marek's disease virus in three strains of chicken. *Oncodevelop mental Biology and Medicine* 4:261 - 271.

[509]Powell, P. C. , K. Howes, A. M. Lawn, B. M. Mustill, L. N. Payne, M. Rennie, and M. A. Thompson. 1984. Marek's disease in turkeys: The induction of lesions and the establishment of lymphoid cell lines. *Avian Pathology* 13:201 - 214.

[510]Powell, P. C. . and F. Lombardini. 1986. Isolation of very virulent pathotypes of Marek's disease virus from vaccinated chickens in Europe. *Veterinary Record* 118: 688 - 691.

[511]Powell, P. C. , L. N. Payne, J. A. Frazier, and M. Rennie. 1974. T lymphoblastoid cell lines from Marek's disease lymphomas. *Nature* 251:79 - 80.

[512]Powell, P. C. and M. Rennie. 1980. Failure of attenuated Marek's disease virus and herpesvirus of turkey antigens to protect against the JMV Marek's disease derived transplantable tumour. *Avian Pathology* 9: 193 - 200.

[513]Powell, P. C. and M. Rennie. 1984. The expression of Marek's disease tumor-associated surface antigen in various avian species. *Avian Pathology* 13:345 - 349.

[514]Powell, P. C. and J. G. Rowell. 1977. Dissociation of antiviral and antitumor immunity in resistance to Marek's disease. *Journal of the National Cancer Institute* 59: 919 - 924.

[515]Pradhan, H. K. , G. C. Mohanty, W. Y. Lee, L. Kaul, and J. M. Kataria. 1988. Immune complex-mediated glomerulopathy in Marek's disease. *Veterinary Immunology and Immunopathology* 19:165 - 171.

[516]Pradhan, H. K. , G. C. Mohanty, and A. Mukit. 1985. Marek's disease in Japanese quails(Coturnix coturnix japonica): A study of natural cases. *Avian Diseases* 29: 575 - 558.

[517]Prasad, L. B. M. , J. Scott, and P. B. Spradbrow. 1977. Isolation of Marek's disease herpesvirus of low pathogenicity from commercial chickens. *Australian Veterinary Journal* 53:405 - 406.

[518]Prasad, L. B. M. and P. B. Spradbrow. 1977. Multiplication of turkey herpes virus and Marek's disease virus in chick embryo skin cell cultures. *Journal of Comparative Pathology* 87:515 - 520.

[519]Prasad, L. M. B. and P. B. Spradbrow. 1980. Ultrastructure and infectivity of tissue from normal and immunodepressed chickens inoculated with turkey herpesvirus. *Journal of Comparative Pathology* 90:47 - 56.

[520]Pratt, W. D. , J. Cantello, R. W. Morgan, and K. A. Schat. 1994. Enhanced expression of the Marek's disease virus-specific phos phoproteins after stable trans-

[521]Pratt, W. D. , R. Morgan, and K. A. Schat. 1992. Cell-mediated cytolysis of lymphoblastoid cells expressing Marek's disease virus specific phosphoproteins. *Veterinary Microbiology* 33:93 - 99.

[522]Pratt, W. D. , R. W. Morgan, and K. A. Schat. 1992. Characterization of reticuloendotheliosis virus-transformed avian T-lymphoblastoid cell lines infected with Marek's disease virus. *Journal of Virology* 66:7239 - 7244.

[523]Prineas, J. W. and R. G. Wright. 1972. The fine structure of peripheral nerve lesions in a virus-induced demyelinating disease in fowl(Marek's disease). *Laboratory Investigation* 26:548 - 557.

[524]Proudfoot, F. G. and J. R. Aitken. 1969. The effect of diet on mortality attributed to Marek's disease among leghorn genotype. *Poultry Science* 48:1457 - 1459.

[525]Purchase, H. G. 1972. Recent advances in the knowledge of Marek's disease. *Advances in Veterinary Science and Comparative Medicine* 16:223 - 258.

[526]Purchase, H. G. 1985. "Clinical disease and its economic impact." In *Marek's Disease, Scientific Basis and Methods of Control* edited by L. N. Payne, pp. 17 - 24. Dordrecht:Martinus Nijhoff.

[527]Purchase, H. G. and P. M. Biggs. 1967. Characterization of five isolates of Marek's disease. *Research in Veterinary Science* 8:440 - 449.

[528]Purchase, H. G. , B. R. Burmester, and C. H. Cunningham. 1971. Responses of cell cultures from various avian species to Marek's disease virus and herpesvirus of turkeys. *American Journal of Veterinary Research* 32: 1811 - 1823.

[529]Purchase, H. G. , W. Okazaki, and B. R. Burmester. 1972. Longterm field trials with the herpesvirus of turkeys vaccine against Marek's disease. *Avian Diseases* 16:57 - 71.

[530]Purchase, H. G. and R. L. Witter. 1986. Public health concerns from human exposure to oncogenic avian herpesviruses. *Journal of the American Veterinary Medical Association* 189:1430 - 1436.

[531]Qian, Z. , P. Brunovskis, L. Lee, P. K. Vogt, and H. J. Kung. 1996. Novel DNA binding specificities of a putative herpesvirus bZIP oncoprotein. *Journal of Virology* 70:7161 - 7170.

[532]Qian, Z. , P. Brunovskis, F. Rauscher 3rd, L. Lee, and H. J. Kung. 1995. Transactivation activity of Meq, a

Marek's disease herpesvirus bZIP protein persistently expressed in latently infected transformed T cells. *Journal of Virology* 69:4037 - 4044.

[533] Quéré, P. 1992. Suppression mediated *in vitro* by Marek's disease virus-transformed T-lymphoblastoid cell lines: Effect on lympho proliferation. *Veterinary Immunology and Immunopathology* 32:149 - 164.

[534] Quéré, P. , C. Rivas, K. Ester, R. Novak, and W. L. Ragland. 2005. Abundance of IFN-alpha and IFN-gamma mRNA in blood of resistant and susceptible chickens infected with Marek's disease virus(MDV)or vaccinated with turkey herpesvirus; and MDV inhibition of subsequent induction of IFN gene transcription. *Archives of Virology* 150:507 - 519.

[535] Ramachandra, R. N. , R. Raghavan, and B. S. Keshavamurthy. 1978. Propagation of Marek's disease virus in chicken tracheal explants. *Indian Journal of Animal Science* 48:525 - 528.

[536] Reddy, S. M. , B. Lupiani, I. M. Gimeno, R. F. Silva, L. F. Lee, and R. L. Witter. 2002. Rescue of a pathogenic Marek's disease virus with overlapping cosmid DNAs: use of a pp38 mutant to validate the technology for the study of gene function. *Proceedings of the National Academy of Science USA* 99:7054 - 7059.

[537] Reddy, S. M. , B. Lupiani, R. F. Silva, L. F. Lee, and R. L. Witter. 2001. "Genetic manipulation of a very virulent strain of Marek's disease virus. " In *Current Progress on Marek's Disease Research*, edited by K. A. Schat, R. W. Morgan, M. S. Parcells and J. L. Spencer, pp. 55 - 57. Kennett Square: American Association of Avian Pathologists.

[538] Reddy, S. M. , R. L. Witter, and I. Gimeno. 2000. Development of a quantitative-competitive polymerase chain reaction assay for serotype 1 Marek's disease virus. *Avian Diseases* 44:770 - 775.

[539] Reilly, J. D. and R. F. Silva. 1993. The number of copies of an a-like region in the serotype - 3 Marek's disease virus DNA genome is variable. *Virology* 193:268 - 280.

[540] Ren, D. , L. F. Lee, and P. M. Coussens. 1994. Identification and characterization of Marek's disease virus genes homologous to ICP27 and glycoprotein K of herpes simplex virus-1. *Virology* 204:242 - 250.

[541] Ren, D. , L. F. Lee, and P. M. Coussens. 1996. "Regulatory function of the Marek's disease virus ICP27 gene product. " In *Current Research on Marek's Disease*, edited by R. F. Silva, H. H. Cheng, P. M. Coussens, L. F. Lee and L. F. Velicer, pp. 170 - 175. Kennett Square: A-merican Association of Avian Pathologists.

[542] Rennie, M. , P. C. Powell, and B. M. Mustill. 1980. The effect of bursectomy on vaccination against Marek's disease with the herpesvirus of turkeys. *Avian Pathology* 9:557 - 566.

[543] Renz, K. G. , A. Islam, B. F. Cheetham, and S. W. Walkden-Brown. 2006. Absolute quantification using real-time polymerase chain reaction of Marek's disease virus serotype 2 in field dust samples, feather tips and spleens. *Journal of Virological Methods* 135: 186 - 191.

[544] Rhiza, H. J. and B. Bauer. 1984. "Persistence of viral DNA in Marek's disease virus-transformed lymphoblastoid cell lines. " In *Latent Herpesvirus Infections in Veterinary Medicine*, edited by G. Wittman, R. M. Gaskell, and H. J. Rhiza, pp. 481 - 488. Dordrecht: Martinus Nijhoff.

[545] Rispens, B. H. , H. van Vloten, N. Mastenbroek, J. L. Maas, and K. A. Schat. 1972. Control of Marek's disease in the Netherlands. II. Field trials on vaccination with an avirulent strain(CVI 988)of Marek's disease virus. *Avian Diseases* 16:126 - 138.

[546] Rispens, B. H. , H. J. Van Vloten, N. Mastenbroek, H. J. L. Maas, and K. A. Schat. 1972. Control of Marek's disease in the Netherlands. I. Isolation of an avirulent Marek's disease virus(strain CVI988)and its use in laboratory vaccination trials. *Avian Diseases* 16: 108 - 125.

[547] Rosenberger, J. K. 1983. Reovirus interference with Marek's disease vaccination. *Proceedings of the 32nd Western Poultry Disease Conference*, pp. 50 - 51.

[548] Rosenberger, J. K. , S. S. Cloud, and N. Olmeda-Miro. 1997. "Epizootiology and adult transmission of Marek's disease. " In: *Diagnosis and Control of Neoplastic Diseases of Poultry*, edited by A. M. Fadly, K. A. Schat and J. L. Spencer, pp. 30 - 32. Kennett Square: American Association of Avian Pathologists.

[549] Ross, L. J. N. 1980. "Mechanism of protection conferred by HVT. " In *Resistance and Immunity to Marek's Disease*, edited by P. M. Biggs, pp. 289 - 297. Luxembourg: Commission European Communities.

[550] Ross, L. J. N. 1985. "Molecular biology of the virus. " In *Marek's Disease*, *Scientific Basis and Methods of Control* edited by L. N. Payne, pp. 113 - 150. Dordrecht: Martinus Nijhoff.

[551] Ross, L. J. N. 1998. Recombinant vaccines against Marek's disease. *Avian Pathology* 27:S65 - S73.

[552]Ross, L. J. N. , M. M. Binns, P. Tyers, J. Pastorek, V. Zelnik, and S. Scott. 1993. Construction and properties of a turkey herpesvirus recombinant expressing the Marek's disease virus homolog of glycoprotein B of herpes simplex virus. *Journal of General Virology* 74:371-377.

[553]Ross, L. J. N. , W. Delorbe, H. E. Varmus, J. M. Bishop, and M. Brahic. 1981. Persistence and expression of Marek's disease virus DNA in tumour cells and peripheral nerves studied by in situ hybridization. *Journal of General Virology* 57:285-296.

[554]Ross, L. J. N. , B. Milne, and P. M. Biggs. 1983. Restriction endonu clease analysis of Marek's disease virus DNA and homology between strains. *Journal of General Virology* 64:2785-2790.

[555]Ross, N. , M. M. Binns, M. J. Sanderson, and K. A. Schat. 1993. Alterations in DNA sequence and RNA transcription of the Bam HI-H fragment accompany attenuation of oncogenic Marek's disease herpesvirus. *Virus Genes* 7:33-51.

[556]Ross, N. and B. Milne. 1989. "Manipulation of the genomes of MDV and HVT." In *Advances in Marek's Disease Research*, edited by S. Kato, T. Horiuchi, T. Mikami and K. Hirai, pp. 43-49. Osaka: Japanese Association on Marek's Disease.

[557]Ross, N. , G. O'sullivan, C. Rothwell, G. Smith, S. C. Burgess, M. Rennie, L. F. Lee, and T. F. Davison. 1997. Marek's disease virus EcoRI-Q gene(meq) and a small RNA antisense to ICP4 are abundantly expressed in CD4+ cells and cells carrying a novel lymphoid marker, AV37, in Marek's disease lymphomas. *Journal of General Virology* 78:2191-2198.

[558]Ross, N. L. 1999. T-cell transformation by Marek's disease virus. *Trends in Microbiology* 7:22-29.

[559]Sah, R. L. , G. C. Mohanty, and K. C. Verma. 1982. Marek's disease in bantam chickens(Gallus gallus). *Indian Journal of Poultry Science* 17:57-62.

[560]Sakaguchi, M. , K. Sonoda, K. Matsuo, G. S. Zhu, and K. Hirai. 1997. Insertion of tandem direct repeats consisting of avian leukosis virus LTR sequences into the inverted repeat region of Marek's disease virus type 1 DNA. *Virus Genes* 14:157-162.

[561]Santin, E. R. , C. E. Shamblin, J. T. Prigge, V. Arumugaswami, R. L. Dienglewicz, and M. S. Parcells. 2006. Examination of the effect of a naturally occurring mutation in glycoprotein L on Marek's disease virus pathogenesis. *Avian Diseases* 50:96-103.

[562]Schat, K. A. 1979. Unpublished data.

[563]Schat, K. A. 1980. Role of the spleen in the pathogenesis of Marek's disease. *Avian Pathology* 10:171-182.

[564]Schat, K. A. 1985. "Characteristics of the virus." In *Marek's Disease, Scientific Basis and Methods of Control* edited by L. N. Payne, pp. 77-112, Dordrecht: Martinus Nijhoff.

[565]Schat, K. A. 1996. "Immunity to Marek's disease, lymphoid leukosis and reticuloendotheliosis." In *Poultry Immunology*, edited by F. Davison, L. N. Payne and T. R. Morris, pp. 209-234. Abingdon: Carfax Publishing Company.

[566]Schat, K. A. 1997. Prevention of Marek's disease. *World Poultry*:S15-17.

[567]Schat, K. A. 2003. "Chicken infectious anemia." In *Diseases of Poultry* 11 ed, edited by Y. M. Saif, H. J. Barnes, A. M. Fadly, J. R. Glisson, L. R. McDougald, and D. E. Swayne, pp. 182-202. Ames: Iowa State Press.

[568]Schat, K. A. 2004. "Marek's disease immunosuppression." In *Marek's Disease: An Evolving Problem*, edited by F. Davison, and V. Nair, pp. 142-155. London: Elsevier Academic Press.

[569]Schat, K. A. 2005. Isolation of Marek's disease virus: revisited. *Avian Pathology* 34:91-95.

[570]Schat, K. A. , A. Buckmaster, and L. J. N. Ross. 1989. Partial transcription map of Marek's disease herpesvirus in lytically infected cells and lymphoblastoid cell lines. *International Journal of Cancer* 44:101-109.

[571]Schat, K. A. and B. W. Calnek. 1978. Characterization of an apparently nononcogenic Marek's disease virus. *Journal of the National Cancer Institute* 60:1075-1082.

[572]Schat, K. A. and B. W. Calnek. 1978. Demonstration of Marek's disease tumor-associated surface antigen in chickens infected with nononcogenic Marek's disease virus and herpesvirus of turkeys. *Journal of the National Cancer Institute* 61:855-857.

[573]Schat, K. A. , B. W. Calnek, and J. Fabricant. 1981. Influence of the bursa of Fabricius on the pathogenesis of Marek's disease. *Infection and Immunity* 31:199-207.

[574]Schat, K. A. , B. W. Calnek, and J. Fabricant. 1982. Characterisation of two highly oncogenic strains of Marek's disease virus. *Avian Pathology* 11:593-605.

[575]Schat, K. A. , B. W. Calnek, J. Fabricant, and H. A. Abplanalp. 1981. Influence of oncogenicity of Marek's dis-

ease virus on evaluation of genetic resistance. *Poultry Science* 60:2559 - 2566.

[576]Schat,K. A. ,B. W. Calnek,J. Fabricant,and D. L. Graham. 1985. Pathogenesis of infection with attenuated Marek's disease virus strains. *Avian Pathology* 14:127 -146.

[577]Schat,K. A. ,C. L. H. Chen,B. W. Calnek,and D. Char. 1991. Transformation of T-lymphocyte subsets by Marek's disease herpesvirus. *Journal of Virology* 65:1408 - 1413.

[578]Schat,K. A. ,C. L. H. Chen,W. R. Shek,and B. W. Calnek. 1982. Surface antigens on Marek's disease lymphoblastoid tumor cell lines. *Journal of the National Cancer Institute* 69:715 - 720.

[579]Schat,K. A. ,C. L. H. Chen, H. S. Lillehoj, B. W. Calnek, and D. Weinstock. 1989. "Characterization of Marek's disease cell lines with monoclonal antibodies specific for cytotoxic and helper T cells. " In *Advances in Marek's Disease Research* ,edited by S. Kato,T. Horiuchi,T. Mikami and K. Hirai, pp. 220 - 226. Osaka: Japanese Association on Marek's Disease.

[580]Schat,K. A. ,B. J. Hooft van Iddekinge, H. Boerrigter, P. H. O'Connell, and G. Koch. 1998. Open reading frame L1 of Marek's disease herpesvirus is not essential for *in vitro* and *in vivo* virus replication and establishment of latency. *Journal of General Virology* 79841 -79849.

[581]Schat,K. A. and C. J. Markowski-Grimsrud. 2001. Immune responses to Marek's disease virus infection. *Current Topics in Microbiology and Immunology* 255:91 - 120.

[582]Schat,K. A. ,R. D. Schultz, and B. W. Calnek. 1978. "Marek's disease:Effect of virus pathogenicity and genetic susceptibility on response of peripheral blood lymphocytes to concanavalin-A. " In *Advances in Comparative Leukosis Research* ,edited by P. Bent velzen,J. Hilgers and D. S. Yohn,pp. 183 - 185. Amsterdam:Elsevier.

[583]Schat,K. A. and M. A. Skinner. 2008. "Immunosuppressive diseases and immune evasion. " In *Avian Immunology* ,edited by F. Davison,B. Kaspers,and K. A. Schat, pp. 301 - 324. London:Elsevier Academic Press.

[584]Schat,K. A. and Z. Xing. 2000. Specific and nonspecific immune responses to Marek's disease virus. *Developmental and Comperative Immunology* 24:201 - 221.

[585]Schierman,L. W. and O. J. Fletcher. 1980. "Genetic control of Marek's disease virus-induced transient paralysis:Association with the major histocompatibility complex. " In *Resistance and Immunity to Marek's Disease* ,edited by P. M. Biggs,pp. 429 - 442. Luxembourg: Commission European Communities.

[586]Schmahl,W. , G. Hoffmann-Fezer, and R. Hoffmann. 1975. [Pathogenesis of neural lesions in Marek's disease. I. Allergic skin reaction against myelin of the peripheral nerves(author's transl)]. *Zeitschrift für Immunitatsforschung , experimentelle und klinische Immunology* 150:175 - 183.

[587]Scholten, R. , L. A. T. Hilgers, S. H. M. Jeurissen, and M. W. Weststrate. 1990. Detection of Marek's disease virus antigen in chicken by a novel immunoassay. *Journal of Virological Methods* 27:221 - 226.

[588]Schumacher,D. ,B. K. Tischer,W. Fuchs, and N. Osterrieder. 2000. Reconstitution of Marek's disease virus serotype 1(MDV - 1)from DNA cloned as a bacterial artificial chromosome and characterization of a glycoprotein B-negative MDV - 1 mutant. *Journal of Virology* 74:11088 - 11098.

[589]Schumacher,D. ,B. K. Tischer,S. M. Reddy,and N. Osterrieder. 2001. Glycoproteins E and I of Marek's disease virus serotype 1 are essential for virus growth in cultured cells. *Journal of Virology* 75:11307 - 11318.

[590]Schumacher,D. ,B. K. Tischer,S. Trapp, and N. Osterrieder. 2005. The protein encoded by the US3 orthologue of Marek's disease virus is required for efficient de-envelopment of perinuclear virions and involved in actin stress fiber breakdown. *Journal of Virology* 79:3987 - 3997.

[591]Sevoian, M. and D. M. Chamberlain. 1962. Avian lymphomatosis. II. Experimental reproduction of the ocular form. *Veterinary Medicine* 57:608 - 609.

[592]Sevoian, M. and D. M. Chamberlain. 1964. Avian lymphomatosis. IV. Pathogenesis. *Avian Diseases* 8:281 - 308.

[593]Sevoian, M. , D. M. Chamberlain, and F. T. Counter. 1962. Avian lymphomatosis. I. Experimental reproduction of the neural and visceral forms. *Veterinary Medicine* 57:500 - 501.

[594]Shamblin, C. E. , N. Greene, V. Arumugaswami, R. L. Dienglewicz,and M. S. Parcells. 2004. Comparative analysis of Marek's disease virus(MDV)glycoprotein,lytic antigen pp38,and transformation antigen Meq-encoding genes:association of meq mutations with MDVs of high virulence. *Veterinary Microbiology* 102:147 - 167.

[595]Sharma,J. M. 1980. *In vitro* suppression of T-cell mitogenic response and tumor cell proliferation by spleen

macrophages from normal chickens. *Infection and Immunity* 28:914 - 922.

[596]Sharma,J. M. 1981. Natural killer cell activity in chickens exposed to Marek's disease virus: inhibition of activity in susceptible chickens and enhancement of activity in resistant and vaccinated chickens. *Avian Diseases* 25:882 - 893.

[597]Sharma,J. M. 1984. Effect of infectious bursal disease virus on protection against Marek's disease by turkey herpesvirus vaccine. *Avian Diseases* 28:629 - 640.

[598]Sharma,J. M. 1987. Delayed replication of Marek's disease virus following in ovo inoculation during late stages of embryonal development. *Avian Diseases* 31:570 - 576.

[599]Sharma, J. M. 1987. Embryo vaccination of chickens with turkey herpesvirus: characteristics of the target cell of early viral replication in embryonic lung. *Avian Pathology* 16:567 - 579.

[600]Sharma, J. M. 1989. In situ production of interferon in tissues of chickens exposed as embryos to turkey herpesvirus and Marek's disease virus. *American Journal of Veterinary Research* 50:882 - 886.

[601]Sharma,J. M. 1998. "Marek's disease. "*In A Laboratory Manual for the Isolation and Identification of Avian Pathogens* ,4th ed ,edited by D. E. Swayne,J. R. Glisson,M. W. Jackwood, J. E. Pearson and W. M. Reed, pp. 116 - 124. Kennett Square: American Association of Avian Pathologists.

[602]Sharma, J. M. 2003. "The avian immune system. " In *Diseases of Poultry* ,11th ed ,edited by Y. M. Saif,H. J. Barnes, A. M. Fadly,J. R. Glisson,L. R. McDougald and D. E. Swayne,pp. 5 - 16. Ames:Iowa State Press.

[603]Sharma, J. M. and B. R. Burmester. 1982. Resistance to Marek's disease at hatching in chickens vaccinated as embryos with the turkey herpesvirus. *Avian Diseases* 26:134 - 149.

[604]Sharma,J. M. and B. D. Coulson. 1979. Presence of natural killer cells in specific-pathogen-free chickens. *Journal of the National Cancer Institute* 63:527 - 531.

[605]Sharma, J. M. , L. F. Lee, and P. S. Wakenell. 1984. Comparative viral,immunologic,and pathologic responses of chickens inoculated with herpesvirus of turkeys as embryos or a hatch. *American Journal of Veterinary Research* 45:1619 - 1623.

[606]Sharma,J. M. ,L. F. Lee, and R. L. Witter. 1980. Effect of neonatal thymectomy on pathogenesis of herpesvirus of turkeys in chickens. *American Journal of Veterinary Research* 40:761 - 764.

[607]Sharma,J. M. and H. A. Stone. 1972. Genetic resistance to Marek's disease. Delineation of the response of genetically resistant chickens to Marek's disease virus infection. *Avian Diseases* 16:894 - 906.

[608]Sharma,J. M. ,R. L. Witter,and B. R. Burmester. 1973. Pathogenesis of Marek's disease in old chickens:lesion regression as the basis for age-related resistance. *Infection and Immunity* 8:715 - 724.

[609]Sharma,J. M. , R. L. Witter,B. R. Burmester,and J. C. Landon. 1973. Public health implications of Marek's disease virus and herpesvirus of turkeys. Studies on human and subhuman primates. *Journal of the National Cancer Institute* 51:1123 - 1128.

[610]Sharma,J. M. ,R. L. Witter,and H. G. Purchase. 1975. Absence of age-resistance in neonatally thymectomised chickens as evidence for cell-mediated immune surveillance in Marek's disease. *Nature* 253:477 - 479.

[611]Sharma,J. M. , R. L. Witter,G. Shramek,L. G. Wolfe, B. R. Burmester,and F. Deinhardt. 1972. Lack of pathogenicity of Marek's disease virus and herpesvirus of turkeys in marmoset monkeys. *Journal of the National Cancer Institute* 49:1191 - 1197.

[612]Shek,W. R. , B. W. Calnek,K. A. Schat,and C. -L. H. Chen. 1983. Characterization of Marek's disease virus-infected lymphocytes:Discrimination between cytolytically and latently infected cells. *Journal of the National Cancer Institute* 70:485 - 491.

[613]Shek,W. R. ,K. A. Schat,and B. W. Calnek. 1982. Characterization of nononcogenic Marek's disease virus- infected and turkey herpesvirus infected lymphocytes. *Journal of General Virology* 63:333 - 341.

[614]Shigekane, H. , Y. Kawaguchi, M. Shirakata, M. Sakaguchi,and K. Hirai. 1999. The bi-directional transcriptional promoters for the latency-relating transcripts of the pp38/pp24 mRNAs and the 1. 8 kbmRNA in the long inverted repeats of Marek's disease virus serotype 1 DNA are regulated by common promoter-specific enhancers. *Archives of Virology* 144:1893 - 1907.

[615]Siccardi,F. J. and B. R. Burmester. 1970. "The differential diagnosis of lymphoid leukosis and Marek's disease. " *USDA Tech Bull* 1412,Washington,DC.

[616]Silva,R. F. 1992. Differentiation of pathogenic and non-pathogenic serotype 1 Marek's disease viruses(MDVs) by the polymerase chain reaction amplification of the tandem direct repeats within the MDV genome. *Avian Diseases* 36:521 - 528.

[617]Silva,R. F. 1997. "PCR as a tool for differential diagnosis of avian tumor viruses and tumors. " In *Diagnosis and Control of Neoplastic Diseases of Poultry*, edited by A. M. Fadly, K. A. Schat and J. L. Spencer, pp. 19 - 22. Kennett Square：American Association of Avian Pathologists.

[618]Silva,R. F. and J. C. Barnett. 1991. Restriction endonuclease analysis of Marek's disease virus DNA：Differentiation of viral strains and determination of passage history. *Avian Diseases* 35：487 - 495.

[619]Silva, R. F. and I. Gimeno. 2007. Oncogenic Marek's disease viruses lacking the 132 base pair repeats can still be attenuated by serial *in vitro* culture passages. *Virus Genes*. 34：87 - 90.

[620]Silva, R. F. and L. F. Lee. 1984. Monoclonal antibody-mediated immunoprecipitation of proteins from cells infected with Marek's disease virus or turkey herpesvirus. *Virology* 136：307 - 320.

[621]Silva, R. F. ，L. F. Lee, and G. F. Kutish. 2001. The genomic structure of Marek's disease virus. *Current Topics in Microbiology and Immunology* 255：143 - 158.

[622]Silva,R. F. ，S. M. Reddy, and B. Lupiani. 2004. Expansion of a unique region in the Marek's disease virus genome occurs concomitantly with attenuation but is not sufficient to cause attenuation. *Journal of Virology* 78：733 - 740.

[623]Silva,R. F. and R. L. Witter. 1985. Genomic expansion of Marek's disease virus DNA is associated with serial *in vitro* passage. *Journal of Virology* 54：690 - 696.

[624]Silva,R. F. and R. L. Witter. 1996. "Correlation of PCR detection of MDV with the appearance of histological lesions. " In *Current Research on Marek's Disease*, edited by R. F. Silva, H. H. Cheng, P. M. Coussens, L. F. Lee and L. F. Velicer, pp. 302 - 307. Kennett Square：American Association of Avian Pathologists.

[625]Silver, S. ，A. Tanaka, and M. Nonoyama. 1979. Transcription of the Marek's disease virus genome in a non-productive chicken lymphoblastoid cell line. *Virology* 93：127 - 133.

[626]Smith, G. D. ，V. Zelnik, and L. J. N. Ross. 1995. Gene organization in herpesvirus of turkeys：Identification of a novel open reading frame in the long unique region and a truncated homolog of pp38 in the internal repeat. *Virology* 207：205 - 216.

[627]Smith, M. W. and B. W. Calnek. 1973. Effect of virus pathogenicity on antibody production in Marek's disease. *Avian Diseases* 17：727 - 736.

[628]Smith, M. W. and B. W. Calnek. 1974. High virulence Marek's disease virus infection in chickens previously infected with low virulence virus. *Journal of the National Cancer Institute* 52：1595 - 1603.

[629]Smith, T. W. ，D. M. Albert, N. Robinson, B. W. Calnek, and O. Schwabe. 1974. Ocular manifestations of Marek's disease. *Investigative Ophthalmology* 13：586 - 592.

[630]Solomon, J. J. and R. L. Witter. 1973. Absence of Marek's disease in chicks hatched from eggs containing blood or meat spots. *Avian Diseases* 17：141 - 144.

[631]Solomon,J. J. ，R. L. Witter, K. Nazerian, and B. R. Burmester. 1968. Studies on the etiology of Marek's disease. I. Propagation of the agent in cell culture. *Proceedings of the Society ofExperimental Biology and Medicine* 127：173 - 177.

[632]Solomon, J. J. ，R. L. Witter, H. A. Stone, and L. R. Champion. 1970. Evidence against embryo transmission of Marek's disease virus. *Avian Diseases* 14：752 - 762.

[633]Sonoda, K. ，M. Sakaguchi, H. Okamura, K. Yokogawa, E. Tokunaga, S. Tokiyoshi, Y. Kawaguchi, and K. Hirai. 2000. Development of an effective polyvalent vaccine against both Marek's and Newcastle diseases based on recombinant Marek's disease virus type 1 in commercial chickens with maternal antibodies. *Journal of Virology* 74：3217 - 3226.

[634]Spatz, S. J. and R. F. Silva. 2007. Polymorphisms in the repeat regions of oncogenic and attenuated pathotypes of Marek's disease virus 1. *Virus Genes* 35：41 - 53.

[635]Spencer,J. L. 1970. Marek's disease herpesvirus：Comparison of foci（macro）in infected duck embryo fibroblasts under agar medium with foci（micro）in chicken cells. *Avian Diseases* 14：565 - 578.

[636]Spencer,J. L. and B. W. Calnek. 1970. Marek's disease：Application of immunofluorescence for detection of antigen and antibody. *American Journal of Veterinary Research* 31：345 - 358.

[637]Spencer,J. L. ，J. S. Gavora, A. A. Grunder, A. Robertson, and G. W. Speckman. 1974. Immunization against Marek's disease：Influence of strain of chickens, maternal antibody, and type of vaccine. *Avian Diseases* 18：33 - 44.

[638]Spencer,J. L. ，F. Gilka, J. S. Gavora, R. J. Hampson, and D. J. Caldwell. 1992. "Studies with a Marek's disease virus that caused blindness and high mortality in vaccinated flocks. " In *Proceedings of the 4th International Symposium on Marek's Disease*, edited by G. de Boer and S. H. M. Jeurissen, pp. 199 - 201. Wageningen：

Ponsen & Looijen.

[639]St Hill,C. A. and J. M. Sharma. 1999. Response of embryonic chicken lymphocytes to in ovo exposure to lymphotropic viruses. *American Journal of Veterinary Research* 60:937 - 941.

[640]St Hill,C. A. , R. F. Silva, and J. M. Sharma. 2004. Detection and localization of avian alphaherpesviruses in embryonic tissues following in ovo exposure. *Virus Research* 100:243 - 248.

[641]Stephens, E. A. , R. L. Witter, K. Nazerian, and J. M. Sharma. 1980. Development and characterization of a Marek's disease transplantable tumor in inbred line 72 chickens homozygous at the major(B)histocompatibility locus. *Avian Diseases* 24:358 - 374.

[642]Swayne,D. E. ,J. R. Beck, and N. Kinney. 2000. Failure of a recombinant fowl poxvirus vaccine containing an avian influenza hemagglutinin gene to provide consistent protection against influenza in chickens preimmunized with a fowl pox vaccine. *Avian Diseases* 44:132 - 137.

[643]Swayne, D. E. , O. J. Fletcher, and L. W. Schierman. 1988. Marek's disease virus-induced transient paralysis in chickens:Alterations in brain density. *Acta Neuropathology* 76:287 - 291.

[644]Swayne, D. E. , O. J. Fletcher, and L. W. Schierman. 1989. Marek's disease virus-induced transient paralysis in chickens. 1. Time course association between clinical signs and histological brain lesions. *Avian Pathology* 18:385 - 396.

[645]Swayne, D. E. , O. J. Fletcher, and L. W. Schierman. 1989. Marek's disease virus-induced transient paralysis in chickens. 2. Ultrastructure of central nervous system. *Avian Pathology* 18:397 - 412.

[646]Swayne, D. E. , O. J. Fletcher, and L. W. Schierman. 1989. Marek's disease virus-induced transient paralysis in chickens:Demonstration of vasogenic brain oedema by an immunohisto chemical method. *Journal of Comparative Pathology* 101:451 - 462.

[647]Takagi, M. ,K. Ohashi, T. Morimura,C. Sugimoto, and M. Onuma. 1998. Analysis of tumor suppressor gene p53 in chicken lym phoblastoid tumor cell lines and field tumors. *Journal of Veterinary Medical Science* 60:923 -929.

[648]Takagi, M. ,K. Ohashi, T. Morimura,C. Sugimoto, and M. Onuma. 2006. The presence of the p53 transcripts with truncated open reading frames in Marek's disease tumor-derived cell lines. *Leukemia Research* 130:987 - 992.

[649]Takagi, M. ,K. Ohashi, T. Takeda, Y. Asada, Y. Wakita, C. Sugimoto, M. Onuma, J. Kawano, R. Osawa, and A. Shimizu. 2001. "Identification of new deleted forms of the p53 transcripts and their products in Marek's disease lymphoblastoid cell lines." In *Current Progress on Marek's Disease Research* ,edited by K. A. Schat,R. W. Morgan, M. S. Parcells and J. L. Spencer, pp. 305 - 312. Kennett Square: American Association of Avian Pathologists.

[650]Takagi,M. , T. Takeda, Y. Asada,C. Sugimoto, M. Onuma,and K. Ohashi. 2006. The presence of a short form of p53 in chicken lymphoblastoid cell lines during apoptosis. *Journal of Veterinary Medical Science* 68:561 - 566.

[651]Tan, X. , P. Brunovskis, and L. F. Velicer. 2001. Transcriptional analysis of Marek's disease virus glycoprotein D,I,and E genes:gD expression is undetectable in cell culture. *Journal of Virology* 75:2067 - 2075.

[652]Tanaka, A. , S. Silver, and M. Nonoyama. 1978. Biochemical evidence of the nonintegrated status of Marek's disease virus DNA in virus-transformed lymphoblastoid cells of chickens. *Virology* 88:19 - 24.

[653]Theis,G. A. 1981. Subpopulations of suppressor cells in chickens infected with cells of a transplantable lymphoblastic leukemia. *Infection and Immunity* 34: 526 - 534.

[654]Theis, G. A. , R. A. McBride, and L. W. Schierman. 1975. Depression of *in vitro* responsiveness to phytohemagglutinin in spleen cells cultured from chickens with Marek's disease. *Journal of Immunology* 115: 848 - 853.

[655]Theis, G. A. , L. W. Schierman, and R. A. McBride. 1974. Transplantation of a Marek's disease lymphoma in syngeneic chickens. *Journal of Immunology* 113: 1710 - 1715.

[656]Thornton,D. H. 1985. "Quality control and standardization of vaccines. " In *Marek's Disease*,*Scientific Basis and Methods of Control* edited by L. N. Payne, pp. 267 -291. Dordrecht:Martinus Nijhoff.

[657]Thurston,T. J. ,R. A. Hess, H. K. Adldinger,R. F. Solorzano,and H. V. Biellier. 1975. Ultrastructural studies of semen abnormalities and herpesvirus associated with cultured testis cells from domestic turkeys. *Journal of Reproduction and Fertility* 45:507 - 514.

[658]Tischer,B. K. , D. Schumacher, M. Beer, J. Beyer, J. P. Teifke, K. Osterrieder, K. Wink, V. Zelnik, F. Fehler, and N. Osterrieder. 2002. A DNA vaccine containing an

infectious Marek's disease virus genome can confer protection against tumorigenic Marek's disease in chickens. *Journal of General Virology* 83:2367‐2376.

[659]Tischer, B. K., D. Schumacher, D. Chabanne-Vautherot, V. Zelnik, J. F. Vautherot, and N. Osterrieder. 2005. High-level expression of Marek's disease virus glyco-protein C is detrimental to virus growth *in vitro*. *Journal of Virology* 79:5889‐5899.

[660]Tischer, B. K., D. Schumacher, M. Messerle, M. Wag-ner, and N. Osterrieder. 2002. The products of the UL10(gM)and the UL49. 5 genes of Marek's disease virus serotype 1 are essential for virus growth in cul-tured cells. *Journal of General Virology* 83: 997‐1003.

[661]Tomikawa, T., K. Ohashi, and M. Onuma. 2001. Inci-dence of Marek's disease virus infection of a white-fronted goose(Anser albifrons)at Lake Miyajima-numa, Hokkaido. *Zoo and Wildlife News* 13:28‐29.

[662]Trapp, S., M. S. Parcells, J. P. Kamil, D. Schumacher, B. K. Tischer, P. M. Kumar, V. K. Nair, and N. Oster-rieder. 2006. A virus-encoded telomerase RNA pro-motes malignant T cell lymphomagenesis. *Journal of Experimental Medicine* 203:1307‐1317.

[663]Tsukamoto, K., C. Kojima, Y. Komori, N. Tanimura, M. Mase, and S. Yamaguchi. 1999. Protection of chick-ens against very virulent infectious bursal disease virus (IBDV)and Marek's disease virus(MDV)with a recom-binant MDV expressing IBDV VP2. *Virology* 257:352‐362.

[664]Tulman, E. R., C. L. Afonso, Z. Lu, L. Zsak, D. L. Rock, and G. F. Kutish. 2000. The genome of a very vir-ulent Marek's disease virus. *Journal of Virology* 74:7980‐7988.

[665]Vallejo, R. L., L. D. Bacon, H. C. Liu, R. L. Witter, M. A. Groenen, J. Hillel, and H. H. Cheng. 1998. Genetic mapping of quantitative trait loci affecting susceptibility to Marek's disease virus induced tumors in F2 inter-cross chickens. *Genetics* 148:349‐360.

[666]Van Zaane, D., J. M. A. Brinkhof, F. Westenbrink, and A. L. J. Gielkens. 1982. Molecular-biological character-ization of Marek's disease virus. I. Identification of vi-rus-specific polypeptides in infected cells. *Virology* 121:116‐132.

[667]Venugopal, K., A. P. Bland, L. J. N. Ross, and L. N. Payne. 1996. "Pathogenicity of an unusual highly viru-lent Marek's disease virus isolated in the United King-dom. " In *Current Research on Marek's Disease*, edited

by R. F. Silva, H. H. Cheng, P. M. Coussens, L. F. Lee and L. F. Velicer, pp. 119‐124. Kennett Square: Ameri-can Association of Avian Pathologists.

[668]Vielitz, E. and H. Landgraf. 1970. Beitrag zur Epidemio-logic und Kontrolle der Marek'schen Krankheit. *Deut-sche Tierärztliche Wochenschrift* 77:357‐362.

[669]Vielitz, E. and H. Landgraf. 1986. Protection against Marek's disease with different vaccines, determination of PD50 and duration of vaccinal immunity. *Deutsche Tierärztliche Wochenschrift* 93:53‐55.

[670]Voelckel, K., E. Bertram, I. Gimeno, U. Neumann, and E. F. Kaleta. 1999. Evidence for Marek's disease in tur-keys in Germany:detection of MDV‐1 using the poly-merase chain reaction. *Acta Virologica* 43:143‐147.

[671]Volpini, L. M., B. W. Calnek, M. J. Sekellick, and P. I. Marcus. 1995. Stages of Marek's disease virus latency defined by variable sensitivity to interferon modulation of viral antigen expression. *Veterinary Microbiology* 47:99‐109.

[672]Volpini, L. M., B. W. Calnek, B. Sneath, M. J. Sekellick, and P. I. Marcus. 1996. Interferon modulation of Marek's disease virus genome expression in chicken cell lines. *Avian Diseases* 40:78‐87.

[673]von Bülow, V. 1971. Diagnosis and certain biological properties of the virus of Marek's disease. *American Journal of Veterinary Research* 32:1275‐1288.

[674]von Bülow, V. 1977. Further characterisation of the CVI 988 strain of Marek's disease virus. *Avian Pathology* 6:395‐403.

[675]von Bülow, V. and Biggs. 1975. Precipitating antigens associated with Marek's disease viruses and a herpes-virus of turkeys. *Avian Pathology* 4:147‐162.

[676]von Bülow, V. and P. M. Biggs. 1975. Differentiation be-tween strains of Marek's disease virus and turkey her-pesvirus by immunofluorescence assays. *Avian Patholo-gy* 4:133‐146.

[677]von Bülow, V., B. Fuchs, E. Vielitz, and H. Landgraf. 1983. Fruhsterblichkeitssyndrom bei Küken nach Dop-pelinfektion mit dem Virus der Marekshen Krankheit (MDV)und einem Anemie Erreger(CAA). *Zentralblatt fur Veterinaermedizin Reihe B* 30:742‐750.

[678] von Bülow, V., R. Rudolph, and B. Fuchs. 1986. Erhöhte Patho genität des Erregers der aviären infektiösen Anämia bei Hühnerküken(CAA)bei simul-taner Infektion mit Virus der Marekschen Krankheit (MDV), Bursitisvirus(IBDV)oder Reticuloendotheliose virus(REV). *Zentralblatt fur Veterinaermedizin Reihe*

B 33:93 – 116.

[679] Voute, R. J. and A. E. Wagenaar-Schaafsma. 1974. A condition bearing a resemblance of Marek's disease in table turkeys in the Netherlands. *Tijdschrift voor Diergeneeskunde* 99:166 – 169.

[680] Wakenell, P. S., T. Bryan, J. Schaeffer, A. Avakian, C. Williams, and C. Whitfill. 2002. Effect of in ovo vaccine delivery route on herpesvirus of turkeys/SB-1 efficacy and viremia. *Avian Diseases* 46:274 – 280.

[681] Weiss, R. A. and P. M. Biggs. 1972. Leukosis and Marek's disease virus of feral red jungle fowl and domestic fowl in Malaya. *Journal of the National Cancer Institute* 39:1713 – 1725.

[682] Wight, P. A. L. 1962. The histopathology of the central nervous system in fowl paralysis. *Journal of Comparative Pathology and Therapeutics* 72:348 – 359.

[683] Wilson, M. R. and P. M. Coussens. 1991. Purification and characterization of infectious Marek's disease virus genomes using pulsed field electrophoresis. *Virology* 185:673 – 680.

[684] Wilson, M. R., R. A. Southwick, J. T. Pulaski, V. L. Tieber, Y. Hong, and P. M. Coussens. 1994. Molecular analysis of the glycoprotein C-negative phenotype of attenuated Marek's disease virus. *Virology* 199:393 – 402.

[685] Winton, B. 1966. "The Regional Poultry Research Laboratory, U. S. Department of Agriculture, Agricultural Research Service, Animal Husbandry Research Division. "

[686] Witter, R. L. 1972. "Epidemiology of Marek's disease. A review. " In *Oncogenesis and Herpesviruses*, edited by P. M. Biggs, G. de Thé, and L. N. Payne, pp. 111 – 122. Lyon: IARC.

[687] Witter, R. L. 1972. Turkey herpesvirus: lack of oncogenicity for turkeys. *Avian Diseases* 16:666 – 670.

[688] Witter, R. L. 1982. Protection by attenuated and polyvalent vaccines against highly virulent strains of Marek's disease virus. *Avian Pathology* 11:49 – 62.

[689] Witter, R. L. 1983. Characteristics of Marek's disease viruses isolated from vaccinated commercial chicken flocks: Association of viral pathotype with lymphoma frequency. *Avian Diseases* 27:113 – 132.

[690] Witter, R. L. 1985. "Association in broiler chickens between natural serotype 2 Marek's disease virus infection and leukosis condemnations. " In *Proceedings of the International Symposium on Marek's Disease*, edited by B. W. Calnek and J. L. Spencer, pp. 545 – 554.

Kennett Square: American Association of Avian Pathologists.

[691] Witter, R. L. 1985. "Principles of vaccination. " In *Marek's Disease*, *Scientific Basis and Methods of Control* edited by L. N. Payne, pp. 203 – 250. Dordrecht: Martinus Nijhoff.

[692] Witter, R. L. 1987. New serotype 2 and attenuated serotype 1 Marek's disease vaccine viruses: Comparative efficacy. *Avian Diseases* 31:752 – 765.

[693] Witter, R. L. 1988. "Very virulent Marek's disease viruses: importance and control. " In *Proceedings of the 18th World's Poultry Congress*, *Nagoya*, *Japan*, pp 92 –97.

[694] Witter, R. L. 1991. Attenuated revertant serotype 1 Marek's disease viruses: safety and protective efficiency. *Avian Diseases* 35:877 – 891.

[695] Witter, R. L. 1992. "Safety and comparative efficacy of the CVI988/Rispens vaccine strain. " In *Proceedings of the 4th International Symposium on Marek's Disease*, edited by G. de Boer and S. H. M. Jeurissen, pp. 315 – 319. Wageningen: Ponsen & Looijen.

[696] Witter, R. L. 1995. Attenuation of lymphoid leukosis enhancement by serotype 2 Marek's disease virus. *Avian Pathology* 24:665 – 678.

[697] Witter, R. L. (1995). Personal communication.

[698] Witter, R. L. 1996. "Historic incidence of Marek's disease as related by condemnation statistics. " In *Current Research on Marek's Disease*, edited by R. F. Silva, H. H. Cheng, P. M. Coussens, L. F. Lee and L. F. Velicer, pp. 501 – 508. Kennett Square: American Association of Avian Pathologists.

[699] Witter, R. L. 1997. Increased virulence of Marek's disease virus field isolates. *Avian Diseases* 41:149 – 163.

[700] Witter, R. L. 1998. The changing landscape of Marek's disease. *Avian Pathology* 27:S46 – S53.

[701] Witter, R. L. 1998. Control strategies for Marek's disease: a perspective for the future. *Poultry Science* 77:1197 – 1203.

[702] Witter, R. L. 2001. "Marek's disease vaccines—past, present and future (Chicken vs virus—a battle of the centuries). " In *Current Progress on Marek's Disease Research*, edited by K. A. Schat, R. W. Morgan, M. S. Parcells and J. L. Spencer, pp. 1 – 9. Kennett Square: American Association of Avian Pathologists.

[703] Witter, R. L. 2001. Protective efficacy of Marek's disease vaccines. *Current Topics in Microbiology and Immunology* 255:57 – 90.

[704]Witter, R. L. and L. D. Bacon. 1995. A naturally occurring neuropathy of chickens not associated with Marek's disease. In *Proceedings of the 132th Annual Meeting of the American Veterinary Medical Association*, pp 140.

[705]Witter, R. L., G. H. Burgoyne, and B. R. Burmester. 1968. Survival of Marek's disease agent in litter and droppings. *Avian Diseases* 12:522-530.

[706]Witter, R. L., G. H. Burgoyne, and J. J. Solomon. 1969. Evidence for a herpesvirus as an etiologic agent of Marek's disease. *Avian Diseases* 13:171-184.

[707]Witter, R. L. and B. R. Burmester. 1979. Differential effect of maternal antibodies on efficacy of cellular and cell-free Marek's disease vaccines. *Avian Pathology* 8:145-156.

[708]Witter, R. L., B. W. Calnek, C. Buscaglia, I. M. Gimeno, and K. A. Schat. 2005. Classification of Marek's disease viruses according to pathotype: philosophy and methodology. *Avian Pathology* 34:75-90.

[709]Witter, R. L. and I. Gimeno. 2006. Susceptibility of adult chickens, with and without prior vaccination, to challenge with Marek's disease virus. *Avian Diseases* 50:354-365.

[710]Witter, R. L., I. M. Gimeno, W. M. Reed, and L. D. Bacon. 1999. An acute form of transient paralysis induced by highly virulent strains of Marek's disease virus. *Avian Diseases* 43:704-720.

[711]Witter, R. L. and K. S. Kreager. 2004. Serotype 1 viruses modified by backpassage or insertional mutagenesis: approaching the threshold of vaccine efficacy in Marek's disease. *Avian Diseases* 48:768-782.

[712]Witter, R. L. and L. F. Lee. 1984. Polyvalent Marek's disease vaccines: Safety, efficacy and protective synergism in chickens with maternal antibodies. *Avian Pathology* 13:75-92.

[713]Witter, R. L., L. F. Lee, L. D. Bacon, and E. J. Smith. 1979. Depression of vaccinal immunity to Marek's disease by infection with reticuloendotheliosis virus. *Infection and Immunity* 26:90-98.

[714]Witter, R. L., L. F. Lee, and A. M. Fadly. 1995. Characteristics of CVI988/Rispens and R2/23, two prototype vaccine strains of serotype 1 Marek's disease virus. *Avian Diseases* 39:269-284.

[715]Witter, R. L., L. F. Lee, and J. M. Sharma. 1990. Biological diversity among serotype 2 Marek's disease viruses. *Avian Diseases* 34:944-957.

[716]Witter, R. L., D. Li, D. Jones, L. F. Lee, and H. J. Kung. 1997. Retroviral insertional mutagenesis of a herpesvirus: a Marek's disease virus mutant attenuated for oncogenicity but not for immunosuppression or *in vivo* replication. *Avian Diseases* 41:407-421.

[717]Witter, R. L., J. I. Moulthrop Jr., G. H. Burgoyne, and H. C. Connell. 1970. Studies on the epidemiology of Marek's disease herpesvirus in broiler flocks. *Avian Diseases* 14:255-267.

[718]Witter, R. L., K. Nazerian, H. G. Purchase, and G. H. Burgoyne. 1970. Isolation from turkeys of a cell-associated herpesvirus antigenically related to Marek's disease virus. *American Journal of Veterinary Research* 31:525-538.

[719]Witter, R. L. and L. Offenbecker. 1979. Nonprotective and temperature-sensitive variants of Marek's disease vaccine viruses. *Journal of the National Cancer Institute* 62:143-151.

[720]Witter, R. L. and K. A. Schat. 2003. "Marek's disease." In *Diseases of Poultry* 11 *ed*, edited by Y. M. Saif, H. J. Barnes, J. R. Glisson, A. M. Fadly, L. R. McDougald and D. E. Swayne, pp. 407-464. Ames: Iowa State University Press.

[721]Witter, R. L., J. M. Sharma, and A. M. Fadly. 1980. Pathogenicity of variant Marek's disease virus isolants in vaccinated and unvacci nated chickens. *Avian Diseases* 24:210-232.

[722]Witter, R. L., J. M. Sharma, L. F. Lee, H. M. Opitz, and C. W. Henry. 1984. Field trials to test the efficacy of polyvalent Marek's disease vaccines in broilers. *Avian Diseases* 28:44-60.

[723]Witter, R. L., J. M. Sharma, and L. Offenbecker. 1976. Turkey herpesvirus infection in chickens: Induction of lymphoproliferative lesions and characterization of vaccinal immunity against Marek's disease. *Avian Diseases* 20:676-692.

[724]Witter, R. L., J. M. Sharma, J. J. Solomon, and L. R. Champion. 1973. An age-related resistance of chickens to Marek's disease: some preliminary observations. *Avian Pathology* 2:43-54.

[725]Witter, R. L., R. F. Silva, and L. F. Lee. 1987. New serotype 2 and attenuated serotype 1 Marek's disease vaccine viruses: selected biological and molecular characteristics. *Avian Diseases* 31:829-840.

[726]Witter, R. L. and J. J. Solomon. 1971. Epidemiology of a herpesvirus of turkeys: Possible sources and spread of infection in turkey flocks. *Infection and Immunity* 4:356-361.

[727] Witter, R. L. and J. J. Solomon. 1972. Experimental infection of turkeys and chickens with a herpesvirus of turkeys(HVT). *Avian Diseases* 16:34 - 44.

[728] Witter, R. L. , J. J. Solomon, and G. H. Burgoyne. 1969. Cell culture techniques for primary isolation of Marek's disease-associated herpesvirus. *Avian Diseases* 13:101 - 118.

[729] Witter, R. L. , J. J. Solomon, L. R. Champion, and K. Nazerian. 1971. Long term studies of Marek's disease infection in individual chickens. *Avian Diseases* 15: 346 -365.

[730] Witter, R. L. , J. J. Solomon, and J. M. Sharma. 1974. Response of turkeys to infection with virulent Marek's disease viruses of turkey and chicken origins. *American Journal of Veterinary Research* 35:1325 - 1332.

[731] Witter, R. L. , E. A. Stephens, J. M. Sharma, and K. Nazerian. 1975. Demonstration of a tumor-associated surface antigen in Marek's disease. *Journal of Immunology* 115:177 - 183.

[732] Xie, Q. , A. S. Anderson, and R. W. Morgan. 1996. Marek's disease virus (MDV) ICP4, pp38, and meq genes are involved in the maintenance of transformation of MDCC-MSB1 MDV-transformed lymphoblastoid cells. *Journal of Virology* 70:1125 - 1131.

[733] Xing, Z. and K. A. Schat. 2000. Expression of cytokine genes in Marek's disease virus-infected chickens and chicken embryo fibroblast cultures. *Immunology* 100: 70 - 76.

[734] Xing, Z. and K. A. Schat. 2000. Inhibitory effects of nitric oxide and gamma interferon on *in vitro* and *in vivo* replication of Marek's disease virus. *Journal of Virology* 74:3605 - 3612.

[735] Yachida, S. , T. Kondo, K. Hirai, H. Izawa, and T. Mikami. 1986. Establishment of a variant type of turkey herpesvirus which releases cell-free virus into the culture medium in large quantities. *Archives of Virology* 91:183 - 192.

[736] Yamaguchi, T. , S. L. Kaplan, P. Wakenell, and K. A. Schat. 2000. Transactivation of latent Marek's disease herpesvirus genes in QT35, a quail fibroblast cell line, by herpesvirus of turkeys. *Journal of Virology* 74: 10176 - 10186.

[737] Yonash, N. , L. D. Bacon, R. L. Witter, and H. H. Cheng. 1999. High resolution mapping and identification of new quantitative trait loci(QTL) affecting susceptibility to Marek's disease. *Animal Genetics* 30: 126 - 135.

[738] Yuasa, N. 1983. Propagation and infectivity titration of the GIFU-1 strain of chicken anemia agent in a cell line (MDCC-MSB1)derived from Marek's disease lymphoma. *National Institute of Animal Health Quarterly* [Japan] 23:13 - 20.

[739] Yuasa, N. and K. Imai. 1988. "Efficacy of Marek's disease vaccine, herpesvirus of turkeys, in chickens infected with chicken anemia agent. " In *Advances in Marek's Disease Research*, edited by S. Kato, T. Horiuchi, T. Mikami and K. Hirai, pp. 358 - 363. Osaka: Japanese Association on Marek's Disease.

[740] Yunis, R. , K. W. Jarosinski, and K. A. Schat. 2004. The association between rate of viral replication and virulence of Marek's disease herpesvirus strains. *Virology* 328:142 - 150.

[741] Zander, D. V. 1959. Experiences with epidemic tremor control *Proceedings of the 8th Annual Western Poultry Disease Conference*, pp. 18 - 23.

[742] Zander, D. V. , R. W. Hill, R. G. Raymond, R. K. Balch, R. W. Mitchell, and J. W. Dunsing. 1972. The use of blood from selected chickens as an immunizing agent for Marek's disease. *Avian Diseases* 16:163 - 178.

[743] Zander, D. V. and R. G. Raymond. 1985. "Partial flock inoculation with an apathogenic strain(HN-1)of chicken herpesvirus of Marek's disease (MD) to immunize chicken flocks against pathogenic field strains of MD. " In *Proceedings of the International Symposium on Marek's Disease*, edited by B. W. Calnek and J. L. Spencer, pp. 514-530. Kennett Square: American Association of Avian Pathologists.

[744] Zanella, A. 1982. Marek's disease—survey on vaccination failures. *Developments in Biological Standardization* 52:29 - 37.

[745] Zelnik, V. 2003. Marek's disease virus research in the post sequencing era: new tools for the study of gene functions and virus host interactions. *Avian Pathology* 32:323 - 334.

[746] Zelnik, V. 2004. "Diagnosis of Marek's Disease. " In *Marek's Disease*, *An Evolving Problem*, edited by F. Davison and V. Nair, pp. 157 - 167. London: Elsevier Academic Press.

[747] Zelnik, V. , O. Harlin, F. Fehler, B. Kaspers, T. W. Gobel, V. K. Nair, and N. Osterrieder. 2004. An enzyme-linked immunosorbent assay (ELISA) for detection of Marek's disease virus-specific antibodies and its application in an experimental vaccine trial. *Journal of Veterinary Medicine Series B* 51:61 - 67.

[748]Zhang, Y. and J. M. Sharma. 2003. Immunological tolerance in chickens hatching from eggs injected with cell-associated herpesvirus of turkey(HVT). *Developmental and Comperative Immunology* 27:431 - 438.

[749]Zhu, G. S., A. Iwata, M. Gong, S. Ueda, and K. Hirai. 1994. Marek's disease virus type 1-specific phosphorylated proteins pp38 and pp24 with common amino acid termini are encoded from the opposite junction regions between the long unique and inverted repeat sequences of viral genome. *Virology* 200:816 - 820.

[750]Zhu, G. S., T. Ojima, T. Hironaka, T. Ihara, N. Mizukoshi, A. Kato, S. Ueda, and K. Hirai. 1992. Differentiation of oncogenic and nononcogenic strains of Marek's disease virus type 1 by using polymerase chain reaction DNA amplification. *Avian Diseases* 36:637 - 645.

[751]Zygraich, N. and C. Huygelen. 1972. Inoculation of one-day-old chicks with different strains of turkey herpesvirus. Ⅱ. Virus replication in tissues of inoculated animals. *Avian Diseases* 16:793 - 798.

白血病/肉瘤群

Leukosis/Sarcoma Group

Aly M. Fadly 和 Venugopal Nair

引 言

定义与同义名

白血病/肉瘤（L/S）群是指由反转录病毒科禽反转录病毒属成员引起的鸡的各种可传播的良性和恶性肿瘤[210]。目前，成髓细胞性白血病呈流行趋势，但自然条件下最常见的仍是淋巴白血病/肉瘤。这些肿瘤的名称及同义名见表15.5。与其他反转录病毒科成员一样，禽反转录病毒属的成员具有特征性的反转录酶。此酶是以病毒 RNA 为模板合成前病毒 DNA 所必需的，这是反转录病毒增殖过程中的一步，也正是该病毒科名称的由来。禽反转录病毒包括禽白血病病毒（ALV）相关病毒，以前归类为禽 C 型肿瘤病毒亚属[329]，但最近又被称为 α 反转录病毒[210]。该群病毒具有相似的物理特性和分子生物学特征，并且具有共同的群特异性抗原。

由于这些病毒之间存在相关性[145]，因此在本章绝大部分内容中是以一个病毒群进行讨论。体现宿主反应的部分（"感染过程的病理学与致病机理"）在病理部分进行讨论，而不考虑致病因子的病毒学特性，当然它们同属于白血病/肉瘤群病毒这一点除外。

表 15.5　白血病/肉瘤群病毒引起的肿瘤

肿　瘤	同义名
白血病	
淋巴细胞性白血病	大肝病，淋巴性白血病，内脏型淋巴瘤，淋巴细胞瘤，淋巴瘤病，内脏型淋巴瘤病，淋巴细胞性白血病
成红细胞增多病	白血病，血管内淋巴细胞性白血病，成红细胞性白血病，红细胞骨髓病，成红细胞增多病，红细胞性白血病
成髓细胞性白血病	成髓细胞增生性白血病，白细胞骨髓增生，骨髓瘤病，成髓细胞性白血病，成粒细胞增多症，骨髓细胞性白血病
髓细胞瘤病	髓细胞瘤，白细胞不增多性骨髓细胞白血病，白血病绿色瘤，髓细胞瘤病
结缔组织瘤	
纤维瘤和纤维肉瘤	
黏液瘤和黏液肉瘤	
组织细胞肉瘤	
软骨瘤	
骨瘤和成骨肉瘤	
上皮性肿瘤	
肾胚细胞瘤	胚胎性肾瘤，肾腺癌，腺肉瘤，肾胚细胞瘤，囊腺瘤
肾瘤	乳头状囊腺瘤，肾癌
肝癌	
胰腺癌	
泡膜细胞瘤	
粒层细胞癌	
精原细胞瘤	睾丸腺癌
鳞状细胞癌	
内皮性肿瘤	
血管瘤	血管瘤病，内皮瘤，成血管细胞瘤，血管内皮瘤
血管肉瘤	
内皮瘤	
间皮瘤	
相关肿瘤	
骨硬化病	大理石骨病，粗腿病，散发性弥漫性骨膜炎，鸡骨硬化病
脑膜瘤	
神经胶质瘤	

经济意义

在鸡群中由白血病/肉瘤病毒引起的感染主要为禽白血病病毒造成的感染，并且具有重要的经济学意义。ALV 感染造成的经济损失有两个方面：

第一，通常情况下因肿瘤造成的死亡率为1%～2%，有时可达20%或更高；第二，ALV亚临床感染（大多数鸡群）对多种重要的生产性能有不利影响，包括影响产蛋量和蛋的品质[226~228]。每年因ALV引起肿瘤导致死亡和生产性能下降而造成数以百万美元的损失。1991年，一家大型蛋鸡场因成功地清除了ALV感染而每年获利约1 500万美元[92]。20世纪90年代，由ALV引起的肉种鸡成髓细胞性白血病最为严重[377]，造成的巨大损失[485,491]已威胁到整个肉鸡业的生死存亡[529]。

公共卫生意义

最近的研究已阐明禽类肿瘤性病毒，特别是禽白血病病毒与人类健康之间的关系。尚无证据证实人体内存在ALV的抗体[276]。但是，通过酶联免疫试验和免疫转印技术，可以从鸡场工人体内检测到滴度较低的ALV抗体[277~279]。通过RT-PCR方法，可从商品蛋的蛋清中检测到有内源性和外源性ALV存在[397,398]，但所有这些并不能认定其具有公共卫生意义。在对549个接触或未接触鸡群的人进行的血清学调查中发现，男女体内对当前流行的ALV抗体水平有明显差异，而与其是否与鸡群接触并不相关[100]。Robertson等[423]讨论了检测鸡细胞源疫苗中反转录酶活性的意义，发现从所有的鸡细胞来源的麻疹和流行性腮腺炎疫苗中都能检测到反转录酶活性，表明其中存在有内源性的ALV因子，但从该疫苗免疫过的人血清中检测不出ALV抗体或ALV的前病毒序列[266,268,457,519]。很显然，并没有强有力的证据证明ALV对人类公共卫生安全构成威胁。

历 史

禽类白血病的最早报道见于Roloff[428]，他在1868年报道了一例"淋巴肉瘤"，Caparini[88]于1896年描述了"鸡白血病"。1905年，Butterfield[81]在美国发现鸡"非白血性淋巴腺病"病例。1908年，在哥本哈根工作的Ellermann和Bang[177]用无细胞滤液接种鸡使其感染了红细胞性白血病和骨髓性白血病，从而创建了禽的病毒肿瘤学，但该发现的伟大意义没有被人们完全接受，因为当时人

们认为白血病不能形成肿瘤。Ellermann和Bang同时还建议将"白血病"明确区分为由白血病病毒引起的病例和非白血病病毒引起的病例两种。

Ellermann根据病理特征对禽白血病进行了分类，该分类方法一直沿用至今[176]。他在专著"禽白血病及白细胞增多的问题"[176]中将白血病分成三种类型：1）"淋巴白血病"，表现为淋巴细胞增生；2）"髓细胞性白血病"，表现为白血病和髓细胞（包括髓细胞、大的单核细胞和异型核细胞）的普遍增生；3）"血管内淋巴白血病"，包括淋巴样细胞，它是红细胞系中的细胞，它在血管内的形成是由于幼红细胞的增生造成的。

同样，在20世纪早期，Rous开始在纽约从事禽肉瘤病毒传播方面的研究。1909年他成功地将一只母鸡的梭型细胞肉瘤移植到另一只母鸡上[432]，随后又证实这种移植成功的肿瘤用无细胞的滤液同样可以实现转移[431]。在此后的20年里，很多研究者通过滤液实现了约20个禽类肿瘤的移植[103]。然而，对于白血病引起禽肿瘤的特性及其与哺乳动物恶性肿瘤之间的关系仍不清楚。

在20世纪20年代到30年代间，很多著名学者从事了有关禽白血病传播方面的研究。其中包括美国的Furth[222]，匈牙利的Jermai[275]，丹麦的Engelbreth-Holm[179,180]以及法国的Oberling和Guerin[358]，同时分离到很多禽白血病病毒株[75]。一个重要的问题是，3种不同表现形式的白血病是由同一种病原引起的还是由不同的病原引起的。一般情况下，无论是单一病毒感染或多种病毒混合感染，红细胞性白血病和髓细胞性白血病传播迅速，而淋巴细胞性白血病却不易传播。但Furth却提供了淋巴细胞性白血病可以通过滤液传播的证据[222]。1946—1947年间，Burmester和他的合作者用传播试验对这种转移方式进行了确证[66,68,69]。

早期对禽白血病/肉瘤群病毒的大部分研究都是基于对基础科学和医学的兴趣。从1920—1940年间，随着美国及其他地区养鸡业的迅速发展，由所谓的"禽白血病复合征"造成的损失也越来越大。为了控制该病，美国的一些农业大学和农业研究机构在这方面开展了研究工作[75]。神经淋巴瘤病（禽麻痹）和日益流行的内脏淋巴瘤与禽白血病复合征混在一起使该病变得相当复杂。对于神经淋巴瘤病（现称为马立克氏病）是否是由引起白血病的病原所致，当时存在很多不确定的说法和争论[376]。"内脏淋巴

瘤"[282]这一定义并不能解决这一问题，因为它同时涵盖了淋巴细胞性白血病和神经淋巴瘤病相关的淋巴瘤[44,85]。1939年，美国农业部在密歇根州的兰辛北部建立了地区禽病研究所（后改名为禽病和肿瘤研究所）开始研究禽的麻痹症病原及控制方法（包括其他的肿瘤发生条件）。1959年，英国建立了一个类似的研究机构——Houghton 禽病研究所白血病实验室。众多实验室的研究表明，由反转录病毒引起的3种类型的白血病同由疱疹病毒引起的神经和内脏型的马立克氏病有明显的区别。

在田间和传播实验中还发现了与禽白血病有关的大量其他类型的实质性肿瘤，包括结缔组织肿瘤、肾瘤和肾胚细胞瘤、各种其他上皮性肿瘤、内皮性肿瘤和神经肿瘤等[34,204]。也包括在禽白血病复合症中的肥大性骨病，即骨硬化病，该病于1927年由Pugh[407]首次报道，并于1938年由Jungherr和Landauer[283]进行了描述和复制。后来的学者以及Burmester和他的同事[66,215]注意到骨硬化病常与淋巴细胞性白血病有关。

1960年后，随着组织培养技术的发展，人们已经可以在细胞水平上研究禽肿瘤病毒与宿主之间的相互关系，使得对白血病/肉瘤病毒群及其病原的认识突飞猛进。劳氏肉瘤病毒（RSV）作为模型用于研究肿瘤转化在很大程度上归功于此。一些生物科学研究小组的介入使得大量重要的生物学现象被揭示。这些著名的研究人员包括 H. Hanafusa，H. Rubin，H. M. Temin 和 P. K. Vogt，他们弄清了禽反转录病毒的生物化学和分子生物学特性，这些工作使很多禽病研究实验室受益匪浅。

其他一些学者也对禽反转录病毒的研究历史进行了更加详尽的综述[75,164,374,534]。

病 原 学

分类

在国际病毒分类委员会（ICTV）的最新分类中，将白血病/肉瘤群归为反转录病毒科的α反转录病毒属[210]。该科病毒的特征是具有反转录酶，它是病毒复制过程中整合到宿主基因组中的前病毒DNA的形成所必需的。在新的分类学中，禽白血病病病毒（ALV）是反转录病毒属的典型种（图

15.21 和图 15.22）。同属于该属的其他病毒还有劳氏肉瘤病毒（RSV）以及许多带有不同致癌基因的复制缺陷性病毒。

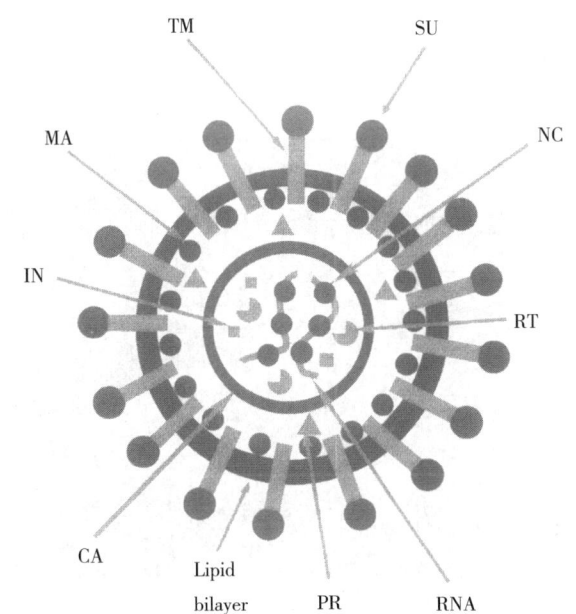

图 15.21　禽白血病病毒粒子结构示意图。病毒的囊膜是脂质双层结构，其中镶嵌着由 env 基因编码的 gp37 跨膜蛋白（TM）和 gp85 表面蛋白（SU）。gag/pro 基因编码的内部成分包括：p19 基质蛋白（MA），p27 衣壳蛋白（CA），p12 核衣壳蛋白（NC）以及 p15 蛋白酶（PR）。pol 基因编码反转录酶（RT）和 p32 整合酶（IN）。病毒粒子的核芯含有 2 条病毒 RNA 链

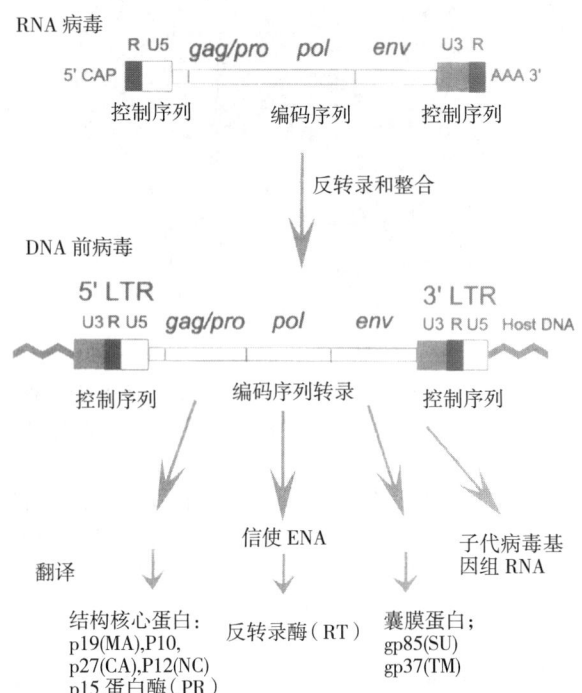

图 15.22　禽白血病病毒基因组的病毒 RNA 和前病毒 DNA 的结构特点。CAP：5′末端结构；AAA：3′末端多聚腺苷酸；R：重复序列；U5：5′端独特序列；U3：3′端独特序列；LTR：长末端重复序列；其他缩写见图 15.21 与正文

形态学

超微结构

在电子显微镜下，超薄切片中禽白血病/肉瘤群

病毒（ALSV）含有一个位于中心的直径约为35～45nm的电子致密核芯，中层膜和外层膜。这种形态代表了C型反转录病毒粒子的形态。病毒粒子的直径为80～120nm，平均为90nm。在电镜下可以观察到细胞膜上未成熟的病毒粒子出芽（图15.23）。

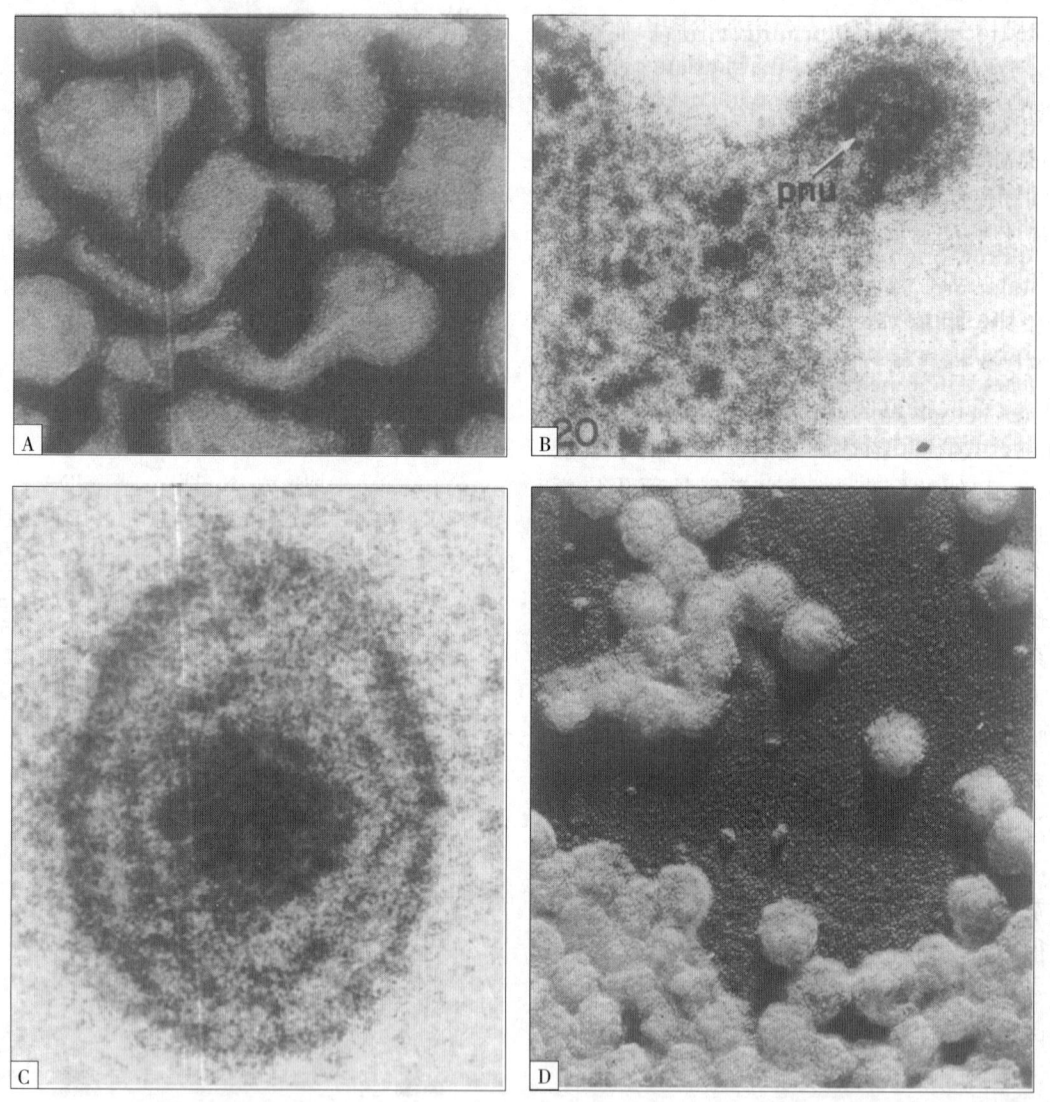

图 15.23 白血病/肉瘤病毒的超微结构。A. BAI‐A株AMV，未固定，用中和后的磷钨负染。粒子周边的某些部位被分解成单个的"突起"，×150 000；B. 白血病/肉瘤病毒释放的超微结构。病毒在白血病性成髓细胞膜上出芽，芽表面和外膜边缘颗粒的表面不规则，模糊不清（pnu，致密的前类核体），×215 000；C. 从血浆沉淀的BAI A株的超薄切片，四氧化锇固定，用亚醋酸铅染色。可看到内膜、外膜以及类核体的颗粒状特征，颗粒的影像可能来自核蛋白丝的断面，有些颗粒似乎是中空的，×510 000；D. 纯化的AMV BAI A株，经固定后用铬投影染色，×50 000。（Bonar 和 de The）

负染后电镜观察表明，病毒粒子基本为球形，在某些干燥条件下容易变形[35]。病毒粒子表面有直径8nm的特征性球状纤突，构成了病毒的囊膜糖蛋白。

大小和密度

通过用不同孔径的滤膜过滤，超速离心和电镜观察，发现病毒直径为80～145nm。病毒在蔗糖中

的浮密度为 $1.154\sim1.17g/mL$，这也是 C 型反转录病毒的特征[29,427]。

对称性

虽然白血病/肉瘤群病毒粒子和核芯无明显对称性，但是一些 C 型反转录病毒的核芯呈二十面体对称。

化学组成

对禽成髓细胞性白血病病毒（AMV）已进行了深入研究，其成分是：$30\%\sim35\%$ 为脂类，$60\%\sim65\%$ 为蛋白质，蛋白质中 $5\%\sim7\%$ 为糖蛋白，2.2% 为 RNA 和少量的 DNA，DNA 可能来源于细胞[30,33,537]。

病毒核酸

主要 RNA 的沉降系数为 $60\sim70S$ 和 $4\sim5S$，前者为病毒基因组，后者主要为宿主的 tRNA。一般认为宿主 tRNA 是偶然装配入病毒粒子内的，在病毒复制过程中不起作用。tRNA 也与 70S RNA 相关联，在病毒 RNA 反转录成 DNA 的过程中作为 DNA 聚合酶的引物。在病毒粒子内还存在少量的 18S 和 28S RNA，病毒和细胞的 mRNA 及 DNA。$60\sim70S$ 的基因组 RNA 是一个二聚体，可裂解为两个大约 $34\sim38S$ 的亚单位，被认为是一种二倍体基因组。基因组 RNA 的这些亚单位是 mRNAs，目前已经对几株禽反转录病毒的基因进行了定位。

禽白血病病毒的基因结构在 RNA 分子中的顺序为：$5'-gag/pro-pol-env-3'$，这些基因编码的蛋白分别是：群特异性（gs）抗原和蛋白酶，依赖 RNA 的 DNA 聚合酶（反转录酶或 RT），囊膜糖蛋白（图 15.22）。结构基因的两侧是末端基因组序列，它具有启动子和增强子活性，在前病毒 DNA 中，形成长末端重复序列（LTR）。病毒基因组大小约为 7.3kb。

急性转化型病毒还具有额外的致癌基因序列来起始肿瘤的转化。病毒致癌基因的获得通常伴随着病毒基因中的部分遗传物质的缺失（见"致病性"）。非缺陷型 RSV 的基因组成为：$gag/pro-pol-env-src$。额外的基因 src 是肉瘤转化基因，来源于正常细胞的致癌基因（即细胞的 src 基因）。具

有这个基因的 RSV RNA 亚单位大约为 35S，比慢性转化型白血病病毒的该亚单位稍大。src 基因是宿主细胞许多基因中的一个例子，称为原癌基因或 onc 基因，与急性转化有关[181,542]。病毒和细胞的 onc 基因以及其他特异的基因如 src，通过前缀 v- 和 c- 加以区分。特异性 v-onc 基因与正常细胞中对应基因 c-onc 在其他急性转化型病毒中也存在，详见表 15.6。

慢性转化过程（如在 LL 中）是由一种间接机制引起的，与 v-onc 无关，而与 c-onc 的活化有关，在 LL 中称为 c-myc，ALV 前病毒 DNA 整合到该基因附近而引起慢性转化[303,304]，这种机制称为插入突变。

病毒脂质

病毒脂质主要是磷脂，来源于感染细胞，分布在病毒的囊膜上，具有类似于细胞外膜的双层结构，病毒的囊膜来源于细胞外膜[30,48]。

病毒蛋白

研究者对于组成禽反转录病毒蛋白的特性、位置和合成过程已经进行了深入研究（501）（图 15.21 和图 15.22）。病毒粒子核芯包含 5 种由 gag/pro 基因编码的非糖基化蛋白：MA（基质蛋白，p19）；p10；CA（衣壳蛋白，p27），是主要的群特异性抗原（Gag）；NC（核衣壳蛋白，p12），该蛋白参与 RNA 的加工和包装；PR（蛋白酶，p15），负责蛋白前体的切割。另外报道还有一些少量的多肽。

编码反转录酶（RT）的 pol 基因位于核芯，它是一个由 b 亚单位（95kD）和源自于前者的 a 亚单位（68kD）组成的复合体，具有依赖 RNA 和依赖 DNA 的聚合酶活性以及 DNA：RNA 杂交链特异的核糖核酸酶 H 的活性。b 亚单位包含 IN 结构域（整合酶，p32）。该酶是前病毒 DNA 整合进宿主基因组所必需的。

病毒的囊膜包含 env 基因编码的 2 个糖蛋白：SU（表面蛋白，gp85）和 TM（跨膜蛋白，gp37）。SU 是病毒表面的球状结构，它决定了 ALSV 的亚群特异性。TM 是病毒的跨膜蛋白，使球状结构黏附于囊膜表面，这两个囊膜蛋白（Env）以二聚体的形式存在，并称为病毒糖蛋白（VGP）。

病毒粒子中还存在一些酶和蛋白质，被认为是

病毒成熟过程中结合的细胞成分[501]。有证据表明，从感染鸡的血液或成髓细胞培养物中分离到的AMV含有细胞膜的三磷酸腺苷酶，它是在病毒成熟过程中，装备入病毒粒子中的。该酶能够使三磷酸腺苷去磷酸化，这种酶活性可用作病毒的检测和纯化。如果细胞不含有这种酶，如成纤维细胞，则其释放的病毒也没有该酶的活性。

病毒复制

与其他反转录病毒一样，ALSV的复制特征是在反转录酶的作用下合成DNA前病毒，前病毒以线性形式整合入宿主细胞基因组中（图15.22）。然后，前病毒基因转录出病毒RNA，经过翻译产生前体蛋白和成熟蛋白，并组装成病毒粒子。自20世纪70年代以来，很多学者进行了大量的研究来阐明这一过程，并对这一过程进行了详细讨论[320,506]。这里仅对该过程进行一般性描述。

穿入宿主细胞

近期，多篇综述性文章对ALV早期与宿主细胞间的相互作用关系进行了详尽的阐述[27,28]。虽然病毒粒子对细胞膜的吸附是非特异性的，即便是具有抗性的细胞也能吸附，但是，穿入细胞的过程依赖于细胞膜上由宿主基因编码的针对不同病毒亚群的特异性受体，该特异性受体促使病毒与细胞膜的融合。在120分钟的吸附过程中，我们观察到进入细胞的病毒粒子包裹于液泡内，并且在核内发现了病毒RNA[141]。近年来，人们对ALV不同亚群的受体特性有了深入的了解[27]。ALV-A亚群受体命名为TVA，与人类低密度脂蛋白受体相关[29,571]。ALV-A亚群病毒与特异性受体结合后，引起囊膜糖蛋白的结构发生改变，使病毒与宿主细胞膜发生融合并侵入细胞内[231]。ALV-B、D、E亚群受体命名为TVB53和TVB51，与肿瘤坏死因子家族的细胞因子受体相似[1~3,298]；对这些病毒的抵抗性是由于这个等位基因中含有一个过早成熟的终止密码子[296]，研究者开始利用分子实验来评价TVB单倍体的作用[577]。这些TVB受体是功能性死亡受体，可以通过传导死亡信号的途径来诱导细胞凋亡[56,297]。禽白血病/肉瘤病毒C亚群的受体TVC与免疫球蛋白超家族成员中的哺乳动物嗜乳脂蛋白相关[175]。ALV-J亚群与其他亚群囊膜基因

同源性很低，它的宿主细胞受体最近被证实为鸡Na（＋）/H（＋）交换一型蛋白[91]。

病毒DNA的合成和整合

研究者已经对病毒DNA合成与整合的过程进行了详细的综述。形成反转录病毒DNA的主要过程为：①借助反转录酶，病毒RNA反转录合成病毒DNA的第一条链（负链），形成RNA∶DNA杂交链；②RNA酶H（RNase-H）降解杂交链中的RNA，以负链DNA为模板合成病毒DNA的第二条链（正链），从而形成线性DNA双链，这些双链分子可在感染后几小时内从细胞浆中检测到；③线性DNA分子移入细胞核。

在整合酶的作用下，线性病毒DNA整合入宿主基因组DNA。整合位点有多个，感染细胞可含有多达20个的前病毒DNA。前病毒DNA中基因的排列次序与在病毒RNA中的相同，两端都有相同的核苷酸序列-长末端重复序列（LTRs）（图15.22）。这些序列由来源于病毒RNA末端的重复序列组成，包括控制病毒DNA转录为RNA的启动子和增强子序列。LTR启动子可引起宿主基因（一般位于前病毒DNA的下游）的异常转录，从而引起肿瘤。

转录

在感染细胞内形成新的病毒粒子是前病毒DNA转录和翻译的结果，主要过程如下：①首先在宿主RNA聚合酶的作用下，以前病毒DNA为模板转录病毒RNA。gag/pro基因中pro基因转译成相应的蛋白酶（PR）时涉及读框移位。病毒RNA分子产生mRNA后，与多聚核糖体结合，它们也可作为新形成病毒粒子的基因组RNA。感染后24h就能检测到新的病毒RNA；②结合于多聚核糖体的mRNA翻译gag、pol和env基因编码的蛋白质并组装入病毒粒子中。gag/pol基因的翻译产物是一种大的前体蛋白（180kD）Pr180，经裂解后变为一种多聚蛋白前体Pr76（76kD）。Pr76经过加工产生病毒核芯蛋白——MA（p19）、CA（p27）、NC（p12）、PR（p15）和p10。Pr180还可产生RT（p63和p95）和整合酶（IN，p32）。env基因的产物是一种前体蛋白gPr92（92kD），病毒囊膜蛋白SU（gp85）和TM（gp37）即来自该前体蛋白。env蛋白是由剪切的亚基因组RNA翻

译而来。病毒蛋白分布于胞浆膜上，呈月牙形结构，可观察到病毒粒子以出芽形式从细胞内释放出来。

缺陷型和表型混合

已经表明许多禽反转录病毒（表 15.6）具有缺陷型基因组，或者是由自发突变所致，或者是实验性突变的结果[255]。有些病毒（如 RSV 的某些毒株和急性白血病病毒）缺失了复制所需的基因，称为复制缺陷（rd）型突变株。这些毒株可以转化细胞，但需要辅助性白血病病毒存在才能复制（例如，BH - RSV 和缺失 env 基因的 AMV，AEV 和缺失 pol、env 基因的 MC29）。其他急性转化病毒，如 RSV 的某些毒株，已经丢失了其 v-onc 基因和快速转化的能力，这些毒株称为转化缺陷（td）型突变株，具有与非缺陷型 ALV 相似的致瘤潜力[45]。td 和 rd 突变株在所有条件下都存在缺陷（无条件突变株）。条件性突变株在条件许可情况下表现功能，在不许可的情况下则不表现功能，温度敏感（ts）型突变株就是一个实例。

表 15.6 根据病毒的致癌基因对记性转化型禽肉瘤和白血病病毒的分类表

毒　　　株	所携带的致癌基因	癌基因产物	主要肿瘤	体外转化的细胞
RSV，B77，S1，S2	src	Nr ptk	肉瘤	成纤维细胞
FuSV，UR1，PCRII，PCRIV，	fps	Nr ptk	肉瘤	成纤维细胞
Y73，ESV	yes	Nr ptk	肉瘤	成纤维细胞
UR2	ros	R ptk	肉瘤	成纤维细胞
RPL30	eyk	R ptk	肉瘤	成纤维细胞
Asv - 17	jun	Tf	肉瘤	成纤维细胞
ASV - 31	qin	Tf	肉瘤	成纤维细胞
ASV42	maf	Tf	肉瘤	成纤维细胞
ASV - 1	crk	Ap	肉瘤	成纤维细胞
AEV - ES4	erbA，erbB	Tf，R ptk	成红细胞增多病，肉瘤	成红细胞，成纤维细胞
AEV - R	erbA，erbB	Tf，R ptk	成红细胞增多病	成红细胞
AEV - H	erbB	R ptk	成红细胞增多病，肉瘤	成红细胞，成纤维细胞
S13	sea	R ptk	成红细胞增多病，肉瘤	成红细胞，成纤维细胞
E26	myb，ets	Tf	成红细胞增多病，成髓细胞性白血病	成髓细胞，成红细胞
AMV	myb	Tf	成髓细胞性白血病	成髓细胞
MC29	myc	Tf	成髓细胞性白血病，内皮细胞瘤	未成熟巨噬细胞，成纤维细胞
CMII	myc	Tf	成髓细胞瘤	未成熟巨噬细胞，成纤维细胞
966ALV - J	myc	Tf	成髓细胞瘤	未成熟巨噬细胞
OK10	myc	Tf	内皮细胞瘤	未成熟巨噬细胞，成纤维细胞
MH2	myc，mil	Tf，S/tk	内皮细胞瘤	未成熟巨噬细胞，成纤维细胞

注：Ap＝衔接蛋白（Adaptor protein）。Nr ptk＝非受体蛋白酪氨酸激酶（Non-receptor protein tyrosine kinase）；R ptk＝受体蛋白酪氨酸激酶（Receptor protein tyrosine kinase）；S/tk＝丝氨酸/苏氨酸激酶（Serine/threonine kinase）；Tf＝转译因子（Transcription factor）。

BH - RSV 是 rd 突变株的一个经典范例，在 ALVs 的非生产者（NP）细胞活性检验中具有实用意义（见"诊断"）。BH - RSV 单独感染鸡胚成纤维细胞后，其缺陷型病毒基因组可复制病毒 RNA，转化被感染细胞并产生 gs 抗原，但是感染后仅能产生无感染性的子代病毒颗粒，由于这些子代病毒的囊膜糖蛋白发生改变，因此不能进入新的宿主细胞。这些形态学发生改变的细胞称为 NP 细胞。将一种非缺陷型 ALV 作为辅助病毒加入到这些细胞中，通过与 BH - RSV 的缺陷基因发生互补，便可同时产生感染性的 RSV 和子代 ALV。因此，在 NP 试验中感染性 RSV 的出现就意味着加入的材料中含有 ALV。这种 RSV 的囊膜抗原与辅助病毒的相同，决定了在遗传型不同的细胞上的感染性和感染范围、不同病毒亚群之间的干扰模式（见"毒株分类"）以及囊膜抗原性。

RSV 的 rd 突变株必须通过辅助病毒而存在，这些辅助病毒起初被称为劳斯相关病毒（RAVs）。

在这种条件下形成的感染性 RSV 称为假型（pseudotypes），命名时应包含辅助病毒的名称，（例如，当使用 ALV 的 RAV - 1 株作为辅助病毒时，则称为 BH - RSV（RAV - 1））。这种现象是表型混合（PM）的一个例子[47]，当两个相关病毒感染同一个细胞时，很容易发生表型混合，含有一种病毒基因组的子代病毒可能具有另一个亲代或者两个亲代病毒的囊膜和其他结构蛋白。这种现象也被用作 PM 试验来检测白血病病毒（见"诊断"）。基因重组是指两个病毒的基因发生交换（可产生稳定的表型改变），这种现象已为人们所熟知，必须与 PM 相区分[552,569]。用缺陷型 RSV 可获得具有辅助 ALV 囊膜特性的特定 RSV。用适当的假型来确定宿主范围、干扰模式和中和特性，比用 ALV 容易得多，因为前者容易在细胞培养物中定量测定。

尽管如此，BH - RSV 和其他 rd 突变株单独感染鸡的某些细胞后，在没有辅助病毒存在的情况下也可产生传染性 RSV，这些鸡细胞带有内源性 ALV 基因组（见"内源性白血病病毒"）。然而，这种 RSV 具有内源性病毒 E 亚群的宿主范围，运用 NP 试验可与其他亚群的辅助病毒区分。

表型混合也可发生于不相关的病毒之间，如水泡性口炎病毒（VSV）和 ALVs[550] 之间，或网状内皮增殖病病毒（REV）和 RSV[450] 之间。带有 ALV 病毒囊膜的 VSV 可用于快速干扰、宿主范围和中和试验，因为这种病毒能很快引起细胞病变。

内源性白血病病毒

作为感染性病毒粒子进行传播的 ALVs 称为外源性白血病病毒。正常鸡的基因组含有多类或多科禽反转录病毒样成分[117]，经过遗传进行传播，称内源性病毒。内源性病毒包括大约 30 年前发现的内源性病毒（ev）位点，最近发现的中等重复序列 EAV（内源性禽类病毒）[53,169]，ART - CH（鸡基因组中的禽反转录转座子）[50,357,440]，以及高度重复序列 CR1（鸡重复序列 1）[499]。鸡体内的内源性反转录病毒是真核生物中存在大量反转录成分的例子。某些反转录成分被认为是代表了细胞内可移动的遗传成分（转座子）的反转录病毒进化的不同阶段；而其他成分则被认为是外源性反转录病毒退化的前病毒体，由于突变而失去了产生感染性病毒的能力。目前，这些成分存在的意义成为很多研究的

主题。

ev 位点的基因序列与 ALV - E 亚群有关，并以完整的或缺陷的基因组形式存在于几乎所有正常的鸡体内[116,119,424,464]（图 15.24）。许多 *ev* 位点已经可以在染色体上进行定位[509]，由于鸡全基因组序列测定的完成[108]，使得我们可以在基因组中定位 *ev* 位点。它们存在于体细胞和生殖细胞内，通过两性交配，按孟德尔定律遗传给它们的子代，包括雌性和雄性[8,127]。目前，已经鉴定出的 *ev* 位点至少有 29 种[246,464]，已有研究者用特异性定位 PCR 方法对 *ev* 位点进行鉴定[39]。有报道称，每只鸡平均含有约 5 个 *ev* 位点[433]。这些位点的表型多种多样，这取决于存在的病毒基因和一种知之甚少的调控机制（表 15.7 和 15.8）。当存在完整的内源性病毒基因组时，细胞可能自发地或经化学物质如溴脱氧尿核苷（BUDR）诱导后产生 E 亚群禽白血病病毒。当内源性病毒的基因组不完整（即缺陷）时，存在的基因可在细胞内进行表型表达，但不能产生感染性病毒粒子。这是因为其缺乏产生感染性病毒粒子所需要的一整套基因（例如，缺陷型 *ev3* 位点拥有 ALV - E 亚群病毒的 *gag* 和 *env* 基因，携带这个位点的细胞含有 gs 抗原和 E 亚群病毒的囊膜糖蛋白）。然而，该位点的 *gag-pol* 连接处有缺失，因此不能产生感染性病毒粒子。这种细胞中有 *ev* 基因存在，是造成酶联免疫吸附试验（ELISA）、禽白血病补体结合试验（COFAL）和鸡辅助因子

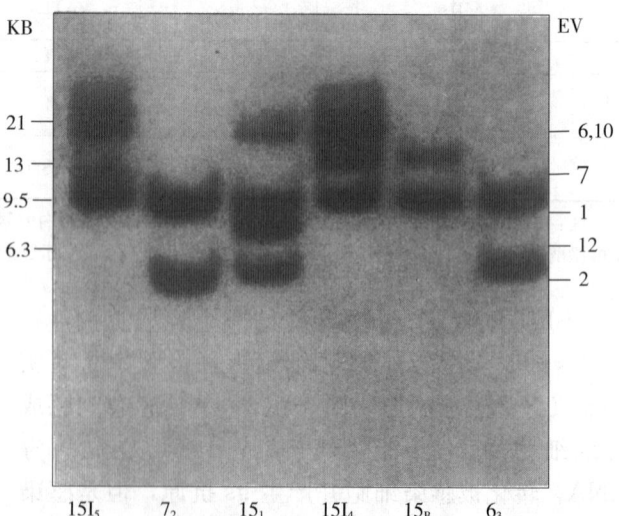

图 15.24 使用限制性片断长度多态性检测到 6 只近交系白来航鸡中的内源性病毒（ev）位点。红细胞 DNA 用 Sac - 1 内切酶消化，电泳后与 ³²P 标记的 RAV - 2 基因组序列杂交检测到的结果[464]

表 15.7 代表性内源性白血病病毒基因（ev）
在正常鸡细胞内的表型表达

表型	符号	ev 位点
无可检测到的病毒产物	gs^2 - chf^2	1, 4, 5
表达 E 亚群病毒囊膜抗原	gs^2 - chf^1	9
群特异性抗原和囊膜抗原同时表达	gs^1 - chf^1	3
自发产生 E 亚群病毒	V - E^1	2

来源：摘自 Smith（464）

表 15.8 白来航鸡近交系和商品系的内源性禽白血病（ev）
基因的表型

ev	表型	品系或来源[a]
1	gs^2 chf^2	大多数品系
2	V - E^1	RPRL72
3	gs^1 chf^1	RPRL63
4	gs^2 chf^2	SPAFAS
5	gs^2 chf^2	SPAFAS
6	gs^2 chf^1	RPRL151
7	V - E^1	RPRL15B
8	gs^2 chf^2	K18
9	gs^2 chf^1	K18
10	V - E^1	RPRL 1514
11	V - E^1	RPRL 1514
12	V - E^1	RPRL 151
14	V - E^1	H&N
15 (C)	无	K28 3 K16
16 (D)	无	K28 3 K16
17	gs^2 chf^2	RC - P
18	V - E^1	RI
19	V - E^1 (?)[b]	RW
20	V - E^1 (?)[b]	RW
21	V - E^1	Hyline FP

注：ev13 与 gs^2 - chf^2 -表型有关，但其限制性片段的特性还没有确定。

a 非专有品系或来源。K＝Kimber；R＝Reaseheath；H&N＝Heisdorf and Nelson；见参考文献 Smith[464]。

b RW 鸡中 5 个 ev 位点的存在排除了确定为 V - E^1 表型的结论，但最终关系还需进一步分离 ev 基因。Hyline FP 鸡也带有 ev1、ev3 和 ev6。

（chf）试验结果阳性的原因（见"诊断"）。在 chf 试验中，BH - RSV 囊膜上的遗传缺陷被内源性囊膜蛋白所互补，从而产生具有 E 亚群宿主范围和其他特性的感染性 RSV。很多学者对 ev 位点的遗传特性进行了详细描述[117,464,594,551]。内源性病毒基因的表达，通过其囊膜蛋白对鸡细胞上病毒受体的阻断，使鸡细胞对 ALV - E 亚群病毒的感染具有明显的遗传抵抗性[392,425]。ev 基因由亲代向子代的传播称为 ALV 的遗传传播[548]，应该与感染状态下病毒的垂直传播（先天性）和水平传播（接触性）相区别。然而，完全表达的传染性内源病毒有时也可以垂直传播和水平传播[475]。一些相关的 ev 位点存在

于几种禽类，如红原鸡、某些品系的雉、鹧鸪和松鸡，而家养鸡没有，但这种分布不能说明具有种系关系[219,230]。人们相信，ALV 基因组在鸡属进化过程的相对晚期插入到不同的位点，而在其他属禽类的整合则是独立的。最近报道 ALSV 的 gag 基因已在 26 种禽类中发现[153,154]。一般表现为 ALSV 与宿主品系相一致，但也存在 ALSV 在不同品系宿主间的水平传播。目前还不知道是内源性病毒来源于其他亚群的外源性 ALV，还是外源性病毒来源于内源性病毒。两种病毒的差别在于 env 基因和 LTR 区的序列不同。

E 亚群 ALV 代表株为 RAV - 0，具有很弱的或无致瘤性[346]，很显然是由于其 LTR 区启动子功能较弱。这些病毒基因的持续存在表明，带有这些基因对禽类并非具有很大的坏处，相反可能是有益的。Crittenden 等已经发现，携带 ev2 或 ev3 的鸡可以免受独特性非肿瘤综合征的侵袭，该综合征是由一种外源性 A 亚群 ALV 引起的[122,133]。内源性病毒在不同的时间表达，可诱导对肿瘤病毒抗原的免疫或耐受，引起的后果可能是有利的，也可能是有害的。胚胎感染内源性禽白血病病毒 RAV - 0 后再感染外源性 ALV，可引起更持久的病毒血症和更严重的肿瘤，显然这是由特异性体液免疫的耐受性抑制所致[125]。相似的，E 亚群内源性病毒与外源性病毒的重组体也能够引起肿瘤[123]。ev 家族的内源性病毒并非是必须的，因为培育无 ev 基因的鸡已成为可能[7]。目前，已经培育出一种不带 ev 基因的品系，称为 0 系[121]。此 0 系鸡在需要用不带 ev 基因的鸡或细胞进行科研时有一定的使用价值。另有一些鸡被鉴定出不带有 ev 位点[117]，但绝大多数鸡都带有这些内源性序列。最近，已有人报道了培育无内源性反转录病毒的商品鸡品系的方法[15]。

ev21 位点具有很重要的实际意义，在白来航鸡，该位点与 Z 染色体上的显性性连锁基因 K 紧密相连[16]，K 基因调控慢羽特性。有可能是由于 ev21 序列插入羽毛生长控制基因中，从而引起慢羽突变[117]。一些研究羽毛-性别连锁的育种学者报道，携带 K 基因的母鸡所产生的快羽雌性后代，感染外源性白血病病毒后，其病毒血症的发生率升高，同时引起产蛋下降和白血病死亡率升高。这可能是由于母鸡的 ev21 基因表达后产生了具传染性的内源性 ALV（EV21），经垂直传播感染后代，从而引起免疫耐受，导致其对外源性 ALV 感染的

敏感性升高[16,252,466,468]。Smith 等对如何降低 *ev*21 位点的影响进行了研究[470,471,473]。

其他一些内源性因子（如 EAV，ART - CH 和 CR1）的生物学功能有待确定。EAV 家族的成员并不表现为感染性病毒，但可产生 RT 活性并且其活性能从活病毒疫苗中检测到[266,267,423,519,556]。EAV - HP 是 EAV 家族的一员（也被称为 *ev*/J），现在人们认为 ALV - J 亚群的 *env* 基因就来源于 EAV - HP[21,41,42,149,438,440,478]。ART - CH 和 EAV - HP 基因的 5′端序列几乎一样[442]。EAV - HP 的 *env* 基因在胚胎中表达被认为是与其诱导产生免疫耐受有关，这种特性在 ALV - J 感染肉鸡中占很大比例。为支持这一猜想，最近有研究证明 EAV - HP 位点仍然可以从鸡群中分离到[442]。最近的研究表明鸡体内完整的 EAV - HP 位点与 ALV-J 原型株 HPRS - 103 的 *env* 基因有着非常密切的关系，这就证明了 EAV - HP 在与 ALV-J 重组中的重要作用[441]。

CR1 因子是不含反转录成分（反转座子）的 LTR，该反转录成分拥有 RT 序列。它的数量相当多，被认为是一古老而原始的序列，该序列在鸟类进化之前已经存在，但不表达功能[178,318,527,546,558]。

对理化因素的抵抗力

脂溶剂和去污剂

禽反转录病毒的囊膜含大量脂类，其感染性可被乙醚破坏[217]。去污剂十二烷基硫酸钠可裂解病毒粒子并释放出 RNA 和核芯蛋白[427]。

热灭活

各种 ALSVs 在 37℃下的半衰期从 100min 到 540min 不等（平均大约为 260min），这与病毒所存在的介质、组织来源和毒株有关。ALSVs 在高温下很快被灭活，RSV 在 50℃下的半衰期是 8.5min，在 60℃下为 0.7min[163]。

这些病毒感染力的热不稳定性是病毒保存中的关键因素。甚至在 −15℃条件下，AMV 的半衰期低于 1 周[172]；只有在 −60℃以下的低温条件下，禽反转录病毒才能保存几年而不降低感染力[61]。反复冻融可使病毒裂解，并释放 gs 抗原。

pH 稳定性

在 pH5～9 范围内，此群内病毒很稳定，但超

出这一范围，灭活率显著升高。

紫外线照射

RSV 和 ALV 野外分离株对紫外线有相当强的抵抗力[217,435]。

毒株分类

抗原性

根据 ALSVs 囊膜糖蛋白的不同，可以分为 6 个亚群，即 A、B、C、D、E 和 J 亚群。囊膜糖蛋白决定病毒的抗原性、与相同或不同亚群成员之间的病毒干扰模式以及在不同表型的鸡胚成纤维细胞上的宿主范围[105,555]。其他的亚群如 F、G、H 和 I 代表内源性 ALVs，存在于雉、鹧鸪、鹌鹑等鸟体内[374]。

病毒干扰模式（表 15.9）和宿主范围模式（表 15.10 和 15.11）是进行病毒亚群分类的最佳方法。通过产生中和性抗体或被已知的亚群特异性抗体所中和测定其抗原性，也可进行毒株分类，但此方法

表 15.9　ALV 和 RSV 不同亚群（A - E 亚群和 J 亚群）之间的干扰模式

用于干扰的 ALV 亚群	用于攻毒的 RSV 亚群					
	A	B	C	D	E	J
A	1	2	2	2	2	2
B	2	1	2	1	1	2
C	2	2	1	2	2	2
D	2	2	2	1	2	2
E	2	2	2	2	1	2
J	2	2	2	2	2	1

注：各亚群 ALV 感染易感的鸡胚成纤维细胞，几天之后用各亚群的 RSV 进行攻击。与未感染 ALV 对照组相比，在感染培养物上 RSV 形成的病斑减少作为病毒干扰判定指标。1，干扰；2，无干扰。

表 15.10　A - E 亚群和 J 亚群禽白血病/肉瘤病毒在不同表型鸡胚细胞中宿主范围

细胞表型	实例（鸡品系或细胞系）	病毒亚型					
		A	B	C	D	E	J
C/0	15B1	S	S	S	S	S	S
C/AE	C，alv6	R	S	S	S	R	S
C/A，B，D，E	7₂	R	R	S	R	R	S
C/E	0，15I，BrL	S	S	S	S	R	S
C/EJ	DF-1/J[a]	S	S	S	S	R	R

注：S＝敏感的；R＝有抗性的；细胞表型是指鸡（C）细胞对某特定亚群的抗性（/）；O＝无亚群；AE＝A 和 E 亚群 ALV 等。

a 细胞系，Hunt 参考文献[265]。

**表 15.11 不同亚群 RSV 在各种禽类鸡
成纤维细胞上的宿主范围**

禽的种类	RSV 不同亚群					
	A	B	C	D	E	J
红原鸡	S	S	R	R	R	S
雉	S	R	R	R	S	R
日本鹌鹑	S	R	R	R	S	R
珍珠鸡	S	S	S	S	S	R
火鸡	S	S	S	S	S	S
北京鸭	R	R	S	R	R	R
鹅	R	R	S	R	R	R

注：将不同亚群的 RSV 接种到禽胚成纤维细胞中，根据形成的
RSV 蚀斑来确定敏感性。S=敏感；R=有抗性。资料来自 Payne
等（389）。

并不可靠。同一亚群中的病毒通常存在一定程度的
交叉中和反应，除 B、D 亚群之间有部分交叉反应
外，其他亚群之间并无这种现象。ALV-J 特定分
离株的抗血清并不总和其他的 ALV-J 分离株发生
交叉中和反应，或者可能仅表现单向的交叉中和反
应[193,204,206,211,532]。一般情况下，某一特定病毒的抗
血清，中和该亚群中的同源病毒比异源病毒的能力
更强[101]。这些发现表明在病毒亚群中存在多种不同
的抗原表位。B 亚群比 A 亚群内存在更多的变异，J
亚群病毒之间抗原表位的变异非常大[528,532,543]。

分子特性

对编码 ALV A～E 亚群 env 基因中的 gp85 序
列分析发现，它们存在 hr1 和 hr2 两个高变区，
vr1、vr2 和 vr3 三个低变区，反映出不同亚群的差
异[51,52,162]。重组试验表明，hr1 和 hr2 以及一个更
小的延展 vr3 在决定病毒受体嗜性方面起着主要作
用[161]。但是决定宿主范围和抗原性的精确位点及
特性仍未搞清。ALV-J 亚群的 gp85 序列变异比
ALV 的其他 5 个亚群都大，主要集中在 hr1，hr2，
vr2 和 vr3 区，一个更小的延展也存在于后面的两
个区域之间[21,22]。不同 ALV-J 分离株中 gp85 序
列的变异也很大，特别是在 gp85 的高变
区[42,461,462,532,543]。根据 ALV A-E 和 J 亚群可变区
的序列设计不同的引物，通过 PCR 技术可以对
ALV 分离株进行分群[225,289,477,573,575]。这些方法可
以用作病毒的分类，但需通过更多的分离株试验以
确定该方法的特异性。

致病性

多年来，ALSVs 大多是从自然发病或实验室
诱导产生肿瘤的鸡体内分离出来的。其中部分毒株
在新的分类学中被明确归为禽反转录病毒[210]。很
多病毒能诱导特征性的肿瘤而冠以此名，如淋巴白
血病病毒（LLV），尽管禽白血病病毒（ALV）比
禽成红细胞增多病病毒（AEV）、禽成髓细胞性白
血病病毒（AMV）以及禽髓细胞瘤病病毒（ASV）
更常使用（表15.12）。一般情况下，一种病毒除了
引起其特征性的肿瘤外，还能引起其他肿瘤，此病
毒的肿瘤谱范围非常广泛。对一特定的病毒，一般
会产生其特征性的肿瘤，但往往也会产生其他类型
毒株的肿瘤。因此，ALV 的 RPL12 株能诱导淋巴
白血病、成红细胞增多病、骨瘤、血管瘤及肉瘤；
AMV 的 BAI A 株导致成髓细胞性白血病，淋巴白
血病，骨瘤，肾胚细胞瘤，肉瘤，血管瘤，泡膜细
胞瘤，粒膜细胞瘤和上皮肿瘤[34]。

病毒诱导产生多样性肿瘤的原因可能有几种解
释。一些病毒株是由多种病毒株混合感染或与含有
病毒复制所需的辅助病毒共感染（见后面的讨
论）。但是 ALV 克隆纯化株除引起淋巴白血病外，
还能引起多种肿瘤包括成红细胞增多病、骨瘤及肾
胚细胞瘤[415]。没有辅助性病毒参与下，AEV 克隆
纯化株能同时引起成红细胞增多病和肉瘤[244]。毫
无疑问，反转录病毒的高突变率归因于毒株的变异
性。由一株病毒引起的肿瘤谱范围在病毒传代的过
程中会发生改变。

病毒的剂量是决定产生肿瘤的重要因素。高剂
量的 ALV RPL12 株主要引起成红细胞增多病，而
低剂量则引起淋巴白血病[73]。影响有效剂量的因
素还包括接种途径、年龄以及宿主的遗传特性，这
些因素同时也影响着肿瘤谱的范围。

根据其诱导产生肿瘤的速度，ALSV 可以分为
两大类：

1. 急性转化型病毒。这类病毒能在几天或几
周内诱导体内或体外肿瘤的转化。它们能导致各种
类型的急性淋巴白血病（白血病）或实质性肿瘤
（一般是肉瘤）[181,183,243,303,342]。急性转化病毒在其基
因组内携带有致癌基因（表 15.6）。关于病毒的致
癌基因及其产物的生化功能详见 Coffin 等的综
述[105,303,535]。所有禽急性白血病病毒都是遗传缺陷
型的，需要与之互补的辅助病毒才能复制。急性转
化型病毒是复制缺失型（rd）突变株，缺少病毒复
制的基因。有些肉瘤病毒（如 BH-RSV）也是遗
传缺陷型的，需要辅助病毒才能复制。

2. 慢性转化型病毒。这类 ALVs 不含有致癌基因，它们致肿瘤是由于一种"启动子插入"机制或其他相关机制，这种机制会激活细胞内的致癌基因，从而导致肿瘤转化，以至最终在几周或几个月的时间内形成肿瘤[105,183,221,303]。

命名

有多种方法用于对 ALSVs 的命名，其中很多病毒名称已列于表 15.12 中。根据不同毒株导致的主要肿瘤名称命以全名和缩写名称，同时附上该病毒最初分离者（如 Rous 肉瘤病毒，RSV）或最初分离地（如地区禽病研究实验室分离株 12 号，RPL12）。Rous 肉瘤病毒的亚型株则根据其研究者（如 Bryan 氏高滴度株，BH-RSV）或分离地（如

Prague，PR-RSV）来命名。亚群（如 A 亚群）则可直接标明：PR-RSV-A。禽白血病病毒（ALV）和禽肉瘤病毒（ASV）是这类病毒的总称。

从缺陷型病毒宿主中分离的辅助病毒则称为某缺陷病毒相关病毒。例如，Rous 相关病毒（RAV）和成髓细胞白血病相关病毒（MAV），同时标明序号（如 RAV-1，MAV-1 等）；辅助病毒则标注在复制缺陷型病毒名后。因此，需 RAV-1 作辅助病毒的 BH-RSV，就可以写成 BH-RSV（RAV-1）。内源性的 ALV 缩写成 EV（如 EV21）。作为抗性诱导因子的 ALV 毒株可以写成 RIFs（见"诊断"），但这种表示方法现已很少使用。更详细的关于白血病和肉瘤病毒的缩写出处见表 15.12[374]。

表 15.12 根据致瘤优势和病毒囊膜亚群分类的禽白血病/肉瘤病毒实验室毒株

病毒根据致瘤分类	病毒根据囊膜亚群分类						无亚群（缺陷病毒）a
	A	B	C	D	E	J	
淋巴细胞性白血病病毒（LLV）	RAV-1 RIF-1 MAV-1 RPL12 HPRS-F42	RAV-2 RAV-6 MAV-2	RAV-7 RAV-49	RAV-50 CZAV	RAV-60		
禽成红细胞增多病病毒（AEV）							AEV-ES4 AEV-R AEV-H
禽成髓细胞性白血病病毒							AMV-BAI-A
禽肉瘤病毒（ASV）	SR-RSV-A PR-RSV-A EH-RSV RSV29	SR-RSV-B PR-RSV-B HA-RSV	B77 PR-RSV-C	SR-RSV-D CZ-RSV	SR-RSV-E PR-RSV-E		BH-RSV BS-RSV FuSV PRCII PRCIV ESV Y73 UR1 UR2 S1 S2
髓细胞瘤和内皮瘤病毒				HPRS-103 ADOL-Hc1			MC29 966 MH2 CMII OK10
内源性病毒（EV）（不引起肿瘤）				EV21 ILV			RAV-0

a 缺陷病毒以其辅助病毒的囊膜亚群来命名。

实验室宿主系统

雏鸡接种

Rous 肉瘤病毒和其他肉瘤病毒经皮下（SC）、肌肉（IM）或腹腔（IA）途径接种或与接种鸡接触即可产生肿瘤。翅羽皮下接种可用作 RSV 种毒 TD_{50} 的测定[60]，而且这种途径和 IM 接种可用于病毒的分离与增殖[340,416]。翅羽接种大剂量 RSV 后 3 天左右，即可检测到肿瘤。在敏感鸡体内，肿瘤生长很快，并出现溃疡和转移；在非易感鸡体内，肉瘤出现滞后。对实验方法和结果分析已有详尽的综述[60]。

ALVs 通过 IA 或 IV 途径接种 1 日龄易感鸡，可以产生肿瘤反应。Burmester 和 Gentry[72] 将 ALV PRL12 株经 IA 途径接种 1 日龄的 15I 品系雏鸡，在 200～270 日龄出现肿瘤反应。这种方法可用于从野外病例中进行病毒的初次分离[71]。采用敏感性较低的成红细胞增多试验，对实验室内传代的某些毒株进行定量测定时，所需的时间可缩短至 63 天[62]。在这些传播试验中，所有引起 LL 的病毒也可引起成红细胞增多病。在某些品系和某些代次的鸡上，也可见到骨硬化病、血管瘤和纤维肉瘤[70,73]。

AMV 可通过 IV 途径接种 1～3 日龄易感雏鸡加以检测[170,171]。可用三磷酸腺苷酶活性试验检测鸡血浆中的 AMV。该方法在常规和大规模的研究中很有用处[38]。

某些毒株的骨硬化病诱导活性可通过 IV 或者 IM 途径接种 1 日龄雏鸡[70,260]的方法进行检测。珍珠鸡对 MAV - 2（O）引起的骨硬化病特别敏感[290,291,293,294]。

鸡胚接种

RSV 和其他肉瘤病毒接种 11 日龄敏感鸡的鸡胚绒毛尿囊膜（CAM）时，可引起痘斑（图 15.25），接种后 8 天可进行计数，痘斑数与病毒剂量呈线性关系[167]。这一方法对检测遗传抵抗性也很有用。

ALVs 也可像 RSV 一样，经 IV 途径接种 11 日龄敏感鸡胚进行定量计数。在出雏后两周内，雏鸡肿瘤发生率很高，主要是成红细胞增多病，但也有出血和实体肿瘤，包括纤维肉瘤、内皮性肿瘤、

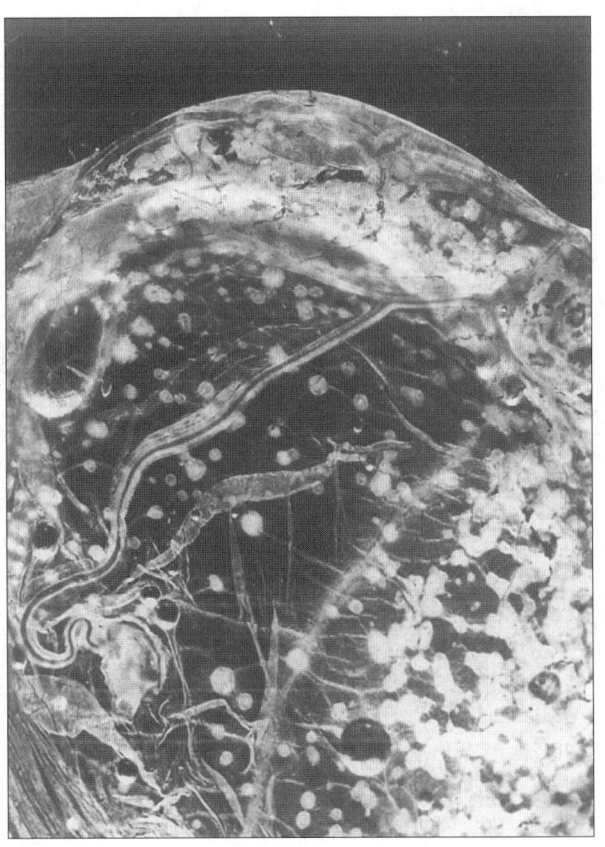

图 15.25　BH - RSV 在鸡胚 CAM 上引起的痘斑。（Piraino）

肾胚细胞瘤和软骨瘤。经鸡胚接种后的雏鸡，在接种后 46 天时的反应比接种鸡后的反应高 1～2 个 $\log_{10}$ 滴度。绝大多数耐过急性肿瘤的鸡，在接种后 100 天会发生 LL[400]。

AMV 经 IV 途径接种敏感鸡胚后数周内可引起成髓细胞性白血病反应[23,24,25]。当用 ALV - J 亚群 HPRS - 103 株经 IV 途径接种 11 日龄敏感鸡胚，直到 9 周龄时才出现因肿瘤（髓细胞瘤）引起的死亡，肿瘤致死率在 20 周龄时达到中等程度[383]。

细胞培养

单层鸡胚成纤维细胞接种 RSV 和其他肉瘤病毒后可引起细胞快速的肿瘤转化[414]。转化的细胞在几天内可形成分散的细胞群或转化细胞灶（图 15.26），这一特性可用于病毒的定量滴定[508]。这种细胞培养方法更适于病毒测定。

大多数白血病病毒在成纤维细胞上复制时不产生任何明显的细胞病变。通过多种方法可检测到病毒的存在（见"诊断"）。B 和 D 亚群的 ALVs 可产生细胞病变，据此可对病毒进行检测[242]。这两种

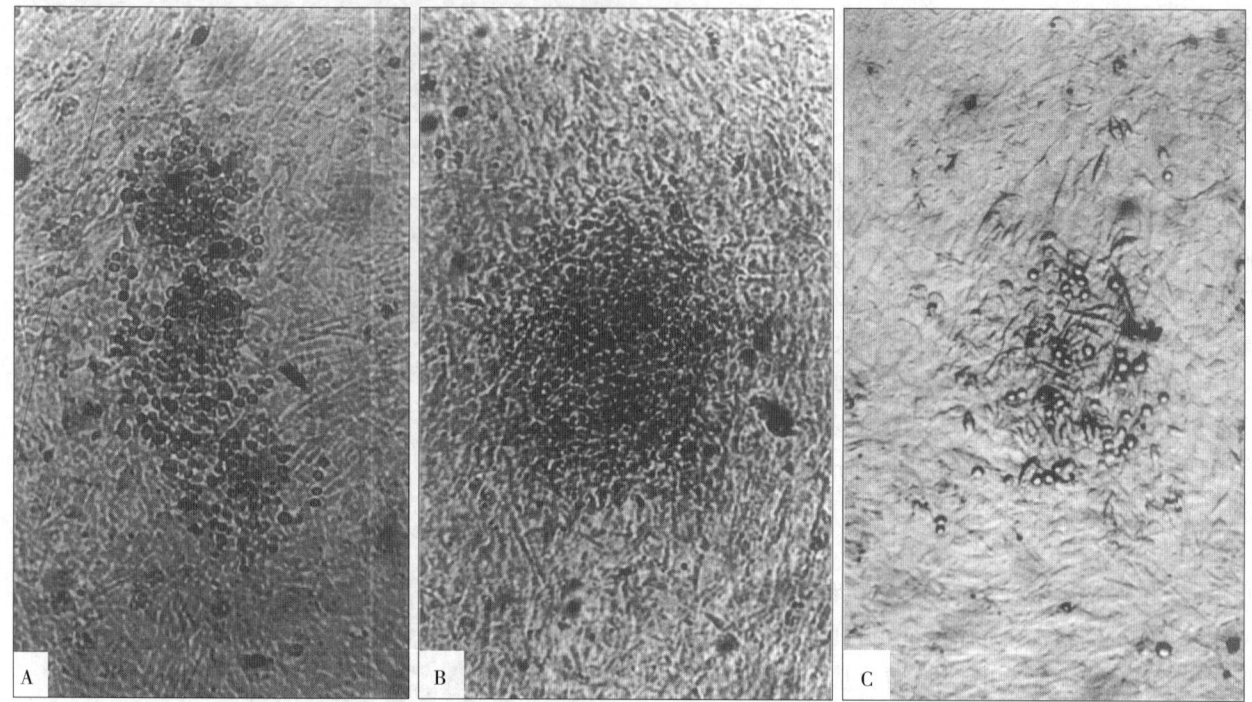

图 15.26　劳氏肉瘤病毒（RSV）在细胞培养物上引起的病灶。A. 鸡胚成纤维细胞感染 RSV 的 Bryan 标准株 6 天后形成的未染色病灶，细胞被转化，呈球形，折光性强，×100；B. Rous 肉瘤细胞用高滴度 Bryan 株感染后 6 天形成的未染色病灶，细胞被转化，呈多角形，不透明，×100；C. 用 RSV 的 Popken 制备物感染 6 天后形成的未染色病灶，被转化细胞呈圆形和纺锤形，×100

病毒亚群的受体为肿瘤细胞坏死因子受体家族中的致死性受体，所以能产生细胞病变[56,99,151,152]。据报道，ALV 感染的成纤维细胞经长期传代培养可发生形态改变[84]。

急性转化型 ALVs 可在体外转化造血细胞[342]。卵黄囊细胞和骨髓细胞培养物感染 AMV 后，可转化为肿瘤性成髓细胞[343]，骨髓细胞感染 AEV 后可被转化为成红细胞[241]。Graf 和 Beug 曾观察到，MH2、MC29 和 OK10 病毒可转化造血细胞[243]。这种急性转化型 ALV 已被广泛用于研究禽造血细胞谱系和分化[43,330,331]。ALV-J 亚群的急性转化型变异株体外培养也能转化骨髓细胞和血液中的单核细胞[95,384]。非缺陷型 ALV 对 B 淋巴细胞的体外转化仍未见报道，非缺陷型 ALV-J 亚群也不能体外转化骨髓细胞[384]。

目前，研究者已建立了来源于肿瘤（由禽反转录病毒在体内引起）的肿瘤细胞系，包括 LL[360,459]、成髓细胞性白血病[311]、成红细胞增多病[241]和髓细胞瘤[312]。

ALSVs 的细胞培养特性将在"诊断"中详细讨论。

致病力

如上所述（见"毒株特性"），ALVs 毒株可引起一种以上的肿瘤，且每一毒株的肿瘤谱都有一定的特征性，但常与其他毒株的致瘤谱有重叠。不同毒株所致肿瘤的类型受病毒（如来源和剂量）与宿主因素（如接种途径、年龄、基因型和性别等）的影响。

病毒的来源

不同病毒株引起的肿瘤谱会有所不同，这种差别在刚从野外分离的毒株中也可看到，ALV 中 RPL26、RPL27 和 RPL28 毒株的致瘤谱就是一个例证[215]。对某一特定毒株，分离自不同的肿瘤可能有差别。Fredrickson 等[215,216]用临床分离毒株进行研究，结果发现从患有 LL 的鸡分离的毒株主要引起 LL，而从患成红细胞增多病的鸡分离的毒株主要引起成红细胞增多病。另一个例子是，从患有血管瘤的鸡分离的病毒经传代后，引起这种肿瘤的比例比前代次的高[73]。在某些情况下，这种现象可能由于病毒剂量的影响，但在另外的情况下，可能是产生了带有转导癌基因的急性转化型 ALV[257]。

病毒亚群

除内源性 E 亚群 ALV 外，尚未发现病毒亚群和致瘤性之间的关系。RAV-0 为 E 亚群 ALV，该病毒致瘤性很弱或无致瘤性[346]。RAV-0 的低致瘤性与其基因组 LTR 区的启动子活性弱有关，而与 env 基因无关。J 亚群 ALV 可引起髓细胞瘤病[383]，研究者认为其 env 基因和其他一些因素与其独特的致瘤性有关[95,96,97,322,323]。

病毒剂量

高剂量的 ALV RPL12 株主要引起成红细胞增多病，而接近终点的剂量主要引起 LL[73]。肉瘤、内皮瘤和出血症状也常由高剂量病毒感染引起。骨硬化病的发生与剂量无关[216]。

接种途径

通过低效途径接种病毒后所引起的反应能清楚地说明病毒的有效剂量降低。因此，将易感鸡与接种了高剂量 RPL12 病毒的鸡进行接触感染，引起的 LL 反应与接种 1/1 000 剂量引起的反应相似[73]。通过肌肉注射方式接种 RPL26 易引起肉瘤，而静脉接种则主要引起成红细胞增多病和出血症状[216]。这种差别可能是由不同接种途径使得到达靶细胞的病毒量不同而引起的。

宿主年龄

一般来说，鸡对各种类型肿瘤发生的抵抗力随年龄的增长而增强，增强速率因接种途径不同而有差异。在 1～21 日龄之间，若经口或鼻接种时，抵抗力快速增强。若经静脉接种时，则抵抗力增强相对较慢[70]。产生的肿瘤类型也反映了有效剂量的减少[73]。然而，单从剂量的影响来考虑，一些肿瘤发生率的降低比预料的更快。例如，在 1 日龄时静脉接种 RPL12 的某些制备物，骨硬化病的发生率很高；如果在 3 周龄时接种，小鸡骨硬化病的发生率仅为 1 日龄接种鸡的 1/10[70]。这可能是由于 1 日龄雏鸡可以产生耐受性的病毒血症。

宿主的基因型和性别

宿主的基因组成对 ALSVs 的反应具有很多影响（见"病理学和流行病学"）。雌性对 LL 的易感性比雄性高。公鸡和母鸡去势后会使 LL 的发病率升高，睾酮可增强公鸡和阉鸡的抵抗力[74]。这些可能是激素作用的结果——激素影响法氏囊的退化，从而影响了法氏囊内靶细胞的数量。

病理学和流行病学

发生和分布

尽管许多种禽公司已经对 ALVs 实施了清除计划，但 ALVs 在商品代鸡中仍无所不在。除少数例外，所有鸡群都可发生感染。在性成熟时，大多数鸡群及鸡群中的大多数鸡已经受到感染。然而 A 亚群 ALV 引起的 LL 是感染鸡群中最常见的肿瘤，通常发病率很低，为 1%～2%，偶尔也有 20% 以上的损失。

发病率

虽然在大多数鸡群都有 ALV 引起的肿瘤散发，但淋巴细胞性白血病仅偶尔引起严重损失[196,204,380,394]。De Boer[144,146] 曾报道了 LL 引起的死亡率情况，他于 1973—1979 年间在荷兰随机抽样进行检测，11 220 只白色蛋鸡的死亡率为 2.18%，7 920 只褐色蛋鸡的死亡率为 0.57%。LL 的发生率可因传染性法氏囊病的广泛流行而降低[137,410,412]。与此相反，某些品系的鸡孵化后感染 ALV，血清 2 型 MDV 会增加其 LL 的发生率[19,195,198,207]。同样，Salter 等[444] 报道白来航鸡接种血清 2 型 MDV 后会增加法氏囊肿瘤的发生率[139]。对共感染 ALV 和血清 2 型 MDV 的鸡法氏囊进行分子生物学和原位杂交分析表明，MDV 与转化的法氏囊细胞密切相关，而与非转化的法氏囊细胞不相关[223,326]。体外试验也表明血清 2 型 MDV 能增强 ALV 和 RSV 基因的表达[26,408,513]。

与 LL 相比，在野外条件下成红细胞增多病发生较少[409]。但据报道该病偶见在 5 周龄鸡群发生流行[251]。自然条件下发生成髓细胞性白血病的报道极少，但也偶有散发病例。

在人们认识 J 亚群 ALV 之前[381,394]，直到最近一段时间，髓细胞瘤病主要是以散发病例见于青年鸡和成年鸡[409]。有报道称肉用型鸡接种 ALV－J 亚群的 HPRS－103 株后，髓细胞瘤的发生率可达 27％[385]。在很多国家，商品代肉种鸡群自然感染 ALV－J 后，肿瘤发生率很高[20,512,528]，每周的死亡率达 1.5％，超过正常水平[206]。

除白血病肿瘤以外的其他所有肿瘤中，血管瘤在肉鸡[87]和蛋鸡[409]中分别占 25％和 19％，肾胚细胞瘤分别占 19％和 3％～10％。最近在以色列的蛋鸡中曾暴发血管肉瘤[79,80]。

结缔组织肿瘤，通常不是造成死亡的主要原因，约占肉鸡的非淋巴性肿瘤的 20％[87]。结缔组织肿瘤在鸡的发生率可能低于 1/1 000[409]，但也曾发生过流行。据报道，在一个 600 只 1 日龄的母鸡群中暴发了组织细胞瘤，在为期 4 个月的时间内，检查的 400 只母鸡中 90％发现有肿瘤[395]。有关 ALV－J 引起组织细胞瘤的报道很少[4]。

骨硬化病的发生比 LL 少得多，偶尔可在肉鸡中发生流行。在所有类型的鸡中，公鸡比母鸡更易感。火鸡极少发生。

病毒感染率

从野外暴发的 LL 中分离到的白血病/肉瘤病毒多为 A 亚群 ALV，它比 B 亚群更常见。在一项研究中[83]，8 个商品鸡群（代表不同来源）的鸡胚，1.6％～12.5％带有 A 亚群病毒，并且每个鸡群都有明显的排毒现象。B 亚群病毒相对较少，经蛋排毒的几率比 A 亚群小得多。一般来说，与蛋鸡相比，对肉鸡的 ALV 流行研究较少。在英国进行的一项研究发现[388]，所检查的 5 个肉鸡品系中有 3 个品系具有 ALV－J 亚群抗体，而在所检查的 7 个蛋鸡品系中则没有发现该抗体。据报道用病毒学和血清学的方法检测，ALV－J 在肉种鸡群中的感染率高达 87％[206]。其他一些国家也曾报道过 ALV－J 亚群的高感染率[20,310,325,512,528,570]。ALV－J 的感染率也受感染日龄等其他因素的影响[560,561]。

在芬兰，已经从商品鸡群中分离到 ALV 的 A、B、C、D 亚群病毒；检测的 10 个鸡群中，5 个具有抗上述 4 个亚群病毒的抗体[445]。

在肯尼亚和马来西亚，野禽和家养鸡中普遍存在 A 和 B 亚群的抗体，另外在肯尼亚，有一些证据表明存在 D 亚群病毒的抗体。人们已经发现在环颈雉鸡和绿雉中存在 F 亚群病毒，在 Ghinghi 雉、银雉和金黄雉中存在 G 亚群病毒。研究者已经从匈牙利鹧鸪和冈比亚鹌鹑中分别分离到 H 亚群和 I 亚群病毒（见"病毒亚群"部分）。从蒙古雉、黑雉、中国鹌鹑和鸡中分离到的一些病毒还不清楚属于哪一亚群，然而在日本鹌鹑、鸽子、鹅、北京鸭和番鸭中没有发现这些病毒[94]。

内源性反转录病毒基因组在大多数脊椎动物中可插入染色体的独特位点，以孟德尔遗传规律遗传。与 RAV－0（内源性禽反转录病毒）相关的 DNA 序列可在大多数家鸡和几种鸡形目鸟类的染色体中发现。例如，鹧鸪、真雉、原鸡和松鸡的染色体中含有与 RAV－0 互补的序列，而在珍珠鸡、鹌鹑、孔雀、皱雉、金丝雉和火鸡中则没有[218]。研究者已经对鸡基因组中内源性反转录病毒的结构、功能和调节进行了综述[117]。

自然宿主和实验宿主

鸡是该病毒群中所有病毒的自然宿主[375]。如在病毒亚群部分所述，除雉、鹧鸪和鹌鹑外，还没有从其他禽类分离到该群病毒。然而在实验条件下，有些病毒具有较广的宿主范围，并且通过青年动物传代或在接种前诱导免疫耐受，可使病毒适应非常规宿主。RSV 的宿主范围最广，可在鸡、雉、珍株鸡、鸭、鸽、日本鹌鹑、火鸡和岩鹧鸪引起肿瘤。鸭是理想的实验动物用来研究 ALV 的持续带毒情况，当 ALV 接种鸭胚后，可在鸭体内存活 3 年，但并不出现病毒血症和中和抗体[350]。但是，当鸭胚接种 C 亚群 ALV 孵出后，会立即引起消耗性疾病[496,500,518]。曾有一个报道称鸵鸟发生了淋巴细胞性白血病[224]。某些肉瘤病毒的毒株可引起哺乳动物发生肿瘤[533]，包括猴子[299-302]。感染鸡的新鲜全血接种火鸡可引起骨硬化病[260]。同样，火鸡对 ALV－J 易感，当接种 ALV－J 急性型毒株 HPRS－103 后会出现肿瘤[531]。

传播

外源性 ALV 有两种传播方式：经蛋由母鸡向后代垂直传播；通过直接或间接接触在鸡之间水平传播[113,436,437]（图 15.27）。虽然垂直传播一般仅引起小部分鸡感染，但在世代间持续不断，因此在动物流行病学上是很重要的。大多数鸡通过与先天性感染鸡密切接触而受到感染。虽然垂直传播在病毒的维持感染方面是重要的，但是水平传播液可能对保持足够的垂直传播率以使病毒感染不间断有重要作用[382]。本病不易通过间接接触（饲养于不同的鸡舍或不同的笼子）传播，可能是由于病毒在鸡体

外存活时间相对较短的缘故（见"热灭活"）。然而孵化期间的密切接触对肉鸡感染 ALV-J 是一种有效的传播途径[206,562,563]，但分成小群饲养后则可防止 ALV-J 的传播[566]。

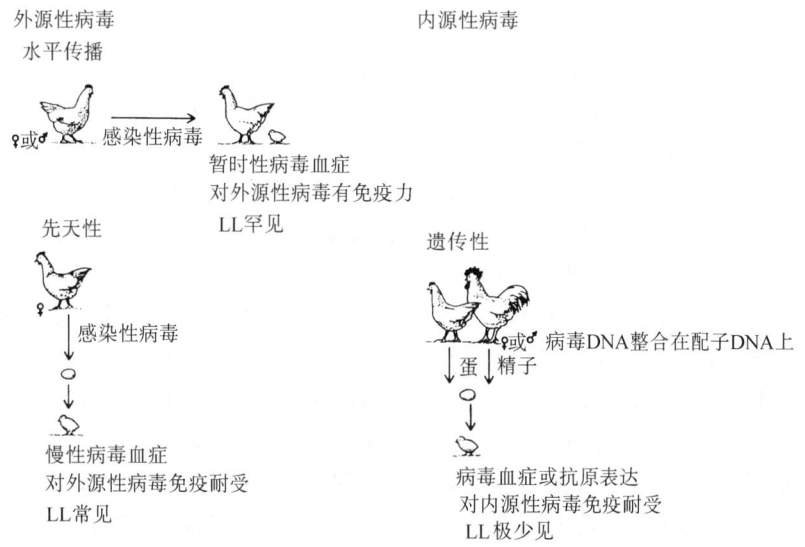

图 15.27　外源性 LLV 的水平、垂直传播及内源性病毒的遗传传播[116]

成年鸡中存在四种 ALV 的感染情况：即无病毒血症，无抗体（V－A－）；无病毒血症，有抗体（V－A＋）；有病毒血症，有抗体（V＋A＋）；有病毒血症，无抗体（V＋A－）[436,437]。无 ALV 鸡群中的鸡以及易感鸡群中具有遗传抵抗力的鸡属于V－A－；易感鸡群中遗传学敏感的鸡属于其他三种情况中的一种。大多数为 V－A＋，少数（一般低于 10％）为 V＋A－。大多数 V＋A－的母鸡均以较高的比例向其子代传播 ALV[386,437]，尽管传递的比例不同。少数 V－A＋母鸡可先天性传播该病毒，并且常为间歇性，这种情况在抗体滴度较低的鸡中更常见[521]。先天感染的胚胎可产生对病毒的免疫耐受，孵出的鸡为 V＋A 一类，在鸡的血液和组织中含有高滴度的病毒，却无抗体。孵化时感染ALV-J 的肉鸡在 22 周龄时，有 25％是 V＋A－。较老的母鸡（2 或 3 岁）不如 18 月龄以下的鸡群那样经常经卵传播病毒，病毒的含量也更低[78]。

公鸡在感染中的作用一直颇受争议。感染公鸡显然不影响后代的先天感染率[436,489]。经水平传播感染后，宿主的基因型和 ALV 毒株影响排毒和先天性传播[133]。通过电子显微镜观察，在公鸡生殖器官，除生殖细胞以外的所有结构中都已观察到病毒出芽现象[150]，这表明该病毒不能在生殖细胞中

增殖。因此，公鸡仅作为病毒的携带者和通过接触或交配传染给其他的鸡[456,469,488]。鸡胚的先天性感染与母鸡的蛋清排毒及泄殖腔排毒密切相关[386,486]。这些特性也与病毒血症高度相关。Witter 等[563]报道了肉鸡感染 ALV-J 的不同病例与病毒向后代传播之间的关系。

ALV 蛋清排毒并传给鸡胚是输卵管蛋清分泌腺增殖病毒的结果。绝大多数垂直传播 ALV 的母鸡，在输卵管的壶腹部病毒的滴度最高，说明鸡胚感染与输卵管的 ALV 增殖有密切关系，而与机体其他部位转移来的病毒无关[520]。电子显微镜研究表明，在输卵管的膨大部有大量病毒复制[155]。在卵巢的各种细胞上也可见到病毒出芽，但在卵泡细胞或卵子上则看不到，经卵巢感染似乎并不重要[386]。并非所有蛋清中带有 ALV 的卵都能引起鸡胚或雏鸡的感染。Spencer 等[486]、Payne 等[386]和Tsukamoto 等[521]的研究表明，仅有大约 1/8～1/2 的鸡胚感染是由蛋清中的病毒引起的。这种间歇性遗传传播可能是由于病毒被卵黄抗体中和或被热灭活造成的。人们已经发现，在群特异性抗原检测不到的情况下出现 ALV 的先天性传播[268]。

电镜研究表明，感染鸡胚的许多器官都有病毒粒子，并且发现在鸡胚的胰腺腺泡细胞有大量的病

毒出芽和聚集[578]。这些病毒粒子具有很高的感染性，经雏鸡的胎粪向外排毒[65]。感染性病毒粒子也存在于老龄鸡的唾液和粪便中，这些鸡成为水平传播的传染源[65]。

通常只有少数被 A 亚群 ALV 感染的鸡发生 LL，其他鸡则作为病毒携带者和排毒者。据报道，病毒血症耐受鸡（V＋A－）死于 LL 的数量比那些带有抗体的鸡（V－A＋）可能要高出几倍[436]。出壳几周后的雏鸡经自然途径感染，白血病的发生率迅速下降[70]；同样对病毒敏感的鸡，在发生 LL 的易感性方面存在很明显的遗传性差异[131]。

内源性 ALVs（见"病因"）一般通过雌雄两种性别鸡的生殖细胞进行遗传性传递（图 15.26）。许多内源性 ALV 是遗传缺陷型，不能产生感染性病毒粒子；但有些则不然，可在鸡胚或孵出的雏鸡中产生感染性病毒粒子。这种形式的内源性病毒，通过与外源性病毒相似的方式传播，但大多数鸡对这种外源性的感染具有遗传抵抗力。内源性病毒具有很低的致瘤性或无致瘤性[346]，但可影响鸡对外源性 ALV 感染的反应[122,468]。传染性法氏囊病病毒引起的免疫抑制可使 ALV 排毒率升高[209]，也可影响免疫耐受感染鸡的发生率[197]。

潜伏期

白血病/肉瘤病毒群的病毒都属于多发性病毒，它们可以诱导形成多种形式的肿瘤性疾病。这些疾病的潜伏期取决于接种毒株的类型、接种剂量、接种方式、接种日龄和宿主的遗传组成。易感鸡在胚胎期间或 1～14 日龄之间接种标准毒株 ALV-RPL12[73]、B15、F42[46]或 RAV-1 后，在 14～30 周时可发生 LL。14 周龄以下的鸡则很少发生 LL。某些实验室重组病毒可在 5～7 周内引起 LL[285]，但在野外并还没有发现如此短的潜伏期。在野外暴发病例中，LL 可在 14 周龄以后的任何时间出现，但发病高峰通常是在性成熟前后。

另一个决定肿瘤形成的因素是病毒是否含有致癌基因。举例来说，诸如成红细胞增多病这样的疾病，是由缺乏致癌基因的慢性转化型病毒引起的。通常感染后很长一段时间才能引起肿瘤[96,220,303]。在这些病例中，肿瘤是由于启动子的插入激活了细胞原癌基因 c-erbB 引起的。将慢性转化型病毒 RPL12 株经 IA 途径感染 1 日龄易感雏鸡后，潜伏期从 21 天到 110 天不等[73]；而经 IV 途径接种 11 日龄鸡胚后，有少数鸡在孵出后即可发生成红细胞增多病。R 毒株引起的反应更快速，在一些试验中，鸡接种高剂量的病毒后 7～12 天全部死亡[33]。野外分离株和经细胞培养传代的病毒在一个较长的潜伏期后才引起成红细胞增多病[71]。从成红细胞增多病鸡体分离的病毒传代后可以缩短潜伏期[215]。

其他一些毒株如 F42[46]、ES4 和毒株 13[33]也能产生成红细胞增多病。野外病例通常发生在 3 月龄以上的鸡。病毒如 RPL12 株和 F42 株为非缺陷型和慢性转化型毒株；而 ES4 株和 R 株为缺陷型和急性转化型毒株[243]。

ALV 的 BAI-A 毒株主要引起髓样细胞瘤。该病毒为缺陷型，含有 A 和 B 亚群的辅助病毒[272]。易感 1 日龄雏鸡接种大剂量的病毒后，10 日内就可以观察到血液的变化，随后数天内接种鸡只发生死亡。死亡持续 1 月左右，以后很少再发生死亡[77,170]。E26 毒株[243]也主要引起髓样细胞瘤。

病毒诱导的髓样细胞肉瘤的潜伏期通常比急性转化型病毒株引起的成红细胞增多病和髓样细胞瘤长，但比 LL 短。青年鸡经 IV 途径接种 MC29 毒株后，在 3～11 周便可观察到髓样细胞肉瘤[338]。野外病例的潜伏期不清楚，但绝大多数的病例发生在未性成熟的鸡。CMII 毒株也能引起髓样细胞肉瘤[243]。ALV 的 HPRS-103 株缺少致癌基因，因此它引起的髓样细胞增多病的潜伏期较长（发病到死亡的平均时间为 20 周）[383]。然而，HPRS-103 的急性转化型病毒变异株 879 株含有致癌基因，感染后致死的平均时间仅为 9 周[384]。野外病例中，由 ALV-J 引起的肉种鸡髓样细胞肉瘤最小日龄仅为 4 周龄[206]。

ALV 的绝大多数毒株都能引起血管瘤[66,216]，见于各种年龄的鸡。在自然发生的病例中，绝大多数发生血管瘤而死亡的鸡一般为 6～9 月龄[79,80]。也有报道称 F 亚群 ALVs 可引起肺结缔组织肉瘤[465]。青年鸡人工接种野外分离株后[215]，在 3 周龄至 4 月龄可形成血管瘤。

在自然条件下，ALV 诱导的肾瘤在小于 5 周龄的鸡中很少见，绝大多数病鸡的日龄都在 2～6 月龄。BAI-A 毒株感染鸡后引起的肾胚细胞瘤发生率达 60%～85%，但不死于成髓细胞血症[77]。MC29 毒株接种后诱导产生肾癌病变的日龄从 18 天到 7 周不等，接种鸡的发生率可达 60% 或更高，但野外感染率尚不清楚。

将 ALV 的 RPL12 - L29 毒株[447]或其他病毒株[258,260,406]人工接种 1 日龄雏鸡，在 1 月后的任何时间内均可发生骨硬化病，其中 8～12 周龄最为常见。本病与野外感染可能具有相似的潜伏期。MAV - 2（O）毒株接种 1 日龄雏鸡或 11～12 日龄鸡胚后 7～10 天就可以诱发骨硬化病[214]。

ALVs 接种鸡后任何时间都可以发生肉瘤，但最常见的日龄为出雏后的 2～3 月龄[76]。在野外鸡群中，结缔组织肿瘤可以发生在任何日龄。接种大剂量急性转化型 RSV 后 3 天内就可以引起肉瘤。

临床症状

淋巴白血病的外观症状不具特异性，病鸡表现为精神沉郁、虚弱、腹泻、脱水和消瘦。有些 LL 病例还可见到腹部肿大，鸡冠苍白、皱缩或偶见发绀。成红细胞增多病和髓样细胞瘤的羽毛囊有时发生出血。一旦出现明显的临床症状，病程进展很快，一般数周内即发生死亡。一些感染鸡可能没有出现明显的症状就已经死亡。

在髓样细胞增多病的病鸡中，骨骼的髓样细胞肉瘤可以引起头骨、胸骨和跗骨的肿大增生。髓样细胞肉瘤发生在眼内，可引起出血或失明。血管瘤发生在皮肤，呈现"血管聚积状"，破裂后导致流血不止。肾瘤压迫坐骨神经，导致瘫痪。肉瘤和其他结缔组织肿瘤可以发生在皮肤和肌肉。随着肿瘤的产生，还可能伴随出现一些上面所述的非特异性症状。良性肿瘤一般病程较长，而恶性肿瘤一般病程较短。

在骨硬化病中，感染的骨骼通常为胫骨的长骨（图 15.45）。检查或触诊可检测到骨干或干骺端部位均匀的或不规则的增厚。病变部位通常异常灼热。病鸡见"长统靴样"小腿。感染鸡只经常生长缓慢、苍白，并且步态蹒跚或跛行。

近些年来，有学者已经证明 ALV 与"所谓的禽类神经胶质瘤"[359]、小脑发育不良和心肌炎[253,273,274,514～517]有关。

病理变化

引言

在某一特定鸡群中，由 ALSVs 引起的特异肿瘤可出现一种或多种，一只感染鸡常出现一种以上的肿瘤，尤其是 ALV - J 感染的鸡群。出现类似于实验条件下引起的肿瘤，只是暂时证明了该鸡感染了这群病毒中的一种。确诊还必须进行 ALSV 的分离和鉴定。如果可能，最好还要使用分离株复制出相应的肿瘤。

在这一部分，我们讨论了不同肿瘤的病理学，而不考虑引起肿瘤的病毒特性，只有用 ALSVs 复制出肿瘤的情况才予以描述。

非肿瘤性疾病

外源性 ALV 感染引起的临床症状各异。一些鸡，尤其是那些出现病毒血症且免疫耐受的鸡（由于先天或早期感染，见"免疫力"），可能出现各种临床症状，正如本章后面部分详细论述的，包括体重减轻和其他生产性能降低等。出现病毒血症且免疫耐受的鸡最易发生肿瘤。对先天或早期感染的鸡进行超微结构和病毒学研究表明，病毒在鸡体的绝大多数组织和器官中广泛存在[5,6,156,165,426,495,516]。Dougherty 和 DiStefano[155～157,165]发现，除了生殖细胞和神经元细胞以外，各种组织细胞都可以见到病毒的出芽。但某些鸡，特别是那些出现免疫应答的鸡，即使病毒在体内持续存在，但是病毒的量很少并且仅在少数组织中出现，感染后也不出现明显的临床症状[5]。

无明显症状的 ALV 感染可引起产蛋鸡的生产力下降。与不排毒鸡相比，排毒母鸡在饲养到 497 日龄时，每只鸡少产蛋 20～35 枚；性成熟较晚（如产第一枚蛋的日龄），产的蛋较小，产蛋率较低，并且蛋壳较薄。排毒鸡与非排毒鸡相比，非肿瘤原因引起的死亡率高 5%～15%，受精率低 2.4%，孵化率低 12.4%[228]。在本研究中，排毒指将 ALV 传播给蛋清或非排毒鸡，也包括可能感染了 ALV 的排毒鸡；排毒鸡多表现病毒血症；而非排毒鸡则带有 ALV 抗体。ALV 感染对肉鸡具有相似的影响，引起肉鸡生长率略为降低[130,227]。而肉鸡感染 ALV - J 后影响更显著[491,492,494,495]。肉鸡感染 ALV - J 引起髓样细胞瘤，产蛋较小与尿囊液中 gs 抗原和胚胎中病毒存在有关[485]。另外，已有学者对 ALV 感染后鸡生产性能下降与遗传特性的改变进行了综述[226,270,484]。精液中的 ALV 并不影响精液的数量，但会影响精液的质量和受精率[456]。这种影响的生理学机制还不清楚。

我们还观察到其他一些 ALV 感染引起的非肿

瘤性病变，主要发生于人工感染的鸡体中。

感染某些（RAV-1、RAV-60、MAV-2（O））和B、D亚群ALVs的青年鸡、火鸡和原鸡发生贫血、肝炎、免疫抑制和消瘦；有些可能死亡[122,479]。接种ALV RAV-1株的鸡可出现心肌炎和慢性循环综合征[232]。ALV感染成年鸡，心肌中可见细胞内病毒基质包涵体[235,348]。接种RAV-7的鸡只产生神经症状，包括运动失调、嗜眠和平衡失调，这些症状是由非化脓性脑脊膜脑脊髓炎引起的[557]。卵内感染RAV-1可造成中枢神经系统的持续感染，并出现炎性损伤和临诊症状[186]。禽神经胶质瘤相关病毒也能参与引起小脑发育不良[516]。

MAV-2（O）株感染后可引起贫血，贫血是由于骨髓再生障碍造成的，骨髓中红细胞不能将铁结合到血红蛋白上，并且红细胞存活时间也缩短了[140]。感染鸡只使用抗病毒抗体可防止贫血[406]。免疫抑制可包括淋巴器官萎缩或发育不全、高血症丙球蛋白增多、促有丝分裂剂诱导的胚细胞形成减少，以及抗体应答降低[479]。免疫系统的改变可能是由于B细胞成熟过程中止和抑制性T细胞发育阻断，而这些可能是由于功能性IL-2的合成受到干扰所致[258,307]。

除发育不良和淋巴器官萎缩外，RAV-7还可引起肥胖、高甘油三酯和高胆固醇、甲状腺素水平低下（甲状腺机能减退）和胰岛素水平升高。发育不良可能与病毒对甲状腺机能的抑制有关。先天性J亚群ALV感染引起的雏鸡发育不良也与甲状腺机能减退有关，可能是通过对垂体的作用[59]或其他因素而引起的[491,492,494]。

淋巴细胞性白血病

大体病变。 4月龄或更大日龄的鸡才能完全产生LL。肉眼可见的肿瘤几乎都要出现在肝脏（图15.28，彩图15.33A）、脾脏和法氏囊（图15.29，彩图15.33G）上。其他脏器包括肾脏、肺脏、性腺、心脏、骨髓和肠系膜也可形成肿瘤。

肿瘤质地柔软、光滑且发亮；切面呈淡灰色到乳白色，坏死灶很少见。瘤体可能是结节状（图15.28）、粟粒状或弥散性的（彩图15.33A），或者是这些类型的结合。结节型的淋巴细胞性肿瘤，直径从0.5mm到5cm不等，单个或大量出现。这些肿瘤一般呈球形，但当靠近器官表面时可能被压扁。颗粒型或粟粒型肿瘤在肝脏最明显，由大量直

径小于2mm的小结节组成，均匀地分布于整个实质中。发生弥散型肿瘤时，器官均匀地肿大，呈淡灰色，一般很脆。少数情况下，肝脏结实化、纤维化，几乎呈沙砾样。

图15.28 RPL12毒株感染1日龄雏鸡后发生LL的肝脏和脾脏结节性病变。法氏囊也出现小的肿瘤

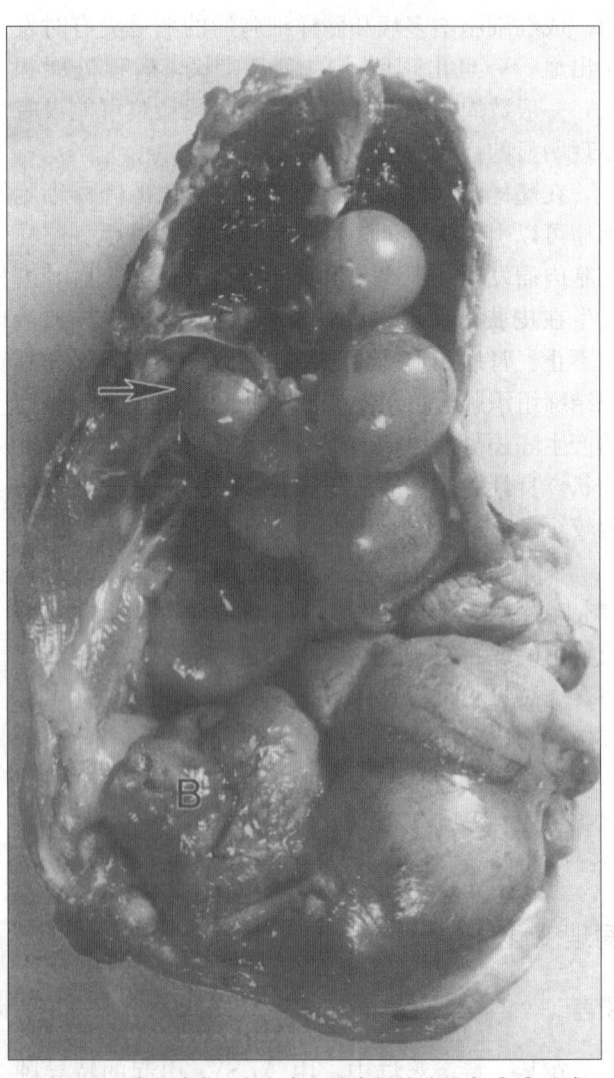

图15.29 成年鸡淋巴白血病自然病例的法氏囊［B］和肾脏（箭头）出现的大肿瘤

组织学病变。所有肿瘤的起源都是局灶性和多中心的。即使肉眼观察发生弥散性肿瘤的器官，显微镜下的变化仍是病灶的融合。当肿瘤细胞增殖时，它们取代并挤压靶器官中的细胞，而不是浸润于它们之间（图 15.30）。肝脏肿瘤结节周围通常有一层成纤维细胞样细胞，已经证明这些细胞是残留的窦状系内皮细胞[245]。法氏囊内通常可见到滤泡样肿瘤生长。

肿瘤由聚积的大淋巴细胞组成，细胞的大小稍有不同，但都处于相同的原始发育阶段。这些细胞的胞浆膜不清楚，胞浆高度嗜碱性；胞核空泡状，核内染色质边移并聚集成丛，具有一个或多个明显的嗜酸性核仁[374]。

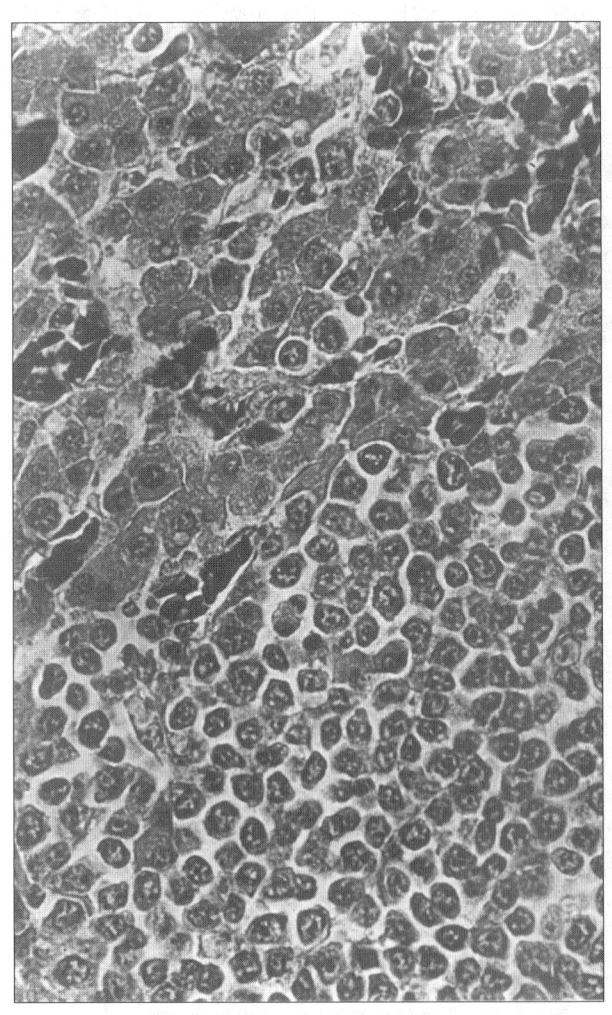

图 15.30　1 日龄雏鸡接种 ALV RAV-1 株，在 20 周龄时出现肝肿瘤。注意肝实质被取代并受挤压[191]。×700

多数肿瘤细胞的胞浆中含有大量的 RNA，用甲绿派洛宁染色成红色，表明细胞未成熟，正处于快速分裂期[109~111]。新鲜样品的涂片湿固定后，用 May-Grunwald-Giemsa、甲绿派洛宁或其他细胞学染色剂染色，可以非常清楚地看到这些细胞的特征。这些肿瘤细胞具有 B 细胞抗原标记，表面可产生和携带 IgM[113,393]。

循环血液中的细胞成分没有发生持续性的或明显的变化，但发生淋巴性白血病的极少数病例中，成淋巴细胞可占主要成分。

超微结构。在患 LL 的鸡的淋巴细胞中很少看到空泡，但在成淋巴细胞的胞浆膜上可看到有些病毒粒子出芽[158~160,165]。

发病机理。ALV 可在鸡体的大多数组织和器官中增殖[165]。这些组织还可形成暂时性的淋巴细胞增生症，常被认为是自然的炎性反应[85]（图 15.31）。ALV 在法氏囊淋巴细胞内的持续时间比在造血组织内长[10,11]，并且法氏囊细胞肿瘤转化的靶细胞。靶细胞位于法氏囊内，因此 5 月龄前外科摘除法氏囊和其他处理方法破坏法氏囊可消除此病[64,98,284,396,410,412,429]。髓质巨噬细胞似乎是病毒增殖的主要法氏囊细胞，并且在病毒向淋巴细胞传递方面可能很重要[234]。在感染后的不同时期，短至

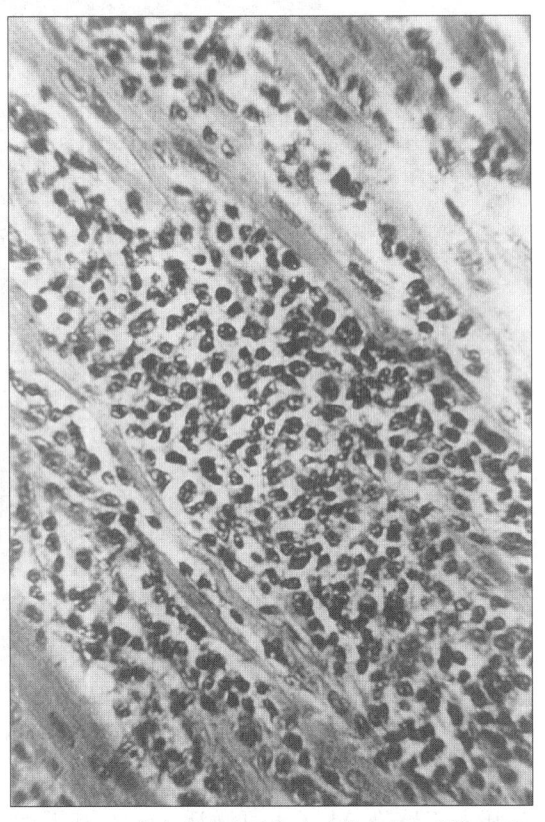

图 15.31　白血病病毒引起小鸡的病变。感染 RIF3 的 4 周龄鸡心肌纤维间有淋巴细胞弥散性积聚。×430。（Calnek）

人工感染后 4 周，在法氏囊内的单个或多个滤泡内看到成淋巴细胞的增殖。这些出现异常的滤泡称为转化滤泡[10,352,409]，并把这种异常变化称为局域性肿瘤前增生[262,263]（图 15.32）。转化滤泡是由于 ALV 的插入而激活 *c-myc* 基因形成的。将 *c-myc* 基因置于 ALV 病毒的 LTR 增强子的控制下，引起 *myc* 的过量表达，从而阻滞法氏囊干细胞的成熟和增殖，同时伴随着基因表达总量和基因组稳定性的改变[353,354]。转化 B 细胞的成熟被阻滞，干扰了免疫球蛋白从 IgM 克隆向 IgG 转换，因此 IgM 为 LL 细胞的表面特征。细胞生长于法氏囊滤泡内，并非肿瘤细胞。有时，一些滤泡也可被转化，但是绝大部分细胞能回归，仅有极少数的细胞到 14 周龄时在法氏囊中形成肉眼可见的结节型肿瘤[112,352]。淋巴滤泡发生转化到完全形成肿瘤需要其他的遗传学

改变和一些致癌基因如 *blym*-1[239,351]、Mtd/Bok[57] 和 *c-bic*[104,502] 等的参与。近期研究表明致瘤性与非编码的 *c-bic* 转录物相关，是因为一个新的称为 miR-155 的 microRNA。致癌性的测定证明 *bic* 在淋巴瘤生成以及成红细胞、白细胞致瘤过程中与 *c-myc* 有协同作用，并有直接证据证实致瘤过程与一些非翻译 RNA 相关[504]。有证据表明肿瘤性法氏囊细胞的细胞凋亡能够被 *Bcl-2* 原癌基因相关的凋亡性细胞死亡抑制剂 NR-13 所抑制[316]。由转化细胞诱导产生的血管生长因子也有助于 myc 诱导的淋巴瘤的生长。从 12 周龄开始，法氏囊肿瘤内的细胞开始向其他组织和器官转移，并最终导致了全身性的疾病。内脏转移性肿瘤的 DNA 片段通常与同一只鸡的法氏囊肿瘤的相同，说明他们均来源于法氏囊[124]，但是多发性法氏囊肿瘤常引起多器官性的疾病[474]。

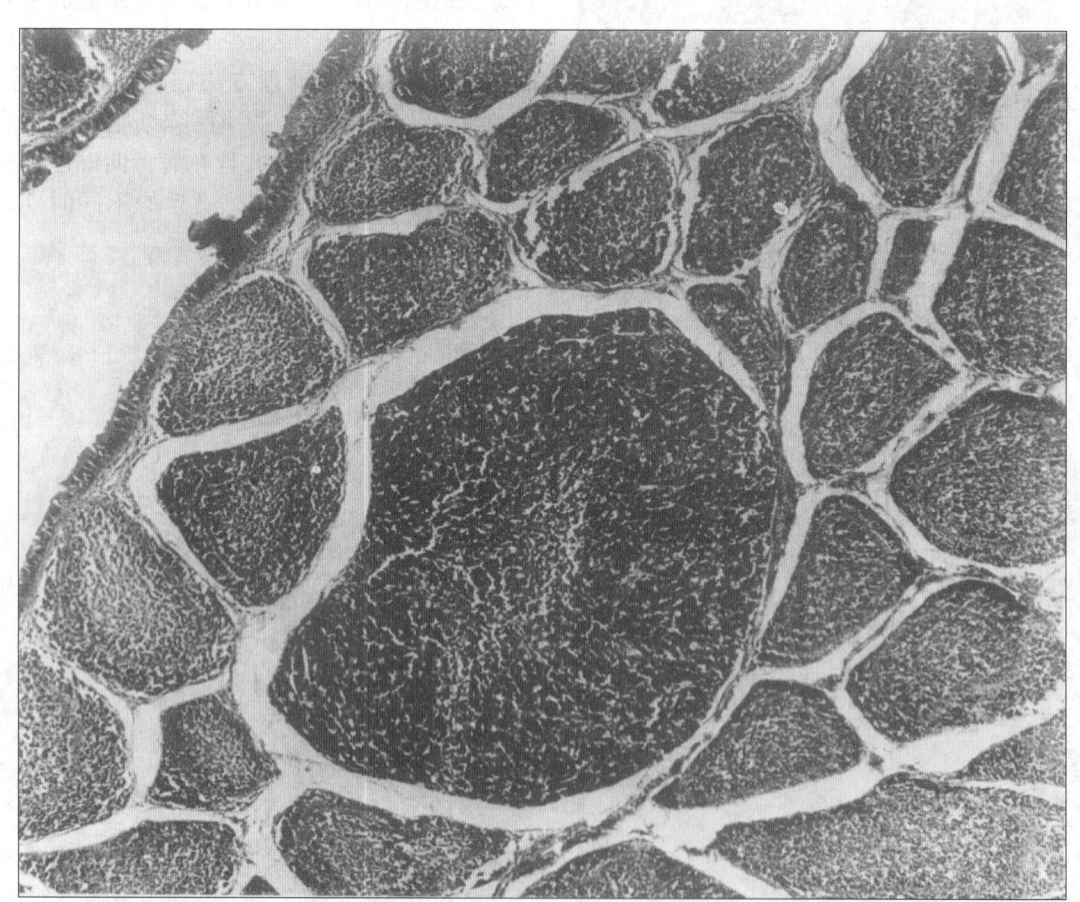

图 15.32　淋巴瘤性白血病病鸡的单个法氏囊滤泡发生成淋巴细胞性转化，周围的所有滤泡没有组织学病变。材料取自在孵化时感染 RPL12 病毒的 16 日龄雏鸡。甲绿派洛宁染色，×40。(Dent)

　　鸡胚人工感染 ALV 也可激活 *c-myb* 基因而引起 B 淋巴细胞瘤[285,401]。感染 7 周内因转移性病变而观察不到明显的肿瘤，也没有检测到原始和前期

的法氏囊肿瘤。某些未明病因的多发性在无外源性 ALV 的品系鸡中也观察到，它们包括不含 *ev* 位点的 0 品系鸡[138,139]。REV（见"网状内皮组织增殖

病"）也能引起与 *c-myc* 激活相关的 LL。

ALV 诱导产生的肿瘤可以形成移植性的 LL 肿瘤。从 RPL12 移植性肿瘤中分离出 ALV 毒株 RPL12 就是一个众所周知的例子。另有一些新的 LL 移植性肿瘤被报道[365]。移植性 LL 肿瘤在 5～10 日内迅速生长，在鸡体全身扩散，随后很快引起死亡。

成红细胞增多症

大体病变。成红细胞增多症（或红细胞白血病）自然病例常见于 3～6 月龄的鸡。肝脏和肾脏中度肿大，而脾脏显著肿大。这些器官一般呈樱桃红色到暗褐色（彩图 15.33B），质地柔软而易碎。骨髓增生，水样，红色。肌肉、皮下和内脏等器官见点状出血。可能观察到肝脏或脾脏中有血栓形成，梗死和破裂。还可能见到肺膜下水肿，心包积水和肝脏腹面有纤维素凝块。

患严重贫血时，内脏器官和免疫器官，特别是脾脏常呈现萎缩。血液中的变化反映了发生于其他器官如肝、脾脏和骨髓的变化，并且很大程度上取决于贫血或白血病的严重程度。当发生严重贫血时，血液稀薄如水，呈淡红色，并且凝血时间延长。相反，急性病例可能不出现明显的肉眼变化，但血液常呈暗红色并出现烟雾状物。

组织学病变。显微镜检查早期病例的骨髓，可见血窦中充满了迅速增生但无法成熟的成红淋巴细胞。在晚期病例，骨髓由均一的成红淋巴细胞组成，其中散在具有骨髓细胞生成活性的小岛，脂肪组织很少或没有。并发贫血时，成红细胞的数量可能会减少。

内脏器官的变化主要是由于血液滞留，导致成红细胞在血窦和毛细血管中堆积（图 15.34）。肝脏的血窦、脾脏的红髓、骨髓和其他器官的血窦内常充满大量的成红细胞。

随着病情的发展，血窦高度扩张，导致器官实质的压迫性萎缩。尽管成红淋巴细胞的聚集很广泛，但它们始终存在于血管内，这一点与 LL 和成髓细胞性白血病不同。

可能发生不同程度的贫血。有时出现的成红淋巴细胞增多病，仅是严重的贫血。常出现骨髓外红细胞生成现象。

受侵害的细胞主要是成红细胞，这种细胞有一个大而圆的细胞核，核内有很多纤细的染色质和

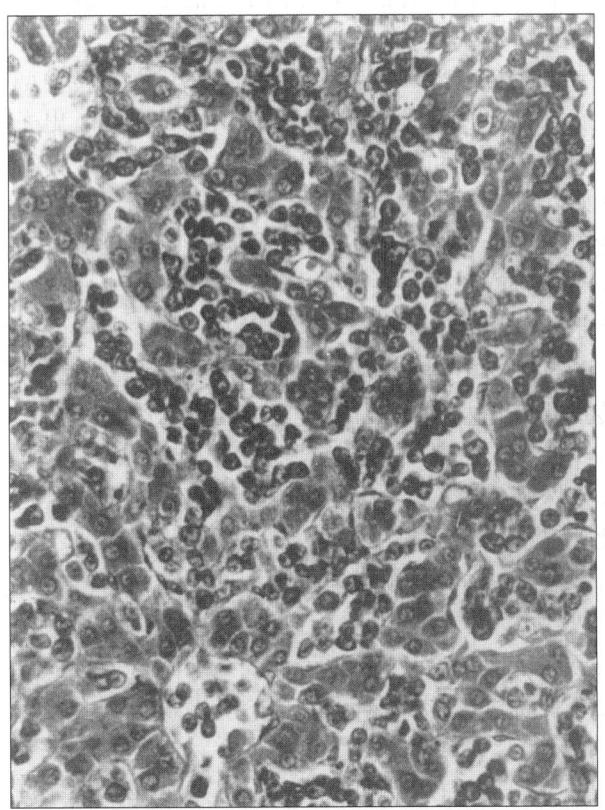

图 15.34　成红细胞增多病。接种 MC29 白血病病毒后 40 天的肝脏，肝窦内充满成红细胞，×280。(Beard)

1～2 个核仁，胞浆的量很大并且嗜碱性。核周围有空晕和空泡，偶尔还可见到细小颗粒。该细胞的形状不规则，常出现伪足。成红细胞具有一些生理学标记，以此可证明它们是红细胞系列的成员。

血液涂片可发现不同数量的成红细胞（彩图 15.33D）。这些细胞成熟程度不一，由早期的成红细胞（主要是这种细胞）到不同阶段的多染性红细胞。如果在病程的早期或缓解期时，常出现更成熟的红细胞。血小板的数目可能稍微增加并且不太成熟。同样，在大多数自然发生的病例中，髓细胞系的不成熟细胞也出现在外周循环中。偶尔它们与成红细胞同样明显。也可见到成红细胞和成髓细胞同时出现的病例。

超微结构。对包括 R 株[35,36,249] 和 RPL12 株[160] 在内的不同毒株引起的成红细胞增多病，已经对其原始细胞做了大量研究。肿瘤性成红细胞，绝大部分与正常鸡的成红细胞难以区分，所不同的是前者的细胞间隙和细胞内空泡中存在有病毒粒子。循环血液中的成红细胞与培养的细胞一样，细胞膜的活动性大大加强，胞浆中有空泡形成，细胞

膜上有病毒粒子出芽。只是偶尔才能见到成红细胞的异常结构[160]。

发病机理。11 日龄鸡胚接种 ALV 慢性转化型病毒（如缺少病毒致癌基因）RPL12 株以后，出壳的雏鸡 1 周内可引起成红细胞增多病[400]。1 日龄雏鸡接种后，潜伏期从 21~110 天不等[73]。慢性转化型 ALV，通过插入 LTR 使细胞致癌基因 *C-erb B* 激活而引起成红细胞增多病[96,221,306]，并且可产生带有转导性 *C-erb B* 基因的新的急性转化型 AEV 毒株[257,334]。是否这种急性转化型病毒能自然传播并引起大量的成红细胞增多病不清楚。

雏鸡人工感染急性转化型 AEV 毒株如 ES4 和 R 毒株后 7~14 天，可发生成红细胞增多病并引起死亡[243]。ES4 除了含有 *verbB* 致癌基因外，还含有致癌基因 *verbA*，该基因可阻断红细胞前体的分化[142,181,319,331]。2 株 ALV-J 分离株 1B 和 4B，认为是急性转化型病毒，可以诱导成红细胞增多病、髓性细胞瘤和其他肿瘤，但它们的病毒致癌基因尚未鉴定[530]。

当鸡人工感染急性转化型 AEV 病毒时，首先出现的变化见于 3 天后，在骨髓窦状隙出现成红细胞增生性病灶；到第 7 天，这些原始细胞进入血液循环，在肝和脾的窦状隙出现一些红细胞生成灶。

成红细胞继续在肝窦状隙中积聚，直到宿主死亡，并可出现移植性的成红细胞肿瘤[402]。

成髓细胞性白血病

大体病变。自然发生成髓细胞性白血病的病例很少见，且主要发生于成年鸡。病鸡通常出现肝脏显著肿大变硬，有弥漫性灰色肿瘤浸润，导致肝脏呈花斑状或颗粒状（彩图 15.33C）。脾脏和肾脏也可见到弥漫性浸润，中等程度的肿大。骨髓被坚固的黄灰色肿瘤细胞取代。

发生严重的白血病时，在外周血液中成髓细胞可占全部血细胞的 75%，形成一层厚厚的棕黄色血沉层，通常还可继发贫血和血小板减少。

组织病理学。实质器官尤其是肝脏的显微镜检查发现，在血管内和血管外积聚有大量的成髓细胞，其中有不同比例的前髓细胞（图 15.35）。在脾脏内，这些肿瘤细胞主要积聚在红髓。在骨髓中，成髓细胞的活性仅限于窦状隙外区。

成髓细胞性白血病的成髓细胞是一种大型细胞，胞浆透明且微嗜碱性，胞核大，含有 1~4 个嗜酸性核仁，一般着色不明显（彩图 15.33E）。前髓细胞和髓细胞也常出现，由于含有特异性颗粒而易被识别，早期形成的颗粒主要为嗜碱性。该病可

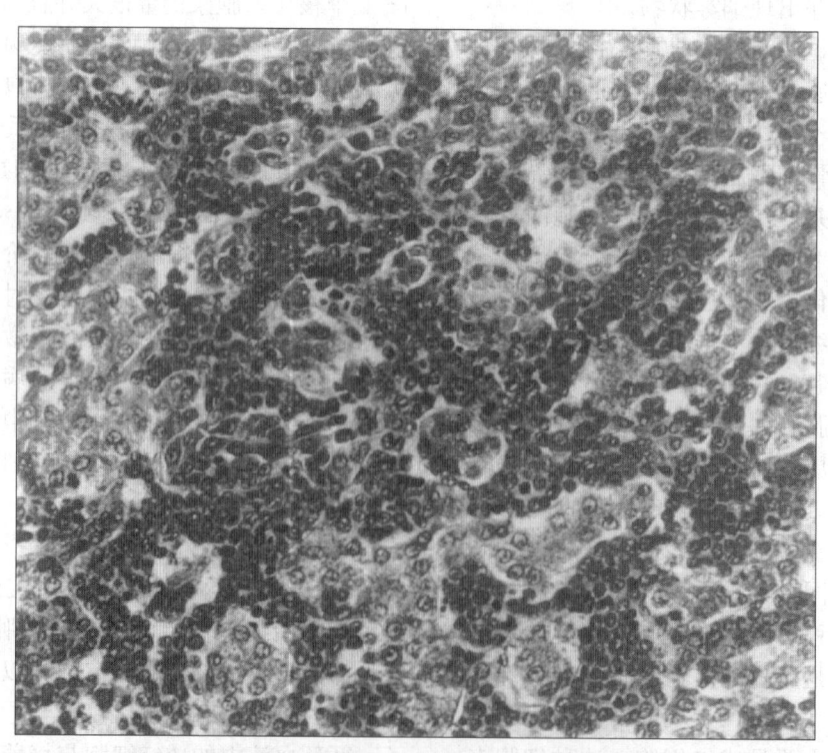

图 15.35 成髓细胞性白血病。接种 BAI-A 病毒 19 天后出现成髓细胞性白血病，肝脏内成髓细胞的分布。×280。(Langlois)

引起继发性贫血，此时可见到多染色性红细胞和网状红细胞。这种继发性贫血很容易与成红细胞增多病和成髓细胞性白血病同时发生时的贫血相区别，因为在后者，循环血液中存在两种细胞系的胚型细胞。

超微结构。 AMV 的 BAI-A 株引起成髓细胞性白细胞瘤的患鸡，其血液中的成髓细胞内仅偶尔发现病毒粒子，而且仅少量存在于空泡内[33,160,249,250]。然而，脾脏和骨髓的网状细胞和吞噬细胞中却常常含有大量病毒粒子。当成髓细胞体取出进行体外培养时，细胞浆中可出现大量的溶酶体。培养一段时间后，在溶酶体和空泡中可看到病毒粒子，并且在细胞膜上可看到病毒出芽。在这些细胞中没有发现其他变化。

发病机理。 AMV 的 v-myb 基因诱导靶细胞（成髓细胞）的肿瘤转化[181]。人工感染数天后在骨髓的窦状隙外区出现增生性成髓细胞而形成的多发病灶，随后迅速出现白血病以及成髓细胞侵入肝脏、脾脏和其他脏器[308,309]。

髓细胞瘤病

大体病变。 髓细胞瘤病形成的肿瘤很独特，肉眼检查即可有一定把握将其识别出来。虽然任何组织或器官都可发生，但最具有特征的是发生于骨骼表面，与骨膜相连且靠近软骨处。肿瘤常发生于肋骨和肋软骨的连接处，胸骨内面以及下颌骨和鼻腔的软骨上，头骨的扁骨也常受到侵害（彩图15.33H）。在口腔、器官、眼内及其周围也可发生肿瘤[403]。肿瘤通常为结节状和弥漫性生长，质地松软易碎或干酪样。在 ALV-J 引起的病例中，髓细胞的浸润常常导致肝脏、脾脏等多种器官肿大以及骨骼肿瘤[559]。有时也发生髓细胞性白血病[381]。

组织学病变。 肿瘤通常由很均一的高度分化的髓细胞构成。肿瘤细胞的细胞核大而空泡状，通常位于细胞的一边，一般有一个明显的核仁。细胞浆内充满嗜酸性颗粒，颗粒一般为球形。新鲜组织触片用 May-Grunwald-Giemsa 染色，颗粒呈亮红色（彩图15.33F）。在髓细胞瘤中，常见到低分化的髓细胞区域，及也可见未分化的髓细胞区域，这些未分化的髓细胞可能是髓细胞—单核细胞等细胞类型的干细胞。在肝脏中，瘤性髓细胞聚集在血管周围和实质。在脾脏中，肿瘤细胞聚集在红髓。在骨髓中，大量均一的增生性髓细胞使窦状隙外的骨髓

生成区显著增大。Nakamura 等详细描述了 ALV-J 亚群病毒引起髓细胞瘤的骨和骨髓的病理变化[349]。

尽管自然发生的病例通常白细胞缺乏，但 ALV-J 引起的髓细胞瘤经常伴随着髓细胞增多的白血病。人工感染能诱发髓细胞瘤的病毒，如 MC29 毒株，也可引起白血病（图15.36）。

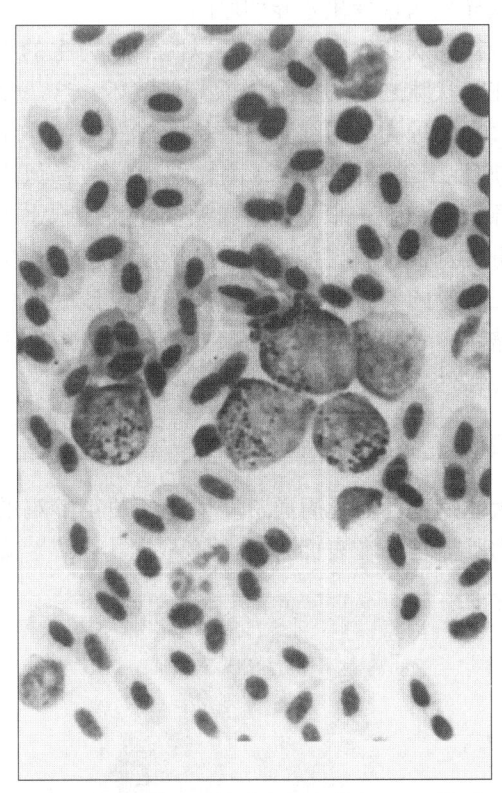

图15.36　髓细胞瘤。接种白血病病毒 MC29 株后23天的鸡血涂片，注意其中的粒性髓细胞。×750。(Beard)

超微结构。 髓细胞瘤细胞的超微结构特征是，从高度分化的髓细胞到未分化的无颗粒的髓细胞超微形态不等[338]。

发病机理。 能诱导髓细胞瘤病的急性转化型 ALV 毒株，如 MC29 和 CMII，含有 v-myc 致癌基因[181,342]。ALV-J 亚群慢性转化型毒株如 HPRS-103 和 ADOL-Hc1，不含致癌基因，也能诱导产生髓细胞瘤，但 HPRS-103 诱发髓细胞瘤的分子机制研究表明 c-myc 基因被激活[95~97]。急性转化型 ALV 毒株966分离自 ALV-J 毒株 HPRS-103 引起的髓细胞瘤，表明它含有 v-myc[95,384]。HPRS-103 和966毒株的研究表明它们对髓细胞系具有亲嗜性，这可能与它们具有诱导髓细胞瘤的能力有关[5,6]。近期，在一起发生于商品蛋鸡的地方性流

行的髓细胞白血病的病鸡中分离到一株拥有 B 亚群病毒衣壳和 J 亚群病毒 LTR 基因的重组病毒（ALV-B/J）。然而，当将这一重组 ALV-B/J 病毒人工注射感染白来航商品鸡时，鸡群主要发生 LL，并非髓细胞白血病，这表明分离 ALV-B/J 的商品蛋鸡品系的基因与人工注射攻毒的品系鸡的基因组成的差异是病理变化差异的原因[321]。

最初的病变发生于骨髓，以髓细胞为主的细胞聚积在窦状隙之间的空隙，窦壁被破坏。这一空隙中只含有两种类型的细胞：原始的成血细胞样细胞（髓细胞性干细胞）和肿瘤性髓细胞。后者似乎直接来源于干细胞，非颗粒性和颗粒性髓细胞水平分化均可被抑制[338]。髓细胞增殖并很快超过骨髓的生长，骨髓的扩张性生长形成肿瘤，以致肿瘤可挤出骨骼，向骨膜外延伸。骨髓外肿瘤也可由血液传播的转移性髓细胞引起。

血管瘤

大体病变。血管瘤通常发生于各种年龄鸡的皮肤和内脏器官。在表面形成血疱（图 15.37）或实

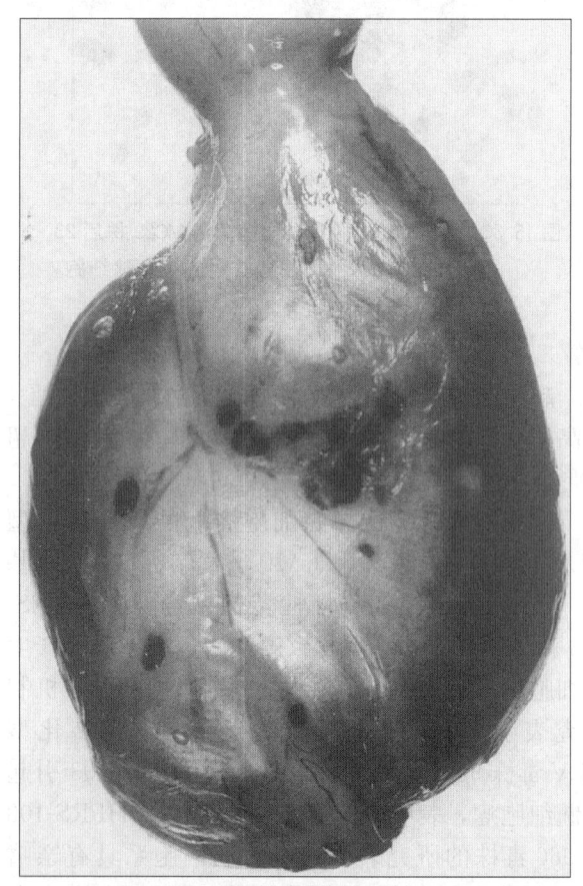

图 15.37　RPL12 病毒接种鸡肌胃浆膜上的血管瘤，注意界线清楚并突起的黑色肿瘤结节[245]

体瘤，扩张而充满血液的腔隙内排列着内皮细胞或其他细胞，多见细胞增生性病变[86]。通常血管瘤多发性且易破裂，可引起致死性出血。

组织学病变。海绵状血管瘤的特征是血管高度扩张，壁薄，由内皮细胞组成（图 15.38）。毛细血管瘤是由内皮增生形成的实体团块（血管内皮瘤），仅留下缝隙供血液通过（图 15.39），也可发展成为毛细血管腔的网格，或成长为含有大的、散在较大血液腔的由胶原纤维支撑的索状物。实体状和乳头状血管瘤也有报道[347]。

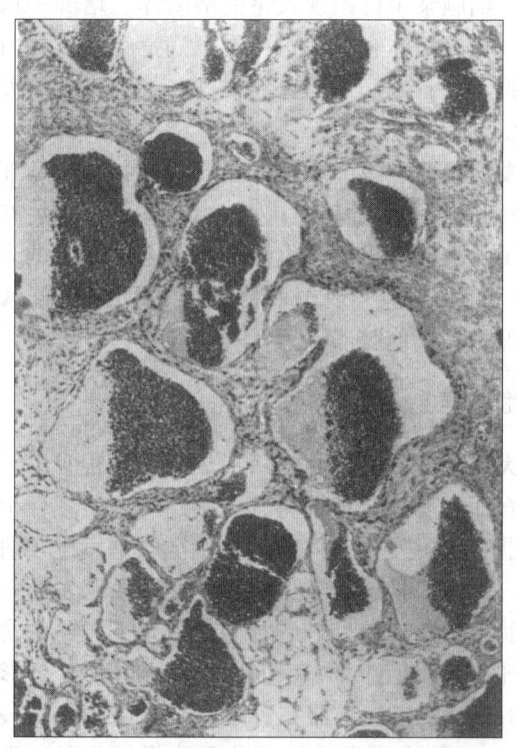

图 15.38　肠系膜海绵状成血管内皮细胞瘤。
(Feldman & Olson)

超微结构。血管瘤为小泡结构，主要由未分化的间质细胞构成[327]。

发病机理。对分离自产蛋鸡的一株禽血管瘤病毒进行序列分析后发现，在 env 基因和 LTR 中有独特序列，可能与其生物学和病理学特性有关[80]。该病毒能引起细胞病变（杀细胞性），对内皮细胞具有亲嗜性[418,419]，除此之外，有关血管瘤诱发的分子机制尚不清楚。

血管瘤是血管系统的肿瘤，常波及血管的各层。在某些情况下，内皮可能比支撑组织增生得更多。血管肉瘤已表明与 ALV-J 的感染有关[237,377]。

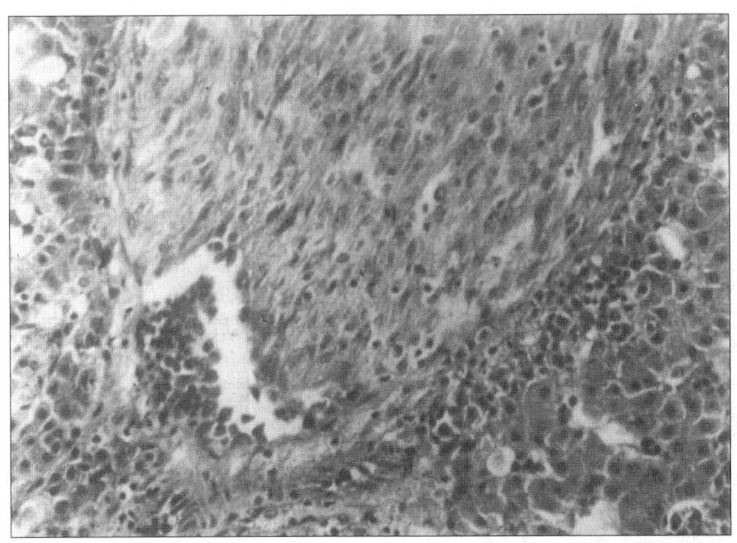

图 15.39　接种白血病病毒 RPL30 的鸡肝脏出现的内皮瘤，门静脉被来自血管的向内生长的纺锤形细胞堵塞。×250。(Fredrickson)

肾瘤和肾胚细胞瘤

大体病变。肾脏肿瘤有两种类型：肾胚细胞瘤（Wilm 氏肿瘤）和腺瘤或癌。肾胚细胞瘤的眼观变化不一，从埋在肾实质内的粉灰色小结节，到取代大部分肾组织的灰黄色分叶状团块（图 15.40）。肿

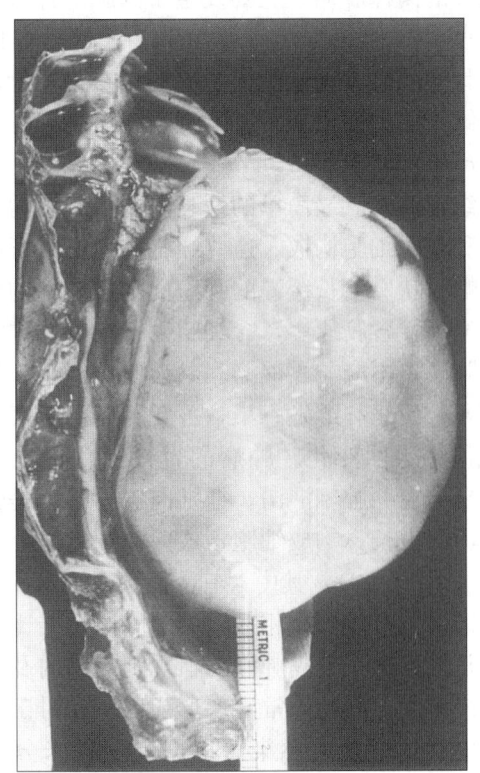

图 15.40　肾胚细胞瘤。1 日龄接种禽成髓细胞性白血病病毒（AMV）毒株 BAI‐A 的鸡的病变

瘤通常有蒂，仅靠一根含血管的纤维组织细柄与肾脏相连。大的肿瘤呈囊状，可波及两侧肾脏。腺瘤和腺癌在大小和形态上差异较大，但都与肾胚细胞瘤类似。通常它们都是多发性的和囊泡状的。

组织学病变。在肾胚细胞瘤中，不同的肿瘤或同一肿瘤的不同部位之间存在着明显的组织学差异。上皮和间质成分通常出现肿瘤性增生，尽管这些成分的比例和分化程度差别很大。上皮结构变化多样：肾小管肿大，上皮内陷，肾小球变形；肾小管扭曲形成不规则团块；大而不规则的立方形未分化细胞构成细胞群，其中几乎没有肾小管结构（图15.41）。上皮增生物可埋于疏松的间充质和肉瘤间质中。还可见呈岛屿状分布的角质化复层鳞状上皮结构（癌珠）、软骨或骨[148,256,271]。有时还可见到原发性多发瘤，转移性肿瘤很少见。

腺瘤或癌性生长物的显微形态差异也很大。在肾小管腺瘤中，异常的肾小管之间出现大量原始的异常的肾小球。乳头状囊性腺瘤也常见，有时可发生几乎不含有肾小管的实体癌瘤[37,338]。软骨组织很少见，从未见到其他间充质性肿瘤组织。小梁纤维性组织基质可使上皮肿瘤组织块分离。

超微结构。在由 ALV 的 BAI‐A 毒株引起的肾胚细胞瘤中[33]，上皮性肾组织中有时可见到细胞浆内异常结构形成的或大或小的聚积物。病毒粒子从上皮细胞、间质的成纤维细胞和软骨组织的细胞膜上出芽，肉瘤成分是由形态上与其他禽肉瘤相似的细胞组成。在髓细胞瘤病毒 MC29 毒株引起的

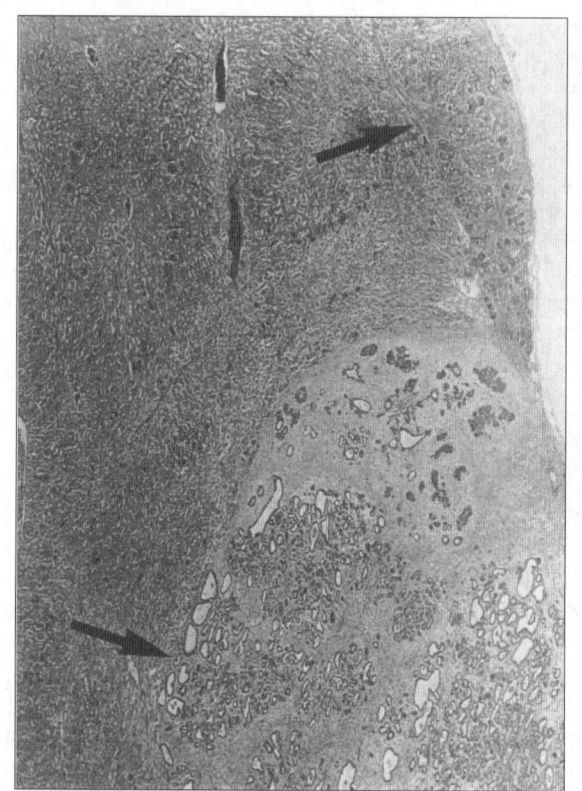

图 15.41　肾胚细胞瘤。1 日龄雏鸡接种克隆化 AMV 毒株 BAI-A，注意不同部位（箭头）出现的两种不同类型的原发性多样肿瘤。×20

囊腺瘤和腺瘤中，曾观察到病毒粒子从上皮细胞出芽[340]。在囊肿和肾小管的腔中积聚大量病毒粒子，可能与肾小管和肾小球缺乏引流有关。

发病机理。ALV 诱导的肾胚细胞瘤的靶基因尚未确定[106]。最近，发现一些新的原癌基因，如 *nov*[281] 和 *twist*[336] 等，这些基因通常整合在肾胚细胞瘤细胞中[367]。

肾胚细胞瘤起源于肾原性胚芽（胚胎肾单位和胚胎残留物）[86,271]。这种胚芽组织在孵出时出现于后肾（功能肾）并存在至少 6 周，表现为特别是被膜底部未成熟肾组织的楔形物样病灶。这些上皮结构增大后变为肿瘤。间充质成分的支持性基质也可增生并可发生改变。肿瘤细胞（通常是卷曲的肾小管和/或间质）大量增生，并出现不同程度的分化，有些是异常的。在高度分化的类型中，成肾细胞形成肾小球、肾小管或角化上皮，而基质细胞形成肉瘤、骨和软骨。肾细胞病变可导致大的上皮样细胞成片生长而几乎不形成肾小管。AMV 的 BAI-A 毒株[34,77,541]、MAV-2（N）[443]、MAV-2-O[49] 和 ALV-J 毒株 1911[383] 等均可诱导肾胚细胞瘤。

转移性肾胚细胞瘤已经发现[541]。

癌性生长物起源于胚胎残留物的上皮部分，而不是来自间充质部分。根据上皮成分退行发育的程度，形成的肿瘤可能为腺瘤、腺癌或实体瘤[34]。MC29[34]、ES4[90] 和 MH2[89] 以及各种田间分离毒株都可引起这些肿瘤[216]。慢性和急性转化型 ALV-J 均可引起肾腺瘤和腺癌[381,383]。

纤维肉瘤和其他结缔组织瘤

大体病变。自然条件下青年鸡和成年鸡可以发生各种良性和恶性的结缔组织瘤，常呈散发，它们的多数瘤通过非细胞滤过物进行传播。这些肿瘤包括纤维瘤和纤维肉瘤，黏液瘤和黏液肉瘤，组织细胞肉瘤，软骨瘤和软骨肉瘤，骨瘤和骨肉瘤。良性肿瘤生长较慢，从不侵入周围组织，只在局部生长。恶性肿瘤生长迅速，浸润周围组织，并能转移。

最初发现的纤维瘤是附着于皮肤、皮下组织、肌肉的坚实纤维性肿块，偶尔在其他器官也可发现。纤维肉瘤则质地较软。在皮肤上，它们可能形成溃疡。黏液瘤和黏液肉瘤更软，含有较多的黏性细长物质，主要存在于皮肤和肌肉中。组织细胞肉瘤是坚实的肉样肿瘤，主要发生于内脏。骨瘤和骨肉瘤很坚硬，但很少见，可发生于任何骨骼的骨膜。软骨瘤和软骨肉瘤少见，它们存在于软骨，有时在纤维肉瘤和黏液肉瘤中也可见到。ALV-J 的感染可产生神经胶质瘤。[238]

组织学病变。最简单的纤维肉瘤由成熟的成纤维细胞和胶原细胞构成，这些细胞排列成平行的波浪状或螺纹状。生长缓慢的肿瘤比生长快速的肿瘤分化程度高，含胶原多，含细胞少。有些纤维瘤可能有水肿区，不应与黏液瘤和黏液肉瘤混淆。如果发生坏死、溃疡和继发感染，可在肿瘤上观察到各种炎性和坏死性变化。肿瘤的炎性变化可能很突出，容易与肉芽肿相混淆。纤维肉瘤的特征是侵袭性和破坏性生长，构成细胞不成熟，细胞成分也有特征性（图 15.42）。其中含有大而不规则的深染的成纤维细胞，有丝分裂相很常见。胶原纤维比纤维瘤少，并且集中在分隔肿瘤的不规则隔膜内及其附近。在快速生长的肿瘤常出现坏死区。有时出现水肿。据报道 ALV-J 感染可以引起多种未分化肺肉瘤[248]。

黏液瘤由星状或纺锤形细胞组成，这些细胞被

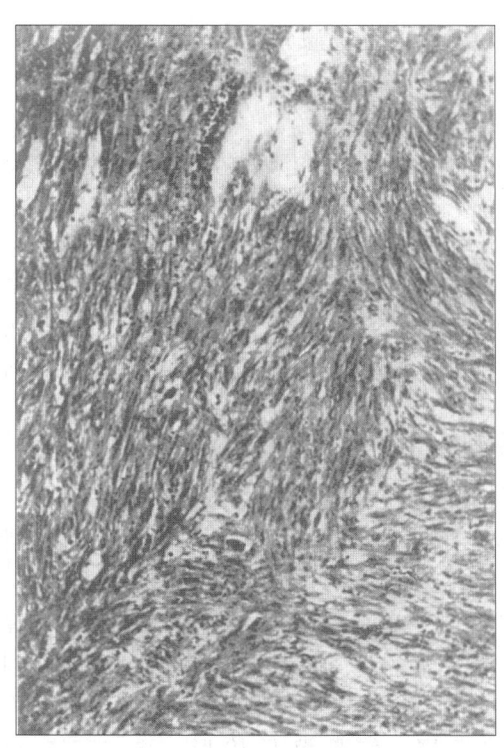

图 15.42　结缔组织肿瘤。胸肌上的纤维肉瘤。
×120。(Feldman 和 Olson)

维细胞数目增加，并且更不成熟（图 15.43）。

组织细胞肉瘤起源于单核细胞和巨噬细胞，在同一种肿瘤内和不同的肿瘤之间细胞组成也差异很大（图 15.44），据报道与 ALV‐J 的感染有关[4,247]。这些肿瘤细胞可呈纺锤形，像在纤维肉瘤中那样，一般成群或成束存在；有的为产生网状结构的星形成分；还可出现吞噬细胞或巨噬细胞。来源于髓单核细胞系干细胞的肿瘤也认为是组织细胞肉瘤。MH2 和 MC29 诱导的所谓"内皮瘤"便属于这类肿瘤[182]。在原发性肿瘤中，纺锤形细胞一般占优势；而在转移性肿瘤中，原始的组织细胞较多。

骨瘤在结构上与骨相似，但缺乏许多内在的组织学结构细节。肿瘤由均质的嗜酸骨黏蛋白基质组成，其中含有不规则分布的成骨细胞群。成骨肉瘤一般是具有很多细胞的浸润性生长物，能侵害和破坏周围组织。肿瘤细胞呈梭形、卵圆形和多角形，许多细胞处于有丝分裂中；细胞核明显，胞浆嗜碱性；可见大量的多核巨细胞。虽然成骨肉瘤是一种由几乎未分化的细胞快速生长而形成的多细胞性肿瘤，但其中常有一部分充分进行了分化，可产生骨黏蛋白。骨黏蛋白的存在通常足以鉴别这些肿瘤。

一种均质的、微嗜碱性的黏蛋白基质包围。在恶性肿瘤（黏液肉瘤），黏蛋白基质比黏液瘤少，成纤

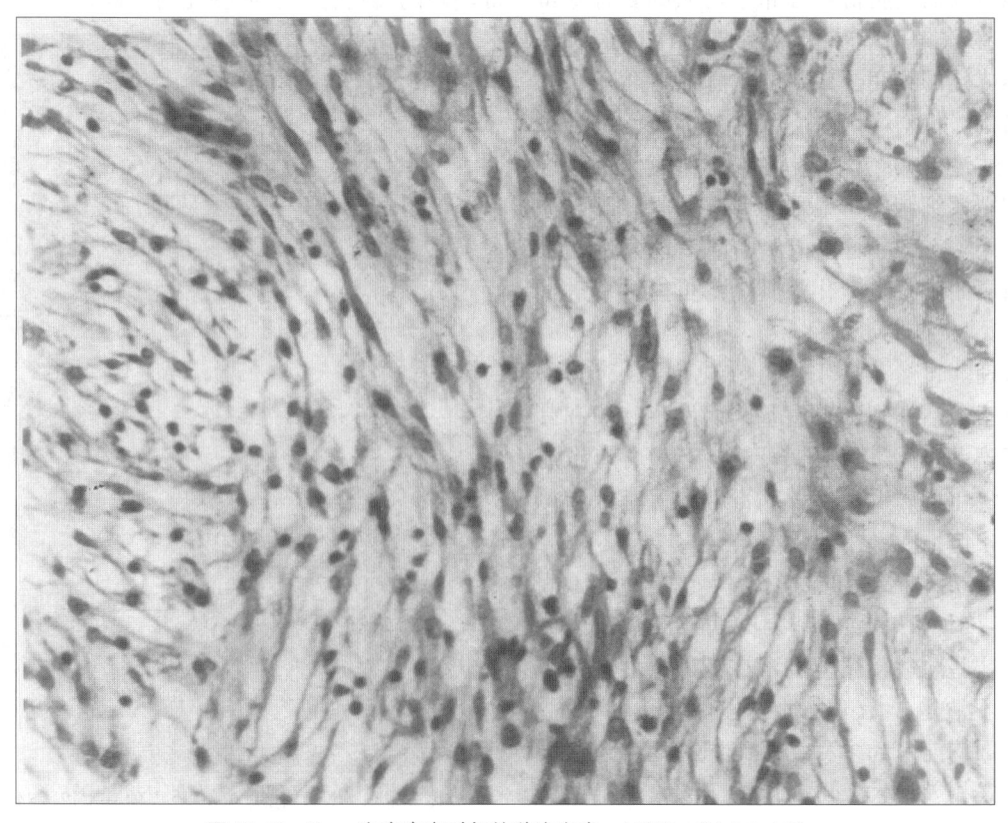

图 15.43　Rous 肉瘤病毒引起的黏液肉瘤。×240。(Helmboldt)

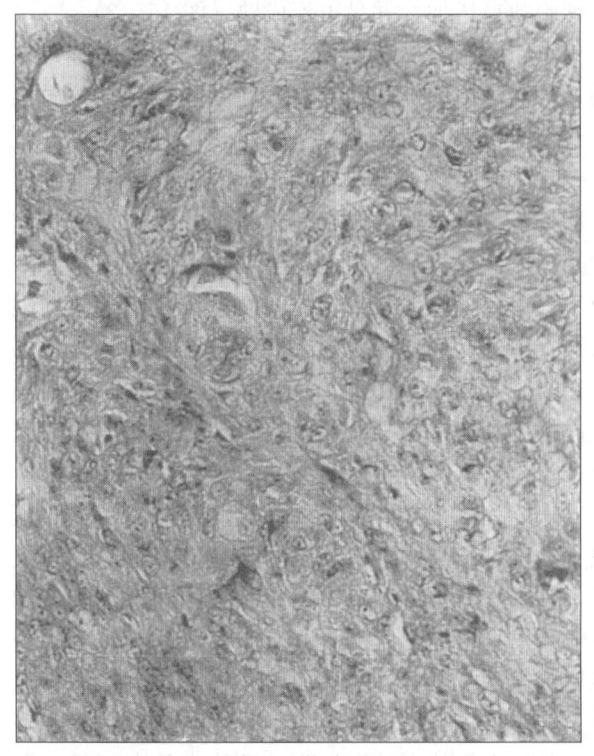

图 15.44　心脏的组织细胞肉瘤，注意构成细胞的多变特性。
×240。(Helmboldt)

软骨瘤具有典型而独特的结构，即由两个或多个软骨细胞组成的细胞群，分布于均质的软骨黏蛋白基质中。在软骨肉瘤中，细胞成分存在很大差异，从最不成熟的到完全成熟的软骨细胞都有。

超微结构。 仅对 RSV 引起的肉瘤进行过详细研究，曾描述过 Rouse 肉瘤中的梭形细胞、巨噬细胞样细胞和肥大细胞的形态学[33,249]。肿瘤细胞[249]与感染过 RSV 培养的细胞相似，都呈现大量的细胞突起和明显的胞浆空泡化，其内部可能含有病毒粒子。

发病机理。 自然条件下慢性转化型 ALV 感染数月后，由于激活细胞中致癌基因而发生肉瘤和其他结缔组织瘤。在此过程中，可能会产生含有致癌基因的急性转化型病毒。多种病毒性致癌基因与诱发肿瘤有关，包括 *src*、*fps*、*yes*、*ros*、*eyk*、*jun*、*qin*、*maf*、*crk*、*sea* 和 *erbB* 等[105,181,535]（表15.6）。人工接种含有致癌基因的病毒后数天就会引起肉瘤。这些急性转化型病毒在野外条件下是否引起肉瘤尚不清楚。无论急性或慢性转化型病毒，绝大多数病毒均能引起多种结缔组织肿瘤，这些肿瘤的表现方式相差很大，可能取决于感染的某些特定的靶细胞或前体细胞。近期，从一起地方性流行

的商品蛋鸡发生的肉瘤分离的一株 MAV-1 相关的ALV，将分离株人工注射感染易感白来航鸡后发生了肉瘤和髓细胞瘤病[576]。

这些病毒的致癌基因反映出插入性突变激活细胞的原癌基因或其可能自发突变而激活。细胞的原癌基因控制细胞的多种功能（如这些原癌基因的产物一般为细胞的生长因子、生长因子受体、信号诱导因子或 DNA 转录因子等），原癌基因的表达改变后将无法调节细胞的增殖或分化，从而引起肿瘤。

骨硬化病

大体病变。 肉眼可见的第一个病变发生与胫骨和（或）跗跖骨的骨干，很快在其他长骨、骨盆骨、肩带骨和肋骨也出现变化，但趾骨无变化。病变一般双侧性对称，起初在灰白色半透明的正常骨骼上出现明显的浅黄色病灶。骨膜增厚，病变骨骼呈海绵状，早期易被切开。病变通常环绕骨干并向干骺端发展，使骨骼呈梭形（图 15.45 和图15.46），少数情况下，病变呈灶性或在一侧发展。病变的严重程度不同，从轻度的外生骨疣到巨大的不对称性肿大，几乎完全阻塞骨髓腔。在病程长的病例，骨膜不像早期那样厚，将骨膜除去可发现非常坚硬的石化骨，表面多孔而不规则。

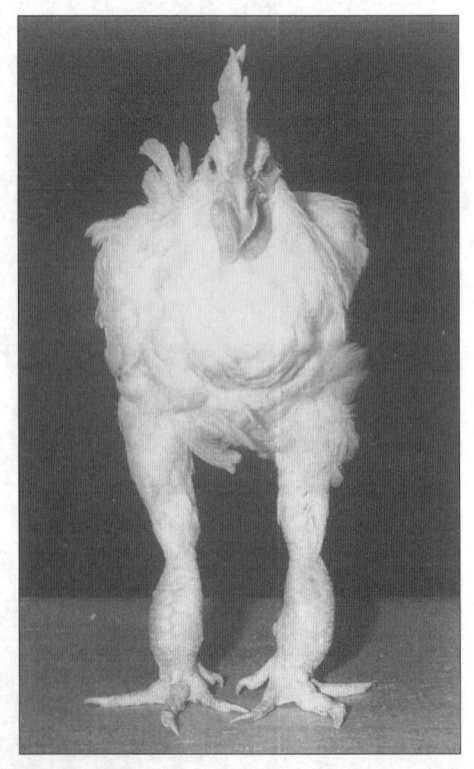

图 15.45　骨硬化病。1 日龄接种 RPL12，24 周龄跗骨出现严重的骨硬化病变。(Sanger)

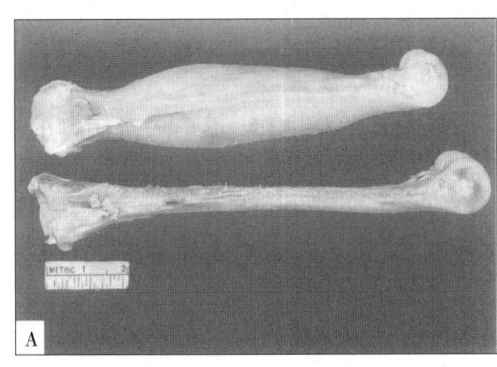
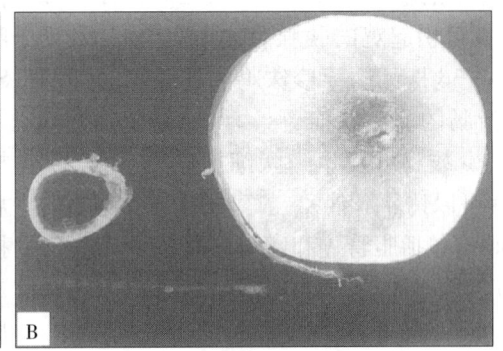

图 15.46 10 周龄鸡胫骨的骨硬化病。A. 骨变短是由于生长减缓,下面的胫骨来自同日龄的对照鸡;
B. 图 A 中骨骼骨干中部的横断面[447]

发病早期,脾脏略有肿大,随后严重萎缩,法氏囊和胸腺也出现成熟前萎缩。骨硬化病患鸡常出现白血病。

组织学病变。病灶部位的骨膜由于嗜碱性成骨细胞数目增多和体积变大而明显增厚。每根胫骨的破骨细胞数目增加,但破骨细胞的密度(即单位骨体积的数量)降低[455]。受侵害的骨骼与正常骨骼有以下几点不同:海绵状骨向骨干中心汇合(图15.47);哈氏管增大且不规则;陷窝的数目和体积增加且位置发生改变;骨细胞数目更多,个体变大且呈嗜酸性;新生骨为嗜碱性和纤维性。

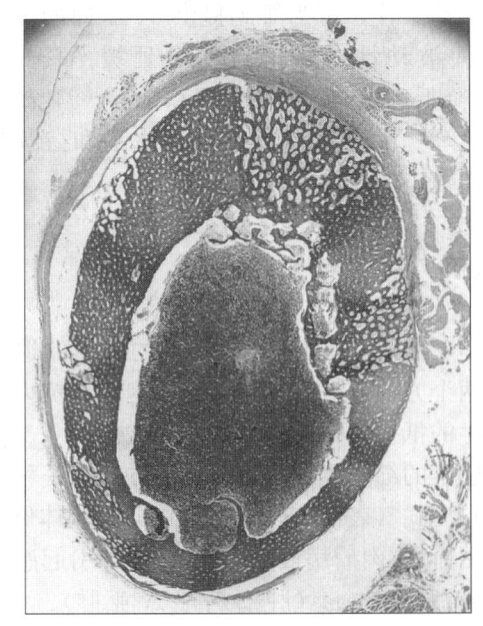

图 15.47 骨硬化病。8 周龄鸡肱骨的横断面。可见 6 个独立的骨硬化病病灶,其中两个由骨内膜扩展到骨外膜。×18。(Sanger)[447]

血常规一般为非白血病性,但常有继发性贫血。在残余的骨髓中可看到活跃的红细胞生成现象,有时在肝脏的局部区域也可见到。实验条件下,引起骨硬化病的病毒可引起再生障碍性贫血和细胞脆性增加[258,406]。

超微结构。病毒粒子从成骨细胞内一过性出芽,但持续从骨细胞出芽,聚积在骨膜细胞间隙内。经过骨化,病毒粒子被包埋在骨小梁内。没有观察到病毒在破骨细胞增殖[213]。

发病机理。禽白血病病毒引起的骨硬化病是骨骼的多细胞系病,一般认为是由于高剂量的病毒感染使成骨细胞的生长和分化紊乱而造成的。病鸡骨中病毒增殖的滴度发现比用骨硬化病的禽白血病病毒 Br21 株感染的成骨细胞培养物中的高得多[212]。骨硬化病严重的病例比感染的成骨细胞培养物中的病毒 DNA 高 10 倍,gag 前体蛋白高 30 倍,env 蛋白高 2~3 倍。很显然,感染的细胞培养物缺乏支持该病毒高水平感染和异常的成骨细胞机能的骨骼环境,而这些是 ALV 引起的骨硬化病所特有的。骨硬化病病变基本上是增生性或肥大性的[87,447],并且可能是肿瘤性的[54,455]。淋巴器官和骨髓的病变是退行性的或间变性的[258]。某些 ALV 引起骨硬化病的倾向取决于病毒基因组中 *gag-pol-5′env* 序列[458],env 蛋白也参与了骨硬化病的形成[280]。

其他肿瘤

除了肾瘤以外,ALV 引起的上皮性肿瘤很少见。尽管 ALV-J 在自然条件和人工感染均可诱导上皮性肿瘤,但主要发生于用急性转化型病毒人工感染的病例中。ALV 的 BAI-A 株[34]和 HPRS-103 株[383]可引起卵巢的泡膜细胞瘤和粒层细胞瘤。MH2 株[34]和 ALV-J 亚群分离株[394]接种可诱导鸡在睾丸发生精原细胞瘤。ALV 的 MC29、MH2 和 HPRS-103 株可引起鸡的胰腺腺癌[34,339,383]。骨硬化病病毒 Pts-56 株可诱导珍珠鸡的胰腺腺瘤和腺癌以及十二指肠的乳头状瘤[292,294,295]。感染 MC29 或 MH2 株，少数鸡可发生鳞状细胞癌[34]。MC29 和 MH2 毒株可以诱导肝癌[34,313]。ALV-J 诱导的其他上皮性肿瘤包括胆管癌和卵巢癌[383]。

ALV 的 MC29 株[34]和 HPRS-103 株[383]能诱导间皮瘤。

免疫力

主动免疫

在自然条件下，大多数鸡被来自同舍鸡或其环境中的外源性 ALV 感染，出现一过性病毒血症后，产生中和抗体，该抗体上升到一定滴度并终生存在[437,481]。病毒中和抗体可抑制鸡体内的病毒数量，从而抑制肿瘤的发生，但一般认为抗体对肿瘤的生长几乎没有直接作用。4 周龄或更大日龄鸡人工感染 ALV，在 1 周后可引起一过性的病毒血症，3 周后可产生抗体[324]。孵出后鸡自然感染的研究表明，抗体最早 9 周龄能检出，在 14～18 周龄抗体明显升高，此时有 80％鸡呈现阳性[437]。鸡感染时的日龄越小，病毒血症维持的时间越长，而抗体产生的时间越晚。1 日龄感染可能导致持续的病毒血症而没有抗体生成。

ALV 感染鸡可以产生抗 gs 抗原的抗体，显然这种抗体对肿瘤的生长没有影响[430,460]。感染病毒的鸡和未感染病毒的鸡体内都可检测到抗 RT 的抗体[240]。

尽管对细胞介导免疫在 ALV 感染中发生的情况以及发挥多大作用尚不清楚，但很可能细胞免疫可以直接抗病毒感染和肿瘤形成。在 ALV 或 RSV 接种的鸡体内已证实产生针对病毒囊膜抗原的细胞毒性淋巴细胞[31,32,305]，细胞免疫和 MHC 复合物明显引起 Rouse 肉瘤的消退[452,453]。肿瘤细胞表面表达的病毒蛋白可能是细胞免疫中主要的靶抗原，同时也涉及非病毒性的转化特异性非细胞表面抗原。最近，Thacker 与合作者[511]发明了一种新系统用于研究 MHC 限制性细胞毒性淋巴细胞对 ALV 感染的应答，该系统对测定这种细胞介导免疫在 ALV 感染中的作用很有价值。细胞介导免疫应答是否直接作用于淋巴中的肿瘤细胞以及该反应在其

他白血病中的作用仍有待测定。ALV 感染中的细胞免疫应答的综述详见 Wainberg 和 Halpern[538]、Schat[453]的文章。

鸡先天感染 ALV 不形成对病毒的免疫应答。换言之，它们对病毒产生免疫耐受并发展成持续性病毒血症，缺乏中和抗体[332,437]。2 周龄以内的鸡接种 ALV 也可诱发耐受性感染。ALV-J 亚群病毒的早期感染特别容易诱发耐受性感染[206,562,564]。病毒耐受性感染鸡体内存在较多病毒，比产生免疫应答的鸡更易形成肿瘤。

ALV 感染能抑制初级和次级抗体应答与非相关抗原的细胞免疫[439]，这种影响在不同的试验中有所差异。Fadly 等[200]在研究 ALV A 亚群 RAV-1 毒株先天性感染时发现，在感染的早期和后期其对 B 细胞和 T 细胞免疫均没有影响，且法氏囊、胸腺和脾脏均没有组织病理学变化。与此相反，ALV B 亚群则能显著抑制体液免疫对几种抗原的反应性，并能降低对几种有丝分裂原的应答[545]。目前的证据还不能证明 ALV-J 能否引起免疫抑制[310,493,494,574]。

被动免疫

血清中的抗体，主要是 IgG 成分[333]，可以通过卵黄传给子代，可为雏鸡提供 3～4 周的被动保护。这种被动性获得的抗体可延缓 ALV 的感染[565]，降低病毒血症的发生率和排毒[188]，减少肿瘤的发生率[63]。雏鸡体内抗体的水平和持续时间与母鸡血清中的抗体滴度有关。

遗传抵抗力

机体对白血病/肉瘤病毒诱导的肿瘤的遗传抵抗力有两个方面：对病毒感染的细胞性抵抗力和对肿瘤发生的抵抗力[13,27,114,399]。

对感染的细胞性抵抗力的遗传方式是一种简单的孟德尔模式（表 15.13）。独立的常染色体位点控制着对白血病/肉瘤病毒 A、B、C 亚群引起感染的应答，分别称为 tva（肿瘤病毒 A 亚群）、tvb 和 tvc[117]。最近，美国农业部国家动物基因组研究项目的家禽委员会采用了一种新的基因命名系统，新的命名方法见表 15.13。tvb 位点还控制着对 D 亚群病毒的反应[371]，tva 和 tvc 位点之间的有连锁[174,391]。在每种 tv 位点存在着易感性和抵抗性的

等位基因，分别命名为 tvas，tvar；tvbs，tvbr；tvcs，tvcr；易感性等位基因对抗性基因是显性基因。这些基因通常缩写为 as、ar 等。每个位点可能有多个等位基因，编码不同程度的易感性[173]。

表 15.13 控制对白血病/肉瘤病毒细胞敏感性的基因

病毒亚群	位 点		等位基因		显性特征
	原名	新名	原名	新名	
A	*tva*	TVA	*tva^stva^r*	TVA * S TVA * R	易感
B 和 D	*tvb*	TVB	*tvb^{s1} tvb^r*	TVB * S1, S3 TVB * R	易感
C	*tvc*	TVC	*tvc^stvc^r*	TVC * S TVC * R	易感
E	*tved*	TVE	*tve^s tve^s*	TVE * S TVC * R	易感
	ie		*I^{ie}*		抵抗性

注：位点的原名引自 Crittenden[99]。新名称是美国农业部国家动物基因组研究计划（1994）家禽委员会认可的。以前命名的等位基因 *tvb^{s2}* 现在认为与 *tvb^{s1}* 相同。是否存在与 *tvb* 不同的 *tve* 位点，目前还有争议。目前认为 ie 位点是 *ev* 位点，通过内源性病毒 ENV 糖蛋白的表达阻断 E 亚群病毒受体。

对 E 亚群病毒抵抗力的遗传较为复杂，有两个称为 *tve* 和 *i^e* 的常染色体位点基因参与和相互作用[392]。I^e 为显性抗性基因，起上位作用，可封闭 e^s 等位基因提供的易感性。然而，据报道对 E 亚群病毒的易感性需要 *tvb* 位点上的易感性等位基因，关于是否存在独立的 *tve* 位点目前还有争议[136,369,370]。近期研究发现，*tvb* 受体基因的突变可以解释产生针对 B、D、E 亚群病毒感染抵抗性的原因[27,296,298]。研究表明，i^e 位点实际上是 *ev* 位点，该位点的 ENV 糖蛋白可阻断 E 亚群病毒的受体[425]。还没有发现鸡对 J 亚群病毒的遗传力抵抗性，但有数种其他鸟类具有抵抗力[381,389]。敏感性基因如 a^s 编码位于细胞表面的亚群特异性病毒受体，该受体与病毒囊膜糖蛋白相互作用，使病毒侵入并感染细胞[547]。在鉴定这些受体的特性方面已经取得了进展（见"病毒增殖"）。纯合子带有的抗性基因（如 a^r）使细胞具有抗性，可能是由于细胞缺乏感染所必需的特异性受体的缘故，尽管病毒的非特异性吸附也可发生，但不能引起感染。

与这些基因有关的细胞敏感性表型根据鸡（C）细胞对病毒亚群抵抗力（/）的规则命名；例如，C/AE 表示细胞对 A 和 E 亚群有抵抗力，但对 B、C、D 和 J 亚群敏感；C/O 表示细胞对所有亚群都没有抵抗力，即对 A、B、C、D、E 和 J 亚群敏感。

这些基因赋予的抵抗性或敏感性所有细胞都可表达，无论是体外培养的细胞（如鸡胚成纤维细胞），还是鸡胚细胞（如 CAM 细胞）或孵出的雏鸡。这些反应适用于具有相同囊膜糖蛋白和相同病毒亚群的白血病或肉瘤病毒，但大多数遗传学研究是用适当亚群的 RSV 进行的，因为细胞感染后可在几天内出现可见的肿瘤细胞生长。因此，某一个体的表型可通过接种标准剂量的 RSV 于鸡胚成纤维细胞培养物来确定：在敏感的鸡胚细胞上可产生转化细胞灶，而有抗性的细胞则不产生[434]。同样，也可将 RSV 接种于鸡胚的 CAM，以是否出现肿瘤斑[129]，或者颅内接种 1 日龄雏鸡，以死亡或存活作为判断标准[544]（见"预防和控制"）。鸡个体的表型可通过培养采自羽髓的成纤维细胞并用 RSV 攻毒加以确定[135,388,487]。

有遗传抵抗力的鸡对相应亚群的白血病和肉瘤病毒的感染和肿瘤形成具有抵抗力，而且这些鸡通常不能产生抗体[118,128]。对肿瘤发生的遗传抵抗力的研究主要是用劳斯肉瘤进行的[505]，肿瘤的退化是由显性基因 R-RS-1 决定的，该基因位于鸡的主要组织相容性复合体（MHC 位点）的 BBL 区[107,229,405,454]。已鉴定了与 MHC 结合的 RSV 蛋白的保守肽基序，该肽对于表达 I 类等位基因并等位基因 B-F12 的鸡对劳氏肉瘤具有免疫保护作用[259]，同时肽序列单一优势表达 I 型分子解释了对 RSV 的应答取决于 MHC[540]。MHC（Ea-B）位点也影响成红细胞增多病的发生，对 LL 也有一定的影响[18]。据报道[14]，淋巴细胞抗原 Bu-1 位点对劳斯肉瘤的消退，Th-1 位点对 LL 都有一定影响。

对 LL 肿瘤发生的遗传抵抗力（如在 RPL 品系 6）是由法氏囊细胞授予的，不是由免疫系统的其他细胞如胸腺细胞或胸腺起源的细胞或非淋巴细胞赋予的。法氏囊靶细胞对感染或转化的内在不应性，似乎是产生抵抗力的主要因素[413]。Baba 和 Humphries 的研究[9]表明，在肿瘤敏感系和肿瘤抵抗系之间，法氏囊感染的方式没有明显差别。

诊　　断

病原分离和鉴定

由于 ALV 在鸡群中广泛存在，病毒的分离和抗原或抗体的检测对临床淋巴瘤的诊断意义不大。但是 ALV 的检测方法对新毒株的鉴定和分类、疫苗的安全性检验、无病原体和其他种鸡群无病毒的检验非常有用。ALV 检测最常用的样品为全血、血浆、血清、鸡体的多数软组织、泄殖腔和阴道拭子、口腔冲洗物、蛋清、鸡胚和肿瘤[132,193,202,208,486]。分离病毒还可采用以下材料：新鲜蛋的蛋清或正在垂直传播病毒的母鸡产的蛋所孵的 10 日龄鸡胚[483]、羽髓[490]和精液[456]。该群所有的病毒都对热很敏感，只有在−60℃以下的温度才能长期保存。因此，用于测定感染性病毒生物活性的病料应收集并置于冰中或−70℃保存备用。但仅检测 ALV gs 抗原的样品可贮存在−20℃，详见 Fadly 和 Witter 的综述[167]。

绝大多数 ALV 毒株均不能产生明显的细胞病变，因此，ALV 的检测主要根据以下方法：a) 检测 ALV 3 种主要基因 *gag*、*pol* 和 *env* 基因编码的一种或多种特异性蛋白质或糖蛋白（图 15.22）；b) 用 PCR 检测特异性的前病毒 DNA 或用 RT-PCR 检测病毒 RNA 序列。

另外，还可以通过一些间接生物学方法检测 ALV p27 来判定是否存在病毒，这些方法包括 ALV 的补体结合反应（COFAL）[208]、ELISA[125,208]、表型混合试验（PM）[363]、抵抗力诱发因子试验[359]和非生产者细胞激活试验[422]。在所有的方法中，ELISA-ALV 是最常用的方法。这些检测方法都需要使用特异性宿主范围的鸡胚成纤维细胞（CEF）。最常用于检测 ALV 的 CEF 的类型见表 5.10。另外，Critteden 等[120]报道了用一种日本雉鸡细胞系来进行内源性和外源性 ALV 的检测，这种细胞系是由囊膜缺陷型 RSV[R(-)Q] Brian 高滴度株诱导转化的。对内源性 ALV（C/E）有抗性的 CEF 可用于外源性 ALV 的检测和分离。其他的一些细胞系，如抗 ALV A 亚群（C/A）和抗 ALV J 亚群（C/J）[265]均可以用来确认分离的 ALV 的亚群。对所有 ALV 亚群（C/O）都敏感的

和仅对 E 亚群（C/E）有抗性的 CEF 可用来鉴别内源性和外源性 ALV。如果一个样品 C/O 阳性而 C/E 阴性，则该样品含有内源性病毒，而 C/O 和 C/E 均为阳性的样品表示含有外源性病毒。最近，已用高特异性同种抗体 R2 建立的流式细胞方法检测血浆中内源性 ALV 囊膜糖蛋白[12,17]。应该指出，有些检测方法，如 CF、ELISA、非生产者 NP、PM、R(-)Q 细胞以及荧光抗体试验（FA），适用于所有的白血病和肉瘤病毒。抵抗力诱发因子（RIF）检验只适用于细胞病变产生慢的 ALV。其他的试验对某些病毒株是特异的。成纤维细胞培养物的快速转化仅由某些肉瘤病毒引起，而造血细胞培养物的快速转化则仅由缺陷型白血病病毒引起。三磷酸腺苷酶活性对禽成髓细胞性白血病病毒是特异的。目前最广泛的试验方法已有介绍[193,208]。

抵抗力诱发因子试验

一般来说，大多数白血病病毒不引起培养的细胞发生改变，除非经过长期传代。但是，鸡胚成纤维细胞感染 ALV 后，可抵抗同一亚群的肉瘤病毒的重复感染。只有同亚群的病毒才以这种方式互相干扰。这种干扰的特性已被用于 RIF 试验检测 ALV[433]，也可用于区分病毒亚群[536]。在 RIF 试验中，将疑似含有白血病病毒的病料接种于已知的敏感鸡胚成纤维细胞，然后每隔 3～4 天传代，至少将细胞传代 3 次，每次传代取细胞样品，检测对不同亚群 RSV 的易感性。或者每隔 4 天取上清液转移到新的细胞培养物，在这种情况下，细胞可不经传代，在接种后 4～6 天攻毒。每次试验都要用已知的 ALV 感染和未感染的细胞作为对照，以确保试验的有效性。用标准 RSV 攻毒后与对照细胞相比，如果产生的蚀斑数减少 10 倍或 10 倍以上，说明细胞培养物中存在 ALV。检测属于不同亚群的 ALV，攻毒时必须用不同的病毒（每个亚群用一种病毒）；每个亚群需要使用单独的细胞培养皿进行试验。

病毒内部的群特异性抗原试验

检测白血病/肉瘤病毒衣壳上的主要抗原（p27）是该病毒几种诊断试验的基础。

COFAL 试验可用于检测已接种病毒的成纤维细胞培养物中的 gs 抗原[449]。细胞必须对被检病毒易感；要想从低滴度的接种物中获得适量抗原，接

种后的成纤维细胞必须培养 14 天后再收获。收获的细胞调整到某一标准浓度，冻融后用作试验用抗原。试验时需要多个对照，包括未接种的成纤维细胞，因为所用细胞可能含有内源性白血病病毒的 gs 抗原。测定对照和接种细胞培养物的补体结合活性，可以区别内源性和外源性病毒抗原，因为后者比前者的活性要高得多。如果可能的话，要使用不表达内源性抗原的成纤维细胞。

因为内源性和外源性病毒的 gs 抗原难以区分，因此，不经过组织培养传代，用直接补体结合试验检测感染材料的意义不大。不过在某些情况下仍可进行直接检测，比如，对蛋清进行的检测（见"净化"）。

补体结合性抗 gs 抗原的血清可由携带 RSV（一般用 Schmidt - Ruppin 株）引起肉瘤的地鼠获得[449]。以禽成髓细胞性白血病病毒提纯的 gs 抗原制备的家兔和其他哺乳动物的抗血清也可用[465,497,498]。抗血清也可由携带 RSV 诱发肿瘤的鸽制备[448,451]。

目前已经建立起了敏感性很高的检测 gs 抗原的放射免疫试验[184,446]和 ELISA[102,467]。这两种方法可用于直接检测被检材料的，也可用于将被检材料接种于细胞培养物经培养后的间接检测。细胞上的这些抗原也可用 FA 技术检测[288,373]。使用间接 FA 方法，抗 ALV - J 的单克隆抗体证明检测感染细胞培养物中 ALV - J 病毒很有用[205,417,529]。多种材料可用 ELISA 检测 ALV 的存在，但最近发现，血清不是直接 ELISA 检测外源性 ALV 的合适样品[385]。要检测外源性 ALV，可将样品接种于对 E 亚群 ALV 有遗传抗性的鸡胚成纤维细胞，7～9 天后，用 ELISA 检测细胞裂解物中的 ALVgs 抗原[194,208,467]。目前市场上已有用于包被 ELISA 板的兔抗 p27 抗体、兔抗 p27 标记抗体以及检测 ALV gs 抗原的 ELISA 试剂盒出售。

以病毒表型混合为基础的试验

鸡胚成纤维细胞可感染囊膜缺陷株 RSV（如 BH - RSV），产生转化细胞，这些细胞是 A、B 和 D 亚群传染性 RSV 的非生产者。非生产者细胞重复感染白血病辅助病毒，可产生传染性 RSV，用敏感鸡胚成纤维细胞检测，可以发现上清液中的这种传染性病毒，这就是非生产者细胞活化检测的基础[348]。该试验已有几种不同的试验方法。非生产者细胞激活是病毒表型混合的一个例子（见"病原学"）。带有 E 亚群内源性病毒的胚胎制备的非生产者细胞，通过 E 亚群病毒囊膜对该缺陷型 RSV 的互补，可自发产生 E 亚群 RSV。在检测活化后产生的 RSV 时，需要用对 E 亚群抵抗但对 A、B、C、D 和 J 亚群敏感（C/E 细胞）的成纤维细胞。

一种很有用的改良 NP 细胞活化试验是用被囊膜缺陷型 BH - RSV 转化的日本鹌鹑细胞进行的。这些非生产性 R（一）Q 细胞可通过与外源性 ALV（被检病毒）感染的 C/E 细胞共同培养而被激活，从而产生感染性 RSV，由此建立了 R（一）Q 细胞试验[120]。

另一种不同的 NP 细胞试验是 PM 试验[363,411]。试验时，C/O 成纤维细胞（即对所有亚群的病毒都易感的细胞）预先用 DEAE 葡聚糖处理，然后大剂量感染 E 亚群 RSV（RAV - O），以产生 RSV 转化细胞。约 24h 后，弃去上清液，用被检物感染细胞。培养 7 天后，收集培养物，冻融后离心，用 C/E 成纤维细胞检测传染性 RSV。因为 E 亚群 RSV 被排除在外，出现 RSV 病变表示被检物中存在外源性 ALV。在实验时必须设各种对照。

这些试验改良后已用于检测传染性 E 亚群内源性病毒，也可用于检测雏鸡细胞上表达的 E 亚群囊膜糖蛋白，该糖蛋白由内源性病毒基因组编码，称为"鸡辅助因子"（chf）[120]。

各种试验的比较

用于检测外源性 ALV 的体内和体外试验比较列于表 15.14。

所有 5 个体外试验，都要求用不含外源性白血病/肉瘤病毒的标准来源的鸡胚，所用细胞要已知表型。另外还需要下列试剂：RIF 试验要有每一亚群的攻毒用 RSV 种毒；COFAL 和 ELISA 需要特异性抗血清；NP 试验要具备一定量的 NP 细胞；PM 试验需要 RSV（RAV - O），即带有内源性辅助者的 RSV 种毒。在 RIF、COFAL 和间接 ELISA 中，不能用遗传来源不清的鸡胚制备的细胞，因为试验结果可能由于遗传抵抗力而无法判定。COFAL 和间接 ELISA 需要长时间维持细胞或经多次传代，以增殖足量的病毒，因此，工作量要比 NP 或 PM 试验大得多。

在这 5 个试验中，指示系统是不同的。在 RIF 试验中，攻毒后 RSV 病灶的数量和外观很大程度

表 15.14　检测外源性白血病病毒的方法比较

方　　法	要　　求	要测定的反应	确定亚群的附加要求	所需时间（天）c
体内试验				
1 日龄雏鸡接种（IA）	对 LL 易感a	LL	遗传抗性鸡	270
1 日龄雏鸡接种（IA）	对成红细胞增多病易感b	成红细胞增多病	遗传抗性鸡	63
11 日龄胚胎接种（IV）	对成红细胞增多病易感	成红细胞增多病	遗传抗性鸡	43
细胞培养	RSV 假型，C/E 细胞	对在细胞培养中 RSV 病变形成有抵抗力	用已知亚群的病毒攻毒	12+6
RIF				
COFAL	地鼠抗血清，C/E 细胞	补体结合	有遗传抵抗力的细胞	14+1
ELISA	酶标抗血清 C/E 细胞	底物的颜色变化	有遗传抵抗力的细胞	14+1
NP	NP 细胞（鸡成鹌鹑）	在细胞培养中形成 RSV 病灶	用已知亚群的白血病病毒进行的 RIF 试验有遗传抵抗力的细胞	8+6
PM	RSV（RAV‑O），C/O，C/E 细胞	在细胞培养中形成 RSV 病灶	用已知亚群的白血病病毒进行的 RIF 试验有遗传抵抗力的细胞	5+6

注：C/E，遗传上对 E 亚群病毒的感染有抵抗力而对其他亚群敏感的细胞；C/O，表型上对所有亚群的病毒感染都敏感的细胞；CO-FAL，禽白血病病毒补体结合反应；ELISA，酶联免疫吸附试验；IA，腹腔内接种；IV，静脉内接种；LL，淋巴白血病；NP，非生产者；RIF，抵抗力诱发因子；RSV，劳斯肉瘤病毒；RSV（RAV‑O），带有内源性辅助病毒的劳斯肉瘤病毒。

a. 对 LL 病毒的感染易感并形成肿瘤的鸡，如 15I 系鸡。b. 对病毒易感并发生成红细胞增多病（或成髓细胞性白血病）的鸡。c. 培养病毒所需的大约天数＋表明病毒存在的天数。

上依赖于细胞的生理学状态，因此，当细胞不是处于最佳状态时，不能进行 RIF 试验。而 COFAL 和 ELISA 使用的是细胞提取物，如果需要，可以将这些提取物冻存并能进行重复试验。同样，在 NP 和 PM 试验中，细胞培养物的上清液也可储存并用细胞培养技术检测病毒。NP 和 PM 试验的结果一般比 RIF、COFAL 或 ELISA 的结果清楚。禽白血病病毒的感染性和滴度可以在培养后的 7 天内用 ELISA 法确定，而且 RIF 试验则需 19 天和 3 次传代[522]。

使用上述任何一种试验都可确定感染病毒的亚群。在 RIF 试验中，只有与白血病病毒属于同一亚群的 RSV 会受到干扰。在 COFAL 和 ELISA 试验中，可以使用具有遗传抵抗力的细胞，因此，A 亚群的 ALV 不能在 C/A 表型（抵抗 A 亚群病毒）的细胞上产生 CF 抗原。在 NP 试验中，可以制备有遗传抵抗力的 NP 细胞。在 PM 试验中，在混合阶段可以使用具有遗传抵抗力的细胞。在 NP 和 PM 试验中，活化或混合阶段的上清液（其中含有与 ALV 相同亚群的 RSV）可以用具有遗传抵抗力的细胞或胚胎检测，或用已知亚群的白血病病毒进行干扰试验。

免疫组化试验

直接[288]和间接[373]FA 试验及流氏细胞方法[264,265]已被用于检测鸡胚成纤维细胞培养物中的病毒抗原，流式细胞技术也是检测马立克疫苗中 ALV 亚型的很好的手段[187]。当应用哺乳动物的抗 gs 血清并且细胞用丙酮固定时，该试验将与 CO-FAL 试验相似。禽血清是亚群特异性的，甚至是型特异性的[373]。其他免疫组化技术也已有描述[166,185,233,234]。

酶分析法

禽成髓细胞性白血病病毒的表面具有一种酶（ATPase），可以使三磷酸腺苷去磷酸化，这种活性可以用来定量分析感染鸡血浆或成髓细胞培养上清液中存在的病毒量[38]。

RT 活性的检测可用于包括 ALV 在内的所有致癌性 RNA 病毒[507]。检测到这种酶即表明病毒的存在，可以用正确的模板直接检测[287,510]，也可以用放射性免疫试验间接地检测[386]。最近，一种灵敏度极高的检测 RT 的 PCR 方法已用于检测生产人用疫苗的 CEF 或鸡胚中是否有禽反转录病毒[267,519]。在所有检测 ALV RT 的试验中，必须建立对照试验以排除其他禽反转录病毒中的 RT。

病毒核酸的检测

在禽肿瘤病毒研究中，越来越多地使用斑点杂交技术来检测细胞提取物中的病毒 DNA 或

RNA[553,554]。PCR是最常用的检测和鉴别包括E亚群在内的病毒DNA的方法（图15.48）。RT-PCR也用于检测ALV的几个亚群[254]。绝大部分设计引物的区域位于env和LTR区域（见前面的

A

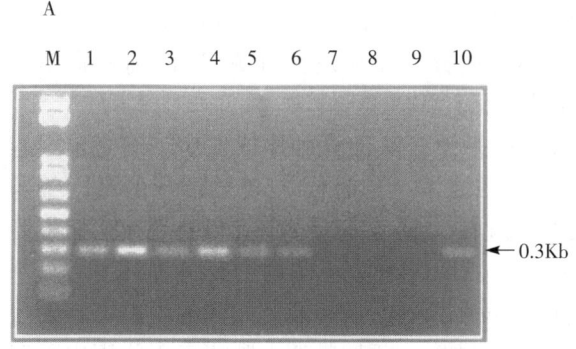

B

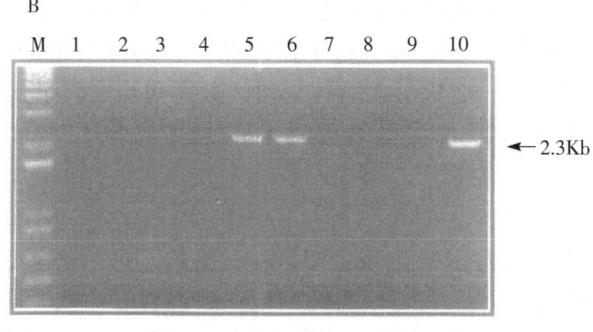

C

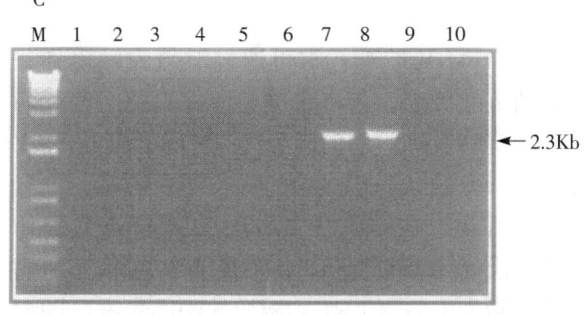

图15.48 DNA的PCR分析。样品为RAV-1（ALV-A）、RAV-2（ALV-B）、RAV-49（ALV-C）、RAV-50（ALV-D）、ADOL-HC-1（ALV-J）和ADOL-R5-4（ALV-J）未感染与感染的0系CEF，及RAV-0（ALV-E）和EV21（ALV-E）的未感染与感染的15B1细胞抽提的DNA。A. 用ALV-A-E（H5/AD1）的特异性引物进行PCR[402]；B. 用ALV-E（H5/DSW7.3）的特异性引物进行的PCR[402,258]；C. 用ALV-J（6J/S2）的特异性引物进行的PCR[387,401]。泳道：M：1kb DNA标记物；1：RAV-1；2：RAV-2；3：RAV-49；4：RAV-50；5：RAV-0；6：EV21；7：ADOL-HC-1；8：ADOL-R5-4；9：0系细胞；10：15B1细胞。（Lupiani）

讨论）。A亚群ALV特异性的聚合酶链反应（PCR）可用于ALV感染鸡多种组织中前病毒DNA和病毒RNA的检测[562]。按照前病毒LTR序列的3′端（U3）区和保守的U5区序列设计引物的PCR，可用于检测外源性ALV[225]。现在已有一些特异的引物可以检测绝大部分的ALV分离株，特别是A亚群[322]和J亚群[462,476,477]。另外还设计了一些特异的引物可以检测细胞培养中感染的内源性E亚群，且不能检测外源性ALV的A、B、C、D和J等其他亚群[208]。PCR已用于检测和描述马立克疫苗中的ALV。

造血组织的转化

禽成髓细胞性白血病病毒能感染禽造血组织培养物，引起灶性转化变为成髓细胞。测定一般是基于一种定量反应，即对每一培养物以阴性或阳性进行判定[23,341]。已经建立了检测成髓细胞性白血病、成红细胞增多病和其他缺陷性白血病病毒的病灶分析法[241,243,343]。培养的鸡骨髓细胞在分离和增殖来自HPRS-103-ALV引起的骨髓性白血病病例中的急性转化病毒时是很有用的[384]。

成纤维细胞的转化和细胞病理学

在易感的鸡胚成纤维细胞培养物中，肉瘤病毒可将纺锤形扁平细胞转化成多层圆形折光性细胞灶[414,508]，4～5天后在显微镜下可以看到（图15.26）。实验材料接种遗传敏感性的培养物，次日倒出培养液，加入一层琼脂覆盖[208]。每日检查接种的细胞是否出现RSV诱导的病灶，这些病灶通常在接种后4～7天内形成。

肉瘤病毒还能激活NP细胞，产生补体结合性gs抗原，可用荧光抗体技术测出。还有几株缺陷型急性白血病病毒也能转化鸡胚成纤维细胞[243]。B和D亚群白血病病毒可引起细胞病变[242,286]。因为仅有很少几株病毒具有这一特性，所以不能用于检测野外病毒。

血清学

血浆、血清和蛋黄都适于ALSVs抗体测定。

检测

ALV抗体的测定可通过其与RSV或ALV之

间的反应性来进行；某一亚群的病毒不能被不同亚群病毒引起的抗体所中和[536]。通常用 1:5 稀释的灭活血清（56℃ 30min）与等量的已知假型的标准 RSV 制备物混合，孵育后，用多种方法中的任何一种定量测定残余病毒。最常用的方法是细胞培养物定量测定[437]。测定残余病毒的微量中和试验可用于检测 ALV 抗体[208]，该试验可在 96 孔微量细胞培养板上进行，并可用 ELISA 检测培养液中病毒的中和程度[199]。

最近，有人报道了检测抗体的间接免疫过氧化物酶吸附试验[335,336]、ELISA 法[337,472,520,523]和流式细胞方法[264,265]。目前市上已有用于检测 ALV - A 和 B 亚群抗体的 ELISA 试剂盒出售。现在还有使用杆状病毒表达的 ALV - J 囊膜糖蛋白制备的商品 ELISA 试剂盒，已用于检测 ALV - J 的抗体[314,529]。

血清型

发生于鸡的禽白血病/肉瘤病毒群病毒，依据宿主范围、干扰谱和病毒囊膜抗原分为 6 个亚群（A、B、C、D、E 和 J）[378]。

不同亚群的病毒可通过用单价抗血清中和它们的能力加以区分。尽管在属于同一亚群的病毒之间通常存在一些交叉中和作用，但其中和动力学不同，并且异源系统的曲线斜率与同源系统的不同。除 B 和 D 亚群之间有关外，不同亚群的病毒没有共同的中和作用抗原。用血清学方法进行感染诊断，需要使用每一血清型的代表。在中和试验中，可使用白血病病毒本身，但最常用的是 RSV 假型[208]。

鉴别诊断

淋巴细胞白血病 (Lymphoid leukosisi)

鸡的淋巴肿瘤很难鉴别[189,190,196,539]。尤其是 2 种最常见的淋巴肿瘤，马立克氏病（MD）和 LL 很容易混淆[567]。另外，人工接种 REV 或使用了污染 REV 的疫苗有时也会产生淋巴细胞性肿瘤（见网状内皮组织增生症），这使鉴别诊断变得更加困难。根据病理学、免疫组化和 *c-myc* 基因区的分子差异不能区别 LL 与 REV 诱导的法氏囊肿瘤。病毒学、血清学或 PCR 试验有助于确定一种病毒而排除另一种病毒。然而，禽致肿瘤病毒广泛存在，且感染常不引起肿瘤形成，因此上述方法只能在诊断鸡病毒诱导的淋巴肿瘤包括 LL 诱导中起一定作用。PCR 方法检测前病毒 DNA[143,189,190]和整合位点[96,237]是一种有效的诊断肿瘤的方法。

由于 LL 肿瘤的 *c-myc* 基因附近插入了 ALV 的前病毒 DNA 序列，因此由 LL 和 REV 诱导引起的法氏囊肿瘤可以通过 Southern 印迹和杂交分析肿瘤 DNA 成分，鉴别是否有 ALV 的前病毒整合（见前文"讨论"）。

LL 如果没有法氏囊肿瘤或发病时间短也很容易与 MD 相混淆，有时候，REV 诱导的淋巴细胞瘤也应该排除（见"REV"）。在没有发生法氏囊肿瘤的病鸡，LL 最不易与马立克氏病（MD）鉴别，因为两种病在相同的年龄段和相同的内脏器官发生相似的淋巴肿瘤。两种病的内脏病毒不能用肉眼区分。在大多数情况下，通过仔细的显微镜检查来区别是可能的，但必须有丰富的经验。要得出结论，则在病史、症状、大体病变和显微病变及细胞学等方面都应考虑。本部分描述的是应特别注意的几点[189~191,416,539]。

一般来说，14 周龄之前不发生 LL，LL 引起的死亡绝大多数出现在 24~40 周龄。另一方面，MD 的发生可早至 4 周龄，死亡高峰在 10~20 周龄。偶尔，死亡持续不断，可在 20 周龄以后达到高峰。

在感染 ALV 的鸡，常可通过泄殖腔触摸到法氏囊的结节性肿瘤。与自主神经和外周神经肉眼病变有关的麻痹及虹膜的肉眼病变（"灰眼"）是马立克氏病所特有的。

如前所述，在 LL 发生中法氏囊起着关键作用。当法氏囊出现明显的灶状或结节性淋巴肿瘤时，可诊断为 LL；但 REV 诱导的法氏囊淋巴肿瘤应排除。这种肿瘤有时很小，有可能被忽略。在有些鸡，MD 可引起法氏囊过早萎缩；而另一些鸡，法氏囊可能肿胀，在这种病例，由于滤泡间出现多形性淋巴细胞浸润而使囊壁和皱褶增厚。相反，如果滤泡内出现由均一的大淋巴细胞组成的肿瘤则一般是 LL。

显微镜下，神经的淋巴细胞浸润、小脑白质内小动脉周围血管套和皮肤上羽毛囊的淋巴细胞浸润是 MD 的特征，在 LL 中不出现。

细胞学检查，LL 肿瘤通常由均一的成淋巴细胞组成（图 15.30）。相反，MD 肿瘤含有的淋巴细胞一般大小不一，成熟程度也不同，从成淋巴细胞到小淋巴细胞；浆细胞也有可能出现。特殊染色如甲绿派洛宁染色有助于细胞学检查，LL 肿瘤的特征性未成熟成淋巴细胞对派洛宁有很高的亲嗜性，而 MD 肿瘤中占优势的中、小淋巴细胞不着染派洛宁。

淋巴细胞性白血病肿瘤几乎全部是由 B 细胞组成，并且有表面 IgM 标记，而 MD 肿瘤细胞中60%～90% 是 T 细胞（缺乏 IgM 标记），仅有3%～25% 是 B 细胞。另外，0.5%～35% 的 MD 肿瘤细胞具有肿瘤相关细胞表面抗原（MATSA），而 LL 肿瘤细胞则没有这种抗原[168,355,356,404]。近来，Witter 等[567]介绍了一种区分病毒引起的淋巴瘤诊断方法。

易与 LL 混淆的其他疾病有：成红细胞增多病、成髓细胞性白血病、髓细胞瘤病、白痢、结核病、盲肠肝炎、Hjarre 氏病及肝脏脂肪变性。

成红细胞增多病（Erythroblastosis）

虽然根据肝、脾和骨髓的肉眼病变可以作出初步诊断，但确诊必须以血液抹片、肝脏和骨髓的切片或抹片在显微镜检查中见到大量成红细胞为依据。疾病早期或没有明显症状的鸡，如不通过镜检很容易被漏诊。

并发贫血的成红细胞增多病，一般难以和非肿瘤性贫血区分。在成红细胞增多病中，成红细胞的成熟一般有缺陷，因此出现大量的成红细胞和很少量的多染红细胞。在贫血症中一般出现相反的情况。成红细胞增多病时，骨髓外红细胞生长和成红细胞在窦状隙聚积的现象一般比在贫血症中明显。

通过以下几点可以区分成红细胞增多病和成髓细胞性白血病。在成髓细胞性白血病，肝脏一般呈淡红色，骨髓呈白色；而在成红细胞增多病，肝脏和骨髓一般呈樱桃红色（彩图 15.33 B、C）。在成髓细胞性白血病，成髓细胞在血管内和血管外聚积；而在成红细胞增多病，细胞总是聚积在血管内。成红细胞和成髓细胞很难区分。成红细胞的胞浆嗜碱性，有核周晕；成髓细胞内常有一些颗粒（彩图 15.33 D、E）。

成红细胞是红细胞生成系统的细胞，可通过某些标志与髓细胞生成系统的细胞区别。成红细胞具有红细胞标志，包括血红蛋白、鸡红细胞特异性组蛋白 H5 和可通过免疫荧光检测的鸡红细胞特异性

细胞表面抗原。成髓细胞和髓细胞具有骨髓细胞标志，包括黏附和吞噬能力、可用玫瑰花环形成试验测定的 Fc 受体、可用免疫荧光试验检测的巨噬细胞和粒细胞特异性表面抗原以及细胞集落形成对集落刺激因子的依赖性[243,344]。

成红细胞增多病可通过病变的性质与分布和 LL 相区别。在显微镜下，成淋巴细胞的胞浆嗜碱性比成红细胞稍弱，成淋巴细胞的核、浆比值较成红细胞大。成淋巴细胞的大小和形状变化比成红细胞大，但都处于同一原始发育阶段。成淋巴细胞的核多呈卵圆形而不是球形，其染色质网更纤细、更精致。

髓细胞瘤与成红细胞增多病很容易区别。

成髓细胞性白血病（Myeloblastosis）

与成红细胞增多病相同，根据大体病变仅能作出初步诊断，但这些病变常常与 LL 很相似，若不做血液涂片检查就不能作出特异性诊断。当对鉴定细胞类型有疑问时，检查肝脏或骨髓切片是很有帮助的。成髓细胞平均要比成红细胞或成淋巴细胞小，其胞浆嗜酸性更强，而且呈多角形。核中空泡较少，如果存在核仁，也不如另外两种白血病常见和明显。成髓细胞也有生理学标记，据此可认定它们为骨髓系成员（见前文"讨论"）。

髓细胞瘤病（Myelocytomatosis）

根据肿瘤的典型特征和发生部位可作出诊断，通过涂片或肿瘤切片染色镜检可以证实诊断。该病形成的肿瘤必须与成髓细胞性白血病、LL、骨硬化病，以及在结核、白痢和霉菌感染时发生的坏死和（或）化脓过程相区别。最近，ALV 诱导的肿瘤中，髓细胞瘤病主要是根据肿瘤细胞中特征性显微变化进行诊断[206,381,383,394]。

血管瘤（Hemangioma）

皮肤上的血管瘤应与创伤、羽毛囊出血和啄癖相区别；内脏器官的血管瘤应与出血和肉瘤相区别。

肾肿瘤（Renal Tumors）

当肿瘤结节或大的团块仅见于肾脏或悬系于腰区时，应怀疑是肾肿瘤，显微检查后可确诊。肿瘤应与其他原因引起的肾脏肿大相区别，包括血肿、

LL 和尿酸盐沉积。

骨硬化病（Osteopetrosis）

晚期病例的骨损伤很典型，不难作出诊断。长骨的横切和纵切有助于发现轻度的外生和内生骨疣，特别是在早期。

在其他骨病中[407]，佝偻病和骨质疏松症可根据它们在骺部形成类骨质或多孔的骨头而与骨硬化病相区别。在骨短粗病中可见骨扭曲并变得扁平，而骨结构本身仍正常。

结缔组织肿瘤（Connective Tissue Tumors）

这些肿瘤通常易与白血病相区别。注意不要与肉芽肿（Hjarre 氏病、结核、白痢）、创伤后遗症、髓细胞瘤病或平滑肌瘤相混淆。

预防和控制

免疫接种

对 ALV 的感染还没有有效的商用疫苗。然而，使用疫苗增强宿主对 ALV 感染的抵抗力具有很好的前景[443]。在多种灭活 ALV 的尝试中，Brumester[67]等报道在病毒灭活的同时，疫苗的免疫原性几乎也随之丧失。使用不致病的 ALV 弱毒活疫苗进行免疫也宣告失败[364]。人工接种活的 ALV 导致排毒和病毒先天性传播的结果是不明确的。通过免疫病毒抗原或细胞抗原提高宿主对 RSV 的抵抗力的一些试验已获得了成功[40,397]。目前清除或降低 ALV 感染中使用重组的 ALVs 作为疫苗证明是可行的。表达 ALV - A 亚群[93,192,329,568]和 ALV - J[314,529]的重组囊膜糖蛋白可作为潜在的疫苗，用于防止水平传播。需要指出的是，先天性感染的雏鸡具有免疫耐受性，因此即使有适当疫苗，也不能进行免疫。这些鸡构成了 ALV 传播的主要传染源，而且最有可能发生肿瘤。

治疗

对白血病还没有发现切实有效的治疗措施。所有治疗病毒性肿瘤的尝试，都以阴性或不能重复的结果而告终。

预防和控制程序

净化

从原代种鸡场清除 ALV 是最有效的控制 ALV 的方法。这些蛋鸡和肉鸡的原代种鸡公司在清除 ALV A、B 和 J 亚群方面已经获得了成功。

但直到 1977 年，净化仅适用于实验性或特殊的 SPF 鸡群，因为所有的方法时间长、复杂而且昂贵；从那以后，用 Spencer 等[486]的方法从商品鸡群根除此病已变得可行[92,387,390,483,566]。

ALV 感染的根除依赖于阻断病毒从亲代到子代的垂直传播。用各种方法检测携带于留种母鸡中的 ALV，一经检出该个体立即淘汰。要建立一个无白血病的鸡群，必须将无先天性感染的鸡群从孵化、培育到饲养保持隔离状态。要做到这一点，必须从那些不传递病毒给子代的母鸡获取鸡胚。在建立无 ALV 鸡群的早期工作中，有几种方法曾用来（或被推荐用于）挑选母鸡。选作生产无病毒的第二代的母鸡是：①有免疫，不排毒。选择有抗体的母鸡是根据这样一种假设，即有抗体的鸡排毒的可能性比无抗体的鸡小；根据每只母鸡至少检验三个鸡胚的原则，选择不传递病毒给鸡胚的母鸡所产的蛋进行孵化[261]。②无免疫，不排毒。选择无抗体的母鸡是根据这一假设，即这些鸡从未被感染，并且比带有抗体的鸡间歇排毒的可能性小[317]。③不管免疫状态如何，只要无病毒血症。被鉴定出的这些鸡用作后备鸡，然而需要经过 4 代检测鸡群才能无病毒血症，并且不能排除无病毒血症性感染[572]。

在商品鸡群中实施净化措施依赖于母鸡、鸡蛋、鸡胚和雏鸡中病毒感染的相关性[486]：①蛋清中可能含有外源性 ALV 或 gs 抗原，并且两者常同时存在；②蛋清中 ALV 或 gs 抗原与阴道拭子中的 ALV 之间有很高的相关性；③阴道拭子或蛋清中的 ALV 与鸡胚及新孵出的小鸡中的 ALV 之间有相关性。因此，阴道拭子检测病毒（或 gs 抗原）阴性的母鸡，或所产蛋的蛋清中无病毒或 gs 抗原的母鸡，产生感染性鸡胚的可能性小。通常阴道或泄殖腔拭子中的病毒可用 ELISA、NP 或 PM 试验检测，蛋清中的病毒用 ELISA 或直接 COFAL 试验检测。仅用一种试验不大可能检出所有潜在性的排毒母鸡。在用 ELISA 检测蛋清或拭子时存在一个问题，即需要区分所出现的阳性反应是由内源性病毒产生的 gs 抗原所引起的，还是发生反应的部位存在外源性 ALV 感染[269]。外源性 ALV 感染引起的反应一般很高，但内源性和外源性病毒感染的分界线有时难以确定，一定程度上是根据个人观点。外源性病毒产生的高反应性，在测定蛋清样品时比测定拭子样品时更清楚[132]。如抗 P27 蛋白单克隆抗体能用于 ELISA，则有希望区分内源性和外源性感染[315]；另外，用根据前病毒的 LTR 设计的引物进行 PCR，也将有助于两者的区分。

根除 ALV 感染的程序包括：1）选择蛋清或阴道拭子检测阴性的母鸡所产的种蛋[134,202,360,386]；2）孵出的雏鸡分成小群（25～50 只）隔离饲养在带铁丝网的笼内，避免人工泄殖腔雌雄鉴别[203]，接种疫苗时不共用针头[147]，以避免任何残余感染的机械传播；3）采血进行生物学试验或 PCR，以检测 ALV，淘汰阳性鸡和与其接触过的小鸡[202,203,360]；4）将无 ALV 鸡群隔离饲养[203,566]。在实践中，要彻底净化鸡群，选择排毒率低的母鸡比检测雏鸡并隔离饲养更简单。因此，有些商品种鸡公司仅注重通过母鸡检测来降低感染率。据报道，在降低排毒率方面，许多品系都有进展，尽管有些品系的收效不大[201,362]。选育的效果不好不是品系固有的，而是与环境因素有关[201]。关于这些措施和其他控制方法，请参阅 Spencer[484,487]、de Boer[144]、Payne 和 Howes[387]、Payne 和 Venugopal[394] 等的综述。为防止蛋鸡品系中的 A 亚群 ALV[203] 和肉鸡品系中的 J 亚群 ALV[566]，一些小的孵化场在孵化前可以鉴别和清除孵出前感染的鸡群。

刚孵出的雏鸡对 ALV 的接触感染最易感。虽然先天性感染的同批雏鸡可能是这种感染的主要传染源，但有几种方法可以减少或消除上批鸡的残余感染。孵化器、出雏器、育雏室和所有设备在每次使用后应彻底清洗和消毒。雏鸡盒不能重复使用，最理想的是每个鸡场应只有同一年龄的鸡群。如果来源不同的蛋或雏鸡不混杂，并且雏鸡饲养在能防止鸡群交叉感染的隔离条件下，就可以消除引入其他毒株的危险。

据报道，8 周龄时用 ALV 强毒免疫可防止向蛋内排毒，以利于根除白血病病毒[420]，但这一点没能被 OKazaki 等证实[361]。有报道认为[324]，8 周龄或更大的鸡免疫后，一般不向蛋内排毒，但可以贮藏病毒，特别是在白细胞和脾脏内。

遗传抵抗力的选择

编码对外源性白血病/肉瘤病毒感染的细胞易感性和抵抗力的等位基因的频率（见"遗传抵抗力"），在不同的商品系鸡群差异很大[126,345]。在有些品系，天然存在很高的抗性等位基因频率；在其他品系，抗性等位基因的频率可通过人工选择而增高。实践中重点放在针对占优势的 A 亚群病毒的抵抗力上，有时对 B 亚群也予以考虑。随着肉用型鸡 ALV‐J 亚群感染的出现，应考虑开发对 ALV‐J 有抗性的品系。

在人工选择时，基因型未知的父母代可通过与设定亚群的隐性试验鸡（如 arar 鸡 A 亚群病毒）交配后测定其子代来确定[372]。根据易感性和抵抗力在子代的分离情况，可确定未知父母代的基因型。在试验中，子代表型的鉴别可通过将 RSV 接种到 CAM 上，根据痘斑计数[129]来评价鸡胚易感或抵抗；或者雏鸡脑内接种 RSV，根据死亡或存活作出评价[442]。前一种方法更好并有许多优点。

Crittenden[115,118]讨论了这种方法存在的一些问题。突变病毒突破由单基因产生的抵抗力比突破由多基因效应产生的抵抗力的能力可能更强，突变亚群可能更有利。在抗病毒穿入的鸡群中，筛选对肿瘤发生有抵抗力的鸡可能是徒劳的；由于这一原因，可用突变病毒进行选择。可能过去对宿主活力的选择增强了感染禽对肿瘤发生的抵抗力。这种类型的抵抗力尚未明确确定，可能是由许多基因控制的，因此更难以被病毒突变所突破。目前有希望通过转基因技术建立抗性鸡群，使控制 ALV 感染成为可能[117]。近期正在建立无内源反转录病毒的商品鸡系[15]，运用经遗传修饰的原始簇细胞的转基因新方法[524,525]使培育抗病鸡群成为可能。

常建宇 孙 森 丁家波 张 志 译
苏敬良 吴培福 姜世金 刘 爵 何召庆 校

参考文献

[1] Adkins, H. B., S. C. Blacklow, and J. A. Young. 2001. Two functionally distinct forms of a retroviral receptor explain the nonreciprocal receptor interference among subgroups B, D, and E avian leukosis viruses. *J Virol* 75：3520‐6.

[2] Adkins, H. B., J. Brojatsch, J. Naughton, M. M. Rolls, J. M. Pesola, and J. A. Young. 1997. Identification of a cellular receptor for subgroup E avian leukosis virus. *Proc*

Natl Acad Sci U S A 94:11617 - 22.

[3]Adkins, H. B. , J. Brojatsch, and J. A. Young. 2000. Identification and characterization of a shared TNFR-related receptor for subgroup B, D, and E avian leukosis viruses reveal cysteine residues required specifically for subgroup E viral entry. *J Virol* 74:3572 - 78.

[4]Arshad, S. S. , A. P. Bland, S. M. Hacker, and L. N. Payne. 1997. A low incidence of histiocytic sarcomatosis associated with infection of chickens with the HPRS-103 strain of subgroup J avian leukosis virus. *Avian Dis* 41: 947 - 56.

[5]Arshad, S. S. , K. Howes, G. S. Barron, L. M. Smith, P. H. Russell, and L. N. Payne. 1997. Tissue tropism of the HPRS - 103 strain of J subgroup avian leukosis virus and of a derivative acutely transforming virus. *Vet Pathol* 34: 127 - 37.

[6]Arshad, S. S. , L. M. Smith, K. Howes, P. H. Russell, K. Venugopal, and L. N. Payne. 1999. Tropism of subgroup J avian leukosis virus as detected by in situ hybridization. *Avian Pathol* 28:163 - 169.

[7]Astrin, S. M. , E. G. Buss, and W. S. Haywards. 1979. Endogenous viral genes are non-essential in the chicken. *Nature* 282:339 - 41.

[8]Astrin, S. M. , H. L. Robinson, L. B. Crittenden, E. G. Buss, J. Wyban, and W. S. Hayward. 1979. Ten genetic loci in the chicken that contain structural genes for endogenous avian leukosis viruses. *Cold Spring Harb Symp Quant Biol*. 44:1105 - 1109.

[9]Baba, T. W. , and E. H. Humphries. 1984. Avian leukosis virus infection: analysis of viremia and DNA integration in susceptible and resistant chicken lines. *J Virol* 51:123 - 30.

[10]Baba, T. W. , and E. H. Humphries. 1985. Formation of a transformed follicle is necessary but not sufficient for development of an avian leukosis virus-induced lymphoma. *Proc Natl Acad Sci U S A* 82:213 - 6.

[11]Baba, T. W. , and E. H. Humphries. 1986. Selective integration of avian leukosis virus in different hematopoietic tissues. *Virology* 155:557 - 66.

[12]Bacon, L. D. 2000. Detection of endogenous avian leukosis virus envelope in chicken plasma using R2 antiserum. *Avian Pathol* 29:153 - 164.

[13]Bacon, L. D. 1987. Influence of the major histocompatability complex on disease resistance and productivity. *Poult Sci* 66:802 - 811.

[14]Bacon, L. D. , T. L. Fredericksen, D. G. Gilmour, A. M. Fadly, and L. B. Crittenden. 1985. Tests of association of lymphocyte alloantigen genotypes with resistance to viral oncogenesis in chickens. 2. Rous sarcoma and lymphoid leukosis in progeny derived from 6(3) ×15(1) and 100 × 6(3) crosses. *Poult Sci* 64:39 - 47.

[15]Bacon, L. D. , J. E. Fulton, and G. B. Kulkarni. 2004. Methods for evaluating and developing commercial chicken strains free of endogenous subgroup E avian leukosis virus. *Avian Pathol* 33:233 - 43.

[16]Bacon, L. D. , E. Smith, L. B. Crittenden, and G. B. Havenstein. 1988. Association of the slow feathering (K) and an endogenous viral (ev21) gene on the Z chromosome of chickens. *Poult Sci* 67:191 - 7.

[17]Bacon, L. D. , E. J. Smith, A. M. Fadly, and L. B. Crittenden. 1996. Development of an alloantiserum (R2) that detects susceptibility of chickens to subgroup E endogenous avian leukosis virus. *Avian Pathol* 25:551 - 568.

[18]Bacon, L. D. , R. L. Witter, L. B. Crittenden, A. Fadly, and J. Motta. 1981. B-haplotype influence on Marek's disease, Rous sarcoma, and lymphoid leukosis virus-induced tumors in chickens. *Poult Sci* 60:1132 - 9.

[19]Bacon, L. D. , R. L. Witter, and A. M. Fadly. 1989. Augmentation of retrovirus-induced lymphoid leukosis by Marek's disease herpesviruses in White Leghorn chickens. *J Virol* 63:504 - 12.

[20]Bagust, T. J. , S. P. Fenton, and M. R. Reddy. 2004. Detection of subgroup J avian leukosis virus infection in Australian meat-type chickens. *Aust Vet J* 82:701 - 6.

[21]Bai, J. , K. Howes, L. N. Payne, and M. A. Skinner. 1995. Sequence of host-range determinants in the env gene of a full-length, infectious proviral clone of exogenous avian leukosis virus HPRS-103 confirms that it represents a new subgroup (designated J). *J Gen Virol* 76 (Pt 1): 181 -7.

[22]Bai, J. , L. N. Payne, and M. A. Skinner. 1995. HPRS-103 (exogenous avian leukosis virus, subgroup J) has an env gene related to those of endogenous elements EAV-0 and E51 and an E element found previously only in sarcoma viruses. *J Virol* 69:779 - 84.

[23]Baluda, M. A. 1963. Conversion of cells by avian myeloblastosis virus. *Perspect Virol* 3:118 - 137.

[24]Baluda, M. A. 1962. Properties of cells infected with avian myelo blastosis virus. *Cold Spring Harb Symp Quant Biol* 27:415 - 25.

[25]Baluda, M. A. , and P. P. Jamieson. 1961. *In vivo* infectivity studies with avian myeloblastosis virus. *Virology* Ⅰ 14:33 - 45.

[26]Banders, U. T. , and P. M. Coussens. 1994. Interactions

between Marek's disease virus encoded or induced factors and the Rous sarcoma virus long terminal repeat promoter. *Virology* 199:1 - 10.

[27]Barnard,R. J. ,D. Elleder,and J. A. Young. 2006. Avian sarcoma and leukosis virus-receptor interactions: from classical genetics to novel insights into virus-cell membrane fusion. *Virology* 344:25 - 9.

[28]Barnard,R. J. ,and J. A. Young. 2003. Alpharetrovirus envelopereceptor interactions. *Curr Top Microbiol Immunol* 281:107 - 36.

[29]Bates,P. ,J. A. Young,and H. E. Varmus. 1993. A receptor for subgroup A Rous sarcoma virus is related to the low density lipoprotein receptor. *Cell* 74:1043 - 51.

[30]Bauer,H. 1974. Virion and tumor cell antigens of C-type RNA tumor viruses. *Adv Cancer Res* 20:275 - 341.

[31]Bauer,H. ,and B. Fleischer. 1981. Immunobiology of avian RNA tumor virus-induced cell surface antigens. In J. W. Blasecki(ed.). Mechanisms of Immunity to Virus-Induced Tumors. Marcel Dekker: New York. 69 - 118.

[32] Bauer, H. , R. Kirth, L. Rohrschneider, and H. Gelderblum. 1976. Immune response to oncornaviruses and tumor-associated antigens in the chicken. *Cancer Res* 36:598 - 602.

[33]Beard,J. W. 1963. Avian virus growths and their etiological agents. *Adv Cancer Res* 7:1 - 127.

[34]Beard,J. W. 1980. Biology of avian oncornaviruses,p. 55-87. In G. Klein(ed.),Viral Oncology. Raven Press,New York.

[35]Beard,J. W. 1973. Oncornaviruses. I. The avian tumor viruses. In A. J. Dalton and F. Haguenau (eds.). Ultrastructure in Biological Systems,vol. 5. Ultrastructure of Animal Viruses and Bacteriophages. Academic Press: New York. 261 - 281.

[36]Beard,J. W. 1963. Viral Tumors of Chickens with Particular Refer ence to the Leukosis Complex. *Ann N Y Acad Sci* 108:1057 - 1085.

[37]Beard,J. W. ,J. F. Chabot,D. Beard,U. Heine,and G. E. Houts. 1976. Renal neoplastic response to leukosis virus strains BAI A (avian myeloblastosis virus) and MC29. *Cancer Res* 36:339 - 53.

[38]Beaudreau, G. S. , and C. Becker. 1958. Virus of avian myeloblastosis. X. Photometric microdetermination of adenosinetriphosphatase activity. *J Natl Cancer Inst* 20:339 - 349.

[39]Benkel,B. F. 1998. Locus-specific diagnostic tests for endogenous avian leukosis-type viral loci in chickens. *Poult Sci* 77:1027 - 35.

[40] Bennett, D. D. , and S. E. Wright. 1987. Immunization with envelope glycoprotein of an avian RNA tumor virus protects against sarcoma virus tumor induction: Role of subgroup. *Virus Res* 8:73-77.

[41]Benson,S. J. ,B. L. Ruis,A. M. Fadly,and K. F. Conklin. 1998. The unique envelope gene of the subgroup J avian leukosis virus derives from ev/J proviruses,a novel family of avian endogenous viruses. *J Virol* 72:10157 - 64.

[42]Benson,S. J. ,B. L. Ruis,A. L. Garbers,A. M. Fadly,and K. F Conklin. 1998. Independent isolates of the emerging subgroup J avian leukosis virus derive from a common ancestor. *J Virol* 72:10301 - 4.

[43] Beug, H. , A. v. Kirchbach, G. Döderlein, J. F. Conscience, and T. Graf. 1979. Chicken hematopoietic cells transformed by seven strains of defective avian leukemia virus display three distinct phenotypes. *Cell* 18: 375 - 390.

[44] Biggs, P. M. 1961. A discussion on the classification of the avian leucosis complex and fowl paralysis. *Br Vet J* 117:326 - 334.

[45]Biggs,P. M. ,B. S. Milne, T. Graf, and H. Bauer. 1973. Oncogenicity of non-transforming mutants of avian sarcoma viruses. *J Gen Virol* 18:399 - 403.

[46] Biggs, P. M. , and L. N. Payne. 1964. Relationship of Marek's disease (neural lymphomatosis) to lymphoid leukosis. *Natl Cancer Inst Monogr* 17:83 - 98.

[47]Boettiger,D. 1979. Animal virus pseudotypes. *Prog Med Virol* 25:37 - 68.

[48]Bolognesi, D. P. 1974. Structural components of RNA tumor viruses. *Adv Virus Res* 19:315 - 359.

[49]Boni-Schnetzler, M. ,J. Boni, F. J. Ferdinand, and R. M. Franklin. 1985. Developmental and molecular aspects of nephroblastomas induced by avian myeloblastosis-associated virus 2-O. *J Virol* 55:213 - 22.

[50]Borisenko, L. ,and A. V. Rynditch. 2004. Complete nucleotide sequences of ALV-related endogenous retroviruses available from the draft chicken genome sequence. *Folia Biol(Praha)* 50:136 - 41.

[51]Bova,C. A. ,J. P. Manfredi,and R. Swanstrom. 1986. env genes of avian retroviruses: nucleotide sequence and molecular recombinants define host range determinants. *Virology* 152:343 - 54.

[52]Bova,C. A. ,J. C. Olsen,and R. Swanstrom. 1988. The avian retrovirus env gene family: molecular analysis of host range and antigenic variants. *J Virol* 62:75 - 83.

[53]Boyce-Jacino, M. T. , K. O'Donoghue, and A. J. Faras. 1992. Multiple complex families of endogenous retrovir-

uses are highly conserved in the genus Gallus. *J Virol* 66:4919 - 29.

[54]Boyde, A. , A. J. Banes, R. M. Dillaman, and G. L. Mechanic. 1978. Morphological study of an avian bone disorder caused by myeloblastosis-associated virus. *Metab Bone Dis Relat Res* 1:235 - 242.

[55]Brandvold, K. A. , P. Neiman, and A. Ruddell. 2000. Angiogenesis is an early event in the generation of myc-induced lymphomas. *Oncogene* 19:2780 - 5.

[56]Brojatsch, J. , J. Naughton, H. B. Adkins, and J. A. Young. 2000. TVB receptors for cytopathic and noncytopathic subgroups of avian leukosis viruses are functional death receptors. *J Virol* 74:11490 - 4.

[57]Brown, C. Y. , S. J. Bowers, G. Loring, C. Heberden, R. M. Lee, and P. E. Neiman. 2004. Role of Mtd/Bok in normal and neoplastic Bcell development in the bursa of Fabricius. *Dev Comp Immunol* 28:619 - 34.

[58]Brown, P. O. 1997. Integration, p. 161-240. In J. M. Coffin, S. H. Hughes, and H. E. Varmus (ed.), Retroviruses. Cold Spring Harbor, New York.

[59]Brown, T. P. , N. Stedman, and M. Pantin-Vera. 2000. Proceedings, International Symposium on ALV-J and Other Avian Retroviruses. Rauischholzhausen, Germany. E. F. Kaleta, L. N. Payne, and U. Heffels-Redmann (eds.) 63 - 66.

[60]Bryan, W. R. 1956. Biological studies on the Rous sarcoma virus. IV. Interpretation of tumor-response data involving one inoculation site per chicken. *J Natl Cancer Inst* 16:843 - 63.

[61]Bryan, W. R. , J. B. Moloney, and D. Calnan. 1954. Stable standard preparations of the Rous sarcoma virus preserved by freezing and storage at low temperatures. *J Natl Cancer Inst* 15:315 - 29.

[62]Burmester, B. R. 1956. Bioassay of the virus of visceral lymphomatosis. I. Use of short experimental period. *J Natl Cancer Inst* 16:1121 - 1127.

[63]Burmester, B. R. 1955. Immunity to visceral lymphomatosis in chicks following injection of virus into dams. *Proc Soc Exp Biol Med* 88:153-155.

[64]Burmester, B. R. 1969. The prevention of lymphoid leukosis with androgens. *Poult Sci* 48:401 - 8.

[65]Burmester, B. R. 1956. The shedding of the virus of visceral lymphomatosis in the saliva and feces of individual normal and lymphomatous chickens. *Poult Sci* 35:1089 - 1099.

[66]Burmester, B. R. 1947. Studies on the transmission of avian visceral lymphomatosis. Ⅱ. Propagation of lym-

phomatosis with cellular and cell-free preparations. *Cancer Res* 7:786 - 797.

[67]Burmester, B. R. 1968. Unpublished data.

[68]Burmester, B. R. , and G. E. Cottral. 1947. The propagation of filtrable agents producing lymphoid tumors and osteopetrosis by serial passage in chickens. *Cancer Res* 7:669 - 675.

[69]Burmester, B. R. , and E. M. Denington. 1947. Studies on the transmission of avian visceral lymphomatosis. I. Variation in transmissibility of naturally occurring cases. *Cancer Res* 7:779 - 785.

[70]Burmester, B. R. , A. K. Fontes, and W. G. Walter. 1960. Pathogenicity of a viral strain (RPL 12) causing avian visceral lymphomatosis and related neoplasms Ⅲ. Influence of host age and route of inoculation. *J Natl Cancer Inst* 24:1423 - 1442.

[71]Burmester, B. R. , and T. N. Fredrickson. 1964. Transmission of virus from field cases of avian lymphomatosis. I. Isolation of virus in line 151 chickens. *J Natl Cancer Inst* 32:37 - 63.

[72]Burmester, B. R. , and R. F. Gentry. 1956. The response of susceptible chickens to graded doses of the virus of visceral lymphomatosis. *Poult Sci* 35:17 - 26.

[73]Burmester, B. R. , M. A. Gross, W. G. Walter, and A. K. Fontes. 1959. Pathogenicity of a viral strain (RPL 12) causing avian visceral lymphomatosis and related neoplasms. II. Host-virus interrelations affecting response. *J Natl Cancer Inst* 22:103 - 127.

[74]Burmester, B. R. , and N. M. Nelson. 1945. The effect of castration and sex hormones upon the incidence of lymphomatosis in chickens. *Poult Sci* 24.

[75]Burmester, B. R. , and H. G. Purchase. 1979. The history of avian medicine in the United States. V. Insights into avian tumor virus research. *Avian Dis* 23:1 - 29.

[76]Burmester, B. R. , and W. G. Walter. 1961. Occurrence of visceral lymphomatosis in chickens inoculated with Rous sarcoma virus. *J Natl Cancer Inst* 26:511 - 8.

[77]Burmester, B. R. , W. G. Walter, M. A. Gross, and A. K. Fontes. 1959. The oncogenic spectrum of two "pure" strains of avian leukosis. *J Natl Cancer Inst* 23:277 - 291.

[78]Burmester, B. R. , and N. F. Waters. 1956. Variation in the presence of the virus of visceral lymphomatosis in the eggs of the same hens. *Poult Sci* 35:939 - 944.

[79]Burstein, H. , M. Gilead, U. Bendheim, and M. Kotler. 1984. Viral aetiology of haemangiosarcoma outbreaks among layer hens. *Avian Pathol* 13:715 - 726.

[80]Burstein, H. , N. Resnick-Roguel, J. Hamburger, G. Arad, M. Malkinson, and M. Kotler. 1990. Unique sequences in the env gene of avian hemangioma retrovirus are responsible for cytotoxicity and endothelial cell perturbation. *Virology* 179:512 - 6.

[81]Butterfield, E. E. 1905. Aleukaemic lymphadenoid tumors of the hen. *Folia Haematol* 2:649 - 657.

[82]Calnek, B. W. 1968. Lesions in young chickens induced by lymphoid leukosis virus. *Avian Dis* 12:111 - 29.

[83]Calnek, B. W. 1968. Lymphoid leukosis virus: a survey of commercial breeding flocks for genetic resistance and incidence of embryo infection. *Avian Dis* 12:104 - 11.

[84]Calnek, B. W. 1964. Morphological alteration of RIF-infected chick embryo fibroblasts. *Natl Cancer Inst Monogr* 17:425 - 447.

[85]Campbell, J. G. 1961. A proposed classification of the leucosis complex and fowl paralysis. *Br Vet J* 117:316 - 325.

[86]Campbell, J. G. 1969. Tumours of the Fowl. William Heinemann Medical Books: London.

[87]Campbell, J. G. , and E. C. Appleby. 1966. Tumours in young chickens bred for rapid body growth (broiler chickens). A study of 351 cases. *J Pathol Bacteriol* 92: 77 - 90.

[88]Caparini, U. 1896. Fetati leucemici nei polli. *Clin Vet* (Milan) 19:433 - 435.

[89]Carr, J. G. 1960. Kidney carcinomas of the fowl induced by the MH2 reticuloendothelioma virus. *Br J Cancer* 14: 77 - 82.

[90]Carr, J. G. 1956. Renal adenocarcinoma induced by fowl leukemia virus. *Br J Cancer* 10:379 - 383.

[91]Chai, N. , and P. Bates. 2006. Na+/H+ exchanger type 1 is a receptor for pathogenic subgroup J avian leukosis virus. *Proc Natl Acad Sci USA* 103:5531 - 6.

[92]Chase, W. B. 1991. Eradication of avian leukosis virus by breeder companies: Results, pitfalls and cost benefit analysis p. 5 - 7, Proceedings AAAP Avian Tumor Virus Symposium American Association of Avian Pathologists.

[93]Chebloune, Y. , J. Rulka, F. L. Cosset, S. Valsesia, C. Ronfort, C. Legras, A. Drynda, J. Kuzmak, V. M. Nigon, and G. Verdier. 1991. Immune response and resistance to Rous sarcoma virus challenge of chickens immunized with cell-associated glycoproteins provided with a recombinant avian leukosis virus. *J Virol* 65:5374 - 80.

[94]Chen, Y. C. , and P. K. Vogt. 1977. Endogenous leukosis viruses in the avian family Phasianidae. *Virology* 76: 740 -50.

[95]Chesters, P. M. , K. Howes, J. C. McKay, L. N. Payne, and K. Venugopal. 2001. Acutely transforming avian leukosis virus subgroup J strain 966: defective genome encodes a 72-kilodalton Gag-Myc fusion protein. *J Virol* 75:4219 - 25.

[96]Chesters, P. M. , K. Howes, L. Petherbridge, S. Evans, L. N. Payne, and K. Venugopal. 2002. The viral envelope is a major determinant for the induction of lymphoid and myeloid tumours by avian leukosis virus subgroups A and J, respectively. *J Gen Virol* 83:2553 - 61.

[97]Chesters, P. M. , L. P. Smith, and V. Nair. 2006. E(XSR) element contributes to the oncogenicity of avian leukosis virus(subgroup J). *J Gen Virol* 87:2685 - 92.

[98]Cheville, N. F. , W. Okazaki, P. D. Lukert, and H. G. Purchase. 1978. Prevention of avian lymphoid leukosis by induction of bursal atrophy with infectious bursal disease viruses. *Vet Pathol* 15:376 - 82.

[99]Chi, Y. , F. Diaz-Griffero, C. Wang, J. A. Young, and J. Brojatsch. 2002. An NF-kappa B-dependent survival pathway protects against cell death induced by TVB receptors for avian leukosis viruses. *J Virol* 76:5581 - 7.

[100]Choudat, D. , G. Dambrine, B. Delemotte, and F. Coudert. 1996. Occupational exposure to poultry and prevalence of antibodies against Marek's disease virus and avian leukosis retroviruses. *Occup Environ Med* 53:403 - 10.

[101]Chubb, R. C. , and P. M. Biggs. 1968. The neutralization of Rous sarcoma virus. *J Gen Virol* 3:87 - 96.

[102]Clark, D. P. , and R. M. Dougherty. 1980. Detection of avian on covirus group-specific antigens by the enzyme-linked immunosorbent assay. *J Gen Virol* 47:283 - 91.

[103]Claude, A. , and J. G. Murphy. 1933. Transmissible tumors of the fowl. *Physiol Rev* 13:246 - 275.

[104]Clurman, B. E. , and W. S. Hayward. 1989. Multiple proto-oncogene activations in avian leukosis virus-induced lymphomas: evidence for stage-specific events. *Mol Cell Biol* 9:2657 - 64.

[105]Coffin, J. M. , S. H. Hughes, and H. E. V. (eds.). 1997. Retroviruses. Cold Spring Harbor Laboratory Press: Cold Spring Harbor, New York.

[106]Collart, K. L. , R. Aurigemma, R. E. Smith, S. Kawai, and H. L. Robinson. 1990. Infrequent involvement of c-fos in avian leukosis virus-induced nephroblastoma. *J Virol* 64:3541 - 4.

[107]Collins, W. H. , W. E. Briles, R. M. Zsigray, W. R. Dunlop, A. C. Corbett, K. K. Clark, J. L. Marks, and T P. McGrail. 1977. The B locus(MHC) in the chicken: As-

sociation with the fate of RSV induced tumors. *Immunogenetics* 5:333 - 343.

[108]Consortium, I. C. G. S. 2004. Sequence and comparative analysis of the chicken genome provide unique perspectives on vertebrate evolution. *Nature* 432:695 - 716.

[109]Cooper, G. M. 1982. Cellular transforming genes. *Science* 217:801 - 806.

[110]Cooper, G. M. 1982. Transforming genes of chicken bursal lymphomas. *J Cell Physiol Suppl* 1:209 - 212.

[111]Cooper, M. D. , L. N. Payne, P. B. Dent, B. R. Burmester, and R. A. Good. 1968. Pathogenesis of avian lymphoid leukosis. I. Histogenesis. *J Natl Cancer Inst* 41:373 - 378.

[112]Cooper, M. D. , H. G. Purchase, D. E. Bockman, and W. E. Gathings. 1974. Studies on the nature of the abnormality of B cell differentiation in avian lymphoid leukosis:production of heterogeneous IgM by tumor cells. *J Immunol* 113:1210 - 22.

[113]Cottral, G. E. , B. R. Burmester, and N. F. Waters. 1954. Egg transmission of avian lymphomatosis. *Poult Sci* 33:1174 - 1184.

[114]Crittenden. 1975. Two levels of genetic resistance to lymphoid leukosis. *Avian Dis* 19:281 - 92.

[115]Crittenden, L. B. 1968. Avian tumor viruses:Prospects for control. *World's Poult Sci J* 24:18 - 36.

[116]Crittenden, L. B. 1981. Exogenous and endogenous leukosis virus genes—a review. *Avian Pathol* 10:101 - 112.

[117]Crittenden, L. B. 1991. Retroviral elements in the genome of the chickens:Implications for poultry genetics and breeding. *Crit Rev Poultry Biol* 3:73 - 109.

[118]Crittenden, L. B. 1975. Two levels of genetic resistance to lymphoid leukosis. *Avian Dis* 19:281 - 292.

[119]Crittenden, L. B. , and S. M. Astrin. 1981. Genes, viruses and avian leukosis. *Bioscience* 31:305 - 310.

[120]Crittenden, L. B. , D. A. Eagen, and F. A. Gulvas. 1979. Assays for endogenous and exogenous lymphoid leukosis viruses and chick helper factor with RSV(−) cell lines. *Infect Immun* 24:379 - 386.

[121]Crittenden, L. B. , and A. M. Fadly. 1985. Responses of chickens lacking or expressing endogenous avian leukosis virus genes to infection with exogenous virus. *Poult Sci* 64:454 - 63.

[122]Crittenden, L. B. , A. M. Fadly, and E. J. Smith. 1982. Effect of endogenous leukosis virus genes on response to infection with avian leukosis and reticuloendotheliosis viruses. *Avian Dis* 26:279 - 94.

[123]Crittenden, L. B. , W. S. Hayward, H. Hanafusa, and A. M. Fadly. 1980. Induction of neoplasms by subgroup E recombinants of exogenous and endogenous avian retroviruses(Rous-associated virus type 60). *J Virol* 33:915 -9.

[124]Crittenden, L. B. , and H. J. Kung. 1984. Mechanism of induction of lymphoid leukosis and related neoplasms by avian leukosis viruses. In J. M. Goldman and O. Jarrett (eds.). Mechanisms of Viral Leukaemogenesis. Churchill Livingstone:Edinburgh, Scotland. 64 - 88.

[125]Crittenden, L. B. , S. McMahon, M. S. Halpern, and A. M. Fadly. 1987. Embryonic infection with the endogenous avian leukosis virus Rous-associated virus-0 alters responses to exogenous avian leukosis virus infection. *J Virol* 61:722 - 5.

[126]Crittenden, L. B. , and J. V. Motta. 1969. A survey of genetic resistance to leukosis-sarcoma viruses in commercial stocks of chickens. *Poult Sci* 48:1751 - 7.

[127]Crittenden, L. B. , J. V. Motta, and E. J. Smith. 1977. Genetic control of RAV-0 production in chickens. *Virology* 76:90 - 97.

[128]Crittenden, L. B. , and W. Okazaki. 1966. Genetic influence of the Rs locus on susceptibility to avian tumor viruses. II. Rous sarcoma virus antibody production after strain RPL12 virus inoculation. *J Natl Cancer Inst* 36:299 - 303.

[129]Crittenden, L. B. , W. Okazaki, and R. Reamer. 1963. Genetic resistance to Rous sarcoma virus in embryo cell cultures and embryos. *Virology* 20:541 - 4.

[130]Crittenden, L. B. , W. Okazaki, and E. J. Smith. 1983. Incidence of avian leukosis virus infection in broiler stocks and its effect on early growth. *Poult Sci* 62:2383 - 6.

[131]Crittenden, L. B. , H. G. Purchase, J. J. Solomon, W. Okazaki, and B. R. Burmester. 1972. Genetic control of susceptibility to the avian leukosis complex. I. The leukosis-sarcoma virus group. *Poult Sci* 51:242 - 61.

[132]Crittenden, L. B. , and E. J. Smith. 1984. A comparison of test materials for differentiating avian leukosis virus group-specific antigens of exogenous and endogenous origin. *Avian Dis* 28:1057 - 70.

[133]Crittenden, L. B. , E. J. Smith, and A. M. Fadly. 1984. Influence of endogenous viral(ev) gene expression and strain of exogenous avian leukosis virus(ALV) on mortality and ALV infection and shedding in chickens. *Avian Dis* 28:1037 - 56.

[134]Crittenden, L. B. , E. J. Smith, and W. Okazaki. 1984. Identification of broiler breeders congenitally transmit-

ting avian leukosis virus by enzyme-linked immunosorbent assay. *Poult Sci* 63:492 - 6.

[135]Crittenden, L. B. , E. J. Wendel, Jr. , and D. Ratzsch. 1971. Genetic resistance to the avian leukosis-sarcoma virus group: determining the phenotype of adult birds. *Avian Dis* 15:503 - 7.

[136]Crittenden, L. B. , E. J. Wendel, and J. V. Motta. 1973. Interaction of genes controlling resistance to RSV (RAV-0). *Virology* 52:373 - 384.

[137]Crittenden, L. B. , and R. L. Witter. 1978. Studies of flocks with high mortality from lymphoid leukosis. *Avian Dis* 22:16 - 23.

[138]Crittenden, L. B. , R. L. Witter, and A. M. Fadly. 1979. Low incidence of lymphoid tumors in chickens continuously producing endogenous virus. *Avian Dis* 23:646 - 53.

[139]Crittenden, L. B. , R. L. Witter, W. Okazaki, and P. E. Neiman. 1979. Lymphoid neoplasms in chicken flocks free of infection with exogenous avian tumor viruses. *J Natl Cancer Inst* 63:191 - 200.

[140]Cummins, T. J. , and R. E. Smith. 1988. Analysis of hematopoietic and lymphopoietic tissue during a regenerative aplastic crisis induced by avian retrovirus MAV-2(O). *Virology* 163:452 - 61.

[141]Dales, S. , and H. Hanafusa. 1972. Penetration and intracellular release of the genomes of avian RNA tumor viruses. *Virology* 50:440 - 58.

[142]Danielsen, A. J. , T. A. Christensen, C. A. Lovejoy, M. A. Adelsman, D. C. Connolly, and N. J. Maihle. 2004. Membrane localization of v-ErbB is required but not sufficient for ligand-independent transformation. *Exp Cell Res* 296:285 - 93.

[143]Davidson, I. , S. Perl, and M. Malkinson. 1998. A 4 - year survey of avian oncogenic viruses in tumour-bearing flocks in Israel—a comparison of PCR, serology and histopathology. *Avian Pathol* 27:890 - 901.

[144]de Boer, G. F. 1987. Approaches to control of avian lymphoid leukosis. In G. F. de Boer(ed.). Avian Leukosis. Martinus Nijhoff: Boston, MA. 261 - 286.

[145]De Boer, G. F. 1987. Avian Leukosis. Martinus Nijhoff publishing, Boston.

[146]de Boer, G. F. , O. J. H. Devos, and H. J. L. Maas. 1981. The incidence of lymphoid leukosis in chickens in the Netherlands. *Zootechnica Int* 10:32 - 35.

[147]de Boer, G. F. , J. v. Vloten, and D. v. Zaane. 1980. Possible horizontal spread of lymphoid leukosis virus during vaccination against Marek's disease. In P. M. Biggs

(ed.). Resistance and Immunity to Marek's Disease. C. E. C. Luxembourg. 552 - 565.

[148]De The, G. , U. Heine, H. Ishiguro, J. R. Sommer, D. Beard, and J. W. Beard. 1962. Biologic response of nephrogenic cells to avian myeloblastosis virus. *Fed Proc* 21:919 - 929.

[149]Denesvre, C. , D. Soubieux, G. Pin, D. Hue, and G. Dambrine. 2003. Interference between avian endogenous ev/J 4. 1 and exogenous ALV - J retroviral envelopes. *J Gen Virol* 84:3233 - 8.

[150]Di Stefano, H. S. , and R. M. Dougherty. 1968. Multiplication of avian leukosis virus in the reproductive system of the rooster, *J Natl Cancer Inst* 41:451 - 64.

[151]Diaz-Griffero, F. , S. A. Hoschander, and J. Brojatsch. 2003. Bystander killing during avian leukosis virus subgroup B infection requires TVB(S3) signaling. *J Virol* 77:12552 - 61.

[152]Diaz-Griffero, F. , A. P. Jackson, and J. Brojatsch. 2005. Cellular uptake of avian leukosis virus subgroup B is mediated by clathrin. *Virology* 337:45 - 54.

[153]Dimcheff, D. E. , S. V. Drovetski, M. Krishnan, and D. P. Mindell. 2000. Cospeciation and horizontal transmission of avian sarcoma and leukosis virus gag genes in galliform birds, *J Virol* 74:3984 - 95.

[154]Dimcheff, D. E. , M. Krishnan, and D. P. Mindell. 2001. Evolution and characterization of tetraonine endogenous retrovirus: a new virus related to avian sarcoma and leukosis viruses, *J Virol* 75:2002 - 9.

[155]Distefano, H. S. , and R. M. Dougherty. 1966. Mechanisms for congenital transmission of avian leukosis virus. *J Natl Cancer Inst* 37:869 - 883.

[156]DiStefano, H. S. , and R. M. Dougherty. 1969. Multiplication of avian leukosis virus in endocrine organs of congenitally infected chickens, *J Natl Cancer Inst* 42: 147 - 154.

[157]DiStefano, H. S. , and R. M. Dougherty. 1968. Multiplication of avian leukosis virus in the reproductive system of the rooster. *J Natl Cancer Inst* 41:451 - 464.

[158]Dmochowski, L. 1970. Comparison of leukemogenic and sarcomagenic viruses at the ultrastructural level. *Bibl Haematol*. 62 - 82.

[159]Dmochowski, L. 1963. The Electron Microscopic View of Virus-Host Relationship in Neoplasia. *Prog Exp Tumor Res* 25:35 - 147.

[160]Dmochowski, L. , C. E. Grey, F. Padgett, P. L. Langford, and B. R. Burmester. 1964. Submicroscopic morphology of avian Neoplasms. Ⅵ. Comparative studies on

Rous sarcoma, visceral Lymphomatosis, Erythroblastosis, myeloblastosis, and nephroblastoma. *Tex Rep Biol Med* 22:20 - 60.

[161]Dorner, A. J. , and J. M. Coffin. 1986. Determinants for receptor interaction and cell killing on the avian retrovirus glycoprotein gp85. *Cell* 45:365 - 74.

[162]Dorner, A. J. , J. P. Stoye, and J. M. Coffin. 1985. Molecular basis of host range variation in avian retroviruses, *J Virol* 53:32 - 9.

[163]Dougherty, R. M. 1961. Heat inactivation of Rous sarcoma virus. *Virology* 14:371 - 2.

[164]Dougherty, R. M. 1987. A historical review of avian retrovirus research, p. 1 - 27. In G. F. De Boer(ed.), Avian Leukosis. Martinus Nijhoff, Boston

[165]Dougherty, R. M. , and H. S. DiStefano. 1967. Sites of avian leukosis virus multiplication in congenitally infected chickens. *Cancer Res* 27:322 - 332.

[166]Dougherty, R. M. , H. S. DiStefano, and A. A. Marucci. 1974. Application of soluble antigen-antibody complexes to the immune histochemical study of avian leukosis virus antigen. In E. Kurstak and R. Morisset(eds.). Viral Immunodiagnosis. Academic Press:New York 88 - 99.

[167]Dougherty, R. M. , J. A. Stewart, and H. R. Morgan. 1960. Quantitative studies of the relationships between infecting dose of Rous sarcoma virus, antiviral immune response, and tumor growth in chickens. *Virology* 11: 349 - 70.

[168]Dren, C. N. , and I. Nemeth. 1987. Demonstration of immunoglobulin M on avian lymphoid leukosis lymphoma cells by the unlabelled antibody peroxidase-antiperoxidase method. *Avian Pathol* 16:253 - 268.

[169]Dunwiddie, C. T. , R. Resnick, M. Boyce-Jacino, J. N. Alegre, and A. J. Faras. 1986. Molecular cloning and characterization of gag-, pol-, and env-related gene sequences in the ev-chicken. *J Virol* 59:669 - 75.

[170]Eckert, E. A. , D. Beard, and J. W. Beard. 1954. Dose-response relations in experimental transmission of avian erythromyeloblastic leukosis Ⅲ. Titration of the virus. *J Natl Cancer Inst* 14:1055 - 1066.

[171]Eckert, E. A. , D. Beard, and J. W. Beard. 1953. Dose response relations in experimental transmission of avian myeloblastic leukosis. Ⅱ. Host response to whole blood and to washed primitive cells. *J Natl Cancer Inst* 13: 1167 - 1184.

[172]Eckert, E. A. , I. Green, D. G. Sharp, D. Beard, and J. W. Beard. 1955. Virus of avian erythromyeloblastic leukosis. Ⅶ. Thermal stability of virus infectivity: of the vi-

rus particle: and of the enzyme dephosphorylating adenosinetriphosphate. *J Natl Cancer Inst*. 153 - 161.

[173]Elleder, D. , D. C. Melder, K. Trejbalova, J. Svoboda, and M. J. Federspiel. 2004. Two different molecular defects in the Tva receptor gene explain the resistance of two tvar lines of chickens to infection by subgroup A avian sarcoma and leukosis viruses. *J Virol* 78:13489 - 500.

[174]Elleder, D. , J. Plachy, J. Hejnar, J. Geryk, and J. Svoboda. 2004. Close linkage of genes encoding receptors for subgroups A and C of avian sarcoma/leucosis virus on chicken chromosome 28. *Anim Genet* 35:176 - 81.

[175]Elleder, D. , V. Stepanets, D. C. Melder, F. Senigl, J. Geryk, P. Pajer, J. Plachy, J. Hejnar, J. Svoboda, and M. J. Federspiel. 2005. The receptor for the subgroup C avian sarcoma and leukosis viruses, Tvc, is related to mammalian butyrophilins, members of the immunoglobulin superfamily. *J Virol* 79:10408 - 19.

[176]Ellermann, V. 1921. The Leucosis of Fowls and Leukemia Problems. Gyldendal:London, United Kingdom.

[177]Ellermann, V. , and O. Bang. 1908. Experimentelle leukamie bei Huhnern. *Zentralbl Bakteriol Parasitenkd Infektionskr Hyg Abt I Orig* 46:595 - 609.

[178]Emara, M. G. , and H. Kim. 2003. Genetic markers and their application in poultry breeding. *Poult Sci* 82:952 - 7.

[179]Engelbreth - Holm, J. 1931/2. Bericht Über einen neuen stamm Hühnerleukose. *Z Immunitätsforsch* 73: 126 - 136.

[180]Engelbreth - Holm, J. , and A. Rothe - Meyer. 1932. Ⅱ. Ueber den Zusammenhang zwischen den verschiedenen Huhnerleukose fornen (Anamie-erythroblastose-myelose). *Acta Patrol Microbiol* Scand:312 - 332.

[181]Enrietto, P. , and M. Hayman. 1987. Structure and virus-associated oncogenes of avian sarcoma and leukaemia viruses, p. 29 - 46. In G. F. De Boer (ed.), Avian Leukosis. Martinus Nijhoff, Boston.

[182]Enrietto, P. J. , M. J. Hayman, G. M. Ramsay, J. A. Wyke, and L. N. Payne. 1983. Altered pathogenicity of avian myelocytomatosis(MC29) viruses with mutations in the v-myc gene. *Virology* 124:164 - 72.

[183]Enrietto, P. J. , and J. A. Wyke. 1983. The pathogenesis of oncogenic avian retroviruses. *Adv Cancer Res* 39: 269 -314.

[184]Estola, T. , K. Sandelin, A. Vaheri, E. Ruoslahti, and J. Suni. 1974. Radioimmunoassay for detecting group-specific avian RNA tumor virus antigens and antibodies. *Der Biol Stand* 25:115 - 118.

[185]Ewert, D. L. , N. Avdalovic, and C. Goldstein. 1989. Follicular exclusion of retroviruses in the bursa of Fabricius. *Virology* 170:433-41.

[186]Ewert,D. L. ,I. Steiner,and J. Duttadaway. 1990. In ovo infection with the avian retrovirus RAV-1 leads to persistent infection of the central nervous system. *Lab Invest* 62:156-16.

[187]Fadly, A. ,Robert Silva,Henry Hunt,Arun Pandiri,and Carolyn Davis. 2006. Isolation and characterization of an adventitious avian leukosis virus isolated from commercial Marek's disease vaccines. *Avian Diseases* 50:380-385.

[188]Fadly, A. M. 1988. Avian leukosis virus(ALV) infection,shedding,and tumors in maternal ALV antibody-positive and -negative chickens exposed to virus at hatching. *Avian Dis* 32:89-95.

[189]Fadly, A. M. 1997. Avian retroviruses. In Food Animal Retroviruses. Veterinary Clinics of North America. Food Animal Practice. 71-85.

[190]Fadly, A. M. 1997. Criteria for the differential diagnosis of viral lymphomas of chickens:A review. In A. M. Fadly,K. A. Schat,and J. L. Spencer(eds.). Proceedings Avian Tumor Viruses Symposium. Reno,Nevada. 6-11.

[191]Fadly, A. M. 1987. Differential diagnosis of lymphoid leukosis. In G. F de Boer(ed.). Avian Leukosis. Martinus Nijhoff:Boston,MA. 197-211.

[192]Fadly, A. M. 1993. Induction of antibodies to avian leukosis and reticuloendotheliosis viruses using defective retroviral particles. Proceedings,130th AVMA Convention,Minneapolis,MN. (abstract).

[193]Fadly, A. M. 2000. Isolation and identification of avian leukosis viruses:A review. *Avian Pathol* 29:529-535.

[194]Fadly, A. M. 1989. Leukosis and sarcoma. In H. G. Purchase, L. H. Arp, C. H. Domermuth, J. E. Pearson (eds.). A Laboratory Manual for the Isolation and Identification of Avian Pathogens. American Association of Avian Pathologists:Kennett Square,PA. 135-142.

[195]Fadly, A. M. 1992. Some observations on the enhancement of avian leukosis virus-induced lymphomas by serotype 2 Marek's disease virus. Proceedings XIX World's Poultry Congress. 281-285 Ponsen & Looijen:Wageningen.

[196]Fadly, A. M. , and L. B. Crittenden. 1987. Hemolymphatic neoplasms,sarcomas and related conditions,Part Ⅷ Poultry. In G. H. Theilen, and B. R. Madwell, (eds.). Veterinary Cancer Medicine, 2nd edition. Lea

and Febiger:Philadelphia,PA. 442-453.

[197]Fadly, A. M. , L. B. Crittenden, and E. J. Smith. 1987. Variation in tolerance induction and oncogenicity due to strain of avian leukosis virus. *Avian Pathol* 16:665-677.

[198]Fadly,A. M. ,and D. L. Ewert. 1994. Enhancement of Avian Retrovirus-induced B-cell Lymphoma by Marek's Disease Herpesvirus. World Scientific: Singapore: 1-9.

[199]Fadly, A. M. , T F. Davison, L. N. Payne, and K. Howes. 1989. Avian leukosis virus infection and shedding in brown leghorn chickens treated with corticosterone or exposed to various stressors. *Avian Pathol* 18:283-298.

[200]Fadly,A. M. ,L. F. Lee,and L. D. Bacon. 1982. Immunocompetence of chickens during early and tumorigenic stages of Rous-associated virus-1 infection. *Infect Immun* 37:1156-61.

[201]Fadly, A. M. ,W. Okazaki,and L. B. Crittenden. 1983. Avian leukosis virus infection and congenital transmission in lines of chickens resisting selection for reduced shedding. *Avian Dis* 27:584-93.

[202]Fadly, A. M. ,W. Okazaki,E. J. Smith,and L. B. Crittenden. 1981. Relative efficiency of test procedures to detect lymphoid leukosis virus infection. *Poult Sci* 60:2037-2044.

[203]Fadly, A. M. , W. Okazaki, and R. L. Witter. 1981. Hatchery-related contact transmission and short-term small-group-rearing as related to lymphoid-leukosis-virus-eradication programs. *Avian Dis* 25:667-77.

[204]Fadly,A. M. ,and L. N. Payne. 2003. Leukosis/sarcoma group,p. 465-516. InY. M. Saif, H. J. Barnes, J. R. Glisson, A. M. Fadly, L. R. McDougald, and D. E. Swayne(ed.),Diseases of Poultry,11th ed. Iowa State Press,Ames.

[205]Fadly,A. M. ,R. F. Silva,and L. F. Lee(ed.). 2000. Antigenic characterisation of selected field isolates of subgroup J avian leukosis virus, Rauischholzhausen,Germany.

[206]Fadly,A. M. ,and E. J. Smith. 1999. Isolation and some characteristics of a subgroup J-like avian leukosis virus associated with myeloid leukosis in meat-type chickens in the United States. *Avian Dis* 43:391-400.

[207]Fadly,A. M. ,and R. L. Witter. 1993. Effects of age at infection with serotype 2 Marek's disease virus on enhancement of avian leukosis virus-induced lymphomas. *Avian Pathol* 22:565-576.

[208]Fadly, A. M. , and R. L. Witter. 1998. Oncornaviruses: Leukosis/ Sarcoma and reticuloendotheliosis. In J. R. Glisson, D. J. Jack-wood, J. E. Pearson, W. M. Reed, and D. E. Swayne(eds.). A Laboratory Manual for the Isolation and Identification of Avian Pathogens, 4th ed. Am. Assoc. Avian Pathologists: Kennett Square, PA. 185 - 196.

[209]Fadly, A. M. , R. L. Witter, and L. F. Lee. 1985. Effects of chemically or virus-induced immunodepression on response of chickens to avian leukosis virus. Avian Dis 29:12 - 25.

[210]Fauquet, C. M. , M. A. Mayo, J. Maniloff, U. Desselberger, and L. A. Ball. 2005. Virus Taxonomy: Ⅷth Report of the International Committee on Taxonomy of Viruses. Elsevier-Academic Press.

[211]Fenton, S. P. , M. R. Reddy, and T. J. Bagust. 2005. Single and concurrent avian leukosis virus infections with avian leukosis virus-J and avian leukosis virus-A in Australian meat-type chickens. Avian Pathol 34: 48 - 54.

[212]Foster, R. G. , J. B. Lian, G. Stein, and H. L. Robinson. 1994. Replication of an osteopetrosis-inducing avian leukosis virus in fibroblasts, osteoblasts, and osteopetrotic bone. Virology 205:179 - 87.

[213]Frank, R. M. , and R. M. Franklin. 1982. Electron microscopy of avian osteopetrosis induced by retrovirus MAV. 2 - 0. Calcif Tissue Int 34:382 - 390.

[214]Franklin, R. M. , and M. T. Martin. 1980. In ovo tumorigenesis induced by avian osteopetrosis virus. Virology 105:245 - 9.

[215]Fredrickson, T. N. , B. R. Burmester, and W. Okazaki. 1965. Transmission of virus from field cases of avian lymphomatosis. Ⅱ. Development of strains by serial passage in line 151 chickens. Avian Dis 9:82 - 103.

[216]Fredrickson, T. N. , H. G. Purchase, and B. R. Burmester. 1964. Transmission of virus from field cases of avian lymphomatosis. Ⅲ. Variation in the oncogenic spectra of passaged virus isolates. Natl Cancer Inst Monogr 17:1 - 29.

[217]Friesen, B. , and H. Rubin. 1961. Some physicochemical and immunological properties of an avian leucosis virus (RIF). Virology 15:387 - 396.

[218]Frisby, D. , R. MacCormick, and R. Weiss. 1980. Origin of RAV - 0. The endogenous retrovirus of chickens. Cold Spring Harb Conf Cell Prolifer 7:509 - 517.

[219]Frisby, D. P. , R. A. Weiss, M. Roussel, and D. Stehelin. 1979. The distribution of endogenous chicken retrovirus sequences in the DNA of galliform birds does not coincide with avian phylogenetic relationships. Cell 17:623 - 634.

[220]Fung, Y. K. , L. B. Crittenden, A. M. Fadly, and H. J. Kung. 1983. Tumor induction by direct injection of cloned v-src DNA into chickens. Proc Natl Acad Sci U S A 80:353 - 7.

[221]Fung, Y. K. , W. G. Lewis, L. B. Crittenden, and H. J. Kung. 1983. Activation of the cellular oncogene c-erbB by LTR insertion: molecular basis for induction of erythroblastosis by avian leukosis virus: Cell 33: 357 - 68.

[222]Furth, J. 1933. Lymphomatosis, myelomatosis, and endothelioma of chickens caused by a filterable agent. J Exp Med 58:253 - 275.

[223]Fynan, E. , T. M. Block, J. DuHadaway, W. Olson, and D. L. Ewert. 1992. Persistence of Marek's disease virus in a subpopulation of B cells that is transformed by avian leukosis virus, but not in normal bursal B cells. J Virol 66:5860 - 6.

[224]Garcia-Fernandez, R. A. , C. Perez-Martinez, J. Espinosa-Alvarez, A. Escudero-Diez, J. F. Garcia-Marin, A. Nunez, and M. J. Garcia- Iglesias. 2000. Lymphoid leukosis in an ostrich (Struthio camelus). Vet Rec 146: 676 -7.

[225]Garcia, M. , J. El-Attrache, S. M. Riblet, V. R. Lunge, A. S. Fonseca, P. Villegas, and N. Ikuta. 2003. Development and application of reverse transcriptase nested polymerase chain reaction test for the detection of exogenous avian leukosis virus. Avian Dis 47:41 - 53.

[226]Gavora, J. S. 1987. Influences of avian leukosis virus infection on production and mortality and the role of genetic selection in the control of lymphoid leukosis. In G. F. de Boer (ed.). Avian Leukosis. Martinus Nijhoff: Boston, MA. 241 - 260.

[227]Gavora, J. S. , J. L. Spencer, and J. A. Chambers. 1982. Performance of meat-type chickens test-positive and -negative for lymphoid leukosis virus infection. Avian Pathol 11:29 - 38.

[228]Gavora, J. S. , J. L. Spencer, R. S. Gowe, and D. L. Harris. 1980. Lymphoid leukosis virus infection: effects on production and mortality and consequences in selection for high egg production. Poult Sci 59:2165 - 78.

[229]Gebriel, G. M. , and A. W. Nordskog. 1983. Genetic linkage of subgroup C Rous sarcoma virus-induced tumour expression in chickens to the IR-GAT locus of the B complex. J lmmunogenet 10:231 - 5.

[230]Gifford, R., and M. Tristem. 2003. The evolution, distribution and diversity of endogenous retroviruses. *Virus Genes* 26:291 - 315.

[231]Gilbert, J. M., L. D. Hernandez, J. W. Balliet, P. Bates, and J. M. White. 1995. Receptor-induced conformational changes in the subgroup A avian leukosis and sarcoma virus envelope glycoprotein. *J Virol* 69:7410 - 5.

[232]Gilka, F., and J. L. Spencer. 1990. Chronic myocarditis and circulatory syndrome in a White Leghorn strain induced by an avian leukosis virus: light and electron microscopic study. *Avian Dis* 34:174 - 84.

[233]Gilka, F., and J. L. Spencer. 1983. Immunohistochemical identification of group specific antigen in avian leukosis virus infected chickens. *Can J Comp Med* 48:322 - 326.

[234]Gilka, F., and J. L. Spencer. 1987. Importance of the medullary macrophage in the replication of lymphoid leukosis virus in the bursa of Fabricius of chickens. *Am J Vet Res* 48:613 - 20.

[235]Gilka, F., and J. L. Spencer. 1985. Viral matrix inclusion bodies in myocardium of lymphoid leukosis virus-infected chickens. *Am J Vet Res* 46:1953 - 60.

[236]Gingerich, E., R. E. Porter, B. Lupiani, and A. M. Fadly. 2002. Diagnosis of myeloid leukosis induced by a recombinant avian leukosis virus in commercial white leghorn egg laying flocks. *Avian Dis* 46:745 - 8.

[237]Gong, M., H. L. Semus, K. J. Bird, B. J. Stramer, and A. Ruddell. 1998. Differential selection of cells with proviral c-myc and c-erbB integrations after avian leukosis virus infection. *J Virol* 72:5517 - 25.

[238] Goodwin, M. A., S. Hafner, D. I. Bounous, and J. Brown. 1998. Presented at the Proceedings, 135th AVMA Convention, Baltimore.

[239]Goubin, G., D. S. Goldman, J. Luce, P. E. Neiman, and G. M. Cooper. 1983. Molecular cloning and nucleotide sequence of a transforming gene detected by transfection of chicken B-cell lymphoma DNA. *Nature* 302: 114 - 9.

[240]Graevskaya, N. A., G. Heider, S. P. Dementieva, and D. Ebner. 1982. Antibodies to reverse transcriptase of avian oncoviruses in sera of specific-pathogen-free chickens. *Acta Virol* 26:333 - 9.

[241]Graf, T. 1975. *In vitro* transformation of chicken bone marrow cells with avian erythroblastosis virus. *Z Naturforsch*[C] 30:847 - 9.

[242]Graf, T. 1972. A plaque assay for avian RNA tumor viruses. *Virology* 50:567 - 78.

[243]Graf, T., and H. Beug. 1978. Avian leukemia viruses: interaction with their target cells *in vivo* and *in vitro*. *Biochim Biophys Acta* 516:269 - 99.

[244]Graf, T., D. Fink, H. Beug, and B. Royer-Pokora. 1977. Oncornavirus-induced sarcoma formation obscured by rapid development of lethal leukemia. *Cancer Res* 37: 59 - 63.

[245]Gross, M. A., B. R. Burmester, and W. G. Walter. 1959. Pathogenicity of a viral strain(RPL 12) causing avian visceral lymphomatosis and related neoplasms. I. Nature of the lesions. *J Natl Cancer Inst* 22:83 - 101.

[246]Gudkov, A. V., E. Korec, M. V. Chernov, A. T. Tikhonenko, I. B. Obukh, and I. Hlozanek. 1986. Genetic structure of the endogenous proviruses and expression of the gag gene in Brown Leghorn chickens. *Folia Biol* (Praha) 32:65 - 72.

[247]Hafner, S., M. A. Goodwin, E. J. Smith, D. I. Bounous, M. Puette, L. C. Kelley, K. A. Langheinrich, and A. M. Fadly. 1996. Multicentric histiocytosis in young chickens. Gross and light microscopic pathology. *Avian Dis* 40:202 - 9.

[248]Hafner, S., M. A. Goodwin, E. J. Smith, A. Fadly, and L. C. Kelley. 1998. Pulmonary sarcomas in a young chicken. *Avian Dis* 42:824 - 8.

[249]Haguenau, F., and J. W. Beard. 1962. The avian sarcoma-leukosis complex: Its biology and ultrastructure, p. 1-59. *In* A. J. Dalton and F. Haguenau(ed.), Tumors Induced by Viruses. Academic Press, New York.

[250]Haguenau, F., H. Febvre, and J. Arnoult. 1960. [Ultrastructure of Rous sarcoma virus cultivated *in vitro*.]. *C R Hebd Seances Acad Sci* 250:1747 - 9.

[251]Hamilton, C. M., and C. E. Sawyer. 1939. Transmission of erythroleukosis in young chickens. *Poult Sci* 18: 388 - 393.

[252]Harris, D. L., V. A. Garwood, P. C. Lowe, P. Y. Hester, L. B. Crittenden, and A. M. Fadly. 1984. Influence of sex-linked feathering phenotypes of parents and progeny upon lymphoid leukosis virus infection status and egg production. *Poult Sci* 63:401 - 13.

[253]Hatai, H., K. Ochiai, Y. Tomioka, T. Toyoda, K. Hayashi, M. Anada, M. Kato, A. Toda, K. Ohashi, E. Ono, T. Kimura, and T. Umemura. 2005. Nested polymerase chain reaction for detection of the avian leukosis virus causing so-called fowl glioma. *Avian Pathol* 34:473 - 479.

[254]Hauptli, D., L. Bruckner, and H. P. Ottiger. 1997. Use of reverse transcriptase polymerase chain reaction for detection of vaccine contamination by avian leukosis vi-

rus. *J Virol Methods* 66:71 - 81.

[255]Hayward,W. S. , and B. G. Neel. 1981. Retroviral gene expression. *Curr Top Microbiol Immunol* 19: 217 - 276.

[256]Heine, U. , G. De The, H. Ishiguro, J. R. Sommer, D. Beard, and J. W. Beard. 1962. Multiplicity of cell response to the BAI strain A (myeloblastosis) avian tumor virus. Ⅱ. Nephroblastoma (Wilms' tumor): ultrastructure. *J Natl Cancer Inst* 29:41 - 105.

[257]Hihara, H. , H. Yamamoto, H. Shimohira, K. Arai, and T. Shimizu. 1983. Avian erythroblastosis virus isolated from chick erythroblastosis induced by lymphatic leukemia virus subgroup A. *J Natl Cancer Inst* 70:891 - 7.

[258]Hirota, Y. , M. T. Martin, M. Viljanen, P. Toivanen, and R. M. Franklin. 1980. Immunopathology of chickens infected in ovo and at hatching with the avian osteopetrosis virus MAV. 2 - 0. *Eur J Immunol* 10:929 - 36.

[259]Hofmann, A. , J. Plachy, L. Hunt, J. Kaufman, and K. Hala. 2003. v-src oncogene-specific carboxy-terminal peptide is immunoprotective against Rous sarcoma growth in chickens with MHC class I allele B - F12. *Vaccine* 21:4694 - 9.

[260]Holmes, J. R. 1964. Avian osteopetrosis. *Natl Cancer Inst Monogr* 17:63 - 79.

[261]Hughes, W. F. , D. H. Watanabe, and H. Rubin. 1963. The development of a chicken flock apparently free of leukosis virus. *Avian Dis* 7.

[262]Humphries, E. H. , and T. W. Baba. 1984. Follicular hyperplasia in the prelymphomatous avian bursa: relationship to the incidence of B-cell lymphomas. *Curr Top Microbiol Immunol* 113:47 - 55.

[263]Humphries, E. H. , and T. W. Baba. 1986. Restrictions that influence avian leukosis virus-induced lymphoid leukosis. *Curr Top Microbiol Immunol* 132:215 - 20.

[264]Hunt, H. , B. Lupiani, and A. M. Fadly. 2000. Recombination between ALV-J and endogenous subgroup E viruses. In E. F. Kaleta, L. N. Payne, and U. Heffels-Redmann (eds). Proceedings, International Symposium on ALV-J and Other Avian Retroviruses. Rauischholzhausen, Germany. 50 - 60.

[265]Hunt, H. D. , L. F. Lee, D. Foster, R. F. Silva, and A. M. Fadly. 1999. A genetically engineered cell line resistant to subgroup J avian leukosis virus infection(C/J). *Virology* 264:205 - 210.

[266]Hussain, A. I. , J. A. Johnson, M. Da Silva Freire, and W. Heneine. 2003. Identification and characterization of avian retroviruses in chicken embryo-derived yellow fe-

ver vaccines: investigation of transmission to vaccine recipients. *J Virol* 77:1105 - 11.

[267]Hussain, A. I. , V. Shanmugam, W. M. Switzer, S. X. Tsang, A. Fadly, D. Thea, R. Helfand, W. J. Bellini, T. M. Folks, and W. Heneine. 2001. Lack of evidence of endogenous avian leukosis virus and endogenous avian retrovirus transmission to measles, mumps, and rubella vaccine recipients. *Emerg Infect Dis* 7:66 - 72.

[268]Ignjatovic, J. 1990. Congenital transmission of avian leukosis virus in the absence of detectable shedding of group specific antigen. *Aust Vet J* 67:299 - 301.

[269]Ignjatovic, J. 1986. Replication-competent endogenous avian leukosis virus in commercial lines of meat chickens. *Avian Dis* 30:264 - 70.

[270]Ignjatovic, J. , R. A. Fraser, and T. J. Bagust. 1986. Effect of lymphoid leukosis virus on performance of layer hens and the identification of infected chickens by tests on meconia. *Avian Pathol* 15:63 - 74.

[271]Ishiguro, H. , D. Beard, J. R. Sommer, U. Heine, d. Thé. , and J. W. Beard. 1962. Multiplicity of cell response to the BAI strain A (myeloblastosis) avian tumor virus. I. Nephroblastoma (Wilms' tumor): Gross and microscopic pathology. *J Natl Cancer Inst* 29:1 - 39.

[272]Ishizaki, R. , A. J. Langlois, and D. P. Bolognesi. 1975. Isolation of two subgroup-specific leukemogenic viruses from standard avian myeloblastosis virus. *J Virol* 15: 906 - 12.

[273]Iwata, N. , K. Ochiai, K. Hayashi, K. Ohashi, and T. Umemura. 2002. Avian retrovirus infection causes naturally occurring glioma: isolation and transmission of a virus from so-called fowl glioma. *Avian Pathol* 31: 193 -199.

[274]Iwata, N. , K. Ochiai, K. Hayashi, K. Ohashi, and T. Umemura. 2002. Nonsuppurative myocarditis associated with so-called fowl glioma. *J Vet Med Sci* 64:395 - 9.

[275]Jérmai, K. 1933. Infektioseversuche bebrüteter Eier mit dem 'Virus' der Hühnererythroleukose. *Dtsch Tierarztl Wschr* 41:418 - 420.

[276]Johnson, E. S. 1994. Poultry oncogenic retroviruses and humans. *Cancer Detect Prev* 18:9 - 30.

[277]Johnson, E. S. , and C. M. Griswold. 1996. Oncogenic retroviruses of cattle, chickens and turkeys: potential infectivity and oncogenicity for humans. *Med Hypotheses* 46:354 - 6.

[278]Johnson, E. S. , L. G. Nicholson, and D. T. Durack. 1995. Detection of antibodies to avian leukosis/sarcoma

viruses（ALSV）and reticuloendotheliosis viruses（REV）in humans by ELISA. *Cancer Detect Prev* 19：394 - 404.

[279]Johnson,E. S. ,L. Overby,and R. Philpot. 1995. Detection of antibodies to avian leukosis/sarcoma viruses and reticuloendotheliosis viruses in humans by Western blot assay. *Cancer Detect Prev* 19：472 - 86.

[280]Joliot,V. ,K. Boroughs,F. Lasserre,J. Crochet. G. Dambrine,R. E. Smith,and B. Perbal. 1993. Pathogenic potential of myeloblastosis-associated virus：implication of env proteins for osteopetrosis induction. *Virology* 195：812 - 9.

[281]Joliot,V. ,C. Martinerie,G. Dambrine,G. Plassiart,M. Brisac,J. Crochet,and B. Perbal. 1992. Proviral rearrangements and overexpression of a new cellular gene（nov）in myeloblastosis-associated virus type 1-induced nephroblastomas. *Mol Cell Biol* 12：10 - 21.

[282]Jungherr,E. L. 1941. Tentative pathologic nomenclature for the disease complex variously designated as fowl leucemia,fowl leucosis,etc. *Am J Vet Res* 2：116.

[283]Jungherr,E. L. ,and W. Landauer. 1938. Studies on fowl paralysis. Ⅲ. A condition resembling osteopetrosis（marble bone）in the common fowl. *Storrs Agric Exp Stn Bull* 222.

[284]Kakuk,T. J. ,F. R. Frank,and T. E. Weddon. 1977. Avian lymphoid leukosis prophylaxis with mibolerone. *Avian Dis* 21：280 - 9.

[285]Kanter,M. R. ,R. E. Smith,and W. S. Hayward. 1988. Rapid induction of B-cell lymphomas：insertional activation of c-myb by avian leukosis virus. *J Virol* 62：1423 - 32.

[286]Kawai,S. ,and H. Hanafusa. 1972. Plaque assay for some strains of avian leukosis virus. *Virology* 48：126 - 35.

[287]Kelloff,G. ,M. Hatanaka,and R. V. Gilden. 1972. Assay of C-type virus infectivity by measurement of RNA-dependent DNA polymerase activity. *Virology* 48：266 - 269.

[288]Kelloff,G. ,and P. K. Vogt. 1966. Localization of avian tumor virus group-specific antigen in cell and virus. *Virology* 29：377 - 384.

[289]Kim,Y. ,and T. P. Brown. 2004. Development of quantitative competitive-reverse transcriptase-polymerase chain reaction for detection and quantitation of avian leukosis virus subgroup J. *J Vet Diagn Invest* 16：191 - 6.

[290]Kirev,T. ,R. A. Woutersen,and A. Kiril. 1999. Effects of long term feeding of raw soya bean flour on virus-induced pancreatic carcinogenesis in guinea fowl. *Cancer Lett* 135：195 - 202.

[291]Kirev,T. ,R. A. Woutersen,and A. Kril. 2002. Effects of dietary fat on virus-induced pancreatic carcinogenesis in guinea fowl. *Nutr Cancer* 42：98 - 104.

[292]Kirev,T. T. 1988. Neoplastic response of guinea fowl to osteopetrosis virus strain MAV - 2(0). *Avian Pathol* 17：101 - 112.

[293]Kirev,T. T. ,I. A. Toshkov,and Z. M. Mladenov. 1989. Pathogenic effect of osteopetrosis virus strain MAV - 2(0) on guinea fowl pancreas. *Int J Pancreatol* 5：29 - 34.

[294]Kirev,T. T. ,I. A. Toshkov,and Z. M. Mladenov. 1986. Virusinduced pancreatic cancer in guinea fowl：a morphologic study. *J Natl Cancer Inst* 77：713 - 20.

[295]Kirev, T. T. , T. A. Toshkov, and Z. M. Mladenov. 1987. Virusinduced duodenal adenomas in guinea fowl. *J Natl Cancer Inst* 79：1117 - 1121.

[296]Klucking,S. ,H. B. Adkins,and J. A. Young. 2002. Resistance to infection by subgroups B,D,and E avian sarcoma and leukosis viruses is explained by a premature stop codon within a resistance allele of the tvb receptor gene. *J Virol* 76：7918 - 21.

[297]Klucking,S. ,A. S. Collins,and J. A. Young. 2005. Avian sarcoma and leukosis virus cytopathic effect in the absence of TVB death domain signaling. *J Virol* 79：8243 - 8.

[298] Klucking,S. ,and J. A. Young. 2004. Amino acid residues Tyr - 67,Asn - 72,and Asp - 73 of the TVB receptor are important for subgroup E avian sarcoma and leukosis virus interaction. *Virology* 318：371 - 80.

[299] Kumanishi,T. 1967. Brain tumors induced with Rous sarcoma virus,Schmidt-Ruppin strain. I. Induction of brain tumors in adult mice with Rous chicken sarcoma cells. *Jpn J Exp Med* 37：461 - 74.

[300]Kumanishi,T. ,F. Ikuta,K. Nishida,K. Ueki,and T. Yamamoto. 1973. Brain tumors induced in adult monkeys by Schmidt-Ruppin strain of Rous sarcoma virus. *Gann* 64：641 - 3.

[301]Kumanishi,T. ,F. Ikuta,and T. Yamamoto. 1973. Brain tumors induced by Rous sarcoma virus,Schmidt-Ruppin strain. 3. Morphology of brain tumors induced in adult mice. *J Natl Cancer Inst* 50：95 - 109.

[302]Kumanishi,T. ,and T. Yamamoto. 1970. Brain tumors induced with Rous sarcoma virus,Schmidt-Ruppin strain. 2. Rous tumor specific transplantation antigen in

subcutaneously passaged mouse brain tumors. *Jpn J Exp Med* 40:79 - 86.

[303]Kung, H. J., and J. L. Liu. 1997. Retroviral Oncogenesis, p. 235-266. *In* N. Nathanson(ed.), Viral Pathogenesis. Lippincott-Raven Publishers, Philadelphia.

[304]Kung, H. J., and N. J. Maihle. 1987. Molecular basis of oncogenesis by non-acute avian retroviruses, p. 77 - 100. In G. F. De Boer(ed.), Avian Leukosis. Martinus Nijhoff, Boston.

[305]Kurth, R., and H. Bauer. 1972. Cell-surface antigens induced by avian RNA tumor viruses: Detection by a cytotoxic microassay. *Virology* 47:426 - 433.

[306]Kurth, R., E. M. Fenyo, E. Klein, and M. Essex. 1979. Cell-surface antigens induced by RNA tumour viruses. *Nature* 279:197 - 201.

[307] Labat, M. L. 1986. Retroviruses, immunosuppression and osteopetrosis. *Biomed Pharmacother* 40:85 - 90.

[308]Lagerloef, B., and P. Sundelin. 1963. Variations in the pathogenic effect of nyeloid fowl leukaemia virus. *Acta Pathol Microbiol Scand* 59:129 - 44.

[309] Lagerlof, B., and P. Sundelin. 1963. The histogenesis and haematology of virus-induced myeloid leukemia in the fowl. *Acta Haematol* 30:111 - 122.

[310]Landman, W. J., J. Post, A. G. Boonstra-Blom, J. Buyse, A. R. Elbers, and G. Koch. 2002. Effect of an in ovo infection with a Dutch avian leukosis virus subgroup J isolate on the growth and immunological performance of SPF broiler chickens. *Avian Pathol* 31:59 - 72.

[311]Langlois, A. J., R. Ishizaki, G. S. Beaudreau, J. F. Kummer, J. W. Beard, and D. P. Bolognesi. 1976. Virus-infected avian cell lines established *in vitro. Cancer Res* 36:3894 - 904.

[312]Langlois, A. J., K. Lapis, R. Ishizaki, J. W. Beard, and D. P. Bolognesi. 1974. Isolation of a transplantable cell line induced by the MC29 avian leukosis virus. *Cancer Res* 34:1457 - 64.

[313]Lapis, K. 1979. Histology and ultrastructural aspects of virusinduced primary liver cancer and transplantable hepatomas of viral origin in chickens. *J Toxicol Environ Health* 5:469 - 501.

[314]Lee, L. F., A. M. Fadly, and H. D. Hunt. 2000. Avian leukosis virus subgroup J envelope gene product for diagnosis and immunogenic composition. United States Patent//6:146,641.

[315]Lee, L. F., R. F. Silva, Y. Q. Cheng, E. J. Smith, and L. B. Crittenden. 1986. Characterisation of monoclonal antibodies to avian leukosis viruses. *Avian Dis* 30:132 - 138.

[316]Lee, R. M., G. Gillet, and P. Neiman. 1998. Molecular events in avian neoplasia: regulation of cell death in development of B-cell lymphomas in the chicken bursa of Fabricius. *Avian Pathol* 27:S 16 - S20.

[317]Levine, S., and D. Nelsen. 1964. RIF infection in a commercial flock of chickens. *Avian Dis* 8:358 - 368.

[318]Li, J., and F. C. Leung. 2006. A CR1 element is embedded in a novel tandem repeat(HinfI repeat) within the chicken genome. *Genome* 49:97 - 103.

[319]Lobmayr, L., T. Sauer, I. Killisch, M. Schranzhofer, R. B. Wilson, P. Ponka, H. Beug, and E. W Mullner. 2002. Transferrin receptor hyperexpression in primary erythroblasts is lost on transformation by avian erythroblastosis virus. *Blood* 100:289 - 98.

[320]Luciw, P. A., and N. J. Leung. 1992. Mechanisms of retroviral replication. In J. A. Levy(ed.), The Retroviridae, 1:159 - 298. Plenum Press:, New York.

[321]Lupiani, B., Arun Pandiri, Jody Mays, Henry Hunt, and Aly Fadly 2006. Molecular and biological characterization of a naturally occurring recombinant subgroup B avian leukosis virus(ALV) with a subgroup J like long terminal repeat(LTR) *Avian Diseases* 50:In Press.

[322]Lupiani, B., H. Hunt, R. Silva, and A. Fadly. 2000. Identification and characterization of recombinant subgroup J avian leukosis viruses(ALV) expressing subgroup A ALV envelope. *Virology* 276:37 - 43.

[323]Lupiani, B., S. M. Williams, R. F. Silva, H. D. Hunt, and A. M. Fadly. 2003. Pathogenicity of two recombinant avian leukosis viruses. *Avian Dis* 47:425 - 32.

[324]Maas, H. J. L., G. F. d. Boer, and J. E. Groenendal. 1982. Age related resistance to avian leukosis virus. III. Infectious virus, neutralising antibody, and tumours in chickens inoculated at various ages. *Avian Pathol* 11:309 - 327.

[325] Malkinson, M., C. Banet-Noach, I. Davidson, A. M. Fadly, and R. L. Witter. 2004. Comparison of serological and virological findings from subgroup J avian leukosis virus-infected neoplastic and nonneoplastic flocks in Israel. *Avian Pathol* 33:281 - 7.

[326]Marsh, J. D., L. D. Bacon, and A. M. Fadly. 1995. Effect of serotype 2 and 3 Marek's disease vaccines on the development of avian leukosis virus-induced pre-neoplastic bursal follicles. *Avian Dis* 39:743 - 51.

[327]Masegi, T., Y. Inoue, T Yanai, and K. Ueda. 1993. An ultrastructural study of cutaneous hemangioma in two chickens. *J Vet Med Sci* 55:185 - 8.

［328］Matthews，R. E. F. 1982. Fourth Report of the International Committee on Taxonomy of Viruses：Classification and Nomenclature of Viruses. *Intervirology* 17.

［329］McBride，M. A. T. ，and R. M. Shuman. 1988. Immune response of chickens inoculated with a recombinant avian leukosis virus. *Avian Dis* 32：96 - 102.

［330］McNagny，K. M. ，and T. Graf. 1996. Acute avian leukemia viruses as tools to study hematopoietic cell differentiation. *Curr Top Microbiol Immunol* 212：143 - 62.

［331］McNagny，K. M. ，and T. Graf. 2003. E26 leukemia virus converts primitive erythroid cells into cycling multilineage progenitors. *Blood* 101：1103 - 10.

［332］Meyers，P. 1976. Antibody response to related leukosis viruses induced in chickens tolerant to an avian leukosis virus. *J Natl Cancer Inst* 56：381 - 6.

［333］Meyers，P. ，and R. M. Dougherty. 1972. Analysis of immunoglobulins in chicken antibody to avian leucosis viruses. *Immunology* 23：1 - 6.

［334］Miles，B. D. ，and H. L. Robinson. 1985. High-frequency transduction of c-erbB in avian leukosis virus-induced erythroblastosis. *J Virol* 54：295 - 303.

［335］Mizuno，Y. ，and K. Arai. 1981. Assay of avian leukosis viruses by indirect immunoperoxidase method. *Natl Inst Anim Health Q*（Tokyo）21：63 - 7.

［336］Mizuno，Y. ，and H. Hatakeyama. 1983. Detection of antibodies against avian leukosis viruses with indirect immunoperoxidase absorbance test. *Nippon Juigaku Zasshi* 45：31 - 7.

［337］Mizuno，Y. ，and S. Itohara. 1986. Enzyme-linked immunosorbent assay to detect subgroup-specific antibodies to avian leukosis viruses. *Am J Vet Res* 47：551 - 6.

［338］Mladenov，Z. ，U. Heine，D. Beard，and J. W. Beard. 1967. Strain MC29 avian leukosis virus. Myelocytoma，endothelioma，and renal growths：pathomorphological and ultrastructural aspects. *J Natl Cancer Inst* 38：251 -85.

［339］Mladenov，Z. ，S. Nedyalkov，I. Ivanov，and I. Toshkov. 1980. Neoplastic growths in chickens treated with cell and cell-free material from transplantable hepatoma induced by virus strain MC-29. *Neoplasma* 27：175 - 82.

［340］Moloney，J. B. 1956. Biological studies on the Rous sarcoma virus. V. Preparation of improved standard lots of the virus for use in quantitative investigations. *J Natl Cancer Inst* 16：877 - 88.

［341］Moscovici，C. 1975. Leukemic transformation with avian myeloblastosis virus：present status. *Curt Top Microbiol Immunol* 71：79 - 101.

［342］Moscovici，C. ，and L. Gazzolo. 1987. Virus-cell interactions of avian sarcoma and defective leukemia viruses，p. 153 - 170. In G. F. De Boer（ed. ），Avian Leukosis. Martinus Nijhoff，Boston.

［343］Moscovici，C. ，L. Gazzolo，and M. G. Moscovici. 1975. Focus assay and defectiveness of avian myeloblastosis virus. *Virology* 68：173 - 81.

［344］Moscovici，M. G. ，and C. Moscovici. 1980. AMV-induced transformation of hemopoietic cells：Growth patterns of producers and nonproducers. In G. B. Rossi（ed. ）. *In vivo* and *In Vitro* Erythropoiesis：The Friend System. Elsevier/North Holland Biomedical Press：Amsterdam，The Netherlands. 503 - 514.

［345］Motta，J. V. ，L. B. Crittenden，and W. O. Pollard. 1973. The inheritance of resistance to subgroup C leukosis-sarcoma viruses in New Hampshire chickens. *Poult Sci* 52：578 - 86.

［346］Motta，J. V. ，L. B. Crittenden，H. G. Purchase，H. A. Stone，and R. L. Witter. 1975. Low oncogenic potential of avian endogenous RNA tumor virus infection or expression. *J Natl Cancer Inst* 55：685 - 9.

［347］Murase，A. ，N. Tamura，N. Matsui，and M. Nakamura. 1997. Histopathological studies on hemangioma in broilers at meat inspection. *J Jpn Soc Poult Dis* 33：228 -232.

［348］Nakamura，K. ，F. Abe，H. Hihara，and T. Taniguchi. 1988. Myocardial cytoplasmic inclusions in chickens with hemangioma and lymphoid leukosis. *Avian Pathol* 17：3 - 10.

［349］Nakamura，K. ，M. Ogiso，K. Tsukamoto，N. Hamazaki，H. Hihara，and N. Yuasa. 2000. Lesions of bone and bone marrow in myeloid leukosis occurring naturally in adult broiler breeders. *Avian Dis* 44：215 - 21.

［350］Nehyba，J. ，J. Svoboda，I. Karakoz，J. Geryk，and J. Hejnar. 1990. Ducks：a new experimental host system for studying persistent infection with avian leukaemia retroviruses. *J Gen Virol* 71（ Pt 9）：1937 - 45.

［351］Neiman，P. 1985. The Blym oncogenes. *Adv Cancer Res* 45：107 - 23.

［352］Neiman，P. E. ，L. Jordan，R. A. Weiss，and L. N. Payne. 1980. Presented at the Cold Spring Harbor Conference Cell Proliferation，New York.

［353］Neiman，P. E. ，R. Kimmel，A. Icreverzi，K. Elsaesser，S. J. Bowers，J. Burnside，and J. Delrow. 2006. Genomic instability during Mycinduced lymphomagenesis in the bursa of Fabricius. *Oncogene.*

［354］Neiman，P. E. ，A. Ruddell，C. Jasoni，G. Loring，S. J.

Thomas, K. A. Brandvold, R. Lee, J. Burnside, and J. Delrow. 2001. Analysis of gene expression during myc oncogene-induced lymphoma genesis in the bursa of Fabricius. *Proc Natl Acad Sci U S A* 98:6378 - 83.

[355] Neumann, U. , and R. L. Witter. 1979. Differential diagnosis of lymphoid leukosis and Marek's disease by tumor-associated criteria. I. Studies on experimentally infected chickens. *Avian Dis* 23:;417 - 425.

[356] Neumann, U. , and R. L. Witter. 1979. Differential diagnosis of lymphoid leukosis and Marek's disease by tumor-associated criteria. II. Studies on field cases. *Avian Dis* 23:426 - 433.

[357] Nikiforov, M. A. , and A. V. Gudkov. 1994. ART-CH: a VL30 in chickens? *J Virol* 68:846 - 53.

[358] Oberling, C. , and M. Guérin. 1933. Lesions tumorales en rapport avec la leucémie transmissible des poules. *Bull Cancer* 22.

[359] Ochiai, K. , K. Ohashi, T. Mukai, T. Kimura, T. Umemura, and C. Itakura. 1999. Evidence of neoplastic nature and viral aetiology of so-called fowl glioma. *Vet Rec* 145:79 - 81.

[360] Okazaki, W. , B. R. Burmester, A. Fadly, and W. B. Chase. 1979. An evaluation of methods for eradication of avian leukosis virus from a commercial breeder flock. *Avian Dis* 23:688 - 97.

[361] Okazaki, W. , A. Fadly, B. R. Burmester, W. B. Chase, and L. B. Crittenden. 1980. Shedding of lymphoid leukosis virus in chickens following contact exposure and vaccination. *Avian Dis* 24:474 - 80.

[362] Okazaki, W. , A. M. Fadly, L. B. Crittenden, and W. B. Chase. 1982. The effectiveness of selection for reduced avian leukosis virus shedding in different chicken strains. *Avian Dis* 26:612 - 7.

[363] Okazaki, W. , H. G. Purchase, and B. R. Burmester. 1975. Phenotypic mixing test to detect and assay avian leukosis viruses. *Avian Dis* 19:311 - 7.

[364] Okazaki, W. , H. G. Purchase, and L. B. Crittenden. 1982. Pathogenicity of avian leukosis viruses. *Avian Dis* 26:553 - 9.

[365] Okazaki, W. , R. L. Witter, C. Romero, K. Nazerian, J. M. Sharma, A. M. Fadly, and D. Ewert. 1980. Induction of lymphoid leukosis transplantable tumours and the establishment of lymphoblastoid cell lines. *Avian Pathol* 9:311 - 29.

[366] Pajer, P. , V. Pecenka, V. Karafiat, J. Kralova, Z. Horejsi, and M. Dvorak. 2003. The twist gene is a common target of retroviral integration and transcriptional deregulation in experimental nephroblastoma. *Oncogene* 22:665 - 73.

[367] Pajer, P. , V. Pecenka, J. Kralova, V. Karafiat, D. Prukova, Z. Zemanova, R. Kodet, and M. Dvorak. 2006. Identification of potential human oncogenes by mapping the common viral integration sites in avian nephroblastoma. *Cancer Res* 66:78 - 86.

[368] Panet, A. , D. Baltimore, and T. Hanafusa. 1975. Quantitation of avian RNA tumor virus reverse transcriptase by radioimmunoassay. *J Virol* 16:146 - 52.

[369] Pani, P. K. 1977. Evidence for complementary action of tvb and tve genes that control susceptibility to subgroup E RNA tumour virus in chickens. *J Gen Virol* 37:639 - 646.

[370] Pani, P. K. 1976. Further studies in genetic resistance of fowl to RSV(RAV-0):Evidence for interaction between independently segregating tumour virus B and tumour virus E genes. *J Gen Virol* 32:441 - 453.

[371] Pani, P. K. 1975. Genetic control of resistance of chick embryo cultures to RSV(RAV 50). *J Gen Virol* 27: 163 -72.

[372] Pani, P. K. , and P. M. Biggs. 1973. Genetic control of susceptibility to an A subgroup sarcoma virus in commercial chickens. *Avian Pathol* 2:27 - 41.

[373] Payne, F. E. , J. J. Solomon, and H. G. Purchase. 1966. Immunofluorescent studies of group-specific antigen of the avian sarcomaleukosis viruses. *Proc Natl Acad Sci U S A* 55:341 - 9.

[374] Payne, L. N. 1992. Biology of avian retroviruses, p. 299 - 404. In J. A. Levy (ed.), The Retroviridae, vol. 1. Plenum Press, New York.

[375] Payne, L. N. 1987. Epizootiology of avian leukosis virus infections, p. 47 - 76. In G. F. De Boer(ed.), Avian Leukosis. Martinus Nijhoff, Boston.

[376] Payne, L. N. 1985. Historical review, p. 1 - 15. In L. N. Payne(ed.), Marek's Disease. Martinus Nijhoff, Boston, MA.

[377] Payne, L. N. 2000. Presented at the International Symposium on ALV-J and Other Avian Retroviruses, Rauischholzhausen, Germany.

[378] Payne, L. N. 2000. History of ALV-J. In E. F. Kaleta, L. N. Payne, and U. Heffels-Redmann(eds.). Proceedings, International Symposium on ALV-J and Other Avian Retroviruses. Rauischholzhausen, Germany. 3 - 12.

[379] Payne, L. N. 1981. Immunity to lymphoid leukosis, Rous sarcoma, and reticuloendotheliosis. In M. E. Rose, L. N. Payne, and B. M. Freeman(eds.). Avian Immunology.

British Poultry Science; Edinburgh, Scotland. 285 - 299.

[380]Payne, L. N. 1998. Retrovirus-induced disease in poultry. *Poult Sci* 77;1204 - 12.

[381]Payne, L. N., S. R. Brown, N. Bumstead, K. Howes, J. A. Frazier, and M. E. Thouless. 1991. A novel subgroup of exogenous avian leukosis virus in chickens. *J Gen Virol* 72(Pt 4);801 - 7.

[382]Payne, L. N., and N. Bumstead. 1982. Theoretical considerations on the relative importance of vertical and horizontal transmission for the maintenance of infection by exogenous avian lymphoid leukosis virus. *Avian Pathol* 11;547 - 553.

[383]Payne, L. N., A. M. Gillespie, and K. Howes. 1992. Myeloid leukaemogenicity and transmission of the HPRS-103 strain of avian leukosis virus. *Leukemia* 6; 1167 - 76.

[384]Payne, L. N., A. M. Gillespie, and K. Howes. 1993. Recovery of acutely transforming viruses from myeloid leukosis induced by the HPRS-103 strain of avian leukosis virus. *Avian Dis* 37;438 - 50.

[385]Payne, L. N., A. M. Gillespie, and K. Howes. 1993. Unsuitability of chicken sera for detection of exogenous ALV by the group-specific antigen ELISA. *Vet Rec* 132;555 - 7.

[386]Payne, L. N., A. E. Holmes, K. Howes, M. Pattison, D. L. Pollock, and D. E. Waters. 1982. Further studies on the eradication and epizootiology of lymphoid leukosis virus infection in a commercial strain of chickens. *Avian Pathol* 11;145 - 162.

[387]Payne, L. N., and K. Howes. 1991. Eradication of exogenous avian leukosis virus from commercial layer breeder lines. *Vet Rec* 128;8 - 11.

[388]Payne, L. N., K. Howes, and D. F. Adene. 1985. A modified feather pulp culture method for determining the genetic susceptibility of adult chickens to leukosis-sarcoma viruses. *Avian Pathol* 14;261 - 265.

[389]Payne, L. N., K. Howes, A. M. Gillespie, and L. M. Smith. 1992. Host range of Rous sarcoma virus pseudotype RSV(HPRS-103) in 12 avian species; Support for a new avian retrovirus envelope subgroup designated J. *J Gen Virol* 2995 - 2997.

[390]Payne, L. N., K. Howes, I. M. Smith, and K. Venugopal. 1997. Current status of diagnosis, epidemiology and control of ALV-J. In A. M. Fadly, K. A. Schat, and J. L. Spencer (eds.). Proceedings Avian Tumor Viruses Symposium. Reno, Nevada. 58 - 62.

[391]Payne, L. N., and K. Pani. 1971. Evidence of linkage between genetic loci controlling response of fowl to subgroup A and subgroup C sarcoma viruses. *J Gen Virol* 13;253 - 259.

[392]Payne, L. N., P. K. Pani, and R. A. Weiss. 1971. A dominant epistatic gene which inhibits cellular susceptibility to RSV(RAV-0). *J Gen Virol* 13;455 - 462.

[393]Payne, L. N., and M. Rennie. 1975. B cell antigen markers on avian lymphoid leukosis tumour cells. *Vet Rec* 96;454 - 56.

[394]Payne, L. N., and K. Venugopal. 2000. Neoplastic diseases; Marek's disease, avian leukosis and reticuloendotheliosis. *Rev Sci Tech* 19;544 - 64.

[395]Perek, M. 1960. An epizootic of histiocytic sarcomas in chickens induced by a cell-free agent. *Avian Dis* 4;85 - 94.

[396]Peterson, R. D., H. G. Purchase, B. R. Burmester, M. D. Cooper, and R. A. Good. 1966. Relationships among visceral lymphomatosis, bursa of Fabricius, and bursa-dependent lymphoid tissue of the chicken. *J Natl Cancer Inst* 36;585 - 98.

[397]Pham, T. D., J. L. Spencer, and E. S. Johnson. 1999. Detection of avian leukosis virus in albumen of chicken eggs using reverse transcription polymerase chain reaction. *J Virol Methods* 78;1 - 11.

[398]Pham, T. D., J. L. Spencer, V. L. Traina-Dorge, D. A. Mullin, R. F. Garry, and E. S. Johnson. 1999. Detection of exogenous and endogenous avian leukosis virus in commercial chicken eggs using reverse transcription polymerase chain reaction assay. *Avian Pathol* 28;382 - 389.

[399]Pinard-van der Laan, M. H., D. Soubieux, L. Merat, D. Bouret, G. Luneau, G. Dambrine, and P. Thoraval. 2004. Genetic analysis of a divergent selection for resistance to Rous sarcomas in chickens. *Genet Sel Evol* 36; 65 - 81.

[400]Piraino, F., W. Okazaki, B. R. Burmester, and T. N. Fredrickson. 1963. Bioassay of fowl leukosis virus in chickens by the inoculation of 11 - day - old embryos. *Virology* 21;396 - 401.

[401]Pizer, E., and E. H. Humphries. 1989. RAV-1 insertional mutagenesis; disruption of the c-myb locus and development of avian B-cell lymphomas. *J Virol* 63; 1630 - 40.

[402]Ponten, J. 1962. Transmission *in vivo* of chicken erythroblastosis by intact cells. *J Cell Comp Physiol* 60; 209 -15.

[403]Pope, C. R., E. M. Odor, and M. Salem. 1999. Presented

at the Proceedings, 28th Western Poultry Disease Conference.

[404] Powell, P. C., L. N. Payne, J. A. Frazier, and M. Rennie. 1974. T lymphoblastoid cell lines from Marek's disease lymphomas. *Nature* 251:79 - 80.

[405] Praharaj, N., C. Beaumont, G. Dambrine, D. Soubieux, L. Merat, D. Bouret, G. Luneau, J. M. Alletru, M. H. Pinard-Van der Laan, P. Thoraval, and S. Mignon-Grasteau. 2004. Genetic analysis of the growth curve of Rous sarcoma virus-induced tumors in chickens. *Poult Sci* 83:1479 - 88.

[406] Price, J. A., and R. E. Smith. 1981. Influence of bursectomy on bone growth and anemia induced by avian osteopetrosis viruses. *Cancer Res* 41:752 - 9.

[407] Pugh, L. P. 1927. Sporadic diffuse osteoperiostitis in fowls. *Vet Rev* 7:189 - 190.

[408] Pulaski, J. T., V. L. Tieber, and P. M. Coussens. 1992. Marek's disease virus-mediated enhancement of avian leukosis virus gene expression and virus production. *Virology* 186:113 - 21.

[409] Purchase, H. G. 1987. Pathogenesis and pathology of neoplasms caused by avian leukosis viruses, p. 171-196. In G. F. De Boer(ed.), Avian Leukosis. Martinus Nijhoff, Boston.

[410] Purchase, H. G., and N. F. Cheville. 1975. Infectious bursal agent of chickens reduces the incidence of lymphoid leukosis. *Avian Pathol* 4:239 - 245.

[411] Purchase, H. G., and A. M. Fadly. 1980. Leukosis and sarcomas. In S. B. Hitchner, C. H. Domermuth, H. G. Purchase, and J. E. Williams(eds.). Isolation and Identification of Avian Pathogens. American Association of Avian Pathololologists:Kennett Square, PA. 54 - 58.

[412] Purchase, H. G., and D. G. Gilmour. 1975. Lymphoid leukosis in chickens chemically bursectomized and subsequently inoculated with bursa cells. *J Natl Cancer Inst* 55:851 - 5.

[413] Purchase, H. G., D. G. Gilmour, C. H. Romero, and W. Okazaki. 1977. Post-infection genetic resistance to avian lymphoid leukosis resides in B target cell. *Nature* 270:61 - 2.

[414] Purchase, H. G., and W. Okazaki. 1964. Morphology of foci produced by standard preparation of Rous sarcoma virus. *J Natl Cancer Inst* 32:579 - 86.

[415] Purchase, H. G., W. Okazaki, P. K. Vogt, H. Hanafusa, B. R. Burmester, and L. B. Crittenden. 1977. Oncogenicity of avian leukosis viruses of different subgroups and of mutants of sarcoma viruses. *Infect Immun* 15:423 - 8.

[416] Purchase, H. G., and J. M. Sharma. 1973. The Differential Diagnosis of Lymphoid Leukosis and Marek's Disease: Slide Study Set 3. American Association of Avian Pathololologists, Kennett Square, PA.

[417] Qin, A., L. F. Lee, A. Fadly, H. Hunt, and Z. Cui. 2001. Development and characterization of monoclonal antibodies to subgroup J avian leukosis virus. *Avian Dis* 45:938 - 45.

[418] Resnick-Roguel, N., H. Burstein, J. Hamburger, A. Panet, A. Eldor, I. Vlodavsky, and M. Kotler. 1989. Cytocidal effect caused by the envelope glycoprotein of a newly isolated avian hemangiomainducing retrovirus. *J Virol* 63:4325 - 30.

[419] Resnick-Roguel, N., A. Eldor, H. Burstein, E. Hy-Am, I. Vlodavsky, A. Panet, M. A. Blajchman, and M. Kotler. 1990. Envelope glycoprotein of avian hemangioma retrovirus induces a thrombogenic surface on human and bovine endothelial cells. *J Virol* 64:4029 - 32.

[420] Rispens, B. H., G. F. d. Boer, A. Hoogerbrugge, and J. V. Vloten. 1976. A method for the control of lymphoid leukosis in chickens. *J Natl Cancer Inst* 57:1151 - 1156.

[421] Rispens, B. H., and P. A. Long. 1970. The non-producer cell activation test in avian leukosis virus assay. *Bibl Haematol* 192 - 7.

[422] Rispens, B. H., P. A. Long, W. Okazaki, and B. R. Burmester. 1970. The NP activation test for assay of avian leukosis-sarcoma viruses. *Avian Dis* 14:738 - 51.

[423] Robertson, J. S., C. Nicolson, A. M. Riley, M. Bentley, G. Dunn, T. Corcoran, G. C. Schild, and P. Minor. 1997. Assessing the significance of reverse transcriptase activity in chick cell-derived vaccines. *Biologicals* 25:403 - 414.

[424] Robinson, H. L. 1978. Inheritance and expression of chicken genes that are related to avian leukosis sarcoma virus genes. *Curr Top Microbiol Immunol* 83:1 - 36.

[425] Robinson, H. L., S. M. Astrin, A. M. Senior, and F. H. Salazar. 1981. Host susceptibility to endogenous viruses: defective, glycoprotein-expressing proviruses interfere with infections. *J Virol* 40:745 - 51.

[426] Robinson, H. L., L. Ramamoorthy, K. Collart, and D. W. Brown. 1993. Tissue tropism of avian leukosis viruses: analyses for viral DNA and proteins. *Virology* 193:443 - 5.

[427] Robinson, W. S., and P. H. Duesberg. 1968. The chemistry of RNA tumor viruses, p. 306-331. In H. Fraenkel-

Conrat(ed.), Molecular Basis of Virology. Reinhold Book, New York.

[428]Roloff, F. 1868. Mag Ges Thierheilkd 34:190(cited by Chubb, L. G. and R. F. Gordon. 1957). *Vet Rev Annot* 32:97 - 120.

[429]Romero, C. H., H. G. Purchase, F. Frank, L. B. Crittenden, and T. S. Chang. 1978. The prevention of natural and experimental avian lymphoid leukosis with the androgen analogue Mibolerone. *Avian Pathol* 7: 87 - 103.

[430]Roth, F. K., P. Meyers, and R. M. Dougherty. 1971. The presence of avian leukosis virus group-specific antibodies in chicken sera. *Virology* 45:265 - 74.

[431]Rous, P. 1911. A sarcoma of the fowl transmissible by an agent separable from tumor cells. *J Exp Med* 13: 397 - 411.

[432]Rous, P. 1910. A transmissible avian neoplasm. (Sarcoma of the common fowl). *J Exp Med* 12:696 - 705.

[433]Rovigatti, V. G., and S. M. Astrin. 1983. Avian endogenous viral genes. *Curr Top Microbiol Immunol* 103:1 - 21.

[434]Rubin, H. 1965. Genetic control of cellular susceptibility to pseudotypes of Rous sarcoma virus. *Virology* 26: 270 -6.

[435]Rubin, H. 1960. Growth of Rous sarcoma virus in chick embryo cells following irradiation of host cells or free virus. *Virology* 11:28 - 47.

[436]Rubin, H., A. Cornelius, and L. Fanshier. 1961. The pattern of congenital transmission of an avian leukosis virus. *Proc Natl Acad Sci USA* 47:1058 - 1060.

[437]Rubin, H., L. Fanshier, A. Cornelius, and W. F. Huges. 1962. Tolerance and immunity in chickens after congenital and contact infection with an avian leukosis virus. *Virology* 17:143 - 156.

[438]Ruis, B. L., S. J. Benson, and K. F. Conklin. 1999. Genome structure and expression of the ev/J family of avian endogenous viruses. *J Virol* 73:5345 - 55.

[439]Rup, B. J., J. D. Hoelzer, and H. R. Bose, Jr. 1982. Helper viruses associated with avian acute leukemia viruses inhibit the cellular immune response. *Virology* 116:61 - 71.

[440]Sacco, M. A., D. M. Flannery, K. Howes, and K. Venugopal. 2000. Avian endogenous retrovirus EAV-HP shares regions of identity with avian leukosis virus subgroup J and the avian retrotransposon ART-CH. *J Virol* 74:1296 - 306.

[441]Sacco, M. A., K. Howes, L. P. Smith, and V. K. Nair.

2004. Assessing the roles of endogenous retrovirus EAV-HP in avian leukosis virus subgroup J emergence and tolerance. *J Virol* 78:10525 - 35.

[442]Sacco, M. A., and K. Venugopal. 2001. Segregation of EAV-HP ancient endogenous retroviruses within the chicken population. *J Virol* 75:11935 - 8.

[443]Salter, D. W., A. Fadly, E. Smith, K. Nazerian, N. Yanagida, R. Silva, D. Reilly, D. Marshall, L. Bacon, and L. Crittenden. 1991. The use of vaccines and genetic resistance(natural and transgenic) to control avian leukosis. In D. Swayne and D. Zander(eds.). Proceedings Avian Tumor Virus Symposium. 9 - 14.

[444]Salter, D. W., W. Payne, H. J. Kung, D. Robinson, D. Ewert, W. Olson, L. B. Crittenden, and A. M. Fadly. 1999. Enhancement of spontaneous bursal lymphoma frequency by serotype 2 Marek's disease vaccine, SB-1, in transgenic and non-trangenic line 0 white leghorn chickens. *Avian Pathol* 28:147 - 154.

[445]Sandelin, K., and T. Estola. 1974. Occurrence of different subgroups of avian leukosis virus in Finnish poultry. *Avian Pathol* 3:159 - 168.

[446]Sandelin, K., T. Estola, S. Ristimaki, E. Ruoslahti, and A. Vaheri. 1974. Radio immunoassays of the group-specific antigen in detection of avian leukosis virus infection. *J Gen Virol* 25:415 - 420.

[447]Sanger, V. L., T. N. Fredrickson, C. C. Morrill, and B. R. Burmester. 1966. Pathogenesis of osteopetrosis in chickens. *Am J Vet Res* 27:1735 - 44.

[448]Sarma, P. S., T. S. Log, R. J. Huebner, and H. C. Turner. 1969. Studies of avian leukosis group-specific complement-fixing serum antibodies in pigeons. *Virology* 37:480 - 3.

[449]Sarma, P. S., H. C. Turner, and R. J. Huebner. 1964. An avian leucosis group-specific complement fixation reaction. Application for the detection and assay non-cytopathogenic leucosis viruses. *Virology* 23.

[450]Sawyer, R. C., and H. Hanafusa. 1977. Formation of reticuloendotheliosis virus pseudotypes of Rous sarcoma virus. *J Virol* 22:634 - 9.

[451]Sazawa, H., T. Sugimori, Y. Miura, and T. Shimizu. 1966. Specific complement fixation test of Rous sarcoma with pigeon serum. *Natl Inst Anim Health Q*(Tokyo) 6:208 - 15.

[452]Schat, K. A. 1987. Immunity in Marek's disease and other tumors. In A. Toivanen and P. Toivanen(eds.). Avian Immunology:Basis and Practice. CRC Press:Boca Raton, FL II:101 - 128.

［453］Schat, K. A. 1996. Immunity to Marek's disease, lymphoid leukosis and reticuloendotheliosis. In T. F. Davison, T. R. Morris, and L. N. Payne(eds.). Poultry Immunology. Carfax Publishing Company: Abingdon, 209 - 233.

［454］Schierman, L. W., and W. M. Collins. 1987. Influence of the major histocompatibility complex on tumor regression and immunity in chickens. *Poult Sci* 66:812 - 8.

［455］Schmidt, E. V., and R. E. Smith. 1981. Avian osteopetrosis virus induces proliferation of cultured bone cells. *Virology* 111:275 - 82.

［456］Segura, J. C., J. S. Gavora, J. L. Spencer, R. W. Fairfull, R. S. Gowe, and R. B. Buckland. 1988. Semen traits and fertility of White Leghorn males shown to be positive or negative for lymphoid leukosis virus in semen and feather pulp. *Br Poult Sci* 29:545 - 53.

［457］Shahabuddin, M., J. F. Sears, and A. S. Khan. 2001. No evidence of infectious retroviruses in measles virus vaccines produced in chicken embryo cell cultures. *J Clin Microbiol* 39:675 - 84.

［458］Shank, P. R., P. J. Schatz, L. M. Jensen, P. N. Tsichlis, J. M. Coffin, and H. L. Robinson. 1985. Sequences in the gag-pol - 5'env region of avian leukosis viruses confer the ability to induce osteopetrosis. *Virology* 145: 94 - 104.

［459］Siegfried, L. M., and C. Olson. 1972. Characteristics of avian transmissible lymphoid tumor cells maintained in culture. *J Natl Cancer Inst* 48:791 - 5.

［460］Sigel, M. M., P. Meyers, and H. T. Holden. 1971. Resistance to Rous sarcoma elicited by immunization with live virus. *Proc Soc Exp Biol Med* 137:142 - 6.

［461］Silva, R. F., and A. M. Fadly(ed.). 2000. Evolution of ALV - J Strains, Rauischholzhausen, Germany.

［462］Silva, R. F., A. M. Fadly, and H. D. Hunt. 2000. Hypervariability in the envelope genes of subgroup J avian leukosis viruses obtained from different farms in the United States. *Virology* 272:106 - 11.

［463］Simon, M. C., W. S. Neckameyer, W. S. Hayward, and R. E. Smith. 1987. Genetic determinants of neoplastic diseases induced by a subgroup F avian leukosis virus. *J Virol* 61:1203 - 12.

［464］Smith, E. J. 1987. Endogenous avian leukemia viruses, p. 101 - 120. In G. F. De Boer(ed.), Avian Leukosis. Martinus Nijhoff, Boston.

［465］Smith, E. J. 1977. Preparation of antisera to group-specific antigens of avian leukosis-sarcoma viruses: an alternate approach. *Avian Dis* 21:290 - 9.

［466］Smith, E. J., and L. B. Crittenden. 1988. Genetic cellular resistance to subgroup E avian leukosis virus in slow-feathering dams reduces congenital transmission of an endogenous retrovirus encoded at locus ev21. *Poult Sci* 67:1668 - 73.

［467］Smith, E. J., A. Fadly, and W. Okazaki. 1979. An enzyme-linked immunosorbent assay for detecting avian leukosis-sarcoma viruses. *Avian Dis* 23:698 - 707.

［468］Smith, E. J., and A. M. Fadly. 1988. Influence of congenital transmission of endogenous virus-21 on the immune response to avian leukosis virus infection and the incidence of tumors in chickens. *Poult Sci* 67:1674 - 9.

［469］Smith, E. J., and A. M. Fadly. 1994. Male-mediated venereal transmission of endogenous avian leukosis virus. *Poult Sci* 73:488 - 94.

［470］Smith, E. J., A. M. Fadly, and L. B. Crittenden. 1990. Interactions between endogenous virus loci ev6 and ev21. 1. Immune response to exogenous avian leukosis virus infection. *Poult Sci* 69:1244 - 50.

［471］Smith, E. J., A. M. Fadly, and L. B. Crittenden. 1990. Interactions between endogenous virus loci ev6 and ev21. 2. Congenital transmission of EV21 viral product to female progency from slowfeathering dams. *Poult Sci* 69:1251 - 6.

［472］Smith, E. J., A. M. Fadly, and L. B. Crittenden. 1986. Observations on an enzyme-linked immunosorbent assay for the detection of antibodies against avian leukosis-sarcoma viruses. *Avian Dis* 30:488 - 93.

［473］Smith, E. J., A. M. Fadly, I. Levin, and L. B. Crittenden. 1991. The influence of ev6 on the immune response to avian leukosis virus infection in rapid-feathering progeny of slow- and rapid-feathering dams. *Poult Sci* 70:1673 - 8.

［474］Smith, E. J., U. Neumann, and W. Okazaki. 1980. Immune response to avian leukosis virus infection in chickens: Sequential expression of serum immunoglobulins and viral antibodies. *Comp Immunol Microbiol Infect Dis* 2:519 - 529.

［475］Smith, E. J., D. W. Salter, R. F. Silva, and L. B. Crittenden. 1986. Selective shedding and congenital transmission of endogenous avian leukosis viruses. J Virol 60:1050 - 4.

［476］Smith, E. J., S. M. Williams, and A. M. Fadly. 1998. Detection of avian leukosis virus subgroup J using the polymerase chain reaction. *Avian Dis* 42:375 - 80.

［477］Smith, L. M., S. R. Brown, K. Howes, S. McLeod, S. S. Arshad' G. S. Barron, K. Venugopal, J. C. McKay, and

L. N. Payne. 1998. Development and application of polymerase chain reaction(PCR) tests for the detection of subgroup J avian leukosis virus. *Virus Res* 54:87 - 98.

[478]Smith,L. M. ,A. A. Toye, K. Howes, N. Bumstead' L. N. Payne, and K. Venugopal. 1999. Novel endogenous retroviral sequences in the chicken genome closely related to HPRS-103(subgroup J) avian leukosis virus. *J Gen Virol* 80(Pt 1):261 - 268.

[479]Smith, R. E. 1987. Immunology of avian leukosis virus infections, p. 121-130. In G. F. De Boer (ed.), Avian Leukosis. Martinus Nijhoff, Boston.

[480]Softer,D. ,N. Resnick-Roguel, A. Eldor, and M. Kotler. 1990. Multifocal vascular tumors in fowl induced by a newly isolated retrovirus. *Cancer Res* 50:4787 - 93.

[481]Solomon,J. J. ,B. R. Burmester, and T. N. Fredrickson. 1966. Investigations of lymphoid leukosis infection in genetically similar chicken populations. *Avian Dis* 10:477 - 483.

[482]Spencer, J. L. 1987. Laboratory diagnostic procedures for detecting avian leukosis virus infections, p. 213 - 240. In G. F. De Boer(ed.), Avian Leukosis. Martinus Nijhoff, Boston.

[483]Spencer,J. L. 1997. An overview of problems and progress in control of avian leukosis. In A. M. Fadly, K. A. Schat, and J. L. Spencer (eds.). Proceedings Avian Tumor Viruses Symposium Avian, Reno Nevada. 48 - 53.

[484]Spencer, J. L. 1984. Progress towards eradication of lymphoid leukosis viruses—a review. *Avian Pathol* 13:599 - 619.

[485]Spencer,J. L. ,M. Chan, and S. Nandin-Davis. 2000. Relationship between egg size and subgroup J avian leukosis virus in eggs from broiler breeders. *Avian Pathol* 29:617 - 622.

[486]Spencer, J. L. , L. B. Crittenden, B. R. Burmester, W. Okazaki, and R. L. Witter. 1977. Lymphoid leukosis: interrelations among virus infections in hens, eggs, embryos, and chicks. *Avian Dis* 21:331 - 345.

[487]Spencer, J. L. ,J. S. Gavora, and F. Gilka. 1987. Feather pulp organ cultures for assessing host resistance to infection with avian leukosis-sarcoma viruses. *Avian Pathol* 16:425 - 438.

[488]Spencer, J. L. , J. S. Gavora, and R. S. Gowe. 1980. Lymphoid leukosis virus:Natural transmission and non-neoplastic effects. *Cold Spring Harb Conf Cell Prolifer* 7:553 - 564.

[489]Spencer,J. L. ,J. S. Gavora, and R. S. Gowe. 1980. Pres-ented at the Cold Spring Harbor Conference on Cell Proliferation,Cold Spring Harbor,New York.

[490]Spencer, J. L. , F. Gilka, and J. S. Gavora. 1983. Detection of lymphoid leukosis virus infected chickens by testing for group specific antigen for virus in feather pulp. *Avian Pathol* 12:85 - 99.

[491]Stedman, N. L. , and T. P. Brown. 1999. Body weight suppression in broilers naturally infected with avian leukosis virus subgroup J. *Avian Dis* 43:604 - 610.

[492]Stedman, N. L. , and T. P. Brown. 2002. Cardiomyopathy in broiler chickens congenitally infected with avian leukosis virus subgroup. *J Vet Pathol* 39:161 - 164.

[493]Stedman, N. L. , T. P Brown, and D. I. Bounous. 2000. Functions of heterophils, macrophages, and lymphocytes isolated from broilers naturally infected with avian leukosis virus subgroup J. In E. F. Kaleta, L. N. Payne, and U. Heffels-Redmann (eds.). Proceedings, International Symposium on ALV-J and Other Avian Retroviruses. Rauischholzhausen, Germany. 111 - 114.

[494]Stedman, N. L. , T. P. Brown, R. L. Brooks, Jr. , and D. I. Bounous. 2001. Heterophil function and resistance to staphylococcal challenge in broiler chickens naturally infected with avian leukosis virus subgroup J. *Vet Pathol* 38:519 - 527.

[495]Stedman, N. L. , T. P. Brown, and C. C. Brown. 2001. Localization of avian leukosis virus subgroup J in naturally infected chickens by RNA in situ hybridization. *Vet Pathol* 38:649 - 56.

[496]Stepanets, V. , Z. Vernerova, M. Vilhelmova, J. Geryk, J. Plachy, J. Hejnar, F. F. Weichold, and J. Svoboda. 2003. Intraembryonic avian leukosis virus subgroup C (ALV-C) inoculation producing wasting disease in ducks soon after hatching. *Folia Biol(Praha)* 49:100 - 109.

[497]Stephenson,J. R. , E. J. Smith, L. B. Crittenden, and S. A. Aaronson. 1975. Analysis of antigenic determinants of structural polypeptides of avian type C tumor viruses. *J Virol* 16:27 - 33.

[498]Stephenson,J. R. ,R. E. Wilsnack, and S. A. Aaronson. 1973. Radioimmunoassay for avian C-type virus group-specific antigen: Detection in normal and virus-transformed cells. *J Virol* 11:893 - 899.

[499]Stumph, W. E. ,C. P. Hodgson, M. J. Tsai, and B. W. O'Malley. 1984. Genomic structure and possible retroviral origin of the chicken CR1 repetitive DNA sequence family. *Proc Natl Acad Sci United States of America* 81:6667 - 6671.

[500]Svoboda,J. ,J. Hejnar,J. Geryk,D. Elleder, and Z. Vernerova. 2000. Retroviruses in foreign species and the problem of provirus silencing. *Gene* 261:181 - 188.

[501]Swanstrom, R. , and J. W. Wills. 1997. Synthesis, assembly and processing of viral proteins,p. 263 - 334. In J. M. Coffin, S. H. Hughes, and H. E. Varmus (ed.), Retroviruses. Cold Spring Harbor,New York.

[502] Tam, W. , D. Ben-Yehuda, and W. S. Hayward. 1997. bic,a novel gene activated by proviral insertions in avian leukosis virusinduced lymphomas, is likely to function through its noncoding RNA. *Mol Cell Biol* 17: 1490 - 1502.

[503]Tam,W. ,and J. E. Dahlberg. 2006. miR-155/BIC as an oncogenic microRNA. *Genes Chromosomes Cancer* 45: 211 - 212.

[504]Tam, W. , S. H. Hughes, W. S. Hayward, and P. Besmer. 2002. Avian bic, a gene isolated from a common retroviral site in avian leukosis virus-induced lymphomas that encodes a noncoding RNA,cooperates with c-myc in lymphomagenesis and erythroleukemogenesis. *J Virol* 76:4275 - 4286.

[505] Taylor, R. L. , Jr. 2004. Major histocompatibility (B) complex control of responses against Rous sarcomas. *Poult Sci* 83:638 - 649.

[506] Telesnitsky, A. , and S. P Goff. 1997. Reverse transcriptase and the generation of retroviral DNA,p. 121 - 160. In J. M. Coffin, S. H. Hughes, and H. E. Varmus (ed.),Retroviruses. Cold Spring Harbor,New York.

[507]Temin, H. M. 1974. The cellular and molecular biology of RNA tumor viruses,especially avian leukosis-sarcoma viruses,and their relatives. *Adv Cancer Res* 19:47 - 104.

[508]Temin, H. M. , and H. Rubin. 1958. Characteristics of an assay for Rous sarcoma virus and Rous sarcoma cells in tissue culture. *Virology* 6:669 - 688.

[509]Tereba, A. , L. B. Crittenden, and S. M. Astrin. 1981. Chromosomal localization of three endogenous retrovirus loci associated with virus production in White Leghorn chickens. *J Virol* 39:282 - 289.

[510]Tereba,A. ,and K. G. Murti. 1977. A very sensitive biochemical assay for detecting and quantitating avian oncornaviruses. *Virology* 80:166 - 176.

[511]Thacker,E. L. ,J. E. Fulton,and H. D. Hunt. 1995. *In vitro* analysis of a primary, major histocompatibility complex(MHC)-restricted,cytotoxic T-lymphocyte response to avian leukosis virus(ALV),using target cells expressing MHC class I cDNA inserted into a recombinant ALV vector. *J Virol* 69:6439 - 6444.

[512]Thapa, B. R. , A. R. Omar, S. S. Arshad, and M. HairBejo. 2004. Detection of avian leukosis virus subgroup J in chicken flocks from Malaysia and their molecular characterization. *Avian Pathol* 33:359 - 363.

[513]Tieber, V. L. , L. L. Zalinskis, R. F. Silva, A. Finkelstein,and P. M. Coussens. 1990. Transactivation of the Rous sarcoma virus long terminal repeat promoter by Marek's disease virus. *Virology* 179:719 - 727.

[514]Tomioka, Y. , K. Ochiai, K. Ohashi, T. Kimura, and T. Umemura. 2003. In ovo infection with an avian leukosis virus causing fowl glioma:viral distribution and pathogenesis. *Avian Pathol* 32:617 - 624.

[515]Tomioka, Y. , K. Ochiai, K. Ohashi, E. Ono, T. Toyoda, T. Kimura, and T. Umemura. 2004. Genome sequence analysis of the avian retrovirus causing so-called fowl glioma and the promoter activity of the long terminal repeat. *J Gen Virol* 85:647 - 52.

[516]Toyoda,T. ,K. Ochiai, H. Hatai,M. Murakami,E. Ono, T. Kimura, and T. Umemura. 2006. Cerebellar hypoplasia associated with an avian leukosis virus inducing fowl glioma. *Vet Pathol* 43:294 - 301.

[517] Toyoda, T. , K. Ochiai, K. Ohashi, Y. Tomioka, T. Kimura,and T. Umemura. 2005. Multiple perineuriomas in chicken(Gallus gallus domesticus). *Vet Pathol* 42: 176 - 183.

[518]Trejbalova,K. ,K. Gebhard, Z. Vernerova, L. Dusek,J. Geryk,J. Hejnar, A. T. Haase, and J. Svoboda. 1999. Proviral load and expression of avian leukosis viruses of subgroup C in long-term persistently infected heterologous hosts(ducks). *Arch Virol* 144:1779 - 1807.

[519] Tsang, S. X. , W. M. Switzer, V. Shanmugam, J. A. Johnson,C. Goldsmith, A. Wright, A. Fadly, D. Thea, H. Jaffe, T. M. Folks, and W. Heneine. 1999. Evidence of avian leukosis virus subgroup E and endogenous avian virus in measles and mumps vaccines derived from chicken cells:investigation of transmission to vaccine recipients. *J Virol* 73:5843 - 5851.

[520]Tsukamoto, K. , M. Hasebe, S. Kakita, H. Hihara, and Y. Kono. 1991. Identification and characterization of hens transmitting avian leukosis virus(ALV) to their embryos by ELISAs for detecting infectious ALV, ALV antigens and antibodies to ALV. *J Vet Med Sci* 53: 859 -864.

[521]Tsukamoto, K. , M. Hasebe, S. Kakita, Y. Taniguchi, H. Hihara, and Y. Kono. 1992. Sporadic congenital transmission of avian leukosis virus in hens discharging

the virus into the oviducts. *J Vet Med Sci* 54:99 - 103.

[522]Tsukamoto, K. , H. Hihara, and Y. Kono. 1991. Detection of avian leukosis virus antigens by the ELISA and its use for detecting infectious virus after cultivation of samples and partial characterization of specific pathogen free chicken lines maintained at this laboratory. *J Vet Med Sci* 53:399 - 408.

[523]Tsukamoto, K. , Y. Kono, and K. Arai. 1985. An enzyme linked immunosorbent assay for detection of antibodies to exogenous avian leukosis virus. *Avian Dis* 29:1118 - 1129.

[524]van de Lavoir, M. C. , J. H. Diamond, P. A. Leighton, C. Mather-Love, B. S. Heyer, R. Bradshaw, A. Kerchner, L. T. Hooi, T. M. Gessaro, S. E. Swanberg, M. E. Delany, and R. J. Etches. 2006. Germline transmission of genetically modified primordial germ cells. *Nature* 441: 766 - 769.

[525]van de Lavoir, M. C. , C. Mather-Love, P. Leighton, J. H. Diamond, B. S. Heyer, R. Roberts, L. Zhu, P. Winters-Digiacinto, A. Kerchner, T. Gessaro, S. Swanberg, M. E. Delany, and R. J. Etches. 2006. High-grade transgenic somatic chimeras from chicken embryonic stem cells. *Mech Dev* 123:31 - 41.

[526] Van Woensel, P. A. M. , A. v. Blaaderen, R. J. M. Mooman, and G. F. d. Boer. 1992. Detection of proviral DNA and viral RNA in various tissues early after avian leukosis virus infection. Leukemia 6 (Suppl 3).

[527]Vandergon, T. L. , and M. Reitman. 1994. Evolution of chicken repeat 1 (CR1) elements: evidence for ancient subfamilies and multiple progenitors. *Mol Biol Evol* 11:886 - 898.

[528]Venugopal, K. 1999. Avian leukosis virus subgroup J: a rapidly evolving group of oncogenic retroviruses. *Res Vet Sci* 67:113 - 119.

[529]Venugopal, K. , K. Howes, G. S. Barron, and L. N. Payne. 1997. Recombinant env-gp85 of HPRS-103 (subgroup J) avian leukosis virus: antigenic characteristics and usefulness as a diagnostic reagent. *Avian Dis* 41: 283 - 288.

[530]Venugopal, K. , K. Howes, D. M. J. Flannery, and L. N. Payne. 2000. Isolation of acutely transforming subgroup J avian leukosis viruses that induce erythroblastosis and myelocytomatosis. *Avian Pathol* 29:327 - 332.

[531]Venugopal, K. , K. Howes, D. M. J. Flannery, and L. N. Payne. 2000. Subgroup J avian leukosis virus infection in turkeys: induction of rapid onset tumours by acutely transforming virus strain 966. *Avian Pathol* 29:319 -

326.

[532]Venugopal, K. , L. M. Smith, K. Howes, and L. N. Payne. 1998. Antigenic variants of J subgroup avian leukosis virus: sequence analysis reveals multiple changes in the env gene. *J Gen Virol* 79 (Pt 4):757 - 766.

[533]Vogt, P. K. 1965. Avian tumor viruses. *Adv Virus Res* 11: 293 - 385.

[534]Vogt, P. K. 1997. Historical introduction to the general properties of retroviruses, p. 1 - 26. *In* J. M. Coffin, S. H. Hughes, and H. E. Varmus(ed.), Retroviruses. Cold Spring Harbor, New York.

[535]Vogt, P K. , A. G. Bader, and S. Kang. 2006. Phosphoinositide 3-kinase: from viral oncoprotein to drug target. *Virology* 344:131 - 138.

[536]Vogt, P. K. , and R. Ishizaki. 1966. Criteria for the classification of avian-tumor viruses. In W J. Burdett(ed.). Viruses Inducing Cancer. University of Utah Press: Salt Lake City, UT. 71 - 90.

[537]Vogt, V. M. , and M. N. Simon. 1999. Mass determination of Rous sarcoma virus virions by scanning transmission electron microscopy. *J Virol* 73:7050 - 7055.

[538]Wainberg, M. A. , and M. S. Halpern. 1987. Avian sarcomas: Immune responsiveness and pathology, p. 131 - 152. In G. F. De Boer(ed.), Avian Leukosis. Martinus Nijhoff, Boston.

[539]Wakenell, P. S. 1997. An overview of problems in diagnosis of Neoplastic diseases of poultry. In A. M. Fadly, K. A. Schat, and J. L. Spencer(eds.). Proceedings Avian Tumor Viruses Symposium. Reno, Nevada. 1 - 5.

[540]Wallny, H. J. , D. Avila, L. G. Hunt, T. J. Powell, P. Riegert, J. Salomonsen, K. Skjodt, O. Vainio, F. Vilbois, M. V. Wiles, and J. Kaufman. 2006. Peptide motifs of the single dominantly expressed class I molecule explain the striking MHC-determined response to Rous sarcoma virus in chickens. *Proc Natl Acad Sci U S A* 103: 1434 - 1439.

[541]Walter, W. G. , B. R. Burmester, and C. H. Cunningham. 1962. Studies on the transmission and pathology of a viral-induced avian nephroblastoma (embryonal nephroma). *Avian Dis* 6:455 - 477.

[542]Wang, L. H. , and H. Hanafusa. 1988. Avian sarcoma viruses. *Virus Res* 9:159 - 203.

[543]Wang, Z. , and Z. Cui. 2006. Evolution of gp85 gene of subgroup J avian leukosis virus under the selective pressure of antibodies. *Sci China C Life Sci* 49:227 - 234.

[544]Waters, N. F. , and B. R. Burmester. 1961. Mode of in-

heritance of resistance to Rous sarcoma virus in chickens, *J Natl Cancer Inst* 27:655 - 661.

[545]Watts, S. L. , and R. E. Smith. 1980. Pathology of chickens infected with avian nephoblastoma virus MAV-2 (N). *Infect Immun* 27:501 - 512.

[546]Webster, M. T. , E. Axelsson, and H. Ellegren. 2006. Strong regional biases in nucleotide substitution in the chicken genome. *Mol Biol Evol* 23:1203 - 1216.

[547]Weiss, R. A. 1993. Cellular receptors and viral glycoproteins involved in retrovirus entry, p. 1-108. In J. A. Levy (ed.), The Retroviridae Vol 2. Plenum Press, New York.

[548]Weiss, R. A. 1975. Genetic transmission of RNA tumor viruses. *Perspect Virol* 9:165 - 205.

[549]Weiss, R. A. 1981. Retrovirus receptors, p. 187-202. *In* K. Longberg-Holm and L. Philipson(ed.), Virus Receptors. Pt. 2: Receptors and Recognition, series B, vol. 8. Chapman and Hall, London.

[550]Weiss, R. A. , D. Boettiger, and H. M. Murphy. 1977. Pseudotypes of avian sarcoma viruses with the envelope properties of vesicular stomatitis virus. *Virology* 76: 808 - 825.

[551]Weiss, R. A. , and D. P. Frisby. 1981. Are avian endogenous viruses pathogenic. In D. S. Yohn(ed.), 10th International Symposium for Comparative Research on Leukosis and Related Diseases. Elsevier/North Holland, New York.

[552]Weiss, R. A. , W. S. Mason, and P. K. Vogt. 1973. Genetic recombinants and heterozygotes derived from endogenous and exogenous avian RNA tumor viruses. *Virology* 52:535 - 52.

[553]Weiss, R. A. , H. V. N. Teich, and J. C. (eds.). 1982. RNA Tumor Viruses, 2nd ed. Cold Spring Harbor Laboratory. Cold Spring Harbor, New York.

[554]Weiss, R. A. , H. V. N. Teich, and J. C. (eds.). 1985. RNA Tumor Viruses, 2nd ed. Supplements and Appendices. Cold Spring Harbor Laboratory. Cold Spring Harbor, New York.

[555]Weiss, R. A. , N. Teich, H. Varmus, and J. Coffin. 1982. Presented at the RNA Tumor Viruses, New York.

[556]Weissmahr, R. N. , J. Schupbach, and J. Boni. 1997. Reverse transcriptase activity in chicken embryo fibroblast culture supernatants is associated with particles containing endogenous avian retrovirus EAV-0 RNA. *J Virol* 71:3005 - 3012.

[557]Whalen, L. R. , D. W. Wheeler, D. H. Gould, S. A. Fiscus, L. C. Boggie, and R. E. Smith. 1988. Functional and structural alterations of the nervous system induced by avian retrovirus RAV-7. *Microb Pathog* 4:401 - 416.

[558]Wicker, T. , J. S. Robertson, S. R. Schulze, F. A. Feltus, V. Magrini, J. A. Morrison, E. R. Mardis, R. K. Wilson, D. G. Peterson, A. H. Paterson, and R. Ivarie. 2005. The repetitive landscape of the chicken genome. *Genome Res* 15:126 - 136.

[559]Williams, S. M. , S. D. Fitzgerald, W. M. Reed, L. F. Lee, and A. M. Fadly. 2004. Tissue tropism and bursal transformation ability of subgroup J avian leukosis virus in White Leghorn chickens. *Avian Dis* 48:921 - 927.

[560]Williams, S. M. , W M. Reed, L. D. Bacon, and A. M. Fadly. 2004. Response of white leghorn chickens of various genetic lines to infection with avian leukosis virus subgroup J. *Avian Dis* 48:61 - 67.

[561]Williams, S. M. , W M. Reed, and A. M. Fadly 2000. Influence of age of exposure on the response of line 0 and line 63 chickens to infection with subgroup J avian leukosis virus. In E. F. Kaleta, L. N. Payne, and U. Heffels-Redmann(eds.). Proceedings, International Symposium on ALV-J and Other Avian Retroviruses; Rauischholzhausen, Germany. 67 - 76.

[562]Witter, R. L. 2000. Presented at the Proceedings, International Symposium on ALV-J and Other Avian Retroviruses, Rauischholzhausen, Germany.

[563]Witter, R. L. , L. D. Bacon, H. D. Hunt, R. E. Silva, and A. M. Fadly. 2000. Avian leukosis virus subgroup J infection profiles in broiler breeder chickens: association with virus transmission to progeny. *Avian Dis* 44:913 - 931.

[564]Witter, R. L. , L. D. Bacon, H. D. Hunt, R. E. Silva, and A. M. Fadly. 2001. Avian leukosis virus subgroup J infection profiles in broiler breeder chickens: Associations with virus transmission to progeny. *Avian Dis* 44:913 - 931.

[565]Witter, R. L. , B. W Calnek, and P. P. Levine. 1966. Influence of naturally occurring parental antibody on visceral lymphomatosis virus infection in chickens. *Avian Dis* 10:43 - 56.

[566]Witter, R. L. , and A. M. Fadly. 2001. Reduction of horizontal transmission of avian leukosis virus subgroup J in broiler breeder chickens hatched and reared in small groups. *Avian Pathol* 30:641 - 654.

[567]Witter, R. L. , I. M. Gimeno, and A. M. Fadly 2005. Differential diagnosis of lymphoid and myeloid tumors in the chicken. , p. 1 - 49, AAAP Slide Study Set ♯27 American Association of Avian Pathologists, Athens, GA

(Electronic media).

[568]Wright, S. E. , and D. D. Bennett. 1992. Avian retroviral recombinant expressing foreign envelope delays tumour formation of ASVA-induced sarcoma. *Vaccine* 10:375 - 378.

[569]Wyke, J. A. , J. G. Bell, and J. A. Beamand. 1975. Genetic recombination among temperature-sensitive mutants of Rous sarcoma virus. *Cold Spring Harb Symp Quant Biol* 39 Pt 2:897 - 905.

[570]Xu, B. , W Dong, C. Yu, Z. He, Y. Lv, Y. Sun, X. Feng, N. Li, L. F. Lee, and M. Li. 2004. Occurrence of avian leukosis virus subgroup J in commercial layer flocks in China. *Avian Pathol* 33:13 - 17.

[571]Young, J. A. , P. Bates, and H. E. Varmus. 1993. Isolation of a chicken gene that confers susceptibility to infection by subgroup A avian leukosis and sarcoma viruses. *J Virol* 67:1811 - 1816.

[572]Zander, D. V. , R. G. Raymond' C. F. McClary, and K. Goodwin. 1975. Eradication of subgroups A and B lymphoid leukosis virus from commercial poultry breeding flocks. Er. *Avian Dis* 19:408 - 423.

[573]Zavala, G. , and S. Cheng. 2006. Detection and characterization of avian leukosis virus in Marek's disease vaccines. *Avian Diseases* 50:209 - 215.

[574]Zavala, G. , L. Dufour-Zavala, P. Villegas, J. El-Attrache, D. A. Hilt, and M. W. Jackwood. 2002. Lack of interaction between avian leukosis virus subgroup J and fowl adenovirus (FAV) in FAV-antibody-positive chickens. *Avian Dis* 46:979 - 84.

[575]Zavala, G. , M. W. Jackwood, and D. A. Hilt. 2002. Polymerase chain reaction for detection of avian leukosis virus subgroup J in feather pulp. *Avian Dis* 46:971 - 8.

[576]Zavala, G. , B. Lucio-Martinez, S. Cheng, and T. Barbosa. 2006. Sarcomas and myelocytomas induced by a retrovirus related to myeloblastosis-associated virus type 1 in White Leghorn egg layer chickens. *Avian Diseases* 50:201 - 208.

[577]Zhang, H. M. , L. D. Bacon, H. H. Cheng, and H. D. Hunt. 2005. Development and validation of a PCR-RFLP assay to evaluate TVB haplotypes coding receptors for subgroup B and subgroup E avian leukosis viruses in White Leghorns. *Avian Pathol* 34:324 - 31.

[578]Ziegel, R. F. 1961. Morphological evidence of the association of virus particles with the pancreatic acinar cells of the chick. *J Natl Cancer Inst* 26:1011 - 1039.

禽网状内皮组织增殖病

Reticuloendotheliosis

Richard L. Witter Aly 和 M. Fdly,

引 言

定义

禽网状内皮组织增殖病（RE）是指由反转录病毒科网状内皮组织增殖病病毒（REV）群引起的几种禽类的一群病理综合征。这些综合征包括：① 矮小综合征；②淋巴组织及其他组织形成的慢性肿瘤；③急性网状细胞肿瘤形成。感染虽然普遍存在，但疾病症状不明显。

实验室分离的 T 株在鸡胚成纤维细胞上复制是不完全的，具有与其急性致瘤作用有关的独特的细胞源性致癌基因（v-rel）[101,102]。T 株的种毒同时含有一种非缺陷型辅助性 REV，它能在鸡胚成纤维细胞上复制但无急性致瘤特性[101]。这种辅助性病毒被称为 REV - A 株[101]或非缺陷性 T 株[268]。目前 REV 群包括 T 株、雏鸡合胞体病毒[51]、鸭传染性贫血病毒[138]、脾坏死病毒[238]。其他的非缺陷性毒株分离自火鸡、鸡、鸭、雉、鹅和草原鸡。非缺陷型毒株是一个单独的血清型，但已被分为 3 种抗原亚型[45]。

非缺陷型 REV 可引起矮小综合征和慢性肿瘤，这两种病均可自然发生。只有 T 株可诱发急性网状细胞肿瘤形成，而自然条件下的发生情况尚不清楚。

经济意义

给雏鸡接种 REV 污染的疫苗时，由矮小综合征或慢性肿瘤病会引起巨大的经济损失[83,113,128]。但是，这样的情况比较少见，并且根据临床报道鸡和火鸡的经济损失很少。血清阳性鸡群的后代已被禁止出口到某些国家，但是，仍然给某些养殖户带来一定的经济损失。也会给某些疫苗公司、生产 SPF 鸡群和一些必须进行 REV 污染常规检测的产品的生产商带来巨大的经济损失。由于环境、疫苗污染或传染导致免疫抑制性疾病在有价值的商品鸡内广泛流行，所以已引起广泛的注意[257]。

公共卫生意义

REV 群具有广泛的宿主范围（包括某些哺乳动物细胞）[1,250] 和序列同源性（认为与哺乳动物反转录病毒存在进化连锁性）[14,127,192]，这增加了人类感染的可能性[114]。Johnson 等报道，ELISA 和免疫印迹可检出人血清中含有 REV 抗体[115,116]，但滴度相当低，并且使用正常鸡组织进行吸收可排除绝大多数的反应。但是，其他研究者认为，REV 感染人类并不重要[66,68,93]。

科学意义

RE 已受到研究者们的异常关注。急性和慢性肿瘤病代表了病原不同的（前两类分别是马立克氏病和淋巴白血病）禽类第三群病毒性肿瘤。该病毒比其他禽肿瘤性病毒有着更广泛的宿主范围，且能感染和转化多种细胞[1,14,251]。RE 诱发鸡的各种肿瘤综合征与淋巴白血病和马立克氏病相似，RE 被认为是研究鸡免疫抑制性疾病的很好模型。REV 已成为比较反转录病毒学中经常使用的模型。REV 能整合到大 DNA 病毒的基因组中，包括马立克氏病毒和禽痘病毒[100,110]。REV 已用做将外源基因插入到鸡和哺乳动物细胞内的表达载体；这类载体在转基因鸡的生产[28]和人类基因治疗[69]方面还有很多用途。

历史

REV 最初分离株——T 毒株是于 1957 年从患有内脏淋巴肿瘤的火鸡分离而来，堪萨斯州立大学的 Twiehaus 及其同事用细胞和无细胞接种在火鸡和鸡连续传代达 300 次以上。尽管这些学者在 1958—1960 年间获得大量有关该病毒的实验数据，但因为这一病毒分离株的固有特性未能很快得到确证，所以他们推迟了论文的发表[195]。同时，Sevoian从 Twiehaus 得到这一高代次分离株，并发现了它的急性致瘤作用，在接种 6～21 天可引起雏鸡死亡[210]。Theilen 等证实了 T 毒株对雏鸡、火鸡和日本鹌鹑的急性致瘤特性；他们基于肿瘤病变

中存在的主要细胞成分，首次将这一疾病称为"网状内皮组织增殖病"[234]，现在称之为急性网状内皮细胞瘤。随后，Bose 和其同事将 T 毒株定义为网状内皮组织增殖病病毒[27]。

Purchase[183] 发现 T 株与以前鉴定的非致瘤性的鸡合胞体病毒、脾坏死病毒和鸭传染性贫血病毒之间存在抗原关系，因此建立了病毒群的概念，即该群病毒株具有各种生物学特性。因此，尽管非缺陷性毒株感染很少导致网状内皮细胞病变，起源于缺陷型毒株 T 感染导致的非典型病变而对该病毒进行命名的方法也被用于了该群病毒。

REV 的研究文献很丰富，更多相关的内容其他的综述均有讨论[11,26,68,146,154,178,184,255,259]。

病 原 学

分类

REV 是反转录病毒，在免疫学、形态学和结构上都不同于禽淋巴白血病/肉瘤病毒群的反转录病毒（详见综述 184）。国际病毒学分类委员会最近将 REV 分在反转录科，正反转录病毒亚科，γ 反转录病毒属[30]。在反转录病毒的分类中，REV 是属于哺乳动物 C 型病毒属；而禽白血病病毒为一个单独的属[48]。REV 与哺乳动物 C 型反转录病毒之间在形态学、核酸序列、主要多肽的氨基酸序列、免疫决定簇（详见综述 153）和受体干扰模型[123]方面的关系已有描述。

形态学

病毒粒子属于典型的反转录病毒，直径约为 100nm[277]，表面突起长约 6nm，直径约 10nm[118]。病毒粒子在蔗糖密度梯度中的浮密度为 $1.16～1.18$ g/mL[20]，依据 REV 在超薄切片中的形态可与禽淋巴白血病/肉瘤病毒相区别[152,277]。病毒粒子的形态见图 15.49。

化学成分

核酸

REVs 的基因组为单股 RNA，是由含有两个

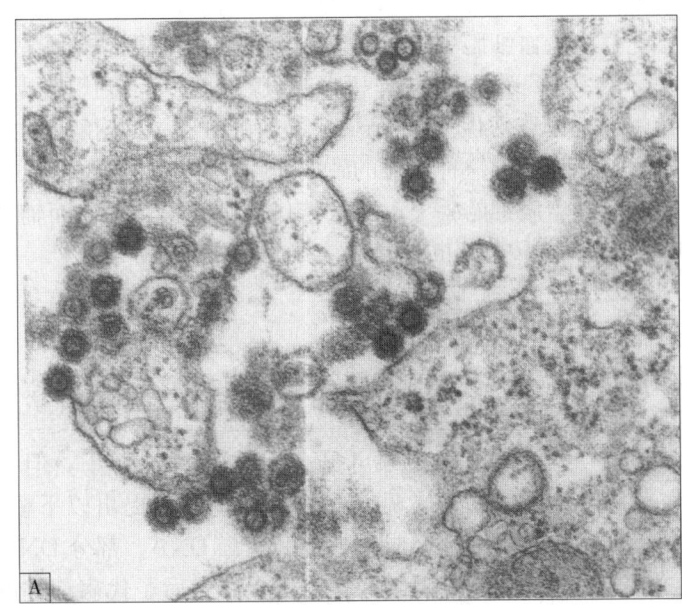
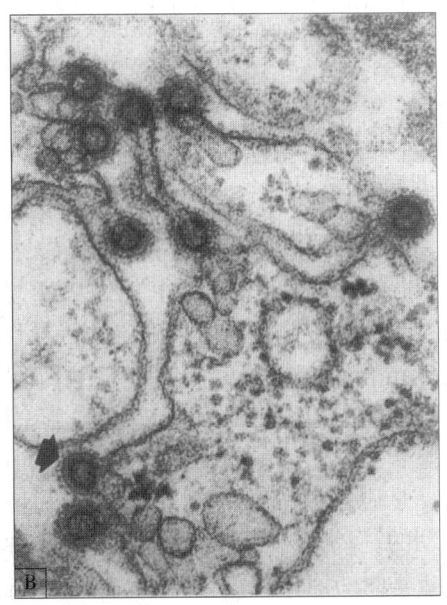

图15.49 感染REV的鸡胚成纤维细胞超薄切片的电镜照片。A. 细胞外间隙中的典型病毒颗粒，×40 000。B. REV颗粒从感染细胞的胞浆膜上出芽（箭头），×60 000（Nazerian）

30～40S 的 RNA 亚单位（每个大小约为 3.9×10^6 d）的 60～70 S 复合体组成[22,142]。非缺陷型 REV 的基因组约为 9.0kb，复制缺陷型 T 株的基因组仅有约 5.7kb，这主要是由于 gag-pol 区基因的大段缺失和 env 区少部分缺失所致[49]。此外，复制缺陷型 T 株基因组的 env 区含有一个 0.8～1.5kb 具有转化基因作用的替代片段，称为 v-rel 基因[44,50,269]。非缺陷型 REVs 或其他禽类和哺乳动物的反转录病毒不存在 v-rel 基因。存在于正常禽类包括火鸡细胞的 DNA 中的相关序列（c-rel），致癌基因极有可能由此序列转导而来[44,254]。在宿主 DNA 中没有发现内源性 REV 序列。长末端重复序列（LTRs）长为 569 个碱基[213]，是多种细胞中的高效启动因子[193]分离自中国和美国的两个 REV 毒株的基因组全序列测序结果已有报道（分别对应在 GenBank 里的 NC006934 和 DQ387450）。

致癌基因

v-rel 致癌基因在 T 株转化的淋巴细胞中进行转录，并产生一种称为 $pp59^{v-rel}$ 的磷蛋白产物。v-rel 蛋白是 rel/dorsal 蛋白家族的成员，与核因子 kappa B 有关，并具有 DNA 结合转录因子的功能[25,198]。该蛋白在结构和转化能力上均不同于 c-rel 蛋白[95]，而且在转化细胞的胞浆和核中均可检测到这种蛋白，这一点也与其他多数致癌基因产物不同[26]。v-rel 蛋白通常与细胞蛋白形成复合物[125,136,222]。这种蛋白与缺陷型 T 株的急性致瘤作用有关[26]。

在几种情况下，除 T 株以外的其他 REV 分离株经极短的潜伏期后就能诱发肿瘤病[70,71,185,186]。研究这些毒株致癌基因的细胞来源可能很有意义。

蛋白质

如同其他反转录病毒，REV 基因表达结构蛋白、一个囊膜蛋白和一个聚合酶。v-rel 基因编码的蛋白前已述及。依赖 RNA 的 DNA 聚合酶（反转录酶）在结构和免疫学上不同于淋巴白血病/肉瘤病毒相应的酶[19,152]。REV 聚合酶对 Mn^{2+} 离子的嗜性是该酶区别于其他禽反转录病毒相应酶的一个特征[152,205,272]。

已经从 REV 中分离出多种多肽成分，包括由 2 肽组成的囊膜蛋白，即 gp90 表面单位（SU）和 gp20 跨膜单位（TU）[239,241]；5 种 gag 基因编码的结构蛋白，即 p12、pp18、pp20、p30 和 p10[240]。gp90 被认为是病毒的免疫原蛋白[62]其 C-末端表位位于感染细胞的表面[241]。受体结合区已被定位，与其他反转录病毒存在着结构差异[143]。30kD（p30）蛋白是主要的群特异性抗原，在病毒离子的装配过程中起作用[252]。Mosser 等[157]对病毒粒子表面的两种糖蛋白和另外两种蛋白进行了定位。针对 p30 的抗血清可与其他几种 REVs 的 p30 发生交叉反应，因此认为这种蛋白是群特异性的[141]。

病毒复制

非缺陷型病毒株

病毒在体外的复制过程与其他反转录病毒相似，Dornburg 对此已作了综述[68]。病毒侵入涉及其囊膜糖蛋白与细胞表面尚未确定的特异性受体结合。受体结合引起超感染干扰[85]。病毒侵入也可能通过直接膜融合。在鸡和 D17 细胞上，DNA 前病毒的整合是以不同的机制进行的。病毒 RNA 转录和翻译是通过存在于 LTR 的启动子和增强子序列而启动的。gag-pol 和 env 基因编码两种聚合蛋白；gag 基因的前体蛋白是十四（烷）酸盐化的。衣壳蛋白基因序列位于 gag 基因中。最后阶段是病毒粒子从细胞膜出芽释放。在鸡细胞内，病毒颗粒生成最早见于感染后 24h[118]，感染后 2～4 天病毒产量最高[27,88,231]。

缺陷型毒株

缺陷型 T 株病毒的复制需要一个非缺陷型 RE辅助病毒[101]。T 株病毒经体内传代[195]或在感染的造血细胞中培养[101]仍可保持其致瘤性，但在鸡胚成纤维细胞[234,265]和狗胸腺细胞[1]上传代则很快丧失致瘤性。Breitman 等[29]指出，在鸡胚成纤维细胞上的这种明显的致弱作用是由于缺陷型的急性致瘤病毒的丢失，三次传代后则丢失殆尽，而辅助性 REV 可不断地复制。

细胞病理学

REV 在鸡胚成纤维细胞上复制，在某些情况但并非所有情况下[234]，伴随轻度细胞病变。病毒感染的培养物中可见合胞体细胞形成[51]，但变性细胞病变更常见[231]。Temin 等[232]提出以下模式：被感染细胞合成未整合的病毒 DNA，部分 DNA 整合到细胞基因组的多个位点。然后子代病毒过度感染已被感染的细胞，导致未整合的病毒 DNA 积聚。含有大量未整合 DNA 的细胞死亡，这样可防止早期过度感染，使得那些细胞只含有少量未整合的病毒 DNA 拷贝，并存活下来。

细胞杀灭的急性期（图 15.50A，B）可在感染后持续 2～10 天，之后处于慢性感染状态，其特征是细胞病变消失而病毒继续增殖（图 15.50C）[230,231]。

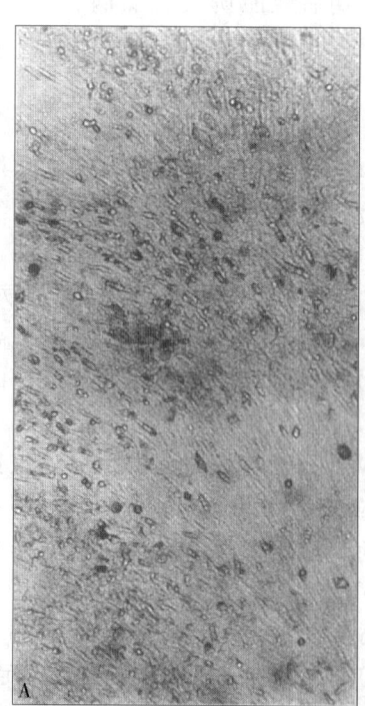
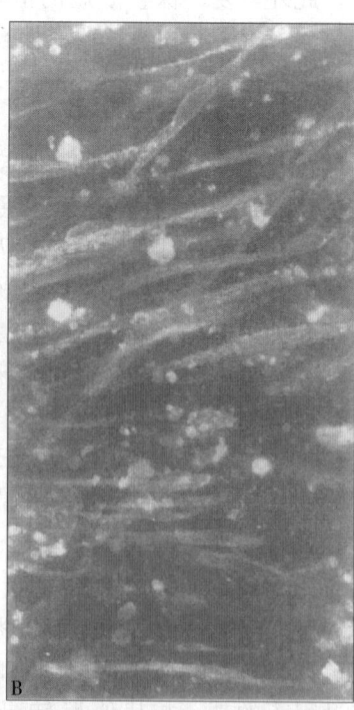

图 15.50 接种非缺陷型 REV T 株鸡胚成纤维细胞的急性（致细胞病变）和慢性（非致细胞病变的）感染。A. 感染 13 天后出现轻度细胞病变，未染色，×55；B. 感染 13 天后出现的细胞病变和经免疫荧光染色显示的病毒抗原；C. 感染后 48 天的慢性感染细胞培养物，外观比较正常的细胞，经免疫荧光染色可见大多数细胞含有胞浆内病毒抗原，×360

这种细胞病变（CPE）是蚀斑测定的基础[36,156,231]，但该方法尚未广泛应用，或许这是因为细胞病变不很一致的缘故。Cho[46,47]建立了在用化学转化的日本鹌鹑成纤维细胞 QT35 系上进行蚀斑测定的方法。

宿主范围

许多禽类细胞体外培养对病毒均易感，特别是鸡胚成纤维细胞，目前这些细胞系已广泛用于病毒的增值和测定。然而某些哺乳动物细胞至少也能支持有限的繁殖。非缺陷型 REV 能在 D17 犬肉瘤细胞[14,250]、Cf2th 犬胸腺细胞[1,214]、正常大鼠肾细胞[122]、水貂肺细胞[1]和牛细胞[13]中生长。D17 细胞对病毒很易感，是病毒增殖的一个有效的宿主系统[250,251]，不过在获得高滴度的病毒之前 REVs 需要一个适应过程。大鼠和小鼠细胞对 REV 复制的不同阶段有阻滞作用，因而只是半许可性复制[73,74]。含有 REV-A 基质蛋白的嵌合载体颗粒比含有脾坏死病毒株基质蛋白的病毒可更有效地感染哺乳动物细胞[43]。REV 能在多种禽类体内增殖，但是迄今还没有 REV 在非禽类动物体内增殖的证据。Johnson 等[116]报道，在人、猴子、马和山羊体内存在针对 REV 的抗体，但有待进一步证实。虽然 Koo 等[126]报道以 REV-A 为基础的载体能感染人细胞，但近来有证据表明 REVs 不感染人细胞是由于不能结合细胞表面受体[93]。此外，常用的 D17.2G 包装细胞系的某些批次可能污染有鼠反转录病毒，因此当感染 REV 后，就产生能感染人细胞的假型病毒颗粒[93]。

假型

非缺陷型 REV 的囊膜成分能与 Rous 肉瘤病毒[201,242]和水疱疹口疮炎病毒[119]形成假型。假型病毒可被 REV 抗血清中和；Crittenden 等[55]已将这一原理用于检测待检血清中的 REV 抗体。

插入突变

像其他反转录病毒一样，REV 的复制需要前病毒 DNA 整合到宿主细胞基因组里。但是 REV 前病毒 DNA 也能整合到大 DNA 病毒的基因组中，这些病毒包括马立克氏病毒[110]和禽痘病毒[100]。插入显然是由于 REV 和受体 DNA 病毒共感染所致，在体内和体外均可发生[59]。绝大多数情况下插入的片段是单一的 LTR，有时还存在部分缺失[117,155]。但在火鸡疱疹病毒中也可检测到全长 REV 感染性基因组[111]。禽痘病毒的某些毒株中已检测到全长的 REV 感染性前病毒[90,100,124,215]。这种前病毒性插入能在 50 多年前的冻干禽痘病毒种毒中检出[124]。这种现象是十分重要的，因为 REV 插入可潜在性地改变受体微生物的生物学特性，而且因为 REV 感染性克隆包装在别的病毒中可能为感染的转移提供一种新型的重要机制（见"水平传播"）。

毒株分类

不同的 REV 分离株具有明显一致的抗原性[32,183,265]，除了复制缺陷型 T 株外，还具有相似的结构和化学特性[19,120]。虽然 REV 的所有毒株属于一个单一的血清型[45]，但根据中和试验及与单克隆抗体反应的差异可分为 3 个亚型[45,56]。受体干扰试验不能区分 1 和 2 亚型病毒[85]，因而证实不存在主要亚型差异。REV 分离株在某些生物学特性（包括致病性[184]和体内复制[2]上也存在着差异，但这些差异不是毒株分类的依据。

实验室宿主系统

细胞培养

几种禽类的成纤维细胞和某些细胞系，如 QT35 鹌鹑肉瘤细胞[47,53]和 D17 犬骨瘤细胞[14,250]，对非缺陷型 REVs 的感染均敏感。在感染的培养物中，可检测到抗原（图 15.50B，C）、病毒颗粒、前病毒 DNA、细胞病变和反转录酶，这可以作为测定病毒的指标。培养物在琼脂上生长时，可以定位含有免疫荧光抗原的细胞灶，这可用作为定量荧光灶测定的基础[183]。鸭胚成纤维细胞很适合于细胞病变的观察[12]。但是，鸡骨髓衍生的巨噬细胞对感染有一定抵抗力[33]。

胚胎和禽类

REV 的其他实验室宿主系统有鸡胚[2,211]和多种禽类，包括雏鸡、日本鹌鹑、鸭、鹅、火鸡、雉和珍珠鸡[15,185,234]。这些胚胎和动物对感染可产生应答而形成特征性病变、病毒血症或抗体。

细胞系

在体内或体外用复制缺陷型 REV 转化的造血

细胞已开发成可连续传代的细胞系；基于辅助病毒的毒株不同及转化发生在体内还是体外[26,105]，所形成的细胞类型和表面标志亦有所不同。也建立了转化的鸡胚成纤维细胞系[87]。用完全复制 REV 感染后可以分离到产生假病毒的非生产性克隆[102]。这些细胞具有与主要组织相容性抗原共帽（co-cap）的表面病毒抗原[140]。从 REV 非缺陷型毒株诱发的慢性淋巴瘤也已经衍生出一些细胞系[169,186]。由不完全 REV 在体外转化的脾细胞而诱导的细胞系可作为转染外源基因有效的表达系统[182,204]，也可用作其他病毒增殖的基质细胞[188]。这些转化细胞系能合成生长因子或细胞因子[67,91,94]。

病理生物学和流行病学

发生和分布

REV 常感染火鸡、鸭、鸡群和其他某些禽类，呈世界分布，但并非无处不在。血清阳性鸡群的流行和感染鸡群中血清阳性鸡的比例，两者随着鸡群年龄的增加而增多。Aulisio 和 Shelokov[6] 发现，美国 92 个鸡群中将近一半为血清阳性。随后的研究，Bagust[12] 已进行综述，表明在许多国家鸡群存在 REV 抗体（或病毒）。早在 1964 年[244,270]，REV 感染就在日本呈地方流行性。最近的调查表明，韩国[209]和埃及[3]有 34％～75％的鸡群有抗体。在美国血清阳性鸡群仍很普遍（Witter，未发表）。

相反的，在商品鸡群中 REV 相关的临床疾病呈散发或不发生。临床上一般见不到急性网状细胞肿瘤发生。虽然 REV 在韩国自然发生免疫抑制性疾病的鸡群中出现[209]，但是矮小综合征主要见于接种 REV 污染的疫苗的雏鸡[113,121,273]。在接种疫苗引起的暴发中，通常高比例的鸡被感染。

REV 感染导致的慢性肿瘤也很少见。美国[54,176,221,261,266]、英国[145]和以色列[107]都有火鸡自然发生淋巴瘤的病例。感染鸡群由于死亡和屠宰废弃引起的损失可高达 16％～20％[145,176]。REV 感染引起淋巴瘤发生在野火鸡[99,134]及鸡中都有报道[60,107,149,173,174]，但很少见。REV 引起的慢性肿瘤也偶见于鸭[97,177,179]、鹌鹑[39,203,243]、雉[71]、鹅[70]、孔雀[151]和草鸡[72,78,276]。

给鸡接种 REV 污染的疫苗，也会引起慢性淋巴瘤[12,83,187]。

自然宿主和实验宿主

REV 感染的自然宿主包括火鸡、鸡、鸭、鹅、雉、日本鹌鹑、孔雀和草鸡。实验宿主除上述禽类外，还有珍珠鸡。鸡和火鸡是最常用的实验宿主。

传播、传播媒介和携带者

水平传播

试验条件下，REV 能够通过与感染鸡、火鸡和鸭的直接接触而传播[132,160,175]。水平传播受宿主种类[183]和病毒毒株[262,274]的影响，而用金属网将鸡隔开时即见不到水平传播现象[10]。

自然条件下，许多鸡群在日龄较大时会发生 REV 感染[262]，但可以排除与感染鸡直接接触而传播的可能。环境感染源包括污染的鸡舍、昆虫及其宿主。鸡舍环境会因感染鸡排出的病毒而污染，因为可从粪便、泄殖腔拭子[8,180,268,274]、其他体液[10]以及垫料中[249]检测到 REV。存在于鸡舍环境中的病毒，如果通过污物转移或消毒不完全，可能会作为其他鸡群的潜在感染源。但这并不能解释禽类的高感染率，因为年龄较大时感染的鸡群，很难分离到病毒[262]，并且排出的病毒量有限。此外，与所有的反转录病毒一样，在环境温度下，REV 在宿主体外很容易被破坏[38]。

昆虫传播可能是 REV 水平传播的另一途径。虽然 REV 可在骚扰锥蝽（*Triatoma infestans*）和毛白钝缘蜱（*Ornithodoros moubata*）体内持续很短的时间[235,236]，但试图在白纹伊蚊（*Aedes albopictus*）培养物中繁殖 REV 并未成功[190]。Motha 等[166]从与病毒血症鸡接触过的 39 批蚊子的 7 批中分离到病毒，并证实与曾被环缘库蚊叮过有持续病毒血症鸡接触后的鸡发生了明显的感染传播。Davidson 和 Malkinson[62]发现，吸了感染血液的蚊子 96h 后仍带有感染性病毒，并且还能延长 5h，但没有进行传播研究。蚊子传播可用于解释为什么血液传播在夏季更普遍[61,166]，以及为什么在南方各州感染更普遍[262,264]。但是，如果昆虫要成为对日龄较大的群体感染的一个重要方式，作为感染的动物来源则需要足够的储主，但是，自然情况下，在任何时期，病毒血症鸡的比例相当低，不能形成必须的生物储主。新型的生物储主，例如禽痘病毒中可能含有感染性 REV 毒株[90,100,215]，也可通过蚊子传播，都应该考虑。因此，在商品鸡群中水平传播的机制和传染性生物储藏地的确定，还待进一步研究。

垂直传播

有持续病毒血症的鸡、火鸡和鸭能将感染性病毒传染给后代，但与禽白血病病毒比较，传染率较低。McDougall 等[147]在 25 个耐受性感染母火鸡的鸡胚中，从两个鸡胚中分离到病毒。耐受性感染鸡中也出现了较低的排毒率和传播率[8,10,245,268]，虽然 Motha 和 Egerton[165]在一次实验中报道了鸡蛋孵化 24h 之后有 50％多的鸡被传播。从耐受性感染母鸡获得的卵黄中含有低水平的 REVgs 抗原；很少分离到感染性病毒[268]。鸭较易发生垂直传播，因为在试验中来源于耐受性感染母鸭的鸭胚中有 87％能分离到病毒[160]。在非耐受性感染鸡中，垂直传播并不常见，但有一个例外，一只抗体阳性、病毒阳性的母火鸡的 21 只后代中，6 只被传染了病毒[266]。

尽管耐受性感染火鸡的精液中含有感染性病毒[148,266]，但雄火鸡在垂直传播中的作用还不清楚。McDougall 等[147]发现未曾感染的母火鸡经输入感染的精液后可产出感染的子代，但与此相反，Witter and Salter[266]则发现，与有病毒血症公鸡交配的母鸡，其垂直传播的频率并不比与无病毒血症的公鸡交配的母鸡大。此外，他们未能发现父母和先天感染的子代中有前病毒 DNA 克隆插入（这可能是遗传性传播的指标）的证据[266]。在鸡中，公鸡的传播很少注意到，但 Salter 等[199]发现，在有病毒血症公鸡和无病毒血症母鸡交配后产出的 820 只鸡中有 10 只鸡存在 REV 前病毒 DNA。很显然，公鸡在 REV 垂直传播中的作用并未排除，需作进一步的研究。

在给鸡胚或新生雏鸡注射马立克氏病疫苗时，中间连续使用针头，这将存在传播病毒的可能性，这种可能性也应考虑[12]。

被污染的生物材料

已经注意到储存的疫苗经常受到 REV 的意外污染。使用 REV 污染的禽痘疫苗[23,83]或马立克氏疫苗[113,274]已有报道，时常造成严重的经济损失。

禽成髓细胞性白血病病毒作为反转录酶的来源而广泛用于生化研究，其种毒含有低水平的 REV[264]。从注册的禽类疫苗中排除 REV 污染的质量控制程序并不一致有效[75]。标准方法不一定能检测到疫苗中的 REV 病毒的污染，如禽痘疫苗的 REV 污染[75,80]。在一些禽痘疫苗中仍能检测到 REV[65,90,100,215]，但并不是所有的禽痘疫苗中都能检测到[155]。在经鸭体连续传代的疟原虫种毒中也检测到 REV[138,238]。这种情况进一步表明了病毒在自然界分布增多的机制。

潜伏期

矮小综合征包含有一系列非肿瘤性疾病过程，它们并不同时出现，因病毒毒株和其他因素的不同而异。早在感染 3 天后，鸡就出现法氏囊和胸腺萎缩[167]。感染鸡早在 6 日龄时出现消瘦[158]，并持续终身。接种 REV 后第 2 周，鸡出现神经组织学病变[265]，并且免疫应答降低[263]。

在中等或长时间潜伏期后，可出现慢性肿瘤性反应。在接种后 17～43 周，鸡出现法氏囊 B 细胞淋巴瘤[268]。已有报道，用非缺陷型 REV 的脾坏死或鸡合胞体病毒实验感染 6_3 和 0 品系的鸡可发生慢性非法氏囊淋巴瘤，这些淋巴瘤的潜伏期可短至 6 周[267]。在火鸡，REV 相关性淋巴瘤发生在 15～20 周龄[145,176]。传播性研究表明，火鸡淋巴瘤出现在 8～11 周龄[175]或 11～12 周龄[145]，家鹅慢性淋巴瘤出现在 20～30 周[70]，鸭发生在 4～24 周龄[97,177,179]。实验接种新生雏鸭，可在 8～30 周龄出现淋巴瘤或其他肿瘤[135,160]。

对于急性网状细胞肿瘤，潜伏期可短至 3 天，但病禽经常在接种后 6～21 天出现死亡[210]。因为潜伏期短和死亡率高，Boss 认为缺陷型 REV T 株是所有反转录病毒中毒力最强的毒株[26]。

临床症状

发生矮小综合征的鸡可能会明显发育受阻、苍白[167]。感染鸡在感染 3～5 周，其体重比对照组低 20％～50％[263,265]。感染鸭也出现体重下降[183]。有些鸡羽毛发育异常，称为"Nakanuke"，即翼羽的羽支黏附到局部的毛干上[131]。禽类即使有肉眼可见的神经病变，也很少出现跛行和麻痹。鸡很少出现死亡[263]，但对于商品鸡群，感染鸡经常在死前就被淘汰。曾有一群鸡在5～8周内淘汰50%以上的报道[227]。

出现慢性淋巴瘤的鸡在死亡前出现精神抑郁，但很少出现特异的临床症状。相似地，接种缺陷型的T株而引起急性网状细胞瘤的新生雏鸡或火鸡，由于疾病发生迅速，很少表现临床症状，死亡率经常达到100%[211,234]。

病理变化

矮小综合征

鸡的主要病变包括矮小[167,265]、胸腺和法氏囊萎缩[167]、外周神经肿大[265]、羽毛发育异常[129,130]、腺胃炎[113]、肠炎[145]、贫血[121,138]，以及肝和脾坏死[184,238]。同时常伴有细胞和体液免疫应答低下[32,40,107,121,263]。临床病例可见急性出血或慢性溃疡性腺胃炎[113]，但Bagust等用类似的分离物未能复制出本病[9]。

肿大外周神经的增生性病变是肿瘤性还是炎性仍不清楚，但神经病变常发生于没有其他肿瘤的情况下[265]。眼观上，神经仅中度肿大，直径不及正常神经的2倍。浸润的细胞包括淋巴细胞和浆细胞，见图15.51。

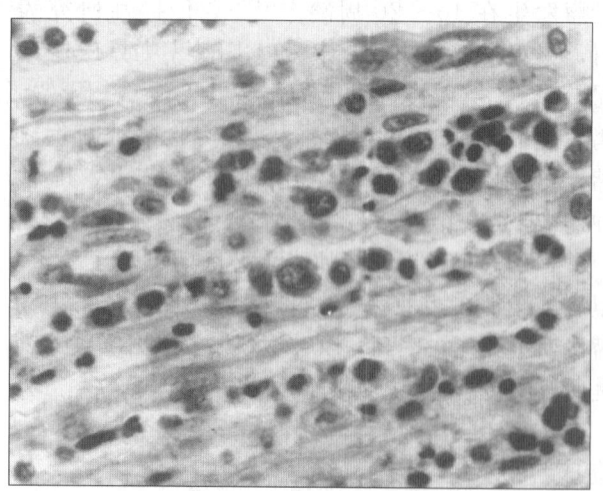

图15.51 接种非缺陷型的T株REV鸡外周神经的显微病变。浸润性细胞由成熟的和未成熟的淋巴细胞和浆细胞组成

接种REV脾坏死或鸭传染性贫血毒株的鸭至少有一部分可出现矮小综合征[138,238]。接种脾坏死

病毒的鸭血红细胞压积降低为20%，而正常的对照组为35%[238]。发生RE相关的慢性淋巴瘤的火鸡可观察到神经肿大[175,176]或者肠炎[145]。

对REV易感性不同的遗传差异仍未见报道。对马立克氏病易感性有差异的不同品系鸡，接种REV后易感性相同，引起神经病变[265]。大多数非缺陷型的REV毒株，在孵出时接种鸡经常引起眼观病变[183,263]，但其他毒株，如鸡合胞体病毒株常不引起病变，即使有也可能很少[263]。

鸡法氏囊淋巴瘤

鸡接种非缺陷型鸡合胞体毒株或T株出现B细胞淋巴瘤，病变主要限于肝脏和法氏囊[258,268]。肉眼可见在肝脏和其他内脏器官出现结节或弥散性淋巴病变，包括法氏囊的结节性病变，与淋巴白血病很难区别（图15.52）。一些鸡可能出现肉瘤和腺癌。淋巴瘤出现的频率受毒株和是否引起耐受性感染的影响[268]。有趣的是，用血清2型MDV协同感染鸡将增加REV法氏囊淋巴瘤的发生率[5]，这与在淋巴白血病报道的情况一样[7]。

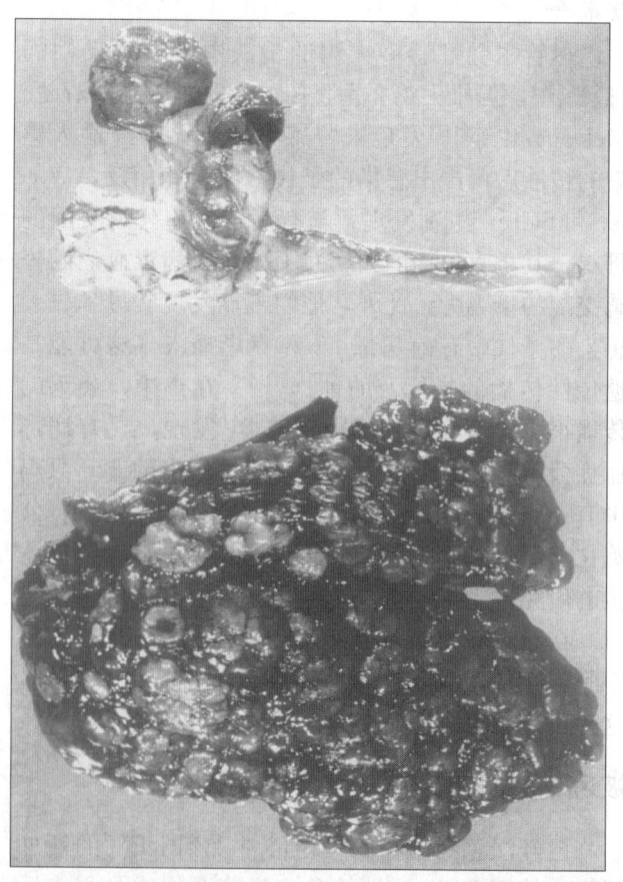

图15.52 鸡法氏囊淋巴瘤。25周龄鸡接种非缺陷型的鸡合胞体毒株REV后，肝和法氏囊出现肉眼可见的淋巴瘤

经 IgM 和其他 B 细胞特异性标志证实肿瘤细胞属于 B 细胞[169,268]，组织学上与成淋巴细胞相一致。经化学法或外科手术切除法氏囊的鸡对肿瘤形成有抵抗作用[82]，从而证实了这种肿瘤为法氏囊依赖性。法氏囊淋巴瘤并不总是见于临床病例。Grimes 等[96]观察到，接种 REV 野毒株后，在 22 和 24 周有两只鸡出现了类似的淋巴瘤，而法氏囊没有受到侵害。然而，在用 REV 污染的禽痘疫苗免疫接种的两个鸡群中，发现了典型的法氏囊淋巴瘤[83]。

鸡非法氏囊淋巴瘤

已有报道用非缺陷型 REV 的脾坏死或鸡合胞体毒株实验感染某些品系的鸡可以引起慢性非法氏囊淋巴瘤[267]。肉眼观察，这些淋巴瘤表现局部或弥散性淋巴浸润，通常出现胸腺、肝脏和脾脏的肿大或心肌的局灶性病变（图 15.53）。法氏囊没有出现病变。可见到神经肿大，这可能伴随着矮小综合征出现。组织学上，肿瘤表现为均一的发育不成熟的淋巴网状细胞，缺少 B 细胞的标志，不表达 MATSA，一种与马立克氏病肿瘤相关[267]并且也在激活的 T 淋巴细胞上[144]表达的细胞抗原。主要的肿瘤细胞为 CD8＋细胞，但不表达 Ia 抗原[52]。仅特定品系的鸡，特别是 63 品系的鸡易感[267]。因此，目前还没有 T 淋巴细胞肿瘤临床病例报道。

图 15.53　接种非缺陷型 REV 的脾坏死毒株后 48 天鸡的非法氏囊淋巴瘤。感染鸡脾脏肿大，心脏有结节状淋巴瘤，法氏囊萎缩（上排）。下排为相同年龄对照鸡的器官[255]

火鸡淋巴瘤

火鸡的慢性淋巴瘤以肝脏、肠道、脾脏和其他内脏出现广泛性淋巴浸润为特征。Paul 等[175]和 McDongaul 等[145]均报道了法氏囊的淋巴瘤病变，但这种病变不很常见。肉眼观察，肝脏肿大为正常的 3～4 倍。某些脾脏肿大，其他很少肿大，但存在局灶性病变。肠管变粗，有些出现环型病变。组织学上，病变是由均一的淋巴网状细胞组成[145]。Crespo 等[54]报道了和 T 淋巴瘤相关的 REV 在某一鸡群内的流行。

其他禽类淋巴瘤

在其他禽类中，REV 感染引起慢性淋巴瘤病变。肉眼观察，病变与在鸡和火鸡的病变没有什么不同。据报道，鸭子的病变表现为肝脏肿大、脾脏具有局灶性或弥散性病变、肠道病变，及骨骼肌、胰腺、肾脏、心脏和其他组织出现浸润[97,135,160]。Perk 等[179]报道了鸭的一次暴发，其特征为全身性白血病，内脏器官也发生淋巴肿瘤。相似的肿瘤在鹅上有报道，包括法氏囊偶见淋巴增生性病变[70]。雉鸡和草鸡暴发的疾病，特征是头部和口腔出现溃疡病变，内脏器官有结节状淋巴瘤[71,72,276]。REV 引起鹌鹑发病，以肝脏和脾脏肿大[203]或肠道病变[39]为特征。组织学上，这些禽类发生的肿瘤与鸡和火鸡出现的肿瘤相似；靶细胞仍未确定。

急性网状细胞瘤

急性网状细胞瘤的病理学已经得到阐明[195,211,234]。感染鸡表现为肝脏和脾脏肿大，并伴有局灶性或弥散性浸润病变。病变也常见于胰腺、性腺、心脏和肾脏。血液中异嗜性白细胞减少，而淋巴细胞增多[228]，导致死亡前几小时出现明显的白血病[212]。血清的转铁蛋白水平升高[237]，Shen[212]报道球蛋白含量升高而白蛋白浓度下降。

组织学变化的一般特征是大的空泡状细胞（或称为网状内皮系统的单核细胞[234]或原始间质细胞[195,211]的浸润和增生。有些病变几乎全部由这样的细胞组成，而另一些还含有中等到大量的较小的淋巴样细胞成分，这可能是宿主对原发病变的一种免疫应答。也常见到一些与肿瘤病变有关的坏死区域。图 15.54 所示为典型的肝脏病变。

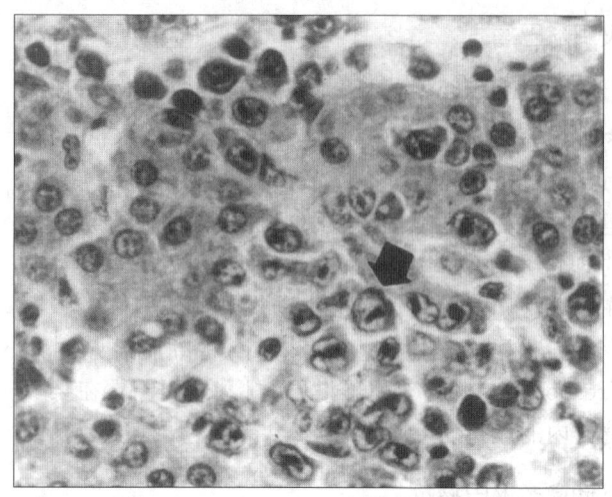

图 15.54 急性网状细胞肿瘤形成。接种复制缺陷型的急性转化 T 株 REV，鸡肝内急性网状细胞肿瘤形成，肝脏被大的原始网状细胞所浸润（箭头）

多种综合征

在同一个实验，甚至同一个病例中可见到不同类型的病变。非缺陷型 REV 毒株最初可引起矮小病综合征，存活下来的鸡后来可能发生淋巴瘤，有时可伴发神经肿大。接种复制缺陷型的急性转化 T 株病毒的鸡，尤其是耐过急性发病的那些鸡可发生与非缺陷型 T 株辅助病毒有关的病变。

发病机理

病毒感染

在易感宿主动物上建立 REV 感染以后，会有两个途径的发展，所选择的途径在很大程度上决定了病理学的结果。

采用鸡胚接种很容易诱导耐受性感染，即出现持续性病毒血症而无抗体产生[107,268]，病毒经感染母鸡的垂直传播也可引起耐受性感染[10]。出雏时接种很少发生持续性感染[8,147,268]，此现象受品系的影响[81]。耐受性感染在日龄大的接触病毒的鸡不大可能发生。持续性感染也见于火鸡[147,266]。一些发生持续性感染的鸡能产生抗体反应。耐受性感染与高频率的垂直传播和肿瘤的形成有关，鸡出现典型的发育缓慢和免疫抑制。

然而，在出雏时或再晚些时候禽接触病毒，可出现短暂的病毒血症，随后可产生抗体，这是感染最常见到的结果[8,263]。Bagust 和 Grimes[8] 报道在感染性病毒消失之后，非感染性的病毒抗原在血液中可持续存在数周。一过性感染几乎不导致垂直传播、免疫抑制或者肿瘤的形成。日龄大的鸡感染 REV 几乎不出现临床疾病[180,183,262,274]，可能火鸡除外，直接接触 REV 的火鸡发生淋巴肿瘤[147,148,175]。

各种其他因素影响家禽宿主对感染或疾病的易感性。已证实没有遗传性的细胞抵抗力。可是，已经认识到不同品系或族的鸡[81,207,212,267]和鹌鹑[233]在病理反应方面存在一些差异。然而，用复制缺陷型的 REV T 株系列稀释后对两种不同品系的鸡进行攻击，差异不明显[210]。尽管内源性的白血病病毒基因对肿瘤发生或抗体应答没有影响，但是，从带有 ev2 基因的鸡中分离出病毒的频率要比无该基因的鸡高[55]。在 D17 细胞培养中已发现因病毒囊膜基因的表达而产生的细胞抵抗力[64,85]。母源抗体似乎能降低对感染的易感性[218]。

矮小综合征

与矮小综合征相关的各种病变的发病机理仍没有阐明。发育缓慢的鸡消耗饲料并不少，但肝内葡萄糖异生的关键酶—磷酸烯醇丙酮酸激酶水平明显下降[92]。翼羽的羽支黏附到毛干上（"Nakanuke"），显然是由于接种 REV 后早期诱导的羽毛形成细胞的坏死[225]。Mussman 和 Twiehaus 认为由矮小病综合征引起的显微病变类似于移植排斥反应[167]，但仍未鉴定出特异性自身免疫反应成分。

慢性淋巴瘤

Noori-Daloii 等[172]在 REV 诱导的法氏囊淋巴瘤中发现，REV 的 DNA 前病毒基因组与相邻的 c-myc 基因整合在一起，后者是禽白血病病毒引起淋巴白血病的重要的细胞致癌基因。REV 前病毒 DNA 插入 c-myc 后使其活化的分子机制已有研究[89,194,224]。前病毒插入常造成主要基因的缺失，从而阻止感染性病毒的表达[223]。依据病理学，前病毒插入性激活 c-myc、血清 2 型马立克氏病毒的增强作用、由 REV 和禽白血病病毒引起的法氏囊淋巴瘤很难区分，由两种无关病毒引起相同的疾病，这是极少见的。然而，可以注意一些细微的差别。例如，对淋巴白血病易感和抵抗品系的鸡对 REV 诱导淋巴瘤的易感性不如禽淋巴白血病病毒那样高[81]，而且 REV 淋巴瘤形成的潜伏期通常要比禽白血病病毒诱导的长。

对于非法氏囊淋巴肿瘤，致瘤的分子机制也涉及 c-myc 的插入性激活,但不同于法氏囊淋巴瘤;在法氏囊淋巴瘤前病毒与 c-myc 位于同一方向的倾向性在非法氏囊淋巴瘤没有发现[112]。

鸡和火鸡的慢性肿瘤之间仍没有进行比较,没有证据表明存在共同的致瘤机制。人工感染鸭诱导的 REV 淋巴瘤,其发生率不受胚胎法氏囊切除的影响[135],表明这些肿瘤不是 B 细胞源。

急性网状细胞瘤

有辅助性 REV-A 存在时,由复制缺陷型 T 株在体内转化的靶细胞表达 T 淋巴细胞和髓细胞样标志[16]。这些细胞也表达表面 MHC I 类和 II 类抗原,以及 IL-2 受体[103],免疫球蛋白 M(IgM)阴性,但 CT3 的表达不尽相同[16]。相似的肿瘤在利用化学方法使黏液囊切除的鸡中发现[16]。直接接种胸腺可诱导由 T 细胞和 B 细胞组成的胸腺瘤[26]。然而,当有辅助性鸡合胞体病毒而不是 REV-A 存在时,复制缺陷型 T 株可诱导 IgM 阳性的 B 细胞淋巴瘤,并伴随着重链和轻链免疫球蛋白基因位点的重排[17,18]。因此,对细胞亲嗜性的差异与辅助性病毒对淋巴细胞的分化影响有关。

急性网状细胞肿瘤形成的肿瘤转化是由致癌基因 v-rel 介导的,该基因存在于复制缺陷型 T 株病毒中。转化不需要辅助病毒的存在[133]。在体外,由 T 株病毒转化的淋巴细胞不产生感染性病毒,当把它移植到同系受体中后可引起典型的 RE[133,197]。

免疫力

体液免疫应答

非耐受性感染的鸡能产生强烈抗体反应。鸡接种后短至 16～21 天,可检测到抗体[32,161],但接触感染的鸡产生抗体则需 6～10 周[107,132,147]。抗体的滴度随着年龄的增加而降低[8,32,268],但 McDougall 等[147]检测到实验感染火鸡的中和抗体维持高水平达 40 周。大部分有耐受性感染鸡不产生体液免疫反应,但一些产生耐受感染的鸡最后则产生抗体[158]。抗体的存在影响肿瘤的易感性,如通过化学方法切除法氏囊的鹌鹑接种野外分离物比对照组更易形成肿瘤[185]。

细胞免疫应答

据报道,接种复制缺陷型和非缺陷型 RE 病毒

株的鸡,接种后 7 天内,可检测到针对复制缺陷型 REV 转化的成淋巴细胞系的 MHC 限制性细胞毒作用[139,253]。这种免疫应答似乎由活化(MHC II +)CD8+T 淋巴细胞介导[127]。然而,NK 细胞没有活化[202]。在其他禽类病毒的研究中,REV 诱导的细胞毒性 T 淋巴细胞被作为免疫应答的一个普遍的标志[188]。

免疫抑制

鸡感染非缺陷型 REV 毒株后其体液和细胞免疫反应常受到抑制。有文献表明,对马立克氏病毒、火鸡疱疹病毒[32,121]、新城疫病毒[107,273]以及绵羊红细胞和流产布鲁氏菌[263]的抗体应答下降。抗体产生抑制机制受病毒毒株和剂量的影响,并且初次应答水平比二次应答水平更易受影响[263]。Barth 和 Humphries[17]发现,非缺陷型 REV 的不同毒株在引起法氏囊萎缩以及抑制可被 v-rel 基因转化的 B 细胞群的能力不同。对 REV-A 与鸡合胞体病毒形成的嵌合病毒研究表明,REV-A 的 gag 和 env 两个基因片段与其较强的免疫抑制能力有关[86]。

感染复制缺陷型 T 株病毒的鸡,其脾细胞对促有丝分裂原和植物血凝素的应答能力受到抑制[40,206]。这种效应与 T 株种毒的非缺陷型的辅助病毒有关[42],而且是由抑制性细胞群所介导的[41,196]。这些抑制性细胞只有在感染后的第 3 周才能检测到[197]。由 REV 感染抑制的其他细胞免疫反应还有混合淋巴细胞反应和同种异体移植物排斥反应[248]。

Witter 等[263,268]发现,鸡感染鸡合胞体病毒毒株后其体液应答和对促有丝分裂原的反应性的抑制是一过性的,但在耐受性感染非缺陷型的 T 株病毒的鸡,这种抑制可持续 10～19 周。感染鸡对马立克氏病毒肿瘤移植的形成[35]、传染性喉气管炎疫苗的反应[161,217]、禽痘病毒的自然感染[164]、传染性支气管炎病毒[217]以及由柔嫩艾美耳球虫[163]与鼠伤寒沙门氏菌[162]引起的死亡均易感。对马立克氏病病毒的易感性未见增高[31],但 Witter 等[263]证实,REV 感染对由抗马立克氏病的火鸡疱疹病毒产生的免疫有干扰作用。在用野外 REV 分离株感染的鸭也可观察到体液免疫抑制[135]。在生产中,免疫抑制可能是有来自鸡胚或疫苗中的 REV 感染所造成的最严重的后果。但是,免疫抑制不大可能通过接触感染而引起[262],并且一般与血清血阳性

鸡群无关。REV 引起的免疫抑制，有 Zavala 做了相关综述。

肿瘤免疫

保护性免疫应答抑制 REV T 株诱导的急性肿瘤已有报道。切除法氏囊、胸腺或切除胸腺-法氏囊可使 T 株病毒诱导的翼-蹼肿瘤部分消退[137]。鸡高免血清即使在吸收除去抗病毒抗体后也有防止肿瘤形成的作用[104]，这就提示在 RE 肿瘤细胞上存在有肿瘤特异性移植抗原。用纯化或灭活的非缺陷型的 T 株辅助性病毒免疫接种鸡，可抵抗急性转化 T 株病毒的攻击[21]。然而，用空病毒粒子免疫则不产生保护作用[150]。

诊　断

诊断 RE 不仅需要见到典型的肉眼和组织学病变，而且需要证明 REV 的存在。该病毒不像禽白血病和马立克氏病毒，不是无处不在。感染性病毒、病毒抗原和前病毒 DNA 通常存在于肿瘤细胞，这具有诊断价值。Fadly 和 Witter 对诊断方法已有综述[84]。

分离与鉴定

除先天感染或胚胎接种导致的耐受性感染外，REV 病毒血症一般滴度很低，而且是一过性的。有病变的禽通常是病毒的较好来源。可用组织悬液、全血、血浆或其他接种物接种易感的组织培养物而分离到病毒。一般而言，细胞性接种物优于细胞游离性接种物，这是因为前者比后者含有较高滴度的病毒。初次分离培养常看不到细胞病变，因此组织培养物至少要经 2 次 7 天的盲传。细胞 REV 感染必须用多克隆或单克隆抗体[56]经免疫荧光[265]、免疫过氧化物酶染色[36]、补体结合试验[219]或酶免疫测定[57,109]来检测病毒抗原进行证实。比较研究表明，酶免疫测定比补体结合试验敏感[57]，间接免疫荧光比间接免疫过氧化酶或免疫电镜更敏感[171]。在 96 孔板上进行的简便、敏感的间接免疫荧光试验[45]已用于临床样品的病毒分离[266]。

用这种方法分离到的病毒可通过在实验动物上复制出典型疾病和进一步作中和试验加以鉴定。用免疫荧光试验分析与单克隆抗体反应性的差异可确定病毒分离株的抗原亚型[45]。分离株亚型的确定对流行病学研究确定是有价值的。

采用聚合酶链反应（PCR）检测前病毒 DNA，扩增 REV 的 LTR 的 291bp 序列（图 15.55），是一种敏感和特异的方法，可用于鸡胚成纤维细胞（CEF）及感染鸡血液和肿瘤中 RE 病毒的检测[4,209]。这种方法似乎对肿瘤的诊断是十分有用的[58,60,61,63]，而且可对有可能受到 REV 污染的疫苗作出评价[80,83,100,191,226,229]。Gacia 等[90]发现对 REV 的囊膜蛋白及 3′端 LTR 序列的扩增的分析结果比 PCR 扩增 5′端 LTR 区域更准确。PCR 方法可代替抗原检测方法用于确证接种的细胞培养的感染情况，或直接用于组织样本的检测，但不太像酶免疫那样适合于大规模检测。

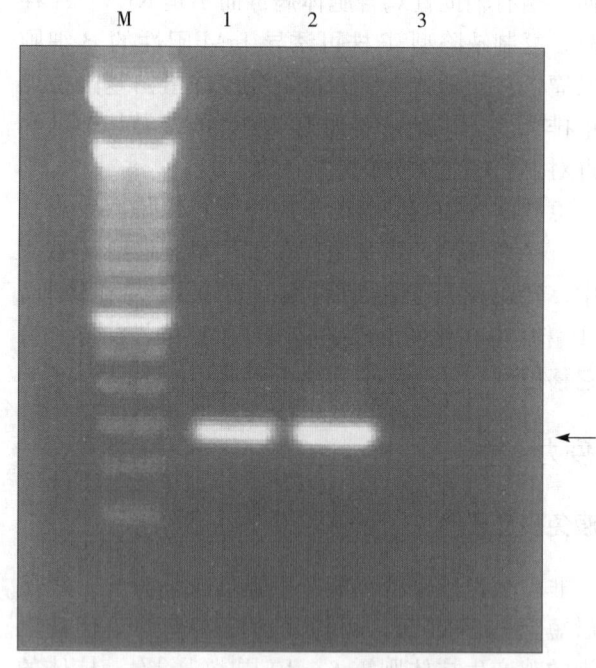

图 15.55　利用 REV 特异性引物对鸡淋巴瘤组织 DNA 进行 PCR 分析。泳道：M，100bp 分子量；1. 人工诱导 REV 淋巴瘤（阳性对照）；2. 未知淋巴瘤（检测样品）；3. 未感染的鸡胚成纤维细胞。如图所指，预计 PCR 扩增产物为 291bp（箭头）。(Lupiani)

血清学

用血清学方法证实 REV 感染要从可疑分离物接种的鸡或感染鸡的血清中检测到抗体。抗体出现的频率和持续的时间不很一致。检测 REV 抗体最敏感的方法是病毒中和试验；简言之，血浆或血清样品与REV反应，通过酶免疫分析或免疫荧光测定剩余病毒来确定REV的中和性。免疫过氧化物酶空斑测定也表明是一种用于检测REV抗体的敏感可靠的方法[36]。利用间接免疫荧光[6,265]、病毒中和试验[147,183]、琼脂凝胶扩散[106,159]、酶免疫测定[34,170,220,271]和假型中和试验[55]从感染禽的血清或卵黄中可检测到特异性抗体。酶免疫测定试剂盒用于抗体检测已商品化。琼脂凝胶沉淀试验可以检测血清中的抗原和抗体[106,107]。抗体检测试验对于确证出口的SPF鸡群或繁殖的后代无病毒感染是非常有用的。

鉴别诊断

REV引起的肿瘤病变，特别是那些淋巴增生性病变，很难与马立克氏病和淋巴白血病产生的肿瘤相区别[76,79,246]。由于禽类肿瘤病毒广泛存在且常见无肿瘤形成的感染，因此，在大多数情况下，病毒学和血清学的标准很少能用来进行确诊。然而，如前所述，REV不像MDV和ALV那样广泛存在，因此它的诊断应该以REV感染的病毒学证据作为依据。用单克隆抗体建立的免疫细胞化学技术来检测细胞、肿瘤和病毒抗原，或分子杂交技术，可用于包括RE在内的禽病毒性淋巴瘤的鉴别诊断。

尽管禽反转录病毒淋巴瘤来源于鸡B细胞（如RE、淋巴白血病）或T细胞（RE），但马立克氏病淋巴瘤则来源于T细胞（见"马立克氏病"和"白血病/肉瘤群"）。基于靶细胞的特性，利用特异的针对B和T淋巴细胞表面抗原的单克隆抗体来区分B和T淋巴细胞瘤。非缺陷型的REV表明，鸡B或T细胞的转化是通过细胞onc基因如c-myc整合，导致这种基因的表达增强，进一步启动淋巴肿瘤的形成[112,224]。这些分子变化是检测肿瘤DNA的基础，可用于确诊REV诱导的淋巴瘤。

PCR检测RE（见"病毒分离和鉴定"）、马立克氏病（见"马立克氏病"）和外源性禽白血病病毒（见"白血病/肉瘤群"），有助于RE的鉴别诊断。例如，与潜伏感染相比，由于马立克所致的淋巴瘤内通常有较多数量的病毒感染的细胞，因此这种瘤的细胞内也含有更多数量的病毒复制量，从而导致PCR能检测到更高的病毒水平。定量PCR可

有两种方法，竞争性定量[189]和实时定量PCR。非定量PCR分析在检测马立克红可能没有多少价值可言，因为可能在淋巴瘤缺失的情况下检测到马立克病毒DNA。同样，PCR可从REV感染鸡的淋巴瘤和脑中检测到REV-LTR序列，但不能从马立克氏病或淋巴白血病淋巴瘤的DNA中检测到[4]。然而，诊断人员应清楚地知道PCR方法能检测相关病毒的存在与否，因此如同病毒分离一样，在肿瘤诊断方面PCR具有同样的局限性。

鸡的慢性肿瘤形成，若是在法氏囊形成肿瘤，通常不能依据病理学标准与淋巴白血病进行区分[258]；病毒学、血清学或PCR方法只要能确定一种病毒的感染而排除另一种病毒，可能有助于鉴别诊断。此外，RE或淋巴白血病肿瘤含有插入到c-myc基因附近的各自病毒的前病毒DNA序列，这是可以用分子杂交方法来鉴别淋巴瘤的一个特征。利用特异的REV探针如pSNV或c-myc探针，与肿瘤DNA进行Southern印迹和杂交分析，可分别检测到REV前病毒的插入和c-myc的变化情况。

鸡的慢性肿瘤形成，要是不存在法氏囊肿瘤，或淋巴白血病肿瘤的潜伏期很短，则必须与马立克氏病区分开来。若是病理学标准也不充分的话，病毒学方法（包括PCR）可能是有用的。偶尔在马立克氏病淋巴瘤表达的马立克氏病病毒pp38抗原（见马立克氏病），在RE淋巴瘤是不存在的。也有报道表明，MHCⅡ类（Ia）抗原存在于马立克氏病淋巴瘤细胞上[202]，而不存在于RE非法氏囊淋巴瘤细胞上[52]。最近，Witter等[260]报道了区别鸡病毒性淋巴瘤的诊断方法。野外发生的急性网状细胞肿瘤综合征尚不很清楚，可能需要进行实验复制作鉴别诊断。一种以脾和肝的网状内皮增生和导致加工过程中肉品废弃为特征的肉鸡的新综合征与RE容易混淆[98,247]，但依据病变中无RE抗原和前病毒DNA可以进行区分[256]。最近，病毒检测方法包括PCR已用于REV诱导的印度孔雀眶下淋巴瘤[151]和捕获的草鸡淋巴瘤[72,78,276]的确诊。

矮小病综合征必须与鸡马立克氏病进行区别，特别是有神经病变时。REV与马立克氏病病毒引起的神经病变的差异已有讨论[263,265]，但不是很一致。两种类型的神经病变应与自发性神经病变（可能是一种外周神经的自身免疫病变）进行区别[24]。其他免疫抑制性疾病如传染性法氏囊疾病与鸡贫血病毒感染，也与矮小综合征类似。

火鸡的慢性 RE 肿瘤形成必须与火鸡淋巴组织增殖病的病变进行鉴别[108]；在病理学和病毒反转录酶特性方面的差异对鉴别是有帮助的[205,272]。淋巴组织增殖病[200]与 RE 的 PCR 方法也有助于这两种疾病的鉴别诊断（见前一节）。最近，法国和以色列的火鸡中诊断出马立克氏病（见"马立克氏病"），在火鸡 RE 的鉴别诊断中应该排除。

总之，自然发生的 RE 病变在鸡中易与马立克氏病、淋巴白血病和各种其他淋巴组织增殖病或免疫抑制性疾病，以及火鸡淋巴组织增殖病诱导的肿瘤和马立克氏病相混淆。对 REV 相关综合征的认识不断加深，REV 感染流行范围的扩大，以及改良诊断技术的获得将有助于包括 RE 在内的各种禽肿瘤病的鉴别诊断。

防 治 措 施

免疫接种

尽管不提倡使用疫苗来控制 RE，但某些候选疫苗已有报道。鸡免疫接种表达 REV 的 env 基因的重组禽痘病毒[37,168,216]或转染 QT35 鹌鹑细胞系产生的空 REV 颗粒[150]，对 REV 感染有一定的保护作用。在适应性犬转化细胞系 D17[250]上产生的复制缺陷型 REV 颗粒接种鸡也表明可产生中和抗体[77]。接种表达 REV 的 env 基因的杆状病毒感染鸡后也能在其体内产生 REV 抗体[249]。

治疗

尚没有办法治疗 RE。由于免疫应答高于感染，一些发病禽有康复的可能。

预防和控制方法

目前对于 RE 的防控主要通过严格的生物安全手段在禽类生物安全保障和 SPF 动物中实现[257]。尽管我们希望防止子代用作出口种禽时的环境感染和血清学转变，但由于尚不明确这种感染的天然宿主，因此我们很难做到这点。在防控程序中，控制昆虫载体和痘病毒感染是非常重要的[257]。尚无用于商业性养禽业控制 RE 的方法，这主要是因为

RE 是散发和自限性疾病，并且一些必需的技术和知识并非有效。Wittter 和 Salter[266]对一群自然感染的种火鸡的研究表明，REV 可能是一个主要的经济问题，并为散毒母鸡的鉴定提供一些技术评价。用酶免疫测定检测蛋清样本中的 RE 病毒抗原似乎是首选的方法[109,266]。可能通过淘汰潜在传播母鸡的方法来消除垂直传播，并且在能消除水平传染的隔离条件下饲养子代是必须的。这些原则许多已经用于控制鸡的禽白血病病毒。如果 REV 感染在经济价值较高的种禽成为地方流行性，则应考虑采取这些控制措施，正如种群濒危的 Attwater's 草原鸡的例子。

杨飞跃　邱亚峰　译

常建宇　苏敬良　陈溥言　刘　爵　何召庆　校

参考文献

[1] Allen, P. T., J. A. Mullins, C. L. Harris, A. Hellman, R. F. Garry, and M. R. F. Waite 1979. Replication of reticuloendotheliosis virus in mammalian cells (abstract), Amer Soc Microbiol Annual Meeting, S100:256 - 256.

[2] Alphandary, R., M. Novoseler, M. Malkinson, and I. Davidson. 1997. Replication of reticuloendotheliosis virus in chick embryos by PCR and IF. *Israel Journal of Veterinary Medicine* 52:27 - 27.

[3] Aly, M. M., M. K. Hassan, A. A. Elzahr, A. A. Amin, and F. E. Saad 1998. Serological survey on reticuloendotheliosis virus infection in commercial chicken and turkey flocks in Egypt. Proceedings of the 5th Science Conference, Egypt Vet Poultry Association 51 - 68.

[4] Aly, M. M., E. J. Smith, and A. M. Fadly. 1993. Detection of reticuloendotheliosis virus infection using the polymerase chain reaction. *Avian Pathology* 22:543 - 554.

[5] Aly, M. M., R. L. Witter, and A. M. Fadly. 1996. Enhancement of reticuloendotheliosis virus-induced bursal lymphomas by serotype 2 Marek's disease virus. *Avian Pathology* 25:81 - 94.

[6] Aulisio, C. G., and A. Shelokov. 1969. Prevalence of reticuloendotheliosis in chickens: immunofluorescence studies. Proceedings of the Society for Experimental Biology and Medicine 130:178 - 181.

[7] Bacon, L. D., R. L. Witter, and A. M. Fadly 1989. Augmentation of retrovirus-induced lymphoid leukosis by Marek's disease herpesviruses in white leghorn chickens. *Journal of Virology* 63:504 - 512.

[8] Bagust, T. J., and T. M. Grimes. 1979. Experimental infection of chickens with an Australian strain of reticuloen-

dotheliosis virus. 2. Serological responses and pathogenesis. *Avian Pathology* 8:375 - 389.

[9]Bagust, T. J., T. M. Grimes, and D. P. Dennett. 1979. Infection studies on a reticuloendotheliosis virus contaminant of a commercial Marek's disease vaccine. *Australian Veterinary Journal* 55:153 - 157.

[10]Bagust, T. J., T. M. Grimes, and N. Ratnamohan. 1981. Experimental infection of chickens with an Australian strain of reticuloendotheliosis virus. 3. Persistent infection and transmission by the adult hen. *Avian Pathology* 10:375 - 385.

[11]Bagust, T. J., J. Ignjatovic, L. A. Corner, and T. J. Bagust. 1993. Avian reticuloendotheliosis: Virology and serology, Australian Standard Diagnostic Techniques for Animal Diseases, East Melbourne, Australia.

[12]Bagust, T. J., J. B. McFerran, and M. S. McNulty. 1993. Reticuloendotheliosis virus, p. 437 - 454, Virus Infections of Vertebrates, 4. Virus Infections of Birds. Elsevier Science Publishers B. V., Amsterdam.

[13]Ban, J., N. L. First, and H. M. Temin. 1989. Bovine leukemia virus packaging cell line for retrovirus-mediated gene transfer. *Journal of General Virology* 70: 1987 - 1993.

[14]Barbacid, M., E. Hunter, and S. A. Aaronson. 1979. Avian reticuloendotheliosis viruses: evolutionary linkages with mammalian type C retroviruses. *Journal of Virology* 30:508 - 514.

[15]Barbosa, T., Guillermo Zavala, Sunny Cheng, and Pedro Villegas. 2006. Pathogenicity and transmission of reticuloendotheliosis virus isolated from endangered prairie chickens. *Avian Diseases* 50:In Press.

[16]Barth, C. F., D. L. Ewert, W. C. Olson, and E. H. Humphries. 1990. Reticuloendotheliosis virus REV-T (REV-A)-induced neoplasia: development of tumors within the T-lymphoid and myeloid lineages. *Journal of Virology* 64:6054 - 6062.

[17]Barth, C. F., and E. H. Humphries. 1988. Expression of v-rel induces mature B-cell lines that reflect the diversity of avian immunoglobulin heavy and light-chain rearrangements. *Molecular and Cellular Biology* 8: 5358 - 5368.

[18]Barth, C. F., and E. H. Humphries. 1988. A nonimmunosuppressive helper virus allows high efficiency induction of B cell lymphomas by reticuloendotheliosis virus strain T. *Journal of Experimental Medicine* 167:89 - 108.

[19]Bauer, G., and H. M. Temin. 1980. Specific antigenic relationships between the RNA-dependent DNA polymera-

ses of avian reticuloendotheliosis viruses and mammalian type C retroviruses. *Journal of Virology* 34:168 - 177.

[20]Baxter-Gabbard, K. L., W. F. Campbell, F. Padgett, A. Raitano-Fenton, and A. S. Levine. 1971. Avian reticuloendotheliosis virus (strain T). II. Biochemical and biophysical properties. *Avian Diseases* 15:850 - 862.

[21]Baxter-Gabbard, K. L., D. A. Peterson, A. S. Levine, P. Meyers, and M. M. Sigel. 1973. Reticuloendotheliosis virus(strain T). VI. An immunogen versus reticuloendotheliosis and Rous sarcoma. *Avian Diseases* 17: 145 - 150.

[22]Beemon, K. L., A. J. Faras, A. T. Haase, P. H. Duesberg, and J. E. Maisel. 1976. Genomic complexities of murine leukemia and sarcoma, reticuloendotheliosis and visna viruses. *Journal of Virology* 17:525 - 537.

[23]Bendheim, U. 1973. A neoplastic disease in turkeys following fowl pox vaccination. *Refuah Veterinarith* 30: 35 -41.

[24]Biggs, P. M., R. F. W. Shilleto, A. M. Lawn, and D. M. Cooper. 1982. Idiopathic polyneuritis in SPF chickens. *Avian Pathology* 11:163 - 178.

[25]Blank, V., P. Kourilsky, and A. Israel. 1992. NF-kB and related proteins: Rel/dorsal homologies meet ankyrin-like repeats. *Trends in Biochemical Sciences* 17: 135 - 140.

[26]Bose, H. R., Jr. 1992. The rel family—models for transcriptional regulation and oncogenic transformation. *Biochim. Biophys. Acta* 1114:1 - 17.

[27]Bose, H. R., Jr., and A. S. Levine. 1967. Replication of the reticuloendotheliosis virus (strain T) in chicken embryo cell culture. *Journal of Virology* 1:1117 - 1121.

[28]Bosselman, R. A., R. Y. Hsu, T. Boggs, S. Hu, J. Bruszewski, S. Ou, L. M. Souza, L. Kozar, F. Martin, M. Nicolson, W. Rishell, J. A. Schultz, K. M. Semon, and R. G. Stewart. 1989. Replicationdefective vectors of reticuloendotheliosis virus transduce exogenous genes into somatic stem cells of the unincubated chicken embryo. *Journal of Virology* 63:2680 - 2689.

[29]Breitman, M. L., M. M. C. Lai, and P. K. Vogt. 1980. Attenuation of avian reticuloendotheliosis virus: Loss of the defective transforming component during serial passage of oncogenic virus in fibroblasts. *Virology* 101: 304 - 306.

[30] Büchen-Osmond, C. 2004. Reticuloendotheliosis virus (strain T, A), p. 421 - 440. In C. Büchen-Osmond(ed.), The Universal Virus Database, version 3. ICTVdB vol. ICTVdB—Management. Columbia University, New

York.

[31]Bülow,V. V. 1980. Effects of infectious bursal disease virus and reticuloendotheliosis virus infection of chickens on the incidence of Marek's disease and on local tumour development of the nonproducer JMV transplant. *Avian Pathology* 9:109 - 119.

[32]Bülow,V. V. 1977. Immunological effects of reticuloendotheliosis virus as potential contaminant of Marek's disease vaccines. *Avian Pathology* 6:383 - 393.

[33]Bülow,V. V. ,and A. Klasen. 1983. Effects of avian viruses on cultured chicken bone-marrow-derived macrophages. *Avian Pathology* 12:179 - 198.

[34]Bülow, V. V. , and M. Lesjak. 1987. A modified ELISA for the demonstration of antiviral antibodies in chicken sera which included the use of virus-free cellular antigens to control the specificity of assay results. *J. Vet. Med. B-Zbl. Vet. B-Infect.* 34:655 - 669.

[35]Bülow,V. V. ,and F. Weiland. 1980. Stimulation of local solid tumour development of the nonproducer Marek's disease tumour transplant JMV by virus-induced immunosuppression. *Avian Pathology* 9:93 - 108.

[36]Calvert,J. G. ,and K. Nazerian. 1994. An immunoperoxidase plaque assay for reticuloendotheliosis virus and its application to a sensitive serum neutralization assay. *Avian Diseases* 38:165 - 171.

[37]Calvert,J. G. ,K. Nazerian,R. L. Witter,and N. Yanagida. 1993. Fowlpox virus recombinants expressing the envelope glycoprotein of an avian reticuloendotheliosis retrovirus induce neutralizing antibodies and reduce viremia in chickens. *Journal of Virology* 67:3069 - 3076.

[38]Campbell,W. F. ,K. L. Baxter-Gabbard, and A. S. Levine. 1971. Avian reticuloendotheliosis virus(strain T). I . Virological characterization. *Avian Diseases* 15:837 - 849.

[39]Carlson, H. C. ,G. L. Seawright, and J. R. Pettit. 1974. Reticuloendotheliosis in Japanese quail. *Avian Pathology* 3:169 - 175.

[40]Carpenter,C. R. ,H. R. Bose,Jr. ,and A. S. Rubin. 1977. Contactmediated suppression of mitogen-induced responsiveness by spleen cells in reticuloendotheliosis virus-induced tumorigenesis. *Cellular Immunology* 33: 392 - 401.

[41]Carpenter,C. R. ,K. E. Kempf,H. R. Bose,Jr. ,and A. S. Rubin. 1978. Characterization of the interaction of reticuloendotheliosis virus with the avian lymphoid system. *Cellular Immunology* 39:307 - 315.

[42]Carpenter,C. R. ,A. S. Rubin,and H. R. Bose,Jr. 1978. Suppression of the mitogen stimulated blastogenic response during reticuloendotheliosis virus-induced tumorigenesis: investigations into the mechanism of action of the suppressor. *Journal of Immunology* 120: 1313 - 1320.

[43]Casella,C. R. ,and A. T. Panganiban. 1993. The matrix protein is responsible for the differential ability of two retroviruses to function as helpers for vector propagation. *Virology* 192:458 - 464.

[44]Chen,I. S. Y. , T W. Mak, J. J. O'Rear, and H. M. Temin. 1981. Characterization of reticuloendotheliosis virus strain T DNA and isolation of a novel variant of reticuloendotheliosis virus strain T by molecular cloning. *Journal of Virology* 40:800 - 811.

[45]Chen,P. Y. ,Z. Z. Cui,L. F. Lee, and R. L. Witter. 1987. Serologic differences among nondefective reticuloendotheliosis viruses. *Archives of Virology* 93:233 - 246.

[46]Cho, B. R. 1983. Cytopathic effects and focus formation by reticuloendotheliosis viruses in a quail fibroblast cell line. *Avian Diseases* 27:261 - 270.

[47]Cho, B. R. 1984. Improved focus assay of reticuloendotheliosis virus in a quail fibroblast cell line(QT35). *Avian Diseases* 28:261 - 265.

[48]Coffin,J. M. ,B. N. Fields,D. M. Knipe,and P. M. Howley. 1996. Retroviridae:The viruses and their replication, p. 1767 - 1846, Fields Virology. Lippincott-Raven Publishers,Philadelphia.

[49]Coffin,J. M. ,R. Weiss, N. Teich, H. Varmus,and J. M. Coffin. 1982. Structure of the retroviral genome. RNA tumor viruses,p. 261 - 368,Molecular Biology of Tumor Viruses, vol. 2. Cold Spring Harbor Laboratory, Cold Spring Harbor,NY.

[50]Cohen,R. S. ,T. C. Wong, and M. M. C. Lai. 1981. Characterization of transformation and replication specific sequences of reticuloendotheliosis virus. *Virology* 113: 672 -685.

[51]Cook,M. K. 1969. Cultivation of filterable agent associated with Marek's disease. *Journal of the National Cancer Institute* 43:203 - 212.

[52]Cooper, M. D. , C. L. H. Chen, R. P. Bucy, and C. B. Thompson. 1991. Avian T cell ontogeny. *Advances in Immunology* 50:87 - 117.

[53]Cowen, B. S. , and M. O. Braune. 1988. The propagation of avian viruses in a continuous cell line(QT35)of Japanese quail origin. *Avian Diseases* 32:282 - 297.

[54]Crespo, R. , P. R. Woolcock, A. M. Fadly, C. Hall, and H. L. Shivaprasad. 2002. Characterization of T-cell lym-

phomas associated with an outbreak of reticuloendotheli-osis in turkeys. *Avian Pathology* 31:355 - 361.

[55]Crittenden, L. B., A. M. Fadly, and E. J. Smith. 1982. Effect of endogenous leukosis virus genes on response to infection with avian leukosis and reticuloendotheliosis vi-rus. *Avian Diseases* 26:279 - 294.

[56]Cui, Z. Z., L. F. Lee, R. F. Silva, and R. L. Witter. 1986. Monoclonal antibodies against avian reticuloendotheliosis virus:identification of strain-specific and strain-common epitopes. *Journal of Immunology* 136:4237 - 4242.

[57]Cui, Z. Z., L. F. Lee, E. J. Smith, R. L. Witter, and T. S. Chang. 1988. Monoclonal-antibody-mediated enzyme-linked immunosorbent assay for detection of reticuloen-dotheliosis viruses. *Avian Diseases* 32:32 - 40.

[58] Davidson, I., R. Alphandary, M. Novoseler, and M. Malkinson. 1997. Replication of non-defective reticuloen-dotheliosis viruses in the avian embryo assayed by PCR and immunofluorescence. *Avian Pathology* 26: 579 - 593.

[59]Davidson, I., and R. Borenshtain. 2001. *In vivo* events of retroviral long terminal repeat integration into Marek's disease virus in commercial poultry:detection of chimeric molecules as a marker. *Avian Diseases* 45:102 - 121.

[60]Davidson, I., A. Borovskaya, S. Perl, and M. Malkinson. 1995. Use of the polymerase chain reaction for the diag-nosis of natural infection of chickens and turkeys with Marek's disease virus and reticuloendotheliosis virus. *A-vian Pathology* 24:69 - 94.

[61]Davidson, I., A. M. Fadly, K. A. Schat, and J. L. Spen-cer. 1997. Epidemiology and Control of REV in Chickens and Turkeys in Israel,p. 70 - 75,Diagnosis and control of neoplastic diseases of poultry. American Association of Avian Pathologists,Kennett Square.

[62]Davidson, I., and M. Malkinson. 1996. A non-radioactive method for identifying enzyme-amplified products of the reticuloendotheliosis proviral env and LTR genes using psoralen-biotin labeled probes. *Journal of Virological Methods* 59:113 - 199.

[63]Davidson, I., S. Perl, and M. Malkinson. 1998. A 4-year survey of avian oncogenic viruses in tumour-bearing flocks in Israel—a comparison of PCR,serology and his-topathology. *Avian Pathology* 27:S90 - S90.

[64]Delwart, E. L., and A. T. Panganiban. 1989. Role of reticuloendotheliosis virus envelope glycoprotein in su-perinfection interference. *Journal of Virology* 63:273 - 280.

[65]Diallo, I. S., M. A. MacKenzie, P. B. Spradbrow, and W.

F. Robinson. 1998. Field isolates of fowlpox virus con-taminated with reticuloendotheliosis virus. *Avian Pa-thology* 27:60 - 66.

[66]DiGiacomo, R. F., and S. G. Hopkins. 1997. Food animal and poultry retroviruses and human health. *Vet. Clin. North Am. Food Anim. Pract.* 13:177 - 190.

[67]Dimier, I. H., P. Quere, M. Naciri, and D. T. Bout. 1998. Inhibition of Eimeria tenella development *in vitro* media-ted by chicken macrophages and fibroblasts treated with chicken cell supernatants with IFN-gamma activity. *Avi-an Diseases* 42:239 - 247.

[68]Dornburg, R. 1995. Reticuloendotheliosis viruses and de-rived vectors. *Gene Therapy* 2:301 - 310.

[69]Dornburg, R. 2003. Reticuloendotheliosis viruses and de-rived vectors for human gene therapy. *Frontiers in Bio-science* 8:D801 - D817.

[70]Dren, C. N., I. Nemeth, I. Sari, F. Ratz, R. Glavits, and P. Somogyi. 1988. Isolation of a reticuloendotheliosis-like virus from naturally occurring lymphoreticular tumours of domestic goose. *Avian Pathology* 17:259 - 277.

[71]Dren, C. N., E. Saghy, R. Glavits, F. Ratz, J. Ping, and V. Sztojkov. 1983. Lymphoreticular tumour in pen-raised pheasants associated with a RE-like virus infection. *Avi-an Pathology* 12:55 - 71.

[72]Drew, M. L., W. L. Wigle, D. L. Graham, C. P. Griffin, N. J. Silvy, A. M. Fadly, and R. L. Witter. 1998. Reticu-loendotheliosis in captive greater and Attwater's prairie chickens. *Journal of Wildlife Diseases* 34:783 - 791.

[73]Embretson, J. E., and H. M. Temin. 1986. Pseudotyped retroviral vectors reveal restrictions to reticuloendotheli-osis virus replication in rat cells. *Journal of Virology* 60:662 - 668.

[74]Embretson, J. E., and H. M. Temin. 1987. Transcription from a spleen necrosis virus 5' long terminal repeat is suppressed in mouse cells. *Journal of Virology* 61: 3454 -3462.

[75]Fadly, A., and M. C. Garcia 2005. Detection of reticu-loendotheliosis virus in live virus vaccines of poultry,p. 301 - 305. In P. V. a. D. Espeseth(ed.),New Diagnostic Technology:Applications in Animal Health and Biolog-ics Controls,vol. 126 Basel Karger,Saint-Malo,France.

[76]Fadly, A. M. 1997. Avian retroviruses,p. 71 - 85,Food Animal Retroviruses. Veterinary Clinics of North Ameri-ca:Food Animal Practice.

[77]Fadly, A. M. 1993. Induction of antibodies to avian leuko-sis and reticuloendotheliosis viruses using defective ret-roviral particles. Proc. 130th Amer. Veterinary Medical

Assn. Annual Convention, Minneapolis, MN(abstract).

[78]Fadly, A. M. , M. L. Drew, and R. L. Witter. 1996. Isolation of a Nondefective Strain of Reticuloendotheliosis Virus from Greater and Attwater's Prairie Chickens. Proc. 45th West. Poult. Dis. Conf. 317 - 318.

[79]Fadly, A. M. , A. M. Fadly, K. A. Schat, and J. L. Spencer. 1997. Criteria for the differential diagnosis of viral lymphomas of chickens: a review, p. 6 - 11, Diagnosis and Control of Neoplastic Diseases of Poultry. American Association of Avian Pathologists, Kennett Square.

[80]Fadly, A. M. , and R. L. Witter. 1997. Comparative evaluation of *in vitro* and *in vivo* assays for the detection of reticuloendotheliosis virus as a contaminant in a live virus vaccine of poultry. *Avian Diseases* 41: 695 - 701.

[81]Fadly, A. M. , and R. L. Witter. 1986. Resistance of line 6 3 chickens to reticuloendotheliosis-virus-induced bursa-associated lymphomas. *International Journal of Cancer* 38: 139 - 143.

[82]Fadly, A. M. , and R. L. Witter. 1983. Studies of reticuloendotheliosis virus-induced lymphomagenesis in chickens. *Avian Diseases* 27: 271 - 282.

[83]Fadly, A. M. , R. L. Witter, E. J. Smith, R. F. Silva, W. M. Reed, F. J. Hoerr, and M. R. Putnam. 1996. An outbreak of lymphomas in commercial broiler breeder chickens vaccinated with a fowlpox vaccine contaminated with reticuloendotheliosis virus. *Avian Pathology* 25: 35 - 47.

[84]Fadly, A. M. , R. L. Witter, D. E. Swayne, J. R. Glisson, M. W. Jackwood, J. E. Pearson, and W. M. Reed. 1998. Oncornaviruses: leukosis/sarcomas and reticuloendotheliosis, p. 185 - 196, A Laboratory Manual for the Isolation and Identification of Avian Pathogens, vol. 4th. American Association of Avian Pathologists, Kennett Square, PA.

[85]Federspiel, M. J. , L. B. Crittenden, and S. H. Hughes. 1989. Expression of avian reticuloendotheliosis virus envelope confers host resistance. *Virology* 173: 167 - 177.

[86]Filardo, E. J. , M. F. Lee, and E. H. Humphries. 1994. Structural genes, not the LTRs, are the primary determinants of reticuloendotheliosis virus A-induced runting and bursal atrophy. *Virology* 202: 116 - 128.

[87]Franklin, R. B. , C. Y. Kang, K. M. M. Wan, and H. R. Bose, Jr. 1977. Transformation of chick embryo fibroblasts by reticuloendotheliosis virus. *Virology* 83: 313 - 321.

[88]Fritsch, E. , and H. M. Temin. 1977. Formation and structure of infectious DNA of spleen necrosis virus. *Journal of Virology* 21: 119 - 130.

[89]Fujita, D. J. , R. A. Swift, A. A. G. Ridgway, and H. J. Kung. 1984. Reticuloendotheliosis virus induced B lymphomas in chickens characterization of a tumour cell DNA clone containing proviral and c-myc sequences. *Journal of Cellular Biochemistry Sup* 7 Pt B: 12 - 12.

[90]Garcia, M. , N. Narang, W. M. Reed, and A. M. Fadly. 2003. Molecular characterization of reticuloendotheliosis virus insertions in the genome of field and vaccine strains of fowl poxvirus. *Avian Diseases* 47: 343 - 354.

[91]Garry, R. F. , and H. R. Bose, Jr. 1988. Autogenous growth factor production by reticuloendotheliosis virus-transformed hematopoietic cells. *Journal of Cellular Biochemistry* 37: 327 - 338.

[92]Garry, R. F. , G. M. Shackleford, L. F. Berry, and H. R. Bose, Jr. 1985. Inhibition of hepatic phosphoenolpyruvate carboxykinase by avian reticuloendotheliosis viruses. *Cancer Research* 45: 5020 - 5026.

[93]Gautier, R. , A. Jiang, V. Rousseau, R. Dornburg, and T. Jaffredo. 2000. Avian reticuloendotheliosis virus strain A and spleen necrosis virus do not infect human cells. *Journal of Virology* 74: 518 - 522.

[94]Genovese, K. , R. B. Moyes, and L. L. Genovese. 1999. Resistance to Salmonella enteritidis organ invasion in day-old turkeys and chickens by transformed T-cell line-produced lymphokines. *Avian Diseases* 42: 545 - 553.

[95]Gilmore, T. D. 1992. Role of rel family genes in normal and malignant lymphoid cell growth. *Cancer Surveys* 15: 69 - 87.

[96]Grimes, T. M. , T. J. Bagust, and C. K. Dimmock. 1979. Experimental infection of chickens with an Australian strain of reticuloendotheliosis virus. I. Clinical, pathological and haematological effects. *Avian Pathology* 8: 57 - 68.

[97]Grimes, T. M. , and H. G. Purchase. 1973. Reticuloendotheliosis in a duck. *Australian Veterinary Journal* 49: 466 - 471.

[98]Hafner, S. , M. A. Goodwin, L. C. Kelley, D. I. Bounous, M. Puette, W. B. Steffens, K. A. Langheinrich, and J. Brown. 1994. Multicentric histiocytosis mimicking reticuloendotheliosis in broiler chickens. Proceeding of the 66th Northeastern Conference. *Avian Diseases* 266.

[99]Hayes, L. E. , K. A. Langheinrich, and R. L. Witter. 1992. Reticuloendotheliosis in a wild turkey (Meleagris gallopavo) from coastal Georgia. *Journal of Wildlife Diseases* 28: 154 - 158.

[100]Hertig, C. , B. E. H. Coupar, A. R. Gould, and D. B. Boyle. 1997. Field and vaccine strains of fowlpox virus

carry integrated sequences from the avian retrovirus, reticuloendotheliosis virus. *Virology* 235(2):367 - 376.

[101]Hoelzer, J. D. , R. B. Franklin, and H. R. Bose, Jr. 1979. Transformation by reticuloendotheliosis virus. development of a focus assay and isolation of a non-transforming virus. *Virology* 93:20 - 30.

[102]Hoelzer, J. D. , R. B. Lewis, C. R. Wasmuth, and H. R. Bose, Jr. 1980. Hematopoietic cell transformation by reticuloendotheliosis virus: characterization of the genetic defect. *Virology* 100:462 - 474.

[103]Hrdlickova, R. , J. Nehyba, and E. H. Humphries. 1994. v-rel induces expression of three avian immunoregulatory surface receptors more efficiently than c-rel. *Journal of Virology* 68:308 - 319.

[104]Hu, C. P. , and T. J. Linna. 1976. Serotherapy of avian reticuloendotheliosis virus-induced tumors. *Annals of the New York Academy Sciences* 277:634 - 646.

[105]Humphries, E. H. , and G. Zhang. 1992. V-rel and C-rel modulate the expression of both bursal and non-bursal antigens on avian Bcell lymphomas. *Current Topics in Microbiology and Immunology* 182:475 - 483.

[106]Ianconescu, M. 1977. Reticuloendotheliosis antigen for the agar gel precipitation test. *Avian Pathology* 6:259 -267.

[107]Ianconescu, M. , and A. Aharonovici. 1978. Persistant viraemia in chickens subsequent to in ovo inoculation of reticuloendotheliosis virus. *Avian Pathology* 7:237 - 247.

[108]Ianconescu, M. , K. Perk, A. Zimber, and A. Yaniv. 1979. Reticuloendotheliosis and lymphoproliferative disease of turkeys. *Refuah Veterinarith* 36:2 - 12.

[109]Ignjatovic, J. , K. J. Fahey, and T. J. Bagust. 1987. An enzyme-linked immunosorbent assay for detection of reticuloendotheliosis virus infection in chickens. *Avian Pathology* 16:609 - 621.

[110]Isfort, R. J. , D. Jones, R. G. Kost, R. L. Witter, and H. J. Kung. 1992. Retrovirus insertion into herpesvirus *in vitro* and *in vivo*. *Proceedings of the National Academy of Sciences* 89:991 - 995.

[111]Isfort, R. J. , Z. Qian, D. Jones, R. E. Silva, R. L. Witter, and H. J. Kung. 1994. Integration of multiple chicken retroviruses into multiple chicken herpesviruses: Herpesviral gD as a common target of integration. *Virology* 203:125 - 133.

[112]Isfort, R. J. , R. L. Witter, and H. J. Kung. 1987. C-myc activation in an unusual retrovirus-induced avian T-lymphoma resembling Marek's disease: Proviral inser-

tion 5′ of exon one enhances the expression of an intron promoter. *Oncogene Research* 2:81 - 94.

[113] Jackson, C. A. W. , S. E. Dunn, D. I. Smith, P. T. Gilchrist, and P. A. MacQueen. 1977. Proventriculitis, "Nakanuke" and reticuloendotheliosis in chickens following vaccination with herpesvirus of turkeys(HVT). *Australian Veterinary Journal* 53:457 - 458.

[114]Johnson, E. S. 1994. Poultry oncogenic retroviruses and humans. *Cancer Detect. Prey.* 18:9 - 30.

[115]Johnson, E. S. , L. G. Nicholson, and D. T. Durack. 1995. Detection of antibodies to avian leukosis/sarcoma viruses(ALSV)and reticuloendotheliosis viruses(REV) in humans by elisa. *Cancer Detection and Prevention* 19 (5):394 - 404.

[116]Johnson, E. S. , L. Overby, and R. Philpot. 1995. Detection of antibodies to avian leukosis/sarcoma viruses and reticuloendotheliosis viruses in humans by Western blot assay. *Cancer Detection and Prevention* 19:472 - 486.

[117]Jones, D. , R. J. Isfort, R. L. Witter, R. G. Kost, and H. J. Kung. 1993. Retroviral insertions into a herpesvirus are clustered at the junctions of the short repeat and short unique sequences. *Proceedings of the National Academy of Sciences* 90:3855 - 3859.

[118]Kang, C. Y. 1975. Characterization of endogenous RNA-directed DNA polymerase activity of reticuloendotheliosis viruses. *Journal of Virology* 16:880 - 886.

[119]Kang, C. Y. , and P. Lambright. 1977. Pseudotypes of vesicular stomatitus virus with the mixed coat of reticuloendotheliosis virus and vesicular stomatitis virus. *Journal of Virology* 21:1252 - 1255.

[120]Kang, C. Y. , T. C. Wong, and K. V. Holmes 1975. Comparative ultrastructural study of four reticuloendotheliosis viruses. *Journal of Virology* 16:1027 - 1038.

[121] Kawamura, H. , T. Wakabayashi, S. Yamaguchi, N. Taniguchi, S. Sato, S. Sekiya, T. Horiuchi, and N. Takayanagi. 1976. Inoculation experiment of Marek's disease vaccine contaminated with reticuloendotheliosis virus. *National Institute of Animal Health Quarterly* 16:135 - 140.

[122]Keshet, E. , and H. M. Temin. 1979. Cell killing by spleen necrosis virus is correlated with a transient accumulation of spleen necrosis virus DNA. *Journal of Virology* 31:376 - 388.

[123]Kewalramani, V. N. , A. T. Panganiban, and M. Emerman. 1992. Spleen necrosis virus, an avian immunosuppressive retrovirus, shares a receptor with the Type D Simian retroviruses. *Journal of Virology* 66:3026 -

3031.

[124]Kim, T. J. , and D. N. Tripathy. 2001. Reticuloendotheliosis virus integration in the fowl poxvirus genome: not a recent event. *Avian Diseases* 45:663 - 669.

[125]Kochel, T. , and N. R. Rice. 1992. v-rel-and c-rel-protein complexes bind to the NF-kappaB site *in vitro*. *Oncogene* 7:567 - 572.

[126]Koo, H. M. , A. M. C. Brown, Y. Ron, and J. P. Dougherty. 1991. Spleen necrosis virus, an avian retrovirus, can infect primate cells. *Journal of Virology* 65:4769 - 4776.

[127]Koo, H. M. , J. Gu, A. Varela-Echavarria, Y. Ron, and J. P. Dougherty. 1992. Reticuloendotheliosis Type C and primate Type D oncoretroviruses are members of the same receptor interference group. *Journal of Virology* 66:3448 - 3454.

[128]Koyama, H. , K. Inoue, T. Nagashima, Y. Ohwada, and Y. Saito. 1975. Cause of "Nakanuke" in chickens, I. Occurence of "Nakanuke" in chicken inoculated with the cells showed coexistence of C-type virus and turkey herpesvirus. *Kitasato Archives of Experimental Medicine* 48:83 - 90.

[129]Koyama, H. , T. Sasaki, Y. Ohwada, and Y. Saito. 1980. The relationship between feathering abnormalities ("Nakanuke")and tumour production in chickens inoculated with reticuloendotheliosis virus. *Avian Pathology* 9:331 - 340.

[130]Koyama, H. , Y. Suzuki, Y. Ohwada, and Y. Saito. 1976. Relationships between reticuloendotheliosis virus of chickens and an agent isolated from a duck embryo cell culture of turkey herpesvirus. *Kitasato Archives of Experimental Medicine* 49:93 - 106.

[131]Koyama, H. , Y. Suzuki, Y. Ohwada, and Y. Saito. 1976. Reticuloendotheliosis group virus pathogenic to chicken isolated from material infected with turkey herpesvirus (HVT). *Avian Diseases* 20:429 - 434.

[132]Larose, R. N. , and M. Sevoian. 1965. Avian lymphomatosis. IX. Mortality and serological response of chickens of various ages to graded doses of T strain. *Avian Diseases* 9:604 - 610.

[133]Lewis, R. B. , J. E. McClure, B. J. Rup, D. W. Niesel, R. F. Garry, J. D. Hoelzer, K. Nazerian, and H. R. Bose, Jr. 1981. Avian reticuloendotheliosis virus: Identification of the hematopoietic target cell for transformation. *Cell* 25:421 - 431.

[134]Ley, D. H. , M. D. Ficken, D. T. Cobb, and R. L. Witter. 1989. Histomoniasis and reticuloendotheliosis in a wild turkey(Meleagris gallopavo)in North Carolina. *Journal of Wildlife Diseases* 25:262 - 265.

[135]Li, J. , B. W. Calnek, K. A. Schat, and D. L. Graham. 1983. Pathogenesis of reticuloendotheliosis virus infection in ducks. *Avian Diseases* 27:1090 - 1105.

[136]Lim, M. Y. , N. Davis, J. Y. Zhang, and H. R. Bose, Jr. 1990. The vrel oncogene product is complexed with cellular proteins including its proto-oncogene product and heat shock protein 70. *Virology* 175:149 - 160.

[137]Linna, T. J. , C. P. Hu, and K. D. Thompson. 1974. Development of systemic and local tumors induced by avian reticuloendotheliosis virus after thymectomy or bursectomy. *Journal of the National Cancer Institute* 53: 847 - 854.

[138]Ludford, C. G. , H. G. Purchase, and H. W. Cox. 1972. Duck infectious anemia virus associated with Plasmodium lophurae. *Experimental Parasitology* 31:29 - 38.

[139]Maccubbin, D. , and L. W. Schierman. 1986. MHC-restricted cytotoxic response of chicken T cells: expression, augmentation and clonal characterization. *Journal of Immunology* 136:12 - 16.

[140]Maccubbin, D. a. L. W. S. 1982. Evidence for association of viral and major histocompatibility complex antigens on reticuloendotheliosis virus transformed cells of chickens(abstr). *Federation Proceedings* 41:698 - 698.

[141]Maldonado, R. L. , and H. R. Bose, Jr. 1976. Group-specific antigen shared by the members of the reticuloendotheliosis virus complex. *Journal of Virology* 17: 983 -990.

[142]Maldonado, R. L. , and H. R. Bose, Jr. 1971. Separation of reticuloendotheliosis virus from avian tumor viruses. *Journal of Virology* 8:813 - 815.

[143]Martinez, I. , and R. Dornburg. 1996. Mutational analysis of the envelope protein of spleen necrosis virus. *Journal of Virology* 70:6036 - 6043.

[144]McColl, K. A. , B. W. Calnek, W. V. Harris, K. A. Schat, and L. F. Lee 1987. Expression of a putative tumor-associated surface antigen on normal versus Marek's disease virus-transformed lymphocytes. *Journal of the National Cancer Institute* 79:991 - 1000.

[145]McDougall, J. S. , P. M. Biggs, and R. F. W. Shilleto. 1978. A leukosis in turkeys associated with infection with reticuloendotheliosis virus. *Avian Pathology* 7: 557 - 568.

[146]McDougall, J. S. , J. B. McFerran, and M. S. McNulty. 1993. Tumor viruses of turkeys, p. 455 - 463, Virus Infections of Vertebrates, 4. Virus Infections of Birds.

Elsevier Science Publishers B. V. , Amsterdam.

[147]McDougall, J. S. , R. F. W. Shilleto, and P. M. Biggs. 1980. Experimental infection and vertical transmission of reticuloendotheliosis virus in the turkey. *Avian Pathology* 9:445 - 454.

[148]McDougall, J. S. , R. F. W. Shilleto, and P. M. Biggs. 1981. Further studies on vertical transmission of reticuloendotheliosis virus in turkeys. *Avian Pathology* 10: 163 - 169.

[149]Meroz, M. 1992. Reticuloendotheliosis and 'pullet disease' in Israel. *The Veterinary Record* 130:107 - 108.

[150]Meyers, N. L. 1993. Antibody response elicited against empty reticuloendotheliosis virus particles in two inbred lines of chicken. *Veterinary Microbiology* 36: 317 -332.

[151]Miller, P. E. , J. Paul-Murphy, R. Sullivan, A. J. Cooley, R. R. Dubielzig, C. J. Murphy, and A. M. Fadly. 1998. Orbital lymphosarcoma associated with reticuloendotheliosis virus in a peafowl. *J. Am. Vet Med. Assoc.* 213:377 - 380.

[152]Moelling, K. , H. Gelderblom, G. Pauli, R. R. Friis, and H. Bauer. 1975. A comparative study of the avian reticuloendotheliosis virus: Relationship to murine leukemia virus and viruses of the avian sarcoma-leukosis complex. *Virology* 65:546 - 557.

[153]Moore, B. E. , and H. R. Bose, Jr. 1988. Expression of the v-rel oncogene in reticuloendotheliosis virus-transformed fibroblasts. *Virology* 162:377 - 387.

[154]Moore, B. E. , and H. R. Bose, Jr. 1988. Transformation of avian lymphoid cells by reticuloendotheliosis virus. *Mutation Research* 195:79 - 90.

[155]Moore, K. M. , J. R. Davis, T. Sato, and A. Yasuda. 2000. Reticuloendotheliosis virus (REV) long terminal repeats incorporated in the genomes of commercial fowl poxvirus vaccines and pigeon poxviruses without indication of the presence of infectious REV. *Avian Diseases* 44:827 - 841.

[156]Moscovici, C. , D. Chi, L. Gazzolo, and M. G. Moscovici. 1976. A study of plaque formation with avian RNA tumor viruses. *Virology* 73:181 - 189.

[157]Mosser, A. G. , R. C. Montelaro, and R. R. Rueckert. 1975. The polypeptide composition of spleen necrosis virus, a reticuloendotheliosis virus. *Journal of Virology* 15:1088 - 1095.

[158]Motha, M. X. J. 1987. Clinical effects, virological and serological responses in chickens following in-ovo inoculation of reticuloendotheliosis virus. *Veterinary Micro-*
biology 14:411 - 417.

[159]Motha, M. X. J. 1987. Demonstration of precipitating antibodies to reticuloendotheliosis virus in egg yolk. *Australian Veterinary Journal* 64:259 - 260.

[160]Motha, M. X. J. 1984. Distribution of virus and tumour formation in ducks experimentally infected with reticuloendotheliosis virus. *Avian Pathology* 13:303 - 320.

[161]Motha, M. X. J. 1982. Effects of reticuloendotheliosis virus on the response of chickens to infectious laryngotracheitis virus. *Avian Pathology* 11:475 - 486.

[162]Motha, M. X. J. , and J. R. Egerton. 1983. Effect of reticuloendotheliosis virus on the response of chickens to salmonella-typhimurium infection. *Research in Veterinary Science* 34:188 - 192.

[163]Motha, M. X. J. , and J. R. Egerton. 1984. Influence of reticuloendotheliosis on the severity of Eimeria tenella infection in broiler chickens. *Veterinary Microbiology* 9:121 - 129.

[164]Motha, M. X. J. , and J. R. Egerton. 1987. Outbreak of atypical fowlpox in chickens with persistent reticuloendotheliosis viraemia. *Avian Pathology* 16:177 - 182.

[165]Motha, M. X. J. , and J. R. Egerton. 1987. Vertical transmission of reticuloendotheliosis virus in chickens. *Avian Pathology* 16:141 - 148.

[166]Motha, M. X. J. , J. R. Egerton, and A. W. Sweeney. 1984. Some evidence of mechanical transmission of reticuloendotheliosis virus by mosquitos. *Avian Diseases* 28:858 - 867.

[167]Mussman, H. C. , and M. J. Twiehaus. 1971. Pathogenesis of reticuloendothelial virus disease in chicks—an acute runting syndrome. *Avian Diseases* 15:483 - 502.

[168]Nazerian, K. , J. G. Calvert, R. L. Witter, and N. Yanagida. 1995. Vaccine comprising fowlpox virus recombinants expressing the envelope glycoprotein of an avian reticuloendotheliosis retrovirus. U. S. Patent Office ♯ 540358.

[169]Nazerian, K. , R. L. Witter, L. B. Crittenden, M. Noori-Daloii, and H. J. Kung. 1982. An IgM-producing B lymphoblastoid cell line established from lymphomas induced by a non-defective reticuloendotheliosis virus. *Journal of General Virology* 58:351 - 360.

[170]Nicholas, R. A. J. , and D. H. Thornton. 1987. An enzyme-linked immunosorbent assay for the detection of antibodies to avian reticuloendotheliosis virus using whole cell antigen. *Research in Veterinary Science* 43: 403 - 404.

[171]Nicholas, R. A. J. , and D. H. Thornton. 1983. Relative

efficiency of techniques for detecting avian reticuloendotheliosis virus as a vaccine contaminant. *Research in Veterinary Science* 34:377 - 379.

[172] Noori-Daloii, M. , R. A. Swift, H. J. Kung, L. B. Crittenden, and R. L. Witter. 1981. Specific integration of REV proviruses in avian bursal lymphomas. *Nature* 294:574 - 576.

[173] Okoye, J. O. A. , W. Ezema, and J. N. Agoha. 1993. Naturally occurring clinical reticuloendotheliosis in turkeys and chickens. *Avian Pathology* 22:237 - 244.

[174] Paul, I. , O. Cotofan, and M. Boisteanu. 1986. The incidence of Marek's disease in anti-MD vaccinated hens. *IASI Lucr. Stiint Ser. Zooteh. Med. Vet.* 30:95 - 96.

[175] Paul, P. S. , K. H. Johnson, K. A. Pomeroy, B. S. Pomeroy, and P. S. Sarma. 1977. Experimental transmission of reticuloendotheliosis in turkeys with the cell-culture-propagated reticuloendothetiosis viruses of turkey origin. *Journal of the National Cancer Institute* 58:1819 - 1824.

[176] Paul, P. S. , K. A. Pomeroy, P. S. Sarma, K. H. Johnson, D. M. Barnes, M. C. Kumar, and B. S. Pomeroy. 1976. Brief communication: Naturally occurring reticuloendotheliosis in turkeys: transmission. *Journal of the National Cancer Institute* 56:419 - 421.

[177] Paul, P. S. , and R. W. Werdin. 1978. Spontaneously occurring lymphoproliferative disease in ducks (case reports). *Avian Diseases* 22:191 - 195.

[178] Payne, L. N. , and J. A. Levy. 1992. Biology of avian retroviruses, p. 299 - 404, Retroviridae, vol. 1. Plenum Press, New York.

[179] Perk, K. , M. Malkinson, A. Gazit, A. Yaniv, and A. Zimber. 1981. Reappearance of an acute undifferentiated leukemia in a flock of Muscovy ducks. Proceedings of the 10th International Symposium on Comparative Leukemia and Related Diseases. 99 - 100.

[180] Peterson, D. A. , and A. S. Levine. 1971. Avian reticuloendotheliosis virus (strain T). Ⅳ. Infectivity and transmissibility in day-old cockerels. *Avian Diseases* 15:874 - 883.

[181] Peterson, M. J. , P. J. Ferro, M. N. Peterson, R. M. Sullivan, B. E. Toole, and N. J. Silvy. 2002. Infectious disease survey of lesser prairie chickens in north Texas. *Journal of Wildlife Diseases* 38:834 - 839.

[182] Pratt, W. D. , R. W. Morgan, and K. A. Schat. 1992. Characterization of reticuloendotheliosis virus-transformed avian T-lymphoblastoid cell lines infected with Marek's disease virus. *Journal of Virology* 66:7239 - 7244.

[183] Purchase, H. G. , C. G. Ludford, K. Nazerian, and H. W. Cox. 1973. A new group of oncogenic viruses: reticuloendotheliosis, chick syncytial, duck infectious anemia, and spleen necrosis viruses. *Journal of the National Cancer Institute* 51:489 - 499.

[184] Purchase, H. G. , and R. L. Witter. 1975. The reticuloendotheliosis viruses. *Current Topics in Microbiology and Immunology* 71:103 - 124.

[185] Ratnamohan, N. , T. J. Bagust, T. M. Grimes, and P. B. Spradbrow. 1979. Transmission of an Australian strain of reticuloendotheliosis virus to adult Japanese quail. *Australian Veterinary Journal* 55:506 - 506.

[186] Ratnamohan, N. , T. J. Bagust, and P. B. Spradbrow. 1982. Establishment of a chicken lymphoblastoid cell line infected with reticuloendotheliosis virus. *Journal of Comparative Pathology* 92:527 - 532.

[187] Ratnamohan, N. , T. M. Grimes, T. J. Bagust, and P. B. Spradbrow. 1980. A transmissible chicken tumour associated with reticuloendotheliosis virus infection. *Australian Veterinary Journal* 56:34 - 38.

[188] Reddy, S. K. , M. J. H. Ratcliffe, and A. Silim. 1993. Flow cytometric analysis of the neutralizing immune response against infectious bursal disease virus using reticuloendotheliosis virus-transformed lymphoblastoid cell lines. *Journal of Virological Methods* 44: 167 - 178.

[189] Reddy, S. M. , R. L. Witter, and I. M. Gimeno 2000. Development of a quantitative-competitive polymerase chain reaction assay for serotype 1 Marek's disease virus. *Avian Diseases* 44:770 - 775.

[190] Rehacek, J. , T. Dolan, K. D. Thompson, R. G. Fischer, Z. Rehacek, and H. Johnson. 1971. Cultivation of oncogenic viruses in mosquito cells *in vitro. Current Topics in Microbiology and Immunology* 55:161 - 164.

[191] Reimann, I. , and O. Werner. 1996. Use of the polymerase chain reaction for the detection of reticuloendotheliosis virus in Marek's disease vaccines and chicken tissues. *J. Vet. Med. B-Zbl. Vet. B-Infect.* 43:75 - 84.

[192] Rice, N. R. , T. I. Bonner, and R. V. Gilden. 1981. Nucleic acid homology between avian and mammalian type C viruses: Relatedness of reticuloendotheliosis virus cDNA to cloned proviral DNA of the endogenous colobus virus CPC-1. *Virology* 114:286 - 290.

[193] Ridgway, A. A. G. 1992. Reticuloendotheliosis virus long terminal repeat elements are efficient promoters in cells of various species and tissue origin, including hu-

man lymphoid cells. *Gene* 121:213 - 218.

[194]Ridgway, A. A. G. , R. A. Swift, H. J. Kung, and D. J. Fujita. 1985. *In vitro* transcription analysis of the viral promoter involved in cmyc activation in chicken B lymphomas:Detection and mapping for two RNA initiation sites within the reticuloendotheliosis virus long terminal repeat. *Journal of Virology* 54:161 - 170.

[195]Robinson, F. R. , and M. J. Twiehaus. 1974. Isolation of the avian reticuloendotheliosis virus(strain T). *Avian Diseases* 18:278 - 288.

[196]Rup, B. J. , J. D. Hoelzer, and H. R. Bose, Jr. 1982. Helper viruses associated with avian acute leukemia viruses inhibit the cellular immune response. *Virology* 116:61 - 71.

[197]Rup, B. J. , J. L. Spencer, J. D. Hoelzer, R. B. Lewis, C. R. Carpenter, A. S. Rubin, and H. R. Bose, Jr. 1979. Immunosuppression induced by avian reticuloendotheliosis virus:Mechanism of induction of the suppressor cell. *Journal of Immunology* 123:1362 - 1370.

[198]Rushlow, C. , and R. Warrior. 1992. The rel family of proteins. *Bioessays* 14:89 - 95.

[199]Salter, D. W. , E. J. Smith, S. H. Hughes, S. E. Wright, and L. B. Crittenden. 1986. Transgenic chickens:Insertion ofretroviral genes into the chicken germ line. *Virology* 157:236 - 240.

[200]Sarid, R. , A. Chajut, M. Malkinson, S. R. Tronick, A. Gazit, and A. Yaniv 1994. Diagnostic test for lymphoproliferative disease virus infection of turkeys, using the polymerase chain reaction. *American Journal of Veterinary Research* 55:769 - 772.

[201]Sawyer, R. C. , and H. Hanafusa. 1977. Formation of reticuloendotheliosis virus pseudotypes of Rous sarcoma virus. *Journal of Virology* 22:634 - 639.

[202]Schat, K. A. 1991. Importance of cell-mediated immunity in Marek's disease and other viral tumor diseases. *Poultry Science* 70:1165 - 1175.

[203]Schat, K. A. , J. Gonzalez, A. Solorzano, E. Avila, and R. L. Witter. 1976. A lymphoproliferative disease in Japanese quail. *Avian Diseases* 20:153 - 161.

[204]Schat, K. A. , W. D. Pratt, R. W. Morgan, D. Weinstock, and B. W. Calnek. 1992. Stable transfection of reticuloendotheliosis virustransformed lymphoblastoid cell lines. *Avian Diseases* 36:432 - 439.

[205]Schwarzbard, Z. , A. Yaniv, M. Ianconescu, K. Perk, and A. Zimber. 1980. A reverse transcriptase assay for the diagnosis of lymphoporiferative disease. *Avian Pathology* 9:481 - 487.

[206]Scofield, V. L. , and H. R. Bose, Jr. 1978. Depression of mitogen response in spleen cells from reticuloendotheliosis virus-infected chickens and their suppressive effect on normal lymphocyte response. *Journal of Immunology* 120:1321 - 1325.

[207]Scofield, V. L. , J. L. Spencer, W. E. Briles, and H. R. Bose, Jr. 1978. Differential mortality and lesion responses to reticuloendotheliosis virus infection in Marek's disease resistant and susceptible chicken lines. *Immunogenetics* 7:169 - 172.

[208]Seong, H. W. , and S. J. Kim. 1998. Differential diagnosis of Marek's disease, reticuloendotheliosis and avian leukosis using polymerase chain reaction. *Korean Journal of Veterinary Research* 38:101 - 106.

[209]Seong, H. W. , S. J. Kim, J. H. Kim, C. S. Song, I. P. Mo, and K. S. Kim. 1996. Outbreaks of reticuloendotheliosis in Korea. *RDA Journal of Agricultural Science Veterinary* 38:707 - 715.

[210]Sevoian, M. , R. N. Larose, and D. M. Chamberlain. 1964. Avian lymphomatosis. VI. A virus of unusual potency and pathogenicity. *Avian Diseases* 3:336 - 347.

[211]Sevoian, M. , R. N. Larose, and D. M. Chamberlain. 1964. Avian lymphomatosis. VIII. Pathological response of the chicken embryo to T virus. *Journal of the National Cancer Institute* 17:99 - 119.

[212]Shen, P. F. L. 1981. Immunological, hematological, pathological, and ultrastructural studies of chickens with reticuloendotheliosis. Ph. D. Univ. Arkansas.

[213]Shimotohno, K. , S. Mizutani, and H. M. Temin. 1980. Sequence of retrovirus provirus resembles that of bacterial transposable elements. *Nature* 285:550 - 554.

[214]Simek, S. , and N. R. Rice. 1980. Analysis of the nucleic acid components in reticuloendotheliosis virus. *Journal of Virology* 33:320 - 329.

[215]Singh, P. , T. J. Kim, and D. N. Tripathy. 2000. Re-emerging fowlpox:evaluation of isolates from vaccinated flocks. Avian Pathology 29:449 - 455.

[216]Singh, P. , and D. N. Tripathy. 2003. Vaccines for protection against fowlpox and reticuloendotheliosis in chickens. Proc. Ann. Mtg. American Veterinary Medical Assoc. :1 - 1.

[217]Sinkovic, B. 1981. *In vivo* interactions between reticuloendotheliosis virus and some other infectious agents of chickens. Proceedings of the 4th Australasian Poultry Stock and Feed Convention. 114 - 118.

[218]Sinkovic, B. , and C. O. Choi. 1979. Studies on reticuloendotheliosis maternal antibody. Proceedings of the

3rd Australasian Poultry Stock and Feed Convention. 119 - 122.

[219]Smith, E. J. , J. J. Solomon, and R. L. Witter. 1977. Complementfixation test for reticuloendotheliosis viruses. Limits of sensitivity in infected avian cells. *Avian Diseases* 21:612 - 622.

[220]Smith, E. J. , and R. L. Witter. 1983. Detection of antibodies against reticuloendotheliosis viruses by an enzyme-linked immunosorbent assay. *Avian Diseases* 27: 225 - 234.

[221]Solomon, J. J. , R. L. Witter, and K. Nazerian. 1976. Studies on the etiology of lymphomas in turkeys: Isolation of reticuloendotheliosis virus. *Avian Diseases* 20: 735 - 747.

[222]Storms, R. W. , and H. R. Bose, Jr. 1992. Alterations within pp59vrel-containing protein complexes following the stimulation of REVT-transformed lymphoid cells with zinc. *Virology* 188:765 - 777.

[223]Swift, R. A. , C. Boerkoel, A. A. G. Ridgway, D. J. Fujita, J. B. Dodgson, and H. J. Kung. 1987. B-lymphoma induction by reticuloendotheliosis virus: Characterization of a mutated chicken syncytial virus provirus involved in c-myc activation. *Journal of Virology* 61: 2084 - 2090.

[224]Swift, R. A. , E. Shaller, R. L. Witter, and H. J. Kung. 1985. Insertional activation of c-myc by reticuloendotheliosis virus in chicken B lymphoma: Nonrandom distribution and orientation of the proviruses. *Journal of Virology* 54:869 - 872.

[225]Tajima, M. , T. Nunoya, and Y. Otaki. 1977. Pathogenesis of abnormal feathers in chickens inoculated with reticuloendotheliosis virus. *Avian Diseases* 21:77 - 89.

[226]Takagi, M. , K. Ishikawa, H. Nagai, T. Sasaki, K. Gotoh, and H. Koyama. 1996. Detection of contamination of vaccines with the reticuloendotheliosis virus by reverse transcriptase polymerase chain reaction (RT-PCR). *Virus Research* 40:113 - 121.

[227]Taniguchi, T. , N. Yuasa, S. Sato, and T. Horiuchi. 1977. Pathological changes in chickens inoculated with reticuloendotheliosis virus contaminated Marek's disease vaccine. *National Institute of Animal Health Quarterly* 17:141 - 150.

[228]Taylor, H. W. , and L. D. Olson. 1973. Chronologic study of the Tvirus in chicks. Ⅱ. Development of hematologic changes. *Avian Diseases* 17:794 - 802.

[229]Taylor, S. , A. M. Fadly, K. A. Schat, and J. L. Spencer. 1997. Methods for detection of REV contamination in poultry vaccines, p. 76 - 79, Diagnosis and Control of Neoplastic Diseases of Poultry. American Association of Avian Pathologists, Kennett Square.

[230]Temin, H. M. , and V. K. Kassner. 1975. Replication of reticuloendotheliosis viruses in cell culture: Chronic infection. *Journal of General Virology* 27:267 - 274.

[231]Temin, H. M. , and V. K. Kassner. 1974. Replication of reticuloendotheliosis viruses in cell cultures: Acute infection. *Journal of Virology* 13:291 - 297.

[232]Temin, H. M. , E. Keshet, and S. K. Weller. 1980. Correlation of transient accumulation of linear un-integrated viral DNA and transient cell killing by avian leukosis and reticuloendotheliosis viruses. *Cold Spring Harbor Symposium on Quantitative Biology* 44:773 - 778.

[233]Terada, N. , T. Kuramoto, and T. Ino. 1977. Comparison of susceptibility to the T strain of reticuloendotheliosis virus among families of Japanese quail. *Japanese Poultry Science* 14:259 - 265.

[234]Theilen, G. H. , R. F. Zeigel, and M. J. Twiehaus. 1966. Biological studies with RE virus(strain T) that induces reticuloendotheliosis in turkeys, chickens, and Japanese quail. *Journal of the National Cancer Institute* 37: 731 -743.

[235]Thompson, K. D. , R. G. Fischer, and D. H. Luecke. 1968. Determination of the viremic period of avian reticuloendotheliosis virus(strain T)in chicks and virus viability in Triatoma infestans (KLUG) (Hemiptera: Reduviidae). *Avian Diseases* 12:354 - 360.

[236]Thompson, K. D. , R. G. Fischer, and D. H. Luecke. 1971. Quantitative infectivity studies of avian reticuloendotheliosis virus (strain T) in certain hematophagous arthropods. *Journal of Medical Entomology* 8: 486 - 490.

[237]Torres-Medina, A. , H. C. Mussman, M. B. Rhodes, and M. J. Twiehaus. 1973. Chicken transferrin: High levels in chickens with reticuloendothelial virus disease. *Poultry Science* 52:747 - 754.

[238]Trager, W. 1959. A new virus of ducks interfering with development of malaria parasite (Plasmodium lophurae). Proceedings of the Society for Experimental Biology and Medicine 101:578 - 582.

[239]Tsai, W. P. , T. D. Copeland, and S. Oroszlan. 1986. Biosynthesis and chemical and immunological characterization of avian reticuloendotheliosis virus env gene-encoded proteins. *Virology* 155:567 - 583.

[240]Tsai, W. P. , T. D. Copeland, and S. Oroszlan. 1985. Purification and chemical and immunological characteriza-

tion of avian reticuloendotheliosis virus gag-gene-encoded structural proteins. *Virology* 140:289 - 312.

[241]Tsai, W. P. , and S. Oroszlan. 1988. Site-directed cytotoxic antibody against the c-terminal segment of the surface glycoprotein gp90 of avian reticuloendotheliosis virus. *Virology* 166:608 - 611.

[242]Vogt, P. K. , J. L. Spencer, W. Okazaki, R. L. Witter, and L. B. Crittenden. 1977. Phenotypic mixing between reticuloendotheliosis virus and avian sarcoma viruses. *Virology* 80:127 - 135.

[243]von dem Hagen, D. , and H. C. Lliger. 1978. Studies into epizootiology of quail leukosis. *Mh. Vet. Med.* 33:591 - 593.

[244]Wakabayashi, T. , and H. Kawamura. 1977. Serological survey of reticuloendotheliosis virus infection among chickens in Japan. *National Institute of Animal Health Quarterly* 17:73 - 74.

[245]Wakabayashi, T. , and H. Kawamura. 1975. Virus of reticuloendotheliosis virus group: Persistent infection in chickens and viral transmission to fertile egg. Proc. 79th Ann. Mtg. Jap. Soc. Vet. Sci. 12 - 13.

[246]Wakenell, P. S. , A. M. Fadly, K. A. Schat, and J. L. Spencer. 1997. An overview of problems in diagnosis of neoplastic diseases of poultry, p. 1 - 5, Diagnosis and Control of Neoplastic Diseases of Poultry. American Association of Avian Pathologists, Kennett Square.

[247]Waldrip, D. W. 1994. RE-like syndrome. Proceedings of the 29th National Meeting on Poultry Health & Condemnations. 113 - 113.

[248]Walker, M. H. , B. J. Rup, A. S. Rubin, and H. R. Bose, Jr. 1983. Specificity in the immunosuppression induced by avian reticuloendotheliosis virus. *Infection and Immunity* 40:225 - 235.

[249]Wang, X. L. , Z. Zhang, S. J. Jiang, and Z. Z. Cui. 2005. Immunogenicity of envelope glycoprotein gene of reticuloendotheliosis virus expressed in insect cell. *Wei Sheng Wu Xue. Bao.* 45:593 - 597.

[250]Watanabe, S. , and H. M. Temin. 1983. Construction of a helper cell line for avian reticuloendotheliosis virus cloning vectors. *Molecular and Cellular Biology* 3: 2241 - 2249.

[251]Watanabe, S. , and H. M. Temin. 1982. Encapsidation sequences for spleen necrosis virus and avian retrovirus, are between the 5′ long terminal repeat and the start of the gag gene. Proceedings of the National Academy of Sciences 79:5986 - 5990.

[252]Weaver, T. A. , K. J. Talbot, and A. T. Panganiban.

1990. Spleen necrosis virus gag polyprotein is necessary for particle assembly and release but not for proteolytic processing. *Journal of Virology* 64:2642 - 2652.

[253]Weinstock, D. , K. A. Schat, and B. W. Calnek. 1989. Cytotoxic Tlymphocytes in reticuloendotheliosis virus-infected chickens. *European Journal of Immunology* 19: 267 - 272.

[254]Wilhelmsen, K. C. , K. Eggleton, and H. M. Temin. 1984. Nucleic acid sequences of the oncogene v-rel in reticuloendothetiosis virus strain T and its cellular homolog, the proto-oncogene c-rel. *Journal of Virology* 52:172 - 182.

[255]Witter, R. L. 1997. Avian Tumor Viruses: Persistent and Evolving Pathogens. *Acta Veterinaria Hungarica* 45:251 - 266.

[256]Witter, R. L. 1994. Control of Marek's disease. Proceedings of the International Seminar on Avian Pathology. 201 - 208.

[257]Witter, R. L. 2006. Prevention and control of reticuloendotheliosis virus infection: rationale and strategies. Proc. AAAP Avian Tumor Virus Symp. Honolulu, HI. 81 - 89.

[258]Witter, R. L. , and L. B. Crittenden. 1979. Lymphomas resembling lymphoid leukosis in chickens inoculated with reticuloendotheliosis virus. *International Journal of Cancer* 23:673 - 678.

[259]Witter, R. L. , A. M. Fadly, Y. M. Saif, H. J. Barnes, J. R. Glisson, A. M. Fadly, L. R. McDougald, and D. E. Swayne. 2003. Reticuloendotheliosis, p. 517 - 536, Diseases of Poultry, vol. 11th. Iowa State Press, Ames.

[260]Witter, R. L. , I. M. Gimeno, and A. M. Fadly. 2005. Differential diagnosis of lymphoid and myeloid tumors in the chicken. AAAP Slide Study Set ♯27, American Association of Avian Pathologists, Athens, GA (Electronic media). 1 - 49.

[261]Witter, R. L. , and S. E. Glass. 1984. Case report—Reticuloendotheliosis in breeder turkeys. *Avian Diseases* 28:742 - 750.

[262]Witter, R. L. , and D. C. Johnson. 1985. Epidemiology of reticuloendotheliosis virus in broiler breeder flocks. *Avian Diseases* 29:1140 - 1154.

[263]Witter, R. L. , L. F. Lee, L. D. Bacon, and E. J. Smith. 1979. Depression of vaccinal immunity to Marek's disease by infection with reticuloendotheliosis virus. *Infection and Immunity* 26:90 - 98.

[264]Witter, R. L. , I. L. Peterson, E. J. Smith, and D. C. Johnson. 1982. Serologic evidence in commercial chick-

en and turkey flocks of infection with reticuloendotheliosis virus. *Avian Diseases* 26:753-762.

[265]Witter, R. L. , H. G. Purchase, and G. H. Burgoyne. 1970. Peripheral nerve lesions similar to those of Marek's disease in chickens inoculated with reticuloendotheliosis virus. *Journal of the National Cancer Institute* 45:567-577.

[266]Witter,R. L. ,and D. W. Salter. 1989. Vertical transmission of reticuloendotheliosis virus in breeder turkeys. *Avian Diseases* 33:226-235.

[267]Witter, R. L. , J. M. Sharma, and A. M. Fadly. 1986. Nonbursal lymphomas induced by nondefective reticuloendotheliosis virus. *Avian Pathology* 15:467-486.

[268]Witter,R. L. , E. J. Smith, and L. B. Crittenden. 1981. Tolerance,viral shedding,and neoplasia in chickens infected with nondefective reticuloendotheliosis viruses. *Avian Diseases* 25:374-394.

[269]Wong,T. C. ,and M. M. C. Lai. 1981. Avian reticuloendotheliosis virus contains a new class of oncogene of turkey origin. *Virology* 111:289-293.

[270]Yamada, S. , S. Kamikawa, Y. Uchinuno, H. Fujikawa, K. Takeuchi, A. Tominaga, and K. Matsua. 1977. Distribution of antibody against reticuloendotheliosis virus and isolation of the virus. *Journal of the Japanese Veterinary Medical Association* 30:387-390.

[271]Yang,H. C. ,and Y. Gao. 1997. Detection of antibody to reticuloendotheliosis virus in sera by a modified blocking ELISA. *Chinese Journal of Veterinary Medicine* 23:3-5.

[272]Yaniv, A. , A. Gazit, M. Ianconescu, K. Perk, B. Aizenberg,and A. Zimber. 1979. Biochemical characterization of the type C retrovirus associated with lymphoproliferative disease of turkeys. *Journal of Virology* 30:351-357.

[273]Yoshida, I. , M. Sakata, K. Fujita, T Noguchi, and N. Yuasa. 1981. Modification of low virulent Newcastle disease virus infection in chickens infected with reticuloendotheliosis virus. *National Institute of Animal Health Quarterly* 21:1-6.

[274]Yuasa,N. ,I. Yoshida, and T. Taniguchi. 1976. Isolation of a reticuloendotheliosis virus from chickens inoculated with Marek's disease vaccine. *National Institute of Animal Health Quarterly* 16:141-151.

[275]Zavala, G. 2006. Immunosuppression induced by reticuloendotheliosis virus. Proc. AAAP Avian Tumor Virus Symp. Honolulu, HI. 70-80.

[276]Zavala, G. , Sunny Cheng, Taylor Barbosa, and Holly Haefele. 2006. Enzootic reticuloendotheliosis in the endangered Attwater's and greater prairie chickens. *Avian Diseases* 50:In Press.

[277]Zeigel,R. F. ,M. J. Twiehaus,and G. H. Theilen. 1966. Electron microscopic observations on RE virus(strain T)that induces reticuloendotheliosis in turkeys,chickens,and Japanese quail. *Journal of the National Cancer Institute* 37:709-729.

皮肤鳞状细胞癌

Dermal Squamous Cell Carcinoma

Scott Hafner 和 Mark A. Goodwin

引言和历史

从 1800 年以来,世界各地都零星报道了老龄鸡皮肤、舌、咽、嗉囊和食管的鳞状细胞癌。鳞状细胞癌在老龄鸡中很少转移[1],一般都是局部侵袭性的[3,7,8,14,15,18,25,27]。与此相反,在屠宰场皮肤鳞状细胞癌(Dermal squamous cell carcinoma,DSCC)一般指青年肉鸡胴体皮肤上的病变。这一病变仅限于皮肤,而且未见有转移的报道[5,6,12,13,19,20,24,26,28]。

在过去,DSCC 用来描述青年肉鸡的这种病变被认为是合适的名称[5,6,16,26],但是,最近更多的作者偏向于用禽角化棘皮瘤或角化棘皮瘤[12,13,19,20]。这是因为角化棘皮瘤是人的退化性肿瘤,在肉眼和显微镜下与鳞状细胞癌相似[2,17],在活肉鸡上自然发生的 DSCC 也已被发现是退化性的[12]。

经济意义

在屠宰场,有多处皮肤鳞状细胞癌病变较轻(禽角化棘皮瘤)病变的胴体会被废弃掉,但是影响很少的胴体经过处理轻可以保留,因此不会引起巨大的经济损失。

公共卫生意义

虽然禽的广泛损害会继发细菌感染而引起败血病,但是其公共卫生意义还不明确。

变最终发生退行性变化[12]。

发病率和分布

这类皮肤病变在肉鸡胴体上最多见，但在老龄鸡胴体上也有相似的肿瘤[12]。肉鸡有多处病变的胴体发病率为0.01%～0.05%，但个别鸡群可达到0.09%或更高[13,16,26,28]。一项研究发现48日龄以内屠宰的鸡群发病率增加[13]，而且，另一些调查发现，肿瘤发病率有周期性，夏季最低[13,28]。有些调查发现淘汰率高与房舍多尘、饲养于新舍或特定的厂家有关联[11]。

病原学、流行病学和发病机理

自然发病的病因还不清楚。鸡痘慢性感染鸡，使用甲基胆蒽后可引起乳头状瘤和鳞状细胞癌；然而，停止使用致癌物以后，肿瘤退化或转化为皮肤角质。几年以后，出现少量起源于残留病变的转移性鳞状细胞癌[9]。在过去的研究中，体表反复使用甲基胆蒽可产生退行性病变，这些病变最初诊断为鳞状细胞癌[22]，之后诊断为鳞状细胞癌样肿瘤[23]，最后为角化棘皮瘤[21]。最近实验表明，注射禽白血病病毒有2只青年鸡发生DSCC，而作同样处理的其他鸡则未出现病变[4]。通过巢式PCR在DSCC病料中检测到的禽痘病毒特异性DNA序列与从禽痘病变中检出的频率相近，比正常或感染皮炎的皮肤中检出率要高得多。但是却没有鉴定出传染性痘病毒[10]。

大体病变

胴体上最常见的病变是羽毛囊火山口样溃疡（图15.56）。较小的溃疡平均直径为5mm，呈圆环状，但在部分胴体上可出现大的不规则的融合性溃疡[13]。溃疡可能集结于羽毛囊内或散在于整个羽毛囊中。在一项研究中[13]发现病变最常见于背部、股部和胸部，但另一些调查发现病变部位并未有所侧重[26]。活禽的溃疡处充满了角蛋白和细胞碎片（图15.57）。溃疡常常伴有小的结节（平均3mm），肉眼观察与肿大的羽毛滤泡相似（图15.58）。在活的年轻肉鸡上，这些结节病变发展成溃疡，所有病

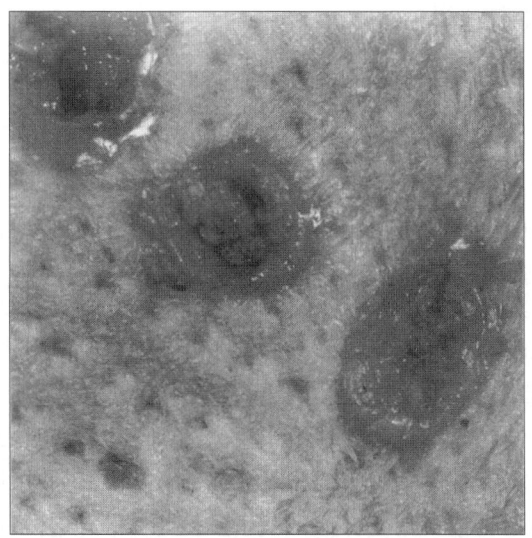

图15.56 胴体上典型病变为羽毛囊内火山口状溃疡

图15.57 活鸡体表溃疡的中心角质、细胞碎片和细菌混合团块

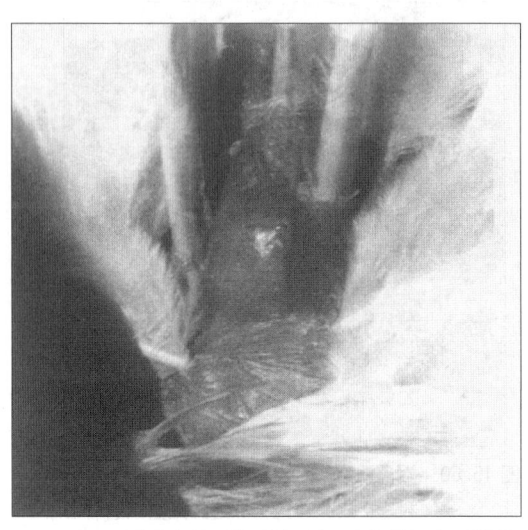

图15.58 活鸡皮肤早期病变为羽毛囊基部出现结节

组织病理学

显微镜下，结节病变为增生的羽毛滤泡上皮过度增生引起（图 15.59），羽毛滤泡上皮形成的囊泡或含有过度角化羽毛的增生性羽毛滤泡[13,24]。肿瘤细胞的细胞角蛋白结构还表明，肿瘤源自羽毛滤泡上皮细胞，而不是表面的表皮[24]。溃疡中央为一上皮覆盖的杯形腔，其中充满了角质蛋白、细菌、脱落的上皮细胞及炎性细胞。上皮瓣突出于中央角质团块。衬里上皮向腔中央角化，并以细的角质细胞索伸向周围皮肤纤维组织中（图 15.60）。边缘纤维组织中有单个角质细胞、异嗜细胞、散在的巨噬细胞，血管周有淋巴细胞聚集。胴体上的病变常因褪毛而有很大改变，中央角质中心及大部分衬里上皮消失[12,13]。

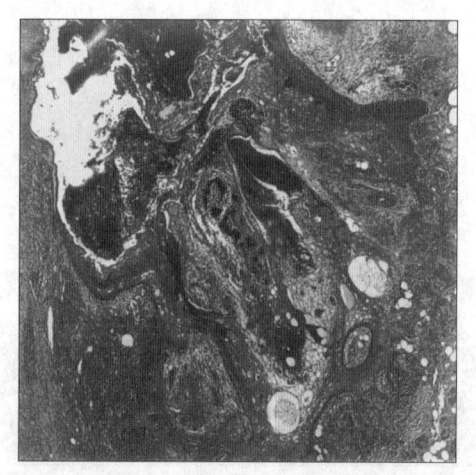

图 15.59 显微镜下，结节病变为扩大的羽毛滤泡。×40

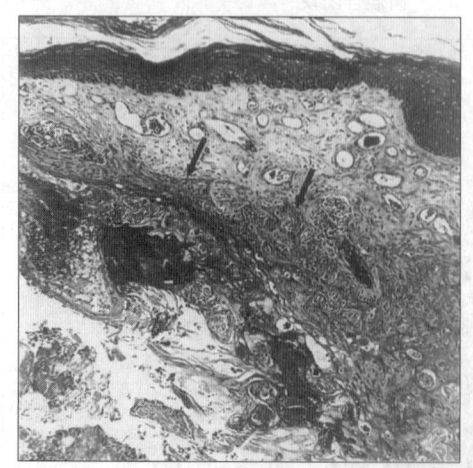

图 15.60 活禽溃疡部上皮瓣的切面，中央为角化的衬里上皮，边缘为邻近纤维组织的侵袭性衬里上皮（箭头）。×100

超微结构检查，见桥粒与角质细胞相连，角质细胞含有张力原纤维或透明角质粒。在一些研究中，未见到病毒粒子[5,12]。然而，在一项研究中被归类为 C 型反转录病毒[24]。

发病机理

DSCC 的整个发病机理还不清楚，但病变似乎起始于增生性羽毛滤泡的边缘。滤泡边缘上皮浸润到邻近的真皮，或者延伸到小囊泡中，并由侵入的角质细胞形成不规则的周边。外周有明显的纤维组织增生，并含有大量的炎性细胞。随着病变的扩大，囊泡发生浅表性溃疡，上皮瓣限制了角质和细胞团块，中央角质核心消失后，皮肤疤痕迅速退化，表面再上皮化。

诊　　断

从肉眼和显微观察上，主要应与溃疡性皮炎进行鉴别诊断。适当显微镜下检查足够量的切片即可以进行确诊。

预防和控制

没有已知的预防和控制方法。

曾凡桂　邱亚峰　译
常建宇　苏敬良　陈溥言　刘　爵　校
何召庆

参考文献

[1]Abels, H. 1929. Die Geschwulste der Vogelhaut. *Z Krebsforsch* 29:207-210.

[2]Ackerman, A. B., and A. Ragaz. 1984. The lives of lesions. Chronology in Dermatopathology. Masson Publishing, New York, NY.

[3]Anderson, W. I. and H. Steinberg. 1989. Primary glossal squamouscell carcinoma in a Spanish Cochin hen. *Avian Dis* 33:827-828.

[4]Beard, J. W. 1980. Biology of avian oncornaviruses. In G. Klein (ed.). Viral Oncology. Raven Press, New York, 81.

[5]Bergmann, V. von, A. Valentin, and J. Scheer. 1986. Hartzkarzinomatose bei Broilern. *Monatsh Veterinaermed* 41:

815 - 817.

[6]Blandford, T. B., A. S. Bremner, and C. J. Randall. 1979. Squamous cell carcinomas in broilers [letter]. *Vet Rec* 105:334 - 335.

[7]Cardona, C. J., A. A. Bickford, and K. Emanuelson. 1992. Squamouscell carcinoma on the legs of an Aracauna chicken. *Avian Dis* 36:474 - 479.

[8]Chin, R. P., and B. C. Barr. 1990. Squamous-cell carcinoma of the pharyngeal cavity in a Jersey black giant rooster. *Avian Dis* 34:775 - 778.

[9]Duran-Reynals, F. 1952. Studies on the combined effects of fowl pox virus and methylcholanthrene in chickens. *Ann NY Acad Sci* 54:977 - 991.

[10]Fallavena, L. C. B., C. W. Canal, C. T. P. Salle, H. L. S. Moraes, S. L. S. Rocha, R. A. Pereira, and A. B. da Silva. 2002. Presence of avipoxvirus DNA in avian dermal squamous cell carcinoma. *Avian Pathol* 31:241 - 246.

[11]Good, R. E. 1991. The importance of squamous cell carcinoma in broilers. In Proc Avian Tumor Virus Symp. American Association of Avian Pathologists, Kennett Square, PA, 56 - 57.

[12]Hafner, S., B. G. Harmon, G. N. Rowland, R. G. Stewart, and J. R. Glisson. 1991. Spontaneous regression of "dermal squamous cell carcinoma" in young chickens. *Avian Dis* 35:321 - 327.

[13]Hafner, S., B. G. Harmon, R. G. Stewart, and G. N. Rowland. 1993. Avian keratoacanthoma(dermal squamous cell carcinoma) in broiler chicken carcasses. *Vet Pathol* 30:265 - 270.

[14]Hatkin, J., E. Styer, D. Miller. 2002. Ingluvial squamous cell carcinoma in a game chicken. *Avian Dis* 46:1070 - 1075.

[15]James, C. 1968. Neoplasms of the chicken. *Ceylon Vet J* 16:59 - 61.

[16]Langheinrich, K. A. 1991. Pathology of squamous cell carcinomas in broilers. In Proc Avian Tumor Virus Symp. American Association of Avian Pathologists, Kennett Square, PA, 58 - 62.

[17]Murphy, G. F., and D. E. Elder. 1991. Epidermal(Keratinocytic)neoplasms. In J. Rosai and L. H. Sobin(eds.). Non-Melanocytic Tumors of the Skin. Atlas of Tumor Pathology, Armed Forces Institute of Pathology, Washington, DC, 11 - 60.

[18]Priester, W. A. 1975. Esophageal cancer in North China; high rates in human and poultry populations in the same areas. *Avian Dis* 19:213 - 215.

[19]Reece, R. L. 1996. Some observations on naturally occurring neoplasms of domestic fowls in the State of Victoria, Australia (1977-87). *Avian Pathol* 25:407 - 447.

[20]Riddell, C., and P. T Shettigara. 1980. Dermal squamous cell carcinoma in broiler chickens in Saskatchewan. *Can Vet J* 21:287 - 289.

[21]Rigdon, R. H. 1959. Keratoacanthoma experimentally induced with methylcholanthrene in the chicken. *AMA Arch Derm* 79:139 - 147.

[22]Rigdon, R. H., and D. Brashear. 1954. Experimental production of squamous-cell carcinomas in the skin of chickens. *Cancer Res* 14:629 - 631.

[23]Rigdon, R. H., and M. D. Hooks. 1956. A consideration of the mechanism by which squamous-cell carcinomatoid tumors in the chicken spontaneously regress. *Cancer Res* 16:246 - 253.

[24]Sievert, Rabea. 2002. Pathomophologische Untersuchungen zur Charakterisierung der Hautkarzinomatose(Keratoakanthom) von Jungmasthühnern. Diss., Freien Universität, Berlin.

[25]Sugiyama, M., M. H. Yamashina, T. Kanbara, H. Kajigaya, K. Konagaya, M. Umeda, M. Isoda, and T. Sakai. 1987. Dermal squamous cell carcinoma in a laying hen. *J pn J Vet Sci* 49:1129 - 1130.

[26]Turnquest, R. U. 1979. Dermal squamous cell carcinoma in young chickens. *Am J Vet Res* 40:1628 - 1633.

[27]Vasquez, S., M. I. Quiroga, N. Aleman, J. C. Garcia, M. Lopez-Pena, J. M. Nieto. 2003. Squamous cell carcinoma of the oropharynx and esophagus in a Japanese bantam rooster. *Avian Dis* 47:215 - 217.

[28]Weinstock, D., M. T Correa, D. V. Rives, and D. P. Wages. 1995. Histopathology and epidemiology of condemnations due to squamous cell carcinoma in broiler chickens in North Carolina. *Avian Dis* 39:676 - 686.

多中心性组织细胞增殖症

Multicentric Histocytosis

Scott Hafner 和 Mark A. Goodwin

引　言

多中心性组织细胞增殖症是一种幼龄肉鸡的疾病，其肉眼病变的特征为脾脏和肝脏肿大，在脾脏、肝脏和肾脏有粟粒样白色或黄色的结节。自从1991年在美国屠宰时发现青年鸡的器官有这些病变[4]，该病开始被关注。该病又称为"大脾马立克氏病"和"类网状内皮组织增生综合征"。类似的病在其他国家被称为"组织细胞肉瘤病"和"全身性梭形细胞增生病"[1,8,9]。尚未能确定这些结节性病变是否是真正的肿瘤或仅是一种明显的增生性反应[2,4,5,6]。

公共卫生意义

公共卫生意义尚不清楚。

病 原 学

病原因子还未确定。在一些检查中，从自然发病的肉鸡病变组织中提取的 DNA 不含有网状内皮组织增殖症病毒、马立克氏病病毒或外源性白血病/肉瘤群病毒的特异序列[4,10]，但用于扩增肿瘤细胞 DNA 的 PCR 引物可能检测不到 J 亚群病毒[1]。检查自然发病鸡群的血清样品表明并非马立克氏病病毒、传染性法氏囊病病毒或呼肠孤病毒[7]。肉鸡和 SPF 莱航鸡接种自然病例的组织病料可出现肉眼和组织学病变[3]。在这些鸡中未检出 REV 或 ALV 的抗体，也没有分离到 REV；然而，分离到 6 株 ALV，并且可在携带 A 亚群囊膜的 ALV 抗性的 CEF 上生长。在这 6 株分离株中，只有 1 株经 PCR 扩增感染 CEF 培养物 DNA 鉴定为 J 亚群 ALV。在英国一项研究中，类似病变称为"组织细胞性肉瘤病"，在此研究中，使用 J 亚群 ALV 的 HPRS-103 或有关毒株人工感染 1~2 日龄的肉用型鸡，可产生肿瘤；然而对来航蛋鸡进行类似处理则不产生肿瘤。病变是由巨噬细胞、树状突细胞和淋巴细胞组成[1]。在日本，怀疑是马立克氏病而废弃了肉鸡胴体镜检后发现多个器官出现由梭形细胞组成的增生性病变。在这些梭形细胞中检测到禽白血病病毒抗原，并通过 PCR 检测到 J 亚群 ALV 感染。

大体病变

鸡多中心性组织细胞增殖症，脾脏较正常情况肿大 2~4 倍，肝脏肿大 1 倍。整个肝脏和脾脏表面有粟粒样（0.5~2mm）白色或黄色结节，肾脏

也见有大小 1~5mm 的类似结节，但其他器官很少出现肉眼可见的病变。部分病鸡苍白，比同伴小[2,4,5,6]。多中心性组织细胞增殖症病变并未伴有称之为骨髓性白血病（髓细胞瘤病）的特征性变化[3]。

组织学病变

脾脏动脉周围淋巴鞘弥散性地分布有纺锤形细胞构成的环形结节（图 15.61）。这些组织细胞（丰富的嗜伊红胞浆）含有长卵圆形、梭形或者更不规则的核（图 15.62）。尽管这些细胞与固定的巨噬细胞或树状突细胞相似，但根据特异性的标记还不能确定这些细胞的来源。结节中常见有丝分裂相细胞和单个的坏死细胞，但未发现多核细胞。在结节中

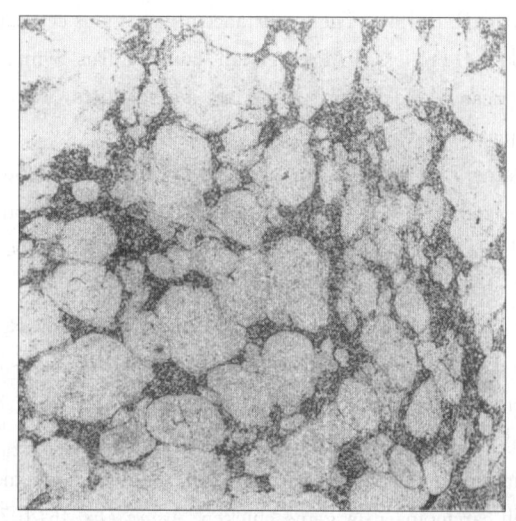

图 15.61 脾脏动脉周围淋巴鞘弥散性扩大形成的结节。×20

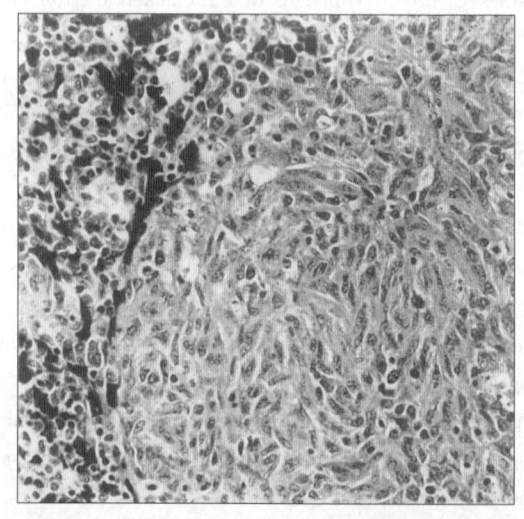

图 15.62 梭形组织细胞含有变长的和多形的核。×200

可见有少量浆细胞、小淋巴细胞、散在的淋巴母细胞及生发中心。同样在肝脏弥散性点状分布有异质性结节取代门静脉周围肝细胞并凸入门静脉。骨髓、肾脏、胰脏、肌胃腺体和肺脏亦有部分结节。腺胃黏膜上皮下和十二指肠固有层有广泛的组织细胞积聚，这些细胞充满十二指肠固有层并深入到肌层。肌胃肌层、心肌和骨骼肌血管周围偶尔有淋巴母细胞聚集[4]。

诊 断

目前的诊断方法依靠组织病理学。一些脏器的特定部位可以检查到特征性的结节[4]。

曾凡桂 邱亚峰 译

常建宇 苏敬良 陈溥言 刘 爵 校
何召庆

参考文献

[1]Arshad, S. S., A. P. Bland, S. M. Hacker, and L. N. Payne. 1997. A low incidence of histiocytic sarcomatosis associated with infection of chickens with the HPRS-103 strain of subgroup J avian leukosis virus. *Avian Dis* 41: 947 - 956.

[2]Goodwin, M. A. and S. Hafner. 1994. Multicentric histiocytosis mimicking reticuloendotheliosis in broilers. Proc 29th Natl Meet Poult Health Condemn, Ocean City, MD. 56.

[3]Goodwin, M. A., S. Hafner, D. I. Bounous, J. Brown, E. Smith, and A. Fadly. 1999. Multi-centric histiocytosis: Experimental induction in broiler and specific pathogen-free leghorn chickens. *Avian Pathol* 28: 273 - 278.

[4]Hafner, S., M. A. Goodwin, E. J. Smith, D. I. Bounous, M. Puette, L. C. Kelley, K. A. Langheinrich, and A. M. Fadly. 1996. Multicentric histiocytosis in young chickens. Gross and light microscopic pathology. *Avian Dis* 40: 202 - 209.

[5]Hafner, S., M. A. Goodwin, L. Kelley, M. Puette, D. Bounous, W. L. Steffens, K. A. Langheinrich, and J. Brown. 1994. Multicentric histiocytosis mimicking reticuloendotheliosis in broiler chickens. Proc 66th NE Conf Avian Dis. 26.

[6]Hall, S. M., M. D. Counts, and M. B. Callaham. 1995. The gross and histological findings in young chickens with a neoplastic condition resembling both reticuloendotheliosis and Marek's disease. Proc 44th West Poult Dis Conf. 68 - 69.

[7]Singbeil, B., J. K. Skeeles, L. A. Newberry, J. K. Dash, J. Beasley, P. S. Wakenell, S. P. Taylor, and A. Mutalib. 1995. Severe acute thymus atrophy in broilers and broiler breeders. 46th North Cent Avian Dis Conf. 121 - 122.

[8]Takami, S., M. Goryo, T Masegi, and K. Okada. 2004. Histopathological characteristics of spindle-cell proliferative disease in broiler chickens and its experimental reproduction in specific pathogen-free chickens. *J Vet Med Sci* 66: 231 - 235.

[9]Takami, S., M. Goryo, T. Masegi, and K. Okada. 2005. Systemic spindle-cell proliferative disease in broiler chickens. *J Vet Med Sci* 67: 13 - 18.

[10]Witter R. L. 1994. Reticuloendotheliosis: Issues and non-issues. Proc 29th Natl Meet Poult Health Condemn, Ocean City, MD. 118 - 122.

不明原因的其他肿瘤

Other Tumors of Unknown Etiology

Rodney L. Reece

引 言

论述普通病理学或肿瘤病的兽医教科书很少提及禽类的肿瘤，对家禽肿瘤最为综合性的描述仍然仅限于 Campbell 的著作[25]，而此书已不再印刷。本章的目的是对禽类最为常见且病因不明的肿瘤提供一个概述。在这点上，更多的应归功于其他兽医病理学家的积累[48,63,66,81,93,106]。关于其他禽类肿瘤的相关文献也作了参考，因为期望它们的发病机理与家禽相应肿瘤一致，并且存在家禽与哺乳动物肿瘤之间形态学的相似，这样有助于对哺乳动物肿瘤的推断性观察。与哺乳动物一样，家禽肿瘤的组织学表现大多可依据其细胞来源进行分类。有关特殊染色体、细胞遗传学、免疫组织化学和电子显微镜的更详细的研究对于准确分类是十分有用的，但这些技术极少用于家禽肿瘤的研究，这是因为缺乏研究的动机和来源，而认为肿瘤是禽类问题研究中遇到的微不足道的疾病。

肿瘤的预后和治疗不在本章讨论。在人类与伴侣动物中，肿瘤的病理学免疫反应性作为细胞水平上的不同标记、预后指标和进行不同适当治疗的指导。这些研究在禽类，尤其是商品禽的药物很少，但是在具有独特经济价值、情感价值的宠物禽上，要给动物一个长久的健康生活的概念变得越来越盛行。如果组织在固定剂中超过48小时，许多用单克隆抗体特殊染色效果下降明显。经过几天才送到实验室的样品和过期的材料可能得出难以解释的结果，甚至是反面的结果。另外在禽类免疫组化操作中使用抗哺乳动物蛋白抗体需要谨慎进行，并且不同的抗体制剂有内在不同的反应性。一些肿瘤可能会因退化而失去特异免疫染色能力。在任何检测程序中阳性和阴性对照必不可少。

一些研究已经在禽类上成功的利用抗体来确定组织，包括肿瘤的和正常的。在大多数间质细胞中发现弹性蛋白[11]，结合蛋白存在于平滑肌和横纹肌[11]，在上皮细胞有多种细胞角蛋白[99]，肌纤维中的肌动蛋白[110]，神经上皮细胞中的神经元特异性烯醇酶[79]，神经纤维中的抗神经微丝-200[140]。S-100蛋白家族包含一些相关的钙结合蛋白，它们已被发现存在于多种组织中。哺乳动物表皮黑色素细胞含有大量S-100-A和S-100-B，并且可利用其免疫反应性作为黑色素瘤的标记。在低等脊椎动物，黑色素细胞显示有不能被针对哺乳动物S-100抗体识别的抗原决定簇[89]。另外，在禽类使用从哺乳动物S-100得到的抗体，组织染色范围也会不同。S-100抗体蛋白不能在北京鸭染色神经元[142]却能在其他禽类中染色神经元[89,140]。

肿瘤的增殖能力可通过肿瘤细胞中每个高倍视野中的有丝分裂相来确定。通过其他方法可以进行更多的定量评价，包括免疫组化，使用细胞周期特有的单克隆抗体，如针对增值细胞核抗原的抗体（PCNA）。在细胞分裂S期PCNA的含量增加，但是处于分裂周期的细胞中PCNA的半衰期短于进入静止状态的细胞，解释时需要考虑这一因素。禽增生物的一些研究已经利用了PCNA（如99）。

p53是最特征的肿瘤抑制基因之一。这种基因编码一种核磷蛋白，调节细胞周期的细胞运动。p53肿瘤抑制基因的突变是一种常见的人类和其他哺乳动物的肿瘤遗传变异。单克隆抗体PAb-240是小白鼠p53突变体和野生型都特有的，与鸡p53具有交叉反应性，并且已经被表明在鸡上病毒诱导的淋巴瘤中过度表达[59]。在其他禽肿瘤中p53的作用尚未确定。

在禽类肿瘤的研究中，注意力集中在病毒引起

的肿瘤上，这不仅因为其经济意义，还在于可作为人类癌症的模型[21]。对产蛋母鸡在生殖道肿瘤、肉鸡的角化棘皮瘤和切除性神经瘤已有一定程度的研究，但针对禽类的其他肿瘤性疾病的研究较少。对禽白血病丁亚群病毒感染（见"L/S群"）可引发，传统上认为病毒性肿瘤，如粒细胞瘤，间皮瘤和胰腺癌的认识有助于对肿瘤发病机理更好的理解。

非病毒性肿瘤的发生率似乎较低，为了弄清其现状需作一定的建设性调查。在最近关于以色列屠宰场检验的笼养蛋鸡的一份报告中，屠宰的废弃率为1.4%，其中五分之一（0.3%）是由于存在有结节；90%的结节是肿瘤，而其中的70%（<0.2%）可能是生殖道的腺癌[145]。引起肉鸡胴体品质下降的皮肤病变的组织学研究得出结论，准确的数据需要组织学检查，因为肉眼观察的病变并不是特异的[45]。在解释屠宰结果时应引起注意，因为早期的或较小的肿瘤不可能检测到，而且对脑和输卵管这样的器官常常不作检查，因此在屠宰场屠宰程序问题使得皮肤的组织学检查变得困难。

许多国家的官方动物保健监测机构近来已变得更加注意重要疾病的早期鉴定，对动物和人类健康可能有重要意义的新出现疾病的检测，可能影响动物福利的疾病的鉴定，及选择性地方性疾病的监测，这些均能影响家畜的效率和/或生产力。结合成本的变动，引起给政府兽医病理实验室送检日常病料的积极性显著下降。1997年在澳大利亚新南威尔斯暴发高致病性禽流感后的6个月，剖检大量家禽以确定死亡或呼吸窘迫的原因，观察到三例口咽鳞状细胞癌和一例肌胃腺癌[122]。这些鸡均是一年龄以上的非商品鸡，来自不相关的鸡群和不同的种鸡。在1998至2000年期间，澳大利亚新南威尔斯暴发强毒嗜神经性新城疫的随后调查中，许多表现神经症状或死亡的家禽的脑和气管进行组织学检查。这些鸡只主要是肉鸡，因此日龄相对较小。组织学检查脑干和脑的正中矢状切面与上部气管的独特横切面。某些递送的样品处理不好但不影响新城疫的检测。未观察到脑肿瘤。观察到一只5周龄肉鸡头部的皮下结节，诊断为神经鞘瘤，及一例不相关的6周龄肉鸡的气管平滑肌瘤[122]。此外，在成年非商品鸡，1只母鸡和1只小公鸡，观察到2例眶下窦的囊腺瘤。这些肿瘤类型在该实验室以前没有观察到，且其他学者也未见报道。由于这些肿瘤

类型存在于禽群但以前没有检测到，因此表明借助于消极的调查记录在更广泛的禽群中不能确定未知病因的肿瘤发生率。

商品鸡和火鸡的寿命一般较短，可能比形成大多数非病毒性肿瘤所需的时间还要有短。现有的关于老龄禽（鸡的潜在寿命一般认为大致是15年，但也可长达35年）肿瘤发生的有限资料来自以下几个方面：第一，对来自老龄鸡群的长期研究[51]；第二，来自兽医病理学家的诊断报告，特别是饲养周期长于集约化条件下饲养的家禽的诊断报告[134,135]；第三，来自饲养各种鸟类动物园的剖检报告，在那里，这些鸟常常饲养至自然死亡，并且死后常做剖检[30,43,78,96,98,102,118]，也有来自对其他观赏鸟和野鸟的研究[17,34,119,125,132]。关于后者的肿瘤性疾病的报告虽不能直接应用于禽，但提供了有用的资料。特别是观赏的虎皮鹦鹉（*Melopsittacus undulatus*）的肿瘤发生率很高，尽管有一些关于这种鸟反转录病毒感染的报道，部分肿瘤可能是由病毒感染引起[64]。野生虎皮鹦鹉的肿瘤发生率还不清楚。

本章内容包括：对美国一群466只SPF白色来航母鸡原发性肿瘤的亲身观察，该鸡群的许多鸡是寿终而死的[51]；来自澳大利亚SPF鸡群的将要死亡和已经死亡的鸡；野外送来作尸体剖检的鸡。美国的SPF鸡群没有马立克氏病和外源性禽白血病病毒，诊断出下列肿瘤：142例卵巢肿瘤（腺瘤、粒细胞瘤、足细胞瘤），40例输卵管肿瘤（腺瘤和平滑肌瘤），7例胰腺腺瘤，以及细支气管腺瘤、胃腺瘤、肝细胞癌、胆囊细胞癌、间皮瘤各1例[52]。可是这些原发性肿瘤的比例如何适用于其他种和品系的鸡还不能确定，因为这种品系的鸡先天性肿瘤的发生率很高，这可能存在遗传倾向性（见生殖系统）。澳大利亚的SPF鸡群无马立克氏病病毒、外源性禽白血病病毒和网状内皮组织增殖病病毒，鉴定出以下肿瘤：淋巴肉纤维肉瘤和转移性腹部腺瘤各2例，骨髓细胞瘤、网状细胞肉瘤、组织细胞肉瘤、腹部脂肪肉瘤、皮下脂肪瘤、肾脏腺瘤、粒细胞瘤和皮质腺腺瘤各1例[121]。这些肿瘤与已知的致瘤病毒无关。

有关于SPF鸡发生淋巴肿瘤的报告[37,121]，这表明除已知转化病毒外的一些因素时常也可引起这种肿瘤。此外，在其他禽类淋巴瘤是一个很普通的诊断依据[97,119,150]，经常很不准确地描述为马立克

氏病或淋巴白血病，而缺乏与转化病毒有关的直接证据。这样的病例应当优先用形态学术语进行描述（如淋巴肉瘤或混合细胞淋巴瘤），而不是把它们确定为代表病原学的名词。本章引用的有关禽类肿瘤的较早的调查和报告[22,63,81,106]的发表早于马立克氏病和淋巴白血病控制计划的实施。当发生病毒性病例时，其他肿瘤的比例很低，绝大多数是成年母鸡的生殖道肿瘤。这种状态仍然较为常见。

公共卫生意义

本节所述的肿瘤大多发生率极低。唯一例外是成年母鸡的生殖道肿瘤，有证据表明这与成熟期体重和产蛋量的选择有关[3]，与雌性激素的使用无关。商品家禽不使用促生长或相关的性激素，因此不存在相关的潜在公共卫生风险。商品肉鸡没有雌性生殖道肿瘤，因为屠宰时日龄较小。有明显病变的产蛋鸡和种鸡不大可能进入人类食物链，因为这些鸡不适合于在屠宰场宰杀，胴体会被无害化处理。有输卵管腺瘤的母鸡会停止产蛋。

生 殖 系 统

卵巢

禽性腺肿瘤的分类比较复杂，而且也有争议。这是因为研究者倾向于把用于哺乳动物，特别是人类的卵巢肿瘤的诊断术语用于禽。这忽视了哺乳动物和禽类卵巢在组织学、内分泌学和生理学方面的差异。某些学者质疑禽性腺肿瘤（例如17）在没有对其有更多了解的情况下定义为禽性腺肿瘤是否合适。这可以解决一些问题但又造成另外一些问题。将卵巢肿瘤认为是来自表面间皮（腺癌）、生殖细胞索（粒膜细胞瘤和雄性细胞瘤）、胚细胞（无性细胞瘤和畸胎瘤），或源于结缔组织成分、其他支持组织或作为来自其他部位或组织（纤维肉瘤和淋巴肉瘤）的转移瘤，有时候是有用的。肉眼检查卵巢的黏液瘤和纤维瘤可能误诊为腺癌，纤维肉瘤和黏液肉瘤是以转移性腹部肿瘤形式存在，需要进行组织学检查与转移性腹部腺瘤相区别。卵巢肿瘤见于火鸡[151]、虎皮鹦鹉[8]及其他禽类[119]。在母鸡，卵巢肿瘤常见于一年龄以上的鸡只发生。

腺癌（Adenocarcinoma）

早期的肿瘤存在于卵巢表面，为圆形、白色、坚实的小结节，容易与闭锁卵泡混淆。以后融合成灰白色的、坚实的菜花样团块。在这一阶段，常见许多横过体腔的种植物，在胰腺、输卵管、肠系膜及肠的浆膜表面出现珍珠样大小的赘生物甚至大量的肿瘤结节。当这些肿瘤广泛生长时，常出现腹水。受损的肠壁增厚、粘连，肠腔变得狭窄。转移性腹部腺瘤可来自卵巢或输卵管，要区分是比较困难的，因为这两种情况都可能涉及卵巢和输卵管。许多转移性腹部腺瘤的病例被描述为卵巢腺瘤，而没有认真地确定其来源。在输卵管的黏膜层检测不到肿瘤生长，表明肿瘤不是源于输卵管，因此有可能是来源于卵巢。对冰冻切片的卵白蛋白进行免疫组化染色可证实这一点，卵白蛋白仅存在于源于输卵管膨大部的肿瘤[72]。最终母鸡极度消瘦、直立、企鹅样站姿。在晚期病鸡通常没有成熟卵泡，输卵管出现萎缩。

这些肿瘤的起源细胞仍需确证，但一般认为是卵巢的间质（所谓的"生发上皮"）过度增生或凹入卵巢皮质；另外，也可能来自卵泡膜腺体、间质细胞、胚胎性索的残存物或中肾。肿瘤从小卵泡的外膜开始（图15.63），也可起始于卵泡间基质，偶尔从卵巢蒂的深部开始。肿瘤的起源是多灶性的，但生长相当缓慢，在数月以上。卵巢腺瘤与类固醇激素的过度分泌无关[51]。

组织学上，组成卵巢腺癌的最常见结构是单层低柱状或立方上皮形成的腺泡。这些具有靠近基底的圆形核的嗜伊红细胞排列在不同大小和形状的腺腔周围，有时腺腔中含有浓染伊红的均质物质，这些物质 Schiff 氏过碘酸（PAS）反应阳性，黏蛋白卡红反应阴性（图15.64）。其他肿瘤的细胞比较致密，腺泡结构被挤压，造成肿瘤细胞呈小岛状或板层状排列的现象，另一类肿瘤变化较大，腺腔扩大，肿瘤基底层折叠形成乳头状结构（图15.65）。

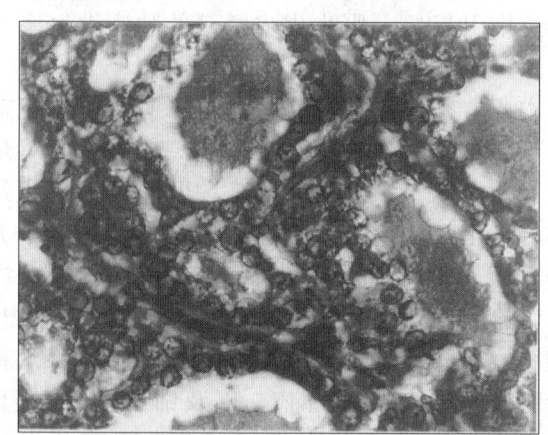

图15.64 卵巢腺癌的典型腺泡结构。充满嗜伊红物质，腺泡壁由立方上皮细胞排列组成，这些细胞核为圆形，染色质致密，细胞质疏松，嗜伊红。H.E.×600

有丝分裂相很普遍程度从轻到重有所不同，尽管在大多数肿瘤这不是主要的。将卵巢腺瘤分成髓型和硬化型似乎理由不充分，因为肿瘤的大小决定其形态；较大肿瘤的腺泡是致密的纤维组织交错连接的（图15.66），而小肿瘤的纤维组织成分较少。浆膜种植物可引起肌层下平滑肌的增生反应，但程度有差异[104]。在成年母火鸡已有卵巢腺瘤的报道，与在鸡见到的相似[151]。

有时可见到有卵巢腺癌，其卵巢被充满黄色液体的葡萄状的卵泡丛所覆盖。其中一些病例卵巢囊腺癌与哺乳动物的卵巢囊腺癌相似。在另外一些病

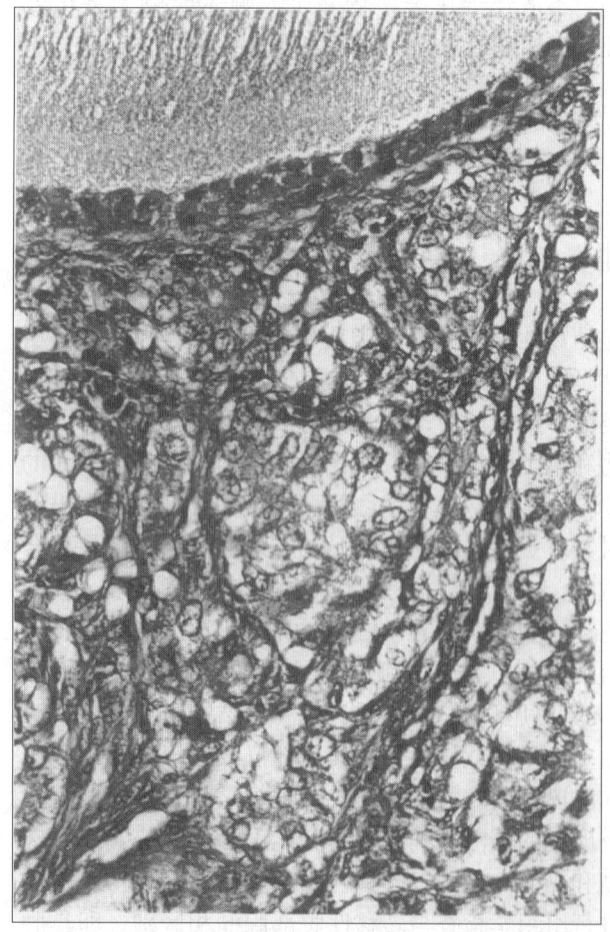

图15.63 卵泡膜区的卵巢腺癌。示微细小梁和圆形核；注意粒细胞和发育卵的卵黄（上）。H.E.×360

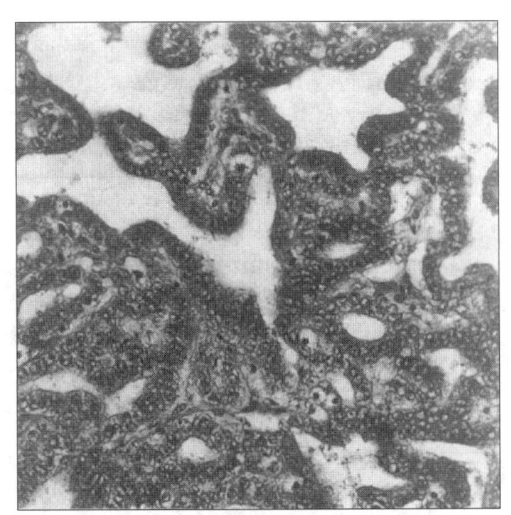

图 15.65 卵巢腺癌乳头状结构突入扩张的腺泡内。H. E. ×160

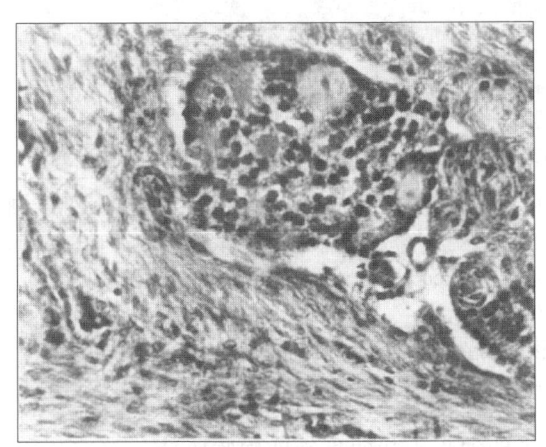

图 15.66 另一类型的卵巢腺癌。致密的基质细胞带包围强嗜碱性核的肿瘤腺泡细胞丛。H. E. ×160

例，囊腔有排列扁平的基质腔隙细胞。在这种情况下，家禽卵巢有发育良好的吻合的基质腔隙系统，排列的细胞具有吞噬细胞特性且与腹膜壁层间皮细胞相似。这些腔隙并不直接与血管或淋巴系统相连，但主动参与大量卵泡卵黄和其他液体的转移，并因此而参与腺癌的形成。囊肿性卵泡发生于其他禽类，而与肿瘤无关[75]。在一些转移性腹部腺癌的病例，可见到由低立方形的鳞状上皮组织形成的大囊肿性腺泡，其腺腔含有 PAS 阳性的黏液性分泌物，这与上述情况相似[25,121]。也有发生卵巢黏液瘤的病例，可见切面流出黏性物质，但在组织学上却明显不同。

粒层—膜性细胞瘤（Granulosa-theca Cell Tumor）

这种肿瘤呈黄色、圆形、分叶、质地极脆，与坚韧菜花样腺癌截然不同。粒层-膜性细胞瘤被包围在光滑、有光泽的膜内，较大的肿瘤具有广泛的坏死和出血区域。仅靠细柄和卵巢相连的肿瘤可长得很大，但通过体腔的转移却很少发生。组织学上，这种肿瘤是由浅色嗜伊红的多角形和梭状细胞组成，后者有一些细胞质内空泡（图 15.67）。即使单一肿瘤内，这些细胞的排列变化也很大，可形成小管，滤泡性结构较少见（图 15.68），并由纤细的血管基质分开。在一些病例，这些细胞可出现精细的柱形或环形排列（图 15.69），或由一打或更多的上皮细胞呈放射状聚集在小的中心区域而形成典型的玫瑰花群样（图 15.70）。在另一些肿瘤，基质可能是主要成分。有丝分裂相有所不同，但通常较低，而且肿瘤似乎生长较慢。

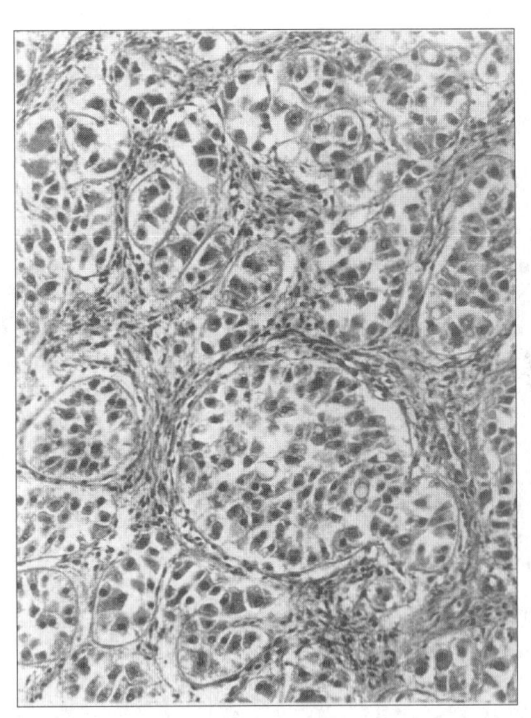

图 15.67 粒层—膜性细胞肿瘤。由中等大小的小梁分隔的空泡状上皮细胞小叶，中央腺腔不如腺癌那样分明。H. E. ×140

因为这种肿瘤细胞含有被称为转移小体的超微成分，所以被鉴定为颗粒细胞，转移小体是唯一在禽滤泡性粒细胞中被证实的成分[77]。在长有大的粒层—膜性细胞瘤的母鸡，其血浆中雌激素的浓度大大提高[51]。业已表明来自成熟滤泡的粒细胞可正常产生孕酮，而卵泡膜细胞可产生雌激素[112]。结合在"粒层细胞肿瘤"观察到的大量卵泡膜腺体，证实了以"粒层细胞肿瘤"双命名描述的合理

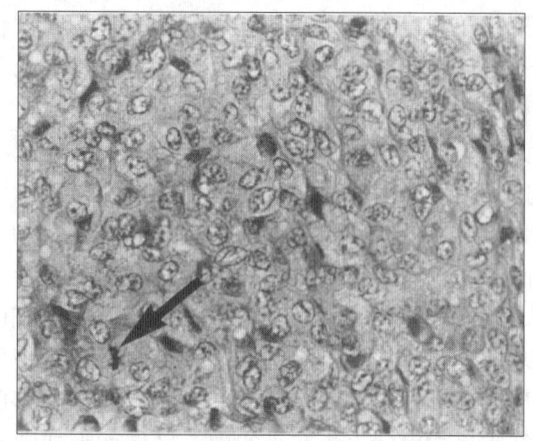

图 15.68　粒层—膜性细胞肿瘤。由一致的紧密堆积的瘤细胞组成，这些细胞胞浆丰富，轻度嗜伊红，细胞核为一致圆形，空泡状，注意有丝分裂相（箭头）。H. E. ×600

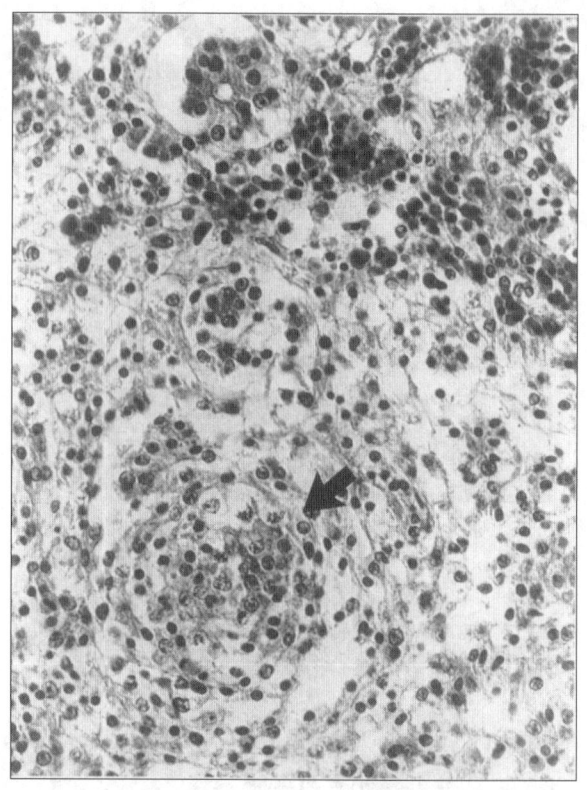

图 15.70　粒层—膜性细胞肿瘤。小的中央腺腔放射状细胞丛形成的管状排列和玫瑰花环。H. E. ×365 （Courtesy of Avian Pathology）

雄性细胞瘤和卵巢雄性细胞瘤 （Arrhenoma and Arrhenoblastoma）

　　雄性细胞瘤和卵巢雄性细胞瘤这一名词从形态学意义上可以用于带有睾丸成分的卵巢肿瘤，或从功能上来讲，是指一种不同类型的雄性化卵巢肿瘤。家禽的性别转换（"变性"）很早就有认识[50]，但只有极少数这样的病例缘于卵巢肿瘤[25]。应当知道，在禽类，情况与哺乳动物相反，其雄性是中性的，而雌性雏鸡由于其卵巢激素的作用而使雄性性征丧失[107]。在母鸡，只有左边卵巢可正常发育，但在正常卵巢中存在未成熟的雄性髓样组织和原始细胞[57]。外科手术切除功能性卵巢可引起遗留的有性腺肥大，形成类似于卵巢—睾丸或睾丸的一个器官，这取决于处理时的年龄。这种形成的卵巢—睾丸具有一些未成熟的生精小管区，但精子形成不是一个正常的特征[20]。由非类固醇引起的肿瘤或其他病理过程造成卵巢损害，可导致卵巢—睾丸形成。在禽类性转变的研究中，有一个关于产蛋成年母鸡的病例报道，该母鸡后来发生了卵巢病变，引起性转变，且能成功地使蛋受精。可是，这是一个

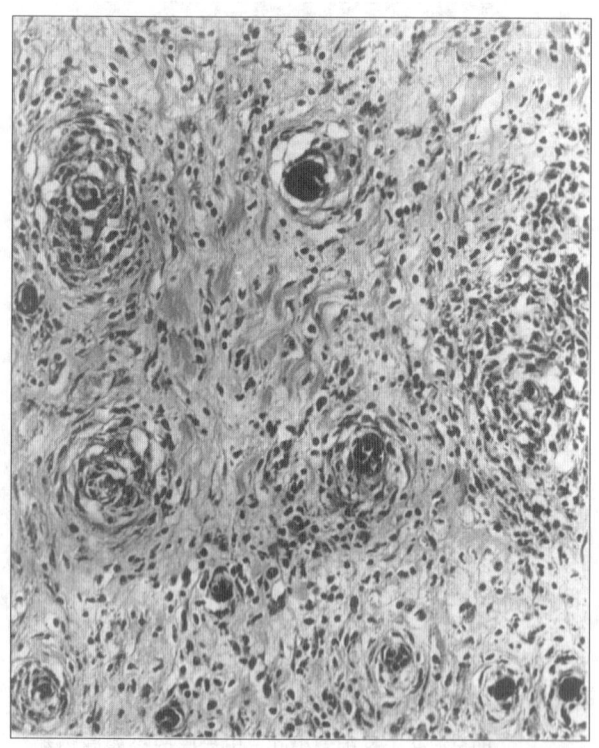

图 15.69　粒层—膜性细胞肿瘤。卵巢的一个区域，细胞呈环形排列。H. E. ×90 （Courtesy of Avian Pathology）

性。高浓度的循环雌激素导致输卵管在大小上与产蛋母鸡类似，鸡冠发育如产蛋母鸡，但不产蛋。是否存在分隔的卵巢膜细胞肿瘤，如 Campbell 描述的肿瘤[25]，须进一步研究。这种高度空泡化膜样细胞的存在，可能导致肿瘤黄体化，且如果高度黄体化，则肿瘤可称之为黄体瘤。

管形卵巢炎的病例，而不是肿瘤[49]。关于雌性化的相反情形报道很少（见足细胞肿瘤）。

在本章中，雄性细胞瘤和卵巢雄性细胞瘤这一名词是用于指那些与性别转换（"变性"）事实有关的卵巢肿瘤的病例。在家禽尚无有关这些肿瘤的激素产生的报告，因此性转变是否是由于缺乏雌激素，还是由于雄激素的分泌尚不清楚。雄性瘤的特征是卵巢基质内有生精小管生长，在萎缩的卵巢中似乎有白色、坚硬分叶的团块。它们的组织发生尚未确定，组织学变化也相当大。在最容易区别的类型，肿瘤是由呈分支索状的柱状上皮组成，常常深度有两个细胞层，与未成熟的生精小管相似。几乎无精子生成。梭形和上皮细胞排列成索状、巢形、玫瑰花形，构成一种疏松或致密的网络，或者在发育不好的情况下可见到不完全的小管（图15.71）。间质是主要的，并含有类似于 Leydig 细胞、成巢状多角形富含脂类的细胞。在空泡细胞中充满类生精小管[68]。大肿瘤有囊腔和出血。有报道将放射性同位素注入左侧卵巢，可实验诱发雄性化的雄性细胞瘤[152]。雄性细胞瘤易与腺癌相混淆。

两性胚细胞瘤是混合型的分泌类固醇的肿瘤，含有由粒层—膜性细胞成分产生的雌激素和由雄性瘤组织产生的雄激素。

卵巢足细胞肿瘤（Ovarian Sertoli Cell Tumors）

在由 Fredrickson[47] 报道的 5 个卵巢足细胞瘤病例中，没有明显的性转变，循环激素的浓度可与非产蛋母鸡相比。组织学上可见到卵巢囊内多灶性地形成小管的致密团块。间质细胞的存在变化较大，分界清楚的小管由单层的带有基底核的柱状上皮细胞组成，这些柱状上皮细胞被认为是足细胞（图15.72）。一些卵巢足细胞肿瘤似乎在粒层—膜性细胞瘤内形成的。

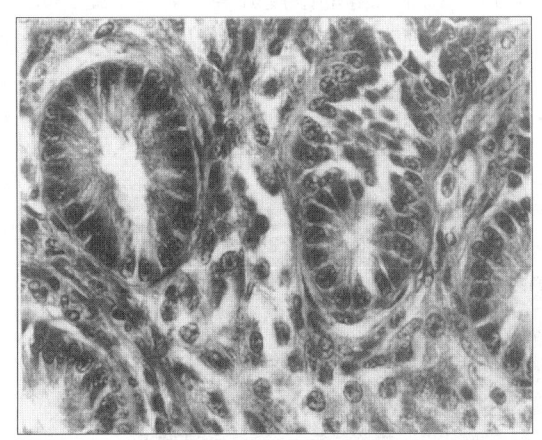

图 15.72　卵巢足细胞肿瘤。由分界清楚的类输精小管组成，管内有细胞，基质含有间质细胞。H. E. ×600

无性细胞瘤（Dysgerminoma）

Wight[155,156] 在假两性体诊断出四种卵巢肿瘤，其中有三种称为无性细胞瘤，与卵巢精原细胞瘤相同。这些肿瘤与性转变无关，但丧失了母鸡的外表形态特征，而具有一些雄性特征如鸡冠变大、雄性型鞍状羽毛。这些肿瘤认为是起源于左侧卵巢或右侧性腺遗留物的生精小管成分。组织学上，它们是由围绕圆形或多角形细胞（偶尔是合胞体）索或群的精细的纤维小梁组成。

输卵管系膜 Mesosalpinx

平滑肌瘤（Leiomyoma）

输卵管系膜的平滑肌瘤是母鸡常见的一种肿瘤。这些肿瘤通常位于输卵管腹侧韧带的中央，该

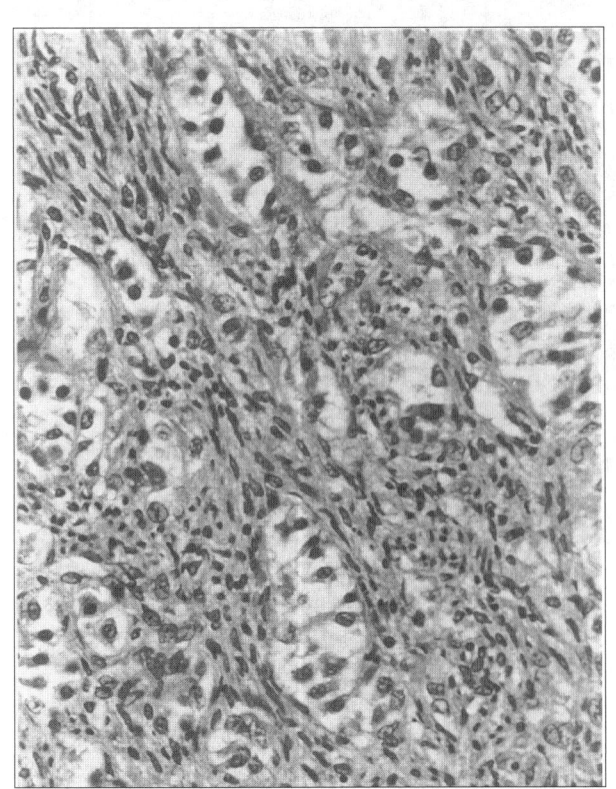

图 15.71　来自呈现性转变母鸡的雄性细胞瘤。排成分界不清楚的索状和小管的上皮细胞网络。H. E. ×350（C. J. Randall 提供的一个病例）

区域富含平滑肌。偶尔，在输卵管的腹膜表面可见到平滑肌瘤，也可长在肠系膜。肿瘤的大小有所不同，从小的白色结节到大的灰白色严重血管化团块，直径数厘米。这种肿瘤通常是单个、严格局限生长的、有包膜、坚硬的圆形团块，切面呈特征性白色、有光泽外观。它们是良性的，由交错连接的平滑肌束组成，肌束由不同的平滑肌纤维组织成分分隔而成（图 15.73）。这些肿瘤称为平滑肌瘤或纤维平滑肌瘤，这取决于哪种组织是主要成分。有丝分裂相少见。虽然这些肿瘤易使卵逃逸到腹腔，但似乎对输卵管及其功能影响较小。最近的研究表明[5]，在不同品系的 SPF 和商品母鸡开产的第一年年终，这种肿瘤的发病程度从 0 到 60%。发病母鸡的循环 17-β-雌二醇的浓度升高[4]，经二乙基己烯雌酚和孕酮处理商品白色来航鸡品系，可引起这种肿瘤的高发病率，因而证实了这些类固醇激素在肿瘤发生上的作用[5]。

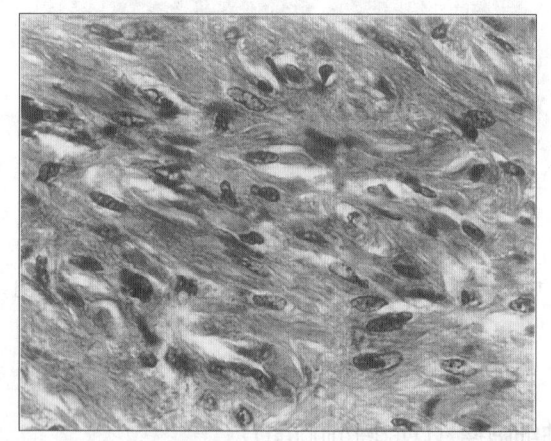

图 15.73 输卵管系膜上的平滑肌瘤。由排列成致密旋涡状的平滑肌纤维组成，无有丝分裂相，核和胞浆比例低。H.E.×600

输卵管

腺癌（Adenocarcinoma）

大多数输卵管腺癌发生在输卵管膨大部的上部，少数病例发生在子宫部和漏斗部。通常在一年以上的母鸡可见到大的局灶性肿瘤和腹部转移性肿瘤。在 1969 年发表的一份调查报告中[60]，母鸡产蛋末期的输卵管腺癌的发生率从 5% 到 81%，这是通过检查输卵管黏膜确定的。最近的一份研究表明肿瘤发生率与成熟体重和蛋重成正相关[3]，这表明与产蛋筛选可能有关系，但需要做一些适当的建设

性调查。尸体剖检或屠宰检验中见到的转移性腹部腺癌只是输卵管腺癌急性病例的一小部分，其中一些可能来自卵巢。如果起源的器官不能确定，那么应当优先把这些肿瘤看成是不明来源的转移性腹部腺癌。

对家禽和火鸡膨大部肿瘤研究表明，肿瘤是通过无蒂聚集从局灶性发育异常到息肉状团块而形成的。早期的病变是存在于腺体边缘的小结节（直径 2~10mm），这在 30 周龄的产蛋母鸡可以见到。这些结节很容易观察到[143]。组织学上，这些结节是由紧密堆积的柱状细胞构成的，在柱状细胞胞浆和淡染的胞核中有分泌颗粒。这些细胞呈同心圆排列，而不是朝向腺腔（图 15.74）。这种病变可能是前肿瘤，在商品禽群中的发生率尚不清楚。

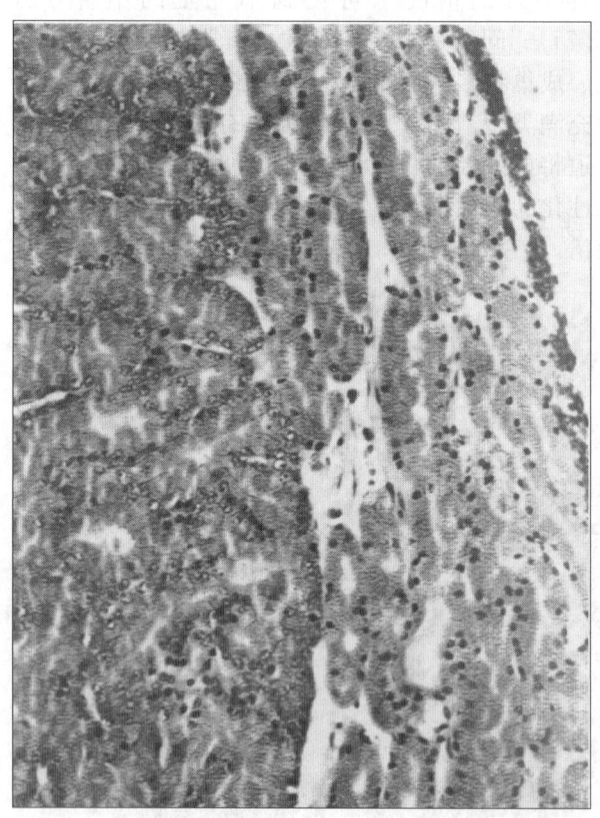

图 15.74 膨大部褶的发育异常的腺癌病灶，图示与周围正常腺体的清楚的表面分界。柱状上皮细胞致密堆积，呈同心圆排列。H.E.×175（Courtesy of Avian Pathology）

单个或成丛的无蒂腺癌呈灰色，质地坚韧。它们进而融合成大而形状不规则的肿瘤突入输卵管管腔。早期病变在有活动性卵巢的母鸡可以见到，而腹部转移性肿瘤与腹水和体重减轻有关。在原发性肿瘤、肿瘤细胞与正常细胞之间一般存在明显的界

限（图15.75）。恶性细胞保持膨大部正常腺体结构的程度和细胞质内嗜酸性分泌颗粒数量的多少有所不同。腺泡组织的种植物一般可形成良好的包囊（图15.76）。有些病例，细胞中无颗粒，长成坚硬的板层状。不过细胞学差异不能反映肿瘤的侵害程度，因为也可见到由分化良好的细胞组成的肿瘤种植物。关于这些肿瘤的超微结构已有详细报道[80]。

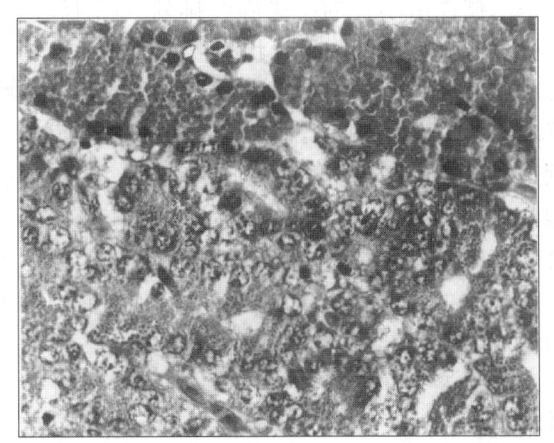

图15.75 输卵管腺癌胞浆内含嗜伊红的卵白蛋白颗粒的正常分泌组织（上）和有很少量颗粒的肿瘤细胞之间有明显的分界带（下）。H.E.×600

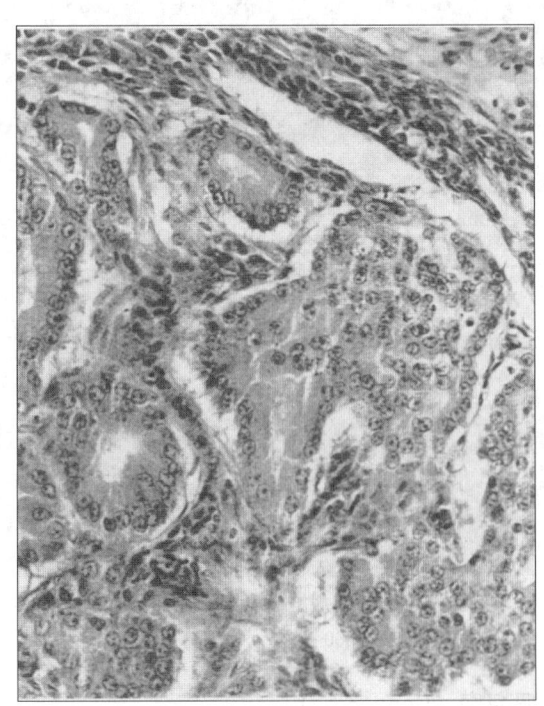

图15.76 卵巢深部的输卵管腺癌移植物，在腺癌细胞周围有包膜。除肿瘤明显的侵袭性外，分裂相不是主要的。H.E.×200

输卵管膨大部的腺癌恶性程度很高，即使原发性肿瘤很少，也能穿过肌层，并经体腔膜之间的通道由腹腔扩散而植入到肠浆膜上，特别是胰腺和十二指肠的浆膜，因为它们位于腹腔腹侧深部[84]。输卵管或肠浆膜种植物下肌层会发生增生、肥大。肠浆膜上的种植物一般由包裹在致密纤维组织中的退行发育良好的肿瘤细胞形成的小岛或腺泡组成（图15.77）。这些肿瘤在肉眼和组织学上均与卵巢腺癌相似，卵巢本身就是一个经常种植的部位。有时转移性肿瘤可存在于卵巢的深部。输卵管浆膜上的种植物常常缺乏高度硬变（图15.78）。肿瘤细胞可通过血源性栓子向肺和其他内脏转移[84]。

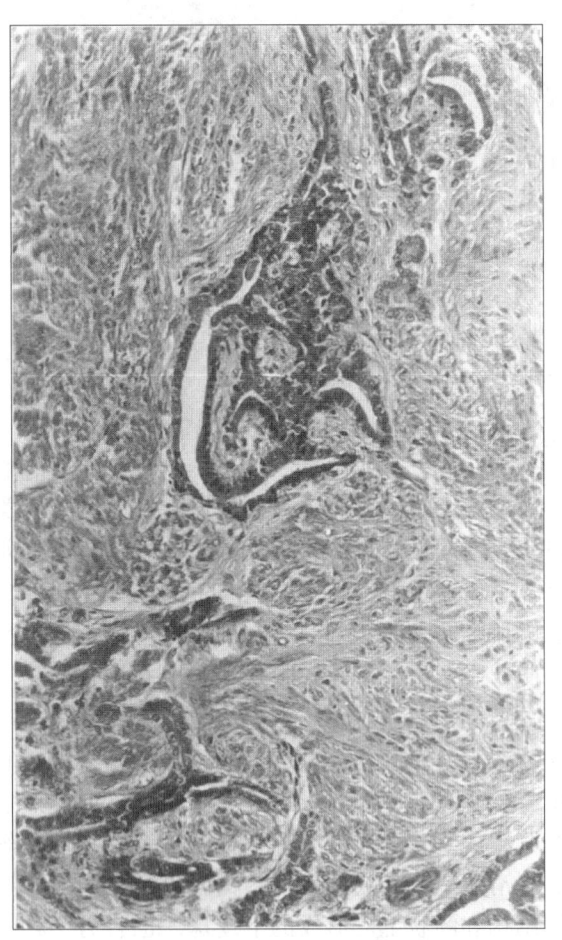

图15.77 输卵管腺癌。在十二指肠浆膜的硬变的移植物，由致密漂移的纤维组织包围和立方上皮构成的致密腺泡。H.E.×175

免疫组化研究表明肿瘤细胞含有卵白蛋白[72]，并保留对雌激素和孕酮的受体[4]。膨大部腺癌对雌激素有反应性；其生长受到活性雌激素的维持，抗雌激素对其生长有抑制作用[3]。与鸡相似的输卵管肿瘤在火鸡已有报道[14]。许多禽类的转移性腹部腺癌也有报道[119]，这些腺癌可能来自输卵管。

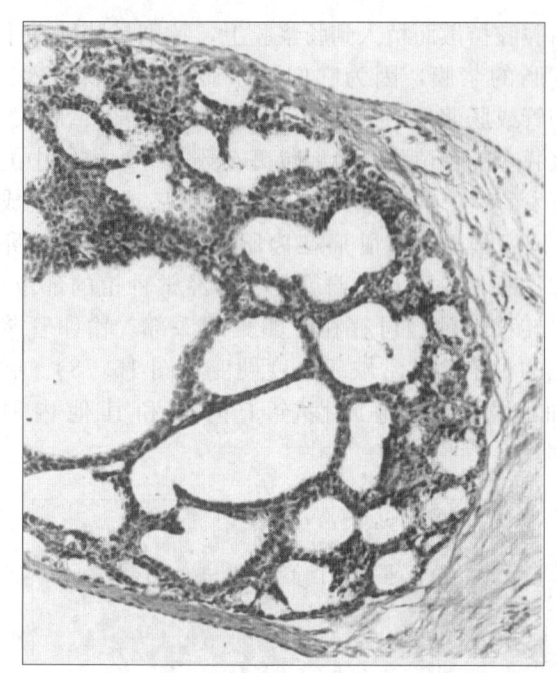

图 15.78　输卵管腺癌移植到峡部浆膜的输卵管腺癌，由少量的纤维组织包围。膨大的腺泡腺腔由立方上皮组成。H. E. ×200

睾丸

畸胎瘤（Teratoma）

畸胎瘤是那些含有来自一个以上胚层的多种类型细胞的肿瘤。睾丸的畸胎瘤似乎比卵巢更常见[25,76]，除非有比小公鸡更多的母鸡维持到性成熟。畸胎瘤也见于其他一些部位，包括卵巢、肾、肾上腺、脊髓、松果体和眼[26,66]。畸胎瘤一般为圆形，黄色到白色，有包膜，为质地坚韧的团块，有时含有包囊。有几种类型的畸胎瘤。一种类型，它们由骨、软骨、平滑肌、神经、脂肪和（或）黑色素细胞组成。包囊内常有纤毛柱状上皮，它们和软骨、平滑肌一起到成气管样结构。也可见到另一些附属结构和鳞状上皮形成的上皮珠。也有另一种类型的畸胎瘤，由充满液体的小囊组成，小囊内含有完全形成的羽毛[26]。它们附着在腰部的脊柱上，类似于哺乳动物的皮样包囊，只不过是由羽毛而不是毛发形成的。组织学上，小囊壁是由薄的角质化上皮和完全形成的羽毛囊组成；在周围组织中也有一些立毛肌和神经。自发性畸胎瘤在水禽已有报道[18,123]，将金属离子注射到年轻成年小公鸡的睾丸可实验诱发畸胎瘤[69]。

足细胞瘤（Sertoli Cell Tumor）

日本鹌鹑[62]和虎皮鹦鹉[119]睾丸的足细胞瘤已有报道，但似乎在鸡很少见[25]。肉眼观察，它们为坚韧的结节状团块，有不同程度的坏死、出血和包囊形成。组织学上，分界明显的肿瘤的特征是类足细胞上皮细胞有大而致密的基底核、胞浆嗜碱性，呈木栅样沿小管的中央腺腔排列（图 15.79）。在一些病例，肿瘤细胞呈叶状和板层状排列，并由纤细的基质分隔开来。有丝分裂相很常见。这些小管和小岛之间的间质细胞数不尽一致，而一些病例这些细胞呈空泡状。在哺乳动物，足细胞瘤可能与雌激素产生和雌性化有关。报道了一例在外科去势不完全的小公鸡发生雌性化，其足细胞瘤是由残余的性腺引起的[133]；此外，在患足细胞瘤的虎皮鹦鹉发生雌性化已有报道[12]。禽类雌性化要求雌性激素的激活，但感染鸡的激素研究尚未见报道。

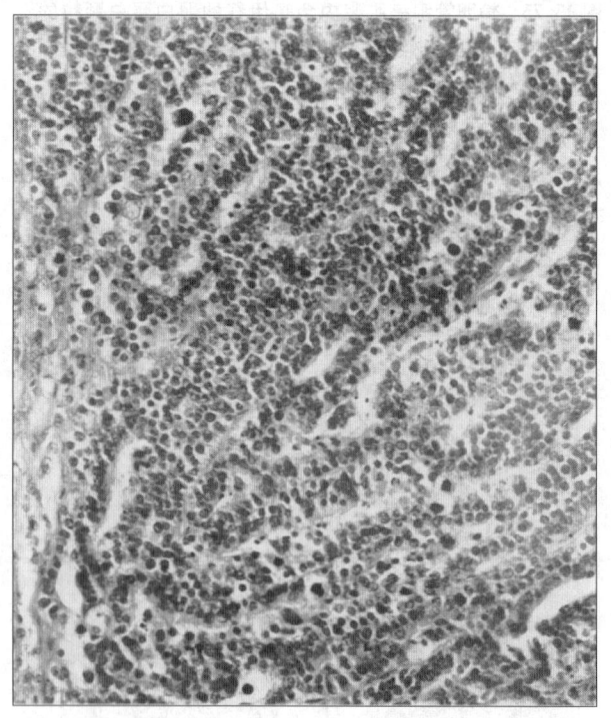

图 15.79　鹌鹑的足细胞瘤。由两层细胞组成的小管样结构。H. E. ×360

精母细胞瘤（Seminoma）

精母细胞瘤是大的、无边界的肿瘤，有明显的包膜，组织学上是由纤细的基质穿插形成的松散板层或致密的肌束组成（图 15.80）。肿瘤细胞大而圆，核呈圆形至卵圆形，核仁明显[24]。有时可见到合胞体，有丝分裂相多。精母细胞瘤在鸭、鹌鹑和虎皮鹦鹉已有报道[12,53,119]。

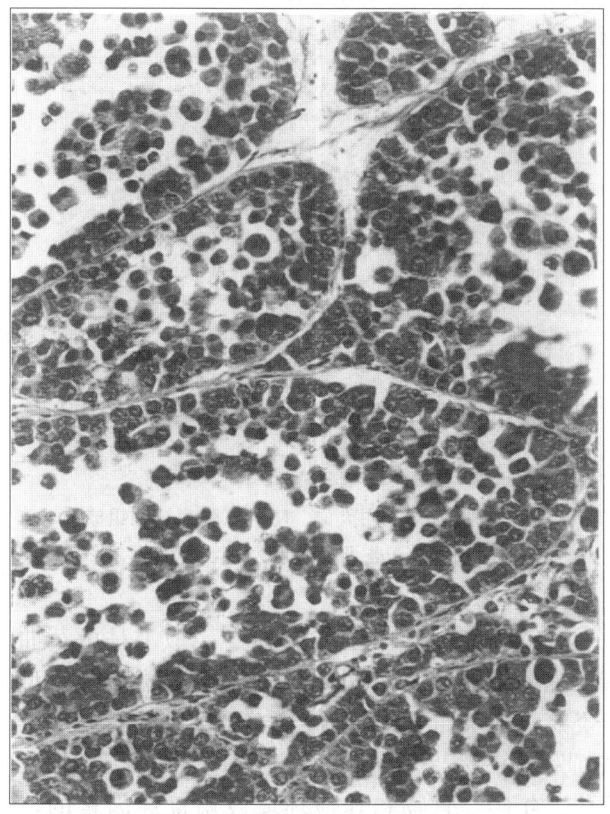

图15.80　鸭的精母细胞瘤。由含有明显的颗粒性细胞的多形态的多角形细胞形成的小叶；有一些多核细胞，纤维的基质。H. E. ×180

间质细胞瘤（Leydig Cell Tumors）

肿瘤性间质细胞可能是精母细胞瘤的一种成分。间质细胞瘤是由大的多角形细胞组成，这些细胞具有呈偏心的泡状细胞核和嗜酸性颗粒，有时呈空泡状，胞质呈不规则腺泡排列。

消化系统

消化道

鸡的咽和食管鳞状细胞癌已有报道[1,30,122]。在中国北方报道了鸡患该肿瘤的比率很高，相同地区人的食管癌发病率也很高[27,114,131]。在中国南方，一种人的鼻、口和咽鳞状细胞癌同种群的相对高发生率与EB（Epstein-Barr）病毒有关[109]，但是已认为遗传性素质和环境或吸入化学物质也起重要作用。或许某些类似因素在诱发鸡口-咽鳞状细胞癌中起作用。肿瘤由位于固有层和深部组织的上皮细胞索或岛组成，伴有某些中央角蛋白珠的形成。常见浅表溃疡和感染（图15.81）。

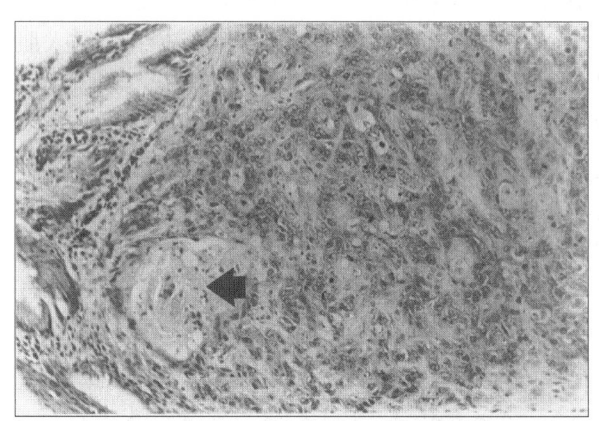

图15.81　成年非商品鸡的口-咽部鳞状细胞癌。上皮细胞索状和小岛，伴有某些中央角蛋白珠（箭头）。上部左边见液腺。H. E. ×200

鸡的食管和嗉囊发生类乳头状瘤生长已有报道，但其病因和发病机理尚不清楚[106]。鹦鹉目鸟的体内乳头瘤病常常侵染泄殖腔，尤其是金刚鹦鹉和亚马孙鹦鹉。鹦鹉的泄殖腔乳头瘤由不规则的增生上皮细胞构成，并以结缔组织柄支撑，向固有层延伸，认为是由乳头状瘤病毒感染所致，但没有得到证实，可能是慢性刺激产生相似的形态学病变。一项关于新热带区鹦鹉的研究显示，所有的泄殖腔乳头瘤病变都含有鹦鹉目疱疹病毒属DNA，其不出现正常组织中，鹦鹉目疱疹病毒在这些病变中被分为基因型1，2和3[139]。胆管和胰脏腺瘤也越来越多的出现于鹦鹉目鸟，以黏膜乳头状瘤形式存在，并有同样的鹦鹉目疱疹病毒属DNA[138]，但是没有发现包含乳头瘤病毒属病毒的证据。在鹦哥的泄殖腔乳头瘤有观察到类疱疹病毒[61]。鱼和海底爬行动物的表皮乳头状损伤也伴随疱疹病毒属感染。金丝雀、非洲灰鹦鹉和古巴亚马孙河鹦鹉的黏膜、皮肤和喙神经损伤的乳头瘤结节含有乳头瘤病毒[139]。在这些病例中可观察到上皮角质化增生有大量嗜碱性细胞包涵体。不时发现鸡和其他鸟类结膜黏膜有息肉状的结节，尤其是在黏膜接合处。它们往往覆盖在突出的毛细血管床上，上皮细胞适度的增生、肥大，并折叠成小乳头状瘤或息肉样结节。这些情况在家禽上还没有详细研究。

有几例关于禽类的嗉囊、食管、腺胃和肌胃的腺瘤的报道[9,26,92,119,121]。在英国和美国肉鸡（图15.82)[26]的一只成年母鸡[122]及其他禽类[31]中已观察到肌胃的腺癌。Guerin[66]描述了5例小肠、1例回肠连接部的上皮瘤，并引用了几例其他鸡小肠癌的报告。在这些病例，肉眼观察可见肿瘤组织呈乳头状突入受损管腔，有时见侵袭性上皮组织侵入肌层，形成含有黏蛋白的腺泡或囊性结构。鸡肠黏膜的孤立性结节状腺癌也有报道[121,147]。Campbell[25]认为有关鸡肠腺癌的报告应仔细斟酌，因为这种肿瘤与来自生殖道的转移性腹部腺癌难于进行区别，它们常常是肠浆膜上的种植物，并侵入黏膜下层。

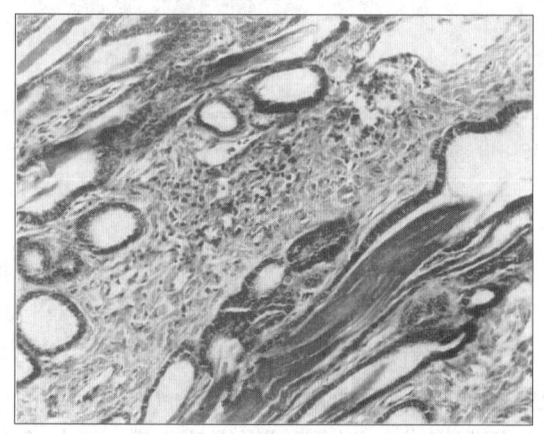

图 15.82　肌胃的腺癌。深染的立方形肿瘤细胞向下长入肌层，这些细胞产生的角蛋白如图右下部所示。H. E. ×200。(K. Langheinrich)

在肌胃或肠的肌层也有平滑肌瘤存在（见骨骼肌系统）。在雉和孔雀，异刺线虫（Heterakis isolonche）的幼虫可引起盲肠壁的由增生的纤维组织形成的假性增生结节[65]。胃肠道黏膜形成的肠源性包囊在鸡也有报道[87]。

肝脏

肝细胞瘤（Hepatocellular Tumors)

鸡肝细胞的自发性肿瘤不多见，只偶尔有关于良性柱状肝细胞腺瘤或间变癌的报告[25,32,106,121]。长在肝实质中的典型肝细胞腺癌为大的、界限清晰、柔软、灰黄色的团块。显微镜下，这些团块是由多角形嗜伊红细胞组成，大约是正常肝细胞的两倍大，形成粗的不规则肝索，缺乏正常的肝区结构（图15.83）。有丝分裂相少见。肝细胞癌常常为多灶性结节，它由比肝瘤细胞小的嗜碱性瘤细胞板层组成，有丝分裂相多[115]；可发生向肺的转移。这

种肿瘤和转化性禽反转录病毒（最重要的是禽白血病病毒 MC29 株）所引起的肝细胞癌相似[13]。一种鸡的肝癌细胞系，源自长期使用含有二乙基亚硝胺的安泰乐治疗诱发的典型肿瘤[85]。

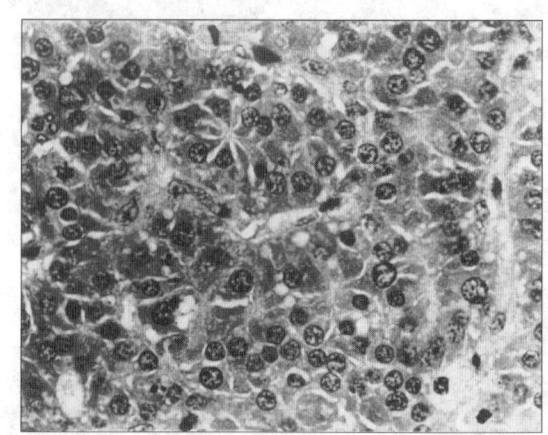

图 15.83　肝脏肿瘤。由大的、嗜伊红肿瘤细胞组成的肝脏肿瘤，一些细胞表现为有丝分裂相，形成不规则的板状。H. E. ×600

肝脏肿瘤在鸭也已有报道[23]，似乎是由黄曲霉毒素诱发的[29]。此外，鸭的肝细胞癌与鸭乙型肝炎病毒有关[163]。肝脏肿瘤在中国鸭的发生率较高，发病率为2%～15%，肝细胞癌很常见[95]。遗传、年龄、食物和其他环境或病毒性因素的作用不很清楚。其他各种禽类肝细胞肿瘤已有报道[119,149]。

胆管细胞瘤（Cholangiocellular Tumor)

胆管系统的肿瘤在鸡不常见。胆管细胞瘤通常坚韧，与正常的肝实质分界清晰，呈灰黄色。组织

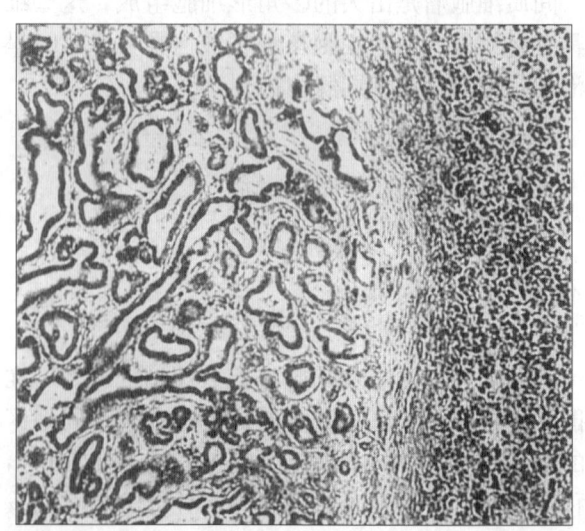

图 15.84　胆管瘤。由疏松纤维性基质中扩张的胆管组成。H. E. ×75

学变化随恶性程度不同而不尽一致。胆管瘤清晰可辨，由已肿大变形的胆管组成，管间有纤维组织分割[26,52,121]（图15.84）。在胆管细胞癌，胆管形成不规则，结缔组织是成纤维细胞性的（图15.85）。在肝索间的浸润是侵袭性的。这些胆管肿瘤需要与肝毒素诱导的慢性胆管增生相区别，这种增生伴有肝组织结构的纤维变性和变形。鸽[153]和其他禽[113,149]已有胆管细胞瘤的报道。

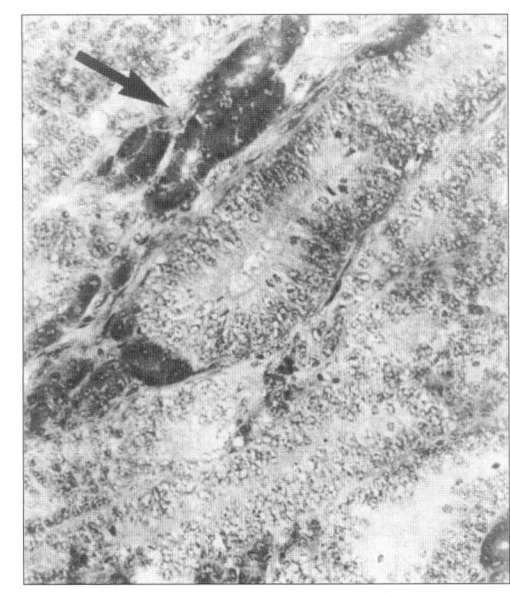

图15.86　胰腺腺癌。由形成小管状结构的柱状细胞组成，位于几个残留的腺泡细胞中（箭头）。H.E.×160

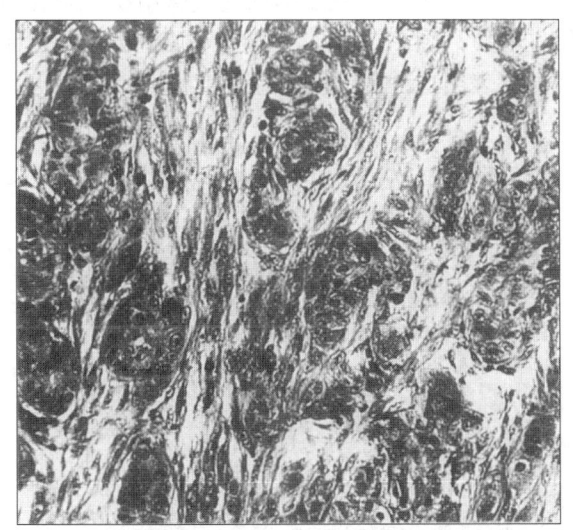

图15.85　胆管腺癌。由成纤维细胞基质中上皮细胞小丛组成。H.E.×190

胰腺

腺癌（Adenocarcinoma）

胰腺的肿瘤很难与来自卵巢或输卵管的转移性腹部腺癌相区别，常常是胰腺浆膜上的种植物，并侵袭该器官。只有在没有卵巢或输卵管受侵的情况下，才能有绝对把握地确定为胰腺原发肿瘤，正如Okoye和Ilochi报道的雄珍珠鸡的病例[105]。在十二指肠、腺胃浆膜及肝包膜可出现广泛的转移性种植物，但不涉及卵巢。大多数胰腺腺癌可能起源于管性上皮，而不是腺泡。它们是由含有微嗜碱性细胞质的柱状上皮细胞形成的小管状结构组成（图15.86）。基底核呈圆形或卵圆形，有大量的有丝分裂相。在Fredrickson和Helmboldt[52]见到的病例中，似乎肿瘤来自外分泌组织，而不是导管，因为在正常腺泡及肿瘤组织之间有界限清楚的过渡带。大的肿瘤细胞空泡化严重，核呈圆形，细胞质含有数量不等的一致浓染的为正常腺泡细胞所特有的嗜伊红颗粒（图15.87）。

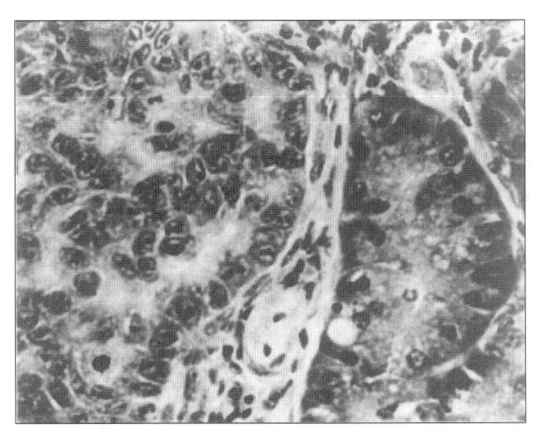

图15.87　胰腺腺泡细胞腺癌。右为正常的外分泌组织，左为无颗粒的肿瘤细胞。H.E.×600

腹　膜

间皮瘤（Mesothelioma）

间皮瘤在鸡[66,106]、鸭[94]、鹰[35]和平胸类鸟[119]都已有报道。这种肿瘤，间皮细胞和间皮下结缔组织都存在。Fredrickson和Helmboldt[52]报道一例SPF母鸡的间皮瘤，该鸡的腹腔中含有约200mL奶样液体，浆膜表面被闪光的灰色囊结构所覆盖。组织学上，它们是呈乳头状生长的腹膜细胞，由粗的结缔组织基质支持着，结缔组织形成囊壁，乳头状结构突入囊内（图15.88）。有丝分裂相少见，但肿瘤生长广泛。

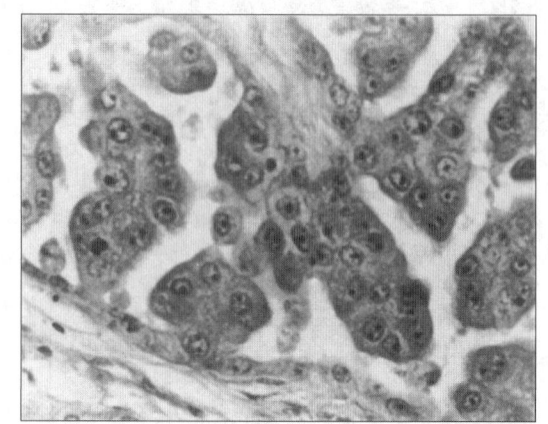

图15.88　间皮瘤。明显肿瘤性上皮细胞，由一细柄支持。H.E.×600

泌尿系统

鸡肾脏腺癌（肾瘤）和肾母细胞瘤可以自发性发生，但它们是由禽白血病病毒诱发的，本书其他章节已有描述（见前白血病/肉瘤群）。虎皮鹦鹉的肾腺癌较常见[103]，但其病因不清楚。

呼吸系统

眶下窦

腺瘤（Adenoma）

来自不相关非商品鸡群的一只母鸡和一只公鸡在眼底部有豌豆大小的囊肿（母鸡有1个，公鸡有2个）。囊肿外有很好的包膜，伸展进入眶下窦，切开后有黏蛋白状物质流出。囊肿由立方上皮细胞组成，呈腺泡排列，充满液体层，有丝分裂相少见[122]。

肺

腺癌（Adenocarcinoma）

禽类呼吸道的肿瘤很少见，仅有Campbell报道的家禽肺腺癌的三个病例[25]。鸭似乎对肺肿瘤比其他禽类易感，因为已有几篇关于鸭自然发生肺腺癌的报道[96,164]，经气管内给予化学致癌剂在北京鸭可诱发各种肺肿瘤[124]。Stewart[137]报道了禽类的20例肺腺癌或腺瘤病，其中鸭有11例。大多数病例的肿瘤起源于支气管上皮。卵巢magnal腺癌和其他肿瘤（横纹肌肉瘤、黏液肉瘤和纤维肉瘤）可转移到家禽的肺脏[121]，这样的肿瘤需与肺脏本身发生的腺癌进行区别。Fredrickson和Helmboldt[52]描述的病例明显来自细支气管，且是多灶性的，与其他学者报道的乳头状腺癌相似[6,137]。立方上皮形成变形的支气管组织，常含有嗜伊红物质（图15.89）。在胸腔和腹腔的广泛远距离转移，表明这种肿瘤的恶性程度很高。

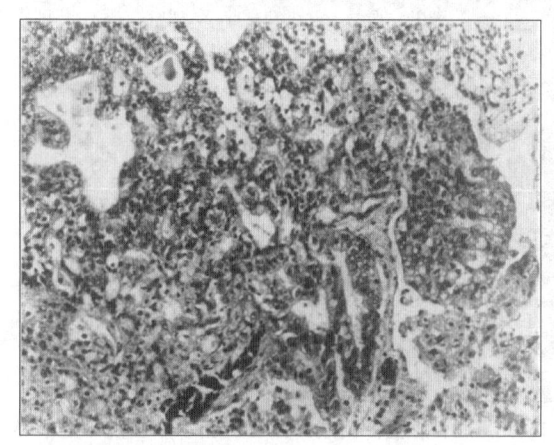

图15.89　肺腺癌。由乳头状生长的上皮细胞组成的癌组织取代大部分正常肺。H.E.×200

神经系统

中枢神经系统

星形细胞瘤（Astrocytoma）

星形细胞瘤的散发性病例已有报道[15,82,83,121]，Wight和Duff[158]研究了1 000只禽群中发病的20只禽，其中13只作了组织学检查。成年禽通常可发病，由作者[121]检查的所有5个病例都是非商品老龄母鸡。临诊症状表现为一过性斜颈，后退和共济失调。星形细胞瘤常常多样化，无包膜，通常位于小脑底部，或在第三脑室区域内，靠近丘脑的前脑干下面。虽然种瘤很小，通常直径不超过5mm，但不难看到，特别是在固定的组织，为界限清楚的白色团块。在肿瘤边界，血管周围常常有明显的淋巴细胞反应，但没有出血、巨细胞或压迫性坏死区域（图 15.90）。肿瘤细胞的形态变化较大，但主要是多角形细胞，伴有延伸性的细胞质纤维化过程（图 15.91），可用磷钨酸的苏木素染色证实这一点。星形细胞瘤必须与迁移性寄生虫引起的反应性神经胶质增生相区别。

Wight 和 Campbell[157] 报道过一例鸡室管膜瘤和 2 例脑膜瘤。前者是侧脑室内排列成木栅状或玫瑰花形的空泡细胞增生物，而脑膜瘤则是成血管细胞性的，它由血管窦构成，窦衬有大量的内皮细胞，并伴有致密的硬蛋白网。在虎皮鹦鹉的脑中已鉴定出几种室管膜瘤和脉络膜丛乳头瘤，并发现 S-100 蛋白阳性[140]。

松果体肿瘤（Pineal Body Tumor）

已有几例禽松果体肿瘤的报道[25,119,121,144,160]。Swayne 等[144] 应用几个判定标准来区分松果体肿瘤和增生性病变。如果是肿瘤，松果体特别大，并与附近的小脑相撞击，上皮细胞存在有丝分裂相。出现如震颤和压头等临床症状，在小脑和大脑之间可见到大的有包膜的团块，并突入小脑。这种肿瘤由低柱状细胞组成的上皮细胞小叶构成，柱状细胞在腺腔周围呈木栅状排列，并有丰富的细小囊泡细胞，细胞核致密，由细的小梁分隔（图 15.92）。

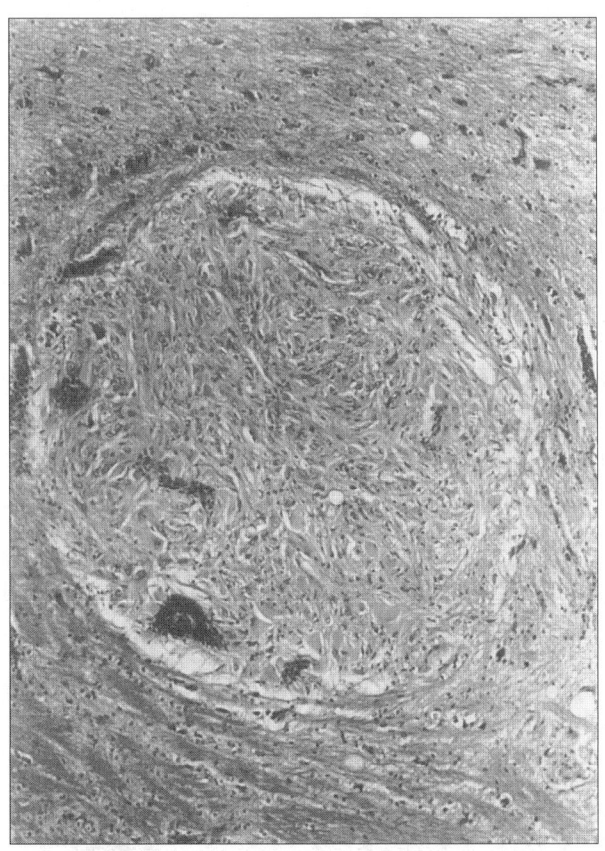

图 15.90 星形细胞瘤。该肿瘤位于前脑干中，界限清晰、无包膜，由纤维化的星形细胞组成。肿瘤内和附近组织的血管周围有明显的淋巴细胞浸润。H. E. ×100.（courtesy of Avian Pathology）

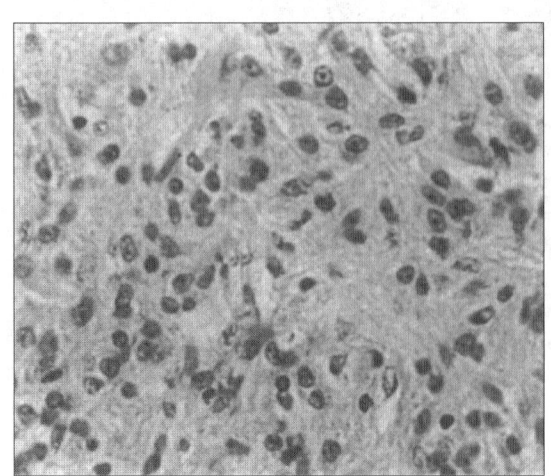

图 15.91 星形细胞瘤。由一致的伴有延伸性细胞质过程的星形细胞构成。H. E. ×190

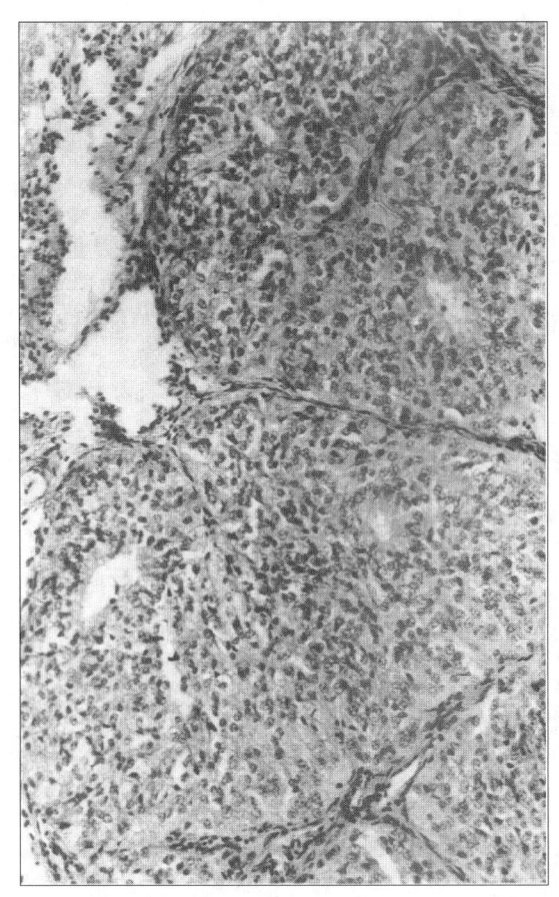

图 15.92 松果体肿瘤。由细小梁分隔的松果体肿瘤小叶。栅栏低柱状上皮细胞，具有大的泡状核，环绕小腔排列，且这些细胞被更小的滤泡旁细胞包围。H. E. ×200。（Avian Pathology）

外周神经

雪旺氏瘤（Schwannoma）

外周神经的神经周细胞或雪旺氏细胞肿瘤应当称为雪旺氏瘤，尽管经常把它们称作神经纤维瘤、神经鞘瘤或神经鞘肉瘤，它们之间的区分比较困难，因此最好把它们总起来称呼。Campbell 和 Appleby[26] 报道了 39 例肉鸡的神经鞘肿瘤，并观察了 17 例其他肿瘤，一些病例存在于成年禽。它们一般为局限性良性肿瘤，呈白色结节，梭形生长，最常见于背根神经节区。肿瘤细胞形如纺锤体，有一小的中央核，通常它们在神经鞘形成易使人产生错觉的呈同心圆的旋涡（图 15.93）。多发性结节状肿瘤已有报道[2]，也包括一例先天性肿瘤[26]。描述为神经鞘瘤的肿瘤，其肿瘤细胞呈栅栏状排列，偶尔伴有与 Wagner-Meissner 氏触觉小体相似的结

构[25]。类似于雪旺氏瘤的肿瘤如果确证是神经源性的，那么就应当如此命名[19]；否则最好称它们为纤维肉瘤，以免混淆。雪旺氏瘤的一些病例与血管外皮细胞瘤相似。

神经瘤（Neuromas）

雏鸡喙尖切除和肉公鸡拇趾的部分切除可引起神经瘤的形成[54,55]。由于致密胶原基质的神经束增生，导致切除部位发生结节性或弥散性增厚。发生机理与家畜和人的外伤性神经痛相似，再生性神经残肢发生阻塞，如致密的成纤维疤痕组织，不能再生成正常的皮肤组织，而增生形成由轴突、雪旺氏细胞和相关结缔组织组成的昆布样团块（图 15.94）。采用 Holme 氏银染法可证实轴突的存在，但它们呈薄的有髓鞘样结构。这些轴突呈异常再生而不是增生。青年鸡的部分喙切除可导致松散的皮肤疤痕组织形成，这也许是不易形成神经瘤结构的原因[38]。与鸡比较而言，火鸡的部分喙切除似乎也与不太致

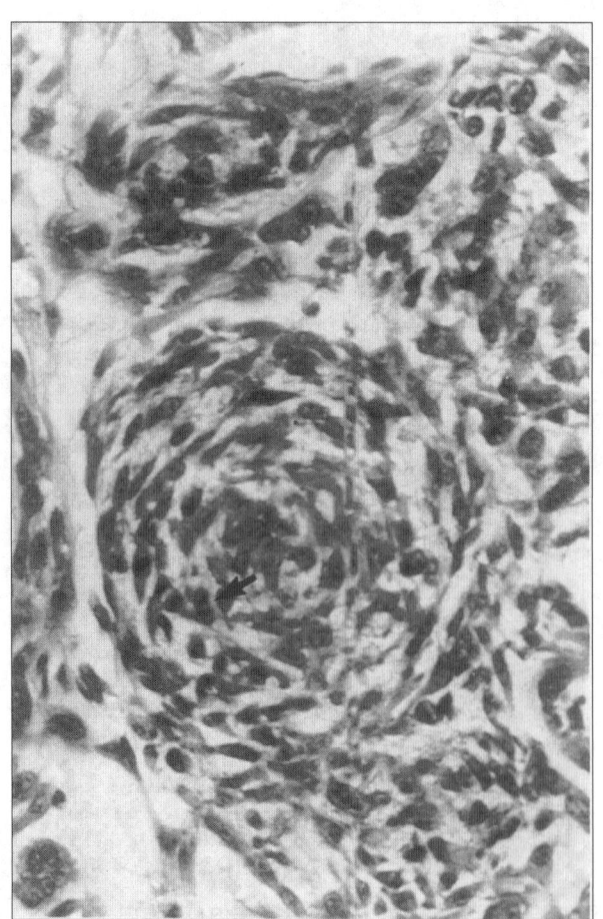

图 15.93 坐骨神经丛的雪旺氏瘤。有中央核纺锤形细胞呈同心圆旋涡状排列。有丝分裂相（箭头）。H. E. ×400

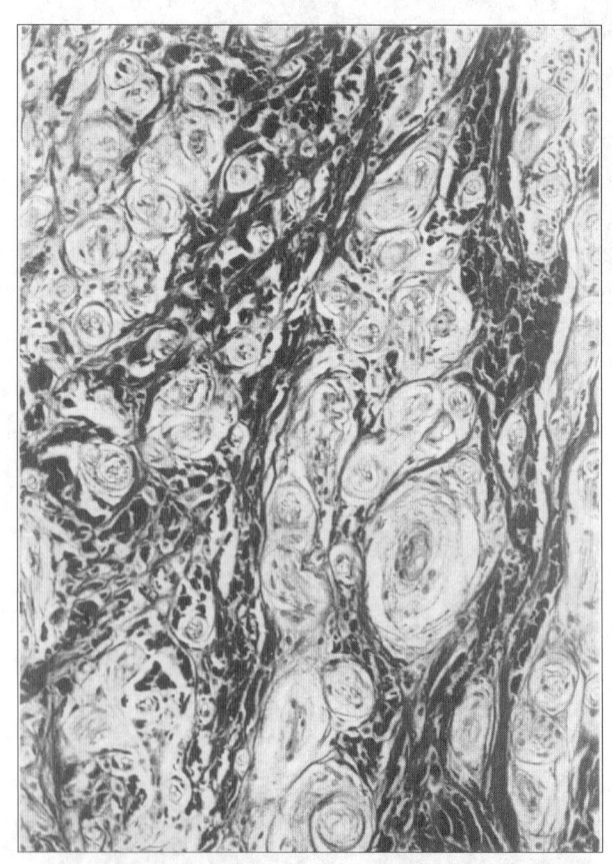

图 15.94 喙尖的外伤性神经瘤。致密的胶原疤痕组织和神经组织的多样性旋涡，由髓鞘较少的轴突、雪旺氏细胞和相关结缔组织构成。马休猩红染色。×360。（C. J. Randall）

密的疤痕组织形成有关，但不形成神经瘤[56]。

黑色素瘤（Melanoma）

黑色素细胞起源于神经嵴。因此，黑色素瘤被认为是神经组织的肿瘤。黑色素沉着病在许多禽类很常见，一些品种的鸡如丝毛鸡存在大量的黑色素细胞病灶，特别是在性腺、腹膜、神经束膜和骨膜。Campbell[25]观察了许多黑色素瘤病例，并注意到在卵巢可形成恶性的黑色素瘤，并可通过腹腔发生转移。眼也可能是黑色素瘤的原发部位[42]。在鸭[39,58,119]、大鸬鹚[89]和虎皮鹦鹉[128]已发现恶性黑色素瘤。在赛鸽的皮下组织可形成无黑色素沉着的黑色素瘤[117,122]，在鸡可见到多灶性的黑色素瘤，但很少[121]，在这种情况下有丝分裂相不常见。如同在哺乳动物，禽类黑色素瘤的细胞形态从多形性梭状和长形的黑色素细胞可排列形成独立的病

灶或浸润到周围组织，黑色素细胞可排成小岛状，这些小岛由上皮组织紧密堆积的细胞组成（图15.95）。应用各种技术，如使用 H_2O_2 可使切片中多果的黑色素漂洗掉，表明有时存在多形核细胞和大量的有丝分裂细胞。黑色素颗粒可能是散在的，在一些病例，用氨银技术如改良的 Masson-Fontana 染色可增强褐色色素。D. O. P. A.（L-3，4-二羟苯丙氨酸）试验可用于检测非固定相对无黑色素的黑色素瘤中酪氨酸酶的存在，该酶是黑色素和其他物质生物合成的必需酶。S-100蛋白家族含有大量有关的钙结合蛋白，该蛋白存在于哺乳动物皮肤黑色素细胞及其他细胞如神经、淋巴和内皮组织。因此，S-100蛋白免疫反应性认为是哺乳动物黑色素瘤的有用标志，然而，有限的研究表明在禽类中反应的组织范围，以鸭为代表，不同于哺乳动物[142]。在大鸬鹚的黑色素瘤，S-100蛋白阴性，但邻近的外周神经束呈阳性[89]。

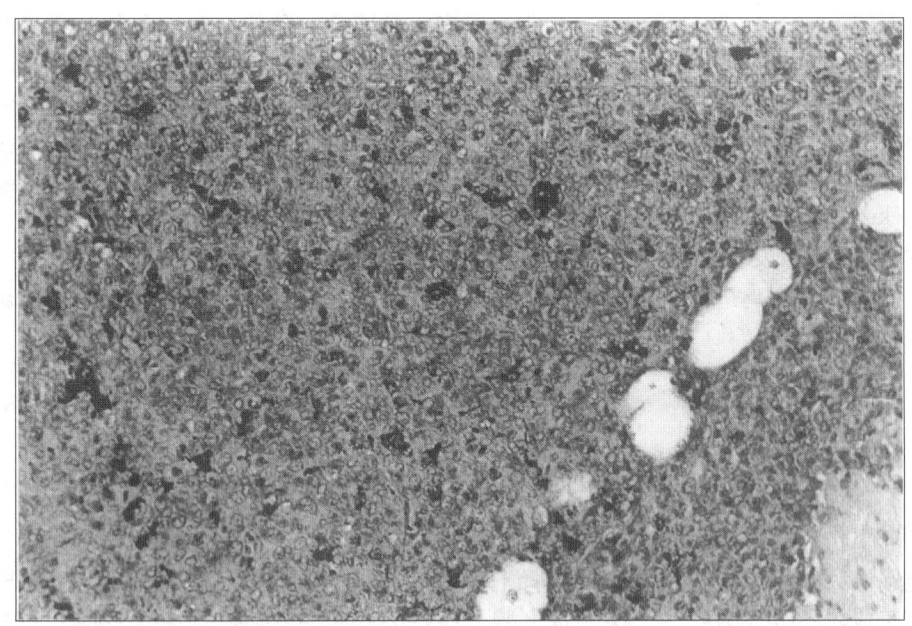

图 15.95 鸽翅膀的皮下黑色素瘤。在许多多角形细胞中见黑色素沉着。有丝分裂相少见。细胞紧密堆积，与周围组织界限分明，并穿入肌纤维和脂肪细胞中，如图右下部所示。H. E. ×200

特殊感觉器官

眼

除了淋巴瘤和骨髓瘤，眼的肿瘤在禽很少见。

禽虹膜肌是有条纹的，在雏鸡和半成年鸡[42]可见到眼眶内横纹肌瘤。Cole[33]描述了1例成视网膜细胞瘤。眼也可发生黑色素瘤和畸胎瘤。骨肉瘤可起源于眼眶，但须与退行性视网膜变性引起的眼内骨化[86]或慢性眼内感染如弓形体病[148]进行区别。

内分泌系统

胸腺

不同于胸腺淋巴瘤的胸腺瘤在鸡[26,47,66,106]、鸭[162]、虎皮鹦鹉[165]和爪哇麻雀[99]已有一些报道。这些肿瘤的特征是正常的胸腺结构被片状的、大的、多角形细胞所替代，其间散在着数量不等的淋巴样细胞。虽然可能存在界限不明显的小叶，但肿瘤的结构类型不明显。上皮细胞核呈空泡状，胞质丰富淡染，形态上与淋巴细胞不同。肿瘤细胞边界不清楚，但可能有鳞状分化。这些细胞来源于上皮，对细胞角蛋白作免疫染色可证实这一点[99]。在肿瘤细胞间有时混有类似于胸腺小体的细胞聚集物。

垂体

虎皮鹦鹉的垂体腺瘤已有报道[10,129,140]，虽然常常认为很普遍，但在这种禽的真实发病情况不很清楚。Schlumberger 通过定向启事询问了美国各处50 例病例[129]。Campbell[25] 报道家禽的两例垂体腺瘤。虽然 Fredrickson 和 Helmboldt 检查了数百例老龄母鸡的垂体[52]，却未发现一例垂体肿瘤，作者对表现有神经症状的许多鸡进行组织学检查，也未见到脑部的垂体肿瘤[74,120,122]。

肾上腺

禽肾上腺是肾间（皮质）和肠嗜铬（髓质）组织的混合体，肿瘤即源于此。Campbell 和 Appleby[26] 记载一例腺瘤，他们认为很可能来自肾上腺，与肾上腺有关的腺瘤见于成年 SPF 母鸡[121]。这些肾上腺腺瘤由丰富的分化良好的嗜伊红细胞组成，但是没有详细的组织学特性确定证实这些肿瘤源自肾上腺组织。类似的肿瘤在其他禽类也已报道[119]。1 例虎皮鹦鹉肾上腺肿瘤的超微结构研究，注意到胞浆颗粒与肾上腺髓质组织中的一致，并因此将这种肿瘤描述为嗜铬细胞瘤[71]。

甲状腺和甲状旁腺

Guerin[66] 报道了一例发生于鸡甲状旁腺的腺瘤，并指出甲状旁腺腺癌也只报道过一例。禽类甲状腺肿瘤似乎也极少见[25,106]。在鸡报道过自然发生的甲状腺肿[66]，给鸡和鹌鹑饲喂含有致甲状腺肿物的油菜子饲料，可诱发甲状腺肿[159]。虎皮鹦鹉也可发生甲状腺肿，可能是低碘摄入的结果[16,119]。在虎皮鹦鹉，甲状腺的肿瘤难于与甲状腺肿有关的增生和发育不良相区分。可是，在作者[109] 报道的甲状腺腺瘤中，有分散的肿瘤性腺瘤组织区域。甲状腺的混合性细胞肿瘤由腺瘤组织和增生的软骨细胞和成纤维细胞的小岛组成。

皮 肤

皮下组织

在鸡可见到软组织肿瘤，如纤维瘤、纤维肉瘤、黏液瘤、黏液肉瘤，禽白血病病毒可诱发这些肿瘤（见白血病/肉瘤群）。在 SPF 鸡和其他禽类偶尔有病例报道。在母鸡断喙上部的嘴端可见到黏液瘤和纤维瘤[121]。这些肿瘤的病因尚未确定，但是有假说认为这些肿瘤是局部损伤刺激诱导反转录病毒转化的结果。

血管外膜细胞瘤（Hemangiopericytoma）

鸡的皮下组织的血管外膜细胞瘤有少数报道[52,134]。所有这些良性肿瘤是不同大小的皮下结节，通常发生在颈部。结节致密，白色，轮廓清楚，牢固地包埋在皮下组织中。组织学外观为形态一致的梭形细胞，核呈梭形，含有弥散的染色质，细胞质丰富，但细胞界限不清楚。这些细胞围绕动脉血管呈同心圆方式排列，其间的网状硬蛋白纤维可采用银染色法很容易显现出来（图15.96）。

脂瘤和脂肉瘤（Lipoma and Liposarcoma）

皮下脂瘤在鸡并不常见[25]，但在哺乳动物，常常在外伤部位形成脂瘤。然而皮下和腹腔内脂瘤在其他禽类经常遇到，特别是在鹦鹉[90,119]，这些肿瘤一般有包膜，呈良性，纤细的小梁化肿瘤，有不同程度的坏死和出血。它们是由具有大的细胞质空泡和移位的淡染核的脂肪细胞组成。有丝分裂相

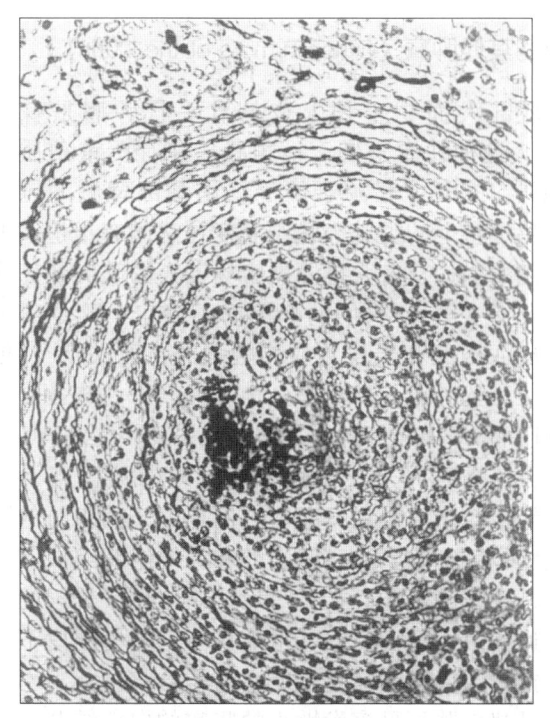

图 15.96　血管外膜细胞瘤。由界限清晰的外周细胞形成的同心圆环。银染色，×90

不发育成熟，尽管通常可见到一些角质化。这些肿瘤与致密的单核炎性细胞浸润和反应性纤维增生有关。鳞状细胞癌呈局部性侵袭，但转移较为缓慢。文献中有几篇关于真正的鳞状细胞癌的报告，这些肿瘤的大多数可损害成年鸡足下部和胫部的鳞状皮肤[25,28,141]。已报道了几例与口—咽有关的鳞状细胞癌（见前面讨论）。在其他禽类真皮鳞状细胞癌可能影响尾脂腺，并且这些要从挤压创伤和/或尾脂腺来区分[130]。

羽毛囊瘤（Feather Folliculoma）

羽毛囊瘤通常呈多样化的囊状结构，具有含角质化碎片和羽毛残存物的中心层。它们由立方和鳞状上皮细胞组成，这些细胞角质化不连贯，有不规则的羽毛囊上皮区域。通常出现致密的炎性细胞向周围真皮浸润，并有一些纤维化（图 15.97）。

少见。鸡的恶性脂肪瘤少见，可能是局部侵袭性的，或者可以转移[101,121]。除了肿瘤细胞胞质内有脂肪空泡外，它们在组织学上与纤维肉瘤相似。在其他病例，肿瘤可能由明显未成熟的脂肪细胞组成。多灶性的脂肪瘤在其他动物已有报道[41,119]。

在其他禽类、人类以及其他哺乳动物中，作为脂瘤变异的脂肪瘤或 erythrolipoma 已有报道。这以良性病灶呈现，但是在异常位置积聚着大量的成髓细胞和/或成红细胞因子，并植入相应的脂肪组织或骨髓。它们发生在四肢和/或肝脏中已有记录[91]。它们需要与髓外红细胞生成和/或髓细胞生成区分开。

真皮

鳞状细胞癌（Squamous Cell Carcinoma）

通常称为"皮肤鳞状细胞癌"的肉鸡肿瘤可能是角化棘皮瘤，本书其他部分是这样认为的（见"皮肤鳞状细胞癌"）。真正的鳞状细胞癌是角质化细胞的一种恶性肿瘤，它形成不规则的团块或索状，向下增生，并侵入皮肤和皮下组织。其特征是上皮细胞存在于基底层的皮肤侧面，并含有类似于棘层的细胞间桥。缺乏基底细胞垫，上皮肿瘤细胞

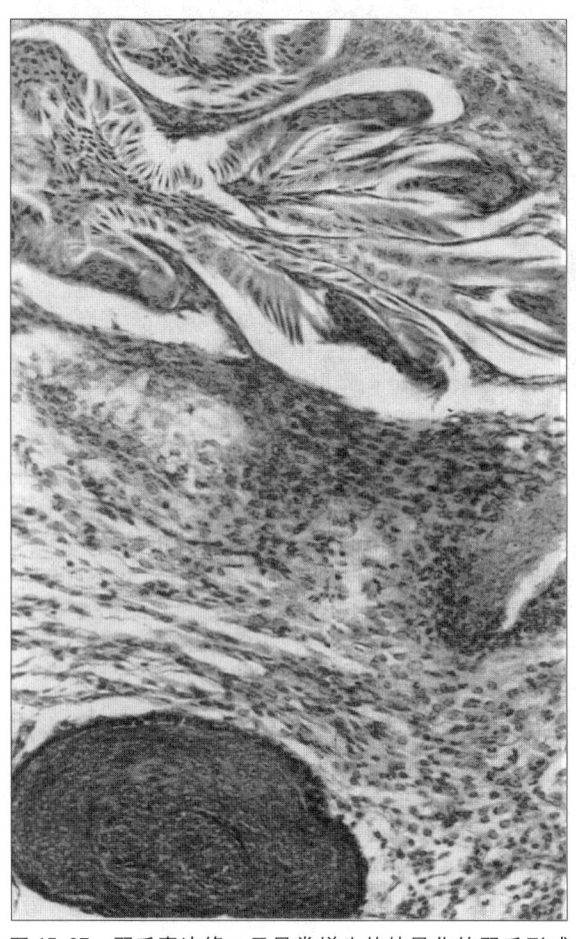

图 15.97　羽毛囊边缘。示异常增生的特异化的羽毛形成上皮和附近的基底细胞束。腺腔衬有成层叠状的立方和鳞状上皮，角质化不连贯，含角质蛋白和羽毛残余物。H. E. ×180

鸡[121]和火鸡[36]的羽毛囊瘤已有报道，并常见于一些笼养鸟如挪威金丝雀[108]。

皮内角质化上皮瘤
(Intracutaneous Reratinizing Epithelioma)

这种肿瘤是成年鸡面部皮肤的一种良性囊性肿瘤。它们呈多样性的、有包膜的小结节，中央有火山口样的孔[121]。这些肿瘤是由发育良好、成层叠状的上皮构成，包括正在发育和成熟的基底细胞，棘细胞层有突起的细胞间桥。腺腔内含板层状的角质蛋白，但没有羽毛残余物（图 15.98）。肿瘤被少量的纤维组织包围，并有少量的炎性细胞反应，除非肿瘤壁破裂。这些肿瘤可能来自角质增生性囊肿，而且不同于肉鸡的角化棘皮瘤和羽毛囊瘤。

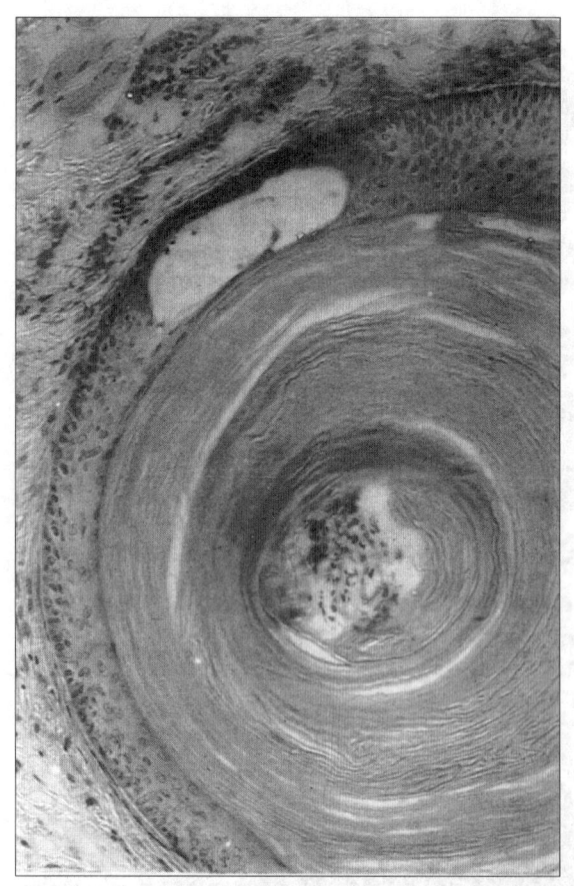

图 15.98 皮内角质化上皮瘤。腺腔含有板层状的角质蛋白。上皮的基底细胞排列成清晰的基底层，有角质化不连贯的发育细胞和多角形细胞。注意小的上皮内大泡。H.E.×190。(Courtesy of *Avian Pathology*)

真皮的其他肿瘤（Other Tumors of the Cutis）

胫部大面积生长上皮的乳头状肿瘤是棘皮瘤[25]，这种肿瘤坚硬，呈角状，并有严重角质化的旋涡。腺瘤可起源于位于鸡尾基部背侧的尾脂腺。鸭足垫上的类乳头状瘤病变在法国有报道，但无详细的描述，有人推测屠宰场工人的乳头状瘤病变与此有关[67]；它们的病因尚不确定。鸭足垫上的棘皮症病变和表皮角质与疱疹病毒有关[161]，但与其他足垫肿瘤，如本书其他部分（见"软骨瘤与软骨肉瘤"）描述的肿瘤之间的关系尚不清楚。

黄色瘤有时是见于鸡目和鹦鹉的黄色皮下结节，经常与脂瘤混在一起。它们是由充满脂肪的巨噬细胞、巨细胞、游离胆固醇和纤维组织组成，它们不是真正的肿瘤。在 19 世纪 50 年代，美国的鸡群常遇到多发性黄色瘤，可能是由于聚集在皮下脂肪的饲料污染代谢物发生反应的结果[126]。

母鸡皮肤可见多发性小的坚实的白色结节，发现是皮肤面罩（mask）细胞肿瘤。这种圆形到卵圆形细胞，具有浓染的细胞核和显著的染色质环，呈片状排列，且有致密的胶原蛋白束散布其间。细胞质含有不同的异染颗粒，在超微观察下认为是典型的禽面罩细胞。可转移到肺脏[70]。

鹦鹉颈部基底细胞癌是由缺乏细胞间桥的多角细胞的小叶和巢组成。在巢的边缘倾向于形成栅栏形羽支[146]。

肉鸡羽毛区域的非典型病变可能酷似皮肤鳞状细胞肿瘤[44]，某些皮肤病变可能是皮肤鳞状细胞癌和皮肤痘的混合体[45]。注意在比较旧的文献中，非典型痘称为喉和气管的痘感染。羽毛区域的结节性皮肤疣样丘疹，或深部火山口样结节病变，在痘病毒感染的几种禽类中已观察到，包括鸽、金丝雀[73,117,122]和火烈鸟[7]。在这些病变中，在肥大性和肥大性附器结构的浅表层中存在丰富的痘包涵体，这些结构如羽毛囊穿透进入真皮。这些病变可持续很长时间，常作为活组织检测以调查疑似肿瘤。

肌肉系统

平滑肌瘤和平滑肌肉瘤
(Leiomvoma and Leiomyosarcoma)

输卵管韧带的平滑肌瘤在产蛋母鸡最常见（见

生殖系统），在其他部位类似肿瘤的组织形态相似。作者在商品鸭和雀斑鸭的肠壁[120]、鸡的肌胃肌肉[121]、肉鸡的气管环[122]（图15.99）和鸽的胰腺附近观察到平滑肌瘤[119]。有一些关于鸡肠壁[2]、卵巢[81]和气管肌肉[26]的平滑肌肉瘤的报道。平滑肌瘤和平滑肌肉瘤在其他禽类很少见[119,127,136]。

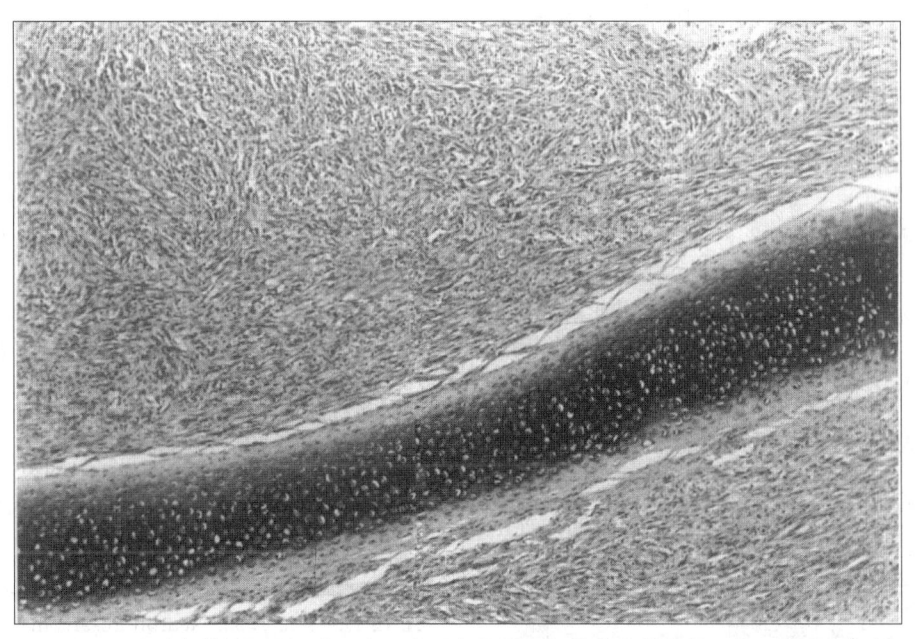

图15.99 肉鸡气管的平滑肌瘤。在固有层中平滑肌纤维的束状和螺环状，如图上部所示，且穿入软骨环和邻近外膜（右下部）。H. E. ×100

横纹肌肉瘤（Rhabdomyosarcoma）

横纹肌肉瘤为松软、包膜较少的肿瘤，有坏死和出血倾向。胸肌和缝匠肌—股薄肌最常发生横纹肌肉瘤，但心脏也可发生[26]。向肺脏的转移已有报道[88,121]。组织学上，细胞相互交织形成不规则的束状，一些细胞呈典型的球拍形或星形，并且有多核细胞（图15.100）。胞质呈致密的嗜伊红着色，但用极化光（polarized light）或磷钨酸染色难于检测到交叉条纹[25,106]。横纹肌肉瘤在虎皮鹦鹉也有过报道[90,119]。

骨瘤和骨肉瘤
(Osteoma and Osteosarcoma)

家禽的骨瘤和骨肉瘤不很常见[25]。Campbell和Appleby[26]在肉鸡报道2例骨瘤，8例骨肉瘤和1例破骨细胞瘤，类似的肿瘤在其他禽类也有报道[110,119]。骨肉瘤可能是由丰富的矿化骨小梁组成，尽管在一些病例可能是由梭形细胞和轻微矿化的小梁组成的细胞性肿瘤，即使在这样的病例，通常也

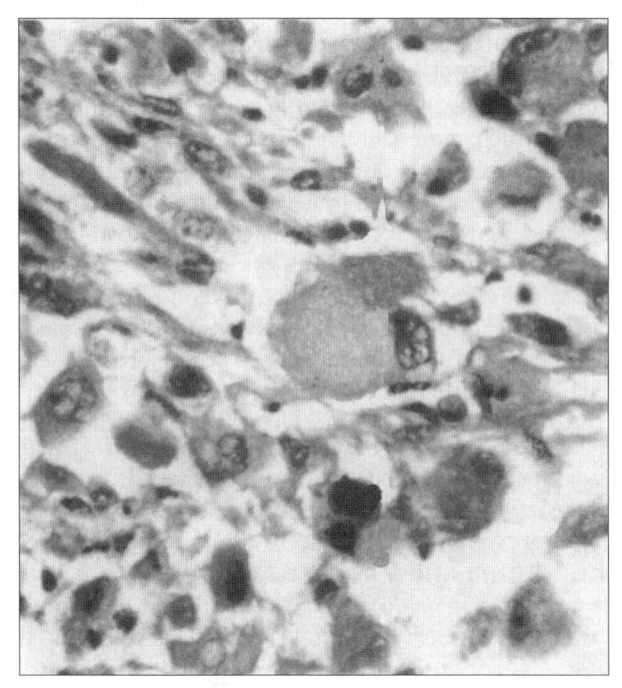

图15.100 横纹肌肉瘤。一些细胞类似于带状，而其他细胞为较大的多角形，其胞质嗜伊红。一些细胞有多个细胞核。H. E. ×360。(Courtesy of Avian Pathology)

可见到一些骨化病灶。骨肉瘤可转移到肺脏。多潜

能的间质肿瘤通常发生在长骨的远端，含有异常增生骨的坚硬团块、软骨小岛、致密的纤维组织漂流物和黏液瘤组织病灶。这些肿瘤经常被描述成骨肉瘤。骨瘤的分界很清楚，由不规则的骨小梁组成（图15.101）。1例情侣鹦鹉气管环的肿瘤含有类骨质和软骨成分已有报道[154]。

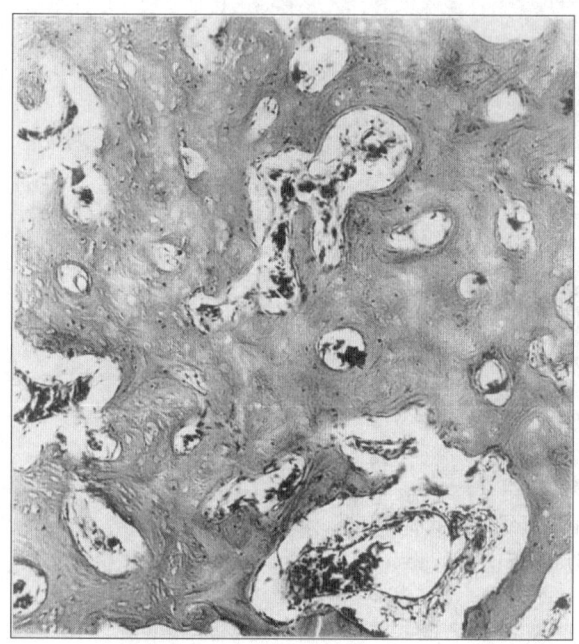

图15.101　骨瘤。骨小梁粗而不规则。H. E. ×90。(Courtesy of *Avian Pathology*)

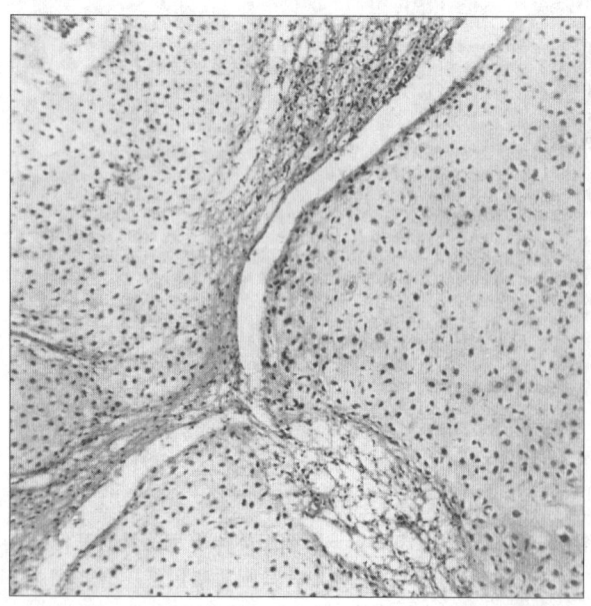

图15.102　鹅足垫的多灶性软骨瘤。软骨小叶被纤维空泡小梁分隔。H. E. ×90。(Courtesy of *Avian Pathology*)

软骨瘤和软骨肉瘤
Chondroma and Chondrosarcoma

禽的软骨瘤很少见。作者观察到9只鹅、鸭和其他雁行目禽在足垫的足底正面有多灶性软骨瘤，以及在其他雁行目禽的足垫上有间质肿瘤（3只黏液瘤和1只骨瘤）[109]。这些肿瘤的病因尚不明了，但在两群野鸭中有10%发生了这些肿瘤。软骨瘤的特征是软骨细胞呈叶状，被小梁分隔（图15.102）。

曾凡桂　邱亚峰　译
常建宇　苏敬良　陈溥言　刘爵　何召庆　校

参考文献

[1] Anderson, W. I. and H. Steinberg. 1989. Primary glossal squamouscell carcinoma in a Spanish cochin hen. *Avian Dis* 33:827-828.

[2] Anderson, W. I., P. C. McCaskey, K. A. Langheinrich, and A. E. Dreesen. 1985. Neurofibrosarcoma and leiomyosarcoma in slaughterhouse broilers. *Avian Dis* 29:521-527.

[3] Anjum, A. D. 1987. Adenocarcinoma of the oviduct of the domestic fowl (Gallus domesticus) and its relationship to steroid sex hormones. PhD Thesis. Royal Veterinary College, London, United Kingdom, 1-356.

[4] Anjum, A. D. and L. N. Payne. 1988. Concentration of steroid sex hormones in the plasma of hens in relation to oviduct tumours. *Br Poult Sci* 29:729-734.

[5] Anjum, A. D., L. N. Payne, and E. C. Appleby. 1988. Spontaneous occurrence and experimental induction of leiomyoma of the ventral ligament of the oviduct of the hen. *Res Vet Sci* 45:341-348.

[6] Apperly, F. L. 1935. Primary carcinoma of the lung in the domestic fowl. *Am J Cancer* 23:556-557.

[7] Arai, S., C. Arai, M. Fujimaki, Y. Iwamoto, M. Kawarada, Y. Saito, Y. Nomura, and T. Suzuki. 1991. Cutaneous tumour-like lesions due to poxvirus infection in Chilean flamingos. *J Comp Path* 104:439-441.

[8] Baker, J. R. 1980a. A survey of causes of mortality in budgerigars (Melopsittacus undulatus). *Vet Rec* 106:10-12.

[9] Baker, J. R. 1980b. A proventricular adenoma in a Brazilian teal (Amazonetta brasiliensis). *Vet Rec* 107:63-64.

[10] Bauck, L. 1987. Pituitary neoplastic disease in 9 budgies. Proc 1st Int Conf Zoo Avian Med, Oahu, Hawaii. Association of Avian Veterinarians, 87-89.

[11] Bavdek, S. V., Z. Golob, J. van Dijk, G. M. Dorrestein,

and G. Fazarinc. 1997. Vimentin‐and desmin‐positive cells in the moulting budgerigar (Melopsittacus undulatus) skin. *Anat Histol Embryol* 26:173‐178.

[12]Beach,J. E. 1962. Diseases of budgerigars and other cage birds:A survey of post‐mortem findings. Part Ⅱ. *Vet Rec* 74:63‐68.

[13]Beard,J. W. , E. A. Hillman, D. Beard, K. Lapis, and U. Heine. 1975. Neoplastic response of the avian liver to host infection with strain MC29 leukosis virus. *Cancer Res* 35:1603‐1627.

[14]Beasley,J. N. , S. Klopp, and B. Terry. 1986. Neoplasms in the oviducts of turkeys. *Avian Dis* 30:433‐437.

[15]Biering-Sorensen, U. 1956. On disseminated,focal gliomatosis ("multiple gliomas") and cerebral calcifications in hens. A study of pathogenesis. *Nord Vet Med* 8:887‐901.

[16]Blackmore, D. K. 1963. The incidence and aetiology of thyroid dysplasia in budgerigars (Melopsittacus undulatus). *Vet Rec* 75:1068‐1072.

[17]Blackmore,D. K. 1966. The clinical approach to tumours in cage birds. I. The pathology and incidence of neoplasia in cage birds. *J Small Anim Pract* 7:217‐223.

[18]Bolte, A. L. and E. Burkhardt. 2000. A teratoma in a Muscovy duck (Cairina moschata). *Avian Pathol* 29:237‐239.

[19]Bossart, G. D. 1983. Neurofibromas in a macaw (Ara chloroptera):morphologic and immunocytochemical diagnosis. *Vet Pathol* 20:773‐776.

[20]Budras, K. D. , M. Hoftmann, and J. Wallenburg. 1979. Umformung des rete Ovarii zum rete Testis und des Epoophoron zum Nebenhoden nach experimenteller Geschlechtsumkehr bei Gallus domesticus. *Acta Anat* 104:23‐35.

[21]Calnek, B. W. 1992. Chicken neoplasia—a model for cancer re‐search. *Br Poult Sci* 33:3‐16.

[22]Campbell,J. G. 1945. Neoplastic disease of the fowl with special reference to its history, incidence and seasonal variation. *J Comp Pathol* 55:908‐921.

[23]Campbell, J. G. 1949. Spontaneous hepatocellular and cholangio‐cellular carcinoma in the duck. An experimental study. *Br J Cancer* 3:198‐210.

[24]Campbell, J. G. 1951. Some unusual gonadal tumours of the fowl. *Br J Cancer* 5:69‐82.

[25]Campbell,J. G. 1969. Tumours of the Fowl. Lippincott, Philadelphia,PA,1‐292.

[26]Campbell, J. G. and E. C. Appleby. 1966. Tumours in young chickens bred for rapid body growth (broiler chickens). A study of 351 cases. *J Pathol Bacteriol* 92:77‐90.

[27]Cancer Institute, Chinese Academy Medical Sciences. 1973. The epidemiology of esophageal cancer in North China and preliminary results in the investigation of its etiological factors. *Acta Zool Sinica* 19:309‐312.

[28]Cardona, C. J. , A. A. Bickford, and K. Emanuelson. 1992. Squamous cell carcinoma on the legs of an Aracauna chicken. *Avian Dis* 36:474‐479.

[29]Carnaghan,R. B. A. 1965. Hepatic tumours in ducks fed a low level of toxic groundnut meal. *Nature* (Lond) 208:308.

[30]Chin, R. P. and B. C. Barr. 1990. Squamous cell carcinoma of the pharyngeal cavity in a Jersey black giant rooster. *Avian Dis* 34:775‐778.

[31]Cho,K. O. , T. Kimura, K. Ochiai, and C. Itakura. 1998. Gizzard adenocarcinoma in an aged Humboldt penguin (Spheniscus humboldti). *Avian Pathol* 27:100‐102.

[32]Christopher,J. ,J. V. Narayana, and G. A. Sastry. 1966. Primary neoplasms of the liver of the domestic fowl. *Ceylon Vet J* 14:61‐64.

[33]Cole, R. K. 1946. An avian retinoblastoma. *Cornell Vet* 36:350‐353.

[34]Coletti, M. , G. Vitellozzi, A. Fioroni, and M. P. Franciosini. 1988. Neoplasie spontanee del piccione domestico (Columba livia). *Obiet Doc Vet* 9:57‐61.

[35]Cooper,J. E. and S. L. Pugsley. 1984. A mesothelioma in a ferruginous hawk (Buteo regalis). *Avian Pathol* 13:797‐801.

[36]Couvillion,C. E. ,W. A. Maslin, and R. M. Montgomery. 1990. Multiple feather follicle cysts in a wild turkey. *J Wildl Dis* 26:122‐124.

[37]Crittenden, L. B. , R. L. Witter, W. Okazaki, and P. E. Neiman. 1979. Lymphoid neoplasms in chicken flocks free of infection with exogenous avian tumor viruses. *J Natl Cancer Inst* 63:191‐200.

[38]Desserich, M. ,D. W. Folsch, and V. Ziswiler. 1984. Das Schnabelkupieren bei Huhnern. *Tier Praxis* 12:191‐202.

[39]Dillberger, J. E. , S. B. Citino, and N. H. Altman. 1987. Four cases of neoplasia in captive wild birds. *Avian Dis* 31:206‐213.

[40]Dom,P. ,R. Ducatelle,G. Charlier,and P. de Goot. 1993. Papillomavirus-like infections in canaries (Serinus canaries). *Avian Pathol* 22:797‐803.

[41]Doster,A. R. ,J. L. Johnson, G. E. Duhamel, T W. Bargar,and G. Nason. 1987. Liposarcoma in a Canada goose

(Branta canadensis). *Avian Dis* 31:918 - 920.

[42] Dukes, T. W. , and J. R. Pettit. 1983. Avian ocular neoplasia - a description of spontaneously occurring cases. *Can J Comp Med* 47:33 - 36.

[43] Effron, M. , L. Griner, and K. Benirschke. 1977. Nature and rate of neoplasia found in captive wild mammals, birds and reptiles at necropsy. *J Natl Cancer Inst* 59: 185 - 198.

[44] Fallavena, L. C. B. , N. C. Rodrigues, W. Scheufler, N. R. S. Martins, A. C. Brage, C. T. P. Salle, and H. L. S. Moraes. 1993. Atypical fowl pox in broiler chickens in southern Brazil. *Vet Rec* 132:635.

[45] Fallavena, L. C. B. , N. C. Rodrigues, H. L. S. Salle, A. B. da Silva, V. P. Nascimento, and O. Rodrigues. 1997. Squamous cell carcinoma-like and pox lesions occurring simuitaneously in chorioallantoic membranes of chicken embryos inoculated with materials from squamous cell carcinoma and pox lesions in broiler chickens. *Avian Dis* 41:469 - 471.

[46] Fallavena, L. C. B. , H. L. S. Moraes, C. T. P. Salle, A. B. da Silva, R. S. Vargas, V. P. do Nascimento, and C. W. Canal. 2000. Diagnosis of skin lesions in condemned or downgraded broiler carcassesa microscopic and macroscopic study. *Avian Pathol* 29:557 - 562.

[47] Feldman, W. H. 1936. Thymoma in a chicken (Gallus domesticus). *Am J Cancer* 26:576 - 580.

[48] Feldman, W. H. and C. Olson. 1965. Neoplastic diseases of the chicken. In H. E. Biester and L. H. Schwarte (eds.). Diseases of Poultry, 5th ed. Iowa State University Press, Ames, IA, 863 - 924.

[49] Fell, H. B. 1923. Histologic studies on the gonads of the fowl. I . The histological basis of sex reversal. *Br J Exp Biol* 1:97 - 129.

[50] Frankenhuis, M. T. 1987. Sex reversal in poultry. *Poultry (Misset)* 32:46 - 47.

[51] Fredrickson, T. N. 1987. Ovarian tumors of the hen. *Environ Health Perspect* 73:35 - 51.

[52] Fredrickson, T. N. and C. F. Helmboldt. 1991. Tumors of unknown etiology. In B. W. Calnek, H. J. Barnes, C. W. Beard, W. M. Reid, and H. W. Yoder Jr. (eds.). Diseases of Poultry, 9th ed. Iowa State University Press, Ames, IA, 459 - 470.

[53] Ganorkar, A. G. and N. V. Kurkure. 1998. Bilateral seminoma in a duck (Anas platyrhynchos). *Avian Pathol* 27: 644 - 645.

[54] Gentle, M. J. 1986. Neuroma formation following partial beak amputation (beak trimming) in the chicken. *Res Vet*

Sci 41:383 - 85.

[55] Gentle, M. J. and L. H. Hunter. 1988. Neural consequences of partial toe amputation in chickens. *Res Vet Sci* 45:374 - 376.

[56] Gentle, M. J. , B. H. Thorp, and B. O. Hughes. 1995. Anatomical consequences of partial beak amputation (beak trimming) in turkeys. *Res Vet Sci* 58:158 - 162.

[57] Gilbert, A. B. 1979. Female genital organs. In A. S. King and J. M, McLelland (eds.). Form and Function in Birds, vol. 1. Academic Press, London, United Kingdom, 237 - 360.

[58] Gilger, B. C. , S. A. McLaughlin, and P. Smith. 1995. Uveal malignant melanoma in a duck. *J Am Vet Med Assn* 206:1580 - 1582.

[59] Gimeno, I. M. , R. L. Witter, A. M. Fadly, and R. F. Silva. 2005. Novel criteria for the diagnosis of Marekk's disease virus - induced lymphomas. *Avian Pathol* 34: 332 -340.

[60] Goodchild, W. M. 1969. Adenocarcinoma of the oviduct in laying hens. *Vet Rec* 84:122.

[61] Goodwin, M. and E. D. McGee. 1993. Herpes - like virus associated with a cloacal papilloma in an orange - fronted conure (Aratinga canicularis), *J Assoc Avian Vet* 7:23 - 25.

[62] Gorham, S. L. and M. A. Ottinger. 1986. Sertoli cell tumors in Japanese quail. *Avian Dis* 30:337 -339.

[63] Goss, L. J. 1940. The incidence and classification of avian tumors. *Cornell Vet* 30:75 - 88.

[64] Gould, W. J. , P. H. O'Connell, H. L. Shivaprasad, A. E. Yeager, and K. A. Schat. 1993. Detection of retrovirus sequences in budgerigars with tumours. *Avian Pathol* 22: 33 - 45.

[65] Griner, L. A. , G. Migaki, L. R. Penner, and A. E. McKee Jr. 1977. Heterakidosis and nodular granulomas caused by Heterakis isolonche in the ceca of gallinaceous birds. *Vet Pathol* 14:582 - 590.

[66] Guerin, M. 1954. Tumeurs spontanees de la poule. In Tumeurs Spontanees des Animaux de Laboratoire. Legrand, Paris, France, 153 - 180.

[67] Guillet, G. , J. Borredon, and M. F. Duboseq. 1987. Prevalence of warts on hands of poultry slaughterers, and poultry warts. *Arch Dermatol* 123:718 -719.

[68] Gupta, B. N. and R. F. Langham. 1968. Arrhenoblastoma in an Indian Desi hen. *Avian Dis* 12:441 -444.

[69] Guthrie, J. 1967. Specificity of the metallic ion in the experimental induction of teratomas in fowl. *Br J Cancer* 21:619 - 622.

[70] Hafner, S. and K. Latimer. 1997. Cutaneous mast cell tumours with pulmonary metastasis in a hen. *Avian Pathol* 26:657 - 663.

[71] Hahn, K. A. , M. P. Jones, M. G. Petersen, M. M. Peterson, and M. L. Nolan. 1997. Metastatic pheochromocytoma in a parakeet. *Avian Dis* 41:751 -754.

[72] Haritani, M. , H. Kajigaya, T. Akashi, M. Kamemura, N. Tanahara, M. Umeda, M. Sugiyama, M. Isoda, and C. Kato. 1984. A study on the origin of adenocarcinoma in fowls using immunohistological technique. *Avian Dis* 28: 1130 - 1134.

[73] Hartig, F. and K. Frese. 1973. Tumorformige Tauben und Kanaienpocken. *Zbl Vet Med* (B) 20:153 -160.

[74] Hartley, W. J. and R. L. Reece. 1997. Nervous diseases of Australian native and aviary birds. *Aust Vet Practit* 27:91 - 96.

[75] Hasholt, J. 1966. Diseases of the female reproductive organs of pet birds. *J Small Anim Pract* 7:313 - 320.

[76] Helmboldt, C. F. , G. Migaki, K. A. Langheinrich, and R. M. Jakowski. 1974. Teratoma in domestic fowl (Gallus gallus). *Avian Dis* 18:142 - 148.

[77] Hodges, R. D. 1974. The female reproductive tract. In R. D. Hodges (ed.), The Histology of the Fowl. Academic Press, New York, 326 - 387.

[78] Hubbard, G. B. , R. E. Schmidt, and K. C. Fletcher. 1983. Neoplasia in zoo animals. *J Zoo Anim Med* 14:33 -40.

[79] Ijzer, J. , G. M. Dorrestein, and M. H. van der Hage. 2002. Metastatic subcutaneous sarcoma and abdominal carcinoma in a peach-faced lovebird (Agapornis roseicollis). *Avian Pathol* 31:101 - 104.

[80] Ilchmann, G. and V. Bergmann. 1975. Histologische und elektro nenmikroskopische Untersuchungen zu Adenokarzinomatose der Legehennen. *Arch Exp Veterinaermed* 29:897 - 907.

[81] Jackson, C. 1936. The incidence and pathology of tumors of domesticated animals in South Africa. *Onderstepoort J Vet Res* 6:1 - 460.

[82] Jackson, C. 1954. Gliomas of the domestic fowl: Their pathology with special reference to histogenesis; and pathogenesis and their relationship to other diseases. *Onderstepoort J Vet Res* 26:501 - 592.

[83] Jungherr, E. L. and A. Wolf. 1939. Gliomas in animals. A report of two astrocytomas in the common fowl. *Am J Cancer* 37:493 - 509.

[84] Kajigaya, H. , M. Kamemura, N. Tanahara, A. Ohta, H. Suzuki, M. Sugiyama, and M. Isoda. 1987. The influence of celomic membranes and a tunnel between celomic cavi-

ties on cancer metastasis in poultry. *Avian Dis* 31:176 - 186.

[85] Kawaguchi, T. , K. Nomura, Y. Hirayama, and T. Kitagawa. 1987. Establishment and characterization of a chicken hepatocellular carcinoma cell line, LMH. *Cancer Res* 47: 4460 - 4464.

[86] Kelley, K. C. , R. J. Ulshafer, and E. A. Ellis. 1987. Intraocular ossification in the rd chicken. *Avian Pathol* 16: 189 - 197.

[87] Kelley, L. , J. Hill, S. Hafner, and K. Langheinrich. 1993. Enterogenous cysts in chickens. *Vet Pathol* 30:376 -378.

[88] Krogh, G. 1953. Two cases of rhabdomyosarcoma in chickens. *Nord Vet Med* 5:232 - 236.

[89] Kusewitt, D. F. , R. L. Reece, and K. B. Miska. 1997. S - 100 immunoreactivity in melanomas of two marsupials, a bird, and a reptile. *Vet Pathol* 43:615 - 618.

[90] Latimer, K. S. 1994. Oncology. In Avian Medicine: Principles and Applications. B. W. Ritchie, G. J. Harrison and L. R. Harrison (eds.). Wingers Publications, Lakeworth, FL, 640 - 668.

[91] Latimer, K. S. and P. M. Rakich. 1995. Subcutaneous and hepatic myelolipoma in four exotic birds. *Vet Pathol* 32: 84 - 87.

[92] Leach, M. W. , J. Paul-Murphy, and L. J. Lowenstine. 1989. Three cases of gastric neoplasia in psittacines. *Avian Dis* 33:204 - 210.

[93] Lesbouyries, C. 1941. Les processus tumoraux. In La Pathologie des Oiseaux. Vigot, Paris, France, 143 -179.

[94] Ling, Y. S. and Y. Q. Guo. 1985. Pathological study of spontaneous mesothelioma in ducks. *Chin J Vet Sci Technol* 9:15 - 16.

[95] Ling, Y. S. , Y. J. Guo, and L. K. Yang. 1993. Pathological observations of hepatic tumours in ducks. *Avian Pathol* 22:131 - 140.

[96] Lombard, L. S. and E. J. Witte. 1959. Frequency and types of tumors in mammals and birds of the Philadelphia Zoological Garden. *Cancer Res* 19:127 - 141.

[97] Loupal, G. 1984. Leukosen bei Zoo - und Wildvogeln. *Avian Pathol* 13:703 - 714.

[98] Loupal, G. and M. Reifinger. 1986. Tumoren bei Zoo -, Zier - und Wildvogeln. Eine Ubersicht uber 25 Jahre (1960 - 1984). *J Vet Med A* 33:180 - 192.

[99] Maeda, H. , K. Ozaki, S. Fukui, and Ｉ. Narama. 1994. Thymoma in a Java sparrow (Padda oryzivora). *Avian Pathol* 23:353 - 357.

[100] Mawdesley-Thomas, L. E. and D. H. Solden. 1967. Osteogenic sarcoma in a domestic goose (Anser anser). A-

vian Dis 11:365 - 370.

[101]Mohiddin, S. M. and K. Ramakrishna. 1972. Liposarcoma in a fowl. *Avian Dis* 16:680 - 684.

[102]Montali, R. J. 1980. An overview of tumors in zoo animals. In R. J. Montali and G. Migaki (eds.). Comparative Pathology of Zoo Animals. Smithsonian Institution, Washington, DC, 531 - 542.

[103]Neumann, U. and N. Kummerfeld. 1983. Neoplasms in budgerigars (Melopsittacus undulatus): Clinical, pathomorphological and serological findings with special consideration of kidney tumours. *Avian Pathol* 12: 353 - 362.

[104]Nobel, T. A. , F. Neumann, and M. S. Dison. 1964. A histological study of peritoneal carcinomatosis in the laying hen. *Avian Dis* 8:513 - 522.

[105]Okoye, J. O. A. and C. C. Ilochi. 1993. Pancreatic adenocarcinoma in Guinea fowl. *Avian Pathol* 22:401 - 406.

[106]Olson, C. and K. L. Bullis. 1942. A survey of spontaneous neoplastic diseases in chickens. *Massachusetts Agric Exp Stat Bull* 391, 1 - 25.

[107]Ottinger, M. A. , E. Adkins-Regan, J. Buntin, M. F. Cheng, T. de Voogd, C. Harding, and H. Opel. 1984. Hormonal mediation of reproductive behaviour. *J Exp Zool* 232:605 - 616.

[108]Pass, D. A. 1989. The pathology of the avian integument: A review. *Avian Pathol* 18:1 - 72.

[109]Pathmanathan, R. , U. Prasad, G. Chandrika, R. Sadler, K. Flynn, and N. Raab-Traub. 1995. Undifferentiated, nonkeratinizing, and squamous cell carcinoma of the nasopharynx: variants of EpsteinBarr virus-infected neoplasia. *Am J Path* 146:1355 - 1367.

[110]Patnaik, A. K. 1993. Histologic and immunohistochemical studies of granular cell tumors in seven dogs, three cats, one horse and one bird. *Vet Pathol* 30:176 - 185.

[111]Payne, L. N. , A. M. Gillespie, and K. Howse. 1992. Myeloid leukaeomogenicity and transmission of the HPRS-103 strain of avian leukosis virus. *Leukaemia* 6:1167 - 1176.

[112]Porter, T. E. , B. M. Hargis, J. L. Silsby, and M. E. El-Halawani. 1989. Differential steroid production between theca interna and theca externa cells: A three cell model for follicular steroidogenesis in avian species. *Endocrinology* 125:109 - 116.

[113]Potter, K. , T. Connor, and A. M. Gallina. 1983. Cholangiocarcinoma in a yellow-faced Amazon parrot (Amazona xanthops). *Avian Dis* 27:556 - 558.

[114]Priester, W. A. 1975. Esophageal cancer in North China; high rates in human and poultry populations in the same areas. *Avian Dis* 19:213 - 215.

[115]Purvulov, B. and S. Bozhkov. 1984. Pathology of some spontaneous neoplasms of fowls. *Obshch i Stravnitelna Patologiya* 16:55 - 58.

[116]Quist, C. F. , K. S. Latimer, S. L. Goldade, A. Rivera, and F. J. Dein. 1999. Granular cell tumour in an endangered Puerto Rican Amazon parrot (Amazon vittata). *Avian Pathol* 28:345 - 348.

[117]Randall, C. J. 1992. Personal communication.

[118]Ratcliffe, H. L. 1933. Incidence and nature of tumors in captive wild mammals and birds. *Am J Cancer* 17:116 - 135.

[119]Reece, R. L. 1992. Observations on naturally occurring neoplasms in birds in the state of Victoria, Australia. *Avian Pathol* 21:3 - 32.

[120]Reece, R. L. 1995. Unpublished observations.

[121]Reece, R. L. 1996. Some observations on naturally occurring neoplasms in domestic fowl in the state of Victoria, Australia. *Avian Pathol* 25:407 - 447.

[122]Reece, R. L. 2001. Unpublished observations.

[123]Reece, R. L. and S. A. Lister. 1993. An abdominal teratoma in a domestic goose (Anseriformes, Anser anser domesticus). *Avian Pathol* 22:193 - 196.

[124]Rigdon, R. H. 1961. Pulmonary neoplasms produced by methyl cholanthrene in the white Pekin duck. *Cancer Res* 21:571 - 574.

[125]Rigdon, R. H. 1972. Tumors in the duck (Family Anatidae): A review. *J Natl Cancer Inst* 49:467 -476.

[126]Sanger, V. L. and A. Lagace. 1966. Avian xanthomatosis. Etiology and pathogenesis. *Avian Dis* 10:103 - 113.

[127]Sasipreeyajan, J. , J. A. Newman, and P. A. Brown. 1988. Leiomyosarcoma in a budgerigar (Melopsittacus undulatus). *Avian Dis* 32:163 -165.

[128]Saunders, N. C. and G. K. Saunders. 1991. Malignant melanoma in a budgerigar (Melopsittacus undulatus). *Avian Dis* 35:999 - 1000.

[129]Schlumberger, H. G. 1956. Neoplasia in the parakeet. I. Spontaneous chromophobe pituitary tumors. *Cancer Res* 14:237 - 245.

[130]Schmidt, R. E. , D. R. Reavill, and D. N. Phalen. 2003. Integument. In R. E. Schmidt, D. R. Reavill, and D. N. Phalen (eds.). Pathology of Pet and Aviary Birds. Iowa State Press, Iowa. 190 - 193.

[131]She, R. P. 1987. Epidemiology and pathology of oropharyngoesophageal carcinoma in chickens from different areas in Zhongxian county, Hubei province. *Acta Vet*

Zootech Sinica 18:195 - 200.

[132]Siegfried, L. M. 1983. Neoplasms identified in free - flying birds. *Avian Dis* 27:86 - 99.

[133]Siller, W. G. 1956. A Sertoli cell tumour causing feminization in a brown leghorn capon. *J Endocrinol* 14:197 - 203.

[134]Sokkar, S. M. , M. A. Mohammed, A. J. Zubaidy, and A. Mutalib. 1979. Study of some non-leukotic avian neoplasms. *Avian Pathol* 8:69 - 75.

[135]Sriraman, P. K. , S. R. Ahmed, N. R. G. Naidu, and P. R. Rao. 1981. Neoplasia in chickens and ducks. *Indian J Poult Sci* 16:436 - 437.

[136]Steinberg, H. 1988. Leiomyosarcoma of the jejunum in a budgerigar. *Avian Dis* 32:166 - 168.

[137]Stewart, H. L. 1966. Pulmonary cancer and adenomatosis in captive wild mammals and birds from the Philadelphia Zoo. *J Natl Cancer Inst* 36:117 - 138.

[138]Styles, D. K. , E. K. Tomaszewski, and D. N. Phalen. 2003. Psittacid herpesvirus and the link to mucosal papillomas and bile duct carcinomas in neotropical psittacine birds. *Proc Ann Conf Assoc Avian Vet* ,3 - 6.

[139]Styles, D. K. , E. K. Tomaszewski, L. A. Jaeger, and D. N. Phalen. 2004. Psittacid herpesvirus associated with mucosal papillomas in neotropical parrots. *Virology* 325:24 - 35.

[140]Suchy, A. , H. Weissenbock, and P. Schmidt. 1999. Intracranial tumours in budgerigars. *Avian Pathol* 28:125 -130.

[141] Sugiyama, M. , H. Yamashina, T. Kanbara, H. Kajigaya, K. Konagaya, M. Umeda, M. Isoda, and T. Sakai. 1987. Dermal squamous cell carcinoma in a laying hen. *J pn J Vet Sci* 49:1129 - 1130.

[142]Sugimura, M. , M. Miura, J. Suzuki, andY. Atoji. 1989. S - 100 immunoreactive cells in non-nervous duck tissues. *Avian Pathol* 18:503 - 510.

[143]Swarbrick, O. , J. G. Campbell, and D. M. Berry. 1968. An outbreak of oviduct adenocarcinoma in laying hens. *Vet Rec* 82:57 - 59.

[144]Swayne, D. E. , G. N. Rowland, and O. J. Fletcher. 1986. Pinealoma in a broiler breeder. *Avian Dis* 30:853 - 855.

[145]Talebi, A. , J. D. Collins, and K. Dodd. 1993. An investigation of nodular lesions found in Irish poultry during veterinary inspection at poultry meat plants. *Avian Pathol* 22:715 - 724.

[146]Tell, L. A. , L. Woods, and K. G. Mathews. 1997. Basal cell carcinoma in a blue - fronted Amazon parrot (Amazona aestiva). *Avian Dis* 41:755 - 759.

[147]Turk, J. R. , A. L. Forar, and A. M. Gallina. 1980. Intestinal adencarcinoma in a chicken. *Avian Dis* 24:507 - 509.

[148]Vickers, M. C. , W. J. Hartley, R. W. Mason, J. P. Dubey, and L. Schollam. 1992. Blindness associated with toxoplasmosis in canaries. *J Am Vet Med Assoc* 200:1723 - 1725.

[149]Wadsworth, P. F. , S. K. Majeed, W. M. Brancker, and D. M. Jones. 1978. Some hepatic neoplasms in non -domesticated birds. *Avian Pathol* 7:551 -555.

[150]Wadsworth, P. F. , D. M. Jones, and S. L. Pugsley. 1981. Some cases of lymphoid leukosis in captive wild birds. *Avian Pathol* 10:499 - 504.

[151]Walser, M. M. , and P. S. Paul. 1979. Ovarian adenocarcinomas in domestic turkeys. *Avian Pathol* 8:335 -339.

[152]Warner, N. E. , N. B. Friedman, E. J. Bomze, and F. Masin. 1960. Comparative pathology of experimental and spontaneous androblastomas and gynoblastomas of the gonads. *Am J Obstet Gynecol* 79:971 - 988.

[153]Webster, W. S. , B. C. Bullock, and R. W. Prichard. 1969. A report of three bile duct carcinomas occurring in. pigeons. *J Am Vet Med Assoc* 155:1200 - 1205.

[154]Weissengruber, G. and G. Loupal. 1999. Osteochondroma of the tracheal wall in a Fischer's lovebird (Agapornis fischeri, Reichenow 1887). *Avian Dis* 43:155 - 159.

[155]Wight, P. A. L. 1962. Gonadal maldevelopment in a flock of Rhode Island red fowls. *J Endocrinol* 23:341 - 349.

[156]Wight, P. A. L. 1965. Neoplastic sequelae of gonadal maldevelopment in a flock of domestic fowls. *Avian Dis* 9:327 - 335.

[157]Wight, P. A. L. and J. G. Campbell. 1976. Three unusual intracranial tumours of the domesticated fowl. *Avian Pathol* 5:201 - 214.

[158]Wight, P. A. L. and R. H. Duff. 1964. The histopathology of epizootic gliosis and astrocytomata of the domestic fowl. *J Comp Pathol* 74:373 - 380.

[159]Wight, P. A. L. and D. W. F. Shannon. 1985. The morphology of the thyroid glands of quails and fowls maintained on diets containing rapeseed. *Avian Pathol* 14:383 - 399.

[160]Wilson, R. B. , M. A. Holscher, J. R. Fullerton, and M. D. Johnson. 1988. Pineoblastoma in a cockatiel. *Avian Dis* 32:591 - 593.

[161]Wojcinski, Z. W. , H. S. J. Wojcinski, I. K. Barker, and N. W. King Jr. 1991. Cutaneous herpesvirus infection in a mallard duck (Anas platyrhynchos). *J Wildl Dis* 27:

129 - 134.

[162]Worms, G. and H. P. Klotz. 1934. Constrution l'etude des tumeurs thymiques. Apropos d'un cas d'epitheliome thymique chez un canard. *Bull Assoc Fr Etude Cancer* 23:420 - 432.

[163]Yokosuka, O. , M. Omata, Y. Z. Zhou, F. Imazeki, and K. Okuda. 1985. Duck hepatitis B virus DNA in liver and serum of Chinese ducks: Integration of viral DNA

in a hepatocellular carcinoma. *Proc Natl Acad Sci USA* 82:5180 - 5184.

[164]Zhang, J. L. , F. C. Liang, and Y. J. Chen. 1985. Primary pulmonary tumours in Pekin ducks: Pathological analysis of 16 cases. *Chin J Vet Sci Tech* 4:32 - 33.

[165]Zubaidy, A. J. 1980. An epithelial thymoma in a budgerigar (Melopsittacus undulatus). *Avian Pathol* 9:575 -581.

II 细菌性疾病
Bacterial Diseases

第 16 章

沙门氏菌感染
Salmonella Infection

引言

Richard K Gast

沙门氏菌感染可引起禽类各种各样的急性和慢性疾病。这些疾病在许多国家引起了重大的经济损失，其他国家在检测和控制该类疾病方面也投入了大量资金。感染禽也是经食物链传染给人的一个重要宿主。由于人们对食物安全的重视，家禽生产业主面临着来自公共卫生机构、行政官员及消费者日益加强的压力。从家禽及家禽产品中分离到沙门氏菌比从其他动物中分离到该菌的报道要多得多，其原因不仅是因为禽类沙门氏菌感染比较流行，同时也因为鸡和火鸡的商业化饲养规模扩大，许多国家对被感染禽和禽产品积极实施有效的检测计划。随着全世界现代家禽养殖规模的扩大，沙门氏菌的传播更加复杂。

沙门氏菌属（属于肠杆菌科），这一名称是为了纪念美国农业部（USDA）已故兽医细菌学家 Daniel E. Salmon（1850—1914）而命名的，该属包括 2 500 多个不同的血清型。这些血清型通常根据最初分离所在地而命名。尽管最新的细菌分类方法，将所有的禽类沙门氏菌归为一个单独的基因型——沙门氏菌型，不同血清型的流行病学仍存在很大差异。因此，沙门氏菌分离株仍然主要根据传统的血清型命名法而定名。

家禽沙门氏菌感染可分为 3 种类型，在本章中分开叙述。第一部分讨论鸡白痢沙门氏菌（*S. pullorum*）和鸡伤寒沙门氏菌（*S. gallinarum*）对家禽的感染，这两种菌对家禽具有宿主特异性。

鸡白痢沙门氏菌可引起雏鸡和雏火鸡的白痢，这是一种急性全身性疾病。禽伤寒是由鸡伤寒沙门氏菌引起的一种急性或慢性败血病，主要危害成年鸡。这两种疾病曾给养禽业造成严重的经济损失，现在已颁布了对这些疾病进行大规模检疫和净化的程序。

本章的第二部分讨论由多种具有运动性的沙门氏菌血清型引起的感染，这些细菌被总体称为副伤寒沙门氏菌，在野生和家养动物中广泛存在，主要引起人类食品源性疾病。虽然家禽副伤寒感染非常普遍，但家禽很少发生急性全身性疾病（在应激条件下的高度易感雏除外）。鸡和火鸡的副伤寒感染的特征是细菌在肠道无症状性定植，有时持续至屠宰，导致加工的胴体污染。有些血清型，特别是肠炎沙门氏菌（*S. enteritidis*）可以在洁净完好的鸡胚中存在。食品加工不当时，可因沙门氏菌的繁殖而引起人发生严重的胃肠道疾病。由于禽群副伤寒沙门氏菌的潜在传染源很多，相对于禽类专嗜性沙门氏菌的控制措施而言，对这些细菌的控制措施应相应地拓宽。

本章第三部分讨论由不同的具有运动性的亚利桑那沙门氏菌（*S. arizonae*）亚属引起的感染。这群细菌，尽管生化特性不同，该菌引起的感染在临床上与其他副伤寒沙门氏菌感染难于区分。近年来亚利桑那沙门氏菌在幼龄火鸡中造成了严重的经济损失。

徐　琪　刘金华　译

吴培福　苏敬良　校

鸡白痢和禽伤寒

Pullorum Disease and Fowl Typhoid

H. L. Shivaprasad 和 P. A. Barrow

引　言

鸡白痢和禽伤寒在历史、临床症状、流行病学、病理变化、控制及消灭措施等方面有许多相似之处，但两种疾病又有一定的差异，是由两种不同的细菌（分别是鸡白痢沙门氏菌和鸡伤寒沙门氏菌）引起。最近，这两种细菌被归为一个种，即肠道沙门氏菌肠道亚种鸡伤寒—白痢血清型（*S. enterica* subsp. *enterica* serovar Gallinarum - Pullorum）。但是，它们是一个或是不同的血清型尚有争议。

鸡白痢（PD）和禽伤寒（FT）主要引起鸡和火鸡的败血病，其他禽类，如鹌鹑、雉、鸭、孔雀、珍珠鸡也易感。两种疾病都可通过种蛋垂直传播。肠道沙门氏菌肠道亚种伤寒—白痢血清型具有高度宿主适应特性，除鸡和火鸡外，很少引起其他宿主明显的临床症状、发病与死亡。

定义和同义名

在 1929 年以前，鸡白痢曾被称为"杆菌性白痢"（Bacillary white diarrhea），在此以后，鸡白痢这一名称得以广泛认可。

经济意义

美国在 20 世纪中期，鸡白痢和禽伤寒在商业鸡群中得以净化主要得益于鸡白痢和禽伤寒的控制措施——全国家禽改良计划（NPIP），该计划由一自愿组织制定[10]。虽然在商品鸡群中很少有鸡白痢，但在庭院散养鸡中仍然有该病的发生[9,56,142,167]。在以往 20 年中，鸡白痢的花费主要是种鸡和种火鸡群检测，以确保无该病感染。有些国家近年来才开始集约化养殖，需要进行集约化育种，禽舍环境污染难于控制，所以这两种疾病仍对这些国家造成巨大的经济损失。

公共卫生意义

人类感染鸡白痢偶有发生，这是因为食入大量污染的食物或试验性攻菌[110,115]。临床表现为突发急性胃肠炎，未经治疗而快速康复。鸡伤寒沙门氏菌很少能在人体中分离到，公共卫生意义不大[9,124]。据美国疾病预防控制中心报道[8]，在1982—1992 年，自人体分离的 458 081 株沙门氏菌分离物中，有 18 株鸡白痢沙门氏菌和 8 株鸡伤寒沙门氏菌。用 4 株鸡白痢沙门氏菌大剂量（数亿个）感染人，只产生一过性临床症状，很快便康复[115]。

历　史

本部分主要叙述两种疾病的主要特性。关于这两种疾病详细的历史资料可在该书的以往版本和Bullis 关于本病的历史综述中[39]查阅到。

1899 年，Rettger 对鸡白痢的病原作了描述，该病被称为雏鸡致死性败血症[128]。后来，为了与雏鸡的其他疾病相区别，该病又被称为杆菌性白痢[129]。那时本病在美国和许多其他国家都普遍存在。该病可使雏鸡的死亡率高达 100%[130]，对育雏业形成了严重威胁。在 1900—1910 年，本病被证实可经蛋传播。1913 年，报告了一种实用的常量试管凝集试验可检出本病的带菌者[86]。北美动物疾病研究工作者会议制定出了对场院禽白痢诊断的标准方法，后来在 1932 年被美国畜牧协会，现称为美国动物健康协会（USAHA）所采用[5,6]。1931 年，又研制出一种改良的全血凝集试验，采用染色抗原[115]，由于该方法简便而被广泛应用。

全国家禽改良计划由州级机构和美国农业部合作制定，并于 1935 年起实施，其中包含有关鸡白痢的控制部分。1928 年，首次发现火鸡发生鸡白痢[74]，到 1940 年，火鸡已普遍存在本病，并导致了严重的经济损失。1943 年，颁布了一个类似于全国家禽改良计划的全国火鸡改良计划。这些计划通过数年不断的改进与实施，有力推动了商业鸡场中鸡白痢的净化。

1888 年，首次发现禽伤寒，早于鸡白痢的发现时间[91]，该病与鸡白痢非常相似。最初该病病原命名为禽伤寒杆菌（*Bacillus gallinarum*），后来改名为血液杆菌（*B. sanguinarium*），再后来改名为鸡伤寒沙门氏菌（*S. gallinarum*）[91]。1902年，采用禽伤寒这一名称。不久在世界上其他地区，如德国、荷兰也使用该名称。1954年，禽伤寒的控制规程被列入全国家禽改良计划，因而禽伤寒的处理方案与鸡白痢的方案相同，也使得禽伤寒在鸡场中基本上得以净化，鸡群发病率降低，这是一个主要原因。

禽伤寒和鸡白痢的控制和发病率降低被认为是19世纪80年代肠炎沙门氏菌突发的原因之一，这种说法是否正确有待考证。

病　原　学

分类

鸡白痢和禽伤寒分别由鸡白痢沙门氏菌和鸡伤寒沙门氏菌引起。然而，这两种细菌被列为肠杆菌科一个单独的种，即肠道沙门氏菌肠道亚种伤寒—白痢血清型（*S. enterica. subsp. enterlca* Serovar Pullorum-Gallinarum），具有高度宿主适应性，是沙门氏菌属中少数几个不能运动的成员之一。按照 Kauffman White 体系，属于 D 血清群。鸡白痢和禽伤寒的病原学分类曾经很混乱，前几年将鸡白痢沙门氏菌和鸡伤寒沙门氏菌两个不同种归为一个种。《伯杰氏手册》中曾经用鸡伤寒沙门氏菌命名鸡白痢和禽伤寒的病原，最近，已统一使用鸡白痢—伤寒沙门氏菌（*S. Gallinarum* and *S. pullorum*）。由于生化特性和流行病学的区别，在一些分类体系中，鸡白痢和禽伤寒的病原的血清型不同，分别为肠道沙门氏菌肠道亚种鸡白痢血清型和肠道沙门氏菌肠道亚种伤寒血清型，以及肠道沙门氏菌禽伤寒血清型禽伤寒生物型和鸡白痢生物型。为方便起见，在本章节中鸡白痢的病原称为鸡白痢沙门氏菌，禽伤寒的病原称为鸡伤寒沙门氏菌。

据报道，无运动性的沙门氏菌，如鸡白痢沙门氏菌和鸡伤寒沙门氏菌属于单源种，它们最近的共同祖先无运动性[102]。从这一祖先分化以来，鸡白痢沙门氏菌谱系比鸡伤寒沙门氏菌谱系进化要快得多，这一点通过多位点酶电泳和染色体基因型差异分析得以证明[102]。通过多位点酶电泳技术也证实了具有多源血清型的肠炎沙门氏菌（*S. enteritidis*）与鸡白痢沙门氏菌和鸡伤寒沙门氏菌密切相关[155]。随机扩增 DNA 多态性方法研究发现 19 世纪 80 年代之前的肠炎沙门氏菌分离株与 90 年代分离株也存在遗传差异[52]。近年来对全基因组 DNA 的微阵列比对验证了这项发现[43,125]，而且最近基因组序列的全面分析将继续这项比对工作。据推测，这些血清型中的染色体重排与宿主适应有关[103,184]。两种类群也存在一些差异，鸡白痢菌株存在呼吸系统型 Tor 基因缺失，伤寒菌株存在菌毛 *std* 基因和趋化基因的缺失[125]，甚至发现了更不寻常的存在大量缺失的菌株。

可通过 PCR 扩增局部基因组序列来鉴别鸡白痢沙门氏菌和鸡伤寒沙门氏菌，如 *rfbS*[140] 和 *glgC*[111] 基因。

形态和染色

本菌革兰氏染色阴性、不形成芽孢、兼性厌氧。呈细长杆菌（0.3～1.5mm×1.0～2.5mm），多单个存在，偶见两个或多个连在一起。鸡白痢沙门氏菌和鸡伤寒沙门氏菌无运动性。然而，在特殊的固体培养基上，鸡白痢沙门氏菌可产生鞭毛，表现运动性[45,68,77]。可是其他研究者在 Hektoen 琼脂培养基上，未诱导出鸡白痢沙门氏菌的运动性[44]。

生长需要

鸡白痢沙门氏菌和鸡伤寒沙门氏菌在牛肉琼脂或肉汤或其他营养培养基上生长良好。需氧或兼性厌氧，最适温度为 37℃。两种细菌可在选择性富营养培养基上，如硒酸盐-F 和四磺酸钠肉汤，以及鉴别培养基，如麦康凯琼脂、亚硫酸铋琼脂和亮绿琼脂上生长。据报道，鸡白痢沙门氏菌有时在选择培养基，如亮绿琼脂或沙门-志贺氏琼脂上不生长，但在亚硫酸铋琼脂和麦康凯琼脂上生长良好[41]。鸡白痢沙门氏菌的生长速度比鸡伤寒沙门氏菌似乎慢一些，这是因为它不能氧化利用多种氨基酸的缘故[156]。

菌落形态

鸡白痢沙门氏菌和鸡伤寒沙门氏菌在肉汤提取

或肉浸液琼脂培养基（pH 7.0～7.2）上的菌落形态小、离散、平滑、蓝灰色或灰白色、有光泽、均一和完整。在肝浸液琼脂上，鸡白痢沙门氏菌和鸡伤寒沙门氏菌生长旺盛，呈明显的半透明状。菌落大小仍然很小（1 毫米或更小），但分散的菌落直径可能有 3～4mm 或更大。随着菌落的增大和培养时间的延长，菌落表面可出现纹状。一般情况下，大量接种平板上的幼龄菌落不会随培养时间的延长而有多大改变。偶尔也会遇到形态异常的菌株。明胶斜面接种，沿穿刺线生长，呈灰白色丝状，且不液化明胶。在肉汤中生长表现浑浊，并有大量絮状沉淀。

生化特性

鸡白痢沙门氏菌和鸡伤寒沙门氏菌在生化特性方面的相同点多于不同点[33,50,163]。两种细菌都可发酵阿拉伯糖、葡萄糖、半乳糖、甘露醇、甘露糖、鼠李糖和木糖，产酸，产气或不产气。不发酵的物质包括乳糖，蔗糖和水杨素。两种细菌生化特征的重要区别是鸡伤寒沙门氏菌发酵卫矛醇而鸡白痢沙门氏菌则不发酵，而且鸡白痢沙门氏菌只是偶尔发酵麦芽糖。两种细菌的主要区别是鸡白痢沙门氏菌培养物可迅速使鸟氨酸脱羧，而鸡伤寒沙门氏菌则不然。此外，鸡伤寒沙门氏菌可利用枸橼酸盐，D（2）-山梨糖醇、L（2）-岩藻糖、D（2）-酒石酸盐、明胶和盐酸半胱氨酸明胶[163]。这些差异有助于两种细菌的鉴别，但是，有些菌株有时也会出现变异，特别是在有无气体产生上。

利用限制性内切酶 *EcoR* I 进行核糖体分型是区分鸡白痢沙门氏菌和鸡伤寒沙门氏菌的一个重要手段[49]。另外，全菌的脂肪酸甲酯构象也有助于鸡白痢沙门氏菌和鸡伤寒沙门氏菌分离和鉴定[133]。最近的研究表明，通过对位相 1 鞭毛蛋白 C 基因（*flic*）的单链构象多态性分析可以鉴别鸡白痢沙门氏菌和鸡伤寒沙门氏菌[98]。

对理化因素的抵抗力

一般来说，这两种细菌与其他副伤寒沙门氏菌的抵抗力大致相同[123,153]。在适宜的环境条件下可存活数年。但对热、化学药物和逆境因素的抵抗力比副伤寒沙门氏菌要差。例如，鸡伤寒沙门氏菌经

60℃ 10min 便可杀死，直接暴露于阳光下数分钟，1∶1000 的石炭酸、1∶20 000 的升汞或 1‰ 的高锰酸钾都可在 3 分钟将其杀死，2‰ 的福尔马林 1min 便可杀死[153]。鸡伤寒沙门氏菌在琼脂平板上传代很快便可能丧失毒力。Orr 和 Moorec[117]研究发现，将鸡伤寒沙门氏菌每天冻融，其活性可保持 43 天。肝脏中的细菌在 −20℃ 条件下可存活 148 天以上，即使在此期间意外解冻过两次。在鸡舍内，病鸡粪便中的鸡伤寒沙门氏菌可存活 10.9 天，而在露天情况下要少活 2 天[148]。

抗原结构

鸡白痢沙门氏菌和鸡伤寒沙门氏菌都含有 O 抗原 1、9 和 12。根据血清学试验，鸡白痢沙门氏菌有 O 抗原 12 的变异，而鸡伤寒沙门氏菌则没有。然而，DNA 指纹图谱分析结果对鸡白痢沙门氏菌有 O 抗原 12 变异提出了怀疑[180]。

采用标准凝集试验检测被一个新菌株感染的子代鸡群时，结果抗体阴性，这是鸡白痢沙门氏菌存在有抗原变异的第一个血清学证据。感染雏鸡的血清可凝集同源菌株抗原，但不凝集标准抗原。研究者对鸡白痢沙门氏菌抗原变异特性进行了广泛的研究[54,55,178,185]。研究表明，鸡白痢沙门氏菌 O 抗原包括 9、12_1、12_2 和 12_3，不同菌株的 12_2 与 12_3 抗原量不同。在标准菌株中含有大量的 12_3，只含有少量的 12_2，而变异菌株的两种抗原的含量刚好相反。为了准确确定一个分离株的抗原型，必须对单个菌落做广泛的研究，有时需多次传代。多数分离物在人工培养基上的连续传代趋于稳定。标准培养物虽经长期人工培养，一般仍有少数菌落以 12_2 抗原占优势。变异型培养物经常是 12_2 和 12_3 抗原的纯态或接近纯态的菌落。中间型菌株的菌落通常是以 12_2 和 12_3 占优势的菌落的混合物，或者很少是一致的，并在单个菌落中含有一定量的 12_2 和 12_3 抗原。菌株在 O1 抗原的含量上也可有所变化。

美国早期有关发生鸡白痢沙门氏菌抗原变异型的报道表明，某些地区的分离株中高达 1/3 是变异型，而到 1950 年，变异型仅占总分离株的 13%[177]，这种变化可能是由于广泛使用多价抗原进行检测之故。

用于鉴别标准型、中间型、变异型鸡白痢沙门氏菌的试验已有报道[174,175]。鸡白痢沙门氏菌的噬

菌体可用于该菌的型别鉴定、流行病学调查和遗传学研究[50,164,165]。

毒力因子

鸡白痢沙门氏菌和鸡伤寒沙门氏菌都属于革兰氏阴性菌，可产生内毒素。遗憾的是，这方面没有深入的研究。鸡白痢沙门氏菌含有一种热稳定毒素，啮齿动物对其敏感，但雏鸡不敏感。同样，鸡伤寒沙门氏菌含有一种可致死兔的毒素[152]。研究表明，给雏鸡静脉注射鸡伤寒沙门氏菌内毒素，雏鸡几小时之内便可出现临床症状[151]，在 24～48h 内大多数临床症状又逐渐消失。275℃或220℃保存鸡伤寒沙门氏菌对其致病力无影响[151]。

鸡伤寒沙门氏菌与大多数病原微生物相似，在人工培养基上很快丧失毒力，可能鸡白痢沙门氏菌亦如此，所以，在测定致病力之前，培养物要不断地在其自然宿主—鸡体内传代。冻干或冻存是保持培养物致病力的最好方法。不同的研究者发现，鸡伤寒沙门氏菌在人工培养基传代后其培养物的毒力存在着广泛的变异。

研究表明，85kb 的质粒对鸡白痢沙门氏菌和鸡伤寒沙门氏菌的毒力起作用[18,21,50,112]。有些鸡伤寒沙门氏菌，除 85kb 的质粒外，还有其他质粒，或者仅有其他质粒，甚至无质粒[4,112]。

在非特异性巨噬细胞侵入过程中，毒力岛 1 编码基因的作用仍不清楚，但在全身性白喉样疾病中，毒力岛 2 对沙门氏菌的毒力、存活和细胞内繁殖有重要作用。已发现其他毒力基因簇，但仍未完全得到鉴定。

沙门氏菌的某些基因与其有效吸附和入侵培养的上皮细胞有关[2]。当这些基因中的某个基因，如 invH 基因发生突变时，有些沙门氏菌（包括禽伤寒沙门氏菌）便失去了对培养细胞的吸附和侵入特性。在一项研究中，尽管鸡白痢沙门氏菌分离株都具有沙门氏菌的侵袭基因 spvB 和 invA，但他们对鸡上皮细胞的侵袭能力有明显的不同[52]。然而，这些细菌和其他沙门氏菌表达的各种菌毛的相对作用没有得到充分研究。在鸡伤寒沙门氏菌的毒力质粒上有 K88 的同源基因 faeH 和 faeI，可影响肠道的侵袭力[132]，且与鼠伤寒沙门氏菌（S. Typhimurium）Pef 菌毛的作用相同。也可产生 Sef 菌毛[127]。

不断报道了沙门氏菌各血清型产生的毒素，其中，溶血素基因[1]被认为是一种调控基因，而非结构毒素基因。

病理生物学及流行病学

发生和分布

鸡白痢和鸡伤寒呈世界范围分布[15,32,36,47,78,79,84,98,104,106,109,112,116,136,145,146,181,186]。在美国，商品鸡场很少有鸡白痢发生，其他国家如加拿大、澳大利亚、日本和西欧可能也是如此。鸡白痢在美国散养的雏鸡中也较少报告[9]。除了 1990～1991 年间美国的商品鸡暴发一次鸡白痢外，最近几年没有暴发[85,134]。这次流行主要发生于覆盖 5 个州（特拉华州，马里兰州、北卡罗来纳州、阿拉巴马州和佛罗里达州）的集约化肉鸡企业。本次疫情涉及 18 个种鸡群和 261 个肉鸡养殖场。

自 1980 年以来，美国商品鸡没有禽伤寒的报道[7,121]。在加拿大和一些欧洲国家，很少发生或没有禽伤寒。但据报道，在墨西哥、中美洲和南美洲、非洲和印度次大陆的养殖场仍有鸡白痢和禽伤寒的报道[16,32,36,84,104,106,109,112,136,145,146]。最近，丹麦和德国因从东欧引进禽而暴发了几次禽伤寒[51]。

自然宿主和实验宿主

鸡是鸡白痢沙门氏菌和禽伤寒沙门氏菌的自然宿主，但在自然条件下，也有火鸡、珍珠鸡、鹌鹑、雉鸡、麻雀、鹦鹉暴发鸡白痢和禽伤寒的报道[120,123,143,153]。另外，金丝雀、红腹灰雀也有鸡白痢的自然暴发，斑尾林鸽、鸵鸟、孔雀也可自然发生禽伤寒。鸭、鹅、鸽对鸡伤寒沙门氏菌的敏感性不同，但目前所研究的大部分品种似乎对该菌有抵抗力。实验感染表明，鸭对鸡白痢沙门氏菌和鸡伤寒沙门氏菌有抵抗力[19,38]。

不同品种的鸡对鸡白痢易感性存在着明显差异[40,138]。轻型鸡，尤其是来航鸡比重型鸡的抵抗力强。根据鸡孵化后头 6 天内体温的高低不同，育成了对鸡白痢易感和不易感的洛岛红、新汉普夏及二者杂交品系[81]。白来杭鸡的近交品系对鸡白痢沙门氏菌和禽伤寒沙门氏菌的抵抗力也有明显差异[35]，其中大部分特性与基因座 SAL1 有关，但也与基因座 TLR4 和 NRAMP1 有关[80,101,107]。似乎母鸡的带菌率比公鸡高，这可能与卵泡局部感染有关。

在自然或实验条件下可感染鸡白痢沙门氏菌的哺乳动物包括猩猩、家兔、豚鼠、龙猫、猪、小猫、狐狸、狗、猪、水貂、奶牛和野鼠。实验感染大鼠于感染后 121 天仍可从其粪便中分离到鸡伤寒沙门氏菌[13]。偶有鸡白痢沙门氏菌引起人沙门氏菌病的报道[8,110,115]。宿主适应性的机理仍不清楚[42]，但主要与巨噬细胞-单核细胞系内的表达明显相关[17]。

宿主易感年龄

鸡白痢的死亡病例通常限于 2～3 周龄的雏鸡。偶尔也有成年鸡急性感染的报道，尤其是产褐壳蛋的鸡。同样，半成熟和成熟火鸡也会因鸡白痢而发生死亡。感染存活的鸡和火鸡，有相当大部分可成为带菌者，有或无病变。

尽管禽伤寒通常被认为是成年禽类的疾病，但仍有雏鸡发生高死亡率的报道[22,25,97,108,183]。1 月龄雏鸡禽伤寒的死亡率可达 26%。1 日龄肉鸡接种 10^4CFU/mL 和 10^8CFU/mL 的鸡伤寒沙门氏菌，11 天后死亡率分别可达 65% 和 100%[183]。鸡白痢、禽伤寒造成的损失始于孵化器，而对于禽伤寒，损失可持续到产蛋期。有些鸡伤寒沙门氏菌对雏鸡引起的病变与鸡白痢很难区分[154]。因此，在自然和实验条件下，雏鸡和雏火鸡对鸡白痢沙门氏菌和鸡伤寒沙门氏菌高度易感，而成年禽对鸡伤寒沙门氏菌较为易感。

传播

与其他细菌性疾病一样，鸡白痢和禽伤寒可通过几种途径传播。受感染的禽（发病禽和携带者）是本病蔓延与传播的最重要方式。感染禽不仅将疾病通过水平传播传给同代禽，而且还经蛋传给下一代。经卵传播可能是排卵污染造成的，但排卵之前，卵泡中既已存在的鸡白痢沙门氏菌和鸡伤寒沙门氏菌可能是垂直传播的主要方式[22,25]。两种菌在垂直传播过程中的相对作用仍不清楚，鸡白痢沙门氏菌很容易造成持续感染，并经卵传播[31]，但鸡伤寒沙门氏菌不易发生这种情况，水平传播可能是

该高毒力菌株的重要传播方式，且实验感染时，因实验宿主遗传背景不同，要么导致导致临床症状和死亡，要么不发生感染。垂直传播受卵黄抗体水平的影响[169]。鸡白痢沙门氏菌的母源抗体对防止感染胚胎死亡起着重要的作用，而使得细菌能够成功地经卵传播。

持续感染和携带菌导致生殖道感染的确切机制还不清楚。然而，带菌状态下鸡白痢沙门氏菌可在脾巨噬细胞中持续存在[170]，但携菌量会逐步减少，可是不会被清除[31]。性成熟时随着性激素分泌量的增加，T 细胞对抗原的特异性和非特异性应答能力下降，导致细菌量增加[171]。免疫应答反应的降低可使细菌扩散到生殖道。

鸡白痢沙门氏菌还可以通过蛋壳进入蛋内或通过污染饲料传播，但这两种传播方式似乎不大重要[176]。鸡感染鸡白痢沙门氏菌或鸡伤寒沙门氏菌时，其所产的蛋带菌率高达 33%。感染雏鸡或小火鸡的接触传播是鸡白痢沙门氏菌和鸡伤寒沙门氏菌散播的主要途径。这种传播可发生于孵化器内，通过福尔马林熏蒸有一定的预防作用[75]。已报道感染鸡伤寒沙门氏菌的鸡群死亡率高达 60.9%[66]。本病在禽群中可通过啄肛、啄食带菌蛋及皮肤伤口传播。感染禽的粪便、污染的饲料、饮水及垫料也是鸡白痢沙门氏菌和鸡伤寒沙门氏菌的来源。饲养员、饲料商、购鸡者及参观者穿梭于鸡舍之间和鸡场之间，除非认真地将鞋、手和衣服进行消毒，否则就能够携带传播。同样，卡车、板条箱和料包也可能被污染。野鸟、哺乳动物和蝇虫可成为本菌的重要机械传播者。

临床症状

鸡白痢和禽伤寒是雏鸡或雏火鸡的一种主要疾病，而禽伤寒则较常见于育成鸡、成年鸡和火鸡。由于这两种疾病可垂直传播，所以对于雏鸡和雏火鸡而言，其病症几乎相同。鸡白痢有时呈亚临床感染，即使是垂直传播也会出现这种情况。

雏鸡和雏火鸡

发生鸡白痢沙门氏菌或禽伤寒沙门氏菌感染，并对其所产蛋进行孵化时，可在孵化器中或孵出后不久见到濒死和已死亡的雏鸡。病雏表现为嗜睡、虚弱、食欲下降、生长不良、肛周黏附白色物，继

之出现死亡。在某些情况下，孵出后5～10天才可见到鸡白痢的症状，再过7～10天才有明显表征。死亡高峰通常发生在2～3周龄。在这种情况下，患禽表现为倦怠、喜欢在加热器周围缩聚一团、翅膀下垂、姿态异常。

发生鸡白痢时由于肺部有广泛的病理变化，因而可见到病雏呼吸困难和喘息。耐过病雏生长严重受阻，表现为发育不良、羽毛不丰，不会发育成强壮的或生长良好的产蛋禽或种禽。严重暴发后耐过的禽群，成熟后大部分成为带菌者。

据报道，雏鸡感染鸡白痢沙门氏菌可引起失明，胫跗关节、肱桡关节和尺关节肿胀[26,57,59,85,109,134]。在某些情况下，雏鸡的关节发生局部感染的概率较高，可致跛行和明显肿胀。在美国的东部地区，于1990～1991年暴发的鸡白痢中，经常可见由鸡白痢沙门氏菌引发的滑膜炎而致的跗关节肿胀[134]。雏火鸡也可见类似的病变。这说明鸡白痢沙门氏菌的某些菌株对这些部位有亲嗜性。

育成禽和成年禽

感染禽可能不表现出任何临床症状，不能根据其外部表征作出诊断，特别是鸡白痢病例。急性暴发禽伤寒时，雏鸡最初表现为饲料消耗量突然下降、精神委靡、羽毛松乱、鸡冠苍白萎缩。发生鸡白痢和禽伤寒时，还可见到其他症状，诸如产蛋率、受精率和孵化率下降，这主要取决于禽群感染的严重程度。感染后4天内可出现死亡，但通常是发生于5～10天之内。感染后的2～3天内，体温上升1～3℃。育成禽和成年禽的某些鸡白痢病例中，主要症状为厌食、腹泻、精神沉郁和脱水[56]。

火鸡发生鸡白痢和禽伤寒时，症状表现为渴欲增加、食欲不振、无精打采、离群倾向、绿色或黄绿色下痢。也可能没有前驱症状即发生死亡，但起初体温可能升高几度。养殖场首次暴发本病时死亡严重，随后便是间歇性复发，死亡不太严重[76]。

发病率和死亡率

鸡的发病率和死亡率差异很大，受年龄、品种、营养、鸡群管理、并发疾病、感染途径和感染菌量的影响。鸡白痢引起的死亡率从0到100%不等。在孵化后第2周内的损失最大，在第3和第4周时死亡率则迅速下降。据报道，禽伤寒引起雏鸡的死亡率为10%～93%[72]。1日龄肉鸡接种108CFU/mL的鸡伤寒沙门氏菌11天后，死亡率可达100%[183]。

发病率通常比死亡率高得多，因为总有一些雏鸡会自然康复。感染禽群所孵出的幼雏及与这群雏禽同舍饲养者通常要比遭受运输应激者的死亡率低。火鸡的损失程度与鸡相同。

病 理 学

大体病变

已零星报道了鸡白痢和禽伤寒的肉眼病变和组织学病变。最早，Rettger[129,130]对其作了描述。此后，有多种禽类的报道，主要以鸡和火鸡为主，但也有雉鸡、鹌鹑和珍珠鸡的报道[22,27,46,53,56,57,65,72,][73,74,75,95,96,108,109,120,141,142,143,160,183,185]。

雏鸡

在鸡白痢和禽伤寒的最急性病例中，育雏表现为无前驱症状而突然死亡。急性病例可见肝脏、脾脏和肾脏肿大、充血（彩图16.1 A）。肝脏可能有直径2～4mm的白色病灶（彩图16.1 B）。卵黄囊及其内容物有（或没有）异常，但病程稍长的病例，卵黄吸收不良，卵黄囊内容物可能呈奶油状或干酪样黏稠物。有呼吸道症状的患病禽，肺脏有白色结节（彩图16.1 G），心肌或胰腺可能出现类似马立克氏病肿瘤的白色结节（彩图16.1 C）。有时，心肌结节异常增大，使心脏显著变形（彩图16.1 D），从而可导致肝脏的慢性充血和腹水。心包增厚，心包内含有黄色浆液性或纤维素性渗出物。在肌胃上也可出现类似的结节（彩图16.1 E），偶尔在盲肠和直肠壁也可见到。盲肠内容物可能有干酪样栓子。有些鸡关节肿大，内含黄色的黏稠液体[27]（彩图16.1 F），这种情况在美国1990—1991年商品肉鸡暴发鸡白痢时经常见到[134]。所有关节中，以跗关节最为常见，其他关节，如翅关节、足垫也可能受影响。还可能见到的其他病变有腹膜渗出、肠壁增厚、眼前房渗出。

采用鸡白痢沙门氏菌人工感染北美鹑可见脾肿大，肺脏有灰色坏死灶和出血斑，肝脏苍白或变色[38]。幼龄雉鸡感染鸡白痢沙门氏菌后最常见的病变有卵黄囊感染、肺炎、肝炎和盲肠结肠炎[120]。

成年鸡

有些鸡尽管有明显的血清阳性反应，但其病变轻微。有时只有少量病变，如小结节或卵泡的退行性病变。鸡白痢和禽伤寒慢性感染鸡最常见的病变是卵泡变形、变色，出现囊肿或呈结节状，其中有少数外观正常的卵泡（彩图 16.1 H 和 I）。受侵染的卵泡内常有油性或干酪样物质，外面包有增厚的膜。这些变性的卵泡可紧附于卵巢上，但它们有蒂，可从卵巢体上脱落。在这些病例中，卵泡可包埋于腹腔的内壁中。输卵管内有干酪样渗出物，由于卵巢和输卵管的功能失调，可发生腹腔排卵或输卵管阻塞，从而引发弥散性的腹膜炎和腹腔浆膜粘连。有时可出现纤维素性腹膜炎和肝周炎，并发或无生殖道的炎症。也可形成腹水，尤其是火鸡常发生。然而，从慢性病变组织中难于分离到沙门氏菌。

心包炎比较常见。心包膜、心外膜和心包液的病变可能取决于病程的长短。在某些病例中，心包膜仅见轻微的透明度变化，心包液增多而浑浊。较后期的病例中，心包膜增厚且不透明，心包液明显增加，内含大量的渗出物。后期病例中，心包膜和心外膜发生慢性增厚，心包腔发生粘连而导致闭塞。有时腹腔脂肪中可见包埋的小囊，囊内有琥珀色干酪样物质，或小囊附着于肌胃和肠壁上。胰腺常见白色坏死灶或结节。

公鸡睾丸可见白色坏死灶或结节[65]。有时在肺脏和气囊上可见干酪样肉芽肿[56]。

火鸡

鸡白痢和禽伤寒引起的火鸡病变类似于鸡[74]。雏火鸡禽伤寒的特征性病变是：肝脏肿大并有红褐色或青铜色条纹，脾脏肿大，心脏有坏死区，肺脏呈灰色。火鸡从十二指肠到盲肠常有溃疡，而鸡则不常见。对成年带菌者，生殖器官最易感染，这点与鸡相似。

鸭和珍珠鸡

禽伤寒引起的雏鸭和成年鸭的病变与鸡相似。珍珠鸡发生禽伤寒时，其病变主要涉及呼吸道，其特征为肺脏充血，鼻裂和气管黏液积聚。

组织学病变

描述鸡白痢或禽伤寒组织学病变的资料很少，而已报道的鸡白痢病变，大多数来自于临床病例，这些临床病例有可能还感染了其他细菌或病毒，从而使鸡白痢组织学病变变得复杂[53,160]。还有一篇关于禽伤寒实验病理学变化的报道[183]。

最急性鸡白痢和禽伤寒病例仅见各种器官，特别是肝脏、脾脏和肾脏血管严重充血。急性、亚急性病例，肝脏中肝细胞有多灶性坏死（图 16.2），肝实质中有纤维蛋白积聚和异嗜白细胞浸润。肝门静脉周有异嗜白细胞浸润，并混有少量淋巴细胞和浆细胞。慢性病例中，特别是心脏上有大结节时，肝脏发生慢性被动充血，伴有间质纤维化。急性期，脾脏严重充血或血管窦有纤维蛋白渗出，后期单核巨噬细胞严重增生。雏鸡盲肠的黏膜和黏膜下层发生广泛性坏死，盲肠腔中有积聚的坏死性碎片，并混有纤维蛋白和异嗜细胞。

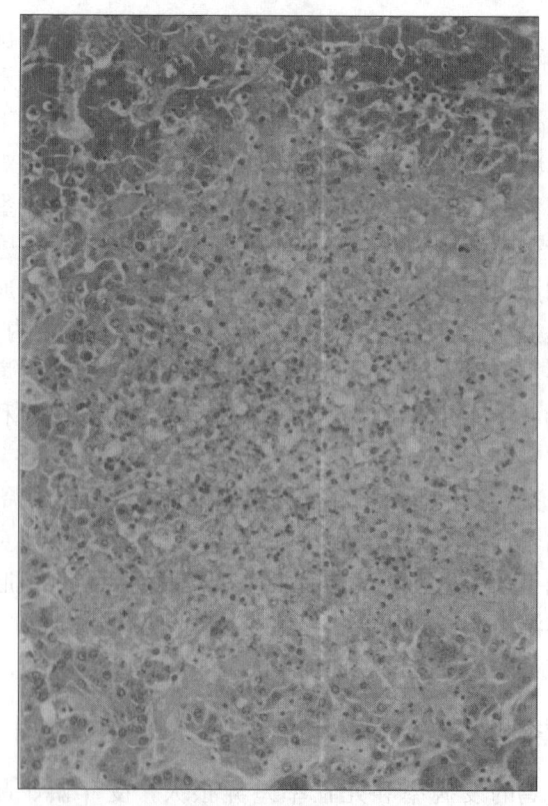

图 16.2 肝脏表现为局灶性变形和坏死。×51

心脏和肌胃的组织学病变最具特征性。心脏病变起初表现为肌纤维坏死，伴有异嗜细胞浸润并混有淋巴细胞和浆细胞。后期，这些细胞被大量均一的组织细胞所代替（图 16.3）。这些细胞巨大，有不规则的空泡样核和淡染的泡沫状的嗜酸性细胞浆。这些细胞呈紧密的层状排列，形成结节突出于心外膜表面。在眼观病变和组织病理学上，这些结节容易与由马立克氏病病毒和反转录病毒引起的淋巴瘤相混淆。在肌胃和胰腺上也能见到类似的病变。胰腺的损伤非常严重，整个正常的结构都可被破坏。

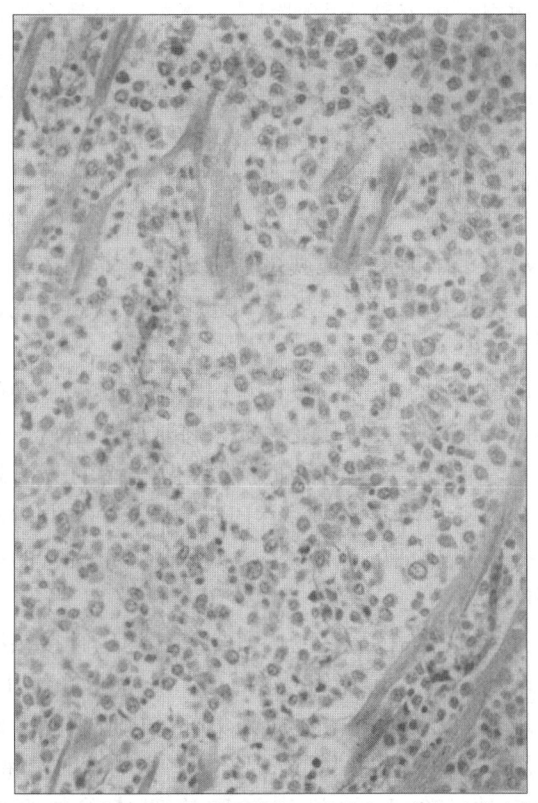

图 16.3 鸡白痢沙门氏菌感染，雏鸡心肌组织中有组织细胞型细胞浸润。×62

许多病例中可出现其他器官的浆膜炎，包括心包膜、胸膜、腹膜、滑膜、消化道浆膜和肠系膜等[160]。急性期，这些病变与异嗜细胞和纤维蛋白相关，但在后期，仅能见到淋巴细胞、浆细胞和组织细胞。

卵巢的组织学病变可见急性纤维素性化脓性炎症或严重的脓性肉芽肿性炎症（图 16.4）。脓性肉芽肿性炎症的特征是在凝固的卵黄中有异嗜细胞浸润，混有纤维蛋白和细菌菌体。卵黄核心被连续的多核巨细胞包围，并混有其他炎性细胞，包括巨噬细胞、浆细胞、异嗜细胞和淋巴细胞。公鸡输精管上皮细胞出现变性、坏死和炎症[96]。其他病变，包括卡他性支气管炎、卡他性肠炎及肺脏、肾脏的

间质性炎症则不常见。据报道，禽伤寒可引起内分泌腺的非特异性病变，如甲状腺增生、肾上腺和垂体萎缩[61]。

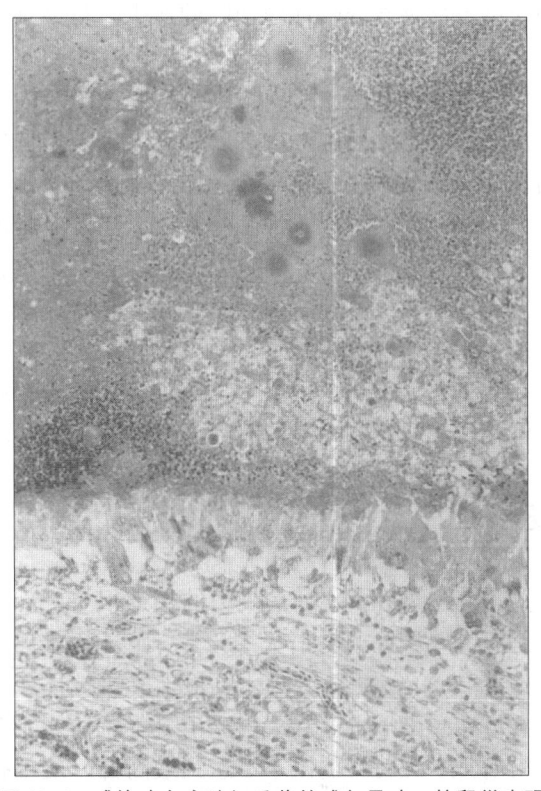

图 16.4 感染鸡白痢沙门氏菌的成年母鸡，其卵巢表现为纤维素性化脓性炎症和细菌集落感染。×20

感染过程的发病机理

不同沙门氏菌，包括鸡白痢沙门氏菌和鸡伤寒沙门氏菌，在内脏器官（尤其是脾脏和肝脏）中的生存和繁殖能力不同，这主要是因为宿主单核吞噬细胞系统（MPS）的作用，但其作用机制目前尚不清楚[17]。因为鸡伤寒沙门氏菌不能在鸭的 MPS 中繁殖，所以鸭对鸡伤寒沙门氏菌呈抵抗性[19]。由于鸡白痢沙门氏菌和鸡伤寒沙门氏菌能感染雏鸡和火鸡的 MPS 细胞，因此，细胞免疫对于感染雏鸡和火鸡的康复与抵抗力具有重要作用[171]。

一项研究表明，鸡伤寒沙门氏菌感染雏鸡原代细胞后，可导致 IL-1β 减少而 IL-6 无变化[89]。免疫接种 9R 株疫苗时，体内的 IL-β 适度增加[172]。IL-1β 减少可导致鸡伤寒沙门氏菌全身感染时缺乏炎症反应[89]，因而认为，大多数沙门氏菌感染后不会激发强烈的炎症反应，这是促进细菌侵入机体的一种策略[181,182]。TLR5 信号通路与细

菌鞭毛具有重要作用，因而这类菌缺乏鞭毛具有重大意义[82]。这些早期的应答反应可能主要受异嗜性粒细胞的调控[92]，且除肠炎沙门氏菌外，其他沙门氏菌不能诱导异嗜性粒细胞的产生。另一项研究表明，鸡白痢沙门氏菌在激发肠道炎性反应之前，对法氏囊有特别的亲嗜性[73]。在禽伤寒沙门氏菌对鸡的攻毒实验中，攻毒后第3天出现了白细胞增多症，然后又持续10天出现白细胞减少症[93]。感染21天后又发生了白细胞增多症，这可能是淋巴细胞相对减少而异嗜细胞增多的缘故[93]。禽伤寒沙门氏菌感染可引起贫血[48]和血清中唾液酸含量增加[94]。

在大多数禽伤寒病例中，细菌经肠道损伤扩散，但其发生机制和参与的细胞仍不清楚。

免疫力

关于鸡白痢和禽伤寒免疫力的报道很少，部分原因是商品鸡群已成功消灭了该病。4日龄雏鸡经口感染直到20～40日龄时才可检出凝集抗体，但成年禽可在感染后3～10天内产生凝集抗体。雏鸡在感染后100天时，抗体才可达到最高峰。凝集抗体在感染过程中的作用仍知之甚少。

全身感染时，细胞介导的免疫反应可能在细菌清除过程中具有关键作用[58]。这方面的信息不多，特别是鸡白痢沙门氏菌和禽伤寒沙门氏菌。对鼠伤寒沙门氏菌来说，细菌清除与干扰素-γ水平[24]和强大的T细胞反应相关[23]。最近的一项研究表明，接种9R活苗后干扰素-γ水平增高，并出现强大的淋巴细胞增殖反应[172]。认为Th1型细胞的高度应答与机体的免疫状况有关，但目前缺乏对Th2型细胞免疫应答的研究，这限制了对免疫反应的分析。研究认为鸡白痢沙门氏菌可诱导Th2型细胞发生明显的应答，且这种应答反应与持续感染相关，SPI2分泌蛋白参与了这一反应[173]。

诊　断

鸡白痢或禽伤寒的确诊需分别作鸡白痢沙门氏菌和鸡伤寒沙门氏菌的分离与鉴定，但可根据发病史、临床症状、死亡率及病理变化作出初步诊断。血清检测阳性反应对诊断也具有重要价值，但血清学检测阴性结果却不能作为确诊的依据，因为感染后凝集抗体的出现要延迟3～10天。因为与D血清群沙门氏菌，如肠炎沙门氏菌间有交叉反应，应注意出现类似的阳性结果[63,64,144,168]。

病原分离和鉴定

急性鸡白痢和禽伤寒以全身性感染为特征，从大多数组织中容易分离到细菌。感染一般都会涉及肝脏、脾脏、盲肠，因而它们是分离细菌的首选器官。肺脏、心脏、肌胃、胰腺或卵黄囊也会出现病变，从这些部位分离细菌也较可靠。成年禽，如果生殖器官有病变，可从卵囊和睾丸中分离培养。其他部位如腹膜、关节液和眼内也可进行分离培养。牛肉浸液、牛肉浸膏或胰蛋白胨琼脂培养基都适于初代分离。如果组织已变质，还可用增菌肉汤或选择性培养基。

通过血清学检测的慢性鸡白痢或禽伤寒感染的禽类，有或没有大体病变。如果将这些带菌禽送到实验室，有必要对所有内脏器官做全面的分离培养。全国家禽改良计划（NPIP）中，对这类样本的检查作了详细的介绍[10]。以下简要介绍它的操作程序。

有或没有大体病变的内脏器官，均应直接接种于牛肉汤（Ⅵ）琼脂和亮绿（BG）琼脂平板上，37℃培养48h。此外，还应采集部分内脏器官，研磨后用10倍体积的Ⅵ稀释混合，各取10mL悬液，分别接种100mL的Ⅵ肉汤和连四硫酸盐亮绿（TBG）肉汤中，37℃培养24h。随后将该培养物再接种到Ⅵ琼脂平板和BG琼脂平板上培养24～48h后进行检查。如果出现了变形杆菌或假单胞菌的污染，可将培养物接种到亮绿磺胺吡啶（BGS）琼脂上。

应当对消化道进行分离培养。分别用棉拭子自肠道上、中、下各段（包括盲肠和直肠—泄殖腔区）采集病料，将棉拭子置于10mL TBG肉汤中培养，并按上述内脏器官的培养方法接种平板。此外，应采集部分肠道研磨，用10倍体积的TBG肉汤混悬。取这种悬液10mL接种到100mL TBG肉汤中，42℃或37℃培养24h。在较高的培养温度下，TBG肉汤可减少肠道中常见的竞争性菌群的数量。

将可疑菌落接种到三糖铁（TSI）琼脂和赖氨

酸铁（LI）琼脂上，37℃培养24h。TSI或LI琼脂斜面上出现典型的沙门氏菌或亚利桑那菌反应的培养物时，应采用适当的生化试验和其他试验做进一步鉴定。所有沙门氏菌培养物都应进行血清学定型。

用非选择性培养基时，需严格进行无菌操作，这种分离方法可进一步保证鸡白痢沙门氏菌和鸡伤寒沙门氏菌分离的可靠性。另外，其他能与鸡白痢—伤寒抗原产生交叉反应的细菌也可分离到。

培养物的鉴定

在营养琼脂上培养24h后，鸡白痢沙门氏菌生长成细小、光滑、半透明的菌落；鸡伤寒沙门氏菌生长成光滑、蓝灰色、湿润、圆形、完整的菌落。细心地将组织接种到非选择性培养基上通常都可获得纯培养。如果未获得纯培养物，或曾使用了增菌培养基，最好将单个菌落接种到TSI琼脂斜面上来进行初步鉴定。鸡白痢沙门氏菌和鸡伤寒沙门氏菌可使该琼脂斜面变红而底部变黄，由于产生H_2S而使底柱缓慢变黑。生化反应见表16.1，这些反应在24h内便可获得结果。根据该表可将本病病原与其他许多病原相区别，也可鉴别两种细菌。

表16.1　用于鉴别鸡白痢沙门氏菌和鸡伤寒沙门氏菌的生化反应

反应项目或特性	鸡伤寒沙门氏菌	鸡白痢沙门氏菌
葡萄糖	发酵不产气	发酵产气
乳糖	不发酵	不发酵
蔗糖	不发酵	不发酵
甘露醇	发酵不产气	发酵产气
麦芽糖	发酵不产气	通常不发酵
卫矛醇	发酵不产气	不发酵
鸟氨酸	不发酵	发酵
吲哚	不产生	不产生
尿素	不水解	不水解
运动性	不运动	不运动
凝集	与D群抗血清凝集	与D群抗血清凝集

对于那些出现非典型反应（主要是发酵麦芽糖或不产气）的分离株，需按病因学中叙述的那样作其他鉴别试验来进行鉴定。鸟氨酸脱羧作用是鉴别发酵麦芽糖的鸡白痢沙门氏菌和鸡伤寒沙门氏菌的唯一最可靠的试验。多聚酶链式反应也可用于鸡白痢沙门氏菌和鸡伤寒沙门氏菌的鉴定[88,89,166]。

血清学

检测鸡白痢和禽伤寒的血清学试验包括常量试管凝集试验（TA）、快速血清试验（RS）、染色抗原全血试验（WB）、用四氮唑染色抗原的微量凝集试验（MA）[62,86,123,131,137,153,162,179]。在美国，检测鸡白痢沙门氏菌和鸡伤寒沙门氏菌慢性感染种禽所采用的标准方法是：用鸡白痢沙门氏菌标准菌（O-1、9、12₃）进行试管和血清平板抗原检测，用鸡白痢标准菌（O-1、9、12₃）和变异株（O-1、9、12₂）进行快速全血平板多价抗原检测。这些抗原既可检出感染鸡白痢沙门氏菌的鸡，也可检出感染鸡伤寒沙门氏菌的鸡。母鸡感染鸡白痢沙门氏菌抗原中间型或变异株，采用这两种商品平板检测抗原时，检出阳性结果的概率会比标准株感染要低[62]。

对种用鸡群及种用火鸡群的法定检验技术、操作方法及检验结果的判断均详细记载于最新修订的NPIP中[10]。

利用这些沙门氏菌的脂多糖或全菌抗原，建立了检测鸡白痢沙门氏菌和禽伤寒沙门氏菌的酶联免疫吸附试验（ELISA）[16,30,113,114]。该方法可用于大规模血清样本或卵黄样本的筛检，也可用于鉴别疫苗株接种和野毒株感染[16,113,114]。利用鞭毛作为抗原，采用血清学方法可将这两个血清型感染与肠炎沙门氏菌进行区别[16,30,64]。另一实验中，在检测攻毒感染鸡伤寒沙门氏菌的高滴度抗体时，斑点免疫结合试验（DIA）比试管凝集试验更为敏感[105]。免疫接种鸡伤寒沙门氏菌后用常量试管凝集试验不能检测出抗体时，DIA则可检测到抗体。

鉴别诊断

鸡白痢或禽伤寒的临床症状和病变不具有临床诊断意义，其他沙门氏菌感染也可产生肝脏、脾脏和肠道病变，这些病变在眼观上或显微镜下都不能与鸡白痢和禽伤寒的病变相区别。曲霉菌或其他真菌可引起类似的肺脏病变。

鸡白痢沙门氏菌和禽伤寒沙门氏菌可在雏鸡的主要关节和腱鞘内定植，所引起的症状、病变与其他病原，如滑液囊支原体、金黄色葡萄球菌、多杀性巴氏杆菌或猪丹毒丝菌所致的症状和病变相似。

有时雏鸡心脏的白色结节与马立克氏病肿瘤相似，肝脏上的结节与假结核耶尔森菌导致的病变相似。假结核耶尔森菌（*Yersinia pseudotuberculosis*）与这两种菌具有某种程度的抗原相关性。成年鸡发生鸡白痢沙门氏菌和禽伤寒沙门氏菌的局部感染时，特别是卵巢的感染，其病变可能与其他细菌感染引发的病变相似，如大肠菌群、葡萄球菌、多杀性巴氏杆菌、链球菌及其他沙门氏菌的感染。各种年龄的禽均可感染鸡白痢沙门氏菌和禽伤寒沙门氏菌，但不表现出肉眼可辨的病变。只有分离和鉴定出鸡白痢沙门氏菌和禽伤寒沙门氏菌后，才能作出对鸡白痢和禽伤寒的确切诊断。

预防和控制

人们早就知道，若能对鸡群或火鸡群坚持采取完善的防治措施，就能培育出无鸡白痢和禽伤寒的鸡群和火鸡群，并能保持之。通过采取一系列的基本管理措施，鸡白痢和禽伤寒几年来发病率下降，就是很好的例子。只要建立无鸡白痢沙门氏菌和禽伤寒沙门氏菌的种群，并将其后代置于不与病鸡和病火鸡直接或间接接触的环境中孵化和育雏就可以了。

管理措施

防止传染因子传入的常用的管理方法同样适用于防止鸡白痢沙门氏菌和禽伤寒沙门氏菌的传入。由于能够垂直传播，所以只有已知无鸡白痢和禽伤寒鸡群的种蛋才允许进入孵化场。根据"全国家禽改良计划"的标准，鸡和火鸡种群及其后代，可认为无鸡白痢和禽伤寒感染。

应采取全面的饲养管理措施防止鸡白痢或禽伤寒传入禽群。如果发生鸡白痢或禽伤寒，必须定期将带菌者清除直至种群无鸡白痢和禽伤寒感染。

1. 从无鸡白痢和禽伤寒的养殖场引进雏鸡和雏火鸡。

2. 无鸡白痢和禽伤寒的鸡群不能与其他家禽或舍饲禽混养。

3. 雏鸡和雏火鸡应饲养于能够清理和消毒的环境中，以消灭上批鸡群残留的沙门氏菌（见"对理化因素的抵抗力"）。

4. 雏鸡与雏火鸡应饲喂颗粒料，以最大限度地减少鸡白痢沙门氏菌、禽伤寒沙门氏菌和其他沙门氏菌经污染原料传入鸡群的可能性。饲料原料必须无沙门氏菌。

5. 采取严格的生物安全措施，最大限度地减少外界沙门氏菌的传入。

A. 自由飞翔的鸟常携带沙门氏菌，但很少检测到鸡白痢沙门氏菌或禽伤寒沙门氏菌。禽舍必须能防鸟。

B. 大鼠、小鼠、兔、猫、狗和害虫可作为沙门氏菌携带者，但很少发现感染鸡白痢沙门氏菌或禽伤寒沙门氏菌。不过，必须对禽舍进行防虫处理。

C. 控制昆虫很重要，特别是苍蝇、鸡螨和小粉虫。这些害虫常为环境中的沙门氏菌和其他家禽病原的生存提供了条件。

D. 使用适宜的饮用水或提供氯化的水。在某些地区，取露天池中的地表水供予家畜和家禽饮用，这有一定的危险性。

E. 本菌的机械传播者包括人的鞋和衣服、养禽设备、运料车与装禽的板条箱。必须小心谨慎防止经污染物传入鸡白痢沙门氏菌和禽伤寒沙门氏菌。

F. 必须对死禽适当地处理。

根除携带者

1913 年，通过采用常量试管凝集试验（TA）检验感染鸡，建立了鸡白痢的控制方案[86]。通过检测和淘汰阳性反应鸡很快推进了该方法的应用。

从早期田间检测的结果得知，只靠一次检测淘汰阳性反应者，通常不足以完全消除群内的全部感染者。这可能是因为存在 3 种影响因素之故：①感染鸡的血清凝集素滴度有变动的倾向，常用的血清稀释度（1∶25 或 1∶50）在短时间内不能出现明显的凝集反应；②感染与产生凝集素之间有一定的间隔期，至少数天；③淘汰阳性反应禽后，环境的污染依然存在，可成为以后的感染源。

血清学试验

如前所述，除常量试管凝集试验（TA）外，又研究出了其他试验，如快速血清试验（RS）、全血试验（WB）和微量凝集试验（MA）[131,137,179]。所有这些试验都能有效地检测带菌者。微量凝集试验与常量试管凝集试验一样可靠，且更加经济。在"全国家禽改良计划"中[10]，详细记述了检疫方法，4种认可的检疫方法是：标准TA试验、WB试验、RS试验和MA试验。在这4种试验中，只有WB试验不适用于火鸡。鸡和火鸡在16周龄，大约在其免疫系统成熟后，可以进行检测鉴定。

美国要求抗原生产必须从培养在适宜琼脂上的菌体中制备，与此相反，日本研制了一种不同的WB试验抗原，并已正式批准应用[161]。这种抗原由一种连续的流动肉汤培养系统制备，在该系统中，为保证获得预期的凝集效力，必须将各批收集物混合。ELISA试验也可用于检测禽群的鸡白痢和禽伤寒[16,113,114]。

发现血清学阳性，应该通过一只或多只阳性反应禽进行细菌学检查而加以证实。禽群呈可疑阳性时，应将反应最强者送至实验室重新检测，并进行全面的细菌学检查。在日常检疫中，不能根据可疑或非典型反应而将整个禽群视为感染群，因为这种反应可由鸡白痢沙门氏菌和禽伤寒沙门氏菌以外的其他感染引起[63,64,144,168]。

非鸡白痢/非禽伤寒阳性反应者

非鸡白痢和非禽伤寒反应有时会造成判断上的困难[60,168]。许多细菌与鸡白痢沙门氏菌具有共同抗原或抗原密切相关，这些细菌感染禽类时，产生凝集素应答。据报道，变异株的非鸡白痢阳性反应比标准株抗原更多见。已发现大肠菌群、微球菌和链球菌（特别是属于兰斯菲尔德D群的链球菌）感染构成了鸡的非鸡白痢阳性反应的大部分。其他细菌感染，如表皮葡萄球菌、微球菌、产气杆菌、假结核耶尔森菌、变形杆菌、大肠杆菌、某些种的亚利桑那菌、普罗威登氏菌和枸橼酸菌，与许多非鸡白痢阳性反应有关。其他沙门氏菌，特别是D群细菌（如肠炎沙门氏菌）同样可产生交叉反应。禽群中非鸡白痢阳性反应量可从少数几只到30%～40%不等。凝集特点不同。确定禽群鸡白痢感染状态的唯一可靠方法是对有代表性的阳性反应者进行细致的细菌学检查，这也是区别鸡伤寒沙门氏菌和鸡白痢沙门氏菌感染的唯一方法。

全国控制计划

"全国家禽改良计划"[10]中详细描述了建立和维持美国法定的无鸡白痢/禽伤寒清洁禽群和孵化

场的具体标准。这些标准根据农场和孵化场管理措施制定，以防止禽群与感染群的直接或间接接触，且每年要对全部禽群（或有代表性的部分群）进行检疫。

要试图建立无感染禽群，须每隔2～4周对感染禽作一次检疫，至连续2次全群都是阴性为止，最后几次的间隔不少于21天。在大多数情况下，可通过短期的间隔检疫从禽群中消除感染。经2次或3次的重复检疫，一般可检出全部感染禽，但有时禽群中还会有持续感染。有些情况下，重复检疫不能彻底根除本病。

区域净化

区域净化方案的要点如下：

1. 鸡白痢和禽伤寒必须是法定报告的疾病。

2. 当暴发疾病时必须实行隔离检疫，发病禽群必须在监督下才可上市。

3. 所有鸡白痢和禽伤寒的报告须经指定的洲或联邦官员的审查。

4. 进口法规要求所运输的禽和种蛋必须来自无鸡白痢和禽伤寒的地区。

5. 法规要求，作公开展出的禽类必须来自无鸡白痢和禽伤寒的禽群。

6. 要求所有的种禽与孵化出都参与消灭鸡白痢—禽伤寒的控制方案，如"全国家禽改良计划"或与此相当的规划。

截至2000年，根据上述方案，美国已有43个州为鸡白痢—禽伤寒净化合格洲。但是，仍有鸡白痢存在于散养和宠物禽群中。实际的发病率可能比公布的数值要大，因为并不是所有的洲都有检疫非商品禽和观赏禽的方案。经验告诉我们，将商品群和非商品群隔开对于防止鸡白痢和禽伤寒沙门氏菌在禽群间的传播是十分有效地。然而，散养感染群对商品群也构成了一定的威胁。必须继续对商品种群检疫，以及时检出从非商品禽群传入的偶然性感染。

免疫接种

过去数年来，大部分商品鸡已消除了鸡白痢，且又有标准的控制方案，所以不鼓励生产和使用鸡白痢疫苗。然而，禽伤寒在世界上某些地区依然是一个问题。在美国，经联邦批准经营的禽伤寒沙门氏菌灭活苗已不再生产；在其他国家所用的弱毒苗，在美国禁用。许多研究者对灭活苗、弱毒苗和消除毒力质粒的变异株疫苗进行了评估[11,20,28,37,69,70,71,119,147,149,187,188]。由于禽伤寒在许多国家严重发生，所以对9R菌株[149]口服活苗或注射苗（用或不同油佐剂）的研究报道较多，但结果不一[11,69,70,71,119,147]。根据内脏器官中致病菌的清除情况，鸡伤寒沙门氏菌外膜蛋白产生的保护作用比9R活菌株更好[30,32]。最近用鸡伤寒沙门氏菌的突变株、毒力质粒消除菌株及其他菌株进行的免疫实验表明，这些菌株对禽伤寒沙门氏菌的攻毒感染有一定的保护作用，具有一定的应用前景[14,15,20,67,188]。

其他方案

饲料中掺入商品蚁酸制剂可明显降低禽伤寒（B29）实验感染的发病率和严重程度。

据报道，利用肠道菌群制剂的竞争性排斥作用也可有效防止禽伤寒[118]。

治疗

现已开发出预防和治疗鸡白痢和禽伤寒的有效药物。加拿大和美国在消灭鸡白痢和禽伤寒方面做了许多工作，因此进行治疗既不可行也不理想。

已发现多种磺胺、呋喃西林、氯霉素*、四环素和氨基糖苷类抗生素可有效减少因鸡白痢和禽伤寒引起的死亡，但尚未发现一种或几种药物的联合应用能够彻底消除患病禽群。特别要提到的是，磺胺类药物常抑制机体生长，并可干扰饲料和饮水的摄入量，影响产蛋量。用于治疗鸡白痢和禽伤寒的磺胺类药物包括磺胺嘧啶、磺胺甲基嘧啶、磺胺噻唑、磺胺二甲嘧啶和磺胺喹噁啉[3,34,122]。

许多研究表明，用药后存活的禽中，仍有相当一部分感染禽存在[29,103]。孵化前用硫酸新霉素喷雾蛋壳，对控制雏鸡的鸡白痢是有益的[157]。用0.04%（400mg/L）和0.08%（800mg/L）的庆大霉素浸泡污染的种蛋有益于控制蛋中的鸡伤寒沙门氏菌[12]。此外，许多报道表明禽伤寒沙门氏菌的分离株对金霉素和呋喃西林有不同程度的耐药性[90,135]。据报道，某些禽伤寒沙门氏菌的菌株对呋喃唑酮*[72,150,158,159]、喹诺酮类药物[99]和其他抗生素[100]也有类似的耐药性。

徐　琪　刘金华　译
吴培福　苏敬良　校

参考文献

[1]Agrawal, R. K., Singh, B. R., Babu, N. and Chandra, M. 2005. Novel haemolysins of Salmonella enterica spp. Enterica serovar Gallinarum. *Indian J Exp Biol* 43:626-630.

[2]Altmeyer, R. M., J. K. McNern, J. C. Bossio, I. Rosenshine, B. B. Finlay, and J. E. Galan. 1993. Cloning and molecular characterization of a gene involved in salmonella adherence and invasion of cultured epithelial cells. *Mol Microbiol* 7:89-98.

[3]Anderson, G. W., J. B. Cooper, J. C. Jones, and C. L. Morgan. 1948. Sulfonamides in the control of pullorum disease. *Poult Sci* 27:172-175.

[4]Anjanappa, M., P. C. Harbola, and J. C. Verma. 1994. Plasmid profile analysis of field strains of Salmonella gallinarum. *Indian Vet J* 71:417-421.

[5]Anonymous. 1930. Eastern states conference on laboratory workers in pullorum disease control. *J Am Vet Med Assoc* 77:259-263.

[6]Anonymous. 1933. Report of the conference of official research workers in animal diseases of North America on standard methods of pullorum disease in barnyard fowl. *J Am Vet Med Assoc* 82:487-491.

[7]Anonymous. 1987. 1986 Summary of commercial poultry disease reports. *Avian Dis* 31:926-978.

[8]Anonymous. 1992. Salmonella Surveillance, Annual Summary. Centers for Disease Control and Prevention: Atlanta, GA.

[9]Anonymous. 1994. Salmonella Serotyping Results. Iowa State University Press: Ames, IA.

[10]Anonymous. 1997. The National Poultry Improvement Plan and Auxiliary Provisions. United States Department of Agriculture, Animal and Plant Health Inspection Service: Hyattsville, MD.

[11]Arora, A. K., K. S. Sandhu, and S. S. Sodhi. 1998. Comparative studies on efficacy of different vaccines against fowl typhoid in chickens. *Ind J Ani Sci* 68:297-299.

[12]Aziz, N. S. A., K. C. Satija, and D. N. Garg. 1997. The efficacy of gentamicin for the control of egg-borne transmission of Salmonella gallinarum. *Indian Vet J* 74:731-

---

＊　氯霉素和呋喃唑酮在中国禁用于食品动物——译者注

733.

[13]Badi,M. A. ,N. Iliadis,and K. Sarris. 1992. Natural and experimental infection of rodents (Rattus norvegicus) with Salmonella gallinarum. *Berl Munch Tierarztl Wochenschr* 105:264 - 267.

[14]Barrow,P. A. 1990. Immunity to experimental fowl typhoid in chickens induced by a virulence plasmid-cured derivative of Salmonella gallinarum. *Infect Immunol* 58: 2283 - 2288.

[15]Barrow,P. A. 1992. In-vitro and in-vivo characteristics of TnphoA mutant strains of Salmonella serotype gallinarum not invasive for tissue culture cells. *J Med Microbiol* 36:389 - 397.

[16]Barrow,P. A. ,J. A. Berchieri,and O. Al-Haddad. 1992. Serological response of chickens to infection with Salmonella gallinarum-S. pullorum detected by enzyme-linked immunosorbent assay. *Avian Dis* 36:227 - 236.

[17]Barrow,P. A. ,M. B. Huggins,and M. A. Lovell. 1994. Host specificity of Salmonella infection in chickens and mice is expressed *in vivo* primarily at the level of the reticuloendothelial system. *Infect Immunol* 62: 4602 - 4610.

[18]Barrow,P. A. and M. A. Lovell. 1988. The association between a large molecular mass plasmid and virulence in a strain of Salmonella pullorum. *J Gen Microbiol* 134: 2307 - 2316.

[19]Barrow,P. A. ,M. A. Lowell,C. K. Murphy,and K. Page. 1999. Salmonella infection in a commercial line of ducks:Experimental studies in virulence,intestinal colonization and immune protection. *Epidemiol Infect* 123: 121 - 132.

[20]Barrow,P. A. ,M. A. Lowell,and B. A. D. Stocker. 2000. Protection against experimental fowl typhoid by parenteral administration of live SL5828,an aroA-serC (aromatic dependent) mutant of a wildtype Salmonella Gallinarum strain made lysogenic for P22 site. *Avian Pathol* 29:423 - 431.

[21]Barrow,P. A. ,J. M. Simpson,M. A. Lovell,and Mi M. Binns. 1987. Contribution of Salmonella gallinarum large plasmid toward virulence in fowl typhoid. *Infect Immunol* 55:388-392.

[22]Beach,J. R. and D. E. Davis. 1927. Acute infection in chicks and chronic infection of the ovaries of hens caused by the fowl typhoid organisms. *Hilgardia* 2: 411 - 424.

[23]Beal,R. K. ,Powers,C. ,Wigley,P. ,Barrow,P. A. ,Kaiser,P. and Smith,A. L. (2005) A strong antigen-specific T-cell response is associated with age and genetically dependent resistance to avian enteric salmonellosis. *Infection and Immunity* 73,7509 - 7516.

[24]Beal,R. K. ,Powers,C. ,Wigley,P. ,Barrow, P. A. and Smith,A. L. 2004. Temporal dynamics of the cellular, humoral and cytokine responses in chickens during primary and secondary infection with Salmonella enterica serovar Typhimurium. *Avian Pathology* 33:25 - 33.

[25]Beaudette,F. R. 1925. The possible transmission of fowl typhoid through the egg. *J Am Vet MedAssoc* 67:741 - 745.

[26]Beaudette,F. R. 1930. Fowl typhoid and bacillary white diarrhea. 11th Int Vet Congr. 705 - 723.

[27]Beaudette,F. R. 1936. Arthritis in a chick caused by Salmonella pullorum. *J Am Vet Med Assoc* 89:89 - 91.

[28]Bebora,L. C. ,P. N. Nyaga,and C. O. Kimoro. 1965. Comparison of immune responses of two Salmonella gallinarum strains viewed as possible vaccines for fowl typhoid in Kenya. *Onderstepoort J Vet Res* 65:67 - 73.

[29]Berchieri,A. Jnr. and P. A. Barrow. 1996. Reduction in incidence of experimental fowl typhoid by incorporation of a commercial formic acid preparation(Bio-Add™)into poultry feed. *Poultry Science* 75:339 - 341.

[30]Berchieri,A. ,A. M. Iba,and P. A. Barrow. 1995. Examination by ELISA of sera obtained from chicken breeder and layer flocks showing evidence of fowl typhoid or pullorum disease. *Avian Pathol* 24:411 - 420.

[31]Berchieri,A. Jnr. ,Murphy,C. K. ,Marston,K. and Barrow,P. A. 2001. Observations on the persistence and vertical transmission of Salmonella enterica serovars Pullorum and Gallinarum in chickens:effect of bacterial and host genetic background. *Avian Pathology* 30:229 - 239.

[32]Bhattacharyya,H. M. ,G. C. Chakraborty,D. Chakraborty, D. Bhattacharyya,U. N. Goswami,and A. Chaterjee. 1984. Broiler chick mortality due to pullorum disease and brooder pneumonia in West Bengal. *Indian J Anim Health* 23: 85 - 88.

[33]Blaxland,J. D. ,W. J. Sojka,and A. M. Smither. 1956. A study of Salmonella pullorum and Salmonella gallinarum strains isolated from field outbreaks of disease. *J Comp Pathol Ther* 66:270 - 277.

[34]Bottorff,C. A. and J. S. Kiser. 1947. The use of sulfonamides in the control of pullorum disease. *Poult Sci* 26: 335 - 339.

[35]Bouzoubaa,K. 1988. Membrane proteins from Salmonella gallinarum for protection against fowl typhoid. PhD,Insti-

tute of Agronomy and Veterinary Medicine, Hassan II.

[36]Bouzoubaa, K. and K. V. Nagaraja. 1984. Epidemiological studies on the incidence of salmonellosis in chicken breeder/hatchery operations in Morocco. *Int Symp Salmonella* 337.

[37]Bouzoubaa, K. , K. V. Nagaraja, J. A. Newman, and B. S. Pomeroy. 1987. Use of membrane proteins from Salmonella gallinarum for prevention of fowl typhoid infection in chickens. *Avian Dis* 31:699 - 704.

[38]Buchholz, P. S. and A. Fairbrother. 1992. Pathogenicity of Salmonella pullorum in northern bobwhite quail and mallard ducks. *Avian Dis* 36:304 - 312.

[39]Bullis, K. 1977. The history of avian medicine in the U. S. II. Pullorum disease and fowl typhoid. *Avian Dis* 21: 422 - 435.

[40]Bumstead, N. and P. Barrow. 1993. Resistance to Salmonella gallinarum, S. pullorum, and S. enteritidis in inbred lines of chickens. *Avian Dis* 37:189 - 193.

[41]Carlson, V. L. and G. H. Snoeyenbos. 1974. Comparative efficacies of selenite and tetrathionate broths for the isolation of salmonella serotypes. *Am J Vet Res* 35:711 - 718.

[42]Chadfield, M. S. , D. J. Brown, S. Aabo, J. R Christensen, and J. E. Olsen. 2003. Comparison of intestinal invasion and macrophage response of Salmonella Gallinarum and other host-adapted Salmonella enterica serovars in the avian host. *Vet Microbiol* 92:49 - 64.

[43]Chan, K. , Baker, S. , Kim, C. C. , Detweiler, C. S. , Dougan, G. and Falkow, S. 2003. Genomic comparison of Salmonella enterica serovars and Salmonella bongori by use of an S. enterica serovar Typhimurium DNA microarray. , *J Bacteriol* 2185:553 - 563.

[44]Chart, H. and B. Rowe. 1998. Growth of Salmonella enteritidis and S. pullorum on Hektoen agar and the expression of lipopolysaccharide or flagella. *FEMS Microbiol Letters* 163:181 - 184.

[45]Chaubal, L. H. and P. S. Holt. 1999. Characterization of swimming motility and identification of flagellar proteins in Salmonella pullorum isolates. *Am J Vet Res* 60:1322 - 1327.

[46]Chishti, M. A. , M. Z. Khan, and M. Irfan. 1985. Pathology of liver and spleen in avian salmonellosis. *Pakistan Vet J* 5:157 - 160.

[47]Chishti, M. A. , M. Z. Khan, and M. Siddique. 1985. Incidence of salmonellosis in chicken in and around Faisalabad (Pakistan). *Pakistan Vet J* 5:79 - 82.

[48]Christensen, J. P. , P. A. Barrow, J. E. Olsen, J. S. D. Poulsen, and M. Bisgaard. 1996. Correlation between viable counts of Salmonella gallinarum in spleen and liver and the development of anaemia in chickens as seen in experimental fowl typhoid. *Avian Pathol* 25:769 - 783.

[49]Christensen, J. P. , J. E. Olsen, and M. Bisgaard. 1993. Ribotypes of Salmonella enterica serovar gallinarum biovars gallinarum and pullorum. *Avian Pathol* 22:725 - 738.

[50]Christensen, J. P. , J. E. Olsen, H. C. Hansen, and M. Bisgaard. 1992. Characterization of Salmonella enterica serovar gallinarum biovars gallinarum and pullorum by plasmid profiling and biochemical analysis. *Avian Pathol* 21:461 - 470.

[51]Christensen, J. P. , M. N. Skov, K. H. Hinz, and M. Bisgaard. 1994. Salmonella enterica serovar gallinarum biovar gallinarum in layers: Epidemiological investigations of a recent outbreak in Denmark. *Avian Pathol* 23:489 - 501.

[52]Dodson, S. V. , J. J. Maurer, P. S. Holt, and M. D. Lee. 1999. Temporal changes in the population genetics of Salmonella pullorum. *Avian Dis* 43:685 - 695.

[53]Doyle, L. P. and F. P. Mathews. 1928. The pathology of bacillary white diarrhea in chicks. *Purdue Univ Agric Exp Stn Res Bull* 323.

[54]Edwards, P. R. and D. W. Bruner. 1946. Form variation in Salmonella pullorum and its relation to X strains. *Cornell Vet* 36:318 - 324.

[55]Edwards, P. R. , D. W. Bruner, E. R. Doll, and G. S. Hermann. 1948. Further notes on variation in Salmonella pullorum. *Cornell Vet* 38:257 - 262.

[56]Erbeck, D. H. , B. G. McLaughlin, and S. N. Singh. 1993. Pullorum disease with unusual signs in two backyard chicken flocks. *Avian Dis* 37:895 - 897.

[57]Evans, W. M. , D. W. Bruner, and M. C. Peckham. 1955. Blindness in chicks associated with salmonellosis. *Cornell Vet* 45:239 - 247.

[58]Farnell, M. B. , El Halawani, M. , You, S. , McElroy, A. P. , Hargis, B. M. & Caldwell, D. J. 2001. *In vivo* biologic effects of recombinant-turkey interferon-gamma in neonatal leghorn chicks: protection against Salmonella enteritidis organ invasion. *Avian Diseases* 45,473 - 478.

[59]Ferguson, A. E. , M. C. Connell, and B. Truscott. 1961. Isolation of Salmonella pullorum from the joints of broiler chicks. *Can Vet J* 2:143 - 145.

[60]Garrard, E. H. , W. H. Burton, and J. A. Carpenter. 1948. Nonpullorum agglutination reactions. *World's Poult Congr.* 626 - 631.

[61] Garren, H. W. and C. W. Barber. 1955. Endocrine and lymphatic gland changes occurring in young chickens with fowl typhoid. *Poult Sci* 34:1250 - 1258.

[62] Gast, R. K. 1997. Detecting infections of chickens with recent Salmonella pullorum isolates using standard serological methods. *Poult Sci* 76:17 - 23.

[63] Gast, R. K. and C. W. Beard. 1990. Serological detection of experimental Salmonella enteritidis infections in laying hens. *Avian Dis* 34:721 - 728.

[64] Gast, R. K. and P. S. Holt. 1998. Application of flagella-based immunoassays for serologic detection of Salmonella pullorum infection in chickens. *Avian Dis* 42:807 -811.

[65] Gauger, H. C. 1934. A chronic carrier of fowl typhoid with testicular focalization. *J Am Vet Med Assoc* 84:248 - 251.

[66] Gordeuk, S. J., P. J. Glantz, E. W. Callenbach, and W. T. S. Thorp. 1949. Transmission of fowl typhoid. *Poult Sci* 28:385 - 391.

[67] Griffin, H. G. and P. A. Barrow. 1993. Construction of an aroA mutant of Salmonella serotype gallinarum: Its effectiveness in immunization against experimental fowl typhoid. *Vaccine* 11:457 - 462.

[68] Guard-Petter, J. 1997. Induction of flagellation and a novel agarpenetrating flagellar structure in Salmonella enterica grown on solid media: Possible consequences for serological identification. *FEMS Microbiology Letters* 149:173 - 180.

[69] Gupta, B. R. and B. B. Mallick. 1976. Immunization against fowl typhoid. 1. Live oral vaccine. *Indian J Anim Sci* 46:502 - 505.

[70] Gupta, B. R. and B. B. Mallick. 1976. Immunization agasint fowl typhoid. 2. Live adjuvant vaccine. *Indian J Anim Sci* 46:546 - 551.

[71] Gupta, B. R. and B. B. Mallick. 1977. Use of 9R strain of S. gallinarum as vaccine against S. pullorum infection in chicks. *Indian Vet J* 54:331 - 333.

[72] Hall, W. J., D. H. Legenhausen, and A. D. McDonald. 1949. Studies on fowl typhoid. i. Nature and dissemination. *Poult Sci* 28.

[73] Henderson, S. C., D. I. Bounos, and M. D. Lee. 1999. Early events in the pathogenesis of avian salmonellosis. *Infect Immunol* 67:3580 - 3586.

[74] Hewitt, E. A. 1928. Bacillary white diarrhea in baby turkeys. *Cornell Vet* 18:272 - 276.

[75] H inshaw, W. R. 1930. Fowl typhoid of turkeys. *Vet Med* 25:514 - 517.

[76] Hinshaw, W. R., C. W. Upp, and J. M. Moore. 1926. Studies on transmission of bacillary white diarrhea in incubators, *J Am Vet Assoc* 68:631 - 641.

[77] Holt, P. S. and L. H. Chaubal. 1997. Detection of motility and putative synthesis of flagellar proteins in Salmonella pullorum cultures. *J Clin Microbiol* 35:1016 - 1020.

[78] Hoop, R. K. and P. Albicker-Rippinger. 1997. The infection with Salmonella gallinarum-pullorum in poultry: Experience from Switzerland. *Schweizer Archiv fuer Tierheilkunde* 139:485 - 489.

[79] Hoque, M. M., H. R. Biswas, and L. Rahman. 1997. Isolation, identification and production of Salmonella pullorum coloured antigen in Bangladesh for the rapid whole blood test. *Asian-Australasian J Anim Sci* 10:141 - 146.

[80] Hu, J., Bumstead, N., Barrow, P. A., Sebastiani, G., Olien, L., Morgan, K. and Malo, D. (1997) Resistance to salmonellosis in the chicken is linked to NRAMP1 and TNC. *Genom Research* 7:693 - 704.

[81] Hutt, F. B. and R. D. Crawford. 1960. On breeding chicks resistant to pullorum disease without exposure thereto. *Can J Genet Cytol* 2:357 - 370.

[82] Iqbal, M., Philbin, V. J., Withanage, G. S. K., Wigley, P., Beal, R. K., Goodchild, M. J., Barrow, P. A., McConnell, I., Maskell, D. J., Young, J. R., Bumstead, N., Boyd, Y. and Smith, A. L. 2005. Identification and functional characterization of chicken TLR5 reveals a fundamental role in the biology of infection with Salmonella enterica serovar Typhimurium. *Infection and Immunity* 73:2344 - 2350.

[83] Itoh, Y., K. Hirose, M. Miyake, A. Q. Khan, Y. Hashimoto, and T. Ezaki. 1997. Amplification of rfbE and fliC genes by polymerase chain reaction for identification and detection of Salmonella serovar enteritidis, dublin and gallinarum-pullorum. *Microbiol Immunol* 41:791 - 794.

[84] Javed, T., A. Hameed, and M. Siddique. 1990. Status of salmonella in indigenous (domestic) chickens in Pakistan. *Veterinarski Arhiv* 60:251.

[85] Johnson, D. C., M. David and S. Goldsmith. 1992. Epizootiological investigation of an outbreak of pullorum disease in an integrated broiler operation. *Avian Dis* 36:770 - 775.

[86] Jones, F. S. 1913. The value of the macroscopic agglutination test in detecting fowls that are harboring Bacterium pullorum. *J Med Res* 27:481 - 495.

[87] Jones MA, Wigley P, Page KL, Hulme SD, Barrow PA. 2001. Salmonella enterica serovar Gallinarum requires

the Salmonella pathogenicity island 2 type Ⅲ secretion system but not the Salmonella pathogenicity island 1 type Ⅲ secretion system for virulence in the chicken. *Infect Immun* 69:5471 - 5476.

[88]Joseph, T. , P. Chaudhuri, V. P. Singh, and B. Sharma. 1997. Randomly cloned chromosomal fragments for fingerprinting Salmonella gallinarum isolates. *Indian Vet* J 74:191 - 194.

[89]Kaiser, P. , L. Rothwell, E. E. Galyov, P. A. Barrow, J. Burnside, and P. Wigley. 2000. Differential cytokine expression in avian cells in response to invasion by Salmonella typhimurium, Salmonella enteritidis and Salmonella gallinarum. *Microbiology* 146:3217 - 3226.

[90]Karyagin, V. W. 1964. Development of resistance of Salmonella pullorum. Ⅰ. To biomycin. Ⅱ. To furazolidone. *Nauchn Tr* 31 - 49.

[91]Klein, E. 1889. Über eine epidemische Krankheit der Hühner, verursacht durch einer Bacillus-Bacillus gallinarum. Zentralbl *Bakteriol Parasitenkd Abt I Orig* 5: 689 -693.

[92]Kogut, M. H. , Tellez, G. I. , Hargis, B. M. , Corrier, D. E. & DeLoach, J. R. 1993. The effect of 5-fluorouracil treatment of chicks: a cell depletion model for the study of avian polymorphonuclear leukocytes and natural host defenses. *Poultry Science* 72, 1873 - 1880.

[93]Kokosharov, T. 1998. Changes in the white blood cells and specific phagocytosis in chicken with acute fowl typhoid. I *Veterinarski Arhiv* 68:33 - 38.

[94]Kokosharov, T. 2000. Sialic acids in the serum of poultry with experimental acute fowl typhoid. *Indian Vet J* 77: 1 - 3.

[95]Kokosharov, T. , H. Hristov, and L. Belchev. 1997. Clinical, bacteriological and pathological studies on experimental fowl typhoid. *Indian Vet* J 74:547 - 549.

[96]Kokosharov, T. , I. Petkov, and I. Dzhurova. 1984. Cocks with experimentally induced acute typhoid. *Vet Med Nauki* 21:18 - 26.

[97]Komarov, A. 1932. Fowl typhoid in baby chicks. *Vet Rec* 12:1455 - 1457.

[98]Kwon, H. J. , K. Y. Park, H. S. Yoo, J. Y. Park, Y. H. Park, and S. J. Kim. 2000. Differentiation of Salmonella enterica serotype gallinarum biotype pullorum from biotype gallinarum by analysis of phase 1 flagellin C gene (fliC). *J Micro Methods* 40:33 - 38.

[99]Lee, Y. J. , Kim, K. S. , Kim, J. H. , and Tak, R. B. 2004. Salmonella gallinarum gyrA mutations associated with fluoroquinolone resistance. *Avian Pathol* 33:251 - 257.

[100]Lee, Y. J. , Kim, K. S. , Kwon, Y. K. and Tak, R. B. 2003. Biochemical characteristics and antimicrobial susceptibility of Salmonella gallinarum isolated in Korea. *J Vet Sci* 4:161 - 166.

[101]Leveque, G. , Forgetta, V. , Morroll, S. , Smith, A. L. , Bumstead, N. , Barrow, P. A. , Loredo - Osti, J. C. , Morgan, K. and Malo, D. 2003. Allelic variation in TLR4 is linked to susceptibility to Salmonella enterica serovar Typhimurium infection in chickens. *Infection and Immunity* 71:1116 - 1124.

[102]Li, J. , N. H. Smith, K. Nelson, P. B. Crichton, D. C. Old, T. S. Whittam, and R. K. Selander. 1993. Evolutionary origin and radiation of the avian-adapted nonmotile salmonellae, *J Med Microbiol* 38:129 - 139.

[103]Liu, G-R. , Rahn, A. , Lin, W-Q, Sanderson, K. E. , Johnston, R. N. and Liu S-L. 2002. The evolving genome of Salmonella enterica serovar Pullorum. *J Bacteriol* 184:2626 - 2633.

[104]Lucio, B. , M. Padron, and A. Mosqueda. 1984. Fowl typhoid in Mexico. *Int Symp Salmonella* 382 - 383.

[105]Madhur, D. , P. Chaud, and J. R. Sadana. 1999. Comparison of a dot immunobinding assay and the serum agglutination test for detecting serological responses in vaccinated and unvaccinated chickens following challenge with Salmonella gallinarum. *Avian Pathol* 28:98 - 101.

[106]Majid, A. , M. Siddique, and M. Z. Khan. 1991. Prevalence of salmonellosis in commercial chicken layers in and around Faisalabad. *Pakistan Vet J* 11:37 - 41.

[107]Mariani. P. , Barrow, P. , Cheng, H. H. , Groenen, M. A. M. , Negrini, R. and Bumstead, N. 1998. A major quantitative trait locus determining resistance to salmonellosis is located on chicken chromosome 5. *Animal Genetics* 29:73 - 74.

[108]Martinaglia, G. 1929. A note on Salmonella gallinarum infection of ten-day-old chicks and adult turkeys. *J S Afr Vet Med Assoc* 1:35 - 36.

[109]Mayahi, M. , R. N. Sharma, and S. Maktabi. 1995. An outbreak of blindness in chicks associated with Salmonella pullorum infection. *Indian Vet J* 72:922 - 925.

[110]McCullough, N. B. and C. W. Eisele. 1951. Experimental human salmonellosis. Ⅳ. Pathogenicity of strains of Salmonella pullorum obtained from spray-dried whole egg. *J Infect Dis* 89:259 - 265.

[111]McMeechan, A. , Lovell, M. A. , Cogan, T. A. , Marston, K. L. , Humphrey, T. J. and Barrow, P. A. 2005. Glycogen production by different Salmonella enterica serotypes: contribution of functional glgC to virulence,

intestinal colonization and environmental survival. *Microbiology* 151:3969 - 3977.

[112]Mdegela,R. H. ,M. G. S. Yongolo,U. M. Minga,and J. E. Olsen. 2000. Molecular epidemiology of Salmonella gallinarum in chickens in Tanzania. *Avian Pathol* 29: 457 - 463.

[113]Minga,U. M. and C. Wray. 1992. A disc ELISA for the detection of Salmonella group D antibodies in poultry. *Res Vet Sci* 52:384 - 386.

[114]Minga, U. M. ,C. Wray,and P. S. Gwakisa. 1992. Serum,disc and egg ELISA for the serodiagnosis of Salmonella gallinarum and S. enteritidis infections in chickens. *Scand J Immunol* 11:157 - 159.

[115]Mitchell, R. B. , F. C. Garlock, and R. H. Broh-Kahn. 1946. An outbreak of gastro-enteritis presumably caused by Salmonella pullorum. *J Infect Dis* 79:57 - 62.

[116]Nabbut, N. 1993. The salmonella problem in Lebanon and its role in acute gastroenteritis. *J Food Protect* 56: 270 - 272.

[117]Orr, B. B. and E. N. Moore. 1953. Longevity of Salmonella gallinarum. *Poult Sci* 32:800 - 805.

[118]Nisbet,D. J. ,Tellez,G. I. ,Lowry,V. K. ,Anderson,R. C. ,Garcia,G. ,Nava,G. ,Kogut,M. H. ,Corrier,D. E. and Stanker,L. H. 1998 Effect of a commercial competitive exclusions culture (Preempt)on mortality and horizontal transmission of Salmonella gallinarum in broiler chickens. *Avian Dis* 42:651 - 656.

[119]Padmanaban, V. D. , K. R. Mittal, and B. R. Gupta. 1981. Cross protection against fowl typhoid: Immunization trials and humoral immune response. *Dev Comp Immunol* 5:301 - 312.

[120]Pennycott, T. W. and G. Duncan. 1999. Salmonella pullorum in the common pheasant (Phasianus colchicus). *Vet Rec* 144:283 - 287.

[121]Pomeroy,B. S. 1984. Fowl typhoid. In M. S. Hofstad,B. W. Calnek, W. M. Reid, and H. W. Yoder,Jr. (ed.). Diseases of Poultry, 8th ed. Iowa State University Press: Ames,IA. 79 - 91.

[122]Pomeroy,B. S. ,R. Fenstermacher,and M. H. Roepke. 1948. Sulfonamides in the control of salmonellosis of chicks and poults. *J Am Vet Med Assoc* 112:296 - 303.

[123]Pomeroy,B. S. and K. V. Nagaraja. 1991. Fowl typhoid. In B. W. Calnek, H. J. Barnes, C. W. Beard, W. M. Reed,and J. H. W. Yoder(eds.). Diseases of Poultry, 9th ed. Iowa State University Press:Ames,IA. 87 - 99.

[124]Popp,L. 1947. Fowl typhoid organisms as the cause of

gastroenteritis in man [abst]. *J Am Vet Med Assoc* 111:314.

[125]Porwollik,S. ,Santiviago,C. A. ,Cheng,P. ,Florea,L. , Jackson,S and McClelland,M. 2005. Differences in gene content between Salmonella enterica serovar Enteritidis isolates and comparison to closely related serovars Gallinarum and Dublin. *J Bacteriol* 187:6545 - 6555.

[126]Rabsch,W. ,Hargis,B. M. ,Tsolis,R. M. ,Kingsley,R. A. ,Hinz,K. H. ,Tschape,H. and Baumler,A. J. 2000 Competitive exclusion of Salmonella enteritidis by Salmonella gallinarum in poultry. *Emer Infect Dis* 6: 443 -448.

[127]Rahman, H. , Prager, R. and Tschape, H. 2000. Occurrence of sef and pef genes among different serovars of Salmonella. *Indian J Med Res* 111:40 - 42.

[128]Rettger,L. F. 1900. Septicemia among young chickens. *NY Med J* 71:803 - 805.

[129]Rettger,L. F. 1909. Further studies on fatal septicemia in young chickens or"white diarrhea. "*J Med Res* 21: 115 - 123.

[130]Rettger,L. F. and W. N. Plastridge. 1932. Pullorum disease of domestic fowl. *Monogr Storrs Agric Exp Stn Bull* 178.

[131]Runnels, R. A. , C. J. Coon, H. Farley, and F. Thorp. 1927. An application of the rapid-method agglutination test to the diagnosis of bacillary white diarrhea infection. *J Am Vet Med Assoc* 70:660 - 662.

[132]Rychlik,I. ,M. A. Lovell,and P. A. Barrow. 1998. The presence of genes homologous to the K88 genes faeH and faeI on the virulence plasmid of Salmonella gallinarum. *FEMS Microbiol Letters* 159:255 - 260.

[133]Ryll, M. , M. Bisgaard, J. P. Christensen, and K. H. Hinz. 1996. Differentiation of Salmonella gallinarum and Salmonella pullorum by their whole-cell fatty acid methyl ester profiles. *J Vet Med Series* 43:357 - 363.

[134]Salem, M. , E. M. Odor, and C. Pope. 1992. Pullorum disease in Delaware roasters. *Avian Dis* 36:1076-1080.

[135]Sarkisov, A. K. and E. T. Trishkina. 1966. Antibiotic sensitivity of Salmonella pullorum isolated from chicks on farms where antibiotics have been used over a long period. *Tr Vses Inst Eksp Vet* 32:224 - 230.

[136]Sato, Y. ,G. Sato, L. Tuchili, G. S. Pandy, A. Nakajima, H. Chimana,and H. Sinsungwe. 1997. Status of Salmonella gallinarumpullorum infections in poultry in Zambia. *Avian Dis* 41:490 - 495.

[137]Schaffer, J. M. , A. D. MacDonald, W. J. Hall, and H. Bunyea. 1931. A stained antigen for the rapid whole

blood test for pullorum disease. *J Am Vet Med Assoc* 79:236-240.

[138]Severens, J. M. , E. Roberts, and L. E. Card. 1944. A study of the defense mechanism involved in hereditary resistance to pullorum disease of the domestic fowl. *J Infect Dis* 75:33-46.

[139]Shah, D. H. , Lee, M. J. , Park, J. H. , Lee, J. H. , Eo, S. K. , Kwon, J. T. and Chae, J. S. 2005. Identification of Salmonella gallinarum virulence genes in a chicken infection model using PCR-based signature tagged mutagenesis. *Microbiol* 151:3957-3968.

[140]Shah, D. H. , Park, J. H. , Cho, M. R. , Kim, M. C. and Chae, J. S. 2005. Allel-specific PCR method based on ribs sequence for distinguishing Salmonella gallinarum from Salmonella Pullorum: serotype-specific rfbS sequence polymorphism. *J Microbiol Methods* 60:169-177.

[141]Sharp, M. W. and P. W. Laing. 1993. Salmonella pullorum infection and pheasants. *Vet Rec* 133:460.

[142]Shivaprasad, H. L. 1995. Unpublished data.

[143]Shivaprasad, H. L. 2000. Fowl typhoid and pullorum disease. *Rev Sci Tech Off Int Epiz* 19:405-424.

[144]Shivaprasad, H. L. , J. F. Timoney, S. Morales, B. Lucio, and R. C. Baker. 1990. Pathogenesis of Salmonella enteritidis infection in laying chickens. Ⅰ. Studies on egg transmission, clinical signs, fecal shedding, and serologic responses. *Avian Dis* 34:548-557.

[145]Siddique, M. , T. Javed, and M. A. Sabri. 1987. Incidence and pathology of various poultry diseases prevalent in Faisalabad(Pakistan) and surrounding districts. *Pakistan Vet J* 7:148-154.

[146]Silva, E. N. 1984. The Salmonella gallinarum problem in Central and South America. *Int Symp Salmonella* 150-156.

[147]Silva, E. N. , G. H. Snoeyenbos, O. M. Weinack, and C. F. Smyser. 1981. Studies on the use of 9R strain of Salmonella gallinarum as a vaccine in chickens. *Avian Dis* 25:38-52.

[148]Smith, H. W. 1955. The longevity of Salmonellarum in the faeces of infected chickens. *J Comp Patrol Ther* 65:267-270.

[149]Smith, H. W. 1956. The use of live vaccines in experimental Salmonella gallinarum infection in chickens with observations on their interference effect. *J Hyg* 54:419-432.

[150]Smith, H. W. , J. F. Tucker, and M. Lovell. 1981. Furazolidone resistance in Salmonella gallinarum: The rela-

tionship between *in vitro* and *in vivo* determinations of resistance. *J Hyg* (Camb)87:71-81.

[151]Smith, Ⅰ. M. , S. T. Licence, and R. Hill. 1978. Haematological, serological and pathological effects in chicks of one or more intravenous infections of Salmonella gallinarum endotoxin. *Res Vet Sci* 24:154-160.

[152]Smith, T. H. and C. T. Broeck. 1915. Agglutination affinities of a pathogenic bacillus from fowls (fowl typhoid) (Bacterium sanguinarium Moore) with the typhoid bacillus of man. *J Med Res* 31:503-521.

[153]Snoeyenbos, G. H. 1991. Pullorum disease. In B. W. Calnek, H. J. Barnes, C. W. Beard, W. M. Reed, and J. H. W. Yoder (eds.). Diseases of Poultry, 9th ed. Iowa State University Press: Ames, IA. 73-86.

[154]St. John-Brooks, R. and M. Rhodes. 1923. The organisms of the fowl typhoid group, *J Pathol Bacteriol* 26:433-439.

[155]Stanley, J. and N. Baquar. 1994. Phylogenetics of Salmonella enteritidis. *Int J Food Microbiol* 21:79-87.

[156]Stokes, J. L. and H. G. Bayne. 1961. Oxidative assimilation of amino acids by salmonellae in relation to growth rates. *J Bacteriol* 81:118-125.

[157]Stuart, E. E. and R. D. Keenum. 1970. Preincubation treatment of chicken hatching eggs infected with Salmonella pullorum. *Avian Dis* 14:87-95.

[158]Stuart, E. E. , R. D. Keenum, and H. W. Bruins. 1962. Experimental studies on an isolate of Salmonella gallinarum apparently resistant to furazolidone. *Avian Dis* 7:294-303.

[159]Stuart, E. E. , R. D. Keenum, and H. W. Bruins. 1967. The emergence of a furazolidone-resistant strain of Salmonella gallinarum. *Avian Dis* 11:139-145.

[160]Suganuma, Y. 1960. Histopathological studies of serositis of pullorum disease. *Jpn J Vet Sci* 22:175-182.

[161]Tanaka, S. 1975. Production of pullorum antigen by continuous submerged culture. *Jpn Agric Res Q* 9:60-65.

[162]Thain, J. A. and T. B. Blandford. 1981. A long-term serological study of a flock of chickens naturally infected with Salmonella pullorum. *Vet Rec* 109:136-138.

[163]Trabulsi, L. R. and P. R. Edwards. 1962. The differentiation of Salmonella pullorum and Salmonella gallinarum by biochemical methods. *Cornell Vet* 52:563-569.

[164]Tsubokura, M. 1965. Studies of Salmonella pullorum phage. I. Isolation of phages and their properties. *Jpn J Vet Sci* 27:179-188.

[165]Tsubokura, M. 1966. Studies on Salmonella pullorum

phage. V. Conversion of subtypes of S. pullorum by phage. *J pn J Vet Sci* 28:35 - 40.

[166]Tuchili, L. M., H. Kodama, Y. Izumoto, M. Mukamoto, T. Fukata, and T. Baba. 1995. Detction of Salmonella gallinarum and S. typhimurium DNA in experimentally infected chicks by polymerase chain reaction. *J Vet Med Sci* 57:59 - 63.

[167]Van Buskirk, M. A. 1987. A pullorum disease outbreak in a pullorum-free state. *Northeast Conf Avian Dis* 40 -42.

[168]Waltman, W. D. and A. M. Horne. 1993. Isolation of salmonella from chickens reacting in the pullorum-typhoid agglutination test. *Avian Dis* 37:805 - 810.

[169]Watanabe, S., T. Nagai, K. Hashimoto, T. Kume, and R. Sakazaki. 1960. Studies on salmonella infection in hens' eggs during incubation. Ⅶ. Transmission to eggs of agglutinins and immunity from hens infected with S. pullorum. *Bull Natl InstAnim Health* (Tokyo)39:37 - 41.

[170]Wigley, P., Berchieri, A. Jnr., Page, K. L., Smith, A. L. and Barrow P. A. 2001. Salmonella enterica Serovar pullorum persists in splenic macrophages and in the reproductive tract during persistent, disease-free carriage in chickens. *Infect. Immun* 69:7873 - 7879.

[171]Wigley, P., Hulme, S. D., Powers, C., Beal, R. K., Berchieri, A. Jr., Smith, A. and Barrow, P. 2005. Infection of the reproductive tract and eggs by Salmonella enterica serovar Pullorum in the chicken is associated with suppression of cellular immunity at sexual maturity. *Infection and Immunity* 73:2986 - 2990.

[172]Wigley, P., Hulme, S. D., Powers, C., Beal, R., Smith, A. L. and Barrow, P. A. 2005. Oral infection with the Salmonella enterica serovar Gallinarum 9R attenuated live vaccine as a model to characterise immunity to fowl typhoid in the chicken. *BMC Vet Res* 12:2,1 - 8.

[173]Wigley, P., Jones, M. A. and Barrow, P. A. 2002. Salmonella enterica serovar Pullorum requires the Salmonella pathogenicity island 2 type Ⅲ secretion system for virulence and carriage in the chicken. *Avian Pathol* 31:501 - 6.

[174]Williams, J. E. 1953. Antigenic studies using ammonium sulfate. I. The relative sedimentation effect of ammonium sulfate on the various antigenic types of Salmonella pullorum. *Am J Vet Res* 14:458 - 462.

[175]Williams, J. E. 1953. Antigenic studies using ammonium sulfate. Ⅱ. The macroscopic ammonium sulfate sedimentation test for distinguishing the antigenic forms of Salmonella pullorum. *Am J Vet Res* 14:465 - 470.

[176]Williams, J. E., L. H. Dillard, and G. O. Hall. 1968. The penetration patterns of Salmonella typhimurium through the outer structures of chicken eggs. *Avian Dis* 12:445 - 466.

[177]Williams, J. E. and A. D. MacDonald. 1955. The past, present, future of salmonella antigens for poultry. *Annu Meet Am Vet Med Assoc* 333 - 339.

[178]Williams, J. E., B. S. Pomeroy, R. Fenstermacher, and A. Holland. 1949. The incidence of variant pullorum in Minnesota. *Cornell Vet* 39:129 - 135.

[179]Williams, J. E. and A. D. Whittemore. 1971. Serological diagosis of pullorum disease with the microagglutination system. *Appl Microbiol* 21:394 - 399.

[180]Wilson, M. A. and G. E. Nordholm. 1995. DNA fingerprint analysis of standard, intermediate and variant antigenic types of Salmonella enterica subspecies enterica serovar gallinarum biovar pullorum. *Avian Dis* 39:594 -598.

[181]Withanage, G. S. K., Kaiser, P., Wigley, P., Powers, C., Mastroeni, P., Brooks, H., Barrow, P. A., Smith, A., Maskell, D. J. &. McConnell, I. 2004. Rapid expression of chemokines and pro-inflammatory cytokines in newly hatched chickens infected with Salmonella enterica serovar Typhimurium. *Infection and Immunity* 72:2152 - 2159.

[182]Withanage, G. S., Wigley, P., Kaiser, P., Mastroeni, P., Brooks, H., Powers, C., Beal, R. K., Barrow, P. A., Maskell, D. J.. &. McConnell, I. 2005. Cytokine and chemokine response associated with clearance of a primary Salmonella enterica serovar Typhimurium infection in the chicken and in protective immunity to rechallenge. *Infection and Immunity* 73:5173 - 5182.

[183]Wong, R. A., G. I. Tellez, J. Valladares, and B. M. Hargis. 1996. Pathogenicity of Salmonella gallinarum on an experimental infection of one-day-old broiler chicks. *Poultry Sci* 75:44.

[184]Wu, K-Y., Liu, G-R., Wang, A. O., Zhan, S., Sanderson, K. E., Johnston, R. N. and Liu S-L. 2005. The genome of Salmonella enterica serovar Gallinarum: distinct insertions/deletions and rare rearrangements. *J Bacteriol* 187:4720 - 4727.

[185]Younie, A. R. 1941. Fowl infection like pullorum disease. *Can J Comp Med Vet Sci* 5:164 - 167.

[186]Zhang, D., J. J. Yuan, G. S. Zhang, D. L. Zhang, J. Y. Jia, and G. S. Zhang. 1996. An investigation of poultry diseases in Gansu. *Chinese J Vet Med* 22:6 - 27.

[187] Zhang-Barber, L., A. K. Tumer, and P. A. Barrow. 1999. Vaccination for control of Salmonella in poultry. *Vaccine* 17:2538 - 2545.

[188] Zhang-Barber, L., A. K. Turner, G. Dougan, and P. A. Barrow. 1998. Protection of chickens against experimental fowl typhoid using a nuoG mutant of Salmonella serotype Gallinarum. *Vaccine* 16:899 - 903.

禽副伤寒感染

Paratyphoid Infections

Richard K. Gast

引 言

具有运动性的沙门氏菌血清型通常称为副伤寒（PT）沙门氏菌，呈世界性分布，有广泛的宿主范围（包括野生无脊椎动物和脊椎动物、家养动物和人），可引发无症状的肠道潜伏感染，或引起临床症状。自 1895 年首次报道鸽子暴发传染性肠炎以来，副伤寒沙门氏菌感染对幼禽造成了巨大损失。最近，副伤寒（PT）沙门氏菌被确定为人类食物源性疾病的重要病原之一。随着家禽养殖水平的提高、消费者生活方式和喜好的改变以及对营养需求的高度认知，使得禽产品称为人类动物蛋白的主要来源。而禽肉和蛋的污染与人类沙门氏菌病的暴发密切相关。因此，出于对公共卫生和经济两方面的考虑，控制副伤寒沙门氏菌感染已成为养禽业的重要目标。

经济意义

对于政府、家禽养殖业和被感染者来说，食用被沙门氏菌污染的禽产品而引起人类疾病的花费是巨大的。人类食物源性沙门氏菌感染可导致医疗花费、劳动力丧失和产前死亡，在美国每年的总费用超过 20 亿美元[142]。媒体广泛报道了某些食品的沙门氏菌污染情况，明显影响了消费者对这些产品的需求。出于食品安全的考虑，国际市场上禽产品的上市不断地受到各种限制。

禽养殖场还面临禽沙门氏菌感染的各种直接损失。垂直传播或孵化场水平传播感染时，雏鸡或雏火鸡表现为生长抑制和死亡。其他疾病或应激因素可促使成年禽发生严重的沙门氏菌感染。同样，沙门氏菌感染也会增加宿主对其他病原的易感性。防止沙门氏菌传染至子代禽或人类也需要生产者不少的花费。控制措施，如生物安全措施、设备的清洗和消毒、啮齿动物的控制、免疫接种和检疫都可增加生产成本。据估计美国为控制产蛋鸡群肠炎沙门氏菌感染的花费，每打鸡蛋接近 1 美分[308]。

公共卫生意义

虽然近年来对其他病原投入了大量的关注，但沙门氏菌依然是全球食品源性疾病的主要病因之一。据美国疾病控制和预防中心（CDC）报告，美国沙门氏菌病的病例数每年在 140 万以上，15 000 入院，400 人死亡[430]。污染食品的大量商品销售有时可导致大量消费者暴发沙门氏菌。例如，1994 年美国暴发了因冰淇淋污染而导致的肠炎沙门氏菌病，影响人数达 22.4 万[200]。沙门氏菌暴发可导致严重的后果，特别是在易感人群更是这样，如托儿所和小型疗养所。

禽产品一直是沙门氏菌引起人类疾病的重要来源。据估计，在 2000 年 182 060 位美国人因食用污染的蛋而感染了肠炎沙门氏菌[381]。1985—1999 年间在美国暴发的食物源性副伤寒沙门氏菌病中，大约 80％与污染的蛋有关[340]。食用污染的鸡肉也是发生沙门氏菌感染的重要因素[246]。家禽是沙门氏菌传染给人类的主要来源，且在家禽中经常发现人类中流行的许多血清型菌株（如鼠伤寒沙门氏菌和肠炎沙门氏菌）[423]。

病 原 学

分类和命名

沙门氏菌属于肠杆菌科，根据其生化特性，可分成 5 个不同的亚属[262]。然而，根据遗传相关性进行划分时，本属只有 2 个种[178]。其中之一是肠道沙门氏菌，包括 2 500 多个具有运动性的非宿主专一性的副伤寒血清型，如肠道沙门氏菌肠道亚种肠炎血清型（S. enterica. subsp. enterica serorar Enteritidis）和肠道沙门氏菌肠道亚种鼠伤寒血清型（Serovar Typhimurium）。在鉴别诊断和流行病学调查过程中，仍然使用传统的、更加简洁的血清型名称（如肠炎沙门氏菌和鼠伤寒沙门氏菌），从而使命名更加简明方便。

形态与染色

沙门氏菌是平直的、不形成芽孢的杆菌，大小为 $0.7\sim1.5\mu m\times2.0\sim5.0\mu m$，革兰氏染色呈阴性，易被普通染色剂（如亚甲蓝或石炭酸品红）染色。副伤寒沙门氏菌通常有周身鞭毛，能运动，但有时能遇到自然形成的不能运动的突变株。

生长需要

沙门氏菌兼性厌氧，在有氧和无氧条件下都生长良好，最佳生长温度是 $37℃$，但有些菌的生长温度范围是 $4\sim45℃$。沙门氏菌可在 pH4.0～9.0 的范围内生长，最适 pH 是 7.0，但在极端 pH 条件下，细菌的某些成分如鞭毛和菌毛不表达。该菌营养需求简单，在提供碳源和氮源的绝大多数培养基上均能生长。在普通培养基上（如蛋白胨琼脂或营养琼脂）穿刺接种，然后密封室温保存，沙门氏菌培养物的活性可维持许多年。

菌落形态

琼脂上典型的沙门氏菌菌落的直径为 2～4mm，圆形且边缘平滑，稍隆起且有光泽。

生化特性

典型的副伤寒沙门氏菌[211]能发酵葡萄糖（产酸和产气）、卫矛醇、甘露醇、麦芽糖和黏酸盐，但不发酵乳糖、蔗糖、丙二酸盐或水杨苷。能在许多培养基上产生硫化氢、使鸟氨酸和赖氨酸脱羧，能利用柠檬酸盐作为唯一的碳源，可将硝酸盐还原为亚硝酸盐。副伤寒沙门氏菌不能水解尿素或明胶，不产生吲哚。

鸡白痢沙门氏菌不能发酵黏酸盐或卫矛醇，而禽伤寒沙门氏菌即不能使鸟氨酸脱羧也不能发酵葡萄糖产气，根据这些特性可容易将大多数副伤寒沙门氏菌与禽宿主适应性沙门氏菌（鸡白痢沙门氏菌和禽伤寒沙门氏菌）区分开。此外，副伤寒沙门氏菌通常能运动，但禽伤寒沙门氏菌和鸡白痢沙门氏菌不能运动。亚利桑那沙门氏菌是雏火鸡临床上重要的病原体，能发酵丙二酸盐，不能发酵卫矛醇，根据这点可将其与副伤寒株沙门氏菌进行区别。

对理化因素的抵抗力

物理因素：热和辐射

除少数独特的耐热株（如森夫滕贝格沙门氏菌775W 株）外，沙门氏菌一般对热敏感。烹饪禽肉的内部温度达到 $74℃$ 或更高时，将确保杀死沙门氏菌[380]。$57℃$ 加热 70min 以上可消灭完整蛋内的沙门氏菌[42]。根据美国农业部（USDA）规范，全蛋液消毒灭菌时，需要 $60℃$ 加热处理 3.5min 以上[18]。然而，在烹饪过程中，当部分蛋黄为液态时沙门氏菌仍能在其中存活[115]。在严格的条件下，家禽饲料的蒸汽制粒处理可杀死沙门氏菌，但杀灭作用与温度、时间和湿度有关[204]。据报道，加热到 $60℃$ 以上（100％相对湿度）可有效灭活产蛋房内的沙门氏菌[177]。热休克[440]或暴露于碱性条件下[233]时，沙门氏菌的耐热性增强，而冷冻后其耐热性下降[373]。

辐照作为一种杀灭食品和饲料中沙门氏菌的方法，也可考虑选择。大多数沙门氏菌对辐射的杀灭作用高度敏感[408]。γ 射线已成功地用于减少禽肉[325]、蛋制品[291]、生蛋[401]和禽饲料[274]的沙门氏菌污染。将加热和辐射相结合时，对沙门氏菌的杀灭效果比单独使用任何一种方法好[409]。据报道，紫外线辐射可减少家禽胴体[432]、孵化蛋[11]、蛋壳[143]和蛋输送带上[143]的沙门氏菌污染。

化学消毒剂

各种化学消毒剂处理都可有效降低禽胴体、蛋和饲养设施上沙门氏菌污染的程度。然而，消毒后有时会发生再次污染，这影响了化学消毒剂的潜在优势[37]。此外，据报道亚致死量的化学消毒剂处理可促进细菌的耐热性[374]。过氧化氢[313]、醋酸[122]、乳酸[237]、山梨酸钾[310]、氯气[310]和磷酸钠[41]可降低肉鸡胴体污染沙门氏菌的几率和水平。种蛋孵化时用甲醛[445]、过氧化氢[11]或臭氧[11]进行熏蒸，用盐酸聚六亚甲基双胍[87]进行喷雾，或用过氧化氢[92]、乳酸[92]或过氧化物酶催化复合物[264]进行浸泡都能有效控制沙门氏菌。商业标准化的含氯去污清洁剂与碘消毒剂[253]、电离氧化水[38]和臭氧[366]一样，都可有效清除蛋壳上的沙门氏菌[318]。

　　化学消毒剂（尤其是酚类和季铵类化合物）也广泛用于禽舍和设施的消毒。然而，宾夕法尼亚的大型临床试验表明，禽舍的清洁消毒只能消除50％的肠道沙门氏菌[378]。消毒剂不会对同一菌种的所有菌株有效[375]，也不会对生物膜上的菌株有效[356]。雏鸡绒毛、粪便、饲料或锯木屑存在时会干扰许多消毒剂作用[34]。用于野外水源（井水、河流或池塘）消毒时有些消毒剂作用会降低[111]。清洁消毒的程序不当，或感染小鼠再次污染环境时，可影响消毒剂对饲养设施的消毒效果[107,109]。甲醛熏蒸对饲养设施的消毒非常有效[441]，但由于安全考虑，其可用性和使用率受到了限制。认为，臭氧熏蒸是安全的替代方法（但效果不大）[441]。

　　已研究了化学消毒剂对家禽饲料中沙门氏菌的杀灭作用。研究表明，乙醇[189]或有机酸（如醋酸锌和丙酸锌）可显著降低实验污染饲料中的沙门氏菌含量[339]。然而，一项研究表明：12种消毒剂（包括有机酸）中只有甲醛才能稳定有效地杀灭饲料中的沙门氏菌[391]。

环境因素

　　环境中副伤寒沙门氏菌的存在增加了沙门氏菌在禽群内及禽群间水平传播的机会。移出感染禽后，肠炎沙门氏菌可在垫料和饲料中存活26个月[103]。然而，有时报道废垫料对沙门氏菌的生长和存活有抑制作用，这可能是氨长期溶解进入垫料，使pH逐步升高的原因造成的[415]。垫料中添加石灰可使其pH值增高，降低了垫料中沙门氏菌的存活率[33]。湿度是沙门氏菌在禽舍存活的重要的辅助因素。家禽垫料中有活力的沙门氏菌的数量直接与湿度有关[130]，且在空气流动不畅的区域，其数量也相应增加[320]。

抗原结构

　　传统的Kauffmann-White沙门氏菌抗原分类系统的依据是菌体抗原和鞭毛抗原[133]。菌体"O"抗原与菌体多糖有关，用阿拉伯数字来标识。具有

特定菌体抗原的一组沙门氏菌被定义为沙门氏菌血清群（用大写字母表示）。家禽中分离的大多数沙门氏菌属于血清群B、C或D。"H"抗原由鞭毛蛋白决定，常用小写字母表示。鞭毛抗原有时有两种不同的相。特定沙门氏菌分离株的血清型是由O抗原和H抗原共同决定的。一般利用一套特异的抗血清，采用凝集实验来进行分离株的血清型分型。

菌株分类

噬菌体分型

　　通常采用一套已知的噬菌体进行细菌裂解实验，并根据裂解特性来鉴别同一血清型中与流行病学相关的菌株。噬菌体分型的敏感度有时比药敏试验、质粒分析、核糖体分型或脉冲场凝胶电泳更高[420]。肠炎沙门氏菌的不同噬菌体已被广泛应用，并为不同来源的沙门氏菌分离株间关系的确定提供了参考[209]。然而，由于质粒的引入[44]、温和噬菌体[358]或突变[349]可导致菌株转变为不同的噬菌体型，使得噬菌体分型的可靠性受到一定的影响。

分子生物学方法与抗菌谱分类

　　已对多种遗传分析方法的使用效果进行了评价，以提高对流行病学相关的沙门氏菌分离株不同血清型和噬菌体型之间或同一血清型或噬菌体型内的鉴别。然而，没有一种方法可适用于所有的鉴别程序。鉴别同一特定血清型时，各种可用方法的相对使用效果不同[277]。对沙门氏菌分型最有效的分子生物学方法有：染色体DNA的脉冲场凝胶电泳[327]、核糖体分型[68]、随机扩增多态性DNA[284]和质粒图谱[276]。两种或两种以上的分型方法结合起来，可详细鉴别沙门氏菌[274]。对抗菌药物的抵抗力（抗菌谱）也可用于沙门氏菌的分型，且常与其他分子生物学方法相结合[327]。据报道，这些技术可鉴别流行病学上重大疫情的沙门氏菌分离株和不相关分离菌株[65]，以及不同地域的分离株[226]。这些技术也可用于整个养禽场中不同来源分离株的鉴别[278]，确定家禽和人类沙门氏菌暴发病分离株间的关系[316]。

毒力因子

毒素

　　据报道有两大类毒素在副伤寒沙门氏菌致病力

上起作用。内毒素与沙门氏菌细胞壁脂多糖（LPS）的脂质 A 有关，当细菌裂解被释放入感染动物的血流中时，可引起发热。静脉注射肠炎沙门氏菌内毒素可引起 2 周龄鸡的肝和脾脏病变[416]。脂多糖有利于细菌的细胞壁抵抗宿主吞噬细胞的攻击和吞噬作用。鼠伤寒沙门氏菌丧失合成完整 LPS 的能力时，在肉鸡盲肠定植和入侵脾脏的能力将会降低[96]。

已确定了沙门氏菌的几种蛋白毒素。沙门氏菌肠毒素的作用是引起肠上皮细胞分泌反应，导致肠腔积液[259]。沙门氏菌的耐热性细胞毒素可抑制细胞的蛋白质合成，从而造成肠上皮细胞的结构破坏[257]。

黏附，侵入和细胞内存活

副伤寒沙门氏菌对肠上皮细胞的黏附是引发疫病的一系列病变过程中关键的第一步。沙门氏菌在鸡肠道中的定植能力下降时，其毒力亦明显减弱[417]。研究证明，沙门氏菌的鞭毛和菌毛是细菌黏附的中介体。据报道，缺乏鞭毛的肠炎沙门氏菌突变株对培养的禽肠细胞的黏附能力下降[4]，且不能与野毒株有效竞争定植于雏鸡盲肠中[3]。同样，从接种雏鸡的盲肠中很少分离到无菌毛的肠炎沙门氏菌，而绝大部分是有菌毛的沙门氏菌[410]。肠黏膜上的鞘糖脂和神经节苷脂受体与沙门氏菌菌毛介导的黏附作用有关[273]。然而，有些研究表明，鞭毛和菌毛并不是肠炎沙门氏菌在鸡肠道定植所必需的[121,354]。沙门氏菌在胃肠道的黏附过程中，脂多糖（O 抗原）也发挥一定的作用[54]。

沙门氏菌的毒力主要取决于细菌黏附后对黏膜的侵袭力[5]。黏附和侵入是单独调控的过程。口腔感染肠炎沙门氏菌和鼠伤寒沙门氏菌的突变株，其肠道的定植能力下降，但腹腔注射时不影响其毒力[348]。虽然黏附可能不涉及细菌的代谢活动，但接下来对宿主细胞的侵入需要活沙门氏菌进行蛋白质合成[286]。与肠上皮细胞表面的接触可明显地诱导细菌表达一些与入侵有关的蛋白[463]。鞭毛和某些类型的菌毛在肠炎沙门氏菌入侵并向鸡内脏器官扩散过程中发挥作用[121]。肠炎沙门氏菌的鞭毛缺失（非菌毛缺失）突变株不能侵入雏鸡的肝脏和脾脏[2]。1 型菌毛可调节细菌在输卵管上段的管腺细胞中的定植作用[112]。然而，其他研究者却未能证实菌毛基因失活对细胞入侵、吞噬细胞吞噬作用或对鸡的毒力有任何显著的影响[354,412]。

沙门氏菌的黏附和侵入受培养条件的影响。对数生长期的沙门氏菌比静止期的侵袭力强，厌氧培养的沙门氏菌比有氧培养的有更强的侵袭力和黏附力[131,269]。在乙酸中孵化时，可增强沙门氏菌对雏鸡盲肠上皮细胞的侵袭力，但在丙酸中孵化时可降低其侵袭力[425]。饥饿和干燥的共同作用可使沙门氏菌迅速失去感染性[271]。感染期间，肠道病原菌所处的宿主环境发生变化时，可诱导毒力相关因子的表达发生相应的变化[127]。例如，胃肠道的高氧和高营养环境可增强细菌的侵袭力，而低氧和低营养环境可诱导入侵细菌产生不同的毒力蛋白[185]。侵入细胞后确实明显诱导了几种特征性的毒力基因表达[343]。肠上皮细胞、巨噬细胞和肝细胞中鼠伤寒沙门氏菌的蛋白合成方式不同[47]。

沙门氏菌在宿主细胞内的复制是充分发挥致病力所必需的[272]。不能在宿主吞噬细胞中存活[141]或不能抵抗宿主抗菌肽抗菌作用[179]的鼠伤寒沙门氏菌突变株对小鼠的毒力下降。吞噬细胞内沙门氏菌的生长和杀灭是同时进行的[46]。在吞噬小体/溶酶体融合后存活的沙门氏菌[330]最终可摧毁吞噬细胞本身[280]。铁螯合载铁蛋白可促进沙门氏菌在体内存活[459]。

质粒

质粒是存在于染色体之外的可传递的 DNA，通常与细菌毒力有关。特定大小的血清型特异性质粒与许多沙门氏菌的毒力直接相关。不同血清型的毒力相关质粒之间有相当高的同源性[66]。消除了毒力相关质粒的沙门氏菌菌株对小鼠的致死性大大降低[198]，在雏鸡盲肠中的持续时间也缩短[429]。鼠伤寒沙门氏菌和肠炎沙门氏菌株质粒介导的毒力与细菌在肠系膜淋巴结、肝脏和脾脏的侵入有关[186]，也与细胞内的增殖[187]、血清中的存活和繁殖[62]、吞噬细胞的溶解[184]以及免疫抑制[207]有关。

但是，沙门氏菌的致病力并不总是需要血清型特异性的质粒存在。例如，有些鼠伤寒沙门氏菌株在缺少毒力相关质粒时仍保持在细胞培养试验中的侵袭力[225]和对感染小鼠的致死作用[337]。尽管一种血清型特异性质粒是肠炎沙门氏菌对小鼠毒力的完全表达所必需的，但消除这种质粒并不影响肠炎沙门氏菌口服接种雏鸡时对组织的定植和侵入能力[190]。

菌株、血清型和噬菌体型的致病力差异

PT 沙门氏菌株对小鸡致病力的差别较大。据

报道，不同血清型沙门氏菌的致病率有明显的差异，有时可导致雏鸡死亡[370]，有时可侵入成年母鸡的生殖器官内，并污染蛋[331]。这种毒力差异可能与感染途径无关[301]。然而，同一血清型沙门氏菌对雏鸡的致死率也明显不同，有时同一噬菌体型的菌株也存在明显差异[25]。肠炎沙门氏菌不同噬菌体型间的致病力亦有差异，噬菌体4型对新出壳的雏鸡具有高度的侵袭性[20]和致死率[152]。但是雏鸡的感染实验表明，噬菌体4型与其他噬菌体型有相似性，如肠道定植能力、脾脏侵入性能、水平传播和蛋污染频率[153,160]。肠炎沙门氏菌不同噬菌体型之间以及同一噬菌体型内存在明显的代谢特性差异[307]。不同肠炎沙门氏菌株之间存在差异，也存在交叉噬菌体型，对雏鸡致病力[152]和蛋垂直污染[387]方面不同。即使在同一克隆的基因谱系内，肠炎沙门氏菌菌株的毒力特性也不同[335]。

不同沙门氏菌的许多特征与菌株的致病力差异有关。尽管某些毒力基因在不同来源的沙门氏菌中广泛存在[401]，但体内基因诱导分析表明，在不同菌株间某些毒力基因相关的聚集区域不同[71]。与沙门氏菌分离株的毒力相关的特性有：对热和酸的耐受力[236]、运动性[270]、甘露糖敏感血凝作用[270]、培养细胞内的侵袭和存活能力[328]。肠炎沙门氏菌变异株的侵袭特性与LPS表达的质量和数量差异有关[342]。肠炎沙门氏菌分离株对鸡的毒力，以及这些菌株在蛋中的沉积污染与以下因素相关：大量高分子量LPS的产生；在肉汤培养基中增殖到超高细胞密度的能力[180,181]。可在体内诱导表达某些沙门氏菌毒力特性，因为从感染产蛋鸡体内分离到的菌株引发蛋污染的能力增强[155]。

病理生物学和流行病学

禽和禽产品沙门氏菌的发生率

肉用和蛋用禽的禽舍环境中沙门氏菌的发生率有很大差异。例如，一项火鸡群的调查研究表明，从79%的垫料样品和70%的粪样中都能检测到沙门氏菌[376]，而另一项研究表明，从13%的垫料样品和11%的盲肠样品中均能检测到沙门氏菌[326]。同样，肉鸡群的调查研究中沙门氏菌感染的阳性率为39%[52]，另一研究为5.5%[435]。在同一国家，

鸡群中沙门氏菌的分离率每年明显不同[134]。沙门氏菌阳性禽群中，实际的感染率或污染率也明显不同，但通常比较低[341]。据美国调查报道，1991—1998年肉种鸡孵化场中沙门氏菌的分离率从11%增至16%，但在同期严重污染的样品量由36%降至4%[93]。

同样，蛋鸡的调查研究结果也不相同，一项研究表明，从72%的产蛋禽舍环境样品中检测到了沙门氏菌[239]，而另一项研究中，从53%的环境和粪便样品中检测到了沙门氏菌[345]。美国的一项全国普查中，7.1%的商品产蛋禽舍呈肠炎沙门氏菌阳性[144]。单个环境样品中沙门氏菌的检出量明显比较低，但在产蛋初期和换羽期，沙门氏菌的检出量相对较高[364]。污染的产蛋禽舍中，沙门氏菌的分布并不一定均匀，正如美国研究报道的那样，在所有的产蛋禽舍中，10.5%呈沙门氏菌阳性，但仅有1.1%的鸡笼为阳性[56]。

近年来，对禽胴体和肉产品检测发现，不同国家的结果差别很大。严格的病原体减少计划导致一些国家禽类胴体沙门氏菌污染的发生率大大降低（418，448）。例如，威尔士只有5.7%的胴体污染沙门氏菌[299]，而比利时有10%发生沙门氏菌污染[173]。另一方面，沙门氏菌污染在其他国家的发生率依然很高。据报道，墨西哥40%的鸡肉样品[460]和泰国57%的样品[338]都为阳性。污染禽产品中沙门氏菌的量一般相对较低。对胴体冲洗液进行沙门氏菌计数发现只有约32个菌（即使储存7天后）[16]。另一项研究发现在肉鸡胴体冲洗液中只有1～30个沙门氏菌[431]。后期加工过程中沙门氏菌污染率增加意味着胴体的交叉污染[53]。

自20世纪80年代中期以来，禽蛋的沙门氏菌污染也成了重要的问题。据报道，意大利和巴西禽蛋中的沙门氏菌污染率为3%～4%[48,405]，日本蛋样品中的污染率为19%[316]。美国商品禽的临床研究表明，环境阳性的鸡群中鸡蛋污染肠炎沙门氏菌的发生率小于0.03%[250,378]。美国农业部估计美国鸡蛋肠炎沙门氏菌的污染率大约为0.005%[128]。

沙门氏菌血清型的分布

尽管已鉴定的沙门氏菌血清型有2 500多个，

但只有约10％分自家禽。而且少数几个血清型占了禽沙门氏菌分离株的绝大多数。禽源沙门氏菌血清型的分布随地理位置不同而不同，并且随时间变化而变化，但是有几种血清型分离率始终较高。根据2002年7月到2003年6月提送到美国农业部国家兽医局实验室的临床和环境分离株的资料，最常见的PT沙门氏菌血清型是：鸡源的有海德尔堡沙门氏菌（S. Heidelberg）、肯塔基沙门氏菌（S. kentucky）、鼠伤寒沙门氏菌（S. Typhimurium）、布伦登卢普沙门氏菌（S. Braenderup）和肠炎沙门氏菌（S. Enteritidis）；火鸡[140]源沙门氏菌血清型有森夫顿堡沙门氏菌（S. Senftenberg）、海德尔堡沙门氏菌（S. Heidelberg）、海德沙门氏菌（S. Hadar）、穆恩斯德沙门氏菌（S. Muenster）和肯塔基沙门氏菌（S. Kentucky）。家禽和人类沙门氏菌贮存宿主间的重要流行病学关系有时与血清型分布具有相似性。2003年上报给美国疾病预防控制中心的10种人源血清型中，以鼠伤寒沙门氏菌和肠炎沙门氏菌最多，在同一时期内5种来源于鸡和火鸡血清型的比例基本相近[140]。澳大利亚加强了食品安全法规的执行，使得沙门氏菌血清型的相对发生率发生变化，但家禽与人类相关疾病间仍然存在血清型的重要联系[400]。

据报道，世界各国禽源沙门氏菌分离率的变动很大，但有几个血清型具有持续的国际意义。由于肠炎沙门氏菌有通过污染蛋传播的独特流行特点，近年来这种血清型的特殊流行成为人们关注的主题。在意大利的禽蛋中[48]，波兰、西班牙、朝鲜的禽类胴体中[51,67,300]以及土耳其和荷兰的雏鸡群中[52,423]肠炎沙门氏菌是最常见的感染血清型。其他地方检测到的主要血清型包括：加拿大肉鸡、肉种鸡和火鸡[182]，美国产蛋鸡[247]以及丹麦火鸡[341]的海德尔堡沙门氏菌；美国肉种鸡的鼠伤寒沙门氏菌[278]；日本禽舍的婴儿沙门氏菌（S. Infantis）和利文斯通沙门氏菌（S. Livingstone）[316,317]；美国肉鸡的肯塔基沙门氏菌和阿戈纳沙门氏菌（S. Agona）[283,462]。

自然宿主和实验宿主

雏禽 PT 沙门氏菌感染

刚孵化的雏禽 PT 沙门氏菌感染情况与成年禽有很大的差异。对于非常易感的幼禽，PT 感染有

时可导致大批发病和死亡。PT 沙门氏菌对日龄较大禽的致死作用很弱，能引起肠道定植，甚至全身扩散，但没有明显的发病率和死亡率。幼年禽通常由于形成保护性微生物区系，能与沙门氏菌竞争肠道受体位点或产生能抑制沙门氏菌生长的拮抗剂而对沙门氏菌产生抵抗力[398]。同样2日龄鸡口服鼠伤寒沙门氏菌后黏附在盲肠的细菌数量远比3～7日龄鸡多得多[146]。可能早在孵化后36h就开始形成这样的抵抗力[27]。

鸡可以通过口腔、泄殖腔、气管内、脐部、眼睛和气雾途径感染 PT 沙门氏菌[86]。PT 沙门氏菌感染雏鸡和雏火鸡的结局涉及三个阶段：口服感染的 PT 沙门氏菌首先在肠道定植，一般可导致粪便持续性排菌。自然发生的沙门氏菌水平传播感染过程可能比人工口服感染过程慢[312]。第二阶段，胃肠道以外途径感染可导致沙门氏菌在肝和脾脏的巨噬细胞－吞噬细胞细胞系统（MPS）内增殖[25]，最终扩散定植到各种内脏组织。第三阶段，有时发生严重的全身菌血症，偶尔引起高死亡率。雏鸡的死亡率[136]和肠道定植情况[372]与口服感染沙门氏菌的剂量密切相关。

家禽 PT 自然感染一般在3～7日龄达到死亡高峰[309]。雏鸡实验感染 PT 的研究一致表明刚孵出的雏鸡对沙门氏菌高度易感，但这种易感性随日龄增大而下降。如口服 10^9 个鼠伤寒沙门氏菌，对1日龄肉鸡引起50％的致死率，对3日龄鸡的致死率是20％，对7日龄鸡不致死[136]。肠炎沙门氏菌、海德沙门氏菌感染雏鸡的死亡率随着日龄增加而下降[118,123]，鼠伤寒沙门氏菌对幼火鸡的感染也是如此[39]。

对于肠道定植[372]和侵袭内脏器官[118]的频率来说，刚孵出鸡高于较大日龄的鸡。感染后沙门氏菌在各个定植部位的持续时间也受家禽日龄的影响[123]。观察到2日龄雏鸡感染各种沙门氏菌后在肠道持续定植，但3周龄时则不出现[27]。据报道孵化后24h内水平接触感染的雏鸡，粪便中肠炎沙门氏菌的排菌时间至少持续28周[321]。1日龄雏鸡口服感染鼠伤寒沙门氏菌和肠炎沙门氏菌时，细菌在盲肠中的定植时间明显比7日龄雏鸡长[35,146]。给1日龄雏鸡接种 10^2 个肠炎沙门氏菌时，比7日龄接种 10^9 个病菌的感染定植时间长[426]。1日龄口服感染肠炎沙门氏菌，到24周龄时几乎一半鸡肠道有细菌持续定植并通过粪便排菌[158]。其他研究人员

同样观察到，2日龄口服感染肠炎沙门氏菌后，细菌感染可持续到64周龄[344]。口服接种雏鸡后，肠炎沙门氏菌在内脏器官中持续时间随日龄的增加而降低[116]。据报道，1日龄雏鸡接种沙门氏菌后，1年后其一些内脏仍呈沙门氏菌阳性[389]。

成年禽的 PT 沙门氏菌感染

成年禽 PT 沙门氏菌感染的发病率或死亡率并不常见。成年鸡大剂量口服感染 PT 沙门氏菌，通常不出现明显的临床症状[228]。尽管产蛋鸡口服感染肠炎沙门氏菌有时可导致菌血症和广泛的全身内脏感染，但除了少数有短暂的轻度腹泻外，其他临床表现正常[414]。可是其他研究人员[232]给10只1年的母鸡口服接种噬菌体4型肠炎沙门氏菌株，结果有6只死亡。

成年家禽 PT 沙门氏菌感染的两个最一致的特征是细菌在肠道定植并扩散到全身内脏器官。鸡或火鸡口服感染后的前2~4周，感染禽的肠道和排出的粪便中 PT 沙门氏菌分离率很高[147]。此后肠道和粪便中的带菌率虽然逐渐下降，但某些肠炎沙门氏菌经过口服感染蛋鸡，可在肠道存在数月[148,387]。

PT 沙门氏菌在肠道定植后，紧接着侵入肠上皮，然后扩散到各种内脏器官。尽管其他血清型，包括鼠伤寒沙门氏菌、海德尔堡沙门氏菌和婴儿沙门氏菌 (S. infantis) 也感染家禽，但仍然以肠炎沙门氏菌全身扩散方式的结果研究得最深入。产蛋母鸡口服感染肠炎沙门氏菌后，可从多个内脏器官，如肝、脾、卵巢、输卵管、心脏血和腹膜中分离到该菌[148,414]。肠炎沙门氏菌通过静脉[156]、气管[322]、结膜[229]、阴道[305]、泄殖腔[305]接种，或接触感染气溶胶[156]和污染精液[360]后，可向多种内脏器官（包括卵巢和输卵管）扩散。从自然感染禽的多种器官中也可分离到了肠炎沙门氏菌[222]。

成年鸡感染某些 PT 沙门氏菌的特殊意义在于其生产沙门氏菌污染蛋，并具有公共卫生意义。产蛋鸡的调查研究表明，就引起人类暴发肠炎沙门氏菌病的蛋来说，从中有时可检测到与人类感染相同的噬菌体型肠炎沙门氏菌，这些分离株通常有相同的质粒或染色体 DNA 图谱，且在环境样品、组织样品和蛋样中也可分离到这样的菌株[201]。蛋内肠炎沙门氏菌的污染通常是由于细菌高度侵袭，并在卵巢、输卵管定植的结果[242]。其他 PT 血清型，

包括海德堡沙门氏菌[154]和多重耐药的鼠伤寒沙门氏菌 DT104[444]也可存在于感染鸡所产的蛋内。

据报道商品鸡所产蛋的肠炎沙门氏菌污染率极低。对英国17个自然感染蛋鸡群的研究中发现，所采蛋样中肠炎沙门氏菌污染率低于1%[230]。在加拿大，对环境和组织样品都分离到肠炎沙门氏菌的两个蛋鸡群进行了检测，所采蛋样的肠炎沙门氏菌污染率低于0.06%[346]。在美国，发现环境样品有肠炎沙门氏菌污染的60个商品鸡群中，有18个鸡群产污染蛋，污染率为0.0264%[201]。自然污染的蛋中肠炎沙门氏菌的数量一般非常少[235]，但是一旦将蛋保存于适宜细菌生长的温度，其中的菌群能增殖到更危险的水平[151]。通过实验感染蛋鸡证明了蛋内也可发生沙门氏菌污染[156,388]。口服感染肠炎沙门氏菌后，蛋黄和蛋清中均可检测出菌[147,160]，但每毫升蛋内容物只有几个细菌。沙门氏菌最初的沉积污染更可能发生于卵白或卵黄膜中，而非卵黄内容物中[161]。

促发因素

已证实有许多因素可增加家禽 PT 感染的可能性和严重性。其他多种传染因子可影响沙门氏菌感染的过程。预先感染球虫，如柔嫩艾美球虫 (Eimeria tenella)，能增强多种血清型沙门氏菌在鸡肠道的定植能力[351]。感染柔嫩艾美球虫可引起先前感染的肠炎沙门氏菌的复发[352]，其作用机制可能是鸡感染艾美耳球虫后能抑制沙门氏菌生长的挥发性脂肪酸减少，而肠道的氧化—还原电势升高[8]。但是据观察，雏鸡感染柔嫩艾美耳球虫可降低之后的肠炎沙门氏菌对内脏器官的感染频率，这种作用可能是由于肠壁固有层的厚度增加的缘故。预先感染艾美耳球虫不影响接种的肠炎沙门氏菌对母鸡内脏器官的入侵作用和内部污染蛋的产生[406]。家禽感染免疫抑制性病毒或细菌也可影响沙门氏菌感染的结果。1日龄鸡感染网状内皮增生病毒可增加其在1日龄、7日龄或14日龄腹腔接种鼠伤寒沙门氏菌的致死率[311]；1日龄鸡感染传染性法氏囊病毒可导致随后鼠伤寒沙门氏菌感染的死亡率升高[457]，可使肠炎沙门氏菌感染的病变加重[344]。短小棒状杆菌 (Corynebacterium parvum) 引起细胞免疫抑制时，可导致雏鸡感染鼠伤寒沙门氏菌的发病率升高[85]。

环境和管理因素也能影响禽对 PT 沙门氏菌的

易感性。应激可促进或加剧沙门氏菌的感染。鸡群总体健康状态、粪便管理、通风和饮水系统是导致美国商品产蛋禽发生肠炎沙门氏菌感染的相关危险因素[56]。据报道，免疫雏鸡圈养密度高且环境不卫生时，泄殖腔中肠炎沙门氏菌的携带率增加[7]。例如，育雏温度降低5~8℃可明显增加沃辛顿沙门氏菌（S. Worthington）对刚孵出雏鸡的致死率[407]。给7周龄鸡攻毒前断水可增加口服感染鼠伤寒沙门氏菌的粪便带菌期[45]。肉鸡屠宰前断料与嗉囊沙门氏菌污染增加有关[77]。肠炎沙门氏菌感染试验表明，通过断料强制产蛋鸡换羽可增加肠炎沙门氏菌的粪便排菌率和排菌量[214]、肠道病变的发生率和严重性[347]、肠道内细菌量和分布范围[219]、对肝和脾的侵袭力[219]、水平传播[213]或空气传播[220]的概率。换羽也可降低肠炎沙门氏菌在母鸡肠道定植所需的感染剂量[212]，增大了以前感染的肠炎沙门氏菌复发的可能性[221]。断料可降低嗉囊中保护性乳酸杆菌和挥发性脂肪酸的水平，从而使pH升高[126]。美国研究发现诱导换羽是产蛋鸡发生肠炎沙门氏菌感染的重要危险因素[144]。最近研究表明，通过替换料（包括麦麸和苜蓿）来诱导换羽时，不会增加鸡对沙门氏菌的易感性[382,452]。

传染源、传播媒介和传播

PT沙门氏菌可通过多种传染源传入禽群。因动物蛋白或其他添加剂常受到污染，所以饲料很有可能是PT沙门氏菌的来源[369,238]。粉料房的粉尘也可能是成品料污染沙门氏菌的来源[238]。在美国，58％的粉料和92％的肉骨粉样品污染沙门氏菌[91]，肉粉或粉料是沙门氏菌污染的常见来源，而颗粒料不常见[91,369]。活禽和胴体中分离到的沙门氏菌血清型有时与饲料中的血清型相关，但并不总是如此[428,461]。日本一项研究发现商品育种禽饲料和其所产卵中的沙门氏菌染色体DNA类似[386]。实验感染研究证实，饲料中很少量的PT沙门氏菌即很容易造成雏鸡感染[206]。沙门氏菌在人工污染的饲料中可存活两年[108]。

沙门氏菌宿主范围极为广泛，使得其有大量的贮存宿主。生物媒介可引起沙门氏菌在禽群中传播和扩增。在英国通过分子印迹实验对10个产蛋鸡场进行了调查研究，从野生动物媒介、农场环境、小鼠、鸡蛋、母鸡均分离到了肠炎沙门氏菌[275]。

昆虫和其他无脊椎动物，包括蝇[334]、蛆或拟步甲[390]、土鳖虫[103]、蟑螂[258]和蜈蚣[103]的体外携带沙门氏菌，有时体内也携带沙门氏菌。小鼠是产蛋禽发生肠炎沙门氏菌感染的特别重要的传播媒介[378]。美国对商品产蛋鸡的一项大型研究表明，禽舍环境中沙门氏菌呈阳性时，小鼠的沙门氏菌携带率是阴性禽舍的四倍[144]。一粒鼠粪球能含有10^5个肠炎沙门氏菌[202]。野鸟可感染沙门氏菌[359]，商品鸡群与野鸟或其排泄物接触是一个很危险的因素[97,108]。人也是家禽沙门氏菌感染的来源，正如加利福尼亚垃圾处理厂那样，可将病菌传给野生动物和商品蛋鸡群[249]。

PT沙门氏菌对子代禽的垂直传播可来源于蛋内或表面的细菌污染。在排卵过程中蛋壳经常被含有PT沙门氏菌的粪便污染。沙门氏菌穿透蛋壳和壳膜可使正在孵化的鸡胚发生感染，导致直接传播，或在孵化期间蛋壳破裂时导致传染性沙门氏菌感染雏鸡。某些PT血清型，特别是肠炎沙门氏菌，在产卵前就能进入蛋内[147,242]。经卵传播感染子代是鸡肠炎沙门氏菌流行病学的重要方面。雏鸡和雏火鸡发生自然感染死亡时，可在其父母代中分离到同样血清型的沙门氏菌[263,309]。对法国10个农场进行调查，结果认为对肉鸡舍中沙门氏菌血清型的最终分布起最大作用的是雏鸡自身而不是环境[266]。

蛋内外所携带的任何PT沙门氏菌都能在孵化场内广泛传播。随着雏鸡或雏火鸡破壳而出，沙门氏菌被释放入空气，并随污染的绒毛和其他孵化碎屑在孵化器内循环传播。美国的一项研究[13]发现，商品肉鸡孵化场中17％的蛋壳样品和21％鸡的排泄物样品呈PT沙门氏菌阳性。另一项研究[89]表明，从肉鸡孵化场的蛋屑、蛋盘和纸屑样品中分离到了沙门氏菌（12种不同血清型），其阳性率超过75％。刚孵出的禽类由于缺少保护性的肠道菌群，对沙门氏菌的肠道定植高度易感。将未污染的种蛋与污染的蛋一起孵化时，发现来源于未污染蛋的雏鸡有近44％感染了鼠伤寒沙门氏菌[55]。孵化期间沙门氏菌的感染率比其他时段高，且孵化时分离到的沙门氏菌血清型与加工胴体中分离到的血清型相关[14]。

PT沙门氏菌能在群内或群间水平传播。研究[393]发现，10种沙门氏菌血清型感染1日龄平养鸡后可迅速传播。美国的研究报道[147,148]，未感染的蛋鸡与口服感染的鸡在相邻的笼中饲养时，可在未感染鸡的粪便和内脏器官中检测到肠炎沙门氏菌。禽舍环境的污染是 PT 沙门氏菌的主要来源之一[263]。一项研究认为[265]，肉鸡舍现存的或饲养期间通过传播媒介传入鸡舍的沙门氏菌血清型比来源于孵化器的血清型更有可能出现在加工的胴体上。荷兰和日本的研究表明，感染更可能来自禽场环境而非种禽[421,458]。

机械水平传播的方式有：禽直接接触、摄食污染的粪和垫料、污染的水或人员与设备。据报道[223]，感染的火鸡放入鸡舍 2 周后，鸡舍环境中沙门氏菌的分离率达到高峰。另一项研究报道[108]，肠炎沙门氏菌在空置禽舍（甚至清洁消毒后）的尘埃中可至少存活 1 年。法国的一项研究发现 70% 禽群的尘埃和垫料样品呈沙门氏菌阳性[369]。从五个商品产蛋鸡舍内外采集到的空气样品都呈沙门氏菌阳性[110]。实验感染发现肠炎沙门氏菌可通过污染的尘埃进行空气传播[165]。空气负离子可限制污染尘埃的循环，从而降低沙门氏菌的传播。实验条件下离子发生器能降低空气中尘埃的水平和鸡群中肠炎沙门氏菌的空气传播[363]。

临床症状

家禽 PT 感染通常只引起幼龄禽发病。种蛋污染沙门氏菌可导致高的死胚率，刚孵出的雏鸡还未见到症状就快速死亡。2 周龄内的鸡的发病率和死亡率高，出现明显的体重下降或生长抑制[120]，但年龄较大时很难观察到症状。单只禽的病程通常相当短。幼禽 PT 沙门氏菌严重感染的症状一般同其他禽类沙门氏菌（鸡白痢、禽伤寒）感染相似，其他菌并发感染时能引起急性败血症。成年禽 PT 沙门氏菌感染通常不引起临床症状，但有些肠炎沙门氏菌菌株实验感染时，可引起产蛋鸡厌食、腹泻和产蛋下降[147,387]。

雏鸡和雏火鸡发生 PT 沙门氏菌感染时，典型的症状包括：渐进性嗜眠、闭眼、翅下垂和羽毛粗乱。厌食和消瘦比较常见。感染禽颤抖，靠近热源扎堆。常可见到严重的水样腹泻，引起脱水和糊肛，有时引起失明和跛行。

病理变化

刚孵出的家禽 PT 沙门氏菌感染可引起严重暴发，并迅速发展为败血症，引起大量死亡，没有或很少有明显的病变。当病程稍长时，表现严重肠炎，而且伴有小肠黏膜局灶状坏死，有时可见干酪样盲肠栓子。脾和肝通常肿胀、充血，有明显的出血条纹和坏死灶，有时肾也肿大、充血。许多病例有纤维素性化脓性肝周炎和心包炎。禽自然感染肠炎沙门氏菌时，卵巢和输卵管有轻度的炎症，伴有异嗜细胞的局灶性或弥漫性浸润[222]。卵黄囊内可见未吸收的凝结的卵黄物质。有时其他病变包括腹膜炎、卵黄感染、肺炎、眼前房积脓、全眼球炎、化脓性关节炎、浆液性盲肠炎、气囊炎和脐炎[370]。

感染过程的发病机理

尽管沙门氏菌能入侵整个肠道的肠上皮细胞，但是盲肠和回盲交界处具有特别的亲和力[416]。1 日龄鸡口服感染肠炎沙门氏菌后可观察到细菌黏附在肠绒毛上皮的顶端[117]。沙门氏菌侵入肠上皮细胞导致一系列病理变化，影响肠液和电解质的调节。这一过程最终导致细胞死亡，因此引起和加剧腹泻。蛋鸡口服感染肠炎沙门氏菌可引起结肠和盲肠黏膜上皮和固有层发生与异嗜性细胞浸润有关的炎症[199]。此外，巨噬细胞可穿过基底膜进入固有层清除侵入上皮细胞的沙门氏菌[43]。给蛋鸡口服感染肠炎沙门氏菌后仅 1h 便可从几种内脏中分离到该菌[231]。沙门氏菌在内脏器官，特别是在肝和脾中的存活与增殖能力与其对不同宿主的相对毒力一致[24]。脾为细菌增殖提供了一个保护场所，在此细菌能在细胞内继续增殖而不被宿主防御系统发现[125]。

免疫力与抵抗力

禽对 PT 沙门氏菌的免疫应答可缩短感染的持续期，降低感染的严重性，并抵抗再感染，这种免疫应答使我们能对感染群进行血清学监测，也是禽类疫苗免疫保护的基础。一项研究报道了免疫力的产生情况[196]，首次给鸡接种鼠伤寒沙门氏菌 10 周后再次经口腔感染鸡时，与没有经过首次感染的鸡相比，其粪便带菌数减少，并且能更快地清除组织内细菌。据报道，雏鸡使用免疫抑制剂可增加 PT 感染的死亡率[129]。免疫产蛋鸡的子代鸡明显具有某种程度的保护性免疫力[35]。然而，免疫保护力的产生并不一定就能抵抗沙门氏菌的感染和消除持续感染[399]。甚至雏鸡发生沙门氏菌感染时，能引起淋巴细胞缺失、淋巴器官萎缩和免疫抑制，这更利于建立持续的带菌状态[193]。

PT沙门氏菌感染能诱导家禽产生强烈的抗体反应。据报道[389]，在为期一年的整个研究中不同群的雏鸡持续呈肠炎沙门氏菌和鼠伤寒沙门氏菌的血清学阳性。雏鸡实验感染鼠伤寒沙门氏菌后，利用全菌体、脂多糖、鞭毛和外膜蛋白作为抗原可在其血清、肠内容物和胆汁中检测到IgG、IgA和IgM强应答反应[196]。产蛋鸡口服感染肠炎沙门氏菌1周后，大部分鸡产生血清抗体，2周后抗体浓度达到峰值[149,162]。蛋鸡口服感染肠炎沙门氏菌27周后，仍可检测到高效价的血清IgG[26]。自然感染的肉种鸡群，35周龄时用肠炎沙门氏菌脂多糖抗原检测，70%鸡的血清抗体呈阳性[76]。在感染鸡所产蛋的蛋黄中也能检测到肠炎沙门氏菌抗体。产蛋鸡实验感染肠炎沙门氏菌后，早在接种后9d就能在其所产蛋中检测到特异抗体，并在接种后3～5周达到峰值[150]。从自然感染的蛋鸡群的蛋中也检测到了肠炎沙门氏菌抗体[76]。

家禽PT沙门氏菌感染可诱导细胞免疫应答，但没有抗体应答那样了解的清楚。用全菌或外膜蛋白检测发现，雏鸡实验感染鼠伤寒沙门氏菌后2～5周间出现很强的迟发型变态反应[196]。鸡和火鸡的异嗜细胞对沙门氏菌具有很强的吞噬和杀菌能力[396]，在肠炎沙门氏菌感染的早期对限制细菌对器官的侵袭具有重要的作用[256]。禽类异嗜细胞的吞噬和杀菌活性在其生命的前几周逐渐增强[439]。致敏T淋巴细胞产生的细胞因子对家禽的免疫力可能具有重要作用，其作用机制也许是细胞因子能富集循环系统的吞噬性异嗜细胞[254]并将其募集到感染部位[255]。

抗体应答和细胞免疫在家禽抗沙门氏菌感染的相对免疫保护作用，目前还不确定。强的抗原特异性细胞免疫和体液免疫与鸡鼠伤寒沙门氏菌感染的一过性清除有关[31]。同样，产蛋鸡感染第2周，随着B细胞和T细胞的增殖，生殖道组织中肠炎沙门氏菌的分离率下降[450]。切除法氏囊的鸡丧失了产生抗体的能力，对肠道和内脏器官中肠炎沙门氏菌的清除能力较差[119]。实验感染鸡输卵管内IgG和IgM水平升高可部分地清除肠炎沙门氏菌[449]。一群母鸡在20周龄感染肠炎沙门氏菌时产生了高水平的IgM抗体，没有表现出异常的症状，而另一群1年龄母鸡感染时产生的抗体水平较低，且出现了明显的死亡[232]。然而，其他研究人员[451]发现，细胞免疫的作用更关键。一项研究表明，雏鸡发生鼠伤寒沙门氏菌感染时，虽然产生了高水平的抗体，但B细胞对细菌的清除未发挥重要作用[29]。另一项实验感染研究表明，鸡肠道肠炎沙门氏菌的清除与分泌型IgA应答不相关[218]。特异性抗体的调理作用及效应细胞的吞噬和溶解作用对免疫力的充分发挥都是必需的[298]。除了适应性抗原特异性免疫反应外，宿主固有的细胞吞噬能力也明显有助于抵抗沙门氏菌的感染。据报道，雏鸡巨噬细胞对较高数量的肠炎沙门氏菌具有内化吞噬作用，清除细胞内沙门氏菌的速度比淋巴细胞更快[260]。

近年来的大量研究和报道说明，鸡的遗传品系不同时对沙门氏菌的天然抵抗力和免疫力也不同。不同品系的雏鸡对沙门氏菌致死性感染的易感性不同[183]。不同品系的成年鸡感染肠炎沙门氏菌后，粪便带菌、器官侵袭和蛋污染的发生率不同[124,174]。现已提出了先天免疫和适应性被动免疫的机制，可以解释不同遗传品系鸡对沙门氏菌敏感性的差异[443]。对鼠伤寒沙门氏菌的抵抗力与T细胞的免疫增强有关。然而，另一项研究发现[22]，鸡的品系不同时，数种沙门氏菌血清型的排毒量和持续时间也不同，但抗体效价或循环血中异嗜细胞的量没有明显的差异。

诊　断

通过临床症状可作出初步诊断，但确诊需要做病原的分离鉴定。传统的培养方法需48～96h（有些方法所需时间更长）。Waltman等[434]对家禽沙门氏菌传统分离方法进行了简要的总结。近年来建立了许多更快速的沙门氏菌检测和鉴定方法。通过血清学方法检测特异抗体可用于感染鸡的初步快速筛查。

病原分离与鉴定

样品采集

为了鉴定禽群的PT感染，应采集和培养各种来源的样品，主要包括组织、蛋和禽舍环境。样品采集的数量与禽群的大小直接相关（以达到可信度范围），与感染的流行程度呈负相关[1]。禽群数量非常大且沙门氏菌感染率非常低时，通常在培养前将采集的多只家禽样品混合在一起，这样可以利用有限的实验资源检测足够多的样品。

由于许多 PT 沙门氏菌血清型有高度侵袭性，可扩散到很多内脏组织中，如肝、脾、卵巢、输卵管、睾丸、卵黄囊、心、心血、肾、胆囊、胰脏、滑膜和眼等，这些都可作为诊断培养的样品。有的组织感染后，并没有眼观可见的病变，故采集样品时应采集每只禽的几种脏器进行单独或一起培养。有些高度侵袭性的 PT 血清型，特别是肠炎沙门氏菌，能在产卵前就进入蛋内，因此用蛋培养肠炎沙门氏菌已用来评价感染蛋鸡对公共卫生的潜在威胁。

因为 PT 沙门氏菌感染几乎都有不同程度的肠道定植，所以肠组织和内容物通常是培养沙门氏菌的首选样品。诊断实验室送检样品的调查研究表明[135]，雏鸡肠道样品中沙门氏菌的阳性率是78%，火鸡是 70%。肠炎沙门氏菌实验感染蛋鸡中，肠道中的细菌检出率比其他任何组织样品都高[148]。回肠末端、盲肠、盲肠扁桃体和盲肠内容物是分离沙门氏菌的最常选择的部位。泄殖腔拭子和排泄的粪便样品也可用于检测家禽个体肠道中沙门氏菌的持续感染。感染禽的粪便通常间歇性带菌，这就降低了泄殖腔拭子作为感染诊断的可靠性[446]。

感染禽将带有沙门氏菌的粪便排到禽舍环境中，因而环境样品的培养也是一种有用的诊断手段。而且，环境样品可用于监测通过媒介、人、设备和其他来源传入到禽舍的沙门氏菌。新鲜粪便样品可能是检测沙门氏菌排菌情况的最敏感材料[203]，有时垫料的检测结果也与其基本相似[377]。据报道[332]，鼠伤寒沙门氏菌实验感染产蛋群，在 1 年多的时间内，垫料检测结果比其他方法更为一致。用潮湿的网垫拖过禽舍地板来采集拖累样品（drag-swab sample），用此样品来检测沙门氏菌时比垫料样品更敏感[251]。将多个拖累样品集中起来可进一步提高这种方法的敏感性[50]。湿粪区拖累样品的细菌分离率比干燥区拖累样品高[368]。在禽舍内穿的鞋套也可用于环境沙门氏菌的检测[292]。商品蛋鸡舍中，巢箱、蛋托、接粪板、粪铲、风扇

叶片和尘埃也是检测沙门氏菌的有效样本来源[100,248]。对禽舍冲洗和消毒后，尘埃中仍能检测到沙门氏菌[203]。从孵化器或感染鸡舍的空气样品中可检测到沙门氏菌[36,166]。孵化器内的绒毛常有沙门氏菌污染，因而可在早期检测到沙门氏菌感染[304]。从家禽饲料中分离沙门氏菌具有重要意义，可确定特定血清型在鸡群发生感染的来源[392]。

沙门氏菌检测的标准培养方法

尽管可采用各种培养方法来分离和鉴定 PT 沙门氏菌，但大多数标准方法均遵循一般流程，包括四个主要步骤：第一，用非选择性增菌培养基来促进很少量沙门氏菌的增殖或使损伤的沙门氏菌恢复。当待检样品（如肠内容物或粪便）含大量的竞争性细菌时，竞争性细菌可在非选择培养基上过度生长而抑制沙门氏菌，所以不宜用增菌培养基。第二，用选择性培养基进一步扩增沙门氏菌，而抑制其他微生物的生长。第三，接种到选择性琼脂平板培养基获取单个菌落，每一个菌落由一个细菌繁殖而来。内脏器官拭子有时也可直接接种到非选择性琼脂平板培养基上。第四，选择具有沙门氏菌外形特征的菌落做生化和血清学试验，以确定它们的属和血清型。事实上所有推荐的方法都需要最后两步，但对增殖菌培养基的要求按样品性质的不同而不同。

感染鸡的组织样品（肠组织或内容物样品除外）含有的竞争性微生物一般很少，所以采自内脏器官的拭子（或接种环取的样品）通常不需要增菌培养，可直接接种到选择性和非选择性平板培养基上。切割的组织样品和肠道的任何样品，一般首先接种到选择性增菌肉汤培养基上。

由于粪便污染可导致各种各样的菌群存在，所以蛋壳样品一般不预先增菌培养（除非要检测其他污染的细菌），可将蛋壳浸没在选择肉汤培养基内取样，或者先把蛋无菌打开，倒掉内容物，取整个蛋壳（包括内在结构和壳膜），随后压碎蛋壳置于增菌肉汤培养基中[319]。作蛋内容物沙门氏菌培养之前，一定要消毒蛋壳外部，以防打开蛋时壳上粪便污染蛋内容物。

由于蛋内容物沙门氏菌（主要是肠炎沙门氏菌）的带菌率非常低，菌数非常少，所以经常把10～20 枚蛋内容物混在一起取样，以最大限度地减少对实验室材料的需求。一般在分离培养之前先

将蛋内容物混合物进行孵育，使沙门氏菌扩增到常可检测到的水平[157]。孵育期间向蛋混合物内补充铁[63,157]或浓缩肉汤增菌培养基[159]能促进某些肠炎沙门氏菌株的增殖。在检测肠炎沙门氏菌时，将蛋内容物进行预先增菌培养比直接接种选择性培养基的敏感性更高[145]，也许是增菌能使样品中极少数的沙门氏菌增殖到一定的浓度，这时细菌可在选择性培养基的苛刻条件下存活。将孵育过的混合蛋内容物直接接种到选择性培养基上进行培养，能显著地减少培养时间、培养基用量和人力，而检测的敏感性没有明显降低[145,157]。

环境样品一般用无菌塑料袋收集，然后接种到选择性增菌肉汤培养基中。可用网垫来采集垫料或粪池这种潮湿地表环境中的样品。环境的拖拭样品放于双倍的脱脂奶中运送，通常有利于沙门氏菌的检测，但干抹拖样品的检测效果也比较好。每批饲料应抽取有代表性的样品直接接种到选择性增菌肉汤培养基中。据报道，家禽饲料样品的增菌培养是不必要的，有时甚至起反作用[90]。

接种培养基在37℃下一般需培养24h。用非选择性培养基来培养少量的肠炎沙门氏菌时，则需要较长的培养时间（48h）[147,234]。样品严重污染时，较短时间的（6h）选择性增菌培养不能充分抑制样品中的竞争菌群[99]。建议提高选择性增菌培养的温度（42～43℃）可以抑制竞争菌群的生长，特别是肠道的样品或含粪便的样品[99]。将选择性增菌培养物在室温进行5d的延时增菌，可使沙门氏菌有更多的机会增殖到可检测水平，结果发现，这种方法能提高诊断样品和环境样品中PT沙门氏菌的分离率[434,371]。

培养基

已研制了多种培养基，可用于沙门氏菌的分离和鉴定。有些证据表明应根据所检测样品的不同而严格选择不同的培养基，但有几种商品培养基可用于各种来源的样品。

建议用于沙门氏菌预增菌的肉汤培养基有蛋白胨缓冲水和胰酶解酪蛋白大豆肉汤培养基。近年来最常使用的选择性肉汤培养基有连四硫酸盐肉汤培养基和氯化镁孔雀绿肉汤培养基（Rappaport－Vassiliadis broth）。分离各种样品（包括泄殖腔拭子、肠组织、混合蛋内容物和饲料）中的沙门氏菌时，连四硫酸盐肉汤培养基比氯化镁孔雀绿肉汤培

养基和亚硒酸盐胱氨酸肉汤的分离率更高[90,145]。氯化镁孔雀绿肉汤培养基可用于环境样品和蛋混合物中沙门氏菌的分离[234,371]。硒对实验室人员有毒性作用，所以亚硒酸盐胱氨酸肉汤培养基已不再使用。

有多种琼脂培养基可用于PT沙门氏菌的分离。其中最常用的培养基是亮绿琼脂（BG）、XLD琼脂、XLT4琼脂、亚硫酸铋琼脂、赫可通肠道菌培养琼脂。亮绿琼脂仍是禽源沙门氏菌分离中使用最广泛的培养基，并适用于各种组织、环境、蛋、饲料和空气样品[166,434]。XLT4琼脂可用于禽舍环境拖累样品的沙门氏菌分离[302]。琼脂培养基中添加新生霉素可抑制某些竞争微生物（尤其是变形菌）的生长，从而提高沙门氏菌的分离率[404]，否则竞争微生物的生长会抑制沙门氏菌。样品应划线接种在两种不同的培养基上，以便提供不同的指示系统来区分沙门氏菌与其他微生物。

菌属和血清型的鉴定

选择琼脂平板上的菌落具有PT沙门氏菌的形态特征时，须进一步试验以确定它们的菌属和血清型。三糖铁琼脂和赖氨酸铁琼脂的联合使用可以对PT沙门氏菌做出初步鉴定。通过分离株对六种碳水化合物的发酵试验可进一步区别PT沙门氏菌与其他微生物[95]。采用菌体O抗原的多价抗血清进行凝集试验，然后用特异O抗原的单价抗血清进行平板凝集试验，用鞭毛H抗原的抗血清进行试管凝集试验来确定其血清型。

快速检测技术

对于大多数样品来说，采用传统的沙门氏菌培养方法，得出阴性结果需要几天，得出阳性结果还需更长时间。近年来，已建立了许多快速检测技术，需要对其使用作进一步的认识，在大部分国家还没有广泛用于检测家禽沙门氏菌。大多数快速检测方法可将检测时间缩短1d或更多，许多方法在一定程度上可以自动化。快速检测的成本高、灵敏度低，通常至少需要进行增菌以达到足够的检测密度。例如，一项研究表明，接种蛋混合液后的一个工作日（<12h）内，采用快速检测方法无法稳定地检测到少量的肠炎沙门氏菌[163]。

其他各种方法已得到了成功地应用，但大多数快速检测技术主要集中于特异抗体或DNA探针技

术。利用沙门氏菌的特异抗体已成功建立了多种 ELISA 方法。这些方法采用沙门氏菌脂多糖或鞭毛抗原的多克隆抗体来检测蛋、组织、泄殖腔拭子、环境拖累样品、垫料和饲料中的沙门氏菌[197,289]。利用抗外膜蛋白或鞭毛抗原的单克隆抗体而建立的 ELISA 方法可特异地检出蛋、组织和环境样品中的肠炎沙门氏菌[241,243]。ELISA 虽然不如常规的培养方法那样敏感[402,404]，但沙门氏菌的检出率可以与标准方法相比，并且检测时间至少快 1d[456]。一般来说，样品需要一步或更多步的增菌培养以便沙门氏菌数量达到 ELISA 的检测范围，估计为 $10^5 \sim 10^7$ 个/mL[197,241]。已证明，其他相关的抗体检测方法与 ELISA 相近。像常规的培养方法一样，由于培养基中竞争菌群的生长使 ELISA 试验有时也出现假阳性[32]。

用抗体检测沙门氏菌的另一个方法是用特异抗体包被小磁珠，当包被抗体的磁珠与被检样品混合时，磁珠上的抗体与样品中存在的沙门氏菌靶抗原结合，然后用磁场检查微球抗原抗体复合物。实际上免疫磁珠分离技术（IMS）可替代肉汤增菌培养基浓缩沙门氏菌的方法，其优点是需时短，对亚致死性损伤细胞无不良影响[385]。对于禽肉、组织、蛋壳、饲料、环境样品和泄殖腔或粪拭子样品，在接种到选择培养琼脂之前用 IMS 浓缩沙门氏菌时，沙门氏菌的检出率比传统的选择增菌培养或根据运动性增菌培养高或类似[98,285]。IMS 也用于蛋混合物中少量肠炎沙门氏菌的分离培养和 ELISA 检测[216]。蛋液污染达 $10^2 \sim 10^3$ 个/mL 时，以 IMS 为基础的培养方法可以去除 93% 的肠炎沙门氏菌[303]，可检测到全蛋内容物中含量低于 10 个/mL 的细菌[288]。

近年来受到广泛关注的另一种快速检测方法是利用沙门氏菌特异性甚至单个血清型的特殊 DNA 片段作探针，与样品中 DNA 提取物发生杂交显示阳性结果。DNA 杂交技术的检测敏感性与 ELISA 相似，因而一般也需要一步或多步的增菌培养[395]。此外，DNA 杂交方法的操作程序复杂，比现用其他方法的花费更高。聚合酶链反应（PCR）技术可特异性地扩增特定的目的 DNA 片段，因此可增强利用探针检测组织、粪便、环境拖累样品和蛋中沙门氏菌时的杂交反应，有高度的敏感性[61,384]。仔细选择 DNA 探针并结合 PCR 技术可检测具有某些特征的沙门氏菌，如特殊的毒力基因[267]、生化特性

基因[279]或表面结构的基因（如菌毛）[454]。经过适当的增菌培养，PCR 对禽类环境原始样品的检测底线是小于 10 个沙门氏菌。通过 IMS 或离心浓缩后，PCR 方法能检测出数量非常少的沙门氏菌[294,365]。

血清学诊断

在自然感染[222,427]和实验感染鸡[21,149]中均可检测到沙门氏菌的特异抗体，且用凝集试验和免疫酶技术检测时具有高度敏感性。组织中沙门氏菌被清除或粪便停止排菌后，血清中抗体通常还能在很长时间维持在可检测的水平[191]。由于抗体检测只能证明之前感染过沙门氏菌，不能明确说明鸡群目前的感染状态，因此血清呈阳性时还须通过细菌学培养进行确诊[240]。一般来讲，得出血清学阳性结果的时间比细菌培养晚。血清学检测遇到的其他难题包括：亚临床感染可导致粪便排毒，但体内未发生明显的侵袭和扩散，不能诱导可检测抗体的应答反应[332]；幼龄鸡对沙门氏菌感染一般无应答性[437]；相似 PT 沙门氏菌血清型的抗体之间有交叉反应[168]。

凝集试验可用于鸡 PT 沙门氏菌自然感染或实验感染的检测[149,222]。主要的凝集试验方法包括：快速全血平板凝集、血清平板凝集、试管凝集和微量凝集试验。特异抗体与灭活的沙门氏菌全菌体抗原混合时可产生肉眼可见的凝集反应，所有的凝集试验都是根据这点进行的。除试管凝集试验外，其他试验都采用染色抗原以使反应更容易判断。加入抗鸡免疫球蛋白的二抗（抗球蛋白）并延长孵育反应时间时，可增强靶抗原的凝集反应[72]，且在检测 PT 感染时通常比其他凝集试验方法有更高的敏感性。

可用多种 ELISA 方法来检测家禽 PT 沙门氏菌的感染。例如用脂多糖、鞭毛抗原或外膜蛋白做抗原的 ELISA 可对鸡的鼠伤寒或肠炎沙门氏菌的自然或实验感染进行检测[21,245]。国际合作的研究结果表明沙门氏菌感染的各种 ELISA 检测效果与其所用抗原高度相关[23]。使用非常特体的抗原时，ELISA 通常具有高度的特异性，而且由于血清型间的交叉反应而导致的假阳性结果比凝集反应要少[191,245]。试验表明，用鞭毛抗原检测鸡肠炎沙门氏菌感染时具有高度特异性[355]。ELISA 方法的鉴别力主要依赖于严格选定阴阳性结果的判定

值[293]。在荷兰，利用鞭毛抗原建立的 ELISA 方法已成功地用于控制种鸡肠炎沙门氏菌感染的抗体监测[427]。

卵黄抗体也可用于检测家禽的 PT 沙门氏菌感染。凝集试验[150]和 ELISA[167]方法都能检测实验和自然感染鸡所产蛋中的肠炎沙门氏菌和鼠伤寒沙门氏菌抗体。母鸡口服感染 10^3CFU 的肠炎沙门氏菌后，利用鞭毛抗原的 ELISA 方法可稳定地检测到卵黄中的抗体[170]。据报道[150]美国商品禽所产蛋中特异抗体的存在与组织样品中肠炎沙门氏菌的存在直接相关。同样，在荷兰[422]卵黄中的特异抗体效价和蛋禽粪便中肠炎沙门氏菌的排菌状况直接相关。通过实验感染母鸡所产的蛋来预测肠炎沙门氏菌污染的情况时，卵黄抗体检测的效果比粪便细菌培养更好[169]。

预防和控制

降低风险和检测

沙门氏菌可通过多种来源和途径传入禽群或禽舍，因此制定关键措施来预防沙门氏菌感染的难度较大[250]。在整个生产节段，有效的防制措施必须协调一致并同时进行，以降低风险[224]。应从确认无沙门氏菌的种群引进种蛋和雏鸡（或雏火鸡）；种蛋应进行合理的消毒并按严格的卫生标准进行孵化；进鸡之前鸡舍应按推荐的程序彻底清洗和消毒；禽舍的设计与管理中应考虑防止啮齿动物和昆虫，并定期检验；贯彻落实严格强制的生物安全措施，严格限制人员和设备进入禽舍和禽场之间的流动；制定严格的生物安全措施，限制外来人员和车辆进入养禽场或进入禽舍；只用颗粒料或不含动物蛋白的饲料，把饲料污染的可能性降至最小；饮水必须确保纯净；使用药物、竞争性抑制微生物制剂或疫苗来降低禽对沙门氏菌的易感性；最后应该对禽群及环境的沙门氏菌状况经常进行监测，确保有效地降低养殖风险。在美国，各个州独立采取这种多方面的防治措施，已大大降低了蛋鸡和人中肠炎沙门氏菌的发生率[442,314]，并且已相应的引入了联邦调控计划[419]。许多国家采取了类似的措施，且在禽类和禽产品沙门氏菌控制方面取得了显著的成功[287,436]。

近年来，随着国际上对控制家禽肠炎沙门氏菌的重视，已建立了许多特异性血清检验、监测方法和程序。美国的"全国家禽改良计划"（NPIP）为防止肠炎沙门氏菌传播给蛋鸡群，对种禽制定了严格的卫生措施和检验标准[362]。参加这项计划的要求是遵从饲料选择和处理的标准、种蛋消毒和孵化室卫生标准。NPIP 对肠炎沙门氏菌的检测包括环境的细菌学检测和家禽的血清学检测，并抽检所选择鸡的组织进行细菌培养确诊。美国对肠炎沙门氏菌检测的建议性草案中，包含环境拖累样品的筛检，然后对蛋进行细菌培养来确定对公共卫生安全的威胁[419]。

竞争排斥

刚孵出的雏鸡或雏火鸡对 PT 沙门氏菌高度易感，但抵抗力很快增强。家禽随年龄增长对沙门氏菌的易感性下降，这在很大程度上是由于家禽从环境中获得了肠道保护性菌群。肠道正常菌群对沙门氏菌和其他病原菌的定殖具有抑制作用，这是各种益生菌（CE）治疗研究的基础。益生菌治疗的原理是给家禽使用确切的或不确切的细菌培养物，以减少肠道致病菌在肠道的定殖。通过对胃肠道生化特性的调节也可减少致病菌的定植。

利用成年禽肠道或粪便材料，或利用其厌氧培养物已反复证明，对鸡和火鸡进行益生菌治疗是有效的。应用 CE 培养物可降低各种 PT 沙门氏菌在肠道定植，进而减少了细菌对内脏器官的侵袭[329]。CE 获取或制备的条件可以影响其效果。口服新鲜的火鸡盲肠内容物时，预防沙门氏菌定植的效果较好，且优于放置 1 天的盲肠内容物对[208]。另外，通过连续的流动培养可维持 CE 培养物的保护效率[210]。几个国家商品肉鸡群的临床试验表明，用 CE 培养物可以明显降低活鸡和胴体中沙门氏菌的发生率[17]。蛋鸡转入污染禽舍之前给其投服 CE 培养物，可使其粪便和环境样品中沙门氏菌的分离率降低[102]。某些情况下，CE 培养物治疗能促进机体对正在或已发生感染的沙门氏菌的清除[78]。通过多种途径应用 CE 培养物时均有良好的效果，包括嗉囊管饲法、肛门给药、全身喷洒或喷雾、添加于饮水及在饲料中添加冻干的藻酸盐胶囊[80,82]。将 CE 培养物喷雾到孵化胚上，或注射到孵化胚的气室中也能获得保护[88,350]。多种途径的联合应用有时能产生最佳的保护[64]。

微生物菌群（益生菌）对沙门氏菌感染有保护作用，并对其组成已进行了大量的研究。特异的单种培养物有大肠杆菌[455]、枯草芽孢杆菌[268]、乳酸杆菌[188]、双歧杆菌[139]和布拉酵母菌（*Saccharomyces boulardii*）[281]，均对雏鸡沙门氏菌感染有保护作用。有些研究人员认为已知成分的微生物混合物比那些不明确成分的混合物对家禽的保护作用更加稳定，并且安全性更高。少数几种肠道细菌混合物的保护效果是明显有限的[397]，但将多种已知微生物混合时则具有明显的保护作用[84]。将已知的29种细菌培养物混合应用时能明显减少鼠伤寒沙门氏菌在肉鸡嗉囊和盲肠中的定植[83]。用过的垫料也可用作 CE 培养物的来源[79]。

CE 治疗的益处在于能直接干扰沙门氏菌对肠上皮的黏附，降低肠道 pH 并增加未离解的挥发性脂肪酸水平而抑制沙门氏菌的生长[379]。不同的饲料添加剂，有的能直接抑制病原的定植，有的能支持保护性微生物菌群的生长。在鸡的饲料或饮水中添加不同的碳水化合物（包括乳糖、甘露糖、葡萄糖和低聚果糖），有时能降低沙门氏菌在嗉囊或盲肠内的定植[59,81]。饲料中添加甲酸、丙酸或己酸时，也能减少沙门氏菌的定植[411,424]。肉鸡饮水中添加氯酸盐、乳酸或蔗糖时能减少屠宰前禁食时的沙门氏菌分离率[49,205]。

有数种因素会影响 CE 培养物对鸡 PT 沙门氏菌感染的控制效果。CE 治疗一般能减少沙门氏菌在肠道的定植，但它不能完全预防。而且 CE 培养物的保护作用有时不能抵抗沙门氏菌的严重感染[394]。幼雏感染病原之前使用 CE 培养物时保护效果最好，而孵化过程中感染沙门氏菌时，CE 治疗的效果大打折扣[12]。CE 培养物的应用对整个沙门氏菌的控制是非常有意义的，但是适当的清洁和消毒、生物安全措施、减少啮齿动物及其他类似的措施可减少 PT 沙门氏菌感染的机会[336]。抗生素应用破坏肠道正常菌群及断水和断料时都会影响 CE 培养物的活性[10,438]。

疫苗免疫

灭活苗或活苗免疫可降低家禽对 PT 感染的易感性。英国蛋鸡大范围接种后，人类沙门氏菌的发病率也降低[70]。产蛋鸡群接种疫苗后，发现即使

禽舍环境中仍可检测到沙门氏菌，但是鸡蛋的污染率降低[104]。家禽接种活苗产生的保护性反应更强，而且持续时间也更长，这也许是因为灭活苗在灭活时对保护性抗原产生了不良的影响，或活疫苗的有关抗原对宿主免疫系统的作用更持久[9]。灭活苗也许不能充分诱导细胞免疫[315]。灭活苗和活苗对沙门氏菌都具有有效的保护作用，但不管那种类型的疫苗，都不能完全保护禽群免受沙门氏菌感染，特别是沙门氏菌的感染滴度很高时[117,367]。断料或断水及环境应激，如炎热也能降低疫苗的免疫效果[323]。因此，与益生菌治疗一样，为降低养殖风险，疫苗免疫只是综合防控措施中的组成部分。近年来，如何选择和设计既可以起到保护作用又不干扰感染禽血清学检测的疫苗已成为研究热点[306]。

由于肠炎沙门氏菌越来越受关注，所以过去20年又重新提出在家禽中使用灭活疫苗（菌苗）。蛋鸡皮下或肌肉注射佐剂疫苗后，再口服感染肠炎沙门氏菌，其粪便、内脏器官和蛋中肠炎沙门氏菌的分离率都显著下降[69,171]。菌苗免疫12周后，通过静脉或肌注途径给鸡接种肠炎沙门氏菌，可见鸡的死亡率降低，病变、临床症状、器官侵袭和蛋污染程度均可减轻[413,453]。给蛋鸡接种菌苗能够降低换羽后排泄物中沙门氏菌的量[324]。荷兰临床实验证明给肉种鸡接种疫苗可降低肠炎沙门氏菌的感染率[137]。英国的临床实验表明，将免疫接种的蛋鸡转移到曾污染过的环境中时，其排泄物和环境样品中肠炎沙门氏菌持续呈阴性[101]。亚单位疫苗（包括沙门氏菌的外膜蛋白佐剂苗或脂质免疫刺激复合物苗）对鸡和火鸡的肠炎沙门氏菌感染具有明显的保护作用[60,244]。据报道，给蛋鸡免疫接种纯化的肠炎沙门氏菌菌毛时，可使生殖道细菌侵袭和蛋污染程度降低[113]。

弱毒苗在组织内持续足够长的时间时才可诱导保护性免疫应答，但它应该无致病力且最终能从免疫群体内清除掉。曾对几种不同方法致弱的 PT 沙门氏菌菌苗对禽的保护效果进行了评价。口服或肌注肠炎沙门氏菌的不同 aroA 突变株（不能合成特定芳香族化合物的营养缺陷体，所以在体内生长不良）时，能降低静注或气雾攻毒后粪便排菌、水平传播、器官侵袭及蛋污染的程度[73,74]。这种免疫保护可持续23周[75]。口腔接种 δcyaδcrp 鼠伤寒沙门氏菌（缺失腺苷酸环化酶和环腺苷酸受体蛋白的双

突变株）时，对鼠伤寒沙门氏菌的肠道定植、器官侵袭具有强有力的保护作用[192]。温度敏感的突变株[57]以及在鸡异嗜细胞中反复传代而致弱的菌株[261]对鸡肠炎沙门氏菌感染有保护作用。母鸡免疫接种无毒力鼠伤寒沙门氏菌株后，在野毒株攻击时，能减少病原在其子代肠道中的定植[194]。禁食诱导换羽时，活苗可以减缓对肠炎沙门氏菌易感性的增加[217]。活苗对其他有流行病学意义的沙门氏菌血清型具有交叉保护作用，但效果不一致。免疫接种无毒力的鼠伤寒沙门氏菌菌苗后，可降低肠炎沙门氏菌的定植、器官侵袭和蛋污染程度[195]，但是 aroA 营养缺陷型肠炎沙门氏菌苗对鼠伤寒沙门氏菌的感染没有有效的交叉保护作用[74]。禽伤寒9R疫苗株对肠炎沙门氏菌感染具有保护作用，但不影响感染鸡群的血清学检测，所以这方面的研究较多[138]。研究发现，通过交叉免疫和竞争排斥作用，一些抗原性不相关的沙门氏菌也对肠炎沙门氏菌的感染具有一定程度的保护作用[215]。有证据表明，一些疫苗株的抗原性不稳定[19]，且应用足够敏感的培养方法时能在鸡体内长时间检测到疫苗株，比预期的时间长[403]，因此近年来，对沙门氏菌活苗的安全性提出了一些质疑。

免疫鸡的淋巴因子对雏鸡具有预防保护作用，可抵抗肠炎沙门氏菌攻毒对雏鸡器官的侵袭[295]。这主要是因为禽异嗜细胞对肠炎沙门氏菌的吞噬和杀灭作用增强的结果[117]。通过皮下、口腔、鼻腔及卵内注射[252,296]免疫淋巴因子时，对肠炎沙门氏菌的攻毒有某种程度的保护作用，但持续时间相对较短[172]。对其他沙门氏菌血清型也有交叉保护作用[464]。

治疗

可用抗生素预防或治疗PT沙门氏菌感染，但这种方法及其效果仍存在很大争议。抗生素的使用历史长，并在养禽业中以治疗量和亚治疗量（促生长作用）被广泛使用[388]。在各种实验和商品禽养殖场材料中，对抗生素的使用目的作了大量的描述。在北爱尔兰，利用抗生素进行预防和治疗已作为控制肉鸡和肉种鸡群肠炎沙门氏菌感染的有效组成部分[297]。利用不同的抗生素进行预防性治疗，可预防肠炎沙门氏菌在肠道的定植[58]，且在某种程度上可清除之前的感染[176]。数种抗生素作为饲料添加剂时可减少粪便排菌量[40,94]。用氟喹诺酮类抗生素进行治疗后，再通过竞争性培养物恢复正常的保护性微生物菌群，可以降低肉种鸡[361]、蛋鸡[105]和换羽蛋鸡[383]中肠炎沙门氏菌的排菌量。蛋内注射庆大霉素时，可明显有效地抵抗沙门氏菌的感染，且不会影响孵化鸡益生菌治疗的效果[15]。

抗生素药物在消除沙门氏菌中的效果不稳定，且在兽医和农业中的滥用会促进微生物产生抗药性[175,388]，所以在美国及其他一些国家，如今已不再使用抗生素来控制沙门氏菌感染。数位研究人员报道了抗生素在控制沙门氏菌感染方面的局限性。一项研究报道表明，在预防和消除鼠伤寒沙门氏菌实验感染时，5种抗生素的作用效果很小[333]。其他研究表明，抗生素饲料添加剂与雏鸡肠炎沙门氏菌的排菌量增加有关[7]。另一项研究表明，药物排泄可干扰泄殖腔拭子和粪便样品中沙门氏菌的分离，因此错误地认为治疗有效[447]。恩诺沙星和竞争性培养物的联合应用可减少沙门氏菌的带菌率，但不能消除内脏器官的感染[227]。据报道，有些抗生素可增加禽对沙门氏菌的易感性，其原因可能是抗生素抑制了对沙门氏菌有抑制作用的其他微生物菌群的生长[290]。在丹麦，非连续地使用抗生素来促进肉鸡的生长，导致了沙门氏菌发病率的下降[132]。治疗量和亚治疗量的抗生素可促进沙门氏菌耐药菌株的出现[28,357]，因此影响了这些药物（或相关药物）对人和动物的治疗效果[106]。生产设施和禽产品的沙门氏菌分离株中出现了很高比率的耐药株[6,327]，且大量的菌株常对多种药物具有抗性[283]。

徐　琪　田夫林　译
苏敬良　吴培福　校

参考文献

[1] Aho, M. 1992. Problems of Salmonella sampling. *Int J Food Microbiol* 15:225-235.

[2] Allen-Vercoe, E., A. R. Sayers, and M. J. Woodward. 1999. Virulence of Salmonella enterica serotype Enteritidis aflagellate and afimbriate mutants in a day-old chick model. *Epidemiol Infect* 122:395-402.

[3] Allen-Vercoe, E. and M. J. Woodward. 1999. Colonisation of the chicken caecum by afimbriate and aflagellate derivatives of Salmonella enterica serotype Enteritidis. *Vet Microbiol* 69:265275.

［4］Allen-Vercoe, E. and M. J. Woodward. 1999. The role of flagella, but not fimbriae, in the adherence of Salmonella enterica serotype Enteritidis to chick gut explant. *J Med Microbiol* 48:771 - 780.

［5］Amin, I. I. , G. R. Douce, M. P. Osborne, and J. Stephen. 1994. Quantitative studies of invasion of rabbit ileal mucosa by Salmonella typhimurium strains which differ in virulence in a model of gastroenteritis. *Infect Immun* 62: 569 - 578.

［6］Antunes, P. , C. Réu, J. C. Sousa, L. Peixe, N. Pestana. 2003. Incidence of Salmonella from poultry products and their susceptibility to antimicrobial agents. *Int J Food Microbiol* 82:97 - 103.

［7］Asakura, H. , O. Tajima, M. Watarai, T. Shirahata, H. Kurazono, and S. Makino. 2001. Effects of rearing conditions on the colonization of Salmonella enteritidis in the cecum of chicks. *J Vet Med Sci* 63:1221 - 1224.

［8］Baba, E. , T. Fukata, and A. Arakawa. 1985. Factors influencing enhanced Salmonella typhimurium infection in Eimeria tenellainfected chickens. *Am J Vet Res* 46: 1593 -1596.

［9］Babu, U. , R. A. Dalloul, M. Okamura, H. S. Lillehoj, H. Xie, R. B. Raybourne, D. Gaines, and R. A. Heckert. 2004. Salmonella enteritidis clearance and immune responses in chickens following Salmonella vaccination and challenge. *Vet Immunol Immunopathol* 101:251 - 257.

［10］Bailey, J. S. , L. C. Blankenship, N. J. Stern, N. A. Cox, and F. McHan. 1988. Effect of anticoccidial and antimicrobial feed additives on prevention of Salmonella colonization of chicks treated with anaerobic cultures of chicken feces. *Avian Dis* 32:324 - 329.

［11］Bailey, J. S. , R. J. Buhr, N. A. Cox, and M. E. Berrang. 1996. Effect of hatching cabinet sanitation treatments on Salmonella crosscontamination and hatchability of broiler eggs. *Poult Sci* 75:191 - 196.

［12］Bailey, J. S. , J. A. Cason, and N. A. Cox. 1998. Effect of Salmonella in young chicks on competitive exclusion treatment. *Poult Sci* 77:394 - 399.

［13］Bailey, J. S. , N. A. Cox, and M. E. Berrang. 1994. Hatchery-acquired Salmonellae in broiler chicks. *Poult Sci* 73: 1153 - 1157.

［14］Bailey, J. S. , N. A. Cox, S. E. Craven, and D. E. Cosby. 2002. Serotype tracking of Salmonella through integrated broiler chicken operations. *J Food Prot* 65:742 - 745.

［15］Bailey, J. S. and E. Line. 2001. In ovo gentamicin and mucosal starter culture to control Salmonella in broiler production. *J Appl Poult Res* 10:376 - 379.

［16］Bailey, J. S. , B. G. Lyon, C. E. Lyon, and W. R. Windham. 2000. The microbiological profile of chilled and frozen chicken. *J Food Prot* 63:1228 - 1230.

［17］Bailey, J. S. , N. J. Stern, and N. A. Cox. 2000. Commercial field trial evaluation of mucosal starter culture to reduce Salmonella incidence in processed broiler carcasses. *J Food Prot* 63:867 - 870.

［18］Baker, R. C. 1990. Survival of Salmonella enteritidis on and in shelled eggs, liquid eggs, and cooked egg products. *Dairy Food Environ Sanit* 10:273 - 275.

［19］Barbezange, C, G. Ermel, C. Ragimbeau, F. Humbert, and G. Salvat. 2000. Some safety aspects of Salmonela vaccines for poultry: *in vivo* study of the genetic stability of three Salmonella typhimurium live vaccines. *FEMS Microbiol Lett* 192:101 - 106.

［20］Barrow, P. A. 1991. Experimental infection of chickens with Salmonella enteritidis. *Avian Pathol* 20:145 - 153.

［21］Barrow, P. A. 1992. Further observations on the serological response to experimental Salmonella typhimurium in chickens measured by ELISA. *Epidemiol Infect* 108: 231-241.

［22］Barrow, P. A. , N. Bumstead, K. Marston, M. A. Lovell, and P. Wigley. 2003. Faecal shedding and intestinal colonization of Salmonella enterica in in-bred chickens: the effect of host - genetic background. *Epidemiol Infect* 132:117 - 126.

［23］Barrow, P. A. , M. Desmidt, R. Ducatelle, M. Guittet, H. M. J. F. van der Heijden, P. S. Holt, J. H. J. Huis in't Velt, P. McDonough, K. V. Nagaraja, R. E. Porter, K. Proux, F. Sisak, C. Staak, G. Steinbach, C. J. Thorns, C. Wray, and F. van Zijderveld. 1996. World Health Organisation-supervised interlaboratory comparison of ELISAs for the serological detection of Salmonella enterica serotype Enteritidis in chickens. *Epidemiol Infect* 117:69 - 77.

［24］Barrow, P. A. , M. B. Huggins, and M. A. Lovell. 1994. Host specificity of Salmonella infection in chickens and mice is expressed *in vivo* primarily at the level of the reticuloendothelial system. *Infect Immun* 62: 4602 - 4610.

［25］Barrow, P. A. , M. B. Huggins, M. A. Lovell, and J. M. Simpson. 1987. Observations on the pathogenesis of experimental Salmonella typhimurium infection in chickens. *Res Vet Sci* 42:194 - 199.

［26］Barrow, P. A. and M. A. Lovell. 1991. Experimental infection of egg - laying hens with Salmonella enteritidis phage type 4. *Avian Pathol* 20:335 - 348.

[27]Barrow,P. A. ,M. A. Lovell,C. K. Murphy,and K. Page. 1999. Salmonella infection in a commercial line of ducks; experimental studies on virulence, intestinal colonization and immune protection. *Epidemiol Infect* 123;121-132.

[28]Barrow,P. A. , M. A. Lovell, G. Szmolleny, and C. K. Murphy. 1998. Effect of enrofloxacin administration on excretion of Salmonella enteritidis by experimentally infected chickens and on quinolone resistance of their Escherichia coli flora. *Avian Pathol* 27;586-590.

[29]Beal,R. K. ,C. Powers, T. F. Davison, P. A. Barrow, and A. L. Smith. 2006. Clearance of enteric Salmonella enterica serovar Typhimurium in chickens is independent of B-cell function. *Infect Immun* 74;1442-1444.

[30]Beal,R. K. ,C. Powers, P. Wigley, P. A. Barrow, P. Kaiser,and A. L. Smith. 2005. A strong antigen-specific T-cell response is associated with age and genetically dependent resistance to avian enteric salmonellosis. *Infect Immun* 73;7509-7515.

[31]Beal,R. K. ,C. Powers, P. Wigley, P. A. Barrow, and A. L. Smith. 2004. Temporal dynamics of the cellular, humoral and cytokine responses in chickens during primary and secondary infection with Salmonella enterica serovar Typhimurium. *Avian Pathol* 33;25-33.

[32]Beckers, H. J. , P. D. Tips, P. S. S. Soentoro, E. H. M. Delfgou-Van Asch, and R. Peters. 1988. The efficacy of enzyme immunoassays for the detection of salmonellas. *Food Microbiol* 5;147-156.

[33]Bennett, D. D. , S. E. Higgins, R. W. Moore, R. Beltran, D. J. Caldwell, J. A. Byrd Ⅱ , and B. M. Hargis. 2003. Effects of lime on Salmonella enteritidis survival *in vitro*. *J Appl Poult Res* 12;65-68.

[34]Berchieri,A. ,Jr. and P. A. Barrow. 1996. The antibacterial effects for Salmonella Enteritidis phage type 4 of different chemical disinfectants and cleaning agents tested under different conditions. *Avian Pathol* 25;663-673.

[35]Berchieri,A. ,Jr. ,P. Wigley,K. Page,C. K. Murphy,and P. A. Barrow. 2001. Further studies on vertical transmission and persistence of Salmonella enterica serovar Enteritidis phage type 4 in chickens. *Avian Pathol* 30;297-310.

[36]Berrang,M. E. ,N. A. Cox,and J. S. Bailey. 1995. Measuring airborne microbial contamination of broiler hatching cabinets. *J Appl Poult Res* 4;83-87.

[37]Berrang,M. E. ,J. F. Frank,R. J. Buhr,J. S. Bailey,N. A. Cox,and J. M. Mauldin. 1997. Microbiology of sanitized broiler hatching eggs through the egg production period. *J Appl Poult Res* 6;298-305.

[38]Bialka, K. L. , A. Demirci, S. J. Knabel, P. H. Patterson, and V. M. Puri. 2004. Efficacy of electrolyzed oxidizing water for the microbial safety and quality of eggs. *Poult Sci* 83;2071-2078.

[39]Bierer, B. W. 1960. Effect of age factor on mortality in Salmonella typhimurium infection in turkey poults. *J Am Vet Med Assoc* 137;657-658.

[40]Bolder, N. M. , J. A. Wagenaar, F. F. Putirulan, K. T. Veldman,and M. Sommer. 1999. The effect of flavophospholipol (Flavomycin®) and salinomycin sodium (Sacox®) on the excretion of Clostridium perfringens, Salmonella enteritidis,and Campylobacter jejuni in broilers after experimental infection. *Poult Sci* 78; 1681-1689.

[41]Bourassa,D. V,D. L. Fletcher,R. J. Buhr,M. E. Berrang, and J. A. Cason. 2004. Recovery of Salmonellae from trisodium phosphatetreated commercially processed broiler carcasses after chilling and after seven-day storage. *Poult Sci* 83;2079-2082.

[42]Brackett, R. E. , J. D. Schuman, H. R. Ball, and A. J. Scouten. 2001. Thermal inactivation kinetics of Salmonella spp. within intact eggs heated using humidity-controlled air. *J Food Prot* 64;934-938.

[43]Brito, J. R. F. , Y. Xu, M. Hinton, and G. R. Pearson. 1995. Pathological findings in the intestinal tract and liver of chicks after exposure to Salmonella serotypes typhimurium or kedougou. *Br Vet J* 151;311-323.

[44]Brown,D. J. ,D. L. Baggesen,D. J. Piatt,and J. E. Olsen. 1999. Phage type conversion in Salmonella enterica serotype Enteritidis caused by the introduction of a resistance plasmid of incompatibility group X(IncX). *Epidemiol Infect* 122;19-22.

[45]Brownell, J. R. , W. W. Sadler, and M. J. Fanelli. 1969. Factors influencing the intestinal infection of chickens with Salmonella typhimurium. *Avian Dis* 13;804-816.

[46]Buchmeier, N. A. and S. J. Libby. 1997. Dynamics of growth and death within a Salmonella typhimurium population during infection of macrophages. *Can J Microbiol* 43;29-34.

[47]Burns-Keliher,L. ,C. A. Nickerson,B. J. Morrow,and R. Curtiss Ⅲ. 1998. Cell-specific proteins synthesized by Salmonella typhimurium. *Infect Immun* 66;856-861.

[48]Busani, L. , A. Cigliano, E. Tailoi, V Caligiuri, L. Chiavacci,C. Di Bella, A. Battisti, A. Duranti, M. Gianfranceschi, M. C. Nardella, A. Ricci, S. Rolesu, M. Tamba, R. Marabelli,and A. Caprioli. 2005. Prevalence of Salmonella enterica and Listeria monocytogenes contamination in

foods of animal origin in Italy. *J Food Prot* 68:1729 - 1733.

[49]Byrd, J. A., R. C. Anderson, T. R. Callaway, R. W. Moore, K. D. Knape, L. F. Kubena, R. L. Ziprin, and D. J. Nisbet. 2003. Effect of experimental chlorate product administration in the drinking water on Salmonella Typhimurium contamination of broilers. *Poult Sci* 82:1403 - 1406.

[50]Caldwell, D. J., B. M. Hargis, D. E. Corner, J. D. Williams, L. Vidal, and J. R. DeLoach. 1994. Predictive value of multiple drag-swab sampling for the detection of Salmonella from occupied or vacant poultry houses. *Avian Dis* 38:461 - 466.

[51]Capita, R., M. Alvarez-Astorga, C. Alonso-Calleja, B. Moreno, M. Del Camino García-Fernández. 2003. Occurrence of salmonellae in retail chicken carcasses and their products in Spain. *Int J Food Microbiol* 81:169 - 173.

[52]Carli, K. T., A. Eyigor, and V. Caner. 2001. Prevalence of Salmonella serovars in chickens in Turkey. *J Food Prot* 64:1832-1835.

[53]Carramiñana, J. J., J. Yangüela, D. Blanco, C. Rota, A. I. Agustin, A. Ariño, and A. Herrera. 1997. Salmonella incidence and distribution of serotypes throughout processing in a Spanish poultry slaughterhouse. *J Food Prot* 60:1312 - 1317.

[54]Carroll, P., R. M. La Ragione, A. R. Sayers, and M. J. Woodward. 2004. The O-antigen of Salmonella enterica serotype Enteritidis PT4: a significant factor in gastrointestinal colonisation of young but not newly hatched chicks. *Vet Microbiol* 102:73 - 85.

[55]Cason, J. A., J. S. Bailey, and N. A. Cox. 1994. Transmission of Salmonella typhimurium during hatching of broiler chicks. *Avian Dis* 38:583 - 588.

[56]Castellan, D. M., H. Kinde, P. H. Kass, G. Cutler, R. E. Breitmeyer, D. D. Bell, R. A. Ernst, D. C. Kerr, H. E. Little, D. Willoughby, H. P. Riemann, A. Ardans, J. A. Snowdon, and D. R. Kuney. 2004. Descriptive study of California egg layer premises and analysis of risk factors for Salmonella enterica serotype enteritidis as characterized by manure drag swabs. *Avian Dis* 48:550 - 561.

[57]Cerquetti, M. C. and M. M. Gherardi. 2000. Orally administered attenuated Salmonella enteritidis reduces chicken cecal carriage of virulent Salmonella organisms. *Vet Microbiol* 76:185 - 192.

[58]Chadfield, M. S. and M. H. Hinton. 2003. Evaluation of treatment and prophylaxis with nitrofurans and comparison with alternative antimicrobial agents in experimental Salmonella enterica serovar enteritidis infection in chicks. *Vet Res Communications* 27:257 - 273.

[59]Chambers, J. R., J. L. Spencer, and H. W. Modler. 1997. The influence of complex carbohydrates on Salmonella typhimurium colonization, pH, and density of broiler ceca. *Poult Sci* 76:445 - 451.

[60]Charles, S. D., I. Hussain, C. U. Choi, K. V. Nagaraja, and V. Sivanandan. 1994. Adjuvanted subunit vaccines for the control of Salmonella enteritidis infection in turkeys. *Am J Vet Res* 55:636 - 642.

[61]Charlton, B. R., R. L. Walker, H. Kinde, C. R. Bauer, S. E. Channing-Santiago, and T. B. Farver. 2005. Comparison of a Salmonella Enteritidis-specific polymerase chain reaction assay to delayed secondary enrichment culture for the detection of Salmonella Enteritidis in environmental drag swab samples. *Avian Dis* 49:418 - 122.

[62]Chart, H., E. J. Threlfall, N. G. Powell, and B. Rowe. 1996. Serum survival and plasmid possession by strains of Salmonella enteritidis, Salm. typhimurium and Salm. virchow. *J Appl Bacteriol* 80:31 - 36.

[63]Chen, H., R. C. Anantheswaran, and S. J. Knabel. 2001. Optimization of iron supplementation for enhanced detection of Salmonella Enteritidis in eggs. *J Food Prot* 64:1279 - 1285.

[64]Chen, M., N. J. Stern, J. S. Bailey, and N. A. Cox. 1998. Administering mucosal competitive exclusion flora for control of Salmonellae. *J Appl Poult Res* 7:384 - 391.

[65]Christensen, J. P., D. J. Brown, M. Madsen, J. E. Olsen, and M. Bisgaard. 1997. Hatchery-borne Salmonella enterica serovar Tennessee infections in broilers. *Avian Pathol* 26:155-168.

[66]Chu, C, S. F. Hong, C. Tsai, W. S. Lin, T. P. Liu, and J. T. Ou. 1999. Comparative physical and genetic maps of the virulence plasmids of Salmonella enterica serovars Typhimurium, Enteritidis, Choleraesuis, and Dublin. *Infect Immun* 67:2611 - 2614.

[67]Chung, Y. H., S. Y. Kim, and Y. H. Chang. 2003. Prevalence and antibiotic susceptibility of Salmonella isolated from foods in Korea from 1993 to 2001. *J Food Prot* 66:1154 - 1157.

[68]Clark, C. G., T. M. A. C. Kruk, L. Bryden, Y. Hirvi, R. Ahmed, and F. G. Rodgers. 2003. Subtyping of Salmonella enterica serotype Enteritidis strains by manual and automated PstI-SphI ribotyping. *J Clin Microbiol* 41:27 - 33.

[69]Clifton-Hadley, F. A., M. Breslin, L. M. Venables, K. A. Sprigings, S. W. Cooles, S. Hougton, and M. J. Wood-

ward. 2002. A laboratory study of an inactivated bivalent iron restricted Salmonella enterica serovars Enteritidis and Typhimurium dual vaccine against Typhimurium challenge in chickens. *Vet Microbiol* 89:167‐179.

[70]Cogan, T. A. and T. J. Humphrey. 2003. The rise and fall of Salmonella Enteritidis in the UK. *J Appl Microbiol* 94:114S‐119S.

[71]Conner, C. P. , D. M. Heithoff, S. M. Julio, R. L. Sinsheimer, and M. J. Mahan. 1998. Differential patterns of acquired virulence genes distinguish Salmonella strains. Proc *Natl Acad Sci USA* 95:4641‐4645.

[72]Cooper, G. L. , R. A. Nicholas, and C. D. Bracewell. 1989. Serological and bacteriological investigations of chickens from flocks naturally infected with Salmonella enteritidis. *Vet Rec* 125:567‐572.

[73]Cooper, G. L. , L. M. Venables, and M. S. Lever. 1996. Airborne challenge of chickens vaccinated orally with the geneticallydefined Salmonella enteritidis aroA strain CVL30. *Vet Rec* 139:447‐448.

[74]Cooper, G. L. , L. M. Venables, R. A. J. Nicholas, G. A. Cullen, and C. E. Hormaeche. 1993. Further studies of the application of live Salmonella enteritidis aroA vaccines in chickens. *Vet Rec* 133:31‐36.

[75]Cooper, G. L. , L. M. Venables, M. J. Woodward, and C. E. Hormaeche. 1994. Vaccination of chickens with strain CVL30, a genetically defined Salmonella enteritidis aroA live oral vaccine candidate. *Infect Immun* 62:4747‐4754.

[76]Corkish, J. D. , R. H. Davies, C. Wray, and R. A. J. Nicholas. 1994. Observations on a broiler breeder flock naturally infected with Salmonella enteritidis phage type 4. *Vet Rec* 134:591‐594.

[77]Corrier, D. E. , J. A. Byrd, B. M. Hargis, M. E. Hume, R. H. Bailey, and L. H. Stanker. 1999. Presence of Salmonella in the crop and ceca of broiler chickens before and after preslaughter feed withdrawal. *Poult Sci* 78:45‐49.

[78]Corrier, D. E. , J. A. Byrd Ⅱ , M. E. Hume, D. J. Nisbet, and L. H. Stanker. 1998. Effect of simultaneous or delayed competitive exclusion treatment on the spread of Salmonella in chicks. *J Appl Poult Res* 7:132‐137.

[79]Corrier, D. E. , B. M. Hargis, A. Hinton, Jr. , and J. R. DeLoach. 1993. Protective effect of used poultry litter and lactose in the feed ration on Salmonella enteritidis colonization of Leghorn chicks and hens. *Avian Dis* 37:47‐52.

[80]Corrier, D. E. , A. G. Hollister, D. J. Nisbet, C. M. Scanlan, R. C. Beier, and J. R. DeLoach. 1994. Competitive exclusion of Salmonella enteritidis in Leghorn chicks: Comparison of treatment by crop gavage, drinking water, spray, or lyophilized alginate beads. *Avian Dis* 38:297‐303.

[81]Corrier, D. E. , D. J. Nisbet, B. M. Hargis, P. S. Holt, and J. R. DeLoach. 1997. Provision of lactose to molting hens enhances resistance to Salmonella enteritidis colonization *J Food Prot* 60:10‐15.

[82]Corrier, D. E. , D. J. Nisbet, A. G. Hollister, R. C. Beier, C. M. Scanlan, B. M. Hargis, and J. R. DeLoach. 1994. Resistance against Salmonella enteritidis cecal colonization in Leghorn chicks by vent lip application of cecal bacteria culture. *Poult Sci* 73:648‐652.

[83]Corrier, D. E. , D. J. Nisbet, C. M. Scanlan, A. G. Hollister, and J. R. DeLoach. 1995. Control of Salmonella typhimurium colonization in broiler chicks with a continuous‐flow characterized mixed culture of cecal bacteria. *Poult Sci* 74:916‐924.

[84]Corrier, D. E. , D. J. Nisbet, C. M. Scanlan, G. Tellez, B. M. Hargis, and J. R. DeLoach. 1994. Inhibition of Salmonella enteritidis cecal and organ colonization in Leghorn chicks by a defined culture of cecal bacteria and dietary lactose. *J Food Prot* 56:377‐381.

[85]Corrier, D. E. , and R. L. Ziprin. 1989. Suppression of resistance to Salmonella typhimurium in young chickens inoculated with Corynebacterium parvum. *Avian Dis* 33:787‐791.

[86]Cox, N. A. , J. S. Bailey, and M. E. Berrang. 1996. Alternative routes for Salmonella intestinal tract colonization of chicks. *J Appl Poult Sci* 5:282-288.

[87]Cox, N. A. , J. S. Bailey, M. E. Berrang, R. J. Buhr, and J. M. Mauldin. 1994. Chemical treatment of Salmonella-contaminated fertile hatching eggs using an automated egg spray sanitizing machine. *J Appl Poult Res* 3:26‐30.

[88]Cox, N. A. , J. S. Bailey, L. C. Blankenship, and R. P. Gildersleeve. 1992. In ovo administration of a competitive exclusion culture treatment to broiler embryos. *Poult Sci* 71:1781‐1784.

[89]Cox, N. A. , J. S. Bailey, J. M. Mauldin, and L. C. Blankenship. 1990. Presence and impact of Salmonella contamination in commercial broiler hatcheries. *Poult Sci* 69:1606‐1609.

[90]Cox, N. A. , J. S. Bailey, and J. E. Thomson. 1982. Effect of various media and incubation conditions on recovery of inoculated Salmonellae from poultry feed. *Poult Sci* 61:1314‐1321.

[91]Cox, N. A. , J. S. Bailey, J. E. Thomson, and B. J. Juven.

1983. Salmonella and other Enterobacteriaceae found in commercial poultry feed. *Poult Sci* 62:2169-2175.

[92]Cox, N. A., M. E. Berrang, J. S. Bailey, and N. J. Stern. 2002. Bactericidal treatment of hatching eggs. V: Efficiency of repetitive immersions in hydrogen peroxide or phenol to eliminate Salmonella from hatching eggs. *J Appl Poult Res* 11:328-331.

[93]Cox, N. A., M. E. Berrang, and J. M. Mauldin. 2002. Extent of salmonellae contamination in primary breeder hatcheries in 1998 as compared to 1991. *J Appl Poult Res* 10:202-205.

[94]Cox, N. A., S. E. Craven, M. T. Musgrove, M. E. Berrang, and N. J. Stern. 2003. Effect of sub-therapeutic levels of antimicrobials in feed on the intestinal carriage of Campylobacter and Salmonella in turkeys. *JAppl Poult Res* 12:32-36.

[95]Cox, N. A. and J. E. Williams. 1976. A simplified biochemical system to screen salmonella isolates from poultry for serotyping. *Poult Sci* 55:1968-1971.

[96]Craven, S. E. 1994. Altered colonizing ability for the ceca of broiler chicks by lipopolysaccharide-deficient mutants of Salmonella typhimurium. *Avian Dis* 38:401-408.

[97]Craven, S. E., N. J. Stern, E. Line, J. S. Bailey, N. A. Cox, and P. Fedorka-Cray. 2000. Determination of the incidence of Salmonella spp., Campylobacter jejuni, and Clostridium perfringens in wild birds near broiler chicken houses by sampling intestinal droppings. *Avian Dis* 44: 715-720.

[98]Cudjoe, K. S. and R. Krona. 1997. Detection of Salmonella from raw food samples using Dynabeads® anti-Salmonella and a conventional reference method. *IntJ Food Microbiol* 37:55-62.

[99]D'Aoust, J. Y., A. M. Sewell, and E. Daley. 1992. Inadequacy of small transfer volume and short(6 h) selective enrichment for the detection of foodborne Salmonella. *J Food Prot* 55:326-328.

[100]Davies, R. and M. Breslin. 2001. Environmental contamination and detection of Salmonella enterica serovar enteritidis in laying flocks. *Vet Rec* 149:699-704.

[101]Davies, R. and M. Breslin. 2003. Effects of vaccination and other preventive methods for Salmonella Enteritidis on commercial laying chicken farms. *Vet Rec* 153:673-677.

[102]Davies, R. H. and M. F. Breslin. 2003. Observations on the distribution and persistence of Salmonella enterica serovar Enteritidis phage type 29 on a cage layer farm before and after the use of competitive exclusion. *Brit

Poult Sci* 44:551-557.

[103]Davies, R. H. and M. Breslin. 2003. Persistence of Salmonella Enteritidis phage type 4 in the environment and arthropod vectors on an empty free-range chicken farm. *Environ Microbiol* 5:79-84.

[104]Davies, R. and M. Breslin. 2004. Observations on Salmonella contamination of eggs from infected commercial laying flocks where vaccination for Salmonella enterica serovar Enteritidis had been used. *Avian Pathol* 33: 133-144.

[105]Davies, R., E. Liebana, and M. Breslin. 2003. Investigation of the distribution and control of Salmonella enterica serovar Enteritidis PT6 in layer breeding and egg production. *Avian Pathol* 32:227-237.

[106]Davies, R. H., C. J. Teale, C. Wray, I. M. McLaren, Y. E. Jones, S. Chappell, and S. Kidd. 1999. Nalidixic acid resistance in salmonellae isolated from turkeys and other livestock in Great Britain. *Vet Rec* 144:320-322.

[107]Davies, R. H. and C. Wray. 1995. Observations on disinfection regimens used on Salmonella enteritidis infected poultry units. *Poult Sci* 74:638-647.

[108]Davies, R. H. and C. Wray. 1996. Persistence of Salmonella enteritidis in poultry units and poultry food. *Br Poult Sci* 37:589-596.

[109]Davies, R. H. and C. Wray. 1996. Studies of contamination of three broiler breeder houses with Salmonella enteritidis before and after cleansing and disinfection. *Avian Dis* 40:626-633.

[110]Davis, M. and T. Y. Morishita. 2005. Relative ammonia concentrations, dust concentrations, and presence of Salmonella species and Escherichia coli inside and outside commercial layer facilities. *Avian Dis* 49:30-35.

[111]Davison, S., C. E. Benson, and R. J. Eckroade. 1996. Evaluation of disinfectants against Salmonella enteritidis. *Avian Dis* 40:272-277.

[112]De Buck, J., F. Pasmans, F. Van Immerseel, F. Haesebrouck, and R. Ducatelle. 2004. Tubular glands of the isthmus are the predominant colonization site of Salmonella Enteritidis in the upper oviduct of laying hens. *Poult Sci* 83:352-358.

[113]De Buck, J., F. Van Immerseel, F. Haesebrocuk, and R. Ducatelle. 2005. Protection of laying hens against Salmonella Enteritidis by immunization with type 1 fimbriae. *Vet Microbiol* 105:93-101.

[114]del Cerro, A., S. Soto, E. Landeras, M. A. González-Hevia, J. A. Guijarro, and M. C. Mendoza. 2002. PCR-based procedures in detection and DNA-fingerprinting of Sal-

monella from samples of animal origin. *Food Microbiol* 19:567 - 575.

[115] De Paula, C. M. D. , R. F. Mariot, and E. C. Tondo. 2005. Thermal inactivation of Salmonella enteritidis by boiling and frying egg methods. *J Food Safety* 25:43 - 57.

[116] Desmidt, M. , R. Ducatelle, and F. Haesebrouck. 1997. Pathogenesis of Salmonella enteritidis phage type four after experimental infection of young chickens. *Vet Microbiol* 56:99-109.

[117] Desmidt, M. , R. Ducatelle, and F. Haesebrouck. 1998. Immunohistochemical observations in the ceca of chickens infected with Salmonella enteritidis phage type four. *Poult Sci* 77:73 - 14.

[118] Desmidt, M. , R. Ducatelle, and F. Haesebrouck. 1998. Serological and bacteriological observations on experimental infection with Salmonella hadar in chickens. *Vet Microbiol* 60:259 - 269.

[119] Desmidt, M. , R. Ducatelle, J. Mast, B. M. Goddeeris, B. Kaspers, and F. Haesebrouck. 1998. Role of the humoral immune system in Salmonella enteritidis phage type four infection in chickens. *Vet Immunol Immunopathol* 63:355 - 367.

[120] Dhillon, A. S. , H. L. Shivaprasad, P. Roy, B. Alisantosa, D. Schaberg, D. Bandli, and S. Johnson. 2001. Pathogenicity of environmental origin Salmonellas in specific pathogen-free chicks. *Poult Sci* 80:1323 - 1328.

[121] Dibb-Fuller, M. P. and M. J. Woodward. 2000. Contribution of fimbriae and flagella of Salmonella enteritidis to colonization and invasion of chicks. *Avian Pathol* 29: 295 - 304.

[122] Dickens, J. A. and A. D. Whittemore. 1994. The effect of acetic acid and air injection on appearance, moisture pick -up, microbiological quality, and Salmonella incidence on processed poultry carcasses. *Poult Sci* 73:582 - 586.

[123] Duchet-Suchaux, M. , P. Léchopier, J. Marly, P. Bernardet, R. Delaunay, and P. Pardon. 1995. Quantification of experimental Salmonella enteritidis carrier state in B13 Leghorn chicks. *Avian Dis* 39:796 - 803.

[124] Duchet - Suchaux, M. , F. Mompart, F. Berthelot, C. Beaumont, P. Léchopier, and P. Pardon. 1997. Differences in frequency, level, and duration of cecal carriage between four outbred chicken lines infected orally with Salmonella enteritidis. *Avian Dis* 41:559 - 567.

[125] Dunlap, N. E, W. H. Benjamin, Jr. , A. K. Berry, J. H. Eldridge, and D. E. Briles. 1992. A 'safe-site' for Salmonella typhimurium is within splenic polymorphonu-

clear cells. *Microb Pathogen* 13:181 - 190.

[126] Durant, J. , D. E. Corner, J. A. Byrd, L. H. Stanker, and S. C. Ricke. 1999. Feed deprivation affects crop environment and modulates Salmonella enteritidis colonization and invasion of leghorn hens. *Appl Environ Microbiol* 65:1919 - 1923.

[127] Durant, J. A. , D. E. Corner, L. H. Stanker, and S. C. Ricke. 2000. Expression of the hilA Salmonella typhimurium gene in a poultry Salm. Enteritidis isolate in response to lactate and nutrients. *J Appl Microbiol* 89: 63 -69.

[128] Ebel, E. and W. Schlosser. 2000. Estimating the annual fraction of eggs contaminated with Salmonella enteritidis in the United States. *Int J Food Microbiol* 61:51 - 62.

[129] Elissalde, M. H. , R. L. Ziprin, W. E. Huff, L. F. Kubena, and R. B. Harvey. 1994. Effect of ochratoxin A on Salmonella - challenged broiler chicks. *Poult Sci* 73: 1241 -1248.

[130] Eriksson de Rezende, C. L. , E. T. Mallinson, N. L. Tablante, R. Morales, A. Park, L. E. Carr, and S. W. Joseph. 2001. Effect of dry litter and airflow in reducing Salmonella and Escherichia coli populations in the broiler production environment. *J Appl Poult Res* 10:245 - 251.

[131] Ernst, R. K. , D. M. Dombroski, and J. M. Merrick. 1990. Anaerobiosis, type 1 fimbriae, and growth phase are factors that affect invasion of HEp-2 cells by Salmonella typhimurium. *Infect Immun* 58:2014 - 2016.

[132] Evans, M. C. and H. C. Wegener. 2003. Antimicrobial growth promoters and Salmonella spp. , Campylobacter spp. in poultry and swine, Denmark. *Emerging Infect Dis* 9:489 - 492.

[133] Ewing, W. H. 1986. Edwards and Ewing's Identification of Enterobacteriaceae, 4th ed. Elsevier, New York, NY.

[134] Eyigor, A. , G. Goncagul, E. Gunyadin, and K. T. Carli. 2005. Salmonella profile in chickens determined by realtime polymerase chain reaction and bacteriology from years 2000 to 2003 in Turkey. *Avian Pathol* 32:101 - 105.

[135] Faddoul, G. P. and G. W. Fellows. 1966. A five-year survey of the incidence of Salmonellae in avian species. *Avian Dis* 10:296 - 304.

[136] Fagerberg, D. J. , C. L. Quarles, J. A. Ranson, R. D. Williams, L. P. Williams, Jr. , C. B. Hancock, and S. L. Seaman. 1976. Experimental procedure for testing the

effects of low level antibiotic feeding and therapeutic treatment on Salmonella typhimurium var. Copenhagen infection in broiler chicks. *Poult Sci* 55:1848 - 1857.

[137]Feberwee, A. , T. S. de Vries, A. R. W. Elbers, and W. A. de Jong. 2000. Results of a Salmonella enteritidis vaccination field trial in broiler-breeder flocks in the Netherlands. *Avian Dis* 44:249-255.

[138]Feberwee, A. , T. S. de Vries, E. G. Hartman, J. J. de Wit, A. R. W. Elbers, and W. A. de Jong. 2001. Vaccination against Salmonella enteritidis in Dutch commercial layer flocks with a vaccine based on a live Salmonella gallinarum 9R strain: evaluation of efficacy, safety, and performance of serological Salmonella tests. *Avian Dis* 45:83 - 91.

[139]Fernandez, F. , M. Hinton, and B. Van Gils. 2002. Dietary mannan-oligosaccharides and their effect on chicken caecal microflora in relation to Salmonella Enteritidis colonization. *Avian Pathol* 31:49 - 58.

[140]Ferris, K. E. , A. M. Aalsburg, E. A. Palmer, and M. M. Hostetler. 2003. Salmonella serotypes from animals and related sources reported during July 2002-June 2003. Proc 107th Ann Meet U. S. Anim Health Assoc. U. S. Animal Health Association, Richmond, VA. 463 - 169.

[141]Fields, P. I. , R. V. Swanson, C. G. Haidaris, and F. Heffron. 1986. Mutants of Salmonella typhimurium that cannot survive within the macrophage are avirulent. *Proc Natl Acad Sci USA* 83:5189 - 5193.

[142]Frenzen, P. D. , T. L. Riggs, J. C. Buzby, T. Breuer, T. Roberts, D. Voetsch, S. Reddy, and the FoodNet Working Group. 1999. Salmonella cost estimate updated using FoodNet data. *Food Rev* 22:10-15.

[143]Gao, F. , L. E. Stewart, S. W. Joseph, and L. E. Carr. 1997. Effectiveness of ultraviolet irradiation in reducing the numbers of Salmonella on eggs and egg belt conveyor materials. *Appl Eng Agric* 13:355 - 359.

[144]Garber, L. , M. Smeltzer, P. Fedorka-Cray, S. Ladely, and K. Ferris. 2003. Salmonella enterica serotype enteritidis in table egg layer house environments and in mice in U. S. layer houses and associated risk factors. *Avian Dis* 47:134 - 142.

[145]Gast, R. K. 1993. Evaluation of direct plating for detecting Salmonella enteritidis in pools of egg contents. *Poult Sci* 72:1611 - 1614.

[146]Gast, R. K. , and C. W. Beard. 1989. Age-related changes in the persistence and pathogenicity of Salmonella typhimurium in chicks. *Poult Sci* 68:1454 - 1460.

[147]Gast, R. K. , and C. W. Beard. 1990. Production of Sal-monella enteritidis-contaminated eggs by experimentally infected hens. *Avian Dis* 34:438 - 446.

[148]Gast, R. K. , and C. W. Beard. 1990. Isolation of Salmonella enteritidis from internal organs of experimentally infected hens. *Avian Dis* 34:991 - 993.

[149]Gast, R. K. , and C. W. Beard. 1990. Serological detection of experimental Salmonella enteritidis infections in laying hens. *Avian Dis* 34:721 - 728.

[150]Gast, R. K. , and C. W. Beard. 1991. Detection of Salmonella serogroup D-specific antibodies in the yolks of eggs laid by hens infected with Salmonella enteritidis. *Poult Sci* 70:1273 - 1276.

[151]Gast, R. K. , and C. W. Beard. 1992. Detection and enumeration of Salmonella enteritidis in fresh and stored eggs laid by experimentally infected hens. *J Food Prot* 55:152 - 156.

[152]Gast, R. K. , and S. T. Benson. 1995. The comparative virulence for chicks of Salmonella enteritidis phage type 4 isolates and isolates of phage types commonly found in poultry in the United States. *Avian Dis* 39:567 -574.

[153]Gast, R. K. and S. T. Benson. 1996. Intestinal colonization and organ invasion in chicks experimentally infected with Salmonella enteritidis phage type 4 and other phage types isolated from poultry in the United States. *Avian Dis* 40:853 - 857.

[154]Gast, R. K. , J. Guard-Bouldin, and P. S. Holt. 2004. Colonization of reproductive organs and internal contamination of eggs after experimental infection of laying hens with Salmonella heidelberg and Salmonella enteritidis. *Avian Dis* 48:863 - 869.

[155]Gast, R. K. , J. Guard-Bouldin, and P. S. Holt. 2005. The relationship between the duration of fecal shedding and the production of contaminated eggs by laying hens infected with strains of Salmonella Enteritidis and Salmonella Heidelberg. *Avian Dis* 49:382 - 386.

[156]Gast, R. K. , J. Guard-Petter, and P. S. Holt. 2002. Characteristics of Salmonella enteritidis contamination in eggs after oral, aerosol, and intravenous inoculation of laying hens. *Avian Dis* 46:629 - 635.

[157]Gast, R. K. , and P. S. Holt. 1995. Iron supplementation to enhance the recovery of Salmonella enteritidis from pools of egg contents. *J Food Prot* 58.268 - 212.

[158]Gast, R. K. and P. S. Holt. 1998. Persistence of Salmonella enteritidis from one day of age until maturity in experimentally infected layer chickens. *Poult Sci* 77:1759 - 1762.

[159]Gast, R. K. and P. S. Holt. 1998. Supplementing pools of

egg contents with concentrated enrichment media to improve rapid detection of Salmonella enteritidis. *J Food Prot* 61:107 - 109.

[160]Gast,R. K. and P. S. Holt. 2000. Deposition of phage type 4 and 13a Salmonella enteritidis strains in the yolk and albumen of eggs laid by experimentally infected hens. *Avian Dis* 44:706 - 710.

[161]Gast,R. K. and P. S. Holt. 2001. Assessing the frequency and consequences of Salmonella enteritidis deposition on the egg yolk membrane. *Poult Sci* 80:997 - 1002.

[162]Gast,R. K. and P. S. Holt. 2001. The relationship between the magnitude of the specific antibody response to experimental Salmonella enteritidis infection in laying hens and their production of contaminated eggs. *Avian Dis* 45:425 - 431.

[163]Gast,R. K. and P. S. Holt. 2003. Incubation of supplemented egg contents pools to support rapid detection of Salmonella enterica serovar Enteritidis. *J Food Prot* 66:656 - 659.

[164]Gast,R. K. , P. S. Holt, M. S. Nasir, M. E. Jolley, and H. D. Stone. 2003. Detection of Salmonella enteritidis in incubated pools of egg contents by fluorescence polarization and lateral flow immunodiffusion. *Poult Sci* 82:687 - 690.

[165]Gast,R. K. , B. W. Mitchell, and P. S. Holt. 1998. Airborne transmission of Salmonella enteritidis infection between groups of chicks in controlled-environment isolation cabinets. *Avian Dis* 42:315 - 320.

[166]Gast,R. K. , B. W. Mitchell, and P. S. Holt. 2004. Detection of airborne Salmonella enteritidis in the environment of experimentally infected laying hens by an electrostatic sampling device. *Avian Dis* 48:148 - 154.

[167]Gast, R. K. , M. S. Nasir, M. E. Jolley, P. S. Holt, and H. D. Stone. 2002. Detection of experimental Salmonella enteritidis and S. typhimurium infections in laying hens by fluorescence polarization assay for egg yolk antibodies. *Poult Sci* 81:1128 - 1131.

[168]Gast, R. K. , M. S. Nasir, M. E. Jolley, P. S. Holt, and H. D. Stone. 2002. Serologic detection of experimental Salmonella enteritidis infections in laying hens by fluorescence polarization and enzyme immunoassay. *Avian Dis* 46:137 - 142.

[169]Gast,R. K. ,R. E. Porter,Jr. , and P. S. Holt. 1997. Applying tests for specific yolk antibodies to predict contamination by Salmonella enteritidis in eggs from experimentally infected laying hens. *Avian Dis* 41:195 - 202.

[170]Gast,R. K. ,R. E. Porter,Jr. , and P. S. Holt. 1997. As-
sessing the sensitivity of egg yolk antibody testing for detecting Salmonella enteritidis infections in laying hens. *Poult Sci* 76:798 - 801.

[171]Gast, R. K. , H. D. Stone, P. S. Holt, and C. W. Beard. 1992. Evaluation of the efficacy of an oil-emulsion bacterin for protecting chickens against Salmonella enteritidis. *Avian Dis* 36:992 - 999.

[172]Genovese, L. L. , V. K. Lowry, K. J. Genovese, and M. H. Kogut. 2000. Longevity of augmented phagocytic activity of heterophils in neonatal chickens following administration of Salmonella enteritidis-immune lymphokines to chickens. *Avian Pathol* 29:117 - 122.

[173]Ghafir, Y. , B. China, N. Korsak, K. Dierick, J. M. Collard,C. Godard, L. De Zutter, and G. Daube. 2005. Belgian surveillance plans to assess changes in Salmonella prevalence in meat at different production stages. *J Food Prot* 68:2269 - 2277.

[174] Girard - Santosuosso, O. , P. Menanteau, M. Duchet - Suchaux,F. Berthelot, F. Mompart,J. Protais, P. Colin, J. F. Guillot, C. Beaumont, and F. Lantier. 1998. Variability in the resistance of four chicken lines to experimental intravenous infection with Salmonella enteritidis phage type 4. *Avian Dis* 42:462 - 469.

[175]Glisson,J. R. 1998. Use of antibiotics to control Salmonella in poultry. In Proceedings of the International Symposium on Food-borne Salmonella in Poultry. R. K. Gast and C. L. Hofacre, eds. American Association of Avian Pathologists. Kennett Square,PA. 173 - 175.

[176]Goodnough, M. C, and E. A. Johnson. 1991. Control of Salmonella enteritidis infections in poultry by polymyxin B and trimethoprim. *Appl Environ Microbiol* 57:785 -788.

[177]Gradel,K. O. ,J. Chr. Jφrgensen,J. S. Andersen, and J. E. L. Corry. 2004. Monitoring the efficacy of steam and formaldehyde treatment of naturally Salmonella-infected layer houses. *J Appl Microbiol* 96:613 - 622.

[178]Grimont, P. A. D. , F. Grimont, and P. Bouvet. 2000. Taxonomy of the genus Salmoenlla. In C. Wray and A. Wray,eds. Salmonella in Domestic Animals,CABI Publishing,Oxon,U. K. 1 - 17.

[179]Groisman,E. A. ,C. Parra-Lopez, M. Salcedo, C. J. Lipps, and F. Heffron. 1992. Resistance to host antimicrobial peptides is necessary for Salmonella virulence. *Proc Natl Acad Sci USA* 89:11939 - 11943.

[180]Guard-Bouldin, J. , R. K. Gast, T. J. Humphrey, D. J. Henzler,C. Morales, and K. Coles. 2004. Subpopulation characteristics of egg-contaminating Salmonella enterica

serovar Enteritidis as defined by the lipopolysaccharide O chain. *Appl Environ Microbiol* 70:2756 - 2763.

[181]Guard-Petter, J. 1998. Variants of smooth Salmonella enterica serovar Enteritidis that grow to higher cell density than the wild type are more virulent. *Appl Environ Microbiol* 64:2166 - 2172.

[182]Guerin, M. T. , S. W. Martin, G. A. Darlington, and A. Rajic. 2005. A temporal study of Salmonella serovars in animals in Alberta between 1990 and 2001. *Can J Vet Res* 69:88 - 99.

[183]Guillot, J. F. , C. Beaumont, F. Bellatif, C. Mouline, F. Lantier, P. Colin, and J. Protais. 1995. Comparison of resistance of various poultry lines to infection by Salmonella enteritidis. *Vet Res* 26:81 - 86.

[184]Guilloteau, L. A. , T. S. Wallis, A. V. Gautier, S. MacIntyre, D. J. Piatt, and A. J. Lax. 1996. The Salmonella virulence plasmid enhances Salmonella-induced lysis of macrophages and influences inflammatory responses. *Infect Immun* 64:3385 - 3393.

[185]Guiney, D. G. , S. Libby, F. C. Fang, M. Krause, and J. Fierer. 1995. Growth-phase regulation of plasmid virulence genes in Salmonella. *Trends Microbiol* 3: 275 - 279.

[186]Gulig, P. A. , and R. Curtiss Ⅲ. 1987. Plasmid-associated virulence of Salmonella typhimurium. *Infect Immun* 55:2891 - 2901.

[187]Gulig, P. A. , and T. J. Doyle. 1993. The Salmonella typhimurium virulence plasmid increases the growth rate of Salmonellae in mice. *Infect Immun* 61:504 - 511.

[188]Gusils, C. , S. N. González, and G. Oliver. 1999. Some probiotic properties of chicken lactobacilli. *Can J Microbiol* 45:981 - 987.

[189]Ha, S. D. , K. G. Maciorowski, and S. C. Ricke. 1997. Ethyl alcohol reduction of Salmonella typhimurium in poultry feed. *J Rap Meth Automat Microbiol* 5:75 - 85.

[190]Halavatkar, H. , and P. A. Barrow. 1993. The role of a 54-kb plasmid in the virulence of strains of Salmonella Enteritidis of phage type 4 for chickens and mice. *J Med Microbiol* 38:171 - 176.

[191]Hassan, J. O. , P. A. Barrow, A. P. A. Mockett, and S. McLeod. 1990. Antibody response to experimental Salmonella typhimurium infection in chickens measured by ELISA. *Vet Rec* 126:519 - 522.

[192]Hassan, J. O. , and R. Curtiss Ⅲ. 1994. Development and evaluation of an experimental vaccination program using a live avirulent Salmonella typhimurium strain to protect immunized chickens against challenge with ho-

mologous and heterologous Salmonella serotypes. *Infect Immun* 62:5519 - 5527.

[193]Hassan, J. O. , and R. Curtiss Ⅲ. 1994. Virulent Salmonella typhimurium-induced lymphocyte depletion and immunosuppression in chickens. *Infect Immun* 62: 2027 -2036.

[194]Hassan, J. O. and R. Curtiss Ⅲ. 1996. Effect of vaccination of hens with an avirulent strain of Salmonella typhimurium on immunity of progeny challenged with wild-type Salmonella strains. *Infect Immun* 64:938 - 944.

[195]Hassan, J. O. and R. Curtiss Ⅲ. 1997. Efficacy of a live avirulent Salmonella typhimurium vaccine in preventing colonization and invasion of laying hens by Salmonella typhimurium and Salmonella enteritidis. *Avian Dis* 41: 783 - 791.

[196]Hassan, J. O. , A. P. A. Mockett, D. Catty, and P. A. Barrow. 1991. Infection and reinfection of chickens with Salmonella typhimurium: Bacteriology and immune responses. *Avian Dis* 35:809 - 819.

[197]Hassan, J. O. , A. P. A. Mockett, S. McLeod, and P. A. Barrow. 1991. Indirect antigen-trap ELISAs using polyclonal antisera for detection of group B and D Salmonellas in chickens. *Avian Pathol* 20:271 - 282.

[198]Helmuth, R. , R. Stephan, C. Bunge, B. Hoog, A. Steinbeck, and E. Bulling. 1985. Epidemiology of virulence-associated plasmids and outer membrane protein patterns within seven common Salmonella serotypes. *Infect Immun* 48:175 - 182.

[199]Henderson, S. C, D. I. Bounous, and M. D. Lee. 1999. Early events in the pathogenesis of avian salmonellosis. *Infect Immun* 67:3580 - 3586.

[200]Hennessy, T. W. , C. W. Hedberg, L. Slutsker, K. E. White, J. M. Besser-Wiek, M. E. Moen, J. Feldman, W. W. Coleman, L. M. Edmonson, K. L. Mac Donald, M. T. Osterholm. 1996. A national outbreak of Salmonella enteritidis infections from ice cream. *New Eng J Med* 334: 1281 - 1286.

[201]Henzler, D. J. , D. C. Kradel, and W. M. Sischo. 1998. Management and environmental risk factors for Salmonella enteritidis contamination of eggs. *Am J Vet Res* 59:824 - 829.

[202]Henzler, D. J. , and H. M. Opitz. 1992. The role of mice in the epi-zootiology of Salmonella enteritidis infection on chicken layer farms. *Avian Dis* 36:625 - 631.

[203]Higgins, R. , R. Malo, E. René-Roberge, and R. Gauthier. 1982. Studies on the dissemination of Salmonella in nine broiler-chicken flocks. *Avian Dis* 26:26 - 33.

[204] Himathongkham, S., M. G. Pereira, and H. Riemann. 1996. Heat destruction of Salmonella in poultry feed: effect of time, temperature, and moisture. *Avian Dis* 40:72 - 77.

[205] Hinton, A., Jr. R. J. Buhr, and K. D. Ingram. 2002. Carbohydrat based cocktails that decrease the population of Salmonella and Campylobacter in the crop of broiler chickens subjected to feed withdrawal. *Poult Sci* 81: 780 - 784.

[206] Hinton, M. 1988. Salmonella infection in chicks following the consumption of artificially contaminated feed. *Epidemiol Infect* 100:247 - 256.

[207] Hoertt, B. E., J. Ou, D. J. Kopecko, L. S. Baron, and R. L. Warren. 1989. Novel virulence properties of the Salmonella typhimurium virulence-associated plasmid: Immune suppression and stimulation of splenomegaly. *Plasmid* 21:48 - 58.

[208] Hofacre, C. L., N. D. Primm, K. Vance, M. A. Goodwin, and J. Brown. 2000. Comparison of a lyophilized chicken-origin competitive exclusion culture, a lyophilized probiotic, and fresh turkey cecal material against Salmonella colonization. *J Appl Poult Res* 9:195 - 203.

[209] Hogue, A., P. White, J. Guard-Petter, W. Schlosser, R. Gast, E. Ebel, J. Farrar, T. Gomez, J. Madden, M. Madison, A. M. McNamara, R. Morales, D. Parham, P. Sparling, W. Sutherlin, and D. Swerdlow. 1997. Epidemiology and control of egg-associated Salmonella Enteritidis in the United States of America. *Rev Sci Tech Off Int Epiz* 16:542 - 553.

[210] Hollister, A. G., D. E. Corner, D. J. Nisbet, and J. R. DeLoach. 1999. Effects of chicken-derived cecal microorganisms maintained in continuous culture on cecal colonization by Salmonella ty-phimurium in turkey poults. *Poult Sci* 78:546 - 549.

[211] Holt, J. G., N. R. Krieg, P. H. A. Sneath, J. T. Staley, and S. T. Williams. 1994. Bergey's Manual of Determinative Bacteriology, 9th edition. Williams and Wilkins. Baltimore, MD.

[212] Holt, P. S. 1993. Effect of induced molting on the susceptibility of white leghorn hens to a Salmonella enteritidis infection. *Avian Dis* 37:412 - 117.

[213] Holt, P. S. 1995. Horizontal transmission of Salmonella enteritidis in molted and unmolted laying chickens. *Avian Dis* 39:239 - 249.

[214] Holt, P. S., R. J. Buhr, D. L. Cunningham, and R. E. Porter, Jr. 1994. Effect of two different molting procedures on a Salmonella enteritidis infection. *Poult Sci*

73:1267 - 1275.

[215] Holt, P. S. and R. K. Gast. 2004. Effects of prior coinfection with different Salmonella serovars on the progression of a Salmonella enterica serovar enteritidis infection in hens undergoing induced molt. *Avian Dis* 48: 160 - 166.

[216] Holt, P. S., R. K. Gast, and C. R. Greene, 1995. Rapid detection of Salmonella enteritidis in pooled liquid egg samples using a magnetic bead-ELISA system. *J Food Prot* 58:967 - 972.

[217] Holt, P. S., R. K. Gast, and S. Kelly-Aehle. 2003. Use of a live attenuated Salmonella typhimurium vaccine to protect hens against S. enteritidis infection while undergoing molt. *Avian Dis* 47:656 - 661.

[218] Holt, P. S., R. K. Gast, R. E. Porter, Jr., and H. D. Stone. 1999. Hyporesponsiveness of the systemic and mucosal humoral immune systems in chickens infected with Salmonella enterica serovar enteritidis at one day of age. *Poult Sci* 78:1510 - 1517.

[219] Holt, P. S., N. P. Macri, and R. E. Porter, Jr. 1995. Microbiological analysis of the early Salmonella enteritidis infection in molted and unmolted hens. *Avian Dis* 39: 55 - 63.

[220] Holt, P. S., B. W. Mitchell, and R. K. Gast. 1998. Airborne horizontal transmission of Salmonella enteritidis in molted laying chickens. *Avian Dis* 42:45 - 52.

[221] Holt, P. S., and R. E. Porter, Jr. 1993. Effect of induced molting on the recurrence of a previous Salmonella enteritidis infection. *Poult Sci* 72:2069 - 2078.

[222] Hoop, R. K., and A. Pospischil. 1993. Bacteriological, serological, histological and immunohistochemical findings in laying hens with naturally acquired Salmonella enteritidis phage type 4 infection. *Vet Rec* 133: 391 - 393.

[223] Hoover, N. J., P. B. Kenney, J. D. Amick, and W. A. Hypes. 1997. Preharvest sources of Salmonella contamination in turkey production. *Poult Sci* 76:1232 - 1238.

[224] Hope, B. K., A. R. Baker, E. D. Edel, A. T. Hogue, W. D. Schlosser, R. Whiting, R. M. McDowell, and R. A. Morales. 2002. An overview of the Salmonella Enteritidis risk assessment for shell eggs and egg products. *Risk Anal* 22:203 - 218.

[225] Horiuchi, S., N. Goto, Y. Inagaki, and R. Nakaya. 1991. The 106 - kilobase plasmid of Salmonella braenderup and the 100 - kilobase plasmid of Salmonella typhimurium are not necessary for the pathogenicity in experimental models. *Microbiol Immunol* 35:187 - 198.

[226]Hudson,C. R. ,M. Garcia,R. K. Gast,and J. J. Maurer. 2001. Determination of close genetic relatedness of the major Salmonella enteritidis phage types by pulsed-field gel electrophoresis and DNA sequence analysis of several Salmonella virulence genes. *Avian Dis* 45:875 - 886.

[227]Humbert,F. ,J. J. Carramiñana,F. Lalande,and G. Salvat. 1997. Bacteriological monitoring of Salmonella enteritidis carrier birds after decontamination using enrofloxacin,competitive exclusion and movement of birds. *Vet Rec* 141:297 - 299.

[228] Humphrey, T. J. , A. Baskerville, H. Chart, and B. Rowe. 1989. Infection of egg-laying hens with Salmonella enteritidis PT4 by 29ral inoculation. *Vet Rec* 125: 531 -532.

[229] Humphrey, T. J. , A. Baskerville, H. Chart, B. Rowe, and A. Whitehead. 1992. Infection of laying hens with Salmonella enteritidis PT4 by conjunctival challenge. *Vet Rec* 131:386 - 388.

[230]Humphrey, T. J. , A. Baskerville, S. Mawer, B. Rowe, and S. Hopper. 1989. Salmonella enteritidis phage type 4 from the contents of intact eggs: A study involving naturally infected hens. *Epidemiol Infect* 103: 415 - 123.

[231] Humphrey, T. J. , A. Baskerville, A. Whitehead, B. Rowe, and A. Henley. 1993. Influence of feeding patterns on the artificial infection of laying hens with Salmonella enteritidis phage type 4. *Vet Rec* 132:407 - 409.

[232] Humphrey, T. J. , H. Chart, A. Baskerville, and B. Rowe. 1991. The influence of age on the response of SPF hens to infection with Salmonella enteritidis PT4. *Epidemiol Infect* 106:33 - 43.

[233]Humphrey,T. J. ,N. P. Richardson,A. H. L. Gawler, and M. J. Allen. 1991. Heat resistance of Salmonella enteritidis PT4: The influence of prior exposure to alkaline conditions. *Lett Appl Microbiol* 12:258 - 260.

[234]Humphrey,T. J. ,and A. Whitehead. 1992. Techniques for the isolation of salmonellas from eggs. *Br Poult Sci* 33:761 - 768.

[235] Humphrey, T. J. , A. Whitehead, A. H. L. Gawler, A. Henley,and B. Rowe. 1991. Numbers of Salmonella enteritidis in the contents of naturally contaminated hens' eggs. *Epidemiol Infect* 106: 489 - 496.

[236]Humphrey,T. J. , A. Williams, K. McAlpine, M. S. Lever, J. Guard Petter, and J. M. Cox. 1996. Isolates of Salmonella enterica Enteritidis PT4 with enhanced heat and acid tolerance are more virulent in mice and more invasive in chickens. *Epidemiol Infect* 117:79 - 98.

[237]Izat,A. L. ,M. Colberg, R. A. Thomas, M. H. Adams, and C. D. Driggers. 1990. Effects of lactic acid in processing waters on the incidence of Salmonellae on broilers. *J Food Qual* 13:295 - 306.

[238]Jones,F. T. and K. E. Richardson. 2004. Salmonella in commercially manufactured feeds. *Poultry Sci* 83:384 - 391.

[239]Jones,F. T. ,D. V. Rives,and J. B. Carey. 1995. Salmonella contamination in commercial eggs and an egg production facility. *Poultry Sci* 74:753 - 757.

[240]Jouy,E. ,K. Proux,F. Humbert,V. Rose,F. Lalande, C. Houdayer,U. P. Picault,and G. Salvat. 2005. Evaluation of a French ELISA for the detection of Salmonella Enteritidis and Salmonella Typhimurium in flocks of laying and breeding hens. Prevent. *Vet Med* 71:91 -103.

[241]Keller,L. H. ,C. E. Benson,V. Garcia,E. Nocks,P. Battenfelder,and R. J. Eckroade. 1993. Monoclonal antibody-based detection system for Salmonella enteritidis. *Avian Dis* 37:501 - 507.

[242]Keller,L. H. ,C. E. Benson,K. Krotec,and R. J. Eckroade. 1995. Salmonella enteritidis colonization of the reproductive tract and forming and freshly laid eggs of chickens. *Infect Immun* 63:2443 - 2449.

[243]Kerr,S. ,H. J. Ball,D. P. Mackie,D. A. Pollock,and D. A. Finlay. 1992. Diagnostic application of monoclonal antibodies to outer membrane proteins for rapid detection of Salmonella. *J Appl Bacteriol* 72:302-308.

[244]Khan,M. I. ,A. A. Fadl,and K. S. Venkitanarayanan. 2003. Reducing colonization of Salmonella Enteritidis in chicken by targeting outer membrane proteins. *J Appl Microbiol* 95:142 - 145.

[245]Kim,C. J. ,K. V. Nagaraja,and B. S. Pomeroy. 1991. Enzyme linked immunosorbent assay for the detection of Salmonella enteritidis infection in chickens. *Am J Vet Res* 52:1069 - 1074.

[246]Kimura, A. C. , V. Reddy, R. Marcus, P. R. Cieslak, J. C. Mohle Boetani, H. D. Kassenborg, S. D. Segler, F. P. Hardnett, T. Barrett, and D. L. Swerdlow. 2004. Chicken consumption is a newly identified risk factor for sporadic Salmonella enterica serotype Enteritidis infections in the United States: a case-control study in FoodNet sites. *Clin Infect Dis* 38(Supplement 3):S244 - S252.

[247]Kinde,H. ,D. M. Castellan,P. H. Kass,A. Ardans,G. Cutler,R. E. Breitmeyer,D. D. Bell,R. A. Ernst,D. C. Kerr,H. E. Little,D. Willoughby,H. P. Riemann,,J. A. Snowdon,and D. R. Kuney. 2004. The occurrence and distribution of Salmonella enteritidis and other ser-

ovars on California egg laying premises: a comparison of two sampling methods and two culturing techniques. *Avian Dis* 48:590 - 594.

[248]Kinde, H. , D. M. Castellan, D. Kerr, J. Campbell, R. Breitmeyer, and A. Ardans. 2005. Longitudinal monitoring of two commercial layer flocks and their environments for Salmonella enterica serovar Enteritidis and other Salmonellae. *Avian Dis* 49:189 - 194.

[249]Kinde, H. , D. H. Read, A. Ardans, R. E. Breitmeyer, D. Willoughby, H. E. Little, D. Kerr, R. Gireesh, and K. V. Nagaraja. 1996. Sewage effluent: likely source of Salmonella enteritidis, phage type 4 infection in a commercial chicken layer flock in southern California. *Avian Dis* 40:672 - 676.

[250]Kinde, H. , D. H. Read, R. P. Chin, A. A. Bickford, R. L. Walker, A. Ardans, R. E. Breitmeyer, D. Willoughby, H. E. Little, D. Kerr, and I. A. Gardner. 1996. Salmonella enteritidis, phage type 4 infection in a commercial layer flock in Southern California: bacteriological and epidemiologic findings. *Avian Dis* 40:665 - 671.

[251]Kingston, D. J. 1981. A comparison of culturing drag swabs and litter for identification of infections with Salmonella spp. in commercial chicken flocks. *Avian Dis* 25:513 - 516.

[252]Kogut, M. H. , K. Genovese, R. B. Moyes, and L. H. Stanker. 1998. Evaluation of oral, subcutaneous, and nasal administration of Salmonella enteritidis - immune lymphokines on the potentiation of a protective heterophilic inflammatory response to Salmonella enteritidis in day-old chickens. *Can J. Vet Res* 62:27 - 32.

[253]Knape, K. D. , J. B. Carey, and S. C. Ricke. 2001. Response of food-borne Salmonella spp. marker strains inoculated on egg shell surfaces to disinfectants in a commercial egg washer. *J Environ Sci Health* B36:219 - 227.

[254]Kogut, M. H. , E. D. McGruder, B. M. Hargis, D. E. Corrier, and J. R. DeLoach. 1994. Dynamics of avian inflammatory response to Salmonella - immune lymphokines: Changes in avian blood leukocyte populations. *Inflammation* 18:373 - 388.

[255]Kogut, M. H. , E. D. McGruder, B. M. Hargis, D. E. Corrier, and J. R. DeLoach. 1995. Characterization of the pattern of inflammatory cell influx in chicks following the intraperitoneal administration of live Salmonella enteritidis and Salmonella enteritidis - immune lymphokines. *Poult Sci* 74:8 - 18.

[256]Kogut, M. H. , G. I. Tellez, E. D. McGruder, B. M. Hargis, J. D. Williams, D. E. Corrier, and J. R. DeLoach. 1994. Heterophils are decisive components in the early responses of chickens to Salmonella enteritidis infections. *Microb Pathog* 16:141 - 151.

[257]Koo, F. C. J. W. Peterson, C. W. Houston, and N. C. Molina. 1984. Pathogenesis of experimental salmonellosis: Inhibition of protein synthesis by cytotoxin. *Infect Immun* 43:93 - 100.

[258]Kopanic, R. J. , Jr. , B. W. Sheldon, and C. G. Wright. 1994. Cockroaches as vectors of Salmonella: Laboratory and field trials. *J Food Prot* 57:125 - 132.

[259]Koupal, L. P. , and R. H. Deibel. 1975. Assay, characterization, and localization of an enterotoxin produced by Salmonella. *Infect Immun* 11:14 - 22.

[260]Kramer, J. , A. H. Visscher, J. A. Wagenaar, and S. H. M. Jeurissen. 2003. Entry and survival of Salmonella enterica serotype Enteritidis PT4 in chicken macrophage and lymphocyte lines. *Vet Microbiol* 91:147 - 155.

[261]Kramer, T. T. 1998. Effects of heterophil adaptation on Salmonella enteritidis fecal shedding and egg contamination. *Avian Dis* 42:6 - 13.

[262]Krieg, N. R. , and J. G. Holt. 1984. Bergey's Manual of Systematic Bacteriology, vol 1. Williams and Wilkins, Baltimore, MD.

[263]Kumar, M. C. , M. D. York, J. R. McDowell, and B. S. Pomeroy. 1971. Dynamics of Salmonella infection in fryer roaster turkeys. *Avian Dis* 15:221 - 232.

[264]Kuo, F. L. , J. B. Carey, S. C. Ricke, S. D. Ha. 1996. Peroxidase catalyzed chemical dip, egg shell surface contamination, and hatching. *J Appl Poult Res* 5:6 - 13.

[265]Lahellec, C, and P. Colin. 1985. Relationship between serotypes of salmonellae from hatcheries and rearing farms and those from processed poultry carcasses. *Br Poult Sci* 26:179 - 186.

[266] Lahellec, C. , P. Colin, G. Bennejean, J. Pacquin, A. Guillerm, and J. C. Debois. 1986. Influence of resident Salmonella on contamination of broiler flocks. *Poult Sci* 65:2034 - 2039.

[267]Lampel, K. A. , S. P. Keasler, and D. E. Hanes. 1996. Specific detection of Salmonella enterica serotype Enteritidis using the polymerase chain reaction. *Epidemiol Infect* 116:137 - 145.

[268]La Ragione, R. M. and M. J. Woodward. 2003. Competitive exclusion by Bacillus subtilis spores of Salmonella enterica serotype Enteritidis and Clostridium perfringens in young chickens. *Vet Microbiol* 94:245 - 256.

[269]Lee, C. A. , and S. Falkow. 1990. The ability of Salmo-

nella to enter mammalian cells is affected by bacterial growth state. *Proc Natl Acad Sci USA* 87:4304 -4308.

[270]Leeson,S. ,and M. Marcotte. 1993. Irradiation of poultry feed I. Microbial status and bird response. *World's Poult Sci* 49:19-33.

[271]Lesne,J. ,S. Berthet,S. Binard,A. Rouxel,and F. Humbert. 2000. Changes in culturability and virulence of Salmonella typhimurium during long-term starvation under desiccating conditions. *Int J Food Microbiol* 60: 195 -203.

[272]Leung,K. Y. ,and B. B. Finlay. 1991. Intracellular replication is essential for the virulence of Salmonella typhimurium. *Proc Natl Acad Sci USA* 88:11470 - 11474.

[273]Li,W. , S. Watarai,and H. Kodama. 2003. Identification of possible chicken intestinal mucosal receptors for SEF21 -fimbriated Salmonella enterica serovar Enteritidis. *Vet Microbiol* 91:215 - 229.

[274]Liebana,E. ,L. Garcia-Migura,M. F. Breslin,R. H. Davies,and M. J. Woodward. 2001. Diversity of strains of Salmonella enterica serotype Enteritidis from English poultry farms assessed by multiple genetic fingerprinting. *J Clin Microbiol* 39:154 - 161.

[275] Liebana, E. , L. Garcia - Migura, C. Clouting, F. A. Clifton-Hadley, M. F. Breslin, and R. H. Davies. 2003. Molecular fingerprinting evidence of the contribution of wildlife vectors in the maintenance of Salmonella Enteritidis infection in layer farms. *J App Microbiol* 94: 1024 -1029.

[276] Liebana, E. , L. Garcia - Migura, C. Clouting, F. A. Clifton-Hadley, E. Lindsay, E. J. Threlfall, S. W. J. McDowell, and R. H. Davies. 2002. Multiple genetic typing of Salmonella enterica serotype Typhimurium isolates of different phage types (DTI04, U302, DT204b, and DT49) from animals and humans in England, Wales, and Northern Ireland. *J Clin Microbiol* 40:4450 - 4456.

[277]Liebana, E. , D. Guns, L. Garcia-Migura, M. J. Woodward,F. A. Clifton-Hadley,and R. H. Davies. 2001. Molecular typing of Salmonella serotypes prevalent in animals in England: assessment of methodology. *J Clin Microbiol* 39:3609 - 3616.

[278]Liljebjelke, K. A. , C. L. Hofacre, T. Kiu, D. G. White, S. Ayers,S. Young,and J. J. Maurer. 2005. Vertical and horizontal transmission of Salmonella within integrated broiler production system. *Foodborne Pathogens Dis* 2: 90 - 102.

[279]Lin,J. S. and H. Y. Tsen. 1999. Development and use of polymerase chain reaction for the specific detection of

Salmonella Typhimurium in stool and food samples. *J Food Prot* 62:1103 - 1110.

[280]Lindgren, S. W. , I. Stojiljkovic, and F. Heffron. 1996. Macrophage killing is an essential virulence mechanism of Salmonella typhimurium. *Proc Natl Acad Sci USA* 93:4197 - 4201.

[281]Line,J. E. , J. S. Bailey, N. A. Cox, N. J. Stern, and T. Tompkins. 1998. Effect of yeast-supplemented feed on Salmonella and Campylobacter populations in broilers. *Poult Sci* 77:405 - 410.

[282] Liu, T. , K. Liljebjelke, E. Bartlett, C. Hofacre, S. Sanchez, and J. J. Maurer. 2002. Application of nested polymerase chain reaction to detection of Salmonella in poultry environment. *J Food Prot* 65:1227 - 1232.

[283]Logue,C. M. , J. S. Sherwood, P. A. Olah, L. M. Elijah, and M. R. Dockter. 2003. The incidence of antimicrobial-resistant Salmonella spp. on freshly processed poultry from US Midwestern processing plants. *J Appl Microbiol* 94:16 - 24.

[284]Lopes, V. C. , B. T. Velayudhan, D. A. Halvorson, D. C. Lauer,R. K. Gast, and K. V. Nagaraja. 2004. Comparison of methods for differentiation of Salmonella enterica serovar Enteritidis phage type 4 isolates. *Am J Vet Res* 65:538 - 543.

[285]Lynch,M. J. B. ,C. G. Leon-Velarde,S. McEwen,and J. A. Odumeru. 2004. Evaluation of an automated immunomagnetic separation method for the rapid detection of Salmonella species in poultry environmental samples. *J Microbiol Meth* 58:285 - 288.

[286]MacBeth, K. J. , and C. A. Lee. 1993. Prolonged inhibition of bacterial protein synthesis abolishes Salmonella invasion. *Infect Immun* 61:1544 - 1546.

[287]Maijala,R. ,J. Ranta,E. Seuna,and J. Peltola. 2005. The efficiency of the Finnish Salmonella control program. *Food Control* 16:669 - 675.

[288] Málková, K. , P. Rauch, G. M. Wyatt, and M. R. A. Morgan. 1998. Combined immunomagnetic separation and detection of Salmonella enteritidis in food samples. *Food Agricult Immunol* 10:271 - 280.

[289] Mallinson, E. T. , C. R. Tate, R. G. Miller, B. Bennett, and E. Russek-Cohen. 1989. Monitoring poultry farms for Salmonella by drag-swab sampling and antigen-capture immunoassay. *Avian Dis* 33:684 - 690.

[290]Manning,J. G. ,B. M. Hargis,A. Hinton,Jr. ,D. E. Corrier,J. R. DeLoach,and C. R. Creger. 1994. Effect of selected antibiotics and anticoccidials on Salmonella enteritidis cecal colonization and organ invasion in Leghorn

chicks. *Avian Dis* 38:256 - 261.

[291] Matic, S. , V. Mihokovic, B. Katusin - Razem, and D. Razem. 1990. The eradication of Salmonella in egg powder by gamma irradiation. *J Food Prot* 53:111 - 114.

[292] McCrea, B. A. , R. A. Norton, K. S. Macklin, J. B. Hess, and S. F. Bilgili. 2005. Recovery and genetic similarity of Salmonella from broiler house drag swabs versus surgical shoe covers. *J Appl Poult Res* 14:694 - 699.

[293] McDonough, P. L. , R. H. Jacobson, J. F. Timoney, A. Mutalib, D. C. Kradel, Y. F. Chang, S. J. Shin, D. H. Lein, S. Track, and K. Wheeler. 1998. Interpretations of antibody responses to Salmonella enterica serotype Enteritidis gm flagellin in poultry flocks are enhanced by a kinetics - based enzyme linked immunosorbent assay. *Clin Diagn Lab Immunol* 5:550 - 555.

[294] McElroy, A. P. , N. D. Cohen, and B. M. Hargis. 1996. Evaluation of the polymerase chain reaction for the detection of Salmonella enteritidis in experimentally inoculated eggs and eggs from experimentally challenged hens. *J Food Prot* 59:1273 - 1278.

[295] McGruder, E. D. , M. H. Kogut, D. E. Corrier, J. R. DeLoach, and B. M. Hargis. 1995. Comparison of prophylactic and therapeutic efficacy of Salmonella enteritidis-immune lymphokines against Salmonella enteritidis organ invasion in neonatal leghorn chicks. *Avian Dis* 39:21 - 27.

[296] McGruder, E. D. , G. A. Ramirez, M. H. Kogut, R. W. Moore, D. E. Corrier, J. R. DeLoach, and B. M. Hargis. 1995. In ovo administration of Salmonella enteritidis-immune lymphokines confers protection to neonatal chicks against Salmonella enteritidis organ infectivity. *Poult Sci* 14:18 - 25.

[297] McIlroy, S. G. , R. M. McCracken, S. D. Neilland, and J. J. O'brien. 1989. Control, prevention and eradication of Salmonella enteritidis infection in broiler and broiler breeder flocks. *Vet Rec* 125:545 - 548.

[298] McSorley, S. J. and M. K. Jenkins. 2000. Antibody is required for protection against virulent but not attenuated Salmonella enterica serovar Typhimurium. *Infect Immun* 68:3344 - 3348.

[299] Meldrum, R. J. , D. Tucker, R. M. Smith, and C. Edwards. 2005. Survey of Salmonella and Campylobacter contamination of whole, raw poultry on retail sale in Wales in 2003. *J Food Prot* 68:1447 - 1449.

[300] Mikoajczyk, A. and M. Radkowski. 2002. Salmonella spp. on chicken carcasses in processing plants in Poland. *J Food Prot* 65:1475 - 1479.

[301] Millemann, Y. , C. Mouline, J. P. Lafont, and E. Chaslus-Dancla. 2006 Bacteraemia assays in chickens as a model for the evaluation of the virulence of Salmonella enterica serovars Typhimurium and Enteritidis strains. *Rev Med Vet* 15670 - 15676.

[302] Miller, R. G. , C. R. Tate, E. T. Mallinson, and J. A. Scherrer. 1991. Xylose-lysine-tergitol 4: An improved selective agar medium for the isolation of Salmonella. *Poult Sci* 70:2429 - 2432.

[303] Mine, Y. 1997. Separation of Salmonella enteritidis from experimentally contaminated liquid eggs using a hen IgY immobilized immunomagnetic separation system. *J Ag Food Chem* 45:3723 - 3727.

[304] Miura, S. , G. Sato, and T. Miyamae. 1964. Occurrence and survival of Salmonella organisms in hatcher chick fluff from commercial hatcheries. *Avian Dis* 8: 546 - 554.

[305] Miyamoto, T. , T. Horie, T. Fukata, K. Sasai, and E. Baba. 1998. Changes in microflora of the cloaca and oviduct of hens after intracloacal or intravaginal inoculation with Salmonella enteritidis. *Avian Dis* 42:536 - 544.

[306] Mizumoto, N. , Y. Toyota-Hanatani, K. Sasai, H. Tani, T. Ekawa, H. Ohta, and E. Baba. 2004. Detection of specific antibodies against deflagellated Salmonella Enteritidis and S. Enteritidis FliC-spe-cific 9 kDa polypeptide. *Vet Microbiol* 99:113 - 120.

[307] Morales, C. A. , S. Porwollik, J. G. Frye, H. Kinde, M. McClelland, and J. Guard-Bouldin. 2005. Correlation of phenotype with the genotype of egg-contaminating Salmonella enterica serovar Enteritidis. *Appl Environ Microbiol* 71:4388 - 4399.

[308] Morales, R. A. and R. M. McDowell. 1999. Economic consequences of Salmonella enterica serovar Enteritidis infection in humans and the U. S. egg industry. In A. M. Saeed, R. K. Gast, M. E. Potter, and P. G. Wall, eds. Salmonella enterica Serovar Enteritidis in Humans and Animals. Iowa State University Press. Ames, IA. 271 - 290.

[309] Morris, G. K. , B. L. McMurray, M. M. Galton, and J. G. Wells. 1969. A study of the dissemination of salmonellosis in a commercial broiler chicken operation. *Am J Vet Res* 30:1413 - 1421.

[310] Morrison, G. J. , and G. H. Fleet. 1985. Reduction of Salmonella on chicken carcasses by immersion treatments. *J Food Prot* 48:939 - 943.

[311] Motha, M. X. J. , and J. R. Egerton. 1983. Effect of reticuloendothe-liosis virus on the response of chickens

to Salmonella typhimurium infection. *Res Vet Sci* 34: 188 - 192.

[312] Muir, W. I., W. L. Bryden, and A. J. Husband. 1998. Comparison of Salmonella typhimurium challenge models in chickens. *Avian Dis* 42:257 - 264.

[313] Mulder, R. W. A. W., M. C. van der Hulst, and N. M. Bolder. 1987. Salmonella decontamination of broiler carcasses with lactic acid, L-cysteine, and hydrogen peroxide. *Poult Sci* 66:1555 - 1557.

[314] Mumma, G. A., P. M. Griffin, M. I. Meltzer, C. R. Braden, and R. V. Tauxe. 2004. Egg quality assurance programs and egg-associated Salmonella Enteritidis infections, United States. *Emerg Infect Dis* 10:1782 - 1789.

[315] Muotiala, A., M. Hovi, and P. H. Makela. 1989. Protective immunity in mouse salmonellosis: Comparison of smooth and rough live and killed vaccines. *Microb Pathog* 6:51 - 60.

[316] Murakami, K., K. Horikawa, T. Ito, and K. Otsuki. 2001. Environmental survey of salmonella and comparison of genotypic character with human isolates in Western Japan. *Epidemiol Infect* 126:159 - 171.

[317] Murase, T., K. Senjyu, T. Maeda, M. Tanaka, H. Sakae, Y. Mtasumoto, Y. Kaneda, T. Ito, and K. Otsuki. 2001. Monitoring of chicken houses and an attached egg-processing facility in a laying farm for Salmonella contamination between 1994 and 1998. *J Food Prot* 64: 1912 - 1916.

[318] Musgrove, M. T., D. R. Jones, J. K. Northcutt, M. A. Harrison, and N. A. Cox. 2005. Impact of commercial processing on the microbiology of shell eggs. *J Food Prot* 68:2367 - 2375.

[319] Musgrove, M. T., D. R. Jones, J. K. Northcutt, M. A. Harrison, N. A. Cox, K. D. Ingram, and A. J. Hinton, Jr. 2005. Recovery of Salmonella from commercial shell eggs by shell rinse and shell crush methodologies. *Poult Sci* 84:1955 - 1958.

[320] Myint, M. S., Y. J. Johnson, S. L. Branton, and E. T. Mallinson. 2005. Airflow pattern in broiler houses as a risk factor for growth of enteric pathogens. *Int J Poult Sci* 4:947 - 954.

[321] Nakamura, M., N. Nagamine, M. Norimatsu, S. Suzuki, K. Ohishi, M. Kijima, Y. Tamura, and S. Sato. 1993. The ability of Salmonella enteritidis isolated from chicks imported from England to cause transovarian infection. *J Vet Med Sci* 55:135 - 136.

[322] Nakamura, M., N. Nagamine, T. Takahashi, M. Norimatsu, S. Suzuki, and S. Sato. 1995. Intratracheal infec-

tion of chickens with Salmonella enteritidis and the effect of feed and water deprivation. *Avian Dis* 39:853 - 858.

[323] Nakamura, M., N. Nagamine, T. Takahashi, S. Suzuki, and S. Sato. 1994. Evaluation of the efficacy of a bacterin against Salmonella enteritidis infection and the effect of stress after vaccination. *Avian Dis* 38:717 - 724.

[324] Nakamura, M., T. Nagata, S. Okamura, K. Takehara, and P. S. Holt. 2004. The effect of killed Salmonella enteritidis vaccine prior to induced molting on the shedding of S. enteritidis in laying hens. *Avian Dis* 48: 183 -188.

[325] Nassar, T. J., A. S. Al-Mashhadi, A. K. Fawal, and A. F. Shalhat. 1997. Decontamination of chicken carcasses artificially contaminated with Salmonella. *Rev Sci Tech Off Int Epiz* 16:891 - 897.

[326] Nayak, R., P. B. Kenney, J. Keswani, and C. Ritz. 2003. Isolation and characterisation of Salmonella in a turkey production facility. *Brit Poult Sci* 44:192 - 202.

[327] Nayak, R., T. Stewart, R. F. Wang, J. Lin, C. E. Cerniglia, and P. B. Kenney. 2004. Genetic diversity and virulence gene determinants of antibiotic-resistant Salmonella isolated from preharvest turkey production sources. *Int J Food Microbiol* 91:51 - 62.

[328] Nolan, L. K., R. E. Wooley, J. Brown, and J. P. Payeur. 1991. Comparison of phenotypic characteristics of Salmonella spp isolated from healthy and ill (infected) chickens. *Am J Vet Res* 52:1512 - 1517.

[329] Nuotio, L., C. Schneitz, U. Halonen, and E. Nurmi. 1992. Use of competitive exclusion to protect newly-hatched chicks against intestinal colonisation and invasion by Salmonella enteritidis PT4. *Br Poult Sci* 33: 775 -779.

[330] Oh, Y. K., C. Alpuche-Aranda, E. Berthiaume, T. Jinks, S. I. Miller, and J. A. Swanson. 1996. Rapid and complete fusion of macrophage lysosomes with phagosomes containing Salmonella typhimurium. *Infect Immun* 64: 3877 - 3883.

[331] Okamura, M., Y. Kamijima, T. Miyamoto, H. Tani, K. Sasai, and E. Baba. 2001. Differences among six Salmonella serovars in abilities to colonize reproductive organs and to contaminate eggs in laying hens. *Avian Dis* 45: 61 - 69.

[332] Olesiuk, O. M., V. L. Carlson, G. H. Snoeyenbos, and C. F. Smyser. 1969. Experimental Salmonella typhimurium infection in two chicken flocks. *Avian Dis* 13:500 - 508.

［333］Olesiuk, O. M., G. H. Snoeyenbos, and C. F. Smyser. 1973. Chemotherapy studies of Salmonella typhimurium in chickens. *Avian Dis* 17:379 - 389.

［334］Olsen, A. R. and T. S. Hammack. 2000. Isolation of Salmonella spp. from the housefly, Musca domestica L., and the dump fly, Hydrotaea aenescens (Wiedemann) (Diptera: Muscidae) at cagedlayer houses. *J Food Prot* 63:958 - 960.

［335］Olsen, J. E., T. Tiainen, and D. J. Brown. 1999. Levels of virulence are not determined by genomic lineage of Salmonella enterica serotype Enteritidis strains. *Epidemiol Infect* 123:423 - 430.

［336］Opitz, H. M., M. El-Begearmi, P. Flegg, and D. Beane. 1993. Effectiveness of five feed additives in chicks infected with Salmonella enteritidis phage type 13a. *J Appl Poult Res* 2:147 - 153.

［337］Ou, J. T. and L. S. Baron. 1991. Strain Differences in expression of virulence by the 90 kilobase pair virulence plasmid of Salmonella serovar typhimurium. *Microb Pathog* 10:247 - 251.

［338］Padungtod, P. and J. B. Kaneene. 2006. Salmonella in food animals and humans in northern Thailand. *Int J Food Microbiol* 108:346 - 354.

［339］Park, S. Y., S. G. Birkhold, L. F. Kubena, D. J. Nisbet, and S. C. Ricke. 2004. Survival of a Salmonella typhimurium poultry marker strain added as a dry inoculum to zinc and sodium organic acid amended feeds. *J Food Safety* 23:263 - 274.

［340］Patrick, M. E., P. M. Adcock, T. M. Gomez, S. F. Altekruse, B. H. Holland, R. V. Tauxe, and D. L. Swerdlow. 2004. Salmonella Enteritidis infections, United States, 1985—1999. *Emerg Infect Dis* 10:1 - 7.

［341］Pedersen, K., H. C. Hansen, J. C. Jorgensen, and B. Borck. 2002. Serovars of Salmonella isolated from Danish turkeys between 1995 and 2000 and their antimicrobial resistance. *Vet Rec* 150:471 - 474.

［342］Petter, J. G. 1993. Detection of two smooth colony phenotypes in a Salmonella enteritidis isolate which vary in their ability to contaminate eggs. *Appl Environ Microbiol* 59:2884 - 2890.

［343］Pfeifer, C. G., S. L. Marcus, O. Steele-Mortimer, L. A. Knodler, and B. B. Finlay. 1999. Salmonella typhimurium virulence genes are induced upon bacterial invasion into phagocytic and nonphago-cytic cells. *Infect Immun* 67:5690 - 5698.

［344］Phillips, R. A. and H. M. Opitz. 1995. Pathogenicity and persistence of Salmonella enteritidis and egg contamina-

tion in normal and infectious bursal disease virus-infected leghorn chicks. *Avian Dis* 39:778 - 787.

［345］Poppe, C., R. J. Irwin, C. M. Forsberg, R. C. Clarke, and J. Oggel. 1991. The prevalence of Salmonella enteritidis and other Salmonella spp. among Canadian registered commercial layer flocks. *Epidemiol Infect* 106:259 - 270.

［346］Poppe, C., R. P. Johnson, C. M. Forsberg, and R. J. Irwin. 1992. Salmonella enteritidis and other Salmonella in laying hens and eggs from flocks with Salmonella in their environment. *Can J Vet Res* 56:226 - 232.

［347］Porter, R. E., Jr. and P. S. Holt. 1993. Effect of induced molting on the severity of intestinal lesions caused by Salmonella enteritidis infection in chickens. *Avian Dis* 37:1009 - 1016.

［348］Porter, S. B. and R. Curtiss Ⅲ. 1997. Effect of inv mutations on Salmonella virulence and colonization in 1-day-old white leghorn chicks. *Avian Dis* 41:45 - 57.

［349］Powell, N. G., E. J. Threlfall, H. Chart, S. L. Schofield, and B. Rowe. 1995. Correlation of change in phage type with pulsed field profile and 16S rrn profile in Salmonella enteritidis phage types 4,7,and 9a. *Epidemiol Infect* 114:403 - 411.

［350］Primm, N. D., K. Vance, L. Wykle, and C. L. Hofacre. 1997. Application of normal avian gut flora by prolonged aerosolization onto turkey hatching eggs naturally exposed to Salmonella. *Avian Dis* 41:455 - 460.

［351］Qin, A. R., T. Fukata, E. Baba, and A. Arakawa. 1995. Effect of Eimeria tenella infection on Salmonella enteritidis infection in chickens. *Poult Sci* 74:1 - 7.

［352］Qin, Z. R., A. Arakawa, E. Baba, T. Fukata, T. Miyamoto, K. Sasai, and G. S. K. Withanage. 1995. Eimeria tenella infection induces recrudescence of previous Salmonella enteritidis infection in chickens. *Poult Sci* 74:1786 - 1792.

［353］Qin, Z. R., A. Arakawa, E. Baba, T. Fukata, and K. Sasai. 1996. Effect of Eimeria tenella infection on the production of Salmonella enteritidis-contaminated eggs and susceptibility of laying hens to S. enteritidis infection. *Avian Dis* 40:361 - 367.

［354］Rajashekara, G., S. Munir, M. F. Alexeyev, D. A. Halvorson, C. L. Wells, and K. V. Nagaraja. 2000. Pathogenic role of SEF14, SEF17, and SEF21 fimbriae in Salmonella enterica serovar Enteritidis infection of chickens. *Appl Environ Microbiol* 66:1759 - 1763.

［355］Rajashekara, G., S. Munir, C. M. Lamichhane, A. Back, V. Kapur, D. A. Halvorson, and K. V. Nagaraja. 1998.

Application of recombinant fimbrial protein for the specific detection of Salmonella enteritidis infection in poultry. *Diagn Microbiol Infect Dis* 32:147-157.

[356]Ramesh,N. ,S. W. Joseph, L. E. Carr, L. W. Douglass, and F. W. Wheaton. 2002. Evaluation of chemical disinfectants for the elimination of Salmonella biofilms from poultry transport containers. *Poult Sci* 81:904-910.

[357]Randall, L. P. ,D. J. Eaves, S. W. Cooles, V. Ricci, A. Buckley, M. J. Woodward, and L. J. V. Piddock. 2005. Fluoroquinolone treatment of experimental Salmonella enterica serovar Typhimurium DT104 infections in chickens selects for both gyrA mutations and changes in efflux pump gene expression. *J Antimicrob Chemother* 56:297-306.

[358]Rankin, S. and D. J. Piatt. 1995. Phage conversion in Salmonella enterica serotype Enteritidis: implications for epidemiology. *Epidemiol Infect* 114:227-236.

[359]Refsum, T. K. Handeland, D. L. Baggesen, G. Holstad, and G. Kapperud. 2002. Salmonellae in avian wildlife in Norway from 1969 to 2000. *Appl Environ Microbiol* 68:5595-5599.

[360]Reiber, M. A. ,D. E. Conner, and S. F. Bilgili. 1995. Salmonella colonization and shedding patterns of hens inoculated via semen. *Avian Dis* 39:317-322.

[361]Reynolds, D. J. , R. H. Davies, M. Richards, and C. Wray. 1997. Evaluation of combined antibiotic and competitive exclusion treatment in broiler breeder flocks infected with Salmonella enterica serovar Enteritidis. *Avian Pathol* 26:83-95.

[362]Rhorer, A. R. 1999. Control of Salmonella enterica serovar Enteritidis under the U. S National Poultry Improvement Plan. In A. M. Saeed, R. K. Gast, M. E. Potter, and P. G. Wall, eds. Salmonella enterica Serovar Enteritidis in Humans and Animals. Iowa State University Press. Ames, IA. 307-312.

[363]Richardson, L. J. ,C. L. Hofacre, B. W. Mitchell, and J. L. Wilson. 2003. Effect of electrostatic space charge on reduction of airborne transmission of Salmonella and other bacteria in broiler breeders in production and their progeny. *Avian Dis* 47:1352-1361.

[364]Riemann, H. , S. Himathongkham, D. Willoughby, R. Tarbell, and R. Breitmeyer. 1998. A survey for Salmonella by drag swabbing manure piles in California egg ranches. *Avian Dis* 42:67-71.

[365]Rijpens, N. , L. Herman, F. Vereecken, G. Jannes, J. De Smedt, and L. De Zurter. 1999. Rapid detection of stressed Salmonella spp. in dairy and egg products using immunomagnetic separation and PCR. *Int J Food Microbiol* 46:37-44.

[366]Rodriguez-Romo, L. A. and A. E. Yousef. 2005. Inactivation of Salmonella enterica serovar Enteritidis on shell eggs by ozone and UV radiation. *J Food Prot* 68:711-717.

[367] Roland, K. , S. Tinge, E. Warner, and D. Sizemore. 2004. Comparison of different attenuation strategies in development of a Salmonella hadar vaccine. *Avian Dis* 48:445-452.

[368]Rolfe, D. L. ,H. P. Riemann, T. B. Farver, and S. Himathongkham. 2000. Drag swab efficiency factors when sampling chicken manure. *Avian Dis* 44:668-675

[369]Rose, N. , F. Beaudeau, P. Drouin, J. Y. Toux, V Rose, and P. Colin. 1999. Risk factors for Salmonella enterica subsp. enterica contamination in French broiler-chicken flocks at the end of the rearing period. *Prevent Vet Med* 39:265-277.

[370] Roy, P. , A. S. Dhillon, H. L. Shivaprasad, D. M. Schaberg, D. Bandli, and S. Johnson. 2001. Pathogenicity of different serogroups of avian salmonellae in specific-pathogen-free chickens. *Avian Dis* 45:922-937.

[371]Rybolt, M. L. , R. W. Wills, and R. H. Bailey. 2005. Use of secondary enrichment for isolation of Salmonella from naturally contaminated environmental samples. *Poult Sci* 84:992-997.

[372]Sadler, W. W, J. R. Brownell, and M. J. Fanelli. 1969. Influence of age and inoculum level on shed pattern of Salmonella typhimurium in chickens. *Avian Dis* 13:793-803.

[373]Saeed, A. M. , and C. W. Koons. 1993. Growth and heat resistance of Salmonella enteritidis in refrigerated and abused eggs. *J Food Prot* 56:927-931.

[374] Sampathkumar, B. , G. G. Khachatourians, and D. R. Korber. 2004. Treatment of Salmonella enterica serovar Enteritidis with a sublethal concentration of trisodium phosphate or alkaline pH induces thermotolerance. *Appl Environ Microbiol* 70:4613-4620.

[375]Sander, J. E. ,C. L. Hofacre, I. H. Cheng, and R. D. Wyatt. 2002. Investigation of resistance of bacteria from commercial poultry sources to commercial disinfectants. *Avian Dis* 46:997-1000.

[376]Santos, F. B. O. ,X. Li, J. B. Payne, and B. W. Sheldon. 2005. Estimation of most probable number Salmonella populations on commercial North Carolina turkey farms. *J Appl Poult Res* 14:700-708.

[377]Sato, G. ,S. Matsubara, S. Etoh, and H. Kodama. 1971.

Cultivation of samples of hatcher chick fluff, floor litter and feces for the detection of Salmonella infection in chicken flocks. Jpn J Vet Res 19:73 - 80.

[378]Schlosser, W. D., D. J. Henzler, J. Mason, D. Kradel, L. Shipman, S. Trock, S. H. Hurd, A. T. Hogue, W. Sischo, and E. D. Ebel. 1999. In A. M. Saeed, R. K. Gast, M. E. Potter, and P. G. Wall, eds. The Salmonella enterica serovar Enteritidis Pilot Project. Salmonella enterica Serovar Enteritidis in Humans and Animals. Iowa State University Press. Ames, IA. 353 - 365.

[379]Schneitz, C. and G. Mead. 2000. Competitive exclusion. In C. Wray and A. Wray, eds. Salmonella in Domestic Animals. CABI Publishing. Oxon, U. K. 301 - 322.

[380]Schnepf, M., and W. E. Barbeau. 1989. Survival of Salmonella typhimurium in roasting chickens cooked in a microwave, convection microwave, and a conventional electric oven. J Food Safety 9:245 - 252.

[381]Schroeder, C. M., A. L. Naugle, W. D. Schlosser, A. T. Hogue, F. J. Angulo, J. S. Rose, E. D. Ebel, W. T. Disney, K. G. Holt, and D. P. Goldman. 2005. Estimate of illnesses from Salmonella Enteritidis in eggs, United States, 2000. Emerg Infect Dis 11:113 - 115.

[382]Seo, K. H, P. S. Holt, and R. K. Gast. 2001. Comparison of Salmonella Enteritidis infection in hens molted via long-term feed withdrawal versus full-fed wheat middling. J Food Prot 64:1917 - 1921.

[383]Seo, K. H, P. S. Holt, R. K. Gast, and C. L. Hofacre. 2000. Combined effect of antibiotic and competitive exclusion treatment on Salmonella Enteritidis fecal shedding in molted laying hens. J Food Prot 63:545 - 548.

[384]Seo, K. H., I. E. Valentin-Bon, R. E. Bracket, and P. S. Holt. 2004. Rapid, specific detection of Salmonella Enteritidis in pooled eggs by real-time PCR. J Food Prot 67:864 - 869.

[385]Shaw, S. J., B. W. Blais, and D. C. Nundy. 1998. Performance of the Dynabeads anti-Salmonella system in the detection of Salmonella species in foods, animal feeds, and environmental samples. J Food Prot 61:1507 -1510.

[386]Shirota, K., H. Katoh, T. Murase, T. Ito, and K. Otsuki. 2001. Monitoring of layer feed and eggs for Salmonella in eastern Japan between 1993 and 1998. J Food Prot 64:734 - 737.

[387]Shivaprasad, H. L., J. F. Timoney, S. Morales, B. Lucio, and R. C. Baker. 1990. Pathogenesis of Salmonella enteritidis infection in laying chickens. I. Studies on egg transmission, clinical signs, fecal shedding, and se-

rologic responses. Avian Dis 34:548 - 557.

[388]Singer, R. S. and C. L. Hofacre. 2006. Potential impacts of antibiotic use in poultry production. Avian Dis 50:161 - 172.

[389]Skov, M. N., N. C. Feld, B. Carstensen, and M. Madsen. 2002. The serologic response to Salmonella enteritidis and Salmonella typhimurium in experimentally infected chickens, followed by an indirect lipopolysaccharide enzyme-linked immunosorbent assay and bacteriologic examinations through a one-year period. Avian Dis 46:265 - 273.

[390]Skov, M. N., A. G. Spencer, B. Hald, L. Petersen, B. Nauerby, B. Carstensen, and M. Madsen. 2004. The role of litter beetles as potential reservoir for Salmonella enterica and thermophilic Campylobacter spp. between broiler flocks. Avian Dis 48:9 - 18.

[391]Smyser, C. F., and G. H. Snoeyenbos. 1979. Evaluation of organic acids and other compounds as Salmonella antagonists in meat and bone meal. Poult Sci 58:50 - 54.

[392]Snoeyenbos, G. H., V. L. Carlson, B. A. McKie, and C. F. Smyser. 1967. An epidemiological study of salmonellosis of chickens. Avian Dis 11:653 - 667.

[393]Snoeyenbos, G. H., V. L. Carlson, C. F. Smyser, and O. M. Olesiuk. 1969. Dynamics of Salmonella infection in chicks reared on litter. Avian Dis 13:72 - 83.

[394]Snoeyenbos, G. H., O. M. Weinack, and C. F. Smyser. 1978. Protecting chicks and poults from salmonellae by oral administration of "normal" gut microflora. Avian Dis 22:273 - 287.

[395]Soumet, C., G. Ermel, N. Rose, P. Drouin, G. Salvat, and P. Colin. 1999. Identification by a multiplex PCR-based assay of Salmonella Typhimurium and Salmonella Enteritidis strains from environmental swabs of poultry houses. Lett Appl Microbiol 29:1 - 6.

[396]Stabler, J. G., T. W. McCormick, K. C. Powell, and M. H. Kogut. 1994. Avian heterophils and monocytes: Phagocytic and bactericidal activities against Salmonella enteritidis. Vet Microbiol 38:293 - 305.

[397]Stavric, S., T. M. Gleeson, B. Blanchfield, and H. Pivnick. 1985. Competitive exclusion of Salmonella from newly hatched chicks by mixtures of pure bacterial cultures isolated from fecal and cecal contents of adult birds. J Food Prot 48:778 - 782.

[398]Stavric, S., T. M. Gleeson, B. Blanchfield, and H. Pivnick. 1987. Role of adhering microflora in competitive exclusion of Salmonella from young chicks. J Food Prot 50:928 - 932.

[399] Sukupolvi, S. , A. Edelstein, M. Rhen, S. J. Normark, and J. D. Pfeifer. 1997. Development of a murine model of chronic Salmonella infection. *Infect Immun* 65:838-842.

[400] Sumner, J. , G. Raven, and R. Givney. 2004. Have changes to meat and poultry food safety regulation in Australia affected the prevalence of Salmonella or of salmonellosis? *Int J Food Microbiol* 92:199-205.

[401] Swamy, S. C. , H. M. Barnhart, M. D. Lee, and D. W. Dreesen. 1996. Virulence determinants invA and spvC in salmonellae isolated from poultry products, wastewater, and human sources. *Appl Environ Microbiol* 62:3768-3771.

[402] Tan, S. , C. L. Gyles, and B. N. Wilkie. 1997. Comparison of an LPS-specific competitive ELISA with a motility enrichment culture method(MSRV) for detection of Salmonella typhimurium and S. enteritidis in chickens. *Vet Microbiol* 56:79-86.

[403] Tan, S. , C. L. Gyles, and B. N. Wilkie. 1997. Evaluation of an aroA mutant Salmonella typhimurium vaccine in chickens using modified semisolid Rappaport Vassiliadis medium to monitor faecal shedding. *Vet Microbiol* 54:247-254.

[404] Tate, C. R. , R. G. Miller, and E. T. Mallinson. 1992. Evaluation of two isolation and two nonisolation methods for detecting naturally occurring salmonellae from broiler flock environmental drag-swab samples. *J Food Prot* 55:964-967.

[405] Tavechio, A. T. , Â. C. R. Ghilardi, J. T. M. Peresi, T. O. Fuzihara, E. K. Yonamine, M. Jakabi, and S. A. Fernandes. 2002. Salmonella serotypes isolated from nonhuman sources in São Paul, Brazil, from 1996 through 2000. *J Food Prot* 651041-1044.

[406] Tellez, G. I. , M. H. Kogut, and B. M. Hargis. 1994. Eimeria tenella or Eimeria adenoeides: Induction of morphological changes and increased resistance to Salmonella enteritidis infection in leghorn chicks. *Poult Sci* 73:396-401.

[407] Thaxton, P. , R. D. Wyatt, and P. B. Hamilton. 1975. The effect of environmental temperature on paratyphoid infection in the neonatal chicken. *Poult Sci* 53:88-94.

[408] Thayer, D. W, G. Boyd, W. S. Muller, C. A. Lipson, W. C. Hayne, and S. H. Baer. 1990. Radiation resistance of Salmonella. *J Ind Microbiol* 5:383-390.

[409] Thayer, D. W. , S. Songprasertchai, and G. Boyd. 1991. Effects of heat and ionizing radiation on Salmonella typhimurium in mechanically deboned chicken meat. *J*

Food Prot 54:718-724.

[410] Thiagarajan, D. , H. L. Thacker, and A. M. Saeed. 1996. Experimental infection of laying hens with Salmonella enteritidis strains that express different types of fimbriae. *Poult Sci* 75:1365-1372.

[411] Thompson, J. L. and M. Hinton. 1997. Antibacterial activity of formic and propionic acids in the diet of hens on salmonellas in the crop. *Br Poult Sci* 38:59-65.

[412] Thorns, C. J. , C. Turcotte, C. G. Gemmell, and M. J. Woodward. 1996. Studies into the role of the SEF14 fimbrial antigen in the pathogenesis of Salmonella enteritidis. *Microbial Pathogenesis* 20:235-246.

[413] Timms, L. M. , R. N. Marshall, and M. F. Breslin. 1994. Laboratory and field trial assessment of protection given by a Salmonella enteritidis PT4 inactivated, adjuvant vaccine. *Br Vet J* 150:93-102.

[414] Timoney, J. F. , H. L. Shivaprasad, R. C. Baker, and B. Rowe. 1989. Egg transmission after infection of hens with Salmonella enteritidis phage type 4. *Vet Rec* 125:600-601.

[415] Turnbull, P. C. B. and G. H. Snoeyenbos. 1973. The roles of ammonia, water activity, and pH in the salmonellacidal effect of longused poultry litter. *Avian Dis* 17:72-86.

[416] Turnbull, P. C. B. and G. H. Snoeyenbos. 1974. Experimental salmonellosis in the chicken. 1. Fate and host response in alimentary canal, liver, and spleen. *Avian Dis* 18:153-177.

[417] Turner, A. K. , M. A. Lovell, S. D. Hulme, L. Zhang-Barber, and P. A. Barrow. 1998. Identification of Salmonella typhimurium genes required for colonization of the chicken alimentary tract and for virulence in newly hatched chicks. *Infect Immun* 66:2099-2106.

[418] U. S. Department of Agriculture, Food Safety and Inspection Service. 2000. Interim progress report on Salmonella testing of raw meat and poultry products. Washington, DC.

[419] U. S. Food and Drug Administration. 2004. Prevention of Salmonella Enteritidis in shell eggs during production; proposed rule. *Fed Reg* 69:56824-56906.

[420] Valdezate, S. , A. Echeita, R. Díez, and M. A. Usera. 2000. Evaluation of phenotypic and genotypic markers for characterisation of the emerging gastroenteritis pathogen Salmonella hadar. *Eur J Clin Microbiol* 19:275-281.

[421] van de Giessen, A. W. , A. J. H. A. Ament, and S. H. W. Notermans. 1994. Intervention strategies for Salmo-

nella enteritidis in poultry flocks: A basic approach. *IntJ Food Microbiol* 21:145 - 154.

[422] van de Giessen, A. W. , J. B. Dufrenne, W. S. Ritmeester,P. A. T. A. Berkers,W. J. van Leeuwen,and S. H. W Notermans. 1992. The identification of Salmonella enteritidis - infected poultry flocks associated with an outbreak of human salmonellosis. *Epidemiol Infect* 109:405 - 411.

[423] Van Duijkeren, E. , W. J. B. Wannet, D. J. Houwers, and W. van Pelt. 2004. Serotype and phage type distribution of Salmonella strains isolated from humans, cattle, pigs, and chickens in the Netherlands from 1984 to 2001. *J Clin Microbiol* 40:3980 - 3985.

[424] Van Immerseel, F. , J. De Buck, F. Boyen, L. Bohez, F. Pasmans,J. Volf, M. Sevcik, I. Rychlik, F. Haesbrouck, and R. Ducatelle. 2004. Medium - chain fatty acids decrease colonization and invasion through hilA suppression shortly after infection of chickens with Salmonella enterica serovar Enteritidis. *Appl Environ Microbiol* 70:3582 - 3587.

[425] Van Immerseel,F. ,J. De Buck,I. De Smet,F. Pasmans, F. Haesbrouck, and R. Ducatelle. 2004. Interactions of butyric acid - and acetic acid - treated Salmonella with chicken primary cecal epithelial cells *in vitro. Avian Dis* 48:384 - 391.

[426] Van Immerseel,F. ,J. De Buck,I. F. Pasmans,L. Bohez, F. Boyen,F. Haesbrouck, and R. Ducatelle. 2004. Intermittent long - term shedding and induction of carrier birds after infection of chickens early posthatch with a low or high dose of Salmonella Enteritidis. *Poult Sci* 83:1911 - 1916.

[427] van Zijderveld,F. G. ,A. M. van Zijderveld-van Bemel, R. A. M. Brouwers, T. S. de Vries, W. J. M. Landman, and W. A. de Jong. 1993. Serological detection of chicken flocks naturally infected with Salmonella enteritidis, using an enzyme-linked immunosorbent assay based on monoclonal antibodies against the flagellar antigen. *Vet Quart* 15:135 - 137.

[428] Veldman, A. , H. A. Vahl, G. J. Borggreve, and D. C. Fuller. 1995. A survey of the incidence of Salmonella species and Enterobacteriaceae in poultry feeds and feed components. *Vet Rec* 136:169 - 172.

[429] Virlogeux-Payant, I. , F. Mompart, Ph. Velge, E. Bottreau,and P. Pardon. 2003. Low persistence of a large-plasmid-cured variant of Salmonella enteritidis in ceca of chicks. *Avian Dis* 47:163 - 168.

[430] Voetsch, A. C. , T. J. Van Gilder, F. J. Angulo, M. M. Farley, S. Shallow, R. Marcus, P. R. Cieslak, V. C. Deneen,and R. V. Tauxe. 2004. FoodNet estimate of the burden of illness caused by nontyphoidal Salmonella infections in the United States. *Clin Infect Dis* 38(Supplement 3):S127 - S134.

[431] Waldroup, A. L. 1996. Contamination of raw poultry with pathogens. *World's Poult Sci J* 52:6 - 25.

[432] Wallner-Pendleton,E. A. ,S. S. Sumner,G. W. Froning, and L. E. Stetson. 1994. The use of ultraviolet radiation to reduce Salmonella and psychrotrophic bacterial contamination on poultry caracasses. *Poult Sci* 73:1327 - 1333.

[433] Waltman,W. D. ,R. K. Gast,and E. T. Mallinson. 1998. Salmonellosis. In A laboratory Manual for the Isolation and Identification of Avian Pathogens,4th ed. , American Association of Avian Pathologists,Kennett Square, PA. 4 - 13.

[434] Waltman, W. D. , A. M. Home, C. Pirkle, and T. Dickson. 1991. Use of delayed secondary enrichment for the isolation of Salmonella in poultry and poultry environments. *Avian Dis* 35:88 - 92.

[435] Wedderkopp,A. ,K. O. Gradel,J. C. Jørgensen,and M. Madsen. 2001. Pre-harvest surveillance of Campylobacter and Salmonella in Danish broiler flocks: a 2 - year study. *IntJ Food Microbiol* 68:53 - 59.

[436] Wegener, H. C. , T. Hald, D. L. F. Wong, M. Madsen, H. Korsgaard, F. Bager, P. Gerner - Smidt, and K. Mφlbak. 2003. Salmonella control programs in Denmark. *Emerg Infect Dis* 9:774 - 780.

[437] Weinack,O. M. ,C. F. Smyser,and G. H. Snoeyenbos. 1979. Evaluation of several methods of detecting salmonellae in groups of chickens. *Avian Dis* 23:179 - 193.

[438] Weinack,O. M. ,G. H. Snoeyenbos, A. S. Soerjadi-Liem,and C. F. Smyser. 1985. Therapeutic trials with native intestinal microflora for Salmonella typhimurium infections in chickens. *Avian Dis* 29:1230 - 1234.

[439] Wells, L. L. , V. K. Lowry, J. R. DeLoach, and M. H. Kogut. 1998. Age-dependent phagocytosis and bactericidal activities of the chicken heterophil. *Developmental Compar Immunol* 22:103 - 109.

[440] Wesche, A. M. , B. P. Marks, and E. T. Ryser. 2005. Thermal resistance of heat-, cold-, and starvation-injured Salmonella in irradiated comminuted turkey. *J Food Prot* 68:942 - 948.

[441] Whistler,P. E. ,and B. W. Sheldon. 1989. Comparison of ozone and formaldehyde as poultry hatchery disinfectants. *Poult Sci* 68:1345 - 1350.

[442]White, P. L. , W. Schlosser, C. E. Benson, C. Maddox, and A. Hogue. 1997. Environmental survey by manure drag sampling for Salmonella enteritidis in chicken layer houses. *J Food Prot* 60:1189-1193.

[443]Wigley, P. , S. D. Hulme, L. Rothwell, N. Bumstead, P. Kaiser, and P. A. Barrow. 2006. Macrophages isolated from chickens genetically resistant or susceptible to systemic salmonellosis show magnitudinal and temporal differential expression of cytokines and chemokines following Salmonella enterica challenge. *Infect Immun* 74: 1425-1430.

[444]Williams, A. , A. C. Davies, J. Wilson, P. D. Marsh, S. Leach, and T. J. Humphrey. 1998. Contaminationof the contents of intact eggs by Salmonella typhimurium DT104. *Vet Rec* 143:562-563.

[445]Williams, J. E. 1970. Effect of high-level formaldehyde fumigation on bacterial populations on the surface of chicken hatching eggs. *Avian Dis* 14:386-392.

[446]Williams, J. E. , and A. D. Whittemore. 1976. Comparison of six methods of detecting Salmonella typhimurium infection of chickens. *Avian Dis* 20:728-734.

[447]Williams, J. E. , and A. D. Whittemore. 1980. Bacteriostatic effect of five antimicrobial agents on Salmonellae in the intestinal tract of chickens. *Poult Sci* 59:44-53.

[448]Wilson, I. G. 2002. Salmonella and campylobacter contamination of raw retail chickens from different producers: a six year survey. *Epidemiol Infect* 129:635-645.

[449]Withanage, G. S. K. , K. Sasai, T. Fukata, T. Miyamoto, and E. Baba. 1999. Secretion of Salmonella-specific antibodies in the oviducts of hens experimentally infected with Salmonella enteritidis. *Vet Immunol Immunopathol* 67:185-193.

[450]Withanage, G. S. K. , K. Sasai, T. Fukata, T. Miyamoto, H. S. Lillehoj, and E. Baba. 2003. Increased lymphocyte subpopulations and macropohages in the ovaries and oviducts of laying hens infected with Salmonella enterica serovar Enteritidis. *Avian Pathol* 32:583-590.

[451]Withanage, G. S. K. , P. Wigley, P. Kaiser, P. Mastroeni, H. Brooks, C. Powers, R. Beal, P. Barrow, D. Maskell, and I. McConnell. 2005. Cytokine and chemokine responses associated with clearance of a primary Salmonella enterica serovar Typhimurium infection in the chicken and in protective immunity to rechallenge. *Infect Immun* 73:5173-5182.

[452]Woodward, C. L. , Y. M. Kwon, L. F. Kubena, J. A. Byrd, R. W. Moore, D. J. Nisbet, and S. C. Ricke. 2005. Reduction of Salmonella enterica serovar Enteritidis col-onization and invasion by an alfalfa diet during molt in Leghorn hens. *Poult Sci* 84:185-193.

[453]Woodward, M. J. , G. Gettinby, M. F. Breslin, J. D. Corkish, and S. Houghton. 2002. The efficacy of Salenvac, a Salmonella enterica subsp. Enterica serotype Enteritidis iron-restricted bacterin vaccine, in laying chickens. *Avian Pathol* 31:383-392.

[454]Woodward, M. J. and S. E. S. Kirwan. 1996. Detection of Salmonella enteritidis in eggs by the polymerase chain reaction. *Vet Rec* 138:411-413.

[455]Wooley, R. E. , P. S. Gibbs, and E. B. Shorts, Jr. 1999. Inhibition of Salmonella typhimurium in the chicken intestinal tract by a transformed avirulent avian Escherichia coli. *Avian Dis* 43:245-250.

[456]Wyatt, G. M. , H. A. Lee, S. Dionysiou, M. R. A. Morgan, D. J. Stokely, A. H. Al-Hajji, J. Richards, A. J. Silis, and P. H. Jones. 1996. Comparison of a microtitration plate ELISA with a standard cultural procedure for the detection of Salmonella spp. in chicken. *J Food Prot* 59:238-243.

[457]Wyeth, P. J. 1975. Effect of infectious bursal disease on the response of chickens to S. typhimurium and E. coli infections. *Vet Rec* 96:238-243.

[458]Yamane, Y. , J. D. Leonard, R. Kobatake, N. Awamura, Y. Toyota, H. Ohta, K. Otsuki, and T. Inoue. 2000. A case study on Salmonella enteritidis(SE) origin at three egg-laying farms and its control with an S. enteritidis bacterin. *Avian Dis* 44:519-526.

[459]Yancey, R. J. , S. A. L. Breeding, and C. E. Lankford. 1979. Enterochelin(enterobactin): Virulence factor for Salmonella typhimurium. *Infect Immun* 24:174-180.

[460]Zaidi, M. B. , P. F. McDermott, P. Fedorka-Cray, V. Leon, C. Canche, S. K. Hubert, J. Abbott, M. León, S. Zhao, M. Headrick, and L. Tollefson. 2006. Nontyphoidal Salmonella from human clinical cases, asymptomatic children, and raw retail meats in Yucatan, Mexico. *Clin Infect Dis* 42:21-28.

[461]Zecha, B. C. , R. H. McCapes, W. M. Dungan, R. J. Holte, W. W. Worcester, and J. E. Williams. 1977. The Dillon Beach Project: a five year epidemiological study of naturally occurring Salmonella infection in turkeys and their environment. *Avian Dis* 21:141-159.

[462]Zhao, S. , P. F. McDermott, S. Friedman, J. Abbott, S. Ayers, A. Glenn, E. Hall-Robinson, S. K. Hubert, H. Harbottle, R. D. Walker, T. M. Chiller, and D. G. White. 2006. Antimicrobial resistance and genetic relatedness among Salmonella from retail foods of animal or-

igin: NARMS retail meat surveillance. *Foodborne Pathogens Dis* 3:106-117.

[463]Zierler, M. K. and J. E. Galán. 1995. Contact with cultured epithelial cells stimulates secretion of Salmonella typhimurium invasion protein Inv. *J Infect Immun* 63: 4024-4028.

[464]Ziprin, R. L. and M. H. Kogut. 1997. Efficacy of two avian Salmonella-immune lymphokines against liver invasion in chickens by Salmonella serovars with different O-group antigens. *Avian Dis* 41:181-186.

禽亚利桑那菌病

Arizonosis

H. L. Shivaprasad

引　言

禽亚利桑那菌病是由肠沙门氏菌亚利桑那亚种（*Salmonella enteric* subsp. *arizonae* 或 *S. Arizonae*）引起的一种幼火鸡败血性疾病。其他禽类，如雏鸡、鸭、野鸟、金丝雀和鹦鹉也对亚利桑那菌易感。在美国，亚利桑那菌血清型过去是火鸡中最常见的一种沙门氏菌血清型[30]，且与发病率和死亡率明显相关。然而，在全美仍有零星的严重暴发[11,31,81,96,97]。在临床上，该病可与其他血清型的沙门氏菌病（如鼠伤寒沙门氏菌和海德尔堡沙门氏菌感染）相区别。

亚利桑那沙门氏菌是指一群抗原性多样的细菌，已鉴定的血清型有300多种。通过生化特性可与沙门氏菌属其他种相区别。如今归类于肠道沙门氏菌亚利桑那亚种的细菌曾归属于亚利桑那菌属，通常被称为亚利桑那群、亚利桑那菌和副结肠群。1982年，肠杆菌科国际分类委员会分会根据亚利桑那菌DNA和沙门氏菌属DNA的相关性，将沙门氏菌属中的亚利桑那群划分为两个亚种。有关亚利桑那群和禽亚利桑那菌病早期已有综述[3,4,46]。

定义与同义名

亚利桑那菌感染或禽亚利桑那菌病（AA）是

主要发生于幼火鸡的一种急性或慢性经蛋传播的疾病，表现为败血症、神经症状、失明和死亡率增加。过去将该菌引起的疾病称作"副结肠病"，亚利桑那菌属的成员曾被命名为"副结肠菌"，亚利桑那菌（*Arizona arizonae*）和亚利桑那沙门菌（*Arizona hinshawii*）。

经济意义

幼火鸡亚利桑那菌病的发病率和死亡率高，可使种火鸡的产蛋量和孵化率下降[18,19,39,51,63,94,96,100]，因而对北美和世界某些地区来说，该病对火鸡养殖业具有重要的经济意义。清除该病的花费主要涉及以下方面：带菌禽和蛋的筛检、检测拭子的供应、淘汰、蛋的药物浸渍、清洗和消毒、种禽和幼禽的抗生素治疗以及劳力。

公共卫生的重要性

还没有人发生禽源或火鸡源性亚利桑那菌感染的报道。然而，数次报道了与爬行动物相关的人的亚利桑那菌病[8,32,60,89,103]。

历　史

Caldwell和Ryerson[9]首次在图森和亚利桑那周围半干旱区域的爬行动物中分离到沙门氏菌样微生物。然而，该菌可能更早分离于禽类。Lewis和Hitchner的先前报道[68]表明，他们从发病鸡中分离到了沙门氏菌样的菌株，且该菌可缓慢发酵乳糖。该疾病的病原可能是亚利桑那菌，所以也可能是禽亚利桑那菌病的首次报道。1968年在英国首次报道了禽亚利桑那菌病[57]。

病　原　学

病原分类

1939年以来，人们作出了许多努力来寻求这类菌的普遍可接受的分类地位；已使用了多种分类系统和各种各样的命名。

Edwards 和同事[72] 研究了亚利桑那菌与沙门氏菌间的生化与抗原相似性。然而，它们之间有明显的差异，所以亚利桑那菌应划归于不同的属。Kauffman 和 Edwards[59] 首次使用了"亚利桑那菌"这一名称，Ewing[23] 也使用了亚利桑那菌属（沙门氏菌群属Ⅱ）成员的名称。为了纪念 W. R. Hinshaw 对火鸡、爬行动物和其他动物亚利桑那菌病的前瞻性工作，Ewing[25] 建议将该类菌命名为亚利桑那沙门菌（*Arizona hinshawii*）。Kauffman[58] 随后将亚利桑那菌划归于沙门氏菌群属Ⅲ，命名为肠道沙门氏菌亚利桑那亚种，并利用简化的 Kauffman－White 方案列出了这些菌抗原的标准特性。在第 9 版《伯杰氏手册》[7] 中，亚利桑那菌被划归于沙门氏菌属，并将该类菌株命名为亚利桑那沙门氏菌。

Ewing 和同事[24,27,28,29,72] 对亚利桑那菌的特性进行了深入研究，通过生化和抗原特性可容易地将亚利桑那菌与其他肠杆菌相区分。本节采用疾病预防控制中心的命名，如肠道沙门氏菌亚利桑那亚种，18：Z4、Z32（见抗原结构）。

形态与染色

肠道沙门氏菌亚利桑那亚种与其他肠道菌类似，为革兰氏阴性菌，无芽孢杆菌，具有周边鞭毛，能够运动。

生长需求

可在常规的液体和固体培养基中稳定增殖，与沙门氏菌的生长有许多相似性。大多数分离株在沙门—志贺氏琼脂和亮绿琼脂上生长极好，也可在沙门氏菌的其他固体分离琼脂上生长。分离初期，细菌菌落通常与沙门氏菌类似，但孵育几天或几周后，亚利桑那菌可发酵乳糖产生标志性变化。快速发酵乳糖的菌株（在禽中很少见到）不能与正常大肠杆菌区别，常受这些培养基的抑制作用。一般建议用亚硫酸铋（BS）平板培养基[21,46,72]，这样有助于乳糖发酵性亚利桑那菌株的鉴定，否则会看作大肠杆菌被丢弃。

菌落形态

亚利桑那菌的菌落与其他沙门氏菌的菌落类似，没有特殊的特征来相互区别。在血琼脂上，其菌落无光泽、圆白色，呈奶油状突起。在 XLT4 琼脂上，其菌落为圆形突起或扁平状，呈奶油样，菌落中心呈黑色，或整个菌落呈黑死。在亮绿琼脂上为圆形突起或扁平状，呈奶油样，菌落为粉色至粉红色。

生化特性

培养菌的生化特性见表 16.2，根据这些特征几乎可将各种血清学成员肠道沙门氏菌亚利桑那亚种分类为[14,26,28]。

表 16.2　肠道沙门氏菌亚利桑那亚种的典型生化特征

葡萄糖	发酵产气
乳糖	通常缓慢发酵，有时较快
蔗糖	通常不发酵
甘露醇	发酵产气
麦芽糖	发酵产气
卫矛醇	不发酵
纤维醇	不发酵
吲哚	一般不产生
甲基红	阳性
Voges-Proskauer 试验	不反应
硫化氢	阳性
尿素	不分解
明胶	缓慢液化
氰化钾	一般呈阴性
硝酸盐	还原反应
运动性	阳性
β半乳糖苷酶	阳性
脱羧酶	
赖氨酸	阳性
精氨酸	阳性，通常所需的时间长
鸟氨酸	阳性
丙二醛	阳性
苯丙氨酸脱氨酶	阴性

跟其他沙门氏菌不一样，大多数禽源分离株通常在培养的 7～10 天内能发酵乳糖。亚利桑那菌培

养物不能发酵卫矛醇和纤维醇，不能利用 D - 酒石酸盐，能缓慢液化明胶，在丙二酸和 β 半乳糖苷酶中的反应呈阳性。常用这些特性将亚利桑那菌和沙门氏菌其他成员进行鉴别区分。

柠檬酸杆菌属

为了分类鉴定，亚利桑那菌不仅要跟其他沙门氏菌进行区分，还要跟抗原相关的柠檬酸杆菌属相区分。现在还不知道柠檬酸杆菌是否对禽有致病作用，但从诊断角度来看，粪样初步分离时可能会与沙门氏菌相混淆。柠檬酸杆菌属包括 Bethesda-Ballerup "副结肠群"（*P. intermedium*）和先前鉴定的弗罗因德氏埃希氏杆菌（*Escherichia freundii*）。

对理化特性的抵抗性

热和常见的消毒剂能稳定地杀灭亚利桑那菌，但在污水中能存活 5 个月，污染饲料中能存活 17 个月，在火鸡养殖土壤中能存活 6～7 个月，在禽舍器具和材料上能存活 5～25 周或更长[2,35,62,63,86,91]。亚利桑那菌对理化特性的抵抗力与沙门氏菌非常相似。

抗原结构

在血清学上肠道沙门氏菌亚利桑那亚种与其他沙门氏菌和肠杆菌相关，副伤寒沙门氏菌抗原结构的研究和鉴定方法同样也适合于亚利桑那菌。已发现了 34 种菌体抗原（O 抗原）和 43 种鞭毛抗原（H 抗原）。

沙门氏菌血清型的命名系统已被应用于肠道沙门氏菌亚利桑那亚种。在抗原书写公式中，O 抗原因子间用逗号分开，O 抗原和 H 抗原间用冒号隔开，单相菌中用逗号将 H 抗原因子分开，用连字符或短线来区分第 1 相和第 2 相，或区分第 2 相和第 3 相等等。由此看来，单相菌可命名为肠道沙门氏菌亚利桑那亚种 18：Z4，Z32。

沙门氏菌命名系统的发展使菌株鉴定产生了某些混淆。两种血清型先前被命名为 7：1，7 和 7：1，2，6，而如今分别命名为 18：Z4，Z32 和 18：Z4，Z23。尽管只有 34 种 O 抗原和 43 种 H 抗原，但也存在混淆，有时分离株被命名为 65：

Z52，Z53。后一种命名方法与疾病预防控制中心和世界卫士组织的命名系统相一致。

致病机理和流行病学

发生与分布

禽肠道沙门氏菌亚利桑那亚种病发生于全世界的养禽地区。某一时段，北美火鸡群中流行肠道沙门氏菌亚利桑那亚种 18：Z4，Z32。1968～1969 年间，在加利福尼亚的分利率很高，但 1972 年的分利率明显下降[73]。然而，1999～2006 年间，加利福尼亚再次暴发了严重的禽亚利桑那菌病[11,96]。分离株最常见的血清型是肠道沙门氏菌亚利桑那亚种 18：Z4，Z32，其次是肠道沙门氏菌亚利桑那亚种 18：Z4，Z23[11]。英国火鸡养殖业中已根除了肠道沙门氏菌亚利桑那亚种[5,57,101]。

自然宿主和实验宿主

亚利桑那菌没有宿主限制性，在自然界广泛分布于各种禽类、哺乳动物和爬行动物中[10,17,18,19,72,82,95,110,111]。

对禽类来说，禽亚利桑那菌病常见于火鸡。Greemfield[43]认为禽亚利桑那菌病对鸡没有重要的经济意义，但在自然和实验条件下雏鸡均可发生禽亚利桑那菌病[17,68,99]。Dougherty[12]从鸭肝组织中分离到了亚利桑那菌，引发的病变与副伤寒病变类似。

在人类疾病方面，亚利桑那菌可引发胃肠炎，常见有更加严重的肠热和局灶性感染。这方面可参见 Guckian 等[49]、Johnson 等[56]、Kelly 等[60]、Martin 等[72]、Waterman 等[103]、Weiss 等[104]以及 Williams 和 Hobbs[108]的报道材料。

传播

禽亚利桑那菌病的传播环节与运动性沙门氏菌类似（参见副伤寒沙门氏菌感染）。感染成年禽的肠道中常携带病菌，并成为长期的传播者[16]。野禽[75]、大鼠和小鼠[39]及爬行动物[50,52]通常是家禽发生感染的病原来源，但爬行动物可能是亚利桑那菌的主要来源。

可发生肠道感染[51,93]，Adler 和 Rosenwald[1]报道，成年火鸡的亚利桑那菌病主要限于肠道感染。

许多研究人员报道[6,16,17,18,19,41,51]禽亚利桑那菌病可通过蛋传播。从成年火鸡的卵巢和输卵管中分离到了亚利桑那菌[33,51,94,96]，表明该病可垂直传播。因而，蛋通常会被细菌污染，导致孵化率下降，1 周龄内雏火鸡的死亡率增加。口腔接种导致全身感染时，可发生卵巢的直接感染[64,94,98]。Perek 等[84]从小公鸡的精液中分离到了亚利桑那菌。

与鼠伤寒沙门氏菌非常相似，在 37.2℃孵化时通过粪便污染的亚利桑那菌可穿过蛋壳和壳膜，使鸡蛋和火鸡蛋常发生细菌污染[16,41,94,107]。通过粪便污染可将病菌从其他动物传播到禽类。Goetz[39]发现，发病火鸡场中大鼠的亚利桑那菌感染率为90%，小鼠的感染率为 50%。各种野禽、爬行动物和常见的许多动物均可将病原传播到家禽。

孵化器和育雏室中直接接触，或饲料和水污染时，也可传播禽亚利桑那菌病[22,63]。

临床症状

禽亚利桑那菌病的临床症状没有特异性，发病雏鸡和雏火鸡可表现为倦怠、精神沉郁和虚弱，随后表现为厌食、腹泻、腿麻痹和颈卷曲（图 16.5）。有时角膜出现浑浊，眼前房和玻璃体中出现干酪样物质（图 16.6），导致病禽失明[10,63,93,96,99]。病禽蹲伏于跗关节上，并蜷缩在一起。神经症状包括偏瘫、斜颈、角弓反张和惊厥，有时出现脑部

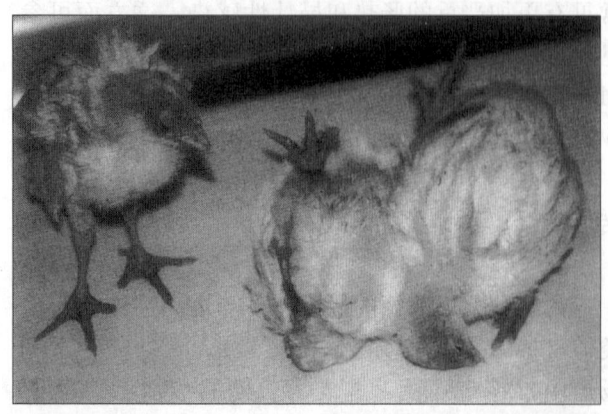

图 16.5　2 周龄雏火鸡发生禽亚利桑那菌病，表现为精神沉郁和神经症状

和内耳的感染（图 16.5）[55,82,96]。Sato 和 Adler[93]观察到，成年火鸡很少表现出临床症状，且很少感染死亡。

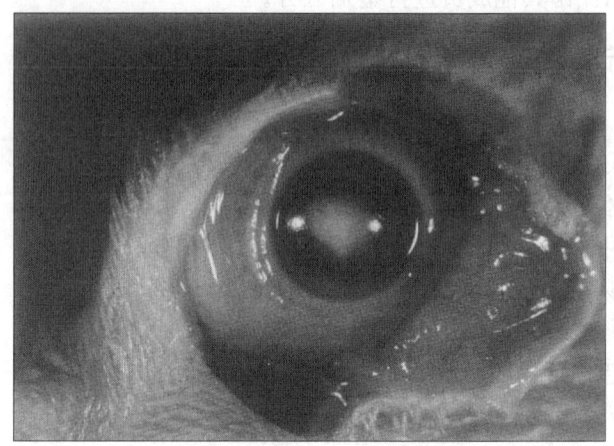

图 16.6　3 周龄雏火鸡发生严重的眼炎

雏鸡和雏火鸡感染的死亡率不同。Lewis 和 Hitchner[68]报道感染鸡的死亡率为 32%～50%。一项研究报道[96]，7 日龄和 23 日龄雏鸡的死亡率分别是 70%和 60%。继发或并发感染（如大肠杆菌病、火鸡肠炎、曲霉菌感染、球虫病、禽副伤寒、嗉囊霉菌症等）可加重死亡率[96]。

其他报道表明，雏鸡和雏火鸡的死亡率一般为10%～50%，且在孵化后的前几天内雏禽特别易感，死亡可持续到 3～5 周[1,17,48,63,85,96,100]。Geissler 和 Youssef[34]将肠道沙门氏菌亚利桑那亚种接种到鸡蛋内，或将鸡蛋浸泽于肠道沙门氏菌亚利桑那亚种液中，在孵化期，分别有 100%和 40%～70%的鸡胚发生死亡。后面实验组的孵化率各有不同，表现为 0%至 21%～70%，表明细菌可穿入蛋的内层结构。

Worcester[112]观察到亚利桑那菌可进入肠道壁，并在这里无限期滞留。

病理变化

大体病变

已有大量文献描述了雏火鸡的眼观病变和微观病变[11,40,90,96,99,105]。自然感染和实验感染亚利桑那菌的雏火鸡病变与副伤寒沙门氏菌引起的病变类似。自然病例中，表现为卵黄滞留，卵黄内有水样

或干酪样黄色内容物（图16.7），卵黄蒂突出，盲肠内有栓塞，脑膜有渗出物。有时肝脏肿大，有白色坏死灶；腹腔有干酪样渗出，心脏变色。心包和气囊呈云雾状，关节肿大[96]。在病程较长的病例中，最常见的一种病理变化是病火鸡单侧或双侧眼的眼前房和玻璃体中出现苍白色或黄色渗出物（图16.6）。然而，眼睛和脑部的病变常发生于疾病的稍后期。

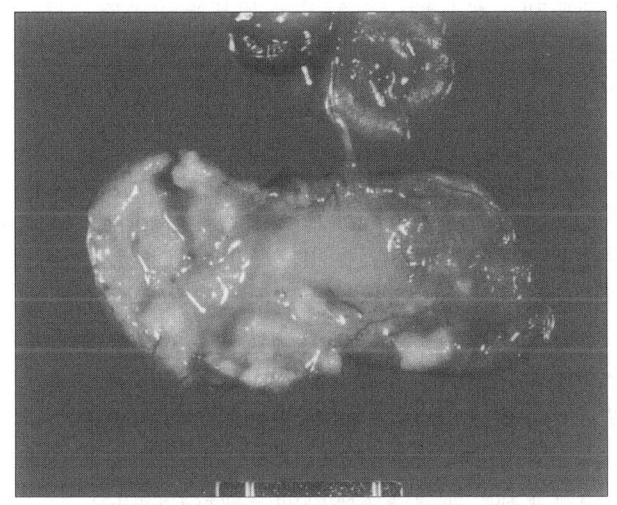

图16.7 5日龄雏火鸡的卵黄发生严重感染

全身性败血症的典型病变有腹膜炎、卵黄滞留、肝肿大黄变和心变色，Lewis 和 Hitchner[68]报道实验感染时也会发生这种病变。Goetz 和 Quortrup[40] 及 Shivaprasd 等[96]观察到了盲肠内的干酪样栓塞（图16.8），与鸡白痢的病变类似。Hinshaw 和 McNeil[51]观察到，成年火鸡发生亚利桑那菌感染时，腹腔和卵囊中有少量的干酪样

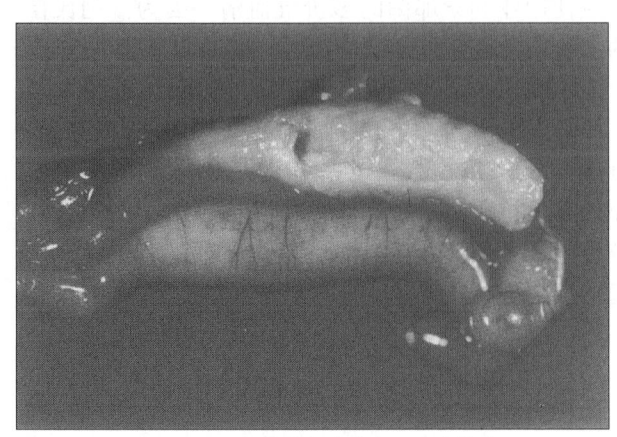

图16.8 5日龄雏火鸡的盲肠内有栓塞

渗出。

组织学病变

显微镜下，卵黄囊和卵黄蒂中有中等至严重的纤维素性化脓性炎症（与革兰氏阴性菌相关）。脑部发生严重的脑膜炎，伴有异嗜细胞浸润，同时混有纤维蛋白和细菌菌落（图16.9）。脑室内也有类似的渗出物，脑皮质层出现软化、炎症和血管栓塞。有意思的是其他器官的病变不明显，如肝细胞坏死和单核炎性细胞浸润、脾脏中单核吞噬细胞的增加及各种器官的血管充血。有时心包、气囊、滑膜和肠道（尤其是盲肠）中出现炎症[96]。

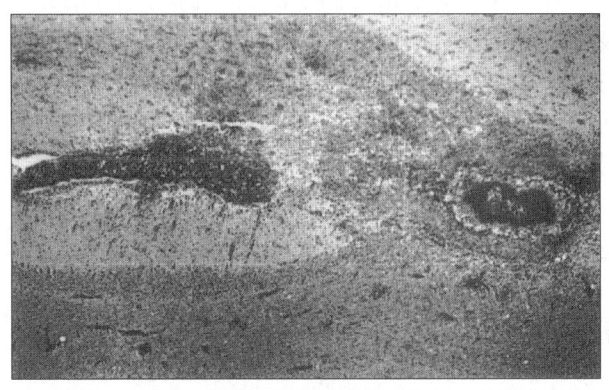

图16.9 肠道沙门氏菌亚利桑那亚种感染引起的脑膜炎和脑炎的组织学病变。×300

据报道[97]，9～21日龄的雏火鸡发生了内耳炎（图16.10）、神经炎和前庭耳蜗神经（第Ⅷ对脑神经）的神经节炎，这很有可能是亚利桑那菌从脑膜扩散造成的。

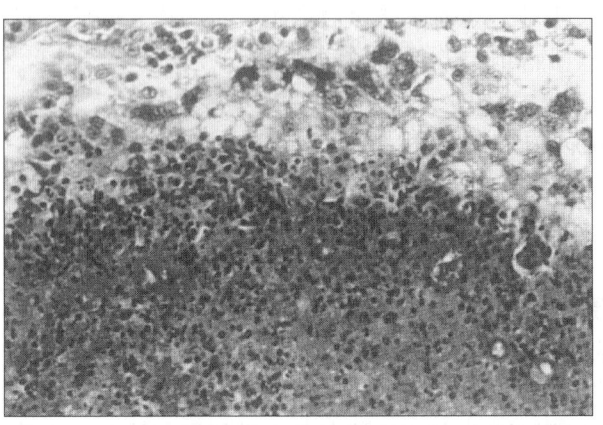

图16.10 肠道沙门氏菌亚利桑那亚种感染及严重内耳炎的组织学病变。×500

致 病 机 理

有关致病机理方面的资料很少，且没有相关报道，但估计该病的发病过程与其他沙门氏菌病类似。肠道沙门氏菌亚利桑那亚种属于革兰氏阴性菌，可分泌内毒素，引起各种器官的炎症，且能侵入血液（尤其是幼禽），引发高死亡率[18]，其中大部分炎症常见于卵黄囊、盲肠、脑、眼等。

毒力因子

对亚利桑那菌毒力因子的情况仍不十分清楚。最近的研究表明，肠道沙门氏菌亚利桑那亚种中存在 spv 毒力基因座，且位于细菌染色体中[69]。spv 基因座的序列分析表明，该基因座含有 spv^{RABC} 的同源基因，但缺乏 spv^D 的同源基因。Spv^B 蛋白是一种 ADP 核糖体转移酶，可修饰肌动蛋白，使感染细胞的骨架变得不稳定。这点可解释肠道沙门氏菌亚利桑那亚种能感染各种动物（包括人）的原因[69]。

诊 断

根据高死亡率、神经症状和失明的临床症状，结合眼观病变可对雏火鸡亚利桑那菌病作出初步诊断。然而，其他沙门氏菌感染（包括禽副伤寒）时也会表现出类似的临床症状和病变。通常可从肝脏、脾脏、心血、未吸收卵黄囊、肠道、肺脏、肾脏、脑和眼中分离到致病菌。

致病菌的分离和鉴定

亚利桑那菌分离和培养的方法与"禽副伤寒"一节中描述和讨论的方法相同。已报道了禽组织、蛋、胚胎和环境样品中肠道沙门氏菌亚利桑那亚种的标准分离方法及生化和血清学鉴定方法[21,26,101,109]。除亮绿磺胺培养基外，如有需要，还可用亚硫酸铋肉汤培养基来进行增菌培养。火鸡中常见的两种亚利桑那菌血清型可缓慢发酵乳糖，因而，在亮绿琼脂上初步分离时，这种特性与副伤寒沙门氏菌类似。

亚硒酸半胱氨酸肉汤培养基可用于粪便和组织样的增菌培养[63,93,94]。利用亚硒酸盐肉汤培养基在43℃培养时，分离到的亚利桑那菌的量少，而利用连四硫酸盐肉汤培养基或亚硒酸盐 F 肉汤培养基在35℃培养时，分离到的菌量多[44]。

49 株亚利桑那菌火鸡分离株具有相似的培养和生化特性，但对柠檬酸和蜜二糖的利用情况不同[102]。在检测的所有抗生素中，大多数肠道沙门氏菌亚利桑那亚种仅对氯霉素和萘啶酸敏感。Kumar 等[65] 发现，添加磺胺嘧啶的亚硒酸亮绿（SBGS）肉汤培养基和连四硫酸盐亮绿肉汤培养基的培养效果类似，但开始的接种量高时，SBGS 肉汤培养基中培养 48h 的亚利桑那菌分离率明显下降。Littell[70] 报道了一种分离亚利桑那菌的鉴别培养基，乳糖阴性菌和乳糖阳性菌可在这种培养基上产生独特的反应，有助于与其他沙门氏菌相区别。

Snoeyenbos 和 Smyser[100] 认为，垫料中细菌的分离培养有助于流行病学研究，可确定感染的火鸡群，并可作为预防措施的一部分。Greenfield 和 Bigland[45] 认为，火鸡垫料中细菌的分离培养可能是检测亚利桑那菌潜伏感染的一种较好的办法。

建议分离培养火鸡蛋壳膜和蛋壳中的细菌，以快速检测卵黄物质的亚利桑那菌感染[13,47,87]。

血清学

禽亚利桑那菌病流行病学的研究中需要进行分离物的血清学分析；分离培养物可送交到国家兽医服务实验室进行生化特性和抗原型的分析。

Edwards 和 Galton[15] 认为，初步检测培养物时应使用亚利桑那菌的多价抗血清，因为沙门氏菌的多价抗血清不能凝集亚利桑那菌血清型。Kowalski 和 Stephens[63] 利用甲醛灭活的肉汤培养物和亚利桑那菌的多价单相菌抗血清进行了血清型鉴定。Snoeyenbos 和 Smyser[100] 利用亚利桑那菌鞭毛抗原的多价抗血清、沙门氏菌鞭毛抗原 Z32 的抗血清及沙门氏菌菌体抗原 18 的抗血清对疑似亚利桑那菌培养物进行了筛检。

鉴 别 诊 断

禽亚利桑那菌病的临床症状和病变与其他沙门

氏菌感染（包括副伤寒沙门氏菌）类似。新城疫、曲霉菌病和维生素 E 缺乏（脑软化）也可引发神经症状。曲霉菌病或其他病因（如白内障）可引起雏火鸡失明。由此可见，禽亚利桑那菌病的确诊需要病原菌的分离和鉴定。

预防和控制

亚利桑那菌可通过蛋传播，所以首先要培育无亚利桑那菌感染的种群。在不同的育种节段，预防措施的有效性取决于是否有无亚利桑那菌感染的种群。副伤寒沙门氏菌感染的预防管理措施也可用于禽亚利桑那菌病的防控。除了孵化蛋的抗生素处理措施外，Ghazikhanian 等[38] 提出的初代育种禽的管理措施可用于其他不同节段的育种禽。要做到以下方面：进行全封闭式饲养；禽舍要防鸟、防啮齿动物，便于清洁和消毒；控制饲料和添加剂的质量；孵化场和育种场要进行微生物检测。

Ghazikhanian 等[38] 总结了初代育种禽的管理措施，即从基本的育种操作中，降低和消除亚利桑那菌的感染。与孵化蛋的抗生素处理（浸泽和注射）相结合时，可成功建立无亚利桑那菌感染的种系[37,74]。除孵化蛋的抗生素处理措施外，还可用亚利桑那菌的油乳剂自家苗来免疫接种感染禽，以减少病菌传播。由于细菌污染的范围广，所以提出了一种新的较好的建筑方案（全封闭式饲养、铺设地板和防鸟）。每次清群后都要采取清洁和消毒措施，并对内部设施进行检测，以确定措施的有效性。最后，预防措施的重点是要经常对蛋进行检测。只使用不含动物副产品和禽副产品的颗粒料。这种预防措施是很有效的。

血清学检测

在检测和控制火鸡亚利桑那菌病方面，血清学检测并不完全有效[1,86,112]。

在鸡和火鸡的血清学检测方面，已报道了亚利桑那菌抗原的制备和使用方法[4]。

Timms[101] 发现，在成年火鸡不同的感染节段，检测亚利桑那菌最可靠和理想的方法是血清平板（SP）快速凝集试验和菌体试管凝集（TA）试验。全血（WB）快速凝集试验有利于临床上大量禽的

检测，但其结果还需通过菌体试管凝集试验进行确诊。已对琼脂凝胶扩散试验、间接血凝试验、免疫荧光试验和 H 抗原凝集试验的使用情况进行了论述。Lamont 和 Timms[67] 利用 O 抗原和 H 抗原试管凝集试验、全血快速凝集试验和琼脂凝胶沉淀试验对火鸡亚利桑那菌病进行了检测。同时他们发现，全血快速凝集试验非常有利于禽群的筛检。

Sato 和 Adler[93,94] 利用甲醛处理的肉汤培养物制备了有运动活性的亚利桑那菌的 H 抗原，利用乙醇处理的细菌悬液（牛心浸液琼脂中培养）制备了 O 抗原。他们发现火鸡在自然感染的某些时段内，O 抗原凝集反应呈阳性，然而，利用 H 抗原进行检测时某些禽呈阴性。H 凝集素消失的时间比 O 凝集素早。剖检时，并不是所有火鸡的 O 抗原凝集反应呈阳性。血清学检测结果与感染之间几乎没有相关性。

Kumar 等[66] 利用四唑蓝染色的抗原建立了一种微量凝集（MA）试验，来检测火鸡亚利桑那菌的感染。据报道，在检测火鸡感染方面，微量凝集试验更敏感，优于菌体试管凝集试验和血清平板快速凝集试验。利用抗微球蛋白试验来检测感染的尝试均未成功。

成年火鸡感染后 12～14 周，体内缺乏可检测的抗体，且母火鸡在 16～20 周龄时要经历一个抗体阴性时段（对大部分育种禽进行了检测）[66,101]。在 28～32 周龄利用光照激活卵巢时，可检测到抗体。在此育种阶段为时已晚，不能根除火鸡的感染。Greenfield[42] 观察到，抗体效价的维持时间不长，且发生亚临床感染时可能检测不到抗体。

利用亚利桑那菌的外膜蛋白作为抗原，建立了酶联免疫吸附试验（ELISA）。Nagaraja 等[77,79] 发现 ELISA 比较敏感，非常适应于育种火鸡亚利桑那菌感染的检测。认为 ELISA 是确定育种禽发生感染的有效方法，因而据此可调整孵化场的管理措施，以降低孵化时亚利桑那菌的传播。

免疫接种

已有数种菌苗用于火鸡的免疫接种。Holte[54] 发现，免疫育种禽感染亚利桑那菌 18：Z4，Z32 时，其排菌量下降，可抵抗全身性感染，因而可预防细菌的垂直传播。已发现，免疫母火鸡的免疫力可传递到子代。

Sato 和 Adler[92]发现亚利桑那菌菌苗对小鼠和火鸡的免疫保护力不同。甲醛处理的全菌氢氧化铝胶疫苗具有最好的保护力，但其保护力与肌注接种后疫苗菌株侵入脾脏中的数量有关。铬矾处理的亚利桑那菌疫苗对口腔和腹腔攻毒具有保护租用[76]。免疫接种后，攻毒前 3 周的排毒量下降[1]。

Gerlach 等[36]发现非免疫母火鸡的血清对亚利桑那菌 18：Z4，Z32 培养物具有抑菌和杀菌作用，但免疫火鸡或自然感染火鸡的血清没有这种抑制作用。细菌生长的抑制作用与凝集抗体无关；事实上，细菌生长的抑制作用应该与凝集抗体有关。据报道，免疫火鸡的蛋清中存在具有杀菌活性的物质[1]。

Ghazikhanian 等[38]报道使用油乳剂疫苗获得了理想的效果；垂直传播率从非免疫组的 12％下降到了免疫组的 2％。Nagaraja 等[78,80]在实验室和临床条件下，对亚利桑那菌矿物油佐剂苗免疫育种火鸡的效果进行了研究。研究结果非常理想，因而，对污染环境中饲养的种禽进行免疫接种时，有望建立无亚利桑那菌感染的子代群。

Lowry 等[71]报道，给雏火鸡预防性免疫注射肠炎沙门氏菌免疫性淋巴因子时，可明显降低亚利桑那菌的水平传播和器官侵袭程度。

治 疗

化学药物治疗能减少禽亚利桑那菌病急性暴发的损失，在市场上可预防疾病的传播。Williams[106]综述了禽亚利桑那菌病的各种治疗方法。在美国，食品和药物管理局唯一批准的治疗药物是抗生素注射剂，即庆大霉素和大观霉素。这些注射剂能够明显降低孵化场的经济损失，能明显降低 3 周龄内禽群的发病率。已报道，肠道沙门氏菌亚利桑那亚种的分离株对庆大霉素具有耐药性[20,53]。幼火鸡饲料中添加 30mg/kg 的锌（锌蛋氨酸）时，可促进静脉攻毒禽脾脏中的细菌清除力[61]。

徐 琪 田夫林 译
苏敬良 吴培福 校

参考文献

[1]Adler, H. E., and A. S. Rosenwald. 1968. Paracolon control—What we know and need to know. *Turkey World* 43:18.

[2]Anonymous. 1967. Salmonella and Arizona group of infections of avian origin. 1966 Annual Report of the Food Protein Toxicology Center. University of Calif, Davis. 24 - 29.

[3]Anonymous. 1976. Proc Salmonella Symp. American Association of the Avian Pathologists, Kennett Square, PA.

[4]Anonymous. 1984. In G. H. Snoyenbos (ed.). Proc Int Symp Salmonella, New Orleans. American Association of Avian Pathologists, Kennett Square, PA.

[5]Anonymous. 1986. Animal salmonellosis. Annual summaries, survey of drug resistance in salmonellae. Ministry of Agriculture Fisheries and Food. Welsh Office Agriculture Department. Department of Agriculture and Fisheries for Scotland.

[6]Bruner, D. W., and M. C. Peckham. 1952. An outbreak of paracolon infection in turkey poults. *Cornell Vet* 42:22 - 24.

[7]Buchanan, R. E., and N. E. Gibbons. 1994. Bergey's Manual of Determinative Bacteriology, 9th ed. Williams & Wilkins, Baltimore, MD. 215 - 216.

[8]Buck, J. J., and S. W. Nicholls. 1997. Salmonella arizona enterocolitis acquired by an infant from a pet snake. *J Ped Gastro and Nutri* 25:248 - 249.

[9]Caldwell, M. E., and D. L. Ryerson. 1939. Salmonellosis in certain reptiles. *J Infect Dis* 65:242 - 245.

[10]Cambre, R. C., D. E. Green, E. E. Smith, R. J. Montali, and M. Bush. 1980. Salmonellosis and arizonosis in the reptile collection at the National Zoological Park. *J Am Vet Med Assoc* 177:800 - 803.

[11]Crespo, R., J. Jeffrey, R. P. Chin, G. Senties-Cue and H. L. Shivaprasad. 2004. Genotypic and phenotypic characterization of Salmonella arizonae from an integrated turkey operation. *Avian Diseases* 48:344 - 350.

[12]Dougherty, E. 1953. Disease problems confronting the duck industry. Proc 90th Annu Meet Am Vet Med Assoc. 359 - 365.

[13]Dovadola, E., and F. Carlotto. 1969. Bacteriological survey for arizona infection in turkey eggs. Results and discussion. *Vet Ital* 20:304 - 311.

[14]Edwards, P. R., and W. H. Ewing. 1972. Identification of Entero bacteriaceae. Burgess Publishing, Minneapolis, MN.

[15]Edwards, P. R., and M. M. Galton. 1967. Salmonellosis. *Adv VetSci* 11:1 - 63.

[16]Edwards, P. R., W. B. Cherry, and D. W. Bruner. 1943. Further studies on coliform bacteria serologically related to the genus Salmonella. *J Infect Dis* 73:229 - 238.

[17]Edwards, P. R., M. G. West, and D. W. Bruner. 1947. Ar-

izona group of paracolon bacteria. *Ky Agric Exp Stn Bull* 499.

[18]Edwards P. R. ,A. C. McWhorter,and M. A. Fife. 1956. The Arizona group of Enterobacteriaceae in animals and man. *Bull WHO* 14:511 - 528

[19]Edwards, P. R. , M. A. Fife, and C. H. Ramsey. 1959. Studies on the arizona group of Enterobacteriaceae. *Bacteriol Rev* 23:155 - 174.

[20]Ekperigin, H. E. , S. Jang, and R. H. McCapes. 1983. Effective control of a gentamicin-resistant Salmonella arizonae infection in turkey poults. *Avian Dis* 27:822 - 829.

[21]Ellis, E. M. , J. E. Williams, E. T. Mallinson, G. H. Snoeyenbos, and W. J. Martin. 1976. Culture Methods for the Detection of Animal Salmonellosis and Arizonosis. Iowa State University Press, Ames, IA. 9 - 87.

[22]Erwin, L. E. 1955. Examination of prepared poultry feeds for the presence of Salmonella and other enteric organisms. *Poult Sci* 34:215 - 216.

[23]Ewing, W. H. 1963. An outline of nomenclature for the family Enterobacteriaceae. *Int Bull Bacteriol Nomencl Taxon* 13:95 - 110.

[24]Ewing, W. H. 1967. Revised Definitions for the Family Enterobacteriaceae, Its Tribes and Genera. U. S. Department of Health Education and Welfare, NCDC, Atlanta, GA.

[25]Ewing, W. H. 1969. Arizona hinshawii. *Int J Syst Bacteriol* 19:1.

[26]Ewing, W. H. 1986. Edwards and Ewing's Identification of Enterobacteriaceae. Elsevier Science, New York.

[27]Ewing, W. H. , and M. M. Ball. 1966. The Biochemical Reactions of Members of the Genus Salmonella. U. S. Department of Health Education and Welfare, NCDC, Atlanta, GA.

[28]Ewing, W. H. , and M. A. Fife. 1966. A summary of the biochemical reactions of Arizona arizonae. *Int J Syst Bacteriol* 16:427 - 433.

[29]Ewing, W. H. , M. A. Fife, and B. R. Davis. 1965. The Biochemical Reactions of Arizona arizonae. U. S. Department of Health Education and Welfare, NCDC, Atlanta, GA.

[30]Ferris, K. , and W. M. Frerichs. 1987. Salmonella serotypes from animals and related sources reported during the fiscal year 1987. Proc 92nd Annu Meet US Anim Health Assoc. U. S. Animal Health Association, Richmond, VA. 349 - 362.

[31]Ferris, K. , and E. D. A. Miller. 1997. Annual Salmonellae Report, October 1, 1996-September 30, 1997. Bacterial Identification section. *Nat Vet Sci Lab*. USDA/APHIS, Ames Iowa.

[32]Foster, N. and K. Kerr. 2005. The snake in the grass—Salmonella arizonae gastroenteritis in a reptile handler. *Acta Paediatr* 94:1165 - 1166.

[33]Gauger, H. C. 1946. Isolation of a type 10 paracolon bacillus from an adult turkey. *Poult Sci* 25:299 - 300.

[34]Geissler, H. , and Y. I. Youssef. 1979. The effect of infection with Arizona hinshawii on chicken embryos. *Avian Pathol* 8:157 - 161.

[35]Geissler, H. , and Y. I. Youssef. 1981. Persistence of Arizona hinshawii in or on materials used in poultry houses. *Avian Pathol* 10:359 - 363.

[36]Gerlach, H. , H. E. Adler, and A. S. Rosenwald. 1968. Research Note: Observations on immune factors associated with arizona group infection in turkeys. *Avian Dis* 12:681 - 686.

[37]Ghazikhanian, G. Y, R. Yamamoto, R. H. McCapes, W. M. Dungan, and H. B. Ortmayer. 1980. Combination dip and injection of turkey eggs with antibiotics to eliminate Mycoplasma meleagridis infection from a primary breeding stock. *Avian Dis* 24:57 - 70.

[38]Ghazikhanian, G. Y. , B. J. Kelly, and W. M Dungan. 1984. Salmonella arizonae control program. In G. H. Snoeyenbos(ed.). Proc Int Symp on Salmonella. American Association of Avian Pathologists, Kennett Square, PA. 142 - 149.

[39]Goetz, M. E. 1962. The control of paracolon and paratyphoid infections in turkey poults. *Avian Dis* 6:93 - 99.

[40]Goetz, M. E. , and E. R. Quortrup. 1953. Some observations of the problem of Arizona paracolon infections in poults. *Vet Med* 48:58 - 60.

[41]Goetz, M. E. , E. R. Quortrup, and J. E. Dunsing. 1954. Investigations of arizona paracolon infections in poults. *J Am Vet Med Assoc* 124:120 - 121.

[42]Greenfield, J. 1972. Studies on Arizona in turkeys: Isolation and antibiotic control. *Diss Abstr Int B*. 489 - 490.

[43]Greenfield, J. 1976. Proc Salmonella Symposium. American Association of Avian Pathologists, Kennett Square, PA. 70 - 78.

[44]Greenfield, J. , and J. C. Bankier. 1969. Isolation of Salmonella and arizona using enrichment media incubated at 35 and 43 C. *Avian Dis* 13:864 - 871.

[45]Greenfield, J. , and C. H. Bigland. 1971b. Isolation of arizona from specimens grossly contaminated with competitive bacteria. *Avian Dis* 15:604 - 608.

[46]Greenfield, J. , C. H. Bigland, and T. W. Dukes. 1971a.

The genus Arizona with special reference to Arizona disease in turkeys. *Vet Bull* 41:605 - 612.

[47] Greenfield, J. , C. H. Bigland, and H. D. McCausland. 1971b. Culture of shell and shell membranes for efficient isolation of arizona from turkey hatching eggs. *Avian Dis* 15:82 - 88.

[48] Greenfield, J. , C. H. Bigland, H. D. McCausland, and C. W. Wood. 1972. Control of arizona disease in turkeys by poult injection. *Poult Sci* 51:523 - 526.

[49] Guckian, J. E. , E. H. Byers, and J. E. Perry. 1967. Arizona infection of man. *Arch Int Med* 119:170 - 175.

[50] Hinshaw, W. R. , and E. McNeil. 1944. Gopher snakes as carriers of salmonellosis and paracolon infections. *Cornell Vet* 34:248 - 254.

[51] Hinshaw, W. R. , and E. McNeil. 1946a. The occurrence of type 10 paracolon in turkeys. *J Bacteriol* 51: 281 - 286.

[52] Hinshaw, W. R. , and E. McNeil. 1947. Lizards as carriers of salmonella and paracolon bacteria. *J Bacteriol* 53: 715 - 718.

[53] Hirsh, D. C, J. S. Ikeda, L. D. Martin, B. J. Kelly, and G. Y. Ghazikhanian. 1983. R Plasmid-mediated gentamicin resistance in Salmonella isolated from turkeys and their environment. *Avian Dis* 27:766 - 772.

[54] Holte, R. J. A. 1965. Paracolon arizona immunization trials in turkeys. Proc 69th Annu Meet US Livest Sanit Assoc. 539 - 542.

[55] Jamison, S. L. 1956. Paracolon infections. *Pac Poult* 62: 40 - 42.

[56] Johnson, R. H. , L. I. Lutwick, G. A. Huntley, and K. L. Vosti. 1976. Arizona hinshaawii infections. New cases, antimicrobial sensitivities and literature review. *Ann Intern Med* 85:587 - 592.

[57] Jordan, F. T. W. , P. H. Lamont, L. Timms, and D. A. P. Grattan, 1976. The eradication of Arizona 7:1, 7, 8 from a turkey breeding flock. *Vet Rec* 99:413 - 415.

[58] Kauffmann, F. 1966. The Bacteriology of Enterobacteriaceae. Williams & Wilkins, Baltimore, MD.

[59] Kauffmann, F. , and P. R. Edwards. 1952. Classification and Nomenclature of Enterobacteriaceae. *Int Bull Bacteriol Nomencl Taxon* 2:2 - 8.

[60] Kelly, J. , R. Hopkin, and M. E. Rimsza. 1995. Rattlesnake meat ingestion and Salmonella Arizona infection in children: case report and review of the literature. 14: 320 -322.

[61] Kidd, M. T. , M. A. Quereshi, P. R. Ferket, and L. N. Thomas. 1994. Dietary zinc-methionine enhances mono-

nuclear-phagoctyic function in young turkeys, Zinc-methionine, immunity, and Salmonella. *Biol Trace Elem Res*. 42:217 - 219.

[62] Kowalski, L. M. , and J. F. Stephens. 1967. Persistence of Arizona paracolon 7:1, 7, 8 in feed and water. *Poult Sci* 46:1586 - 1587.

[63] Kowalski, L. M. , and J. F. Stephens. 1968. Arizona 7:1, 7, 8 infection in young turkeys. *Avian Dis* 12:317 - 326.

[64] Kumar, M. C. , S. C. Nivas, A. K. Bahl, M. D. York, and B. S. Pomeroy. 1974. Studies on natural infection and egg transmission of Arizona hinshawii 7:1, 7, 8 in turkeys. *Avian Dis* 18:416 - 426.

[65] Kumar, M. C. , M. D. York, and B. S. Pomeroy. 1976. Comparison of tetrathionate and selenite enrichment broth for isolations of Arizona hinshawii 7:1, 7, 8 and various serotypes of Salmonella. *Proc 19th Annu Meet Am Assoc Vet Lab Diagn*. 179 - 188.

[66] Kumar, M. C. , M. D. York, and B. S. Pomeroy. 1977. Development of microagglutination test for detecting Arizona hinshawii 7:1, 7, 8 infection in turkeys. *Am J Vet Res* 38:255 - 257.

[67] Lamont, P. H. , and L. Timms. 1972. Experimental infection of turkey poults with Arizona serotype 7:1, 7, 8. *Br Vet J* 128:129 - 137.

[68] Lewis, K. H. , and E. R. Hitchner. 1936. Slow lactose fermenting bacteria pathogenic for baby chicks. *J Infect Dis* 59:225 - 235.

[69] Libby, S. I. , M. Lesnick, P. Hasegawa, M. Kurth, C. Belcher, J. Fierer and D. G. Guiney. 2002. Characterization of the spv locus in Salmonella enterica Serovar Arizona. *Infection and Immunity* 70:3290-3294.

[70] Littell, A. M. 1977. Plating medium for differentiation of Salmonella arizonae from other salmonellae. *Appl Environ Microbiol* 33:485 - 487.

[71] Lowry, V. K. , G. I. Tellez, D. J. Nisbet, G. Garcia, O. Urquiza, L. H. Stanker and M. H. Kogut. 1999. Efficacy of Salmonella enteritidis immune lymphokines on horizontal transmission of S. arizonae in turkeys and S. gallinarum in chickens. *Int J of Food Micro* 48:130 - 148.

[72] Martin, W. J. , M. A. Fife, and W. H. Ewing. 1967. The Occurrence and Distribution of the Serotypes of Arizona. U. S. Department of Health Education and Welfare, NCDC, Atlanta, GA.

[73] Mayeda, B. , R. H. Mc Capes, and W. F. Scott. 1978. Protection of day-old poults against Arizona hinshawii challenge by preincubation streptomycin egg treatment. *Avian Dis* 22:61 - 70.

[74]Mc Capes,R. H. ,R. Yamamoto,H. B. Ortmayer and W. F. Scott. 1975. Injecting antibiotics into turkey hatching eggs to eliminate Mycoplasma meleagridis infection. *Avian Dis* 19:506 - 514.

[75]McClure, H. E. ,W. C. Eveland and A. Kase. 1957. The occurrence of certain Enterobacteriaceae in birds. *Am J Vet Res* 18:207 - 209.

[76]Miyamae, T. , and H. E. Adler. 1967. Comparative studies on immunogenicity of Arizona (7:1, 7, 8) adjuvant bacterins in mice and turkeys. *Avian Dis* 11:380 - 392.

[77]Nagaraja,K. V. ,D. A. Emery,L. F. Sherlock,J. A. Newman and B. S. Pomeroy. 1984. Detection of Salmonella arizonae in turkey flocks by ELISA. Proc Am Assoc Vet Lab. 185 - 203.

[78]Nagaraja,K. V. , M. C. Kumar,J. A. Newman and B. S. Pomeroy. 1985. Control of Salmonella arizonae infection in turkey breeder flocks by immunization. *J Am Vet Med Assoc* 187:309.

[79]Nagaraja,K. V. ,L. T. Ausherman,D. A. Emery, and B. S. Pomeroy. 1986. Update on Enzyme - Linked Immunosorbent Assay for its field application in the detection of Salmonella arizonae infection in breeder flocks of turkeys. *Proc Am Assoc Vet Diag* 347 - 356.

[80] Nagaraja, K. V. , C. J. Kim and B. S. Pomeroy. 1988. Prophylactic vaccines for the control and reduction of salmonella in turkeys. Proc 92nd Annu Meet US Anim Health Assoc, U. S. Animal Health Association, Richmond,VA. 347-348.

[81]Opengart,K. N. ,C. R. Tate,R. G. Miller and E. T. Mallinson. 1991. The use of drag - swab technique and improved selective plating media in the recovery of Salmonella arizona(7:1,7,8) from turkey breeder hens. *Avian Dis* 35:228 - 230.

[82]Oros, J. , J. L. Rodriguez, A. Fernandez, P. Herraez, A. Espinosa de los Monteros, and E. R. Jacobson. 1998. Simultaneous occurrence of Salmonella arizonae in a sulfur crested cockatoo(Cacatua galerita galerita) and iguanas. *Avian Dis* 42:818 - 823.

[83]Perek,M. 1957. Isolation of a paracolobactrum organism pathogenic to chickens. *J Infect Dis* 101:8 - 10.

[84] Perek, M. , M. Elian, and E. D. Heller. 1969. Bacterial flora of semen and contamination of the reproductive organs of the hen following artificial insemination. *Res Vet Sci* 10:127 - 132.

[85]Renault,L. ,J. Vaissaire,C. Maire,and P. Motte. 1972. Identification of Arizona arizonae from turkeys in France. *Bull Acad Vet Fr* 45:53 - 55.

[86]Rosenwald, A. S. 1965. New facts on paracolon control. *Poult Meat* 2:25.

[87]Saif, Y. M. , L. C. Ferguson, and K. E. Nestor. 1971. Treatment of turkey hatching eggs for control of Arizona infection. *Avian Dis* 15:448 - 461.

[88]Sambyal, D. S. , and V. K. Sharma. 1972. Screening of free- living animals and birds for Listeria, Brucella and Salmonella infections. *Br Vet J* 128:50 - 55.

[89]Sanyal,D. , T. Douglas and R. Roberts. 1997. Salmonella infection acquired from reptilian pets. *Arch Dis Child* 77:345 - 346

[90]Sari, I. , M. Lakatos, S. Toth, Z. Nemes, and G. Szeifert. 1979. Arizona salmonellosis of turkeys in Hungary. Ⅱ. Aetiology and histopathology. *Magy Allatorv Lapja* 34: 610 - 615.

[91]Sato,G. 1967. Detection of Salmonella and arizona organisms from soil of empty turkey yards. *Jpn J Vet Res* 15: 53-55.

[92]Sato,G. ,and H. E. Adler. 1966a. A study on the efficacy of arizona bacterin in turkeys. *Avian Dis* 10:239 - 246.

[93]Sato,G. ,and H. E. Adler. 1966b. Bacteriological and serological observations on turkeys naturally infected with Arizona 7:1,7. 8. *Avian Dis* 10:291 - 295.

[94]Sato,G. ,and H. E. Adler. 1966c. Experimental infection of adult turkeys with arizona group organisms. *Avian Dis* 10:329 - 336.

[95]Sharma,V. K. ,Y. K. Kaura,and I. P. Singh. 1970. Arizona infection in snakes,rats and man. *Indian J Med Res* 58:409-412.

[96]Shivaprasad,H. L. ,R. Crespo,R. P. Chin,G. Senties-Cue and P. Cortes. 2004. Salmonella arizonae outbreaks in turkey poults. In Proc. American Association of Avian Pathologists Conference. Philadelphia,PA. 38.

[97]Shivaprasad,H. L. ,P. Cortes and R. Crespo. 2006. Otitis interna(Labyrinthitis) associated with Salmonella enterica arizonae in turkey poults. *Avian Diseases* 50: 135 - 138.

[98]Silva,E. N. , and O. Hipólito. 1978. Salmonella strains isolated from the digestive tract of breeding chickens and apparently normal turkeys and in chick embryos. Proc 16th World's Poult Congr. 701 - 706.

[99]Silva, E. N. , O. Hipolito, and R. Grecchi. 1980. Natural and experimental Salmonella arizonae 18: z4, z32(Ar. 7: 1,7,8) infection in broilers. Bacteriological and histological survey of eye and brain lesions. *Avian Dis* 24:631 - 636.

[100] Snoeyenbos, G. H. , and C. F. Smyser. 1969. Research

note— Isolation of Arizona 7:1,7,8 from litter of pens housing infected turkey. *Avian Dis* 13:223 - 224.

[101]Timms, L. 1971. Arizona infection in turkeys in Great Britain. *J Med Lab Technol* [Br] 28:150 - 156.

[102]Valeri, A. , C. Marenzi, F. Enice, and T. Rampin. 1976. Study of biochemical characteristics of Salmonella arizonae isolates from turkeys. *Clin Vet* 99:422 - 429.

[103]Waterman, S. H. , G. Juarej, S. J. Carr and L. Kilman. 1990. Salmonella arizona infections in Latinos associated with rattlesnake folk medicine. *Am J Pub Health* 80:286 - 289.

[104]Weiss, S. H. , M. J. Blaser, F. P. Paleologo, R. E. Black, A. C. McWhorter, M. A. Asbury, G. P. Carter, R. A. Feldman, and D. J. Brenner. 1986. Occurrence and distribution of serotypes of the Arizona subgroup of Salmonella strains in the United States from 1967 to 1976. *J Clin Microbiol* 23:1056 - 1064.

[105]West, J. L. , and G. C. Mohanty. 1973. Arizona hinshawii infection in turkey poults: Pathologic changes. *Avian Dis* 17:314 - 324.

[106]Williams, J. E. 1984. Avian Arizonosis. In M. S. Hofstad, H. J. Barnes, B. W. Calnek, W. M. Reid, and H. W. Yoder, Jr. (eds.). Diseases of Poultry, 8th ed. Iowa State University Press, Ames, IA. 130 - 140.

[107]Williams, J. E. , and L. H. Dillard. 1968. Penetration of chicken egg shells by members of the Arizona group. *Avian Dis* 12:645 - 649.

[108]Williams, L. P. , and B. C. Hobbs. 1975. Enterobacteriaceae infections. In W. T. Hubbert, W. F. McCulloch, and P. R. Schnurrenberger(eds.). Diseases Transmitted from Animals to Man. Charles C. Thomas, Springfield, IL. 33 - 109.

[109]Williams, J. E. , E. T. Mallinson, and G. H. Snoeyenbos. 1980. Salmonellosis and arizonosis. In S. B. Hitchner, C. H. Domermuth, H. G. Purchase, and J. E. Williams (eds.). Isolation and Identification of Avian Pathogens. American Association of Avian Pathologists, Kennett Square, PA. 1 - 8.

[110]Windingstad, R. W, D. O. Trainer, and R. Duncan. 1977. Salmonella enteritidis and Arizona hinshawii isolated from wild sandhill cranes. *Avian Dis* 21:704 - 707.

[111]Winsor, D. K. , A. P. Bloebaum, and J. J. Mathewson. 1981. Gramnegative aerobic, enteric pathogens among intestinal microflora of wild turkey vultures(Cathartes aura) in west central Texas. *Appl Environ Microbiol* 42:1123 - 1124.

[112]Worcester, W. W. 1965. Californian report results of test on paracolon control. *Feedstuff's* 37:6.

第 17 章

弯曲菌病

Campylobacteriosis

Qijing Zhang

引　言

禽类，特别是家禽（包括鸡、火鸡、鸭和鹅）经常感染嗜热弯曲菌，主要是空肠弯曲菌（*Campylobacter jejuni*）和结肠弯曲菌（*Campylobacter coli*）[172,179,196]。空肠弯曲菌和结肠弯曲菌对禽类宿主适应良好，可定植于禽类的肠道中。弯曲菌可在体内大量定植，但家禽发生弯曲菌病时症状不明显，或不表现临床症状[40,107,137]。然而，有报道称结肠弯曲菌和空肠弯曲菌感染的鸵鸟继发传染性肝炎时，可引发高的发病率和死亡率[194]。

嗜热弯曲菌不是家禽的主要病原体，但对食品安全和公共卫生有重大意义，其中空肠弯曲菌与人类的大部分弯曲菌病有关，其次是结肠弯曲菌，而红嘴鸥弯曲菌（*Campylobacter lari*）很少见。目前弯曲菌已成为全球人类食物源性胃肠炎的主要病因[124]。大多数人弯曲菌病呈散发性，表现为自限性水样和/或血样腹泻、腹部绞痛，有时出现发热，然而，对于免疫低下的病人来说，病情比较严重，需要抗生素治疗[61,124]。除此之外，弯曲菌感染还与人的急性感染性多发性神经炎（Guilain-Barresyndrome）有关，这是一种因感染而引起的自身免疫性疾病，表现为急性和进行性神经肌肉麻痹[103,131]。

上市禽肠道中弯曲菌的感染率很高，导致胴体在加工过程中频繁发生污染，因此，零售的禽产品常有弯曲菌污染[40,85,91,95,223,232]。处理和食用生的或未煮熟的禽肉是导致人弯曲菌感染的主要因素[8,46,60,61,120,224]。而且许多禽弯曲菌分离株对临床使用的抗菌素产生了抗药性，例如氟喹诺酮类和大环内酯类[14,65,115,230]，可导致抗生素治疗失败。因此，减少或消灭家禽和家禽产品中的弯曲菌对食品安全具有重要意义。

病原学

目前，弯曲菌属包括 16 个种，胎儿弯曲菌（*Campylobacter fetus*）是其中最典型的种[141]。根据最近大量的 DNA-rRNA 杂交研究和 16S rRNA 序列分析资料，弯曲菌科有多种进化谱系的群，属于 rRNA 超家族Ⅵ，为革兰氏阴性菌[141,212]。该谱系也是变形菌的 ε 分支，包括 rRNA 同源群Ⅰ（弯曲菌和解脲拟杆菌）、群Ⅱ（弓形杆菌）和群Ⅲ（幽门螺杆菌和产琥珀酸沃林氏菌）。本谱系成员的特征是：染色体 G＋C 含量低、不能发酵碳水化合物和在微氧环境中生长。

弯曲菌属可与家禽共生，但与人和动物各种疾病有关[187]。在本属中，嗜热弯曲菌的三个种（空肠弯曲菌、结肠弯曲菌和红嘴鸥弯曲菌）具有重要的临床意义，是人弯曲菌病的主要致病菌[61,132]。

在人工培养基中，嗜热弯曲菌的最佳生长温度为 42℃[132,179]。生长缓慢，营养需求严格，需微氧环境[132,154,205]。弯曲菌对氧、干燥环境、渗透压、低 pH 和高温敏感[59,144]。弯曲菌呈杆状 S 形弯曲，宽为 0.2～0.8μm，长 0.5～0.6μm，但在应激和不利环境下会转变成球形[132,179]。本属成员属于革兰氏阴性菌，无芽孢，有单根极鞭毛，使细菌呈快速直线或螺旋体状运动[132,179]。弯曲菌属不能发酵或氧化碳水化合物，因此，其能量来源于氨基酸降解或三羧酸循环的中间产物[99]。

致病机理和流行病学

发生和分布

在禽类广泛存在空肠弯曲菌和结肠弯曲菌广泛存在于禽类宿主体内[40,136,172,196]。家禽的带菌率通常比野禽更高[179,196,206,227]。商品养殖场的饲养密度高，这促进了弯曲菌在禽类之间的传播。家禽中弯曲菌的阳性率非常高，但因地区、季节和养殖模式（传统养殖、散养、有机养殖等）的不同而不同。斯堪的那维亚地区（如挪威、瑞士、芬兰、冰岛）的弯曲菌流行率比其他欧洲国家、北美和发展中国家要低[137]。欧洲和美国开展了许多流行病学方面的研究，结果表明弯曲菌的阳性率为 3%～97%[13,17,20,26,56,68,72,74,79,82,97,149,161,198,209,219,225]。虽然大部分调查是针对肉鸡场，但种鸡和蛋鸡常发生弯曲菌感染[88,170,179]。

弯曲菌感染鸡群的存在有季节性变化，在温暖季节达到高峰[17,26,161,198,219]。季节性变化的确切原因仍然未知，但温暖季节的流行高峰可能与蝇数量的增加和蝇虫的传播有关[67]。该假设有其道理，但仍需直接证据来证明苍蝇是夏天弯曲菌传播的重要媒介。在家禽养殖场，3 周龄以下的家禽中很少检测到弯曲菌。通常弯曲菌感染率随日龄而增加，肉鸡屠宰时达到最高点。有这样一个趋势，弯曲菌更容易在有机养殖和散养鸡群中发生，而在传统饲养模式中较少[53,74,115,163,211,225]。有机养殖和散养模式中，禽类可自由进入外部环境，且屠宰年龄较大，两者都可增加弯曲菌的发病率。一旦肉鸡群感染弯曲菌，群内的多数鸡在短期内都可感染[17,20,32,64,198]。

在鸡源弯曲菌种的分布中，空肠弯曲菌占大多数，其次是结肠弯曲菌，红嘴鸥弯曲菌很少[20,26,28,32,56,74,82,115,161,164,179,185]。然而，从火鸡或从有机养殖和散养的禽产品中结肠弯曲菌的分离率较高，有时甚至是主要毒株[74,115,164,225]。禽中其他弯曲菌的分离率较低，包括乌普萨拉弯曲杆菌（*Campylobacter upsaliensis*）和猪肠弯曲杆菌（*Campylobacter hyointestinalis*）[179,219]。家禽弯曲菌有多种基因型，遗传多样性差异较大。鸡群可感染一种或多种弯曲菌基因型[20,28,54,77,137,145,164,199,225]。

即使在一个饲养周期，肉鸡群可在不同时间点被不同种的或不同基因型的弯曲菌感染[28,72,164,172]，反映了弯曲菌菌群的组成在家禽养殖场中的动态变化。

传播，携带者和媒介

水平传播

许多养殖场的研究表明，从环境到禽舍的传播是弯曲菌在养殖场传播的最常见模式。可能的感染源包括废弃的垫料、未处理的饮水、其他家畜、家养宠物、野生动物、家蝇、昆虫、设备和运输车辆、农场工人。弯曲菌生长对氧气和温度非常敏感，因而通常无法在饲料、垫料或常温水中正常生长[82,85,98]。肉鸡感染前，新鲜饲料或垫料中通常没有弯曲菌。用过的垫料可能会被空肠弯曲菌污染，并在农场环境污染中起一定的作用[112,127]。然而美国和欧洲调查结果显示，垫料使用情况不同的农场中，弯曲菌的流行和排毒情况并无显著差异[55,198]。这些结果表明，用过的垫料可能在弯曲菌传播中发挥作用，但不是商品禽感染的唯一来源。饲料的含水量低，不可能是空肠弯曲菌传入禽舍的最初来源[90,210]。然而，饲料可被鸡舍中的粪便污染[64]，这可促进弯曲菌在生产中的传播。

一直认为未消毒的水是肉鸡弯曲菌感染的来源[97,146]。由于空肠弯曲菌微嗜氧，且不能在 31～32℃以下的条件下生长[69]，所以该菌不可能通过环境水传播。由此可见，饮水系统中存在该菌时，可能是近期牲畜或野生鸟类粪便污染的[93,191]。因此，污染水可能是弯曲菌的被动载体而不是弯曲菌的生长乐土。另外，家禽养殖场的饮用水通常只在鸡群感染空肠弯曲菌后才呈阳性。部分文献[20,210,233]对饮水在家禽养殖场是否有传播弯曲菌的作用提出了疑问。密集饲养的肉鸡饮水中往往存在原虫。研究结果表明，弯曲菌可以进入原虫细胞内，并能在其中存活较长的时间[15,190]。研究还发现，弯曲菌与原虫共同培养时对消毒剂（如氯）的抵抗力更强，但单独培养时并非如此。这些结果表明，水生环境中的原虫可作为弯曲菌的潜在宿主，从而有利于弯曲菌在动物宿主的生存和传播。

昆虫（家蝇、拟步甲、蟑螂、粉虫等）可作为机械传播媒介，将弯曲菌传播到禽舍[90,161,165]。几项研究表明，从禽舍的肉鸡和昆虫中分离到了相同血清型和基因型的弯曲菌[19,90,166]。也有报道表明，在肉鸡中未分离到空肠弯曲菌之前，同一禽舍中的昆虫并非空肠弯曲菌阳性[19,135]。Hald等的最近研究表明[67]，在夏季，禽舍周围大约有10%的苍蝇被感染，而大量苍蝇可通过通风系统进入禽舍。同一研究还表明，从肉鸡和鸡舍环境的苍蝇中分离到的菌株属于同一基因型。这些发现表明了苍蝇可作为农场中弯曲菌的传播媒介，尤其是在夏季。

几项研究显示，啮齿类及其他小型野生动物（如浣熊）的肠内带有弯曲菌，因此这些野生动物有可能将弯曲菌带进养殖舍[12,97,135]。在Petersen和Wedderkopp的研究报告中[151]，空肠弯曲菌菌株能在连续几批肉鸡群中持续存在，其原因可能是啮齿类动物和昆虫这些宿主中存在菌株，这些宿主可以在禽舍清洁和消毒时撤出，之后再返回禽舍。然而，没有直接证据能够证明这一推论[64,90,210]。其他研究发现，没有从肉鸡舍附近的啮齿动物中分离到弯曲菌[64,92]。考虑到大多数商品禽养殖场的生产实践中已实施了害虫控制计划，啮齿动物/小动物不可能是肉鸡群弯曲菌感染的常见来源。

弯曲菌在野生鸟类中大量分布[109,160,215]。家禽养殖场附近的野生鸟类常有空肠弯曲菌感染，但是，从野生鸟类分离到的弯曲菌菌株通常与鸡源的菌株不同[64,135,166]。由于野生鸟类的肠道内经常携带弯曲菌，且其流动性大，因而野生鸟类可能会通过牧场、草料、地表水或饲料的粪便污染将弯曲菌传播给家禽。

肉鸡养殖场中存在其他家畜（包括猪、牛、羊、鸡以外的禽类）时，可增加肉鸡弯曲菌的感染率[20,26,97,210]。Gregory等[64]研究发现，被调查农场中的牛和鸡同时感染有空肠弯曲菌。在后续研究中发现，该农场牛和肉鸡的空肠弯曲菌分离株具有相同的flaA型[199]。另一项研究发现，同一农场的牛和肉鸡中有同基因型分离株，表明牛可能是肉鸡的传染源[210]。然而，作者指出[210]该传播方向不明，牛和肉鸡之间的传播媒介/携带者未知。其他研究发现，同一农场中牛的空肠弯曲菌分离株与肉鸡的分离株不同[28,87,90,135,166]，这表明牛和肉鸡弯曲菌感染来自不同的传染源。猪也经常感染弯曲菌[12,64,135]。进入禽舍之前饲喂猪可能是鸡感染弯曲菌的[97]危险因素。早期的一些研究发现，猪和肉鸡感染的空肠弯曲菌属于同一血清型[12,166]，然

而采用更多的分型方法时表明，同一个农场的猪和肉鸡感染的菌株通常不同[89,90,199,208,210]。另外，猪通常感染结肠弯曲菌而非空肠弯曲菌[22,204]，而家禽（尤其是鸡）经常感染空肠弯曲菌[196,210]。其他的农场动物（如绵羊、马）和宠物（如猫和狗）也可被空肠弯曲菌感染[196]，但是，作为肉鸡感染源时，它们可能发挥的作用尚不清楚。

农场工人可将弯曲菌带入禽舍[22,204]。从洗脚水、靴子和运输车中可分离到弯曲菌[28,198,210]。因此，弯曲菌可通过人员或农场设备的机械运动而在肉鸡群或农场之间传播。

总之，弯曲菌可通过各种来源和不同方式传入禽舍。弯曲菌传播的复杂性和生产系统中空肠弯曲菌的广泛存在，大大削弱了通过管理手段来控制家禽养殖场中弯曲菌的成功性。

垂直传播

垂直传播在弯曲菌传入家禽中是否发挥作用存在很大争议。目前认为，弯曲菌的垂直传播不会发生或很少发生。这种说法背后有几个原因。首先，青年肉鸡通常在2～3周龄以前不感染空肠弯曲菌，即使他们是由弯曲菌感染禽的种蛋孵化的[17,19,28,182,208,210]。第二，子代肉鸡群的感染株通常与种禽不同[28,34,150,210]。第三，来自同一亲代种鸡的鸡群并不总是分离到类似的血清型[20]，但来自不同亲代鸡群的肉鸡可能感染相同的弯曲菌[151]。在爱尔兰，Barrios进行了周密的纵向研究，表明家禽生产中不存在弯曲菌的垂直传播[17]。最后，很少从鸡蛋中分离到弯曲菌，到目前为止还没有研究报道从孵化场或幼苗中分离到活的弯曲菌细胞[48,76,84,170,182]。

然而，有一些研究表明种鸡群和子代肉鸡群间有可能发生弯曲菌的垂直传播。一些早期的研究表明，从自然感染的蛋种鸡或肉种鸡所产蛋的蛋壳外表面[48]和内表面[182]均可分离到空肠弯曲菌。Shane等[180]发现，用含空肠弯曲菌的粪便擦洗蛋壳外表面后，无论从蛋壳内表面或内容物都可分离到空肠弯曲菌。通过温度梯度法[37]或直接注射蛋白接种法[182]来实验感染空肠弯曲菌时，从未孵化蛋的内容物和新出壳小鸡中都可分离到空肠弯曲菌。采用敏感的分子检测方法进行的调查研究表明，胚胎、新出壳小鸡[35,36,84]和孵化场[76]中存在弯曲菌的DNA。此外，从健康母鸡的生殖道[27,31,75,87]和商品肉种公

鸡[43]的精液中也分离到了空肠弯曲菌。从育种群和其子代鸡群中鉴定到了相同基因型的空肠弯曲菌[28,42,84,147]。这些研究表明了垂直传播的可能性，但并不能证明垂直传播的实际发生。

潜伏期

自然或实验条件下，鸟类很容易感染弯曲菌，然而，通常不会引起临床疾病，也很少见到弯曲菌引起家禽发生腹泻。实验研究表明攻毒后一天内就会发生感染[18,102,171,183,197,220,229]。在观察的少数腹泻病例中，潜伏期为2～5天[167,175,220]。引起1日龄鸡感染的最小剂量低至2cfu[102]，但其他研究显示的接种剂量较高[183,197,229]。一旦弯曲菌菌株感染后，可在肠道持续数周[5,102,172]，但在较长的高峰期后，感染水平逐渐下降[116,171,196]。

在家禽养殖场，2～3周龄以内的禽中很少发现弯曲菌。幼禽缺乏感染的原因目前尚不清楚，可能与存在母源抗体[171,173]或环境差异或宿主相关因素等复杂因素有关。一旦禽群被感染，弯曲菌在群内迅速传播，导致几天内大多数禽被感染[20,56,64,184]。尽管弯曲菌感染很少发生于幼龄禽，但新孵化禽类可实验性感染弯曲菌[172,179,183]。

临床症状和病理病变

家禽自然感染弯曲菌时，通常无临床症状。然而，据报道，鸵鸟自然感染弯曲菌时可引起临床疾病和肝、肠的病理变化[136,194]。在20世纪50年代和60年代，商品蛋鸡中流行弧菌性肝炎，但现在只是偶尔报道[29,44]。怀疑弯曲菌可能是致病原，但弧菌肝炎的病原体没有得到正式确定[181]。

一些研究报道，幼龄鸡实验感染空肠弯曲菌后，可引起临床症状，包括水样/黏液性/出血性腹泻、体重减轻，甚至死亡[167,175,220]。在早期的报告中，3日龄鸡接种高剂量空肠弯曲菌，72小时内产生腹泻，持续10天，引起体重明显减轻，及32%的死亡率[167]。Welkos报道[220]，口服空肠弯曲菌后，几乎1/3的1日龄鸡苗和将近所有的刚出壳小鸡出现了肠胃炎症状，但3日龄鸡没有出现症状。同样，Sanyal等[175]观察到，出壳36～72h的禽类接种空肠弯曲菌5天后，81%的禽出现了水样/黏液性腹泻，并发现星布罗（Starbro）肉鸡比白来航

鸡更易发生腹泻。2周龄以内的商品肉鸡发生弯曲菌感染可引起腹泻、消瘦和高死亡率[134]，但极少见另一项研究中给刚出壳或4日龄的雏火鸡接种了弯曲菌，观察了体重减轻和一过性水样腹泻症状[106]。给3周龄日本鹌鹑口服接种空肠弯曲菌，可导致腹泻，持续2周[119]。尽管有零星的报告，但在其他许多研究中没有观察到家禽弯曲菌感染的有关临床症状[18,102,171,183,197]。

雏鸡实验感染弯曲菌的大体病理变化是非常轻微的，且主要限于胃肠道。常见的病变是：液体、气体或过量黏液在肠内（包括盲肠）聚积，肠道扩张，内含水样/泡沫样内容物[175,220]。有时小鸡肠腔内有血液和黏液，肌胃黏膜有点状出血[220]。加拿大的一项研究报告表明，肉鸡屠宰厂中坏死肝脏（占223个肝脏的21%）的弯曲菌分离率比正常肝脏（占50个肝脏的12%）高[25]；但没有任何证据表明，弯曲菌可直接导致该病变。

实验感染鸡后，组织学病变大多不明显或很少，但出现异常严重的临床症状和眼观病变时例外。通常胃肠道组织学检查显示没有坏死或上皮细胞感染，或其他任何病变，但报道鸡发生弯曲菌感染时，肠道固有层和黏膜下层有轻度水肿，且主要发生于盲肠[18,102,175,183,197]。某些病例中，在肠细胞刷状缘上、肠上皮细胞内或固有层细胞内外可看到弯曲菌的附着，出现不明显的组织或细胞损伤[167,175,220]。更严重病例中，黏膜下层有单核细胞浸润，肠绒毛发生萎缩，导致红细胞和白细胞在小肠和大肠腔内积聚[220]。

感染过程的发病机理

禽类通过粪口途径感染弯曲菌。作为肠道微生物，弯曲菌能够在胃（肌胃）和小肠的苛刻环境中生存，甚至到达下段肠道，并在盲肠和泄殖腔中定植[4,18,172]。在少数情况下，可从小肠和肌胃中分离到弯曲菌，有时可从肝、脾、血和胆囊分离到弯曲菌[4,96,175]。弯曲菌在鸡体内定植有几个不同的特征。首先，弯曲菌可能不直接黏附于肠上皮细胞，而是主要位于肠黏膜隐窝内[18,126]。第二，通常不引起眼观病变和组织学病变。第三，弯曲菌很少侵袭肠上皮。某些情况下，即使发生内脏器官的侵袭，也不表现出临床症状[18,102,229]。一旦肉鸡被感染，盲肠中可检测到大量病原体（高达10^9cfu/g粪

便），并长期随粪便排出[172]。

弯曲菌在禽体内的定植与许多遗传因素有关。遗传突变的研究表明，鞭毛、DnaJ（热休克蛋白）、CiaB（弯曲菌侵袭素抗原B）、PldA（磷脂酶A）、CadF（弯曲菌针对纤连蛋白的黏附素）、CmeABC（多重耐药外排泵）、MCP（甲基受体趋化性蛋白）、RpoN（δ因子）、Kps基因座（荚膜合成蛋白质）、Pgl基因组（蛋白糖基化系统）、SOD（超氧化物歧化酶）、Pur（铁吸收调节子）和CbrR（应答操纵子）均有利于弯曲菌在鸡体内的定植[63,70,104,111,133,158,218,234,235]。空肠弯曲菌可产生细胞致死毒素（CTD），这可能是弯曲菌潜在的毒力因子[16,57,216]。大多数禽弯曲菌分离株具有cdt基因，能产生体外毒性物质[16,57]，但CDT在鸡感染定植中发挥的作用还不清楚。

免疫

尽管弯曲菌与禽类宿主之间存在共生关系，但弯曲菌感染确实可引起全身和黏膜体液免疫反应[33,130,138,162,221]。实验性口服感染1日龄鸡后，在1～2周内血清中弯曲菌特异性IgM和IgA抗体达到了非常高的水平，且在4～6周时达到峰值，之后随日龄增加而逐渐降低[33,130]。相比之下，检测到的IgG反应滞后于IgM和IgA，在8～9周时达到峰值，且持续时间更长[33,130]。鸡群自然感染弯曲菌也可引起明显的免疫反应，且母源抗体可通过亲代传递给子代[173,228]。在抵抗弯曲菌感染方面，母源抗体起着部分作用[171]。通过鸡血清已鉴定了各种弯曲菌抗原[33,162,173,222]。有这样一种倾向，随着特异性抗体的产生，弯曲菌的定植量会减少，甚至有些感染鸡可以清除感染[4,96,137,171,197]。然而，保护性免疫的机制还不清楚，体液免疫或细胞免疫，或两者共同作用于宿主体内弯曲菌的清除仍然未知。禽类弯曲菌感染中，目前还没有细胞免疫的报道。

诊　断

病原分离及检测方法

在实验条件下，嗜热弯曲菌为苛营养菌，非常挑剔，生长缓慢，需要微氧环境（包括5％氧气，10％二氧化碳，85％氮气）和较高的最佳生长温度（42℃）[41,50,174,186]。因此，从菌群复杂的粪便或环境样品中培养弯曲菌时，需要特殊的选择培养基和特殊的培养条件。Skirrow于1977年首次研发了培养空肠弯曲菌和结肠弯曲菌的选择培养基[186]。自此以后，已报道了约40种用于临床样品和食品样品中弯曲菌分离的选择性固体和液体培养基，Corry等对此进行了综述[41]。最常用的一些培养基有：Skirrow氏琼脂、Preston琼脂、Karmali琼脂、改良炭头孢哌酮脱氧胆酸琼脂（mCCDA）、头孢哌酮两性霉素替考拉丁（CAT）琼脂、Campy-CVA（头孢哌酮万古霉素两性霉素）琼脂和Campy-Cefex培养基。选择性培养基中含有嗜热弯曲菌固有抵抗的不同组合的抗生素，如多粘菌素、万古霉素、甲氧苄氨嘧啶、利福平、头孢哌酮、头孢噻吩、黏菌素和制霉菌素。多重耐药外排泵CmeABC至少在部分程度上与弯曲菌对这些药的固有抗性有关[110]。这些抗生素的使用抑制了样本中背景微生物的增长，从而可分离到缓慢生长的空肠弯曲菌。

由于弯曲菌对高于5％的氧气敏感，因此选择培养基中通常含有各种氧猝灭剂，以中和氧自由基的毒性作用[41]。常用的氧猝灭剂有血液（如Skirrow和Campy-CVA培养基）、硫酸亚铁混合物、焦亚硫酸钠和丙酮酸钠（如Campy-Cefex琼脂）、木炭（如mCCDA琼脂）和血色素（如Karmali琼脂）。

根据样本类型，可直接采用选择培养基来接种，或先进行增菌培养，而后进行平板接种以分离弯曲菌。加工食品中弯曲菌的含量一般相对较低，且（或）细菌处于"受损"状态，所以从加工食品中分离弯曲菌时，首先要在液体培养基中进行增菌培养，而后用固体培养基来平板培养，这种方法优于一次性的直接平板接种培养[41,85]。然而，分离培养粪便样品时增菌培养并不总是比直接平板培养法好。从牛粪便样品中分离弯曲菌时，增菌培养可取得较好的效果[24,94,192]，但用于禽不同肠段的分离培养时，可降低弯曲菌的分离率[129]。Musgrove等[129]从盲肠和嗉囊中分离弯曲菌时比较了增菌培养法和直接平板培养法，发现利用选择培养基直接平板培养盲肠样品时的分离率明显高于增菌培养法，但对嗉囊样品来说，增菌培养法略优于直接平板培养法。增菌培养必须控制在 24h 以内，因为增菌肉汤中长时间培养时，的确可降低分离率。

分离环境水中的嗜热弯曲菌时，两种方法可提高检测的灵敏度。通过 0.2 微米的单层滤膜将大量的水进行过滤。随后，可将滤膜直接置于选择琼脂平板上进行培养，或先增菌肉汤培养再用选择平板培养[142,146]。水中存在大颗粒物质时，需用更大孔径的滤膜将水预过滤，然后用 0.2 微米的滤膜进行过滤。另外，还可将水样进行高速离心，弃去上清液，收集沉淀进行直接平板培养，或在增菌肉汤中培养后进行平板培养。

在固体培养基上培养 48h 后一般可见典型的弯曲菌菌落[24,41]，但对于生长缓慢的菌株来说，可能需要 72～96h[41,132,174]。使用的培养基不同时，菌落形态也不同。培养琼脂潮湿时，菌落呈灰色、扁平、不规则、薄板状扩散生长。琼脂干燥时，菌落呈圆形、突起、带光泽[41]。根据菌落形态、典型的菌体形态（螺旋或弯曲杆状）和相差显微镜下的典型的快速直线式运动可对嗜热弯曲菌作出初步鉴定。进行弯曲菌的属或种的鉴定时最常用的方法有：生化试验（过氧化氢酶、氧化酶、硝酸盐还原、马尿酸盐水解、盐酸吲哚酚水解），药敏谱试验（萘啶酸、头孢菌素），不同温度下的生长特性（25℃、37℃和 42℃）[140,193]。通过马尿酸盐水解试验可区分空肠弯曲菌（马尿酸盐阳性）和结肠弯曲菌。然而，已报道了马尿酸盐阴性的空肠弯曲菌[193]，说明菌种鉴定比较重要时，还需用其他方法对马尿酸盐阴性菌株进行进一步的鉴定。

免疫学诊断方法

酶免疫试验（EIA）是基于抗原抗体的相互作用进行的，已用于直接检测动物粪便或加工食品中的弯曲菌。已有商品化的 EIA 检测试剂盒，其原理与夹心 ELISA 法非常相似，即使用两种不同的抗体来检测原始样品[78]或选择性增菌培养[108,174]的弯曲菌。商品化的试剂盒还有：VIDAS 检测试剂盒（bioMerieux）、EIA-Foss 检测试剂盒（Foss Electric）和 ProSpecT 检测试剂盒（Alexon-Trend）。检测样本中弯曲菌含量少时，EIA 试验没有分离培养方法敏感。这些方法比传统方法更快，可轻松自动化处理[52,78,80,157]。

核酸诊断方法

DNA 方法已被广泛用于弯曲菌的检测和鉴定。大多数方法是根据 PCR 检测模式设计的，可用于培养物的鉴定，或直接检测环境或临床样品中的弯曲菌。根据检测目的的不同，可根据基因变异区或保守区来设计 PCR 引物。根据保守序列设计的 PCR 引物通常用于一般检测，而根据变异序列设计的引物可用于菌种或菌株的鉴定。许多 PCR 反应是根据属或种特异性序列进行的，可用于禽粪便和环境样品中弯曲菌的检测和鉴定[36,73,159,174,202,213]。在粪便和食物基质中存在 PCR 抑制剂，因而检测粗样品时，PCR 的检测灵敏度低，且无法区分死菌和活菌。然而，PCR 检测可与传统培养方法相结合，以提高弯曲菌检测和鉴定的速度和准确性。

除了 PCR 方法外，其他许多分子分型方法已用于动物宿主中弯曲菌的流行病学研究。其中大部分方法适用于弯曲菌纯培养物的分型或鉴别，不适用于细菌的检测。常用的分子分型方法有：脉冲场凝胶电泳（PFGE）、随机扩增多态性 DNA（RAPD）、扩增片段长度多态性（AFLP）、核糖体分型和序列分析方法[217]。序列分型方法常用变异区序列，包括 *fla* 基因（编码鞭毛蛋白亚基）、几个看家基因（多位点测序分型，MLSP）或 *cmp* 基因（编码主要外膜蛋白）[81,118,125,231]。先前已对不同的分型方法进行了详细的综述[101,217]。

公共卫生意义

弯曲菌性肠炎，主要由空肠弯曲菌引起，已成为美国和其他发达国家人们主要食源性的疾病[2,8]。2005 年，美国实验室确诊的发病率，如食源性疾病主动监测网络（食品网）报道的那样，已达到 12.72/10 万[1]。据估计美国每年有 210 万到 240 万人发生弯曲菌病[8,61]。在发展中国家，空肠弯曲菌常引起 6 月以内的婴儿发生腹泻[21,39]。在亚洲、非洲和南美洲一些地区，腹泻儿童中弯曲菌的分离率为 5％～20％[139]。在一些发展中国家，弯曲菌的分离率常与轮状病毒和肠毒素性大肠杆菌类似[51,139,203]。

人弯曲菌病的临床症状表现为自愈性水样和/

或出血性腹泻，但有时会发生严重的并发症，如反应性关节炎（莱特尔氏综合征）、急性感染性多发性神经炎、骨髓炎、肾炎、心肌炎、膀胱炎、胰腺炎、感染性流产和菌血症[8,21,188]。弯曲菌感染很少引发死亡，但主要见于免疫缺陷患者、婴儿和老人[124]。

认为弯曲菌污染的禽肉是人散发弯曲菌感染的主要来源[8,60,61,224]。在流行病学方面，全球多达70%的人弯曲菌感染与鸡的消费有关[7]。其他危险因素有：接触家养宠物、饮用生奶、饮用未处理的水及食用未煮熟的牛肉和猪肉[21,40]。很少见到弯曲菌病的暴发，大部分与饮用生奶和污染地表水的有关[38,62,105,120,152,176]。

虽然弯曲菌对各种抗生素敏感，但已报道动物和人的弯曲菌分离株对数种抗生素不断产生了耐药性，其中包括氟喹诺酮、红霉素和四环素[14,47,148,155,168]。人们关注较多的是对氟喹诺酮的耐药性[65,230]。实验治疗[86,117,121]和农场研究[83]表明，氟喹诺酮治疗感染鸡时可产生耐药突变株，导致弯曲菌突变株在鸡体内迅速繁殖并持续存在。许多流行病学调查研究表明，世界不同地区都存在家禽氟喹诺酮耐药性的弯曲菌[45,115,143,156,230]。存在一个短暂的联系，即允许在动物中使用氟喹诺酮后，人和动物中弯曲菌的分离率增加[3,10,153,169,189,230]。红霉素是临床上重要的药物，但也不断报道了其耐药株，尤其结肠弯曲菌的分离株[14,47,115,169]。由于家禽是人类弯曲菌感染的主要来源，因而家禽中氟喹诺酮抗性弯曲菌的产生对公共卫生构成了威胁[11,155,189,230]，由此最近美国禁止在家禽中使用氟喹诺酮类药物。

防治策略

目前还没有有效的措施，来预防和控制家禽养殖场的弯曲菌感染。已报道的预防方法有：严格的生物安全措施、竞争排斥、噬菌体治疗、细菌素治疗和免疫接种。

生物安全

一些流行病学调查发现，严格的生物安全措施和卫生规范与肉鸡弯曲菌感染率下降之间存在相关性[20,32,56,82,97,164,210]。在大部分研究中，生物安全措施既减少了弯曲菌的定植量又延缓了定植时间，但大部分未能防止弯曲菌感染肉鸡群[20,82,136,164,184]。在北欧（如挪威、瑞典和芬兰）农场生物安全措施有效地降低了弯曲菌感染的发病率，但在其他国家（如英国、荷兰和丹麦）这些措施取得了有限的成功[2,209,219]。弯曲菌普遍存在于养殖环境中，且有多种传染源，因而仅通过生物安全措施很难从禽舍中清除弯曲菌。此外，严格生物安全措施的成本高昂，难以维持。

竞争排斥

一些研究调查了利用竞争排斥来防止肉鸡弯曲菌感染的可行性[122]。这些研究中使用材料有：粪便悬液、盲肠黏膜悬液、肠组织匀浆液、未知的盲肠黏膜培养物或已知的盲肠黏膜菌群。实验室条件下竞争排斥对鸡有某种程度的保护作用，但弯曲菌的减少程度达不到实用的目的[122]。理想情况下，竞争排斥应使用（已知的）纯培养物，而非肠黏膜粗悬液。然而，已知的竞争性菌群对弯曲菌的影响不一且不稳定[123,177,178,195]。另外，用布拉氏酵母菌（*Saccharomyces boulardii*）[113]、嗜酸乳杆菌（*Lactobacillus acidophilus*）和粪链球菌（*Streptococcus faecium*）[128]的纯培养物治疗肉鸡时，只能部分地降低弯曲菌的定植量。在生产实践中，目前没用一种商品益生菌制剂可有效地降低鸡的弯曲菌感染量[122]。数项研究对益生菌制剂 Broilact® 的有效性进行了评估，其中一项研究观察到了弯曲菌定植量的有效减少，但其他研究未能重复该成果[6,66,122]。

免疫接种

目前没有预防弯曲菌的商品疫苗。弯曲菌的共生特性和不同菌株间遗传/抗原的多样性给广谱疫苗的研发带来了巨大困难。研究报道中使用的疫苗有：灭活的全菌苗、鞭毛蛋白的亚单位苗及表达弯曲菌特异抗原的基因工程活载体苗。大多数研究表明，这些疫苗具有某种程度的保护作用，但对鸡没有明显的生物学保护作用[100,136,162,221]。然而，Wyszynska 等[226]最近研究表明，给鸡免疫接种表达空肠弯曲菌 CjaA 抗原（ABC 转运系统的底物结合成分）的弱毒沙门氏菌苗时，弯曲菌的定植量出现急剧降低。该研究中，给 1 日龄和 14 日龄的鸡口服接种了沙门氏菌-CjaA重组苗，第4周时进行了空肠弯曲菌野毒株的攻毒。攻毒后，在大多数免疫禽盲肠中检测不到弯曲菌（每克粪便$<1\times10^3$cfu），而所有的未免疫对照禽发生了严重的弯曲菌感染（每克粪便高达10^9cfu）。目前还不清楚该疫苗是否对其他弯曲菌菌株有保护作用，但该结果表明，可通过疫苗来控制家禽的弯曲菌感染。

其他防治策略

已对其他几种消除鸡弯曲菌感染的防控措施进行了评估，包括噬菌体疗法、细菌素治疗和饲料/水添加剂[49,114,200,201,214]。常从肉鸡和农场环境中分离到弯曲菌特异性的噬菌体。一项攻毒实验研究中，用肉鸡来评估噬菌体对弯曲菌定植的预防或治疗效果，结果显示用噬菌体处理时可明显降低弯曲菌的量[114,214]。然而，降低程度各有不同，并受噬菌体种类和剂量的影响。噬菌体处理能否作为控制家禽弯曲菌感染的有效操作手段还需进一步的研究。已研究了不同饲料配方对肉鸡弯曲菌定植的影响[58,207]。虽然饲料配方有些差异，但对弯曲菌定植没有明显的生物学效应。同样，发酵饲料或酸化饲料[71]或乳酸处理的饮水[30]不能明显降低鸡弯曲菌的定植量和感染率。饲料中添加益生素（如乳糖、低聚果糖、甘露寡糖）、免疫刺激素（硒、β-葡聚糖）、抗生素（黄霉素、盐霉素）、其他化合物（氯酸盐或硝基物质）或活性炭时，也不能有效地降低鸡弯曲菌的定植率[9,23,49]。Stern等[200,201]最近研究了多黏芽孢杆菌（*Paenibacillus polymyxa*）和唾液乳杆菌（*Lactobacillus salivarius*）的纯化细菌素对鸡弯曲菌的影响。作为饲料添加剂时，两种细菌素都能明显地降低鸡空肠弯曲菌的感染。值得注意的是，细菌素具有广谱抗性，对鸡空肠弯曲菌的不同菌株均有效。正如作者指出的那样，肉鸡屠宰前用细菌素进行治疗，可降低加工厂中胴体的污染率[200,201]。

苏敬良　田夫林　译
吴培福　苏敬良　校

参考文献

[1] Centers for Disease Control and Prevention. 2006. Preliminary FoodNet data on the incidence of infection with pathogens transmitted commonly through food—10 states, United States, 2005. *MMWR Morb Mortal Wkly Rep* 55:392-395.

[2] Advisory Committee on the Microbiological Safety of Food. 2004. ACMSF report on campylobacter. [Online.] htpp://food. gov,uk.

[3] Aarestrup, F. M. and H. C. Wegener. 1999. The effects of antibiotic usage in food animals on the development of antimicrobial resistance of importance for humans in *Campylobacter* and *Escherichia coli*. *Microbes Infect* 1:639-644.

[4] Achen,M. ,T. Y. Morishita,and E. C. Ley. 1998. Shedding and colonization of *Campylobacter jejuni* in broilers from day-of-hatch to slaughter age. *Avian Dis* 42:732-737.

[5] Adler-Mosca, H. and M. Altwegg. 1991. Fluoroquinolone resistance in *Campylobacter jejuni* and *Campylobacter coli* isolated from human faeces in Switzerland. *J Infect* 23:341-342.

[6] Aho, M. , L. Nuotio, E. Nurmi, and T. Kiiskinen. 1992. Competitive exclusion of campylobacters from poultry with K-bacteria and Broilact. *Int J Food Microbiol* 15:265-275.

[7] Allos, B. M. 2001. *Campylobacter jejuni* infections:update on emerging issues and trends. *Clin Infect Dis* 32:1201-1206.

[8] Altekruse,S. F. ,N. J. Stern, P. I. Fields, and D. L. Swerdlow. 1999. *Campylobacter jejuni*—an emerging foodborne pathogen. *Emerg Infect Dis* 5:28-35.

[9] Anderson, R. C. , R. B. Harvey, J. A. Byrd, T. R. Callaway,K. J. Genovese, T. S. Edrington, Y. S. Jung, J. L. McReynolds, and D. J. Nisbet. 2005. Novel preharvest strategies involving the use of experimental chlorate preparations and nitro-based compounds to prevent colonization of food-producing animals by foodborne pathogens. *Poult Sci* 84:649-654.

[10] Angulo, F. J. ,N. L. Baker, S. J. Olsen, A. Anderson, and T. J. Barrett. 2004. Antimicrobial use in agriculture:controlling the transfer of antimicrobial resistance to humans. *Semin Pediatr Infect Dis* 15:78-85.

[11] Angulo,F. J. ,V N. Nargund, and T. C. Chiller. 2004. Evidence of an association between use of anti-microbial agents in food animals and anti-microbial resistance among bacteria isolated from humans and the human health consequences of such resistance,*J Vet Med B* 51:374-379.

[12] Annan-Prah, A. and M. Janc. 1988. The mode of spread of *Campylobacter jejuni/coli* to broiler flocks. *J Vet Med B* 35:11-18.

[13] Atanassova, V. and C. Ring. 1999. Prevalence of *Campy-*

lobacter spp. in poultry and poultry meat in Germany. *Int J Food Microbiol* 51：187‑190.

[14]Avrain,L.，F. Humbert,R. L'Hospitalier,P. Sanders,C. Vernozy‑Rozand,and I. Kempf. 2003. Antimicrobial resistance in *Campylobacter* from broilers：association with production type and antimicrobial use.*Vet Microbiol* 96：267‑276.

[15]Axelsson‑Olsson,D.，J. Waldenstrom,T. Broman,B. Olsen,and M. Holmberg. 2005. Protozoan *Acanthamoeba polyphaga* as a potential reservoir for *Campylobacter jejuni. Appl Environ Microbiol* 71：987‑992.

[16]Bang,D. D.，B. Borck,E. M. Nielsen,F Scheutz,K. Pedersen,and M. Madsen. 2004. Detection of seven virulence and toxin genes of *Campylobacter jejuni* isolates from Danish turkeys by PCR and cytolethal distending toxin production of the isolates. *J Food Prot* 67：2171‑2177.

[17]Barrios,P. R.，J. Reiersen,R. Lowman,J. R. Bisaillon,P. Michel,V. Fridriksdottir,E. Gunnarsson,N. Stern,O. Berke,S. McEwen,and W. Martin. 2006. Risk factors for *Campylobacter* spp. colonization in broiler flocks in Iceland. *Prev Vet Med* 74：264‑278.

[18]Beery,J. T.，M. B. Hugdahl,and M. P. Doyle. 1988. Colonization of gastrointestinal tracts of chicks by *Campylobacter jejuni. Appl Environ Microbiol* 54：2365‑2370.

[19]Berndtson,E.，M. L. Danielsson‑Tham,and A. Engvall. 1996. *Campylobacter* incidence on a chicken farm and the spread of *Campylobacter* during the slaughter process. *Int J Food Microbiol* 32：35‑47.

[20]Berndtson,E.，U. Emanuelson,A. Engvall,and M. L. Danielsson Tham. 1996. A 1‑year epidemiological study of campylobacters in 18 Swedish chicken farms. *Prev Vet Med* 26：167‑185.

[21]Blaser,M. J. 1997. Epidemiologic and clinical features of *Campylobacter jejuni* infections,*J Infect Dis* 176 Suppl 2：S 103‑S 105.

[22]Boes,J.，L. Nersting,E. M. Nielsen,S. Kranker,C. Enoe,H. C. Wachmann,and D. L. Baggesen. 2005. Prevalence and diversity of *Campylobacter jejuni* in pig herds on farms with and without cattle or poultry. *J Food Prot* 68：722‑727.

[23]Bolder,N. M.，J. A. Wagenaar,F. F. Putirulan,K. T. Veldman,and M. Sommer. 1999. The effect of fiavophospholipol(Flavomycin) and salinomycin sodium(Sacox) on the excretion of *Clostridium perfringens*,*Salmonella enteritidis*,and *Campylobacter jejuni* in broilers after experimental infection. *Poult Sci* 78：1681‑1689.

[24]Bolton,F. J.，D. Coates,P. M. Hinchliffe,and L. Robert‑

son. 1983. Comparison of selective media for isolation of *Campylobacter jejuni/coli. J Clin Pathol* 36：78‑83.

[25]Boukraa,L.，S. Messier,and Y. Robinson. 1991. Isolation of *Campylobacter* from livers of broiler chickens with and without necrotic hepatitis lesions. *Avian Dis* 35：714‑717.

[26]Bouwknegt,M.，A. W. van de Giessen,W. D. Dam‑Deisz,A. H. Havelaar,N. J. Nagelkerke,and A. M. Henken. 2004. Risk factors for the presence of *Campylobacter* spp. in Dutch broiler flocks. *Prev Vet Med* 62：35‑49.

[27]Buhr,R. J.，N. A. Cox,N. J. Stern,M. T. Musgrove,J. L. Wilson, and K. L. Hiett. 2002. Recovery of *Campylobacter* from segments of the reproductive tract of broiler breeder hens.*Avian Dis* 46：919‑924.

[28]Bull,S. A.，V. M. Allen,G. Domingue,F. Jorgensen,J. A. Frost,R. Ure,R. Whyte,D. Tinker,J. E. Corry,J. Gillard‑King,and T J. Humphrey. 2006. Sources of *Campylobacter* spp. colonizing housed broiler flocks during rearing. *Appl Environ Microbiol* 72：645‑652.

[29]Burch,D. 2005. Avian vibrionic hepatitis in laying hens. *Vet Rec* 157：528.

[30]Byrd,J. A.，B. M. Hargis,D. J. Caldwell,R. H. Bailey,K. L. Herron, J. L. McReynolds,R. L. Brewer,R. C. Anderson,K. M. Bischoff, T. R. Callaway,and L. F. Kubena. 2001. Effect of lactic acid administration in the drinking water during preslaughter feed withdrawal on *Salmonella* and *Campylobacter* contamination of broilers. *Poult Sci* 80：278‑283.

[31]Camarda,A.，D. G. Newell,R. Nasti,and G. Di Modugnoa. 2000. Genotyping *Campylobacter jejuni* strains isolated from the gut and oviduct of laying hens. *Avian Dis* 44：907‑912.

[32]Cardinale,E.，F. Tall,E. F. Gueye,M. Cisse,and G. Salvat. 2004. Risk factors for *Campylobacter* spp. infection in Senegalese broiler‑chicken flocks. *Prev Vet Med* 64：15‑25.

[33]Cawthraw,S.，R. Ayling,P. Nuijten,T. Wassenaar,and D. G. Newell. 1994. Isotype, specificity, and kinetics of systemic and mucosal antibodies to *Campylobacter jejuni* antigens,including flagellin,during experimental oral infections of chickens. *Avian Dis* 38：341‑349.

[34]Chuma,T.，K. Makino,K. Okamoto,and H. Yugi. 1997. Analysis of distribution of *Campylobacter jejuni* and *Campylobacter coli* in broilers by using restriction fragment length polymorphism of flagellin gene. *J Vet Med Sci* 59：1011‑1015.

[35]Chuma, T.，T. Yamada, K. Yano, K. Okamoto, and H.

Yugi. 1994. A survey of *Campylobacter jejuni* in broilers from assignment to slaughter using DNA - DNA hybridization. *J Vet Med Sci* 56:697 - 700.

[36]Chuma,T. ,K. Yano,H. Omori,K. Okamoto,and H. Yugi. 1997. Direct detection of *Campylobacter jejuni* in chicken cecal contents by PCR. *J Vet Med Sci* 59: 85 -87.

[37]Clark, A. G. and D. H. Bueschkens. 1985. Laboratory infection of chicken eggs with *Campylobacter jejuni* by using temperature or pressure differentials. *Appl Environ Microbiol* 49:1467 - 1471.

[38]Clark,C. G. ,L. Price, R. Ahmed, D. L. Woodward, P. L. Melito, F. G. Rodgers, F. Jamieson, B. Ciebin, A. Li, and A. Ellis. 2003. Characterization of waterborne outbreak-associated *Campylobacter jejuni*, Walkerton, Ontario. *Emerg Infkct Dis* 9:1232 - 1241.

[39] Coker, A. O. , R. D. Isokpehi, B. N. Thomas, K. O. Amisu, and C. L. Obi. 2002. Human campylobacteriosis in developing countries. *Emerg Infect Dis* 8:237 -244.

[40]Corry,J. E. and H. I. Atabay. 2001. Poultry as a source of *Campylobacter* and related organisms. *Symp Ser Soc Appl Microbiol* 96S- 114S.

[41] Corry, J. E. , D. E. Post, P. Colin, and M. J. Laisney. 1995. Culture media for the isolation of campylobacters. *Int J Food Microbiol* 26:43 - 76.

[42]Cox, N. A. , N. J. Stern, K. L. Hiett, and M. E. Berrang. 2002. Identification of a new source of *Campylobacter* contamination in poultry: transmission from breeder hens to broiler chickens. *Avian Dis* 46:535 -541.

[43]Cox, N. A. , N. J. Stern, J. L. Wilson, M. T. Musgrove, R. J. Buhr, and K. L. Hiett. 2002. Isolation of *Campylobacter* spp. from semen samples of commercial broiler breeder roosters. *Avian Dis* 46:717 - 720.

[44]Crawshaw,T. and S. Young. 2003. Increased mortality on a freerange layer site. *Vet Rec* 153:664.

[45]Cui, S. , B. Ge, J. Zheng, and J. Meng. 2005. Prevalence and antimicrobial resistance of *Campylobacter* spp. and *Salmonella* serovars in organic chickens from Maryland retail stores. *Appl Environ Microbiol* 71:4108 -4111.

[46]Deming,M. S. ,R. V. Tauxe, P. A. Blake, S. E. Dixon, B. S. Fowler, T. S. Jones, E. A. Lockamy, C. M. Patton, and R. O. Sikes. 1987. *Campylobacter* enteritis at a university: transmission from eating chicken and from cats. *Am J Epidemiol* 126:526 -534.

[47]Desmonts, M. H. , F. Dufour-Gesbert, L. Avrain, and I. Kempf. 2004. Antimicrobial resistance in *Campylobacter* strains isolated from French broilers before and after an-

timicrobial growth promoter bans. *J Antimicrob Chemother* 54:1025 - 1030.

[48]Doyle, M. P. 1984. Association of *Campylobacter jejuni* with laying hens and eggs. *Appl Environ Microbiol* 47: 533 - 536.

[49]Doyle,M. P. and M. C. Erickson. 2006. Reducing the carriage of foodborne pathogens in livestock and poultry. *Poult Sci* 85:960 - 973.

[50]Doyle,M. P. and D. J. Roman. 1981. Growth and survival of *Campylobacter fetus* subsp. *jejuni* as a function of temperature and pH. *J Food Prot* 44:596 -601.

[51]Echeverria,P. , D. N. Taylor, U. Lexsomboon, M. Bhaibulaya,N. R. Blacklow, K. Tamura, and R. Sakazaki. 1989. Case-control study of endemic diarrheal disease in Thai children,*J Infect Dis* 159:543 - 548.

[52]Endtz, H. P. ,C. W. Ang, B. N. van den, A. Luijendijk, B. C. Jacobs, P. de Man, J. M. van Duin, A. Van Belkum, and H. A. Verbrugh. 2000. Evaluation of a new commercial immunoassay for rapid detection of *Campylobacter jejuni* in stool samples. *Eur J Clin Microbiol Infect Dis* 19:794 - 797.

[53]Engvall, A. 2001. May organically farmed animals pose a risk for *Campylobacter* infections in humans? *Acta Vet Scand* 95:S85 - S87.

[54]Ertas, H. B. ,B. Cetinkaya, A. Muz, and H. Ongor. 2004. Genotyping of broiler-originated *Campylobacter jejuni* and *Campylobacter coli* isolates using fla typing and random amplified polymorphic DNA methods. *Int J Food Microbiol* 94:203 - 209.

[55]Evans, S. J. 1992. Introduction and spread of thermophilic campylobacters in broiler flocks. *Vet Rec* 131:574 - 576.

[56]Evans, S. J. and A. R. Sayers. 2000. A longitudinal study of *Campylobacter* infection of broiler flocks in Great Britain. *Prev Vet Med* 46:209 - 223.

[57]Eyigor, A. ,K. A. Dawson, B. E. Langlois, and C. L. Pickett. 1999. Detection of cytolethal distending toxin activity and *cdt* genes in *Campylobacter* spp. isolated from chicken carcasses. *Appl Environ Microbiol* 65:1501 - 1505.

[58]Fernandez, F. , R. Sharma, M. Hinton, and M. R. Bedford. 2000. Diet influences the colonisation of *Campylobacter jejuni* and distribution of mucin carbohydrates in the chick intestinal tract. *Cell Mol Life Sci* 57:1793 - 1801.

[59]Fernandez, H. , M. Vergara, and F. Tapia. 1985. Dessication resistance in thermotolerant *Campylobacter* species. *Infection* 13:197.

[60]Friedman,C. R. ,R. M. Hoekstra, M. Samuel, R. Marcus,

J. Bender, B. Shiferaw, S. Reddy, S. D. Ahuja, D. L. Helfrick, F. Hardnett, M. Carter, B. Anderson, and R. V. Tauxe. 2004. Risk factors for sporadic *Campylobacter* infection in the United States: A case-control study in FoodNet sites. *Clin Infect Dis* 38(S3):S285 -S296.

[61]Friedman,C. R. ,J. Neimann,and H. C. Wegener and R. V. Tauxe. 2000. Epidemiology of *C. jejuni* infections in the United States and other industrialized nations. In I. Nachamkin and and M. J. Blaser (eds.). *Campylobacter*. Second edition. American Society for Microbiology, Washington,D. C. ,121 - 138.

[62]Gallay, A. , V. H. De, M. Cournot, B. Ladeuil, C. Hemery,C. Castor, F. Bon, F. Megraud,C. P. Le,and J. C. Desenclos. 2006. A large multi-pathogen waterborne community outbreak linked to faecal contamination of a groundwater system,France,2000. *Clin Microbiol Infect* 12:561 - 570.

[63]Grant,A. J. ,C. Coward, M. A. Jones,C. A. Woodall,P. A. Barrow, and D. J. Maskell. 2005. Signature-tagged transposon mutagenesis studies demonstrate the dynamic nature of cecal colonization of 2-week-old chickens by *Campylobacter jejuni*. *Appl Environ Microbiol* 71: 8031 -8041.

[64]Gregory,E. ,H. Barnhart,D. W. Dreesen, N. J. Stern, and J. L. Corn. 1997. Epidemiological study of *Campylobacter* spp. in broilers: source, time of colonization, and prevalence. *Avian Dis* 41:890 - 898.

[65]Gupta,A. ,J. M. Nelson,T. J. Barrett,R. V. Tauxe,S. P. Rossiter,C. R. Friedman,K. W. Joyce,K. E. Smith,T. F. Jones,M. A. Hawkins, B. Shiferaw, J. L. Beebe, D. J. Vugia,T. Rabatsky-Ehr, J. A. Benson, T. P. Root, and F. J. Angulo. 2004. Antimicrobial resistance among *Campylobacter* strains, United States, 1997—2001. *Emerg Infect Dis* 10:1102 - 1109.

[66]Hakkinen,M. and C. Schneitz. 1999. Efficacy of a commercial cornpetitive exclusion product against *Campylobacter jejuni*. *Br Poult Sci* 40:619 - 621.

[67]Hald,B. ,H. Skovgard,D. D. Bang, K. Pedersen,J. Dybdahl, J. B. Jespersen, and M. Madsen. 2004. Flies and *Campylobacter* infection of broiier flocks. *Emerg Infect Dis* 10:1490 - 1492.

[68]Hansson,I. ,E. O. Engvall,J. Lindblad, A. Gunnarsson, and I. Vagsholm. 2004. Surveillance programme for *Campylobacter* species in Swedish broilers,July 2001 to June 2002. *Vet Rec* 155:193 - 196.

[69]Hazeleger, W. C. , J. A. Wouters, F. M. Rombouts, and T. Abee. 1998. Physiological activity of *Campylobacter*

jejuni far below the minimal growth temperature. *Appl Environ Microbiol* 64:3917 -3922.

[70]Hendrixson,D. R. and V. J. DiRita. 2004. Identification of *Campylobacter jejuni* genes involved in commensal colonization of the chick gastrointestinal tract. *Mol Microbiol* 52:471 - 484.

[71]Heres,L. ,B. Engel, H. A. Urlings,J. A. Wagenaar, and K. F. Van. 2004. Effect of acidified feed on susceptibility of broiler chickens to intestinal infection by *Campylobacter* and *Salmonella*. *Vet Microbiol* 99:259 -267.

[72] Herman, L. , M. Heyndrickx, K. Grijspeerdt, D. Vandekerchove,I. Rollier,and Z. L. De. 2003. Routes for *Campylobacter* contamination of poultry meat: epidemiological study from hatchery to slaughterhouse. *Epidemiol Infect* 131:1169 - 1180.

[73]Hernandez,J. , A. Fayos, M. A. Ferrus, and R. J. Owen. 1995. Random amplified polymorphic DNA fingerprinting of *Campylobacter jejuni* and *C. coli* isolated from human faeces,seawater and poultry products. *Res Microbiol* 146:685 - 696.

[74]Heuer,O. E. ,K. Pedersen,J. S. Andersen, and M. Madsen. 2001. Prevalence and antimicrobial susceptibility of thermophilic *Campylobacter* in organic and conventional broiler flocks. *Lett Appl Microbiol* 33:269 -274.

[75]Hiett, K. L. , N. A. Cox, R. J. Buhr, and N. J. Stern. 2002. Genotype analyses of *Campylobacter* isolated from distinct segments of the reproductive tracts of broiler breeder hens. *Curr Microbiol* 45:400 - 404.

[76]Hiett,K. L. ,N. A. Cox,and N. J. Stern. 2002. Direct polymerase chain reaction detection of *Campylobacter* spp. in poultry hatchery samples. *Avian Dis* 46:219 -223.

[77]Hiett,K. L. ,N. J. Stern,P. Fedorka—Cray, N. A. Cox, M. T. Musgrove, and S. Ladely. 2002. Molecular subtype analyses of *Campylobacter* spp. from Arkansas and California poultry operations. *Appl Environ Microbiol* 68: 6220 - 6236.

[78]Hindiyeh, M. , S. Jense, S. Hohmann, H. Benett, C. Edwards,W. Aldeen,A. Croft,J. Daly,S. Mottice,and K. C. Carroll. 2000. Rapid detection of *Campylobacter jejuni* in stool specimens by an enzyme immunoassay and surveillance for *Campylobacter upsaliensis* in the greater Salt Lake City area. *J Clin Microbiol* 38:3076 -3079.

[79]Hofshagen, M. and H. Kruse. 2005. Reduction in flock prevalence of *Campylobacter* spp. in broilers in Norway after implementation of an action plan. *J Food Prot* 68: 2220 - 2223.

[80]Hoorfar,J. ,E. M. Nielsen, H. Stryhn, and S. Andersen.

1999. Evaluation of two automated enzyme-immunoassays for detection of thermophilic campylobacters in faecal samples from cattle and swine. *J Microbiol Methods* 38:101 - 106.

[81]Huang, S. , T. Luangtongkum, T. Y. Morishita, and Q. Zhang. 2005. Molecular typing of *Campylobacter* strains using the *cmp* gene encoding the major outer membrane protein. *Foodborne Pathog Dis* 2:12 -23.

[82]Humphrey, T. J. , A. Henley, and D. G. Lanning. 1993. The colonization of broiler chickens with *Campylobacter jejuni*: some epidemiological investigations. *Epidemiol Infect* 110:601 - 607.

[83]Humphrey, T. J. , F. Jorgensen, J. A. Frost, H. Wadda, G. Domingue, N. C. Elviss, D. J. Griggs, and L. J. Piddock. 2005. Prevalence and subtypes of ciprofloxacin-resistant *Campylobacter* spp. in commercial poultry flocks before, during, and after treatment with fluoroquinolones. *Antimicrob Agents Chemother* 49:690 - 698.

[84]Idris, U. , J. Lu, M. Maier, S. Sanchez, C. L. Hofacre, B. G. Harmon, J. J. Maurer, and M. D. Lee. 2006. Dissemination of fluoroquinolone-resistant *Campylobacter* spp. within an integrated commercial poultry production system. *Appl Environ Microbiol* 72:3441 - 3447.

[85] Jacobs-Reitsma, W. 2000. *Campylobacter* in the Food Supply. In I. Nachamkin and M. J. Blaser(eds.). *Campylobacter*. Second edition. American Society for Microbiology, Washington, D. C. , 467 - 481.

[86]Jacobs-Reitsma, W. and C. a. B. N. M. Kan. 1994. The induction of quinolone resistance in *Campylobacter* bacteria in broilers by quinolone treatment. *Lett Appl Microbiol* 19:228 - 231.

[87]Jacobs-Reitsma, W. F. 1997. Aspects of epidemiology of *Campylobacter* in poultry. *Vet Q* 19:113 - 117.

[88]Jacobs—Reitsma, W. F. 1995. *Campylobacter* bacteria in breeder flocks. *Avian Dis* 39:355 - 359.

[89]Jacobs-Reitsma, W. F. , N. M. Bolder, and R. W. Mulder. 1994. Cecal carriage of *Campylobacter* and *Salmonella* in Dutch broiler flocks at slaughter: a one-year study. *Poult Sci* 73:1260 - 1266.

[90]Jacobs-Reitsma, W. F. , A. W. van de Giessen, N. M. Bolder, and R. W. Mulder. 1995. Epidemiology of *Campylobacter* spp. at two Dutch broiler farms. *Epidemiol Infect* 114:413 - 421.

[91]Jeffrey, J. S. , K. H. Tonooka, and J. Lozanot. 2001. Prevalence of *Campylobacter* spp. from skin, crop, and intestine of commercial broiler chicken carcasses at processing. *Poult Sci* 80:1390 - 1392.

[92]Jones, F. T. , R. C. Axtell, D. V. Rives, S. E. Scheideler, F. R. Tarver, R. I. Walker, and M. J. Wineland. 1991. A survey of *Campylobacter jejuni* contamination on modern broiler production and processing plants, *J Food Prot* 54:259 - 262.

[93]Jones, K. 2001. Campylobacters in water, sewage and the environment. *J Appl Microbiol* 90:S68 - S79.

[94]Jones, K. , S. Howard, and J. S. Wallace. 1999. Intermittent shedding of thermophilic campylobacters by sheep at pasture. *J Appl Microbiol* 86:531 - 536.

[95]Jorgensen, F. , R. Bailey, S. Williams, P. Henderson, D. R. Wareing, F. J. Bolton, J. A. Frost, L. Ward, and T. J. Humphrey. 2002. Prevalence and numbers of *Salmonella* and *Campylobacter* spp. on raw, whole chickens in relation to sampling methods. *Int J Food Microbiol* 76:151 - 164.

[96]Kaino, K. , H. Hayashidani, K. Kaneko, and M. Ogawa. 1988. Intestinal colonization of *Campylobacter jejuni* in chickens. *Jpn J Vet Sci* 50:489 - 494.

[97]Kapperud, G. , E. Skjerve, L. Vik, K. Hauge, A. Lysaker, I. Aalmen, S. M. Ostroff, and M. Potter. 1993. Epidemiological investigation of risk factors for *Campylobacter* colonization in Norwegian broiler flocks. *Epidemiol Infect* 111:245 - 255.

[98]Kazwala, R. R. , J. D. Collins, J. Hannan, R. A. Crinion, and H. O'Mahony. 1990. Factors responsible for the introduction and spread of *Campylobacter jejuni* infection in commercial poultry production. *Vet Rec* 126:305 -306.

[99]Kelly, D. J. 2001. The physiology and metabolism of *Campylobacter jejuni* and *Helicobacter pylori*. *J Appl Microbiol* 30:S 16S - S24.

[100]Khoury, C. A. and R. J. Meinersmann. 1995. A genetic hybrid of the *Campylobacter jejuni flaA* gene with LT-B of *Escherichia coli* and assessment of the efficacy of the hybrid protein as an oral chicken vaccine. *Avian Dis* 39:812 - 820.

[101]Klena, J. D. and M. E. Konkel. 2005. Methods for Epidemiological Analysis of *Campylobacter jejuni*. In J. M. Ketley and M. E. Konkel(eds.)*Campylobacter*: Molecular and Cellular Biology. First edition. Horizon Bioscience, Norfolk, U. K. , 165 -179.

[102]Knudsen, K. N. , D. D. Bang, L. O. Andresen, and M. Madsen. 2006. *Campylobacter jejuni* strains of human and chicken origin are invasive in chickens after oral challenge. *Avian Dis* 50:10 - 14.

[103]Komagamine, T. and N. Yuki. 2006. Ganglioside mimicry as a cause of Guillain-Barre syndrome. *CNS Neurol*

Disord Drug Targets 5:391-400.

[104]Konkel,M. E. ,B. J. Kim,J. D. Klena,C. R. Young,and R. Ziprin. 1998. Characterization of the thermal stress response of *Campylobacter jejuni*. *Infect Immun* 66: 3666-3672.

[105]Kuusi,M. ,J. P. Nuorti,M. L. Hanninen,M. Koskela, V. Jussila,E. Kela,I. Miettinen,and P. Ruutu. 2005. A large outbreak of campylobacteriosis associated with a municipal water supply in Finland. *Epidemiol Infect* 133:593-601.

[106]Lam, K. M. , A. J. DaMassa, T. Y. Morishita, H. L. Shivaprasad,and A. A. Bickford. 1992. Pathogenicity of *Campylobacter jejuni* for turkeys and chickens. *Avian Dis* 36:359-363.

[107]Lee,M. D. and D. G. Newell. 2006. *Campylobacter* in poultry:filling an ecological niche. *Avian Dis* 50:1-9.

[108]Lilja, L. and M. L. Hanninen. 2001. Evaluation orfa commercial automated ELISA and PCR-method for rapid detection and identification of *Campylobaeter jejuni* and *C. coli* in poultry products. *Food Microbiol* 18: 205-209.

[109]Lillehaug,A. ,J. C. Monceyron,B. Bergsjo,M. Hofshagen,J. Tharaldsen,L. L. Nesse, and K. Handeland. 2005. Screening of feral pigeon(*Colomba livia*),mallard (*Anas platyrhynchos*) and graylag goose(*Anser anser*) populations for *Campylobaeter* spp. , *Salmonella* spp. , avian influenza virus and avian paramyxovirus. *Acta Vet Scand* 46:193-202.

[110]Lin,J. , L. O. Michel,and Q. Zhang. 2002. CmeABC functions as a multidrug efflux system in *Campylobacter jejuni*. *Antimicrob Agents Chemother* 46: 2124-2131.

[111]Lin,J. ,O. Sahin,L. O. Michel,and Q. Zhang. 2003. Critical role of multidrug efflux pump CmeABC in bile resistance and *in vivo* colonization of *Campylobacter jejuni*. *Inject Immun* 71: 4250-4259.

[112]Line,J. E. 2002. *Campylobacter* and *Salmonella* populations associated with chickens raised on acidified litter. *Poult Sci* 81:1473-1477.

[113]Line,J. E. ,J. S. Bailey, N. A. Cox, N. J. Stern, and T. Tompkins. 1998. Effect of yeast-supplemented feed on *Salmonella* and *Campylobacter* populations in broilers. *Poult Sci* 77:405-410.

[114]Loc Carrillo C. ,R. J. Atterbury, A. el-Shibiny, P. L. Connerton, E. Dillon, A. Scott, and I. F. Connerton. 2005. Bacteriophage therapy to reduce *Campylobacter jejuni* colonization of broiler chickens. *Appl Environ*

Microbiol 71:6554-6563.

[115] Luangtongkum, T. , T. Y. Morishita, A. J. Ison, S. Huang,P. F. McDermott,and Q. Zhang. 2006. Effect of conventional and organic production practices on the prevalence and antimicrobial resistance of *Campylobacter* spp. in poultry. *Appl Environ Microbiol* 72: 3600-3607.

[116]Luo, N. , S. Pereira, O. Sahin, J. Lin, S. Huang, L. Michel,and Q. Zhang. 2005. Enhanced *in vivo* fitness of fiuoroquinolone-resistant *Campylobacter jejuni* in the absence of antibiotic selection pressure. *Proc Natl Acad Sci U. S. A.* 102:541-546.

[117]Luo, N. , O. Sahin, J. Lin, L. O. Michel, and Q. Zhang. 2003. *In vivo* selection of *Campylobacter* isolates with high levels of fluoroquinolone resistance associated with *gyrA* mutations and the function of the CmeABC efflux pump. *Antimicrob Agents Chemother* 47:390-394.

[118] Manning, G. , C. G. Dowson, M. C. Bagnall, I. H. Ahmed,M. West, and D. G. Newell. 2003. Multilocus sequence typing for comparison of veterinary and human isolates of *Campylobacter jejuni*. *Appl Environ Microbiol* 69:6370-6379.

[119]Maruyama,S. and Y. Katsube. 1988. Intestinal colonization of *Campylobacter jejuni* in young Japanese quails (*Coturnix coturnix japonica*),*Jpn J Vet Sci* 50:569-572.

[120]Mazick,A. ,S. Ethelberg, N. E. Moller, K. Molbak,and M. Lisby. 2006. An outbreak of *Campylobacter jejuni* associated with consumption of chicken, Copenhagen, 2005. *Euro Surveill* 11.

[121]McDermott, P. F. , S. M. Bodeis, L. L. English, D. G. White,R. D. Walker,S. Zhao,S. Simjee, and D. D. Wagner. 2002. Ciprofloxacin resistance in *Campylobacter jejuni* evolves rapidly in chickens treated with fiuoroquinolones,*J Infect Dis* 185:837-840.

[122]Mead, G. C. 2002. Factors affecting intestinal colonization of poultry by *Campylobacter* and role of microfiora in control.*World Poult Sci J* 58:169-178.

[123]Mead, G. C. , M. J. Scott, T. J. Humphrey, and K. McAlpine. 1996. Observations on the control of *Campylobacter jejuni* infection of poultry by 'competitive exclusion'. *Avian Pathol* 25:69-79.

[124]Mead, P. S. , L. Slutsker, V. Dietz, L. F. McCaig, J. S. Bresee, C. Shapiro, P. M. Griffin, and R. V. Tauxe. 1999. Food-related illness and death in the United States. *Emerg Infect Dis* 5:607-625.

[125]Meinersmann,R. J. ,L. O. Helsel,P. I. Fields,and K. L.

Hiett. 1997. Discrimination of *Campylobacter jejuni* isolates by *fla* gene sequencing, *J Clin Microbiol* 35: 2810 - 2814.

[126] Meinersmann, R. J. , W. E. Rigsby, N. J. Stern, L. C. Kelley, J. E. Hill, and M. P. Doyle. 1991. Comparative study of colonizing and noncolonizing *Campylobacter jejuni*. *Am J Vet Res* 52:1518 -1522.

[127] Montrose, M. S. , S. M. Shane, and K. S. Harrington. 1985. Role of litter in the transmission of *Campylobacter jejuni*. *Avian Dis* 29:392 - 399.

[128] Morishita, T. Y. , P. P. Aye, B. S. Harr, C. W. Cobb, and J. R. Clifford. 1997. Evaluation of an avian-specific probiotic to reduce the colonization and shedding of *Campylobacter jejuni* in broilers. *Avian Dis* 41: 850 - 855.

[129] Musgrove, M. T. , M. E. Berrang, J. A. Byrd, N. J. Stern, and N. A. Cox. 2001. Detection of *Campylobacter* spp. in ceca and crops with and without enrichment. *Poult Sci* 80:825 - 828.

[130] Myszewski, M. A. and N. J. Stern. 1990. Influence of *Campylobacter jejuni* cecal colonization on immunoglobulin response in chickens. *Avian Dis* 34:588 -594.

[131] Nachamkin, I. , B. M. Allos, and T. Ho. 1998. *Campylobacter* species and Guillain-Barre syndrome. *Clin Microbiol Rev* 11:555 - 567.

[132] Nachamkin, I. , J. Engberg, and F. M. Aarestrup. 2000. Diagnosis and Antimicrobial Susceptibility of *Campylobacter* Species. In I. Nachamkin and and M. J. Blaser (eds.). *Campylobacter*. Second edition. American Society for Microbiology, Washington, D. C. , 45 - 66.

[133] Nachamkin, I. , X. H. Yang, and N. J. Stern. 1993. Role of *Campylobacter jejuni* flagella as colonization factors for three-dayold chicks: analysis with flagellar mutants. *Appl Environ Microbiol* 59:1269 -1273.

[134] Neill, S. D. , J. N. Campbell, and J. J. O'Brien. 1984. *Campylobacter* spp. in broiler chickens. *Avian Pathology* 13:313 - 320.

[135] Nesbit, E. G. , P. Gibbs, D. W. Dreesen, and M. D. Lee. 2001. Epidemiologic features of *Campylobacter jejuni* isolated from poultry broiler houses and surrounding environments as determined by use of molecular strain typing. *Am J Vet Res* 62:190 - 194.

[136] Newell D. G. , and J. A. Wagenaar. 2000. Poultry Infections and Their Control at the Farm Level. In I. Nachamkin and and M. J. Blaser (eds.). *Campylobacter*. Second edition. American Society for Microbiology, Washington, D. C. ,497 - 509.

[137] Newell, D. G. and C. Fearnley. 2003. Sources of *Campylobacter* colonization in broiler chickens. *Appl Environ Microbiol* 69:4343 - 4351.

[138] Noor, S. M. , A. J. Husband, and P. R. Widders. 1995. In ovo oral vaccination with *Campylobacter jejuni* establishes early development of intestinal immunity in chickens. *Br Poult Sci* 36:563 - 573.

[139] Oberhelman, R. A. and D. N. Taylor. 2000. *Campylobacter* infections in developing countries. In I. Nachamkin and and M. J. Blaser (eds.). *Campylobacter*. Second edition. American Society for Microbiology, Washington, D. C. ,139 - 153.

[140] On, S. L. 1996. Identification methods for campylobacters, helicobacters, and related organisms. *Clin Microbiol Rev* 9:405 - 422.

[141] On, S. L. W. 2001. Taxonomy of *Campylobacter*, *Arcobacter*, *Helicobacter* and related bacteria: current status, future prospects and immediate concers. *J Appl Microbiol* 90: S 1 - S15.

[142] Oyofo, B. A. and D. M. Rollins. 1993. Efficacy of filter types for detecting *Campylobacter jejuni* and *Campylobacter coli* in environmental water samples by polymerase chain reaction. *Appl Environ Microbiol* 59: 4090 - 4095.

[143] Padungtod, P. , J. B. Kaneene, R. Hanson, Y. Morita, and S. Boonmar. 2006. Antimicrobial resistance in *Campylobacter* isolated from food animals and humans in northern Thailand. *FEMS Immunol Med Microbiol* 47:217 - 225.

[144] Park, S. F. 2002. The physiology of *Campylobacter* species and its relevance to their role as foodborne pathogens. *Int J Food Microbiol* 74:177 - 188.

[145] Payne, R. E. , M. D. Lee, D. W. Dreesen, and H. M. Barnhart. 1999. Molecular epidemiology of *Campylobacter jejuni* in broiler flocks using randomly amplified polymorphic DNA-PCR and 23S rRNA-PCR and role of litter in its transmission. *Appl Environ Microbiol* 65:260 - 263.

[146] Pearson, A. D. , M. Greenwood, T. D. Healing, D. Rollins, M. Shahamat, J. Donaldson, and R. R. Colwell. 1993. Colonization of broiler chickens by waterborne *Campylobacter jejuni*. *Appl Environ Microbiol* 59: 987 -996.

[147] Pearson, A. D. , M. H. Greenwood, R. K. Feltham, T. D. Healing, J. Donaldson, D. M. Jones, and R. R. Colwell. 1996. Microbial ecology of *Campylobacter jejuni* in a United Kingdom chicken supply chain: intermittent

common source, vertical transmission, and amplification by flock propagation. *Appl Environ Microbiol* 62: 4614 -4620.

[148]Pedersen, K. and A. Wedderkopp. 2003. Resistance to quinolones in *Campylobacter jejuni* and *Campylobacter coli* from Danish broilers at farm level. *J Appl Microbiol* 94: 111 - 119.

[149]Perko-Makela, P. , M. Hakkinen, T. Honkanen-Buzalski, and M. L. Hanninen. 2002. Prevalence of campylobacters in chicken flocks during the summer of 1999 in Finland. *Epidemiol Infect* 129: 187 - 192.

[150]Petersen, L. , E. M. Nielsen, and S. L. On. 2001. Serotype and genotype diversity and hatchery transmission of *Campylobacter jejuni* in commercial poultry flocks, *Vet Microbiol* 82: 141 - 154.

[151]Petersen, L. and A. Wedderkopp. 2001. Evidence that certain clones of *Campylobacter jejuni* persist during successive broiler flock rotations. *Appl Environ Microbiol* 67: 2739 - 2745.

[152]Peterson, M. C. 2003. *Campylobacter jejuni* enteritis associated with consumption of raw milk. *J Environ Health* 65: 20 - 1, 24, 26.

[153]Pickering, L. K. 2004. Antimicrobial resistance among enteric pathogens. *Semin Pediatr Infect Dis* 15: 71 -77.

[154]Prescott, J. F. and D. L. Munroe. 1982. *Campylobacter jejuni* enteritis in man and domestic animals, *J Am Vet Med Assoc* 181: 1524 - 1530.

[155]Price, L. B. , E. Johnson, R. Vailes, and E. Silbergeld. 2005. Fluoroquinolone-resistant *Campylobacter* isolates from conventional and antibiotic-free chicken products. *Environ Health Perspect* 113: 557 -560.

[156]Price, L. B. , E. Johnson, R. Vailes, and E. Silbergeld. 2005. Fluoroquinolone-resistant *Campylobacter* isolates from conventional and antibiotic-free chicken products. *Environ Health Perspect* 113: 557 -560.

[157]Przondo-Mordarska, A. , G. Gosciniak, B. Sobieszczanska, D. Dzierzanowska, and G. Mauff. 1989. Serological diagnosis of *Campylobacter jejuni* infections. *Med Dosw Mikrobiol* 41: 160 - 165.

[158]Raphael, B. H. , S. Pereira, G. A. Flom, Q. Zhang, J. M. Ketley, and M. E. Konkel. 2005. The *Campylobacter jejuni* response regulator, CbrR, modulates sodium deoxycholate resistance and chicken colonization. *J Bacteriol* 187: 3662 - 3670.

[159]Rasmussen, H. N. , J. E. Olsen, K. Jorgensen, and O. F. Rasmussen. 1996. Detection of *Campylobacter jejuni* and *Camp. coli* in chicken faecal samples by PCR. *Lett Appl Microbiol* 23: 363 - 366.

[160]Reed, K. D. , J. K. Meece, J. S. Henkel, and S. K. Shukla. 2003. Birds, migration and emerging zoonoses: West Nile virus, lyme disease, influenza A and enteropathogens. *Clin Med Res* 1: 5 - 12.

[161]Refregier-Petton, J. , N. Rose, M. Denis, and G. Salvat. 2001. Risk factors for *Campylobacter* spp. contamination in French broilerchicken flocks at the end of the rearing period. *Prev Vet Med* 50: 89 -100.

[162]Rice, B. E. , D. M. Rollins, E. T. Mallinson, L. Carr, and S. W. Joseph. 1997. *Campylobacter jejuni* in broiler chickens: colonization and humoral immunity following oral vaccination and experimental infection. *Vaccine* 15: 1922 - 1932.

[163]Ring, M. , M. A. Zychowska, and R. Stephan. 2005. Dynamics of *Campylobacter* spp. spread investigated in 14 broiler flocks in Switzerland. *Avian Dis* 49: 390 -396.

[164]Rivoal, K. , C. Ragimbeau, G. Salvat, P. Colin, and G. Ermel. 2005. Genomic diversity of *Campylobacter coli* and *Campylobacter jejuni* isolates recovered from free-range broiler farms and comparison with isolates of various origins. *Appl Environ Microbiol* 71: 6216 - 6227.

[165]Rosef, O. and G. Kapperud. 1983. House flies (*Musca domestica*) as possible vectors of *Campylobacter fetus* subsp, *jejuni*. *Appl Environ Microbiol* 45: 381 - 383.

[166]Rosef, O. , G. Kapperud, S. Lauwers, and B. Gondrosen. 1985. Serotyping of *Campylobacter jejuni* , *Campylobacter coli* , and *Campylobacter laridis* from domestic and wild animals. *Appl Environ Microbiol* 49: 1507 - 1510.

[167]Ruiz-Palacios, G. M. , E. Escamilla, and N. Torres. 1981. Experimental *Campylobacter* diarrhea in chickens. *Infect Immun* 34: 250 - 255.

[168]Saenz, Y. , M. Zarazaga, M. Lantero, M. J. Gastanares, F. Baquero, and C. Torres. 2000. Antibiotic resistance in *Campylobacter* strains isolated from animals, foods, and humans in Spain in 1997—1998. *Antimicrob Agents Chemother* 44: 267 - 271.

[169]Saenz, Y. , M. Zarazaga, M. Lantero, M. J. Gastanares, F. Baquero, and C. Torres. 2000. Antibiotic resistance in *Campylobacter* strains isolated from animals, foods, and humans in Spain in 1997—1998. *Antimicrob Agents Chemother* 44: 267 - 271.

[170]Sahin, O. , P. Kobalka, and Q. Zhang. 2003. Detection and survival of *Campylobacter* in chicken eggs. *J Appl Microbiol* 95: 1070 - 1079.

[171]Sahin,O. ,N. Luo,S. Huang,and Q. Zhang. 2003. Effect of *Campylobacter*-specific maternal antibodies on *Campylobacter jejuni* colonization in young chickens. *Appl Environ Microbiol* 69:5372 - 5379.

[172]Sahin, O. , T. Morishita, and Q. Zhang. 2003. *Campylobacter* colonization in poultry: sources of infection and modes of transmission. *Anim Health Res Rev* 3: 95 - 105.

[173]Sahin, O. , Q. Zhang, J. C. Meitzler, B. S. Harr, T. Y. Morishita, and R. Mohan. 2001. Prevalence, antigenic specificity, and bactericidal activity of poultry anti-*Campylobacter* maternal antibodies. *Appl Environ Microbiol* 67:3951 - 3957.

[174]Sahin,O. , Q. Zhang, and T. Y. Morishita. 2003. Detection of *Campylobacter*. In M. E. Torrence and R. E. Isaacson(eds.). Microbial Food Safety in Animal Agriculture. First edition. Iowa State Press,Iowa,183 -193.

[175]Sanyal, S. C. , K. M. Islam, P. K. Neogy, M. Islam, P. Speelman, and M. I. Huq. 1984. *Campylobacter jejuni* diarrhea model in infant chickens. *Infect Immun* 43: 931 - 936.

[176]Schildt, M. , S. Savolainen, and M. L. Hanninen. 2006. Long-lasting *Campylobacter jejuni* contamination of milk associated with gastrointestinal illness in a farming family. *Epidemiol Infect* 134:401 - 405.

[177]Schoeni,J. L. and M. P. Doyle. 1992. Reduction of *Campylobacter jejuni* colonization of chicks by cecum-colonizing bacteria producing anti-*C. jejuni* metabolites. *Appl Environ Microbiol* 58:664 - 670.

[178]Schoeni,J. L. and A. C. Wong. 1994. Inhibition of *Campylobacter jejuni* colonization in chicks by defined competitive exclusion bacteria. *Appl Environ Microbiol* 60: 1191 -1197.

[179]Shane, S. M. 1992. The significance of *C. jejuni* infection in poultry: a review. *Avian Pathology* 21: 189 - 213.

[180] Shane, S. M. , D. H. Gifford, and K. Yogasundram. 1986. *Campylobacter jejuni* contamination of eggs. *Vet Res Commun* 10:487 - 492.

[181]Shane, S. M. and N. J. Stern. 2003. *Campylobacter* Infection. In Y. M. Saif(ed.). Eleventh edition. Diseases of Poultry. Iowa State Press,Ames,615 -630.

[182]Shanker, S. , A. Lee, and T. C. Sorrell. 1986. *Campylobacter jejuni* in broilers: the role of vertical transmission,*J Hyg*(*Lond*) 96:153 - 159.

[183]Shanker,S. ,A. Lee,and T. C. Sorrell. 1988. Experimental coloniza— tion of broiler chicks with *Campylobacter*

jejuni. Epidemiol Infect 100:27 -34.

[184] Shreeve, J. E. , M. Toszeghy, M. Pattison, and D. G. Newell. 2000. Sequential spread of *Campylobacter* infection in a multipen broiler house. *Avian Dis* 44:983 - 988.

[185] Siragusa, G. R. , J. E. Line, L. L. Brooks, T. Hutchinson, J. D. Laster, and R. O. Apple. 2004. Serological methods and selective agars to enumerate *Campylobacter* from broiler carcasses: data from interand intralaboratory analyses,*J Food Prot* 67:901 -907.

[186]Skirrow, M. B. 1977. *Campylobacter* enteritis: a "new" disease. *Br Med J* 2:9 - 11.

[187] Skirrow, M. B. 1994. Diseases due to *Campylobacter*, *Helicobacter* and related bacteria,*J Comp Pathol* 111: 113 - 149.

[188]Skirrow,M. B. and M. J. Blaser. 2000. Clinical aspects of *Campylobacter* infection. 69.

[189]Smith,K. E. ,J. M. Besser,C. W. Hedberg,F. T. Leano, J. B. Bender, J. H. Wicklund, B. P. Johnson, K. A. Moore,and M. T. Osterholm. 1999. Quinolone-resistant *Campylobacter jejuni* infections in Minnesota,1992— 1998. *N Engl J Med* 340:1525 - 1532.

[190]Snelling, W. J. , J. P. McKenna, D. M. Lecky, and J. S. Dooley. 2005. Survival of *Campylobacter jejuni* in waterborne protozoa. *Appl Environ Microbiol* 71: 5560 -5571.

[191]Stanley,K. ,R. Cunningham,and K. Jones. 1998. Isolation of *Campylobacter jejuni* from groundwater. *J Appl Microbiol* 85:187 - 191.

[192]Stanley,K. N. ,J. S. Wallace,J. E. Currie, P. J. Diggle, and K. Jones. 1998. The seasonal variation of thermophilic campylobacters in beef cattle, dairy cattle and calves,*J Appl Microbiol* 85:472 -480.

[193]Steinbrueckner, B. , G. Haerter, K. Pelz, and M. Kist. 1999. Routine identification of *Campylobacter jejuni* and *Campylobacter coli* from human stool samples. *FEMS Microbiol Lett* 179:227 - 232.

[194]Stephens, C. P. , S. L. On, and J. A. Gibson. 1998. An outbreak of infectious hepatitis in commercially reared ostriches associated with *Campylobacter coli* and *Campylobacter jejuni*. *Vet Microbiol* 61:183 - 190.

[195]Stern, N. , M. P. Doyle, and R. J. Meinersmann. 1993. Influence of defined antagonistic flora on *Campylobacter jejuni* in broiler chicks. *Poult Sci* 72 Supp. :5.

[196]Stern, N. J. 1992. Reservoirs for *C. jejuni* and approaches for intervention in poultry. In I. Nachamkin, M. J. Blaser,and L. S. Tompkins(eds.). *Campylobacter jeju-*

ni：Current Status and Future Trends. American Society for Microbiology,Washington, D. C. ,49 - 60.

[197]Stern, N. J. , J. S. Bailey, L. C. Blankenship, N. A. Cox, and F. McHan. 1988. Colonization characteristics of *Campylobacter jejuni* in chick ceca. *Avian Dis* 32：330 - 334.

[198]Stern, N. J. , P. Fedorka-Cray, J. S. Bailey, N. A. Cox, S. E. Craven, K. L. Hiett, M. T. Musgrove, S. Ladely, D. Cosby, and G. C. Mead. 2001. Distribution of *Campylobacter* spp. in selected U. S. poultry production and processing operations, *J Food Prot* 64：1705 - 1710.

[199]Stern, N. J. , M. A. Myszewski, H. M. Barnhart, and D. W. Dreesen. 1997. Flagellin A gene restriction fragment length polymorphism patterns of *Campylobacter* spp. isolates from broiler production sources. *Avian Dis* 41：899 - 905.

[200]Stern, N. J. , E. A. Svetoch, B. V. Eruslanov, Y. N. Kovalev, L. I. Volodina, V. V. Perelygin, E. V. Mitsevich, I. P. Mitsevich, and V. P. Levchuk. 2005. *Paenibacillus polymyxa* purified bacteriocin to control *Campylobacter jejuni* in chickens. *J Food Prot* 68：1450 - 1453.

[201]Stern, N. J. , E. A. Svetoch, B. V. Eruslanov, V. V. Perelygin, E. V. Mitsevich, I. P. Mitsevich, V. D. Pokhilenko, V. P. Levchuk, O. E. Svetoch, and B. S. Seal. 2006. Isolation of a *Lactobacillus salivarius* strain and purification of its bacteriocin, which is inhibitory to *Campylobacter jejuni* in the chicken gastrointestinal system. *Antimicrob Agents Chemother* 50：3111 -3116.

[202]Studer, E. , J. Luthy, and P. Hubner. 1999. Study of the presence of *Campylobacter jejuni* and *C. coli* in sand samples from four Swiss chicken farms. *Res Microbiol* 150：213 - 219.

[203]Taylor, D. N. , P. Echeverria, O. Sethabutr, C. Pitarangsi, U. Leksomboon, N. R. Blackiow, B. Rowe, R. Gross, and J. Cross. 1988. Clinical and microbiologic features of *Shigella* and enteroinvasive *Escherichia coli* infections detected by DNA hybridization. *J Clin Microbiol* 26：1362 - 1366.

[204]Thakur, S. and W. A. Gebreyes. 2005. Prevalence and antimicrobial resistance of *Campylobacter* in antimicrobial-free and conventional pig production systems, *J Food Prot* 68：2402 - 2410.

[205]Thompson, J. S. , D. S. Hodge, D. E. Smith, and Y. A. Yong. 1990. Use of tri-gas incubator for routine culture of *Campylobacter* species from fecal specimens. *J Clin Microbiol* 28：2802 - 2803.

[206]Tsai, H. J. and P. H. Hsiang. 2005. The prevalence and antimicrobial susceptibilities of *Salmonella* and *Campylobacter* in ducks in Taiwan. *J Vet Med Sci* 67：7 -12.

[207] Udayamputhoor, R. S. , H. Hariharan, T. A. Van Lunen, P. J. Lewis, S. Heaney, L. Price, and D. Woodward. 2003. Effects of diet formulations containing proteins from different sources on intestinal colonization by *Campylobacter jejuni* in broiler chickens. *Can J Vet Res* 67：204 - 212.

[208]van de Giessen A. , S. I. Mazurier, W. Jacobs-Reitsma, W. Jansen, P. Berkers, W. Ritmeester, and K. Wernars. 1992. Study on the epidemiology and control of *Campylobacter jejuni* in poultry broiler flocks. *Appl Environ Microbiol* 58：1913 - 1917.

[209]van de Giessen, A. W. , M. Bouwknegt, W. D. Dam-Deisz, P. W. van, W. J. Wannet, and G. Visser. 2006. Surveillance of *Salmonella* spp. and *Campylobacter* spp. in poultry production flocks in The Netherlands. *Epidemiol Infect* 134：1 - 10.

[210]van de Giessen, A. W. , J. J. Tilburg, W. S. Ritmeester, and P. J. Van der. 1998. Reduction of *Campylobacter* infections in broiler flocks by application of hygiene measures. *Epidemiol Infect* 121：57 -66.

[211]Van, O. , I, L. Duchateau, Z. L. De, G. Albers, and R. Ducateile. 2006. A comparison survey of organic and conventional broiler chickens for infectious agents affecting health and food safety. *Avian Dis* 50：196 - 200.

[212]Vandamme, P. 2000. Taxonomy of the family Campylobacteraceae. In *Campylobacter*. I. Nachamkin and M. J. Blaser (eds.). American Society for Microbiology, Washington D. C. ,3 - 26.

[213]Waegel, A. and I. Nachamkin. 1996. Detection and molecular typing of *Campylobacter jejuni* in fecal samples by polymerase chain reaction. *Mol Cell Probes* 10：75 - 80.

[214]Wagenaar, J. A. , M. A. Van Bergen, M. A. Mueller, T. M. Wassenaar, and R. M. Carlton. 2005. Phage therapy reduces *Campylobacter jejuni* colonization in broilers. *Vet Microbiol* 109：275 -283.

[215]Waldenstrom, J. , D. Mevius, K. Veldman, T. Broman, D. Hasselquist, and B. Olsen. 2005. Antimicrobial resistance profiles of *Campylobacter jejuni* isolates from wild birds in Sweden. *Appl Environ Microbiol* 71：2438 -2441.

[216]Wassenaar, T. M. 1997. Toxin production by *Campylobacter* spp. *Clin Microbiol Rev* 10：466 -476.

[217]Wassenaar, T. M. and D. G. Newell. 2000. Genotyping of *Campylobacter* spp. *Appl Environ Microbiol* 66:1-9.

[218]Wassenaar, T. M. , B. A. van der Zeijst, R. Ayling, and D. G. Newell. 1993. Colonization of chicks by motility mutants of *Campylobacter jejuni* demonstrates the importance of flagellin A expression. *J Gen Microbiol* 139:1171-1175.

[219]Wedderkopp, A. , K. O. Gradel, J. C. Jorgensen, and M. Madsen. 2001. Pre-harvest surveillance of *Campylobacter* and *Salmonella* in Danish broiler flocks: a 2-year study. *Int J Food Microbiol* 68:53-59.

[220]Welkos, S. L. 1984. Experimental gastroenteritis in newly-hatched chicks infected with *Campylobacter jejuni*. *J Med Microbiol* 18:233-248.

[221]Widders, P. R. , R. Perry, W. I. Muir, A. J. Husband, and K. A. Long. 1996. Immunisation of chickens to reduce intestinal colonisation with *Campylobacter jejuni*. *Br Poult Sci* 37:765-778.

[222]Widders, P. R. , L. M. Thomas, K. A. Long, M. A. Tokhi, M. Panaccio, and E. Apos. 1998. The specificity of antibody in chickens immunised to reduce intestinal colonisation with *Campylobacter jejuni*. *Vet Microbiol* 64:39-50.

[223]Willis, W. L. and C. Murray. 1997. *Campylobacter jejuni* seasonal recovery observations of retail market broilers. *Poult Sci* 76:314-317.

[224]Wingstrand, A. , J. Neimann, J. Engberg, E. M. Nielsen, P. Gerner-Smidt, H. C. Wegener, and K. Molbak. 2006. Fresh chicken as main risk factor for campylobacteriosis, Denmark. *Emerg Infect Dis* 12:280-285.

[225]Wittwer, M. , J. Keller, T. M. Wassenaar, R. Stephan, D. Howald, G. Regula, and B. Bissig-Choisat. 2005. Genetic diversity and antibiotic resistance patterns in a *Campylobacter* population isolated from poultry farms in Switzerland. *Appl Environ Microbiol* 71: 2840-2847.

[226]Wyszynska, A. , A. Raczko, M. Lis, and E. K. Jagusztyn-Krynicka. 2004. Oral immunization of chickens with a virulent *Salmonella* vaccine strain carrying *C. jejuni* 72Dz/92 *cjaA* gene elicits specific humoral immune response associated with protection against challenge with wild-type *Campylobacter*. *Vaccine* 22:1379-1389.

[227]Yogasundram, K. , S. M. Shane, and K. S. Harrington. 1989. Prevalence of *Campylobacter jejuni* in selected domestic and wild birds in Louisiana. *Avian Dis* 33:664-667.

[228]Yoshida, S. , K. Kaneko, M. Ogawa, and T. Takizawa. 1987. Serum agglutinin titers against somatic and flagellar antigens of *Campylobacter jejuni* and isolation of *Campylobacter* spp. in chickens. *Am J Vet Res* 48:801-804.

[229]Young, C. R. , R. L. Ziprin, M. E. Hume, and L. H. Stanker. 1999. Dose response and organ invasion of day-of-hatch Leghorn chicks by different isolates of *Campylobacter jejuni*. *Avian Dis* 43:763-767.

[230]Zhang, Q. , J. Lin, and S. Pereira. 2003. Fluoroquinolone-resistant *Campylobacter* in animal reservoirs: dynamics of development, resistance mechanisms and ecological fitness. *Anim Health Res Rev* 4:63-71.

[231]Zhang, Q. , J. C. Meitzler, S. Huang, and T. Morishita. 2000. Sequence polymorphism, predicted secondary structures, and surface-exposed conformational epitopes of *Campylobacter* major outer membrane protein. *Infect Immun* 68:5679-5689.

[232]Zhao, C. , B. Ge, V. J. De, R. Sudler, E. Yeh, S. Zhao, D. G. White, D. Wagner, and J. Meng. 2001. Prevalence of *Campylobacter* spp. , *Escherichia coli*, and *Salmonella* serovars in retail chicken, turkey, pork, and beef from the Greater Washington, D. C. , area. *Appl Environ Microbiol* 67:5431-5436.

[233]Zimmer, M. , H. Barnhart, U. Idris, and M. D. Lee. 2003. Detection of *Campylobacter jejuni* strains in the water lines of a commercial broiler house and their relationship to the strains that colonized the chickens. *Avian Dis* 47:101-107.

[234]Ziprin, R. L. , C. R. Young, J. A. Byrd, L. H. Stanker, M. E. Hume, S. A. Gray, B. J. Kim, and M. E. Konkel. 2001. Role of *Campylobacter jejuni* potential virulence genes in cecal colonization. *Avian Dis* 45:549-557.

[235]Ziprin, R. L. , C. R. Young, L. H. Stanker, M. E. Hume, and M. E. Konkel. 1999. The absence of cecal colonization of chicks by a mutant of *Campylobacter jejuni* not expressing bacterial fibronectinbinding protein. *Avian Dis* 43:586-589.

第 18 章

大肠杆菌病
Colibacillosis

H.John Barnes,Lisa K.Nolan, and Jean-Pierre Vaillancourt

引　言

定义和同义名

大肠杆菌病是指部分或全部由禽致病性大肠杆菌（APEC）所引起的局部或全身性感染的疾病，包括大肠杆菌性败血症、大肠杆菌性肉芽肿（Hjarre 氏病）、气囊病（慢性呼吸道疾病，CRD）、大肠杆菌性性病、肿头综合征、大肠杆菌性蜂窝织炎（炎性过程）、大肠杆菌性腹膜炎、大肠杆菌性输卵管炎、大肠杆菌性睾丸炎、大肠杆菌性骨髓炎/滑膜炎（火鸡骨髓炎综合征）、大肠杆菌性全眼球炎、大肠杆菌性脐炎/卵黄囊感染以及大肠杆菌性肠炎。如果没有"大肠杆菌性"这个描述词，单独的病变不一定是由大肠杆菌感染引起的，因为其他致病菌在继发感染中也会表现出与大肠杆菌类似的病变。大肠杆菌病在哺乳动物主要引起肠道疾病；而在禽类，当宿主受到高致病性大肠杆菌感染而使其防御能力不足或完全丧失时，常会引起典型的继发性局部或全身性感染[29]。引起除肠道外其他部位病变的大肠杆菌具有许多相似的特性，它们被统称为肠外致病性大肠杆菌（ExPEC）[249,248]。许多 APEC 都属于 ExPEC，而且与哺乳动物的 ExPEC 有很多相似的特性。

有关禽大肠杆菌病的综述性文献见参考文献28、109、131、186、292、436 和 524。关于禽大肠杆菌病的早期资料可以查阅《禽病学》以前的版本。

经济意义

普遍认为，大肠杆菌病是养禽业最广泛存在的感染性细菌病，从多方面给养禽业造成了严重的经济损失。大肠杆菌病是禽病调查中最常报道的疾病也是肉品加工过程胴体废弃的主要原因。例如，禽肉加工中 43％肉鸡胴体的废弃与大肠杆菌性败血症有关[556]；在瑞士，肉鸡胴体的废弃主要原因就是大肠杆菌病[241]。患有肺泡炎的鸡在进行加工时的平均胴体重很低，为 84 克/只。而且在加工过程中更容易出现处理不当、粪便污染以及弯曲杆菌污染等情况[447]。在约旦，88.2％患有肺泡炎的鸡群可以分离得到大肠杆菌[126]。在希腊，从 1992—2001年十年间，大肠杆菌病是造成肉鸡呼吸道疾病的最主要原因，造成了巨大的经济损失[155]。在比利时，APEC 也是影响养禽业发展的主要因素。东佛兰德的一个实验室收集了 1997—2000 年间肉鸡、蛋鸡和种鸡的禽大肠杆菌感染情况，其发病率分别是17.7％、38.6％以及 26.9％。并且发现了许多有抗药性的菌株[525]。在加利福尼亚大肠杆菌病袭击了26 个火鸡鸡群中的 6 个，其对火鸡养殖业的影响仅次于肠炎[77]。然而，尽管大肠杆菌病的重要性已经众所周知，但 ExPEC 的感染对养禽业在经济学上的影响还没有细致精确的研究。现在人们用来形容 ExPEC 所造成的损失往往是："数十亿美元的医疗卫生费用、数百万的工作日以及每年成千上万的死亡数"[450]。

公共卫生意义

从禽类分离的大多数 APEC 只对禽类有致病作

用，而对人或其他动物则表现出较低的致病性[67,439]。但实验室条件下鸡对大肠杆菌O157：H7也易感，并且可以连续数月排毒。O157：H7是人的一种重要的产志贺毒素的肠出血性病原。这种可以感染禽类的大肠杆菌通过鞭毛，而不是紧密黏附素，来黏附在哺乳动物的上皮细胞[44,295]。在不同地区的鸡和火鸡中已发现有较低程度的O157：H7自然感染[191,212,417]。鸡肉中也已发现大肠杆菌O157：H7的存在，由食物传染引起的腹泻疾病的暴发以及火鸡肉污染与此菌有关[40,115,176,488]。野生水禽可以成为大肠杆菌O157的携带者或者传染源。苏格兰发生的牛感染大肠杆菌O157事件与接触野鹅有关[501]。在这次人感染大肠杆菌O157的事件中，从鸭子的粪便中也分离到了该株大肠杆菌，而这些发病的人常去野鸭出没的湖中游泳[457]。

鸽子是产志贺毒素大肠杆菌（STEC）的一个天然储存宿主，对人类的健康造成潜在的危害[104,189,351,461]。感染了STEC的鸽子并不表现临床症状[104,351,461,484]。感染鸽子的STEC可以产生毒素Stx1、Stx2以及Stx2f，其中Stx2f是Stx2的变异，是鸽子特有的[189]。普通的免疫学方法只能检测到很少量的Stx2f[461]。在罗马，城市鸽群中有6％～16％感染产志贺毒素大肠杆菌，并且青年鸽的感染率明显高于老年鸽，分别为17.9％和8.2％[351]。在同一个地区，同时从11个月的小孩和5只鸽子分离到了产志贺毒素出血性大肠杆菌，并且通过分子学方法不能将其区分开[484]。从有蜂窝织炎、败血症以及肿头综合征的鸡或火鸡以及健康鸡的5个粪样中分离的97株APEC中，有52株被确定含有志贺毒素基因。其中最主要的是 $stx1$；只有3株有 $stx2$[403]。但是，科罗拉多州的鸽子[406]、印度的鸡和鸽子[532]以及芬兰的鸡、鸽子和海鸥[277]并不是STEC的传染源。

禽的整个肠道都有耐热肠毒素的功能受体，但从鸡体内极少能分离出与人腹泻病有关的大肠杆菌的血清型以及产生不耐热和耐热肠毒素的菌株[5,52]。

禽类和其他动物的APEC具有共同的血清型、毒力因子以及耐药性，而且禽大肠杆菌菌株可能是编码耐药因子和毒力因子的基因或质粒的来源[1,339,342,352,357,435,439]（见"毒力因子"章节）。APEC与人的尿道致病性大肠杆菌共同拥有多个相同的毒力因子，而在人类疾病的鼠模型中APEC的质粒可以转移给尿道致病性大肠杆菌[475]。禽类产品经常成为人感染大肠杆菌的来源。在食品杂货点贩卖的新鲜禽类产品，尤其是火鸡的，常被含有毒力因子和耐药因子的大肠杆菌污染[250,251]。在最近的一份未发表的研究中（L. Nolan），从零售的禽类产品分离的大肠杆菌中大多数是APEC而不是共生型大肠杆菌。此外，这些APEC与人的尿道治病性大肠杆菌很相似，这说明人尿道感染大肠杆菌的来源可能就是这些被污染了的禽类产品。

在火鸡幼鸡的肠道内，人的致病性沙门氏菌——纽波特沙门氏菌和大肠杆菌的其他血清型可以从有耐药性的大肠杆菌得到抗药性质粒，从而在没有抗生素压力的环境下获得耐药性。同时注射各种细菌后，抗药性质粒可以转移进超过25％的纽波特沙门氏菌[418]。肉鸡和火鸡粪内大肠杆菌的耐药性比蛋鸡的更强，这是因为前者比后者接触抗生素的几率更高[517]。从饲养人员身上分离到的大肠杆菌也有与之类似的耐药模式，在某些情况下，工人和禽体内存在相同的特定菌株。这些发现表明，耐药微生物或质粒从家禽到人之间的传递现象是普遍存在的。但禽的大肠杆菌分离株对人用的抗生素的耐药性是最小的[6,517]。

历　史

1894年Lignieres首先报道大肠杆菌可引起禽类大批死亡，并从心、肝、脾中分离出大肠杆菌[400]。经过进一步的接种实验，分离菌对鸽子具有高致病性，对鸡则因剂量和日常管理因素而表现不同的致病性，但对豚鼠和兔子则无致病性。随后，从1894年至1922年相继报道了相似微生物导致松鸡、鸽子、天鹅、火鸡、鹌鹑和鸡群发病的情况[400]。

对大肠杆菌败血症的首次描述发表于1907年，当时鸡群在运输途中因发生了类似霍乱的疾病而大批死亡，并由此而得出结论，大肠杆菌在某些条件下可以离开肠道成为高致病菌并引起母鸡的败血症，尤其是当饥饿、寒冷或缺乏良好通风而使其抵抗力下降时致病性更高[400]。

禽类传染性肠炎的临床特征表现为"机体虚

弱"（传染性衰弱）和瘫痪，并能从它们体内分离到大肠杆菌，这些于 1923 年就曾作过记载[400]。1938 年一种类似鸡白痢的疾病使同一孵化场 10 日龄以内的小鸡损失 15％～40％。死亡鸡表现心包炎和肝周炎，肝脏上有白色斑点，并且从组织中分离到了大肠杆菌。易感的原因被确认是由于较差的孵化条件导致孵出小鸡的身体虚弱[95]。

1938—1965 年，相继报道了大肠杆菌性肉芽肿（Hjarre 氏病）和大肠杆菌引起的各种其他病理损伤，包括气囊病、关节炎、足脓肿、脐炎、全眼球炎、腹膜炎及输卵管炎。鸡蛋中发现大肠杆菌[152]以及疫苗接种后感染和病毒感染后继发感染大肠杆菌也相继报道[480]。

病　原　学

大肠杆菌病的病原是埃希氏大肠杆菌（*Escherichia coli*），而其他传染性病原和非传染性因素常诱发动物感染此病。

从火鸡中分离到一个与大肠杆菌相关的种——弗格森埃希氏菌（*E. fergusonii*）[137]。弗格森埃希氏菌产生的大肠杆菌素（一种抗生素）与大肠杆菌产生的十分相似[477]。成年鸵鸟感染弗格森埃希氏菌后可因为厌食、全身衰竭和出血性腹泻而发生急性死亡。其造成的损伤主要是体内感染的革兰氏阴性菌形成纤维素性坏死性盲肠炎[210]。

分类

埃希氏菌属是肠杆菌科中的一个典型菌属，是由利用简单的碳源和氮源就可以进行需氧或厌氧生长的微生物组成的[45,134]。大肠杆菌又是埃希氏菌属中的代表种。该属中也有其他种，但大肠杆菌存在最普遍，又是最重要的病原菌。尽管志贺氏菌属有 4 个种，但他们事实上就是大肠杆菌[298,543]。

名称和同义名

大肠杆菌最初被命名为大肠细菌（杆菌）群 [*Bacterium（Bacillus）coli commune*]。到 1919

年，Castellani 和 Chalmers 将其正式命名为大肠杆菌[134]。它的命名是为了纪念儿科医生 Theobald Escherich，他在当护士期间首先发现并描述了大肠杆菌。大肠杆菌是肠细菌科中一个典型的种[59]，大肠杆菌和志贺氏菌的诊断特征见表 18.1。

表 18.1　大肠杆菌和志弗格森埃希氏菌诊断特征（弗格森埃希氏菌标为 *E. f.*）

革兰氏阴性，棒（杆）状，不形成芽孢	
麦糠凯琼脂	（＋）桃红色菌落，有沉淀，*E. f.* 无色菌落
Tergitol-7 琼脂	（＋）黄色菌落，*E. f.* 红色菌落
伊红美蓝琼脂	（＋）黑色菌落，金属光泽
运动性	（V）
过氧化氢酶	（＋）
氧化酶	（－）
硝酸盐->亚硝酸盐	（＋）
明胶	（－）
硫化氢	（－）
吲哚	（＋）
甲基红	（＋）
V-P 试验（Voges-Proskauer）	（－）
柠檬酸盐	（－）
脲酶	（－）
KCN 培养基	（－）
赖氨酸脱羧酶	（＋）
鸟氨酸脱羧酶	（V）*E. f.*（＋）
苯丙氨酸脱氨酶	（－）
葡萄糖	（＋）产酸，产气
乳糖	（＋）极少情况（－），*E. f.*（＋）
甘露醇	（＋）
半乳糖醇	（V）
蔗糖	（V）*E. f.*（－）
水杨苷	（V）
侧金盏糖醇	（－）*E. f.*（＋）
肌醇	（－）
山梨醇	（＋）*E. f.*（－）
丙二酸	（－）*E. f.*（V）
纤维二糖	（－）*E. f.*（＋）

（＋）生长或发生反应；（－）不生长或不发生反应；（V）不同分离菌株反应特性不同。

形态及染色

大肠杆菌为革兰氏阴性、非抗酸性、染色均一、不形成芽孢的杆菌，通常为 $2\sim3\mu m\times0.6\mu m$，其大小和形态有一定差异。细胞内的细菌普遍比胞外的要小。许多菌株可运动，菌体周身长有鞭毛。

生长需要

在 $18\sim44℃$ 的温度下，大肠杆菌可在普通营养培养基上生长。该菌可以发酵葡萄糖，有时产生气体。在特定时期内，大肠杆菌的传代时间和数量与温度有关（表18.2）。

表 18.2　在没有生长限制条件下（如营养、抑制性物质的聚集），**24h 内温度对大肠杆菌代时和数量的影响**

温度		传代时间（h）	24h 内大肠杆菌的数量
°F	℃		
32	0	20	2
40	4.4	6	8
50	10.0	3	128
60	15.6	2	2 048
70	21.1	1	8 388 608
80	26.7	0.75	3 435 973 800
90	32.2	0.50	24 073 749 000 000
100	37.8	0.30	236 118 320 000 000 000

菌落形态

在琼脂平板上于 37℃ 培养 24h 后，其菌落低而隆凸，无色光滑；在麦康凯琼脂上菌落呈亮粉红色，周围有沉淀线环绕；在伊红美蓝（EMB）琼脂上形成黑色金属光泽的菌落；在 tergitol-7 琼脂上形成黄色菌落。菌落直径通常为 $1\sim3mm$，边缘整齐，有颗粒样结构；粗糙型菌落通常较大，边缘不规则；黏液样菌落较大凸起，湿润，接种针触碰有黏性。在血平板上，哺乳动物致病性大肠杆菌常引起溶血，但这并非 APEC 的共同特性。大肠杆菌能在肉汤中迅速生长并产生混浊。

生化特性

大肠杆菌能分解葡萄糖、麦芽糖、甘露醇、木糖、甘油、鼠李糖、山梨醇和阿拉伯糖，产酸产气。但不分解糊精、淀粉或肌醇。由于 O157：H7 不发酵山梨醇，因此可用山梨醇麦康凯琼脂来鉴别 O157：H7 与其他大肠杆菌，在山梨醇麦康凯琼脂上一般的大肠杆菌呈现粉红色菌落，而 O157：H7 不是粉红色。大多数菌株能发酵乳糖，但偶尔可以分离到不发酵乳糖的菌株，这要与沙门氏菌区别开。对侧金盏花醇、蔗糖、水杨甙、棉子糖和卫矛醇的发酵不确定。一些能够降解棉子糖和山梨糖的分离株在胚胎致死性试验中具有很高的致死率[349]。吲哚和甲基红反应呈阳性的大肠杆菌能将硝酸盐还原为亚硝酸盐。V-P 试验和氧化酶反应均为阴性的大肠杆菌在 Kligler 氏铁培养基上不产生 H_2S。有氰化钾时不生长，不水解尿素（尿素酶阴性）、不液化明胶，在柠檬酸盐培养基上不生长。生化试验可以用来鉴别大肠杆菌与同属[45]及同科[134]的其他细菌。志贺氏菌不能降解乳糖、蔗糖、棉子糖和山梨醇，这有助于将其与大肠杆菌区别（表18.1）。

对理化因素的抵抗力

大肠杆菌无特殊的抵抗力，对理化因素敏感，是典型的营养型革兰氏阴性菌。60℃、30min 或 70℃、2min 即可灭活大多数菌株。预清除或使用杀菌剂可以增强热灭活作用。大肠杆菌耐受冷冻并可在低温条件下长期存活。热灭活效果取决于时间和温度，37℃ 下 1~2 天或 4℃ 下 6~22 周可以使细菌数目减少 90%。湿度较高时灭活较慢，而当游离的氨存在时灭活较快[213]。

当 pH 低于 5 或高于 9 时，可以抑制大多数菌株的繁殖，但不能杀死细菌。某些致病性菌株，如 O157：H7，是耐酸的，它们可以耐受胃的酸性环境而不被杀死。有机酸比无机酸能更有效地抑制细菌的生长。用柠檬酸、酒石酸或水杨酸处理后，可显著减少禽粪内的大肠杆菌数量[240]。而 8.5% 的盐浓度也可以抑制其生长，但不能使之灭活[41]。

能稳定产生二氧化氯的物质可以作为水的高效

消毒剂[405]。在饲料中添加氯酸盐后，氯酸盐在消化道可以从无毒形式转化成有毒形式从而选择性的减少大肠杆菌和其他相关细菌在消化道的数量，这种转化方式与大肠杆菌将硝酸盐转化成亚硝酸盐的方式一样[14]。紫外照射和加热灭菌的消毒方法已经在一些欠发达地区用于人的饮用水消毒，这种方法成本很低可以用于养禽业[42]。

干燥十分不利于大肠杆菌的存活。将被大肠杆菌污染的肉鸡运输笼具干燥 24～48h 后，只有很少的大肠杆菌能够存活[43]。如果在干燥前进行冲洗，可以完全清除大肠杆菌。

对金属和消毒剂的抵抗力

大肠杆菌很容易获得对多种重金属（砷、铜、汞、银、碲和锌），以及多种消毒剂（洗必泰、甲醛、双氧水和季铵化合物）的抗性。不同的菌株对金属和消毒剂的抵抗力是不同的[2,458]。当环境存在消毒剂的选择压力时，大肠杆菌就可以进化出对该消毒剂的抵抗力。关于对消毒剂的抵抗力在大肠杆菌中是否广泛存在的报道还很少[2]，但是这种抵抗力可以通过可转移的遗传因子进行传递，而且这种传递的频率越来越高[34]。有报道称没有发现对过氧化氢和甲醛有抵抗力的菌株[2]。能抵抗甲醛的菌株是因为有甲醛抗性基因的质粒，该质粒可以编码甲醛脱氢酶[285]。

含有耐抗生素抗性基因的质粒通常也带有抵抗重金属和消毒剂的基因[255,258]。除了有抗生素抗性外，APEC IncHI2 质粒、p-APEC-O1-R 还具有对亚碲酸钾、硝酸银、硫酸铜和氯苄烷铵的抗性[259]。同样，APEC IncF 质粒，pAPEC-O2-R，除了编码抗生素抗性，包含了季铵化合物、银和其他重金属的抗性基因[256]。

抗原结构与毒素

根据 Ewing 分型方案，可将大肠杆菌分为不同的血清型[134]。目前已确认有 180 个 O 抗原、60 个 H 抗原和 80 个 K 抗原[490]；这些抗原的数目经常变化，这是因为不断有新的抗原被发现，而很多之前发现的抗原被证明有重复或者被归于其他细菌。大多数血清学分类方法只考虑 H 抗原和 O 抗原，如大肠杆菌 O157：H7。O 抗原主要用于区分血清群，而 H 抗原主要用于区分血清

型。由于粗糙型菌株容易自凝，因而无法定型。许多调查研究还发现了带有未确定 O 抗原的血清型。F 抗原（菌毛抗原）在最后有必要时才用于血清型的区分。

O 抗原（菌体抗原）

脂多糖是细菌的细胞壁成分，也称为内毒素，，其化学组成是多糖-磷脂复合物，细菌溶解后释放出的脂多糖。O 抗原是脂多糖抗原性部分，脂质是 A 其毒性部分。O 抗血清的制备和使用方法已有介绍[274]，将抗原抗体混合物置于 50℃，孵育 24h，该血清可以高效价地凝集抗原（通常＞1：2 560）。

H 抗原（鞭毛抗原）

要检测 H 抗原，细菌必须在能促进运动的条件下生长。H 抗原存在于构成细菌鞭毛的不同类型的鞭毛蛋白中。加热至 100℃ 可被破坏。50℃ 作用 2h 即可判定试管凝集反应的结果[548]。

K 抗原（荚膜抗原）

K 抗原是含有 2% 还原糖的聚合酸。这种抗原与细菌的毒力有关，存在于细菌表面，能干扰 O 抗原凝集反应，100℃ 加热 1h 可被破坏，某些菌株则需 121℃ 加热 2.5h。根据 K 抗原的热稳定性，可将其分为 L、A 及 B 3 种。可通过给家兔静脉注射用活菌制备抗血清。用试管凝集反应试验测定抗体效价时，可将抗原抗体混合物在 37℃ 下作用 2h，然后置于 4℃ 过夜，抗血清的效价较低（1：100～1：400）。大多数抗原鉴定，可将血清作适当稀释后进行玻片凝集试验[548]。目前 K 抗原通常不用于血清型的分型。

F 抗原（菌毛抗原）

F 抗原与细菌对细胞的黏附作用有关。其表达因体内和体外的生长环境不同而不同。根据 F 抗原对细胞的凝集作用能否被甘露糖抑制，可将 F 抗原划分为甘露糖敏感型和甘露糖耐受型。目前已有多种方法来检测 F 抗原[548]。

毒素

APEC 的产毒素性要比哺乳动物或人的致病性大肠杆菌要低很多。APEC 不都产生肠毒素，但是

产生其他毒素，这些毒素在鸡群致病的作用却不确定（见"毒力因子，毒素"章节）。鸽子是产志贺菌毒素大肠杆菌的重要传染源（见"公共卫生意义"章节）。

菌株分类

抗原性分类

尽管可以通过分子方法鉴别大肠杆菌特殊的毒力基因，但血清学分型仍然是进行流行病学研究的有力工具，血清分型是连接以前工作和新的研究的一个手段。并且，因为刺激禽类机体最早产生免疫反应的抗原是 O 抗原，所以确定 APEC 的血清型十分重要。在世界许多地方都已开展了与禽病相关的大肠杆菌血清型的调查工作[440,460,507]。因地理区域的不同血清型呈现多样性，但最常见的为 O1、O2、O35 及 O78[208,480]。另有许多血清型不太常见，还有一些致病菌株血清型不明确或者未分型[561]。某些感染的暴发是由特殊的血清型造成的，例如 O111，这一血清型可以造成产蛋母鸡致死、败血症以及多浆膜炎[560]。

最近的一项研究比较了 458 株鸡大肠杆菌病的分离菌株同 167 株健康鸡分离菌株之间的血清型差异，发现存在 62 种不同的 O 型菌株，其中只有 15% 的菌株属于 O1、O2、O35、O36 及 O78，这些血清型与禽大肠杆菌病有关。另外，有部分患病禽源菌株则属于 O18、O81、O115、O116 和 O132，这 5 个血清型以前与大肠杆菌病无关，这也许是新的致病血清型出现的一个信号。尽管患病禽源菌株与健康禽源菌株的血清型存在明显差异，但患病禽源菌株引起健康禽的肠道感染却经常发生[53]。

遗传或分子学分类

除依据血清型分型外，大肠杆菌还可依据其对抗生素耐药性、产毒素性、黏附性（包括菌毛）、细胞黏附性、血凝反应、溶源性（噬菌体分型）及质粒等进行进一步分型鉴定。DNA 探针及 PCR 已用于检测细菌特定的毒力基因[281,291,314,548]。而多重 PCR 通过有效的检测多个编码不同毒力因子的基因来同时区分 APEC 与普通大肠杆菌[133,436,474]。

多种指纹法可用于大肠杆菌流行病学研究，如：脉冲场凝胶电泳（PFGE）、扩增片段长度多态性（AFLP）、限制片长多态性（RELP）以及随机扩增多态 DNA（RAPD）[252,330]。脉冲场凝胶电泳则可以对患有蜂窝织炎的鸡源大肠杆菌进行指纹分析。已经发现某些特定基因型的细菌与特定养殖场和鸡群有关[471,472]。

RAPD 在流行病学研究上可以用来鉴定大肠杆菌的克隆型[471,330]，它比限制性片段长度多态性分析（RFLP）这一分子指纹技术更经济、更快速[330]。对 5 株菌株进行 RAPD 分析发现有 3 个族 50 个亚型，但 RAPD 无法区分致病菌株与非致病菌株[71]。从佐治亚州的病禽和健康禽中收集到的菌株中已鉴定出 16 个不同的 RAPD 型。尽管这些型之间有差异，但由于其中一种 RAPD 型只出现在病鸡体内，并且该型菌株所占比例为 23%，因此这种差异并不是绝对的。此外，所有的 RAPD 型与抗生素耐药性无关[330]。

多位点酶电泳（MLEE）可鉴定出特异的基因型，结果证明不同地区鸡和火鸡的不同类型大肠杆菌病是由少数几种克隆型引起的。在同一克隆系中，菌株的毒力差异很小，但在不同的克隆系中，毒力变化则很大[539]。MLEE 可以将大肠杆菌分为四个不同的克隆型，分别是 A、B1、B2 和 D。在巴西，从患有脐炎、肿头综合征、败血症以及健康鸡只的肠道分离的大肠杆菌就属于上述不同的克隆型。与核糖分型相比，MIEE 能更好地将不同的分离株进行区分，大多数致病性的分离株属于两个克隆型，而大部分普通的分离株属于另外的克隆型[94]。

利用多重 PCR 也可以将 APEC 分为不同的进化型。通过该方法可以将不同的分离株分为 A、B1、B2 和 D 四个进化群。B2 克隆型和 D 克隆型主要是致病性分离株。但是 Rodriguez-Siek 等人[435]发现 524 个分离株中的大部分都属于非致病性的克隆型。多位点序列分析（MLST）可用于构建进化树，从而显示不同克隆型之间的进化关系。而高致病性的菌株可能是最近通过同源重组方式进化而来的杂交菌株[543]。

大肠杆菌基因组中的重复序列可以利用 PCR 进行鉴定，重复序列还可以用来区分不同的分离株以及确定他们之间的关系。这个过程叫做肠杆菌基因间重复一致序列（ERIC）检测。ERIC 可以与基因外重复回文序列 PCR（REP-PCR）联合使用，后者可以检测基因组外重复序列。根据这些方法构建的树状图显示了禽大肠杆菌具有很高的基因多样性。致病性和非致病性分离可以分为不同的克隆系，但是各种血清型却分撒在所有的克隆系中。无法确定某一个基因型或者血清型能够导致大肠杆菌病[99]。在随后的研究中发现，共生型分离株与致脐炎分离株可以归于一个克隆系，而致败血病和致肿头综合征的 APEC 分属不同的克隆系。这说明致脐炎分离株属于机会致病性大肠杆菌[93]。

信号标签转座子诱变（STM）[308]和基因抑制性消减杂交技术可以用于鉴定 APEC 之前未知的毒力相关的基因[61,268,642,462,491]。新发现的毒力相关基因序列并不存在于共生型大肠杆菌，这说明该基因在细菌的致病性上发挥了很重要的作用。缺失这个致病因子的突变菌株比完整菌株的毒力有明显下降。而且，与共生型大肠杆菌比较，这个新的毒力因子更普遍的存在于其他的禽类或哺乳动物的大肠杆菌。这些新发现的基因特点以及在禽类大肠杆菌的致病作用还有待深入研究。

在比较了从大肠杆菌性败血症病例分离到的两种致病性禽大肠杆菌（O2 和 O78）后，发现这两者区别很大，仅有小部分基因是相同的。在分析了人和动物所有血清型的大肠杆菌后发现了相类似的遗传差异，研究者因此提出了一个叫做"混合-配对"的假设，即不同的毒力因子可以重组从而导致败血病的发生[342]。

粪便内大肠杆菌的数量很高，尽管大肠杆菌在脱离了消化道环境后不能正常生长，但是如果在水源中发现了大肠杆菌仍然可以怀疑水源受到了粪便的污染。可以通过核糖核酸分型确定污染的来源[66,190]。在可疑的污染源数量不大于三个的时候，核糖分型法可以很精确的确定粪便中大肠杆菌的来源。例如，在大肠杆菌来源为鹅、火鸡或者鸡的情况下，利用此方法可以确定 96％所分离的大肠杆菌的真正来源[66]。

致病性

APEC 与共生型大肠杆菌的区别是 APEC 可以造成鸡胚或小鸡的死亡[158,159,160,349,392]。鸡胚致死率检测可以用于判定大肠杆菌分离株的毒力。通过尿囊腔接种 11 个 12 日龄的鸡胚，接种量为 100cfu 的待检细菌。两天后致死率＜10％为无毒力型菌株；致死率在 10％～29％之间的属于中等毒力菌株；而

致死率＞29％即是高毒力菌株[547]。延长观察时间致死率会相应增高，但是致死率与菌株毒力的关系不会变[349]。雏鸡静脉接种和皮下接种的毒力结果与鸡胚致死率检测一致，气管接种的毒力结果却不相同[160]。除了鸡胚致死率检测，大肠杆菌的毒力还与补体抗性和 ColV 质粒的存在与否有关，但是两种因素的检测并不能确定分离株就是有毒力的大肠杆菌。所以鸡胚致死率检测仍然是用于区分 APEC 与共生型大肠杆菌的最好的检测方法[158]。

毒力因子

一般认为，禽大肠杆菌病多是继发感染的疾病，而且 APEC 也是一个机会性致病菌。然而很多例子已经证明，APEC 已经很好地适应了作为病原的寄生生活，这说明 APEC 感染不仅仅只是继发感染或者机会性感染。与其他致病性大肠杆菌一样，APEC 通过水平转移的方式获得了编码毒力因子的基因，这也是 APEC 与共生型大肠杆菌的区别[111,436,491]。这些毒力基因可能位于细菌染色体、质粒或毒力岛（PAIs）上，使得 APEC 能够在宿主体内生存并导致临床发病。因为 APEC 一般导致肠外的疾病，所以都属于肠外致病性大肠杆菌（ExPEC）。ExPEC 也包括引起人和其他宿主疾病的尿道致病性大肠杆菌（UPEC）和致脑膜炎大肠杆菌（MNEC）[263]。ExPEC 共有一些适应于肠外致病的毒力因子，包括黏附素、毒素、保护素、铁摄取机制以及侵袭素等[263,435,436]。对 APEC 这些毒力因子的鉴定可以确定其致病型[436]，并且使得研究者关注 APEC 可能感染非禽类宿主[357,435,439]。

尽管 APEC 感染多发生在肠道外，但是一些 APEC 却有与肠致病性大肠杆菌相同的毒力因子，肠致病性大肠杆菌主要有：致肠道病大肠杆菌（EPEC）[264,291]、肠毒性大肠杆菌（ETEC）[264,292]、肠侵袭性大肠杆菌（EIEC）[440,441]以及肠出血性大肠杆菌（EHEC）[292,484]。此外，造成相同疾病的 APEC 在基因结构可能有很大的差别[320]。正因为这样的基因组可变性的存在，所以不能只用单一的一个毒力因子就将 APEC 与所有的共生型大肠杆菌区别开。表 18.3 总结了编码不同毒力因子的各种基因。

表 18.3　可能与禽大肠杆菌毒力相关的基因或区域（见参考文献 248，263，436）

基因、操纵子或序列	描　述	基因、操纵子或序列	描　述
铁相关基因		S 菌毛（Sfa）	
feoB	调节二价铁离子（Fe^{2+}）吸收的主要基因	sfaS	编码 S 菌毛的 tip 菌毛黏附素；S 菌毛与含唾液酸糖蛋白相互作用
ireA[1]	铁调节载体受体，外膜蛋白	F1C 菌毛（Foc）	
耶尔森杆菌素操纵子[1]	耶尔森杆菌素合成相关的铁抑制性基因	focG	编码 F1C 菌毛的一个组成原件
irp2		focA	编码菌毛的主要亚基
fyuA	编码三价耶尔森杆菌素吸收受体	S/F1C 相关菌毛（Sfr）	
sit 操纵子[1,2]		AC/I 菌毛（Fac）	
sitA	假定的铁转运操纵子	facA	编码禽大肠杆菌 I（AC/I）菌毛的主要亚基
有气杆菌素操纵子[2]		Curli 菌毛	
iutA	三价有气杆菌素外膜受体基因	crl	编码 curli 菌毛的基因簇；与黏附以及入侵细胞相关
iucC	参与有气杆菌素的合成；气杆菌素参与调控铁的吸收与转运	iha	IrgA 同系物黏附素
salmochelin 操纵子[2]		afa	A 菌毛黏附素，属于 Dr 家族
iroN	catecholate 铁载体受体基因	gafD	G 菌毛黏附素
Eit 操纵子[2]		bmaE	M 血型特异性黏附素
eitA	ABC 铁转运载体，胞质结合蛋白	Stg 操纵子	
毒素/杆菌素相关基因		stgA	位于 Stg 菌毛操纵子 C 端
stx1，stx2[3]	志贺氏毒素；抑制蛋白合成	tsh[2]	热敏血凝素基因
hlyD	α-溶血素操纵子转运基因	bfp	成泡菌毛，在典型 AEEC 可启动黏附于造成 EA 损伤
hlyF[2]	禽大肠杆菌血凝素		
cdtB	细胞致死性肿胀毒素；DNase I 活性；阻碍有丝分裂	eae	大肠杆菌黏附与 effacing 基因，编码紧密黏附素
vat[1]	空泡形成外膜分泌蛋白毒素	**保护素**	
cnf1	细胞毒坏死因子；改变细胞骨架；致坏死	iss[2]	提高血清存活率与表面排斥的相关外膜蛋白
usp	泌尿系统特异性致病蛋白（杆菌素）	traT[2]	血清抗性与表面排斥的相关外膜蛋白
CoIV 操纵子[2]			
cvaC	CoIV 操纵子结构基因	bor	λ 噬菌体编码的独立决定子，与表面排斥相关
CoIB 操纵子[2]			
cbi	CoIB 操纵子免疫基因	ompA	外膜蛋白 A，与血清抗性有关
CoIM 操纵子[2]		kps 簇	与编码 K 抗原相关
cma	CoIM 活性部分结构基因	**侵袭素**	
黏附素		ibeA[1]	促进脑微血管内皮细胞浸润
1 型菌毛黏附素操纵子（Fim）		ipa	入侵细胞及胞内存活
fimH	1 型菌毛的 D-甘露糖特异性黏附素	tia[1]	侵袭素决定子
Pap 菌毛操纵子[1]		**其他**	
papC	P 菌毛组装时的牵引分子	ompT[1,2]	编码降解大肠杆菌素的蛋白酶
papA	编码主要结构亚基	malX	UPEC CET073 的毒力岛标记
papG	编码 tip 菌毛黏附素	fliC（H7）	在 H7 型大肠杆菌中产生鞭毛蛋白
S 菌毛操纵子		Ets 操纵子[2]	
S 菌毛黏附素家族的区别在于受体的特异性		etsA	鞭毛 ABC 转运载体以及流程泵蛋白

　　1　定位于 APEC 染色体的 PAI 位点

　　2　定位于 APEC 染色体的 PAIs 位点

　　3　由噬菌体编码

黏附素

黏附素可以是菌毛也可以是非菌毛。尽管菌毛对于 APEC 在宿主体内的定殖可能有重要关系，但是其引起禽大肠杆菌病方面的作用还不清楚[23]。根据细菌型的不同及定植组织的不同菌毛可以发生相变异。已经发现 APEC 多种菌毛，包括：AC/I（禽大肠杆菌 I 型）[23,386,555]，P（F11）[292]，1 型（F1）[17,292]，Stg[316] 以及 curli[172,287,291]。此外，在 O78 型 APEC 中发现了 ColV 质粒，该质粒编码了 4 型菌毛。但是 4 型菌毛在细菌吸附宿主细胞以及致病性上发挥的作用还不知道[174]。

在气管上皮细胞最初定植的细菌表达 F1 菌毛，而 P（F11）菌毛是由定植在呼吸道下部或组织内细菌产生的，而且表达较晚。在表达 F1 菌毛时，细菌会被巨噬细胞迅速杀死[420,422]。尽管在细菌吸附体外培养的咽上皮细胞或者气管上皮细胞时 F1 菌毛黏附素（FimH）是必须的，但是在体内黏附气管上皮细胞却不需要 FimH[17]。而 curli 菌毛与侵袭真核细胞以及定殖于盲肠有关[287]。

亲密素（intimin）是一个重要的非菌毛黏附素，它是由 EHEC 和 EPEC 的 *eae* 基因（*E. coli* attaching and effacing）编码产生的。它能使细菌黏附在肠黏膜细胞的表面，并引起特征性的黏附和病变（AE 病变）。已发现多种亲密素并以希腊字母排序。在 APEC 中最常见的是 β 亲密素，其次是 λ 亲密素[281,491]。造成巴西大规模燕雀死亡的高致病性 APEC（O86：K61）就可以合成 λ 亲密素[291]。

能够产生 AE 病变的细菌称为黏附细胞毒性大肠杆菌（attaching effacing *E. coli*，AEEC）。在哺乳动物，亲密素与一种特殊的菌毛——束形成菌毛（bundle - forming pilus，bfp）协同作用导致 AE 病变。没有 bfp 的 AEEC 被称作"非典型 AEEC"。而 APEC 就大多属于"非典型 AEEC"。在大多数的禽类调查中所分离的 APEC 或者没有产 bfp 的菌株或者很少[281,492]，但从鸽子分离到的产志贺氏菌素大肠杆菌例外[189,484]。在墨西哥从卵黄囊感染的死胚和小鸡中分离的菌株有 30% 属于 *eae*＋分离株[440]，而在肯尼亚健康鸡粪中这个比例是 60%[264]，如此高比例的 *eae*＋分离株说明在某些地理区域内 AEEC 感染鸡群的情况很普遍。

在火鸡气囊病中发现了一种新的与肺胶原凝集素和纤维胶原素不同的禽呼吸道可溶性凝集素。该凝集素可与致病性大肠杆菌（O2 型和 O78 型）表面多糖结合，但在在大肠杆菌病中的作用还未被确定[534]。此外，一些 APEC 也可以产生热敏血凝素（Tsh）——最早被称作丝氨酸蛋白酶转运载体（serine protease auto transporter of the Enterobacteriaceae，SPATE）[424]。Tsh 具有黏附素和蛋白酶的生物活性，在早期感染时有助于细菌定殖在宿主的呼吸道[116]。Tsh 产生作用主要在感染早期，因此 Tsh 基因突变株造成的肺泡病变很轻微。APEC 的毒力强弱可能与 Tsh 没有关系[510]。不同的 APEC 群带有 Tsh 的差别很大[9,98,102,103,132,133,243,329,335,435,436,523,553,561]。

毒素

禽致病性大肠杆菌毒力比哺乳动物的要弱[52,243,337]，这可能是由于禽类菌株产生的毒素量少或用来检测哺乳动物菌株毒素的方法不能检测禽类菌株毒素。内毒素是细胞壁的结构组成。除了内毒素，致病性大肠杆菌还可产生几种致病毒素[402,403,454,455,456]。APEC 的某些致病基因已经有文献报道。这些基因包括编码细胞致死性肿胀毒素的基因[292,435,436,440]、细胞毒性坏死因子[435,436] 以及多种溶血素[9,257,258,338,352,365,430,435,436,549]。

有些毒素基因存在于许多的 APEC。2004 年首次报道在禽大肠杆菌的分离株中有一种与沙门氏菌毒力因子同源的 *hlyF*。它与大肠杆菌 K12"沉默"溶血素基因的同源性相当高，且在 APEC 中普遍存在。*hlyf* 基因发现于 CoIV - CoIBM 串联质粒的毒力簇中[257,258]。其在 APEC 的致病性上所起的作用还不清楚。

Vat 基因所编码的成泡转运载体毒素（Vat）在 APEC 中也很常见[132]。Vat 是一个 148.3kDa 大小的蛋白，有典型的 SPATE 样结构。它与幽门杆菌的 VacA 毒素的作用相似，能造成培养细胞出现细胞毒性反应。Vat 在 APEC 的致病性发挥了一定作用，因为 *Vat* 基因敲除后可导致毒力下降[404]。

铁摄取机制

APEC 摄取铁的能力已经有很多报道，这种能力源自其多种铁摄取机制（如有气杆菌素、耶尔森杆菌素、*sit* 以及 *iro* 系统)[110,117,173,296,451,544]。这些基因操纵子在 APEC 十分普遍，但在共生型大肠杆菌却很少发现[436]。APEC 通常同时拥有多个这样的操纵子，在大质粒中往往可发现一个或多个这类操纵子[112,117,162,237,254,258,259,435,436,451,510]。在 APEC 的普遍存在铁摄取机制说明对铁的收集能力对禽大肠杆菌病的致病性少有重要作用。

Sit 操纵子最早发现于鼠伤寒沙门氏菌。最近，利用基因组消减杂交技术以及信号标签诱变技术从 APEC 中也发现了 *sit* 操纵子[308,462]。*Sit* 操纵子编码了 ABC 转运系统相关蛋白，与铁、锰代谢以及抵抗过氧化氢有关[451]。在一个 APEC 中，*sit* 操纵子可以同时存在于染色体或质粒毒力岛中[257]。位于质粒的 *sit* 操纵子常与有气杆菌素铁载体操纵子以及 *iro* 位点密切相关[257]。至少在一株 APEC 的染色体毒力岛中发现了耶尔森杆菌素操纵子（GenBank accession no. NC 008563）。

保护素

不管什么样的症状以及被感染的禽的种类，抵抗补体是 APEC 的共同特性[393]。大肠杆菌对补体的抵抗力与多种结构因素有关，包括 K1[89,90,154,338]、荚膜型[448,494]、平滑型脂多糖层（LPS）[90,167]或特殊型脂多糖[338]以及某些外膜蛋白如 Trat、Iss 以及 OmpA[47,78,79,343,537]。在比较了 294 个 APEC 与健康鸡粪中的 75 株大肠杆菌分离株在荚膜、平滑型脂多糖、*ompA*、*traT* 以及 *iss* 的差别后发现，APEC 产生的 *iss* 要比共生型大肠杆菌的多很多[414]。

血清存活率提高（increased serum survival，iss）基因最早由 Binns 及其合作者于 1979 年报道。*Iss* 与 CoIV 质粒一起起到了抵抗补体的作用。*Iss* 使大肠杆菌对 1 日龄小鸡的毒力提高了 100 倍[46]，对补体的抵抗力提高了超过 20 倍[31,78,79]。*Iss* 基因编码了 Iss 蛋白，一种大肠杆菌的外膜脂蛋白[318]。与共生型大肠杆菌相比，*iss* 基因更多存在于 APEC[435,436,553,561]。尽管 *iss* 基因在 APEC 与共生型大肠杆菌之间分布的不同能够反映 *iss* 基因对 APEC 的致病性发挥了重要作用[393]，但是 Mellata 等报道发现，对于 APEC 分离株 χ7122 而言，*iss* 基因在提高细菌对阳性血清抵抗力上没有发挥作用[339]。然而，Tivendale 等[510]却发现 APEC 的毒力与 *iss* 基因以及 *iucA* 基因（有气杆菌素操纵子的一个基因）有着紧密的联系。从这些不同的结果可以看出，关于 APEC 对补体的抵抗、介导因子及其致病作用还需要进一步研究。

APEC 对异嗜颗粒细胞和巨噬细胞的抵抗能力也是其成功感染宿主的又一个重要原因。抵抗吞噬作用及其相关效应可能与 APEC 的补体抵抗能力或者其他特性有关。Kottom 等[280]报道一个补体敏感的突变株可以结合更多的 C3 亚基，与野生型 APEC 相比，突变株更明显地被吞噬。突变株的毒力下降可能是对补体介导的溶菌作用更敏感，对补体调理的吞噬作用更易感。但是，Mellata 等[338]在随后的研究中发现未经血清调理的 APEC 必经过血清调理的 APEC 的吞噬作用相同甚至更高。

有 1 型菌毛并且缺乏 P 菌毛、K1 荚膜、O78 抗原以及一种未鉴定的病原特异性染色体区时可以促进家禽吞噬细胞对 APEC 的吞噬作用。而当 1 型菌毛、P 菌毛、O78 抗原以及 0-分染色体区域同时存在时，可以保护 APEC 免受吞噬作用，尤其是异嗜颗粒细胞吞噬作用[338]。

APEC 的某些菌株可以在巨噬细胞内存活并通过启动细胞凋亡使巨噬细胞崩解[35,434]。APEC17 可以激活胱冬蛋白酶——细胞凋亡的关键酶在感染 8h 内出现细胞毒性作用[35]。

侵袭素

ibeA 基因能够使新生儿脑膜炎型 ExPEC 入侵脑微血管内皮细胞（BMEC）。与共生型大肠杆菌相比，*ibeA* 基因更多的存在于 APEC[156,268,435,436]。当 APEC 分离株 BEN2908 的 *ibeA* 被抑制后，其侵入人的 BMEC 的能力和对禽类的致病性都显著下降[156]。这些结果说明 *ibeA* 基因是 APEC 的一个重要的毒力相关基因。14% ～ 20% 的 APEC 都含有这个基因[156,435,436]。至少一个 APEC 菌株的 *ibeA* 基因位于染色体致病岛（GenBank accession no. NC 008563）。

其他

形成一层生物膜可以提高 APEC 对清洁剂和消毒剂的抵抗力，并能使 APEC 通过横向基因转移的方式获得毒力。在比较了 105 株 APEC 与 103 株禽共生型大肠杆菌在塑料表面形成生物膜的能力后发现，APEC 可以在营养缺乏的条件下形成生物膜，而共生型大肠杆菌却可以在营养丰富和缺乏两种条件下形成生物膜[476]。

毒力基因的基因组定位

关于毒力相关基因在 APEC 基因组上的定位的研究已经取得了显著的进展，揭示毒力基因的构成、调控以及进化过程。随着 1 株 APEC 全基因组测序的完成（GenBank accession no. NC008563）这些研究将进一步加速。最近测定了基因组上毒力岛和两个致病质粒的序列。这两个质粒都含有毒力岛[257,258]，通过相互结合的方式，供体细菌可以将含有多重药物抗性基因的质粒转移给受体细菌[256,259]。这些质粒上同时带有毒力或其他抗性基因（Timothy J. Johnson 的私人通讯）。毒力基因与抗性基因的紧密联系为 APEC 在环境中的存活与繁殖提供了条件[255]。

毒力岛的大小一般为 10～200kb，编码一个或多个毒力因子，通过水平转移的方式嵌入基因组，这种嵌入可以改变固有的 G－C 含量和密码子的利用。毒力岛两侧通常直接连接的是小片段的重复序列[262]。毒力岛可能包含一些可动元件，如整合子、转座子和插入序列等。这些元件可移动，并可能位于质粒、结合性转座子或噬菌体中。当一个有致病性的菌株失去了这些元件后，它可能自发转化为非致病性的菌株[262]。

位于 APEC 染色体的毒力岛主要有 VAT－PAI[404]、PAI I$_{APEC-O1}$[269] 和 AGI－3[76]。

VAT－PAI 是一个 22kb 的毒力岛，含有 vat 基因，编码 Vat 蛋白（见毒力因子：毒素）。PAI I$_{APEC-O1}$[269] 大小为 56kb，带有完整的 pap 操纵子以及其他基因（如 tia 和 ireA），并且该毒力岛位于 kps 基因簇上游，而 kps 基因簇参与荚膜多聚唾液酸的生物合成。虽然该毒力岛的功能尚不完全清楚，但在分析了 95 个 APEC 和 95 个共生型大肠杆菌的 PAI I$_{APEC-O1}$ 上所含的 6 个基因后发现，高致病性菌株和中等毒力菌株比低毒力菌株更多地含有的 PAI I$_{APEC-O1}$ 的这些基因。而共生型菌株都不含有 PAI I$_{APEC-O1}$ 上的所有 6 个基因，7.2%APEC 含有全部 6 个基因[267]。尽管这个结果说明 PAI I$_{APEC-O1}$ 与毒力有关，但是 PAI I$_{APEC-O1}$ 在 APEC 的致病性所发挥的作用还需要进一步的研究。AGI－3 是最近报道的毒力岛，大小为 49.6kb，分为 5 个模块。基因缺失突变分析发现，AGI－3 的模块 1 与碳水化合物的摄取以及对小鸡的致病性有关系。在分析了

249 个 ExPEC（包括 205 个 APEC 和 36 个非致病性禽大肠杆菌）的 AGI－3 后发现，12% 的细菌含有该毒力岛。而且 15 个 O5 血清型的 APEC 含有该毒力岛，这说明 AGI－3 可能与血清型有关。

APEC 的毒力岛还可以位于一些大的可转染性质粒。已经完成 pAPEC－O2－CoIV（CoIV 质粒，180kb）测序与分析，其在 APEC 的致病性发挥的作用已经得到确认[258,475]。pAPEC－O2－CoIV 除了有用于转移、维持和复制的区域外，还包含 94kb 的片段，该片段包含了一些假定的毒力基因，如 hlyF，ompT，iss，tsh，CoIV 操纵子以及四个推测与铁摄取有关的系统，包括气杆菌素、salmochelin、sit ABC 转运系统以及一个 APEC 新的铁转运系统——eit 系统。此外该毒力岛还包含另一个称为 ets 的 ABC 转运系统。在分析了 595 个 APEC 和 199 个共生型大肠杆菌毒力岛基因分布后发现 APEC 的毒力岛存在一个保守区域，该保守区域内的基因更多的出现在 APEC。超过 80% 的 APEC 都含有这个保守区域，所包含的主要基因有 sit、salmochelin、气杆菌素、ets 操纵子、hlyF、iss、ompT、RepFIB 复制子以及 CoIV 操纵子 5′端。而可变区域的基因有 CoIV 操纵子 3′端、tsh 以及 eit 操纵子。基因被保守区和可变区在 CoIV 操纵子的 cavB 基因中分开，cavB 基因的 5′端及上游的一些基因在 APEC 中出现的频率明显高于 cavB 基因的 3′端下游的基因。保守区与可变区之间的这种区别说明，APEC 应该含有多个类似的保守区域。而事实上，APEC 中编码 CoIBM 蛋白的质粒 pAPEC－O1－CoIBM（174kb）就有一个十分类似的毒力岛[257]。pAPEC－O1－CoIBM 是一个 F 型质粒，与 pAPEC－O2－CoIV 十分相似，但是 pAPEC－O1－CoIBM 却编码大肠杆菌素 B 和大肠杆菌素 M 而不是 CoIV。

这些与质粒关联的毒力岛在 APEC 的分离株中十分常见，这些分离株来自世界各地[9,102,103,132,243,329,335,435,436,523,553,561] 不同的禽类宿主[9,335,435,436] 以及不同的病症[98,436]。这些现象说明质粒关联毒力岛上的保守区域可以用来确定不同致病型 APEC 的特性，而这可以用于研究大肠杆菌病的控制[436]。建立基于某个毒力基因的 APEC 快速诊断方法是可行的[133,474]。

APEC 毒力调控

将 APEC 特有的磷酸盐转运系统（pst）操纵

子突变后将导致磷酸盐感受的下调以及菌体表面成分的改变，导致对血清、酸休克和多黏菌素的易感性变高，细菌的毒力下降。Bar - UvrY 二元系统对 APEC 毒力有调节作用。barA 或 urvY 缺失突变株的黏附、侵袭、在组织内持续、巨噬细胞内存活及血清抗性均受影响[211]。由此可以看出 APEC（O78 χ7122 株）能保持完整的毒力就需要一个正常的 Pst 系统[297]。APEC 全基因组序列的测定将有利于更全面的了解 APEC 的毒力调控。

病理生物学及流行病学

发病率与分布

大肠杆菌呈全球性分布。各种血清型的大肠杆菌是人和动物肠道内的定居菌群。后段肠道内大肠杆菌是有益的，可以促进宿主的生长发育[460]以及抑制其他细菌（如沙门氏菌）的生长[148,331,419]。大肠杆菌存在于大多数哺乳动物和禽类，也许健康的鹦鹉例外[25,493]。通常情况下禽肠道内容物的大肠杆菌浓度可以达到 10^6/g。幼禽、没有建立正常菌群的禽类以及肠道下部大肠杆菌浓度会更高[113,304,546]。禽盲肠黏膜的大肠杆菌类型十分多，随着日龄的不同变化非常明显[247]。在正常的雏鸡体内，肠道中 10%～15% 的大肠杆菌属于潜在致病菌[204]，同一只禽中，肠道中的菌株与肠道外的菌株的血清型并不一定相同。肠道内大肠杆菌是毒力因子和耐药因子的储存库[391]。

致病性大肠杆菌经蛋传播比较常见，可以导致雏鸡的高致死率[163,132,142,440]。耐氟喹诺酮大肠杆菌通过垂直传播的方式从无症状的鸡群传播给小鸡，最后导致小鸡的高致死率[412]。刚孵出的雏鸡消化道内存在的致病性大肠杆菌比鸡胚中的细菌更多[203]，表明孵化之后发生了快速的传播。经蛋感染的最重要传染来源可能是由于鸡蛋表面的粪便污染使细菌进一步侵入蛋壳和壳膜而引起的。

大肠杆菌可以存在于垫料和粪便中。不过垫料中的大肠杆菌仅占细菌总数的很小一部分[382]。环境分离株的构成与鸡群内流行的 APEC 的组成有明显区别[244]。禽舍的灰尘中大肠杆菌含量为 10^5～10^6/g。仅靠电力通风室外灰尘的浓度比禽舍内浓度要高。禽舍内空气中及室外高达 40 英尺的空气中有大肠杆菌[96]。这些细菌可以存活很长时间，尤其是在干燥条件下[202]。连续 7 天洒水后灰尘中的细菌会减少 84%～97%。饲料或者饲料原料中常污染有致病性大肠杆菌，这些饲料将可引入新的血清型的大肠杆菌[324]。啮齿类动物的排泄物中常含有致病性大肠杆菌。老鼠的肠道环境非常适于耐药菌株将相关基因转移给敏感菌株。如果老鼠经常接触抗生素可以加速这个转移过程[205]。致病性血清型细菌也可以通过污染的井水传播给鸡群[368]。饮水中大肠杆菌的存在常被认为是粪便污染的结果。

自然宿主与实验宿主

大多数禽类对大肠杆菌病易感，临床上以鸡、火鸡和鸭最为常见。各种类型的大肠杆菌病是雏鸡和火鸡的常见传染病。有关鹌鹑[16,64,141,562]、野鸡[500]、鸽子[56,429]、珍珠鸡[199,315]、水禽[33,50,88,239,340,426,531]、鸵鸟[85,274,385,538]和鸸鹋[214,545]的自然感染也有报道。

易感日龄

所有日龄的禽类都可感染，但幼禽和胚胎最为易感且较严重[175,200,253,348]。笼养蛋鸡也可暴发大肠杆菌病[523,560]，而大肠杆菌性输卵管炎/腹膜炎是导致种禽发病死亡的一个常见原因[260]。

宿主易感因子

与细菌毒力因子相比，宿主的易感因子和抗性因子可能是导致大肠杆菌病发生的重要环节（表 18.4、表 18.5）。在正常情况下，健康禽类具有完整的防御系统，足以抵抗大肠杆菌甚至是强毒菌株的自然感染。当皮肤或黏膜的防御屏障遭到破坏时（如没有愈合好的脐带、伤口，病毒、细菌及寄生虫感染所造成的黏膜损伤以及缺乏正常的菌群等）就很容易感染。单核巨噬细胞系统受到损害（如病毒感染、毒素、营养缺乏）、免疫抑制（如病毒感染、毒素）、过度暴露于不良环境（如环境污染、通风较差、水源污染）或不良的应激因素都会促发大肠杆菌感染。因此，必须确定该病的诱因才能使大肠杆菌病得到有效的控制。

表 18.4 增加禽类对大肠杆菌易感性的因素（见参考文献 28）

因　素	参考文献	因　素	参考文献
病毒		柔嫩艾美耳球虫/全麦饲喂	[150]
腺病毒（Ⅰ型）	[106，107，214，443，530]	贝氏隐孢子虫	
禽肺病毒	[7，246，322，514，516]	火鸡组织滴虫	[60，333，485]
鸡传染性贫血病毒	[427]	**毒素**	
鸭肠炎病毒（低毒力）	[467]	氨	[367，397]
出血性肠炎病毒	[387，416，518]	环磷酰胺	[105，123，373]
传染性支气管炎病毒	[83，161，327，328，378，478]	铁—非肠道的	[57]
传染性法氏囊病病毒	[375，383，443]	霉菌毒素	
传染性喉气管炎病毒	[313，378]	赭曲霉毒素	[283，284]
流感病毒	[26，278，389，502]	fumonison/串珠镰刀菌素	[309，310]
马立克氏病病毒	[143]	**生理**	
新城疫病毒	[127，128，184，377，415，416]	年龄：幼	[175，253，348]
鸽副黏病毒	[551]	应激：轻度或严重	[224，326]
呼肠孤病毒	[443]	性别：雄	[220]
火鸡冠状病毒	[192，384]	快速生长品系	[557]
鸽圆环病毒	[429，444]	肥胖	[395]
"发育障碍综合征"	[144]	高抗体反应	[188]
细菌		高炎症反应	[37]
禽波氏杆菌	[138，215，416，515]	**环境**	
多杀性巴氏杆菌	[483]	污染的水源	[369]
空肠弯曲菌	[166]	干燥、灰尘	[202]
产气荚膜梭状杆菌	[358]	限饲/限水	
鸡毒支原体	[184，377]	通风不良	
火鸡支原体	[350，389，415，452]	过度拥挤	
滑液囊支原体	[320，486，498]	垫料不良	
鹦鹉衣原体	[519]	温度过高或过低	
寄生虫		**营养**	
蛔虫（幼虫）		维生素 E 过多	[145]
A. dissimilis	[394]	维生素 A 过多	[142]
鸡蛔虫	[411]	维生素 A 缺乏	[142]
布氏艾美耳球虫	[207，368]	**其他**	
柔嫩艾美耳球虫	[374]	外伤	[195]

表 18.5 降低禽类对大肠杆菌易感性的因素

因素	脱氧皮质激素
免疫力	短发情
被动免疫	正常肠道菌群
主动免疫	**营养**
免疫刺激剂	蛋白质
促发吞噬细胞	维生素 A
生理	维生素 C
遗传因素	维生素 D
年龄：较大	维生素 E
性别：雌	β-胡萝卜素
适度应激	高铁：口服
群居	硒

通常情况下大肠杆菌病会和其他的疾病同时发生，所以这时要确定由哪个病原导致临床发病是很困难的。例如大肠杆菌、副伤寒以及滴虫在不进行抗生素处理的情况下都可以导致肉鸡的高死亡率，并且高温和高湿可以促进疾病的发生[151]。日本鹌鹑暴发的高致病性呼吸道疾病与多种病原有关，这些病原包括鸡败血支原体、多杀性巴氏杆菌、葡萄球菌、链球菌、隐孢子虫以及大肠杆菌。此外环境中氨浓度过高时也可以产生相似的呼吸道症状[359]。

鸡感染传染性支气管炎[83,161,378,478]，火鸡感染出血性肠炎[387,416,518]及暴露于氨环境中[367,397]都可以诱发大肠杆菌病。关于传染性支气管炎病毒（IBV）和大肠杆菌的交叉感染已进行了广泛深入的研究，并且用来作为鉴定两种病原毒力及衡量免疫程序是否有效的指标[84,327,328,376]。对 1 日龄小鸡经喷雾免疫 IBV 疫苗后可减少接种有毒力 IBV 和大肠杆菌引起的气囊炎的发生和严重程度。经点眼免疫 IBV 可以减少全身性感染以和提高均匀度，但是对气囊炎却没有作用[328]。

适度应激可能提高机体抵抗力，这可能是因为免疫系统与细菌接触后产生了免疫力[304]，或由于增强机体防御机制并使其处于预备状态的结果[185]。同样，刺激呼吸系统使之产生温和的非特异性的炎症可以增强机体对大肠杆菌的抵抗力[511]。接种 Roakin 株新城疫疫苗可以增强对气囊大肠杆菌的抵抗力，但使用皮质酮后可以抵消这种作用[217]。饲料营养影响鸡的生长存活和机体抗菌能力[187]。受感染的鸡肌肉内蛋白的积累速率是不相同的，

所以受感染的鸡体重不能和相应日龄健康鸡的体重匹配[509]。用甲氧萘丙酸抑制前列腺素 E2 后受感染的鸡可以恢复正常生长，这与之前的研究结果相同。之前发现用阿司匹林或维生素 E 抑制前列腺素后可以降低接种大肠杆菌后疾病的严重程度[311]。

不同遗传品系的鸡和火鸡对大肠杆菌的抵抗力是不同的[21,469,470,557]。这种不同还包括与大肠杆菌易感性有关的生长速率、营养性相互作用以及免疫反应。关于鸡和火鸡的研究的一致的结果是生长速率与抵抗大肠杆菌之间呈反向相关[188,218,227,470,557,558]。筛选快速生长的品系主要关注营养与生长的关系，但牺牲对细菌的抗性[187,428]。但是，研究发现肉鸡上市体重或者种鸡生产与早期疫苗免疫后高水平大肠杆菌抗体之间没有相关性，表明筛选既可有免疫反应又达到生产要求的品种是可以实现的[205]。筛选时对其他疫苗或者病原的免疫反应与针对大肠杆菌疫苗的免疫反应是类似的[559]。一般来说，鸡和火鸡的免疫反应越强（如早期抗体水平很高）对大肠杆菌的易感性就越高，除非已经免疫过或者免疫前已经接触过病原[37,120,558]。如果用促发性病原（如 IBV）攻毒感染，因为产生针对诱因病原的抵抗力，可能能筛选到抗性更强的遗传品系[63]。对 5 个肉鸡品种、1 个慢生长品种和 2 个杂交品种接种标准大肠杆菌后，发现不同品种的鸡的死亡率、病变发生以及生长抑制程度有明显的区别。这个结果说明可以筛选抗大肠杆菌的品种。但是由于没有杂交优势或者微乎其微，所以有必要进行交叉检查[21,22]。测定了 4 个肉鸡品种对内毒素的反应后，发现不同品种的鸡的体重变化和骨断裂强度变化有明显区别。经内毒素处理后，肝脏大小和骨断裂强度的变化与死亡率有很高的关联性。因为炎症反应而导致的骨断裂强度下降的品种其总体死亡率也要高[227,341]。经内毒素处理后出现生理上或者行为上不同变化的情况也出现于产蛋品种[74]。

传播、携带者及传播媒介

大肠杆菌大量存在于动物肠道和粪便内，可通过直接或间接接触及粪便传播。自由生活的禽类由于体内已经定植了适应禽类的大肠杆菌，因而在大肠杆菌传播上显得尤其重要。从自由生活的水禽，

如野鸭[82,135,136]以及雀形目的鸟，尤其是欧洲燕、八哥[355]中很容易分离到大肠杆菌。在巴西，高致病性 O86 - APEC 造成自由生活的雀类很高的死亡率，但是在养禽业内还没有发现[140,410]。

母鸡口腔或气囊内接种致病性大肠杆菌后，康复鸡的气管、盲肠和输卵管仍可持续带菌达 21 周以上。输卵管带菌的母鸡所产的蛋中有 2.7% 带有细菌。但是，即使输卵管严重感染，蛋壳表面也分离不到大肠杆菌[15]。

成年拟步虫（Alphitobius diaperinus）及其幼虫可以传播大肠杆菌。食入感染大肠杆菌的拟步虫或接触其粪便均可在禽舍和养殖场内造成传播[171]。幼虫和成虫接触大肠杆菌后体内外均可带菌达 12 天，其粪便可带菌 6～10 天。雏鸡食入感染此菌的幼虫或成虫后成为带菌者，但食入幼虫使雏鸡感染大肠杆菌的几率要高于成虫[332]。

成年家蝇（Musca domestica）可以作为大肠杆菌的机械传播载体，家蝇幼虫通过摄入被污染的东西而感染大肠杆菌。家蝇可以以大肠杆菌为食，在实验室条件下只饲喂大肠杆菌家蝇幼虫的存活率仍然很高。被感染的幼虫可以正常度过蛹期而到达成熟期，所以家蝇就成为致病性大肠杆菌的储藏器[432,433]。家蝇的肠道为大肠杆菌之间横向转移抗性基因和毒力基因提供了合适的环境[413]。

潜伏期

从感染到临床发病的时间随大肠杆菌造成病的不同而不同。在实验室条件下，接种高剂量的致病性大肠杆菌后，潜伏期很短一般在 1～3 天。在田间的情况是在感染了诱发病原（如鸡的传染性支气管炎病毒和火鸡的出血性肠炎病毒）后 5～7 天可以出现大肠杆菌病的症状。

临床症状

由大肠杆菌引起的不同种类的疾病导致其临床症状的范围包括隐性感染直到死亡前的深度昏迷。相对于全身病变来说，局部感染通常导致更少更轻微的临床症状。禽类只有发病以后才能检测出典型的大肠杆菌性蜂窝织炎。而作为败血症的后遗症，禽类的骨骼损伤会导致跛行和生长缓慢。受其影响，其身型在同群中会较小，且常被发现于屋角、墙边或伏于食盆及饮水器的底部。原因可能是同群中发生的竞争。当其一侧腿的关节或骨骼受到感染时，出于自我保护的目的，会采用特别的行走步态来减轻其负担。双腿损伤的禽类会无法行动或者产生站立和行走困难。当其胸腰段脊柱受损时，会有角弓反张，并以踝关节着地以减少或消除脚上的负重。偶见其后坐于尾部或踝关节，并将脚抬离地面。长期跛行的禽类其腹部周围和羽毛上会有结块现象。厌食和长期脱水会导致绿色粪便中掺有白或黄色的非晶形尿酸盐。若雏禽感染脐炎或者卵黄囊发生感染，则腹部膨大会改变重量分布并妨碍平衡，同样导致行走困难。

大肠杆菌败血症末期的禽类常处于濒死状态，整个群体也可能变得精神不佳和不饮不食。随着饮水量的减少显示预后不良。严重感染的个体接近时不会有反应，同样，对刺激也无反应，更易捕捉和控制。头、颈、翅低垂，双眼紧闭呈弓形站立，也有的以喙支地来撑起头部。皮肤干燥发暗预示着脱水，最常发现于脚和胫部。雏禽脱水时，沿胫、趾部内外侧的皮褶常会显著变黑。尽管死亡并不是一种临床症状，但能作为衡量一个群体大肠杆菌病暴发情况的主要指标。

单因素或多因素混合感染的临床症状中常伴有大肠杆菌感染的症状出现。

发病率和死亡率

大肠杆菌感染导致的疾病的发病率和死亡率有很大的差异。大多数商品集群都发生过一定程度的由大肠杆菌感染造成的发病、死亡等。

相较于仅在晨间发现死亡病例来说，全天发生死亡可能预示着更严重疾病的发生。种群若感染高致病性大肠杆菌败血病时，偶尔可见禽在发病后数小时内死亡。若是轻度感染，则一个种群日间检查时仅有普通的临床症状，但隔日早间就会发现死亡率偏高。这种现象在患大肠杆菌型输卵管炎和腹膜炎的蛋鸡和种禽中很典型。

病理学

家禽可感染数种局部的或全身性的大肠杆菌病。通常以病变发生部位和病程变化来进行命名（表 18.6）。

表18.6　不同类型致病性大肠杆菌病的分类

（见参考文献29）

表现形式
局部感染
大肠杆菌性脐炎/卵黄囊感染
大肠杆菌性蜂窝织炎（炎性过程）
肿头综合征
腹泻
生殖道感染（急性阴道炎）
输卵管炎/腹膜炎（成年禽）
全身性感染
大肠杆菌性败血症
呼吸道源性（气囊病、慢性呼吸道疾病，CRD）
肠道源性
新生期感染
产蛋鸡
鸭
大肠杆菌性败血症后遗症
脑膜炎/脑炎
全眼球炎
骨髓炎
脊椎炎
关节炎/多发性关节炎（polyarthritis）
滑膜炎/腱滑膜炎
胸骨滑囊炎
慢性纤维素性心包炎
输卵管炎（幼龄）
大肠杆菌性肉芽肿

局部性大肠杆菌病

大肠杆菌型脐炎/卵黄囊感染。脐炎是脐部发生炎症。对于禽类而言，由于卵黄囊与其有较近的解剖学关系，所以也常常包括卵黄囊感染。未愈合的脐部被大肠杆菌的强毒菌株污染后便发生感染。被粪便污染的鸡蛋被认为是最重要的感染来源。当母鸡患有卵巢炎、输卵管炎或人工授精时，细菌容易进入受精卵[201,348]。卵黄囊感染也可以因肠道或血流中的细菌移位而引起。在这种情况下，脐部可能不被感染。

从正常的卵黄囊中可以分离到少量大肠杆菌，正常母鸡所产蛋内有0.5%～6%含有大肠杆菌。人工感染的母鸡所产蛋中高达26%可带大肠杆菌。从

死胚分离到的245个菌株中，有43个菌株有致病性[200]。在患有"蔫雏病"（Mushy chick disease）的雏鸡中，70%的卵黄囊中存在大肠杆菌[200]。尽管大肠杆菌是最常见的致病菌，但是其他细菌也能引起脐炎。

大肠杆菌脐炎株的黏附因子表现不同，96%有1型（F）菌毛、8%的P型菌毛、16%有非菌毛黏附素。从脐炎病例分离的菌株的非菌毛黏附素比输卵管炎、肿头综合征和呼吸系统疾病分离株多[275]。进行基因定型时，脐炎株与共生株很相近，与肿头综合征或败血症分离株不同株[11,93]。与其他APEC相比，从蛋、死胚和死于0～7日龄的鸡分离的菌株更多带有致病基因*ipaH*（invasion and persistence in cells）、*eae*（attaching and effacing lesions）和*cdt*（cell distension and death）基因[440]。

许多鸡胚可能在孵出前就已死亡，尤其是在孵化后期，一些雏鸡在孵出时或孵出后不久便死亡。同一窝中，那些感染后而存活下来的雏鸡又能成为大肠杆菌的传染源[348]。禽类脐炎的感染率一般在孵出后增多，6天后开始减少，并持续3周左右。1日龄雏鸡卵黄囊接种10个O1a：K1：H7血清型菌体，死亡率可达100%[468]。当感染弱毒菌株时，可能不会有鸡胚或雏鸡死亡，或有些虽然存活，但孵化率、存活率或相对卵黄重量会受影响[348]；唯一的表观病理学变化是卵黄囊内会出现滞留的干酪样卵黄[181]。

急性脐炎的特征是充血、肿胀、水肿以及可能出现小的脓肿。病鸡表现出腹部膨胀和血管充血（彩图18.1B）。严重时体壁皮肤溶解、湿润并粘有灰尘。这些鸡最终将成为弱雏。发生脐炎时还会出现一些非典型症状，如脱水、内脏痛风、消瘦、糊肛及胆囊膨大。卵黄由于未被吸收而增大，并有可见的炎性分泌物附着，其颜色、密度、气味异常，卵黄囊血管突出（彩图18.1A）。存活4天以上的雏鸡或幼火鸡可出现心包炎或肝周炎，表明细菌从卵黄囊向全身扩散。

组织学检查可见感染的卵黄囊壁水肿，有轻微的炎症。囊壁外层结缔组织区内有异嗜细胞和巨噬细胞构成的炎性细胞层，然后是一层巨细胞，接着是由坏死性异嗜细胞和大量细菌构成的区域，最内层是异常的卵黄。有些卵黄囊内含有少量浆细胞。

将鸭蛋暴露于大肠杆菌肉汤培养物中可人工复

制出鸭的脐炎和卵黄囊感染。18 日龄鸭胚感染率要比 1 日龄鸭胚感染率高。育雏温度过低或出孵后禁食都可增加本病的感染率和死亡率[459]。

卵黄囊感染可以造成养分供应不足和母源抗体丧失，以及毒素被吸收，并使细菌扩散到体腔或全身而引发大肠杆菌型败血症。耐过的雏鸡发育迟缓并十分弱小。感染后期，卵黄囊收缩，但脓肿仍会持续一段时间，大肠杆菌在卵黄囊内可持久存在达数周或数月。收缩的卵黄囊也可能黏附于肠道或其他内脏器官，偶尔可见卵黄囊茎环绕肠道导致肠绞窄的情况。

大肠杆菌型蜂窝织炎（炎性过程）。蜂窝织炎是皮下组织的炎性过程。常发生于禽类而很少发生于哺乳动物，但禽类相对多见，其原因众多，但鸡大肠杆菌感染最常见。因此，蜂窝织炎常用来作为禽大肠杆菌型蜂窝织炎的同义名。但是火鸡蜂窝织炎常与大肠杆菌感染无关[65,168,396]。该病已成为肉仔鸡的一个重要疾病。

肿头综合征。肿头综合征（Swollen head syndrome，SHS）是鸡头部皮下组织及眼眶发生急性或亚急性蜂窝织炎（图 18.2G）。首次报道肉仔鸡发生该病是在南非发现的有关大肠杆菌和一种尚未鉴定的冠状病毒的混合感染[356]。世界上养禽密度较大的地区也常有本病发生的报道。该病也可以感染火鸡和珍珠鸡[315,516]。

肿头通常是由于上呼吸道病毒性感染（如禽肺病毒、传染性支气管炎病毒）继发大肠杆菌等细菌感染而导致的皮下炎性渗出物积聚而引起的。氨的存在会加重本病的发生[118]。细菌的侵入门户是结膜或有炎症的窦黏膜或鼻腔黏膜[379]，通过咽鼓管也可能会引起感染[118]。组织学病变包括纤维蛋白异嗜性炎症、颅骨、气囊、中耳、面部皮肤的异嗜性肉芽肿，淋巴浆细胞性结膜炎和气管炎，并伴有生发中心形成的[238]。

尽管本病的发病机理还未确定，但病毒感染或氨刺激结膜使淋巴组织产生炎症反应，为细菌侵入皮下组织提供了条件。在发病早期可以看到典型的眶周炎症。增生的淋巴组织是大肠杆菌穿透黏膜表面的部位[184]。划破结膜黏膜，滴入大肠杆菌纯培养物[356]，或者于黏膜下或皮下组织接种大肠杆菌可以复制本病[380]。但鼻内接种禽肺病毒和大肠杆菌则不能复制本病[380]。1 日龄雏鸡结膜上接种禽肺病毒和大肠杆菌混合物也不发生本病，但能引起

临床症状，尤其是当雏鸡同时感染这两种病原时会更为严重[7]。

在肿头综合征发病鸡群的大肠杆菌的分离株中已鉴定到多种细胞毒素，包括菌毛黏附素、大肠杆菌素、气杆菌素和补体抗性等。总的来说，SHS 分离株的毒力构成与败血症病例分离株很相近[93]，但生成的大肠杆菌素和铁螯合物更多一些。SHS 分离株产生的大肠杆菌素与 ColV 不同[92]。大多数菌株具有运动性，但很少有 K1 荚膜[401]。后来的研究发现，与致脐炎株和共生菌株相比，除 1 型和 curli 菌毛以外，SHS 分离株与致败血症株更相似，并且 SHS 分离株温度敏感性血凝素更常见[11]。SHS 分离株的 60MDa 可转移质粒带有编码细胞吸附、产生大肠杆菌素和温度敏感性血凝素的基因[489]。在 SHS 分离株 94% 有 1 型菌毛黏附因子28% 有 P 型菌毛黏附因子。与输卵管炎、脐炎和呼吸系统疾病中分离到的菌株相比，SHS 分离株 P 型菌毛黏附素更常见[75]。很高比例 SHS 分离株中发现一种独特的志贺氏毒素（VT2y）[454]，可能与细菌致病有关。在 SHS 分离株中还发现另一种毒素，与导致小鼠注射后高度致死的蜡样芽孢杆菌所分泌的毒素相似，[456]。

腹泻。大肠杆菌引起的原发性肠炎在包括人在内的哺乳动物中很常见，但禽类很少发生。产肠毒素型大肠杆菌（ETEC）、肠出血性大肠杆菌（EHEC）、肠致病型大肠杆菌（EPEC）和肠侵袭性大肠杆菌（EIEC）都能引起腹泻，而每种型产生的毒力因子决定了其致病特性（见毒性因子）。EHEC 和 EPEC 株会在肠黏膜表面引起黏附性损伤，因此，又被称为黏附细胞毒性大肠杆菌（AEEC）。除了作为共生株与 APEC 进行比较，或作为人大肠杆菌株的毒力基因库进行比较外，禽肠内大肠杆菌很少被研究，因此对于它在肠内疾病中所扮演的角色我们了解有限。

APEC 中由 ETEC 株所引起的肠毒性作用并不常见。大多调查并未检测到耐热或不耐热肠毒素，或者极少[130]。从腹泻的雏鸡肠内发现 ETEC，其毒素能引起鸡结扎小肠中液体积聚[5,261]。经历了严重腹泻和高死亡率的鸵鸟体内能分离到 O15 的 APEC 株，能产生不耐热的 II 型毒素[385]。

AEEC 的自然或实验感染和细胞黏附毒性基因（eae gene）在鸡[149,264,281,440,492,495]、火鸡[398,399,492]、鸽[530]、鸭[492]、鹦鹉[463]和其他鸟类[140,293]中都有

报道。鸡的传染性法氏囊病病毒和鸽子的腺病毒感染被认为是 AEEC 感染的促发因素。对于雏火鸡，EPEC 和火鸡冠状病毒（turkey coronavirus, TCV）的同时感染会导致严重的发育障碍和高死亡率[192]。当雏火鸡在感染 EPEC 之前已感染了 TCV 时会出现严重临床症状[399]。接种 EPEC 的 12 组商业养殖的火鸡中有 10 组因为产生幼火鸡肠炎死亡综合征（poult enteritis mortality syndrome, PEMS）而有很高的死亡率，这也证实 EPEC 的自然感染是雏火鸡的死亡重要原因之一[399]。

禽类感染 AEEC 可能表现不明显或表现为腹泻和脱水。临床上可见肠道苍白、膨胀、有液体积聚，可见黏液和渗出物的斑块。尤其是盲肠，典型性的充满白褐色的液体和气体。电子显微镜下可以观察到细菌紧密地黏附在肠细胞表面，引起微绒毛消失、孔蚀及斑块的形成（图 18.3）。盲肠部位的病变最常见。姬姆萨染色或免疫组化染色很容易地鉴定出组织中的细菌。

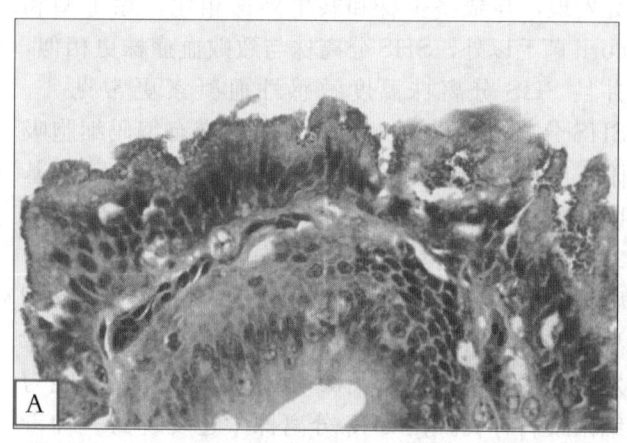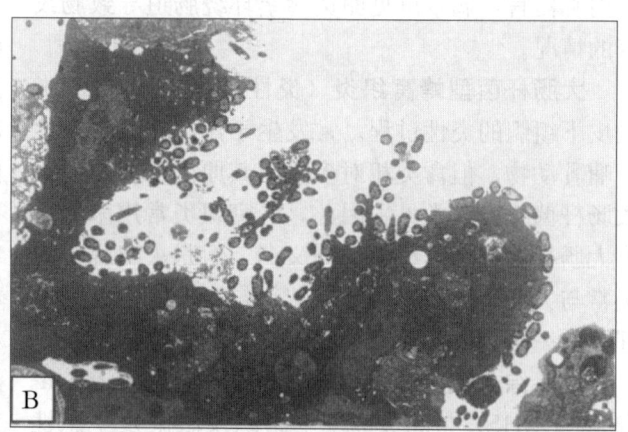

图 18.3　A. 大肠杆菌牢固地结合在肠道表面，摧毁刷状缘。在光镜下，肠上皮表面不规则，可见许多细菌附着在被感染的细胞上。B. EM 染色下，在细胞表面或基底层可见大肠杆菌特异性的小点，清楚展示了细菌数量与刷状缘损伤程度

人工感染尚不能确定大肠杆菌在鸡营养吸收不良综合征中的作用[347,481,482]。而某些特定的大肠杆菌菌株与幼火鸡肠炎死亡综合征（PEMS）有关[123,124]。火鸡星状病毒是 PEMS 的病原之一，可以损伤巨噬细胞的功能，导致感染鸡对继发大肠杆菌等细菌感染的易感性增强[425]。

EIEC 感染导致的疾病虽还不能明确病程，但与新生儿败血症相似。EIEC 拥有 *ipa* 基因，它能编码产生一种毒力因子，使得细菌能够穿透细胞并在内生存。从鸡蛋、死胚和感染脐炎/卵黄囊感染的鸡分离到的大肠杆菌中，*ipaH* 基因是最常检测到的毒力基因。大多数 *ipaH* 阳性株（62/80；77.5%）来自于 3～7 日龄死亡的鸡的肝脏和卵黄囊，与死亡率上升吻合[440]。对 *ipaH* 阳性株的深入分析揭示了其不同于典型 EIEC 和现存的鸟类的 EIEC 混合克隆株的特质。体外试验也证实了其细胞侵袭作用[440]。

生殖道感染（急性阴道炎）。生殖道感染是火鸡在初次受精后发生的一种急性、致死性的阴道炎。将青年火鸡的阴瓣刺破可以导致严重的局部大肠杆菌感染，表现为阴道炎、泄殖腔和肠脱出、腹膜炎、卵泡粘连及内产卵。感染的黏膜显著增厚、溃烂并覆有白喉样干酪性坏死膜，并引起下生殖道障碍，卵泡粘连，上输卵管粗大但组织学正常。鸡群中有 8% 的鸡会出现死亡和淘汰。产蛋量下降，蛋体积变小，淘汰蛋增多。本病尚未鉴定到其他的传染性病原[153]。

大肠杆菌型输卵管炎/腹膜炎/输卵管腹膜炎（成年鸡）。由大肠杆菌引起的输卵管炎可以导致产蛋鸡和种鸡产蛋下降及散发性死亡。它是蛋鸡死亡的最常见病因之一[48,49,260]，同时也感染其他种类的雌禽，尤其是鸭和鹅[50]。体腔内干酪样渗出物的积聚形成类似于卵黄的凝聚体，因此又被称为"卵泡性腹膜炎"。输卵管炎和卵泡粘连可同时发生，且由于都能在输卵管形成阻塞团块而不易区分。卵黄性腹膜炎是由于体腔内的游离卵黄引起的中轻度弥散性腹膜炎。两者的区别是，腹膜炎病症中，有明显的渗出、大范围炎症和典型性大肠杆菌型腹膜炎阳性培养物。

当大肠杆菌从泄殖腔上行到输卵管时便发生感染。生殖道内注射大量细菌（10⁹ 个）可人工复制该病。用病毒（如传染性支气管炎病毒）或支原体

感染黏膜也可以诱发输卵管炎。患有输卵管炎的北京鸭种禽会发生大肠杆菌与四毛滴虫的混合感染[88]。产超重蛋及相关的雌激素作用可以使阴道和盲肠间的括约肌松弛而易诱发输卵管炎。从腹气囊感染传播到输卵管也是可能的，而且这种形式的输卵管炎也常常是青年禽全身性感染的局部表现。

由患输卵管炎的鸟类体内所得的 APEC 株的毒力特征与致肺泡炎株相似。在对 30 株进行的研究中，有 11 株属于 O2 和 O78 血清型，另有 10 株不能分型。感染 1 日龄鸡，有 27 株拥有高或中等毒力。大多数株型拥有 1 型菌毛并能黏附于输卵管上皮（特别是成年种禽），在贫铁性培养基中它们能富集铁。对年轻种禽血清有抵抗力，但对老年种禽血清敏感[346]。对菌毛种类进行分析发现，患有输卵管炎的肉鸡分离株中，50 株中有 49 株是 1 型菌毛，少数菌株有其他类型的菌毛[275]。因此，1 型菌毛的存在可以用来鉴定 APEC 输卵管炎株。

慢性输卵管炎的病变为输卵管显著膨胀，管壁变薄，并附有单个或大量干酪样渗出块（图 18.2A）。干酪样渗出块可能蔓延并充满整个体腔[97]。渗出物呈叠层状，其中心为带有卵壳和/或膜的蛋，并伴有恶臭。若通过变薄的输卵管壁蔓延到体腔则会导致并发腹膜炎，输卵管和腹膜都被感染，这称为输卵管腹膜炎。也可只单发腹膜炎，但较为少见。在急性症状中，输卵管中渗出减少，腹膜变软且无干酪样坏死（彩图 18.2B）。发生腹膜炎的禽往往产蛋停止。输卵管炎会伴有腹腔产蛋和产异常蛋，并促使腹膜炎的发生。

尽管有显著表观病变，但显微镜下输卵管组织学病变很轻微。表现为上皮下异嗜细胞弥散性聚集形成多发性病灶，内腔有含有细菌菌落的干酪样渗出。随着时间增长，黏膜上淋巴病灶随之增多，进入慢性病程。

大肠杆菌型睾丸炎/附睾炎/附睾-睾丸炎。由大肠杆菌上行感染雄性生殖道导致，与雌鸡输卵管炎相似，在雄鸡中极少发生。睾丸肿胀、变硬、发炎、形状不规则，打开时能见死亡组织和活组织的嵌合体。由睾丸和附睾可得大量大肠杆菌菌落[345]。

全身性大肠杆菌病

大肠杆菌型败血症。大肠杆菌型败血症的特征是大肠杆菌存在于血液中。细菌的毒力和宿主的抵抗力的平衡决定了本病的持续时间、发病程度、疾病暴发以及病变的模式和严重性[420,421]。大肠杆菌型败血症的发展阶段包括急性败血症、亚急性多发性浆膜炎和慢性肉芽肿性炎症[75]。尽管大肠杆菌型败血症的病变很典型，但其他引发败血症的细菌也能引起相似的病变。本病的剖检特征是组织暴露于空气中后变成绿色并有特征性气味，这可能与细菌产生的吲哚有关。大肠杆菌型败血症常导致法氏囊萎缩或发炎。因此，法氏囊萎缩并不一定是发生了如传染性法氏囊病等免疫抑制病的结果[114,370,371]。

本病常见有心包炎，且是大肠杆菌型败血症的特征。在肉眼病变出现之前，常伴有心肌炎并导致心电图有明显的变化[182]。心包囊浑浊，心外膜水肿，并覆有一层浅色渗出物。最典型的病变是心包囊内充满纤维素性渗出物（彩图 18.1C）。打开心包，发现心外膜上有渗出物松散黏附。随着病程进展，渗出增多，变得松软（嗜异性纤维蛋白）并有干酪样物质。慢性病程中，心包膜会黏附于心外膜。

组织学病变的发展与此一致，首先可见外膜中有大量异嗜细胞，之后是巨噬细胞。在心肌内，特别靠近心外膜处有许多淋巴细胞聚集，7~10 天后出现大量浆细胞。随后，心包囊内的渗出物发生机化（彩图 18.1G）。耐过鸡最终由于慢性淤血而导致缩窄性心包炎和肝组织纤维化。由于心脏病变，病鸡死前其动脉血压可从大约 150mmHg 的正常水平降至约 40mmHg。

根据细菌进入血液循环的方式及病禽的种类、年龄，大肠杆菌型败血症可以分为不同的临床类型。

呼吸道源性大肠杆菌型败血症　呼吸道源性大肠杆菌型败血症是大肠杆菌型败血症的最常见类型，常见于鸡和火鸡。传染性或非传染性因素损伤呼吸道黏膜后，大肠杆菌进入血液循环[161,180]。传染性支气管炎病毒（IBV）、新城疫病毒（NDV）（包括疫苗株）、支原体和氨是最常见的诱因。禽肺病毒可以增加火鸡对本病的易感性[7,246,514,516]。由此导致的疾病称为气囊病、慢性呼吸道疾病（CRD）或多病因呼吸道病[215]，其严重程度与侵染的病原菌数目有直接关系。在本病的暴发中，可以鉴定到的大肠杆菌血清型具有多样性。对于同一只病鸡，从组织内分离的大肠杆菌血清型常常与肠道中的不同，但可能与其他鸡肠道中或环境中的大肠杆菌血清型相同。

IBV 或 NDV 感染也能增加对本病的易感性。接种 NDV 疫苗 5 天后，呼吸道对气雾接种的大肠杆菌的清除能力降低。显微镜下检查，气管内的假复层柱状上皮细胞被 3～8 层未成熟的无纤毛细胞代替[139]。IBV 和大肠杆菌混合感染比其各自单独感染更为严重[378,478]。感染传染性法氏囊病病毒或传染性支气管炎病毒的鸡产生的大肠杆菌抗体的调理能力与正常鸡相比有明显的下降。机体对细菌的调理能力降低导致巨噬细胞功能下降，常常造成 IBV 感染之后继发大肠杆菌感染[383]。

支原体感染约 12～16 天后对大肠杆菌的易感性增加，并至少持续 30 天。感染支原体后，再感染 IBV 或 NDV 的病鸡对大肠杆菌的易感性进一步增加，且易感期出现的时间更早，持续时间更长。

易感鸡发生气囊感染的最重要原因之一是吸入了污染有大肠杆菌的灰尘。鸡舍中的灰尘和氨气可使鸡上呼吸道纤毛失去运动能力[367,397]，从而使吸入的大肠杆菌易于定植并导致呼吸道感染。

呼吸道组织（气管、肺和气囊）、心包囊和腹腔的病变最突出，而大肠杆菌亚急性多发性浆膜炎的病变较为典型[75,421]（彩图 18.1C～F）。受到感染的气囊增厚，呼吸道表面常有干酪样渗出物。最早出现的组织学病变是水肿和异嗜细胞浸润，接种后 12h 常见有单核细胞出现，随后巨噬细胞大量出现，坏死区边缘有巨细胞。干酪样渗出物内有成纤维细胞增生及大量坏死的异嗜细胞聚集。干酪样渗出物中常有细菌菌落和大量组织。组织切片上大肠杆菌菌落有典型形态。它们通常集中形成一种特殊的外周顺滑而中间菌和空间都较少的环形，革兰氏染色阴性。常可在气管和肺部见到促发性呼吸道病变，包括淋巴滤泡和上皮细胞增生以及形成上皮性气道，其间可能含有异嗜细胞。火鸡比鸡更易得肺炎，并常伴有胸膜炎或胸膜肺炎。当疾病蔓延至输卵管时，青年禽便发生输卵管炎（彩图 18.1H）。

气囊接种致病性大肠杆菌或培养物滤过液很容易复制出无并发症大肠杆菌感染的病变[22,105]。接种后 1.5h 内发生气囊炎，6h 内发生菌血症和心包炎。接种后 48h 存活的病鸡出现明显的病变。死亡主要发生在头 5 天。如果耐过最初的感染，通常可迅速康复，但仍有一部分病鸡出现持续性厌食、消瘦，最终死亡。Ask 等[22]已经建立了一种方法来确定对大肠杆菌病的易感性，该方法重重复性好，

已用于确定不同遗传品系肉鸡对本病天然（遗传学）易感性[21]。

肠道源性大肠杆菌型败血症 肠道源性大肠杆菌型败血症最常见于火鸡。当有传染性病原作用破坏肠道黏膜后，大肠杆菌即可进入血液循环。出血性肠炎病毒是最常见的诱因[387,416,518]。引起该病的病原常为一个型或两个型，并且组织内的细菌与肠道内的同型。

该病的典型病变是急性败血症[75]。感染鸡体况良好，但常见嗉囊内充满食物和水。最具特征性的病变包括肝脏充血、变绿，脾脏显著肿大、充血，肌肉充血（图 18.2C）。显微镜下观察，脾脏充血、窦内有蛋白性液体，并有大量坏死灶，病变内常含有细菌。凝血纤维蛋白存在于肝血窦中，肾小球中则不常见。在一些病例中，肝脏有大量灰白色病灶，显微镜下观察，这些区域最初为急性坏死灶，但随着病情的发展，存活鸡出现肉芽肿性肝炎（图 18.2D），最终发展成与呼吸道型大肠杆菌型败血症相似的病变。

新生雏大肠杆菌型败血症 雏鸡孵化后 24～48h 内易感染。2～3 周时死亡率最高，可达 10%～20%。鸡群中有 5% 的鸡因发育不良而被淘汰。未感染鸡发育正常，且疾病不易传播。最初的病变包括肺充血、浆膜水肿和脾肿大。在刚死亡至被剖检之间，前胃和肺颜色变深直至黑色。显微镜观察，感染的组织中存在大量细菌，易于鉴定。几天之后，出现典型的急性病变，心包囊、胸膜、气囊及腹膜出现明显的纤维蛋白异嗜性多发性浆膜炎。第二周仍然存活的病鸡其病变更为广泛和严重。在疾病的晚期，偶尔会出现关节炎或骨髓炎。大多数感染的鸡出现卵黄囊脓肿，表明脐部是侵入门户。本病也可经卵感染[348]。

产蛋鸡败血症 大肠杆菌型败血症是青年鸡的常见病，但有时成年鸡和火鸡也会暴发类似于禽伤寒和禽霍乱的急性大肠杆菌感染[28,108,520,560]。产蛋鸡的急性大肠杆菌病越来越多[520]。该病的发生常与开产有关，老龄鸡较少发生，或随着鸡群年龄的增长而持续发生，并可传播给同一鸡场日龄较大的鸡群。该病可在同一种群再发，或发生于与病禽同一场地饲养的新的群体[520]。尽管在患病鸡群中有接近半数出现沉郁和腹部脏乱，但死亡经常毫无预警地发生。患病鸡群的周死亡率（0.26%～1.71%）显著高于同日龄的对照群（0.07%～

0.30％）。死亡率提高到 10％并维持高水平 3～10 周。若腹腔中有游离卵泡，则大多数禽剖检时可见多浆膜炎（肝周炎、心包炎）和腹膜炎联合发生。较少发生卵巢炎和输卵管炎。

暴发于意大利的大肠杆菌菌株不发酵乳糖、无运动性，属于 O111 血清型。肌肉接种 O111 型 APEC 能复制该病，口鼻途径感染只有少数禽发病[560]。而暴发于比利时的菌株主要是属于 O78 血清型，菌株通常拥有 P 型菌毛（F11），特别是从心脏分离的 O78 血清型。O78 运动性菌株的比例最少[520]。相较于对照菌株，暴发分离株有更多毒力因子。但是，暴发组或对照组中的盲肠分离株和肠外分离株却并无太多不同。没有一种毒力因子或毒力因子组合是暴发株中独有的[523]。

该病的发病机理还不清楚，但开产时有关的应激被认为是该病的一个重要的促发因素[560]。输卵管上行感染被认为是大肠杆菌进入全身组织的一种手段。但最近的一项研究发现，患病种群中，气管定植的细菌比输卵管多，表明产蛋鸡败血症可能是气源性[520]。产蛋鸡尚未发现明确的应激因子或疾病促发本病，表明败血症始于原发性大肠杆菌感染[520,522]。

靠近其他家禽场和种群密度过高都会提高该病的发病风险[521]。可通过对水进行氯消毒和给予适当抗生素来控制该病发生。

鸭大肠杆菌型败血症。鸭大肠杆菌型败血症的特征病变是心包炎、肝周炎和气囊炎，其浆膜面上往往有湿润的颗粒状和大小不同的凝乳状渗出物。剖检死鸭时常有一股异味。肝脏常肿胀、色暗、被胆汁染色，脾肿大、色深。通常可从任何脏器内分离到大肠杆菌（常为 O78）[302,340]。鸭疫里默氏菌常引起类似的病变，可通过适当的细菌培养来鉴别。

大肠杆菌型败血症可发生于整个生长季节，但以深秋和冬季最为常见。任何年龄的鸭都易感。疾病的发生与分布表明，传染源是个别鸭场，而不是孵化场[302]。缺乏管理和小鸭池塘用水的污染都会导致圈养野鸭暴发此病[340]。

大肠杆菌型败血症后遗症。大肠杆菌性败血症常以死亡为转归，但一些病鸡可以完全康复或康复后留有后遗症。如果大肠杆菌未被完全控制住，它可以在保护力较弱的部位，如大脑、眼部、滑膜组织（关节、腱鞘、胸骨囊）及骨组织等局部存在。对于未成年母鸡，当邻近的气囊感染时会发生输卵

管炎。输卵管感染 IBV 也是青年鸡患输卵管炎的一个重要诱因。在根除大肠杆菌后，随着心包囊中渗出物的机化会出现缩窄性心包炎和肝脏纤维化（彩图 18.1G）。大肠杆菌和 IBV 混合感染造成的患鸡肺部残留损伤还可以诱发腹水的发生[512,552]。肺血管系统中内毒素的作用也可诱发腹水发生。内毒素导致血管收缩，引发肺张力和腹水发生率变高（肺高张力综合征）。

脑膜炎。大肠杆菌定植于大脑的病例不太常见。除了脑膜可以感染（脑膜炎）外，也可见大脑（脑炎）及脑室感染（脑室炎）。剖检发现，脑膜病变较为突出，大多数血管周边颜色变淡。感染初期显微镜下可以观察到异嗜性渗出物及异嗜性纤维蛋白，随着感染时间的延长，肉芽肿不断变大。病变内通常有大量细菌但没有特殊形状的菌落。

全眼球炎。同脑膜炎一样，全眼球炎也不常见。但是，一旦感染全眼球炎，将是十分严重的[179,372]。典型症状是一侧眼睛出现眼前房积脓或失明（彩图 18.2F）。最初，眼睛肿大、浑浊不透明，有时会充血。最终，眼睛由于萎缩而收缩，整个眼中充满异嗜性纤维蛋白渗出物，并且存在大量的细菌。尤其是坏死组织周围出现炎症，并发展成肉芽肿。可以看到不同程度的视网膜脱离、萎缩及晶状体裂解。细菌能在有病变的眼球中长期存在。

骨关节炎及滑膜炎。大肠杆菌存在于骨及滑膜组织是大肠杆菌性败血症常见的后遗症（彩图 18.2E）骨关节炎是指关节发炎及组成关节的一块或多块骨发生骨髓炎。多发性关节炎是指多个关节发生炎症。本病也称作细菌性软骨坏死或骨髓炎（BCO）[433]，近期综述见文献[334]。

感染后的禽类可能没有足够的抵抗力来完全清除体内的细菌。火鸡出血性肠炎病毒感染后引起的大肠杆菌血源传播可以导致滑膜炎、骨髓炎及肝脏变绿[119]。静脉接种可以复制骨和关节的血源性传播，但原发性败血症引起的死亡率较高[37]。更可取的办法是用地塞米松处理并气囊内接种少量大肠杆菌，这样大多数火鸡可以产生病变[125]。

临床上可以见到轻度或严重的跛行及发育不良。感染禽最易受到同类的伤害（同类相残）。本病常侵害多个部位。由于细菌侵入新生的肉芽组织影响骨的正常生长，并激发炎症反应而导致骨髓炎。禽类的长骨体生长部的血管可以作为将细菌传播到关节及其周围软组织的通道。与正常火鸡相

比，跛行的火鸡有以下一些特征：脾和肝的重量增加，体重和法氏囊重量增加，细胞免疫力下降，体液免疫正常或提高，循环淋巴细胞数量下降，总白细胞、单核细胞、异嗜细胞数量上升，吞噬细胞功能正常或轻微下降，血清蛋白、尿酸、尿素氮上升，血红蛋白、铁、碱性磷酸酶以及γ-谷氨酰转移酶减少[38]。骨最主要感染部位是胫跗骨、股骨、胸腰椎及肱骨[362]。长骨近端比远端更容易被感染。损伤多位于软骨骨化的发生部位，而后可以由长骨近端延伸至软骨骺板。通常可以发现骨关节炎与胫骨软骨发育不良同时发生，这是因为两者发生的部位相同，而不是因为两者病因相同或者有相互作用。骨关节炎可以通过开放关节进行大体检查即可，但是也有细微的损伤需要进行显微镜检查[334]。

跗、膝、髋、翅关节以及胸椎的关节等处常发生关节炎。其他部位的关节较少发生关节炎。关节

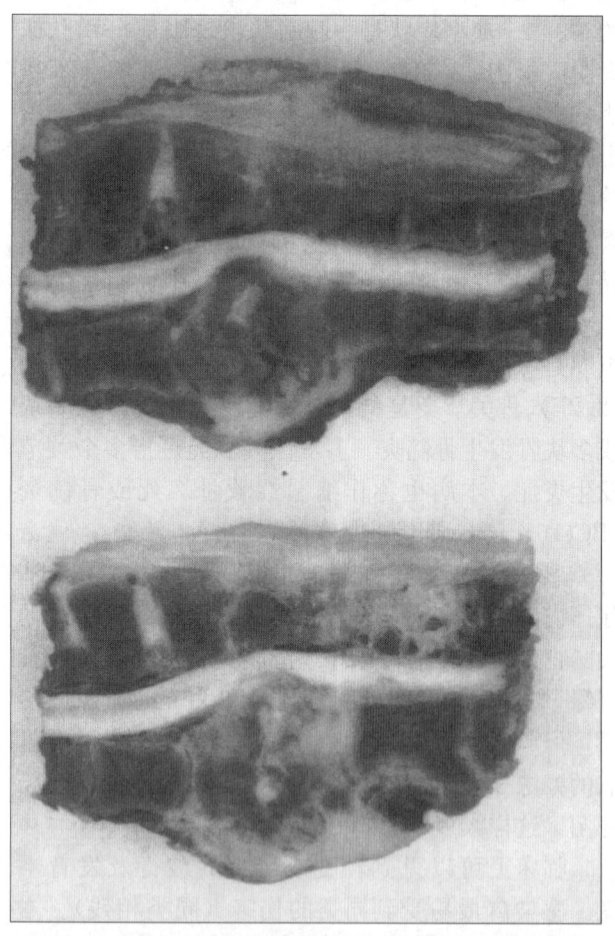

图 18.4 两只跛行火鸡的脊柱炎（固定组织）。按压脊髓可导致腹侧束发生脱髓鞘。大肠杆菌是该病的主要原因，但是可寄生于骨头和滑膜组织的其他病原可能引起该病变

创伤以及成长中的骨骼容易发生关节炎。发生关节炎时常伴随腱滑膜炎。有时，关节炎的炎症过程可以波及周围的组织。在关节炎发生时胸骨滑膜炎也会发生，但要与创伤性胸骨滑膜炎区分开，后者炎灶中的液体不属于渗出液。当肩关节或近端的肱骨发生炎症病变时，在胸肌的表皮和深层肌肉之间广泛积有渗出物（彩图 18.1E）。胸腰椎关节间隙内的病变可以引起脊椎炎（椎关节强硬），进而引起渐进性轻瘫及麻痹[146]（图 18.4）。胸腰椎关节病变更多发生于关节远端。

火鸡骨髓炎综合征。患有火鸡骨髓综合征（TOC）的火鸡其传染性炎症病变主要发生部位是骨端、关节、关节周围软组织以及肿大变绿的肝脏。在肉品加工过程，肝脏肿大和变绿是骨内损伤的标志[80,119,221,222]。在临床病例中，即使跛行的火鸡也很少发现肝脏变绿。但在肉品加工过程中却经常可以发现变绿的肝脏。如果发现有肝脏变绿的情况，根据严重程度可分为评价降低、部分或全部报废。在肉品加工过程用肝脏的颜色指示火鸡的健康状况更合理，这是因为加工之前肉鸡会放血致死而临床鸡群发病后直接致死或进行安乐死。

在 TOC 中，骨髓炎和关节炎与之前描述的一致。胸腰椎关节病变引起的脊椎炎与肝脏变绿同时发生[30]。并不是所有肝脏变绿的火鸡都患有 TOC，但是火鸡一旦患有 TOC 就会出现肝脏变绿[80]。饲喂和饮水问题不会引起肝脏绿变，感染滑液支原体后可以出现肝脏变绿，但是不表现 TOC[30]。美国食品安全检查局将肝脏绿变作为食品加工过程中 TOC 的判断标准，如果发现 TOC，任何有问题的组织将从食物链撤出。骨髓炎还可以通过超声的方法进行检查[361]。雄火鸡受感染的可能性比雌火鸡高，感染后细胞免疫受到抑制。

患有 TOC 的火鸡可以分离到大肠杆菌，但是许多其他的病原也可以造成 TOC，如金黄色葡萄球菌或者猪葡萄球菌（见"葡萄球菌病"章节）。从感染和非感染火鸡的骨以及肝脏培养物中可以分离到多形的、革兰氏不确定的 L 型细菌（细胞壁缺失型细菌）。从感染火鸡及其骨端分离得到的阳性培养物比从非感染火鸡或者肝脏分离得到的数量更高。这些细菌在疾病中的作用还不清楚，但是分离到大量细菌说明这些细菌在火鸡中的存在比一般所认为的更为普遍[36]。

在注射了地塞米松后气囊接种低剂量大肠杆菌

可以复制有 TOC 的实验模型，该实验模型可以用来研究该病的发病机理[219,220,222,223,224]。单独注射地塞米松可以增加对条件性致病菌，尤其是金黄色葡萄球菌的易感性，从而复制 TOC 的症状。气囊接种低剂量大肠杆菌可以加重 TOC 的症状[222]。目前的假说认为 TOC 与所感染的细菌的毒力关系不大，而与受感染的雄火鸡对应激产生的不良反应有密切关系，这种应激反应提高了火鸡对条件致病菌的易感性。快速生长以及体重较大的火鸡在实验室条件下对 TOC 有更高的易感性，这进一步支持了遗传易感性的观点，即易感性受火鸡的应激反应的影响[218]。维生素 D$_3$[221] 的保护性作用也说明了 TOC 易感性的可能存在的遗传学基础，它与维生素 D 受体及其功能有关[222]。但是，如果给予维生素 D 代谢产物后，再给予维生素 D 可以使 TOC 症状减轻，不过对于地塞米松处理后接种大肠杆菌的火鸡却有毒性作用[225]。

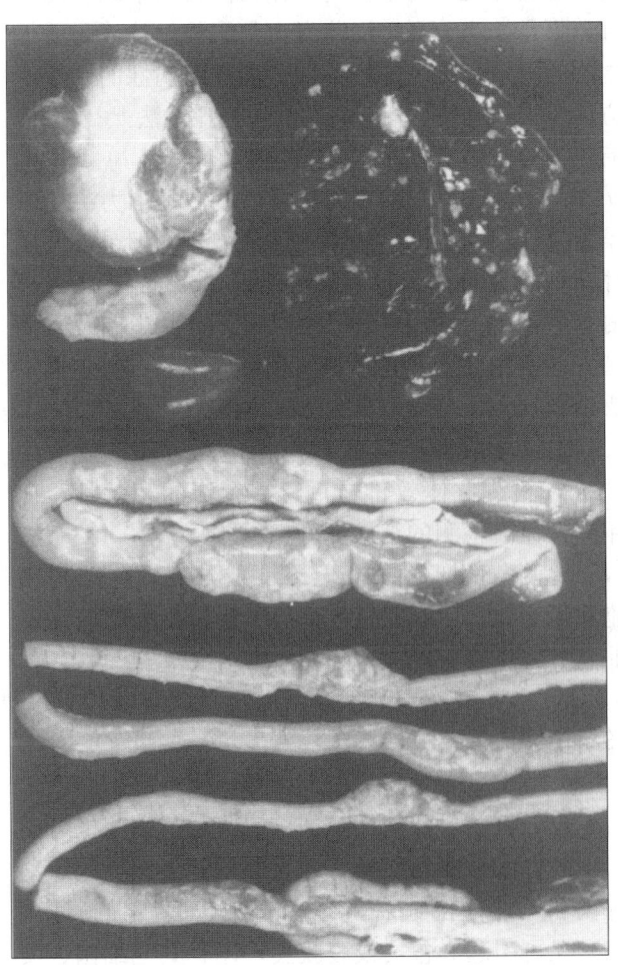

图 18.5 上市日龄火鸡大肠杆菌性肉芽肿。肠道组织，包括肝脏，可见大量结节状病变，脾脏却没有病变。病变处可以分离黏液型大肠杆菌

大肠杆菌性肉芽肿（*Hjarre* 氏病） 鸡和火鸡的大肠杆菌性肉芽肿的特征是肝、盲肠、十二指肠和肠系膜多处出现肉芽肿，但脾脏无病变（图18.5）。也有报道鹌鹑可患此病[91]。本病是一种较少见的全身性大肠杆菌病，但其死亡率可高达75％。浆膜上的病变类似于白血病的肿瘤样病变。在疾病早期，肝脏可见有融合的凝固性坏死，可遍及半个肝脏。坏死灶中散在异嗜细胞，其边缘有少量巨细胞。随后，感染的组织出现典型的异嗜细胞性肉芽肿。已报道过火鸡发生的以盲肠结核和盲肠破裂为特征的脓性肉芽肿性盲肠肝炎，此病可能与大肠杆菌性肉芽肿有关[354]。

发病机理

大肠杆菌通过黏膜定殖或者皮肤开口进入宿主体内。黏膜定殖决定于多种黏附因子，这些黏附因子有助于细菌与受体的结合以及随后的繁殖。大肠杆菌可以产生很多菌毛或者非菌毛黏附素用以吸附宿主细胞（见"毒力因子"章节）。许多证据显示有两种菌毛—1 型菌毛（F 菌毛）和 P 菌毛在感染的初期发挥了重要作用。1 型菌毛可以结合到上支气管上皮[422]、输卵管上皮[346]以及消化道黏膜[121]。P 菌毛表达于深层的组织[422]。1 型菌毛可以与消化道的黏液结合但是却不能结合产生黏液的杯状细胞。与此相反，AC/I 菌毛不能结合黏液却可以结合杯状细胞[121]。鞭毛有助于细菌穿过黏液层到达细胞表面，而 curli（另一个黏附因子）有助于细菌黏附在细胞表面[288,289]。

致病性菌株可以穿越黏膜并在宿主身体的内环境存活下来，如果黏膜受损，这种穿越将更容易。接种致病性菌株后气囊上皮细胞变圆，这将导致其相互分散从而为细菌扩散到全身组织提供了条件[105]。无细胞培养滤液里的毒素主要是内毒素，可以刺激产生与活菌一样的急性炎症反应[105]。其他的毒素也有类似的能力，这已经在 APEC 得到证实（见"毒力因子"章节），但是在疾病中发挥的作用仍有待确定。

一旦大肠杆菌脱离了黏膜，它所面对的环境对它是极其不利的。如果大肠杆菌没有能使其存活的能力（如毒力因子），它将很快被吞噬细胞所消灭，如异嗜细胞、血小板以及巨噬细胞[197,198,542]。巨噬细胞位于脾脏和肝脏，可以将血液循环中的

细菌吞噬[18]。针对 O 抗原（内毒素）、外膜蛋白（铁载体蛋白）以及菌毛的抗体和补体作为调理素可以促进吞噬作用以及细菌的消灭[19,20]。内毒素还会抑制肺巨噬细胞的活性，有利于大肠杆菌的存活与扩散。

当大肠杆菌进入宿主的组织后，立刻就会刺激产生急性炎症反应。此时，肝脏产生的急性期蛋白、细胞因子 IL-1 和 IL-6、肿瘤坏死因子等含量增加，这些都是疾病早期的非特异性的指标[70,381,550]。内毒素血症的急性期效应包括饲料消耗和转化下降，体重下降，胫骨大小、重量、钙含量以及断裂强度下降，死亡率上升，肝脏重量上升、血浆钙离子浓度上升、抗体反应增强等。循环系统内毒素含量上升可以导致体重下降和骨断裂强度下降[341]。血管通透性上升后液体和蛋白会沉积于组织。浆膜变湿并发生水肿，液体积于体腔。在趋化因子的作用下，异嗜细胞从微静脉转移到周围的组织中[321]。感染 6~12h 后可见软的凝胶状渗出物。异嗜细胞在去颗粒化以及死亡后可以释放一些物质，如 β 防御素，这些物质可以在胞外杀死大肠杆菌[198,496,497]。12 个小时后炎症细胞逐步由异嗜细胞转为巨噬细胞和淋巴细胞。

渗出物持续产生积累，最终经过一个干酪样变过程形成坚实、干燥、黄色的不规则干酪样物质。镜检发现这些渗出物具有异嗜性，包含许多嵌入式生长的细菌菌落。在渗出物周围有多核巨细胞与巨噬细胞形成的栅状层[75]。渗出物周围的吞噬细胞可以逐步侵蚀渗出物，而这个侵蚀过程需要的时间要视渗出物的大小而定。许多细菌在渗出物内可以形成微菌落。如果上皮组织的损伤不严重可以自行恢复，但是通常因为损伤较重而形成纤维化（形成瘢痕）。含有纤维蛋白的渗出物最后很可能就形成了瘢痕组织。大损伤的出现与细菌的毒力呈反比。高致病型的菌株很快即可造成死亡，以至于没有时间形成较大的损伤。而感染了低毒力细菌的禽类疾病发展的时间很长，最终可以形成较大的损伤。

诊　　断

诊断病原的分离和鉴定

大肠杆菌病的诊断是基于由组织中分离和鉴定出大肠杆菌。一定要注意防止样品被粪便污染。在已经腐败的禽类内脏器官中得到的分离物一定要谨慎的给予说明，因为在死亡的禽类中大肠杆菌会很快从小肠分布到各个脏器中。从骨髓中很容易分离到细菌，而且一般来说是没有细菌污染的。病料应该接种到伊红美兰、麦康凯或 tergitlo-7 平板上，同样在非抑制性培养基中划线。如果伊红美兰平板上的大部分菌落都是深色并带有金属光泽，在麦康凯平板上呈现亮粉色然而其他菌落是扁平的，或者在 tergitlo-7 平板上是黄色菌落，就可以初步诊断为大肠杆菌感染。大肠杆菌缓慢或不发酵乳糖，形成不发酵乳糖菌落，根据大肠杆菌的特征（见病原学）即可确诊本病。有关大肠杆菌分离和鉴定流程图已有报道[301]。很多人工或者自动化的系统都可以用于鉴定细菌，包括大肠杆菌。

鉴定分离株的抗原性、毒力因子及指纹图谱具有一定的益处，特别是将其作为流行病学调查的一部分更是如此。研究细菌毒力与抗体、补体耐受性之间的关系可能是了解不同分离株致病性的一个好方法。报道过一种相对简单的快速比浊法[408]。一个有 6 个毒力基因（$sitA$，$iroN$，$hlyF$，iss，$iutA$，$etsA$；见表 18.3）的毒力岛可以看做是毒力决定因素，这在 >74% 的 APEC 中都有发现，但是在共生体菌株中只占少数。将来可能通过多重 PCR 来检测这些基因，采用这种方法可以区分共生菌及致病菌，而不用胚胎或者小鸡致死试验（L. Nolan 未发表资料）。

血清学实验一直没被用作诊断方法。然而用 ELISA 检测抗体效价与攻毒后存活的相关性，比用间接血凝检测的结果更可靠[303]。

检测急性期蛋白[70,341,381,550]或异嗜细胞/淋巴细胞比例变化[183]可以作为大肠杆菌病炎症和应激的非特异性标志。

鉴别诊断

巴氏杆菌、沙门氏菌、链球菌及其细菌也可引起他急性的败血性疾病。亲衣原体、巴氏杆菌、鸟杆菌和里默氏菌或者链球菌（链球菌属，肠球菌属）又可引起心包炎或腹膜炎，还有其他细菌、支原体和衣原体也可引起气囊炎。其他许多微生物，包括病毒、支原体和细菌，可以引起类似于大肠杆菌感染导致的滑膜病变。可从雏鸡和鸡胚卵黄囊内同时分离到多种微生物，如气杆菌、克雷伯氏杆菌、变形杆菌、沙门氏菌、芽孢杆菌、葡萄球菌、肠球菌及梭菌[200]。引起肝脏肉芽肿的病因很多，如真杆菌属（*Eubacterium*）和拟杆菌属（*Bacteroides*）的厌氧菌。

控 制 措 施

管理程序

粪便污染种蛋是禽群间致病性大肠杆菌相互传播的最重要途径。勤收蛋，保持巢内清洁，弃产于地板上的蛋，淘汰破损或明显有粪便污染的种蛋，以及对种蛋产后 2h 内进行熏蒸消毒可以减少传播。附着于蛋壳上的大肠杆菌可以被消毒剂减少甚至杀灭[465]。用静电喷雾来给药可以取得很好的效果。用紫外线来消毒可以减少或杀灭大肠杆菌，而且可以不改变产蛋率或孵化率。如果感染的种蛋在孵化期间破裂，其内容物将成为严重的污染源，特别是内容物污染操作人员及用具时更为严重。蛋在孵化前特别容易污染。目前尚无办法来防止孵化器和出雏器对病原菌的传播。孵化器和出雏器向外通风，尽量减少每一单元中的种禽数量，将有助于减少损失。雏鸡被放置在农场中，会由于在孵化过程中暴露在有大肠杆菌的人或者环境中被感染，以及由于自身携带的微生物而被感染。持续的保暖和避免饥饿可提高感染小鸡的存活率。

高蛋白饲料、提高硒[300]及维生素 A、维生素 E 水平[226,390,504,505]可增强病雏存活力。而高水平的维生素 E 对禽蜂窝织炎、大肠杆菌病的抵抗力以及抗体的产生是不利的[145,307,319,464]，对维生素 E 的应答反应可能与禽的基因型有关[470,554]。饲养状况能影响到大肠杆菌病的严重性，隔日饲喂的鸡对大肠杆菌的抵抗力强于不限饲的鸡。

目前尚无办法降低肠道和粪便中致病性大肠杆菌的含量，但以下因素不应忽视：①颗粒饲料中大肠杆菌含量比粉料中的含量少；②啮齿类动物的粪便是致病性大肠杆菌的来源之一；③污染的饮水中含有大量病原菌。热加工制粒可以杀灭大肠杆菌，但是必须留意不要在饲喂时再次污染。饲料中加入 5%～10%蛋黄粉可以有效地减少或清除大肠杆菌以及蛋鸡其他食物传播性病原[270]。饮水中含有大肠杆菌和硝酸盐可能降低商品肉鸡和种鸡的生产性能[177,178]。氯化饮水及密闭的饮水系统（乳头饮水器）等措施可降低禽大肠杆菌病的发生及气囊炎所造成淘汰率[55,108,405]。雏鸡接种来自有抵抗力的鸡自然菌群[535]、商品化的竞争排斥产品[194,216]或枯草杆菌芽孢[290,506]等，可竞争性排除鸡肠道内致病性大肠杆菌。卵内（in ovo）接种瘤胃乳杆菌（*Lactobacillus reuter*）可以起到类似的作用[122]。与此类似，断料和断水可增加自发性菌血症的发生[306]。

感染鸡毒支原体或传染性支气管炎病毒可越过自然菌群的保护作用[536]。养殖无支原体感染禽以及减少禽类在呼吸道病毒感染可以减少大肠杆菌感染禽类的呼吸道。接种能有效抵抗呼吸道病原体及免疫抑制性病原体的疫苗，可以提前降低大肠杆菌类疾病的发生。

适度的应激和与人的接触可以使禽类获得对大肠杆菌病的非特异性抵抗力。非特异性的抵抗力是很短暂的，而且可以由于寒冷或者皮质酮而减少。

良好的畜舍通风可减少禽群发生大肠杆菌病的机会[96]。曾经有研究人员通过温度的冷热变化及改变通风试验诱导商品鸡群产生的大肠杆菌病[245]。良好的畜舍通风可减少由氨气引起的呼吸道损伤，降低细菌数量和气源性内毒素。氨气即使在人闻不到的浓度也能影响黏膜对吸入颗粒的清除能力[367,397]。呼吸道黏膜损伤程度与接触的氨浓度相关[366]。灰尘同样可以增加大肠杆菌病发生的几率[202]。由于静电荷的存在，细菌很容易吸附到灰尘颗粒上。灰尘和氨的共同作用使禽类吸入大量细菌却没有能力将它们排出呼吸道。

潮湿的垫料给大肠杆菌的生长和繁殖提供了非常好的环境。在水活性＞0.9%或湿润成分＞35%的垫料中可以发现大量的大肠杆菌及沙门氏菌。垫料表面风速大于 100ft/min 可以干燥垫料并且减少大肠杆菌的数量。商业肉鸡舍垫料表面的风速可能不一致。低风速通常会有大量的大肠杆菌数，而高风速则相反，低风速的垫料中含有大肠杆菌数是高风速的 16 倍[364]。在加工过程中，禽类足垫皮炎的发生率和严重程度可以被看做是垫料状况和空气质量的指示。饮水器的维护对消除房舍中的水斑起着主要作用。每天翻动饮水器和食槽边的垫料，更换或者在湿的垫料上加上新鲜干燥的垫料是保证垫料品质的很好的措施。

疫苗免疫

疫苗的种类

人们已经研制出多种疫苗以及免疫方式，包括主动免疫和被动免疫，可以使用灭活疫苗、活疫苗、重组疫苗和亚单位疫苗，以及抗特异性致病因子的免疫方法，很多还是在实验研究阶段。现阶段还没有什么产品是非常有效的，也没有产品在生产中得到广泛应用。有含有 F11（PapA）菌毛抗原及鞭毛抗原（FT）的商品化的疫苗已经在欧洲注册，可用于母鸡免疫使雏鸡获得天然的被动免疫（Noblis E. coli Inac，Intervet）。

灭活疫苗。已研制出针对血清型 O2：K1 和 O78：K80 的灭活菌苗[19,68,100,101,513]。该疫苗对同源血清型可产生保护力，而对于异源血清型不会产生较大的交叉保护。灭活的 O78 血清型疫苗能保护鸭免受感染[459]。超声波灭活后再经辐射制备的疫苗对同源和异源菌都可产生保护力[336]。含有菌膜泡囊的疫苗可刺激小火鸡产生抗体、补体的溶菌活性、T 细胞的增殖及细胞毒性 T 细胞的活性，对致病性大肠杆菌攻毒有保护作用[69]。由菌毛制备的多价疫苗，其蛋白质水平很低（每份含 $180\mu g$），可降低攻毒后感染的程度[193]。血清吸收试验表明，血清型 O1、O2 和 O78 菌毛的抗原性不同[499]。

活疫苗。用自然的非致病性有纤毛菌株（BT-7）制备的活苗，对大于 14 日龄的雏鸡有效，对同源或异源菌株感染有抵抗力[147]。大肠杆菌的突变株 J5 的细胞壁内毒素不完全，可以安全、有效地保护雏鸡[3,4]。商品鸡针对革兰氏阴性菌核心抗原的抗体滴度在青年阶段达到高峰[445]。

重组及弱毒疫苗。致病型 O2 血清型的 *carAB* 突变株对精氨酸和嘧啶利用有缺陷，因而该菌对两者的需求有所增加。由于机体内精氨酸和嘧啶的含量都较低，微生物侵入机体后便不能维持正常的需要，从而引起自限性感染。该突变株稳定，具有免疫原性且毒力较弱。对感染出血性肠炎病毒的火鸡口服免疫后，证明该菌株对火鸡大肠杆菌病具有保护作用[286]。O2 和 O78APEC 参与能量生产的 *cya* 或 *crp* 基因缺失突变株可用于肉鸡的喷雾免疫。这种突变体疫苗很安全，但是对攻毒感染引起的气囊炎保护作用有限[407]。同样，O78 的 *galE*，*purA*，*aroA* 基因突变株很安全而且有免疫原性，但是对

同源的攻毒只有中等程度的保护力，对异源性的攻毒无保护作用[266]。

与亲代野生型毒株引起的高致死率不同，由致病性 APEC 突变而来的链霉素依赖性的致弱株对攻毒家禽没有致死性。大量的突变株通过气溶胶或口服方式接种于家禽后，对蜂窝织炎及全身性组织病变没有保护性。然而，如果第 1 天气溶胶免疫、第 14 天口服免疫、第 28 天口服免疫，全身性组织病变显著减轻[13]。

重组疫苗是用鼠伤寒沙门氏菌构建的，用来生产 B 群决定簇及 O78 大肠杆菌抗原。接种的家禽血清转阳，对致病性大肠杆菌 O78 有免疫保护作用[437]。另一种相似的疫苗除表达 O78 LPS 之外，同时还会表达大肠杆菌 1 型菌毛抗原，对同源菌感染有保护作用。虽然 1 型菌毛抗原可降低气囊病变程度，但 O78 LPS 抗原是疫苗的主要保护原性成分。菌毛抗原对 O1 及 O2APEC 亚群的攻毒不能产生交叉免疫力[438]。

Iss 是一种普遍存在于 APEC 的表面蛋白，但不存在于共生菌中，是一种重要的补体抗性成分，家禽免疫的初步研究表明可能对不同血清型具有交叉保护作用[317]。

菌毛疫苗包含 FimH、FIA（1 型）黏附素或 PapGⅡ、P 黏附素高度保守部分，具有免疫原性，但对 APEC 没有免疫保护[526,527]。PapGⅡ引起的免疫保护不同于 PapG 卵黄抗体被动免疫带来的免疫保护作用（见被动免疫）。

被动免疫。被动免疫可以增强对气溶胶感染的抵抗力及清除血液中细菌的能力[363]。使用灭活疫苗免疫种鸡可以为后代提供对同源株的被动免疫，可以在两周内完成免疫程序并且在孵化后的数周内保持部分免疫[209,442]。

兔抗大肠杆菌铁离子调节外膜蛋白血清可以保护火鸡在攻毒后免于死亡。接种组在接种兔血清后，96h 后气囊细菌分离和肉眼病变程度明显低于只接种生理盐水的对照组[58]。

从免疫母鸡的鸡蛋的卵黄里分离出的抗体对 O78 的同源毒株可以提供免疫保护。免疫了 P 菌毛黏附素（PapG）或者产气杆菌素外膜受体 IutA 的母鸡可以产生对异源菌株 O1 和 O2 的部分免疫保护。接种 PapG 可以提供最全面的免疫保护，产蛋母鸡用这种方法免疫可以对它的后代产生很好的免疫保护[265]。

免疫增强作用。重组疫苗的一个问题就是免疫源性很低，使用有效的免疫增强剂可以解决这个问题。成鸡用肌内注射的方法或皮下注射的方法，雏鸡用肌内注射或卵内接种的方法接种胞嘧啶磷酸二酯鸟嘌呤（CpG）寡聚脱氧核糖核苷酸，在用APEC攻毒后证明可以提高存活率，减少蜂窝织炎组织损伤的程度[169,170]。CpG基序在细菌DNA中是大量存在的而且可以加强先天免疫反应[24,170]。将大肠杆菌耐热性肠毒素改造为无毒的蛋白，这种蛋白可以激发无论是经口免疫还是母源抗原免疫产生抗体[528]。

治疗

抗菌药物

自1950年代中期抗生素被引入到养禽业后，抗菌药物已经被广泛的使用，以减少大肠杆菌病带来的损失。四环素被引入后，抗菌药物平行用药的出现成为抗感染的进步的发展[479]。耐药性是由基因决定的，这种耐药性是可以在同一个菌种或不同类型的细菌之间通过可移动的遗传基元，如质粒、整合子及转座子等转移[34,299,553]。家禽中可转移耐药因子的贮存宿主不是大肠杆菌，也不是革兰氏阴性菌，而是革兰氏阳性菌，它占了家禽垫料中细菌的85%[382]。鸡的肠道成为抗四环素基因转移到敏感的大肠杆菌菌株的适宜环境。在雏鸡的饮水中加入四环素会加快这个进程。其他抗微生物药的抗性可与四环素抗性基因共转移[205]。

人们越来越关心细菌的耐药性，特别是多重耐药性，以及感染人的菌株从动物的耐药菌株中获得耐药因子（见公共卫生意义），这样导致了用抗生素治疗在家禽大肠杆菌病方法的改变[473]。以前用过的抗生素由于细菌产生抗药性大部分已经失去了作用，目前还没有研制出可以在家禽养殖业中使用的新的抗生素。最近，在美国和其他地方，氟喹诺酮可以用于治疗家禽大肠杆菌病，目前这些药物的效果很好[165]。然而，担心某些耐药菌株会对不同喹诺酮的产生交叉耐药性[39,164,252,272]，更重要的原因是由于这一类药物用于治疗人的疾病，这样导致许多国家，包括美国禁止在家禽中使用。禽类大肠杆菌的耐药性请参见综述[541]。

在选择治疗中使用何种抗菌药时，很重要的一点就是检测暴发的疾病中菌株对药物的敏感性，如果效果不好，那这种药就不能使用。APEC通常对四环素、氨苯磺胺、氨苄西林、链霉素具有耐药性[339,525,541,553]。多重耐药很普遍[525]，并且与毒力因子相关联[255]。近期已经有很多的关于大肠杆菌耐药性的研究，这些菌株分离自鸡[12,51,157,273,299,339,349,388,517,553,561]、火鸡[10,86,453,517]、鸭[34,533]、鸡蛋[360]，以及家禽的饲料和饲料成分[324]。这些APEC和共生菌株都表现出不同程度的耐药性，但是其间存在分布差异。分离自鸡蛋壳的绝大多数大肠杆菌分离株对所有的抗生素敏感[360]。共生菌株的抗药性偶尔要比APEC高，例如，在火鸡中氨苄西林有耐药性[10]，但是，大体来讲，在APEC菌株的耐药性要更加严重。在火鸡中分离出的大肠杆菌有相当的一部分对庆大霉素有耐药性，这是在出生1天的雏鸡中注射庆大霉素的结果[10]。鸡源大肠杆菌对庆大霉素的抗药性和鸡胚致死试验中毒力明显增加有关[349]。

如果用量太少或者不能达到感染部位，即使是很有效的药物可能也不会使禽群病情好转。因此，低剂量也可以加速菌株抗药性的产生。雏鸡群饲料中氨苄西林含量越来越低（1.7和5g/吨）导致抗药产生，直接与饲料中抗生素的含量相关[8]。矛盾的是，养禽生产中，使用亚治疗剂量的抗生素和抗球虫药促生长和控制球虫，也抑制了大肠杆菌多重耐药质粒的转移。这种抑制作用的基础主要是药物离子结合特性以及干扰了细菌的DNA吸收通道[325]。接触抗生素的选择性压力并不总是抗药性的产生所必需[73]。尽管抗药性的产生都是由于以前接触过抗生素，但在以前没有接触过抗生素的情况下也能自然产生。美国家禽以前没有使用过氟苯尼考和氯霉素，但在美国东南部的鸡群中却分离出了这两种的抗药菌株[271]。

已证明饮水中添加阿普拉霉素可有效减少雏鸡肠内微生物数量及防止鸡菌血症[306]。新霉素可降低小火鸡群的大肠杆菌病的死亡率[323]。

抗球虫药同样有抗菌活性，对防止和治疗大肠杆菌病都有好处。莫能霉素可以减少大肠杆菌O157：H7在鸡肠道里的定植，与未给药和使用其他抗球虫药相比，给药组在感染后14天不能检出该菌[487]。在近期一项关于*Brevibacillus texasporus*生产的阳离子兼性肽抗生素TAMUS 2032的研究中，该药加入到商品肉鸡的饲料中，鸡群被环境中细菌感染后，不论是否加莫能菌素都可以提高生产性能和降低致死率。同样，无论有没有加入杆菌肽，添加莫能菌素都可以提高成活率和生产性能。单独的杆菌肽对大肠杆菌病没有保护力[245]。

其他治疗方法

因为预防和治疗大肠杆菌病的抗生素禁用，激发了人们对其替代方法的兴趣，包括益生元、益生素、酶、消化道酸化剂、维生素、免疫增强剂、抗炎药物，以及其他抗微生物产品。尽管益生元和益生素在养禽业中已经广泛使用，但很少有关于他们对大肠杆菌病作用的报道。因为出壳后很快就有大肠杆菌定植，所以早期使用益生素很有必要(122)。雏鸡饲喂能产生细菌素植物乳杆菌（*Lactobacillus plantarum*）F1 或者纯化的细菌素对 O2 APEC 感染具有保护作用。用植物乳杆菌及戊糖片球菌（*Pediococcus pentosaceus*）混合物 pH<4.0 条件下发酵粗粒小麦 24h 可以完全杀灭大肠杆菌。约氏乳杆菌（*L. johnsonii*）可以明显减少小肠中大肠杆菌的定植，但对盲肠和大肠中的细菌定植没有作用[294]。

除了乳酸杆菌，其他微生物也可以抑制大肠杆菌定植。特定的枯草杆菌菌株可以抑制消化道中大肠杆菌定植，有可能用于生产益生素[27,290]。形成具有高度抗性的芽孢，可以通过饲料饲喂商品鸡群，简化了应用方法。口服双歧杆菌提取物可以提高对大肠杆菌病的抵抗力，处理组鸡细胞免疫增强[276]。给雏禽接种源自健康成年禽类的非特异性竞争排斥制剂可以减少肠内 APEC 的定植[216]。

基本的油类在体外[196,409]及下段肠道[242]对大肠杆菌有明显的抑制作用。一种商业化的薄荷科的芬芳植物油已经用于有机禽类的养殖中，但是没有关于其对大肠杆菌病作用的研究报道。多种产品 Isopathic（免疫增强剂）和顺势治疗法对防治 8 日龄鼻腔接种 O78APEC 感染无效[529]。

噬菌体方法对于抗生素治疗大肠杆菌病是一个很好的选择[32,62]。从城市污水中分离出的两个可以裂解 O2 APEC 菌株噬菌体可实验性降低大肠杆菌病的死亡率，实验中使用了 APEC 的同源菌株，把大量噬菌体混合在接种物中，在感染的前 3 天喷雾或在感染 48 小时后肌肉注射[230,231,232,233,235,236]。噬菌体治疗结合恩诺沙星具有有协同效果[234]。尽管噬菌体治疗看起来是很有效的，在它被推向市场之前仍有一些问题需要解决[235]。

已经有一些研究证明维生素 E 对大肠杆菌感染有预防和治疗的作用[226]，但是不是所有的研究都支持这个结论（见管理程序）。这些结果的差异可能是来自于实验的设计，特别是攻毒、计时、维生素 E 的给药方法等。使用阿司匹林和水杨酸钠可以分别降低火鸡[226]和鸡[311]实验感染大肠杆菌病的影响。然而如果用量过大或和其他药物共同用药，则影响炎症反应，产生相反的效果[226]。饲喂含有从酵母细胞壁分离的 β-葡聚糖的产品可以改善鸡感染大肠杆菌的反应，但是同时抑制了非攻毒对照组的生长[228]。

张跃伟 韦 铮 王选年 译
常建宇 苏敬良 张改平 校

参考文献

[1] Aarestrup, F. M., and H. C. Wegener. 1999. The effects of antibiotic usage in food animals on the development of antimicrobial resistance of importance for humans in *Campylobacter* and *Escherichia coli*. *Microbes Infect* 1: 639 - 644.

[2] Aarestrup, F. M., and H. Hasman. 2004. Susceptibility of different bacterial species isolated from food animals to copper sulphate, zinc chloride and antimicrobial substances used for disinfection. *Vet Microbiol* 100: 83 - 89.

[3] Abdul Aziz, T. A., and S. N. El Sukhon. 1996. Serum sensitivity and apathogenicity for chickens and chick embryos of *Escherichia coli* J5 strain. *Vet Res* 27: 267 - 271.

[4] Abdul Aziz, T. A., and S. N. El Sukhon. 1998. Chickens hyperimmunized with *Escherichia coli* J5 strain are protected against experimental challenge with *Escherichia coli* O78 serotype. *Vet Res Comm*. 22: 7 - 9.

[5] Akashi, N., S. Hitotsubashi, H. Yamanaka, Y. Fujii, T. Tsuji, A. Miyama, J. E. Joya, and K. Okamoto. 1993. Production of heatstable enterotoxin Ⅱ by chicken clinical isolates of *Escherichia coli*. *FEMS Microbiol Lett* 109: 311 - 316.

[6] Al-Ghamdi, M. S., F. El-Morsy, Z. H. Al-Mustafa, M. Al-Ramadhan, and M. Hanif. 1999. Antibiotic resistance of *Escherichia coli* isolated from poultry workers, patients and chicken in the eastern province of Saudi Arabia. *Trop Med Int Health* 4: 278 - 283.

[7] Al Ankari, A. R., J. M. Bradbury, C. J. Naylor, K. J. Worthington, C. Payne Johnson, and R. C. Jones. 2001. Avian pneumovirus infection in broiler chicks inoculated with *Escherichia coli* at different time intervals. *Avian Pathol* 30: 257 - 267.

［8］Al Sam,S. ,A. H. Linton,P. M. Bennett,and M. Hinton. 1993. Effects of low concentrations of ampicillin in feed on the intestinal *Escherichia coli* of chicks. *J Appl Bacteriol* 75:108-112.

［9］Altekruse,S. F. ,F. Elvinger,C. DebRoy,F. W. Pierson,J. D. Eifert,and N. Sriranganathan. 2002. Pathogenic and fecal *Escherichia coli* strains from turkeys in a commercial operation. *Avian Dis* 46:562-569.

［10］Altekruse,S. F. ,F. Elvinger,K. Y. Lee,L. K. Tollefson, E. W. Pierson, J. Eifert, and N. Sriranganathan. 2002. Antimicrobial susceptibilities of *Escherichia coli* strains from a turkey operation. *J Am Vet Med Assoc* 221:411-416.

［11］Amabile de Campos,T. ,E. G. Stehling,A. Ferreira,A. F. Pestana de Castro,M. Brocchi,and W. Dias da Silveira. 2005. Adhesion properties,fimbrial expression and PCR detection of adhesin-related genes of avian *Escherichia coli* strains. *Vet Microbiol* 106:275-285.

［12］Amara,A. ,Z. Ziani,and K. Bouzoubaa. 1995. Antibioresistance of *Escherichia coli* strains isolated in Morocco from chickens with colibacillosis. *Vet Microbiol* 43:325-330.

［13］Amoako,K. K. ,T. Prysliak,A. A. Potter,S. K. Collinson,W. W. Kay,and B. J. Allan. 2004. Attenuation of an avian pathogenic *Escherichia coli* strain due to a mutation in the rpsL gene. *Avian Dis* 48:19-25.

［14］Anderson,R. C. ,R. B. Harvey,J. A. Byrd,T. R. Callaway,K. J. Genovese,T. S. Edrington,Y. S. Jung,J. L. McReynolds,and D. J. Nisbet. 2005. Novel preharvest strategies involving the use of experimental chlorate preparations and nitro-based compounds to prevent colonization of food-producing animals by foodborne pathogens. *Poult Sci* 84:649-654.

［15］Ardrey,W. B. ,C. F. Peterson,and M. Haggart. 1968. Experimental colibacillosis and the development of carriers in laying hens. *Avian Dis* 12:505-511.

［16］Arenas,A. ,S. Vicente,I. Luque,J. C. Gomez-Villamandos,R. Astorga,A. Maldonado,and C. Tarradas. 1999. Outbreak of septicaemic colibacillosis in Japanese quail (*Coturnix coturnix japonica*). *Zentralbl Veterinarmed* ［B］46:399-404.

［17］Arne,P. ,D. Marc,A. Bree,C. Schouler,and M. Dho-Moulin. 2000. Increased tracheal colonization in chickens without impairing pathogenic properties of avian pathogenic *Escherichia coli* MT78 with a fim H deletion. *Avian Dis* 44:343-355.

［18］Arp,L. H. ,and N. F. Cheville. 1981. Interaction of blood-borne *Escherichia coli* with phagocytes of spleen and liver in turkeys. *Am J Vet Res* 42:650-657.

［19］Arp,L. H. 1982. Effect of passive immunization on phagocytosis of blood-borne *Escherichia coli* in spleen and liver of turkeys. *Am J Vet Res* 43:1034-1040.

［20］Arp,L. H. 1985. Effect of antibodies to type 1 fimbriae on clearance of fimbriated *Escherichia coli* from the bloodstream of turkeys. *Am J Vet Res* 46:2644-2647.

［21］Ask,B. ,E. H. van der Waaij,J. A. Stegeman,and J. A. van Arendonk. 2006. Genetic variation among broiler genotypes in susceptibility to colibacillosis. *Poult Sci* 85:415-421.

［22］Ask,B. ,E. H. van der Waaij,J. H. van Eck,J. A. van Arendonk,and J. A. Stegeman. 2006. Defining susceptibility of broiler chicks to colibacillosis. *Avian Pathol* 35:147-153.

［23］Babai,R. ,B. E. Stern,J. Hacker,and E. Z. Ron. 2000. New fimbrial gene cluster of S-fimbrial adhesin family. *Infect Immun* 68:5901-5907.

［24］Babiuk,L. A. ,S. Gomis,and R. Hecker. 2003. Molecular approaches to disease control. *Poult Sci* 82:870-875.

［25］Bangert,R. L. ,B. R. Cho,P. R. Widders,E. H. Stauber, and A. C. Ward. 1988. A survey of aerobic bacteria and fungi in the feces of healthy psittacine birds. *Avian Dis* 32:46-52.

［26］Bano,S. ,K. Naeem,and S. A. Malik. 2003. Evaluation of pathogenic potential of avian influenza virus serotype H9N2 in chickens. *Avian Dis* 47:817-822.

［27］Barbosa,T. M. ,C. R. Serra,R. M. La Ragione,M. J. Woodward,and A. O. Henriques. 2005. Screening for bacillus isolates in the broiler gastrointestinal tract. *Appl Environ Microbiol* 71:968-978.

［28］Barnes,H. J. ,and F. Lozano. 1994. Colibacillosis in Poultry. Pfizer Veterinary Practicum, Pfizer Animal Health,Lee's Summit,MO,45.

［29］Barnes,H. J. 2000. Pathological manifestation of colibacillosis in poultry. Proc 21st World's Poultry Congress, Montréal,Canada,Aug 20-24.

［30］Barnes,H. J. 2001. Unpublished data.

［31］Barondess,J. J. ,and J. Beckwith. 1990. A bacterial virulence determinant encoded by lysogenic coliphage lambda. *Nature* 346:871-874.

［32］Barrow,P. ,M. Lovell,and A. Berchieri,Jr. 1998. Use of lytic bacteriophage for control of experimental *Escherichia coli* septicemia and meningitis in chickens and calves. *Clin Diag Lab Immunol* 5:294-298.

［33］Baruah,K. K. ,P. K. Sharma,and N. N. Bora. 2001. Fertility,hatchability and embryonic mortality in ducks. *Indian Vet J* 78:529 - 530.

[34]Bass,L. ,C. A. Liebert,M. D. Lee,A. O. Summers,D. G. White, S. G. Thayer, and J. J. Maurer. 1999. Incidence and characterization of integrons,genetic elements mediating multiple-drug resistance,in avian *Escherichia coli*. *Antimicrob Agents Chemother* 43:2925 - 2929.

[35]Bastiani,M. ,M. C. Vidotto,and F. Horn. 2005. An avian pathogenic *Escherichia coli* isolate induces caspase 3/7 activation in J774 macrophages. *FEMS Microbiol Lett* 253:133 - 140.

[36]Bayyari,G. R. ,W. E. Huff,R. A. Norton,J. K. Skeeles, J. N. Beasley,N. C. Rath,and J. M. Balog. 1994. A longitudinal study of green-liver osteomyelitis complex in commercial turkeys. *Avian Dis* 38:744 - 754.

[37]Bayyari,G. R. ,W. E. Huff,J. M. Balog,and N. C. Rath. 1997. Variation in toe-web response of turkey poults to phytohemagglu tinin-P and their resistance to *Escherichia coli* challenge. *Poult Sci* 76:791 -797.

[38]Bayyari,G. R. ,W. E. Huff,N. C. Rath,J. M. Balog,L. A. Newberry,J. D. Villines,and J. K. Skeeles. 1997. Immune and physiological responses of turkeys with green-liver osteomyelitis complex. *Poult Sci* 76:280 - 288.

[39]Bazile-Pham-Khac, S. , Q. C. Truong, J. P. Lafont, L. Gutmann, X. Y. Zhou, M. Osman, and N. J. Moreau. 1996. Resistance to fluoroquinolones in *Escherichia coli* isolated from poultry. *Antimicrob Agents Chemother* 40: 1504 - 1507.

[40]Beery,J. T. ,M. P. Doyle,and J. L. Schoeni. 1985. Colonization of chicken cecae by *Escherichia coli* associated with hemorrhagic colitis. *Appl Environ Microbiol* 49: 310 - 315.

[41]Bell, C. , and A. Kyriakides. 1998. E. coli: A Practical Approach to the Organism and Its Control in Foods. Blackie Academic & Professional,London,200.

[42]Berney, M. , H. -U. Weilenmann, A. Simonetti, and T. Egli. 2006. Efficacy of solar disinfection of *Escherichia coli*, *Shigella flexneri*, *Salmonella typhimurium* and *Vibrio cholerae*. *J Appl Microbiol* 101:828 - 836.

[43]Berrang,M. E. ,and J. K. Northcutt. 2005. Use of water spray and extended drying time to lower bacterial numbers on soiled flooring from broiler transport coops. *Poult Sci* 84:1797 - 1801.

[44]Best, A. , R. M. La Ragione, A. R. Sayers, and M. J. Woodward. 2005. Role for flagella but not intimin in the persistent infection of the gastrointestinal tissues of specific-pathogen-free chicks by shiga toxin-negative *Escherichia coli* 0157:H7. *Infect Immun* 73:1836 - 1846.

[45]Bettelheim, K. A. 1994. Biochemical characteristics of *Escherichia coli*. In C. L. Gyles (ed.). *Escherichia coli* in Domestic Animals and Humans. CAB Int'l,Wallingford, UK,3 - 30.

[46]Binns, M. M. , D. L. Davies, and K. G. Hardy. 1979. Cloned fragments of the plasmid ColV, I-K94 specifying virulence and serum resistance. *Nature* 279:778 - 781.

[47]Binns,M. M. ,J. Mayden,and R. P. Levine. 1982. Further characterization of complement resistance conferred on *Escherichia coli* by the plasmid genes traT of R100 and iss of ColV,I-K94. *Infect Immun* 35:654 - 659.

[48]Bisgaard,M. ,and A. Dam. 1980. Salpingitis in poultry. I . Prevalence,bacteriology and possible pathogenesis in broilers. *Nord Vet* 32:361 - 368.

[49]Bisgaard,M. ,and A. Dam. 1981. Salpingitis in poultry. II . Prevalence,bacteriology,and possible pathogenesis in egg-laying chickens. *Nord Vet* 33:81 - 89.

[50]Bisgaard,M. 1995. Salpingitis in web-footed birds: prevalence,aetiology and significance. *Avian Pathol* 24:443 - 452.

[51]Blanco, J. E. , M. Blanco, A. Mora, and J. Blanco. 1997. Prevalence of bacterial resistance to quinolones and other antimicrobials among avian *Escherichia coli* strains isolated from septicemic and healthy chickens in Spain. *J Clin Microbiol* 35: 2184 - 2185.

[52]Blanco, J. E. , M. Blanco, A. Mora, and J. Blanco. 1997. Production of toxins (enterotoxins, verotoxins, and necrotoxins) and colicins by *Escherichia coli* strains isolated from septicemic and healthy chickens: relationship with *in vivo* pathogenicity. *J Clin Microbiol* 35:2953 - 2957.

[53]Blanco,J. E. ,M. Blanco,A. Mora, W. H. Jansen, V. Garcia, M. L. Vazquez, and J. Blanco. 1998. Serotypes of *Escherichia coli* isolated from septicaemic chickens in Galicia (northwest Spain). *Vet Microbiol* 61:229 - 235.

[54]Boa Amponsem,K. ,A. Yang, N. K. Praharaj, E. A. Dunnington, W. B. Gross, and P. B. Siegel. 1997. Impact of alternate-day feeding cycles on immune and antibacterial responses of White Leghorn chicks. *J Appl Poult Res* 6: 123 - 127.

[55]Boado, E. , A. Gonzalez, V Masdeu, C. Fonseca, O. Viamontes,and Y. J. Camejo. 1988. Chlorination of drinking water against E. coli septicaemia in fowls. *Revista Avicultura* 32:45 - 58.

[56]Boado, E. ,L. Zaldivar,and A. Gonzalez. 1992. Diagnosis, report and incidence of diseases of the pigeon (*Columba livia*) in Cuba. *Rev Cubana Ciencia Avicola* 19:74 - 78.

［57］Bolin, C. A. 1986. Effects of exogenous iron on *Escherichia coli* septicemia of turkeys. *Am J Vet Res* 47: 1813 -1816.

［58］Bolin, C. A. , and A. E. Jensen. 1987. Passive immunization with antibodies against iron-regulated outer membrane proteins protects turkeys from *Escherichia coli* septicemia. *Infect Immun* 55:1239 - 1242.

［59］Bopp, C. A. , F. W. Brenner, P. I. Fields, J. G. Wells, and N. A. Strockbine. 2003. *Escherichia*, *Shigella*, and *Salmonella*. In P. F. Murray, E. J. Baron, J. H. Jorgensen, M. A. Pfaller, and R. H. Yolken (eds.). Manual of Clinical Microbiology, Vol. 1, 8th ed. ASM Press, Washington, DC, 654 - 671.

［60］Bradley, R. E. , and W. M. Reid. 1966. *Histomonas meleagridis* and several bacteria as agents of infectious enterohepatitis in gnotobiotic turkeys. *Exp Parasitol* 19: 91 -101.

［61］Brown, P. K. , and R. Curtiss, 3rd. 1996. Unique chromosomal regions associated with virulence of an avian pathogenic *Escherichia coli* strain. *Proc Natl Acad Sci USA* 93:11149 - 11154.

［62］Brussow, H. 2005. Phage therapy: the *Escherichia coli* experience. *Microbiol* 151:2133 - 2140.

［63］Bumstead, N. , M. B. Huggins, and J. K. Cook. 1989. Genetic differences in susceptibility to a mixture of avian infectious bronchitis virus and *Escherichia coli*. *Br Poult Sci* 30:39 - 48.

［64］Bums, K. E. , R. Otalora, J. R. Glisson, and C. L. Hofacre. 2003. Cellulitis in Japanese quail(*Coturnix coturnix japonica*). *Avian Dis* 47:211 - 214.

［65］Carr, D. , D. Shaw, D. A. Halvorson, B. Rings, and D. Roepke. 1996. Excessive mortality in market-age turkeys associated with cellulitis. *Avian Dis* 40:736 - 741.

［66］Carson, C. A. , B. L. Shear, M. R. Ellersieck, and A. Asfaw. 2001. Identification of fecal *Escherichia coli* from humans and animals by ribotyping. *Appl Environ Microbiol* 67:1503 - 1507.

［67］Caya, F. , J. M. Fairbrother, L. Lessard, and S. Quessy. 1999. Characterization of the risk to human health of pathogenic *Escherichia coli* isolates from chicken carcasses. *J Food Prot* 62:741 - 746.

［68］Cessi, D. 1979. Prophylaxis of *Escherichia coli* infection in fowls with emulsified vaccines. *Clinica Veterinaria* 102:270 - 278.

［69］Chaffer, M. , B. Schwartsburd, and E. D. Heller. 1997. Vaccination of turkey poults against pathogenic *Escherichia coli*. *Avian Pathol* 26:377 - 390.

［70］Chamanza, R. , L. v. Veen, M. T. Tivapasi, M. J. M. Toussaint, and L. van Veen. 1999. Acute phase proteins in the domestic fowl. *World's Poult Sci J* 55:61 - 71.

［71］Chansiripornchai, N. , P. Ramasoota, J. Sasipreeyajan, and S. B. Svenson. 2001. Differentiation of avian pathogenic *Escherichia coli* (APEC) strains by random amplified polymorphic DNA (RAPD) analysis. *Vet Microbiol* 80:75 - 83.

［72］Chapman, M. E. , W. Wang, G. F. Erf, and R. F. Wideman, Jr. 2005. Pulmonary hypertensive responses of broilers to bacterial lipopolysaccharide (LPS): evaluation of LPS source and dose, and impact of pre-existing pulmonary hypertension and cellulose micro-particle selection. *Poult Sci* 84:432 - 441.

［73］Chaslus-Dancla, E. , G. Gerbaud, M. Lagorce, J. P. Lafont, and P. Courvalin. 1987. Persistence of an antibiotic resistance plasmid in intestinal *Escherichia coli* of chickens in the absence of selective pressure. *Antimicrob Agents Chemother* 31:784 - 788.

［74］Cheng, H. W. , R. Freire, and E. A. Pajor. 2004. Endotoxin stress responses in chickens from different genetic lines. 1. Sickness, behavioral, and physical responses. *Poult Sci* 83:707 - 715.

［75］Cheville, N. F. , and L. H. Arp. 1978. Comparative pathologic findings of *Escherichia coli* infection in birds. *J Am Vet Med Assoc* 173:584 - 587.

［76］Chouikha, I. , P. Germon, A. Bree, P. Gilot, M. Moulin-Schouleur, and C. Schouler. 2006. A self-associated genomic island of the extraintestinal avian pathogenic *Escherichia coli* strain BEN2908 is involved in carbohydrate uptake and virulence. *J Bacteriol* 188:977 - 987.

［77］Christiansen, K. H. , D. W. Hird, K. P. Snipes, C. Danaye-Elmi, C. W. Palmer, M. D. McBride, and W. W. Utterback. 1996. California National Animal Health Monitoring System for meat turkey flocks—1988-89 pilot study: management practices, flock health, and production. *Avian Dis* 40:278 - 284.

［78］Chuba, P. J. , S. Palchaudhuri, and M. A. Leon. 1986. Contribution of traT and iss genes to the serum resistance phenotype of plasmid ColV-K94. *FEMS Microbiol Lett* 37:135 - 140.

［79］Chuba, P. J. , M. A. Leon, A. Banerjee, and S. Palchaudhuri. 1989. Cloning and DNA sequence of plasmid determinant iss, coding for increased serum survival and surface exclusion, which has homology with lambda DNA. *Mol Gen Genet* 216:287 - 292.

［80］Clark, S. R. , H. J. Barnes, A. A. Bickford, R. P. Chin, and

R. Droual. 1991. Relationship of osteomyelitis and associated soft-tissue lesions with green liver discoloration in tom turkeys. *Avian Dis* 35:139 - 146.

[81] Clermont, O. , J. R. Johnson, M. Menard, and E. Denamur. 2006. Determination of *Escherichia coli* O types by allele-specific polymerase chain reaction: application to the O types involved in human septicemia. *Diagn Microbiol Infect Dis* 57:129 - 136.

[82] Cole, D. , D. J. Drum, D. E. Stalknecht, D. G. White, M. D. Lee, S. Ayers, M. Sobsey, and J. J. Maurer. 2005. Free-living Canada geese and antimicrobial resistance. *Emerg Infect Dis* 11:935 - 938.

[83] Cook, J. K. A. , H. W. Smith, and M. B. Huggins. 1986. Infectious bronchitis immunity: its study in chickens experimentally infected with mixtures of infectious bronchitis virus and *Escherichia coli*. *J Gen Virol* 67:1427 - 1434.

[84] Cook, J. K. A. , M. B. Huggins, and M. M. Ellis. 1991. Use of an infectious bronchitis virus and *Escherichia coli* model infection to assess the ability to vaccinate successfully against infectious bronchitis in the presence of maternally-derived immunity. *Avian Pathol* 20:619 - 626.

[85] Cooper, R. G. 2005. Bacterial, fungal and parasitic infections in the ostrich (*Struthio camelus* var. *domesticus*). *An Sci J* 76:97 - 106.

[86] Cormican, M. , V Buckley, G. Corbett-Feeney, and F. Sheridan. 2001. Antimicrobial resistance in *Escherichia coli* isolates from turkeys and hens in Ireland. *J Antimicrob Chemother* 48:587 - 588.

[87] Coufal, C. D. , C. Chavez, K. D. Knape, and J. B. Carey. 2003. Evaluation of a method of ultraviolet light sanitation of broiler hatching eggs. *Poult Sci* 82:754 -759.

[88] Crespo, R. , R. L. Walker, R. Nordhausen, S. J. Sawyer, and R. B. Manalac. 2001. Salpingitis in Pekin ducks associated with concurrent infection with *Tetratrichomonas* sp. and *Escherichia coli*. *J Vet Diagn Invest* 13: 240 - 245.

[89] Cross, A. S. , P. Gemski, J. C. Sadoff, F. Orskov, and I . Orskov. 1984. The importance of the K1 capsule in invasive infections caused by *Escherichia coli*. *J Infect Dis* 149:184 - 193.

[90] Cross, A. S. , J. C. Sadoff, P. Gemski, and K. S. Kim. 1988. The relative role of lipopolysaccharide and capsule in the virulence of *Escherichia coli*. In F. Cabello , and C. Pruzzo (eds.). Bacteria, Complement and the Phagocytic Cell, Vol. H24. Springer-Verlag, Berlin, 319 - 334.

[91] da Silva, P. L. , H. E. Coelho, S. C. Ribeiro, and P. R. Oliveira. 1989. Occurrence of coligranulomatosis in coturnix quail in Uberlandia, Minas Gerais, Brazil. *Avian Dis* 33: 590 - 593.

[92] da Silveira, W. D. , A. Ferreira, M. Brocchi, L. M. d. Hollanda, A. F. P. d. Castro, A. T. Yamada, M. Lancellotti, W. D. da Silveira, L. M. de Hollanda, and A. F. P. de Castro. 2002. Biological characteristics and pathogenicity of avian *Escherichia coli* strains. *Vet Microbiol* 85:47 - 53.

[93] da Silveira, W. D. , A. Ferreira, M. Lancellotti, I. A. G. C. D. Barbosa, D. S. Leite, A. F. P. de Castro, and M. Brocchi. 2002. Clonal relationships among avian *Escherichia coli* isolates determined by enterobacterial repetitive intergenic consensus (ERIC)-PCR. *Vet Microbiol* 89:323 - 328.

[94] da Silveira, W. D. , M. Lancellotti, A. Ferreira, V. N. Solferini, A. F. de Castro, E. G. Stehling, and M. Brocchi. 2003. Determination of the clonal structure of avian *Escherichia coli* strains by isoenzyme and ribotyping analysis. *J Vet Med* [B] 50:63 - 69.

[95] Davis, C. R. 1938. Colibacillosis in young chicks. *J Am Vet Med Assoc* 92:518 - 522.

[96] Davis, M. , and T. Y. Morishita. 2005. Relative ammonia concentrations, dust concentrations, and presence of Salmonella species and *Escherichia coli* inside and outside commercial layer facilities. *Avian Dis* 49:30 - 35.

[97] Davis, M. F. , G. M. Ebako, and T. Y. Morishita. 2003. A golden comet hen (*Gallus gallus* forma *domestica*) with an impacted oviduct and associated colibacillosis. *J Avian Med Surg* 17:91 - 95.

[98] de Brito, B. G. , L. C. Gaziri, and M. C. Vidotto. 2003. Virulence factors and clonal relationships among *Escherichia coli* strains isolated from broiler chickens with cellulitis. *Infect Immun* 71:4175 - 4177.

[99] de Moura, A. C. , K. Irino, and M. C. Vidotto. 2001. Genetic variability of avian *Escherichia coli* strains evaluated by enterobacterial repetitive intergenic consensus and repetitive extragenic palindromic polymerase chain reaction. *Avian Dis* 45:173 - 181.

[100] Deb, J. R. , and E. G. Harry. 1976. Laboratory trials with inactivated vaccines against *Escherichia coli* (O78: K80) infection in fowls. *Res Vet Sci* 20: 131 - 138.

[101] Deb, J. R. , and E. G. Harry. 1978. Laboratory trials with inactivated vaccines against *Escherichia coli* (O2: K1) infection in fowls. *Res Vet Sci* 24:308 - 313.

[102] Delicato, E. R. , B. G. de Brito, A. P. Konopatzki, L. C. Gaziri, and M. C. Vidotto. 2002. Occurrence of the tem-

perature-sensitive hemagglutinin among avian *Escherichia coli*. *Avian Dis* 46:713-716.

[103]Delicato, E. R., B. G. de Brito, L. C. Gaziri, and M. C. Vidotto. 2003. Virulence-associated genes in*Escherichia coli* isolates from poultry with colibacillosis. *Vet Microbiol* 94:97-103.

[104]Dell Omo, G., S. Morabito, R. Quondam, U. Agrimi, F. Ciuchini, A. Macri, and A. Caprioli. 1998. Feral pigeons as a source of verocytotoxin-producing *Escherichia coli*. *Vet Rec* 142:309-310.

[105]DeRosa, M., M. D. Ficken, and H. J. Barnes. 1992. Acute airsacculitis in untreated and cyclophosphamide-pretreated broiler chickens inoculated with *Escherichia coli* or *Escherichia coli* cell-free culture filtrate. *Vet Pathol* 29:68-78.

[106]Dhillon, A. S. 1986. Pathology of avian adenovirus serotypes in the presence of *Escherichia coli* in infectious-bursal-disease-virus-infected specific-pathogen-free chickens. *Avian Dis* 30:81-86.

[107]Dhillon, A. S., and F. S. Kibenge. 1987. Adenovirus infection associated with respiratory disease in commercial chickens. *Avian Dis* 31:654-657.

[108]Dhillon, A. S., and O. K. Jack. 1996. Two outbreaks of colibacillosis in commercial caged layers. *Avian Dis* 40:742-746.

[109]Dho-Moulin, M., and J. M. Fairbrother. 1999. Avian pathogenic *Escherichia coli* (APEC). *Vet Res* 30:299-316.

[110]Dho, M., and J. P. Lafont. 1984. Adhesive properties and iron uptake ability in *Escherichia coli* lethal and nonlethal for chicks. *Avian Dis* 28:1016-1025.

[111]Dobrindt, U. 2005. (Patho-) Genomics of *Escherichia coli*. *Int J Med Microbiol* 295:357-371.

[112]Doetkott, D. M., L. K. Nolan, C. W. Giddings, and D. L. Berryhill. 1996. Large plasmids of avian *Escherichia coli* isolates. *Avian Dis* 40:927--930.

[113]Dominick, M. A., and A. E. Jensen. 1984. Colonization and persistence of *Escherichia coli* in axenic and monoxenic turkeys. *Am J Vet Res* 45:2331-2335.

[114]Dominick, M. A. 1985. Pathologic response of gnotobiotic turkeys following oral challenge with highly and weakly virulent strains of *Escherichia coli*. *Dissertation Abstracts International*, B 45:2067.

[115]Doyle, M. P., and J. L. Schoeni. 1987. Isolation of *Escherichia coli* O157:H7 from retail fresh meats and poultry. *Appl Environ Microbiol* 53:2394-2396.

[116]Dozois, C. M., M. Dho-Moulin, A. Bree, J. M. Fairbrother, C. Desautels, and R. Curtiss, 3rd. 2000. Relationship between the Tsh autotransporter and pathogenicity of avian *Escherichia coli* and localization and analysis of the tsh genetic region. *Infect Immun* 68:4145-4154.

[117]Dozois, C. M., F. Daigle, and R. Curtiss, 3rd. 2003. Identification of pathogen-specific and conserved genes expressed *in vivo* by an avian pathogenic *Escherichia coli* strain. *Proc Natl Acad Sci USA* 100:247-252.

[118]Droual, R., and P. Woolcock. 1994. Swollen head syndrome associated with *E. coli* and infectious bronchitis virus in the Central Valley of California. *Avian Pathol* 23:733-742.

[119]Droual, R., R. P. Chin, and M. Rezvani. 1996. Synovitis, osteomyelitis, and green liver in turkeys associated with *Escherichia coli*. *Avian Dis* 40:417-124.

[120]Dunnington, E. A., P. B. Siegel, and W. B. Gross. 1991. *Escherichia coli* challenge in chickens selected for high or low antibody response and differing in haplotypes at the major histocompatibility complex. *Avian Dis* 35:937-940.

[121]Edelman, S., S. Leskela, E. Ron, J. Apajalahti, and T. K. Korhonen. 2003. *In vitro* adhesion of an avian pathogenic *Escherichia coli* O78 strain to surfaces of the chicken intestinal tract and to ileal mucus. *Vet Microbiol* 91:41-56.

[122]Edens, F. W., C. R. Parkhurst, I. A. Casas, and W. J. Dobrogosz. 1997. Principles of ex ovo competitive exclusion and in ovo administration of *Lactobacillus reuteri*. *Poult Sci* 76:179-196.

[123]Edens, F. W., C. R. Parkhurst, M. A. Qureshi, I. A. Casas, and G. B. Havenstein. 1997. Atypical *Escherichia coli* strains and their association with poult enteritis and mortality syndrome. *Poult Sci* 76:952-960.

[124]Edens, F. W., R. A. Qureshi, C. R. Parkhurst, M. A. Qureshi, G. B. Havenstein, and I. A. Casas. 1997. Characterization of two *Escherichia coli* isolates associated with poult enteritis and mortality syndrome. *Poult Sci* 76:1665-1673.

[125]Ekperigin, H. E., R. H. McCapes, R. Redus, W. L. Ritchie, W. J. Cameron, K. V. Nagaraja, and S. Noll. 1990. Microcidal effects of a new pelleting process. *Poult Sci* 69:1595-1598.

[126]El-Sukhon, S. N., A. Musa, and M. Al-Attar. 2002. Studies on the bacterial etiology of airsacculitis of broilers in northern and middle Jordan with special reference to *Escherichia coli*, *Ornithobacterium rhinotracheale*,

and *Bordetella avium*. *Avian Dis* 46:605 - 612.

[127]El Tayeb, A. B. , and R. P. Hanson. 2001. The interaction between Newcastle disease virus and *Escherichia coli* endotoxin in chickens. *Avian Dis* 45:313 -320.

[128]El Tayeb, A. B. , and R. P. Hanson. 2002. Interactions between *Escherichia coli* and Newcastle disease virus in chickens. *Avian Dis* 46:660 - 667.

[129]Emery, D. A. , K. V. Nagaraja, V. Sivanandan, B. W. Lee, C. L. Zhang, and J. A. Newman. 1991. Endotoxin lipopolysaccharide from *Escherichia coli* and its effects on the phagocytic function of systemic and pulmonary macrophages in turkeys. *Avian Dis* 35:901 - 909.

[130]Emery, D. A. , K. V Nagaraja, D. P. Shaw, J. A. Newman, and D. G. White. 1992. Virulence factors of *Escherichia coli* associated with colisepticemia in chickens and turkeys. *Avian Dis* 36:504 -511.

[131]Ewers, C. , T. Janssen, and L. H. Wieler. 2003. Aviare pathogene *Escherichia coli* (APEC). *Berl Munch Tierarztl Wochenschr* 116:381 - 395.

[132]Ewers, C, T. Janssen, S. Kiessling, H. C. Philipp, and L. H. Wieler. 2004. Molecular epidemiology of avian pathogenic *Escherichia coli* (APEC) isolated from colisepticemia in poultry. *Vet Microbiol* 104:91 -101.

[133]Ewers, C. , T. Janssen, S. Kiessling, H. C. Philipp, and L. H. Wieler. 2005. Rapid detection of virulence-associated genes in avian pathogenic *Escherichia coli* by multiplex polymerase chain reaction. *Avian Dis* 49: 269 - 273.

[134]Ewing, W. H. 1986. Edwards and Ewing's Identification of Entero-bacteriaceae. 4th ed. Elsevier, Amsterdam, 1 - 536.

[135]Fallacara, D. M. , C. M. Monahan, T. Y. Morishita, and R. F. Wack. 2001. Fecal shedding and antimicrobial susceptibility of selected bacterial pathogens and a survey of intestinal parasites in freeliving waterfowl. *Avian Dis* 45:128 - 135.

[136]Fallacara, D. M. , C. M. Monahan, T. Y. Morishita, C. A. Bremer, and R. F. Wack. 2004. Survey of parasites and bacterial pathogens from free-living waterfowl in zoological settings. *Avian Dis* 48:759 -767.

[137]Farmer, J. J. , 3rd, G. R. Fanning, B. R. Davis, C. M. O' Hara, C. Riddle, F. W. Hickman-Brenner, M. A. Asbury, V. A. Lowery, 3rd, and D. J. Brenner. 1985. *Escherichia fergusonii* and *Enterobacter taylorae*, two new species of Enterobacteriaceae isolated from clinical specimens. *J Clin Microbiol* 21:77 - 81.

[138]Ficken, M. D. , J. F. Edwards, and J. C. Lay. 1986. Clear-

ance of bacteria in turkeys with *Bordetella avium*-induced tracheitis. *Avian Dis* 30:352 - 357.

[139]Ficken, M. D. , J. F. Edwards, J. C. Lay, and D. E. Tveter. 1987. Tracheal mucus transport rate and bacterial clearance in turkeys exposed by aerosol to La Sota strain of Newcastle disease virus. *Avian Dis* 31: 241 - 248.

[140]Foster, G. , H. M. Ross, T. W. Pennycott, G. F. Hopkins, and I. M. McLaren. 1998. Isolation of *Escherichia coli* O86: K61 producing cyto-lethal distending toxin from wild birds of the finch family. *Lett Appl Microbiol* 26:395 -398.

[141]Franchesi, M. d. , S. Viora, and H. Barrios. 1995. *Escherichia coli* infections in layer quails. *Rev Med Vet Buenos Aires* 76:416 - 420.

[142]Friedman, A. , A. Meidovsky, G. Leitner, and D. Sklan. 1991. Decreased resistance and immune response to *Escherichia coli* infection in chicks with low or high intakes of vitamin A. *J Nutrition* 121:395 -400.

[143]Friedman, A. , E. Shalem Meilin, and E. D. Heller. 1992. Marek's disease vaccines cause temporary B-lymphocyte dysfunction and reduced resistance to infection in chicks. *Avian Pathol* 21:621 - 631.

[144]Friedman, A. , I. Aryeh, D. Melamed, and I. Nir. 1998. Defective immune response and failure to induce oral tolerance following enteral exposure to antigen in broilers afflicted with stunting syndrome. *Avian Pathol* 27: 518 - 525.

[145]Friedman, A. , I. Bartov, and D. Sklan. 1998. Humoral immune response impairment following excess vitamin E nutrition in the chick and turkey. *Poult Sci* 77:956 - 962.

[146]Friedman, J. , M. S. Dison, S. Perl, and Y. Weisman. 1988. Spondylosis in turkeys. *Israel J Vet Med* 44:97 - 102.

[147]Frommer, A. , P. J. Freidlin, R. R. Bock, G. Leitner, M. Chaffer, and E. D. Heller. 1994. Experimental vaccination of young chickens with a live, non-pathogenic strain of *Escherichia coli*. *Avian Pathol* 23:425 - 133.

[148]Fukata, T. , E. Baba, and A. Arakawa. 1989. Population of *Salmonella typhimurium* in the cecum of gnotobiotic chickens. *Poult Sci* 68:311 - 314.

[149]Fukui, H. , M. Sueyoshi, M. Haritani, M. Nakazawa, S. Naitoh, H. Tani, and Y. Uda. 1995. Natural infection with attaching and effacing *Escherichia coli* (O103:H) in chicks. *Avian Dis* 39:912 -918.

[150]Gabriel, I. , S. Mallet, M. Leconte, G. Fort, and M. Naci-

ri. 2006. Effects of whole wheat feeding on the development of coccidial infection in broiler chickens until market-age. *An Feed Sci Tech* 129:279 -303.

[151]Ganapathy,K. ,M. H. Salamat,C. C. Lee,and M. Y. Johara. 2000. Concurrent occurrence of salmonellosis, colibacillosis and histomoniasis in a broiler flock fed with antibiotic-free commercial feed. *Avian Pathol* 29: 639 - 642.

[152]Garrard, E. H. 1946. Coliform contamination of eggs. *Cand J Res* 24:121 - 125.

[153]Gazdzinski, P. , and J. Barnes. 2004. Venereal colibacillosis (acute vaginitis) in turkey breeder hens. *Avian Dis* 48:681 - 685.

[154]Gemski,P. ,S. Cross,and J. C. Sadoff. 1980. K1 antigen-associated resistance to the bactericidal activity of serum. *FEMS Microbiol Lett* 9:193 - 197.

[155] Georgopoulou, J. , P. Lordanidis, and P. Bougiouklis. 2005. The frequency of respiratory diseases in broiler chickens during 1992—2001. *Deltion tes Ellenikes Kteniatrikes Etaireias* (*J Hellenic Vet MedSoc*) 56:219 - 227.

[156]Germon,P. , Y. H. Chen, L. He, J. E. Blanco, A. Bree, C. Schouler, S. H. Huang, and M. Moulin-Schouleur. 2005. ibeA,a virulence factor of avian pathogenic *Escherichia coli*. *Microbiol* 151:1179 - 1186.

[157]Gholamreza,S. ,and H. Abbass-Zadeh. 2006. Prevalence of bacterial resistance to commonly used antimicrobials among *Escherichia coli* isolated from chickens in Kerman Province of Iran. *J Med Sci* (*Pakistan*) 6:99 - 102.

[158]Gibbs,P. S. ,J. J. Maurer, L. K. Nolan, and R. E. Wooley. 2003. Prediction of chicken embryo lethality with the avian *Escherichia coli* traits complement resistance, colicin V production, and presence of the increased serum survival gene cluster (iss). *Avian Dis* 47:370 - 379.

[159]Gibbs,P. S. ,and R. E. Wooley. 2003. Comparison of the intravenous chicken challenge method with the embryo lethality assay for studies in avian colibacillosis. *Avian Dis* 47:672 - 680.

[160]Gibbs, P. S. ,S. R. Petermann, and R. E. Wooley. 2004. Comparison of several challenge models for studies in avian colibacillosis. *Avian Dis* 48:751 -758.

[161]Ginns,C. A. ,G. F. Browning, M. L. Benham, and K. G. Whithear. 1998. Development and application of an aerosol challenge method for reproduction of avian colibacillosis. *Avian Pathol* 27:505 - 511.

[162]Ginns,C. A. ,M. L. Benham, L. M. Adams, K. G. Whithear,K. A. Bettelheim, B. S. Crabb, and G. F. Browning. 2000. Colonization of the respiratory tract by a virulent strain of avian *Escherichia coli* requires carriage of a conjugative plasmid. *Infect Immun* 68: 1535 - 1541.

[163]Giovanardi,D. , E. Campagnari, L. S. Ruffoni, P. Pesente,G. Ortali, and V. Furlattini. 2005. Avian pathogenic *Escherichia coli* transmission from broiler breeders to their progeny in an integrated poultry production chain. *Avian Pathol* 34:313 - 318.

[164]Giraud, E. , S. Leroy-Setrin, G. Flaujac, A. Cloeckaert, M. Dho-Moulin, and E. Chaslus-Dancla. 2001. Characterization of highlevel fluoroquinolone resistance in *Escherichia coli* O78:K80 isolated from turkeys. *J Antimicrob Chemother* 47:341 - 343.

[165]Glisson, J. R. ,C. L. Hofacre, and G. F. Mathis. 2004. Comparative efficacy of enrofloxacin, oxytetracycline, and sulfadimethoxine for the control of morbidity and mortality caused by *Escherichia coli* in broiler chickens. *Avian Dis* 48:658 - 662.

[166]Glunder, G. , and A. Wieliczko. 1990. Zur Pathogenitat von *Campylobacter jejuni* als Monoinfektion und als Mischinfektion mit *Escherichia coli* O78:K80 bei Broilern. *Berl Munch Tierarztl Wochenschr* 103:302 - 305.

[167]Goldman, R. C. , K. Joiner, and L. Leive. 1984. Serum-resistant mutants of *Escherichia coli* O111 contain increased lipopolysaccharide,lack an O antigen-containing capsule, and cover more of their lipid A core with O antigen. *J Bacteriol* 159:877 - 882.

[168]Gomis,S. , A. K. Amoako, A. M. Ngeleka, L. Belanger, B. Althouse,L. Kumor, E. Waters, S. Stephens, C. Riddell, A. Potter, and B. Allan. 2002. Histopathologic and bacteriologic evaluations of cellulitis detected in legs and caudal abdominal regions of turkeys. *Avian Dis* 46: 192 - 197.

[169] Gomis, S. , L. Babiuk, D. L. Godson, B. Allan, T. Thrush, H. Townsend, P. Willson, E. Waters, R. Hecker,and A. Potter. 2003. Protection of chickens against *Escherichia coli* infections by DNA containing CpG motifs. *Infect Immun* 71:857-863.

[170]Gomis, S. , L. Babiuk, B. Allan, P. Willson, E. Waters, N. Ambrose,R. Hecker, and A. Potter. 2004. Protection of neonatal chicks against a lethal challenge of *Escherichia coli* using DNA containing cytosine-phosphodiester-guanine motifs. *Avian Dis* 48:813 - 822.

[171]Goodwin, M. A. , and W. D. Waltman. 1996. Transmis-

sion of *Eimeria*, viruses, and bacteria to chicks: darkling beetles (*Alphitobius diaperinus*) as vectors of pathogens. *J Appl Poult Res* 5:51 - 55.

[172]Gophna, U. , M. Barlev, R. Seijffers, T. A. Oelschlager, J. Hacker, and E. Z. Ron. 2001. Curli fibers mediate internalization of *Escherichia coli* by eukaryotic cells. *Infect Immun* 69:2659 - 2665.

[173]Gophna, U. , T. A. Oelschlaeger, J. Hacker, and E. Z. Ron. 2001. Yersinia HPI in septicemic *Escherichia coli* strains isolated from diverse hosts. *FEMS Microbiol Lett* 196:57 - 60.

[174]Gophna, U. , A. Parket, J. Hacker, and E. Z. Ron. 2003. A novel ColV plasmid encoding type IV pili. *Microbiol* 149:177 - 184.

[175]Goren, E. 1978. Observations on experimental infection of chicks with *Escherichia coli*. *Avian Pathol* 7:213 - 224.

[176]Griffin, P. M. , and R. V Tauxe. 1991. The epidemiology of infections caused by *Escherichia coli* O157:H7, other enterohemor-rhagic *E. coli*, and the associated hemolytic uremic syndrome. *Epidemiol Rev* 13:60 - 98.

[177]Grizzle, J. M. , T. A. Armbrust, M. A. Bryan, and A. M. Saxton. 1997. Water quality II: the effect of water nitrate and bacteria on broiler growth performance. *J Appl Poult Res* 6:48 - 55.

[178]Grizzle, J. M. , T. A. Armbrust, M. A. Bryan, and A. M. Saxton. 1997. Water quality III: the effect of water nitrate and bacteria on broiler breeder performance. *J Appl Poult Res* 6:56 - 63.

[179]Gross, W. B. 1957. *Escherichia coli* infection of the chicken eye. *Avian Dis* 1:37 - 41.

[180]Gross, W. B. 1961. The development of "air sac disease." *Avian Dis* 5:431 - 439.

[181]Gross, W. B. 1964. Retained caseous yolk sacs caused by *Escherichia coli*. *Avian Dis* 8:438 - 441.

[182] Gross, W. B. 1966. Electrocardiographic changes of *Escherichia coli*-infected birds. *Am J Vet Res* 27:1427 - 1436.

[183]Gross, W. B. 1984. Effect of a range of social stress severity on *Escherichia coli* challenge infection. *Am J Vet Res* 45:2074 - 2076.

[184]Gross, W. B. 1990. Factors affecting the development of respiratory disease complex in chickens. *Avian Dis* 34:607 - 610.

[185] Gross, W. B. 1992. Effect of short-term exposure of chickens to corticosterone on resistance to challenge exposure with *Escherichia coli* and antibody response

to sheep erythrocytes. *Am J Vet Res* 53:291 - 293.

[186]Gross, W. B. 1994. Diseases due to *Escherichia coli* in poultry. In C. L. Gyles (ed.). *Escherichia coli* in Domestic Animals and Humans. CAB Int, 1, Wallingford, UK, 237 - 260.

[187]Gross, W. B. 1995. Relationship between body-weight gain after movement of chickens to an unfamiliar cage and response to *Escherichia coli* challenge infection. *Avian Dis* 39:636 - 637.

[188]Gross, W. G. , P. B. Siegel, R. W. Hall, C. H. Domermuth, and R. T. DuBoise. 1980. Production and persistence of antibodies in chickens to sheep erythrocytes. 2. Resistance to infectious diseases. *Poult Sci* 59: 205 - 210.

[189]Grossmann, K. , B. Weniger, G. Baljer, B. Brenig, and L. H. Wieler. 2005. Racing, ornamental and city pigeons carry Shiga toxin producing *Escherichia coli* (STEC) with different Shiga toxin subtypes, urging further analysis of their epidemiological role in the spread of STEC. *Berl Munch Tierarztl Wochenschr* 118: 456 - 463.

[190]Guan, S. , R. Xu, S. Chen, J. Odumeru, and C. Gyles. 2002. Development of a procedure for discriminating among *Escherichia coli* isolates from animal and human sources. *Appl Environ Microbiol* 68:2690 - 2698.

[191]Guo, W, C. Ling, F. Cheng, W. Z. Guo, C. S. Ling, and F. H. Cheng. 1998. Preliminary investigation on enterohaemorrhagic *Escherichia coli* O157 from domestic animals and fowl in Fujian province. *Chinese J Zoonoses* 14:3 - 6.

[192]Guy, J. S. , L. G. Smith, J. J. Breslin, J. P. Vaillancourt, and H. J. Barnes. 2000. High mortality and growth depression experimentally produced in young turkeys by dual infection with enteropathogenic *Escherichia coli* and turkey coronavirus. *Avian Dis* 44:105 - 113.

[193]Gyimah, J. E. , B. Panigrahy, and J. D. Williams. 1986. Immunogenicity of an *Escherichia coli* multivalent pilus vaccine in chickens. *Avian Dis* 30:687 - 689.

[194]Hakkinen, M. , and C. Schneitz. 1996. Efficacy of a commercial competitive exclusion product against a chicken pathogenic *Escherichia coli* and *E. coli* O157:H7. *Vet Rec* 139:139 - 141.

[195]Hamdy, M. K. , and N. D. Barton. 1966. *Escherichia coli* in normal and traumatized tissues. *Proc Soc Exp Biol Med* 122:661 - 665.

[196]Hammer, K. A. , C. F. Carson, and T. V. Riley. 1999. Antimicrobial activity of essential oils and other plant

extracts. *J Appl Microbiol* 86:985 - 990.

[197]Harmon,B. G. ,and J. R. Glisson. 1989. *In vitro* micro-bicidal activity of avian peritoneal macrophages. *Avian Dis* 33:177 - 181.

[198]Harmon,B. G. 1998. Avian heterophils in inflammation and disease resistance. *Poult Sci* 77:972 -977.

[199]Harpreet, S. , B. B. Dash, P. K. Dash, K. Sanjeev, H. Singh,and S. Kumar. 1993. Mortality pattern in indige-nous guinea fowl under confinement rearing. *Indian J Poult Sci* 28:56 - 62.

[200]Harry, E. G. 1957. The effect on embyonic and chick mortality of yolk contaminated with bacteria from the hen. *Vet Rec* 69:1433 - 1439.

[201]Harry, E. G. 1963. Some observations on the bacterial content of the ovary and oviduct of the fowl. *Br Poult Sci* 4:63 - 70.

[202]Harry, E. G. 1964. The survival of *E. coli* in the dust of poultry houses. *Vet Rec* 76:466 - 470.

[203]Harry, E. G. , and L. A. Hemsley. 1965. The relation-ship between environmental contamination with septi-caemia strains of *Escherichia coli* and their incidence in chickens. *Vet Rec* 77:241 - 245.

[204]Harry, E. G. ,and L. A. Hemsley. 1965. The association between the presence of septicaemia strains of *Esche-richia coli* in the respiratory and intestinal tracts of chickens and the occurrence of coli septicaemia. *Vet Rec* 77:35 - 40.

[205]Hart, W. S. , M. W. Heuzenroeder, and M. D. Barton. 2006. A study of the transfer of tetracycline resistance genes between *Escherichia coli* in the intestinal tract of a mouse and a chicken model. *J Vet Med* [B] 53:333 - 340.

[206]Haslam,S. M. ,S. N. Brown,L. J. Wilkins,S. C. Kestin, P. D. Warriss,and C. J. Nicol. 2006. Preliminary study to examine the utility of using foot burn or hock burn to assess aspects of housing conditions for broiler chicken. *Br Poult Sci* 47:13 - 18.

[207]Hein, H. ,and L. Timms. 1972. Bacterial flora in the ali-mentary tract of chickens infected with *Eimeria brunet-ti* and in chickens immunized with *Eimeria maxima* and cross-infected with *Eimeria brunetti*. *Exp Parasi-tol* 31:188 - 193.

[208]Heller, E. D. , and N. Drabkin. 1977. Some characteris-tics of pathogenic *E. coli* strains. *Br Vet J* 133:572 - 578.

[209]Heller,E. D. ,G. Leitner, N. Drabkin, and D. Melamed. 1990. Passive immunisation of chicks against *Esche-richia coli*. *Avian Pathol* 19:345 - 354.

[210]Herraez, P. , A. F. Rodriguez, A. Espinosa de los Mon-teros, A. B. Acosta, J. R. Jaber, J. Castellano, and A. Castroa. 2005. Fibrinonecrotic typhlitis caused by *Esch-erichia fergusonii* in ostriches (*Struthio camelus*). *A-vian Dis* 49:167 - 169.

[211]Herren,C. D. , A. Mitra, S. K. Palaniyandi, A. Coleman, S. Elankumaran, and S. Mukhopadhyay. 2006. The BarA-UvrY two-component system regulates virulence in avian pathogenic *Escherichia coli* O78:K80:H9. *In-fect Immun* 74:4900 - 4909.

[212]Heuvelink, A. E. , J. T. Zwartkruis-Nahuis, F. L. van den Biggelaar, W. J. van Leeuwen, and E. de Boer. 1999. Isolation and characterization of verocytotoxin-producing *Escherichia coli* O157 from slaughter pigs and poultry. *Int J Food Microbiol* 52:67 - 75.

[213]Himathongkham, S. , H. Riemann, S. Bahari, S. Nuanu-alsuwan, P. Kass, and D. O. Cliver. 2000. Survival of *Salmonella typhimurium* and *Escherichia coli* O157: H7 in poultry manure and manure slurry at sublethal temperatures. *Avian Dis* 44:853 - 860.

[214]Hines,M. E. , II , E. L. Styer, C. A. Baldwin, and J. R. Cole,Jr. 1995. Combined adenovirus and rotavirus en-teritis with *Escherichia coli* septicemia in an emu chick (*Dromaius novaehollandiae*). *Avian Dis* 39:646 - 651.

[215]Hinz, K. H. , M. Ryll, U. Heffels Redmann, and M. Poppel. 1992. Multicausal infectious respiratory disease of turkey poults. *Dtsch Tierarztl Wochenschr* 99:75 - 78.

[216]Hofacre,C. L. , A. C. Johnson, B. J. Kelly, and R. Froy-man. 2002. Effect of a commercial competitive exclusion culture on reduction of colonization of an antibiotic-re-sistant pathogenic *Escherichia coli* in day-old broiler chickens. *Avian Dis* 46:198 - 202.

[217]Huang, H. J. ,and M. Matsumoto. 2000. Nonspecific in-nate immunity against *Escherichia coli* infection in chickens induced by vaccine strains of Newcastle dis-ease virus. *Avian Dis* 44:790 - 796.

[218]Huff, G. , W. Huff, N. Rath, J. Balog, N. B. Anthony, and K. Nestor. 2006. Stress-induced colibacillosis and turkey osteomyelitis complex in turkeys selected for in-creased body weight. *Poult Sci* 85:266 -272.

[219]Huff,G. R. , W. E. Huff, J. M. Balog, and N. C. Rath. 1998. The effects of dexamethasone immunosuppres-sion on turkey osteomyelitis complex in an experimen-tal *Escherichia coli* respiratory infection. *Poult Sci* 77: 654 - 661.

[220]Huff, G. R. , W. E. Huff, J. M. Balog, and N. C. Rath. 1999. Sex differences in the resistance of turkeys to *Escherichia coli* challenge after immunosuppression with dexamethasone. *Poult Sci* 78:38-44.

[221]Huff, G. R. , W. E. Huff, J. M. Balog, and N. C. Rath. 2000. The effect of vitamin D3 on resistance to stress-related infection in an experimental model of turkey osteomyelitis complex. *Poult Sci* 79:672-679.

[222]Huff, G. R. , W. E. Huff, N. C. Rath, and J. M. Balog. 2000. Turkey osteomyelitis complex. *Poult Sci* 79:1050-1056.

[223]Huff, G. R. , W. E. Huff, J. M. Balog, and N. C. Rath. 2001. Effect of early handling of turkey poults on later responses to a dexamethasone *Escherichia coli* challenge. 1. Production values and physiological response. *Poult Sci* 80:1305-1313.

[224]Huff, G. R. , W. E. Huff, J. M. Balog, and N. C. Rath. 2001. Effect of early handling of turkey poults on later responses to multiple dexamethasone-*Escherichia coli* challenge. 2. Resistance to air sacculitis and turkey osteomyelitis complex. *Poult Sci* 80:1314-1322.

[225]Huff, G. R. , W. E. Huff, J. M. Balog, N. C. Rath, H. Xie, and R. L. Horst. 2002. Effect of dietary supplementation with vitamin D metabolites in an experimental model of turkey osteomyelitis complex. *Poult Sci* 81:958-965.

[226]Huff, G. R. , W. E. Huff, J. M. Balog, N. C. Rath, and R. S. Izard. 2004. The effects of water supplementation with vitamin E and sodium salicylate (Uni-Sol) on the resistance of turkeys to *Escherichia coli* respiratory infection. *Avian Dis* 48:324-331.

[227]Huff, G. R. , W. E. Huff, J. M. Balog, N. C. Rath, N. B. Anthony, and K. E. Nestor. 2005. Stress response differences and disease susceptibility reflected by heterophil to lymphocyte ratio in turkeys selected for increased body weight. *Poult Sci* 84:709-717.

[228]Huff, G. R. , W. E. Huff, N. C. Rath, and G. Tellez. 2006. Limited treatment with beta-1,3/1,6-glucan improves production values of broiler chickens challenged with *Escherichia coli*. *Poult Sci* 85:613-618.

[229]Huff, W. E. , G. R. Bayyari, N. C. Rath, and J. M. Balog. 1996. Effect of feed and water withdrawal on green liver discoloration, serum triglycerides, and hemoconcentration in turkeys. *Poult Sci* 75:59-61.

[230]Huff, W. E. , G. R. Huff, N. C. Rath, J. M. Balog, and A. M. Donoghue. 2002. Prevention of *Escherichia coli* infection in broiler chickens with a bacteriophage aero-sol spray. *Poult Sci* 81:1486-1491.

[231]Huff, W. E. , G. R. Huff, N. C. Rath, J. M. Balog, H. Xie, P. A. Moore, Jr. , and A. M. Donoghue. 2002. Prevention of *Escherichia coli* respiratory infection in broiler chickens with bacteriophage (SPR02). *Poult Sci* 81:437-441.

[232]Huff, W. E. , G. R. Huff, N. C. Rath, J. M. Balog, and A. M. Donoghue. 2003. Evaluation of aerosol spray and intramuscular injection of bacteriophage to treat an *Escherichia coli* respiratory infection. *Poult Sci* 82:1108-1112.

[233]Huff, W. E. , G. R. Huff, N. C. Rath, J. M. Balog, and A. M. Donoghue. 2003. Bacteriophage treatment of a severe *Escherichia coli* respiratory infection in broiler chickens. *Avian Dis* 47:1399-1405.

[234]Huff, W. E. , G. R. Huff, N. C. Rath, J. M. Balog, and A. M. Donoghue. 2004. Therapeutic efficacy of bacteriophage and Baytril (enrofloxacin) individually and in combination to treat colibacillosis in broilers. *Poult Sci* 83:1944-1947.

[235]Huff, W. E. , G. R. Huff, N. C. Rath, J. M. Balog, and A. M. Donoghue. 2005. Alternatives to antibiotics: utilization of bacteriophage to treat colibacillosis and prevent foodborne pathogens. *Poult Sci* 84:655-659.

[236]Huff, W. E. , G. R. Huff, N. C. Rath, and A. M. Donoghue. 2006. Evaluation of the influence of bacteriophage titer on the treatment of colibacillosis in broiler chickens. *Poult Sci* 85:1373-1377.

[237]Ike, K. , K. Kawahara, H. Danbara, and K. Kume. 1992. Serum resistance and aerobactin iron uptake in avian *Escherichia coli* mediated by conjugative 100-megadalton plasmid. *J Vet Med Sci* 54:1091-1098.

[238]Ishii, E. , M. Goryo, S. Kikuchi, and K. Okada. 1997. Pathology of swollen head syndrome in broiler chickens. *J Japan Vet Med Assoc* 50:214-219.

[239]Islam, M. T. , M. A. Islam, M. A. Samad, and S. M. L. Kabir. 2004. Characterization and antibiogram of *Escherichia coli* associated with mortality in broilers and ducklings in Bangladesh. *Bangladesh J Vet Med* 2:9-14.

[240]Ivanov, I. E. 2001. Treatment of broiler litter with organic acids. *Res Vet Sci* 70:169-173.

[241]Jakob, H. P. , R. Morgenstern, P. Albicker, and R. K. Hoop. 1998. Reasons for condemnation of slaughtered broilers from two large Swiss producers. *Schweiz Arch Tierheilkd* 140:60-64.

[242]Jang, I. S. , Y. H. Ko, S. Y. Kang, and C. Y. Lee. 2006.

Effect of a commercial essential oil on growth performance, digestive enzyme activity and intestinal microflora population in broiler chickens. *An Feed Sci Tech* 134: 304 - 315.

[243] Janssen, T., C. Schwarz, P. Preikschat, M. Voss, H. C. Philipp, and L. H. Wieler. 2001. Virulence-associated genes in avian pathogenic *Escherichia coli* (APEC) isolated from internal organs of poultry having died from colibacillosis. *Intl J Med Microbiol* 291: 371 - 378.

[244] Jeffrey, J. S., R. S. Singer, R. O'Connor, and E. R. Atwill. 2004. Prevalence of pathogenic *Escherichia coli* in the broiler house environment. *Avian Dis* 48: 189 - 195.

[245] Jiang, Y. W., M. D. Sims, and D. P. Conway. 2005. The efficacy of TAMUS 2032 in preventing a natural outbreak of colibacillosis in broiler chickens in floor pens. *Poult Sci* 84: 1857 - 1859.

[246] Jirjis, F. F., S. L. Noll, D. A. Halvorson, K. V. Nagaraja, F. Martin, and D. P. Shaw. 2004. Effects of bacterial coinfection on the pathogenesis of avian pneumovirus infection in turkeys. *Avian Dis* 48: 34 - 49.

[247] Joerger, R. D., and T. Ross. 2005. Genotypic diversity of *Escherichia coli* isolated from cecal content and mucosa of one-to six-week-old broilers. *Poult Sci* 84: 1902 -1907.

[248] Johnson, J. R., P. Delavari, A. L. Stell, T. S. Whittam, U. Carlino, and T. A. Russo. 2001. Molecular comparison of extraintestinal *Escherichia coli* isolates of the same electrophoretic lineages from humans and domestic animals. *J Infect Dis* 183: 154 -159.

[249] Johnson, J. R., and T. A. Russo. 2002. Extraintestinal pathogenic *Escherichia coli*: "the other bad *E coli*". *J Lab Clin Med* 139: 155 - 162.

[250] Johnson, J. R., A. C. Murray, A. Gajewski, M. Sullivan, P. Snippes, M. A. Kuskowski, and K. E. Smith. 2003. Isolation and molecular characterization of nalidixic acid-resistant extraintestinal pathogenic *Escherichia coli* from retail chicken products. *Antimicrob Agents Chemother* 47: 2161 - 2168.

[251] Johnson, J. R., P. Delavari, T. T. O'Bryan, K. E. Smith, and S. Tatini. 2005. Contamination of retail foods, particularly turkey, from community markets (Minnesota, 1999—2000) with antimicrobial resistant and extraintestinal pathogenic *Escherichia coli*. *Foodborne Pathog Dis* 2: 38 - 49.

[252] Johnson, J. R., M. A. Kuskowski, M. Menard, A. Gajewski, M. Xercavins, and J. Garau. 2006. Similarity between human and chicken *Escherichia coli* isolates in relation to ciprofloxacin resistance status. *J Infect Dis* 194: 71 - 78.

[253] Johnson, L. C., S. F. Bilgili, F. J. Hoerr, B. L. McMurtrey, and R. A. Norton. 2001. The influence of *Escherichia coli* strains from different sources and the age of broiler chickens on the development of cellulitis. *Avian Pathol* 30: 475 - 479.

[254] Johnson, T. J., C. W. Giddings, S. M. Home, P. S. Gibbs, R. E. Wooley, J. Skyberg, P. Olah, R. Kercher, J. S. Sherwood, S. L. Foley, and L. K. Nolan. 2002. Location of increased serum survival gene and selected virulence traits on a conjugative R plasmid in an avian *Escherichia coli* isolate. *Avian Dis* 46: 342 - 352.

[255] Johnson, T. J., J. Skyberg, and L. K. Nolan. 2004. Multiple antimicrobial resistance region of a putative virulence plasmid from an *Escherichia coli* isolate incriminated in avian colibacillosis. *Avian Dis* 48: 351 - 360.

[256] Johnson, T. J., K. E. Siek, S. J. Johnson, and L. K. Nolan. 2005. DNA sequence and comparative genomics of pAPEC - O2 - R, an avian pathogenic *Escherichia coli* transmissible R plasmid. *Antimicrob Agents Chemother* 49: 4681 - 4688.

[257] Johnson, T. J., S. J. Johnson, and L. K. Nolan. 2006. Complete DNA sequence of a ColBM plasmid from avian pathogenic *Escherichia coli* suggests that it evolved from closely related ColV virulence plasmids. *J Bacteriol* 188: 5975 - 5983.

[258] Johnson, T. J., K. E. Siek, S. J. Johnson, and L. K. Nolan. 2006. DNA sequence of a ColV plasmid and prevalence of selected plasmid-encoded virulence genes among avian *Escherichia coli* strains. *J Bacteriol* 188: 745 - 758.

[259] Johnson, T. J., Y. M. Wannemeuhler, J. A. Scaccianoce, S. J. Johnson, and L. K. Nolan. 2006. Complete DNA sequence, comparative genomics, and prevalence of an IncHI2 plasmid occurring among extraintestinal pathogenic *Escherichia coli*. *Antimicrob Agents Chemother* 50: 3929 - 3933.

[260] Jordan, F. T. W., N. J. Williams, A. Wattret, and T. Jones. 2005. Observations on salpingitis, peritonitis and salpingoperitonitis in a layer breeder flock. *Vet Rec* 157: 573 - 577.

[261] Joya, J. E., T. Tsuji, A. V Jacalne, M. Arita, T. Tsukamoto, T. Honda, and T. Miwatani. 1990. Demonstration of enterotoxigenic *Escherichia coli* in diarrheic broiler

chicks. *Eur J Epidemiol* 6：88 - 90.

[262]Kaper,J. B. ,and J. Hacker. 1999. The concept of pathogenicity islands and other mobile virulence elements. In J. B. Kaper , and J. Hacker （eds. ）. Pathogenicity Islands and Other Mobile Virulence Elements. Am Soc Microbiol,Washington,D. C. ,1 -11.

[263] Kaper, J. B. , J. P. Nataro, and H. L. Mobley. 2004. Pathogenic *Escherichia coli*. *Nat Rev Microbiol* 2：123 - 140.

[264]Kariuki,S. ,C. Gilks,J. Kimari,J. Muyodi, B. Getty,and C. A. Hart. 2002. Carriage of potentially pathogenic *Escherichia coli* in chickens. *Avian Dis* 46：721 - 724.

[265]Kariyawasam, S. , B. N. Wilkie, and C. L. Gyles. 2004. Resistance of broiler chickens to *Escherichia coli* respiratory tract infection induced by passively transferred egg-yolk antibodies. *Vet Microbiol* 98：273 - 284.

[266]Kariyawasam, S. , B. N. Wilkie, and C. L. Gyles. 2004. Construction, characterization, and evaluation of the vaccine potential of three genetically defined mutants of avian pathogenic *Escherichia coli*. *Avian Dis* 48：287 - 299.

[267]Kariyawasam,S. , T. J. Johnson, C. DebRoy, and L. K. Nolan. 2006. Occurrence of pathogenicity island IA-PEC-O1 genes among *Escherichia coli* implicated in avian colibacillosis. *Avian Dis* 50：405 - 410.

[268]Kariyawasam,S. , T. J. Johnson, and L. K. Nolan. 2006. Unique DNA sequences of avian pathogenic *Escherichia coli* isolates as determined by genomic suppression subtractive hybridization. *FEMS Microbiol Lett* 262：193 - 200.

[269]Kariyawasam,S. , T. J. Johnson, and L. K. Nolan. 2006. The pap operon of avian pathogenic *Escherichia coli* strain O1 ：K1 is located on a novel pathogenicity island. *Infect Immun* 14：744 - 749.

[270]Kassaify,Z. G. , and Y. Mine. 2004. Nonimmunized egg yolk powder can suppress the colonization of *Salmonella typhimurium*, *Escherichia coli* O157：H7, and *Campylobacter jejuni* in laying hens. *Poult Sci* 83：1497 - 1506.

[271]Keyes, K. , C. Hudson, J. J. Maurer, S. Thayer, D. G. White,and M. D. Lee. 2000. Detection of florfenicol resistance genes in *Escherichia coli* isolated from sick chickens. *Antimicrob Agents Chemother* 44：421 - 424.

[272]Khan, A. A. , M. S. Nawaz, C. Summage West, S. A. Khan,and J. Lin. 2005. Isolation and molecular characterization of fluoroquinolone-resistant *Escherichia coli* from poultry litter. *Poult Sci* 84：61 -66.

[273]Klein, L. K. , R. J. Yancey, Jr. , C. A. Case, and S. A. Salmon. 1996. Minimum inhibitory concentrations of selected antimicrobial agents against bacteria isolated from 1-14-day-old broiler chicks. *J Vet Diag Invest* 8：494 - 495.

[274]Knobl, T. , M. R. Baccaro, A. M. Moreno, T. A. T. Gomes,M. A. M. Vieira,C. S. A. Ferreira,and A. J. P. Ferreira. 2001. Virulence properties of *Escherichia coli* isolated from ostriches with respiratory disease. *Vet Microbiol* 83：71 - 80.

[275]Knobl,T. ,T. A. T. Gomes,M. A. M. Vieira,J. A. Bottinoa,and A. J. P. Ferreira. 2004. Detection of pap, sfa, afa and fim adhesin-encoding operons in avian pathogenic *Escherichia coli*. *J Appl Res Vet Med* 2：135 - 141.

[276]Kobayashi,C. , H. Yokoyama, S. V. Nguyen, T. Hashi, M. Kuroki, and Y. Kodama. 2002. Enhancement of chicken resistance against *Escherichia coli* infection by oral administration of *Bifidobacterium thermophilum* preparations. *Avian Dis* 46：542 -546.

[277]Kobayashi, H. , T. Pohjanvirta, and S. Pelkonen. 2002. Prevalence and characteristics of intimin- and Shiga toxin-producing *Escherichia coli* from gulls, pigeons and broilers in Finland. *J Vet Med Sci* 64：1071 - 1073.

[278]Kodihalli,S. , V. Sivanandan, K. V. Nagaraja, D. Shaw, and D. A. Halvorson. 1994. Effect of avian influenza virus infection on the phagocytic function of systemic phagocytes and pulmonary macrophages of turkeys. *Avian Dis* 38：93 - 102.

[279]Kostakioti, M. , and C. Stathopoulos. 2004. Functional analysis of the Tsh autotransporter from an avian pathogenic *Escherichia coli* strain. *Infect Immun* 72：5548 - 5554.

[280]Kottom,T. J. , L. K. Nolan, M. Robinson, J. Brown, T. Gustad,S. M. Home,and C. W. Giddings. 1997. Further characterization of a complement-sensitive mutant of a virulent avian *Escherichia coli* isolate. *Avian Dis* 41：817 - 823.

[281]Krause,G. ,S. Zimmermann,and L. Beutin. 2005. Investigation of domestic animals and pets as a reservoir for intimin- （eae） gene positive *Escherichia coli* types. *Vet Microbiol* 106：87 - 95.

[282]Krause,W. J. , R. H. Freeman, S. L. Eber, F. K. Hamra, K. F. Fok, M. G. Currie, and L. R. Forte. 1995. Distribution of *Escherichia coli* heat-stable enterotoxin/guanylin/uroguanylin receptors in the avian intestinal tract. *Acta Anat* 153；210 - 219.

[283]Kumar, A., N. Jindal, C. L. Shukla, Y. Pal, D. R. Ledoux, and G. E. Rottinghaus. 2003. Effect of ochratoxin A on *Escherichia coli*-challenged broiler chicks. *Avian Dis* 47:415 - 424.

[284]Kumar, A., N. Jindal, C. L. Shukla, R. K. Asrani, D. R. Ledoux, and G. E. Rottinghaus. 2004. Pathological changes in broiler chickens fed ochratoxin A and inoculated with *Escherichia coli*. *Avian Pathol* 33:413 -417.

[285] Kummerle, N., H. H. Feucht, and P. M. Kaulfers. 1996. Plasmid-mediated formaldehyde resistance in *Escherichia coli*: characterization of resistance gene. *Antimicrob Agents Chemother* 40:2276 -2279.

[286]Kwaga, J. K., B. J. Allan, J. V. van der Hurk, H. Seida, and A. A. Potter. 1994. A carAB mutant of avian pathogenic *Escherichia coli* serogroup O2 is attenuated and effective as a live oral vaccine against colibacillosis in turkeys. *Infect Immun* 62:3766 -3772.

[287] La Ragione, R. M., R. J. Collighan, and M. J. Woodward. 1999. Non-curliation of *Escherichia coli* O78: K80 isolates associated with IS 1 insertion in csgB and reduced persistence in poultry infection. *FEMS Microbiol Lett* 175:247 - 253.

[288]La Ragione, R. M., W. A. Cooley, and M. J. Woodward. 2000. The role of fimbriae and flagella in the adherence of avian strains of *Escherichia coli* O78:K80 to tissue culture cells and tracheal and gut explants. *J Med Microbiol* 49:327 - 338.

[289]La Ragione, R. M., A. R. Sayers, and M. J. Woodward. 2000. The role of fimbriae and flagella in the colonization, invasion and persistence of *Escherichia coli* O78: K80 in the day-old-chick model. *Epidemiol Infect* 124: 351 - 363.

[290]La Ragione, R. M., G. Casula, S. M. Cutting, and M. J. Woodward. 2001. *Bacillus subtilis* spores competitively exclude *Escherichia coli* O78:K80 in poultry. *Vet Microbiol* 79:133 - 142.

[291]La Ragione, R. M., I. M. McLaren, G. Foster, W. A. Cooley, and M. J. Woodward. 2002. Phenotypic and genotypic characterization of avian *Escherichia coli* O86: K61 isolates possessing a gamma-like intimin. *Appl Environ Microbiol* 68:4932 - 4942.

[292]La Ragione, R. M., and M. J. Woodward. 2002. Virulence factors of *Escherichia coli* serotypes associated with avian colisepticaemia. *Res Vet Sci* 73:27 - 35.

[293]La Ragione, R. M., W. A. Cooley, D. D. Parmar, and H. L. Ainsworth. 2004. Attaching and effacing *Escherichia coli* O103:K+:H — in red-legged partridges. *Vet Rec* 155:397 - 398.

[294]La Ragione, R. M., A. Narbad, M. J. Gasson, and M. J. Woodward. 2004. *In vivo* characterization of *Lactobacillus johnsonii* FI9785 for use as a defined competitive exclusion agent against bacterial pathogens in poultry. *Lett Appl Microbiol* 38:197 - 205.

[295]La Ragione, R. M., A. Best, K. Sprigings, E. Liebana, G. R. Woodward, A. R. Sayers, and M. J. Woodward. 2005. Variable and strain dependent colonisation of chickens by *Escherichia coli* O157. *Vet Microbiol* 107: 103 - 113.

[296]Lafont, J. -P., M. Dho, H. M. D' Hauteville, A. Bree, and P. J. Sansonetti. 1987. Presence and expression of aerobactin genes in virulent avian strains of *Escherichia coli*. *Infect Immun* 55:193 - 197.

[297]Lamarche, M. G., C. M. Dozois, F. Daigle, M. Caza, R. Curtiss, 3rd, J. D. Dubreuil, and J. Harel. 2005. Inactivation of the pst system reduces the virulence of an avian pathogenic *Escherichia coli* O78 strain. *Infect Immun* 73:4138 - 4145.

[298]Lan, R., and P. R. Reeves. 2002. *Escherichia coli* in disguise: molecular origins of *Shigella*. *Microbes Infect* 4:1125 - 1132.

[299]Lanz, R., P. Kuhnert, and P. Boerlin. 2003. Antimicrobial resistance and resistance gene determinants in clinical *Escherichia coli* from different animal species in Switzerland. *Vet Microbiol* 91:73 - 84.

[300]Larsen, C. T., F. W. Pierson, and W. B. Gross. 1997. Effect of dietary selenium on the response of stressed and unstressed chickens to *Escherichia coli* challenge and antigen. *Biol Trace Element Res* 58:169.

[301]Lee, M. D., and L. H. Arp. 1998. Colibacillosis. In D. E. Swayne, J. R. Glisson, M. W. Jackwood, J. E. Pearson, and W. M. Reed (eds.). A Laboratory Manual for the Isolation and Identification of Avian Pathogens. Am Assoc Avian Pathologists, Kennett Square, PA, 14 - 16.

[302]Leibovitz, L. 1972. A survey of the so-called"anatipestifer syndrome". *Avian Dis* 16:836 - 851.

[303]Leitner, G., D. Melamed, N. Drabkin, and E. D. Heller. 1990. An enzyme-linked immunosorbent assay for detection of antibodies against *Escherichia coli*: association between indirect hemagglutination test and survival. *Avian Dis* 34:58 - 62.

[304] Leitner, G., and E. D. Heller. 1992. Colonization of *Escherichia coli* in young turkeys and chickens. *Avian Dis* 36:211 - 220.

[305]Leitner, G., Z. Uni, A. Cahaner, M. Gutman, and E. D.

Heller. 1992. Replicated divergent selection of broiler chickens for high or low early antibody response to *Escherichia coli* vaccination. *Poult Sci* 71:27 - 37.

[306]Leitner, G. , R. Waiman, and E. D. Heller. 2001. The effect of apramycin on colonization of pathogenic *Escherichia coli* in the intestinal tract of chicks. *Vet Q* 23: 62 -66.

[307]Leshchinsky, T. V, and K. C. Klasing. 2001. Relationship between the level of dietary vitamin E and the immune response of broiler chickens. *Poult Sci* 80:1590 - 1599.

[308]Li, G. , C. Laturnus, C. Ewers, and L. H. Wieler. 2005. Identification of genes required for avian *Escherichia coli* septicemia by signature-tagged mutagenesis. *Infect Immun* 73:2818 - 2827.

[309]Li, Y. C, D. R. Ledoux, A. J. Bermudez, K. L. Fritsche, and G. E. Rottinghaus. 1999. Effects of fumonisin Bl on selected immune responses in broiler chicks. *Poult Sci* 78:1275 - 1282.

[310]Li, Y. C, D. R. Ledoux, A. J. Bermudez, K. L. Fritsche, and G. E. Rottinghaus. 2000. The individual and combined effects of fumonisin Bl and moniliformin on performance and selected immune parameters in turkey poults. *Poult Sci* 79:871 - 878.

[311]Likoff, R. O. , D. R. Guptill, L. M. Lawrence, C. C. McKay, M. M. Mathias, C. F. Nockels, and R. P. Tengerdy. 1981. Vitamin E and aspirin depress prostaglandins in protection of chickens against *Escherichia coli* infection. *Am J Clin Nutr* 34:245 - 251.

[312]Lin, J. A. , C. Shyu, and C. L. Shyu. 1996. Studies on egg transmission of colibacillosis in chicks. *Taiwan J Vet Med An Husb* 66:199 - 205.

[313]Linares, J. A. , A. A. Bickford, G. L. Cooper, B. R. Charlton, and P. R. Woolcock. 1994. An outbreak of infectious laryngotracheitis in California broilers. *Avian Dis* 38:188 - 192.

[314]Lior, H. 1994. Classification of *Escherichia coli*. In C. L. Gyles (ed.). *Escherichia coli* in Domestic Animals and Humans. CAB Int'l, Wallingford, UK, 31 - 72.

[315]Litjens, J. B. , F. C. van Willigen, and M. Sinke. 1989. A case of swollen head syndrome in a flock of guinea fowl. *Tijdschr Diergeneeskd* 114:719 - 720.

[316]Lymberopoulos, M. H. , S. Houle, F. Daigle, S. Leveille, A. Bree, M. Moulin-Schouleur, J. R. Johnson, and C. M. Dozois. 2006. Characterization of Stg fimbriae from an avian pathogenic *Escherichia coli* O78:K80 strain and assessment of their contribution to colonization of the chicken respiratory tract. *J Bacteriol* 188:6449 - 6459.

[317]Lynne, A. M. , S. L. Foley, and L. K. Nolan. 2006. Immune response to recombinant *Escherichia coli* Iss protein in poultry. *Avian Dis* 50:273 - 276.

[318]Lynne, A. M. , J. A. Skyberg, C. M. Logue, and L. K. Nolan. 2007. Detection of Iss and Bor on the surface of *Escherichia coli*. *J Appl Microbiol* 102:660 - 666.

[319]Macklin, K. S. , R. A. Norton, J. B. Hess, and S. F. Bilgili. 2000. The effect of vitamin E on cellulitis in broiler chickens experiencing scratches in a challenge model. *Avian Dis* 44:701 - 705.

[320]MacOwan, K. J. , C. J. Randall, H. G. R. Jones, and T. F. Brand. 1982. Association of *Mycoplasma synoviae* with respiratory disease of broilers. *Avian Pathol* 11: 235 - 244.

[321]Madhu, S. , A. K. Katiyar, J. L. Vegad, and M. Swamy. 2001. Bacteria-induced increased vascular permeability in the chicken skin. *Indian J An Sci* 71:621 - 622.

[322]Majo, N. , X. Gibert, M. Vilafranca, C. J. O'Loan, G. M. Allan, L. Costa, A. Pages, and A. Ramis. 1997. Turkey rhinotracheitis virus and *Escherichia coli* experimental infection in chickens: histopathological, immunocytochemical and microbiological study. *Vet Microbiol* 57: 29 - 40.

[323]Marrett, L. E. , E. J. Robb, and R. K. Frank. 2000. Efficacy of neomycin sulfate water medication on the control of mortality associated with colibacillosis in growing turkeys. *Poult Sci* 79:12 - 17.

[324]Martins da Costa, R, M. Oliveira, A. Bica, P. Vaz-Pires, and F. Bernardo. 2007. Antimicrobial resistance in *Enterococcus* spp. and Escherichia coli isolated from poultry feed and feed ingredients. *Vet Microbiol* 120:122 - 131.

[325]Mathers, J. J. , S. R. Clark, D. Hausmann, P. Tillman, V. R. Benning, and S. K. Gordon. 2004. Inhibition of resistance plasmid transfer in *Escherichia coli* by ionophores, chlortetracycline, bacitracin, and ionophore/antimicrobial combinations. *Avian Dis* 48:317 - 323.

[326]Matsumoto, M. , H. Huang, and H. J. Huang. 2000. Induction of short-term, nonspecific immunity against *Escherichia coli* infection in chickens is suppressed by cold stress or corticosterone treatment. *Avian Pathol* 29:227 - 232.

[327]Matthijs, M. G. , J. H. van Eck, W. J. Landman, and J. A. Stegeman. 2003. Ability of Massachusetts-type infectious bronchitis virus to increase colibacillosis susceptibility in commercial broilers: a comparison be-

tween vaccine and virulent field virus. *Avian Pathol* 32:473 - 481.

[328]Matthijs,M. G. ,J. H. van Eck,J. J. de Wit,A. Bouma, and J. A. Stegeman. 2005. Effect of IBV-H120 vaccination in broilers on colibacillosis susceptibility after infection with a virulent Massachusetts-type IBV strain. *Avian Dis* 49:540 - 545.

[329]Maurer,J. J. , T. P. Brown,W. L. Steffens, and S. G. Thayer. 1998. The occurrence of ambient temperature-regulated adhesins,curli,and the temperature-sensitive hemagglutinin tsh among avian *Escherichia coli*. *Avian Dis* 42:106 - 118.

[330]Maurer,J. J. , M. D. Lee,C. Lobsinger, T. Brown, M. Maier,and S. G. Thayer. 1998. Molecular typing of avian *Escherichia coli* isolates by random amplification of polymorphic DNA. *Avian Dis* 42:431 - 451.

[331]Maurer,J. J. , C. L. Hofacre, R. E. Wooley, P. Gibbs, and R. Froyman. 2002. Virulence factors associated with *Escherichia coli* present in a commercially produced competitive exclusion product. *Avian Dis* 46:704 -707.

[332]McAllister,J. C,C. D. Steelman,J. K. Skeeles, L. A. Newberry,and E. E. Gbur. 1996. Reservoir competence of AIphitobius diaperinus (Coleoptera: Tenebrionidae) for *Escherichia coli* (Eubacte-riales: Enterobacteriaceae). *J Med Entomol* 33:983 - 987.

[333]McDougald,L. R. 2005. Blackhead disease (histomoniasis) in poultry: a critical review. *Avian Dis* 49:462 - 476.

[334]McNamee,P. T. ,and J. A. Smyth. 2000. Bacterial chondronecrosis with osteomyelitis ('femoral head necrosis') of broiler chickens: A review. *Avian Pathol* 29:253 - 270.

[335]McPeake,S. J. W. ,J. A. Smyth, and H. J. Ball. 2005. Characterisation of avian pathogenic *Escherichia coli* (APEC) associated with colisepticaemia compared to faecal isolates from healthy birds. *Vet Microbiol* 110:245 - 253.

[336]Melamed,D. ,G. Leitner,and E. D. Heller. 1991. A vaccine against avian colibacillosis based on ultrasonic inactivation of *Escherichia coli*. *Avian Dis* 35:17 - 22.

[337]Mellata,M. ,R. Bakour,E. Jacquemin, and J. G. Mainil. 2001. Genotypic and phenotypic characterization of potential virulence of intestinal avian *Escherichia coli* strains isolated in Algeria. *Avian Dis* 45:670 - 679.

[338]Mellata,M. , M. Dho-Moulin,C. M. Dozois,R. Curtiss, 3rd,B. Lehoux,and J. M. Fairbrother. 2003. Role of a-

vian pathogenic *Escherichia coli* virulence factors in bacterial interaction with chicken heterophils and macrophages. *Infect Immun* 71:494 -503.

[339]Miles,T. ,W. McLaughlin,and P. Brown. 2006. Antimicrobial resistance of *Escherichia coli* isolates from broiler chickens and humans. *BMC Veterinary Research* 2:7.

[340]Miller,D. L. , J. Hatkin, Z. A. Radi, and M. J. Mauel. 2004. An *Escherichia coli* epizootic in captive mallards (Anas platyrhynchos). *In* D. L. Miller, (ed.) International Journal of Poultry Science, Vol. 3 pp. 206.

[341]Mireles,A. J. ,S. M. Kim, and K. C. Klasing. 2005. An acute inflammatory response alters bone homeostasis, body composition,and the humoral immune response of broiler chickens. *Poult Sci* 84:553 -560.

[342]Mokady,D. ,U. Gophna,and E. Z. Ron. 2005. Extensive gene diversity in septicemic *Escherichia coli* strains. *J Clin Microbiol* 43:66 - 73.

[343]Moll,A. ,P. A. Manning,and K. N. Timmis. 1980. Plasmid-determined resistance to serum bactericidal activity: a major outer membrane protein, the traT gene product,is responsible for plasmid-specified serum resistance in *Escherichia coli*. *Infect Immun* 28:359 - 367.

[344]Mondal,D. ,and B. N. Mukherjee. 1996. Isolation,serotyping and antimicrobial drug sensitivity of *E. coli* strains from dead and diseased ducklings. *Indian J An Hlth* 35:95 - 99.

[345]Monleon,R. ,and H. J. Barnes. 2006. Orchitis and epididymo-orchitis in broiler breeders Proc. AVMA/ AAAP Meeting,Honolulu,HI,July 15 - 19,106.

[346]Monroy,M. A. , T. Knobl, J. A. Bottino,C. S. Ferreira, and A. J. Ferreira. 2005. Virulence characteristics of *Escherichia coli* isolates obtained from broiler breeders with salpingitis. *Comp Immunol Microbiol Infect Dis* 28:1 - 15.

[347]Montgomery,R. D. ,C. R. Boyle,W. R. Maslin,and D. L. Magee. 1997. Attempts to reproduce a runting/stunting-type syndrome using infectious agents isolated from affected Mississippi broilers. *Avian Dis* 41:80 - 92.

[348]Montgomery,R. D. ,C. R. Boyle, T. A. Lenarduzzi,and L. S. Jones. 1999. Consequences to chicks hatched from *Escherichia coli*-inoculated embryos. *Avian Dis* 43:553 -563.

[349]Montgomery,R. D. , L. S. Jones,C. R. Boyle,Y. Luo, and J. A. Boyle. 2005. The embryo lethality of *Esche-*

禽病学 *Diseases of Poultry*

richia coli isolates and its relationship to various *in vitro* attributes. *Avian Dis* 49:63 - 69.

[350] Moorhead, P. D. , and Y. M. Saif. 1970. *Mycoplasma meleagridis* and *Escherichia coli* infections in germfree and specific-pathogen-free turkey poults: pathologic manifestations. *Am J Vet Res* 31:1645 - 1653.

[351] Morabito, S. , G. Dell'Omo, U. Agrimi, H. Schmidt, H. Karch, T. Cheasty, and A. Caprioli. 2001. Detection and characterization of Shiga toxin-producing *Escherichia coli* in feral pigeons. *Vet Microbiol* 82:275 - 283.

[352] Morales, C, M. D. Lee, C. Hofacre, and J. J. Maurer. 2004. Detection of a novel virulence gene and a *Salmonella* virulence homologue among *Escherichia coli* isolated from broiler chickens. *Foodborne Pathog Dis* 1: 160 - 165.

[353] Moran, C. A. , R. H. Scholten, J. M. Tricarico, P. H. Brooks, and M. W. Verstegen. 2006. Fermentation of wheat: effects of backslopping different proportions of pre-fermented wheat on the microbial and chemical composition. *Arch Anim Nutr* 60:158 -169.

[354] Morishita, T. Y. , and A. A. Bickford. 1992. Pyogranulomatous typhlitis and hepatitis of market turkeys. *Avian Dis* 36:1070 - 1075.

[355] Morishita, T. Y, P. P. Aye, E. C. Ley, and B. S. Harr. 1999. Survey of pathogens and blood parasites in free-living passerines. *Avian Dis* 43:549 -552.

[356] Morley, A. J. , and D. K. Thomson. 1984. Swollen-head syndrome in broiler chickens. *Avian Dis* 28:238 - 243.

[357] Moulin-Schouleur, M. , C. Schouler, P. Tailliez, M. R. Kao, A. Bree, P. Germon, E. Oswald, J. Mainil, M. Blanco, and J. Blanco. 2006. Common virulence factors and genetic relationships between O18:K1:H7 *Escherichia coli* isolates of human and avian Origin. *J Clin Microbiol* 44:3484 - 3492.

[358] Murakami, S. , Y. Okazaki, T. Kazama, T. Suzuki, I. Iwabuchi, and K. Kirioka. 1989. A dual infection of Clostridium perfringens and *Escherichia coli* in broiler chicks. *J Japan Vet Med Assoc* 42:405 -409.

[359] Murakami, S. , M. Miyama, A. Ogawa, J. Shimada, and T. Nakane. 2002. Occurrence of conjunctivitis, sinusitis and upper region tracheitis in Japanese quail (*Coturnix coturnix japonica*), possibly caused by *Mycoplasma gallisepticum* accompanied by *Cryptosporidium* sp. infection. *Avian Pathol* 31:363 -370.

[360] Musgrove, M. T. , D. R. Jones, J. K. Northcutt, N. A. Cox, M. A. Harrison, P. J. Fedorka-Cray, and S. R. Ladely. 2006. Antimicrobial resistance in *Salmonella* and *Escherichia coli* isolated from commercial shell eggs. *Poult Sci* 85:1665 - 1669.

[361] Mutalib, A. , M. Holland, H. J. Barnes, and C. Boyle. 1996. Ultrasound for detecting osteomyelitis in turkeys. *Avian Dis* 40:321 - 325.

[362] Mutalib, A. , B. Miguel, T. Brown, and W. Maslin. 1996. Distribution of arthritis and osteomyelitis in turkeys with green liver discoloration. *Avian Dis* 40:661 - 664.

[363] Myers, R. K. , and L. H. Arp. 1987. Pulmonary clearance and lesions of lung and air sac in passively immunized and unimmunized turkeys following exposure to aerosolized *Escherichia coli*. *Avian Dis* 31:622 - 628.

[364] Myint, M. S. , Y. J. Johnson, S. L. Branton, and E. T. Mallinson. 2005. Airflow pattern in broiler houses as a risk factor for growth of enteric pathogens. *In* M. S. Myint, (ed.) *International Journal of Poultry Science*, 4: 947.

[365] Nagai, S. , T. Yagihashi, and A. Ishihama. 1998. An avian pathogenic *Escherichia coli* strain produces a hemolysin, the expression of which is dependent on cyclic AMP receptor protein gene function. *Vet Microbiol* 60: 227 - 238.

[366] Nagaraja, K. V, D. A. Emery, K. A. Jordan, J. A. Newman, and B. S. Pomeroy. 1983. Scanning electron microscopic studies of adverse effects of ammonia on tracheal tissues of turkeys. *Am J Vet Res* 44:1530 - 1536.

[367] Nagaraja, K. V, D. A. Emery, K. A. Jordan, V Sivanandan, J. A. Newman, and B. S. Pomeroy. 1984. Effect of ammonia on the quantitative clearance of *Escherichia coli* from lungs, air sacs, and livers of turkeys aerosol vaccinated against *Escherichia coli*. *Am J Vet Res* 45: 392 - 395.

[368] Nagi, M. S. , and W. J. Mathey. 1972. Interaction of *Escherichia coli* and *Eimeria brunetti* in chickens. *Avian Dis* 16:864 - 873.

[369] Nagi, M. S. , and L. G. Raggi. 1972. Importance to 'air-sac' disease of water supplies contaminated with pathogenic *Escherichia coli*. *Avian Dis* 16:718 - 723.

[370] Nakamura, K. , M. Maeda, Y. Imada, T. Imada, and K. Sato. 1985. Pathology of spontaneous colibacillosis in a broiler flock. *Vet Pathol* 22:592 - 597.

[371] Nakamura, K. , Y. Imada, and M. Maeda. 1986. Lymphocytic depletion of bursa of Fabricius and thymus in chickens inoculated with *Escherichia coli*. *Vet Pathol* 23:712 - 717.

[372] Nakamura, K. , and F. Abe. 1987. Ocular lesions in

chickens inoculated with *Escherichia coli*. *Can J Vet Res* 51:528 - 530.

[373]Nakamura, K. , Y. Imada, and F. Abe. 1987. Effect of cyclophosphamide on infections produced by *Escherichia coli* of high and low virulence in chickens. *Avian Pathol* 16:237 - 252.

[374]Nakamura, K. , T. Usobe, and M. Narita. 1990. Dual infections of *Eimeria tenella* and *Escherichia coli* in chickens. *Res Vet Sci* 49:125 - 126.

[375]Nakamura, K. , N. Yuasa, H. Abe, and M. Narita. 1990. Effect of infectious bursal disease virus on infections produced by *Escherichia coli* of high and low virulence in chickens. *Avian Pathol* 19:713 -721.

[376]Nakamura, K. , J. K. Cook, J. A. Frazier, and M. Narita. 1992. *Escherichia coli* multiplication and lesions in the respiratory tract of chickens inoculated with infectious bronchitis virus and/or *E. coli*. *Avian Dis* 36:881 -890.

[377]Nakamura, K. , H. Ueda, T. Tanimura, and K. Noguchi. 1994. Effect of mixed live vaccine (Newcastle disease and infectious bronchitis) and *Mycoplasma gallisepticum* on the chicken respiratory tract and on *Escherichia coli* infection. *J Comp Pathol* 111:33 -42.

[378]Nakamura, K. , K. Imai, and N. Tanimura. 1996. Comparison of the effects of infectious bronchitis and infectious laryngotracheitis on the chicken respiratory tract. *J Comp Pathol* 114:11 - 21.

[379]Nakamura, K. , M. Mase, N. Tanimura, S. Yamaguchi, M. Nakazawa, and N. Yuasa. 1997. Swollen head syndrome in broiler chickens in Japan: its pathology, microbiology and biochemistry. *Avian Pathol* 26: 139 - 154.

[380]Nakamura, K. , M. Mase, N. Tanimura, S. Yamaguchi, and N. Yuasa. 1998. Attempts to reproduce swollen head syndrome in specific pathogen-free chickens by inoculating with *Escherichia coli* and/or turkey rhinotracheitis virus. *Avian Pathol* 27:21 -27.

[381]Nakamura, K. , Y. Mitarai, M. Yoshioka, N. Koizumi, T. Shibahara, and Y. Nakajima. 1998. Serum levels of interleukin-6, alphal-acid glycoprotein, and corticosterone in two-week-old chickens inoculated with *Escherichia coli* lipopolysaccharide. *Poult Sci* 77:908 - 911.

[382]Nandi, S. , J. J. Maurer, C. Hofacre, and A. O. Summers. 2004. Gram-positive bacteria are a major reservoir of class 1 antibiotic resistance integrons in poultry litter. *Proc Natl Acad Sci USA* 101:7118 -7122.

[383]Naqi, S. , G. Thompson, B. Bauman, and H. Mohammed. 2001. The exacerbating effect of infectious bron-
chitis virus infection on the infectious bursal disease virus-induced suppression of opsonization by *Escherichia coli* antibody in chickens. *Avian Dis* 45:52 - 60.

[384]Naqi, S. A. , C. F. Hall, and D. H. Lewis. 1971. The intestinal microflora of turkeys: comparison of apparently healthy and blue-comb-infected turkey poults. *Avian Dis* 15:14 - 21.

[385]Nardi, A. R. M. , M. R. Salvadori, L. T. Coswig, M. S. V Gatti, D. S. Leite, G. F. Valadares, M. Garcia Neto, R. P. Shocken-Iturrino, J. E. Blanco, and T. Yano. 2005. Type 2 heat-labile enterotoxin (LT-II)-producing *Escherichia coli* isolated from ostriches with diarrhea. *Vet Microbiol* 105:245 -249.

[386]Naveh, M. W. , T. Zusman, E. Skutelsky, and E. Z. Ron. 1984. Adherence pili in avian strains of *Escherichia coli*: effect on pathogenicity. *Avian Dis* 28:651 - 661.

[387]Newberry, L. A. , J. K. Skeeles, D. L. Kreider, J. N. Beasley, J. D. Story, R. W. McNew, and B. R. Berridge. 1993. Use of virulent hemorrhagic enteritis virus for the induction of colibacillosis in turkeys. *Avian Dis* 37: 1 - 5.

[388]Ngeleka, M. , L. Brereton, G. Brown, and J. M. Fairbrother. 2002. Pathotypes of avian *Escherichia coli* as related to tsh-, pap-, pil-, and iuc-DNA sequences, and antibiotic sensitivity of isolates from internal tissues and the cloacae of broilers. *Avian Dis* 46:143 - 152.

[389]Nivas, S. C, A. C. Peterson, M. D. York, B. S. Pomeroy, L. D. Jacobson, and K. A. Jordan. 1977. Epizootiological investigations of colibacillosis in turkeys. *Avian Dis* 21:514 - 530.

[390]Nockels, C. F. 1979. Protective effects of supplemental vitamin E against infection. *Fed Proc* 38:2134 - 2138.

[391]Nogrady, N. , J. Paszti, H. Piko, and B. Nagy. 2006. Class 1 integrons and their conjugal transfer with and without virulence-associated genes in extra-intestinal and intestinal *Escherichia coli* of poultry. *Avian Pathol* 35:349 - 356.

[392]Nolan, L. K. , C. W. Giddings, S. M. Home, C. Doetkott, P. S. Gibbs, R. E. Wooley, and S. L. Foley. 2002. Complement resistance, as determined by viable count and flow cytometric methods, and its association with the presence of iss and the virulence of avian *Escherichia coli*. *Avian Dis* 46:386 - 392.

[393]Nolan, L. K. , S. M. Home, C. W. Giddings, S. L. Foley, T. J. Johnson, A. M. Lynne, and J. Skyberg. 2003. Resistance to serum complement, iss, and virulence of avian *Escherichia coli*. *Vet Res Commun* 27:101 - 110.

[394]Norton,R. A. ,B. A. Hopkins,J. K. Skeeles,J. N. Beasley,and J. M. Kreeger. 1992. High mortality of domestic turkeys associated with *Ascaridia dissimilis*. *Avian Dis* 36:469 - 473.

[395]O'Sullivan,N. P. ,E. A. Dunnington,E. J. Smith,W. B. Gross,and P. B. Siegel. 1991. Performance of early and late feathering broiler breeder females with different feeding regimens. *Br Poult Sci* 32:981 - 995.

[396]Olkowski,A. A. ,L. Kumor,D. Johnson,M. Bielby,M. Chirino Trejo,and H. L. Classen. 1999. Cellulitis lesions in commercial turkeys identified during processing.*Vet Rec* 145:228 - 229.

[397]Oyetunde,O. O. F. ,R. G. Thomson,and H. C. Carlson. 1978. Aerosol exposure of ammonia, dust and *Escherichia coli* in broiler chickens. *Can Vet J* 19:187 - 193.

[398]Pakpinyo,S. ,D. H. Ley,H. J. Barnes,J. P. Vaillancourt,and J. S. Guy. 2002. Prevalence of enteropathogenic *Escherichia coli* in naturally occurring cases of poult enteritis-mortality syndrome. *Avian Dis* 46:360 - 369.

[399]Pakpinyo,S. ,D. H. Ley,H. J. Barnes,J. P. Vaillancourt,and J. S. Guy. 2003. Enhancement of enteropathogenic *Escherichia coli* pathogenicity in young turkeys by concurrent turkey coronavirus infection. *Avian Dis* 47:396 - 405.

[400]Palmer,C. C. ,and H. R. Baker. 1923. Studies on infectious enteritis of poultry caused by *Bacterium coli communis*. *J Am Vet Med Assoc* 63:85 - 96.

[401]Parreira,V. R. ,C. W. Ams,and T. Yano. 1998. Virulence factors of avian *Escherichia coli* associated with swollen head syndrome. *Avian Pathol* 27:148 - 154.

[402]Parreira,V. R. ,and T. Yano. 1998. Cytotoxin produced by *Escherichia coli* isolated from chickens with swollen head syndrome (SHS). *Vet Microbiol* 62:111 - 119.

[403]Parreira,V. R. ,and C. L. Gyles. 2002. Shiga toxin genes in avian *Escherichia coli*. *Vet Microbiol* 87:341 - 352.

[404]Parreira,V. R. ,and C. L. Gyles. 2003. A novel pathogenicity island integrated adjacent to the thrW tRNA gene of avian pathogenic *Escherichia coli* encodes a vacuolating autotransporter toxin. *Infect Immun* 71: 5087 - 5096.

[405]Pedersen,K. ,and N. Jahromi. 1993. Inactivation of bacteria with SMAC—a stable solution of chlorine dioxide in water. *Vatten* 49:264 - 270.

[406]Pedersen, K. ,L. Clark, W. F. Andelt, and M. D. Salman. 2006. Prevalence of Shiga toxin-producing *Escherichia coli* and *Salmonella enterica* in rock pigeons cap-tured in Fort Collins,Colorado. *J Wildlife Dis* 42:46 - 55.

[407]Peighambari,S. M. ,D. B. Hunter,P. E. Shewen,and C. L. Gyles. 2002. Safety,immunogenicity,and efficacy of two *Escherichia coli* cya crp mutants as vaccines for broilers. *Avian Dis* 46:287 -297.

[408]Pelkonen,S. ,and J. Finne. 1987. A rapid turbidometric assay for the study of serum sensitivitiy of *Escherichia coli*. *FEMS Microbiol Lett* 42:53 - 57.

[409]Penalver,P. ,B. Huerta,C. Borge,R. Astorga,R. Romero,and A. Perea. 2005. Antimicrobial activity of five essential oils against origin strains of the Enterobacteriaceae family. *Apmis* 113:1 - 6.

[410]Pennycott,T. W. ,H. M. Ross,I. M. McLaren, A. Park, G. F. Hopkins,and G. Foster. 1998. Causes of death of wild birds of the family Fringillidae in Britain. *Vet Rec* 143:155 - 158.

[411]Permin, A. ,J. P. Christensen, and M. Bisgaard. 2006. Consequences of concurrent *Ascaridia galli* and *Escherichia coli* infections in chickens. *Acta Vet Scand* 47: 43 -54.

[412]Petersen, A. ,J. P. Christensen, P. Kuhnert, M. Bisgaard,and J. E. Olsen. 2006. Vertical transmission of a fluoroquinolone-resistant *Escherichia coli* within an integrated broiler operation. *Vet Microbiol* 116:120 -128.

[413]Petridis, M. ,M. Bagdasarian, M. K. Waldor, and E. Walker. 2006. Horizontal transfer of Shiga toxin and antibiotic resistance genes among *Escherichia coli* strains in house fly (Diptera: Muscidae) gut. *J Med Entomol* 43:288 - 295.

[414]Pfaff-McDonough, S. J. , S. M. Home, C. W. Giddings, J. O. Ebert,C. Doetkott,M. H. Smith,and L. K. Nolan. 2000. Complement resistance-related traits among *Escherichia coli* isolates from apparently healthy birds and birds with colibacillosis. *Avian Dis* 44:23 - 33.

[415]Pierson,F. W. , V D. Barta,D. Boyd,and W. S. Thompson. 1996. Exposure to multiple infectious agents and the development of colibacillosis in turkeys. *J Appl Poult Res* 5:347 - 357.

[416]Pierson, F. W. ,C. T. Larsen, and C. H. Domermuth. 1996. The production of colibacillosis in turkeys following sequential exposure to Newcastle disease virus or *Bordetella avium*, avirulent hemorrhagic enteritis virus,and *Escherichia coli*. *Avian Dis* 40:837 - 840.

[417]Pilipcinec, E. , L. Tkacikova, H. T. Naas, R. Cabadaj, and I. Mikula. 1999. Isolation of verotoxigenic *Escherichia coli* O157 from poultry. *Folia Microbiol* 44:

455 -456.

[418]Poppe,C. ,L. C. Martin,C. L. Gyles,R. Reid-Smith,P. Boerlin,S. A. McEwen, J. F. Prescott, and K. R. Forward. 2005. Acquisition of resistance to extended-spectrum cephalosporins by *Salmonella enterica* subsp. *enterica* serovar Newport and *Escherichia coli* in the turkey poult intestinal tract. *Appl Environ Microbiol* 71: 1184 - 1192.

[419]Portrait, V. , S. Gendron Gaillard, G. Cottenceau, and A. M. Pons. 1999. Inhibition of pathogenic *Salmonella enteritidis* growth mediated by *Escherichia coli* microcin J25 producing strains. *Can J Microbiol* 45: 988 - 994.

[420]Pourbakhsh, S. A. , M. Boulianne, B. Martineau-Doize, and J. M. Fairbrother. 1997. Virulence mechanisms of avian fimbriated *Escherichia coli* in experimentally inoculated chickens. *Vet Microbiol* 58: 195 - 213.

[421]Pourbakhsh, S. A. , M. Boulianne, B. Martineau Doize, C. M. Dozois,C. Desautels, and J. M. Fairbrother. 1997. Dynamics of *Escherichia coli* infection in experimentally inoculated chickens. *Avian Dis* 41: 221 - 233.

[422]Pourbakhsh, S. A. , M. Dho-Moulin, A. Bree, C. Desautels, B. Martineau-Doize, and J. M. Fairbrother. 1997. Localization of the *in vivo* expression of P and F1 fimbriae in chickens experimentally inoculated with pathogenic *Escherichia coli*. *Microb Pathog* 22: 331 - 341.

[423]Praharaj, N. K. , W. B. Gross, E. A. Dunnington, and P. B. Siegel. 1996. Feeding regimen by sire family interactions on growth, immunocompetence, and disease resistance in chickens. *Poult Sci* 75: 821 -827.

[424]Provence, D. L. , and R. Curtiss, 3rd. 1994. Isolation and characterization of a gene involved in hemagglutination by an avian pathogenic *Escherichia coli* strain. *Infect Immun* 62: 1369 - 1380.

[425]Qureshi, M. A. , Y. M. Saif, C. L. Heggen-Peay, F. W. Edens, and G. B. Havenstein. 2001. Induction of functional defects in macrophages by a poult enteritis and mortality syndrome-associated turkey astrovirus. *Avian Dis* 45: 853 - 861.

[426]Rajeswari, S. , B. R. Shome, S. Senani, S. K. Saha, R. B. Rai, and S. P. S. Ahlawat. 2002. Bacterial enteritis of ducks due to *E. coli* infection: a report from Andaman. *Indian Vet J* 79: 606 - 607.

[427]Randall, C. J. , W. G. Siller, A. S. Wallis, and K. S. Kirkpatrick. 1984. Multiple infections in young broilers. *Vet Rec* 114: 270 - 271.

[428]Rao, S. V R. , N. K. Praharaj, M. R. Reddy, and A. K. Panda. 2003. Interaction between genotype and dietary concentrations of methionine for immune function in commercial broilers. *Br Poult Sci* 44: 104 - 112.

[429]Raue, R. , V. Schmidt, M. Freick, B. Reinhardt, R. Johne, L. Kamphausen, E. F. Kaleta, H. Muller, and M. E. Krautwald-Junghanns. 2005. A disease complex associated with pigeon circovirus infection, young pigeon disease syndrome. *Avian Pathol* 34: 418 - 425.

[430]Reingold, J. , N. Starr, J. Maurer, and M. D. Lee. 1999. Identification of a new *Escherichia coli* She haemolysin homolog in avian *E. coli*. *Vet Microbiol* 66: 125 - 134.

[431]Rezende, C. L. E. d. , E. T. Mallinson, N. L. Tablante, R. Morales, A. Park, L. E. Carr, and S. W. Joseph. 2001. Effect of dry litter and airflow in reducing *Salmonella* and *Escherichia coli* populations in the broiler production environment. *J Appl Poult Res* 10: 245 - 251.

[432]Rochon, K. , T. J. Lysyk, and L. B. Selinger. 2004. Persistence of *Escherichia coli* in immature house fly and stable fly (Diptera: Muscidae) in relation to larval growth and survival. *J Med Entomol* 41: 1082 - 1089.

[433]Rochon, K. , T. J. Lysyk, and L. B. Selinger. 2005. Retention of *Escherichia coli* by house fly and stable fly (Diptera: Muscidae) during pupal metamorphosis and eclosion. *J Med Entomol* 42: 397 - 403.

[434]Rodrigues, V S. , M. C. Vidotto, I. Felipe, D. S. Santos, and L. C. J. Gaziri. 1999. Apoptosis of murine peritoneal macrophages induced by an avian pathogenic strain of *Escherichia coli*. *FEMS Microbiol Lett* 179: 73 - 78.

[435]Rodriguez-Siek, K. E. , C. W. Giddings, C. Doetkott, T. J. Johnson, M. K. Fakhr, and L. K. Nolan. 2005. Comparison of *Escherichia coli* isolates implicated in human urinary tract infection and avian colibacillosis. *Microbiol* 151: 2097 - 2110.

[436]Rodriguez-Siek, K. E. , C. W. Giddings, C. Doetkott, T. J. Johnson, and L. K. Nolan. 2005. Characterizing the APEC pathotype. *Vet Res* 36: 241 -256.

[437]Roland, K. , R. Curtiss, 3rd, and D. Sizemore. 1999. Construction and evaluation of a delta cya delta crp *Salmonella typhimurium* strain expressing avian pathogenic *Escherichia coli* O78 LPS as a vaccine to prevent airsacculitis in chickens. *Avian Dis* 43: 429 - 441.

[438]Roland, K. , K. Karaca, and D. Sizemore. 2004. Expression of *Escherichia coli* antigens in *Salmonella typhimurium* as a vaccine to prevent airsacculitis in chickens. *Avian Dis* 48: 595 - 605.

[439]Ron, E. Z. 2006. Host specificity of septicemic *Esche-*

richia coli: human and avian pathogens. *Curr Opin Microbiol* 9:28 - 32.

[440]Rosario,C. C. ,A. C. Lopez, I. G. Tellez, O. A. Navarro, R. C. Anderson, and C. C. Eslava. 2004. Serotyping and virulence genes detection in *Escherichia coli* isolated from fertile and infertile eggs, dead-in-shell embryos, and chickens with yolk sac infection. *Avian Dis* 48: 791 -802.

[441]Rosario,C. C. ,J. L. Puente, A. Verdugo-Rodriguez, R. C. Anderson, and C. C. Eslava. 2005. Phenotypic characterization of ipaH＋*Escherichia coli* strains associated with yolk sac infection. *Avian Dis* 49:409 - 417.

[442]Rosenberger,J. K. ,P. A. Fries, and S. S. Cloud. 1985. *In vitro* and *in vivo* characterization of avian *Escherichia coli*. Ⅲ. Immunization. *Avian Dis* 29: 1108 -1117.

[443]Rosenberger,J. K. ,P. A. Fries, S. S. Cloud, and R. A. Wilson. 1985. *In vitro* and *in vivo* characterization of avian *Escherichia coli*. Ⅱ. Factors associated with pathogenicity. *Avian Dis* 29:1094 -1107.

[444]Roy, P. , A. S. Dhillon, L. Lauerman, and H. L. Shivaprasad. 2003. Detection of pigeon circovirus by polymerase chain reaction. *Avian Dis* 47:218 - 222.

[445]Ruble,R. P. ,P. S. Wakenell, and J. S. Cullor. 2002. Seroprevalence of antibodies specific for Gram-negative core antigens in chickens on the basis of an *Escherichia coli* J5 enzyme-linked immunosorbent assay. *Avian Dis* 46:453 - 460.

[446]Russell,S. M. 2003. Effect of sanitizers applied by electrostatic spraying on pathogenic and indicator bacteria attached to the surface of eggs. *J Appl Poult Res* 12: 183 - 189.

[447]Russell, S. M. 2003. The effect of airsacculitis on bird weights, uniformity, fecal contamination, processing errors, and populations of *Campylobacter* spp. and *Escherichia coli*. *Poult Sci* 82:1326 -1331.

[448]Russo,T. A. ,M. C. Moffitt, C. H. Hammer, and M. M. Frank. 1993. TnphoA-mediated disruption of K54 capsular polysaccharide genes in *Escherichia coli* confers serum sensitivity. *Infect Immun* 61:3578 - 3582.

[449]Russo, T. A. , and J. R. Johnson. 2000. Proposal for a new inclusive designation for extraintestinal pathogenic isolates of *Escherichia coli*: ExPEC. *J Infect Dis* 181: 1753 - 1754.

[450]Russo,T. A. ,and J. R. Johnson. 2003. Medical and economic impact of extraintestinal infections due to *Escherichia coli*: focus on an increasingly important endemic

problem. *Microbes Infect* 5:449 - 456.

[451]Sabri,M. ,S. Leveille, and C. M. Dozois. 2006. A SitABCD homologue from an avian pathogenic *Escherichia coli* strain mediates transport of iron and manganese and resistance to hydrogen peroxide. *Microbiol* 152: 745 -758.

[452]Saif, Y. M. ,P. D. Moorhead, and E. H. Bohl. 1970. *Mycoplasma meleagridis* and *Escherichia coli* infections in germfree and specific-pathogen-free turkey poults: production of complicated airsacculitis. *Am J Vet Res* 31: 1637 - 1643.

[453]Salmon, S. A. , and J. L. Watts. 2000. Minimum inhibitory concentration determinations for various antimicrobial agents against 1570 bacterial isolates from turkey poults. *Avian Dis* 44:85 - 98.

[454]Salvadori, M. R. , A. T. Yamada, and T. Yano. 2001. Morphological and intracellular alterations induced by cytotoxin VT2y produced by *Escherichia coli* isolated from chickens with swollen head syndrome. *FEMS Microbiol Lett* 197:79 - 84.

[455]Salvadori,M. R. ,T. Yano, H. F. Carvalho, V. R. Parreira, and C. L. Gyles. 2001. Vacuolating cytotoxin produced by avian pathogenic *Escherichia coli*. *Avian Dis* 45:43 - 51.

[456]Salvadori,M. R. ,A. M. Chudzinski-Tavassi, M. R. Baccaro, C. S. Ferreira, A. J. Ferreira, J. Prado-Franceschi, and T. Yano. 2002. Lethal factor to mice produced by *Escherichia coli* isolated from chickens with swollen head syndrome. *Microbiol Immunol* 46:773 - 775.

[457]Samadpour, M. , J. Stewart, K. Steingart, C. Addy, J. Louderback, M. McGinn, J. Ellington, and T. Newman. 2002. Laboratory investigation of an *E. coli* O157:H7 outbreak associated with swimming in Battle Ground Lake, Vancouver, Washington. *J Environ Health* 64: 16 -20.

[458]Sander,J. E. ,C. L. Hofacre, I. H. Cheng, and R. D. Wyatt. 2002. Investigation of resistance of bacteria from commercial poultry sources to commercial disinfectants. *Avian Dis* 46:997 - 1000.

[459]Sandhu, T. S. , and H. W. Layton. 1985. Laboratory and field trials with formalin-inactivated *Escherichia coli* (O78)-*Pasteurella anatipestifer* bacterin in White Pekin ducks. *Avian Dis* 29:128 - 135.

[460]Schmidt, G. P. , C. H. Domermuth, and L. M. Potter. 1988. Effect of oral *Escherichia coli* inoculation on performance of young turkeys. *Avian Dis* 32:103 - 107.

[461]Schmidt, H. , J. Scheef, S. Morabito, A. Caprioli, L. H.

Wieler, and H. Karch. 2000. A new Shiga toxin 2 variant (Stx2f) from *Escherichia coli* isolated from pigeons. *Appl Environ Microbiol* 66:1205 -1208.

[462]Schouler, C. , F. Koffmann, C. Amory, S. Leroy-Setrin, and M. Moulin-Schouleur. 2004. Genomic subtraction for the identification of putative new virulence factors of an avian pathogenic *Escherichia coli* strain of O2 serogroup. *Microbiol* 150:2973 - 2984.

[463]Schremmer, C. , J. E. Lohr, U. Wastlhuber, J. Kosters, K. Ravelshofer, H. Steinruck, and L. H. Wieler. 1999. Enteropathogenic *Escherichia coli* in Psittaciformes. *Avian Pathol* 28:349 - 354.

[464]Sell, J. L. , D. W. Trampel, and R. W. Griffith. 1997. Adverse effects of *Escherichia coli* infection of turkeys were not alleviated by supplemental dietary vitamin E. *Poult Sci* 76:1682 - 1687.

[465]Shane, S. M. , and A. Faust. 1996. Evaluation of sanitizers for hatching eggs. *J Appl Poult Res* 5:134 -138.

[466]Sharada, R. , G. Krishnappa, and H. A. Upendra. 2001. Serological 'O' grouping and drug susceptibility of *Escherichia coli* strains from chicken. *Indian Vet J* 78:78 - 79.

[467]Shawky, S. , T. Sandhu, and H. L. Shivaprasad. 2000. Pathogenicity of a low-virulence duck virus enteritis isolate with apparent immunosuppressive ability. *Avian Dis* 44:590 - 599.

[468]Siccardi, F. J. 1966. Identification and disease producing ability of *Escherichia coli* associated with *E. coli* infection of chickens and turkeys. MS thesis, University of Minnesota, St. Paul, MN.

[469] Siegel, P. B. , C. T. Larsen, D. A. Emmerson, P. A. Geraert, and M. Picard. 2000. Feeding regimen, dietary vitamin E, and genotype influences on immunological and production traits of broilers. *J Appl Poult Res* 9:269 - 278.

[470]Siegel, P. B. , M. Blair, W. B. Gross, B. Meldrum, C. Larsen, K. Boa-Amponsem, and D. A. Emmerson. 2006. Poult performance as influenced by age of dam, genetic line, and dietary vitamin E. *Poult Sci* 85:939 - 942.

[471]Singer, R. S. , J. S. Jeffrey, T. E. Carpenter, C. L. Cooke, R. P. Chin, E. R. Atwill, and D. C. Hirsh. 1999. Spatial heterogeneity of *Escherichia coli* DNA fingerprints isolated from cellulitis lesions in chickens. *Avian Dis* 43:756 - 762.

[472]Singer, R. S. , J. S. Jeffrey, T. E. Carpenter, C. L. Cooke, E. R. Atwill, W. O. Johnson, and D. C. Hirsh. 2000. Persistence of cellulitis-associated *Escherichia coli* DNA fingerprints in successive broiler chicken flocks. *Vet Microbiol* 75:59 - 71.

[473]Singer, R. S. , and C. L. Hofacre. 2006. Potential impacts of antibiotic use in poultry production. *Avian Dis* 50:161 - 172.

[474] Skyberg, J. A. , S. M. Home, C. W. Giddings, R. E. Wooley, P. S. Gibbs, and L. K. Nolan. 2003. Characterizing avian *Escherichia coli* isolates with multiplex polymerase chain reaction. *Avian Dis* 47:1441 - 1447.

[475]Skyberg, J. A. , T. J. Johnson, J. R. Johnson, C. Clabots, C. M. Logue, and L. K. Nolan. 2006. Acquisition of avian pathogenic *Escherichia coli* plasmids by a commensal *E. coli* isolate enhances its abilities to kill chick embryos, grow in human urine, and colonize the murine kidney. *Infect Immun* 74:6287 - 6292.

[476]Skyberg, J. A. , K. E. Siek, C. Dotkott, and L. K. Nolan. 2007. Biofilm formation by avian *Escherichia coli* in relation to media, source and phylogeny. *J Appl Microbiol* 102:548 - 554.

[477]Smajs, D. , E. K. S, J. Smarda, and G. M. Weinstock. 2002. Colicins produced by the *Escherichia fergusonii* strains closely resemble colicins encoded by *Escherichia coli*. *FEMS Microbiol Lett* 208:259 - 262.

[478]Smith, H. W. , J. K. A. Cook, and Z. E. Parsell. 1985. The experimental infection of chickens with mixtures of infectious bronchitis virus and *Escherichia coli*. *J Gen Virol* 66:777 - 786.

[479]Sojka, W. J. , and R. B. A. Carnaghan. 1961. *Escherichia coli* infections in poultry. *Res Vet Sci* 2:340 - 352.

[480]Sojka, W. J. 1965. *Escherichia coli* in Domestic Animals and Poultry. Commonwealth Agricultural Bureau, Farnham Royal, England, 1 - 231.

[481]Songserm, T. , J. M. Pol, D. van Roozelaar, G. L. Kok, F. Wagenaar, and A. A. ter Huurne. 2000. A comparative study of the pathogenesis of malabsorption syndrome in broilers. *Avian Dis* 44:556 - 567.

[482]Songserm, T. , B. Zekarias, D. J. van Roozelaar, R. S. Kok, J. M. Pol, A. A. Pijpers, and A. A. ter Huurne. 2002. Experimental reproduction of malabsorption syndrome with different combinations of re-ovirus, *Escherichia coli*, and treated homogenates obtained from broilers. *Avian Dis* 46:87 - 94.

[483] Songserm, T. , A. S. Viriyarampa, N. Sae-Heng, W. Chamsingh, O. Bootdee, and P. Pathanasophon. 2003. *Pasteurella multocida*-associated sinusitis in khaki Campbell ducks (*Anas platyrhynchos*). *Avian Dis* 47:649 - 655.

[484] Sonntag, A. K. , E. Zenner, H. Karch, and M. Bielaszewska. 2005. Pigeons as a possible reservoir of Shiga toxin 2f-producing *Escherichia coli* pathogenic to humans. *Berl Munch Tierarztl Wochenschr* 118: 464 -470.

[485] Springer, W. T. , J. Johnson, and W. M. Reid. 1970. Histomoniasis in gnotobiotic chickens and turkeys: biological aspects of the role of bacteria in the etiology. *Exp Parasitol* 28: 383 - 392.

[486] Springer, W. T. , C. Luskus, and S. S. Pourciau. 1974. Infectious bronchitis and mixed infections of *Mycoplasma synoviae* and *Escherichia coli* in gnotobiotic chickens. I. Synergistic role in the airsacculitis syndrome. *Inf Immun* 10: 578 - 589.

[487] Stanley, V G. , S. Woldesenbet, and C. Gray. 1996. Sensitivity of *Escherichia coli* O157: H7 strain 932 to selected anticoccidial drugs in broiler chicks. *Poult Sci* 75: 42 - 46.

[488] Stavric, S. , B. Buchanan, and T. M. Gleeson. 1993. Intestinal colonization of young chicks with *Escherichia coli* O157: H7 and other verotoxin-producing serotypes. *J Appl Bacteriol* 74: 557 - 563.

[489] Stehling, E. G. , T. Yano, M. Brocchi, and W. D. da Silveira. 2003. Characterization of a plasmid-encoded adhesin of an avian pathogenic *Escherichia coli* (APEC) strain isolated from a case of swollen head syndrome (SHS). *Vet Microbiol* 95: 111 -120.

[490] Stenutz, R. , A. Weintraub, and G. Widmalm. 2006. The structures of *Escherichia coli* O-polysaccharide antigens. *FEMS Microbiol Rev* 30: 382 -403.

[491] Stocki, S. L. , L. A. Babiuk, N. A. Rawlyk, A. A. Potter, and B. J. Allan. 2002. Identification of genomic differences between *Escherichia coli* strains pathogenic for poultry and *E. coli* K-12 MG1655 using suppression subtractive hybridization analysis. *Microb Pathog* 33: 289 - 298.

[492] Stordeur, P. , D. Marlier, J. Blanco, E. Oswald, F. Biet, M. Dho-Moulin, and J. Mainil. 2002. Examination of *Escherichia coli* from poultry for selected adhesin genes important in disease caused by mammalian pathogenic E. coli. *Vet Microbiol* 84: 231 - 241.

[493] Styles, D. K. , and K. Flammer. 1991. Congo red binding of *Escherichia coli* isolated from the cloacae of psittacine birds. *Avian Dis* 35: 46 - 48.

[494] Suerbaum, S. , S. Friedrich, H. Leying, and W. Opferkuch. 1994. Expression of capsular polysaccharide determines serum resistance in *Escherichia coli* K92.

Zentralbl Bakteriol 281: 146 - 157.

[495] Sueyoshi, M. , H. Fukui, S. Tanaka, M. Nakazawa, and K. Ito. 1996. A new adherent form of an attaching and effacing *Escherichia coli* (eaeA+, bfp—) to the intestinal epithelial cells of chicks. *J Vet Med Sci* 58: 1145 -1147.

[496] Sugiarto, H. , and P. Yu. 2004. Avian antimicrobial peptides: the defense role of beta-defensins. *Biochem Biophy Res Comm* 323: 721 - 727.

[497] Sugiarto, H. , and P. Yu. 2006. Identification of three novel ostricacins: an update on the phylogenetic perspective of beta-defensins. *Intl J Antimicrob Agents* 27: 229 - 235.

[498] Sumano, L. H. , C. L. Ocampo, G. W. Brumbaugh, and R. E. Lizarraga. 1998. Effectiveness of two fluoroquinolones for the treatment of chronic respiratory disease outbreak in broilers. *Br Poult Sci* 39: 42 - 46.

[499] Suwanichkul, A. , B. Panigrahy, and R. M. Wagner. 1987. Antigenic relatedness and partial amino acid sequences of pili of *Escherichia coli* serotypes O1, O2, and O78 pathogenic to poultry. *Avian Dis* 31: 809 -813.

[500] Swarbrick, O. 1985. Pheasant rearing: associated husbandry and disease problems. *Vet Rec* 116: 610 -617.

[501] Synge, B. A. 2000. Recent epidemiological studies of verocyto-toxin-producing E coli O157 in cattle in Scotland. *Cattle Practice* 8: 341 - 343.

[502] Tantaswasdi, U. , A. Malayaman, and K. F. Shortridge. 1986. Influenza A virus infection of a pheasant. *Vet Rec* 119: 375 - 376.

[503] Tate, C. R. , W. C. Mitchell, and R. G. Miller. 1993. *Staphylococcus hyicus* associated with turkey stifle joint osteomyelitis. *Avian Dis* 37: 905 - 907.

[504] Tengerdy, R. P. , and C. F. Nockels. 1975. Vitamin E or vitamin A protects chickens against *E. coli* infection. *Poult Sci* 54: 1292 - 1296.

[505] Tengerdy, R. P. , and J. C. Brown. 1977. Effect of vitamin E and A on humoral immunity and phagocytosis in *E. coli* infected chicken. *Poult Sci* 56: 957 -963.

[506] Teo, A. Y. L. , and H. M. Tan. 2006. Effect of *Bacillus subtilis* PB6 (CloSTAT) on broilers infected with a pathogenic strain of *Escherichia coli*, *J Appl Poult Res* 15: 229 - 235.

[507] Thangapandian, E. , K. Vijayarani, P. Ramadass, and A. M. Nainar. 2006. Distribution of virulence associated genes in avian pathogenic *Escherichia coli* isolates from Tamil Nadu. *Indian J An Sci* 76: 284 - 287.

[508] Tian, S., and V. E. Baracos. 1989. Prostaglandin-dependent muscle wasting during infection in the broiler chick(*Gallus domesticus*) and the laboratory rat (*Rattus norvegicus*). *Biochem J* 263:485 - 490.

[509] Tian, S., and V. E. Baracos. 1989. Effect of *Escherichia coli* infection on growth and protein metabolism in broiler chicks (*Gallus domesticus*). *Comp Biochem Physiol A* 94:323 - 331.

[510] Tivendale, K. A., J. L. Allen, C. A. Ginns, B. S. Crabb, and G. F. Browning. 2004. Association of iss and iucA, but not tsh, with plasmid-mediated virulence of avian pathogenic *Escherichia coli*. *Infect Immun* 72: 6554 -6560.

[511] Toth, T. E., H. Veit, W. B. Gross, and P. B. Siegel. 1988. Cellular defense of the avian respiratory system: Protection against *Escherichia coli* airsacculitis by *Pasteurella multocida*-actiyated respiratory phagocytes. *Avian Dis* 32:681 - 687.

[512] Tottori, J., R. Yamaguchi, Y. Murakawa, M. Sato, K. Uchida, and S. Tateyama. 1997. Experimental production of ascites in broiler chickens using infectious bronchitis virus and *Escherichia coli*. *Avian Dis* 41:214 - 220.

[513] Trampel, D. W., and R. W. Griffith. 1997. Efficacy of aluminum hydroxide-adjuvanted *Escherichia coli* bacterin in turkey poults. *Avian Dis* 41:263 - 268.

[514] Turpin, E. A., L. E. Perkins, and D. E. Swayne. 2002. Experimental infection of turkeys with avian pneumovirus and either Newcastle disease virus or *Escherichia coli*. *Avian Dis* 46:412 - 422.

[515] Van Alstine, W. G., and L. H. Arp. 1987. Influence of *Bordetella avium* infection on association of *Escherichia coli* with turkey trachea. *Am J Vet Res* 48:1574 -1576.

[516] Van de Zande, S., H. Nauwynck, and M. Pensaert. 2001. The clinical, pathological and microbiological outcome of an *Escherichia coli* O2:K1 infection in avian pneumovirus infected turkeys. *Vet Microbiol* 81:353 - 365.

[517] van den Bogaard, A. E., N. London, C. Driessen, and E. E. Stobberingh. 2001. Antibiotic resistance of faecal *Escherichia coli* in poultry, poultry farmers and poultry slaughterers. *J Antimicrob Chemother* 47:763 - 771.

[518] van den Hurk, J. V., B. J. Allan, C. Riddell, T. Watts, A. A. Potter, and J. V. Van den Hurk. 1994. Effect of infection with hemorrhagic enteritis virus on susceptibility of turkeys to *Escherichia coli*. *Avian Dis* 38:

[519] Van Loock, M., K. Lootsa, M. Van Heerden, D. Vanrompay, and B. M. Goddeeris. 2006. Exacerbation of *Chlamydophila psittaci* pathogenicity in turkeys superinfected by *Escherichia coli*. *Vet Res* 37:745 - 755

[520] Vandekerchove, D., P. De Herdt, H. Laevens, and F. Pasmans. 2004. Colibacillosis in caged layer hens: characteristics of the disease and the aetiological agent. *Avian Pathol* 33:117 - 125.

[521] Vandekerchove, D., P. De Herdt, H. Laevens, and F. Pasmans. 2004. Risk factors associated with colibacillosis outbreaks in caged layer flocks. *Avian Pathol* 33: 337 - 342.

[522] Vandekerchove, D., P. D. Herdt, H. Laevens, P. Butaye, G. Meulemans, and F. Pasmans. 2004. Significance of interactions between *Escherichia coli* and respiratory pathogens in layer hen flocks suffering from colibacillosis-associated mortality. *Avian Pathol* 33:298 - 302.

[523] Vandekerchove, D., F. Vandemaele, C. Adriaensen, M. Zaleska, J. P. Hernalsteens, L. De Baets, P. Butaye, F. Van Immerseel, P. Wattiau, H. Laevens, J. Mast, B. Goddeeris, and F. Pasmans. 2005. Virulence-associated traits in avian *Escherichia coli*: comparison between isolates from colibacillosis-affected and clinically healthy layer flocks. *Vet Microbiol* 108:75 - 87.

[524] Vandemaele, F., A. Assadzadeh, J. Derijcke, M. Vereecken, and B. M. Goddeeris. 2002. Aviaire pathogene *Escherichia coli* (APEC). *Tijdschr Diergeneeskd* 127: 582 - 588.

[525] Vandemaele, F., M. Vereecken, J. Derijcke, and B. M. Goddeeris. 2002. Incidence and antibiotic resistance of pathogenic *Escherichia coli* among poultry in Belgium. *Vet Rec* 151:355 - 356.

[526] Vandemaele, F., C. Ververken, N. Bleyen, J. Geys, C. D' Hulst, T. Addwebi, P. van Empel, and B. M. Goddeeris. 2005. Immunization with the binding domain of FimH, the adhesin of type 1 fimbriae, does not protect chickens against avian pathogenic *Escherichia coli*. *Avian Pathol* 34:264 - 272.

[527] Vandemaele, F., N. Bleyen, O. Abuaboud, E. vanderMeer, A. Jacobs, and B. M. Goddeeris. 2006. Immunization with the biologically active lectin domain of PapG Ⅱ induces strong adhesion-inhibiting antibody responses but not protection against avian pathogenic *Escherichia coli*. *Avian Pathol* 35:238 -249.

[528] Vasserman, Y., and J. Pitcovski. 2006. Genetic detoxification and adjuvant-activity retention of *Escherichia co-*

li enterotoxin LT. *Avian Pathol* 35:134 -140.

[529] Velkers, F. C. , A. J. te Loo, F. Madin, and J. H. van Eck. 2005. Isopathic and pluralist homeopathic treatment of commercial broilers with experimentally induced colibacillosis. *Res Vet Sci* 78:77 - 83.

[530] Wada, Y. , H. Kondo, M. Nakazawa, and M. Kubo. 1995. Natural infection with attaching and effacing *Escherichia coli* and adenovirus in the intestine of a pigeon with diarrhea. *J Vet Med Sci* 57:531 - 533.

[531] Wang, L. , J. Wang, F. Wu, Z. Wu, C. Fu, H. You, W. Lin, L. C. Wang, J. Q. Wang, F. D. Wu, Z. J. Wu, C. S. Fu, H. You, and W. Q. Lin. 1998. Serotyping of *Escherichia coli* isolates from waterfowl in Guangdong. *Poult Husb Dis Contrl* No. 11:6 - 7.

[532] Wani, S. A. , I. Samanta, M. A. Bhat, and Y. Nishikawa. 2004. Investigation of Shiga toxin-producing *Escherichia coli* in avian species in India. *Lett Appl Microbiol* 39:389 - 394.

[533] Watts, J. L. , S. A. Salmon, R. J. Yancey, Jr. , B. Nersessian, and Z. V. Kounev. 1993. Minimum inhibitory concentrations of bacteria isolated from septicemia and airsacculitis in ducks. *J Vet Diag Invest* 5:625 - 628.

[534] Weebadda, W. K. , G. J. Hoover, D. B. Hunter, and M. A. Hayes. 2001. Avian air sac and plasma proteins that bind surface polysaccharides of *Escherichia coli* O2. *Comp Biochem Physiol B Biochem Mol Biol* 130:299 - 312.

[535] Weinack, O. M. , G. H. Snoeyenbos, C. F. Smyser, and A. S. Soerjadi. 1981. Competitive exclusion of intestinal colonization of *Escherichia coli* in chicks. *Avian Dis* 25:696 - 705.

[536] Weinack, O. M. , G. H. Snoeyenbos, C. F. Smyser, and A. S. Soerjadi-Liem. 1984. Influence of *Mycoplasma gallisepticum*, infectious bronchitis, and cyclophosphamide on chickens protected by native intestinal microflora against *Salmonella typhimurium* or *Escherichia coli*. *Avian Dis* 28:416 - 425.

[537] Weiser, J. N. , and E. C. Gotschlich. 1991. Outer membrane protein A (OmpA) contributes to serum resistance and pathogenicity of *Escherichia coli* K-1. *Infect Immun* 59:2252 - 2258.

[538] Welsh, R. D. , R. W. Nieman, S. L. Vanhooser, and L. B. Dye. 1997. Bacterial infections in ratites. *Vet Med* 92:992 - 998.

[539] White, D. G. , M. Dho-Moulin, R. A. Wilson, and T. S. Whittam. 1993. Clonal relationships and variation in virulence among *Escherichia coli* strains of avian origin. *Microb Pathog* 14:399 - 409.

[540] White, D. G. , L. J. Piddock, J. J. Maurer, S. Zhao, V Ricci, and S. G. Thayer. 2000. Characterization of fluoroquinolone resistance among veterinary isolates of avian *Escherichia coli*. *Antimicrob Agents Chemother* 44:2897 - 2899.

[541] White, D. G. 2006. Antimicrobial resistance in pathogenic *Escherichia coli* from animals. In F. M. Aarestrup (ed.). Antimicrobial Resistance in Bacteria of Animal Origin. ASM Press, Washington, DC, 145 -166.

[542] Wigley, P. , S. D. Hulme, and P. A. Barrow. 1999. Phagocytic and oxidative burst activity of chicken thrombocytes to *Salmonella*, *Escherichia coli* and other bacteria. *Avian Pathol* 28:567 - 572.

[543] Wirth, T. , D. Falush, R. Lan, F. Colles, P. Mensa, L. H. Wieler, H. Karch, P. R. Reeves, M. C. Maiden, H. Ochman, and M. Achtman. 2006. Sex and virulence in *Escherichia coli*: an evolutionary perspective. *Mol Microbiol* 60:1136 - 1151.

[544] Wittig, W. , R. Prager, E. Tietze, G. Seltmann, and H. Tschape. 1988. Aerobactin-positive *Escherichia coli* as causative agents of extra-intestinal infections among animals. *Arch Exp Veterinarmed* 42:221 - 229.

[545] Woolcock, P. R. , H. L. Shivaprasad, and M. De Rosa. 2000. Isolation of avian influenza virus (H10N7) from an emu (*Dromaius novaehollandiae*) with conjunctivitis and respiratory disease. *Avian Dis* 44:737 - 744.

[546] Wooley, R. E. , J. Brown, P. S. Gibbs, L. K. Nolan, and K. R. Turner. 1994. Effect of normal intestinal flora of chickens on colonization by virulent colicin Vproducing, avirulent, and mutant colicin Vproducing avian *Escherichia coli*. *Avian Dis* 38:141 -145.

[547] Wooley, R. E. , P. S. Gibbs, T. P. Brown, and J. J. Maurer. 2000. Chicken embryo lethality assay for determining the virulence of avian *Escherichia coli* isolates. *Avian Dis* 44:318 - 324.

[548] Wray, C, and M. J. Woodward. 1994. Laboratory diagnosis of *Escherichia coli* infections. In C. L. Gyles (ed.). *Escherichia coli* in Domestic Animals and Humans. CAB Int'1, Wallingford, UK, 595 -628.

[549] Wyborn, N. R. , A. Clark, R. E. Roberts, S. J. Jamieson, S. Tzokov, P. A. Bullough, T. J. Stillman, P. J. Artymiuk, J. E. Galen, L. Zhao, M. M. Levine, and J. Green. 2004. Properties of haemolysin E (HlyE) from a pathogenic *Escherichia coli* avian isolate and studies of HlyE export. *Microbiol* 150:1495 - 1505.

[550] Xie, H. , L. Newberry, F. D. Clark, W. E. Huff, G. R.

Huff, J. M. Balog, and N. C. Rath. 2002. Changes in serum ovotransferrin levels in chickens with experimentally induced inflammation and diseases. *Avian Dis* 46: 122 - 131.

[551]Xu, F. Y. , S. P. Yu, X. F. Shan, T. S. Li, and G. X. Hu. 2006. Diagnosis and cure of mixed infection of paramyxovirus type I and *E. coli* in pigeon. *J Econ An* 10:22 - 24.

[552]Yamaguchi, R. , J. Tottori, K. Uchida, S. Tateyama, and S. Sugano. 2000. Importance of *Escherichia coli* infection in ascites in broiler chickens shown by experimental production. *Avian Dis* 44:545 - 548.

[553]Yang, H. , S. Chen, D. G. White, S. Zhao, P. McDermott, R. Walker, and J. Meng. 2004. Characterization of multiple-antimicrobial-resistant *Escherichia coli* isolates from diseased chickens and swine in China. *J Clin Microbiol* 42:3483 - 3489.

[554] Yang, N. , C. T. Larsen, E. A. Dunnington, P. A. Geraert, M. Picard, and P. B. Siegel. 2000. Immune competence of chicks from two lines divergently selected for antibody response to sheep red blood cells as affected by supplemental vitamin E. *Poult Sci* 79: 799 -803.

[555]Yerushalmi, Z. , N. I. Smorodinsky, M. W. Naveh, and E. Z. Ron. 1990. Adherence pili of avian strains of *Escherichia coli* O78. *Infect Immun* 58:1129 - 1131.

[556]Yogaratnam, V. 1995. Analysis of the causes of high rates of carcase rejection at a poultry processing plant. *Vet Rec* 137:215 - 217.

[557]Yunis, R. , A. Ben-David, E. D. Heller, and A. Cahaner. 2000. Immunocompetence and viability under commercial conditions of broiler groups differing in growth rate and in antibody response to *Escherichia coli* vaccine. *Poult Sci* 79:810 - 816.

[558]Yunis, R. , A. Ben-David, E. D. Heller, and A. Cahaner. 2002. Antibody responses and morbidity following infection with infectious bronchitis virus and challenge with *Escherichia coli*, in lines divergently selected on antibody response. *Poult Sci* 81:149 -159.

[559]Yunis, R. , A. Ben-David, E. D. Heller, and A. Cahaner. 2002. Genetic and phenotypic correlations between antibody responses to *Escherichia coli*, infectious bursa disease virus (IBDV), and Newcastle disease virus (NDV), in broiler lines selected on antibody response to *Escherichia coli*. *Poult Sci* 81:302 - 308.

[560] Zanella, A. , G. L. Alborali, M. Bardotti, P. Candotti, P. F. Guadagnini, P. A. Martino, and M. Stonfer. 2000. Severe *Escherichia coli* O111 septicaemia and polyserositis in hens at the start of lay. *Avian Pathol* 29: 311 -317.

[561]Zhao, S. , J. J. Maurer, S. Hubert, J. F. De Villena, P. F. McDermott, J. Meng, S. Ayers, L. English, and D. G. White. 2005. Antimicrobial susceptibility and molecular characterization of avian pathogenic *Escherichia coli* isolates. *Vet Microbiol* 107:215 - 224.

[562]Zhou, B. , Y. Li, T. Wu, B. T. Zhou, Y. M. Li, and T. Wu. 1995. Colibacillosis in quails. *Chinese J Vet Sci Tech* 25:34 - 35.

[563]Zhou, D. , W. D. Hardt, and J. E. Galan. 1999. *Salmonella typhimurium* encodes a putative iron transport system within the centisome 63 pathogenicity island. *Infect Immun* 67:1974 - 1981.

大肠杆菌蜂窝质炎(炎性过程)

Coliform Cellulitis(Inflammatory Process)

Jean-Pierre Vaillancourt 和 H. John Barnes

引 言

大肠杆菌性蜂窝织炎也叫禽蜂窝织炎、炎性过程、传染性过程或 IP。它是由大肠杆菌引起的，其特征是皮下组织有片状纤维素性异嗜性干酪样渗出物。病变常称为斑，位于腹部或大腿与腹中线之间的皮肤上（彩图 18.2H、图 18.6 及图 18.7）。大肠杆菌可以引发的其他疾病及生产能力下降有时也伴有禽蜂窝织炎[11,15,38,51]，但通常尸体其他组织正常，检验员打开增厚的黄色腹壁时才发现病变。大

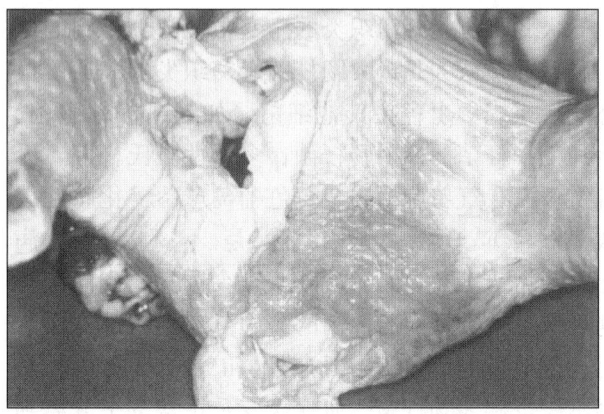

图 18.6　加工过程中发现的大肠杆菌蜂窝织炎病变。腹部皮肤增厚、变黄。除了皮肤病变外，胴体正常

肠杆菌、禽及环境之间的相互作用能促使本病的发生。

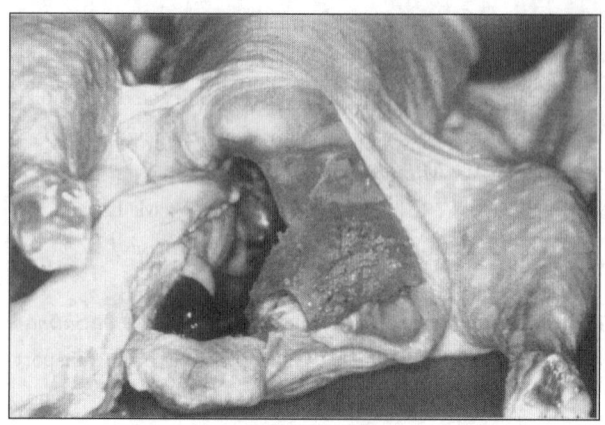

图 18.7 加工过程中发现的大肠杆菌蜂窝织炎病变。增厚、变黄的皮肤下的皮下组织有干酪样渗出层，通常称为蚀斑

自 1984 年报道大肠杆菌蜂窝织炎[42]以来，由于淘汰率增加、加工后产品品质降级及加工过程中处理病禽的成本增高使本病成为一个重要的疾病。1986—1996 年，在加拿大，禽大肠杆菌蜂窝织炎造成的淘汰率增加了约 12 倍。1996 年，全部被加工禽类 0.568% 和被淘汰禽总数的 30% 左右被确定是感染大肠杆菌[24]。一项加拿大安大略省的调查显示，2001 年在联邦已检查的宰杀车间里加工的禽类中，约 1.11% 检查出大肠杆菌。估计美国每年因本病而使肉鸡业遭受的损失由 1991 年的 2 000 万美元增加到 1998 年的 8 000 多万美元[36]。

病 原 学

大肠杆菌是蜂窝织炎的病变中最常分离到的微生物，并被认为是鸡大肠杆菌蜂窝织炎的病原。虽然病变组织中也存在其他细菌（如铜绿假单胞菌、普通变形杆菌、聚团肠杆菌、多杀性巴氏杆菌、无乳链球菌、气单胞菌、金黄色葡萄球菌、化脓性放线菌等），但一般认为是不重要的病原[4,12,29,31,42,48,52]。从蜂窝织炎病变中分离到的菌株与患有其他类型大肠杆菌的禽中分离到的菌株血清型相同，并且常产生大肠菌素和气杆菌素[40]。从蜂窝织炎和大肠杆菌败血症病变及正常禽中分离到的大肠杆菌菌株具有相似的毒力特征和分子特性[13,19,30]，但是从蜂窝织炎中分离到的菌株比从气

囊炎病变或正常鸡的粪便中分离到的菌株致鸡的患蜂窝织炎的能力更强[5,21,41]。可以从蜂窝织炎或败血症为主的病变中分别分离到禽蜂窝织炎型和全身感染型致病性大肠杆菌[18]。Leclerc 等（2003）提出某些大肠杆菌菌株对深层组织黏附性更强可能是某些鸡群蜂窝织炎流行率较高的原因。

蜂窝织炎和大肠杆菌性败血症及肿头综合征的分离株均能产生空泡细胞毒素（vacuolating cytotoxin），而健康禽体内大肠杆菌的分离株却不能产生此毒素。该毒素与幽门螺杆菌产生的毒素相似。但是幽门螺杆菌产生的细胞毒素对哺乳动物的细胞是特异的，而禽大肠杆菌细胞毒素为禽细胞特异性[44]。

最初，无法根据生物型来区分鸡场垫料和病变中的大肠杆菌分离株，认为垫料是蜂窝织炎病变中大肠杆菌的来源[10]。基因分型显示一个肉鸡舍流行的致病性大肠杆菌和环境中流行的其他大肠杆菌没有关系[20]。通过 DNA 指纹技术可以鉴定出与蜂窝织炎有关的特异性大肠杆菌的地方流行性种群也存在于肉鸡鸡舍的环境中。无论是部分还是彻底清除和消毒，这些病原微生物都可以持续存在 6 个月以上，引起后来的鸡群发生大肠杆菌性蜂窝织炎[47,48]。

流 行 病 学

在大肠杆菌蜂窝织炎的流行过程中，环境和管理因素显得尤为重要。在过去的 15 年中，家禽淘汰率因为大肠杆菌蜂窝织炎而增加明显，表明此 15 年中，大肠杆菌蜂窝织炎的发病率及与本病发生风险有关的家禽特征都发生了变化，其中家禽的基因型和表现型上的变化最为显著。如某些家禽特征令其皮肤划痕增加，从而继发大肠杆菌蜂窝织炎的发病率也明显增加。

危险因素

品种

生长快的重型肉鸡品系皮肤划伤和严重程度更高，可以诱发大肠杆菌蜂窝织炎。有多种原因可以解释这种联系，肉鸡皮肤的强度与遗传有关，而划痕与腹围没有联系，这意味着对本病是否易感禽的

品系比腹部特征更具有预测作用[9]。鸡的攻击性或神经敏感性可能与品系有关。越是敏感品系的禽越活跃，从而增加了被损伤或抓伤的机会。鸡的攻击性也可能与养殖场有关[6]。现代肉鸡品种由于其生长迅速，出栏之前甚至在羽毛还没有长成时，饲养密度高。羽毛稀疏及拥挤对大肠杆菌蜂窝织炎的发病率有显著的影响。Macklin 等（2002）研究显示，主要组织相容性复合体对鸡个体发生蜂窝织炎的可能性有影响。不同品种在免疫应答、羽毛、体形方面存在差异，对该病产生的影响需要进一步研究。

羽毛

羽毛可以保护禽的皮肤免遭损伤。皮肤划痕与羽毛稀疏呈正相关[8]。羽毛稀疏的禽比羽毛浓密的禽其腹部暴露的时间更长。尽管尚不了解营养及环境因素对羽毛生长、发育的影响，但是保持在感觉温暖环境下的禽类羽毛生长不如保持在较低温度下禽类的羽毛生长迅速。

性别

雄禽发生大肠杆菌蜂窝织炎比雌性多[7,51]。性别基因可以调节羽毛的生长。羽毛生长较慢的雄禽由于其皮肤面积过多地暴露于具有潜在物理损伤的环境中，因而较易损伤。由于性别与体重、进攻性及管理的关系，可能也会促使大肠杆菌蜂窝织炎的发生。蛋鸡比肉鸡较易发生的另一个原因是蛋鸡的生产期要长。

饲养密度

作为一个风险因子，饲养密度起着双重作用。可能导致皮肤抓伤几率的增加[8]和应激，同时本身由于增加了禽与禽之间的接触而引起。每天触摸禽来模拟禽之间密集的接触很容易诱发蜂窝织炎病变[29]。

垫料

饲养在稻麦草上的鸡群大肠杆菌蜂窝织炎的发病率是饲养在刨花上的鸡群的 2.8 倍[7]。稻麦草较尖的部分会使鸡的皮肤遭受小的损伤而诱发其感染本病。稻麦草由于比刨花含有更多的水分，因而也可以作为大肠杆菌生长和繁殖的良好媒介。相同垫料上饲养数目和蜂窝织炎感染之间呈正相关（46）。

然而，垫料细菌负载量无法解释这种相关性。而且本研究中测量的垫料环境其他变量（水活性、pH、水分含量以及氨含量）也没有明显的差异。临床上应该把垫料质量作为重要考虑因素。

空舍时间

空舍时间与大肠杆菌蜂窝织炎呈负相关，空舍时间越长，该病的发病率越低[2,46]。这支持了环境的细菌载量与疾病流行有关这一假说。

空气温度

Schrader 等（2004）在一项研究中发现育雏期环境温度和蜂窝织炎呈正相关。控制其他重要变量后，他们的预测模型表明当温度在 29 ℉（−1.7℃）到 94 ℉（34.4℃）之间增长超过 60 ℉（15.5℃）时，蜂窝织炎的发生几率增加 40％～60％，蜂窝织炎患病率低的鸡群感染率从 0.5％升至 0.8％，而患病率高的种群感染率从 1.2％上升至 1.9.％。

相对湿度

和空气温度类似，在育成期相对湿度增加与蜂窝织炎发生增加相关。相对湿度从 36％增加到 93％，预期蜂窝织炎低的鸡群患病率从 0.3％增加到 0.9％，而蜂窝织炎高的鸡群患病率从 1％上升到 1.9％[46]。

饲料

前瞻性研究发现，饲料与大肠杆菌蜂窝织炎呈正相关[7]，但营养在该病致病过程中的作用还不太清楚。饲料中的氨基酸水平可能较为重要，饲料中缺乏半胱氨酸和蛋氨酸可以引起神经过敏及羽毛稀疏[39,45]。能量与总蛋白质比率高的饲料中可能某些成分会出现相对缺乏。高能量饲料增加了禽皮下脂肪的沉积而使皮肤易于被抓伤或损伤，从而促发大肠杆菌蜂窝织炎[45]。

饲喂植物性饲料的肉鸡发生本病的几率要比饲喂含有动物制品饲料的肉鸡高得多。饲喂含有促生长剂、抗生素及抗球虫药的标准日粮的鸡，其淘汰率（0.26％）要大大低于饲喂不含添加剂的植物或有机饲料的鸡（1％～18％）[17]。

添加 300mg/kg 的维生素 E 或 60 000IU/kg 的维生素 A 可以增强 6 周龄肉鸡抗大肠杆菌感染的能力[50]。维生素 E 的添加量不同，会不同程度地影响鸡对大肠杆菌蜂窝织炎的感染性。中等水平的维生素 E 比浓度过高和过低的效果都好[27]，饲喂 48IU/kg 的维生素 E 和含锌 40mg/kg（40ppm）的锌蛋白质复合物可以降低大肠杆菌蜂窝织炎的发病几率[36]。这些补充物质的有益作用是提高伤口愈合能力和免疫系统的潜力。

病理生物学

自然宿主及实验宿主

鸡对本病易感染。刺种或皮下注射该病原微生物后，老龄鸡比青年鸡更易产生蜂窝织炎病变，并形成全身性感染且致死率较高[14,21,22,26,33,35,41]。最近，鹌鹑中有病例报道[2]。火鸡中最近也有疾病被认为是蜂窝织炎。2005 年加拿大平均有 0.37% 的火鸡被认定感染此病。2006 年 2 月，在某些地区，这一比例上升到接近 0.6%[3]。然而，这一数据的有效性还没有评估，有些病例可能和坏疽性皮炎更接近。在 1999 年末，Gomis 等人（2002）确认在一个屠宰加工厂检查的 27 000 只禽类中约 0.14% 在腿部或者尾胸区感染蜂窝织炎。这些病变被进一步分类成暴露于皮肤病变和不暴露于皮肤的病变。只有一半的病变可以分离出细菌。并且分离的大肠杆菌通常数量很少并且和其他细菌共存，如奇异变形杆菌、乳酸杆菌属、克雷白杆菌、金黄色葡萄球菌属。

病理变化

蜂窝织炎病变一般发生于腹部或大腿单侧。病鸡皮肤颜色正常或黄色或红褐色，并且炎症部位的皮肤可能会出现水肿（图 18.6）。病变部位大小通常为 1～10cm[11]。常常可以看到病变部位的皮肤上有划痕及结痂，皮下可出现水肿、渗出物和肌肉出血。本病的特征病变是皮下组织和肌间有纤维性及干酪样蚀斑（彩图 18.2H、图 18.7）。

病变产生得很快，在感染后 6h 就能看到渗出物，人工感染后 18～24h 内就能产生干酪样病斑。很快出现病变表明后期对屠宰加工病变的形成可能是极为重要的[14,33]。人工接种从大肠杆菌蜂窝织炎病变中分离的大肠杆菌 3 天后便有较高比例

的鸡产生典型病变[32]，而且病变可以持续 3 周[33]。

该病高淘汰率的原因不在于孵化场。划破较大的鸡背部的皮肤，接种大肠杆菌所产生的病变属于 I 型大肠杆菌蜂窝织炎，此型蜂窝织炎曾被认为是由于脐部感染造成的。细菌及炎性渗出物因重力作用从原发部位沉降到脐部周围可以复制出所谓的 I 型病变[34]。在加拿大，仅有 1.7% 的大肠杆菌蜂窝织炎是原发性脐部感染引起的[11]。

将实验小鸡暴露于从蜂窝织炎组织分离的大肠杆菌环境中可以导致败血症、死亡或显著矮小。这意味着在孵化场感染大肠杆菌的鸡大多数在加工之前要么死亡，要么被淘汰[21,22,35]。蜂窝织炎与种蛋的来源、父母代年龄、细菌总数及孵化员携带的大肠杆菌数目无关[10]。

发病机理

皮肤创伤，尤其是抓伤是垫料中的蜂窝织炎型大肠杆菌感染宿主的主要入侵门户。用细菌感染羽囊不能引发本病。口服细菌或用细菌棉拭子擦抹小鸡的脐部不能复制本病，但能导致死亡、生长受阻和其他类型的大肠杆菌病，且具有剂量依赖性[22]。用细菌的肉汤培养物涂擦损伤的皮肤或皮下接种均易复制本病[14,21,22,26,33,35,41]。

Olkowski 等（2005）对一个快速生长的肉鸡品系和来航鸡进行了比较。证实由于该肉鸡品种皮肤的第一道防御作用差，而比莱航鸡更易感。事实上，肉鸡比莱航鸡伤口愈合慢，病变更严重且覆盖区域更大，吞噬细胞的运动和吞噬功能差。

被感染的鸡通常只发生皮肤病变，但有时也并发全身性大肠杆菌病病变。这表明蜂窝织炎可能是全身性扩散的结果，或者相反，即皮肤的局部病变引起全身性感染。而后者与日龄呈负相关，即日龄越小，越容易发展成全身性疾病[14,21]。病变的形成也与其他因素，如大肠杆菌性贫血症、气囊炎等引起的淘汰一致[10,11,13,15,51]。某些鸡群大肠杆菌蜂窝织炎也与曾经发生过的大肠杆菌病有关[40]。

有学者曾报道过蜂窝织炎与腹水呈正相关，但在一项研究中发现，仅有约 10% 的大肠杆菌蜂窝织炎病例伴有腹水病变[10,51]。肉鸡常出现腹水，其特

征是腹部异常膨大。这可能是由于蜂窝织炎病变多发生于腹部，因此腹水是蜂窝织炎的一个生物学诱因。另外，生长过快和腹水可能是引起蜂窝织炎的共同危险因素。

因蜂窝织炎而淘汰的鸡常发生腿外翻、内翻变形，其特征是远端胫跗骨向外侧或内侧偏离及相应的跗骨偏离，但一项研究发现这种相关性很小[10,51]。腿外翻、内翻变形被认为是引起肉鸡腿无力和跛行的最常见原因[43]。然而，这种变形与大肠杆菌蜂窝织炎之间的联系仍须进一步研究，因为这种变型也可能与性别和饲养因素有关。腿外翻、内翻变形主要见于公鸡，而大肠杆菌蜂窝织炎的发病率与饲养又有很大关系。患有这种腿变形的鸡会长时间卧地不起[23]，这将导致其皮肤与存在于垫料中的大肠杆菌过多接触。而且，这些鸡还可能会被其他鸡踩伤而造成皮肤损伤[10]。

诊　断

肉禽加工过程中蜂窝织炎变很容易鉴别，从而可以确定控制对策。然而，安大略省的一项流行病学研究发现，不同屠宰加工厂蜂窝织炎发病率的差异在30％左右[49]。因此，可能存在疾病分类错误，在流行病学调查应该考虑到。病变组织应通过无菌培养技术来证实是否存在大肠杆菌。目前，除了在鸡（最好在3周龄以上）划伤部位皮肤接种外，尚无其他办法在体外能将蜂窝织炎型分离株与其他型大肠杆菌区分开。

预防、控制及治疗

目前对大肠杆菌蜂窝织炎尚无有效的治疗措施，而且由于大肠杆菌的普遍存在，根除本病也不可能。免疫保护剂或者免疫调节剂的开发表明，可能能采取分子方法防控大肠杆菌，但目前不实际也不经济[1]。对于现代生长迅速的重型肉鸡，加强对环境及营养的管理，可以大大降低该病的发病率和降低该病造成的影响。任何控制对策的核心都是成本效益。必须采取适当可行的监管措施，确保控制对策的顺利实施。改善危险因素的效果是显而易见的，但问题是这些措施的实施是否划算。下面是一些建议。

发病时间

早期的病变主要是血样液体的聚积，而感染后24h则表现为干酪样病变。当大肠杆菌蜂窝织炎的淘汰率增加时，确定病变的类型（急性或慢性）是尤为重要的。急性病变表明感染发生在运输之前或运输过程中，或在输送与加工之间的至少10h内。而慢性病变多发则表明感染可能发生在饲养期间。

危险因素的鉴定

将同一鸡场、同一时期的患病鸡群与正常鸡群进行比较来确定各自的危险因素。任何影响鸡的抵抗力或易于引起皮肤擦伤的管理和环境因素都应当进行鉴定。要特别注意饲养密度、进料器和饮水器的覆盖范围（即有效范围。在有些鸡舍，并非所有的进料器和饮水器都能发挥作用）、垫料的种类和质量（较高的水分含量导致高水平氨气的产生，从而影响鸡的抵抗力，以及造成皮肤损伤）、限饲及光照制度。任何措施的首要目标都是改善鸡群的环境。良好的环境卫生可以减少环境中的细菌载量。

控制对策及评价

即使是最好的计划如果不全面实施也会失败。因此，是否执行控制措施对于鸡的健康来说是至关重要的。在判断一项预防措施的有效性之前，最重要的是先确保该措施的正确实施。

刘静芳　王选年　译
常建宇　苏敬良　张改平　校

参考文献

[1]Babiuk, L. A., S. Gomis, and R. Hecker. 2003. Molecular approaches to disease control. *Poult Sci* 82：870-875.

[2]Burns, K. E., R. Otalora, J. R. Glisson, and C. L. Hofacre. 2003. Cellulitis in Japanese quail (Coturnix coturnix japonica). *Avian Dis* 47(1)：211-214.

[3]Canadian Food Inspection Agency. 2006. Condemnation reports in poultry,www. agr. gc. ca/poultry/

[4]Derakhshanfar, A., and R. Ghanbarpour. 2002. A study

on avian cellulitis in broiler chickens. *Veterinarski arhiv* 72: 277 - 284.

[5]de Brito, B. G. , L. C. Gaziri, and M. C. Vidotto (2003). Virulence factors and clonal relationships among Escherichia coli strains isolated from broiler chickens with cellulitis. *Infect Immun* 71: 4175 - 4177.

[6]Duncan, I. J. H. 1990. Reactions of poultry to human beings. In R. Zayan and R. Dantzer (eds.). Social Stress in Domestic Animals. Kluwer Academic Publishers: Dordrecht, Netherlands, 121 - 131.

[7]Elfadil, A. A. , J. P. Vaillancourt, and A. H. Meek. 1996. Farm management risk factors associated with cellulitis in broiler chickens in southern Ontario. *Avian Dis* 40: 699 -706.

[8]Elfadil, A. A. , J. P. Vaillancourt, and A. H. Meek. 1996. Impact of stocking density, breed, and feathering on the prevalence of abdominal skin scratches in broiler chickens. *Avian Dis* 40:546 - 552.

[9]Elfadil, A. A. , J. P. Vaillancourt, and I. J. H. Duncan. 1998. Comparative study of body characteristics of different strains of broiler chickens. *J Appl Poult Res* 7: 268 -272.

[10]Elfadil, A. A. , J. P. Vaillancourt, A. H. Meek, and C. L. Gyles. 1996. A prospective study of cellulitis in broiler chickens in southern Ontario. *Avian Dis* 40:677 - 689.

[11]Elfadil, A. A. , J. P. Vaillancourt, A. H. Meek, R. J. Julian, and C. L. Gyles. 1996. Description of cellulitis lesions and associations between cellulitis and other categories of condemnation. *Avian Dis* 40:690 - 698.

[12]Glunder, G. 1990. Dermatitis in broilers caused by Escherichia coli: isolation of Escherichia coli field cases, reproduction of the disease with Escherichia coli O78:K80 and conclusions under consideration of predisposing factors. *J Vet Med B* 37:383 - 391.

[13]Gomis, S. M. , C. Riddell, A. A. Potter, and B. J. Allan. 2001. Phenotypic and genotypic characterization of virulence factors of Escherichia coli isolated from broiler chickens with simultaneous occurrence of cellulitis and other colibacillosis lesions. *Can J Vet Res* 65:1 - 6.

[14]Gomis, S. M. , T. Watts, C. Riddell, A. A. Potter, and B. J. Allan. 1997. Experimental reproduction of Escherichia coli cellulitis and septicemia in broiler chickens. *Avian Dis* 41:234 - 240.

[15]Gomis, S. M. , R. Goodhope, L. Kumor, N. Caddy, C. Riddell, A. A. Potter, and B. J. Allan. 1997. Isolation of Escherichia coli from cellulitis and other lesions of the same bird in broilers at slaughter. *Can Vet J* 38: 159 -162.

[16]Gomis, S. , A. K. Amoako, A. M. Ngeleka, L. Belanger, B. Althouse, L. Kumor, E. Waters, S. Stephens, C. Riddell, A. Potter, and B. Allan. 2002. Histopathologic and bacteriologic evaluations of cellulitis detected in legs and caudal abdominal regions of turkeys. *Avian Dis* 46(1): 192 - 197.

[17]Herenda, D. and O. Jakel. 1994. Poultry abattoir survey of carcass condemnation for standard, vegetarian, and free range chickens. *Can Vet J* 35:293 - 296.

[18]Jeffrey, J. S. , R. P. Chin, and R. S. Singer. 1999. Assessing cellulitis pathogenicity of Escherichia coli isolates in broiler chickens assessed by an *in vivo* inoculation model. *Avian Dis* 43:491 - 496.

[19]Jeffrey, J. S. , L. K. Nolan, K. H. Tonooka, S. Wolfe, C. W. Giddings, S. M. Home, S. L. Foley, A. M. Lynne, J. O. Ebert, L. M. Elijah, G. Bjorklund, S. J. Pfaff-McDonough, R. S. Singer, and C. Doetkott. 2002. Virulence factors of Escherichia coli from cellulitis or colisep-ticemia lesions in chickens. *Avian Dis* 46:48 - 52.

[20]Jeffrey, J. S. , R. S. Singer, R. O'Connor and E. R. Atwill. 2004. Prevalence of pathogenic Escherichia coli in the broiler house environment. *Avian Dis* 48: 189 - 195.

[21]Johnson, L. C, S. F. Bilgili, F. J. Hoerr, B. L. McMurtrey, and R. A. Norton. 2001. The influence of Escherichia coli strains from different sources and the age of broiler chickens on the development of cellulitis. *Avian Pathol* 30:475 - 479.

[22]Johnson, L. C, S. F. Bilgili, F. J. Hoerr, B. L. McMurtrey, and R. A. Norton. 2001. The effects of early exposure of cellulitis-associated Escherichia coli in 1-day-old broiler chickens. *Avian Pathol* 30:175 - 178.

[23]Julian, R. J. 1984. Valgus-varus deformity of the intertarsal joint in broiler chickens. *Can Vet J* 25:254 - 258.

[24]Kumor, L. W. , A. A. Olkowski, S. M. Gomis, and B. J. Allan. 1998. Cellulitis in broiler chickens: epidemiological trends, meat hygiene, and possible human health implications. *Avian Dis* 42:285 - 291.

[25]Leclerc, B. , J. M. Fairbrother, M. Boulianne, and S. Messier (2003). Evaluation of the adhesive capacity of Escherichia coli isolates associated with avian cellulitis. *Avian Dis* 47: 21 - 31.

[26]Macklin, K. S. , R. A. Norton, and B. L. McMurtrey. 1999. Scratches as a component in the pathogenesis of avian cellulitis in broiler chickens exposed to cellulitis origin Escherichia coli isolates collected from different regions of the US. *Avian Pathol* 28:573 - 578.

〔27〕Macklin, K. S. , R. A. Norton, J. B. Hess, and S. F. Bil-gili. 2000. The effect of vitamin E on cellulitis in broiler chickens experiencing scratches in a challenge model. A-vian Dis 44:701 - 705.

〔28〕Macklin, K. S. , S. J. Ewald, and R. A. Norton. 2002. Major histocompatibility complex effect on cellulitis among different chicken lines. Avian Pathol 31: 371 - 376.

〔29〕Messier, S. , S. Quessy, Y. Robinson, L. A. Devriese, J. Hommez, and J. M. Fairbrother. 1993. Focal dermati-tis and cellulitis in broiler chickens: bacteriological and pathological findings. Avian Dis 37:839 - 844.

〔30〕Ngeleka, M. , J. K. Kwaga, D. G. White, T. S. Whittam, C. Riddell, R. Goodhope, A. A. Potter, and B. Allan. 1996. Escherichia coli cellulitis in broiler chickens: clonal relationships among strains and analysis of virulence-as-sociated factors of isolates from diseased birds. Infect Immun 64:3118 - 3126.

〔31〕Norton, R. A. 1998. Inflammatory process in broiler chickens-a review and update. 33rd Natl Mtg Poult Hlth & Proc: Ocean City, MD, Oct 14 - 16, 52 - 55.

〔32〕Norton, R. A. , and K. S. Macklin. 2000. Development and persistence of lesions in young broiler chicks chal-lenged with cellulitis origin Escherichia coli. Proc 21st World's Poultry Congress: Montréal, Canada, Aug. 20 -24.

〔33〕Norton, R. A. , S. F. Bilgili, and B. C. McMurtrey. 1997. A reproducible model for the induction of avian cellulitis in broiler chickens. Avian Dis 41:422 - 428.

〔34〕Norton, R. A. , K. S. Macklin, and B. L. McMurtrey. 1999. Evaluation of scratches as an essential element in the development of avian cellulitis in broiler chickens. A-vian Dis 43:320 - 325.

〔35〕Norton, R. A. , K. S. Macklin, and B. L. McMurtrey. 2000. The association of various isolates of Escherichia coli from the United States with induced cellulitis and colibacillosis in young broiler chickens. Avian Pathol 29: 571 - 574.

〔36〕Norton, R. A. , J. B. Hess, K. M. Downs, and K. S. Macklin. 2000. Strategies for the reduction of cellulitis in broiler chickens. Proc 21st World's Poultry Congress: Montréal, Canada, Aug. 20 - 24.

〔37〕Olkowski, A. A. , C. Wojnarowicz, M. Chirino-Trejo, B. M. Wurtz, and L. Kumor. 2005. The role of first line of defence mechanisms in the pathogenesis of cellulitis in broiler chickens: skin structural, physiological and cel-lular response factors. J Vet Med A 52: 517 - 524.

〔38〕Onderka, D. K. , J. A. Hanson, K. R. McMillan, and B. Allan. 1997. Escherichia coli associated cellulitis in broil-ers: correlation with systemic infection and microscopic visceral lesions, and evaluation for skin trimming. Avian Dis 41:935 - 940.

〔39〕Patel, M. B. , K. O. Bishawi, C. W. Nam, and J. McGin-nis. 1980. Effect of drug additives and type of diet on me-thionine requirement for growth, feed efficiency, and feathering of broilers reared in floor pens. Poult Sci 59: 2111 - 2120.

〔40〕Peighambari, S. M. , J. P. Vaillancourt, R. A. Wilson, and C. L. Gyles. 1995. Characteristics of Escherichia coli isolates from avian cellulitis. Avian Dis 39:116 - 124.

〔41〕Peighambari, S. M. , R. J. Julian, J. P. Vaillancourt, and C. L. Gyles. 1995. Escherichia coli cellulitis: Experimen-tal infections in broiler chickens. Avian Dis 39:125 -134.

〔42〕Randall, C. J. , P. A. Meakins, M. P. Harris, and D. J. Watt. 1984. A new skin disease in broilers? Vet Rec 114: 246.

〔43〕Riddell, C. 2000. Management of skeletal disease, 2000. Proc 21st World's Poultry Congress. Montréal, Canada, Aug. 20 - 24.

〔44〕Salvadori, M. R. , T. Yano, H. F. Carvalho, V. R. Par-reira, and C. L. Gyles. 2001. Vacuolating cytotoxin pro-duced by avian pathogenic Escherichia coli. Avian Dis 45:43 - 51.

〔45〕Schleifer, J. 1988. Costly skin tear problem has several major causes. Poult Digest 580 - 586.

〔46〕Schrader, J. S. , R. S. Singer and E. R. Atwill. 2004. A prospective study of management and litter variables as-sociated with cellulitis in California broiler flocks. Avian Dis 48: 522 - 530.

〔47〕Singer, R. S. , J. S. Jeffrey, T. E. Carpenter, C. L. Cooke, R. P. Chin, E. R. Atwill, and D. C. Hirsh. 1999. Spatial heterogeneity of Escherichia coli DNA finger-prints isolated from cellulitis lesions in chickens. Avian Dis 43:756 - 762.

〔48〕Singer, R. S. , J. S. Jeffrey, T. E. Carpenter, C. L. Cooke, E. R. Atwill, W. O. Johnson, and D. C. Hirsh. 2000. Persistence of cellulitis-associated Escherichia coli DNA fingerprints in successive broiler chicken flocks. Vet Microbiol 75:59 - 71.

〔49〕St-Hilaire S. and W. Sears. 2003. Trends in cellulitis con-demnations in the Ontario chicken industry between A-pril 1998 and April 2001. Avian Dis 47: 537 - 548.

〔50〕Tengerdy, R. P. and C. F. Nockels. 1975. Vitamin E or vitamin A protects chickens against E. coli infection.

Poult Sci 54：1292‐1296.

[51]Tessier, M. , M. A. Fredette, G. Beauchamp, and M. Boulianne. 2001. Cellulitis in broiler chickens：A one‐year retrospective study in four Quebec abattoirs. *Avian Dis* 45：191‐194.

[52]Valentin, A. and K. Willsch. 1987. Etiology and patho‐genesis of deep dermatitis in broiler fowl. *Monat Veteri‐narmed* 42：708‐711.

第 19 章

巴氏杆菌病及其他呼吸道细菌感染
Pasteurellosis and Other Respiratory Bacterial Infections

引言

John R. Glisson

　　家禽的多种呼吸道疾病主要是由小的革兰氏阴性细菌引起的，这些疾病之间可能具有非常相似的临床症状，许多细菌性呼吸道病原菌属于巴氏杆菌科，但近几年有人把它们划分到新的属。最近巴氏杆菌科被重新分类命名，如鸡卡氏杆菌溶血种（*Pasteurella haemolytica*）重命名为溶血性卡氏杆菌（*Gallibacterium anatis biovar haemolytica*）、鸡巴氏杆菌（*Pasteurella gallinarum*）重命名为鸡禽杆菌（*Avibacterium gallinarum*）、鸡副嗜血杆菌（*Haemophilus paragallinarum*）重命名为副鸡禽杆菌（*Avibacterium paragallinarum*）等。最近的生物分类方法反映了技术用于鉴别细菌间遗传关系的优越性。本书采用了新的生物分类学方法。

　　本章包括四种疾病：由多杀性巴氏杆菌（*Pasteurella multocida*）引起的禽霍乱（Fowl Cholera）、鸭疫里默氏杆菌病（*Riemerella anatipestifer* infection）、鼻气管鸟杆菌感染（*Ornithobacterium rhinotracheale* infection）和博德氏杆菌病（Bordetellosis）。这些疾病被归为一类，一方面是因为引起这些疾病的微生物的基因型和表型关系密切；另一方面是因为由这些微生物引起的商品家禽疾病呈现相似的临床症状。由巴氏杆菌科的其他细菌引起的家禽疾病，例如由副鸡禽杆菌（*Avibacterium paragalinarum*）引起的禽鼻炎（Fowl Coryza），在本书的其他章节介绍，因为由这些细菌感染引起的疾病表现出与本章所包括的疾病明显不同的症状。

　　在家禽疾病诊断中，对禽霍乱、鸭疫里默氏菌病、鼻气管鸟杆菌感染（*Ornirhobacterium rhinotracheale* infection）和博德氏菌病（bordetellosis）的确诊需要依靠对病原的分离和鉴定，有时可能会分离到鸡禽杆菌（*Avibacterium gallinarum*）等，这些细菌的致病意义不大，因此要注意与本章中介绍的几种更为重要的病原微生物区分开[1]。

参考文献

[1]Rimler, R. B. , T. S. Sandhu, and J. R. Glisson. 1998. Pasteurellosis, Infectious Serositis, and Pseudotuberculosis. In D. E. Swayne, J. R. Glisson, M. W. Jackwood, J. E. Pearson, and W. M. Reed（eds. ）. Isolation and Identification of Avian Pathogens, 4th ed. American Association of Avian Pathologists: Kennett Square, PA, 17 - 25.

禽霍乱
Fowl Cholera

John R. Glisson, Charles L. Hofacre, and Jens P. Christensen

引　言

　　禽霍乱（FC）又称禽巴氏杆菌病、禽出血性败血症，是一种侵害家禽和野禽的接触性传染病。该疾病常表现为败血型，发病率和死亡率都很高，但也常常表现为慢性型或良性经过。由于该病对细菌学早期发展所起的作用，以及该病是美国农业部（USDA）兽医部门重点研究的 4 种传染病之一，因此其在传染病学的研究过程中具有很重要的意义。

历 史

18 世纪后半叶，欧洲发生了多起家禽感染。法国学者 Chabert 和 Mailet 分别于 1782 年和 1836 年对该病进行了研究，并首次命名为禽霍乱。1886 年，Huppe 称之为"出血性败血症"；1900 年，Lignieres 使用"鸡巴氏杆菌病"这一名称。1851 年，Benjamin 对该病做了详细的描述，并证明该病可通过共栖传染。基于以上知识，他又进一步设计了该病的预防程序。大约在同一时期，Renault、Ruynal 和 Delafond 通过人工接种试验证明该病可以传播给不同的禽类。1877 年和 1878 年，意大利学者 Perroncito 和俄罗斯学者 Semmer 先后在感染禽类的组织中发现了圆形、单个或成对存在的细菌。1879 年，Toussant 分离出这种细菌，并证明它是该病的唯一病原[54]。

Pasteur[131] 分离到这种微生物，并在鸡肉汤中获得了纯培养。在进一步的研究过程中，Pasteur[132,133] 做了使细菌毒力致弱，用于免疫反应的经典试验。Salmon[159] 可能是美国第一个研究该病的学者。然而，早在 1867 年，美国的爱荷华州就曾因该病造成鸡、火鸡和鹅的死亡，对该病的详细临床症状已有报道[7]。

发生和分布

禽霍乱的流行季节主要为夏末、秋季和冬季。除性成熟以后的鸡只更为易感外，这种季节性的流行主要是由于环境因素影响造成的，而非抵抗力下降。

病 原 学

分类

禽霍乱病原为多杀性巴氏杆菌（*Pasteurella*

multocida）。在拼读 multocida 时应将重音放在"ci"[19]上，而非《伯杰氏手册》第八版中的"to"上。过去该菌曾有很多名称，其中包括：*Micrococcus gallicidus*（1883）、*M. Cholerae gallinarum*（1885）、*Octopsis Cholerae gallinarum*（1885）、*Bacterium Cholerae gallinarum*（1886）、*Bacillus Cholerae gallinarum*（1886）、*P. cholerae-gallinarum*（1887）、*Cocobacillus avicidus*（1888）、*P. avicida*（1889）、*Bacterium multicida*（1899）、*P. avium*（1903）、*Bacillus avisepticus*（1903）、*Bacterium avisepticum*（1903）、*Bacterium avisepticus*（1912）和 *P. aviseptica*（1920）[19,22]。

曾有一段时间，多杀性巴氏杆菌的分离株按分离该菌的动物来命名，例如 *P. avicida* 或 *P. aviseptica*，*P. muricida* 或 *P. muriseptica*。1929 年，有人建议将所有的分离株都命名为 *P. septica*[175]。这一名称当时主要在英国使用，在近期的文献中也可见到。*Pasteurella multocida* 是由 Rosenbusch 和 Merchant[157] 提议的名称，目前已被《伯杰氏手册》正式采用，且在世界范围内得到了广泛使用。

形态和染色

多杀性巴氏杆菌为革兰氏阴性、无鞭毛、无芽孢的小杆菌，单个或成对存在，偶尔呈链状或纤维状。大小为 0.2～0.4mm×0.6～2.5 mm，反复传代后趋向多形性。通过负染发现新分离的菌株具有荚膜（图 19.1）。在组织、血液和新分离菌的培养物中，菌体两极浓染（图 19.2）。有该菌存在菌毛的报道[51,141]。

生长要求

多杀性巴氏杆菌需氧或兼性厌氧，最适生长温度是 37℃，最适 pH 为 7.2～7.8。根据培养基组分的不同，也可在 pH 为 6.2～9.0 的环境下生长。液体培养基中，培养 16～24h 最佳，肉汤混浊，几天内可形成黏性沉淀物，某些菌株还可形成絮状沉淀物。

该菌能在肉浸汁培养基上生长，若在培养基中加入蛋白胨、酪蛋白水解物或禽血清则生长更佳。某些动物的血液或血清会抑制多杀性巴氏杆菌的生

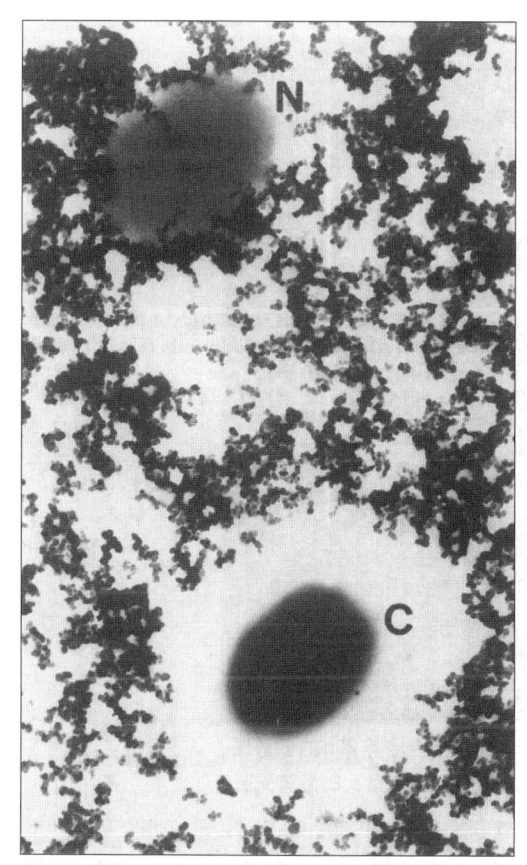

图 19.1　悬浮于印度墨汁中的多杀性巴氏杆菌电镜照片——有荚膜细菌（C）和无荚膜细菌（N）

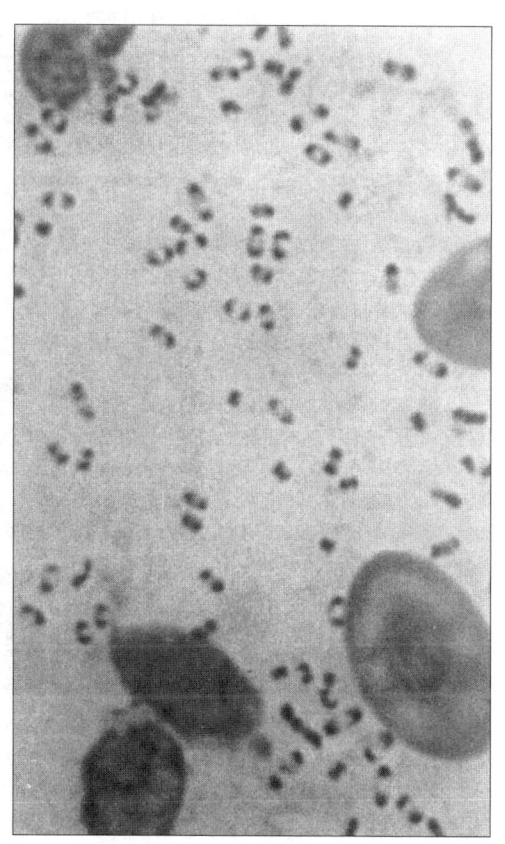

图 19.2　急性禽霍乱病鸡肝脏触片中的多杀性巴氏杆菌（示两极浓染）。瑞氏染色，×2 500

长。马、牛、绵羊、山羊的血液抑制作用最强，而鸡、鸭、猪和水牛的血液很少或没有抑制作用[158]。现在已知多种用于分离的选择性培养基[29,30,47,99,115,165]。Jordan[91]、Watko[172]、Wessman[174] 和 Flossmann[45] 等人已探讨过化学合成的培养基。Berkman[11] 发现泛酸和尼可酰胺是该菌生长所必需的物质；含 5% 禽血清的葡萄糖淀粉琼脂是多杀性巴氏杆菌初次分离和传代的最好培养基。

菌落形态和相关特性

斜射光下观察到的菌落形态是研究多杀性巴氏杆菌最有价值的特征之一。从禽霍乱病例中初次分离到的菌落可能有虹光，也可能因强度不同而呈扇形虹光，或蓝光带有少许甚至不带虹光（图 19.3）。菌落的虹光与荚膜有关。在旧文献中，用于描述菌落的"荧光"与本文的"虹光"应该认为是同义词，后者比较确切。

在一定程度上，培养基的成分决定虹光的程度和类型。偶尔可见某个分离株的菌落呈蓝光；培养基中加入血清，菌落有时呈现扇形虹光或者虹光。在斜射光下，用立体显微镜观察 18～24h 的菌落（图 19.4），对研究菌落形态非常有用[76]。急性禽霍乱病例初次分离的虹光菌落呈圆形（2～3mm）、光滑、突起、半透明带闪光的奶酪状，并且具有融合的趋向。随着菌落的老化，常常失去这些明显的特征，菌落大而黏稠，用接种针刮取时常与培养基黏附在一起。蓝光菌落常常是从慢性霍乱病禽中分离到，或者是由失去虹光的菌落衍变而来，呈圆形（1～2mm）、光滑、稍微突起或扁平形、半透明、奶油状，常单个存在。水样黏液型菌落是由从牛、猪、绵羊、兔和人的呼吸道分离到的有荚膜菌株形成，菌落呈灰色，无虹光[70]。

Anderson 等[5] 发现高毒力菌株一般形成光滑型菌落，经过连续传代分化变异而产生粗糙型菌落。形成光滑型菌落的细菌对鸽的毒力比形成粗糙型菌落的细菌高出大约 300 万～400 万倍。Hughes[81] 曾研究 210 株禽霍乱病例分离株的菌落形态，鉴定出 3 个型。虹光型常与急性禽霍乱的

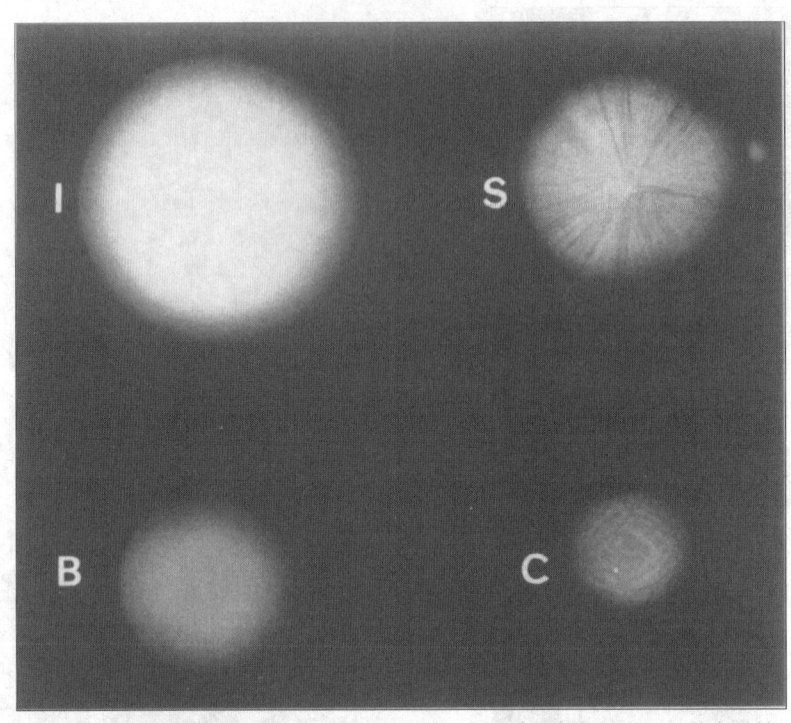

图 19.3　斜射光下（见图 19.4），在右旋糖淀粉琼脂平板上培养 20h 的多杀性
巴氏杆菌菌落。I 为有虹光的菌落，S 为扇形虹光菌落，B 为蓝光菌
落，C 为粗糙型菌落，×20

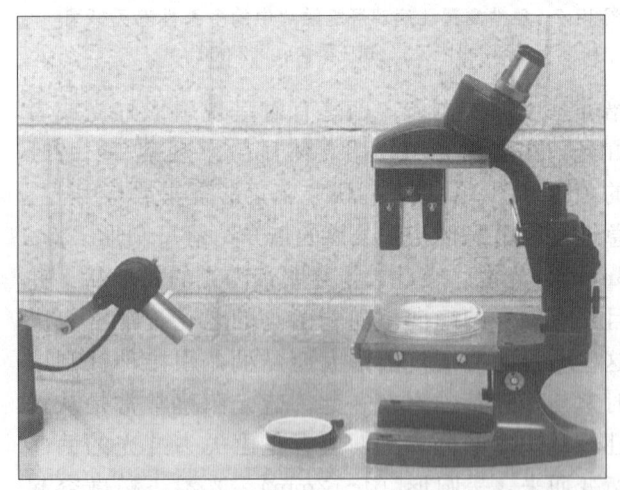

图 19.4　用于检查菌落形态的立体显微镜及其斜射光源的
布置

暴发相关，属于高致病力菌株；蓝光型属于低毒力
菌株，一般分自禽霍乱地方流行性禽群；第三型为
中间型，其虹光特征和毒力介于前两者之间。

　　Heddleston 等[71] 报道，禽源多杀性巴氏杆菌
高毒力菌株通常能形成虹光菌落，但这种细菌在体
外培养时易分化而产生蓝光菌落。形成蓝光菌落的
细菌也易变异而形成灰色菌落，从家禽中初代分离
的菌株尚未有灰色菌落的报道。形成虹光菌落的细

菌常单个或成双存在，在免疫血清中不凝集，具有
荚膜，经上呼吸道黏膜感染鸡、火鸡、兔和小鼠的
致病力强；形成蓝光菌落的细菌也是单在或成双存
在，但可被免疫血清凝集，无荚膜，经上呼吸道黏
膜感染对鸡和小鼠无毒力，而对兔有致病力，对火
鸡轻度致病；形成灰色菌落的细菌仅以链状形式存
在，无荚膜，无致病性。3 型菌落的细菌灭活后均
能诱导鸡产生免疫反应。Yaw 和 Kakavas[178] 发现：
虹光菌落中的高致病力、带有荚膜的细菌的热盐浸
出抗原可诱导鸡和鼠产生很强的免疫反应，而蓝光
菌落中无致病力、没有荚膜的细菌经处理后对鸡的
免疫原性要比鼠高。

生理学特征

　　多杀性巴氏杆菌的生理学特征可用于细菌鉴
定。多杀性巴氏杆菌不产气，但能产生氧化酶、
过氧化氢酶、过氧化物酶和特征性的气味。与大
多数革兰氏阴性菌不同，它对青霉素敏感。948
株禽源多杀性巴氏杆菌的 29 项生理学检测结果见
表 19.1。其中具有明显鉴别意义的特性见
表 19.2。

表 19.1　948 株禽源多杀性巴氏杆菌的生理特征

试验项目	阳性率（%）
阿拉伯糖	7.4
糊精	0.6
卫矛醇	2.6
果糖	100.0
半乳糖	99.8
明胶	0.0
葡萄糖	100.0
甘油	93.3
血细胞溶解	0.0
硫化氢	97.5
吲哚	99.6
肌醇	0.0
菊糖	0.0
乳糖	1.6
石蕊牛奶	0.7
麦康凯琼脂	0.1
麦芽糖	0.0
甘露醇	99.5
甘露糖	99.6
运动性	0.0
硝酸盐还原作用	100.0
棉籽糖	2.7
鼠李糖	0.0
水杨苷	0.0
山梨醇	97.6
蔗糖	100.0
海藻糖	4.1
脲酶	0.0
木糖	77.4

来源：Hacking，W.C. and J.R. Pettit，1974. Pasteurella hemolytica in pullet and laying hens. Avian Dis 18：483～486。

表 19.2　多杀性巴氏杆菌、鸡卡杆菌溶血种和
鸡禽杆菌的鉴别试验。

试验项目	多杀性巴氏杆菌	鸡卡杆菌溶血种	鸡禽杆菌
血细胞溶解	−	+	−
麦康凯琼脂	−	+U	−
吲哚	+	−	−
运动性	−	−	−
明胶	−	−	−
触酶	+	+U	−
氧化酶	+	+	+
脲酶	−	−	−
葡萄糖	+	+	+
乳糖	−U	+U	−
蔗糖	+	+	+
麦芽糖	−U	−U	+

注释：U 即大多数情况。

对理化因素的抵抗力

多杀性巴氏杆菌极易被普通的消毒剂、阳光、干燥和热灭活。56℃ 15min，60℃ 10min 即可杀死该菌。24℃时，在每毫升含 4.4×10^8 CFU 的多杀性巴氏杆菌的 0.85% 生理盐水混悬液中加入 1% 福尔马林、苯酚、氢氧化钠溶液、β-丙内酯或戊二醛溶液，或加入 0.1% 新洁而灭溶液时，在 5min 内即可杀死其中的细菌。

Das[29] 将棉拭子浸渍感染该菌的鼠血液，细菌活力可维持 118h，但是 166h 后则失去感染力（此时棉拭子已完全干燥）。血膜上的细菌能存活 24h，30h 后则失去活性。Das 还报道：将具有传染性的血液密封于试管中冷藏，其中的细菌可存活 221 天。Skidmore[164] 发现，在室温下，玻板上干燥的火鸡血液中的细菌可存活 8 天，而不是 30 天。在研究环境对禽霍乱发病率的影响时，Van Es 和 Olney[169] 发现，最后 1 只家禽死亡或者将禽类全部清除后 2 周，感染的机会则明显地减少。

Nobrega 和 Bueno[124] 就温度对多杀性巴氏杆菌活力和致病力的影响进行了研究，结果发现：在平均室温为 17.6℃ 条件下，存放于密封试管中的肉汤培养物经 2 年后仍有致病性；而在 2～4℃ 时，1 年后便失去活力。Dimov[35] 通过对照试验发现：多杀性巴氏杆菌在湿度低于 40% 的土壤中很快失活；在湿度为 50%，温度为 20℃ 的条件下，该菌在 pH 5.0 的环境中能存活 5～6 天，pH 7.0 时能存活 15～100 天，pH 8.0 时能存活 24～85 天。在 3℃，pH 7.15，湿度为 50% 的土壤中，能存活 113 天而不失去致病力。

在 4℃ 或更低温度下，细菌在冻干状态或密封于试管中保存时，既不易发生变异，也不易失去致病力[173]。冻干的细菌经过 26 年对小鸡仍有致病力。将含有 50% 马血清的牛肉浸汤培养物密封于带橡胶塞的小瓶中，室温下 26 年后仍有致病力[63]。

多杀性巴氏杆菌的亚群

根据 DNA 同源性，多杀性巴氏杆菌可分为 3 个亚种，即多杀亚种（multocida）、败血亚种（septica）、杀鸡亚种（gallicida）[119]。这些亚种可根据它们的生化特性进行区分[119]，具有鉴别意义的重要特性见表 19.3。Fegan 等[43] 根据完整的表型特征将所收集的包括 3 个亚种的多杀性巴氏杆菌分为 10 个生物型。3 个亚种均能从暴发禽霍乱的鸡

群分离到[166,77,43]。但是，在鸡和火鸡，分离到的最多的是多杀亚种，最少的是败血亚种[166,43,117]。在猛禽和鹦鹉体内分离到的多杀性巴氏杆菌也以多杀型为主，而有蹼水禽中以杀鸡亚种为主。多杀性巴氏杆菌最新的分类学研究包括 16S rRNA 序列和管家基因序列分析，结果显示：多杀亚种和败血亚种属于相同的发育系，而杀鸡亚种属于单独的发育系。用于区分两种发育系的表型标准还有待建立。

表 19.3　用于多杀性巴氏杆菌亚种鉴定的生化特性

生化特性	多杀性巴氏杆菌		
	多杀亚种	败血亚种	杀鸡亚种
L-阿拉伯糖	V	—	+
D-阿拉伯糖	V	V	+
卫矛醇	—	—	+
D-山梨醇	+	—	+
L-岩藻糖	V	V	+
海藻糖	V	+	+
糖苷酶	+	+	+

+：1～2 天内，菌株 90％ 或更高比例呈阳性；—：90％ 或更高比例呈阴性；V：不确定

常规的血清学分型是利用血清学方法检测荚膜和菌体抗原，采用被动血凝试验检测特异性的荚膜血清群抗原[24]，目前已发现 5 种荚膜类型（A、B、D、E 和 F)[153]。Carter[24] 通过研究来源于不同动物的大量分离株发现：A、D 荚膜型主要分自禽类和其他动物。在研究代表不同禽类宿主的分离株时，Rhoades 和 Rimler[144] 发现这些细菌属于荚膜 A、B、D 和 F 型。通过特异性黏多糖酶对荚膜的解聚作用可以对疑似 A、D 和 F 型荚膜血清群进行区别鉴定[151]。但是，已建立的高度特异性的荚膜基因多重 PCR 反应可以比常规实验更容易和更高特异性的区分荚膜类型[168]。

可通过试管凝集试验[120] 和琼脂扩散沉淀试验[73] 进行菌体抗原的血清学定型。Brogden 和 Packer[20] 通过对照实验发现：一种方法确定的血清型与另一种方法确定的血清型不一定相互吻合。在特定的试验中代表单一菌体血清型的培养物，在另一试验中常常出现一种以上的血清型。由于方法简便，琼脂扩散沉淀试验在美国已成为常规的检测方法，并且在世界各地也逐渐受到青睐。该试验使用的是鸡抗血清和热稳定抗原。该热稳定抗原是经甲醛灭活的细菌盐溶液提取物。这种热稳定抗原与培养物上清液中的脂多糖蛋白复合体形成相同的条带[73]。菌体血清型的特异性似乎是由上述复合体中的脂多糖成分决定的[149]。Heddleston 等[73] 发现琼脂扩散试验与鸡、火鸡体内的免疫反应之间有很好的相关性，但并非绝对一致。Rimler 和 Phillips[152] 发现脂多糖与载体蛋白结合能保护鸡只免遭禽霍乱的危害。到目前为止，已报道有 16 种菌体血清型[21]，并且这些菌体血清型均已从禽类分离到。传统的血清型分型方法尚不能证明多杀性巴氏杆菌的亚种和血清型之间的相关性[16]。多年来，菌体抗原的血清学分型为了解禽多杀性巴氏杆菌菌株的多样性提供了可靠的信息，但是，一些地区却以某种特定的血清型为主，从而难以对多杀性巴氏杆菌病的流行病学作出具体结论。然而，Snipes 等人[166] 发现，从加利福尼亚的火鸡中分离到多杀性巴氏杆菌菌株 60％ 以上属于血清 3 和 4 型[161]，根据 Gunawarddana 等人的研究，在越南以血清 1 型为主[56]，而澳大利亚则以血清 3 型为主。另外，也曾多次报道同一个血清型也存在表型和基因型的差异，这也说明了血清学分型用于菌株区分的局限性[16,23,96,176]。

多杀性巴氏杆菌根据表型分群的其他方法包括噬菌体分型和多位点酶电泳（MLEE）。有人曾对噬菌体敏感性分型方法进行过研究。Rifkind 和 Pickett[148] 对来自不同宿主的 118 株分离株进行研究时，发现其中 84 株细菌对 16 种噬菌体中的一种或多种敏感。Kirchner 和 Eisenstark[97] 检测了 25 株禽源分离株，发现 11 株具有溶源性。他们将这 11 株噬菌体根据其宿主范围分成 5 群，按噬菌斑的形状分成 3 群。Karaivanov 和 Mraz[94] 使用其中的一株噬菌体可对 77 株多杀性巴氏杆菌中的 87％ 进行鉴定。Saxena 和 Hoerlein[160] 对来自不同宿主的 112 株细菌进行研究，发现其中的 63 株具有溶源性。一株噬菌体能引起 8 种不同的培养物裂解，而大多数噬菌体只对 1 种或 2 种培养物有溶源性。Gadberry 和 Miller[46] 发现，61 株分离株中有 32 株对 3 种噬菌体中的一种或多种敏感。而鸡卡氏杆菌、鸡禽杆菌、脲放线杆菌（*Actinobacillus ureae*）、嗜肺巴氏杆菌以及耶尔森菌属（*Yersinia*）的 3 个种都能抵抗噬菌体的裂解作用。这些研究结果表明，应用噬菌体分群系统对多杀性巴氏杆菌进行分群是可行的。

在真核生物群体遗传学研究上采用同工酶（不

同的等位基因所编码的具有相同功能的酶）的研究技术已有多年[101]，近来该技术也应用于原核生物[161]。最近，Blackhall 等使用 MLEE 方法研究从澳大利亚家禽中分离的多杀性巴氏杆菌分离株的群体结构[17]。所检测的 81 株多杀性巴氏杆菌野毒株虽然有差异，可以归为 56 个电泳型（Ets），但总体的群体结构为一个克隆群，几乎没有发生明显的水平基因流（horizontal gene flow）。在血清型或亚型与电泳型之间没发现明显的相关性。

在用于多杀性巴氏杆菌菌株分群以表型特征为依据的方法中，MLEE 方法的区分度最好，被认为是进行多杀性巴氏杆菌病流行病学研究的工具之一[17]。但是已报道的耐药谱的数据显示，耐药谱方法的区分度不够，不能用于该病的流行病学调查[126]。

在禽多杀性巴氏杆菌的鉴别过程中已引入了多种核酸分型方法。这些方法不依赖于表型特征，所有的菌株都可以定型，且具有很好的鉴别效果[126]。将细菌基因组通过限制性内切酶在体外消化，并对电泳分离开的 DNA 片段进行对比。为了方便读取结果，这些 DNA 片段可以转移到膜上与已标记的探针进行杂交，这样仅根据与探针具有同源性的酶切片段对菌株进行比较。来源相同的菌株，基因组应该相同，因此，对于同一个限制性内切酶，识别位点和酶切片段数量也应该相同。多杀性巴氏杆菌的限制性内切酶分析（REA）和限制性内切酶片段长度多态性分析（RFLP）方法已广泛用于疾病暴发时菌株的多样性和传播途径的研究[23,25,113,114,166,177]。其中以限制性内切酶 HpaⅡ 和 HhaⅠ最常使用[26]。最近发现，扩增片段长度多态性分析（AFLP）用于疾病流行病学调查也很有帮助[41]。这种方法是，先用限制性内切酶消化，再连接合适的接头引物，最后用非特异性引物扩增基因组片段。另外，RFLP 分析结果也佐证了 MLEE 方法获得的多杀性巴氏杆菌群体结构数据[16]。脉冲场凝胶电泳（PFGE），使用稀有的限制性内切酶，可以分辨大的 DNA 片段—这些大的 DNA 片段反映了全基因组限制性片段长度多态性。Gunawardana 等[56]使用该技术对来自澳大利亚和越南的禽源多杀性巴氏杆菌分离株进行分析，证实 PFGE 具有很好的分辨力。

最近几年，聚合酶链式反应（PCR）方法也已用于区分禽多杀性巴氏杆菌。Hopkins 等利用随机引物 PCR（AP‑PCR）成功地鉴别出引起禽霍乱暴发的菌株和 CU 疫苗株[79]。细菌基因组重复序列 PCR（REP‑PCR）对鉴定从澳大利亚和越南分离到的与流行病学相关和不相关的菌株也具有一定的价值[56]。

由于只有少部分菌株具有质粒，质粒图谱分析在多杀性巴氏杆菌分型中很少使用。由相关的调查表明大约只有 20％的分离株携带有质粒[25,166]。

致病性

与禽霍乱相关的多杀性巴氏杆菌的致病力或毒力比较复杂且常常发生变化，这主要取决于菌株差异、宿主的品种、菌株变异或宿主生理状态的改变以及二者之间接触的条件。菌体荚膜（图 19.1）可增强多杀性巴氏杆菌的侵袭力和繁殖能力[104]。有致病力的菌株丧失产生荚膜的能力常导致毒力的丢失[71]，但许多从禽霍乱病例中分离到的菌株有大的荚膜而毒力却很低，因此，菌株毒力似乎与荚膜上的某些化学物质相关，而与荚膜物理特性的关系不大。

多杀性巴氏杆菌常通过禽类的咽部或上呼吸道黏膜侵入宿主组织，也可通过眼结膜或者皮肤伤口侵入。Hughes 和 Pritchett[82]发现，将培养物置于明胶胶囊内直接送入食道，并不能引起鸡感染，但将培养物滴于鸡鼻裂却能引起感染。Arsov[8]用 ^{35}P‑标记培养物，通过口腔感染禽类，发现感染门户是口腔和喉头的黏膜而不是食道、嗉囊或腺胃。Olson 和 McCune[127]指出，耳咽管是最可能的感染途径，因为此时感染局限于头骨、中耳和脑膜的气室内。

火鸡比鸡对多杀性巴氏杆菌更易感，性成熟的鸡比青年鸡易感[62]。Hungerford[83]在一次波及 90 000 羽禽类的感染中发现成年鸡损失惨重，而 16 周龄的青年鸡却没有损失。在检测分离菌株的感染性或其宿主的易感性时，共栖是最常使用的自然感染方式。除非宿主高度易感，而且细菌具有很强的侵袭性，否则结果出现就会很缓慢。因此，人们更乐意用棉拭子沾浸培养物，涂擦于禽类的鼻裂进行感染。如果需要更强的感染，则常采用非肠道途径注射培养物。

毒性

Pasteur[131]首先证明多杀性巴氏杆菌的培养物滤液经干燥后对鸡具有毒性作用。Salmon[159]重复了这一试验,观察到类似于急性禽霍乱的毒性作用症状。Kyaw[100]在用鸡胚研究致病机理时,提出多杀性巴氏杆菌感染时产生毒素。Rhoades[143]发现,死于急性禽霍乱的鸡表现严重的全身性被动充血。认为这一病变是休克的表现,是由内毒素作用引起的。

内毒素

无论有毒力还是无毒力,多杀性巴氏杆菌都可产生内毒素。内毒素可能构成细菌的毒力,然而细菌必须侵入机体并在体内繁殖才能产生足够量的内毒素,从而参与致病过程。

Pirosky[137]利用 Boivin 的三氯乙酸抽提法从禽源多杀性巴氏杆菌中获得了内毒素。Heddleston 和 Rebers[67]证实用冷福尔马林盐溶液可以冲洗掉多杀性巴氏杆菌的疏松结合型内毒素。这种内毒素是一种含氮的磷酸化的脂多糖,弱酸条件下易于失活。注射微量内毒素可诱导鸡出现急性禽霍乱的临床症状。该内毒素经绒毛尿囊膜接种鸡胚,LD_{50} 为 5.2mg,小鼠腹腔接种该内毒素,LD_{50} 为 194mg。每个剂量含 1.9mg 的内毒素,通过静脉接种可致死 6 只中的 5 只 19 日龄的火鸡;平均死亡时间仅 3h。内毒素主要存在于患禽霍乱火鸡的血管系统中,可通过鲎试剂试验和抗血清琼脂扩散试验检测到。内毒素的血清学特异性与脂多糖有关。游离的内毒素可诱导主动免疫。

Rimler 等[154]纯化了每个 Heddleston 血清型的脂多糖。这种脂多糖与其他革兰氏阴性菌的脂多糖相似。1 周龄雏火鸡对来自两株高致病力禽霍乱多杀性巴氏杆菌的纯化脂多糖的致死作用有一定的抵抗力[145]。在雏火鸡,脂多糖不会引起皮肤的施瓦茨曼反应,并且肝损伤物质、组胺释放物质以及切除法氏囊等均不能提高致死率。

蛋白质毒素

在不同动物的 A 和 D 血清群菌株中均发现有热敏蛋白毒素。Nielsen 等[123]发现,在 10 株火鸡源菌株中,有 6 株能够产生热敏蛋白毒素;但这些菌株没有区分血清型。从火鸡分离的 4 株 D 型血清群菌株均发现有热敏蛋白毒素[146]。这些菌株的超声裂解悬浮液可引起火鸡皮肤出现坏死病变,并引起雏火鸡死亡。用猪源菌株热敏蛋白毒素制备的抗血清可以中和禽源菌株超声波裂解物的致皮肤坏死作用[147]。Baba 和 Bito[9]利用化学方法从一禽源菌株中纯化出一种蛋白质毒素。

发病机理和流行病学

自然宿主和实验宿主

禽霍乱多暴发于鸡、火鸡、鸭和鹅,但该病也感染其他禽类,捕获饲养的野禽、宠物鸟、动物园饲养的鸟和其他野生鸟类等。这些宿主都有发生禽霍乱的报道,这说明几乎所有的鸟类都易感。

家禽中以火鸡最易感。感染禽类,大部分甚至全部在几天内死亡。该病多发生于性成熟早期的火鸡群,但所有日龄均易感。实验条件下,通过腭裂涂擦或与病禽接触感染高致病力多杀性巴氏杆菌后,90%~100%的成年火鸡于 48h 内死亡。

DeVolt 和 Davis[34]首次详细报道了火鸡霍乱,并记录了暴发于马里兰州一群 175 只火鸡的发病情况,死亡率为 17%。Alberts 和 Graham[2]描述了 4 群火鸡的发病情况,死亡率为 17%~68%。他们强调环境应激因子,如气候变化、营养、损伤和兴奋等均可影响该病的发病率和发病过程。

鸡霍乱常发生于产蛋鸡群(常有死亡),因为该年龄鸡只比幼龄鸡易感。16 周龄以下的鸡有较强的抵抗力。青年鸡发病多由血清 1 型菌株所致,而且常与其他病合并发生。最近发现有 6 群 20~46 日龄的肉鸡发生该病,由血清 3 型;1,3 型以及 3,4 型感染引起。用两个代表菌株(血清学 3 型和 1,3 型)实验感染 5 周龄肉鸡可引起死亡和跛行。鸡自然感染的死亡率通常为 0~20%,但也有更高的报道。该病常引起产蛋下降和局部持续性感染。断料、断水或突然改变饲料都可增加鸡对禽霍乱的易感性[18]。实验感染时,提高室温或剧烈振荡处理可提高鸡的发病率[92,93]。

实验条件下,经腭裂涂擦感染成年鸡,根据所用多杀性巴氏杆菌菌株的不同，感染鸡可在24～48h内死亡90%～100%；但接触感染，2周内只死亡10%～20%。Pritchett等[139]报道，3个鸡舍内小母鸡死亡率为35%～45%，其中一个鸡舍，45%的鸡在4周内死亡。有一群前一年曾急性暴发该病而存活的45只鸡未出现任何死亡，但进入冬季后出现局部病变的患鸡增多。在南卡罗来纳州及其附近地区，禽霍乱主要以持续性、亚急性、慢性型为表现形式，临床上很像禽类单核细胞增多症[13]。

家鹅和家鸭对禽霍乱也高度易感。Curtice[28]报道了罗得岛发生的鹅霍乱，在很短的时间内4000只的鹅群死亡约3200只。Van Es和Olney[169]用健康鹅来检测患鸡清除后圈舍内活菌的存在情况时，发现鹅对禽霍乱具有极高的易感性。鸭霍乱在长岛是个非常严重的问题，68个商品鸭场中有32个场诊断出该病。死亡常发生在4周龄以上的鸭，死亡率可达50%[40]。

动物园内的猛禽、水禽和其他鸟类偶尔也被感染；现已从50种野生鸟中分离到了多杀性巴氏杆菌。在两年半的调查中，Faddoul等[42]在对送往实验室诊断的248只野生病鸟进行诊断时，从其中的13只（7个品种）鸟中分离到了多杀性巴氏杆菌。Jaksic等[89]记述了一次雉鸡霍乱的急性流行，其中死亡1 700只。旧金山海湾地区暴发的一次疾病，死亡约40 000只水禽[156]。Gershman等[48]观察到发生于绒鸭（*Somateria mollissima*）的一次严重暴发，在距缅因海岸9.656km的绒鸭筑巢地区，该病造成200多只绒鸭死亡，共损失100多窝。1956—1957年的冬季，在得克萨斯州的Muleshoe国家野生生物保护区，禽霍乱曾造成60 000多只水禽死亡[90]。Rosen[155]报道了美国两个经常发生禽霍乱的地区，即缪尔舒（Muleshoe）国家野生生物保护区和加利福尼亚北部的中心地区，自1944年以来，在水禽中呈周期性的地方性流行。

分自禽霍乱患禽的多杀性巴氏杆菌一般能致死家兔和小鼠，但其他哺乳动物具有一定的抵抗力。据Heddleston和Watko[69]报道，分自急性禽霍乱病例的多杀性巴氏杆菌经鼻内接种家兔、小鼠、鸽子和麻雀，可引起这些动物暴发急性败血症而死亡；而用同一细菌接种大鼠、雪貂、豚鼠、绵羊、猪和犊牛，则没有任何临床反应。用病鸡内脏饲喂实验动物，结果大鼠（1/5）、水貂（1/2）、小鼠

（11/19）分别发生了鼻腔感染、肺炎和致死性败血症。1头犊牛肌注感染后18h内死于急性败血症。豚鼠肌注接种，在接种部位出现坏死，而腹腔内接种感染则常常引起死亡。

马、牛、绵羊、猪、狗和猫对口腔接种有抵抗力，皮下接种可导致局部脓肿，但静脉接种可引起死亡。

传播、携带者和传播媒介

禽霍乱是如何传入鸡群的常常难以确定。慢性感染的禽类被认为是感染的主要来源，而慢性带菌状态的持续期只受到感染禽生命周期的限制（终生带菌）。与家禽接触的飞鸟可能是多杀性巴氏杆菌的一个来源。细菌几乎不经蛋传播。对慢性禽霍乱患鸡所产的2 000多枚鲜蛋和胚蛋进行研究，未发现任何可经蛋传播的证据[163]。

Pritchett等[139,140]以及Pritchett和Hughes[138]检测了3群感染多杀性巴氏杆菌的商品白来航鸡，发现许多鸡的鼻裂中含有细菌。细菌的存在与鸡群上呼吸道感染的严重程度有很大的关系。他们认为该病的地方流行性疫源为健康鼻腔带菌者。以上这些研究以及Van Es和Olney[169]与Hall等[58]的研究均揭示，禽霍乱流行后的幸存者是感染的贮存宿主。Dorsey和Harshfield[39]报道，在南达科他州的夏末和秋季禽霍乱发病率很高；饲养到第2年的老鸡群，其带菌鸡是与其同场饲养的易感青年母鸡群的感染来源。

多数农畜都可作为多杀性巴氏杆菌的带菌者。一般来说，除了猪源，可能包括猫源的多杀性巴氏杆菌外，多数多杀性巴氏杆菌对鸡是不致病的。Il-iev等[85]从多种家畜的扁桃体分离到了多杀性巴氏杆菌，包括屠宰牛（34/75）、绵羊（14/27）、猪（102/162）。牛和绵羊的分离株对鸡无致病性；而自禽霍乱常发地区的猪分离的18株细菌对禽类有很强的致病力。自禽霍乱发病率较低地区的猪体内分离的47株细菌，仅有2株可引起鸡致病。Iliev等[86]还报道，同圈饲养时，健康带菌猪可感染鸡。Murata等[118]对从肺炎病猪肺脏分离到的2株多杀性巴氏杆菌进行了研究，血清型为1∶A和5∶A。其中血清型5∶A对鸡的毒力很强，血清型1∶A则没有毒力，且这两个血清型对鸡不产生交叉免疫反应。

Gregg 等[55]从浣熊分离到的两株细菌对火鸡有致病性。他们指出浣熊可能是多杀性巴氏杆菌的贮存宿主,火鸡经浣熊咬伤而感染该菌。污染的家禽用具、饲养槽以及其他用过的设备,都可能将禽霍乱传入禽群。死于急性禽霍乱的死禽尸体全身都可散播细菌,可作为感染源,尤其是因为健禽往往啄食这些尸体。Hendrickson 和 Hilbert[75]从自然感染至死前 49 天内的病鸡血液中,连续分离到多杀性巴氏杆菌。他们还发现在死前和死后的很短时间里,体内细菌的数目急速增加,组织中的细菌在 5~10℃下能保持活力达两个月之久。Serdyuk 和 Tsimokh[162]用实验证实,与禽霍乱病鸡有接触的麻雀、鸽子和大鼠可被多杀性巴氏杆菌感染,随之,它们又可感染易感鸡。麻雀和鸽子常常带菌而无任何临床表现,但约 10％的感染大鼠会出现急性型巴氏杆菌病。

已对昆虫作为禽霍乱媒介的可能性进行了研究。Skidmore[164]先用感染性血液饲喂苍蝇,再用这些苍蝇饲喂火鸡,最后成功地将禽霍乱传播给火鸡。他认为,在自然条件下,摄食苍蝇也可能是将禽霍乱传入禽群的一种方式。但是 Van Es 和 Olney[169]的研究认为,苍蝇传播病原的可能性很小。在苍蝇活动的高峰季节,虽然有两栋鸡舍正发生禽霍乱,而与其仅一网之隔的相邻鸡舍则没有发生该病。Iovcev[88]的研究发现,寄生在感染母鸡上的蜱波斯锐缘蜱(*Argas persicus*)幼虫、若虫和成虫均含有多杀性巴氏杆菌。Petrov[135]证实恙螨鸡皮刺螨(*Dermanyssus gallinae*)叮咬已感染家禽后也可被多杀性巴氏杆菌感染,但并不传播细菌。

Heddleston 和 Wessman[70]发现:自人上呼吸道分离的 27 株多杀性巴氏杆菌对火鸡不致病,但可感染人类,其鼻腔和口腔分泌物可感染家禽。

多杀性巴氏杆菌在禽群中的传播主要是通过病禽口腔(图 19.5)、鼻腔和眼结膜的分泌物进行,因为这些分泌物常常污染环境,特别是饲料和饮水。粪便中很少含有活的多杀性巴氏杆菌,但 Reis[142]从 9 只死前鸡中的 1 只鸡的粪便中分离到了多杀性巴氏杆菌,其余 8 只仅在死鸡的泄殖腔粪便中分离到该菌。Iliev 等[87]用 32P 标记的多杀性巴氏杆菌进行实验发现,细菌在腺胃中已被灭活,粪便中不含有活的多杀性巴氏杆菌。在与实验感染多杀性巴氏杆菌的火鸡使用同一个饮水槽的火鸡群也发生了禽霍乱[129]。

图 19.5 急性禽霍乱:口腔流出黏液,内含大量的多杀性巴氏杆菌,可污染饲料和饮水

临床症状

急性型

急性禽霍乱只能在死前几小时才能观察到症状(图 19.5)。在此期间若未观察到病禽,死亡是发病的第一指标。本病常见的症状包括:发热、厌食、羽毛粗乱、口腔流出黏液性分泌物、腹泻和呼吸加快。临死前常有发绀的现象,尤以头部无毛处(如冠和肉髯)最为明显。腹泻时最初呈白色水样粪便,此后为绿色并含有黏液的稀粪。耐过初期急性败血期的幸存者,随后可能死于恶病质和脱水,可能转为慢性感染,也可能康复。

慢性型

慢性禽霍乱可由急性病例转化而来,也可由低毒力菌株的感染而致。一般说来,临床上主要表现为局部感染。肉髯(图 19.6)、鼻窦、腿或翅关节、足垫和胸骨滑液囊通常出现肿胀。可见渗出性结膜炎(图 19.7)和咽炎;有时可见斜颈(图 19.8)。呼吸道感染可致气管啰音和呼吸困难。过去曾用"鸡瘟"(roup)这一术语表明与头部黏膜慢性感染相关的一系列征候。然而这一术语不只限于禽霍乱,也包括其他疾病。慢性患禽可能死亡,或长期

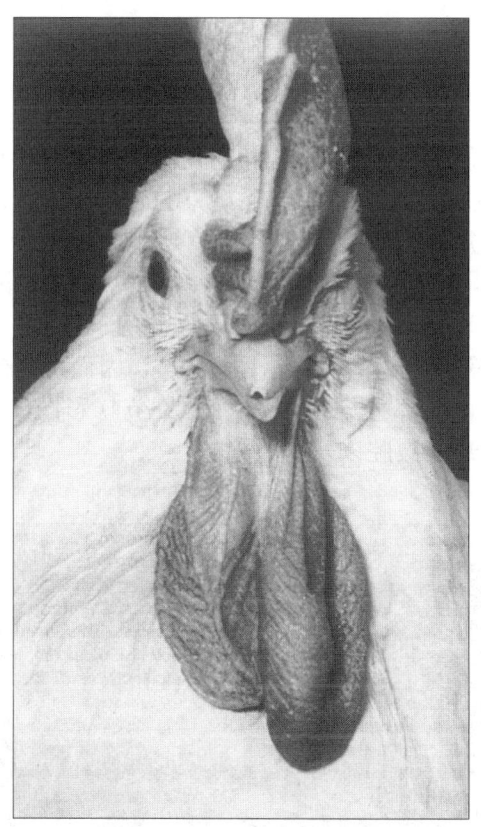

图 19.6　慢性禽霍乱：局部感染引起的肉髯水肿

图 19.7　慢性禽霍乱：浆液性结膜炎

图 19.8　慢性禽霍乱：脑膜感染引起的斜颈

处于感染状态或康复。

大体病变和组织学病变

　　禽霍乱的病变并非固定不变，常因疾病类型和严重程度而有较大差异。其中最大的差异与病程相关，即急性型还是慢性型。为叙述方便，虽然将其分为急性型和慢性型，但有时很难严格区分，其症状和病变也可能介于急性型和慢性型之间。

急性型

　　急性病例的主要剖检变化与血液循环障碍有关。通常表现为全身充血，以腹腔脏器的静脉淤血

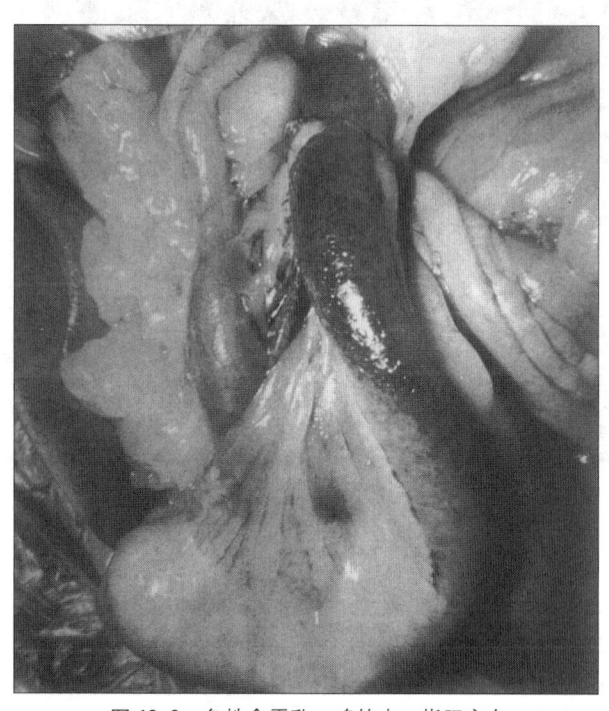

图 19.9　急性禽霍乱：鸡的十二指肠充血

最为明显，十二指肠黏膜的小血管特别突出（图19.9）。显微镜下常可见到血管内含有大量的细菌。常见心外膜下（彩图19.10A）和浆膜下出血，肺脏、腹部脂肪组织和肠黏膜也常出血，呈点状和斑块状，且分布广泛；心包积液和腹水增加。实验感染时可见急性禽霍乱死亡鸭和死亡鸡的弥散性血管内凝血和纤维素性血栓[84,130]。

急性患禽的肝脏肿胀，常见多个小的局灶性凝固性坏死区（彩图19.10B）和异嗜细胞浸润区（图19.11）。但一些低毒力的多杀性巴氏杆菌不能引起肝脏的坏死灶。肺脏和其他一些实质器官也常见有异嗜细胞浸润[143]。与鸡相比，火鸡肺脏感染更为严重，主要表现为肺炎；消化道积聚大量黏性液体，特别是咽部、嗉囊和小肠。

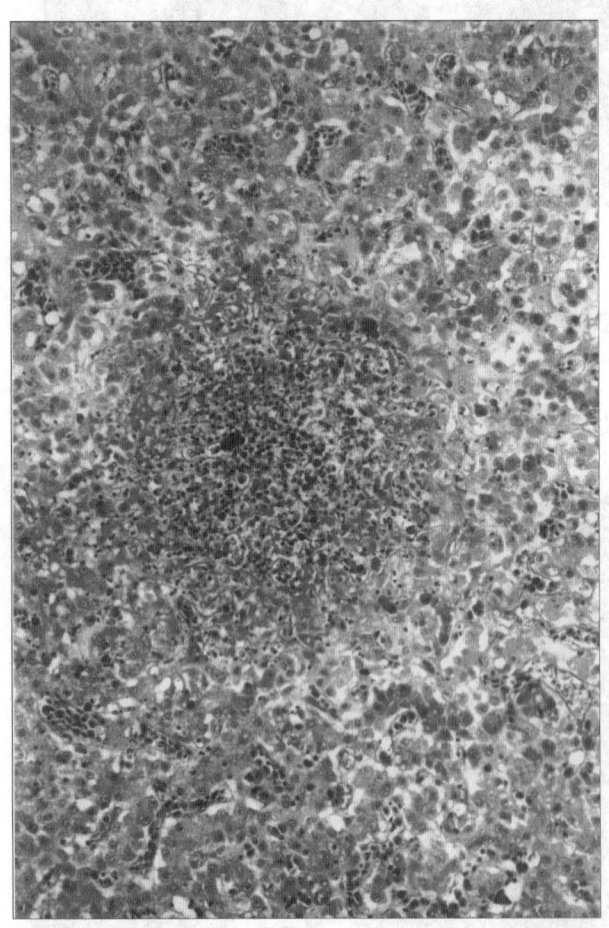

图19.11 急性禽霍乱：火鸡肝脏中有凝固性坏死以及异嗜细胞浸润。H. E. 染色，×600

产蛋母鸡的卵巢常遭侵害，成熟卵泡呈现松软的外观，表面血管模糊不清（正常时很易观察到）（彩图19.10E）。由于卵泡破裂，腹腔中积聚数量不等的卵黄性物质。未成熟卵泡和卵巢基质常充血。

慢性型

与急性败血型禽霍乱相比，慢性型禽霍乱常常以局部感染为主。多以化脓感染为主，在解剖结构上广泛分布。病变主要发生于呼吸道，并可波及多段器官，包括鼻窦和气骨（图19.12）。肺炎（彩图19.10 C、D）是火鸡特别常见的病变。也可发生结膜及其邻近组织的感染（图19.7），因而可见到面部肿胀。局部感染也可波及跗关节（彩图19.10 F）、足垫、腹腔以及输卵管。

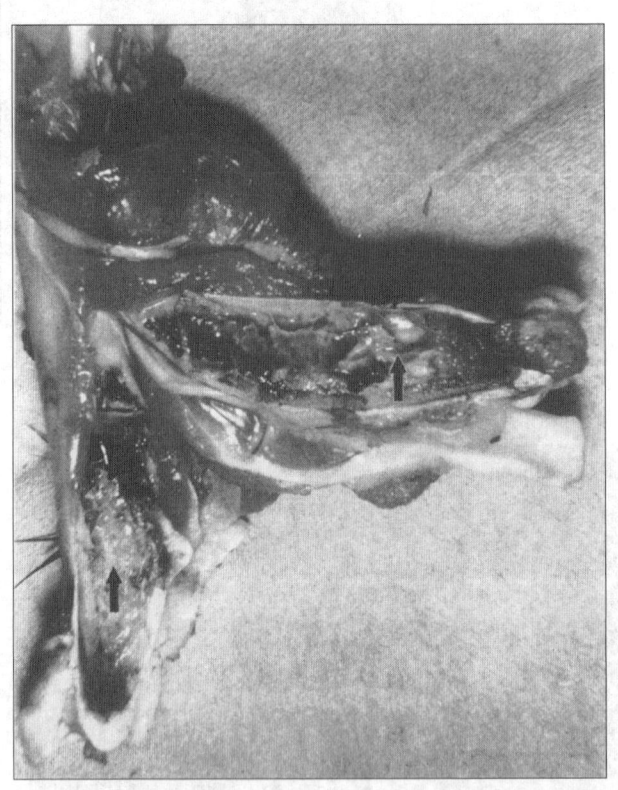

图19.12 慢性禽霍乱：火鸡肱骨出现干酪样渗出物（箭头所示）

慢性局限性感染可波及中耳和颅骨，因而有病禽斜颈的报道。颅骨、中耳和脑膜感染可引起火鸡斜颈和最终死亡。Olson[125]描述了自然感染出现斜颈火鸡的病变。明显的眼观病变是在颅盖骨气室有淡黄色干酪样渗出物；在气室、中耳和脑膜常见有异嗜细胞浸润和纤维蛋白渗出；气室中多核巨细胞的出现常与异嗜细胞的坏死有关。实验感染火鸡也有类似病变[127]。发生局灶性脑膜感染（图19.13），但并未侵害颅骨或中耳时，火鸡表现为斜颈，症状类似于小脑感染[44]。

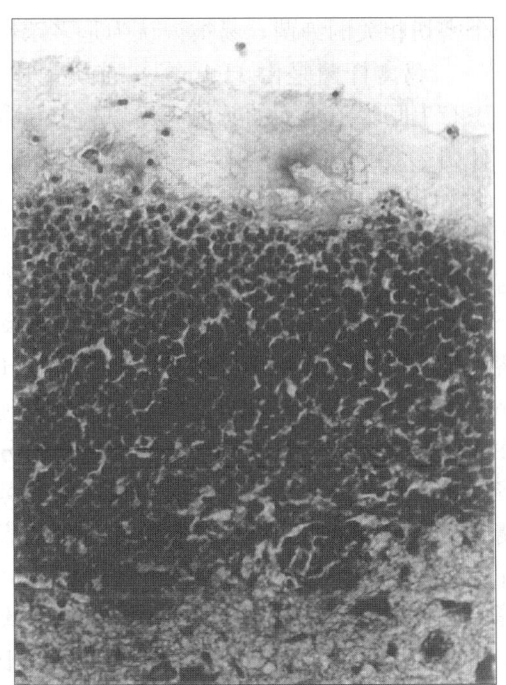

图 19.13　慢性禽霍乱：火鸡纤维素性异嗜细胞浸润性脑膜炎。H.E. 染色，×400

免疫力

巴斯德等[133]通过人工培养基多次传代致弱获得一株无毒菌株，可刺激鸡产生免疫力，对禽霍乱感染有保护作用。田间试验证明，致弱结果并不一致，该方法并不实用，有时接种鸡群会产生严重损失。

从巴斯德的经典试验开始，许多人一直试图生产有效的疫苗来抵御禽霍乱，但获得的结果很不一致。毫无疑问，在一定的控制条件下，灭活的多杀性巴氏杆菌能刺激鸡产生真正的，但并非绝对的免疫力[10,64]。通常选择免疫原性良好的多杀性巴氏杆菌菌株在适宜的培养基中进行培养，再把培养物悬浮于福尔马林盐溶液中灭活，然后加入佐剂后制成灭活疫苗，进行皮下免疫注射。

在野外情况下，免疫过的家禽有时也会发生禽霍乱。免疫失败的原因可能是疫苗制备或免疫程序不当，或家禽本身有免疫损伤等。Heddleston 和 Reisinger[68]证实，免疫公鸡的社会地位改变以及啄斗引起的应激和免疫接种的同时感染鸡痘，均可显著降低免疫效力。在实验研究中[136]，火鸡饲料中含有黄曲霉毒素时，疫苗接种所产生的抵抗力也会降低。还有人观察到，从免疫接种后又暴发禽霍乱的火鸡中所分离的多杀性巴氏杆菌的血清型与制苗株不同[72]。

Heddleston 和 Rebers[66] 在实验研究中发现，用感染火鸡的组织制备的疫苗进行免疫或用多杀性巴氏杆菌活苗进行饮水免疫，均可诱导火鸡产生抗御不同血清型致病菌的免疫力。用常规琼脂培养基培养而制备的菌苗，不能诱发交叉免疫。这些研究表明，多杀性巴氏杆菌在体内所产生的抗原种类比体外培养时多。Rimler[150]发现，用体内培养的多杀性巴氏杆菌进行免疫并用同型菌株攻毒时，火鸡所生产的血清可使雏火鸡获得抵抗 5 种不同血清型菌株的被动免疫力。Bierer 和克莱姆斯大学的其他研究人员，重新提出在饮水中使用禽霍乱活苗的新思路。Bierer 和 Berieux[14]证实，攻毒感染前两周，通过饮水免疫多杀性巴氏杆菌的活苗（CU 株，前CS‐148 株），可使 14 周龄的火鸡产生很好的保护力。但该疫苗可导致 120 只火鸡中的 4.2％出现死亡。8 周龄的火鸡先接种灭活菌苗，两周后再免疫接种活菌苗时，此时活苗仅引起 120 只火鸡中的2.5％死亡，这是最好的结果。Derieux 和 Bierer[33]证明，6 周龄的火鸡在同一天进行两次疫苗饮水免疫，4 周后再重复一次，可产生很好的免疫保护力。但他们并未提供有关免疫持续期或免疫接种致死火鸡数量的资料。鸡 CU 株饮水免疫的免疫效力不如火鸡好。鸡经翅刺种或皮下接种的免疫效力远比饮水接种好[32]。火鸡口服活苗和鸡非肠道活菌疫苗均已商品化。

Maheswaran 等[103]也证明活苗饮水免疫可诱导火鸡产生免疫力；他们提出，疫苗诱导的是局部性保护而非全身性保护。Heddleston 等[74]发现，饮水免疫禽的血清可使雏鸡和火鸡获得被动的免疫保护作用。

1892 年，Kitt 对被动免疫用于禽霍乱预防方面做了相关研究，他使用的是马的免疫血清。这种方法过去经常使用，但由于被动免疫持续时间较短，现在已经很少使用。Bolin 和 Eveleth[18]报道，用鸡制备的多杀性巴氏杆菌抗血清，在注射后 16～24h 的保护力最强；这种保护作用在注后 48h 开始下降，192h 后消失。

诊　　断

根据临床表现、剖检变化或者分离到多杀性巴氏杆菌可作出初步诊断，但需要综合这3个方面才能确诊。疾病症状和病变前面已作了介绍。

病原分离和鉴定

从急性禽霍乱患禽的内脏器官和慢性病例的病变器官中很容易分离到多杀性巴氏杆菌。从急性暴发的脱水、衰弱的存活禽中则很难分离到细菌。病禽的肝触片瑞氏染色发现两极着色的细菌（见图19.2），即可对急性禽霍乱作出初步诊断；也可利用免疫荧光技术来检查组织或渗出物中的多杀性巴氏杆菌[105]。

骨髓、心血、肝脏、脑膜或者局部病变组织是病原分离的优选器官。为了分离多杀性巴氏杆菌，需要用刀片烧烙组织或渗出物，而后用灭菌棉拭子或接种环通过烧烙表面插入组织内取样。活禽可通过挤出鼻孔黏液，或将棉拭子插入鼻裂取样。将样本接种蛋白胨肉汤或含有5％鸡血清的葡萄糖淀粉琼脂上划线培养，也可选用其他适宜的培养基。以上样本也可在麦康凯琼脂培养基和血琼脂培养基上划线培养，以利于鉴定。

挑取特征性的多杀性巴氏杆菌菌落（如病原学部分所述），移种到葡萄糖淀粉琼脂斜面培养18～24h，然后从斜面上挑取细菌分别接种到含有1％葡萄糖、乳糖、蔗糖、甘露醇或麦芽糖的酚红肉汤中。发酵葡萄糖、蔗糖和甘露醇而不产气是多杀性巴氏杆菌的特征。该菌通常不发酵乳糖，但某些禽源分离株可发酵乳糖。在0.85％盐溶液中加入2％胰蛋白胨，37℃培养24h以检测吲哚（Kovac氏试验）。多杀性巴氏杆菌可产生吲哚。不出现溶血现象，麦康凯琼脂上不生长（表19.2）。

动物接种有助于从污染样品中分离多杀性巴氏杆菌。以0.2mL渗出物或碾碎组织的量，皮下或腹腔内接种家兔、仓鼠或小鼠。如果有多杀性巴氏杆菌存在，接种动物通常在24～48h内死亡，从其心脏、血液或肝脏中即可分离到纯的细菌培养物。

快速全血凝集试验、血清平板凝集试验、琼脂扩散试验或酶联免疫吸附试验（ELISA）等血清学方法，对于慢性霍乱的诊断价值有限，而对于急性型则没有一点价值。

鉴别诊断

鸡禽杆菌和溶血性卡氏杆菌是可从患禽中分离到的两个密切相关的细菌，易被误认为是多杀性巴氏杆菌[65]。鸡禽杆菌是由Hall等[58]首次记述的，它们在患有上呼吸道炎症的其他疾病病鸡中与多杀性巴氏杆菌一起分离到。凝胶扩散沉淀反应显示，鸡禽杆菌和多杀性巴氏杆菌之间有共同的抗原。Clark和Godfrey[27]发现在加利福尼亚南部，鸡禽杆菌与鸡呼吸道综合征有关。Gilchrist[49]在对新南威尔士禽类呼吸道疾病的调查中，发现了鸡禽杆菌、溶血性卡氏杆菌和多杀性巴氏杆菌。Harbourne[60]曾4次从青年鸡和火鸡的肝脏中分离到了溶血性卡氏杆菌；从罹患输卵管炎的青年鸡中分离到了溶血性卡氏杆菌，并且这种疾病常常伴有鼻卡他、螨虫感染或白血病；还从罹患慢性呼吸道病和传染性支气管炎的鸡肺中分离到了该菌[122]。Matthes等[106]从败血症病鸡中分离到了溶血性卡氏杆菌，用氯霉素治疗有效。Hacking和Pettit[57]报道了发生在青年母鸡和产蛋母鸡的8例溶血性卡氏杆菌感染：5例影响产蛋率，某些病鸡出现腹膜炎或输卵管炎；3例发生死亡；还有一些病鸡发生肠炎和肝炎，或者呼吸道感染。在绝大多数情况下，溶血性卡氏杆菌都被认为是一种继发病原。

可从家禽分离到的多杀性巴氏杆菌、鸡禽杆菌和溶血性卡氏杆菌的鉴别特征列于表19.2。

治 疗

抗生素在禽霍乱的治疗方面得到了广泛应用，但成效褒贬不一，这在很大程度上取决于治疗措施是否及时，以及选用的药物。由于不同的多杀性巴氏杆菌菌株对药物的敏感性不同[37,171]，有时甚至出现耐药性，特别是在长期使用相同药物的情况下，因此，进行药敏试验是十分有益的。

磺胺类药物

有几种磺胺类药物已广泛用于实验感染和自然暴发病例的治疗。这类药物最主要的劣势是抑菌，而不能直接杀菌，对局部脓肿的治疗无效，并对禽类有毒性作用。Kiser等[98]报道：与未治疗对照组相比，用磺胺二甲基嘧啶和磺胺二甲基嘧啶钠治疗实验感染的禽霍乱，家禽的死亡率可减少63％～85％；对自然暴发病例，其死亡率减少了45％～75％。在饲料中加入0.5％～1％或饮水中加入

0.1%的药物，效果更好。

Alberts 和 Graham[3] 将磺胺甲基嘧啶按 0.5% 比例拌入饲料用于治疗自然暴发的火鸡霍乱，连用 5 天，治疗组的死亡率仅为 1.9%，而未治疗组则死亡 50%。中断用药后该病又出现 4 次，每一次都是由于重新给火鸡饲喂拌有磺胺甲基嘧啶的饲料而控制住病情。在火鸡的实验感染中，按每千克体重口服 143mg 和 107.25mg 磺胺甲基嘧啶钠，能有效地降低死亡率。在某鸡场的一次禽霍乱暴发过程中，通过饮水中加入 0.2% 磺胺甲基嘧啶钠，或饲料中拌入 0.4% 的磺胺甲基嘧啶，经过两天的治疗有效地控制住了病情[1]。攻毒前 24h，在饮水中加入 0.01%～0.05% 的磺胺喹啉，能有效地预防实验性禽霍乱感染。Peterson[134] 用含有 1:2 000～1:4 000 稀释度的药液饮水，成功地治疗了两起自然暴发的火鸡霍乱。他发现磺胺甲基嘧啶和磺胺甲基嘧啶钠在降低实验性禽霍乱发病率方面有显著的效果，但磺胺嘧啶、磺胺噻唑和氨苯磺胺的效果很差。Delaplane[31] 曾在饲料中加入 0.1% 或 0.05% 的磺胺喹啉用于预防禽霍乱。Nelson[121] 在饮水中加入终浓度为 0.025% 的磺胺喹噁啉，连续用药5～7 天，对控制火鸡死亡效果很好。他还报道，每隔 4 天用药一次，可控制住后来的死亡，使育成火鸡安全地长至上市日龄。Dorsey 和 Harshfield[39] 肯定了一些磺胺类药物在控制禽霍乱方面的作用，但必须在发病的早期进行治疗。他们还指出，不连续地进行治疗常常导致后期不断地出现死亡；当疾病转为慢性后，治疗的效果将不会很好。

Stuart 等[167] 报道：磺胺乙氧嗪对控制鸡和火鸡霍乱有效，其效果部分取决于剂量的大小、治疗的持续时间以及治疗的时机。在防治鸡和火鸡实验感染性禽霍乱时，单独使用磺胺二甲氧嗪，或与二甲氧甲基苄氨嘧啶联合使用，均显示出安全性、适口性、有效性[109,110,111,112,167]。Anderson 等[6] 报道，经饮水口服磺胺氯吡嗪可有效地预防实验感染鸡的死亡。

抗生素

在接种多杀性巴氏杆菌之前或在接种的同时，肌肉注射 150mg 的链霉素，可预防成年火鸡的死亡；但若治疗时间滞后 6～24h，或者减少用药剂量，其结果则转为慢性感染[108]。青霉素，链霉素，青霉素和链霉素联合应用，以及土霉素（实验感染

的同时经肌肉注射用药）都具有治疗作用[13]。经肠道外途径接种细菌后 30min，每千克体重肌注 40mg 金霉素可使雏鸡的死亡率降低 80%[102]；按 0.1% 拌料给药的雏鸡，其死亡率比未治疗对照组减少 50%。但在雏鸡的一次禽霍乱暴发过程中，Alberts 和 Graham[4] 并未见到 0.1% 拌料用药的效果；而发现用金霉素肌肉注射则可使其死亡率稍微减少。新生霉素拌料或饮水，能使实验感染的火鸡死亡率下降[59]。肌肉注射氯霉素（每千克体重 20mg）可有效地治疗禽霍乱，但在禽霍乱与禽伤寒或禽痘并发的禽群中，氯霉素的治疗并未成功[80]。氯霉素-地塞米松-扑敏灵联合用药，并与免疫接种同时进行，用于种火鸡的禽霍乱治疗有效。这种联合用药能有效控制疾病暴发 1 周后所出现的呼吸道症状[53]。水溶性红霉素以 119.8g/L 饮水的剂量用药，阻止了两群感染多杀性巴氏杆菌的雏番鸭的死亡[61]。氟喹诺酮类药物治疗禽霍乱有效，从禽体内分离到的多杀性巴氏杆菌对其高度敏感[50]。

根据 Dorsey 和 Harshfied[39] 的实验结果：为促进生长，在日粮中添加少量抗生素，对人工感染禽的致病过程没有显著的影响；通过饲料获得治疗剂量青霉素和链霉素的禽，其死亡率与对照组相同，但磺胺喹啉或磺胺甲基嘧啶组没有发生死亡。这些研究者发现土霉素和金霉素能有效地预防一小群产蛋鸡人工感染禽霍乱的死亡情况：未治疗组的死亡率为 80%；500g/t 土霉素拌料的治疗组仅为 12%。在 6 次自然暴发过程中，饲料中这一剂量的土霉素能阻止死亡，但停药后，其中 3 群又出现死亡。

（注：氯霉素在中国禁用于食品动物）

预防和控制

管理措施

清除多杀性巴氏杆菌的贮存宿主，或者防止它们接近禽群，可以收到一定的预防效果。正如 Zander，Bermudez 和 Mallinson 所言（见第一章），严格的管理措施，加上对卫生制度的重视，是预防禽霍乱的最佳措施。与大多数细菌性疾病不同，禽霍乱不能通过蛋传播。其感染发生在家禽饲养场，因此必须采取各种措施防止病原体传入禽群。

感染源通常最初来自病禽或康复带菌的家禽。

新建群必须引入幼禽，并要饲养在与其他禽群完全隔离的清洁环境中。隔离也应包括鸡舍，如果不能为第一年和第二年的产蛋群提供单独的鸡舍，那么老鸡群应全部淘汰上市。不同种类的禽群不应养在同一房舍中。不同种禽群混合饲养的危险性很大，应绝对禁止。同时要杜绝家畜（特别是猪、狗和猫）接近养禽区。为了尽可能地防止污染，应该使用自净的饮水，饲料槽应该加盖。

多种自由飞翔的鸟类均已分离出多杀性巴氏杆菌，这一事实说明家禽存在这一感染来源，应采取相应的措施来防止它们与禽群的接触。在禽霍乱流行严重的地区饲养火鸡时，应密闭式饲养，将自由飞翔的鸟类、啮齿动物和其他动物阻挡在外。如果发生了禽霍乱，只要经济合算，应对禽群隔离封锁，并处理掉。在重新建群前，应将所有房舍和设备清洗干净，并进行彻底消毒。

免疫接种

在禽霍乱流行地区，应当考虑免疫接种，但它绝对不能取代良好的卫生措施。商品化的灭活苗和活苗均可以。灭活苗通常是血清1、3和4型多杀性巴氏杆菌全菌体细胞的油佐剂苗。由于菌苗不能保护菌苗中所没有的血清型多杀性巴氏杆菌的侵袭，因而不同于血清1、3和4型的地方菌株的自家灭活苗也普遍使用[62]。自家疫苗佐剂的选择可以是油乳剂或氢氧化铝[12]。由于含有全菌体细胞的油佐剂苗注射后会使禽体产生强烈的组织反应，这种反应会导致产蛋量显著下降，氢氧化铝佐剂全菌体细胞疫苗对产蛋量的影响较小，因而对于正在产蛋的蛋种鸡和种火鸡使用氢氧化铝佐剂疫苗免疫较为合适。然而，已证实氢氧化铝佐剂菌苗没有油佐剂菌苗的免疫效果好[68,107]，所以，如果使用氢氧化铝佐剂菌苗，为了维持禽群整个产蛋期的免疫水平需要进行重复免疫。

美国有3种活疫苗可供使用，即CU株（CU，克莱姆森大学），一种低致病力菌株；M-9株，一种致病力更低的CU变异株；PM-1株，一种致病力介于二者之间的CU中间株。这些多杀性巴氏杆菌活疫苗免疫鸡和火鸡可诱导产生对其他血清型感染的保护作用。禽霍乱活疫苗的使用虽然可以刺激机体产生有效的免疫反应，但也存在使免疫鸡群出现死亡的可能性[14]。如果免疫后死亡过多，可通过注射抗生素降低，且至少应在免疫4天后使用抗生素，因为此时疫苗可诱导机体产生部分免疫力[128]。

针对禽霍乱制定最佳的免疫程序时，以下因素应该列入考虑范围：该地区禽霍乱的流行情况、该地区最流行的多杀性巴氏杆菌的血清型、所免疫禽群的年龄、所免疫禽群的用途（如：种火鸡还是商品火鸡，母代种鸡还是祖代种鸡）。针对种鸡禽霍乱有许多很好的免疫程序，可以使用灭活苗、活疫苗或者两者均用。通常需要免疫两次，初次免疫在8~10周龄，再次免疫在18~20周龄。免疫保护只针对灭活苗中具有的那些血清型的菌株，并且这种保护作用不能维持整个产蛋周期。其他一些比较常用的免疫程序有：10~12周龄时翅下接种活疫苗，随后在18~20周龄时使用另一种活菌苗或灭活苗加强免疫。用活苗免疫时，可提供针对多种血清型的多杀性巴氏杆菌的保护力，但是也可能引起慢性禽霍乱。在10~12周龄时使用灭活苗，并在18~20周龄时使用活苗，恰好在移入产房前接种，能提供针对多种血清型的保护力，且能最大限度地降低活苗诱导的慢性型禽霍乱[78]。

对于种用火鸡和肉用商品火鸡，最好的免疫程序是使用活苗饮水免疫，初次免疫在6~8周龄，以后每4周龄免疫一次，直到上市为止。灭活苗可也用于种火鸡，初次免疫为6~8周龄、产蛋前需要免疫2~5次。

欧齐星　刘　祥　吴清民　译

吴清民　吴培福　校

参考文献

[1] Alberts, J. O. 1950. The prophylactic and therapeutic properties of sulfamerazine in fowl cholera. *Am J Vet Res* 11:414 - 420.

[2] Alberts, J. O. and R. Graham. 1948. Fowl cholera in turkeys. *North Am Vet* 29:24 - 26.

[3] Alberts, J. O. and R. Graham. 1948. Sulfamerazine in the treatment of fowl cholera in turkeys. *Am J Vet Res* 9: 310 -313.

[4] Alberts, J. O. and R. Graham. 1951. An observation on aureomycin therapy of fowl cholera in pheasants. *Vet Med* 46:505 - 506.

[5] Anderson, L. A. P., M. G. Coombes, and S. M. K. Mallick 1929. On the dissociation of Bacillus avisepticus. *Indian J Med Res* 29:611 - 622.

［6］Anderson，N. G.，W. C. Alpaugh，and C. O. Baughn. 1974. Effect of sulfachloropyrazine in the drinking water of chickens infected experimentally with fowl cholera. *Avian Dis* 18：410‑415.

［7］Anonymous. 1867. Poultry Diseases，USDA Monthly Rep，216‑217.

［8］Arsov，R. 1965. The portal of infection in fowl cholera. *Nauchni Tr Vissh Vet Med Inst* 14：13‑17.

［9］Baba，T. and Y. Bito. 1966. Studies on the toxin of Pasteurella multocida. *Jpn J Bacteriol* 21：711‑714.

［10］Bairey，M. H. 1975. Immune response to fowl cholera antigens. *Ann J Vet Res* 36：575‑578.

［11］Berkman，S. 1942. Accessory growth factor requirements of the members of the genus Pasteurella. *J Infect Dis* 71：201‑211.

［12］Bhasin，J. L. and E. L. Biberstein. 1967. Fowl cholera in turkeys— the efficacy of adjuvant bacterins. *Avian Dis* 11：159‑168.

［13］Bierer，B. W. 1962. Treatment of avian pasteurellosis with injectable antibiotics. *J Am Vet Med Assoc* 141：1344‑1346.

［14］Bierer，B. W. and W. T. Derieux. 1972. Immunologic response of turkeys to an avirulent Pasteurella multocida vaccine in the drinking water. *Poult Sci* 51. 408‑416.

［15］Bisgaard，M.，Kuhnert，P.，Olsen，J. E. & Christensen，H. 2005. Investigations on the existence of phenotypic criteria for separation of 16S rRNA clusters A and B of Pasteurella multocida. The ASM conference Pasteurrellaceae 2005 in collaboration with the International Pasteurellaceae Society. Proceedings p. 45‑46. October 23‑26，2005 Kohala coast，Hawaii.

［16］Blackall，P. J.，N. Fegan，G. T. I. Chew，and D. J. Hampton. 1998. Population structure and diversity of avian isolates of Pasteurella multocida from Australia. *Microbiol* 144：279‑289.

［17］Blackall，P. J.，N. Fegan，G. T. I. Chew，and D. J. Hampton. 1999. A study of the use of multilocus enzyme electrophoresis as a typing tool in fowl cholera outbreaks. *Avian Pathol* 28：195‑198.

［18］Bolin，F. M. and D. F. Eveleth. 1951. The use of biological products in experimental fowl cholera. Proc 88th Annu Meet Am Vet Med Assoc，110‑112.

［19］Breed，R. S.，E. G. D. Murray，and N. R. Smith. 1957. Bergey's Manual of Determinative Bacteriology，7th ed. Williams & Wilkins：Baltimore，MD，195‑402.

［20］Brogden，K. A. and R. A. Packer. 1979. Comparison of Pasteurella multocida serotyping systems. *Am J Vet Res*

40：1332‑1335.

［21］Brogden，K. A.，K. R. Rhoades，and K. L. Heddleston. 1978. A new serotype of Pasteurella multocida associated with fowl cholera. *Avian Dis* 22：185‑190.

［22］Buchanan，R. E.，J. G. Holt，and E. F. Lessel. 1966. Index Berge-yana. Williams & Wilkins：Baltimore，MD，786‑792.

［23］Carpenter，T. E.，K. P. Snipes，R. W. Kasten，D. W. Hird，and D. C. Hirsch. 1991. Molecular epidemiology of Pasteurella multocida in turkeys. *Amer J Vet Res* 52：1345‑1349.

［24］Carter，G. R. 1955. Studies on Pasteurella multocida. I. A hemagglutination test for the identification of serological types. *Am J Vet Res* 16：481‑484.

［25］Christensen，J. P.，H. H. Dietz，and M. Bisgaard. 1998. Phenotypic and genotypic characters of isolates of Pasteurella multocida obtained from back‑yard poultry and two outbreaks of avian cholera in the avifauna in Denmark. *Avian Pathol* 27：373‑381.

［26］Christensen，J. P and M. Bisgaard. 2000. Fowl cholera. In *Scientific Technical Review*. Offlnt Epiz 19（2）：626‑637.

［27］Clark，D. S. and J. F. Godfrey. 1960. Atypical Pasteurella infections in chickens. *Avian Dis* 4：280‑290.

［28］Curtice，C. 1902. Goose septicemia. *Univ RI Agric Exp Stn Bull* 86：191‑203.

［29］Das，M. S. 1958. Studies on Pasteurella septica（Pasteurella multocida）. Observations on some biophysical characteristics. *J Comp Pathol Ther* 68：288‑294.

［30］de Jong，M. F. and G. H. A. Borst. 1985. Selective media for the isolation of P. multocida and B. bronchiseptica. *Vet Rec* 116：167.

［31］Delaplane，J. P. 1945. Sulfaquinoxaline in preventing upper respiratory infection of chickens inoculated with infective field material containing Pasteurella avicida. *Am J Vet Res* 6：207‑208.

［32］Derieux，W. T. 1978. Responses of young chickens and turkeys to virulent and avirulent Pasteurella multocida administered by various routes. *Avian Dis* 22：131‑139.

［33］Derieux，W. T. and B. W. Bierer. 1975. The CU strain of Pasteurella multocida. Proc 24th West Poult Dis Conf，64‑66.

［34］DeVolt，H. M. and C. R. Davis. 1932. A cholera-like disease in turkeys. *Cornell Vet* 22：78‑80.

［35］Dimov，I. 1964. Survival of avian Pasteurella multocida in soils at different acidity，humidity and temperature. *Nauchni Tr Vissh Vet Med Inst Sofia* 12：339‑345.

[36]Donahue,J. M. and L. O. Olson. 1972. Biochemic study of Pasteurella multocida from turkeys. *Avian Dis* 16:501 - 505.

[37]Donahue,J. M. and L. O. Olson. 1972. The *in vitro* sensitivity of Pasteurella multocida of turkey origin to various chemotherapeutic agents. *Avian Dis* 16:506 -511.

[38]Dorsey, T. A. 1963. Studies on fowl cholera. I. A biochemic study of avian Pasteurella multocida strains. *Avian Dis* 7:386 - 392.

[39]Dorsey, T. A. and G. S. Harshfield. 1959. Studies on control of fowl cholera. *South Dakota State Univ Agric Exp Stn Bull* 23:1 - 18.

[40]Dougherty, E. 1953. Disease problems confronting the duck industry. Proc 90th Annu Meet Am Vet Med Assoc, 359 - 365.

[41]Eigaard, N. M. , Permin, A. , Christensen, J. P. , Bojesen, A. M. and Bisgaard, M. 2006. Clonal stability of Pasteurella multocida in free-range layers affected by fowl cholera. *Avian Pathology*, 35:165 - 173.

[42]Faddoul, G. P. , G. W. Fellows, and J. Baird. 1967. Pasteurellosis in wild birds in Massachusetts. *Avian Dis* 11: 413 - 418.

[43]Fegan, N. ,P. J. Blackall, and J. L. Pahoff. 1995. Phenotypic characterisation of Pasteurella multocida isolates from Australian poultry. *Vet Microbiol* 47:281 -286.

[44] Fenstermacher, R. and B. S. Pomeroy. 1941. Encephalitis-like symptoms in turkeys associated with a Pasteurella sp. *Cornell Vet* 31:295 - 301.

[45]Flossmann, K. D. , Feist, H. , Hofer, M. , and W. Erler. 1974. Untersuchungen uber chemisch definierte Nahrmedien fur Pasteurella multocida und P. haemolytica. Z *Allg Mikrobiol* 14:29 - 38.

[46]Gadberry, J. L. and N. G. Miller. 1977. Use of bacteriophages as an adjunct in the identification of Pasteurella multocida. *Am J Vet Res* 38:129 - 130.

[47]Garlinghouse, L. E. , R. F. DiGiacomo, G. L. Van Hoosier, and J. Condon. 1971. Selective media for Pasteurella multocida and Bordetella bronchiseptica. *J Lab Anim Sci* 31:39 - 42.

[48]Gershman, M. , J. F. Witter, H. E. Spencer, and A. Kalvaitis. 1964. Epizootic of fowl cholera in the common eider duck. *J Wildl Manage* 28:587 - 589.

[49]Gilchrist,P. 1963. A survey of avian respiratory disease. *Aust Vet J* 39:140 - 144.

[50]Glisson, J. R. 1995. Fluoroquinolone use in the poultry industry. Drugs and Therapeutics for Poultry, American Association of Avian Pathologists: Kennett Square, PA, 73 - 75.

[51]Glorioso, J. C. , G. W. Jones, H. G. Rush, L. J. Pentler, C. A. Darif, and J. E. Coward. 1982. Adhesion of type A Pasteurella multocida to rabbit pharyngeal cells and its possible role in rabbit respiratory tract infection. *Infect Immun* 35:1103 - 1109.

[52]Gooderham, K. R. 1990. Avian pasteurellosis and Pasteurella-like organisms. In Poultry Diseases, 4th edition. F. T. W. Jordan and M. Pattison (eds.). W. B. Saunders Company Ltd. : London, England, 42 -47.

[53]Grant, G. , A. M. Russell, and D. McK. Fraser. 1968. Treatment of fowl cholera. *Vet Rec* 83:419.

[54]Gray, H. 1913. Some diseases of birds. In E. W. Hoare (ed.). A System of Veterinary Medicine, vol. 1. Alexander Eger: Chicago, 420 - 432.

[55]Gregg,D. A. , L. O. Olson, and E. L. McCune. 1974. Experimental transmission of Pasteurella multocida from raccoons to turkeys via bite wounds. *Avian Dis* 18:559 - 564.

[56] Gunawardana, G. A. , K. M. Townsend, and A. J. Frost. 2000. Molecular characterization of avian Pasteurella multocida isolates from Australia and Vietnam by REP-PCR and PFGE. *Vet Microbiol* 72:97 - 109.

[57]Hacking,W. C. and J. R. Pettit. 1974. Pasteurella hemolytica in pullets and laying hens. *Avian Dis* 18:483 -486.

[58]Hall,W. J. , K. L. Heddleston, D. H. Legenhausen, and R. W. Hughes. 1955. Studies on pasteurellosis: I. A new species of Pasteurella encountered in chronic fowl cholera. *Am J Vet Res* 16:598 - 604.

[59]Hamdy, A. H. and C. J. Blanchard. 1970. Effect of novobiocin on fowl cholera in turkeys. *Avian Dis* 14: 770 -778.

[60]Harbourne, J. F. 1962. A hemolytic coccobacillus recovered from poultry. *Vet Rec* 74:566 - 567.

[61]Hart, L. 1963. Treatment of duck cholera with erythromycin. *Aust Vet J* 39:92 - 93.

[62] Heddleston, K. L. 1962. Studies on pasteurellosis. V. Two immunogenic types of Pasteurella multocida associated with fowl cholera. *Avian Dis* 6:315 - 321.

[63]Heddleston, K. L. 1970. Personal communication.

[64]Heddleston, K. L. 1972. Avian Pasteurellosis. In M. S. Hofstad, B. W. Calnek, C. F. Helmboldt, W. M. Reid, and H. W. Yoder, Jr. (eds.). Diseases of Poultry, 6th ed. Iowa State University Press: Ames, IA, 219 - 241.

[65]Heddleston, K. L. 1975. Pasteurellosis. In S. B. Hitchner, C. H. Domermuth, H. G. Purchase, and J. E. Williams (eds.). Isolation and Identification of Avian

Pathogens. American Association of Avian Pathologists, Kennett Square, PA, 38 - 51.

[66]Heddleston, K. L. and P. A. Rebers. 1972. Fowl cholera: Crossimmunity induced in turkeys with formalin-killed in-vivopropagated Pasteurella multocida. *Avian Dis* 16: 578 - 586.

[67]Heddleston, K. L. and P. A. Rebers. 1975. Properties of free endotoxin from Pasteurella multocida. *Am J Vet Res* 36:573 - 574.

[68]Heddleston, K. L. and R. C. Reisinger. 1960. Studies on pasteurellosis. Ⅳ. Killed fowl cholera vaccine adsorbed on aluminum hydroxide. *Avian Dis* 4:429 -435.

[69]Heddleston, K. L. and L. P. Watko. 1963. Fowl cholera: Susceptibility of various animals and their potential as disseminators of disease. Proc 67th Annu Meet US Livest Sanit Assoc, 247 - 251.

[70]Heddleston, K. L. and G. Wessman. 1975. Characteristics of Pasteurella multocida of human origin. *J Clin Microbiol* 1:377 - 383.

[71]Heddleston, K. L., L. P. Watko, and P. A. Rebers. 1964. Dissociation of a fowl cholera strain of Pasteurella multocida. *Avian Dis* 8:649 - 657.

[72]Heddleston, K. L., J. E. Gallagher, and P. A. Rebers. 1970. Fowl cholera: immune responses in turkeys. *Avian Dis* 14:626 - 635.

[73]Heddleston, K. L., J. E. Gallagher, and P. A. Rebers. 1972. Fowl cholera: gel diffusion precipitin test for serotyping Pasteurella multocida from avian species. *Avian Dis* 16:925 - 936.

[74]Heddleston, K. L., P. A. Rebers, and G. Wessman. 1975. Fowl cholera: Immunologic and serologic response in turkeys to live Pasteurella multocida vaccine administered in the drinking water. *Poult Sci* 54:217 -221.

[75]Hendrickson, J. M. and K. F. Hilbert. 1932. The persistence of P. avium in the blood and organs of fowls with spontaneous fowl cholera. *J Infect Dis* 50:89 - 97.

[76]Henry, B. S. 1933. Dissociation in the genus Brucella. *J Infect Dis* 52:374 - 402.

[77]Hirsh, D. C., D. A. Jessup, K. P. Snipes, T. E. Carpenter, D. W. Hird, and R. H. Mccapes. 1990. Characteristics of Pasteurella multocida isolated from waterfowl and associated avian species in California. *J Wildlife Dis* 26:204 - 209.

[78]Hofacre, C. L., J. R. Glisson, and S. H. Kleven. 1986. Comparison of vaccination protocols of broiler breeder hens for Pasteurella multocida utilizing enzyme-linked immunosorbent assay and virulent challenge. *Avian Dis*

31:260 - 263.

[79]Hopkins, B. A., T. H. M. Huang, and L. D. Olson. 1998. Differentiating turkey postvaccination isolants of Pasteurella multocida using arbitrarily primed polymerase chain reaction. *Avian Dis* 42:265 - 274.

[80]Horvath, Z., M. Padanyi, and Z. Palatka. 1962. Chloramphenicol in the treatment of fowl cholera. *Magy Allatory Lapja* 17:332 - 336.

[81]Hughes, T. P. 1930. The epidemiology of fowl cholera. Ⅱ. Biological properties of P. avicida. *J Exp Med* 51: 225 - 238.

[82]Hughes, T. P. and I. W Pritchett. 1930. The epidemiology of fowl cholera. Ⅲ. Portal of entry of P. avicida: reaction of the host. *J Exp Med* 51:239 - 248.

[83]Hungerford, T. G. 1968. A clinical note on avian cholera. The effect of age on the susceptibility of fowls. *Aust Vet J* 44:31 - 32.

[84]Hunter, B. and G. Wobeser. 1980. Pathology of experimental avian cholera in mallard ducks. *Avian Dis* 24: 403 -414.

[85]Iliev, T., R. Arsov, I. Dimov, G. Girginov, and E. Iovcev. 1963. Swine, cattle, and sheep as carriers and latent sources of pasteurella infection for fowl. *Nauchni Tr Vissh Vet Med Inst Sofia* 11:281 - 288.

[86]Iliev, T., R. Arsov, E. Iovcev, and G. Girginov. 1963. Role of swine in the epidemiology of fowl cholera. *Nauchni Tr Vissh Vet Med Inst Sofia* 11:289 -293.

[87]Iliev, T., R. Arsov, and V. Lazarov. 1965. Can fowls, carriers of Pasteurella, excrete the organism in faeces? *Nauchni Tr Vissh Vet Med Inst* 14:7 - 12.

[88]Iovcev, E. 1967. The role of Argas persicus in the epidemiology of fowl cholera. *Angew Parasitol* 8:114 -117.

[89]Jaksic, B. L., M. Dordevic, and B. Markovic. 1964. Fowl cholera in wild birds. *Vet Glas* 18:725 - 730.

[90]Jensen, W. I. and C. S. Williams. 1964. Botulism and fowl cholera. In J. P. Linduska (ed.). Waterfowl Tomorrow. US Government Printing Office: Washington, D. C., 333 - 341.

[91]Jordan, R. M. M. 1952. The nutrition of Pasteurella septica. Ⅱ. The formation of hydrogen peroxide in a chemically-defined medium. *Br J Exp Pathol* 33:36 -45.

[92]Juszkiewicz, T. 1966. Hyperthermia and prednisolone acetate as provocative factors of Pasteurella multocida infection in chickens. *Pol Arch Weter* 10:141 - 151.

[93]Juszkiewicz, T. 1966. Effects of shaking and premedication with methylprednisolone on some biochemical indices associated with Pasteurella multocida infection of

cockerels. *Pol Arch Weter* 10:129 - 140.

[94]Karaivanov, L. and O. Mraz. 1973. Use of phagodiagnostics in Pasteurella multocida. *Acta Vet (Brno)* 42: 195 -200.

[95] Kehrenbert, C, Walker, R. D. , Wu, C. C. , and Schwarz, D. 2006. Antimicrobial resistance in members of the family Pasteurellaceae. In Aarestrup, F. M. (Ed.) Antimicrobial Resistance in Bacteria of Animal Origin, pp. 167 - 186. ASM press, Washington, D. C.

[96]Kim, C. J. and K. V. Nagaraja. 1990. DNA fingerprinting for differentiation of field isolates from reference vaccine strains of *Pasteurella multocida* in turkeys. *Amer J Vet Res* 51:207 - 210.

[97]Kirchner, C. and A. Eisenstark. 1956. Lysogeny in Pasteurella multocida. *Am J Vet Res* 17:547 - 548.

[98]Kiser, J. S. , J. Prier, C. A. Bottorff, and L. M. Greene. 1948. Treatment of experimental and naturally occurring fowl cholera with sulfamethazine. *Poult Sci* 27: 257 -262.

[99]Knight, D. P. , J. E. Paine, and D. C. E. Speller. 1983. A selective medium for Pasteurella multocida and its use with animal and human species. *J Clin Pathol* 36:591 - 594.

[100]Kyaw, M. H. 1944. Pathogenesis of Pasteurella septica infection in developing chick embryo. *J Comp Pathol* 54:200 - 206.

[101]Lewontin, R. C. and J. L. Hubby. 1966. A molecular approach to the study of genie heterozygosity in natural populations: Ⅱ Amount of variation and degree of heterozygosity in natural populations of Drosophilia pseudoobscura. *Genet* 54:595 - 609.

[102]Little, P. A. 1948. Use of Aureomycin in some experimental infections in animals. *Ann NY Acad Sci* 51: 246 -253.

[103] Maheswaran, S. K. , J. R. McDowell, and B. S. Pomeroy. 1973. Studies on Pasteurella multocida. Ⅰ. Efficacy of an avirulent mutant as a live vaccine in turkeys. *Avian Dis* 17:396 - 405.

[104]Manninger, R. 1919. Concerning a mutation of the fowl cholera bacillus. *Zentralbl Bakteriol Abt I Orig* 83: 520 -528.

[105]Marshall, J. D. 1963. The use of immunofluorescence for the identification of members of the genus Pasteurella in chemically fixed tissues. PhD Diss. , Univ Maryland.

[106]Matthes, S. , H. Loliger, and H. J. Schubert. 1969. Enzootisches Auftreten der Pasteurella hemolytica beim Huhn. *Dtsch Tierarztl Wochenschr* 76:94 -95.

[107]Matsumoto, M. and D. H. Heifer. 1977. A bacterin against fowl cholera in turkeys: Protective quality of various preparations originated from broth cultures. *Avian Dis* 21:382 - 393.

[108]McNeil, E. and W. R. Hinshaw. 1948. The effect of streptomycin on Pasteurella multocida *in vitro*, and on fowl cholera in turkeys. *Cornell Vet* 38:239 - 246.

[109]Mitrovic, M. 1967. Chemotherapeutic efficacy of sulfadimethoxine against fowl cholera and infectious coryza. *Poult Sci* 46:1153 - 1158.

[110]Mitrovic, M. and J. C. Bauernfeind. 1971. Efficacy of sulfadimethoxine in turkey diseases. *Avian Dis* 15:884 - 893.

[111] Mitrovic, M. , G. Fusiek, and E. G. Schildknecht. 1969. Antibacterial activity of sulfadimethoxine potentiated mixture (Ro 5 - 0013) in chickens. *Poult Sci* 48: 1151 - 1155.

[112] Mitrovic, M. , G. Fusiek, and E. G. Schildknecht. 1971. Antibacterial activity of sulfadimethoxine potentiated mixture (Rolfenaid) in turkeys. *Poult Sci* 50:525 - 529.

[113]Morishita, T. Y. , L. J. Lowenstine, D. C. Hirsch, and D. L. Brooks. 1996. Pasteurella multocida in raptors: prevalence and characterization. *Avian Dis* 40: 908 - 918.

[114]Morishita, T. Y. , L. J. Lowenstine, D. C. Hirsch, and D. L. Brooks. 1996. Pasteurella multocida in Psittacines: prevalence, pathology, and characterization of isolates. *Avian Dis* 40:900 - 907.

[115]Morris, E. J. 1958. Selective media for some Pasteurella species. *J Gen Microbiol* 19:305 - 311.

[116]Muhairwa, A. P. , J. P. Christensen, and M. Bisgaard. 2000. Investigations on the carrier rate of Pasteurella multocida in healthy commercial poultry and flocks affected by fowl cholera. *Avian Pathol* 29:133 -142.

[117]Muhairwa, A. P. , M. M. A. Mtambo, J. P. Christensen, and M. Bisgaard. 2001. Occurrence of Pasteurella multocida and related species in free ranging village poultry and their animal contacts. *Vet Microbiol* 78: 139 -153.

[118]Murata, M. , T. Horiuchi, and S. Namioka. 1964. Studies on the pathogenicity of Pasteurella multocida for mice and chickens on the basis of Ogroups. *Cornell Vet* 54: 293 -307.

[119]Mutters, R. , P. Ihm, S. Pohl, W. Frederiksen, and W. Mannheim. 1985. Reclassification of the genus Pas-

teurella Trevisan 1887 on the basis of deoxyribonucleic acid homology, with proposals for the new species Pasteurella dagmatis, Pasteurella canis, Pasteurella stomatis, Pasteurella anatis, and Pasteurella langaa. *Intl J System Bacteriol* 35:309 - 322.

[120] Namioka, S. and M. Murata. 1961. Serological studies on Pasteurella multocida. II. Characteristics of somatic (O) antigen of the organism. *Cornell Vet* 51:507 - 521.

[121] Nelson, C. L. 1955. The veterinarian in poultry practice. Proc 92nd Annu Meet Am Vet Med Assoc, 306 - 310.

[122] Nicolet, J. and H. Fey. 1965. Role of Pasteurella haemolytica in salpingitis of fowls. *Schweiz Arch Tierheilkd* 107:329 - 334.

[123] Nielsen, J. P., M. Bisgaard, and K. B. Pedersen. 1986. Production of toxin in strains previously classified as Pasteurella multocida. *Acta Pathol Microbiol Immunol Scand* Sect B 94:203 - 204.

[124] Nobrega, R. and R. C. Bueno. 1950. The influence of the temperature on the viability and virulence of Pasteurella avicida. *Boll Soc Paulista Med Vet* 8:189 - 194.

[125] Olson, L. D. 1966. Gross and histopathological description of the cranial form of chronic fowl cholera in turkeys. *Avian Dis* 10:518 - 529.

[126] Olsen, J. E., D. J. Brown, M. N. Skov, and J. P. Christensen. 1993. Bacterial typing methods suitable for epidemiological analysis. Applications in investigations of salmonellosis among livestock. *Vet Quarterly* 15:125 -134.

[127] Olson, L. D. and E. L. McCune. 1968. Experimental production of the cranial form of fowl cholera in turkeys. *Am J Vet Res* 29:1665 - 1673.

[128] Olson, L. D. and G. T. Schlink. 1985. Onset and duration of immunity and minimum dosage with CU cholera vaccine in turkeys via drinking water. *Avian Dis* 30:87 -92.

[129] Pabs-Garnon, L. F. and M. A. Soltys. 1971. Methods of transmission of fowl cholera in turkeys. *Am J Vet Res* 32:1119 - 1120.

[130] Park, P. Y. 1982. Disseminated intravascular coagulation in experimental fowl cholera of chickens. *Korean J Vet Res* 22:211 - 219.

[131] Pasteur, L. 1880a. Sur les maladies virulents et en particulier sur la maladie appelee vulgairement cholera des poules. *CR Acad Sci* 90:239 - 248, 1030 - 1033.

[132] Pasteur, L. 1880b. De l'attenuation du virus du cholera des poules. *CR Acad Sci* 91:673 - 680.

[133] Pasteur, L. 1881. Sur les virus-vaccins du cholera des poules et du charbon. CR Travaux Congr Int Dir Stn Agron Sess Versailles, 151 - 162.

[134] Peterson, E. H. 1948. Sulfonamides in the prophylaxis of experimental fowl cholera. *J Am Vet Med Assoc* 113:263 - 266.

[135] Petrov, D. 1975. Studies on the gamasid red mite of poultry, Dermanyssus gallinae, as a carrier of Pasteurella multocida. *Vet Med Nauk* (Bulg) 12:32 - 36.

[136] Pier, A. C, K. L. Heddleston, S. J. Cysewski, and J. M. Patterson. 1972. Effect of aflatoxin on immunity in turkeys. II. Reversal of impaired resistance to bacterial infection by passive transfer of plasma. *Avian Dis* 16:381 - 387.

[137] Pirosky, I. 1938. Sur l'antigen glucidolipidique des Pasteurella. *CR Soc Biol* 127:98 - 100.

[138] Pritchett, I. W. and T. P. Hughes. 1932. The epidemiology of fowl cholera. VI. The spread of epidemic and endemic strains of Pasteurella avicida in laboratory populations of normal fowl. *J Exp Med* 55:71 - 78.

[139] Pritchett, I. W., F. R. Beaudette, and T. P. Hughes. 1930. The epidemiology of fowl cholera. IV. Field observations of the "spontaneous" disease. *J Exp Med* 51:249 - 258.

[140] Pritchett, I. W., F. R. Beaudette, and T. P. Hughes. 1930. The epidemiology of fowl cholera. V. Further field observations of the spontaneous disease. *J Exp Med* 51:259 - 274.

[141] Rebers, P. A., A. E. Jensen, and G. A. Laird. 1988. Expression of pili and capsule by the avian strain P - 1059 of Pasteurella multocida. *Avian Dis* 32:313 - 318.

[142] Reis, J. 1941. On the presence of Pasteurella avicida in feces of infected birds. *Arq Inst Biol* (San Paulo) 12:307 - 309.

[143] Rhoades, K. R. 1964. The microscopic lesions of acute fowl cholera in mature chickens. *Avian Dis* 8:658 -665.

[144] Rhoades, K. R. and R. B. Rimler. 1987. Capsular groups of Pasteurella multocida isolated from avian hosts. *Avian Dis* 31:895 - 898.

[145] Rhoades, K. R. and R. B. Rimler. 1987. Effects of Pasteurella multocida endotoxins on turkey poults. *Avian Dis* 31:523 - 526.

[146] Rhoades, K. R. and R. B. Rimler. 1988. Toxicity and virulence of capsular serogroup D Pasteurella multocida strains isolated from turkeys. *J Am Med Assoc* 192:1790.

[147] Rhoades, K. R. and R. B. Rimler. 1988. Unpublished

data.

[148]Rifkind, D. and M. J. Pickett. 1954. Bacteriophage studies on the hemorrhagic septicemia Pasteurellae. *J Bacteriol* 67:243 - 246.

[149]Rimler, R. B. 1984. Comparisons of serologic responses of white leghorn and New Hampshire red chickens to purified lipopolysac-charides of Pasteurella multocida. *Avian Dis* 28:984 - 989.

[150]Rimler, R. B. 1987. Cross-protection factor(s) of Pasteurella multocida: Passive immunization of turkeys against fowl cholera caused by different serotypes. *Avian Dis* 31:884 - 887.

[151]Rimler, R. B. 1994. Presumptive identification of Pasteurellla multocida serogroups A, D, and F by capsule depolymerisation with mucopolysaccharidases. *Vet Rec* 134:191 - 192.

[152]Rimler, R. B. and M. Phillips. 1986. Fowl cholera: Protection against Pasteurella multocida by ribosome- lipopolysaccharide vaccine. *Avian Dis* 30:409 -415.

[153]Rimler, R. B. and K. R. Rhoades. 1987. Serogroup F, a new capsule serogroup of Pasteurella multocida. *J Clin Microbiol* 25:615 - 618.

[154]Rimler, R. B. ,P. A. Rebers, and M. Phillips. 1984. Lipopoly-saccharides of the Heddleston serotypes of Pasteurella multocida. *Am J Vet Res* 45:759 -763.

[155]Rosen, M. 1971. Avian Cholera. In J. W. Davis, L. H. Karstad, D. O. Trainer, and R. Anderson (eds.). Infectious and Parasitic Diseases of Wild Birds. Iowa State Univ Press: Ames, IA, 59 - 74.

[156]Rosen, M. N. and A. I. Bischoff. 1949. The 1948-49 outbreak of fowl cholera in birds in the San Francisco Bay area and surrounding counties. *Calif Fish Game* 35:185 - 192.

[157]Rosenbusch, C. and I. A. Merchant. 1939. A study of the hemorrhagic septicemia Pasteurellae. *J Bacteriol* 37:69 - 89.

[158]Ryu, E. 1961. Studies on Pasteurella multocida. Ⅵ. The relationship between inhibitory action of blood and susceptibility of animals to Past, multocida. *J pn J Vet Sci* 23:357 - 361.

[159]Salmon, D. E. 1880. Investigations of fowl cholera. Rep US Comm Agric, 401 - 445.

[160]Saxena, S. P. and A. B. Hoerlein. 1959. Lysogeny in Pasteurella. I. Isolation of bacteriophages from Pasteurella strains isolated from shipping fever and those from other infectious processes. *J Vet Anim Husb* 3:53 - 66.

[161]Selander, R. K. , D. A. Caugant, H. Ochman, J. M. Musser, M. N. Gilmour, and T. S. Whittam. 1989. Methods of multilocus enzyme electrophoresis for bacterial population genetics and systematics. *Appl Environ Microbiol* 51:873 - 884.

[162]Serdyuk, H. G. and P. F. Tsimokh. 1970. Role of freeliving birds and rodents in the distribution of pasteurellosis. *Veterinariia* 6:53 - 54.

[163]Simms, B. T. 1951. Rep Chief Bureau Anim Indust, USDA, 44 - 45.

[164]Skidmore, L. V. 1932. The transmission of fowl cholera to turkeys by the common house fly (Musca domestics Linn) with brief notes on the viability of fowl cholera microorganisms. *Cornell Vet* 22:281 - 285.

[165]Smith, I. M. and A. J. Baskerville. 1983. A selective medium for isolation of P. multocida in nasal specimens from pigs. *Br Vet J* 139:476 - 486.

[166]Snipes, K. P. , D. C. Hirsh, R. W. Kasten, T. E. Carpenter, D. W. Hird, and R. H. Mccapes. 1990. Homogeneity of characteristics of Pasteurella multocida isolated from turkeys and wildlife in California, 1985-88. *Avian Dis* 34:315 - 320.

[167]Stuart, E. E. , R. D. Keenum, and H. W. Bruins. 1966. Efficacy of sulfaethoxypyridazine against fowl cholera in artificially infected chickens and turkeys, and its safety in laying chickens and broilers. *Avian Dis* 10:135 - 145.

[168] Townsend, K. M. , Boyce, J. D. , Chung, J. Y. , Frost, A. J. and Adler, B. 2001. Genetic organization of Pasteurella multocida cap loci and development of a multiplex capsular PCR typing system. *J. of Microbiology*, 39:924 - 929.

[169]Van Es, L. and J. F. Olney. 1940. An inquiry into the influence of environment on the incidence of poultry diseases. *Univ Neb Agric Exp Stn Res Bull* 118:17 - 21.

[170]Vaught, R. W. , H. C. McDougle, and H. H. Burgess. 1967. Fowl cholera in waterfowl at Squaw Creek National Wildlife Refuge, Missouri. *J Wildl Manage* 31: 248 - 253.

[171]Walser, M. M. and R. B. Davis. 1975. *In vitro* characterization of field isolates of Pasteurella multocida from Georgia turkeys. *Avian Dis* 19:525 - 532.

[172]Watko, L. P. 1966. A chemically defined medium for growth of Pasteurella multocida. *Can J Microbiol* 12: 933 - 937.

[173]Watko, L. P. and K. L. Heddleston. 1966. Survival of shell-frozen, freeze-dried, and agar slant cultures of Pasteurella multocida. *Cryobiology* 3:53 -55.

[174] Wessman, G. E. and G. Wessman. 1970. Chemically defined media for Pasteurella multocida and Pasteurella ureae, and a comparison of their thiamine requirements with those of Pasteurella haemolyt-ica. *Can J Microbiol* 16:751-757.

[175] Wilson, G. S. and A. A. Miles. 1964. Topley and Wilson's Principles of Bacteriology and Immunity. Williams & Wilkins: Baltimore, MD, 932-953.

[176] Wilson, M. A., R. M. Duncan, G. E. Nordholm, and B. M. Berlowski. 1995. Serotypes and DNA fingerprint profiles of Pasteurella multocida isolated from raptors. *Avian Dis* 39:94-99.

[177] Wilson, M. A., R. M. Duncan, G. E. Nordholm, and B. M. Berlowski. 1995b. Pasteurella multocida isolated from wild birds of North America: A serotype and DNA fingerprint study of isolates from 1978 to 1993. *Avian Dis* 39:587-593.

[178] Yaw, K. E. and J. C. Kakavas. 1957. A comparison of the protection-inducing factors in chickens and mice of a type 1 strain of Pasteurella multocida. *Am J Vet Res* 18:661-664.

鸭疫里默氏菌感染

Riemerella anatipestifer Infection

Tirath S. Sandhu

引　言

定义和同义名

鸭疫里默氏菌（*Riemerella anatipestifer*，RA）感染是家鸭、鹅、火鸡及其他家禽和野禽的一种接触传染性疾病，又称为新鸭病、鸭败血症、鸭疫综合征、鸭疫败血症和传染性浆膜炎。鹅的鸭疫里默氏菌感染曾被称为鹅流感或鹅渗出性败血症[40]。该病呈急性或慢性败血症形式，其特征是纤维素性心包炎、肝周炎、气囊炎、干酪性输卵管炎和脑膜炎。

经济意义

鸭疫里默氏菌感染是危害全世界养鸭业的一种主要疾病。该病以病鸭死亡率高、消瘦、胴体淘汰、品质下降、疾病治疗等造成巨大经济损失，免疫接种和治疗等预防控制措施也增加了饲养成本。

公共卫生

本病没有公共卫生学意义。

历　史

1932年，纽约长岛3个鸭场的北京鸭中首次报道鸭疫里默氏菌感染[28]。该报道称之为一种新病，随后在该地区就称为"新鸭病"。该病最早发生于7～10周龄鸭，死亡率约为10%，后来传播到3周龄左右的雏鸭。6年后在伊利诺斯州的一个商品鸭场发生本病，被称为"鸭败血症"[20]。Dougherty和他的合作者[16]经过全面的病理学研究之后，将本病命名为"传染性浆膜炎"。Leibovita[39]建议使用"鸭疫里默氏菌感染"这一名称，以突出该病是由鸭疫里默氏菌感染所引起，并与具有相似病理学变化的其他感染相区别。Riemer[55]曾报道过鹅的一种类似的疾病——鹅渗出性败血症。根据报道看来，其病原菌——败血性巴氏杆菌（*Pasteurella septicaemiae*）的特性与鸭疫里默氏菌相同[30,69]。

病　原　学

分类

Hendrickson和Hilbert[28]对病原菌进行了分离和鉴定，命名为鸭疫斐佛氏菌（*Pfeifferella anatipestifer*）。Bruner和Fabricant[10]将其与布氏杆菌、巴氏杆菌、莫拉氏菌、放线杆菌和嗜血杆菌进行了比较研究，认为该菌与莫拉氏菌有更多的共同之处，并建议命名为鸭疫莫拉氏菌（*Moraxella anatipestifer*）。在第7版《伯杰氏细菌学鉴定手册》中被列为鸭疫巴氏杆菌[8]。由于其分类地位未定，在第8版[69]和第9版[43]《伯杰氏系统细菌学手册》中被列为分类地位未确定种。根据DNA碱基组成、DNA-DNA同源性和细胞脂肪酸的构象，已将该菌从莫拉氏菌属和巴氏杆菌属中排除出来[5,43]。DNA结合虽然较低，但仍有明显结合，而且细菌产生甲基萘醌类和侧链脂肪酸，因此，Piechulla 等[53]建议将其划入黄杆菌属催纤维菌群。Segers 等[68]认为鸭疫里默氏菌与基因型密切相关的黄杆菌属和韦氏菌属有明显的不同，根据 DNA-rRNA 杂交分析、蛋白质、脂肪酸甲基酯（FAME）组分及其表型特征，如不产生色素、产生呼吸醌——"7-甲基萘醌"，建议将该菌单列为里默氏菌属，并命名为鸭疫里默氏菌，以纪念 Riemer 于 1904 年首次报道了"鹅渗出性败血症"[55]。

根据表型特征、基因型特征和 FAME 构成，将从鸭和鹅中分离到的分类单位为 1502[32]的类鸭疫里默氏菌（*R. anatipestifer*-like）归属于考诺尼尔属（*Coenonia*）[74]，建议命名鸭考诺尼尔菌（*Coenonia anatine*）[66]。与鸭疫里默氏菌不同，鸭考诺尼尔菌不产生精氨酸双水解酶和明胶酶、有透明质酸酶和硫酸软骨素酶活性、水解七叶苷、具有 β-氨基葡萄糖苷酶活性。

形态学和染色

鸭疫里默氏菌为革兰氏阴性杆菌、无运动性、不形成芽孢。单个、成双，偶尔呈链状排列。菌体宽 0.2～0.4μm，长 1～5μm。瑞氏染色时，许多菌体呈两极着染，印度墨汁染色时可见有荚膜。

生长需要

细菌在巧克力琼脂、血液琼脂或胰酶大豆琼脂上生长良好。对营养要求苛刻的菌株可在胰酶大豆琼脂中添加 0.05% 酵母提取物和 5% 新生牛血清。增加 CO_2 浓度生长更旺盛[20]。Hendrickson 和 Hilbert[28]根据用氢氧化钠和焦性没食子酸去除氧气进行培养，得出的结果认为该菌为严格需氧菌，可是 CO_2 与氢氧化钠发生反应已被耗尽，细菌既得不到氧气，也不能得到 CO_2。尽管某些鸭疫里默氏菌菌株在 45℃ 培养可以生长，但在 4℃ 或 55℃ 时不能生长[4]。一般在烛罐中，增加 CO_2 和湿度，37℃ 培养 48～72h，生长最佳。

菌落形态

在血液琼脂上，于烛罐中 37℃ 培养 24～48h，菌落直径 1～2mm，凸起，边缘整齐、透明、有光泽，呈奶油状。一些菌株呈黏性生长。在清亮的培养基上，用斜射光观察时有虹光。

生化特性

进行常规的糖发酵试验时，该菌不发酵糖。但在糊精、葡萄糖、麦芽糖、海藻糖、甘露糖和果糖等单糖缓冲培养基中生长可产酸[2,4,31]。一般情况下可以使明胶液化、石蕊牛乳慢慢变碱，不产生吲哚和 H_2S，但也有一些菌株吲哚阳性[32]。不能将硝酸盐还原为亚硝酸盐，不水解淀粉。在麦康凯琼脂上不生长，血液琼脂上无溶血现象。鸭疫里默氏菌氧化酶和触酶阳性，可产生磷酸酶[22]。七叶苷水解酶、透明质酸酶和硫酸软骨素酶阴性[31]。部分菌株产生尿素酶和精氨酸双水解酶。

鸭疫里默氏菌可产生酸性磷酸酶、碱性磷酸酶、酯脂肪酶 C8（APIZYME 系统）、亮氨酸芳基酰胺酶、缬氨酸芳基酰胺酶、胱氨酸芳基酰胺酶、磷酸酰胺酶、α-葡萄糖苷酶、酯酶 C4，不产生 α 和 β-半乳糖苷酶、β-葡萄糖醛酸酶、β-葡萄糖苷酶、α-甘露糖酶、β-葡萄糖胺酶、脂酶 C14、岩藻糖酶、鸟氨酸脱羧酶及赖氨酸脱羧酶[53,68]。

对理化因素的抵抗力

37℃ 或室温条件下，大多数鸭疫里默氏菌菌株在固体培养基中存活不超过 3～4 天。肉汤培养物在 4℃ 可以存活 2～3 周。55℃ 作用 12～16h，细菌全部失活[4]。曾报道过鸭疫里默氏菌在自来水和火鸡垫料中可分别存活 13 天和 27 天[6]。该菌对青霉素、新生霉素、氯霉素、林可霉素、恩诺沙星、链霉素、红霉素、氨苄青霉素、杆菌肽、新霉素和四环素敏感，但对卡那霉素和多黏菌素 B 不敏感[4,13]。鸭疫里默氏菌对庆大霉素有一定抗性。

菌株分类

鸭疫里默氏菌分离株可应用凝集试验和琼脂凝胶扩散（AGP）试验来进行血清学分型，两种分型方法均与细菌表面多糖抗原有关[9]。平板凝集试验方便快捷。试管凝集试验可根据抗体效价而进行定量，比琼扩更受欢迎。

到目前为止，已报道 21 个血清型。Harry 根据凝集反应鉴定了 16 个血清型（A～P），其中 E、F、J 和 K 4 个血清型在保存过程中丢失，后来发现血清型 G 和 N 分别与 I 和 O 相同[7,21]。应用琼扩试验鉴别出 7 个血清型（1～7）[9]。随后 Bisgaard[7] 报道了 1、2、3、4、5 和 6 型，在血清学上分别与 Harry 的 A、I/G、L、H、M 和 B 相同，他建议采用数字命名血清型，并对新发现血清型的分类进行规范以免产生混乱。他还鉴定了 2 个新的血清型（12 和 13）。血清型 7 与血清型 O/N 相同并分离到一株新的血清型菌株（血清型 8）[65]。Sandhu 和 Leister[66] 对 Bisgaard 提出的分型方案进行了改进，将 Harry 的血清型 C 和 D 改称为 9 和 10，将血清型 4 剔除，因为该菌株并非鸭疫里默氏菌，并报道了 5 个新的血清型（11，14，15，16，17）。Loh 等[42] 认为血清型 13 和 17 相同，并将 Harry 的血清型 P 改为血清型 4，另外加上分自新加坡鸭的 3 个新的血清型（17、18 和 19 型）。从泰国的鸭中分离到 2 个新的血清型（20 和 21）[51]，其中血清型 20 后来证明不是鸭疫里默氏菌而被排除[59]。在泰国从鸭子体内分离到一个新的血清型菌株代替了血清型 20[49]。各血清型菌株均与同源抗血清发生特异性反应，唯有血清型 5 例外，它与血清型 2 和 9 有微弱的交叉反应[42,65]。

各血清型的菌株细胞溶解物经聚丙烯酰胺凝胶电泳均显示许多条带[29]。多数条带为所有血清型所共有，但有一些条带为单个血清型所特有。Subramaniam 等[71] 克隆了鸭疫里默氏菌一个外膜蛋白基因（ompA），该基因编码 42kD 的主要外膜蛋白抗原（ompA）。所有鸭疫里默氏菌参考菌株均有 OmpA 基因，但不同菌株之间有微小的差异。Tsai 等[72] 报道说，按照 16S rRNA 的系统发育树分析，所有的鸭疫里默氏菌都在同一簇，基于 16S rRNA 的 PCR 可能是一种鉴别鸭疫里默氏菌的合适方法。

最近的研究发现，大多数鸭疫里默氏菌含有质粒[12]。一个 3.9kb 的质粒含有与其他细菌毒力相关基因类似的蛋白基因，另一质粒有插入序列，可能在流行病学研究中具有重要意义[75]。

病理生物学和流行病学

发生和分布

本病呈世界性分布，在所有集约化养鸭国家均有发生[61]。根据所感染的菌株、宿主年龄、感染途径的不同，疾病的严重程度有很大差异[26,67]。常常在一个场或同一批鸭中往往不只是一个血清型引起发病。

自然宿主和实验宿主

鸭疫里默氏菌感染主要发生于家鸭和鹅。曾报道过火鸡自然暴发鸭疫里默氏菌感染[27,28]。美国和其他国家火鸡严重暴发表明，鸭疫里默氏菌是家养火鸡的一种潜在的病原[19,47,48,70]。从雉鸡[11]、鸡[57]、珍珠鸡和鹌鹑[48]、鹧鸪[77] 和其他水禽中也曾分离到鸭疫里默氏菌[17,37,46,54,76]。近期还报道了自海鸥、澳州长尾雉、海鸠和猪中分离到该菌[32]。

据报道，鸡、鹅、鸽、兔和小鼠对鸭疫里默氏菌有抵抗力，豚鼠腹腔大剂量感染可引起死亡[20,28]。而 Heddleston[26] 发现，7 只 1 日龄雏鸡脚掌接种 8×10^6 个细菌后，5 只死亡；2 周龄中国白鹅感染 4×10^6 个细菌引起的症状和病变与北京鸭雏相同。

1～8 周龄雏鸭高度敏感，5 周龄以下雏鸭一般在出现临床症状后 1～2 天死亡，日龄较大的鸭可能存活较长时间。该病在种鸭中少见。

传播、携带者和传播媒介

鸭疫里默氏菌可经呼吸道[38] 或皮肤伤口，特别是足部皮肤伤口[2] 感染。有报道从临床表现正常的鸭子咽黏膜分离到鸭疫里默氏菌和鸭疫里默氏菌类似菌[58]。根据季节性发病和细菌对宿主红细胞有明显的亲嗜性，Cooper[14] 认为火鸡发病可能是经虫媒传播。经静脉、皮下、腹腔内、肌肉内、脚蹼和眶下窦接种所复制的病例非常一致，经皮下和静脉途径感染可以出现高死亡率。经口或鼻接种感染小鸭不出现死亡或死亡率很低[3,24,67]。

潜伏期

本病的潜伏期一般为 2～5 天。雏鸭经皮下、静脉内或眶下窦途径人工感染最早可在感染后 24h 出现临床症状和死亡。

临床症状

最常见的症状是精神沉郁、流眼泪和流鼻液、轻度咳嗽和打喷嚏、排绿色稀粪、共济失调、头颈震颤和休克。感染鸭仰翻卧地，两腿呈划水状，行动迟缓，跟不上群。幸存鸭生长迟缓[52]。环境条件差或并发其他疾病常常促进鸭疫里默氏菌感染的暴发，死亡率为5%~75%不等，而发病率往往比较高。

病理变化

大体病变

最明显的大体病变是浆膜表面的纤维素性渗出，以心包、肝脏表面（图19.14）和气囊最为明显；火鸡和其他禽类也有类似的病变。纤维素性气囊炎较常见，胸腔和腹腔气囊均可以发生。脾脏肿大，呈斑驳状。鼻窦内有黏液脓性渗出物，输卵管中有干酪性渗出物[16]。

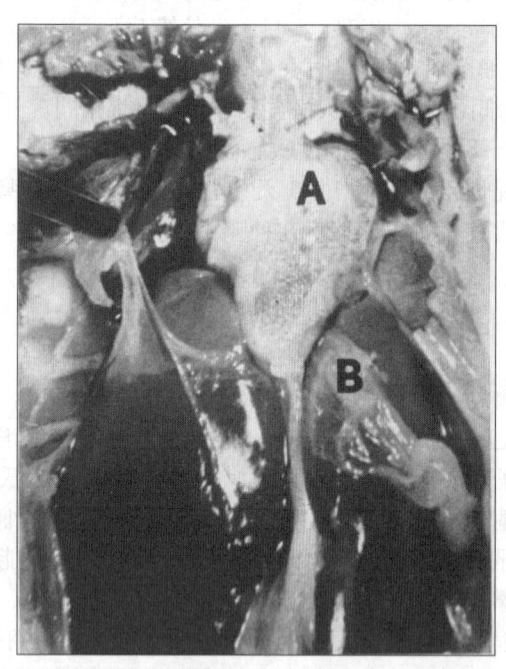

图 19.14　鸭疫里默氏菌感染。纤维素性心外膜炎（A），心包炎和肝周炎（B）。镊子夹住的为肝脏表面渗出物

局部慢性感染常发生在皮肤，偶见于关节。皮肤病变表现为背后部或肛周坏死性皮炎。在皮肤和脂肪层之间有黄色渗出物。

组织学病变

心脏纤维素性渗出物含有少量的炎性细胞，主要是单核细胞和异嗜细胞（图19.15）。急性期肝脏

可见肝门周围轻度单核白细胞浸润、浊肿、实质细胞水肿变性（图19.16）。亚急性病例，可见肝门周围中度淋巴细胞浸润[52]。气囊渗出物中的细胞以单核细胞为主。慢性病例可见多核巨细胞和成纤维细胞[16]。细菌可感染呼吸道而不一定表现临床症状。感染鸭的肺脏可能不受侵害，邻近副支气管的

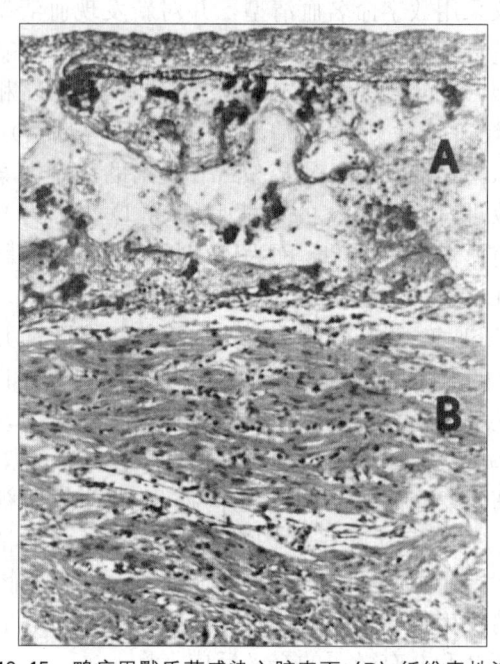

图 19.15　鸭疫里默氏菌感染心脏表面（B）纤维素性渗出（A）。H. E×150

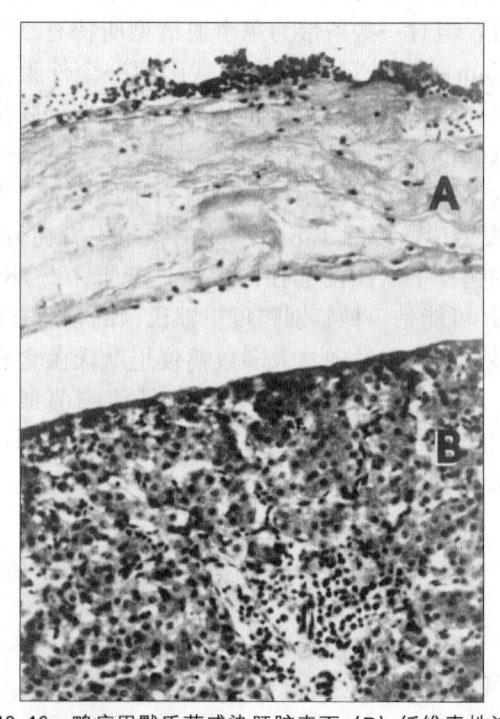

图 19.16　鸭疫里默氏菌感染肝脏表面（B）纤维素性渗出（A）。H. E×300

淋巴集结出现间质性细胞浸润和增生[52]，或发生急性纤维素脓性肺炎[20]。中枢神经系统感染可出现纤维素性脑膜炎。Jorner 等[36]研究了自然感染雏鸭的中枢神经系统病变，表现为弥散性、纤维素性脑膜炎，在脑膜血管壁及其周围有白细胞浸润，脑室系统有广泛性渗出、软膜下和脑室周围的脑组织有轻度到中度的白细胞和小神经胶质细胞浸润。脾脏和法氏囊可见淋巴细胞的坏死和凋亡[67]。

免疫力

康复鸭对再感染有抵抗力[2,20,28]。曾使用过灭活的菌素苗（bacterin）预防鸭疫里默氏菌感染。1、2 和 5 型细菌的福尔马林灭活菌素苗免疫接种后对同源菌攻击有保护力，但对异源菌无保护作用。含有这 3 个型的三价灭活菌苗对这 3 个血清型的细菌有保护作用，但保护力持续时间较短[60]。Harry和 Deb[23]对几个型细菌的福尔林灭活菌素苗的保护效力进行了研究，并进行了田间试验。一个剂量的油佐剂苗免疫后，小鸭的免疫力可持续较长时间[18,60]。曾报道经过过滤去除菌体细胞的培养液对同源菌的攻击有明显的保护作用[50]。外膜蛋白 Om-pA 和 P45 不能提供针对强毒攻击的保护作用，但可以产生鸭疫里默氏菌特异性抗体[34]。1 日龄雏鸭通过气雾或饮水免疫无毒的活菌株，在 3～6 周龄时对同源菌株的攻击有抵抗力[62]。种母鸭免疫后，子代被动免疫可持续约 2～3 周时间[63]。种母鸭免疫后，可以从蛋黄和血清中检测到鸭疫里默氏菌特异性抗体[41]。子代的母源抗体能够持续到 10 日龄。抗鸭疫里默氏菌抗原的细胞免疫为一过性（与菌苗免疫类似），活疫苗免疫保护持续时间更长[29,62]。

诊　　断

病原分离与鉴定

虽然可以根据临床症状和剖检变化作出初步诊断，但确诊需要进行鸭疫里默氏菌的分离和鉴定。感染急性阶段最容易分离到细菌，心血、脑、气囊、骨髓、肺、肝脏组织和病变渗出物均适用于细菌分离。无菌采集样本接种于血液琼脂或加 0.05％酵母提取物的胰酶大豆琼脂上，置于烛缸中 37℃培养 24～72h。对被污染的病料，平板中添加 5％的新生牛血清和庆大霉素（5mg/1 000mL）有助于鸭疫里默氏菌的分离。可挑选单个菌落接种于鉴别培养基并根据"病原学"部分所描述的特性进行鉴定，应用特异性抗血清进行凝集试验或琼扩试验确定血清型。限制性内切酶分析分子指纹图谱或重复序列聚合酶链反应可用于菌株的鉴别和流行病学研究[35,56]。

血清学

免疫荧光技术可用于检查病禽组织或渗出物中的鸭疫里默氏菌[44]。凝集试验和 ELISA 试验可用于检测血清抗体。ELISA 试验可用于检测血清抗体，比凝集试验敏感性好，但没有血清型特异性[25,33,41]。

鉴别诊断

应注意与多杀性巴氏杆菌、鸭考诺尼尔菌、大肠杆菌、粪链球菌和沙门氏菌等引起的败血性疾病相区别，这些疾病的大体病变与鸭疫里默氏菌感染很难区分。确诊需要进行病原的分离和鉴定。此外，还应与衣原体病进行区分，特别是火鸡及衣原体感染严重的地区。

管 理 措 施

预防和控制措施

最重要的是做好生物安全、搞好管理和环境卫生，包括适当的通风，特别是完全圈养的鸭舍。避免过度拥挤、炎热或寒冷应激等感染促发因素。应采取严格的措施防止感染扩散到健康鸭群。如果在网上饲养，地面应定期冲洗和消毒，避免粪便堆积，减少污染的机会。

免疫接种

灭活菌素苗可有效地预防和降低鸭疫里默氏菌感染的死亡率[23,38,60]。由于菌素苗所诱导的免疫力具有血清型特异性，因此理想的菌素苗应含有主要血清型菌株，这样才能提供有效的保护。美国和加拿大曾使用过包含1、2、5血清型的菌素苗,雏鸭在第2和第3周龄免疫接种产生的保护作用可持续到上市日龄[38]。油佐剂苗接种一次可产生较好和较长时间的保护作用,但在接种部位可引起不良的病变[18,60]。

已研制成功抗1、2和5型鸭疫里默氏菌的活疫苗,1日龄雏鸭气雾或饮水免疫后对人工或临床上强毒感染有明显的保护作用[62]。一次免疫后,其保护作用至少可持续到42日龄。疫苗株在上呼吸道增殖,刺激机体产生体液免疫。经气雾或眶下窦内感染证明,疫苗株对1日龄雏鸭无毒力,而且采用接触感染返传10代仍然安全。种鸭接种菌素苗和活疫苗产生的母源抗体可使子代获得保护,其持续时间为2～3周。有母源抗体的雏鸭接种活疫苗或灭活疫苗均可产生良好的主动免疫[63]。

治疗

抗生素和磺胺药对鸭疫里默氏菌感染的治疗效果不一。据报道,在鸭疫里默氏菌感染试验中,饮水或饲料中添加0.2%～0.25%的磺胺二甲基嘧啶可以预防鸭出现临床症状[2]。饲料中添加0.025%或0.05%的磺胺喹噁啉可有效地降低自然或人工感染鸭的死亡率[15,64]。人工感染开始前3天,在饲料中添加新生霉素(0.0303%～0.0368%)或林可霉素(0.011%～0.022%)可明显降低死亡率。在人工感染鸭的饲料中联合使用周效磺胺和二甲氧甲苄氨嘧啶(剂量为0.02%～0.12%)可预防或减少死亡及大体病变[45,64]。四环素治疗鸭疫里默氏菌感染效果不佳[1,64]。皮下注射林可霉素-壮观霉素、青霉素或青霉素与双脱氢链霉素可有效地降低人工感染鸭的死亡率[64]。恩诺沙星可有效地防止雏鸭的死亡,第1天在饮水中添加50mg/kg,之后4天为25mg/kg[73]。在雏鸭人工感染鸭疫里默氏菌后5h后,以2mg/kg的单一剂量皮下注射一种广谱的头孢菌素——头孢噻呋,可以减少雏鸭的死亡率[13]。

王宏俊　苏敬良　译

张培君　郭玉璞　校

参考文献

[1]Ash, W. J. 1967. Antibiotics and infectious serositis in White Pekin ducklings. *Avian Dis* 11:38 - 41.

[2]Asplin, F. D. 1955. A septicaemic disease of ducklings. *Vet Rec* 67:854 - 858.

[3]Asplin, F. D. 1956. Experiments on the transmission of a septicaemic disease of ducklings. *Vet Rec* 68:588 -590.

[4]Bangun, A., D. N. Tripathy, and L. E. Hanson. 1981. Studies of Pasteurella anatipestifer: An approach to its classification. *Avian Dis* 25:326 - 337.

[5]Bangun, A., J. L. Johnson, and D. N. Tripathy. 1987. Taxonomy of Pasteurella anatipestifer. 1. DNA base composition and DNA-DNA hybridization analysis. *Avian Dis* 31:43 - 45.

[6]Bendheim, U. and A. Even-Shoshan. 1975. Survival of Pasteurella multocida and Pasteurella anatipestifer in various natural media. *Refit Vet* 32:40 - 46.

[7]Bisgaard, M. 1982. Antigenic studies on Pasteurella anatipestifer, species incertae sedis, using slide and tube agglutination. *Avian Pathol* 11:341 - 350.

[8]Breed, R. S., E. F. Lessel, Jr., and E. Heist Clise. 1957. Genus I. Pasteurella Trevisan, 1887. In R. S. Breed, E. G. D. Murray, and N. R. Smith (eds.). Bergey's Manual of Determinative Bacteriology, 7th ed. Williams & Wilkins: Baltimore, MD, 395 - 402.

[9]Brogden, K. A., K. R. Rhoades, and R. B. Rimler. 1982. Serologic types and physiologic characteristics of 46 avian Pasteurella anatipestifer cultures. *Avian Dis* 26:891 - 896.

[10]Bruner, D. W. and J. Fabricant. 1954. A strain of Moraxella anatipestifer (Pfeifferella anatipestifer) isolated from ducks. *Cornell Vet* 44:461 - 464.

[11]Bruner, D. W., C. I. Angstrom, and J. I. Price. 1970. Pasteurella anatipestifer infection in pheasants. A case report. *Cornell Vet* 60:491 - 494.

[12]Chang, C. F., P. E. Hung, and Y. F. Chang. 1998. Molecular characterization of a plasmid isolated from Riemerella anatipestifer. *Avian Pathol* 27:339 -345.

[13]Chang, C. F., W. H. Lin, T. M. Yeh, T. S. Chiang and Y. F. Chang. 2003. Antimicrobial susceptibility of Riemerella anatipestifer isolated from ducks and the efficacy of ceftiofur treatment. *J Vet Diagn Invest* 15:26 - 29.

[14]Cooper, G. L. 1989. Pasteurella anatipestifer infections in California turkey flocks: Circumstantial evidence of a mosquito vector. *Avian Dis* 33:809 - 815.

[15]Dean, W. F., J. I. Price, and L. Leibovitz. 1973. Effect of feed medicaments on bacterial infections in ducklings. *Poult Sci* 52:549 - 558.

[16]Dougherty, E., L. Z. Saunders, and E. H. Parsons. 1955. The pathology of infectious serositis of ducks. *Am J Pathol* 31:475 - 487.

[17]Eleazer, T. H. , H. G. Blalock, J. S. Harrell, and W. T. Derieux. 1973. Pasteurella anatipestifer as a cause of mortality in semiwild penraised mallard ducks in South Carolina. *Avian Dis* 17：855 - 857.

[18]Floren, U. , P. K. Storm, and E. F. Kaleta. 1988. Pasteurella anatipestifer sp. i. c. bei Pekingenten：Pathogenitätsprüfungen und Immu - nisierung mit einer inaktivierten, homologen, monovalenten (serotyp 6/B) Ölemulsionsvakzine. *Dtsch Tierärztl Wochenschr* 95：210 -214.

[19]Frommer, A. , R. Bock, A. Inbar, and S. Zemer. 1990. Muscovy ducks as a source of Pasteurella anatipestifer infection in turkey flocks. *Avian Pathol* 19：161 -163.

[20]Graham, R. , C. A. Brandly, and G. L. Dunlap. 1938. Studies on duck septicemia. *Cornell Vet* 28：1 -8.

[21]Harry, E. G. 1969. Pasteurella (Pfeifferella) anatipestifer serotypes isolated from cases of anatipestifer septicaemia in ducks. *Vet Rec* 84：673.

[22]Harry, E. G. 1981. Personal communication.

[23]Harry, E. G. and J. R. Deb. 1979. Laboratory and field trials on a formalin inactivated vaccine for the control of Pasteurella anatipestifer septicaemia in ducks. *Res Vet Sci* 27：329 - 333.

[24]Hatfield, R. M. and B. A. Morris. 1988. Influence of the route of infection of Pasteurella anatipestifer on the clinical and immune responses of White Pekin ducks. *Res Vet Sci* 44：208 - 214.

[25]Hatfield, R. M. , B. A. Morris, and R. R. Henry. 1987. Development of an enzyme-linked immunosorbent assay for the detection of humoral antibody to Pasteurella anatipestifer. *Avian Pathol* 16：123 - 140.

[26]Heddleston, K. L. 1972. Infectious serositis. In M. S. Hofstad, B. W. Calnek, C. F. Helmboldt, W. M. Reid, H. W. Yoder, Jr. (eds.). Diseases of Poultry, 6th ed. Iowa State University Press：Ames, IA, 246 - 251.

[27] Hlfer, D. H. and C. F. Helmboldt. 1977. Pasteurella anatipestifer infection in turkeys. *Avian Dis* 21：712 - 715.

[28]Hendrickson, J. M. and K. F. Hilbert. 1932. A new and serious septicemic disease of young ducks with a description of the causative organism, Pfeifferella anatipestifer, N. S. *Cornell Vet* 22：239 - 252.

[29]Higgins, D. A. , R. R. Henry, and Z. V. Kounev. 2000. Duck immune response to Riemerella anatipestifer vaccines. *Dev Comp Immunol* 24：153 - 167.

[30]Hinz, K. H. , H. Grebe, and M. Knapp. 1976. Moraxella septi - caemiae - Infektion bei Gänsen. *Zentralbl Veteri-naermed* [B] 23：341 -345.

[31]Hinz, K. H. , M. Ryll, and B. Köhler. 1998a. Detection of acid production from carbohydrates by Riemerella anatipestifer and related organisms using the buffered single substrate test. *Vet Microbiol* 60：277 -284.

[32]Hinz, K. H. , M. Ryll, B. Köhler, and G. Glünder. 1998b. Phenotypic characteristics of Riemerella anatipestifer and similar microorganisms from various hosts. *Avian Pathol* 27：33 - 42.

[33]Huang, B. , J. Kwang, H. Loh, J. Frey, H. -M. Tan and K. -L. Chua. 2002. Development of an ELISA using a recombinant 41 kDa partial protein (P45N') for the detection of Riemerella anatipestifer infection in ducks. *Vet Microbiol* 88：339 - 349.

[34]Huang, B. , S. Subramaniam, J. Frey, H. Loh, H. -M. Tan, C. J. Fernandez, J. Kwang and K. -L. Chua. 2002. Vaccination of ducks with recombinant outer membrane protein (OmpA) and a 41 kDa partial protein (P45N') of Riemerella anatipestifer. *Vet Microbiol* 84：219 - 230.

[35]Huang, B. , S. Subramaniam, K. L. Chua, J. Kwang, H. Loh, J. Frey, and H. -M. Tan. 1999. Molecular fingerprinting of Riemerella anatipestifer by repetitive sequence PCR. *Vet Microbiol* 67：213 - 219.

[36]Jortner, B. S. , R. Porro, and L. Leibovitz. 1969. Central-nervous-system lesions of spontaneous Pasteurella anatipestifer infection in ducklings. *Avian Dis* 13：27 -35.

[37]Karstad, L. , P. Lusis, and J. R. Long. 1970. Pasteurella anatipestifer as a cause of mortality in captive wild waterfowl. *J Wildl Dis* 6：408 - 413.

[38]Layton, H. W. and T. S. Sandhu. 1984. Protection of ducklings with a broth-grown Pasteurella anatipestifer bacterin. *Avian Dis* 28：718 - 726.

[39]Leibovitz, L. 1972. A survey of the so-called "anatipestifer syndrome. " *Avian Dis* 16：836 - 851.

[40]Levine, N. D. 1965. Goose influenza (septisemia anserum exsuda- tive). In H. E. Biester and L. H. Schwarte (eds.). Diseases of Poultry, 5th ed. Iowa State University Press：Ames, IA, 469 - 471.

[41]Lobbedey, L. , and B. Schlatterer. 2003. Development and application of an ELISA for the detection of duck antibodies against Riemerella anatipestifer antigens in egg yolk and in serum of their offspring. *J Vet Med B*. 50：81 -85.

[42]Loh, H. , T. P. Teo, and H. Tan. 1992. Serotypes of Pasteurella anatipestifer isolates from ducks in Singapore：A proposal of new serotypes. *Avian Pathol* 21：

453 -459.

[43]Mannheim, W. 1984. Family Ⅲ. Pasteurellaceae Pohl 1981a, 382. In N. R. Krieg and J. G. Holt (eds.). Bergey's Manual of Systematic Bacteriology, 9th ed. , vol. 1. Williams & Wilkins; Baltimore. MD, 550 -557.

[44]Marshall, J. D. , Jr. , P. A. Hansen, and W. C. Eveland. 1961. Histo-bacteriology of the genus Pasteurella. 1. Pasteurella anatipestifer. *Cornell Vet* 51;24 -34.

[45]Mitrovic, M. , E. G. Schildknecht, G. Maestrone, and H. G. Luther. 1980. Rofenaid in the control of Pasteurella anatipestifer and *Escherichia coli* infections in ducklings. *Avian Dis* 24;302 - 308.

[46]Munday, B. L. , A. Corbould, K. L. Heddleston, and E. G. Harry. 1970. Isolation of Pasteurella anatipestifer from black swan (Cygnus atratus). *Aust Vet* J46;322 - 325.

[47]Nagaraja, K. V. 1988. Personal communication.

[48]Pascucci, S. , L. Giovannetti, and P. Massi. 1989. Pasteurella anatipestifer infection in guinea fowl and Japanese quail (Coturnix coturnix japonica). Proc 9th Int Congr World Vet Poultry Assoc. ; Brighton, England, 47.

[49]Pathanasophon, P. , P. Phuektes, T. Tanticharoenyos, W. Narongsak and T. Sawada. 2002. A potential new serotype of Riemerella anatipestifer isolated from ducks in Thailand. *Avian Pathol* 31;267 - 270.

[50]Pathanasophon, P. , T. Sawada, T. Pramoolsinsap, and T. Tanticharoenyos. 1996. Immunogenicity of Riemerella anatipestifer broth culture bacterin and cell-free culture filtrate in ducks. *Avian Pathol* 25;705 -719.

[51]Pathanasophon, P. , T. Sawada, and T. Tanticharoenyos. 1995. New serotypes of Riemerella anatipestifer isolated from ducks in Thailand. *Avian Pathol* 24;195 -199.

[52]Pickrell, J. A. 1966. Pathologic changes associated with experimental Pasteurella anatipestifer infection in ducklings. *Avian Dis* 10;281 - 288.

[53]Piechulla, K. , S. Pohl, and W. Mannheim. 1986. Phenotypic and genetic relationships of so - called Moraxella (Pasteurella) anatipestifer to the Flavobacterium/Cytophaga group. *Vet Microbiol* 11;261 - 270.

[54]Pierce, R. L. and M. W. Vorhies. 1973. Pasteurella anatipestifer infection in geese. *Avian Dis* 17;868 -870.

[55]Riemer. 1904. Kurze Mitteilung über eine bei Gänsen beobachtete exsudative Septikämie und deren Erreger. *Zentralbl Bakteriol I Abt I Orig* 37;641 - 648.

[56]Rimler, R. B. and G. E. Nordholm. 1998. DNA fingerprinting of Riemerella anatipestifer. *Avian Dis* 42;101 -

105.

[57]Rosenfeld, L. E. 1973. Pasteurella anatipestifer infection in fowls in Australia. *Aust Vet J* 49;55 - 56.

[58]Ryll, M. , H. Christensen, M. Bisgaard, J. P. Christensen, K. H. Hinz and B. Köhler. 2001. Studies on the prevalence of Riemerella anatipestifer in the upper respiratory tract of clinically healthy ducklings and characterization of untypable strains. *J Vet Med B* 48;537 - 546.

[59]Ryll, M. and K. H. Hinz. 2000. Exclusion of strain 670/ 89 as type strain of serovar 20 of Riemerella anatipestifer. *Berl Münch Tierärztl Wsch* 113;65 -66.

[60]Sandhu, T. 1979. Immunization of White Pekin ducklings against Pasteurella anatipestifer infection. *Avian Dis* 23; 662 - 669.

[61]Sandhu, T. S. 1986. Important diseases of ducks. In D. J. Farrell and P. Stapleton (eds.). Duck Production Science and World Practice. University of New England; Australia, 111 - 134.

[62]Sandhu, T. S. 1991. Immunogenicity and safety of a live Pasteurella anatipestifer vaccine in White Pekin ducklings; Laboratory and field trials. *Avian Pathol* 20;423 - 432.

[63]Sandhu, T. S. 1992. Unpublished data.

[64]Sandhu, T. S. and W. F. Dean. 1980. Effect of chemotherapeutic agents on Pasteurella anatipestifer infection in White Pekin ducklings. *Poult Sci* 59;1027 -1030.

[65]Sandhu, T. and E. G. Harry. 1981. Serotypes of Pasteurella anatipestifer isolated from commercial White Pekin ducks in the United States. *Avian Dis* 25;497 - 502.

[66]Sandhu, T. S. and M. Leister. 1991. Serotypes of Pasteurella anatipestifer isolates from poultry in different countries. *Avian Pathol* 20;233 - 239.

[67]Sarver, C. F. , T. Y. Morishita and B. Nersessian. 2005. The effect of route of inoculation and challenge dosage on Riemerella anatipestifer infection in Pekin ducks. *Avian Dis* 49;104 - 107.

[68]Segers, P. , W. Mannheim, M. Vancanneyt, K. DeBrandt, K. H. Hinz, K. Kersters, and P. Vandamme. 1993. Riemerella anatipestifer gen. nov. , comb, nov. , the causative agent of septicemia anserum exsudativa, and its phylogenetic affiliation within the Flavobacterium-Cytophaga rRNA homology group. *Int J Syst Bacteriol* 43;768 -776.

[69]Smith, J. E. 1974. Genus Pasteurella Trevisan 1987. In R. E. Buchanan and N. E. Gibbons (eds.). Bergey's Manual of Determinative Bacteriology, 8th ed. Williams & Wilkins; Baltimore, MD, 370 - 373.

[70]Smith, J. M. , D. D. Frame, G. Cooper, A. A. Bickford, G.

Y. Ghazikhanian, and B. J. Kelly. 1987. Pasteurella anatipestifer infection in commercial meat-type turkeys in California. *Avian Dis* 31:913-917.

[71]Subramaniam, S., B. Huang, H. Loh, J. Kwang, H. M. Tan, K. L. Chua, and J. Frey. 2000. Characterization of a predominant immunogenic outer membrane protein of Riemerella anatipestifer. *Clin Diag Lab Immunol* 7:168-174.

[72]Tsai, H. J., Y. T. Liu, C. S. Tseng and M. J. Pan. 2005. Genetic variation of the *ompA* and 16S *r*RNA genes of Riemerella anatipestifer. *Avian Pathol* 34:55-64.

[73]Turbahn, A., S. C. D. Jäckel, E. Greuel, A. D. Jong, R. Froyman, and E. F. Kaleta. 1997. Dose response study of enrofloxacin against Riemerella anatipestifer septicaemia in Muscovy and Pekin ducklings. *Avian Pathol* 26:791-802.

[74]Vandamme, P., M. Vancanneyt, P. Segers, M. Ryll, B. Köhler, W. Ludwig, and K. H. Hinz. 1999. Coenonia anatina gen. nov., sp. nov., a novel bacterium associated with respiratory disease in ducks and geese. *Int J Syst Bacteriol* 49:867-874.

[75]Weng, S. C., W. H. Lin, C. F. Chang, and C. F. Chang. 1999. Identification of a virulence-associated protein homolog gene and ISRal in a plasmid of Riemerella anatipestifer. *FEMS Microbiol Letters* 179:11-19.

[76]Wobeser, G. and G. E. Ward. 1974. Pasteurella anatipestifer infection in migrating whistling swans. *J Wildl Dis* 10:466-470.

[77]Wyffels, R. and J. Hommez. 1990. Pasteurella anatipestifer geisoleerd uit ademhalingsletsels bij grijze patrijzen (*Perdix perdix*). *Vlaam Diergeneeskd Tijdschr* 59:105-106.

[78]Zehr, W. J. and J. Ostendorf, Jr. 1970. Pasteurella anatipestifer in turkeys. *Avian Dis* 14:557-560.

鼻气管鸟杆菌感染

Ornithobacterium rhinotracheale Infection

R. P. Chin, Paul C. M. van Empel 和 H. M. Hafez

引　言

定义和同义名

鼻气管鸟杆菌（*Ornithobacterium rhinotrache-ale*）感染是禽类一种接触传染性疾病，主要引起呼吸紊乱、死亡和生长减缓。其临床症状的严重程度、疾病持续时间和死亡率受多种环境因素影响，如管理不善、通风不良、密度过高、垫料和环境卫生差等而差异极大。

经济学意义

因禽类的死亡率和淘汰率升高、产蛋量减少、生长减缓等而造成严重的经济损失。

公共卫生意义

目前尚未发现鼻气管鸟杆菌具有任何公共卫生意义。

历　　史

Charlton 等[17]1993 年首先对鼻气管鸟杆菌进行了鉴定，次年 Vandammme 等[104]报道了该菌的分类地位和 21 个分离株的基因型、化学分类和表型特征，并建议命名为鼻气管鸟杆菌，但该菌似乎在 1993 年之前就已分离到，并且进行了研究[44]。

目前已知最早分离到该菌是在 1981 年，从德国北部表现流鼻液、肿脸并有纤维脓性气囊炎的 5 周龄火鸡中分离到该菌。1983 年从幼龄白嘴鸦的气管中分离到。1986 年，在以色列从患急性渗出性肺炎和气囊炎的不同年龄的火鸡中分离到鼻气管鸟杆菌[12]。1987 年，匈牙利从 10 周龄的疑似霍乱的北京鸭体内分离到鼻气管鸟杆菌[89]。英国在 1986 到 1988 年间从种火鸡中分离到鼻气管鸟杆菌，当时确定为类巴氏杆菌，这些鸡群表现精神沉郁、产蛋量下降、咳嗽、少量死亡、纤维素性气囊炎和肺炎[107]。

在加利福尼亚，鼻气管鸟杆菌的分离工作始于 1986 年，Charton 对 1990—1991 年收集的分自患呼吸道疾病的火鸡和鸡的 14 株菌进行了鉴定[17]。1991 年，Du Preez 在南非发现一种肉鸡的呼吸道疾病并分离到鼻气管鸟杆菌[87]。德国在 1993 年和 1994[37,43]年报道过鼻气管鸟杆菌引起火鸡霍乱样病变，美国 1996 年也报道了 32 周龄种火鸡同样的疾病[20]。

自从 Vandamme 等在 1994 年鉴定鼻气管鸟杆菌之后，从世界各地的鸟类体内已分离到大量的鼻气管鸟杆菌。

病 原 学

分类

名称和同义词

鼻气管鸟杆菌属噬纤维-黄杆菌-拟杆菌门，rRNAV 亚科，与其他两种禽类病原，鸭疫里默氏菌和鸭考诺尼尔菌（*Coenonia anatina*）[104,105] 关系密切。该菌在命名为鼻气管鸟杆菌[9,57,104]之前，曾称为类巴氏杆菌（*Pasteurella*-like）、类金氏菌（*Kingel*-like）、分类单元 28 和多形态革兰氏阴性杆菌。

形态和染色

鼻气管鸟杆菌为革兰氏阴性多形态杆菌、无运动性、不形成芽孢，琼脂上培养的细菌呈短棒状，大小为 0.2～0.9μm×0.6～5μm（图 19.17）。但在液体培养基培养的细菌，可以呈现长达 15μm 的棒状杆菌。

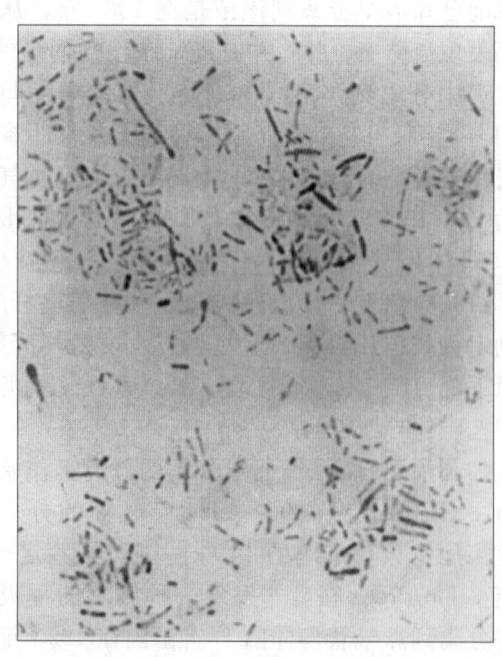

图 19.17　鼻气管鸟杆菌 48h 培养物革兰氏染色，呈现高度的多形性。×375（Charlton）

生长需要

鼻气管鸟杆菌在需氧、微需氧和厌氧条件下均可生长。最适生长温度为 37℃，但在 30～42℃条件下均可生长。该菌在加 5%～10%绵羊血琼脂上生长最佳，在胰酶大豆琼脂和巧克力琼脂上也易生长。在麦康凯琼脂、远藤琼脂、Gassner 琼脂、Drigalski 琼脂或西蒙氏柠檬酸盐琼脂上不生长。在液体培养基中的生长情况与菌株有关，液体培养基有脑心浸液肉汤、巴氏肉汤或 Todd Hewitt 肉汤。

菌落形态

鼻气管鸟杆菌菌落小、圆形、凸起、边缘整齐，呈灰色或灰白色，有时有微红色闪光，不溶血。初代分离时，大部分菌株菌落大小有很大的差异（培养 48h 后为 1～3mm），但传代培养后菌落大小比较一致。

生化特性

常规的生化试验结果可能不一致，其表型特征包括产生氧化酶、不产生接触酶、无运动性、三糖

表 19.4　鼻气管鸟杆菌所产生的酶

试　验	结果
碱性磷酸酶	+
酯酶脂肪酶	+
亮氨酸氨肽酶	+
缬氨酸氨肽酶	+
胱氨酸氨肽酶	+
酸性磷酸酶	+
磷酸水解酶	+
α-半乳糖苷酶	+
β-半乳糖苷酶	+
α-葡糖苷酶	+
N-乙酰-β氨基葡糖苷酶	+
胰蛋白酶	+
α-糜蛋白酶	+
脂肪酶	-
β-葡糖苷酸酶	-
β-葡糖苷酶	-
α-甘露糖苷酶	-
α-岩藻糖苷酶	-

铁琼脂上无反应、产生 β-半乳糖苷酶、不还原硝酸盐、在麦康凯琼脂上不生长。在德国，从火鸡体内分离到一株细胞色素氧化酶阴性的鼻气管鸟杆菌[67]。检测的主要脂肪酸为 iso15∶0、16∶0、15∶0 iso 30H、17∶0 iso、16∶0 30H、17∶O iso 30H、以及未知峰值的 13.566 和 16.580 等长链。酶反应见表 19.4。

对理化因素的抵抗力

0.5％甲酸和乙醛酸溶液、0.5％醛类溶液（20％戊二醛配制）等 15min 可完全杀灭鼻气管鸟杆菌[40]。这些药物给予 0.5％浓度时，可在 15min 内灭活培养基中的鼻气管鸟杆菌。

抗原结构和毒素

目前还没有鞭毛、纤毛、质粒[49]或毒性基团等特殊结构或成分的报道。

菌株分类

抗原性

应用煮沸浸提抗原（BEAs）与单价抗血清琼扩试验（AGP）和酶联免疫吸附试验（ELISA）可将鼻气管鸟杆菌分为 18 个血清型（A～R）[92,95]，其中以 A 型为主，分别占鸡和火鸡分离株的 97％和 61％[95]。血清型和地区分布有一定的相关性。只从南非和美国的火鸡中分离到 C 型[33,90,95]。血清型没有宿主特异性。

Hafez 和 Sting[41]比较了不同方法提取的抗原（热稳定抗原、抗蛋白酶 K 抗原和 SDS 提取抗原）的血清学分型效果，结果表明，应用热稳定抗原和抗蛋白酶 K 抗原进行 AGP 是一种合适的血清学分型方法，而 ELISA 有大量的交叉反应，不适合血清分型。

免疫原性或保护特性

应用在同一宿主的免疫耗竭和被动免疫转移相结合的新实验方法，Schuijffel 等发现在鸡体内抗体介导的免疫是抵抗鼻气管鸟杆菌感染的关键因素[72]。

分子特性

Amonsin 等[3]采用多位点酶电泳、重复序列 PCR 和 16S rRNA 基因序列分析对世界各地家禽中分离的 55 株鼻气管鸟杆菌进行研究表明，大多数菌株间差异很小，属于密切相关的克隆群。他们认为该菌是近年来从野禽传给家禽的。

对分自法国的 23 株鼻气管鸟杆菌进行随机扩增多态性 DNA（RAPD）分析表明，该方法得到的 DNA 指纹图谱重复性好，有很好的分辨力，似乎可作为另一种分型方法[49]。

Van Empel 等[89]应用扩增片段长度多态性（AFLP）鉴定了 56 个不同血清型的分离株，这些菌株分离自不同国家的多种鸟类。按照 DNA 指纹的主要差别，这些分离株分为 3 个主要群。

Popp 和 Hafez[62]通过对 Sal I 酶切基因组的限制性大片段进行脉冲凝胶电泳（PFGE）分析，调查了来自德国、匈牙利和西班牙的火鸡和鸡体内的一些鼻气管鸟杆菌分离株。总的来说，尽管从大体上非常相似，但结果也表明绝大部分分离株 DNA 指纹图谱显示出了差异性，并且不同地理来源、血清型和 DNA 指纹图谱间有一致性和相关性。相反的，Koga 和 Zavaleta[48]最近应用 PCR 和外重复回文序列聚合酶链反应（rep-PCR）技术，调查了来自秘鲁不同地域肉仔鸡、种鸡和产蛋鸡的 25 株鼻气管鸟杆菌，结果显示，所有 25 个分离株的基因图谱都与鼻气管鸟杆菌的标准株［ATCC（美国菌种保藏中心）51463］相似，该标准菌株分离自英国的火鸡。

致病性

不同的鼻气管鸟杆菌分离株之间的致病性似乎存在一定的差异。将南非分离的 3 株细菌接种到 28 日龄肉鸡腹部气囊后引发的气囊炎和关节炎病变有明显的差异[85]，此外，Van Veen 等[102]发现荷兰和南非分离株气囊感染肉鸡的致病性比一株美洲分离株强。

用鸡胚致死性试验研究了从火鸡和鸡体内分离的 119 个分离株的致病性[39]。结果显示 11 日龄鸡胚尿囊腔接种大约 500 个 CFU 的鼻气管鸟杆菌能够区分致病性与非致病性分离株。基于死亡率数据，鸡胚致死率在 10％～20％的判为非致病性分离株，鸡胚致死率在 21%～60% 的判为温和性致病分离株，鸡胚致死率大于 60% 的判为高性致病分离株。

Soriano 等发现鼻气管鸟杆菌在体外可以黏附鸡气管上皮细胞[76]。

病理生物学和流行病学

发生和分布

自从 1994 年认识该菌以后，世界各地分离到许多鼻气管鸟杆菌的分离株[1,2,4,11,13,14,16,21,24-26,31,32,35,37,45,47,49,58,60,66,70,75,76,80,83,84,108]。

自然宿主和实验宿主

已从世界各地的多种禽类中分离到鼻气管鸟杆菌，包括鸡、石鸡、鸭、鹅、珍珠鸡、鸥、鸵鸟、鹧鸪、雉、鸽、鹌鹑、白嘴鸦和火鸡等[17,97,104]。对家禽而言，虽然对日龄大的致病性似乎强一些，但所有日龄都易感。

报道的许多鼻气管鸟杆菌病例都并发有其他呼吸道感染，如大肠杆菌[19,70]、禽波氏杆菌[16]、新城疫病毒[84]、传染性支气管炎病毒[26,60,71]、禽肺病毒（avian metapneumovirus）[8,33,46,55]、滑液支原体[108]和鹦鹉热衣原体[98]感染。大多数实验研究表明，鸡和火鸡单独感染鼻气管鸟杆菌引起的病变轻微，而合并感染呼吸道病毒或细菌时病变加重[5,19,22,28,94,96,102]。

但也有些研究认为单独感染鼻气管鸟杆菌引起的病变与自然病例病变相似[69,79,85,102]。

传播、携带者和传播媒介

鼻气管鸟杆菌可通过气溶胶或饮水直接和间接接触而发生水平传播。鼻气管鸟杆菌在 37℃ 可存活 1 天，在 22℃ 可存活 6 天，在 4℃ 可存活 40 天，在 −12℃ 可至少存活 150 天[53]。鼻气管鸟杆菌对低温的耐受与冬天高感染报道率相关联。该菌在 42℃ 中存活不超过 24h。

也有间接的证据表明可发生垂直传播[89,103]。此外，从卵巢、输卵管、孵化的种蛋、未受精蛋、

死胚、未出壳的死雏鸡和火鸡中都分离到鼻气管鸟杆菌[5,23,59,83,89]。然而，当鼻气管鸟杆菌接种到受精胚，鸡胚在第 9 天死亡，但从中分离不到鼻气管鸟杆菌，提示该菌不通过孵化时的鸡胚传播。

潜伏期

22 周龄火鸡实验感染后 24h 内出现精神沉郁、咳嗽和采食下降[79]。48h 咳出带血黏液。感染后第 5 天，咳嗽减轻，存活火鸡精神好转。

人工感染 5 周龄鸡后，细菌可在 2 天内侵害呼吸器官，4 天后有临床表现[96]。

临床症状

暴发鼻气管鸟杆菌感染后，临床症状、疾病持续时间和死亡率有很大差异，受多种环境因素的影响，如管理不善、通风不良、高密度饲养、垫料差、卫生条件差、氨气浓度高、并发感染和继发感染等。

3～6 周龄肉鸡感染死亡率为 2%～10%，表现为精神沉郁、采食量减少、增重减缓、一过性流鼻液、打喷嚏，随后出现脸部水肿[28,60,97]。鼻气管鸟杆菌感染幼禽脑颅可引起猝死（2 天内死亡可高达 20%），可能有呼吸道症状，也可能没有[29]。

本病对肉种鸡的危害是在产蛋期，主要是在产蛋高峰和即将进入产蛋高峰之时，死亡率略有升高、采食量减少，有轻度呼吸道症状。死亡率有差异，在无并发感染时较低。产蛋量下降、蛋变小、蛋壳质量差，很多病例的受精率和孵化率未受影响[31]。

商品蛋鸡感染鼻气管鸟杆菌可引起产蛋下降、畸形蛋增多和死亡率上升[80]。

Roepke[66]发现较大日龄的火鸡感染后临床症状更严重，死亡率更高。大多数小火鸡感染后临床表现正常。被感染的小火鸡多数为 2～8 周龄[16]。急性期（8 天）的正常死亡率为 1%～15%，但死亡率也可能达到 50%[6,20]。首先表现为咳嗽、打喷嚏和流鼻液，部分病例出现严重的呼吸紊乱、呼吸困难、伸颈和窦炎，伴有采食和饮水减少。种火鸡群还可能出现产蛋下降和不适合入孵的种蛋数量增加等[20,97]。

较大日龄鸡和火鸡感染鼻气管鸟杆菌还可导致

神经症状或由关节炎、骨炎和骨髓炎而导致瘫痪[25,82,97]。

病理变化

大体病变

肉鸡常见的病变包括肺炎、胸膜炎和气囊炎。屠宰或剖解时可见气囊（主要是腹部气囊）有酸奶样白色泡沫性渗出物（图19.18），多数伴有一侧性肺炎[94]。鼻气管鸟杆菌感染引起的淘汰率可达50％甚至更高[99]。此外，还报道过鸡颅部皮下水肿、骨炎、骨髓炎和脑炎[29,30,78]。

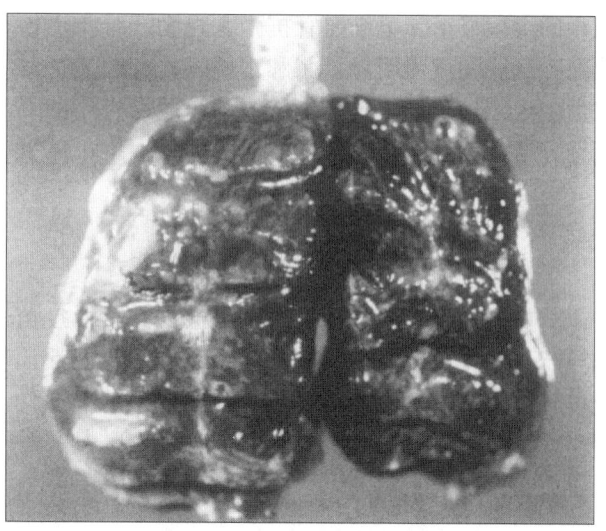

图 19.19　31周龄火鸡感染鼻气管鸟杆菌引起肺炎和胸膜炎。（Shivaprasad）

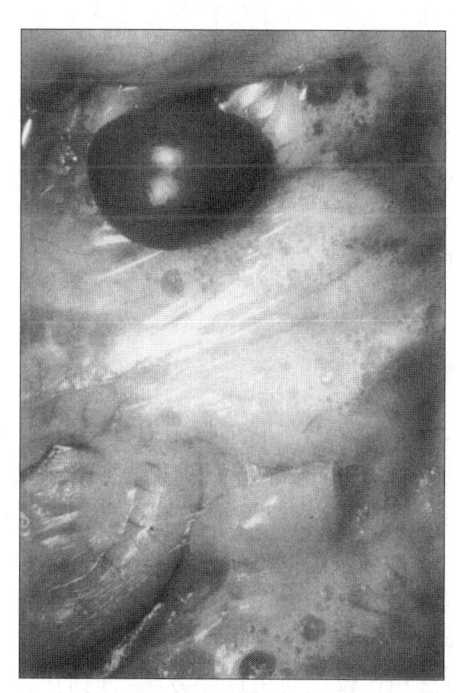

图 19.18　36日龄鸡感染鼻气管鸟杆菌后气囊变厚、混浊并有大量"酸奶样"黄白色泡沫性渗出物，可能并发有传染性支气管炎病毒感染。（Salem）

火鸡可见有肺水肿、一侧或两侧肺实变、胸膜有纤维素性渗出（图19.19），另外还有脓性纤维性气囊炎、心包炎、腹膜炎和轻度气管炎。部分病例可见肝脏和脾脏肿大、心肌变性[37]。较大日龄的火鸡可发生关节和脊椎感染。

组织学病变

组织学病变多见于肺脏、胸膜和气囊。自然病例可见肺实质充血（图19.20），细支气管和副支气管管腔有纤维蛋白积聚并混杂有游离的巨噬细胞和异嗜细胞。间质有明显的弥散性巨噬细胞和少量的

异嗜细胞浸润。副支气管管腔内有广泛的融合性坏死灶，坏死向临近的实质扩展。坏死灶内充满由坏死的浸润异嗜细胞或渗出形成的浓密集落，并散在

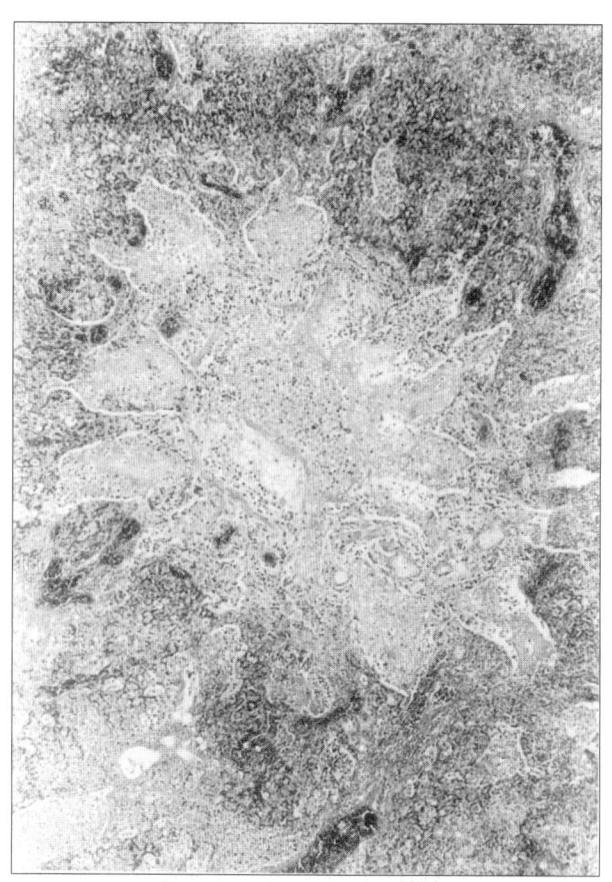

图 19.20　31周龄火鸡感染鼻气管鸟杆菌后肺脏出现严重的纤维素性异嗜细胞性炎症。H. E. 染色，×15。（De Rose）

有小的细菌群落。毛细血管扩张并充满纤维蛋白性栓塞。胸膜和气囊明显扩张和水肿，并有间质性纤维蛋白沉积、弥散性异嗜细胞浸润、散在有小的坏死性异嗜细胞浸润灶和纤维变性。

免疫力

对鼻气管鸟杆菌的免疫力了解甚少。灭活疫苗诱导产生的主动免疫力具有血清型特异性，但活菌免疫在某些血清型之间具有一定的交叉保护作用[74]。母源抗体被动免疫可持续到 3~4 周。

诊　　断

根据临床症状和剖检变化难于作出推测性诊断，必须做鼻气管鸟杆菌的分离鉴定和抗体检测才能确诊。

病原分离和鉴定

气管、肺脏和气囊是分离鼻气管鸟杆菌的最佳组织，眶下窦、鼻腔也可作为分离培养的部位，但鼻气管鸟杆菌很容易被其他细菌的过度生长而掩盖。虽然从实验感染病例的心血、肝脏以及关节、脑、卵巢、输卵管中也可分离到鼻气管鸟杆菌[5,87]，但从自然病例的心血和肝脏未分离到该菌[37]。

可采用普通的、非选择性血液琼脂或巧克力琼脂来分离鼻气管鸟杆菌。24h 可形成菌落，但最好是将接种的平板放置于二氧化碳浓度为 7.5%~10% 环境中培养 48~72h。菌落从针尖大小到 1~2mm，灰色或灰白色、圆形突起、边缘整齐。革兰氏染色为典型的革兰氏阴性多形态细菌。菌落接触酶阴性和氧化酶阳性。纯培养的鼻气管鸟杆菌有明显的类似于丁酸气味。鉴定鼻气管鸟杆菌需要做进一步的试验。

在进行常规检测时，被大肠杆菌、变形杆菌或假单胞菌等快速生长细菌污染的样本，鼻气管鸟杆菌菌落可能被掩盖而不易发现。因为大多数鼻气管鸟杆菌菌株对庆大霉素有抗性[5]，所以 Back 建议在血液琼脂中添加 $10\mu g/mL$ 庆大霉素来分离被污染样品中的鼻气管鸟杆菌。每毫升含 $5\mu g$ 庆大霉素

和多黏菌素 B 的血液平板也同样有效[88]。

API-20NE 系统（法国 bioMErieux 产品）很适合于鼻气管鸟杆菌的鉴定[95]。99% 的分离株生物数码（biocodes）为 0-2-2-0-0-0-4（65%）和 0-0-2-0-O-0-4（34%），精氨酸双水解酶阳性的分离株生物数码为 0-3-2-0-O-0-4 或0-1-2-0-0-0-4。

API-ZYM 系统（法国 bioMErieux 产品）可用于检测酶活性。在该系统中，本菌的脂肪酶、β-葡萄糖苷酸酶、β-葡萄糖苷酶、α-甘露糖苷酶、α-岩藻糖苷酶阴性[18]。

采用另一个商品化革兰氏阴性细菌快速鉴定系统对 110 株鼻气管鸟杆菌进行鉴定结果表明，该系统可作为传统鉴定试验的一个辅助方法[63]。

已采用快速玻片凝集试验进行诊断[11,12]，但对 112 个分离株进行研究发现有自凝菌株[92]。

用已知的阳性血清进行琼扩试验可确定鼻气管鸟杆菌的血清型[95]。

对可疑菌株的另一种鉴定方法是多聚酶链反应（PCR）[34,45,89]。

抗原检测

PCR 已经用于鼻气管鸟杆菌重度感染的肉鸡气管拭子的检测[45]。此外，免疫荧光抗体技术也适用于该菌的检测[92]。免疫组织化学方法也用于对鸡体内鼻气管鸟杆菌的检测[99]。后来，Van Veen 等[101]发现免疫荧光的方法和过氧化物酶-抗过氧化物酶试验敏感性相同。和传统的血清学和/或细菌学诊断方法相比较，使用这些方法，他们能够从屠宰场鉴定出更高比例的肉鸡群鼻气管鸟杆菌感染。

血清学

血清学技术适用于群体监测或作为鼻气管鸟杆菌感染诊断的辅助方法。

血清平板凝集试验（SPAT）是快速检测鼻气管鸟杆菌抗体的方法之一[12,27,42]，用未定型的鼻气管鸟杆菌明尼苏达分离株建立的 SPAT 具有很高的敏感性[6]。但另一项研究认为在感染的头 2 周，SPAT 检测率只有 65%，之后明显下降[52]，这表明 SPAT 检测到的是 IgM 抗体，该抗体与特异性抗原发生凝集。虽然也会出现交叉反应，但 SPAT 反应大多数为血清型特异性[91]。

应用不同血清型鼻气管鸟杆菌和提取抗原建立了 ELISA，用于血清学分型的煮沸法提取抗原的血清型特异性试验结果最好[95]，该抗原可用于血清分型。相反，SDS-抗原提取物[38]和外膜蛋白提取物[52]有交叉反应，一个试验可检测不同血清型的抗体。这些 ELISA 方法或商品化试剂盒（欧洲有售）可用于鼻气管鸟杆菌感染的监测和诊断[7,38,42,64,68,70,86,95]。

Erganis 等[27]研究了一种斑点免疫结合试验的检测方法（DIA），该方法似乎在敏感性方面不如其他凝集试验。

Popp 和 Hafez[61]调查了人工感染后阿莫西林治疗对抗体动力学的影响。结果发现，感染后立即用阿莫西林治疗，并不影响抗体反应。而在感染后第 7 天给药的话，抗体反应会降低。

鉴别诊断

鼻气管鸟杆菌感染引起的呼吸道病变与大肠杆菌、多杀性巴氏杆菌、鸭疫里默氏菌、副鸡禽杆菌和鹦鹉热衣原体等许多细菌感染病变类似。

预防和控制措施

管理措施

鼻气管鸟杆菌具有高度接触传染性，应采取严格的生物安全措施防止其传入鸡群。一旦某群被感染，即可引起流行，特别是在同时饲养多个日龄群的农场和家禽饲养密集地区[40,66]。

免疫接种

肉鸡接种灭活疫苗有效[93,103]，但对大多数商品鸡群可能不实用。肉种鸡接种灭活疫苗诱导产生高水平的抗体[10,15]，母源抗体对后代攻毒保护作用可持续到 4 周龄[93]。此外，14 日龄气雾免疫活疫苗，可使攻毒鸡气囊炎和肺炎发病率降至最低。

Schuijffel 等[73]证明鼻气管鸟杆菌活疫苗可以诱导鸡产生不同血清型间的交叉免疫保护。已扩增/克隆并在大肠杆菌中诱导表达了 8 条交叉保护抗原的编码基因，将分子量在 35.9～62.9kD 的重组蛋白进行纯化用作亚单位疫苗，用同源或异源的鼻气管鸟杆菌进行攻毒。Western blot 试验结果表明，亚单位疫苗可以产生重组蛋白的抗体。该 8 价疫苗可以在鸡体内产生对同源或异源鼻气管鸟杆菌攻击的保护。后续研究中[74]，他们发现这 8 个抗原在不同血清型鼻气管鸟杆菌中高度保守，但有些抗原并非所有血清型都表达。另外，其中 4 种成分的亚单位疫苗能够保护其他血清型鼻气管鸟杆菌的攻击。

Sprenger 等[81]对 6 周龄火鸡通过鼻内免疫活疫苗或皮下接种灭活疫苗，14 或 21 周龄气管攻毒发现，气囊炎和肺炎发病率均比未免疫群低，从未免疫攻毒的火鸡中可分离到鼻气管鸟杆菌，而免疫后攻毒的火鸡则分离不到。

对肉火鸡使用单价或三价菌素苗做田间试验，结果能产生短期的抗体效应[36]。此外，免疫火鸡群的死淘率也低于非免疫群。

已经培养了一株鼻气管鸟杆菌温度敏感突变株[51]，并将其用作火鸡的活疫苗[50]。火鸡在 5 日龄通过饮水免疫，免疫 7 周后对其攻毒。结果显示，免疫的火鸡大体病变显著好于非免疫鸡只，并且细菌重分离比例和每克肺组织的菌落形成单位也较少。

在以色列，小火鸡免疫接种自家菌素苗成功地降低了火鸡鼻气管鸟杆菌感染发病数[11]。

Roepke[65]报道，6 周龄火鸡口服自家活疫苗，长大后病变和死亡率都有所降低。更有意义的是同时气雾免疫新城疫活疫苗无任何影响。

由于可能发生多个血清型感染，有必要使用多个血清型的疫苗。

治疗

因为不同的鼻气管鸟杆菌菌株对抗生素的敏感性不同，用抗生素治疗鼻气管鸟杆菌感染非常困难。鼻气管鸟杆菌对阿莫西林、氨苄青霉素、强力霉素、恩诺沙星、氟甲喹、庆大霉素、林可霉素、甲氧苄啶-磺胺、四环素和泰乐菌素可产生耐药性[21,54,56,77,97,100]。

耐药性取决于各个地理位置养禽场所采取的管理模式。比如，一些国家鸡蛋要常常浸泡恩诺沙星等抗生素，则这些地区的鼻气管鸟杆菌分离株会表现出恩诺沙星耐药性[89]。

1996 年，Hafez 报道大多数病例按 250ppm 阿莫西林饮水 3～7 天可取得满意的效果，500ppm 金霉素饮水 4～5 天似乎也有效[31]。然而，最近的研究显示使用阿莫西林治疗本病已不再有效[56]。交替注射四环素和青霉素对有些病例是有效的。

美国分离的 68 株细菌对氨苄青霉素、红霉素、青霉素、壮观霉素和泰乐菌素敏感。在这 68 株细菌中，有 54 株对新霉素、沙拉沙星和四环素敏感[59]。与美国分离的菌株相比，德国分离株对红霉素和沙拉沙星敏感的百分比明显低很多。

王宏俊　苏敬良　译
张培君　郭玉璞　校

参考文献

[1] Abdul-Aziz, T. A. , and L. J. Weber. 1999. Ornithobacterium rhinotracheale infection in a turkey flock in Ontario. *Can Vet J* 40:349 - 350.

[2] Allymehr, M. 2006. Seroprevalence of Ornithobacterium rhinotracheale infection in broiler and broiler breeder chickens in West Azerbaijan Province, Iran. *J Vet Med A Physiol Pathol Clin Med* 53:40 - 42.

[3] Amonsin, A. , J. F. X. Wellehan, L. L. Li, P. Vandamme, C. Lin-deman, M. Edma, R. A. Robinson, and V. Kapur. 1997. Molecular epidemiology of Ornithobacterium rhinotracheale. *J Clin Microbiol* 35:2894 -2898.

[4] Arns, C, H. M. Hafez, T. Yano, M. Monteiro, M. Alves, H. Domin-gues, and L. Coswig. 1998. Ornithobacterium rhinotracheale: Deteccão sorológica em aves matrzes e Fragos de Corte. Association of broiler procedures, APIN-CO'98. Campinas, 56.

[5] Back, A. , R. Gireesh, D. Halvorson, and K. Nagaraja. 1997. Experimental studies of Ornithobacterium rhinotracheale (ORT) infection. Proc 46th Western Poult Dis Conf. Sacramento, CA, 7 - 8.

[6] Back, A. , D. Halvorson, G. Rajashekara, and K. V. Nagaraja. 1998. Development of a serum plate agglutination test to detect antibodies to Ornithobacterium rhinotracheale. *J Vet Diagn Invest* 10:84 - 86.

[7] Ballagi, A. , G. Holmquist, M. Odmark, and V. Leathers. 2000. ELISA test for the detection of Ornithobacterium rhinotracheale infection in chickens and turkeys. Proc 49th Western Poult Dis Conf. Sacramento, CA, 50 -51.

[8] Bano, S. , K. Naeem, and S. A. Malik. 2003. Evaluation of pathogenic potential of avian influenza virus serotype H9N2 in chickens. *Avian Dis* 47:817 - 822.

[9] Beichel, E. 1986. Differenzierung von 130 X—und V Fak-tor—unabhängigen aviären Bakterienstämmen der Familie Pasteurellaceae Phol 1901 unter besonderer Berücksichtigung neuer taxonomischer Erkenntnisse. Vet Med thesis. Universitat Hannover.

[10] Bisschop, S. P. , M. van Vuuren, and B. Gummow. 2004. The use of a bacterin vaccine in broiler breeders for the control of Ornithobacterium rhinotracheale in commercial broilers. *J S Afr Vet Assoc* 75:125 - 128.

[11] Bock, R. , P. Freidlin, M. Manoim, A. Inbar, A. Frommer, P. Vandamme, and P. Wilding. 1997. Ornithobacterium rhinotracheale (ORT) associated with a new turkey respiratory tract infectious agent in Israel. 11th Intl Congr World Vet Poult Assoc. Budapest, Hungary. 120.

[12] Bock, R. , P. Freidlin, S. Tomer, M. Manoim, A. Inbar, A. Frommer, P. Vandamme, P. Wilding, and D. Hickson. 1995. Ornithobacterium rhinotracheale (ORT) associated with a new turkey respiratory tract infectious agent. Proc 33rd Annu Conv Israel Branch World Vet Assoc. Zichron, Israel, 43 - 45.

[13] Canal, C. W. , J. A. Leao, D. J. Ferreira, M. Macagnan, C. T. Pippi Salle, and A. Back. 2003. Prevalence of antibodies against Ornithobacterium rhinotracheale in broilers and breeders in Southern Brazil. *Avian Dis* 47:731 - 737.

[14] Canal, C. W, J. A. Leao, S. L. Rocha, M. Macagnan, C. A. Lima-Rosa, S. D. Oliveira, and A. Back. 2005. Isolation and characterization of Ornithobacterium rhinotracheale from chickens in Brazil. *Res Vet Sci* 78:225 - 230.

[15] Cauwerts, K. , P. De Herdt, F. Haesebrouck, J. Vervloesem, and R. Ducatelle. 2002. The effect of Ornithobacterium rhinotracheale vaccination of broiler breeder chickens on the performance of their progeny. *Avian Pathol* 31:619 - 624.

[16] Charlton, B. R. 1999. Bordetella avium and Ornithobacterium rhinotracheale from California poultry submissions. Proc 48th Western Poult Dis Conf. Vancouver, B. C. , Canada, 80.

[17] Charlton, B. R. , S. E. Channing-Santiago, A. A. Bickford, C. J. Cardona, R. P. Chin, G. L. Cooper, R. Droual, J. S. Jeffrey, C. U. Meteyer, H. L. Shivaprasad, and R. Walker. 1993. Preliminary characterization of a pleomorphic gram-negative rod associated with avian respiratory disease. *J Vet Diagn Invest* 5:47 - 51.

[18] Chin, R. P. , and B. R. Charlton. 1998. Ornithobacterium rhinotracheale infection. In: D. E. Swayne, H. J. Barnes, M. W. Jackwood, J. E. Pearson and W. M. Reed, (eds.). A Laboratory Manual for the Isolation and Identification of Avian Pathogens, 4th ed. Iowa State University Press:

Ames,IA,89 - 91.

[19]De Rosa,M. ,R. Droual,R. P. Chin,and H. L. Shivaprasad. 1997. Interaction of Ornithobacterium rhinotracheale and Bordetella avium in turkey poults. Proc 47th Western Poult Dis Conf. Sacramento,CA,52 - 53.

[20]De Rosa,M. ,R. Droual,R. P. Chin,H. L. Shivaprasad, and R. L. Walker. 1996. Ornithobacterium rhinotracheale infection in turkey breeders. *Avian Dis* 40:865 - 874.

[21]Devriese,L. A. ,J. Hommez,P. Vandamme,K. Kersters, and F. Haesebrouck. 1995. *In vitro* antibiotic sensitivity of Ornithobacterium rhinotracheale strains from poultry and wild birds. *Vet Rec* 137:435 - 436.

[22]Droual,R. ,and R. Chin. 1997. Interaction of Ornithobacterium rhinotracheale and Escherichia coli 78:H9 when inoculated into the air sac in turkey poults. Proc 46th Western Poult Dis Conf. Sacramento,CA,11.

[23]El - Gohary,A. 1998. Ornithobacterium rhinotracheale (ORT) associated with hatching problems in chicken and turkey eggs. *Vet Med J Giza* 46:183 - 191.

[24]El-Gohary,A. ,and M. H. H. Awaad. 1998. Concomitant Ornithobacterium rhinotracheale (ORT) and E. coli infection in chicken broilers. *Vet Med J Giza* 46:67 - 75.

[25]El-Sukhon,S. N. ,A. Musa,and M. Al-Attar. 2002. Studies on the bacterial etiology of airsacculitis of broilers in northern and middle Jordan with special reference to Escherichia coli, Ornithobacterium rhinotracheale, and Bordetella avium. *Avian Dis* 46:605 - 612.

[26]Erbeck,D. H. ,and B. L. McMurray. 1998. Isolation of Georgia variant (Georgia isolate 1992) infectious bronchitis virus but not Ornithobacterium rhinotracheale from a Kentucky broiler complex. *Avian Dis* 42:613 - 617.

[27]Erganis,O. ,H. H. Hadimli,K. Kav,M. Corlu,and D. Ozturk. 2002. A comparative study on detection of Ornithobacterium rhinotracheale antibodies in meat-type turkeys by dot immunobinding assay, rapid agglutination test and serum agglutination test. *Avian Pathol* 31:201 - 204.

[28]Franz,G. ,R. Hein,J. Bricker,P. Walls,E. Odor,M. Salem,and B. Sample. 1997. Experimental studies in broilers with a Delmarva Ornithobacterium rhinotracheale isolate. Proc 46th Western Poult Dis Conf. Sacramento, CA,46 - 48.

[29]Goovaerts,D. ,M. Vrijenhoek,and P. van Empel. 1998. Immuno-histochemical and bacteriological investigation of the pathogenesis of Ornithobacterium rhinotracheale infection in South Africa in chickens with osteitis and encephalitis syndrome. Proc 16th Meet European Soc Vet Pathol. Lillehammer,Norway,81.

[30]Goovaerts,D. ,M. Vrijenhoek,and P. van Empel. 1999. Immuno-histochemical and bacteriological investigation of the pathogenesis of Ornithobacterium rhinotracheale infection in chickens with osteitis and encephalitis syndrome. Proc 48th Western Poult Dis Conf. Vancouver,B. C. ,Canada,79.

[31]Hafez,H. M. 1996. Current status on the role of Ornithobacterium rhinotracheale (ORT) in respiratory disease complexes in poultry. *Archiv fuer Gefluegelkunde* 60:208 - 211.

[32]Hafez,H. M. 1997. Serological surveillance on Ornithobacterium rhinotracheale "ORT" in broiler breeder flocks. Proc XIth Int Congr World Vet Poult Assoc. Budapest,Hungary,331.

[33]Hafez,H. M. 1998. Respiratory diseases in turkey: Serological surveillance for antibodies against Ornithobacterium rhinotracheale (ORT) and turkey rhinotracheitis (TRT). Proc 1st Intl Symp Turkey Dis. Berlin,Germany,138 - 145.

[34]Hafez,H. M,and W. Beyer. 1997. Preliminary investigation on Ornithobacterium rhinotracheale (ORT) isolates using PCR-fingerprints. Proc XIth Intl Congr World Vet Poult Assoc. Budapest,Hungary,51.

[35]Hafez,H. M. ,and S. Friedrich. 1998. Isolierung von Ornithobacterium rhinotracheale "ORT" aus Mastputen in Österreich. *Tieraerztliche Umschau* 53:500 - 504.

[36]Hafez,H. M. ,S. Jodas,A. Stadler,and P. van Empel. 1999. Efficacy of Ornithobacterium rhinotracheale inactivated vaccine in commercial turkey under field condition. Proc 2nd Intl Symp Turkey Dis. Berlin,Germany,107 - 117.

[37]Hafez,H. M. ,W. Kruse,J. Emele,and R. Sting. 1993. Eine Atemwegsinfektion bei Mastputen durch Pasteurella-ähnliche Erreger: Klinik, Diagnostik und Therapie. Proc Intl Conf Poult Dis. Potsdam,Germany,105 - 112.

[38]Hafez,H. M. ,A. Mazaheri,and R. Sting. 2000. Efficacy of ELISA for detection of antibodies against several Ornithobacterium rhinotracheale serotypes. *Deutsche Tierärztliche Wochenschrift* 107:142 - 143.

[39]Hafez,H. M. ,and C. Popp. 2003. Ornithobacterium rhinotracheale: Bestimmung der Pathogenität an Hühnerembryonen. Proc 64th Schriftreihe der Deutsche Veterinärmedizinische Gesellschaft (DVG), Fachgruppe "Gefügelkrankheiten." Deutsche Veterinärmedizinische Gesellschaft, Giessen, Fachgespräch, Hannover, Germa-

ny,79 - 85.

[40]Hafez, H. M. , and D. Schulze. 2003. Examination on the efficacy of chemical disinfectants on Ornithobacterium rhinotracheale *in vitro. Archiv fuer Gefluegelkunde* 67: 153 - 156.

[41]Hafez, H. M. , and R. Sting. 1999. Investigations on different Ornithobacterium rhinotracheale "ORT" isolates. *Avian Dis* 43:1 - 7.

[42]Heeder, C. J. , V C. Lopes, K. V Nagaraja, D. P. Shaw, and D. A. Halvorson. 2001. Seroprevalence of Ornithobacterium rhinotracheale infection in commercial laying hens in the North Central region of the United States. *Avian Dis* 45:1064 - 1067.

[43]Hinz, K. -H. , C. Blome, and M. Ryll. 1994. Acute exudative pneumonia and airsacculitis associated with Ornithobacterium rhinotracheale in turkeys. *Vet Rec* 135: 233 -234.

[44]Hinz, K. -H. , and H. M. Hafez. 1997. The early history of Ornithobacterium rhinotracheale (ORT). *Archiv fuer Gefluegelkunde* 61:95 - 96.

[45]Hung, A. L. , and A. Alvarado. 2001. Phenotypic and molecular characterization of isolates of Ornithobacterium rhinotracheale from Peru. *Avian Dis* 45:999 - 1005.

[46]Jirjis, F. F. , S. L. Noll, D. A. Halvorson, K. V. Nagaraja, F. Martin, and D. P. Shaw. 2004. Effects of bacterial coinfection on the pathogenesis of avian pneumovirus infection in turkeys. *Avian Dis* 48:34 -49.

[47]Joubert, P. , R. Higgins, A. Laperle, I. Mikaelian, D. Venne, and A. Silim. 1999. Isolation of Ornithobacterium rhinotracheale from turkeys in Quebec, Canada. *Avian Dis* 43:622 - 626.

[48]Koga, Y. , and A. I. Zavaleta. 2005. Intraspecies genetic variability of Ornithobacterium rhinotracheale in commercial birds in Peru. *Avian Dis* 49:108 - 111.

[49]Leroy-Sétrin, S. , G. Flaujac, K. Thénaisy, and E. Chaslus -Dancla. 1998. Genetic diversity of Ornithobacterium rhinotracheale strains isolated from poultry in France. *Letters Appl Microbiol* 26:189 - 193.

[50]Lopes, V. , A. Back, D. A. Halvorson, and K. V. Nagaraja. 2002. Minimization of pathologic changes in Ornithobacterium rhinotracheale infection in turkeys by temperature-sensitive mutant strain. *Avian Dis* 46:177 -185.

[51]Lopes, V. , A. Back, H. J. Shin, D. A. Halvorson, and K. V. Nagaraja. 2002. Development, characterization, and preliminary evaluation of a temperature-sensitive mutant of Ornithobacterium rhinotracheale for potential use as a live vaccine in turkeys. *Avian Dis* 46:162 - 168.

[52]Lopes, V. , G. Rajashekara, A. Back, D. P. Shaw, D. A. Halvorson, and K. V. Nagaraja. 2000. Outer membrane proteins for serologic detection of Ornithobacterium rhinotracheale infection in turkeys. *Avian Dis* 44:957 - 962.

[53]Lopes, V. , B. Velayudhan, D. A. Halvorson, and K. V. Nagaraja. 2002. Survival of Ornithobacterium rhinotracheale in sterilized poultry litter. *Avian Dis* 46: 1011 - 1014.

[54]Malik, Y. S. , K. Olsen, K. Kumar, and S. M. Goyal. 2003. *In vitro* antibiotic resistance profiles of Ornithobacterium rhinotracheale strains from Minnesota turkeys during 1996-2002. *Avian Dis* 47:588 -593.

[55]Marien, M. , A. Decostere, A. Martel, K. Chiers, R. Froyman, and H. Nauwynck. 2005. Synergy between avian pneumovirus and Ornithobacterium rhinotracheale in turkeys. *Avian Pathol* 34:204 - 211.

[56]Marien, M. , H. Nauwynck, L. Duchateau, A. Martel, K. Chiers, L. Devriese, R. Froyman, and A. Decostere. 2006. Comparison of the efficacy of four antimicrobial treatment schemes against experimental Ornithobacterium rhinotracheale infection in turkey poults pre - infected with avian pneumovirus. *Avian Pathol* 35:230 - 237.

[57]Mouahid, M. , E. Engelhard, M. Grebe, M. Kroppenstedt, R. Mutters, and W. Mannheim. 1992. Characterization of nonpigmented members of the Flavobacterium/Cytophaga complex parasitizing in mammals and birds. Proc 2nd Symp Flavobacterium-Cytophaga and Related Bacteria. Bloemfontein, South Africa, 26 - 36.

[58]Naeem, K. , A. Malik, and A. Ullah. 2003. Seroprevalence of Ornithobacterium rhinotracheale in chickens in Pakistan. *Vet Rec* 153:533 - 534.

[59]Nagaraja, K. , A. Back, S. Sorenger, G. Rajashekara, and D. Halvorson. 1998. Tissue distribution post- infection and antimi-crobal sensitivity of Ornithobacterium rhinotracheale. Proc 47th Western Poult Dis Conf. Sacramento, CA, 57 - 60.

[60]Odor, E. M. , M. Salem, C. R. Pope, B. Sample, M. Primm, K. Vance, and M. Murphy. 1997. Isolation and identification of Ornithobacterium rhinotracheale from commercial broiler flocks on the Delmarva Peninsula. *Avian Dis* 41:257 - 260.

[61]Popp, C. , and H. M. Hafez. 2002. Investigations on Ornithobacterium rhinotracheale. Proc 4th intl Symp Turkey Dis. Berlin, Germany.

[62]Popp, C, and H. M. Hafez. 2003. Ornithobacterium Rhinotracheale: Differenzierung Verschiedener Isolate Mittels Serotypisierung und Pulsfeld - Gelelektrophorese. Proc 64th

Schriftreihe der Deutsche Veterinärmedizinische Gesellschaft (DVG), Fachgruppe "Geflügelkrankheiten." Fachgespräch, Hannover, Germany, 70‐78.

[63]Post, K. W., S. C. Murphy, J. B. Boyette, and P. M. Resseguie. 1999. Evaluation of a commercial system for the identification of Ornithobacterium rhinotracheale. *J Vet Diagn Invest* 11:97‐99.

[64]Refai, M., A. El-Gohary, S. A. Attia, and R. A. Khalifa. 2005. Diagnosis of Ornithobacterium rhinotracheale infection in chickens by ELISA. *Egypt J Immunol* 12:87‐93.

[65]Roepke, D. C. 2001. Unpublished data.

[66]Roepke, D. C, A. Back, D. P. Shaw, K. V Nagaraja, S. J. Sprenger, and D. A. Halvorson. 1998. Isolation and identification of Ornithobacterium rhinotracheale from commercial turkey flocks in the upper Midwest. *Avian Dis* 42:219‐221.

[67]Ryll, M., R. Gunther, H. M. Hafez, and K.‐H. Hinz. 2002. Isolierung und Differenzierung eines Cytochromoxidase-negativen Ornithobacterium-rhinotracheale-Stamms aus Puten. *Berl Munch Tierarztl Wochenschr* 115:274‐277.

[68]Ryll, M., K.‐H. Hinz, U. Neumann, U. Löhren, M. Südbeck, and D. Steinhagen. 1997. Pilotstudie zur Prävalenz der Ornithobacterium rhinotracheale-Infektion bei Masthühnern in Nordwestdeutschland. *Berl Munch Tierarztl Wochenschr* 110:267‐271.

[69]Ryll, M., K.‐H. Hinz, H. Salisch, and W. Kruse. 1996. Pathogenicity of Ornithobacterium rhinotracheale for turkey poults under experimental conditions. *Vet Rec* 139:19.

[70]Sakai, E., Y. Tokuyama, F. Nonaka, S. Ohishi, Y. Ishikawa, M. Tanaka, and A. Taneno. 2000. Ornithobacterium rhinotracheale infection in Japan: preliminary investigations. *Vet Rec* 146:502‐503.

[71]Salem, M., E. M. Odor, B. Sample, M. Murphy, and G. Franz. 1997. Ornithobacterium rhinotracheale, update and field survey in the Delmarva Peninsula. Proc 46th Western Poult Dis Conf. Sacramento, CA, 59.

[72]Schuijffel, D. F., P. C. van Empel, A. M. Pennings, J. P. Van Putten, and P. J. Nuijten. 2005. Passive immunization of immune-suppressed animals: chicken antibodies protect against Ornithobacterium rhinotracheale infection. *Vaccine* 23:3404‐3411.

[73]Schuijffel, D. F., P. C. van Empel, A. M. Pennings, J. P. van Putten, and P. J. Nuijten. 2005. Successful selection of cross-protective vaccine candidates for Ornithobacteri-

um rhinotracheale infection. *Infect Immun* 73:12‐21.

[74]Schuijffel, D. F., P. C. van Empel, R. P. Segers, J. P. Van Putten, and P. J. Nuijten. 2006. Vaccine potential of recombinant Ornithobacterium rhinotracheale antigens. *Vaccine* 24:1858‐1867.

[75]Soriano Vargas, E., P. Fernandez Rosas, and G. Tellez Isais. 2000. Ornithobacterium rhinotracheale: Un agente patogeno emergente en avicultura. *Vet Mex* 31:245‐253.

[76]Soriano, V. E., M. G. Longinos, P. G. Navarrete, and R. P. Fernandez. 2002. Identification and characterization of Ornithobacterium rhinotracheale isolates from Mexico. *Avian Dis* 46:686‐690.

[77]Soriano, V. E., N. A. Vera, C. R. Salado, R. P. Fernandez, and P. J. Blackall. 2003. *In vitro* susceptibility of Ornithobacterium rhinotracheale to several antimicrobial drugs. *Avian Dis* 47:476‐480.

[78]Soto, E. 1999. Unpublished data.

[79]Sprenger, S. J., A. Back, D. P. Shaw, K. V. Nagaraja, D. C. Roepke, and D. A. Halvorson. 1998. Ornithobacterium rhinotracheale infection in turkeys: experimental reproduction of the disease. *Avian Dis* 42:154‐161.

[80]Sprenger, S. J., D. A. Halvorson, K. V. Nagaraja, R. Spasojevic, R. S. Dutton, and D. P. Shaw. 2000. Ornithobacterium rhinotracheale infection in commercial laying-type chickens. *Avian Dis* 44:725‐729.

[81]Sprenger, S. J., D. A. Halvorson, D. P. Shaw, and K. V. Nagaraja. 2000. Onithobacterium rhinotracheale infection in turkeys: im-munoprophylaxis studies. *Avian Dis* 44:549‐555.

[82]Szalay, D., R. Glavits, C. Nemes, A. Kosa, and L. Fodor. 2002. Clinical signs and mortality caused by Ornithobacterium rhinotracheale in turkey flocks. *Acta Vet Hung* 50:297‐305.

[83]Tanyi, J., A. Bistyak, E. Kaszanyitzky, F. Vetesi, and M. Dobos-Kovacs. 1995. Isolation of Ornithobacterium rhinotracheale from chickens, hens and turkeys showing respiratory symptoms. Preliminary report. *Magyar Allatorvosok Lapja* 50:328‐330.

[84]Travers, A. F. 1996. Concomitant Ornithobacterium rhinotracheale and Newcastle disease infection in broilers in South Africa. *Avian Dis* 40:488‐490.

[85]Travers, A. F., L. Coetzee, and B. Gummow. 1996. Pathogenicity differences between South African isolates of Ornithobacterium rhinotracheale. *Onderstepoort J Vet Res* 63:197‐207.

[86]Turan, N., and S. Ak. 2002. Investigation of the presence of Ornithobacterium rhinotracheale in chickens in Turkey

and determination of the seroprevalance of the infection using the enzyme-linked immunosorbent assay. *Avian Dis* 46:442-446.

[87]van Beek, P. N. G. M., P. C. M. van Empel, G. van den Bosch, P. K. Storm, J. H. Bongers, and J. H. Du Preez. 1994. Adcmhalings-problemen, groeivertraging en gewrichtsontsteking bij kalkoenen en vleeskuikens door een Pasteurella-achtige bacterie: Ornithobacterium rhinotracheale or "Taxon 28". *Tijdschrift voor Diergeneeskunde* 119:99-101.

[88] van Empel, P. 1997. Ornithobacterium rhinotracheale: An update. Proc Fachgruppe "Geflügelkrankheiten" der Deutsche Veterinärmedizinische Gesellschaft. Hannover, Germany, 20-25.

[89] van Empel, P. 1998. Ornithobacterium rhinotracheale. PhD dissertation. Universiteit Utrecht.

[90] van Empel, P. 1998. Ornithobacterium rhinotracheale: Current status and control. Proc 1st Intl Symp Turkey Dis. Berlin, Germany, 129-137.

[91]van Empel, P. 1998. Unpublished data.

[92]van Empel, P. 2000. Unpublished data.

[93]van Empel, P., and H. van den Bosch. 1998. Vaccination of chickens against Ornithobacterium rhinotracheale infection. *Avian Dis* 42:572-578.

[94]van Empel, P., H. van den Bosch, D. Goovaerts, and P. Storm. 1996. Experimental infection in turkeys and chickens with Ornithobacterium rhinotracheale. *Avian Dis* 40:858-864.

[95] van Empel, P., H. van den Bosch, P. Loeffen, and P. Storm. 1997. Identification and serotyping of Ornithobacterium rhinotracheale. *J Clin Microbiol* 35:418-421.

[96]van Empel, P., M. Vrijenhoek, D. Goovaerts, and H. van den Bosch. 1999. Immunohistochemical and serological investigation of experimental Ornithobacterium rhinotracheale infection in chickens. *Avian Pathol* 28:187-193.

[97] van Empel, P. C. M., and H. M. Hafez. 1999. Ornithobacterium rhinotracheale: A review. *Avian Pathol* 28:217-227.

[98]van Loock, M., T. Geens, L. De Smit, H. Nauwynck, P. van Empel, C. Naylor, H. M. Hafez, B. M. Goddeeris, and D. Vanrompay. 2005. Key role of Chlamydophila psittaci on Belgian turkey farms in association with other respiratory pathogens. *Vet Microbiol* 107:91-101.

[99]van Veen, L., E. Gruys, K. Frik, and P. van Empel. 2000. Increased condemnation of broilers associated with Ornithobacterium rhinotracheale. *Vet Rec* 147:422-423.

[100]van Veen, L., E. Hartman, and T. Fabri. 2001. *In vitro* antibiotic sensitivity of strains of Ornithobacterium rhinotracheale isolated in The Netherlands between 1996 and 1999. *Vet Rec* 149:611-613.

[101]van Veen, L., J. Nieuwenhuizen, D. Mekkes, M. Vrijenhoek, and P. van Empel. 2005. Diagnosis and incidence of Ornithobacterium rhinotracheale infections in commercial broiler chickens at slaughter. *Vet Rec* 156:315-317.

[102]van Veen, L., P. van Empel, and T. Fabri. 2000. Ornithobacterium rhinotracheale, a primary pathogen in broilers. *Avian Dis* 44:896-900.

[103]van Veen, L., M. vrijenhoek, and P. van Empel. 2004. Studies of the transmission routes of Ornithobacterium rhinotracheale and immunoprophylaxis to prevent infection in young meat turkeys. *Avian Dis* 48:233-237.

[104] Vandamme, P., P. Segers, M. Vancanneyt, K. van Hove, R. Mutters, J. Hommez, F. Dewhirst, B. Paster, K. Kersters, E. Falsen, L. A. Devriese, M. Bisgaard, K.-H. Hinz, and W. Mannheim. 1994. Ornithobacterium rhinotracheale gen. nov, sp. nov., isolated from the avian respiratory tract. *Int J System Bacteriol* 44:24-37.

[105] Vandamme, P., M. Vancaneyt, P. Segers, M. Ryll, B. Köhler, and K.-H. Hinz. 1999. Coenonia anatina gen. nov. sp. nov. a novel bacterium associated with respiratory disease in ducks and geese. *Int J System Bacteriol* 49:867-874.

[106]Varga, J., L. Fodor, and L. Makrai. 2001. Characterisation of some Ornithobacterium rhinotracheale strains and examination of their transmission via eggs. *Acta Vet Hung* 49:125-130.

[107]Wilding, P. 1995. Unpublished data.

[108]Zorman-Rojs, O., I. Adovc, D. Bencina, and I. Mrzel. 2000. Infection of turkeys with Ornithobacterium rhinotracheale and Mycoplasma synoviae. *Avian Dis* 44:1017-1022.

波氏杆菌病(火鸡鼻炎)

Bordetellosis(Turkey Coryza)

Mark. W. Jackwood 和 Y. M. Saif

引　言

定义和同义名

家禽波氏杆菌病是由禽波氏杆菌(*Bordetella*

avium)引起的高度传染性的上呼吸道疾病。本病通常被称为火鸡鼻炎。其他同义名，如产碱鼻气管炎（ART）、腺病毒相关的呼吸道病、急性呼吸道综合征、禽波氏杆菌鼻气管炎（BART）以及火鸡鼻气管炎等大多已不沿用。该病曾用过许多名称，反映出人们最初在病原的认识上有一定的混乱。

经济意义

禽波氏杆菌定植于呼吸道纤毛上皮中，导致该部位黏膜持续性炎症和变形。在幼龄火鸡群中，本病的特征为突然打喷嚏，张口呼吸，声音异常，生长迟缓，眼和鼻腔流清亮分泌物，颌下水肿，气管塌陷，同时对其他传染病易感。禽波氏杆菌作为一种机会致病菌在鸡群中也引起类似的疾病。在美国，波氏杆菌病对火鸡养殖业造成的直接经济影响没有详细的统计，但是因继发大肠杆菌败血症引起的发育受阻和死亡所造成的经济损失，估计每年可达数百万美元。

公共卫生意义

波氏杆菌属细菌寄生于脊椎动物的纤毛上皮中，并能引起呼吸道疾病。尽管人的百日咳（由百日咳波氏杆菌引起）和火鸡波氏杆菌病有相似之处，但并无证据表明，禽波氏杆菌能在人体内寄生或引起疾病[42]。

历 史

1967年，加拿大的Fillion等[40]首次报道了由波氏杆菌属的细菌引起的火鸡鼻气管炎（鼻炎）。约10年后，在德国和美国也发现了类似的综合征，病原被分别确定为类支气管败血波氏杆菌（*Bordetella bronchiseptica*-like）[56]和呼吸道腺病毒[106]。在美国，腺病毒常与该病的发生有关[21]，但经常复制不出本病[32,116]。剖检时发现法氏囊萎缩，推测传染性法氏囊病病毒（IBDV）在火鸡鼻气管炎中起一定作用[100,118]，但火鸡人工接种IBDV并未出现临床症状和病变，而且同时接种IBDV和禽波氏杆菌也未加重波氏杆菌病的病情[70]。其他传染因子如支原体、副黏病毒、尤凯帕病毒和衣原体[2]都曾被看作是该

病的病原[85]。1980年报道本病的病原为粪产碱杆菌（*Alcaligenes faecalis*）[110]，并将该菌分为Ⅰ型和Ⅱ型。1984年，根据细菌的表型、血清型和核酸特征，提出了禽波氏杆菌这一名称并逐渐被大家接受[78]。Ⅰ型粪产碱杆菌分离株即为禽波氏杆菌。为了与波氏杆菌病的病原区别，Ⅱ型粪产碱杆菌被命名为类禽波氏杆菌（*B. avium*-like）[68,71]。根据类禽波氏杆菌的特征，研究人员将其命名为亨兹波氏杆菌（*Bordetella hinzii*）[129]。亨兹波氏杆菌能够引起老人或免疫力低下人群[33,74]和一个患膀胱纤维症病人[41]的败血症和菌血症。1985年，在英格兰和威尔士发现了火鸡的一种急性、高度传染性的上呼吸道疾病[3]，这种疾病被称作火鸡鼻气管炎，其病原为肺病毒[28]（参见"禽肺病毒感染"，第2部分）。

病 原 学

分类

火鸡波氏杆菌病是由禽波氏杆菌单独或与环境应激因素及其他呼吸道致病因子共同作用引起的疾病。在美国，Simmons等[105]用易感小火鸡进行人工感染试验，明确表明其病原为革兰氏阴性小杆菌[117]。该菌曾被定为粪产碱杆菌，除了不能分解尿素外，与支气管败血波氏杆菌（*Bordetella bronchiseptica*）很相似。Kersters等[78]把28个不同来源的致病性的火鸡分离株和50个密切相关细菌的保藏菌株进行了比较，根据形态学、生理学、营养型、血清学、电泳特性及DNA - RNA杂交试验，认为火鸡鼻气管炎的病原菌是一个新型的波氏杆菌，并将它命名为禽波氏杆菌。从分子生物学特征来看，禽波氏杆菌在分类上是介于波氏杆菌属和产碱杆菌属之间的一个单独的种[14,58,72,96,130,142]。最近已完成了禽波氏杆菌197N株的全基因组序列分析[114]。基因组大写约3.73M，与百日咳波氏杆菌、副百日咳波氏杆菌及支气管败血波氏杆菌的核苷酸相似性约97%左右，蛋白质相似性约75%。禽波氏杆菌的1/3的蛋白质与支气管败血波氏杆菌无同源性，证明禽波氏杆菌是波氏杆菌属距离最远的成员。

形态与染色

禽波氏杆菌是一种革兰氏阴性、不发酵、能运

动、严格需氧性杆菌[71,78]（表 19.5），在营养丰富的肉汤中培养后可以生长成丝状细菌[33]。

表 19.5　禽波氏杆菌的物理特性

特　　性	参考文献
革兰氏阴性杆菌(0.4—0.5μm×1—2μm)	78,121
严格需氧	76,121
能运动	77,121
有荚膜	77,121
有菌毛(直径 2nm)	69
24h 菌落 0.2～1mm，圆形、闪光、突起 (一些菌株能形成大菌落)	58,78
凝集豚鼠红细胞	47,71
其他物种的红细胞	58,110
生长最适温度 35℃,45℃致死	9
在 35℃时，代时为 35～40min	9
严格亲嗜纤毛上皮细胞	7,49
毒素	
皮肤坏死(热敏感)毒素	42,107,108
热稳定毒素	124
骨毒素	45
气管细胞毒素	45
DNA 中鸟嘌呤和胞嘧啶(G+C)含量 61.6～62.6mol%	78

生长要求

禽波氏杆菌在麦康凯培养基、波氏-让古(Bordet-Gengou)培养基、牛肉浸液、胰酶大豆血液琼脂、脑-心浸液(BHI)和其他多种固体培养基上都容易生长[4]，但在最低的基础培养基中不能生长[71]。该菌在胰酶大豆肉汤和 BHI 肉汤中摇振通气培养生长最佳[9]。Leyh 等[83]研制了一种禽波氏杆菌生长最低营养培养基，用该培养基可检测营养缺陷型突变株。

菌落形态

大多数禽波氏杆菌菌株形成致密、半透明、珍珠状(Ⅰ型)、边缘整齐、表面有光泽的小菌落[78]。典型的Ⅰ型菌落在培养 24h 后，直径为 0.2～1mm，至48h，直径为 1～2mm。许多分离株在麦康凯琼脂上培养 48h 后，菌落中心稍隆起，呈棕色(图 19.21)；少数菌株分化形成表面干燥、边缘不规则的粗糙型菌落，这种粗糙型菌落没有致病性[74]；第三种类型菌落的特征是圆形、凸起、表面光滑、边缘整齐，体积比Ⅰ型菌落大[58]。

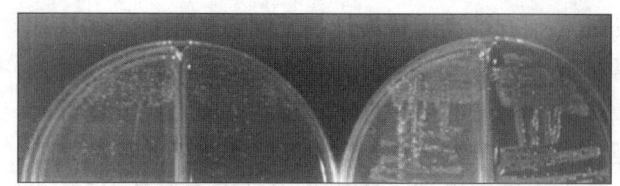

图 19.21　禽波氏杆菌 002 株(左)和亨兹波氏杆菌 128 株(右)在麦康凯培养基上 37℃生长 48h 的菌落。

生化特性

禽波氏杆菌为非发酵型菌，生化试验不活跃。该菌的生化特性见表 19.6。细菌接触酶和氧化酶阳性，但尿素酶试验和硝酸盐还原试验阴性。

表 19.6　禽波氏杆菌的生化特性

生化试验	结果	参考文献
氧化酶(Kovac 氏试剂)	+	78,121,142
过氧化氢酶	+	58,121,142
尿素酶	—	55,78,121
硝酸盐被还原为亚硝酸盐	—	57,76,110
在麦康凯琼脂上生长 (不发酵乳糖)	+	78,121
三糖铁琼脂	斜面变碱， 底部无变化	14,71,121
碱化酰胺和有机盐 (Greenwood 氏低蛋白胨)	部分+	14,18,19,58

对理化因素的抵抗力

大多数常用消毒剂都能杀死禽波氏杆菌。低温、低湿、中性 pH 条件可延长该菌存活时间[26]。在10℃，相对湿度 32%～58%时，细菌在模拟火鸡圈舍的尘埃和粪便等载体上存活 25～33 天，而在 40℃的相同湿度下，存活不到 2 天[26]。据报道，该菌在废弃的潮湿垫料中至少存活 6 个月[13]。在 45℃条件下，BHI 肉汤培养基中的细菌于 24h 内全部被杀死[9]。而在 10℃条件下，光滑物体(如玻璃和铝制品)表面的细菌存活时间大大延长[26]。用甲基溴化物熏蒸污染的房舍可有效地防止将疾病传播给 1 日龄易感火鸡[116]。

某些禽波氏杆菌菌株对链霉素、磺胺嘧啶和四环素有抗性，抗药基因由 5 个大小为 16～51.6kb 的质粒编码[31,81]，然而在体外试验中，大多数菌株对许多抗生素都敏感。虽然细菌在体外试验中对土霉素敏感，但是用土霉素经气雾或非消化道途径治疗感染禽波氏杆菌的火鸡无效，或仅能暂时性减少细菌数量[38,126,140]。

抗原结构和毒素

已经运用琼脂扩散沉淀试验、交叉凝集试验和免疫印迹试验对禽波氏杆菌和相关细菌的抗原结构进行了研究[9,52,69,71,78]。迄今为止,所有证据表明,不同来源的禽波氏杆菌分离株抗原性密切相关[78]。Kersters等[78]用兔源抗血清鉴定了6种不同的表面抗原,其中的3种表面抗原在3株禽波氏杆菌中有交叉反应。此外,他们发现禽波氏杆菌与支气管败血波氏杆菌有2或3条共同的沉淀线。

研究证明,禽波氏杆菌与粪产碱杆菌和氧化木糖无色杆菌(Achromobacter xylosoxidans)有抗原相关性[78]。Jackwood等[71]证实禽波氏杆菌与亨兹波氏杆菌之间存在抗原交叉反应(见后面的讨论)。Hellwig和Arp[52]用康复血清和气管冲洗物进行免疫印迹试验的结果表明,被感染火鸡至少能识别禽波氏杆菌的8种外膜蛋白,这些蛋白大小在14~116kDa之间。Leyh和Griffith[82]用十二烷基磺酸钠-聚丙烯酰胺凝胶电泳(SDS-PAGE)测定了50株禽波氏杆菌强毒株的外膜蛋白的电泳图谱,发现主要有2种不溶于十二烷基肌氨酸钠蛋白,相对分子质量分别为21kDa和37kDa,另外,至少还有其他13种含量较少的蛋白。禽波氏杆菌与亨兹波氏杆菌和支气管败血波氏杆菌的电泳图谱明显不同。

Varley和Carter[143]采用SDS-PAGE检查了英国自20世纪80年代初期以来分离出的7株火鸡源波氏杆菌,并把它们和已知的禽波氏杆菌、支气管败血波氏杆菌和粪产碱杆菌进行了比较,发现这7个分离株的电泳图谱与已知的禽波氏杆菌和粪产碱杆菌菌株的电泳图谱相似,该方法能够有效地区分波氏杆菌的种,却不能与粪产碱杆菌区别。Gentry-Weeks等[44]将克隆的禽波氏杆菌基因插入大肠杆菌中表达,由此鉴定出相对分子质量分别为21、38、40、43和48kDa的5个禽波氏杆菌外膜蛋白。Moore和Jackwood[95]制备了针对禽波氏杆菌全细胞的单克隆抗体,这些单克隆抗体能识别大小为41kDa的蛋白质,抑制禽波氏杆菌凝集豚鼠红细胞,证明41kDa蛋白能与豚鼠红细胞结合。禽波氏杆菌经蛋白酶K和高碘酸处理后,血凝作用被抑制,因为两种试剂可以裂解蛋白上的碳水化合物。这就有力地说明了禽波氏杆菌的凝集因子是一种与41kDa表

面蛋白紧密结合的碳水化合物。

Arp等[11]在一相关的研究中证明神经节苷脂GD_{1a}和GT_{1b}能完全抑制禽波氏杆菌对豚鼠红细胞的凝集,而N-乙酰神经氨酸只能部分地抑制这种凝集;用这些化合物与牛颌下黏蛋白和鲨外源凝集素一起处理禽波氏杆菌后,细菌在体内黏着火鸡气管黏膜的能力被抑制。作者推测,这些化合物可能与气管黏膜上的禽波氏杆菌受体有化学相关性。

禽波氏杆菌有5种毒素:热不稳定毒素[107],皮肤坏死毒素[42],气管细胞毒素[42],热稳定毒素[124]和骨毒素[45]。禽波氏杆菌毒素是该菌的毒力因子,其活性将在毒力因子部分进行描述。

菌株分类

抗原性

研究发现不同来源的禽波氏杆菌外膜蛋白的电泳图谱极为相似[53,78,143],而且经交叉凝集试验、琼脂扩散沉淀试验和免疫印迹展示的各种禽波氏杆菌菌株的抗原谱差异极小[52,78]。禽波氏杆菌与亨兹波氏杆菌及其他波氏杆菌有数种种间交叉反应性抗原[52,71]。

遗传学和分子生物学

虽然禽波氏杆菌的菌株间分子遗传特性很相似,但它们在毒素产物[20,107,124]、黏附气管黏膜的能力[10]、质粒特征[73,125]、对抗生素的敏感性[73]、致病性[54,112]和菌落形态[74,78]等方面仍有不同。近期,利用限制性酶分析和核糖体分型(ribotyping)对禽波氏杆菌分离株进行了研究,将这些禽波氏杆菌的分为12种不同的指纹图谱型[111],另外,禽波氏杆菌的指纹图谱与其他种类的波氏杆菌的指纹图谱明显不同。

致病性

不同的禽波氏杆菌菌株的致病性不同[110,112]。根据这些差异以及菌落形态、血凝性,可将分离株分成不同的群或型[14,71,110]。通过对禽波氏杆菌及其相关细菌分子特性的研究,人们已经确定了该菌的一些具有鉴别意义的特性(表19.7)。以前称作"Ⅰ群"[101]和"Ⅰ型"[71]的菌株现已称为禽波氏杆菌。早期称为"类禽波氏杆菌"的菌株被划分成一个新的种并将其命名为亨兹波氏杆菌[72],专指那些与禽波

氏杆菌密切相关的非致病性的禽的分离株[141]。

表 19.7 禽波氏杆菌和亨兹波氏杆菌的区别

特 性	禽波氏杆菌	亨兹波氏杆菌
致病性	+	-
体内的黏着作用a	+	-
红细胞凝集b	+	-
在 MEM 琼脂上生长[65]	-	+
在 6.5%NaCl 肉汤中生长[65]	少数+	多数+
其他区别特征:		
外膜蛋白的 SDS - PAGEc 电泳图谱[53,71]		
细胞脂肪酸分析[72,96],		
碱化酰胺及有机酸[14,17]		

a. 黏着火鸡气管黏膜[5,10];b. 对豚鼠红细胞的凝集性[71]可能较弱或与一些在液体培养基中生长的菌株或细菌不一致;c. SDS - PAGE,十二烷基磺酸钠聚丙烯酰胺凝胶电泳。

毒力因子

按照参与黏着、局部黏膜损伤或全身作用划分禽波氏杆菌的主要毒力因子。在呼吸道纤毛上皮上黏着是禽波氏杆菌与其他波氏杆菌的共性。已经初步鉴定禽波氏杆菌的表面结构和分子起黏着作用[11,95],纤毛和血凝素也起一定的黏着作用[10,68]。禽波氏杆菌的菌毛也可能是黏着因子[68],然而,在黏着缺陷性突变株和亨兹波氏杆菌中也具有形态上相似的菌毛[53,68]。毒力与凝集豚鼠红细胞的能力密切相关[42,71],似乎与菌毛无关[68]。两个已失去血凝活性的转座子诱变株在体内的黏着能力减弱[10],一个诱变株恢复血凝活性后又重新获得黏着能力。

Temple 等[134]研究了一株红细胞凝集阴性的禽波氏杆菌突变株,用它感染 1 日龄或 1 周龄的火鸡后没有产生临床病症。与其他波氏杆菌一样,禽波氏杆菌似乎不只有一种表面分子与黏着纤毛有关。Spears 等[129]对禽波氏杆菌脂多糖(LPS)突变株进行了研究,在 12 个与 LPS 生物合成有关的基因中,*wlb*A 和 *wlb*L 2 个基因发生突变就会出现一种丛生的细菌表型,同时变异的细菌气管定植能力下降、血清抵抗力减弱。最近的一项研究表明,核芯区或 O 抗原可能与此表型有关[115]。

一些局部影响是由禽波氏杆菌毒素引起的。Gray 等[48,50]和其他学者[87]报道禽波氏杆菌对火鸡气管组织培养有急性细胞毒作用,使纤毛运动停止。Rimler[107]报道了一种能杀死鼠和青年火鸡的热敏感毒素,皮内注射这种毒素能引起火鸡和豚鼠皮肤坏死和出血性病变;腹腔注射这种毒素,可以使火鸡

肝脏和胰脏出现类似的病变[106,108]。近期的研究表明,禽波氏杆菌可产生一种皮肤坏死毒素,它的物理特性、抗原性和生物学特性与已报道的热敏感毒素类似[42]。这种皮肤坏死性毒素是一种相对分子质量为 155kDa 的细胞结合性蛋白质,其生物学活性与百日咳波氏杆菌和支气管败血波氏杆菌的皮肤坏死毒素类似[42]。皮肤坏死毒素似乎不引起纤毛运动停止[108]或局部上皮损伤[136]。Gentry - Weeks 等[43]在含有烟酸和硫酸镁的培养基中培养出禽波氏杆菌自然状态突变株,这种菌株不产生皮肤坏死毒素,缺少 4 种外膜蛋白,菌落形态与正常菌株不同,但仍具有凝集豚鼠红细胞的特性。通过在易感火鸡中传代,这些突变株可恢复为野生型。已经明确了皮肤坏死毒素在火鸡波氏杆菌病中的致病作用。Temple 等[134]报道,用皮肤坏死毒素阴性突变株感染 1 日龄或 1 周龄的火鸡,火鸡不发病。

Gentry-Weeks 等[42]分离出了另一种与局部黏膜损伤有关的禽波氏杆菌毒素,即气管细胞毒素(TCT)。百日咳波氏杆菌的 TCT 与禽波氏杆菌的 TCT 具有相同的化学特性。前者能特异性地损伤纤毛上皮细胞,从而导致纤毛损伤和清除黏液能力下降[47]。禽波氏杆菌的 TCT 是一种无水肽聚糖单体,相对分子质量为 921kDa。TCT 是否像 Gray 等报道[48,50]的那样具有传递细胞毒素的作用,有待确定。

Simmons 等[124]已经鉴定了禽波氏杆菌的一种热稳定毒素,小鼠腹腔注射后引起腹泻和死亡,但还没有证据表明对禽有不利影响。从澳大利亚分离出的 18 株禽波氏杆菌中都没有鼠致死性毒素,而从其他火鸡生产地区分离的几个标准菌株中发现有此毒素[20]。新近发现了一种与禽波氏杆菌有关的骨毒素,其成分是 β-光硫醚酶,它能致死MC3T3 -E 1 成骨细胞、胎牛柱细胞、UMR 106 - 01(BSP)大鼠骨肉瘤细胞和胎牛气管细胞[45]。这种毒素可能引起软骨病而导致气管软化和萎陷。用免疫学和功能检验的方法都未从禽波氏杆菌中检测出胞浆外腺苷酸环化酶产物[42,108]或百日咳毒素[42]。Simmon 等[123]的早期研究表明禽波氏杆菌能产生一种类似其他波氏杆菌所产生的组胺致敏因子。

在波氏杆菌属中,*bvg*(波氏杆菌毒力基因)位点在基因水平上协同调控毒力因子。包括温度、硫酸根离子、烟酸在内的环境因素可以调节毒力因子的表达,这一现象被称作抗原变异,在禽波氏杆菌中也

有报道[74]。此外,已证明禽波氏杆菌有 *bvg* 位点[43,114]。采用检测百日咳波氏杆菌的毒力基因的 Southern 杂交技术研究证实禽波氏杆菌有 *bvg*S 基因而无 *bvg*A 基因[43]。在这篇报道之后,人们对禽波氏杆菌的 *bvg* 同源基因进行了克隆和测序。发现在 poly(C)处有读码移位,提示禽波氏杆菌有一个与其他波氏杆菌不同的相变异机制[27,114]。

铁的获取是大多数细菌的一个基本特性,对禽波氏杆菌的定植和增殖很重要[98]。禽波氏杆菌铁利用位点可能是外膜血红素受体(BhuR),可介导从血红素和血红蛋白中获取铁,另外还有 6 个附助基因(rhuIR 和 bluSTUV)。BhuR 的表达受 Σ 因子 rhuI 的调控,可能是根据环境中可利用铁的情况,铁摄取调控子(Fur)的表达有关。

禽波氏杆菌感染可引起一系列全身性病理生理反应,包括血清皮质酮增多[93]、白细胞移动性增强[90]、心电图改变[145]、体温下降[34]、脑和淋巴组织中单胺量减少[35,36]、肝脏色氨酸 2,3 - 二氧化酶降低[144]及与禁食相关的胸腺激素水平下降[37]。自首次在北卡罗来纳州确认火鸡鼻气管炎以来,有报道认为被感染禽免疫功能不全[120],接种活疫苗会发生意外死亡。与此同时还发现一些患鼻气管炎的火鸡法氏囊变小[118]。在这种情况下,研究人员设计了一系列实验来确定火鸡波氏杆菌感染对免疫功能的影响[120]。起初发现被感染的小火鸡胸腺淋巴细胞缺失,对有丝分裂原伴刀豆球蛋白 A 刺激的淋巴细胞分化反应降低。后来对被感染的小火鸡的细胞免疫研究结果相反,出现宿主抗移植物反应增强及迟发型过敏反应[91,92],二者检测的是细胞免疫。

病理生物学和流行病学

发生和分布

在美国、加拿大[23]、澳大利亚[18]及德国[56]等火鸡主产区,波氏杆菌病是一种重要疾病。在英国、法国、以色列和南非,火鸡鼻气管炎的病原除了禽波氏杆菌外,还常常伴有病毒和其他细菌感染[51,85]。Hopkins 等[63]用酶联免疫吸附试验(ELISA)检测了转运到阿肯色州的 44 只野生火鸡,其中有 42 只有禽波氏杆菌抗体。由此推测,禽波氏杆菌很可能是野生火鸡的一个重要病原,或者,野生火鸡是禽波氏杆菌感染的储存宿主。McBride 等[89]用微量凝集试验调查了加利福尼亚州距离商品火鸡场 1 英里(4.828km)范围内的三个散养的火鸡群,发现所有被抽检火鸡禽波氏杆菌血清学阳性。1998 至 2000 年的调查的 41 个野生和家养禽类中,有 100 只血清中检出了禽波氏杆菌抗体[103]。此外,Raffel 等[103]从野鸭(Anas playtyrhynchos),野火鸡(Meleagris gallopavo)和斑头雁(Branta canadenisis)中分离到禽波氏杆菌。Hollamby 等[61]在孔雀(Pavo cristatus)中检测到抗波氏杆菌抗体。

自然宿主和实验宿主

火鸡是禽波氏杆菌的自然宿主,但在鸡和其他禽类中也能分离到该菌[58,122]。从火鸡以外的禽类中分离出的禽波氏杆菌对 1 日龄火鸡都有致病性[58]。对北卡罗来纳州雏鸡群冬季流行禽波氏杆菌情况的研究表明,感染率为 62%[16],而且在有呼吸道疾病的鸡群中分离率更高。用鸡复制鼻气管炎的试验结果表明,8 株禽波氏杆菌中,只有 2 株能在鸡气管中定植并引起疾病[15],但后来的研究表明,鸡的分离株可能包括禽波氏杆菌和亨兹波氏杆菌[14]。最终认为,禽波氏杆菌在鸡为条件致病菌[66],如果先在来航鸡群中接种上呼吸道疾病的疫苗,如传染性支气管炎病毒和新城疫病毒,则必然诱发出现临床症状。

禽波氏杆菌的火鸡分离株和鸡分离株相似[78],并且能发生种间交叉感染[122]。鸡的波氏杆菌病不如火鸡的严重[94,122]。一株禽波氏杆菌对火鸡和日本鹌鹑有致病性,但不引起豚鼠、仓鼠及小鼠的临床疾病[88]。2~6 周的火鸡自然感染禽波氏杆菌后症状典型[23,56,101],年龄较大的火鸡和产蛋鸡感染后也可能发病[75,77]。1~2 周龄以上的幼禽人工接种该菌后,细菌可以在体内定植,但症状轻微。

传播与携带者

波氏杆菌病是一种高度接触性传染病,细菌可通过密切接触被感染禽污染的水、垫料而迅速传播给易感禽[116]。邻近的笼养不相互传播本病,由此证明它不经空气传播[116]。被禽波氏杆菌感染鸡群污染的垫料的感染性可以持续 1~6 个月[13,26]。虽然尚未证实康复火鸡能够带菌,但似乎有这种可能。

潜伏期

易感幼禽与被感染禽密切接触后,潜伏期为7~10 天[116]。1 日龄火鸡鼻内或眼内接种 $10^5 \sim 10^7$ 个菌落形成单位的禽波氏杆菌,4~6 天后出现临床症状(鼻内有分泌物)[6,49,112]。

临床症状

多数 2~6 周龄火鸡突然出现打喷嚏症状,并持续 1 周以上则表明已发生了波氏杆菌病。较大的火鸡也许出现干咳[77]。轻轻挤压鼻梁可从鼻孔中流出清亮液体。在患病的头 2 周内,鼻孔、头部和翅膀的羽毛被一层棕色的湿而黏稠的分泌物覆盖(图19.22);在出现症状的第 2 周,部分鸡出现颌下水肿、张口呼吸、呼吸困难及发音改变,鼻腔与气管上部被黏液样渗出物部分阻塞。一些病禽从发病的第 2 周起通过触摸颈部皮肤可以感觉到气管软化。发病鸡群运动减少,挤作一团,饮水及采食减少。并发感染和增重减缓使鸡群生产性能下降,许多鸡生长迟缓[9]。发病 2~4 周后,症状开始减轻[49,101,112,139]。

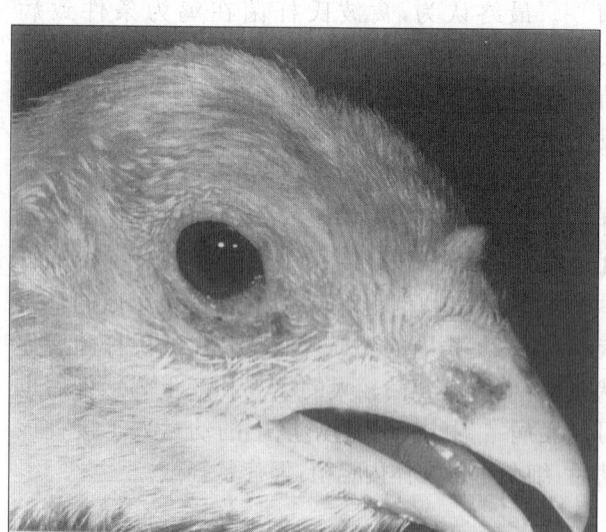

图 19.22　一只患波氏杆菌病病鸡的临床症状。张口呼吸,眼及鼻孔周围染成黑色,内眼角有泡沫状分泌物。

发病率和死亡率

火鸡波氏杆菌病的典型特征是发病率高而死亡率低。2～6 周龄的火鸡发病率高达 80%～100%[112],而死亡率不到 10%;产蛋鸡群感染禽波氏杆菌后,发病率仅为 20%,而且不出现死亡[77]。

幼龄火鸡死亡率较高(>40%),这往往与并发大肠杆菌病有关[23,112]。试验表明,同时感染禽波氏杆菌和大肠杆菌后,感染火鸡不能清除气管中的大肠杆菌[39,137],并加重由大肠杆菌引起的气囊炎[138]。不利的环境温度[9]、高湿度[127]、污浊的空气以及并发呼吸道病都可能增加死亡率[112]。Cook 等[29] 对火鸡鼻气管炎病毒(TRTV,一种肺病毒)与禽波氏杆菌和类巴氏杆菌(*Pasteurella*-like)在火鸡中的相互作用进行了研究。单独感染 TRTV 时,只能从气管中分离出病毒,而与细菌共同感染时,病毒可以侵入机体,并可从心脏、肝脏、脾脏、肾脏和盲肠扁桃体中分离到。Hinz 等[58] 报道,在一个饲养有不同日龄的大型火鸡场中,6 个不同日龄的火鸡群发生了禽波氏杆菌和鹦鹉热衣原体的混合感染,感染火鸡群的死亡率为 7%～20%。火鸡因继发肺炎克雷伯氏菌、大肠杆菌和荧光假单胞菌而死亡率增加。

病理变化

大体病变

大体病变局限于上呼吸道,并随感染时间的长短而有所不同。发病过程中,鼻腔和气管的分泌物开始为浆液性,后变为黏液性。气管病变包括软骨环大面积软化、变形,背腹部萎陷,有黏液性纤维蛋白分泌物,这些症状能充分表明是波氏杆菌病[6,139]。在个别病例中,可看到紧接喉部的气管背部严重的陷入管腔(图 19.23)[6,140]。从气管的横切面可观察到气管环壁变厚,管腔缩小。感染后气管软骨变形至少持续 53 天[6]。在气管内陷的部位,由于黏液分泌物的积累常导致病禽窒息而死[6]。在感染的头 2周,鼻和气管黏膜充血,头和颈间质组织水肿明显。

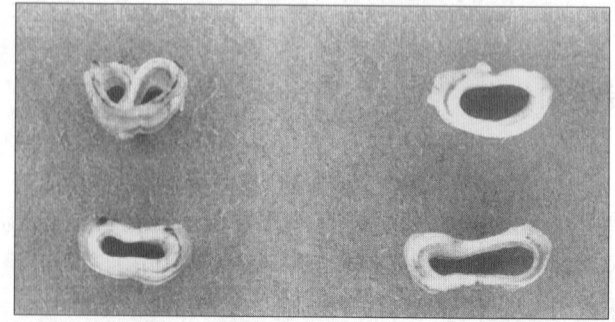

图 19.23　患波氏杆菌病小火鸡塌陷的气管的横断面,左上图为紧接喉头的气管,其背腹部严重内折。其余为每间隔 5cm 切割气管做成的切面。(引自 Am. J. Vet. Res.)

组织学病变

波氏杆菌病的明显特征是出现纤毛结合性的细菌菌落、进行性纤毛上皮脱落和黏液从杯状细胞中排空[6]。细菌开始寄生于鼻腔黏膜纤毛上皮,接着进入到气管并在7～10天内扩散到初级支气管。该菌能特异性地黏着纤毛,而不黏着于其他类型的细胞[7]。用扫描电镜观察,可见黏着细菌的表面覆盖着许多结节状纤突(图19.24)。细菌寄生的细胞顶部胞浆酸性增强,并且稍稍突出于黏膜表面[128]。出现症状后1～2周,在纤毛细胞还未严重脱落之前,气管黏膜上的细菌菌落最明显(图19.25)[6,7]。

超微结构

在出现症状的头2周内,有纤毛的气管上皮逐渐丧失,被无纤毛的立方上皮替代(图19.26)。这些未成熟的增生性细胞胞浆嗜碱性和具有数目不等的黏液性小颗粒[6,140]。病的后期,气管上皮转化为鳞状上皮(图19.27)。在发病的前3周,气管上皮细胞浆中出现线状嗜酸性包涵体[6,7]。这些包涵体的超微结构是由被膜围着的平行排列的丝状物组成的蛋白结晶[7]。在发病的第3、4周里,气管黏膜因发育异常的大量上皮形成褶折和团块而变形。根据疾病的严重程度,在出现症状后4～6周气管上皮恢复正常[6,49],这时往往分离不到波氏杆菌。

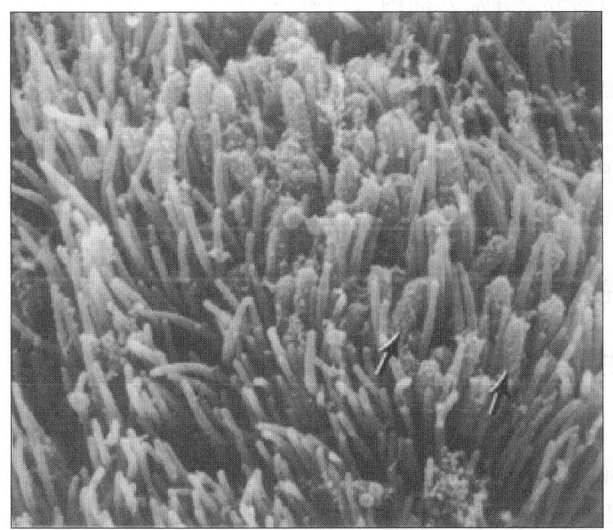

图 19.24　大量的禽波氏杆菌(箭头所指)与气管上皮细胞纤毛紧密结合。细菌表面覆盖着形状不规则的结节样凸起,该凸起可能与黏着有关。

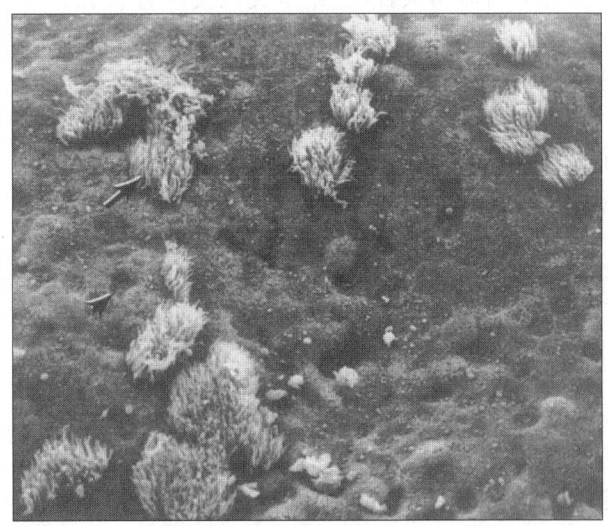

图 19.26　纤毛上皮从气管黏膜表面脱落。孤立的纤毛细胞丛(箭头所指)及纤毛细胞脱落后留下的黑色凹陷(粗箭头所指)。

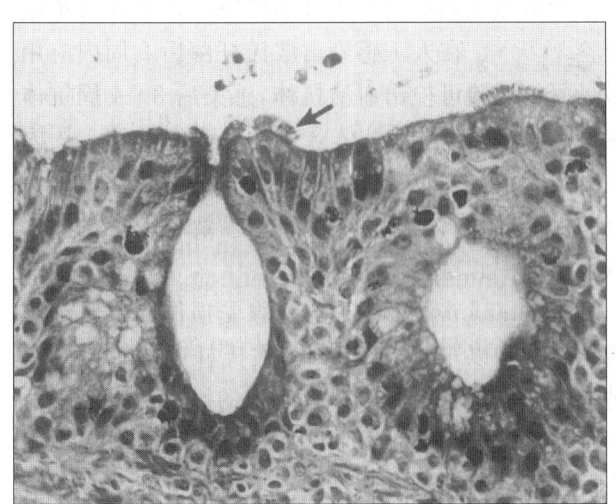

图 19.25　3周前感染禽波氏杆菌的小火鸡气管。波氏杆菌的特征性病变包括与纤毛结合的细菌菌落(箭头所指)纤毛上皮的丧失,已排空黏液的肿胀的黏液腺,间质出现浆细胞和淋巴细胞浸润。

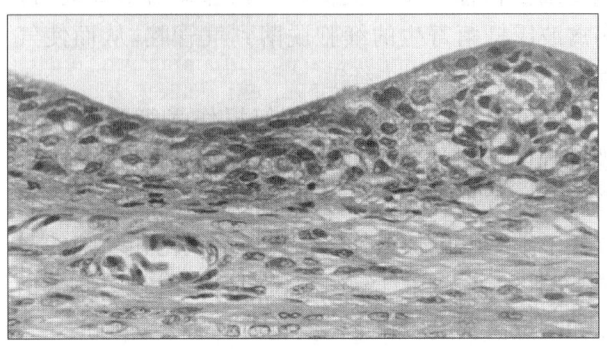

图 19.27　一些处于波氏杆菌病后期的幼火鸡,气管上皮出现鳞状上皮化生。

伴随着孤立的杯状细胞和黏膜的黏液腺中黏液

排空,上呼吸道中排出大量黏液样分泌物[6,140]。泡状腺变为囊状,并衬有黏液样小颗粒的不成熟上皮细胞(图19.25)。在出现症状的第1～3周内,杯状细胞不断排出大量黏液样颗粒。

气管固有层中的细胞渗出物开始被多灶性异嗜细胞浸润。随着临床症状的减轻变成以淋巴细胞和浆细胞为主[6,49]。在发病的第3～5周内,黏膜浆细胞呈弥漫性增生,同时在黏膜下出现多灶性淋巴样结节。在病后第1周,黏膜表面的分泌物由黏液脓性转为脓性纤维素性[7]。

肺部病变局限于初级支气管和与支气管相关的淋巴组织[138,139]。与气管黏膜相反,支气管黏膜,包括柱状纤毛上皮和杯状细胞接近正常[139]。轻度感染禽波氏杆菌的纤毛上皮发生轻微的异嗜细胞浸润。气管(通常在初级和次级支气管结合处)周围的淋巴组织明显增大,淋巴结节突入支气管管腔[139]。淋巴样组织的其他变化为在病的早期胸腺皮质区淋巴细胞缺失[109]。

总之,具有诊断价值的明显的显微病变包括:与纤毛结合的细菌菌落、胞浆内包涵体、囊状的黏膜腺体及纤毛上皮的广泛消失。

感染过程的发病机理

细菌最初黏着在口鼻黏膜的纤毛细胞上,第2周,细菌寄生部位由气管上部扩展到初级支气管。菌群沿呼吸道黏膜的扩散引起了急性炎症和杯状细胞释放黏液,从而导致打喷嚏、咳嗽和鼻腔阻塞。当具有运动性的菌群游离出微菌落并在黏蛋白层游动从而向其他纤毛细胞转移时,感染就会扩散而不被黏膜纤毛的清洁运动所阻抑。显然,气管黏膜没有阻止细菌传播的受体类似物。在感染的第2周,许多禽波氏杆菌寄生的细胞脱落到气管腔,从而使气管的大部分表面失去纤毛。

尚不清楚禽波氏杆菌如何损伤气管黏膜和软骨,但可能与气管细胞毒素有关。胞浆蛋白晶体的形成及正常黏膜的延时整复,表明存在一种毒素,它改变了细胞的生长和分化。气管环软化和萎陷的分子基础可能是由于结缔组织代谢异常引起胶原蛋白和弹性蛋白发生质和量的变化[132]。

随着纤毛细胞的不断减少,黏液和渗出物的流动减慢,尤其是气管上部和鼻腔。鼻泪管的阻塞使内侧眼角堆积泡沫样渗出物。波氏杆菌病的症状是由局部和全身的炎症反应产物、可溶性的细菌毒素和大的呼吸道物理性堵塞引起的。

在出现临床症状的1周内,机体对禽波氏杆菌抗原产生局部和全身性的免疫应答。来源于血清和黏膜下浆细胞产生的抗体聚集于呼吸道分泌物中。局部抗体与游离的禽波氏杆菌相互作用阻止了禽波氏杆菌的运动和对其他纤毛细胞的侵袭。大部分纤毛中的细菌菌落逃避了宿主防卫系统的作用,大量细菌随寄生的上皮细胞排出。随着被细菌寄生的细胞的脱落和新形成的纤毛细胞得到了抗体保护,细菌的数量在后几周内有所减少。

一些康复禽从呼吸道组织中清除全部禽波氏杆菌的速度可能较慢。这使它们成了易感禽的传染源。当黏膜的免疫力在以后4～8周中衰退时,残留在鼻腔或鼻窦中的禽波氏杆菌再次繁殖,产生临床性感染或将病菌传播给易感禽。

免疫力

主动免疫

大多数火鸡接种活的禽波氏杆菌或其他种类的菌苗后都能产生主动免疫。对禽波氏杆菌温度敏感性突变株的免疫抗体应答随着免疫剂量、火鸡年龄及影响细菌定植的环境因素的不同而变化[9,25,54,60,64,67,75]。近期研究表明,不足3周龄的小火鸡对禽波氏杆菌菌苗的免疫应答差[60,67]。

大多数火鸡对禽波氏杆菌感染能产生体液免疫应答[6,65,133]。在人工感染禽波氏杆菌后2周内应用微量凝集试验可检出血清抗体,感染后3～4周抗体达最高水平[6,65]。在抗体效价达到高峰后的1周内临床症状消失,气管中细菌数减少[6]。结合母源免疫的例证,说明体液免疫在预防感染和患禽机体的恢复过程中起重要作用[13,57]。

自Simmons等[120]报道胸腺受损伤和淋巴细胞转化被抑制以来,已认识到禽波氏杆菌的感染具有潜在的免疫抑制作用。尽管后来的研究并未发现有细胞免疫缺陷[90,91,92],但该菌的感染明显地干扰多杀性巴氏杆菌和出血性肠炎活疫苗的免疫力[109,120]。已发现火鸡感染禽波氏杆菌后,脑和淋巴组织中单胺浓度降低,血清皮质酮增加[35,36,93]。这种激素的变化虽然可能不是禽波氏杆菌特有的,但也许有助于解释野外出现的免疫抑制现象。

被动免疫

Neighbor 等[99]对免疫和非免疫母鸡的后代的母源抗体进行了评估,ELISA 检测结果显示,有母源抗体的小火鸡对临床疾病和大体病变的抵抗力最强。康复火鸡的血清和气管分泌物能抑制该菌对火鸡气管黏膜的黏着[8],而且不论是局部还是非肠道应用康复血清都能抑制禽波氏杆菌的黏着。被动接种康复血清和母源抗体免疫有许多相似之处。Suresh 等[133]对人工感染禽波氏杆菌的火鸡的血清、气管冲洗物、泪液的抗体水平进行了检测,火鸡在接种后 8 周内间隔 1 周捕杀,结果显示火鸡生长到 3 周龄时,已监测不到母源抗体,血清抗体和黏膜抗体的出现与气管中禽波氏杆菌的清除有关。收集感染禽长达 4 周时间的气管分泌物和血清进行免疫印迹实验,这些分泌物和血清至少能识别 8 种禽波氏杆菌的表面蛋白[52]。

诊　断

目前一般根据临床症状、病变、从呼吸道分离出禽波氏杆菌、血清学阳性检验或综合上述方法来确诊波氏杆菌病。其他诊断技术包括单克隆抗体乳胶凝集试验[132]、单克隆抗体间接荧光染色技术[131]、应用过乙酰醛腈和甲基肟测定细胞碳水化合物的毛细气相色谱技术[97]及聚合酶链式反应技术[105,113]。

病原分离和鉴定

可将采集的气管黏膜拭子样品接种于麦康凯琼脂上进行细菌的分离。从鼻孔的开口处和鼻孔内,或将拭子通过喉头伸进气管采集样品,常常有大量的非病原菌[119,128]。剖检火鸡时,应从颈中部切开气管无菌采集样品拭子。在麦康凯琼脂上培养 24h 后,禽波氏杆菌菌落长成透明,针尖大小。较密集划线培养时,大多数污染的杂菌形成大而黏的菌落(通常发酵乳糖),这些杂菌能掩盖禽波氏杆菌,稀释划线培养后可以发现禽波氏杆菌的细小菌落。培养 48h 后禽波氏杆菌更容易被识别,并有可能形成棕色凸"芯"(图 19.21)。感染早期从气管中可获得纯培养物,但在后期,有可能分离到大肠杆菌及其他条件菌[112]。禽波氏杆菌与其他相关细菌的理化特性

的鉴别见表 19.6 和表 19.7。

血清学

已经证明,血清学试验能有效监测人工和自然感染病例中的禽波氏杆菌血清抗体。Jackwood 和 Saif[65]建立了一种以氯化新四唑染色灭活的禽波氏杆菌作为抗原的微量凝集试验(MAT),该试验与细菌的分离有很好的相关性。在分离不到禽波氏杆菌后的一段时间里,血清学试验还有可能为阳性。Slavik 等[128]进行的一次临床调查表明,具有呼吸道病史的鸡群即使分离不到细菌,其禽波氏杆菌血清学检验也总为阳性。在人工感染的小火鸡中,在接种后 2 周到接种后至少 5～7 周用 MAT 方法能够检测到抗体[6,9,65],在接种后 3～4 周抗体水平达到高峰。在前述的每一次试验中,血清的凝集效价为 1:320～1:512[6,65]。异源性禽波氏杆菌抗原对凝集价影响很小[9]。

Hopkins 等[60]建立了 ELISA 方法监测禽波氏杆菌的血清抗体,该法以整个菌体做抗原,血清的稀释度为 1:200,购置的抗火鸡 IgG 酶结合物的稀释度为 1:3 200。ELISA 监测结果与 MAT 的监测结果密切相关,但在监测 1 日龄火鸡的母源抗体时,ELISA 方法更敏感[62]。虽然禽波氏杆菌与密切相关的亨兹波氏杆菌有共同抗原,但没有证据表明,这些相关的细菌在自然界中能引起禽波氏杆菌血清阳性反应。

已建立了监测禽波氏杆菌的几种不同的 ELISA 方法[12,22,99,133,135],包括斑点-免疫结合试验和微粒浓缩免疫荧光分析(particle concentration fluorescence immunoassay)[22]。所有这些方法都能监测母源抗体而且具有很好的重复性和敏感性。最近,商品 ELISA 试剂盒已问世,使用效果很好[84]。

鉴别诊断

必须把禽波氏杆菌病与原发的或继发的鼻气管炎病加以区别。支原体病、衣原体病和火鸡呼吸道隐孢子虫病可能与禽波氏杆菌病的诸多临床症状相似或者促发这些临床症状的出现[2,59,77,85]。病毒包括新城疫病毒、尤卡帕病毒、腺病毒、流感病毒和肺病毒[28,85]。虽然禽波氏杆菌病能单独引起自然病例的所有临床症状和病变,但更多的是与新城疫病

毒、支原体和一些条件致病菌如大肠杆菌联合致病。

目前诊断上最大的困难是如何在初代培养时鉴别禽波氏杆菌和亨兹波氏杆菌。这些相关细菌的鉴别特点见表 19.7，确诊是用 1 日龄火鸡做致病性试验。以禽波氏杆菌 24h 肉汤培养物接种 1 日龄易感火鸡，易感火鸡可在 3～5 天内出现临床症状，鼻腔有分泌物。

预防和控制

管理措施

禽波氏杆菌具有高度传染性，可经直接接触患禽及其污染的水、饲料和垫料传播。为了防止清洁鸡群的感染，须采取严格的生物安全措施，同时应采用严格的清洁措施以清除污染环境中的病原体。对污染环境，最低限度的清洁措施应包括彻底清除垫料、清洗所有物体表面、消毒饮水系统和料槽，并在消毒后再用甲醛熏蒸或稀甲醛溶液消毒所有物体表面。禽波氏杆菌容易被从一处带到另一处，所以，参观者进出不同房间和场所时必须使用消毒剂脚浴，清洁外衣。因为不利的环境因素和传染因子能加重波氏杆菌病，所以发病禽群应尽量保持适宜的温度、湿度和空气清洁度，避免或延期接种弱毒活疫苗。

免疫接种

目前用于预防火鸡波氏杆菌病的商品疫苗包括禽波氏杆菌温度敏感（ts）突变株活菌苗（Art-Vax™，Schering-Plough Animal Health，Union，NJ）和 ADJVAC - ART 全细胞菌苗（Sanofi Animal Health，Inc.，Overland Park，KS）。ts 突变株活菌苗是由北卡罗来纳州分离出的强毒株经亚硝酸胍诱变而获得[24]。最初的研究表明，ts 突变株在鼻黏膜繁殖并诱导产生中等水平的血清抗体[24]。尽管后来在犹它州使用该疫苗能产生确实的保护作用[25,75]，但其他的对照试验表明，菌苗只能适当地降低病变的严重程度或延缓临床症状的出现[54,60,64,67]。ts 突变株能黏着在呼吸道上皮，但其缓慢的生长率限制了它在该处的寄生和诱导产生保护性免疫的能力[9,10]。1 日龄火鸡按照说明使用 ts 突变株菌苗后，不能防止感染和发病，3 周龄或更大日龄的小火鸡使用这种菌苗后能防止发病但不能防止感染[60,67]。人们关注的是 3 周龄以下的火鸡对禽波氏杆菌抗原可能产生不了足够的应答反应或不能产生足够的局部免疫应答。

Houghten 等[64]比较了用喷雾法和厂商推荐的方法免疫 ts 突变株菌苗的结果，火鸡 2 日龄用室内喷雾法首次免疫，14 天后再用粗喷雾滴进行第二次免疫；另一组用滴眼法进行首免，14 天后经口腔第二次免疫。在减轻病变程度方面，喷雾和滴眼/口腔免疫具有同样效果，但用强毒攻击后，两种方法都不能阻止气管感染。

研究表明，产蛋种禽接种疫苗有助于防止后代发生波氏杆菌病[13,55,99]。产蛋种禽接种热灭活[57]或福尔马林灭活[13]的佐剂苗能延缓攻毒幼禽发生临床疾病，并能减轻疾病的严重程度。用康复禽血清被动免疫 3 周龄的幼禽，依据免疫的剂量和时间的差异可不同程度地降低禽波氏杆菌对气管黏膜的黏着[8]。总之，这些研究表明母源抗体 IgG 能赋予刚孵出的幼雏暂时的免疫力。此外，用纯化的纤毛制剂和含佐剂的菌苗免疫禽后，能显著地保护幼雏免受禽波氏杆菌的寄生和抵抗临床症状的出现[1]。

因禽波氏杆菌与亨兹波氏杆菌抗原相关，Jackwood 和 Saif[69]设计了一些实验来检验无致病性的亨兹波氏杆菌感染小火鸡是否产生对禽波氏杆菌的免疫力，亨兹波氏杆菌不能在呼吸道长期生存，它既不能诱导产生血清学的应答又不能保护火鸡免受禽波氏杆菌的攻击。要改进波氏杆菌菌苗，必须更好地掌握禽波氏杆菌的保护性抗原的特性并了解火鸡对它们的免疫应答状况。

治疗

通过饮水、注射、气雾途径用抗生素治疗波氏杆菌病时，多数情况下收效甚微。在每加仑（4.5461L）饮水加 1.8g 盐酸四环素和 $2×10^6$ IU 青霉素- G 钾，连用 3 天，治疗种鸡群，可在 24h 小时内见效[77]。与未治疗相比，用盐酸土霉素气雾治疗青年火鸡可减少随后接种新城疫疫苗引起的死亡率[38]。虽然临床证据表明治疗有积极的效果，但仍不清楚临床上抗生素是对禽波氏杆菌还是对继发病原菌（如大肠杆菌）起作用。

在一组人工感染小火鸡的实验中，非肠道使用长效土霉素对禽波氏杆菌感染无明显疗效[126]。用盐酸土霉素气雾治疗人工诱发的波氏杆菌病时，可暂时减少气管中细菌的数量，推迟临床症状及病变的出现[140]，但治疗 4 天后，细菌数和疾病的严重程度与未治疗组相同[140]。

Yersin 等[146]证实在火鸡的饮用水中按 70mg/L 加入烟酸可使感染禽波氏杆菌的火鸡气管黏膜的纤毛缺失数量减少 40％。与未经治疗的感染火鸡相比，烟酸治疗的病火鸡临床症状减轻，体重增加，气管黏膜中寄生的细菌数减少。作者推测，这种治疗机制可能是糖皮质激素诱导的 DNA 链断裂，随后核 DNA 的 ADP - 核糖基化受到抑制。维持蛋白质的合成需要保持气管纤毛中 ATP 的调节功能。Pardue 和 Luginbuhl[102]观察到火鸡在 4、7、10、14 和 17 日龄用 0.016％的含氧卤化物饮水能够减轻与波氏杆菌病有关的许多症状。

吕艳丽　译
苏敬良　郭玉璞　校

参考文献

[1] Akeila, M. A. and Y. M. Saif. 1988. Protection of turkey poults from Bordetella avium infection and disease by pili and bacterins. *Avian Dis* 32:641 - 649.

[2] Andral, B. , C. Louzis, D. Trap, J. A. Newman, G. Bennejean, and R. Gaumont. 1985. Respiratory disease (rhinotracheitis) in turkeys in Brittany, France, 1981—1982. I. Field observations and serology. *Avian Dis* 29:26 -34.

[3] Anon. 1985. Turkey rhinotracheitis of unknown aetiology in England and Wales: A preliminary report from the British Veterinary Poultry Association. *Vet Rec* 117:653 -654.

[4] Arp, L. H. 1986. Adherence of Bordetella avium to turkey tracheal mucosa: Effects of culture conditions. *Am J Vet Res* 47:2618 - 2620.

[5] Arp, L. H. and E. E. Brooks. 1986. An *in vivo* model for the study of Bordetella avium adherence to tracheal mucosa in turkeys. *Am J Vet Res* 47:2614 - 2617.

[6] Arp, L. H. and N. F. Cheville. 1984. Tracheal lesions in young turkeys infected with Bordetella avium. *Am J Vet Res* 45: 2196 - 2200.

[7] Arp, L. H. and J. A. Fagerland. 1987. Ultrastructural pathology of Bordetella avium infection in turkeys. *Vet Pathol* 24:411 - 418.

[8] Arp, L. H. and D. H. Hellwig. 1988. Passive immunization versus adhesion of Bordetella avium to the tracheal mucosa of turkeys. *Avian Dis* 32:494 - 500.

[9] Arp, L. H. and S. M. McDonald. 1985. Influence of temperature on the growth of Bordetella avium in turkeys and in vitro. *Avian Dis* 29:1066 - 1077.

[10] Arp, L. H. , R. D. Leyh, and R. W. Griffith. 1988. Adherence of Bordetella avium to tracheal mucosa of turkeys: Correlation with hemagglutination. *Am J Vet Res* 49:693 -696.

[11] Arp, L. H. , E. L. Huffman, and D. H. Hellwig. 1993. Glycoconjugates as components of receptors for Bordetella avium on the tracheal mucosa of turkeys. *Am J Vet Res* 54:2027 - 2030.

[12] Barbour, E. K. , M. K. Brinton, S. D. Torkelson, J. B. Johnson, and P. E. Poss. 1991. An enzyme-linked immunosorbent assay for detection of Bordetella avium infection in turkey flocks: Sensitivity, specificity, and reproducibility. *Avian Dis* 35:308 - 314.

[13] Barnes, H. J. and M. S. Hofstad. 1983. Susceptibility of turkey poults from vaccinated and unvaccinated hens to Alcaligenes rhinotracheitis (turkey coryza). *Avian Dis* 27:378 - 392.

[14] Berkhoff, H. A. and G. D. Riddle. 1984. Differentiation of Alcaligenes - like bacteria of avian origin and comparison with Alcaligenes spp. reference strains. *J Clin Microbiol* 19:477 - 481.

[15] Berkhoff, H. A. , F. M. McCorkle, Jr. , and T. T. Brown. 1983. Pathogenicity of various isolates of Alcaligenes faecalis for broilers. *Avian Dis* 27:707 - 713.

[16] Berkhoff, H. A. , H. J. Barnes, S. I. Ambrus, M. D. Kopp, G. D. Riddle, and D. C. Kradel. 1984. Prevalence of Alcaligenes faecalis in North Carolina broiler flocks and its relationship to respiratory disease. *Avian Dis* 28:912 -920.

[17] Blackall, P. J. and C. M. Doheny. 1987. Isolation and characterisation of Bordetella avium and related species and an evaluation of their role in respiratory disease in poultry. *Aust Vet J* 64:235 - 239.

[18] Blackall, P. J. and J. G. Farrah. 1985. Isolation of Bordetella avium from poultry. *Aust Vet J* 62:370 - 372.

[19] Blackall, P. J. and J. G. Farrah. 1986. An evaluation of two methods of substrate alkalinization for the identification of Bordetella avium and other similar organisms. *Vet Microbiol* 11:301 - 306.

[20] Blackall, P. J. and D. G. Rogers. 1991. Absence of mouse-lethal toxins in Australian isolates of Bordetella avium. *Vet Microbiol* 27:393 - 396.

[21]Blalock,H. G. ,D. G. Simmons,K. E. Muse,J. G. Gray, andW. T. Derieux. 1975. Adenovirus respiratory infection in turkey,poults. *Avian Dis* 19:707 - 716.

[22]Blore,P. J. ,M. F. Slavik,and N. K. Neighbor. 1991. Detection of antibody to Bordetella avium using a particle concentration fluorescence immunoassay (PCFIA). *Avian Dis* 35:756 - 760.

[23]Boycott,B. R. ,H. R. Wyman,and F. C. Wong. 1984. Alcaligenes faecalis rhinotracheitis in Manitoba turkeys. *Avian Dis* 28: 1110 - 1114.

[24]Burke, D. S. and M. M. Jensen. 1980. Immunization against turkey coryza by colonization with mutants of Alcaligenes faecalis. *Avian Dis* 24:726 - 733.

[25]Burke, D. S. and M. M. Jensen. 1981. Field vaccination trials against turkey coryza using a temperature-sensitive mutant of Alcaligenes faecalis. *Avian Dis* 25:96 - 103.

[26]Cimiotti, W, G. Glunder, and K. H. Hinz. 1982. Survival of the bacterial turkey coryza agent. *Vet Rec* 110: 304 -306.

[27]Collins,L. U. ,A. Fatmi, and F. Schodel. 1996. Gene regulation in Bordetella avium. Abstract B - 171, 184. 96th General Meeting of the American Society for Microbiology. May 19 - 23.

[28]Collins,M. S. and R. E. Gough. 1988. Characterization of a virus associated with turkey rhinotracheitis. *J Gen Virol* 69:909 - 916.

[29]Cook, J. K. A. , M. M. Ellis, and M. B. Higgins. 1991. The pathogenesis of turkey rhinotracheitis virus in turkey poults inoculated with the virus alone or together with two strains of bacteria. *Avian Pathol* 20:155 - 166.

[30]Cookson,B. T. ,P. Vandamme, L. C. Carlson, A. M. Larson,J. V. Sheffield, K. Kersters, and D. H. Spach. 1994. Bacteremia caused by a novel Bordetella species, "B. hinzii". *J Clin Microbiol* 32:2569 - 2571.

[31]Cutter,D. L. and G. H. Luginbuhl. 1991. Characterization of sulfonamide resistance determinants and relatedness of Bordetella avium R plasmids. *Plasmid* 26:136 - 140.

[32]Dillman,R. C. and D. G. Simmons. 1977. Histopathology of a rhinotracheitis of turkey poults associated with adenoviruses. *Avian Dis* 21:481 - 491.

[33]Domingo, D. T. , M. W. Jackwood, and T. P. Brown. 1992. Filamentous forms of Bordetella avium: Culture conditions and pathogenicity. *Avian Dis* 36:707 - 713.

[34]Edens, F. W. , F. M. McCorkle, and D. G. Simmons. 1984. Body temperature response of turkey poults infected with Alcaligenes faecalis. *Avian Pathol* 13:787 -795.

[35]Edens,F. W. ,F. M. McCorkle,D. G. Simmons, and A. G. Yersin. 1987. Brain monoamine concentrations in turkey poults infected with Bordetella avium. *Avian Dis* 31: 504 - 508.

[36]Edens, F. W. , F. M. McCorkle, D. G. Simmons, and A. G. Yersin. 1987. Effects of Bordetella avium on lymphoid tissue monoamine concentrations in turkey poults. *Avian Dis* 31:746 - 751.

[37]Edens,F. W. ,J. D. May, A. G. Yersin, and H. M. Brown-Borg. 1991. Effect of fasting on plasma thyroid and adrenal hormone levels in turkey poults infected with Bordetella avium. *Avian Dis* 35:344 - 347.

[38]Ficken, M. D. 1983. Antibiotic aerosolization for treatment of alcaligenes rhinotracheitis. *Avian Dis* 27: 545 -548.

[39]Ficken,M. D. ,J. F. Edwards, and J. C. Lay. 1986. Clearance of bacteria in turkeys with Bordetella avium-induced tracheitis. *Avian Dis* 30:352 - 357.

[40]Filion,P. R. ,S. Cloutier, E. R. Vrancken, and G. Bernier. 1967. Infection respiratoire du dindonneau causee par un microbe appar-ente au Bordetella bronchiseptica. *Can J Comp Med Vet Sci* 31:129 - 134.

[41]Funke, G. , T. Hess, A. von Graevenitz, and P. Vandamme. 1996. Characteristics of Bordetella hinzii strains isolated from a cystic fibrosis patient over a 3 - year period. *J Clin Microbiol* 34:966 - 969.

[42]Gentry-Weeks,C. R. ,B. T. Cookson, W. E. Goldman, R. B. Rimler, S. B. Porter, and R. Curtiss III. 1988. Dermonecrotic toxin and tracheal cytotoxin, putative virulence factors of Bordetella avium. *Infect Immun* 56: 1698 -1707.

[43]Gentry-Weeks,C. R. ,D. L. Provence,J. M. Keith,and R. Curtiss, III. 1991. Isolation and characterization of Bordetella avium phase variants. *Infect Immun* 59: 4026 -4033.

[44]Gentry-Weeks,C. R. , A. L. Hultsch, S. M. Kelly, J. M. Keith,and R. Curtiss, III. 1992. Cloning and sequencing of a gene encoding a 21 - kilodalton outer membrane protein from Bordetella avium and expression of the gene in Salmonella typhimurium. *J Bacteriol* 174:7729 - 7742.

[45]Gentry-Weeks, C. R. , J. M. Keith, and J. Thompson. 1993. Toxicity of Bordetella avium beta - cystathionase toward MC3T3 - E1 osteogenic cells. *J Biol Chem* 268: 7298 - 7314.

[46]Glunder, G. , H. van der Ven, and A. Foulman. 2004. Studies on the efficacy of different adjuvants in live stock specific bacterial vaccines for turkeys against Bordetela infection and onset of antibody titers in respect to the age

of the turkey poults. *Pol J Vet Sci* 7:77 - 81.

[47]Goldman,W. E. 1986. Bordetella pertussis tracheal cyto-toxin: Damage to the respiratory epithelium. In L. Leive and P. F. Bonventre（eds.）. MicrobiologyNN1986. American Society for Microbiology: Washington, D. C. , 65 -69.

[48]Gray,J. G. ,J. F. Roberts,R. C. Dillman, and D. G. Simmons. 1981. Cytotoxic activity of pathogenic Alcaligenes faecalis in turkey tracheal organ cultures. *Am J Vet Res* 42:2184 - 2186.

[49]Gray,J. G. ,J. F. Roberts,R. C. Dillman, and D. G. Simmons. 1983. Pathogenesis of change in the upper respiratory tracts of turkeys experimentally infected with an Alcaligenes faecalis isolate. *Infect Immun* 42:350 - 355.

[50]Gray, J. G. , J. F. Roberts, and D. G. Simmons. 1983. *In vitro* cytotoxicity of an Alcaligenes faecalis and its relationship in *in vivo* tracheal pathologic changes in turkeys. *Avian Dis* 27:1142 - 1150.

[51] Heller, E. D. , Y. Weisman, and A. Aharonovovitch. 1984. Experimental studies on turkey coryza. *Avian Pathol* 13:137 - 143.

[52] Hellwig, D. H. and L. H. Arp. 1990. Identification of Bordetella avium antigens recognized after experimental inoculation in turkeys. *Am J Vet Res* 51:1188 - 1191.

[53]Hellwig,D. H. ,L. H. Arp, and J. A. Fagerland. 1988. A comparison of outer membrane proteins and surface characteristics of adhesive and non-adhesive phenotypes of Bordetella avium. *Avian Dis* 32:787 - 792.

[54]Herzog, M. , M. F. Slavik,J. K. Skeeles, and J. N. Beasley. 1986. The efficacy of a temperature-sensitive mutant vaccine against Northwest Arkansas isolates of Alcaligenes faecalis. *Avian Dis* 30:112 - 116.

[55]Hinz,K. H. and G. Glunder. 1986. Identification of Bordetella avium sp. nov. by the API 20 NE system. *Avian Pathol* 15:611 - 614.

[56]Hinz, K. H. , G. Glunder, and H. Lunders. 1978. Acute respiratory disease in turkey poults caused by Bordetella bronchiseptica-like bacteria.*Vet Rec* 103:262 - 263.

[57]Hinz, K. H. , G. Korthas, H. Luders, B. Stiburek, G. Glunder, H. E. Brozeit, and T. Redmann. 1981. Passive immunisation of turkey poults against turkey coryza (Bordetellosis) by vaccination of parent breeders. *Avian Pathol* 10:441~147.

[58]Hinz,K. H. ,G. Glunder, and K. J. Romer. 1983. A comparative study of avian Bordetella-like strains,Bordetella bronchiseptica, Alcaligenes faecalis and other related nonfermentable bacteria. *Avian Pathol* 12:263 - 276.

[59]Hinz,K. H. ,M. Rull,U. Heffels - Redmann, and M. Poeppel. 1992. Multicausal infectious respiratory disease of turkey poults. *Dtsch Tierarztl Wochenschr* 99:75 -78.

[60]Hofstad, M. S. and E. L. Jeska. 1985. Immune response of poults following intranasal inoculation with Artvax™ vaccine and a formalin-inactivated Bordetella avium bacterin. *Avian Dis* 29:746 - 754.

[61]Hollamby, S. ,J. G. Sikarskie, and J. Stuht. 2003. Survey of peafowl（Pavo cristatus）for potential pathogens at three Michigan zoos. *J Zoo Wildl Med* 34:375 - 379.

[62]Hopkins,B. A. ,J. K. Skeeles,G. E. Houghten, and J. D. Story. 1988. Development of an enzyme - linked immunosorbent assay for Bordetella avium. *Avian Dis* 32:353 -361.

[63]Hopkins,B. A. ,J. K. Skeeles,G. E. Houghten, D. Slagle, and K. Gardner. 1990. A survey of infectious diseases in wild turkeys（Meleagris gallopavo silvestris）from Arkansas (USA). *J Wildl Dis* 26:468~172.

[64]Houghten,G. E. ,J. K. Skeeles,M. Rosenstein,J. N. Beasley, and M. F. Slavik. 1987. Efficacy in turkeys of spray vaccination with a temperature-sensitive mutant of Bordetella avium (Art Vax™). *Avian Dis* 31:309 - 314.

[65]Jackwood, D. J. and Y. M. Saif. 1980. Development and use of a microagglutination test to detect antibodies to Alcaligenes faecalis in turkeys. *Avian Dis* 24:685 - 701.

[66]Jackwood, M. W. , S. M. McCarter, and T. P. Brown. 1995. Bordetella avium: An opportunistic pathogen in leghorn chickens. *Avian Dis* 39:360 - 367.

[67]Jackwood,M. W. and Y. M. Saif. 1985. Efficacy of a commercial turkey coryza vaccine（Art Vax™）in turkey poults. *Avian Dis* 29:1130 - 1139.

[68]Jackwood,M. W. and Y. M. Saif. 1987. Lack of protection against Bordetella avium in turkey poults exposed to B. avium-like bacteria. *Avian Dis* 31:597 - 600.

[69]Jackwood,M. W. and Y. M. Saif. 1987. Pili of Bordetella avium: Expression,characterization, and role in *in vitro* adherence. *Avian Dis* 31:277 - 286.

[70]Jackwood, D. J. , Y. M. Saif, P. D. Moorhead, and R. N. Dearth. 1982. Infectious bursal disease virus and Alcaligenes faecalis infections in turkeys. *Avian Dis* 26:365 -374.

[71]Jackwood,M. W. ,Y. M. Saif,P. D. Moorhead, and R. N. Dearth. 1985. Further characterization of the agent causing coryza in turkeys. *Avian Dis* 29:690 - 705.

[72]Jackwood,M. W. ,M. Sasser, and Y. M. Saif. 1986. Contribution to the taxonomy of the turkey coryza agent: Cellular fatty acid analysis of the bacterium. *Avian Dis*

30:172 - 178.

[73]Jackwood, M. W., Y. M. Saif, and D. L. Coplin. 1987. I-solation and characterization of Bordetella avium plasmids. *Avian Dis* 31:782 - 786.

[74]Jackwood, M. W., D. A. Hilt, and P. A. Dunn. 1991. Observations on colonial phenotypic variation in Bordetella avium. *Avian Dis* 35:496 - 504.

[75]Jensen, M. M. and M. S. Marshall. 1981. Control of turkey Alcaligenes rhinotracheitis in Utah with a live vaccine. *Avian Dis* 25:1053 - 1057.

[76]Kattar, M. M., J. F. Chavez, A. P. Limaye, S. L. Rassoulian-Barrett, S. L. Yarfitz, L. C. Carlson, Y. Houze, S. Swanzy, B. L. Wood, and B. T. Cookson. 2000. Application of 16S rRNA gene sequencing to identify Bordetella hinzii as the causative agent of fatal septicemia. *J Clin Microbiol* 38:789 - 794.

[77]Kelly, B. J, G. Y. Ghazikhanian, and B. Mayeda. 1986. Clinical outbreak of Bordetella avium infection in two turkey breeder flocks. *Avian Dis* 30:234 - 237.

[78]Kersters, K., K. H. Hinz, A. Hertle, P. Segers, A. Lievens, O. Siegmann, and J. De Ley. 1984. Bordetella avium sp. nov. isolated from the respiratory tracts of turkeys and other birds. *Int J Syst Bacteriol* 34:56 - 70.

[79]King, N. D., A. E. Kirby, and T. D. Connell. 2005. Transcriptional control of the rhuIR-bhuRSTUV heme acquisition locus in Bordetella avium. *Infect and Immun* 73:1613 - 1624.

[80]Kirby, A. E., D. J. Metzger, E. R. Murphy, and T. D. Connell. 2001. Heme utilization in Bordetella avium is regulated by Rhul, a heme-responsive extracytoplasmic function sigma factor. *Infect and Immun* 69: 6951 - 6961.

[81]Kirby, A. E., N. D. King, and T. D. Connell. 2004. RhuR, an extracytoplasmic function sigma factor activator, is essential for heme-dependent expression of the outer membrane heme and hemoprotein receptor of Bordetella avium. *Infect and Immun* 72:896 - 907.

[82]Leyh, R. and R. W. Griffith. 1992. Characterization of the outer membrane proteins of Bordetella avium. *Infect Immun* 60:958 - 964.

[83]Leyh, R. D., R. W. Griffith, and L. H. Arp. 1988. Transposon mutagenesis in Bordetella avium. *Am J Vet Res* 49:687 - 692.

[84]Lindsey, D. G., P. D. Andrews, G. S. Yarborough, J. K. Skeeles, B. Glidewell-Erickson, G. Campbell, and M. B. Blankford. 1994. Evaluation of a commercial ELISA kit for detection and quantitation of antibody against Borde-

tella avium [abst 31]. Proc 75th Ann Meet Conf Res Workers Anim Dis. Chicago, IL.

[85]Lister, S. A. and D. J. Alexander. 1986. Turkey rhinotracheitis: A review. *Vet Bull* 56:637 - 663.

[86]Luginbuhl, G. H., D. Cutter, G. Campodonico, J. Peace, and D. G. Simmons. 1986. Plasmid DNA of virulent Alcaligenes faecalis. *Am J Vet Res* 47:619 - 621.

[87]Marshall, D. R., D. G. Simmons, and J. G. Gray. 1984. Evidence for adherence-dependent cytotoxicity of Alcaligenes faecalis in turkey tracheal organ cultures. *Avian Dis* 28:1007 - 1015.

[88]Marshall, D. R., D. G. Simmons, and J. G. Gray. 1985. An Alcaligenes faecalis isolate from turkeys: Pathogenicity in selected avian and mammalian species. *Am J Vet Res* 46:1181 - 1184.

[89]McBride, M. D., D. W. Hird, T. E. Carpenter, K. P. Snipes, C. Danaye-Elmi, and W. W. Utterback. 1991. Health survey of backyard poultry and other avian species located within one mile of commercial California meat-turkey flocks. *Avian Dis* 35:403 - 407.

[90]McCorkle, F. M. and D. G. Simmons. 1984. In vitro cellular migration of leukocytes from turkey poults infected with Alcaligenes faecalis. *Avian Dis* 28:853 - 857.

[91]McCorkle, F. M., D. G. Simmons, and G. H. Luginbuhl. 1982. Delayed hypersensitivity response in Alcaligenes faecalis-infected turkey poults. *Avian Dis* 26:782 - 786.

[92]McCorkle, F. M., D. G. Simmons, and G. H. Luginbuhl. 1983. Graft-vs-host response in Alcaligenes faecalis-infected turkey poults. *Am J Vet Res* 44:1141 - 1142.

[93]McCorkle, F. M., F. W. Edens, and D. G. Simmons. 1985. Alcaligenes faecalis infection in turkeys: Effects on serum corticosterone and serum chemistry. *Avian Dis* 29:80 - 89.

[94]Montgomery, R. D., S. H. Kleven, and P. Villegas. 1983. Observations on the pathogenicity of Alcaligenes faecalis in chickens. *Avian Dis* 27:751 - 761.

[95]Moore, K. M. and M. W. Jackwood. 1994. Production of monoclonal antibodies to the Bordetella avium 41 - kilodalton surface protein and characterization of the hemagglutinin. *Avian Dis* 38:218 - 224.

[96]Moore, C. J., H. Mawhinney, and P. J. Blackall. 1987. Differentiation of Bordetella avium and related species by cellular fatty acid analysis. *J Clin Microbiol* 25:1059 -1062.

[97]Movalind, M., R. Mutters, and W. Mannheim. 1991. Rapid identification of Bordetella avium and related organisms on the basis of their cellular carbohydrate patterns.

Avian Pathol 20:627 - 636.

[98]Murphy, E. R. , R. E. Sacco, A. Dickenson, D. J. Metzger, Y Hu, P. E. Orndorff, and T. D. Connell. 2002. Bhur, a virulence-associated outer membrane protein of Bordetella avium, is required for acquisition of iron from heme and hemoproteins. *Infect and Immun* 70:5390 - 5403.

[99]Neighbor, N. K. , J. K. Skeeles, J. N. Beasley, and D. L. Kreider. 1991. Use of an enzyme-linked immunosorbent assay to measure antibody levels in turkey breeder hens, eggs, and progeny following natural infection or immunization with a commercial Bordetella avium bacterin. *Avian Dis* 35:315 - 320.

[100]Page, R. K. , O. J. Fletcher, P. D. Lukert, and R. Rimler. 1978. Rhinotracheitis in turkey poults. *Avian Dis* 22:529 - 534.

[101]Panigrahy, B. , L. C. Grumbles, R. J. Terry, D. L. Millar, and C. F. Hall. 1981. Bacterial coryza in turkeys in Texas. *Poult Sci* 60:107 - 113.

[102]Pardue, S. L. and G. H. Luginbuhl. 1998. Improvement of poult performance following Bordetella avium challenge by administration of a novel oxy - halogen formulation. *Avian Dis* 42:140 - 145.

[103]Raffel, T. R. , K. B. Register, S. A. Marks, and L. Temple. 2002. Prevalence of Bordetella avium infection in selected wild and domesticated birds in the eastern USA. *J Wildlife Dis* 38:40 - 46.

[104]Register, K. B. , R. E. Sacco, and G. E. Nordholm. 2003. Comparison of ribotyping and restriction enzyme analysis for inter-and intraspecies discrimination of Bordetella avium and Bordetella hinzii. *J. Clin Microbiol* 41:1512 - 1519.

[105]Register, K. B. and A. G. Yersin. 2005. Analytical verification of a PCR assay for identification of Bordetella avium. *J. Clin Microbiol* 43:5567 - 5573.

[106]Rhoades, K. R. and R. B. Rimler. 1987. The effects of heat-labile Bordetella avium toxin on turkey poults. *Avian Dis* 31:345 - 350.

[107]Rimler, R. B. 1985. Turkey coryza: Toxin production by Bordetella avium. *Avian Dis* 29:1043 - 1047.

[108]Rimler, R. B. and K. R. Rhoades. 1986. Turkey coryza: Selected tests for detection and neutralization of Bordetella avium heatlabile toxin. *Avian Dis* 30:808 - 812.

[109]Rimler, R. B. and K. R. Rhoades. 1986. Fowl cholera: Influence of Bordetella avium on vaccinal immunity of turkeys to Pasteurella multocida. *Avian Dis* 30:838 -839.

[110]Rimler, R. B. and D. G. Simmons. 1983. Differentiation among bacteria isolated from turkeys with coryza (rhinotracheitis). *Avian Dis* 27:491 - 500.

[111]Sacco, R. E. , K. B. Register, and G. E. Nordholm. 2000. Restriction enzyme analysis and ribotyping distinguish Bordetella avium and Bordetella hinzii isolates. *Epidemiol Infect* 124:83 - 90.

[112]Saif, Y. M. , P. D. Moorhead, R. N. Dearth, and D. J. Jackwood. 1980. Observations on Alcaligenes faecalis infection in turkeys. *Avian Dis* 24:665 - 684.

[113]Savelkoul, P. H. M. , L. E. G. M. DeGroat, C. Boersma, I. Livey, C. J. Duggleby, B. A. M. Van der Zeijst, and W. Gaastra. 1993. Identification of Bordetella avium using the polymerase chain reaction. *Microb Pathogen* 15:207 - 215.

[114]Sebaihia, M. , A. Preston, D. J. Maskell, H. Kuzmiak, T. D. Connell, N. D. King, P. E. Orndorff, D. M. Miyamoto, N. R. Thomson, D. Harris, A. Goble, A. Lord, L. Murphy, M. A. Quail, S. Rutter, R. Squares, S. Squares, J. Woodward, J. Parkhill, and L. M. Temple. 2006. Comparison of the genome sequence of the poultry pathogen Bordetella avium with those of B. bronchiseptica, B. pertusis, and B. parapertussis reveals extensive diversity in surface structures associated with host interaction. *J Bacteriol* 188:6002 - 6015.

[115]Shelton, C. B. , L. M. Temple, and P. E. Orndorff. 2002. Use of bacteriophage Bal to identify properties associated with Bordetella avium virulence. *Infect and Immun* 70:1219 - 1224.

[116]Simmons, D. G. and J. G. Gray. 1979. Transmission of acute respiratory disease (rhinotracheitis) of turkeys. *Avian Dis* 23:132 - 138.

[117]Simmons, D. G. , S. E. Miller, J. G. Gray, H. G. Blalock, and W. M. Colwell. 1976. Isolation and identification of a turkey respiratory adenovirus. *Avian Dis* 20:65 - 74.

[118]Simmons, D. G. , R. K. Page, P. V Lukert, O. J. Fletcher, S. E. Miller, and R. C. Dillman. 1977. Bursal changes in turkey poults with acute respiratory disease. *J Am Vet Med Assoc* 171:1104 - 1105.

[119]Simmons, D. G. , J. G. Gray, L. P. Rose, R. C. Dillman, and S. E. Miller. 1979. Isolation of an etiologic agent of acute respiratory disease (rhinotracheitis) of turkey poults. *Avian Dis* 23:194 - 203.

[120]Simmons, D. G. , A. R. Gore, and E. C. Hodgin. 1980. Altered immune function in turkey poults infected with Alcaligenes faecalis, the etiologic agent of turkey rhinotracheitis (coryza). *Avian Dis* 24:702 - 714.

[121]Simmons, D. G. , L. P. Rose, and J. G. Gray. 1980. Some

physical, biochemic, and pathologic properties of Alcaligenes faecalis, the bacterium causing rhinotracheitis (coryza) in turkey poults. *Avian Dis* 24:82 - 90.

[122]Simmons, D. G. , D. E. Davis, L. P. Rose, J. G. Gray, and G. H. Luginbuhl. 1981. Alcaligenes faecalis - associated respiratory disease of chickens. *Avian Dis* 25:610 -613.

[123]Simmons, D. G. , L. P. Rose, F. M. McCorkle, and G. H. Luginbuhl. 1983. Histamine-sensitizing factor of Alcaligenes faecalis. *Avian Dis* 27:171 - 177.

[124]Simmons, D. G. , C. Dees, and L. P. Rose. 1986. A heat-stable toxin isolated from the turkey coryza agent, Bordetella avium. *Avian Dis* 30:761 - 765.

[125]Simmons, D. G. , L. P. Rose, F. J. Fuller, L. C. Maurer, and G. H. Luginbuhl. 1986. Turkey coryza: Lack of correlation between plasmids and pathogenicity of Bordetella avium. *Avian Dis* 30:593 - 597.

[126] Skeeles, J. K. , W. S. Swafford, D. P. Wages, H. M. Hellwig, M. F. Slavik, J. N. Beasley, G. E. Houghten, P. J. Blore, and D. Crawford. 1983. Studies on the use of a long-acting oxytetracycline in turkeys: Efficacy against experimental infections with Alcaligenes faecalis and Pasteurella multocida. *Avian Dis* 27:1126 - 1130.

[127]Slavik, M. F, J. K. Skeeles, J. N. Beasley, G. C. Harris, P. Roblee, and D. Hellwig. 1981. Effect of humidity on infection of turkeys with Alcaligenes faecalis. *Avian Dis* 25:936 - 942.

[128]Slavik, M. F. , J. K. Skeeles, C. F. Meinecke, and L. Holloway. 1981. The involvement of Alcaligenes faecalis in turkeys submitted for diagnosis as detected by bacterial isolation and microagglutination test. *Avian Dis* 25:761 -763.

[129]Spears, P. A. , L. M. Temple, and P. E. Orndorff. 2000. A role for lipopolysaccharide in turkey tracheal colonization by Bordetella avium as demonstrated *in vivo* and *in vitro*. *Mol Microbiol* 36:1425 - 1435.

[130] Spears, P. A. , L. M. Temple, D. M. Miyamoto, D. J. Maskell, and P. E. Orndorff. 2003. Unexpected similarities between Bordetella avium and other pathogenic bordetellae. *Infect and Immun* 71:2591 - 2597.

[131]Suresh, P. 1993. Detecting Bordetella avium in tracheal sections of turkeys by monoclonal antibody-based indirect fluorescence microscopy. *Avian Pathol* 22:791 -795.

[132]Suresh, P. and L. H. Arp. 1993. A monoclonal antibody-based latex bead agglutination test for the detection of Bordetella avium. *Avian Dis* 37:767 - 772.

[133]Suresh, P. , L. H. Arp, and E. L. Huffman. 1994. Muco-

sal and systemic humoral immune response to Bordetella avium in experimentally infected turkeys. *Avian Dis* 38:225 - 230.

[134] Temple, L. M. , A. A. Weiss, K. E. Walker, H. J. Barnes, V. L. Christensen, D. M. Miyamoto, C. B. Shelton, and P. E. Orndorff. 1998. Bordetella avium virulence measured *in vivo* and *in vitro*. *Infect Immun* 66:5244 - 5251.

[135]Tsai, H. J. and Y. M. Saif. 1991. Detection of antibodies against Bordetella avium in turkeys by avidin-biotin enhancement of the enzyme-linked immunosorbent assay and the dot - immunobinding assay. *Avian Dis* 35:801 -808.

[136]Van Alstine, W. G. and L. H. Arp. 1987. Effects of Bordetella avium toxin on turkey tracheal organ cultures as measured with a tetrazolium-reduction assay. *Avian Dis* 31:136 - 139.

[137]Van Alstine, W. G. and L. H. Arp. 1987. Influence of Bordetella avium infection on association of Escherichia coli with turkey trachea. *Am J Vet Res* 48:1574 - 1576.

[138]Van Alstine, W. G. and L. H. Arp. 1987. Effects of Bordetella avium infection on the pulmonary clearance of Escherichia coli in turkeys. *Am J Vet Res* 48:922 - 926.

[139]Van Alstine, W. G. and L. H. Arp. 1988. Histologic evaluation of lung and bronchus-associated lymphoid tissue in young turkeys infected with Bordetella avium. *Am J Vet Res* 49:835 - 839.

[140]Van Alstine, W. G. and M. S. Hofstad. 1985. Antibiotic aerosolization: The effect on experimentally induced alcaligenes rhinotracheitis in turkeys. *Avian Dis* 29:159 - 176.

[141]Vandamme, P. , J. Hommez, M. Vancanneyt, M. Monsieurs, B. Hoste, B. Cookson, C. H. Wirsing von Konig, K. Kersters, and P. J. Blackall. 1995. Bordetella hinzii sp. nov. , isolated from poultry and humans. *Int J Syst Bacteriol* 45:37~45.

[142]Varley, J. 1986. The characterisation of Bordetella/Alcaligenes-like organisms and their effects on turkey poults and chicks. *Avian Pathol* 15:1 - 22.

[143]Varley, J. and S. D. Carter. 1992. Characterization of the proteins of Bordetella isolated from turkeys in the UK by polyacrylamide gel electrophoresis. *Avian Pathol* 21:137 - 140.

[144]Yersin, A. G. , F. W. Edens, and D. G. Simmons. 1990. Tryptophan 2, 3 - dioxygenase activity in turkey poults infected with Bordetella avium. *Comp Biochem Physiol* 97B:755 - 760.

［145］Yersin, A. G. , F. W. Edens, and D. G. Simmons. 1991. Effect of Bordetella avium infection on electrocardiograms in turkey poults. *Avian Dis* 35:668 - 673.

［146］Yersin, A. G. , F. W. Edens, and D. G. Simmons. 1991. Tracheal cilia response to exogenous niacin in drinking water of turkey poults infected with Bordetella avium. *Avian Dis* 35:674 - 680.

第 20 章

传染性鼻炎及相关细菌感染
Infectious Coryza and Related Bacterial Infections

Pat J. Blackll 和 Edgardo V.Soriano

引　言

传染性鼻炎（IC）是由副鸡禽杆菌（*Avibacterium paragallinarum*）引起鸡的一种急性呼吸道疾病。副鸡禽杆菌曾命名为副鸡嗜血杆菌（*Haemophilus paragallinarum*）[13]，分类上的变化是由于副鸡禽杆菌随原巴氏杆菌属的细菌一起划归到禽杆菌属[13]。因此，本章综合介绍副鸡禽杆菌和鸡禽杆菌及相关疾病的最新知识。

在早期的文献中，IC 的临床症状被描述为鸡的流感、接触传染性或传染性卡他、伤风和无并发症鼻炎[156]。因为具有传染性并且主要感染鼻道，所以被命名为传染性鼻炎[6]。目前还没有专门的疾病名称和鸡禽杆菌联系在一起。

经济意义

IC 造成的最大损失是育成鸡生长不良和产蛋鸡产蛋明显下降（10％～40％）。该病会产生更大的潜在影响。例如，在加利福尼亚的一个蛋鸡场暴发 IC，没有检测到其他病原体的混合感染，却导致死亡率升高至 48％，并且在 3 个星期之内产蛋率从 75％下降到 15.7％[27]。

该病会对肉鸡产生重要影响。在加利福尼亚发生两例 IC，一例与滑液囊支原体混合感染，主要由于气囊炎，而使淘汰率升高 8.0％～15％之间[52]。在阿拉巴马，一次肉鸡暴发没有任何其他致病因子混合感染的 IC 引起 69.8％的淘汰率，并且全部是由于气囊炎所造成的[70]。

该病在发展中国家的鸡群中发生时，由于有其他病原和应激因子，会造成比在发达国家高健康水平鸡群中所报道的相关经济损失更大。在中国，IC 暴发的发病率可达 20％～50％，死亡率可达 5％～20％[44]。在摩洛哥，10 个蛋鸡场暴发 IC，导致产蛋下降 17％～41％，死亡率达0.7％～10％[95]。一项对泰国农村鸡群的研究表明，小于 2 月龄和大于 6 月龄鸡死亡的最常见原因是传染性鼻炎[148]。只有在 2～6 月龄间的鸡是由于其他疾病，例如新城疫和禽霍乱，造成比传染性鼻炎更多的鸡死亡[148]。在印度尼西亚的甘榜村也有鸡传染性鼻炎的报道[108,142]。总之，大量证据显示传染性鼻炎的影响在发展中国家比在发达国家要大。

与鸡禽杆菌混合感染导致 IC 的暴发报道不多。当混合感染时，鸡的死亡率可达 5％～10％[28] 和 10％～34％[54]。有报道称火鸡混合感染时，死亡率达 18％～26％[8]。在大多数与鸡禽杆菌混合感染的病例中，还存在与其他传染因子例如病毒和支原体混合感染。

公共卫生意义

副鸡禽杆菌没有公共卫生意义。有三例报道说禽杆菌可能引起人的发病[1,2,4]，但是这些报道缺乏特定的分子或系统发育方面的资料来佐证，并且部分资料可能是误判[59]。综合现有材料，禽杆菌没有显现出公共卫生方面的重要性。

历史

早在 1920 年，Beach[5] 就认为 IC 是一种独立的临床病症。由于该病经常被混合感染，特别是禽痘所掩盖，因此对本病发病因子的鉴定被耽误了几年。在1932年，De Blieck[49]分离到病原体，并将其命名为鸡鼻炎嗜血红蛋白杆菌（*Bacillus hemoglobinophilus coryzae gallinarum*）。

Schneider首次报道了疑似禽杆菌的微生物[132]。1955年将其划归为禽巴氏杆菌[64]。

病 原 学

分类

基于在20世纪30年代所进行的研究，由于其生长对X（血红素晶）和V（烟酰胺腺嘌呤二核苷酸，NAD）因子都需要，IC的病原被划为鸡嗜血杆菌（*H. gallinarum*）[57,131]。然而，到1962年，Page[104]报道所有IC病例的分离株生长只需要V因子。于是提议将只需要V因子的细菌命名为一个新种——副鸡嗜血杆菌（*H. paragallinarum*）[7]，并被广泛接受。有报道指出，在早期研究文章中确定为X和V因子依赖性细菌所用的方法存在缺陷，如此营养需求的副鸡禽杆菌可能根本就不存在[24]。

在南非和墨西哥已从患鼻炎的鸡中分离到不依赖V因子的副鸡嗜血杆菌菌株[35,62,71,94]。

应用16S rRNA基因测序的方法已经清楚地在巴氏杆菌科细菌中区分出一个特定群（包括副鸡嗜血杆菌和鸡巴氏杆菌），该群细菌的宿主是禽类，并且很少或没有从其他宿主分离到[102]。基于这些认识以及表型和基因型的综合研究，副鸡嗜血杆菌、鸡巴氏杆菌和两个与禽类相关的种——禽巴氏杆菌和沃尔安的巴氏杆菌共同构成巴氏杆菌科的一个新的属-禽杆菌属[13]。该属的成员有副鸡禽杆菌、鸡禽杆菌、禽禽杆菌和沃尔安的禽杆菌[13]。下文中将采用副鸡禽杆菌，禽杆菌新的专业名词，尽管相关原有文献中仍用旧的专有名词。迄今为止，没有明确的证据支持禽禽杆菌、沃尔安的禽杆菌或A型禽杆菌中其他已知成员具有致病作用[13]。

形态和染色

副鸡禽杆菌和鸡禽杆菌都是革兰氏染色阴性、无运动性杆菌。培养24h的细菌为长1~3μm，宽0.4~0.8μm的短杆菌或球杆菌，并有形成链状的趋向。强毒力的副鸡禽杆菌可带有荚膜[65,127]。副鸡禽血杆菌于48~60h内发生退化，出现碎片和不规则的形态。此时将其移植到新鲜培养基将再次形成典型的杆状形态。

生长需要

副鸡禽杆菌大部分分离株的体外生长是必需还原型NAD（NADH，1.56~25μg/mL培养基）[104,116]或其氧化型（20~100μg/mL）[121]。上面所提到的南非和墨西哥NAD非依赖分离株是一个例外[35,62,71,94]。氯化钠（NaCl）（1.0%~1.5%）对副鸡禽杆菌生长是必需的[116]。一些菌株需要鸡血清（1%）[65]，而其他菌株添加后只表现促进生长[21]。脑心浸出物、胰蛋白琼脂和鸡肉浸出物作为基础培养基需要添加补充成分[65,84,121]。有报道称研制出专门的培养基用来从污染了革兰氏阳性菌的材料中分离副鸡禽杆菌[146]。在特殊的研究中，为了使细菌高浓度生长需要更为复杂的培养基[10,110,112]。不同培养基的pH变化范围在6.9~7.6。一些能分泌V因子的细菌可支持副鸡禽杆菌的生长[104]。

相反的，鸡禽杆菌在体外生长和一定范围的基础培养基，比如葡萄糖淀粉琼脂[64]和血琼脂上[98]并不需要NAD。

确定禽源嗜血杆菌的生长因子需要并不简单。用于该目的的商品化生长因子片可能得出一种不真实的结果，所测出的X和V因子都需要的分离株比实际的要高[17]。对商品的品牌和所使用的培养基应当仔细检查其是否适合。条件好的实验室，对于X因子试验建议进行卟啉试验[80]；对于经典的X和V因子试验也可考虑使用纯化的血红素晶和NAD作为添加物添加到其他的完全培养基。

副鸡禽杆菌一般于5%二氧化碳的环境下生长；但二氧化碳并非必需，因为该菌可在低氧或无氧条件下生长[57,104]。鸡禽杆菌也不需要二氧化碳，但分离物在5%~10%二氧化碳环境下更容易长出单个的菌落[13]。

副鸡禽杆菌生长的最低和最高温度分别为25℃和45℃，最适温度范围是34~42℃。鸡禽杆菌和副鸡禽杆菌通常培养于37~38℃。

菌落形态

副鸡禽杆菌在合适的培养基上可形成直径0.3mm细小的露滴样菌落。在斜射光线下，可观察到黏液型（光滑型）虹光和粗糙型无虹光[67,112,122]以及其他中间型的菌落形态。

鸡禽杆菌在血清或葡萄糖淀粉琼脂上培养24小时后，菌落呈虹光、圆形、表面光滑完整，直径可达1.5mm（尤其是在5%～10% CO_2条件下）[40]。典型的菌落呈灰黄色[13]。

生化特性

禽杆菌属的所有菌株都可将硝酸盐还原为亚硝酸盐，发酵葡萄糖但不产气。有氧化酶活性、存在碱性磷酸酶、不产生吲哚、不水解尿素或不液化明胶也是本属细菌的一致特征[13]。V因子依赖性菌株的碳水化合物发酵模式较为混乱。大部分可能是由于使用不同的基础培养基所造成的。假阴性结果主要与生长不良有关，这也可能是一个突出的问题[10]。在近期的研究中，在大多数情况下使用一种由含有1%（w/v）NaCl、25µg/mL NADH、1%（v/v）鸡血清和1%（w/v）碳水化合物的酚红肉汤组成的培养基。对于常规的鉴定，使用上述酚红肉汤及高密度接种对确定碳水化合物发酵模式是最适合的。另外，也可以使用琼脂培养基[10,146]。

表20.1 禽杆菌属的鉴别试验

分类	禽杆菌	副鸡禽杆菌	沃尔安禽杆菌	禽禽杆菌	A种禽杆菌
过氧化氢酶	+	−	+	+	+
空气中生长	−	V	+	+	+
ONPG	d	−	+		v
产酸					
L-阿拉伯糖	−	−	−		+
D-半乳糖	+	−	+	+	+
麦芽糖	+	+	+	+	v
D-甘露醇	−	−	+		v
D-山梨醇	−	−	V		+
海藻糖	+	−	+	+	+
α-葡萄糖苷酶	+	−	+	+	+

所有种都是无运动性的革兰氏阴性菌。所有种的细菌都能分解硝酸、氧化酶阳性、能发酵葡萄糖。大部分副鸡禽杆菌需要空气中含有5%～10%的二氧化碳，并且在培养基中加入5%～10%的鸡血清能促进生长。大部分禽杆菌在含有5%～10%的二氧化碳的空气中生长较快。

表20.1列出的这些特点可以对禽杆菌属进行充分鉴定。副鸡禽杆菌不能发酵半乳糖和海藻糖，并且没有过氧化氢酶，可以将其与其他禽杆菌清楚地分开。

对理化因子的抵抗力

副鸡禽杆菌是一种脆弱的细菌，在宿主体外很快失活。悬浮在自来水中的感染性渗出物在常温下4h即失活；当悬浮于盐水中时，于22℃感染性最低可保持24h。渗出物或组织的感染性在37℃可保持24h，偶尔可达48h；在4℃，渗出物可保持感染性数天。温度在45～55℃时，禽杆菌于2～10min内死亡。感染性胚液用0.25%的福尔马林于6℃处理，在24h内灭活，但在同样条件下用1：10 000的硫柳汞处理时细菌可存活数天[157]。

副鸡禽杆菌可通过在血液琼脂平板上每周传代的方法保存。保存于蜡烛罐中的幼龄培养物在4℃可存活2周。可用单个菌落或肉汤培养物通过卵黄囊接种6～7日龄鸡胚；12～48h死亡鸡胚的卵黄含有大量细菌，可将其在−20℃～−70℃冰冻或冻干保存[156]。在澳大利亚昆士兰州动物研究所使用一种含有6%谷氨酸钠和6%细菌学专用蛋白胨（过滤除菌）的悬浮培养基可用于由固体培养副鸡禽杆菌的冻干。不论是冷冻或冻干，在保存后都应当通过接种适合的液体培养基（鸡胚接种更好）和琼脂培养基进行复活。

鸡禽杆菌对理化因子的敏感性稍有不同。已经证实，在室温条件下，多塞特蛋斜面（Dorset egg slopes）上的培养物存活时间更久[98]。

菌株分类

抗原性

Page[104,105]使用全细菌平板凝集试验和鸡的抗血清将他掌握的副鸡禽杆菌分离物分为A、B和C 3个血清型。虽然今天仍可得到Page的A型0083株和B型0222株，但所有的C型菌株都在60年代中期丢失了。Matsumoto和Yamamoto[88]所分离的Modesto株后来由Rimler等分类为血清C型[114]。也可采用血凝抑制（HI）试验对用Page分型方案进行分类的分离株进行分型[15]。该HI试验使用固定了的鸡红细胞，该方法不能分型的菌株数量要比原来的凝集试验少[15]。

Page 血清型的分布情况在不同国家之间有所不同。Page 血清型 A 已经在马来西亚[161]有报道；血清型 C 在中国台湾[86]有报道；血清型 A 和 B 在中国[44,164]和德国[66]有报道；血清型 A 和 C 在澳大利亚[14]和印度[150]有报道；血清型 A、B 和 C 在阿根廷[146]、巴西[23]、厄瓜多尔[78,136]、埃及[3]、印度尼西亚[108,142]、墨西哥[58]、菲律宾[99]、南非[36]、西班牙[106]和美国[104,105]有报道。

另一种办法是通过使用由日本科研人员开发的一系列单克隆抗体将副鸡禽杆菌分离株划分为 Page 血清型[26]，但由于单克隆抗体供应有限，该技术只在少数实验室使用。虽然也报道了其他系列的单克隆抗体，但要么是没有血清型特异性[38,163]，要么只能检测 Page 血清型 A[140]。

曾经提出 Page 血清型 B 并不是一个真正的血清型，更可能是由丧失了型特异性抗原的血清型 A 或 C 的变种所组成[84,127]。但最近的研究表明 Page 血清型 B 是一个真正的血清型[151]。

Kume 等通过使用硫氰酸钾处理并经超声裂解的菌体细胞、兔高免血清和用戊二醛固定的鸡红细胞进行 HI 试验，提出了另一种血清学分类方法[82]。调整后的 Kume 分型方案包含 A、B 和 C 三个血清群，与 Page 血清型 A、B 和 C 相匹配[16]。目前认识到的 9 种 Kume 血清型分别为 A-1、A-2、A-3、A-4、B-1、C-1、C-2、C-3 和 C-4[16]。许多按照 Page 方案通过凝集试验不能分型的分离株使用 Kume 方案很容易进行分型[56]。Fernandez 等最近报道，从墨西哥鸡群中分离的副鸡禽杆菌的血清型为 A-1、A-2、B-1 和 C-2[43]。

由于进行分类的技术要求高，Kume 方案还没有得到广泛应用。因此，只有少数实验室能够进行日常的血清型鉴定。血清型 A-4、C-2 和 C-4 已在澳大利亚发现[16,56]。血清型 A-3、B-1 和 C-1 在厄瓜多尔[136]，血清型 A-1、A-2、B-1 和 C-2 在德国[56,82]，血清型 A-1 和 C-1 在日本[82]，血清型 A-1、B-1、C-2 在墨西哥[62,135]，血清型 A-1、B-1 和 C-2 在美国[56,82]，血清型 C-3 在津巴布韦[29]均有报道。

文献报道的其他血清学试验包括琼脂凝胶沉淀（AGP）试验[68]和血清杀菌试验[124]。两者都没有被广泛使用。

鸡禽杆菌的两种血清型分型方案已经报道[96,98]，但均没有被采用。

免疫原性或保护特性

如果菌苗制备适当，在菌苗（灭活的全细胞疫苗）提供的抗病保护方面，传染性鼻炎与普通细菌感染比较，具有其相对独特的特性。早期制备的菌苗产品所提供的保护显然有限[88]。后来的研究证明，在 Page 血清型和免疫型特异性之间有相关关系[22,84,114]。用一种血清型制备的菌苗免疫鸡只能保护同源菌的攻毒。有证据显示在 Page 血清型 B 内只有部分交叉保护[152]。

目前，已经完成了 9 个副鸡禽杆菌 Kume 血清型参考菌株之间的交叉保护研究[138]。在 Kume 血清群 A 中，A-1、A-2 和 A-3 之间具有很强的交叉保护，A-1 和 A-4 之间也有很好的交叉保护。在 Kume 血清型 C 中，C-1、C-2、和 C-3 有很好的交叉保护，但也有例外。Kume 血清型 C-1、C-2、和 C-3 均能提供对 C-1 攻击的保护作用。相反的，用 C-2 和 C-3 攻击，同源血清群保护作用明显好于异源血清群的保护效果。Kume 血清群间能够交叉保护的特例是 C-4 免疫后再用 B-2 攻击，其保护效果与相同血清群相当。该研究进一步证实了人们广泛接受的教义，即 A、B、C 血清群之间免疫关系相距较远。

在 Kume 方案的血清群 B 中只有 B-1 一个血清型。然而，已有在血清群 B 中发现未被确定的其他型的报告。含有 Page 血清型 A 和 C 的双价疫苗可以对 Page B 血清型 Spross 株有保护作用，但是对两个南非 Page 血清型 B 分离株无保护[152]。此外，Page 血清 B 型分离株间只有部分的交叉保护[152]。在阿根廷因为血清型 B 株造成疫苗对 IC 保护差的原因被认为是由于从北美或欧洲获得的"标准"血清型 B 商品疫苗制苗株的抗原性与野外株不同[147]。基于缺乏交叉保护，为了获得对 page 血清 B 型的较好保护，目前至少有一种商品化的疫苗采用了多个 page B 型分离株[78]。为了解近来获得的血清型 B 分离株的抗原性和免疫特异性，需要进行疫苗接种和攻毒方面的研究。

在阿根廷和巴西，Page 血清型 A 的分离株不能被该血清型特异的单克隆抗体所识别[23,146]。推断这些"变异"的 Page 血清型 A 分离物可能与典型的血清型 A 疫苗株有显著差别，从而导致免疫失败[146]。

有人认为 Kume 血清型 C-3 以及其他的 NAD

非依赖性副鸡禽杆菌血清型，由于在抗原性方面有很大不同从而导致免疫失败[32,36,37,72]。然而，也有人证明一种包含血清型 A、B 和 C，但没有指出实际菌株的商品疫苗对 Page 血清型 A 和 Kume 血清型 C-3 的 NAD 非依赖性分离株具有较为满意的保护作用[79]。

总之，这些近期的研究结果和临床观察清楚地说明，对副鸡禽杆菌需要进行进一步的免疫和攻毒方面的研究，尤其是对最近获得的临床分离株。毫无疑问，从发展角度看，假如疫苗株和野毒株之间存在显著抗原差异的情况下，现有含血清型 A、B 和 C 的三价商品疫苗是否可以提供足够保护这一话题的争论将会继续。

关于鸡禽杆菌的免疫原性的资料还很少。尽管没有资料表明其有效性或存在不同免疫原性，但自家疫苗一直在使用[98]。

分子技术

已证实 DNA 限制性酶切指纹技术是一种合适的分型技术，不论对副鸡禽杆菌[20]或鸡禽杆菌[8]。核糖体分型（ribotyping）是另一项有用的分子技术，通过该技术证实南非分离的 NAD 非依赖性副鸡禽杆菌间的内在联系[92]、副鸡禽杆菌中国分离株[90]间流行病学关系以及鸡禽杆菌分离株间[8,45]异质性和流行病学关系。ERIC-PCR，一种使用多聚酶链式反应的 DNA 指纹技术，也可以对副鸡禽杆菌分离株进行分型[139]。

用于鉴定和分型的核酸技术（包括在本章后面讨论的种特异 PCR）正在向快速、便捷的方向发展。在不久的将来，这些技术有可能取代耗时、繁琐的培养、生化和血清学鉴定及分型方法。

致病性

总的来看，副鸡禽杆菌的致病性可随生长状况、分离株的传代以及宿主的状态而变化。有证据表明一些副鸡禽杆菌分离株存在着致病性的变异。Kume 血清型参考菌株 A-1、A-4、C-1、C-2 和 C-3 表现出比 A-2、A-3、B-1 和 C-4[137]更强的毒性。基于南非的临床观察，Horner 等[72]指出，NAD 非依赖性分离株引起的气囊炎比经典的 NAD 依赖性副鸡禽杆菌分离株更常见。相反的，感染实验表明南非 NAD 依赖性菌株较非依赖性分离物具有更强的毒性[30,31]。NAD 依赖性的 C-3 分

离株的毒力足以引起免疫后鸡只的临床症状，这也解释了南非[34]有许多免疫鸡群仍暴发传染性鼻炎的原因。研究表明，将 C-3 NAD 依赖性血清型菌株转化为 NAD 非依赖性会显著降低转化子的毒性[143]。也有同一血清型内毒力发生变异的报道——Yamaguchi 等[151]发现血清 B 型副鸡禽杆菌的 4 个分离株中有一个就不产生临床症状。

一般来说，鸡只实验感染禽杆菌死亡率很低[64]。有报道指出，以色列临床分离株导致 6 周龄的鸡[98]肉髯肿，而给发育成熟的来航鸡静脉接种大剂量的美国野外分离株和标准株会导致心内膜炎[149]。阿根廷分离株肌肉注射能引起注射部位肌肉的严重炎症[145]。另有报道，同样是通过肌肉接种的途径，一个美国分离株除了引起注射部位严重的肌炎外，还引起了心包炎、肝包炎、气囊炎和滑膜炎[55,133]。由于标准株没有产生相似的结果，也可以说明分离株发生了致病性上的变异[55,133]。

毒力因子

副鸡禽杆菌的致病性与多种因素有关。研究者对 HA 抗原给予了大量关注。通过使用缺少 HA 活性的变异株，无论 Page 血清型 A 还是 C，都证明 HA 抗原在细菌定植过程中起关键作用[122,155]。已有报道完成了编码血凝素 hagA 基因的鉴定和全长测序工作[69]。该基因编码的蛋白与流感嗜血杆菌的 P5 蛋白密切相关，P5 蛋白是一种与呼吸道黏蛋白结合的黏附素。血凝素在副鸡禽杆菌感染时的作用机制有可能与该蛋白相似[69]。

荚膜也与细菌定植有关，并且认为是引起 IC 相关病变的主要因素[122,129]。副鸡禽杆菌的荚膜可以保护细菌抵抗正常鸡血清的杀细菌活性[125]。也有人提出有荚膜的细菌在体内增殖期间所释放的毒素与临床病症有关[81]。副鸡禽杆菌荚膜转运基因位点已经全部测序，分析结果显示与其他已知的荚膜转运系统具有很高的同源性[50]。

副鸡禽杆菌能够从鸡或火鸡的转铁蛋白中获得铁离子，说明铁螯合可能并不是宿主一种充分的防御机制[101]。相反的，两株禽禽杆菌尽管有相同的受体蛋白，却不能从这些转铁蛋白中获得铁离子[101]。

从副鸡禽杆菌粗提的多糖对鸡有毒性，可能与

使用菌苗后的中毒症状有关[74]。还不知道这种成分在该病的自然发生方面有何作用。

其他假定的毒力因子也有报道。通过表型的方法[118]鉴定了 RTX 样蛋白和金属蛋白酶。与此同时，通过表型和基因型的方法[144]确认了血凝素的作用。相对于 RTX 作为主要毒力因子的其他巴氏杆菌成员而言，测定副鸡禽杆菌中假定的 RTX 蛋白是一件有趣的事情。副鸡禽杆菌的血凝素对鸭卡氏杆菌溶血性种（*Gallibacterium anatis* biovar *haemolytica*）和部分多杀性巴氏杆菌有活性作用，但对鸡禽杆菌没有活性作用[144]。血凝素耐受或许可以部分解释副鸡禽杆菌与鸡禽杆菌共感染的报道[119,134]。副鸡禽杆菌的体外培养物检测到包含蛋白酶、假定 RTX 蛋白和血凝素的膜囊泡，该膜囊泡有可能与传染性鼻炎的发生有关[109]。

鸡禽杆菌毒力因子还没有专门的研究报道。

病理生物学和流行病学

发生和分布

在各养鸡地区都有传染性鼻炎的发生。该病是在集约化养鸡中一个常见问题。据报告，在加利福尼亚、美国东南部以及最近在美国东北部地区已成为一个很重要的难题。在其他饲养密度不大的情况下也有发生该病的报道。例如，传染性鼻炎已经成为印度尼西亚甘榜村养鸡中面临的一个难题[108]。

有关鸡群中存在鸡禽杆菌的报道既少又分散。在欧洲[98]、南非[54,145]和非洲[95]有鸡只感染鸡禽杆菌而暴发疫病的报道。

自然宿主和实验宿主

鸡是副鸡禽杆菌的自然宿主。一些报告说明在亚洲的散养鸡与普通商业品种对传染性鼻炎具有相同的易感性[108,162]。尽管 Yamamoto 对其他一些禽类品种感染副鸡禽杆菌引起 IC 的报道进行了综述[158]，但对这些报告的解释应当谨慎。因为在鸡以外的其他禽已有很多嗜血菌报道，但其中没有一个是副鸡禽杆菌[51,63,107]，只有那些经过详细细菌学研究的才能看做其他禽类感染副鸡禽杆菌的确切证据。火鸡、鸽子、麻雀、鸭子、乌鸦、家兔、豚鼠和小鼠对人工感染有抵抗力[156,157]。

鸡禽杆菌常常与鸡联系在一起[45]。但是，非洲曾有珠鸡发生该菌感染的报道，欧洲也有火鸡感染发病的报道[8]。还有报道曾从健康鸭和未指定健康状态的鹅体内分离到该菌[98]。

宿主最易感年龄

各种年龄的鸡对副鸡禽杆菌都易感[158]，但幼鸡一般不太严重。成年鸡，特别是产蛋鸡，感染副鸡禽杆菌后，潜伏期缩短，病程延长。

传播、携带者、传播媒介

长期以来一直认为慢性和表面健康的带菌鸡是感染的主要贮存宿主。最近使用分子指纹技术已证明了带菌鸡在 IC 传播中的作用[20]。传染性鼻炎似乎在秋季和冬季最常见，尽管这种季节性分布可能与饲养管理是一种巧合（如存在 IC 的鸡场引进易感的后备鸡）。在不同日龄鸡群混养的鸡场，当鸡从育雏舍转移到感染鸡群附近的育成舍时，通常 1~6 周后会发生该病向后面的年龄群传播[46]。传染性鼻炎不经蛋传播。

麻雀不是本病的传播媒介，流行病学研究认为病菌可能通过空气传到隔离的鸡场[159]。

对鸡禽杆菌的传播途径、带菌状态或媒介等还没有研究。

潜伏期

传染性鼻炎的一个特征是潜伏期短，接种培养物或分泌物后 24~48h 内即可发病。分泌物致病作用更为一致[112]。易感鸡与感染鸡接触后可在 24~72h 内出现该病的症状。如无并发感染，IC 的病程通常在 2~3 周内。

临床症状

最明显的症状是包括鼻道和鼻窦的上呼吸道有浆液性或黏液性鼻分泌物流出、面部水肿和结膜炎。图 20.1 显示典型的面部水肿。肉垂可出现明显肿胀，特别是公鸡。下呼吸道感染的鸡可听到啰音。

图 20.1　人工感染副鸡禽杆菌的鸡。A. 成年公鸡鼻炎和面部水肿。B. 成年母鸡出现结膜炎、流鼻液和张口呼吸

已报道了肉鸡在没有感染禽肺病毒的情况下，发生了与副鸡禽杆菌有关的类肿头综合征，但有些病例有其他细菌性病原体，如滑液支原体和鸡毒支原体等，有些病例则没有[52,119]。肉鸡群和产蛋鸡群曾报道过出现关节炎和败血症，但该综合征有其他病原体促发因素[119]。

病鸡可出现腹泻，采食和饮水下降；对于育成鸡意味着淘汰鸡的增加；对于产蛋鸡群意味着产蛋下降（10%～40%）。在出现慢性病变并伴有其他细菌感染的鸡群中可闻到恶臭的气味。

鸡禽杆菌作为急性呼吸道病潜在的病因，病鸡常见的症状是，咳嗽、打喷嚏，有些还伴有眼眶肿和角膜结膜炎。以色列[98]和非洲[93]病例中还有肉垂肿的报道。

发病率和死亡率

IC 的特征是发病率高而死亡率低。但年龄和品种对临床表现也有影响[9]。饲养环境恶劣、寄生虫感染和营养不良等并发因素可增加该病的严重程度和病程。伴发其他疾病，如禽痘、传染性支气管炎、传染性喉气管炎、鸡毒支原体感染和巴氏杆菌病可使 IC 的病情加重，持续时间会更长，引起死亡率增加[119,156]。即使在没有其他致病因素的作用下，老龄鸡感染后的死亡率也会很高，比如，在加利福尼亚的一次暴发中死亡率高达 48%[27]。

与鸡禽杆菌相关的病例中，肉鸡（高达 34%[54]）和火鸡（高达 26%[8]）高死亡率却并不常见。

病理变化

大体病变

副鸡禽杆菌可引起鼻道和鼻窦黏膜的急性卡他性炎症。经常出现卡他性结膜炎和面部及肉垂的皮下水肿。很少出现肺炎和气囊炎，但有关肉鸡发病报道指出，尽管没有任何其他病毒或细菌病原体存在，由于气囊炎（图 20.2）造成了很高的淘汰率（高达 69.8%）[52,70]。

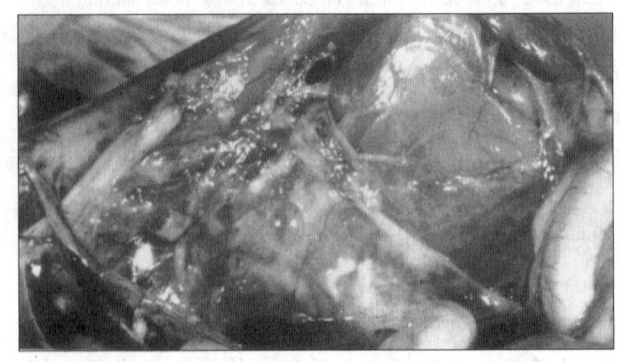

图 20.2　IC 临床感染出现干酪样脓性气囊病变

鸡禽杆菌感染的相关病变多种多样，包括气囊炎、结膜炎、心包炎、肝周炎、鼻窦炎[45]。

组织学病变

Fujiwara 和 Konno[60]对鸡经鼻腔接种后 12h

到 3 个月的病理组织学反应进行了研究。鼻腔、眶下窦和气管的主要变化包括黏膜和腺上皮脱落、崩解和增生，黏膜固有层水肿和充血并伴有异嗜细胞浸润。最早在 20h 左右出现病变，7～10 天时最为严重，然后在 14～21 天内出现修复。下呼吸道受侵害的鸡，可观察到急性卡他性支气管肺炎，并在第二和第三级支气管的管腔内充满异嗜细胞和细胞碎片；细支气管上皮细胞肿胀并增生。气囊的卡他性炎症以细胞的肿胀和增生为特征，并伴有大量的异嗜细胞浸润。另外，在鼻腔黏膜固有层可见显著的肥大细胞浸润[130]。肥大细胞、异嗜细胞和巨噬细胞的产物可能与严重的血管变化和细胞损伤有关，并引发鼻炎。在肉鸡和产蛋鸡中也报道过一种与慢性禽霍乱相似的弥散性脓性纤维蛋白性蜂窝织炎[52]。

Shivaprasad 和 Droual [133]以加利福尼亚肉鸡高致病性鸡禽杆菌为研究对象，通过试验感染检测组织病理变化。这个田间分离菌株的致病性远强于标准株，能够导致慢性肉芽肿性肺炎、气囊炎、心包炎、肝周炎、滑膜炎、肌炎。及有严重的法氏囊淋巴细胞萎缩[133]。

免疫力

感染康复鸡对再次感染有不同程度的免疫力。在育成期感染过 IC 的小母鸡一般可保护其以后的产蛋不下降。鸡经窦内感染后 2 周对再次感染即可产生抵抗力[120]。

实验感染鸡可产生血清型（Page 分型系统）交叉免疫力[113]。相反，如前面已经讨论，菌苗只产生血清型特异性免疫[114]，这说明交叉保护抗原只在体内表达，而在体外却不表达或表达水平很低。

副鸡禽杆菌的保护性抗原还没有确定。已提出副鸡禽杆菌的荚膜包含保护性抗原[123]。对于 Page 血清型 A 和 C 株，都发现一种多糖粗提物具有血清型特异性保护作用[74]。

对于 HA 抗原作为保护性抗原的作用已给予很多关注。很早以前就已注意到 Page 血清型 A 细菌免疫鸡的 HI 效价与保护力[85]和鼻腔对攻毒菌的清除[81]密切相关。已证实从 Page 血清型 A 细菌中纯化的 HA 抗原具有保护性[75]。Takagi 和他的同事已证实一种对 Page 血清型 A 的 HA 特异性单克隆

抗体具有被动保护作用，并且用该抗体纯化的 HA 抗原也具有保护性[140,141]。值得注意的是疫苗免疫后不刺激产生 HI 抗体也具有保护作用[61,138]，说明其他抗体在免疫保护过程中也产生重要作用。

有大量的证据证明副鸡禽杆菌的保护性抗原位于表面。相关的抗原为 Page 分型中检测到的抗原、HA 抗原和细胞中某些多糖成分，其他不同的抗原（外膜蛋白、多糖、脂多糖）也都有可能包括在内。

鸡禽杆菌自家苗已有应用，并能刺激产生抗体[98]，目前还没有免疫效果或关键保护性抗原成分的详细报道。

诊　断

病原菌分离和鉴定

尽管副鸡禽杆菌是一种营养需求复杂的细菌，但分离并不困难，只需要简单的培养基和操作程序。应从 2～3 只处于急性发病阶段（1～7 天的潜伏期）的病鸡中采取样品。烧烙位于眼下的皮肤并用无菌剪刀剪开窦腔。将无菌棉拭子伸入窦腔深部，在这里最易取得纯净的细菌。也可用无菌拭子采取气管和气囊分泌物。如果样品运输过程中可能有耽搁，样品棉拭子应该保存在商品化的含有能促进细菌生长成分的培养基中[39]。将拭子在血液琼脂平板上划线，然后再用葡萄球菌与之交叉划线，

图 20.3 卫星现象。在血液琼脂平板上靠近葡萄球菌培养物（宽线）生长的副鸡禽杆菌的小露滴样菌落

并将其置于有螺口的蜡烛罐中于37℃培养，让罐中的蜡烛自行熄灭（图20.3）。由于不是所有葡萄球菌菌株都可产生V因子，因此，对作为"饲养菌"的表皮葡萄球菌[104]或猪葡萄球菌[21]应当事先进行检验。Terzolo等[146]报道了一种很成功的分离培养基，该培养基含有可抑制革兰氏阳性菌生长的选择因子。这种培养基可以不必使用"饲养菌"，也不必添加NADH之类的添加物。

最简单的方法，根据疾病传播迅速，主要表现为鼻炎，结合分离到呈卫星生长而且过氧化氢酶阴性细菌等就可诊断为IC。在此水平，应当将窦内分泌物或培养物经窦内接种2～3只健康鸡。若在24～48h出现鼻炎即可作出诊断，但是，如果接种物只含有很少细菌，其潜伏期可延长至一周，与某些持续时间较长的病例一样。

条件好的实验室应如前所述进行更为全面的生化鉴定。怀疑是NAD非依赖性副鸡禽杆菌时，有必要对其进行进一步研究。进行生化试验时，待测菌株应在不需要添加"饲养菌"的培养基上获得良好生长的纯培养。已经开发了多种可支持副鸡禽杆菌生长的培养基，其中已证实TM/SN[21]非常有效。Terzolo等报道的培养基[146]尤其适用于那些认为NADH和牛血清白蛋白等添加物成本高的实验室。可用酚红肉汤[112]或以琼脂平板的形式[10]进行表20.1中所列的碳水化合物发酵试验。琼脂平板方法可使用普通平皿（9cm），能同时检测多个分离株，也可使用小平皿（2cm），能同时检测1～3个分离株。该琼脂平板方法[10]已作改进，并可用试管法操作[146]。

已经开发了一种针对副鸡禽杆菌的PCR试验。该试验快速，并且能检测出所有已知的副鸡禽杆菌变种[42]，这种名为HP-2PCR的方法可以用来检测琼脂上的菌落或由活鸡鼻窦挤压获得的黏液[42]。在澳大利亚，用HP-2 PCR直接来检查人工感染试验鸡窦拭子，证明该方法与培养结果相同，但更加快速[42]。在中国，对送检的样品进行常规诊断时，直接对窦拭子进行直接PCR检测比传统的培养方法更好[41]。在发展中国家，样品不佳、运送拖延和培养基质量不好（但很贵），这样培养结果失败的比例比发达国家更高，这也使得PCR成为一种更具吸引力的诊断选择。

HP-2 PCR是一种稳定的试验方法。窦拭子在4℃或-20℃保存180天仍然可以保持PCR检测

阳性[43]。相反，已知的阳性拭子在4℃或-20℃保存3天后再培养就不能检测到副鸡禽杆菌了[43]。

在南非，因为存在NAD非依赖性副鸡禽杆菌、鼻气管鸟杆菌，以及传统的NAD依赖性副鸡禽杆菌而使传染性鼻炎诊断复杂化，这样HP-2PCR就非常有用[91]。

分离鸡禽杆菌，使用羊血琼脂平板，最好在含有5%～10%二氧化碳和37℃条件下培养。表型试验（表20.1）参考传统的方法进行。还没有鸡禽杆菌分子诊断试验的研究报道。

血清学

对于传染性鼻炎的诊断还没有完全合适的血清学检验方法。但是，尽管不存在一个"完美"的检验方法，血清学结果对当地回顾性流行病学研究很有用。Blackall等已对过去使用的技术进行了综述[19]。

目前，最好的检验方法是HI试验。尽管已报道过一系列的HI试验，但主要有3种类型：简单HI试验、浸提HI试验、处理HI试验[25]。有关这3个试验的详细操作过程在其他地方可以查到[25]。在下面的材料中，对这些HI试验的优缺点进行简要讨论。

简单HI试验用副鸡禽杆菌：Page A血清型全细菌细胞和新鲜鸡红细胞[77]。虽然操作简单，但该方法只能检测A血清型的抗体。该方法已广泛用于感染鸡和免疫鸡的检测[19]。改良后的简单HI试验（使用全菌细胞和戊二醛固定的鸡红细胞）已经用于检测全部9个Kume血清型免疫鸡的抗体检测[138]。

浸提HI试验采用KSCN（硫代氢酸钾）浸提和超声裂解的副鸡禽杆菌细胞和戊二醛固定的鸡红细胞[128]。该试验方法现主要用于检测Page C血清型细菌的抗体。可以检测用Page C血清型疫苗接种鸡的血清型特异性抗体[128]。该方法的一个主要缺点是在C血清型感染的鸡中，大部分仍然保持血清学阴性反应[153]。

处理HI试验用透明质酸酶处理副鸡禽杆菌细胞和甲醛固定的鸡红细胞进行[154]。该试验方法没有被广泛使用或评价。它只能检测鸡只免疫Page血清型A、B、C疫苗后产生高滴度抗A和抗C型抗体[152]。在印度尼西亚，该试验已用于感染血清型A和C抗体的筛选[142]。

已经发现用简单HI或浸提HI检测免疫鸡抗

体效价达到 1：5 或更高时，对攻毒有保护作用[128]。但对于处理 HI 试验，抗体效价和保护之间是否存在相关关系还不明确。

总之，对于血清型 A 感染或免疫接种，可以选择简单 HI 试验[77]进行检测。免疫接种 C 血清型疫苗，可以选择浸提 HI 或处理 HI 试验[128,154]进行检测，对于 C 血清型感染可以选择处理 HI 试验[154]进行检测。关于血清型 B，不论感染还是免疫，由于所进行的血清学检测工作很少，因此无法推荐任何试验方法。

在鸡禽杆菌抗体检测方面，平板凝集试验和凝胶沉淀试验已有应用但报道不多。

鉴别诊断

传染性鼻炎必须与慢性呼吸道病、慢性禽霍乱、禽痘、鼻气管鸟杆菌病、肿头综合征和维生素 A 缺乏症等具有相似临床症状的疾病相区别。由于副鸡禽杆菌感染经常发生混合感染，应当考虑有其他细菌或病毒与 IC 并发的可能性，特别是死亡率高和病程延长时（见"致病性；发病率和死亡率"）。

由于鸡禽杆菌感染条件一般与上呼吸道疾病相关，上述列出的类似致病因素也需要考虑在内。分离疑似鸡禽杆菌时需要进行完整的细菌学特性分析，以确保该菌的正确鉴定。

预防和控制

管理措施

因为康复带菌鸡是主要的传染源，所以不提倡从不明来源处购买种公鸡和开产鸡。除非知道鸡群来源于无 IC 鸡场，否则只应购买 1 日龄鸡作为后备。预防和控制本病的理想措施是远离老鸡群进行隔离饲养。要从鸡场中消除病原，必须首先清除感染鸡或康复鸡，因为在这类鸡群中有传染性储存宿主。对禽舍和设备进行清洗和消毒后，在重新饲养清洁鸡之前，禽舍应空闲 2～3 周。

最新研究显示在饮水中持续使用合适的消毒剂或日常喷雾消毒能够缩短 IC 病程和减轻临床症状[33,73]。

免疫接种

疫苗类型

市场上有多种商品 IC 菌苗可用。对影响菌苗效力的各种因素已有综述[12]，在此仅对重点问题进行讨论。目前大多数商品疫苗是用肉汤培养物制备。细菌含量必须高于 10^8 CFU/mL 才有效[88]。以下部分仅对用肉汤生产的菌苗进行阐述。

关于不同灭活剂对菌苗效力的影响有不同观点。已证明硫柳汞[24,48,88]和福尔马林[47,117]有效。有 3 项研究直接对福尔马林和硫柳汞进行了比较，福尔马林可降低菌苗的效力[22,48,87,88]，这些研究认为，尽管使用福尔马林作为灭活剂的疫苗可以提供保护，但使用硫柳汞的疫苗可能更为有效。

不少佐剂对 IC 菌苗有效，特别是氢氧化铝胶、矿物油和皂角苷[18]。矿物油不如氢氧化铝胶[111]可能是由于配方问题造成的，而不是作为佐剂的矿物油本身的不足。因为任何含有佐剂的菌苗，特别是矿物油，在注射部位都可能出现不良反应[53]，因此在使用这些产品时要加以注意。

由于灭活 IC 菌苗只提供针对疫苗中含有 page 血清型的保护，因此菌苗中关键要含有靶鸡群中存在的血清型。已证实 Page 血清型 B 是一种真正存在的具有完全致病性的血清型，并且发生很广，这就是说，在存在血清型 B 的地区使用的灭活菌苗必须含有这一血清型。然而，由于血清型 B 的不同菌株间只能提供部分交叉保护[152]，因此在血清型 B 流行的地区可能有必要制备自家菌苗，或者从商家考虑研制包含多个 B 型分离株的疫苗[78]。在多个 Kume C 血清型菌株存在的地区，由于该型内不同分离株之间没有完全交叉保护[138]，因此免疫时应予以考虑。

已报道副鸡禽杆菌有变异[126]，应当谨慎地筛选适宜的制苗用菌种、培养基和培养时间以获得最具免疫原性的产品。

已研制了含有灭活的鸡传染性支气管炎病毒、新城疫病毒和副鸡禽杆菌联苗[103,160]。据报道，副鸡禽杆菌—鸡败血支原体联苗对一过性和慢性鼻炎有保护作用[115]。但是，接种类似产品的鸡对副鸡禽杆菌的抗体应答受到抑制[89]。

鸡禽杆菌疫苗还没有广泛使用。

临床免疫程序和方案

通常在 10～20 周龄之间接种菌苗，在预计本病自然暴发前 3～4 周接种疫苗可获得最佳免疫效果。对产蛋鸡在 20 周龄前间隔 4 周注射 2 次疫苗的结果优于一次注射。育成鸡接种菌苗可减少由于呼吸道合并感染造成的损失。皮下和肌肉注射两种途径都有效[22,48,88]。腿部肌肉注射的保护效果较胸部肌肉注射好[76]。经鼻腔接种无效[22]。IC 菌苗经口免疫有效，但这种途径所需菌数多达非肠道途径的 100 倍[100]。疫苗接种后免疫力可持续约 9 个月[22,83,88]。

治疗

磺胺药物和抗生素可减轻本病严重程度和缩短病程，并已有综述[19]。应当注意副鸡禽杆菌可能产生耐药性[11]，建议进行抗菌药物的敏感性试验。治疗中断后经常复发，并且不能消除带菌状态[157]。红霉素和土霉素是两种常用的抗生素。

王宏俊　王乐元　译
张培君　吴培福　校

参考文献

[1]Ahmed，K.，P. P. Sein，M. Shahnawaz，and A. A. Hoosen. 2002. Pasteurella gallinarum neonatal meningitis. *Clin Microbiol Infect* 8：55 - 57.

[2]Al Fadel Saleh，M.，M. S. Al-Madan，H. H. Erwa，I. Defonseka，S. Z. Sohel，and S. K. Sanyal. 1995. First case of human infection caused by Pasteurella gallinarum causing infective endocarditis in an adolescent 10 years after surgical correction for truncus arteriosus. *Pediatrics* 95：944 - 948.

[3]Aly，M. 2000. Characteristics and pathogenicity of Haemophilus paragallinarum isolates from upper Egypt. *Assiut Vet Med J* 43：319 - 338.

[4]Arashima，Y.，K. Kato，R. Kakuta，T. Fukui，K. Kumasaka，T. Tsuchiya，and K. Kawano. 1999. First case of Pasteurella gallinarum isolation from blood of a patient with symptoms of acute gastroenteritis in Japan. *Clin Infect Dis* 29：698 - 699.

[5]Beach，J. R. 1920. The diagnosis，therapeutic，and prophylaxis of chicken-pox（contagious epithelioma）of fowls. *J Am Vet Med Assoc* 58：301 - 312.

[6]Beach，J. R.，and O. W. Schalm. 1936. Studies of the clinical manifestations and transmissability of infectious coryza of chickens. *Poult Sci* 15：466 - 472.

[7]Biberstein，E. L.，and D. C. White. 1969. A proposal for the establishment of two new Haemophilus species. *J Med Microbiol* 2：75 - 78.

[8]Bisgaard，M.，H. Christensen，K. -P. Behr，G. Baron，and J. P. Christensen. 2005. Investigations on the clonality of strains of Pasteurella gallinarum isolated from turkeys in Germany. *Avian Pathol* 34：106 - 110.

[9]Blackall，P. J. 1983. Development of a vaccine against infectious coryza. *Proc Internat Union Immunol Soc* 66：99 - 104.

[10]Blackall，P. J. 1983. An evaluation of methods for the detection of carbohydrate fermentation patterns in avian Haemophilus species. *J Microbiol Methods* 1：275 -281.

[11]Blackall，P. J. 1988. Antimicrobial drug resistance and the occurrence of plasmids in Haemophilus paragallinarum. *Avian Dis* 32：742 - 747.

[12]Blackall，P. J. 1995. Vaccines against infectious coryza. *World's Poult Sci J* 51：17 - 26

[13]Blackall，P. J.，H. Christensen，T. Beckenham，L. L. Blackall，and M. Bisgaard. 2005. Reclassification of Pasteurella gallinarum，[Haemophilus] paragallinarum，Pasteurella avium and Pasteurella volantium as Avibacterium gallinarum gen. nov.，comb. nov.，Avibacterium paragallinarum comb. nov.，Avibacterium avium comb. nov. and Avibacterium volantium comb. nov. *Int J Syst Evol Microbiol* 55：353 - 362.

[14]Blackall，P. J.，and L. E. Eaves. 1988. Serological classification of Australian and South African isolates of Haemophilus paragallinarum. *Aust Vet J* 65：362 -363.

[15]Blackall，P. J.，L. E. Eaves，and G. Aus. 1990. Serotyping of Haemophilus paragallinarum by the Page scheme：comparison of the use of agglutination and hemagglutination-inhibition tests. *Avian Dis* 34：643 -645.

[16]Blackall，P. J.，L. E. Eaves，and D. G. Rogers. 1990. Proposal of a new serovar and altered nomenclature for Haemophilus paragallinarum in the Kume hemagglutinin scheme. *J Clin Microbiol* 28：1185 -1187.

[17]Blackall，P. J.，and J. G. Farrah. 1985. An evaluation of commercial discs for the determination of the growth factor requirements of the avian haemophili. *Vet Microbiol* 10：125 - 131.

[18]Blackall，P. J.，and M. Matsumoto 2003. Infectious coryza. In Y. M. Saif，H. J. Barnes，J. R. Glisson，A. M. Fadly，L. R. McDougald and D. A. Swayne（eds）. Diseases of Poultry，11th ed. Iowa State University Press：Ames，Io-

wa,691-703.

[19]Blackall, P. J. , M. Matsumoto, and R. Yamamoto 1997. Infectious coryza. In B. W. Calnek, H. J. Barnes, C. W. Beard, L. R. McDougald and Y. M. Saif (eds). Diseases of Poultry, 10th ed. Iowa State University Press: Ames, Iowa, 179-190.

[20]Blackall, P. J. , C. J. Morrow, A. Mcinnes, L. E. Eaves, and D. G. Rogers. 1990. Epidemiologic studies on infectious coryza outbreaks in northern New South Wales, Australia, using serotyping, biotyping, and chromosomal DNA restriction endonuclease analysis. *Avian Dis* 34: 267-276.

[21]Blackall, P. J. , and G. G. Reid. 1982. Further characterization of Haemophilus paragallinarum and Haemophilus avium. *Vet Microbiol* 7: 359-367.

[22]Blackall, P. J. , and G. G. Reid. 1987. Further efficacy studies on inactivated, aluminum - hydroxide - adsorbed vaccines against infectious coryza. *Avian Dis* 31: 527-532.

[23]Blackall, P. J. , E. N. Silva, Y. Yamaguchi, and Y. Iritani. 1994. Characterization of isolates of avian haemophili from Brazil. *Avian Dis* 38: 269-274.

[24]Blackall, P. J. , and R. Yamamoto. 1989. "Haemophilus gallinarum"—a re - examination. *J Gen Microbiol* 135: 469-474.

[25]Blackall, P. J. , and R. Yamamoto 1998. Infectious coryza. In D. E. Swayne (eds). A Laboratory Manual for the Isolation and Identification of Avian Pathogens, 4th ed. American Association of Avian Pathologists: Philadelphia.

[26]Blackall, P. J. , Y. Z. Zheng, T. Yamaguchi, Y. Iritani, and D. G. Rogers. 1991. Evaluation of a panel of monoclonal antibodies in the subtyping of Haemophilus paragallinarum. *Avian Dis* 35: 955-959.

[27]Bland, M. P. , A. A. Bickford, B. R. Charlton, G. C. Cooper, F. Sommer, and G. Cutler. 2002. Case Report: A severe infectious coryza infection in a multi-age layer complex in central California. *Proc 51st Western Poultry Disease Conference/XXVII Convencion Anual ANECA*, 56-57.

[28]Bock, R. R. , Y. Samberg, and R. Mushin. 1977. An outbreak of a disease in poultry associated with Pasteurella gallinarum. *Ref Vet* 34: 99-103.

[29]Bragg, R. R. 2002. Isolation of serovar C-3 Haemophilus paragallinarum from Zimbabwe: A further indication of the need for the production of vaccines against infectious coryza containing local isolates of H. paragallinarum. *On-*

derstepoort J Vet Res 69: 129-132.

[30]Bragg, R. R. 2002. Virulence of South African isolates of Haemophilus paragallinarum. Part 1: NAD - dependent field isolates. *Onderstepoort J Vet Res* 69: 163-169.

[31]Bragg, R. R. 2002. Virulence of South African isolates of Haemophilus paragallinarum. Part 2: naturally occurring NAD-independent field isolates. *Onderstepoort J Vet Res* 69: 171-175.

[32]Bragg, R. R. 2004. Evidence of possible evasion of protective immunity by NAD - independent isolates of Haemophilus paragallinarum in poultry. *Onderstepoort J Vet Res* 71: 53-58.

[33]Bragg, R. R. 2004. Limitation of the spread and impact of infectious coryza through the use of a continuous disinfection programme. *Onderstepoort J Vet Res* 71: 1-8.

[34]Bragg, R. R. 2005. Effects of differences in virulence of different serovars of Haemophilus paragallinarum on perceived vaccine efficacy. *Onderstepoort J Vet Res* 72: 1-6.

[35]Bragg, R. R. , L. Coetzee, and J. A. Verschoor. 1993. Plasmid-encoded NAD independence in some South African isolates of Haemophilus paragallinarum. *Onderstepoort J Vet Res* 60: 147-152.

[36]Bragg, R. R. , L. Coetzee, and J. A. Verschoor. 1996. Changes in the incidences of the different serovars of Haemophilus paragallinarum in South Africa: a possible explanation for vaccination failures. *Onderstepoort J Vet Res* 63: 217-226.

[37]Bragg, R. R. , J. M. Greyling, and J. A. Verschoor. 1997. Isolation and identification of NAD-independent bacteria from chickens with symptoms of infectious coryza. *Avian Pathol* 26: 595-606.

[38]Bragg, R. R. , N. J. Gunter, L. Coetzee, and J. A. Verschoor. 1997. Monoclonal antibody characterization of reference isolates of different serogroups of Haemophilus paragallinarum. *Avian Pathol* 26: 749-764.

[39]Bragg, R. R. , P. Jansen Van Rensburg, E. Van Heerden, and J. Albertyn. 2004. The testing and modification of a commercially available transport medium for the transportation of pure cultures of Haemophilus paragallinarum for serotyping. *Onderstepoort J Vet Res* 71: 93-98.

[40]Carter, G. R. 1984. Genus I. Pasteurella. In N. R. Kreig and J. G. Holt (eds). Bergey's Manual of Systematic Bacteriology, ed. Williams & Wilkins: Baltimore/London, 552-557.

[41]Chen, X. , Q. Chen, P. Zhang, W. Feng, and P. J. Blackall. 1998. Evaluation of a PCR test for the detection of Hae-

mophilus paragallinarum in China. *Avian Pathol* 27: 296 -300.

[42]Chen,X. ,J. K. Miflin,P. Zhang,and P. J. Blackall. 1996. Development and application of DNA probes and PCR tests for Haemophilus paragallinarum. *Avian Dis* 40: 398 -407.

[43]Chen,X. ,C. Song,Y. Gong,and P. J. Blackall. 1998. Further studies on the use of a polymerase chain reaction test for the diagnosis of infectious coryza. *Avian Pathol* 27:618 - 624.

[44]Chen, X. , P. Zhang, P. J. Blackall, and W. Feng. 1993. Characterization of Haemophilus paragallinarum isolates from China. *Avian Dis* 37:574 - 576.

[45]Christensen, H. , F. Dziva, J. E. Elmerdahl, and M. Bisgaard. 2002. Genotypical heterogeneity of Pasteurella gallinarum as shown by ribotyping and 16S rRNA sequencing. *Avian Pathol* 31:603 - 609.

[46]Clark,D. S. ,and J. F. Godfrey. 1961. Studies of an inactivated Hemophilus gallinarum vaccine for immunization of chickens against infectious coryza. *Avian Dis* 5:37 - 47.

[47]Coetzee,L. ,E. H. Rogers,and L. Velthuysen. 1983. The production and evaluation of a Haemophilus paragallinarum (infectious coryza) oil emulsion vaccine in laying birds. *Proc No 66 Post-Grad Comm Vet Sci Univ Sydney* 217 - 283.

[48]Davis,R. B. ,R. B. Rimler,and E. B. Shotts Jr. 1976. Efficacy studies on Haemophilus gallinarum bacterin preparations. *Am J Vet Res* 37:219 - 222.

[49]De Blieck, L. 1932. A haemoglobinophilic bacterium as the cause of contagious catarrh of the fowl (Coryza infectiosa gallinarum). *Vet J* 88:9 - 13.

[50]De Smidt,O. ,J. Albertyn,R. R. Bragg,and E. Van Heerden. 2004. Genetic organisation of the capsule transport gene region from Haemophilus paragallinarum. *Onderstepoort J Vet Res* 71:139 - 152.

[51]Devriese,L. A. ,N. Viaene, E. Uyttebroek, R. Froyman, and J. Hommez. 1988. Three cases of infection by Haemophilus-like bacteria in psittacines. *Avian Pathol* 17: 741 - 744.

[52]Droual,R. ,A. A. Bickford,B. R. Charlton,G. L. Cooper, and S. E. Channing. 1990. Infectious coryza in meat chickens in the San Joaquin Valley of California. *Avian Dis* 34:1009 - 10016.

[53]Droual, R. , A. A. Bickford, B. R. Charlton, and D. R. Kuney. 1990. Investigation of problems associated with intramuscular breast injection of oil - adjuvanted killed vaccines in chickens. *Avian Dis* 34:473 - 478.

[54]Droual,R. ,H. L. Shivaprasad,C. U. Meteyer,D. P. Shapiro,and R. L. Walker. 1992. Severe mortality in broiler chickens associated with Mycoplasma synoviae and Pasteurella gallinarum. *Avian Dis* 35:803 -807.

[55]Droual, R. , R. L. Walker, H. L. Shivaprasad, J. S. Jeffrey,C. U. Meteyer, R. P. Chin, and D. P. Shapiro. 1992. An atypical strain of Pasteurella gallinarum: pathogenic, phenotypic and genotypic characteristics. *Avian Dis* 36: 693 - 699.

[56]Eaves,L. E. ,D. G. Rogers,and P. J. Blackall. 1989. Comparison of hemagglutinin and agglutinin schemes for the serological classification of Haemophilus paragallinarum and proposal of a new hemagglutinin serovar. *J Clin Microbiol* 27:1510 - 1513.

[57]Eliot,C. P. ,and M. R. Lewis. 1934. A hemophilic bacterium as the cause of infectious coryza in the fowl. *J Am Vet Med Assoc* 84:878 - 888.

[58]Fernández, R. P. , G. A. García-Delgardo, P. G. Ochoa, and V. E. Soriano. 2000. Characterisation of Haemophilus paragallinarum isolates from Mexico. *Avian Pathol* 29:473 - 476.

[59]Frederiksen, W. , and B. Tonning. 2001. Possible misidentification of Haemophilus aphrophilus as Pasteurella gallinarum. *Clin Infect Dis* 32:987 - 989.

[60]Fujiwara, H. , and S. Konno. 1965. Histopathological studies on infectious coryza of chickens. I. Findings in naturally infected cases. *Natl InstAnim Health Q (Tokyo)* 5:36 - 43.

[61]Garcia, A. , F. Romo, A. M. Ortiz, and P. J. Blackall. 2005. The challenge trial—a gold standard test to evaluate immune response in layers vaccinated with Avibacterium (Haemophilus) paragallinarum. *Proc 54th Western Poultry Disease Conference*,54.

[62]Garcia,A. J. ,E. Angulo,P. J. Blackall,and A. M. Ortiz. 2004. The presence of nicotinamide adenine dinucleotide-independent Haemophilus paragallinarum in Mexico. *Avian Dis* 48:425 - 429.

[63]Grebe, H. H. , and K. -H. Hinz. 1975. Vorkommen von Bakterien der Gattung Haemophilus bei verschiedenen Vogelarten. *Zbl Vet Med B* 22:749 - 757.

[64]Hall, W. J. , K. L. Heddleston, D. H. Legenhausen, and R. W. Hughes. 1955. Studies on pasteurellosis. I. A new species of Pasteurella encountered in chronic fowl cholera. *Am J Vet Res* 16:598 - 604.

[65]Hinz, K. H. 1973. Beitrag zur Differenzierung von Haemophilus-stämmen aus Hühnern I. Mitteilung: Kulturel-

le und biochemische Untersuchungen. *Avian Pathol* 2: 211 - 229.

[66]Hinz, K. H. 1973. Beitrag zur Differenzierung von Haemophilus Stämmen aus Hühnern. II. Mitteilung: Serologische Untersuchungen im Objekttrger - Agglutinations - Test. *Avian Pathol* 2:269 - 278.

[67]Hinz, K. -H. 1976. Beitrag zur Differenzierung von Haemophilus-Stämmen aus Hühnern. IV Mitteilung: Untersuchungen Uber die Dissoziation von Haemophilus paragallinarum. *Avian Pathol* 5:51 - 66.

[68]Hinz, K. -H. 1980. Heat-stable antigenic determinants of Haemophilus paragallinarum. *Zbl Vet Med B* 27:668 - 676.

[69]Hobb, R. I. , H. J. Teng, J. E. Downes, T. D. Terry, P. J. Blackall, M. Takagi, and M. P. Jennings. 2002. Molecular analysis of a haemag-glutinin of Haemophilus paragallinarum. *Microbiol* 148:2171 -2179.

[70]Hoerr, F. J. , M. Putnam, S. Rowe-Rossmanith, W. Cowart, and J. Martin. 1994. Case report: Infectious coryza in broiler chickens in Alabama. *Proc 43rd Western Poultry Disease Conference*, 42.

[71]Horner, R. F. , G. C. Bishop, and C. Haw. 1992. An upper respiratory disease of commercial chickens resembling infectious coryza, but caused by a V - factor independent bacterium. *Avian Pathol* 21:421 - 427.

[72]Horner, R. F. , G. C. Bishop, C. J. Jarvis, and T. H. T. Coetzer. 1995. NAD（V-factor）-independent and typical Haemophilus paragallinarum infection in commercial chickens: a five year field study. *Avian Pathol* 24:453 - 463.

[73]Huberman, Y. D. , D. J. Bueno, and H. R. Terzolo. 2005. Evaluation of the protection conferred by a disinfectant against clinical disease caused by Avibacterium paragallinarum serovars A, B, and C from Argentina. *Avian Dis* 49:588 - 591.

[74]Iritani, Y. , S. Iwaki, and T. Yamaguchi. 1981. Biological activity of crude polysaccharide extracted from two different immunotype strains of Hemophilus gallinarum in chickens. *Avian Dis* 25:29 - 37.

[75]Iritani, Y. , K. Katagiri, and H. Arita. 1980. Purification and properties of Haemophilus paragallinarum hemagglutinin. *Am J Vet Res* 41:2114 - 2118.

[76]Iritani, Y. , K. Kunihiro, T. Yamaguchi, T. Tomii, and Y. Hayashi. 1984. Difference of immune efficacy of infectious coryza vaccine by different site of injection in chickens. *J Jpn Soc Poult Dis* 20:182 - 185.

[77]Iritani, Y. , G. Sugimori, and K. Katagiri. 1977. Serologic response to Haemophilus gallinarum in artifically infected and vaccinated chickens. *Avian Dis* 21:1 - 8.

[78]Jacobs, A. A. , K. Van Den Berg, and A. Malo. 2003. Efficacy of a new tetravalent coryza vaccine against emerging variant type B strains. *Avian Pathol* 32:265 - 269.

[79]Jacobs, A. A. C. , and J. Van Der Werf. 2000. Efficacy of a commercially available coryza vaccine against challenge with recent South African NAD-independent isolates of Haemophilus paragallinarum. *J S Afr Vet Assoc* 71: 109 -110.

[80]Kilian, M. 1974. A rapid method for the differentiation of Haemophilus strains. *Acta Pathol Microbiol Immunol Scand Sect B* 82:835 - 842.

[81]Kume, K. , A. Sawata, and T. Nakai. 1984. Clearance of the challenge organisms from the upper respiratory tract of chickens injected with an inactivated Haemophilus paragallinarum vaccine. *Jpn J Vet Sci* 46:843 - 850.

[82]Kume, K. , A. Sawata, T. Nakai, and M. Matsumoto. 1983. Serological classification of Haemophilus paragallinarum with a hemagglutinin system. *J Clin Microbiol* 17:958 - 964.

[83]Kume, K. , A. Sawata, and Y. Nakase. 1980. Haemophilus infections in chickens. 3. Immunogenicity of serotypes 1 and 2 strains of Haemophilus paragallinarum. *Jpn J Vet Sci* 42:673 - 680.

[84]Kume, K. , A. Sawata, and Y. Nakase. 1980. Immunological relationship between Page's and Sawata's serotype strains of Haemophilus paragallinarum. *Am J Vet Res* 41:757 - 760.

[85]Kume, K. , A. Sawata, and Y. Nakase. 1980. Relationship between protective activity and antigen structure of Haemophilus paragallinarum serotypes 1 and 2. *Am J Vet Res* 41:97 - 100.

[86]Lin, J. A. , C. L. Shyu, T. Yamaguchi, and M. Takagi. 1996. Characterization and pathogenicity of Haemophilus paragallinarum serotype C in local chicken of Taiwan. *J Vet Med Sci* 58:1007 - 1009.

[87]Matsumoto, M. , and R. Yamamoto. 1971. A broth bacterin against infectious coryza: immunogenicity of various preparations. *Avian Dis* 15:109 - 117.

[88]Matsumoto, M. , and R. Yamamoto. 1975. Protective quality of an aluminum hydroxide-absorbed broth bacterin against infectious coryza. *Am J Vet Res* 36:579 -582.

[89]Matsuo, K. , S. Kuniyasu, S. Yamada, S. Susumi, and S. Yamamoto. 1978. Suppression of immune responses to Haemophilus gallinarum with non - viable Mycoplasma gallisepticum in chickens. *Avian Dis* 22:552 - 561.

[90]Miflin, J. K., X. Chen, and P. J. Blackall. 1997. Molecular characterisation of isolates of Haemophilus paragallinarum from China by ribotyping. *Avian Pathol* 27:119 - 127.

[91]Miflin, J. K., X. Chen, R. R. Bragg, J. M. Welgemoed, J. M. Greyling, R. F. Horner, and P. J. Blackall. 1999. Confirmation that PCR can be used to identify NAD-dependent and NAD-independent Haemophilus paragallinarum isolates. *Onderstepoort J Vet Res* 66:55 - 57.

[92]Miflin, J. K., R. F. Horner, P. J. Blackall, X. Chen, G. C. Bishop, C. J. Morrow, T. Yamaguchi, and Y. Iritani. 1995. Phenotypic and molecular characterization of Vfactor (NAD)-independent Haemophilus paragallinarum. *Avian Dis* 39:304 - 308.

[93]Mohan, K., F. Dziva, and D. Chitauro. 2000. Pasteurella gallinarum: Zimbabwean experience of a versatile pathogen. *Onderstepoort J Vet Res* 67:301 -305.

[94]Mouahid, M., M. Bisgaard, A. J. Morley, R. Mutters, and W. Mannheim. 1992. Occurrence of V-factor (NAD) independent strains of Haemophilus paragallinarum. *Vet Microbiol* 31:363 - 368.

[95] Mouahid, M., K. Bouzoubaa, and Z. Zouagui. 1989. Chicken infectious coryza in Morocco: Epidemiological study and pathogenicity trials. *Act Inst Agron Vét (Maroc)* 9:11 - 16.

[96] Mráz, O., P. Jelen, and J. Bohácek. 1977. On species characteristics of Pasteurella gallinarum Hall *et al.*, 1955. *Acta Vet Brno* 46:135 - 147.

[97]Muhairwa, A. P., M. M. A. Mtambo, J. P. Christensen, and M. Bisgaard. 2001. Occurrence of Pasteurella multocida and related species in village free ranging chickens and their animal contacts in Tanzania. *Vet Microbiol* 78: 139 - 153.

[98]Mushin, R., R. Bock, and M. Abrams. 1977. Studies on Pasteurella gallinarum. *Avian Pathol* 6:415 -423.

[99]Nagaoka, K., A. De Mayo, M. Takagi, and S. Ohta. 1994. Characterization of Haemophilus paragallinarum isolated in the Philippines. *J Vet Med Sci* 56:1017 -1019.

[100] Nakamura, T., S. Hoshi, Y. Nagasawa, and S. Ueda. 1994. Protective effect of oral administration of killed Haemophilus paragallinarum serotype A on chickens. *Avian Dis* 38:289 - 292.

[101]Ogunnariwo, J. A., and A. B. Schryvers. 1992. Correlation between the ability of Haemophilus paragallinarum to acquire ovotransferrin-bound iron and the expression of ovotransferrin-specific receptors. *Avian Dis* 36:655 - 663.

[102]Olsen, I., F. E. Dewhirst, B. J. Paster, and H. -J. Busse 2005. Family Pasteurellaceae. In D. J. Brenner, N. R. Kreig and J. T. Staley (eds). Bergey's Manual of Systematic Bacteriology, 2nd ed. Springer: New York, 851 -856.

[103]Otsuki, K., and Y. Iritani. 1974. Preparation and immunological response to a new mixed vaccine composed of inactivated Newcastle Disease virus, inactivated infectious bronchitis virus, and inactivated Hemophilus gallinarum. *Avian Dis* 18:297 - 304.

[104]Page, L. A. 1962. Haemophilus infections in chickens. 1. Characteristics of 12 Haemophilus isolates recovered from diseased chickens. *Am J Vet Res* 23:85 -95.

[105]Page, L. A., A. S. Rosenwald, and F. C. Price. 1963. Haemophilus infections in chickens. IV Results of laboratory and field trials of formalinized bacterins for the prevention of disease caused by Haemophilus gallinarum. *Avian Dis* 7:239 - 256.

[106]Pages Mante, A., and L. Costa Quintana. 1986. Efficacy of polyvalent inactivated oil vaccine against avian coryza. *Med Vet* 3:27 - 36.

[107]Piechulla, K., K. -H. Hinz, and W. Mannheim. 1985. Genetic and phenotypic comparison of three new avian Haemophilus-like taxa and of Haemophilus paragallinarum Biberstein and White 1969 with other members of the family Pasteurellaceae Pohl 1981. *Avian Dis* 29: 601 - 612.

[108]Poernomo, S., Sutarma, M. Rafiee, and P. J. Blackall. 2000. Characterization of isolates of Haemophilus paragallinarum from Indonesia. *Aust Vet J* 78:759 -762.

[109]Ramón Rocha, M. O., O. García-González, A. Pérez-Méndez, J. Ibarra-Caballero, V M. Pérez-Márquez, S. Vaca, and E. Negrete-Abascal. 2006. Membrane vesicles released by Avibacterium paragallinarum contain putative virulence factors. *FEMS Microbiol Lett* 257: 63 - 68.

[110]Reid, G. G., and P. J. Blackall. 1984. Pathogenicity of Australian isolates of Haemophilus paragallinarum and Haemophilus avium in chickens. *Vet Microbiol* 9:77 - 82.

[111]Reid, G. G., and P. J. Blackall. 1987. Comparison of adjuvants for an inactivated infectious coryza vaccine. *Avian Dis* 31:59 - 63.

[112]Rimler, R. B. 1979. Studies of the pathogenic avian haemophili. *Avian Dis* 23:1006 - 1018.

[113]Rimler, R. B., and R. B. Davis. 1977. Infectious coryza: *In vivo* growth of Haemophilus gallinarum as a deter-

minant for cross protection. *Am J Vet Res* 38:1591 -1593.

[114]Rimler,R. B. ,R. B. Davis, and R. K. Page. 1977. Infectious coryza: cross - protection studies, using seven strains of Haemophilus gallinarum. *Am J Vet Res* 38:1587 - 1589.

[115]Rimler,R. B. ,R. B. Davis,R. K. Page,and S. H. Kleven. 1978. Infectious coryza: Preventing complicated coryza with Haemophilus gallinarum and Mycoplasma gallispeticum bacterins. *Avian Dis* 22:140 -150.

[116]Rimler,R. B. ,E. B. Shorts Jr,J. Brown, and R. B. Davis. 1977. The effect of sodium chloride and NADH on the growth of six strains of Haemophilus species pathogenic to chickens. *J Gen Microbiol* 98:349 - 354.

[117]Rimler,R. B. ,E. B. Shorts Jr,and R. B. Davis. 1975. A growth medium for the production of a bacterin for immunization against infectious coryza. *Avian Dis* 19:318 -322.

[118]Rivero-García,P. C. ,C. V. Cruz,P. S. Alonso,S. Vaca,and E. Negrete-Abascal. 2005. Haemophilus paragallinarum secretes met-alloproteases. *Can J Microbiol* 51:893 - 896.

[119]Sandoval,V. E. ,H. R. Terzolo,and P. J. Blackall. 1994. Complicated infectious coryza cases in Argentina. *Avian Dis* 38:672 - 678.

[120]Sato, S. , and M. Shifrine. 1964. Serologic response of chickens to experimental infection with Hemophilus gallinarum,and their immunity to challenge. *Poult Sci* 43:1199 - 1204.

[121]Sato, S. ,and M. Shifrine. 1965. Application of the agar gel precipitation test to serologic studies of chickens inoculated with Haemophilus gallinarum. *Avian Dis* 9:591 - 598.

[122]Sawata, A. , and K. Kume. 1983. Relationship between virulence and morphological or serological properties of variants dissociated from serotype 1 Haemophilus paragallinarum strains. *J Clin Microbiol* 18:49 - 55.

[123]Sawata, A. ,K. Kume,and T. Nakai. 1984. Relationship between anticapsular antibody and protective activity of a capsular antigen of Haemophilus paragallinarum. *J pn J Vet Sci* 46:475 - 486.

[124]Sawata, A. , K. Kume, and T. Nakai. 1984. Serologic typing of Haemophilus paragallinarum based on serum bactericidal reactions. *J pn J Vet Sci* 46:909 -912.

[125]Sawata,A. ,K. Kume,and T. Nakai. 1984. Susceptibility of Haemophilus paragallinarum to bactericidal activity of normal and immune chicken serum. *J pn J Vet Sci*

46:805 - 813.

[126]Sawata, A. ,K. Kume, and Y. Nakase. 1979. Antigenic structure and relationship between serotypes 1 and 2 of Haemophilus paragallinarum. *Am J Vet Res* 40:1450 -1453.

[127]Sawata, A. , K. Kume, and Y. Nakase. 1980. Biologic and serologic relationships between Page's and Sawata's serotypes of Haemophilus paragallinarum. *Am J Vet Res* 41:1901 - 1904.

[128]Sawata, A. , K. Kume, and Y. Nakase. 1982. Hemagglutinin of Haemophilus paragallinarum serotype 2 organisms: occurrence and immunologic properties of hemagglutinin. *Am J Vet Res* 43:1311 - 1314.

[129]Sawata, A. , T. Nakai, K. Kume, H. Yoshikawa, and T. Yoshikawa. 1985. Intranasal inoculation of chickens with encapsulated or non-encapsulated variants of Haemophilus paragallinarum: electron microscopic evaluation of the nasal mucosa. *Am J Vet Res* 46:2346 -2353.

[130]Sawata, A. , T. Nakai, K. Kume, H. Yoshikawa, and T. Yoshikawa. 1985. Lesions induced in the respiratory tract of chickens by encapsulated or nonencapsulated variants of Haemophilus paragallinarum. *Am J Vet Res* 46:1185 - 1191.

[131]Schalm,O. W. , and J. R. Beach. 1936. Studies on infectious coryza of chickens with special reference to its aetiology. *Poult Sci* 15:473 - 482.

[132]Schneider, L. 1948. Additional data to the etiology of pasteurellosis with special reference to different species of hosts. *Acta Vet Hung* 1:31 - 42.

[133]Shivaprasad, H. L. , and R. Droual. 2002. Pathology of an atypical strain of Pasteurella gallinarum infection in chickens. *Avian Pathol* 31:399 - 406.

[134]Soriano, E. V. , V. E. Morales, V. H. Vega, A. P. Zepeda, N. R. Reyes,S. A. Ramírez,and S. B. Lagunas. 2006. Natural co-infection of Avibacterium paragallinarum and Av. gallinarum in Mycoplasma spp. seropositive game chickens. *Proc AAAP/AVMA Conference*,153.

[135]Soriano, V. E. , P. J. Blackall, S. M. Dabo, G. Téllez, G. A. García-Delgado,and R. P. Fernández. 2001. Serotyping of Haemophilus paragallinarum isolates from Mexico by the Kume hemagglutinin scheme. *Avian Dis* 45:680 - 683.

[136]Soriano, V. E. , A. Cabrera, R. P. Fernández, and Q. E. Velásquez. 2005. Hemagglutinin serotyping of Avibacterium (Haemophilus) paragallinarum from Ecuador. *Proc 54th Western Poultry Disease Conference*,71.

[137]Soriano, V. E. ,G. M. Longinos, R. P. Fernández,Q. E.

Velásquez, C. A. Ciprián, F. Salazar-Garcia, and P. J. Blackall. 2004. Virulence of the nine serovar reference strains of Haemophilus paragallinarum. *Avian Dis* 48: 886 - 889.

[138] Soriano, V. E., G. M. Longinos, G. Tellez, R. P. Fernández, F. Suárcz-Güemes, and P. J. Blackall. 2004. Cross-protection study of the nine serovars of Haemophilus paragallinarum in the Kume haemagglutinin scheme. *Avian Pathol* 33: 506 - 511.

[139] Soriano, V. E., G. Tellez, B. M. Hargis, L. Newberry, C. Salgado-Miranda, and J. C. Vázquez. 2004. Typing of Haemophilus paragallinarum strains by using enterobacterial repetitive intergenic consensus-based polymerase chain reaction. *Avian Dis* 48: 890 - 895.

[140] Takagi, M., N. Hirayama, H. Makie, and S. Ohta. 1991. Production, characterization and protective effect of monoclonal antibodies to Haemophilus paragallinarum serotype A. *Vet Microbiol* 27: 327 - 338.

[141] Takagi, M., N. Hirayama, T. Simazaki, K. Taguchi, R. Yamaoka, and S. Ohta. 1993. Purification of hemagglutinin from Haemophilus paragallinarum using monoclonal antibody. *Vet Microbiol* 34: 191 -197.

[142] Takagi, M., T. Takahashi, N. Hirayama, Istiananingsi, S. Mariana, K. Zarkasie, M. Ogata, and S. Ohta. 1991. Survey of infectious coryza of chickens in Indonesia. *J Vet Med Sci* 53: 637 - 642.

[143] Taole, M., J. Albertyn, E. Van Heerden, and R. R. Bragg. 2002. Virulence of South African isolates of Haemophilus paragallinarum. Part 3: experimentally produced NAD-independent isolate. *Onderstepoort J Vet Res* 69: 189 - 196.

[144] Terry, T. D., Y. M. Zalucki, S. L. Walsh, P. J. Blackall, and M. P. Jennings. 2003. Genetic analysis of a plasmid encoding haemocin production in Haemophilus paragallinarum. *Microbiol* 149: 3177 - 3184.

[145] Terzolo, H. R., L. M. Gogorza, and A. G. Salamanco. 1980. Pasteurella gallinarum: Primer aislamiento en Argentina y prueba de patogenicidad en polios parrilleros. *Rev Med Vet* (*Buenos Aires*) 61: 400 - 409.

[146] Terzolo, H. R., F. A. Paolicchi, V. E. Sandoval, P. J. Blackall, T. Yamaguchi, and Y. Iritani. 1993. Characterization of isolates of Haemophilus paragallinarum from Argentina. *Avian Dis* 37: 310 - 314.

[147] Terzolo, H. R., V. E. Sandoval, and F. Gonzalez Pondal. 1997. Evaluation of inactivated infectious coryza vaccines in chickens challenged by serovar B strains of Haemophilus paragallinarum. *Avian Pathol* 26: 365 -

376.

[148] Thitisak, W., O. Janviriyasopak, R. S. Morris, S. Srihakim, and R. V. Kruedener. 1988. Causes of death found in an epidemiological study of native chickens in Thai villages. *Proc 5th. International Symposium on Veterinary Epidemiology and Economics*, 200 - 202.

[149] Tjahjowati, G., J. P. Orr, M. Chirino-Trejo, and J. H. L. Mills. 1995. Experimental reproduction of endocarditis with Pasteurella gallinarum in mature leghorn chickens. *Avian Dis* 39: 489 - 498.

[150] Tongaonkar, S., S. Deshmukh, and P. Blackall. 2002. Characterisation of Indian isolates of Haemophilus paragallinarum. *Proc 51st Western Poultry Disease Conference/XXVII Convencion Anual ANECA*, 58.

[151] Yamaguchi, T., P. J. Blackall, S. Takigami, Y. Iritani, and Y. Hayashi. 1990. Pathogenicity and serovar-specific hemagglutinating antigens of Haemophilus paragallinarum serovar B strains. *Avian Dis* 34: 964 - 968.

[152] Yamaguchi, T, P. J. Blackall, S. Takigami, Y. Iritani, and Y. Hayashi. 1991. Immunogenicity of Haemophilus paragallinarum serovar B strains. *Avian Dis* 35: 965 - 968.

[153] Yamaguchi, T., Y. Iritani, and Y. Hayashi. 1988. Serological response of chickens either vaccinated or artificially infected with Haemophilus paragallinarum. *Avian Dis* 32: 308 - 312.

[154] Yamaguchi, T., Y. Iritani, and Y. Hayashi. 1989. Hemagglutinating activity and immunological properties of Haemophilus paragallinarum field isolates in Japan. *Avian Dis* 33: 511 - 515.

[155] Yamaguchi, T., M. Kobayashi, S. Masaki, and Y. Iritani. 1993. Isolation and characterisation of a Haemophilus paragallinarum mutant that lacks a hemagglutinating antigen. *Avian Dis* 37: 970 - 976.

[156] Yamamoto, R. 1972. Infectious coryza. In M. S. Hofstad, B. W. Calnek, C. F. Helmboldt, W. M. Reid and H. W. Yoder Jr (eds). Diseases of Poultry, 6th ed. Iowa State University Press: Ames, 272 -281.

[157] Yamamoto, R. 1978. Infectious coryza. In M. S. Hofstad, B. W. Calnek, C. F. Hembolt, W. M. Reid and H. W. Yoder Jr (eds). Diseases of Poultry, 7th ed. Iowa State University Press: Ames, 225 -232.

[158] Yamamoto, R. 1991. Infectious coryza. In B. W. Calnek, H. J. Barnes, C. W. Beard, W. M. Reid and H. W. Yoder, Jr. (eds). Diseases of Poultry, 9th ed. Iowa State University Press: Ames, 186 -195.

[159] Yamamoto, R., and G. T. Clark. 1966. Intra- and inter-

flock transmission of Haemophilus gallinarum. *Am J Vet Res* 27:1419‑1425.

[160]Yoshimura,M,S. Tsubaki,T. Yamagami,R. Sugimoto, S. Ide,Y. Nakase,and S. Masu. 1972. The effectiveness of immunization to Newcastle disease,avian infectious bronchitis,and avian infectious coryza with inactivated combined vaccines. *Kitasato Arch Exp Med* 45:165‑179.

[161]Zaini,M. Z. ,and Y. Iritani. 1992. Serotyping of Haemophilus paragallinarum in Malaysia. *J Vet Med Sci* 54:363‑365.

[162]Zaini,M. Z. ,and M. Kanameda. 1991. Susceptibility of the indigenous domestic fowl (Gallus gallus domesticus) to experimental infection with Haemophilus paragallinarum. *J Vet Malaysia* 3:21‑24.

[163]Zhang,P. ,P. J. Blackall,T. Yamaguchi,and Y. Iritani. 2000. Production and evaluation of a panel of monoclonal antibodies against Haemophilus paragallinarum. *Vet Microbiol* 76:91‑101.

[164]Zhang,P. J. ,M. Miao,H. Sun,Y. Gong,and P. J. Blackall. 2003. Infectious coryza due to Haemophilus paragallinarum serovar B in China. *Aust Vet J* 81:96‑97.

第 21 章

支原体病
Mycoplasmosis

引言

Stanley H. Kleven

支原体是一种很小的原核生物，无细胞壁，仅由胞浆膜包裹[24]。支原体在固体培养基上可形成"煎蛋样"菌落，可耐受影响细胞壁合成的抗生素，对营养的要求苛刻。支原体具有一定的宿主特异性，有些支原体仅感染一种动物，有些则能感染多个种属的动物。在人、动物、植物和昆虫体内均发现了支原体。一般来讲，支原体定植于黏膜表面，大多数不侵入细胞。然而包括鸡毒支原体在内的一些支原体是可以侵入细胞的[32]。

特　　性

禽源支原体的培养通常需要使用富含蛋白质的培养基，并添加10%～15%的动物血清。补充酵母源性成分有益于支原体的生长。滑液囊支原体（*M. synoviae*）的培养需要进一步补充烟酰胺腺嘌呤二核苷酸（NAD）（见滑液囊支原体一节）。通常用 Frey[13] 或 Bradbury[1] 报道的培养基来培养禽支原体。

支原体生长相当缓慢，通常最适培养温度为37～38℃，对醋酸铊和青霉素具有一定的抵抗力，这两种物质常常加入到培养基中抑制污染性细菌和真菌的生长。在琼脂培养基上，需要37℃培养3～10天才能形成菌落；而无致病性的支原体，如鸡支原体（*M. gallinarum*）和家禽支原体

（*M. gallinaceum*）在1天内就可能形成菌落（鸡支原体和家禽支原体常在分离致病性禽支原体时作为污染物分离到）。支原体的典型菌落小（0.1～1.0mm）、光滑、圆形、稍平，并具有一个较致密的中央隆起（见图 21.1）。尽管支原体各个种的菌落形态存在差异，但不能凭此来区分。单个支原体的菌体大小不同，0.2～0.5μm，呈球状或球杆状，也可见细杆状、线状和环状的菌体。

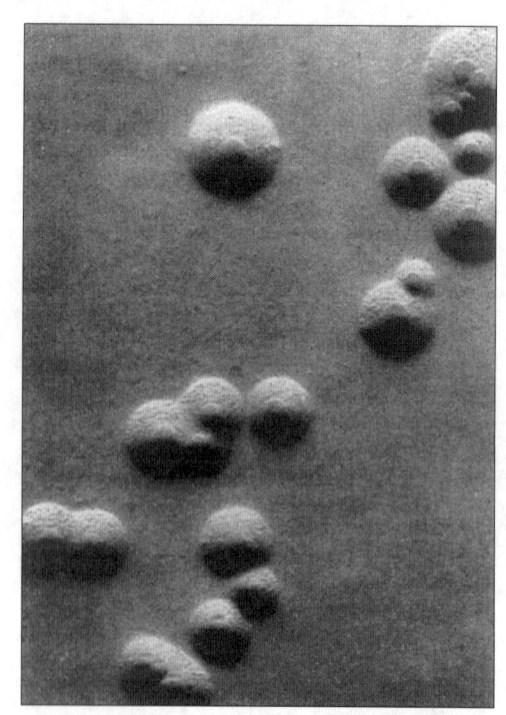

图 21.1　琼脂平板上的鸡毒支原体菌落。× 40。
（Hofstad）

不同种的支原体发酵碳水化合物作用有所不同，可分为发酵葡萄糖产酸和不发酵葡萄糖。通常将葡萄糖加到肉汤培养基中，促进能发酵碳水化合

物的支原体生长，另外，在含有酚红的培养基中，如果葡萄糖发酵产酸，说明支原体在生长。支原体通常表现出磷酸酶活性和精氨酸脱羧酶活性。大多数不能发酵葡萄糖的支原体利用精氨酸作为主要能源，然而，衣阿华支原体（*M. iowae*）和某些其他种支原体既能发酵葡萄糖和也能水解精氨酸。

鸡毒支原体（*M. gallisepticum*）、火鸡支原体（*M. meleagridis*）和滑液囊支原体（*M. synoviae*）能凝集鸡或火鸡的红细胞。在血凝抑制试验中，这3种致病性支原体可作为血凝抗原。

鉴别禽支原体分离株的最常用方法是用特异性荧光抗体对琼脂表面的支原体菌落或菌落印迹直接染色[7,29]。而其他如生长抑制试验[6]、免疫琼扩试验[20]等方法也常被采用。最近，分子生物学方法如16S rRNA 基因测序[14]、DNA 探针技术[15]、多聚酶链反应法[18,19,34]也被用来鉴别禽支原体。

分 类

支原体属于软皮体纲，支原体目（目Ⅰ），支原体属（属Ⅰ）的成员，有120多个种。DNA G+C 含量为 $23\% \sim 40\%$，基因组大小为 $600 \sim 1\,350$ kb，生长需要胆固醇，寄生在人和动物体内，最佳生长温度一般为 $37℃$。脲原体属（属Ⅱ），是根据水解尿素的特性来鉴定的。无胆甾原体属于无胆甾原体目（目Ⅲ），无胆甾原体科（科Ⅰ），无胆甾原体属（属Ⅰ），其特征是生长时不需要胆固醇[24]。目前 16S rRNA 基因的遗传进化分析被用来研究各种属支原体间的遗传关系[30]。

早期的禽支原体用血清型命名[8]现已被种名取代。表 21.1 列出了目前所有的禽支原体种类。此外，还从许多鸟类分类到大量的分离株，包括1 220株，一种家鹅的致病因子[28]，及分离于各种禽包括平胸鸟类和企鹅的分离株，以及分离于家禽的未鉴定株。

最新的支原体种类列表可以在美国国家生物技术信息中心的网页中查找到（http：//www.ncbi.nlm.nih.gov/）。描述支原体新种的最基本要素由国际分类学委员会原核生物柔膜体纲分类学分委会确定[31]。分类指南的最新版本已完成，可在第二年的国际系统与进化微生物学杂志（*International Journal of Systematic and Evolutionary Microbiology*）上查找到。

表 21.1　禽支原体的特征

支原体种	常见宿主	葡萄糖发酵	精氨酸水解	参考文献
莱氏无胆甾原体[a]	所有禽类	+	−	[27]
鸭支原体	鸭	+	−	[25]
鹅支原体	鹅	−	+	[4]
鹰支原体	鹰	+	−	[23]
泄殖腔支原体	火鸡、鹅	−	+	[3]
鸽鼻支原体	鸽	−	+	[16]
鸽支原体	鸽	−	+	[26]
鸽口支原体	鸽	+	−	[26]
黑秃鹫支原体	黑秃鹰	+	−	[22]
猎鹰支原体	猎隼	−	+	[23]
鸡支原体	鸡	−	+	[12]
家禽支原体	鸡	+	−	[16]
鸡毒支原体	鸡、火鸡家雀及其他鸟类	+	−	[9]
吐绶鸡支原体	火鸡	+	−	[16]
嗜糖支原体	鸡	+	−	[10]
兀鹰支原体	兀鹰	−	+	[23]
模仿支原体	鸭、鹅、雉	+	−	[5]
惰性支原体	鸡	+	−	[9]
衣阿华支原体	火鸡	+	−	[16]
产脂支原体	鸡	+	−	[2]
火鸡支原体	火鸡	−	+	[33]

(续)

支原体种	常见宿主	葡萄糖发酵	精氨酸水解	参考文献
雏鸡支原体	鸡	+	-	[16]
燕八哥支原体	欧洲燕八哥	+	-	[11]
滑液囊支原体	鸡、火鸡	+	-	[16, 21]
鸡口尿原体[b]	鸡	-	-	[17]

[a] 无胆甾原体生长不需要固醇类物质。

[b] 尿原体能水解尿素。

韩　雪　田克恭　译
吴培福　苏敬良　校

参考文献

[1] Bradbury, J. M. 1977. Rapid biochemical tests for characterization of the Mycoplasmatales. *J Clin Microbiol* 5: 531 - 534.

[2] Bradbury, J. M. , M. Forrest, and A. Williams. 1983. Mycoplasma lipofaciens, a new species of avian origin. *Int J Syst Bacteriol* 33: 329 - 335.

[3] Bradbury, J. M. , and M. Forrest. 1984. Mycoplasma cloacale, a new species isolated from a turkey. *Int J Syst Bacteriol* 34: 389 - 392.

[4] Bradbury, J. M. , F. Jordan, T. Shimizu, L. Stipkovits, and Z. Varga. 1988. Mycoplasma anseris sp. nov found in geese. *Int J Syst Bacteriol* 38: 74 - 76.

[5] Bradbury, J. M. , O. M. S. Abdulwahab, C. A. Yavari, J. P. Dupiellet, and J. M. Bové. 1993. Mycoplasma imitans sp-nov is related to Mycoplasma gallisepticum and found in birds. *Int J Syst Bacteriol* 43: 721 -728.

[6] Clyde, W. A. 1964. Mycoplasma species identification based upon growth inhibition by specific antisera. *J Immunol* 92: 958 - 965.

[7] Corstvet, R. E. , and W. W. Sadler. 1964. The diagnosis of certain avian diseases with the fluorescent antibody technique. *Poult Sci* 43: 1280 - 1288.

[8] Dierks, R. E. , J. A. Newman, and B. S. Pomeroy. 1967. Characterization of avian mycoplasma. *Ann NY Acad Sci* 143: 170 - 189.

[9] Edward, D. G. , and A. D. Kanarek. 1960. Organisms of the pleuropneumonia group of avian origin: their classification into species. *Ann NY Acad Sci* 79: 696 - 702.

[10] Forrest, M. , and J. M. Bradbury. 1984. Mycoplasma glycophilum, a new species of avian origin. *J Gen Microbiol* 130: 597 - 603.

[11] Forsyth, M. H. , J. G. Tully, T. S. Gorton, L. Hinckley, S. Frasca Jr. , H. J. Van Kruiningen, and S. J. Geary. 1996. Mycoplasma sturni sp. nov. , from the conjunctiva of a European starling (Sturnus vulgaris). *Int J Syst Bacteriol* 46: 716 - 719.

[12] Freundt, E. A. 1955. The classification of the pleuropneumonia group of organisms (Borrelomycetales). *Int Bull Bacteriol Nomencl Taxon* 5: 67 - 68.

[13] Frey, M. L. , R. P. Hanson, and D. P. Anderson. 1968. A medium for the isolation of avian Mycoplasmas. *Am J Vet Res* 29: 2163 - 2171.

[14] Grau, O. , F. Laigret, P. Carle, J. G. Tully, D. L. Rose, and J. M. Bove. 1991. Identification of a plant-derived mollicute as a strain of an avian pathogen Mycoplasma iowae, and its implications for mollicute taxonomy. *Int J Syst Bacteriol* 41: 473 - 478.

[15] Hyman, H. C. , S. Levisohn, D. Yogev, and S. Razin. 1989. DNA probes for Mycoplasma gallisepticum and Mycoplasma synoviae: Application in experimentally infected chickens. *Vet Microbiol* 20: 323 - 338.

[16] Jordan, F. T. W. , H. Erno, G. S. Cottew, K. H. Hinz, and L. Stipkovits. 1982. Characterization and taxonomic description of five mycoplasma serovars (serotypes) of avian origin and their elevation to species rank and further evaluation of the taxonomic status of Mycoplasma synoviae. *Int J Syst Bacteriol* 32: 108 -115.

[17] Koshimizu, K. , R. Harasawa, I. J. Pan, H. Kotani, M. Ogata, E. B. Stephens, and M. F. Barile. 1987. Ureaplasma gallorale sp. nov. from the oropharynx of chickens. *Int J Syst Bacteriol* 37: 333 - 338.

[18] Lauerman, L. H. , F. J. Hoerr, A. R. Sharpton, S. M. Shah, and V. L. van Santen. 1993. Development and application of a polymerase chain reaction assay for Mycoplasma synoviae. *Avian Dis* 37: 829 - 834.

[19] Nascimento, E. R. , R. Yamamoto, K. R. Herrick, and R. C. Tait. 1991. Polymerase chain reaction for detection of Mycoplasma gallisepticum. *Avian Dis* 35: 62 - 69.

[20] Nonomura, I. , and H. W. Yoder. 1977. Identification of avian mycoplasma isolates by the agar gel precipitin test. *Avian Dis* 21: 370 - 381.

[21] Olson, N. O. , K. M. Kerr, and A. Campbell. 1964. Con-

trol of infectious synovitis. 13. The antigen study of three strains. *Avian Dis* 8：209 - 214.

[22]Panangala, V S. , J. S. Stringfellow, K. Dybvig, A. Woodard, F. Sun, D. L. Rose, and M. M. Gresham. 1993. Mycoplasma corogypsi sp. nov. , a new species from the footpad abscess of a black vulture, Coragyps atratus. *Int J Syst Bacteriol* 43：585 - 590.

[23]Poveda, J. B, , J. Giebel, J. Flossdorf, J. Meier, and H. Kirchhoff. 1994. Mycoplasma buteonis sp. nov. , Mycoplasma falconis sp. nov. , and Mycoplasma gypis sp. nov, 3 species from birds of prey. *Int J Syst Bacteriol* 44：94 -98.

[24]Razin, S. , D. Yogev, and Y. Naot. 1998. Molecular biology and pathogenicity of mycoplasmas. *Microbiol Mol Biol Rev* 62：1094 - 1156.

[25]Roberts, D. H. 1964. The isolation of an influenza A virus and a mycoplasma associated with duck sinusitis. *Vet Rec* 76：470 - 473.

[26]Shimizu, T. , H. Erno, and J. Nagatono. 1978. Isolation and characterization of Mycoplasma columbinum and M. columborale two new species from pigeons. *Int J Syst Bacteriol* 28：538 - 546.

[27]Skerman, V. , V. McGowan, and P. H. A. Sneath. 1980. Approved lists of bacterial names. *Int J Syst Bacteriol* 30：225 - 420.

[28]Stipkovits, L. , R. Glavits, E. Ivanics, and E. Szabo. 1993. Additional data on Mycoplasma disease of goslings. *Avian Pathol* 22：171 - 176.

[29]Talkington, F. D. , and S. H. Kleven. 1983. A classification of laboratory strains of avian Mycoplasma serotypes by direct immunofluorescence. *Avian Dis* 27：422 -429.

[30]Weisburg, W. G. , J. G. Tully, D. L. Rose, J. P. Petzel, H. Oyaizu, D. Yang, L. Mandelco, J. Sechrest, T. G. Lawrence, J. Van Etten, J. Maniloff, and C. R. Woese. 1989. A phylogenetic analysis of the Mycoplasmas：Basis for their classification. *J Bacteriol* 171：6455 - 6467.

[31] Whitcomb, R. F. , J. G. Tully, J. M. Bove, J. M. Bradbury, G. Christiansen, I. Kahane, B. C. Kirkpatrick, F. Laigret, R. H. Leach, H. C. Neimark, J. D. Pollack, S. Razin, B. B. Sears, and D. Taylor-Robinson. 1995. Revised minimum standards for description of new species of the class Mollicutes(Division Tenericutes). *Int J Syst Bacteriol* 45：605 -612.

[32]Winner, F. , R. Rosengarten, and C. Citti. 2000. *In vitro* cell invasion of Mycoplasma gallisepticum. *Infect Immun* 68：4238 - 4244.

[33] Yamamoto, R. , C. H. Bigland, and H. B. Ortmayer. 1965. Characteristics of Mycoplasma meleagridis, sp. n. , isolated from turkeys. *J Bacteriol* 90：47 - 49.

[34]Zhao, S. , and R. Yamamoto. 1993. Amplification of Mycoplasma iowae using polymerase chain reaction. *Avian Dis* 37：212 - 217.

鸡毒支原体感染

Mycoplasma gallisepticum Infection

David H. Ley

引 言

定义和同义名

鸡毒支原体 （*Mycoplasma gallisepticum*, MG）感染常称之为鸡"慢性呼吸道病"（CRD）和火鸡"传染性窦炎"，该病的特征为呼吸啰音、咳嗽、流鼻涕，结膜炎，火鸡常见眶下窦炎。该病临床表现为发展缓慢，病程很长。"气囊病"是一种由 MG 或滑液囊支原体感染并发某种呼吸道病毒（例如传染性支气管炎或新城疫）和大肠杆菌病而引起的严重气囊炎。

经济意义

鸡毒支原体是致病性最强，引起经济损失最大的家禽支原体病原。鸡或火鸡因单纯的 MG 感染，或者并发其他病原感染引起的气囊炎，使屠宰加工过程中淘汰率增加。另外，净膛鸡被淘汰或降级、饲料利用率降低、产蛋量下降以及治疗费用的不断增加，使该病成为全世界养禽业面临的经济损失最大的疾病之一。另外，预防和控制该病，包括监测（血清学调查；分离培养及鉴定）和疫苗接种又进一步增加了家禽的饲养成本。

公共卫生意义

鸡毒支原体仅感染禽类，宿主范围相对较窄，没有公共卫生学意义。

历　史

1905 年英国的 Dodd[98]首次准确地描述了火鸡支原体病，并将该病命名为"流行性肺肠炎"。1938 年 Dickinson 和 Hinshaw[96]曾将此病称为火鸡的"传染性窦炎"。1935 年 Nelson[303]报道了球杆菌体（coccobacilliform bodies）与鸡的传染性鼻炎有关。随后他发现这种微生物与一种病程较长的慢性鼻炎有关系，并采用鸡胚、组织培养及无细胞培养基成功培养了这种球杆菌体。1943 年，Delaplane 和 Stuart[93]用鸡胚培养了一种从患慢性呼吸道疾病（CRD）的鸡体内分离的病原，后来从患窦炎的火鸡中也分离到了该病原。20 世纪 50 年代早期，Markham 和 Wong[268]及 Van Roekel 和 Olesiuk[389]报道了从鸡和火鸡体内成功地分离培养出这种微生物，并认为它们是胸膜肺炎群（支原体）的成员。

病　原　学

分类

MG 是支原体属（柔膜体纲）的禽病病原，该属包括近 100 种能够感染动物（包括人）、昆虫或植物的支原体病原[326]。柔膜体是没有细胞壁的真细菌，也是能够自我复制（能在无细胞培养基上生长）的最小的原核生物[326]。MG 是第一个通过血清学分型法确定分类地位，并与其他禽类支原体区分开的支原体[408,409]，通常被认为属于血清型 A 型[210,410]。1960 年 Edward 和 Kanarek[103]首次将该种命名为鸡毒支原体。1993 年，利用分子生物学技术将一种与鸡毒支原体表型和抗原性相似的支原体命名为模仿支原体（*M. imitans*）[48,161]。

随着分子生物学技术如 16S rRNA 基因的 DNA 序列分析[326,393]，16S rRNA PCR 和变性梯度凝胶电泳法[278]，及 tRNA 基因 PCR 法[358]的不断应用，支原体的遗传进化分析和分类方法将不断改进。MG R_{low}株的全基因序列已测序完成[319]，包括 MG 在内的柔膜体的基因组数据库已建立[32]。

形态和染色

鸡毒支原体菌株可采用姬姆萨染色；光学显微镜下观察通常呈球形，大小约 0.25～0.5μm。Tajima 等[368]在电镜（EM）下观察到 MG 细胞上有一种与接触鸡气管上皮细胞相关的荚膜物质。另外，电镜（EM）观察还见到这种支原体呈圆形，细胞体出现丝状或烧瓶样的两极形态。这种两极形态在分裂前[291]，因出现了组织结构良好的末端细胞器（气泡或顶端结构）而形成[69]。这种结构与细胞的运动性、趋化性[209,232,287]及宿主病原体间相互作用，如细胞吸附（因此也称之为吸附细胞器）和致病性有关[24]。

生长需要

MG 的增殖需要一种相当复杂的培养基，通常需要在培养基中加入 10％～15％的热灭活的猪、禽或马血清。有几种类型的液体或琼脂培养基可供禽源支原体生长[217]。Frey 等[129]研制了一种含有所有必需成分包括酵母自溶物和葡萄糖的培养基。当加入 10％～15％猪血清时，能够方便而有效地培养绝大多数支原体。加入醋酸铊（1∶4 000）和青霉素（高达 2 000 IU/mL）可控制外源性细菌和真菌污染。鸡毒支原体是禽支原体的一个种，这种支原体可以发酵葡萄糖产酸，使 pH 降低，酚红指示剂由红变橙色或黄色，由此可以观察到肉汤培养基中支原体的生长。鸡毒支原体在 pH7.8 左右的肉汤培养基中，37℃有氧培养下生长最佳，一般培养 3～5 天才可见其生长。还有一些田间分离株需培养更长时间，并且需要多次传代[245]。最初这些菌株的生长情况可能不明显，连续传 2 或 3 代，每次传代培养 5～7 天，可能会增加支原体的数量。渗出物或组织拭子直接接种到支原体琼脂培养基上，经过 4～5 天可以长出菌落，但初代分离更为敏感的方法是采用肉汤培养。培养皿应该放在非常潮湿的环境下，37℃至少培养 3～7 天，才能在解剖显微镜下观察到典型的支原体菌落[217]。也可以采用鸡胚分离和增殖 MG，详情参阅"病原的分离和鉴定"部分。

菌落形态

无论是直接接种琼脂培养基还是用肉汤或琼脂培养物传代，都能获得鸡毒支原体菌落[217]。一般很难从临床病料直接获得生长的菌落。菌落的生长与否最好是在具有间接光的解剖显微镜下观察。特征性的菌落为细小、光滑、圆形、透明的质团，具有一个致密、中心突起区（"煎蛋样"外观）。菌落直径很少大于 0.2～0.3mm，而且由于邻近的菌落容易融合，常沿划线处形成嵴状。禽源支原体不同种的分离株形成的菌落是有差异的，但不能仅根据菌落特征来判定该培养物是否属于鸡毒支原体种。

生化特性

MG 的生化特性及有关的生物学特性已有报道[171,410]。鸡毒支原体可发酵葡萄糖和麦芽糖，产酸不产气。不发酵乳糖、卫矛醇或柳醇。很少发酵蔗糖，对半乳糖、果糖、蕈糖及甘露醇的发酵结果不定。不水解精氨酸，磷酸酶阴性，可还原 2，3，5 -三苯四唑和四唑蓝。MG 可使加入到琼脂培养基中的马红细胞全部溶血，并能凝集火鸡和鸡的红细胞。

对理化因素的敏感性

一般认为多数常用的化学消毒剂对 MG 有效。石炭酸、甲醛、β-丙内酯和硫柳汞可将其灭活。MG 对青霉素和低浓度（1∶4 000）的醋酸铊耐药，这两种物质可以添加到支原体培养基中作为细菌和真菌污染的抑制剂。

MG 在肉汤培养物中保存于 -30℃时，能存活 2～4 年；冻干的肉汤培养物在 4℃保存至少 7 年；冻干的感染性鸡鼻甲骨在 4℃保存 13～14 年仍能分离出活的 MG[410]。1965 年保存在 -60℃冰箱中的 MG 肉汤培养物在 20 多年之后传代培养仍存活[413]。MG、滑液囊支原体（MS）和火鸡支原体（MM）的冻干肉汤培养物，在保存 10～15 年之后传代依然能成活。而在液体中保存的 MG 其存活能力的丧失与毒株、培养基的种类和稀释度，以及温度有关。MG F 株保存在脱脂奶粉、磷酸盐缓冲液（PBS）、胰蛋白胨磷酸盐肉汤和蒸馏水中，分别储

存在 4℃、22℃和 37℃条件下，研究结果显示在所有这些稀释剂中，在 4℃或 22℃条件下保存 24h 均稳定，在 37℃条件下保存 24h 不稳定[213]。接种 MG 的培养物冻融后，在 4℃条件下 24h 后滴度（颜色变化单位）下降 10^3，而在室温下 24h 后滴度下降 10^5[242]。

加热到 45.6℃，持续 12～14h，可杀灭感染鸡胚中的鸡毒支原体[411]。

抗原结构和毒素

MG 的抗原特性，以及与种特异性多克隆抗体反应的特性可用来鉴定 MG（生长抑制和免疫荧光试验），也可用来检测 MG 感染的免疫学应答（血清学试验）[14,217]。在对菌株抗原结构了解甚少的情况下，根据经验对这些试验方法进行开发和优化，提高了以上方法的敏感性和种特异性。支原体胞浆膜的组成成分 2/3 以上都是蛋白质，其余为膜脂质[328]。MG 的胞浆膜包含大约 200 个支原体特征性多肽[177]，这些多肽主要与支原体的表面抗原变异、黏附宿主细胞、支原体的运动能力及营养转运有关[287,400]。

研究人员已进行了大量工作鉴定 MG 抗原特别是那些具有黏附素或血凝素（细胞黏附）特性的抗原，这些抗原在 MG 的发病机制和抗感染免疫应答中起重要作用。黏附素是一种部分区域暴露于细胞表面的膜内在蛋白，它能与宿主上皮细胞的受体位点结合，使得支原体可以定植和感染细胞，是重要的致病因子和抗原。分子量为 60～75kDa 的 MG 蛋白或脂蛋白是主要的免疫黏附素或血凝素[21,29,51,126,208,270]。

MG 的 2 个基因家族，pMGA 和 pvpA 家族，编码主要的表面蛋白，这些表面蛋白与 MG 的致病性、抗原性和免疫逃逸特性相关[270,273,419]。pMGA 多基因家族编码不同拷贝的分子量为 67kDa 的主要细胞表面脂蛋白凝集素（p67）[33,148,177,272]。免疫杂交技术显示表面抗原 p52 和 p67（pMGA）是 MG 的特异性抗原，且与模仿支原体有很近的相关性。用抗 p52 抗血清检测这两种支原体无法显示抗原差异，而用抗 p67 抗血清检测这两种支原体能够鉴别二者，说明 p67 具有抗原特异性[178]。pMGA 基因家族至少占 F 株基因组的 7.7%，占 R 株基因组的 16%[33]，该基因家族是 MG 基因组的重要组成部

分，与支原体的抗原变异及推测的免疫逃逸功能密切相关[273]。pMGA基因家族在受到抗体或其他环境条件刺激下，其蛋白表达具有快速、可逆性转换机制（抗原转换）[146,147,271]。2003年，pMGA基因及其表达的蛋白被分别命名为 *vlh*A 基因和 VlhA 蛋白[319]。*vlh*A 基因家族编码 MG 的血凝素，该基因家族位于 MG 染色体的几个基因座上，而 MG 的抗原变异正是由于该基因选择性剪切形成 40 多个相似基因序列的竞争性表达导致的[7,307]。

PvpA 是一种大小变化的膜内蛋白，蛋白表达的阶段性变化频率高，增加了 MG 抗原变异的复杂性[241,419]。在体内试验中，具有主要免疫原性的表面蛋白 PvpA 和 p67a 的抗原性变异和表达都与抗体应答有关，这表明免疫调节在表面蛋白的多样性表达中起着重要作用[241]。MG 各菌株 PvpA 蛋白大小为 48～55kDa 不等；通过免疫电镜观察，PvpA 蛋白位于支原体细胞末端结构尖部的表面[46]。根据以前的资料和其他许多报道[16,40,58,133,137,155,316]来看，MG 呈现高度的抗原变异性和表面蛋白表达多样性。

其他鉴定出的 MG 黏附素还有 GapA（或Mgc1）和 Mgc2[153,169,193]。与 PvpA 一样，MG 的Mgc2 黏附素也位于细胞表面的末端结构尖部[169]。GapA 是一种主要的细胞黏附素，它与至少一种细胞黏附相关蛋白如 CrmA 协同作用，在蛋白表达的阶段性变化中发挥作用[153,295,318,319,321,401]。这两种蛋白的表达与结合红细胞[401]及有效地吸附培养用细胞有关[318]。这些实验结果说明 GapA 和 CrmA 基因都是 MG 的细胞黏附和致病作用所需要的[318,320]。

MG 的部分细胞黏附素基因和蛋白与其他支原体种有同源性，其中包括一些使人致病的支原体，这意味着可广泛感染不同宿主的致病性支原体间细胞黏附素基因和蛋白质或许存在一定的保守性[153,169,193,277,339]。

还没有发现支原体产生强毒素[328]。详见"毒力因子"部分。

菌株分类

MG 的某些分离株，有时被称为菌株，而更为大家所熟知的却是它们的分离株称号。MG 不同菌株的命名，不应与禽支原体在支原体属（*Mycoplasma*）中确立种属地位之前的大量的血清型命名相混淆。以前，将一些分离于鸡和火鸡的 MG 分离

株称为"变异株"或"非典型株"，因为这些菌株一般较难分离，其致病性、传播性和免疫原性都比田间分离株弱[97,198,265,412]。另外，由于抗原表型的多态性，包括已确定的参考株在内，MG 菌株的抗原谱和与毒力相关的表面特性之间可能有明显不同[340]，因此，建立一种可以鉴别 MG 各菌株和菌株变异情况的方法变得越来越重要。血清学方法、菌体细胞的蛋白质或 DNA 电泳分析等方法可用来鉴别 MG 种内（菌株间）基因型和表型的差异，随着分子生物学技术的应用，鉴别方法更加敏感，重复性更好。

抗原性

随着"非典型"或"变异"菌株的不断报道[97,198,412]，MG 菌株和分离株的抗原变异更易被识别，并且可以用血清学方法[39,97,224,251,270,316]、免疫印迹法和单克隆抗体法[20,58,88,133,137,175,208,241,276,316,340,353]加以证实。

现已清楚，因为感染鸡群的菌株和用来制备抗原的菌株不同，MG 菌株间明显的抗原差异可以影响血清学试验的敏感度和特异性。例如，Kleven等[224]用同源和异源抗体的血凝抑制（HI）试验检测 MG 菌株，发现同源的 HI 效价通常高于异源的 HI 效价。他们也报道了被许多实验室用作 HI 抗原的 MG 菌株 A5969 株，被用来检测抗其他菌株的抗体时相对不敏感，并且没有任何一种抗原能够有效地检测到抗所有异种菌株的 HI 抗体[224]。与之相似，在检测 MG ts-11 免疫接种后抗体应答的研究中，结果显示不同 MG 菌株主要细胞膜抗原的抗原谱差异较小，因此，有必要在血清学诊断试验中使用自体（同源）抗原以提高支原体抗体检测的敏感性[305]。MG 各菌株的抗原变异对开发和优化以抗原/抗体反应为基础的试验（例如血清学试验，免疫荧光试验和生长抑制鉴定试验）提出了更大的挑战。

MG 各菌株抗原性的差异，部分原因是这种微生物的基因组中与免疫逃逸和适应宿主环境变化功能有关的基因表达出了能够高频变异、转换和免疫调控的具有抗原性的表面蛋白[37,39,40,133,147,240,241,255,401]。详见"抗原结构和毒素"、"感染过程的发病机理"、"免疫力"和"免疫接种"部分。

免疫原性或保护特性

临床试验和实验室研究已证实了 MG 同一菌株

不同个体和不同菌株间的抗原性差异和免疫应答范围，这使得免疫逃避、显型转换、阶段变异等概念得到了很好的解释，而阐明其潜在机制的工作正在进行（详见"抗原结构和毒素"，"感染过程的致病机理"和"免疫力"）。

利用毒力相对较低的 3 株 MG 菌株（F 株、ts-11 株和 6/85 株）的免疫原性和免疫保护特性，已开发出商品化活疫苗（见"鸡毒支原体活疫苗"部分）。其他已报道了免疫原性和免疫保护特性的 MG 菌株包括：朱雀株和朱雀样株[122,123,311]，以及 GT5 菌株（将编码主要细胞黏附素 GapA 的基因与无毒力的 R_{high} 株重组获得）[320]。详见"感染过程的致病机理"，"免疫性"和"免疫接种"部分。

遗传或分子生物学

通过直接比较 SDS-PAGE 图谱上蛋白的结合方式或用 DNA 限制性片段长度多态性分析（RFLP）法可以对鸡毒支原体的各菌株进行鉴别[206,219,224,346]。DNA 和核糖体 RNA 的基因探针[204,297,418]及染色体物理图谱[380]也被用来研究 MG 菌株间的差异。这些鉴定 MG 的方法费用高、操作复杂且费时较长。而利用以聚合酶链式反应为基础的随机引物 PCR 法（AP-PCR）或随机扩增 DNA 多态性（RAPD）技术鉴定 MG 菌株是很有效的方法，可利用这两种方法进行流行病学研究及鉴别疫苗株和野毒株[31,73,74,75,114,117,121,144,221,244,384]。然而，RAPD 的结合模式可变，且很难重复和标准化，对其结果的解释受到置疑并被认为太过主观。最近，有报道用 PCR 法扩增 pvpA 或 mgc2 基因，然后对扩增片段进行 RFLP（PCR-RFLP）分析或序列分析来鉴别 MG 菌株[256,263]。扩增片段长度多态性（AFLP）也被成功地用于研究几种支原体包括 MG 的基因组变化[75,117,172,225,349]。用脉冲电泳法（PFGE）研究 MG 的分子差异[274]，及对不同靶基因如 pvpA，gapA，mgc2 基因进行测序也有报道[121,172,221]。

致病性

MG 各种菌株和分离株的致病性差异很大，与分离株的基因型和表型特征、增殖方法、在培养系统中的传代次数、接种途径和剂量有关。用鸡胚卵黄囊传代鸡毒支原体通常比用肉汤培养传代传染性强。

MG S6 株是由 Zander[4,112,424] 从患传染性窦炎的火鸡脑中分离，是较早分离的致病株。MG A5969 株是 Van Roekel 提供了能致病的培养物，由 Jungherr 等[190] 将其命名。MG R 株是由佐治亚大学禽病研究中心的 Dale Richey 于 1963 年从一只患气囊炎的鸡体内分离。R 株已广泛应用于菌苗生产，并作为 MG 攻毒研究的攻毒株[149,214,220,338,373,416]。目前对低代次（R_{low}）和高代次（R_{high}）R 株的基因型和表型特征已进行了大量研究，尤其是在 R_{low} 的全基因组测序完成后[319]。R_{low} 菌株能够黏附细胞、侵入细胞且具有致病性，而 R_{high} 与之相比无以上功能[277,320,321,402]。Much 等[294] 报道用气溶胶法给鸡接种 MG，能够从感染 R_{low} 的鸡内脏器官中分离到病原，而不能从感染 R_{high} 的鸡内脏器官中分离。因此他们得出结论，这两种来源于 R 株的支原体菌群通过膜屏障的能力有差异的，而侵入细胞功能在 MG 系统性传播中发挥了主要作用[294]。

MG F 株的活疫苗对火鸡的致病力比鸡相对强些[243,253,338]。6/85 和 ts-11 疫苗株对鸡和火鸡的致病力比 F 株弱[1,109,110,220,269,398,399]。

MG 朱雀菌株和朱雀样菌株对鸡和火鸡的致病力相对较低[122,123,311]。

很明显，MG 菌株是大量禽类宿主的原发病原。然而，MG 的感染和发病可能与宿主、环境和微生物这些因素共同作用有关，因此应该考虑多因素病因学和包括 MG 在内的多微生物并发疾病的可能性。详见"感染过程的致病机理"。

毒力因子

Razin 等人[328] 研究发现，支原体致病性的分子机制在很大程度上仍不清楚，从支原体感染的临床表现来看，此病的损伤是由宿主的免疫应答和炎性反应引起的，而不是缘于支原体细胞成分的毒性作用。MG 的毒力因子包括细胞的运动力和黏附能力[24,165,209,277,287,295]；使支原体具有免疫逃避和为了适应宿主环境而改变细胞表面成分的能力[37,241,271,272,273]；以及（可能存在的）侵袭细胞的能力[232,294,402]。Papazisi 等人[319] 对 MG R_{low} 株的全基因组进行测序后鉴定出了大量具有细胞黏附作用和生物分子结合能力的潜在毒力因子和热休克蛋白。而可以广泛筛选 MG 基因组以鉴别一个混合突变菌群中新毒力相关决定簇的信号序列突变法已被应用于鉴定编码二氢硫辛酰胺脱氢酶的毒力相关基因[174]。详见"抗原结构和毒素"、"感染过程的致病机理"和"免疫力"。

病理学和流行病学

发生和分布

鸡毒支原体病影响美国所有大规模养殖鸡群和火鸡群的健康，并成为影响养殖决策的重要问题，目前该病已呈世界性分布[223,240]。

自从执行国家禽类改良计划（NPIP）的控制程序，美国在过去 50 年，MG 的发病率明显降低[14]。尤其是 NPIP 在控制原种和杂交种鸡群的感染方面卓有成效。但是，此病在肉鸡群仍持续暴发，且在许多拥有多年龄组饲养群的大型商品化蛋鸡场中呈地方性流行（详见"预防策略"部分）。越来越多的证据表明，小型庭院养殖或"放养"鸡群的亚临床感染不断增加，且成为商品化鸡群的传染来源[111,194,279,377]。

自 1994 年开始，MG 被鉴定为引起美国东部和加拿大放养的朱雀和一些其他鸣禽类患结膜炎的病因[244,245]。2002—2005 年，该病已从仅感染朱雀扩展至感染美国西部地区的多种鸟类[101,248]。

自然宿主和实验宿主

MG 的自然感染宿主为鹑鸡类，而在商品化生产中主要感染鸡和火鸡。然而，也曾从自然感染的雉鸡、鹧鸪、孔雀、白喉鹑和日本鹌鹑体内分离到 MG[41,82,296,330]。据报道，从鸭和鹅[43,61,182]，黄颈亚马逊鹦鹉[47]和大火烈鸟[105]体内也分离到了 MG。在对英国野禽的调查中，在苏格兰从 4 只患心囊炎和肺炎的成年白嘴鸦（*Corvius frugilegus*）病料培养物中未分离到 MG，但用多聚酶链反应（PCR）方法检测到了 MG[323]。

Davidson 等人[92]从野生火鸡（*Meleagris gallopavo*）体内分离到鸡毒支原体，但需要注意的是这些野生火鸡是在封闭条件下饲养而非自然散养。8 年后他们对同一火鸡群做了跟踪调查，结果显示 MG 已经消失，说明 MG 不能在这种饲养类型的野生火鸡群中持续存在或传播[260]。对其他野生火鸡的调查也发现了 MG 血清阴性群[173,258]和阳性群[80,130]。

但是，却很少能从野生火鸡体内分离到 MG，这可能是由于野生火鸡普遍患有其他支原体病，尤其是吐绶鸡支原体（*M. gallopavonis*）的原因[80,130]。

2000 年和 2001 年，对美国堪萨斯州西南部小草原榛鸡的抗 MG 抗体用血清平板凝集法（SPA）进行检测，结果发现抗体水平低（分别为 5% 和 2.7%），但该调查没有采用其他血清学和微生物鉴定方法进一步验证[158]。

1994 年以前就有从散养禽体内分离 MG 的报道，但是在这些零星报道中没有确定 MG 的重要性。同样，有关 MG 对不同野生鸟类的致病作用也没有定论。自 1994 年开始，在美国中大西洋地区和东部地区，对患有眶窦肿大和结膜炎的自由生活的家雀（*Carpodacus mexicanus*）进行研究，不但分离到 MG，而且证明是该病的病原[125,226,245,259,261,365,366]。此病迅速广泛传播，很快波及整个东部的家雀，对该种群造成不良影响[94,95,162,163,304,336]。2000—2005 年，该病已传播至美国西部地区的家雀种群中[101,248]。曾报道美洲金丝雀、松树粗嘴雀、夜粗嘴雀患有鸡毒支原体结膜炎，但发病率很低，另外，仅见一例从紫雀和兰松鸦体内[164,244,286]分离到病原的报道。临床调查显示，用 PCR 方法检测山雀（*tufted titmice*）的 MG 感染为阳性，但不能分离到病原，而检测其他 10 种鸣禽的 MG 感染，仅 SPA 法检测结果为阳性[262]。在另外一项对来源于 13 个科 358 只鸟进行的田间调查中，虽然观察到临床症状，但其中来源于 9 个科的 13 只鸟用 SPA 法检出 MG 阳性，而用 PCR 法检测所有个体均为 MG 阴性[116]。实验感染松鹤和山雀可见临床症状，但麻雀感染后无任何临床症状[116]。

从同一时期、不同地区、不同品种鸣禽体内分离的所有 MG 菌株的 RAPD 指纹图谱基本相同，但与其他被检的 MG 菌株及分离株不同[244]。这些结果表明这次在鸣禽群中暴发的 MG 是由同一种野毒株（RAPD 型）引起的，而不是由疫苗株（F，ts-11，6/85 疫苗株）或家禽的分离株引起[244]。最近，进一步的分析结果[75,324]显示，在鸣禽体内分离的各种 MG 分离株的基因组是有差异的（详见"菌株分类"部分），但是与以前的观察一致的是，MG 在鸣禽群体中流行的初期其基因型高度相似，进一步支持这些分离株起源相同的观点。2001 年，从纽约获得的 1 株分离株与其他鸣禽分离株差异明显，且与疫苗株和参考菌株属于同一基因簇，揭示这个鸣禽群可能感染了新菌株，或是原来的 MG 菌株发生了明显的分子进化[75]。

用家雀 MG 分离株实验感染鸡和火鸡，可引起感染和发病，但是采取生物安全措施控制家禽与被感染的家雀直接接触可以降低该病传播的潜在威胁[311,359]。然而，用 RAPD 和 DNA 序列分析法研究显示从商品化火鸡体内分离的 MG 分离株与从家雀体内分离的分离株非常相似，这一结果说明商品化饲养的家禽能够自然感染鸣禽样的 MG 菌株[122]。

最常用的 MG 实验宿主有 SPF 鸡和无支原体感染的家养鸡、火鸡及其鸡胚[49]。鹦鹉、山竹鸡和家雀也可以作为实验宿主[59,116,131,226,281,335,365,366]。

尽管雏禽自然感染 MG 的发病率很低，但 MG 仍可能感染任何日龄的易感禽类。一般认为青年禽在某种程度上更容易被实验感染[49,140]。

传播，携带者和传播媒介

易感鸡群与临床或亚临床感染的鸡直接或间接接触可导致水平传播迅速发生，从而导致鸡群的高感染率或疾病流行。上呼吸道和结膜是气溶胶和飞沫中菌株进入机体的通道[49]。MG 在宿主体外存活很少超过几天，因此临床或亚临床携带者是该病流行的关键。而经污染的灰尘、液滴或羽毛等污染物传播，加上生物安全措施不力和个人操作失误也是引起本病传播和更广泛暴发的另一原因。MG 的存活时间由培养基的营养条件、pH、温度和湿度决定。MG 在鸡粪中 20℃ 可存活 1~3 天、在棉布上20℃ 可存活 3 天或 37℃存活 1 天、在卵黄中 37℃可存活 18 周或 20℃存活 6 周[70]。MG 可以在人的鼻腔中存活 24h；在稻草、棉花和橡胶制品中存活2 天，在人的头发中存活 3 天，在羽毛中存活 2~4天[78]。MG 田间分离株在纸盘上在 30℃、37℃ 和室外温度下存活不超过 7 天[298]。从感染鸡群采集的 160 个样品，用 MG 特异性 PCR 法检测 103 个为阳性，用细菌培养法仅 6 个为阳性，说明 PCR法比培养法更敏感，更易检出此病感染，因为培养法需要有存活的支原体存在才能得出阳性结果[275]。

MG 在鸡群中的水平传播表现为以下 4 个阶段：第一阶段，即潜伏期（12~21 天），指接种鸡能够检测到抗体前的这段时间；第二阶段，此阶段（1~21 天）鸡群中有 5%~10% 的鸡感染；第三阶段，此阶段（7~32 天）鸡群中 90%~95% 的鸡产生抗体；第四阶段，最后阶段（3~19 天），鸡群其余的鸡也呈抗体阳性[282]。增加群体密度会增加鸡群水平传播的发生率。Feberwee 等人[119]建立了一种研究鸡群水平传播的实验动物模型，用来研究本病的传播动力学和评价预防措施的效果。

在美国，一些 MG 携带禽可成为潜在的储存宿主，其中包括散养鸡[111,279]、各种年龄的商品产蛋鸡[215,288]和一些散养的鸣禽[122,125,244,248,286,359]。为了确保无 MG 感染的商品鸡群不被以上传染源或其他MG 传染源感染，良好的管理和生物安全措施是很必要的。

MG 的垂直传播（经卵内或卵巢传播）主要是自然感染的母鸡（鸡或火鸡）经蛋传播，用易感来航鸡实验感染 MG 已获得成功[152,252,314]。在该病急性期，当 MG 的量在呼吸道内达到高峰时[151,252]，传播速度最快。一项研究显示在攻毒后 4 周检测到蛋传高峰，大约有 25% 的鸡蛋被感染[152]，而另一项研究显示在感染后 3~6 周，有 50% 以上的鸡蛋被感染[347]。同一鸡群，随着感染间隔时间的延长，蛋传率降低。研究发现，在 8~15 周时传播率大约为 3%[334]，20~25 周传播率大约为 5%[152]。临床上，慢性感染的蛋传率可能更低[240]。被感染的后代鸡孵化出来以后，可以引起 MG 的水平传播，即使有少部分鸡感染，传播速度非常低，但也有可能导致整个鸡群的所有鸡被感染。由于蛋传流行造成的后果非常严重，因此，控制计划[14]必须重点应用于大型纯种和杂交种鸡群。种鸡群的血清学调查间隔时间应该尽量短（火鸡每 3 周一次，鸡每 2 周一次），这样可以提高检出率，防止经蛋传播。

潜伏期

用同样的高剂量 MG 实验感染鸡或火鸡的潜伏期为 6~21 天不等。而实验接种的火鸡在 6~10 天内就可以发生鼻窦炎。然而，即使是高度易感的火鸡感染后临床症状的发展也因 MG 菌株的毒力、并发感染（多种微生物感染）、环境和其他应激因素的不同差异较大[49,97]。因此，在自然条件下，根据临床症状的出现很难估计感染时间。临床症状的产生及严重程度受许多可变因素的影响，因此，自然感染时仅凭临床症状很难确定感染日期。而且诸多因素影响临床症状的出现和发展，无法确定有临床意义的潜伏期。鸡和火鸡群通常在快要开产时发生临床感染，表明鸡群中存在低水平的亚临床感染（可能是因为经蛋传播），在受到应激刺激后发展为临床感染。这种明显的潜伏期延长现象在感染鸡或火鸡的后代中尤为普遍，为了防控这些后代鸡或火鸡感染MG，在它们孵化前曾在含有抗生素的溶液中浸泡过。其他传染来源（外部）的作用常不明显，一般只是理论推测而几乎不能证实。许多MG的暴发似乎都属于这一类型，通常无临床症状的较大日龄鸡血清学检测却为阳性[265,383,412]。在其他情况下，如火鸡感染了MG强致病性菌株时，在血清学检测为阳性前，临床症状已经很明显，并成为感染的最初征兆[249]。

临床症状

鸡

成年鸡群自然感染的特征性症状是气管啰音、流鼻涕、咳嗽、食欲减少和体重减轻。产蛋鸡群产蛋量下降，但通常会维持在降低的水平上[288]。无明显临床症状的鸡群，特别是那些幼龄时感染并部分恢复的鸡群可以用血清学检测诊断。此病在冬季比较严重，且公鸡症状最明显。肉仔鸡暴发本病多在4周龄之后，症状一般比成年鸡群明显。肉鸡群的高发病率和高死亡率一般是由并发感染和环境因素引起的[216]。参阅"发病率和死亡率"。

鸡眼内混合接种MG澳大利亚野毒株和传染性支气管炎病毒可引起结膜炎[356]。日本报道过MG引起商品蛋鸡角膜结膜炎的病例，该病首发于30日龄左右[310]。病鸡表现面部皮肤和眼睑肿胀、流泪增加、结膜血管充血和呼吸啰音明显。

火鸡

火鸡比鸡更易感染MG，临床症状一般也更严重，出现的症状有鼻窦炎（图21.2）、呼吸紊乱、精神沉郁、采食减少、消瘦等。点眼、滴鼻或气管内等途径接种MG引起的病变损伤比窦内或气囊内接种要轻[49]。除非将培养物直接注射到窦内，火鸡常不出现窦炎[97]。与鸡群感染相同，出现高发病率和高死亡率往往与并发因素例如大肠杆菌病或环境应激因子有关[216]。

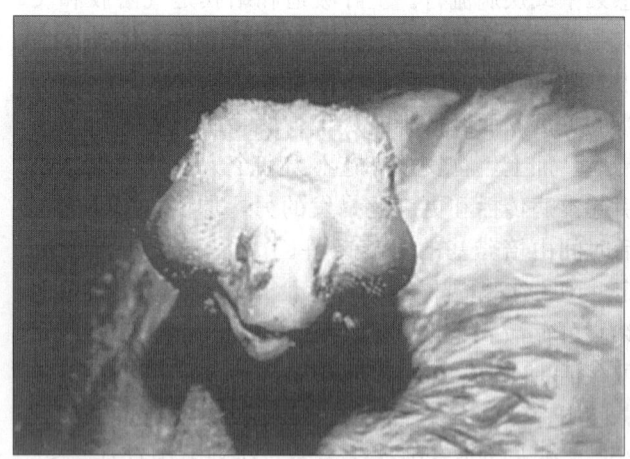

图21.2 火鸡传染性窦炎的严重感染病例，图中可见眶下窦明显肿胀和流鼻涕

在出现典型的副鼻窦（眶下窦）肿胀之前，常可见流鼻液和眼分泌物中有泡沫的症状。严重的窦肿胀有时引起眼的部分或全部闭合。只要能看见鸡吃饲料，则其采食量仍接近正常值。随着病程的发展，病鸡逐渐消瘦。如果出现气管炎或气囊炎，就会有气管啰音、咳嗽和呼吸困难的症状。曾有报道显示12~16周龄的肉用商品火鸡患有脑炎型MG病，症状表现为颈歪斜和角弓反张[77]。种火鸡群感染MG可出现产蛋下降或产蛋率降低。

发病率和死亡率

胚胎

将MG的肉汤培养物或含有MG的渗出液接种7日龄鸡胚的卵黄囊，在5~7天内可致死鸡胚。需经卵黄传代1次或多次才能引起典型的死亡和病变。最典型的鸡胚病变是侏儒胚、全身水肿、肝脏坏死、脾肿大。就在胚胎死亡前，卵黄囊、卵黄及绒毛尿囊膜（CAM）中 MG 达到最高浓度。研究显示，MG 菌株对胚的致病性存在差异，且对胚的致病性与其他体内、体外试验得出的致病性之间没有相关性[239]。尽管在接种 MG 后培养 17 天仍存活的胚胎卵黄囊膜上还可以分离到 MG，但是母源抗体对强毒引起的胚死亡是有保护作用的。目前，多利用培养基而非鸡胚接种进行禽支原体的原代分离。

鸡

MG 感染通常可危及整个鸡群，但疾病的严重程度和持续时间有所不同。通常本病在冬天会更严重，病程更长，尽管产蛋鸡群由于产蛋量下降损失相当大，但该病对青年鸡的危害比成年鸡更大。

MG 被认为是慢性呼吸道病的原发病原，其他微生物常引起并发症。临床上并发性慢性呼吸道病，以气囊严重感染或气囊病较多见。新城疫（ND）或传染性支气管炎（IB）可以促使 MG 感染的暴发。大肠杆菌也是常见的并发感染菌。MG、大肠杆菌和 IBV 单独感染或混合感染对鸡的作用已有报道[113,156,157,125]。当三者混合感染时可引起严重的气囊感染，但如果病初未感染 MG 或者未发生 MG 与 IBV 或 NDV 混合感染时，大肠杆菌不易感染气囊。其他研究人员发现当 MG 与 IBV 同时存在时，疾病的严重程度增加，病程延长[356]。

成年鸡群感染后死亡率很低，但产蛋量下降[68,288]。在肉鸡，无并发感染时死亡率非常低，有并发感染时死亡率可高达 30%，尤其是在寒冷的月份。生长缓慢，净膛鸡等级下降及废弃等可造成更进一步的损失。

火鸡

火鸡感染鸡毒支原体后，群中大部分火鸡发病，虽然病鸡可能不表现窦炎症状，但下呼吸道感染病症最为明显[97]。在未经治疗的群中，MG 感染可持续数月。火鸡感染 MG 的临床症状、发病率和死亡率变化很大。最为典型的症状见于 8～15 周龄肉用火鸡，最初 2～7 天表现为轻度的呼吸道症状，之后鸡群中 80%～90% 的火鸡出现严重咳嗽。感染群中有 1%～70% 的火鸡出现鼻窦肿胀、流鼻涕。淘汰主要是因为气囊炎及相关的系统性感染所致。

病理变化

大体病变

大体病变主要是鼻道、副鼻道、气管、支气管及气囊的卡他性渗出。窦炎在火鸡通常是很显著的，但鸡和其他禽类宿主中也可见有窦炎。虽然气囊可能仅出现一种珠状的或淋巴滤泡样的外观，但通常可见干酪样渗出。还有可能观察到某种程度的肺炎。鸡或火鸡典型的气囊病例可见到气囊炎、纤维素性或纤维脓性的肝周炎以及心包粘连，导致鸡或火鸡的高死亡率和加工过程中被大量淘汰。由于衣原体病和败血症也可引起类似的病变，因此这些不是 MG 感染的诊断性病变。因 MG 感染引起商品蛋鸡的角膜结膜炎，可见其面部皮下组织和眼睑明显水肿，偶尔可见角膜浑浊[310]。在家雀和其他鸣禽中，MG 的流行特征是结膜炎，并伴有眼眶周围肿胀和发炎[244,245,286]，山竹鸡也可发生结膜炎[281]。MG 感染鸡群还可出现输卵管肿胀，输卵管内有渗出物（输卵管炎），从而导致产蛋下降[100,308]。

病变组织学

感染 MG 的鸡和火鸡的显微病变特征为：感染的组织黏膜由于单核细胞浸润和黏液腺的增生而显著增厚[72,168,388]（图 21.3）。黏膜下常见局部淋巴组织增生（图 21.4）。在气管中，纤毛几乎完全被破坏，上皮细胞肿胀，绒毛上黏附着支原

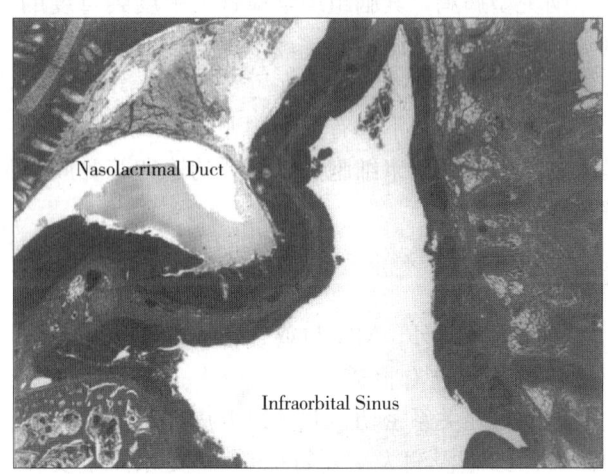

图 21.3　鼻腔横断面图，显示眶下窦和鼻泪管。因形成一个结节及淋巴细胞和其他淋巴样细胞的弥散性浸润，所有黏膜增厚。淋巴样结节数量的增多，被称为"淋巴滤泡"反应

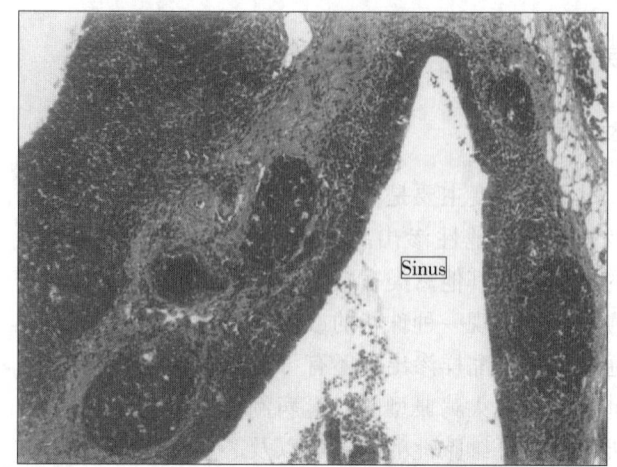

图21.4 眶下窦上皮细胞增厚，相邻组织被覆的上皮下淋巴细胞呈结节性增殖。鼻泪管黏膜因淋巴样细胞浸润而变厚，窦中可见渗出液

体[72,102,81]。在气管环培养中，MG 感染可引起纤毛运动停止[354,369,385]。气管的大体和显微病变，尤其是黏膜增厚，已被用作诊断 MG 感染和发病的标准[309,397]。实验感染鸡，1~2 周后气管黏膜明显增厚，2~3 周后开始变薄[139]。在肺部，除肺炎区域和淋巴滤泡变化外，也曾发现肉芽肿病变。有关 MG 感染鸡气囊的光镜、扫描电镜（EM）和组织形态学检查已有详细报道[382]。

MG 引起的蛋鸡角膜结膜炎的特征是上皮增生、严重的细胞渗出、上皮下和中央弹性血管结缔组织基质水肿，这引起眼睑明显增厚[310]。在上皮下固有层、浆细胞和淋巴细胞增殖显著，形成生发中心，并引起增厚的增生上皮层不规则隆起[310]。

脑炎型病鸡，其脑组织学检查为中度到重度的脑炎、血管淋巴细胞袖套、纤维蛋白样血管炎、局部实质坏死和脑膜炎[77]。

与产蛋鸡产蛋下降有关的输卵管炎的特征病变是上皮增生和淋巴浆细胞浸润导致的输卵管黏膜显著增厚[308]。

超微结构

在体内和体外，MG 与鸡气管上皮细胞相互作用的超微结构已有报道[2,102,170,229,367]。气管病变与支原体的存在关系密切，并且以上皮细胞变性和黏膜的炎性细胞浸润为主要特征[367]。支原体主要在细胞外，仅仅很少部分在上皮细胞的吞噬泡中存在。支原体通过它们的端器（液泡或顶体结构）靠近宿主细胞膜，从而黏附于上皮细胞上。有纤毛和无纤毛的上皮细胞脱落后黏液性颗粒将释放，且偶

尔有的细胞纤毛会脱落[102]。上皮表面的修复受基底上皮细胞的分化及脱落细胞阻塞支气管的影响，感染期间，由于细胞浸润和水肿，上皮增厚[102]。

MG 与用鸡红细胞共培养可见红细胞表面形态和通透性的改变[228,230]；这一结果可能支持了最新的研究发现，即 MG 能够进入细胞，并在细胞内存在[402]。

感染过程的发病机理

MG 除了可通过蛋传播之外，上呼吸道和黏膜被认为是 MG 自然感染的通道。尽管 MG 能蔓延到其他器官（如脑[77,378]）表明发生了一过性全身感染，但 MG 主要寄生在呼吸道和结膜表面，引起多个部位的急性和慢性感染。输卵管感染[308,325]很可能源于附近被感染的气囊[334]。支原体黏附于宿主细胞上是成功定植、感染和致病的先决条件[91,153,237,295,327]，也被认为是重要的毒力因子（参阅"毒力因子"和"菌株分类/抗原性"）。MG 通过端器（液泡或顶体结构）靠近宿主细胞膜，端器也可能在支原体滑行运动中发挥作用，是另一种致病成分[69,350,367]。用 MG R$_{low}$（强毒株）和 R$_{high}$（无毒力株）进行比较研究鉴定出了细胞黏附蛋白 GapA 和辅助蛋白 CrmA，发现它们都是细胞黏附和致病需要的[295,318,321]，这些蛋白的相变异与红细胞吸附表型转换相关[401]。

在组织培养中，发现 MG 能进入非吞噬性的宿主细胞内，这样就可以使微生物能够抵抗宿主防御和抗生素的治疗作用，导致慢性感染，并穿过呼吸道黏膜屏障引起全身性感染[402]。Much 等人[294]发现 R$_{low}$ 和 R$_{high}$ 菌株在侵入非吞噬性真核细胞的能力方面差异显著，鸡经气雾感染这两种菌株后，能够从鸡的内脏器官中分离到 MG R$_{low}$ 株而不能分离到 R$_{high}$ 株。这些结果显示这两种菌株穿越黏膜屏障的能力是不同的，说明细胞侵入能力在全身系统中传播 MG 和逃避宿主防御系统中发挥主要作用，并能够使感染菌存活和感染持续存在[294]。此外，既然黏附作用是支原体侵入细胞所必需的，R$_{high}$ 株不能表达 GapA 蛋白可能是导致其不能引起系统性感染和气囊病变的原因[294]。

体内和体外试验表明，由 MG 感染引起的气管上皮表面变化包括黏液性颗粒的释放，及随后的有纤毛和无纤毛上皮细胞的脱落破坏[72,102]。对于鸡

胚，MG 感染导致广泛的纤毛脱落，表面侵蚀和炎性细胞浸润[229]。以上这些变化和 MG 感染的气管组织培养物中纤毛运动停止[369,385]，在 MG 致病机理中可能发挥着第一位和第二位的作用。

B 淋巴细胞和 T 淋巴细胞的抑制或刺激作用及细胞因子的诱导作用[139,231,328]也在发病过程中发挥作用。MG 感染的主要特点是在感染部位进行淋巴增殖应答，且 MG 感染细胞能够产生趋化因子吸引异嗜白细胞和淋巴细胞的迁移[227,233]。用鸡红细胞（RBC）培养 MG 能够使红细胞表面形态改变，细胞变小，细胞穿孔，说明 MG 可能侵入细胞，RBC 的损伤可能导致病理结果[228,230]。

如果没有外界环境因子的刺激或其他致病因子的感染，气管内 MG 感染可能是自限性的[406]，即使在体液抗体或局部抗体存在的情况下，机体仍可能保持持续感染状态（携带者）[39,214,406]。尽管宿主产生比较强的免疫反应[240]，但主要表面抗原的高频变异[133,147,401]和细胞侵袭[294]可能是 MG 慢性感染的原因（详见"免疫力"）。

混合感染（多微生物疾病），尤其是大肠杆菌及一些活疫苗导致的感染，被认为是引起 MG 严重疾病的原因[157,181,216,299,302]。其他因素包括免疫抑制和环境条件太差或其他应激因素可能有助于激发较严重的 MG 病[34]。

免疫力

临床康复鸡或火鸡可产生一定程度的免疫力。但康复禽可能仍然带菌[39]，并通过接触将疾病传染给易感禽或通过蛋传递给它们的后代。Luginbuhl 等[257]对早期有关 MG 免疫反应的文献进行了综述。抗体和法氏囊在抗 MG 感染中的重要性及针对 MG 的血清学应答已被很好地阐述[3,179,234]。但是，特异性循环抗体水平与保护力之间的相关性比较差[234,254,306,373,398]。鸡气管洗液中 MG 抗体效价上升与气管内微生物含量和气管病变记分降低相一致[76,406]。与初次感染 MG 的鸡相比，有抗体的康复鸡再感染后，对 MG 的清除速度快，气管病变的严重程度轻。这些结果及其他的结果表明呼吸道分泌的抗体在抵抗 MG 中起着重要作用[22,106,179,404,406]。在应答 MG 感染时呼吸道抗体能抑制 MG 对支气管上皮细胞的黏附[22]，这可能体现免疫保护的重要机制。鸡胚中母源抗体的存在降低了卵内感染的致病性，增加了感染鸡胚存活的概率[42,239,254]。已做了大量研究鉴定 MG 抗原，尤其是针对其细胞黏附特性的抗原，这种特性可能在 MS 感染的病理机制和免疫反应方面起关键作用。可参阅"抗原结构和毒性""毒力因子"和"免疫接种"部分。

支原体可以通过抑制或者刺激 B、T 淋巴细胞和细胞因子的产生来影响细胞免疫反应[76,132,139,231,328,329]。MG 感染鸡的外周血淋巴细胞在体外经抗原刺激后可检测到淋巴细胞增殖、干扰素及一氧化氮等[329]。Gaunson 等人[139,141]对 MG 强毒株和疫苗株感染鸡气管内淋巴细胞的数量与分布进行了研究，结果发现了对 CD8＋细胞的特异性刺激，特别是在急性期。他们观察了局部抗体介导的应答在控制 MG 感染中的作用，而且证明了自然杀伤细胞和细胞毒性 T 细胞对感染的应答反应[141]。

对 MG 免疫显性表面蛋白的研究结果显示，这些蛋白的高频变化、转换和免疫调节可能体现了 MG 的重要适应机制，即菌体能够逃避宿主的免疫防御（免疫逃逸），适应自然感染阶段的宿主环境变化，以及尽管宿主产生强烈的免疫反应仍能引起慢性感染[39,40,133,147,240,241,401]。另外，MG 还可能通过进入真核细胞来逃避宿主防御系统，全身性传播，从而在宿主体内存活和持续性感染[228,230,294,402]。

诊　　断

病原分离和鉴定

诊断 MG 的标准方法是病原体的分离和鉴定。培养 MG，可将气管或气囊的渗出液、鼻甲骨、肺的悬浮液或鼻窦的渗出液直接接种于支原体肉汤或琼脂培养基[217]。气管拭子和鼻后裂（腭裂）拭子取样可分离到 MG[57,421,422]。从母鸡输卵管中可分离到 MG[100,308]，也可从火鸡和鸡[9,264,390]的泄殖腔中分离到 MG。培养基和分离方法见"生长要求"和 Kleven 的文章[217]。

在感染的急性期（通常是指感染后的 4～8 周），上呼吸道病原体的数量以及鸡群的感染率均很高[223,238,406]。因此，采集 10～20 只活禽的气管或鼻后裂拭子一般就足以分离出该菌，但在感染的后期，则可能需要培养 30～100 个拭子[223]。在慢性感染鸡体内，如商品蛋鸡或庭院饲养的鸡，气管或鼻后裂内 MG 含量很低，采用常规的取样和培养方法不能检测到 MG 菌株[240]。为了提高 MG 的分离率，应当在进行抗生素治疗之前采样[285]，氯化铵[54]及其他饮水治疗都可能妨碍从感染禽体内分离到 MG。

对于那些必须保存或需要运送到实验室进行培养的样品[223]，有以下建议：最理想的状态是将病禽的样品（拭子、排泄物或小的组织样品）直接接种到肉汤培养基，然后立即放 37℃ 下培养。但如果需要短期储藏或运送，则需要把接种好的肉汤放4℃或冷藏包装内（不超过 24h），同时需要一个能过夜冷藏的储存设备。另外也可将气管、分泌液或组织收集起来置于干冰内冷冻，在送到实验室之前样品必须一直用干冰保存。

将肉汤培养物接种到支原体琼脂培养基上以形成菌落，并用免疫荧光试验鉴定。许多实验室通常采用支原体菌落的直接或间接免疫荧光试验或菌落印迹试验[138]来鉴定临床分离株，这些方法甚至可鉴定多种支原体混合存在的培养物[217,223,292,371,372]。仅采用免疫过氧化物酶技术或与免疫荧光技术联合使用，也可以快速鉴定支原体培养物[38]。生长抑制试验也可用于鉴别各种支原体[79,217]。在这些诊断试验中特异性的高免血清是必不可少的，研发机构通常用兔或禽类制备支原体的种特异性高免血清[217,223]。

另一种方法分离 MG 的方法是将疑似病例的渗出液或悬液接种 7 日龄鸡胚的卵黄囊，但是接种物必须无其他细菌或真菌污染[49,104,333]。鸡胚在 5～8 天之内死亡，但是在鸡胚死亡和出现典型的病变之前，卵黄材料可能要做一次或多次的连续传代。

目前用 DNA 和核糖体 RNA 基因探针技术检测 MG 的方法已经建立[99,124,135,143,176,205,345]，但是这些方法大多已被 PCR 技术取代，PCR 技术相对简单、快速、灵敏度和特异性也较高[115,136,161,196,300,343,344,352,355,392]。同时检测不同微生物的多重 PCR 方法也已建立[267,317,392]。还有报道利用支原体特异性引物，用 PCR 法检测 16S rRNA，然后按照原始序列用变性梯度凝胶电泳分离 PCR 产物[278]。也有报道用实时荧光定量 PCR 法进行快速检测[67,283]。

诊断和研究机构已广泛应用商品化 PCR 试剂盒或按照规范的操作规程，用 PCR 法检测 MG 特异性 DNA[134,235]。用 PCR 法检测 MG DNA 与需要用几天时间才能在培养物中分离 MG 相比，不但可

以在几小时内就判定出阴性或阳性结果，而且不需要样品中必须含有活着的 MG，也不易受到其他微生物污染的影响。然而，在进行如实验感染、致病性研究、种间（毒株间）的鉴别诊断等深入研究时，培养和分离 MG 仍是必要的（详见"毒株分类"部分）。接种支原体的肉汤可分装后分别进行病原培养和 PCR 鉴定。当不需要或不可能培养和分离活的支原体时，在进行 PCR 或其他 DNA 相关试验前，可使用 FTA 滤纸灭活和保存 MG 悬液或田间分离的样品[293]。

血清学

在 MG 的控制程序中[14]，血清学方法适用于监测鸡群，并在怀疑鸡群感染时用此方法辅助诊断。血清学试验阳性，结合病史和典型症状，就可以在微生物的分离和鉴定尚未完成时做出初步诊断。

试管凝集试验曾是一种很常用的方法，尤其是在 20 世纪 60 年代和 70 年代控制火鸡 MG 的过程中，但现在很少使用。用于检测 MG 抗体的血清平板凝集（SPA）抗原可以从市场上买到。因为 SPA 法快捷、价格相对低廉、敏感性好，已经广泛应用于鸡群监测和血清学诊断的初步筛选试验中[14,217,223]。然而，感染具有交叉反应抗原[18,36]的滑液囊支原体，或近期免疫过油乳剂苗和/或其他病原的组织培养苗时，鸡群可能出现非特异性反应[5,150,341,414]。稀释被检血清可以在一定程度上降低 SPA 的非特异性反应[341]。一些实验室用生理盐水将血清倍比（1:2）稀释来确定凝集终点，血清凝集效价达到 1:8 或更高时判为阳性，这样也可以区分特异性和非特异性反应[217]。用 SPA 试验检测 IgM 抗体是非常有效的，IgM 是机体感染后免疫应答反应最先产生的免疫球蛋白[211]。

血凝抑制试验（HI）通常用于进一步确诊 SPA 或 ELISA 检测结果，但是 HI 试验耗时长，且无商品化试剂，灵敏性较差[97,217,223,224]。

与 SPA 和 HI 试验相比，ELISA 法提高了检测效率，改善了结果的灵敏度和特异性[19,88,89,166,266,290,362,374]。商品化 ELISA 试剂盒已广泛用于鸡群监测和血清学诊断。一般来讲，ELISA 试验与 SPA 相比，灵敏度低特异性好，而与 HI 相比，灵敏度高特异性差[19,111,192,197,200]。在许多养殖公司和

诊断实验室，进行 MG 血清学试验会选择 ELISA 试验。人们一直在不断努力鉴定和纯化用于 ELISA 抗原的优势 MG 免疫原性蛋白，从而提高 ELISA 检测的灵敏度和特异性[20,88,108,305,313,357]。ELISA 方法也可用于检测呼吸道洗液[22,406]和卵黄样品[197,289]中的 MG 抗体。用 ELISA 或 HI 试验检测卵黄样品和血清样品中的 MG 抗体水平，比较研究显示二者结果有可比性，说明卵黄样品可以替代血清样品用于鸡群监测[60,197,289]。也有报道用斑点免疫结合试验检测 MG 抗体[17,85,86,370]。

在某些无 MG 病史的种鸡群中检出了 MG 血清学阳性结果。通常一些外观正常的种群在 28～36 周龄时，MG SPA 检测结果有低效价的阳性。在一项持续几个月的研究中发现，该群 HI 效价很少超过1：80，SPA 阳性率也不超过 20%～40%[265,412]。因此认为这是由低毒力的 MG 株引起的，该菌株分离困难且明显是经蛋传播[383,412]。火鸡也曾有过被低毒力、低传播性和弱免疫原性的 MG 分离株感染的情况[97]。免疫印迹[20,23,353]和血凝[316]或血凝抑制试验[97,224,270]证实了 MG 的抗原变异至少在一定程度上与非典型性因子有关。

某些抗生素使用，特别是在感染早期使用，可能会影响可检出的抗体应答[240,360]。在人工感染试验中，抗生素治疗组的感染鸡或火鸡群的血清学应答水平比未治疗组的应答水平低[184,187,189,285]。

有学者用 66 周龄时感染 MG 的 SPF 产蛋鸡的样品进行菌体培养试验、PCR 试验、平板凝集试验、HI 和 ELISA 试验，通过比较这些检测方法，作者得出结论，不建议检测时仅采用单一一种检测方法[118]。

鉴别诊断

必须将鸡毒支原体感染与其他呼吸道疾病区别开，只有出现呼吸道混合感染，例如新城疫或传染性支气管炎和大肠杆菌混合感染时，临床症状才比较明显[216,217]。

鸡

要注意将 MG 感染与鸡的其他呼吸道病区别开。鸡新城疫和传染性支气管炎或其抗体可单独存在或作为并发性 CRD 综合征的一部分而存在。传染性鼻炎（副鸡禽杆菌）和禽霍乱（多杀性巴氏杆菌）常通过细菌培养即可确定。滑液囊支原体可单独存在，或与 MG 同时存在。在一些病例，应用两种支原体血清学试验方法或培养鉴定方法进行诊断是必要的。

火鸡

火鸡群出现包括窦炎在内的呼吸道疾病时，除了常见的 MG 感染，还可能是由于禽流感、曲霉菌病、巴氏杆菌病、衣原体病、呼吸道隐孢子虫病、新城疫、滑液囊支原体感染或维生素 A 缺乏所引起[217]。禽肺炎病毒（APV）和鼻气管鸟杆菌（Ornithobacterium rhinotracheale，ORT）也需要与 MG 进行鉴别诊断[180,387]。要用特异性的微生物培养鉴别和/或血清学方法区别是由 MG 引起，还是其他微生物引起的火鸡呼吸道病。

鸣禽

对于患有结膜炎的鸣禽，应考虑燕八哥支原体[127,128,246,323,394]感染（曾从欧洲金莺、北方鹦鹉、兰松鸦体、乌鸦、燕八哥、喜鹊、美洲知更鸟体内分离到）和 MG 感染（曾在家雀、美国金丝雀、紫雀、兰松鸦、夜粗嘴雀和松木粗嘴雀体内分离到）[125,163,164,244,286]。衣原体病、其他细菌感染以及痘病毒也应当在考虑之中。

1984 年在法国从一只鸭子的鼻甲分离到支原体 4229T 株，从法国的鹅和英国的一只松鸡中分离到相似的菌株，通过免疫荧光和生长抑制试验最初将其鉴定为 MG[48]。但是随后的血清学和分子生物学试验证实，该分离株仅与 MG 有部分相关性，DNA - DNA 杂交研究表明二者之间只有约 40%～46% 的遗传学同源性[48]。此菌株与 MG 有血清学交叉反应[48,339]，但用分子生物学技术可将二者区分[134,161,195]，因此提出了一个新的种名，即模仿支原体。美国目前还没有分离到模仿支原体。

预防和控制

管理措施

因为 MG 能经蛋传播，为了保证鸡群或火鸡群无支原体感染，必须保证种群来源于无支原体感染群，然后采取严格的生物安全措施防止疾病传入。

使种鸡群建立和维持在清洁状态，必须有相应的控制方案。在美国，原代和其他种群及其孵化场都采用了由国家支持的"全国家禽改进计划"中规定的MG控制方案[14]，并取得了成效。然而，通常用于商品化鸡蛋生产模式的多年龄组混群饲养的方式也已用于种鸡群和肉鸡群，且在世界范围内普遍存在[240]。家禽饲养密度的上升、各公司间的鸡群及不同类型的鸡群（种鸡，肉鸡和蛋鸡群）过于接近或与庭院饲养的鸡群过于接近，这些危险因素的存在和生物安全措施的疏漏，也许会使维持鸡群无MG感染变得很困难，甚至根本不可能[240]。因此，适当的抗生素治疗或许可以降低发病率和死亡率，降低损失，或减少经蛋传播。疫苗接种在某些情况下也是一种选择。

免疫接种

疫苗类型

MG灭活菌苗　对MG菌苗的研究开始于20世纪70年代后期，因为在某些多年龄组混群的大型产蛋鸡场，MG感染呈地方流行性。据报道，MG油乳剂菌苗可保护雏鸡免受鼻内接种强毒的攻击，以及保护产蛋鸡群不出现MG引起的产蛋率下降[167]。有的学者证实，菌苗可防止肉鸡发生气囊炎[191,417]，或防止产蛋鸡群产蛋率下降[416]，而有的学者却没有检测到菌苗在有MG流行的商品蛋鸡中的效果[207]。菌苗能减少、但不能消除随后的MG攻毒菌的定植[214,373,404,416,417]，对长期防控多年龄组混群鸡场的MG感染作用不大[240]。用动物模型研究菌苗免疫在防控MG水平传播中的效果，结果显示虽然排菌量减少，但是菌苗免疫不能降低MG在产蛋母鸡间的水平传播[120]。

因为已将菌体灭活，所以灭活菌苗不存在活疫苗的安全性顾虑，但缺点是需要接种1次以上才能获得比较好的保护效果，增加了免疫成本。为了提高MG灭活菌苗的性能，已研究了很多种佐剂和抗原缓释系统，包括脂质体和iota角藻胶[27,28,30,106,107,405]。鸡毒支原体菌苗已经商品化生产。

用MG表面蛋白开发亚单位疫苗的研究已在进行[90,280,342,364,420]，这种疫苗可能会作为菌苗和活疫苗的另外一种替代品。

鸡毒支原体活疫苗　MG F株活疫苗使用的菌株是来源于康涅狄格F株的毒力相对温和的一株

菌[386]，且已用于母鸡免疫程序[68,151,338]。然而最初的F株是典型的致病菌株[407]。在康涅狄格州，将此菌株作为活疫苗接种青年后备肉种鸡，以减小MG在后代种鸡中的蛋传率[257]。也有报道在青年后备母鸡转入多年龄组混群饲养的大型鸡场之前，使用康涅狄格F株进行免疫[68,386]。还有许多关于使用MG F株活疫苗的报道[1,53,55,68,83,87,151,152,212]，该疫苗已商品化生产，并广泛用于多年龄组混群饲养的产蛋鸡群，以降低MG引起的产蛋损失。肉鸡免疫F株菌苗能够对气溶胶接种强毒R株引起的气囊炎起部分保护[238,337,338]，其保护作用的生物学机制不涉及先入菌附着位点的竞争或阻断，并且F株也不能阻止MG攻毒株的定植[238]。F株能经蛋传播[252]，也能水平传播[109,212]。然而，通过点眼感染F株的小母鸡不会轻易传播感染给有隔离带或围栏相隔的同一鸡舍内饲养的肉鸡群[212]。许多研究显示，在流行MG的鸡群中，F株菌苗免疫鸡的产蛋量比未免疫鸡群多，但不如无MG鸡群[68,288]。使用这一模型系统进行了一系列试验研究F株免疫后对鸡群生产性能产生影响的生理机制[63,64,65,66,322]。F株菌苗免疫的鸡群上呼吸道终生带菌[212]。实验室研究表明，F株菌苗免疫能降低攻毒菌在上呼吸道中的数量[83,238]；临床试验中，F株菌苗免疫能有效地抵抗攻毒菌株引起的感染[220]。连续2年使用F株菌苗免疫鸡群，MG野毒株即被替换掉[222]。通过实验感染发现MG F株菌苗对火鸡有致病力[253]，这可能与田间条件肉用型火鸡和种火鸡MG暴发有关[243]。F菌株可以通过以下几种方式进行接种：点眼、滴鼻、气雾免疫[240]。一般在8~14周龄进行疫苗免疫，如果在8周龄前面临被野毒株感染的危险，可以在2周龄甚至更早进行疫苗免疫[240]。

MG 6/85株源自于美国，其研发过程和疫苗特性已有报道[52,109,110]。MG 6/85疫苗对鸡和火鸡的毒力很小，禽与禽之间很少或几乎不传播，并能抵抗MG强毒株的攻击[1,109,221,247,423]。6/85株经气雾免疫，血清学应答很弱或几乎检测不到，免疫后4~8周可以在上呼吸道中检测到[1,109,247]。在美国，MG 6/85疫苗主要用于防止商品产蛋鸡产蛋下降造成的损失。这种疫苗是一种冻干苗，6周龄及以上年龄的鸡只需免疫一次。为了获得最佳的免疫效果，必须进行气雾免疫。

MG ts-11疫苗的研发过程和疫苗特性也有报

道[398,399]。MG ts - 11 疫苗是由一株澳大利亚 MG 田间分离株（80083 株）经化学诱变和温度敏感性筛选（在 33℃下生长）后获得[399]。Ts - 11 疫苗对鸡和火鸡的毒力很小或无毒力，禽与禽之间传播性很差，免疫应答缓慢，能产生低水平的循环抗体，对 MG 实验感染或野毒感染有保护作用[1,26,45,140,247,306,396,398,399]。在 ELISA 检测中使用自体抗原能够提高 ts - 11 免疫后抗体应答水平的检测值[305]。免疫鸡群，ts - 11 终生存在于上呼吸道中，并且能产生长期的免疫力[396]。在试验研究中，疫苗免疫对母鸡的产蛋量，蛋和蛋壳的质量参数及蛋的大小分布无影响[56]。试验免疫肉种鸡显示，种鸡和胚胎对 MG 野毒株的感染有抵抗力，肉鸡生产性能良好[26]。用平养试验评价肉种鸡免疫接种 ts - 11 的血清学应答情况[81]，结果显示血清阳转情况与蛋鸡的试验结果不同[1,247,398]（其他试验结果也有差异）。Ts - 11 很快水平传播给混养的同窝鸡，接触鸡的血清转化模式与那些免疫鸡相似[81]。在美国，MG ts - 11 疫苗主要用于防止商品产蛋鸡产蛋下降造成的损失。此疫苗是冰冻悬浮液（-40℃），9 周龄或以上年龄的生长母鸡通过点眼途径进行一次免疫，免疫至少要在可能感染野毒株前 3 周进行。然而，Gauson 等人[140]报道 ts - 11 疫苗接种 1～4 周龄的鸡是安全的，且能够有效预防攻毒后严重疾病的发展，而其他同龄鸡在攻击 MG 强毒时易感且发病。

有关 MG 疫苗实验室和田间试验的比较研究和综述已有报道，详细情况可查阅相关文章。由于它们有较好的安全性（相对无毒力，对非目标鸡群如非免疫群的潜在传播性比较低），当附近有易感家禽存在必须进行 MG 疫苗免疫时，6/ 85 和 ts - 11 疫苗株要优于 F 株[240]。MG 疫苗的重要特性是能够抵抗野毒株攻毒，在多年龄混群生产区，疫苗株可取代野生型菌株[218,240]。此特性可以作为这些地方清除 MG 的手段。在隔离试验中，F 株疫苗要比 6/ 85 和 ts - 11 疫苗株取代攻毒菌株的能力强，并且能在多年龄混群商品产蛋区取代 MG 的野毒株[218,222]。然而，当停止对此地区农场进行免疫时，F 菌株继续在鸡群之间循环，使 MG 不能被完全清除[222,240]。Ts - 11 菌苗可以在以前流行过 F 菌株的地方免疫其后备母鸡群，在免疫的鸡群中 ts - 11 菌株取代 F 菌株。不用 ts - 11 免疫后，在此农场不会再检测到 MG[240,384]。没有关于 6/ 85 菌苗的类似资料，但是有报道说混养鸡群使用 6/85 后，血清学阴性，表明 MG 野生型菌株可能被取代[218,240]。假如 MG 野毒株的毒力很强，在换成 6/85 或 ts - 11 疫苗免疫前应先用 F 菌苗免疫 1 个或多个生产周期[218,240]。

需要考虑 F 株，6/85 和 ts - 11 株活疫苗对非目标鸡群的安全性问题，即重点考虑菌株的毒力、带毒时间、传播性以及稳定性等。已知 F 株疫苗的生物学特性，与"逃避"F 株疫苗免疫的非目标群的 MG 感染和发病的病例不相矛盾[218,243,253]。6/85 疫苗株对鸡一直比较安全。但是，从有临床症状的火鸡中分离到几株类似 6/85 的分离株（主要根据 RAPD 指纹图谱），并且大部分病例邻近鸡有免疫接种史[218,221]。一种基因型类似 6/85 的分离株从未免疫的鼻窦肿胀的产蛋鸡体内分离[379]。但这一分离株具有一些与 6/85 株疫苗不同的显形，目前这一分离株的起源和作用仍未知[379]。然而，推荐适当接种 MG 活疫苗以使目标群的所有鸡都被免疫；而未接种疫苗的易感群不应与免疫群接近[379]。很偶然地从未免疫鸡群中分离到 2 株与 ts - 11 相似的菌株[218]。这两例病例可能有过无意发生的免疫接种史，而且其中一例还传播给临近的肉种鸡群[218]。这些证据表明尽管这些疫苗总的来说比较安全，但也具有感染无目标鸡群的潜在危险[218]。每一种 MG 活疫苗都应该仅在批准区域内使用，严格按照操作说明进行免疫，并仔细考虑对非目标鸡群的安全性。

当前能购买到的 MG 疫苗对火鸡的用处不大[6,73,218,240]。F 株对火鸡的致病力太强[243,253]，而 ts - 11 株很少或不能在火鸡体内定植[6,218,396,399]。用 6/85 疫苗对火鸡进行免疫后，对气雾攻毒引起的气囊炎保护力很弱或无保护力，但对上呼吸道的病变有一定的保护[218]。

开发新型、改良的 MG 疫苗的工作正在进行。将具有编码主要细胞黏附素 GapA 基因与无毒力的高代次 R 株（R$_{high}$株）重组构建了一种 MG 减毒活疫苗（GT5 株）[179,320]。目前发现一株与朱雀株基因型相似的，来源于火鸡的天然低毒 MG 分离株（K5054 株）具有作为鸡和火鸡疫苗的潜力[122,123]。另外，也有人介绍一种重组禽痘 MG 疫苗[44]。

治　疗

体外和体内试验表明鸡毒支原体对下列几种抗

生素敏感：大环内酯类抗生素、四环素、氟喹诺酮类和其他一些药物，但对那些抑制细胞壁合成的青霉素和其他抗生素有抗药性[50,183,188,203,236,250,360,381,391]。MG对常用的抗生素可产生耐药性及交叉耐药性[50,142,285,332,403,425]。体外抗菌药物敏感试验和最小抑制浓度（MIC）试验技术已有报道[50,160,376]。可用抗生素治疗MG引起的呼吸系统疾病[149,183,184]、降低产蛋损失[315]和疾病传播[301,314,348,360,415]。抗生素可以降低临床症状和病变的严重程度，明显降低呼吸道中MG的数量[84,189]。

20世纪60年代曾试用各种抗生素和化学药品治疗慢性呼吸道病（CRD），产生的结果不一。在许多情况下，鸡的增重或产蛋量的稍有增加以及净膛鸡的屠宰废弃率的略微减少，不一定抵得上治疗的费用。但是，某些比较常用的治疗方法，如应用土霉素或金霉素，每吨饲料含200g，连用几天，是具有较好效果的。泰乐菌素，皮下注射3～5mg/lb（6.7～11.1mg/kg），或于1gal（4.56L）饮水中加入2～3g，连用3～5天。对各种年龄混群的产蛋鸡给予非常低剂量的泰乐菌素可降低MG感染鸡的产蛋损失[315]。据报道用泰妙菌素和泰妙菌素加盐霉素对鸡和火鸡是一种有效的治疗方法[15,35,361]。有人试图通过给种鸡群及其后代使用链霉素、双氢链霉素、土霉素、金霉素、红霉素或泰乐菌素等进行药物治疗，以阻止MG经蛋传播，但这种方法通常可大大降低MG的感染率，而不能获得一个完全无MG感染的鸡群。用泰乐菌素和庆大霉素注射种母鸡的鸡蛋，而用壮观霉素和林可霉素治疗雏鸡的方法很有效[301]。最近报道，以下方法对治疗有效：产蛋鸡用螺旋霉素[15]；肉鸡[25,184,186,199,202,285,375]、种鸡[360]和产蛋鸡[314]用氟喹诺酮；雏鸡[71,185,201,351]和火鸡[187]用替米考星。

许多国家（如欧盟、美国等）关于家禽使用抗生素的管理条例在不断地调整，限制范围也有很大的差异，应当在治疗之前进行咨询。在美国，可以查阅AVMA家禽治疗性抗菌药的正确使用，美国禽病学会家禽治疗性抗菌药正确使用指南[10]；AVMA家禽兽用抗菌药的正确使用[13]；动物药剂使用净化法案[11]；以及FDA批准的兽药目录（绿皮书）[12]。

通过注射或利用温度和压力差浸蛋使抗生素浸入种蛋可以用来控制MG卵内传播[8,145,159,301,312,363]。一般来讲，这些方法可明显降低但不能完全消除经蛋传播的可能性。浸蛋有时影响孵化率，有时也可能出现细菌污染。然而，用抗生素注射或浸蛋法可能获得一个足够数量的无MG鸡群，并作为核心群为养禽业提供一个更大的清洁后备鸡群，这样就使美国具有无MG的种鸡和种火鸡群。另一种降低卵内传播的方法是在一个强迫通风的孵化器内加热鸡蛋，使内部温度达到46.1℃，并保持12～14h[411]，这有时会导致孵化率降低（2%～3%至8%～12%），但是田间试验显然这种方法很成功[154,284,348]。通过大量抗生素疗法来完全消除所有感染禽中的MG是不现实的，治疗只是暂时控制疾病和改善经济效益的一种方法，而不是长期解决问题的办法[240,331,395]。

韩　雪　田克恭　译
吴培福　苏敬良　校

参考文献

[1]Abd-el-Motelib,T. Y. and S. H. Kleven. 1993. A comparative study of Mycoplasma gallisepticum vaccines in young chickens. *Avian Dis* 37:981-987.

[2]Abu-Zahr,M. N. and M. Butler. 1978. Ultrastructural features of Mycoplasma gallisepticum in tracheal explants under transmission and stereoscan electron microscopy. *Research in Veterinary Science* 24:248-253.

[3]Adler, H. E. , B. J. Bryant, D. R. Cordy, M. Shifrine, and A. J. DaMassa. 1973. Immunity and mortality in chickens infected with Mycoplasma gallisepticum: influence of the bursa of Fabricius. *J Infect Dis* 127:Suppl:S61-66.

[4]Adler, H. E. , Y. Yamamoto, and J. Berg. 1957. Strain differences of pleuropneumonia-like organisms of avian origin. *Avian Diseases* 1:19-27.

[5]Ahmad,I. ,S. H. Kleven,A. P. Avakian,and J. R. Glisson. 1988. Sensitivity and specificity of Mycoplasma gallisepticum agglutination antigens prepared from medium with artificial liposomes substituting for serum. *Avian Diseases* 32:519-526.

[6]Alessandri, E. ,P. Massi,F. Paganelli,F. Prandini,and M. Saita. 2005. Field trials with the use of a live attenuated temperature-sensitive vaccine for the control of Mycoplasma gallisepticum infection in meat-type turkeys. In E. Alessandri Italian Journal of Animal Science Vol. 4, pp. 282.

[7]Allen,J. L. , A. H. Noormohammadi,and G. F. Browning. 2005. The vlhA loci of Mycoplasma synoviae are confined to a restricted region of the genome. *Microbiology* 151:

935 - 940.

[8]Alls, A. A. , W. J. Benton, W. C. Krauss, and M. S. Cover. 1963. The mechanics of treating hatching eggs for disease prevention. *Avian Diseases* 7:89 - 97.

[9]Amin, M. M. and F. T. W. Jordan. 1979. Infection of the chicken with a virulent or avirulent strain of Mycoplasma gallisepticum alone and together with Newcastle disease virus or E. coli or both. *Veterinary Microbiology* 4:35 - 45.

[10]Anonymous. 2006. American Association of Avian Pathologists Guidelines to Judicious Therapeutic Use of Antimicrobials in Poultry. In AVMA Judicious Therapeutic Use of Antimicrobials. http://www. avma. org/scienact/jtua/poultry/poultry00. asp.

[11]Anonymous. 2006. Animal Medicinal Drug Use Clarification Act. In AVMA Guidelines for Judicious Therapeutic Use of Antimicrobials. http://www. avma. org/scienact/amduca/amducal. asp.

[12]Anonymous. 2006. FDA Approved Animal Drug Products(Green Book). http://www. fda. gov/cvm/greenbook. html.

[13]Anonymous. 2006. Judicious Use of Antimicrobials for Poultry Veterinarians. In AVMA Judicious Therapeutic Use of Antimicrobials. http://www. avma. org/scienact/jtua/poultry/jtuapoultry. asp.

[14]Anonymous. 2006. National Poultry Improvement Plan, http:// www. aphis. usda. gov/vs/npip/.

[15]Arzey, G. G. and K. E. Arzey. 1992. Successful treatment of mycoplasmosis in layer chickens with single dose therapy. *Aust Vet J* 69:126 - 128.

[16]Athamna, A. , R. Rosengarten, S. Levisohn, I. Kahane, and D. Yogev. 1997. Adherence of Mycoplasma gallisepticum involves variable surface membrane proteins. *Infect Immun* 65:2468 - 2471.

[17]Avakian, A. P. and S. H. Kleven. 1990. Evaluation of sodium dodecyl sulfate-polyacrylamide gel electrophoresis purified proteins of Mycoplasma gallisepticum and M. synoviae as antigens in a dotenzyme-linked immunosorbent assay. *Avian Diseases* 34:575 - 584.

[18]Avakian, A. P. and S. H. Kleven. 1990. The humoral immune response of chickens to Mycoplasma gallisepticum and Mycoplasma synoviae studied by immunoblotting. *Veterinary Microbiology* 24:155 - 169.

[19]Avakian, A. P. , S. H. Kleven, and J. R. Glisson. 1988. Evaluation of the specificity and sensitivity of two commercial enzyme-linked immunosorbent assay kits, the serum plate agglutination test, and the hemagglutination-inhibition test for antibodies formed in response to Mycoplasma gallisepticum. *Avian Diseases* 32:262 - 272.

[20]Avakian, A. P. , S. H. Kleven, and D. H. Ley. 1991. Comparison of Mycoplasma gallisepticum strains and identification of immunogenic integral membrane proteins with Triton X-114 by immunoblotting. *Veterinary Microbiology* 29:319 - 328.

[21]Avakian, A. P. and D. H. Ley. 1993. Inhibition of Mycoplasma gallisepticum growth and attachment to chick tracheal rings by antibodies to a 64 - kilodalton membrane protein of M. gallisepticum. *Avian Dis* 37:706 - 714.

[22]Avakian, A. P. and D. H. Ley. 1993. Protective immune response to Mycoplasma gallisepticum demonstrated in respiratory-tract washings from M. gallisepticum-infected chickens. *Avian Dis* 37:697 - 705.

[23]Avakian, A. P. , D. H. Ley, J. E. Berkhoff, and M. D. Ficken. 1992. Breeder turkey hens seropositive and culture-negative for Mycoplasma synoviae. *Avian Diseases* 36:782 - 787.

[24]Balish, M. F. and D. C. Krause. 2005. Mycoplasma Attachment Organelle and Cell Division. In A. Blanchard, and G. Browning Gliding Motility of Mycoplasmas: The Mechanism Cannot be Explained by Current Biololgy, (189—237)Wymondham, UK: Horizon Bioscience.

[25]Barbour, E. K. , S. Hamadeh, R. Talhouk, W. Sakr, and R. Darwish. 1998. Evaluation of an enrofloxacin-treatment program against Mycoplasma gallisepticum infection in broilers. *Prev Vet Med* 35:91 - 99.

[26]Barbour, E. K. , S. K. Hamadeh, and A. Eidt. 2000. Infection and immunity in broiler chicken breeders vaccinated with a temperature-sensitive mutant of Mycoplasma gallisepticum and impact on performance of offspring. *Poult Sci* 79:1730 - 1735.

[27]Barbour, E. K. and J. A. Newman. 1989. Comparison of Mycoplasma gallisepticum subunit and whole organism vaccines containing different adjuvants by Western immunoblotting. *Veterinary Immunology & Immunopathology* 22:135 - 144.

[28]Barbour, E. K. and J. A. Newman. 1990. Preliminary data on efficacy of Mycoplasma gallisepticum vaccines containing different adjuvants in laying hens. *Veterinary Immunology & Immunopathology* 26:115 - 123.

[29]Barbour, E. K. , J. A. Newman, J. Sasipreeyajan, A. C. Caputa, and M. A. Muneer. 1989. Identification of the antigenic components of the virulent Mycoplasma gallisepticum(R)in chickens: their role in differentiation from the

vaccine strain(F). *Veterinary Immunology & Immunopathology* 21:197 - 206.

[30]Barbour, E. K. , J. A. Newman, V. Sivanandan, D. A. Halvorson, and J. Sasipreeyajan. 1987. Protection and immunity in commercial chicken layers administered Mycoplasma gallisepticum liposomal bacterins. *Avian Diseases* 31:723 - 729.

[31]Barbour, E. K. , H. A. Shaib, L. S. Jaber, and S. N. Talhouk. 2005. Standardization and evaluation of random application of polymorphic DNA-polymerase chain reaction in subspecies typing of Mycoplasma gallisepticum. *International Journal of Applied Research in Veterinary Medicine* 3:138.

[32]Barre, A. , A. de Daruvar, and A. Blanchard. 2004. MolliGen, a database dedicated to the comparative genomics of Mollicutes. *Nucleic Acids Res* 32:D307 - 310.

[33]Baseggio, N. , M. D. Glew, P. F. Markham, K. G. Whithear, and G. F. Browning. 1996. Size and genomic location of the pMGA multigene family of Mycoplasma gallisepticum. *Microbiology* 142:1429 - 1435.

[34]Baseman, J. B. and J. G. Tully. 1997. Mycoplasmas: sophisticated, reemerging, and burdened by their notoriety. *Emerg Infect Dis* 3:21 - 32.

[35]Baughn, C. O. , W. C. Alpaugh, W. H. Linkenheimer, and D. C. Maplesden. 1978. Effect of tiamulin in chickens and turkeys infected experimentally with avian Mycoplasma. *Avian Diseases* 22:620 - 626.

[36]Ben Abdelmoumen, B. and R. S. Roy. 1995. Antigenic relatedness between seven avian mycoplasma species as revealed by Western blot analysis. *Avian Dis* 39: 250 - 262.

[37]Berčina, D. 2002. Haemagglutinins of pathogenic avian mycoplasmas. *Avian Pathol* 31:535 - 547.

[38]Berčina, D. and J. M. Bradbury. 1992. Combination of immunofluorescence and immunoperoxidase techniques for serotyping mixtures of Mycoplasma species. *Journal of Clinical Microbiology* 30:407 - 410.

[39]Berčina, D. and D. Dorrer. 1984. Demonstration of Mycoplasma gallisepticum in tracheas of healthy carrier chickens by fluorescentantibody procedure and the significance of certain serologic tests in estimating antibody response. *Avian Diseases* 28:574 - 578.

[40]Berčina, D. , S. H. Kleven, M. G. Elfaki, A. Snoj, P. Dove, D. Dorrer, and I. Russ. 1994. Variable expression of epitopes on the surface of Mycoplasma gallisepticum demonstrated with monoclonal antibodies. *Avian Pathology* 23:19 - 36.

[41]Berčina, D. , I. Mrzel, O. Z. RoJs, A. Bidovec, and A. Dove. 2003. Characterisation of Mycoplasma gallisepticum strains involved in respiratory disease in pheasants and peafowl. *Vet Rec* 152:230 - 234.

[42]Berčina, D. , M. Narat, A. Bidovec, and O. Zorman-Rojs. 2005. Transfer of maternal immunoglobulins and antibodies to Mycoplasma gallisepticum and Mycoplasma synoviae to the allantoic and amniotic fluid of chicken embryos. *Avian Pathol* 34:463 - 472.

[43]Berčina, D. , T. Tadina, and D. Dorrer. 1988. Natural infection of ducks with Mycoplasma synoviae and Mycoplasma gallisepticum and mycoplasma egg transmission. *Avian Pathology* 17:441 - 449.

[44]Biomune. 2006. VECTORMUNE® FP-MG. http://www.biomunecompany. com/chickens/vectormunefpmg. html.

[45]Biro, J. , J. Povazsan, L. Korosi, R. Glavits, L. Hufnagel, and L. Stipkovits. 2005. Safety and efficacy of Mycoplasma gallisepticum TS - 11 vaccine for the protection of layer pullets against challenge with virulent M. gallisepticum R-strain. *Avian Pathol* 34:341 - 347.

[46]Boguslavsky, S. , D. Menaker, I. Lysnyansky, T. Liu, S. Levisohn, R. Rosengarten, M. Garcia, and D. Yogev. 2000. Molecular characterization of the Mycoplasma gallisepticum pvpA gene which encodes a putative variable cytadhesin protein. *Infect Immun* 68:3956 - 3964.

[47]Bozeman, L. H. , S. H. Kleven, and R. B. Davis. 1984. Mycoplasma challenge studies in budgerigars(Melopsittacus undulatus) and chickens. *Avian Diseases* 28: 426 - 434.

[48]Bradbury, J. M. , O. M. Abdul-Wahab, C. A. Yavari, J. P. Dupiellet, and J. M. Bove. 1993. Mycoplasma imitans sp. nov. is related to Mycoplasma gallisepticum and found in birds. *Int J Syst Bacteriol* 43:721 - 728.

[49]Bradbury, J. M. and S. Levisohn. 1996. Experimental infections in poultry. In J. G. Tully Molecular and Diagnostic Procedures in Mycoplasmology. Volume II —Diagnostic Procedures, (361 - 370) San Diego, CA: Academic Press.

[50]Bradbury, J. M. , C. A. Yavari, and C. J. Giles. 1994. *In vitro* evaluation of various antimicrobials against Mycoplasma gallisepticum and Mycoplasma synoviae by the micro-broth method, and comparison with a commercially-prepared test system. *Avian Pathology* 23:105 - 115.

[51]Bradley, L. D. , D. B. Snyder, and R. A. Van Deusen. 1988. Identification of species-specific and interspecies-specific polypeptides of Mycoplasma gallisepticum and

Mycoplasma synoviae. *American Journal of Veterinary Research* 49:511-515.

[52]Branton, S. L. , S. M. Bearson, B. Bearson, B. D. Lott, W. R. Maslin, S. D. Collier, G. T. Pharr, and D. L. Boykin. 2002. The effects of 6/85 live Mycoplasma gallisepticum vaccine in commercial layer hens over a 43-week laying cycle on egg production, selected egg quality parameters, and egg size distribution when challenged before beginning of lay. *Avian Dis* 46:423-428.

[53]Branton, S. L. and J. W. Deaton. 1985. Egg production, egg weight, eggshell strength, and mortality in three strains of commercial layers vaccinated with F strain Mycoplasma gallisepticum. *Avian Diseases* 29:832-837.

[54]Branton, S. L. , B. D. Lott, F. W. Austin, and G. T. Pharr. 1997. Effect of drinking water containing ammonium chloride or sodium bicarbonate on Mycoplasma gallisepticum isolation in experimentally infected broiler chickens. *Avian Diseases* 41:930-934.

[55]Branton, S. L. , B. D. Lott, J. W. Deaton, J. M. Hardin, and W. R. Maslin. 1988. F strain Mycoplasma gallisepticum vaccination of post-production-peak commercial Leghorns and its effect on egg and eggshell quality. *Avian Diseases* 32:304-307.

[56]Branton, S. L. , B. D. Lott, J. D. May, W. R. Maslin, G. T. Pharr, S. D. Bearson, S. D. Collier, and D. L. Boykin. 2000. The effects of ts-11 strain Mycoplasma gallisepticum vaccination in commercial layers on egg production and selected egg quality parameters. *Avian Dis* 44:618-623.

[57]Branton, S. L. , J. D. May, and S. H. Kleven. 1985. Swab absorbability-effect on Mycoplasma gallisepticum isolation. *Poultry Science* 64:2087-2089.

[58]Brown, J. E. , S. L. Branton, and J. D. May. 1997. Epitope diversity of F strain Mycoplasma gallisepticum detected by flow cytometry. *Avian Dis* 41:289-295.

[59]Brown, M. B. and G. D. Butcher. 1991. Mycoplasma gallisepticum as a model to assess efficacy of inhalant therapy in budgerigars(Melopsittacus undulatus). *Avian Diseases* 35:834-839.

[60]Brown, M. B. , M. L. Stoll, A. E. Scasserra, and G. D. Butcher. 1991. Detection of antibodies to Mycoplasma gallisepticum in egg yolk versus serum samples. *Journal of Clinical Microbiology* 29:2901-2903.

[61]Buntz, B. , J. M. Bradbury, A. Vuillaume, and D. Rousselot-Paillet. 1986. Isolation of Mycoplasma gallisepticum from geese. *Avian Pathology* 15:615-617.

[62]Burnham, M. R. , S. L. Branton, E. D. Peebles, B. D. Lott,

and P. D. Gerard. 2002. Effects of F-strain Mycoplasma gallisepticum inoculation at twelve weeks of age on performance and egg characteristics of commercial egg-laying hens. *Poult Sci* 81:1478-1485.

[63]Burnham, M. R. , E. D. Peebles, S. L. Branton, M. S. Jones, and P. D. Gerard. 2003. Effects of F-strain Mycoplasma gallisepticum inoculation at twelve weeks of age on the blood characteristics of commercial egg laying hens. *Poult Sci* 82:1397-1402.

[64]Burnham, M. R. , E. D. Peebles, S. L. Branton, M. S. Jones, P. D. Gerard, and W. R. Maslin. 2002. Effects of F-strain Mycoplasma gallisepticum inoculation at twelve weeks of age on digestive and reproductive organ characteristics of commercial egg laying hens. *Poult Sci* 81:1884-1891.

[65]Burnham, M. R. , E. D. Peebles, S. L. Branton, D. V. Maurice, and P. D. Gerard. 2003. Effects of F-strain Mycoplasma gallisepticum inoculation at twelve weeks of age on egg yolk composition in commercial egg laying hens. *Poult Sci* 82:577-584.

[66]Burnham, M. R. , E. D. Peebles, S. L. Branton, R. L. Walzem, and P. D. Gerard. 2003. Effects of F-strain Mycoplasma gallisepticum inoculation on serum very low density lipoprotein diameter and fractionation of cholesterol among lipoproteins in commercial egg-laying hens. *Poult Sci* 82:1630-1636.

[67]Carli, K. T. and A. Eyigor. 2003. Real-time polymerase chain reaction for Mycoplasma gallisepticum in chicken trachea. *Avian Dis* 47:712-717.

[68]Carpenter, T. E. , E. T. Mallinson, K. F. Miller, R. F. Gentry, and L. D. Schwartz. 1981. Vaccination with Fstrain Mycoplasma gallisepticum to reduce production losses in layer chickens. *Avian Diseases* 25:404-409.

[69]Carson, J. L. , P. -C. Hu, and A. M. Collier. 1992. 4. Cell structural and functional elements. In J. Maniloff, R. N. McElhaney, L. R. Finch, and J. Baseman Mycoplsamas: Molecular Biology and Pathogenesis, (63-72)Washington, D. C. : American Society for Microbiology.

[70]Chandiramani, N. K. , H. Van Roekel, and O. M. Olesiuk. 1966. Viability studies with Mycoplasma gallisepticum under different environmental conditions. *Poult Sci* 45:1029-1044.

[71]Charleston, B. , J. J. Gate, I. A. Aitken, and L. Reeve Johnson. 1998. Assessment of the efficacy of tilmicosin as a treatment for Mycoplasma gallisepticum infections in chickens. *Avian Pathology* 27:190-195.

[72]Charlier, G. , G. Meulemans, and P. Halen. 1981. [Micro-

scopic and ultramicroscopic lesions from experimental mycoplasma infection in respiratory tract of chickens. Possible difference between pathogenic and nonpathogenic strains(author's transl)]. *Ann Rech Vet* 12:183 - 191.

[73]Charlton, B. R. , A. A. Bickford, R. P. Chin, and R. L. Walker. 1999. Randomly amplified polymorphic DNA (RAPD) analysis of Mycoplasma gallisepticum isolates from turkeys from the central valley of California. *Journal of Veterinary Diagnostic Investigation* 11: 408 - 415.

[74]Charlton, B. R. , A. A. Bickford, R. L. Walker, and R. Yamamoto. 1999. Complementary randomly amplified polymorphic DNA(RAPD) analysis patterns and primer sets to differentiate Mycoplasma gallisepticum strains. *J Vet Diagn Invest* 11:158 - 161.

[75]Cherry, J. J. , D. H. Ley, and S. Altizer. 2006. Genotypic analyses of Mycoplasma gallisepticum isolates from songbirds by Random Amplification of Polymorphic DNA and Amplified-fragment Length Polymorphism. *J Wildl Dis* 42:421 - 428.

[76]Chhabra, P. C. and M. C. Goel. 1981. Immunological response of chickens to Mycoplasma gallisepticum infection. *Avian Diseases* 25:279 - 293.

[77]Chin, R. P. , B. M. Daft, C. U. Meteyer, and R. Yamamoto. 1991. Meningoencephalitis in commercial meat turkeys associated with Mycoplasma gallisepticum. *Avian Diseases* 35:986 - 993.

[78]Christensen, N. H. , C. A. Yavari, A. J. McBain, and J. M. Bradbury. 1994. Investigations into the survival of Mycoplasma gallisepticum, Mycoplasma synoviae and Mycoplasma iowae on materials found in the poultry house environment. *Avian Pathology* 23:127 - 143.

[79]Clyde, W. A. , Jr. 1983. Growth inhibition tests. In S. Razin, and J. G. Tully Methods in Mycoplasmology Vol. 1, Mycoplasma Characterization, (405 - 410) New York, N. Y. : Academic Press.

[80]Cobb, D. T. , D. H. Ley, and P. D. Doerr. 1992. Isolation of Mycoplasma gallopavonis from free-ranging wild turkeys in coastal North Carolina seropositive and culture-negative for Mycoplasma gallisepticum. *Journal of Wildlife Diseases* 28:105 - 109.

[81] Collett, S. R. , D. K. Thomson, D. York, and S. P. Bisschop. 2005. Floor pen study to evaluate the serological response of broiler breeders after vaccination with ts-11 strain Mycoplasma gallisepticum vaccine. *Avian Dis* 49:133 - 137.

[82]Cookson, K. C. and H. L. Shivaprasad. 1994. Mycoplasma gallisepticum infection in chukar partridges, pheasants, and peafowl. *Avian Dis* 38:914 - 921.

[83]Cummings, T. S. and S. H. Kleven. 1986. Evaluation of protection against Mycoplasma gallisepticum infection in chickens vaccinated with the F strain of M. gallisepticum. *Avian Diseases* 30:169 - 171.

[84] Cummings, T. S. , S. H. Kleven, and J. Brown. 1986. Effect of medicated feed on tracheal infection and population of Mycoplasma gallisepticum in chickens. *Avian Diseases* 30:580 - 584.

[85]Cummins, D. R. and D. L. Reynolds. 1990. Use of an avidin-biotin enhanced dot-immunobinding assay to detect antibodies for avian mycoplasma in sera from Iowa market turkeys. *Avian Diseases* 34:321 - 328.

[86]Cummins, D. R. , D. L. Reynolds, and K. R. Rhoades. 1990. An avidin-biotin enhanced dot-immunobinding assay for the detection of Mycoplasma gallisepticum and M. synoviae serum antibodies in chickens. *Avian Diseases* 34:36 - 43.

[87]Cunningham, D. L. and N. O. Olson. 1978. Mycoplasma gallisepticum vaccination of birds in a multiple age laying flock. *Poult Sci* 15:1131 - 1132.

[88]Czifra, G. , S. H. Kleven, B. Engstrom, and L. Stipkovits. 1995. Detection of specific antibodies directed against a consistently expressed surface antigen of Mycoplasma gallisepticum using a monoclonal blocking enzyme-linked immunosorbent assay. *Avian Dis* 39:28 - 31.

[89]Czifra, G. , B. Sundquist, T. Tuboly, and L. Stipkovits. 1993. Evaluation of a monoclonal blocking enzyme-linked immunosorbent assay for the detection of Mycoplasma gallisepticum-specific antibodies. *Avian Dis* 37: 680 - 688.

[90]Czifra, G. , B. G. Sundquist, U. Hellman, and L. Stipkovits. 2000. Protective effect of two Mycoplasma gallisepticum protein fractions affinity purified with monoclonal antibodies. *Avian Pathology* 29:343 - 351.

[91]Dallo, S. F. and J. B. Baseman. 1990. Cross-hybridization between the cytadhesin genes of Mycoplasma pneumoniae and Mycoplasma genitalium and genomic DNA of Mycoplasma gallisepticum. *Microbial Pathogenesis* 8: 371 - 375.

[92]Davidson, W. R. , V. F. Nettles, C. E. Couvillion, and H. W. Yoder, Jr. 1982. Infectious sinusitis in wild turkeys. *Avian Diseases* 26:402 - 405.

[93]Delaplane, J. P. and H. O. Stuart. 1943. The propagation of a virus in embryonated chicken eggs causing a chronic

respiratory disease of chickens. *American Journal of Veterinary Research* 4：325‐332.

［94］Dhondt，A. A. ，S. Altizer，E. G. Cooch，A. K. Davis，A. Dobson，M. J. Driscoll，B. K. Hartup，D. M. Hawley，W. M. Hochachka，P. R. Hosseini，C. S. Jennelle，G. V Kollias，D. H. Ley，E. C. Swarthout，and K. V. Sydenstricker. 2005. Dynamics of a novel pathogen in an avian host：Mycoplasmal conjunctivitis in house finches. *Acta Trop* 94：77‐93.

［95］Dhondt，A. A. ，D. L. Tessaglia，and R. L. Slothower. 1998. Epidemic mycoplasmal conjunctivitis in house finches from eastern North America. *Journal of Wildlife Diseases* 34：265‐280.

［96］Dickinson，E. M. and W. R. Hinshaw. 1938. Treatment of infectious sinusitis of turkeys with argyrol and silver nitrate. *J Am Vet Med Assoc* 93：151‐156.

［97］Dingfelder，R. S. ，D. H. Ley，J. M. McLaren，and C. Brownie. 1991. Experimental infection of turkeys with Mycoplasma gallisepticum of low virulence，transmissibility，and immunogenicity. *Avian Diseases* 35：910‐919.

［98］Dodd，S. 1905. Epizootic pneumo-enteritis of the turkey. *J Comp Pathol Ther* 18：239‐245.

［99］Dohms，J. E. ，L. L. Hnatow，P. Whetzel，R. Morgan，and C. L. Keeler，Jr. 1993. Identification of the putative cytadhesin gene of Mycoplasma gallisepticum and its use as a DNA probe. *Avian Dis* 37：380‐388.

［100］Domermuth，C. H. ，W. B. Gross，and R. T. Dubose. 1967. Mycoplasmal salpingitis of chickens and turkeys. *Avian Diseases* 11：393‐398.

［101］Duckworth，R. A. ，A. V. Badyaev，K. L. Farmer，G. E. Hill，and S. R. Roberts. 2003. First case of mycoplasmosis in the native range of the house finch(Carpodacus mexicanus). *The Auk* 120：528‐530.

［102］Dykstra，M. J. ，S. Levisohn，O. J. Fletcher，and S. H. Kleven. 1985. Evaluation of cytopathologic changes induced in chicken tracheal epithelium by Mycoplasma gallisepticum *in vivo* and *in vitro*. *American Journal of Veterinary Research* 46：116‐122.

［103］Edward，D. G. and A. D. Kanarek. 1960. Organisms of the pleuropneumonia group of avian origin：their classification into species. *Ann NY Acad Sci* 79：696‐702.

［104］El Sayed，S. A. ，N. K. Chandiramani，and D. N. Garg. 1981. Isolation and characterization of Mycoplasma and Acholeplasma from apparently healthy and diseased(infectious sinusitis)turkeys. *Microbiology & Immunology* 25：639‐646.

［105］El Shater，S. A. A. 1996. Mycoplasma infection in grea-

ter flamingo，grey Chinese goose and white pelican. *Veterinary Medical Journal Giza* 44：31‐36.

［106］Elfaki，M. G. ，S. H. Kleven，L. H. Jin，and W. L. Ragland. 1992. Sequential intracoelomic and intrabursal immunization of chickens with inactivated Mycoplasma gallisepticum bacterin and iota carrageenan adjuvant. *Vaccine* 10：655‐662.

［107］Elfaki，M. G. ，S. H. Kleven，L. H. Jin，and W. L. Ragland. 1993. Protection against airsacculitis with sequential systemic and local immunization of chickens using killed Mycoplasma gallisepticum bacterin with iota carrageenan adjuvant. *Vaccine* 11：311‐317.

［108］Elfaki，M. G. ，G. O. Ware，S. H. Kleven，and W. L. Ragland. 1992. An enzyme-linked immunosorbent assay for the detection of specific IgG antibody to Mycoplasma gallisepticum in sera and tracheobronchial washes. *J Immunoassay* 13：97‐126.

［109］Evans，R. D. and Y. S. Hafez. 1992. Evaluation of a Mycoplasma gallisepticum strain exhibiting reduced virulence for prevention and control of poultry mycoplasmosis. *Avian Dis* 36：197‐201.

［110］Evans，R. D. ，Y. S. Hafez，and C. S. Schreurs. 1992. Demonstration of the genetic stability of a Mycoplasma gallisepticum strain following *in vivo* passage. *Avian Diseases* 36：554‐560.

［111］Ewing，M. L. ，S. H. Kleven，and M. B. Brown. 1996. Comparison of enzyme-linked immunosorbent assay and hemagglutination- inhibition for detection of antibody to Mycoplasma gallisepticum in commercial broiler，fair and exhibition，and experimentally infected birds. *Avian Dis* 40：13‐22.

［112］Fabricant，J. 1958. A re-evaluation of the use of media for the isolation of pleuropneumonia-like organisms of avian origin. *Avian Diseases* 2：409‐417.

［113］Fabricant，J. and P. P. Levine. 1962. Experimental production of complicated chronic respiratory disease infection("air sac" disease). *Avian Diseases* 6：13‐23.

［114］Fan，H. H. ，S. H. Kleven，and M. W. Jackwood. 1995. Application of polymerase chain reaction with arbitrary primers to strain identification of Mycoplasma gallisepticum. *Avian Dis* 39：729‐735.

［115］Fan，H. H. ，S. H. Kleven，M. W. Jackwood，K. E. Johansson，B. Pettersson，and S. Levisohn. 1995. Species identification of avian mycoplasmas by polymerase chain reaction and restriction fragment length polymorphism analysis. *Avian Diseases* 39：398‐407.

［116］Farmer，K. L. ，G. E. Hill，and S. R. Roberts. 2005. Susceptibility of wild songbirds to the house finch strain of Mycoplasma gallisepticum. *J Wildl Dis* 41:317 - 325.

[117]Feberwee, A. , J. R. Dijkstra, T. E. von Banniseht-Wysmuller, A. L. Gielkens, and J. A. Wagenaar. 2005. Genotyping of Mycoplasma gallisepticum and M. synoviae by Amplified Fragment Length Polymorphism (AFLP) analysis and digitalized Random Amplified Polymorphic DNA(RAPD)analysis. *Vet Microbiol* 111:125 - 131.

[118]Feberwee, A. , D. R. Mekkes, J. J. de Wit, E. G. Hartman, and A. Pijpers. 2005. Comparison of culture, PCR, and different serologic tests for detection of Mycoplasma gallisepticum and Mycoplasma synoviae infections. *Avian Dis* 49:260 - 268.

[119]Feberwee, A. , D. R. Mekkes, D. Klinkenberg, J. C. Vernooij, A. L. Gielkens, and J. A. Stegeman. 2005. An experimental model to quantify horizontal transmission of Mycoplasma gallisepticum. *Avian Pathol* 34:355 - 361.

[120]Feberwee, A. , T. von Banniseht-Wysmuller, J. C. Vernooij, A. L. Gielkens, and J. A. Stegeman. 2006. The effect of vaccination with a bacterin on the horizontal transmission of Mycoplasma gallisepticum. *Avian Pathol* 35:35 - 37.

[121]Ferguson, N. M. , D. Hepp, S. Sun, N. Ikuta, S. Levisohn, S. H. Kleven, and M. Garcia. 2005. Use of molecular diversity of Mycoplasma gallisepticum by gene-targeted sequencing(GTS)and random amplified polymorphic DNA(RAPD)analysis for epidemiological studies. *Microbiology* 151:1883 - 1893.

[122]Ferguson, N. M. , D. Hermes, V. A. Leiting, and S. H. Kleven. 2003. Characterization of a naturally occurring infection of a Mycoplasma gallisepticum house finchlike strain in turkey breeders. *Avian Dis* 47:523 - 530.

[123]Ferguson, N. M. , V. A. Leiting, and S. H. Klevena. 2004. Safety and efficacy of the avirulent Mycoplasma gallisepticum strain K5054 as a live vaccine in poultry. *Avian Dis* 48:91 - 99.

[124]Fernandez, C, J. G. Mattsson, G. Bolske, S. Levisohn, and K. E. Johansson. 1993. Species-specific oligonucleotide probes complementary to 16SrRNA of Mycoplasma gallisepticum and Mycoplasma synoviae. *Research in Veterinary Science* 55:130 - 136.

[125]Fischer, J. R. , D. E. Stallknecht, P. Luttrell, A. A. Dhondt, and K. A. Converse. 1997. Mycoplasmal conjunctivitis in wild songbirds: the spread of a new contagious disease in a mobile host population. *Emerg Infect Dis* 3:69 - 72.

[126]Forsyth, M. H. , M. E. Tourtellotte, and S. J. Geary.

1992. Localization of an immunodominant 64 kDa lipoprotein(LP 64) in the membrane of Mycoplasma gallisepticum and its role in cytadherence. *Mol Microbiol* 6: 2099 - 2106.

[127]Forsyth, M. H. , J. G. Tully, T. S. Gorton, L. Hinckley, S. Frasca, Jr. , H. J. van Kruiningen, and S. J. Geary. 1996. Mycoplasma sturni sp. nov. , from the conjunctiva of a European starling (Sturnus vulgaris). *Int J Syst Bacteriol* 46:716 - 719.

[128]Frasca, S. , Jr. , L. Hinckley, M. H. Forsyth, T. S. Gorton, S. J. Geary, and H. J. Van Kruiningen. 1997. Mycoplasmal conjunctivitis in a European starling. *J Wildl Dis* 33:336 - 339.

[129]Frey, M. C. , R. P. Hanson, and D. P. Anderson. 1968. A medium for the isolation of avian Mycoplasma. *American Journal of Veterinary Research* 29:2163 - 2171.

[130]Fritz, B. A. , C. B. Thomas, and T. M. Yuill. 1992. Serological and microbial survey of Mycoplasma gallisepticum in wild turkeys(Meleagris gallopavo)from six western states. *Journal of Wildlife Diseases* 28:10 - 20.

[131]Ganapathy, K. and J. M. Bradbury. 1998. Pathogenicity of Mycoplasma gallisepticum and Mycoplasma imitans in red-legged partridges(Alectoris rufa). *Avian Pathology* 27:455 - 463.

[132]Ganapathy, K. and J. M. Bradbury. 2003. Effects of cyclosporin A on the immune responses and pathogenesis of a virulent strain of Mycoplasma gallisepticum in chickens. *Avian Pathol* 32:495 - 502.

[133]Garcia, M. , M. G. Elfaki, and S. H. Kleven. 1994. Analysis of the variability in expression of Mycoplasma gallisepticum surface antigens. *Vet Microbiol* 42:147 -158.

[134]Garcia, M. , N. Ikuta, S. Levisohn, and S. H. Kleven. 2005. Evaluation and comparison of various PCR methods for detection of Mycoplasma gallisepticum infection in chickens. *Avian Dis* 49:125 - 132.

[135]Garcia, M. , M. W. Jackwood, M. Head, S. Levisohn, and S. H. Kleven. 1996. Use of species-specific oligonucleotide probes to detect Mycoplasma gallisepticum, M. synoviae, and M. iowae PCR amplification products. *J Vet Diagn Invest* 8:56 - 63.

[136]Garcia, M. , M. W. Jackwood, S. Levisohn, and S. H. Kleven. 1995. Detection of Mycoplasma gallisepticum, M. synoviae, and M. iowae by multi-species polymerase chain reaction and restriction fragment length polymorphism. *Avian Dis* 39:606 - 616.

[137]Garcia, M. and S. H. Kleven. 1994. Expression of Mycoplasma gallisepticum F-strain surface epitope. *Avian*

Dis 38:494‐500.

[138] Gardella, R. S., R. A. Del Giudice, and J. G. Tully. 1983. Immunofluorescence. In S. Razin, and J. G. Tully Methods in Myco‐plasmology, (431‐439) New York: Academic Press.

[139] Gaunson, J. E., C. J. Philip, K. G. Whithear, and G. F. Browning. 2000. Lymphocytic infiltration in the chicken trachea in response to Mycoplasma gallisepticum infection. *Microbiology Reading* 146:1223‐1229.

[140] Gaunson, J. E., C. J. Philip, K. G. Whithear, and G. F. Browning. 2006. Age related differences in the immune response to vaccination and infection with Mycoplasma gallisepticum. *Vaccine* 24:1687‐1692.

[141] Gaunson, J. E., C. J. Philip, K. G. Whithear, and G. F. Browning. 2006. The cellular immune response in the tracheal mucosa to Mycoplasma gallisepticum in vaccinated and unvaccinated chickens in the acute and chronic stages of disease. *Vaccine* 24:2627‐2633.

[142] Gautier-Bouchardon, A. V., A. K. Reinhardt, M. Kobisch, and I. Kempf. 2002. *In vitro* development of resistance to enrofloxacin, erythromycin, tylosin, tiamulin and oxytetracycline in Mycoplasma gallisepticum, Mycoplasma iowae and Mycoplasma synoviae. *Vet Microbiol* 88:47‐58.

[143] Geary, S. J. 1987. Development of a biotinylated probe for the rapid detection of Mycoplasma gallisepticum. *Israel Journal of Medical Sciences* 23:747‐751.

[144] Geary, S. J., M. H. Forsyth, S. Aboul Saoud, G. Wang, D. E. Berg, and C. M. Berg. 1994. Mycoplasma gallisepticum strain differentiation by arbitrary primer PCR (RAPD) fingerprinting. *Mol Cell Probes* 8:311‐316.

[145] Ghazikhanian, G. Y., R. Yamamoto, R. H. McCapes, W. M. Dungan, and H. B. Ortmayer. 1980. Combination dip and injection of turkey eggs with antibiotics to eliminate Mycoplasma meleagridis infection from a primary breeding stock. *Avian Diseases* 24:57‐70.

[146] Glew, M. D., N. Baseggio, P. F. Markham, G. F. Browning, and I. D. Walker. 1998. Expression of the pMGA genes of Mycoplasma gallisepticum is controlled by variation in the GAA trinucleotide repeat lengths within the 5' noncoding regions. *Infect Immun* 66:5833‐5841.

[147] Glew, M. D., G. F. Browning, P. F. Markham, and I. D. Walker. 2000. pMGA phenotypic variation in Mycoplasma gallisepticum occurs *in vivo* and is mediated by trinucleotide repeat length variation. *Infect Immun* 68:6027‐6033.

[148] Glew, M. D., P. F. Markham, G. F. Browning, and I. D. Walker. 1995. Expression studies on four members of the pMGA multigene family in Mycoplasma gallisepticum S6. *Microbiology* 141:3005‐3014.

[149] Glisson, J. R., I. H. Cheng, J. Brown, and R. G. Stewart. 1989. The effect of oxytetracycline on the severity of airsacculitis in chickens infected with Mycoplasma gallisepticum. *Avian Diseases* 33:750‐752.

[150] Glisson, J. R., J. F. Dawe, and S. H. Kleven. 1984. The effect of oilemulsion vaccines on the occurrence of nonspecific plate agglutination reactions for Mycoplasma gallisepticum and M. synoviae. *Avian Diseases* 28:397‐405.

[151] Glisson, J. R. and S. H. Kleven. 1984. Mycoplasma gallisepticum vaccination: effects on egg transmission and egg production. *Avian Diseases* 28:406‐415.

[152] Glisson, J. R. and S. H. Kleven. 1985. Mycoplasma gallisepticum vaccination: further studies on egg transmission and egg production. *Avian Diseases* 29:408‐415.

[153] Goh, M. S., T. S. Gorton, M. H. Forsyth, K. E. Troy, and S. J. Geary. 1998. Molecular and biochemical analysis of a 105 kDa Mycoplasma gallisepticum cytadhesin (GapA). *Microbiology* 144:2971‐2978.

[154] Goren, E. 1978. [Mycoplasma synoviae control. I. Studies on the thermal sensitivity of pathogenic avian mycoplasmas (Mycoplasma synoviae, Mycoplasma gallisepicum and Mycoplasma meleagridis)]. *Tijdschrift voor Diergeneeskunde* 103:1217‐1230.

[155] Gorton, T. S. and S. J. Geary. 1997. Antibody-mediated selection of a Mycoplasma gallisepticum phenotype expressing variable proteins. *FEMS Microbiol Lett* 155:31‐38.

[156] Gross, W. B. 1961. The development of "air sac disease". *Avian Diseases* 5:431‐439.

[157] Gross, W. B. 1990. Factors affecting the development of respiratory disease complex in chickens. *Avian Diseases* 34:607‐610.

[158] Hagen, C. A., S. S. Crupper, R. D. Applegate, and R. J. Robel. 2002. Prevalence of mycoplasma antibodies in lesser prairiechicken sera. *Avian Dis* 46:708‐712.

[159] Hall, C. F., A. I. Flowers, and L. C. Grumbles. 1963. Dipping of hatching eggs for control of Mycoplasma gallisepticum. *Avian Diseases* 7:178‐183.

[160] Hannan, P. C. 2000. Guidelines and recommendations for antimicrobial minimum inhibitory concentration (MIC) testing against veterinary mycoplasma species. International Research Programme on Comparative Mycoplasmology. *Vet Res* 31:373‐395.

[161]Harasawa, R., D. G. Pitcher, A. S. Ramirez, and J. M. Bradbury. 2004. A putative transposase gene in the 16S-23S rRNA intergenic spacer region of Mycoplasma imitans. *Microbiology* 150:1023-1029.

[162]Hartup, B. K., J. M. Bickal, A. A. Dhondt, D. H. Ley, and G. V. Kollias. 2001. Dynamics of conjunctivitis and Mycoplasma gallisepticum infections in house finches. *Auk* 118:327.

[163]Hartup, B. K., A. A. Dhondt, K. V. Sydenstricker, W. M. Hochachka, and G. V. Kollias. 2001. Host range and dynamics of mycoplasmal conjunctivitis among birds in North America. *J Wildl Dis* 37:72-81.

[164]Hartup, B. K., G. V. Kollias, and D. H. Ley. 2000. Mycoplasmal conjunctivitis in songbirds from New York. *J Wildl Dis* 36:257-264.

[165]Hatchel, J. M., R. S. Balish, M. L. Duley, and M. F. Balish. 2006. Ultrastructure and gliding motility of Mycoplasma amphoriforme, a possible human respiratory pathogen. *Microbiology* 152:2181-2189.

[166]Higgins, P. A. and K. G. Whithear. 1986. Detection and differentiation of Mycoplasma gallisepticum and M. synoviae antibodies in chicken serum using enzyme-linked immunosorbent assay. *Avian Diseases* 30:160-168.

[167] Hildebrand, D. G., D. E. Page, and J. R. Berg. 1983. Mycoplasma gallisepticum (MG)-laboratory and field studies evaluating the safety and efficacy of an inactivated MG bacterin. *Avian Diseases* 27:792-802.

[168]Hitchner, S. B. 1949. The pathology of infectious sinusitis of turkeys. *Poult Sci* 28:106-118.

[169]Hnatow, L. L., C. L. Keeler, Jr., L. L. Tessmer, K. Czymmek, and J. E. Dohms. 1998. Characterization of MGC2, a Mycoplasma gallisepticum cytadhesin with homology to the Mycoplasma pneumoniae 30-kilodalton protein P30 and Mycoplasma genitalium P32. *Infect Immun* 66:3436-3442.

[170]Hod, I., Y. Yegana, A. Herz, and S. Levinsohn. 1982. Early detection of tracheal damage in chickens by scanning electron microscopy. *Avian Diseases* 26:450-457.

[171]Holt, J. G., N. R. Kreig, P. H. A. Sneath, J. T. Staley, and S. T. Williams. 1994. The Mycoplasmas(or Mollicutes): Cell Wall-Less Bacteria. In W. R. Hensyl Bergey's Manual of Determinative Bacteriology Ninth ed, (705-717)Baltimore, MD: Williams & Wilkins.

[172]Hong, Y., M. Garcia, S. Levisohn, P. Savelkoul, V. Leiting, I. Lysnyansky, D. H. Ley, and S. H. Kleven. 2005. Differentiation of Mycoplasma gallisepticum strains using amplified fragment length polymorphism and other DNA-based typing methods. *Avian Dis* 49:43-49.

[173]Hopkins, B. A., J. K. Skeeles, G. E. Houghten, D. Slagle, and K. Gardner. 1990. A survey of infectious diseases in wild turkeys(Meleagridis gallopavo silvestris) from Arkansas. *Journal of Wildlife Diseases* 26:468-472.

[174]Hudson, P., T. S. Gorton, L. Papazisi, K. Cecchini, S. Frasca, Jr., and S. J. Geary. 2006. Identification of a virulence-associated determinant, dihydrolipoamide dehydrogenase(lpd), in Mycoplasma gallisepticum through *in vivo* screening of transposon mutants. *Infect Immun* 74:931-939.

[175]Hwang, Y. S., V. S. Panangala, C. R. Rossi, J. J. Giambrone, and L. H. Lauerman. 1989. Monoclonal antibodies that recognize specific antigens of Mycoplasma gallisepticum and M. synoviae. *Avian Diseases* 33:42-52.

[176]Hyman, H. C., S. Levisohn, D. Yogev, and S. Razin. 1989. DNA probes for Mycoplasma gallisepticum and Mycoplasma synoviae: application in experimentally infected chickens. *Veterinary Microbiology* 20:323-337.

[177]Jan, G., C. Brenner, and H. Wroblewski. 1996. Purification of Mycoplasma gallisepticum membrane proteins p52, p67(pMGA), and p77 by high-performance liquid chromatography. *Protein Expr Purif* 7:160-166.

[178]Jan, G., M. Le Henaff, C. Fontenelle, and H. Wroblewski. 2001. Biochemical and antigenic characterisation of Mycoplasma gallisepticum membrane proteins P52 and P67(pMGA). *Arch Microbiol* 177:81-90.

[179]Javed, M. A., S. Frasca, Jr., D. Rood, K. Cecchini, M. Gladd, S. J. Geary, and L. K. Silbart. 2005. Correlates of immune protection in chickens vaccinated with Mycoplasma gallisepticum strain GT5 following challenge with pathogenic M. gallisepticum strain R(low). *Infect Immun* 73:5410-5419.

[180]Jirjis, F. F., S. L. Noll, D. A. Halvorson, K. V. Nagaraja, and D. P. Shaw. 2002. Pathogenesis of avian pneumovirus infection in turkeys. *Vet Pathol* 39:300-310.

[181]Jordan, F. T. 1972. The epidemiology of disease of multiple aetiology: the avian respiratory disease complex. *Vet Rec* 90:556-562.

[182]Jordan, F. T. and M. M. Amin. 1980. A survey of Mycoplasma infections in domestic poultry. *Research in Veterinary Science* 28:96-100.

[183]Jordan, F. T., C. A. Forrester, A. Hodge, and L. G. Reeve-Johnson. 1999. The comparison of an aqueous preparation of tilmicosin with tylosin in the treatment of Mycoplasma gallisepticum infection of turkey poults. *Avian Dis* 43:521-525.

〔184〕Jordan, F. T., C. A. Forrester, P. H. Ripley, and D. G. Burch. 1998. *In vitro* and *in vivo* comparisons of valnemulin, tiamulin, tylosin, enrofloxacin, and lincomycin/spectinomycin against Mycoplasma gallisepticum. *Avian Dis* 42:738‑745.

〔185〕Jordan, F. T. and B. K. Horrocks. 1996. The minimum inhibitory concentration of tilmicosin and tylosin for mycoplasma gallisepticum and Mycoplasma synoviae and a comparison of their efficacy in the control of Mycoplasma gallisepticum infection in broiler chicks. *Avian Dis* 40:326‑334.

〔186〕Jordan, F. T., B. K. Horrocks, S. K. Jones, A. C. Cooper, and C. J. Giles. 1993. A comparison of the efficacy of danofloxacin and tylosin in the control of Mycoplasma gallisepticum infection in broiler chicks. *J Vet Pharmacol Ther* 16:79‑86.

〔187〕Jordan, F. T. W., C. A. Forrester, A. Hodge, and L. G. Reeve Johnson. 1999. The comparison of an aqueous preparation of tilmicosin with tylosin in the treatment of Mycoplasma gallisepticum infection of turkey poults. *Avian Diseases* 43:521‑525.

〔188〕Jordan, F. T. W., C. A. Forrester, P. H. Ripley, and D. G. S. Burch. 1998. *In vitro* and *in vivo* comparisons of valnemulin, tiamulin, tylosin, enrofloxacin, and lincomycin/spectinomycin against Mycoplasma gallisepticum. *Avian Diseases* 42:738‑745.

〔189〕Jordan, F. T. W., S. Gilbert, D. L. Knight, and C. A. Yavari. 1989. Effects of baytril, tylosin, and tiamulin on avian mycoplasmas. *Avian Pathology* 18:659‑673.

〔190〕Jungherr, E. L., R. E. Luginbuhl, M. E. Tourtellotte, and B. W. E. 1955. Proc 92nd Annu Meet Am Vet Med Assoc, 315‑321.

〔191〕Karaca, K. and K. M. Lam. 1987. Efficacy of commercial Mycoplasma gallisepticum bacterin(MG-Bac)in preventing airsac lesions in chickens. *Avian Diseases* 31:202‑203.

〔192〕Kaszanyitzky, E., G. Czifra, and L. Stipkovits. 1994. Detection of Mycoplasma gallisepticum antibodies in turkey blood samples by ELISA and by the slide agglutination and haemagglutination inhibition tests. *Acta Veterinaria Hungarica* 42:69‑78.

〔193〕Keeler, C. L., Jr., L. L. Hnatow, P. L. Whetzel, and J. E. Dohms. 1996. Cloning and characterization of a putative cytadhesin gene(mgcl)from Mycoplasma gallisepticum. *Infect Immun* 64:1541‑1547.

〔194〕Kelly, P. J., D. Chitauro, C. Rohde, J. Rukwava, A. Majok, F. Davelaar, and P. R. Mason. 1994. Diseases and management of backyard chicken flocks in Chitungwiza, Zimbabwe. *Avian Diseases* 38:626‑629.

〔195〕Kempf, I. 1997. DNA amplification methods for diagnosis and epidemiological investigations of avian mycoplasmosis. *Acta Vet Hung* 45:373‑386.

〔196〕Kempf, I., A. Blanchard, F. Gesbert, M. Guittet, and G. Bennejean. 1993. The polymerase chain reaction for Mycoplasma gallisepticum detection. *Avian Pathology* 22:739‑750.

〔197〕Kempf, I. and F. Gesbert. 1998. Comparison of serological tests for detection of Mycoplasma gallisepticum antibodies in eggs and chicks hatched from experimentally infected hens. *Vet Microbiol* 60:207‑213.

〔198〕Kempf, I., F. Gesbert, and M. Guittet. 1997. Experimental infection of chickens with an atypical Mycoplasma gallisepticum strain: comparison of diagnostic methods. *Res Vet Sci* 63:211‑213.

〔199〕Kempf, I., F. Gesbert, M. Guittet, G. Bennejean, and A. C. Cooper. 1992. Efficacy of danofloxacin in the therapy of experimental mycoplasmosis in chicks. *Res Vet Sci* 53:257‑259.

〔200〕Kempf, I., F. Gesbert, M. Guittet, G. Bennejean, and L. Stipkovits. 1994. Evaluation of two commercial enzyme-linked immunosorbent assay kits for the detection of Mycoplasma gallisepticum antibodies. *Avian Pathology* 23:329‑338.

〔201〕Kempf, I., L. Reeve-Johnson, F. Gesbert, and M. Guittet. 1997. Efficacy of tilmicosin in the control of experimental Mycoplasma gallisepticum infection in chickens. *Avian Dis* 41:802‑807.

〔202〕Kempf, I., R. van den Hoven, F. Gesbert, and M. Guittet. 1998. Efficacy of difloxacin in growing broiler chickens for the control of infection due to pathogenic Mycoplasma gallisepticum. *Zentralbl Veterinarmed*〔B〕45:305‑310.

〔203〕Khan, M. A., M. S. Khan, M. Younus, T. Abbas, I. Khan, and N. A. Khan. 2006. Comparative therapeutic efficacy of tiamulin, tylosin and oxytetracyline in broilers experimentally infected with Mycoplasma gallisepticum. In M. A. Khan International Journal of Agriculture and Biology, Vol. 8, 298.

〔204〕Khan, M. I., B. C. Kirkpatrick, and R. Yamamoto. 1987. A Mycoplasma gallisepticum strain-specific DNA probe. *Avian Diseases* 31:907‑909.

〔205〕Khan, M. I. and S. H. Kleven. 1993. Detection of Mycoplasma gallisepticum infection in field samples using a species-specific DNA probe. *Avian Diseases* 37:880‑

883.

[206]Khan,M. I. ,K. M. Lam,and R. Yamamoto. 1987. Mycoplasma gallisepticum strain variations detected by sodium dodecyl sulfate-polyacrylamide gel electrophoresis. *Avian Diseases* 31:315 - 320.

[207]Khan,M. I. ,D. A. McMartin,R. Yamamoto,and H. B. Ortmayer. 1986. Observations on commercial layers vaccinated with Mycoplasma gallisepticum(MG) bacterin on a multiple-age site endemically infected with MG. *Avian Diseases* 30:309 - 312.

[208]Kheyar, A. , S. K. Reddy, and A. Silim. 1995. The 64 kDa lipoprotein of Mycoplasma gallisepticum has two distinct epitopes responsible for haemagglutination and growth inhibition. *Avian Pathology* 24:55 - 68.

[209] Kirchhoff, H. 1992. Motility. In J. Maniloff, R. N. McElhaney, L. R. Finch, and J. B. Baseman Mycoplasmas: Molecular Biology and Pathogenicity, (289 - 306)Washington: ASM.

[210]Kleckner,A. L. 1960. Serotypes of avian pleuropneumonia-like organisms. *American Journal of Veterinary Research* 21:274 - 280.

[211]Kleven,S. H. 1975. Antibody response to avian mycoplasmas. *American Journal of Veterinary Research* 36: 563 - 565.

[212]Kleven,S. H. 1981. Transmissibility of the F strain of Mycoplasma gallisepticum in leghorn chickens. *Avian Diseases* 25:1005 - 1018.

[213]Kleven,S. H. 1985. Stability of the F strain of Mycoplasma gallisepticum in various diluents at 4,22,and 37 C. *Avian Dis* 29:1266 - 1268.

[214]Kleven,S. H. 1985. Tracheal populations of Mycoplasma gallisepticum after challenge of bacterin-vaccinated chickens. *Avian Diseases* 29:1012 - 1017.

[215] Kleven, S. H. 1996. Mycoplasma in caged layers. *Zootecnica International* 19:34 - 37.

[216] Kleven, S. H. 1998. Mycoplasmas in the etiology of multifactorial respiratory disease. *Poult Sci* 77: 1146 -1149.

[217]Kleven,S. H. 1998. Mycoplasmosis. In D. E. Swayne,J. R. Glisson,M. W. Jackwood,J. E. Pearson,and W. M. Reed A Laboratory Manual for the Isolation and Identification of Avian Pathogens Fourth ed,(74 - 80)Kennett Square,Pa. : American Association of Avian Pathologists.

[218]Kleven,S. H. 2000. 49th Annual New England Poultry Health Conference,Portsmouth,New Hampshire,3 -6.

[219]Kleven,S. H. ,G. F. Browning,D. M. Bulach,E. Ghio-cas,C. J. Morrow,and K. G. Whithear. 1988. Examination of Mycoplasma gallisepticum strains using restriction endonuclease DNA analysis and DNA-DNA hybridization. *Avian Pathology* 17:559 - 570.

[220]Kleven,S. H. ,H. H. Fan,and K. S. Turner. 1998. Pen trial studies on the use of live vaccines to displace virulent Mycoplasma gallisepticum in chickens. *Avian Dis* 42:300 - 306.

[221]Kleven,S. H. ,R. M. Fulton,M. Garcia,V. N. Ikuta,V. A. Leiting, T. Liu, D. H. Ley, K. N. Opengart, G. N. Rowland, and E. Wallner-Pendleton. 2004. Molecular characterization of Mycoplasma gallisepticum isolates from turkeys. *Avian Dis* 48:562 -569.

[222] Kleven, S. H. , M. I. Khan, and R. Yamamoto. 1990. Fingerprinting of Mycoplasma gallisepticum strains isolated from multiple-age layers vaccinated with live F strain. *Avian Diseases* 34:984 - 990.

[223]Kleven,S. H. and S. Levisohn. 1996. Mycoplasma infections of poultry. In J. G. Tully Molecular and Diagnostic Procedures in Mycoplasmology. Volume II—Diagnostic Procedures,(283-292)New York: Academic Press,Inc.

[224]Kleven,S. H. ,C. J. Morrow,and K. G. Whithear. 1988. Comparison of Mycoplasma gallisepticum strains by hemagglutination-inhibition and restriction endonuclease analysis. *Avian Diseases* 32:731 - 741.

[225]Kokotovic,B. ,N. F. Friis,J. S. Jensen,and P. Ahrens. 1999. Amplified-fragment length polymorphism fingerprinting of Mycoplasma species. *J Clin Microbiol* 37: 3300 - 3307.

[226]Kollias, G. V. , K. V Sydenstricker, H. W. Kollias, D. H. Ley,P. R. Hosseini,V. Connolly,and A. A. Dhondt. 2004. Experimental infection of house finches with Mycoplasma gallisepticum. *J Wildl Dis* 40:79 -86.

[227]Lam, K. M. 2002. The macrophage inflammatory protein-1 beta in the supernatants of Mycoplasma gallisepticum-infected chicken leukocytes attracts the migration of chicken heterophils and lymphocytes. *Dev Comp Immunol* 26:85 - 93.

[228]Lam,K. M. 2003. Mycoplasma gallisepticum-induced alterations in chicken red blood cells. *Avian Dis* 47: 485 -488.

[229]Lam,K. M. 2003. Scanning electron microscopic studies of Mycoplasma gallisepticum infection in embryonic tracheae. *Avian Dis* 47:193 - 196.

[230]Lam,K. M. 2004. Morphologic changes in chicken cells after *in vitro* exposure to Mycoplasma gallisepticum. *Avian Dis* 48:488 - 493.

[231]Lam,K. M. 2004. Mycoplasma gallisepticum-induced alterations in cytokine genes in chicken cells and embryos. *Avian Dis* 48:215-219.

[232]Lam,K. M. 2005. Chemotaxis in Mycoplasma gallisepticum. *Avian Dis* 49:152-154.

[233]Lam, K. M. and A. J. DaMassa. 2003. Chemotactic response of lymphocytes in chicken embryos infected with Mycoplasma gallisepticum. *J Comp Pathol* 128:33-39.

[234]Lam, K. M. and W. Lin. 1984. Resistance of chickens immunized against Mycoplasma gallisepticum is mediated by bursal dependent lymphoid cells. *Veterinary Microbiology* 9:509-514.

[235]Lauerman, L. H. 1998. Mycoplasma PCR assays. In L. H. Lauerman Nucleic Acid Amplification Assays for Diagnosis of Animal Diseases,(41-42) Turkock, CA: American Association of Veterinary Laboratory Diagnosticians.

[236]Levisohn,S. 1981. Antibiotic sensitivity patterns in field isolates of Mycoplasma gallisepticum as a guide to chemotherapy. *Israel Journal of Medical Sciences* 17:661-666.

[237]Levisohn, S. 1984. Early stages in the interaction between Mycoplasma gallisepticum and the chick trachea, as related to pathogenicity and immunogenicity. *Israel Journal of Medical Sciences* 20:982-984.

[238]Levisohn, S. and M. J. Dykstra. 1987. A quantitative study of single and mixed infection of the chicken trachea by Mycoplasma gallisepticum. *Avian Diseases* 31:1-12.

[239]Levisohn,S. ,J. R. Glisson, and S. H. Kleven. 1985. In ovo pathogenicity of Mycoplasma gallisepticum strains in the presence and absence of maternal antibody. *Avian Diseases* 29:188-197.

[240]Levisohn, S. and S. H. Kleven. 2000. Avian mycoplasmosis(Mycoplasma gallisepticum). *Rev Sci Tech* 19:425-442.

[241]Levisohn, S. , R. Rosengarten, and D. Yogev. 1995. *In vivo* variation of Mycoplasma gallisepticum antigen expression in experimentally infected chickens. *Vet Microbiol* 45:219-231.

[242]Ley,D. H. 2006. Unpublished data.

[243]Ley, D. H. , A. P. Avakian, and J. E. Berkhoff. 1993. Clinical Mycoplasma gallisepticum infection in multiplier breeder and meat turkeys caused by F strain: identification by sodium dodecyl sulfate-polyacrylamide gel electrophoresis,restriction endonuclease analysis,and the polymerase chain reaction. *Avian Dis* 37:854-862.

[244]Ley,D. H. ,J. E. Berkhoff, and S. Levisohn. 1997. Molecular epidemiologic investigations of Mycoplasma gallisepticum conjunctivitis in songbirds by random amplified polymorphic DNA analyses. *Emerg Infect Dis* 3:375-380.

[245]Ley, D. H. , J. E. Berkhoff, and J. M. McLaren. 1996. Mycoplasma gallisepticum isolated from house finches (Carpodacus mexicanus)with conjunctivitis. *Avian Diseases* 40:480-483.

[246]Ley, D. H. , S. J. Geary, J. E. Berkhoff, J. M. McLaren, and S. Levisohn. 1998. Mycoplasma sturni from blue jays and northern mockingbirds with conjunctivitis in Florida. *J Wildl Dis* 34:403-406.

[247]Ley, D. H. , J. M. McLaren, A. M. Miles, H. J. Barnes, S. H. Miller, and G. Franz. 1997. Transmissibility of live Mycoplasma gallisepticum vaccine strains ts-11 and 6/85 from vaccinated layer pullets to sentinel poultry. *Avian Dis* 41:187-194.

[248]Ley, D. H. , D. S. Sheaffer, and A. A. Dhondt. 2006. Further western spread of Mycoplasma gallisepticum infection of house finches. *J Wildl Dis* 42:429-431.

[249]Ley, D. H. , J. P. Vaillancourt, and A. Martinez. 2001. AAAP Symposium: Respiratory Diseases of Poultry, Boston,MA.

[250]Lin,M. Y. 1987. *In vitro* comparison of the activity of various antibiotics and drugs against new Taiwan isolates and standard strains of avian mycoplasma. *Avian Diseases* 31:705-712.

[251]Lin,M. Y. and S. H. Kleven. 1982. Cross-immunity and antigenic relationships among five strains of Mycoplasma gallisepticum in young Leghorn chickens. *Avian Diseases* 26:496-507.

[252]Lin,M. Y. and S. H. Kleven. 1982. Egg transmission of two strains of Mycoplasma gallisepticum in chickens. *Avian Diseases* 26:487-495.

[253]Lin,M. Y. and S. H. Kleven. 1982. Pathogenicity of two strains of Mycoplasma gallisepticum in turkeys. *Avian Diseases* 26:360-364.

[254]Lin,M. Y. and S. H. Kleven. 1984. Transferred humoral immunity in chickens to Mycoplasma gallisepticum. *Avian Diseases* 28:79-87.

[255]Liu,L. ,V. S. Panangala, and K. Dybvig. 2002. Trinucleotide GAA repeats dictate pMGA gene expression in Mycoplasma gallisepticum by affecting spacing between flanking regions. *J Bacteriol* 184:1335-1339.

[256]Liu, T. , M. Garcia, S. Levisohn, D. Yogev, and S. H. Kleven. 2001. Molecular variability of the adhesin-enco-

ding gene pvpA among Mycoplasma gallisepticum strains and its application in diagnosis. *J Clin Microbiol* 39:1882 - 1888.

[257]Luginbuhl, R. E., M. E. Tourtellotte, and M. N. Frazier. 1967. Mycoplasma gallisepticum—control by immunization. *Ann N Y Acad Sci* 143:234 - 238.

[258]Luttrell, M. P., T. H. Eleazer, and S. H. Kleven. 1992. Mycoplasma gallopavonis in eastern wild turkeys. *J Wildl Dis* 28:288 - 291.

[259]Luttrell, M. P., J. R. Fischer, D. E. Stallknecht, and S. H. Kleven. 1996. Field investigation of Mycoplasma gallisepticum infections in house finches(Carpodacus mexicanus)from Maryland and Georgia. *Avian Dis* 40:335 - 341.

[260]Luttrell, M. P., S. H. Kleven, and W. R. Davidson. 1991. An investigation of the persistence of Mycoplasma gallisepticum in an Eastern population of wild turkeys. *Journal of Wildlife Diseases* 27:74 -80.

[261]Luttrell, M. P., D. E. Stallknecht, J. R. Fischer, C. T. Sewell, and S. H. Kleven. 1998. Natural Mycoplasma gallisepticum infection in a captive flock of house finches. *J Wildl Dis* 34:289 - 296.

[262]Luttrell, M. P., D. E. Stallknecht, S. H. Kleven, D. M. Kavanaugh, J. L. Corn, and J. R. Fischer. 2001. Mycoplasma gallisepticum in house finches(Carpodacus mexicanus) and other wild birds associated with poultry production facilities. *Avian Dis* 45:321 - 329.

[263]Lysnyansky, I., M. Garcia, and S. Levisohn. 2005. Use of mgc2-polymerase chain reaction-restriction fragment length polymorphism for rapid differentiation between field isolates and vaccine strains of Mycoplasma gallisepticum in Israel. *Avian Dis* 49:238 - 245.

[264]MacOwan, K. J., C. J. Randall, and T. F. Brand. 1983. Cloacal infection with Mycoplasma gallisepticum and the effect of inoculation with H120 Infectious Bronchitis vaccine virus. *Avian Pathol* 12:497 - 503.

[265]Mallinson, E. T. and M. Rosenstein. 1976. Clinical, cultural, and serologic observations of avian mycoplasmosis in two chicken breeder flocks. *Avian Diseases* 20: 211 -215.

[266]Mallinson, E. T., D. B. Snyder, W. W. Marquardt, E. Russek-Cohen, P. K. Savage, D. C. Allen, and F. S. Yancey. 1985. Presumptive diagnosis of subclinical infections utilizing computer-assisted analysis of sequential enzyme-linked immunosorbent assays against multiple antigens. *Poultry Science* 64:1661 - 1669.

[267]Mardassi, B. B., R. B. Mohamed, I. Gueriri, S. Boughat-

tas, and B. Mlik. 2005. Duplex PCR to differentiate between Mycoplasma synoviae and Mycoplasma gallisepticum on the basis of conserved species-specific sequences of their hemagglutinin genes. *J Clin Microbiol* 43:948 - 958.

[268]Markham, F. S. and S. C. Wong. 1952. Pleuropneumonia-like organisms in the etiology of turkey sinusitis and chronic respiratory disease of chickens. *Poult Sci* 31: 902 - 904.

[269]Markham, J. F., C. J. Morrow, P. C. Scott, and K. G. Whithear. 1998. Safety of a temperature-sensitive clone of Mycoplasma synoviae as a live vaccine. *Avian Diseases* 42:677 - 681.

[270]Markham, P. F., M. D. Glew, M. R. Brandon, I. D. Walker, and K. G. Whithear. 1992. Characterization of a major hemagglutinin protein from Mycoplasma gallisepticum. *Infect Immun* 60:3885 -3891.

[271]Markham, P. F., M. D. Glew, G. F. Browning, K. G. Whithear, and I. D. Walker. 1998. Expression of two members of the pMGA gene family of Mycoplasma gallisepticum oscillates and is influenced by pMGA-specific antibodies. *Infect Immun* 66:2845 -2853.

[272]Markham, P. E., M. D. Glew, J. E. Sykes, T. R. Bowden, T. D. Pollocks, G. F. Browning, K. G. Whithear, and I. D. Walker. 1994. The organisation of the multigene family which encodes the major cell surface protein, pMGA, of Mycoplasma gallisepticum. *FEBS Lett* 352:347 - 352.

[273]Markham, P. F., M. D. Glew, K. G. Whithear, and I. D. Walker. 1993. Molecular cloning of a member of the gene family that encodes pMGA, a hemagglutinin of Mycoplasma gallisepticum. *Infect Immun* 61:903 -909.

[274]Marois, C., F. Dufour-Gesbert, and I. Kempf. 2001. Molecular differentiation of Mycoplasma gallisepticum and Mycoplasma imitans strains by pulsed-field gel electrophoresis and random amplified polymorphic DNA. *J Vet Med B Infect Dis Vet Public Health* 48:695 -703.

[275]Marois, C., F. Dufour-Gesbert, and I. Kempf. 2002. Polymerase chain reaction for detection of Mycoplasma gallisepticum in environmental samples. *Avian Pathol* 31: 163 - 168.

[276]May, J. D., S. L. Branton, S. B. Pruett, and A. J. Ainsworth. 1994. Differentiation of two strains of Mycoplasma gallisepticum with monoclonal antibodies and flow cytometry. *Avian Diseases* 38:542 - 547.

[277]May, M., L. Papazisi, T. S. Gorton, and S. J. Geary. 2006. Identification of fibronectin-binding proteins in

Mycoplasma gallisepticum strain R. *Infect Immun* 74: 1777 - 1785.

[278]McAuliffe, L., R. J. Ellis, J. R. Lawes, R. D. Ayling, and R. A. J. Nicholas. 2005. 16S rDNA PCR and denaturing gradient gel electrophoresis: a single generic test for detecting and differentiating Mycoplasma species. *J Med Microbiol* 54:731 - 739.

[279] McBride, M. D., D. W. Hird, T. E. Carpenter, K. P. Snipes, C. Danaye-Elmi, and W. W. Utterback. 1991. Health survey of backyard poultry and other avian species located within one mile of commercial California meat-turkey flocks. *Avian Diseases* 35:403 - 407.

[280]McLaren, J. M., D. H. Ley, J. E. Berkhoff, and A. P. Avakian. 1996. Antibody responses of chickens to inoculation with Mycoplasma gallisepticum membrane proteins in immunostimulating complexes. *Avian Dis* 40: 813 - 822.

[281]McMartin, D. A., A. J. DaMassa, W. D. McKeen, D. Read, B. Daft, and K. M. Lam. 1996. Experimental reproduction of Mycoplasma gallisepticum disease in chukar partridges (Alectoris graeca). *Avian Diseases* 40: 408 - 416.

[282] McMartin, D. A., M. I. Khan, T. B. Farver, and G. Christie. 1987. Delineation of the lateral spread of Mycoplasma gallisepticum infection in chickens. *Avian Diseases* 31:814 - 819.

[283]Mekkes, D. R. and A. Feberwee. 2005. Real-time polymerase chain reaction for the qualitative and quantitative detection of Mycoplasma gallisepticum. *Avian Pathol* 34:348 - 354.

[284]Meroz, M., D. Hadash, and Y. Samberg. 1973. Elimination of avian Mycoplasma organisms by heat treatment of eggs prior to incubation—some technical aspects. *Refit Vet* 30:101 - 109.

[285]Migaki, T. T., A. P. Avakian, H. J. Barnes, D. H. Ley, A. C. Tanner, and R. A. Magonigle. 1993. Efficacy of danofloxacin and tylosin in the control of mycoplasmosis in chicks infected with tylosin-susceptible or tylosin-resistant field isolates of Mycoplasma gallisepticum. *Avian Dis* 37:508 - 514.

[286]Mikaelian, I., D. H. Ley, R. Claveau, M. Lemieux, and J. P. Berube. 2001. Mycoplasmosis in evening and pine grosbeaks with conjunctivitis in Quebec. *J Wildl Dis* 37:826 - 830.

[287]Miyata, M. 2005. Gliding Motility of Mycoplasmas: The Mechanism Cannot be Explained by Current Biololgy. In A. Blanchard, and G. Browning Mycoplasmas Molec-ular Biology Pathogenicity and Strategies for Control, (137 - 163) Wymondham, UK: Horizon Bioscience.

[288]Mohammed, H. O., T. E. Carpenter, and R. Yamamoto. 1987. Economic impact of Mycoplasma gallisepticum and M. synoviae in commercial layer flocks. *Avian Diseases* 31:477 - 482.

[289]Mohammed, H. O., R. Yamamoto, T. E. Carpenter, and H. B. Ortmayer. 1986. Comparison of egg yolk and serum for the detection of Mycoplasma gallisepticum and M. synoviae antibodies by enzyme-linked immunosorbent assay. *Avian Diseases* 30:398 - 408.

[290]Mohammed, H. O., R. Yamamoto, T. E. Carpenter, and H. B. Ortmayer. 1986. A statistical model to optimize enzyme-linked immunosorbent assay parameters for detection of Mycoplasma gallisepticum and M. synoviae antibodies in egg yolk. *Avian Diseases* 30:389 -397.

[291]Morowitz, H. J. and J. Maniloff. 1966. Analysis of the life cycle of Mycoplasma gallisepticum. *J Bacteriol* 91: 1638 - 1644.

[292]Morse, J. W., J. T. Boothby, and R. Yamamoto. 1986. Detection of Mycoplasma gallisepticum by direct immunofluorescence using a species-specific monoclonal antibody. *Avian Diseases* 30:204 - 206.

[293]Moscoso, H., S. G. Thayer, C. L. Hofacre, and S. H. Kleven. 2004. Inactivation, storage, and PCR detection of Mycoplasma on FTA filter paper. *Avian Dis* 48: 841 -850.

[294]Much, P., F. Winner, L. Stipkovits, R. Rosengarten, and C. Citti. 2002. Mycoplasma gallisepticum: Influence of cell invasiveness on the outcome of experimental infection in chickens. *FEMS Immunol Med Microbiol* 34: 181 - 186.

[295]Mudahi-Orenstein, S., S. Levisohn, S. J. Geary, and D. Yogev. 2003. Cytadherence-deficient mutants of Mycoplasma gallisepticum generated by transposon mutagenesis. *Infect Immun* 71:3812 - 3820.

[296]Murakami, S., M. Miyama, A. Ogawa, J. Shimada, and T. Nakane. 2002. Occurrence of conjunctivitis, sinusitis and upper region tracheitis in Japanese quail (Coturnix coturnix japonica), possibly caused by Mycoplasma gallisepticum accompanied by Cryptosporidium sp. infection. *Avian Pathol* 31:363 - 370.

[297]Nagai, S., S. Kazama, and T. Yagihashi. 1995. Ribotyping of Mycoplasma gallisepticum strains with a 16S ribosomal RNA gene probe. *Avian Pathology* 24:633 - 642.

[298]Nagatomo, H., Y. Takegahara, T. Sonoda, A. Yamagu-

chi, R. Uemura, S. Hagiwara, and M. Sueyoshi. 2001. Comparative studies of the persistence of animal mycoplasmas under different environmental conditions. *Vet Microbiol* 82:223 - 232.

[299]Nakamura, K., H. Ueda, T. Tanimura, and K. Noguchi. 1994. Effect of mixed live vaccine (Newcastle disease and infectious bronchitis) and Mycoplasma gallisepticum on the chicken respiratory tract and on Escherichia coli infection. *J Comp Pathol* 111:33 - 42.

[300]Nascimento, E. R., R. Yamamoto, K. R. Herrick, and R. C. Tait. 1991. Polymerase chain reaction for detection of Mycoplasma gallisepticum. *Avian Diseases* 35:62 - 69.

[301]Nascimento, E. R. d., M. d. G. F. d. Nascimento, M. W. d. Santos, P. G. d. O. Dias, O. d. A. Resende, and R. d. C. F. Silva. 2005. Eradication of Mycoplasma gallisepticum and M. synoviae from a chicken flock by antimicrobial injections in eggs and chicks. In E. R. d. Nascimento Acta Scientiae Veterinariae Vol. 33, pp. 119.

[302]Naylor, C. J., A. R. Al Ankari, A. I. Al Afaleq, J. M. Bradbury, and R. C. Jones. 1992. Exacerbation of Mycoplasma gallisepticum infection in turkeys by rhinotracheitis virus. *Avian Pathology* 21:295 -305.

[303]Nelson, J. B. 1935. Cocco-bacilliform bodies associated with an infectious fowl coryza. *Science* 82:43 -44.

[304]Nolan, P. M., S. R. Roberts, and G. E. Hill. 2004. Effects of Mycoplasma gallisepticum on reproductive success in house finches. *Avian Dis* 48:879 - 885.

[305]Noormohammadi, A. H., G. F. Browning, P. J. Cowling, D. O'Rourke, K. G. Whithear, and P. F. Markham. 2002. Detection of antibodies to Mycoplasma gallisepticum vaccine ts-11 by an autologous pMGA enzyme-linked immunosorbent assay. *Avian Dis* 46:405 - 411.

[306]Noormohammadi, A. H., J. E. Jones, G. Underwood, and K. G. Whithear. 2002. Poor systemic antibody response after vaccination of commercial broiler breeders with Mycoplasma gallisepticum vaccine ts-11 not associated with susceptibility to challenge. *Avian Dis* 46:623 - 628.

[307]Noormohammadi, A. H., P. F. Markham, A. Kanci, K. G. Whithear, and G. F. Browning. 2000. A novel mechanism for control of antigenic variation in the haemagglutinin gene family of mycoplasma synoviae. *Mol Microbiol* 35:911 - 923.

[308]Nunoya, T., K. Kanai, T. Yagihashi, S. Hoshi, K. Shibuya, and M. Tajima. 1997. Natural case of salpingi-
tis apparently caused by Mycoplasma gallisepticum in chickens. *Avian Pathology* 26:391 - 398.

[309]Nunoya, T., M. Tajima, T. Yagihashi, and S. Sannai. 1987. Evaluation of respiratory lesions in chickens induced by Mycoplasma gallisepticum. *Nippon Juigaku Zasshi—Japanese Journal of Veterinary Science* 49:621 - 629.

[310]Nunoya, T., T. Yagihashi, M. Tajima, and Y. Nagasawa. 1995. Occurrence of keratoconjunctivitis apparently caused by Mycoplasma gallisepticum in layer chickens. *Vet Pathol* 32:11 - 18.

[311]O'Connor, R. J., K. S. Turner, J. E. Sander, S. H. Kleven, T. P. Brown, L. Gomez, Jr., and J. L. Cline. 1999. Pathogenic effects on domestic poultry of a mycoplasma gallisepticum strain isolated from a wild house finch. *Avian Dis* 43:640 - 648.

[312]Olson, N. O., J. O. Heishman, and A. Cambell. 1962. Dipping of hatching eggs in erythromycin for the control of mycoplasma. *Avian Diseases* 6:191 -194.

[313]Opitz, H. M. and M. J. Cyr. 1986. Triton X-100-solubilized Mycoplasma gallisepticum and M. synoviae ELISA antigens. *Avian Diseases* 30:213 - 215.

[314]Ortiz, A., R. Froyman, and S. H. Kleven. 1995. Evaluation of enrofloxacin against egg transmission of Mycoplasma gallisepticum. *Avian Dis* 39:830 - 836.

[315]Ose, E. E., R. H. Wellenreiter, and L. V. Tonkinson. 1979. Effects of feeding tylosin to layers exposed to Mycoplasma gallisepitcum. *Poultry Science* 58:42 - 49.

[316]Panangala, V. S., M. A. Morsy, M. M. Gresham, and M. Toivio Kinnucan. 1992. Antigenic variation of Mycoplasma gallisepticum, as detected by use of monoclonal antibodies. *American Journal of Veterinary Research* 53:1139 - 1144.

[317]Pang, Y., H. Wang, T. Girshick, Z. Xie, and M. I. Khan. 2002. Development and application of a multiplex polymerase chain reaction for avian respiratory agents. *Avian Dis* 46:691 - 699.

[318]Papazisi, L., S. Frasca, Jr., M. Gladd, X. Liao, D. Yogev, and S. J. Geary. 2002. GapA and CrmA coexpression is essential for Mycoplasma gallisepticum cytadherence and virulence. *Infect Immun* 70:6839 -6845.

[319]Papazisi, L., T. S. Gorton, G. Kutish, P. F. Markham, G. F. Browning, D. K. Nguyen, D. Swartzell, A. Madan, G. Mahairas, and S. J. Geary. 2003. The complete genome sequence of the avian pathogen Mycoplasma gallisepticum strain R (low). *Microbiology* 149:2307 -

2316.

［320］Papazisi，L.，L. K. Silbart，S. Frasca，D. Rood，X. Liao，M. Gladd，M. A. Javed，and S. J. Geary. 2002. A modified live Mycoplasma gallisepticum vaccine to protect chickens from respiratory disease. *Vaccine* 20：3709 - 3719.

［321］Papazisi，L.，K. E. Troy，T. S. Gorton，X. Liao，and S. J. Geary. 2000. Analysis of cytadherence-deficient，GapA-negative Mycoplasma gallisepticum strain R. *Infect Immun* 68：6643 - 6649.

［322］Peebles，E. D.，S. L. Branton，M. R. Burnham，and P. D. Gerard. 2003. Influences of supplemental dietary poultry fat and F-strain Mycoplasma gallisepticum infection on the early performance of commercial egg laying hens. *Poult Sci* 82：596 - 602.

［323］Pennycott，T. W.，C. M. Dare，C. A. Yavari，and J. M. Bradbury. 2005. Mycoplasma sturni and Mycoplasma gallisepticum in wild birds in Scotland. *Vet Rec* 156：513 -515.

［324］Pillai，S. R.，H. L. Mays，Jr.，D. H. Ley，P. Luttrell，V. S. Panangala，K. L. Farmer，and S. R. Roberts. 2003. Molecular variability of house finch Mycoplasma gallisepticum isolates as revealed by sequencing and restriction fragment length polymorphism analysis of the pvpA gene. *Avian Dis* 47：640 - 648.

［325］Pruthi，A. K. and M. U. Kharole. 1981. Sequential pathology of genital tract in chickens experimentally infected with Mycoplasma gallisepticum. *Avian Diseases* 25：768 - 778.

［326］Razin，S. 1992. Mycoplasma taxonomy and ecology. In J. Maniloff，R. N. McElhaney，L. R. Finch，and J. Baseman Mycoplasmas：molecular biology and pathogenesis，（3 - 22）Washington，DC：American Society for Microbiology.

［327］Razin，S. and E. Jacobs. 1992. Mycoplasma adhesion. *Journal of General Microbiology* 138：407 -422.

［328］Razin，S.，D. Yogev，and Y. Naot. 1998. Molecular biology and pathogenicity of mycoplasmas. *Microbiol Mol Biol Rev* 62：1094 - 1156.

［329］Reddy，S. K.，S. Pratik，S. Amer，J. A. Newman，P. Singh，and A. Silim. 1998. Lymphoproliferative responses of specific-pathogen-free chickens to Mycoplasma gallisepticum strain PG31. *Avian Pathology* 27：277 - 283.

［330］Reece，R. L.，L. Ireland，and D. A. Barr. 1986. Infectious sinusitis associated with Mycoplasma gallisepticum in game-birds. *Australian Veterinary Journal* 63：167 -

168.

［331］Reinhardt，A. K.，A. V. Gautier-Bouchardon，M. Gicquel-Bruneau，M. Kobisch，and I. Kempf. 2005. Persistence of Mycoplasma gallisepticum in chickens after treatment with enrofloxacin without development of resistance. *Vet Microbiol* 106：129 - 137.

［332］Reinhardt，A. K.，I. Kempf，M. Kobisch，and A. V. Gautier-Bouchardon. 2002. Fluoroquinolone resistance in Mycoplasma gallisepticum：DNA gyrase as primary target of enrofloxacin and impact of mutations in topoisomerases on resistance level. *J Antimicrob Chemother* 50：589 - 592.

［333］Rhoades，K. R. 1981. Pathogenicity of strains of the IJKNQR group of avian mycoplasmas for turkey embryos and poults. *Avian Diseases* 25：104 - 111.

［334］Roberts，D. H. and J. W. McDanial. 1967. Mechanism of egg transmission of Mycoplasma gallispeticum. *J Comp Pathol* 77：439 - 442.

［335］Roberts，S. R.，P. M. Nolan，and G. E. Hill. 2001. Characterization of Mycoplasma gallisepticum infection in captive house finches（Carpodacus mexicanus）in 1998. *Avian Dis* 45：70 - 75.

［336］Roberts，S. R.，P. M. Nolan，L. H. Lauerman，L. Q. Li，and G. E. Hill. 2001. Characterization of the mycoplasmal conjunctivitis epizootic in a house finch population in the southeastern USA. *J Wildl Dis* 37：82 -88.

［337］Rodriguez，R. and S. H. Kleven. 1980. Evaluation of a vaccine against Mycoplasma gallisepticum in commercial broilers. *Avian Diseases* 24：879 - 889.

［338］Rodriguez，R. and S. H. Kleven. 1980. Pathogenicity of two strains of Mycoplasma gallisepticum in broilers. *Avian Diseases* 24：800 - 807.

［339］Rosengarten，R.，S. Levisohn，and D. Yogev. 1995. A 41-kDa variable surface protein of Mycoplasma gallisepticum has a counterpart in Mycoplasma imitans and Mycoplasma iowae. *FEMS Microbiology Letters* 132：115 - 123.

［340］Rosengarten，R. and D. Yogev. 1996. Variant colony surface antigenic phenotypes within mycoplasma strain populations：implications for species identification and strain standardization. *Journal of Clinical Microbiology* 34：149 - 158.

［341］Ross，T.，M. Slavik，G. Bayyari，and J. Skeeles. 1990. Elimination of mycoplasmal plate agglutination cross-reactions in sera from chickens inoculated with infectious bursal disease viruses. *Avian Diseases* 34：663 - 667.

[342] Saito, S. , A. Fujisawa, S. Ohkawa, N. Nishimura, T. Abe, K. Kodama, K. Kamogawa, S. Aoyama, Y. Iritani, and Y. Hayashi. 1993. Cloning and DNA sequence of a 29 kilodalton polypeptide gene of Mycoplasma gallisepticum as a possible protective antigen. *Vaccine* 11: 1061 -1066.

[343] Salisch, H. , K. H. Hinz, H. D. Graack, and M. Ryll. 1998. A comparison of a commercial PCR-based test to culture methods for detection of Mycoplasma gallisepticum and Mycoplasma synoviae in concurrently infected chickens. *Avian Pathology* 27:142 - 147.

[344] Salisch, H. , M. Ryll, K. H. Hinz, and U. Neumann. 1999. Experiences with multispecies polymerase chain reaction and specific oligonucleotide probes for the detection of Mycoplasma gallisepticum and Mycoplasma synoviae. *Avian Pathology* 28:337 -344.

[345] Santha, M. , K. Burg, I. Rasko, and L. Stipkovits. 1987. A species-specific DNA probe for the detection of Mycoplasma gallisepticum. *Infection & Immunity* 55: 2857 - 2859.

[346] Santha, M. , K. Lukacs, K. Burg, S. Bernath, I. Rasko, and L. Stipkovits. 1988. Intraspecies genotypic heterogeneity among Mycoplasma gallisepticum strains. *Applied & Environmental Microbiology* 54:607 - 609.

[347] Sasipreeyajan, J. , D. A. Halvorson, and J. A. Newman. 1987. Effect of Mycoplasma gallisepticum bacterin on egg-transmission and egg production. *Avian Diseases* 31:776 - 781.

[348] Sato, S. 1996. Avian mycoplasmosis in Asia. *Rev Sci Tech* 15:1555 - 1567.

[349] Savelkoul, P. H. , H. J. Aarts, J. de Haas, L. Dijkshoorn, B. Duim, M. Otsen, J. L. Rademaker, L. Schouls, and J. A. Lenstra. 1999. Amplified-fragment length polymorphism analysis: the state of an art. *J Clin Microbiol* 37:3083 - 3091.

[350] Shimizu, T. and M. Miyata. 2002. Electron microscopic studies of three gliding Mycoplasmas, Mycoplasma mobile, M. pneumoniae, and M. gallisepticum, by using the freeze-substitution technique. *Curr Microbiol* 44:431 - 434.

[351] Shryock, T. R. , P. R. Klink, R. S. Readnour, and L. V. Tonkinson. 1994. Effect of bentonite incorporated in a feed ration with tilmicosin in the prevention of induced Mycoplasma gallisepticum airsacculitis in broiler chickens. *Avian Dis* 38:501 - 505.

[352] Silveira, R. M. , L. Fiorentin, and E. K. Marques. 1996. Polymerase chain reaction optimization for Mycoplasma

gallisepticum and M. synoviae diagnosis. *Avian Diseases* 40:218 - 222.

[353] Silveira, R. M. , E. K. Marques, N. B. Nardi, and L. Fiorentin. 1993. Monoclonal antibodies species-specific to Mycoplasma gallisepticum and M. synoviae. *Avian Diseases* 37:888 - 890.

[354] Slavik, M. F. , S. D. Maruca, and J. K. Skeeles. 1982. Detection of inhibitors in chicken tracheal washings against Mycoplasma gallisepticum. *Avian Diseases* 26: 118 - 126.

[355] Slavik, M. F. , R. F. Wang, and W. W. Cao. 1993. Development and evaluation of the polymerase chain reaction method for diagnosis of Mycoplasma gallisepticum infection in chickens. *Mol Cell Probes* 7:459 - 463.

[356] Soeripto, K. G. Whithear, G. S. Cottew, and K. E. Harrigan. 1989. Virulence and transmissibility of Mycoplasma gallisepticum. *Australian Veterinary Journal* 66: 65 -72.

[357] Spencer, D. L. , K. T. Kurth, S. A. Menon, T. VanDyk, and F. C. Minion. 2002. Cloning and analysis of the gene for a major surface antigen of Mycoplasma gallisepticum. *Avian Dis* 46:816 - 825.

[358] Stakenborg, T. , J. Vicca, R. Verhelst, P. Butaye, D. Maes, A. Naessens, G. Claeys, C. De Ganck, F. Haesebrouck, and M. Vaneechoutte. 2005. Evaluation of tRNA gene PCR for identification of mollicutes. *J Clin Microbiol* 43:4558 - 4566.

[359] Stallknecht, D. E. , M. P. Luttrell, J. R. Fischer, and S. H. Kleven. 1998. Potential for transmission of the finch strain of Mycoplasma gallisepticum between house finches and chickens. *Avian Dis* 42:352 -358.

[360] Stanley, W. A. , C. L. Hofacre, G. Speksnijder, S. H. Kleven, and S. E. Aggrey. 2001. Monitoring Mycoplasma gallisepticum and Mycoplasma synoviae infection in breeder chickens after treatment with enrofloxacin. *Avian Dis* 45:534 - 539.

[361] Stipkovits, L. , E. Csiba, G. Laber, and D. G. Burch. 1992. Simultaneous treatment of chickens with salinomycin and tiamulin in feed. *Avian Dis* 36:11 -16.

[362] Stipkovits, L. , G. Czifra, and B. Sundquist. 1993. Indirect ELISA for the detection of a specific antibody response against Mycoplasma gallisepticum. *Avian Pathology* 22:481 - 494.

[363] Stuart, E. E. and H. W. Bruins. 1963. Preincubation immersion of eggs in erythromycin to control chronic respiratory disease. *Avian Diseases* 7:287 -293.

[364] Sundquist, B. G. , G. Czifra, and L. Stipkovits. 1996.

Protective immunity induced in chicken by a single immunization with Mycoplasma gallisepticum immunostimulating complexes (ISCOMS). *Vaccine* 14：892 - 897.

[365]Sydenstricker, K. V. , A. A. Dhondt, D. M. Hawley, C. S. Jennelle, H. W. Kollias, and G. V. Kollias. 2006. Characterization of experimental Mycoplasma gallisepticum infection in captive house finch flocks. *Avian Dis* 50：39 - 44.

[366]Sydenstricker, K. V. , A. A. Dhondt, D. H. Ley, and G. V. Kollias. 2005. Re-exposure of captive house finches that recovered from Mycoplasma gallisepticum infection. *J Wildl Dis* 41：326 - 333.

[367]Tajima, M. , T. Nunoya, and T. Yagihashi. 1979. An ultrastructural study on the interaction of Mycoplasma gallisepticum with the chicken tracheal epithelium. *American Journal of Veterinary Research* 40：1009 -1014.

[368]Tajima, M. , T. Yagihashi, and Y. Miki. 1982. Capsular material of Mycoplasma gallisepticum and its possible relevance to the pathogenic process. *Infection & Immunity* 36：830 - 833.

[369]Takagi, H. and A. Arakawa. 1980. The growth and cilia-stopping effect of Mycoplasma gallisepticum 1RF in chicken tracheal organ cultures. *Research in Veterinary Science* 28：80 - 86.

[370] Takahata, T. , M. Takei, M. Kato, and T. Shimizu. 1996. Responses of dot-immunobinding and agglutinating antibodies in chickens infected with mycoplasmas. *Journal of the Japan Veterinary Medical Association* 49：533 - 535.

[371]Talkington, F. D. and S. H. Kleven. 1983. A classification of laboratory strains of avian mycoplasma serotypes by direct immunoflorescence. *Avian Diseases* 27：422 -429.

[372]Talkington, F. D. and S. H. Kleven. 1984. Additional information on the classification of avian Mycoplasma serotypes. *Avian Diseases* 28：278 - 280.

[373]Talkington, F. D. and S. H. Kleven. 1985. Evaluation of protection against colonization of the chicken trachea following administration of Mycoplasma gallisepticum bacterin. *Avian Diseases* 29：998 - 1003.

[374]Talkington, F. D. , S. H. Kleven, and J. Brown. 1985. An enzymelinked immunosorbent assay for the detection of antibodies to Mycoplasma gallisepticum in experimentally infected chickens. *Avian Diseases* 29：53 -70.

[375]Tanner, A. C. , A. P. Avakian, H. J. Barnes, D. H. Ley, T. T. Migaki, and R. A. Magonigle. 1993. A comparison of danofloxacin and tylosin in the control of induced Mycoplasma gallisepticum infection in broiler chicks. *Avian Dis* 37：515 - 522.

[376]Tanner, A. C. , B. Z. Erickson, and R. F. Ross. 1993. Adaptation of the Sensititre broth microdilution technique to antimicrobial susceptibility testing of Mycoplasma hyopneumoniae. *Veterinary Microbiology* 36：301 - 306.

[377]Thekisoe, M. M. , P. A. Mbati, and S. P. Bisschop. 2003. Diseases of free-ranging chickens in the Qwa-Qwa District of the northeastern Free State province of South Africa. *J S Afr Vet Assoc* 74：14 -16.

[378]Thomas, L. , M. Davidson, and R. T. McClusky. 1966. The production of cerebral polyarteritis by Mycoplasma gallisepticum in turkeys; the neurotoxic property of the mycoplasma. *J Experim Med* 123：897 - 912.

[379]Throne Steinlage, S. J. , N. Ferguson, J. E. Sander, M. Garcia, S. Subramanian, V. A. Leiting, and S. H. Kleven. 2003. Isolation and characterization of a 6/85-like Mycoplasma gallisepticum from commercial laying hens. *Avian Dis* 47：499 - 505.

[380]Tigges, E. and F. C. Minion. 1994. Physical map of Mycoplasma gallisepticum. *J Bacteriol* 176：4157 -4159.

[381]Timms, L. M. , R. N. Marshall, and M. F. Breslin. 1989. Evaluation of the efficacy of chlortetracycline for the control of chronic respiratory disease caused by Escherichia coli and Mycoplasma gallisepticum. *Research in Veterinary Science* 47：377 - 382.

[382]Trampel, D. W. and O. J. Fletcher. 1981. Light microscopic, scanning electron microscopic, and histomorphometric evaluation of Mycoplasma gallisepticum-induced airsacculitis in chickens. *Am J Vet Res* 42：1281 - 1289.

[383]Truscott, R. B. , A. E. Ferguson, H. L. Ruhnke, J. R. Pettit, A. Robertson, and G. Speckmann. 1974. An infection in chickens with a strain of Mycoplasma gallisepticum of low virulence. *Can J Comp Med* 38：341 - 343.

[384]Turner, K. S. and S. H. Kleven. 1998. Eradication of live F strain Mycoplasma gallisepticum vaccine using live ts -11 on a multiage commercial layer farm. *Avian Dis* 42：404 - 407.

[385]Ulgen, M. , A. Sen, and T. Carli. 1998. Investigation of pathogenicity of Mycoplasma isolates from chickens in tracheal organ cultures. *Veterinarium* 9：52 - 55.

[386]van der Heide, L. 1977. Vaccination can control costly

chronic respiratory disease in poultry. *Research Report*, *Conn Storrs Agric Exp Stn* 47:26.

[387] Van Loock, M., T. Geens, L. De Smit, H. Nauwynck, P. Van Empel, C. Naylor, H. M. Hafez, B. M. Goddeeris, and D. Vanrompay. 2005. Key role of Chlamydophila psittaci on Belgian turkey farms in association with other respiratory pathogens. *Vet Microbiol* 107:91 - 101.

[388] Van Roekel, H., J. E. Gray, N. L. Shipkowitz, M. K. Clarke, and R. M. Luchini. 1957. Univ Mass Agric Exp Stn Bull 486.

[389] Van Roekel, H. and O. M. Olesiuk. 1953. Proc 90th Annu Meet Am Vet Med Assoc, 289 - 303.

[390] Varley, J. and F T. W. Jordan. 1978. The response of turkey poults to experimental infection with strains of M. gallisepticum of different virulence and with M. gallinarum. *Avian Pathol* 7:383 - 395.

[391] Wang, C., M. Ewing, and S. Y. Aarabi. 2001. *In vitro* susceptibility of avian mycoplasmas to enrofloxacin, sarafloxacin, tylosin, and oxytetracycline. *Avian Dis* 45:456 - 460.

[392] Wang, H., A. A. Fadl, and M. I. Khan. 1997. Multiplex PCR for avian pathogenic mycoplasmas. *Mol Cell Probes* 11:211 - 216.

[393] Weisburg, W. G., J. G. Tully, D. L. Rose, J. P. Petzel, H. Oyaizu, D. Yang, L. Mandelco, J. Sechrest, T. G. Lawrence, J. Van Etten, and *et al*. 1989. A phylogenetic analysis of the mycoplasmas: basis for their classification. *J Bacteriol* 171:6455 -6467.

[394] Wellehan, J. F., M. Calsamiglia, D. H. Ley, M. S. Zens, A. Amonsin, and V. Kapur. 2001. Mycoplasmosis in captive crows and robins from Minnesota. *J Wildl Dis* 37:547 - 555.

[395] Wellehan, J. F., M. S. Zens, M. Calsamiglia, P. J. Fusco, A. Amonsin, and V. Kapur. 2001. Diagnosis and treatment of conjunctivitis in house finches associated with mycoplasmosis in Minnesota. *J Wildl Dis* 37:245 -251.

[396] Whithear, K. G. 1996. Control of avian mycoplasmoses by vaccination. *Rev Sci Tech* 15:1527 - 1553.

[397] Whithear, K. G., K. E. Harrigan, and S. H. Kleven. 1996. Standardized method of aerosol challenge for testing the efficacy of Mycoplasma gallisepticum vaccines. *Avian Dis* 40:654 - 660.

[398] Whithear, K. G., Soeripto, K. E. Harrigan, and E. Ghiocas. 1990. Immunogenicity of a temperature sensitive mutant Mycoplasma gallisepticum vaccine. *Australian Veterinary Journal* 67:168 - 174.

[399] Whithear, K. G., Soeripto, K. E. Harringan, and E. Ghiocas. 1990. Safety of temperature sensitive mutant Mycoplasma gallisepticum vaccine. *Australian Veterinary Journal* 67:159 - 165.

[400] Wieslander, A., M. J. Boyer, and H. Wroblewski. 1992. Membrane Protein Structure. In J. Maniloff, R. N. McElhaney, L. R. Finch, and J. Baseman Mycoplasmas: Molecular Biology and Pathogenesis, (93 - 112) Washington, D. C. : American Society for Microbiology.

[401] Winner, F., I. Markova, P. Much, A. Lugmair, K. Siebert-Gulle, G. Vogl, R. Rosengarten, and C. Citti. 2003. Phenotypic switching in Mycoplasma gallisepticum hemadsorption is governed by a highfrequency, reversible point mutation. *Infect Immun* 71:1265 - 1273.

[402] Winner, F., R. Rosengarten, and C. Citti. 2000. *In vitro* cell invasion of Mycoplasma gallisepticum. *Infect Immun* 68:4238 - 4244.

[403] Wu, C. M., H. Wu, Y. Ning, J. Wang, X. Du, and J. Shen. 2005. Induction of macrolide resistance in Mycoplasma gallisepticum *in vitro* and its resistance-related mutations within domain V of 23 S rRNA. *FEMS Microbiol Lett* 247:199 - 205.

[404] Yagihashi, T., T. Nunoya, S. Sannai, and M. Tajima. 1992. Comparison of immunity induced with a Mycoplasma gallisepticum bacterin between high- and low-responder lines of chickens. *Avian Dis* 36:125 - 133.

[405] Yagihashi, T., T. Nunoya, and M. Tajima. 1987. Immunity induced with an aluminum hydroxide-adsorbed Mycoplasma gallisepticum bacterin in chickens. *Avian Diseases* 31:149 - 155.

[406] Yagihashi, T. and M. Tajima. 1986. Antibody responses in sera and respiratory secretions from chickens infected with Mycoplasma gallisepticum. *Avian Diseases* 30:543 -550.

[407] Yamamoto, R. and H. E. Adler. 1956. The effect of certain antibiotics and chemical agents on pleuropneumonia-like agents of avian origin. *American Journal of Veterinary Research* 17:538 - 542.

[408] Yamamoto, Y. and H. E. Adler. 1958. Characteristics of pleuropneumonia-like organisms of avian origin. II. Cultural, biochemical, morphological and further serological studies. *Journal of Infectious Diseases* 102:243 -250.

[409] Yamamoto, Y. and H. E. Adler. 1958. Characterization of pleuropneumonia-like organisms of avian origin. 1. Antigenic analysis of seven strains and their comparative pathogenicity for birds. *Journal of Infectious Dis-*

eases 102:143-152.

[410]Yoder,H. W. ,Jr. 1964. Characterization of avian Mycoplasma. *Avian Dis* 8:481-512.

[411]Yoder,H. W. ,Jr. 1970. Preincubation heat treatment of chicken hatching eggs to inactivate mycoplasma. *Avian Dis* 14:75-86.

[412]Yoder,H. W. ,Jr. 1986. A historical account of the diagnosis and characterization of strains of Mycoplasma gallisepticum of low virulence. *Avian Diseases* 30:510-518.

[413]Yoder,H. W. ,Jr. 1988. Unpublished data.

[414]Yoder,H. W. ,Jr. 1989. Nonspecific reactions to Mycoplasma serum plate antigens induced by inactivated poultry disease vaccines. *Avian Diseases* 33:60-68.

[415]Yoder,H. W. ,Jr. and M. S. Hofstad. 1965. Evaluation of tylosin in preventing egg transmission of Mycoplasma gallisepticum in chickens. *Avian Diseases* 9:291-301.

[416]Yoder,H. W. ,Jr. and S. R. Hopkins. 1985. Efficacy of experimental inactivated mycoplasma gallisepticum oil-emulsion bacterin in egg-layer chickens. *Avian Diseases* 29:322-334.

[417]Yoder,H. W. ,Jr. ,S. R. Hopkins,and B. W. Mitchell. 1984. Evaluation of inactivated Mycoplasma gallisepticum oil-emulsion bacterins for protection against airsacculitis in broilers. *Avian Diseases* 28:224-234.

[418]Yogev,D. ,S. Levisohn,S. H. Kleven,D. Halachmi,and S. Razin. 1988. Ribosomal RNA gene probes to detect intraspecies heterogeneity in Mycoplasma gallisepticum and M. synoviae. *Avian Diseases* 32:220-231.

[419]Yogev,D. ,D. Menaker,K. Strutzberg,S. Levisohn,H. Kirchhoff,K. H. Hinz,and R. Rosengarten. 1994. A surface epitope undergoing high-frequency phase variation is shared by Mycoplasma gallisepticum and Mycoplasma bovis. *Infect Immun* 62:4962-4968.

[420]Yoshida,S. ,A. Fujisawa,Y. Tsuzaki,and S. Saitoh. 2000. Identification and expression of a Mycoplasma gallisepticum surface antigen recognized by a monoclonal antibody capable of inhibiting both growth and metabolism. *Infect Immun* 68:3186-3192.

[421]Zain,Z. M. and J. M. Bradbury. 1995. The influence of type of swab and laboratory method on the recovery of Mycoplasma gallisepticum and Mycoplasma synoviae in broth medium. *Avian Pathology* 24:707-716.

[422]Zain,Z. M. and J. M. Bradbury. 1996. Optimising the conditions for isolation of Mycoplasma gallisepticum collected on applicator swabs. *Vet Microbiol* 49:45-57.

[423]Zaki,M. M. ,N. Ferguson,V. Leiting,and S. H. Kleven. 2004. Safety of Mycoplasma gallisepticum vaccine strain 6/85 after back-passage in turkeys. *Avian Dis* 48:642-646.

[424]Zander,D. V. 1961. Origin of S6 strain Mycoplasma. *Avian Diseases* 5:154-156.

[425]Zanella,A. ,P. A. Martino,A. Pratelli,and M. Stonfer. 1998. Development of antibiotic resistance in Mycoplasma gallisepticum *in vitro*. *Avian Pathology* 27:591-596.

火鸡支原体感染

Mycoplasma meleagridis Infection
R. P. Chin，G. Yan Ghazikhanian 和 Isabelle Kempf

引　言

定义和同义名

火鸡支原体（MM）（胸膜肺炎类微生物的N株，H血清型）是火鸡的一种特异性病原体，经蛋传递，使子代火鸡患气囊炎。该病的其他表现形式包括：孵化率降低、骨骼异常以及生长发育不良。

经济意义

火鸡业因MM造成的经济损失主要根源于经蛋传播的感染。20世纪80年代早期，MM传播程度很高，在美国火鸡业，因MM感染而使孵化率降低导致的损失以及处理火鸡蛋以控制经蛋传播的花费估计每年高达940万美元[26]。目前，因为有大型火鸡繁育厂商供应无MM种蛋和雏鸡，由MM感染造成的火鸡业经济损失已经明显减少。

公共卫生意义

火鸡感染MM无公共卫生意义。

历　史

1958年，Alder等[4]首先证实，由感染蛋孵化出的雏火鸡，其患有的气囊炎不是由 MG 引起的，而与另一种支原体有关。从来源于 4 个州 8 个火鸡繁育群的雏火鸡的气囊病灶中分离出了这种支原体，后来命名为火鸡支原体。具有气囊炎和（或）呈现骨骼畸形的症候群曾被称为"1 日龄型气囊炎"[81]、"气囊炎缺陷综合征"[113] 或"火鸡综合征-65"（TS-65）[143]。

病 原 学

分类

Adler 等[4] 将 MM 命名为 N 株[153]，Kleckner[73]、Yoder 和 Hofstad[169]，及 Dierks 等[35] 将它划归于 H 血清型。

形态和染色

MM 肉汤培养物的涂片姬姆萨染色可见球状体，直径约 $0.4\mu m$，与 MG 相似[153,169]，这些球状体呈单个散在、成双或成小丛存在。超微结构研究显示，MM 不具有 MG 典型的气泡样结构，但在中央核区可见较厚的纤丝[140]。在 MM 和 MG 两种支原体中，核糖体都沿细胞外周表面分布成均匀的外层。其他学者类似的研究证实，MM 的主要形态是球形，其直径为 $200\sim700nm$[60]。另外一些形态（成链的链球菌样细胞）被认为是此菌经二等分裂复制而成，通过扫描电镜也可观察到类似的形态，包括短的细丝状体[68]。已证明该病原体有一酸性黏多糖荚膜。17 529 株的 DNA 中鸟嘌呤（G）与胞嘧啶（C）的碱基组成为 $27.0\%\sim28.1\%$，基因组的大小是 $(4.2\pm0.5)\times10^8$ 分子量，这两个数字在支原体中均属于下限[5]。

生长需要

MM 是一种兼性厌氧菌。最适生长温度为 $37\sim38℃$，在 $40\sim42℃$ 时生长缓慢。MM 的大多数分离株不易在肉汤中生长[44,148]。血清和血清成分（Difco 产品）是 MM 生长所需的基本成分。猪和马血清较为理想，但鸡和火鸡血清则不尽然[148]。

据报道，有几种培养基可用于 MM 的培养[148]。其中一种效果较好的肉汤培养基的组成包括：支原体肉汤粉（2.1%），酵母自溶物（1%），热灭活的马血清（56℃ 加热 30min）（15%）[98,118,153]。对固体培养基来讲，可再加入 Bacto 琼脂（1.2%）。培养基的最终 pH 为 $7.5\sim7.8$。新鲜酵母浸出液可被其脱水产品所代替[48]。另一种常用的培养基是改良的 Frey 氏培养基[49]，将在"滑液囊支原体感染"部分叙述。一种被称为 SP-4 的肉汤培养基，含有细胞培养的培养基成分，也很适合 MM 生长[44]。

时常发现某些批次的培养基不适合 MM 生长，足见此菌营养要求的复杂性。出现类似情况，问题往往可能源于其中的某种成分，包括配制培养基所用的水。

菌落形态

在琼脂培养基上培养 $2\sim3$ 天后，菌落小而平（直径 $0.04\sim0.2mm$），中心粗糙带有轮廓不明显的乳头。实验室传代株与新分离株相比，其菌落的乳头生长更为明显[153]。

生化特性

本菌不发酵葡萄糖或其他碳水化合物，也不还原四唑盐[153,169]，但可利用精氨酸[67]，具有磷酸酶活性[70]。将马红细胞置于火鸡肉浸液琼脂上，MM 能溶解马的红细胞[169]。

对理化因素的抵抗力

关于 MM 对理化因素的抵抗力知之甚少。想必大多数化学消毒剂可有效杀灭此菌[23]。

在 pH8.4～8.7 的肉汤中，MM 可存活 $25\sim30$ 天，并保持很高的滴度，即每毫升中含有 10^7 个菌落形成单位（$10^7CFU/mL$）[34]。新接种在琼脂平板上的培养物，置于室温下最少活 6 天[72,153]。本菌在空气中最少可活 6h[9]。在试管中，MM 的 4 个菌株置 45℃ 条件下，其灭活时间从 $6\sim24h$ 不等，而置于 47℃ 条件下 2 株 MM 的灭活时间介于 $40\sim120min$ 之间[89]。

将 MM 分离物的琼脂菌落捣碎混于 3% 的蔗糖中，冻存于 $-20\sim-70℃$，最少可保存 2 个月。

Yoder 和 Hofstad[169]发现琼脂斜面培养物盖以肉汤，贮存于−30℃，MM 至少存活 2 年。冻干的培养物可无限期存活[149]。火鸡精液中 MM 在低温保存后再解冻，实际活菌数量并没有下降[46]。

抗原结构

MM 在抗原性上与其他禽类支原体无关。用多克隆兔抗血清或单克隆抗体与 MM 反应发现菌株间有抗原性差异。而且用单克隆抗体对抗原表位进行分析表明，不像其他种支原体，MM 的一些抗原决定簇并不是在所有菌株上都表达[2,36]。凝集试验[4,169]、荧光抗体试验（FA）[31]、抗球蛋白[3]、生长抑制和代谢抑制[35,44,90,108]以及补体结合[50,106]试验等都可用于 MM 的鉴定。

少数分离株具有血凝活性[119,139,153]。当采用聚丙烯酰胺凝胶电泳和单向或双向免疫电泳比较有血凝性和无血凝性的 MM 菌株时，仅仅免疫电泳可观察到微弱的抗原性差异[44]。Rhoades 证实，是抗原决定簇的不同造成了血凝性与其他凝集性的不同[123]。

本菌还具有一种耐热的类脂质或多糖毒素，将它静脉注射到鸡后，能引起血清铜蓝蛋白的活性增加[33]。这种毒素与 Green 和 Hanson 所描述的荚膜物质[60]以及与血凝活性的关系目前尚不清楚。然而，血凝活性对毒力来说，并非必要因素，因为有些菌株没有血凝活性却致病力强[153,164]。

毒株分类与致病性

Ghazikhanian 和 Yamamoto[54,55]曾报道过 MM 的致病株与非致病株。在他们研究的 3 个毒株中，一株不能在动物体内繁殖，另一株能繁殖但不引起病变，第三株既能繁殖又能引起气囊炎。Zhao 等经 SDS‐PAGE 证实，这些菌株的细胞蛋白谱有所差异[172]。菌株差异导致这种微生物引起的临床表现不同[42]。

实验感染火鸡胚及气管内接种 MM 导致纤毛脱落和上皮细胞脱落[83]。当接种到 17 日龄火鸡胚的尿囊腔中，MM 引起脚趾弯曲，组织学研究方法包括扫描电镜，免疫组化，激光捕获显微切割和 PCR 方法显示软骨出现裂缝，骨头内出现细胞浸润，在跗蹠骨感染的关节中可分离到 MM[85]。有

研究发现 MM 能引起细胞表面的拓扑结构，蛋壳膜表面坏死[84]。

病理学和流行病学

发生和分布

早期的研究显示，MM 是一种常见的呈世界性分布的火鸡病原[4,10,61,91,116,127,135,142,143]。基于这些广泛的研究以及人们对 MM 经蛋传播的认识，20世纪 70 年代中期，一些主要的纯种火鸡繁育场启动了净化火鸡群中 MM 病原的程序[60]，随着这些程序的成功，在过去的 20 年中，世界主要火鸡产地的 MM 传播已经显著降低（详见"净化"部分）。

自然宿主和实验宿主

MM 是火鸡的特异性病原体。经卵黄囊途径注入火鸡胚胎可引起高发病率的气囊炎，但死亡率较低[150]。在自然和试验条件下，MM 对火鸡胚具有高感染率和低死亡率，这表明，本菌已获得了一种理想的"宿主-寄生物"关系。

MM 接种鸡胚卵黄囊，可繁殖到很高的滴度，但不引起高死亡率[158,169]，但可见脚趾形状异常和严重的气管剥离[82]。如经气囊或气管接种，MM 可使各种年龄的火鸡发生气囊感染[79,99,152]。鸡感染 MM 后很难治愈[2,151]。在德国有报道显示在捕获的野生鸟类体内存在 MM[88]，且 MM 可感染孔雀，鸽子和鹌鹑[66]。在稀有的草原鸡体内也检测到了 MM 抗体[62]。

传播

垂直传播

MM 主要通过蛋传播而持续不断地存在。母禽生殖道感染可能发生于以下几种情况：胚胎发育过程中的内源性感染[93]、在性成熟时闭锁板穿孔后从泄殖腔或法氏囊感染灶的上行性感染[92]，或由 MM 污染的精液授精而感染[79,98,100,155,161]。从未开产的雌火鸡阴道取样培养，发现火鸡群的感染率为 19%～57%。蛋的传播全是由于这种感染母鸡所致，尤其

是在感染率很高时，在产蛋季节，经蛋传播的持续作用还是支原体污染的精液授精起主要作用[75,79,162]。每只母鸡经蛋传播率从 10%～60%不等[155]。不过，所产的蛋到底有多少被感染则没有一定的规律[98]。在开产的最初 2～3 周，传染率很低，产蛋季节中期达到高峰，以后逐渐下降直至产蛋季节结束[14,79]。在产蛋期的传染方式似乎有某些波动[79,162]，但还不能把这种变化与授精程序联系起来。

如果只在母火鸡的上呼吸道（鼻窦）发现该菌，就不会发生经蛋传播[79,98,147]，如果母火鸡是经气囊感染的，用不带支原体的清洁精液授精，经蛋传播也极少[79]。

对 MM、MS 和 MG 进行比较研究发现，MM 比另外两种支原体更偏向于在成年火鸡的生殖器官中持续存在[147]。

尽管发育中的蛋在生殖系统中感染此菌的确切部位尚未定论，但不像是卵巢，因为有几例研究试图从已知经蛋传染的母鸡的卵中培养该菌，结果都告失败[98,147,155]。而且，在没有活动性腹腔气囊炎的情况下，经蛋传染的发生率仍然很高。

常从各段输卵管中分离出此菌，而最为常见的分离部位是阴道和子宫[100,155]。用带 MM 的精液重复授精的母鸡，子宫-阴道部的感染程度未必很高，但这样的母火鸡确实经蛋传递此菌[149]。有些用带菌精液授精的母火鸡，带菌部位可高达子宫狭部[79]。本菌已从自然感染的火鸡未孵化蛋的蛋壳膜和卵黄膜分离到，但后者的分离率（10%～12%）比前者（2%～4%）高[57]。曾报道卵黄膜上支原体的数量为 10^3～10^5 CFU[149]。因此，在蛋的形成过程中可能在输卵管的多个不同部位感染本菌，而感染的关键部位似乎是在输卵管伞或狭部。

雌火鸡的情况如此，而雄火鸡从孵出时即可检测到泄殖腔感染，并一直持续到性成熟；因此来源于这种雄火鸡的精液便含有支原体[147,167]。本菌停留在泄殖腔及阴茎处，并不上行到输精管或睾丸[118,147]。自然感染的雄性火鸡群中，阴茎或精液中 MM 的分离率为 13%～32%。对阴茎及附属器官进行的组织学研究表明，本菌可能存在于黏膜下腺体区域[52]。

水平传播

MM 的直接和间接传播可能发生在禽类生命周期的任何阶段。经空气的直接传播可发生在孵化器

内[79]或在群内[160]，或者偶发于间隔 1/4 英里的不同群之间[57]。空气传播在育成火鸡群中常导致较高的感染率（可达 100%），感染常常位于窦和气管[79,98]，但在育雏期和生长期的幼龄禽类经呼吸道途径感染时，感染群中约有 5%左右在生殖器官中有本菌存在[160]。

交配、阴道触诊、人工授精和免疫接种等操作，通过污染的手、衣物和设备可人为地将支原体从感染的火鸡传递给未感染的火鸡而引起间接传播[57,98]。

火鸡性成熟后，空气传播的意义变得不再重要。当未感染的雌火鸡饲养于笼养的感染雌火鸡附近时不会发生经蛋传播。同样地，将未感染的雄火鸡与阴茎感染的雄火鸡饲养在同一间饲养室，在整个生产期中，前者精液都没有 MM[147,149]。

临床症状

尽管被感染的母火鸡所生的小火鸡气囊炎的发生率很高，但很少见到呼吸道症状。在成年火鸡中由于直接或间接传染可能会导致较高的感染率，但很少出现临床病例。因此，在成年火鸡群中 MM 通常表现为"隐性感染"。

TS-65 的综合征（也称为气囊炎缺陷综合征）的一些症状不是支原体感染的常见表现，但它却可能与 MM 的蛋传播感染有关[59]。该综合征的症状包括跗跖骨弯曲、扭转和变短，跗关节肿大，这些症状都已在无 MM 的雏火鸡中人工复制出来[15,105,145,146,156]。颈椎变形[24,101]、身体矮小和羽毛异常[15]也是本病的特点。

MM 可与衣阿华支原体（*M. iowae*）协同作用产生严重的气囊炎[126]，或与 MS 协同作用产生严重的窦炎[117]。在发生 MM 和 MS 自然感染的鸡群，公鸡中窦炎的发生率约为 2.1%，母鸡中约为 0.13%[117]。一般来讲，任何一种病原均不能单独产生窦炎，已有临床病例从窦渗出液中仅分离到 MM。

发病率与死亡率

繁殖性能

火鸡支原体不影响产蛋量和受精率，也不引起孵化早期死亡[30,159]。但人工[26,159]或自然感染[38]火鸡胚可引起孵化后期（25～28 天）死亡。据估计，

在商业生产条件下，MM引起受精蛋的孵化率损失约5%～6%[41]。Edson[38]采用风险分析，确定了由MM和/或一种未鉴定的支原体自然感染鸡胚的死亡率。分析表明，感染MM、未定型支原体及同时感染两者引起的死亡率分别为无支原体感染鸡胚的5、7和25倍。未定型支原体后来被鉴定为衣阿华支原体[149]，是一种可引起火鸡孵化率下降的常见支原体[125]。

气囊病变与淘汰

在20世纪60年代中期，曾有报道，与MM感染有关的气囊炎在美国是炸—烤火鸡屠检淘汰的主要原因之一[6,78]。据报道，在实验室和商品化生产条件下，一个养殖期内MM感染鸡群的首批雏火鸡气囊病变率为10%～25%[47,79,98,155]。

由于单纯MM感染引起的气囊病变大约在15～16周时消退[10,167]，所以火鸡的全程气囊病变可能有其他病原或别的因素参与。Anderson等[6]观察到，火鸡在多尘埃环境中饲养到12周龄时，由MM引起的气囊病变能增加2倍或更多。

Brown和Nestor认为血浆中肾上腺皮质激素（ACTH）浓度低的火鸡，在遭遇冷的应激后，对MM的抵抗力较ACTH浓度高的火鸡强[22]。Saif等用MM和大肠杆菌感染雏火鸡复制出了并发性气囊炎[131]。MM和衣阿华支原体混合感染也可加重气囊病变[126]。因此，在青年火鸡，一些间接性因素可激发MM诱导的气囊病变。

骨骼异常与生长性能

被感染的雏火鸡1～6周龄时可发生与MM相关的骨骼异常（即TS-65综合征）[143]。可能有5%～10%的雏火鸡表现出临床症状，偶尔这个比例还可能更高些。不是所有的病例都发展到不可逆转的阶段[143]。本病的发病率似乎随着产蛋季节的时间推进而增加。死亡的主要原因是感染的火鸡相互戕啄所致。本病与火鸡特定的品种无关，但是雄性火鸡似更易感。

Peterson[112]发现，骨骼病变、气囊炎或高滴度的抗MM凝集价与雏火鸡患TS-65综合征呈正相关，这一发现也证明了，全身性蛋传感染是发生骨骼问题的先决条件[146]。根据体内和体外研究，人们进一步假设本菌可能破坏了鸡胚的生物素，从而导致骨骼发育异常[15,17]。还有其他学者假设本菌可能竞争地利用了骨骼发育所必需的精氨酸[156]。但其他体外试验表明：不同毒力的MM菌株对精氨酸的

需要没有差异；同样，腿部异常的感染雏火鸡和非感染雏火鸡血浆内精氨酸的浓度没有显著差异[67]。

Nelson等将大量的无MM的蛋和感染蛋分配到8个州的11个合作商，来研究在商业化饲养条件下的腿软综合征[105]。结果表明，无MM蛋孵化的幼雏，其总的日死亡率、幼雏淘汰数及其骨骼异形数等远较感染幼雏低，增重也明显优于感染幼雏[13,107,143]。

相反，其他学者未能证实无MM感染火鸡与感染火鸡相比有何经济优势[25,28,29]。实验结果趋异的可能原因尚不清楚，但诸如火鸡的遗传背景、MM株的毒力、环境应激和继发感染等因素都可能影响实验结果。

病理学

大体病变

源于感染母鸡的雏火鸡如果在孵出时有大体病变，也仅限于气囊，但病原菌却有可能广泛分布于不同组织，包括羽毛、皮肤、窦、气管、肺脏、气囊、法氏囊、肠道、泄殖腔[12,115,121]和跗关节[149]。气囊病变的特征是气囊壁增厚，囊壁组织上有黄色渗出物，偶尔有不同大小的干酪样物的絮片游离于气囊腔中[4]。到3～4周龄时，这样的病变常蔓延到腹气囊。也有可能在1日龄雏鸡的气囊中即有此菌，但不出现病变。像这样的情况，气囊病变可能在3～5周龄时出现[10]。当MM未与衣阿华支原体混合感染时产生的病变不如MG感染所表现的那样广泛或严重[35,81]。图21.5所示的即为

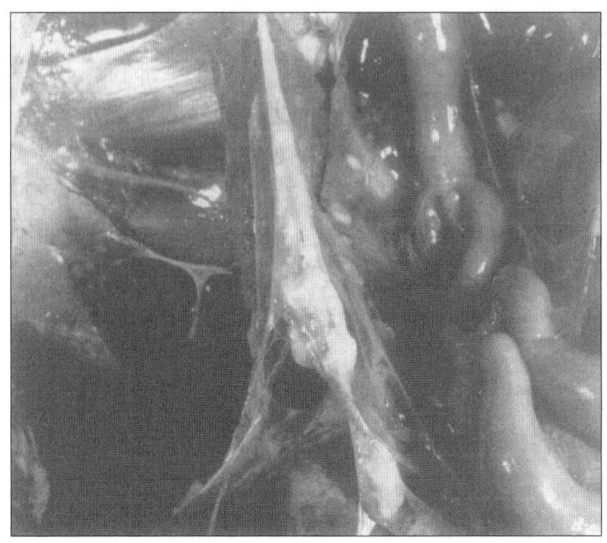

图21.5　蛋传火鸡支原体感染引起4周龄雏火鸡气囊炎

MM 感染蛋孵化出的雏火鸡患有干酪样化脓性气囊炎的情况。

若存在骨骼病变时，常伴有严重的气囊炎[112]。实验感染还可见其他病变如胸骨黏液囊炎[152]、滑液囊炎[131]及腹水。由于 MM 和 MS 混合感染所产生的窦炎可产生清亮黏液，严重时甚至产生干酪样渗出物[117]。MM 感染胚孵化出的雏火鸡的腿部异常如图 21.6 所示。

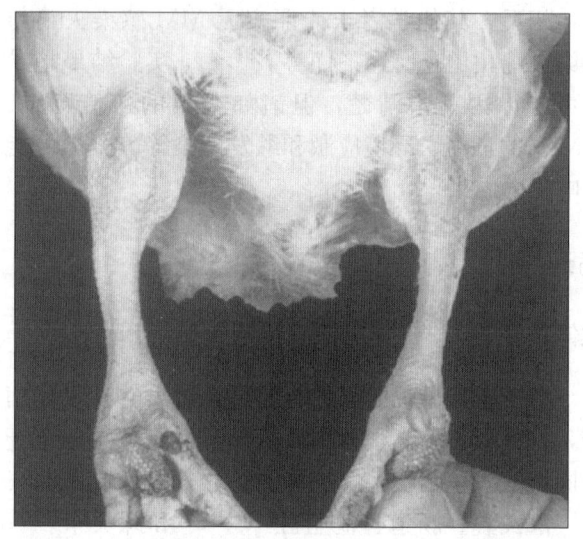

图21.6　火鸡支原体感染的蛋孵出的雏火鸡3周龄时跗跖骨弓形弯曲

组织学病变

感染 MM 的胚胎，仅见的炎症病变为渗出性气囊炎和肺炎。25～28 日龄时出现的病变与炎症细胞的成熟有关。气囊病变以中性粒细胞为主，并有一些单核细胞，其中包括淋巴细胞，另外还可见或多或少的纤维蛋白或细胞碎片。在严重感染的气囊中见有上皮坏死。肺部病变主要见有单核细胞及纤维蛋白[55,121]。虽然本菌可侵入许多部位，但在胚胎或幼雏的其他器官中未见有重要的或显著的显微变化[55]。

7 周龄雏火鸡经气囊感染 MM，2 天后观察到血管周围淋巴细胞浸润及含有纤维素与细胞的渗出物；约于 4～8 天，气囊上皮细胞的某些区域开始增生，而其他区域则有坏死。16 天后可见有淋巴滤泡。电镜检查发现，这些滤泡被形成包囊的胶原束所包围，是由来自法氏囊的成红细胞所组成，估计与抗体形成有关[120]。另外有些人还在胚胎期或 1～3 日龄时感染的雏火鸡中观察到极其相似的后续变化[7,55,102]。

Wise 等[143]指出，由 TS-65 所致的肉眼及显微镜下的长骨病变与营养代谢引起的脱腱病相似，主要病变见于长骨近端。从距血管最远的到软骨骨骺的增殖区里的软骨，细胞密度低并含有畸形的软骨细胞。在 6～8 周或更长时间的病例中，生长板通常正常，表明长骨变形严重，但修复工作仍在进行。所有被检长骨均可见生长板的增殖层发生这些细胞变化，故认为这是一种全身性反应。推测 MM 能够引起生长板的继发性营养障碍。

在有内翻变形的慢性病例中，其跗跖骨近端内侧的继发性病变是一种软骨发育不全或软骨营养障碍，这是由于在生长板处的干骺端血液供应部分失调而引起的[143]。

静脉接种 MM 的 2 周龄幼雏的跗关节的周围关节区，可观察到轻度的单核细胞浸润[114]。

在经由阴道感染的雌火鸡，最显著的病变是淋巴细胞呈小灶性积聚并有被膜包裹，并最常见于输卵管伞、子宫和阴道。在生殖道的固有层中还有相当数量的浆细胞和中性粒细胞。有人确信，包囊化的滤泡积极参与抗体的形成[122]。Ball 等曾报道过 MM 感染的火鸡生殖道中有类似的病变[8]。

Gerlach 等[52]对实验感染 MM 的雄火鸡的阴茎及附属器官进行组织学检查，唯一明显的变化是在淋巴皱襞黏膜下的黏液型腺体区域有广泛的淋巴滤泡形成。

免疫力

主动免疫

将 MM 通过静脉或呼吸道接种火鸡，21 周后再经同样途径攻毒，则接种过的火鸡对重复感染有抵抗力，但抗体效价与抵抗力无相关性[99]。对 20 周龄的母鸡采用活菌重复注射，未能诱导产生保护性免疫或降低蛋传播率[141]。

母鸡经阴道人工感染 MM 的培养物或污染的精液后，再用未污染的精液人工授精，本菌可在 4～14 周内从阴道中消失，但如果继续用污染的精液授精，母鸡会保持较高的感染率[75,79]。然而，对已知阴道中携带 MM 的未开产母鸡人工授精清洁的精液可导致较高的蛋传播率，且输卵管感染始终存在[38,162]。在上述的第一个研究中，似乎是一种主动免疫机制在清除感染源（如污染的精液）之后，发挥作用清除致病微生物。在上述的第二个研究中，感染的存在可能反映经蛋传播感染的母鸡具有免疫耐受的表现。

Yamamoto 等[166]发现，在上一次配种时通过输卵管感染的母火鸡，到下一个产蛋季节开始时并不呈现感染；而经阴茎感染的 5 只公火鸡，MM 在其体内存留达 55～344 天。这些发现和下述观察——即经蛋传播率在产蛋季节的后期下降——是一致的，这可能与主动免疫反应有关。Oritiz 等的研究认为[109]，MM 在胚胎发育期感染法氏囊，会削弱机体对固有抗原或灭活抗原的再次抗体应答。

被动免疫

大部分来自感染母火鸡的幼雏可检测到母源抗体（凝集素），并可持续至 2 周龄。这种抗体对感染胚的气囊病变无保护作用[99,155]。相反，将纯化的 IgM 和 IgG 抗体注射到感染鸡胚的尿囊腔时，可显著减少胚胎的死亡率和新孵出幼火鸡腿部畸形的发生率，但与对照组比较，不能降低气囊病变的发生率和 MM 的分离率[18]。

诊　　断

病原分离和鉴定

细菌分离和鉴定

购买商品化培养基或用实验室自制的培养基都可以很容易地分离出 MM（参阅"生长需要"部分）。在琼脂平板、斜面或肉汤中加入醋酸铊（1：4 000）和青霉素（1 000IU/mL）作为抑制剂。在肉汤覆盖液中加入多黏菌素 B（100IU/mL）有助于从严重污染的组织，如从泄殖腔或阴茎材料中分离出 MM。可在琼脂和肉汤中加入制霉菌素（50IU/mL）抑制真菌生长[100]。在含有多种培养物的样本中，加入抗其他种支原体的免疫血清，可选择性地分离 MM[20]。可从卵黄膜、气囊、肠道和感染胚胎的其他部位分离出该菌（参阅"大体病变"部分）。气囊途径感染的幼雏的肾中也能分离到 MM[145]。

大量采样进行田间研究（例如从气管、腭裂、阴道或阴茎采样培养），可将棉拭样品置于肉汤中[4]以便于运送至实验室，同时也可取得初步增菌的效果[110]。剖检时，可从呼吸系统（包括窦）和生殖系统的不同部位分离病菌。

初代分离时，通常在培养 4～6 天后发现 MM 在培养基中生长，随后可作平板划线，并将其置于可加湿的封闭容器中。平皿置 37℃培养 5～7 天，然后在解剖显微镜下检查菌落，至少要培养 10 天以上，才可判断为阴性。

根据 MM 不能利用葡萄糖但能代谢精氨酸和磷酸盐的特点，可将其与鸡和火鸡的其他支原体相区别[67,70,135,169]。但是，明确的鉴定必须基于血清学方法。常用的方法包括直接[31]和间接[20]荧光抗体试验（FA）、生长抑制试验[35]和免疫过氧化物酶试验[69,134]。另外，抗原捕获 ELISA 可以直接检测肉汤培养物中的支原体抗原[1]。

抗原检测

最近，DNA 检测技术被开发用来直接检测临床样品中的 MM[19,45,51,86,96,97,170,171]。PCR 方法的主要优势是快速，且能检测出背景复杂的样品中的 MM，如从经抗生素治疗的火鸡的泄殖腔拭子。

血清学

快速平板凝集（RP）和试管凝集试验（TA）可有效检测 MM 感染。感染蛋孵出的雏火鸡在 3 周内，以及接触感染的火鸡在 4～5 周内均可检出抗体。气囊处于病变过程中的火鸡可能有很高的凝集价；窦或阴茎局部感染的火鸡，其抗体可能为阴性或效价很低[2,99,167]。RP 试验可通过血清系列稀释来定量。在血清1：5稀释时，反应最为明显[164,167]，但诊断群体感染时，某些样品应做 1：10 或更高的稀释。为保证在高血清稀释倍数时的检测质量，每批抗原都应用标准阳性血清做预试验。

血凝抑制试验（HI）是另外一种检测 MM 感染抗体的实用方法[119,139]。虽然 MM 的无血凝性实验菌株不能引起火鸡高水平的 HI 抗体反应，但 HI 对检测自然感染火鸡的抗体非常有效[123]。显然，田间 MM 感染是由具有血凝活性的菌株引起的，但大部分菌株的血凝特性在培养基上培养后很快丧失[123]。因此，由于决定血凝性和凝集性的抗原决定簇不同[123]，感染群中个别火鸡 HI 抗体阳性而TA 试验结果阴性是可能发生的，相反的情况也可能发生[164]。

Yamamoto 等[164]对 HI 试验进行了改进，建立了一种微量凝集试验。使用 4 个单位的抗原，滴度 1∶40 为可疑，1∶80 或更高为阳性。当作为 RP 试验的最后确诊方法时，HI 阳性结果足以说明感染，但对 HI 阴性结果则要慎重解释，可能需要另外的确诊性试验或再进行重新检测，才能作出最后的诊断[165]。微量血凝抑制试验[149]已被用来鉴别近年来在火鸡群中由于使用丹毒（*Erysipelothrix*）疫苗免疫而产生的假阳性反应[16]。

Kleven 和 Pomeroy[74]发现，RP 试验能检测到 IgM；TA 试验能检测到 IgM 和 IgG；而检出 IgG 最有效方法的是 HI 试验。然而，火鸡经静脉接种高滴度 MM 的早期 HI 抗体反应是 IgM 抗体[124]。

为大量筛选而开发的其他试验方法包括微量凝集试验[157]、间接或阻断 ELISA[37,111]和亲和素-生物素增强斑点免疫酶法[32]。

鉴别诊断

由 MM 所引起的气囊病变必须与 MG、其他血清型的支原体和其他可能的致病因子所引起的气囊病变区别开来。如果观察到有胚胎死亡、窦炎或气囊炎发生，应考虑到 MS 或衣阿华支原体与 MM 混合感染的可能性。与 MM 感染有关的骨骼异常必须与由衣阿华支原体或营养不良而引起的相似病变相区别。

预防和控制

管理措施

尽管早期的研究特别强调使用不同的抗生素治疗控制火鸡的 MM 感染（参阅"治疗"部分），但原代种火鸡场的目标是为了从种群中根除该菌。因为所有的种群实际上都感染了 MM，所以控制 MG 十分有效的检测和屠杀方案对根除 MM 并不实用[163]。试验研究证明，通过浸泡方式或在蛋的气室[65]或"小头端"[43,94,95]注射抗生素可以降低经蛋传播率。蛋的加热处理[168]不能有效地清除火鸡蛋中的 MM[61,71,143]。泰乐菌素[76]或庆大霉素[129]对根除火鸡精液中 MM 的效果不佳，但壮观霉素（0.6mg/mL 的稀释液）[128]却很有效。这些为后来研究有效根除 MM 的工作奠定了基础。

净化

建立无 MM 感染种火鸡群的基本原理和程序包括：①通过血清学或细菌培养的方法使生殖道感染降低到最低水平。通过使用生殖器官未带菌的雄性火鸡来进行繁殖可有效地减少经蛋传染率。从阴茎或精液取样培养 3 代结果均为阴性的雄性火鸡则视为无感染。清除阴道带菌的母火鸡也可进一步减少感染率。一次采样检测即可检出多数带菌者。雄性火鸡在配种前几星期要采集样品进行培养，母鸡也要在产蛋前从泄殖腔或在产蛋期间从阴道采样进行培养。采集培养用样品或授精时必须要特别注意防止交叉污染[39]。②用有效的抗生素浸泡或注射处理火鸡蛋。因为这种操作可使种蛋的孵化率降低 10％ 或更高，在着手大规模开展之前应先进行预试验。要考虑到 MM 菌株可能产生抗药性，特别是那些药物治疗过的火鸡还必须被再利用的原代种鸡场[53,95,146]。③使用无 MM 污染的孵化器进行孵化或对火鸡进行隔离饲养。因为 MM 可以通过各种途径传入火鸡场（参阅"传播"部分）并常发生隐性感染，必须保证高水平的生物安全措施。④在 16 周龄时对治疗群进行血清学检测或细菌培养，以后定期进行，发现感染群立即清除。

采用上述原则，在实验条件下[147]和商业化生产中[56,57,80,107,144]均培育出了无 MM 火鸡。有一种用于原代种火鸡场净化 MM 的处理方法，即先在硫酸庆大霉素溶液（750～900mg/L）中浸蛋，随后将每羽份含 0.6mg 庆大霉素和 2.4mg 泰乐菌素的溶液注射到鸡蛋的"小头端"[57]。

Edson 等[40]根据泊松分布曲线建立了一个方程，对根除 MM 的成功率进行预测：$P(0) = e^{-na\beta h}$，成功的概率 $P(0)$ 通过以下数据来描述，其中 n 代表处理蛋的数量，a 代表蛋处理前的感染率，β 代表处理的失败率，h 代表处理蛋的孵化率。任何一个或所有 4 个参数值的降低均可能增加根除该病的可能性。这个预测性等式对进行管理决策来讲是一个有用的定量工具。目前，在世界范围内为商业化生产提供火鸡主要种源的原种场是无 MM 感染的。

Carpenter 等[27]介绍了一个经济决策分析技术，以帮助商品繁育厂商确定根除 MM 的经济优势。

国家家禽改良计划（NPIP）中制定的保证火

鸡种群无 MM 感染的计划已于 1983 年 1 月 1 日启动[133]。根据 2005 年 NPIP 的检测结果，579 个繁育群的 450 万只种鸡中 98.3％获得了"美国无 MM"资格认证[103]。这些数据和 1994 年的行业基础调查表明，自 20 世纪 80 年代初开始供应无 MM 火鸡群以来，在火鸡养殖业中降低 MM 流行的工作已经取得了重要进展[57,58,77]。同样，在欧洲的种火鸡群和肉用火鸡群，MM 感染程度非常低。在欧盟国家，第 90/539/EEC 指令提供了包括火鸡 MM 在内的疾病监测程序，该程序控制欧盟内部贸易及从第三世界进口的家禽和种蛋的卫生状态。

免疫接种

目前没有可防止火鸡感染 MM 的疫苗。

治疗

体外试验对 MM 有效的抗生素包括庆大霉素[130]、泰乐菌素、四环素[154]、壮观霉素-林可霉素[63]、泰妙菌素、壮观霉素、螺旋霉素[87]、强力霉素和氟喹诺酮[138]、交沙霉素[136]。用两个分离株感染火鸡胚胎所做的试验表明：对于这 2 株菌，泰乐菌素最为有效；四环素、金霉素和链霉素的作用效果不一，而红霉素无效[154]。

研究发现，在每升饮水中加入 2g/gal 的林可霉素和壮观霉素的混合物，连用 5 天[64]，或在饮水中加入 0.025％的泰妙菌素，连用 3 天，对 MM 感染有治疗作用[137]。恩诺沙星能有效降低已经受到多株 MM 感染的幼雏的死亡率[21]。对于产蛋火鸡，经非肠道注射或饮水途径给予泰乐菌素未能减少经蛋传播[14,78]。但是，用抗生素溶液浸蛋可明显降低气囊感染的发生率[11,78,112,132]，且可以提高孵化率[78,132]、改善生产性能[11,104]，减少骨骼异常的发生[104,112]，并减少加工过程中的淘汰率[78,104]。

20 世纪 60 年代后期至 80 年代初期，即在无 MM 感染蛋和幼雏开始供应之前，火鸡生产商常用的方法是将蛋浸泡于抗生素溶液中。通常将泰乐菌素（3 000mg/L）或庆大霉素（500mg/L）与季胺类化合物消毒药（250mg/L）联用作为浸泡液。然而，反复将孵化蛋浸泡在抗生素中降低 MM 感染发生的做法将导致耐抗生素菌株的产生[53]。主要的大型原种场根除 MM 可以减少商品场的浸蛋处理。最近，美国大多数大型火鸡养殖公司只有在面临潜在的 MM 感染暴发时才做浸蛋处理。

韩　雪　田克恭　张剑锐　译
吴培福　苏敬良　校

参考文献

[1] Abdelmoumen, B. B., and R. S. Roy. 1995. An enzyme-linked immunosorbent assay for detection of avian mycoplasma in culture. *Avian Dis* 39:85 - 93.

[2] Adler, H. 1958. A PPLO slide agglutination test for the detection of infectious sinusitis of turkeys. *Poult Sci* 37: 1116 - 1123.

[3] Adler, H. E., and A. J. DaMassa. 1964. Enhancement of Mycoplasma agglutination titers by use of anti-globulin. *Proc Soc Exp Biol Med* 116:608 - 610.

[4] Adler, H. E., J. Fabricant, R. Yamamoto, and J. Berg. 1958. Symposium on chronic respiratory diseases of poultry. I. Isolation and identification of pleuropneumonia-like organisms of avian origin. *Am J Vet Res* 19:440 -447.

[5] Allen, T. C. 1971. Base composition and genome size of Mycoplasma meleagridis deoxyribonucleic acid. *J Gen Microbiol* 69:285 - 286.

[6] Anderson, D. P., R. R. Wolfe, F. L. Cherms, and W. E. Roper. 1968. Influence of dust and ammonia on the development of air sac lesions in turkeys. *Am J Vet Res* 29:1049 - 1058.

[7] Arya, P. L., J. H. Sautter, and B. S. Pomeroy. 1971. Pathogenesis and histopathology of airsacculitis in turkeys produced by experimental inoculation of day-old poults with Mycoplasma meleagridis. *Avian Dis* 15:163 - 176.

[8] Ball, R. A., V. B. Singh, and B. S. Pomeroy. 1969. The morphologic response of the turkey oviduct to certain pathogenic agents. *Avian Dis* 13:119 - 133.

[9] Beard, C. W., and D. P. Anderson. 1967. Aerosol studies with avian Mycoplasma. I. Survival in the air. *Avian Dis* 11:54 - 59.

[10] Bigland, C. H. 1969. Natural resolution of air sac lesions caused by Mycoplasma meleagridis in turkeys. *Can J Comp Med* 33:169 - 172.

[11] Bigland, C. H. 1970. Experimental control of Mycoplasma meleagridis in turkeys by the dipping of eggs in tylosin and spiramycin. *Can J Comp Med* 34:26 - 30.

[12] Bigland, C. H. 1972. The tissue localization of Mycoplasma meleagridis in turkey embryos. *Can J Comp Med* 36:99 - 102.

[13] Bigland, C. H., and M. L. Benson. 1968. Mycoplasma meleagridis ("N"-strain mycoplasma-PPLO): Relationship

of airsac lesions and isolations in day-old turkeys(Meleagridis gallopavo). *Can Vet J* 9:138 -141.

[14]Bigland,C. H. , W. Dungan, R. Yamamoto, and J. C. Voris. 1964. Airsacculitis in poults from different strains of turkeys. *Avian Dis* 8:85 - 92.

[15]Bigland,C. H. , and F. T. W. Jordan. 1974. Experimental relationship of biotin and Mycoplasma meleagridis in the etiology of turkey syndrome 1965. 23rd West Poult Dis Conf and 8th Poult Health Symp. Davis,CA,55 - 61.

[16]Bigland, C. H. , and J. J. Matsumoto. 1975. Nonspecific reaction to Mycoplasma antigens caused in turkey sera by Erysipelothrix in-sidiosa bacterins. Avian Dis. 19: 617 -621.

[17]Bigland, C. H. , and M. W. Warenycia. 1978. Effects of biotin,folic acid and pantothenic acid on the growth of Mycoplasma meleagridis, a turkey pathogen. *Poult Sci* 57:611 - 618.

[18]Bigland,C. H. ,M. W. Warenycia, and M. Denson. 1979. Specific immune gammaglobulin in the control of Mycoplasma meleagridis. *Poult Sci* 58:319 - 328.

[19]Boyle,J. S. , R. T. Good, and C. J. Morrow. 1995. Detection of the turkey pathogens Mycoplasma meleagridis and M. iowae by amplification of genes coding for rRNA. *J Clin Microbiol* 33:1335 - 1338.

[20]Bradbury, J. M. , and M. McClenaghan. 1982. Detection of mixed Mycoplasma species. *J Clin Microbiol* 16:314 - 318.

[21]Braunius,W. W. 1987. Effect of Baytril(Bay Vp 2674)on young turkeys with respiratory infection. *Tijdschr Diergeneeskd* 12:531 - 533.

[22]Brown,K. I. , and K. E. Nestor. 1974. Interrelationships of cellular physiology and endocrinology with genetics. 2. Implications of selection for high and low adrenal response to stress. *Poult Sci* 53:1297 - 1306.

[23]Brunner,H. , and G. Laber. 1985. Chemotherapy of Mycoplasma infections. In: S. Razin and M. F. Barile(eds.), The Mycoplasma Ⅳ. Mycoplasma Pathogenicity, Academic Press: Orlando,FL. 403 - 450.

[24]Cardona,C. J. , and A. A. Bickford. 1993. Wry necks associated with Mycoplasma meleagridis infection in a backyard flock of turkeys. *Avian Dis* 37:240 -243.

[25]Carpenter,T. E. 1983. A microeconomic evaluation of the impact of Mycoplasma meleagridis infection in turkey production. *Prev Vet Med* 1:289 - 301.

[26]Carpenter,T. E. , R. K. Edson, and R. Yamamoto. 1981. Decreased hatchability of turkey eggs caused by experimental infection with Mycoplasma meleagridis. *Avian Dis* 25:151 - 156.

[27]Carpenter,T. E. ,R. Howitt, R. McCapes,R. Yamamoto, and H. P. Riemann. 1981. Formulating a control program against Mycoplasma meleagridis using economic decision analysis. *Avian Dis* 25:260 - 271.

[28]Carpenter,T. E. , H. P. Riemann, and C. E. Franti. 1982. The effect of Mycoplasma meleagridis infection and egg dipping on the weight-gain performance of turkey poults. *Avian Dis* 26:272 - 278.

[29]Carpenter, T. E. , H. P. Riemann, and R. H. McCapes. 1982. The effect of experimental turkey embryo infection with Mycoplasma meleagridis on weight, weight gain, feed consumption, and conversion. *Avian Dis* 26: 689 - 695.

[30]Cherms,F. L. ,and M. L. Frey. 1967. Mycoplasma meleagridis and fertility in turkey breeder hens. *Avian Dis* 11: 268 - 274.

[31]Corstvet,R. E. ,and W. W. Sadler. 1964. The diagnosis of certain avian diseases with the fluorescent antibody technique. *Poult Sci* 43:1280 - 1288.

[32]Cummins,D. R. ,and D. L. Reynolds. 1990. Use of an avidin-biotin enhanced dot-immunobinding assay to detect antibodies for avian mycoplasma in sera from Iowa market turkeys. *Avian Dis* 34:321 - 328.

[33]Curtis, M. J. , and G. A. Thornton. 1973. The effect of heat killed Mycoplasma gallisepticum and M. meleagridis on plasma caerulo-plasmin activity in the fowl. *Res Vet Sci* 15:399 - 401.

[34]DaMassa, A. J. , and H. E. Adler. 1969. Effect of pH on growth and survival of three avian and one saprophytic Mycoplasma species. *Appl Microbiol* 17:310 -316.

[35]Dierks, R. E. , J. A. Newman, and B. S. Pomeroy. 1967. Characterization of Avian Mycoplasma. *Ann NY Acad Sci* 143:170 - 189.

[36]Dufour-Gesbert,F. ,I. Kempf,F. De Simone, and M. Kobisch. 2001. Antigen heterogeneity and epitope variable expression in Mycoplasma meleagridis isolates. *Vet Microbiol* 78:261 - 273.

[37]Dufour-Gesbert,F. ,I. Kempf, and M. Kobisch. 2001. Development of a blocking enzyme-linked immunosorbent assay for detection of turkey antibodies to Mycoplasma meleagridis. *Vet Microbiol* 78:275 - 284.

[38]Edson, R. K. 1980. Mycoplasma meleagridis infection of turkeys: Motivation,methods,and predictive tools for eradication. PhD dissertation,University of California,Davis,CA.

[39]Edson, R. K. , D. Massey, R. Yamamoto, and H. B. Ort-

mayer. 1978. Factors affecting the spread of Mycoplasma meleagridis during artificial insemination. 18th Annu Turkey Meet,University of California. Fresno,CA.

[40]Edson,R. K. ,R. Yamamoto,and T. B. Farver. 1987. Mycoplasma meleagridis of turkeys: Probability of eliminating egg-borne infection. *Avian Dis* 31:264 - 271.

[41]Edson,R. K. , R. Yamamoto, H. B. Ortmayer, and D. E. Massey. 1979. The effect of Mycoplasma meleagridis on hatchability of turkey eggs. 28th West Poult Dis Conf and 13th Poult Health Symp. Davis,CA,24 - 29.

[42]El-Ebeedy, A. A. , M. E. S. Easa, M. Z. Sabey, M. A. Hafez,A. M. Ammar,and A. Rashwan. 1982. Pathological changes in air sacs and lungs of turkey poults after experimental inoculation with different isolates of Mycoplasma meleagridis. *J Egypt Vet Med Assoc* 42:91 -100.

[43]Elmahi, M. M. , and M. S. Hofstad. 1979. Prevention of egg transmission of Mycoplasma meleagridis by antibiotic treatment of naturally and experimentally infected turkey eggs. *Avian Dis* 23:88 - 94.

[44]Elmahi, M. M. , R. F. Ross, and M. S. Hofstad. 1982. Comparison of seven isolates of Mycoplasma meleagridis. *Vet Microbiol* 7:61 - 76.

[45]Fan,H. H. , S. H. Kleven, M. W. Jackwood,K. E. Johansson,B. Pettersson,and S. Levisohn. 1995. Species identification of avian mycoplasmas by polymerase chain reaction and restriction fragment length polymorphism analysis. *Avian Dis* 39:398 -407.

[46]Ferrier,W. T. ,H. B. Ortmayer,F. X. Ogasawara,and R. Yamamoto. 1982. The survivability of Mycoplasma meleagridis in frozen-thawed turkey semen. *Poult Sci* 61: 379 - 381.

[47]Fox,M. L. ,and C. H. Bigland. 1970. Differences between cull and normal turkeys in natural infection with Mycoplasma meleagridis at one day of age. *Can J Comp Med* 34:285 - 288.

[48]Freundt, E. A. 1983. Culture media for classic mycoplasmas. In: S. Razin and J. G. Tully,(eds.). Methods in Mycoplasmology, vol I. Mycoplasma Characterization, Academic Press: New York,NY. 127 - 135.

[49]Frey,M. L. ,R. P. Hanson,and D. P. Anderson. 1968. A medium for the isolation of avian Mycoplasmas. *Am J Vet Res* 29:2163 - 2171.

[50]Frey, M. L. ,S. T. Hawk, and P. A. Hale. 1972. A division by micro-complement fixation tests of previously reported avian mycoplasma serotypes into identification groups. *Avian Dis* 16:780 - 792.

[51]Garcia, M. , I. Gerchman, R. Meir, M. W. Jackwood, S.

H. Kleven, and S. Levisohn. 1997. Detection of Mycoplasma meleagridis and M. iowae from dead-in-shell turkey embryos by polymerase chain reaction and culture. *Avian Pathol* 26:765 - 778.

[52]Gerlach, H. , R. Yamamoto, and H. B. Ortmayer. 1968. Zur Pathologie der Phallus-Infektion der Puten mit Mycoplasma meleagridis. *Arch Gefluegelkd* 32:396 -399.

[53]Ghazikhanian, G. , and R. Yamamoto. 1969. Tylosin resistant strains of Mycoplasma meleagridis. Proc 18th West Poult Dis Conf. Davis,CA,36 - 37.

[54]Ghazikhanian,G. ,and R. Yamamoto. 1974. Characterization of pathogenic and nonpathogenic strains of Mycoplasma meleagridis: In ovo and *in vitro* studies. *Am J Vet Res* 35:425 - 430.

[55]Ghazikhanian,G. ,and R. Yamamoto. 1974. Characterization of pathogenic and nonpathogenic strains of Mycoplasma meleagridis: Manifestations of disease in turkey embryos and poults. *Am J Vet Res* 35:417 -424.

[56]Ghazikhanian,G. ,R. Yamamoto,R. H. McCapes,W. M. Dungan,C. T. Larsen,and H. B. Ortmayer. 1980. Antibiotic egg injection to eliminate disease. II. Elimination of Mycoplasma meleagridis from a strain of turkeys. *Avian Dis* 24:48 - 56.

[57]Ghazikhanian,G. ,R. Yamamoto,R. H. McCapes,W M. Dungan,and H. B. Ortmayer. 1980. Combination dip and injection of turkey eggs with antibiotics to eliminate Mycoplasma meleagridis infection from a primary breeding stock. *Avian Dis* 24:57 - 70.

[58]Ghazikhanian,G. Y. 1983. Progress in maintaining Mycoplasma meleagridis-negative turkey breeding flocks. *Avian Dis* 27: 326 - 329.

[59]Gordon,R. F. (Chairman). 1965. Report of Working Party. A new syndrome in turkey poults. *Vet Rec* 77:1292.

[60]Green,F. I. ,and R. P. Hanson. 1973. Ultrastructure and capsule of Mycoplasma meleagridis. *J Bacteriol* 116: 1011 - 1018.

[61]Grimes, T. M. 1972. Means of obtaining Mycoplasma-free turkeys in Australia. *Aust Vet* 48:124.

[62]Hagen,C. A. ,S. S. Crupper, R. D. Applegate, and R. J. Robel. 2002. Prevalence of mycoplasma antibodies in lesser prairie-chicken sera. *Avian Dis* 46:708 - 712.

[63]Hamdy, A. H. , C. J. Farho, C. J. Blanchard, and M. W. Glenn. 1969. Effect of lincomycin and spectinomycin on airsacculitis of turkey poults. *Avian Dis* 13:721 - 728.

[64]Hamdy,A. H. , Y. M. Saif, and C. W. Kasson. 1982. Efficacy of lincomycin-spectinomycin water medication on Mycoplasma meleagridis airsacculitis in commercially

reared turkey poults. *Avian Dis* 26:227 -233.

[65]Hofstad, M. S. 1974. The injection of turkey hatching eggs with tylosin to eliminate Mycoplasma meleagridis infection. *Avian Dis* 18:134 - 138.

[66]Hollamby, S. , J. G. Sikarskie, and J. Stuht. 2003. Survey of peafowl (Pavo cristatus) for potential pathogens at three Michigan Zoos. *J Zoo Wildl Med* 34:375 - 379.

[67]Ibrahim, A. A. , and R. Yamamoto. 1977. Arginine catabolism by Mycoplasma meleagridis and its role in pathogenesis. *Infect Immun* 18:226 - 229.

[68]Ibrahim, A. A. , and R. Yamamoto. 1977. Morphology and growth cycle of Mycoplasma meleagridis viewed by scanning-electron microscopy. *Avian Dis* 21:415 - 421.

[69]Imada, Y. , I. Uchida, and K. Hashimoto. 1987. Rapid identification of mycoplasma by indirect immunoperoxidase test using small square filter paper. *J Clin Microbiol* 25:17 - 21.

[70]Jordan, F. T. W. 1983. Recovery and identification of avian mycoplasmas. In: J. G. Tully and S. Razin, (eds.). Methods in Mycoplasmology, vol 2. Diagnostic Mycoplasmology, Academic Press: New York. 69 - 79.

[71]Jordan, F. T. W. , and M. M. Amin. 1978. The influence of preincubation heating of turkey eggs on Mycoplasma infection. *Avian Pathol* 7:349 - 355.

[72]Jordan, F. T. W. , B. L. Nutor, and S. Bozkur. 1982. The survival and recognition of Mycoplasma meleagridis grown at 37℃ and then maintained at room temperature. *Avian Pathol* 11:123 - 129.

[73] Kempf, I. 1997. Mycoplasmoses aviaires. *Le Point Vétérinaire*. 28:1165 - 1172.

[74]Kleven, S. H. , and B. S. Pomeroy. 1971. Characterization of the antibody response of turkeys to Mycoplasma meleagridis. *Avian Dis* 15:291 - 298.

[75]Kleven, S. H. , and B. S. Pomeroy. 1971. Role of the female in egg transmission of Mycoplasma meleagridis in turkeys. *Avian Dis* 15:299 - 304.

[76]Kleven, S. H. , B. S. Pomeroy, and R. C. Nelson. 1971. Ineffectiveness of antibiotic treatment of semen in the prevention of egg transmission of Mycoplasma meleagridis in turkeys. *Poult Sci* 50:1522 - 1526.

[77] Kolb, G. E. 1983. Mycoplasma meleagridis eradication status in commercial turkeys. *Avian Dis* 27:329.

[78]Kumar, M. C. , S. Kumar, R. E. Dierks, J. A. Newman, and B. S. Pomeroy. 1966. Airsacculitis in turkeys. Ⅱ. Use of tylosin in the control of the egg transmission of Mycoplasma spp. other than Mycoplasma gallisepticum in turkeys. *Avian Dis* 10:194 - 198.

[79]Kumar, M. C. , and B. S. Pomeroy. 1969. Transmission of Mycoplasma meleagridis in turkeys. *Am J Vet Res* 30: 1423 - 1436.

[80]Kumar, M. C. , B. S. Pomeroy, W. M. Dungan, and C. T. Larsen. 1974. Development of Mycoplasma gallisepticum, M. synoviae, and M. meleagridis-free primary turkey breeding flocks. Proc 15th World's Poult Congr. New Orleans, LA, 353 - 355.

[81]Kumar, S. , R. E. Dierks, J. A. Newman, C. I. Pfow, and B. S. Pomeroy. 1963. Airsacculitis in turkeys. I. A study of airsacculitis in day-old poults. *Avian Dis* 7:376 - 385.

[82]Lam, K. M. 2004. Pathogenicity of Mycoplasma meleagridis for chicken cells. *Avian Dis* 48:916 - 920.

[83]Lam, K. M. , A. J. DaMassa, and G. Y. Ghazikhanian. 2003. Infection of the turkey embryonic trachea with Mycoplasma meleagridis. *Avian Pathol* 32:289 -293.

[84]Lam, K. M. , A. J. DaMassa, and G. Y. Ghazikhanian. 2003. Interactions between the membranes of turkey cells and Mycoplasma meleagridis. *Avian Dis* 47:611 -617.

[85]Lam, K. M. , A. J. DaMassa, and G. Y. Ghazikhanian. 2004. Mycoplasma meleagridis-induced lesions in the tarsometatarsal joints of turkey embryos. *Avian Dis* 48: 505 -511.

[86]Lauerman, L. H. , A. R. Chilina, J. A. Closser, and D. Johansen. 1995. Avian mycoplasma identification using polymerase chain reaction amplicon and restriction fragment length polymorphism analysis. *Avian Dis* 39: 804 - 811.

[87]Levisohn, S. 1981. Antibiotic sensitivity patterns in field isolates of Mycoplasma gallisepticum as a guide to chemotherapy. *Isr J Med Sci* 17:661 - 666.

[88]Lierz, M. , R. Schmidt, L. Brunnberg, and M. Runge. 2000. Isolation of Mycoplasma meleagridis from free-ranging birds of prey in Germany. *Journal of Veterinary Medicine*, Series B. 47:63 - 67.

[89]Matsumoto, M. , and R. Yamamoto. 1971. Inactivation of Mycoplasma meleagridis by immune serum or heat treatment. Proc 20th West Poult Dis Conf and 5th Poult Health Symp. Davis, CA, 70 - 74.

[90]Matsumoto, M. , and R. Yamamoto. 1973. Demonstration of complement-dependent and independent systems in immune inactivation of Mycoplasma meleagridis. *J Inf-Dis* 127. S43 - S51.

[91]Matzer, N. 1972. Mycoplasma meleagridis in Guatemalan turkeys. *Avian Dis* 16:945 - 948.

[92]Matzer, N. , and R. Yamamoto. 1970. Genital pathogenesis of Mycoplasma meleagridis in virgin turkey hens.

Avian Dis 14:321 - 329.

[93]Matzer, N. , and R. Yamamoto. 1974. Further studies on the genital pathogenesis of Mycoplasma meleagridis. *J Comp Pathol* 84:271 - 278.

[94]McCapes, R. H. , R. Yamamoto, G. Ghazikhanian, W. M. Dungan, and H. B. Ortmayer. 1977. Antibiotic egg injection to eliminate disease. I. Effect of injection methods on turkey hatchability and Mycoplasma meleagridis infection. *Avian Dis* 21:57 - 68.

[95]McCapes, R. H. , R. Yamamoto, H. B. Ortmayer, and W. F. Scott. 1975. Injecting antibiotics into turkey hatching eggs to eliminate Mycoplasma meleagridis infection. *Avian Dis* 19:506 - 514.

[96]Moalic, P. Y. , F. Gesbert, and I. Kempf. 1998. Utility of an internal control for evaluation of a Mycoplasma meleagridis PCR test. *Vet Microbiol* 15:41 - 49.

[97]Moalic, P. Y. , F. Gesbert, F. Laigret, and I. Kempf. 1997. Evaluation of polymerase chain reaction for detection of Mycoplasma meleagridis infection in turkeys. *Vet Microbiology* 58:187 - 193.

[98]Mohamed, Y. S. , and E. H. Bohl. 1967. Studies on the transmission of Mycoplasma meleagridis. *Avian Dis* 11:634 - 641.

[99]Mohamed, Y. S. , and E. H. Bohl. 1968. Serologic studies on Mycoplasma meleagridis in turkeys. *Avian Dis* 12:554 - 566.

[100]Mohamed, Y. S. , S. Chema, and E. H. Bohl. 1966. Studies on Mycoplasma of the "H" serotype (Mycoplasma meleagridis) in the reproductive and respiratory tracts of turkeys. *Avian Dis* 10:347 -352.

[101]Moorhead, P. D. , and Y. S. Mohamed. 1968. Case report: Pathologic and microbiologic studies of crooked-neck in a turkey flock. *Avian Dis* 12:476 -482.

[102]Moorhead, P. D. , and Y. M. Saif. 1970. Mycoplasma meleagridis and Escherichia coli infections in germ-free and specific pathogen free turkey poults: Pathologic manifestations. *Am J Vet Res* 31:1645 -1653.

[103]National Poultry Improvement Plan. 2006. Tables on Hatchery and Flock Participation.

[104]Nelson, R. C. 1971. Evaluation of egg dipping (1967-70). Symp on Leg Weakness in Turkeys. Iowa State University Press, 13 - 21.

[105]Nelson, R. C, W. M. Dungan, and C. T. Larsen. 1974. Comparison of the performance of Mycoplasma meleagridis-free and infected poults. Proc 23rd West Poult Dis Conf and 8th Poult Health Symp. Davis, CA, 66 - 69.

[106]Newman, J. A. 1967. The detection and control of Mycoplasma meleagridis. PhD dissertation, University of Minnesota, St. Paul, MN.

[107]O'Brien, J. D. P. 1979. Effect of Mycoplasma meleagridis on hatch-ability. 28th West Poult Dis Conf and 13th Poult Health Symp. Davis, CA, 29 - 31.

[108]Ogra, M. S. , and E. H. Bohl. 1970. Growth-inhibition test for identifying Mycoplasma meleagridis and its antibody. *Avian Dis* 14:364 - 373.

[109]Ortiz, A. M. , R. Yamamoto, A. A. Benedict, and A. P. Mateos. 1981. The immunosuppressive effect of Mycoplasma meleagridis on nonreplicating antigens. *Avian Dis* 25:954 - 963.

[110]Ortmayer, H. B. 1970. A cultural field screening procedure for detection of Mycoplasma meleagridis in the reproductive tract of turkeys. MS thesis, University of California, Davis, CA.

[111]Ortmayer, H. B. , and R. Yamamoto. 1981. Mycoplasma meleagridis antibody detection by enzyme-linked immunosorbent assay (ELISA). 30th West Poult Dis Conf and 15th Poult Health Symp. Davis, CA, 63 - 66.

[112]Peterson, I. L. 1968. Field significance of Mycoplasma meleagridis infection. Poult Sci. 47:1708 - 1709.

[113]Pohl, R. 1969. Airsacculitis and pantothenic acid-biotin deficiency in turkeys in New Zealand. NZ Vet J. 7:183.

[114]Reis, R. , J. M. L. DaSilva, and R. Yamamoto. 1970. Pathologic changes in the joint and other organs of turkey poults after intravenous inoculation of Mycoplasma meleagridis. *Avian Dis* 14:117 - 125.

[115]Reis, R. , and R. Yamamoto. 1971. Pathogenesis of single and mixed infections caused by Mycoplasma meleagridis and Mycoplasma gallisepticum in turkey embryos. *Am J Vet Res* 32:63 - 74.

[116]Resende, M. , R. Reis, and P. P. Ornellas-Santos. 1969. Mycoplasma of poultry origin. Ⅲ. Identification of Mycoplasma meleagridis. *Arq Esc Vet* 21:151 -161.

[117]Rhoades, K. 1977. Turkey sinusitis: Synergism between Mycoplasma synoviae and Mycoplasma meleagridis. *Avian Dis* 21:670 - 674.

[118]Rhoades, K. R. 1969. Experimentally induced Mycoplasma meleagridis infection of turkey reproductive tracts. *Avian Dis* 13:508 - 519.

[119]Rhoades, K. R. 1969. A hemagglutination-inhibition test for Mycoplasma meleagridis antibodies. *Avian Dis* 13:22 - 26.

[120]Rhoades, K. R. 1971. Mycoplasma meleagridis infection: Development of air sac lesions in turkey poults.

Avian Dis 15:910 - 922.

[121] Rhoades, K. R. 1971. Mycoplasma meleagridis infection: Development of lesions and distribution of infection in turkey embryos. *Avian Dis* 15:762 - 774.

[122] Rhoades, K. R. 1971. Mycoplasma meleagridis infection: Reproductive tract lesions in mature turkeys. *Avian Dis* 15:722 - 729.

[123] Rhoades, K. R. 1978. Comparison of Mycoplasma meleagridis antibodies demonstrated by tube agglutination and hemagglutination-inhibition test. *Avian Dis* 22:633 -638.

[124] Rhoades, K. R. 1978. Inhibition of avian mycoplasmal hemagglutination by IgM type antibody. *Poult Sci* 57:608 - 610.

[125] Rhoades, K. R. 1981. Pathogenicity of strains of the I J K N Q R group of avian mycoplasmas for turkey embryos and poults. *Avian Dis* 25:104 - 111.

[126] Rhoades, K. R. 1981. Turkey airsacculitis: Effect of mixed mycoplasmal infections. *Avian Dis* 25:131 -135.

[127] Rosenfeld, L. E., and T. M. Grimes. 1972. Natural and experimental cases of airsacculitis associated with Mycoplasma meleagridis infections in turkeys. *Aust Vet J* 48:240 - 243.

[128] Rott, M., H. Pfutzner, H. Gigas, and B. Mach. 1989. Die Nachweishaufigkeit von Mycoplasma meleagridis bei Repro-duktionsputen in Abhangigkeit vom Legealter. *Arch. Exper. Vet. Med. Leipzig.* 43:737 - 741.

[129] Saif, Y. M., and K. I. Brown. 1972. Treatment of turkey semen to eliminate Mycoplasma meleagridis. Turkey Res, Ohio Agric Res Cent, Wooster, OH, 49 -50.

[130] Saif, Y. M., L. C. Ferguson, and K. E. Nestor. 1971. Treatment of turkey hatching eggs for control of Arizona infection. *Avian Dis* 15:448 - 461.

[131] Saif, Y. M., P. D. Moorhead, and E. H. Bohl. 1970. Mycoplasma meleagridis and Escherichia coli infections in germfree and specific pathogen free turkey poults: Production of complicated airsacculitis. *Am J Vet Res* 31:1637 - 1643.

[132] Saif, Y. M., K. E. Nestor, and K. E. McCracken. 1970. Tylosin tartrate absorption of turkey and chicken eggs dipped using pressure and temperature differentials. *Poult Sci* 49:1641 - 1649.

[133] Schar, R. D., and I. L. Peterson. 1982. The national poultry improvement plan—an update(with reference to the control of salmonellosis and mycoplasmosis). *Proc US Anim Health Assoc* 86:445 -453.

[134] Sharp, P., P. Van Ess, B. Ji, and C. B. Thomas. 1991. Immunobinding assay for the speciation of avian mycoplasmas adapted for use with a 96-well filtration manifold. *Avian Dis* 35:332 - 336.

[135] Shimizu, T., and T. Yagihashi. 1980. Isolation of Mycoplasma meleagridis from turkeys in Japan. *Jpn J Vet Sci* 42:41 - 47.

[136] Sokkar, I. M., A. M. Soliman, S. Mousa, and M. Z. El-Demerdash. 1986. In-vitro sensitivity of mycoplasma and associated bacteria isolated from chickens and turkeys and ducks at the area of Upper Egypt. *Assiut Vet Med J* 15:243 - 250.

[137] Stipkovits, L., G. Laber, and E. Schultze. 1977. Prophylactical and therapeutical efficacy of tiamuline in mycoplasmosis of chickens and turkeys. *Poult Sci* 56:1209 - 1215.

[138] Takahata, T., R. Yamamoto, and H. B. Ortmayer. 1994. Unpublished data.

[139] Thornton, G. A., D. R. Wise, and M. K. Fuller. 1975. A Mycoplasma meleagridis haemagglutination-inhibition test. *Vet Rec* 96:113 - 114.

[140] Uppal, P. K., D. R. Wise, and M. K. Boldero. 1972. Ultrastructural characteristics of Mycoplasma gallisepticum, M. gallinarum and M. meleagridis. *Res Vet Sci* 13:200 - 201.

[141] Vlaovic, M. S., and C. H. Bigland. 1971. The attempted immunization of turkey hens with viable Mycoplasma meleagridis. *Can J Comp Med* 35:338 -341.

[142] Vlaovic, M. S., and C. H. Bigland. 1971. A review of mycoplasma infections relative to Mycoplasma meleagridis. *Can Vet J* 12:103 - 109.

[143] Wise, D. R., M. K. Boldero, and G. A. Thornton. 1973. The pathology and aetiology of turkey syndrome'65(T. S. 65). *Res Vet Sci* 14:194 -200.

[144] Wise, D. R., and M. K. Fuller. 1975. Eradication of Mycoplasma meleagridis from a primary turkey breeder enterprise. *Vet Rec* 96:133 - 134.

[145] Wise, D. R., and M. K. Fuller. 1975. Experimental reproduction of turkey syndrome ' 65 with Mycoplasma meleagridis and Mycoplasma gallisepticum and associated changes in serum protein characteristics. *Res Vet Sci* 19:201 - 203.

[146] Wise, D. R., M. K. Fuller, and G. A. Thornton. 1974. Experimental reproduction of turkey syndrome'65 with Mycoplasma meleagridis. *Res Vet Sci* 17:236 -241.

[147] Yamamoto, R. 1967. Localization and egg transmission of Mycoplasma meleagridis in turkeys exposed by various routes. *Ann NY Acad Sci* 143:225 - 233.

［148］Yamamoto,R. 1978. Mycoplasma meleagridis infection. In: M. S. Hofstad, B. W. Calnek, C. F. Helmboldt, W. M. Reid and H. W. Yoder,Jr.（eds.）. Diseases of Poultry,7th ed. Iowa State University Press: Ames, IA. 250 -260.

［149］Yamamoto,R. 1991. Mycoplasma meleagridis infection. In: H. J. Barnes, B. W. Calnek, C. W. Beard, W. M. Reid,and H. W. Yoder,Jr.,（eds.）Diseases of Poultry, 9th ed. Iowa State University Press: Ames, IA. 212 - 223.

［150］Yamamoto,R. , and C. H. Bigland. 1966. Infectivity of Mycoplasma meleagridis for turkey embryos. *Am J Vet Res* 27:326 - 330.

［151］Yamamoto,R. , and C. H. Bigland. 1964. Pathogenicity to chicks of Mycoplasma associated with turkey airsacculitis. *Avian Dis* 8:523 - 531.

［152］Yamamoto,R. , and C. H. Bigland. 1965. Experimental production of airsacculitis in turkey poults by inoculation with "N"-type Mycoplasma. *Avian Dis* 9: 108 - 118.

［153］Yamamoto,R. , C. H. Bigland, and H. B. Ortmayer. 1965. Characteristics of Mycoplasma meleagridis sp. n. ,isolated from turkeys. *J Bacteriol* 90:47 - 49.

［154］Yamamoto,R. , C. H. Bigland, and H. B. Ortmayer. 1966. Sensitivity of Mycoplasma meleagridis to various antibiotics. *Poult Sci* 45:1139.

［155］Yamamoto,R. ,C. H. Bigland,and I. L. Peterson. 1966. Egg transmission of Mycoplasma meleagridis. *Poult Sci* 45:1245 - 1257.

［156］Yamamoto,R. , F. H. Kratzer, and H. B. Ortmayer. 1974. Recent research on Mycoplasma meleagridis. Proc 23rd West Poult Dis Conf and 8th Poult Health Symp. Davis,CA,53 - 54.

［157］Yamamoto,R. , and A. Ortiz. 1974. Microtiter agglutination test for Mycoplasma meleagridis. Proc 15th World's Poult Congr. New Orleans,LA,171 - 172.

［158］Yamamoto,R. , and H. B. Ortmayer. 1966. Pathogenicity of Mycoplasma meleagridis for turkey and chicken embryos. *Avian Dis* 10:268 - 272.

［159］Yamamoto,R. , and H. B. Ortmayer. 1967. Effect of Mycoplasma meleagridis on reproductive performance. *Poult Sci* 46:1340.

［160］Yamamoto,R. , and H. B. Ortmayer. 1967. Hatcher and intraflock transmission of Mycoplasma meleagridis. *Avian Dis* 11:288 - 295.

［161］Yamamoto,R. , and H. B. Ortmayer. 1967. Localization and persistence of avian mycoplasma in the genital system of the mature turkey. *J Am Vet Med Assoc* 150:1371.

［162］Yamamoto,R. , and H. B. Ortmayer. 1969. Egg transmission of Mycoplasma meleagridis in naturally infected turkeys under different mating systems. *Poult Sci* 48:1893.

［163］Yamamoto,R. , and H. B. Ortmayer. 1971. Control of Mycoplasma meleagridis（N-strain）. Proc 19th World Vet Congr. 498 - 501.

［164］Yamamoto,R. ,H. B. Ortmayer,and R. K. Edson. 1978. Micro-hemagglutination-inhibition test for Mycoplasma meleagridis. Proc 16th World's Poult Congr. 1417 - 1427.

［165］Yamamoto,R. ,H. B. Ortmayer,and R. K. Edson. 1979. Serology of Mycoplasma meleagridis. 28th West Poult Dis Conf and 13th Poult Health Symp. Davis,CA,23.

［166］Yamamoto,R. , H. B. Ortmayer, and C. S. Joshi. 1968. Persistance of Mycoplasma meleagridis in the genitalia of experimentally infected turkeys. *Poult Sci*. 47:1734.

［167］Yamamoto,R. , H. B. Ortmayer, and M. Matsumoto. 1970. Standardization and application of Mycoplasma meleagridis agglutination test. Proc 14th World's Poult Congr Sci Comm. 139 - 148.

［168］Yoder,H. W. ,Jr. 1970. Preincubation heat treatment of chicken hatching eggs to inactivate mycoplasma. *Avian Dis* 14:75 - 86.

［169］Yoder,H. W. ,Jr. ,and M. S. Hofstad. 1964. Characterization of avian mycoplasma. *Avian Dis* 8:481 - 512.

［170］Zhao,S. , and R. Yamamoto. 1993. Detection of Mycoplasma meleagridis by polymerase chain reaction. *Vet Microbiol* 36:91 - 97.

［171］Zhao,S. , and R. Yamamoto. 1993. Species-specific recombinant DNA probes for Mycoplasma meleagridis. *Vet Microbiol* 35:179 - 185.

［172］Zhao,S. , R. Yamamoto, G. Y. Ghazikhanian, and M. I. Khan. 1988. Antigenic analysis of three strains of Mycoplasma meleagridis of varying pathogenicity. *Vet Microbiol* 18:373 - 377.

滑液囊支原体感染

Mycoplasma synoviae Infection

Stanley H. Kleven 和 Naola Ferguson-Noel

引　言

滑液囊支原体（MS）感染最常发生的是亚临

床型的上呼吸道感染。它与新城疫（ND）、传染性支气管炎（IB）或二者兼有的混合感染可引起气囊病变。有时 MS 可引起全身性感染并导致传染性滑膜炎，这是鸡和火鸡的一种急性或慢性传染性疾病，主要涉及关节的滑液囊膜及腱鞘，引起渗出性滑膜炎、腱鞘滑膜炎或黏液囊炎。

历 史

Olson 等人首先报道了传染性滑膜炎，并认为与支原体有关[114,115]。MS 可引起呼吸道感染[117]并且在免疫接种 ND 及 IB 疫苗时可因 MS 的某些分离株引发气囊病变[77]。可参阅 Jordan[64,66] 和 Timms[143]关于 MS 的文献综述。

病 原 学

分类

Chalquest 和 Fabricant 注意到支原体菌落像卫星一样在微球菌菌落的周围生长[27]，他们还鉴定出该菌生长需要烟酰胺腺嘌呤二核苷酸（NAD）。Dierks 等[33]称它为血清型 S。Olson 等[118]研究了若干分离株并建议将其命名为滑液囊支原体，后来又证明它是一个独立的种[67]。

本菌的鉴定主要根据典型的菌落和菌体形态、生化特性、特殊的生长要求及血清学反应。支原体菌落的免疫荧光试验是鉴定田间分离株的最快速、最可靠的方法。16S rRNA 基因的 DNA 序列分析被证实可用于支原体的鉴定和遗传进化研究[153]。有一株 MS 的全基因序列已公布[150]。

形态和染色

MS 在姬姆萨染色片中表现为多形态的球状体，直径约 $0.2\mu m$。对禽滑膜的超微结构研究证实，MS 存在于内吞小泡中。支原体细胞呈圆形或梨形，内含颗粒性核糖体。MS 直径为 $300\sim500nm$，无细胞壁，并被 3 层膜所包裹[151]。在电镜下，经钌红和负染证实了细胞外表面膜的存在[1]。

生长需要

该菌生长需要烟酰胺腺嘌呤二核苷酸[27]，但可以用烟酰胺代替较昂贵的烟酰胺腺嘌呤二核苷酸来生产抗原[32]。血清也是生长所必需的，猪血清较好[28]。用琼脂培养，可通过将琼脂平板置于密封的容器中，以避免琼脂干燥。最适生长温度为 37℃。

应用改良的 Frey 氏培养基[44]（表 21.2）或 Bradbury 描述的培养基[20]可使 MS 生长良好。琼脂平板则可用 1% 的纯化琼脂如 ionagar 2 号、Nobel 琼脂或 Difco 纯化琼脂。除半胱氨酸、NAD、血清和青霉素需要过滤除菌外，其他成分可在 121℃条件下高压蒸气灭菌 15min，之后冷却至 50℃无菌操作加入加热至 50℃的上述成分。倾注平板约 5mm 厚。琼脂平板可不加酚红。

表 21.2 改良的 Frey 氏培养基

支原体基础肉汤（BBL）	22.5g
葡萄糖	3g
猪血清	120mL
烟酰胺腺嘌呤二核苷酸（NAD）	0.1g
盐酸半胱氨酸	0.1g
酚红（1%）	2.5mL
醋酸铊（10%）*	5mL
青霉素钾 G*	1 000 000 单位
蒸馏水	1 000mL
用 20% 的 NaOH 调整 pH 至 7.8 并过滤除菌	

* 对潜在性污染样品，每升可再添加 10% 醋酸铊 20mL 和青霉素 2 000 000IU。可用氨苄青霉素（200 mg/L～1g/L）代替青霉素。

初代分离时，样品中可能存在组织抗原、毒素和抗体；因此在接种后的 24h 内取小量培养物转移培养，或用肉汤将接种物稀释可能提高分离率。可用吸管吸取 10% 的培养物转移培养。用棉拭子从气管、鼻内裂、滑膜及气囊病变部位取样接种肉汤比较合适。普通棉拭子或生物炭棉拭子要优于人造丝拭子，将棉拭子放于肉汤中培养比弃掉棉拭子后培养效果更好[161]，但将拭子放置于生长培养基中可能增加培养物的细菌污染。直接接种于琼脂平板培养 3～5 天可见菌落生长，但在肉汤中分离更为敏感。当将肉汤培养物培养至酚红指示剂的颜色从红色变为橘红或黄色时（通常需要 3～7 天），应将培养物接种至琼脂平板或用另一瓶肉汤培养基传代。

MS 对低 pH 较敏感，当培养基酚红指示剂的颜色变黄后（pH ＜6.8）再培养几小时，就可能死亡。接种平板 3～5 天后，在显微镜下，利用间接光源或弱光，放大约 30 倍可观察到平板上的支原体菌落。

菌落形态

观察固体培养基上的菌落，最好是用 30 倍的解剖显微镜，使用间接光源，可见隆起、圆形、略似花格状、有中心或无中心的菌落。根据菌落数多少、培养基是否合适及培养时间不同，菌落直径从不足 1mm 至 3mm 不等。固体培养基培养到 3～5 天后可见生长。

生化特性

MS 的生化特性业已描述[27,33]。在适当地添加了营养成分的培养基中，MS 能发酵葡萄糖及麦芽糖，产酸不产气，不发酵乳糖、卫茅醇、水杨苷或蕈糖。MS 呈磷酸酶阴性并产生薄膜和斑点[67]。大多数 MS 分离株可凝集鸡或火鸡的红细胞。MS 还原四唑盐的能力很有限。

对理化因素的抵抗力

未曾报道过 MS 对消毒剂的抵抗力，但可能和其他支原体相似。污染鸡舍经清洁和消毒后，再空置 1 周，然后将 1 日龄的雏鸡放进去，没有引起感染[45]。MS 在 pH 6.8 或更低时不稳定，对高于 39℃ 的温度敏感，能耐受冰冻，但滴度降低。以下测量均未达到终点，但可知在卵黄材料中 MS 于 −63℃ 条件下至少存活 7 年，−20℃ 条件下 2 年之后仍存活。在 −70℃ 条件下冻存的肉汤培养物以及在 4℃ 条件下保存的冻干培养物，均可存活数年。在室温条件下，羽毛上的支原体至多可存活 3 天，而在鼻腔内至多可存活 12h，但在多数其他材料上存活不会超过 1 天[30]。用人工培养或 PCR 方法可检出包括羽毛、灰尘、食物、饮水和粪便在内的环境样品中的 MS[97]。用反转录 PCR 法检测 16srDNA，可检测到感染鸡环境样品中存活的 MS。将 MS 感染鸡群清除后 3～5 天仍可在该隔离器的环境中检出 RT‐PCR 结果阳性或培养出 MS[99]。

抗原结构

对血清平板凝集试验（SPA）[116]、试管凝集试验（TA）[147]、血凝试验（HA）[16,146]、琼脂凝胶沉淀试验（AGP）[134] 和酶联免疫吸附试验（ELISA）[55,123,126] 的抗原都曾有过研究。利用 Western blot 对 MS 的主要免疫原性膜抗原的特性已进行了研究[4,5]。在斑点 ELISA 试验中，主要免疫性蛋白 p41 为主要抗原，而 p53 和 p22 作用不明显[4]。主要膜蛋白的大小因 MS 菌株的不同而异[5]。

感染 MS 的鸡的血清偶尔能凝集 MG 的平板抗原[118,119]。Roberts 和 Olesuik[133] 认为这种交叉反应与类风湿因子的存在有关，组织反应刺激可以引起这种反应。而血凝抑制（HI）或 TA 试验的交叉反应则很低。MS 和 MG 也有共同的抗原决定簇[3,160]。针对 MS 的种特异性单克隆抗体已经开始生产[59]。IgG Fc 受体也已鉴定出来[85]。

在 WVU‐1853 株中，45～56kDa 的表面蛋白为主要免疫原性蛋白[108]，因分子量大小和表达量的不同，分为 2 个群：MSPA 和 MSPB，它们都与红细胞吸附有关，且差异表达。MSPA 是一种血凝素，由单基因 vlhA 编码[14,109]，该基因编码产物断裂形成 MSPA 和 MSPB。该基因与 MG 的 pMGA1.7 基因同源性很高，与基因组的其他片段杂交表明它是一个多基因家族的一部分。与基因组其他部位的假基因的同源重组导致了 VlhA 的差异表达[2,15,61,111]。血凝素阴性表型的培养物所表达的 PMSB 为缺损型，并且比血凝素阳性培养物的致病力弱[105]。

菌株分类

现有的资料表明 MS 只有一个血清型[33,118]，经 DNA‐DNA 杂交技术证实，MS 不同菌株间的差异很小[159,160]。可采用 DNA 核酸内切酶分析技术鉴别 MS 菌株[88,102]。一种更简单更快捷的方法是利用 RAPD 技术[37,38]，但是结果可能不一致。脉冲场凝胶电泳和扩增多态性 DNA 分析也是鉴别 MS 菌株的有用工具[34,38,98]。对培养物或组织样品的部分 VlhA 基因进行测序，对分析各种 MS 菌株的性质也是很有用的[15,57]。

毒力因子

对 MS 的毒力因子研究甚少。毒力的差异不能仅用潜在的毒力因子如血凝和红细胞吸附、黏附细胞、或纤毛停滞来解释[91]。然而，与血凝阴性菌株相比，血凝阳性 MS 菌株引起传染性滑膜炎病变更频繁[105]。

发病机理和流行病学

发生与分布

20 世纪 50 年代和 60 年代，传染性滑膜炎主要见于美国肉鸡养殖地区的 4～12 周龄处于生长期的鸡。从 20 世纪 70 年代起，美国鸡滑膜炎型病变很少见到，而呼吸型病变则更多见。无明显症状的感染也常有发生。MS 感染经常发生于饲养多年龄组的商品蛋鸡场[100,122]。传染性滑膜炎通常见于 10～20 周龄的火鸡。来自所有大型商品种禽场的种鸡群大多无 MS 感染。MS 呈世界性分布。

自然宿主和实验宿主

鸡和火鸡是 MS 的自然宿主。鸭[10,144]、鹅[9]、珍珠鸡[125]、鸽[8,128]、日本鹌鹑[8]、雉[22]和红腿鹧鸪[127]也可发生自然感染。人工接种时，雉和鹅[22,139]、鸭[155]和虎皮鹦鹉[18]对此菌敏感。在西班牙，从庭院麻雀（*Passer domesticus*）体内分离到了 MS[127]；Kleven 和 Fletcher[79]发现麻雀可被人工感染，但具有相当的抵抗力。家兔、大鼠、豚鼠、小鼠、猪和羔羊对试验接种不易感[115]。

据观察，鸡的自然感染最早可发生在 1 周龄，但急性感染通常见于 4～16 周龄的鸡和 10～24 周龄的火鸡。急性感染偶见于成年鸡。在急性感染期之后出现的慢性感染可持续终生。慢性感染可见于任何年龄，在有些鸡群，慢性感染并非继发于急性感染。

在 MS 感染群中，1 日龄和较大的火鸡可发生气囊炎。无支原体的火鸡通过气囊接种可引起气囊炎[48,131]。经卵黄囊接种 18 日龄的鸡胚可使雏鸡发生滑膜炎和气囊炎[19]。在该病的急性期可从病变组织中分离到 MS，但上呼吸道感染是永久性的[77]。

传播

直接接触很容易发生水平传播。在实验组的鸡感染 1～4 周以后，从一直与之接触的对照组鸡的呼吸道中检测到 MS[117]。在同一鸡舍中，笼间可以发生传播。MS 的传播与 MG 相似[120]，但传播得更快。然而，也有慢性传播感染的报道[152]。MS 可经呼吸道传播，感染率通常可达 100%，但是没有或很少发生关节病变。

曾经认为 MS 感染是在将感染鸡舍中的感染鸡清除之后，由污染的环境引起，但最近一项研究显示，在将 1 日龄鸡置于污染的环境中会导致感染，但直到 33～54 日龄才能见到感染的证据[99]。鸡可终生感染并成为带菌者。

自然感染和人工感染的鸡均可发生垂直传播[25]，但也有许多来源于感染母鸡的鸡群却无感染。垂直传播对 MS 在鸡和火鸡中的传播起重要作用。因此，所有制备病毒活疫苗的鸡胚均应来源于无 MS 鸡群。实验感染肉种鸡，在接种后 6～31 天，MS 可见于 1 日龄后代雏鸡的气管中、未受精蛋和死于壳中的胚胎中[149]。当商品种群在产蛋过程中发生感染时，蛋传播率似乎在感染后的头 4～6 周时最高，随后传播可能停止，但感染群随时会排菌。

潜伏期

传染性滑膜炎曾见于 6 日龄的小鸡，故认为经蛋感染 MS 的鸡的潜伏期相对较短。接触感染的潜伏期通常是 11～21 天。在临床症状明显以前可测出抗体。以病禽关节渗出液或感染鸡胚的卵黄人工感染 3～6 周的鸡，易感性与潜伏期的顺序是：爪垫感染：2～10 天；静脉感染：7～10 天；脑内感染：7～10 天；腹腔感染：7～14 天；窦内感染：14～20 天；结膜滴注：20 天。鸡对肌肉接种亦易感。气管内接种最早在第 4 天，便可引起气管及窦感染，并很容易传播给毗邻的禽类。气溶胶感染后 17～21 天气囊病变最严重[77]。潜伏期还因接种物的滴度及其致病力不同而异。

临床症状

鸡

在感染传染性滑膜炎的鸡群中能够观察到的最初症状是冠苍白、跛行及生长迟缓。随着病情的发展，出现羽毛粗乱，鸡冠萎缩。有些病例的鸡冠呈偏蓝的红色。关节周围常有肿胀，常有胸部的水疱。跗关节及爪垫是主要感染部位，但有些鸡的大部分关节都会被感染，不过，也有些鸡偶见全身性感染而无明显的关节肿胀。病鸡表现不安、脱水和消瘦。虽然鸡已严重地感染发病，但若置于食物及饮水的附近，它们仍思饮食。常见含有大量尿酸或尿酸盐的偏绿的异色排泄物。出现上述急性症状之后继以缓慢的恢复，但滑膜炎可能在鸡群的整个生命周期中始终存在。有些情况下，则不见或不易发现急性期，群中仅见一些慢性感染的鸡。经呼吸道感染的鸡可能在4～6天时出现轻度啰音，也可能根本无症状。通过爪垫注射的鸡的另一只腿可出现软骨发育不良，可能是由于这只腿承重增加所致[103]。

最近，荷兰的棕色产蛋鸡暴发了MS，症状为淀粉样关节病，这一病变已在实验室条件下得到复制[82,83,84]。

气囊感染可能发生于任何年龄，是肉鸡淘汰的一个最常见原因[75]。临床上，大多数由MS感染所引起的气囊病变发生在冬季。MS感染种鸡的后代气囊病变淘汰率增加、增重减缓、饲料报酬降低。

实验室条件下，蛋鸡经气溶胶途径感染MS，感染后1周产蛋量有所下降，至2周时产蛋量降低18%，4周后，产蛋量恢复正常[92]。10周龄的商品蛋鸡攻毒后未引起产蛋下降[24]。自然感染的成年母鸡，虽然在商品生产中发现过产蛋量有减少的情况，但通常来说，其产蛋量和蛋的质量不受影响或影响甚微[101,122]。然而，攻毒感染的蛋鸡表现出一过性的异嗜性白细胞增多、淋巴细胞减少、单核细胞增多、嗜酸性粒细胞和嗜碱性粒细胞减少[23]。

火鸡

火鸡感染MS的症状与鸡基本相同。最明显的症状是跛行。跛禽的一个或多个关节常见发热和肿胀，偶见胸骨滑液囊增大。严重感染的火鸡体重减轻，但感染不严重的火鸡，与整群分开饲养后，增重还令人满意。人工感染火鸡，最早可见的症状便是生长停滞[115]。

火鸡的呼吸道症状不常见，但从窦炎发病率很低的火鸡群的窦渗出物中分离到了MS。Rhoades[130]报道，在火鸡窦炎发生过程中MS和MM有协同作用。对火鸡爪垫接种可导致产蛋完全停止。用MS田间分离株攻毒的结果显示当前分离的这些菌株能够引起火鸡的滑膜炎[69]。

发病率和死亡率

鸡 鸡群临床滑膜炎的发病率介于2%～75%之间，通常为5%～15%。呼吸道感染一般无症状，但可能有90%～100%的鸡被感染。死亡率通常低于1%，最多不过10%。人工感染的鸡死亡率从0至100%，与感染途径和剂量有关。

火鸡 火鸡群感染的发病率通常很低（1%～20%），但由于踩踏和戕啄致死很明显。

病理变化

大体病变

鸡 在传染性滑膜炎的早期，病禽腱鞘的滑液囊膜、关节、龙骨滑膜囊可见有黏稠的、乳酪色至灰白色渗出物，并伴有肝、脾肿大（图21.7）。肾肿大、苍白，呈斑驳状。随着病情的发展，在腱鞘、关节、甚至肌肉和气囊中有干酪样渗出物。在此期间，关节表面，尤其是跗关节和肩关节的表面不同程度地变薄至形成凹陷（图21.8）。在上呼吸道通常无肉眼可见病变。该病的呼吸型病变可能出

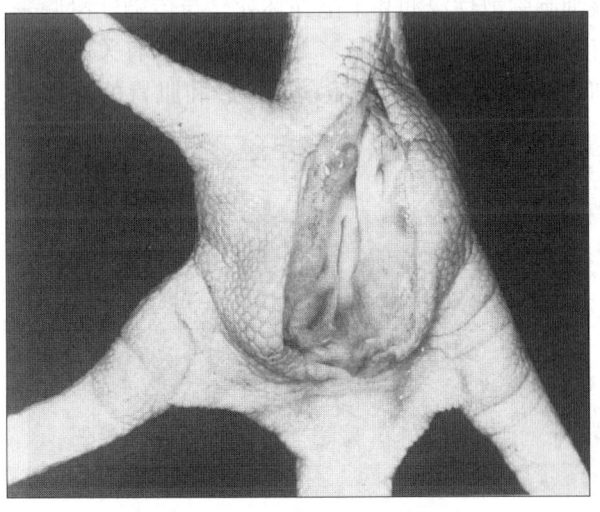

图21.7 8周龄火鸡切开的爪垫，指屈肌周围可见肉芽组织和脓性分泌物。鸡的病变与此类似

现气囊炎。

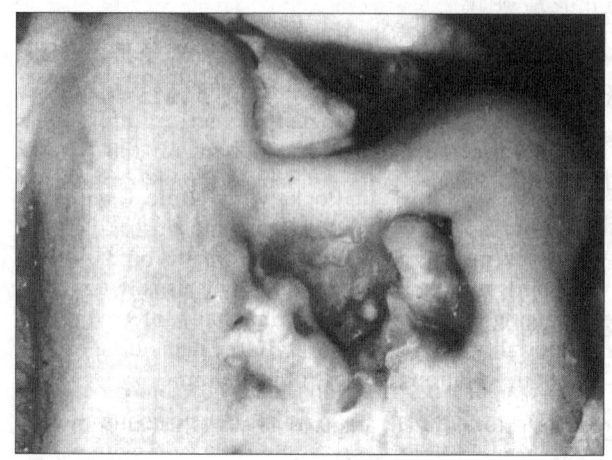

图 21.8　患传染性滑膜炎的鸡的胫骨和趾骨远端关节表面的溃疡

火鸡　关节肿胀不如鸡那么明显，但切开跗关节时常见有纤维素性及脓性分泌物。呼吸道病变多种多样。

组织学病变

有关 MS 引起鸡的传染性滑膜炎[70,73,139]以及引起鸡[43]和火鸡[48,132]的呼吸道疾病已有报道。

在关节，特别是趾关节和跗关节，可见有异嗜性白细胞和纤维素浸入关节腔或沿腱鞘浸润。滑液囊膜因绒毛形成和淋巴细胞和巨噬细胞在滑膜下层弥散性至结节性浸润而增生（图 21.9）。此间，软骨表面变色、变薄或变成凹陷。气囊的轻度病变包括水肿、毛细血管扩张和异嗜性白细胞及坏死碎屑在表面聚积，更严重的病变包括上皮细胞增生、单核细胞弥散性浸润和干酪样坏死。与传染性滑膜炎有关的其他病变还包括：与脾脏鞘动脉有关的巨噬细胞-单核细胞系统增生；心、肝和肌胃的淋巴细

胞浸润；以及胸腺和法氏囊萎缩。心脏的病理学变化已有详细描述[72]。

感染过程的发病机理

不同分离株的致病性存在相当大的差异；许多分离株很少或不能引起临床疾病。尽管在美国最新分离的几株 MS 毒力相对较低，但最近在加利福尼亚有肉鸡感染滑膜炎的报道[138]。在墨西哥、阿根廷、荷兰和东欧也有分离到大量高毒力 MS 菌株的报道。在实验室，对这些田间分离株的致病性和毒力进行了比较研究[56,89,103]。他们发现各菌株之间的毒力有明显不同，但没有发现下呼吸道上皮细胞膜感染的 MS 与关节，腱鞘和黏液囊感染的 MS 对感染部位的选择趋向[56]。这些菌株对鸡胚的致病性不同[90]，且与对鸡的致病性无相关性。对潜在的毒力因子，如红细胞凝集和红细胞吸附、细胞黏附以及纤毛停滞等已经进行了研究。不能用这些因子解释以前发现的不同菌株对鸡致病性的差异[91]。他们推断，致病性可能与支原体在上呼吸道的黏附和定植以及其他一些与系统感染和病变有关的尚未确定的因素有关。经鸡胚、组织培养或肉汤传代可降低其产生典型感染的能力。鸡胚传代对致病性的影响较肉汤传代小。

从气囊病变分离的菌株较易引起气囊炎，而从滑膜分离的菌株较易引起滑膜炎[78]。接种 ND-IB 疫苗[77,140]或呼吸道感染可加重气囊炎病情。传染性支气管炎病毒与 MS 共同感染时，气囊炎的严重程度与传染性支气管炎病毒的毒力有关[58]。环境温度低极大地促进了气囊病变[157]。传染性法氏囊病可引起鸡的免疫抑制，与 MS 双重感染会导致更严重的气囊病变[49]。然而，没有发现与禽肺炎病毒[74]或鼻气管鸟杆菌双重感染的协同作用[164]。在表现出严重滑膜炎症状的 MS 感染火鸡，曾发现由于脑膜脉管炎病变引起的神经症状[29]。

免疫力

经鼻感染的鸡对爪垫攻毒有抵抗力[117]。鸡经鼻腔免疫接种 MS 温度敏感突变株可防止气囊炎的发生至少达 21 周[107]。鸡感染温度敏感突变株 MS-H 株后，用一种能产生滑膜炎的野毒强毒株攻击，具有保护作用[137]。用 MS 经非肠道途径接种的鸡

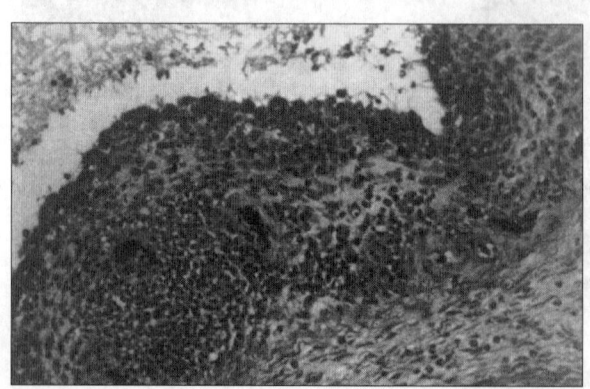

图 21.9　感染传染性滑膜炎的 7 周龄火鸡，滑液囊膜增生且滑膜下有多处淋巴聚集

通常来不及产生充分的抵抗力就可能感染发病。对MS诱导病变的抵抗力是法氏囊依赖性的[81,148]，而胸腺依赖性淋巴细胞对保护肉眼可见的滑液囊病变的发展可能是必需的[81]。

诊 断

病原分离与鉴定

分离出 MS 并予以鉴定就可做出阳性诊断。从急性病禽分离 MS 并不难，但在慢性感染阶段，病变组织中可能不再有 MS。从慢性感染鸡的上呼吸道进行分离更为可靠（至于培养基和分离方法，参阅"生长需要"部分）。采用荧光抗体技术检查菌落压印[31]或完整菌落[142]可进行鉴定。

已报道过利用 DNA 探针直接检测组织或培养物中的 MS DNA[7,40,60,71,162]。这是一种简单、快捷的检测方法，但敏感性可能达不到要求。PCR 法是检测组织或培养物中 MS DNA 的一种简单、快捷及敏感性高的方法[46,86,136,163]，而且 PCR 试剂盒[145]已商品化销售。PCR 技术的敏感性可与分离和鉴定相媲美[135]。

血清学

商品化的血清平板凝集反应（SPA）抗原已有出售，每个包装都有详细的使用说明。通常将0.02mL 的血清与等量的抗原在玻板上混合，将玻板轻微转动，观察凝集反应。抗原每次都应用已知的阳性血清和阴性血清进行测定。感染鸡大约需要2～4 周才能产生抗体[116]。SPA 试验在某些情况下可能不敏感；Ewing 等[35]报道过用 ELISA 法检出了 SPA 漏检的已感染的商品蛋鸡和种鸡。

在某些鸡群中应用 SPA 检测时有非特异性反应[50,158]，特别是曾接种预防其他疾病的油乳剂疫苗的鸡群。MG 抗原偶尔也可发生凝集，但反应时间延迟，且通常滴度较低[119]。可应用血凝抑制（HI）试验验证反应的特异性[146]。对 MS 诊断方法进行比较的研究中，所有被研究的血清学方法都出现了假阳性结果[39]。研究人员得出结论，完全依赖于任何一种血清学检测方法的行为都是不明智的。在另一项比较诊断方法的研究中，发现 PCR方法比血清学或培养鉴定法更为敏感[41]。

一种使用完整支原体菌落作为基质的间接免疫过氧化物酶试验已经用于检测血清、呼吸道分泌物、滑膜液、胆汁、哈德氏腺、输卵管和卵黄中的抗体[11,12,13]。

ELISA[55,123,126]是一种常用的诊断方法，并被用于鸡群的常规监测，作为基本的血清学试验可以代替血清平板凝集试验。ELISA 试剂盒已商品化生产。包含 p46‑52 抗原的半纯化制品有望作为ELISA 抗原[51]。含有 MSPB[108]抗原结构域的重组抗原有可能成为血清学诊断试剂[110]。来源于疫苗株 MS‑H 株的重组 MSPB 抗原，在检测免疫鸡的抗体时比用 WVU1853 株制备的相似抗原更有效，说明在该抗原结构域发生了抗原变异[112]。ELISA也被用于检测商品化产蛋鸡的鸡胚卵黄中的抗体[52]。

从自然感染 MS 的鸡的输卵管和卵白，以及它们正在发育的鸡胚中检测到了 IgG、IgM 和 IgA 类特异性抗体[17]。

血清学结果的进一步确证则需要从上呼吸道分离出 MS 并进行鉴定[134]，或应用 PCR 技术。

火鸡呼吸道感染后产生的抗体水平低；因此，用凝集反应来判断一个火鸡群的 MS 感染状态未必有效。只有爪垫接种后才产生显著的抗体[48,129]。各种商品化的凝集抗原检查火鸡凝集素的能力有所不同。在某些情况下，用 PCR 方法诊断感染鸡会产生抗体反应延迟现象[36]。个别感染的火鸡可能检测不到抗体[124]。火鸡全身感染可以产生强烈的抗体反应；然而，经上呼吸道感染的鸡不产生循环抗体或者抗体的产生被延迟[80]。在检测某些病例时可能需要采用人工培养、PCR 检测和 HI 试验。

鉴别诊断

根据鸡冠苍白、精神沉郁、消瘦、腿软、胸部囊肿、爪垫及跗关节肿大、脾肿大和肝或肾增大等症状可做出初步诊断。必须用细菌学方法排除由细菌引起的滑膜炎或关节炎的可能性。金黄色葡萄球菌、大肠杆菌、巴氏杆菌及沙门氏菌也可能是滑膜炎的原发病因。MG 也可能是引起胸部囊肿和关节病变的一种病因[115,118]。

跗骨伸肌或趾深屈肌腱的纤维化及心肌的淋巴细胞浸润与病毒性关节炎感染有关，这些症状有助于同 MS 引起的关节炎相区别[93]。感染病毒性关节炎的鸡血清不凝集 MS 的抗原，但必须牢记，在没有出现明显的关节症状时也可能存在 MS 的凝集素。

有呼吸道疾病的病例，应当排除 MG 及其他病原感染。

预防和控制

管理措施

MS 是经蛋传播的，故唯一有效的控制方法是从无 MS 的群中选择鸡或火鸡。目前，大多数的原代种鸡群无感染，而且也可找到有无 MS 的后备种群。必须采取有效的生物安全措施防止感染的传入。

肉鸡 MS 感染的暴发常可追溯到某一特定的肉用种鸡群。通常，等到发现了染病的种鸡群时，经蛋传播率已经很低或根本不再有临床意义了。是否宰杀感染种鸡群取决于经济因素。假如这类鸡群继续产蛋，其后代应单独孵化，与无 MS 的种群隔离开。抗生素治疗在消除种鸡 MS 方面无效，但可能会降低经蛋传播率。

体外试验显示，MS 对某些抗生素敏感，其中包括金霉素、达诺沙星、恩诺沙星、林可霉素、土霉素、壮观霉素、螺旋霉素、四环素、泰妙菌素、替米考星、爱乐新和泰乐菌素[21,26,54,65,68,76,154]。与 MG 相比，MS 分离株似乎对红霉素有耐药性[21,154]。在体外，用低水平抗生素培养 MS，能够很快产生对红霉素和泰乐菌素的高水平的耐药性，但产生恩诺沙星耐药性较慢。没有发现 MS 产生泰妙菌素和土霉素耐药性[47]。早期分离株与后期分离株相比，对金霉素的抗药性似乎要弱[121]。一般来说，适当的药物疗法对预防气囊炎或滑膜炎是有价值的，但对已有病变的治疗鲜见成效。抗生素治疗不能清除鸡群的 MS 感染。一般认为，抗生素疗法不能清除鸡群的 MS 感染，但在一项临床研究中，一个自然感染 MS 的鸡群用恩诺沙星进行 3 次治疗，随后又持续在饲料中添加 600mg/kg 土霉素。后来，这个鸡群用 PCR 法检测 MS 为阴性，说明药物治疗可能达到净化鸡群中 MS 的效果[42]。在另一项研究中[141]，连续 14 天在饮水中添加

10mg/kg 的恩诺沙星，未能消除 MS，用 PCR 法检测仍为阳性。在另外一项研究中，用推荐剂量的恩诺沙星治疗 2 次，没有影响从气管拭子中复苏 MS，而且从给药鸡体内获得的 MS 分离株，对恩诺沙星的耐药性增强，拓扑异构酶 IV 基因有点突变[87]。

临床和实验室研究的综合资料表明，连续给予金霉素（每吨饲料中添加 50～100g）对控制鸡的传染性滑膜炎的效果好。在鸡群已发生传染性滑膜炎后再给药时则需要较高浓度（每吨饲料约 200g）。对火鸡群，预防剂量为 200g/吨。金霉素治疗效果可能与所作用的 MS 菌株有关[121]。

可溶性林可霉素-壮观霉素（2g/gal 饮水）对预防肉鸡和雏火鸡的气囊炎有效[53]。饮水中加入泰妙菌素（0.006％～0.025％）对预防鸡的气囊炎和滑膜炎有效[6]。其他产品也有应用，但对 MS 的治疗价值尚未深入研究。

用抗生素处理蛋，如用泰乐菌素浸蛋或用泰乐菌素和庆大霉素蛋内注射[106]，或在孵化时加热处理种蛋[156]，这些方法已用于预防种禽群的 MS 经蛋传播。在开产前，使种鸡接触 MS 强毒可以减少蛋传的发生，但这种方法仅限于几乎可以确定感染将要发生的种群使用。

免疫接种

目前已有一种油佐剂 MS 灭活菌苗商品化生产，但其控制 MS 的作用尚未被深入研究。对澳大利亚的一株田间分离株进行突变筛选，获得了一株温度敏感型 MS 活菌苗菌株，MS-H 株[104]。其安全性和有效性在实验室试验[94,95]和田间试验[96]中得到证实。疫苗剂量为 4.8×10^5 ccu/mL 具有保护作用[63]；在免疫接种后 3～4 周可检出免疫作用[62]。除温度敏感型之外，其他因子似乎也与 MS-H 疫苗株的致弱有关[113]。这种疫苗已在澳大利亚广泛应用，但是包括美国在内的许多国家尚未批准使用。

韩　雪　田克恭　张剑锐　译
吴培福　苏敬良　校

参考文献

[1] Ajufo, J. C. , and K. G. Whithear. 1980. The surface layer of Mycoplasma synoviae as demonstrated by the negative staining technique. *Res Vet Sci* 29:268-270.

［2］Allen, J. L. , A. H. Noormohammadi, and G. F. Browning. 2005. The vlhA loci of Mycoplasma synoviae are confined to a restricted region of the genome. *Microbiol* 151: 935 - 940.

［3］Avakian, A. P. , and S. H. Kleven. 1990. The humoral immune response of chickens to Mycoplasma gallisepticum and potential causes of false positive reactions in avian Mycoplasma serology. *Zentralbl Bakteriol Mikrobiol Hyg* Suppl. 20: 500 - 512.

［4］Avakian, A. P. , and S. H. Kleven. 1990. Evaluation of SDS-polyacrylamide gel electrophoresis purified proteins of Mycoplasma gallisepticum and Mycoplasma synoviae as antigens in a dot ELISA. *Avian Dis* 34: 575 -584.

［5］Avakian, A. P. , D. H. Ley, and S. H. Kleven. 1992. Comparison of Mycoplasma synoviae isolates by immuno-blotting. *Avian Pathol* 21: 633 - 642.

［6］Baughn, C. O. , W. C. Alpaugh, W. H. Linkenheimer, and D. C. Maplesden. 1978. Effect of tiamulin in chickens and turkeys infected experimentally with avian mycoplasma. *Avian Dis* 22: 620 - 626.

［7］Ben Abdelmoumen, B. , R. S. Roy, and R. Brousseau. 1999. Cloning of Mycoplasma synoviae genes encoding specific antigens and their use as species-specific DNA probes. *J Vet Diag Invest* 11: 162 - 169.

［8］Benčina, D. , D. Dorrer, and T. Tadina. 1987. Mycoplasma species isolated from six avian species. *Avian Pathol* 16: 653 - 664.

［9］Benčina, D. , T. Tadina, and D. Dorrer. 1988. Natural infection of geese with Mycoplasma gallisepticum and Mycoplasma synoviae and egg transmission of the mycoplasmas. *Avian Pathol* 17: 925 - 928.

［10］Benčina, D. , T. Tadina, and D. Dorrer. 1988. Natural infection of ducks with Mycoplasma synoviae and Mycoplasma gallisepticum and mycoplasma egg transmission. *Avian Pathol* 17: 441 - 449.

［11］Benčina, D. , and J. M. Bradbury. 1991. Indirect immunoperoxidase assay for the detection of antibody in chicken Mycoplasma infections. *Avian Pathol* 20: 113 - 124.

［12］Benčina, D. , I. Mrzel, A. Svetlin, D. Dorrer, and T. Tadina-Jaksic. 1991. Reactions of chicken biliary immunoglobulin A with avian mycoplasmas. *Avian Pathol* 20: 303 - 313.

［13］Benčina, D. , A. Svetlin, D. Dorrer, and T. Tadina-Jaksic. 1991. Humoral and local antibodies in chickens with mixed infection with three Mycoplasma species. *Avian Pathol* 20: 325 - 334.

［14］Benčina, D. , M. Narat, P. Dove, M. Drobnic-Valic, F. Habe, and S. H. Kleven. 1999. The characterization of Mycoplasma syno-viae EF-Tu protein and proteins involved in hemadherence and their N-terminal amino acid sequences. *FEMS Microbiol Lett* 173: 85 - 94.

［15］Benčina, D. , M. Drobnic-Valic, S. Horvat, M. Narat, S. H. Kleven, and P. Dove. 2001. Molecular basis of the length variation in the N-terminal part of Mycoplasma synoviae hemagglutinin. *FEMS Microbiol Lett* 203: 115 -123.

［16］Benčina, D. 2002. Haemagglutinins of pathogenic avian mycoplasmas. *Avian Pathol* 31: 535 - 547.

［17］Benčina, D. , M. Narat, A. Bidovec, and O. Zorman-Rojs. 2005. Transfer of maternal immunoglobulins and antibodies to Mycoplasma gallisepticum and Mycoplasma synoviae to the allantoic and amniotic fluid of chicken embryos. *Avian Pathol* 34: 463 - 472.

［18］Bozeman, L. H. , S. H. Kleven, and R. B. Davis. 1984. Mycoplasma challenge studies in budgerigars (Melopsittacus undulatus) and chickens. *Avian Dis* 28: 426 - 434.

［19］Bradbury, J. M. , and L. J. Howell. 1975. The response of chickens to experimental infection 'in ovo' with Mycoplasma synoviae. *Avian Pathol* 4: 277 - 286.

［20］Bradbury, J. M. 1977. Rapid biochemical tests for characterization of the Mycoplasmatales. *J Clin Microbiol* 5: 531 - 534.

［21］Bradbury, J. M. , C. A. Yavari, and C. J. Giles. 1994. *In vitro* evaluation of various antimicrobials against Mycoplasma gallisepticum and Mycoplasma synoviae by the micro-broth method, and comparison with a commercially-prepared test system. *Avian Pathol* 23: 105 - 115.

［22］Bradbury, J. M. , C. A. Yavari, and C. M. Dare. 2001. Detection of Mycoplasma synoviae in clinically normal pheasants. *Vet Rec* 148: 72 - 74.

［23］Branton, S. L. , J. D. May, B. D. Lott, and W. R. Maslin. 1997. Various blood parameters in commercial hens acutely and chronically infected with Mycoplasma gallisepticum and Mycoplasma synoviae. *Avian Dis* 41: 540 - 547.

［24］Branton, S. L. , B. D. Lott, J. D. May, W. R. Maslin, G. T. Pharr, J. E. Brown, and D. L. Boykin. 1999. The effects of F strain Mycoplasma gallisepticum, Mycoplasma synoviae, and the dual infection in commercial layer hens over a 44-week laying cycle when challenged before beginning of lay. Ⅱ. Egg size distribution. *Avian*

Dis 43:326 - 330.

[25]Caraaghan, R. B. A. 1961. Egg transmission of infectious synovitis. *J Comp Pathol* 71:279 - 285.

[26]Cerda, R. O. , G. I. Giacoboni, J. A. Xavier, P. L. Sansalone, and M. F. Landoni. 2002. *In vitro* antibiotic susceptibility of field isolates of Mycoplasma synoviae in Argentina. *Avian Dis* 46:215 - 218.

[27]Chalquest, R. R. , and J. Fabricant. 1960. Pleuropneumonia-like organisms associated with synovitis in fowls. *Avian Dis* 4:515 - 539.

[28]Chalquest, R. R. 1962. Cultivation of the infectious-synovitis-type pleuropneumonia-like organisms. *Avian Dis* 6:36 - 43.

[29]Chin, R. P. , C. U. Meteyer, R. Yamamoto, H. L. Shivaprasad, and P. N. Klein. 1991. Isolation of Mycoplasma synoviae from the brains of commercial meat turkeys with meningeal vasculitis. *Avian Dis* 35:631 - 637.

[30]Christensen, N. H. , C. A. Yavari, A. J. McBain, and J. M. Bradbury. 1994. Investigations into the survival of Mycoplasma gallisepticum, Mycoplasma synoviae and Mycoplasma iowae on materials found in the poultry house environment. *Avian Pathol* 23:127 -143.

[31]Corstvet, R. E. , and W. W. Sadler. 1964. The diagnosis of certain avian diseases with the fluorescent antibody technique. *Poult Sci* 43:1280 - 1288.

[32]DaMassa, A. J. , and H. E. Adler. 1975. Growth of Mycoplasma synoviae in a medium supplemented with nicotinamide instead of B-nicotinamide adenine dinucleotide. *Avian Dis* 19:544 - 555.

[33]Dierks, R. E. , J. A. Newman, and B. S. Pomeroy. 1967. Characterization of avian mycoplasma. *Ann N Y Acad Sci* 143:170 - 189.

[34]Dufour - Gesbert, F. , A. Dheilly, C. Marois, and I. Kempf. 2006. Epidemiological study on Mycoplasma synoviae infection in layers. *Vet Microbiol* 114:148 -54.

[35]Ewing, M. L. , L. H. Lauerman, S. H. Kleven, and M. B. Brown. 1996. Evaluation of diagnostic procedures to detect Mycoplasma synoviae in commercial multiplier-breeder farms and commercial hatcheries in Florida. *Avian Dis* 40:798 - 806.

[36]Ewing, M. L. , K. C. Cookson, R. A. Phillips, K. S. Turner, and S. H. Kleven. 1998. Experimental infection and transmissibility of Mycoplasma synoviae with delayed serologic response in chickens. *Avian Dis* 42:230 - 238.

[37]Fan, H. H. , S. H. Kleven, and M. W. Jackwood. 1995.

Studies of in - traspecies heterogeneity of Mycoplasma synoviae, M. meleagridis, and M. iowae with arbitrarily primed polymerase chain reaction. *Avian Dis* 39:766 - 777.

[38]Feberwee, A. , J. R. Dijkstra, T. E. von Banniseht-Wysmuller, A. L. Gielkens, and J. A. Wagenaar. 2005. Genotyping of Mycoplasma gallisepticum and M. synoviae by Amplified Fragment Length Polymorphism (AFLP) analysis and digitalized Random Amplified Polymorphic DNA (RAPD) analysis. *Vet Microbiol* 111:125 - 131.

[39]Feberwee, A. , D. R. Mekkes, J. J. de Wit, E. G. Hartman, and A. Pijpers. 2005. Comparison of culture, PCR, and different serologic tests for detection of Mycoplasma gallisepticum and Mycoplasma synoviae Infections. *Avian Dis* 49:260 - 268.

[40]Fernandez, C, J. G. Mattsson, G. Bölske, and K. E. Johansson. 1993. Species - specific oligonucleotide probes complementary to 16S rRNA of Mycoplasma gallisepticum and Mycoplasma synoviae. *Res Vet Sci* 55:130 -136.

[41]Fiorentin, L. , M. A. Z. Mores, I. M. Trevisol, S. C. Antunes, J. L. A. Costa, R. A. Soncini, and N. A. Vieira. 2003. Test profiles of broiler breeder flocks housed in farms with endemic Mycoplasma synoviae infection. *Brazil J Poult Sci* 5:37 - 43.

[42]Fiorentin, L. , R. A. Soncini, J. L. A. da Costa, M. A. Z. Mores, I. M. Trevisol, M. Toda, and N. A. Vieira. 2003. Apparent eradication of Mycoplasma synoviae in broiler breeders subjected to intensive antibiotic treatment directed to control Escherichia coli. *Avian Pathol* 32:213 - 216.

[43]Fletcher, O. J. , D. P. Anderson, and S. H. Kleven. 1976. Histology of air sac lesions induced in chickens by contact exposure to Mycoplasma synoviae. *Avian Pathol* 13:303 - 314.

[44]Frey, M. L. , R. P. Hanson, and D. P. Anderson. 1968. A medium for the isolation of avian Mycoplasmas. *Am J Vet Res* 29:2163 - 2171.

[45]Furuta, K. , Y. Makino, K. Komi, Y. Nakamura, and S. Oda. 1985. Sanitization of a chicken house contaminated with mycoplasmas. *J pn Poult Sci* 22:126 -133.

[46]García, M. , M. W. Jackwood, S. Levisohn, and S. H. Kleven. 1995. Detection of Mycoplasma gallisepticum, M. synoviae, and M. iowae by multi-species polymerase chain reaction and restriction fragment length polymorphism. *Avian Dis* 39:606 - 616.

[47]Gautier-Bouchardon, A. V. , A. K. Reinhardt, M. Kobisch, and I. Kempf. 2002. *In vitro* development of re-

sistance to enrofloxacin, erythromycin, tylosin, tiamulin and oxytetracycline in Mycoplasma gallisepticum, Mycoplasma iowae and Mycoplasma synoviae. *Vet Microbiol* 88:47-58.

[48] Ghazikhanian, G. , R. Yamamoto, and D. R. Cordy. 1973. Response of turkeys to experimental infection with Mycoplasma synoviae. *Avian Dis* 17:122-136.

[49] Giambrone, J. J. , C. S. Eidson, and S. H. Kleven. 1977. Effect of infectious bursal disease on the response of chickens to Mycoplasma synoviae, Newcastle disease virus, and infectious bronchitis virus. *Am J Vet Res* 38:251-253.

[50] Glisson, J. R. , J. F. Dawe, and S. H. Kleven. 1984. The effect of oil emulsion vaccines on the occurrence of non-specific plate agglutination reactions for Mycoplasma gallisepticum and Mycoplasma synoviae. *Avian Dis* 28:397-405.

[51] Gurevich, V. A. , D. H. Ley, J. F. Markham, K. G. Whithear, and I. D. Walker. 1995. Identification of Mycoplasma synoviae immunogenic surface proteins and their potential use as antigens in the enzyme-linked immunosorbent assay. *Avian Dis* 39:465-474.

[52] Hagan, J. C. , N. J. Ashton, J. M. Bradbury, and K. L. Morgan. 2004. Evaluation of an egg yolk enzyme-linked immunosorbent assay antibody test and its use to assess the prevalence of Mycoplasma synoviae in UK laying hens. *Avian Pathol* 33:91-95.

[53] Hamdy, A. H. , S. H. Kleven, E. L. McCune, B. S. Pomeroy, and A. C. Peterson. 1976. Efficacy of Lincospectin water medication on Mycoplasma synoviae airsacculitis in broilers. *Avian Dis* 20:118-125.

[54] Hannan, P. C. T. , G. D. Windsor, A. deJong, N. Schmeer, and M. Stegemann. 1997. Comparative susceptibilities of various animal-pathogenic mycoplasmas to fluoroquinolones. *Antimicrob Agents Chemother* 41:2037-2040.

[55] Higgins, P. A. , and K. G. Whithear. 1986. Detection and differentiation of Mycoplasma gallisepticum and Mycoplasma synoviae antibodies in chicken serum using enzyme-linked immunosorbent assay. *Avian Dis* 30:160-168.

[56] Hinz, K. H. , C. Blome, and M. Ryll. 2003. Virulence of Mycoplasma synoviae strains in experimentally infected broiler chickens. *Berl Munch Tierarztl Wochenschr* 116:59-66.

[57] Hong, Y. , M. García, L. Leiting, D. Bencina, L. Dufour-Zavala, G. Zavala, and S. H. Kleven. 2004. Specific detection and typing of Mycoplasma synoviae strains in poultry with PCR and DNA sequence analysis targeting the hemagglutinin encoding gene vlhA. *Avian Dis* 48:606-616.

[58] Hopkins, S. R. , and H. W. Yoder. 1982. Influence of infectious bronchitis strains and vaccines on the incidence of Mycoplasma synoviae airsacculitis. *Avian Dis* 26:741-752.

[59] Hwang, Y. S. , V S. Panangala, C. R. Rossi, J. J. Giambrone, and L. H. Lauerman. 1989. Monoclonal antibodies that recognize specific antigens of Mycoplasma gallisepticum and M. synoviae. *Avian Dis* 33:42-52.

[60] Hyman, H. C. , S. Levisohn, D. Yogev, and S. Razin. 1989. DNA probes for Mycoplasma gallisepticum and Mycoplasma synoviae:Application in experimentally infected chickens. *Vet Microbiol* 20:323-338.

[61] Jeffery, N. , G. F. Browning, and A. H. Noormohammadi. 2006. Organization of the Mycoplasma synoviae WVU 1853T vlhA gene locus. *Avian Pathol* 35:53-57.

[62] Jones, J. F. , K. G. Whithear, P. C. Scott, and A. H. Noormohammadi. 2006. Onset of immunity with Mycoplasma synoviae:comparison of the live attenuated vaccine MS-H (Vaxsafe MS) with its wild-type parent strain (86079/7NS). *Avian Dis* 50:82-7.

[63] Jones, J. F. , K. G. Whithear, P. C. Scott, and A. H. Noormohammadi. 2006. Determination of the effective dose of the live Mycoplasma synoviae vaccine, Vaxsafe MS (strain MS-H) by protection against experimental challenge. *Avian Dis* 50:88-91.

[64] Jordan, F. 1981. Mycoplasma-induced arthritis in poultry. *Isr J Med Sci* 17:622-625.

[65] Jordan, F. T. , C. A. Forrester, A. Hodge, and L. G. Reeve-Johnson. 1999. The comparison of an aqueous preparation of tilmicosin with tylosin in the treatment of Mycoplasma gallisepticum infection of turkey poults. *Avian Dis* 43:521-525.

[66] Jordan, F. T. W. 1975. Avian Mycoplasma and pathogenicity—A review. *Avian Pathol* 4:165-174.

[67] Jordan, F. T. W, H. Erno, G. S. Cottew, K. H. Hinz, and L. Stipkovits. 1982. Characterization and taxonomic description of five mycoplasma serovars (serotypes) of avian origin and their elevation to species rank and further evaluation of the taxonomic status of Mycoplasma synoviae. *Int J Syst Bacteriol* 32:108-115.

[68] Jordan, F. T. W. , S. Gilbert, D. L. Knight, and C. A. Yavari. 1989. Effects of Baytril, Tylosin, and Tiamulin on avian mycoplasmas. *Avian Pathol* 18:659-673.

[69]Kang, M. S. , P. Gazdzinski, and S. H. Kleven. 2002. Virulence of recent isolates of Mycoplasma synoviae in turkeys. *Avian Dis* 46:102‑10.

[70]Kawakubo, Y. , K. Kume, M. Yoshioka, and Y. Nishiyama. 1980. Histopathological and immunopathological studies on experimental Mycoplasma synoviae infection of the chicken. *J Comp Pathol* 90:457‑468.

[71]Kempf, I. , F. Gesbert, M. Guittet, J. P. Le Pennec, and G. Bennejean. 1991. Sondes nucléiques spécifiques de Mycoplasma gallisepticum et Mycoplasma synoviae: préparation et intrêt. *Revue de Médecine Vétérinaire* 142:887‑892.

[72]Kerr, K. M. , and N. O. Olson. 1967. Cardiac pathology associated with viral and mycoplasmal arthritis in chickens. *Ann NY Acad Sci* 143:204‑217.

[73]Kerr, K. M. , and N. O. Olson. 1970. Pathology of chickens inoculated experimentally or contact‑infected with Mycoplasma synoviae. *Avian Dis* 14:291‑320.

[74]Khehra, R. S. , R. C. Jones, and J. M. Bradbury. 1999. Dual infection of turkey poults with avian pneumovirus and Mycoplasma synoviae. *Avian Pathol* 28:401‑404.

[75]King, D. D. , S. H. Kleven, D. M. Wenger, and D. P. Anderson. 1973. Field studies with Mycoplasma synoviae. *Avian Dis* 17:722‑726.

[76]Kleven, S. H. , and D. P. Anderson. 1971. *In vitro* activity of various antibiotics against Mycoplasma synoviae. *Avian Dis* 15:551‑557.

[77]Kleven, S. H. , D. D. King, and D. P. Anderson. 1972. Airsacculitis in broilers from Mycoplasma synoviae: effect on air‑sac lesions of vaccinating with infectious bronchitis and Newcastle virus. *Avian Dis* 16:915‑924.

[78]Kleven, S. H. , O. J. Fletcher, and R. B. Davis. 1975. Influence of strain of Mycoplasma synoviae and route of infection on development of synovitis or airsacculitis in broilers. *Avian Dis* 19:126‑135.

[79]Kleven, S. H. , and W. O. Fletcher. 1983. Laboratory infection of house sparrows (Passer domesticus) with Mycoplasma gallisepticum and Mycoplasma synoviae. *Avian Dis* 27:308‑311.

[80]Kleven, S. H. , G. N. Rowland, and M. C. Kumar. 2001. Poor serological response to upper respiratory infection with Mycoplasma synoviae in turkeys. *Avian Dis* 45:719‑723.

[81]Kume, K. , Y. Kawakubo, C. Morita, E. Hayatsu, and M. Yoshioka. 1977. Experimentally induced synovitis of chickens with Mycoplasma synoviae. Effects of bursectomy and thymectomy on course of the infection for the first four weeks. *Am J Vet Res* 38:1595‑1600.

[82]Landman, W. J. , and R. G. Bronneberg. 2003. Mycoplasma syn‑oviae‑associated amyloid arthropathy in white leghorns: case report. *Tijdschr Diergeneeskd* 128:36‑40.

[83]Landman, W. J. M. , and A. Feberwee. 2001. Field studies on the association between amyloid arthropathy and Mycoplasma synoviae infection, and experimental reproduction of the condition in brown layers. *Avian Pathol* 30:629‑639.

[84]Landman, W. J. M. , and A. Feberwee. 2004. Aerosol‑induced Mycoplasma synoviae arthritis: the synergistic effect of infectious bronchitis virus infection. *Avian Pathol* 33:591‑598.

[85]Lauerman, L. H. , and R. A. Reynolds‑Vaughn. 1991. Immunoglobulin G Fc receptors of Mycoplasma synoviae. *Avian Dis* 35:135‑138.

[86]Lauerman, L. H. , F. J. Hoerr, A. R. Sharpton, S. M. Shah, and V. L. van Santen. 1993. Development and application of a polymerase chain reaction assay for Mycoplasma synoviae. *Avian Dis* 37:829‑834.

[87]Le Carrou, J. , A. K. Reinhardt, I. Kempf, and A. V. Gautier‑Bouchardon. 2006. Persistence of Mycoplasma synoviae in hens after two enrofloxacin treatments and detection of mutations in the parC gene. *Vet Res* 37:145‑54.

[88]Ley, D. H. , and A. P. Avakian. 1992. An outbreak of Mycoplasma synoviae infection in North Carolina turkeys:comparison of isolates by sodium dodecyl sulfate‑polyacrylamide gel electrophoresis and restriction endonuclease analysis. *Avian Dis* 36:672‑678.

[89]Lockaby, S. B. , F. J. Hoerr, L. H. Lauerman, and S. H. Kleven. 1998. Pathogenicity of Mycoplasma synoviae in broiler chickens. *Vet Pathol* 35:178‑90.

[90]Lockaby, S. B. , F. J. Hoerr, S. H. Kleven, and L. H. Lauerman. 1999. Pathogenicity of Mycoplasma synoviae in chicken embryos. *Avian Dis* 43:331‑337.

[91]Lockaby, S. B. , F. J. Hoerr, L. H. Lauerman, B. F. Smith, A. M. Samoylov, M. A. Toivio‑Kinnucan, and S. H. Kleven. 1999. Factors associated with virulence of Mycoplasma synoviae. *Avian Dis* 43:251‑261.

[92]Lott, B. D. , J. H. Drott, T. H. Vardaman, and F. N. Reece. 1978. Effect of Mycoplasma synoviae on egg quality and egg production of broiler breeders. *Poult Sci* 57:309‑311.

[93]Macdonald, J. W. , C. J. Randall, M. D. Dagless, and D. A. McMartin. 1978. Observations on viral tenosynovitis

（viral arthritis）in Scotland. *Avian Pathol* 7：471 - 482.

[94]Markham, J. F. , C. J. Morrow, P. C. Scott, and K. G. Whithear. 1998. Safety of a temperature-sensitive clone of Mycoplasma synoviae as a live vaccine. *Avian Dis* 42：677 - 681.

[95]Markham, J. F. , C. J. Morrow, and K. G. Whithear. 1998. Efficacy of a temperature-sensitive Mycoplasma synoviae live vaccine. *Avian Dis* 42：671 - 676.

[96]Markham, J. F. , P. C. Scott, and K. G. Whithear. 1998. Field evaluation of the safety and efficacy of a temperature-sensitive Mycoplasma synoviae live vaccine. *Avian Dis* 42：682 - 689.

[97]Marois, C. , F. Oufour-Gesbert, and I. Kempf. 2000. Detection of Mycoplasma synoviae in poultry environment samples by culture and polymerase chain reaction. *Vet Microbiol* 73：311 - 318.

[98]Marois, C. , F. Dufour-Gesbert, and I. I. Kempf. 2001. Comparison of pulsed-field gel electrophoresis with random amplified polymorphic DNA for typing of Mycoplasma synoviae. *Vet Microbiol* 79：1 - 9.

[99]Marois, C. , J. P. Picault, M. Kobisch, and I. Kempf. 2005. Experimental evidence of indirect transmission of Mycoplasma synoviae. *Vet Res* 36：759 - 769.

[100] Mohammed, H. O. , T. E. Carpenter, R. Yamamoto, and D. A. McMartin. 1986. Prevalence of Mycoplasma gallisepticum and M. synoviae in commercial layers in southern and central California. *Avian Dis* 30：519 -26.

[101]Mohammed, H. O. , T. E. Carpenter, and R. Yamamoto. 1987. Economic impact of Mycoplasma gallisepticum and Mycoplasma synoviae in commercial layer flocks. *Avian Dis* 31：477 - 482.

[102] Morrow, C. J. , K. G. Whithear, and S. H. Kleven. 1990. Restriction endonuclease analysis of Mycoplasma synoviae strains. *Avian Dis* 34：611 - 616.

[103]Morrow, C. J. , J. M. Bradbury, M. J. Gentle, and B. H. Thorp. 1997. The development of lameness and bone deformity in the broiler following experimental infection with Mycoplasma gallisepticum or Mycoplasma synoviae. *Avian Pathol* 26：169 - 187.

[104]Morrow, C. J. , J. F. Markham, and K. G. Whithear. 1998. Production of temperature - sensitive clones of Mycoplasma synoviae for evaluation as live vaccines. *Avian Dis* 42：667 - 670.

[105]Narat, M. , D. Benčina, S. H. Kleven, and F. Habe. 1998. The hemagglutination-positive phenotype of Mycoplasma synoviae induces experimental infectious synovitis in chickens more frequently than does the hemagglutination-negative phenotype. *Infect Immun* 66：6004 - 6009.

[106]Nascimento, E. R. , and M. G. F. Nascimento. 1994. Eradication of Mycoplasma gallisepticum and M. synoviae from a chicken flock in Brazil. *Proc Western Poult Dis Conf* 43：58 - 59.

[107]Nonomura, I. , and Y. Imada. 1982. Temperature sensitive mutant of Mycoplasma synoviae 1. Production and selection of a nonpathogenic but immunogenic clone. *Avian Dis* 26：763 - 775.

[108]Noormohammadi, A. H. , P. F. Markham, K. G. Whithear, I. D. Walker, V. A. Gurevich, D. H. Ley, and G. F. Browning. 1997. Mycoplasma synoviae has two distinct phase-variable major membrane antigens, one of which is a putative hemagglutinin. *Infect Immun* 65：2542 - 2547.

[109]Noormohammadi, A. H. , P. F. Markham, M. F. Duffy, K. G. Whithear, and G. F. Browning. 1998. Multigene families encoding the major hemagglutinins in phylogenetically distinct mycoplasmas. *Infect Immun* 66：3470 - 3475.

[110]Noormohammadi, A. H. , P. F. Markham, J. F. Markham, K. G. Whithear, and G. F. Browning. 1999. Mycoplasma synoviae surface protein MSPB as a recombinant antigen in an indirect ELISA. *Microbiol* 145：2087 -2094.

[111]Noormohammadi, A. H. , P. F. Markham, A. Kanci, K. G. Whithear, and G. F. Browning. 2000. A novel mechanism for control of antigenic variation in the haemagglutinin gene family of mycoplasma synoviae. *Molec Microbiol* 35：911 - 23.

[112]Noormohammadi, A. H. , G. F. Browning, P. J. Cowling, D. O'Rourke, K. G. Whithear, and P. F. Markham. 2002. Detection of antibodies to Mycoplasma gallisepticum vaccine ts-11 by an autologous pMGA enzyme-linked immunosorbent assay. *Avian Dis* 46：405 - 411.

[113]Noormohammadi, A. H. , J. F. Jones, K. E. Harrigan, and K. G. Whithear. 2003. Evaluation of the non-temperature-sensitive field clonal isolates of the Mycoplasma synoviae vaccine strain MS-H. *Avian Dis* 47：355 - 360.

[114]Olson, N. O. , J. K. Bletner, D. C. Shelton, D. A. Munro, and G. C. Anderson. 1954. Enlarged joint condition in poultry caused by an infectious agent. *Poult Sci* 33：1075.

［115］Olson, N. O. , D. C. Shelton, J. K. Bletner, D. A. Munro, and G. C. Anderson. 1956. Studies of infectious synovitis in chickens. *Am J Vet Res* 17:747-754.

［116］Olson, N. O. , K. M. Kerr, and A. Campbell. 1963. Control of infectious synovitis. 12. Preparation of an agglutination test antigen. *Avian Dis* 7:310-317.

［117］Olson, N. O. , H. E. Adler, A. J. DaMassa, and R. E. Corstvet. 1964. The effect of intranasal exposure to Mycoplasma synoviae and infectious bronchitis on development of lesions and agglutinins. *Avian Dis* 8:623-631.

［118］Olson, N. O. , K. M. Kerr, and A. Campbell. 1964. Control of infectious synovitis. 13. The antigen study of three strains. *Avian Dis* 8:209-214.

［119］Olson, N. O. , R. Yamamoto, and H. B. Ortmayer. 1965. Antigenic relationship between Mycoplasma synoviae and Mycoplasma gallisepticum. *Am J Vet Res* 26:195-198.

［120］Olson, N. O. , and K. M. Kerr. 1967. The duration and distribution of synovitis-producing agents in chickens. *Avian Dis* 11:578-585.

［121］Olson, N. O. , and S. P. Sahu. 1976. Efficacy of chlortetracycline against Mycoplasma synoviae isolated in two periods. *Avian Dis* 20:221-229.

［122］Opitz, H. M. 1983. Mycoplasma synoviae infection in Maine's egg farms. *Avian Dis* 27:324-326.

［123］Opitz, H. M. , J. B. Duplessis, and M. J. Cyr. 1983. Indirect micro enzyme linked immunosorbent assay ELISA for the detection of antibodies to Mycoplasma synoviae and Mycoplasma gallisepticum. *Avian Dis* 27:773-786.

［124］Ortiz, A. , and S. H. Kleven. 1992. Serological detection of Mycoplasma synoviae infection in turkeys. *Avian Dis* 36:749-752.

［125］Pascucci, S. , N. Maestrini, S. Govoni, and A. Prati. 1976. Mycoplasma synoviae in the guinea fowl. *Avian Pathol* 5:291-297.

［126］Patten, B. E. , P. A. Higgins, and K. G. Whithear. 1984. A ureaseELISA for the detection of mycoplasma infections in poultry. *Aust Vet J* 61:151-155.

［127］Poveda, J. B. , J. Carranza, A. Miranda, A. Garrido, M. Hermoso, A. Fernandez, and J. Domenech. 1990. An epizootiological study of avian Mycoplasmas in Southern Spain. *Avian Pathology* 19:627-633.

［128］Reece, R. L. , L. Ireland, and P. C. Scott. 1986. Mycoplasmosis in racing pigeons. *Aust Vet J* 63:166-167.

［129］Rhoades, K. R. 1975. Antibody responses of turkeys experimentally exposed to Mycoplasma synoviae. *Avian Dis* 19:437-442.

［130］Rhoades, K. R. 1977. Turkey sinusitis: synergism between Mycoplasma synoviae and Mycoplasma meleagridis. *Avian Dis* 21:670-674.

［131］Rhoades, K. R. 1981. Turkey airsacculitis: effect of mixed mycoplasmal infections. *Avian Dis* 25:131-135.

［132］Rhoades, K. R. 1987. Airsacculitis in turkeys exposed to Mycoplasma synoviae membranes. *Avian Dis* 31:855-860.

［133］Roberts, D. H. , and O. M. Olesiuk. 1967. Serological studies with Mycoplasma synoviae. *Avian Dis* 11:104-119.

［134］Sahu, S. P. , and N. O. Olson. 1976. Evaluation of broiler breeder flocks for nonspecific Mycoplasma synoviae reaction. *Avian Dis* 20:49-64.

［135］Salisch, H. , K. -H. Hinz, H. -D. Graack, and M. Ryll. 1998. A comparison of a commercial PCR-based test to culture methods for detection of Mycoplasma gallisepticum and Mycoplasma synoviae in concurrently infected chickens. *Avian Pathol* 27:142-147.

［136］Salisch, H. , M. Ryll, K. -H. Hinz, and U. Neumann. 1999. Experiences with multispecies polymerase chain reaction and specific oligonucleotide probes for the detection of *Mycoplasma gallisepticum* and *Mycoplasma synoviae*. *Avian Pathol* 28:337-344.

［137］Scott, P. C. , J. Jones, C. J. Morrow, D. H. Ley, and K. G. Whithear. 1994. Experiences with a live attenuated Mycoplasma synoviae vaccine. *Proc Western Poult Dis Conf* 43:97-98.

［138］Senties-Cué, H. L. Shivaprasad, and R. P. Chin. 2005. Systemic Mycoplasma synoviae infection in broiler chickens. *Avian Pathol* 34:137-142.

［139］Sevoian, M. , G. H. Snoeyenbos, H. I. Basch, and I. M. Reynolds. 1958. Infectious synovitis I. Clinical and pathological manifestations. *Avian Dis* 2:499-513.

［140］Springer, W. T. , C. Luskus, and S. S. Pourciau. 1974. Infectious bronchitis and mixed infections of Mycoplasma synoviae and Escherichia coli in gnotobiotic chickens. I. Synergistic role in the airsacculitis syndrome. *Infect Immun* 10:578-589.

［141］Stanley, W. A. , C. L. Hofacre, G. Speksnijder, S. H. Kleven, and S. E. Aggrey. 2001. Monitoring Mycoplasma gallisepticum and Mycoplasma synoviae infection in breeder chickens after treatment with enrofloxacin. *Avian Dis* 45:534-539.

［142］Talkington, F. D. , and S. H. Kleven. 1983. A classification of laboratory strains of avian Mycoplasma sero-types by direct immunofluorescence. *Avian Dis* 27: 422-429.

[143]Timms, L. M. 1978. Mycoplasma synoviae: A review. *Vet Bull* 48:187-198.

[144]Tiong, S. K. 1990. Mycoplasmas and acholeplasmas iso-lated from ducks and their possible association with pasteurellas. *Vet Rec* 127:64-66.

[145]Tyrrell, P., and P. Anderson. 1994. Efficacy of sample pooling for the detection of Mycoplasma gallisepticum and Mycoplasma synoviae utilizing PCR. *Proc Western Poult Dis Conf* 43:62.

[146]Vardaman, T. H., and H. W. Yoder. 1969. Preparation of Mycoplasma synoviae hemagglutinating antigen and its use in the hemagglutination-inhibition test. *Avian Dis* 13:654-661.

[147]Vardaman, T. H., and H. W. Yoder. 1971. Preparation of Mycoplasma synoviae antigen for the tube agglutina-tion test. *Avian Dis* 15:462-466.

[148]Vardaman, T. H., K. Landreth, S. Whatley, L. J. Dreesen, and B. Glick. 1973. Resistance to Mycoplasma synoviae is bursal dependent. *Infect Immun* 8: 674-676.

[149]Vardaman, T. H. 1976. The resistance and carrier sta-tus of meattype hens exposed to Mycoplasma synoviae. *Poult Sci* 55:268-273.

[150]Vasconcelos, A. T., H. B. Ferreira, C. V. Bizarro, S. L. Bonatto, M. O. Carvalho, P. M. Pinto, D. F. Almei-da, L. G. Almeida, R. Almeida, L. Alves-Filho, E. N. Assuncao, V. A. Azevedo, M. R. Bogo, M. M. Brigi-do, M. Brocchi, H. A. Burity, A. A. Camargo, S. S. Camargo, M. S. Carepo, D. M. Carraro, J. C. de Mat-tos Cascardo, L. A. Castro, G. Cavalcanti, G. Che-male, R. G. Collevatti, C. W. Cunha, B. Dallagiovan-na, B. P. Dambros, O. A. Dellagostin, C. Falcao, F. Fantinatti-Garboggini, M. S. Felipe, L. Fiorentin, G. R. Franco, N. S. Freitas, D. Frias, T. B. Grangeiro, E. C. Grisard, C. T. Guimaraes, M. Hungria, S. N. Jardim, M. A. Krieger, J. P. Laurino, L. F. Lima, M. I. Lopes, E. L. Loreto, H. M. Madeira, G. P. Manfio, A. Q. Maranhao, C. T. Martinkovics, S. R. Medeiros, M. A. Moreira, M. Neiva, C. E. Ramalho-Neto, M. F. Nicolas, S. C. Oliveira, R. F. Paixao, F. O. Pedrosa, S. D. Pena, M. Pereira, L. Pereira-Ferrari, I. Piffer, L. S. Pinto, D. P. Potrich, A. C. Salim, F. R. Santos, R. Schmitt, M. P. Schneider, A. Schrank, I. S. Schrank, A. F. Schuck, H. N. Seuanez, D. W. Silva,

R. Silva, S. C. Silva, C. M. Soares, K. R. Souza, R. C. Souza, C. C. Staats, M. B. Steffens, S. M. Teixeira, T. P. Urmenyi, M. H. Vainstein, L. W. Zuccherato, A. J. Simpson, and A. Zaha. 2005. Swine and poultry pathogens: the complete genome sequences of two strains of Mycoplasma hyopneumoniae and a strain of Mycoplasma synoviae. *J Bacteriol* 187:5568-5577.

[151]Walker, E. R., M. H. Friedman, N. O. Olson, S. P. Sahu, and H. F. Mengoli. 1978. An ultrastructural study of avian synovium infected with an arthrotropic Mycoplasma, Mycoplasma synoviae. *Vet Pathol* 15: 407-416.

[152]Weinack, O. M., G. H. Snoeyenbos, and S. H. Kleven. 1983. Strain of Mycoplasma synoviae of low transmis-sibility. *Avian Dis* 27:1151-1156.

[153]Weisburg, W. G., J. G. Tully, D. L. Rose, J. P. Pet-zel, H. Oyaizu, D. Yang, L. Mandelco, J. Sechrest, T. G. Lawrence, J. Van Etten, J. Maniloff, and C. R. Woese. 1989. A phylogenetic analysis of the Myco-plasmas: Basis for their classification. *J Bacteriol* 171: 6455-6467.

[154]Whithear, K. G., D. D. Bowtell, E. Ghiocas, and K. L. Hughes. 1983. Evaluation and use of a micro broth dilution procedure for testing sensitivity of fermenta-tive avian mycoplasmas to antibiotics. *Avian Dis* 27: 937-949.

[155]Yamada, S., and K. Matsuo. 1983. Experimental infec-tion of ducks with Mycoplasma synoviae. *Avian Dis* 27:762-765.

[156]Yoder, H. W. 1970. Preincubation heat treatment of chicken hatching eggs to inactive Mycoplasma. *Avian Dis* 14:75-86.

[157]Yoder, H. W., L. N. Drury, and S. R. Hopkins. 1977. Influence of environment on airsacculitis: Effects of rel-ative humidity and air temperature on broilers infected with Mycoplasma synoviae and infectious bronchitis. *Avian Dis* 21:195-208.

[158]Yoder, H. W. 1989. Nonspecific reactions to mycoplas-ma serum plate antigens induced by inactivated poultry disease vaccines. *Avian Dis* 33:60-68.

[159]Yogev, D., S. Levisohn, S. H. Kleven, D. Halachmi, and S. Razin. 1988. Ribosomal RNA gene probes to de-tect intraspecies heterogeneity in Mycoplasma gallisep-ticum and M. synoviae. *Avian Dis* 32:220-231.

[160]Yogev, D., S. Levisohn, and S. Razin. 1989. Genetic and antigenic relatedness between Mycoplasma galli-septicum and Mycoplasma synoviae. *Vet Microbiol* 19:

75 - 84.

[161]Zain, Z. M., and J. M. Bradbury. 1995. The influence of type of swab and laboratory method on the recovery of Mycoplasma gallisepticum and Mycoplasma synoviae in broth medium. *Avian Pathol* 24:707 -716.

[162]Zhao, S., and R. Yamamoto. 1990. Recombinant DNA probes for Mycoplasma synoviae. *Avian Dis* 34:709 - 716.

[163]Zhao, S., and R. Yamamoto. 1993. Detection of Mycoplasma synoviae by polymerase chain reaction. *Avian Pathol* 22:533 - 542.

[164]Zorman-Rojs, O., I. Zdovc, D. Bencina, and I. Mrzel. 2000. Infection of turkeys with Ornithobacterium rhinotracheale and Mycoplasma synoviae. *Avian Dis* 44: 1017 - 22.

衣阿华支原体感染

Mycoplasma iowae Infection

Janet M. Bradbury 和 Stanley H. Kleven

引　言

衣阿华支原体（*Mycoplasma iowae*）与火鸡孵化率降低和胚胎死亡有关。业已证实，实验感染该病原可引起火鸡和鸡胚死亡，使鸡和火鸡患有轻度至中度的气囊炎以及腿部异常。偶尔也有报道称自然感染衣阿华支原体可引起青年火鸡腿部疾患。

经济意义

雏火鸡感染后孵化率降低 2%～5%。

历　史

禽支原体衣阿华 695 株于 1955 年分离，并由 Yoder 和 Hofstad 鉴定[75]，随后被命名为禽血清型 I[76]。Dierks 等将禽支原体血清型 I，J，K，N，Q 和 R 划分为几个不同的组[25]，后来又将其作为一个单独的、相关的群来进行特征描述[4,5,30]。该菌后来被命名为衣阿华支原体[40]，并将 695 定义为

型。从英国[70]和北美[10]的火鸡体内分离出的 8 型菌株，随后也被鉴定为衣阿华支原体[1]。

病　原　学

分类

衣阿华支原体是软皮体纲支原体科的典型成员，有特征性的菌落形态，无细胞壁，生长需要甾醇。因缺乏脲酶，从而可以与脲原体属（*Ureaplasma*）相区别，归为支原体属。血清学反应可鉴定到种。支原体菌落的免疫荧光检查[68]是最快速、最可靠的鉴定方法。衣阿华支原体 16S rRNA 的遗传进化分析表明，衣阿华支原体与 MG 和人的致病原肺炎支原体一同被归为肺炎支原体群[73]。

形态及染色

同其他支原体一样，经姬姆萨染色或暗视野检查，衣阿华支原体呈球杆状，但呈多形性。超薄切片证实，细胞由胞浆膜包裹，无细胞壁[40]。一些研究表明衣阿华支原体可能具有一种与系统进化相关的附着细胞器[1]，因为几种与其系统进化相关的微生物都具有这种细胞器。

生长需要

像其他支原体一样，衣阿华支原体有复杂的生长需要，包括需要胆固醇。尽管一些菌株在 41～43℃时[35]生长最佳，但通常在 37℃条件下培养，在空气中或在加有 CO_2 的环境中均可生长[40]。从组织中分离衣阿华支原体，直接接种琼脂平板比接种肉汤似乎更易成功[3]。虽然应用几种支原体培养基配方培养均获成功，但以 Bradbury 报道的配方效果最好[13]。培养基中有无酵母浸出物及其质量好坏都是很重要的，有一些衣阿华支原体田间分离株可能不适应培养基中的某种成分。在使用前建议用田间分离株低代次培养物对酵母浸出物和血清进行批次质量检查。

菌落形态

菌落具有支原体的特征，在固体培养基上呈典

型的油煎蛋状，直径 0.1~0.3mm[75]。

生化特性

衣阿华支原体可发酵葡萄糖，水解精氨酸，不具有尿素酶和磷酸酶，不产生薄膜和斑点，不还原氯化四氮唑[40]。葡萄糖的代谢伴随着氧气的消耗，因此可以将衣阿华支原体与其他支原体种区别开[69]。通常在 0.5%~1.0%胆盐存在的条件下可以生长[62]。据报道一些菌株可以凝集鸡的红细胞[25,75,76]，但这种特性不稳定。尽管衣阿华支原体的凝集素呈差异性表达，但其相关蛋白和基因还未被研究[9]。

对理化因素的抵抗力

衣阿华支原体对消毒剂的抵抗力尚未确定，大概与其他支原体相似。衣阿华支原体似乎比 MG 或 MS 的存活能力更强[24]。在实验条件下，在羽毛上可以存活达 5 天甚至更长时间，在人类的头发和其他几种材料上长达 6 天。这意味着消毒部位可能更复杂，特别是当有粪/口传播方式存在时。实际上，适当的清洗和消毒措施可灭活该菌。

抗原结构和毒素

衣阿华支原体的抗原结构尚未被详细研究，不同菌株之间有明显的抗原差异[15,35,56,77]。尽管 SDS-PAGE 蛋白谱[56,77]差异不明显，但是单克隆抗体免疫印迹表明不同菌株之间差异很大[56]。用单克隆抗体进行菌落免疫印迹可检测到衣阿华支原体表面抗原的表型差异[28,60]。衣阿华支原体、鸡毒支原体和模仿支原体都具有 41kD 的表面蛋白，首次证实了衣阿华支原体和其他两种支原体的抗原相关性[59]。

未报道过衣阿华支原体毒素。

菌株分类

抗原性

过去，将衣阿华支原体菌株简单地归属为某种血清型[25]。在鸡和火鸡体内，衣阿华支原体的抗体反应很弱，而对其细胞免疫反应又所知甚少。用

鸡制备抗 12 种不同的禽支原体抗体时，衣阿华支原体的抗体反应比其他支原体弱[14]。另外，没有任何一种高免兔血清可以用于免疫荧光检测该种的所有支原体[23]。

免疫原性或保护性

对衣阿华支原体的免疫原性了解并不多，它可能具有轻微的免疫抑制功能，因为实验感染 1 日龄火鸡可导致其法氏囊与体重比率下降，并且延迟了对绵羊红细胞的凝集反应[16]。与衣阿华支原体 65kDa 多肽反应的单克隆抗体可能在细胞黏附中发挥一定作用[27]。

遗传或分子特性

衣阿华支原体的基因组大小为 1 280~1 315 kbp，是这个属中基因组最大的成员之一。限制性酶切分析和利用 16S rRNA 为探针的 Southern 杂交进行限制性片段长度多态性分析[51]表明，不同衣阿华支原体菌株的 DNA 存在差异[23,77]。因此，这些方法都不能对菌株明确分类。

致病性

衣阿华支原体菌株间的致病性和毒力有差异[45,58,75]。人工感染衣阿华支原体可引起与感染剂量相关的鸡和火鸡胚胎死亡[20,34,54,58,75]。田间条件下，衣阿华支原体与火鸡胚胎的死亡和孵化率降低有关，但是有些田间分离株对胚胎的致死率要高于其他菌株。孵化率的降低因垂直传播的程度不同而产生很大差异。源于感染种火鸡群的蛋其孵化率不全都明显降低。但是，在其他情况下，孵化率的降低不但很严重且持续时间长。这些差异产生的原因尚不清楚，可能是与衣阿华支原体菌株致病力的差异、孵化条件和火鸡品种的易感性有关。

用衣阿华支原体人工攻毒可诱发火鸡轻度至中度的气囊炎[25,58,75]，以及鸡和火鸡腿部病变[17,19,22,75]。不同菌株引起病变的严重程度不尽相同。1 日龄的肉种鸡人工感染可引起发育迟缓、被毛粗乱和腿部病变[18]。但在临床条件下，几乎没有鸡和火鸡的气囊炎或腿部疾患，或鸡胚死亡的相关报道。而商品化雏火鸡群暴发与衣阿华支原体有

关的，表现为腿软和脱水的疾病已有报道[71]。

毒力因子

目前，对衣阿华支原体的毒力因子没有研究。

发病机理和流行病学

发生和分布

除北美外，在西欧[39]、东欧[8]、印度[57]、日本[66]和中国台湾省[53]有衣阿华支原体的报道。尽管还没有在澳大利亚检出，但据估计本病可能呈世界性分布。

自然宿主和实验宿主

衣阿华支原体的自然宿主是火鸡，但从鸡分离出衣阿华支原体也并不鲜见[8,75]，也有报道从鹅中分离到衣阿华支原体[53]。此外，也曾从亚马逊黄颈鹦鹉[12]和英国的野生珍稀鸟中分离到[2]。

感染宿主的年龄

尽管任何年龄的火鸡均可感染，但孵化后期的火鸡胚最易感。虽然从自然感染的成年鸡[20]和鹅[53]中也分离到了衣阿华支原体，但对其他宿主的感染所知甚少。

传播、带菌动物和传播媒介

尽管有报道说从法国的苹果种子中分离到了衣阿华支原体[35]，但只有禽类感染衣阿华支原体。火鸡可经蛋传播[54,75]，因为支原体可存在于胎粪中，所以孵化场可能发生水平传播。与其他禽类支原体不同，衣阿华支原体对消化道有一定的偏嗜性[55]。

可能发生水平传播，但该菌在青年鸡群中传播得不快。在达到性成熟期前，对一个鸡群的培养鉴定很少检出阳性结果。

感染可垂直传播，在人工授精过程中，精液传播可能发挥重要作用[46,61]。产蛋期开始后进行人工授精，其后的几周内，培养检测的阳性率很高。泄殖腔和阴道均可分离到该菌。尽管雄性感染鸡在水平传播中起着重要作用，但在人工授精过程中手与阴道的接触感染可能更重要[6]。垂直传播的方式已很明确[34]。在任何感染群中，都有可能发现个别母鸡根本未产出感染的蛋。其他母鸡产出一枚或很少的感染蛋，而另一些鸡却产出许多感染蛋，后者决定了垂直传播的程度。

潜伏期

经母鸡感染的胚胎通常从孵化18天左右开始死亡。

临床症状

没有发现活着的火鸡出现临床症状，只有一例[71]报道青年火鸡的腿软症状与衣阿华支原体有关。来自感染火鸡种群的蛋孵化率可能降低（通常为2%～5%）。感染胚胎通常在孵化的最后10天内死亡，典型症状主要见于18～24天，但死亡可能发生得晚一些。人工感染的胚胎，胚胎与蛋重比显著下降[55]。

病理变化

大体病变

感染胚胎的主要病变是发育迟缓和充血，伴有不同程度的肝炎、水肿和脾肿大[54,55,75]。有时感染的胚胎表现出绒毛异常——"绒毛下肿胀"，特别是严重病例。接种本菌的火鸡胚胎绒毛尿囊膜水肿，有时出血[55]。接种鸡和火鸡的气囊炎通常呈轻度至中度，与其他支原体所致病变相似[25,58,75]。接种1日龄雏鸡可引起发育迟缓、被毛粗乱、滑膜炎和腿部畸形如软骨营养不良、胫骨旋转、脚趾错位，有时可见跗关节的关节软骨糜烂和屈指肌腱断裂[22,75]。实验感染鸡亦可见到相似的腿部病变，如屈指肌腱断裂[18,21]。雏火鸡接种衣阿华支原体可导致法氏囊萎缩[16]。临床上尚未有雏火鸡病变的报道，可能由于感染胚都未能孵化。

组织学病变

接种本菌的火鸡胚胎绒毛尿囊膜出现水肿和异嗜性细胞、单核细胞浸润，实质性器官出现粒细胞生成反应[55]。

1日龄雏火鸡接种后，脾脏实质部分由网状细胞构成，并有巨噬细胞、浆细胞和异嗜性细胞。法氏囊局部充血，并有浆细胞、异嗜细胞和网状细胞浸润。在十二指肠、回肠和盲肠固有层可见巨噬细胞、淋巴细胞、异嗜细胞和浆细胞。除腺鞘可见水肿外，软骨和肌腱很少见到明显病变[22]。雏火鸡气囊接种后，气囊增厚，并含有大量炎性细胞，主要是淋巴细胞。在有的区域可见淋巴滤泡。黏膜表面的渗出物中含有纤维素和炎性细胞[58]。人工感染肉种鸡，感染关节出现急性腺鞘炎、出血和腱纤维变性，后期则出现持续性浆细胞/淋巴细胞反应，腱及腱鞘周围纤维样变性[18]。

超微结构

人工感染可见到衣阿华支原体黏附在胚胎肠黏膜上[55]，大多数支原体黏附在微绒毛上，微绒毛出现肿胀。

电镜观察，在泄殖腔隐窝中以及火鸡阴道的次黏膜襞中可观察到支原体[65]。

感染过程的发病机理

对衣阿华支原体的发病机理了解非常少。入侵过程的第一步可能是附着在胚胎肠上皮表面[55,65]，衣阿华支原体的一个65kDa的多肽参与黏附过程[27]。

在胚胎中增殖的菌株，引起胚胎死亡的原因可能是绒毛尿囊膜的急性非特异性炎症和实质器官的粒细胞生成反应[55]。Western blot显示，衣阿华支原体与抗支原体48kDa蛋白的抗体反应阳性，该蛋白具有免疫调节和造血分化活性[36]。

表型变异在感染过程中起重要作用，使支原体在有免疫应答的情况下仍持续存在。正如前面提到的，衣阿华支原体也可能具有微弱的免疫抑制功能[16]。

免疫力

主动免疫

虽然已观察到抗体反应，但有关衣阿华支原体免疫的资料几乎没有[75]。同样，也几乎没有关于火鸡不同年龄敏感性的资料。在一个成年种火鸡群

中，很难或者根本不可能只感染某些个体[7]。感染后又发生垂直传播的那些种禽通常可以自行消除感染。这种消退可能发生在几周内或有时需要2～3个月的时间。在感染消退之前，胚胎的死亡率立即下降。在这些母鸡的血清中发现了具有生长抑制和代谢抑制的抗体，这表明整个过程中是有免疫反应存在的[7]。

被动免疫

关于母源抗体等被动免疫抗体的作用未见资料报道。

诊　断

病原分离和鉴定

衣阿华支原体在死胚中可大量存在[20,54]。接种雏火鸡后，衣阿华支原体可从多个组织器官中分离到，尤其是胃肠道或泄殖腔拭子中，但随年龄增长分离率下降，12周龄后则分离不到[22,63]。业已报道，从成年鸡和火鸡的输卵管、精液和雄性生殖器中分离到衣阿华支原体[57,61,75]。在净化过程的最后阶段，合并输卵管/泄殖腔棉拭子进行检测是一种有效的方法[74]。将从适当组织采取的棉拭子接种于琼脂平板上，37℃培养4～5天或更长时间。用免疫荧光技术可鉴定出典型的支原体菌落[68]，尽管需要使用针对几种不同血清型的多克隆抗血清来防止因抗原变异引起的漏检[23]。可以与所有6个血清型（I，J，K，N，Q和R）反应的荧光素标记的兔抗血清已经成功地用于检测临床和实验室分离株[50]。尽管一些单克隆抗体的反应特异性太强，不能检测到所有的分离株，但是抗45kDa抗原的单克隆抗体可以与临床分离到的22株反应，并且免疫印迹显示没有表型变异[67]。

PCR法已用于检测衣阿华支原体DNA[11,31,32,45,48,49,72,78]，至少已有一个成功的程序被用来扩增临床拭子样品中的衣阿华支原体[49]。

改进的PCR，扩增片段多态性分析法已被用于区分禽支原体的各个种，并用这种方法检测证实衣阿华支原体各菌株间具有很高的同源性[38]。

随机引物PCR可作为临床菌株流行病学跟踪的分子生物学工具[26]。

血清学

虽然凝集试验、代谢抑制试验、间接血凝试验和 ELISA 已用于检测实验感染[45,64,75]，但血清学反应很弱[21,22]，非特异反应一直是 ELISA 检测的一个问题[44]。因此，没有可靠的血清学方法可用于临床。在自然感染的母火鸡种鸡血清中发现了生长抑制和代谢抑制抗体[7]。

鉴别诊断

一旦发现火鸡孵化率低下，特别是出现胚胎晚期死亡现象时，应考虑衣阿华支原体感染。然而，也应考虑火鸡支原体感染的可能性。胚胎的病变没有诊病性，因为在某种营养缺乏时也会出现相似的大体病变，而当孵化器过热时胚胎会出现与衣阿华支原体感染相似的绒毛异常[29]。虽然尚未确定衣阿华支原体就是临床上滑膜炎的主要病因，但当未找到引起火鸡，特别是青年火鸡包括滑膜炎在内的腿部疾患的明显病因时，衣阿华支原体应被视为可能的病因。

预防和控制

管理措施

在欧洲和美国的某些原种火鸡场，用恩诺沙星对孵化蛋进行前处理，并进行培养监测，从而消灭了衣阿华支原体[1]。

没有可靠的血清学试验方法可用于商业鸡群衣阿华支原体监测。在鸡开始产蛋前，由于分离衣阿华支原体很困难，而它的水平传播也不明显，培养和分离的方法似乎也不可行。但是，生殖一开始，检测公鸡和母鸡的感染常常是可能的。

通过防止经污染物传播可以使清洁鸡群保持无衣阿华支原体感染状态。当鸡群达到繁殖年龄时，特别是在人工授精期间，更应特别注意。但是，还应注意到，衣阿华支原体并非总是与孵化率的降低有关。

在采用有效的清洁和消毒措施的地方，是否会有后效感染尚不得而知。但是，如果对毗连的鸡群没有做到适当的清洁，污染物传播的可能性必须时刻注意。

免疫接种

防治衣阿华支原体没有必要使用疫苗。

治疗

在火鸡，由于衣阿华支原体不产生典型的临床疾病，所以相应的对症治疗没有什么意义。Jordan[41,42]列举了不同抗生素在减少感染水平中的效果。商品鸡群可以通过减少垂直传播来防止孵化率降低造成的损失。

衣阿华支原体对常用抗生素的抵抗力似乎强于其他支原体，尤其是泰乐菌素酒石酸盐[37,47,52]。在产蛋早期，在产蛋母鸡的饮水中加入喹诺酮类抗生素特别是恩诺沙星（拜耳公司），有时很有效。用过药的火鸡所产的蛋对衣阿华支原体卵内攻毒有抵抗力[42]。因此，采用恩诺沙星处理种蛋越来越普遍。来源于感染群的种蛋要真空浸入抗生素溶液。不过，这类抗生素在某些国家通常不用于食用动物。

建立能用于评价抗生素效果的持续感染模型比较困难；建议采用 1 日龄雏火鸡经肺脏感染[43]。

尽管不清楚衣阿华支原体在体内的抗生素耐药性是如何产生的，但在培养过程中加入亚临床剂量的红霉素和泰乐菌素能够迅速产生耐药性[33]。在培养基中加入恩诺沙星、泰妙菌素和土霉素也发现了一些耐药菌株，在这些抗生素耐药突变菌株中，衣阿华支原体产生的更迅速，且对于以上所有抗生素，衣阿华支原体比 MG 和 MS 更易产生抗药性。

韩　雪　田克恭　张剑锐　译

吴培福　苏敬良　校

参考文献

[1] Al-Ankari, A. S. and J. M. Bradbury. 1996. *Mycoplasma iowae*: a review. *Avian Pathol* 25:205 - 229.

[2] Amin, M. M. 1977. Avian mycoplasma: studies on isolation, infection and control. PhD Thesis, University of Liverpool.

[3] Amin, M. M. and F. T. W. Jordan. 1978. A comparative

study of some cultural methods in the isolation of avian mycoplasma from field material. *Avian Pathol* 7:455 - 470.

[4] Aycardi, E. R., D. P. Anderson, and R. P. Hanson. 1971. Classification of avian Mycoplasmas by gel diffusion and growth inhibition tests. *Avian Dis* 15:434 -447.

[5] Barber, T. L. and J. Fabricant. 1971. A suggested reclassification of avian mycoplasma serotypes. *Avian Dis* 15:125 - 138.

[6] Baxter-Jones, C. 1993. An introduction to *Mycoplasma iowae*, in: Newly Emerging and Re-emerging Avian Diseases: Applied Research and Practical Applications for Diagnosis and Control. AAAP: Minneapolis, MN, 9 - 11.

[7] Baxter-Jones, C. 1995. Unpublished data.

[8] Benčina, D., I. Mrzel, T. Tadina, and D. Dorrer. 1987. *Mycoplasma* spp. in chicken flocks with different management systems. *Avian Pathol* 16:599 -608.

[9] Benčina, D. 2002. Haemagglutinins of pathogenic avian mycoplasmas. *Avian Pathol* 31:535 - 547.

[10] Bigland, C. H., and R. Yamamoto. 1964. Study of natural and experimental infection of mycoplasma associated with turkey airsacculitis. *Avian Dis* 8:531 -538.

[11] Boyle, J. S., R. T. Good, and C. J. Morrow. 1995. Detection of the turkey pathogens *Mycoplasma meleagridis* and *M. iowae* by amplification of genes coding for rRNA. *J Clin Microbiol* 33:1335 - 1338.

[12] Bozeman, L. H., S. H. Kleven, and R. B. Davis. 1984. Mycoplasma challenge studies in budgerigars(*Melopsittacus undulatus*) and chickens. *Avian Dis* 28:426 - 434.

[13] Bradbury, J. M. 1977. Rapid biochemical tests for characterization of the *Mycoplasmatales*. *J Clin Microbiol* 5:531 - 534.

[14] Bradbury, J. M. 1982. The use of chicken antiserum for the identification of avian mycoplasmas by immunofluorescence. *Avian Pathol* 11:113 - 121.

[15] Bradbury, J. M. 1983. *Mycoplasma iowae* - an avian mycoplasma with unusual properties. *Yale J Biol Med* 56:912.

[16] Bradbury, J. M. 1984. Effect of *Mycoplasma iowae* infection on the immune system of the young turkey. *Isr J Med Sci* 20:985 - 988.

[17] Bradbury, J. M. and A. Ideris. 1982. Abnormalities in turkey poults following infection with *Mycoplasma iowae*. *Vet Rec* 110:559 - 560.

[18] Bradbury, J. M. and D. F. Kelly. 1991. *Mycoplasma iowae* infection in broiler breeders. *Avian Pathol* 20:67 -

78.

[19] Bradbury, J. M. and J. D. McCarthy. 1981. Rupture of the digital flexor tendons of chickens after infection with *Mycoplasma iowae*. *Vet Rec* 109:428 - 429.

[20] Bradbury, J. M. and J. D. McCarthy. 1983. Pathogenicity of *Mycoplasma iowae* for chick embryos. *Avian Pathol* 12:483 - 496.

[21] Bradbury, J. M. and J. D. McCarthy. 1984. *Mycoplasma iowae* infection in chicks. *Avian Pathol* 13:529 - 543.

[22] Bradbury, J. M., A. Ideris, and T. T. Oo. 1988. *Mycoplasma iowae* infection in young turkeys. *Avian Pathol* 17:149 - 171.

[23] Bradbury, J. M., A. Al-Ankari, C. A. Yavari, C. Baxter-Jones, and G. P. Wilding. 1992. Comparison of *Mycoplasma iowae* field strains by restriction enzyme analysis. IOM Letters, Abstr 9th Cong Internat Org Mycoplasmol 2:154.

[24] Christensen, N. H., C. A. Yavari, A. J. McBain, and J. M. Bradbury. 1994. Investigations into the survival of *Mycoplasma gallisepticum*, *Mycoplasma synoviae* and *Mycoplasma iowae* on materials found in the poultry house environment. *Avian Pathol* 23:127 -143.

[25] Dierks, R. E., J. A. Newman, and B. S. Pomeroy. 1967. Characterization of avian mycoplasma. *Ann NY Acad Sci* 143:170 - 189.

[26] Fan, H. H., S. H. Kleven, and M. W. Jackwood. 1995. Studies of intraspecies heterogeneity of *Mycoplasma synoviae*, *Mycoplasma meleagridis*, and *Mycoplasma iowae* with arbitrarily primed polymerase chain reaction. *Avian Dis* 39:766 - 777.

[27] Fiorentin, L., V. S. Panangala, Y. J. Zhang, and M. Toivio-Kinnucan. 1998. Adhesion inhibition of *Mycoplasma iowae* to chicken lymphoma DT40 cells by monoclonal antibodies reacting with a 65-kD polypeptide. *Avian Dis* 42:721 - 731.

[28] Fiorentin, L., Y. Zhang, and V. S. Panangala. 2000. Phenotypic variation of *Mycoplasma iowae* surface antigen. *Avian Dis* 44:434 - 438.

[29] French, N. A. 1994. Effect of incubation-temperature on the gross pathology of turkey embryos. *Br Poult Sci* 35:363 - 371.

[30] Frey, M. L., S. T. Hawk, and P. A. Hale. 1972. A division by microcomplement fixation tests of previously reported avian Mycoplasma serotypes into identification groups. *Avian Dis* 16:780 - 792.

[31] Garcia, M., M. W. Jackwood, M. Head, S. Levisohn, and S. H. Kleven. 1996. Use of species-specific oligonu-

cleotide probes to detect *Mycoplasma gallisepticum*, *Mycoplasma synoviae*, and *M. iowae* PCR amplification products. *J Vet Diagn Invest* 8:56 - 63.

[32]Garcia, M. , I. Gerchman, R. Meir, M. W. Jackwood, S. H. Kleven, and S. Levisohn. 1997. Detection of *Mycoplasma meleagridis* and *Mycoplasma iowae* from dead-in-shell turkey embryos by polymerase chain reaction and culture. *Avian Pathol* 26:765 -778.

[33]Gautier-Bouchardon, A. V. , A. K. Reinhardt, M. Kobisch, and I. Kempf. 2002. *In vitro* emergence of resistance to enrofloxacin, erythromycin, tylosin, tiamulin and oxytetracycline in *Mycoplasma gallisepticum*, *Mycoplasma iowae* and *Mycoplasma synoviae*. *Vet Microbiol* 88:47 - 58.

[34]Grant, M. 1987. Significance, epidemiology and control methods of *Mycoplasma iowae* in turkeys. Ph. D. thesis. Council for National Academic Awards.

[35]Grau, O. , F. Laigret, P. Carle, J. G. Tully, D. L. Rose, and J. M. Bové. 1991. Identification of a plant-derived mollicute as a strain of an avian pathogen *Mycoplasma iowae*, and its implications for mollicute taxonomy. *Int J Syst Bacteriol* 41:473 - 478.

[36]Hall, R. E. , D. P. Kestler, S. Agarwal, and K. M. Goldstein. 1999. Expression of the monocytic differentiation/activation factor P48 in *Mycoplasma* species. *Microbial Pathogenesis* 27:145 - 153.

[37] Hannan, P. C. T. , G. D. Windsor, A. de Jong, N. Schmeer, and M. Stegemann. 1997. Comparative susceptibilities of various animalpathogenic mycoplasmas to fluoroquinolones. *Antimicrob Agents Chemother* 41:2037 - 2040.

[38]Hong, Y. , M. Garcia, S. Levisohn, I. Lysnyansky, V. Leiting, P. H. M. Savelkoul, and S. H. Kleven. 2005. Evaluation of amplified fragment length polymorphism for differentiation of avian mycoplasma species. *J Clin Microbiol* 43:909 - 912.

[39]Jordan, F. T. W. and M. M. Amin. 1980. A survey of mycoplasma infections in domestic poultry. *Res Vet Sci* 28:96 - 100.

[40]Jordan, F. T. W. , H. Ernφ, G. S. Cottew, K. H. Hinz, and L. Stipkovits. 1982. Characterization and taxonomic description of 5 mycoplasma serovars (serotypes) of avian origin and their elevation to species rank and further evaluation of the taxonomic status of *Mycoplasma synoviae*. *Int J Syst Bacteriol* 32:108 - 115.

[41]Jordan, F. T. W. , B. K. Horrocks, and S. K. Jones. 1991. A comparison of Baytril, Tylosin, and Tiamulin in the control of *Mycoplasma iowae* infection of turkey poults. *Avian Pathol* 20:283 - 289.

[42]Jordan, F. T. W. , B. K. Horrocks, and R. Froyman. 1993. A model for testing the efficacy of enrofloxacin (Baytril) administered to turkey hens in the control of *Mycoplasma iowae* infection in eggs and embryos. *Avian Dis* 37:1057 - 1061.

[43]Jordan, F. T. W. , B. K. Horrocks, S. K. Jones, and C. M. Clee. 1992. The production of *Mycoplasma iowae* infection of turkey poults suitable for monitoring antimicrobials. *Avian Pathol* 21:307 - 313.

[44]Jordan, F. T. W. , C. Yavari, and D. L. Knight. 1987. Some observations on the indirect ELISA for antibodies to *Mycoplasma iowae* serovar I in sera from turkeys considered to be free from mycoplasma infections. *Avian Pathol* 16:307 - 318.

[45]Kempf, I. , A. Blanchard, F. Gesbert, M. Guittet, and G. Bennejean. 1994. Comparison of antigenic and pathogenic properties of *Mycoplasma iowae* strains and development of a PCR-based detection assay. *Res Vet Sci* 56:179 - 185.

[46]Kempf, I. , M. Guittet, F. X. Le Gros, D. Toquin, and G. Bennejean. 1989. *Mycoplasma iowae*: Field and laboratory studies to evaluate egg transmission in turkeys. *Avian Pathol* 18:299 - 305.

[47]Kempf, I. , C. Ollivier, R. L'Hospitalier, M. Guittet, and G. Bennejean. 1989. Concentrations minimales inhibitrices de 13 antibiotiques vis-à-vis de 21 souches de mycoplasmes des vollailles. *Point Vet* 20:935 - 940.

[48]Kiss, I. , K. Matiz, E. Kaszanyitzky, Y. Chavez, and K. E. Johansson. 1997. Detection and identification of avian mycoplasmas by polymerase chain reaction and restriction fragment length polymorphism assay. *Vet Microbiol* 58:23 - 30.

[49]Laigret, F. , J. Deaville, J. M. Bové, and J. M. Bradbury. 1996. Specific detection of *Mycoplasma iowae* using polymerase chain reaction. *Mol Cell Probe* 10:23 -29.

[50]Leiting, V. A. and S. H. Kleven. 2000. Preparation of a heterogeneous conjugate to detect *Mycoplasma iowae* by immunofluorescence. *Avian Dis* 44:697 - 700.

[51]Levisohn, S. , E. Eliasian, H. Fan, and S. H. Kleven. 1994. Molecular typing of *Mycoplasma iowae* strains. IOM Letters, Abstracts of the 10th International Congress of the IOM 3:437 - 438.

[52]Levisohn, S. , I. Gerchmann, and Y. Weisman. 1996. Antibiotic resistance in *M. iowae*: selective pressure by field treatment. IOM Letters, Abstracts of the 11th In-

ternational Congress of the IOM，4：404‐405.

[53]Lin，M. Y，S. S. Lin，W. S. Su，Y C. Lan，and I. C. Chung. 1995. Isolation and identification of avian myco-plasmas from geese in Taiwan. *J Chinese Soc Vet Sci* 21：347‐353.

[54]McClenaghan，M.，J. M. Bradbury，and J. N. Howse. 1981. Embryo mortality associated with avian Mycoplas-ma serotype I. *Vet Rec* 108：459‐460.

[55]Mirsalimi，S. M.，S. Rosendal，and R. J. Julian. 1989. Colonization of the intestine of turkey embryos exposed to *Mycoplasma iowae*. *Avian Dis* 33：310‐315.

[56]Panangala，V. S.，M. M. Gresham，and M. A. Morsy. 1992. Antigenic heterogeneity in *Mycoplasma iowae* demonstrated with monoclonal antibodies. *Avian Dis* 36：108‐113.

[57]Rathore，B. S.，G. C. Mohanty，and B. S. Rajya. 1979. I-solation of mycoplasma from oviducts of chickens and their pathogenicity. *Indian J Microbiol* 19：192‐197.

[58]Rhoades，K. R. 1981. Turkey airsacculitis：Effect of mixed mycoplasmal infections. *Avian Dis* 25：131‐135.

[59]Rosengarten，R.，S. Levisohn，and D. A. Yogev. 1995. A 41-kDa variable surface protein of *Mycoplasma galli-septicum* has a counterpart in *Mycoplasma imitans* and *Mycoplasma iowae*. *FEMS Microbiol Lett* 132：115‐123.

[60]Rosengarten，R. and D. Yogev. 1996. Variant colony sur-face antigenic phenotypes within mycoplasma strain pop-ulations；implications for species identification and strain standardization. *J Clin Microbiol* 34：149‐158.

[61]Shah-Majid，M. and S. Rosendal. 1986. *Mycoplasma io-wae* from turkey phallus and semen. *Vet Rec* 118：435.

[62]Shah‐Majid，M. and S. Rosendal. 1987. Evaluation of growth of avian mycoplasmas on bile salt agar and in bile broth. *Res Vet Sci* 43：188‐190.

[63]Shah-Majid，M. and S. Rosendal. 1987. Oral challenge of turkey poults with *Mycoplasma iowae*. *Avian Dis* 31：365‐369.

[64]Shah-Majid，M. and S. Rosendal. 1992. Serological re-sponse of turkeys to the intravaginal inoculation of *My-coplasma iowae*. *Vet Rec* 131：420.

[65]Shareef，J.，J. Wilcox，and P. Kumar. 1990. Adherence of *Mycoplasma iowae* to epithelial mucosa of the cloaca. *Zentralblatt für Bakt，Suppl* 20：872‐874.

[66]Shimizu，T，K. Numano，and K. Ichida. 1979. Isolation and identification of mycoplasmas from various birds：an ecological study. *Jap J Vet Sci* 41：273‐282.

[67]Singh，P.，C. A. Yavari，J. A. Newman，and J. M.

Bradbury. 1997. Identification of *Mycoplasma iowae* by colony immunoblotting utilizing monoclonal antibodies. *J Vet Diagn Invest* 9：357‐362.

[68]Talkington，F. D. and S. H. Kleven. 1983. A classifica-tion of laboratory strains of avian Mycoplasma serotypes by direct immunofluorescence. *Avian Dis* 27：422‐429.

[69]Taylor，R. R.，K. Mohan，and R. J. Miles. 1996. Diver-sity of energyyielding substrates and metabolism in avian mycoplasmas. *Vet Microbiol* 51：291‐304.

[70]Timms，L. 1967. Isolation and identification of avian my-coplasma. *J Med Lab Technol* 24：79‐89.

[71]Trampel，D. W. and F. Goll，Jr. 1994. Outbreak of *My-coplasma iowae* infection in commercial turkey poults. *Avian Dis* 38：905‐909.

[72]Wang，H.，A. A. Fadl，and M. I. Khan. 1997. Multiplex PCR for avian pathogenic mycoplasmas. *Mol Cell Probe* 11：211‐216.

[73]Weisburg，W. G.，J. G. Tully，D. L. Rose，J. P. Petzel，H. Oyaizu，D. Yang，L. Mandelco，J. Sechrest，T. G. Lawrence，J. van Etten，J. Maniloff，and C. R. Woese. A phylogenetic analysis of the mycoplasmas：Basis for their classification. *J Bacteriol* 171：6455‐6467.

[74]Wilding，G. P. 1995. Unpublished data.

[75]Yoder，H. W.，Jr.，and M. S. Hofstad. 1962. A previ-ously unreported serotype of avian mycoplasma. *Avian Dis* 6：147‐160.

[76]Yoder，H. W.，Jr.，and M. S. Hofstad. 1964. Charac-terization of avian mycoplasma. *Avian Dis* 8：481‐512.

[77]Zhao，S. and R. Yamamoto. 1989. Heterogeneity of *My-coplasma iowae* determined by restriction enzyme analy-sis. *J Vet Diagn Invest* 1：165‐169.

[78]Zhao，S. and R. Yamamoto. 1993. Amplification of *My-coplasma iowae* using polymerase chain reaction. *Avian Dis* 37：212‐217.

其他支原体感染

Other Mycoplasmal Infections

Stanley H. Kleven 和 Naola Ferguson‐Noel

模仿支原体
Mycoplasma imitans

模仿支原体引起人们的兴趣是因为它同鸡毒支原体的关系非常密切。该菌分自法国的鸭和鹅以及英格兰的一只鹧鸪体内。模仿支原体的许多表型特征与 MG 相同，包括生化反应、红细胞吸附、血凝反应以及具有一个黏附细胞器。根据免疫荧光试验和生长抑制试验，最早的分离株被鉴定为鸡毒支原体。进一步的血清学研究表明它与鸡毒支原体只有部分相关，用鸡毒支原体的典型菌株进行 DNA 杂交研究显示二者 DNA 只有 40% ~ 60% 的同源性[5,10]。模仿支原体含有一个与鸡毒支原体 pMGA（现在为 *vhl*A）基因家族密切相关的基因家族[29]，并与 MG 的血凝素 *vhl*A，丙酮酸脱氢酶 *pdh*A，乳酸脱氢酶及延伸因子 Tu 有相同的抗原决定簇[26]。

用多聚酶链反应（PCR）扩增鸡毒支原体的 16S rRNA 基因[16]不能区分 MG 和模仿支原体。但是，一种用于检测鸡毒支原体的商品化 PCR 试剂盒（IDEXX 产品），及那些基于 *mgc2*，*gap*A 和 LP 基因建立的 PCR 方法[17]，可以区分开这两个支原体种。

模仿支原体可以引起鸡和鸭的气管组织培养物的纤毛停滞，并具有与鸡毒支原体相似的附着结构[1]。它可引起红腿鹧鸪呼吸道疾病，症状与 MG 相似，但是要温和些[13]。一株模仿支原体经过火鸡返传后毒力增强，可引起呼吸道疾病，当与传染性鼻气管炎病毒共同感染时，病变加重[14]。用模仿支原体接种鸡，不产生症状和病变，但与传染性支气管炎病毒共同感染时，有协同作用[15]。

尽管模仿支原体目前在美国尚未见报道，从商品化的禽群中也没有发现，但完全有可能是把有些分离株误判为鸡毒支原体，也有可能是在临床试验中发生了血清学交叉反应。

鸡支原体感染
Mycoplasma gallinarum Infection

鸡支原体尚未被认为是致病性禽源支原体的一种，但是，有一篇报道显示，从几个肉鸡群的气囊和气管中接连分离到鸡支原体，这些鸡群因气囊炎造成的废弃比正常群高。其中有种分离物与新城疫-传染性支气管炎疫苗协同作用时可诱发气囊炎[23]。有人认为，商品产蛋鸡感染鸡支原体后延迟了脂肪肝综合征的出现[6]。鸡支原体和家禽支原体通常是在分离致病性禽支原体时，作为污染物而被分离出来。

该菌最初划分为禽血清型 B[8]，并被命名为鸡支原体[11]。该菌在所有常用禽支原体培养基上均生长良好，具有支原体所共有的特征，包括细胞和菌落形态、无细胞壁、需要胆固醇。不发酵葡萄糖，可还原四氮唑，精氨酸脱羧酶阳性，形成薄膜和斑点[2]。不同菌株之间用基因组 DNA 的 RFLP 分析方法检测有遗传学差异[9]。

鸡支原体通常从鸡体内分离，但也可从火鸡体内分离[3,19]。从热带丛林鸟[33]、鸭[12]和鸽[32]体内也分离到，呈世界性分布。特别是在成年鸡群中，鸡支原体通常是作为分离 MG 和 MS 时的一种污染物而被分离。从鸡胚分离到鸡支原体[3]以及在输卵管中发现该菌[7,45]都提示经蛋传播的可能性。用免疫荧光试验检测琼脂上的菌落很容易进行鉴定[43]。尚无可用的血清学试验。

雏鸡支原体
Mycoplasma pullorum

雏鸡支原体被划分为禽血清型 C[8]，后来命名为雏鸡支原体[21]。已经从鸡、鹌鹑、鹧鸪、雉和火鸡体内分离到了雏鸡支原体[30]。从法国孵化率一直比较低的火鸡群的胚胎中分离到了雏鸡支原体，说明它对鸡和火鸡的胚有致病性[30]。与其他支原体相似，不同分离株间具有遗传差异[27]。

禽脲原体
Avian Ureaplasmas

脲原体与支原体的主要区别在于其具有水解尿素的能力[25]。已有几例关于分离脲原体的报道[18,24]。这类微生物随后被命名为鸡口脲原体（*Ureaplasma gallorale*）[25]。在北美尚未见到分离禽脲原体的报道。

关于其致病性知之甚少。给鸡人工攻毒不出现临床症状或眼观病变[24]。用从匈牙利分离到的一株火鸡脲原体对火鸡和鸡攻毒，结果出现了纤维素性气囊炎和血清学反应[35]。脲原体也从东欧的火鸡体内分离，当时这些火鸡受精率下降[36]。

鹅的支原体感染
Mycoplasma Infection of Geese

在欧洲的鹅体内分离到了3种血清学和生化特性不同的支原体[38]。其中之一经进一步鉴定后命名为鹅支原体（*Mycoplasma anseris*）[4]；它与气囊炎、腹膜炎和胚胎死亡有关[42]。另一株随后被鉴定为泄殖腔支原体（*Mycoplasma cloacale*）[39]，第三株被命名为1 220株。另外两个分离株——1 223株和1 225株——也代表着从鹅分离出来的另两种支原体种[44]。

在临床上，1 220株与产蛋量下降、经蛋传播、不育、泄殖腔和阴茎炎症以及新孵出的小鹅增重迟缓有关[37,39,40]，但是，由于同时分离到了数种支原体，上述支原体的病原学证据尚不清楚。用1 220株试验接种鹅胚或1日龄小鹅，可造成胚胎死亡和幼鹅生长迟缓[40]。1 220株还被认为可能与临床上小鹅出现呼吸和神经症状的综合征有关[41]。尚需做更多的工作说明这些支原体在上述临床综合征中的作用。

鸽的支原体感染
Mycoplasma Infection of Pigeons

主要有3种支原体与鸽有关：鸽鼻支原体（*M. columbinasale*）[21]、鸽口支原体（*M. columborale*）和鸽支原体（*M. columbinum*）[34]。已经从正常的鸽[3,20,31]，以及表现有呼吸道病症状的鸽[22,28,32]体内分离出其中的一种或多种支原体。鸽口支原体的一个分离株可引起鸡的气囊炎[28]。被鸽口支原体感染的鸽用泰乐菌素治疗效果很好[28,32]。尽管这些菌株中有的会引起患禽的呼吸道症状，而且治疗也取得了满意的效果，但还没有确切的证据表明鸽支原体与鸽自然发生呼吸道疾病有病原学关系。

韩　雪　田克恭　译
吴培福　苏敬良　校

参考文献

[1] Abdul-Wahab, O. M. S., G. Ross, and J. M. Bradbury. 1996. Pathogenicity and cytadherence of Mycoplasma imitans in chicken and duck embryo tracheal organ cultures. *Infect Immun* 64:563 - 568.

[2] Barber, T. L., and J. Fabricant. 1971. A suggested reclassification of avian mycoplasma serotypes. *Avian Dis* 15:125 - 138.

[3] Benčina, D., D. Dorrer, and T. Tadina. 1987. Mycoplasma species isolated from six avian species. *Avian Pathol* 16:653 - 664.

[4] Bradbury, J. M., F. Jordan, T. Shimizu, L. Stipkovits, and Z. Varga. 1988. Mycoplasma anseris sp. nov found in geese. *Int J Syst Bacteriol* 38:74 - 76.

[5] Bradbury, J. M., O. M. S. Abdulwahab, C. A. Yavari, J. P. Dupiellet, and J. M. Bové. 1993. Mycoplasma imitans sp-nov is related to Mycoplasma gallisepticum and found in birds. *Int J Syst Bacteriol* 43:721 - 728.

[6] Branton, S. L., S. M. Bearson, B. L. Bearson, W. R. Maslin, S. D. Collier, J. D. Evans, D. M. Miles, and G. T. Pharr. 2003. Mycoplasma gallinarum infection in commercial layers and onset of fatty liver hemorrhagic syndrome. *Avian Dis* 47:458 - 462.

[7] De Las Mulas, J. M., A. Fernandez, M. A. Sierra, J. B. Poveda, and J. Carranza. 1990. Immunohistochemical demonstration of Mycoplasma gallinarum and Mycoplasma gallinaceum in naturally infected hen oviducts. *Res Vet Sci* 49:339 - 345.

[8] Dierks, R. E., J. A. Newman, and B. S. Pomeroy. 1967. Characterization of avian mycoplasma. *Ann NY Acad Sci* 143:170 - 189.

[9] Dove, P., D. Bencina, and I. Zajc. 1991. Genotypic heterogeneity among strains of Mycoplasma gallinarum. *Avian Pathol* 20:705 - 711.

[10] Dupiellet, J. P., A. Vuillaume, D. Rousselot, J. M. Bové, and J. M. Bradbury. 1990. Serological and molecular studies on Mycoplasma gallisepticum strains. *Zentralbl Bakteriol Mikrobiol Hyg* Suppl. 20:859 - 864.

[11] Edward, D. G., and E. A. Freundt. 1956. The classification and nomenclature of organisms of the Pleuropneumonia group. *J Gen Microbiol* 14:197 - 207.

[12] El Ebeedy, A. A., I. Sokkar, A. Soliman, A. Rashwan, and A. Ammar. 1987. Mycoplasma infection of ducks. I. Incidence of mycoplasmas, acholeplasmas and associated E. coli and fungi at Upper Egypt. *Isr J Med Sci* 23:529.

[13] Ganapathy, K., and J. M. Bradbury. 1998. Pathogenicity of Mycoplasma gallisepticum and Mycoplasma imitans in red-legged partridges (Alectoris rufa). *Avian Pathol*

27:455 - 463.

[14] Ganapathy, K. , R. C. Jones, and J. M. Bradbury. 1998. Pathogenicity of in vivo-passaged Mycoplasma imitans in turkey poults in single infection and in dual infection with rhinotracheitis virus. Avian Pathol 27:80 - 89.

[15] Ganapathy, K. , and J. M. Bradbury. 1999. Pathogenicity of Mycoplasma imitans in mixed infection with infectious bronchitis virus in chickens. Avian Pathol 28: 229 -237.

[16] García, M. , M. W. Jackwood, S. Levisohn, and S. H. Kleven. 1995. Detection of Mycoplasma gallisepticum, M. synoviae, and M. iowae by multi-species polymerase chain reaction and restriction fragment length polymorphism. Avian Dis 39:606 - 616.

[17] García, M. , N. Ikuta, S. Levisohn, and S. H. Kleven. 2005. Evaluation and comparison of various PCR methods for detection of Mycoplasma gallisepticum infection in chickens. Avian Dis 49:125 - 132.

[18] Harasawa, R. , K. Koshimizu, I. J. Pan, and M. F. Barile. 1985. Genomic and phenotypic analyses of avian ureaplasma strains. Jpn J Vet Sci 47:901 - 909.

[19] Jordan, F. T. W. , and M. M. Amin. 1980. A survey of mycoplasma infections in domestic poultry. Res Vet Sci 28:96 - 100.

[20] Jordan, F. T. W. , J. N. Howse, M. P. Adams, and O. O. Fatunmbi. 1981. The isolation of Mycoplasma columbinum and M. columborale from feral pigeons. Vet Rec 109:450.

[21] Jordan, F. T. W. , H. Erno, G. S. Cottew, K. -H. Hinz, and L. Stipkovits. 1982. Characterization and taxonomic description of five mycoplasma serovars (serotypes) of avian origin and their elevation to species rank and further evaluation of the taxonomic status of Mycoplasma synoviae. Int J Syst Bacteriol 32:108 -115.

[22] Keymer, I. F. , R. H. Leach, R. A. Clarke, M. E. Bardsley, and R. R. McIntyre. 1984. Isolation of Mycoplasma spp. from racing pigeons (Columba livia). Avian Pathol 13:65 - 74.

[23] Kleven, S. H. , C. S. Eidson, and O. J. Fletcher. 1978. Airsacculitis induced in broilers with a combination of Mycoplasma gallinarum and respiratory viruses. Avian Dis 22:707 - 716.

[24] Koshimizu, K. , H. Kotani, T. Magaribuchi, T. Yagihashi, K. Shibata, and M. Ogata. 1982. Isolation of ureaplasmas from poultry and experimental infection in chickens. Vet Rec 110:426 - 429.

[25] Koshimizu, K. , R. Harasawa, I. J. Pan, H. Kotani, M. Ogata, E. B. Stephens, and M. F. Barile. 1987. Ureaplasma gallorale sp. nov. from the oropharynx of chickens. Int J Syst Bacteriol 37:333 - 338.

[26] Lavric, M. , D. Bencina, and M. Narat. 2005. Mycoplasma gallisepticum hemagglutinin vlhA, pyruvate dehydrogenase pdhA, lactate dehydrogenase, and elongation factor Tu share epitopes with Mycoplasma imitans homologues. Avian Dis 49:507 - 513.

[27] Lobo, E. , M. C. Garcia, H. Moscoso, S. Martinez, and S. H. Kleven. 2004. Strain heterogeneity in Mycoplasma pullorum isolates identified by random amplified polymorphic DNA techniques. Sp J Ag Res 2:500 -503.

[28] MacOwan, K. J. , H. G. R. Jones, C. J. Randall, and F. T. W. Jordan. 1981. Mycoplasma columborale in a respiratory condition of pigeons and experimental airsacculitis of chickens. Vet Rec 109:562.

[29] Markham, P. F. , M. F. Duffy, M. D. Glew, and G. F. Browning. 1999. A gene family in Mycoplasma imitans closely related to the pMGA family of Mycoplasma gallisepticum. Microbiol 145:2095 - 103.

[30] Moalic, P. Y. , I. Kempf, F. Gesbert, and F. Laigret. 1997. Identification of two pathogenic mycoplasmas as strains of Mycoplasma pullorum. Int J Syst Bacteriol 47:171 - 174.

[31] Nagatomo, H. , H. Kato, T. Shimizu, and B. Katayama. 1997. Isolation of Mycoplasmas from fantail pigeons. J Vet Med Sci 59:461 - 462.

[32] Reece, R. L. , L. Ireland, and P. C. Scott. 1986. Mycoplasmosis in racing pigeons. Aust Vet J 63:166 -167.

[33] Shah-Majid, M. 1987. A case-control study of Mycoplasma gallinarum in the male and female reproductive tract of indigenous fowl. Isr J Med Sci 23:530.

[34] Shimizu, T, H. Erno, and J. Nagatono. 1978. Isolation and characterization of Mycoplasma columbinum and M. columborale two new species from pigeons. Int J Syst Bacteriol 28:538 - 546.

[35] Stipkovits, L. , A. Rashwan, and M. Z. Sabry. 1978. Studies of pathogenicity of turkey Ureaplasma. Avian Pathol 7:577 - 582.

[36] Stipkovits, L. , P. A. Brown, R. Glavits, and R. J. Julian. 1983. The possible role of ureaplasma in a continuous infertility problem in turkeys. Avian Dis 27:513 - 523.

[37] Stipkovits, L. , J. M. Bove, M. Rousselot, P. Larrue, M. Labat, and A. Vuillaume. 1984. Studies on mycoplasma infection of laying geese. Avian Pathol 14:57 - 68.

［38］Stipkovits，L.，Z. Varga，K. M. Dobos，and M. Santha. 1984. Biochemical and serological examination of some mycoplasma strains of goose origin. *Acta Vet Acad Sci Hung* 32:117‐125.

［39］Stipkovits，L.，Z. Varga，G. Czifra，and K. M. Dubos. 1986. Occurrence of Mycoplasmas in geese affected with inflammation of the cloaca and phallus. *Avian Pathol* 15:289‐299.

［40］Stipkovits，L.，Z. Varga，R. Glavits，F. Ratz，and E. Molnar. 1987. Pathological and immunological studies on goose embryos and oneday‐old goslings experimentally infected with a Mycoplasma strain of goose origin. *Avian Pathol* 16:453‐468.

［41］Stipkovits，L.，R. Glavits，E. Ivanics，and E. Szabo. 1993. Additional data on Mycoplasma disease of goslings. *Avian Pathol* 22:171‐176.

［42］Stipkovits，L.，and I. Kempf. 1996. Mycoplasmoses in poultry. *Rev Sci Tech Off int Epiz* 15:1495‐1525.

［43］Talkington，F. D.，and S. H. Kleven. 1983. A classification of laboratory strains of avian Mycoplasma serotypes by direct immunofluorescence. *Avian Dis* 27:422‐429.

［44］Varga，Z.，L. Stipkovits，M. Dobos-Kovacs，and G. Czifra. 1989. Biochemical and serological study of two Mycoplasma strains isolated from geese. *Arch Exper Vet Med Leipzig* 43:733‐736.

［45］Wang，Y.，K. G. Whithear，and E. Ghiocas. 1990. Isolation of Mycoplasma gallinarum and Mycoplasma gallinaceum from the reproductive tract of hens. *Aust Vet J* 67:31‐32.

第 22 章

梭菌病
Clostridial Diseases

引言

H. John Barnes

本章讲述了家禽或观赏鸟的 4 种梭菌疾病——由鹌鹑梭菌（*Clostidium colinum*）引发的溃疡性肠炎；由产气荚膜梭菌（*C. perfringens*）引发的坏死性肠炎；由产气荚膜梭菌（*C. perfringens*）或腐败梭菌（*C. septicum*）引发的坏疽性皮炎；由肉毒梭菌（*C. botulimum*）引发的肉毒中毒。随着社会对耐药性的关注和对高质量有机禽产品的认识，促生长剂和抗球虫药的使用率已下降。因而，梭菌病，尤其是坏死性肠炎的发病率和经济重要性大大增加[6,32,34]。现已明确温和型或亚临床型坏死性肠炎可引起明显的经济损失。该型坏死性肠炎的定义和诊断标准仍不明确，然而，α-毒素抗体的血清学检测既可作为诊断工具又可作为禽群坏死性肠炎的筛检方法[17]。在某些集约化肉鸡养殖场，坏疽性皮炎的发病率也明显增加。总而言之，如今在许多肉鸡养殖场，坏死性肠炎和坏疽性皮炎是引起经济损失的最重要原因之一，具有同等地位。

导致临床型坏死性肠炎的复杂反应情况现已逐步了解，但其发病机理尚不完全明确，这阻碍了防止替代方法的制定。梭菌产生的毒素与大多数梭菌病的病理变化有关。另一方面，在没有协同因子存在的情况下，如更换饲料成分、换料、严重应激、其他传染性病原、球虫病或免疫抑制性感染（如传染性法氏囊病或鸡传染性贫血），梭菌相对没有毒力。例如，与单独感染相比，并发感染腐败梭菌和

金黄色葡萄球菌时，病禽的死亡率增加，坏疽性皮炎更加严重[33]。

在散发病例中分离到了其种的梭菌。从两群患综合征病鸡的冠和肝脏中分离到了气肿疽梭菌（*C. chauvoei*）[25]；从动物园鸵鸟的小肠和肝脏病料中也分离到了气肿疽梭菌，鸵鸟发生了罕见的神经麻痹性疾病[18]。艰难梭菌（*C. difficile*）可引起青年鸵鸟发生高死亡率[10,30]。在一群鸵鸟中，艰难梭菌引发了严重的肠炎和肠毒血症，160 只雏鸵鸟死了 153 只，第二群死亡率很高，也发生了同样的疾病。经培养分离到了艰难梭菌，用酶联免疫吸附试验（ELISA）证明有艰难梭菌肠毒素[10]。在另一群发病鸵鸟中，肝炎是最明显的特征[30]。索氏梭菌（*C. sordelli*）也可引起鸵鸟零星死亡[24,30]。从病鸡中已分离到了诺维氏梭菌（*C. novyi*）[20]和产芽孢梭菌（*C. sporogenes*）[21]。在感染传染性滑膜炎的鸡炎性关节分离到 4 种菌落型的梭菌和滑液支原体[22]。已确定毛状梭菌（*C. piliforme*）可引起鹦鹉泰泽氏病（Tyzzer′s disease）[26]，第三梭菌（*C. tertium*）可引起鹦鹉肠毒血症[8]，且将来在家禽中也可能发生该病。

梭菌病的宿主范围不断扩大。坏死性肠炎可引发产蛋鸡[7]、鸵鸟[14]和自由栖息禽类[2,3,4]的高死亡率。最先报道，溃疡性肠炎导致了鹦鹉死亡[23]。

现不断认识到产气荚膜梭菌可引发育成鸡的肝炎和肝胆管炎[13,16,27]。由产气荚膜梭菌引起的这种肝炎被命名为产气荚膜梭菌相关性肝炎（*C. perfringens*-associated hepatitis，CPH）。CPH和禽群生产性能呈负相关[16]。亚临床型坏死性肠炎可使育成鸡 CPH 的发病率增加[15]。孵化鸡也可

发生 CPH[28]。此外，产气荚膜梭菌与火鸡蜂窝织炎[5,11]、青年后备产蛋鸡[9]和肉仔鸡[19]的肌胃霉烂及新生鸡的脐部感染[12]有关。已表明产气荚膜梭菌可能垂直传播[29]，新孵化鸡的 CPH 支持了该观点[28]。

肉毒中毒不常见，发病时表现为虚弱、偏瘫和死亡率增加，尤其是火鸡群比较明显。在同一养殖场该病趋于重复暴发。针对水禽的先进分子诊断方法、疫苗及预测和管理肉毒中毒的模式也可应用于家禽[1,35,36]。肉毒中毒主要起因于采食先前产生的毒素；然而，已确定阉鸡伤口污染肉毒梭菌孢子时，家禽会发生毒素感染型的肉毒中毒[31]。

吴培福　王小佳　译

苏敬良　校

参考文献

[1]Arimitsu, H., J. C. Lee, Y. Sakaguchi, Y. Hayakawa, M. Hayashi, M. Nakaura, H. Takai, S. N. Lin, M. Mukamoto, T. Murphy, and K. Oguma. 2004. Vaccination with recombinant whole heavy chain fragments of *Clostridium botulinum* Type C and D neurotoxins. *Clin Diagn Lab Immunol* 11:496-502.

[2]Asaoka, Y., T. Yanai, H. Hirayama, Y. Une, E. Saito, H. Sakai, M. Goryo, H. Fukushi, and T. Masegi. 2004. Fatal necrotic enteritis associated with *Clostridium perfringens* in wild crows (*Corvus macrorhynchos*). *Avian Pathol* 33:19-24.

[3]Bildfell, R. J., E. K. Eltzroth, and J. G. Songer. 2001. Enteritis as a cause of mortality in the western bluebird (*Sialia mexicana*). *Avian Dis* 45:760-763.

[4]Boujon, P., M. Henzi, J. H. Penseyres, and L. Belloy. 2005. Enterotoxaemia involving beta2-toxigenic *Clostridium perfringens* in a white stork (*Ciconia ciconia*). *Vet Rec* 156:746-747.

[5]Carr, D., D. Shaw, D. A. Halvorson, B. Rings, and D. Roepke. 1996. Excessive mortality in market-age turkeys associated with cellulitis. *Avian Dis* 40:736-741.

[6]Casewell, M., C. Friis, E. Marco, P. McMullin, and I. Phillips. 2003. The European ban on growth-promoting antibiotics and emerging consequences for human and animal health. *J Antimicrob Chemother* 52:159-161.

[7]Dhillon, A. S., P. Roy, L. Lauerman, D. Schaberg, S. Weber, D. Bandli, and F. Wier. 2004. High mortality in egg layers as a result of necrotic enteritis. *Avian Dis* 48:

[8]Ferrell, S. T., and L. Tell. 2001. *Clostridium tertium* infection in a rainbow lorikeet (*Trichoglossus haematodus haematodus*) with enteritis. *J Avian Med Surg* 15:204-208.

[9]Fossum, O., K. Sandstedt, and B. E. Engstrom. 1988. Gizzard erosions as a cause of mortality in White Leghorn chickens. *Avian Pathol* 17:519-525.

[10]Frazier, K. S., A. J. Herron, M. E. Hines, II, J. M. Gaskin, and N. H. Altman. 1993. Diagnosis and enterotoxemia due to *Clostridium difficile* in captive ostriches (*Struthio camelus*). *J Vet Diagn Invest* 5:623-625.

[11]Gomis, S., A. K. Amoako, A. M. Ngeleka, L. Belanger, B. Althouse, L. Kumor, E. Waters, S. Stephens, C. Riddell, A. Potter, and B. Allan. 2002. Histopathologic and bacteriologic evaluations of cellulitis detected in legs and caudal abdominal regions of turkeys. *Avian Dis* 46:192-197.

[12]Jordan, F. T. W. 1996. Clostridia. In F. T. W. Jordan, and M. Pattison (eds.). Poultry Diseases, 4th ed. W. B. Saunders Co, Ltd, London, 60-65.

[13]Kaldhusdal, M., C. Schneitz, M. Hofshagen, and E. Skjerve. 2001. Reduced incidence of *Clostridium perfringens*-associated lesions and improved performance in broiler chickens treated with normal intestinal bacteria from adult fowl. *Avian Dis* 45:149-156.

[14]Kwon, Y. K., Y. J. Lee, and I. P. Mo. 2004. An outbreak of necrotic enteritis in the ostrich farm in Korea. *J Vet Med Sci* 66:1613-1615.

[15]Lovland, A., and M. Kaldhusdal. 1999. Liver lesions seen at slaughter as an indicator of necrotic enteritis in broiler flocks. *FEMS Immunol Med Microbiol* 24:345-351.

[16]Lovland, A., and M. Kaldhusdal. 2001. Severely impaired production performance in broiler flocks with high incidence of *Clostridium perfringens*-associated hepatitis. *Avian Pathol* 30:73-81.

[17]Lovland, A., M. Kaldhusdal, and L. J. Reitan. 2003. Diagnosing *Clostridium perfringens*-associated necrotic enteritis in broiler flocks by an immunoglobulin G anti-alpha-toxin enzyme-linked immunosorbent assay. *Avian Pathol* 32:527-534.

[18]Lublin, A., S. Mechani, H. I. Horowitz, and Y. Weisman. 1993. A paralytic-like disease of the ostrich (*Struthio camelus masaicus*) associated with *Clostridium chauvoei* infection. *Vet Rec* 132:273-275.

[19]Novoa-Garrido, M., S. Larsen, and M. Kaldhusdal.

675-680.

2006. Association between gizzard lesions and increased caecal *Clostridium perfringens* counts in broiler chickens. *Avian Pathol* 35:367 - 372.

[20]Peterson, E. H. 1964. *Clostridium novyi* isolated from chickens. *Poult Sci* 43:1062 - 1063.

[21]Peterson, E. H. 1967. The isolation of *Clostridium sporogenes* from the viscera of day old chicks. *Poult Sci* 46:527 - 529.

[22]Peterson, E. H. 1971. The isolation of clostridia from day-old and adolescent chickens. *Poult Sci* 50:1617.

[23]Pizarro, M., U. Hofle, A. Rodriguez - Bertos, M. Gonzalez-Huecas, and M. Castano. 2005. Ulcerative enteritis (quail disease) in lories. *Avian Dis* 49: 606 - 608.

[24]Poonacha, K. B., and J. M. Donahue. 1997. Acute clostridial hepatitis in an ostrich. *J Vet Diagn Invest* 9:208 - 210.

[25]Prukner-Radovcic, E., L. Milakovic Novak, S. Ivesa Petricevic, and N. Grgic. 1995. *Clostridium chauvoei* in hens. *Avian Pathol* 24:201 - 206.

[26]Raymond, J. T., K. Topham, K. Shirota, T. Ikeda, and M. M. Garner. 2001. Tyzzer's disease in a neonatal rainbow lorikeet (*Trichoglossus haematodus*). *Vet Pathol* 38:326 - 327.

[27]Sasaki, J., M. Goryo, N. Okoshi, H. Furukawa, J. Honda, and K. Okada. 2000. Cholangiohepatitis in broiler chickens in Japan: histopathological, immunohistochemical and microbiological studies of spontaneous disease. *Acta Vet Hung* 48:59 - 67.

[28]Sasaki, J., M. Goryo, M. Makara, K. Nakamura, and K. Okada. 2003. Necrotic hepatitis due to *Clostridium perfringens* infection in newly hatched broiler chicks. *J Vet Med Sci* 65:1249 - 1251.

[29]Shane, S. M., D. G. Koetting, and K. S. Harrington. 1984. The occurrence of *Clostridium perfringens* in the intestine of chicks. *Avian Dis* 28:1120 - 1124.

[30]Shivaprasad, H. L. 2003. Hepatitis associated with *Clostridium difficile* in an ostrich chick. *Avian Pathol* 32: 57 - 62.

[31]Trampel, D. W., S. R. Smith, and T. E. Rocke. 2005. Toxicoinfectious botulism in commercial caponized chickens. *Avian Dis* 49:301 - 303.

[32]Van Immerseel, F., J. De Buck, F. Pasmans, G. Huyghebaert, F. Haesebrouck, and R. Ducatelle. 2004. *Clostridium perfringens* in poultry: an emerging threat for animal and public health. *Avian Pathol* 33:537 - 549.

[33]Wilder, T. D., J. M. Barbaree, K. S. Macklin, and R.

A. Norton. 2001. Differences in the pathogenicity of various bacterial isolates used in an induction model for gangrenous dermatitis in broiler chickens. *Avian Dis* 45: 659 -662.

[34]Williams, R. B. 2005. Intercurrent coccidiosis and necrotic enteritis of chickens: rational, integrated disease management by maintenance of gut integrity. *Avian Pathol* 34:159 - 180.

[35]Wobeser, G. 1997. Avian botulism — another perspective. *J Wildl Dis* 33:181 - 186.

[36]Zechmeister, T. C., A. K. Kirschner, M. Fuchsberger, S. G. Gruber, B. Suess, R. Rosengarten, F. Pittner, R. L. Mach, A. Herzig, and A. H. Farnleitner. 2005. Prevalence of botulinum neurotoxin C1 and its corresponding gene in environmental samples from low and high risk avian botulism areas. *Altex* 22:185 -195.

溃疡性肠炎（鹌鹑病）

Ulcerative Enteritis（Quail Disease）

Dennis P. Wages

引　言

　　溃疡性肠炎（UE）是雏鸡、火鸡和高原猎鸟的一种急性细菌性感染病，表现为突然发病和死亡率急剧增多。该病首见于鹌鹑群，并呈地方流行，因此被称为鹌鹑病。除鹌鹑外，许多禽类都易感染，因此后来常用溃疡性肠炎而非鹌鹑病这一名词。

　　该病全球分布。最早的许多报道见于英格兰[23]、日本[31]、加拿大[38]、德国[46]和印度[26,48,49]。

　　在家禽饲养密集的某些地区，溃疡性肠炎是一种严重的疾病，对笼养或野生猎鸟均有危害性。

　　未报道有人类感染。

历　史

　　美国于1907年[37]首先报道了鹌鹑病。随后的20年里，有数次鹌鹑和松鸡[1,20,32,33,42]散发该病的报道。后来又在野生和家养的火鸡群中发现了该病[11,47]。其他易感禽类包括鸽[21]、鸡[22,47]、知更鸟[50]、雉鸡、蓝松鸡、鹧鸪[44]、珠颈翎鹑[12]和鹦鹉[43]。日本鹌鹑对溃疡性肠炎的易感性有遗传学差异[15]。Bass[2,3]、Peckham[39,40]和 Berkhoff 等[7]详细地描述了分离和准确鉴定该病病原菌的系列事件。

病 原 学

分类

溃疡性肠炎是由鹌鹑梭菌（Clostridium colinum）引起的[5,8]。据 16S rRNA 序列分析表明，鹌鹑梭菌与其他 6 种梭菌属归属于 XIV-b 亚群。与毛状梭菌的关系最近，即泰泽氏病的非培养致病菌[14]。

最初，从病鹑肝内分离到一种革兰氏阳性菌，呈多形态、需氧、不运动，并利用此菌在鹌鹑中复制本病。当时把该菌称作山鹑棒状杆菌（Corynebacterium perdicum）。该菌在固体培养基上不生长，在液体培基中生长不良。继续传代后，迅速丧失毒力[35]。后来，从病鹑的肠道和肝脏中分离到一种革兰氏阴性厌氧杆菌，经巯基乙酸盐肉汤培养后，投喂鹌鹑复制出了该病的临床表现[3]。

Peckhamin[39,40]经鸡胚卵黄囊接种病料分离出一种革兰氏阳性、厌氧、可产生芽孢的杆菌。人工接种鹌鹑后，复制出了溃疡性肠炎的病变。从实验感染鹑体内再次分离到攻毒菌，符合柯氏法则。从发生溃疡性肠炎的鸡和火鸡体内也分离到相似的厌氧菌，因此认为鸡、火鸡和鹌鹑的溃疡性肠炎是由同样病原引起的[40]。Berkhoff 等[8]在固体培养基上厌氧培养出了该菌，为研究该菌的生化特征铺平了道路。

形态和染色特性

鹌鹑梭菌属于革兰氏阳性菌，大小为 $1\mu m \times 3\sim 4\mu m$，单个存在，呈直或略弯杆状，两端钝圆。在人工培养基中很少形成芽孢，一旦形成芽孢，芽孢呈卵圆形，位于次极端。产生芽孢的菌体比不产生芽孢的菌体稍长、粗（图22.1）。

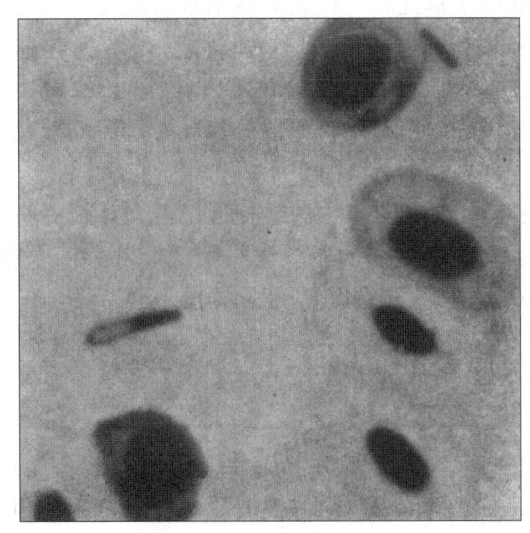

图22.1 患溃疡性肠炎鹌鹑的血液涂片。图中有两个细菌，其中一个有近端芽孢。(M. C. Peckham)

生长需要

该菌对营养要求苛刻，需要丰富的营养和厌氧条件。分离培养鹌鹑梭菌的最佳培养基为胰蛋白胨-磷酸盐琼脂（Difco），含 0.2% 葡萄糖和 0.5% 酵母提取物。将培养基 pH 调至 7.2 后，高压灭菌，待培养液冷却到 56℃时，加 8% 的马血浆，制成平板备用。将肝脏病料接种培养基后，置 35～42℃厌氧培养 1～2 天后[19]，形成直径 1～2mm 的菌落，呈白色、圆形、突起、半透明，具有丝状边缘。如用肉汤培养，需去掉上述培养基中的琼脂，接种病料后 12～16h 即可观察到生长情况。生长活跃的菌株可产生气体，并持续产气 6～8h，其后菌体沉于管底[5]。如需传代，须用生长活跃且仍产气的肉汤培养物，传代沉降菌体会失败。

生化特性

本菌能发酵如下碳水化合物：葡萄糖、甘露糖、棉子糖、蔗糖及海藻糖。微发酵果糖和麦芽糖。部分菌株可以发酵甘露醇，代表株之一是 ATCC 27770。不发酵阿拉伯糖、纤维二糖、赤藓醇、糖原、肌醇、乳糖、松三糖、蜜二糖、鼠李糖、山梨醇和木糖。该菌的发酵产物有乙酸和蚁酸[5,8]。

本菌可水解七叶苷。淀粉水解一般呈阴性；只有 2 株可水解淀粉。代表菌株不水解淀粉。不产生吲哚和亚硝酸盐。石蕊牛乳不变色,不消化酪蛋白。在 CMC(Chopped Meat Carbohydrate)肉汤中生长良好。不利用丙酮酸盐和乳酸盐,不液化明胶,不产生触酶、脲酶、脂酶和卵磷脂酶。

鹌鹑梭菌与艰难梭菌最相近,可据其培养特性加以区分。艰难梭菌能液化明胶,不发酵棉子糖,而鹌鹑梭菌不液化明胶却能发酵棉子糖[19]。

对理化因素的抵抗力

本菌厌氧,能形成芽孢,因此对理化因子的变化有极强的抵抗力。鹌鹑梭菌芽孢可耐受辛醇和氯仿[8]。鹌鹑梭菌的卵黄囊培养物在 −20℃存活 16 年,在 70℃可存活 3h,80℃1h,100℃3min[40]。

发病机制和流行病学

发生与分布

溃疡性肠炎呈全球分布,影响各种禽类。即使鹌鹑、鸡和火鸡的普通感染也可影响全世界。

自然宿主和实验宿主

溃疡性肠炎可感染多种禽类,但鹌鹑最易感。其自然宿主包括山齿鹑(*Colinus virginianus*)、珠颈翎鹑(*Lophortyx california*)、黑腹翎鹑(*L. gambelii*)、山翎鹑(*Oreortyx picta*)、华丽翎鹑(*Callipepla squamata*)、针尾榛鸡(*Pedioecetes phasianellus*)[37]、披肩榛鸡(*Bonasa umbellus*)[32,33]、家火鸡(*Meleagris gallopavo*)、鸡(*Gallus gallus*)[18,47]、灰山鹑(*Perdix perdix*)、吐绶鸡(*M. Gallopavo*)[18]、石鸡(*Alectoris graeca*)[44]、鸽(*Columba livia*)[21]、雉鸡(*Phasianus colchicus*)和蓝镰翅鸡(*Dendragapus obscurus*)[12]、加州冠鹑(*L. c. californicus*)[23]。从暴发溃疡性肠炎的知更鸟(*Turdus migratorius*)肝脏中分离出鹌鹑梭菌,这是首次发现雀形目鸟类可发生溃疡性肠炎[50]。已确定吸蜜鹦鹉(*Trichoglossus* spp.)和鹦鹉属(*Eos* spp.)也发生溃疡性肠炎[43]。

尽管鸡经常自然感染该病,但实验感染比较困难,只有鹌鹑容易复制发病[9]。溃疡性肠炎多见于幼龄禽类。鸡的发病时间多见于 4～12 周龄[40],火鸡 3～8 周龄[11],鹌鹑 4～12 周龄。成年鹑也有发病的报道[27]。

鸡溃疡性肠炎常并发或继发于球虫病、鸡传染性贫血、传染性法氏囊病或应激状态。感染过布氏艾美耳球虫(*Eimeria brunetti*)和毒害艾美耳球虫(*E. necatrix*)的 5 周龄鸡,人工感染鹌鹑梭菌时可复制出本病,但任何一个病原都不能单独复制出该病[16],这证实了球虫病对鸡群暴发溃疡性肠炎的重要作用。

宿主的常发日龄

所有日龄的鹌鹑可发生溃疡性肠炎,然而,幼龄鹌鹑更常发生。

传播

自然条件下,溃疡性肠炎经粪便传播。禽类食入被污染的饲料、饮水或垫料后即被感染。由于本菌可产生芽孢,因此,一旦暴发该病,养禽场将被永久性污染。鹌鹑经口实验复制溃疡性肠炎,至少需要 10^7 个活菌[8]。

发病后,康复禽或耐过禽的带菌状态还不十分清楚。但是,长期带菌禽是禽群中持续存在溃疡性肠炎的最重要因素之一,补体结合试验可检测出带菌禽[36]。

潜伏期

实验感染鹌鹑后 1～3 天,急性溃疡性肠炎病例出现死亡。该病通常在禽群中持续约 3 周,感染后 5～14 天出现死亡高峰。

临床症状

急性病禽死亡前无任何先兆,常发现其肌肉丰满,脂肪丰厚,嗉囊中有饲料。鹌鹑常排水样白色粪便。随着病情的发展,病鹑倦怠无力,扎堆,眼半闭,羽毛蓬乱无光。病后 1 周或 1 周以上,病鹑极度消瘦,胸肌萎缩。

发病率和死亡率

幼鹌发病后几天内死亡率可达100%，鸡的死亡率常为2%～10%。

病理变化

大体病变

鹌鹑急性病例的病变为十二指肠出现明显的出血性肠炎。整个肠道浆膜面上可见许多点状出血。溃疡可不断蔓延，侵蚀肠壁引起肠穿孔而导致腹膜炎。

鹌鹑发病耐过几天后，炎症病变伴有坏死和溃疡，可遍布整个小肠和盲肠段。病变早期的典型特征为小黄色病灶，病灶周有出血缘，在肠浆膜和黏膜面可看到这些病变。随着溃疡灶扩大，出血边界逐渐消失。溃疡灶呈扁豆状或粗圆形，有的融合成大的坏死性白喉样伪膜。扁豆状溃疡灶多见于小肠前段。溃疡灶一般在黏膜深处；陈旧溃疡灶较浅，边缘隆起。盲肠溃疡灶中央下陷，内有黑色物质，难以洗脱。溃疡灶常导致肠壁穿孔，诱发腹膜炎和肠管粘连。肠道的大体病变参见彩图22.2A、B。

肝的剖检病变有一定的变异，从轻度的黄色斑驳状病变到肝脏边缘出现大的不规则黄色病变区域。其他病变有弥漫性灰色病灶，或黄色圆形小病灶，有时病灶周边有淡黄色的晕（彩图22.2F）。脾淤血、肿大和出血。其他脏器很少见到剖检病变。Peckham[40]报道了火鸡溃疡性肠炎的一种罕见的剖检病变，其特征为小肠中段1/3覆盖坏死性白喉样伪膜。这种小肠黏膜的坏死和腐烂病变与鸡感染布氏艾美耳球虫后的病变类似。

组织学病变

鹌鹑溃疡性肠炎的组织病变详见文献16。急性病例的肠管切片可见黏膜上皮脱落，肠壁水肿，血管充血和淋巴细胞浸润。肠腔内有脱落的上皮、血细胞和黏膜碎片。溃疡灶初期肠绒毛出现小出血点、坏死区，而后侵及黏膜下层。坏死灶周边细胞发生凝固性坏死，胞核崩解、溶解。溃疡灶周边组织有淋巴细胞和粒细胞浸润。坏死组织中常有小量革兰氏阳性菌丛。陈旧溃疡灶上覆盖一层厚的颗粒状嗜酸性凝固性血清蛋白，内混有细胞碎片和病原

菌。溃疡灶周边组织有粒细胞和淋巴细胞浸润。肠道的组织学病变见彩图22.2C、D和E。溃疡灶附近和肝中的小血管有时被血小板和病菌阻塞。整个肝实质可见界线不清的凝固性坏死灶，伴有轻微的炎性反应，偶尔在病变组织内有革兰氏阳性菌[23]（彩图22.2F、G、H）。

感染的致病机理

口腔接种厌氧培养的鹦鹉梭菌纯培养物时，对鹦鹉有高致病力。实验发病后，急性病例在接种后约3天出现死亡，较慢性病例在1～2周出现死亡[7]。

免疫力

主动免疫

自然感染康复禽可产生主动免疫力。康复禽人工感染后，不出现明显的症状[28]，而攻毒空白对照组死亡高达85%。但如果用抗生素治愈病禽，它们对该病菌可能仍高度敏感[30,41]。

诊 断

根据剖检病变即可诊断本病。临床诊断要点为肠出现典型的溃疡灶，伴有肝脏坏死，脾肿大出血。辅助诊断方法是用两张载玻片挤压肝坏死区，火焰固定，革兰氏染色，镜检有无病原菌。镜下可见大的革兰氏阳性杆菌、近端芽孢，有时可见自由芽孢。如有必要可取肝脾进行病原分离（参见"病原分离与鉴定"）。

已研制了荧光抗体，对溃疡性肠炎的诊断有高特异性；剖检诊断与荧光抗体诊断结果的相关性为100%[6]。

病原分离与鉴定

通过病原的分离鉴定可对临床诊断进行确诊。肝脏中的细菌比较纯，因此从肝脏分离培养病原菌比溃疡灶和肠道病变处好。本病常继发感染产气荚膜梭菌，但该菌易鉴别[7,19]（参见"生长需要"）。

血清学

也可用琼脂免疫扩散试验来诊断本病[4]。肠管内容物中有高浓度的可溶性菌体抗原，可以同鹦鹉梭菌的抗血清反应。这些抗原与鹌鹑梭菌培养物滤液中的抗原一样。但这些抗原不具有种特异性，因为 A 型和 C 型产气荚膜梭菌的部分菌株具有交叉反应性抗原。梭菌种间的交叉反应性使得本方法的诊断结果不可靠。

鉴别诊断

须与溃疡性肠炎鉴别诊断的疾病包括球虫病、坏死性肠炎和组织滴虫病。鸡、火鸡和雉鸡球虫病常先发于溃疡性肠炎，或有时与溃疡性肠炎并发感染（图 22.3）。在送检病料中，两种病可能同时出现在同一病料中或不同病料中[11,12,16,39]。由于治疗球虫病和溃疡性肠炎的方法完全不同，因此有必要鉴别诊断球虫病和该病。此外，这两种病可同时发生，必须采用两种不同的药物疗法。

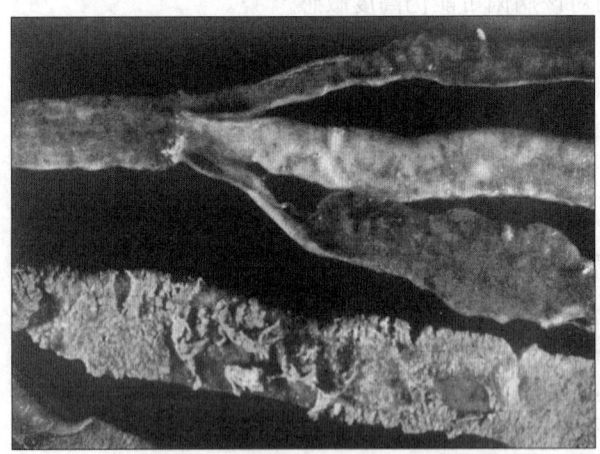

图 22.3 鸡肠道出现溃疡性肠炎和布氏艾美耳球虫的混合感染。示盲肠和直肠的小溃疡灶。白喉样伪膜是由艾美耳球虫感染引起的。(M. C. Peckham)

原先在集约化饲养区肉鸡中发生的一种疾病常被诊断为坏死性肠炎。尽管对溃疡性肠炎和坏死性肠炎是同一种疾病的看法有过许多争论，但结论仍然是这两种病根本不同[17]。鉴别诊断溃疡性肠炎和坏死性肠炎的剖检和组织病理学特征，详见文献[24]（见"坏死性肠炎"）。

发生组织滴虫病时，盲肠内有干酪样芯，肝脏有大小不等的坏死区。结合鸡、火鸡及其他禽类盲肠和肝脏的病变，可将溃疡性肠炎的病变（盲肠溃疡和肝脏坏死）与组织滴虫病的病变相区分。溃疡性肠炎的典型特征是脾肿大出血并有肠道溃疡。肝或盲肠的组织学检查可发现组织鞭毛虫（参见第 28 章）。

预防和管理措施

管理措施

由于该病病原经粪便传播，在垫料中可长期存活，所以发病养殖场应清除污染垫料，每雏应使用洁净垫料。对于鸡群，应避免过度拥挤引发鸡群应激，控制球虫病，采用预防措施来预防病毒病，病毒病可作为应激因素和/或导致免疫抑制。

应避免观赏鸟游出采食范围或过度拥挤。如果养殖场发生疾病，可将观赏禽笼养于 0.5in（1.27cm）的网格金属笼中。康复病禽带毒，不能与未感染禽混养。

治疗

早期用磺胺治疗溃疡性肠炎无效[13,44]。链霉素经注射或拌料或饮水对鹌鹑溃疡性肠炎有一定的预防和治疗效果。链霉素的完全预防剂量为拌料 60g/t，或饮水 1g/gal（1gal＝3.785 4L，美)[27,28,29,30,41]。杆菌肽的预防添加量为 100g/t[41] 料。预防鹌鹑溃疡性肠炎时，亚甲基双水杨酸杆菌肽的添加量为拌料 200g/t。据报道，其他有效的药物还包括——金霉素（CTC)[41]、青霉素、安比西林[31] 和泰乐菌素[25]。Kondo 等[31] 就鹌鹑梭菌对 19 种抗菌药物的体外敏感性进行了检测。

溃疡性肠炎可通过饮水和/或拌料给药进行预防和控制。

吴培福　王小佳　译
苏敬良　校

参考文献

[1]Barger, E. H. , S. E. Park, and R. Graham. 1934. A note on so-called quail disease. *J Am Vet Med Assoc* 84:776-783.

[2]Bass, C. C. 1939. Observations on the specific cause and

the nature of "quail disease" or ulcerative enteritis in quail. *Proc Soc Exp Biol Med* 42:375-380.

[3]Bass, C. C. 1941. Specific cause and nature of ulcerative enteritis of quail. *Proc Soc Exp Biol Med* 46:250-52.

[4]Berkhoff, G. A. 1975. Ulcerative enteritis-clostridial antigens. *Am J Vet Res* 36:583-585.

[5]Berkhoff, H. A. 1985. Clostridium colinum sp. nov., nom. rev., the causative agent of ulcerative enteritis (quail disease) in quail, chickens, and pheasants. *Int J Syst Bacteriol* 35:155-159.

[6]Berkhoff, G. A. and C. L. Kanitz. 1976. Fluorescent antibody test in diagnosis of ulcerative enteritis. *Avian Dis* 20:525-533.

[7]Berkhoff, G. A., S. G. Campbell, and H. B. Naylor. 1974. Etiology and pathogenesis of ulcerative enteritis ("quail disease"). Isolation of the causative anaerobe. *Avian Dis* 18:186-194.

[8]Berkhoff, G. A., S. G. Campbell, H. B. Naylor, and L. D. S. Smith. 1974. Etiology and pathogenesis of ulcerative enteritis ("quail disease"): Characterization of the causative anaerobe. *Avian Dis* 18:195-204.

[9]Berkhoff, G. A. and S. G. Campbell. 1974. Etiology and pathogenesis of ulcerative enteritis ("quail disease"). The experimental disease. *Avian Dis* 18:205-212.

[10]Bryant, E. S., W. Gerencer, E. T. Mallinson, and G. Stein. 1973. Report of the committee on nomenclature and reporting of disease, Northeastern Conference on Avian Disease. *Avian Dis* 17:904-911.

[11]Bullis, K. L. and H. Van Roekel. 1944. Uncommon pathological conditions in chickens and turkeys. *Cornell Vet* 34:312-319.

[12]Buss, I. O., R. D. Conrad, and J. R. Reilly. 1958. Ulcerative enteritis in the pheasant, blue grouse and California quail. *J Wildl Manage* 22:446-449.

[13]Churchill, H. M. and D. R. Coburn. 1945. Sulfonamide drugs in the treatment of ulcerative enteritis of quail. *Vet Med* 40:309-311.

[14]Collins, M. D., P. A. Lawson, A. Willems, J. J. Cordoba, J. Fernandez-Garayzabal, P. Garcia, J. Cai, H. Hippe, and J. A. Farrow. 1994. The phylogeny of the genus Clostridium: Proposal of five new genera and eleven new species combinations. *Int J Syst Bacteriol* 44:812-826.

[15]Collins, W. M., J. W. Hardiman, W. E. Urban Jr., and A. C. Corbett. 1975. Genetic differences in susceptibility to ulcerative enteritis in Japanese quail. *Poult Sci* 54(6):2051-2054.

[16]Davis, R. B. 1973. Ulcerative enteritis in chickens: Coccidiosis and stress as predisposing factors. *Poult Sci* 52:1283-1287.

[17]Davis, R. B., J. Brown, and D. L. Dawe. 1971. Quail—biological indicators in the differentiation of ulcerative and necrotic enteritis of chickens. *Poult Sci* 50:737-740.

[18]Durant, A. J. and E. R. Doll. 1941. Ulcerative enteritis in quail. *Missouri Agr Exp Stn Res Bull* 325:3-27.

[19]Ficken, M. D. and H. A. Berkhoff. 1989. Clostridial infections. In H. G. Purchase, L. H. Arp, C. H. Domermuth, and J. E. Pearson (eds.). Isolation and Identification of Avian Pathogens. American Association of Avian Pathologists: Kennett Square, PA, 47-51.

[20]Gallagher, B. A. 1924. Ulcerative enteritis in quail. *Am Game Prot Assoc Bull* (Apr): 14-15.

[21]Glover, J. S. 1951. Ulcerative enteritis in pigeons. *Can J Comp Med Vet Sci* 15:295-297.

[22]Graubmann, H. D. and G. Grafner. 1971. Ulcerative enteritis in the chicken (quail disease). Occurrence and pathology. *Monatsh Veterinarmed* 26(23):903-907.

[23]Harris, A. H. 1961. An outbreak of ulcerative enteritis amongst bobwhite quail (Colinus virginianus). *Vet Rec* 73:11-13.

[24]Helmboldt, C. F. and E. S. Bryant. 1971. The pathology of necrotic enteritis in domestic fowl. *Avian Dis* 15:775-780.

[25]Jones, J. E., B. L. Hughes, and W. E. Mulliken. 1976. Use of tylosin to prevent early mortality in bobwhite quail. *Poult Sci* 55(3):1122-1123.

[26]Katiyar, A. K., A. G. R. Pillai, R. P. Awadhiya, and J. L. Vegad. 1986. An outbreak of ulcerative enteritis in chickens. *Indian J Anim Sci* 56:859-862.

[27]Kirkpatrick, C. M. and H. E. Moses. 1953. The effects of streptomycin against spontaneous quail disease in bobwhites. *J Wildl Manage* 17:24-28.

[28]Kirkpatrick, C. M., H. E. Moses, and J. T. Baldini. 1950. Streptomycin studies in ulcerative enteritis in bobwhite quail. I. Results of oral administration of the drug to manually exposed birds in the fall. *Poult Sci* 29:561-569.

[29]Kirkpatrick, C. M., H. E. Moses, and J. T. Baldini. 1952. The effects of several antibiotic products in feed on experimental ulcerative enteritis in quail. *Am J Vet Res* 13:99-100.

[30]Kirkpatrick, C. M., H. E. Moses, and J. T. Baldini. 1952. Streptomycin studies in ulcerative enteritis in bob-

white quail. Ⅱ. Concentrations of streptomycin in drinking water suppressing the experimental disease. *Am J Vet Res* 13:102 - 104.

[31]Kondo, F. , J. Tottori, and K. Soki. 1988. Ulcerative enteritis in broiler chickens caused by Clostridium colinum and *in vitro* activity of 19 antimicrobial agents in tests on isolates. *Poult Sci* 67(10): 1424 - 1430.

[32] LeDune, E. K. 1935. Ulcerative enteritis in ruffed grouse. *Vet Med* 30:394 - 395.

[33]Levine, P. P. 1932. A report on an epidemic disease in ruffed grouse. Trans 19th Am Game Conf, 437 -441.

[34]Levine, P. P. and F. C. Goble. 1947. Diseases of grouse. In G. Bump *et al.* (eds.). The Ruffed Grouse. New York State Conservation Department: Albany, NY, 401 -442.

[35]Morley, L. C. and P. W. Wetmore. 1936. Discovery of the organism of ulcerative enteritis. Proc N Am Wildl Conf, 74th Congr, 2nd sess. Senate Comm Print: Washington, DC, 471 - 473.

[36]Morris, J. A. 1948. The use of the complement fixation test in the detection of ulcerative enteritis in quail. *Am J Vet Res* 9:102 - 103.

[37]Morse, G. B. 1907. Quail disease in the United States. United States Department of Agriculture, BAI Circ 109.

[38]Ononiwu, J. C. , J. F. Prescott, H. C. Carlson and R. Julian. 1978. Ulcerative enteritis caused by Clostridium colinum in chickens. *Can Vet J* 19(8):226 - 229.

[39]Peckham, M. C. 1959. An anaerobe, the cause of ulcerative enteritis ("quail disease"). *Avian Dis* 3:471 -478.

[40]Peckham, M. C. 1960. Further studies on the causative organism of ulcerative enteritis. *Avian Dis* 4:449 - 456.

[41]Peckham, M. C. and R. Reynolds. 1962. The efficacy of chemotherapeutic drugs in the control of experimental ulcerative enteritis in quail. *Avian Dis* 6:111 - 118.

[42]Pickens, E. N. , H. M. DeVolt, and J. E. Shillinger. 1932. An outbreak of quail disease in bobwhite quail. *Maryland Conservationist* 9:18 - 19.

[43] Pizzaro, M. , U. Hofle, A. Rodriquez - Bertos, M. Gonzalez-Huecas, and M. Castano. 2005. Ulcerative enteritis (quail disease) in lories. *Avian Dis.* 49: 606 - 608.

[44]Richards, S. M. and B. W. Hunt. 1973. Ulcerative enteritis in partridges. *Vet Rec* 111(25-26):591 -592.

[45]Rosen, M. N. and A. I. Bischoff. 1949. Field trials of sulfamethazine and sulfaquinoxaline in the treatment of quail ulcerative enteritis. *Cornell Vet* 39:195 - 197.

[46]Schneider, J. and K. Haass. 1968. Beobachtungen zur ul-

ceroesen enteritis (quail disease) bei huehnerkueken. *Berl Munch Tieraerztl Wochenschr* 81:466 - 468.

[47]Shillinger, J. E. and L. C. Morley. 1934. Studies on ulcerative enteritis in quail. *J Am Vet Med Assoc* 84: 25 - 35.

[48]Shukla, P. K. and B. S. Rajya. 1968. Affections of the lower alimentary tract of domestic fowl. 1. On the occurrence and morphology of ulcerated enteritis simulating "quail disease." *Indian Vet J* 45:10 - 13.

[49]Sing, N. , M. S. Kwatra, and M. S. Oberoi. 1984. An outbreak of ulcerative enteritis ("quail's disease") in broilers in Punjab. *Indian J Poult Sci* 19:277 -279.

[50]Winterfield, R. W. and G. A. Berkhoff. 1977. Ulcerative enteritis in robins. *Avian Dis* 21:328 - 330.

坏死性肠炎

Necrotic Enteritis

Kenneth Opengart

引 言

定义与同名词

临床型坏死性肠炎是由 A 型和 C 型产气荚膜梭菌及其产生的毒素引起的一种主要侵害雏鸡的疾病。临床症状主要表现为突然发病、高死亡率和小肠黏膜坏死。首次报道以来，亚临床型[121]和温和型[69]病例也被报道。该病也称为梭菌性肠炎、肠毒血症和内脏腐烂病。

经济意义

现很少有研究对临床型坏死性肠炎的经济影响进行评价。在美国，预防坏死性肠炎的费用是每只肉鸡约 0.05 美元[130]。然而难以确定温和型感染的流行情况，该型感染可损害肉鸡的生长率和饲料转化率[81]，且因肝炎使淘汰率增加[80]。禽群中产气荚膜梭菌相关性肝炎的发生率高时，其生产性能比发生率低的禽群低 25～43%[81]。对于停止添加抗生素的国家来说（饲料中添加抗生素可促进禽的生长），亚临床型和临床型坏死性肠炎的发病率和经济意义已增加[54]。

公共卫生意义

除了产生引发禽坏死性肠炎的毒素外，A 型和 C 型产气荚膜梭菌在芽孢形成过程中还可产生肠毒素。肠毒素可导致人类食物源性的疾病。A 型和 C 型可引发两种不同的疾病：A 型产气荚膜梭菌引发腹泻，C 型产气荚膜梭菌可导致人的坏死性肠炎[131]。据报道，加工后胴体产气荚膜梭菌阳性率很高[28,92]，并出现因食用鸡肉而发生 A 型梭菌食物中毒[62,109]。虽然人 C 型食物中毒的症状更加重，且禽群中存在 C 型产气荚膜梭菌，但并不是主要的食物源性病菌，因为人发生该病的几率很低[131]。随着世界从禽料中去除促生长抗生素，人们关注最多的是产气荚膜梭菌导致的食物源性疾病是否会增加。去除这些抗生素（大多数具有抗梭菌活性）导致肉鸡临床型和亚临床型坏死性肠炎和肝炎的发病率增加[54]，毫无疑问也会增加肉鸡加工胴体中产气荚膜梭菌的带菌率。

历 史

Parish 于 1961 年[101,102,103]首次报道了家禽的坏死性肠炎，并用魏氏梭菌（产气荚膜梭菌）复制出了本病。随后世界大多数养鸡地区有该病的报道[7,13,22,23,66,73,77,94,95,129]。产气荚膜梭菌也与火鸡的坏死性肠炎有关[38,39,50]。

病 原 学

毒株分类与毒素产生

坏死性肠炎的病原呈革兰氏阳性，为产芽孢的厌氧菌，即 A 型[3,9,14,72,78,98,110,128,134]和 C 型[32,72,95,103,110,112]产气荚膜梭菌。

这两种菌株均能产生不同的毒素和酶，与疾病的病变和临床症状有关。A 型和 C 型产气荚膜梭菌产生的 α 毒素、C 型产气荚膜梭菌产生的 β 毒素均与坏死性肠炎的肠黏膜坏死有关[5,46,98,120]。

健康禽和病禽的肠道内均存在 A 型产气荚膜梭菌，但仍不清楚从有坏死性肠炎症状的禽类分离的

A 型产气荚膜梭菌比从没有坏死性肠炎的禽类分离的菌株的 α 毒素产量是否要大得多[52,61]。利用抗 α 毒素的免疫球蛋白 G 进行的 ELISA 试验表明，α 毒素的抗体效价与亚临床型坏死性肠炎间有明显的相关性，且抗体效价与屠宰时产气荚膜梭菌相关肝炎的发生率间也有相关性[83]。

不同分离株产生的 α 毒素量似乎是由特殊基因 cpa 调控的[115]。认为 cpa 基因的表达受肠道微环境中诱导剂的影响。然而，产生这些诱导剂的激发因素不清楚[107]，推测可能与细菌密度感应（quorum sensing）相关——细菌产生、分泌、探测和应答信号分子的一种方法，信号分子聚积于胞外环境中，并影响基因的表达[89]。在正常肠道中产气荚膜梭菌 cpa 基因的表达是否下调，或应答诱导剂时 cpa 基因是否上调，从而诱发肠道疾病目前不清楚[89]。

形态与染色特征

用血液琼脂平板在 37℃厌氧条件下过夜很容易分离到产气荚膜梭菌。在血液平板上（兔、人或绵羊血），其菌落周围有一完全溶血的内环，而外环则不完全溶血，色淡。菌落内有短至中等长度的革兰氏阳性杆菌，没有芽孢。

生长需要和生化特性

根据在鉴别培养基上的生长情况即可鉴定该菌[1]。大多数菌发酵葡萄糖、麦芽糖、乳糖和蔗糖，不发酵甘露糖醇。水杨苷发酵不稳定。发酵的主要产物有乙酸和丁酸。可液化明胶，石蕊牛乳阳性，吲哚阴性。在蛋黄琼脂上生长，说明该菌产生卵磷脂酶，但不产生脂酶。如果在蛋黄琼脂平板的另一半上浇注产气荚膜梭菌抗毒素后，传代再厌氧培养过夜，在浇灌抗毒素的那一半板上，则沉淀线很弱或没有，而在没有抗毒素的另一半琼脂上可见到菌落周边有沉淀线[1]。

致病机理和流行病学

自然宿主和实验宿主

坏死性肠炎的自然发病日龄为 2 周龄至 6 月

龄。大多数报道表明，饲养在垫料上的肉鸡的发病日龄一般为2～5周龄[7,13,48,57,66,77,93,95,129]。有3～6月龄地面平养商品蛋鸡发病的报道[22,73]，有12～16周龄笼养后备蛋鸡暴发坏死性肠炎的报道[20,45]，有笼养成年商品蛋鸡发病的报道[36]。有小火鸡[40]、7～12周龄火鸡[50]暴发坏死性肠炎的报道，也有火鸡并发感染蛔虫[99]或球虫[38]的报道。

在雏鸡[9,25,51,55,56,104,105]、火鸡[43]和日本鹌鹑[32]上已实验复制出了坏死性肠炎。肉仔鸡的发病率为1.3%～37.3%，SPF鸡的发病率高达62.0%[9]。在先前发病的垫料上饲养雏鸡时可复制坏死性肠炎[55,56,86,133]；饲喂产气荚膜梭菌污染的饲料[78,128]，静脉注射[16]、投服[16]或嗉囊注入[9]培养的产气荚膜梭菌可复制坏死性肠炎；十二指肠内注入产气荚膜梭菌的肉汤培养物[3]、产气荚膜梭菌的无菌粗毒素[4]或产气荚膜梭菌及其毒素[5,10]可复制坏死性肠炎；给鸡投服球虫卵囊和产气荚膜梭菌的活培养物或产气荚膜梭菌污染的饲料可复制坏死性肠炎[2,8,9,10]。其他研究者结合数个诱发因素（饲料中添加小麦、鱼粉及球虫和梭菌）来复制此病[136]。传染性法氏囊病病毒导致免疫抑制时可加重病情[90]。

传播、携带者和传播媒介

粪便、土壤、粉尘、污染的饲料、垫料或肠内容物均含有产气荚膜梭菌[26,28,29,72,74]。暴发各型坏死性肠炎时，污染的饲料[23,45,134]和垫料[133]通常是其传染源。家蝇是机械性传播媒介，笼养产蛋鸡发生坏死性肠炎时，家蝇也有可能是生物传播媒介[36]。

产气荚膜梭菌可通过商品孵化器传播到肉鸡场[26,27,28,29]，从蛋壳、孵化器中的绒毛和小鸡垫中已分离到了产气荚膜梭菌[27]。其他研究利用核糖体分型已证实：产气荚膜梭菌可从商品育雏场垂直传播到孵化器、肉鸡场，最后传到加工厂[29]。

临床症状

自然暴发该病时，病禽表现为：明显至重症的精神沉郁、食欲下降、不愿走动、拉稀和羽毛蓬乱[7,15,57,77,95,101,129]。病程短，病禽无外在症状而常发生急性死亡。

病理变化

大体病变

自然发病时的剖检病变常局限于小肠，以空肠和回肠多见（彩图22.4 A）[7,15,57,95,129]；然而，也有盲肠病变的报道[79]。小肠质脆，充满气体。肠黏膜覆盖一层黄色或绿色伪膜，有些伪膜结合得较疏松，有的结合得很紧，常描述为"土耳其浴巾"样外观（彩图22.4 C）。也报道过有血斑，但出血不是本病的主要特征。实验感染产气荚膜梭菌后3h可见十二指肠和空肠黏膜增厚，色灰暗[3]，到5h便可见肠黏膜坏死，随后可见黏膜发生严重的纤维素性坏死性肠炎，并形成白喉样伪膜[9,112]。发生典型和亚临床型坏死性肠炎时[80,81]，肝炎的典型表现是肝肿大、呈棕色有坏死灶[40]，且发生胆囊炎[100]。

已报道了更加温和型的疾病，表现为肠黏膜发生局灶性坏死、肝坏死、生产性能受损，出现临床症状或无临床症状[68,80,81]。

组织病变

自然感染的组织病变特征是肠黏膜严重坏死，坏死灶表面黏着大量纤维素及细胞碎片（彩图22.4 B，D）[15,57,79,95,129]。病变最先发生在肠绒毛顶端，上皮细胞脱落，细菌在暴露的固有层上定植，伴有凝固性坏死。坏死灶周围有异嗜细胞包围。随着病程延长，坏死区域由微绒毛顶端向隐窝深入。坏死可深入肠道黏膜下层和肌层。细胞碎片上常黏附许多大杆菌。耐过禽出现再生性变化，包括隐窝上皮细胞增生，有丝分裂相细胞增多。上皮细胞以立方体上皮细胞为主，杯状和柱状上皮细胞相对减少。肠绒毛相对短而平。在许多病例中，肠道内也可见各种有性和无性阶段的球虫[57,79,95]。

实验感染产气荚膜梭菌后，早在攻毒后1h即可见到组织学病变，固有层轻度水肿，血管扩张，肠腔上皮细胞脱落，有时固有层中可见异嗜细胞和单核细胞[3]。攻毒3h后，出现明显的水肿，上皮细胞脱离固有层，主要发生于肠绒毛顶部。固有层单核细胞浸融更加明显。5h后，绒毛顶端上皮细胞层和固有层发生凝固性坏死，导致绒毛短缩。在坏死组织和固有层顶部可见大量细菌定植。肠血管严重充血，偶尔被透明血栓堵塞。到8～12h，肠绒毛大量坏死，有些病例坏死灶可波及隐窝，其特征为坏死区存在大量无定形的嗜酸性物质及细胞核。肠腔中有大量的纤维素渗出物和细胞碎片。在电子显微镜下，腔内细胞膜的最明显变化是囊泡缺失及微绒毛全部消失[67]。在靠近单个产气荚膜梭菌的肠黏膜坏死部分这种变化最明显，进一步提示，在坏死性肠炎的发病过程中，细菌毒素引起上皮细胞膜水解很重要。

肝脏的组织学病变有胆管增生、纤维素性坏死、胆管炎和局灶性肉芽肿性炎症[80,100,108]。

感染过程的致病机理

坏死性肠炎的病理学变化是由中段肠道中产气荚膜梭菌生成和释放的 α 和 β 毒素导致的[4]。对特殊情况现有不断争议，即产生毒素的起始阶段及健康和病禽肠道中梭菌相对数量的意义。某些研究表明产气荚膜梭菌是健康禽肠道中主要的转性厌氧菌[65,113]；然而，其他研究表明从新孵化到 5 月龄的健康禽小肠中仅有零星的少量的梭菌[11,12,111,117,126]。这似乎表明肠道中产气荚膜梭菌的组成是由禽的健康状况决定的。对患坏死性肠炎的禽群来说，单群的分离株倾向于单一克隆株，不同群具有不同的分离克隆菌群。另一方面，健康禽群的分离株具有更加多样化产气荚膜梭菌菌群[42,52,96]。

诱发毒素产生的过程仍不清楚，但已明确的是毒素能够引发坏死性肠炎的病变和典型临场症状。α 毒素是一种磷脂酶 C 神经鞘磷脂酶，能水解磷脂，导致黏膜结构紊乱[97,131]，因而激发花生四烯酸级联反应，诱导炎性介质产生，如白三烯、前列环素、血小板凝集因子和血栓素[21,127]。这些炎性介质可导致血管收缩、血小板凝集和心肌功能紊乱，最终导致急性死亡[131]。β 毒素可导致肠道黏膜发生典型的出血性坏死[53,76]。

诱发因子

中段肠道发生球虫感染是坏死性肠炎的主要诱发因子[2,6,8,9,10,57,112]。小肠中定植球虫时，可导致肠道黏膜损伤。由此，反过来为产气荚膜梭菌的增殖提供了自然底物（血浆蛋白）[131]。

影响坏死性肠炎发病的管理因素有：使用高纤维垫料[128]、禽的饲养密度和饲喂程序（例如，将育雏料改换为育成料，会导致肠道应急[89]）。还有人报道，坏死性肠炎可能是谷物的比例（小麦/大麦/玉米）、饲料中动物蛋白水平及气候因素等复合作用的结果[70]。

改换饲料会影响肠道中产气荚膜梭菌菌群[118]，也可增加粪便中产气荚膜梭菌的排除率[26]，表明鸡肠道中产气荚膜梭菌的量和肠道梭菌病的发生与日粮特性有关[95,106]。日粮中含有谷类饲料时，如小麦[18]、大麦[68]或黑麦[70,123]富含水溶性非淀粉类多糖，会促发或加重坏死性肠炎的暴发。饲喂小麦日粮的鸡，添加一定量的纤维与复合碳水化合物可降低坏死性肠炎病变的严重性[17]。

此外，日粮中蛋白含量高（特别是动物源性蛋白）时，可促发禽发生坏死性肠炎[37,66,70,128]。更加明显的是与植物蛋白相比，饲料中动物蛋白源性的甘氨酸含量高时，可促进产气荚膜梭菌的增殖，上调控制毒素生成基因的表达[34,37,135]。

诱发因素促进产气荚膜梭菌增殖，导致坏死性肠炎的机制仍不清楚。这些因素可刺激肠黏膜的分泌，进而诱导肠腔内黏膜溶解性细菌的增殖[24]。黏膜溶解性细菌为产气荚膜梭菌的增殖提供了底物。

研究表明主要组织相容性复合物基因型和背景基因组也会影响对坏死性肠炎的遗传抵抗力[116]。

火鸡坏死性肠炎常与球虫[38]、蛔虫[99]及临床出血性肠炎[39]相关。性别也是坏死性肠炎的危险因子，雄性比雌性患病的比例高得多[39]。

诊　　断

病原分离与鉴定

依据典型的剖检病变和组织学病变，以及分离到产气荚膜梭菌即可确诊该病。临床上，从坏死性肠炎病例的肠内容物、肠壁刮取物或出血性淋巴集结中采样，接种血液琼脂平板 37℃厌氧培养过夜，很容易分离出产气荚膜梭菌[44]。可按"病原学"部分的介绍对产气荚膜梭菌进行鉴定。有些商品化的培养基不太适于产气荚膜梭菌的选择性培养及计数，除非与其他特异性鉴定试验结合起来[33]。

可利用夹心 ELISA 试验，根据产气荚膜梭菌和毒素的量对患病禽和健康禽进行筛检[87]。可用 PCR 方法对鸡胃肠道中分离的产气荚膜梭菌进行定量检测[138]，也可检测产气荚膜梭菌内的 α 毒素基因[71]。

鉴别诊断

注意将本病与溃疡性肠炎、布氏艾美耳球虫和巨型艾美耳球虫感染相鉴别。溃疡性肠炎由鹌鹑梭菌感染所致（参见本章溃疡性肠炎一节）；其特征性剖检病变为小肠远端及盲肠上有多处坏死和溃疡病灶，肝脏也有坏死灶。如前所述，坏死性肠炎的病变仅局限于空肠和回肠，而盲肠几乎没有或没有病变。这些特征可区分坏死性肠炎和溃疡性肠炎，分离和鉴定病原后即可确诊本病。布氏艾美耳球虫感染引起的剖检病变（参见第 28 章球虫病）与该病相似，但镜检粪便涂片、肠黏膜触片和肠道切片即可证明有无球虫存在。最后要提醒的是，坏死性肠炎和球虫病常同时感染某一鸡群。因而，确诊时需要检测一种或两种病原。

预防和管理措施

由于亚临床型和温和型坏死性肠炎对生产性能有明显的损害作用，因而该病的防治应集中于诱发因素的预防管理：球虫病、饲料因素和垫料卫生情况。发生临床型病例时，需早期检测和治疗，防止病菌污染环境。

管理程序

环境中存在致病菌（土壤中细菌孢子含量高）且重复发生该病时，需在禽舍地面灰土中添加 NaCl（60～75♯/1 000 ft²），而后彻底清除可预防该病复发。其他研究表明，将鸡饲养于酸化垫料上可降低产气荚膜梭菌的水平传播[49]。用 5％次氯酸钠溶液或 0.4％季铵溶液对可搬用式容器进行清洗消毒也可显著降低产气荚膜梭菌的复发率[88]。

免疫接种

针对产气荚膜梭菌及其毒素的疫苗进行主动免疫和被动免疫可提供良好的保护，有助于防止感染。用产气荚膜梭菌毒株免疫雏鸡，而后用抗生素进行治疗，可防止产气荚膜梭菌的攻毒感染。口腔免疫接种缺失 α 毒素的活毒株时，也可提供免疫保护作用[125]。

分离自禽的产气荚膜梭菌菌株的 α 毒素 C 末端具有高度保守性[114]。针对该蛋白高度保守区制备的抗体对其他动物有保护作用[137]，估计对禽类也有同样的效应[46,114]。其他研究表明，给肉种鸡免疫 α 毒素疫苗后产生的免疫抗体对仔鸡有保护作用，可预防与产气荚膜梭菌相关的亚临床型坏死性肠炎和肝炎的发生[82]。

球虫感染是发生该病的诱发因素，因而免疫球虫苗可间接预防坏死性肠炎的发生[131,136]。

竞争排斥、益生素和益生元

实验表明，竞争排斥性治疗可有效降低肠道中产气荚膜梭菌的量[75]，同时也可减轻坏死性肠炎的剖检病变，降低死亡率和生产性能的损伤[30,41,58,59,60]。日粮中添加甘露寡糖和产乳酸菌培养物也可有效地降低坏死性肠炎引发的死亡率及亚临床型疾病对生产性能的损伤[58]。其他研究表明，添加益生素（如嗜乳酸杆菌和粪链球菌）可降低坏死性肠炎的严重性[47]。枯草芽孢杆菌（*Bacillus subtilis*）可产生细菌素，在体外对产气荚膜梭菌的生长有抑制作用[124]。日粮中添加乳糖也可降低雏鸡盲肠中产气荚膜梭菌的带菌量[123]。

在生产实践中，使用商品化的竞争排斥制剂来治疗该病时，可提高肠道的健康状况，延缓产气荚膜梭菌在肠道中的增殖，延缓产气荚膜梭菌引发病变的产生[69]。

防治坏死性肠炎的其他化合物，也有研究。给患禽实验添加 β 甘露聚糖酶可明显降低坏死性肠炎的严重性[63]。植物香精油混合物也可控制产气荚膜梭菌在鸡肠道中的定植和增殖[91]。

抗生素和抗球虫药

饲料中添加多种抗生素可降低鸡粪便产气荚膜梭菌的排菌量[119,121,122]，包括弗吉尼亚霉素、泰乐菌素、青霉素、氨苄西林、杆菌肽及呋喃唑酮*。

---

* 译者注：呋喃唑酮在中国禁用于食品动物。

从商品火鸡和肉鸡中分离的产气荚膜梭菌也进行过体外敏感试验[132]。

暴发坏死性肠炎后用林可霉素[55,56]、杆菌肽[105]、土霉素[7]、青霉素[73,78]、酒石酸泰乐菌素[73]饮水治疗有效。杆菌肽[104,133]、林可霉素[86]、弗吉尼亚霉素[35,51]、青霉素[95]、阿弗帕星[68,93,104]、双呋脒腙[94]及泰乐菌素[19,24]拌料对预防和控制本病有效。然而，一些临床调查发现，临床坏死性肠炎的分离株用弗吉尼亚霉素及青霉素有效，但对杆菌肽及林可霉素有耐药性[31]。斯堪的纳维亚的一项研究表明，从日粮中去除促生长抗生素后，分离株对氨苄西林、阿维霉素、红霉素、泰乐菌素、万古霉素、杆菌肽、弗吉尼亚霉素、离子载体抗球虫药、拉沙里菌素、马杜拉霉素、莫能菌素、那拉霉素和盐霉素敏感[64,85]。莫能菌素可改变回肠中微生物群落，降低回肠中乳酸杆菌的菌群，增加象牙海岸梭菌（C. lituseburense）和不规则梭菌（C. irregularis）的量[84]，进而对梭菌感染有预防作用。在这种情况下，非产气荚膜梭菌类的梭菌实际上对产气荚膜梭菌有竞争排斥作用。

吴培福　王小佳　译

苏敬良　校

参考文献

[1] Allen, S. D. 1985. Clostridium. In E. H. Lennette, A. Balows, W. J. Hausler, Jr., and H. J. Shadomy (eds.). Manual of Clinical Microbiology, 4th ed. Am Soc Microbiol: Washington, DC, 434-444.

[2] Al-Sheikhly, F. and A. Al-Saieg. 1980. Role of coccidia in the occurrence of necrotic enteritis of chickens. *Avian Dis* 24:324-333.

[3] Al-Sheikhly, F. and R. B. Truscott. 1977. The pathology of necrotic enteritis of chickens following infusion of broth cultures of *Clostridium perfringens* into the duodenum. *Avian Dis* 21:230-240.

[4] Al-Sheikhly, F. and R. B. Truscott. 1977. The pathology of necrotic enteritis of chickens following infusion of crude toxins of *Clostridium perfringens* into the duodenum. *Avian Dis* 21:241-255.

[5] Al-Sheikhly, F. and R. B. Truscott. 1977. The interaction of *Clostridium perfringens* and its toxins in the production of necrotic enteritis of chickens. *Avian Dis* 21:256-263.

[6] Baba, E., A. L. Fuller, J. M. Gilbert, S. G. Thayer, and L. R. McDougald. 1992. Effects of *E. brunetti* infection and dietary zinc on experimental induction of necrotic enteritis in broiler chickens. *Avian Dis* 36:59-62.

[7] Bains, B. S. 1968. Necrotic enteritis of chickens. *Aust Vet J* 44:40.

[8] Balauca, N. 1976. Experimentelle reproduktion der nekrotischen enteritis beim huhn. I. Mitteilung. Mono- und polyinfektionen mit *Clostridium perfringens* und kokzidien unter berucksichtigung der kafighaltung. *Arch Exp Veterinarmed* 30:903-912.

[9] Balauca, N. 1978. Experimentelle untersuchungen uber die Clostridien infektion und intoxikation bei geflugeln, unter besonderer berucksichtigung der kokzidiose. *Arch Vet* 13:127-141.

[10] Balauca, N., B. Kohler, F. Horsch, R. Jungmann, and E. Prusas. 1976. Experimentelle reproduktion der nekrotischen enteritis des huhnes. II. Mitteilung. Weitere mono- und polyinfektionen mit *Cl perfringens* und kokzidien unter besonderer berucksichtigung der bodenhaltung. *Arch Exp Veterinarmed* 30:913-923.

[11] Barnes, E. M., G. C. Mead, D. A. Barnum, and E. G. Harry. 1972. The intestinal flora of the chicken in the period 2 to 6 weeks of age, with particular reference to the anaerobic bacteria. *Br Poult Sci* 13:311-326.

[12] Barnes, E. M., C. S. Impey, and D. M. Cooper. 1980. Manipulation of the crop and intestinal flora of the newly hatched chick. *Am J Clin Nutr* 33:2426-2433.

[13] Bernier, G. and R. Filion. 1971. Necrotic enteritis in broiler chickens. *J Am Vet Med Assoc* 158:1896-1897.

[14] Bernier, G., R. Filion, R. Malo, and J. B. Phaneuf. 1974. Enterite necrotique chez le poulet de gril. II. Caracteres des souches de *Clostridium perfringens* isolees. *Can J Comp Med* 38:286-291.

[15] Bernier, G., J. B. Phaneuf, and R. Filion. 1974. Enterite necrotique chez le poulet de gril. I. Aspect clinico-pathologique. *Can J Comp Med* 38:280-285.

[16] Bernier, G., J. B. Phaneuf, and R. Filion. 1977. Enterite necrotique chez le poulet de gril. III. Etude des facteurs favorisant la multiplication de *Clostridium perfringens* et la transmission experimentale de la maladie. *Can J Comp Med* 41:112-116.

[17] Branton, S. L., B. D. Lott, J. W. Deaton, W. R. Moslin, F. W. Austin, L. M. Pote, R. W. Keirs, M. A. Latour, and E. J. Day. 1997. The effect of added complex carbohydrates or added dietary fiber on necrotic enteritis lesions in broiler chickens. *Poult Sci* 76(1):24-28.

[18] Branton, S. L., F. N. Reece, and W. M. Hagler, Jr.

1987. Influence of a wheat diet on mortality of broiler chickens associated with necrotic enteritis. *Poult Sci* 66: 1326 - 1330.

[19]Brennan, J. , G. Moore, S. E. Poe, A. Zimmermann, G. Vessie, D. A. Barnum and J. Wilson. 2001. Efficacy of infeed tylosin phosphate for the treatment of necrotic enteritis in broiler chickens. *Poul Sci* 80:1451 -1454.

[20]Broussard, C. T. , C. L. Hofacre, R. K. Page, and O. J. Fletcher. 1986. Necrotic enteritis in cage-reared commercial layer pullets. *Avian Dis* 30:617 -619.

[21]Bunting, M. , D. E. Lorant, A. E. Bryant, G. A. Zimmerman, T. M. Mclntyre, D. L. Stevens and S, M, Prescott. 1997. Alpha toxin from *Clostridium perfringens* induces proinflammatory changes in endothelial cells. *J Clin Invest* 100:565 - 574.

[22]Chakraborty, G. C, D. Chakraborty, D. Bhattacharyya, S. Bhattacharyya, U. N. Goswami, and H. M. Bhattacharyya. 1984. Necrotic enteritis in poultry in West Bengal. *Indian J Comp Microbiol Immunol Infect Dis* 5: 54 -57.

[23]Char, N. L. , D. I. Khan, M. R. K. Rao, V Gopal, and G. Narayana. 1986. A rare occurrence of clostridial infections in poultry. *Poult Advis* 19:59 - 62.

[24]Collier, C. T. , J. D. van der Klis, B. Deplancke, D. B. Anderson and H. R. Gaskins. 2003. Effects of tylosin on bacterial mucolysis, *Clostridium perfringens* colonization, and intestinal barrier function in a chick model of necrotic enteritis. *Antimicro Agents Chemo* 47: 3311 - 3317.

[25]Cowen, B. S. , L. D. Schwartz, R. A. Wilson, and S. I. Ambrus. 1987. Experimentally induced necrotic enteritis in chickens. *Avian Dis* 31:904 - 906

[26]Craven, S. E. 2000. Colonization on the intestinal tract by *Clostridium perfringens* and fecal shedding in diet-stressed and unstressed chickens. *Poult Sci* 79:843 -849.

[27]Craven, S. E. , N. A. Cox, J. S. Bailey, and D. E. Crosby. 2003. Incidence and tracking of *Clostridium perfringens* through an integrated broiler operation. *Avian Dis* 47:707 - 711.

[28]Craven, S. E. , N. A. Cox, N. J. Stern, and J. M. Mauldin. 2001. Prevalence of *Clostridium perfringens* in commercial broiler hatcheries. *Avian Dis* 45:1050 -1053.

[29]Craven, S. E. , N. J. Stern, J. S. Bailey, and N. A. Cox. 2001. Incidence of *Clostridium perfringens* in broiler chickens and their environment during production and processing. *Avian Dis* 45:887 - 896.

[30]Craven, S. E. , N. J. Stern, N. A. Cox, J. S. Bailey, and

M. Berrang. 1999. Cecal carriage of *Clostridium perfringens* in broiler chickens given mucosal starter culture. *Avian Dis* 43:484 - 490.

[31]Cummings, T. S. , B. L. McMurray, and Y. M. Saif. 1995. Minimum inhibitory concentrations of *Colstridium perfringens* isolates from necrotic enteritis outbreaks to virginiamycin, penicillin, bactitracin, and lincomycin. In Proceedings 44th Western Poultry Disease Conference, 92 - 93.

[32]Cygan, Z. and J. Nowak. 1974. Nekrotyczne zapalenie jelit u kurczat. Ⅱ. Wlasciwosci toksynogenne szczepow *Cl. perfringens* Ciproby zakazenia przepiorek japonskich. *Med Weter* 30:262 - 265.

[33]Dafwang I. I. , S. C. Ricke, D. M. Schaefer, P. G. Brotz, M. L. Sunde, and D. J. Pringle. 1987. Evaluation of some commercial media for the cultivation and enumeration of *Clostridium perfringens* from the chick intestine. *Poult Sci* 66(4):652 - 658.

[34]Dahiya, J. P. , D. Hoehler, D. C. Wilkie, A. G. Van Kessel and M. D. Drew. 2005. Dietary glycine concentration affects intestinal *Clostridium perfringens* and lactobacilli populations in broiler chickens. *Poul Sci* 84:1875 - 1885.

[35]Davis, R. , R. G. Oakley, M. Free, C. Miller, and R. Rivera. 1980. Profilaxis de la enteritis necrotica con la virginiamicina. Proc 29th West Poult Dis Conf, 117 - 119.

[36]Dhillon, A. S. , R. Parimal, L. Lauerman, D. Schaberg, S. Weber, D. Bandli and F. Weir. 2004. High mortality in egg layers as a result of necrotic enteritis. *Avian Dis* 48: 675 - 680.

[37]Drew, M. D. , N. A. Syed, B. G. Goldade, B. Laarveld and A. G. Van Kessel. 2004. Effects of dietary protein source and level of intestinal populations of *Clostridium perfringens* in broiler chickens. *Poul Sci* 83:414 - 420.

[38]Droual, R. , H. L. Shivaprasad, and R. P. Chin. 1994. Coccidiosis and necrotic enteritis in turkeys. *Avian Dis* 38:177 - 183.

[39]Droual, R. , T. B. Farver, and A. A Bickford. 1995. Relationship of sex, age and concurrent intestinal disease to necrotic enteritis in turkeys. *Avian Dis* 39:599 -605.

[40]Eleazer, T. H. and J. S. Harrell. 1976. *Clostridium perfringens* in turkey poults. *Avian Dis* 20:774 -776.

[41]Elwinger, K. , C. Schneitz, E. Berndtson, O. Fossum, B. Teglof, and B. Engtom. 1992. Factors affecting the incidence of necrotic enteritis, caecal carriage of *Clostridium perfringens* and bird performance in broiler chicks.

Acta Vet Scand 33(4):369‐378.

[42]Engstrom, B. E. , C. Fermer, A. Lindberg, E. Saarinen, V Baverud and A. Gunnarsson. 2003. Molecular typing of isolates of *Clostridium perfringens* from healthy and diseased poultry. *Vet Micro* 94:225‐235.

[43]Fagerberg, D. J. , B. A. George, W. R. Lance, and C. R. Miller. 1984. Clostridial enteritis in turkeys. Proc 33rd West Poult Dis Conf, 20‐21.

[44]Ficken, M. D. and H. A. Berkhoff. 1989. Clostridial infections. In H. G. Purchase, L. H. Arp, C. H. Domermuth, and J. E. Pearson (eds.). Isolation and Identification of Avian Pathogens. American Association of Avian Pathologists; Kennett Square, PA, 47‐51.

[45]Frame, D. D. and A. A. Bickford. 1986. An outbreak of coccidiosis and necrotic enteritis in 16‐week‐old cage-reared layer replacement pullets. *Avian Dis* 30:601‐602.

[46]Fukata, T. , Y. Hadate, E. Baba, T. Uemura, and A. Arakawa. 1988. Influence of *Clostridium perfringens* and its toxin in germ-free chickens. *Res Vet Sci* 44:68‐70.

[47]Fukata, T. , Y. Hadate, E. Baba, and A. Arakawa. 1991. Influence of bacteria on *Clostridium perfringens* infection in young chickens. *Avian Dis* 35:224‐247.

[48]Gardiner, M. R. 1967. Clostridial infections in poultry in western Australia. *Aust Vet J* 43:359‐360.

[49]Garrido, M. N. , M. Skjervheim, H. Oppegaard and H. Sørum. 2004. Acidified litter benefits the intestinal flora balance of broiler chickens. *Appl Environ Micro* 70:5208‐5213.

[50]Gazdzinski, P. and R. J. Julian. 1992. Necrotic enteritis in turkeys. *Avian Dis* 36:792‐798.

[51.]George, B. A. , C. L. Quarles, and D. J. Fagerberg. 1982. Virginiamycin effects on controlling necrotic enteritis infection in chickens. *Poult Sci* 61:447‐450.

[52] Gholamiandekhordi, A. R. , R. Ducatelle, M. Heyndrickx, F. Haesebrouck and F. Van Immerseel. 2005. Molecular and phenotypical characterization of *Clostridium perfringens* isolates from poultry flocks with different disease status. *Vet Microbiol* 113: 143‐152.

[53]Gilbert, M. , C. Jolivet-Rebaud and M. R. Popoff. 1997. Beta‐2 toxin, a novel toxin produced by *Clostridium perfringens*. *Gene* 203:65‐73.

[54]Grave, K. , M. Kaldhusdal, H. Kruse, L. M. Harr and K. Flatlandsmo. 2004. What has happened in Norway after the ban of avoparcin? Consumption of antimicrobials by poultry. *Prev Vet Med* 62:59‐72.

[55]Hamdy, A. H. , R. W. Thomas, D. D. Kratzer, and R. B. Davis. 1983. Lincomycin dose response for treatment of necrotic enteritis in broilers. *Poult Sci* 62:585‐588.

[56]Hamdy, A. H. , R. W. Thomas, R. J. Yancey, and R. B. Davis. 1983. Therapeutic effect of optimal lincomycin concentration in drinking water on necrotic enteritis in broilers. *Poult Sci* 62:589‐591.

[57]Helmboldt, C. F. and E. S. Bryant. 1971. The pathology of necrotic enteritis in domestic fowl. *Avian Dis* 15:775‐780.

[58]Hofacre, C. L. , T. Beacorn, S. Collett and G. Mathis. 2003. Using competitive exclusion, mannan-oligosaccharide and other intestinal products to control necrotic enteritis. *J Appl Poult Res* 12:60‐64.

[59]Hofacre, C. L. , R. Froyman, B. George, M. A. Goodwin, and J. Brown. 1998. Use of aviguard, virginiamycin or bacitracin MD against *Clostridium perfringens*‐ associated necrotizing enteritis. *J Appl Poult Res* 7:412‐418.

[60]Hofacre, C. L. , R. Froyman, B. Gautrias, B. George, M. A. Goodwin, and J. Brown. 1998. Use of aviguard and other intestinal bioproducts in experimental *Clostridium perfringens*‐associated necrotizing enteritis in broiler chickens. *Avian Dis* 42:579‐584.

[61]Hofshagen, M. and H. Stenwig. 1992. Toxin production by *Clostridium perfringens* isolated from broiler chickens and capercaillies (*Tetrao urogallus*) with and without necrotizing enteritis. *Avian Dis* 36:837‐843.

[62]Hook, D. , B. Jalaludin and G. Fitzsimmons. 1996. *Clostridium perfinrgens* food-borne-outbreak: an epidemiological investigation. *New Zeal J Pub Health* 20:119‐122.

[63]Jackson, M. E. , D. M. Anderson, H. Y Hsiao, G. F. Mathis and D. W. Fodge. 2003. Beneficial effect of β-mannanase feed enzyme on performance of chicks challenged with *Eimeria* sp. and *Clostridium perfringens*. *Avian Dis* 47:759‐763.

[64] Johansson, A. , C. Greko, B. E. Engström and M. Karlsson. 2004. Antimicrobial sensitivity of Swedish, Norwegian and Danish isolates of *Clostridium perfringens* from poultry, and distribution of tetracycline resistance genes. *Vet Micro* 99:251‐257.

[65]Johansson, K. R. and W. B. Sarles. 1948. Bacterial population changes in the ceca of young chickens infected with *Eimeria tenella*. *J Bacteriol* 56:635‐647.

[66]Johnson, D. C. and C. Pinedo. 1971. Gizzard erosion and ulceration in Peru broilers. *Avian Dis* 15:835‐837.

［67］Kaldhusdal, M., O. Evensen, and T. Landsverk. 1995. *Clostridium perfringens* necrotizing enteritis of fowl: A light microscopic, immunohistochemical, and ultrastructural study of spontaneous disease. *Avian Path* 24:421 - 433.

［68］Kaldhusdal, M. and M. Hofshagen. 1992. Barley inclusion and avoparcin supplementation in broiler diets. 2. Clinical, pathological and bacteriological findings in a mild form of necrotic enteritis. *Poult Sci* 71:1145 -1153.

［69］Kaldhusal, M., C. Schneitz, M. Hofshagen and E. Skjerve. 2001. Reduced incidence of *Clostridium perfringens*-associated lesions and improved performance in broiler chickens treated with normal intestinal bacteria from adult fowl. *Avian Dis* 45:149 - 156.

［70］Kaldhusdal, M. and E. Skjerve. 1996. Association between cereal contents in the diet and incidence of necrotic enteritis in broiler chickens in Norway. *Prevent Vet Med* 28:1 - 16.

［71］Kalender, H., and H. B. Ertas. 2005. Isolation of *Clostridium perfringens* from chickens and detection of the alpha-toxin gene by polymerase chain reaction (PCR). *Turk J Vet Anim Sci* 29:847 - 851.

［72］Kohler, B., S. Kolbach, and J. Meine. 1974. Untersuchungen zur nekrotischen enteritis der huhner 2. Mitt. : Microbiologische aspekte. *Monatsh Veterinaermed* 29: 385 - 391.

［73］Kohler, B., G. Marx, S. Kolbach, and E. Bottcher. 1974. Untersuchungen zur nekrotischen enteritis der huhner 1. Mitt. : Diagnostik und bekampfung. *Monatsh Veterinaermed* 29:380 - 384.

［74］Komnenov, V., M. Velhner, and M. Katrinka. 1981. Importance of feed in the occurrence of clostridial infections in poultry. *Vet Glas* 35:245 - 249.

［75］La Ragione, R. M. and M. J. Woodward. 2003. Competitive exclusion by *Bacillus subtilis* spores of *Salmonella enterica* serotype Enteriditis and *Clostridium perfringens* in young chickens. *Vet Micro* 94:245 -256.

［76］Lawrence, G., and R. Cooke. 1980. Experimental pigbel: the production and pathology of necrotizing enteritis due to *Clostridium welchii* type C in the guinea pig. *Brit J Exper Path* 61:261 - 271.

［77］Long, J. R. 1973. Necrotic enteritis in broiler chickens. I. A review of the literature and the prevalence of the disease in Ontario. *Can J Comp Med* 37:302 -308.

［78］Long, J. R. and R. B. Truscott. 1976. Necrotic enteritis in broiler chickens. Ⅲ. Reproduction of the disease. *Can J Comp Med* 40:53 - 59.

［79］Long, J. R., J. R. Pettit, and D. A. Barnum. 1974. Necrotic enteritis in broiler chickens. Ⅱ. Pathology and proposed pathogenesis. *Can J Comp Med* 38:467 -474.

［80］Løvland, A., and M. Kaldhusdal. 1999. Liver lesions seen at slaughter as an indicator of necrotic enteritis in broiler flocks. *FEMS Immunol Med Microbiol* 24: 345 -352.

［81］Løvland, A., and M. Kaldhusdal. 2001. Severely impaired production performance in broiler flocks with high incidence of *Clostridium perfringens*-associated hepatitis. *Avian Path* 30:73 - 81.

［82］Løvland, A., M. Kaldhusdal, K Redhead, E. Skjerve and A. Lillehaug. 2004. Maternal vaccination against subclinal necrotic enteritis in broilers. *Avian Path* 33: 83 - 92.

［83］Løvland, A., M. Kaldhusdal and L. J. Reitan. 2003. Diagnosing *Clostridium perfringens* - associated necrotic enteritis in broiler flocks by an immunoglobulin G anti-alpha-toxin enzyme-linked immunosorbent assay. *Avian Path* 32:527 - 534.

［84］Lu, J., C. L. Hofacre, M. D. Lee. 2006. Emerging technologies in microbial ecology aid in understanding the effect of monensin on the diets of broilers in regard to the complex disease necrotic enteritis. *J Appl Poul Res* 15:145 - 153.

［85］Martel, A., L. A. Devriese, K. Cauwerts, K. De Gussem, A. Decostere and F. Haesebrouck. 2004. Susceptibility of *Clostridium perfringens* strains from broiler chickens to antibiotics and anticoccidials. *Avian Path* 31: 3 - 7.

［86］Maxey, B. W. and R. K. Page. 1977. Efficacy of lincomycin feed medication for the control of necrotic enteritis in broiler-type chickens. *Poult Sci* 56:1909 -1913.

［87］McCourt, M. T., D. A. Finley, C. Laird, J. A. Smyth, C. Bell and H. J. Ball. 2005. Sandwich ELISA detection of *Clostridium perfringens* cells and alpha-toxin from field cases of necrotic enteritis of poultry. *Vet Micro* 106: 259 -264.

［88］McCrea, B. A., and K. S. Macklin. 2006. Effect of different cleaning regimes on the recovery of *Clostridium perfringens* on poultry livehaul containers. *Poul Sci* 85: 909 - 913.

［89］McDevitt, R. M., J. D. Brooker, T. Acamovic and N. H. C. Sparks. 2006. Necrotic enteritis: A continuing challenge for the poultry industry. *World's Poul Sci J* 62:221 - 247.

［90］McReynolds, J. L., J. A. Byrd, R. C. Anderson, R. W.

Moore, T. S. Edrington, K. J. Genovese, T. L. Poole, L. F. Kubena and D. J. Nisbet. 2004. Evaluation of immunosupressants and dietary mechanisms in an experimental disease model for necrotic enteritis. *Poul Sci* 83: 1948 -1952.

[91]Mitsch, P. , K. Zigger-Eglseer, B. Köhler, C. Gabler, R. Losa and I. Zimpernik. 2004. The effect of two different blends of essential oil components on the proliferation of *Clostridium perfringens* in the intestines of broiler chickens. *Poult Sci* 83: 669 - 675.

[92]Miwa, N, T. Nishina, S. Kubo and H. Honda. 1998. Amount of enterotoxigenic *Clostridium perfringens* in meat detected by nested PCR. *Internat J Food Micro* 42: 195 - 200.

[93]Morch, J. 1974. Necrotic enteritis in broilers in Denmark. Proc XV World's Poult Congr Expos, 290 -292.

[94]Morch, J. 1982. Undersgelser med vaekstfremmende foderadditiver specielt med henblik pa forebyggelse af nekrotiserende enteritis hos kyllinger. *Nord Vet Med* 34: 377 - 387.

[95]Nairn, M. E. and V. W. Bamford. 1967. Necrotic enteritis of broiler chickens in western Australia. *Aust Vet J* 43: 49 - 54.

[96]Nauerby, B. , K. Pedersen and M. Madsen. 2003. Analysis of pulsedfield gel electrophoresis of the genetic diversity among *Clostridium perfringens* isolates from chickens. *Vet Micro* 94: 257 - 266.

[97]Naylor, C. E. , J. T. Eaton, A. Howells, N. Justin, D. S. Moss, R. W. Titball and A. K. Basak. 1998. Structure of the key toxin in gas gangrene. *Nature Structure Biol* 5: 738 - 746.

[98]Niilo, L. 1978. Enterotoxigenic *Clostridium perfringens* type A isolated from intestinal contents of cattle, sheep and chickens. *Can J Comp Med* 42: 357 - 363.

[99]Norton, R. A. , B. A. Hopkins, J. K. Skeeles, J. N. Beasley, and J. M. Krrager. 1992. High mortality of domestic turkeys associated with *Ascaridia dissimilis*. *Avian Dis* 36: 469 - 473.

[100]Onderka, D. K. , C. C. Langevin, and J. A. Hanson. 1990. Fibrosing cholehepatitis in broiler chickens induced by bile duct ligations or inoculation of *Clostridium perfringens*. *Can J Vet Res* 54: 285 - 290.

[101]Parish, W. E. 1961. Necrotic enteritis in the fowl (*Gallus gallus domesticus*). Ⅰ. Histopathology of the disease and isolation of a strain of *Clostridium welchii*. *J Comp Pathol* 71: 377 - 393.

[102]Parish, W. E. 1961. Necrotic enteritis in the fowl. Ⅱ.

Examination of the causal *Clostridium welchii*. *J Comp Pathol* 71: 394 - 404.

[103]Parish, W. E. 1961. Necrotic enteritis in the fowl. Ⅲ. The experimental disease. *J Comp Pathol* 71: 405 -413.

[104]Prescott, J. F. 1979. The prevention of experimentally induced necrotic enteritis in chickens by avoparcin. *Avian Dis* 23: 1072 - 1074.

[105]Prescott, J. F. , R. Sivendra, and D. A. Barnum. 1978. The use of bacitracin in the prevention and treatment of experimentallyinduced necrotic enteritis in the chicken. *Can Vet J* 19: 181 - 183.

[106]Riddell, C. and X. M. Kong. 1992. The influence of diet on necrotic enteritis in broiler chickens. *Avian Dis* 36: 469 - 503.

[107]Sawires, Y. , and J. G. Songer. 2006. *Clostridium perfringens*: Insight into virulence evolution and population structure. *Anaerobe* 12: 23 - 43.

[108]Sasaki, J. , M. Goryo and K. Okada. 2000. Cholangiohepatitis in chickens induced by bile duct ligations and inoculation of *Clostridium perfringens*. *Avian Path* 29: 405 - 410.

[109]Schiemann, D. A. 1977. Laboratory confirmation of an outbreak of *Clostridium perfringens* food poisoning. *Health Lab Sci* 14: 35 - 38.

[110]Seedy, E. L. 1990. Studies on necrotic enteritis in chickens. *Vet Med J Giza* 38: 407 - 417.

[111]Shane, S. M. , D. G. Koetting, and K. S. Harrington. 1984. The occurrence of *Clostridium perfringens* in the intestine of chicks. *Avian Dis* 28: 1120 -1124.

[112]Shane, S. M. , J. E. Gyimah, K. S. Harrington, and T. G. Snider Ⅲ. 1985. Etiology and pathogenesis of necrotic enteritis. *Vet Res Commun* 9: 269 - 287.

[113]Shapiro, S. K. and W. B. Sarles. 1949. Microorganisms in the intestinal tract of normal chickens. *J Bacteriol* 58: 531 - 544.

[114]Sheedy, S. A. , A. B. Ingham, J. I. Rood and R. J. Moore. 2004. Highly conserved alpha-toxin sequences in avian isolates of *Clostridium perfringens*. *J Clin Micro* 42: 1345 - 1347.

[115]Shimizu, T. , H. Yaguchi, K. Ohtani, S. Banu and H. Hayashi. 2002. Clostridial VirR/VirS regulon involves a regulatory RNA molecule for expression of toxins. *Mol Microbiol* 43: 257 - 265.

[116]Siegel, P. B. , A. S. Larsen, C. T. Larsen, and E. A. Dunnington. 1993. Research note: Resistance of chickens to an outbreak of necrotic enteritis as influenced by major histocompatibility genotype and background ge-

nome. *Poult Sci* 72(6)：1189‑1191.

[117]Smith，H. W. 1959. The effect of the continuous admin-istration of diets containing tetracyclines and penicillin on the number of drugresistant and drug-sensitive *Clostridium welchii* in the faeces of pigs and chickens. *J Pathol Bacteriol* 77；79‑93.

[118]Smith，H. W. 1965. The development of the flora of the alimentary tract in young animals. *J Pathol Bacteriol* 90；495‑513.

[119]Smith，H. W. 1972. The antibacterial activity of nitro-vin *in vitro*：The effect of this and other agents against *Clostridium welchii* in the alimentary tract of chick-ens. *Vet Rec* 90；310‑312.

[120]Songer. J. G.，and R. R. Meer. 1996. Genotyping of *Clostridium perfringens* by polymerase chain reaction is a useful adjunct to diagnosis of clostridial enteric dis-ease in animals. *Anaerobe* 2；197‑203.

[121]Stutz，M. W.，S. L. Johnson，and F. R. Judith. 1983. Effects of diet and bacitracin on growth, feed efficien-cy, and populations of *Clostridium perfringens* in the intestine of broiler chicks. *Poult Sci* 62；1619‑1625.

[122]Stutz，M. W.，S. L. Johnson，F. R. Judith，and B. M. Miller. 1983. *In vitro* and *in vivo* evaluations of the an-tibiotic efrotomycin. *Poult Sci* 62；1612‑1618.

[123]Takeda，T.，T. Fukata，T. Miyamoto，K. Sasai，E. Baba，and A. Arakawa. 1995. The effects of dietary lac-tose and rye on cecal colonization of *Clostridium per-fringens* in chicks. *Avian Dis* 39；375‑381.

[124]Teo，A，and H. Tan. 2005. Inhibition of *Clostridium perfringens* by a novel strain of *Bacillus subtilis* isola-ted from the gastrointestinal tracts of healthy chickens. *Appl Environ Micro* 71；4185‑4190.

[125]Thompson，D. R.，V R. Parreira，R. R. Kulkarni and J. F. Prescott. 2006. Live attenuated vaccine-based con-trol of necrotic enteritis of broiler chickens. *Vet Micro* 113；25‑34.

[126]Timms，L. 1968. Observations on the bacterial flora of the alimentary tract in three age groups of normal chickens. *Br Vet J* 124；470‑477.

[127]Titball，R. W. 1993. Bacterial phospholipases C. *Micro Rev* 57；347‑366.

[128]Truscott，R. B. and F. Al-Sheikhly. 1977. Reproduction and treatment of necrotic enteritis in broilers. *Am J Vet Res* 38；857‑861.

[129]Tsai，S. S. and M. C. Tung. 1981. An outbreak of nec-rotic enteritis in broiler chickens. *J Chin Soc Vet Sci* 7；13‑17.

[130]Van der Sluis，W. 2000. Clostridial enteritis is an often underestimated problem. *World Poult* 16；42‑43.

[131] Van Immerseel，F.，J. De Buck，F. Pasmans，G. Huyghebaert，F. Haesebrouck and R. Ducatelle. 2004. *Clostridium perfringens* in poultry：an emerging threat for animal and public health. *Avian Path* 33；537‑549.

[132]Watkins，K. L.，T. R. Shryock，R. N. Dearth，and Y. M. Saif. In‑vitro antimicrobial susceptibility of *Clostridium perfringens* from commercial turkey and broil-er chicken origin. *Vet Microbiol* 54(2)；195‑200.

[133]Wicker，D. L.，W. N. Isgrigg，J. H. Trammell，and R. B. Davis. 1977. The control and prevention of necrotic enteritis in broilers with zinc bacitracin. *Poult Sci* 56；1229‑1231.

[134]Wijewanta，E. A. and P. Seneviratna. 1971. Bacteriolog-ical studies of fatal *Clostridium perfringens* type-A in-fection in chickens. *Avian Dis* 15；654‑661.

[135] Wilkie，D. C.，A. G. Van Kessel，L. White，B. Laarveld and M. D. Drew. 2005. Dietary amino acids af-fect intestinal *Clostridium perfringens* populations in broiler chickens. *Can J Anim Sci* 85；185‑193.

[136]Williams. R. B.，R. N. Marshall，R. M. La Ragione and J. Catchpole. 2003. A new method for the experimental production of necrotic enteritis and its use for studies on the relationships between necrotic enteritis，coccidi-osis and anticoccidial vaccination of chickens. *Parasitol Res* 90；19‑26.

[137]Williamson，E. D.，and R. W. Titball. 1993. A geneti-cally engineered vaccine against the alpha-toxin of *Clostridium perfringens* protects mice against experimental gas gangrene. *Vaccine* 11；1253‑1258.

[138]Wise，M. G.，and G. R. Siragusa. 2005. Quantitative detection of *Clostridium perfringens* in the broiler fowl gastrointestinal tract by real-time PCR. *App En-viron Micro* 71；3911‑3916.

肉毒中毒

Botulism

John E. Dohms

引　言

肉毒中毒是由肉毒梭菌外毒素引起的中毒。同义名有"鸡垂颈病"和"西部鸭病"。散养和舍饲的禽类及野禽均易感。尽管也有其他型毒素引起此病的报道，但禽类大多数病例是由 C 型引起的[5,42]。

禽 C 型肉毒梭菌病的公共卫生意义不大[5,33]。已有 4 例人 C 型肉毒梭菌中毒病报道，但详情不清楚[29,33]。人 C 型肉毒梭菌中毒与禽肉毒梭菌中毒无关[33,63]。给非人灵长类接种 C 型肉毒后可致死[65]，捕捉的猴子吃了含 C 型肉毒素的鸡肉也可死[60]。

历　史

1917 年首次报道了鸡肉毒梭菌中毒[13]，鸡和人吃了自制的罐头蔬菜后会患该病。在 20 世纪早期美国人就认识了西部鸭病，后来发现该病为肉毒梭菌 C 型毒素所致[23,34]。1923 年报道了鸡食入绿蝇幼虫后发生肉毒中毒。第一株产 C 型毒素的肉毒梭菌是从这些无脊椎动物中分离出来的[4]。详细历史参见文献 9，15，40 和 55。

发生和分布

全世界的禽和水禽均可感染该病[33]。虽然最早的病例多见于散养禽，现在通过防止毒素污染饲料减少了现代养禽场中肉毒中毒病例，但是，最近在舍饲肉鸡群内仍有该病严重暴发[5,15,28,49,50,52,53,61]。野禽暴发 C 型肉毒中毒时，所有的野生鸟、捕食鸟和哺乳动物中的肉食动物及食腐动物均可能感染发病[33]，其中鸭最易感染发病[55]。饲养在狩猎场的雉鸡也曾发生过肉毒中毒[55]。鸭、肉鸡和雉鸡肉毒中毒较为多见，在温暖季节感染后，病情更为严重。不过，在冬季肉鸡也可感染发病[17,51]。

病　原　学

肉毒梭菌为革兰氏阳性杆菌，能产生芽孢，在条件适宜时，还能产生外毒素[42]。肉毒梭菌包括多种厌氧菌群，包括 4 型（Ⅰ～Ⅳ），而据毒素的抗原性可分成 8 个型（A、B、Cα、Cβ、D、E、F

和 G）。致人肉毒中毒的菌型主要为 A、B、E 和 F，致禽肉毒中毒的菌型为 A、C 和 E[62]。鸡、鸭、雏鸡和火鸡在自然和商品饲养环境下肉毒中毒病主要由产 C 型毒素的肉毒梭菌引起[15,55,61]。

形态和染色特性

C 型肉毒梭菌为革兰氏染色阳性菌，大小 4～6μm×1.0μm，常散在或呈短链状。幼龄菌体能运动。老龄培养物可见到次极端，偶尔可见端生芽孢[42]。菌体细胞壁溶素可引起菌体快速自溶，因此该菌老龄培养物革兰氏染色不稳定。菌体自溶时释放毒素[7]。C 型肉毒梭菌的芽孢比 A 型或 B 型肉毒梭菌的芽孢更容易被热灭活[42]，但比 E 型肉毒梭菌芽孢耐热[58]。101℃（D 值）2.44min 即可使 C 型毒株芽孢活力降低 10 倍[58]。

Ⅲ型肉毒梭菌包括不能消化蛋白或轻度消化蛋白的 C 型和 D 型菌株[30,63]。肉毒梭菌正常生长和产生毒素的环境水含量（a_w）为 0.92[52]。据毒素抗原性质可将 C 型肉毒进一步分为 Cα 和 Cβ 亚型[42]。

毒素

肉毒外毒素是目前已知的毒力最强的毒素之一[39]。产生 C 型毒素的条件为厌氧，温度 10～47℃，最佳产毒温度为 35～37℃[42]。神经毒素作用于外周胆碱能神经末端。神经元也作用于外周胆碱能神经末端。

Cα 型菌株产生 3 种毒素：C1、C2 和少量 D 型毒素[20]。C1 和 D 型毒素由噬菌体介导产生。消除了前噬菌体的 C 型菌株，用从 D 型菌株中纯化出的噬菌体感染后可转化为 D 型菌株。同理，也可将 D 型菌株转化为 C 型[20]。Cβ 菌株缺乏编码 C1 和 D 型毒素的噬菌体，只产生 C2 毒素。编码 C2 毒素的基因与噬菌体无关[20]。由于 Cα 和 Cβ 菌株可以相互转化，因此依据产 Cα 和 Cβ 毒素来进行分群仍有争议[20]。

C1 和 D，以及 A、B、E 和 F 毒素都是先产生单一的无毒的前体多肽，之后被蛋白酶裂解成 150kD 的双链神经毒素[44,59,64]。C 型毒素前体与无毒性的无血凝作用和有血凝作用的蛋白连接在一起，增加了对酸和蛋白酶降解的抗性。在小肠微碱性条件下，对蛋白酶敏感环被裂解产生 100 kDa 的重链（H）及 50 kD 的轻链（L），两条链通过二硫键连接，其活性区域包括 H_N（跨膜区）、Hc（神经特异性结合区）和 L（Zn^{2+}-依赖性金属蛋白酶）[44]。与突触前膜特异性受体结合后，该分子被胞吞泡捕获，并被泡中 ATP 酶质子泵酸化后跨膜进入胞浆。在胞浆内还原后产生对突触前神经肌肉连接处的两种组分——突触融合蛋白和突触小体相关蛋白-25（SNAP-25）有特异性活性的金属蛋白酶。其结果是神经介质乙酰胆碱释放被阻断，因为胆碱能神经受体不能被激活，出现肌肉麻痹[44]。

二元 C2 毒素虽然没有神经毒性，经胰蛋白酶激活后可增加在多种培养组织细胞膜的通透性[46,59]。活性毒素包括两种不同的蛋白：结合-跨膜蛋白（C2Ⅱ）及肌动蛋白-二磷酸腺苷-核糖基酶（C2Ⅰ）。C2Ⅰ酶在 177 位精氨酸二磷酸腺苷-核糖基化 G 肌动蛋白，抑制了肌动蛋白聚合及肌动蛋白三磷酸腺苷酶活性，并将肌动蛋白转变为帽蛋白，帽蛋白可结合到肌动蛋白丝上，防止其快速聚合[1,22,66]。C2Ⅰ也可与凝溶胶蛋白复合，改变其与肌动蛋白的相互作用[6]。C2 毒素对培养的细胞具有溶解毒性，可引起肌动蛋白细胞骨架的变化，引起肌动蛋白丝解聚合，使细胞变圆[6]。C2Ⅱ氨基端经胰蛋白酶裂解 20 kD 片段后，黏附到与天冬酰胺连接的复合碳水化合物受体上才能产生毒性作用[46]。经蛋白酶作用的成分形成七聚体，可在人工膜中形成通道。复合物被胞吞，C2Ⅰ酶跨膜进入胞浆并破坏肌动蛋白。C2 毒素的核苷酸序列与其他梭菌、杆菌属的其他肌动蛋白-ADP-核糖基化毒素相似[6]。肉毒梭菌 C2 毒素与炭疽杆菌保护性抗原具有同源性，该毒素可将水肿因子、腺苷酸环化酶及致死因子转移到胞浆中[6]。

鸭和鹅静脉接种 C2 毒素后，可见到心肺疾病的症状[32,46]。C2 毒素在小鼠身上具有肠毒素活性[46]。C2 毒素在肉毒中毒自然病例中的作用不清楚。

鸡、火鸡、雉鸡和孔雀对 A、B、C、E 型毒素敏感，对 D 和 F 毒素不敏感[25]。静脉攻毒时，鸡对 A 型和 E 型毒素最为敏感，而对 C1 型毒素有较强的耐受力[16,25,43,52,53]。相反，鸭和雉鸡对 C1 毒素较敏感[25,27]。与其他毒素相比，C1 和 C2 毒素经口感染更易吸收[25]。随着日龄增长，肉鸡对 C1 毒素的易感性降低。1 日龄雏鸡的 LD_{50} 为 $10^{3.0}$ 倍鼠 LD_{50}/kg 体重，而 8 周龄鸡的 LD_{50} 为 $10^{6.3}$ 倍鼠 LD_{50}/kg 体重[16]。

致病机理和流行病学

自然感染和实验宿主

C 型肉毒梭菌毒素中毒可见于多种禽类，包括鸡、火鸡、鸭和雉鸡及鸵鸟[2]。自然暴发时可感染 22 科 117 种禽[32]。舍饲禽类也可感染发病[61,63]。C 型毒素可致下列哺乳动物发病：水貂、雪貂、牛、猪、狗、马及动物园中的多种哺乳动物[42]。渔场也暴发该病[63]。饲喂禽粪的反刍动物暴发 C 型肉毒中毒可造成严重的经济损失[19]。实验室啮齿动物都对 C 型肉毒毒素完全敏感。小鼠常用于毒素的生物试验和分型。

分析 27 次肉鸡肉毒中毒发现，易感年龄段为 2~8 周龄，平均 6.2±1.7 周龄[17]。日龄较大的肉鸡也可感染发病[5]。奇怪的是，肉鸡在此日龄段对 C1 毒素的抵抗力较强[16]。

潜伏期

经皮下、静脉或口腔给鸡和鸭接种 C 型毒素后产生的临床表现与自然病例完全一样。发病率和死亡率与剂量有关。接种高剂量毒素后几小时即可见到临床表现，低剂量时则需 1~2 天才会出现麻痹症状[16,25,27,31]。

传播

C 型肉毒梭菌遍及世界各地，有野禽和家禽的地方就有该病。该菌在鸟的肠道中易增殖，因此认为它是肠道专性寄生菌之一[63]。在家禽或雉鸡场及其周围常有该菌芽孢[17,38,61,62]。该菌存在于野禽或家禽肠道中，对灭活有抵抗力的芽孢有利于该菌的散播[17,33]。

临床症状

鸡、火鸡、雉鸡和鸭肉毒中毒的临床表现相

似[9,15,31,55]。病鸡的特征性症状表现为腿、翅膀、颈和眼睑松软无力，麻痹。麻痹由全身四肢末梢向中枢神经发展，即从双腿向双翅、颈部和眼睑处。病鸡初期喜卧，不愿走动，驱赶时跛行。双翅麻痹后自然下垂。软颈症是刚发现该病时的常用名称，它准确地描述了颈部麻痹症状（图22.5）。由于眼睑麻痹，病禽看似昏睡，甚至像死鸡。捕捉时病鸡发生喘鸣声，最终死于心力衰竭和呼吸障碍[63]。

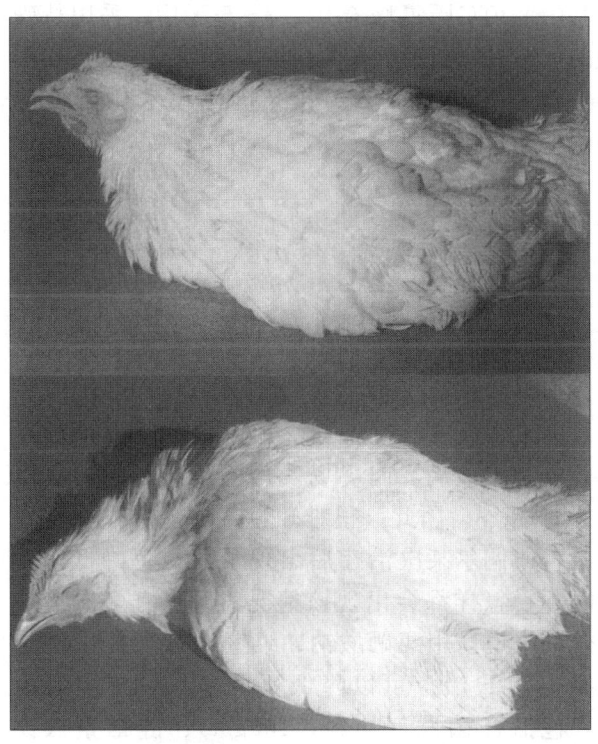

图22.5 鸡肉毒中毒，表现为翅膀和下眼睑麻痹，呼吸肌不完全麻痹致呼吸困难，颈部羽毛蓬乱

病鸡羽毛蓬乱，捕捉时易脱落，羽毛颤动。肉鸡发病时伴有腹泻，粪便稀软，含有大量的尿酸盐。

发病率和死亡率

发病率和死亡率均与摄入的毒素量有关。毒素量少，发病率和死亡率低，因此易误诊。病情严重时，肉鸡群的死亡率可达到40%[15,51]。

西部鸭病对水禽最具有毁灭性。虽然难以估计野禽的死亡率，但曾报道一次导致10万多只野鸟死亡[9,33]。该病的意义在于它严重影响野生禽类的数量[33]。其他报道表明该病在小湖泊暴发时仅波

及当地有限的水禽[3,61]。饲养于狩猎场的雉鸡感染后死亡可高达4万只[55]。

病理变化

禽类发生C型肉毒中毒后，无明显的大体或组织病变。偶尔病禽嗉囊中有蛆或羽毛。

发病机理

摄入毒素即可引起C型肉毒中毒。由于该菌广泛存在于消化道，死亡禽为C型肉毒梭菌的生长和产生毒素提供了良好的条件。曾发现每克死尸组织中C型毒素的含量超过2 000个最小致死量[5]。食腐禽类很容易食入足量的毒素而发病。苍蝇叮过的病尸，产生蛆后，蛆体含有数量不等的毒素，一般可含 $10^4 \sim 10^5$ 个最小致死量[61]。鸡、雉鸡或鸭误食有毒蛆后，可暴发肉毒中毒。在水生环境中，小型甲壳动物和昆虫幼虫的肠道中均含有肉毒梭菌。如果水体缺氧，这些小动物死后，其体内便可产生大量肉毒毒素。有人怀疑鸭的肉毒中毒就是由于误食大量带毒无脊椎动物所致[55,68]。肉毒中毒还与湖泊浅而岸的斜坡长及水面涨落明显有关[33,68]。

A型和E型菌引起的肉毒中毒很少见，且常与家庭散养鸡群啄食主人的变质饭菜有关[40]。海鸥、潜鸟和鹛鹛肉毒中毒通常是因误食带有E型毒素的死鱼或濒死鱼所致[42]。一次肉鸡A型肉毒中毒是因误食带毒饲料所致[12]。

曾认为肉毒中毒只与摄入现成的毒素有关。不断有资料认为C型肉毒梭菌在动物体内产生毒素后引发该病[61]。原来俄罗斯研究人员用过的"*toxico-infection*"这一名称适合于肉鸡这一类型的疾病[51,63]。两例肉鸡C型肉毒中毒的毒素来自于病尸[5,28]。但在大多数病例中，虽经多方调查仍未发现肉鸡肉毒中毒的毒源所在[17,26,49,57,61]。这些病例的表现形式与饲料或饮水带毒素所致病例的表现形式不一致。带毒死尸不是中毒的来源。

通过饲喂肉毒梭菌芽孢，成功复制了来航鸡和雉鸡的C型肉毒中毒。将鸡或雉鸡的盲肠结扎后，再饲喂梭菌芽孢时，其发病率明显降低[38,43]，说明盲肠是毒素形成的场所。雉鸡的嗉囊有助于毒素生成[14]。以前复制肉鸡毒素传染性肉毒中毒没有成

功[15,38]。毒素产生于肉鸡盲肠中，但不足以毒杀肉鸡[38]。在 C 型肉毒梭菌芽孢感染之前用免疫抑制药物环磷酰胺处理，可使细菌在盲肠中定植并复制出临床型肉毒中毒，这表明应激或病毒感染引起的免疫抑制可能促发本病[48]。肉鸡肉毒中毒可能是环境条件、病菌、噬菌体和宿主之间相互作用的结果。

免疫力

由于中毒剂量比免疫剂量低，因此病鸡康复后并不能产生免疫力[8,25]，但是，食腐乌鸦和秃鹫体内存在肉毒毒素抗体[39,47]。在一定程度上，这可以说明秃鹫对人工攻毒有一定的抵抗力[35]。

诊 断

鉴别诊断肉毒中毒可依据特征性临床表现，但没有大体或组织学病变。确诊需检测濒死禽的血清、嗉囊和胃肠道冲洗物中有无毒素[15,63]。

血清是诊断用的最佳病料。因健康鸡肠道中存在肉毒梭菌，而尸体腐烂时会产生毒素，故从死禽尸体中查到毒素，并不能确诊为肉毒中毒。

用鼠进行动物实验，是检测血清中不耐热毒素的敏感且可靠的方法[15]。将可疑血清样品注入数组实验鼠体内，另一组注射特异抗血清处理过的可疑样品。如果血清中有毒素，则未经处理组的小鼠会在 45h 内死亡，注射特异性抗毒素的鼠获得保护。其他体外检测毒素的方法已有综述[45]。在 C 型肉毒梭菌毒素的检测方法中，抗原捕获 ELISA 试验可检测 0.25ng/mL 的毒素，而鼠的生物鉴定方法可检测的量为 0.12ng/mL。在检测较大容量的样本时，ELISA 方法与鼠生物鉴定方法一样敏感，因为捕获抗体有浓缩效应[54]。

水禽或部分家禽暴发该病时，血清中毒素量太低，难以致死小鼠。这时，将血清浓缩，或反复给小鼠注射可疑血清，即可查明有无毒素[27]。最近建立了检测 C 型和 D 型毒素的更敏感且特异的免疫诊断方法，减少了用鼠进行生物检测的使用量[22]。

该病发展到明显期时，临床表现非常明显。轻微中毒，仅有腿麻痹，需与鸡马立克氏病、药物和

化学药品中毒或四肢骨骼疾病相鉴别诊断。此时，小鼠生物学实验最有诊断意义。眼睑麻痹是鉴别肉毒中毒和其他疾病的关键症状。水禽肉毒中毒应与禽霍乱和化学药物中毒相区别。水禽铅中毒常与肉毒中毒混淆[55,63]。

病原分离需厌氧培养，对诊断无太大的帮助[30]，因为病原广泛分布于健康禽的肠道、肝和脾脏中[16]。但是，检测饲料或环境样品有无病菌，有助于该病的流行病学调查。将样品接种到庖肉培养基中，30℃厌氧培养[11]，3～5 天后，采用特殊型的抗毒素，利用鼠来检测毒素的有无。也可使用其他改良培养法[30,63]。荧光抗体技术也可检测病菌[41]。

治 疗

如果隔离并提供饲料和水，许多病禽均可康复。但是，治疗大群病禽较困难，有许多治疗方案，但未得到实验确证。治疗无效的原因是难以实验复制出该病。肉鸡场发病不予治疗时，病情时好时坏[17]。因此，很难知道某种治疗方法是否有效，或偶尔某次治疗后出现了死亡率降低，而此时不管怎样都会出现该情况，但也有多次治疗有效的报道。用亚硒酸钠、维生素 A、维生素 D₃ 及维生素 E 治疗可以降低死亡率[57]。抗生素治疗，包括杆菌肽（拌料，100g/t）、链霉素（饮水，1g/L）或定期用金霉素均可降低死亡率[55]。有一次疾病暴发时用青霉素治疗无效[49]，但其他群治疗有效[51]。体外药敏试验表明，肉毒梭菌对 13 种抗生素敏感，包括四环素、红霉素、青霉素、利福平、氯林霉素、头孢菌素、头孢西丁和万古霉素[56]。

注射特异性抗毒素只能中和游离毒素和细胞外结合的毒素，可用于治疗动物园中的珍禽。有临床表现的鸵鸟用 C 型特异性抗毒素治疗后 24h 内见效[2]。但对其他商品家禽、鸭和雉鸡并不实际。

预防与控制

应当强调饲养管理，消除环境中的细菌和毒

素。及时处理死禽和淘汰病禽对该病的预防和控制非常重要。在疫区，清除污染垫料后，用次氯酸钙、碘附和福尔马林等消毒药消毒，可减少环境中的芽孢数量[56]。禽舍地板肮脏时，要彻底杀灭这些芽孢菌很难。对禽舍周边也应进行消毒[56]。因为禽舍周边土壤可能含有芽孢，因此可能带到禽舍中。防制苍蝇也是减少环境中带毒蝇蛆的有效方法。发病后，可饲喂低能量的饲料以减少中毒引起的死亡[57]。有两例商品肉鸡发生的C型肉毒中毒与饲料和饮水中铁摄入量增加有关，铁可促进许多肠道细菌，包括肉毒梭菌的增殖[50]。第一种情况的疾病发生在室内，此处井水含较高的铁（1.35ppm，1.35mg/kg），而附近井水铁含量较少（0.66ppm，0.66mg/kg）的鸡舍没有暴发疾病。第二种情况的肉毒中毒发生于由同一公司负责的地理位置上分开的农场。在第一个农场内发现饮用水中有较高的铁，而在第二个被感染的农场内肉鸡饲料含铁量达34 000ppm（34g/kg）。为了确证铁和肉毒梭菌的关系，需要用C型肉毒梭菌来进行实验复制。用柠檬酸酸化饮水可降低肠道pH，促使正常菌群生长，抑制肉毒梭菌的生长，并可螯合重金属[10,11,24,36,50,67]。

免疫接种

灭活的菌体类毒素可刺激雏鸡产生主动免疫力[37]。相似的类毒素对鸡和鸭的人工攻毒有保护作用[8,18]。但是，大规模免疫肉鸡会增加成本，野禽免疫接种不现实。

吴培福　王小佳　译
苏敬良　校

参考文献

[1]Aktories, K., M. Barmann, I. Ohishi, S. Tsuyama, K. H. Jacobs, and E. Habermann. 1986. Botulism C2 toxin ADP-ribosylates actin. *Nature* 322:390-392.

[2]Allwright, D. M, M. Wilson, and W. J. J. van Rensburg. 1994. Botulism in ostriches (Struthio camelus). *Avian Pathol* 23:189-186.

[3]Azuma, R., and T. Itoh. 1987. Botulism in waterfowl and distribution of C. botulinum type C in Japan. In M. W. Eklund and V R. Dowell, Jr. (eds.). Avian Botulism: An International Perspective. Charles C. Thomas, Springfield, IL, 167-187.

[4]Bengtson, I. A. 1922. Preliminary note on a toxin producing anaerobe isolated from the larvae of Lucilia caesar. *Public Health Rep* 37:164-170.

[5]Blandford, T. B., and T. A. Roberts. 1970. An outbreak of botulism in broiler chickens. *Vet Rec* 87:258-261.

[6]Blocker, D., H. Barth, E. Maier, R. Benz, J. T. Barbieri, and K. Aktories. 2000. The C terminus of component C2Ⅱ of Clostridium botulinum C2 toxin is essential for receptor binding. *Infect Immun* 68:4566-4573.

[7]Bonventre, P. F., and L. L. Kempe. 1960. Physiology of toxin production by Clostridium botulinum types A and B. I. Growth, autolysis, and toxin production. *J. Bacterial* 79:18-23.

[8]Boroff, D. A., and J. R. Reilly. 1959. Studies of the toxin of Clostridium botulinum. V Prophylactic immunization of pheasants and ducks against avian botulism*J. Bacteriol* 11:142-146.

[9]Clark, W. E. 1987. Avian botulism. In M. W. Eklund and V R. Dowell, Jr. (eds.) Avian Botulism: An International Perspective. Charles C. Thomas, Springfield, IL, 89-105.

[10]Dean, J. A. 1992. Lange's Handbook of Chemistry, 14th Edition, R. R. Donnelley and Sons.

[11]Conrad, M. E., and C. Barton. 1981. Factors affecting iron balance. *Am J Hematol* 10:199-225.

[12]De Fagonde, A. P., and H. F. Sardi. 1967. Botulismo aviar primer caso comprobado en la Republica Argentina. *Bull Off Int Epiz* 67:1479-1491.

[13]Dickson. E. C. 1917. Botulism, a case of limberneck in chickens. *J. Am Vet Med Assoc* 50:612-613.

[14]Dinter, Z., and K. E. Kull. 1954. Uber einen ausbruch des botulismus bei frasanenkuken. *Nord Veterinaermed* 6:866-872.

[15]Dohms, J. E. 1987. Laboratory investigation of botulism in poultry. In M. W. Eklund and V R. Dowell, Jr. Avian Botulism: An International Perspective. Charles C. Thomas, Springfield, IL, 295-314.

[16]Dohms, J. E., and S. S. Cloud. 1982. Susceptibility of broiler chickens to Clostridium botulinum type C toxin. *Avian Dis* 26:89-96.

[17]Dohms, J. E., P. H. Allen, and J. K. Rosenberger. 1982. Cases of type C botulism in broiler chickens. *Avian Dis* 26:204-210.

[18]Dohms, J. E., P. H. Allen, and S. S. Cloud. 1982. The immunization of broiler chickens against type C botulism. *Avian Dis* 26:340-345.

[19]Egyed, M. N. 1987. Outbreaks of botulism in ruminants

associated with ingestion of feed containing poultry waste. In M. W. Eklund and V. R. Dowell, Jr. (eds.). Avian Botulism: An International Perspective. Charles C. Thomas, Springfield, IL, 371 - 380.

[20]Eklund, M. E., F. Poysky, K. Oguma, H. Iida, and K. Inoue. 1987. Relationship of bacteriophages to toxin and and hemaglutinin production by Clostridium botulinum type C and D in its significance in avian botulism outbreaks. In M. W. Eklund and V. R. Dowell. Jr. (eds.). Avian Botulism: An International Perspective. Charles C. Thomas, Springfield, IL, 191 -222.

[21]Geipel, U., I. Just, B. Schering, D. Hass, and K. Aktories. 1989. ADP-ribosylation of actin causes increase in the rate of ATP exchange and inhibition of ATP hydrolysis. *Eur J Biochem* 179: 229 - 232.

[22]Gessler, F., K. Hampe, and H. Bohnel. 2005. Sensitive detection of botulism neurotoxin types C and D with an immunoaffinity chromatographic column test. *Appl. Environ Micro* 71:7897 - 7903.

[23]Giltner, L. T, and J. F. Couch. 1930. Western duck sickness and botulism. *Science* 72:660.

[24]Graham, A. F., and B. M. Lund. 1986. The effect of citric acid on growth of proteolytic strains of Clostridium botulinum. *J Appl Bacteriol* 61:39 - 49.

[25]Gross, W. B., and L. DS. Smith. 1971. Experimental botulism in gallinaceous birds. *Avian Dis* 15:716 -822.

[26] Haagsma, J. 1974. An outbreak of botulism in broiler chickens. *Tijdschr Diergeneesk* 99:1069 - 1070.

[27] Haagsma, J. 1987. Laboratory investigation of botulism in wild birds. In M. E. Eklund and V. R. Dowell, Jr. (eds.) Avian Botulism: An International Perspective. Charles C. Thomas, Springfield, IL, 283 - 293.

[28]Harrigan, K. E. 1980. Botulism in broiler chickens. *Aust Vet J* 565:603 - 605.

[29]Holdeman, L. V. 1970. The ecology and natural history of Clostridium botulinum. *J. Wildl Dis* 6:205 -210.

[30]Jansen, B. C. 1987. Clostridium botulinum type C, its isolalation, identification, and taxonomic position. In M. W. Eklund and V. R. Dowell, Jr. (eds.). Avian Botulism: An International Perspective. Charles C. Thomas, Springfield, IL, 123 - 132.

[31]Jeffery, J. S., F. D. Galey, C. V. Meteyer, H. Kinde, and M. Rezvani. 1994. Type C botulism in turkeys: Determination of the median toxic dose. *J Vet Diagn Invest* 6:93 - 95.

[32]Jensen, W. I, and R. M. Duncan. 1980. The susceptibility of the mallard duck (Anas platyrhynchos) to Clostridium botulinum C2 toxin. *Jpn J Med Sci Biol* 33: 81 - 86.

[33]Jensen, W. I, and J. I. Price. 1987. The global importance of type C botulism in wild birds. In M. E. Eklund and V. R. Dowell, Jr. (eds.) Avian Botulism: An International Perspective. Charles C. Thomas, Springfield, IL, 33 - 54.

[34]Kalmbach, E. R. 1930. Western duck sickness produced experimentally. *Science* 72:658 - 660.

[35]Kalmbach, E. R. 1939. American vultures and the toxin of Clostridium botulinum. *J Am Vet Med Assoc* 94:187 - 191.

[36] Kot, E., S. Furmanov, and A. Bezkorovainy. 1997. Binding of Fe(OH)3 to Lactobacillus delbrueckii ssp. bulagricus and Lactobacillus acidophilus: Apparent role of hydrogen peroxide and free radicals. *J Agric Food Chem* 45:690 - 696. In M. E. Eklund and V. R. Dowell, Jr. (eds.) Avian Botulism: An International Perspective. Charles C. Thomas, Springfield, IL, 257-281.

[37]Kurazono, H., K. Shimozawa, G. Sakaguchi, M. Takahashi, T. Shimizu, and H. Kondo. 1985. Botulism among penned pheasants and protection by vaccination with C1 toxoid. *Res Vet Sci* 38:104 - 108.

[38]Kurazono, H., K. Shimozawa, and G. Sakaguchi. 1987. Experimental botulism in pheasants. In M. E. Eklund and V. R. Dowell, Jr. (eds.) Avian Botulism: An International Perspective. Charles C. Thomas, Springfield, IL, 267 - 281.

[39]Lamanna, C. 1959. The most poisonous poison. *Science* 130:763 - 772.

[40]Levine, N. D. 1965. Botulism. In H. E. Biester and L. H. Schwaarte (eds.). Diseases of Poultry, 5th ed. Iowa State University Press, Ames, IA, 456 -461.

[41] Midura, T. F. 1987. Use of fluorescent antibody techniques in identification of Clostridium botulinum. In M. W. Eklund and V. R. Dowell, Jr. (eds.). Avian Botulism: An International Perspective. Charles C. Thomas, Springfield, IL, 315 - 322.

[42]Mitchell, W. R., and S. Rosendal. 1987. Type C botulism: The agent, host susceptibility, and predisposing factors. In M. W. Eklund and V. R. Dowell, Jr. (eds.). Avian Botulism: An International Perspective. Charles C. Thomas, Springfield, IL, 55 - 71.

[43]Miyazaki, S. and G. Sakaguchi. 1978. Experimental botulism in chickens: The cecum as a site of production and absorption of botulinal toxin. *Jpn J Med Sci Biol* 31:1 - 15.

［44］Montecucco，C．，G. Schiavo，and V. Tugnoli. 1996. Botulinum neurotoxins：mechanism of action and therapeutic applications. *Mol Med Today* 2：418－424.

［45］Notermans，S．，and S. Kozaki. 1987. *In vitro* techniques for detecting botulinal toxins. In M. W. Eklund and V R. Dowell，Jr.（eds.）. Avian Botulism：An International Perspective. Charles C. Thomas，Springfield，IL，323－326.

［46］Ohishi，I, and B. R. Dasgupta. 1987. Molecular structure and biological activities of Clostridium botulinum C2 toxin. In M. W. Eklund and V R. Dowell，Jr.（eds.）. Avian Botulism：An International Perspective. Charles C. Thomas，Springfield，IL，223－247.

［47］Ohishi，I.，G. Sakaguchi，H. Riemann，D. Behymer，and B. Hurvell. 1979. Antibodies to Clostridium botulinum toxins in free-living birds and mammals. *J. Wildl Dis* 15：3－9.

［48］Okamoto，K．，K. Sato，M. Adachi，and T. Chuma. 1999. Some factors involved in the pathogenesis of chicken botulism. *J. Jpn Vet Med Assoc* 52：159－163.

［49］Page，R. K．，and O. J. Fletcher. 1975. An outbreak of type C botulism in three-week-old broilers. *Avian Dis* 19：192－195.

［50］Pecelunas，K. S．，D. P. Wages，and J. D. Helm. 1999. Botulism in chickens associated with elevated iron levels. *Avian Dis* 43：783－787.

［51］Roberts，T. A．，and I. D. Aitken. 1974. Botulism in birds and mammals in Great Britain and an assessment of the toxicity of Clostridium botulinum type C toxin in domestic fowl. In A. N. Barker，G. W. Gould，and J. Wolf（eds.）. Spore Research 1973. Academic Press，London，1－9.

［52］Roberts，T. A．，and D. F. Collings. 1973. An outbreak of type-C botulism in broiler chickens. *Avian Dis* 17：650－658.

［53］Roberts，T. A．，and D. F. Collings. 1973. A third outbreak of type C botulism in broiler chickens. *Vet Rec* 92：107－109.

［54］Rock，T. E．，S. R. Smith，and S. W. Nashold. 1998. Preliminary evaluation of a simple *in vitro* test for the diagnosis of type C botulism in wild birds. *J Wildlife Dis* 34：744－751.

［55］Rosen，M. N. 1971. Botulism. In J. W. Davis，R. C. Anderson，L. Karstad，and D. O. Trainer（eds.）. Infectious and Parasitic Diseases of Wild Birds. Iowa State University Press，Ames，IA，100－117.

［56］Sato，S. 1987. Control of botulism in poultry flocks. In M. W. Eklund and V. R. Dowell，Jr.（eds.）. Avian Botulism：An International Perspective. Charles C. Thomas，Springfield，IL，349－356.

［57］Schettler，C. H. 1979. Clostridium botulinum type C toxin infection in broiler farms in North West Germany. *Bed Munch Tierarztl Wochenschr* 92：50－57.

［58］Segner，W. P．，and C. F. Schmidt. 1971. Heat resistance of spores of marine and terrestrial strains of Clostridium botulinum type C. *Appl Microbiol* 22：2030－2033.

［59］Simpsom，L. L. 1987. The pathophysiological actions of the binary toxin produced by Clostridium botulinum. In M. W. Eklund and V. R. Dowell，Jr.（eds.）. Avian Botulism：An International Perspective. Charles C. Thomas，Springfield，IL，249－264.

［60］Smart，J. L．，T. A. Roberts，K. G. McCullagh，V. M. Lucke，and H. Pearson. 1980. An outbreak of type C botulism in captive monkeys. *Vet Rec* 107：445－446.

［61］Smart，J. L．，T. A. Roberts，and L. Underwood. 1987. Avian botulism in the British Isles. In M. W. Eklund and V. R. Dowell，Jr.（eds.）. Avian Botulism：An International Perspective. Charles C. Thomas，Springfield，IL，111－122.

［62］Smith，L. D. S. 1975. The Pathogenic Anaerobic Bacteria，2nd ed. Charles C. Thomas，Springfield，IL，203－229.

［63］Smith，G. R. 1987. Botulism in water birds and its relation to comparative medicine. In M. W Eklund and V. R. Dowell，Jr.（eds.）. Avian Botulism：An International Perspective. Charles C. Thomas，Springfield，IL，pp. 73－86.

［64］Syuto，B．，and S. Kubo. 1981. Separation and characterization of heavy and light chains from Clostridium botulinum type C toxin and their reconstitution. *J Biol Chem* 256：3712－3717.

［65］Wagenaar，R. O．，G. M. Dack，and D. P. Mayer. 1953. Studies on mink food experimentally inoculated with toxin-free spores of Clostridium botulinum types A，B，C，and E. *Am J Vet Res* 14：479－483.

［66］Wegner，A．，and K. Aktorres. 1988. ADP-ribosylated actin caps the barbed ends of actin filaments. *J. Biol Chem* 263：13739－13742.

［67］Weinberg，E. D．，1994. Role of iron in sudden infant death syndrome. *J Trace Elem Exp Med* 7：47－51.

［68］Wobeser，G. A. 1987. Control of botulism in wild birds. Avian Botulism：An International Perspective. Charles C. Thomas，Springfield，IL，339－348.

坏疽性皮炎

Gangrenous Dermatitis

Kenneth Opengart

引　言

定义与同名词

坏死性皮炎是由 A 型产气荚膜梭菌、腐败梭菌或金黄色葡萄球菌引起的鸡和火鸡的疾病，表现为突然急性死亡。病禽的主要病变是皮肤和皮下组织坏死，常波及胸部、腹部、翅膀和腿部。坏疽性皮炎又名坏死性皮炎、坏疽性蜂窝织炎、坏疽性皮肌炎、禽恶性水肿、气肿病、烂翅病，有时称为蓝翅病（鸡传染性贫血的症状之一）[7,44,53]。

经济意义

坏疽性皮炎对经济的影响主要与该病引发的禽群死亡相关。坏疽性皮炎常影响成年肉鸡和火鸡，因而该病导致的经济损失与生产成本（雏鸡/雏火鸡成本和饲料）的损失相关，与可上市产品减少导致的收入损失相关。

公共卫生意义

坏疽性皮炎表现为急性死亡，病变常呈局灶性而非全身性，且潜伏期较短。大多数病禽快速死亡，达不到屠宰期。因而，坏疽性皮炎的公共卫生意义不大。

历　史

1930 年有人报道经肌肉注射从两只病鸡心血和肝脏分离出来的魏氏梭菌（产气荚膜梭菌）培养物后，可引起肌肉和皮下组织严重坏死[41]。次年，有人报道因采血普查鸡白痢致外伤感染死亡后，从中分离到了产气荚膜梭菌、腐败梭菌和诺维梭菌[5]。1939 年有人报道从自然交配致外伤感染死

亡的种火鸡中分离到产气荚膜梭菌、腐败梭菌和索氏梭菌[16]。自此以后，全世界报道了鸡和火鸡的坏疽性皮炎[2,4,6,8,9,10,11,18,19,20,27,28,29,34,38,46,48,50]。

病　原　学

分类

坏疽性皮炎的病原为腐败梭菌[18,19,27,28,49]、A 型产气荚膜梭菌[4,11,54]及金黄色葡萄球菌[6,9,20,34]。它们有时单独致病，有时混合感染[19,29,34,48]，混合感染时病情更加严重。发病率、病变严重程度和死亡率取决于感染的特殊菌株及其产生毒素的能力[55]。

形态与生长需求

分离和鉴定金黄色葡萄球菌（参见 23 章的葡萄球菌病）和产气荚膜梭菌可参照其他资料（参见本章坏死性肠炎一节）。腐败梭菌需用血琼脂平板厌氧培养，其中琼脂为 2.5%，这样可以减缓平板表面菌落蔓延生长[17]。在 37℃培养 1～2 天后。接种鉴别培养基可鉴定该菌[1]。

生化特性

金黄色葡萄球菌和产气荚膜梭菌的生化特性参见其他内容（见第 23 章"葡萄球菌病"和本章的"坏死性肠炎"一节）。腐败梭菌发酵葡萄糖、麦芽糖、乳糖和水杨苷，不发酵蔗糖和甘露醇。发酵的主要产物有乙酸和丁酸。液化明胶，石蕊牛乳阴性，吲哚阴性。在蛋黄琼脂平板上生长，但不产生卵磷脂酶和脂酶，芽孢呈卵圆形，位于菌体的次极端。

发病机理和流行病学

发生、分布与宿主

鸡群自然暴发坏疽性皮炎的日龄为 17 日龄至 20 周龄，肉鸡一般为 4 ～ 8 周

龄[4,6,9,18,19,27,28,29,34,48]。该病也见于6~20周龄的商品蛋鸡[19,48]、20周龄的肉种鸡[20]及去势鸡[54]。1950年以色列报道[46]从皮下气肿的病鸡中分离出产气荚膜梭菌。1963年起，世界各地都报道了坏疽性皮炎，包括美国[19,48]、英国[18]、德国[28,34]、比利时[20]、阿根廷[4]、新西兰[38]、埃及[2]和印度[10,11,50]。

据报道[16]，种火鸡因梭菌和革兰氏阳性球菌感染而发生了蜂窝织炎和死亡。据报道，商品出栏火鸡群的尾部和腹部因蜂窝织炎而大量死亡，从中分离到了A型产气荚膜梭菌[8]。

给鸡[19,27,28,34,48]和火鸡[48]实验性肌注或皮下注射腐败梭菌、A型产气荚膜梭菌或金黄色葡萄球菌时复制出了坏死性皮炎，其死亡率和病变与自然病例相似。给火鸡肌注鸡腐败梭菌分离株，可使火鸡24h内死亡，注射部位的周围出现病变[48]。

传播、携带者和传播媒介

土壤、粪、尘埃、污染垫料和饲料及肠内容物中均有梭菌[1,33]。葡萄球菌无处不在，是家鸡皮肤和黏膜固生菌，在孵化室、圈舍和屠宰加工厂广泛存在（参见第23章"葡萄球菌病"）。

临床症状

自然暴发该病时，病禽表现为不同程度的精神沉郁、共济失调、食欲下降、腿无力、步态不稳[18,19,27,28,48]。由于该病病程较短，一般不到24h，病禽通常鸡肉丰满，发生水肿，呈急性死亡，死亡率为1%~60%[18]。

病理变化

大体病变

剖检病变为皮肤呈深红紫色、潮湿，羽毛常脱落。这些病变常见于双翅、胸部、腹部和双腿（参见彩图22.4 E，F)[11,18,19,27,28,48]。感染的皮下可见大量猩红色水肿液，有或无气肿（彩图22.4 G）。受害皮肤处肌肉呈灰色或黑褐色，肌束间有水肿液或气体。有的病例可见皮下气肿和浆液血液性渗出物，而皮肤完整性未受损[29]。大多数病例脏器无病变，仅偶尔可见肝脏散在白色坏死灶[9,48]，法氏

囊萎缩松软[9,29]，后者可能是传染性法氏囊病病毒感染所致。火鸡尾部蜂窝织炎可见侧面及腹侧面水肿、泡状病变，可见尾部羽轴变软，充血且常断裂[8]。

组织病变

组织学病理变化为皮下组织水肿和气肿（彩图22.4 H），并可见到大量嗜碱性大杆菌和小球菌[9,48]。深层骨骼肌严重充血、出血和坏死。如肝受损，可见到散在的凝固性小坏死灶，坏死灶内有细菌。并发传染性法氏囊病时，法氏囊的特征病变为淋巴滤泡广泛坏死和萎缩[9,29]。

感染的致病机理

诱发因素

在很多情况下，许多人认为坏疽性皮炎是其他病原感染造成的后遗症，如传染性法氏囊病病毒、鸡传染性贫血病毒[7,23,44,53]、网状内皮增生症病毒[31]及禽腺病毒感染（包括包涵体肝炎病毒)[9,18,29,36,40,47]致使免疫抑制。此外，有时坏疽性皮炎还与种群有关，如某一种群的子代总是发生坏疽性皮炎[21]。若肉种鸡缺乏传染性法氏囊病病毒抗体时，子代对皮炎的易感性增加[47]。

传染性贫血病毒诱发的坏疽型皮炎，称为蓝翅病（BWD），病变的特征是皮内、皮下以及肌肉出血水肿，胸腺、脾和法氏囊萎缩[14]。已从蓝翅病病鸡体内分离出多株禽呼肠孤病毒和鸡传染性贫血病毒[7,14]，并用传染性贫血病毒和呼肠孤病毒混合感染成功地复制了坏疽性皮炎[15]。坏疽性皮炎常继发于与蓝翅病有关的皮肤出血。显然，免疫系统功能受损可能是坏疽性皮炎暴发的潜在诱因[13,25]。

环境因子（垫料质量差而导致垫料过湿、饮水管理不当或通风不良）也可促发鸡的坏疽性皮炎，特别是同时感染免疫抑制性病毒时。管理质量差，特别是不能及时清除死禽时也可促发禽群发生坏疽性皮炎。增加抓伤的因素，如过度拥挤、停料、定时喂食及禽类在通风过道中迁移等，都会导致坏疽性皮炎的发病率增加[56]。坏疽性皮炎的发病率还与季节相关，春季是发病高峰。除其他诱发因素（如免疫抑制性病原和管理因素）外，坏疽性皮炎与某些品系或品种有关，雄性的发病率高于雌性，

高于产蛋标准的鸡群的发病率高。感染农场往往反复发病。

诊　断

根据典型的剖检病变和组织学病变及病原分离即可确诊坏疽性皮炎。从临床病例的皮肤渗出物、皮下组织或肌肉中常可分离到葡萄球菌和梭菌[9,11,19,28,48]。病原鉴定参见病原学部分。如前所述，坏疽性皮炎常继发于可致禽免疫系统受损的疾病，因此，病原学诊断尤为必要，以便完全了解坏疽性皮炎病情的复杂性。

鉴别诊断

许多皮肤病须与坏疽性皮炎相鉴别。肉鸡接触性皮炎或溃疡性皮炎（"胸部发热病"）[24,37]，以及火鸡趾跖皮肤病[37]的特征变化为糜烂和溃疡，同时可见胸部、跗关节和趾部皮肤发生急性炎症反应。这两种疾病与圈舍潮湿和垫料质量差成正相关[37,39]。出栏肉鸡可发生大肠杆菌感染，其感染和炎性过程一般侵害腹部、大腿、腿部，也可导致皮炎，表现为红肿[22]。但此病无气肿症状，也不发生死亡，通常只在加工厂发现这种情况。结痂性髋部皮炎是肉鸡的一种综合征，与接触性皮炎一样，为非特异性皮炎，表现为溃疡和继发其他细菌感染[26]。腰荐部的抓伤和羽毛折断常与饲养密度过大直接相关，导致细菌进入真皮引发病变[26,45]。鉴别坏疽性皮炎和这些疾病时，需明确环境卫生是否不良、是否过度拥挤及是否缺乏与免疫抑制性疾病的联系。

鳞状细胞癌（如今称为禽角化棘皮瘤）可导致表皮溃疡和感染，难以与坏疽性皮炎相鉴别[52]。鉴别这两种疾病时，需对病变区进行组织学观察。

此外，各种营养不良和公鸡遗传性慢羽症也是坏疽性皮炎的潜在诱因[12]。

有许多皮肤霉菌病须与坏疽性皮炎鉴别诊断，如胶红酵母菌（*Rhodotorula mucilaginosa*）[3]、黏红酵母（*Rhodotorula glutins*）[42]、白色念珠菌（*Candida albicans*）[35]、烟曲霉（*Aspergillus fu-*

migatus）[57]感染。经组织压片或切片发现真菌菌丝后，结合真菌分离鉴定即可鉴别诊断。据报道，鸡肉垂、鸡冠、胫部皮肤和爪的水泡样病变怀疑与食入草本枝孢霉（*Cladosporium herbarum*）或阿密茴（*Ammi visnaga*）种子有关[30,43,51]，前者可致麦角中毒样疾病，后者可引起皮肤光感过敏。这种病变通常只发生在皮肤无毛区，易于鉴别诊断。

预防与管理措施

管理措施

将发病场的易感禽进行转移可预防该病。另外，养殖场有发病史时，可将所有禽移出，而后对禽舍和地面进行彻底清扫和消毒便能消除该病。这些情况下，需用大量的酚类消毒液（与水混合，1 500gal/20 000 ft²，约3L/m²），使垫土的饱和深度达3~4in（7.6~10.2cm）。添加垫料前，用60~100磅/1 000 ft²的盐来处理地面也可降低坏疽性皮炎的发病率。一般来讲，其他的防止措施有：改善垫料、降低垫料湿度、酸化垫料pH、降低环境中细菌数量及避免外伤。

免疫接种

1日龄注射梭菌多价灭活菌，可降低因坏疽性皮炎而造成的损失[21]。给5周龄鸡免疫注射大肠杆菌、金黄色葡萄球菌和产气荚膜梭菌的联苗后，再用同样的活菌培养物攻毒也可得到保护效应[32]。

治疗

在饮水中加入下列药物治疗有效：金霉素[27]、土霉素[48]、红霉素[48]、青霉素[9,11,29]或硫酸铜[2]。在饲料中拌入金霉素[28,48]治疗有效。然而，多般情况下抗生素的预防效果不佳[18,20,21,34]。抗生素治疗无效的常见原因是潜在的免疫抑制性病毒感染诱发坏疽性皮炎。由此，即时使用抗生素，但不能完全清除细菌感染。由此可见，改换免疫程序，使用免疫抑制性病原的疫苗（传染性法氏囊病病毒和传染性贫血病毒）有时预防坏疽性皮炎的广泛暴发。

抗生素不能控制死亡率或抗生素治疗无效时，用柠檬酸和丙酸酸化饮水可降低禽群的死亡率，但不能根除死亡率。

吴培福　王小佳　译
苏敬良　校

参考文献

[1] Allen, S. D. 1985. Clostridium. In E. H. Lennette, A. Balows, W. J. Hausler, Jr., and H. J. Shadomy (eds.). Manual of Clinical Microbiology, 4th ed. American Society of Microbiologists: Washington, DC, 434 - 444.

[2] Awaad, M. H. H. 1986. A research note on the treatment of naturally induced gangrenous dermatitis in chickens by copper sulfate. *Vet Med J Giza Egypt* 34: 121 - 124.

[3] Beemer, A. M., S. Schneerson-Porat, and E. S. Kuttin. 1970. *Rhodotorula mucilaginosa* dermatitis on feathered parts of chickens: An epizootic on a poultry farm. *Avian Dis* 14: 234 - 239.

[4] Bianco, O., J. Quinones, J. Bergesio, M. Demo, and C. Pajaro. 1985. Dermatitis gangrenosa en polios parrilleros: Dos brotes en Rio Cuarto. *Vet Arg* 19: 879 - 883.

[5] Bliek, L. de and J. Jansen. 1931. Gasoedeem bij kippen na bloedtappen. *Tijdschr Diergeneeskd* 58: 513 - 518.

[6] Bootes, B. W. and G. Slennet. 1964. Staphylococcosis in chickens. *Aust Vet J* 40: 238 - 239.

[7] Bülow, V. von. 1991. Avian infectious anemia and related syndromes caused by chicken anemia virus. *Crit Rev Poult Biol* 3: 1 - 17.

[8] Carr, D., D. Shaw, D. A. Halvorson, B. Rings, D. Roepke. 1996. Excessive mortality in market-age turkeys associated with cellulitis. *Avain Dis* 40: 736 - 741.

[9] Cervantes, H. M., L. L. Munger, D. H. Ley, and M. D. Ficken. 1988. Staphylococcus-induced gangrenous dermatitis in broilers. *Avian Dis* 32: 140 - 142.

[10] Chakrabarti, A., S. K. Das, C. Lodh, S. Mukhopadhyay, and D. K. Basak. 1993. An outbreak of gangrenous dermatitis in broiler chickens in West Bengal. *Indian Vet J* 70: 271 - 272.

[11] Char, N. L., D. I. Khan, M. R. K. Rao, V. Gopal, and G. Narayana. 1986. A rare occurrence of clostridial infection in poultry. *Poult Advis* 19: 59 - 62.

[12] Clarke, W. E. 1974. Dermatitis in broiler chickens. *Pract Nutr* 8: 5 - 7.

[13] Davidson, I., M. Kedem, H. Borochovitz, N. Kass, G,

Ayali, E. Hamzani, B. Perelman, B. Smith and S. Perk. 2004. Chicken infectious anemia virus infection in Israeli commercial flocks: virus amplification, clinical signs, performance, and antibody status. *Avian Dis* 48: 108 - 118.

[14] Engström, B. E. and M. Luthman. 1984. Blue wing disease of chickens: Signs, pathology and natural transmission. *Avian Pathol* 13: 1 - 12.

[15] Engström, B. E., O. Fossum, and M. Luthman. 1988. Blue wing disease of chickens: Experimental infection with a Swedish isolate of chicken anaemia agent and an avian reovirus. *Avian Pathol* 17: 33 - 50.

[16] Fenstermacher, R. and B. S. Pomeroy. 1939. Clostridium infection in turkeys. *Cornell Vet* 29: 25 - 28.

[17] Ficken, M. D. and H. A. Berkhoff. 1989. Clostridial infections. In H. G. Purchase, L. H. Arp, C. H. Domermuth, and J. E. Pearson (eds.). Isolation and Identification of Avian Pathogens. American Association of Avian Pathologists: Kennett Square, PA, 47 - 51.

[18] Fowler, N. G. and S. N. Hussaini. 1975. *Clostridium septicum* infection and antibiotic treatment in broiler chickens. *Vet Rec* 96: 14 - 15.

[19] Frazier, M. N., W. J. Parizek, and E. Garner. 1964. Gangrenous dermatitis of chickens. *Avian Dis* 8: 269 - 273.

[20] Froyman, R., L. Deruyttere, and L. A. Devriese. 1982. The effect of antimicrobial agents on an outbreak of staphylococcal dermatitis in adult broiler breeders. *Avian Pathol* 11: 521 - 525.

[21] Gerdon, D. 1973. Effects of a mixed clostridial bacterin on incidence of gangrenous dermatitis. *Avian Dis* 17: 205 - 206.

[22] Glunder, G. 1990. Dermatitis in broilers caused by *Escherichia coli*: Isolation of *Escherichia coli* from field cases, reproduction of the disease with *Escherichia coli* 078: K80 and conclusions under consideration of predisposing factors. *J Vet Med B* 37: 383 - 391.

[23] Goodwin, M. A., J. Brown, S. I. Miller, M. A. Smeltzer, and W. D. Waltman. 1989. Infectious anemia caused by a parvovirus-like virus in Georgia broilers. *Avian Dis* 33: 438 - 445.

[24] Greene, J. A., R. M. McCracken, and R. T. Evans. 1985. A contact dermatitis of broilers-clinical and pathological findings. *Avian Pathol* 14: 23 - 38.

[25] Hagood, L. T., T. E. Kelly, J. C. Wright and F. J. Hoerr. 2000. Evaluation of chicken infectious anemia virus and associated risk factors with disease and production

losses in broilers. *Avian Dis* 44:611 - 617.

[26]Harris, G. C. , Jr. , M. Musbah, J. N. Beasley, and G. S. Nelson. 1978. The development of dermatitis (scabby -hip) on the hip and thigh of broiler chickens. *Avian Dis* 22:122 - 130.

[27]Heifer, D. H. , E. M. Dickinson, and D. H. Smith. 1969. *Clostridium septicum* infection in a broiler flock. *Avian Dis* 13:231 - 233.

[28] Hinz, K. H. , M. Knapp, U. Lohren, and J. Batke. 1975. Gasodemerkrankung bei broilera. *Dtsch Tierarztl Wochenschr* 82:307 - 310.

[29]Hofacre, C. L. , J. D. French, R. K. Page, and O. J. Fletcher. 1986. Subcutaneous clostridial infection in broilers. *Avian Dis* 30:620 - 622.

[30]Hoffman, H. A. 1939. Vesicular dermatitis in chickens. *J Am Vet Med Assoc* 95:329 - 332.

[31]Howell, L. J. , R. Hunter, and T. J. Bagust. 1982. Necrotic dermatitis in chickens. *New Zealand Vet J* 30:87 - 88.

[32]Kaul, M. K. , S. K. Tanwani and R. Sharda. 2001. Preliminary studies on bacterin against gangrenous dermatitis. *Indian Vet J* 78:282 - 285.

[33]Kohler, B. , S. Kolbach, and J. Meine. 1974. Untersuchungen zur nekrotischen enteritis der huhner 2. Mitt. : Microbiologische aspekte. *Monatsh Veterinaermed* 29:385 - 391.

[34]Kohler, B. , V Bergmann, W. Witte, R. Heiss, and K. Vogel. 1978. Dermatitis bei broilern durch *Staphylococcus aureus*. *Monatsh Veterinaermed* 33:22 - 28.

[35]Kuttin, E. S. , A. M. Beemer, and M. Meroz. 1976. Chicken dermatitis and loss of feathers from *Candida albicans*. *Avian Dis* 20:216 - 218.

[36]Long, R. V. 1973. Necrotic dermatitis. *Poult Dig* 32:20 -22.

[37]Martland, M. F. 1984. Wet litter as a cause of plantar pododermatitis, leading to foot ulceration and lameness in fattening turkeys. *Avian Pathol* 13:241 - 252.

[38]Martland, M. F. 1985. Ulcerative dermatitis in broiler chickens: The effects of wet litter. *Avian Pathol* 14:353 - 364.

[39]Mcllroy, S. G. , E. A. Goodall, and C. H. McMurray. 1987. A contact dermatitis of broilers—epidemiological findings. *Avian Pathol* 16:93 - 105.

[40]Monreal, G. 1984. Nachweis von neutralisierenden antikorpern gegen 11 serotypen der aviaren adenoviren. *Arch Gefluegelkd* 48:245 - 250.

[41]Niemann, K. W. 1930. *Clostridium welchii* infection in the domesticated fowl. *J Am Vet Med Assoc* 77:604 - 606.

[42]Page, R. K. , O. J. Fletcher, C. S. Eidson, and G. E. Michaels. 1976. Dermatitis produced by *Rhodotorula glutins* in broiler-age chickens. *Avian Dis* 20:416 -421.

[43]Perek, M. 1958. Ergot and ergot-like fungi as the cause of vesicular dermatitis (sod disease) in chickens. *J Am Vet Med Assoc* 132:529 - 533.

[44]Pope, C. R. 1991. Chicken anemia agent. *Vet Immun Immunopathol* 30:51 - 65.

[45] Proudfoot, F. G. and H. W. Hulan. 1985. Effects of stocking density on the incidence of scabby hip syndrome among broiler chickens. *Poult Sci* 64:2001 -2003.

[46]Radan, M. and N. Rautenstein-Arasi. 1950. Anaerobic subcutaneous emphysema of poultry. *Nature* 166 - 442.

[47]Rosenberger, J. K. , S. Klopp, R. J. Eckroade, and W. C. Krauss. 1975. The role of the infectious bursal agent and several avian adenoviruses in the hemorrhagic-aplastic-anemia syndrome and gangrenous dermatitis. *Avian Dis* 19:717 - 729.

[48]Saunders, J. R. and A. A. Bickford. 1965. Clostridial infections of growing chickens. *Avian Dis* 9:317 -326.

[49]Shirasaka, S. , and Y. Benno. 1982. Isolation of *Clostridium septicum* from diseased chickens in broiler farms. *Jpn J Vet Sci* 44:807 - 809.

[50]Shukla, R. P. , B. P. Joshi, D. J. Ghadasara, and K. S. Prajapati. 1992. Pathological studies on outbreaks of gangrenous dermatitis in chickens. *Indian Vet J* 69:690 -692.

[51]Trenchi, H. 1960. Ingestion of *Ammi visnaga* seeds and photosensitization—the cause of vesicular dermatitis in fowls. *Avian Dis* 4:275 - 280.

[52]Turnquest, R. U. 1979. Dermal squamous cell carcinoma in young chickens. *Am J Vet Res* 40:1628 - 1633.

[53]Vielitz, E. and H. Landgraf. 1988. Anaemia-dermatitis of broilers: Field observations on its occurrence, transmission and prevention. *Avian Pathol* 17:113 -120.

[54]Weymouth, D. K. , M. Gershman, and H. L. Chute. 1963. Report of Clostridium in capons. *Avian Dis* 7:342 -343.

[55]Wilder, T. D. , J. M. Barbaree, K. S. Macklin and R. A. Norton. 2001. Differences in the pathogenicity of various bacterial isolates in an induction model for gangrenous dermatitis in broiler chickens. *Avian Dis* 45:659 - 662.

[56]Willouhby, D. H. , A. A. Bickford, G. L. Cooper, and B. R. Charlton. 1996. Periodic recurrence of gangrenous

dermatitis associated with *Clostridium septicum* in broiler operations. *J Vet Diagn Invest* 8:259-261.

[57] Yamada, S., S. Kamikawa, Y. Uchinuno, Y. Tominaga, K. Matsuo, H. Fujikawa, and K. Takeuchi. 1977. Avian dermatitis caused by *Aspergillus fumigatus*. *J Jpn Vet Med Assoc* 30:200-202.

第 23 章

其他细菌性疾病
Other bacterial Diseases

引言

H. John Barnes

  总的说来，细菌病仍然给养禽业造成了重大的经济损失。对那些比较常见，广泛传播，而且具有重要公共卫生意义的疾病已在其他章节分别进行了阐述，本章主要叙述由细菌引起的零星或有局限性发生的疾病。这些疾病在集约化养殖场感染禽群可能会造成重大损失，但它们对整个养禽业的影响并不是很大。肠球菌感染通常引起各种局部和全身性疾病[1,3,5,6,9]，而链球菌感染则很少引起上述变化。然而，由于养禽业中长期使用促生长剂和抗生素，肠球菌感染的危害性已经大大降低[2,8]。

  从患病或死亡禽类中分离的细菌，其致病作用不明，引发的疾病也不常见，但具有重要的公共卫生意义，这里将其按照属或疾病归到一节中。读者有关炭疽芽孢杆菌（炭疽）、布鲁氏菌、埃立克体、立克次氏体和弗朗西斯菌（土拉菌）可参阅《禽病学》前几版。家禽和其他禽类有可能感染这些细菌，但并不表现相应的临床症状，或还未有报道。为了能更好地反映疾病和病原微生物的自然特性及相关信息，本章节做了相应的调整，如火鸡骨髓炎综合征这一节挪到了大肠杆菌病一章中，而有关巨型细菌（megabacteria）的介绍则挪到了真菌感染，因为它是一种真菌而非细菌。

  随着基因组学的发展，生物分类学方法得到了改进，并将某些细菌从以前的属中划出，成为一个新的属，如输卵管炎放线杆菌（*Actinobacillus sal-* *pingitidis*）、禽溶血样巴氏杆菌（*Pasteurella haemo-* *lytica-like*）或鸭巴氏杆菌（*P. anatis*）归类到了一个新的属——巴氏杆菌属（*Gallibacterium*），或是根据之前还未命名的微生物特性新建一个属或种，如考诺尼尔属（*Coenonia*），居鸽菌属（*Pelistega*），萨顿氏菌属（*Suttonella*）。以前被认为是非典型弯曲菌的细菌组成新的弓形菌属（*Arcobacter*）和螺杆菌属（*Helicobacter*），这些细菌与弯曲菌属一样引起人类食物传播性疾病，但对家禽似乎是无害的[7]。关于宿主及分布状况、公共卫生影响、疾病间的联系和螺杆菌属的种属等方面的知识将不断地发展更新。李氏杆菌（*Listevia*）是另一个引起人类病症的重要病原菌，但在家禽中极少引起临床疾病。

  有些疾病，如喙坏疽、鹅的性病和肝脏肉芽肿似乎可以由细菌引起，但因为疾病多因子性质，尚未确定其特异性病原体。同样，在番鸭的病变中总是发现一种产芽孢细菌，但这种细菌尚未鉴定。

  细菌可以是原发病原，但作为条件性致病菌更为多见。虽然某种特定的细菌与一种病变或疾病有关，但常常又不符合柯赫法则。除传染性病原之外，许多引发疾病的因素，在人工条件下难以复制。在这种条件下，也许能用 Evan 法则来说明细菌在该病中的作用[4]。

余 多 韦 莉 刘 爵 译
苏敬良 常建宇 校

参考文献

[1]Abe, Y., K. Nakamura, M. Yamada, and Y. Yamamoto. 2006. Encephalomalacia with *Enterococcus durans* infection in the brain stem and cerebral hemisphere in chicks in Japan. *Avian Dis* 50:139-141.

[2]Casewell，M.，C. Friis，E. Marco，P. McMullin，and I. Phillips. 2003. The European ban on growth-promoting antibiotics and emerging consequences for human and animal health. *J Antimicrob Chemo* 52：159-161.

[3]Chadfield，M. S.，J. P. Christensen，J. Juhl-Hansen，H. Christensen，and M. Bisgaard. 2005. Characterization of *Enterococcus hirae* outbreaks in broiler flocks demonstrating increased mortality because of septicemia and endocarditis and/or altered production parameters. *Avian Dis* 49：16-23.

[4]Evans，A. S. 1976. Causation and disease：the Henle-Koch postulates revisited. *Yale J Biol Med* 49：175-195.

[5]Landman，W. J.，K. T. Veldman，D. J. Mevius，and J. H. van Eck. 2003. Investigations of *Enterococcus faecalis*-induced bacteraemia in brown layer pullets through different inoculation routes in relation to the production of arthritis. *Avian Pathol* 32：463-471.

[6]Landman，W. J. M.，D. R. Mekkes，R. Chamanza，P. Doornenbal，and E. Gruys. 1999. Arthropathic and amyloidogenic *Enterococcus faecalis* infections in brown layers：a study on infection routes. *Avian Pathol* 28：545-557.

[7]On，S. L. 2001. Taxonomy of *Campylobacter*，*Arcobacter*，*Helicobacter* and related bacteria：current status，future prospects and immediate concerns. *Symp Ser Soc Appl Microbiol* 30：1S-15S.

[8]Singer，R. S.，and C. L. Hofacre. 2006. Potential impacts of antibiotic use in poultry production. *Avian Dis* 50：161-172.

[9]Tankson，J. D.，J. P. Thaxton，and Y. Vizzier-Thaxton. 2001. Pulmonary hypertension syndrome in broilers caused by *Enterococcus faecalis*. *Inf Immun* 69：6318-6322.

葡萄球菌病

Staphylococcosis

Claire B Andreasen

引　言

葡萄球菌（*Staphylococcus*）感染在家禽中很常见，最常见的是金黄色葡萄糖球菌（*Staphylococcus aureus*）感染，其他种类的葡萄球菌感染也偶有发生[8,19,102,112]。感染症状随感染部位的不同存在着差异。感染最常见的部位是骨骼、腱鞘和关节，尤其是胫跗骨和腿关节（表23.1）。其他部位葡萄球菌感染较少发生，包括皮肤[43,56,100,102,127]、胸囊[121]、卵黄囊[131]、心脏[13]、脊椎[17]、眼睑[19]及肝脏和肺脏的肉芽肿[7,77,87]。感染的主要特征是腱鞘、滑膜和其他感染器官异嗜细胞的数量增加和明显的异嗜细胞浸润[4]。葡萄球菌性败血症可引起产蛋鸡急性死亡[14]，该病多发于炎热的季节，类似于禽霍乱。感染途径、致病机制和宿主反应还不十分清楚。该病通常是慢性的，抗生素治疗或免疫接种效果不佳。

表23.1　家禽感染相关的葡萄球菌

部位	感染日龄	病变	损失
骨骼	任何日龄，通常较大日龄	骨髓炎	跛行
关节	任何日龄，通常较大日龄	关节炎或滑膜炎	跛行
卵黄囊	小鸡，小火鸡	脐炎	死亡
血液	任何日龄	大范围坏死	死亡
皮肤	青年鸡	坏疽性皮炎	死亡
足	成年鸡	禽掌炎	跛行

经济学意义

鸡和火鸡葡萄球菌感染比较普遍，由于增重减缓、产蛋下降和屠宰加工淘汰造成一定的经济损失[88]。在火鸡加工过程中，其肝脏变绿与被称为绿肝骨髓炎综合征的金黄色葡萄球菌感染呈正相关[12,20]。在火鸡绿肝骨髓炎综合征中，最常分离到的是金黄色葡萄球菌，但也分离到大肠杆菌等许多条件致病菌[12]。

公共卫生意义

金黄色葡萄球菌除了作为家禽的主要致病菌外，约有50%的典型或非典型金黄色葡萄球菌能产生肠毒素，引起人类食物中毒[41,45,53,99,113]。产肠毒素的金黄色葡萄球菌在加工过程中污染家禽胴体，导致与家禽相关的食物中毒。加工过程中污染的金黄色葡萄球菌主要是地方流行性菌株传入加工厂或通过操作工人的手造成污染[1,71,96,115]。来源于加工厂的细菌的生物型有所不同，则表明葡萄球菌是由人传给家禽，质粒图谱分析表明加工厂的菌株是家禽传入株[35]。

耐甲氧西林金黄色葡萄糖球菌（MRSA）被认为是重要的人类疾病致病原，它也可能会污染鸡肉[37,73,125]。金黄色葡萄糖球菌中的甲氧西林耐药菌株通常对包括半合成青霉素在内的 β-内酰胺类抗生素耐药[125]。许多临床分离株对包括氟喹诺酮在内的其他抗生素耐药。尽管现在还没有关于禽类和人之间 MRSA 相互传染的报道，但是人类和伴侣动物及马之间的相互传染已经很常见了[9,37,75,79,103,119,120,125,126]。MRSA 通过包括家禽在内的动物食源性途径向人类传递抗药性的可能性也被提出了[73]。在家禽中已发现了 MRSA。在韩国，人类感染 MRSA 是很常见的。在 2001 年到 2003 年期间，从 1913 种牛、猪和鸡中分离到了 421 株金黄色葡萄糖球菌[73]，三株来自于鸡的金黄色葡萄糖球菌全是 MRSA，其中一株分离自鸡肉的化脓部位，其余两株分离自关节。在日本，从零售的生鸡肉中也分离到了 MRSA[65]。此外，从理论上来讲，与甲氧西林耐药相关的 *mecA* 基因有可能传递给动物和人类的金黄色葡萄球菌[37]。因此，除了金黄色葡萄球菌外，甲氧西林耐药菌也对家禽有巨大威胁。在日本的一个农场，从健康鸡的鼻孔和皮肤中分离到了含有 *mecA* 基因的松鼠葡萄球菌（*S. sciuri*）、表皮葡萄球菌（*S. epidermidis*）和腐生葡萄球菌（*S. saprophyticus*）[61]。

历　　史

人们对家禽和其他禽类葡萄球菌病的认识已超过百年，大多数报道描述的是关节炎和滑膜炎[51,57,60,78]。

病　原　学

分类

葡萄球菌属约有 36 个种和 21 个亚种[40]，是微球菌科最重要的属。葡萄球菌这一名称源于该菌在染色涂片中的形态如同葡萄串样。该科的其他成员还有孪生球菌属（*Gemella*），巨球菌属（*Macrococcus*），盐水球菌属（*Salinicoccus*）[40]。巨球菌属（*Macrococcus*）和盐水球菌属（*Salinicoccus*）被认为是无致病性的，孪生球菌属（*Gemella*）也很少引起人类的疾病[76,118]。

从健康家禽的皮肤和鼻孔中常能分离到的葡萄球菌包括金黄色葡萄球菌（*S. aureus*）、表皮葡萄球菌（*S. epidermidis*）、木糖葡萄糖球菌（*S. xylosus*）、科尼葡萄球菌（*S. cohnii*）、缓慢葡萄球菌（*S. lentus*）、腐生葡萄球菌（*S. saprophyticus*）、松鼠葡萄球菌（*S. sciuri*）和鸡葡萄球菌（*S. gallinarum*）[31,32,33,63,90,102,109]。在发病的家禽中最常分离到的还是金黄色葡萄球菌[13,14,17,19,56,77,87,121,131]。其他种类的葡萄球菌也偶有发现，而且在某些病例中是作为条件致病菌。在全身性感染暴发中，从 6 周龄小鸡的肝脏、血液和膝关节分离的葡萄球菌主要是缓慢葡萄球菌、模仿葡萄球菌（*S. simulans*）、科尼葡萄球菌、鸡葡萄球菌和头状葡萄球菌（*S. capitis*）[8]。研究表明，在这其中金黄色葡萄球菌并不常见。猪葡萄球菌（*S. hyicus*）与鸡和火鸡的纤维素蛋白异嗜性睑缘炎相关[19]，在 9 例患膝关节炎的火鸡中，有 5 只在胫骨生长板中分离到了猪葡萄球菌[112]。有报道指出，从肉鸡结痂的臀部组织中分离到了松鼠葡萄球菌、模仿葡萄球菌、缓慢葡萄球菌、沃氏葡萄球菌（*S. warneri*）、科尼葡萄球菌和中间葡萄球菌（*S. intermedius*）[102]。人类和家畜的其他致病性葡萄球菌对家禽并不重要。

形态和染色

典型的致病性金黄色葡萄球菌是革兰氏阳性，球状。在固体培养基上生长时呈簇状，在液体培养基中，它们可呈短链，老龄培养物（18～24h）可呈革兰氏染色阴性。

生长需要

用 5% 血琼脂平板培养 18～24h 后很容易分离到葡萄球菌。

菌落形态

金黄色葡萄球菌是重要的家禽致病菌，在临床感染病例中大多都能分离到该菌。在有氧条件下，金黄色葡萄球菌在 24h 内形成圆形光滑菌落，直径 1～3mm，β 型溶血，常有白色到橘黄色的色素[130]。凝固酶阴性的葡萄球菌，除菌落颜色呈灰色到乳白或白色、无溶血性外，其他菌落特征与金黄色葡萄糖球菌相似。

生化特性

金黄色葡萄球菌是需氧菌、兼性厌氧、β溶血、通常凝固酶阳性、过氧化氢酶阳性、发酵葡萄糖和甘露醇、明胶酶阳性。猪葡萄球菌的生化特性与金黄色葡萄球菌相似，但其凝固酶反应时间较长。从家禽中分离到的其他葡萄球菌大部分凝固酶呈阴性反应。凝固酶阴性的葡萄球菌可以通过生化鉴定[23,34,68]、自动微生物鉴别系统[23,66]或是基因水平检测[23,26,36,44,81,110]来进行分类。但是，在临床实验室中，这些实验不常做。

对理化因素的敏感性

葡萄球菌抵抗力极强，在固体培养基和渗出物中可长时间存活，有些菌株对热和消毒剂有抵抗力[80]。可利用金黄色葡萄球菌对高浓度氯化钠（7.5%）的耐受，将其从严重污染的病料中分离出来[67,97]。

抗原结构和毒素

金黄色葡萄球菌的抗原特性很复杂。菌株的荚膜由氨基葡萄糖醛酸、氨基甘露糖醛酸、赖氨酸、甘氨酸、丙氨酸或葡萄糖胺组成；多糖A由线性核糖醇型磷壁酸、N-乙酰葡萄糖胺和D-丙氨酸组成；细胞壁成分——蛋白A可与免疫球蛋白的Fc片断发生非特异性结合，可能与毒力有关。产生的多种酶和毒素，包括透明质酸（扩散因子）、脱氧核糖核酸酶、溶纤维蛋白酶、脂酶、蛋白素、溶血酶、杀白细胞素、皮肤坏死毒素、表皮剥脱素和肠毒素等也与菌株的致病性和毒力有关[2,6,85,130]。禽源金黄色葡萄糖球菌中也发现了中毒休克综合征毒素1（TSST-1），但还没有证据证明TSST-1与家禽疾病有直接关系[65]。

菌株分类

禽源金黄色葡萄球菌可利用生物分型和噬菌体分型等表型分型技术进行分类。生物分型可用于检测金黄色葡萄球菌宿主特异性（人类或家畜）生态型（ecovars）[29,52]或非宿主特异性生物型[107]的来源与流行病学的联系。噬菌体分型可用于家禽和人类金黄色葡萄球菌菌株[46,104,105,106,107]。噬菌体分型已用于家禽的国家来源（欧洲、澳大利亚、阿根廷、日本）与致病菌株和非致病菌株之间的联系[46,64,104,107,116]，但有2.2%～25.8%的鸡金黄色葡萄球菌不能用此方法分型[107]。噬菌体对禽源的金黄色葡萄球菌具有特异性，但不能用于其他动物来源的菌株分型[106]。脉冲场凝胶电泳分析染色体指纹图可以对家禽金黄色葡萄球菌和禽源噬菌体群或家禽特异性生态型的进一步分型[16,55,107]。这种技术可将所有的鸡金黄色葡萄球菌菌株，包括对那些噬菌体不能分型的菌株进行分型[107]。

用抗生素敏感谱、质粒图谱[67]，以及基于荚膜多糖的血清分型法[25]也能对菌株进行分型。鸡源菌株荚膜型91%为5型、9%为8型，而火鸡源菌株荚膜型33%为5型、38%为8型、29%不能分型[25]。

毒力因子

一般认为，凝固酶阳性的金黄色葡萄球菌对家禽有致病性，而凝固酶阴性的金黄色葡萄球菌对家禽无致病性，但也有一些菌株例外。

发病机理和流行病学

发生和分布

葡萄球菌无处不在，是皮肤和黏膜的正常菌系，并且是家禽孵化、饲养或加工环境中常见的微生物，大多数葡萄球菌被认为是正常菌群，通过干扰或竞争排斥作用抑制其他潜在的致病菌。有一些葡萄球菌有潜在的致病性，通过皮肤或黏膜进入机体引起疾病。

与家禽有关的葡萄球菌和葡萄球菌病遍布世界，包括阿根廷[114]、澳大利亚[64]、比利时[27,28]、保加利亚[10]、加拿大[88]、中国[18]、哥斯达黎加[86]、法国[129]、德国[70,71]、匈牙利[47]、印度[98]、意大利[50]、日本[107]、荷兰[96]、巴基斯坦[117]、波兰[133]、罗马尼亚[84]、中国台湾[122]、英国[116]和美国[58]。

自然宿主和实验宿主

所有的禽种对葡萄球菌感染敏感。

传播、携带者和传播媒介

金黄色葡萄球菌的致病机理虽未完全清楚，但要发生感染则必须突破宿主的天然防御机制[2,6]。大多数病例发生涉及身体防御屏障的损害，如皮肤损伤或黏膜发炎及局部性感染（例如骨髓炎）产生血源性传播，尤其在干骺端关节部位[10,13,24,91]。刚出壳的雏鸡脐带开口可引发脐炎，简单的外科处理（如剪趾、断喙或去冠、打翅号）和非肠道免疫为葡萄球菌提供新的入侵门户。

宿主另一类型的防御系统的损害为发生传染性法氏囊[101]、鸡传染性贫血或马立克氏病后法氏囊或胸腺损伤，导致免疫系统遭受损害。在这些情况下就容易发生败血性葡萄球菌感染，引起急性死亡。在传染性法氏囊病病毒感染早期，可出现金黄色葡萄球菌伴发腐败梭菌引起的坏疽性皮炎[43,100]。

用出血性肠炎病毒（HEV）强毒感染火鸡，在肝脏中，细菌性微生物以大肠杆菌为主。然而，感染2周后，将存活火鸡的肝脏进行培养，则主导细菌是葡萄球菌，这表明HEV和其他类似的病毒引发肠道感染后，为细菌进入提供了入侵门户，并为成年商品火鸡继发感染葡萄球菌病提供了基础。

宿主对葡萄球菌感染的敏感性受遗传学的影响。新罕布什尔鸡的两个相关品系人工感染后的致死率有明显的差异[22]。禽类的主要组织相容性复合体影响着禽类对葡萄球菌圆形骨骼病的敏感性[59]。

潜伏期

本病潜伏期短。实验条件下，静脉途径易引起鸡的感染，而经气管或气雾途径却不能引起发病[58]。人工感染的鸡经静脉接种后48～72h出现临床症状，病变程度与感染剂量有关[4]。实验感染的结果是否一致与静脉接种的细菌的数量有关[4]。每千克体重至少需要10^5个细菌[88,89]。

临床症状

早期临床症状包括羽毛粗乱，一条或两条腿跛行，一侧或双翅下垂，不愿行走，发热[88]。随后极度沉郁和死亡。急性耐过的病禽关节肿大，跗关节或膝部蹲坐，不愿或不能站立[39,88]。身体良好的家禽感染败血性葡萄球菌和坏疽性皮炎时，其临床症状可能只表现为鸡群死亡率升高[14,43,100]。

发病率和死亡率

包括感染败血性葡萄球菌在内的葡萄球菌病，其发病率和死亡率通常较低，除非在生产环境、孵化环境中存在大量的细菌或免疫接种操作出现严重污染。不愿走近食槽或水槽可造成病禽变弱和死亡。几个实验室诊断报告表明金黄色葡萄球菌是家禽腿和关节感染最常分离到的细菌[62,69]。鸡群发生坏疽性皮炎的数量较少，但一旦感染，全部的鸡都会死亡[15,43,69]。

病理变化

大体病变

骨髓炎的大体病变是骨骼有局灶性黄色干酪样渗出区或溶解区（彩图23.1A），病变部位变脆。最常感染的骨骼和部位是胫跗骨近端和股骨近端。跖跗骨近端、股骨远端、胫跗骨远端、肱骨近端、肋骨或脊椎骨也可感染，但不常见。剖检病禽后，经常可见股骨颈断裂造成股骨头与骨干分离（股骨头坏死）（彩图23.1C）[88,91]。

关节炎、关节周围炎和滑膜炎较常见。受侵害的关节肿大并充满炎性渗出物，进而可从临近的骨骺部扩展发生感染（骨髓炎）（彩图23.1D）[83,91]。胸腰段脊椎的脊椎炎由于侵害脊髓可间接地引起跛行[17,91]。

败血性葡萄球菌感染的大体病变为许多内脏器官坏死，如肝脏（彩图23.1E）、脾、肾、肺，以及血管充血[14]。在坏疽性皮炎中，皮下黑色湿润区有捻发音[14,43]。感染传染性贫血病毒的禽，若发生轻微外伤，翅端可发展为坏疽性皮炎，称作"蓝翅病"。

孵化室的葡萄球菌感染常见，并可引起雏鸡出壳后几天内死亡率升高。患病雏鸡脐部潮湿并迅速恶化。其卵黄囊增大，内容物颜色和黏稠度异常。

成年鸡感染后常出现爪垫脓肿"跟跄脚"（bumblfoot），导致脚爪极度肿胀和跛行。

部分商品火鸡在加工过程中整个肝脏变绿（彩图23.1F），这与骨髓炎和相关软组织病变（绿肝骨髓炎综合征）（例如，关节炎、关节周围炎和腱鞘炎）有关。从病变部位分离到葡萄球菌或其他细菌的胴体也可能出现肝脏变色，但肝脏变色的火鸡一般没有骨髓炎或相关病变，或从病变部位不能分离到细菌[12,20]。

肝脏斑点是商品火鸡被淘汰的另一原因，但大多数病变肝脏没有需氧菌或兼性厌氧菌。一个研究中，在2个有较高肝脏淘汰病史的鸡群中，从少数培养阳性的肝脏中最常分离到的是科尼葡萄球菌和其他葡萄球菌。该肝脏病变最可能的原因是蛔虫幼虫迁移[95]。

组织学病变

葡萄球菌病的组织学病变包括坏死，大量革兰氏阳性球菌群和异嗜细胞（彩图23.1B）[6,38,48,88]。与非致菌性木葡萄球菌相比，致病性金黄色葡萄球菌上清对异嗜细胞的趋化性增强，这与致病性金黄色葡萄球菌引起明显的异嗜细胞组织浸润呈正相关[5]。陈旧病变主要为肉芽肿。

免疫力

主动和被动免疫对预防家禽金黄色葡萄球菌感染都不重要，金黄色葡萄球菌特异性抗体可能促进金黄色葡萄球菌相关感染[42,49]。另外，与感染期间自然暴露的补体激活细胞壁物质相比，使用抗体并不能增加机体对金黄色葡萄球菌的调理作用和吞噬作用[3]。其他动物的全菌苗和类毒素没有什么预防效果[2,6,85]。直接针对细胞壁成分的金黄色葡萄球菌疫苗，如肽聚糖和磷壁酸或荚膜多糖，在其他动物中的效果不一[3,108]。

诊 断

病原分离和鉴定

通过对可疑临床病料，包括关节渗出物、卵黄物质和内脏器官穿刺拭子进行培养，可对金黄色葡萄球菌病作出诊断。葡萄球菌生长的基础培养基为血液琼脂平板（绵羊血和牛血最好）。细菌在该培养基生长良好，18～24h内可形成1～3mm的菌落。大多数金黄色葡萄球菌菌株具有β溶血性，而其他葡萄球菌通常不发生溶血现象。对污染严重的病料应当在可抑制革兰氏染色阴性细菌的选择性培养基上划线，如高盐甘露醇或苯乙基乙醇琼脂[67,97,130]。

大多数金黄色葡萄球菌菌落产生色素，而大多数其他的葡萄球菌菌落为灰白到白色。应挑取菌落进行革兰氏染色。葡萄球菌为革兰氏染色阳性球菌。为了鉴别葡萄球菌和其他革兰氏阳性菌如链球菌，应该进行过氧化氢酶实验。凝固酶试验和甘露醇发酵试验对鉴定金黄色葡萄球菌非常有用。凝固酶试验常用于鉴别金黄色葡萄球菌和其他凝固酶阴性的葡萄球菌，如表皮葡萄球菌（表23.2）。还有较少的一些葡萄球菌也可能表现为凝固酶阳性[11]，如中间葡萄球菌、猪葡萄球菌、路邓葡萄球菌（S. lugdunensis）、施氏葡萄球菌（S. schleiferi）和海豚葡萄球菌（S. delphini），但这些细菌通常与鸡的临床疾病没有关系。生物学和基因学鉴定能从种的水平上更准确地鉴定葡萄球菌，然而，这些在临床实验室中都很少进行。市面上购买的鉴别系统也可用于葡萄球菌的鉴定，但它们很难从兽医提供的样本中区分出一些葡萄球菌。

表 23.2 金黄色葡萄球菌和表皮葡萄球菌鉴别

特 征	金黄色葡萄球菌	表皮葡萄球菌
菌落色素	+	−
溶血性	+	−
凝固酶试验	+ / −	−
D-甘露醇发酵试验	+	−

血清学

葡萄球菌的诊断一般不采用血清学方法，但可采用微量凝集试验[3,42]及间接免疫荧光抗体滴定试验[3]。这两种方法主要用于研究。

鉴别诊断

葡萄球菌病要与大肠杆菌、多杀性巴氏杆菌、鸡伤寒沙门氏杆菌、滑液支原体、呼肠孤病毒感染或其他与机械损伤相关的孵化室引起的骨或关节感染或败血症相区别。

预防和控制

管理措施

任何可减少对宿主防御机制损害的管理措施都有助于预防葡萄球菌病。创伤是金黄色葡萄球菌侵入机体的门户，减少创伤有助于预防感染。因此，饲养中要注意消除家禽饲养环境中划破或刺伤脚部的尖锐物质，如木片、锯齿状石块、金属边。保证垫料的质量可以减少脚垫溃疡。特别应该注意孵化室的管理和卫生。葡萄球菌无处不在，而孵化器和出雏器中的条件正好适合细菌的生长。刚出壳的雏鸡脐孔开张，免疫系统发育不成熟，在出壳后不久容易导致死亡和慢性感染。预防传染性法氏囊病病毒和鸡传染性贫血病毒的早期感染，也有助于预防葡萄球菌病[101]。

处于轻度应激状态的家禽对人工感染葡萄球菌的抵抗力比处于非应激状态下的家禽强[21,54,72,88]。产生抵抗力的原因是家禽在应激状态下可使异嗜细胞数量增加。异嗜细胞被认为是控制细菌感染最重要的细胞，特别是对金黄色葡萄球菌感染[4,89]。

免疫接种

葡萄球菌苗对本病的预防无效[2,6]，但根据细菌干扰原理制成的无毒力活菌苗则显示出一定的应用价值。在人医，无毒力金黄色葡萄球菌502A株已用于控制疖病的复发和预防婴儿感染[85]。研究者发现一株葡萄球菌可干扰其他金黄色葡萄球菌在鸡体内定植[30]。利用细菌干扰的原理已经开发了一种预防火鸡葡萄球菌病的无毒力活菌苗。表皮葡萄球菌115株是一株天然凝固酶阴性的分离株，能定植于呼吸道组织和细胞上，可防止金黄色葡萄球菌毒力株的黏附[82]。除了干扰金黄色葡萄球菌毒力株的定植外，表皮葡萄球菌115株还可分泌一种稳定的类似抗生素的细菌素，能抑制和杀死金黄色葡萄球菌致病株。该菌苗1～10日龄经气雾首免，4～6周龄二免。在商品火鸡中，115株使得火鸡患葡萄球菌病的数量下降，成活率明显提高。115株

用于鸡也发现类似的结果[58,74,82,93,94,128]。

利用嗜酸乳酸杆菌（*Lactobacillus acidophilus*）的竞争性肠道排斥作用来清除人工感染无菌鸡的金黄色葡萄球菌，能有效地减少嗉囊中金黄色葡萄球菌数量，但盲肠和直肠中的数量不受影响[123]。

治疗

金黄色葡萄球菌感染的治疗有时有效，但由于该菌对抗生素的普遍耐药性[28,31,111,132]，所以一定要进行药物敏感试验。有效的治疗药物包括青霉素、链霉素、四环素、红霉素、新生霉素、磺胺类药、林肯霉素和壮观霉素。

余 多 韦 莉 刘 爵 译

苏敬良 常建宇 校

参考文献

[1] Adams, B. W. and G. C. Mead. 1983. Incidence and properties of *Staphylococcus aureus* associated with turkeys during processing and further-processing operations. *J Hyg* 91:479-490.

[2] Anderson, J. C. 1986. *Staphylococcus*. In C. L. Gyles and C. O. Thoen(eds.). Pathogenesis of Bacterial Infections in Animals,1st ed. Iowa State University Press：Ames,IA,14-20.

[3] Andreasen,C. B.,J. R. Andreasen, A. E. Sonn, and J. A. Oughton. 1996. Comparison of the effect of different opsonins on the phagocytosis of fluorescein-labeled staphylococcal bacteria by chicken heterophils. *Avian Dis* 40：778-782.

[4] Andreasen,C. B.,K. S. Latimer,B. G. Harmon,J. R. Glisson,J. M. Golden,and J. Brown. 1991. Heterophil function in healthy chickens and in chickens with experimentally induced staphylococcal tenosynovitis. *Vet Pathol* 28：419-427.

[5] Andreasen,J. R.,C. B. Andreasen,M. Anwer,and A. E. Sonn. 1993. Chicken heterophil chemotaxis using staphylococcalgenerated chemoattractants. *Avian Dis* 37：835-838.

[6] Andreasen,J. R.,C. B. Andreasen,M. Anwer,and A. E. Sonn. 1993. Heterophil chemotaxis in chickens with natural staphylococcal infections. *Avian Dis* 37：284-289.

[7] Arp,L. H.,I. M. Robinson,and A. E. Jensen. 1983. Pathology of liver granulomas in turkeys. *Vet Pathol* 20：

80－89.

[8]Awan, M. A. , M. Matsumoto. 1998. Heterogeneity of staphylococci and other bacteria isolated from six-week-old broiler chickens. *Poult Sci* 77:944－9.

[9]Baptiste, K. E. , K. Williams, N. J. Willams, A. Wattret, P. D. Clegg, S. Dawson, J. E. Corkill, T. O'Neill, and C. A. Hart. 2005. Methicillin-resistant staphylococci in companion animals. *Emerg Infect Dis* 11:1942－4.

[10] Bajljosov, D. , Z. Sachariev, and L. Georgiev. 1974. Characteristics of staphylococci isolated from slaughter fowl. *Monatsh Veterinaermed* 29:692－694.

[11]Bascomb, S. , and M. Manafi. 1998. Use of enzyme tests in characterization and identification of aerobic and facultatively anaerobic gram-positive cocci. *Clin Microbiol Rev* 11:318－40.

[12]Bayyari, G. R. , W. E. Huff, R. A. Norton, J. K. Skeeles, J. N. Beasley, N. C. Rath, and J. M. Balog. 1994. A longitudinal study of green-liver osteomyelitis complex in commercial turkeys. *Avian Dis* 38:744－754.

[13]Bergmann, V. , B. Köhler, and K. Vogel. 1980. *Staphylococcus aureus* infection of fowls on industrialized poultry units. I. Types of infection. *Arch Exp Vet* 34:891－903.

[14]Bickford, A. A. and A. S. Rosenwald. 1975. Staphylococcal infections in chickens. *Poult Dig* July:285－287.

[15]Bitay, Z. , L. Quarini, R. Glavits, and R. Fischer. 1984. *Staphylococcus* infection in fowls. *Magy Allatorv Lapja* 39:86－91.

[16]Butterworth, A. , N. A. Reeves, D. Harbour, G. Werrett, and S. C. Kestin. 2001. Molecular typing of strains of *Staphylococcus aureus* isolated from bone and joint lesions in lame broilers by random amplification of polymorphic DNA. *Poult Sci* 80:1339－43.

[17]Carnaghan, R. B. A. 1966. Spinal cord compression in fowls due to spondylitis caused by *Staphylococcus pyogenes*. *J Comp Pathol* 76:9－14.

[18]Chen, D. W. , M. H. Gan, and R. P. Liu. 1984. Studies on staphylococcosis in chickens. Ⅲ. Properties and pathogenicity of *Staphylococcus aureus*. *Chinese J Vet Med* 10:6－8.

[19]Cheville, N. F. , J. Tappe, M. Ackermann, and A. Jensen. 1988. Acute fibrinopurulent blepharitis and conjunctivitis associated with *Staphylococcus hyicus*, *Escherichia coli*, and *Streptococcus* sp. in chickens and turkeys. Vet Pathol 25:369－375.

[20] Clark, R. S. , H. J. Barnes, A. A. Bickford, R. P.

Chin, and R. Droual. 1991. Relationship of osteomyelitis and associated soft-tissue lesions with green liver discoloration in turkeys. *Avian Dis* 35:139－146.

[21] Coates, S. R. , D. K. Buckner, and M. M. Jensen. 1977. The inhibitory effect of *Corynebacterium parvum* and *Pasteurella multocida* pretreatment on staphylococcal synovitis in turkeys. *Avian Dis* 21:319－322.

[22]Cotter, P. F. and R. L. Taylor, Jr. 1991. Differential resistance to *Staphylococcus aureus* challenge in two related lines of chickens. *Poult Sci* 70:1357－1361.

[23] Cunha, Mde. L. , Y. K. Sinzato, and L. V Silveira. 2004. Comparison of methods for the identification of coagulase-negative staphylococci. *Mem Inst Oswaldo Cruz* 99:855－60.

[24] Daum, R. S. , H. Davis, S. Shane, D. Mulvihill, R. Campeau, and B. Farris. 1990. Bacteremia and osteomyelitis in an avian model of *Staphylococcus aureus* infection. *J Orthop Res* 8:804－813.

[25]Daum, R. S. , A. Fattom, S. Freese, and W. Karakawa. 1994. Capsular polysaccharide serotypes of coagulase-positive staphylococci associated with tenosynovitis, osteomyelitis, and other invasive infections in chickens and turkeys: Evidence for new capsular types. *Avian Dis* 38:762－771.

[26]De Buyser, M-L. , A. Morvan, S. Aubert, F. Dilasser, and N. el Solh. 1992. Evaluation of a ribosomal RNA gene probe for the identification of species and subspecies within the genus *Staphylococcus*. *J Gen Microbiol* 138:889－899.

[27]Devriese, L. A. 1980. Pathogenic staphylococci in poultry. *World Poult Sci* 36:227－236.

[28]Devriese, L. A. 1980. Sensitivity of staphylococci from farm animals to antibacterial agents used for growth promotion and therapy: A ten year study. *Ann Rech Vet* 11:399－408.

[29]Devriese, L. A. 1984. A simplified system for biotyping *Staphylococcus aureus* strains isolated from different animal species. *J Appl Bacteriol* 56:215－220.

[30]Devriese, L. A. , A. H. Devos, and J. Beumer. 1972. Staphylococcus aureus colonization on poultry after experimental spray inoculations. *Avian Dis* 16: 656－665.

[31] Devriese, L. A. , A. H. Devos, J. Beumer, and R. Moes. 1972. Characterization of staphylococci isolated from poultry. *Poult Sci* 51:389－397.

[32]Devriese, L. A. , A. H. Devos, and L. R. van Damme. 1975. Quantitative aspects of the *Staphylococcus aureus*

flora of poultry. *Poult Sci* 54:95 - 101.

[33]Devriese,L. A. ,B. Poutrel,R. Kilpper-Balz,and K. H. Schleifer. 1983. *Staphylococcus gallinarium* and *Staphylococcus caprae*,two new species from animals. *Int J Syst Bacteriol* 33:480 - 486.

[34]Devriese,L. A. ,K. H. Schleifer,and G. O. Adegoke. 1985. Identification of coagulase-negative staphylococci from farm animals. *J Appl Bacteriol* 58:45 - 55.

[35] Dodd,C. E. ,B. J. Chaffey, W. M. Waites. 1987. Plasmid profiles as indicators of the source of contamination of *Staphylococcus aureus* endemic within poultry processing plants. *J Appl Bacteriol* 63:417 - 425.

[36] Drancourt, M. , and D. Raoult. 2002. rpoB gene sequence-based identification of *Staphylococcus* species. *J Clin Microbiol* 40:1333 - 8.

[37]Duquette,R. A. and Nuttall TJ. 2004. Methicillin-resistant *Staphylococcus aureus* in dogs and cats: an emerging problem? *J Small AnimPract* 45:591 - 7.

[38]Emslie,K. R. and S. Nade. 1985. Acute hematogenous staphylococcal osteomyelitis. *Comp Pathol Bull* 17:2 -3.

[39]Emslie, K. R. , N. R. Ozanne, and S. M. L. Nade. 1983. Acute haemotogenous osteomyelitis: An experimental model. *Pathology* 141:157 - 167.

[40]Euzeby,J. P. 1997 [cited 31 May 2006]. List of bacterial names with standing in nomenclature: a folder available on the Internet [database online] *Int J Syst Bacteriol* 47: 590 - 592. Available from http://www. bacterio. net.

[41]Evans,J. B. ,G. A. Ananaba,C. A. Pate,and M. S. Bergdoll. 1983. Enterotoxin production by atypical *Staphylococcus aureus* from poultry. *J Appl Bacteriol* 54:257 - 261.

[42]Forget,A. ,L. Meunier,and A. G. Borduas. 1974. Enhancement activity of homologous anti - staphylococcal sera in experimental staphylococcal synovitis of chicks: A possible role of immune adherence antibodies. *Infect Immun* 9:641 - 644.

[43]Frazier, M. N. , W. J. Parizek, and E. Garner. 1964. Gangrenous dermatitis of chickens. *Avian Dis* 8:269 - 273.

[44]Freney,J. ,W. E. Kloos, V. Hajek,J. A. Webster,M. Bes,Y. Brun, and C. Vernozy-Rozand C. 1999. Recommended minimal standards for description of new staphylococcal species. Subcommittee on the taxonomy of staphylococci and streptococci of the International Committee on Systematic Bacteriology. *Int J Syst Bac-*

teriol 49:489 - 502.

[45]Gibbs, P. A. ,J. T. Patterson, and J. Harvey. 1978. Biochemical characteristics and enterotoxigenicity of *Staphylococcus aureus* strains isolated from poultry. *J Appl Bacteriol* 44:57 - 74.

[46]Gibbs, P. A. ,J. T. Patterson, and J. K. Thompson. 1978. Characterization of poultry isolates of *Staphylococcus aureus* by a new set of poultry phages. *J Appl Bacteriol* 44:387 - 400.

[47]Glavits, R. , F. Ratz, T. Fehervari, and J. Povazsan. 1984. Pathological studies in chicken embryos and day-old chicks experimentally infected with *Salmonella typhimurium* and *Staphylococcus aureus*. Acta Vet Hung 32:39 - 49.

[48]Griffiths,G. L. ,W. I. Hopkinson,and J. Lloyd. 1984. Staphylococcal necrosis of the head of the femur in broiler chickens. *Aust Vet J* 61:293.

[49]Gross,W. G. ,P. B. Siegel,R. W. Hall,C. H. Domermuth,and R. T. Duboise. 1980. Production and persistence of antibodies in chickens to sheep erythrocytes. 2. Resistance to infectious diseases. *Poult Sci* 59:205 - 210.

[50]Guarda,F. ,G. Cortellezzi,C. Cucco, and O. Massimino. 1979. Blindness due to *Staphylococcus aureus* in pullets. *Clin Vet* 102:315 - 324.

[51]Gwatkin,R. 1940. An outbreak of staphylococcal infection in barred Plymouth rock males. *Can J Comp Med* 4:294 - 296.

[52]Hajek,V. and E. Marsalek. 1971. The differentiation of pathogenic staphylococci and a suggestion for their taxonomic classification. *Zentralbl Bakteriol* [A] 217:176 - 182.

[53]Harvey,J. ,J. T. Patterson, and P. A. Gibbs. 1982. Enterotoxigenicity of *Staphylococcus aureus* strains isolated from poultry: Raw poultry carcasses as a potential food-poisoning hazard. *J Appl Bacteriol* 52:2514 - 258.

[54]Heller, E. D. , D. B. Nathan, and M. Perek. 1979. Short heat stress as an immunostimulant in chicks. *Avian Pathol* 8:195 - 203.

[55] Hennekinne,J. A. , A. Kerouanton, A. Brisabois, and M. L. De Buyser. 2003. Discrimination of *Staphylococcus aureus* biotypes by pulsed-field gel electrophoresis of DNA macro-restriction fragments. *J Appl Microbiol* 94:321 - 9.

[56]Hoffman,H. A. 1939. Vesicular dermatitis in chickens. *J Am Vet Med Assoc* 48:329 - 332.

[57]Hole,N. and H. S. Purchase. 1931. Arthritis and peri-

ostitis in pheasants caused by *Staphylococcus pyogenes aureus*. *J Comp Pathol Ther* 44:252 - 257.

[58]Jensen, M. M. , W. C. Downs, J. D. Morrey, T. R. Nicoll, S. D. LeFevre, and C. M. Meyers. 1987. Staphylococcosis of turkeys. 1. Portal of entry and tissue colonization. *Avian Dis* 31:64 - 69.

[59]Joiner, K. S. , F. J. Hoerr, E. van Santen, and S. Ewald. 2005. The avian major histocompatibility complex influences bacterial skeletal disease in broiler breeder chickens. *Vet Pathol* 42:275 - 81.

[60]Jungherr, E. 1933. Staphylococcal arthritis in turkeys. *J Am Vet Med Assoc* 35:243 - 249.

[61]Kawano, J. , A. Shimizu, Y. Saitoh, M. Yagi, T. Saito, and R. Okamoto. 1996. Isolation of methicillin-resistant coagulasenegative staphylococci from chickens. *J Clin Microbiol* 34:2072 - 7.

[62]Kibenge, F. S. B. , M. D. Robertson, G. E. Wilcox, and D. A. Pass. 1982. Bacterial and viral agents associated with tenosynovitis in broiler breeders in Western Australia. *Avian Pathol* 11:351 - 359.

[63]Kibenge, F. S. , J. I. Rood, and G. E. Wilcox. 1983. Lysogeny and other characteristics of *Staphylococcus hyicus* isolated from chickens. *Vet Microbiol* 8:411 - 5.

[64]Kibenge, F. S. B. , G. E. Wilcox, and D. Perret. 1982. *Staphylococcus aureus* isolated from poultry in Australia. I. Phage typing and cultural characteristics. *Vet Microbiol* 7:471 - 483.

[65]Kitai S. , A. Shimizu, J. Kawano, E. Sato, C. Nakano, T. Uji, and H. Kitagawa. 2005. Characterization of methicillin - resistant *Staphylococcus aureus* isolated from retail raw chicken meat in Japan. *J Vet Med Sci* 67:107 - 10.

[66]Kloos, W. E. , and C. G. George. 1991. Identification of *Staphylococcus* species and subspecies with the Microscan Pos ID and rapid Pos ID panel systems. *J Clin Microbiol* 29:738 - 744.

[67]Kloos, W. E. , and J. H. Jorgensen. 1985. Staphylococci. In E. H. Lenette, A. Balows, W. J. Hausler, Jr. , and H. J. Shadomy(eds.). Manual of Clinical Microbiology, 4th ed. American Society of Microbiologists: Washington, DC, 143 - 153.

[68]Kloos, W. E. , and K. Schleifer. 1975. Simplified scheme for routine identification of human *Staphylococcus* species. *J Clin Microbiol* 1:82 - 8.

[69]Köhler, B. , V Bergmann, W. Witte, R. Heiss, and K. Vogel. 1978. Dermatitis bei broilen durch *Staphylococcus aureus*. *Monatsch Veterinaermed* 33:22 - 28.

[70]Köhler, B. , H. Nattermann, W. Witte, F. Friedrichs, and E. Kunter. 1980. *Staphylococcus aureus* infection of fowls on industrialized poultry units. Ⅱ. Microbiological tests for *S. aureus* and other pathogens. *Arch Exp Veterinaermed* 34:905 - 923.

[71]Kusch, D. 1977. Biochemical characteristics and phagetyping of staphylococci isolated from poultry. *Zentralbl Bakteriol Parasit Infekt Hyg* [IB] 164:360 - 367.

[72]Larson, C. T. , W. B. Gross, and J. W. Davis. 1985. Social stress and resistance of chicken and swine to *Staphylococcus aureus* challenge infections. *Can J Comp Med* 49:208 - 210.

[73]Lee, J. H. 2003. Methicillin (Oxacillin) - resistant *Staphylococcus aureus* strains isolated from major food animals and their potential transmission to humans. *Appl Environ Microbiol*. 69:6489 - 94.

[74]LeFevre, S. D. , and M. M. Jensen. 1987. Staphylococcosis of turkeys. 2. Assay of protein A levels of staphylococci isolated from turkeys. *Avian Dis* 31:70 - 73.

[75]Leonard, F. C. , Y. Abbott, A. Rossney, P. J. Quinn, R. O'Mahony, and B. K. Markey. 2006. Methicillin-resistant *Staphylococcus aureus* isolated from a veterinary surgeon and five dogs in one practice. *Vet Rec* 158:155 - 9.

[76]Liberto, M. C. , G. Matera, R. Puccio, V Barbieri, A. Quirino, R. Capicotto, V. Guadagnino, K. Pardatscher, and A. Foca. 2006. An unusual case of brain abscess by *Gemella morbillorum*. *Jpn J Infect Dis* 59:126 - 8.

[77]Linares, J. A. , and W. L. Wigle. 2001. *Staphylococcus aureus* pneumonia in turkey poults with gross lesions resembling aspergillosis. *Avian Dis* 45:1068 -72.

[78]Lucet, A. 1892. De l'ostéo-arthrite aigue infectieuse des jeunes oies. *Ann Inst Pasteur*(*Paris*)6:841 - 850.

[79]Manian, F. A. 2003. Asymptomatic nasal carriage of mupirocinresistant, methicillin-resistant *Staphylococcus aureus* (MRSA) in a pet dog associated with MRSA infection in household contacts. *Clin Infect Dis* 36: e26 -8.

[80]Mead, G. C. and B. W. Adams. 1986. Chlorine resistance of *Staphylococcus aureus* isolated from turkeys and turkey products. *Appl Microbiol* 3:131 - 133.

[81]Mellmann, A. , K. Becker, C. von Eiff, U. Keckevoet, P. Schumann, and D. Harmsen D. 2006. Sequencing and staphylococci identification. *Emerg Infect Dis* 12: 333 - 6.

[82]Meyers, C. M. and M. M. Jensen. 1987. Staphylococcosis of turkeys. 3. Bacterial interference as a possible

means of control. *Avian Dis* 31:744 - 79.

[83]Miner, M. L., R. A. Smart, and A. E. Olson. 1968. Pathogenesis of staphylococcal synovitis in turkeys: Pathologic changes. *Avian Dis* 12:46 - 60.

[84]Minzat, R. M., V. Volintir, S. Panaitescu, I. Javanescu, B. Kelciov, and E. Cretu. 1977. A peculiar form of staphylococcal infection in chickens. *Lucr Stiint Inst Agron Timisoara*, *Ser Med Vet* 14:141 -144.

[85]Morse, S. I. 1980. Staphylococci. In B. D. Davis, R. Dulbecco, H. N. Eisen, and H. S. Ginsberg (eds.). Microbiology, 3rd ed. Harper and Row Publishers: Philadelphia, PA, 623 - 633.

[86]Moya, S. F. 1986. *Staphylococcus aureus* as a potential contaminant of animal feeds. *Ciencias Vet*, *Costa Rica* 8:77 - 80.

[87]Munger, L. L. and B. L. Kelly. 1973. Staphylococcal granulomas in a leghorn hen. *Avian Dis* 17:858 -860.

[88]Mutalib, A., C. Riddell, and A. D. Osborne. 1983. Studies on the pathogenesis of staphylococcal osteomyelitis in chickens. I. Effect of stress on experimentally induced osteomyelitis. *Avian Dis* 27:141 - 156.

[89]Mutalib, A., C. Riddell, and A. D. Osborne. 1983. Studies on the pathogenesis of staphylococcal osteomyelitis in chickens. II. Role of the respiratory tract as a route of infection. *Avian Dis* 27:157 - 160.

[90]Nagase, N., A. Sasaki, K. Yamashita, A. Shimizu, Y. Wakita, S. Kitai, and J. Kawano. 2002. Isolation and species distribution of staphylococci from animal and human skin. *J Vet Med Sci* 64:245 - 50.

[91]Nairn, M. E. 1973. Bacterial osteomyelitis and synovitis of the turkey. *Avian Dis* 17:504 - 517.

[92]Newberry, L. A., D. G. Lindsey, J. N. Beasley, R. W. McNew, and J. K. Skeeles. 1994. A summary of data collected from turkeys following acute hemorrhagic enteritis virus infection at different ages. Proc 45th NC Avian Dis Conf, Oct 9 - 11. Des Moines, IA, 63.

[93]Nicoll, T. R. and M. M. Jensen. 1987. Preliminary studies on bacterial interference of staphylococcosis of chickens. *Avian Dis* 31:140 - 144.

[94]Nicoll, T. R. and M. M. Jensen. 1987. Staphylococcosis of turkeys. 5. Large-scale control programs using bacterial interference. *Avian Dis* 31:85 - 88.

[95]Norton, R. A., G. R. Bayyari, J. K. Skeeles, W. E. Huff, and J. N. Beasley. 1994. A survey of two commercial turkey farms experiencing high levels of liver foci. *Avian Dis* 38:887 - 894.

[96]Notermans, S., J. Dufrenne, and W. J. van Leeuwen. 1982. Contamination of broiler chickens by *Staphylococcus aureus* during processing; incidence and origin. *J Appl Bacteriol* 52:275 - 280.

[97]Pezzlo, M. 1992. Identification of commonly isolated aerobic gram-positive bacteria. In H. D. Isenberg, chief ed. Clinical Microbiology Procedures Handbook, vol 1. American Society for Microbiology: Washington, DC, 1. 20. 1 - 1. 20. 12.

[98]Rao, M. V. S., S. B. Kulshrestha, and S. Kumar. 1977. Biological properties and drug sensitivity reactions of intestinal staphylococci of poultry. *Indian J Anim Sci* 46:648 - 651.

[99]Raska, K., V. Matejovska, D. Matejovska, M. S. Bergdoll, and P. Petrus. 1981. To the origin of contamination of foodstuffs by enterotoxigenic staphylococci. In J. Jeljaszewicz(ed.). Staphylococci and Staphylococcal Infections. Gustav Fischer Verlag, Stuttgart, 381 - 385.

[100]Rosenberger, J. K., S. Klopp, R. J. Eckroade, and W. C. Krauss. 1975. The role of the infectious bursal agent and several avian adenoviruses in the hemorrhagic-aplastic-anemia syndrome and gangrenous dermatitis. *Avian Dis* 19:717 - 729.

[101]Santivatr, D., S. K. Maheswaran, J. A. Newman, and B. S. Pomeroy. 1981. Effect of infectious bursal disease virus infection on the phagocytosis of *Staphylococcus aureus* by mononuclear phagocytic cells of susceptible and resistant strains of chickens. *Avian Dis* 25: 303 -311.

[102]Scanlan, C. M., and B. M. Hargis. 1989. A bacteriologic study of scabby-hip lesions from broiler chickens in Texas. *J Vet Diagn Invest* 1:170 - 3.

[103]Scott, G. M., R. Thomson, J. Malone-Lee, and G. L. Ridgway. 1988. Cross-infection between animals and man: possible feline transmission of *Staphylococcus aureus* infection in humans? *J Hosp Infect* 12:29 - 34.

[104]Shimizu, A. 1977. Establishment of a new bacteriophage set for typing avian staphylococci. *Am J Vet Res* 38:1601 - 1605.

[105]Shimizu, A. 1977. Isolation and characteristics of bacteriophages from staphylococci of chicken origin. *Am J Vet Res* 38:1389 - 1392.

[106]Shimizu, A. 1977. Bacteriophage typing of chicken staphylococci by adapted phages. *Jpn J Vet Sci* 39:7 - 13.

[107]Shimizu, A., J. Kawano, C. Yamamoto, O. Kakutani, and M. Fujita. 1997. Comparison of pulsed-field gel electrophoresis and phage typing for discriminating poul-

try strains of *Staphylococcus aureus*. *Am J Vet Res* 58: 1412 - 1416.

[108]Shinefield, H. R., and S. Black. 2005. Prevention of *Staphylococcus aureus* infections: advances in vaccine development. *Expert Rev Vaccines*. 4:669 - 76.

[109]Skalka, B. 1991. Occurrence of staphylococcal species in clinically healthy domestic animals. *Vet Med*(*Praha*) 36:9 - 19.

[110]Skow, A., K. A. Mangold, M. Tajuddin, A. Huntington, B. Fritz, R. B. Thomson Jr., and K. L. Kaul. 2005. Species-level identification of staphylococcal isolates by real-time PCR and melt curve analysis. *J Clin Microbiol* 43:2876 - 80.

[111]Takahashi, I., T. Yokoyama, T. Uehara, and T. Yoshida. 1986. Susceptibility of S. *aureus* and *Streptococcus* isolates from diseased animals to commonly used antibacterial agents and nosiheptide. I. Susceptibility of S. *aureus*. *Bull Nippon Vet Zootech* 35:43 - 49.

[112]Tate, C. R., W. C. Mitchell, and R. G. Miller. 1993. *Staphylococcus hyicus* associated with turkey stifle joint osteomyelitis. *Avian Dis* 37:905 - 907.

[113]Terayama, T., H. Ushioda, M. Shingaki, M. Inaba, A. Kai, and S. Sakai. 1977. Coagulase types of *Staphylococcus aureus* from food poisoning outbreaks and types of incriminated foods. *Ann Rpt Tokyo Metrop Res Lab Public Health* 28:1 - 4.

[114]Terzolo, H. R., J. A. Villar, A. S. Zamora, and A. Zoratti De Verona. 1978. *Staphylococcus* infection of fowls. *Gaceta Vet* 40:388 - 402.

[115]Thompson, J. K. and J. T. Patterson. 1983. *Staphylococcus aureus* from a site of contamination in a broiler processing plant. *Rec Agr Tes* 31:45 - 53.

[116]Thompson, J. K., J. T. Patterson, and P. A. Gibbs. 1980. The use of a new phage set for typing poultry strains of *Staphylococcus aureus* obtained from seven countries. *Br Poult Sci* 21:95 - 102.

[117]Vaid, M. Y., M. A. Muneer, M. Naeem, and H. A. Hashmi. 1979. A study on the incidence of*Staphylococcus* infections in poultry. *Pak J Sci* 31:155 - 158.

[118]Valipour, A., H. Koller, U. Setinek, and O. C. Burghuber. 2005. Pleural empyema associated with *Gemella morbillorum*: report of a case and review of the literature. *Scand J Infect Dis* 37:378 - 81.

[119]van Duijkeren, E., M. J. Wolfhagen, A. T. Box, M. E. Heck, W. J. Wannet, and A. C. Fluit. 2004. Human-to-dog transmission of methicillin-resistant *Staphylococcus aureus*. *Emerg Infect Dis* 10:2235 - 7.

[120]van Duijkeren, E., M. J. Wolfhagen, M. E. Heck, and W. J. Wannet. 2005. Transmission of a Panton-Valentine leucocidin-positive, methicillin-resistant *Staphylococcus aureus* strain between humans and a dog. *J Clin Microbiol* 43:6209 - 11.

[121]Van Ness, G. 1946. *Staphylococcus citreus* in the fowl. *Poult Sci* 25:647 - 648.

[122]Wang, C. T., Y. C. Lee, and T. H. Fuh. 1977. Artificial infection of chicks with *Staphylococcus aureus*. *J Chin Soc Vet Sci* 3:1 - 6.

[123]Watkins, B. A. and B. F. Miller. 1983. Competitive gut exclusion of avian pathogens by *Lactobacillus acidophilus* in gnotobiotic chicks. *Poult Sci* 62: 1772 - 1779.

[124]Watts, J. L., and R. J. Yancey. 1994. Identification of veterinary pathogens by use of commercial identification systems and new trends in antimicrobial susceptibility testing of veterinary pathogens. *Clin Microbiol Rev* 7: 346 - 356.

[125]Weese, J. S., M. Archambault, B. M. Willey, P. Hearn, B. N. Kreiswirth, B. Said-Salim, A. McGeer, Y. Likhoshvay, J. F. Prescott, and D. E. Low. 2005. Methicillin-resistant *Staphylococcus aureus* in horses and horse personnel, 2000-2002. *Emerg Infect Dis* 11: 430 - 5.

[126]Weese, J. S., F. Caldwell, B. M. Willey, B. N. Kreiswirth, A. McGeer, J. Rousseau, and D. E. Low. 2006. An outbreak of methicillin-resistant *Staphylococcus aureus* skin infections resulting from horse to human transmission in a veterinary hospital. *Vet Microbiol* 114:160 - 4.

[127]Wilder, T. D., J. M. Barbaree, K. S. Macklin, and R. A. Norton. Differences in the pathogenicity of various bacterial isolates used in an induction model for gangrenous dermatitis in broiler chickens. *Avian Dis* 45:659 - 62.

[128]Wilkinson, D. M. and M. M. Jensen. 1987. Staphylococcosis of turkeys. 4. Characterization of a bacteriocin produced by an interfering staphylococcus. *Avian Dis* 31:80 - 84.

[129]Willemart, J. P. 1980. Staphylococcal synovitis in poultry and its treatment with tiamulin. *Bull Acad Vet Fr* 53:209 - 213.

[130]Willett, H. P. 1992. *Staphylococcus*. In W. K. Joklik, H. P. Willett, D. B. Amos, and C. M. Wilfert (eds.). Zinsser Microbiology, 20th ed. Appleton & Lange: Norwalk, CT, 401 - 416.

[131]Williams,R. B. and L. L. Daines. 1942. The relationship of infectious omphalitis of poults and impetigo staphylogenes in man. *J Am Vet Med Assoc* 101:26-28.

[132]Witte,W and H. Kühn. 1978. Macrolide(antibiotic) resistance of *Staphylococcus aureus* strains from outbreaks of synovitis and dermatitis among chickens in large production units. *Arch Exp Veterinaermed* 32:105-114.

[133]Wos,Z. and H. Jagodzinska. 1978. Characteristics of staphylococci found in chicken carcasses. *Przem Spozyw* 32:186-187.

链球菌和肠球菌

Streptococcus and Enterococcus

Stephan G. Thayer, W. Douglas
Waltman, Dennis P. Wages

链 球 菌

引言

禽类链球菌病呈世界分布，表现为急性败血症和慢性感染两种，死亡率在 0.5%～50% 不等。一般认为链球菌病是继发感染，因为链球菌是大多数禽类包括野生禽类肠道和黏膜正常菌群的组成部分[5]。链球菌在自然界无处不在，在各种家禽环境中普遍存在。

以前出版的链球菌病一章包括兰氏抗原血清群 C 和 D 链球菌。兰氏 D 血清群的链球菌通常称作"粪便链球菌"。新的细菌学技术尤其是 DNA-DNA 和 DNA-rRNA 杂交技术的应用使得兰氏 D 血清群链球菌重新划分到肠球菌属[29,64]。读者在阅读本章时一定要记住链球菌属和肠球菌属参考命名法的改变。早期研究和报道的通过菌属鉴定的细菌在目前分类中只能归类为肠球菌而不是链球菌。若研究由兰氏抗原血清群 D 引起的疾病请参考下文的"肠球菌病"。

历史

禽急性链球菌感染最初见于 1902 年[56]和 1908

年[50]报道的鸡中风样败血症。4 个多月的慢性链球菌病导致鸡群 50% 的死亡率[37]，死亡的原因为链球菌引起的输卵管炎和腹膜炎[25]。1932 年首次报道火鸡的链球菌病[78]。1927 年首次报道与链球菌相关的细菌性或增殖性心内膜炎[63]，1947 年再次报道[60]。Peckham 对链球菌病进行了全面的历史性综述[58]。

病原学

链球菌是革兰氏阳性球菌，单个、成对或呈短链存在，不能运动，不形成芽孢，兼性厌氧。过氧化氢酶阴性，通常发酵糖类产生乳酸。这些特性与致病性的关系还不清楚。从禽类分离的致病链球菌亚种包括兰氏抗原血清群 C 群的兽疫链球菌（*S. zooepidemicus*）（偶尔称作 *S. gallinarum*）、牛链球菌（*S. bovis*）和停乳链球菌（*S. dysgalactiae*）。多形链球菌（*S. pleomorphus*）是一个新种，是鸡、火鸡和鸭的正常盲肠内容物中的专性厌氧菌。在疾病发生中的作用尚未探明[1]。变异链球菌（*S. mutans*）是人类口腔中常见的细菌，与鹅的败血症和死亡有关，不洁的饮水和劣质垫料可能是发病诱因[40]。

人工和自然感染牛链球菌引起急性败血症和关节感染已在赛鸽中发现[20,22]。

在肉质品加工的过程中，从患皮肤和皮下组织蜂窝织炎的肉鸡中分离到停乳链球菌[77]。

从火鸡骨髓炎病灶中分离到链球菌，同时伴有大肠杆菌和葡萄球菌[17]。

家禽的细菌性心内膜炎，无论是自然感染还是人工感染，都与链球菌和其他多种细菌相关。这些菌包括兽疫链球菌[51]、鹌鹑链球菌（*S. gallinaceous*）[11]、粪肠球菌（*E. faecalis*）[13,25,41]、屎肠球菌（*E. faecium*）[25,65]、坚忍肠球菌（*E. durans*）[13,25]、金黄色葡萄球菌和多杀性巴氏杆菌[33]。

病理生物学和流行病学

兽疫链球菌几乎只发生于成年鸡，但也有引起野禽死亡的报道[41]。实验条件下，家兔、小鼠、火鸡、鸽、鸭和鹅对该菌敏感。

链球菌主要通过口腔和气雾传播，也可通过皮肤伤口传播，尤其是笼养蛋鸡。兽疫链球菌气雾传播可导致鸡发生急性败血症。潜伏期从 1 天到几周，通常为 5～21 天。

心内膜炎在败血性链球菌感染发展到亚急性或慢性阶段时发生[42]。

临床症状

兽疫链球菌感染引起的临床症状是典型的急性败血症，包括精神不振、组织和头部羽毛沾有血污、排黄色稀粪、消瘦、冠和肉垂苍白。也有报道在晚期阶段出现发绀[58]。死亡率从很低到 50%。产蛋期鸡产蛋量下降高达 15%。

已从急性纤维素性脓性结膜炎病例中分离到链球菌和金黄色葡萄球菌[10]。

鸽感染牛链球菌可引起急性死亡，偶尔伴有跛行、厌食、腹泻和不能飞行等症状[20]。

病理变化

大体病变

兽疫链球菌所引起的急性病例的大体病变特征是脾肿大，肝肿大（有些有粟米状到 1cm 大小的红色、褐色或白色的坏死灶），肾肿大，皮下组织充血及腹膜炎。皮下和心包的液体呈血清血液性。也报道过口中流血使嘴和头周围羽毛有血迹的现象[50,58]。在鸽子发现有脾脏和肝脏充血，周围胸肌积液[20]。肉鸡在加工过程中发现的皮肤和皮下组织的蜂窝织炎与大肠杆菌和停乳链球菌有关[77]。

组织学病变

显微镜下可见肝窦状隙扩张充满红细胞、异嗜细胞增多。假如出现肉眼可见的病灶，则有多处坏死区或异嗜细胞积聚和血栓形成的梗死区。

用牛链球菌人工接种鸽子，常见鸽子软脑脊膜炎和脑炎，伴有弥散性异嗜细胞浸润和血管套[20]。

慢性链球菌感染的病变包括纤维素关节炎或腱鞘炎、骨髓炎、输卵管炎、纤维素心包炎和肝周炎、坏死性心肌炎、心瓣膜炎（图 23.2）。瓣膜的赘生物常呈黄色、白色或褐色，小而粗糙，附着于瓣膜的表面（图 23.3）。瓣膜病变最常见于二尖瓣，主动脉瓣或房室瓣比较少见。另外，瓣膜性心内膜炎的大体病变包括心脏肥大、苍白、松弛。心肌，

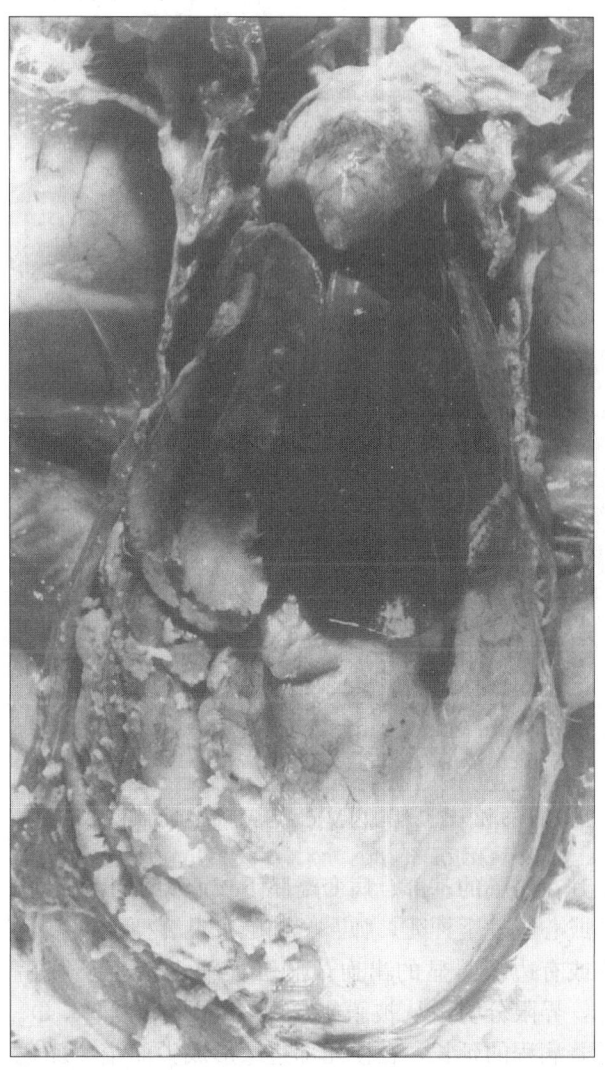

图 23.2 兽疫链球菌感染，表现肝周炎和腹膜炎（M. C. Peckham）

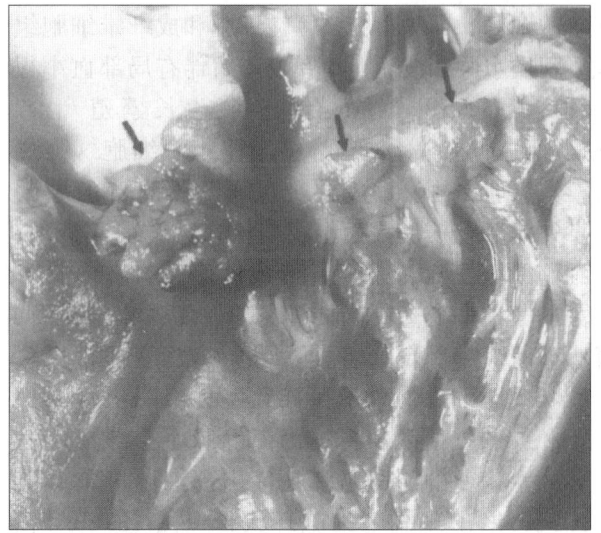

图 23.3 细菌性心内膜炎，可见二尖瓣上的赘生物（箭头所示）

图 23.4　细菌性心内膜炎，可见肝脏和心肌梗死

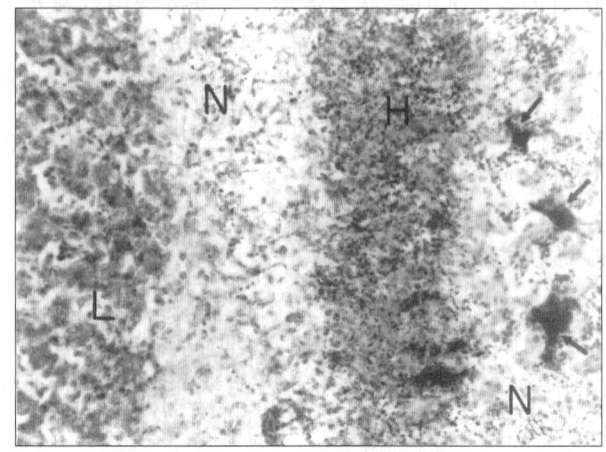

图 23.5　肝脏梗死边缘区可见成簇的细菌（箭头所示）、坏死区（N），坏死性异嗜细胞带（H）及相对正常的肝组织（L）。H.E 染色，×400

诊断

病原分离和鉴定

病禽出现典型临床症状和病变，血涂片（图 23.6），或病变的心脏瓣膜压片见到典型的链球菌，可初步诊断为链球菌病。

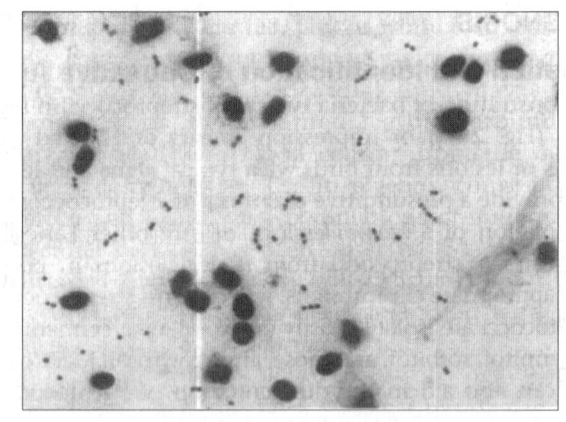

图 23.6　自然感染鸡血液中的兽疫链球菌。革兰氏染色，800×[23]

尤其在瓣膜的基部、病变瓣膜下或心尖部出血。肝脾或心脏发生梗死，肺、肾和脑少见。梗死区颜色浅或有边缘明显的出血。肝脏梗死多发生于腹后缘，界限分明，从被膜扩展到实质[31]（图 23.4）。随着病程的延长，在梗死部边缘形成尖而窄、颜色稍浅的带[42]。

显微镜下，瓣膜的病变主要由纤维素及混杂在其中的细菌、异嗜细胞、巨噬细胞和成纤维细胞组成。间质水肿和浸润，瓣膜变形，伴有局部血小板和纤维素的沉积，继而有微生物生长繁殖[35,42]。在瓣膜的纤维部分，有许多心肌组织细胞（阿尼奇科夫氏肌细胞）。造成赘生物瓣膜病变的原因是：①水肿使瓣膜表面上皮变松；②纤维素沉积；③细胞黏附于纤维素上并形成菌落。与心内膜炎相关的其他病变包括脑血管炎和梗死、软脑膜炎、肾小球肾炎和肺部血管栓塞[42]。脑病变通常局限于纹状体。败血性栓子可导致各种组织出现局部肉芽肿。肝脏梗死的特征为门静脉血栓形成后发生坏死。病变的特征是坏死区出现细菌聚集并伴有坏死边缘出现异嗜细胞环状带（图 23.5）。在形成血栓的血管中和坏死灶内用革兰氏染色发现有革兰氏阳性菌落。

从有典型症状的家禽中分离到兽疫链球菌或兰氏 C 群链球菌时可确诊为链球菌病。用血琼脂板很容易分离到链球菌。该菌不能在麦康凯培养基上生长、不同的溶血类型、PYR（尿吡啶交联物吡啶酚）反应和对胆汁七叶甙培养基的反应不定有助于区别禽链球菌。甘露醇、山梨醇、阿拉伯糖、蔗糖和棉子糖的发酵有助于区分兰氏血清群 D。兽疫链球菌及其他兰氏血清群 C 链球菌可通过传统检测方法或自动化系统进一步区分[38,51,81]。细菌分离的组织包括肝、脾、血液、卵黄、鸡胚液和其他可疑病变组织。细胞心内膜炎可根据瓣膜赘生物，结合心肌、肝和（或）脾梗死进行诊断。可疑病例需进行细菌的分离培养，以便确诊，排除其他细菌。

血清学

用乳胶凝集试验可以快速检测动物中血清群 C 链球菌[38]。

鉴别诊断

鉴别诊断包括其他细菌性败血性疾病，如葡萄球菌病、大肠杆菌病、巴氏杆菌病和丹毒。

治疗

在急性和亚急性感染可用抗生素，如青霉素、红霉素、新生霉素、土霉素、金霉素和四环素进行治疗。链球菌感染早期用药效果较好，当本病在整群发生时，疗效下降。对所有临床链球菌病例中分离的细菌应进行药敏实验，患细菌性心内膜炎的家禽尚无法治疗。

鸽子中分离的牛链球菌体外药敏试验表明，该菌对青霉素、大环内酯类、林可霉素、四环素、金霉素和硝基呋喃类药敏感[21]。

本病的防治需减少应激反应和预防免疫抑制疾病。常规的卫生消毒能减少暴露于环境中的链球菌群。以甲醛消毒孵化器可减少链球菌总数的 85.7%。与臭氧消毒效果比较，甲醛可以使细菌总数下降 7log10，而前者为 4log10[82]。

肠 球 菌
Enterococcus

引言

以前关于链球菌的章节中包括兰氏抗原 C 和 D 血清群链球菌。兰氏 D 群链球菌通常称作粪便链球菌[35]。随着新的细菌学的应用，特别是 DNA - DNA 和 DNA - rRNA 杂交技术的应用，兰氏 D 群链球菌被重新划分到肠球菌属[29,64]。本章叙述的是对各种肠球菌特异的疾病。在本章中，读者必须注意链球菌和肠球菌两者命名的改变。早期研究和报道的通过菌属鉴定的细菌在目前分类中只能归类为肠球菌而不是链球菌。若要研究由兰氏抗原血清群 C 和其他链球菌引起的疾病，应阅读本书的链球菌病一章。

禽类肠球菌呈世界性分布。肠球菌在自然界普遍存在，在各种家禽环境中常见。肠球菌被认为是家禽肠道中的正常微生物菌群[23]。在鸡的肠道内发现有肠球菌，但在垫料中却相对少得多。盆菜制品中禽肉受肠球菌污染的比率不高（16.67%），并且没有发现该菌污染引起的人食物中毒[34]。但是后来的研究发现加工过程中的肉样中革兰氏阳性球菌，包括肠球菌出现的百分比较高[67]。

历史

由于兰氏抗原血清群 D 与链球菌混淆，肠球菌感染的历史很短。早在 1947 年[58]、1956 年[3]、1962 年[33]和1971 年[42]就有家禽感染粪便链球菌的报道。这些报道中大多数将肠球菌命名为链球菌，使得很难证实最早的报道时间。大多数早期报道的病例包括细菌性心内膜炎、肝脏肉芽肿，偶尔有急性败血病。

病原学

肠球菌是革兰氏阳性球菌，单个、成对或呈短链，不运动，不形成芽孢，兼性厌氧。过氧化氢酶阴性，发酵糖，通常产乳酸并明显转换为 pH 酸性。通常禽源分离株能通过发酵甘露醇、山梨醇和 L-阿拉伯糖、蔗糖和棉子糖及在含结晶紫的麦康凯培养基上不能生长来区别（图 23.7）（表 23.3）[81]。这些特性与致病性之间的关系尚不清楚。来源于不同禽种致病肠球菌分离株包括粪肠球菌（E. faecalis）、屎肠球菌（E. faecium）、坚忍肠球菌（E. durans）、禽肠球菌（E. avium）和以前报道兰氏抗原血清群 D 链球菌的希氏肠球菌（E. hirae）。本章中粪肠球菌粪亚种（E. faecalis subsp. faecalis）、粪肠球菌液化亚种（E. faecalis subsp. liquefaciens）及粪肠球菌产酶亚种（E. faecalis subsp. zymogenes）都看作粪肠球菌。从家禽中也分离到了其他肠球菌[14,18]。

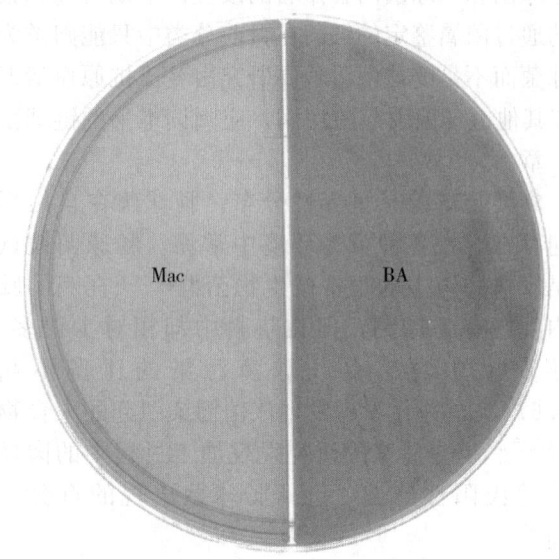

图 23.7 在血琼脂和麦康凯琼脂双片培养基上显示，粪肠球菌在血琼脂上生长，在含结晶紫的麦康凯琼脂上不生长

表 23.3 肠球菌不同的发酵特性

种类	发酵				
	甘露醇	山梨醇	L-阿拉伯糖	蔗糖	棉子糖
禽肠球菌	+	+	+		
坚忍肠球菌	−	−	−		
粪肠球菌	+	+	−		
屎肠球菌	+	−	+		
希氏肠球菌	−	−	−	+	+

＊＊ 肠球菌不在含结晶紫的麦康凯琼脂培养基上生长

在自然和人工感染时，有多种细菌可引起与链球菌和肠球菌有关的细菌性家禽心内膜炎。这些细菌包括粪肠球菌[20,30,39]、屎肠球菌[67]、坚忍肠球菌[26]、希氏肠球菌[14]、兽疫链球菌、金黄色葡萄球菌及多杀性巴氏杆菌[33]。自然感染中分离到的肠球菌，以粪肠球菌最常见，并且也是在实验室条件下通过静脉接种复制细菌性心内膜炎结果比较一致的菌种。

病理生物学和流行病学

粪肠球菌可感染各种年龄的禽类，来自粪便污染蛋的鸡胚和雏鸡发病严重[3,4]。已证实屎肠球菌是雏鸭死亡的原因之一[67]。

肠球菌主要通过口腔和空气传播，也可通过损伤的皮肤传播，特别是笼养鸡。静脉注射时，大多数肠球菌具有致病性。空气传播粪肠球菌可引起鸡发生急性败血症[3]。口服接种粪肠球菌后可引起急

性败血症和肝脏肉芽肿，死亡率很高[35]。粪肠球菌破坏了肠道上皮的完整性，使一些细菌（如拟杆菌、链状杆菌、真杆菌和链球菌）乘虚而入，引起火鸡肝脏肉芽肿[55]。从火鸡肝脏肉芽肿中经常分离到这些细菌和丙酸杆菌、棒状杆菌、葡萄球菌和乳酸菌。并发肠道感染或任何能使肠绒毛膜上皮受损、使常驻的肠球菌侵入的因素都能引起败血症或细菌性心内膜炎。潜伏期从 1 天到几周，通常为 5~21 天。

实验条件下，静脉接种可引起细菌性心内膜炎（赘生性或瓣膜性）。粪肠球菌分离株和来源于正常禽肠道的其他肠球菌都能产生心内膜炎[33,53,60,62]。败血性肠球菌感染转变成亚急性或慢性病时，往往发生心内膜炎[42]。

粪肠球菌人工感染雏鸡可引起雏鸡卵黄吸收减缓、总血浆蛋白水平较高，通过感染卵黄囊使新城疫抗体的被动转移（吸收）降低[65]。

肠球菌与雏鸡脑坏死和脑软化有关[2,11,15,24]。

然而，已证明有的肠球菌有利于生长和饲料转化[57]，是潜在益生菌研究的对象。

已报道粪肠球菌是引起鸡淀粉样关节炎的细菌组分[48,49]。

临床症状

家禽肠球菌能引起两种临床类型的疾病，急性和亚急性/慢性型。急性型临床症状与败血症有关，包括精神沉郁、嗜睡、倦怠、冠与肉垂苍白、羽毛粗乱、腹泻、头部轻微震颤、产蛋下降或停止，常有少量死禽。

亚急性/慢性型表现精神沉郁，体重下降，跛行和头部震颤。鸡静脉接种粪肠球菌 2~3 天后白细胞增多，发生心内膜炎鸡的数最高[33]。异嗜细胞占优势，并有轻度单核细胞增多。有持续性菌血症的家禽体温升高。外周血液中细菌数量变化相当大。病禽若不治疗，最终死亡。

经蛋传播或入孵时蛋被粪便污染可导致晚期胚胎死亡以及不能破壳的数量增多[4]。孵化时细菌包括肠球菌污染，均可造成雏鸡的早期死亡[65]。

病理变化

大体病变

肠球菌引起的急性病例大体病变的特征是脾肿

大、肝肿大（有或没有坏死灶）、肾肿大、皮下组织充血。孵化时感染可引起雏鸡和雏火鸡的脐炎或卵黄囊扩大[4,66,40]。屎肠球菌感染鸭表现肝肿大、脾坏死、纤维素性心包炎、肝周炎和气囊炎[67]。

慢性肠球菌感染的大体病变包括纤维素性关节炎和腱鞘炎、输卵管炎、纤维素性心包炎和肝周炎、坏死性心肌炎和瓣膜性心内膜炎。瓣膜赘生物常呈黄色、白色或褐色，体积小，瓣膜表面有隆起的粗糙区。瓣膜病变最常发生于二尖瓣，主动脉瓣或右侧房室瓣较少。用兽疫链球菌感染也能看到相同的变化。与瓣膜性心内膜炎有关的其他病变包括心脏肥大、苍白、心肌弛缓，心肌膜尤其是瓣膜的基部、感染瓣膜的下方和在心脏的心尖区出血[42]，肝脾或心脏发生梗死；肺、肾和脑少见。梗死区颜色浅或有边缘明显的出血。肝脏梗死通常发生于肝的腹后缘，界限清楚，扩展到肝实质[33]。随着病程的延长，在梗死区边缘形成尖而窄、颜色稍浅的带[42]。

组织学病变

显微镜下见肝窦状隙扩张，其中充满红细胞，异嗜细胞增多。假如出现肉眼可见的病灶，则有多处坏死区或异嗜细胞积聚和血栓形成的梗死区。脾肿大以淤血和单核巨噬细胞系统细胞增生为特征[35]。

显微镜下，瓣膜的主要病变是由纤维素和混杂在其中的细菌、异嗜细胞、巨噬细胞和成纤维细胞组成。瓣膜的间质水肿和浸润，伴有局部血小板和纤维素沉积，继而有微生物生长繁殖[33,42]。在瓣膜的纤维部分，心肌组织细胞（阿尼奇科夫氏肌细胞）占多数。与心内膜有关的其他病变包括脑血管炎和梗死、软脑膜炎、肾小球肾炎和肺部血管栓塞[39]。脑组织病变多局限于纹状体。败血性栓子可导致各种组织出现局部肉芽肿。肝脏梗死的特征为门静脉血栓形成后发生坏死。整个坏死区内聚集有大量细菌，异嗜细胞只在坏死边缘区；病变典型特点是在形成血栓的血管中和坏死灶内用革兰氏染色发现有革兰氏阳性细菌集落。

诊断

病禽出现典型症状和病变，血涂片或病变的瓣膜或其他病变组织压片中见到典型的肠球菌，可初步诊断为肠球菌病。

从具有典型病变和适当临床症状的家禽中分离到肠球菌（无粪便污染）可证实是肠球菌病。肠球菌用血琼脂和麦康凯培养基做基础分离培养容易分离[26,81]。肠球菌在含有结晶紫的麦康凯培养基上不生长（图23.7）。对污染的样品，在标准培养基上加入PEA（苯乙醇）可提供对革兰氏阳性菌的选择性。肠球菌的初步鉴定应在血琼脂上出现γ（或无）溶血、胆汁七叶甙琼脂上出现黑色沉淀并且在PYR（吡咯烷酮基-β-萘酰胺）琼脂上有阳性反应[51]（图23.8）。进一步鉴定到种还要应用对甘露醇、山梨醇、阿拉伯糖、蔗糖和棉子糖的不同发酵特性（表23.3）。许多商品化系统可用于细菌鉴定，应注意对鉴定结果的解释和接受。对可疑的不准确性要用第二方法包括传统的生化试验支持[39,69,72]。用于培养的首选组织包括肝、脾、血、卵黄、鸡胚液或其他可疑病料。细菌性心内膜炎可根据瓣膜上的赘生物，结合心、肝和（或）脾脏梗死进行诊断。可疑病例需进行细菌的分离培养，以便确诊，排除其他细菌。

鉴别诊断包括其他细菌性败血疾病，如葡萄球菌病、大肠杆菌病、巴氏杆菌病和丹毒。

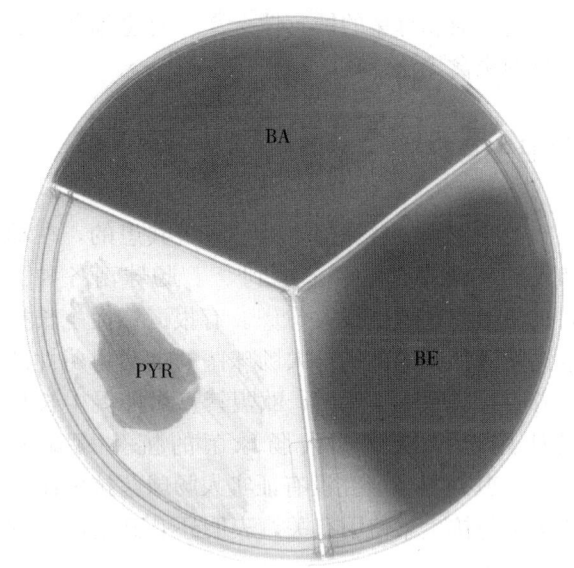

图23.8　粪肠球菌在血琼脂、胆汁七叶甙和PYR琼脂三片培养基上的反应。记录血琼脂上出现γ（或无）溶血、胆汁七叶甙琼脂上出现黑色沉淀、18～24h培养物中加入PYR试剂后出现红紫色。这种组合反应是D群肠球菌的指示反应。种类确定需要做糖类发酵实验。见表23.3

防控措施

预防和控制该病必须减少应激反应，预防免疫抑制性疾病和引起免疫抑制的因素。适当清扫消毒可减少环境中肠球菌的常在菌群，减少外部暴露。

治疗

急性和亚急性感染可用青霉素、红霉素、新生霉素、土霉素、金霉素、四环素或硝基呋喃类药进行治疗。感染早期用药效果良好，随着疾病在禽群中发生，疗效下降。已发现新生霉素治疗鸭屎肠球菌感染有效[66]。饲料添加杆菌肽可降低幼鸡某些肠球菌菌株的发病率[7]。一些肠球菌接触抗生素如泰乐菌素后可产生耐药性，再用这些抗生素治疗不会改变耐药菌的总数[20]。饲喂促生长抗生素的鸡的粪肠球菌和屎肠球菌的数量比其他肠球菌高[44,45]。对任何肠球菌临床病例，在进行治疗之前应对分离的菌株进行药敏实验。肠球菌对促生长抗生素的耐药性和敏感性有所不同[27]。投喂50g金霉素的鸡与不加药的鸡在抗菌耐药性图谱上有差异，意味着除喂食低水平抗生素外，其他因素也与抗生素耐药性的产生有关[52]。环境压力、饲养计划、应激因素、不同遗传型的相互作用和舍饲条件均能影响鸡对肠球菌的敏感性[43,68]。对患细菌性心内膜炎的家禽无法治疗。

公共卫生意义

禽类中发现的链球菌多数是人兽共患的，在动物和人的感染中都已经分离到[74]。肠球菌各种群之间抗菌敏感性差别很大[27,71]。有报道称促生长抗生素饲料添加剂的应用与人肠球菌的抗菌耐药性的产生有直接关系[6]。然而，欧盟禁止几种促生长抗生素使用也没能降低人肠球菌的抗生素耐药率[12,32]。其他科学研究没有证实人肠球菌抗菌耐药性的发生与抗生素使用有关，表明还有其他因素的影响[52,19,59]。

张文华 韦 莉 刘 爵 译
常建宇 苏敬良 校

参考文献

[1] Abdul-Aziz, T. A. 1994. Pathogenicity of Enterococcus

hirae for chicken embryos and betamethazone-treated chicks. *Res. Vet. Sci.* 56:397-398.

[2] Abe, Y., K. Nakamura, M. Yamada, and Y Yamamoto. 2005. Encepalomalacia with Enterococcus durans infection in the brain stem and cerebral hemisphere in chick in Japan. *Avian Dis.* 50:139-141.

[3] Agrimi, P. 1956. Studio sperimentale su alcuni focolai di streptococcosi nel pollo. *Zooprofilassi* 11:491-501.

[4] Alaboudi, A. R., D. A. Hammed, H. A. Basher, and M. G. Hassen. 1992. Potential pathogenic bacteria from dead-in-shell chicken embryos. *Iraqi J Vet Sci* 5:109-114.

[5] Baele, M., L. A. Devriese, P. Butaye, and F. Haesebrouck. 2002. Composition of enterococcal and streptococcal flora from pigeon intestines. *J. of Appl. Microbiol.* 92:348-351.

[6] Bager, F., M. Madsen, J. Christensen, F. M. Aarestrup. 1997. Avoparcin used as a growth promoter is associated with the occurrence of vancomycin-resistant Enterococcus faecium on Danish poultry and pig farms. *Prey. Vet. Med.* 31:95-112.

[7] Barnes, E. M., G. C. Mead, C. S. Impey, and B. W. Adams. 1978. The effect of dietary bacitracin on the incidence of Streptococcus faecalis subspecies liquefaciens and related streptococci in the intestines of young chicks. *Poult Sci* 19:713-723.

[8] Barnes, E. M., C. S. Impey, B. J. H. Stevens, and J. L. Peel. 1977. Streptococcus pleomorphus sp. nov.: An anaerobic streptococcus isolated mainly from the caeca of birds. *J Gen Microbiol* 102:45-53.

[9] Brittingham, M. C., S. A. Temple, and R. M. Duncan. 1988. A survey of the prevalence of selected bacteria in wild birds. *J Wildl Dis* 24:299-307.

[10] Cheville, N. F., J. Tappe, M. Ackermann, and A. Jensen. 1988. Acute fibrinopurulent blepharitis and conjunctivitis associated with Staphylococcus hyicus, Escherichia coli, and Streptococcus spp. in chickens and turkeys. *Vet Patrol* 25:369-375.

[11] Cardona, C. J., A. A. Bickford, B. R. Charlton, and G. I. Cooper. 1993. Enterococcus durans infection in young chickens associated with bacteremia and encephalomalacia. *Avian Dis.* 37:234-239.

[12] Cervantes, H. 2006. Should antibiotic feed additives be banned? Poultry USA. Watt Publishing Company.

[13] Chadfield, M. S., J. P. Christensen, H. Christensen, and M. Bisgaard. 2004. Characterization of streptococci and enterococci associated with septicaemia in broiler parents with high prevalence of endocardtitis. *Avian Pathol.* 33:

610 - 617.

[14] Chadfield, M. S. , J. P. Christensen, J. Juhl-Hansen, H. Christensen, and M. Bisgaard. 2005. Characterization of Enterococcus hirae outbreaks in broiler flocks demonstrating increased mortality because of septicemia and endocarditis and/or altered production parameters. *Avian Dis*. 49:16 - 23.

[15] Chamanza, R. T. , T. H. Fabri, L. van Veen, and R. M. Dwars. 1998. Enterococcus-associated encephalomalacia in one-week-old chicks. *Vet Rec* 143(16):450 - 451.

[16] Chapin, Kimberle C. , and Patrick R. Murray. 1999. Media. In: Manual of Clinical Microbiology, 7th ed. P. R. Murray, E. J. Baron, M. A. Pfaller, F. C. Tenover, and R. H. Yolken, eds. American Society for Microbiology Press, Washington, D. C. pp. 297 -305.

[17] Clark, S. R. , H. J. Barnes, A. A. Bickford, R. P. Chin, and R. Droual. 1991. Relationship of osteomyelitis and associated soft-tissue lesions with green liver discoloration in tom turkeys. *Avian Dis* 35:139 - 146.

[18] Collins, M. D. , D. Jones, J. A. E. Farrow, R. Kilpper-Balz, and K. H. Schleifer. 1984. Enterococcus avium nom. rev. , comb. nov. ; E. casseliflavus nom. rev. , comb. nov. ; E. durans nom. rev. , comb. nov. ; E. gallinarum comb. nov. ; and E. malodoratus sp. nov. *Int J System Bacteriol* 34:220 - 223.

[19] Debnam, A. L. , C. R. Jackson, G. E. Avellaneda, J. B. Barrett, and C. L. Hofacre. 2005. Effect of growth promotant useage on enterococci species on a poultry farm. *Avian Dis* 49:361 - 365.

[20] De Herdt, P. , M. Desmidt, F. Haesebrouck, R. Ducatelle, and L. A. Devriese. 1992. Experimental Streptococcus bovis infections in pigeons. *Avian Dis* 36:916 - 925.

[21] De Herdt, P. , L. A. Devriese, B. De Groote, R. Ducatelle, and F. Haesebrouck. 1993. Antibiotic treatment of Streptococcus bovis infections in pigeons. *Avian Pathol* 22:605 - 615.

[22] De Herdt, P. , R. Ducatelle, F. Haesebrouck, L. A. Devriese, B. De Groote, and S. Roels. 1994. An unusual outbreak of Streptococcus bovis septicemia in racing pigeons (Columba livia). *Vet Rec* 134:42 - 43.

[23] Devriese, L. A. , J Hommes, R. Wijfels, and F. Haesebrouck. 1991. Composition of the enterococcal and streptococcal intestinal flora of poultry. *J Appl Bacteriol* 71(1):46 - 50.

[24] Devriese, L. A. , R. Ducatelle, E. Uyttebroek, and F. Haesebrouck. 1991. Enterococcus hirae infection and focal necrosis of the brain of chicks. *Vet Rec* 129(14):316.

[25] Devriese, L. A. , P. Vandamme, B. Pot, M. Vanrobaeys, K. Kersters, and F. Haesebrouck. 1998. Differentiation between Streptococcus gallolyticus strains of human clinical and veterinary origins and Streptococcus bovis strains from the intestinal tracts of ruminants. *J. Clin. Microbiol*. 36:3520 - 3523.

[26] Domermuth, C. H. and W. B. Gross. 1969. A medium for isolation and tentative identification of fecal streptococci, and their role as avian pathogens. Avian Dis. 13:394 - 399.

[27] Dutta, G. N. and L. A. Devriese. 1982. Susceptibility of fecal streptococci of poultry origin to nine growth-promoting agents. *Appl Environ Microbiol* 44:832 -837.

[28] Edwards, P. R. and F. E. Hull. 1937. Hemolytic streptococci in chronic peritionitis and salpingitis of hens. *J Am Vet Assoc* 91:656 - 660.

[29] Facklam, R. F. and D. F. Sahm. 1995 Enterococcus. In P. M. Murray, E. J. Baron, M. A. Pfaller, F. C. Tenover, and R. H. Yolken (eds.). Manual of Clinical Microbiology, 6th ed. American Society of Microbiology Press: Washington, DC, 308 - 314.

[30] Farrow, J. A. and M. D. Collins. 1985. Enterococcus hirae, a new species that includes amino acid assay strain NCDO 1258 and strains causing growth depression in young chickens. *Int. J. Syst. Bacteriol*. 35:73 - 75.

[31] Farrow, J. A. , E. D. Jones, B. A. Phillips, and M. D. Collins. 1983. Taxonomic studies on some group streptococci. *J. Gen. Microbiol*. 129:1423 - 1432.

[32] Goosens, H. , D. Jabes, and R. Rossi. 2003. European survey of vancomycin-resistant enterococci in at-risk hospital wards and *in vitro* susceptibility testing of ramoplanin against these isolates. *J. Antirnicrob. Chernother*. 51 (suppl S3):ii5 - iii 12.

[33] Gross, W B. 1991. Use of corticosterone and ampicillin for treatment of Streptocòccus faecalis infection in chickens. *Am J Vet Res* 52:1288 - 1291.

[34] Gross, W. B. and C. H. Domermuth. 1962. Bacterial endocarditis of poultry. *Amd J Vet Res* 23:320 - 329.

[35] Hefnawy, Y. and M. Sabah. 1990. Quality evaluation of ready to eat poultry in Assiut City. *Assiut Vet Med J* 23:119 - 125.

[36] Hernandez, D. J. , E. D. Roberts, L. G. Adams, and T. Vera. Pathogenesis of hepatic granulomas in turkeys infected with Streptococcus faecalis var. liquefaciens. *Avian Dis*. 15:201 - 216. 1972.

[37] Hinton, M. , A. Kaukas, S. K. Lim, and A. H. Linton. 1986. Preliminary observations on the influence of antibi-

otics on the ecology of Escherichia coli and the entero-
cocci in the faecal flora of healthy young chickens. *J An-
tirnicrob Chemother* 18:165 - 173.

[38] Hudson, C. B. 1933. A specific infectious disease of
chickens due to a hemolytic streptococcus, *J Am Vet
Med Assoc* 82:218 - 231.

[39] Inzana, T. C. and B. Irtani. 1989. Rapid detection of group
C streptococci from animals by latex agglutination, *J
Clin Microbiol* 27:309 - 312.

[40] Inzani, T. J. , D. S. Lindsey, X. J. Meng, and K. W. Post.
2002. Grampositive Bacteria, In: Truant, Allan L. ed.
Manual of Commercial Methods in Clinical Microbiolo-
gy. ASM Press, Washington D. C. 348.

[41] Ivanics, E. , Z. Bitay, and R. Glavits. 1984. Streptococcus
mutans infection in geese. *Magy Allatorv Lapja* 39:92 -
95.

[42] Jensen, W. I. 1979. An outbreak of streptococcosis in
eared grebes (Podiceps nigricollis). *Avian Dis.* 23:543 -
546.

[43] Jortner, B. S. and C. F. Helmboldt. 1971. Streptococcal
bacterial endocarditis in chickens. *Vet Pathol* 8:54 -62.

[44] Katanbaf, M. N. , P. B. Siegel, and W. B. Gross. 1987.
Prior experience and response of chickens to a strepto-
coccal infection. *Poult Sci* 66:2053 - 2055.

[45] Kaukas, A. M. , M. Hinton, and A. H. Linton. 1987. The
effect of ampicillin and tylosin on the faecal enterococci
of healthy young chickens. *J Appl Bacteriol* 62 (5):
441 -447.

[46] Kaukas, A. M. , M. Hinton, and A. H. Linton. 1988. The
effect of growth-promoting antibiotics on the faecal en-
terococci of healthy young chickens. *J Appl Bacteriol* 64
(1): 57 - 64.

[47] Kernkamp, H. C. H. 1927. Idiopathic streptococcic peri-
tonitis in poultry. *J Am Vet Med Assoc* 23:585 -596.

[48] Kuntz, R. L. , P. G. Hartel, K. Rodgers, and W. I. Segars.
2004. Presence of Enterococcus faecalis in broiler litter
and wild bird feces for bacterial tracking. *Water Re-
search* 38:3551 - 3557.

[49] Landman, W J. 1999. Amyloid arthropathy in chickens.
Vet Q 21 (3):78 - 82.

[50] Landman, W J. , A. E. vd Bogaard, P. Doornenbal, P. C.
Tooten, A. R. Elbers, and E. Gruys. 1998. The role of va-
rious agents in chicken amyloid arthropathy. *Amyloid* 5
(4):266 - 278.

[51] Mack, W. B. 1908. Apoplectiform septicemia in chickens.
Am Vet Rev 33:330 - 332.

[52] MacFaddin, Jean F. 2000. Biochemical Tests for the Iden-
tification of Medical Bacteria. 3rd edition. Lippincott Wil-
liams and Wilkins, Baltimore, MD.

[53] Mazurkiewicz, M. , A. Latala, A. Wieliczko, A. Zalesins-
ki, and M. Tomaszewski. 1990. Efficacy of Baytril in the
control of bacterial diseases of poultry. *Med Etery-
naryjnego* 46:286 - 289.

[54] McNamee, P. T. and D. C. King. 1996. Endocarditis in
broiler breeder rearers due to Enterococcus hirae. *Vet
Rec* 138(10):240.

[55] Molitoris, E. , M. I. Krichevsky, D. J. Fagerberg, and C.
L. Quarles. 1986. Effects of dietary chlortetracycline on
the antimicrobial resistance of broiler faecal streptococ-
caceae. *J Appl Bacteriol* 60(3):185 -193.

[56] Moore, W. E. C. and W B. Gross. 1968. Liver granulomas
of turkeys—causative agents and mechanism of infec-
tion. *Avian Dis.* 12:417 - 422.

[57] Nogaard, V. A. and J. R. Mohler. 1902. Apoplectiform
septicemia in chickens. *US Dep Agric BAI Bull* 36.

[58] Owings, W J. , D. L. Reynolds, R. J. Hasiak, and P. R.
Ferkett. 1990. Influence of dietary supplementation with
Streptococcus faecium M74 on broiler body weight, feed
conversion carcass characteristics, and intestinal microbi-
al colonization. *Poult Sci* 69(8): 1257 -1264.

[59] Peckham, M. C. 1966. An outbreak of streptococcosis
(apoplectiform septicemia) in white rock chickens. *Avian
Dis.* 10:413 - 421.

[60] Phillips, I. , M. Casewell, T. Cox, B. De Groot, C. Friis,
R. Jones, C. Nightengale, R. Preston, and J. Waddell.
2004. Does the use of antibiotics in food animals pose a
risk to human health? A critical review of published da-
ta. *J. Antimicrob. Chemother.* 53:28 -52.

[61] Povar, M. L. and B. Brownstein. 1947. Valvular endocar-
ditis in the fowl. *Cornell Vet* 37:49 - 54.

[62] Quinn, P. J. , M. E. Carter, B. K. Markey, and G. R. Cart-
er. 1994. Streptococci and related cocci. In: Clinical Vet-
erinary Microbiology. Wolfe Publishing-Mosby Yearbook
Limited. London.

[63] Randall, C. J. and D. B. Pearson. 1991. Enterococcal endo-
carditis causing heart failure in broilers. *Vet Rec* 129
(24):535.

[64] Rouff, K. L. , R. A. Whiley, and D. Beighton. 2003. Strep-
tococcus. In: Manual of Clinical Microbiology, 8th ed. P.
R. Murray, E. J. Baron, J. H. Jorgensen, M. A. Pfaller,
and R. H. Yolken. , eds. American Society for Microbiol-
ogy, Press, Washington, D. C. 405 - 421.

[65] Rouff, K. L. 1995. Streptococcus. In P. R. Murray, E. J.
Baron, M. A. Pfaller, F. C. Tenover, and R. H. Yolken

(eds.). Manual of Clinical Microbiology, 6th ed. Amercian Society of Microbiology Press: Washington, DC, 299 -307.

[66]Rudy, A. 1991. The effects of microbial contamination of incubators on the health of broiler chicks in the first days of life. *Zesz Nauk Akad Rolniczej we Wroclawin Weter* 49:19 - 26.

[67]Sander, J. E. , E. M. Willingham, J. L. Wilson, and S. G. Thayer. 1998. The effect of inoculationg Enterococcus faecalis into the yolk sac on chick quality and maternal antibody absorption. *Avian Dis.* 42:359 -363.

[68]Sandhu T. S. 1988. Fecal streptococcal infection of commercial white pekin ducklings. *Avian Dis.* 32: 570 - 573.

[69]Siegel, P. B. , M. N. Katanbaf, N. B. Anthony, D. E. Jones, A. Martin, W. B. Gross, and E. A. Dunnington. 1987. Responses of chickens to Streptococcus faecalis: Genotype-housing interactions. *Avian Dis.* 31: 804 - 808.

[70]Singer, D. A. , E. M. Jochimson, P. Gielerak, and W. R. Jarvis. 1996. Pseudo-outbreak of Enterococcus durans infections and colonization associated with introduction of an automated identification system software update. *J. Clin. Microbiol.* 34:2685 - 2687.

[71]Teixeira, L. M. and R. R. Facklam. 2003. Enterococcus. In: Manual of Clinical Microbiology, 8th ed. P. R. Murray, E. J. Baron, J. H. Jorgensen, M. A. Pfaller, and R. H. Yolken, eds. American Society for Microbiology Press, Washington, D. C. 422 - 433.

[72]Tejedor-Junco, M. T. , O. Alfonso-Rodriguez, J. L. Martin-Barrasa, and M. Gonzales-Martin. 2005. Antimicrobial susceptibility of Enterococcus strains isolated from poultry feces. *Res. Vet. Sci.* 78:33 - 38.

[73]Tsakris, A. , N. Woodford, S. Pournaras, M. Kaufman, and J. Douboyas. 1998. Apparent increased prevalence of high-level aminoglycoside-resistant Enterococcus durans resulting from false identification by a semi-automated software system. *J. Clin. Microbiol.* 36:1419 - 1421.

[74]Turtura, G. C. and P. Lorenzelli. 1994. Gram-positive cocci isolated from slaughtered poultry. *Microbiol Res* 149(2):203 - 213.

[75]Ural, O. , I. Tuncer, N. Dikei, and B. Aridogan. 2003. Streptococcus zooepidemicus meningitis and bacteremia. *Scand. J Infect Dis.* 35:206 - 207.

[76]Utoma, B. N. , S. Poernoma, and Iskander. 1990. Bacteria isolated from chicken yolk sac infection at the Research Institute for Veterinary Science. *Penyakit-Hewan* 22: 102 - 105.

[77]Vanrobaeys, M. , F. Haesebrouck, R. Ducatelle, and P. De Herdt. 2000. Identification of virulence associated markers in the cell wall of pigeon Streptococcus gallolyticus strains. *Vet. Microbiol.* 73:319 - 325.

[78]Vaillancourt, J. P. , A. Elfadil, and J. R. Bisaillon. 1992. Cellulitis in the broiler fowl. *Med Vet Quebec* 22:168 - 172.

[79]Volkmar, F. 1932. Apoplectiform septicemia in turkeys. *Poult Sci* 11:297 - 300.

[80]Wages, D. P. 2003. Enterococcosis. In Diseases of Poultry,11th ed. Y. M. Saif, H. J. Barnes, J. R. Glisson, A. M. Fadly, L. R. McDougald, and D. E, Swayne, eds. Iowa State Press, Ames, Iowa. 809 -812.

[81]Wages, D. P. 2003. Streptococcosis. In Diseases of Poultry,11th ed. Y. M. Saif, H. J. Barnes, J. R. Glisson, A. M. Fadly, L. R. McDougald, and D. E. Swayne, eds. Iowa State Press, Ames, Iowa. 805 -808.

[82]Wages, D. P. 1998. Streptococcosis, In D. E. Swayne, J. R. Glisson, M. W. Jackwood, J. E. Pearson, W. M. Reed (eds.). Isolation and Identification of Avian Pathogens, 4th ed. American Association of Avian Pathologists: Kennett Square, PA, 58 -60.

[83]Whistler, P. E. and B. W. Sheldon. 1989. Biocidal activity of ozone versus formaldehyde against poultry pathogens inoculated in a prototype setter, *J Poult Sci* 68: 1068 - 1073.

丹毒

Erysipelas

Joseph M. Bricker 和 Y. M. Saif

引 言

定义和同义名

禽类丹毒通常为禽群中一些个体发生的急性、暴发性感染。已报道过多种脊椎动物发生这种感染，有些为污染（如鱼），有些为感染。其病原为猪丹毒丝菌（*Erysipelothrix rhusiopathiae*），革兰氏阳性。可以引起猪丹毒和人的类丹毒。虽然本病在家禽中为散发，但该菌广泛分布于自然界，某些地区呈地方流行性。

经济意义

在禽类中，该病主要对火鸡造成一定的经济损失，其他禽类暴发丹毒不多见。偶尔在其他禽群中有个别发生，在鸡和小鸭也暴发过几起，并造成了经济损失[67]。Salem 等[97] 最近报道肉种鸡和肉鸡两种发生丹毒。猪丹毒丝菌也可引起雉、鸭、鹅、珍珠鸡、鹌鹑和鸸鹋暴发丹毒[19,31,42,44,51,52,56,88,128]。

丹毒不仅可造成死亡，而且经常影响雄禽的受精能力。市场损失可能是因为不能育肥、淘汰或剖检后有败血症导致降级等。据报道，感染鸡群出现产蛋下降。

公共卫生意义

人的类丹毒表现为局部或败血症感染，偶尔可致死。类丹毒被认为是一种职业病，尤其感染渔民、屠宰人员、厨师、兽医和动物饲养员。大多数病例，在本病发生之前都有割破之类的外伤。有人对火鸡群感染丹毒提出推测诊断，认为它来源于患有丹毒的饲养员或人工授精人员。Mutalib 等[78] 报道，在一个加工厂，确诊鹌鹑发生丹毒后，几个雇员感染疑似类丹毒。笼养蛋鸡暴发了丹毒，其饲养员怀疑患类丹毒[77]。虽然丹毒感染最常见的为局部皮肤感染，但 Dunban 和 Clarridge[33] 曾报道几例病例出现多种临床症状。

Silberstein[114] 报道，用青霉素治疗的病人出现心内膜炎和大脑炎。猪丹毒丝菌作为职业性病原已在几篇综述中作了阐述[17,89]。

历　史

1936 年以前，有过多种禽类散发感染的报道。Beaudette 和 Hudson[6] 首先阐述了此病在北美洲火鸡中的经济意义，不久后，又有几起疾病暴发的报道。随着火鸡人工授精技术的广泛应用，预防火鸡丹毒成为种火鸡饲养者所要面对的问题。随着更多火鸡的封闭饲养，除在疫区外，本病就显得不很重要了。

20 世纪 50 年代早期，随着菌苗和青霉素治疗的应用，人们建立了不同的预防接种程序和治疗方案。尽管如此，母火鸡由人工授精引起的丹毒病例仍有发生。

病　原　学

分类

名称和同义名

猪丹毒丝菌（原来为 *E. insidiosa*）属于乳杆菌科（Lactobacillaceae）[18]。根据对猪丹毒丝菌代表菌株 DNA 同源性研究发现有第二个基因种，即扁桃体丹毒丝菌（*E. tonsillarum*）[118]。有证据表明，可能有另一个不同于猪丹毒丝菌和扁桃体丹毒丝菌的独特基因种存在[84,119]，或可能是另外两种的不同的新种[123]。最近 Verbarg 等[130] 鉴定了第 3 个基因种，命名为 *E. inopinata*。只有猪丹毒丝菌对禽类有致病性。

形态和染色

该菌是革兰氏阳性杆菌，易褪色，并且形成长丝。不形成芽孢，不耐酸，不运动。细菌形态呈多样性。从光滑菌落或从急性感染的禽类组织中分离的细菌呈细长的、直的或微弯的棒状，长 0.8～2.5 μm，宽 0.2～0.4 μm，单个或形成短链。从老的培养物或粗糙菌落分离的细菌呈丝杆状，可形成菌丝体样团块。这些丝杆状形态通常看起来较厚，染色后可呈念珠样结构。这种丝状形态在人工培养基上生长几代后开始出现。短棒和短丝可在同一菌落（中间型菌落）中同时出现。猪丹毒丝菌为革兰氏阳性菌，但容易脱色，尤其在老的培养物更易见到这样的特性。扁桃体丹毒丝菌和猪丹毒丝菌在形态上不易区分。

生长需要

猪丹毒丝菌为兼性厌氧，在普通培养基上很容易生长，但不茂盛。在硫乙醇酸盐肉汤和含有血清或血清成分的各种其他肉汤中中等程度生长。往肉汤中加入血清，生长明显加强，培养 24h 后，出现粉状沉淀。蛋白水解物、葡萄糖和某些表面活性剂，如吐温-80 也能促进生长。在加 0.5％琼脂的胰蛋白磷酸盐肉汤制成的半固体培养基中进行穿刺培养时,生长特别好。Feist 等[37]介绍过一种能使细菌高产但无血清的培养基。Groschup 和 Timoney[46]的研究表明,用 Feist 培养基比用添加马血清的脑心浸液肉汤培养的细菌浓度更高。然而,Sato 等[100]报道,用胰酶大豆肉汤添加 0.3% 的 Tris 和 0.1% 吐温-80 比用 Feist 培养基或两种不同添加物的脑心浸液肉汤细菌产量更高。降低氧或增加二氧化碳(5%～10%)促进生长量,但不是细菌生长所必需的。Smith[115]介绍本菌在肉浸液的肉汤中培养 24h 呈"微弱乳白光……摇动变成优美的摆动的云雾状"。猪丹毒丝菌在 4℃(生长慢)到 42℃的范围内都能生长,最佳范围为 35～37℃。最佳生长 pH 为 7.4～7.8 微碱性。油酸和核黄素为生长所必需。该菌不形成菌膜。

菌落形态

已介绍过猪丹毒丝菌有 3 种菌落类型。光滑的菌落呈露珠状,无色至蓝灰色,边缘光滑,如针尖大小(0.5～0.8mm)。大多数直接从被感染的组织中分离出的猪丹毒丝菌形成这种菌落。但有些菌株形成粗糙菌落,主要是一些厚丝杆状细菌。粗糙菌落是不透明、扁平、干燥、针尖大小(1～2mm),边缘不规则或呈叶状。从光滑菌落到粗糙菌落的过渡称为中间型菌落,这种菌落中有短杆状和短丝状两种细菌形态。在含 5%～10% 马或牛血培养基上,在 5%～10% 二氧化碳环境下,37℃培养 2～3 天,大部分菌株产生狭窄的 α 溶血环。明胶穿刺,置 21℃培养 48h 后呈试管刷状(横向放射状)生长。

生化特性

猪丹毒丝菌发酵半乳糖、右旋葡萄糖、果糖、麦芽糖、乳糖和果糖,不产气。扁桃体丹毒丝菌发酵蔗糖的能力不同[119]。然而研究者最近指出,这种特性可能不是扁桃体杆菌特有的[84]。醋酸铅琼脂或三糖铁琼脂变黑,表明能产生硫化氢,偶然发酵木糖。也曾分离到不产生硫化氢的菌株[10]。石蕊牛奶偶尔可引起轻度变酸但不凝固。此菌过氧化氢酶阴性,不产生吲哚,不还原硝酸盐,V-P 及甲基红试验阴性,不分解七叶苷,不还原 0.1% 美蓝。White 和 Shuman[135]发现其发酵随培养基、指示剂及测定产酸的方式不同而有变化,最可靠的培养基是 Andrade 氏基础培养基中加血清。在 3 种测定产酸的方法中(化学指示剂、pH 变化和滴定酸的用量),他们发现化学指示剂实验结果重复性最好。

对理化因素的抵抗力

猪丹毒丝菌对各种环境及化学因素有较强的抵抗力。对干燥有很强的抵抗力,加工肉品的烟熏或盐渍不能杀灭该菌,并且在冷冻或冷藏肉、干燥血液及腐烂的胴体或鱼肉中生存。离开组织后,在 70℃ 5～10min 内被杀死。0.1% 的升汞、0.5% 氢氧化钠、3.5% 煤酚溶液或 5% 酚溶液能很快杀死猪丹毒丝菌。0.5% 福尔马林能杀灭该菌。本菌对 0.001% 结晶紫和 0.5% 锑酸钾有抵抗力。在 0.1% 叠氮钠存在时能生长。

Vallee[129]发现在温暖的气候条件下,此菌能在土壤中保存活性,在碱性土壤中繁殖。但 Wood[138]报道,猪丹毒丝菌在实验条件下,当温度、pH 和有机质等参数变化时,在土壤中会以不同速度失活。温度对其活力的影响最为显著。病原体在 3℃可存活 35 天,在 30℃下存活 2 天。在不同有机质含量和 pH 下,生存不会超过 11～18 天。

抗原结构和毒素

猪丹毒丝菌的所有不同菌株至少拥有一个或更多的共同抗原[40,102,116,139]。这些抗原不耐热,由蛋白质或蛋白质复合物、碳水化合物和脂质组成[136]。细胞脂肪酸组成分析表明猪丹毒丝菌和扁桃体丹毒丝菌两个钟之间无差异[121]。Schubert 和 Fiedler[103]对细菌细胞壁胞壁酸成分研究表明其胞壁酸为 B1δ 型。Barber[5]和 Nelson 及 Shelton[81]报道,该菌与李氏杆菌(Listeria sp.)相似,然而两者在培养特性上有显著差异。此细菌壁脂质化合物成分含量较高(>30%%),与分支杆菌相似。与某些革兰氏阴性细菌相似,猪丹毒丝菌所含的己糖胺成分较少,但氨基酸含量不同[58]。猪丹毒丝菌不产生毒素。

菌株分类

抗原性

目前，菌株的分类主要根据血清学特性，而不是生物学或化学活性。根据一种热稳定抗原（细胞壁肽聚糖）可以划分猪丹毒丝菌的血清型。用酸抽提或高压（121℃1h）一种洗过的灭活全菌很容易制备这种抗原。用特异性高免兔血清采用琼脂双向扩散试验可确定血清型。Kuscera[65]描述的数字分型系统是区分猪丹毒丝菌分离物的较好方法。用该数字系统，以前确定为 A 或 B 型的，现在分别改为 1 和 2 型。一些血清型还有血清亚型（如血清 1 型和 2 型）。血清亚型用数字后加字母命名。猪丹毒丝菌有 26 个血清型[4,35]，扁桃体丹毒丝菌作为一个特定种派生出另一个血清学分型体系。从家禽中分离的猪丹毒丝菌大多数属于 3 个主要的血清型：血清 1 型（包括 1a 和 1b）、血清 2 型和 5 型[30,34,128,143]。

免疫原性或保护特性

Traub[126]描述一种由某些血清 2 型猪丹毒丝菌产生的"可溶性免疫物质"。这种免疫物质出现在整个细菌细胞上，当细菌在含血清的复合培养基上生长时，可释放到培养基中。最近有几篇报道证实了 Traub 最初的观察，不是所有血清 2 型菌株都能产生该物质，并在菌苗中达到有效浓度[61,144]。

根据对可溶性免疫物质的描述，已采用几种不同方法试图鉴定一个保护性抗原的特性[94,125,136]。Galan 和 Timoney[40]报道了分子量为 64 000～66 000 的蛋白基因，并克隆表达该基因，在异源载体中产生融合蛋白。Groschup 等[45]证明分子量 64 000～66 000 的蛋白对小鼠有保护作用。Sato 等[98]从几个不同血清型猪丹毒丝菌代表菌株培养过滤物中分离出分子量为 64 000 和 43 000 的保护性蛋白。Sato 等[100]证明用 0.05%～1% NaOH 的碱抽提细菌保护性抗原的浓度比培养过滤物或超声波处理物中高。Makino 等[69]鉴定出一个编码一个分子量为 69 000 的表面蛋白的基因，命名为表面蛋白 A（SpaA）。表面蛋白 A C 端重复由 160 个氨基酸残基组成，含有 8 个 20 和 19 个氨基酸重复，每一个重复从二肽 GW 开始，这个重复表现细胞表面结合这种蛋白的作用[71]。Shimoji 等[111]描述了一个命名为 SpaA.1 的蛋白，它的序列在 C 端和426 及 435 位处与 SpaA 不同。已有针对保护性抗原的单克隆抗体的报道[61,69,101]。

最近，Shimoji 等鉴定了 2 个黏附性表面蛋白，命名为 RspA 和 RspB.。在猪丹毒丝菌的表面提取物和培养上清中均有这两种蛋白。利用大肠杆菌表达的融合蛋白对小鼠的攻毒感染有部分保护作用。

遗传或分子特征

其他的方法，包括分子和遗传技术对丹毒丝菌的血清型分类体系提出了挑战。Takahashi[119]通过 DNA‐DNA 杂交表明血清型 3、7、10、14、20、22 和 23 的菌株属于扁桃体丹毒丝菌，而血清型 1、2、4、5、6、8、9、11、12、15、16、17、19、21 和 N 型属于猪丹毒丝菌。不携带型特异性抗原的菌株均为 N 型，血清型 13 和 18 的菌株与猪丹毒丝菌和扁桃体丹毒丝菌 DNA 同源性小，可能属于一个独特基因种。Takeshi 等[123]建议属于血清型 13 和 18 的菌株分别代表丹毒丝菌属菌 2 个新的不同种。属于血清型 24、25 和 26 菌株的分型，该研究没有报道。最近 Okatani 等[83]用随机扩增多态性 DNA（RAPD）分析表明，分别属于血清型 15 和 16 的 2 株菌株均有扁桃体丹毒丝菌的 RAPD 图谱。然而血清一株 10 型与猪丹毒丝菌的 RAPD 构成相同。丹毒丝菌属的菌株 16S rRNA 基因的核糖体分型发现同样血清型的几个菌株可能属于不同的基因种[4]。Kiuchi 等[62]报道猪丹毒丝菌和扁桃体丹毒丝菌 16S rRNA 的核酸序列同源性为 99.8%。已有一种自动化的核糖体分型的快速分型技术[84]。

当一个电泳型包括多个血清或亚型，或者分自不同种类动物并且毒力不同时，采用血清分型是有用的，Chooromony 等[22]应用多位点酶电泳方法对丹毒丝菌的不同菌株分析发现，血清分型对流行病学研究是不可靠的。Bernath 等[8]用聚丙烯酰胺电泳和放射自显影制作 12 株猪丹毒丝菌的蛋白质图发现，血清型与具有相同分子量共同蛋白的百分比之间没有明显的相关性。

致病性

血清型与分离自不同禽类和产生败血症、荨麻疹或心内膜型丹毒、或携带状态的猪丹毒丝菌菌株的生化特征之间的相关性尚无报道[11,134]。

毒力因子

酶

起初认为透明质酸酶与毒力有关，但以后的研究发现透明质酸酶的产生和一个特定菌株的致病力无关[82,105]。神经氨酸酶与猪丹毒丝菌分离株的毒力关系更为密切。细菌在对数生长期产生这种酶，Muller[75]报道了该酶的活性，与高致病力菌株相比，低毒力或无毒力的菌株的酶活性低。但神经氨酸酶活力单位与血清型不存在明显相关性。Wang等[132]利用核桃凝集素血凝试验检测表明神经氨酸酶的产生与培养基和 pH 有关，仅猪丹毒丝菌产生，而扁桃体丹毒丝菌不产生。Abrashev 和 Orozova[1]证明大的培养基中的糖蛋白是更好地神经氨酸酶诱导剂。在一篇关于丹毒的综述中，Wood 和 Hendson[140]指出，猪丹毒丝菌提取的神经氨酸酶免疫马和兔制备的高免商品血清中，发现特异性抗体。Tesh 和 Wood[124]报道猪丹毒丝菌的菌株还产生凝固酶。

其他因子

Lachmann 和 Deicher[66]在发现分子量为 14 000～22 000 的表面多糖后，曾推断该菌表面有荚膜。Shimoji 等[107]用透射电镜揭示了荚膜的存在，有些猪丹毒丝菌两极较厚。其他研究人员至少部分证明，猪丹毒丝菌对小鼠的毒力与是否有荚膜相关[107,112]。Shimoji 等[108]发现，小鼠巨噬细胞在有正常血清的情况下，吞噬无荚膜无毒力细菌是有毒力细菌的 3～4 倍。

Partridge 等[87]对一种命名为 Dnak 的细菌应激蛋白进行了克隆和鉴定，发现此蛋白在猪丹毒丝菌中高效表达。同源的一个热休克基因命名为 dnaJ，同时也克隆了 dnaK 基因的 3′端[92]。

Makino 等[72]报道一个猪丹毒丝菌的克隆基因，编码一个分子量为 16 000 的溶血素。已有一篇关于猪丹毒丝菌毒力因素的综述[112]。

病理生物学和流行病学

发生和分布

猪丹毒丝菌呈全球分布。该菌能感染很多脊椎动物，这表明此菌的适应能力很强。从禽类、哺乳动物、两栖动物和爬行动物及鱼的表面黏液中都可以分离到[38,59,79,80]。

尽管该病在全世界范围内都有流行区域，但在禽类中丹毒一般为散发性。虽然有报道雄火鸡发病比雌火鸡频繁，但没有证据表明其敏感性有性别上的差异。临床观察表明，雄火鸡容易被细菌通过皮肤侵入，但雌火鸡由于人工授精和更加频繁的抓捕，其发病率也日益增加。

自然宿主和实验宿主

在自然界，该菌可从火鸡、鸡、鸭、鹅、鹧鸪、泥鸡、家雉、鹏鹏、鹦鹉、麻雀、金丝雀、鸣雀类、鸫、黑鸟、野鸽、夏威夷乌鸦、鹌鹑、野鸭、白鹳、海鸥、金鹰、雉鸡、欧惊鸟、孔雀、猪、羊、野牛、海水和淡水鱼，不同种类的捕获野鸟和哺乳动物、金花鼠、草原鼠和家鼠、海豚和鳄鱼中分离到[10,12,13,36,41,44,55,56,57,60,67,141,142]。从这些报道来看，各种鸟类的易感性是不同的。根据具有不同遗传背景的火鸡暴发的报道，遗传抗病性可能对疾病的易感性有作用[96]。实验宿主包括鸽子、火鸡、鸡、虎皮鹦鹉、小鼠和大鼠。

常见的感染日龄

猪丹毒丝菌对任何年龄或性别的火鸡均致病。Hollifield 等[50]报道，在孵化室中修趾后 2～4 日龄火鸡幼雏患丹毒。除火鸡外，其他禽类在人工和自然条件下对猪丹毒丝菌感染易感，鸡、鸭、鹅自然感染该病可造成严重损失。Malik[74]发现在试验条件下，猪丹毒丝菌强毒经非肠道感染小于 14 日龄的鸡可引起败血症。可是对于较大的鸡，只有通过眼睑内或结膜下组织伤口滴染才能诱发败血症。使用氢化可的松不仅可增加对猪丹毒丝菌的易感性，而且缩短了感染的过程，死亡率增加，似乎可增强致病性。Shibatani 等[104]用以前从暴发丹毒的蛋鸡中分离的猪丹毒丝菌感染 3 周龄的鸡可引起败血症。

传播、携带者和媒介

此菌在禽类及其他动物（人除外）感染的真正入侵门户和发病机理尚未完全确定。有人提出被污染的材料是传染源，黏膜或皮肤上的伤口是入侵门户。一般认为鱼肉和鱼可能是禽类感染的来源[43,76]。Cousquer[29]报道过赛鸽因为摄食混合性废弃物而暴发猪丹毒[29]。禽类相互啄食和争斗明显增加了本病造成的损失。感染病死的禽类尸体留在鸡舍，任由同舍禽类啄食，都会加剧本病的传播和增加本病造成的损失。虽然猪丹毒丝菌可以在土壤中存活，土壤也可以作为细菌的传染来源，但目前的证据表明，土壤只是细菌的暂时贮存宿主。无证据表明猪丹毒丝菌可以经卵垂直传播[74]。

火鸡口服接种用鸡胚卵黄传代的菌体或喂食死于丹毒的火鸡内脏可导致火鸡群感染和发病。Corstvet[25]通过鸡胚卵黄囊繁殖新分离的强毒口服感染火鸡，死亡率为50%。口腔、鼻内及结膜囊内（不损伤囊膜）滴注本菌的肉汤培养物都无传染性[43]。Corstvet[25]、Bricker和Saif[16]发现给易感火鸡皮下接种强毒培养物，可在局部繁殖并继发败血症，易感火鸡的死亡率为80%～100%。大多数禽源分离株非肠道感染可杀死小鼠（*Mus musculus*）、鸽子和火鸡，但豚鼠和鸡通常可存活。Iliadis[53]报道鸽子静脉感染比口服感染更易感。Takahashi等[120]检测了14株扁桃体丹毒丝菌，通过肌肉注射白来航鸡不引起任何临床症状和病变，表明该菌不是鸡的潜在病原。

应注意，曾有报道表明试验感染猪丹毒丝菌引起的死亡率很难达到一致[3,32]。必须最大限度地降低细菌在人工培养基上的传代次数以保持细菌的毒力。为了保持细菌的毒力，Brown将1株猪丹毒丝菌感染的肝脏保存于4℃，并用于鸡体传代[14]。

Sadler和Corstvet[95]及Corstvet[28]等曾证明，少数通过皮下感染的火鸡的带菌状态持续时间不一。无症状的带菌者在剖检前后都发现不了。火鸡的带菌状态显然并不受攻毒的细菌数、接种的途径（经口服或胃肠外）、投服抗生素、接种菌苗和攻毒的时间、火鸡的年龄等因素的影响。从带菌者中最常分离到此菌的部位是盲肠、扁桃体、肝、大肠、心和血液[26,28,95]。XU等[143]从健康的鸡、鸭和鹅的咽部分离到95株菌。Corstvet[25]发现接种后一些禽类粪便菌时间存在41天以上。其他的实验也发现接种后该菌在血液中存在几周[28]。

媒介在传播中的作用仍不清楚。Wellmann[133]发现厩蝇、马蝇、蚊虫和其他飞蝇能以机械传播方式把该菌从病鼠传给鸽子。Chirico等[21]证明家禽红螨、鸡刺螨可作为猪丹毒丝菌的贮存宿主。从螨

的体表和体内均分离到猪丹毒丝菌。

潜伏期

自然暴发病例的潜伏期不易确定。火鸡皮下接种 $10^4 \sim 10^6$ 个细菌，大部分在 44～70h 内死亡，少数在 96～120h 后死亡。口服感染症状的出现一般要比皮下接种晚 2～3 天，死亡率也低。火鸡偶尔会在口服感染后 2～3 周死亡。皮下接种 10^2 个细菌而不是 10^4 或 10^6 个细菌时，临床症状出现推迟约 24h。7、12、16 和 20 周龄的火鸡或不同性别的潜伏期似乎没有差异。

临床症状

火鸡群通常是突然暴发，伴有一只或几只火鸡死亡。主人可能怀疑是中毒、踩伤或肉食兽造成的。少数火鸡精神委顿（尤其雄火鸡），但通常易被唤醒。有些濒死的鸡可能非常沉郁，步态不稳。有些会有皮肤病变；感染的公火鸡可能出现鸡冠肿胀呈紫色。有些火鸡孵出不久，鸡冠脱掉，因此这些病变少见。死于心内膜炎的病例都有渐进性消瘦、衰弱和贫血症状，其他有赘生物火鸡（尤其是免疫过的）可能会由于栓塞突然死亡而无症状。有报道母鸡人工授精 4～5 天后出现腹膜炎、会阴充血和皮肤变色。

鸡的主要临床症状是虚弱、精神沉郁、腹泻和猝死。产蛋鸡的产蛋量可下降。但 Killian 等[60]报道，尽管症状已经明显，母鸡的产蛋量并不马上减少。随后产蛋量下降 50%～70%。感染鸭、鹅、雉和鹌鹑一般也有精神沉郁、腹泻和猝死等症状。

发病率和死亡率

未免疫的火鸡群中发病率和死亡率大致相同。其他禽类因为大部分发病后死亡，发病率和死亡率也大致相同。死亡率的变化可能是由于先前免疫或早期治疗的不同而有变化。不过免疫后鸡群，有些出现精神沉郁后可以恢复。发病率和死亡率有差异，身体良好的鸡偶尔发病或死亡，24～48h 内数只死亡。某个鸡群的发病率从少于 1% 到高达 25%～50% 不等，而相邻的鸡群可能不发病。不同的禽类死亡率不同。

病理变化

大体病变

自然病例都显现全身的败血症病变。不同的火鸡病例可见到以下病变：全身充血，大腿前缘脂肪变性，心外脂肪变性和出血，腹腔脂肪有出血斑，心肌出血，肝、脾和肾质碎、肿大，并可能呈斑驳样外观。其他肉眼病变包括：关节和心包囊有脓性纤维素性渗出物，心肌有纤维斑，腺胃和肌胃壁增厚并有溃疡，盲肠有黄色小结节，卡他或出血性卡他性肠炎，赘生性的心内膜炎，皮肤有发黑的痂性病变；雄火鸡肉髯红紫肿胀，心包积液和内脏血管扩张[93]。其他病变在自然暴发病例中出现的几率不同，如广泛的皮肤变红和肌肉呈污秽的砖红色，有些死鸡除轻微的卡他性肠炎和心脏脂肪上淤斑外，无其他病变。

自然感染病例的一些病变在人工感染病例中也能见到。心内膜炎在人工感染病例中很少见，除非免疫过的鸡。一些自然和经二次或多次细菌免疫并经静脉攻毒的病例，可见到充血性心衰，同时伴有房室瓣的赘生物，有时深入主动脉达7cm。无症状的带菌火鸡通常无肉眼病变。

至少在二次临床暴发该病的蛋鸡中未见到心内膜、关节和皮肤的病变[10]。在鸭、鹅和雉中，病变与其他禽类相似，此外，在鸭蹼上有深色充血区。

组织学病变

火鸡急性丹毒的病理组织学特点反映肉眼病变，败血型感染中常见特异性细胞的变化[9]。病理组织图中，血管变化明显，表现为所有器官的血管和窦道充血。虽然血管充血有可能是中心（心脏或血管舒缩）强壮的基础，但也是血管损伤的直接证据。毛细血管、血窦和小静脉经常可见细菌团块和纤维蛋白栓塞。常见受损血管壁透明样变。水肿和出血（图23.9）是严重血管损伤的又一个证据，心、肺尤为突出。此外，血管内皮细胞或单核吞噬细胞变圆，肝和脾的单核吞噬细胞内易见到吞噬的细菌。

急性丹毒实质细胞损害是常见的，肝脏、脾脏和肾脏尤其明显。肝细胞变性表现为从浊肿到明显的凝固性坏死。偶尔见到的局部或大量坏死显然与

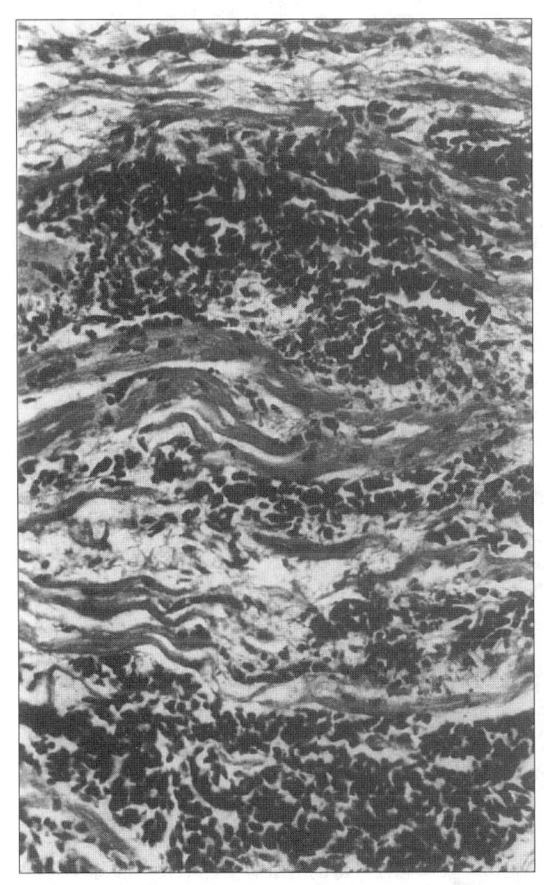

图23.9 火鸡急性丹毒。心脏病变，间质出血心肌纤维剥离（水肿）。H. E. 染色，×100

门脉血管血栓形成有关，弥散性变性也很普遍（图23.10）。在脾脏中，最先发现的变化是淋巴坏死和溶解，进一步发展到整个淋巴细胞的丧失，伴有血髓脾鞘动脉和周围网状组织玻璃样变（图23.11）。感染的火鸡近曲小管的上皮早期变性。肾上皮细胞肿胀、解离并与基底膜分离比较常见，也是主要的变化，极少出现凝固性坏死。肾脏的这些病理性变化其他人也有报道[127]。在其他器官，如肺、心脏、胰腺、胃肠道、骨骼肌和皮肤经常发现变性和坏死。但这些变化远不如肝脏、脾、肾实质变化明显。不管病变发生在何部位，实质坏死常伴有出血和纤维蛋白沉积。

超急性或急性丹毒的细胞炎性成分最小。火鸡用皮肤刺种感染可能出现弥散的异嗜细胞浸润、充血、水肿和坏死。从临床病例检查来看，细胞炎性反应在火鸡亚急性或慢性病例中更为突出。在肝脏和脾脏及心脏瓣膜和关节的滑膜坏死性病变周围有异嗜细胞和单核白细胞浸润及单核吞噬细胞的增生。人工感染火鸡亚急性或慢性丹毒的病理学变化

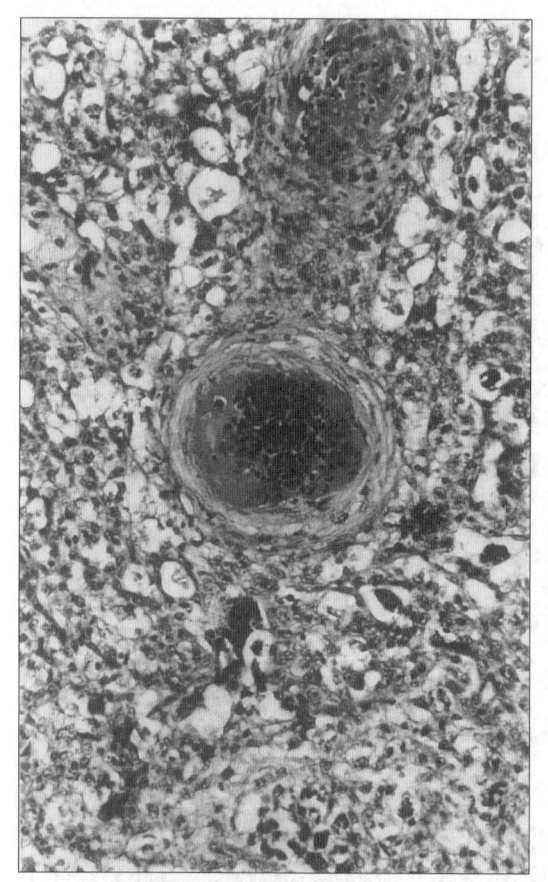

图 23.10 火鸡急性丹毒的肝脏病变。中央门静脉中有纤维蛋白性血栓，内含细菌团块，周围肝细胞空泡变性并有几个大的嗜碱性窦隙网状内皮细胞（枯否氏细胞）很明显。H.E. 染色，×100

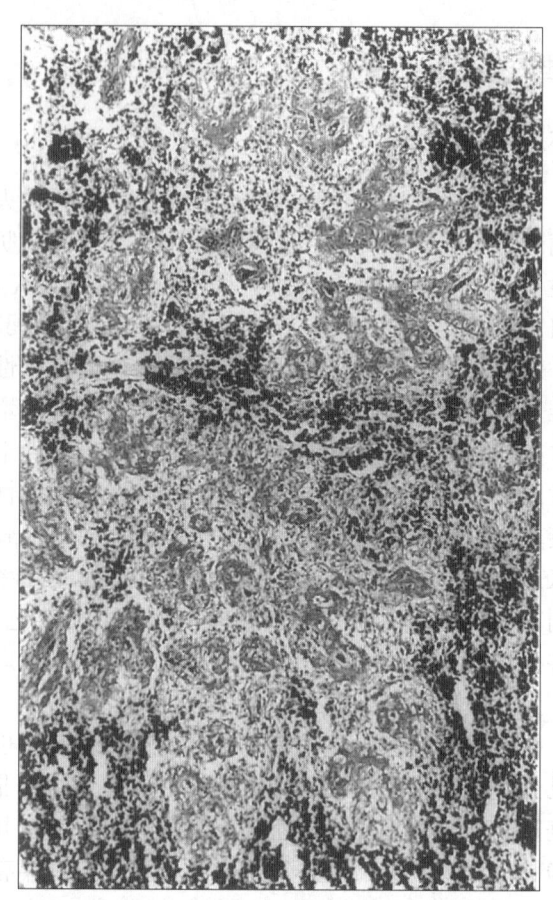

图 23.11 火鸡急性丹毒脾脏病变。两个脾小体内鞘动脉有透明变性，淋巴细胞几乎全部消失，外围窦隙充满红细胞。H.E. 染色，×100

未见报道。

鸡暴发急性丹毒的组织病理学变化与火鸡的症状很相似[10]。Shibatani 等[104]发现人工接种鸡出现弥散性血管内凝血。他们还发现法氏囊和胸腺中淋巴细胞缺失，并且推断缺失后，从这些组织中释放的凝血酶原激酶对弥散性血管内凝血起一定的作用。

感染过程的致病机理

猪丹毒丝菌感染发病的确切机制尚不完全清楚。细菌似乎能够通过口腔或皮肤创口进入机体。猪感染猪丹毒丝菌时，细菌可通过扁桃体或咽喉部的其他淋巴组织引发感染。根据火鸡口服攻毒[25]和活疫苗试验[16]结果推测，火鸡的致病机制可能与此相同。

虽然对该菌的致病机制不完全了解，但菌株的致病力与其产生不同的毒力因子有关，这些毒力因子有利于细菌抵抗吞噬和逃避宿主防御系统的作用。这些毒力因子包括特异性的黏附因子（荚膜或黏附素），酶，如神经氨酸酶、凝固酶和应激蛋白等。Takahashi 等[117]报道，猪丹毒丝菌黏附猪肾细胞能力与对小鼠和猪致病力有关。其他研究表明，从心内膜炎病例分离的猪丹毒丝菌菌株对猪心瓣膜组织黏附力强[15,63]。最近，Shimoji 等[106]的研究证明，命名为 RspA 和 RspB 的两个黏附性表面蛋白能够与纤链蛋白、Ⅰ和Ⅳ型胶原蛋白结合。猪丹毒丝菌对小鼠的毒力与荚膜的形成有关。Partridge 等[87]认为，菌体内高水平的应激蛋白表达能使菌体耐受氧化作用和吞噬细胞吞噬后吞噬溶酶体中的低 pH 环境，使之在此条件下生存。凝固酶的产生可能能够使细菌避开宿主的防御系统作用。有关禽类猪丹毒丝菌感染的致病机制有待进一步研究。

免疫力

主动免疫

急性感染后再康复的禽类对再感染和死亡有高

度的抵抗力。火鸡丹毒死菌苗对自然和人工感染都有预防作用。在火鸡发病之初，同时应用菌苗和青霉素通常能控制该病。接种一次菌苗不能产生长时间的免疫。间隔2~4周接种2次或更多次可加强免疫。4~7周龄火鸡实验显示，免疫后4~5周免疫保护力开始下降。Krasnodebska-Depta 和 Janowska[64]报道，28和30周龄的火鸡用猪的菌苗免疫后，2个月内仍能抵抗强毒攻击。鸭气雾免疫丹毒丝菌菌苗可有效地清除本病。

Osebold 等[85]报道用活菌苗给火鸡皮下注射免疫，对随后的强毒株攻击只有有限的保护力。Bricker 和 Saif[16]报道用血清1a型菌株饮水免疫火鸡，随后用相同的血清型强毒攻击，火鸡有一定的抵抗力。为了在二免后获得至少足够持续3周的保护作用，必须间隔2~3周再做一次双倍疫苗剂量的免疫。这种活菌苗如果直接从火鸡食管进入机体，则不产生免疫保护反应。据推测，经饮水途径免疫，咽部的淋巴组织对免疫反应的产生起一定的作用。

被动免疫

据说早期注射马源猪丹毒抗血清具有一定的治疗价值，但这种治疗方法由于花费高和效果不一致，因此不实用。抗血清和青霉素成功地应用于鸭的丹毒病治疗[91]。

诊　　断

病原分离和鉴定

丹毒病死禽的大体病变为败血症，因此其确诊需做病原检查和鉴定。在肝、脾、心血或骨髓涂片出现成堆或分散的革兰氏阳性、念珠状、细长的和多形性杆菌可快速做出初步诊断。尸体腐败后，用骨髓培养或涂片对诊断有很大帮助。Viemmas 等[131]曾报道用免疫过氧化物酶染色测定人工感染火鸡组织的猪丹毒丝菌。

从宰杀的病鸡体内分离猪丹毒丝菌，不如从病死鸡分离培养那样容易，阳性率也没有那么高。从带菌者体内分离病原体需要多个不同组织样品。心内膜组织充分研碎，接种肉汤中容易分离到细菌。对感染病死鸡，取其肝、脾或骨髓样品进行培养即可。使用的抑制培养基包括Packer[86]描述的叠氮钠—结晶紫培养基和Wood[137]介绍的胰蛋白磷酸盐肉汤，添加5％马血清、卡那霉素、新霉素、万古霉素和新生霉素。虽然这些培养基不能完全抑制其他微生物生长（特别是肠内容物样品），但可以抑制某些猪丹毒丝菌的生长，分离效果非常令人满意[15]。初次分离，将样品接种于5％血琼脂和叠氮钠—结晶紫的培养基中，在5％~10％二氧化碳或减氧的环境中培养，有利于细菌的繁殖。在人工培养基上传代几次后，细菌可在大气中生长。选择有革兰氏阳性菌组成的典型菌落，然后转到三糖铁琼脂培养基或Kligler氏醋酸铅培养基上，37℃培养24h。培养基的颜色变化之前，如果变黑（产生H_2S）便可做出推测性诊断。

Makino 等[68]报道了一种直接、快速敏感的检测方法，即多聚酶链反应（PCR）方法可检测猪丹毒丝菌和扁桃体丹毒丝菌。Shimoji 等[109]设计出了可快速诊断丹毒的肉汤培养-PCR技术，用引物扩增猪丹毒菌937bp的DNA片断。在一篇比较检测方法的报道中，Fidalgo 等[38]证明分离培养和PCR结合的效果令人满意。24h和48h肉汤培养物用引物ER1和ER2进行PCR[106]。Takeshi 等[123]用4条特异性引物进行PCR来鉴定猪丹毒丝菌、扁桃体丹毒丝菌和13及18血清型代表菌株。Henning 等[49]从经过组织化学处理的环颈雉样品中提取的DNA，采用PCR技术检测诊断猪丹毒丝菌。

由于更新的分子诊断技术的发展，小鼠感染已很少用于丹毒丝菌的诊断。用小鼠进行抗丹毒血清保护实验可用于确诊，但所选择的猪丹毒丝菌分离株对所选择的动物应具有致病性。一组实验动物经胃肠外途径接种分离细菌的24h培养物，另一组先接种猪丹毒丝菌抗血清，然后立即注射细菌培养物。没有保护的那一组应在4天内死亡，而注射抗血清的动物则继续存活。Cooper 和 Bickford[23]报道用小鼠耳朵划痕模型从混合培养物中分离丹毒丝菌。简要说，用棉拭子给几只小鼠耳朵划痕接种24h、48h和96h肉汤培养物，小鼠通常3~6天死亡，从肝或心血能获得纯的病原体。用荧光抗体技术可检测到组织中的猪丹毒丝菌[73,81]，可惜的是很难买到荧光素标记的特异性抗体。

体况良好的青年火鸡突然死亡，伴有败血症病变。肌肉和腹膜下淤血和弥散性出血，头带类丹毒肿胀表明发生了丹毒。另一个重要的特征是皮肤、脸部和胸部肌肉组织出血。许多病例，公鸡死亡占多数，但在种鸡群，突然死亡的母鸡出现腹膜炎、皮下及皮肤变色，此前刚有人工授精的历史，可能为猪丹毒丝菌感染。可根据前面叙述的程序以及 Cooper 和 Bickford 的详细的描述[23]做进一步的确诊。

血清学

在猪丹毒研究中，除了应用被动血凝试验、血凝抑制试验、补体结合试验、生长凝集试验和生长抑制试验外，还用平皿、试管和微量凝集试验。但这些方法对禽丹毒是否有用尚未完全定论。据报道，用抗生素治疗恢复的火鸡或带菌火鸡，凝集抗体效价为 160 或更高。不过 Sikes 和 Tumlin[113]认为火鸡抗体效价高于 40 则意味着已感染了丹毒丝菌。Takahashi 等[122]报道，送到加工厂的淘汰蛋鸡的凝集试验效价呈上升趋势。目前，一种特异性的血清型或一株丹毒丝菌在检测另一血清型抗体或其他猪丹毒菌株抗体时是否有效还不清楚。Sato 等[99]介绍了用分子量为 64 000 的猪丹毒丝菌保护性抗原做胶乳凝集和 ELISA 试验。现在，这些试验还主要应用于研究。

鉴别诊断

禽霍乱、大肠杆菌感染、沙门氏菌病及超急性新城疫可能易与急性败血性丹毒混淆。其他细菌或真菌引起的疾病很少见荨麻疹和心内膜炎。以上所提到的病原用革兰氏染色或生化特性都很容易与猪丹毒丝菌分开。偶尔从禽类肠道或肝脏分离的乳酸杆菌其生化特性与丹毒丝菌属相似，但它可以用高选择含叠氮钠-结晶紫的 Packer 氏培养基来区分。革兰氏染色和在 Packer 氏培养基、三糖铁培养基或 Kligler 氏醋酸铅培养基上有典型菌落生长即可做出推测性诊断。用 PCR、荧光抗体试验或动物致病性试验可以进行确诊。

预防和控制

管理措施

有人认为各种环境因素会增加禽类对猪丹毒丝

菌的易感性，但这种观点还没得到证实。临床观察表明，多雨、寒冷季节来临之初，多是火鸡性成熟时期，而这时期暴发丹毒的几率增加，表明丹毒与环境相关。其他禽类也是如此。病原可能来源于污染的饲料、土壤或腐败物、鸡群中带菌鸡或感染过的啮齿动物。这种环境因素与疾病之间的关系不适用于动物园里单独圈养的鸟类。

不可能制定出明确而专门的预防或控制措施。一般认为，应使用清洁而消毒过的器具，火鸡应远离以前污染过的地区。某些消毒剂，如 $1\% \sim 2\%$ NaOH 溶液可有效地杀灭猪丹毒丝菌。酚、煤酚皂和有关的消毒剂，碘和某些家用肥皂有中度的效果。

良好的处理火鸡暴发丹毒措施包括彻底清理设备，立即清除掉病死禽类和房屋内的其他腐尸，保证充足的饲料和饮水，尽量减少对禽类的刺激。如果无法限制圈养，可将禽群转移到一个干净场地，但实际上可能污染这块新的牧场。

在没有特殊和有效的管理控制火鸡丹毒的条件下，建议对有病地区的火鸡进行适当的免疫接种。

免疫接种

疫苗的类型

火鸡抗丹毒免疫最常使用的疫苗是福尔马林灭活的氢氧化铝吸附的猪丹毒丝菌全菌苗。这些菌苗最早用于猪，但对火鸡的丹毒也有预防效果[2,324]。因为分子量为 64 000 的保护性抗原已经鉴定，有些研究者提议用抗原特异性 ELISA 等非动物性评价方法作为替代来检测这些产物的常规释放[7,47,48]。

只有某些血清 2 型猪丹毒丝菌做成菌苗有效。因为这些菌株在含血清的复合培养基内生产可产生一种可溶性免疫物质。这种可溶性免疫物质可被氢氧化铝吸附和沉淀，氢氧化铝也吸附全菌体。这种可溶性物质是生产有效菌苗所必需的。

尽管活的丹毒菌苗在猪已应用 40 多年，但在近期才有火鸡活疫苗的报道。活丹毒菌苗可诱导对异源血清型的交叉保护[90]。

最近疫苗的研发主要是研制无荚膜突变株、截短的保护性抗原及细菌载体表达猪丹毒丝菌保护性抗原[20,54,110]。

临床免疫接种程序

有一个免疫程序可用于肉用火鸡和种火鸡。因为该病在其他家禽是散发，所以通常无需免疫。值得注意的是，一种菌苗能对小鼠或猪产生免疫力，但并不能证明对火鸡具有保护作用。即使对火鸡无毒力也没有免疫原性的培养物，也可能会杀死小鼠或提供保护。目前，火鸡的免疫效果只能用免疫接种过的火鸡攻毒才能做出恰当的评价。

在高发地区，应对肉用火鸡进行免疫，在火鸡寰椎后的颈部皮下接种一剂菌苗。原来对菌苗效果的评定主要根据肌肉注射菌苗作出，但由于肌肉注射可能出现无菌性脓肿，造成在屠宰时被降级处理，现在都采用皮下（SC）接种。

对种用火鸡，在产蛋开始前应间隔4周用至少2个剂量菌苗免疫2次。第一次注射在16～20周龄（正好在挑选时期），另一次在产蛋开始之前（母火鸡2mL/只，公火鸡4mL/只）。

应根据鸡群和鸡舍的情况正确使用改良菌苗，对该生物制剂应进行充分检验，制定合理的免疫程序，暴发疾病后正确诊断，并结合有效的预防立即进行治疗。

治疗

商品火鸡或种火鸡暴发本病，所选择的抗生素应是速效型的青霉素。任何一种抗生素都必须根据当时的治疗程序，在兽医师的指导下应用。必须仔细遵照标签上的说明使用。一经确诊，立即按10 000U/lb（约22 046U/kg）体重给予肌肉注射青霉素钾盐或钠盐，同时接种足够剂量的丹毒菌苗。当做出初步诊断时，全群可按每升水加264万IU青霉素饮水，经4～5天通常能够控制。应该治疗感染鸡群所有的鸡。有人推荐用普鲁卡因青霉素或其他长效衍生物。在一定的环境下，这些药物可能有效，但在暴发时，必须强迫实施迅速有效的程序。假如能及时对每只鸡皮下或肌内注射长效和速效抗生素，可能使病鸡群得到最好的治疗。不过，抓捕每只鸡（特别肉鸡）可能是不实际甚至是有害的。肌肉注射可能造成无菌性脓肿和肉品质降级。使用抗生素应注意休药期。火鸡和其他禽若治疗时已有严重的症状通常预后不良。实验表明，某些抗生素（包括青霉素）能控制感染，但不能清除带菌者。除青霉素外，其他抗生素可能增加鸡群的带菌者[27]。

目前各种抗生素在控制家禽感染猪丹毒丝菌的疗效没有进行过比较研究。红霉素和广谱抗生素都有效。体外研究表明，细菌对新霉素有耐药性[39]。磺胺类药物及口服四环素无治疗效果。

韦 莉 刘 爵 译
苏敬良 校

参考文献

[1]Abrashev, I. and P. Orozova. 2006. Erysipelothrix rhusiopathiae neuraminidase and its role in pathogenicity. *Zeitschrift fur Naturforschung*, 61L434 - 438.

[2]Adler, H. E. and M. A. Nilson. 1952. Immunization of turkeys against swine erysipelas with several types of bacterins. *Canadian Journal of Comparative Medicine* 16: 390 - 393.

[3]Adler, H. E. and G. R. Spencer. 1952. Immunization of turkeys and pigs with an erysipelas bacterin. *Cornell Veterinarian* 42:238 - 246.

[4]Ahrne, S., I. M. Stenstrom, N. E. Jensen, B. Pettersson, M. Uhlen, and G. Molin. 1995. Classification of Erysipelothrix strains on the basis of restriction fragment length polymorphisms. *International Journal of Systematic Bacteriology* 45:382 - 385.

[5]Barber, M. 1939. A comparative study of Listerella and Erysipelothrix. *Journal of Pathology and Bacteriology* 48:11 - 23.

[6]Beaudette, F. R. and C. B. Hudson. 1936. An outbreak of acute swine erysipelas infection in turkeys. *Journal of the American Veterinary Medical Association* 88:475 - 488.

[7]Beckmann, R., H. Gyra, and K. Cussler. 1996. Determination of protective erysipelas antibodies in pig and mouse sera as possible alternatives to the animal challenge models currently used for potency tests. *Developments in Biological Standardization* 86:326.

[8]Bernath, S., G. Kuscera, I. Kadar, G. Horvath, and G. Morovjan. 1997. Comparison of the protein patterns of Erysipelothrix rhusiopathiae strains by SDS - PAGE and autoradiography. *Acta Veterinaria Hungarica* 45:417 - 422.

[9]Bickford, A. A., R. E. Corstvet, and A. S. Rosenwald. 1978. Pathology of experimental erysipelas in turkeys. *Avian Diseases* 22:503 - 518.

[10]Bisgaard, M. and P. Olsen. 1975. Erysipelas in egg-laying chickens: Clinical, pathological, and bacteriological investigations. *Avian Pathology* 4:59 - 71.

[11]Bisgaard, M., V. Nørruing, and N. Tornoe. 1980. Erysipelas in poultry. Prevalence of serotypes and epidemiologi-

cal investigations. *Avian Patholology* 9：355 -362.

[12]Blackmore,D. K. and G. L. Gallagher. 1964. An outbreak of erysipelas in captive wild birds and mammals. *Veterinary Record* 76：1161 - 1164.

[13]Blyde, D. J. and R. Woods. 1999. Erysipelas in mallee-fowl. *Australian Veterinary Journal* 77：434 - 435.

[14]Boyer,C. I. and J. A. Brown. 1957. Studies on erysipelas in turkeys. *Avian Diseases* 1：42 - 52.

[15]Bratberg, M. 1981. Observations on the utilization of a selective medium for the isolation of Erysipelothrix rhusiopathiae. *Acta Veterinaria Scandinavica* 22：55 -59.

[16]Bricker,J. M. and Y. M. Saif. 1988. Use of a live oral vaccine to immunize turkeys against erysipelas. *Avian Diseases* 32：668 - 673.

[17]Brooke, C. J. and T. V. Riley. 1999. Erysipelothrix rhusiopathiae：Bacteriology, epidemiology and clinical manifestations of an occupational pathogen. *Journal of Medical Microbiology* 48：789 - 799.

[18] Buchanan, R. E. and N. E. Gibbons (eds.). 1974. In Bergey's Manual of Determinative Bacteriology, 8th ed. Williams and Wilkins：Baltimore,MD,597.

[19]Butcher,G. and B. Panigrahy. 1985. An outbreak of erysipelas in chukars. *Avian Diseases* 29：843 - 845.

[20]Cheun,H. I. ,K. Kawamoto,M. Hiramatsu, H. Tamaoki, T. Shirahata, S. Igimi, and S. I. Makino. 2004. Protective immunity of SpaA-antigen producing Lactococcus lactis against Erysipelothrix rhusiopathiae infection. *Journal of Applied Microbiology*. 96：1347 -1353.

[21]Chirico, J. , H. Eriksson, O. Fossum, D. Jansson. 2003. The poultry red mite, Dermanyssus gallinae, a potential vector of Erysipelothrix rhusiopathiae causing erysipelas in hens. *Medical and Veterinary Entomology* 17：232 - 234.

[22]Chooromoney, K. N. ,D. J. Hampson, G. J. Eamens, and M. J. Turner. 1994. Analysis of Erysipelothrix rhusiopathiae and Erysipelothrix tonsillarum by multilocus enzyme electrophoresis. *Journal of Clinical Microbiology* 32：371 - 376.

[23]Cooper,G. L. and A. A. Bickford. 1998. Erysipelas. In D. E. Swayne,J. R. Glisson,M. W. Jackwood,J. E. Pearson, W. M. Reed (eds.). Isolation and Identification of Avian Pathogens,4th ed. American Association of Avian Pathologists：Kennett Square,PA,47 - 50.

[24]Cooper,M. S. ,G. R. Personeus,and B. R. Choman. 1954. Laboratory studies on the vaccination of mice and turkeys with an Erysipelothrix rhusiopathiae vaccine. *Canadian Journal of Comparative Medicine* 18：83 - 92.

[25]Corstvet, R. E. 1967. Pathogenesis of Erysipelothrix insidiosa in the turkey. *Poultry Science* 46：1247.

[26]Corstvet, R. E. and C. H. Holmberg. 1968. The carrier state of Erysipelothrix insidiosa in turkeys. *Poultry Science* 47：1662.

[27]Corstvet, R. E. and C. Howard. 1974. Evaluation of certain antibiotics in relation to the carrier state of Erysipelothrix rhusiopathiae (insidiosa) in turkeys. *Journal of the American Veterinary Medical Association* 165：744.

[28]Corstvet, R. E. ,C. A. Holmberg, and J. K. Riley. 1970. 14th Congr Mund Avic, Madrid, Spain. *Science Communication* 3：149 - 158.

[29]Cousquer,G. 2005. Erysipelas outbreak in racing pigeons following ingestion of compost. *Veterinary Record* 156：656.

[30]Cross,G. M. J. and P. D. Claxton. 1979. Serological classification of Australian strains of Erysipelothrix rhusiopathiae isolated from pigs,sheep,turkeys and man. *Australian Veterinary Journal* 55：77 - 81.

[31]Dhillon,A. S. ,R. W. Winterfield, H. L. Thacker, and J. A. Richardson. 1980. Erysipelas in domestic white pekin ducks. *Avian Diseases* 24：784 - 787.

[32]Dickinson,E. M. ,A. C. Jerstad, H. E. Adler, M. Cooper, W. E. Babcock,E. E. Johns,and C. A. Bottorff. 1953. The use of an Erysipelothrix rhusiopathiae bacterin for the control of erysipelas in turkeys. Proc 90th Ann Meet Am Vet Med Assoc,370 -375.

[33]Dunbar, S. A. and J. E. Clarridge. 2000. Potential errors in recognition of Erysipelothrix rhusiopathiae. *Journal of Clinical Microbiology* 38：1302 - 1304.

[34]Eamens, G. J. ,M. J. Turner, and R. E. Catt. 1988. Serotypes of Erysipelothrix rhusiopathiae in Australian pigs, small ruminants,poultry,and captive wild birds and animals. *Australian Veterinary Journal* 65：249 - 252.

[35]Enoe,C. and V. Nørrung. 1992. Experimental infection of pigs with serotypes of Erysipelothrix rhusiopathiae. Proc Int Pig Vet Soc Conf,345.

[36]Faddoul,G. P. ,G. W. Fellows, and J. Baird. 1968. Erysipelothrix infection in starlings. *Avian Diseases* 12：61 -66.

[37]Feist, H. , K. D. Flossmann, and W. Erler. 1976. Einige Untersuchungen zum Nahrstoffbedarf der Rotlaufbakterien. *Archiv fur Experimentelle Veterinarmedizin* 30：49 - 57.

[38]Fidalgo,S. G. ,Q. Wang, and T. V Riley. 2000. Comparison of methods for detection of Erysipelothrix spp. and their distribution in some australasian seafoods. *Applied*

and Environmental Microbiology 66:2066‑2070.

[39]Fuzi, M. 1963. A neomycin sensitivity test for the rapid differentiation of Listeria monocytogenes and Erysipelothrix rhusiopathiae. *Journal of Pathology and Bacteriology* 85:524‑525.

[40]Galan, J. E. and J. F. Timoney. 1990. Cloning and expression in Escherichia coli of a protective antigen of Erysipelothrix rhusiopathiae. *Infection and Immunity* 58: 3116‑3121.

[41]Geraci, J. R. , R. M. Sauer, and W Medway. 1966. Erysipelas in dolphins. *American Journal of Veterinary Research* 27:597‑606.

[42]Graham, R. , N. D. Levine, and H. R. Hester. 1939. Erysipelothrix rhusiopathiae associated with a fatal disease in ducks. *Journal of the American Veterinary Medical Association* 95:211‑216.

[43]Grenci, C. M. 1943. The isolation of Erysipelothrix rhusiopathiae and experimental infection of turkeys. *Cornell Veterinarian* 33:56‑60.

[44]Griffiths, G. L. and N. Buller. 1991. Erysipelothrix rhusiopathiae infection in semi‑intensively farmed emus. *Australian Veterinary Journal* 68:121‑122.

[45]Groschup, M. H. , K. Cussler, R. Weiss, and J. F. Timoney. 1991. Characterization of a protective protein antigen of Erysipelothrix rhusiopathiae. *Epidemiology and Infection* 107:637‑649.

[46]Groschup, M. H. and J. F. Timoney. 1990. Modified Feist broth as a serum‑free alternative for enhanced production of protective antigen of Erysipelothrix rhusiopathiae. *Journal of Clinical Microbiology* 28:2573‑2575.

[47]Henderson, L. M. , P. S. Jenkins, K. F. Scheevel, and D. M. Walden. 1996. Characterization of a monoclonal antibody for *in vitro* potency testing of erysipelas bacterins. *Developments in Biological Standardization* 86:334.

[48]Henderson, L. M. , K. F. Scheevel, and D. M. Walden. 1996. Development of an enzyme‑linked immunosorbent assay for potency testing of erysipelas bacterins. *Developments in Biological Standardization* 86:333.

[49]Hennig, G. E. , H. D. Goebel, J. J. Fabis, and M. I. Khan. 2002. Diagnosis by polymerase chain reaction of erysipelas septicemia in a flock of ring‑necked pheasants. *Avian Diseases* 46:509‑514.

[50]Hollifield, J. L. , G. L. Cooper, and B. R. Charlton. 2000. An outbreak of erysipelas in 2‑day‑old poults. *Avian Diseases* 44:721‑724.

[51]Hudson, C. B. 1949. Erysipelothrix rhusiopathiae infection in fowl. *Journal of the American Veterinary Medical Association* 115:36‑39.

[52]Hudson, C. B. , J. J. Black, J. A. Bivins, and D. C. Tudor. 1952. Outbreaks of Erysipelothrix rhusiopathiae infection in fowl. *Journal of the American Veterinary Medical Association* 121:278‑284.

[53]Iliadis, V N. , T. Tsangaris, H. Kaldrymidou, and S. Lekas. 1983. Experimentelle Infektion mit Erysipelothrix insidiosa bei Puten und Tauben. *Wiener Tierarztliche Monatsshrift* 70:282‑285.

[54]Imada, Y. , N. Goji, H. Ishikawa, M. Kishima, and T. Sekizaki. 1999. Truncated surface protective antigen (SpaA) of Erysipelothrix rhusiopathiae serotype 1a elicits protection against challenge with serotypes 1a and 2b in pigs. *Infection and Immunity* 67:4376‑4382.

[55]Jasmin, A. M. and J. Baucom. 1967. Erysipelothrix insidiosa infections in the caiman (Caiman crocodilus) and the American crocodile (Crocodilus acutus). *American Journal of Veterinary Clinical Pathology* 1:173‑177.

[56]Jensen, W. I. and S. E. Cotter. 1976. An outbreak of erysipelas in eared grebes (Podiceps nigricollis). *Journal of Wildlife Diseases* 12:583‑586.

[57]Jones, M. P. , S. E. Orosz, M. V. Finnegan, J. M. Sleeman, and D. A. Bemis. 1999. Erysipelothrix rhusiopathiae infection in an emu (Dromaius novaehollandiae). *Journal of Avian Medicine and Surgery* 13:104‑107.

[58]Kalf, G. F. and T. G. White. 1963. The antigenic components of Erysipelothrix rhusiopathiae. Ⅱ. Purification and chemical characterization of a type‑specific antigen. *Archives of Biochemistry and Biophysics* 102:39‑47.

[59]Kanai, Y, H. Hayashidani, K. I. Kaneko, M. Ogawa, T. Takahashi, and M. Nakamura. 1997. Occurrence of zoonotic bacteria in retail game meat in Japan with special reference to Erysipelothrix. *Journal of Food Protection* 60:328‑331.

[60]Kilian, J. G. , W. E. Babcock, and E. M. Dickinson. 1958. Two cases of Erysipelothrix rhusiopathiae infection in chickens. *Journal of the American Veterinary Medical Association* 133:560‑562.

[61]Kitajima, T. , E. Oishi, K. Amimoto, S. Ui, H. Nakamura, K. Oda, S. Katayama, A. Izumida, and Y. Shimizu. 2000. Quantitative diversity of 67 kDa protective antigen among serovar 2 strains of Erysipelothrix rhusiopathiae and its implication in protective immune response. *Journal of Veterinary Medical Science* 62:1073‑1077.

[62]Kiuchi, A. , M. Hara, H. S Pham, K. Takikawa, and K. Tabuchi. 2000. Phylogenetic analysis of the Erysipelothrix rhusiopathiae and Erysipelothrix tonsillarum based

禽 病 学 *Diseases of Poultry*

upon 16S rRNA. *DNA Sequence* 11:257-260.

[63]Krasemann,C. and H. E. Miiller. 1975. The virulence of Erysipelothrix rhusiopathiae strains and their neuraminidase production. *Zentralblatt fur Backteriologie,Mikrobiologie und Hygiene* 231:206-213.

[64]Krasnodebska-Depta, A. and I. Janowska. 1980. Wlasciwodsci immunogenne niektorych szczepow wloskowca rozycy dla indikow. *Medycyna Weterynaryjna* 36:331-33. (*Abstr Vet Bull* 51:81).

[65]Kuscera, G. 1973. Proposal for standardization of the designations used for serotypes of Erysipelothrix rhusiopathiae (Migula) Buchanan. *International Journal of Systematic Bacteriology* 23:184-188.

[66]Lachmann, P. G. , H. Deicher. 1986. Solubilization and characterization of surface antigenic components of Erysipelothrix rhusiopathiae T28. *Infection and Immunity* 52:818-822.

[67]Levine, N. D. 1965. Erysipelas. In H. E. Biester and L. H. Schwarte (eds.). Diseases of Poultry,5th ed. Iowa State University Press: Ames,IA,461-469.

[68]Makino,S. , Y. Okada,T. Maruyama,K. Ishikawa,T. Takahashi,M. Nakamura,T. Ezaki,H. Morita. 1994. Direct and rapid detection of Erysipelothrix rhusiopathiae DNA in animals by PCR. *Journal of Clinical Microbiology* 32:1526-1531.

[69]Makino, S. , K. Yamamoto, S. Murakami, T. Shirahata, K. Uemura, T. Sawada, H. Wakamoto, and H. Morita. 1998. Properties of repeat domain found in a novel protective antigen, SpaA, of Erysipelothrix rhusiopathiae. *Microbial Pathogenesis* 25:101-109.

[70]Makino, S. , K. Katsuta, and T. Shirahata. 1999. A novel protein of Erysipelothrix rhusiopathiae that confers haemolytic activity on *Escherichia coli*. *Microbiology* 145:1369-1374.

[71]Makino, S. , K. Yamamoto, H. Asakura, and T. Shirahata. 2000. Surface antigen,SpaA,of Erysipelothrix rhusiopathiae binds to Gram-positive bacterial cell surfaces. *FEMS Microbiology Letters* 186:313-317.

[72]Malik, Z. 1962. Pokusy's experimentalnou vnimavostou kurciat voci mikrobu Erysipelothrix rhusiopathiae. *Cas Cesk Vet* 11:89-94.

[73]Marshall,J. D. , W. C. Eveland, and C. W. Smith. 1959. The identification of viable and nonviable Erysipelothrix insidiosa with fluorescent antibody. *American Journal of Veterinary Research* 20:1077-1080.

[74]Mazaheri,A. ,H. C. Philipp, H. Bonsack, and M. Voss. 2006. Investigations of the vertical transmission of Erysipelothrix rhusiopathiae in laying hens. *Avian Diseases* 50:306-308.

[75]Müller,H. E. 1981. Neuraminidase and other enzymes of Erysipelothrix rhusiopathiae as possible pathogenic factors. In H. Deicher (ed.). Arthritis: Models and Mechanisms. Springer-Verlag: Berlin,58.

[76]Murase N. ,K. Suzuki,and T. Nakahara. 1959. Studies on the typing of Erysipelothrix rhusiopathiae. II. Serological behaviours of the strains isolated from fowls including those from cattle and humans. *Japanese Journal of Veterinary Science* 21:177-181.

[77]Mutalib,A. A. ,J. M. King,and P. L. McDonough. 1993. Erysipelas in caged laying chickens and suspected erysipeloid in animal caretakers. *Journal of Veterinary Diagnostic Investigation* 5:198-201.

[78]Mutalib,A. ,R. Keirs,and F. Austin. 1995. Erysipelas in quail and suspected erysipeloid in processing plant employees. *Avian Diseases* 39:191-193.

[79]Nakazawa, H. , H. Hayashidani, J. Higashi, K. I. Kaneko,T. Takahashi, and M. Ogawa. 1998. Occurrence of Erysipelothrix spp. in chicken meat parts from a processing plant. *Journal of Food Protection* 61:1207-1209.

[80]Nakazawa, H. , H. Hayashidani, J. Higashi, K. I. Kaneko,T. Takahashi, and M. Ogawa. 1998. Occurrence of Erysipelothrix spp. in broiler chickens at an abbatoir. *Journal of Food Protection* 61:907-909.

[81]Nelson, J. D. and S. Shelton. 1963. Immunofluorescent studies of Listeria monocytogenes and Erysipelothrix insidiosa. Application to clinical diagnosis. *Journal of Laboratory and Clinical Medicine* 62:935-942.

[82]Norrung, V 1970. Studies on Erysipelothrix insidiosa s. rhusiopathiae. I. Morphology,cultural features,biochemical reactions and virulence. *Acta Veterinaria Scandinavica* 11:577-585.

[83]Okatani, A. T. , H. Hayashidani, T. Takahashi, T. Taniguchi,M. Ogawa,and K. I. Kaneko. 2000. Randomly amplified polymorphic DNA analysis of Erysipelothrix spp. *Journal of Clinical Microbiology* 38:4332-336.

[84]Okatani, A. T. , M. Ishikawa, S. Yoshida, M Sekiguchi, K. Tanno,M. Ogawa, T. Horikita, T. Horisaka, T. Tanaguchi,Y. Kato,and H. Hayashidani. 2004. Automated ribotyping,a rapid typing method for analysis of Erysipelothrix spp. strains. *Journal of Veterinary Medical Science*. 66:729-733.

[85]Osebold, J. W. , E. M. Dickinson, and W. E. Babcock. 1950. Immunization of turkeys against Erysipelothrix

rhusiopathiae with avirulent live culture. *Cornell Veterinarian* 40:387 - 391.

[86]Packer,R. A. 1943. The use of sodium azide (NaN₃) and crystal violet in a selective medium for streptococci and Erysipelothrix rhusiopathiae. *Journal of Bacteriology* 46:343 - 349.

[87]Partridge, J. , J. King, J. Krska, D. Rockabrand, and P. Blum. 1993. Cloning, heterologous expression, and characterization of the Erysipelothrix rhusiopathiae DnaK protein. *Infection and Immunity* 61:411 -417.

[88]Polner, T. , G. Cajdacs, F. Kemenes, G. Kucsera, and J. Durst. 1984. Stress effect of plucking as modulation of host's defense in birds. *Annales Immunologiae Hungaricae* 23:211 - 224.

[89]Reboli,A. C. and W. E. Farrar. 1989. Erysipelothrix rhusiopathiae: An occupational pathogen. *Clinical Microbiology Reviews* 2:354 - 359.

[90]Redhead, K. 1998. Cross protection against Erysipelothrix rhusiopathiae serotype 10 induced by a serotype 1 and 2 vaccine. *Veterinary Record* 142:612 - 613.

[91]Reetz,G. and L. Schulze. 1978. Rotlaufinfektion bei Mastenten. *Monatshefte fur Veterinaermedizin* 33: 170 - 173.

[92] Rockabrand, D. , J. Partridge, J. Krska, and P. Blum. 1993. Nucleotide sequence analysis and heterologous expression of the Erysipelothrix rhusiopathiae dnaJ gene. *FEMS Microbiology Letters* 111:79 - 86.

[93]Rosenwald,A. S. and E. M. Dickinson. 1941. A report of swine erysipelas in turkeys. *American Journal of Veterinary Research* 2:202 - 213.

[94]Rothe,F. 1982. Das protektive Antigen des Rotlaufbakteriums (Erysipelothrix rhusiopathiae). Ⅱ. Mitteilung: die weitere Charakterisierung des protektiven Antigens. *Archiv fur Experimentelle Veterinarmedizin* 36:255 -267.

[95] Sadler, W. W. and R. E. Corstvet. 1965. The effect of Erysipelothrix insidiosa infection on wholesomeness of market turkeys. *American Journal of Veterinary Research* 26:1429 - 1436.

[96]Saif, Y. M. , K. E. Nestor, R. N. Dearth, and P. A. Renner. 1984. Possible genetic variation in resistance of turkeys to erysipelas and fowl cholera. *Avian Diseases* 28: 770 - 773.

[97]Salem,M. ,E. M. Odor,R. Brunnet,and B. Sample. 1998. Erysipelas in meat type chickens. Proc Western Poultry Dis Conf 47:15.

[98]Sato,H. ,K. Hirose,and H. Saito. 1995. Protective activity and antigenic analysis of fractions of culture filtrates

of Erysipelothrix rhusiopathiae. *Veterinary Microbiology* 43:173 - 182.

[99]Sato,H. , Y. Yamazaki,K. Tsuchiya,T. Aoyama,N. Akaba,T. Suzuki, A. Yokoyama, H. Saito, and N. Maehara. 1998. Use of the protective antigen of Erysipelothrix rhusiopathiae in the enzymelinked immunosorbent assay and latex agglutination. *Zentralblatt fur Veterinarmedizin Reihe B* 45:407 - 420.

[100]Sato,H. , H. Miyazaki, H. Sakakura, T. Suzuki, H. Saito,and N. Maehara. 1999. Isolation and purification of a protective protein antigen of Erysipelothrix rhusiopathiae. *Zentralblatt fur Veterinarmedizin Reihe B* 46:73 - 84.

[101]Sato,H. , Y Yamazaki, A. Kodairo, H. Saito, and N. Maehara. 1999. Preparation and partial characterization of monoclonal antibodies against the protective protein antigen of Erysipelothrix rhusiopathiae. *Zentralblatt fur Veterinarmedizin Reihe B* 46:85 -92.

[102]Sawada,T. and T. Takahashi. 1987. Cross protection of mice and swine inoculated with culture filtrate of attenuated Erysipelothrix rhusiopathiae and challenge exposed to strains of various serovars. *American Journal of Veterinary Research* 48:239 - 242.

[103]Schubert, K. and F. Fiedler. 2001. Structural investigations on the cell surface of Erysipelothrix rhusiopathiae. *Systematic and Applied Microbiology* 24:26 -30.

[104]Shibatani,M. , T. Suzuki, M. Chujo, and K. Nakamura. 1997. Disseminated intravascular coagulation in chickens inoculated with Erysipelothrix rhusiopathiae. *Journal of Comparative Pathology* 117:147 -156.

[105]Shimoji,Y. ,H. Asato,T. Sekizaki,Y Mori,and Y. Yokomizo. 2002. Hyaluronidase is not essential for the lethality of Erysipelothrix rhusiopathiae infection in mice. *Journal of Veterinary Medical Science*. 64:173 - 176.

[106]Shimoji,Y. ,Y. Ogawa,M. Osaki, H. Kabeya, S. Maruyama,T. Mikami,and T. Sekizaki. 2003. Adhesive surface proteins of Erysipelothrix rhusiopathiae bind to polystyrene,fibronectin,and type 1 and Ⅳ collagens. *Journal of Bacteriology* 185:2739 -2748.

[107]Shimoji,Y. , Y. Yokomizo, T. Sekizaki, Y. Mori, and M. Kubo. 1994. Presence of a capsule in Erysipelothrix rhusiopathiae and its relationship to virulence for mice. *Infection and Immunity* 62:2806 - 2810.

[108]Shimoji,Y. , Y. Yokomizo, and Y. Mori. 1996. Intracellular survival and replication of Erysipelothrix rhusiopathiae within murine macrophages: Failure of induc-

tion of the oxidative burst of macrophages. *Infection and Immunity* 64:1789 - 1793.

[109] Shimoji, Y., Y. Mori, K. Hyakutake, T. Sekizaki, and Y. Yokomizo. 1998. Use of an enrichment broth cultivation-PCR combination assay for rapid diagnosis of swine erysipelas. *Journal of Clinical Microbiology* 36: 86 - 89.

[110] Shimoji, Y, Y. Mori, T. Sidizaki, T. Shibahara, and Y Yokomizo. 1998. Construction and vaccine potential of acapsular mutants of Erysipelothrix rhusiopathiae: use of excision of Tn916 to inactivate a target gene. *Infection and Immunity* 66:3250 - 3254.

[111] Shimoji, Y., Y. Mori, and V. A. Fischetti. 1999. Immunological characterization of a protective antigen of Erysipelothrix rhusiopathiae: identification of the region responsible for protective immunity. *Infection and Immunity* 67:1646 - 1651.

[112] Shimoji, Y. 2000. Pathogenicity of Erysipelothrix rhusiopathiae: virulence factors and protective immunity. *Microbes and Infection* 2:965 - 972.

[113] Sikes, D. and T. J. Tumlin. 1967. Further studies on the Erysipelothrix insidiosa tube agglutination test. *American Journal of Veterinary Research* 28:1177 - 1181.

[114] Silberstein, E. B. 1965. Erysipelothrix endocarditis. Report of a case with cerebral manifestations. *Journal of the American Medical Association* 191:158 - 160.

[115] Smith, T. 1885. Second Annual Report of the Bureau of Animal Industry. U. S. Department of Agriculture: Washington, DC, 187.

[116] Takahashi, T., M. Takagi, T. Sawada. 1984. Cross protection in mice and swine immunized with live erysipelas vaccine to challenge exposure with strains of Erysipelothrix rhusiopathiae of various serotypes. *American Journal of Veterinary Research* 45:2115 - 2118.

[117] Takahashi, T., N. Hirayama, T. Sawada, Y. Tamura, and M. Muramatsu. 1987. Correlation between adherence of Erysipelothrix rhusiopathiae strains of serovar la to tissue culture cells originated from porcine kidney and their pathogenicity in mice and swine. *Veterinary Microbiology* 13:57 - 64.

[118] Takahashi, T., T. Fujisawa, Y. Benno, Y. Tamura, T. Sawada, S. Suzuki, M. Muramatsu, and T. Mitsuoka. 1987. Erysipelothrix tonsillarum sp. nov. isolated from tonsils of apparently healthy pigs. *International Journal of Systematic Bacteriology* 37:166 - 168.

[119] Takahashi, T., T. Fujisawa, Y. Tamura, S. Suzuki, M. Muramatsu, T. Sawada, Y. Benno, and T. Mitsuoka.

1992. DNA relatedness among Erysipelothrix rhusiopathiae strains representing all twenty-three serovars and Erysipelothrix tonsillarum. *International Journal of Systematic Bacteriology* 42:469 - 473.

[120] Takahashi, T., M. Takagi, R. Yamaoka, K. Ohishi, M. Norimatsu, Y. Tamura, and M. Nakamura. 1994. Comparison of the pathogenicity for chickens of Erysipelothrix rhusiopathiae and Erysipelothrix tonsillarum. *Avian Pathology* 23:237 - 245.

[121] Takahashi, T., Y. Tamura, Y. S. Endoh, and N. Hara. 1994. Cellular fatty acid composition of Erysipelothrix rhusiopathiae and Erysipelothrix tonsillarum. *Journal of Veterinary Medical Science* 56:385 -387.

[122] Takahashi, T., M. Takagi, K. Yamamoto, and M. Nakamura. 2000. A serological survey on erysipelas in chickens by growth agglutination test. *Zentralblatt fur Veterinarmedizin Reihe B* 47:797 - 799.

[123] Takeshi, K., S. Makino, T. Ikeda, N. Takada, A. Nakashiro, K. Nakanishi, K. Oguma, Y. Katoh, H. Sunagawa, and T. Ohyama. 1999. Direct and rapid detection by PCR of Erysipelothrix sp. DNAs prepared from bacterial strains and animal tissues. *Journal of Clinical Microbiology* 37:4093 -4098.

[124] Tesh, M. J. and R. L. Wood. 1988. Detection of coagulase activity in Erysipelothrix rhusiopathiae. *Journal of Clinical Microbiology* 26:1058 -1060.

[125] Timoney, J. F. and M. M. Groschup. 1993. Properties of a protective protein antigen of Erysipelothrix rhusiopathiae. *Veterinary Microbiology* 37:381 -387.

[126] Traub, F. 1947. Immunisierung gegen Schweinerotlauf mit konzentrierten Adsorbatimpfstoffen. *Monatshefte fur Veterinarmedizin* 10:165 -172.

[127] Tsangaris, R., N. Iliadis, E. Kaldrymidou, T. Lekkas, E. Tsiroyannis, and E. Artopios. 1980. Experimenteller Rotlauf der tuten nach sintroavenoser Infection mit E. insidia I elecktronen mikroskopische Befunde in den Nieren. *Zentralblatt fur Veterinarmedizin Reihe B* 27: 705 - 713.

[128] Vaissaire, J., P. Desmettre, G. Paille, G. Mirial, and M. Laroche. 1985. Erysipelothrix rhusiopathiae: agent du rouget dans les differentes especes animales. Donnees actuelles. *Academie Veterinaire de France* 58: 259 - 265.

[129] Vallee, M. 1930. Sur l'etiologie du rouget. *Revue de Pathologie Comparee* [abst] 30:857 - 858.

[130] Verbarg, S., H. Rheims, S. Emus, A. Fruhling, R. Kroppenstedt, E. Stackebrandt, and P. Schumann. 2004. Ery-

sipelothrix inopinata sp. Nov. , isolated in the course of sterile filtration of vegetable peptone broth, and description of Erysipelotrichaceae fam. nov. *International Journal of Systematic and Evolutionary Microbiology* 54:221 - 225.

[131]Viemmas, I. , N. Papaopannou, S. Frydas, and T. Tsangaris. 1995. The use of immunoperoxidase in the detection of the Erysipelothrix insidiosa antigen in experimentally infected turkeys. *International Journal of Immunopathology and Pharmacology* 8:87 - 92.

[132]Wang, Q. , B. J. Chang, B. J. Mee and T. V. Riley. 2005. Neuraminidase production by Erysipleothrix rhusiopathiae. *Veterinary Microbiology* 107:265 - 272.

[133]Wellmann, G. 1950. The transmission of swine erysipelas by a variety of blood-sucking insects to pigeons. *Zentralblatt fur Bakteriologie, Parasitenkunde, Infektionskrankheiten und Hygiene* 155:109 -115.

[134]White, T. G. and G. F. Kalf. 1961. The antigenic components of Erysipelothrix rhusiopathiae. I. Isolation and serological identification. *Archives of Biochemistry and Biophysics* 95:458 - 463.

[135]White, T. G. and R. D. Shuman. 1961. Fermentation reactions of Erysipelothrix rhusiopathiae. *Journal of Bacteriology* 82: 595 - 599.

[136]White, R. R. and W. F. Verwey. 1970. Isolation and characterization of a protective antigen-containing particle from culture supernatant fluids of Erysipelothrix rhusiopathiae. *Infection and Immunity* 1:380 - 386.

[137]Wood, R. L. 1965. A selective liquid medium utilizing antibiotics for isolation of Erysipelothrix insidiosa. *American Journal of Veterinary Research* 26: 1303 - 1308.

[138]Wood, R. L. 1973. Survival of Erysipelothrix rhusiopathiae in soil under various environmental conditions. *Cornell Veterinarian* 63:390 - 410.

[139]Wood, R. L. 1979. Specificity in response of vaccinated swine and mice to challenge exposure with strains of Erysipelothrix rhusiopathiae of various serotypes. *American Journal of Veterinary Research* 40:795 - 801.

[140]Wood, R. L. and L. M. Henderson. 2006. Erysipelas. In B. E. Straw, J. J. Zimmerman, S. D'Allaire, and D. J. Taylor (eds.). Diseases of Swine, 9th ed. Blackwell Publishing Professional: Ames, IA, 629 - 638.

[141]Woodbine, M. 1950. Erysipelothrix rhusiopathiae. Bacteriology and chemotherapy. *Bacteriological Reviews* 14:161 - 178.

[142]Work, T. M. , D. Ball, and M. Wolcott. 1999. Erysipelas

in a freeranging Hawaiian crow (Corvus hawaiiensis). *Avian Diseases* 43:338 - 341.

[143]Xu, K. Q. , X. F. Hu, C. H. Gao, Q. Y. Lu, and J. H. Wu. 1984. Studies on the serotypes and pathogenicity of Erysipelothrix rhusiopathiae isolated from swine and poultry. *Chinese Journal of Veterinary Medicine* 10: 9 -11.

[144]Zarkasie, K. , T. Sawada, T. Yoshida, I. Takahashi, and T. Takahashi. 1996. Growth ability and immunological properties of Erysipelothrix rhusiopathiae serotype 2. *Journal of Veterinary Medical Science* 58:87 - 90.

禽肠道螺旋体病

Avian Intestinal Spirochetosis

David J. Hampson 和 David E. Swayne

引　言

禽肠道螺旋体病（AIS）是以厌氧螺旋体定植盲肠或直肠引起的一种禽类疾病。据报道，该病主要发生在蛋种鸡及肉种鸡中，并引起温和型、亚急性或慢性症状[26,32,100,142,155,164]。AIS虽然没有在肉鸡种群被诊断出来，但却在一些家禽如火鸡[131]及某些宠物鸟如雉鸡和山鹑[73,117]中有病例出现。有报道称，三趾鸵鸟（Rhea Americana）[130,161]和鹅[110]曾有烈性AIS病例发生。由致病性或非致病性的螺旋体引起的亚临床症状常见于野生水禽，尤其是野鸭。[74,117]

临床发病主要与如下因素相关：宿主的年龄和种类、特异短螺旋菌不同的菌属和株系的潜在致病力、螺旋体定植的范围以及其他一些影响因素。鸡感染禽肠道螺旋体病常引起产蛋推迟或产蛋率下降、产小蛋、轻蛋和薄壳蛋，同时还会引起鸡粪便黏稠度的改变，排出量和粪便中水分含量的增加[26,36,46,51,144,155,164]。腹泻的鸡所排出的粪便可能会是浅黄棕色的多油脂黏液和/或泡沫物。这些非正常粪便会污染鸡蛋壳、笼具和设备，使地面废料湿度提高，给鸡舍带来异味并招引蝇虫，从而影响鸡舍的环境卫生。同时还有报道称，被感染肉种鸡鸡蛋孵化出的雏鸡，其生长速度降低。

禽肠道螺旋体病的病原不同于鹅疏螺旋体（*Borrelia anserina*），鹅疏螺旋体病是一种不复发、蜱传播的急性败血性疾病（亦可称禽螺旋体病）（见本章"细菌的多重和单一感染"）。短螺旋菌属（*Branchy-spira*）螺旋体目前包含 7 个正式命名和 2 个非正式命名的种，这 2 个非正式命名的种拟定为肠道螺旋体种[31,49,65,115,138,142]。以上 9 个短螺旋种可定植在多种哺乳动物的大肠上，但其中只有两个种在禽类上有过报道；其他未被描述的、未培养出的、可能共生的螺旋体种在鸟类和哺乳动物的大肠上亦有发现[52]。

某些短螺旋菌是大肠的微生物群的一部分，而且在个别禽类和其他宿主或多或少也有寄生。其中在禽类发现的菌体群主要是以下 4 种：中间短螺旋菌（*B. intermedia*）、多毛短螺旋菌（*B. pilosicoli*）、鸡短螺旋菌（*B. alvinipulli*）和猪痢疾短螺旋菌（*B. hyodysenteriae*）。其中引起猪下痢的病原猪痢疾短螺旋菌是最具特征性的[56]。此外，猪痢疾短螺旋菌还能自然感染三趾鸵鸟而引起严重的坏死性盲肠炎[16,17,77,130]。鸡短螺旋菌主要寄生在鸡的肠道，但在猪身上亦有发现，并可能引起温和型的感染[58]。多毛短螺旋菌主要定植于禽类和哺乳动物（包括猪、犬、马和人类)[30,31,48,57,58,171]。鸡短螺旋菌仅仅只在鸡和鹅上有过发现报道[110,155,157]。

禽肠道螺旋体病的临床症状是非特异性的，其精确诊断主要是通过鉴定被感染鸡的盲肠和直肠是否有螺旋菌属病原体存在。禽肠道螺旋体是一种生长缓慢的厌氧生物，需要特别的培养基进行分离培养。所以只有具备专业的培养基和鉴定技术的实验室才能对该病进行准确的鉴定。这也部分解释了为什么流行病学调查表明的有 AIS 普遍存在的蛋鸡和肉羊种群中却很少分离鉴定出肠道螺旋体[8,26,32,100,142]。

最近刚发表了一篇关于禽肠道螺旋体病的综述[143]。它是一篇对肠道螺旋体感染家养动物和人方面的有用文章[52]，同时还包含有关于 AIS 的章节[154]。

定义和同义名

禽肠道螺旋体病泛指螺旋体定植在禽类的盲肠或/和直肠。该定义尤其常用于描述定植于鸡或其他禽类的致病性短螺旋菌属（中间短螺旋菌、多毛短螺旋菌、鸡短螺旋菌），并引起禽产蛋率下降和/

或腹泻，而猪痢疾短螺旋菌则会引起三趾鸵鸟的烈性盲肠炎。

另一个定义即肠螺旋体常用于描述定植于人体的两类螺旋体（多毛短螺旋菌、阿尔堡短螺旋菌)[47,103,166]。"猪肠螺旋体病"或叫作"猪定植螺旋体病"常用于描述多毛短螺旋菌所引起猪的感染[48]，同时"猪下痢"是猪痢疾短螺旋菌感染猪引起的[56]。将来，禽肠道螺旋体将有可能被更加地细化和改进，成为一个特殊的病原学菌属并有自己的临床特征。

经济意义

在英国，最近的一项研究调查表明，多毛短螺旋菌引起的 AIS 会造成蛋鸡产业每年约 410 万英镑（约合 760 万美元）的潜在损失[20]。有报道称，其损失大概有 1 400 万英镑，但很快他们意识到没有考虑多毛短螺旋菌病流行的情况（其感染率约为 30%)[18]。尽管并没有把中间短螺旋菌造成的损失计算在内，1 400 万英镑的损失仍可能是正确的。而后者（中间短螺旋菌）感染的症状比肠毛状短螺旋菌更严重，并且更容易在非笼养的鸡群发现，其发现的感染率在英国接近 50%[18]。与英国相似，很多国家，比如澳大利亚和意大利，因 AIS 感染造成损失的情况也不容乐观[8,100,142]。

全世界因为种鸡群感染而导致肉鸡产业损失同样很高，尤其易发群体感染[100,142]。1998 年，因为 AIS 感染引起鸡的生长速度放慢和鸡的饲料转化率降低，从而导致的商品肉鸡损失每群约为 9 900 英镑（约合 15 800 美元)[132]。同时，每年每群因为感染种鸡群而导致的种蛋产量下降和饲料消耗上升则有 10 600 英镑的损失（约合 16 900 美元）。

除了因为延迟产蛋或/和产蛋量减少引起蛋鸡的损失外，AIS 还会引起鸡的死亡，被污染蛋必须淘汰，为了维持鸡场的环境而增加更多的人工投入等问题。另外，因为粪便的气味和招惹蚊虫而有损当地的环境卫生。

公共卫生学意义

禽多毛短螺旋菌的某些菌株和人（和某些动物）的菌株有着密切的关系。而且它们之间可能不存在跨物种传播的障碍[58]。从人体分离出的某些多毛短螺旋菌菌种曾试验性的接种在 1 日龄小鸡[34,106,167,168]及成年蛋鸡上[72]，而似乎也没有证据说明禽多毛短螺旋菌不能定植在人体上。尽管如此，禽类是否能传播给人类还是有待证明。在发展中国家，只有极个别感染多毛短螺旋菌的案例，而在发达国家感染者主要在集中在男同性恋中，且该病会引起一定的免疫抑制（10％～50％的发生率）[98,103,108,166,171]。人感染多毛短螺旋菌常会引起儿童的腹痛、慢性腹泻和生长减缓等问题[14,29,47,103,121]，以及引起螺旋体血症[81,172]。感染通常只发生在群体中的个别人和/或者因为不卫生的环境以及偶尔会因为饮用水源污染引起[98,108]。从有螺旋体感染鸭光顾的湖水和大坝的水中，曾分离到多毛短螺旋菌，需要注意的是禽类可能因为采食含有禽多毛短螺旋菌的湖水而感染疾病[117]。健康的养禽工作者因为鸡而感染禽多毛短螺旋菌的可能性并不大。

历　　史

下面是关于禽感染肠道螺旋体病最早的几则报道。早在 1910 年，报道正常成年和雏松鸡盲肠腔中肠道螺旋体为"*Spirochaeta lovati*"[39]。1930年，在巴尔的摩活禽市场，从病鸡和外观正常的鸡盲肠粪便中发现了 3 个形态学不同的螺旋体[62]。1955 年，在美国火鸡、鸡和雉鸡盲肠壁上，发现了与螺旋体有关的大的干酪样结节[99]。20 世纪 70年代早期，由于发现密螺旋体（后来称为猪痢疾螺旋体，而现在叫做短螺旋菌）是造成猪痢疾（一种重要的猪黏膜出血性腹泻）的病原体，使得人们重新燃起对肠道螺旋体的兴趣[56,63,158]。

在 20 世纪 80 年代中后期，荷兰[26,32~37]及英国[46]做了一些指导性的研究。此类研究主要是针对发生产蛋延迟、产蛋率下降及拉稀粪等综合征的蛋鸡和肉种鸡进行螺旋体病的鉴定。当时，还有很多螺旋体种是鲜为人知的。最近，美国[155,164]、澳大利亚[100,125,144,]和欧洲[8,19,20]做了很多研究，证实并获得了更大的成果，这其中包括对一些禽肠道螺旋体的鉴定和命名[101]。1990 年，在美国发现由AIS 引起北美鸵鸟的严重盲肠病变（坏死性盲肠炎），并造成其很高的死亡率[130]。此外，近年来饲养的火鸡[131]、野鸡[177]、山鹑[73]和鹅[110]中有 AIS

散发的报道。

病　原　学

分类和宿主特异性

螺旋体归类于螺旋体目，3 个科（螺旋体科、短螺旋菌科和钩端螺旋体科），9 个属[21,119]。与禽肠道螺旋体病有关的肠螺旋体都隶属于短螺旋菌科的短螺旋菌属[119]。

短螺旋菌属一般包括 7 个正式种（猪痢疾短螺旋菌、中间短螺旋菌、无害短螺旋菌、墨多齐短螺旋菌、鸡短螺旋菌、多毛短螺旋菌和阿尔堡短螺旋菌）及 2 个被建议命名为"*B. pulli*"和"*B. canis*"（犬螺旋体）的菌种[31,49,65,115,135,137,138,142,143,170]。以上多数菌种最初是通过多位点酶电泳（MLEE）[91,94,101]，并结合其 RNA 的 16S 核蛋白基因序列和特征表现型来进行分群[40,120,136]。除了阿尔堡短螺旋菌外，以上所有菌属以前都隶属于小蛇菌（*Serpuline*）属[49,115]。所有的短螺旋菌属都能定植于大肠，但仅有多毛短螺旋菌和阿尔堡短螺旋菌能通过其某一细胞末端附着于盲肠或定植于肠上皮细胞[103]。所有短螺旋菌种的 16SrRNA 基因序列都很相近，这说明了它们近期才演化成具有亲缘关系不同菌种[118]。迄今为止，以上 9 种短螺旋菌只有阿尔堡短螺旋菌和犬短螺旋菌没有从禽类分离到。在禽类发现的短螺旋菌的广泛多样性说明，当厌氧短螺旋菌样的祖先最初定植于肠道时，鸟类便成为它们最初的宿主。

近来，在寒鸦、连帽乌鸦、秃鼻乌鸦（乌鸦属）分离到罕见的螺旋体，尽管它们的重要性还不确定[75]。其他已报道的未分类的禽螺旋体的生化特性、形态学和遗传特征与早期的报道种不同[101,147,148,169]。

致病型

根据试验研究和自然发生情况，中间短螺旋菌、多毛短螺旋菌、鸡短螺旋菌和猪痢疾短螺旋菌被认为是禽类中潜在的致病型菌，并且实验感染已成功地复制了该病。其特征见表 23.4[51,101,144,157]。*B. puuli* 和无害短螺旋菌（*B. innocens*）、墨多齐短螺旋菌（*B.murdochii*）通常被认为是禽类共生菌[101]。无害短螺旋菌试验接种雏鸡和种鸡不会引起发病，正好符合它的命名[144,167]。另一方面，给雏鸡试验接种 *B.pulli*，会引起雏鸡的温和型病变[50]，而在感染 AIS 肉种鸡群的一些母鸡中，也发现过墨多齐短螺旋菌[142,146]。

表 23.4　禽类四种主要致病性短螺旋菌的形态学、生化及其他特征

特征	种			
	中间短螺旋菌	多毛短螺旋菌	鸡短螺旋菌	猪痢疾短螺旋菌
常见感染禽类	蛋鸡和肉种鸡	蛋鸡和肉种鸡、火鸡	蛋鸡和肉种鸡，鹅	三趾鸵鸟
致病性	中度到轻度	中度到轻度	中度到轻度（对鹅严重）	严重
盲肠上皮细胞表面定植	随机存在于肠腔和隐窝，不附着于上皮细胞	可能会附着到盲肠细胞的一端	随机存在于肠腔和隐窝，不附着于上皮细胞	随机存在于肠腔和隐窝，不附着于上皮细胞
β溶血	弱（偶尔出现中度或强溶血）	弱	弱	强
产吲哚	+	—（偶尔阳性）	—	+（偶尔阴性）
水解马尿酸盐	—	+（偶尔阴性）	+	—
代表株	PWS/A[T] - ATCC51140	P43/6/78[T] - ATCC51139	C1[T] - ATCC51933	B78[T] - ATCC274164
参考文献	49，51，137	115，144，170	110，138，157	16，77，115，130

除了螺旋体种类的不同，其致病性的差别还受以下因素的影响：接种的途径、宿主的年龄、宿主的种类、环境因素、食物以及大肠微生物菌群的状态[152,155]。

形态及染色

短螺旋菌为革兰氏阴性、螺旋状细菌，其直径为 0.25 ～ 0.6um，长 3 ～ 19um，振幅 0.45～0.79um，波长为 2.7～3.7um[63,135,137,138,170]。镀银浸染染成褐色，瑞氏-姬姆萨染色呈蓝色，湿标本在暗视野显微镜下或用对照显微术法可以很容易地观察到。每一个螺旋体含有一个中央原生质柱，有多根周质鞭毛和一层外囊膜（外鞘）（图 23.12）[21]。周质鞭毛位于细胞内，分成相等的两组。各组分别起始于原生质柱相对的一端，在细胞的中部交叠。这种独特的解剖特征，可以作为分类的表型特征。尽管螺旋体种间和同一个种内的周质鞭毛数量会有所不同，但周质鞭毛数量的多少仍然用于螺旋体的

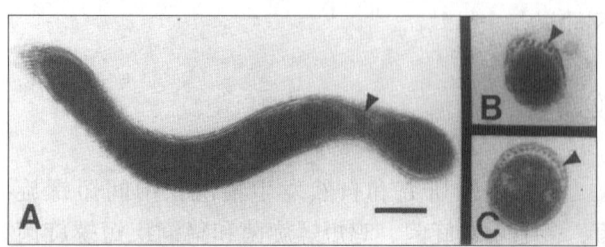

图 23.12　鸡短螺旋菌。螺旋菌细胞呈纵向螺旋形态（A），末端横切面（B）和中间横切面分别有 8 条和 16 条周质鞭毛（箭头所示）[157]

分类。多毛短螺旋菌和阿尔堡短螺旋菌很典型，它们的每个细胞末端都有 4 根鞭毛。而其他短螺旋菌属的每个细胞末端则有 8 根或更多鞭毛。细胞外膜与原生质柱之间的周质鞭毛旋转引起螺旋体细胞的运动[10,22]。这些形态学特征和运动方法，使螺旋体可穿过高度黏稠液体，如黏液，而黏液可以阻挡体外鞭毛菌[22,109]。

生长需要

短螺旋菌虽然能短时间暴露在空气中，但是他们均为厌氧菌[134]。初次分离菌株时可用分离猪肠道螺旋体的各种固体培养基[1,76,86]。最为典型的是血液琼脂，如胰蛋白酶大豆琼脂，添加 5％～10％脱纤维绵羊血和 1～5 种选择性抗生素（即壮观霉素、利福平、螺旋霉素、万古霉素和/或黏菌素）。不同的螺旋体菌属其对抗生素的抵抗力不同，推荐使用以下抗生素配置的平板：壮观霉素 400ug/mL、黏菌素 25 ug/mL 和万古霉素 25 ug/mL[76]。抗生素可抑制肠道非螺旋体性厌氧菌的生长，而有利于生长缓慢的螺旋体快速生长。置于 37～42℃培养至少 10 天，禽类分离的螺旋体在 2～5 天即可生长。繁殖环境为充满厌氧气体的厌氧罐，其典型的气相环境是 94％ H_2 和 6％ CO_2，或者含有 80％ N_2、10％ H_2 和 10％ CO_2 厌氧罐也可[13]。螺旋体可在脑心的浸渍肉汤中扩繁，肉汤中添加 10％的胎牛血清，并加入 1％的氧以促进其生长[133]，也可用胰蛋白酶大豆肉汤培养基（"Kunkle 培养基"）[87]。在

以上两种培养基中生长 2～3 天可达到每毫升 10^8～10^9 个细胞数。

血液琼脂上菌落形态

短螺旋菌接种到琼脂平板，琼脂平板表面会形成暗淡扁平的一层，形成的菌落有很明显的锐边并且有时能穿入到琼脂内。经过多次分离，菌落周围会出现溶血带。尽管分离自猪、三趾鸵鸟和鸭的短螺旋菌有很强的溶血性，并且有时禽类的中间短螺旋菌株及某些未鉴别出的菌株能引起中强度的溶血，但是大多数短螺旋菌呈弱溶血性[73,74,100,101]。螺旋体是否有生长，可以用暗视野或相差显微镜检查湿片中螺旋体的特征性运动，或者触片用瑞氏-姬姆萨染色或革兰氏染色观察其形态。螺旋体为革兰氏阴性。

生化特性

短螺旋菌一般含有碱性和酸性磷酸酶、酯酶、酯酶脂肪酶、β-半乳糖甙酶以及磷酸化酶[147]。溶血性、吲哚生成、马尿酸盐水解、β-半乳糖甙酶是否缺失以及 β-半乳糖甙酶活性等差别已作为生化培养鉴定的方法。商品化的 API ZYM 系统和 5 位数编码系统有助于禽类和哺乳动物螺旋体株的归类[68,94]。由于螺旋体有很多不同的表型，所以现在大量的分子技术替代生化检测用于菌株的分型鉴定。

对理化因素的抵抗力

多毛短螺旋菌可以在水中长期存活，尤其在低温条件下（25℃存活 4 天，4℃存活 66 天）[117]。同样的，猪痢疾短螺旋菌和多毛短螺旋菌都能在猪的粪便和掺有粪便的泥土中长期的存活（10℃能存活 78～210 天）[12]。然而，中间短螺旋菌和多毛短螺旋菌在鸡粪中存活的时间相对较短（4℃约为 3 天，鸡粪含量为 10^9 个/g），并且其不能在鸡舍环境中长期存活[122]，其原因可能是由于鸡粪较干并且呈酸性的缘故。大多数消毒剂对短螺旋菌有效[122]，尤其当其表面保护性有机物质被清除后效果更好[24]。清洗、消毒和全进全出的饲养方式，可以有效地防止 AIS 对鸡场的感染[122]。

毒力因子

目前，短螺旋菌对禽和哺乳动物的致病机理尚未完全搞清楚。AIS 的发生可能需要多种毒力因子的存在，而且不同致病菌株的毒力因子可能不同。一般来说，致病短螺旋菌属的毒力特性可能包括了一套具有某种"生活方式"（"lifestyle"）的毒力因子，这套毒力因子参与菌株最初的定植、适应生存并能在靠近大肠黏膜的微生物环境中增殖，并且一个或多个必要的毒力因子会引起病理损伤或引起发病。在某种程度上短螺旋菌的这一套毒力因子具备了很多适应生存的能力，比如在厌氧环境中的生存能力，它们能够利用可以获得的营养物质，共生的和致病的短螺旋菌都能运动且能发生趋化作用，因为所有的短螺旋菌都能在大肠上定植。这一套毒力因子的细微差别可能造成短螺旋菌行为的不同，比如某些短螺旋菌的宿主范围很小，如阿尔堡短螺旋菌主要感染人，而其他的菌株宿主范围却很广，如多毛短螺旋菌能在很多的禽类和其他动物中定植。

迄今为止，只有关于猪痢疾短螺旋菌和较次要的多毛短螺旋菌潜在的毒力因子有过研究（以上两个菌体均来自猪病）。对猪痢疾短螺旋菌的宿主范围和毒力特性测定仍然知之甚少。比如，从美洲鸵鸟分离到的猪痢疾短螺旋菌能使美洲鸵鸟患严重的坏死性盲肠炎并伴有高死亡率，而该螺旋菌却不会引起猪患病并且不会在其肠道有效地定植[140,154]。在瑞典的野鸭身上分离到的猪痢疾短螺旋菌的一项初步研究表明其不引起野鸭或接种实验猪患病[74]。类似的，许多从猪体分离到的猪痢疾短螺旋菌的菌株实验接种猪无致病性[2,56]。

为了能定植在大肠内，短螺旋菌细胞必须穿透覆盖在肠黏膜上的黏液。所有的短螺旋菌都能自主运动，但是他们对黏蛋白的亲和力却不同。比如猪痢疾短螺旋菌强毒株对黏蛋白有亲和作用，无毒力株则没有[104]；而多毛短螺旋菌对黏蛋白的趋化反应则可以受生长培养基中酶解物的调节[179]。某些猪痢疾短螺旋菌的无毒株缺少 $mglB$ 同源基因，该基因编码葡萄糖-半乳糖脂蛋白，而该蛋白被认为是葡萄糖和半乳糖趋化作用的化学受体[176]。这些发现表明趋化作用是猪痢疾短螺旋菌毒力表现的一部分。猪痢疾短螺旋菌的运动性在定植中的作用也已被证实，将鞭毛基因（$flaA$ 和 $flaB$）破坏，其运动力和定植能力均减弱[82,129]。其他致病的短螺旋菌株并没有做同样的实验，但都认为运动性对其定植很重要。

另外，短螺旋菌菌株与其"生活方式"有关的毒力因子可能还有 NADH 氧化酶活性，该 NADH 氧化酶活性被认为能保护他们不受氧气毒性伤害从而增强其定植结肠黏膜的能力。因此，含有氮氧化物失活基因的猪痢疾短螺旋菌表现出定植力和致病力的降低[139]。

猪痢疾短螺旋菌潜在的"必须"毒力决定因素是螺旋体的强力溶血能力[56]。早期的研究表明猪痢疾短螺旋菌溶血素的分子量为 19kDa、68kDa 或 74 kDa[160]。这些溶血素具有氧稳定性，并且与链球菌溶血素相似，是载体依赖型毒素。提纯的溶血素对一部分组织培养细胞系和猪原代细胞具有细胞毒性[83]，并且破坏猪的结扎肠段中的上皮细胞[96]和鼠的盲肠上皮细胞[69]。猪痢疾短螺旋菌的三个基因（*tlyA*、*tlyB* 和 *tlyC*）最初被认为是编码其溶血素的基因，是因为它们能够诱导大肠杆菌的溶血性[161]。现在却认为 *tly* 基因只是调控因子，而不是编码溶血素本身。尽管如此，*tlyA* 失活仍会造成猪痢疾短螺旋菌的溶血素活力和毒力的减弱[70]。最近，一段特殊报道了一个编码了猪痢疾短螺旋菌溶血功能的 8.93kD 的多肽的基因（*hlyA*）[66]。多毛短螺旋菌同样也含有 *hlyA* 基因，但其溶血性弱[180]。以上两种端螺旋体菌属表型的不同有可能与它们基因的转录和翻译的不同性相关，亦可能与多毛短螺旋菌溶血素的脂基团不同的构象有关[180]。目前为止，对分自鸭和猎鸟的具有强溶血的非猪痢疾短螺旋菌遗传背景不清楚[73,74]。

和革兰氏阴性菌的脂多糖一样，短螺旋菌体的脂寡聚糖（LOS）有着某些相同的生物学特性。通过苯酚/水从猪痢疾短螺旋菌提取的脂寡聚糖对小鼠腹腔巨噬细胞有毒性作用，与小鼠脾细胞促分裂原一样，通过小鼠腹腔巨噬细胞的 Fc 和 C3 受体增加对红红细胞的摄入，并且在新鲜的猪血清中产生趋化因子[114]。用丁醇/水系统提取猪痢疾短螺旋菌内毒素比用酚/水系统提取的 LOS 的生物活性更强，该提取物可以诱导鼠腹腔巨噬细胞产生白介素-1 和肿瘤坏死因子，并可以大幅提升自然杀伤细胞活性[45]。由于来自于猪痢疾短螺旋菌与来自于无害短螺旋菌的 LOS 和内毒素的生物活性相近，因此，这不能阐明这两个间致病性潜在的差

异[44,111]。猪与小鼠的体内试验表明猪痢疾短螺旋菌的内毒素同样可以诱导产生促炎性因子，如白介素-6[113]。研究表明，小鼠实验表明猪痢疾短螺旋菌的 LOS 具有潜在的独立作用，因为实验感染 C3H/HeJ 鼠（对 LOS 反应弱）并没有出现结肠病变，而 C3H/HeB 小鼠（正常反应）却出现病变[112,114]。除了发现多毛短螺旋菌不同菌株的 LOS 的抗原异质性之外，对其他短猪 LOS 的致病性并没有被研究过[93]。

多毛短螺旋菌没有被肠炎耶尔森菌 *inv*、*ail* 和 *yadA* 基因，致病性大肠杆菌 *eae* 基因，以及福氏志贺菌毒力质粒编码所编码的毒力因子[61]。虽然利用肠上皮细胞系体外试验已经证实猪痢疾短螺旋菌对于上皮细胞的吸附，但是迄今还没有鉴定出所推测的黏附素或宿主细胞受体[107]。已经在猪痢疾短螺旋菌的质膜上发现了三个不同的活性蛋白酶，包括一个与其他革兰氏阴性菌一样的枯草杆菌蛋白酶样的丝氨酸蛋白酶，但是他们在这些疾病中出现的潜在作用还不能确定[25,105]。

人感染猪痢疾短螺旋菌和阿尔堡短螺旋菌已有报道，这已经表明这些螺旋体以一个致密网（dense mat）的末端对接（end-on）吸附到单个的肠细胞上可引起微绒毛脱落，通过大量定植造成身体对水和电解质吸收不良而导致痢疾[128]。在鸡身上大量猪痢疾短螺旋菌定植也可造成同样的状况。

有关短螺旋菌遗传信息的不足影响了毒力因子的鉴定。目前仅仅猪痢疾短螺旋菌某些基因进行灭活和功能分析。

病理生物学和流行病学

宿主范围

螺旋体可定植于多种禽类的盲肠和直肠中，包括鸡[63,155,164]、三趾鸵[15,16,130]、松鸡[39]、雉鸡[99,177]、鹧鸪[73]、火鸡[131]、鹅[110]和捕获的野生鸟类，特别是水鸟中的雁形目和鹳形目[73,74,117,148]。在患腹泻的幼鸵鸟（*Struthio camelus*）中已经观察到了肠道螺旋体[97]。尽管在无症状的鸸鹋检测到对肠道螺旋体有抗体反应，但在鸸鹋（*Dromaius novaehollandiae*）中并没有报道[154]。

发病率和分布

欧洲、北美和澳大利亚均有家禽肠道螺旋体病病例报道，其他地方肯定也有，只是没有报道。除笼养或家养群、户外散养群也可能存在更普遍的感染[19,175]。到2006年止，仅在美国报道了三趾鸵鸟坏死性盲肠炎[15,16,60]。

很少有关于禽肠道螺旋体病流行病学详细调查，随着家禽的品种和螺旋体检测方法的不同，发病率结果也不同。禽肠道螺旋体病的发病率在美国依然未知，但是在欧洲和澳大利亚的调查显示这种状况在蛋鸡和肉种鸡中非常普遍。一项调查指出，在20世纪80年代荷兰鸡群中，对粪便使用直接荧光抗体试验显示：27.6%有肠道疾病的鸡群呈螺旋体阳性，而没有肠道疾病的鸡群阳性率只有4.4%[32]。最近的研究在澳大利亚西部通过选择性培养基培养来自37个随机选择的蛋鸡群和30个肉种鸡群的粪便，总的说来有53%的肉种鸡群和35%的蛋鸡群检测样本包含肠道螺旋体。有腹泻症状或生产性能不好的鸡群64%有螺旋菌定植，而粪便正常的鸡群为24%。鸡群内阳性率为10%到90%不等。最近，许多调查也用选择性培养基，但同时用PCR检测螺旋体种类。这样发现澳大利亚东部各州流行率更高，28个随机挑选的肉种鸡场中，43%分离到螺旋体；22个蛋鸡场中68%分离到螺旋体[142]。这些农场饲养着各个年龄段的鸡群，所检测的112个肉种鸡群（每群饲养于一个栋舍），26%检出有感染，而68个蛋鸡群中，54%检出感染率。感染群抽样感染率为10%到100%不等，平均为47%。这项研究发现定植与垫料潮湿具有极显著的相关性，感染鸡群粪便水分含量平均比未感染鸡群高14%。在19个农场的45个肉鸡群中没有检测到螺旋体。在意大利北部的一项研究中，29个蛋鸡群中的21个（72.4%）检测到了肠道螺旋体[8]。研究发现产蛋下降与螺旋体定植密切相关。在澳大利亚和意大利的研究中，发现大于40周龄的鸡群定植率显著大于年轻的鸡群。

在美国[148]和澳大利亚[117]不同鸟类调查中，只在雁形目水鸟中发现普遍存在有肠道螺旋体定植。

致病性螺旋菌的流行率

在先前的调查中大约有70%的蛋鸡群和50%

的肉鸡群中有被肠道螺旋体定植的鸡。有67%的鸡群的分离株属于致病菌，其中大约67%分离的为中间短螺旋菌，其余为多毛短螺旋菌[8,142,146]。一个鸡群可能同时感染这两个致病性螺旋菌[142,146,125]。在这次调查中并没有报道鸡短螺旋菌，2006年的资料显示只有在美国有两个种群的蛋鸡[155]和匈牙利两个种群的鹅有报道[110]。已经在瑞典犬中鉴定出了一个亲缘关系很近的螺旋体[80]。三趾鸵鸟感染猪痢疾短螺旋菌在美国广泛的分布[17]，并且在瑞典野生和农场的绿头鸭也有报道[73,74]。推断猪痢疾短螺旋菌可能偶尔感染鸡群，但是还没有证实。

菌株

在一个研究中用多位点酶电泳（MLEE）检测了来自4个鸡场多个短螺旋菌分离株[146]。在一个农场分离的16株墨多齐短螺旋菌分为14个不同的电泳型（electrophoretic type），而5个多毛短螺旋菌分离株属于同一电泳型。在第二个农场，6个多毛短螺旋菌株中的5个属于同一个电泳型，而第6个却不同，同时2个中间短螺旋菌分离株也互不相同。在第三个农场，3个中间短螺旋菌分离株为同一电泳型。在第四个农场，4个中间短螺旋菌分离株属于不同但是有关联的电泳型。因此一些感染的农场中可能以某一个株为主，也可能有其他株存在。在澳大利亚西部的蛋鸡农场的研究中也有发现有菌株的差异，那里20个中间短螺旋菌分离株用脉冲场凝胶电泳（PFGE）检测分出了4个不同的PFGE谱型[125]。同一农场分离的菌株的异质性十分重要的，不同株可能有不同的生物学性能，这个可能影响了临床结果包括毒力特点和抗生素敏感性实验。

同一农场不同菌株的来源可能并不相关，也可能是原有菌株的"微进化"的结果[6]。一些致病性短螺旋菌已经显示出了具有重组体的种群结构，出现大量的基因重排并导致基因序列漂移（drift），呈现出遗传多样性[173,180]。也可能通过前噬菌体样基因转移因子获得新的遗传信息，这在其他短螺旋菌已有报道[67,141]。

解剖学定位

肠道螺旋体定植于盲肠和直肠，而并非小肠。

螺旋体首先在隐窝腔，少量存在于肠细胞附近的肠内容物种。虽然多毛短螺旋菌不需要黏附就可以定植于盲肠，但是在表面上皮细胞的一端可见有成簇的多毛短螺旋菌细胞附着（图23.13）。虽然极少发生，但还是有多毛短螺旋菌血症的病例报道，在其他动物和鸟类中还没有出现这种情况。在鸟类中是否发生螺旋体多毛短螺旋菌血症还不知道，也可能因为螺旋体分离十分困难而没有被发现。

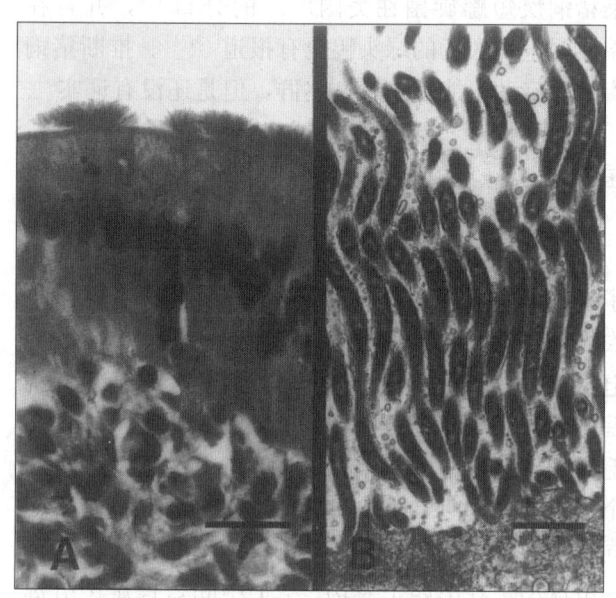

图23.13　多毛短螺旋菌与盲肠上皮细胞腔表面紧密相连（A），方向与上皮细胞成直角（B）

螺旋体在盲肠中的持续存在

螺旋体可以持续定植于盲肠[26,33,36]。在一个研究中，实验感染14周龄鸡一直到23周后结束，在盲肠中检测到了螺旋体[37]。在另一个实验中，同样的螺旋体1380株在实验室感染蛋鸡9个月后依然可以在粪便中检测到[33]。

传播、携带者和传播媒介

肠道螺旋体通过粪-口途径直接或间接地在鸟类间传播。在近距离圈养的禽类可通过粪便气溶胶传播。螺旋体在同一个农场不同舍群间的传播可能是由于人类的衣服或靴子上带有鸡的粪便而传播。野生鸟类和动物，如小鼠和大鼠可能散播感染。昆虫，如苍蝇，或是哺乳动物，如狗或野生动物（feral animals）可能作为机械携带者。主要传播来源

可能是通过水源。已经发现了在野鸭的粪便中排出多毛短螺旋菌、猪痢疾短螺旋菌和中间短螺旋菌菌株[73,74,117]，这些菌株可以存活于野鸭饮水的池塘和堤坝中[117]。

潜伏期

禽肠道螺旋体病的潜伏期不定，受细菌数量和环境因素的影响很大。临床上经常需要几周才会出现细菌大量定植并出现临床症状[54,55]，但实验接种鸡最早5天后即可出现疾病症状[157]。

年龄对螺旋体定植的影响

虽然在自然条件下没有发现1日龄的感染病例，但最好的实验室感染方法是1日龄嗉囊灌注[152,157]。在美洲鸵中，猪痢疾短螺旋菌对小于5个月的禽比对成年禽的致病性更高[15]。15周龄以前的商品蛋鸡很少检测到有定植，但更大日龄的鸡群定植率较高[142]。以上日龄相关的感染规律可能接触环境病原数量的增加而非日龄的增加。

日粮和微生物菌群对螺旋体定植的影响

短螺旋菌必须到达大肠才能定植，并与局部微环境发生相互作用。据推测，螺旋体存在于食团或粪便内部通过前面的肠道而存活下来。对猪的研究表明，螺旋体一进入大肠，即和厌氧菌相互作用构成盲肠和结肠微生物群的一部分，包括产气荚膜梭杆菌等，这些菌种会与猪痢疾短螺旋菌协同作用而促进螺旋体的定植加重炎症反应和病变[64,79,178]。

蛋鸡感染实验已证实日粮影响中间短螺旋菌的定植。尤其，以小麦为基础的日粮似乎比以大麦或大麦和高粱为基础的日粮更能促进中间短螺旋菌的定植[123]。而且不同品种的小麦对中间短螺旋菌的定植影响不同[124]。在一项研究中，蛋鸡饲喂加有专门水解小麦中非淀粉多糖外源酶的小麦基础日粮之后实验感染发现中间短螺旋菌的定植有所减少[55]。在同一研究和之后的研究中，日粮添加杆菌肽锌（ZnB）可减少中间短螺旋菌的定植[54]。相反，日粮中的ZnB会增加多毛短螺旋的定植[71,144]。由于ZnB主要作用于革兰氏阳性菌而不是螺旋体本身，这些相反不一致的结果表明，有可能是鸡盲肠

微生物群不同组分间革兰氏阳性菌和阴性菌与不同短螺菌相互作用。

总的来讲，这些研究结果表明，感染鸡可能发生的不同临床结果取决于它们的日粮、肠道微环境和微生物群落，以及定植的特定短螺菌属种。这些发现可能有助于解释发生 AIS 的不同商品化群体出现不同临床症状和病状的原因。

临床症状和病理变化

有关 AIS 的临床症状和病变的资料很少，这些数据有三个主要来源。第一个是来自实验感染 1 日龄小鸡。这些资料可能能够表明某些菌株具有潜在致病力，但结果解释须慎重，因为这种情况下的定植和疾病未必代表成年鸡的自然感染。第二个资料来源是用已鉴定的菌株实验感染成年鸡。这种结果可能更接近自然感染，但也存在缺陷。实验母鸡通常单个笼养，正常饲喂，很少应激，许多发生 AIS 的商业化笼养群的条件并非如此。在实验条件下疾病往往表现十分温和或不发病，例如，一些实验感染鸡只有轻微的产蛋下降，或粪便含水量增加，盲肠没有明显的组织学变化[51,144]。此外，因为这些实验费时，所以实验感染往往只采用一个或少数几个菌株，限定的条件下饲喂标准日粮。这些鸡不会共感染其他螺旋菌种和螺旋菌株，也不会共感染其他肠道病原体，但商品鸡群可能发生这些感染。第三种资料来源来自对 AIS 自然病例的观察。直接观察养禽生产中的生产指标的变化获得的资料非常重要，由于经常出现一些没有被察觉的共感染，将生产性能下降的归类或病理分析很难归类到禽肠道螺旋体病也有一些不足。一个例子是散养鸡群在感染组织滴虫病同时感染禽肠道螺旋体病，鸡群出现死亡、盲肠病变和产蛋下降[38]。另一个问题是早期报道的引起临床禽肠道螺旋体病的螺旋体种不清楚[26,46]。

除了与定植的短螺菌菌种，甚至某些菌株有关，临床疾病和严重程度与宿主种类、饲养管理、营养、环境和遗传等因素相关[85]。临床上已观察到某些 AIS 促发因素，包括脱毛、近期产蛋下降、饲料品质差、地面养殖以及轻型蛋鸡等[20,46,85,155,164]。拥挤的鸡群导致了应激，并增加了相邻个体间传染螺旋体的可能性。

禽类肠道螺旋体自然或实验感染可能引起：①

亚临床感染；②轻度或中度临床疾病；③严重的临床疾病。

亚临床定植

已报道过鸡群有螺旋体定植而没有发病[62,100,142]，大多数与共生性短螺旋菌，如无害短螺旋菌、墨多奇短螺旋菌或 "B. pulli" 相关联[101]。在野生鸟类，特别是水禽中，大多数螺旋体并不引起肠道疾病，并且被认为是一种共生的正常微生物群。尽管如此，用一些未经鉴定、对野生鸟类无致病性的野鸟分离株感染 1 日龄雏鸡可引起温和的一过性腹泻，粪便为黄绿色、泡沫样[147,156]。从流行病学的观点来看，这些也是十分重要的，因为野生鸟类可能携带致病性螺旋体，但没有显示明显临床症状[73,74,117]。

轻度到中度临床疾病

"轻度到中度"疾病多与中间短螺旋菌、多毛短螺旋菌和禽短螺旋菌有关，主要见于蛋鸡和肉种鸡。这些感染趋于引起腹泻和产蛋减少，而盲肠病变轻微或者不明显。

感染中间短螺旋菌 早期研究中间短螺旋菌 1380 株是用该菌株实验性感染肉雏鸡[34]、蛋鸡[36] 和 14 周龄肉种鸡，之后收集鸡蛋并进行孵化[37]。感染的雏鸡出现不同程度的生长减缓，稀便并伴有脂肪增加，血清中蛋白、脂类、类胡萝卜素和胆红素含量升高[34]。蛋鸡表现出粪便脂肪含量增加[34]、泥状、潮湿、泡沫粪便[33] 或者稀便并且产蛋量显著降低[37]。螺旋体贯穿于盲肠黏膜底层在完好的柱状细胞之间，"间隙样"病变贯穿上皮细胞，并在上皮细胞下层积累。一些黏膜表层糜烂，但在结缔组织或淋巴组织中并没有明显的炎症现象。受感染母鸡所产的蛋明显偏轻，蛋黄色淡和类胡萝卜素含量偏低。被感染母鸡产的蛋孵化出的肉雏鸡粪便苍白、黏液状并且稀，在 2 到 3 周龄时候体重明显轻于对照组。这些鸡容易出现佝偻病，血浆的类胡萝卜素浓度和碱性磷酸酶活性较低。这些鸡本身并没有螺旋体定植。

用中间短螺旋菌 HB60 株实验性感染蛋鸡导致生长减缓，粪便中水分增多并且产蛋量和蛋重下降，但没有引起盲肠的任何特征性病变[51,56,124]。

感染多毛短螺旋菌 刚出壳的肉鸡雏可被人、猪和犬多毛短螺旋菌分离株感染[34,106,167,168]。临床症状不明显[34]或者出现水样腹泻[167,168]，有时候伴有生长发育迟缓[168]。盲肠没有明显的肉眼病变，但是有不同程度的组织学病变，包括在盲肠细胞的一端出现特征性的一个层致密的螺旋体[106,167,168]，有时伴随的盲肠上皮细胞刷装层弥散性增厚[106]。隐窝不同程度变长延伸，隐窝腔膨胀，固有层轻度局灶性异嗜细胞浸润。有时在肠细胞间或间隙样病变间可见有螺旋体。有报道出现上皮细胞下螺旋体积聚和局灶性糜烂，但并没有炎性反应[34]。肠腔肠细胞的顶部细胞质形成空泡并有蛋白沉积。有时微绒毛模糊不清、被破坏或者大量黏附着的螺旋体覆盖，并且存在中断的终末网微丝。个别螺旋体陷入到细胞膜并缩入细胞质终末网中，但是并没有穿刺进去。

用禽类的多毛短螺旋菌 CPSp1 株实验感染肉种鸡母鸡可导致一过性粪便中含水量增加，蛋壳沾有粪便和产蛋率显著降低[144,145]。受感染的禽盲肠胀气并有泡沫样、苍白色、液状内容物，但是并没有明显的组织学病变。分离到螺旋体但是并没有发现其附着于盲肠黏膜上皮。CPSp1 感染蛋鸡没有引起明显疾病[71]，但感染从人类中分离的多毛短螺旋菌会导致持续并显著的水样粪便[72]。同样没有出现螺旋体附着，也没有明显的肉眼病变。

自然感染多毛短螺旋菌的两个鸡群出现产蛋率下降5%，25%以上的鸡出现下痢、体重下降、粪便污染肛门周围羽毛、倦怠并且沉郁[164]。盲肠细胞表层的顶端覆盖有一层密集的彼此相互平行螺旋体垂直排列于黏膜表面（图23.13、表23.4）。4个死亡率增加的火鸡群有多毛短螺旋菌感染[131]。大量的螺旋体附着于盲肠上皮细胞表面并且扩展到隐窝中部。一些盲肠产生病灶，黏膜消失，螺旋体直接黏附于暴露的基膜或侵入固有层，上皮下的单核炎症细胞增多。

感染鸡短螺旋菌 用鸡短螺旋菌 91-1207/C1 株人工感染 1 日龄雏鸡和 14 月龄母鸡可引起鸡盲肠粪便呈黄色、金色或橙色[157]。盲肠扩张，其内容物为灰绿到黄色液体状或泡沫状。感染禽出现严重淋巴增殖性盲肠炎和直肠炎，伴有淋巴细胞和异嗜细胞性胞吐、中度盲肠绒毛上皮细胞增生、绒毛末端的固有层和黏膜下淋巴滤泡水肿（图23.14）。部分鸡盲肠隐窝轻度扩张。绒毛表面上或在隐窝中可见有螺旋体层，菌体随机出现在盲肠上皮细胞腔表面或位于隐窝腔中。螺旋体很少入侵盲肠上皮细

胞之间和细胞之下（图23.15）。

最早在两个有5%的鸡只有湿粪、痢疾、粪便糊肛门和产蛋污染的蛋鸡群中分离到鸡短螺旋菌 91-1207/C1 株[155]。螺旋体出现在隐窝中和/或在盲肠腔，出现在粪便糊肛门的鸡有中度的淋巴增殖性盲肠炎。

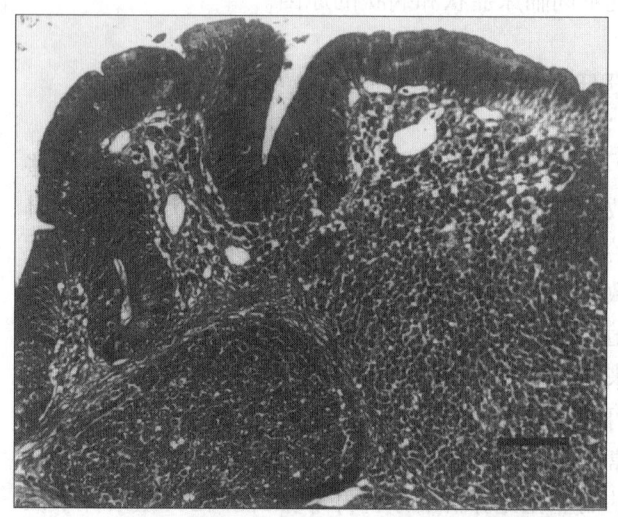

图 23.14 感染鸡轻度淋巴细胞盲肠炎和轻度上皮细胞增生。标尺＝50μm[157]

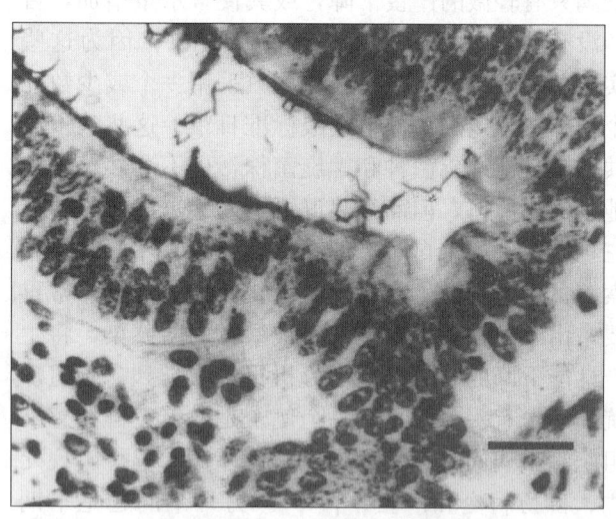

图 23.15 鸡短螺旋菌随机分布于盲肠绒毛表面上皮细胞。Warthin-Starry 银染。标尺＝20μm

其他未鉴定的短螺旋菌引起 AIS 病例 荷兰的一项早期在一个长期存在间歇性腹泻和产蛋量减少的蛋鸡场的一只母鸡体内分离到一株尚未鉴定的弱溶血性短螺旋菌 K1 株[26]。K1 因为有太多的周质鞭毛而有别于多毛短螺旋菌，而由于呈吲哚阴性又不同于中间短螺旋菌和猪痢疾短螺旋菌。自然感染 K1 的禽类会导致轻度盲肠炎、杯状细胞数量少量增加、盲肠上皮组织裂缝样病变处有大量螺旋菌，

在裂缝下面有轻度变性和单核细胞浸润。用黏膜匀浆或者 K1 株感染 10 周龄的母鸡，母鸡出现粪便水分含量一过性增加，在 8～9 周后复发。

在英国一项研究表明小火鸡感染可引起生长迟缓、产蛋推迟到 22 周龄[46]。在盲肠黏膜隐窝扩张，内含大量脱落的上皮细胞和炎症性碎片，固有层有大量的单核淋巴细胞浸润。螺旋体细胞随机地分布在盲肠上皮细胞表面或者隐窝腔内。

在荷兰曾报道过 8 个肉种鸡群感染过未经鉴定的 AIS[132]。有临床症状的鸡群表现为产蛋量下降和饲料消耗量增加，3％ 的种蛋因为太轻而不能孵化。在出现 AIS 临床症状阶段所产鸡蛋孵化出的商品肉鸡群表现为饲料转化率下降和饲料消耗率增加、弱雏、生长迟缓和饲料消化不良等。在种母鸡开产前使用抗生素药物治疗则子代正常。

严重感染

三趾鸵鸟自然感染猪痢疾短螺旋菌所引起的严重病例仅见有盲肠炎[16,17,130,153]，死亡率为 25％～80％，与一起鹅感染鸡短螺旋菌相似，据报道该感染在 2～3 个月之间的死亡率达 18％～28％[110]。

大多数感染并表现临床症状的鸵鸟年龄在 6 个月以上[16]，在美国这样的病例大多出现在 7 月龄到 10 月龄[153]。成年禽也能被感染，但是这样的病例常常并发与应激，如运输应激。临床上，少部分鸵鸟在死亡前 1～2 天出现精神沉郁、体重减轻，排出带有干酪样硬块的稀粪[152]；但大多数鸵鸟不表现任何临床症状而突然死亡[130]。剖检可见盲肠扩张，肠壁增厚、溃疡，肠腔中含有厚厚的假膜（图 23.16）[130,152]。组织学可见盲肠壁出现严重的黏膜

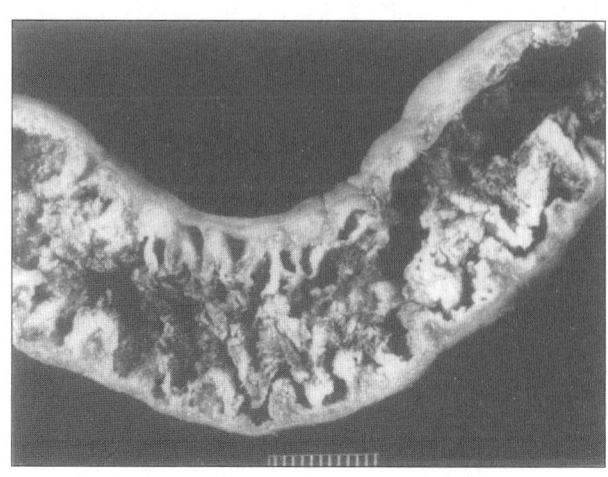

图 23.16　猪痢疾短螺旋菌。患坏死性盲肠炎的幼年三趾鸵鸟盲肠黏膜表面附有厚厚的坏死性假膜

坏死，滤泡伸长，肠腺上皮及杯状细胞增生。盲肠腔存在黏液、成簇的螺旋体和细菌以及纤维素性坏死碎片（图 23.17）。将鸵鸟源肠道螺旋体接种 1 日龄雏鸡和雏火鸡可以复制出相似的病变，但病变程度要轻些[77]。

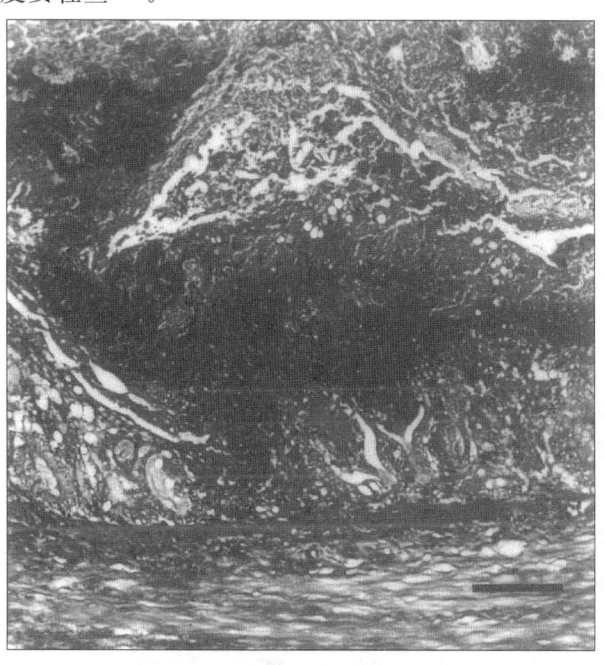

图 23.17　猪痢疾短螺旋菌。幼龄三趾鸵鸟增厚的盲肠黏膜隐窝扩张、充满黏液。盲肠腔有假膜，假膜系由坏死性异嗜细胞和脱落上皮、细菌及黏液组成。H. E.，标尺＝50μm

从自然发病的三趾鸵鸟中分离出一株强 β 溶血的螺旋体，经鉴定为猪痢疾短螺旋菌[77]。将其接种 1 日龄雏鸵鸟，5～9 天内可复制出相同的大体病变和组织学病变[152]。最近从一些病例中分离出弱 β 溶血的螺旋体[130]，这些菌株目前尚未鉴定分类。另外，在盲肠病变部位，除可分离到螺旋体外，还同时分离到多种内源性厌氧杆菌[15]。显然，鸵鸟 AIS 的发生可能是螺旋体与盲肠菌群厌氧菌协同作用的结果。

未见家禽自然感染猪痢疾短螺旋菌的报道。1 日龄雏鸡试验感染猪源猪痢疾短螺旋菌可引起消瘦，盲肠萎缩、增厚，盲肠腔富有黏液，上皮细胞和杯状细胞增生，隐窝变长[3,149,150,167]。皱褶顶端上皮坏死，杯状细胞增生，隐窝内还有大量螺旋体，固有层水肿并伴有异嗜细胞性炎症。

匈牙利两个鹅群曾经发生过鸡短螺旋菌严重感染[110]。在第一产蛋期结束换羽后，A 群 1 500 只产蛋鹅 28％ 在，B 群的 4 500 只产蛋鹅在 12 周内死亡 18％。感染鹅结肠直肠口有出血或坏死性炎症

和纤维坏死性盲肠炎并伴有严重的退行性病变。大肠黏膜层有螺旋体。肾脏肿胀，一些病鹅出现内脏痛风。大肠上皮层坏死，黏膜固有层出血以及淋巴细胞、组织细胞和嗜异性粒细胞浸润。坏死有时甚至能够延伸至基底层的上固有层的上 1/3。肾脏管状上皮细胞变性、出现点状或弥散性管间纤维细胞增殖、肾小球肾小管萎缩和矿物质沉积。肝脏可见淋巴组织细胞性炎症反应。分离到 9 株禽短螺旋菌，而另外 1 株（来自 A 群）具有强溶血作用，但吲哚反应阴性，初步鉴定为猪痢疾短螺旋菌。

免疫力

目前人们对禽对禽肠道螺旋体的免疫知之甚少，正如前面讲到，实验室感染可造成较长时间的定植[33]。禽自然感染螺旋体后，可能产生、也可能不产生抗体，因为一些分离不到螺旋体的禽体内有抗体存在，而另一些分离出螺旋体的禽血清抗体却为阴性[147,148]。

诊　　断

引言

肉眼病变和组织检查通常不足以明确诊断 AIS。因此，AIS 的诊断常常需要借助于微生物学技术来鉴定相关的螺旋菌，结合与 AIS 一致的临床、病理和生产性能资料。

观察螺旋菌

取粪便或盲肠内容物在光镜或暗视野显微镜下检查，若发现有螺旋状细菌存在，即可作出初步诊断。因为螺旋体可作为正常菌群存在或造成亚临床感染，所以特征性的临床症状和病理变化是 AIS 诊断时不可缺少的条件。

螺旋体的确诊需依其特定的超微结构特征，检测螺旋体抗原，分离培养或用 PCR 的方法检测粪便中的螺旋体核酸。从盲肠黏膜的超薄切片或澄清的盲肠内容物的负染标本中发现有周质鞭毛的微生物，可以确认为螺旋体。以直接或间接荧光抗体（IFAT）[26,32,92]或其他免疫组织化学（IHC）方法

检查螺旋体抗原要比电镜技术更容易和快捷[42,177]。针对猪痢疾短螺旋菌的间接免疫荧光抗体试验早期是用来研究 AIS 的流行病学的方法[26,32]。当然，超微结构观察和用 IFAT 或 IHC 对抗原分析均不能确定螺旋体的种群。用单克隆抗体检测多毛短螺旋菌的囊膜蛋白已有报道[92,159]，它可以增强 IFAT 的特异性，可以鉴定到种。目前尚需要针对于禽其他螺旋菌种属病原的单克隆抗体。但基于 Mab 片段的免疫磁珠方法从猪粪便中分离多毛短螺旋菌的敏感性尚不如细菌培养物后再用 PCR 的鉴定方法[23]。用 PCR 的方法直接检测鸡粪便中的病原在后文中讨论。

分离病原螺旋菌

分离培养并进一步鉴定有利于确定螺旋体种，可以进行菌株分型并确定抗生素的敏感性。从而作 AIS 确诊的依据。然而，螺旋体的分离敏感性取决于其数量、种型以及标本的情况。新鲜的盲肠内容物或盲肠黏膜是理想的样品。采样置于 4℃条件下可保留 1 周。

病原螺旋体鉴定

表型特征

分离菌的鉴定可以通过在暗视野显微检查或相差显微检查菌体的特征性结构及其运动特性，在透射电镜或免疫荧光显微镜下可以观察到菌体的胞质鞭毛。正如早期的病原学所述，血琼脂平板上溶血特性及其生化反应特性可鉴定某些短螺旋菌种（表23.4）。

基因型特征

利用分子生物学手段对螺旋体的鉴定或检测可以大大的提高诊断的准确性和敏感性。MLEE 被广泛地应用于对短螺旋菌的鉴定[94,101,146]，但作为常规的诊断则较为缓慢和繁琐。

PCR 可用于螺旋体分离株或初代培养物的鉴定以及区分短螺旋菌种[5,7,95,151]。对于固定的火鸡盲肠黏膜，在进行 PCR 扩增之前也可采用激光捕捉技术提取多毛短螺旋菌[131]。最可靠的 PCR 方法是检测多毛短螺旋菌的 16S rRNA 基因。新近报道采用 PCR 技术扩增 NADH-氧化酶基因（*nox*）检测

中间短螺旋菌效果很好[125,126]。PCR 检测 nox 基因和 tly 基因常用于检测猪痢疾短螺旋菌[41,89]。目前还没有 PCR 检测鸡短螺旋菌的报道。

已建立了一系列方法用于短螺旋菌的检测和鉴定，不需要进行分离培养和生化分析。这些方法都采用 PCR 技术扩增某些特定基因序列，之后对这些扩增产物进行限制性内切酶酶切分析并通过琼脂糖凝胶电泳分析酶切产物图谱。用于鉴定不同短螺旋菌种（主要是猪）的基因主要有 16S rRNA[137]，23S rRNA[9,162] 和 nox 基因[127,163]。

近期报道的其他诊断技术主要有荧光原位杂交技术（FISH）。这一技术主要利用荧光素标记的针对不同短螺旋菌的 16S rRNA 或 23S rRNA 基因片断为探针检测福尔马林固定的组织黏膜中的螺旋体[11,78]。最近，这种方法又有了新的改进，利用激光捕捉显微分解技术将待检测的螺旋体分离出来，然后采用 PCR 16S rRNA 基因并进行序列分析[84]。此种方法的优点在于既鉴定了螺旋体，又对肠黏膜中的螺旋菌进行了定位，对研究 AIS 的发病机制具有特别的意义。

菌株分型

短螺菌的分型对流行病学研究和制定控制措施具有重要意义。早期利用 MLEE 方法将肠道螺旋体分离株区分位不同的种和株，但这种方法不能很好区分所有的菌株，而且费时。现在，脉冲场凝胶电泳是多毛短螺旋菌、中间短螺旋菌和猪痢疾短螺旋菌分型中使用得最广泛的方法，对不同菌株得鉴别效果比 MLEE 好[4,6,125,151,173]。

PCR 检测粪便

最近，有报道用两步巢式双重 PCR 从清洗的鸡粪中提取的 DNA 中直接检测中间短螺旋菌和多毛短螺旋菌[126]。该 PCR 的第一轮是扩增 16S rRNA 和 nox 基因中的属特异性片断，而第二轮中用一个巢式 PCR 检测多毛短螺旋菌特异性的 16S rRNA 和中间短螺旋菌特异性的 nox 基因。清洗鸡粪可以除去潜在的 PCR 抑制剂，两步的扩增过程可以补偿清洗这一步造成的敏感性降低。这种检测方法快速且可以提高 AIS 的诊断水平。该方法应进一步改进，在第二轮的扩增中还可以包括检测鸡短螺旋菌的特异 PCR。

血清学

现在已经建立了多种血清学方法用于猪感染猪痢疾短螺旋菌的检测，这些方法都不是针对种特异性的抗原，因此这特异性和敏感性常常较低。这些方法中包括 ELISA、平板凝集试验和微孔凝集试验、琼脂扩散试验、被动溶血试验和间接荧光抗体试验。曾有报道利用琼脂扩散试验检测禽类肠道螺旋体感染[148]，但这种方法不能区分不同螺旋体种，而且敏感性低。

鉴别诊断

家禽粪便当中螺旋体的鉴别诊断需要与其他的螺旋样菌区别开来，如弯曲菌、弧杆菌、螺杆菌及螺菌等。许多螺旋状细菌作为禽胃肠道的正常菌群，没有致病性。在一些慢性腹泻或肛周有糊状结痂的病例，应同时注意营养问题，如饲料中食盐过量、脂肪或豆类成分过多等。其他因素如沙门氏菌病、大肠杆菌病球虫病和组织滴虫病亦可导致慢性腹泻。

对三趾鸵鸟和鹅，肠道螺旋体引起坏死性盲肠炎的必须与其他可能的病因鉴别，如沙门氏菌，特别是 B 群沙门氏菌、艰难梭菌、产气荚膜梭菌、索氏梭菌以及火鸡组织滴虫等[28,102,133]。另外，东方马脑炎病毒（EEEV）感染引起的盲肠病变容易与 AIS 混淆，但是，EEEV 可引起肠道出现大量小出血点和坏死灶，其他内脏器官有广泛的淤斑和坏死[174]。

预防和控制措施

生物安全

对那些没有 AIS 的农场，应该实施严格的生物安全措施防止病原侵入。在农场周围应该有较好的物理性防护，且在禽舍的门户处应设置防鸟网。要限制人员进入，进出农场之前进行淋浴更好。转群的母鸡必须来源清楚且不携带 AIS。应用无污染的料、水进行饲养。尤其是禽类的饮水应保证没有粪便污染以及野生水禽的污染。

患 AIS 鸡群的管理程序

存在 AIS 的农场也应该采取前面所提及的预防措施，除此以外，还应使鸡群远离地面以及减少接触有感染性粪便的机会，经常清除垫料和粪便，控制啮齿类动物和昆虫，减少饲料和换羽应激，饲喂高质量的饲料避开某些可以增强螺旋体定植的成分（例如小麦）。防止鸡群之间的传播，尤其是从老龄鸡群传染给幼雏群。进入禽舍的工作人员必须穿戴干净的工作服和鞋套，每栋舍前应设立消毒池。

最好不要在猪场饲养三趾鸵鸟。也不鼓励去其他的鸵鸟饲养场参观。在参观北美鸵鸟笼子、饲养场以及猪场之后，回到北美鸵鸟母群之前必须对衣服、鞋子以及设备进行适当的清洁、消毒。所有新引进的鸵鸟都要经过至少 60 天的检疫期，在泄殖腔检验猪痢疾短螺旋菌 2～3 次为阴性之后才可入群。禽群应该被分成不同的年龄组，而且应该实施严格的生物安全措施，从而将猪痢疾短螺旋菌从隐性感染的青年或成年禽向易感的幼禽的转移降到最小。

免疫接种

目前尚没有可用于预防 AIS 疫苗。曾开发预防猪痢疾菌素和疫苗用于猪痢疾的控制，但保护结果并不一致，甚至有不良作用[116]，二是保护作用不一致[53,57]。猪痢疾短螺旋菌弱毒疫苗[70,129,139]、重组蛋白[90]或 DNA 疫苗尚处于研究阶段，目前还没有商品化的产品。

抗生素治疗

目前尚未批准用于预防和治疗 AIS 的化学药品，但是，已用于猪痢疾预防和治疗的药物对 AIS 有相似的疗效[48,56]。

体外药敏试验

体外检测禽肠内螺旋体抗生素药物的敏感性只有两篇报道。首先是在美国检测了分离的禽的 2 株多毛短螺旋菌和 2 株猪痢疾短螺旋菌，分离自三趾鸵鸟 3 株猪痢疾短螺旋菌以及 1 株未鉴定的菌株[165]，用琼脂稀释法检测分离株对 11 种禽常见的

商品化抗生素药物或者是成功运用于控制猪短螺旋菌感染药物的敏感性。所有的 8 个分离株对泰妙菌素、林可霉素和卡巴多司易感，对链霉素具有抗性，而对氯霉素、土霉素、泰乐菌素、杆菌肽、红霉素、新霉素和青霉素的耐药敏感性依菌株而不同。

第二个更大规模的研究主要检测了澳大利亚禽类分离的中间短螺旋菌（n＝25）和多毛短螺旋菌（n＝17）的敏感性[59]。用琼脂稀释法检测对四种浓度的土霉素、林可霉素、泰乐菌素、甲硝唑、四环素和氨苄青霉素的敏感性。两种菌的各分离株一般都对泰妙菌素、林可霉素、甲硝唑和四环素敏感。相对于多毛短螺旋菌，中间短螺旋菌分离株对泰妙菌素的敏感性差，对林可霉素、泰乐菌素和氨苄青霉素更敏感。尽管未能根据抗性归类，4 个中间短螺旋菌分离株对泰妙菌素的 MIC 范围已升高（1～4mg/L），11 个中间短螺旋菌分离株和 5 个多毛短螺旋菌分离株对林可霉素的 MIC 范围已升高（10～50mg/L），一个多毛短螺旋菌对四环素的 MIC 范围升高（10～20mg/L），1 个中间短螺旋菌分离株和 5 个多毛短螺旋菌分离株对氨苄青霉素的 MIC 范围升高（10～50mg/L）。11 个中间短螺旋菌和多毛短螺旋菌分离株显著对泰乐菌素有抗性（MIC＞4mg/L），2 个多毛短螺旋菌的分离株对氨苄青霉素有抗性（MIC＞32mg/L）。

体外研究表明，无论何种短螺旋体，泰妙菌素、林可霉素和四环素能够有效地控制 AIS。尽管如此，在进行抗生素治疗之前必须在对几个代表性的菌株进行体外敏感性试验。为了避免可能的毒性，泰妙菌素避免与离子载体药物，如莫能菌素、盐霉素和甲基盐霉素一起使用。

抗生素治疗

产蛋鸡使用抗生素药物存在一系列的问题，因为需要一定的休药期以避免药物在蛋里的残留。此外，像硝基咪唑等药物因为具有基因毒性，在很多地区，如欧共体和美国禁止在食用性动物上使用[43]。现在还没有批准专门用于控制禽类 AIS 的抗生素。尽管如此，已有一些报道用抗生素治疗鸡群和实验感染蛋鸡的 AIS。

英国对一个有 AIS 的鸡场研究表明，连续 10 天在未成熟的母鸡饲料中添加 125ppm（125mg/kg）的二甲硝唑可改善鸡舍环境和提高蛋产量，尸

体剖检中未分离到该螺旋菌[46]。

在荷兰，研究者通过对感染的肉种鸡群饮用水添加120ppm（120mg/kg）5-硝基咪唑，连用6天能暂时提高其蛋产量[132]。持续性的疗效需要早期治疗，如不能及时治疗则不会改善蛋的产量。某些鸡可能通过接触污染物或者未彻底治疗的鸡群而再次感染AIS。延长治疗间隔会导致粪便中短螺旋菌数量的增加。

澳大利亚的研究者对两栋各有8 000只40周龄感染AIS肉种鸡，进行抗生素饮水治疗[142]。一号鸡舍每只鸡每天饲喂50mg lincospectin持续7天，同时2号鸡舍按每千克体重25mg饲喂泰妙菌素持续5天。用lincospectin进行治疗导致黏便持续几周，该栋鸡群从曾经的粪便样本30％螺旋体检出阳性率到持续3个月保持阴性。2号鸡舍的鸡群用泰妙菌素治疗3周，约30％的粪便样本螺旋体检测阳性，3个月后，阳性率更是高达80％。两栋鸡舍紧接着按每千克体重60mg土霉素饮水治疗4天，该方法能消除1号鸡舍的低水平感染，但2号鸡舍的感染水平从80％降到60％，4周后2号鸡舍的感染率又会重新提升到70％。综上可以认为，螺旋体病的再次感染不是鸡舍环境的问题就是因为鸡群的药物治疗不充分而不能彻底消除病菌造成的。有效的疾病控制需要定期进行抗生素治疗，如间隔1～2月治疗一次，彻底清洁鸡舍并采取严格生物安全措施防止不同鸡舍的相互感染。

英国最近的一项研究表明，有3群约12 000只不同年龄段的产蛋鸡感染了多毛短螺旋菌[20]，按每千克体重12.5mg饮水服用泰妙菌素3天后，鸡的产蛋量有所增长并且死亡率降低。

产蛋鸡实验感染中间短螺旋菌后，饲料中添加杆菌肽锌50mg/kg和用于水解小麦中非淀粉多糖的饲料酶（Avizyme® 1302）256pp*后感染率降低[55]。随后的实验表明，100ppm（100mg/kg）的杆菌肽锌能抑制中间短螺旋菌的定植，尽管之后又会重复感染，但泰妙菌素按每千克体重25mg连续治疗5天能使螺旋体菌呈阴性并维持产蛋量[54]。不推荐杆菌肽锌用于控制AIS，因为含杆菌肽锌50ppm（500mg/kg）的饲料会导致蛋鸡对多毛短螺旋菌易感性的增强[71]。肉种鸡连续用泰妙菌素按每千克体重25mg治疗5天或者用林可霉素按每千克体重20mg治疗5天，能清除实验性感染的多毛短螺旋菌[145]。

以上的研究表明，泰妙菌素、林可霉素、lincospectin、地美硝唑甚至金霉素都对控制成年鸡的AIS有一定的辅助作用。

对鸵鸟，使用地美硝唑（每千克体重25～50mg，每天1次或2次）、林可霉素（每千克体重25mg，每天2次）或红霉素（每千克体重15～25mg，每天1次），疗程为5～7天，可以有效地缓解病症，降低死亡率[60]。

侯忠勇 杨建民 郝永新 译
苏敬良 校

参考文献

[1] Achacha, M. and S. Messier. 1992. Comparison of six different culture media for isolation of *Treponema hyodysenteriae*. *J Clin Microbiol* 30:249 - 251.

[2] Achacha M., S. Messier, and K. R. Mittal. 1996. Development of an experimental model allowing discrimination between virulent and avirulent isolates of *Serpulina* (*Treponema*) *hyodysenteriae*. *Can J Vet Res* 60:45 -19.

[3] Adachi, Y., M. Sueyoshi, E. Miyagawa, H. Minato, and S. Shoya. 1985. Experimental infection of young broiler chicks with *Treponema hyodysenteriae*. *Microbiol Immunol* 29:683 - 688.

[4] Atyeo, R. F., S. L. Oxberry, and D. J. Hampson. 1996. Pulsed-field gel electrophoresis for sub-specific differentiation of *Serpulina pilosicoli* (formerly "*Anguillina coili*"). *FEMS Microbiol Lett* 141:77 - 81.

[5] Atyeo, R. F., S. L. Oxberry, B. G. Combs, and D. J. Hampson. 1998. Development and evaluation of polymerase chain reaction tests as an aid to diagnosis of swine dysentery and intestinal spirochaetosis. *Lett Appl Microbiol* 26:126 - 130.

[6] Atyeo, R. F., S. L. Oxberry, and D. J. Hampson. 1999. Analysis of *Serpulina hyodysenteriae* strain variation and its molecular epidemiology using pulsed-field gel electrophoresis. *Epidemiol Infect* 123:133 - 138.

[7] Atyeo, R. F., T. B. Stanton, N. S. Jensen, D. S. Suriyaarachichi, and D. J. Hampson. 1999. Differentiation of Serpulina species by NADH oxidase gene (*nox*) sequence comparisons and nox-based polymerase chain reaction tests. *Vet Microbiol* 67:47 - 60.

[8] Bano, L., G. Merialdi, P. Bonilauri, G. Dall'Anese, K. Capello, D. Comin, V Cattoli, V Sanguinetti, and F. Agnoletti. 2005. Prevalence of intestinal spirochaetes in layer

---

* 译者注：原著为256pp，可能为256ppm，即256mg/kg。

flocks in Treviso province, Northern Italy. Proc 3rd Int Conf Colon Spiro Infect Anim & Humans. University of Parma, Italy 56 - 57.

[9]Barcellos, D. E. , M. de Uzeda, N. Ikuta, V. R. Lunge, A. S. Fonseca, Kader Ⅱ , and G. E. Duhamel. 2000. Identification of porcine intestinal spirochetes by PCR-restriction fragment length polymorphism analysis of ribosomal DNA encoding 23S rRNA. *Vet Microbiol* 75:189 - 198.

[10]Berg, H. C. 1976. How spirochetes may swim. *J Theor Biol* 56:269 - 273.

[11]Boye, M. , T. K. Jensen, K. Møller, T. D. Leser, and S. E. Jorsal. 1998. Specific detection of the genus *Serpulina*, *S. hyodysenteriae* and *S. pilosicoli* in porcine intestines by fluorescent rRNA *in situ* hybridization. *Mol Cell Probes* 12:323 - 330.

[12]Boye, M. , S. B. Baloda, T. D. Leser, and K. Møller. 2001. Survival of *Brachyspira hyodysenteriae* and *B. pilosicoli* in terrestrial microcosms. *Vet Microbiol* 81:33 - 40.

[13]Brooke, C. J. , T. V. Riley, and D. J. Hampson. 2003. Evaluation of selective media for isolation of *Brachyspira aalborgi* from human faeces. *J Med Microbiol* 52:509 - 513.

[14]Brooke, C. J. , T. V. Riley, and D. J. Hampson. 2006. Comparison of prevalence and risk factors for faecal carriage of the intestinal spirochaetes *Brachyspira aalborgi* and *Brachyspira pilosicoli* in four Australian populations. *Epidemiol Infect* 134:627 - 634.

[15]Buckles, E. L. 1995. Avian intestinal spirochetes. M. Sc. Thesis. Ohio State University: Columbus, OH.

[16]Buckles, E. L. , D. E. Swayne, and K. A. Eaton. 1994. Cases of a necrotizing typhlitis associated with a cecal spirochete in common rheas (*Rhea americand*). *Vet Pathol* 31:612.

[17]Buckles, E. L. , K. A. Eaton, and D. E. Swayne. 1997. Cases of spirochete-associated necrotizing typhlitis in captive common rheas (*Rhea americand*). *Avian Dis* 41: 144 -148.

[18]Burch, D. G. S. 2006. Personal communication.

[19]Burch, D. G. S. , and A. H. Beynon. 2006. Poor production-spirochaetosis? *Ranger* June edition, 37 -38.

[20]Burch, D. G. S. , C. Harding, R. Alvarez, and M. Valks. 2006. Treatment of a field case of avian intestinal spirochaetosis caused by *Brachyspira pilosicoli* with tiamulin. *Avian Pathol* 35:211 - 216.

[21]Canale-Parola, E. 1984. Order I. Spirochaetales Buchanan 1917, 163. In: Bergey's Manual of Systematic Bacteriology. Volume 1. , N. R. Krieg, ed. Williams and Wilkins:

Baltimore, MD 38 - 70.

[22]Charon, N. W. , E. P. Greenberg, M. B. H. Koopman, and R. J. Limberger. 1992. Spirochete chemotaxis, motility, and the structure of the spirochetal periplasmic flagella. *Res Microbiol* 143:597 - 603.

[23]Corona-Barrera, E. , D. G. E. Smith, T. La, D. J. Hampson, and J. R. Thomson. 2004. Immunomagnetic separation of the intestinal spirochaetes *Brachyspira pilosicoli* and *Brachyspira hyodysenteriae* from porcine faeces. *J Med Microbiol* 53:301 - 307.

[24]Corona-Barrera, E. , D. G. Smith, B. Murray, and J. R. Thomson. 2004. Efficacy of seven disinfectant sanitisers on field isolates of *Brachyspira pilosicoli*. *Vet Rec* 154: 473 - 474.

[25]Dassanayake, R. P. , N. E. Caceres, G. Sarath, and G. E. Duhamel. 2004. Biochemical properties of membrane-associated proteases of *Brachyspira pilosicoli* isolated from humans with intestinal disorders. *J Med Microbiol* 53:319 - 323.

[26]Davelaar, F. G. , H. F. Smit, K. Hovind-Hougen, R. M. Dwars, and P. C. van der Valk. 1986. Infectious typhlitis in chickens caused by spirochetes. *Avian Pathol* 15:247 - 258.

[27]Davis, A. J. , S. C. Smith, and R. J. Moore. 2005. The *Brachyspira hyodysenteriae ftnA* gene: DNA vaccination and real-time PCR quantification of bacteria in a mouse model of disease. *Curr Microbiol* 50:285 -291.

[28]Dhillon, A. S. 1983. Histomoniasis in a captive greater rhea (*Rhea americand*). *J Wildl Dis* 19:274.

[29]Douglas, J. G. and V Crucioli. 1981. Spirochaetosis: a remediable cause of diarrhea and rectal bleeding? *Br Med J* 283:1362.

[30]Duhamel, G. E. 2001. Comparative pathology and pathogenesis of naturally acquired and experimentally induced colonic spirochetosis. *Anim Health Res Rev* 2:3 - 17.

[31] Duhamel, G. E. , D. J. Trott, N. Muniappa, M. R. Mathiesen, K. Tarasiuk, J. I. Lee, and D. J. Hampson. 1998. Canine intestinal spirochetes consist of *Serpulina pilosicoli* and a newly identified group provisionally designated "*Serpulina canis*" sp. nov. *J Clin Microbiol* 36: 2264 - 2270.

[32]Dwars, R. M. , H. F. Smit, F. G. Davelaar, and W. van T Veer. 1989. Incidence of spirochaetal infections in cases of intestinal disorder in chickens. *Avian Pathol* 18: 591 -595.

[33]Dwars, R. M. , H. F. Smit, and F. G. Davelaar. 1990. Observations on avian intestinal spirochaetosis. *Vet Quart*

12:51 - 55.

[34]Dwars,R. M. ,F. G. Davelaar, and H. F. Smit. 1992. Infection of broiler chicks(*Gallus domesticus*) with human intestinal spirochaetes. *Avian Pathol* 21:559 - 568.

[35]Dwars,R. M. ,F. G. Davelaar, and H. F. Smit. 1992. Spirochaetosis in broilers. *Avian Pathol* 21:261 -273.

[36]Dwars,R. M. , H. F. Smit, and F. G. Davelaar. 1992. Influence of infection with avian intestinal spirochetes on the faeces of laying hens. *Avian Pathol* 21:513 - 515.

[37]Dwars,R. M. , F. G. Davelaar, and H. F. Smit. 1993. Infection of broiler parent hens with avian intestinal spirochaetes:effects on egg production and chick quality. *Avian Pathol* 22:693 - 701.

[38]Esquenet, C. , P. De Herdt, H. De Bosschere, S. Ronsmans,R. Ducatelle, and J. Van Erum. 2003. An outbreak of histomoniasis in free-range layer hens. *Avian Pathol* 32:305 - 308.

[39]Fantham, H. B. 1910. Observations on the parasitic protozoa of the red grouse(*Lagopus scoticus*),with a note on the grouse fly. *Proc Zool Soc London* May:692 - 708.

[40]Fellström,C. , B. Pettersson, M. Uhlen, A. Gunnarsson, and K. E. Johansson. 1995. Phylogeny of *Serpulina* based on sequence analyses of the 16S rRNA gene and comparison with a scheme involving biochemical classification. *Res Vet Sci* 59:5 - 9.

[41]Fellström. C. , U. Zimmerman, A. Aspan, and A. Gunnarsson. 2001. The use of culture, pooled samples and PCR for identification of herds infected with *Brachyspira hyodysenteriae*. *Anim Health Res* Rev 2:37 -43.

[42]Fisher, L. N. , G. E. Duhamel, R. B. Westerman, and M. R. Mathiesen. 1997. Immunoblot reactivity of polyclonal and monoclonal antibodies with periplasmic flagellar proteins FlaAl and FlaB of porcine *Serpulina* species. *Clin Diagn Lab Immunol* 4:400 - 404.

[43]Franklin,A. ,M. Pringle, and D. J. Hampson. 2006. Antimicrobial resistance in *Clostridium* and *Brachyspira* spp. and other anaerobes. In F. M. Aarestrup (ed.). Antimicrobial Resistance in Bacteria of Animal Origin. ASM Press:Washington,DC 127 -144.

[44]Greer,J. M. and M. J. Wannemuehler. 1989. Comparison of the biological responses produced by lipopolysaccharide and endotoxin of *Treponema hyodysenteriae* and *Treponema innocens*. *Infect Immun* 57:717 -723.

[45]Greer,J. M. and M. J. Wannemuehler. 1989. Pathogenesis of *Treponema hyodysenteriae*:Induction of interleukin-1 and rumour necrosis factor by a treponema butanol/water extract (endotoxin). *Microbiol Pathogen* 7:279 -288.

[46]Griffiths, I. B. ,B. W. Hunt, S. A. Lister, and M. H. Lamont. 1987. Retarded growth rate and delayed onset of egg production associated with spirochaete infection in pullets. *Vet Rec* 121:35 - 37.

[47]Hampson, D. J. 2005. Intestinal spirochaetes. In C. J. Mclver (ed.). A Compendium of Laboratory Diagnostic Methods for Common and Unusual Enteric Pathogens—An Australian Perspective. Australian Society for Microbiology:Melbourne,Australia 101 -108.

[48]Hampson,D. J. and G. E. Duhamel. 2006. Porcine colonic spirochetosis/intestinal spirochetosis. In B. E. Straw, J. J. Zimmerman, S. D' Allaire, and D. J. Taylor (eds.). Diseases of Swine 9th Ed. Blackwell Publishing:Oxford, UK 755-767.

[49]Hampson, D. J. and T. La. 2006. Reclassification of*Serpulina intermedia* and *Serpulina murdochii* in the genus *Brachyspira* as *Brachyspira intermedia* comb. nov. and *Brachyspira murdochii* comb. nov. *Int J Syst Evol Microbiol* 56:1009 - 1012.

[50]Hampson,D. J. and A. J. McLaren. 1997. Prevalence, genetic relationships and pathogenicity of intestinal spirochaetes infecting Australian poultry. Proc Australian Poultry Sci Symp 9:108 - 112.

[51]Hampson,D. J. and A. J. Mclaren. 1999. Experimental infection of laying hens with *Serpulina intermedia* causes reduced egg production and increased faecal water content. *Avian Pathol* 28:113 - 117.

[52]Hampson, D. J. and T. B. Stanton. 1997. Intestinal Spirochaetes in Domestic Animals and Humans. CABI:Wallingford,UK 1 - 382.

[53]Hampson, D. J. , I. D. Robertson, and J. R. L. Mhoma. 1993. Experiences with a vaccine being developed for the control of swine dysentery. *Aust Vet J* 70:18 - 20.

[54]Hampson,D. J. , S. L. Oxberry, and C. P. Stephens. 2002. Influence of in-feed zinc bacitracin and tiamulin treatment on experimental avian intestinal spirochaetosis caused by *Brachyspira intermedia*. *Avian Pathol* 31:285 - 291.

[55]Hampson, D. J. , N. D. Phillips, and J. R. Pluske. 2002. Dietary enzyme and zinc bacitracin inhibit colonisation of layer hens by the intestinal spirochaete *Brachyspira intermedia*. *Vet Microbiol* 86:351 - 360.

[56]Hampson,D. J. ,C. Fellström, and J. R. Thomson. 2006. Swine dysentery. In B. E. Straw, J. J. Zimmerman, S. D' Allaire, and D. J. Taylor (eds.). Diseases of Swine 9th Ed. Blackwell Publishing:Oxford,UK 785 - 805.

[57]Hampson, D. J. , G. D. Lester, N. D. Phillips, and T. La.

2006. Isolation of *Brachyspira pilosicoli* from weanling horses with chronic diarrhoea. *Vet Rec* 158:661 - 662.

[58]Hampson, D. J. , S. L. Oxberry, and T. La. 2006. Potential for zoonotic transmission of *Brachyspira pilosicoli*. *Emerg Infect Dis* 12:869 - 870.

[59] Hampson, D. J. , C. P. Stephens, and S. L. Oxberry. 2006. Antimicrobial susceptibility testing of *Brachyspira intermedia* and *Brachyspira pilosicoli* isolates from Australian chickens. *Avian Pathol* 35:12 - 16.

[60]Hanley, R. S. , L. W. Woods, D. J. Stillian, and G. A. Dumonceaux. 1994. *Serpulina-* like spirochetes and flagellated protozoa associated with necrotizing typhlitis in the rheas (*Rhea amerciand*). Proc Assoc Avian Vet 157 - 162.

[61]Hartland, E. L. , A. S. J. Mikosza, R. Robins-Browne, and D. J. Hampson. 1998. Examination of *Serpulina pilosicoli* for attachment and invasion determinants of Enterobacteria. *FEMS Microbiol Lett* 165:59 - 63.

[62]Harris, M. B. K. 1930. A study of spirochetes in chickens with special reference to those of the intestinal tract. *Am J Hyg* 12:537 - 569.

[63]Harris, D. L. , R. D. Glock, C. R. Christensen, and J. M. Kinyon. 1972. Swine dysentery. I. Inoculation of pigs with *Treponema hyodysenteriae* (new species) and reproduction of the disease. *Vet Med Small Anim Clin* 67: 61 - 64.

[64]Harris, D. L. , T. J. L. Alexander, S. C. Whipp, I. M. Robinson, R. D. Glock, and P. J. Matthews. 1978. Swine dysentery: Studies of gnotobiotic pigs inoculated with *Treponema hyodysenteriae*, *Bacteroides vulgatus*, and *Fusobacterium necrophorum*. *J Am Vet Med Assoc* 172: 468 -471.

[65] Hovind-Hougen, K. , A. Birch-Andersen, R. Henrik-Nielsen, M. Orholm, J. O. Pedersen, P. S. Teglbjaerg, and E. H. Thaysen. 1982. Intestinal spirochetosis: morphological characterization and cultivation of the spirochete *Brachyspira aalborgi* gen. nov. , sp. nov. *J Clin Microbiol* 16:1127 - 1136.

[66]Hsu, T. , D. L. Hutto, F. C. Minion, R. L. Zuerner, and M. J. Wannemuehler. 2001. Cloning of a beta-hemolysin gene of *Brachyspira* (*Serpulina*) *hyodysenteriae* and its expression in *Escherichia coli*. *Infect Immun* 69:706 - 711.

[67]Humphrey, S. B. , T. B. Stanton, N. S. Jensen, and R. L. Zuerner. 1997. Purification and characterization of VSH-1, a generalized transducing bacteriophage of *Serpulina hyodysenteriae*. *J Bacteriol* 179:323 - 329.

[68]Hunter, D. and T. Wood. 1979. An evaluation of the API ZYM system as a means of classifying spirochaetes associated with swine dysentery. *Vet Rec* 104:383 -384.

[69]Hutto, D. L. and M. J. Wannemuehler. 1999. A comparison of the morphologic effects of *Serpulina hyodysenteriae* or its betahemolysin on the murine mucosa. *Vet Pathol* 36:412 - 422.

[70]Hyatt, D. R. , A. A. H. M. ter Huurne, B. A. M. Van Der Zeist, and L. A. Joens. 1994. Reduced virulence of *Serpulina hyodysenteriae* hemolysin-negative mutants in pigs and their potential to protect pigs against challenge with a virulent strain. *Infect Immun* 62:2244 - 2248.

[71]Jamshidi, A. and D. J. Hampson. 2002. Zinc bacitracin enhances colonisation by the intestinal spirochaete *Brachyspira pilosicoli* in experimentally infected layer hens. *Avian Pathol* 31:293 - 298.

[72]Jamshidi, A. and D. J. Hampson. 2003. Experimental infection of layer hens with a human isolate of *Brachyspira pilosicoli*. *J Med Microbiol* 52:361 -364.

[73]Jansson, D. S. , C. Brojer, D. Gavier-Widen, A. Gunnarsson, and C. Fellström. 2001. *Brachyspira* spp. (*Serpulina* spp.) in birds: a review and results from a study of Swedish game birds. *Anim Health Res Rev* 2:93 - 100.

[74] Jansson, D. S. , K. E. Johansson, T. Olofsson, T. Råsbäck, I. Vagsholm, B. Pettersson, A. Gunnarsson, and C. Fellström. 2004. *Brachyspira hyodysenteriae* and other strongly beta-haemolytic and indole-positive spirochaetes isolated from mallards (*Anas platyrhynchos*). *J Med Microbiol* 53:293 - 300.

[75]Jansson, D. S. , K. E. Johansson, A. Gunnarsson, and C. Fellström. 2005. Intestinal spirochetes isolated from jackdaws, hooded crows and rooks (genus *Corvus*). Proc 3rd Int Conf Colon Spiro Infect Anim & Humans: University of Parma, Italy 32 - 33.

[76]Jenkinson, S. R. and C. R. Wingar. 1981. Selective medium for the isolation of *Treponema hyodysenteriae*. *Vet Rec* 109:384 - 385.

[77]Jensen, N. S. , T. B. Stanton, and D. E. Swayne. 1996. Identification of the swine pathogen *Serpulina hyodysenteriae* in rheas (*Rhea americand*). *Vet Microbiol* 52: 259 -269.

[78]Jensen, T. K. , K. Møller, M. Boye, T. D. Leser, and S. E. Jorsal. 2000. Scanning electron microscopy and fluorescent in situ hybridization of experimental *Brachyspira* (*Serpulina*) *pilosicoli* infection in growing pigs. *Vet Pathol* 37:22 - 32.

[79]Joens, L. A. , R. D. Glock, S. C. Whipp, I. M. Robinson,

and D. L. Harris. 1981. Location of *Treponema hyodysenteriae and synergistic anaerobic bacteria in colonic lesions on gnotobiotic pigs. Vet Microbiol* 6:69 - 77.

[80]Johansson, K. E. , G. E. Duhamel, B. Bergsjo, E. O. Engvall, M. Persson, B. Pettersson, and C. Fellström. 2004. Identification of three clusters of canine intestinal spirochaetes by biochemical and 16S rDNA sequence analysis. *J Med Microbiol* 53:345 - 350.

[81]Kanavaki, S. , E. Mantadakis, N. Thomakos, A. Pefanis, P. Matsiota-Bernard, S. Karabela, and G. Samonis. 2002. *Brachyspira* (*Serpulina*) *pilosicoli* spirochetemia in an immunocompromised patient. *Infection* 30:175 - 177.

[82]Kennedy, M. J. , E. L. Rosey, and R. J. Yancey Jr. 1997. Characterization of *flaA-* and *flaB-* mutants of *Serpulina hyodysenteriae*: both flagellin subunits, FlaA and FlaB, are necessary for full motility and intestinal colonization. *FEMS Microbiol Lett* 153:119 -128.

[83]Kent, K. A. and R. M. Lemcke. 1984. Purification and cytotoxic activity of a haemolysin produced by *Treponema hyodysenteriae*. Proc 8th Congr Int Pig Vet Soc Ghent, Belgium 185.

[84]Klitgaard, K, L. Molbak, T. K. Jensen, C. F. Lindboe, and M. Boye. 2005. Laser capture microdissection of bacterial cells targeted by fluorescence in situ hybridization. *Biotechniques* 39:864 - 868.

[85]Kouwenhoven, B. 1993. Environment, husbandry, genetics and nutritional interactions in infectious diseases in poultry. In J. York (ed.). Proc Xth Int Cong World Vet Poultry Assoc, Australian Veterinary Poultry Association: Sydney, Australia 113 - 126.

[86]Kunkle, R. A. and J. M. Kinyon. 1988. Improved selective medium for the isolation of *Treponema hyodysenteriae*. *J Clin Microbiol* 26:2357 - 2360.

[87]Kunkle, R. A. , D. L. Harris, and J. M. Kinyon. 1986. Autoclaved liquid medium for propagation of *Treponema hyodysenteriae*. *J Clin Microbiol* 24:669 -671.

[88]La, T. and D. J. Hampson. 2001. Serologic detection of *Brachyspira* (*Serpulina*) *hyodysenteriae* infections. *Anim Health Res Rev* 2:45 - 52

[89]La, T. , N. D. Phillips, and D. J. Hampson. 2003. Development of a duplex PCR assay for the detection of *Brachyspira hyodysenteriae* and *Brachyspira pilosicoli* in pig feces. *J Clin Microbiol* 41:3372 - 3375.

[90]La, T. , N. D. Phillips, M. P. Reichel, and D. J. Hampson. 2004. Protection of pigs from swine dysentery by vaccination with recombinant BmpB, a 29. 7 kDa outer-membrane lipoprotein of *Brachyspira hyodysenteriae*. *Vet Microbiol* 102:97 - 109.

[91]Lee, J. I. and D. J. Hampson. 1994. Genetic characterisation of intestinal spirochetes and their association with disease. *J Med Microbiol* 40:365 - 371.

[92]Lee, B. J. and D. J. Hampson. 1995. A monoclonal antibody reacting with the cell envelope of spirochaetes isolated from cases of intestinal spirochaetosis in pigs and humans. *FEMS Microbiol Lett* 131:179 - 184.

[93]Lee, B. J. and D. J. Hampson. 1999. Lipooligosaccharide profiles of *Serpulina pilosicoli* strains, and their serological cross-reactivities. *J Med Microbiol* 48:41 - 415.

[94]Lee, J. I. , D. J. Hampson, A. J. Lymbery, and S. J. Harders. 1993. The porcine intestinal spirochaetes: Identification of new genetic groups. *Vet Microbiol* 34:273 - 285.

[95]Leser, T. D. , K. Møller, T. K Jensen, and S. E. Jorsal. 1997. Specific detection of *Serpulina hyodysenteriae* and potentially pathogenic weakly haemolytic porcine intestinal spirochaetes by polymerase chain reaction targeting 23 S rDNA. *Mol Cell Probes* 11:363 - 372.

[96]Lysons, R. J. , K. A. Kent, A. P. Bland, R. Sellwood, W. F. Robinson, and A. J. Frost. 1991. A cytotoxic haemolysin from *Treponema hyodysenteriae*—a probable virulence determinant in swine dysentery. *J Med Microbiol* 34:97 - 102.

[97]Margawani, K. R. and D. J. Hampson. 2003. Unpublished data.

[98]Margawani, K. R. , I. D. Robertson, J. C. Brooke, and D. J. Hampson. 2004. Prevalence, risk factors and molecular epidemiology of *Brachyspira pilosicoli* in humans on the island of Bali, Indonesia. *J Med Microbiol* 53:325-332.

[99]Mathey, W. J. and D. V Zander. 1955. Spirochetes and cecal nodules in poultry. *J Am Vet Med Assoc* 126:475 - 477.

[100]McLaren, A. J. , D. J. Hampson, and S. J. Plant. 1996. The prevalence of intestinal spirochaetes in commercial poultry flocks in Western Australia. *Aust Vet J* 74:31 - 33.

[101]McLaren, A. J. , D. J. Trott, D. E. Swayne, S. L. Oxberry, and D. J. Hampson. 1997. Genetic and phenotypic characterization of intestinal spirochetes colonizing chickens, and allocation of known pathogenic isolates to three distinct genetic groups. *J Clin Microbiol* 35:412 - 417.

[102]McMillan, E. G. and G. Zellen. 1991. Histomoniasis in a rhea. *Can Vet J* 32:244.

[103]Mikosza, A. S. J. and D. J. Hampson. 2001. Human intestinal spirochetosis: *Brachyspira aalborgi* and/or

Brachyspira pilosicoli? *Anim Health Res Rev* 2:83-91.

[104] Milner, J. A. and R. Sellwood. 1994. Chemotactic response to mucin by *Serpulina hyodysenteriae* and other porcine spirochetes: Potential role in intestinal colonization. *Infect Immun* 62:4095-4099.

[105] Muniappa, N. and G. E. Duhamel. 1997. Outer membrane-associated serine protease of intestinal spirochaetes. *FEMS Microbiol Lett* 154:159-164.

[106] Muniappa, N., G. E. Duhamel, M. R. Mathiesen, and T. W. Bargar. 1996. Light microscopic and ultrastructural changes in the ceca of chicks inoculated with human and canine *Serpulina pilosicoli*. *Vet Pathol* 33:542-550.

[107] Muniappa, N., Ramanathan, M. R., R. P. Tarara, R. B. Westerman, M. R. Mathiesen, and G. E. Duhamel. 1998. Attachment of human and rhesus *Serpulina pilosicoli* to cultured cells and comparison with a chick infection model. *J Spiro Tick-borne Dis* 5:44-53.

[108] Munshi, M. A., R. J. Traub, I. D. Robertson, A. S. J. Mikosza, and D. J. Hampson. 2004. Colonization and risk factors for *Brachyspira aalborgi* and *Brachyspira pilosicoli* in humans and dogs on teaestates in Assam, India. *Epidemiol Infect* 132:137-144.

[109] Nakamura, S., Y. Adachi, T. Goto, and Y. Magariyama. 2006. Improvement in motion efficiency of the spirochete *Brachyspira pilosicoli* in viscous environments. *Biophys J* 90:3019-3026.

[110] Nemes, C. S., R. Glavits, M. Dobos-Kovacs, E. Ivanics, E. Kaszanyitzky, A. Beregszaszi, L. Szeredi, and L. Dencso. 2006. Typhlocolitis associated with spirochaetes in goose flocks. *Avian Pathol* 35:4-11.

[111] Nibbelink, S. K. and M. J. Wannamuehler. 1990. Effect of *Treponema hyodysenteriae* infection on mucosal mast cells and T cells in the murine caecum. *Infect Immun* 58:88-92.

[112] Nibbelink, S. K. and M. J. Wannemuehler. 1991. Susceptibility of inbred mouse strains to infection with *Serpula* (*Treponema*) *hyodysenteriae*. *Infect Immun* 59:3111-3118.

[113] Nibbelink, S. K., R. E. Sacco, and M. J. Wannemuehler. 1997. Pathogenicity of *Serpulina hyodysenteriae*: in vivo induction of tumor necrosis factor and interleukin-6 by a serpulinal butanol/water extract (endotoxin). *Microb Pathogen* 23:181-187.

[114] Nuessen, M. E., L. A. Jones, and R. D. Glock. 1983. Involvement of lipopolysaccharide in the pathogenicity of

Treponema hyodysenteriae. *J Immunol* 131:997-999.

[115] Ochiai, S., Y Adachi, and K. Mori. 1997. Unification of the genera *Serpulina* and *Brachyspira*, and proposals of *Brachyspira hyodysenteriae* comb, nov., *Brachyspira innocens* comb. nov. and *Brachyspira pilosicoli* comb. nov. *Microbiol Immunol* 41:445-452.

[116] Olson, L. D., K. I. Dayalu, and G. T. Schlink. 1994. Exacerbated onset of dysentery in swine vaccinated with inactivated adjuvanted *Serpulina hyodysenteriae*. *Am J Vet Res* 55:67-71.

[117] Oxberry, S. L., D. J. Trott, and D. J. Hampson. 1998. *Serpulina pilosicoli*, waterbirds and water: Potential sources of infection for humans and other animals. *Epidemiol Infect* 121:219-225.

[118] Paster, B. J. and F. E. Dewhirst. 1997. Taxonomy and phylogeny of intestinal spirochaetes. In D. J. Hampson and T. B. Stanton (eds.). Intestinal Spirochaetes in Domestic Animals and Humans. CABI: Wallingford, UK 47-61.

[119] Paster, B. J. and F. E. Dewhirst. 2000. Phylogenetic foundation of spirochetes. *J Mol Microbiol Biotechnol* 2:341-344.

[120] Pettersson, B., C. Fellström, A. Andersson, M. Uhlen, A. Gunnarsson, and K. E. Johansson. 1996. The phylogeny of intestinal porcine spirochetes (*Serpulina species*) based on sequence analysis of the 16S rRNA gene. *J Bacteriol* 178:4189-4199.

[121] Pheghini, P. L., J. C. Guccion, and A. Sharma. 2000. Improvement of chronic diarrhea after treatment for intestinal spirochetosis. *Dig Dis Sci* 45:1006-1010.

[122] Phillips, N. D., T. La, and D. J. Hampson. 2003. Survival of intestinal spirochaete strains from chickens in the presence of disinfectants and in faeces held at different temperatures. *Avian Pathol* 32:639-643.

[123] Phillips, N. D., T. La, J. R. Pluske, and D. J. Hampson. 2004. A wheat-based diet enhances colonisation with the intestinal spirochaete *Brachyspira intermedia* in experimentally-infected laying hens. *Avian Pathol* 33:451-457.

[124] Phillips, N. D., T. La, J. R. Pluske, and D. J. Hampson. 2004. The wheat variety used in the diet of laying hens influences colonisation with the intestinal spirochaete *Brachyspira intermedia*. *Avian Pathol* 33:586-590.

[125] Phillips, N. D., T. La, and D. J. Hampson. 2005. A cross-sectional study to investigate the occurrence and distribution of intestinal spirochaetes (*Brachyspira* spp.) in three flocks of laying hens. *Vet Microbiol* 105:

189 - 198.

[126]Phillips, N. D. , T. La, and D. J. Hampson. 2006. Development of a two-step nested duplex PCR assay for the rapid detection of *Brachyspira pilosicoli* and *Brachyspira intermedia* in chicken faeces. *Vet Microbiol* 116: 239 - 245.

[127]Rohde, J. , A. Rothkamp, and G. F. Gerlach. 2002. Differentiation of porcine *Brachyspira* species by a novel nox PCR-based restriction fragment length polymorphism analysis. *J Clin Microbiol* 40:2598 -2600.

[128] Rodgers, F. G. , C. Rogers, A. P. Shelton, and C. J. Hawkey. 1986. Proposed pathogenic mechanism for the diarrhea associated with human intestinal spirochetes. *Am J Clin Pathol* 86:679 - 682.

[129]Rosey, E. L. , M. J. Kennedy, and R. J. Yancey. 1996. Dual *fla Al fla Bl* mutant of *Serpulina hyodysenteriae* expressing periplasmic flagella is severely attenuated in a murine model of swine dysentery. *Infect Immun* 64:4154 - 4162.

[130]Sagartz, J. E. , D. E. Swayne, K. A. Eaton, J. R. Hayes, K. D. Amass, R. Wack, and L. Kramer. 1992. Necrotizing typhlocolitis associated with a spirochete in rheas (*Rhea americand*). *Avian Dis* 36:282 - 289.

[131]Shivaprasad, H. L. and G. E. Duhamel. 2005. Cecal spirochetosis caused by *Brachyspira pilosicoli* in commercial turkeys. *Avian Dis* 49:609 - 613.

[132]Smit, H. F. , R. M. Dwars, F. G. Davelaar, and G. A. W. Wijtten. 1998. Observations on the influence of intestinal spirochaetosis in broiler breeders on the performance of their progeny and egg production. *Avian Pathol* 27:133 - 141.

[133]Smith, J. A. , J. R. Glisson, R. K. Page, and G. N. Rowland. 1991. Necrotic enteritis and colitis in ratite birds. Proceed West Poult Dis Confer 40:258 - 260.

[134]Stanton, T. B. and D. F. Lebo. 1988. *Treponema hyodysenteriae* growth under various culture conditions. *Vet Microbiol* 18:177 - 190.

[135]Stanton, T. B. , N. S. Jensen, T. A. Casey, L. A. Tordoff, F. E. Dewhirst, and B. J. Paster. 1991. Reclassification of *Treponema hyodysenteriae* and *Treponema innocens* in a new genus, *Serpula* gen. nov. , as *Serpulina hyodysenteriae* comb, nov and *Serpulina innocens* comb. nov. *Int J Syst Bacteriol* 41:50 - 58.

[136]Stanton, T. B. , D. J. Trott, J. I. Lee, A. J. McLaren, D. J. Hampson, B. J. Paster, and N. S. Jensen. 1996. Differentiation of intestinal spirochaetes by multilocus enzyme electrophoresis and 16S rRNA sequence compari-

sons. *FEMS Microbiol Lett* 136:181 - 186.

[137] Stanton, T. B. , E. Fournie-Amazouz, D. Postic, D. J. Trott, P. A. Grimont, G. Baranton, D. J. Hampson, and I. Saint Girons. 1997. Recognition of two new species of intestinal spirochetes: *Serpulina intermedia* sp. nov. and *Serpulina murdochii* sp. nov. *Int J Syst Bacteriol* 47:1007 - 1012.

[138]Stanton, T. B. , D. Postic, and N. S. Jensen. 1998. *Serpulina alvinipulli* sp. nov. , a new *Serpulina* species that is enteropathogenic for chickens. *Int J Syst Bacteriol* 48:669 - 676.

[139]Stanton, T. B. , E. L. Rosey, M. J. Kennedy, N. S. Jensen, and B. T. Bosworth. 1999. Isolation, oxygen sensitivity, and virulence of NADH oxidase mutants of the anaerobic spirochete *Brachyspira* (*Serpulina*) *hyodysenteriae*, etiologic agent of swine dysentery. *Appl Environ Microbiol* 65:5028 - 5034.

[140]Stanton, T. B. , N. S. Jensen, B. T. Bosworth, and R. A. Kunkle. 2001. Evaluation of the virulence of rheas S. *hyodystenteriae* strains for swine. First International Virtual Conference of Infectious Diseases of Animals http://www. nadc. ars. usda. gov/virtconf/subpost/posters/I00006. htm.

[141]Stanton, T. B. , M. G. Thompson, S. B. Humphrey, and R. L. Zuerner. 2003. Detection of bacteriophage VSH-1 svp38 gene in *Brachyspira* spirochetes. *FEMS Microbiol Lett* 224:225 - 229.

[142]Stephens, C. P. and D. J. Hampson. 1999. Prevalence and disease association of intestinal spirochaetes in chickens in eastern Australia. *Avian Pathol* 28:447 - 454.

[143] Stephens, C. P. , and D. J. Hampson. 2001. Intestinal spirochaete infections in chickens: a review of disease associations, epidemiology and control. *Anim Health Res Rev* 2:101 - 110.

[144]Stephens, C. P. and D. J. Hampson. 2002. Experimental infection of broiler breeder hens with the intestinal *spirochaete Brachyspira* (*Serpulina*) *pilosicoli* causes reduced egg production. *Avian Pathol* 31:169 -175.

[145]Stephens, C. P. and D. J. Hampson. 2002. Evaluation of tiamulin and lincomycin for the treatment of broiler breeders experimentally infected with the intestinal spirochaete *Brachyspira pilosicoli*. *Avian Pathol* 31: 299 -304.

[146]Stephens, C. P. , S. L. Oxberry, N. D. Phillips, T. La, and D. J. Hampson. 2005. The use of multilocus enzyme electrophoresis to characterise intestinal spirochaetes

(*Brachyspira* spp.) colonising hens in commercial flocks. Vet Microbiol 107:149-157.

[147]Stoutenburg, J. W. 1993. Studies of intestinal spirochetes in avian species. M. S. Thesis, Ohio State University:Columbus, OH.

[148]Stoutenburg, J. W., D. E. Swayne, T. M. Hoepf, R. Wack, and L. Kramer. 1995. Frequency of intestinal spirochetes in avian species from a zoologic collection and private rhea farms in Ohio. *J Zoo Wildl Med* 26:272-278.

[149]Sueyoshi, M., Y. Adachi, S. Shoya, E. Miyagawa, and H. Minato. 1986. Investigations into location of *Treponema hyodysenteriae* in the cecum of experimentally infected young broiler chicks by lightand electron microscopy. *Zbl Bakt HygA* 261:447-453.

[150]Sueyoshi, M., Y. Adachi, and S. Shoya. 1987. Enteropathogenicity of *Treponema hyodysenteriae* in young chicks. *Zbl Bakt Hyg A* 266:469-477.

[151]Suriyaarachchi, D. S., A. S. J. Mikosza, R. F Atyeo, and D. J. Hampson. 2000. Evaluation of a 23 S rDNA polymerase chain reaction assay for identification of *Serpulina intermedia*, and strain typing using pulsed-field gel electrophoresis. *Vet Microbiol* 71:139-148.

[152]Swayne, D. E. 1994. Pathobiology of intestinal spirochetosis in mammals and birds. Proc Ann Meet Am Coll Vet Pathol 45:224-238.

[153]Swayne, D. E. and E. Buckles. 1993. Update on spirochete-associated typhlitis of common rheas(*Rhea americand*) in the U. S. A. Proc North Central Avian Dis Conf 44:89-90.

[154]Swayne, D. E. and A. J. McLaren. 1997. Avian intestinal spirochaetes and avian intestinal spirochaetosis. In D. J. Hampson and T. B. Stanton (eds.). Intestinal Spirochaetes in Domestic Animals and Humans. CABI:Wallingford, UK 267-300.

[155]Swayne, D. E., A. J. Bermudez, J. E. Sagartz, K. A. Eaton, J. D. Monfort, J. W. Stoutenburg, and J. R. Hayes. 1992. Association of cecal spirochetes with pasty vents and dirty eggshells in layers. *Avian Dis* 36:776-781.

[156]Swayne, D. E., K. A. Eaton, J. W. Stoutenburg, and E. L. Buckles. 1993. Comparison of the ability of orally inoculated avian-, pig-, and rat-origin spirochetes to produce enteric disease in 1-day-old chickens. Proc Amer Vet Med Assoc 130:155.

[157]Swayne, D. E., K. A. Eaton, J. Stoutenburg, D. J. Trott, D. J. Hampson, and N. S. Jensen. 1995. Identification of a new intestinal spirochete with pathogenicity for

chickens. *Infect Immun* 63:430-436.

[158]Taylor, D. J. and T. J. L. Alexander. 1971. The production of dysentery in swine by feeding cultures containing a spirochaete. *B vet J* 127:58-61.

[159]Tenaya, I. W. M., J. P. Penhale, and D. J. Hampson. 1998. Preparation of diagnostic polyclonal and monoclonal antibodies against outer envelope proteins of *Serpulina pilosicoli*. *J Med Microbiol* 47:317-324.

[160]ter Huurne, A. A. H. M. and W. Gaastra. 1995. Swine dysentery:more unknown than known. *Vet Microbiol* 46:347-360.

[161]ter Huurne, A. A. H. M., S. Muir, M. Van Houten, B. A. M. Van der Zeijst, W. Gaastra, and J. G. Kusters. 1994. Characterization of three putative *Serpulina hyodysenteriae* hemolysins. *Microbiol Pathogen* 16:269-282.

[162]Thomson, J. R., W. J. Smith, B. P. Murray, D. Murray, J. E. Dick, and K. J. Sumption. 2001. Porcine enteric spirochete infections in the UK:surveillance data and preliminary investigation of atypical isolates. *Anim Health Res Rev* 2:31-36.

[163]Townsend, K. M., V. N. Giang, C. P. Stephens, P. T. Scott, and D. J. Trott. 2005. Application of nox-restriction fragment length polymorphism for the differentiation of *Brachyspira* intestinal spirochetes isolated from pigs and poultry in Australia. *J Vet Diagn Invest* 17:103-109.

[164]Trampel, D. W., N. S. Jensen, and L. J. Hoffman. 1994. Cecal spirochetosis in commercial laying hens. *Avian Dis* 38:895-898.

[165]Trampel, D. W., J. M. Kinyon, and N. S. Jensen. 1999. Minimum inhibitory concentration of selected antimicrobial agents for *Serpulina* isolated from chickens and rheas. *J Vet Diagn Invest* 11:379-382.

[166]Trivett-Moore, N. L., G. L. Gilbert, C. L. H. Law, D. J. Trott, and D. J. Hampson. 1998. Isolation of *Serpulina pilosicoli* from rectal biopsy specimens showing evidence of intestinal spirochetosis. *J Clin Microbiol* 36:261-265.

[167]Trott, D. J. and D. J. Hampson. 1998. Evaluation of day-old specific-pathogen-free chicks as an experimental model for pathogenicity testing of intestinal spirochaete species. *J Comp Pathol* 118:365-381.

[168]Trott, D. J., A. J. McLaren, and D. J. Hampson. 1995. Pathogenicity of human and porcine intestinal spirochetes in one-day-old specific-pathogen-free chicks:an animal model of intestinal spirochetosis. *Infect Immun*

63：3705－3710.

[169] Trott, D. J., R. F. Atyeo, J. I. Lee, D. A. Swayne, J. W. Stoutenburg, and D. J. Hampson. 1996. Genetic relatedness amongst intestinal spirochaetes isolated from rats and birds. *Lett Appl Microbiol* 23：431－436.

[170] Trott, D. J., T. B. Stanton, N. S. Jensen, G. E. Duhamel, J. L. Johnson, and D. J. Hampson. 1996. *Serpulina pilosicoli* sp. nov, the agent of porcine intestinal spirochetosis. *Int J System Bacteriol* 46：206－215.

[171] Trott, D. J., B. G. Combs, A. S. Mikosza, S. L. Oxberry, I. D. Robertson, M. Passey, J. Taime, R. Sehuko, M. P. Alpers, and D. J. Hampson. 1997. The prevalence of *Serpulina pilosicoli* in humans and domestic animals in the Eastern Highlands of Papua New Guinea. *Epidemiol Infect* 119：369-379.

[172] Trott, D. J., N. S. Jensen, I. Saint Girons, S. L. Oxberry, T. B. Stanton, D. Lindquist, and D. J. Hampson. 1997. Identification and characterization of *Serpulina pilosicoli* isolates recovered from the blood of critically ill patients. *J Clin Microbiol* 35：482-485.

[173] Trott, D. J., A. S. J. Mikosza, B. G. Combs, S. L. Oxberry, and D. J. Hampson. 1998. Population genetic analysis of *Serpulina pilosicoli* and its molecular epidemiology in villages in the Eastern Highlands of Papua New Guinea. *Int J System Bacteriol* 48：659－668.

[174] Veazey, R. S., C. C. Vice, D. Y. Cho, T. N. Tully, and S. M. Shane. 1994. Pathology of eastern equine encephalitis in emus (*Dromaius novaehollandiae*). *Vet Pathol* 31：109－111.

[175] Wagenaar J., M. van Bergen, L. van der Graaf, and W. Landman 2003. Free-range chickens show a higher incidence of Brachyspira infections in the Netherlands. Proc 2nd Int Conf Colon Spiro Infect Anim & Humans. Eddleston, Scotland 16.

[176] Walker CA, Sumption KJ, Murray BP, Thomson JR. 2002. The *MglB* gene, a possible virulence determinant of porcine *Brachyspira* species. Proc 17th Congr Int Pig Vet Soc. Ames, IA 68.

[177] Webb, D. M., G. E. Duhamel, M. R. Mathiesen, N. Muniappa, and A. K. White. 1997. Cecal spirochetosis associated with *Serpulina pilosicoli* in captive juvenile ring-necked pheasants. *Avian Dis* 41：997-1002.

[178] Whipp, S. C, I. M. Robinson, D. L. Harris, R. D. Glock, P. J. Matthews, and T. J. L. Alexander. 1979. Pathogenic synergism between *Treponema hyodysenteriae* and other selected anaerobes in gnotobiotic pigs. *Infect Immun* 26：1042－1047.

[179] Witters, N. A. and G. E. Duhamel. 1999. Motility-regulated mucin association of *Serpulina pilosicoli*, the agent of colonic spirochetosis of humans and animals. *Adv Exp Med Biol* 473：199－205.

[180] Zuerner, R. L., T. B. Stanton, F. C. Minion, C. Li, N. W. Charon, D. J. Trott, and D. J. Hampson. 2004. Genetic variation in *Brachyspira*：chromosomal rearrangements and sequence drift distinguish B. *pilosicoli* from B. *hyodysenteriae*. *Anaerobe* 10：229－237.

结核

Tuberculosis

Richard M. Fulton 和 Charles O. Thoen

引　言

家禽结核又称禽分支杆菌病、禽结核、禽 TB 或 TB，是由禽分支杆菌（*Mycobacterium avium*）引起的一种传染病。本病的特点是慢性的，一旦传入鸡场则长期存在。病鸡生长不良，产蛋下降，最终死亡。尽管在美国的商品禽中诊断出结核的很少，但是庭院圈养的禽和观赏禽仍呈散发流行，而且在捕获的野禽中该病仍然很严重。

公共卫生意义

文献中有许多例证声称禽分支杆菌还可引起人的结核。1930 年，美国报道了第一例人的禽结核（有充分的证据）[30]。

随着人类结核发病率的不断下降，人们越来越注意结核分支杆菌以外的分支杆菌，例如，禽分支杆菌[27,117,131]。禽结核分支杆菌感染常见于获得性免疫缺陷综合征（AIDS）的病人[22,28,58,128]。在美国，从艾滋病病人分离到禽分支杆菌以血清型 1、4 和 8 居多，而从非艾滋病病人分离到的以 4、8、9、16 和 19 型居多[28]。禽分支杆菌血清 1 型普遍存在于各种野鸟体内，现也已经从艾滋病病人分离到[39,49]。据脉冲电泳结果显示，从人类和动物中分离的禽分支杆菌有某种相关性，但从人体与禽分离到的禽分支杆菌相比，前者与猪有更高的同源性[10,31]。禽分支杆菌血清 2 型最常见于鸡，很少由人体分离获得。由此证明，许多人的结核感染似乎更可能是由人与人的接触性感染，而非鸟与人的接触感染。

历　史

对禽结核的首次描述是在 1884 年[20]。最初，Koch[60]一直坚持，不同宿主的结核杆菌是同一个种。然而，Rivolta 及后来的 Maffucci[67]证明，禽结核的病原体与牛结核的不同，Koch[61]最终放弃了他以前的观点，宣告禽结核不同于人的结核，而且人的结核与牛结核也不相同。

动物园中的鸟类发生禽结核更增加了该病的重要性，因为本病引起的经济损失巨大。某些外来鸟类，由于它们濒临灭绝而增值，也增加了结核引起死亡的重要性。由于外来鸟类要饲养数年，使控制该病的管理措施复杂化。在动物园中消除禽结核的主要障碍是由于这种微生物能在土壤中生存，以及对污染禽舍缺乏适当的清扫和消毒方法。由于缺乏有效的疫苗和合适的治疗药物使这问题更加复杂化。

病　原　学

美国鸡结核最常见的病原是禽分支杆菌血清 1 和 2 型[110]。在欧洲已从一些鸟类分离到禽分支杆菌血清 3 型[74,77]，在日本也从发病的鹌鹑中分离到了血清 9 型[75,99]；而在美国还没有从家禽中分离到该型微生物[91]，只是从准备进口到美国的一只白头树鸭（*Dendrocygna viduata*）中分离出血清 3 型[119]。近年来，通过分子生物学技术对禽分支杆菌进行亚型鉴定。这种鉴定是对禽分支杆菌特定特征的进一步比较，例如对最适宿主和特定亚种致病性的比较。历史上，该病病原的鉴定包括了病原的分离、生化鉴定、表面抗原类型（一种极性糖脂，通过凝集反应鉴定）。更新一些的分类方法把禽分支杆菌血清 1、2、3 型重新分类为禽分支杆菌禽亚种（*M. avium* sbsps *avium*），而禽分支杆菌禽亚种可以进一步分类为 *M. avium* IS1245+ 和 *M. avium* IS901+ 或 "鸟型" *M. avium* IS1245RFLP，或是它们的组合[4,24,79,81,99]。利用分子生物学分类方法，可以把禽分支杆菌禽亚种归类到禽分支杆菌禽亚种

和禽分支杆菌人亚种[24,79,98,104]。现已知禽分支杆菌禽亚种对鸡的毒力强[4,24,71,79,122]，因此，养禽业中的禽结核是指禽分支杆菌。

生长需要和菌落形态

与结核分支杆菌和牛分支杆菌相比[102]，禽分支杆菌可在 25～45℃ 范围内生长，但最适宜的温度范围是 39～45℃。该菌为需氧菌，初次分离时，含有 5%～10% CO_2 的空气环境能促进其生长[113]。

从自然感染的病料中初次分离本菌时，需用分支杆菌专用培养基[113]。培养基含有甘油时形成的菌落较大。一些禽分支杆菌的亚种，如副结核分支杆菌和森林土壤分支杆菌亚种（*M. sylvaticum*）在初代和传代培养时都需要分支菌素作为生长因子[69]。在含有全蛋或蛋黄的培养基上，37.5～40℃ 培养 10 天至 3 周，该菌能形成小而微隆起的、分散的、灰白色的菌落。如果接种材料中细菌的数量多，则形成的菌落数量也多，并可能出现菌落融合。菌落呈半圆形，不穿入培养基中。随着培养时间的增加，菌落由灰白色逐渐变为淡赭色，最后变成暗黑色。也报道过有一株细菌的菌落呈鲜黄色[56]。

固体培养基中的传代培养物经 6～8 天后便显示出生长的迹象，并于 3～4 周内达到生长的最高峰。这样的培养物通常显示湿润和油似的外观，表面最后变得很粗糙。菌落呈奶油状或有黏性，容易从培养基中移开。在液体培养基中，细菌可在底部和表面生长。最近在对感染禽分支杆菌的日本鹌鹑进行分离培养时确定了三种最好用的培养基。这三种培养基分别是含有的分支菌素的改良 Herrold 蛋黄培养基、Lowenstein-Jensen 培养基以及含有维生素、乙基二氢甲基氧萘啶甲酸和林可霉素的 Lowenstein-Jensen 培养基。Lowenstein-Jensen 培养基（不含添加物）产生更多的阳性培养物，在阳性试管内有大量的菌落并且培养时间比其他培养基短[106]。

菌落类型和毒力之间存在着密切的关系[6]。光滑透明型（SMT）菌落的禽分支杆菌对鸡有毒力，而形成光滑、圆顶或粗糙型（SMD）菌落的变异菌，无论来源如何，对鸡都无毒力[6,108]。菌落形态具有一过性和可变性，也观察到了少量出现的其他

菌落形态[86]。这些菌落形态不同菌株，其氧自由基蓄积能力、胞内繁殖能力及细胞因子或化学因子上调或下调的能力也不同[8,53,86,96]。菌落形态的不同很可能是由于 SMT 中存在糖肽脂或是 RG 中确实该物质。糖肽脂似乎能够阻碍噬菌体反应，它可能是重要的毒力因子[8]。

禽分支杆菌最重要的特征是它的抗酸性。该菌呈杆状，在某些涂片上也可以看到棒状、弯曲和钩形的菌体。不呈链状排列，偶尔形成分支，大多数菌体的末端为圆形，菌体的长度为 1～3μm。不形成芽孢，无运动性。在细菌胞浆内到处都可以见到圆形或锥形的颗粒。

生化特性

禽分支杆菌和胞内分支杆菌之间在生化特性方面没有明显的差异。然而，禽分支杆菌和胞内分支杆菌群（MAIG）具有区别于其他分支杆菌种或群的特点[26]。

禽分支杆菌不产生烟酸，不水解吐温‑80，过氧化物酶阴性，产生触酶，无尿素酶或芳基硫酸酯酶，也不还原硝酸盐；这些特性是不固定的，特别是芳基硫酸酯酶的试验结果。除了吡嗪酰胺酶和烟酰胺酶外，禽分支杆菌是缺乏大部分酰胺酶的唯一细菌。对禽分支杆菌及有关微生物的生化特性方面的详细论述，请参见相关报道[89,113]。

可以利用高效液相色谱（HPLC）检测分支酸，或者利用 DNA 探针对分支杆菌培养物做进一步鉴定[21]，或者通过分子技术检测 16S rRNA、hps65 和 groEL2 序列，也可用 PCR 检测 IS 片段[65,125]。

养禽业的结核主要是由禽分支杆菌禽亚种引起的。然而，在确认感染分支杆菌的宠物和野生鸟类中，分离到的分支杆菌主要有结合分支杆菌、牛分支杆菌、偶发分支杆菌（M. fortuitum）和日内瓦分支杆菌（M. genavense）4 个种，以及禽分支杆菌的几个亚种[6,9,10,14,28,34,45,46,47,55,56,57,69,84,101]。

对抗结核药物的敏感性

一般来说，与结核分支杆菌和牛分支杆菌相比，禽分支杆菌对常用抗结核药物的抵抗力较强[26]。然而，也有关于抗结核药物联合应用（如乙胺丁醇和利福平）对禽分支杆菌复合物具有增效作用的报道[45]。

从鸡和猪分离到约 50 株和从人分离到的 11 株禽分支杆菌可在含 10mg/mL 链霉素的蛋黄琼脂上生长，而在含 50mg/mL 时则不能生长；在大于 10mg/mL 对氨基水杨酸和大于 40mg/mL 异烟肼的培养基中也不能生长。在同种类的培养基上，该菌对乙胺丁醇、乙基硫酰胺、紫霉素和吡嗪酰胺有相当的抵抗力，这些药物的抑制浓度根据培养和程序而有所不同[35]。

菌株分类

禽分支杆菌属于慢性非结核菌群，和胞内分支杆菌统称为禽分支杆菌复合物（MAC）。它的贮存宿主为外界环境。禽分支杆菌复合物中的所有成员都是从动物机体分离而来的。禽分支杆菌通常用血清学方法来鉴定[90]。在一种类似极性糖脂表面抗原的产品问世的基础上，用极性糖脂表面抗原鉴定 MAC 血清变型或血清型的技术得到发展[133]。血清学分型至少有 28 种血清型，血清型 1～6 属于禽分支杆菌亚种，而血清型 7、12～20、22～28 属于禽分支杆菌胞内亚种[129]。从反刍动物和野禽中分离到的禽分支杆菌又可分禽副结核分支杆菌亚种（M. avium sbsps paratuberculosis）[2,11]，从斑鸠和其他野禽中分离得到禽分支杆菌森林土壤亚种（M. avium sbsps silvaticum），而禽分支杆菌禽亚种是从禽类和其他家畜中分离得到的[25,68]。然而，禽分支杆菌副结核亚种感染可以痊愈，检测超过 250 只野生鸟类，只有一例发现有组织病变[5,19]。2002 年，Mijs[73] 及其合作者建议根据表型和基因型将禽分支杆菌进一步细分为两个亚种，一是分离自鸟类的禽分支杆菌禽亚种（血清型 1、2、3），另一种是分离自任何动物的禽分支杆菌人亚种（血清型 4、6、8～11、21）[1,25,37,68,107]。血清型 1、2 主要感染动物，而血清型 4～20 在人类中常见[111]。一些从猪上分离到的血清型（血清型 4、8）也能感染人[132]。血清型 1、2 主要分离自鸡，而血清型 3 主要从野生鸟类分离得到[74,77]。血清学分类为研究特定菌株的来源和分布提供了一条途径。这种分类方法很简单，而且能在微量反应板上操作[118]。然而，并不是所有的分离株都能依赖这个血清学分类，这个分类方法不适用于某些菌株。在过去几年中，禽分支杆菌分离株的分类主要依赖分子技术，通过检测插入元件（IS）的存在或缺失以及限制性片段长度多态性（RFLP）进行分类。所有禽分支杆菌禽亚种属于基因型 IS1245⁺、IS901⁺、IS1311⁺，其中 3′端 IS1245 RFLP 称为"鸟型"，因为该菌株与血清型 1、2、3 有交叉反应。禽分支杆菌森林土壤亚种与禽分支杆菌禽亚种相同，只是其 IS1245 RFLP 在 5′端[23,24,79,81,99]。IS901⁺分离株对鸟类毒力大[79]。分子学技术可以更精确地将菌株分类，这有利于该菌株流行病学的研究[24,25,48,62,79,98,105]。随着分子生物学技术的更新及更有鉴别力的分类方法的建立，这个富有活力的生物种群将被更深入的认识[125]。

病理生物学和流行病学

发生和分布

由禽分支杆菌血清型 1、2 和 3 引起的鸡禽结核广泛分布于世界各地，但最常发生于北温带[121]。如前所述，商品禽的结核检出率极低，在加拿大 30～400 只鸡的小鸡群曾诊断有该病[76]，澳大利亚[37]相对较小的 2 000 只的放牧鸡群和西班牙的商业蛋鸡群也曾有发病报道。有资料记载，在美国，最高的发病率见于中北部各州的鸡群——北达可他、南达可他、堪萨斯、内布拉斯加、明尼苏达、衣阿华、密苏里、威斯康星、伊利诺斯、密歇根、印第安纳和俄亥俄州，而西部和南部各州鸡群的发生率低，其原因尚不完全清楚。但是，有几种可能促使发病的因素，例如气候、禽群的管理和感染持续时间。冬季将禽舍密闭也为本病的传播提供了有利条件。

在美国，要用结核菌素检验所有鸡群或大多数鸡群很困难，因此不可能获得鸡结核感染率的准确资料。美国国家农业统计局从 1995 年到 2005 年的屠宰鸡数据显示，禽肺结核是引起青年鸡淘汰的原因，仅在 1997 年和 1998 年，每 10 000 000 只屠宰禽分别为有 7.5 只和 6.2 只感染。而在同一时期，即 1996、1999、2000、2001、2202、2003、2004 和 2005 年，每 10 000 000 只屠宰的成年鸡中诊断为禽结核的分别为 2.1、1 870、1 630、14.6、0.59、2.4、18.4 和 0 只。2003 年，每 10 000 000

只成年火鸡仅有 0.04 只诊断为禽结核[64,83]。因为仅是根据肉眼检查而得出这些数据，也许要高于或低于实际发生率。肉眼诊断的依据是鸡只消瘦和出现肉芽肿[11]。

1985—2001 年，一个中西部动物诊断实验室（Fulton，未公开资料）收到 6 059 个禽病例，共有 15 097 只禽，其中 27 个病例（0.45%）患有结核，共有 36 只动物（0.24%）。在这些病例中，仅 3 例（4 只动物）来自观赏群的鸡，2 例来自孔雀；鸽、斑鸠、鹌鹑和鹧鸪各 1 例。目前，最大发生群是野外捕获禽（鹦鹉、巨嘴鸟、澳洲长尾小鹦鹉和燕雀）。3 个不同地方的动物园已诊断出了禽结核，有企鹅、鹤、鸭子、鸵鸟和巨嘴鸟。未见商品鸡和火鸡的报道。

禽结核在一些拉丁美洲国家也有发生，比如巴西、乌拉圭、委内瑞拉和阿根廷。

总之，由于禽类的饲养管理技术更新，使禽结核的流行明显减少。因此需要重点保持青年母鸡群，尽早淘汰老龄母鸡。

自 1960 年以来，在某些欧洲国家，也见有不少关于禽结核分支杆菌的报道。据报道，芬兰很少发生[127]，但挪威[33]和丹麦[2]比较常见。禽分支杆菌在德国[71,93]和英国[66]均有发生。在澳大利亚昆士兰州和西澳大利亚州没有禽结核的报道，但在其他州有本病。在南非，禽结核的发生率低[59]。其他国家的家禽和野禽可能感染，但其发病率和分布情况不清楚，因为细菌学诊断还没有普遍进行。在肯尼亚曾报道过小火烈鸟的禽结核[18]。结核在动物中流行的资料可进一步参阅 Thoen 等[122]和 Thorel 等的报道[123]。

自然宿主和实验宿主
禽类

所有品种的鸟类都能被禽分支杆菌感染。一般地说，家禽或捕获的外来鸟比野生鸟更易被感染。禽结核可发生于鸭、鹅、天鹅、孔雀、鸽子、火鸡、捕获的鸟和野鸟。观赏鸟，包括鹦鹉、白鹦、澳洲长尾小鹦鹉、燕雀、食虫鸟和金丝雀也有被感染的报道[30,34,78,94,97]。

野禽中结核很少见，但是经常出没于鸡结核流行农舍中的野禽，也可能发生本病。雉对禽分支杆菌似乎有异乎寻常的易感性[97]。已经在麻雀、乌鸦、普通猫头鹰、牛鸟、黑鸟、东方猫头鹰、燕八哥、木鸽、加拿大鹅、野火鸡[36]、美国秃鹰[44]、彩色鹌鹑[75]、沙丘鹤及鸣鹤中发现本病。

曾有报道动物园中的鸵鸟、鸸鹋和北美鸵鸟发生禽结核。最近又在商品群中的一只3只雌性鸸鹋体内检查出该病[95]。火鸡虽然有感染禽结核的报道[43]，但并不常见。大多数病例都由接触感染鸡传染而来，有关野禽感染禽结核的报道见文献综述[6,18,22,31,33,45,54]。

禽结核在许多动物园鸟类中比家禽更普遍[74]。通常是由禽分支杆菌血清1和2型感染引起[71]。鹦鹉的结核也可能是由结核分支杆菌或牛分支杆菌引起的[116]。鹦鹉的结核也可以由结核分支杆菌和牛分支杆菌引起[1,47,78]。近年来，瑞典对感染观赏鸟的分支杆菌进行为期9年的研究，发现主要为日内瓦分支杆菌（71.8%），其次是禽分支杆菌鸟复合物（16.7%）、偶发分支杆菌（4.2%）、结核分支杆菌（4.2%）、戈登氏分支杆菌（*M. gordonae*）（2.2%）和无色分支杆菌（*M. mogenicum*）（2.2%）[46]。一些其他研究指出，日内瓦分支杆菌常常从捕获动物中分离到[82]，但幸运的是，可以用通过PCR产物的酶切反应来区分日内瓦分支杆菌和禽分支杆菌[72]。

哺乳动物

禽分支杆菌可感染某些哺乳类家畜，并引起相应的疾病，但病变主要呈局限性[33,34,40,66,112]。然而，这种微生物可以在组织内繁殖相当长一段时间并诱导对结核菌素的敏感性。由禽分支杆菌引起家兔和猪的弥散性结核已有报道[111]。

尽管哺乳动物的自然感染不如在禽类发生的那样严重，但许多哺乳动物通过人工接种有感染性的细菌都可产生广泛性病灶。兹将禽分支杆菌对多种哺乳类家畜的相对致病力概括于表23.5。

在美国和欧洲，禽分支杆菌血清2型是猪结核最常见的病原[52,109,130]。在鸡和其他家禽结核清除以前，结核在养猪业中将一直是一种额外的经济负担。在美国，猪的结核已明显减少[114]。其原因可能是由于饲养同日龄猪群增多和饲养猪方式的改变，从而降低禽结核发病率。过去，猪肉价格很高，因而利用空农舍（淘汰的鸡舍）养猪。随着合同猪肉的生产，这种养殖方式已不复存在。

表 23.5 禽分支杆菌对不同哺乳动物致病性的比较

动物	易感性
猫	高度耐受
牛	发生感染；通常局部感染
鹿	有感染报道
狗	高度耐受
山羊	可能相对耐受
豚鼠	相对耐受
仓鼠	敏感（睾丸内部）
马	有感染报道
美洲驼	敏感
有袋动物	有感染报道
水貂	极易感染
猴	敏感
小鼠	相对耐受
兔	极易感染
大鼠	相对耐受
绵羊	中度敏感
猪	极易感染

宿主易感年龄

禽结核在青年禽中较少流行，这并不是因为年龄较小的禽对感染有较强的抵抗力，而是因为老龄禽经过较长时间的接触有较多的机会感染本病。尽管年轻小鸡的结核病变常比老龄鸡轻，但在年龄小的鸡中也可见到广泛的和全身性的结核。这种鸡是传播强致病力禽分支杆菌的重要来源，这对其他的禽和易感的哺乳类动物是一种威胁。

结核在动物园中能引起外来鸟死亡，损失严重[74]。曾有报道濒临灭绝的珍禽遭到本病的危害，这更加显示了它的重要性。关于观赏鸟结核的报道已有多篇[1,12,46,78,95,100,126]。

传播

病禽肠道的溃疡性结核灶可以排出大量的分支杆菌，是致病性细菌的重要来源。虽然也存在着其他传染源，但在禽结核的传播中，没有比感染性粪便更强的传染源。粪便可能含有来自肝脏和胆囊黏膜病灶中的分支杆菌，这种细菌是通过总胆管排出的。呼吸道也是一个潜在感染来源，特别是在气管黏膜出现病变时。

污染的环境，包括含有细菌的土壤和垫料，是本病传给健康动物的最重要因素。禽舍被病鸡占用的时间越长，单位面积禽类的密度越大，该病流行得越严重。

禽分支杆菌可在土壤中存活长达 4 年[92]。病禽尸体被掩埋在 0.9m 深、经过长达 27 个月的时间，尸体中仍有禽分支杆菌的存活。有致病力的禽分支杆菌菌株在锯屑中于 20℃可存活 168 天，在 37℃为 244 天[56]。

鸡感染禽分支杆菌后，能从其鸡蛋中分离到该菌，但自然病例的鸡蛋不能孵出结核雏[30,32,34,92]。将蛋煮沸 6min 后，可杀死其中的分支杆菌。蛋经 2min 的煎炒足以杀死此菌。

禽分支杆菌可通过感染结核的胴体和食用内脏扩散。互啄对该病的传播也起了一定的作用。

粪便污染的鞋可能传播禽分支杆菌。饲养的用具（条板箱和饲料袋）也可能将有感染力的细菌从病鸡群传给健康鸡群。

野鸟，如麻雀和欧椋鸟，鸽子可能被禽分支杆菌感染，因此也能把分支杆菌传播给鸡群。尽管可能性不大，但由禽分支杆菌引起溃疡性肠道病灶的猪可构成其他动物和禽的传播来源。

临床症状

本病的临床症状很少具有示病性。如果感染发展到足以损害全身状况时，发病禽则没有同舍的禽活泼。被感染的禽容易疲劳，精神沉郁，虽然食欲良好，但通常出现进行性的、明显的体重减轻，以胸肌消瘦最为明显。胸部肌肉萎缩，胸骨明显突出，也可能变形。最严重的情况是体内的大部分脂肪最终消失，病禽的脸显得比正常禽小。

病禽羽毛色暗和蓬乱。禽冠、肉垂和耳垂贫血，比正常禽薄，无毛的皮肤显得特别干燥。禽冠和肉垂偶尔呈淡蓝色。由于肝脏的严重损伤，可能见到黄疸现象。

即使病情严重，病禽的体温仍然维持在正常范围内。在许多病例中，病禽呈现一侧性跛行，以特有的痉挛性跳跃式的步态行走。病变关节断裂，排出液体并有干酪样的物质。有时这种结核性关节炎还可引起瘫痪。

如果病禽极度消瘦，抚摸腹部时可能发现沿着肠道分布的结节。但是，许多结核鸡的肝脏极度肥

厚，这种检查比较困难或不能触摸到。大多数结核鸡的肠道出现病变。如果病变是溃疡性的，则会发生严重的腹泻。

根据病情的严重程度和病变的范围，病鸡可能于数月内死亡或存活数个月。病禽可因病变肝或脾的破裂出血而突然死亡。

若是群体感染，感染鸡群可以表现出不同的临床症状。患病蛋鸡群表现为两种典型的临床特征。一部分鸡群表现为身体状况良好，继续产蛋，但其眶下窦、肝脏和肠出现大量的结节。同群的另一部分鸡则表现为消瘦、产蛋停止、鼻窦无病理变化以及内脏出现大量的结节[38]。

病理变化

大体病变

病变最常见于肝、脾、肠和骨髓。有些器官，如心脏、卵巢、睾丸和皮肤极少被感染，因此认为这些器官为非亲嗜器官。火鸡、鸭和鸽子的病变主要是在肝和脾，但许多其他器官中也有病变[34]。

鸡结核的特征病变是在肝、脾和肠管上，呈不规则的、灰黄色或灰白色的、针尖大小到数厘米不等的结节（彩图 23.18 A、B、D）。肝和脾肿大、破裂可导致致死性出血。大结节常有不规则的瘤样轮廓，感染器官表面常有较小的颗粒或结节。肝和脾等器官表面的病变极易从其毗连组织中摘除。结节坚实，但也容易切开，极少出现钙化。在纤维素性结节的横切面上，可见到数量不等的淡黄色小病灶或柔软的、通常是干酪性的淡黄色中心区，后者被纤维性膜包裹，这些膜的连续性常被小而界限明显的坏死灶所隔断。纤维性膜的厚度和均一性随病变的大小和时间长短而不同，在小病灶中几乎不能辨认出来或没有。在较大的结节中，膜的厚度为 1～2mm。肠道有白色坚硬结节，突出于浆膜表面。肺脏的病变通常没有肝或脾严重。

在骨髓中常常形成肉芽肿（彩图 23.18C 和图 23.19）。骨髓的感染可能发生在本病的早期，由菌血症引起。

组织学病变

禽分支杆菌感染的基本病变是出现多个肉芽

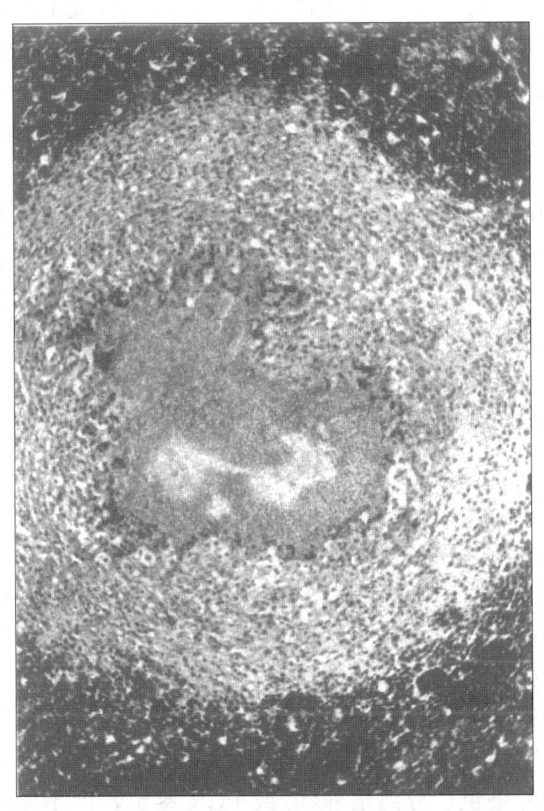

图 23.19　自然感染病鸡骨髓中小的结核结节，中心
坏死区被致密结缔组织包围。×100

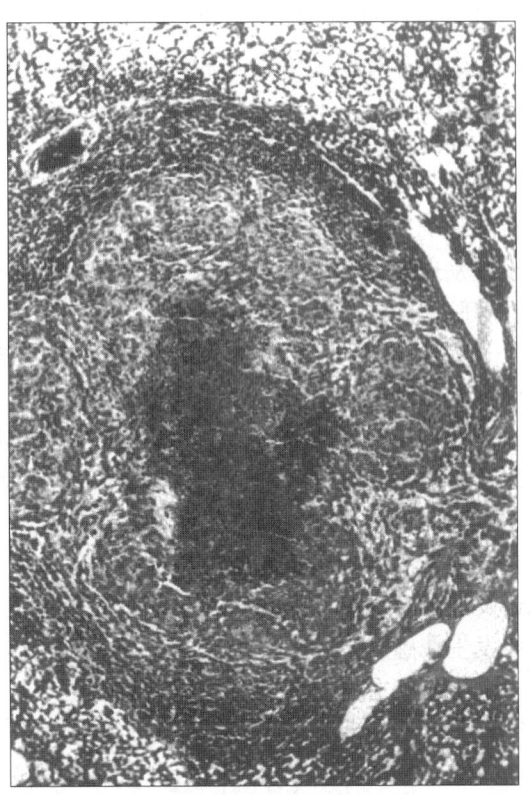

图 23.20　鸡肺内正在形成的结核结节。×100

肿，中心有干酪样坏死。肉芽肿是由大量具有丰富
细胞质的巨噬细胞（上皮样巨噬细胞）积聚形成。
上皮样巨噬细胞群在肉芽肿内扩张并在外周融合形
成多核巨细胞。在大结节中，肉芽肿中心有凝固性
或干酪样坏死。大结节中多核巨细胞仅仅在坏疽中
心周边形成套膜，紧接着是在其外周聚集的上皮样
巨噬细胞和组织细胞（图23.20）。在接近周边区的
外侧部分，纤维细胞和细小血管组成纤维素性包
膜。结核中心或坏死区有许多抗酸染色的杆菌，但
在多核巨细胞附近和远端的上皮样细胞区也可发现
大量的细菌。

　　肉芽肿最外层是囊膜，由纤维性结缔组织、巨
噬细胞、淋巴细胞组成，偶见粒细胞。禽类的结核
极少出现钙化。已报道在肝、脾和肾中可观察到周
围的实质成分出现淀粉样沉积。

　　火鸡禽结核的组织学病变有很大的差异，但与
鸡的禽结核相似。其他病例的病变为弥散性，周围
的实质破坏严重。胞浆多或大的巨细胞都很多，常
常有大量的粒细胞。有些病变被宽而致密的纤维性
结缔组织包裹。

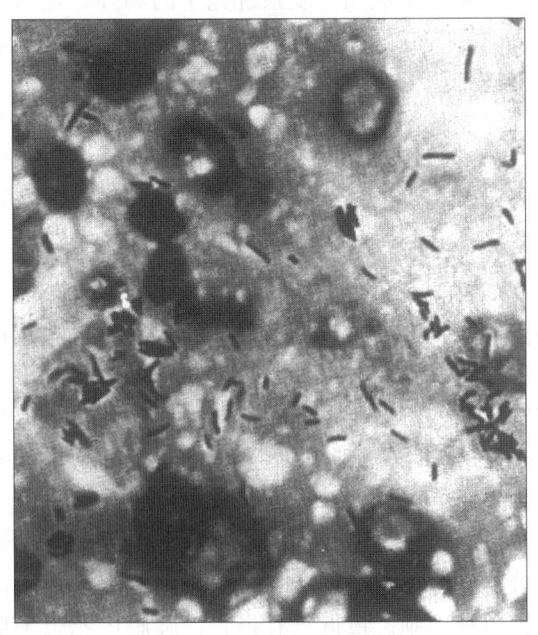

图 23.21　自然感染病鸡肺脏病变组织涂片，其中有大量
结核杆菌。姜-尼氏染色，×1 600

感染过程的发病机理

　　摄入分支杆菌可引起肠感染，最终形成菌血
症。菌血症使得分支杆菌可直接从小肠转移到肝。

菌血症可能间歇性出现，大部分病例是在早期出现，也可引起全身性分布。可能除了中枢神经系统外，其他组织无一幸免。

Cheville 等[17]对鸡感染分支杆菌进行了实验研究。幼雏静脉攻毒后病程持续 30 天。攻毒 5 天后，首先在脾脏周围淋巴鞘细胞中发现抗酸细菌，此外，没有发现感染的其他病理变化。在攻毒 10 天后，在脾脏周围淋巴鞘聚集的组织巨噬细胞中发现大量杆菌。14 天后，在淋巴鞘内有粟粒样结核。通过肉垂变厚判定，最早在感染后的 2 天出现迟发型变态反应（DTH），随着病程的发展，越来越明显。但随着病程加重，反应逐渐减弱。病程分为 3 个时期，潜伏期、发展期和恶化期。潜伏期一般发生在首次感染的 7 天内，此期内没有显微病变，但出现迟发型变态反应且随时间的推移而加剧。发展期一般发生在感染后 8～17 天，这期间细菌在淋巴鞘内大量增殖，血清抗体滴度升高，胸腺萎缩，形成小结核并有少量细菌。从感染后 18 天到死亡是恶化期。这一期中，形成大量的结核并有大量的细菌。迟发型变态反应消失，结核外周有淀粉样沉积。此试验除了应用免疫系统完全的鸡外，还对切除法氏囊和胸腺的鸡进行了研究。免疫系统完全和缺失淋巴细胞的鸡，其发病机制差别极小。

禽分支杆菌能够引起渐进性疾病的能力可能与细胞壁成分及存在于细胞壁上的某些脂类复合物，如索状因子（cord factor）、含硫糖脂或强酸性脂质有关[88,115]。结核分支杆菌和禽分支杆菌能阻止吞噬体（通常存在于细胞内）与溶酶体的融合，阻止吞噬溶酶体的形成[102]。然而，前面提到的这些成分单独或一起对吞噬体-溶酶体融合的影响似乎不能解释该菌的毒力所在。感染分支杆菌后发生迟发型变态反应；巨噬细胞一旦被激活，对细胞内禽分支杆菌杀灭能力增强。迟发型变态反应是由淋巴细胞介导的，这种淋巴细胞能够释放淋巴因子，在致病性分支杆菌及其产物所在部位吸引、固定并激活血源性单核细胞。最近已有报告，肿瘤坏死因子单独或同白介素-2 结合（但不是 γ-干扰素），与巨噬细胞杀灭血清 1 型禽分支杆菌有关[5]。迟发型变态反应的发生有助于加速结核结节的形成，部分地参与结核的细胞介导免疫。巨噬细胞被激活后，若没有足够的德亚细胞成分来杀灭强毒型结核杆菌，则易被细胞内生长的细菌破坏，从而产生病变。禽分支杆菌强毒能释放有毒脂类和因子，二者协同作

用，可能引起：①吞噬体崩解；②阻止吞噬溶酶体的形成；③干扰与溶酶体有关的水解酶释放；④使释放到细胞浆空泡内的溶酶体酶失活。现有的资料表明，毒性氧代谢产物不能杀伤活化的巨噬细胞。然而，在感染致病性禽分支杆菌的禽体内，有抵抗力的巨噬细胞中的过氧化氢或激活的氧自由基以及一氧化氮的作用有待进一步阐明[70]。近期研究表明，禽分支杆菌通过 caspase - 1 路径激活巨噬细胞，这可能是禽分支杆菌的致病机制[96]。

诊　断

根据大体病变一般可对禽结核作出初步诊断[15]。在大部分的病例中，对病禽肝、脾或其他脏器的涂片，用诸如姜-尼氏染色法染色找出抗酸性微生物，将对该病的诊断有很大的帮助。确诊是必需接种合适的培养基进行病原菌的分离和鉴定[57]。对于疑似感染的活禽，可以采集其粪便进行涂片染色、分离培养和/或 PCR 鉴定，但不能完全依赖上述方法，因为病禽可能间歇性排毒，或是粪便中没有病原菌[124]。粪便阳性是该病的一个过程[106]。PCR 常用来检测福尔马林固定的组织中的分支杆菌，其中包括了禽分支杆菌和日内瓦分支杆菌，而这些固定的组织将进一步做酸性染色[41]。

结核菌素试验

如果操作适当，结核菌素试验可以检出鸡群中是否存在结核。检测方法为皮内注射 0.03～0.05mL 的结核菌素（彩图 23.18E）。纯化的结核菌素由美国农业部利用禽分支杆菌制备，制备方法之前已经介绍[3]。然后，检查注射部位的反应，更详尽的方法及结果判定参照有关文献[112]。对于家禽，有两个阶段的结核菌素实验会出现假阴性结果，即感染早期和感染晚期，因为此时机体的免疫系统已经衰竭或无反应性。

血清学

酶联免疫吸附试验（ELISA）

已报道过采用 ELISA 方法检测血清 2 型禽分支杆菌试验感染鸡血清中的抗体，但假阳性比较常

见[120]。ELISA 的特异性低于结核菌素试验。

快速凝集试验

已报道过利用全血凝集试验检测禽类的结核[55]。检查群体感染时，凝集试验比较有用，其缺点是健康鸡出现凝集试验假阳性反应[42]。

鉴别诊断

诊断本病最方便的方法是尸体剖检，肉芽肿比较有特征，但必须和其他疾病相区别。这些疾病包括大肠杆菌肉芽肿、鸡白痢、其他沙门氏菌感染、葡萄球菌感染、肠肝炎、禽霍乱和肿瘤。病变中有大量抗酸性细菌具有诊断意义。如果可行，分支杆菌的培养与鉴别有助于诊断，但并不是必需的。

预防和控制

管理措施

对庭院饲养的禽和捕获禽应利用结核菌素试验检测结核，除去阳性鸡，可大幅度减少环境污染和再污染。全血凝集试验也可用来检查被感染的鸡群。但是，如果剩下的鸡群仍饲养在这种污染的鸡舍中，污染的土壤将继续传播该疾病。无论是结核菌素试验还是凝集试验都不能确实地检查出每一只结核禽。只要在禽群中仍然有一只病鸡，就有可能把本病传播给健康禽。因此，将全群处理掉且换上未污染的土壤是控制禽结核的最有效途径。

对于庭院饲养，建立和保持无结核措施包括如下几点：①抛弃老的设备，并在新土地上建立另外的设施。一般情况下，采用消毒措施使一个受污染的环境变得很安全是不切实际的；②提供适当的围墙或采用其他措施，防止禽自由走动，从而防止来自先前污染禽舍的感染；③淘汰老的禽群，焚烧结核鸡的尸体；④引进无结核的禽群，在新的环境中建立新的鸡群；如果能防止健康鸡群中的鸡与污染环境接触和分支杆菌的意外感染，就可以相信该鸡群将继续保持其无结核状态。

对于控制外来禽结核的建议，包括如下几点：①防止与结核禽的接触，避免使用以前饲养过结核禽的房舍；②对新引进禽应隔离检疫 60 天，并用禽结核菌素进行检验。

免疫接种

已有人对使用灭活或活分支杆菌疫苗预防鸡结核作了评价[87]。用活的胞内分支杆菌血清 6 型（即禽分支杆菌血清 6 型）口服接种，获得了很好的效果；用禽分支杆菌肌内注射时，这些鸡可获得 70% 的保护率。还有报告指出，使用灭活的和活的胞内分支杆菌血清 7 型和 'Darden' 血清型（禽分支杆菌血清 7 和 19 型）联合肌肉注射免疫，也取得了令人鼓舞的效果[29]。

治疗

家禽的结核通常不治疗。但是，对于那些进口圈养鸟，可以用抗结核药来治疗[126]。临床上曾联合使用异烟肼（30mg/kg）、乙二胺二丁醇（30mg/kg）和利福平（45mg/kg）治疗 3 只进口宠物鸟，其临床症状明显减轻。如果无副作用，推荐疗程为 18 个月。为了治疗各种外来鸟的结核，还需进一步研究多种适宜的方案。

李金彩　王宏钧　郝永新　杨建民　译
苏敬良　常建宇　校

参考文献

[1] Ackerman, L. J., S. C. Benbrook, and B. C. Walton. 1974. Mycobacterium tuberculosis infection in a parrot (Amazona farinosa). *Annu Rev Respir Dis* 109:388-390.

[2] Andersen, S. 1965. The distribution of avian tuberculosis in Denmark. *Medlemsbl Dan Dyrlaegeforen* 2:54-59.

[3] Angus, R. D. 1978. Production of reference PPD tuberculins for veterinary use in the United States. *J Biol Stand* 6:221-228.

[4] Bartos, M., P. Hlozek, P. Svastova, L. Dvorska, T. Bull, L. Matlova, I. Parmova, I. Kuhn, J. Subbs, M. Moravkova, J. Kintr, V. Beran, I. Melicharek, M. Ocepek and I. Pavlik. 2005. Identification of members of Mycobacterium avium species by ACCU-Probes, serotyping, and single IS900, IS901, IS 1245 and IS901-flanking region PCR with internal standards. *J Microbiol Meth* Jul 29; [Epub ahead of print].

[5] Beard, P. M., M. J. Daniels, D. Henderson, A. Pirie, K. Rudge, D. Buxton, S. Rhind, A. Creig, M. R. Hutchings, I. McKendrick, K. Stevenson, and J. M. Sharp. 2001. Paratu-

berculosis infection of non-ruminant wildlife in Scotland. *J Clin Microbiol* 39:1517 - 1521.

[6]Belisle, J. T. and P. J. Brennan. 1994. Molecular basis of colony morphology in Mycobacterium avium. *Res Microbiol* 145:237 - 242.

[7]Bermudez, L. and L. Young. 1988. Tumor necrosis factor, alone or in combination with IL-2, but not IFN-gamma, is associated with macrophage killing of Mycobacterium avium complex. *J Immunol* 140:3006 - 3013.

[8]Bhatnagar, S. and J. S. Schorey. 2006. Elevated mitogen-activated protein kinase signaling and increased macrophage activation in cells infected with a glycopeptidolipid-deficient Mycobacterium avium. *Cell Microbiol* 8: 85 - 96.

[9]Bickford, A. A. , G. H. Ellis, and H. E. Moses. 1966. Epizootiology of tuberculosis in starlings. *J Am Vet Med Assoc* 149:312 - 318.

[10]Bono, M. , T. Jemmi, C. Bernasconi, D. Burki, A. Telenti, and T. Bodmer. 1995. Genotypic characterization of Mycobacterium avium strains recovered from animals and their comparison to human strains. *Appl Environ Microbiol* 61:371 - 373.

[11]Bremner, A. S. 1996. Poultry Meat Hygiene and Inspection. Saunders:London, England.

[12]Britt, J. O. , E. B. Howard and W. J. Rosskopf. 1980. Psittacine tuberculosis. *Cornell Vet* 70:218 -225.

[13]Boddinghaus, M. L. , J. Wolters, W. Heikens, and E. C. Botter. 1990. Phylogenetic analysis and identification of different serovars of Mycobacterium intracellulare at the molecular level. *FEMS Microbiol Lett* 70:197 - 203.

[14]Buogo, C. H. , L. Bacciarinini, N. Robert, T. Bodmer, and J. Nocolet. 1997. Presence of Mycobacterium genavense in birds. *Schweiz Arch Tierheilkd* 139:397 - 402.

[15]Bush, M. A. , R. J. Montali, C. O. Thoen, E. E. Smith, W. Peritino, and D. W. Johnson. 1978. Avian tuberculosis: Status of antemortem diagnostic procedures. Proc 1st Int Birds Captivity Symp, 185 - 195.

[16]Cangelosi G. A. , C. O. Palermo, and L. E. Bermudez. 2001 Phenotypic consequences of red-white colony type variation in Mycobacterium avium. *Microbiol* 147: 527 - 533.

[17]Cheville, N. F. and W. D. Richards. 1971. The influence of thymic and bursal lymphoid systems in avian tuberculosis. *Am J Pathol* 64:97 - 122.

[18]Cooper, J. E. , L. Karstad, and E. Boughton. 1975. Tuberculosis in lesser flamingos in Kenya. *J Wild Dis* 11:32 - 36.

[19]Corn J. L. , E. J. B. Manning, S. Sreevatsan, and J. R. Fisher. 2005. Isolation of Mycobacterium avium subsps. paratuberculosis from free-ranging birds and mammals on livestock premises. *Appl Environ Microbiol* 71: 6963 -6967.

[20]Cornil, V. and P. Megnin. 1884. Tuberculose et diphtherie des galli-naces. *CR Soc Biol* 36:617 - 621.

[21]Crawford, J. T. 1994. Development of rapid techniques for identification of M. avium infections. *Res Microbiol* 145:177 - 180.

[22]Denis, M. 1994. Immunomodulatory events in Mycobacterium avium infections. *Res Microbiol* 145:225 -229.

[23]Dvorska L. , M. Bartos, O. Ostandal, J. Kaustova, L. Maltova, and I. Pavlik. 2002. IS1311 and IS 1245 restriction fragment length polymorphism analyses, serotypes, and drug susceptibilities of Mycobacterium avium Complex isolates obtained from a human immunodeficiency virus-negative patient. *J Clin Microbiol* 40:3712 - 3719.

[24]Dvorska L, T. J. Bull, M. Bartos, L. Maltova, P. Svastova, R. T. Weston, J. Kintr, I Parmova, D. V. Soolingen, and I. Pavlik. 2003. A standardized restriction fragment length ppolymorphism (RFLP) method for typing Mycobacterium avium isolates links IS901 with virulence for birds. *J Micobiol Meths* 55:11 - 27.

[25]Dvorska L, L. Maltova, M. Bartos, I Parmova, T. J. Bull, and I. Pavlik. 2004. Study of Mycobacterium avium complex strains isolated from cattle in the Czech Republic between 1996 and 2000. *Vet Microbiol* 99:239 - 250.

[26]Engbaek, H. C. , E. H. Runyon, and A. G. Karlson. 1971. Mycobacterium avium Chester: Designation of neotype strain. *Int J Syst Bacteriol* 21:192 - 196.

[27]Falk, G. A. , S. J. Hadley, F. E. Sharkey, M. Liss, and C. Muschenheim. 1973. Mycobacterium avium infections in man. *Am J Med* 54:801 - 810.

[28]Falkingham III, J. O. 1994. Epidemiology of Mycobacterium avium infections in the pre- and post-HIV era. *Res Microbiol* 145:169 - 172.

[29]Falkinham III, J. O. , W. B. Gross, and F. W. Pierson. 2004. Effect of different cell fractions of Mycobacterium avium and vaccination regimens of Mycobacterium avium infection. Scand *J Immunol* 59:478 -484.

[30] Feldman, W. H. 1938. Avian Tuberculosis Infections. Williams & Williams:Baltimore, MD.

[31]Feizabadi, M. M. , I. D. Robertson, D. V. Cousins, D. Dawson, W. Chew, G. L. Gilbert, and D. J. Hampson. 1996. Genetic characterization of Mycobacterium avium isolates recovered from humans and animals in Australia.

Epidemiol Infect 116:41 - 49.

[32]Fitch,C. P. and R. E. Lubbenhusen. 1928. Completed experiments to determine whether avian tuberculosis can be transmitted through eggs of tuberculous fowls. *J Am Vet Med Assoc* 72:636 - 649.

[33]Fodstad,F. H. 1967. A survey of mycobacterial infections detected in animals in Norway in 1966. *Medlemsbl Nor Veterinaerforen* 19:314 - 327.

[34]Francis,J. 1958. Tuberculosis in Animals and Man:A Study in Comparative Pathology. Cassell,London.

[35]Fulton,R. M. and C. O. Thoen. Ed. 2003. Tuberculosis,in Diseases of Poultry,11th edition.

[36]Gerhold,R. W. and J. R. Fischer. 2005. Avian tuberculosis in a wild turkey. *Avian Dis* 49:164 - 166.

[37]Gill,I. J. and M. L. Blandy. 1986. Control of avian tuberculosis in a commercial poultry flock. *Aus Vet J* 63:422 - 423.

[38]Gonzalez,M. ,A. Rodriguez-Bertos,I. Gimeno,J. M. Flores and M. Pizarro. 2002. Outbreak of avian tuberculosis in 48-week-old commercial laying hen flock. *Avian Dis* 46:1055 - 1061.

[39]Good,R. C. 1985. Opportunistic pathogens in the genus Mycobacterium. *Annu Rev Microbiol* 39:347 -369.

[40]Gunnes,G. ,K. Nord,S. Vatn,andF. Saxegaard. 1995. A case of generalized avian tuberculosis in a horse. *Vet Rec* 136:565 - 566.

[41]Gyimesi,Z. S. ,I. H. Stalis,J. M. Miller,and C. O. Thoen. 1999. Detection of Mycobacterium avium in formalin-fixed tissues of captive birds using polymerase chain reaction. *J Zoo Wildl Med* 30:348 - 353.

[42]Hiller,K. ;T. Schliesser,G. Fink,and P. Dorn. 1967. Zur serologischen Diagnose der Huhnertuberkulose. *Berl Munch Tierarztl* Wochenschr 80:212 -216.

[43]Hinshaw,W. R. ,K. W. Niemann,and W. H. Busic. 1932. Studies of tuberculosis of turkeys. *J Am Vet Med Assoc* 80:765 - 777.

[44]Hoenerhoff,M. ,M. Kiupel,J. Sikarskie,C. Bolin,H. Simmons,and S. Fitzgerald. 2004. Mycobacteriosis in an American bald eagle (Haliaeetus leucocephalus). *Avian Dis* 48:437 - 441.

[45]Hoffher,S. E. ,S. B. Svenson,and G. Kallenius. 1987. Synergistic effects of antimycobacterial drug combinations on Mycobacterium avium complex determined radiometrically in liquid medium. *Eur J Clin Microbiol* 6:530 - 535.

[46]Hoop,R. K. ,E. C. Böttger,and G. E. Pfyffer. 1996. Etiological agents of mycobacterioses in pet birds between 1986 and 1995. *J Clin Microbiol* 34:991 -992.

[47]Hoop, R. K. 2002. Mycobacterium tuberculosis in a canary (Serinus canaria L.) and a blue-fronted amazon parrot (Amazona amazona aestiva). *Avian Dis* 46:502 - 504.

[48]Horan K. L. ,R. Freeman,K. Weigel,M. Semret,S. Pfaller,T. C. Covert,D. V. Soolingen,S. C. Leao,M. A Behr,and G A. Cangelosi. 2006. Isolation of the genome sequence strain Mycobacterium avium 104 from multiple patients over a 17- year period. *J. Clin Microbiol* 44:783 -789.

[49]Horsburgh,C. R. ,Jr. ,U. G. Mason,D. C. Farhi,and M. D. Iseman. 1985. Disseminated infection with Mycobacterium aviumintracellulare. *Medicine* 64:36 - 48.

[50]Hoybraten, P. 1959. Tuberkulose tiefeller nos fuglen. *Nord Vet Med* 11:780 - 786.

[51]Jarlier,V and H. Nikaido. 1994. Mycobacterial cell wall:structure and role in natural resistance to antibiotics. *FEMS Microbiol Lett* 123:11 - 18.

[52]Jorgensen,J. B. 1978. Serological investigation of strains of Mycobacterium avium and Mycobacterium intracellulare isolated from animals and nonanimal sources. *Nord Vet Med* 30:155 - 162.

[53]Kansal, R. G. , R. Gomez-Flores, R. T. Mehta. 1998. Change in colony morphology influences the virulence as well as the biochemical properties of the Mycobacterium avium complex. *Microbial Path* 25:203 -214.

[54]Karlson,A. G. 1978. Avian tuberculosis. In R. J. Montali (ed.). Mycobacterial Infections of Zoo Animals. Smithsonian Institution Press:Washington,DC,21 - 24.

[55]Karlson, A. G. , M. R. Zinober, and W. H. Feldman. 1950. A whole blood rapid agglutination test for avian tuberculosis. *Am J Vet Res* 11:137 - 141.

[56]Karlson,A. G. ,C. L. Davis,and M. L. Conn. 1962. Scotochromogenic Mycobacterium avium from a trumpeter swan. *Am J Vet Res* 23:5754 - 579.

[57]Karlson, A. G. , C. O. Thoen, and R. Harrington. 1970. Japanese quail:Susceptibility to avian tuberculosis. *Avian Dis* 14:39 - 44.

[58]Kiehn,T. ,F. Edwards,P. Brannon,A. Tsang,M. Maio,J. Gold, E. Whimbey, B. Wong, K. McClatchy, and D. Armstrong. 1985. Infections caused by Mycobacterium avium complex in immunocompromised patients:Diagnosis by blood culture and fecal examination,antimicrobial susceptibility tests,and morphological and seroagglutination characteristics. *J Clin Microbiol* 21:168 - 173.

[59]Kleeberg, H. H. 1975. Tuberculosis and other Mycobac-

terioses. In W. T. Hubbert, W. F. McCulloch, and P. R. Schnurrenberger (eds.). Diseases Transmitted from Animals to Man, 6th ed. Charles C. Thomas: Springfield, IL, 303－360.

[60]Koch, R. 1890. Ueber bakteriologische Forschung. _Wien Med Bl_ 13:531－535.

[61]Koch, R. 1902. Address before the second general meeting. _Trans Br Congr Tuberc_ 1:235.

[62]Kumar S. , M. Bose, and M. Isa. 2006. Genotype analysis of human Mycobacterium avium isolates from India. _Indian J Med Res_ 123:139－144.

[63]Lambert, P. A. 2002. Cellular impermeability and uptake of biocides and antibiotics in Gram-positive bacteria and mycobacteria. _J Appl Microbiol Symp Sppl_ 92:46S－54S.

[64]Lange, J. Personal communication with R. M. Fulton.

[65]Leclerc M. C, N. Haddad, R. Moreau, and M. F. Thorel. 2000. Molecular characterization of environmental Mycobacterium strains by PCR-restriction fragment length polymorphism of hsp65 and by sequencing of hsp65, and 16S and ITS1 rDNA. _Res Microbiol_ 151:629－638.

[66]Lesslie, I. W. and K. J. Birn. 1967. Tuberculosis in cattle caused by the avian type tubercle bacillus. _Vet Rec_ 80:559－564.

[67]Maffucci, A. 1890. Beitrag zur Aetiologie der Tuberkulose (Huhnertuberculose). _Zentralbl Allg Pathol Pathol Anat_ 1:409－416.

[68]Maltova L. , L. Dvorska, W. Y. Ayele. M. Bartos, T. Amemori and I. Pavlik. 2005. Distribution of Mycobacterium avium Complex isolates in tissue samples from pig fed peat naturally contaminated with mycobacteria as a supplement. _J Clin Microbiol_ 43:1261－1268.

[69]Matthews, P. R. J. , J. A. McDiarmid, P. Collins, and A. Brown. 1977. The dependence of some strains of Mycobacterium avium of mycobactin for initial and subsequent growth. _J Med Microbiol_ 2:53－57.

[70]McDiarmid, A. 1948. The occurrence of tuberculosis in the wild wood-pigeon. _J Comp Pathol Ther_ 58:128－133.

[71]Meissner, G. , K. H. Schroder, G. E. Amadio, W. Anz, S. Chaparas, H. W. B. Engel, P. A. Jenkins, W. Kappler, H. H. Kleeberg, E. Kubala, M. Kubin, D. Lauterbach, A. Lind, M. Magnusson, Z. D. Mikova, S. R. Pattyn, W. B. Schaefer, J. L. Stanford, M. Tsukamura, L. G. Wayne, I. Willers, and E. Wolinsky. 1974. A cooperative numerical analysis of nonscoto- and nonphoto-chromogenic slowly growing mycobacteria. _J Gen Microbiol_ 83:207－235.

[72]Mendenhall, M. K. , S. L. Ford, C. L. Emerson, R. A. Wells, L. G. Gines, and I. S. Eriks. 2000. Detection and differentiation of Mycobacterium avium and Mycobacterium genavense by polymerase chain reaction and restriction enzyme digestion analysis. _J Vet Diagn Invest_ 12:57－60.

[73]Mijs, W. , P. de Haas, R. Rossau, T. Van Der Laan, L. Rigouts, F. Portaels and D. van Soolingen. 2002. Molecular evidence to support a proposal to reserve the designation Mycobacterium avium subsp. avium for bird-type isolates and "M. avium subsps. hominissuis" for the human/porcine type of M. avium. _Int J Syst Evol Microbiol_ 52:1505－1518.

[74]Montali, R. J. , M. Bush, C. O. Thoen, and E. Smith. 1976. Tuberculosis in captive exotic birds. _J Am Vet Med Assoc_ 169:920－927.

[75]Morita, Y. , Murayama, S. , Iiasiiizaki, F. and Y. Katsube 1999. Pathogenicity of Mycobacterium avium Complex serovar 9 isolated from painted quail (Excalfatoria chinensis) _J Vet Med Sci_ 61:1309－1312.

[76]Mutalib, A. A. and C. Riddell. 1988. Epizootiology and pathology of avian tuberculosis in chickens in Saskatchewan. _Can Vet J_ 29:840－842.

[77]Painter, K. S. 1997. Avian tuberculosis caused by Mycobacterium avium serotype 3 in captive wildfowl. _Vet Record_ 140:457－458.

[78]Peavy, G. M. , S. Silverman, E. B. Howard, R. S. Cooper, L. J. Rich and G. N. Thomas. 1976. Pulmonary tuberculosis in a sulfurcrested cockatoo. _J Am Vet Med Assoc_ 915－919.

[79]Pavlik I. , P. Svastova, J. Bartl, L. Dvorska, and I Rychlik. 2000. Relationship between IS901 in the Mycobacterium avium complex isolated from birds, animals, humans, and the environment and virulence for poultry. _Clin Diag Lab Immunol_ 7:212－217.

[80]Philalay J. S. , C. O. Palermo, K. A. Hauge, T. R. Rustand, and G. A. Cangelosi. 2004. Genes required for intrinsic multidrug resistance in Mycobacterium avium. _Antimicrob Agents Chemother_ 48:3412－3418.

[81]Picardeau M. , and V. Vincent. 1996. Typing of Mycobacterium avium isolates by PCR. _J Clin Microbiol_ 34:389－392.

[82]Portaels F. , L. Realini, L. Bauwens, B. Hirschel, W. M. Meyers, and W. De Meurichy. 1996. Mycobacteriosis caused by Mycobacterium genavense in birds kept in a zoo: 11-year survey. _J Clin Microbiol_ 34:319－323.

[83]Poultry Slaughter. Annual Summary. 2002, 2003, 2004,

2005，2006. National Agricultural Statistics Service. United States Department of Agriculture.

[84]Ramis，A.，L. Ferrer，A. Aranaz，E. Liebana，A. Mateos，L. Dominguez，C. Pascual，J. Fdez-Garayazabal，and M. D. Collins. 1996. Mycobacterium genavense infection in canaries. *Avian Dis* 40：246 -251.

[85] Rastogi N.，K. S. Goh，and S. Chavel- Seres. 1997. Stazyme，a mycobacteriolytic preparation from a Staphylococcus stran，is able to break the permeability barrier in multiple drug resistant Mycobacterium avium. *FEMS Immunol Microbiol* 19：297 - 305.

[86] Reddy，V. M. Mechanisms of Mycobabterium avium complex pathogenesis. 1998. *Front Biosci* 8：d525 - 531.

[87] Rossi，L. 1974. Immunizing potency of inactivated and living Mycobacterium avium and Mycobacterium intracellulare vaccines against tuberculosis of domestic fowls. *Acta Vet Brno* 43：133 - 138.

[88]Rostagi，N. and W. W. Barrow. 1994. Cell envelope constituents and the multifaceted nature of Mycobacterium avium pathogenicity and drug resistance. *Res Microbiol* 145：243 - 252.

[89]Sanchez S.，and R. M. Fulton. 2006. Tuberculosis. In：A Laboratory Manual for the Isolation，Identification and Characterization of Avian Pathogens，5th edition. In press.

[90]Schaefer，W. B. 1965. Serologic identification and classification of the atypical mycobacteria by their agglutination. *Am Rev Respir Dis* 92：85 - 93.

[91]Schaefer，W. B.，J. V. Beer，N. A. Wood，E. Boughton，P. A. Jenkins，and J. Marks. 1973. A bacteriological study of endemic tuberculosis in birds. *J Hyg*（*Camb*）71：549 -557.

[92]Schalk，A. F.，L. M. Roderick，H. L. Fousr，and G. S. Harshfield. 1935. Avian tuberculosis：Collected studies. *North Dakota Agric Exp Stn Tech Bull* 279.

[93]Schliesser，T. and A. Weber. 1973. Untersuchungen uber die Tenazitat von Mykobakterien der Gruppe Ⅲ nach Runyon in Sagemehleinstreu. *Zentralbl Veterinaermed* [B] 20：710 - 714.

[94]Scrivner，L. H. and C. Elder. 1931. Cutaneous and subcutaneous tuberculosis in turkeys. *J Am Vet Med Assoc* 79：244 - 247.

[95]Shane，S. M.，A. Camus，M. G. Strain，C. O. Thoen，and T. N. Tully. 1993. Tuberculosis in commercial emus（Dromaius novaehollandiae）. *Avian Dis* 37：1172 - 1176.

[96]Shiratsuch，H. and M. D. Basson. 2003. Caspase activa-tion may be associated with Mycobacterium avium pathogenicity. *American J Surg* 186：547 - 551.

[97]Singbeil，B. A.，A. A. Bickford，and J. H. Stolz. 1993. Isolation of Mycobacterium avium from ringneck pheasants（Phasianus colchicus）. *Avian Dis* 37：612 -615.

[98]Semret，M.，C. Y. Turenne，P. de Haas，D. M. Collins and M. A. Behr. 2006. Differentiating host-associated variants of M. avium by PCR for detection of large sequence polymorphisms. *J Clin Microbiol* 44：881 - 887.

[99]Soolingen D. V.，J. Bauer，V. Ritacco，S. C. Leao，I. Pavlik，V. Vincent，N. Rastogi，A. Gori，T. Bodmer，C. Garzelli，and M. J. Garcia. 1998. IS 1245 restriction length polymorphism typing of Mycobacterium avium isolates：proposal for standardization. *J Clin Microbiol* 36：3051 - 3054.

[100]Stanz，K. M.，P. E. Miller，A. J. Cooley，J. A. Langenberg，and C. J. Murphy. 1995. Mycobacterial keratitis in a parrot. *J Am Vet Med Assoc* 206：1177 -1180.

[101]Steinmetz，H. W.，C. Rutz，R. K. Koop，P. Grest，C. Rohrer Bley，and JM Hatt. 2006. Possible Mycobacterium tuberculosis in a green-winged macaw（Ara chloroptera）. *Avian Dis* 50：641 - 645.

[102]Stenburg，H. and A. Turunen. 1968. Differentiation of Mycobacteria isolated from domestic animals. *Zentralbl Veterinaermed* [B] 15：494 - 503.

[103]Sturgill-Koszycki. S.，P. L. Haddix，and D. G. Russell. 1997. The interaction between Mycobacterium and the macrophage analyzed by two-dimensional polyacrylamide gel electrophoresis. *Electrophoresis* 18：2558 - 2565.

[104]Tell，L. A.，L. Woods，and R. L. Cromie. 2001. Mycobacteriosis in birds. *Rev Sci Tech Off Int Epiz* 20：180 - 203.

[105]Tell，L. A.，C. M. Leutenegger，R. S. Larsen，D. W. Agnew，L. Keener，M. L. Needham，and B. A. Rideout. 2003a. Real-time polymerase chain reaction testing for the detection of Mycobacterium genavense and Mycobacterium avium Complex species in avian samples. *Avian Dis* 47：1406 - 1415.

[106]Tell L. A.，A. L. Woods，and J. Foley. M. L. Needham and R. L. 2003. Walker. Diagnosis of mycobacteriosis：comparison of culture，acid-fast stains，and polymerase chain reaction for the identification of Mycobacterium avium in experimentally inoculated Japanese quail（Coturnix japonica）. *Avian Dis* 47：444 - 452.

[107]Thegerstrom J.，B. I. Marklund，S. Hoffher，D. Alexon-Olsson，J. Kauppinen and B. Olsen. 2005 Mycobacterium avium with the bird type IS 1245 RFLP profile is com-

monly found in wild and domestic animals, but rarely in humans. *Scand J Infect Dis* 37:15 - 20.

[108]Thoen, C. O. 1979. Factors associated with pathogenicity of mycobacteria. In R. Schlessinger (ed.). Microbiology-979. American Society of Microbiologists: Washington, DC, 162 - 167.

[109]Thoen, C. O. 1992. Tuberculosis. In A. D. Leman, B. Straw, W. L. Mengeling, S. D' Allaire, and D. J. Taylor (eds.). Diseases of Swine, 7th ed. Iowa State University Press: Ames, IA, 617 - 626.

[110]Thoen, C. O. 1994a. Mycobacterium avium infections in animals. *Res Microbiol* 145:173 - 177.

[111]Thoen, C. O. 1994b. Tuberculosis in wild and domestic mammals. In B. R. Bloom (ed). Tuberculosis: Pathogenesis, Prevention and Control. American Society of Microbiologists: Washington, DC, 157 - 162.

[112]Thoen, C. O. 1997. Tuberculosis. In B. W. Calnek, H. J. Barnes, C. W. Beard, L. R. McDougald, and Y. M. Saif (eds.). Diseases of Poultry, 10th ed. Iowa State University Press: Ames, I A, 167 - 178.

[113]Thoen, C. O. 1998. Tuberculosis. In D. E. Swayne, J. R. Glisson, M. W. Jackwood, J. E. Pearson, and W. M. Reed (eds.). A Laboratory Manual for the Isolation and Identification of Avian Pathogens, 4th ed. American Association of Avian Pathologists: Kennett Square, PA, 69 - 73.

[114]Thoen, C. O. 1999. Tuberculosis. In B. E. Straw, S. D' Allaire, W. L. Mengeling, and D. J. Taylor (eds.). Diseases of Swine. 8th ed. Iowa State University Press: Ames, IA, 601 - 611.

[115]Thoen, C. O. and R. Chiodini. 1993. Mycobacterium. In C. L. Gyles and C. O. Thoen (eds.). Pathogenesis of Bacterial Infections in Animals. Iowa State University Press: Ames, IA, 44 - 56.

[116]Thoen, C. O. and E. M. Himes. 1981. Tuberculosis. In J. W. Davis, L. H. Karstad, and D. O. Trainer (eds.). Infectious Diseases of Wild Mammals, 2nd ed. Iowa State University Press: Ames, IA, 263 - 274.

[117]Thoen, C. O. and D. E. Williams. 1994. Tuberculosis, tuberculoidosis and other mycobacterial infections. In G. W. Beran (ed.). Handbook of Zoonoses, Section A, 2nd ed. CRC Press: Boca Raton, FL, 41 - 60.

[118]Thoen, C. O. , J. L. Jarnagin, and M. L. Champion. 1975. Micromethod for serotyping strains of Mycobacterium avium. *J Clin Microbiol* 1:469 - 471.

[119]Thoen, C. O. , E. M. Himes, and J. H. Campbell. 1976. Isolation of Mycobacterium avium serotype 3 from a white-headed tree duck. *Avian Dis* 20:587 -592.

[120]Thoen, C. O. , W. G. Eacret, and E. M. Himes. 1978. An enzymelabeled antibody test for detecting antibodies in chickens infected with Mycobacterium avium serotype 2. *Avian Dis* 22:162 - 168.

[121]Thoen, C. O. , A. G. Karlson, and E. M. Himes. 1981. Mycobacterial infections in animals. *Rev Infect Dis* 3:960 - 972.

[122]Thoen, C. O. , E. M. Himes, and A. G. Karlson. 1984. Mycobacterium avium complex. In G. P. Kubica and L. G. Wayne (eds.). The Mycobacteria: A Sourcebook. Marcel Dekker: New York, 1251 - 1275.

[123]Thorel, M. F. , H. Huchzermeyer, R. Weis, and J. J. Fontaine. 1997. Mycobacterium avium infections in animals. Literature Review. *Vet Res* 28:439 - 447.

[124]Thornton C. G. , M. R. Cranfield, K. M. MacLellan, T. L. Brink, Jr. , J. D. Strandberg, E. A. Carlin, J. B. Torrelles, J. N. Maslow, J. L. B. Hasson, D. M. Heyl, S. J. Sarro, D. Chatterjee, and S. Passen. 1999. Processing postmortem specimens with C18-caboxypropylbetaine and analysis by PCR to develop an antemortem test for Mycobacterium avium infections in ducks. *J Zoo Wildl Med* 30:11 - 24.

[125]Turenne C. Y. , M. Semret, D. V. Cousins, D. M. Collins, and M. A. Behr. 2006. Sequencing of hps65 distinguishes among subsets of the subsets of the Mycobacterium avium complex. *J Clin Microbiol* 44:433 -440.

[126]Vanderheyden, N. 1986. Avian tuberculosis: Diagnosis and attempted treatment. Proc 1986 Annu Meet Assoc Avian Vet, 203 - 211.

[127]Vasenius, H. 1965. Tuberculosislike lesions in slaughter swine in Finland. *Nord Vet Med* 17:17 -21.

[128]Wallace, J. M. and J. B. Hannah. 1988. Mycobacterium avium complex infections in patients with the acquired immunodeficiency syndrome. *Chest* 93:926 -932.

[129]Wayne, L. G. , R. C. Good, A. Tsang, R. Butler, D. Dawson, D. Groothus, W. Gross, J. Hawkins, J. Kilburn, M. Kubin, K. H. Schröder, V. A. Silcox, C. Smith, M. F. Thorel, C. Woodley, and M. A. Yarkus. 1993. Serovar determination and molecular taxonomic correlation in Mycobacterium avium, Mycobacterium intracellulare, and Mycobacterium scrofulaceum: A cooperative study of the international working group on mycobacterial taxonomy. *Int J Syst Bacteriol* 43:482 - 489.

[130]Weber, A. , T. Schliesser, J. M. Schultze, and U. Bertelsmann. 1976. Serologische Typendifferenzierung aviarer Mykobacterienstamme isoliert von Schlachtrindern.

Zentralbl Bakterial [orig A] 235:202-206.

[131]、Wiesenthal, A. M., K. E. Powell, J. Kopp, and J. W. Spindler. 1982. Increase in Mycobacterium avium complex isolation among patients admitted to a general hospital. *Public Health Rep* 97:61-65.

[132]、Wolinsky, E. 1979. Nontuberculous mycobacteria and associated diseases. *Am Rev Respir Dis* 119:107-159.

[133]Wolinsky, E. and W. B. Schaefer. 1973. Proposed numbering scheme for mycobacterial serotypes by agglutination. *Int J Syst Bacteriol* 23:182-183.

[134]Wouter, M., P. de Haas, R. Rossau, T. Van Der Laan, L. Rigouts, F. Portaels, and D. van Soolingen. 2002. Molecular evidence to support a proposal to reserve the designation Mycobacterium avium subsp. avium for bird-type isolates and M. avium subsp. hominissuis for the human/porcine type of M. avium. *Int. J Syst Bacteriol* 52:1505-1518.

其他细菌和散发性细菌感染

Other Bacterial Diseases

H. John Barnes 和 Lisa K. Nolan

混合细菌感染和散发性细菌感染

研究人员对禽类中分离的细菌做了大量研究，包括不常见的低毒力的细菌。例如，屠宰的两周龄发病肉鸡细菌学检查分离了132株细菌。这些分离菌中主要是各种各样的葡萄球菌和大肠杆菌，但是也能分离到棒状杆菌、口腔球菌、细球菌、乳球菌、莫拉氏菌属、变形杆菌、假单胞菌和耶尔森菌[12]。同样，鸡蛋、死胚、患肺炎的鸡、卵黄感染和死亡鸡常分离到不常见细菌，一般是环境中低毒力的细菌，且这些细菌不常从疾病中分离到。这对于经济饲养鸡来说特别符合[48,143]。由于这些分离菌在调查中不常见或者被认为没有意义，因此他们在文献中没有详细的介绍。从环境样本中发现的细菌和被认为是正常菌群德细菌目前也没有详细的报道。

对禽类肉品加工中获取肠道正常菌群的兴趣导致了人们利用分子生物学方法鉴定微生物菌群[36,217,270]。这些研究中分离到的细菌在文献中没有被讨论过。

不动杆菌属　*Acinetobacter*

不动杆菌是一种非发酵、严格需氧的革兰氏阴性小球杆菌，属莫拉氏菌科（Moraxellaceae）[181]。在家禽周围环境中普遍存在，已从正常鸭[55]的眼睛和健康鸡的呼吸道分离到[7]。偶尔从死胚和弱雏中分离到[130,155,220]该菌。从暴发败血症的母鸡群中已多次分离到沃氏不动杆菌（*Acinetobacter Lwoffi*）和醋酸钙不动杆菌（*A. calcoaceticus*），感染鸡发病死亡率约为15％，其特征性病变为肝脏出现多点坏死灶和变绿[89,32]。曾从死胚和火鸡弱雏，患呼吸道病、败血症火鸡发炎的关节[91]，患关节炎的鸽子[85]，患关节炎、败血症或气囊炎的鸭子中分离到不动杆菌[33,262]。

放线杆菌/鸡杆菌　*Actinobacillus/Gallibacterium*

以前被定义为输卵管炎放线杆菌（*A. salpingitidis*）、类溶血性巴氏杆菌（*P. haemolytica-Like*）和禽巴氏杆菌的细菌重新被列入鸡杆菌属（*Gallibacterium*）中[59]。细菌体寄居在禽宿主体内，不导致临床症状或导致败血症、呼吸道疾病、严重结膜炎和输卵管炎[73,93,159,173,180,236]。已报道鸡、鸭、鹅和鸵鸟感染了该菌。从临床上败血性蛋鸡分离的鸡杆菌（*G. anatis*）对小火鸡和蛋鸡接种后均有致病性[38,237,238]。禽类静脉接种的死亡率高于腹膜内接种，感染前经过免疫抑制处理的禽类的病变更严重[38]。

从产蛋鸭和鹅的输卵管炎病变中分离到的非典型林氏放线杆菌，最近归为分类单元2和3。从正常鹅的泄殖腔和阴茎中分离出此菌，表明其感染可能是上行性的[35]。放线杆菌在鹅性病中起类似作用（见本章后面）[161]。猪放线杆菌能引起野生加拿大鹅严重结膜炎而致盲[159]。

放线菌属/隐秘杆菌属（棒状杆菌属）*Actinomyces/Arcanobacterium*（*Coryneacterium*）

自1955年以来，加拿大火鸡中观察到一种慢性弥散性肉芽肿病，怀疑为放线菌病[219]。化脓放线菌（A. pyogenes）可引起商品雄火鸡群暴发严重的骨髓炎，侵害近端胫骨胸椎和/或近端胫跗骨，造成严重的经济损失[41]。发病火鸡群跛行率平均达 20%（5%～50%），平均日龄为 16 周（12～20周），平均每周死亡率为 2.8%（0.5%～10.5%）。母火鸡群不受影响[19]。病变触片中检测到棒状、多形、革兰氏阳性菌作为快速诊断依据[41]。来源于 9 个群的分离株其生化和血清学特性完全一致，或非常近似。琼脂扩散试验很容易检测到血清抗体[19]。治疗时，病鸡群饲料中添加青霉素（100g/t），连续使用 8～10 天，可收到很好效果。以当地分离的菌株静脉注射 15 周龄的健康雄火鸡能复制出骨髓炎。

笼养蛋鸡感染化脓放线菌时出现的症状为败血症，多个内脏器官病变，皮下脓肿，死亡率约达14%，产蛋率下降 27% 以上。发病多因笼舍破旧、鸡皮肤受损、病原侵入所致[71]。从肉鸡异常肾中分离到了化脓放线菌，但用分离物未能复制出肾脏病变[228]。

埃及小体 Aegyptianella

埃及小体是无形体科属的专性细胞内细菌，它与边虫病相关联[208]。引起蜱传染性埃及小体病[105]。这种疾病已从各种禽类包括鸡、火鸡和珍珠鸡中分离到。感染禽死亡率增加，严重贫血，促发腹水和右心衰竭[121]。埃及小体病主要发生于散养家禽以及被 Argasa 属的鸡蜱叮咬的野禽。除在得克萨斯 Rio Graade 地区野火鸡[51]和英格兰从南美引进的一只亚马逊鹦鹉中分离到该菌外，从欧洲、亚洲、美洲也分离到[197]。诊断主要依据从感染鸡的红细胞中鉴别出典型的病原体[105]。四环素治疗，加强护理一般有效[105]。预防方法与螺旋体病相同（参见本章后面的"疏螺旋体病"）。

气杆菌属 Aerobacter

从死胚中偶尔分离到气杆菌[131]。一个火鸡群感染产气气杆菌（Aerobacter aerogenes）的死亡率达 20%。感染小火鸡出现花斑肝、肾肿胀、内脏尿酸盐沉积（内脏痛风）。肌内注射多黏菌素 B（15～20mg/kg），虽可出现一过性昏迷样症状，但能成功地控制该病[110]。

气单胞菌属 Aeromonas

气单胞菌常见于水生环境和动物中。时常在家禽肠道中正常寄生，在屠宰时容易污染胴体。该菌主要依赖病原的 O-抗原脂多糖寄居在肠道[168]。因为气单胞菌属所产生的细胞毒素可潜在污染食品造成食品源性疾病，因而具有公共卫生学意义[23]。

嗜水气单胞菌（A. hydrophila）单独或与其他病原混合感染能造成包括家禽在内的各种禽的局部和全身性感染[101,223]。从感染鸡的水样黏液样粪便中发现了大量气单胞菌[87]。从严重腹泻的火鸡中分离到气单胞菌。感染小火鸡的特征性病变是肠道黏膜出血和炎症。将从火鸡中分离到的气单胞菌接种雏鸡，可造成雏鸡死亡[97]。从屠宰加工后的火鸡胴体蜂窝织炎病变中分离到的病原中含有气单胞菌[189]。从患输卵管炎[35]、败血症[154]、气囊炎[262]、盐腺肉芽肿[137]的鸭中分离到了嗜水气单胞菌。用造成高死亡率的 3 个分离菌株制备的菌苗试验接种鸭后成功地控制了鸭群死亡[154]。偶尔从屠宰加工鸭关节炎病变中分离到 A. formicans[33]。经常可从患有阴茎坏死性炎症鹅中分离到气单胞菌和大肠杆菌（见本章后面鹅性病）[163]。

从死胚和弱雏中分离到的环境细菌中包括气单胞菌[155]。鸵鸟蛋污染气单胞菌可降低孵化率[80]。

弓形菌 Arcobacter

以前将弓形菌属的细菌划分为弯曲菌属（见第18 章），这两个属是有关联的。两者于 15℃[191]需氧条件下生长能力不同。虽然弓形菌因其易造成食源性疾病而具有公共卫生学意义，但试验感染鸡和火鸡未出现明显症状[150]；更多情况下，从胴体或零售肉中分离得到该菌。然而，也从鸡泄殖腔拭子和鸭盲肠分离到了该菌[10,129,207,264]。选择性分离该菌要用特殊方法和培养基[119]。分子生物学方法已经应用于该菌的快速检测、分类、基因分型等。鸭子的感染率要远高于鸡和火鸡，但在屠宰后肉鸡中污染该菌的比例很高[11]。

芽孢杆菌属 Bacillus

芽孢杆菌偶尔造成鸡[42,58,253]、火鸡[43]、鸭[25,220]和鸵鸟[79,80]胚胎死亡或卵黄感染。芽孢杆菌和大肠杆菌是母鸡繁殖障碍病例中最常分离到的细菌[104]。蜡样芽孢杆菌作为人食物传播性疾病病原，可通过人工授精感染的母火鸡，所产蛋孵化率降低25%，感染得到控制后检出率降到了4%[43]。某些芽孢杆菌作为微生态制剂通过与肠道病原菌相互作用降低病原菌的定植[18,142]。

由地衣芽孢杆菌产生的角蛋白酶可降解羽毛[90]。羽毛降解与火鸡胸肌溃疡性皮炎有关，但接触角蛋白酶与病变形成的关系未曾有人研究[22]。

拟杆菌属 *Bacteroides*

拟杆菌为厌氧、不形成芽孢、革兰氏阴性的杆菌，正常情况下在家禽消化道下段，特别是盲肠大量存在，但很少致病。偶尔从产蛋鸡输卵管炎病灶中分离到脆弱拟杆菌（*B. fragilis*）[34]。该菌与鹅多点坏死灶和关节炎肿胀发生有关（见本章后部分"鹅性病"）[29,76]。

嗜胆菌属 *Bilophila*

嗜胆菌属常见于动物包括人类的大肠内，它与阑尾炎和局部炎症相关联。对美国南部肉鸡的肠道内容物检测中没有发现吸收不良症与该菌有关[166]。

疏螺旋体属 Borrelia

鹅疏螺旋体（*Borrelia anserina*）可造成各种禽类，包括鸡、火鸡、雉鸡、鹅和鸭蜱传播性、非复发性疏螺旋体病（螺旋体病）。该病通常为急性败血症，其特点为发病率不一，死亡率高，但禽类感染低毒力毒株的症状轻微[20,227]。禽感染人莱姆病的病原——伯氏疏螺旋体（*B. burgdorferi*），可能表现无症状感染，但作为蜱的宿主，可将螺旋体传播给哺乳动物[64,99,133,160]。

螺旋体病的发生与亚热带和热带地区 *Argas* 属的禽蜱分布相关，该蜱既是储存宿主，也是主要传播媒介。试图用卡宴钝眼蜱传播鹅疏螺旋体未获成功[144]。美国西南的鸡、火鸡和雉鸡偶尔暴发过该病[70]。散养禽要比圈养禽更有可能受感染，并且土种鸡比外来种更具抵抗力[203]。除了蜱和其他吸血节肢动物（蚊和蝇）外，同类相食、啄尸、注射

器和针头多次使用，摄入感染血、粪便或被感染蜱也可造成感染。强毒株病原能够穿透完整的皮肤。鹅疏螺旋体离开宿主后无抵抗力。康复禽不携带病原。病原从血液循环中消失后，很快自组织中消失[20]。

鹅疏螺旋体强毒感染鸡表现为虚弱、冠发绀或苍白、羽毛蓬乱、脱水、萎靡和厌食。感染后体温迅速升高，体重降低。感染禽排液体、绿色稀粪，内含胆汁和过多尿酸，饮水量增加。疾病后期，病禽局部或全身麻痹，发展为贫血症、昏睡。死前体温低于正常。患病禽康复后表现为消瘦、体虚、一侧或两侧翅或腿麻痹[20]。感染低毒力毒株症状轻微或不明显[70]。

螺旋体病典型病变为脾明显肿大，斑驳状（图23.24），但如果感染了低毒力毒株或在发病早期，病变可能不明显[70]。一般表现为肝肿大，有小灰色出血点，或边缘梗死。肾肿大，灰白色，输尿管有过多的尿酸盐。肠内容物常为绿色、黏液样，并有不同程度出血，尤其在腺胃—肌胃交界处。纤维素性心包炎偶尔发生。曾报道过自然感染雉鸡有广泛性出血和肌肉坏死[20]。

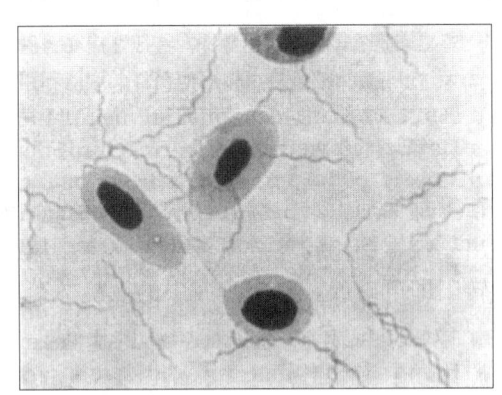

图23.22 急性感染期血液触片中鹅疏螺旋体。姬姆萨染色，×1 200

巨噬细胞和淋巴细胞增生、噬红细胞作用和含铁血黄素沉积导致脾脏病变。某些禽可能有多处坏死灶和白髓玻璃样变或广泛性出血。肝脏充血，门脉周围混合淋巴细胞、成血细胞及胞浆空泡化，吞噬细胞浸润。枯否氏细胞中出现噬红细胞作用和含铁血红素。髓质外可能有血细胞生成。有些禽肾脏和肠道基底层出现淋巴浆细胞浸润。偶尔发生轻度到中度淋巴细胞性脑膜炎[16,20]。

根据特征性病变并有该病症状可诊断螺旋体病。禽身上的幼蜱、蜱叮咬痕迹，或者禽所处环境

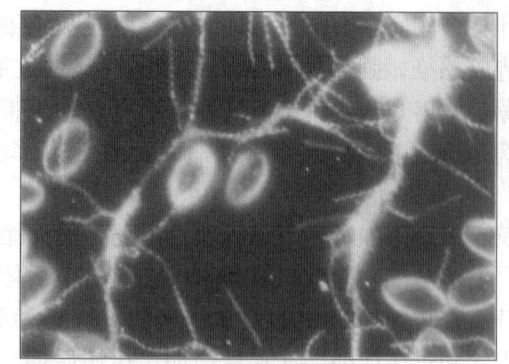

图 23.23　感染鸡终末期血浆中鹅疏螺旋体。显示螺旋体聚集。暗视野显微镜观察，×480

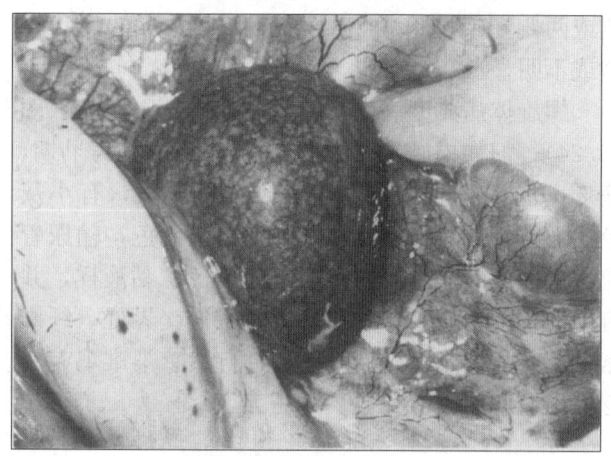

图 23.24　鸡感染鹅疏螺旋体的强毒株，特征性病变为脾脏肿大、斑驳状。感染毒力较弱的菌株，可能不引起脾脏病变，其他禽类感染后坏死和出血程度不同。这只鸡的腺胃浆膜面有少量出血

有蜱存在等都增加了发生螺旋体病的可能性。从感染禽检出鹅疏螺旋体或其抗原，或者感染禽康复后血清学转阳即可确诊。鉴定血液中的螺旋体可采用暗视野显微镜[21]。在组织切片中，可用银染方法检测螺旋体[70]。

疏螺旋体不能在常规细菌培养基上生长，但接种敏感雏鸡或经卵黄囊接种鸡胚可生长[21]。可在液体培养基中生长但毒力丧失[152]。低毒力菌株在切除法氏囊或地塞米松处理过的鸡中可以繁殖到可检测出的数量[78]。保存毒株通常可用蜱、1 日龄雏鸡、鸡、或火鸡胚，或于感染血中加 5％甘油（二甲塞亚砜）−70℃保存[21,145]。用于检测免疫鸡抗体的免疫学方法包括血清平板凝集试验、玻片凝集试验、螺旋菌无限增殖化、琼脂沉淀试验和间接荧光抗体试验。免疫母鸡所产蛋蛋黄中很容易检测到螺旋体抗体[21]。

砷化物和大多数抗生素，包括青霉素、氯霉素，卡那霉素、泰乐菌素、四环素治疗感染禽都有效。目前的治疗方案是肌注青霉素（20 000IU/只），3 次/天，或每天 20mg 土霉素，连用 2 天[20]。

康复或免疫接种后禽可产生主动免疫。免疫力为血清型特异性。康复或免疫禽还可感染其他血清型鹅疏螺旋体。为了获得完全的保护，有必要用自家苗或多价疫苗进行免疫[254]。抗生素控制感染后，抗生素连用 3 天，该法也可诱导产生主动免疫。被动母体免疫可提供 5～6 周保护，高免血清 3 周内可保护禽免受病原攻击[20]。抗外膜脂蛋白抗体对同源菌有被动保护作用，但对异源菌无保护[213]。

在流行地区预防禽蜱的侵扰是控制螺旋体病的最好方法。夏季饲养密度较高的幼鸡更易受到禽蜱的侵扰[222]。成蜱即使不吸血，仍可存活并带毒长达 3 年[20]。

枸橼酸杆菌属 *Citrobacter*

枸橼酸杆菌属于肠杆菌科。该菌通常定植于正常禽的呼吸道和消化道黏膜，但可能是一个条件性致病菌。枸橼酸杆菌是许多环境细菌中的一种，偶尔从未孵出的蛋、弱雏和感染卵黄中分离到[155,253]。曾报道从患呼吸道疾病的 2 周龄火鸡肝中分离到了该菌[91]。从 1～35 日龄发病或死火鸡中分离到的 37 株细菌，进行药敏试验发现对恩诺沙星、头孢噻呋、庆大霉素以及甲氧苄氨嘧啶、磺胺嘧啶敏感（MIC50＜1μg/mL）[212]。偶尔从患有输卵管炎的青年鸭中分离到了 *C. freicndii*[35]。

考诺尼亚属 *Coenonia*

考诺尼亚属是最近才被命名的一个属，只包含一个种。鸭考诺尼亚菌（*C. anatine*）以前归为分类单元 1502，是一种类鸭疫里默氏菌，能造成鸭和鹅类似于渗出性败血症的症状[252]。

棒状细菌 Coryneform Bacteria

棒状细菌为革兰氏阳性菌，具有丹毒丝菌属、乳酸杆菌属及李氏杆菌属的特征，从暴发关节炎的鸡群中分离到[174]。在 132 株菌中有 18％的棒状杆菌是从屠宰的 2 周龄商品肉鸡的血样、肝脏和跗关节中分离得到的[12]。

肠杆菌属/泛菌属 Enterobacter / Pantoea

肠杆菌是禽消化道的正常寄生菌[30]。同肠杆菌科其他革兰氏阴性菌一样，它能感染蛋和幼雏，造成胚胎死亡、脐炎、卵黄感染以及幼禽死亡[91,136,155,212,253,263]。偶尔从患蜂窝织炎的火鸡体内分离到了肠杆菌[189]。以前确认的肠杆菌复合物的细菌现在被列入一个新的属种——泛菌属。

真杆菌属 Eubacterium

见本章"肝脏肉芽肿及相关肉芽肿病"部分。

黄杆菌属 Flavobacterium

黄杆菌属是鸡和火鸡上呼吸道主要的蛋白水解细菌[47]，很少与临床发病有关。从患关节炎的鸭中[33]，患输卵管炎的成年鹅[35]，患败血病和关节炎的鸡、鸽子、雀类[250]，未孵出的蛋和弱雏中[155]分离到了该菌。从生长发育停滞并有气囊炎、肺炎及胸腺萎缩、发育不良的 5 周龄雏鸵鸟中，也分离出生长茂盛的纯败血型脑膜炎黄杆菌（*F. meningosepticum*）[148]。

加氏菌属 Gaffkya

见"消化球菌属"。

鸡杆菌属 Gallibacterium（见"放线杆菌属/鸡杆菌属"）

哈夫尼菌属 Hafnia

哈夫尼菌属是肠道杆菌科中的革兰氏阴性菌，和沙门氏菌类似。哈夫尼肠杆菌很少认为是小母鸡和产蛋鸡败血病的诱因[50,204]。感染后的鸡表现为食欲下降、腹泻、角弓反张、产蛋下降和死亡率增加。尸体剖检常见到肝脏散在白色结节、肝脏肿大、脾脏肿大和卡他出血性肠炎。显微镜下可见肝脏变质、多处坏死以及炎症，脾脏淋巴细胞凋亡和坏死，肠道充血、出血和卡他性肠炎。革兰氏阴性菌大多数能引起损伤，常发生血管堵塞病症。败血

症能通过小母鸡和母鸡口腔、腹膜内注射复制出来。哈夫尼菌属可通过生化鉴定和细菌学鉴定确认。由于和沙门氏菌相似，需要特殊的诊断方法来避免误诊。

螺杆菌属 Helicobacter

根据表型和 16S rRNA 序列鉴定，此前这些被鉴定为类弯曲菌的微生物（见 18 章）为一个不同的群，归为螺杆菌属[191]。感染家禽的螺杆菌属新发现的病原，可造成人的食物源性疾病和家禽肠道及肝脏疾病[9,72]。

其中，雏螺杆菌（*H. pullorum*）属螺杆菌中脲酶阴性的肠肝群的一个种，已从正常肉鸡的盲肠、患弧菌性肝炎的蛋鸡肝脏和肠道以及患胃肠炎的病人中分离到[45,46,229,230,242]。在欧洲和澳大利亚的感染鸡群中也发现了该菌[53,69]。该菌产生一种不同的细胞致死性肿胀因子，可能是一种重要的毒力因子[54]。螺杆菌的分离方法类似弯曲菌，但它可被多黏菌素 B 所抑制，一些较老的培养基配方中含多黏菌素 B。已有人用 PCR 检测该菌[45,98,229]。多重 PCR 用来鉴定和区分弓形虫、弯曲菌和螺杆菌[183]。特异性鉴定需要综合表型和基因型分析结果[98,167,191,231]。

加拿大螺杆菌（*H. canadensis*）是一个与雏螺杆菌密切相关的种，能够感染鹅，并从腹泻的人身上分离到了该菌[258]。另外最近在波士顿的加拿大土种鹅中发现两个螺杆菌，鹅螺杆菌（*H. anseris*）和黑雁螺杆菌（*H. brantae*）。尽管怀疑可能是人类病原菌，但在人类疾病中还没有发现该菌。通过感染该菌的鹅的排泄物而造成的公园环境污染因可能影响公共卫生。*H. pamatensis* 是从燕鸥中发现的一个种[83]，还有从其他禽类分离到尚未命名的不同的种[221]。

克雷伯氏菌属 Klebsiella

克雷伯氏菌是一种环境污染微生物，偶尔可以引起死胚、卵黄囊感染，青年鸡、火鸡和鸵鸟死亡[130,136,155,192,199,212,214,253,263]。在罗德岛红色公鸡中发现了精液被污染克雷伯氏菌[15]。做好精液、入孵蛋及孵化环境的清洁卫生是减轻本病危害的必要条件[15,214]。

另外，病原可引起家禽皮肤病、呼吸道病、眼病、全身性疾病和繁殖性疾病。克雷伯氏菌是从火鸡的蜂窝间质中分离到的需氧菌[102]。由鹦鹉热亲衣原体和禽波氏杆菌引起的雏火鸡呼吸道病，若同时感染肺炎克雷伯氏菌（K. pneumoniae）将加重病情[114]。从表现呼吸道病和死亡增加患腺病毒包涵体气管炎火鸡群中分离到了克雷伯氏菌。有报道4周龄雏鸡暴发克雷伯氏菌眼病[157]。从表现死亡率增加患败血病的20周龄产蛋鸡中分离到了克雷伯氏菌和金黄色葡萄球菌。用3个生物型的克雷伯氏菌口服感染幼雏可引起临床症状和死亡。接种了肺炎克雷伯氏菌的雏鸡死亡率最高[81]。偶尔从患输卵管炎和卵巢炎繁殖性疾病母鸡中分离到了克雷伯氏菌[27,224]。青年鸵鸟发生克雷伯氏菌局部和全身性感染会造成鸵鸟衰弱雏综合征（ostrich fading chick syndrome），3周龄以内禽患此病常为致死性[243]。给禽饲喂水生苜蓿芽会严重污染本菌，这也是感染的来源[263]。

从1～35日龄发病或死亡小火鸡分离到的100株细菌药敏试验表明，该菌对恩诺沙星、头孢噻呋、庆大霉素敏感（MIC50＜1μg/mL）[212]。从淘汰或濒死的肉仔鸡（将近2周龄）中分离到的22株细菌对头孢噻呋和环丙沙星最敏感[136]。从鸵鸟分离的菌80％以上对阿米卡星、环丙沙星、恩诺沙星、庆大霉素和甲氧苄氨嘧啶、磺胺嘧啶敏感（MIC_{90}）[263]。

乳球菌属 Lactococcus

西班牙西南部曾发生3 000多只水禽死亡，从5只病禽的肺、肝、脾中分离到了乳酸乳球菌（L. lactis）。尽管这些均为野生水禽，但家养水禽也有感染可能。乳球菌应与链球菌和肠球菌相鉴别[106]。

劳森菌属 Lawsonia

胞内劳森菌（L. intracellularis）是一种专性胞内寄生类弯曲菌，可引起多种动物，尤其是猪、马、仓鼠的增生性肠病[147]。最近，青年鸵鸟和鸸鹋也有发病报道[66,151]。平胸鸟感染会导致死亡增加、生长迟缓、腹泻、脱肛、肠黏膜增厚、皱褶增多。显微观察可见肠上皮增生、隐窝变化、肠黏膜炎性细胞浸润。Warthin-Starry银染法在肠上皮内可观察到逗形细菌，用特定的免疫荧光方法鉴定为胞内劳森菌。用金霉素（每千克体重50 mg）对感染鸟治疗，连用10天，疗效显著[62]。另外，在美国南部普通鸡或者吸收不良症的鸡中没有发现该菌[166]。对包括鸵鸟在内的多种动物的胞内劳森菌分离株经核酸分析，结果表明这些分离株都很接近[65]。

李氏杆菌属 Listeria

多种禽类[107,108,139,153]，包括鸡、火鸡、水禽、鸽子均可散在暴发由单核细胞增多性李氏杆菌（Listeria monocytogenes）引起的李氏杆菌病。幼禽最易感[26]。人类通过接触感染家禽[107]或消费污染的家禽及其制品而造成自身感染，特别是冷冻食品和方便食品[74]，因此该菌很重要。家禽肠道感染以及粪便中病菌存在是反刍动物感染李氏杆菌的潜在原因[84]。

感染李氏杆菌病的鸡常见败血症和脑炎。败血症病禽临床可见消瘦和下痢。脑炎型则可见精神沉郁、共济失调、斜颈、角弓反张等神经症状[67,69]。斜颈在感染鸡中尤为常见。败血症状表现为脾脏肿大、多处肝脏坏死、心肌坏死和心包炎。心肌变性、坏死和炎症最明显[153,200]。感染肉鸡腹水，肝、心、脾、肾、脑有出血斑[256]。母鸡在发生急性全身性感染后出现输卵管炎[135]。

脑炎型病禽在脑干可见有炎症灶，但没有肉眼病变[67,69,107,139,256]。脑炎型李氏杆菌病在显微镜下可见小脑神经胶质细胞增生和卫星现象，中脑、小脑和延髓有出血、纤维素性栓塞和脓肿，内有革兰氏阳性杆菌。延髓的病变最严重[67,139]。

在温暖地带，李氏杆菌常见于粪便和土壤中，通过吸入、摄入或创伤感染等途径引起发病。曾报道肉鸡在断喙后不久就暴发该病[256]。寒冷潮湿的气候造成垫料湿度增大，此时，脑炎型李氏杆菌病多发。从垫料、水及土壤样品中都曾分离出该菌[67]。另外一起发病案例是在发病之前，鸡舍被淹没了10天，屋里又热又潮[139]。

分离李氏杆菌不需要特殊培养程序[68,181]，脑炎型的病原分离例外。有人曾用患脑炎型李氏杆菌病的禽脑干直接做分离培养，5份样品中4份出现阳性[69]。鸡胚易感，可用于分离培养。单核细胞增多性李氏杆菌是目前确定可引起禽类致病的唯一种，需将单核细胞增多性李氏杆菌与其他种类李氏杆菌鉴别开[68]。李氏杆菌共有16个血清型，人和动物大多感染的是1和4型[68]。不能进行分离培养时，可以检查经过固定的败血病病变组织中的细菌抗原来确诊本病[200]。已发表过李氏杆菌诊断的综述文章[94]。

鸡[26]和火鸡[39]对该菌人工感染有一定的抵抗力，但较小的鸡口服大量细菌可以导致细菌可以在体内定植[14]。一日龄火鸡气囊接种李氏杆菌的死亡率和关节感染与感染剂量有关，也表明气源性感染的可能性。死亡的禽出现的病变与以前报道的白血病症状相一致[124]。产蛋鸡即使大剂量接种，也不会经蛋排菌[164]。单核细胞增多性李氏杆菌已用于反转病毒感染时巨噬细胞的吞噬功能测定[75]，以及对马立克氏病病毒敏感和抵抗的细胞免疫应答的研究[49]。

预防李氏杆菌病，首先要鉴定和消灭传染源。依据历史上暴发案例，尽管形成李氏杆菌的风险没有被证明，但是避免潮湿环境似乎可以预防该病的流行。李氏杆菌对大多数常用抗生素有耐药性，可用高剂量的四环素治疗本病。饲料中添加抗生素对家禽李氏杆菌病可能有预防价值[108]。

长节段丝状菌 Long Segmented Filamentous Organisms

长节段丝状菌（LSFOs）是革兰氏阳性厌氧、产芽孢菌，在家禽和其他许多动物的空肠和回肠中常见。显微镜下，细菌嵌入肠细胞顶端胞浆，取代微绒毛[268]。在火鸡中，LSFOs大小通常为 $0.6\sim1.1\mu m$ 宽，$13.5\mu m$ 长[6]。即使使用皮质类固醇处理感染鸡，鸡对鼠源 LSFOs 感染仍有抗性，这意味着存在不同类型或不同种的 LSFOs，啮齿动物可能不是家禽的传染源[5]。然而，通过对来源于感染大鼠、小鼠、鸡的 LSFOs 的 16S rRNA 分析表明，它们之间很相似，但与梭菌关系较远。于是提出 *Candidatus arthromitus* 这个临时名称[225]。

通常，患有胃肠炎的鸡、火鸡及鹌鹑体内 LSFOs 明显增多，特别是冬季[103]。绝大多数时候 LSFOs 在病禽体内不是致病因子，但由于疾病改变了机体内环境，使得 LSFOs 过度生长。被吞噬并经过感染肠细胞的加工后，可刺激黏膜免疫[268]。

小鼠中，该作用使其免受病原侵害[226]。实验性矮小综合征雏火鸡回肠中有大量 LSFOs[6]，但以其过滤培养物试验表明它不是此病病原[218]。也有人用两株 LSFOs 接种雏火鸡，结果雏火鸡生长减慢（11%~14%）[178]，这可能与 LSFOs 降低胡萝卜素水平和皮肤色素有关[4]。弗吉尼亚霉素控制此菌有一定效果，并可改善血清胡萝卜素水平[3]。

莫拉氏菌属 *Moraxella*

从患呼吸道疾病的火鸡中偶尔可分离到本菌[91]。奥斯陆莫拉氏菌（*M. osloensis*）可以引起商品火鸡类似霍乱的疾病。发病火鸡的典型病变是肺炎、浆膜广泛出血及炎症、肝脏和脾脏出现异常。本病原可以在伊红美蓝（EMB）和麦康凯培养基上生长。这点不同于多杀性巴氏杆菌。在实验条件下，火鸡可以复制本病[88]。有人从产蛋鸡的输卵管炎病灶[34]、死胚和弱雏中分离出莫拉氏菌[155]。出现结膜肉芽肿的鸵鸟身上分离到了苯丙酮酸莫拉氏菌（*M. phenylpyruvica*）[109]。

禽结核分支杆菌副结核亚种 *Mycobacterium avium* subsp. *paratuberculosis*

未见家禽自然感染禽结核分支杆菌副结核亚种的报道，但鸡对试验感染敏感[247,249]，在暴露该菌的环境后产生免疫反应[60]。在欧洲[245,248]，一株与副结核相近的菌株引起林鸽（*Columba palumbus*）慢性肠道疾病，其病变与试验感染牛的副结核一致[63,244]。因与人的节段性回肠炎和肉状瘤病有关，林鸽株和禽结核分支杆菌副结核亚种都可能有重要的公共卫生学意义[165]。

奈瑟氏菌属 *Neisseria*

与奈瑟氏菌一致的双球菌可引起青年鸵鸟肺炎[122]。从患呼吸性疾病的禽气管和肺脏分离到革兰氏阴性、非发酵型类奈瑟氏菌，该菌与从鸡和火鸡呼吸道分离到的类似菌表型不同。病原在麦康凯琼脂培养基上不生长、不发生溶血、氧化酶阴性、过氧化氢酶阳性。火鸡比鸡更多发。发病年龄从5周到3岁之间。感染群中常分离出其他细菌或病毒。该菌在呼吸道疾病中的作用未知[57]。在鹅的性病中常分离到奈瑟氏菌（本章后面将进行讨论）。

诺卡氏菌属 *Nocardia*

诺卡氏菌是一群形成分支的革兰氏阳性丝状细菌，可引起组织，特别是呼吸系统肉芽肿病变。经口腔或腹腔人工感染时，鸡很敏感，但极少从各种家禽体内分离到诺卡氏菌[188]。

厄斯考维氏菌属 *Oerskovia*

厄斯考维氏菌和诺卡氏菌相似，在条件适宜情况下感染人和动物。在邻近食管和气管的心脏处有大量肉芽肿聚集的鸽子上分离出该菌，并有α-溶血环。在肉芽肿菌属中属于革兰氏阳性菌[265]。

泛菌属 *Pantoea*

（见"肠杆菌属/泛菌属"）

居鸽菌属 *Pelistega*

欧洲居鸽菌是一新命名的细菌，与鸽的呼吸道疾病有关。分类学上，它与马生殖道泰勒菌（*Taylorella equigenitalis*）相关，而该菌为传染性马子宫炎病原[251]。

消化道链球菌属 *Peptostreptococcus*

腹泻的青年火鸡盲肠液体内容物中常有大量大球菌，呈典型的四迭球菌排列[61]。该菌被命名为 *Gaffkya anaerobius*，但 *Gaffkya* 属不再有效。*G. anaerobius* 已被归为消化道链球菌属。遗传上，消化链球菌要比链球菌更接近于梭菌属[181]。为革兰氏阳性厌氧球菌，包括消化道链球菌属，占盲肠正常微生物 30%[24]。该菌在腹泻中的作用尚不清楚。

动球菌属 *Planococcus*

动球菌属是嗜盐、能运动的革兰氏阳性球菌，与其他球菌无关。正常情况下存在于海洋环境中。有人从肝脏有多个坏死灶的 43 周龄产蛋鸡体内分离到纯嗜盐动球菌（*P. halophilus*）。该群鸡发病后，当月死亡率约为 6%。分离菌株能耐大多数抗生素，但链霉素例外，在饲料中添加 5g/kg 时，该群鸡得到治愈。正常情况下，多种水生动物体内有该菌存在，因此，鱼肉及海产品饲料是该菌的来源。环境高温（达 46℃）可能是此群鸡发病的促发因素[1]。

邻单胞菌属 *Plesiomonas*

邻单胞菌属与气单胞菌属非常接近，它们有许多共同特征。虽然从患组织滴虫病的火鸡肝中分离到该菌[125]，但该菌通常存在于新鲜的水环境中并主要感染水禽[257]。

变形杆菌属 *Proteus*

变形杆菌属属于肠杆菌科，主要寄居在肠道下段。病菌能穿透蛋壳，粪污蛋更促使其顺利穿透。入孵蛋接种该菌导致 100% 鸡胚死亡[44]。温度会影响其穿透蛋壳以及在蛋内存活的能力[2]。

变形杆菌偶尔造成鸡胚死亡、卵黄感染以及雏鸡、雏火鸡、雏鸭死亡[25,130,155,192,199,210,212,214,253]。用从雏鸭分离的一株变形杆菌试验感染未引起发病[210]。变形杆菌也能污染人工收集的精液[15]。

鹌鹑[171,211]和感染非致病性禽流感病毒的雏鸡[241]以及感染免疫缺陷病的肉鸡[201]，因感染变形杆菌会发生败血症。偶尔从部分患输卵管炎和卵巢炎的母鸡[27,34,224]病变中分离到该菌，该菌与鸡呼吸性疾病有关[156,240,269]。最近的分离株曾引起 4 周龄人工感染鸡 50% 的死亡率[156]。也从表现呼吸道症状、腹泻、瘫痪和高死亡率鸡的肺、气管、肾中分离到了奇异变形杆菌（*Proteus mirabills*），并复制出了本病[269]。曾经从患蜂窝织炎的火鸡[102,189]、患坏死性皮炎且网状内皮增生症抗体阳性的白来航小母鸡中分离到了变形杆菌[120]。变形杆菌偶尔可引起水禽关节炎、输卵管炎、气囊炎和败血症[33,35,262]和盐腺肉芽肿性炎症[137]。

从发病或死亡的 1～35 日龄小火鸡中分离到的 19 株变形杆菌，药敏试验表明对恩诺沙星和头孢噻呋敏感（MIC90＜1μg/mL）[212]。

假单胞菌属 Pseudomonas

假单胞菌可引起幼雏和育成家禽局部或全身性感染。细菌侵入受精卵后，可致胚胎或刚出壳的幼雏死亡。此外，肉品污染可降低保藏时间。假单胞菌普遍存在于土壤、水以及潮湿的环境中。早期关于家禽感染假单胞菌的文献见参考文献[158]。

绿脓假单胞菌是一种能运动、革兰氏阴性、无芽孢的杆菌，长 $1.5\sim3\mu m$，宽 $0.5\sim0.8\mu m$，单个或呈短链状排列，专性好氧，容易在普通的细菌培养基上生长。通常可产生水溶性绿色色素（由荧光素和绿脓菌素组成），并伴有特殊的果味芳香。有关假单胞菌详细的生化特征和鉴别方法，请参阅文献[181]。

假单胞菌是条件致病菌，它可引起火鸡的呼吸道病、窦炎[91]、角膜炎和角膜结膜炎[138,184]；当它侵入易感禽组织时，甚至可造成败血症，并留下后遗症。在孵化所由于脐炎和卵黄感染雏鸡的致死的病例也有报道[260]。鸡[17,82,140,170,184,205,260]、火鸡[13,102,111,126,184]、鸭[33,137,184,210,262]、雉[118]、鸵鸟[123,175,194,263]、鹅[234]等各种观赏鸟均有发病报道。各种年龄的禽都易感，但以幼龄禽和处于应激状态或免疫缺陷禽更易感。与其他病毒和细菌协同致病时，禽对假单胞菌的敏感性会发生改变[198,201,234]。发病率和死亡率一般在 $2\%\sim10\%$ 之间，最高可达 100%。

铜绿假单胞菌（P. aeruginosa）是引起创伤感染最常见的病原，毒力强。鸡卵黄注射该菌引起 $0\sim90\%$ 的死亡率[260]。人工感染 4 周龄鸡 $50\%\sim100\%$ 死亡[156]。若将受精种蛋浸入被荧光假单胞菌（P. fluorescens）污染的抗生素溶液中，可造成火鸡胚的死亡[22]。同时，它还与鸡[156]和火鸡[114]的多种病因呼吸道疾病有关。有人从呼吸道病鸡体内分离出施氏假单胞菌（P. stutizeri），但通过接种试验表明，其对鸡的致死率很低[156]。另外，在高湿度条件下，假单胞菌能消化掉蛋壳表面的保护层[37]。鸡对类鼻疽伯克氏菌易感，但是在养禽业自然发病的例子还没报道[255]。

大多数假单胞菌感染后可引起死亡。死亡通常很快，感染之后 $24\sim72h$ 内死亡。临床症状决定于是局部感染还是全身性感染，但症状几乎包括精神不振、发育缺陷、疲倦、跛行、运动失调，头、垂肉、窦、跗关节或爪垫等部位发生肿胀，呼吸道疾病、腹泻以及结膜炎等[82,111,138,140,179]。火鸡通过咽鼓管接种后，出现歪颈症状，与禽霍乱不易区别[190]。鸭鼻腺感染导致肉芽肿性腺炎[137]。

病理变化包括皮下水肿和纤维素性渗出，偶见出血，关节积液；浆膜的炎症与大肠杆菌性败血症（气囊炎、心包炎、肝周炎）很相似；肺炎；肝、脾、肾和脑等组织出现肿胀，并有坏死点；化脓性结膜炎，偶见角膜炎[82,111,138,156,179,184]。卵黄感染存活鸡在接种 14 天仍然有卵黄囊炎症[260]。曾有一群青年火鸡眼球感染假单胞菌发生单侧全眼球炎，表现为角膜穿孔，晶状体溶解（图 23.25）。眼膜快速发生渐近性病变可能与病菌产生的蛋白酶有关[13]。显微镜下，大多数组织（包括大脑）的血管内及其周围的区域可见有大量细菌存在。天雏鸡发生呼吸道感染时，咽部有异嗜性渗出物，肺脏有坏死灶[118]。雉鸡呼吸道感染假单胞菌会导致咽出血性渗出和肺坏死灶。同样，一群青年鸵鸟曾发生高死亡率，并通过免疫组化和细菌分离培养从其呼吸道和上消化道分离到了铜绿假单胞菌，其病变表现为假白喉膜和化脓性病变[175]。从患输卵管炎和卵巢炎的成年蛋鸡[27,224]、患蜂窝织炎的火鸡[102,189]和患性病的鹅中（见后面讨论）偶尔分离到假单胞菌。在一次腿病研究病例中，假单胞菌是从肉仔鸡异常关节分离到的最常见的细菌[40]。

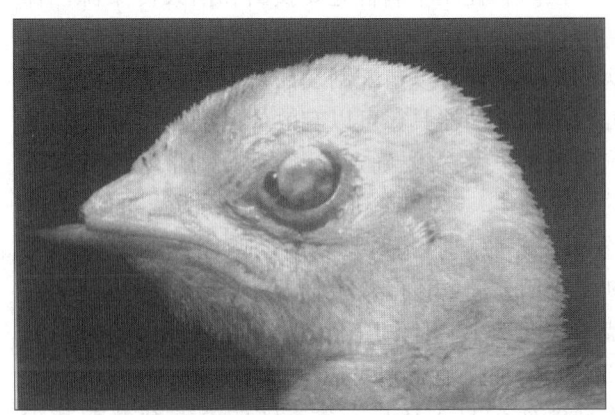

图 23.25 18 日龄火鸡全眼球炎、角膜穿孔。细菌分离培养得到高纯度的铜绿假单胞菌。组织学检查病变内有细菌。（Tahseen Abdul-Aziz）

假单胞菌是从死胚和新生病雏、鸡、火鸡、雉鸡、鸭和鸵鸟体内分离出来的多种细菌之一[44,80,130,155,192,210,253]。一般认为，禽胚中存在铜绿假单胞菌不是较大鸡的传染源。不过，雉鸡入孵蛋广泛污染，往往引起雏鸡呼吸系统疾病的暴发。当禽群注射了污染的疫苗（图 23.26）[170,246]和抗生素溶液[52,266]时，可造成本病严重暴发，这种情况往往是由于操作时消毒不严格，并非疫苗本身的问题。与感染禽接触[179]以及密集、连续饲养不同日龄的肉鸡[82]容易流行假单胞菌病。有些暴发病例，其传染源和传播途径不能确定。

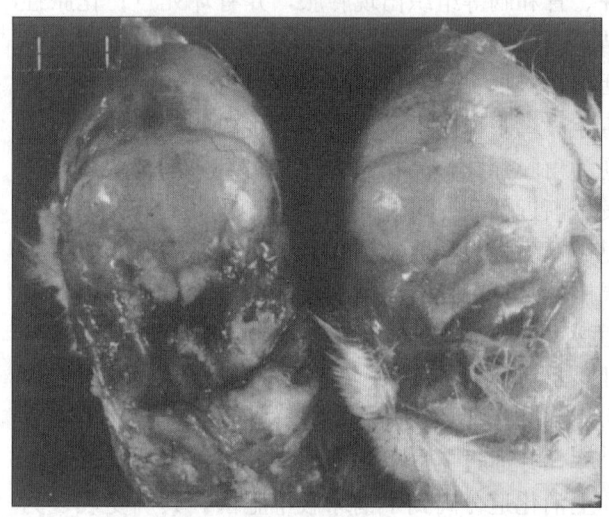

图 23.26 雏鸡接种被铜绿假单胞菌污染的马立克病疫苗后颈上部皮下病变。(Laddie Munger)

诊断需要进行病原分离和鉴定。血清学、噬菌体和铜绿色素分型等方法[209]均可用，也可用于流行病学研究。

预防和控制本病首先要找出和消灭传染源。保持孵化器的卫生并给家禽注射时严格消毒是控制本病的先决条件。疫苗配制及注射时对设备的清洁消毒、使用灭菌器具，可以有效控制疫苗接种时假单胞菌感染[52]。需要确定分离菌株对孵化器消毒液的敏感性[267]。从患有肝炎的鸡中分离出的高浓度的（10^9）假单胞菌对具有高杀菌能力的季铵消毒剂无作用。通常该菌数量低至 10^3 时才起作用，在菌中浓度达 10^6 时作用不稳定。在体外试验时，有 EDTA 的加强消毒剂可以大大增加有效性[259]。无论是含有 EDTA 还是不含季铵的消毒剂都能减少畜舍内空气中的细菌，且对孵化率和存活率没有影响[261]。减少应激因素，防止其他病毒性和细菌性因子感染，有助于降低禽对本病原的易感性。

于发病早期应用抗生素治疗可以减少损失。由于假单胞菌对多种抗生素有耐药性[140,156,193,195,205,209,260]，用药前应做药敏试验。从 1～35 日龄发病鸡或死亡的火鸡中分离到的 31 株

假单胞菌进行药敏试验，仅对恩诺沙星敏感（MIC50＜1μg/mL）[212]。从来自鸵鸟的分离株 80％以上对阿米卡星、环丙沙星、恩诺沙星和庆大霉素敏感[263]。在结膜炎的治疗时，饮水中添加一些维生素 A 和高锰酸钾有助于增强抗生素的疗效[138]。

罗斯氏菌属 *Rothia*

罗斯氏菌为需氧放线状菌，与放线菌属的关系非常近。通常与慢性感染症有关，最典型的例子是人及动物的蛀牙。曾有一个火鸡群发病，从患骨髓炎、关节坏死或斜卧的雄火鸡体内分离到的唯一的细菌是罗斯氏菌。人工静脉接种健康火鸡，可以复制出相同的临床症状和病变，并分离到感染菌[22]。

链杆菌属 *Streptobacillus*

念珠状链杆菌（*Streptobacillus moniliformis*）是革兰氏阴性杆菌，没有分枝，形似纺锤状，常呈串珠状排列。火鸡被大鼠咬伤或与感染的大鼠接触即可能发病。病禽出现多发性关节炎和滑膜炎，而其他组织正常。实验条件下，通过静脉、皮下以及爪垫等途径给火鸡注射链杆菌，可以引起火鸡发病，而经口腔途径则不发病。鸡不易敏感。本病的诊断需要进行病原分离与鉴定。消灭鼠类可预防本病[100,172]。

链霉菌属 *Streptomyces*

链霉菌通常为一种自由生存的土壤微生物，曾从发病的平胸鸟类中分离到链霉菌。在蛋壳和壳膜之间存在大块的灰白斑，死胚充血，卵黄异常，肝脏有大量白色坏死灶。往往认为是由于清洁、消毒入孵蛋时污染了该菌所致[263]。

萨顿氏菌属 *Suttonella*

从燕雀类的鸟中分离出的唯一一种革兰氏阴性菌，在大不列颠偶尔引起死亡，因此被称为一个新的属，*Suttonella ornithocola*[92,134]。未证实该菌与家禽死亡有关。

肉种公鸡被淘汰的主要原因[117]。

弧菌属 *Vibrio*

有人从病鹅的肝脏和临床健康的鸭鼻腔[32]或患气囊炎或败血症的鸭组织[262]中分离到非01霍乱弧菌（*Vibrio cholerae*）。病鹅表现消瘦、精神倦怠，2～3天内死亡[216]。生活在海岸水域与水生贝壳类生物接触的病鸟可能是人类霍乱弧菌感染的传染源之一[216]，这应该引起人们注意。霍乱弧菌NAG曾造成鸭结膜炎，该菌对人有潜在致病性[31]。也曾经从鸭肠道和其生活的水域中分离到了该菌。家鸭感染源来自野鸟。经常从水禽和它们生活的环境中分离到01和非01型霍乱弧菌[187]。

历史上曾有由麦氏弧菌（*V. metschnikovii*）引起家禽和公园鸟类发生类霍乱病的报道，也有弯曲菌引起鸡肝炎的报道（见18章）[196]。偶然还能从死禽[149]和水禽[115]中分离到麦氏弧菌。曾报道产蛋鸡暴发的弧菌性肝炎造成产蛋下降89%，死亡率增加10%。病变表现为心包积水、腹水、肝肿大，肝脏有大量灰黄色坏死灶。金霉素控制本病最有效[215]。

溶藻弧菌（*V. alginolyticus*）是鸡和火鸡上呼吸道一种主要的溶蛋白性细菌，它虽不致病，但可能会通过参与裂解禽流感病毒血凝素而加强病毒的致病性[47]。

细菌引起或与细菌有关的疾病

喙坏死 Beak Necrosis

一群肉用种母鸡发生喙坏死，感染率将近50%，死亡率达10%[56]，发病原因与一种革兰氏阳性细菌有关，这种细菌对角蛋白有亲和力。尽管喙坏死具体的发病机理尚不清楚，但饲喂精料会诱发口和喙坏死。给其饲喂颗粒料后，口腔疾患很快减少[95]。开始为表皮损伤，随后发生坏死、溃疡，细菌生长。感染禽白细胞数降低、贫血[96]。喙变形，下颌骨末梢脱落，严重感染禽会发生骨髓炎。因进食困难导致体重下降，甚至死亡[86]。为限制公鸡进出而使用40mm尼龙网饲养种鸡，常常会导致喙坏死发病率增高[116]。公鸡比母鸡多发[86]。出于动物福利考虑，需剔除明显感染的种鸡。喙坏死

鹅性病 Goose Venereal Disease

最先于匈牙利种鹅群发生的一种病因学尚不明的性病，表现为阴茎生殖器基部发生炎症和肿胀[239]。在欧洲，俄罗斯及中东地区均有报道。发病伊始，鹅生殖器基部发生炎症和肿胀，随着病情发展，扩展到泄殖腔，而后出现坏死、溃疡，最后形成明显的斑痕，种鹅因此丧失繁殖能力。后备母鹅泄殖腔也可见到类似的病变。发病率为20%～100%。新引进的鹅易患此病。本病造成雄鹅繁殖力下降，死亡率在5%左右[232]。

本病的发生与多种细菌，特别是奈瑟氏菌、支原体、白色念珠菌等在雄鹅生殖器和母鹅泄殖腔形成混合感染有密切关系[29,162,232,233]。健康雄鹅生殖器官已建立了微生态菌系[161]，尚未性成熟的雄鹅生殖器官微生态菌丛与之很相似。但是，发病雄鹅其菌系中多了支原体和白色念珠菌[29]。使用支原体敏感的抗生素可减轻疾病程度[77]。以色列报道过鹅群白色念珠菌引起的类似疾病[28]，用抗真菌药物和抗生素治疗后病情很快得到改善。用乙醇灭活的真菌苗免疫后疾病得到很好控制[141]。从生殖器感染的鹅群分离的 Mucor janssenii 人工感染鸡复制出类似的疾病[163]。用分离株单独或组合感染SPF番鸭和鹅仅引起轻微临床症状和病变，但一只雌性鹅接触感染的雄鹅并接种白色念珠菌后情况则不同。外伤可能是本病的起因，之后被来细菌和真菌感染[162]。

在每个配种季节，检查所有雄鹅并淘汰病鹅，此预防方法值得推荐。为提高繁殖力可采取人工授精的方法[29]。

鸭的细胞内感染 Intracellular infection in ducks

这是一种细胞内微生物引起番鸭死亡的疾病，其病原起初被认为是变形血原虫（*Haemoproteus*），主要侵害肺脏内皮细胞[127]。然而，对随后发病的病鸭进行检查发现，此病原并非原虫，可能是一种能形成芽孢的细菌，或者是一种尚未鉴定的微生物。番鸭最易感，与无症状感染的北京鸭接触后而患病。病鸭的血液实验感染可以传播本病。

发病鸭的肺脏呈暗紫红色、轻度水肿、质地硬。显微镜下可见呼吸毛细管由于内皮细胞充盈细胞内微生物而变得不明显,小叶间隔增宽,水肿,内含有炎性细胞。在组织切片中,这种微生物难以被苏木精和伊红着色,但容易被过碘酸-希夫氏染色法或银染法染色[128,202]。

肝脏肉芽肿及相关肉芽肿病 Liver granulomas and related granulomatous disorders

火鸡在加工过程中,清除脏器时偶尔可以见到肝脏有肉芽肿病变,个别鸡群发生率可高达50%。

肉芽肿局灶性或多灶性,单个或融合,大致呈球形外观,坚硬分小叶,灰黄色至白色,大小从几毫米到几厘米不等。严重的病变外观变粗糙,刀切时有切沙砾似的感觉。相邻的正常肝组织通常出现胆汁滞留。

显微镜下观察,病变呈典型的禽异嗜性肉芽肿变化[176],中央为一个干酪样结节,且周围覆盖一层多核巨细胞,除活性区域以外,其他都融合在一起。在干酪化中心周围是异嗜细胞、巨噬细胞、成纤维细胞和淋巴细胞,使融合更显著区域。能看到异嗜细胞穿过巨细胞层,在没有巨细胞或巨细胞不连续区域有大量异嗜细胞。病变最外层淋巴细胞坏死形成融合性坏死灶。在慢性病变中纤维化可能比较广泛。除非用特殊染色,一般看不到细菌。用Warthin-Starry 或 Dieterle 银染通常可看到纤丝状菌束,革兰氏染色可看到革兰氏阳性纤丝状或球状菌[8,146,177]。

从这些病变组织中分离出多种细菌,包括放线菌(*Actinomyces*)[219]、链条杆菌(*Catenabacterium*)、棒状杆菌(*Corynebacterium*)、丙酸杆菌(*Propionibacterium*)以及葡萄球菌[146,177]。用从自然病火鸡分离到的链条杆菌接种火鸡可引起肉芽肿病变。鸡、孔雀、豚鼠、兔、苍鼠、小鼠不产生病变[177]。多曲真细菌(*Eubacterium tortuosum*)虽然是火鸡盲肠的正常菌群,但人工感染可复制出肝和脾肉芽肿病变[112]。若与其他细菌同时接种,包括粪肠球菌强毒株或表皮葡萄球菌可增加肝脏病变发生的可能性。另外,病禽的后段肠道常出现黏膜溃疡,意味着肝脏病变可能是由于病菌从肠道病灶随血液流入肝脏所致[8,112,146,177]。

鸡也发生肝肉芽肿的几率小得多。革兰氏阳性纤丝状菌与真杆菌、长节段丝状菌、放线菌和诺卡氏菌的形态和染色均不同。美国屠宰加工的肉鸡零星发生的内脏肉芽肿病变中也分离出诺卡氏菌[113]。一些禽脾、盲肠和肠系膜也有此病变。

在7~8周龄火鸡中,以盲肠栓和盲肠破裂为特征的化脓性肉芽肿盲肠炎和肝炎往往与大肠杆菌和并发球虫及出血性肠炎病毒感染有关。在加工过程中,还没有发生因肉芽肿病变而大量废弃禽产品的情况[178]。

肠道蠕虫的幼虫也能引起火鸡、鸡肝炎病灶("白点肝"),需与细菌引起的肝肉芽肿鉴别。加工过程发现的肝脏病灶只有少数能分离到细菌,大肠杆菌和沙门氏菌是最常分离到的细菌[185]。病灶与蛔虫有关。火鸡感染蛔虫卵能复制出该病变[186]。在加拿大,有的小鸡群中较老的鸡盲肠和肝脏发生相似的病变,但开始未能从中分离到任何病原微生物[182],但后来发现与鸡异刺线虫(*Heferakis gallinarum*)幼虫有关[206]。

李金彩　王宏钧　杨建民　郝永新　译

苏敬良　常建宇　校

参考文献

[1] Abdel Gabbar, K. M. A., P. Dewani, B. M. Junejo, and K. M. A. A. Gabbar. 1995. Possible involvement of *Planococcus halophilus* in an outbreak of necrotic hepatitis in chickens. *Vet Rec* 136:74.

[2] Al Aboudi, A. R., I. M. S. Shnawa, A. A. Hassen, and R. B. Al Sanjary. 1988. Penetration rate of *Proteus* organism through egg shell membranes at different temperatures. *Iraqi J Vet Sci* 1:1-8.

[3] Allen, P. C. 1992. Effect of virginiamycin on serum carotenoid levels and long, segmented, filamentous organisms in broiler chicks. *Avian Dis* 36:852-857.

[4] Allen, P. C. 1992. Long segmented filamentous organisms in broiler chicks: possible relationship to reduced serum carotenoids. *Poult Sci* 71:1615-1625.

[5] Allen, P. C. 1992. Comparative study of long, segmented, filamentous organisms in chickens and mice. *Lab An Sci* 42:542-547.

[6] Angel, C. R., J. L. Sell, J. A. Fagerland, D. L. Reynolds, and D. W. Trampel. 1990. Long-segmented filamentous organisms observed in poults experimentally infected with stunting syndrome agent. *Avian Dis* 34:994-1001.

[7] Arora, A. K., S. C. Gupta, and R. K. Kaushik. 1986. Detection of upper respiratory tract bacterial carriers in poul-

try. *Indian Vet Med* J 10:63 - 67.

[8]Arp, L. H. , I. M. Robinson, and A. E. Jensen. 1983. Pathology of liver granulomas in turkeys. *Vet Pathol* 20:80 - 89.

[9]Atabay, H. I. , J. E. Corry, and S. L. On. 1998. Identification of unusual *Campylobacter-like* isolates from poultry products as *Helicobacter pullorum*. *J Appl Microbiol* 84: 1017 - 1024.

[10]Atabay, H. I. , J. E. L. Corry, and S. L. W. On. 1998. Diversity and prevalence of *Arcobacter* spp. in broiler chickens. *J Appl Microbiol* 84:1007 - 1016.

[11]Atabay, H. I. , M. Waino, and M. Madsen. 2006. Detection and diversity of various *Arcobacter* species in Danish poultry. *Int J Food Microbiol* 109:139 - 145.

[12]Awan, M. A. , and M. Matsumoto. 1998. Heterogeneity of staphylococci and other bacteria isolated from six-week-old broiler chickens. *Poult Sci* 77:944 - 949.

[13]Aziz, T. A. , and H. J. Barnes. 2001. Panophthalmitis with perforation of the cornea in poults associated with *Pseudomonas aeruginosa*. Proc 52nd North-Central Avian Dis Conf, pp. 61.

[14]Bailey, J. S. , D. L. Fletcher, and N. A. Cox. 1990. *Listeria monocytogenes* colonization of broiler chickens. *Poult Sci* 69:457 - 461.

[15]Bale, J. O. O. , B. I. Nwagu, B. Y. Abubakar, O. O. Oni, and I. A. Adeyinka. 2000. Semen bacterial flora of Rhode Island breeder cocks in Zaria, Kaduna State, Nigeria. *Nigerian J An Prod* 27:16 - 18.

[16]Bandopadhyay, A. C. , J. L. Vegad, and M. A. Quadri. 1994. Pathobiochemical changes in liver and brain in experimental avian spirochaetosis. *Indian J An Sci* 64: 340 -345.

[17]Bapat, J. A. , V B. Kulkarni, and D. V. Nimje. 1985. Mortality in chicks due to *Pseudomonas aeruginosa*. *Indian J An Sci* 55:538 - 539.

[18]Barbosa, T. M. , C. R. Serra, R. M. La Ragione, M. J. Woodward, and A. O. Henriques. 2005. Screening for bacillus isolates in the broiler gastrointestinal tract. *Appl Environ Microbiol* 71:968 - 978.

[19]Barbour, E. K. , M. K. Brinton, A. Caputa, J. B. Johnson, and P. E. Poss. 1991. Characteristics of *Actinomyces pyogenes* involved in lameness of male turkeys in north-central United States. *Avian Dis* 35:192 -196.

[20]Barnes, H. J. 1997. Spirochetosis (Borreliosis). In B. W. Calnek, H. J. Barnes, C. W. Beard, L. M. McDougald, and Y. M. Saif (eds.). Diseases of Poultry, 10th ed. ISU Press, Ames, IA, 318 - 324.

[21]Barnes, H. J. , and D. E. Swayne. 1998. Avian spirochetosis. In D. E. Swayne, J. R. Glisson, M. W. Jackwood, J. E. Pearson, and W. M. Reed (eds.). Isolation &. Identification of Avian Pathogens, 4th ed. Am Assoc Avian Pathologists, Kennett Square, PA, 40 - 46.

[22]Barnes, H. J. 2001. Unpublished data.

[23]Barnhart, H. M. , and O. C. Pancorbo. 1992. Cytotoxicity and antibiotic resistance profiles of *Aeromonas hydrophila* isolates from a broiler processing operation. *J Food Protection* 55:108 - 112.

[24]Barrow, P. A. 1994. The microflora of the alimentary tract and avian pathogens: translocation and vertical transmission. In R. G. Board, and R. Fuller (eds.). Microbiology of the Avian Egg. Chapman &. Hall, London, 117 - 138.

[25]Baruah, K. K. , P. K. Sharma, and N. N. Bora. 2001. Fertility, hatchability and embryonic mortality in ducks. *In Vet J* 78:529 - 530.

[26]Basher, H. A. , D. R. Fowler, F. G. Rodgers, A. Seaman, and M. Woodbine. 1984. Pathogenicity of natural and experimental listeriosis in newly hatched chicks. *Res Vet Sci* 36:76 - 80.

[27]Batra, G. L. , S. Balwant, G. S. Grewal, and S. S. Sodhi. 1982. Aetiopathology of oophoritis and salpingitis in domestic fowl. *Indian J An Sci* 52:172 - 176.

[28]Beemer, A. M. , E. S. Kuttin, and Z. Katz. 1973. Epidemic venereal disease due to *Candida albicans* in geese in Israel. *Avian Dis* 17:639 - 649.

[29]Behr, K. P. , K. H. Hinz, and S. Rottmann. 1990. Phallus-inflammation of ganders: clinical observations and comparative bacteriological examinations of healthy and altered organs. *Zentralbl Veterinarmed* [B] 37:774 - 776.

[30]Binek, M. , W. Borzemska, R. Pisarski, B. Blaszczak, G. Kosowska, H. Malec, and E. Karpinska. 2000. Evaluation of the efficacy of feed providing on development of gastrointestinal microflora of newly hatched broiler chickens. *Archiv fur Geflugelkunde* 64:147 - 151.

[31]Bisgaard, M. , and K. K. Kristensen. 1975. Isolation, characterization and public health aspects of *Vibrio cholerae* NAG isolated from a Danish duck farm. *Avian Pathol* 4: 271 - 276.

[32]Bisgaard, M. , R. Sakazaki, and T. Shimada. 1978. Prevalence of non-cholera vibrios in cavum nasi and pharynx of ducks. *Acta Pathol Microbiol Scand* [B] 86:261 - 266.

[33]Bisgaard, M. 1981. Arthritis in ducks. I. Aetiology and public health aspects. *Avian Pathol* 10:11 - 21.

[34]Bisgaard, M. , and A. Dam. 1981. Salpingitis in poultry.

Ⅱ. Prevalence, bacteriology, and possible pathogenesis in egg-laying chickens. *Nord Vet* 33:81 - 89.

[35]Bisgaard, M. 1995. Salpingitis in web-footed birds; prevalence, aetiology and significance. *Avian Pathol* 24:443 - 452.

[36]Bjerrum, L. , R. M. Engberg, T. D. Leser, B. B. Jensen, K. Finster, and K. Pedersen. 2006. Microbial community composition of the ileum and cecum of broiler chickens as revealed by molecular and culture-based techniques. *Poult Sci* 85:1151 - 1164.

[37]Board, R. G. , S. Loseby, and V. R. Miles. 1979. A note on microbial growth on hen egg-shells. *Brit Poult Sci* 20: 413 - 420.

[38]Bojesen, A. M. , O. L. Nielsen, J. P. Christensen, and M. Bisgaard. 2004. *In vivo* studies of *Gallibacterium anatis* infection in chickens. *Avian Pathol* 33:145 - 152.

[39]Bolin, F. M. , and D. F. Eveleth. 1961. Experimental listeriosis of turkeys. *Avian Dis* 5:229 - 231.

[40]Bracewell, C. D. , D. C. Scott, J. A. Binstead, E. D. Borland, A. E. Buckle, P. Cooper, J. D. Corkish, A. B. Davies, P. C. Jones, J. Kemp, A. R. M. Kidd, and T. W. A. Little. 1986. A field investigation of leg weakness in broilers, Booklet No. 2520. Ministry of Agriculture Fisheries and Food, London, UK, 133.

[41]Brinton, M. K. , L. C. Schellberg, J. B. Johnson, R. K. Frank, D. A. Halvorson, and J. A. Newman. 1993. Description of osteomyelitis lesions associated with *Actinomyces pyogenes* infection in the proximal tibia of adult male turkeys. *Avian Dis* 37:259 -262.

[42]Bruce, J. , and A. L. Johnson. 1978. The bacterial flora of unhatched eggs. *Brit Poult Sci* 19:681 - 689.

[43]Bruce, J. , and E. M. Drysdale. 1983. The bacterial flora of candling-reject and dead-in-shell turkey eggs. *Brit Poult Sci* 24:391 - 395.

[44]Bruce, J. , and E. M. Drysdale. 1994. Trans-shell transmission. In R. G. Board, and R. Fuller (eds.). Microbiology of the Avian Egg. Chapman & Hall, London, 63 -91.

[45]Burnens, A. P. , J. Stanley, R. Morgenstern, and J. Nicolet. 1994. Gastroenteritis associated with *Helicobacter pullorum*. *Lancet* 344:1569 - 1570.

[46]Burnens, A. P. , J. Stanley, and J. Nicolet. 1996. Possible association of *Helicobacter pullorum* with lesions of vibrionic hepatitis in poultry. In D. G. Newell, J. M. Ketley, and R. A. Feldman (eds.). Campylobacters, Helicobacters, and Related Organisms. Plenum Press, New York and London, 291 -293.

[47]Byrum, B. R. , and R. D. Slemons. 1995. Detection of pro-teolytic bacteria in the upper respiratory tract flora of poultry. *Avian Dis* 39:622 - 626.

[48]Cabassi, C. S. , S. Taddei, G. Predari, G. Galvani, F. Ghidini, E. Schiano, and S. Cavirani. 2004. Bacteriologic findings in ostrich (*Struthio camelus*) eggs from farms with reproductive failures. *Avian Dis* 48:716 - 722.

[49]Carpenter, S. L. , and M. Sevoian. 1983. Cellular immune response to Marek's disease: listeriosis as a model of study. *Avian Dis* 27:344 - 356.

[50]Casagrande Proietti, P. , F. Passamonti, M. Pia Franciosini, and G. Asdrubali. 2004. *Hafnia alvei* infection in pullets in Italy. *Avian Pathol* 33:200 -204.

[51]Castle, M. D. , and B. M. Christensen. 1985. Isolation and identification of *Aegyptianella pullorum* (Rickettsiales, Anaplasmataceae) in wild turkeys from North America. *Avian Dis* 29:437 - 445.

[52]Castro, A. G. M. d. , A. M. d. Carvalho, M. Hipolito, A. Paludetti, Jr. , A. G. M. De Castro, and A. M. De Carvolho. 1989. Mortality in chickens caused by *Pseudomonas aeruginosa*. *Arq Instit Biol Sao Paulo* 56:62.

[53]Ceelen, L. M. , A. Decostere, K. Van den Bulck, S. L. On, M. Baele, R. Ducatelle, and F. Haesebrouck. 2006. *Helicobacter pullorum* in chickens, Belgium. *Emerg Infect Dis* 12:263 - 267.

[54]Ceelen, L. M. , F. Haesebrouck, H. Favoreel, R. Ducatelle, and A. Decostere. 2006. The cytolethal distending toxin among *Helicobacter pullorum* strains from human and poultry origin. *Vet Microbiol* 113:45 -53.

[55]Chalmers, W. S. K. , and D. R. Kewley. 1985. Bacterial flora of clinically normal conjunctivae in the domestic duckling. *Avian Pathol* 14:69 - 74.

[56]Cheng, K. J. , E. E. Gardiner, and J. W. Costerton. 1976. Bacteria associated with beak necrosis in broiler breeder hens. *Vet Rec* 99:503 - 505.

[57]Chin, R. P. 2002. Isolation of an unidentified, nonfermentative, gram-negative bacterium from turkeys and chickens; 38 cases(1995—2001). *Avian Dis* 46:447 - 452.

[58]Choudhury, B. , A. Chanda, P. Dasgupta, R. K. Dutta, S. Lila, B. Sanatan, L. Saha, and S. Bhuin. 1993. Studies on yolk sac infection in poultry, antibiogram of isolates and correlation between in-vitro and in-vivo drug action. *Indian J An Hlth* 32:21 - 23.

[59]Christensen, H. , M. Bisgaard, A. M. Bojesen, R. Mutters, and J. E. Olsen. 2003. Genetic relationships among avian isolates classified as *Pasteurella haemolytica*, 'Actinobacillus salpingitidis' or *Pasteurella anatis* with proposal of *Gallibacterium anatis* gen. nov. , comb. nov.

and description of additional genomospecies within *Gallibacterium gen. nov. Int J Syst Evol Microbiol* 53：275 - 287.

［60］Chui, L. W. , R. King, E. Y. Chow, and J. Sim. 2004. Immunological response to *Mycobacterium avium* subsp. *paratuberculosis* in chickens. *Can J Vet Res* 68：302 - 308.

［61］Clark, S. 2001. Personal communication.

［62］Collins, A. M. , R. J. Love, S. Jasni, and S. McOrist. 1999. Attempted infection of mice, rats and chickens by porcine strains of *Lawsonia intracellularis*. *Aust Vet J* 77：120 - 122.

［63］Collins, P. , A. McDiarmid, L. H. Thomas, and P. R. Matthews. 1985. Comparison of the pathogenicity of *Mycobacterium paratuberculosis* and *Mycobacterium* spp isolated from the wood pigeon (*Columba palumbus-L*). *J Comp Pathol* 95：591 - 597.

［64］Comstedt, P. , S. Bergstrom, B. Olsen, U. Garpmo, L. Marjavaara, H. Mejlon, A. G. Barbour, and J. Bunikis. 2006. Migratory passerine birds as reservoirs of Lyme borreliosis in Europe. *Emerg Infect Dis* 12：1087 - 1095.

［65］Cooper, D. M. , D. L. Swanson, S. M. Barns, and C. J. Gebhart. 1997. Comparison of the 16S ribosomal DNA sequences from the intracellular agents of proliferative enteritis in a hamster, deer, and ostrich with the sequence of a porcine isolate of *Lawsonia intracellularis*. *Int J Syst Bacteriol* 47：635 - 639.

［66］Cooper, D. M. , D. L. Swanson, and C. J. Gebhart. 1997. Diagnosis of proliferative enteritis in frozen and formalin-fixed, paraffinembedded tissues from a hamster, horse, deer and ostrich using a *Lawsonia intracellularis*-specific multiplex PCR assay. *Vet Microbiol* 54：47 - 62.

［67］Cooper, G. , B. Charlton, A. Bickford, C. Cardona, J. Barton, S. Channing Santiago, and R. Walker. 1992. Listeriosis in California broiler chickens. *J Vet Diag Invest* 4：343 - 345.

［68］Cooper, G. , and A. Bickford. 1998. Listeriosis. In D. E. Swayne, J. R. Glisson, M. W. Jackwood, J. E. Pearson, and W. M. Reed(eds.). Isolation & Identification of Avian Pathogens, 4th ed. Am Assoc Avian Pathologists, Kennett Square, PA, 51 - 54.

［69］Cooper, G. L. 1989. An encephalitic form of listeriosis in broiler chickens. *Avian Dis* 33：182 - 185.

［70］Cooper, G. L. , and A. A. Bickford. 1993. Spirochetosis in California game chickens. *Avian Dis* 37：1167 -1171.

［71］Corrales, W. , L. M. Vivo, and E. Gutierrez. 1988. Cutaneous abscesses in a flock of caged layers. Report of an outbreak. *Revista Avicultura* 32：15 - 27.

［72］Corry, J. E. , and H. I. Atabay. 2001. Poultry as a source of *Campylobacter* and related organisms. *Symp Ser Soc Appl Microbiol* 30：96S - 114S.

［73］Costecalde, Y. 1997. *Actinobacillus equuli* septicaemia associated with persistent ductus arteriosus in a fowl. *Point Veterinaire* 24：1405 - 1407.

［74］Cox, N. A. , J. S. Bailey, E. T. Ryser, and E. H. Marth. 1999. Incidence and behavior of *Listeria monocytogenes* in poultry and egg products. In E. T. Ryser, and E. H. Marth(eds.). Listeria, Listeriosis and Food Safety, 2nd ed. Marcel Dekker Inc. , NY, 565 - 600.

［75］Cummins, T. J. , I. M. Orme, and R. E. Smith. 1988. Reduced *in vivo* nonspecific resistance to *Listeria monocytogenes* infection during avian retrovirus-induced immunosuppression. *Avian Dis* 32：663 - 667.

［76］Cygan, Z. , B. Rubaj, T. Jastrzebski, and J. Galeza. 1976. Further studies on the aetiology of liver lesions in fattening geese. *Medycyna Weterynaryjna* 32：712 - 717.

［77］Czifra, G. , Z. Varga, M. Dobos Kovacs, and L. Stipkovits. 1986. Medication of inflammation of the phallus in geese. *Acta Vet Hung* 34：211 - 223.

［78］DaMassa, A. J. , and H. E. Adler. 1979. Avian spirochaetosis：enhanced recognition of mild strains of *Borrelia anserina* with bursectomized and dexamethasone-treated chickens. *J Comp Pathol* 89：413 - 420.

［79］Deeming, D. C. 1995. Possible effect of microbial infection on yolk utilisation in ostrich chicks. *Vet Rec* 136：270 -271.

［80］Deeming, D. C. 1996. Microbial spoilage of ostrich (*Struthio camelus*)eggs. *Brit Poult Sci* 37：689 -693.

［81］Dessouky, M. I. , A. Moursy, Z. M. Niazi, and O. A. Abd Alia. 1982. Experimental *Klebsiella* infection in baby chicks. *Archiv Geflugelkunde* 46：145 - 150.

［82］Devriese, L. A. , N. J. Viaene, and G. D. Medts. 1975. *Pseudomonas aeruginosa* infection on a broiler farm. *Avian Pathol* 4：233 - 237.

［83］Dewhirst, F. E. , C. Seymour, G. J. Fraser, B. J. Paster, and J. G. Fox. 1994. Phylogeny of *Helicobacter* isolates from bird and swine feces and description of *Helicobacter pametensis* sp. nov. *Int J Syst Bacteriol* 44：553 - 560.

［84］Dijkstra, R. G. , and I. Ivanov. 1979. *Listeria monocytogenes* in intestinal contents and faeces from healthy broilers of different ages in the litter and its potential danger for other animals, i. e. cattle. Problems of Listeriosis, Proc 7th Int Symp 1977, pp. 289 - 294.

［85］Duchatel, J. P. , D. Janssens, F. Vandersanden, and H.

Vindevogel. 2000. Arthritis in a racing pigeon(Columbia livia), associated with *Acinetobacter lwoffii*. *Ann Med Vet* 144:153 - 154.

[86]Duff, S. R. I., P. M. Hocking, and C. J. Randall. 1990. Beak and oral lesions in broiler breeding fowl. *Avian Pathol* 19:451 - 466.

[87]Efuntoye, M. O. 1995. Diarrhoea disease in livestock associated with *Aeromonas hydrophila* biotype 1. *J Gen Applied Microbiol* 41:517 - 521.

[88]Emerson, F. G., G. E. Kolb, and F. A. VanNatta. 1983. Chronic cholera-like lesions caused by *Moraxella osloensis*. *Avian Dis* 27:836 - 838.

[89]Erganis, O., M. Corlu, O. Kaya, and M. Ates. 1988. Isolation of *Acinetobacter calcoaceticus* from septicaemic hens. *Vet Rec* 123:374.

[90]Evans, K. L., J. Crowder, and E. S. Miller. 2000. Subtilisins of *Bacillus* spp. hydrolyze keratin and allow growth on feathers. *Can J Microbiol* 46:1004 - 1011.

[91]Fales, W. H., E. L. McCune, and J. N. Berg. 1978. The isolation of gram negative nonfermentative bacteria from turkeys with respiratory distress. *Proc Am Assoc Vet Lab Diag* 21:227 - 242.

[92]Foster, G., H. Malnick, P. A. Lawson, J. Kirkwood, S. K. Macgregor, and M. D. Collins. 2005. *Suttonella ornithocola* sp. nov., from birds of the tit families, and emended description of the genus *Suttonella*. *Int J Syst Evol Microbiol* 55:2269 - 2272.

[93]Ganiere, J. P., P. Perreau, J. Brocas, and J. Chantal. 1982. Study of two *Actinobacillus* strains of avian origin. *Rev Med Vet* 133:125 - 128.

[94]Gasanov, U., D. Hughes, and P. M. Hansbro. 2005. Methods for the isolation and identification of *Listeria* spp. and *Listeria monocytogenes*; a review. *FEMS Microbiol Rev* 29:851 - 875.

[95]Gentle, M. J. 1986. Aetiology of food-related oral lesions in chickens. *Res Vet Sci* 40:219 - 224.

[96]Gentle, M. J., M. H. Maxwell, L. N. Hunter, and E. Seawright. 1989. Haematological changes associated with food-related oral lesions in Brown Leghorn hens. *Avian Pathol* 18:725 - 733.

[97]Gerlach, H., and K. Bitzer. 1971. *Aeromonas hydrophila* infection in young turkeys. *Dtsch Tierarztl Wochenschr* 78:606 - 608.

[98]Gibson, J. R., M. A. Ferrus, D. Woodward, J. Xerry, and R. J. Owen. 1999. Genetic diversity in *Helicobacter pullorum* from human and poultry sources identified by an amplified fragment length polymorphism technique and pulsed-field gel electrophoresis. *J Appl Microbiol* 87: 602 - 610.

[99]Ginsberg, H. S., P. A. Buckley, M. G. Balmforth, E. Zhioua, S. Mitra, and F. G. Buckley. 2005. Reservoir competence of native North American birds for the Lyme disease spirochete, *Borrelia burgdorferi*. *J Med Entomol* 42:445 - 449.

[100]Glunder, G., K. H. Hinz, and B. Stiburek. 1982. Arthritis due to *Streptobacillus moniliformis* in turkeys in German Federal Republic. *Dtsch Tierarztl Wochenschr* 89:367 - 370.

[101]Glunder, G., and O. Siegmann. 1989. Occurrence of *Aeromonas hydrophila* in wild birds. *Avian Pathol* 18: 685 - 695.

[102]Gomis, S., A. K. Amoako, A. M. Ngeleka, L. Belanger, B. Althouse, L. Kumor, E. Waters, S. Stephens, C. Riddell, A. Potter, and B. Allan. 2002. Histopathologic and bacteriologic evaluations of cellulitis detected in legs and caudal abdominal regions of turkeys. *Avian Dis* 46: 192 - 197.

[103]Goodwin, M. A., G. L. Cooper, J. Brown, A. A. Bickford, W. D. Waltman, and T. G. Dickson. 1991. Clinical, pathological, and epizootiological features of long-segmented filamentous organisms(bacteria, LSFOs) in the small intestines of chickens, turkeys, and quails. *Avian Dis* 35:872 - 876.

[104]Goswami, S., B. Chaudhury, and A. Mukit. 1988. Reproductive disorders of domestic hen. *Indian Vet J* 65: 747 - 749.

[105]Gothe, R. 1992. *Aegyptianella*: an appraisal of species, systematics, avain hosts, distribution, and developmental biology in vertebrates and vectors and epidemiology. *Adv Dis Vector Res* 9:67 - 100.

[106]Goyache, J., A. I. Vela, A. Gibello, M. M. Blanco, V. Briones, S. Tellez, C. Ballesteros, L. Dominguez, and J. F. Fernandez Garayzabal. 2001. *Lactococcus lactis* subsp. *lactis* infection in waterfowl: first confirmation in animals. *Emerg Infect Dis* 7:884 - 886.

[107]Gray, M. L. 1958. Listeriosis in fowls—A review. *Avian Dis* 2:296 - 314.

[108]Gray, M. L., and A. H. Killinger. 1966. *Listeria monocytogenes* and listeric infections. *Bacteriol Rev* 30:309 - 382.

[109]Gurel, A., A. Gulc Ubuk, and N. Turan. 2004. A granulomatous conjunctivitis associated with *Morexella phenylpyruvica* in an ostrich (*Struthio camelus*). *Avian Pathol* 33:196 - 199.

［110］Gylstorff, I. , and H. Gerlach. 1974. *Klebsiella aerogenes infection in turkey poults and a therapy trial with polymyxin B. Dtsch Tierarztl Wochenschr* 81：298 -299.

［111］Hafez, H. M. , H. Woernle, and G. Heil. 1987. *Pseudomonas aeruginosa* infections in turkeys poults and treatment trials with apramycin. *Berl Munch Tierarztl Wochenschr* 100：48 - 51.

［112］Hafner, S. , B. G. Harmon, S. G. Thayer, and S. M. Hall. 1994. Splenic granulomas in broiler chickens produced experimentally by inoculation with *Eubacterium tortuosum. Avian Dis* 38：605 - 609.

［113］Hill, J. E. , L. C. Kelley, and K. A. Langheinrich. 1992. Visceral granulomas in chickens infected with a filamentous bacteria. *Avian Dis* 36：172 - 176.

［114］Hinz, K. H. , M. Ryll, U. Heffels Redmann, and M. Poppel. 1992. Multicausal infectious respiratory disease of turkey poults. *Dtsch Tierarztl Wochenschr* 99：75 - 78.

［115］Hinz, K. H. , M. Ryll, and G. Glunder. 1999. Isolation and identification of *Vibrio metschnicovii* from domestic ducks and geese. *Zentralbl Veterinarmed* ［B］46：331 - 339.

［116］Hocking, P. M. 1990. Assessment of the effects of separate sex feeding on the welfare and productivity of broiler breeder females. *Brit Poult Sci* 31：457 - 463.

［117］Hocking, P. M. , and R. Bernard. 1997. Effects of male body weight, strain and dietary protein content on fertility and musculo-skeletal disease in naturally mated broiler breeder males. *Brit Poul Sci* 38：29 -37.

［118］Honich, M. 1972. Outbreak of *Pseudomonas aeruginosa* infection among pheasant chicks. *Magyar Allatorvosok Lapja* 27：329 - 335.

［119］Houf, K. , L. A. Devriese, L. De Zutter, J. Van Hoof, and P. Vandamme. 2001. Development of a new protocol for the isolation and quantification of *Arcobacter* species from poultry products. *Int J Food Microbiol* 71：189 - 196.

［120］Howell, L. J. , R. Hunter, and T. J. Bagust. 1982. Necrotic dermatitis in chickens. *NZ Vet J* 30：87 - 88.

［121］Huchzermeyer, F. W. , J. A. Cilliers, C. D. Diaz Lavigne, and R. A. Bartkowiak. 1987. Broiler pulmonary hypertension syndrome. I. Increased right ventricular mass in broilers experimentally infected with *Aegyptianella pullorum. Onderstepoort J Vet Res* 54：113 - 114.

［122］Huchzermeyer, F. W. 1994. Ostrich Diseases. Bayer (South Africa) Animal Hlth.

［123］Huchzermeyer, F. W. 1999. Veterinary problems. In D. C. Deeming (ed.). The Ostrich—Biology, Production and Health. CAB International, Wallingford, Oxon, U. K. , 293 - 320.

［124］Huff, G. R. , W. E. Huff, J. N. Beasley, N. C. Rath, M. G. Johnson, and R. Nannapaneni. 2005. Respiratory infection of turkeys with *Listeria monocytogenes* Scott A. *Avian Dis* 49：551 - 557.

［125］Jagger, T. D. 2000. *Plesiomonas shigelloides*—aveterinary perspective. *Infect Dis Rev* 2：199 - 210.

［126］Jones, J. C. , and G. W. Anderson. 1948. Sulfamerazine in the treatment of a *Pseudomonas* infection of turkey poults. *J Am Vet Med Assoc* 113：458 - 459.

［127］Julian, R. J. , and D. E. Gait. 1980. Mortality in muscovy ducks (*Cairina moschata*) caused by *Haemoproteus* infection. *J Wildl Dis* 16：39 - 44.

［128］Julian, R. J. , T. J. Beveridge, and D. E. Gait. 1985. Muscovy duck mortality not caused by *Haemoproteus. J Wildl Dis* 21：335 - 337.

［129］Kabeya, H. , S. Maruyama, Y. Morita, M. Kubo, K. Yamamoto, S. Arai, T. Izumi, Y. Kobayashi, Y. Katsube, and T. Mikami. 2003. Distribution of *Arcobacter* species among livestock in Japan. *Vet Microbiol* 93：153 -158.

［130］Kabilika, H. S. , M. M. Musonda, and R. N. Sharma. 1999. Bacterial flora from dead-in-shell chicken embryos in Zambia. *Indian J Vet Res* 8：1 -6.

［131］Karim, M. R. , and M. R. Ali. 1976. Survey of bacterial flora from chicken embryo and their effect on low hatchability. *Bangladesh Vet J* 10：15 - 18.

［132］Kaya, O. , M. Ates, O. Erganis, M. Corlu, and S. Sanlioglu. 1989. Isolation of *Acinetobacter Iwoffi* from hens with septicemia. *J Vet Med* ［B］36：157 -158.

［133］Kipp, S. , A. Goedecke, W. Dorn, B. Wilske, and V. Fingerle. 2006. Role of birds in Thuringia, Germany, in the natural cycle of *Borrelia burgdorferi* sensu lato, the Lyme disease spirochaete. *Int J Med Microbiol* 296 Suppl 40：125 - 128.

［134］Kirkwood, J. K. , S. K. Macgregor, H. Malnick, and G. Foster. 2006. Unusual mortality incidents in tit species (family Paridae) associated with the novel bacterium *Suttonella ornithocola. Vet Rec* 158：203 -205.

［135］Kiupel, H. 1972. Listeriosis in the fowl with special reference to diagnosis and epidemiology. *Monat Veterinarmed* 27：812 - 815.

［136］Klein, L. K. , R. J. Yancey, Jr. , C. A. Case, and S. A. Salmon. 1996. Minimum inhibitory concentrations of selected antimicrobial agents against bacteria isolated from 1-14-day-old broiler chicks. *J Vet Diag Invest* 8: 494 - 495.

[137] Klopfleisch, R. , C. Muller, U. Polster, J. P. Hildebrandt, and J. P. Teifke. 2005. Granulomatous inflammation of salt glands in ducklings (*Anas platyrhynchos*) associated with intralesional Gram-negative bacteria. *Avian Pathol* 34:233 - 237.

[138] Krishnamohan Reddy, Y. , B. Mohan, and Y. K. Reddy. 1993. An outbreak of purulent conjunctivitis in chicks. *J Assam Vet Council* 3:62.

[139] Kurazono, M. , K. Nakamura, M. Yamada, T. Yonemaru, and T. Sakoda. 2003. Pathology of listerial encephalitis in chickens in Japan. *Avian Dis* 47:1496 - 1502.

[140] Kurkure, N. V. , D. R. Kalorey, W. Shubhangi, P. S. Sakhare, and A. G. Bhandarkar. 2001. Mortality in young broilers due to *Pseudomonas aeruginosa*. *Indian J Vet Res* 10:55 - 57.

[141] Kuttin, E. S. , A. M. Beemer, M. Pinto, E. S. Kuttin, and G. L. Baum. 1980. Vaccination of geese suffering from candidosis. Human and animal mycology, Proc 7th ISHAM Congress 1979, 64 - 67.

[142] La Ragione, R. M. , and M. J. Woodward. 2003. Competitive exclusion by *Bacillus subtilis* spores of *Salmonella enterica* serotype Enteritidis and *Clostridium perfringens* in young chickens. *Vet Microbiol* 94:245 - 256.

[143] Labaque, M. C. , J. L. Navarro, and M. B. Martella. 2003. Microbial contamination of artificially incubated greater Rhea (*Rhea americana*) eggs. *Br Poult Sci* 44: 355 - 358.

[144] Labruna, M. B. , R. C. Leite, J. S. Resende, A. A. Fernandes, and N. R. S. Martins. 1997. Failure of transmission of *Borrelia anserina* by *Amblyomma cajennense* (Acari: Ixodidae). *Arq Brasil Med Vet Zootecnia* 49: 499 - 503.

[145] Labruna, M. B. , J. S. Resende, N. R. S. Martins, and M. A. Jorge. 1999. Cryopreservation of an avian spirochete strain in liquid nitrogen. *Arq Brasil Med Vet Zootecnia* 51:551 - 553.

[146] Langheinrich, K. A. , and B. Schwab. 1972. Isolation of bacteria and histomorphology of turkey liver granulomas. *Avian Dis* 16:806 - 816.

[147] Lawson, G. H. , and C. J. Gebhart. 2000. Proliferative enteropathy. *J Comp Pathol* 122:77 - 100.

[148] Leard, T. , and W. Maslin. 1993. *Flavobacterium meningosepticum* septicemia associated with thymic atrophy/ hypoplasia in an ostrich chick. *Vet Pathol* 30:454.

[149] Lee, J. V. , T. J. Donovan, and A. L. Furniss. 1978. Characterization, taxonomy, and emended description of *Vibrio metschnikovii*. *Int J Syst Bacteriol* 28:99 - 111.

[150] Lehner, A. , T. Tasara, and R. Stephan. 2005. Relevant aspects of *Arcobacter* spp. as potential foodborne pathogen. *Intl J Food Microbiol* 102:127 -135.

[151] Lemarchand, T. X. , T. N. Tully, Jr. , S. M. Shane, and D. E. Duncan. 1997. Intracellular *Campylobacter*-like organisms associated with rectal prolapse and proliferative enteroproctitis in emus (*Dromaius novaehollandiae*). *Vet Pathol* 34:152 -156.

[152] Levine, J. F. , M. J. Dykstra, W. L. Nicholson, R. L. Walker, G. Massey, and H. J. Barnes. 1990. Attenuation of *Borrelia anserina* by serial passage in liquid medium. *Res Vet Sci* 48:64 - 69.

[153] Levine, N. D. 1965. Listeriosis, botulism, erysipelas, and goose influenza. In H. E. Beister, and L. H. Schwarte (eds.). Diseases of Poultry, 5th ed. Iowa State University Press, Ames, IA, 451 - 471.

[154] Li, K. , W. Huang, J. Yuan, W. Yu, K. M. Li, W. X. Huang, J. H. Yuan, and W. R. Yu. 1998. Pathogen identification and immunization experiments of *Aeromonas hydrophila* disease in ducks. *Chinese J Vet Med* 24: 13 -14.

[155] Lin, J. A. , C. Shyu, and C. L. Shyu. 1996. Detection of gramnegative bacterial flora from dead-in-shell chicken embryo, nonhatched eggs, and newly hatched chicks. *J Chinese Soc Vet Sci* 22:361 - 366.

[156] Lin, M. Y. , M. C. Cheng, K. J. Huang, and W. C. Tsai. 1993. Classification, pathogenicity, and drug susceptibility of hemolytic gram-negative bacteria isolated from sick or dead chickens. *Avian Dis* 37:6 - 9.

[157] Liu, S. G. , M. H. Gan, and Z. M. Zhao. 1988. Studies on *Klebsiella* infection in chickens. I. Diagnosis and control of ophthalmia caused by *Klebsiella*. *Chinese J Vet Med* 14:7 - 9.

[158] Lusis, P. I. , and M. A. Soltys. 1971. *Pseudomonas aeruginosa*. *Vet Bui* 41:169 - 177.

[159] Maddux, R. L. , M. M. Chengappa, and B. G. McLaughlin. 1987. Isolation of *Actinobacillus suis* from a Canada goose (*Branta canadensis*). *J Wildlife Dis* 23: 483 - 484.

[160] Marie-Angele, P. , E. Lommano, P. F. Humair, V Douet, O. Rais, M. Schaad, L. Jenni, and L. Gern. 2006. Prevalence of *Borrelia burgdorferi* sensu lato in ticks collected from migratory birds in Switzerland. *Appl Environ Microbiol* 72:976 - 979.

[161] Marius Jestin, V. , M. 1. Menec, E. Thibault, J. C. Mois-

an,L. H. R, and M. Le Menec. 1987. Normal phallus flora of the gander. *J Vet Med* B 34:67 - 78.

[162]Marius Jestin,V. ,E. Thibault,M. 1. Menec,M. Lagadic,G. Bennejean,and M. Le Menec. 1987. Aetiology of venereal disease of ganders. New data. *Rec Med Vet* 163:645 - 653.

[163]Marjankova,K. ,K. Krivanec,and J. Zajicek. 1978. Mass occurrence of necrotic inflammation of the penis in ganders caused by phycomycetes. *Mycopathologia* 66:21 - 26.

[164]Mazzette,R. ,E. Sanna,E. P. L. d. Santis,S. Pisanu,A. Leoni,and E. P. L. De Santis. 1991. Experimental listeriosis in chickens:microbiological and histopathological studies and the food hygiene aspects. *Boll Soc Italiana Biol Sperimentale* 67:569 -576.

[165]McFadden,J. J. ,and H. M. Fidler. 1996. Mycobacteria as possible causes of sarcoidosis and Crohn's disease. *Soc Appl Bacteriol Symp Ser* 25:47S -52S.

[166]McOrist,S. ,L. Keller,and A. L. McOrist. 2003. Search for *Lawsonia intracellulars* and *Bilophila wadsworthia* in malabsorp-tion-diseased chickens. *Can J Vet Res* 67:232 - 234.

[167]Melito,P. L. ,D. L. Woodward,K. A. Bernard,L. Price, R. Khakhria,W. M. Johnson,and F. G. Rodgers. 2000. Differentiation of clinical *Helicobacter pullorum* isolates from related *Helicobacter* and *Campylobacter* species. *Helicobacter* 5:142 - 147.

[168]Merino,S. ,X. Rubires,A. Aguillar,J. F. Guillot,and J. M. Tomas. 1996. The role of the O-antigen lipopolysaccharide on the colonization *in vivo* of the germfree chicken gut by *Aeromonas hydrophila* serogroup O: 34. *Microbial Pathogenesis* 20:325 -333.

[169]Miller,K. A. ,L. L. Blackall,J. K. Miflin,J. M. Templeton,and P. J. Blackall. 2006. Detection of *Helicobacter pullorum* in meat chickens in Australia. *Aust Vet J* 84: 95 - 97.

[170] Mireles,V. , C. Alvarez, and S. A. Salsbury. 1979. *Pseudomonas aeruginosa* infection due to contaminated vaccination equipment. Proc 28th Western Poultry Dis Conf,55 - 57.

[171]Mohamed,H. A. A. E. 2004. *Proteus* spp. infection in quails in Assiut governorate. *Assiut Vet Med J* 50:196 - 204.

[172]Mohamed,Y. S. ,P. D. Moorhead,and E. H. Bohl. 1969. Natural *Streptobacillus moniliformis* infection of turkeys,and attempts to infect turkeys,sheep,and pigs. *Avian Dis* 13:379 - 385.

[173]Mohan,K. ,P. Muvavarirwa,and A. Pawandiwa. 1997. Strains of *Actinobacillus* spp. from diseases of animals and ostriches in Zimbabwe. *Onderstepoort J Vet Res* 64:195 - 199.

[174]Mohan,K. ,L. C. Shroeder-Tucker,D. Karenga,F. Dziva,A. Harrison,and P. Muvavarirwa. 2002. Unidentified coryneform bacterial strain from cases of polyarthritis in chickens:phenotype and fatty acid profile. *Avian Dis* 46:1051 - 1054.

[175]Momotani,E. ,M. Kiryu,M. Ohshiro,M. Murakami,Y. Ashida,S. Watanabe,and Y. Matsubara. 1995. Granulomatous lesions caused by *Pseudomonas aeruginosa* in the ostrich (*Struthio camelus*). *J Comp Pathol* 112: 273 - 282.

[176]Montali, R. J. 1988. Comparative pathology of inflammation in the higher vertebrates (reptiles, birds and mammals). *J Comp Pathol* 99:1 - 26.

[177]Moore,W. E. C. ,and W. B. Gross. 1968. Liver granulomas of turkeys— causative agents and mechanism of infection. *Avian Dis* 12:417 - 422.

[178] Morishita, T. Y. , K. M. Lam, and R. H. McCapes. 1992. Isolation of two filamentous bacteria associated with enteritis in turkey poults. *Poult Sci* 71:203 - 207.

[179]Mosqueda, T. A. , N. G. Moedano, and G. J. Moreno. 1976. *Pseudomonas aeruginosa* as a source of nervous signs and lesions in young chicks. Proc 25th Western Poultry Dis Conf,68 - 69.

[180]Mraz,O. ,P. Vladik,and J. Bohacek. 1976. Actinobacilli in domestic fowl. *Zentralbl Bakt Parasit Inf Hyg* [A] 236:294 - 307.

[181] Murray, P. R. , E. J. Baron, M. A. Pfaller, F. C. Tenover,and R. H. Yolken, (eds.) 1999. Manual of Clinical Microbiology,1-1773. ASM Press,Washington, D. C.

[182]Mutalib,A. A. ,and C. Riddell. 1982. Cecal and hepatic granulomas of unknown etiology in chickens. *Avian Dis* 26:732 - 740.

[183]Neubauer,C. ,and M. Hess. 2006. Detection and identification of food-borne pathogens of the genera *Campylobacter*,*Arcobacter* and *Helicobacter* by multiplex PCR in poultry and poultry products. *J Vet Med* [B] 53: 376 -381.

[184]Niilo,L. 1959. Some observations on *Pseudomonas* infection in poultry. *Can J Comp Med* 23:21 - 22,27 - 29.

[185]Norton,R. A. ,S. C. Ricke,J. N. Beasley,J. K. Skeeles, and F. D. Clark. 1996. A survey of sixty turkey flocks exhibiting hepatic foci taken at time of processing. *Avi-*

an Dis 40:466 - 472.

[186]Norton, R. A. , F. J. Hoerr, F. D. Clark, and S. C. Ricke. 1999. Ascarid-associated hepatic foci in turkeys. *Avian Dis* 43:29 - 38.

[187]Ogg, J. E. , R. A. Ryder, and H. L. Smith, Jr. 1989. Isolation of *Vibrio cholerae* from aquatic birds in Colorado and Utah. *Appl Environ Microbiol* 55:95 - 99.

[188]Okoye, J. O. A. , H. C. Gugnani, and C. N. Okeke. 1991. Experimental infection of chickens with *Nocardia asteroides* and *Nocardia transvalensis*. *Avian Pathol* 20: 17 - 24.

[189]Olkowski, A. A. , L. Kumor, D. Johnson, M. Bielby, M. Chirino Trejo, and H. L. Classen. 1999. Cellulitis lesions in commercial turkeys identified during processing. *Vet Rec* 145:228 - 229.

[190]Olson, L. D. 1970. A comparison of the growth of various microorganisms in air spaces of the turkey head. *Avian Dis* 14:676 - 682.

[191]On, S. L. 2001. Taxonomy of *Campylobacter*, *Arcobacter*, *Helicobacter* and related bacteria: current status, future prospects and immediate concerns. *Symp Ser Soc Appl Microbiol* 30:1S - 15S.

[192]Orajaka, L. J. E. , and K. Mohan. 1985. Aerobic bacterial flora from dead-in-shell chicken embryos from Nigeria. *Avian Dis* 29:583 - 589.

[193]Pajnoo, J. L. , S. P. Choudhary, and K. G. Narayan. 1984. Epidemiological studies on *Pseudomonas aeruginosa* infection in a poultry farm. *Indian J An Sci* 54: 828 - 830.

[194]Pandey, G. S. , U. Zieger, A. Nambota, Y. Nomura, K. Kobayashi, and A. Mweene. 2001. Pneumonitis due to *Pseudomonas aeruginosa* in an adult ostrich in Zambia. *Indian Vet J* 78:39 - 42.

[195]Panjnoo, J. L. , S. P. Choudhary, and K. G. Narayan. 1994. Antimicrobial sensitivity of *Pseudomonas aeruginosa*. *Indian Vet J* 71:932 - 934.

[196]Peckham, M. C. 1984. Avian vibrio infections. Ⅰ. Vibrionic hepatitis. Ⅱ. *Vibrio metschnikovii* infection. Ⅲ. Miscellaneous vibrios. In M. S. Hofstad, H. J. Barnes, B. W. Calnek, W. M. Reid, and H. W. Yoder, Jr. (eds.). Diseases of Poultry, 8th ed. Iowa State University Press, Ames, Iowa; USA, 221 - 231.

[197]Peirce, M. A. , G. C. Backhurst, and D. E. G. Backhurst. 1977. Haematozoa of East African birds. Ⅲ. Three years' observations on the blood parasites of birds from Ngulia. *E Afr Wildl J* 15:71 - 79.

[198]Peterson, B. H. 1975. Concurrent infection of chicks with *M. synoviae* and *Pseudomonas* species. *Poult Sci* 54:1804 - 1805.

[199]Plesser, O. , A. Even Shoshan, and U. Bendheim. 1975. The isolation of *Klebsiella pneumoniae* from poultry and hatcheries. *Refu Vet* 32:99 - 105.

[200]Ramos, J. A. , M. Domingo, L. Dominguez, L. Ferrer, and A. Marco. 1988. Immunohistologic diagnosis of avian listeriosis. *Avian Pathol* 17:227 - 233.

[201]Randall, C. J. , W. G. Siller, A. S. Wallis, and K. S. Kirkpatrick. 1984. Multiple infections in young broilers. *Vet Rec* 114:270 - 271.

[202]Randall, C. J. , S. Lees, G. A. Pepin, and H. M. Ross. 1987. An unusual intracellular infection in ducks. *Avian Pathol* 16:479 - 491.

[203]Rashid, J. , and A. Ali. 1991. Comparative study of pathogenicity of experimentally produced *Borrelia anserina* infection in commercial broiler and Desi chicks. *Pakistan J Zool* 23:361 - 362.

[204]Real, F. , A. Fernandez, F. Acosta, B. Acosta, P. Castro, S. Deniz, and J. Oros. 1997. Septicemia associated with *Hafnia alvei* in laying hens. *Avian Dis* 41:741 - 747.

[205]Reddy, M. V. , S. M. Mohiuddin, A. S. Rao, and H. Vikram Reddy. 1986. *Pseudomonas aeruginosa* infection in chicken. *Indian J An Sci* 56:221 - 223.

[206]Riddell, C. , and A. Gajadhar. 1988. Cecal and hepatic granulomas in chickens associated with *Heterakis gallinarum* infection. *Avian Dis* 32:836 - 838.

[207]Ridsdale, J. A. , H. I. Atabay, and J. E. L. Corry. 1998. Prevalence of Campylobacters and arcobacters in ducks at the abattoir. *J Appl Microbiol* 85:567 - 573.

[208]Rikihisa, Y. , C. B. Zhang, and B. M. Christensen. 2003. Molecular characterization of *Aegyptianella pullorum* (Rickettsiales, Anaplasmataceae). *J Clinl Microbiol* 41:5294 - 5297.

[209]Sadasivan, P. R. , V. A. Srinivasan, A. T. Venugopalan, and R. A. Balaprakasam. 1977. Aeruginocine typing and antibiotic sensitivity of *Pseudomonas aeruginosa* of poultry origin. *Avian Dis* 21:136 -138.

[210]Safwat, E. E. A. , M. H. Awaad, A. M. Ammer, and A. A. El Kinawy. 1986. Studies on *Pseudomonas aeruginosa*, *Proteus vulgaris* and S. *typhi-murium* infection in ducklings. *Egyptian J An Prod* 24:287 - 294.

[211]Sah, R. L. , M. P. Mall, and G. C. Mohanty. 1983. Septicemic *Proteus* infection in Japanese quail chicks (*Coturnix coturnix japonica*). *Avian Dis* 27:296 - 300.

[212]Salmon, S. A. , and J. L. Watts. 2000. Minimum inhibitory concentration determinations for various antimicro-

bial agents against 1570 bacterial isolates from turkey poults. *Avian Dis* 44：85－98.

[213]Sambri,V.，A. Marangoni, A. Olmo, E. Storni, M. Montagnani,M. Fabbi, and R. Cevenini. 1999. Specific antibodies reactive with the 22-kilodalton major outer surface protein of *Borrelia anserina* Ni-NL protect chicks from infection. *Inf Immun* 67：2633-2637.

[214]Sarakbi, T. 1989. *Klebsiella*—a killer in the hatchery. *Int Hatchery Pract* 3：19,21.

[215]Sarakbi,T. 1992. Avian vibrionic hepatitis causes severe damage. *Misset World Poult* 8：43,45.

[216]Schlater,L. K.，B. O. Blackburn, R. Harrington, Jr., D. J. Draper,J. v. Wagner, B. R. Davis, and J. Van Wagner. 1981. A non-Ol *Vibrio cholerae* isolated from a goose. *Avian Dis* 25：199－201.

[217]Selim,A. S. M. 2006. Molecular techniques for analyzing chicken microbiota. *Biotechnology* 5：53－57.

[218]Sell, J. L.，D. L. Reynolds, and M. Jeffrey. 1992. Evidence that bacteria are not causative agents of stunting syndrome in poults. *Poult Sci* 71：1480-1485.

[219]Senior, V. E.，R. Lake, and C. OPratt. 1962. Suspected actinomycosis of turkeys. *Can Vet J* 3：120-125.

[220]Seviour, E. M.，F. R. Sykes, and R. G. Board. 1972. A microbiological survey of the incubated eggs of chickens and water fowl. *Brit Poult Sci* 13：549-556.

[221]Seymour,C.，R. G. Lewis, M. Kim, D. F. Gagnon, J. G. Fox,F. E. Dewhirst, and B. J. Paster. 1994. Isolation of *Helicobacter* strains from wild bird and swine feces. *Appl Environ Microbiol* 60：1025-1028.

[222]Shah,A. H.，M. N. Khan, Z. Iqbal, M. S. Sajid, and M. S. Akhtar. 2006. Some epidemiological aspects and vector role of tick infestation on layers in the Faisalabad district(Pakistan). *World's Poult Sci J* 62：145－157.

[223]Shane, S. M.，and D. H. Gifford. 1985. Prevalence and pathogenicity of *Aeromonas hydrophila*. *Avian Dis* 29：681－689.

[224]Sharma,J. K.，D. V. Joshi,and K. K. Baxi. 1980. Studies on the bacteriological etiology of reproductive disorders of poultry. *Indian J Poult Sci* 15：78－82.

[225]Snel, J.，P. P. Heinen, H. J. Blok, R. J. Carman, A. J. Duncan,P. C. Allen, and M. D. Collins. 1995. Comparison of 16S rRNA sequences of segmented filamentous bacteria isolated from mice,rats,and chickens and proposal of "*Candidatus Arthromitus*". *Int J Syst Bacteriol* 45：780－782.

[226]Snel,J.，M. E. v. d. Brink, M. H. Bakker, F. G. J. Poelma,P. J. Heidt,and M. E. Van den Brink. 1996. The influence of indigenous segmented filamentous bacteria on small intestinal transit in mice. *Microbial Ecol Hlth Dis* 9：207－214.

[227]Snoeyenbos,G. H. 1965. Brucellosis, anthrax, pseudotuberculosis,tetanus, vibrio infection, avian vibrionic hepatitis, and spirochetosis. In H. E. Beister, and L. H. Schwarte(eds.). Diseases of Poultry,5th ed. Iowa State University Press,Ames,IA,427－450.

[228]Sokkar, S. M.，M. A. Mohamed, and M. Atawia. 1998. Experimental induction of renal lesions in chickens. *Berl Munch Tierarztl Wochenschr* 111：161-163.

[229]Stanley,J.，D. Linton, A. P. Burnens, F. E. Dewhirst, S. L. On, A. Porter, R. J. Owen, and M. Costas. 1994. *Helicobacter pullorum* sp. nov. —genotype and phenotype of a new species isolated from poultry and from human patients with gastroenteritis. *Microbiol* 140：3441－3449.

[230]Steinbrueckner, B.，G. Haerter, K. Pelz, S. Weiner, J. A. Rump,W. Deissler, S. Bereswill, and M. Kist. 1997. Isolation of *Helicobacter pullorum* from patients with enteritis. *Scand J Infect Dis* 29：315－318.

[231]Steinbrueckner,B.，G. Haerter, K. Pelz, A. Burnens, and M. Kist. 1998. Discrimination of *Helicobacter pullorum* and *Campylobacter lari* by analysis of whole cell fatty acid extracts. *FEMS Microbiol Lett* 168：209－212.

[232]Stipkovits, L.，Z. Varga, G. Czifra, and M. Dobos Kovacs. 1986. Occurrence of mycoplasmas in geese affected with inflammation of the cloaca and phallus. *Avian Pathol* 15：289－299.

[233]Stipkovits,L.，Z. Varga, J. Meszaros, G. Czifra, and M. Dobos Kovacs. 1986. *Mycoplasma* infection of geese associated with disorders of reproductive tract. *Israel J Vet Med* 42：84－88.

[234]Stipkovits, L.，R. Glavits, E. Ivanics, and E. Szabo. 1993. Additional data on *Mycoplasma* disease of goslings. *Avian Pathol* 22：171－176.

[235]Supartika, I. K.，M. J. Toussaint, and E. Gruys. 2006. Avian hepatic granuloma. A review. *Vet Q* 28：82－89.

[236]Suzuki, T.，A. Ikeda, J. Shimada, Y. Yanagawa, M. Nakazawa,and T. Sawada. 1996. Isolation of *Actinobacillus salpingitidis*/avian Pasteurella haemolytica-like organism from diseased chickens. *J Japan Vet Med Assoc* 49：800－804.

[237]Suzuki, T.，A. Ikeda, J. Shimada, T. Sawada, and M. Nakazawa. 1997. Pathogenicity of an *Actinobacillus salpingitidis*/avian *Pasteurella haemolytica*-like isolate from layer hens that died suddenly. *J Japan Vet Med*

Ass 50:85 - 88.

[238]Suzuki, T. , A. Ikeda, T. Taniguchi, M. Nakazawa, and T. Sawada. 1997. Pathogenicity of an "*Actinobacillus salpingitidis*"/avian *Pasteurella haemolytica*-liks organism for laying hens. *J Japan Vet Med Assoc* 50: 381 -385.

[239]Szep, I. , M. Pataky, and G. Nagy. 1973. Infectious inflammation of cloaca and penis of geese. I. Epidemiology and control. *Magyar Allatorvosok Lapja* 28:539 - 542.

[240]Tanaka, M. , H. Takuma, N. Kokumai, E. Oishi, T. Obi, K. Hiramatsu, and Y. Shimizu. 1995. Turkey rhinotracheitis virus isolated from broiler chicken with swollen head syndrome in Japan. *J Vet Med Sci* 57:939 - 941.

[241]Tantaswasdi, U. , A. Malayaman, and K. F. Shortridge. 1986. Influenza A virus infection of a pheasant. *Vet Rec* 119:375 - 376.

[242] Tee, W. , J. Montgomery, and M. Dyall-Smith. 2001. Bacteremia caused by a *Helicobacter pullorum*-like organism. *Clin Infect Dis* 33:1789 - 1791.

[243]Terzich, M. , and S. Vanhooser. 1993. Postmortem findings of ostriches submitted to the Oklahoma Animal Disease Diagnostic Laboratory. *Avian Dis* 37: 1136 - 1141.

[244]Thorel, M. F. , P. Pardon, K. Irgens, J. Marly, and P. Lechopier. 1984. Experimental paratuberculosis: pathogenicity of mycobactindependent mycobacteria strains to calves. *Ann Rech Vet* 15:365 - 374.

[245]Thorel, M. F. , M. C. Blom-Potar, and N. Rastogi. 1990. Characterization of *Mycobacterium paratuberculosis* and "woodpigeon" mycobacteria by isoenzyme profile and selective staining of immunoprecipitates. *Res Microbiol* 141:551 - 561.

[246]Trenchi, H. , M. T. Bellizzi, C. G. d. Souza, and C. G. De Souza. 1981. Contamination of Marek's disease vaccine with *Pseudomonas* (achromogenic variety). *Gaceta Vet* 43:982 - 989.

[247]Valente, C. , V. Cuteri, R. Quondam Giandomenico, L. Gialletti, and M. P. Franciosini. 1997. Use of an experimental chicks model for paratuberculosis enteritis (Johne's disease). *Vet Res* 28:239 - 246.

[248]Van der Schaaf, A. , J. L. Hopmans, and J. Van Beek. 1976. Mycobacterial intestinal disease in woodpigeons (*Columbia palumbus*). *Tijdschr Diergeneeskd* 101: 1084 - 1092.

[249] Van Kruiningen, H. J. , B. Ruiz, and L. Gumprecht. 1991. Experimental disease in young chickens induced by a *Mycobacterium paratuberculosis* isolate from a pa-

tient with Crohn's disease. *Can J Vet Res* 55:199 -202.

[250]Vancanneyt, M. , P. Segers, L. Hauben, J. Hommez, L. A. Devriese, B. Hoste, P. Vandamme, and K. Kersters. 1994. *Flavobacterium meningosepticum*, a pathogen in birds. *J Clin Microbiol* 32:2398 - 2403.

[251] Vandamme, P. , P. Segers, M. Ryll, J. Hommez, M. Vancanneyt, R. Coopman, R. De Baere, Y. Van de Peer, K. Kersters, R. De Wachter, and K. H. Hinz. 1998. *Pelistega europaea* gen. nov. , sp. nov. , a bacterium associated with respiratory disease in pigeons: taxonomic structure and phylogenetic allocation. *Int J Syst Bacteriol* 48:431 - 440.

[252]Vandamme, P. , M. Vancanneyt, P. Segers, M. Ryll, B. Kohler, W. Ludwig, and K. H. Hinz. 1999. *Coenonia anatina* gen. nov. , sp. nov. , a novel bacterium associated with respiratory disease in ducks and geese. *Int J Syst Bacteriol* 49:867 - 874.

[253] Venkanagouda, G. Krishnappa, and A. S. Upadhye. 1996. Bacterial etiology of early chick mortality. *Indian Vet J* 73:253 - 256.

[254]Verma, R. K. , A. R. Muley, and K. N. P. Rao. 1991. Some observations on the strainic variation of *Borrelia anserina*. *Indian Vet J* 68:818 - 821.

[255] Vesselinova, A. , H. Nadjenski, S. Nikolova, and V. Kussovski. 1996. Experimental melioidosis in hens. *J Vet Med* [B] 43:371 - 378.

[256]Vijayakrishna, S. , T. V. Reddy, K. Varalakshmi, and K. V. Subramanyam. 2000. Listeriosis in broiler chicken. *Indian Vet J* 77:285 - 286.

[257] Vladik, P. , and J. Vitovec. 1972. Detection of *Plesiomonas shigelloides* in the liver of turkeys with histomoniasis. *Veterinarni Medicina* 17:461 - 468.

[258]Waldenstrom, J. , S. L. On, R. Ottvall, D. Hasselquist, C. S. Harrington, and B. Olsen. 2003. Avian reservoirs and zoonotic potential of the emerging human pathogen *Helicobacter canadensis*. *Appl Environ Microbiol* 69: 7523 - 7526.

[259] Walker, S. E. , J. E. Sander, I. H. Cheng, and R. E. Wooley. 2002. The *in vitro* efficacy of a quaternary ammonia disinfectant and/or ethylenediaminetetraacetic acid-tris against commercial broiler hatchery isolates of *Pseudomonas aeruginosa*. *Avian Dis* 46:826 - 830.

[260]Walker, S. E. , J. E. Sander, J. L. Cline, and J. S. Helton. 2002. Characterization of *Pseudomonas aeruginosa* isolates associated with mortality in broiler chicks. *Avian Dis* 46:1045 - 1050.

[261]Walker, S. E. , and J. E. Sander. 2004. Effect of BioSen-

try 904 and ethylenediaminetetraacetic acid-tris disinfecting during incubation of chicken eggs on microbial levels and productivity of poultry. *Avian Dis* 48:238-243.

[262]Watts,J. L. ,S. A. Salmon,R. J. Yancey,Jr. ,B. Nersessian,and Z. V. Kounev. 1993. Minimum inhibitory concentrations of bacteria isolated from septicemia and airsacculitis in ducks. *J Vet Diag Invest* 5:625-628.

[263]Welsh,R. D. ,R. W Nieman,S. L. Vanhooser,and L. B. Dye. 1997. Bacterial infections in ratites. *Vet Med* 92:992-998.

[264]Wesley,I. V. ,and A. L. Baetz. 1999. Natural and experimental infections of *Arcobacter* in poultry. *Poult Sci* 78:536-545.

[265]Wibbelt,G. ,and J. S. McKay. 2001. *Oerskovia* spp. infection in a pigeon—case report and review. *Eur J Vet Pathol* 7:79-82.

[266]Williams,B. J. ,and H. L. Newkirk. 1966. *Pseudomonas* infection of one-day-old chicks resulting from contaminated antibiotic solutions. *Avian Dis* 10:353-356.

[267]Willinghan,E. M. ,J. E. Sander,S. G. Thayer,and J. L. Wilson. 1996. Investigation of bacterial resistance to hatchery disinfectants. *Avian Dis* 40:510-515.

[268]Yamauchi,K. E. ,and J. Snel. 2000. Transmission electron microscopic demonstration of phagocytosis and intracellular processing of segmented filamentous bacteria by intestinal epithelial cells of the chick ileum. *Inf Immun* 68:6496-6504.

[269]Ye,S. ,S. Xu,Y. Huang,L. Zhang,Z. Wong,W. Jiang,S. Z. Ye,S. L. Xu,Y. J. Huang,L. M. Zhang,Z. J. Wong,and W. M. Jiang. 1995. Investigation of *Proteus* infections in chickens. *Chinese J Vet Sci Tech* 25:14-15.

[270]Zhu,X. Y. ,T. Zhong,Y. Pandya,and R. D. Joerger. 2002. 16S rRNA-based analysis of microbiota from the cecum of broiler chickens. *Appl Environ Microbiol* 68:124-137.

第 24 章

禽衣原体病(鹦鹉热,鸟疫)
Avian Chlamydiosis(Psittacosis,Ornithosis)

Arthur A.Andersen 和 Daisy Vanrompay

引　言

定义和同义名

禽衣原体病是由鹦鹉热亲衣原体(*Chlamydophila psittaci*)引起的。禽的禽衣原体病通常是全身性的,偶尔致死。临床症状的表现随禽的种类、大小以及衣原体株的不同而有很大差异。禽衣原体病可引起嗜睡、高热、异常分泌物、鼻腔和眼睛分泌物以及产蛋量下降。死亡率可达30%。观赏鸟最常出现的临床症状有食欲减退、体重减轻、腹泻、黄色粪便、窦炎以及呼吸道症状[64]。很多鸟,特别是大一些的鹦鹉不表现临床症状,但是会很长时间内排出衣原体。剖检感染鸟常见肝、脾肿大,纤维素性气囊炎,心包炎和腹膜炎[72,89,101]。

本章主要介绍禽衣原体病,是因为其发生于商业化饲养的用于生产蛋肉的禽类——火鸡、鸭和鸽子。应该注意的是,观赏鸟发生该病与禽类十分相似,疾病特征、传播和诊断基本相同。最近出版了有关观赏鸟衣原体病的综述和控制方法的文献[84],并被放在美国兽医协会(AVMA)和疾病预防与控制中心(CDC)网站上。

最初,人类和鸟的衣原体病叫鹦鹉热[65],因为该病首次是在鹦鹉以及与鹦鹉接触的人员中发现的。鸟疫是 1941 年由 Meyer[63] 提出的一个术语,以便将家禽和野禽的衣原体病或由其传染的衣原体病,同鹦鹉热亲衣原体病或由其传染的衣原体病区分开来。目前认为,这两种疾病的症状是相同的[69]。以前的区分是基于人类的鸟疫比鹦鹉热轻微这一假设,而实际上,由火鸡传染引起的人衣原体病通常比由鹦鹉传染引起的严重得多。

公共卫生意义

鹦鹉热亲衣原体的禽型株可感染人类,在处理感染禽或污染材料时应注意防护。人类感染通常是在处理或加工感染火鸡或鸭后发生,大多数感染是通过吸入传染性气雾引起,因此加工厂的雇员被感染的危险特别大,危险性大的还有农场工人和加工厂的禽类检验人员。从事火鸡肉深加工的工作人员也被感染过。鸡、鸽子、雉鸡、鹌鹑和山鹑的公共卫生对其生产者来说产生过威胁。

人类感染禽衣原体病的潜伏期一般为 5~14天,不过长一些的潜伏期也发生过[84]。感染后从症状不显到伴有肺炎的全身严重疾病都有可能发生。因为该病对及时治疗的病人很少致死,所以认识到该病的危害性和早期做出诊断是非常重要的。感染病人典型症状是头痛、恶寒、不适、肌痛,伴有或无呼吸道症状;肺常受侵害,但听诊也许正常,从而可能造成低估其受侵害程度。一种人的衣原体株(肺炎衣原体 TWAR 株)在人类可导致相似的疾病症状[33,34]。推荐的治疗方法也同禽衣原体株所致疾病相同,所以不需要作鉴别诊断。

历　史

禽衣原体病在 1929—1930 年的一次大流行中,至少有 12 个国家受到牵连,该病由此引起世界关注。在美国,该病的发生归咎于从南美进口亚马逊绿鹦鹉。1931 年,美国制定了关于从热带国家进口鹦鹉的严格管理条例。在此时期,Leventhal、Cole 和 Lillie 分别在感染禽和人的组织中观察到非常小的嗜碱性着色体,并认为那就是病原。Bedson 和 Bland 很快证实了嗜碱性着色体同该病的病因学关系[61]。

以后的 20 年,人们逐渐清楚衣原体不仅仅局限于鹦鹉,而是在几乎所有的禽类中广泛流行,并且其他禽类的衣原体也能传播给人。1939 年,一个养鸽者发现鸽群中有几只死鸽子,南非诊断实验室在其送检的两只鸽子中分离出衣原体。不久加利福尼亚州有人从病原体携带信鸽中分离到衣原体,而且证实纽约的两例病人感染归咎于接触野鸽。1942 年,血清学检测表明鸭子和火鸡能够自然感染。3 年内,加利福尼亚和纽约报道了由于接触鸭子导致的人类感染。但是,直到 20 世纪 50 年代早期,才从火鸡和从接触火鸡的人中分离到衣原体[61]。被鉴定出能自然发生衣原体感染的禽的种类名单急剧增加,迄今为止,已报道 400 多种是属于 21 个目的鸟类。

在 20 世纪 60 年代,尽管偶尔暴发以及血清学检测表明禽衣原体对禽类以及接触禽类人员仍存在威胁,但是美国和欧洲禽类的此病大流行率下降了。20 世纪 80 年代的美国[40,67] 以及最近欧洲[81,104]报道了火鸡暴发该病。最近几年,报道鸭子由衣原体致病的数量增加。人类感染与这些暴发中有很大的关系[11,15,32,50,57,59,66]。

病 原 学

分类

当表示种与株时,用特定的属与种。衣原体目的成员都是感染人和动物的革兰氏阴性、细胞内专性寄生菌,可感染人和动物。对这些菌的快速简便鉴定对分类、流行病学和临床诊断都是必需的。最近将衣原体科重新分为 2 个属:衣原体属(*Chlamydia*) 和亲衣原体属(*Chlamydophia*)[25]。衣原体属和亲衣原体属分别与以前的沙眼衣原体(*Chlamydia trachomatis*) 和鹦鹉热衣原体属(*Chlamydia psittaci*) 相对应。根据新的分类,衣原体属包括 3 个种——沙眼衣原体(*C. trachomatis*)、鼠衣原体(*C. muridarum*) 和猪衣原体(*C. suis*)、亲衣原体属包括 6 个种——鹦鹉热亲衣原体(*C. psittaci*)、流产亲衣原体(*C. abortus*)、猫亲衣原体(*C. felis*)、豚鼠亲衣原体(*C. caviae*)、肺炎亲衣原体(*C. pneumoniae*)和家畜亲衣原体(*C. pecorum*)。系统发育标志DNA 序列分析(核糖体基因间隔区和 23S rRNA基因的Ⅰ区)为鉴定、分类和鉴别衣原体株提供了一种快速和可重复的方法[25,27,80]。为保持与旧的分类的连续性,chlamydiosis 和 chlamydiae 等术语用作属名,统指由衣原体属和亲衣原体属的所有成员引起的疾病。

形态学与染色

亲衣原体属有 3 种形态学上截然不同的形态,为原体(EB),网状体(RB)和中间体(IB)(图24.1)。EB 是一种小的、电子致密的球形体,直径大约 0.2~0.3mm,同支原体一样是原核生物中最小的。EB 是衣原体的感染形态,它附着在靶上皮

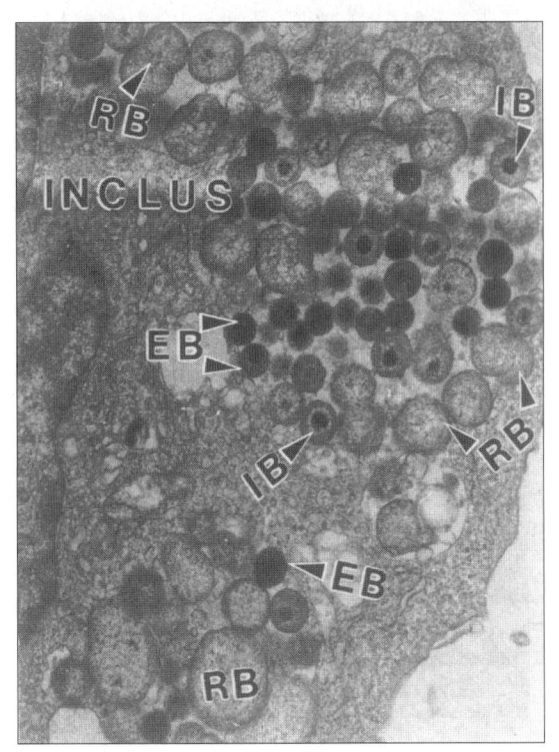

图 24.1　感染的 L929 细胞内鹦鹉热亲衣原体包涵体(IN-CLUS) 的透射电镜照片。衣原体出现不同形态:原体(EB),网状体(RB)和中间体(IB)。×15 000

细胞上并侵入。EB 的特征为其外周分布有高度电子致密的核状小体，与电子致密的胞质有明显不同。EB 进入宿主细胞后，体积增大形成 RB，RB 是细胞内的代谢旺盛形态，体积比 EB 大，直径大约为 0.5～2.0mm，RB 通过二分裂方式增殖，然后成熟形成新的 EB。在成熟过程中，在宿主细胞内可看到形态学上的中间形式（IB），直径 0.3～1.0mm。IB 有一个电子致密的中心核，核周围由单个核状纤维辐射状排列。胞质颗粒在 IB 周围紧密排列，由半透明区与中心核隔开。

所有衣原体均为革兰氏阴性，但是革兰氏染色对鉴定衣原体无实用价值。衣原体较大，足以用特殊光片的光学显微镜或选择性染色观察到。在感染组织或渗出物的湿压片中，细胞内衣原体在放大 3800 倍数以上的相差显微镜下就可以看到（图 24.2A）。衣原体易在暗视野中看到（图 24.2B）。但是不论哪种方法，都不能与细胞内支原体区分开来。当只有明视野显微镜时，可以将感染组织的触片经过适当方法固定后，用 Castaneda、Giemsa、Gimenez、Macchiavello 或 Stamp 染色后观察到衣

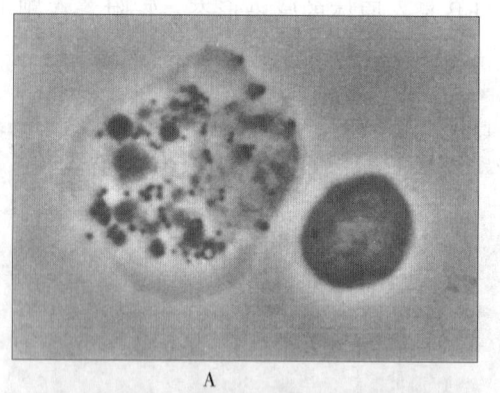

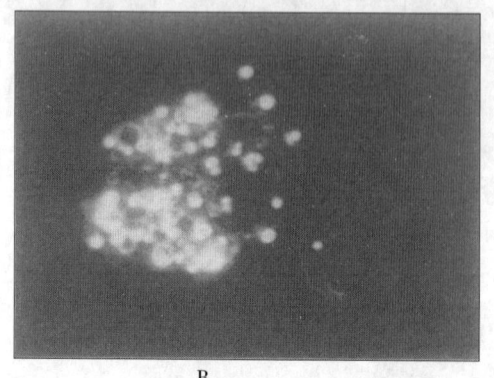

图 24.2　A. 感染鹦鹉热亲衣原体的火鸡气囊渗出物中充满衣原体的单核细胞相差显微照片。B. A 图中单核细胞的暗视野显微照片[70]。×4 000

原体[2]。衣原体用 Giemsa 染色呈深紫色，Castaneda 染色呈蓝色，Machiavello、Gimenez 和 Stamp 染色呈红色，与背景形成对照。感染鸡胚的卵黄囊涂片应首选 Gimenez 染色[31]，该染色方法在镜检自然感染禽类的病变气囊、脾和心包涂片以作初步诊断时是非常有用的（图 24.3）。

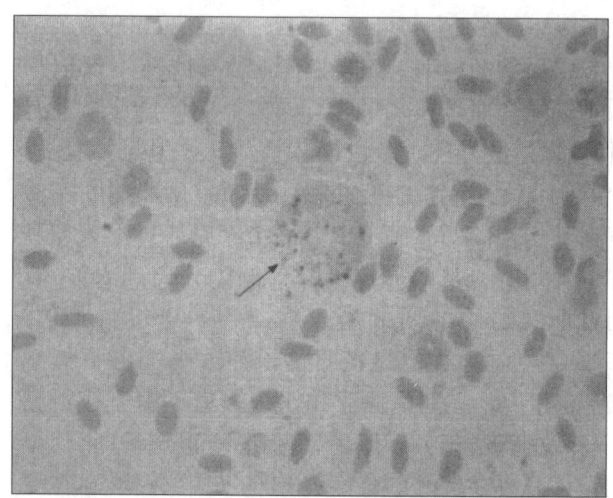

图 24.3　鸽脾脏 Gimenez 染色。注意巨噬细胞内有紫红色衣原体包涵体（箭头）。光学显微镜照片

生化特性

RB 是细胞内代谢旺盛形态。在 EB 和 RB 中都发现有 DNA 和 RNA，但是 RB 中 RNA 与 DNA 的比率较大。RB 可合成自身的 DNA、RNA 和蛋白质，但是与自由生长的菌落中的细菌比较时，它们的某些代谢能力还是有限的。比如，它们不能完成戊糖循环，不能通过三羧酸循环利用丙酮酸盐。但能分解丙酮酸、天冬氨酸、谷氨酸，产生 CO_2 和 2 碳和 4 碳残基。

抗生素的敏感性

所有衣原体株（有些猪衣原体株和实验突变株除外）均能被一定浓度的四环素、氯霉素和红霉素强烈抑制，青霉素抑制能力较差。有些衣原体株可被 D-环丝氨酸抑制。所有沙眼衣原体株可被磺胺嘧啶钠抑制。四环素、氯霉素和红霉素通过不同的机制抑制衣原体核糖体上蛋白质的合成。青霉素干扰衣原体细胞壁的合成，导致 RB 二分裂受阻，从而形成异常大的 RB，这种异常大的 RB 不能成熟为 EB。D-环丝氨酸的作用同青霉素相似，但是其

作用可被加入丙氨酸所逆转。磺胺嘧啶钠抑制衣原体增殖影响了其产生叶酸的能力，这种抑制作用可通过加入 P-氨基苯甲酸所逆转。某些抗生素对衣原体的生长很少或没有作用，故可以将它们用于从污染细菌的悬液中筛选能生存的衣原体，浓度 1mg/mL 的硫酸链霉素、万古霉素和硫酸卡那霉素可以用作此用途。衣原体对杆菌肽、庆大霉素和新霉素也不敏感。

对理化因素的抵抗力

衣原体对能影响其脂类成分或细胞壁完整的化学因子非常敏感。即使在组织碎片中，衣原体也很快被表面活性剂如季胺类化合物和脂溶剂等灭活[84]。衣原体对蛋白变性剂稀释液、酸和碱（甲醇、乙醇、硫酸铵或硫酸锌、石炭酸、盐酸和氢氧化钠）的敏感性稍差。但是普通消毒液，如氯化苯甲烃铵、碘酊溶液、70%酒精、3%双氧水和硝酸银等，几分钟内即能破坏衣原体的感染性；但是衣原体对甲苯基化合物和石灰有抵抗力。感染衣原体的组织匀浆稀释液（20%）在 56℃ 5min、37℃ 48h、22℃ 12 天、4℃ 50 天可被灭活[73]。

鸡胚卵黄囊膜或小鼠组织内的致密型传染性衣原体在−20℃以下可长期保存，但是初始冻结和随后的解冻可导致滴度下降 1～2Log$_{10}$。这种悬液的感染性在冻融 6 次后即被破坏[73]。大的薄壁型衣原体在−70℃被灭活。

致密型的细胞壁用超声波在 100KC 以上频率或完整的衣原体用去氧胆酸钠处理时可被破坏。

抗原结构和毒素

衣原体产生蛋白质的数量还不清楚，只对有些蛋白质的抗原重要性进行过研究。富含胱氨酸的主要外膜蛋白质（MOMP）的相对分子质量大约为 40 kDa，约占外膜蛋白质总量的 60%。MOMP 是起免疫决定作用的蛋白质，大量的证据表明，针对 MOMP 的表面抗原决定簇的抗体对衣原体感染具有免疫保护作用。外膜蛋白质 A（ompA）基因（也叫做 omp1 基因）编码 MOMP。OmpA 基因含有 5 个保守区序列和 4 个可变区序列，4 个可变区序列为 VS1 至 VS4，编码可变蛋白区 VD I 至 VD IV。VD I、VD II 和 VD IV 在鹦鹉热亲衣原体膜

表面明显突出。表位定位图表明在保守区内存在种、属特异抗原决定簇。但是，在 VD IV 的大多数保守部分也发现种特异抗原决定簇。血清型特异抗原决定簇存在于 VD I 和 VD II 内。针对 MOMP 血清型高度特异的免疫性表位的单克隆抗体（MAbs）可被动中和衣原体的致病性和感染性。MOMP 含有的种、属或血清型特异表位的单克隆抗体是特定衣原体诊断的很好工具。

衣原体脂多糖（LPS）也是外膜的重要组成成分，像 MOMP 一样，在 EB 和 RB 中代表衣原体的一种主要表面裸露抗原。相对分子质量为 10kDa，在化学结构和血清学上与革兰氏阴性肠杆菌的 LPS 具有相关性。事实上，衣原体 LPS 有几种抗原决定簇与肠杆菌科中的沙门氏菌和乙酸钙不动杆菌有交叉反应[17,68]，衣原体 LPS 的糖类部分含有 3-脱氧-D-露-2-辛酮糖酸（Kdo）组成的三糖，排列为 aKdo（2→8）-aKdo-（2→4）-aKdo。这种抗原表位只有衣原体属和亲衣原体属的所有成员具有，因此代表衣原体科特异性抗原，对特异性诊断有用[18]。

衣原体的富含胱氨酸的热应激蛋白60（hsp60）与其他革兰氏阴性菌如大肠杆菌、淋球菌和伯纳特氏立克次氏体有交叉反应[107]，因此在种系发育中将热应激蛋白看做最保守的分子就不足为奇。在选择或判定某一特定诊断试验时，应记住衣原体外膜上存在交叉反应的表位。衣原体 hsp60 与过敏有关，衣原体的反复感染常发生过敏反应。有人认为，这种蛋白质在衣原体感染后眼睛和生殖道形成疤痕以及后遗症方面起主要作用。尚未鉴别出衣原体特有的毒素。

菌株分类

抗原性、遗传学和分子生物学

鹦鹉热衣原体包括 8 种已知血清型（表 24.1），定为 A～F、M56 和 WC[5,8,103]。在这 8 种已知的鹦鹉热衣原体血清型中，6 种可自然感染鸟类。这些血清型与哺乳动物衣原体病有关的血清型有明显区别。每种禽血清型看来与不同群或目的鸟类有关[8,103]。血清型 A 在鹦鹉中流行，并引起观赏鸟主人散发性共患病。血清型 B 在鸽子中流行，但也从其他种类的鸟中分离到。血清型 B 菌株对信鸽爱好者具有潜在危险，尽管与血清型 A 相比，这些菌

株看来似乎对人类的致病力较低。水禽似乎最常感染血清型 C 菌株，但是血清型 C 也从火鸡（CT1）和鹦鹉中分离出（Par1）。血清型 D 是高致病力的，经常感染火鸡，但是从白鹭和海鸥中也分离出。兽医和养禽工作者被血清型 D 菌株感染的风险特别大。血清型 E（也叫做 Cal‑10，MP 或 MN）在 20 世纪 30 年代早期人类暴发的肺炎中首次被分离出来[28]。后来，从很多种禽类包括鸭、鸽子、鸵鸟和美洲鸵中分离出血清型 E 分离株。血清型 F 的代表株是鹦鹉分离株 VS225。从麝鼠和野兔暴发衣原体病中分离出 M56 血清型[85]。WC 血清型是在一次暴发牛肠炎病例中分离出来的[71]。

表 24.1　鹦鹉热亲衣原体血清型

血清型	衣原体代表株	有关宿主
A	VS1	鹦鹉
B	CP3	家鸽，野鸽
C	GR9	鸭，鹅
D	NJ1	火鸡
E	MN	家鸽，火鸡
F	VS225	鹦鹉
M56	M56	麝鼠，雪鞋野兔
WC	WC	牛

针对 LPS aKdo（2→8）‑aKdo‑（2→4）‑aKdo 的单克隆抗体（MAbs）可识别衣原体科的所有成员。针对 MOMP 基因、tRNA‑gly 和 23S rRNA 建立的多重 PCR 也能检测所有衣原体科成员[25]。衣原体种在 MOMP 的可变片断 4：NPTI、TLNPTIA、LNPTIA 或 LNPTI 具有一个共同抗原表位。单克隆抗体应能识别衣原体的这个表位，排除亲衣原体。但是，DNA 序列分析是区别衣原体和亲衣原体的最可靠的方法。PCR 扩增衣原体科 16～23SrRNA 间隔区和序列分析可以鉴定衣原体科属[25]。

采用血清学、限制片段长度多态性分析（RFLP）或针对下列 8 种基因位点中的一种进行部分序列分析，包括 MOMP、GroEL、60kDa 半胱氨酸富集蛋白质、富含半胱氨酸脂蛋白、KDO‑转移酶、16S rRNA、23S rRNA 或 16—23S 基因间隔区，可以鉴别衣原体属和亲衣原体属两种[19]。利用一组血清型特异单克隆抗体做微量免疫荧光试验可以区分 8 种已知鹦鹉热亲衣原体血清型（A～F，M56 和 WC）[5,8]。但是，血清分型只能在专业实验室进行，因为血清型特异 MAbs 还没有商品化。1995 年介绍了用 *Alu*I 限制片段长度多态性分析

（RFLP）对编码 MOMP 的 *omp*A 基因进行基因分型[83]。最近，用种属特异性的探针做定量 PCR 分析 *omp*A 基因可以得出基因属性为 E/B[29]。对所有已知鹦鹉热亲衣原体血清型 *omp*A 基因的 RFLP 分析揭示了相关限制图谱或基因型[5,96]。禽鹦鹉热衣原体的基因分型非常方便，由于其快速、高效，所以可直接用于临床样品。方法的选择取决于实验室，因为任一种分析都能用来对禽鹦鹉热亲衣原体分离株进行分类。

致病力

根据对家禽的自然致病力，可将从家禽分离的鹦鹉热亲衣原体分为两类：①高强毒毒株，常引起急性流行，可致 5%～30% 的感染禽死亡；②较低毒力毒株，引起慢性、进行性流行。血清学试验证明，高强毒毒株和较低毒力毒株的传播能力相同，都能很快地传遍一个种群。高强毒毒株最常从火鸡中分离出来，偶尔从临床健康的野鸟中分离出来。从以前发生过的死亡率高的暴发病例中分离到的分离株，经血清学分型均为血清 D 型[8,105]。这些毒株也被称为"产毒素株"，因为它们导致自然和实验宿主发生急性致死性疾病，病变特征为重要器官的广泛性血管充血和炎症。产毒素株对实验动物具有广谱致病力，能引起接触禽类的人员和实验室研究人员的严重感染（有些甚至死亡）。导致慢性进行性流行的低毒力毒株，在没有继发细菌或寄生虫感染时，致死率低于 5%。这类衣原体株常从鸽、鸭中分离到，偶尔从火鸡、麻雀以及其他野生鸟类分离到。从低死亡率发病的火鸡中分离的分离株均为血清 B 或 E 型。感染这些衣原体株的禽类通常不产生像感染产毒素株那样的典型的血管损伤，也无严重的临床症状[89]。

鸽、鸭和某些鹦鹉的衣原体病常常伴发沙门氏菌感染。在这种情况下，患禽的死亡率高，并排出大量衣原体；感染禽周围环境中的易感宿主接触大量衣原体，可导致临床发病。

发育周期

衣原体的感染性原体（EB）与繁殖性网状体（RB）之间独特的双相转换发育周期将衣原体与其他细胞内细菌区分开来。EB 无代谢作用，对恶劣的细胞外环境有抵抗力，而 RB 在细胞内分裂，在宿主细胞外不能存活。

感染过程最初是鹦鹉热亲衣原体的 EB 附着在易感柱状上皮细胞顶端的微绒毛上[51]（图 24.4）。EB 穿过微绒毛，定位于真核生物原生质膜的凹陷处，有些好像覆盖凹窝。微绒毛的基部代表细胞外物质运送到细胞内的活跃区，因此，也许协助 EB 快速有效地穿入。1～3h 后，EB 被原生质膜内陷包裹（图 24.5）。鹦鹉热亲衣原体的摄入机理是细

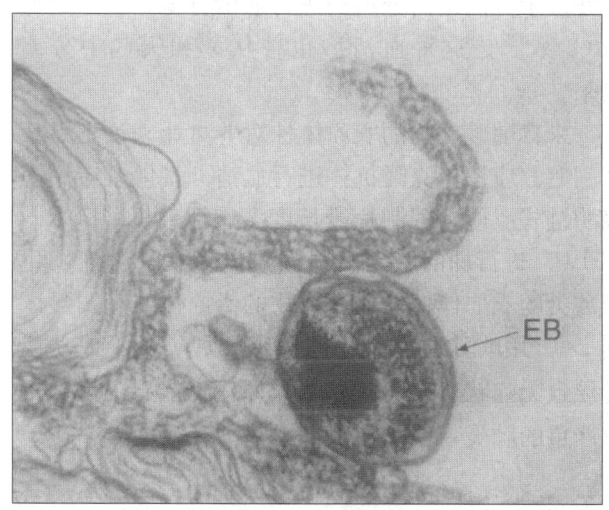

图 24.4　Buffalo 绿猴（BGM）细胞培养在接种鹦鹉热亲衣原体得克萨斯火鸡血清型 D 菌株 1h 后，原体（EB）附着在宿主细胞微绒毛旁

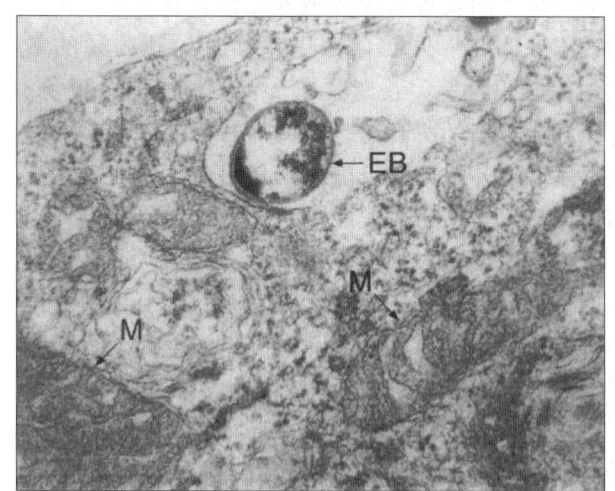

图 24.5　BGM 细胞在接种鹦鹉热亲衣原体得克萨斯火鸡血清型 D 菌株 1h 后，在膜包裹的空泡内出现内化的原体（EB）。注意包涵体附近的线粒体（M）

胞内吞，包括微丝依赖和不依赖过程。内含鹦鹉热亲衣原体的细胞内吞泡避开与溶酶体作用，8～12h 后进入核窝区，也就是 EB 转变成 RB 的地方。转变成 RB 主要包括外膜蛋白间二硫键的交叉连接减少，改变了 EB 的细胞壁。DNA、RNA 和蛋白质

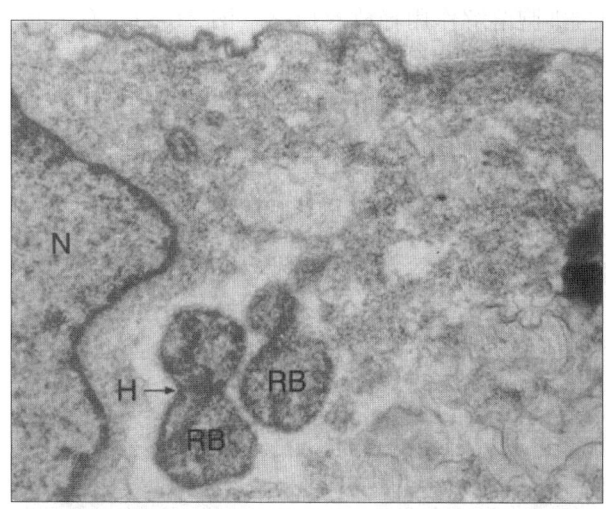

图 24.6　接种从鸽子脾脏分离的血清型 B 鹦鹉热亲衣原体 89/1326 株 18h 后的 BGM 细胞。注意 BGM 细胞核（N）附近的衣原体空泡，网状体（RB）正在分裂，特征为"瘦腰"轮廓（H）

开始合成，RB 通过二分裂方式增殖。二分裂的特征是在泡体内出现典型的"瘦腰"轮廓（图 24.6）。不断增大的泡体也叫"包涵体"。在整个细胞内发育阶段，鹦鹉热亲衣原体并不总在包涵体内。在有些情况以及与高致病力菌株有明显关联的情况下，包涵体膜在增殖活跃期降解，将菌体释放到宿主细胞的胞质内[97]。EB 进入后大约 30h，第一个 RB 分裂形成新的 EB。大约 48～50h，发育的衣原体包涵体中含有 100～500 个子代，数量取决于鹦鹉热亲衣原体菌株的特性（图 24.7）。对大多数鹦鹉热亲衣原体株来说，感染后宿主细胞常被严重损坏，

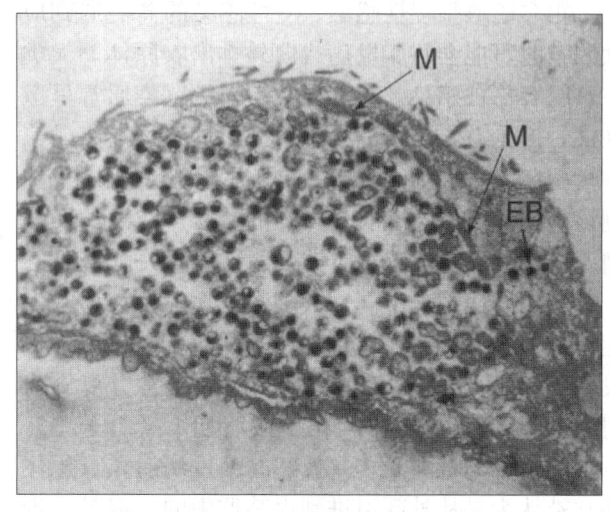

图 24.7　接种从火鸡肺脏、脾脏和泄殖腔分离的血清型 D 型鹦鹉热亲衣原体 92/1293 株 52h 后的 BGM 细胞。注意大的包涵体以及从包涵体明显"逃逸"的原体（EB）。还注意沿包涵体呈线状排列的线粒体（M）

通过细胞溶解作用释放衣原体（图 24.8）。有人报道，包涵体被释到细胞外后，紧接着细胞"修复"或闭合包涵体所在的"开口洞穴"[90]。当 EB 一直存在于宿主细胞胞质内时，可发生持续感染。

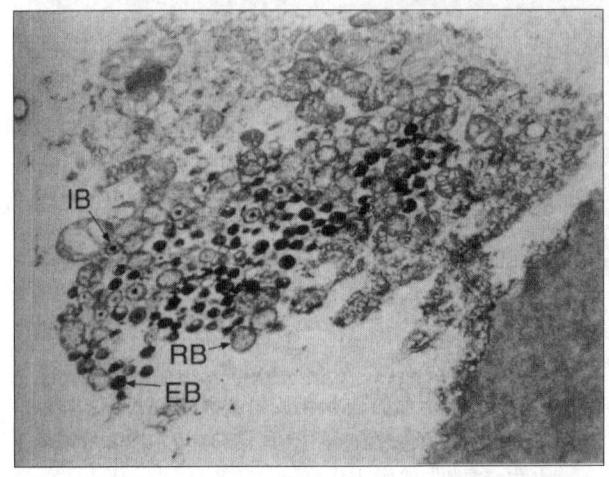

图 24.8 BGM 细胞在接种鹦鹉热亲衣原体得克萨斯火鸡血清型 D 菌株 50h 后，感染的 BMG 细胞出现裂解。注意出现的网状体（RB）、中间体（IB）和原体（EB）

病理生物学和流行病学

发生和分布

禽衣原体病在世界范围内均有发生，发病率和分布随禽的种类和衣原体的血清型不同而有很大区别。鹦鹉主要感染一种血清型的衣原体，呈地方流行，很多鹦鹉呈慢性感染。慢性感染的禽类遇到应激因素时可能会临床发病或向外排出衣原体。人类在这时容易被感染。经济损失和人员感染通常呈散在性，但是有人报道过将感染鸟引进宠物商店或家中可引起暴发。最近几年，抗生素已被广泛用来控制该病的流行以及减少对人类的威胁。鸽子的发病情况与鹦鹉相似，但至少涉及两种不同的血清型。

火鸡的发病情况不同。大多数发病为暴发，并发生在散养的火鸡中，但是现在发现商品肉火鸡中也发生了[104]。当火鸡死亡率高的时候经常分离到血清型 D（火鸡致病型），相反血清型 B（鸽子型），对火鸡的毒力较弱[8]。在曾经的暴发病时，衣原体经常被认为是从外部引进到火鸡群中的，但是最近对比利时和法兰西的火鸡研究表明低毒力的菌株（A，B，E 和 F 型）广泛存在于商品肉鸡中，并有可能流行。虽然没有临床症状，但是血清学实验证

实衣原体普遍的存在。当禽类肺炎病毒杆菌（APV）或者鼻气管鸟杆菌（ORT）侵染初期和过程中发现了衣原体的活动，从而暗示了衣原体是可以引起呼吸道疾病复合物的一部分[92]。

家鸭衣原体的发病率和流行病学资料非常有限。在美国，鸭衣原体不是一个重要的问题。欧洲有一些暴发，有些发生于最近几年[15,57]，对少数几次暴发中分离出的分离株进行血清分型，全部是血清 C 型[103]。这种血清型也曾从鹅和天鹅中分离出来。

来自哺乳动物的衣原体株对养禽业来说不是什么问题。应用单克隆抗体进行血清分型以及应用多聚酶链式反应－限制片段长度多态性分析（PCR－RFLP）进行株的鉴定的最新进展表明，自然发生于禽类的衣原体株同哺乳动物的衣原体株有明显区别[7,8]。用哺乳动物衣原体株感染禽类常不成功或者导致无症状感染[53,89]。禽衣原体株能感染人，可致严重的肺炎，但是在人群中很少会再次传播[84]。

自然宿主和实验宿主

除家禽自然发生衣原体感染之外，在 400 种以上的野禽体内发现衣原体或衣原体抗体[1,54]。在美国，衣原体的常见贮存宿主包括野生和凶猛的禽类，如海鸥、鸭、苍鹭、白鹭、鸽、黑鸟、鹩哥、麻雀和小水鸟，所有这些禽类都易与家禽接触。鹦鹉热亲衣原体强毒株可由海鸥和白鹭携带并大量排出，而对这些宿主无明显影响。

禽衣原体的实验宿主包括全部禽类。但是，据认为不同品种易感性不同。衣原体的排出时期及排出的数量依据禽的种类不同而有很大差异。衣原体感染后产生的抗体也有差异。

用作禽衣原体研究的哺乳类实验动物宿主主要是小鼠，偶尔用豚鼠。这两种宿主均可自然感染衣原体。应用这些动物的研究者应该测定种群中衣原体的状况。家兔感染禽衣原体不产生临床症状，但是可以用家兔制备多克隆抗体[105]。

一般说来，幼龄家禽较成年禽易感，易产生临床症状，容易死亡。老火鸡，如淘汰的老种火鸡感染后也许见不到症状，除非它们处于应激条件下，如用拥挤的卡车运到市场。雄火鸡的死亡率比雌火鸡要高。

传播、携带者和传播媒介

鹦鹉热亲衣原体血清分型方法的建立和基因鉴定分离株方法的建立加深了对禽衣原体病流行病学的了解。很明显，某些鹦鹉热亲衣原体血清型通常只与某一特定类型的禽类有关（如血清型 A 与鹦鹉），有些血清型与特定宿主间具有如同寄生那样的关系，即感染鹦鹉热亲衣原体导致的无症状感染携带者，在某些条件如应激下将排出衣原体；鸽子和鹦鹉携带鹦鹉热亲衣原体的状况已经得到认可，其他禽类也有可能是携带者。从鹦鹉排出的衣原体几乎都是血清型 A，而从家鸽和野鸽发现的衣原体是血清型 B 或血清型 E[8,21,103]。

与火鸡衣原体病有关的血清型不在火鸡中流行，但是这些血清型是由野禽传入的。从暴发衣原体病的火鸡中分离的衣原体分离株通常是血清型 B 或血清型 D[8,103]。血清型 B 常见于鸽子，已从无临床症状的鸽子中分离出，从一些低死亡率的发病火鸡中分离出血清型 B。而从高致死率的火鸡暴发病例中则常分离出血清型 D，血清型 D 还没有发现与火鸡以外的禽类有什么固定关系；但是，鉴于火鸡的饲养方法和两次发病的时间间隔，该病在火鸡群中流行这一问题值得怀疑。其他禽类很可能作为储主，在混群时传播给火鸡。血清型 D 的来源或储主还不清楚。

在欧洲，从鸭和天鹅中已分离到血清型 C 衣原体[100]。但因已作血清分型的分离株数量太少，以至于不能确定该菌株主要是否来自鸭和其他鹅型禽类。有趣的是，该血清型从未从其他禽类分离出来过。近几年来，从死亡的平胸鸟已分离出几株衣原体，这些分离株通常为血清型 E，表明平胸鸟也许是从家鸽或野鸽传染的[4,35]。

衣原体传播可能是由吸入或摄食污染材料引起。感染鸟的呼吸道分泌物和粪便中可见大量衣原体，而且呼吸道分泌物的重要性变得越来越明显，火鸡侧鼻腺早期即被感染，并保持感染 60 天以上[89]。泄殖腔口咽拭子分离病原较粪拭子分离病原稳定，特别是在感染早期[6]。发病期间，呼吸道分泌物的气雾化导致的气溶胶直接传播必须视为该病的主要传播方式。

节肢动物在传播衣原体方面的作用还不清楚。火鸡巢的螨能携带衣原体[22]，在南卡罗来纳州火鸡的一次流行中，蚋蝇被怀疑为可能的传播者[70]。据介绍，鸭、鸡、火鸡和一些野生禽可通过蛋垂直传播衣原体[58,100,106]。垂直传播发生率较低，但是，它可作为将衣原体引入到一个禽群的传播方法。

潜伏期、临床症状、发病率和死亡率、病理变化和发病机理

火鸡

Page 等人[72]调查了商业火鸡通过气溶胶或口腔途径感染鹦鹉热亲衣原体血清型 D 菌株在潜伏期后的发病机理[8]。Page 通过分离确定了组织中衣原体的数量分布。Vanrompay[98]等用免疫测定研究了无特定病原火鸡感染鹦鹉热亲衣原体血清型 A、B 和 D 的发病机理，免疫测定能精确确定组织和细胞的嗜性。在这个研究中，用气溶胶感染火鸡，因为 Page[72]证明这种途径最有可能是自然感染途径。通过这些研究，可以得出 3 种血清型的下述致病结果。用气溶胶感染的火鸡，衣原体最初的增殖部位是上呼吸道，上皮细胞被感染。随后，下呼吸道的上皮细胞和整个呼吸道的巨噬细胞被感染。然后衣原体在呼吸道全面复制。与此同时，在血浆和单核细胞中证实有衣原体，表明发生败血症，而且全身不同组织的上皮细胞和巨噬细胞内出现衣原体。

用血清型 B 菌株实验感染火鸡，引起的临床症状和病变较血清型 A 或 D 菌株温和得多[101]。血清型 B 菌株感染潜伏期较长，需要较长时间在组织内达到最高滴度，在组织内检出的期间较短。

自然感染禽衣原体病的禽，潜伏期随吸入的衣原体数量和感染菌株对该宿主的毒力或致病性不同而有差异。用强毒株实验感染幼龄火鸡，5～10 天出现明显临床症状。禽类自然感染少量衣原体或老龄禽接受大量衣原体，潜伏期也许更长。不导致严重症状的低毒力衣原体株，其潜伏期也许较长，感染后 2～8 周出现明显临床症状。

火鸡感染强毒株衣原体的症状表现为恶病质、厌食、体温升高、结膜炎和呼吸困难，排出黄绿色胶冻状粪便。严重感染的母火鸡产蛋率迅速下降到 10%～20%，也许还会暂时停止产蛋或者保持低产蛋率直至完全康复。感染低致病力衣原体株的火鸡群症状为厌食，有些出现绿色稀粪，对产蛋量影响不大。

感染强毒株的火鸡群在发病高峰期，50%～

80%的火鸡出现临床症状；而感染弱致病力衣原体株的火鸡群只有5%～20%的发病率。由强毒株衣原体引起的死亡率为10%～30%，由低致病力衣原体引起的死亡率只有1%～4%。

弱致病力株引起的大体病变同强毒株引起的病变相似，只不过没有那么严重和广泛。强毒株引起的严重感染，肺脏呈弥漫性充血，胸膜腔内有纤维素性渗出物。在致死病例，黑色漏出液填满胸腔；心外膜增厚、充血，由纤维性渗出物覆盖；心脏可能肿大，表面由厚的纤维素病变覆盖或由黄色絮状渗出物覆盖。对肺脏和心脏的严重损坏无疑是死亡的主要原因。肝脏肿大，颜色变淡，表面可能覆盖纤维素；气囊增厚，表面由厚厚的纤维素渗出物覆盖；脾脏肿大、变暗、变软，可能有代表病灶细胞增殖区的灰白色小点；腹腔浆膜和肠系膜静脉充血，可能覆盖泡沫状、白色纤维素渗出物。所有这些渗出物中都含有大量单核细胞，在单核细胞内可见大量的衣原体RB的微菌落。在胸腹腔所有器官和组织上所见的纤维素性渗出物，是衣原体持续增殖所致的血管损害和炎症反应增高的表现。

低致病力毒株感染后存活下来的禽类，肺脏也许没受到严重影响。但是，衣原体在心外膜上的增殖会导致心脏上形成一个或多个纤维素斑。

Beasley等[14]首先描述了不同年龄的火鸡气管内注射鹦鹉热亲衣原体强毒得克萨斯火鸡（TT）株后发生的病理组织变化。他们观察到，坏死性和增生性变化同其他衣原体株在其他种类动物引起的变化相似（除鹦鹉和小鼠肝脏的灶性坏死比较明显以外）。幼龄火鸡的特异性细胞变化及相应的器官损害比年龄较大的火鸡严重、范围广。检查的大多数火鸡有气管炎，特征为固有层和黏膜下层中发生单核细胞、淋巴细胞和异嗜细胞的广泛浸润。严重损害的区域纤毛消失。这种广泛的气管损害并非是火鸡自然感染后的必然特征，也许是气管内接种大量衣原体的结果。10周龄的火鸡80%～100%出现不同程度的上皮样肺炎，成年火鸡较少（10%～20%）。严重感染的火鸡肺充血，三级支气管和呼吸性细支气管中单核细胞和纤维素广泛浸润。个别细胞和大面积组织发生坏死；实质和基质同样受到侵害。大多数感染火鸡的呼吸道、腹腔表面和心外膜都有纤维素性到纤维素性脓性渗出物。心包和心外膜因血管充血和炎性渗出物而肿胀增厚，炎性渗出物中含有纤维素、大单核细胞和不同数量的淋巴

细胞和异嗜细胞。半数以上的感染火鸡出现心肌炎，但是，只有8%的火鸡出现关节炎。90%以上的火鸡出现肝炎，严重感染的火鸡窦状隙因单核细胞、淋巴细胞和异嗜细胞浸润而发生弥漫性扩张。在增殖和肿胀的枯否氏细胞中充满着碎屑以及被认为是含铁血黄素的黄色色素。坏死的肝细胞分散于整个肝脏，灶性坏死则很少。急性病火鸡发生卡他性肠炎。大多数火鸡的脾脏因细胞增生和坏死而发生肿大和斑状外观，这在幼龄火鸡比在较大的火鸡中更为明显。

衣原体还引起睾丸炎和附睾炎，衣原体似乎对活跃的生殖上皮具有亲和性[13]。伴随生殖上皮的脱落和坏死，出现纤维蛋白和炎性细胞，使细精管内充满着嗜伊红性渗出物。人们还发现成年公火鸡急死的原因常常是睾丸血管的破裂和随之发生的大量内出血。检查6只感染火鸡的大脑，没有发现有意义的变化。

Vanrompay等（1996）检查了4组20只在隔离区隔离通过气溶胶接种的无特定病原（SPF）火鸡的组织病理变化。用从长尾小鹦鹉分离的84/55菌株（血清型A鹦鹉热亲衣原体）、来自火鸡的92.1293菌株（血清型D鹦鹉热亲衣原体）、得克萨斯火鸡株（血清型D鹦鹉热亲衣原体）和来自鸽子的89/1326菌株（血清型B鹦鹉热亲衣原体）实验感染火鸡。已证明4株鹦鹉热亲衣原体对SPF火鸡均具有致病性。火鸡出现结膜炎、窦炎、鼻炎、角膜炎、肺炎、气囊炎（彩图24.9A）、心包炎（彩图24.9B）、肝肿大（彩图24.9C）、脾脏肿大、肠炎、肾脏充血、卵巢或睾丸充血。组织病理学方面，结膜上皮侵蚀、纤维蛋白沉积（彩图24.10A）、角膜溃疡、支气管肺炎（彩图24.10B）、纤维素性坏死性气囊炎（彩图24.10C）、纤维素性心包炎、间质肾炎、腹膜炎和卡他性肠炎。血清型A和D所致病变的类型和分布相似，但是，血清型A感染后所致病变看起来更严重。血清型B所致病变与这两种血清型相比，小肠、胰腺、卵巢、睾丸无可见病变。

用SPF火鸡做双重感染对比得出，衣原体、鸟类肺炎病毒杆菌和大肠杆菌病原体之间有着相互作用。大肠杆菌是促进衣原体侵染的因素。当有大肠杆菌的存在时，它可以增加衣原体侵染的严重程度，并且能够复活潜在衣原体的侵染能力[91]。当宿主处于衣原体侵染敏感期时，鸟类肺炎病毒的侵

染可以加剧临床症状的严重性，组织损伤，喉排泄肺炎病毒，器官组织损伤。但是潜在感染了衣原体的火鸡再次感染肺炎病毒时候，两者的相互关系还不是很明确[93]。

鸭和鹅

在美国，家鸭衣原体病不是一个重要疾病，但是在欧洲，不论是经济上还是危害公共卫生方面它都是很重要的。鸭衣原体病通常是一种严重的、消耗性的、并常致死的疾病，幼鸭发生颤抖、共济失调和恶病质；食欲缺乏，排绿色水样肠内容物；眼和鼻孔周围产生浆液性或脓性分泌物，导致头部羽毛因分泌物而结痂。随着病程的发展，病鸭消瘦，死于痉挛。发病率在10%～80%之间，死亡率根据年龄和是否存在沙门氏菌并发感染，在0～30%之间[87]。

近几年来，欧洲和澳大利亚的鸭子暴发了几次，有些症状很轻或无症状[11,15,50,57,59,66]。死亡和临床症状与应激或感染其他病原有关。尽管致病性发生改变，但是鸭衣原体仍是一个公共卫生问题。

在研究鸭衣原体病时，几位研究者碰巧观察到了鹅衣原体病，并从病变组织中分离出鹦鹉热亲衣原体[87]。临床症状和大体病变同鸭的相似。

鸽

鸽衣原体病的潜伏期还不清楚，传染为地方流行性。据言传染长期存在的原因主要是"母鸽到雏鸽"的循环传播[20,62]。

没有并发症的鸽衣原体病症状不尽相同。急性病鸽的症状是：厌食、委顿和腹泻；有些发生结膜炎、眼睑肿胀和鼻炎（图24.11）；呼吸困难，发出咯咯声。随着病程发展，病鸽衰弱、消瘦。康复鸽成为无症状衣原体携带者。有些鸽整个感染过程不表现症状或至多发生短暂腹泻即成为携带者。沙门氏菌病或滴虫病加重了衣原体携带鸽的病情，引发临床症状和病变。血清学调查表明，鸽子的感染率为30%～90%，通过分离测得的活动感染率在20%是常见的[61,74,82]。

没有发生继发感染的鸽衣原体病的肉眼变化是：气囊、腹腔浆膜、有时心外膜可见增厚，表面有纤维蛋白渗出物；肝脏常肿大、变软、变暗；脾脏可能肿大、变软、变黑；如果发生卡他性肠炎，则在泄殖腔内容物中可见多于常量的尿酸盐。较轻

图24.11　上：没有衣原体感染症状的鸽子；中：中度衣原体结膜炎（中）；下：严重衣原体结膜炎

感染时只侵害肝或气囊。某些严重感染的衣原体携带鸽没有任何病变[72,74]。

鸡

流行病学和实验室证据表明，鸡对鹦鹉热亲衣原体引起的疾病具有相当强的抵抗力。从急性感染

到发病和出现死亡只发生于雏鸡，真正发生流行的很少。实验感染，即使是雏鸡也对许多鹦鹉热亲衣原体株具有抵抗力。急性病例，发生纤维素心包炎和肝脏肿大。大多数鸡的自然感染症状不明显，且为一过性的；但是也报道过发生结膜炎、心包炎、肝周炎和气囊炎的临床病例[10,12]。

雉鸡、鹌鹑和山鹑

已报道过农场饲养的雉鸡、鹌鹑和山鹑的衣原体病。其临床症状和病变同其他禽相似。发病率和死亡率可很高，特别在幼禽。也报道过人类感染[23,40,61,87]。

免疫力

衣原体的免疫力通常很差，维持时间短。随着日龄的增长，禽对临床发病越来越有抵抗力，尽管也可能发生感染。事实上，有些禽类，特别是鸽子，即便感染了强毒株也不发病。

火鸡在 15 周龄时对器官损害表现出中等程度的抵抗力[13]，随着日龄增长，抵抗力会增强。主动免疫在预防自然或实验感染的火鸡后的再次感染所起的作用还不确定。感染从用口服剂量的衣原体感染开始，然后通过自然传播途径感染 19 只火鸡群，后试着从血液中分离衣原体并进行临床观察[72]。每只火鸡在 47 天内的不同时间发生衣原体血症、高温和轻度厌食。每只火鸡衣原体血症持续达 10 天，以后康复，对再次的血液途径感染具有明显抵抗力，即使环境中衣原体的污染足以感染所有未感染的火鸡。

鸭的抵抗力和免疫力还未进行充分的研究。鸽子对很多禽鹦鹉热亲衣原体株，甚至产毒素强毒株具有明显抵抗力，但是，鸽子对从鸽子和麻雀分离的分离株非常敏感[61,71]。

尽管已在豚鼠和小鼠方面做了广泛的研究，但是，重要的宿主抵抗衣原体的机制还没有完全界定。正在进行的争论是在宿主抵抗衣原体方面体液免疫与细胞免疫的有关贡献大小问题。

豚鼠的体液免疫和细胞介导免疫对消除感染和抵抗鹦鹉热亲衣原体豚鼠包涵体结膜炎（GPIC）株的再次感染方面是必须的，目前将 GPIC 株分类为豚鼠亲衣原体[76,78,79]。但是，尿道系统 T 细胞介导免疫在防止鹦鹉热亲衣原体生殖道感染方面明显

是关键免疫因素[52,75,77,88]。

诊　断

诊断鹦鹉热亲衣原体感染的方法有：①临床样品染色后直接观察病原体；②从临床样品中分离病原体，后对分离的病原体进行鉴定；③检测临床样品中特定衣原体抗原或基因；④血清学试验检测抗体，最好对急性期和恢复期的血清比对检测，证实抗体滴度升高。

样品采集和直接检查

样品采集时，必须无菌操作，特别是用于分离的样品，因为细菌污染会干扰实验结果。剖检时，选择采集的组织是气囊、脾、心包、心、肝脏和肾脏。从活禽采集样品，应首选鼻/咽拭子和泄殖腔拭子[6,9]。

用作分离病原的样品，为避免在运输和投递过程中衣原体感染性的丧失，需要对其进行适当的处理。用于立克次氏体的由蔗糖-磷酸盐-谷氨酸盐（SPG）组成的运输培养基适用于衣原体，推荐的衣原体培养基由 SPG 缓冲液组成（蔗糖 74.6g/L，KH_2PO_4 0.512g/L，K_2HPO_4 1.237g/L，L-谷氨酸 0.721g/L）可以高压灭菌或过滤除菌[86]，再加入 10% 犊牛血清和抗生素。运输培养基可以用作冻存衣原体的稀释液。如果样品在 2～3 天内应用，就不应冷冻。

直接染色镜检

有几种技术可以检测出涂片和石蜡包埋组织切片中的衣原体。常用的技术是 Gimenez，改良 Gimenez（PVK 染色）和姬姆萨染色[2,3]。此方法中衣原体 EB 在绿色背景下呈现红色。

免疫组化染色是检测细胞和组织中衣原体的另一种方法。该技术较组化染色敏感，但是判定结果需要经验。应用免疫组化对福尔马林固定切片进行染色越来越受到欢迎。

分离

用适当处理的样品接种细胞单层、鸡胚卵黄囊

或小鼠可以试着分离衣原体。

细胞培养

细胞培养是分离禽鹦鹉热亲衣原体株的最方便的方法。最常用的细胞为 McCoy 细胞、Hela 细胞、Vero 细胞、L929 细胞和 BGM 细胞，但是其他一些细胞也能用。培养时，采用经过改良的标准细胞营养液和培养方法。实验室的仪器设备必须满足：①能用直接免疫荧光（IF）或其他适当染色技术染色检查衣原体包涵体；②能将接种物离心，接种到37℃或尽量接近该温度下的细胞单层上；③能够在一代中染色和检查2～3次；④能够在3～4天盲传；⑤能够对工作人员提供保护，防止可能的感染发生。小的平底瓶（直径10cm）或内有直径12mm盖玻片的24孔培养板能够满足上述要求，并且经常用[2,3,43]。

为了提高衣原体生长所需养分，及对感染细胞做长时间观察，通常要抑制细胞分裂。通过放射或细胞毒性化学物质抑制宿主细胞。细胞毒性化学物质包括5-碘-2-脱氧胞苷、细胞松弛素B、放线菌酮、盐酸依米丁[47]。放线菌酮是最常用的，在接种细胞单层时，以0.5～2.0mg/mL的比例加入培养液内。这些药物虽然对衣原体复制的影响各不相同，但是，它们对禽衣原体株的生长都没有影响或者还可能有促进其生长的作用。

另一种用来提高衣原体感染率的方法是将接种物离心到细胞单层上。常规的做法是500～1 500×g离心30～90min，温度最好接近37℃。

感染后2或3天，将细胞单层固定（根据染色方法和细胞培养容器的不同用甲醇、丙酮或丙酮-甲醇混合物），然后染色检查包涵体。证明衣原体包涵体的首选方法是用针对衣原体 LPS 或 MOMP 上的属特异抗原表位单克隆抗体进行直接或间接荧光染色[2,3]。也可以通过细胞染色技术特别是Gimenez、Stamp、Macchiavello 或 Giemsa 染色来证实包涵体。

鸡胚接种

将鸡的受精卵在39℃孵化6或7天，每胚经卵黄囊途径接种0.2～0.5mL样品。用于接种的鸡蛋必须来自无衣原体病的、所食饲料中未加对衣原体有作用的抗生素的鸡。死于鹦鹉热亲衣原体感染的鸡胚，卵黄囊血管充血是其主要病变。收获接种后3～10天死亡的鸡胚卵黄囊。如果鸡胚没有死亡，应盲传1～2代。制备卵黄囊触片，细胞学染色或直接或间接免疫荧光染色。收获的卵黄囊也可用来接种细胞单层，后用适当细胞学或免疫荧光染色鉴定衣原体包涵体。

衣原体特异抗原检测

检测衣原体抗原而不是活衣原体的试验较分离试验有多处优点。抗原检测系统不仅识别活衣原体和死衣原体，还能检测分泌物或排泄物中的可溶性抗原。目前有直接免疫荧光（IF）试验、酶联免疫吸附试验（ELISA）和免疫层析法（IC）作为检测衣原体抗原的快速诊断试验。大多数现有的试验都是利用针对衣原体 LPS 属特异抗原表位的单克隆抗体或针对衣原体 MOMP 种特异抗原表位的单克隆抗体，这些试验最初研制来检测人的样品中的沙眼衣原体或肺炎衣原体。部分基于 LPS 的试验已被评估来检测禽样品中的鹦鹉热亲衣原体[16,30,55,56,102]。从这些研究可以得出下述结论。目前的抗原快速检测方法成本相当低，易于操作，不需要严格的样品运输冷藏设施，出结果比培养快得多。在评估的禽类抗原检测试验中，目前看来 IMAGEN™IF 试验是最特异、最敏感的抗原直接检测试验。但是，IF 是一种敏感性和特异性依赖于观测者经验的诊断方法。总的说来，不推荐目前的快速诊断试验证实个体禽的鹦鹉热亲衣原体，因为敏感性或特异性有缺陷。

衣原体特异基因检测

鹦鹉热亲衣原体特异基因可用扩增和非扩增的基于核酸的检测方法检测。作为最常应用的基于核酸的扩增检测方法，聚合酶链反应（PCR）是对部分编码衣原体 MOMP 的 ompA 基因或 16S rRNA 基因进行扩增[26,48,49,60]。

PCR 诊断禽衣原体病的优点是：①简单，非侵害性样品采集方法；②样品运输和储存要求低，因为不需要活的衣原体；③避免多个样品混合，因为用直接抗原检测方法如 ELISA 时有时推荐样品混合；④出结果快；⑤敏感性高；⑥特异性强。此外，产生的靶 DNA 片段能够做出扩增产物限制核酸内切酶多态性图谱，很容易将衣原体种和衣原体株区分开来[5,24,83,96]。

PCR 主要的缺点是存在交叉污染风险，需要严格的操作方法。用于目标检测的基因核酸突变可导致阴性结果。而且阳性 PCR 结果有时反映带菌状态，在这些情况下，定量 PCR 或血清学试验在确认临床诊断的衣原体病方面是有帮助的。

禽鹦鹉热亲衣原体 DNA 扩增试验只能在专业实验室进行。目前，PCR 在禽类的应用仅限于既有监测价值又有观赏鸟价值的禽类。未来，简便的、成本低廉的商品化 PCR 可能作为禽类常规衣原体病的诊断方法。

血清学

衣原体病可以用血清学试验做出诊断，通常双份血清抗体滴度升高 4 倍或一个禽群中出现大量的阳性禽时可做出诊断。补体结合试验是标准的试验，被大多数实验室采用。现在有更新的血清学试验，有些试验只检测 IgM，能更好地反应当前感染状况。在推荐使用之前，这些试验的大部分需要其他实验室的进一步评估。若需要更多的不同血清学试验优点信息，读者可参考涵盖这些试验的下述综述和文章[2,3,41]。

补体结合反应（CF）是广泛应用的检测衣原体抗体的方法，其原因部分是由于含碳水化合物的衣原体抗原决定簇容易诱导补体结合抗体。这种抗体并不意味着对衣原体再次感染有免疫力，但是它对检出衣原体感染，特别是禽群中的衣原体感染是有用的。一般的，高滴度抗体（在禽中≥64）表明现在或近期感染过。如果检测出的抗体滴度低，10～14 天以后需要重测，检查滴度是否变化。滴度升高 4 倍以上可诊断为目前衣原体正在感染。

直接和改良的直接补体结合试验是最常用的检测禽衣原体抗体的试验[43,44,45,46]。两种方法相当敏感，试验采用细胞培养增殖的衣原体制备的抗原。改良的直接补体结合试验包括向补体内加入新鲜鸡血清。这样提高了 CF 试验的敏感性，可以用来检测其抗体不能正常结合豚鼠补体的禽类血清[42,44]。

乳胶凝集（LA）和原体凝集（EBA）方法是研制来检测鹦鹉血清的。但是，乳胶凝集试验（LA）对筛选火鸡血清中的抗体及检测家鸽和野鸽血清中的抗体是有用的[39]，对检测鸭血清和鹅血

清是否有用还不清楚。LA 方法主要检测 IgG，但也能检测 IgM[38]。其主要缺点是它不如只检测禽血清中 IgG 的直接 CF 敏感[38]也不如最近推出的只检测 IgM 的元体凝集（EBA）试验敏感[36,37]。EBA 试验已被验证，目前用来检测不同类型禽类的抗体。

间接微量免疫荧光（IMIF）和间接免疫荧光（IFI）试验已广泛用于人沙眼衣原体的血清分型，最近也用于鉴定人体免疫应答是针对沙眼衣原体还是肺炎衣原体或鹦鹉热亲衣原体。两种试验原理相同，都是间接 IF 试验。IFI 试验检测感染的细胞培养物中的包涵体，IMIF 试验检测附着在载玻片上的 EB。最近一篇报道将这两种试验同 CF 和 ELISA 比较，检测鸽血清中的抗体，发现 IFI 和 IMIF 试验特异性十分强而有效[82]。这两种试验用于禽分离株的血清分型[8,103]，作为血清学试验也具有潜力。没有被广泛应用的老一点的血清学方法〔如快速平板（或玻片）凝集、毛细管凝集、间接 CF 抑制、被动血球凝集、免疫扩散及其他〕在别处介绍[41]。新一些的方法如间接 ELISA 和间接 IF 正在试用，但是需要全面的研究和评估以确定其可应用性。

鉴别诊断

衣原体病可疑病历应与巴氏杆菌病区别开来，特别是火鸡的巴氏杆菌病，某些症状和病变同衣原体病相似，可通过适当的培养来排除巴氏杆菌病。由于某些症状和病变相似，怀疑火鸡有衣原体病时需要排除支原体病，这可以通过对支原体进行培养及血清学检测支原体病来解决。大肠杆菌病在某种程度上同衣原体病相似，可以通过对大肠杆菌适当培养来排除。可疑衣原体病应通过病毒分离和血清学检测来排除禽流感。

预 防 策 略

管理措施

最好将禽类饲养在未与潜在污染的器具和场地接触过的饲养舍内；也应避免与潜在贮主或像野禽和猛禽这样的媒介物接触；经常打扫卫生；限制人

员的活动范围，不让参观者随意进入禽舍。如果禽被饲养在舍内，这是很容易办到的。

免疫接种

尽管已做出很大努力研制有效的衣原体疫苗，但是，还没有很大进展。因此，目前还没有商品化衣原体疫苗。

对衣原体的保护性免疫主要是通过 CD4[+] T 辅助细胞 1 型（TH1）淋巴细胞、CD8[+] T 淋巴细胞、单核巨噬细胞和这些细胞分泌的细胞运动素起作用的。此外，黏膜分泌的局部抗体的作用不能低估。已经明确鉴定的唯一的衣原体保护性抗原是主要外膜蛋白质（MOMP）。然而，用 MOMP 进行亚单位设计研制衣原体疫苗通常不成功，可能因为免疫原不能诱导产生像菌体抗原决定簇诱导的保护性细胞和体液免疫应答。根据目前衣原体保护性免疫的知识，已经对表达禽衣原体血清型 A 株 MOMP 的质粒 DNA 进行测试，检测其在 SPF 火鸡体内用同种血清型 A 株攻毒产生保护性免疫应答的能力。观察到 T 记忆细胞被很好地激活，保护机体免受肺部感染[94,95]。需要做进一步研究来解释观察到的保护性免疫机制。

治疗

家禽和观赏鸟的治疗已有综述[84,100]。应该在每吨颗粒饲料中加入 400g 金霉素（CTC）治疗发病火鸡。在颗粒饲料加工过程中，必须注意防止过热，以免破坏 CTC 和降低其有效浓度。在屠宰火鸡供人类食用之前，必须饲喂添加 CTC 的饲料 2 周，以后饲喂无 CTC 的饲料 2 天。添加 CTC 的饲料中不能加钙，因为钙离子能螯合 CTC，降低其效用。建议对感染场的所有火鸡进行治疗后送去屠宰：由于当地野禽能持续携带衣原体，并且上述治疗不可能杀死所有火鸡的衣原体，所以很容易发生再次感染。在衣原体病成问题的地区，即将上市的火鸡和鸭子应由兽医检查，应对 1%～2% 的禽进行血清学检测。建议对随机采样进行血清学检测的禽组织尝试分离衣原体。

治疗感染鹦鹉热亲衣原体的其他水禽基本上用同样的治疗方法，沙门氏菌病常常是一种并发因素，因此需要联合应用抗生素。

治疗鸽子可用添加 CTC 的饲料，但是治疗不能有效地消除带衣原体状态。治疗期与停药期交替进行，这样可最终消除慢性感染[61]。

州和联邦条例

州立法机构可对州内发病禽群的运输实施检疫，可以要求在屠宰前对禽群用抗生素进行治疗。由于州与州的条例也许不同，所以需要时应请教有关的公共卫生机构和/或动物保健机构。

根据美国农业部条例，通过分离出衣原体证实存在衣原体病的饲养场，应禁止其禽群、禽尸或下脚料的运出。美国农业部动植物检疫局和美国人类与健康服务部禁止来自感染禽群禽的州间运输，但是没有限制来自这种禽群的蛋的运输。

刘 萌 张鹤晓 译

吴培福 苏敬良 校

参考文献

[1] Andersen, A. A. and J. C. Franson. 2006. Avian Chlamydiosis（psittacosis and ornithosis）. In Diseases of Wild Birds, Blackwell Publishing：Ames, IA, 303 - 316.

[2] Andersen, A. A. 2004. Avian chlamydiosis. In Manual of Diagnostic Tests and Vaccines for Terrestrial Animals（mammals, birds and bees）, Office International des Epizooties（OIE）, 5th Ed. OIE：Paris, France, 856 - 867.

[3] Andersen, A. A. 1998a. Chlamydiosis. In D. E. Swayne, J. R. Glisson, M. W. Jackwood, J. E. Pearson, W. M. Reed（eds.）. A Laboratory Manual for the Isolation and Identification of Avian Pathogens, 4th Ed. American Association of Avian Pathologists, University of Pennsylvania, New Bolton Center：Kennett Square, PA, 81-88.

[4] Andersen, A. A., J. E. Grimes, and H. L. Shivaprasad. 1998b. Serotyping of *Chlamydia psittaci* isolates from ratites. *Journal of Veterinary Diagnostic Investigation* 10(2)：186 - 188.

[5] Andersen, A. A. 1997. Two new serovars of *Chlamydia psittaci* from North America birds. *Journal of Veterinary Diagnostic Investigation* 9(2)：159 -164.

[6] Andersen, A. A. 1996. Comparison of pharyngeal, fecal, and cloacal samples for the isolation of *Chlamydia psittaci* from experimentally infected cockatiels and turkeys. *Journal of Veterinary Diagnostic Investigation* 8：448 - 450.

[7] Andersen, A. A. 1991a. Comparison of avian Chlamydia psittaci isolates by restriction endonuclease analysis and serovar-specific monoclonal antibodies. *Journal of Clinical Microbiology* 29(2):244-249.

[8] Andersen, A. A. 1991b. Serotyping of Chlamydia psittaci isolates using serovar-specific monoclonal antibodies with the microim-munofluorescence test. *Journal of Clinical Microbiology* 29(4):707-711.

[9] Arizmendi, F. and J. E. Grimes. 1995. Comparison of the Gimenez staining method and antigen detection ELISA with culture for detecting chlamydiae in birds. *Journal of Diagnostic Investigation* 7:400-401.

[10] Arzey, G. G. and K. E. Arzey. 1990a. Chlamydiosis in layer chickens. *Australian Veterinary Journal* 67(12):461.

[11] Arzey, K. E., G. G. Arzey, and R. L. Reece. 1990b. Chlamydiosis in commercial ducks. *Australian Veterinary Journal* 67(9):333-334.

[12] Barr, D. A., P. C. Scott, M. D. O'Rourke, and R. J. Coulter. 1986. Isolation of Chlamydia psittaci from commercial broiler chickens. *Australian Veterinary Journal* 63(11):377-378.

[13] Beasley, J. N., R. W. Moore, and J. R. Watkins. 1961. The histopathologic characteristics of disease producing inflammation of the air sacs in turkeys: A comparative study of pleuropneumonia-like organisms and ornithosis in pure and mixed infections. *American Journal of Veterinary Research* 22:85-92.

[14] Beasley, J. N., D. E. Davis, and L. C. Grumbles. 1959. Preliminary studies on the histopathology of experimental ornithosis in turkeys. *American Journal of Veterinary Research* 20:341-349.

[15] Bennedsen, M. and A. Filskov. 2000. An outbreak of psittacosis among employees at a poultry abattoir. Proceedings of the Fourth Meeting of the European Society for Chlamydia Research: Helsinki, Finland, 315.

[16] Biendl, A. 1992. *Chlamydia psittaci* Diagnostik bei Psittaciformes: Schnelltest zum Antikorpernachweis mittels Latex-Agglutination bzw. Zum Antigen-nachweis mittels eines kommerziellen Latextestes (Clearview Chlamydia). Veterinary Dissertation, Ludwig Maximillian University, Munchen, Germany.

[17] Brade, H., L. Brade, and F. E. Nano. 1987. Chemical and serological investigations on the genus-specific lipopolysaccharide epitope of Chlamydia. Proceedings of the National Academy of Science, USA 84(8)2508-2512.

[18] Brade, L., M. Nurminen, P. H. Makela, and H. Brade. 1985. Antigenic properties of *Chlamydia trachomatis* li-popolysaccharide. *Infection and Immunity* 48(2)569-572.

[19] Bush, R. M. and K. D. Everett. 2001. Molecular evolution of the Chlamydiaceae. *International Journal of Systematic and Evolutionary Microbiology* 51(pt 1):203-220.

[20] Davis, D. J. 1955. Psittacosis in pigeons. In F. R. Beaudett (ed.). Psittacosis: Diagnosis, Epidemiology, and Control. Rutgers University Press: New Brunswick, NJ, 66-73.

[21] Duan, Y. J., A. Souriau, A. M. Mahe, D. Trap, A. A. Andersen, and A. Rodolakis. 1999. Serotyping of chlamydial clinical isolates from birds with monoclonal antibodies. *Avian Diseases* 43(1):22-28.

[22] Eddie, B., K. F. Meyer, F. L. Lambrecht, and D. P. Furman. 1962. Isolation of ornithosis bedsoniae from mites collected in turkey quarters and from chicken lice. *Journal of Infectious Diseases* 110:231-237.

[23] Erbeck, D. H. and S. A. Nunn. 1999. Chlamydiosis in pen-raised bobwhite quail(*Colinus virginianus*) and chukar partridge (*Alectoris chukar*) with high mortality. *Avian Diseases* 43:798-803.

[24] Everett, K. D. E. and A. A. Andersen. 1999a. Identification of nine species of the *Chlamydiaceae* using PCR-RFLP. *International Journal of Systematic Bacteriology* 49:803-813.

[25] Everett, K. D. E., R. M. Bush, and A. A. Andersen. 1999b. Emended description of the order *Chlamydiales*, proposal of *Parachlamydiaceae* fam. nov. and *Simkaniaceae* fam. nov., each containing one monotypic genus, revised taxonomy of the family *Chlamydiaceae*, including a new genus and five new species, and standards for the identification of organisms. *International Journal of Systematic Bacteriology* 49:415-440.

[26] Everett, K. D. E., L. J. Hornung, and A. A. Andersen. 1999c. Rapid detection of the *Chlamydiaceae* and other families in the order *Chlamydiales*: Three PCR Tests. *Journal of Clinical Microbiology* 37(3):575-580.

[27] Everett, K. D. and A. A. Andersen. 1997. The ribosomal intergenic spacer and domain I of the 23 S rRNA gene are phylogenetic markers for *Chlamydia* spp. *International Journal of Systematic Bacteriology* 47(2):461-473.

[28] Francis, T, Jr., and T. P. Magill. 1938. An unidentified virus producing acute meningitis and pneumonitis in experimental animals. *Journal of Experimental Medicine* 68:147-160.

[29] Geens T., A. Desplanques, M. Van Loock, B. M. Bönner,

E. F. Kaleta, S. Magnino, A. A. Andersen, K. D. E. Everett, and D. Vanrompay Sequencing of the *Chlamydophila psittaci ompA* reveals a new genotype, E/B, and the need for a rapid discriminatory genotyping method. 2005. *Journal of Clinical Microbiology*, 43, 2456 - 2461.

[30] Gerlach, H. 1994. Chlamydia. In B. W. Ritchie, G. J. Harrison, and L. R. Harrison (eds.). Avian medicine, principles and applications. Wingers Publishing: Lake Worth, FL, 984 - 996.

[31] Gimenez, D. F. 1964. Staining rickettsiae in yolk sac cultures. *Stain Technology* 39: 135 - 140.

[32] Goupil, F., D. Pelle-Duporte, S. Kouyoumdjian, B. Carbonnelle, and E. Tuchais. 1998. Severe pneumonia with a pneumococcal aspect during an ornithosis outbreak. *Presse Medicate* 27: 1084 - 1088.

[33] Grayston, J. T. 1992. *Chlamydia pneumoniae*, strain TWAR pneumonia. *Annual Review of Medicine* 43: 317 - 323.

[34] Grayston, J. T, L. A. Campbell, C. C. Kuo, C. H. Mordhorst, P. Saikku, D. H. Thorn, and S. P. Wang. 1990. A new respiratory tract pathogen: *Chlamydia pneumoniae* strain TWAR. *Journal of Infectious Diseases* 161: 618 - 625.

[35] Grimes, J. E. and F. Arizmendi. 1994a. Case reports of ratite chlamydiosis and update on the chlamydias. Proceedings of the 1994 Annual Conference of the Association of Avian Veterinarians, 133 - 140.

[36] Grimes, J. E., T. N. Tully, Jr., F. Arizmendi, and D. N. Phalen. 1994b. Elementary body agglutination for rapidly demonstrating chlamydial agglutins in avian serum with emphasis on testing cock-atiels. *Avian Diseases* 38: 822 - 831.

[37] Grimes, J. E. and F. Arizmendi. 1993a. Elementary body agglutination: A rapid clinical diagnostic aid for avian chlamydiosis. Proceedings of the 1993 Annual Conference of the Association of Avian Veterinarians, 30 - 40.

[38] Grimes, J. E., D. N. Phalen, and F. Arizmendi. 1993b. Chlamydia latex agglutination antigen and protocol improvement and psittacine bird anti-chlamydia immunoglobulin reactivity. *Avian Diseases* 37: 817 - 824.

[39] Grimes, J. E. and F. Arizmendi. 1992. Bases for interpretation of chlamydia serology results. Proceedings of the 1992 Annual Conference of the Association of Avian Veterinarians, 59 - 71.

[40] Grimes, J. E, and P. B. Wyrick. 1991. Chlamydiosis (Ornithosis). In B. W. Calnek, H. J. Barnes, C. W. Beard, W. M. Reid, and H. W. Yoder, Jr., (eds.). Diseases of Poultry, 9th ed. Iowa State University Press: Ames, IA, 311 - 325.

[41] Grimes, J. E. 1989. Serodiagnosis of avian chlamydia infection. *Journal of American Veterinary Medical Association* 195: 1561 - 1564.

[42] Grimes, J. E., B. E. Daft, L. C. Grumbles, J. E. Pearson, and T. E. Vice. 1987. A Manual of Methods for Laboratory Diagnosis of Avian Chlamydiosis. American Association of Avian Pathologists: Kennett Square, PA.

[43] Grimes, J. E. 1985. Enigmatic psittacine chlamydiosis: Results of serotesting and isolation attempts, 1978 through 1983, and considerations for the future. *Journal of the American Veterinary Medical Association* 186: 1075 - 1079.

[44] Grimes, J. E. and L. A. Page. 1978. Comparison of direct and modified direct complement-fixation and agar-gel precipitin methods in detecting chlamydial antibody in wild birds. *Avian Diseases* 22: 422 - 430.

[45] Grimes, J. E., L. C. Grumbles, and R. W. Moore. 1970. Complement-fixation and hemagglutination antigens from a chlamydial (ornithosis) agent grown in cell cultures. *Canadian Journal of Comparative Medicine* 34: 256 - 260.

[46] Hall, C. F., S. E. Glass, J. E. Grimes, and R. W. Moore. 1975. An epidemic of ornithosis in Texas turkeys in 1974. *Southwestern Veterinarian* 28: 19 - 21.

[47] Herring, A. J., M. McClenaghan, and I. D. Aitken. 1986. Nucleic acid techniques for strain differentiations and detection of *Chlamydia psittaci*. In D. Oriel, G. Ridgeway, J. Schachter, D. Taylor-Robinson, and M. Ward (eds.). Chlamydial Infections. Cambridge University Press: Cambridge, England, 578 - 580.

[48] Hewinson, R. G., P. C. Griffiths, B. J. Bevan, S. E. S. Kirwan, M. E. Field, M. J. Woodward, and M. Dawson. 1997. Detection of *Chlamydia psittaci* DNA in avian clinical samples by polymerase chain reaction. *Veterinary Microbiology* 54: 155 - 166.

[49] Hewinson, R. G., S. E. S. Rankin, B. J. Bevan, M. Field, and M. J. Woodward. 1991. Detection of *Chlamydia psittaci* from avian field samples using the PCR. *Veterinary Record* 128: 129 - 130.

[50] Hinton, D. G., A. Shipley, J. W. Galvin, J. T. Harkin, and R. A. Brunton. 1993. Chlamydiosis in workers at a duck farm and processing plant. *Australian Veterinary Journal* 70(5): 174 - 176.

[51] Hodinka, R. L. and P. B. Wyrick. 1986. Ultrastructural study of mode of entry of *C. psittaci* into 929 cells. *In-*

fection and Immunity 54:855-863.

[52]Igietseme,J. U,. K. H. Ramsey,D. M. Magee,D. M. Williams, T. J. Kincy, and R. G. Rank. 1993. Resolution of murine chlamydial genital infection by the adoptive transfer of a biovar-specific Th1 lymphocyte clone. *Regional Immunology* 5:317-324.

[53]Johnson,M. C. and J. E. Grimes. 1983. Resistance of wild birds to infection by *Chlamydia psittaci* of mammalian origin. *Journal of Infectious Diseases* 147(1):162.

[54]Kaleta,E. F. and E. M. Taday. 2003. Avian host range of *Chlamydophila* spp. based on isolation,antigen detection and serology. *Avian Pathology* 32(5):435-461.

[55]Kingston,R. S. 1992. Evaluation of the Kodak SureCell[7] chlamydia test kit in companion birds. *Journal of the Association of Avian Veterinarians* 6:155-157.

[56]Ley,D. H. ,K. Flammer,P. Cowen, *et al*. 1993. Performance characteristics of diagnostic tests for avian chlamydiosis. *Journal of the Association of Avian Veterinarians* 7:102-107.

[57]Lederer, P. and R. Muller. 1999. Ornithosis—studies in correlation with an outbreak. *Gesundheitswesen* 61(12):614-619.

[58]Lublin A, G. Shudari, S. Mechani, and Y. Weisman. 1996. Egg transmission of *Chlamydia psittaci* in turkeys. *Veterinary Record* 139(12):300.

[59]Martinov,S. P. and G. V. Popov. 1992. Recent outbreaks of ornithosis in ducks and humans in Bulgaria. In P. A. Mardh,M. La Placa, and M. Ward,(eds.). Proceedings of the European Society for Chlamydia Research. Uppsala University Centre for STD Research: Uppsala, Sweden,203.

[60]Messmer,T. O. ,S. K. Skelton,J. F. Moroney, H. Daugharty,and B. S. Fields. 1997. Application of a nested,multiplex PCR to psittacosis outbreaks. *Journal of Clinical Microbiology* 35:2043-2046.

[61]Meyer,K. F. 1965. Ornithosis. In H. E. Biester and L. H. Schwarte (eds.). Diseases of Poultry,5th ed. Iowa State University Press: Ames,IA,675-770.

[62]Meyer,K. F. ,B. Eddie,and H. Y. Yanamura. 1942. Ornithosis (psittacosis) in pigeons and its relation to human pneumonitis. Proceedings of the Society for Experimental Biology and Medicine 49:609-615.

[63]Meyer,K. F. 1941. Phagocytosis and immunity in psittacosis. *Schweizerische Mediainische Wochenschrift* 71:436-438.

[64]Mohan R. 1984. Epidemiologic and laboratory observations of *Chlamydia psittaci* infection in pet birds. *Journal of American Veterinary Medical Association* 184:1372-1374.

[65]Morange,A. 1895. De la psittacose,ou infection speciale determinee par des perruches. These,Academie de Paris.

[66]Newman,C. P. St. J. ,S. R. Palmer,F. D. Kirby, and E. O. Caul. 1992. A prolonged outbreak of ornithosis in duck processors. *Epidemiology and Infections* 108:203-210.

[67]Newman,J. A. 1989. *Chlamydia* spp infection in turkey flocks in Minnesota. *Journal of the American Veterinary Medical Association* 195(11):1528-1530.

[68]Nurminen, M. , E. Wahlstrom, M. Kleemola, M. Leinonen,P. Saikku,and P. H. Make. 1984. Immunologically related ketodeoxyoctonate-containing structures in *Chlamydia trachomatis* Re mutants of *Salmonella* species,and *Acinetobacter calcoaceticus* var. *anitratus*. *Infection and Immunity* 44(3):609-13.

[69]Page, L. A. and J. E. Grimes. 1984. Avian Chlamydiosis (Ornithosis). In M. S. Hofstad, H. J. Barnes, B. W. Calnek,W. M. Reid,and H. W. Yoder,Jr. ,(eds.). Diseases of Poultry, 8th ed. Iowa State Univ Press: Ames, IA, 283-308.

[70]Page, L. S. , W. T. Derieux, and R. C. Cutlip. 1975. An epornitic of fatal chlamydiosis (ornithosis) in South Carolina turkeys. *Journal of the American Veterinary Medical Association* 166:175-178.

[71]Page, L. A. 1967. Comparison of "pathotypes" among chlamydial (psittacosis) strains recovered from diseased birds and mammals. *Bulletin of Wildlife Disease Association* 3:166v175.

[72]Page,L. A. 1959a. Experimental ornithosis in turkeys. *Avian Diseases* 3:51-66.

[73]Page,L. A. 1959b. Thermal inactivation studies on a turkey ornithosis virus. *Avian Diseases* 3:67-79.

[74]Pavlak,M. ,K. Vlahovic,J. Greguric,Z. Zupanicic,J. Jercic, and J. Bozikov. 2000. An epidemiologic study of *Chlamydia* sp. in feral pigeons. *Zeitschrift fur Jagdwissenschaft*. 46(2):84-95.

[75]Ramsey, K. H. and R. G. Rank. 1991. Resolution of chlamydial genital tract infection with antigen-specific T-lymphocyte lines. *Infection and Immunity* 59:925-931.

[76]Rank,R. G. ,L. S. F. Soderberg, M. M. Sanders, and B. E. Batteiger. 1989. Role of cell-mediated immunity in the resolution of secondary chlamydial genital infection in guinea pigs infected with the agent of guinea pig inclusion conjunctivitis. *Infection and Immunity* 57:706-

710.

[77]Rank,R. G. ,L. S. F. Soderberg,and A. L. Barron. 1985. Chronic chlamydial genital infection in congenitally athymic mice. *Infection and Immunity* 48:847 -849.

[78]Rank,R. G. and A. L. Barron. 1983. Humoral immune response in acquired immunity to chlamydial genital infection of female guinea pigs. *Infection and Immunity* 39: 463 - 465.

[79]Rank,R. G. , H. J. White, and A. L. Barron. 1979. Humoral immunity in the resolution of genital infection in female guinea pigs infected with the agent of guinea pig inclusion conjunctivitis. *Infection and Immunity* 26: 573 -579.

[80]Rurangirwa,F. R. ,P. M. Dilbeck, T. B. Crawford, T. C. McGuire, and T. McElwain. 1999. Analysis of the 16S rRNA gene of microorganism WSU 86-1044 from an aborted bovine foetus reveals that it is a member of the order *Chlamydiales*: proposal of *Waddliaceae* fam. nov. ,*Waddlia chondrophila* gen. nov. , sp. nov. *International Journal of Systematic Bacteriology* 49: 577 - 581.

[81]Ryll, M. , K. H. Hinz, U. Neumann, and K. P. Behr. 1994. Pilotstudie uber das Vorkommen von Chlamydia psittaciinfectionen in kommerzillen putenherden Niedersachsens. *Deutsche Tierarztliche Wochenschrift* 101: 163 -165.

[82]Salinas, J. , M. R. Caro, and F. Cuello. 1993. Antibody prevalence and isolation of *Chlamydia psittaci* from pigeons. *Avian Diseases* 37(2):523 - 527.

[83]Sayada,C. H. , A. A. Andersen,C. H. Storey, A. Milon, F. Eb,N. Hashimoto,N. Hirai,J. Elion,and E. Denamur. 1995. Usefulness of *ompl* restriction mapping for avian *Chlamydia psittaci* isolate differentiation. *Research in Microbiology* 146:155 - 165.

[84]Smith,K. A. ,K. K. Bradley,M. G. Stobierski, and L. A. Tengelsen. 2005. Compendium of measures to control*Chlamydophila psittaci* (formerly *Chlamydia psittaci*) infection among humans (psittacosis) and pet birds. *Journal of the American Veterinary Medical Association* 226(4):532 - 539.

[85]Spalatin,J. ,C. E. Fraser,R. Connell,R. P. Hanson, and D. T. Berman. 1966. Agents of psittacosis-lymphogranuloma venereum group isolated from muskrats and snowshoe hares in Saskatchewan. *Canadian Journal of Comparative Medicine and Veterinary Science* 30(9):260 - 264.

[86] Spencer, W. N. and F. W. A. Johnson. 1983. Simple transport medium for the isolation of *Chlamydia psittaci* from clinical material. *Veterinary Record* 113:535 - 536.

[87]Strauss,J. 1967. Microbiologic and epidemiologic aspects of duck ornithosis in Czechoslovakia. *American Journal of Ophthalmology* 63:1246 - 1259.

[88]Su, H. , K. Feilzer, H. D. Caldwell, and R. P. Morrison. 1997. *Chlamydia trachomatis* genital tract infection of antibody-deficient gene knockout mice. *Infection and Immunity* 65:1993 - 1999.

[89]Tappe, J. P. , A. A. Andersen, and N. F. Cheville. 1989. Respiratory and pericardial lesions in turkeys infected with avian or mammalian strains of *Chlamydia psittaci*. *Veterinary Pathology* 26:386 - 395.

[90]Todd,W. J. and H. D. Caldwell. 1985. The interaction *of Chlamydia trachomatis* with host cells: Ultrastructural studies of the mechanism of release of a biovar II strain from Hela 220 cells. *Journal of Infectious Diseases* 151:1037 - 1044.

[91] Van Loock, M. , K. Loots, M. Van Heerden, D. Vanrompay, and B. M. Goddeeris. Exacerbation of *Chlamydophila psittaci* pathogenicity in turkeys superinfected by *Escherichia coli*. *Veterinary Research* 37: 745 -755.

[92]Van Loock,M. ,T. Geens, L. De Smit, H. Nauwynck,P. Van Empel, C. Naylor, H. M. Hafez, B. M. Goddeeris, and D. Vanrompay. 2005. Key role of *Chlamydophila psittaci* on Belgian turkey farms in association with other respiratory pathogens. *Veterinary Microbiology* 107:91 - 101.

[93] Van Loock, M. , K. Loots, S. Van de Zande, M. Van Heerden, H. Nauwynck, B. M. Goddeeris, and D. Vanrompay. 2006. Pathogenic interactions between *Chlamydophila psittaci* and avian pneu-movirus infections in turkeys. *Veterinary Microbiology* 112:53 -63.

[94]Vanrompay, D. , E. Cox, P. Kaiser, S. Lawson, M. Van Loock,G. Volckaert, and B. M. Goddeeris. 2001. Protection of turkeys against *Chlamydophila psittaci* challenge by parenteral and mucocal inoculations and the effect of turkey interferon-gamma on genetic immunization. *Immunology* 103(1): 106 - 112.

[95]Vanrompay,D. ,E. Cox,G. Volckaert, and B. Goddeeris. 1999. Turkeys are protected from infection with *Chlamydia psittaci* by plasmid DNA vaccination against the major outer membrane protein. *Clinical Experimental and Immunology* 118:49 - 55.

[96]Vanrompay, D. , P. Butaye, C. Sayada, R. Ducatelle, F. Haesebrouck. 1997. Characterization of avian *Chlamydia*

psittaci strains using ompl restriction mapping and sero-var-specific monoclonal antibodies. *Research Microbiology* 148(4):327 - 333.

[97] Vanrompay, D. , G. Charlier, R. Ducatelle, F. Haese-brouck. 1996. Ultrastructural changes in avian *Chlamydia psittaci* serovar A-, B-, and D- in Buffalo Green Monkey cells. *Infection and Immunity* 64 (4) 1265 -1271.

[98] Vanrompay, D. , J. Mast, R. Ducatelle, F. Haesebrouck, and B. Goddeeris. 1995a. *Chlamydia psittaci* in turkeys; pathogenesis of infections in avian serovars A, B, and D. *Veterinary Microbiology* 47:245.

[99] Vanrompay, D. , R. Ducatelle, and F. Haesebrouck. 1995b. Pathology of experimental chlamydiosis in tur-keys. *Vlaams Diergeneeskundig Tijdschrift* 60: 19 - 24.

[100] Vanrompay, D. , R. Ducatelle, F. Haesebrouck. 1995c. *Chlamydia psittaci* infections: a review with emphasis on avian chlamydiosis. *Veterinary Microbiology* 45: 93 -119.

[101] Vanrompay, D. , R. Ducatelle, and F. Haesebrouck. 1994a. Pathogenicity for turkeys of *Chlamydia psittaci* strains belonging to the avian serovars A, B, and D. *Avian Pathology* 23:247 - 262.

[102] Vanrompay, D. , A. Van Nerom, R. Ducatelle, and F. Haesebrouck. 1994b. Evaluation of five immunoassays for detection of *Chlamydia psittaci* in cloacal and con-junctival specimens from turkeys. *Journal of Clinical Microbiology* 32(6):1470 -1474.

[103] Vanrompay, D. , A. A. Andersen, R. Ducatelle, and F. Haesebrouck. 1993a. Serotyping of European isolates of *Chlamydia psittaci* from poultry and other birds. *Journal of Clinical Microbiology* 31:134 -137.

[104] Vanrompay D. , R. Ducatelle, F. Haesebrouck, and W. Hendrickx. 1993b. Primary pathogenicity of an Europe-an isolate of *Chlamydia psittaci* from turkey poults. *Veterinary Microbiology* 38:103 - 113.

[105] Winsor, D. K. , Jr. , and J. E. Grimes. 1988. Relationship between infectivity and cytopathology for L-929 cells, membrane proteins, and antigenicity of avian isolates of *Chlamydia psittaci*. *Avian Diseases* 32:421 - 431.

[106] Wittenbrink, M. M. , M. Mrozek, and W. Bisping. 1993. Isolation of *Chlamydia psittaci* from a chicken egg: Evidence of egg transmission. *Journal of Veterinary Medicine*, Series B 40:451 - 452.

[107] Yuan, Y. , K. Lyng, Y. X. Zhang, D. D. Rockey, R. P. Morrison. 1992. Monoclonal antibodies define genus-specific, species-specific, and cross-reactive epitopes of the chlamydial 60-kilodalton heat shock protein (hsp60): specific immunodetection and purification of chlamydial hsp60. *Infection and Immunity* 60:2288 - 2296.

Ⅲ 真菌病
Fungal Diseases

第 25 章

真菌感染
Fungal Infections

Bruce R. Charlton, R. P. Chin 和 H. John Barnes

引 言

有几种真菌是禽类的常见病原，在分类上属于真菌界真菌门（Eumycota，产菌丝体样真菌 mycelial forms），与之相对的是黏菌门（Myxomycota，产合胞体样真菌）。真菌是具有细胞壁的单细胞或多细胞异养型真核生物，它们靠吸收的方式获取营养，其繁殖方式有无性繁殖、有性繁殖或二者兼有。真菌门分 5 个亚门，其中 4 个亚门通过有性型结构的形态不同来加以区分，而第 5 个亚门，即半知菌亚门（Deuteromycota）因缺乏有性繁殖阶段而容易区分[1]。

在历史上，真菌的分类都是基于有性型和无性型的形态学特征来划分的。在植物界中，对处于有性型的优先加以命名，结果有时引起混淆，甚至是完全相反的意思。如应用于曲霉的命名，曲霉菌属属于半知菌亚门，它完全是由无性型组成的；然而，有些曲霉菌也是有性型的，这样根据这个定义，它们应该属于一个独立的部分，命名为一个不同的属，如曲霉（*Aspergillus fisherianus*）的无性型通过子囊孢子的减数分裂形成费希尔新缝匠菌（*Neosartorya fisherianus*）有性型（子囊菌亚门）（Ascomycota）。此外，除繁殖类型之外，同物异名曾一度广泛地应用于某些真菌及其所引起的疾病。在本章现有的分类试图与国际植物命名法则（东京法则）相一致。

相对而言，真菌病是不常见的疾病，但对于已感染了真菌的宿主来说是灾难性的。真菌感染动物的能力与其持续存在是相一致的，繁殖和扩散的发生是由它们的腐生生活方式所引起；除皮肤真菌病以外，感染是其终末阶段因为真菌病没有接触传染性。

本章的编排与前一版相似。首先关注的是曲霉菌病，接着是一些更不常见的真菌病的其他真菌感染。曲霉菌病是禽类迄今为止最常见的真菌病，而且也是家禽的一种具有经济重要性的呼吸道疾病。念珠菌病是家禽消化道最主要的真菌感染。皮肤真菌病影响体被，而且是唯一的具有传染性和动物疫源性的疾病。对一些罕见的家禽真菌感染也作了简单的讨论。在公共卫生学上，组织胞浆菌病和隐球菌病是值得注意的。

曹单平　李自力　译
常建宇　苏敬良　毕丁仁　校

参考文献

[1]Ainsworth, C. G. and P. K. Austwick. 1973. Fungal Diseases of Animals, 2nd ed. Commonwealth Agricultural Bureaux: Farnham Royal, England.

曲霉菌病
Aspergillosis

引 言

定义与同义名

曲霉菌病是由曲霉菌属（*Aspergillus*）（约

600 种）感染所引起的一类疾病[103]。曲霉菌病的表现取决于所涉及的器官或系统，以及感染是局部的还是扩散性的。鸟类的曲霉菌病常局限于下呼吸道系统，引起气囊和肺部的鲜红色病变。在幼禽，该病主要表现为雏鸡肺炎（brooder pneumonia）。禽曲霉菌病的其他同义病名包括有真菌或霉菌性肺炎、肺真菌病、支气管真菌病，如口语化的"曲霉"和"气囊"。眼、脑、皮肤、关节和内脏等的感染不太一致。

经济意义

曲霉菌病造成的经济损失在火鸡生产中表现最为明显，该病主要影响禽群生长。据报道于 1985—1994 年间，在衣阿华州 13～18 周龄的鸡群中，每年平均有 8.3％的鸡群发生曲霉菌病[76]。因该病引起的平均死亡率为 4.5％，是引起经济损失位居第二的疾病，由此而引起受影响的鸡群年均经济损失达 5 260 美元，全州每年共损失约 338 000 美元。2000 年，衣阿华州的火鸡生产位居全美第 9 位，约占全国生产总量的 3％[10]。估计曲霉菌病在全国均有分布，在全美范围内每年由该病而造成的经济损失高达 1 100 万美元。然而，胴体废弃的损失远远超过了死亡所造成的损失。

公共卫生意义

曲霉菌病并不是动物源性或接触传染性疾病。频繁接触发霉的稻草、堆肥，或者是有曲霉菌及其他过敏原性微生物在其中生长的腐败有机物质，容易引起过敏性肺炎，严重免疫缺陷者可发生条件性感染，包括曲霉菌病。

历　史

19 世纪早期就有野禽，如斑背潜鸭、坚鸟和天鹅等感染霉菌的报道[6,92]，这些霉菌可能属于曲霉菌。直到 1842 年由 Rayer 和 Montagne[86] 鉴定了红腹灰雀气囊中的白曲霉（*A. candidus*）后，才首次报道了白曲霉病变中的曲霉菌。烟曲霉（*Aspergills fumigatus*）是引起禽曲霉菌病最常见的病原，于 1863 年首次在鸨（*Otis tardaga*）肺中发

现，其种名是以本菌的发现者 Fresenius 的名字命名[18]，他还将呼吸道病称为曲霉菌病。有趣的是，早期的研究者认为在有病变的家禽中所发现的真菌是靠机体内疾病的产物营腐生生活的[6]。Lignieres 和 Petit[61] 报道了曲霉菌病在小火鸡中较常见。Hinshaw[43] 报道了成年火鸡曲霉菌病。

病　原　学

分类

引起禽曲霉菌病的病原主要是烟曲霉。黄曲霉菌（*A. flavus*）较少。其他很少分离到的包括土曲霉（*A. terreus*）、灰绿曲霉（*A. glaucus*）、构巢曲霉（*A. nidulans*）、黑曲霉（*A. niger*）、阿姆斯特丹曲霉（*A. amstelodami*）和变黑曲霉（*A. nigrescens*）。烟曲霉菌和黄曲霉菌缺乏有性繁殖阶段，只需要一个分类方案：半知菌门，半知菌纲，丛梗孢目，丛梗孢科，曲霉菌属。另一种分类方案对该属似乎同样有用[85]。

烟曲霉菌 1850（*A. famigatus Fresenius* 1850）

菌落形态

在沙堡弱氏葡萄糖琼脂、察氏（Czapek's）溶液或马铃薯葡萄糖琼脂上（25～37℃）生长迅速，培养 7 天后其菌落直径可达 3～4cm，起初菌落表面呈白色，随着分生孢子逐渐成熟，菌落呈蓝绿色，尤其是菌落中心。随着菌落的成熟，分生孢子团变为灰绿色，菌落边缘仍为白色。不同分离株的菌落表面略有差异，有的表面光滑，有的呈绒毛状，有的呈柔毛状，有的可见皱褶。菌落的背面通常是无色的。以上所报道的是烟曲霉菌（包括临床分离株）最典型的特征，但菌落的颜色、形态和生长速度略有差异[60]。

镜检形态与染色

菌丝直径 3～7μm，二边平行，有横隔，二分叉分支结构。烟曲霉菌的分生孢子梗表面光滑，接近顶囊处无色或呈浅绿色，长达 300μm，宽 5～8μm（图 25.1），分生孢子梗远端逐渐膨大，形成烧瓶状顶囊。顶囊直径 20～30μm，上半部有

许多小梗（分生孢子细胞）。小梗（6～8μm长）向上与分生孢子梗的轴平行排列。烟曲霉菌独有的特征是在顶囊上形成分生孢子链柱状团块。分生孢子链可长达400μm。分生孢子直径2～3μm，呈小棘状，球形或近似球形，分生孢子团呈绿色。

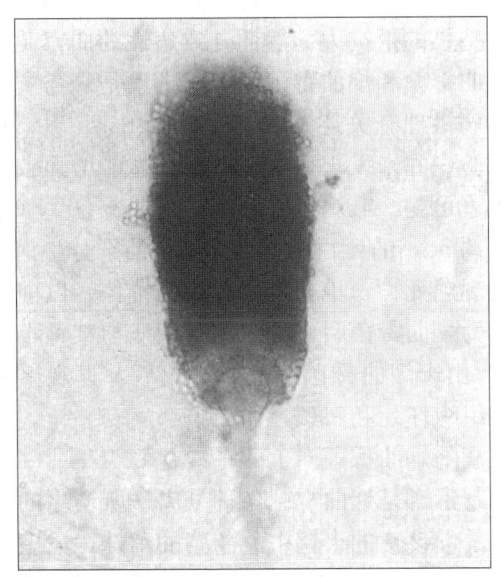

图 25.1 烟曲霉菌的分生孢子梗、烧瓶状顶囊或分生孢子链柱状团块。×250

标本湿封片的观察常采用甲基蓝或乳酸酚棉蓝染色液染色，而包埋组织切片中真菌成分的定位常采用过碘酸锡夫染色或嗜银染色。

黄曲霉 1809（*A. flavus link* 1809）

菌落形态

黄曲霉菌在沙堡弱氏葡萄糖培养基、察氏液体培养基或马铃薯葡萄糖琼脂培养基上生长迅速。在25℃培养10天，其菌落直径可达6～7cm。有些分离株的生长可能稍慢些。菌落刚开始为白色，菌丝体紧密。随着分生孢子的形成，菌落逐渐变为黄色、黄绿色，而菌落边缘仍为白色。成熟的菌落可能变为橄榄绿，表面有放射状皱褶或扁平。菌核开始为白色菌丝体丛，后呈棕色或棕褐色（菌丝体丛紧密交织）。有些分离菌株形成的菌核比其分生孢子更明显。其菌落的颜色和菌核的数量差异较大，其菌落的背面有的无色，有的为浅黄色、有的为棕色。黄曲霉菌的分生孢子顶囊呈放射状，分生孢子链断裂后呈疏松的柱状。

镜检形态

黄曲霉菌的分生孢子（长达100μm，直径10～65μm）壁厚，粗糙，无色。未成熟时其顶囊稍长，成熟后呈球形或近似球形（直径10～65μm），整个顶囊表面通常有两层小梗（图25.2），也可能仅有一层小梗。在一个顶囊上，很少见到一层或多层小梗都存在的情况。分生孢子为球形或近似球形，呈小棘状，直径3～6μm（一般为3.5～4.5μm）。

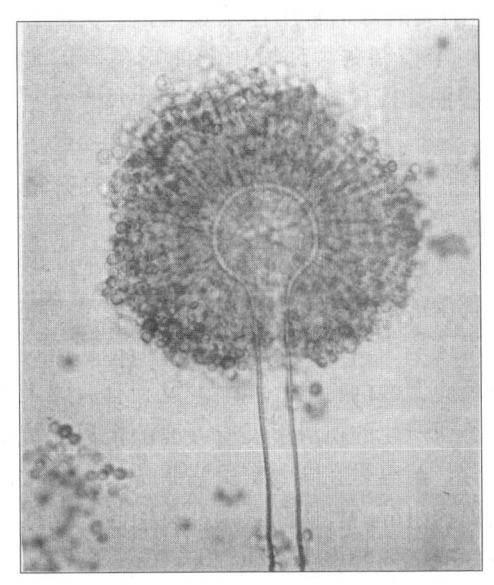

图 25.2 黄曲霉菌的分生孢子梗、球状顶囊、小梗和呈放射状的分生孢子链。×250

生长需要

引起曲霉菌病的病原无处不在，部分是因为它们对营养的需要不高。常存在于土壤、谷物和腐败的植物中。事实上它们可以在所有实验用培养基中生长，但亚胺环己酮可抑制其生长。烟曲霉菌以鸡羽毛角蛋白作为唯一的碳源和氮源生长良好[104]。并能通过使用结合树脂获得营养定植于纤维玻璃上[31]。烟曲霉快速培养的最适温度为40℃，然而，环境因素很少妨碍其生长。该菌耐热，在温度高达55℃时可以生长，在70℃时仍然可以存活[59]。相对湿度在11%～96%范围内，空气温度低至9℃时也可以生长[77]。氧气张力低至0.5%有助于其生长和分子孢子的形成[40]。

生化特性

包括曲霉菌的真菌鉴定主要依据其菌落形态和

镜检特征及生长特性，生化指标偶尔用作种鉴定的补充。同功酶谱的分析已作为一种分类工具，所有烟曲霉菌菌株唯一共有的酶是谷氨酸脱氢酶[59]。

对理化因素的抵抗力性

某些曲霉菌似乎对化学药品有很强的抵抗力。现已知在消毒液、硫酸、硫酸铜电镀液，以及经福尔马林处理过的肌肉组织标本中，仍有曲霉菌存活[103]。酚类消毒剂常用作杀真菌剂，商品化的恩康唑已用于控制禽舍环境中的曲霉菌[88]。源于香料的某些油如桂皮醛能抑制曲霉菌生长[64]。

抗原结构和毒素

抗原

曲霉菌能产生一系列抗原分子。很早就在哺乳动物曲霉菌病中认识到了烟曲霉菌抽提物的抗原性和变态反应原性的特征，但很少见到有关感染曲霉菌的禽类所产生的血清学反应方面的报道。抗原抽提物组分，甚至是在同一实验室制备的不同批次间抗原抽提物组分的性质和数量都有差异，这样增加了制备标准试剂的难度[42,59]。

用烟曲霉菌和黄曲霉菌制备的抗原已被用来检测经实验感染的雏火鸡和雏鸡体内是否存在相应的抗体[78,98,115]。该抗原是用新蛋白胨透析液培养基（neopeptone dialysate medium）或 Dorsett 氏培养基培养后过滤制成的[117]。

有学者用烟曲霉菌丝体抽提液的乙醇沉淀物对禽类进行了皮肤过敏反应的研究[5]。企鹅出现严重且持久的皮肤敏感性反应，而鸽和鸭均有较强的抵抗力。这与动物中的企鹅常死于烟曲霉菌感染是一致的。

半乳糖苷是烟曲霉菌细胞壁的主要成分[91]。已经证明用固定的单抗检测血清或尿液中的半乳糖苷的免疫结构域半乳糖呋喃糖残基在人的侵袭性肺曲霉菌病的早期诊断中是有用的[12,113]。然而，该抗原并不是曲霉菌所特有的，食物和抗生素中的半乳糖苷的存在可能导致假阳性结果[2]。能否应用半乳糖苷抗原性来诊断禽曲霉菌病还不清楚。

已有学者将针对曲霉菌属相对分子质量为106kDa的细胞壁抗原的单抗应用于石蜡包埋组织中的免疫组化检验[48]。将商用的 MAb - WF - AF -

1用于鉴定实验感染火鸡组织中的烟曲霉分生孢子和菌丝成分获得了满意的结果。

毒素

曲霉菌是最常见的 3 个产毒真菌属之一。黄曲霉毒素及其他毒素将在第 33 章中详细讨论。

许多实验研究表明，禽类采食毒素后影响它们对各种感染的抵抗力。然而，致病性的曲霉菌，尤其是黄曲霉菌和烟曲霉菌产生的毒素是否与禽曲霉病的发病机理有关还不太清楚。Richard 等[98]在雏火鸡试验中并未发现黄曲霉产毒菌株能增强致病力的现象。可是，雏鸡经气雾感染烟曲霉分生孢子后导致了约50％的死亡率；而感染黄曲霉分生孢子后既未发现鸡死亡，也未产生相应的抗体。以前一些学者认为烟曲霉菌引起的禽曲霉菌病与某种毒素有关[110]。由于烟曲霉菌感染雏火鸡后，只观察到弥漫性的组织坏死和斜颈，而无脑部病变[98,99]，因此认为该病与烟曲霉菌产生的毒素有关[102]。

胶霉毒素是烟曲霉菌各种分离株所产生的毒素之一。暴发该病的火鸡中分离到的菌株，大多能产生该毒素[93]。火鸡对经口摄入该毒素十分敏感。胶霉毒素也可引起免疫抑制。该毒素对火鸡外周血液中的淋巴细胞具有细胞毒性，并能抑制外周血液中的淋巴细胞发生母细胞化[101]。Richard 和 DeBey[95]发现，在实验感染的雏鸡中，组织中胶霉毒素可超过 6ppm（6mg/kg）。在自然发生火鸡曲霉菌病的病例中，其肺组织中胶霉毒素浓度更高[96]。在曲霉菌病传播的老鼠模型中，感染了不产胶霉毒素的烟曲霉菌株的动物比那些感染了产胶霉毒素的菌株的动物存活时间要长得多[114]。由此推断所观察到的曲霉菌病的病理变化为胶霉毒素所引起。

毒力因子

尚未鉴定烟曲霉菌致病性所必需的代谢产物。讨论其毒力因子则需要考虑它是腐生菌，此外还需考虑它作为一种偶发非接触性病原所起的作用。烟曲霉菌利用多种底物的能力，产生大量的孢子易通过空气传播，分生孢子的疏水性等这一切均使其成为一种无处不在的腐生菌。烟曲霉菌的广泛分布使易感宿主易吸入其分生孢子。分生孢子很小，直径只有 $2\sim3\mu m$，足以通过上呼吸道的自然屏障并沉积于呼吸系统。发现在腐败的植物堆中的温度能加快真菌生长，而此温度与恒温动物体温一致。在体外氢化可的松可促进烟曲霉菌的生长，治疗药物氢化可的松相当于内源性应激所诱导的皮质醇[71]。曲霉菌病的发生取决于吸入分生孢子的数量和宿主的易感性。

曲霉菌所产生的许多蛋白水解酶可以降解宿主组织，尤其是细胞外基质的成分。因为蛋白酶在肺曲霉菌病发病过程中起着重要作用[59]，故研究者对弹性蛋白和胶原蛋白水解酶很感兴趣。然而采用基因敲除突变的研究尚未鉴定出蛋白酶。

致病机理和流行病学

发生与分布

禽类主要有两种表现形式。急性型曲霉菌病常见于幼禽，其特征为发病急、发病率和死亡率高。慢性型曲霉菌病多见于成年种禽（尤其是火鸡），偶尔可见于成年禽群。慢性型的发病并不重要。但如果成年商品鸡群感染该病后，可造成巨大的经济损失，禽类如果封闭饲养，且存在各种应激因素，垫料或谷物霉变，曲霉菌病的发生将更严重。

污染的垫料通常是曲霉菌分生孢子的孳生地[29]。Pinello 等[82]从封闭式火鸡舍的空气、垫料以及火鸡组织中分离到 73 种真菌。曲霉菌属于其中 4 种主要真菌之一。在其他研究中检测鸡舍中的空气或垫料时也发现曲霉菌是最常见的真菌[53,63,106,116]。春季开窗通气时，鸡舍中 4 种主要真菌在空气中的菌群密度均会下降[100]。减少鸡舍中的尘埃和加强通风后，真菌病的发生率可以降低 75%[89]。清除饲料或环境中的霉变饲料和加强锯末垫料的管理，可以防止长期受此困扰的鸡场中真菌性眼病的复发[11]。

如果真菌数量足以造成感染，或禽类的抵抗力降低，如存在环境应激、免疫抑制复合物、营养不良或其他传染病等因素，即可暴发该病。

Chute 等[22]发现，常分离到的烟曲霉菌对肉雏鸡并非总能致病。通过火鸡气囊接种以比较 16 个分离菌株的致病性，结果发现曲霉菌分生孢子的致死力与其接种量或菌株来源无关，而仅有一种环境分离菌株无致病性[78]。Chute 及其同事[22]在肺和气囊发现了以下 7 个属：曲霉菌属、青霉菌属、拟青霉属、头孢菌属、木霉属、帚霉属和毛霉属。

曲霉菌病是火鸡业中最常报道的疾病之一，并可造成巨大的经济损失[75,76]。

自然宿主与实验宿主

曲霉菌病可见于大多数家养、外来动物及几种野生动物中。由烟曲霉引起的真菌性流产是奶牛和肉牛的一种具有经济重要性的疾病，分布于世界各地。马感染的典型临诊表现为咽鼓管囊真菌病[81]。家禽和野禽似乎对肺曲霉菌病特别敏感。近年来，人曲霉菌病作为治疗性免疫抑制的一种并发症，其发生显著增加[8]。与禽类不同，免疫功能正常的哺乳动物天生就对肺曲霉菌病有抵抗力，除非暴露于大量的分生孢子中。啮齿动物常用作侵袭性肺曲霉菌病研究的模型，必须用可的松或其他免疫抑制剂预处理才能诱发该病[70]。相反，火鸡实验性曲霉菌病不需通过预处理以增强其易感性[54]。

宿主易感年龄

肺曲霉菌病是家禽最常见的一种疾病类型，在肉仔鸡、雏火鸡、成年火鸡、种用火鸡、捕获的猛禽和企鹅也很常见[81]。已知该病可感染很多种禽类，或许所有的鸟类，无论是捕捉到的还是未捕捉到的，家养的和野生的，都应被看作是对曲霉菌感染的敏感的潜在宿主。

肺曲霉菌病

早在 1884 年就有人向禽胸腔内注射真菌分生孢子，成功地复制出了实验性肺曲霉菌病[119]。1935 年，Durant 和 Tucker[28]给小鸡饲喂被烟曲霉菌污染的粉料复制出了该病。Ghori 和 Edgar[36]发现，日本鹌鹑、火鸡和鸡对烟曲霉的易感性有差异，同时还发现 3 个品系的鸡对不同毒株的易感性也存在差异[37]。在孵化场雏鸡中暴发曲霉菌病时，近交系雏鸡比杂交系或远交系雏鸡更易感[14]。

企鹅似乎对曲霉菌极为易感[3]，在捕获的企鹅中多见本病[52,72]。

在以色列发现 3~8 周龄的鸵鸟发生黄曲霉菌和黑曲霉菌双重感染时，就会发生肺曲霉菌病[79]。且从所有感染的肺样品中均分离到了这两种病菌。

全身性曲霉菌病

Witter 和 Chute 报道了雏禽的全身性曲霉菌

病[123]。Chute 等[21]还报道了去势的 5 周龄小公鸡发生的全身性曲霉菌病感染，作者认为这是由去势感染所致。Ghazikhanian 报道了雏火鸡暴发的全身性黄曲霉菌感染，并波及胸骨[35]。静脉注射烟曲霉菌分生孢子可引起急性粟粒状肝炎[57]。

皮炎

家禽很少发生曲霉菌性皮肤损伤。曾有报道鸡发生了坏死性肉芽肿性皮炎，并从感染组织中分离到了烟曲霉菌[126]。Lahaye 探讨了鸽皮肤的曲霉菌病[58]。

脐炎

Cortes 等人在幼年火鸡的卵黄和肺组织中同时发现了曲霉菌的感染[24]。在 3 到 9 日龄的幼禽中，该病的发病率和死亡率显著升高。该病的诊断需要通过分离培养曲霉菌和病理组织学观察侵袭组织中的菌丝体来实现。

霉菌性骨病

骨骼感染烟曲霉菌后可致脊椎变形，进而引起雏鸡偏瘫[13]。该病可能是肺部感染后，曲霉菌在血流中的均匀分布所造成的后遗症。需要注意的是，先前所报道的全身性曲霉菌病也波及胸骨，但它是由黄曲霉菌所致[35]。

眼炎

自 1940 年当 Reis 认识鸡曲霉菌性眼病后[90]，就有不少有关由曲霉菌引起禽眼睛损伤的报道（彩图 25.3A）。Hudson 报道了雏鸡类似的病变[44]，Moore 报道了雏火鸡类似的病变[69]。尽管家禽眼部感染曲霉菌后，相似的临诊表现为一侧眼睛受损，但这些早期报道的病例其临诊表现仍明显不同。前述的两个病例主要表现为结膜炎和眼球表面有干酪样渗出物，或在瞬膜下形成病斑。取该病斑材料培养后很容易分离出真菌。Moore 报道了雏火鸡眼部感染后伴发了呼吸系统曲霉菌病，而并未波及眼角膜[69]。大多数病变都出现在眼球后部，并波及玻璃体，且蔓延至邻近组织。因此这两类病例的发病机理明显不同：角膜炎和眼球表面感染可能是结膜感染环境中的活真菌所致。但是，眼球后部真菌感染性眼炎可能是呼吸系统原发感染的真菌经血流或淋巴液扩散到眼球所致。虽然这种眼炎不常

见，但鸟类后一种类型的眼部感染明显与呼吸道感染有关[90]。Reis 把烟曲霉菌分生孢子滴入鸡的眼内，诱发了眼球表面感染。眼球表面感染后产生的黄色干酪样渗出物粘在角膜上[47]。由于眼球肿大，该感染与鸡鼻炎或维生素 A 缺乏症临诊表现相似[112]。Chute 和 O'Meara[20]将烟曲霉菌分生孢子注射到鸡腹腔气囊中，一只鸡的一侧眼球表面形成了病斑，但他们并没有探讨该感染方式与其所产生的结果之间的关系。

最近，Beckman 及其同事[11]报道了某种鸡场雏鸡发生的眼炎，该眼炎临诊症状与前述略有不同，而且在该鸡场中反复发作。其病原为烟曲霉菌，但是除了结膜囊内渗出物外，还可见到真菌侵入眼前房角膜的组织病理学变化，这与 Moore 的报道相似[69]。虽然鸡群存在呼吸系统病变，但是作者并不认为其感染途径为内源血流。因为并未波及眼内的结构。

火鸡经气溶胶实验感染分生孢子，偶尔可发生眼球浑浊，伴发视网膜炎、虹膜睫状体炎，进而眼球其他组织受到侵害[100]。这时可见到异嗜细胞和巨噬细胞浸润，在眼前房和视网膜内有细胞碎片和真菌菌体成分。因异嗜细胞、单核细胞和真菌侵入导致梳膜严重水肿，部分火鸡的梳膜内还可见到肉芽肿。

在孵化器内，雏鸡眼球表面被真菌感染后，经眼、鼻接种新城疫疫苗，病雏死亡率会上升[66]。Moore 报道，相距甚远的独立的 5 群雏鸡和 3 群种鸡也发生过这一类眼炎[69]。

脑炎

有许多文献报道了各种禽类的霉菌性脑炎或脑膜脑炎。火鸡自然感染后可见到小脑或大脑坏死灶[84]。Richard 等[99]在吸入烟曲霉菌分生孢子的实验雏火鸡脑中发现了这种坏死灶。有人报道了雏火鸡、小绒鸭和鸡霉菌性脑膜脑炎[127]。还有人报道了雏火鸡和鸡曲霉菌脑炎，并可见到大脑或小脑干酪样坏死病变以及肉芽肿性脑炎[1,38]。

Jungherr 和 Gifford[51]在有神经症状的雏鸡小脑发现了真菌菌丝。他们还从一群有神经症状的暴发的霉菌性肺炎病鸡内脏中分离到了烟曲霉菌、曲霉菌和拟青霉菌（Penicillium varioti）。Bullis[15]从共济失调的雏鸡脑内分出了烟曲霉菌和双球菌。大多数病例的肺和气囊都同时被感染，而且常累及肾

和肝脏。

传播、携带者和传播媒介

曲霉菌病不是一种传播性疾病，而是从暴露的环境中被感染的。泥土飞扬或干草垫料和垃圾的移动使呼吸系统接触分生孢子，新鲜的含有烟曲霉菌的干草也能引起曲霉菌病的暴发[29]。

曲霉菌病也可在蛋中感染。Eggert 和 Barnhart 曾报道了一起蛋传曲霉菌病例[30]。他们认为其发病原因是由于孵化时真菌经蛋壳进入了鸡胚，很快就导致孵化期的雏鸡发生了感染。Clark 等[23]报道了发生在孵化场的曲霉菌病，21 个鸡场共 21 万只雏鸡被感染，死亡率为 1%～10%，虽然孵化的蛋没有被感染，但是随处可见雏盒、孵化器、孵化室和进气管道带有霉菌。部分 1 日龄雏鸡可见临床症状和剖检病变，但一般需到 5 日龄时才可见到典型的病变。

O' Meara 和 Chute[73]发现，2 日龄以内的雏鸡容易被烟曲霉菌孢子所感染，尤其是强制通风和育雏室被带有烟曲霉菌的小麦污染后更为突出。而 3 日龄以上的雏鸡则有抵抗力。

在孵化期间，鸡胚对烟曲霉菌非常敏感。如果用烟曲霉分生孢子凡士林悬液涂抹种蛋，即可引起鸡胚感染[124]。若鸡蛋上落有含烟曲霉菌分生孢子的尘埃时，感染会增多[125]。尘埃落在蛋上 8 天后，烟曲霉菌分生孢子即可穿过蛋壳进入胚内。

潜伏期

一群捕获的野雏鸡暴发该病后，5 日龄开始出现死亡，15 日龄达到死亡高峰，到 3 周龄停止死亡，总计死亡率达 75%[28]。其中有的病雏是在发病后 24h 内死于痉挛。用大剂量的烟曲霉菌或黄曲霉菌实验感染雏火鸡后 48h 才出现症状[100]。气囊内接种烟曲霉菌后 24h 内可以出现明显的气囊炎[54]。

临床症状

症状轻微，即使在表现严重气囊炎病例的检查中。病鸡可能出现呼吸困难、喘气和呼吸迫促。当并发其他呼吸道疾病如传染性支气管炎、传染性喉气管炎时，病鸡呼吸常伴有"咯咯"声，而单纯感染曲霉菌时，就听不到声音。Guberlet[39]认为鸡群

感染霉菌后还可见到病鸡嗜睡、食欲废绝、消瘦、渴欲增加和发热。他还发现病鸡消瘦奇快，到后期还出现腹泻。如果食道黏膜被霉菌侵染，可见吞咽困难。舍饲农场的病鸡死亡率可高达 50%，而户外的鸡具有更强的抵抗力，几乎不感染。Van Heelsbergen[119]报道，有些饲养员发现病鸡鼻、眼处有大量的浆液性分泌物。De Jong[26]报道金丝雀感染后出现呼吸极度困难。Gauger[34]报道一起成鸡曲霉菌病，约 10% 病鸡有喉气管炎的典型症状，尽管产蛋量暂时下降，但无异常死亡。

因为实验感染[99]和自然发生[84,120]曲霉菌病的鸡群都出现斜颈和/或平衡失调，所以可以认为这是禽类曲霉菌病的一个症状。但其他疾病，包括其他真菌感染，也可引起相似症状。

发病率和死亡率

曲霉菌病以引起雏禽的高发病率和死亡率以及成年家禽的低发病率和死亡率为特征。上市禽群的发病率可能被低估，直至屠宰检验时才表现出肺部病变。在美国，由气囊炎造成的成年火鸡胴体废弃是导致宰后废弃的第二个主要因素[83]。

由污染的垫料引起曲霉菌病暴发可导致约 1/3 雏火鸡群的损失[29]。在疾病暴发的过程中，垫料可能促进了真菌的生长。在另一次暴发中，幼禽的死亡率高达 96%；当传染源尚未确定时，在饮水中添加葡萄糖是可行的[74]。改变饲料和垫料可能有助于减轻疾病在鸡群中的暴发，死亡率可降至 26%[67]。

雏火鸡在含有烟曲霉菌分生孢子气溶胶的空气中暴露 10min 后，每克肺组织可产生 5×10^5 CFU 烟曲霉菌时，即可引起约 50% 的雏火鸡死亡[98]。而在同样条件下，用黄曲霉菌做实验，雏火鸡却未出现死亡。或许是因黄曲霉菌分生孢子（3～6μm）比烟曲霉菌分生孢子（2～3μm）大得多，因此，前者无法到达后者所能达到的呼吸道深部。Walker[121]报道，5～7 日龄的鸵鸟吸入含曲霉菌分生孢子的气溶胶至气管后 2～8 天即可死于肺曲霉菌病。雏火鸡吸入烟曲霉菌后，如每克肺可培养出 2.2×10^6 个菌落，这些雏火鸡 5 天后即全部病死；较低的剂量（5.2×10^5 个菌落）会使发病延缓，死亡减少。暴露感染后 3～4 天开始出现死亡。

大体病变

一般的肺烟曲霉病病变可持续最少几周的时间，在实验性的火鸡烟曲霉急性病变中病程很快病灶很严重。在24h之内可见气囊膜表面有白色的粒状病灶，肺部病变主要表现为胸膜下腔稻草色的凝胶样水肿。气囊表现为程序性增厚和不透明，其中的肉芽肿增生可使气囊增大并改变其形状，由平的或脐形凹陷（2~5mm）变成拱形突起（1mm），易发生粘连。在气雾感染烟曲霉菌72h后，可见肺脏广泛退色和肉芽肿病变[54]。

剖检早期实验性气雾感染的雏火鸡，可见整个肺组织散在有大量黄白色干酪样坏死小结节（直径约1mm）（彩图25.3B），在增厚的气囊壁上通常附有相同大小的干酪样结节[100,109]（彩图25.3C）。偶尔可见到猩红色的腹水。

Durant和Tucker[28]在笼养野生鸟的肺部观察到了大小为5mm×8mm的黄白色结节，在暴发曲霉菌病的雏鸡中，未发现黄色病灶，但整个肺呈灰黄色[107]。

在曲霉菌病进一步发展的病例中，曲霉菌在干酪样病变的表面及增厚的气囊壁上形成分生孢子[100,109]，这时可见到灰绿色霉菌的生长。

感染鸟的鸣管中可能有干酪样，胶冻状或更不常见的脓性黏液样渗出物（彩图25.3D）。Barton及其同事[9]报道了黄曲霉菌引起的局灶性气管曲霉菌病，其特征为黄色干酪样渗出物黏附到黏膜表面，有时还堵塞气管，气管壁潮红。

Richard等[100]报道了脑组织病变，在脑组织表面通常可见到白色到黄色的病灶（彩图25.3E）。这些病变出现在大脑或小脑中，但很少同时出现。

Julian和Goryo[50]报道了肺烟曲霉菌病的常发后遗症腹水。他们推测急性肺源性心脏病是导致心脏衰竭的起因。

Mohler和Buckley[68]报道了火烈鸟的肺部病变，除肺有结节样变化外，还见有伪膜性支气管炎。支气管黏膜面覆盖一层膜状团块。与此类似，在鸵鸟的细支气管病变灶处，也见到了真菌小菌落[4]。另一例鸵鸟的肺表面布满了粟粒状病灶[49]。De Jong[26]观察到金丝雀的舌头、颚部及喉头入口处、气管和鸣管均有小的黄白色壳样伪膜。肺有干酪样病灶，胸膜和腹膜上有干酪样渗出物。La-haye[58]认为，灰绿曲霉菌（A. glaucus）可能是鸽皮肤病的病原，特别是幼鸽。全身皮肤都可见到黄色鳞状斑点。感染部位的羽毛干燥易折。

组织学病变

在研究雏火鸡急性肺曲霉菌病中，用烟曲霉菌经气囊内接种24h后就出现肉芽肿性气囊炎和胸膜炎[54]。气囊膜因异嗜细胞、多核巨细胞和其他白细胞的广泛浸润而增厚达100倍。在膜间隙中可见分生孢子，在感染并不严重的区域出现淋巴组织性血管周炎。肉芽肿有一个由坏死细胞碎屑和异嗜细胞组成的中心，外围可见上皮样巨噬细胞和淋巴细胞的聚集（彩图25.3F）。经高莫利乌洛托品银染法检查发现在脓性肉芽肿的中心有大量分生孢子，外围有菌丝伸入到巨噬细胞层（彩图25.3G）。在最初48h肺部病变由异嗜细胞、淋巴组织细胞或肉芽肿性胸膜炎、肺水肿和出血所组成，但72h后坏死出血和白细胞的大量渗透进一步引起广泛性的实质结构的消失。上皮样巨噬细胞与多核巨细胞混合在一起呈片状排列。坏死区主要含完整的异嗜细胞和变性的异嗜细胞。有隔菌丝绝大多数局限于坏死区和多核巨细胞的聚集体中。

不能存活的烟曲霉菌孢子引起短暂的气囊炎和肺炎，以水肿和异嗜细胞及巨噬细胞浸润为特征[55]。在这些病变中不存在多核巨细胞，相反，在曲霉菌活菌感染中，以单核上皮样巨噬细胞和多核巨细胞性巨噬细胞为其显著特征。

在曲霉菌病的亚急性型和慢性型研究中，检查烟曲霉菌和黄曲霉菌感染雏火鸡肺部时，发现所造成的组织学病变无明显差异[97]。在感染的头2周其组织学病变特征为淋巴细胞、巨噬细胞和少量巨细胞聚积成病灶。随着感染时间延长，病灶形成肉芽肿。肉芽肿中心坏死，并有异嗜性细胞，到感染后8周，存活的火鸡出现成熟的纤维样肉芽肿，该病变有一个坏死中心，外围可见巨细胞、一层厚厚的纤维细胞和胶原蛋白，其间散有一些异嗜细胞。经Gridley氏真菌染色法处理，在病灶坏死区内可见有真菌。在组织氧含量高的切片中，如气管、支气管和气囊切片存在无性繁殖的真菌孢子。

脑部有散在化脓灶，病灶中心坏死，并有异嗜细胞浸润，病灶周围有巨细胞。在一些病变的中央区可见到菌丝。

眼部病变特征为梳膜水肿，并有大量异嗜细胞和单核细胞浸润，瞬膜有典型的肉芽肿。在眼房和视网膜内可见到真菌菌丝、异嗜细胞、巨噬细胞和细胞碎屑。巩膜及其周围组织水肿并有异嗜细胞浸润。Moore[69]报道的火鸡眼炎病例的主要病变在玻璃体及其邻近组织。其中一只火鸡的晶状体中央有菌丝。

在气管病变中，尽管气管黏膜坏死，并有巨噬细胞浸润，周边组织纤维样增生明显。但气管被大量真菌菌丝及肉芽肿脓性渗出物所阻塞[9]。

致病机理

烟曲霉菌分生孢子直径约 $3\mu m$；一旦吸入，它们将沉积于下呼吸道中。在研究感染的鸡肺组织中，坎贝尔证实孢子在被吸入后吸附于细支气管分隔顶端上皮表面和平滑肌上[16]。孢子被吞入后优先产生芽管，再经 25h 可形成有隔菌丝。当孢子出现在宿主细胞上时在细胞内或细胞间可能发生这种转化。在巨细胞胞浆中可见到大量的菌丝，但巨细胞没有任何损伤。检查受感染的气囊，结果显示在 1h 内孢子吸附到膜表面，并随之从腔表面转位到膜内，在 24h 之内，孢子的分生很明显[54,55]。组织坏死与暴发的炎症反应相一致，经 24h 后，其间混杂有大量的含细胞碎屑的异嗜细胞。蛋白酶在烟曲霉菌繁殖生长的过程中获得了表达，还有异嗜细胞介导的溶解作用，这对肺实质的破坏可能起着重要作用[46]。

在家禽和人，烟曲霉菌分生孢子可随血流到处扩散[105]。Richard 和 Thureston[97]从吸入分生孢子后 15min 的火鸡血流中就分离出了烟曲霉。而此时，通过肺灌洗收获的巨噬细胞内含有大量的摄入的分生孢子。这可能正是该内源性真菌扩散途径导致了眼和脑部的损伤[100]。一些实验性感染火鸡可发生明显的斜颈，剖检时发现脑部有病变。火鸡、鹅和鸡自然感染烟曲霉菌后也可见到斜颈现象[120]。通常，在感染后 24h 真菌就会被清除出血液。

免疫力

尚无证据表明禽对曲霉菌病具有免疫力，然而大多数实验感染烟曲霉菌引起肺曲霉菌病的火鸡如果在 4～5 周内不再接触该病原，那么其肺部损伤能恢复[55,57]。用日本鹌鹑做试验也出现了类似的结果[19]。患曲霉菌病的家禽能够恢复的机制尚不清楚。不过，有人认为不依赖于淋巴细胞的反应，仅有巨噬细胞和中性粒细胞的参与就可清除具有免疫力的哺乳动物肺组织中的曲霉菌[108]；然而，有人推测低剂量曲霉菌接种小鼠所产生的免疫记忆可保护小鼠免受致死剂量曲霉菌的攻击[111]。

火鸡接种疫苗所产生的抵抗曲霉菌病的保护力十分有限，在实验条件下能降低死亡率[99]或者减轻早期的组织病变[94]。然而免疫并不能防止非常明显的肺部损伤，而且更容易导致慢性烟曲霉菌感染。一些免疫后的火鸡其病原分离培养呈阳性，而非免疫对照组的火鸡在攻毒后 8 周进行病原分离培养时呈阴性。

自然康复的火鸡对曲霉菌没有产生相应的抵抗力。实验证明康复期的火鸡对曲霉菌仍然敏感。烟曲霉菌感染而诱发单侧气囊炎的火鸡在康复后不能保护对侧气囊烟曲霉菌的感染[56]。同样地，被动细胞免疫不能保护火鸡抵抗烟曲霉菌的攻击，不管实验火鸡以前的暴露状况如何，脾淋巴细胞对分生孢子抗原制备物不能产生免疫反应[57]。

诊 断

病原的分离和鉴定

通常根据剖检病变即可诊断曲霉菌病。在感染禽的肺和气囊上可见到白色干酪样结节。但是，在观察鸵鸟气管和支气管病斑时，要使用气管镜，为了进行组织检查和细菌、真菌检查及其培养，剖检时应收集感染病料[65]。尽管有时在干酪样结节或病斑，尤其是在气管中可见到生长的真菌及其孢子。但是，为了确诊，仍需进行病原分离培养与鉴定。虽然大多数曲霉菌病是由烟曲霉菌所致，但其他真菌也可引起该病，因此应对分离物进行鉴定。

由于霉菌病的大多数病原为广泛分布的腐生菌，采样时应采用无菌技术小心收集。将少许病变结节浸入载玻片上 20% 的氢氧化钾溶液中，并将其压碎，盖上盖玻片即可镜检。用火焰对载玻片略微加热即可检查渗出物中有无菌丝。如果涂片太厚，可将载玻片置湿盒中培养 12～14h 后再检查。为使菌丝清晰可见，可在氢氧化钾中加入墨汁染液。这时可见菌丝呈蓝色，有横隔，二分叉分支结构，直

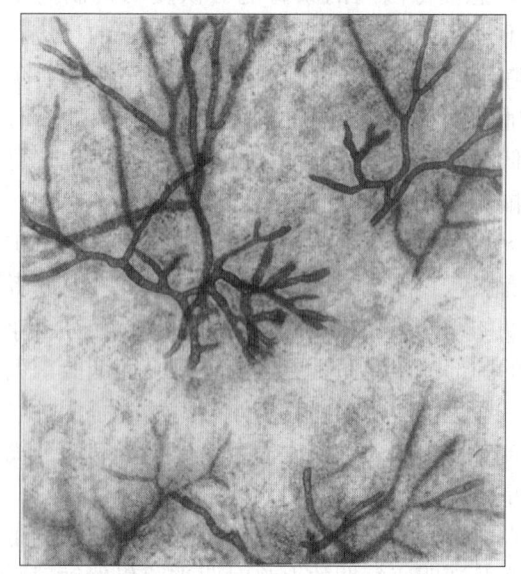

图 25.4 病料湿封片用 20%氢氧化钾处理和墨汁染色后观察到的烟曲霉菌丝。×450

径 2~8μm，菌丝鼻壁一般平行排列（图 25.4）。

无菌采集的病料可直接涂布在适宜的培养基上，或将病料置生理盐水中用组织研磨器研磨后划线接种培养。每份病料接种两个平板后，分别置 27℃ 和 37℃ 培养。液体病料可先离心后再取沉淀镜检或按上述方法进行分离培养。

分离培养和鉴定曲霉菌病大多数分离物合适的培养基有：沙堡弱氏葡萄糖琼脂、察氏液体琼脂和马铃薯葡萄糖琼脂。应每天观察所有培养物，而且应将部分真菌菌落转种于新鲜培养基。

进行光学显微镜检查时，可挑取含有繁殖体的菌落少许置于干净的载玻片上的封片液（如乳酚蓝）中，分散后，盖上盖玻片，镜检。

虽然可以用间接组织化学技术诊断小鹦鹉的曲霉菌病[17]，但是根据烟曲霉菌或黄曲霉菌的某些特征（参见"病原学"），即可鉴别曲霉菌病的绝大多数病原。

血清学

用血清学方法诊断非特异性病原，其意义不大。Richard[98]等比较雏火鸡烟曲霉菌和黄曲霉菌感染时采用了琼脂扩散法。大多数雏鸡感染烟曲霉菌后，可检测到其琼扩抗体，而感染黄曲霉菌时检测不到抗体。Peden 和 Rhoades 研究发现，尽管产生高效价抗体的大多数家禽病变明显且体重较轻，

但用酶联免疫吸附试验（ELISA）和琼脂扩散法检测抗体反应是无规律的[78]，此外，有学者用一种间接 ELISA 技术研究了火鸡感染曲霉菌时的抗体水平与 ELISA OD 值之间的关系[87]。为了淘汰曲霉菌感染禽，或许用血清学方法筛选阳性禽是可行的，但目前尚没有治疗阳性禽的合理或有效的方法。

鉴别诊断

禽曲霉菌病的临床症状无特异性，取决于其所侵染的器官系统。一般通过剖检观察到肉芽肿性病变可将肺曲霉菌病与其他禽呼吸道疾病区别开。Linares 和 Wigle[62]发现在新引进的雏禽中由金黄色葡萄球菌引起的肺炎表现与禽曲霉菌相似的临床症状。渗出性纤维素性气囊炎或化脓性气囊炎和肺炎在支原体病，大肠杆菌病，禽霍乱和衣原体病的病例中也十分常见。当病变以肉芽肿为主时，也要考虑分支杆菌病和其他真菌病。

预防和控制

管理措施

从某种意义上讲，控制雏鸡和雏火鸡的烟曲霉菌感染应从孵化卫生着手。可用商品化的采样设备和培养基去监测孵化器中的空气。为了防止暴发曲霉菌病，应避免使用霉变的垫料和饲料，防止禽接近霉烂变质的草堆。对场址和饲料及垫料进行仔细检查，即可找到传染源。

料槽及饮水区易长霉菌。如果不是永久固定性的舍饲系统，最好变换料槽和饮水器的位置。把料槽和饮水器置于有网罩的台基上，可防止火鸡啄食此处孳生的霉菌。雨后可能积水的地方，要注意排水。

每天清洗并消毒喂料器具和饮水器，有助于消除感染。如果不能经常变换饲喂地点，可用化学试剂喷洒料槽或水槽附近的地面。暴发该病时，饮用 1∶2 000 的硫酸铜水，可防止疾病扩散，但该法不能常用。Dyar 等[29]用制霉菌素和硫酸铜减少了污染垫料中的霉菌数和感染鸡的死亡率。用噻苯哒唑溶液喷洒湿的栎木刨花垫料，能有效地减少垫料上

的霉菌孢子，从而减轻了火鸡的肺部病变[32]。由暴发曲霉菌病的肉鸡群经 enilconazole 溶液处理垫料2天后其死亡率下降[88]。

目前，预防措施是控制该病的首选方案，通常包括消除曲霉菌来源，如霉变饲料和垫料，用抗真菌药物消毒禽舍和垫料，尽管采取各种预防措施，但是，在部分鸡舍和每年的特定季节，尤其是冬季的封闭式鸡舍，都会暴发曲霉菌病。加强通风可明显地减少禽舍空气中的霉菌数量，说明可将其作为预防该病的措施[100]。自然通风比强制通风效果好。但是，如用死亡率、每日增重、饲料转化率、屠宰废弃率或个体平均重等生产指标来评估自然通风的效果时，则差异不明显[25]。

一般说来，禽曲霉菌病无有效治疗方法。虽然已经使用某药物治疗哺乳动物的曲霉菌病，但如用之治疗禽曲霉菌病则成本过高。Wawrzkiewicz 和 Cygan[122]研究了从曲霉菌病禽的56份肺部病料中分出的64株烟曲霉菌、26株根霉菌和2株毛霉菌。在体外能抑制这些真菌的最有效的真菌抑制剂为制霉菌素、两性霉素B、结晶紫和亮绿。在饮水中添加合霉素可预防雏鸡霉菌病[7]。双氯苯咪唑治疗猛禽曲霉菌病有效[33]。用两性霉素B[45]和苯汞基二萘甲烷二碘酸盐[41]可控制鸡胚感染。二甲基二硫氨甲硫酯皮下注射治疗5～10周龄鸡群的烟曲霉菌感染有效。对比试验发现，该药可明显缩小病灶，并明显降低组织中霉菌的分离率[27]。在用烟曲霉菌实验感染鸡的同时采用恩康唑进行烟熏消毒法可以降低其发病率和死亡率[118]。另一个实验性曲霉菌病的研究比较了几种吡咯复合物的效果，用伊曲康唑经嗉囊饲喂法治疗家禽在降低病变程度和体重减轻方面是最有效的[80]。

使用疫苗并非是一种切实可行的方法，且无商品化疫苗。所制备的实验性疫苗仍然无效。有一个例外，Richard 等[100]用烟曲霉菌芽生孢子疫苗免疫雏火鸡后，用烟曲霉菌分生孢子喷雾攻击免疫雏火鸡，死亡率可降低50%。用活的烟曲霉菌孢子免疫鸭后，能保护部分实验鸭攻毒时不死[5]。

曹单平 李自力 译
常建宇 苏敬良 毕丁仁 郭玉璞 校

参考文献

[1]Alexandrov, M. and A. Vesselinova. 1973. Durch Aspergillus fumigatus Fresenius bei truthuhnern verursachte meningoenzephalitis. *Zentralblatt fur Vetarinarmedizin*, Reihe [B]20:204-309.

[2]Ansorg, R., R. van den Boom, and P. M. Rath. 1997. Detection of Aspergillus galactomannan antigen in foods and antibiotics. *Mycoses* 40:353-357.

[3]Appleby, E. C. 1962. Mycosis of the respiratory tract in penquins. Proceedings of the Zoolological Society of London 139:395-402.

[4]Archibald, R. G. 1913. Aspergillosis in the Suda ostrich. *J Comp Pathol Therapeut* 26:171-173.

[5]Asakura, A., S. Nakagawa, M. Masui, and J. Yasuda. 1962. Immunological studies of aspergillosis in birds. *Mycopathol* 18:249-256.

[6]Austwick, P. K. C. 1965. Pathogenicity. In K. B. Raper and D. I. Fennell(eds.). The Genus Aspergillus. Williams and Wilkins Co.: Baltimore, MD, 82-126.

[7]Babras, M. A. and C. V Radhakrishnan. 1967. Aspergillosis in chicks and trial of hamycin in an outbreak. *Hind Antibiotic Bulletin* 9:244-245.

[8]Barnes, A. J. and D. W. Denning. 1993. Aspergilli—significance as pathogens. *Rev Med Microbiol* 4:176-180.

[9]Barton, J. T., B. M. Daft, D. H. Read, H. Kinde, and A. A. Bickford. 1992. Tracheal aspergillosis in 6 1/2-week-old chickens caused by Aspergillus flavus. *Avian Dis* 36:1081-1085.

[10]Baumel, C. P., M. Imerman, J. Lawrence, J. Sell, and D. Trampel. 2000. Iowa's turkey industry—an economic review. In S. Thompson(ed.). Iowa State University Agriculture and Home Economics Experiment Station. University Extension: Ames, IA.

[11]Beckman, B. J., C. W. Howe, D. W. Trampel, M. C. DeBey, J. L. Richard, and Y. Niyo. 1994. Aspergillus fumigatus keratitis with intraocular invasion in 15-day-old chicks. *Avian Dis* 38:660-665.

[12]Bennett, J. E., A. K. Bhattacharjee, and C. P. J. Glaudemans. 1985. Galactofuranosyl groups are immunodominant in Aspergillus fumigatus galactomannan. *Molec Immunol* 22:251-254.

[13]Bergmann, V., G. Heider, and K. Vogel. 1980. Mycotic spondylitis as a cause of locomotor disorders in broiler chicken. *Monatshefte fur Veterinarmedizin* 35:349-351.

[14]Brooksbank, N. H. and P. K. Austwick. 1955. Susceptibility of inbred and outbred chicks to aspergillosis. *Br Vet J* 111:64-67.

[15]Bullis, K. L. 1950. Poultry disease control service. University of Massachusetts Agricultural Experiment Sta-

tion Annual Report 459:85.

[16]Campbell,C. K. 1970. Electron microscopy of aspergillosis in fowl chicks. *Sabouraudia* 8:133 - 140.

[17]Carrasco,L,M. J. Bautista,J. M. de las Mulas,and H. E. Jensen. 1993. Application of enzyme-immunohistochemistry for the diagnosis of aspergillosis,candidiasis and zygomycosis in three lovebirds. *Avian Dis* 37:923 - 927.

[18]Castellani, A. 1928. Bronchomoniliasis fungi and fungus disease. *Archiv fur Dermatologie und Syphilis* 17:61 - 97.

[19]Chaudhary, S. K. , J. R. Sadana, and A. K. Pruthi. 1988 Sequential pathologic studies in Japanese quails infected experimentally with Aspergillus fumigatus. *Mycopathol* 103:157 - 166.

[20]Chute, H. L. and D. C. O' Meara. 1958. Experimental fungous infections in chickens. *Avian Dis* 2:154 -166.

[21]Chute, H. L. , J. F. Witter, J. L. Rountree, and D. C. O' Meara. 1955. The pathology of a fungous infection associated with a caponizing injury. *J Am Vet Med Assoc* 127:207 - 209.

[22]Chute, H. L. , D. C. O' Meara, H. D. Tresner, and E. Lacombe. 1956. The fungous flora of chickens with infections of the respiratory tract. *Am J Vet Res* 17:763 - 765.

[23]Clark, D. S. , E. E. Jones, W. B. Crowl, and F. K. Ross. 1954. Aspergillosis in newly hatched chicks. *J Am Vet Med Assoc* 124:116 - 117.

[24]Cortes, P. L. , H. L. Shivaprasad, M. Kiupel, and G. Senties-Cué. 2005. Omphalitis associated with Aspergillus fumigatus in poults. *Avian Dis* 49:304 - 308.

[25]DeBey,M. C. ,D. W Trampel,J. L. Richard,D. S. Bundy, L. J. Hoffman, V. M. Meyer, and D. F. Cox. 1994. Effect of building ventilation design on environment and performance of turkeys. *Am J Vet Res* 55:216 - 220.

[26]De Jong, D. A. 1912. Aspergillosis der Kanarienvögel (Aspergillosis in canaries). *Zentralblatt fur Bakteriologie, Parasitenkunde, Infektionskrankheiten und Hygiene.* I Orig 66:390 - 393.

[27]Delap,S. K. ,J. K. Skeeles,J. N. Beasley,D. L. Kreider, C. E. Whitfill, G. E. Houghten, E. M. Walker, D. J. Cannon,and P. L. Earls. 1989. *In vivo* studies with dimethyldithiocarbamate,a possible new antimicrobial for use against Aspergillus fumigatus in poultry. *Avian Dis* 33: 497 - 501.

[28]Durant, A. J. and C. M. Tucker. 1935. Aspergillosis of wild turkeys reared in captivity. *J Am Vet Med Assoc* 86:781 - 784.

[29]Dyar,P. M. ,O. J. Fletcher,and R. K. Page. 1984. Aspergillosis in turkeys associated with use of contaminated litter. *Avian Dis* 28:250 - 255.

[30]Eggert, M. J. and J. V. Barnhart. 1953. A case of eggborne aspergillosis. *J Am Vet Med Assoc* 122:225.

[31]Ezeonu, I. M. ,D. L. Price, S. A. Crow, and D. G. Ahearn. 1995. Effects of extracts of fiberglass insulations on the growth of *Aspergillus fumigatus* and *A. versicolor.* *Mycopathol* 132:65 - 59.

[32]Fate,M. A. ,J. K. Skeeles,J. N. Beasley,M. F. Slavik, N. A. Lapp, and J. W. Shriver. 1987. Efficacy of thiabendazole(Mertect 340 - F) in controlling mold in turkey confinement housing. *Avian Dis* 31:145 - 148.

[33]Furley, C. W. and A. G. Greenwood. 1982. Treatment of aspergillosis in raptors(order Falconiformes)with miconazole. *Vet Rec* 111:584 - 585.

[34]Gauger, H. C. 1941. Aspergillus fumigatus infection in adult chickens. *Poult Sci* 20:445 - 446.

[35]Ghazikhanian, G. Y. 1989. An outbreak of systemic aspergillosis caused by Aspergillus flavus in turkey poults [abst]. *J Am Vet Med Assoc* 194:1798.

[36]Ghori, H. M. and S. A. Edgar. 1973. Comparative susceptibility of chickens,turkeys and Coturnix quail to aspergillosis. *Poult Sci* 52:2311 - 2315.

[37]Ghori, H. M. and S. A. Edgar. 1979. Comparative susceptibility and effect of mild Aspergillus fumigatus infection on three strains of chickens. *Poult Sci* 58:14 -17.

[38] Guarda, F. 1974. Aspergillosi encefalica nei polli. *Schweizer Archiv fur Tierheilkunde* 116:467 - 476.

[39] Guberlet, J. E. 1923. An epizootic of aspergillosis in chickens. *J Am Vet Med Assoc* 63:612 - 622.

[40] Hall, L. A. and D. W. Denning. 1994. Oxygen requirements of *Aspergillus* species. *J Med Microbiol* 41:311 - 315.

[41]Harry, E. G. and D. M. Cooper. 1970. The treatment of hatching eggs for the control of egg transmitted aspergillosis. *Br Poult Sci* 11:269 - 272.

[42]Hearn, V. M. 1992. Antigenicity of Aspergillus species. *J Med Vet Mycol* 30:11 - 25.

[43] Hinshaw, W. R. 1937. Diseases of turkeys. California *Agriculture Experimental Station Bulletin* 613.

[44] Hudson, C. B. 1947. Aspergillus fumigatus infection in the eyes of baby chicks. *Poult Sci* 26:192 - 193.

[45]Huhtanen,C. N. and J. M. Pensack. 1967. Effect of antifungal compounds on aspergillosis in hatching chick embryos. *Appl Microbiol* 15:102 - 109.

[46]Iadarola, P. , G. Lungarella, P. A. Martorana, S. Viglio,

M. Guglielminetti, E. Korzua, M. Gorrini, E. Cavarra, A. Rossi, and J. Travis. 1998. Lung injury and degradation of extracellular matrix components by *Aspergillus fumigatus* serine protease. *Exp Lung Res* 24:233‐251.

[47] Itakura, C. and M. Goto. 1973. Pathological observation of fungal(Aspergillus fumigatus)ophthalmitis in chicks. *Jpn J Vet Sci* 35:473‐479.

[48] Jensen, H. E., A. Aalbaek, P. Lind, H. V. Krogh, and P. L. Frandsen. 1996. Development of murine monoclonal antibodies for the immunohistochemical diagnosis of systemic bovine aspergillosis. *J Vet Diag Invest* 8:68‐75.

[49] Jowett, W. 1913. Pulmonary mycosis in the ostrich. *J Comp Pathol Therapeut* 26:253‐257.

[50] Julian, R. J. and M. Goryo. 1990. Pulmonary aspergillosis causing right ventricular failure and ascites in meat-type chickens. *Avian Pathol* 19:643‐654.

[51] Jungherr, E. and R. Gifford. 1944. Three hitherto unreported turkey diseases in Conn. : Erysipelas, hexamitiasis, mycotic encephalomalacia. *Cornell Vet* 34:214‐226.

[52] Kageruka, P. 1967. The mycotic flora of Antarctic Emperor and Adelia penguins. *Acta Zoologica* 44:87‐99.

[53] Katoch, R. C., K. B. Bhowmik, and B. S. Katoch. 1975. Preliminary studies on mycoflora of poultry feed and litter. *Ind Vet J* 52:759‐762.

[54] Kunkle, R. A. and R. B. Rimler. 1996. Pathology of acute aspergillosis in turkeys. *Avian Dis* 40:875‐886.

[55] Kunkle, R. A. and R. B. Rimler. 1998a. Early pulmonary lesions in turkeys produced by nonviable *Aspergillus fumigatus* and/or *Pasteurella multocida* lipopolysaccharide. *Avian Dis* 42:770‐780.

[56] Kunkle, R. A. and R. E. Sacco. 1998b. Susceptibility of convalescent turkeys to pulmonary Aspergillosis. *Avian Dis* 42:787‐790.

[57] Kunkle, R. A., R. B. Rimler, and E. M. Steadham. 1999. Adoptive transfer of splenocytes from convalescent turkeys fails to confer protection against challenge with *Aspergillus fumigatus*. *Avian Dis* 43:678‐684.

[58] Lahaye, J. 1928. Maladies des Pigeons et des Poules, des Oiseaux de Basee-Cour et de Voliere(Diseases of Pigeons and Chickens, of Birds in the Farmyard and Pigeon Loft: Anatomy, Hygiene, Nutrition). Imprimerie Steinmetz-Haenen, Remouchamps.

[59] Latge, J. P. 1999. *Aspergillus fumigatus* and aspergillosis. *Clin Microbiol Rev* 12:310‐350.

[60] Leslie, C. E., B. Flannigan, and L. J. R. Milne. 1988. Morphological studies on clinical isolates of Aspergillus fumigatus. *J Med Vet Mycol* 26:335‐341.

[61] Lignieres, J. and G. Petit. 1898. Péritonite aspergillaire des dindons(Aspergillus peritonitis of turkey toms). *Recueil de Medecine Veterinaire* 5:145‐148.

[62] Linares, J. A. and W. L. Wigle. 2001. Staphylococcus aureus pneumonia in turkey poults with gross lesions resembling aspergillosis. *Avian Dis* 45:1068‐72.

[63] Lovett, J., J. W. Messer, and R. B. Read. 1971. The microflora of southern Ohio poultry litter. *Poult Sci* 50:746‐751.

[64] Mahmoud, A. L. E. 1994. Antifungal action and antiaflatoxigenic properties of some essential oil constituents. *Lett Appl Microbiol* 19:110‐113.

[65] Marks, S. L., E. H. Stauber, and S. B. Ernstrom. 1994. Aspergillosis in an ostrich. *J Am Vet Med Assoc* 204:784‐785.

[66] Milakovic-Novak, L., A. Nemanic, and A. Kostanjevac. 1977. Ocular aspergillosis in chicken(Aspergiloza ociju upilica). *Veterinarski Arhiv* 47:213‐215.

[67] Mohan Rao, M. R. K., Ch. Choudary, and D. Inayatullah Kahn. 1982. An outbreak of acute aspergillosis in chicks. *Ind Vet J* 59:341‐342.

[68] Mohler, J. R. and J. S. Buckley. 1904. Pulmonary mycosis of birds with report of a case in a flamingo. United States Department of Agriculture, Bureau of Animal Industry, Circular 58:122‐136.

[69] Moore, E. N. 1953. Aspergillus fumigatus as a cause of ophthalmitis in turkeys. *Poult Sci* 32:796‐799.

[70] Nawada, R., R. Amitani, E. Tanaka, A. Niimi, K. Suzuki, T. Murayama, and F. Juze. 1996. Murine model of invasive pulmonary aspergillosis following an earlier stage, noninvasive *Aspergillus* infection. *J Clin Microbiol* 34:1433‐1439.

[71] Ng, T. T. C., G. D. Robson, and D. W. Denning. 1994. Hydrocortisone-enhanced growth of *Aspergillus* spp. : Implications for pathogenesis. *Microbiol* 140:2475‐2479.

[72] Obendorf, D. L. and K. McColl. 1980. Mortality in little penguins(Eudyptula minor)along the coast of Victoria, Australia. *J Wildlife Dis* 16:251‐259.

[73] O'Meara, D. C. and H. L. Chute. 1959. Aspergillosis experimentally produced in hatching chicks. *Avian Dis* 3:404‐406.

[74] Ononiwu, J. C. and M. A. Momoh. 1985. *Bulletin of Animal Health and Production in Africa* 31(1):75‐77.

[75] Owings, W. J. 1986. Turkey health surveys, air quality study. Poultry Newsletter, Cooperative Extension Service: Iowa State University Summer: 1‐10.

［76］Owings,W. J. 1995. Turkey health problems: A summary of 12 years of Iowa grower surveys. Iowa State University Extension publication PS‐257. Ames,IA.

［77］Pasanen, A. L. , P. Kalliokoski, P. Pasanen, M. J. Jantunen, and A. Nevalainen. 1991. Laboratory studies on the relationship between fungal growth and atmospheric temperature and humidity. *Environment International* 17:225‐228.

［78］Peden, M. W. and K. R. Rhoades. 1992. Pathogenicity differences of multiple isolates of Aspergillus fumigatus in turkeys. *Avian Dis* 36:537‐542.

［79］Perelman,B. and E. S. Kuttin. 1992a. Aspergillosis in ostriches. *Avian Pathol* 21:159‐163.

［80］Perleman, B. , B. Smith, D. Bronstein, A. Gur-Lavie, and E. S. Kuttin. 1992b. Use of asole compounds for the treatment of experimental aspergillosis in turkeys. *Avian Pathol* 21:591‐599.

［81］Pier, A. C. and J. L. Richard. 1992. Mycoses and mycotoxicoses of animals caused by aspergilli. In Aspergillus: Biology and Industrial Applications. Butterworth-Heinemann: Stoneham,MA.

［82］Pinello, C. B. , J. L. Richard, and L. H. Tiffany. 1977. Mycoflora of a turkey confinement brooder house. *Poult Sci* 56:1920‐1926.

［83］Poultry Slaughter. 1995—2000. Agricultural Statistical Board, National Agricultural Statistics Service. United States Department of Agriculture: Washington,DC.

［84］Raines, T. V. , C. D. Kuzdas, F. H. Winkel, and B. S. Johnson. 1956. Encephalitic aspergillosis in turkeys: A case report. *J Am Vet Med Assoc* 129:435‐436.

［85］Raper,K. B. and D. I. Fennal. 1965. The genus Aspergillus. The Williams & Wilkins Co. : Baltimore,MD,686.

［86］Rayer and Montagne. 1842. Mycose aspergillaire dans les poches aeriennes d' un bouvreuil. *Journal Inst Paris Muller's Arch* 270(cited in Austwick,1965).

［87］Redig, P. T. , G. Post, T. Concannon, and J. Dunnette. 1986. A direct ELISA for diagnosis of aspergillosis in turkeys［abst］. Proceedings of Conference of Research Workers Animal Diseases, 67th Meeting. Chicago, IL,30.

［88］Redman, V. T. and B. Schildger. 1989. Therapeutisher einsatz von enilconazol bei broiler-kuken mit aspergillose. *Deutsche Tierarztliche Wochenschrift* 96:15‐17.

［89］Reece,R. L. , K. Taylor, D. B. Dickson, and P. J. Kerr. 1986. Mycosis of commercial Japanese quail, ducks and turkeys. *Austr Vet J* 763:196‐197.

［90］Reis, J. 1940. Queratomicose aspergilica epizootica em

pintos. *Arquivos do Instituto Biologico*: Sao Paulo,Brazil 11:437‐462.

［91］Reiss, E. and P. F. Lehmann. 1979. Galactomannan antigenemia in invasive aspergillosis. *Infect Immun* 25:357‐365.

［92］Richard, J. L. 1975. Aspergillosis. In W. T. Hubbert, W. F. MaCulloch, and P. R. Schnurrenberger(eds.). Diseases Transmitted from Animals to Man, 6th ed. Charles C. Thomas: Springfield,IL,529‐532.

［93］Richard, J. L. 1990. Additional mycotoxins of potential importance to human and animal health. *Vet Human Toxicol* 32(suppl):63‐69.

［94］Richard, J. L. , W. M. Peden, and J. M. Sacks. 1991. Effects of adjuvant-augmented germling vaccines in turkey poults challenged with Aspergillus fumigatus. *Avian Dis* 35:93‐99.

［95］Richard,J. L. and M. C. DeBey. 1995. Production of gliotoxin during the pathogenic state in turkey poults by Aspergillus fumigatus Fresenius. *Mycopathol* 129: 111‐115.

［96］Richard,J. L. , T. J. Dvorak, and P. F. Ross. 1996. Natural occurrence of gliotoxin in turkeys infected with *Aspergillus fumigatus*, Fresnius. *Mycopathol* 134: 167‐170.

［97］Richard,J. L. and J. R. Thurston. 1985. Rapid hematogenous dissemination of Aspergillus fumigatus and A. flavus spores in turkey poults following aerosol exposure. *Avian Dis* 27:1025‐1033.

［98］Richard,J. L. , R. C. Cutlip, J. R. Thurston, and J. Songer. 1981. Response of turkey poults to aerosolized spores of Aspergillus fumigatus and aflatoxigenic and nonaflatoxigenic strains of Aspergillus flavus. *Avian Dis* 25:53‐67.

［99］Richard, J. L. , J. R. Thurston, R. C. Cutlip, and A. C. Pier. 1982. Vaccination studies of aspergillosis in turkeys: Subcutaneous inoculation with several vaccine preparations followed by aerosol challenge exposure. *Am J Vet Res* 43:488‐492.

［100］Richard, J. L. , J. R. Thurston, W. M. Peden, and C. Pinello. 1984. Recent studies on aspergillosis in turkey poults. *Mycopathol* 87:3‐11.

［101］Richard,J. L. , W. M. Peden, and P. P. Williams. 1994. Gliotoxin inhibits transformation and its cytotoxic to turkey peripheral blood lymphocytes. *Mycopathol* 126: 109‐114.

［102］Richard, J. L. , M. C. DeBey, R. Chermette, A. C. Pier, A. Hasegawa, A. Lund, A. M. Bratberg, A. A. Padhye, and M. D. Connole. 1995. Advances in veterinary mycology. *J Med Vet Mycolol* 32:(suppl 1):169-187.

[103]Rippon, J. W. 1982. Medical Mycology, the Pathogenic Fungi and the Pathogenic Actinomyctes,2nd ed. W. B. Saunders Co.: Philadelphia.

[104]Santos, R. M. D. B. , A. A. P. Firmino, C. M. de Sa, and C. R. Felix. 1996. Keratinolytic activity of Aspergillus fumigatus Fresenius. *Curr Microbiol* 33:364-370.

[105]Saravia-Gomez, J. 1978. Aspergillosis of the central nervous system. *Handbook Clin Neurol* 35: 395-400.

[106]Sauter, E. A. , C. F. Peterson, E. E. Steele, J. F. Parkinson, J. E. Dixon, and R. C. Stroh. 1981. The airborne microflora of poultry houses. *Poult Sci* 60:569-574.

[107]Savage, A. and J. M. Isa. 1933. A note on mycotic pneumonia of chickens. *Science in Agriculture* 13:341.

[108]Schaffner, A. , H. Douglas, and A. Braude. 1982. Selective protection against conidia by mononuclear and against mycelia by polymorphonuclear phagocytes in resistance to Aspergillus. *J Clin Invest* 69:617-631.

[109]Schlegel, M. 1918. Aspergillosis(pneumonomycosis aspergillina) bei Truthennen und Hühnern. *Zeitschrift fur Infektionskrankheiten, Parasitare Krankheiten und Hygiene der Haustiere* 19:333-334.

[110]Skinner, C. E. , C. W. Emmons, and H. M. Tsuchiya. 1947. Henrici's Molds, Yeasts, and Actinomycetes, 2nd ed. John Wiley and Sons, Inc. : New York.

[111]Smith, G. R. 1972. Experimental aspergillosis in mice: aspects of resistance. *J Hyg* (London)70:741-754.

[112]Sperling, F. G. 1953. Ophthalmic aspergillosis in chickens. Proc 25th Northeast Conference of Laboratory Workers Pullorum Disease Control. University of Massachusetts: Amherst,67-68.

[113]Stynen, D. , J. Sarfati, A. Goris, M. C. Prevost, M. Lesourd, H. Kamphuis, V. Darras, and J. P. Latge. 1992. Rat monoclonal antibodies against Aspergillus galactomannan. *Infect Immun* 60:2237-2245.

[114]Sutton, P. , P. Waring, and A. Mullbacher. 1996. Exacerbation of invasive aspergillosis by the immunosuppresive fungal metabolite, gliotoxin. *Immunol Cell Biol* 74:318-322.

[115]Taylor, J. J. and E. J. Burroughs. 1973. Experimental avian aspergillosis. *Mycopathologia et Mycologia Applicata* 51:131-141.

[116]Thi So, D. , J. W. Dick, K. A. Holleman, and P. Labosky. 1978. Mold spore populations in bark residues used as broiler litter. *Poult Sci* 57:870-874.

[117]Thurston, J. R. , J. L. Richard, S. J. Cysewski, and R. E. Fichtner. 1975. Antibody formation in rabbits exposed to aerosols containing spores of Aspergillus fumigatus. *Am J Vet Res* 36:899-901.

[118]Van Cutsem, J. 1985. Antifungal activity of eniconazole on experimental aspergillosis in chickens. *Avian Dis* 27:36-42.

[119] Van Heelsbergen, T. 1929. Handbuch der Gelflüegelkrankheiten und der Gelflüegelzucht. Ferdinand Enke, Stuttgart,312-322.

[120]Veen, P. J. 1973. Torticollis and disease of the respiratory tract, caused by Aspergillus fumigatus in fowl. *Netherlands J Vet Sci* 5:132-133.

[121]Walker, J. 1915. Aspergillosis in the ostrich chick. Union South Africa Department of Agriculture Annual Report 3-4:535-574.

[122]Wawrzkiewicz, K. and Z. Cygan. 1974. Wrazliwosc *in vitro* grzy-bow wyosobnionych z przypadkow grzybic ukladu oddechowego ptakow na fungistatyki. *Polskie Archiwum Weterynaryjne* 17:211-224.

[123]Witter, J. F. and H. L. Chute. 1952. Aspergillosis in turkeys. *J Am Vet Med Assoc* 121:387-388.

[124]Wright, M. L. , G. W. Anderson, and N. A. Epps. 1960. Hatchery sanitation as a control measure for aspergillosis in fowl. *Avian Dis* 4:369-379.

[125]Wright, M. L. , G. W Anderson, and J. D. McConachie. 1961. Transmission of aspergillosis during incubation. *Poult Sci* 40:727-731.

[126]Yamada, S. , S. Kamikawa, Y. Uchinuno, A. Tominaga, K. Matsuo, H. Fujikawa, and K. Takeuchi. 1977. Avian dermatitis caused by Aspergillus fumigatus. *JJpn Vet Med Assoc* 30:200-202.

[127]Zook, B. C. and G. Migaki. 1985. Aspergillosis in Animals. In Y. Al-Doory and G. E. Wagner (eds.). Aspergillosis. Charles C. Thomas: Springfield, IL,207-256.

念珠菌病（鹅口疮）

Candidiasis (Thrush)

引 言

念珠菌属（*Candida*）是人、动物和禽类正常消化系统的常住微生物区系的组成部分，呈全球性分布。念珠菌病是一种内源性的条件性真菌病，当菌群失调或宿主的抵抗力较弱时，就会发生该病，而非因接触外界病原感染发病。当免疫抑制成为根本问题时，雏禽和衰老禽与并发症常常是相关联的。长期或不合理使用抗生素，破坏机体的微生物生态学，可能是导致念珠菌病发生的最常见原因。禽类特别易患口腔和嗉囊念珠菌病，与人类霉菌性口炎十分相似。

定义与同义名

念珠菌病是由念珠菌属的假丝酵母菌，主要是白色念珠菌（C. albicans）感染而引起的一种真菌病。该病原与机体长期共生，是一种条件性病原菌。鹅口疮这一术语是指上消化道的念珠菌感染。应用于消化道真菌性感染的其他术语有：念珠菌口炎（Stomatitis oidica）、霉菌性口炎（Muguet）（法文）、鹅口疮（Soor）（德文）、念珠菌病（moniliasis）、碘霉菌病（iodiomycosis）、酸嗉囊病（sour crop）。

意义

鸡、火鸡、鹅、鸽、珍珠鸡、雉、翎颌松鸡、鹑、孔雀、吸蜜鹦鹉、小鹦鹉、鹦鹉和长尾小鹦鹉都曾发生过鹅口疮[1,18,23]。禽类发生念珠菌病往往是散发性的，一旦暴发，即可造成巨大损失。首次报道的雏火鸡念珠菌病的暴发，其死亡率高达20%[5]，次年报道了由于真菌感染而导致1 000只雏鸡发生死亡[8]。最近在6周龄的火鸡群中暴发真菌感染导致了40%的鸡只死亡[18]。

历　史

1839年Langenbeck已认识到在人的消化道感染中，酵母样真菌在病原学上的重要性。历史上对该病及其病原的称呼很容易引起混淆。念珠菌病（Moniliasis）表示该病是由念珠菌属（*Monilia*）感染所引起的，但这已过时。根据1939年第三届国际微生物学会议的一个决定，用Candidia（念珠菌属）作为属名取代人们熟悉的，但已作废的Monilia这一属名。在念珠菌病中，最常分离到的病原

因子是白色念珠菌。

Jungherr[10]认为白色念珠菌（*Monilia albicans*）在鹑鸡类中广泛存在，对禽类有致病性，经静脉注射也可使家兔发病，且与人源的菌株不能区分。他还发现白色念珠菌、克鲁泽氏念珠菌（*M. krusei*）及鸡念珠菌新种（*Oidium pullorum* sp. n.）与鹅口疮有关，但认为克鲁泽氏念珠菌没有致病性[9,10]。还发现毛霉菌（*Mucor* spp.）和曲霉菌与一些病例有关。Hinshaw[7]报道，在他所注意到的火鸡和鸡的大多数鹅口疮病例中，发现了白色念珠菌。两位研究者均认为真菌感染常与不卫生的环境有关。Benham[2]、Worley和Stovall[28]、Martin等[16]以及其他工作者的研究都暗示了其病因的复杂性。Stovall[21]提出了在一种特设的环境条件改进分离菌株鉴定的方法，在此条件下，微生物的生物学特性是恒定的，且可以被确证。

病　原　学

尽管从健康和发病的家禽中都分离到了另外一些念珠菌，但白色念珠菌仍是鹅口疮的最主要病原。在一次对肉鸡嗉囊的真菌病原调查研究中发现95%的分离株是白色念珠菌，其余的分别鉴定为柔帆特念珠菌（*C. ravautii*）、沙门念珠菌（*C. salmonicola*）、高里念珠菌（*C. guilliermondi*）、近平滑念珠菌（*C. parapsilosis*）、串珠念珠菌（*C. catenulata*），或布鲁姆特念珠菌（*C. brumptii*）。其中只有白色念珠菌和近平滑念珠菌与此研究报道的嗉囊念珠菌病病例有关。在火鸡暴发的鹅口疮病例中分离到了白色念珠菌、皱褶念珠菌（*C. rugosa*）、法姆特念珠菌（*C. famata*）、热带念珠菌（*C. tropicalis*）、高里念珠菌，而皱褶念珠菌是唯一能从各个病例中都分离到的念珠菌。

发病机理和流行病学

发生和分布

已经从禽类、其他动物和人的小肠和黏膜表面分离到了白色念珠菌，它是一种共生性的真菌，分

布十分广泛。因感染所引起的病理变化主要是由于机体免疫平衡遭到破坏或菌群紊乱而发生的生理上的失常。这种情况往往被认为是球虫病治疗的一种后遗症。

消化道真菌病的发生率比诊断实验室中所报道的病例要多得多。在许多病例中，它也许并不引起严重的后果，但许多禽类都有严重暴发该病的报道。其他动物和人同样也可感染该病。Gierke[5]报道了加利福尼亚州火鸡暴发的鹅口疮样的疾病，Hart[6]报道了新南威尔士州的火鸡和其他禽中发生的该病。Mayeda[17]曾对加利福尼亚州火鸡和鸡中存在的本病作了综述。据报道在意大利中部一受念珠菌感染的火鸡群中，其死亡率达40%[18]。Hinshaw[7]报道了12群火鸡的鹅口疮，其病变与鸡的相似。Blaxland和Fincham[3]对5起雏火鸡暴发的鹅口疮进行了研究。他们的观察支持了以前的结论，即念珠菌病的发生可能与不卫生的环境和其他使机体衰弱的条件有关。

临床症状

该病的症状不很典型。受感染的小鸡表现生长不良、发育受阻、倦怠无神、羽毛松乱。当念珠菌为继发感染时，其症状往往被主要疾病所掩盖。幼禽比日龄大的禽类更易发生消化道真菌感染，因此随着日龄的增大，病禽会逐渐康复。Jungerr[8]曾报道一起不足60日龄的5万只小鸡暴发该病后死亡约1万只。他还报道了4周龄以下的火鸡感染后迅速死亡[10]，而3月龄的禽暴发本病时，康复率很高。

大体病变

最常见剖检病变为嗉囊黏膜增厚，黏膜上带有白色圆形隆起的溃疡灶（彩图25.3H），溃疡表面有剥离的倾向。黏膜上常见有伪膜斑和易于除去的坏死物，口和食道可能出现溃疡斑。

Underwood[24]介绍了一种用于诊断实验性嗉囊念珠菌病的通称为麦氏直测广视内窥镜的仪器。此仪器装有目镜和独立光源。让禽禁食12h，使嗉囊变空以便能清晰地观察其黏膜。正常的嗉囊为淡粉红色，表面光亮平滑，有许多浅的沟回，而真菌感染的嗉囊则出现深的皱褶至轻度带白色的条纹，

糜烂或白喉状膜的形成，其周围的黏膜呈深红色。

当波及腺胃时，则出现肿胀，浆膜面有光泽，黏膜出血，并可能被卡他性或坏死性渗出物覆盖。当消化道出现真菌病时，必须考虑如肌胃糜烂和肠球虫病这类使机体衰弱的其他疾病。但肌胃糜烂本身很可能并不直接与鹅口疮有关。同样，在鹅口疮病例中常见的带水样内容物的肥厚肠管，可能是由球虫病或其他原虫感染所致。

Wyatt等[29]经静脉给14日龄肉鸡注射白色念珠菌悬液，诱发了鸡的全身性感染。感染鸡生长发育严重受阻，神经机能紊乱，还有肝、肾变红，出现胰腺炎。静脉注射兔在其肾脏上出现粟粒状的脓肿[2]。

在一群18月龄的产蛋鸡群中曾发生一起皮肤型念珠菌病，造成70%的鸡掉毛和发生浅表性皮炎[14]。

组织学病变

口、嗉囊以及食管黏膜角质化的层叠鳞状上皮感染往往局限在角质层或扩散到角质层的棘突上。黏膜表面常被覆一层由坏死的组织碎片、脱落的上皮细胞、白细胞、细菌菌落、酵母以及念珠菌假菌丝混合物的痂皮所覆盖。也常出现表皮水肿、角化不全或角化过度。表皮炎往往以巨噬细胞、淋巴细胞、浆细胞、异嗜细胞的混合渗出物为特征。可能出现表皮或真皮表层微小脓肿，黏膜下层或真皮水肿以及界面性皮炎。而伴随炎症发生的黏膜下层或真皮层浸润的现象很少出现。

在病变组织中，通常发现有呈菌丝体和酵母样两种形态的念珠菌。酵母样细胞呈卵圆形，直径约3~6μm。菌丝体由菌丝和假菌丝构成。假菌丝是由成链状排列的长酵母样细胞组成，形态类似菌丝，但两个相邻细胞之间存在明显的结构。菌丝两边平行，有隔膜，宽3~5μm。过碘酸希夫高莫利乌洛托品银染法有助于观察组织内真菌的形态学结构。

在一些病例中，肝门静脉周边的坏死灶表明真菌对门脉系统有毒性作用。已经从白色念珠菌中分离到一种对小鼠有毒性作用的可溶性内毒素。Tripathy[22]认为，受感染火鸡的血管损伤可能与念珠菌内毒素有关。50%以上感染白色念珠菌的火鸡，其腹主动脉内壁表面出现动脉粥样化病变，而

在未感染的对照鸡中，出现类似病变的比例仅为12.5%。已证明从感染人分离的白色念珠菌可产生一种与曲霉菌胶霉毒素相似的代谢产物，具有免疫调节和抗吞噬细胞的特征[20]。

诊　断

念珠菌病的发生常与不洁的环境，以及抗生素的长期使用有关。观察到特征性的增生，相对非炎性的病变，加上初代培养生长旺盛，就足以诊断鹅口疮。因为从外观正常的组织中可能培养出白色念珠菌，因此认为初代分离培养时生长旺盛这一特点，对诊断是必不可少的。如果能发现假菌丝和芽生酵母，那么新鲜组织样品直接涂片镜检就很有价值了。

在无菌条件下，将收集到的有病变的黏膜碎片，接种于添加有 $50\mu g/mL$ 氯霉素和 $0.5mg/mL$ 环己亚胺的萨布罗氏葡萄糖琼脂中，以抑制细菌和霉菌的生长。另外，由于有些念珠菌分离株对环己亚胺敏感，因此只在培养基中加氯霉素，然后再将接种的培养基分别置 $27℃$ 和 $37℃$ 培养。每天观察，直到第 5 天，1 月后丢弃。在萨布罗氏琼脂上，于 $37℃$ 孵育 $24\sim48h$ 后，产生白色奶油状隆起的菌落。

幼龄培养物由芽生卵圆形的酵母样细胞组成，大小约为 $5.5\mu m\times3.5\mu m$。老龄培养物出现有分隔的菌丝，偶尔可见球形、带厚膜的肿胀细胞，即所谓的厚膜孢子。在吐温 80 大米粉琼脂或厚膜孢子琼脂中更易形成厚膜孢子。在合适的培养基中假菌丝体一端呈簇的分生孢子通过其相应的通道产生孢子，这种结构是区分该类真菌的特征性结构[13]。

通过生化试验，可以对念珠菌属进行鉴定。在含有 1% 可发酵物质和 1% 安德莱特（Andrade）氏指示剂的邓亨（Dunham）氏蛋白胨水中，本菌能发酵葡萄糖、果糖、麦芽糖和甘露糖产酸产气；发酵半乳糖和蔗糖微产酸；不发酵糊精（随不品牌号而异）、菊糖、乳糖和棉子糖。明胶穿刺培养出现短绒毛状或树枝状侧枝，但不液化培养基。商品化的碳水化合物同化试验成套试剂如 API 20C 酵母鉴定系统和 RapID 酵母阳性系统，在医学诊断室中应用[19,26]。

治疗和控制

因为消化道真菌病往往与不卫生的、不利于健康的拥挤条件有关，故这些情况不允许存在或应当加以克服。Jungherr[9]认为变质酒精和煤焦油衍生物作为消毒剂是无效的，并提出应使用碘制剂。他提供的治疗方案为，先用硫酸镁泻盐饮用清肠，再在 2 加仑饮水中加入 1 平匙粉状胆矾（硫酸铜），盛于非金属容器内，隔天饮用，共饮 1 周。Hinshaw[7]介绍，当暴发本病时，以 1∶2 000 的硫酸铜溶液作为火鸡唯一的饮用水源。然而 Underwood 等[25]发现在实验念珠菌病的雏鸡和雏火鸡中使用硫酸铜对治疗或预防均无效。已感染的禽必须隔离。口腔中的病灶可用适当的消毒剂进行局部处理。如日龄很小的雏火鸡发生本病，则说明种蛋表面已被污染。孵化前将蛋浸入碘制剂中即可消除这种可能性。

Kostin[12]发现将白色念珠菌与禽粪混合后置于木板上，以 2% 甲醛溶液或 1% 氢氧化钠溶液处理 1h 即可被杀灭。以 5% 氯化碘盐酸溶液处理 3h 也可起到同样的作用。

Gentry 等[4]以及 Kahn 和 Weisblatt[11]研究过制霉菌素的治疗效果。据报道其中一组采用每千克饲料含 220mg 制霉菌素能有效地消灭火鸡群白色念珠菌病。另一组发现，以白色念珠菌实验感染鸡和火鸡后，每千克饲料拌入最小治疗量 11mg 的制霉菌素，即可大大减轻嗉囊病变严重性；拌入最高剂量（110mg /kg 饲料）制霉菌素，即能有效地保护禽群免受真菌感染。

Yacowitz 等[31]报道，连续 4 周使用每千克日料中拌入最低剂量（142mg/kg 饲料）制霉菌素即可成功地预防鸡群的念珠菌病。Kahn 和 Weisblatt[11]也获得了类似的结果。Wind 和 Yacowitz[27]将 $62.5\sim250mg$ 的制霉菌素与 $7.8\sim25mg$ 硫酸月桂酯钠一起加入 1L 饮水中，让病鸡连饮 5 天，成功地治愈了嗉囊真菌病。

Tripathy[22]发现，在缺乏维生素 A 的每吨日料中添加 500g 金霉素，对嗉囊念珠菌病的发病率和疾病的严重程度没有影响，但增加了粪便中排出的孢子数。喂制霉菌素（100g/t 饲料）的火鸡与对照组相比，其平均体重要高，嗉囊的病变也较轻。

Lin报道了用临床分离的念珠菌进行体外药敏试验的结果，由于患鹅口疮的病禽采食量要降低，而饮水量显著增加，因此他推荐在饮水中添加制霉菌素来治疗念珠菌病[15]。

曹单平 李自力 译
常建宇 苏敬良 毕丁仁 郭玉璞 校

参考文献

[1]Ainsworth,G. C. and P. K. C. Austwick. 1973. Fungal Diseases of Animals. Commonwealth Agricultural Bureaux. Farnham Royal：Slough,England.

[2]Benham,R. W. 1931. Certain molilias parasitic on man. *J Infect Dis* 49：185 - 215.

[3]Blaxland, J. D. and I. H. Fincham. 1950. Mycosis of the crop(moniliasis)in poultry,with particular reference to serious mortality occurring in young turkeys. *Br Vet J* 106：221 - 231.

[4]Gentry,R. F. ,G. R. Bubash,and H. L. Chute. 1960. *Candida albicans* in turkeys. 1. Treatment of crop infections with mycostatin. *Poult Sci* 39：1252.

[5]Gierke, A. G. 1932. A preliminary report on a mycosis of turkeys. California Department of Agriculture Monthly Bulletin 21：229 - 231.

[6]Hart，L. 1947. Moniliasis in turkeys and fowls in New South Wales. *Austral Vet J* 23：191 - 192.

[7]Hinshaw, W. R. 1933. Moniliasis(thrush) in turkeys and chickens. Proceedings of the 5th World's Poultry Congress 3：190.

[8]Jungherr,E. L. 1933a. Observations on a severe outbreak of mycosis in chicks. *J Agri* 2：169 - 178.

[9]Jungherr, E. L. 1933b. Studies on yeast-like fungi from gallinaceous birds. Storrs Agriculture Experimental Station Bulletin 188.

[10]Jungherr, E. L. 1934. Mycosis in fowl caused by yeast-like fungi. *J Am Vet Med Assoc* 3：500 - 506.

[11]Kahn, S. G. and H. Weisblatt. 1963. A comparison of nystatin and copper sulfate in experimental moniliasis of chickens and turkeys. *Avian Dis* 3：304 - 309.

[12]Kostin, V. V. 1966. Razrabotka rezhimov dezinfektsii pri kandidamikose Pt ts. (Development of method for disinfection in candidiasis of fowls.). *Trudy Vses Institute of Veterinary Sanitation* 26：157 - 162.

[13]Kunkle,R. A. and J. L. Richard. 1998. Mycoses and Mycotoxicoses. In A Laboratory Manual for the Isolation and Identification of Avian Pathogens, 4th ed. American Association of Avian Pathologists, University of Pennsylvania, New Bolton Center：Kennett Square，PA.

[14]Kuttin, E. S. ,A. M. Beemer, and M. Meroz. 1976. Chicken dermatitis and loss of feathers from *Candida albicans*. *Avian Dis* 20：216 - 218.

[15]Lin, M. Y. ,K. J. Huang,and S. H. Kleven. 1989. *In vitro* comparison of the activity of various antifungal drugs against new yeast isolates causing thrush in poultry. *Avian Dis* 33：416 - 421.

[16]Martin,D. S. ,C. P. Jones, K. F. Yao, and L. E. Lee, Jr. 1937. A practical classification of the monilias. *J Bacteriol* 34：99.

[17]Mayeda, B. 1961. Candidiasis in turkeys and chickens in the Sacramento Valley of California. *Avian Dis* 3：232 - 243.

[18]Moretti, A. , D. Piergili Fioretti, L. Boncio, P. Pasquali, and E. Del Rossi. 2000. Isolation of *Candida rugosa* from turkeys. *J Vet Med-B* 47：433 - 439.

[19]Ramani,R. ,S. Gromadzki,D. H. Pincus, I. F. Salkin, and V. Chaturvedi. 1998. Efficacy of API 20C and ID 32C systems for identification of common and rare clinical yeast isolates. *J Clin Microbiol* 36：3396 -3398.

[20]Shah,D. T. and B. Larsen. 1991. Clinical isolates of yeast produce a gliotoxin-like substance. *Mycopathol* 116：203 -208.

[21]Stovall, W. D. 1939. Classification and pathogenicity of species of Monilia. Microbiology—3rd International Congress,202.

[22]Tripathy,S. B. 1965. Observations of changes in turkeys exposed to Candida albicans. *Diss Abstract* 6：3187.

[23]Tsai, S. S. , J. H. Park, K. Hirai, and C. Itakura. 1992. Aspergillosis and candidiasis in psittacine and passeriforme birds with particular reference to nasal lesions. *Avian Pathol* 21：699 - 709.

[24]Underwood,P. C. 1955. Detection of crop mycosis(moniliasis)in chickens and turkeys with a panendoscope. *J Am Vet Med Assoc* 127：229 - 231.

[25] Underwood, P. C. , J. H. Collins, C. G. Durgin, F. A. Hodges, and H. E. Zimmerman, Jr. 1956. Critical tests with copper sulphate for experimental moniliasis (crop mycosis)of chickens and turkeys. *Poult Sci* 3：599 - 605.

[26]Wadlin, J. K. , G. Hanko, R. Stewart, J. Pape, and I. Nachamkin. 1999. Comparison of three commercial systems for identification of yeasts commonly isolated in the clinical microbiology laboratory. *J Clin Microbiol* 37：1967 - 1970.

[27]Wind, S. and H. Yacowitz. 1960. Use of mycostatin in the drinking water for the treatment of crop mycosis in tur-

keys. *Poult Sci* 39：904 - 905.

[28]Worley,G. and N. D. Stovall. 1937. A study of milk coagulation by *Monilia* species. *J Infect Dis* 2：134.

[29]Wyatt,R. D. ,D. C. Simmons,and P. B. Hamilton. 1975a. Induced systemic candidiosis in young broiler chickens. *Avian Dis* 19：533 - 543.

[30]Wyatt,R. D. and P. B. Hamilton. 1975b. *Candida* species and crop mycosis in broiler chickens. *Poult Sci* 54：1663 -1664.

[31]Yacowitz, H. ,S. Wind, W. P. Jambor, N. P. Willett,and J. F. Pagano. 1959. Use of mycostatin for the prevention of moniliasis(crop mycosis)in chicks and turkeys. *Poult Sci* 3：653 - 660.

皮肤真菌病（冠癣）

Dermatophytosis （Favus）

皮肤真菌病、慢性皮肤真菌病（Dermatomycosis）、癣和毛囊癣都是报道皮肤真菌感染的术语。冠癣通常是特指禽类的疾病，呈世界性分布，但多为散发。冠癣通过接触传染，并可以传染人。冠癣的主要致病因子是禽小孢子菌（*Microsporum gallinae*）。

1881 年首次报道了冠癣的致病因子是禽表皮癣菌（*Epidermophyton gallinae*），后来认为是 *Achorion gallinae*（禽毛癣菌），然后是 *Trichophyton gallinae*（禽毛癣菌），甚至是 *Microsporum gallinae*（禽小孢子菌）。由禽小孢子菌引起的冠癣已经在鸡、火鸡、鸭、鹌鹑、金丝雀中发现[1]，但在大规模养禽业中很少，可能它更易感染家禽、鹰和斗鸡[2, 3, 4]。

禽小孢子菌是主要致病菌。感染鸟仍然健康，只是皮肤有损伤。冠癣通过群接触传染，如果发现不及时还能导致饲养员长癣。感染鸡冠和头部皮肤产生典型的白色鳞屑和痂皮，颈部羽毛脱落。镜下观察菌落局限于表皮。由于异嗜白细胞掺杂在菌落中，皮肤表面由角化细胞和白细胞痂形成的鳞屑状沉积物变厚。可能出现棘层肥厚和皮肤棘层松懈，并伴有水肿。也可见到淋巴细胞与组织细胞和异嗜白细胞的表皮炎和真皮炎症。检查羽毛囊会发现角化体聚集。用高碘酸希夫或高莫利乌洛托品银染料对组织进行染色，发现分支的真菌被隔膜平行分开，直径 2～5μm。

将皮屑放于载有 10％氢氧化钾的玻片上，盖上盖玻片，缓慢加热，可以看到病灶部完整的菌丝和菌丝碎片。27℃左右，皮屑可以在 50μg/mL 氯霉素和 0.5μg/mL 环己亚胺的萨布罗葡萄糖琼脂上生长。禽小孢子菌在 27℃，1～2 周或 20℃4 周左右长出菌落。最初，菌落是白色、天鹅绒似的，随着培养时间的延长变成淡粉色。菌落背面最初是淡黄色，逐渐变为红色。镜下观察，菌落由纤细的、被隔膜分开的菌丝构成，菌丝上长有大量小分生孢子和大分生孢子。小分生孢子是梨形的，2μm×4μm，大分生孢子（6～8μm×15～50μm）有细长光滑或刺状约 4～10 个细胞组成的室，小室底部与菌丝有一个弯曲或逐渐变细的连接[5]。

避免患冠癣的鸟传播疾病。其他保存物，像被污染的土壤等可能含有病原，但禽小孢子菌只能从感染体中分离到，应将患冠癣的鸟分离，避免传播病原。对禽没有标准的处理方法，但感染部搽咪康唑软膏非常有效[3]。为防止这种人畜共患病的传播，患鸟应进行护理。鼓励对检查使用过的手套进行合适的处理。

曹单平　李自力　译
常建宇　苏敬良　毕丁仁　校

参考文献

[1]Ainsworth,G. C. and P. K. Austwick. 1973. Fungal Diseases of Animals. 2nd edition. Commonwealth Agricultural Bureaux. Farnham Royal：Slough,England.

[2]Bradley, F. A. , A. A. Bickford, and R. L. Walker. 1993. Diagnosis of favus （avian dermatophytosis）in oriental breed chickens. *Avian Dis* 37：1147 - 1150.

[3]Droual,R. , A. A. Bickford,R. L. Walker, S. E. Channing, and C. McFadden. 1991. Favus in a backyard flock of game chickens. *Avian Dis* 35：625 - 630.

[4]Fonseca, E. and L. Mendoza. 1984. Favus in a fighting cock caused by Microsporum gallinae. *Avian Dis* 28：737 - 741.

[5]Kunkle,R. A. and J. L. Richard. 1998. Mycoses and Mycotoxicoses. In A Laboratory Manual for the Isolation and Identification of Avian Pathogens,4th ed. ,American Association of Avian Pathologists,University of Pennsylvania,New Bolton Center：Kennett Square,PA.

指霉菌病

Dactylariosis

指霉菌病是一种由暗色嗜热真菌（*Dactylaria*

gallopava)[1]引起的鸟类散发性真菌脑炎。这在1964 年首次报道为 *Diplorhinotrichum gallopavum*[3]。该疾病已经在小鸡、幼龄火鸡和鹌鹑中发现[3,4,5]。

虽然指霉菌病并不常见，但当发生该病时，相当大比例的禽类会被感染，而且发病率接近于死亡率。Ranck 等[4]报道了该病在小鸡中的暴发，结果导致 65 000 只鸡中的 200 只感染了致死性脑炎。经禽左后胸气囊、左上颌骨窦和大脑人工注射孢子悬液，成功地复制出了该病。Waldrip[7]报道 60 000只肉鸡发生该病后死亡率为 3%～5%，Blalock 报道了指霉菌病在火鸡中的暴发，其死亡率达20%[2]，Shane[5]报道了该病在日本鹌鹑中的暴发，死亡率达 15%～20%。

临床症状与中枢神经系统的病理学是相一致的，包括运动失调、平衡失调、震颤、斜颈、麻痹和死亡。大体病变主要表现在大脑和小脑。病变常报道为大的、坚硬的、灰色的和局限性的[2]或整个病灶区主要变为红色[5]。在一些病例中可以见到肺肉芽肿[2]。

组织学上，病变具有多病灶区特征，表现为坏死区中央有大量异嗜性白细胞、巨噬细胞和多核巨细胞的渗透，嗜热真菌的菌丝在苏木素伊红和四嗅荧光素染色的组织切片中很容易辨认。典型菌丝是以随机排列的形式散布于病变中，并呈现出黄色至亮褐色，有隔膜，呈不规则分枝状，直径为1.2～2.4μm。

将含有病变的小块脑组织碾碎并接种至沙堡弱氏葡萄糖琼脂斜面上，置 24℃和 37℃培养。暗色嗜热真菌在室温和 37℃均生长良好。然而，这种嗜热真菌在 45℃时生长最快。在培养基中加入0.05g/L 的氯霉素可减缓其生长，培养基中含有环己酰亚胺时也可抑制其生长[4]，在 24℃或 37℃放2～5 天，在沙堡弱氏葡萄糖琼脂上可形成表面扁平或皱折的绒毛状灰褐色菌落，菌落的反面呈深紫红色。红色的色素扩散至周围的培养基，在菌落周围形成一圆环。在显微镜下检查可见亮棕褐色至褐色的分隔菌丝和卵圆形的双细胞的褐色孢子(3.2～9.0μm)，生长在短的无支链的分生孢子上。

指霉菌病的发生与蛋托和孵卵器的污染有关。污染的木屑和锯末也与该病在鸡群中的暴发有关[7]。该病原明显地更喜适度高温下的酸性环境。

暗色嗜热真菌在酸性的温泉、酸性的热土壤和废煤堆中可以存在并生长[6]。当发生该疾病时，建议用熏蒸消毒法除去蛋托的污染和净化孵育箱。

曹单平 李自力 译
常建宇 苏敬良 毕丁仁 校

参考文献

[1]Bhatt,G. C. and W. B. Kendrick. 1968. Diplorhinotrichum and Dactylaria and description of a new species of Dactylaria. *Can J Botany* 46:1253 - 1257.

[2]Blalock, H. G. ,L. K. Georg, and W. T. Derieux. 1973. Encephalitis in turkey poults due to Dactylaria (Diplorhinotrichum) gallopava—a case report and its experimental reproduction. *Avian Dis* 17:197 - 204.

[3]Georg, L. K. , B. W. Bierer, and W. B. Cooke. 1964. Encephalitis in turkey poults due to a new fungal species. *Sabouraudia* 3:239 - 244.

[4]Ranck, F. M. ,L. K. Georg. and D. H. Wallace. 1974. Dactylariosis,a newly recognized fungus disease of chickens. *Avian Dis* 18:4 - 20.

[5]Shane,S. M. ,J. Marovits,T. G. Snider Ⅲ, and K. S. Harrington. 1985. Encephalitis attributed to Dactylariosis in Japanese quail chicks (Coturnix coturnix japonica). *Avian Dis* 29:822 - 828.

[6]Tansey, M. R. and T. D. Brock. 1973. Dactylaria gallopava,a cause of avian encephalitis in hot spring effluents, thermal soils and selfheated coal waste piles. *Nature* (Lond.) 242:202 - 203.

[7]Waldrip, D. W. , A. A. Padhye, L. Ajello, and M. Ajello. 1974. Isolation of Dactylaria gallopava from broiler-house litter. *Avian Dis* 18:445 - 451.

散发性真菌感染
Sporadic Fungal Infections

组织胞浆菌病
Histoplasmosis

组织胞浆菌病是禽类、人和动物的一种真菌性传染病，但不呈现接触性传播。此病常见于动物园中的鸟类，偶尔见于鸡群和火鸡群，遍及世界各地，尤其是在该病的原发地美国密苏里、俄亥俄和密西西比河附近地区。荚膜组织胞浆菌（*Histoplasma capsulatum*）具有双重特性：既可以霉菌形式存在环境中，又可以酵母菌形式存于温血动物体中。动物因吸入霉菌所产生的孢子而引起感染。

荚膜组织胞浆菌在培养基和土壤中容易生长，菌落呈白色至棕色。它能产生两种类型的孢子：（1）球状带小刺的小分生孢子，直径 3～4μm；（2）球状，少数呈棒状的大分生孢子，直径 8～12μm，并有均匀分布的指状突起。该菌的生长周期类似酵母菌，但生长缓慢。培养温度为 37℃，培养基应富含蛋白质，以血液最好，需高湿度环境和高浓度的 CO_2。

在沙堡氏培养基、葡萄糖琼脂、马铃薯、明胶或面包上，在各种温度下均可形成菌丝体，两周后形成白色至棕色的菌落。分节分枝菌丝宽 2.5μm，常形成链状厚膜孢子，孢子呈圆形，直径 20μm。

Dodge[1] 在意大利的欧掠鸟栖息处和毗邻的一所校园的土壤中发现了组织胞浆菌，该校大部分学生组织胞浆菌素呈阳性。

诊断本病有三条标准：病原菌的分离培养、组织病理学检查和组织胞浆菌素敏感性实验。组织病理学特征为组织细胞的肉芽肿性炎症。该炎症是由胞浆内直径为 2～4μm 的出芽酵母菌所致。

接触组织胞浆菌的霉菌培养物须在生物安全实验室戴可以处理的手套，用酚类消毒剂对用过的设备进行彻底消毒。所用平皿须经密封和表面消毒后才可拿出生物安全实验室。

曹单平　李自力　译
常建宇　苏敬良　毕丁仁　校

参考文献

[1]Dodge,H. J. 1965. The association of a bird-roostiing site with infection of school children by Histoplasma capsulatum. *Am J Public Health* 55:1203 - 1211.

隐球菌病

Cryptococcosis

隐球菌病为人畜共患病。人隐球菌病的特征是脑膜炎。同义病名有隐球菌病（torulosis）、串酵母病、酵母性脑炎及欧洲芽生肿。

尽管此菌还未被诊断为禽类的病原，也未发生过流行，但因它对公共卫生是重要的并存在于有鸟的环境中，值得讨论。该病遍及全球，虽然对养禽业无经济意义，但常零星散发于动物园中的鸟类。

该菌属于不完全酵母群，学名为新型隐球菌（*Cryptococcosis neoformans*）。芽生菌体呈正圆形，外面包绕着一层胶浆性厚荚膜。菌体直径 4～6cm，荚膜厚 1～2μm，在葡萄糖琼脂上，经 30℃ 48h 发育成熟。

Bisbocu[1] 从患肠肝炎雏中分离到了隐球菌。鸡可经实验感染发病。病变为肝、肠、肺和脾上有肉芽肿和坏死。

Emmons[3] 从 19 个养禽场中的 16 个及 111 份鸽粪中的 63 份样品中分出了新隐球菌，因此震动了公共卫生界。该菌发现于鸽粪中，但从 20 只鸽子体内未分离到。该菌营腐生生活。Bishop[2] 等从 13 个鸽巢及其粪样中的 6 份分出了新隐球菌，从而证明了以上结论。

在德国动物园及宠物店中，Staib[5] 从 201 种鸟的 28 份粪便中分出了隐球菌。金丝雀分出 12 株、野鸽 1 株，其余毒株来自鹦鹉及其他鸟类。Franger[4] 从 48 只鸽、13 只禽、7 只雉鸡、10 只欧洲家燕、4 只寒鸦及 3 只苍头燕雀的粪便中分出了隐球菌。

经病原分离培养即可诊断该病。在哺乳类动物的病例诊断中，组织学检查尤其有用。其显著特征是缺乏炎性反应，尽管在感染组织中存在大量隐球菌。常用黏蛋白卡红染色可观察到厚荚膜，荚膜呈深红色易与分生孢子区分开。

在隐球菌引起的脑膜炎病例中预后一般不良。

参考文献

[1]Bisbocci,G. 1938. Infectious entero-hepatitis in fowls due to a cryptococcus. *Nouvo Ercolani* 43:290 - 314.

[2]Bishop,R. H. ,R. K. Hamilton,and J. M. Slack. 1960. The isolation of cryptococcus neoformans from pigeon nests. Abstract. *West Virginia Bulletin* 26:31 -32.

[3]Emmons,C. W. 1955. Saprophytic sources of cryptococcus neoformans associated with the pigeon (Columba livia). *American J Hyg* 62:227 -232.

[4]Fragner,P. 1962. Isolation of cryptococcus from bird feces. *Csl Epidemiol Microbiol Immunol* 11:135 - 139.

[5]Staib,F. 1961. C. neoformans in bird feces. *Zbl Bakt* 1,(orig.)182:562 - 563.

接合菌病（藻菌病）

Zygomycosis（Phycomycosis）

接合菌病主要由毛霉菌目的毛霉菌属（*Mucor*）、酒曲菌属（*Rhizopus*）、梨头霉属（*Absidia*）、根状菌属（*Rhizomucor*）和被孢霉属（*Mortierella*）的真菌所引起的。常用的同义病名有毛霉菌病和藻菌病。接合菌病的临床症状随感染器官或系统的不同而异。禽类和哺乳动物都能感染该病，哺乳动物的感染与免疫抑制有关，家禽的感染并不常见。禽类局部和全身性感染的病例已有报道[1]。接合菌病病原源于外界环境，可感染禽类、哺乳动物和人类，不能通过接触传染。

Bigland[2]曾报道过一例企鹅全身性感染该病的病例。其临床症状首先是共济失调，单侧畏光，接着瘫痪，最后死亡。通过尸体剖检，可见一个橙子大小的胶质团块粘连在肋骨、脊柱、脊髓和胸廓软组织上。在右眼肿大眼球的眼后房也发现一个具有类似组织结构的团块。同时还发现有结节性肺泡炎，毛霉菌属的实验室病原诊断是以组织学和真菌学检查为基础的。

剖检一例雏鸡的肺接合菌病病例，发现其病变主要为肺实质的多病灶性白色小结节。该病的诊断以组织病理学为基础[6]。在一个患肋间肌肉组织和肺组织发生粘连的接合菌性肺泡炎的鸭病例中发现有毛霉菌的生长[5]。

酒曲菌[7]和毛霉菌[3]感染引起接合菌病性脑炎和腺胃炎的病例在鸵鸟中也有报道。通过组织病理学可以较准确地诊断本病。病变以化脓性肉芽肿或肉芽肿性炎症为特征，常伴有多核巨噬细胞显著增多。坏死和血管浸润是最常见的特征。在肉芽肿的中央均有一个典型的坏死灶。通过过碘酸希夫反应或高莫利乌洛托品银染，可以较容易地观察到接合菌。菌丝宽7～20μm，边缘不整齐，形状不规则，无或少有隔膜，且分枝少。

病原学确诊基于所形成的菌落特征及显微镜检的观察。病料在加有氯霉素的沙堡弱氏葡萄糖琼脂上划线培养。放线菌酮可抑制其生长，在27℃时，生长速度相对较快。多数情况下，4天即可形成成熟的菌落。区分不同种属毛霉菌的实

验室培养物最简单的方法就是查阅一本有图解的实验室手册[4]。

曹单平 李自力 译
常建宇 苏敬良 毕丁仁 校

参考文献

[1] Ainsworth, G. C. and P. K. Austwick. 1973. Fungal Diseases of Animals. 2nd edition. Commonwealth Agricultural Bureaux. Farnham Royal：Slough, England.

[2] Bigland, C. H., F. E. Graesser, and K. S. Pennifold. 1961. An osteolytic Mucor mycosis in a penguin. *Avian Dis* 5：367 - 370.

[3] Jeffrey, J. S., R. P. Chin, H. L. Shivaprasad, C. U. Meteyer, and R. Droual. 1994. Proventriculitis and ventriculitis associated with zygomycosis in ostrich chicks. *Avian Dis* 38：630 - 634.

[4] Larone, D. H. 1995. Medically Important Fungi—A Guide to Identification. 3rd edition. ASM Press：Washington D. C.

[5] McCaskey, P. C. and K. A. Langheinrich. 1984. Zygomycosis in the duck. *Avian Dis* 28：791 - 798.

[6] Migaki, G., K. A. Langheinrich, and F. M. Garner. 1970. Pulmonary mucormycosis（phycomycosis）in a chicken. *Avian Dis* 14：179 - 185.

[7] Perelman, B. and E. Kuttin. 1992. Zygomycosis in ostriches. *Avian Pathol* 21：675 - 680.

Macrorhabdosis

（Megabacteria）

Megabacteria 是近几年发现的一类变形的子囊类酵母，它不属于细菌范畴。我们把它命名为"*Macrorhabdus ornithogaster*"[8]，所致的疾病命名为"禽胃酵母感染（avian gastric yeast infection）。该病原可导致机体进行性虚弱和胃肠道疾病，其典型的表现为机体营养不良、消瘦、虚脱、食欲不振、恶病质甚至死亡[2]。致死率高达90%。在感染该病原的禽的粪便和前胃壁中可见有特征性大的革兰氏不定 PAS 染色阳性的该病原微生物（图25.5）。他们通常在组织中呈平行束状排列，在胃前壁与胃室的峡部大量存在。*Macrorhabdus* 与白色念珠菌的大小与形态结构相似，需要与其鉴别诊断。通过联合应用抗细菌和抗真菌药物可以减小

其造成的损失。控制该病可以通过减小饲养密度、控制环境卫生及消毒和至少提前空禽舍6周来得以实现。在鸵鸟，预防该病主要是通过免于其接触小动物和自由生活的鸟类，提供优越的饲养方式、营养和最大化降低其应激[1]。

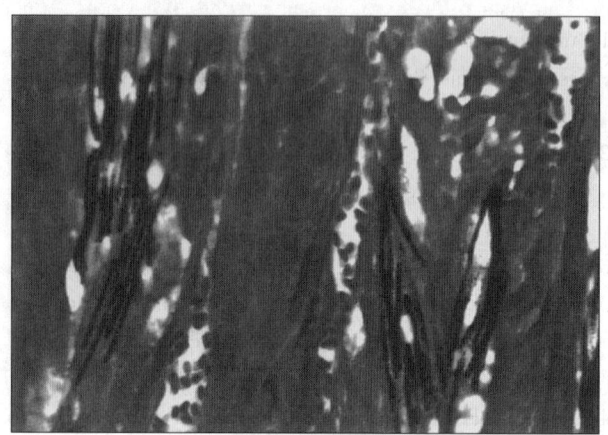

图25.5 *Macrorhabdus ornithogaster* 诊断的特征为：前胃的腺隐窝处可见有大的长形的形态各异的革兰氏阳性微生物呈束状平行排列。革兰氏染色，×400。(Dr. O. Fletcher)

多种禽类对该酵母均易感[2]，在笼养鸟和宠物中该病感染成为一个很严重的问题。在家养禽中，*Macrorhabdus* 的感染可发生在鸡、火鸡、珠鸡、鹌鹑、鸥鸪、鸽子、鸵鸟和美洲鸵鸟[2,3,4,6,7]。由于胃壁的增厚可使前胃增大，在显微镜下可见特征性的胃前壁和胃室中存在淋巴质浆细胞和异嗜的炎性细胞，在异嗜的炎性细胞区域大量的 Megabacteria 存在于黏液中前胃壁的隐窝中，偶见穿过胃上皮。许多携带 Megabacteria 的鸟类可感染其他疾病[4,7]。

一周龄的可感染从澳洲长尾小鹦鹉体内分离的该菌。该病原微生物多数存在胃前壁和峡部，他可以破坏食物但不影响机体生长[5]。该研究表明 *Macrorhabdus* 对养禽业存在的潜在危害。

曹单平 李自力 译
常建宇 苏敬良 毕丁仁 校

参考文献

[1]Huchzermeyer, F. W. 1999. Veterinary problems. In D. C. Deeming(ed.). The Ostrich—Biology, Production and Health. CAB International, Wallingford, Oxon, UK, 293-320.

[2]Martins, N. R. S., A. C. Horta, A. M. Siqueira, S. Q. Lopes, J. S. Resende, M. A. Jorge, R. A. Assis, N. E. Martins, A. A. Fernandes, P. R. Barrios, T. J. R. Costa, and L. M. C. Guimaraes. 2006. *Macrorhabdus ornithogaster* in ostrich, rhea, canary, zebra finch, free range chicken, turkey, guinea-fowl, columbina pigeon, toucan, chuckar partridge and experimental infection in chicken, Japanese quail and mice. *Arq Bras Med Vet Zootec* 58: 291-298.

[3]Mutlu, O. F., S. Seckin, K. Ravelhofer, R. A. Hildebrand, and F. Grimm. 1997. Proventriculitis in fowls caused by megabacteria. *Tierarztl Praxis* [G] 25: 460-462.

[4]Pennycott, T. W., G. Duncan, and K. Venugopal. 2003. Marek's disease, candidiasis and megabacteriosis in a flock of chickens (*Gallus gallus domesticus*) and Japanese quail (*Coturnix japonica*). *Vet Rec* 153: 293-297.

[5]Phalen, D. N., and R. P. Moore. 2003. Experimental infection of white-leghorn cockerels with *Macrorhabdos ornithogaster* (Megabacterium). *Avian Dis* 47: 254-260.

[6]Schulze, C., and R. Heidrich. 2000. Megabacterial infection in domestic chickens. *Vet Rec* 147: 172.

[7]Schulze, C., and R. Heidrich. 2001. Megabakterien-assoziierte Proventrikulitis beim Nutzgeflugel in Brandenburg. *Dtsch Tierarztl Wochenschr* 108: 264-266.

[8]Tomaszewski, E. K., K. S. Logan, K. F. Snowden, C. P. Kurtzman, and D. N. Phalen. 2003. phylogenetic analysis identifies the 'megabacterium' of birds as a novel anamorphic ascomycetous yeast, *Macrorhabdus ornithogaster* gen. nov., sp. nov. *Int J Syst Evol Microbiol* 53: 1201-1205.

Ⅳ 寄生虫病
Parasitic Diseases

第 26 章

外寄生虫和家禽害虫

External Parasites and Poultry Pests

Nancy C. Hinkle 和 Leslie Hickle

引　言

禽的外寄生虫是指寄生于皮肤和羽毛上或其体内的节肢动物，以宿主作为保护场所和食物来源。外寄生虫可显著影响动物健康和生产性能。其他见于环境中的害虫也可造成健康和经济影响。虽然存在许多禽类外寄生虫，但本章特别关注与家禽生产有关的那些种类。

蝇、甲虫、螨和其他节肢害虫危及商品家禽饲养。现代高密度、封闭式禽舍系统为粪繁殖蝇类、与堆积垫料相关的甲虫和北方禽螨的发育繁殖，创造有利条件。

三种主要家禽生产设施类型（笼养蛋禽、肉禽和种禽舍）各有自己的害虫问题和独特的管理需要。环境稳定、温度规律、高湿度环境以及食物丰富的禽舍为几种节肢害虫提供了近乎理想的生境，解释了为什么蝇类和贮藏产品甲虫在此类状态下如此繁荣。动物饲喂于几乎彼此相接近的环境中易于传播外寄生虫，如高密度禽舍即是如此。

笼养蛋禽舍，深坑类或高架类禽舍广泛用于商品蛋生产。典型的是走道每边排列 2 到 4 个鸡笼，每笼饲养多只禽。因为禽笼下面的粪便堆积，使深坑下层为蝇类最大限度繁殖提供潜在的优势。

肉禽舍为大跨度结构构建而成，地面覆盖垫料（稻壳或锯末，随地域不同），禽类在其上自由活动。干垫料不利于蝇蛆发育，但在此类条件下甲虫群繁殖迅速。种禽或肉种禽舍也是大跨度结构，禽类在垫料上自由活动，环绕中间部分的两边由升高的条板支撑着巢箱和母禽料槽。条板下面的静止空气创造出高湿度区域，阻止粪便的干燥并创造蝇类产卵和蝇蛆发育的有利条件。由于禽与禽之间的接触，北方羽螨可以在种禽中快速传播。

动物具有的物理、生理和行为适应性影响他们对外寄生虫的易感性，包括羽毛、免疫反应和理毛偏好。选育典型的商品遗传（培育）品系的特性并非抗外寄生虫，但宿主动物抗性是可以选择遗传并且可用于将来选择控制。

全进全出制度限制了群与群之间的外寄生虫传播。通过清洁卫生、外寄生虫清除以及引进无外寄生虫品系，家禽设施可保持禽群无虱、螨、蚤以及其他外寄生虫。替代宿主（如野鸟和啮齿动物）和污染的媒介物（蛋托盘、设备以及人员等）必须远离未受侵袭禽类以阻止传播。肉禽设施很少有外寄生虫问题，因为从禽饲养场到屠宰场时间间隔很短，节肢动物群难以达到危害程度。

外寄生虫随特异性宿主而变化，某些外寄生虫专一寄生于禽类（如虱）。还有的始见于禽类有一定范围的中间宿主（如禽角头蚤），但可在哺乳动物中成功发育生长。全面适应者（如蚊和臭虫）对禽类和哺乳动物等同寄生，在其生命过程中不断在两个动物群之间迁移。

害虫生物学、生态学和行为学确定节肢动物对宿主的影响，包括侵袭持续时间和严重性。类似情况，生态学特性影响控制策略并决定其影响。

病　原　学

家禽生产中三种最重要的节肢动物是蝇、甲虫和螨[12]。

与家禽生产有关的蝇类

在家禽饲养场或其周围环境中许多蝇科的蝇类害虫之间最重要的阶段主要在粪便堆积物中完成，包括普通家蝇（家蝇，*Musca domestica*）和小家蝇（黄腹厕蝇，*Fannia canicularis*）。通常与家禽有关的其他蝇类，包括丽蝇科的种类（丽蝇科，Calliphoridae）、麻蝇科的种类（麻蝇科，Sarcophagidae）和果蝇科的种类（果蝇科，Drosophilidae）。

分 类

家蝇（*Musca domestica*）

家蝇呈灰色，大约 1/4in（6.35mm）长，在禽舍中全年出现，由于适宜的条件在此类设施中一直存在（图 26.1A）。蝇类不仅烦扰动物，而且它们可以将 100 多种病原传播给动物，包括人类[20]。因为家蝇具有舔吸式口器，因此它们不能叮咬；然而，它们在传播人类和动物病原方面可能起着重要的作用。蝇类体外和消化道内可以携带绦虫和线虫的虫卵，当蝇类被家禽吃入后即可传播这些寄生虫。家蝇对禽类没有直接影响，但可引起公共卫生问题，烦扰邻居，并因侵扰某些团体引起法律行为。蝇群可危害农场周围和附近社区的公共卫生，导致邻居交恶及法律诉讼的威胁。家蝇飞行距离可达到 20mile（约 32.2km），但通常在繁殖地点的 1～2mile（约 1.6～3.2km）范围内发现。它们在湿润的粪便、溅出的饲料以及其他腐败的有机物质中繁殖。在适宜的条件下家蝇在一周之内即可完成其生活史。家蝇在白天活动，尤其是温度在 25～33℃范围内。温度低于 7℃则不活动。

家蝇平均寿命 2 周到 4 周，雌蝇每间隔 3 天至 4 天产一批虫卵，一生可产生 6 批总数达 75 到 200 个虫卵。雌蝇产卵于湿润的粪便中，虫卵通常 24h 内孵化。虽然发育是温度依赖性的，但幼虫（彩图 26.1B）可完成 3 个龄期，蛹在干燥地区，在典型的禽舍条件下约 7～10 天羽化为成虫。成蝇倾向于留在幼虫发育点附近，但可分散到几千米的范围内，促使扩散的因素难以理解。喜好停留的位置被

"蝇斑"覆盖，"蝇斑"由吐出的物质和黑色粪斑组成。

家蝇可能作为轮状病毒[32]、志贺菌[22]、沙眼衣原体[9]、幽门螺旋杆菌[14]、分支杆菌[10]、大肠杆菌[28]、假结核棒状杆菌[34]、蓝氏贾第虫[8]、霍乱弧菌[11]和微小隐孢子虫[13]等病原的携带者。

控制措施

管理： 在蛋禽舍，如果粪便排出后迅速干燥，堆积后粪便将形成锥形粪堆，并且仅尖部是新鲜添加的粪便，适于产卵和蝇蛆发育。带刮粪板的禽舍与不带者相比通常有更为干燥的排状粪便，但如果存在漏水则影响可以忽略。

排风降低粪便湿度，也保持理想的空气温度，除去气体，如氨气，并提供新鲜空气。在环境控制的高架禽舍，排风扇安装于粪坑的墙壁内提供排风，通过天花板的进气孔吸入新鲜空气，在鸡笼安放区域形成循环，在坑内粪便上方排出。排风扇安置于粪坑两侧墙壁可有助于减少湿度。辅助风扇悬置于排状粪便上方将加快粪便干燥，减少家蝇在坑内繁殖。

有助于高架禽舍昆虫群控制的另一工具是舍内堆肥[26]。加入碳源活化堆肥，搅动粪便以增加氧气，有助于增加微生物活性。每次翻动粪便，因为微生物降解被激活而使热度增加，温度升高并释放额外的氨气。中心温度超过蝇热死亡点时，杀死虫卵和蛹；活动的幼虫可从热的区域离开。不活动的甲虫发育阶段，同样被这个过程杀死。持续的破坏使栖息地不适于生活周期长喜欢聚集的种类生存。

堆肥消除有益的甲虫，所以如果堆肥停止则出现严重的害虫反弹现象。因为翻转机器不能处理高的堆肥，因此一旦堆肥高度达到约 0.65m，则禽舍必须清理干净。如果要控制粪便产生的高密度氨气溢出，必须使用合适的保护装置。

在蝇的控制中意识到设备的卫生状况是另外一个因素。按照当地的法律条令必须每日清除死亡家禽并按照当地的法律条令适时处理。溅出的饲料和破损的禽蛋吸引有害甲虫和成年蝇类。场地维护，包括割除禽舍周围的杂草，减少成蝇的停歇区域并使风扇气流达到最佳效果。

滋生有益捕食动物和拟寄生物群体使蝇的数量减至最小，粪便管理必须是一年之中优先考虑的问题。保留粪便并使之堆积间隔时间过长促使有益节

肢动物群体增长。清除和干燥慢而粪肥产生快，则有益构成低，对蝇繁殖有利[16]。典型情况是，清除粪便之后严重的蝇害出现在 3 至 6 周，除非在冷的月份蝇类活动力最弱时清除粪便。

化学处理：慎重使用杀虫剂消灭家蝇是家蝇控制措施的一个组成部分，但仅应作为非化学处理策略，如粪便和湿度管理的辅助措施。杀虫剂残留用于蝇停歇的表面，如墙壁和天花板或蝇诱饵置于蝇聚集的位置有助于降低成蝇的数量。当蝇接近可选择食物时诱饵有一定的效果。

小家蝇（厕蝇属，*Fannia*）

小家蝇（*Fannia*）是加利福尼亚州开放式蛋禽舍冬季的优势种类。小家蝇类似于家蝇但长度仅是后者的 2/3（大约 0.4cm），并在胸腹部有三个褐色的条纹。停歇时侧蝇将翅膀置于背部之上，翅膀轮廓呈狭窄的 V 形（图 26.2）。

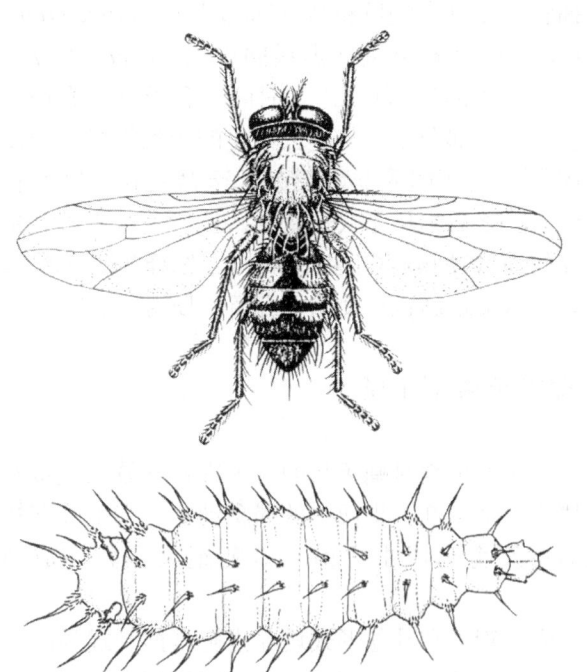

图 26.2 厕蝇属成虫和有刺幼虫（Coop Extention，加利福尼亚大学）

生活史类似家蝇，但比家蝇长。卵产于腐败的有机物上，尤其是哺乳动物和禽类的排泄物上。从卵孵化出幼虫大约需要 48h，以粪便为食物，需要 8 天或更长时间完成到蛹的全部发育。比家蝇幼虫更小，呈扁平、褐色并带刺突，蛹保留显著不同的特征。典型的是从卵到成虫时间长度是 2～3 周，

蛹期几乎需要一周时间。虽然家蝇是气候炎热季节的害虫，夏季是发育最适时期，但厕蝇在 27～30℃以上温度发育很差，所以在早春季节群体常扩大，在仲夏季节下降，在晚秋时节又达高峰。

雄厕蝇表现出竞技求偶行为，在禽舍中或禽舍外无风地方悬挂离地面大约 1.7m，在该地方等雌蝇通过。这个地方恰在人头部水平位置，使之特别引人注意并感到厌烦。强风通过易使雄蝇集聚散开。

小家蝇与家蝇相比进入室内的可能性小；取而代之的是它们易于聚集在阳光照射的室外地点，如天井、走道和车库。很少停于人类食物上，不认为是人类病原的重要携带者。然而，雄蝇悬于人面部高度的习性所以令人讨厌，虽然当人触到时易于除掉它。

厕蝇属幼虫在发育地点适应于利用大范围的湿度，所以通过粪便管理控制特别困难[25]。产卵位置和幼虫发育时常在动物废弃物上，但各种各类有湿度的有机物可作为厕蝇最适宜的地方。

控制策略

清除繁殖位置是控制厕蝇的优先选择方法。粪便堆积物和其他腐败有机物为厕蝇繁殖提供理想的场所。厕蝇不会被吸引到捕获家蝇的同一蝇诱饵或捕获器。在雄厕蝇易于聚集的位置安装风扇可驱散蝇群，因为增加空气流动降低这个位置对蝇的吸引力。

张龙现　译

其他害虫蝇类

丽蝇科（Calliphoridae）的蝇类（丽蝇 blow flies，丽蝇或绿蝇 green or blue bottle flies）主要在腐肉中发育，在禽类尸体或破损蛋堆积的地方成为问题。幼虫栖息地包括禽类尸体、破损禽蛋、犬粪便和其他垃圾。成丽蝇呈金属蓝色、绿色或黑色，6～13mm 长。

小粪蝇科（或大附蝇科，Sphaeroceridae）的小粪蝇是世界范围内常见的害虫，其一些种类如多毛大附蝇（*Coproica hirtula*）在清扫之后一周之内很快即达特别大的数量。这类蝇非常小，淡黑色或褐色蝇类在粪便上繁殖而其他蝇类则在腐败物上繁殖，在家禽粪便上时常达到很大数量。易于聚集成群，

时常是第一个到达新粪便的昆虫之一，在竞争性移居之前使这些蝇类探究新的栖息地。成小粪蝇在粪便湿度最高的地方占优势，典型的是锥形粪便的尖部，但在粪便湿度条件很宽的范围内搜寻食物。通常情况下，由于这些蝇类嗜好于粪便生态系统，因而它们不滋扰农场或附近社区。由于它们可作为替代食物源惠及阎甲虫，因此不必花费力气控制。

果蝇，黑腹果蝇 *Drosophila melanogaster*

果蝇常在腐烂或发酵的食物附近。大约 3mm 长，灰色或褐色，常具红眼。果蝇产卵于腐烂有机物表面，如湿食物、粪便或破损禽蛋。最常见的繁殖位置是掉落的木板，或绕房屋的环形路，环形路很少有人通过，每周至多一次。成蝇也常见于禽蛋房、办公室和其他阴凉地方。果蝇令人厌烦而且可传播细菌或其他病原微生物。蝇群在冬天或早春达到最大群，但夏季下降。果蝇飞行能力差，并且当工人步行通过养禽设备时似乎"聚成一群"。果蝇（*Drosophila repleta*）是笼养蛋禽和种禽舍的害虫，这两个地方湿食物为幼虫提供了适宜的栖息地，聚集在条板、掉落的木板或其他难以清扫和处理的位置[15]。

经济重要性

果蝇在禽病原传播中起着一定作用，不引起家禽直接的生产损失，但骚扰家禽生产人员或附近人群。蝇在停歇点表面的吐出物或粪便，引起禽蛋、设备等不清洁或不雅观的斑点。蝇骚扰工人并分散于周围地区，并可引发违反卫生条例等责任问题。这可能会迫使生产者制定昂贵的修正措施或关闭严重污染地区的设施。因为雄黄腹厕蝇（*Fannia canicularis*）在设定空气流通位置悬挂于人眼水平最接近高度，特易于看到并使人厌恶。

生物控制

齿股蝇属的古铜黑蝇（*Hydrotaea aenescens*）也是家禽粪便中常见蝇类，幼虫常被误认为是家蝇和其他害虫。齿股蝇产卵于粪便中，24h 内孵出幼虫。幼虫兼性捕食者，以粪便和其他蝇类幼虫作为食物。需要两周或更长时间（14 到 45 天）发育到成虫阶段[17]。在禽舍适宜条件下全年均可看到所有发育阶段。古铜黑蝇约 6mm 长，有光泽并有古铜黑色。成蝇夜间停留在食物源上。与家蝇和小家蝇不同，雌蝇产卵于死禽尸体、腐败食物或非常湿的粪便上。成蝇喜好禽舍暗的地方并在粪坑内聚集。古铜黑蝇幼虫是家蝇蛆的生物控制因素，并可在禽舍地基大群繁殖并释放到侵袭禽舍。然而，因为蝇群可暴发散开移入相邻舍内或商业区域，并非侵袭舍全部受益。与家蝇类似，其在禽蛋和设备上留下吐出物/粪便斑。

水虻（光亮扁角水虻，*Hermetia illucens*）可作为其他更多严重害虫蝇类，但可认为是害虫自身的生物控制因子。他们更常见于高架、深坑的笼养蛋禽舍。水虻是蓝黑色，长约 19mm，大眼及从头部向前突出的长触角。雌虻产卵选择干的粪便。水虻虫体大并在发育过程中搅动粪便，使环境不适于家蝇蛆发育。其也可抑制家蝇产卵。幼虫也以死禽尸体为食物。成年水虻不善飞行，大多时间停歇在阳光照射区域的建筑物或植物上晒太阳。

天然的生物控制生物包括寄生蜂（蝇金小蜂和俑小蜂 Muscidifurax and Spalangia），攻击蝇蛹，并捕食螨虫（家蝇巨螯螨 *Macrocheles muscaedomesticae*）以及阎甲虫（黑矮阎甲虫 *Carcinops pumilio*），食虫卵和幼虫[4]。时间久和干燥的粪便载蝇量很少，部分由于与过去聚集的天敌组成一个复合体[21]。由于蝇聚集和繁殖比天敌更快，因而在粪便清除之后蝇易于快速繁殖。虽然生产者可收集现存的捕食动物/寄生虫在清扫之后释放并重建群体，但这类措施也可使病原存留于场内[19]。

管理或杀虫剂干预

由于杀虫剂对蝇天敌的有害影响不鼓励直接对粪便使用杀虫剂。粪便中的捕食动物、寄生蜂和螨在幼虫发育为成虫之前可杀死绝大多数不成熟蝇类。

粪便管理和其他形式培养措施是抑制蝇类的关键，已确定的其他控制蝇类方法的类型和效果，包括化学和生物成分。例如，经常性清扫结合薄床粪便干燥在某些地方可以季节性使用，但其也可增加臭味和灰尘问题。

在半开放式单层禽舍粪便可以堆积几个月，或两层禽舍堆积几年时间，粪便落入饲养母鸡的上层之下的隔离深坑内的深坑禽舍。在这些条件下粪便必须有效干燥使之不适于蝇产卵和幼虫发育，同时利于天敌活动。

适于蝇发育的粪便条件包括相当地湿度，但不能是液体形态，家蝇在 65％ 到 80％ 湿度粪便中很丰富，但如果湿度水平降至 60％ 以下[30] 则罕见。

甲虫 Beetles

与禽舍垫料和粪便堆积有关的两种甲虫可引起禽舍结构的损坏，作为潜在疾病贮藏宿主，在清扫时移入附近房舍而引起社区问题。

拟步科甲虫 Darkling Beetles
(小粉虫或黑菌虫，Alphitobius diaperinus)

在肉鸡生产的世界范围内最重要的节肢动物害虫是拟步科甲虫，或小粉虫（图 26.1C）Alphitobius diaperinus，已知其全部幼虫阶段称之为拟谷盗（图 26.1D）lesser mealworm。这些甲虫具杂食性，以溅出的饲料，禽类排泄物，死禽尸体和环境垫料的成分为食物，并可以同类为食。

禽舍为拟步科甲虫提供了理想的环境，包括气候温度，充足食物，垫料中的安全栖息地和相对高的湿度。没有已知的捕食者或病原，但自相残食有助于极度拥挤情况下种群调节。

幼虫聚集在饲料传送线，饲料托架等安全区域。新孵化幼虫不足 1mm 长，但饲喂和蜕皮 6 到 11 次之后，在成蛹之前达到大约 18mm。最后龄幼虫（蛹前）是迁移的、非食阶段，寻求庇护缝隙以进入蛹，挖掘一个隐匿洞穴当从幼虫转化到蛹期（图 26.3）时供自己隐藏。在 3 到 13 天之内，出现成虫。拟步科甲虫成虫大约 1/4 英寸长，黑褐色或黑色，在翅盖之上是柔软的条纹。典型成虫寿命是 3 个月到 1 年。在实验室内，拟步科甲虫曾表现出 700 多天的寿命[27]。在雌虫一生中平均产卵超过 800 个。一般情况下，在禽舍内直到粪便堆积 5 到 6 个月才可观察到大量甲虫。

小粉虫甲虫曾发现携带几种禽类病原，包括大肠杆菌、鼠伤寒沙门氏菌[5]、空肠弯曲杆菌[29,31]、禽痘病毒、禽白血病病毒、马立克病毒、新城疫病毒和禽流感病毒。另外，它们也是几种蠕虫的中间宿主[3]。

当蛹前阶段掘洞进入隔离和结构物体化蛹时这些甲虫引起结构损坏，由于从田间迁移到附近居民区域，在清除时大量幼虫可引起问题。而甲虫能迁

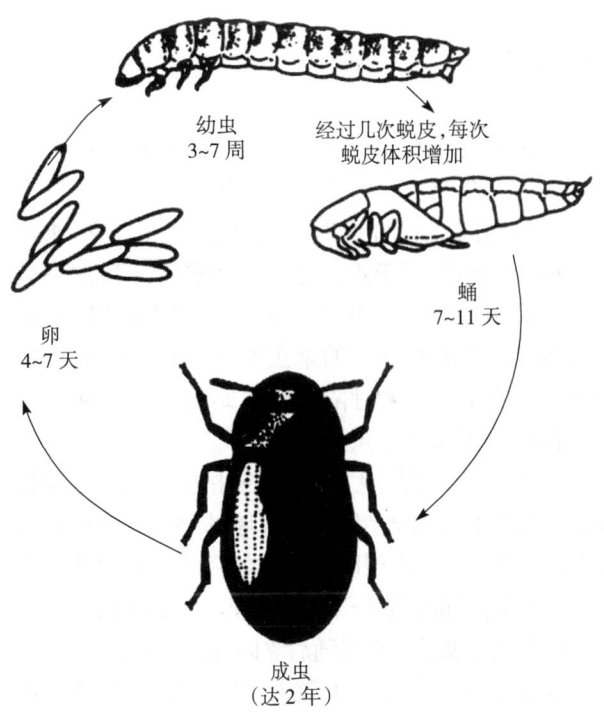

图 26.3　小粉虫生活史

移几英里，典型移动是爬行运动。

拟谷盗幼虫掘洞行为可引起堆积的粪便曝气和干燥，以使捕食性甲虫和螨虫钻入。

拟步科甲虫在冷的温度下暴露时间延长则不能存活，所以在冷的气候条件下可以利用禽群之间隔时间的冷置减少虫数量。蛹位于隔离的保护位置，这样的微栖息地温度不会降至零度之下（黏土地面，膨胀泡沫隔离层等），虫体可存活至侵袭阶段。

白腹皮蠹（Dermestes maculatus）和火腿皮蠹（Dermestes lardarius）

白腹皮蠹是腐食性，侵袭尸体和皮革，蛹前掘洞准备化蛹时引起设备结构性的损坏。成熟幼虫停留于禽垫料内或掘洞进入结构（木料，镶板，干墙壁或隔离层）化蛹。结果，可发生"蜂窝样"及结构弱化。成虫 1/3 英寸长——稍大于小粉虫甲虫。白腹皮蠹呈黑褐色带有腹部白毛。幼虫覆有厚的长白毛并在化蛹前几乎达到 18mm 长。它们是腐食性并以死禽，皮肤，生皮革，羽毛，死昆虫或破损禽蛋为食。因为其可消化几丁质，白腹皮蠹有助于脱落羽毛的分解和再循环。雌虫产卵于粪便和禽舍内的垫料。白腹皮蠹 4 到 9 周完成生活史，成虫存活 2 到 3 个月。

抑制甲虫

在肉禽舍小粉虫更流行，而小粉虫和白腹皮虫时常发生于蛋禽舍。肉禽舍甲虫控制可能更具挑战性，因为当肉禽在舍内时绝大多数杀虫剂不能使用，控制活动局限于两群之间的间隔内。当禽舍被小粉虫侵袭时，其迁移整个禽舍，使之难以控制。彻底清除禽舍并用允许的杀虫剂处理短时间内将典型抑制甲虫群。用物理隔栏阻止幼虫和成虫从墙壁和房柱进入可减少甲虫迁移。

肉禽生产实践限制了甲虫控制措施选择。当延长间隔时间而推迟完全清除时，深厚的垫料成为甲虫的天堂，提供食物，温暖以及保护的环境。如果垫料或食物从禽舍内和附近堆积物中移开，甲虫将移回禽舍内，所以从地面移去垫料随后立即进行清除。

在清除时，大量甲虫散入社区。用油布覆盖垫料堆进行暴晒，底部密封以防害虫进入。在垫料堆内蕴积热量而杀死甲虫；然而，厌氧条件产生有害的臭味并产生冷凝物。

拂去灰尘并向垫料和粪便喷雾是有效的，但如此方法可以破坏已存在的生物控制因子。在禽舍垫料的高 pH 条件下许多允许使用的杀虫剂快速降解，所以其效能维持时间不长。另外，幼虫能挖掘进入完全覆盖的垫料层，避开杀虫剂。如果时间在脆弱点，舍内使用杀虫剂可有助于减少甲虫数量。禽群清出，垫料清理之后立即使用杀虫剂是最有效的策略。一旦禽类清出禽舍，甲虫迁移，因而时间具决定性。在寒冷季节，使禽舍加热几天将刺激甲虫活动，使之最大限度暴露于杀虫剂残留。另一个处理的适当时机大约是禽群循环的第三周，处理区域的目标点是直接对准料槽之下，在聚集于料槽之下的甲虫和幼虫开始分散之前。第二个处理时机局限于禽类存在时使用杀虫剂，关键点是注意产品标记的限制条件。

螨

北方羽螨（林禽刺螨或北方刺脂螨 *Ornithonyssus sylviarum*（Macronyssidae 科）（图 26.4）是笼养蛋鸡、种鸡、放牧火鸡和雏鸡最重要的螨虫。北方羽螨吸食血液并引起贫血、瘙痒、刺激以

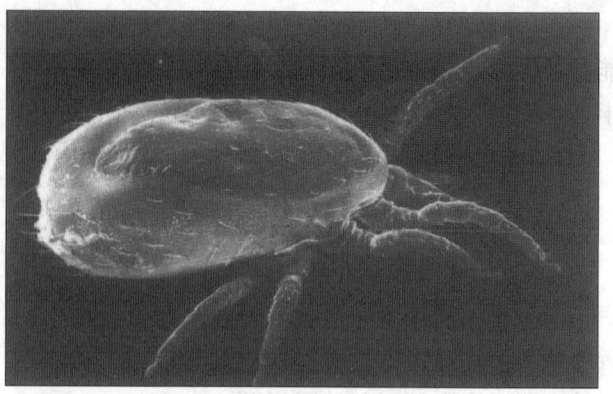

图 26.4　北方羽螨（*Ornithonyssus sylviarum*）（J. P. Owen）

及产蛋减少 10%～15%。群体大的北方羽螨通过影响禽类健康和生产率而导致直接经济损失[7]。重度侵袭（>50 000 螨）可使禽类每日失血达 6%，增重降低，雄禽精液体积减小。螨也骚扰禽蛋处理者和其他人员。侵袭始于泄殖腔尔后移动到雌禽的尾部、背部和腿部；雄螨在禽类体上更分散。受侵袭禽群羽毛因螨卵，皮肤脱落，干的血液和排泄物而呈土污状。最明显的症状是北方羽螨侵袭的禽类泄殖腔部位羽毛呈黑色并有结痂（图 26.5）。北方羽

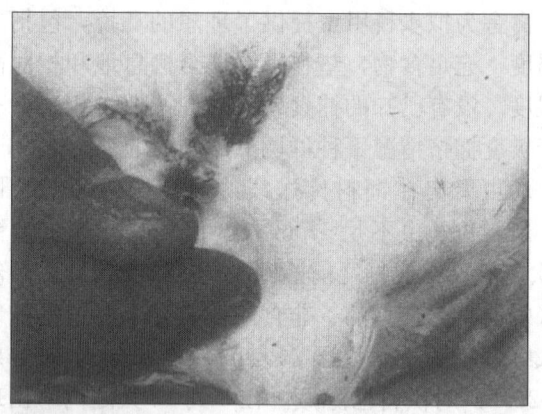

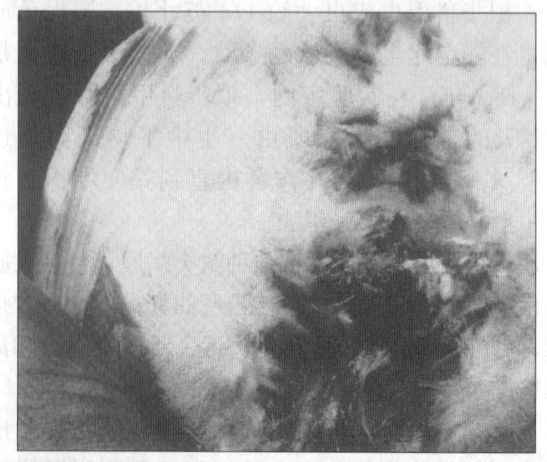

图 26.5　北方羽螨侵袭的两种程度黑化和损坏的羽毛（Mattysse）

螨在冷的季节繁殖迅速，禽类达到性成熟时形成很大数量的螨群，在 4 到 10 个月龄的禽群更为常见。日龄大的禽明显对螨有抵抗力，幼龄禽群很少寄生大量螨。生活史包括卵，幼虫，两个若虫期和成虫，最短一周之内即可完成生活史。所有生活史阶段均在禽体，但螨离开禽体可以存活几周并易于沿鸡笼铁丝侵袭其他禽类[24]。啮齿动物和野生鸟类是螨的贮藏宿主，有助于螨扩散到禽群。

北方羽螨的管理

　　笼养蛋鸡北方羽螨的控制策略依赖于努力预防侵袭和侵袭发生时杀螨药物的使用。无螨禽类应该用作种禽置于洁净的禽舍，预防北方羽螨侵袭。因为人员、设备和野生动物（如，啮齿动物和鸟类）可以引入螨类，禽群应该定期检查螨类感染情况。在用明亮的光照下检查者应分开泄殖腔周围的羽毛寻找螨虫，螨虫碎片（虫卵，脱落皮肤和螨粪）以及结痂。早发现，即治疗与受侵袭禽类接近的禽类，限制螨虫的放射状扩散则可抢先控制侵袭。

　　笼养蛋鸡的有效化学药物控制需要直接对泄殖腔区域用药，用足够的喷雾压力透过羽毛并把杀虫剂送到皮肤。为达到泄殖腔部位，喷枪（输送喷雾在 100 到 125psi 磅/平方英寸压力）必须从笼的下方向上喷雾。即用型（ready-to-use）粉尘剂型适于螨的控制，可用电动鼓风机对笼养蛋鸡用药。肉种鸡饲养场和禽类不实行笼养的其他饲养状况更为困难，需要个案处理。

　　典型情况，在青年禽类建立最大群体的螨，而老龄禽类很少承载需要治疗的螨类数量。在寒冷月份螨群数量通常最高，夏季则下降。

　　在田间，人员应该做的是从无螨地区向受侵袭禽群移动，避免将螨带给无螨禽类。因为螨可以在设备、衣服和其他材料上存活，每栋禽舍应该备两套设备，以预防设备在禽舍之间移动时带入螨类。

其 他 螨 类

　　鸡螨-鸡皮刺螨（*Dermanyssus gallinae*）（图 26.6），也称之为红螨或栖架螨，在火鸡种鸡舍和育成舍偶尔会成为问题。这类寄生虫肉眼可见，在短至 7 到 10 天即可完成生活史。已知鸡皮刺螨传播禽霍乱。可经野鸟或啮齿动物传播给禽类。与北方羽螨不同，鸡皮刺螨仅部分时间寄生于禽类宿主，在夜间爬到禽类身上吸食血液，白天藏于缝隙中。离开宿主可存活一个月，可侵袭养禽人员或当侵袭严重时可攻击附近禽舍。数量大时，鸡螨可至增重和产蛋下降。

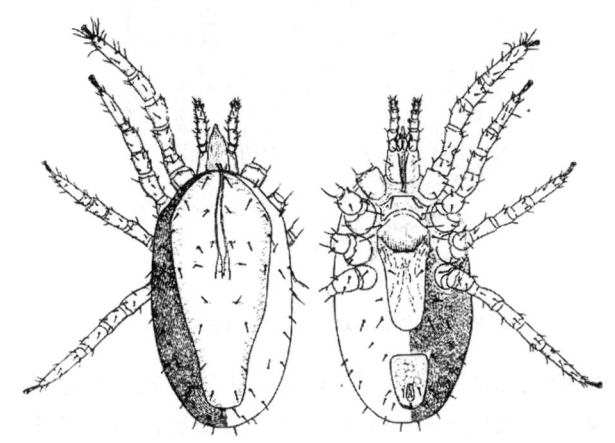

图 26.6　鸡皮刺螨，鸡螨（Baker）

　　鸡皮刺螨生活史由虫卵、幼虫、第一若虫，第二若虫和成虫组成。第一次吸血在 12～24h，受精雌螨在禽舍的缝隙或碎物之下一批产 3 到 7 枚虫卵。虫卵在 2 或 3 天内孵化，不采食幼虫 1～2 天蜕皮发育为第一若虫，可吸食血液。几天之后，蜕皮发育为第二若虫，不采食，但 1 或 2 天之后蜕皮发育到成虫阶段。在最适宜条件下，一个完整生活史（卵到产卵成虫）仅需要 7～9 天。然而，采食若虫和成虫不需吸血即可存活几周，极大增加了生活周期的长度。

　　鳞足螨及突变膝螨［（*Knemidocoptes mutans*）图 26.7］，在鸡、火鸡、雉鸡和其他鸟类的腿部鳞片下掘穴藏身。其寄生刺激宿主上皮增生，导致过度增生和角质化。腿部增厚和变形；如果侵袭严重感染禽类可能残废。鳞足螨见于野鸟，可传播给家禽。这类螨在 10～14 天完成生活史。

　　毛囊脂螨 Depluming mites，*Neocnemidocoptes laevis* var. *gallinae* 与鳞足螨相似，但比其小。出现于全美国的鸡、鹅和雉鸡。毛囊脂螨在背、翅、泄殖腔、胸和大腿等部位羽毛根部皮肤掘凿侵入，引起剧痒和羽毛脱落。在春夏更流行，秋季数量最少。完成生活史需要 10～14 天。毛囊脂螨在非商品代禽群更常见。

　　禽蜱即波斯锐缘蜱 *Argas persicus*（图 26.8），

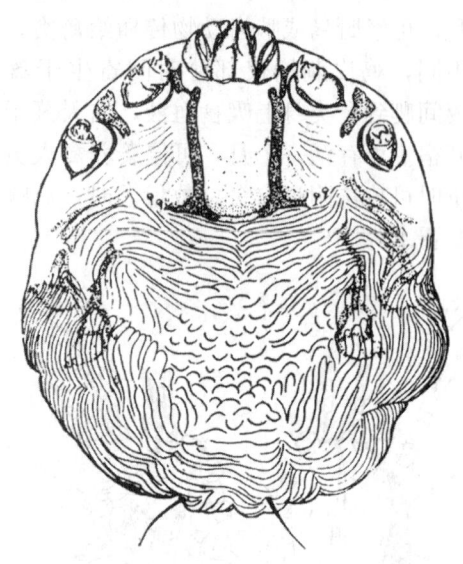

图 26.7　突变膝螨，鳞足螨（Soulsby）

或波斯钝缘蜱罕见于商品代禽的害虫。呈淡红色到深褐色，成虫 6～9mm 长，表皮有皱纹。雌性禽蜱在接近禽群的裂缝和缝隙中产卵。禽蜱夜间活动，爬行到禽类体表吸食血液，引起就巢的禽惊吓。在白天，蜱隐藏于附近安全的隐匿之所。短至一个月即可完成生活史。禽蜱所有阶段均吸食血液，但其不采食可存活一年。蜱可以传播各种细菌和立克次氏体病。

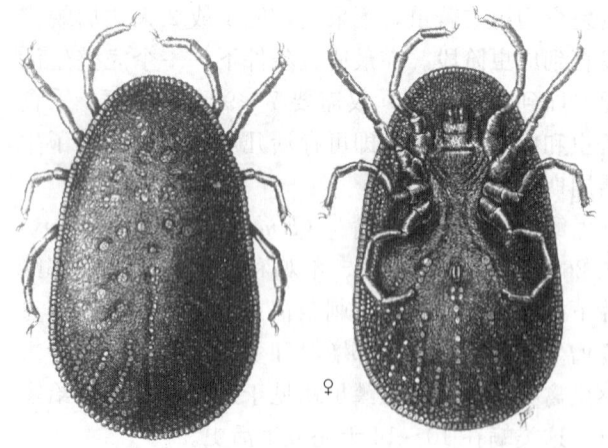

图 26.8　波斯锐缘蜱，禽蜱：左为背面观，右为腹面观（USDA）

　　恙螨（Chigger），华丽恙螨 *Trombicula splendens*，阿氏新恙螨 *Neotrombicula alfreddugesi*，和美洲新棒恙螨 *Neoschongastia americana*（图 26.9），也称之为秋蛉（harvest mite 或 red bug），是鲜红色，长度不足 1mm。自由活动的禽类可能暴露于恙螨，但舍内饲养动物不易被攻击。华丽恙螨吸食所有动物血液，在潮湿栖息地常见。一般恙

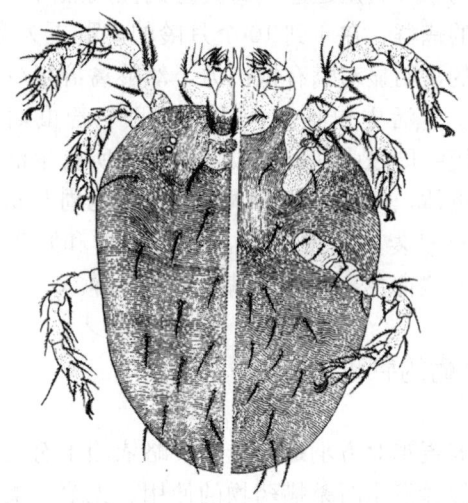

图 26.9　美洲新棒恙螨，鸡螨（Baker）

螨流行于森林和草地的过度地带、沼泽边缘、葡萄园、密灌木丛等。恙螨也侵袭各种动物。其生活史在 50～55 天之间，但依赖于在栖息地停留时间、温度、湿度和食物质量。幼虫不掘凿和吸食血液。取而代之的是给动物宿主注射一种酶，该酶引起刺激和肿痕。由于肿痕，红螨咬痕而使禽类屠体质量大为下降。若虫和成虫捕食昆虫卵或未成熟的节肢动物。火鸡比鸡更易受影响。幼龄火鸡受侵袭后拒食并最终死亡。美洲新棒恙螨流行于美国南部各州硬的、岩石化土壤的干旱地区。六月份数量达到峰值，夏末下降，秋季可能增加，冬天下降。美洲新棒恙螨侵袭鸡，火鸡和野生鸟类。恙螨聚集于大腿、胸部、翅下及泄殖腔周围吸食血液。结痂病变痊愈可能需要几周，引起屠体贬值。

虱

　　鸡体虱，即雏鸡羽虱（草黄鸡体羽虱）*Menacanthus stramineus*（图 26.1E，F），以及鸡羽虱，即 *Menopon gallinae*（图 26.10）是生活时间较长的蛋鸡和种鸡群的外寄生虫。是咀嚼虱，以干皮肤和羽毛为食物，在宿主体完成生活史（卵，若虫和成虫）。雌虱把虫卵（nit）黏于宿主羽毛。虫卵孵化出若虫 4～7 天。若虫有与成虫一样的进食习性，除形态比成虫小之外，其余与成虫相似。若虫经历几次蜕皮，3～4 周进入成虫期[6]。羽虱也以羽毛为食。这些虱有咀嚼式口器，并不刺入皮肤，但以幼龄鹌鹑羽毛中的血液为食，咬进羽毛干。禽虱进食

习性实质上使禽类宿主对北方羽螨感到不舒服，限制了螨对生虱禽类的侵袭。禽虱淡黄色，大约1/16英寸长。引起刺激，导致食欲下降并使疾病易感性增加。它们并非禽类特异性，发现可寄生于几种野生鸟类。症状包括红、结痂、皮肤瘙痒和产蛋率下降[33]。禽虱的杀虫剂抗性不清楚，推荐杀虫剂在清除侵袭十分典型有效，全群禽类必须处理以免再次侵袭。

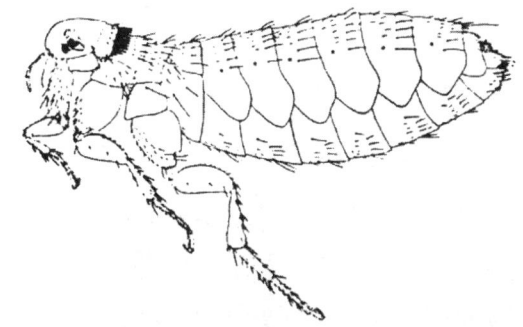

图26.11 鸡角叶蚤（*Ceratophyllus gallinae*），欧洲鸡蚤（Reis and Nobrega）

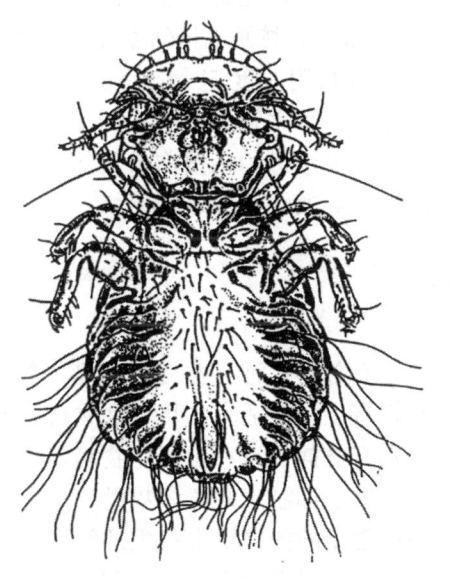

图26.10 鸡羽虱，羽虱（Kriner）

跳蚤（Fleas）

跳蚤很少见于禽舍，但发生时，则更常见于种鸡和育成鸡舍。欧洲鸡蚤，即鸡角叶蚤或鸡蚤 *Ceratophyllus gallinae*，是巢穴蚤，在鸡舍和野生鸟类巢中相当常见，曾报道侵袭几十种禽类（图26.11）。鸡蚤幼虫在巢内发育并以碎屑和成蚤排出的未消化血液为食[23]。宿主羽毛丰满之后成蚤短暂离开禽巢，时常随雏禽离开巢[18]。蚤幼虫留于废弃巢中在几天之内完成幼虫发育。第三龄幼虫结茧，化蛹，蜕皮发育到成虫阶段。绝大多数成虫在茧中仍处于休眠期直到第二年春天[18]。鸡虱各发育阶段最佳温度和湿度未知，但已知幼虫耐受很宽范围的湿度[2]，而且相对高的湿度似乎有利于茧中越冬蜕裂成虫的存活[18]。春天温度升高和机械破坏启动成虫从茧中逸出[18]。

鸡冠蚤（Sticktight Flea），即禽毒蚤（*Echid-*

nophaga gallinacea），也称之为南方鸡蚤（图26.12）。成年蚤始终用口器黏附在宿主身体上，紧紧地嵌于皮肤内。紧紧黏附的雌蚤将卵产于禽类的面部和肉垂，鸡冠蚤也可攻击哺乳动物，尤其是与受侵袭禽群紧邻的犬和猫。鸡冠蚤生活史持续两周到八个月。幼龄禽可能死亡，老龄禽表现产蛋下降和贫血。其他症状包括生长减缓，失血和皮肤瘙痒。鸡冠蚤春末和夏初更常见。

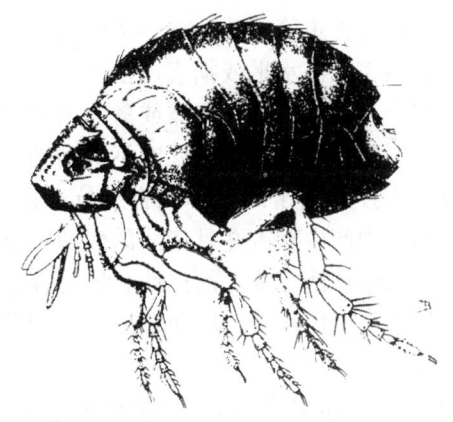

图26.12 禽毒蚤（*Echidnophaga gallinacea*），鸡冠蚤（USDA）

臭虫（Bedbug），学名温带臭虫（*Climex lectularius*）

臭虫扁平，1/5in（约5.1mm）长，无翅并吸食血液（图26.13）。臭虫夜间进食，白天隐匿，在墙的裂缝和其他暗的缝隙中产卵。它们可以不进食而存活1到5个月。臭虫生活史完成需要1到4个月。臭虫粪便排于墙壁、巢穴和禽蛋上。臭虫也可从禽舍移动到人类家中，侵袭人生活环境。传播哺乳动物或禽类的何种病原尚不知道。

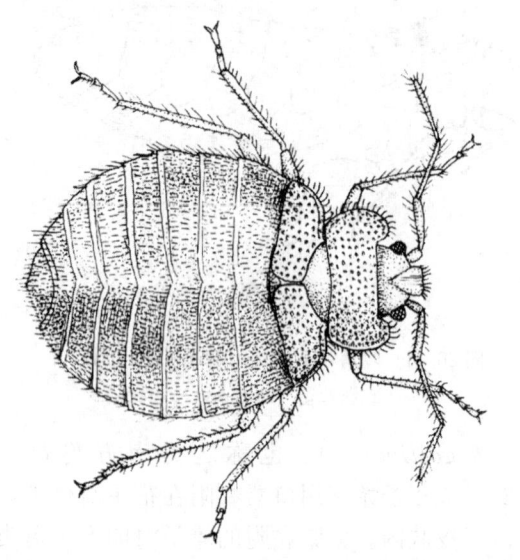

图 26.13 温带臭虫（*Climex lectularius*），普通臭虫（USDA）

节肢动物害虫控制

历史上，禽害虫管理几乎唯一依赖杀虫剂维持害虫群体在损害经济水平或损害阈值之下。因为这些阈值确定的不合适，当在禽体或禽舍内观察到害虫时启动典型的控制措施。广泛或不适当的使用杀虫剂导致生物控制因子的破坏和害虫抗性的产生。也可在肉和蛋中产生有害并且违法的残留，并增加人的暴露和污染环境。杀虫剂抗性和生物控制生物的消失导致害虫群体更大，增加杀虫剂使用并使控制费用提高。

禽的整合害虫管理（Integrated pest mangement，IPM）项目结合培养、物理、生物和化学控制策略[1]。任何 IPM 项目的第一步是害虫鉴别，包括确定是否存在问题，潜在危害。例如，禽舍粪便螨虫非常常见。这些不是害虫螨，而是有益螨虫，捕食蝇类和其他害虫。所以节肢动物存在不构成问题。一旦发现问题，应该考虑合适的管理技术。生产者在生产实践中结合多种害虫管理策略。粪便管理、湿度控制、清洁卫生和杀虫剂使用整合成合理的集群管理实践保持害虫群体在经济损害或损害水平之下。成功的 IPM 项目产生更好的社区关系，改善群体表现，减少结构损坏，控制费用降低。节肢动物害虫管理必须协调执行并与其他考虑到的管理，如禽群健康、营养、禽舍设计和生产经济相适应。

培养和物理控制

当考虑到成蝇是危害阶段时，幼虫阶段应该是抑制的首要目标。蝇的控制依赖于粪便和湿度管理。干燥粪便（50%或以下湿度）不适于蝇产卵或幼虫发育，但同时为有益的捕食者和拟寄生物提供了期望的栖息地。湿润的禽粪便高度吸引成蝇，散发挥发性物质引诱孕卵雌蝇并刺激产卵。湿度大约75%到80%的新鲜禽粪便也给幼虫发育提供了理想的条件。蝇蛆可利用湿度50%到85%的粪便。饮水器漏出的水、头顶水管没有遮挡的冷凝水、不适宜的换气以及门外渗进的水浸泡重新使之前干燥的粪便湿度增加，导致蝇蛆数量增大。

生物控制

与禽粪便有关的几种有益昆虫和螨，包括捕食螨、阎甲和拟寄生物。适宜的培养和物理控制措施经促进了借助有益捕食者和拟寄生物培养性存留的生物控制，有助于抑制家蝇群体数量。

禽粪便中常见的捕食甲虫是黑矮阎甲虫（*Carcinops pumilio*）（阎甲科 Family：Histeridae），一种小卵圆形黑色甲虫，大约 3mm 长。成虫和幼虫采食家蝇卵和早龄幼虫，在粪便表层觅食。

禽粪便中最常见的捕食性螨是家蝇巨螯螨 *Macrocheles muscaedomesticae*（巨螯螨科 Family：Macrochelidae），一种淡红褐色螨，大约 1mm 长，以家蝇卵和第一龄幼虫为食。一只螨每天可以消耗多大 20 个家蝇卵。这些螨在堆积粪便的外表面觅食，尤其是蝇卵密度大的新鲜粪便的尖部。大的螨群可真实地减少家蝇数量，所以努力保持螨群可产生显著的效益。

另一种捕食螨，*Fuscuropoda vegetans*（尾足螨科 Family：Uropodidae），在粪便深部觅食，捕获一龄蝇幼虫并与巨螯螨在表面的活动互补。

寄生蜂，或拟寄生物，是一种可产卵于蝇蛹内微小的蜂，从而杀死发育中的蝇类。蜂的种类偏好专有的蝇群，绝大多数污蝇有适应于利用蝇蛹的拟寄生物。自然发生的拟寄生物群实质上栖息于所有禽舍，但由于它们极小（大约 1~2mm），很少被人注意到。雌蜂寻找蝇蛹，尔后插入其产卵管，将卵产于蛹内。蜂卵孵化后蜂幼虫消耗蜂蛹，在蝇蛹内化蜂蛹，最后以拟寄生蜂成虫出现。

即使发现蝇的任何地方拟寄生物可自然出现，但寄生率低，蝇群不足以被抑制。执行控制项目商品化培养拟寄生蜂大量释放以极大地增加群。为释放成功，释放的拟寄生蜂种类必须与释放所在地区相匹配，因为某些种类适应于干燥环境，而其他的更适应于高湿度气候。当使用寄生蜂时，粪便管理可增加其有效性，杀虫剂使用必须减至最小以免对拟寄生蜂有副作用。

化学控制

杀虫剂和杀螨剂在家禽 IPM 项目中起着重要作用，如果它们使用与管理计划的其他部分协调一致。当需要干预时，害虫群监测用于评价控制效果，以及警示工作人员。保持准确的记录以使将来的计划更完善，随季节变化及提示所采取的行动。时效性差、使用非特效杀虫剂、粪便管理差、湿度控制不充分以及交差的卫生条件将使害虫群增加并需要增加杀虫剂使用量。绝大多数杀虫剂对捕食动物和拟寄生物有毒性。然而，这些化学药物的选择性使用可针对害虫而对环境影响很小。

因为杀虫剂注册经常变化，最新的推荐可从合作拓展服务获得。购买之前仔细阅读产品标签确保产品达到你要求的结果。按照说明混合和使用，不要超越标签推荐使用量，并准确遵守所有注意事项（包括个人保护装置）。切记不适宜操作可导致违法的残留，即使使用合法产品，以任何与标签不一致的方式使用杀虫剂均是违法的。

杀虫剂有几种适用剂型（喷雾，诱饵，添加剂，等）并针对不同发育阶段（杀幼剂，杀成虫剂）。理解每一种产品的优点和局限性对于经济、合理使用是必须的。

空间喷雾，典型含有增效除虫菊酯，在限制性的空间内迅速消灭掉成虫。这些药物残留很低，仅在使用时作用于蝇类。

化学物质的残留性喷雾用于处理建筑物表面，这些化学药物持续存留一段时间，所以蝇停留在处理过的物体表面获得毒物的致死剂量并被杀死。这些产品应该针对已知成蝇聚集和停歇的地方，如过夜休息的地点和蝇斑明显的其他地点。

蝇诱饵结合胃毒，即有吸引力的食物（如糖）以引诱蝇类，使之消耗这些物质。这是极好的选择

性杀成虫剂用于抑制低密度蝇群，尤其是空间喷雾使蝇数量减少的时候使用。诱饵应置于成蝇能接近的地方，但对捕获动物和拟寄生物栖息地污染很小。在高架禽舍，诱饵应分布在上层。另外，诱饵放置在高处避免儿童以及其他非目标物接近，诱饵必须放置于确保鸟类不能吃到或不污染鸟类食物。

杀幼虫剂包括传统的有机磷和用于粪便的合成除虫菊酯杀虫剂配方，以及昆虫生长调节剂（IGRs）。一种 IGRs，环丙马嗪适用于喷雾和经口食入。这种化合物是选择性的，不影响捕获动物和拟寄生物。然而，因为食入药物要确保舍内所有粪便的污染，并且所有蝇蛆因而暴露于处理过的粪便，这种制剂在许多禽舍的蝇群中出现杀虫剂抗性。没有杀虫剂能够取代适当的水和粪便管理。杀虫剂配制成喷雾剂直接作用粪便表面杀死蝇蛆。由于可破坏粪便中的捕获动物和拟寄生物，杀虫剂应该仅用于点处理，针对粪便中蝇蛆数量高的点。这种使用方式将对整体生物控制影响很小，而抗性出现缓慢。

一般情况下，由于使用成本上升、环境关注度增加及其限制，法律条令的限制、靶害虫抗性的出现和新杀虫剂的缺乏，从而化学药物控制蝇依赖性不断下降。

控制项目中蝇群的监测

按照适于当地的标准、定量的方法监测蝇群数量而制定控制决定。目标物取样方法包括诱饵罐捕获法、黏带法和蝇斑卡法。几种取样设计应置于禽舍内，蝇群活动高的区域，并每周检查。记录每周数量，作为控制干预的需要信号及控制效果的验证。

生产实践和生产设备显著决定持续出现于动物舍的害虫类型。例如，架高的笼养蛋鸡避开了粪便中的寄生虫和病原，有效地打断疾病的循环。使害虫藏身之处减至最少从而减少周期性外寄生虫，如臭虫和皮刺螨的发生率。

啮齿动物

啮齿动物是禽舍和禽舍周围常见害虫，但并非是禽舍独有的。除非实行有效的控制项目并能

够保持，否则啮齿动物能广泛危害禽舍、饲料和家禽。啮齿动物挖掘地下基础并破坏屏障和隔离设施。啮齿动物偷吃并污染饲料，增加饲料费用并对饲料转化有不利影响。这类害虫是各种疾病和外寄生虫的贮藏宿主，可能直接攻击禽类并引起禽类损伤。

大鼠

常见于禽饲养场的大鼠有两个主要种类。是挪威大鼠（褐家鼠，*Rattus norvegicus*）和屋顶鼠（黑家鼠，*Rattus rattus*）。根据形态大小和休息习性很容易区别挪威大鼠和屋顶鼠。挪威大鼠较大（10～17盎司），其尾巴比身体短。它们的巢穴位于建筑物外以及混凝土基础之下土壤中。屋顶鼠较小（6～12盎司），其尾巴长于头和身体合起来的长度。其巢穴位于建筑物高处、阁楼、天花板隔离层，等，以及树上。这两种鼠繁殖速度快，每年3～7窝。大鼠在3～5个月龄时开始繁殖，妊娠期大约3周。文献报道200只成年大鼠的群体每日消耗高达25磅。大鼠很大程度上夜间觅食和活动。在春天和秋天繁殖频率很高。在寒冷冬季大鼠倾向于移入室内。

小家鼠

小家鼠（*Mus musculus*）是禽舍内和周围以及任何适于找到食物、水并停留之处最常见的鼠类。小家鼠通常整个白天活动，但黄昏或拂晓是活动高峰。小家鼠挖掘进入地下，墙壁隔离层，卷起的窗帘，以及其他任何地方。小家鼠6～8周龄开始繁殖，妊娠期大约3周。每窝产5～6只幼鼠，每年5～8窝。小家鼠倾向于全年繁殖，没有季节差异。

啮齿动物控制

有效的啮齿动物控制要从四个方面着手：1）防护设施；2）清洁卫生和设施管理；3）捕杀；4）药物的有效使用。禽舍啮齿动物防护比较困难，但通过堵塞墙上和房基的洞可以限制啮齿动物接近建筑物以及合适的遮蔽。清洁卫生简单包括禽舍周围的彻底清扫。啮齿动物是动物，不喜欢在开阔地带活动。因此，定期割植物和杂草创造一个啮齿动物不喜欢栖息地。清除久置的木材垛，不用的设备，灌木丛，废弃的饲料和任何其他碎物，以使该地域

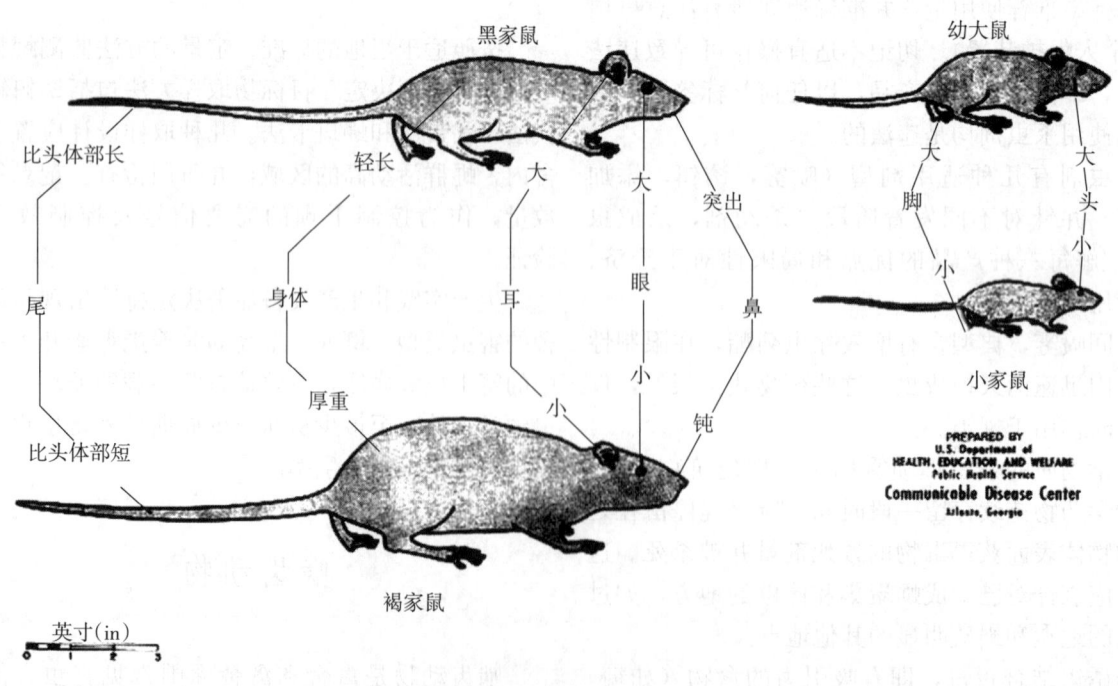

图26.14　家鼠的现场鉴别

缺少对啮齿动物的吸引力。在夏季每周打开卷起的门帘两次以免小鼠在内做窝。

在实施管理程序之后，考虑合适的捕杀程序。啮齿动物可用诱饵、熏蒸、捕获甚至射击杀死。适宜的放置诱饵程序通常是杀死啮齿动物最容易和最有效的方式。市场销售的杀死啮齿动物的药物，有几种类型（表26.1）。最大一类是抗凝血剂，包括溴鼠隆（brodifacoum），噻鼠灵或噻鼠酮（difethialone），溴敌鼠（溴二酮或溴敌隆 bromadiolone），氯鼠酮（氯苯醋茚酮 chlorophacinone），

敌鼠（敌鼠钠或双苯杀鼠酮钠 diphacinone）或华法林（苄酮香豆素钠或苄丙酮香豆素 warfarin）。其他类型包括一种代谢抑制剂——溴甲胺（bromethalin）；维生素 D_3（cholecalciferol），引起钙不平衡；磷化锌（phosphide），一种代谢毒物。这些产品以各种商品名销售。一些以单个剂量或食物饲喂有效，而其他则需要多个剂量才有效果。这些产品许多适用于非处方药，但其他，如磷化锌属剧毒，仅限于有执照的害虫控制人员使用。

表 26.1 常用的灭鼠药（美国）

类 型	Generic	需要投喂次数	LD_{50}（mg/kg）
抗凝血剂	溴敌拿鼠（Brodifacoum）	一次	家鼠，27-86 挪威大鼠，27 屋顶鼠，65-73
	噻鼠灵或噻鼠酮 Difethialone	一次	家鼠，47 挪威大鼠，51 屋顶鼠，38
	溴敌鼠（Bromadiolon）	一次	小鼠，1.75 挪威大鼠，1.125
	氯苯醋茚酮（氯鼠酮）（Chlorophacinone）	多次	家鼠，1.06 挪威大鼠，2.1-20.5 屋顶鼠，15
	二苯乙酰茚二酮（通鼠或敌鼠）（Diphacinone）	多次	大鼠，1.86-2.88
	苄丙酮香豆素（杀鼠灵）（Warfarin）	多次	啮齿动物，3.0
代谢抑制剂	溴肉豆蔻醇素（Bromethalin）	一次	家鼠，5.0 挪威大鼠，2.0 屋顶鼠，6.6
钙代谢剂	胆汁骨化醇（Cholecalciferol）	一次	大鼠，42.0
代谢毒物	磷化锌（Zinc Phosphide）	一次	大鼠，45.7

任何诱饵项目达到有效，大鼠必须消耗致死量的诱饵。诱饵放置位置很重要。诱饵自由放置效果甚微。如果其他食物容易得到则大鼠不愿寻找诱饵。因此，放置诱饵在或接近居留处而不是接近大鼠经常性的食物源将更为有效。诱饵位置的充分讨论，请阅读害虫控制手册。当使用多剂量灭鼠药时，诱饵应该每日补充直至鼠不再吃诱饵。如果使用单剂量抗凝血剂，大鼠掘的洞应该连续两天放置诱饵。4～5天之后将洞填满以免再次进入大鼠。诱饵也以块状销售，可用钉子或铁丝挂于房缘。

急性灭鼠药应该仅用于禽和饲料清舍时大鼠群体数量大的情况。禽舍应该关闭所以除大鼠之外没有其他动物接近诱饵。如果大鼠正常食物源不存在则诱饵放置非决定性因素。使用之后所有诱饵必须

清除干净。某些灭鼠药适于用作追踪粉剂。当鼠跑过时将药粉带在皮毛、尾巴及脚上。当其进行自身清洁时即将药物吞咽下去。

使用灭鼠药重点关注的一个问题是对某些类型化合物的抗性广泛存在。即使在敏感的群体中，在重复使用单一类型产品时可能产生抗性。为了项目的长期有效性，不同类型之间的交替使用很重要。由于有许多商品化产品含同一化学物质，关注活性成分及其不相关产品之间的转变具有重要意义。例如，从一种抗凝血剂转换到另一种将不会增强大鼠抗凝剂抗性的效果。

控制大鼠的熏蒸消毒剂包括溴代甲烷气体和硝基氯仿（催吐毒气或氯化苦）。这些药物对人们有极大伤害并且靶目标并非针对动物，应该仅由专业

人员使用。

要求超声或电磁设备控制大鼠在控制研究中仍未证明。

综上所述，控制项目必须是持续努力才能有效。严重问题出现之后实施控制项目需要大量的努力和费用。小群啮齿动物容易控制而且花费也低。必须定期监测啮齿动物的活动。至少每两周一次查找舍内外啮齿动物踪迹，一旦观察到活动立即使用诱饵。

赵金凤 张龙现 译

康 凯 才学鹏 校

参考文献

[1]Axtell,R. C. 1986. Fly management in poultry production: cultural, biological, and chemical. *Poult. Sci.* 65:657 - 667.

[2]Bates,J. K. 1962. Field studies on behavior of bird fleas. *Parasitology* 52:113 - 132.

[3]Case, A. A., and J. E. Ackert. 1940. New intermediate hosts of fowl cestodes. *Trans. Kansas Acad. Sci.* 43:393 - 396.

[4]Crespo,D. C., R. E. Lecuona, and J. A. Hogsette. 1998. Biological control: An important component of integrated management of *Musca domestica* (Diptera: Muscidae) in caged-layer poultry houses in Buenos Aires, Argentina. *Biological Control* 13:16 - 24.

[5]De las Casas, E., B. S. Pomeroy, and P. K. Harein. 1968. Infection and quantitative recovery of *Salmonella typhimurium* and *Escherichia coli* from within the lesser mealworm, *Alphitobius diaperinus* (Panzer). *Poult. Sci.* 47 (6):1871 - 1875.

[6]DeVaney, J. A. 1976. Effects of the chicken body louse, *Menacanthus stramineus*, on caged layers. *Poult. Sci.* 55: 430 - 435.

[7]DeVaney, J. A. 1979. The effects of the northern fowl mite, *Ornithonyssus sylviarum*, on egg production and body weight of caged white leghorn hens. *Poult. Sci.* 58: 191 - 194.

[8]Doiz,O., A. Clavel, S. Morales, M. Varea, F. J. Castillo, C. Rubio, and R. Gomez-Lus. 2000. House fly (*Musca domestica*) as a transport vector of *Giardia lamblia*. Folia Parasitol. (Praha) 47(4):330 - 331.

[9]Emerson, P. M., S. W. Lindsay, G. E. Walraven, H. Faal, C. Bogh, K. Lowe, and R. W. Bailey. 1999. Effect of fly control on trachoma and diarrhoea. *Lancet* 353(9162): 1401 - 1403.

[10]Fischer,O., L. Matlova, L. Dvorska, P. Svastova, J. Bartl, I. Melicharek, R. T. Weston, and I. Pavlik. 2001. Diptera as vectors of mycobacterial infections in cattle and pigs. *Med. Vet. Entomol.* 15(2):208 -211.

[11]Fotedar, R. 2001. Vector potential of houseflies (*Musca domestica*)in the transmission of *Vibrio cholerae* in India. *Acta Trop.* 78:31 - 34.

[12]Geden,C. J., J. J. Arends, R. C. Axtell, D. R. Barnard, D. M. Gaydon, L. A. Hickle, J. A. Hogsette, W. F. Jones, B. A. Mullens, M. P. Nolan, Jr., M. P. Nolan III, J. J. Petersen, and D. C. Sheppard. 1999. Research and extension needs for poultry IPM. In J. A. Hogsette and C. J. Geden [eds.], Research and extension needs for integrated pest management programs for arthropods of veterinary importance (http://www. arsgrin. gov/ars/SoAtlantic/Gainesville/cm_fly/Lincoln. html).

[13]Graczyk, T. K., R. Fayer, M. R. Cranfield, B. Mhangami-Ruwende, R. Knight, J. M. Trout, and H. Bixler. 1999. Filth flies are transport hosts of *Cryptosporidium parvum*. *Emerg. Infect. Dis.* 5(5): 726 - 727.

[14]Grubel,P., J. S. Hoffman, F. K. Chong, N. A. Burstein, C. Mepani, and D. R. Cave. 1997. Vector potential of houseflies (*Musca domestica*) for *Helicobacter pylori*. *J. Clin. Microbiol.* 35(6): 1300 -1303.

[15]Harrington, L. C. and R. C. Axtell. 1994. Comparisons of sampling methods and seasonal abundance of *Drosophila repleta* in cagedlayer poultry houses. *Med. Vet. Entomol.* 8(4):331 - 339.

[16]Hinton, J. L. and R. D. Moon. 2003. Arthropod populations in highrise, caged-layer houses after three manure cleanout treatments. *J. Econ. Entomol.* 96(4): 1352 - 1361.

[17]Hogsette, J. A. and R. D. Jacobs. 1997. The black dump fly (*Hydrotaea aenescens*): A larval predator of house flies. University of Florida Cooperative Extension Service Fact Sheet PS - 25.

[18]Humphries, D. A. 1968. The host-finding behavior of the hen flea *Ceratophyllus gallinae* (Schrank) (Siphonaptera). *Parasitology* 58:403 - 414.

[19]Kaufman, P. E., D. A. Rutz, and C. W. Pitts. 2000. Pest management recommendations for poultry. Cornell University, Penn State University Cooperative Extension Publication.

[20]Keiding, J. 1986. The house fly: biology and control. WHO Vector Control Series: 63.

[21]Legner, E. F., W. R. Bowen, W. D. McKeen, W. F. Rooney and R. F. Hobza. 1973. Inverse relationships between mass of breeding habitat and synanthropic fly e-

mergence and the measurement of population densities with sticky tapes in California inland valleys. *Environ. Entomol.* 2(2): 199‑205.

[22]Levine, O. S. and M. M. Levine. 1991. Houseflies (*Musca domestica*) as mechanical vectors of shigellosis. *Ref. Infect. Dis.* 13:688‑696.

[23]Marshall, A. G. 1981. The Ecology of Ectoparasitic Insects. Academic Press, London, UK.

[24]Mullens, B. A. , N. C. Hinkle, L. J. Robinson and C. E. Szijj. 2001. Dispersal of northern fowl mites, *Ornithonyssus sylviarum*, among hens in an experimental poultry house. *Journal of Applied Poultry Research* 10: 60‑64.

[25]Mullens,B. A. ,C. E. Szijj, and N. C. Hinkle. 2002. Oviposition and development of *Fannia* spp. (Diptera: Muscidae) on poultry manure of low moisture levels. *Environ. Entomol.* 31(4):588‑593.

[26]Pitts, C. W. , P. C. Tobin, B. Weidenboerner, P. H. Patterson, and E. S. Lorenz. 1998. In-house composting to reduce larval house fly,*Musca domestica* L. , populations. *J. Appl. Poultry Res.* 7:180‑188.

[27]Preiss, F. J. 1969. Bionomics of the lesser mealworm, *Alphitobius diaperinus* (Coleoptera: Tenebrionidae). Dissertation. University of Maryland, Department of Entomology. 104 pp.

[28]Sasaki, T. , M. Kobayashi, and N. Aqui. 2000. Epidemiological potential of excretion and regurgitation by *Musca domestica* (Diptera: Muscidae) in the dissemination of *Escherichia coli* O157:H7 to food. *J. Med. Entomol.* 37 (6):945‑949.

[29]Skov, M. N. , A. G. Spencer, B. Hald, L. Petersen, B. Nauerby, B. Carstensen, and M. Madsen. 2004. The role of litter beetles as potential reservoir for *Salmonella enterica* and thermophilic *Campylobacter* spp. between broiler flocks. *Avian Dis.* 48: 9‑18.

[30]Stafford, K. C. Ⅲ and D. E. Bay. 1994. Dispersion statistics and sample size estimates for house fly (Diptera: Muscidae) larvae and *Macrocheles muscaedomesticae* (Acari: Macrochelidae) in poultry manure. *J. Med. Entomol.* 31(5): 732‑737.

[31]Strother, K. O. , C. D. Steelman, and E. E. Gbur. 2005. Reservoir competence of lesser mealworm (Coleoptera: Tenebrionidae) for *Campylobacter jejuni* (Campylobacterales: Campylobacteraceae). *J. Med. Entomol.* 42 (1): 42‑47.

[32]Tan, S. W. , K. L. Yap, and H. L. Lee. 1997. Mechanical transport of rotavirus by the legs and wings of *Musca domestica*. *J. Med. Entomol.* 34:527‑531.

[33]Tower, B. A. , and E. H. Floyd. 1961. The effect of the chicken body louse [*Eomenacanthus stramineus* (Nitz)] on egg production in New Hampshire pullets. *Poultry Science* 40:395‑398.

[34]Zurek, L. , S. S. Denning, C. Schal, and D. W. Watson. 2001. Vector competence of *Musca domestica* (Diptera: Muscidae) for *Yersinia pseudotuberculosis*. *J. Med. Entomol.* 38: 333‑335.

引言

Larry R. McDougald

线虫、绦虫、棘头虫及吸虫是禽的重要寄生虫。在许多地区，现代养禽技术极大改变了多种寄生虫虫种的重要性。当开始商业化养殖禽类时，具有复杂生活史、需要中间宿主（如昆虫或螺）的寄生虫事实上已被消灭。如今，尽管在饲养于自然环境的小群禽中还可发现很多种这样的寄生虫，但其中仅有少数虫种在商用禽上仍然重要。检查在家庭后院饲养的禽、野生禽及散养禽，可发现丰富的内寄生虫群系。许多内寄生虫在猎鸟的商业化生产上很重要。有几种线虫，例如蛔虫、盲肠线虫和毛细线虫，行直接生活史且生殖能力强，它们能在禽舍环境中旺盛生长繁殖，特别是饲养管理中不需要经常清扫时。有些绦虫尽管发育中需要一个中间宿主，但它们仍很重要：因为这些中间宿主也能在禽舍环境中旺盛地生长繁殖。

禽类内寄生虫的防治很困难，但十分重要。尽管近年来没有专门用于控制鸡内寄生虫的新药产品通过注册，在其他动物中被证明药效显著的药物可在兽医指导下以无标签方式使用。虽然内寄生虫轻度感染几乎不造成什么危害，但有些种可带入其他疾病，例如众所周知的异刺线虫与火鸡组织滴虫的关系。近年来黑头病（组织滴虫病）的广泛临床暴发表明需要在这一领域加强研究。当放松对甲虫的控制时，绦虫感染会就会产生，这显示需要加强整体管理。在众多的驱虫药中，只有很少几种已被批准用于禽类。最近美国药品与食品管理局（FDA）关于兽医无标签使用药物管理的变化缓解了这一局面，现在家禽生产者可以使用现代药物了。

线虫和棘头虫

Nematodes and Acanthocephalans

Thomas A. Yazwinski 和 Christopher A. Tucher

引 言

线虫由于其种类和感染动物数量之多、危害之大，成为禽类寄生蠕虫中最重要的一类，而吸虫和绦虫在商业养禽中的重要性相对很小，但对其他禽类养殖是重要的。

本章旨在帮助诊断人员鉴别全球禽类中广为流行的线虫，美国地区所报道的鸡的线虫种类见表27-1，而美国地区其他家禽和/或商业化生产的猎鸟类线虫见表27-2（美国以外地区的线虫在正文中有所叙述，但未列入上述列表）。禽类线虫的宿主范围通常很广，因此野鸟中发现的线虫可能威胁商品生产的鸟类（见表27-3）。若需要了解单一种更为详尽的描述，读者可查阅本书前几版的原始文献[62,80]或其他综述性文献[1,12,14,16,47]。关于美洲鹑和水禽的寄生虫列表及描述见文献[43,48]。另外，走禽类的内外寄生虫在 Craig 和 Diamond 编著的《走禽的管理及内外科》一书中有详尽阐述[73]。

本章所用的属和种的名称依据于 Yamaguti[83]的分类系统，但那些被公认的更权威的体系取代的除外。Yamaguti 描述了鸟类寄生线虫的 9 个目，

25 个科；其中有 13 科包括感染家禽的寄生虫种，它们分别为类圆线虫科（Strongyloididae）、鞭虫科（Trichuridae）、比翼科（Syngamidae）、毛圆线虫科（Trichostrongylidae）、锥尾线虫科（Subuluridae）、异刺科（Heterakidae）、鸟蛔科（Ascarididae）、旋尾科（Spiruridae）、吸吮科（Thelaziidae）、颚口科（Gnathostomatidae）、泡翼科（Physalopteridae）、华首科（Acuariidae）和双板线虫科（Dipetalonematidae）。Levine[46] 所使用的分类系统与 Yamaguti 的相似，但将 Yamaguti 的双板线虫科（Dipetalonematidae）取代为盘尾丝虫科（Onchocercidae）。本章使用的科级分类依据英联邦蠕虫研究所（CIH）Anderson 和 Bain 编著的脊椎动物寄生虫线虫的检索体系[3]。

表 27.1 在美国已报道的鸡的线虫

虫　种	寄生部位	中间宿主	其他终末宿主
浣熊贝利斯蛔虫（Baylisascaris procyonis）	脑		浣熊（偶见于鸡、火鸡、鹌鹑、鹑）
孟氏尖旋尾线虫（Oxyspirura mansoni）	眼	蟑螂	火鸡、鸭、松鸡、珍珠鸡、孔雀、鸽、鹑
气管比翼线虫（Syngamus trachea）	气管	无	火鸡、鹅、珍珠鸡、雉、孔雀、鹑
捻转毛细线虫（Capillaria contorta）	口、食道、嗉囊	无或蚯蚓	火鸡、鸭、珍珠鸡、鹌鹑、雉、鹑
环形毛细线虫（C. annulata）	食道、嗉囊	蚯蚓	火鸡、鹅、松鸡、珍珠鸡、鹌鹑、雉、鹑
嗉囊筒线虫（Gongylonema ingluvicola）	嗉囊、食道、前胃	甲虫、蟑螂	火鸡、鹌鹑、雉、鹑
长鼻分咽线虫（Dispharynx nasuta）	前胃	土鳖（地鳖）	火鸡、松鸡、珍珠鸡、鹌鹑、雉、鸽、鹑
美洲四棱线虫（Tetrameres americana）	前胃	蚱蜢、蟑螂	火鸡、鸭、松鸡、鸽、鹑
裂刺四棱线虫（T. fissispina）	前胃	端足类、蚱蜢、蟑螂、蚯蚓	火鸡、鸭、鹅、珍珠鸡、鸽、鹑
钩状唇旋线虫（Cheilospirua hamulosa）	肌胃	蚱蜢、甲虫	火鸡、松鸡、珍珠鸡、雉、鹑
鸡蛔虫（Ascaridia galli）	小肠	无	火鸡、鸭、鹅、鹑
鸭毛细线虫（Capillaria anatis）	小肠、盲肠、泄殖腔	无	火鸡、鸭、鹅、鹌鹑、雉
有伞毛细线虫（C. bursata）	小肠	蚯蚓	火鸡、鹅、雉
膨尾毛细线虫（C. caudinflata）	小肠	蚯蚓	火鸡、鸭、鹅、松鸡、珍珠鸡、鹌鹑、雉、鸽、鹑
封固毛细线虫（C. obsignata）	小肠	无	火鸡、鹅、珍珠鸡、鸽、鹑
鸡异刺线虫（Heterakis gallinarum）	盲肠	无	火鸡、鸭、鹅、松鸡、珍珠鸡、鹌鹑、雉、鹑
布氏锥尾线虫（Subulura brumpti）	盲肠	地蜈蚣、蚱蜢、甲虫、蟑螂	火鸡、小野鸡、鸭、松鸡、珍珠鸡、鹌鹑、雉、鹑
圆形锥尾线虫（S. strongylina）	盲肠	甲虫、蟑螂、蚱蜢	珍珠鸡、鹑
鸟类圆线虫（Strongyloides avium）	盲肠	无	火鸡、鹅、松鸡、鹑
微细毛圆线虫（Trichostrongylus tenuts）	盲肠	无	火鸡、鸭、鹅、珍珠鸡、鸽、鹑

表 27.2 除鸡以外的禽或商品猎用鸟类所报道的线虫

虫　种	寄生部位	中间宿主	其他终末宿主
支气管杯口线虫（Cyathostoma bronchialis）	气管	无或蚯蚓	火鸡、鸭、鹅、（鸡）
鹌鹑奇异线虫（Cyrnea colini）	前胃	蟑螂	火鸡、松鸡、北美松鸡、鹑、（鸡）[a]
克氏四棱线虫（Tetrameres crami）	前胃	端足类	鸭
螺形微四棱线虫（Microtetrameres helix）	前胃	蚱蜢	鸽
鹅裂口线虫（Amidostomum anseris）	肌胃	无	鸭、鹅、鸽
斯氏裂口线虫（A. skrjabini）	肌胃	无	鸭、鸽、（鸡）
鸽蛔虫（Ascaridia columbae）	小肠	无	鸽、小野鸡
异形蛔虫（A. dissimilis）	小肠	无	火鸡
珍珠鸡蛔虫（A. numidae）	小肠	无	珍珠鸡
四射鸟圆线虫（Ornithostrongylus quadriradiatus）	小肠	无	鸽、小野鸡
不等异刺线虫（Heterakis dispar）	盲肠	无	鸭、鹅
雉异刺线虫（H. isolonche）	盲肠	无	鸭、松鸡、雉、北美松鸡、鹑
鸽毛细线虫（Capillaria columbae）	大肠	无	鸽、小野鸡

a. 实验感染

表 27.3 在美国对禽和商业化饲养的猎鸟构成潜在威胁的野鸟类线虫

虫 种	寄生部位	中间宿主	终末宿主
彼氏尖旋尾线虫（Oxyspirura petrowi）	眼	不详	松鸡、鹌、雉、北美松鸡
加利福尼亚灿烂线虫（Splendidofilaria californiensis）	心脏	不详	鹌
海氏辛格丝虫（Singhfilaria hayesi）	皮下	不详	火鸡、鹌
胸肌灿烂丝虫（Splendidofilaria pectoralis）	皮下	不详	松鸡
壳木钱德拉尔线虫（Chandlerella chitwoodae）	结缔组织	不详	松鸡
斯氏无斯氏无肛线虫（Aproctella stoddardi）	体腔	不详	火鸡、小野鸡、鹌
耐氏心丝虫（Cardiofilaria nilesi）	体腔	蚊	鸡
钩刺棘结线虫（Echinura uncinata）	食道、肌胃、前胃、小肠	水蚤	鸭、鹅
小虾棘结线虫（E. parva）	前胃、肌胃	不详	鸭、鹅
帕氏四棱线虫（Tetrameres pattersoni）	前胃	蚱蜢、蟑螂	鹌
鲁氏四棱线虫（T. ryjikovi）	前胃	不详	鸭
尼氏奇尼线虫（Cyrnea neeli）	前胃、肌胃	不详	火鸡
有帽奇异线虫（C. pileata）	前胃	不详	鹌
尖尾泡翼线虫（Physaloptera acuticauda）	前胃	不详	鸡、雉
锐尖裂口线虫（Amidostomum acutum）	肌胃	无	鸭
赖氏裂口线虫（A. raillieti）	肌胃	无	鸭、小野鸡
有刺唇旋线虫（Cheilospirura spinosa）	肌胃	蚱蜢	鹧鸪、雉、鹌、火鸡
宽尾奇异线虫（Cyrnea eurycerea）	肌胃	不详	雉、鹌、火鸡
具钩瓣口线虫（Epomidiostomum uncinatum）	肌胃	不详	鸡、鸭、鹅、鸽
粗尾束首线虫（Streptocara crassicauda）	肌胃	端足类	鸡、鸭
榛鸡禽蛔虫（Ascaridia bonasae）	小肠	无	松鸡
结合禽蛔虫（A. compar）	小肠	无	松鸡、鹧鸪、雉、鹌
剑尾前盲囊线虫（Porrocaecum ensicaudatum）	小肠	蚯蚓	鸡、鸭
雉毛细线虫（Capillaria phsianina）	小肠、盲肠	不详	鹧鸪、雉、珍珠鸡
三叉毛细线虫（C. tridens）	小肠	不详	火鸡
林氏槽首线虫（Aulonocephalus lindquisti）	盲肠、大肠	不详	鹌
火鸡槽首线虫（A. pennula）	盲肠	不详	火鸡
跨冰槽首线虫（A. quaricensis）	盲肠	不详	鹌

注：表中某些种已见于美国以外国家的家禽。

鉴定中应用的线虫一般形态

线虫（或称圆虫）通常呈纺锤形，前后端尖细。体被（或称角皮）上常有明显的横沟。角质的鳍状物或翼可能存在于身体的前部（称颈翼），或位于身体的后部（称尾翼，图27.14）。尾翼见于雄虫的尾部，其在某些类群演化为交合伞（图27.18B）。线虫的体前端偶有角质装饰物，以刺、饰带或盾板的形式出现（图27.6A）。

口孔位于虫体前端顶部，通常被具感觉器的唇片环绕（图27.5A）。一些线虫的口孔直接通向紧靠食道前方的口腔（图27.24A）。在另一些类群，口腔可能退化或消失。食道可能简单（一个整体不再分区），也可能很复杂（由一个短的前肌质部和一个长的后腺质部组成）。食道后端可能有一个食道球，也可能没有（图27.20）。肠道接于食道之后，并在体后端以一短的直肠与肛门或泄殖腔相连。

线虫通常性别区分明显。有些线虫两性形态极为明显，如美洲四棱线虫（Tetrameres americana）（图27.7），其雄虫呈细长形，比球形的雌虫小得多。雄虫在其体后端通常具有2个（很少为1个）被称作交合刺的几丁质构造，明显与雌虫相区别。有人认为交合刺（图27.20）的主要作用是保持交配时阴门和阴道的开张，并且在某种程度上有将变形虫样的精子导入雌虫生殖道的功能。虫卵或幼虫经阴门排出，阴门的位置在不同属的线虫之间差异很大。

线虫发育

禽类线虫有直接发育和间接发育两种类型。大约有 1/2 的禽类线虫不需要无脊椎动物为中间宿主以完成其生活史；其余的则需要如昆虫、螺、蛞蝓作为中间宿主以完成其发育。

线虫一般经过 4 个发育期并历经 4 次连续蜕化（褪去表皮）后发育为成虫。不管成虫寄生于何处，所产虫卵最后都随排泄物到达体外。有些虫卵在宿主体内时已胚胎化，但更多种类的虫卵需要适宜的外界环境条件而胚胎化并发育到感染性幼虫。大多数虫卵被新的终末宿主或中间宿主摄食后才开始孵化，但也有一些虫卵在环境中即可孵化并释出自由生活的幼虫。线虫虫卵从数日到数周完成胚胎化。对于直接发育型线虫，终末宿主受到感染是因吞食了游离的感染性幼虫或是含有第二期幼虫的胚胎化虫卵；对于间接发育型线虫，则是中间宿主吞食了胚胎化的虫卵或游离的幼虫。终末宿主受到感染是因吞食了携有感染性幼虫的中间宿主或是被吸血节肢动物叮咬时注入幼虫所致。直接发育型线虫在美国的商业化禽养殖中占优势。

线虫

Nematodes

上消化道的线虫

环形毛细线虫（*Capillaria annulata*，Molin 1858），毛细科（Capillariidae）

宿主

已报道的宿主包括鸡、火鸡、鹅、松鸡、珍珠鸡、鹧鸪、雉和鹑。虫体寄生于食道和嗉囊黏膜。

形态

环形毛细线虫细长形，外观与捻转毛细线虫（*Capillaria contorta*）相似，但很容易借其头部靠后的一个角皮隆起而加以区别（图 27.1A）。雄虫一般长 1～26mm，宽 52～74μm；尾端有 2 片不十分明显的圆形侧翼，背侧以一个角质翼相连；交合刺鞘上布满小刺（图 27.1B）；交合刺长 1.12～11.63μm。雌虫一般长 25～60mm，宽 77～120μm；

虫体后部（阴门以后）大约为前部长度的 7 倍；阴门呈圆形，其位置大约相当于食道末端处；虫卵两端有卵塞（图 27.1C），大小为 55～66μm×26～28μm。

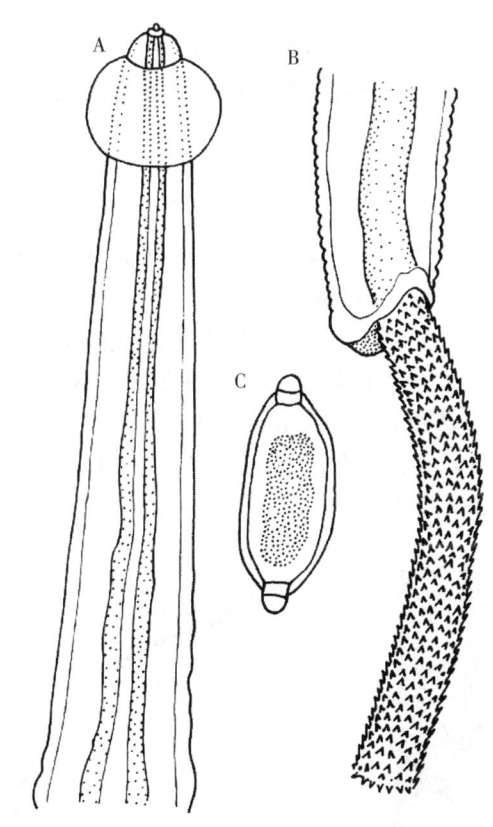

图 27.1　环形毛细线虫（*Capillaria annulata*）。A. 头端；
B. 雄虫尾部（引自 Ciurea）；C. 虫卵

生活史

虫卵随受感染禽的粪便排出，在外界需 24 天或更长时间来发育为感染性虫卵。两种蚯蚓——爱胜蚓（*Eisenia foetidus*）和异唇蚓（*Allolobophora caliginosus*）是这种嗉囊线虫的中间宿主[78]。

致病性

嗉囊壁增厚，寄生部位腺体肿大，且嗉囊和食道壁出现炎症。严重感染时，嗉囊内壁增厚、变得粗糙、高度软化。成团的虫体主要集中在剥脱的组织内。

已有证据表明火鸡、雉、鹑和其他隶属鸡形目猎鸟的死亡与环形毛细线虫有关。其他症状包括营养不良、消瘦及严重的贫血。

捻转毛细线虫 (*Capillaria contorta*, Creplin 1893), 毛细科 (Capillariidae)

宿主

已报道的宿主包括鸡、火鸡、鸭、珍珠鸡、鹧鸪、雉、鹑, 虫体寄生于食道、嗉囊黏膜内, 有时寄生于口腔黏膜内。

形态

虫体呈线状, 两端尖细, 头部无角质隆起。雄虫长 8~17mm, 宽 60~70μm; 尾端有两个侧背隆起; 交合刺一根, 非常细且透明, 长约 800μm; 交合刺鞘上布满细发样小刺 (图 27.2B)。雌虫长 15~60mm, 宽 120~150μm; 阴门呈环形, 突出, 位于肠起始部后方 140~180μm 处 (图 27.2A)。

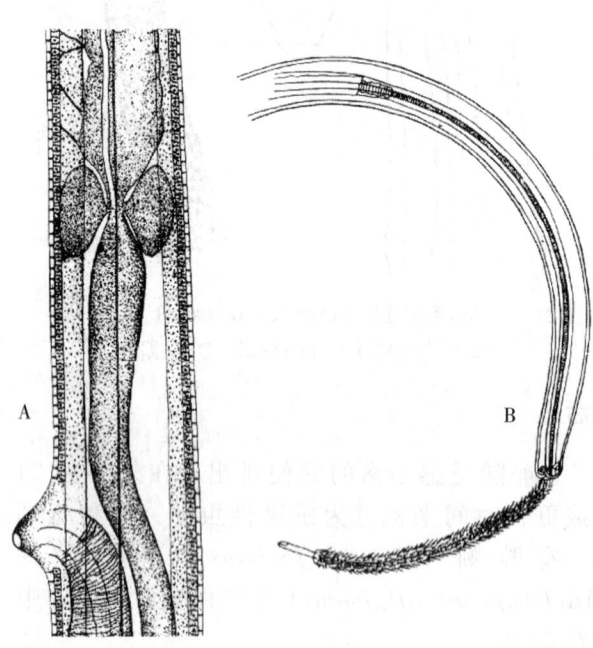

图 27.2 捻转毛细线虫 (*Capillaria contorta*)。A. 阴门区 (引自 Eberth); B. 雄虫尾部 (引自 Travassos)

生活史

虫卵排在嗉囊黏膜内的隧道内, 随着脱落黏膜进入嗉囊和食道腔。受染禽的粪便中含有许多虫卵。虫卵的胚胎化大约需要 1 个月或更长时间。直接发育过程中, 宿主吞食感染性虫卵而被感染。经过 1~2 个月, 幼虫发育为成虫。

致病性

轻度感染时, 嗉囊和食道壁轻度增厚和发炎。大量虫体寄生时, 有严重的致病性。重度感染时, 嗉囊和食道壁显著增厚和发炎, 黏膜上覆盖有絮状的渗出物, 黏膜不同程度地脱落。嗉囊可能丧失其功能。重度感染时, 虫体可能侵袭到口和食道上部。

病禽垂头、虚弱、消瘦。在美国, 曾观察到野火鸡、匈牙利鹧鸪和鹌鹑由于感染本虫而发生死亡。

钩刺棘尾线虫 [*Echinura uncinata*, (Rudolphi 1819) Soloviev 1912], 华首科 (Acuariidae)

宿主

野鸭、家鸭、鹅; 据报道, 加拿大的野鸟和家鸟曾见有感染。

寄生部位

食道、前胃、肌胃和小肠黏膜; 曾有一例该虫寄生于气囊的报道。

形态

与唇旋属 (*Cheilospirura*) 和分咽属 (*Dispharynx*) 线虫相似, 但其四条饰带不向前回折而是在后端两两相吻合 (图 27.3A)。雄虫长 8~10mm, 宽 300~500μm; 左侧交合刺长 700~900μm, 右侧长 350μm (图 27.3B)。雌虫长 12~18.5mm, 宽 515μm; 尾长 250μm; 阴门距尾端

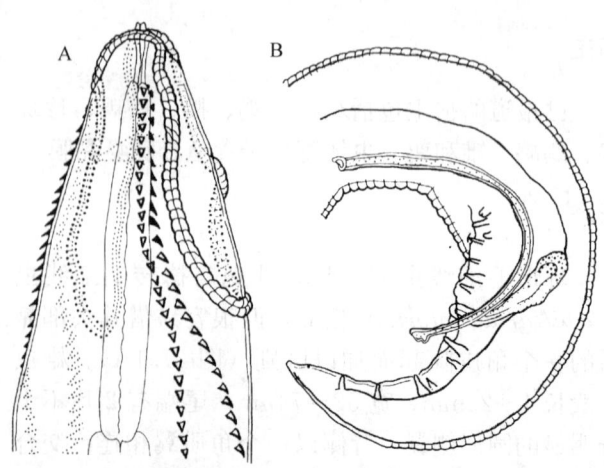

图 27.3 钩刺棘尾线虫 (*Echinura uncinata*) A. 头部; B. 雄虫尾部 (引自 Romanova)

1.0～1.4mm；虫卵大小为 28～37μm×17～23μm，卵胎生。

生活史

钩刺棘尾线虫以水蚤属（*Daphnia*）的水蚤为中间宿主。虫卵被水蚤吞食后，经 12～14 天发育为感染性幼虫；鸡或其他终末宿主吞食含感染性幼虫的水蚤后 51 天发育为成虫。

致病性

病禽有时在症状出现前突然发生死亡。前胃可能出现结节，但在慢性病例，结节内只含稠脓。病禽可出现消瘦和精神不振等症状。

嗉囊筒线虫（*Gongylonema ingluvicola*，Ransom 1904），筒线虫科（Gongylonematidae）

宿主

鸡、火鸡、鹧鸪、雉、鹑。嗉囊筒线虫成虫可见于嗉囊的黏膜，有时也见于食道和前胃黏膜。

形态

虫体前端部有一段生有盾状突斑，近头端较少而分散，稍后较密集，并排列成纵行（图 27.4A）。雄虫长 17～20mm，宽 224～250μm；颈乳突距头端大约 100μm；尾部有 2 个狭窄而不对称的尾翼；生殖乳突数目不等，左右不对称；左侧的肛前乳突

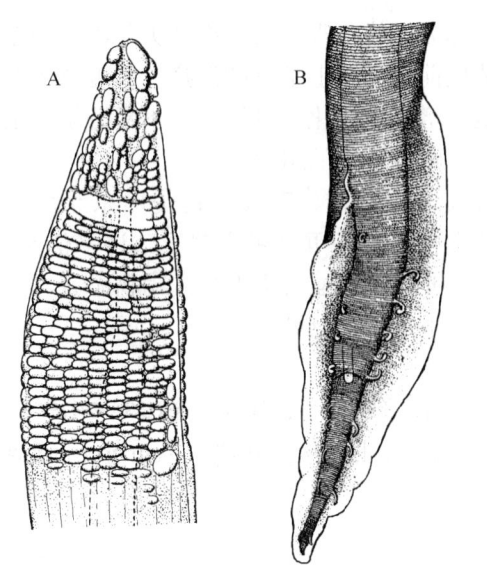

图 27.4　嗉囊筒线虫（*Gongylonema ingluvicola*）。A. 头部；B. 雄虫尾部（引自 Ransom）

可达 7 个，右侧可达 5 个（图 27.4B）；左侧交合刺与虫体等长或几乎与虫体等长，长 17～19mm，宽 7～9μm，尖端具有一个倒钩；右侧交合刺长 100～120μm，宽 15～20μm。雌虫长 32～55mm，宽 320～490μm；阴门距尾端 2.5～3.5μm。

生活史

甲虫小金龟子（*Copris minutus*）和蟑螂被报道是嗉囊筒线虫的中间宿主[15,16]。

致病性

本虫所致的损伤呈局部性，只在嗉囊黏膜中形成虫道。嗉囊壁内的虫体与虫道外观呈白色的盘旋状"轨迹"，易与毛细属线虫相混，需镜检区别。

鹧鸪奇异线虫（*Cyrnea colini*，Cram 1927），柔线虫科（Habronematidae）

宿主

火鸡、松鸡、草原鸡、鹌鹑；鸡可以实验感染。常见于北美鹑。曾报道该虫寄生于佐治亚州的火鸡和威斯康星与蒙大拿州的草原鸡。鹧鸪奇异线虫见于前胃壁，尤其是前胃与肌胃交界处。

形态

虫体细长，略呈黄色，外形与钩状唇旋线虫（*Cheilospirura hamulosa*）相似，但较小，虫体前部没有所谓的饰带或角质装饰物。雄虫尾部有翅样的膨大或翼（图 27.5B）。头部构造复杂，有 4 片唇；背唇和腹唇显著，并且有 4 个明显突出的乳突和一个显著的拇指状突起（图 27.5A）；侧唇很大，其内侧面各有 2 个指状突起，侧面有 2 个翅样的延展物。雄虫长 6mm，宽 250μm；口囊深 58μm；食道长 2mm；尾翼近圆形，具有带柄乳突 10 对，前面的乳突比后面的大；交合刺不等长，左侧的长 2mm，右侧的 365～400μm。雌虫长 14～18mm，宽 315μm；口囊深 75μm；食道大约长 2.8mm；阴门在肛门 915μm 处。虫卵大小为 40.5×22.5μm（图 27.5C）。

生活史

蟑螂为鹧鸪奇异线虫的中间宿主[14]。幼虫发育为无包囊的第三期幼虫，并在 18 天发育完全。

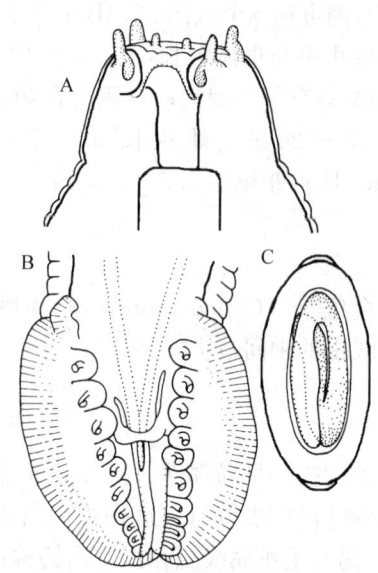

图 27.5　鹑鸪奇异线虫（*Cyrnea colini*）A. 头部；B. 雄
虫尾部（引自 Cram）；C. 虫卵

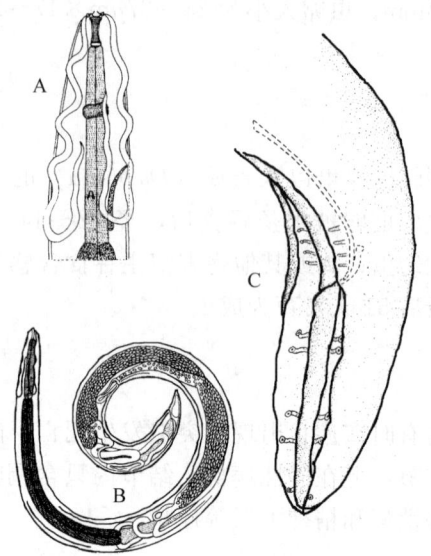

图 27.6　巨鼻分咽线虫（*Dispharynx nasuta*）A. 头端
（引自 Seurat）；B. 雌虫（引自 Piana）；C. 雄
虫尾部（引自 Cram）

鹌鹑食感染性幼虫 41 天后发育为成虫。

致病性

可见病理变化少或没有。

巨鼻分咽线虫 ［*Dispharynx nasuta*，（Rudol-phi 1819），Stiles 和 Hassell 1920］，华首科（Acuariidae）

宿主

在美国，报道的宿主包括鸡、火鸡、松鸡、珍珠鸡、鹧鸪、雉、鸽、鹌鹑和许多燕雀类的鸟。

寄生部位

见于前胃壁，有时见于食道，罕见于小肠的壁内。

形态

虫体前端部有四条波浪状的角质饰带，从唇的基部开始，向后延伸，而后又折回向前，延伸一短距离（图 27.6A）；颈后乳突小，分两叉，位于折回的两条饰带之间；虫体常蜷曲呈螺旋状（图 27.6B）。雄虫长 7～8.3mm，宽 230～315μm，有肛后乳头 5 对，肛前乳突 4 对（图 27.6C）；长交合刺 400μm，细长而弯曲；短交合刺 150μm，船形。雌虫长 9～10.2mm，宽 360～565μm；阴门位于身体后部。卵胎生。

生活史

在人工感染实验中，可用普通卷甲虫（*Arma-dillidum vulgare*）和鼠妇（*Porcellio scaber*）作为中间宿主。这些等足类动物吞食了含有胚胎的虫卵后 4 天内，幼虫从卵壳中释出，进入体腔间组织。虫体约在 26 天内完成其发育，到达感染阶段即第三期幼虫。在被易感的脊椎动物吞食之后 27 天，雌虫发育到性成熟并产卵。

致病性

巨鼻分咽线虫寄生时常将其头部深深地钻入黏膜，造成前胃黏膜上常见的溃疡。重度感染时，前胃壁显著增厚和软化，各组织层不易分辨，虫体几乎全部隐藏于增生的组织下。

有人认为巨鼻分咽线虫是美国东北部"松鸡病"的主要病因。重度感染曾导致许多信鸽死亡。加利福尼亚州圣地亚哥市巴尔波动物园笼养野鸽曾被这种寄生虫严重感染。

美洲四棱线虫（*Tetrameres americana*，Cram 1926），四棱线虫科（Tetrameridae）

宿主

美洲四棱线虫寄生于鸡、火鸡、鸭、松鸡、鸽和鹑的前胃。剖检时，通常可在未剖开的前胃壁上看到亮红色的虫体。

形态

两性形态差异明显（图 27.7）。雌虫呈球形（图 27.7B），血色，有 4 条纵沟；子宫和卵巢很长，盘曲成圈，充满体腔；虫卵大小为 42～50μm×24μm，卵产出时已胚胎化。雌虫长 3.5～4.5mm，宽 3mm；口周围有 3 片小唇；有口囊（图 27.8A）。雄虫长 5～5.5mm，宽 116～133μm；有 2 行双列尖端向后的小棘，在亚中线上绵延于虫体的全长；有颈乳突；尾细长；有 2 根不等长的交合刺，分别长为 100μm 和 290～312μm。

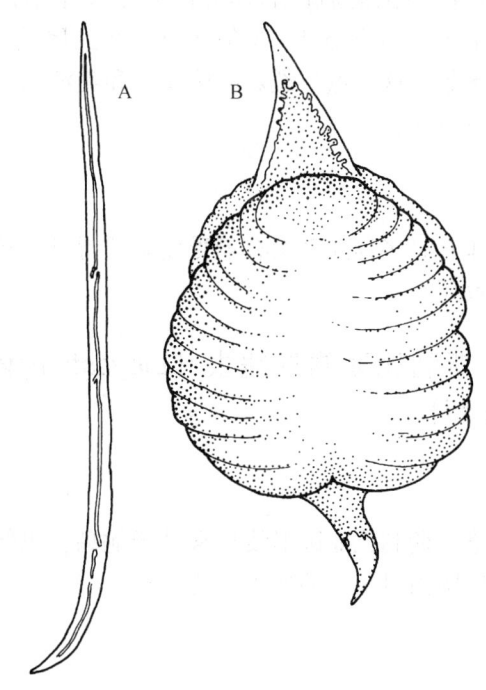

图 27.7　美洲四棱线虫（*Tetrameres americana*）A. 雄虫；B. 雌虫（引自 Cram）

生活史

美洲四棱线虫需一个中间宿主以完成其发育[14]。用感染性虫卵饲喂两种蚱蜢［赤腿蚱蜢（*Melanoplus femurrubrum*）和殊种蚱蜢（*M. differentialis*）］或是一种蟑螂［德国小蠊蠊（*Blattella germanica*）］后，约经 42 天，这些昆虫体腔内发现感染性幼虫（即第三期幼虫）。携感染性幼虫的昆虫被禽类吞食后，幼虫逸出，在胃黏膜中至少停留 14 天，蜕皮变为第四期幼虫。雌虫产出胚胎化的虫卵需 45 天时，子宫中见有含胚胎的虫卵。

致病性

严重感染的鸡消瘦、贫血。美洲四棱线虫对鹑不引起任何病损[16]。感染后，鸡的前胃壁可能增厚，以至管腔几乎完全闭塞。

曾记载美洲四棱线虫寄生于野鸽[26]和实验室饲养的鸽[31]。轻度感染时，很少引起临诊症状，重度感染时，出现腹泻、消瘦，甚至死亡。

克氏四棱线虫（*Tetrameres crami*，Swales 1933），四棱线虫科（Tetrameridae）

宿主

克氏四棱线虫见于野鸭和家鸭前胃。

形态

较美洲四棱线虫小。雄虫长 2.9～4.1mm，宽 70～92μm；右侧交合刺窄细、弯曲，长 135～185μm；左侧交合刺扭曲，长 272～350μm。雌虫长 1.5～3.3mm，宽 1.2～2.2mm；尾长 113～156μm；阴门距尾端 319～350μm；虫卵大小为 41～57μm×26～34μm，卵胎生。

生活史

中间宿主是端足类的束带钩虾（*Gammarus fasciatus*）和灯笼裤绿钩虾（*Hyalella knickerbocki*）[69]。虫卵被中间宿主吞食后，29 天发育为感染性幼虫。感染性幼虫在禽类体内经 33 天发育为成虫。

裂刺四棱线虫［*Tetrameres fissispina*，(Diesing 1861) Travassos 1915］，四棱线虫科（Tetrameridae）

宿主

裂刺四棱线虫已报道的宿主包括鸡、火鸡、鸭、珍珠鸡、鹅、鸽、鹑。最常见于野鸭、家鸭、野鹅、家鹅与野鸟，少见于其他禽类。

形态

外观与美洲四棱线虫相似。雄虫长 3～6mm，宽 90～200μm；沿体中线和侧线有 4 列纵行的小刺（图 27.8B）；交合刺长分别为 280～490μm 和

82～150μm。

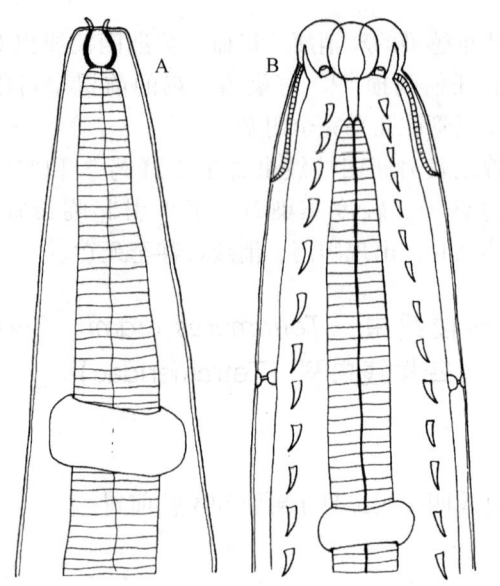

图 27.8　A. 美洲四棱线虫（*Tetrameres americana*）头端（引自 Graybill）；B. 裂刺四棱线虫（*Tetrameres fissipina*）头端。（引自 Travassos）

雌虫长 1.7～6.0mm，宽 1.3～5.0μm；尾长 71μm；阴门距尾端 310μm。虫卵大小为 48～56μm×26～30μm，卵胎生。

生活史

中间宿主包括端足类、蚱蜢、蚯蚓和蟑螂。虫卵被中间宿主吞食后，10 天发育为感染性幼虫。感染性幼虫在禽体内经 18 天发育为成虫。鱼类可作转运宿主。

致病性

组织反应强烈，并伴有腺体组织变性、水肿、广泛的白细胞浸润[72]。

柏氏四棱线虫（*Tetrameres pattersoni*, Cram 1933），四棱线虫科（Tetrameridae）

宿主

寄生于鹌鹑的前胃。

形态

鲜红色的雌虫深埋于前胃腺中，雄虫居黏膜表面。雄虫长 4.2～4.6mm，宽 140～170μm；虫体有 2 行小刺，其终止处恰在泄殖腔之前，在泄殖腔

后面有侧刺 3 对，亚腹侧刺 4 对；交合刺 1 个，长 1.2～1.5mm，具有明显的横纹。雌虫长 5mm，宽 2～2.3mm；阴门距尾端 235μm，肛门距尾端 156μm；阴门与肛门之间有球状的膨大；虫卵 42～46μm×25～30μm。

生活史

中间宿主包括蚱蜢〔赤腿蚱蜢（*Melanoplus femurrubrum*）或绿条蝗（*Chortophaga viridifasciata*）〕或蟑螂〔德国小蠊（*Blattella germanica*）〕，在被吞食后 24 天内，柏氏四棱线虫在这些中间宿主体内发育为感染性第三期幼虫[15]。幼虫在这些昆虫的肌肉和体腔的肠系膜中形成包囊，每个包囊内含有 1～3 条幼虫。幼虫尾端有 1 个小的突起，这一点与裂刺四棱线虫和美洲四棱线虫的幼虫不同。

致病性

虫体有时多到几乎没有不受侵袭的胃壁。重度感染可致死。

道格拉斯利比亚圆形线虫（*Libyostrongylus douglassii*）

宿主

道格拉斯利比亚圆形线虫常见于鸵鸟。虫体可见于前胃壁内衬腺体的导管系统。

形态

成虫长约 4～6mm，交合刺长 140～160μm。圆形虫卵产出时大小为 72μm×41μm。另外一种常见的线虫有齿利比亚圆形线虫（*L. dentatus*）虫体大于道格拉斯利比亚圆形线虫，但虫卵却小于后者。

生活史

鸵鸟直接吞食感染性的第三期幼虫而造成感染。潜隐期约为 30 天。感染性幼虫可抗外界严酷环境，在牧场中存活长达 30 个月之久。

致病性

道格拉斯利比亚圆形线虫对幼龄鸵鸟高度致病，报道的最高致死率达 50%。这种嗜血细胞的线

虫可阻塞前胃腺体的导管，使得感染部位分泌大量黏液，最终导致前胃的急性白喉症状（"vrotmaag"，在南非又称"腐烂胃"）。

麒氏瓦智尼玛旋尾线虫（*Vaznema zschokkei*）

宿主

见于美洲鸵前胃黏膜下层。

形态

此类旋尾线虫长 16～25mm，交合刺长约 10mm。

鹅裂口线虫（*Amidostomum anseris*，Zeder 1800），裂口科（Amidostomatidae）

宿主

已报道的宿主包括鸭、鹅、鸽。美国纽约、德拉瓦、宾夕法尼亚和华盛顿地区有家鹅感染的报道。

寄生部位

鹅裂口线虫寄生于肌胃角质层下，较少见于前胃。

形态

虫体细长，呈微红色；口囊短而宽，底部有 3 个尖齿（图 27.9A）。雄虫长 10～17mm，宽 250～350μm，交合伞有 2 片大的侧叶和 1 片小的中间叶（图 27.9B）；背肋短，后部分两叉，每一个叉的末端再分两小叉；交合刺等长，长 200μm，较纤细，在靠近中间处分为 2 支；引器细长，长 95μm。雌虫长 12～24μm，阴门处宽 200～400μm，向两端逐渐变细；阴门呈横裂，在虫体后部；虫卵壳薄，大小为 85～110μm×50～82μm。

生活史

直接发育。 虫卵随禽粪便排出时，已开始部分发育；在以后数小时之内形成活动的胚胎，数日内孵化。易感的禽类宿主因吞食受感染幼虫污染的食物或水而遭受感染。本虫宿主特异性很强，曾试图实验感染各种其他禽类，但均未成功[20]。

第三期幼虫也可通过禽的皮肤感染。经皮肤而不是经口感染时，幼虫移行经肺[19]。

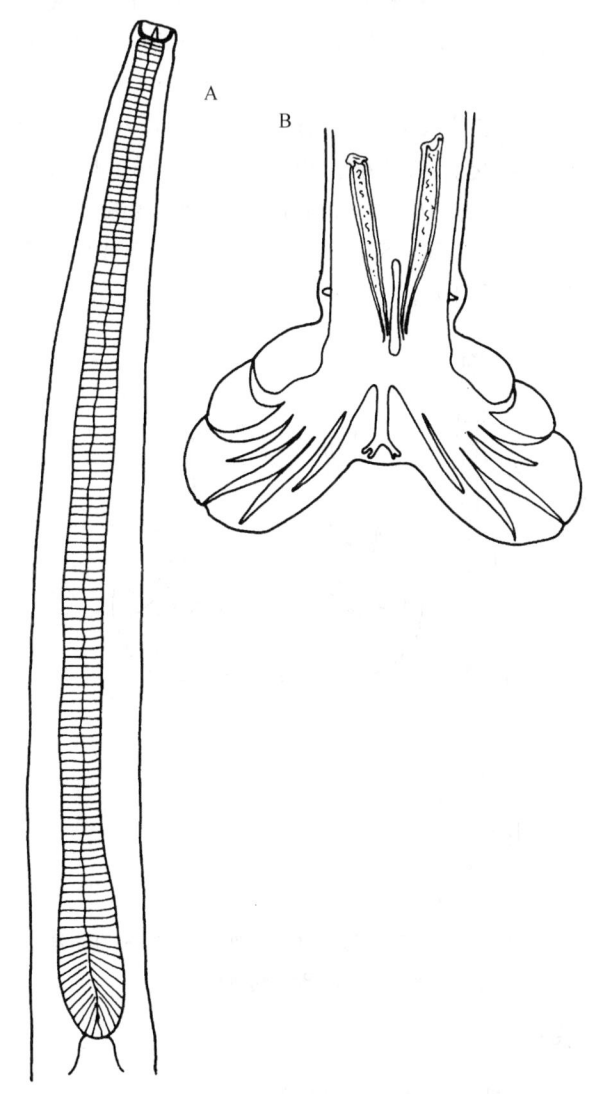

图 27.9 鹅裂口线虫（*Amidostomum anseris*）A. 前端部（Boulenger）；B. 交合伞（Railliet）

致病性

本虫寄生鹅群能引起重大损失，患病幼鹅食欲消失、精神迟钝、消瘦。在严重感染的鹅可见肌胃黏膜坏死、松弛，多处发生脱落。感染可伴有严重的失血。

斯氏裂口线虫（*Amidostomum skrjabini*，Boulenger 1926），裂口科（Amidostomatidae）

宿主

见于鸭和鸽肌胃的角质层（鸡可实验性感染）。

形态

斯氏裂口线虫较鹅裂口线虫小，可与赖氏裂口线虫（*A. raillieti*）区别。雄虫长 7.5～8.8mm，宽 100～130μm；交合伞与赖氏裂口线虫的相同；背肋的两支都又进一步分为 2 个等长小支（图 27.10B），交合刺 2 根，长 115～125μm。雌虫长 9～11mm，宽 101～120μm；阴门距尾端 1.7～2.1mm；虫卵 70～80μm×40～50μm，产出时为桑椹期（图 27.10）。

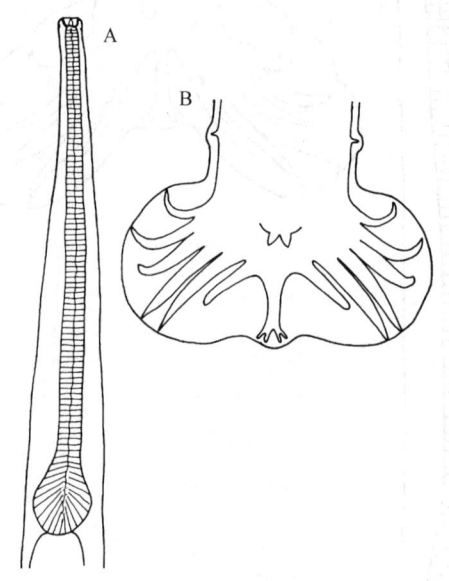

图 27.10　A. 赖氏裂口线虫（*A. raillieti*），头部；B. 雄虫交合伞。（引自 Boulenger）

生活史

与鹅裂口线虫生活史相似。

致病性

有时暴发的幼鸭裂口线虫病与本虫有关。

钩状唇旋线虫 [*Cheilospirura hamulosa*，(Diesing 1851 Diesing 1861)，华首科（Acuariidae）

宿主

报道的宿主包括鸡、火鸡、松鸡、珍珠鸡、雉、鹌。见于肌胃角质层下方，通常见于贲门和/或幽门区，此处衬里较柔软。

形态

头端有 2 片大三角形侧唇；4 条角质饰带，两并列，有不规则的波浪状弯曲（图 28.11A），至少延伸到虫体的 2/3 长，有时至尾端；不相吻合，不向前回转，这些是本虫的特征。雄虫长 9～19mm；交合刺长度不等，形状各异，左侧的细长，1.6～1.8mm，右侧的短而弯曲，长 180～200μm；尾部紧紧蜷曲；有 2 个非常宽的尾翼；尾乳突 10 对（图 27.11B）。雌虫长 16～25mm；阴门在虫体中部稍后方；尾端尖；虫卵 40×27μm，卵胎生。

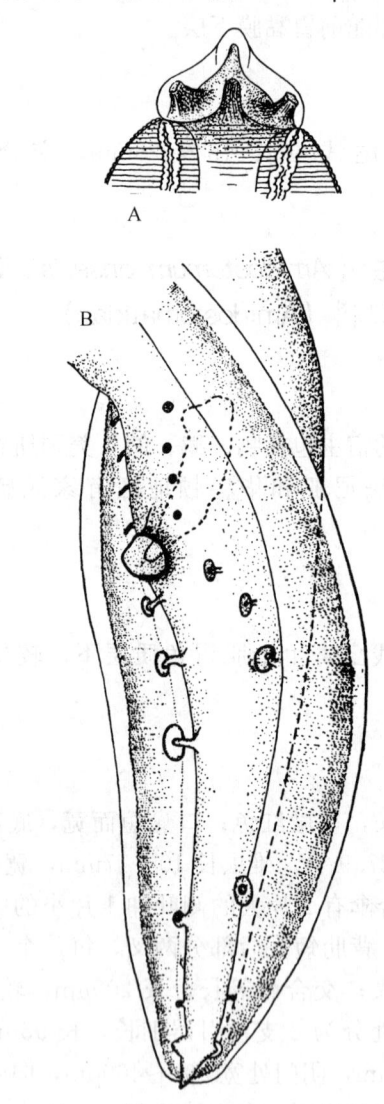

图 27.11　钩状唇旋线虫（*Cheilospirura hamulosa*）。A. 头部（引自 Drasche）；B. 雄虫尾部。（引自 Cram）

生活史

蚱蜢、甲虫、象鼻虫和沙蚤为中间宿主[14]。幼虫在节肢动物肌肉中发育到第三期即对禽有感染力。第三期幼虫的鉴别特征为：体前端有 2 片显著的唇样突起，身体后部向背侧形成一个弯曲，尾部顶端有 4 个指状突。

幼虫进入中间宿主后，最快 22 天就发育到对鸡有感染性。在禽体内经过大约 76 天达到性成熟。

致病性

少量寄生时，对禽的健康状况几乎没有影响，仅在肌胃角质层出现小的局灶性损伤，也可能涉及肌肉组织。在肌胃的肌肉部分可能发现包有寄生虫的结节，结节质地柔软。严重感染时，肌胃壁严重受损。

有刺唇旋线虫（*Cheilospirura spinosa*，Cram 1927），华首科（Acuariidae）

宿主

报道的宿主包括松鸡、鹧鸪、雉、鹌、野火鸡。寄生于肌胃角质层下方。

形态

有 4 条由小刺组成的饰带，两两并列，起始于两片唇之间（图 27.12A），只延伸到食道之前 1/3 处。雄虫长 14～20mm，宽 183～232μm；交合刺长度不等，形状各异，一个长 660～720μm，另一个长 192μm；尾翼宽，外形与钩状唇旋线虫的相似（图 27.12B）。雌虫长 34～40mm，宽 315～348μm；阴门位于虫体中部之前，肛门距尾端 250～300μm；

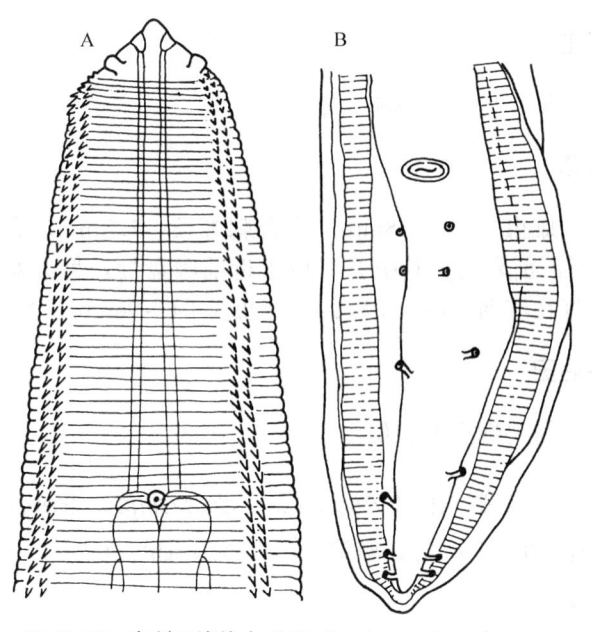

图 27.12 有刺唇旋线虫（*Cheilospirura spinosa*）
A. 头部；B. 雄虫尾部。（引自 Cram）

虫卵大小为 39～42μm×25～27μm。

生活史

蚱蜢为中间宿主，在其体内的发育与有钩状旋线虫的情况相似。本虫第三期幼虫的尾部构造相似，而钩状唇旋线虫的不很相似。在北美鹌的体内感染 14 天时，第四期幼虫见于肌胃角质层下方[14]。在 32 天时，虫体已具有发育完全的性别特征。

致病性

鹌鹑轻微感染时很少引起问题，尽管在肌胃角质层与肌质壁之间有弯曲的虫道。在严重感染的病例，肌胃黏膜发生出血和坏死。严重感染时可见肌胃壁发生显著的增生性变化。

具钩瓣口线虫［*Epomidiostomum uncinatum*，（Lundahl 1841）Seurat 1918］，裂口科（Amidostomatidae）

宿主

报道的宿主包括鸭、鹅、鸽（鸡可实验感染）。寄生于肌胃角质层下方。

形态

与裂口属线虫不同，口囊内不具有小齿，但头端有一对结节构造（图 27.13A）。雄虫长 6.5～7.3mm，宽 150μm；交合刺 2 根，长 120～130μm（图 27.13B），各在末端形成 3 个分叉。雌虫长 10～11.5 mm，宽 230～240μm；尾长 140～170μm（图 27.13C）；阴门距尾端 2.2～3.2mm；虫卵 74～90μm×45～50μm。

生活史

无中间宿主。孵化后 4 天的第三期披鞘幼虫对终末宿主具有感染力[44]。

钩茎凶线虫和瓦氏凶线虫（*Sicarius uncinipenis* and *S. waltoni*）

宿主

见于美洲鸵的肌胃。

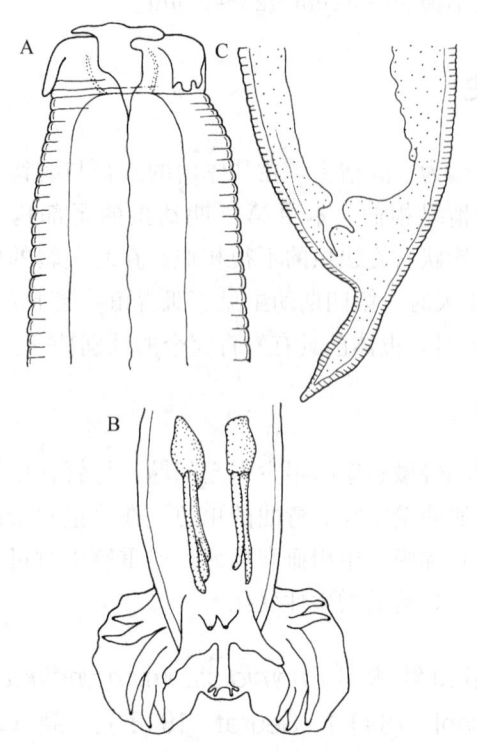

图 27. 13 具钩瓣口线虫 （*Epomidiostomum uncinatum*）（引自 Skrjabin）A. 头部；B. 雄虫尾部；C. 雌虫尾部

形态

这些旋尾线虫于马的柔线属寄生虫 （*Habronema spp.*） 相似。*S. uncinipenis* 长 18～30mm，雄虫有不等长交合刺，分别长 3 mm 和 0.7 mm。*S. waltoni* 相对稍小，长度小于 25 mm，不等长的交合刺分别长 2.5 mm 和 0.35 mm。

主要见于小肠的线虫

松鸡蛔虫 （*Ascaridia bonasae*, Wehr 1940）, 禽蛔科 （Ascaridiidae）

宿主

松鸡，寄生于小肠。

形态

松鸡蛔虫曾被几位作者与鸡蛔虫 （*A. galli*） 相混淆，尽管它比后者小，也不感染鸡。雄虫长 10～35mm；交合刺等长，1.8～2.7mm。雌虫长 30～50mm。

生活史

无需中间宿主，与鸡蛔虫相似。

鸽蛔虫 ［*Ascaridia columbae*, （Gmelin 1790） Travassos 1913］, 禽蛔科 （Ascaridiidae）

宿主

宿主为鸽、小野鸽。通常寄生于小肠腔，有时在食道、前胃、肌胃、肝或体腔。

形态

雄虫长 50 ～ 70mm；交合刺等长，1.2 ～ 1.9mm；第四对腹乳突位于近肛门处 （图 27. 14A）。雌虫长 20～95mm。

生活史

与鸡蛔虫的相似。第二期幼虫常钻入肠黏膜，进入肝和肺，但不再继续发育[18]。在小肠中，大约 37 天虫体发育成熟。

致病性

侵入肝的幼虫造成白细胞浸润性肉芽肿。其他方面的致病性较小。

结合禽蛔虫 （*Ascaridia compar*, Schrank 1790）, 禽蛔科 （Ascaridiidae）

宿主

见于松鸡、鹧鸪、雉、鹑。

形态

雄虫长 36～48mm；交合刺等长，1.8mm；有 4 对肛前乳突，其中 2 对位于近前吸盘处，另 2 对恰好在肛前 （图 27.14B）。雌虫长 84～96mm。

生活史

与鸡蛔虫的相似。

异型禽蛔虫 （*Ascaridia dissimilis*, Perez Vigueras 1931）, 禽蛔科 （Ascaridiidae）

宿主

异型禽蛔虫常见于火鸡，是美国封闭式商业化火

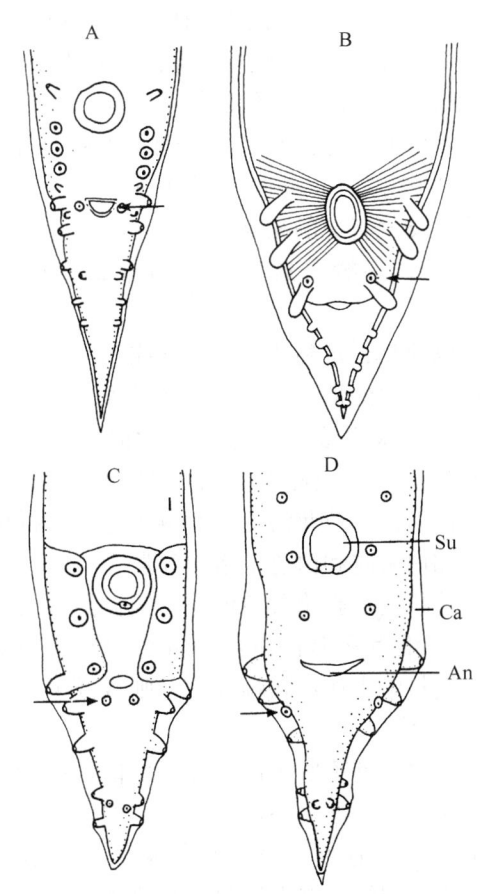

图 27.14 雄虫尾部。A. 鸽蛔虫（*Ascaridia columbae*）（引自 Wehr 和 Hwang）；示肛乳突和尾乳突（箭头）B. 结合禽蛔虫（*Ascaridia compar*）（引自 Linstow）；C. 异型蛔虫（*Ascaridia dissimilis*）；D. 鸡蛔虫（*Ascaridia galli*）（引自 Wehr）。An＝肛门，Ca＝尾翼，Su＝吸盘

鸡养殖条件下仅有的线虫种类，其表现显性感染。

寄生部位

小肠壁和小肠腔。

形态

与鸡蛔虫相似。根据尾乳突和交合刺端部的特征仅能准确鉴别雄虫。雄虫长 35～65mm；交合刺长 1.3～2.2mm，末端钝圆；第一对肛前乳突位于肛前吸盘对面，位于腹面的一对肛后乳突间距甚近，恰在肛后（图 27.14C）。雌虫长 50～105mm。

生活史

与鸡蛔虫的相似，为直接型。虫卵 9～10 天发育为含感染性幼虫的虫卵。虫卵在适宜的温湿条件

下经 14～30 天形成胚化幼虫。被吞食后，第二期幼虫孵出后的几天内在小肠黏膜上自由活动，然后蜕化成第三期幼虫。第三期幼虫停留在黏膜表面或是在一段时间内侵入黏膜和黏膜下层。通常在商品化养殖的火鸡中发现大量第三期幼虫，这是因为其在此期可进入发育停滞，从而形成小肠内的感染性储藏群体。最终，发育中的第三期幼虫在粘膜表面积聚并蜕化形成第四期幼虫。自然条件下，大量第三期和第四期之间的幼虫会死亡。最后一次蜕化到虫体成熟发生在感染后 21 天或更后。火鸡自然感染的特征是可见大量的第三期幼虫（每只火鸡可达 2 000 条）而其他阶段虫体少见。

致病性

异型禽蛔虫感染会导致火鸡死亡和生产性能下[34,53]。对美国中南部部地区的调查发现，大量火鸡饲养群体中有异型蛔虫的严重寄生[54]。当幼虫经门循环系统称行进入肝脏的错误移行引起肝结节的形成[55]。厌食、肠道炎症以及代谢物、体液、蛋白的丢失造成饲料转换率低，且生产性能较差。另外，感染异形蛔虫的火鸡由于肠黏膜普遍受到侵染和组织炎症，会出现免疫功能受抑制，从而造成机会致病菌进入肠道或其他组织。

鸡蛔虫（*Ascaridia galli*，Schrank 1788），禽蛔科（Ascaridiidae）

同物异名

A. lineata，Schneider（1866）和 *Heterakis granulosa*，Linstow（1906）。

宿主

见于鸡、火鸡、小野鸽、鸭、鹅的小肠。
由于虫体的错乱移行，偶见于食道、嗉囊、肌胃、体腔、输卵管和卵。

形态

虫体粗大，黄白色；头端有 3 片大唇。雄虫长 50～76mm，宽 1.21mm；肛前吸盘卵圆形或圆形，有发达的几丁质壁，在其后缘上有一乳突状的缺口；尾部有狭窄的尾翼和 10 对乳突；第一对腹位尾乳突位于肛前吸盘前，第四对间距甚远（图 27.14D，别于异型蛔虫）；交合刺近等长，形状狭

细，端部钝，略带锯齿状。雌虫更大，长 60～116mm，宽 1.8mm；阴门位于虫体前部；虫卵椭圆形，卵壳厚，其排出时尚未发育（图 27.15）。

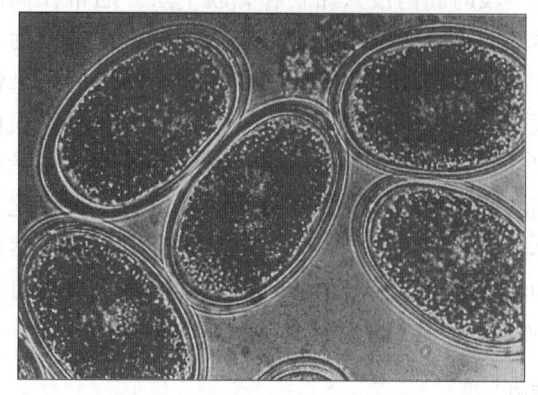

图 27.15　从鸡体内排出的新鲜鸡蛔虫卵，×400。

（引自 Benbrook）

生活史

生活史简单，属直接发育型。感染性虫卵在易感宿主的前胃或十二指肠中孵化。在孵化后的前几天中，第二期幼虫生活在十二指肠的肠腔内。部分幼虫钻入黏膜蜕化为第三期幼虫。第三期幼虫在大约 17 天时重返十二指肠腔，在此在 28～30 日龄时发育成熟。包括鸡蛔虫和异形蛔虫在内的蛔属线虫的生活史都很相似。但在商业化养殖的禽类，蛔虫的感染动态却大不一样。相较于鸡，火鸡中可见到更多量的蛔虫群体。另外，火鸡感染时，第三期幼虫数量居多且长期维持。而在鸡，成虫数量占优，无发育停滞的储藏群体，即第三期幼虫形式存在。而且鸡对蛔虫感染的抵抗力随着日龄增长，但与感染强度相反。

虫卵也可被蚱蜢或蚯蚓吞食，尽管幼虫不进行发育，但保持对鸡的感染性。鸡蛔虫幼虫在非脊椎动物中不发育。

在适宜的温度和湿度条件下，虫卵在粪便内经 7～28 天发育至感染期。虫卵对低温（不结冰）的抵抗力强。曾有报道说马里兰州贝兹威利市室外的胚胎化幼虫存活了 66 周[27]。但虫卵在 43℃下 12 小时即可被杀死。

致病力

感染鸡蛔虫使宿主体重减轻，这与虫体寄生数量呈正相关[59]。宿主营养状况亦很重要，每日饲喂蛋白质水平高的（15%）比水平低的（12.5%）

患鸡体重下降大[39]。严重感染时可能引起肠阻塞。鸡大量感染蛔虫时，可出现失血、血糖浓度降低、尿酸盐含量增加、胸腺萎缩、生长受阻、死亡率增高。但患鸡的血液蛋白水平、血细胞压积和血红蛋白水平不受影响[38]。鸡蛔虫还可通过与其他疾病如球虫病和支气管炎的相互作用（协同作用）产生有害的影响。鸡蛔虫还能携带传播禽的呼肠孤病毒。

无论以前是否被感染，3 月龄或年龄更大的鸡对鸡蛔虫有较强的抵抗力。在年龄较大的鸡体内幼虫孵化以后，很少或不发育[71]。此时由于抵抗力高剂量感染时，幼虫滞育于第三期[47]。重型鸡如洛岛红、洛岛白和芦花洛克等对蛔虫感染的抵抗力比轻型鸡如白来航和白色米诺加等强。

鸡营养状况也影响着免疫力。饲食高含量维生素 A 和复合维生素 B 的饲料，可增加对鸡蛔虫的抵抗力。饲料中增加钙和赖氨酸，则减低虫荷量和缩短虫体长度[17]。

偶尔可在感染鸡所产蛋中发现虫体，这是鸡蛔虫感染最显著的特征之一，文献中有许多关于这种现象的报道[60]。这些迷路的虫体从肠道经泄殖腔向上移行至输卵管，继之被包围在鸡蛋内。这种现象可能是可能是哌嗪类药物治疗不充分造成的。借烛光照蛋法可检出感染禽蛋。

珍珠鸡蛔虫（Ascaridia numidae，Leiper 1908），禽蛔科（Ascaridiidae）

宿主

见于珍珠鸡的小肠腔，有时见于盲肠。

形态

比鸡蛔虫小得多。雄虫长 19～35mm；有 10 对尾乳突，其中 2 个为肛前乳突，2 个为肛侧乳突。交合刺等长，3mm。雌虫长 30～50mm。

生活史

直接型发育，与其他蛔虫类似。在钻入肠黏膜前，幼虫在肠腔内生活 4～14 天。

禽类肠道毛细线虫

寄生于禽的毛细属线虫的大多数虫体曾在不同

的种名下加以描述，导致文献的混乱。同样，许多种名又用于不同种毛细属线虫。本章采用 Levine[46]认可的虫种，但杜氏毛细线虫（*C. dujardini*）除外，其被作为封固毛细线虫（*C. obsigna-* *ta*）的同种异名处理。寄生于鸽大肠的鸽毛细线虫（*C. columbae*，Rudophi 1819）仍被看成毛细属的一个种，其阴门处有一突起的附属物（表 27.4 和图 27.16）。

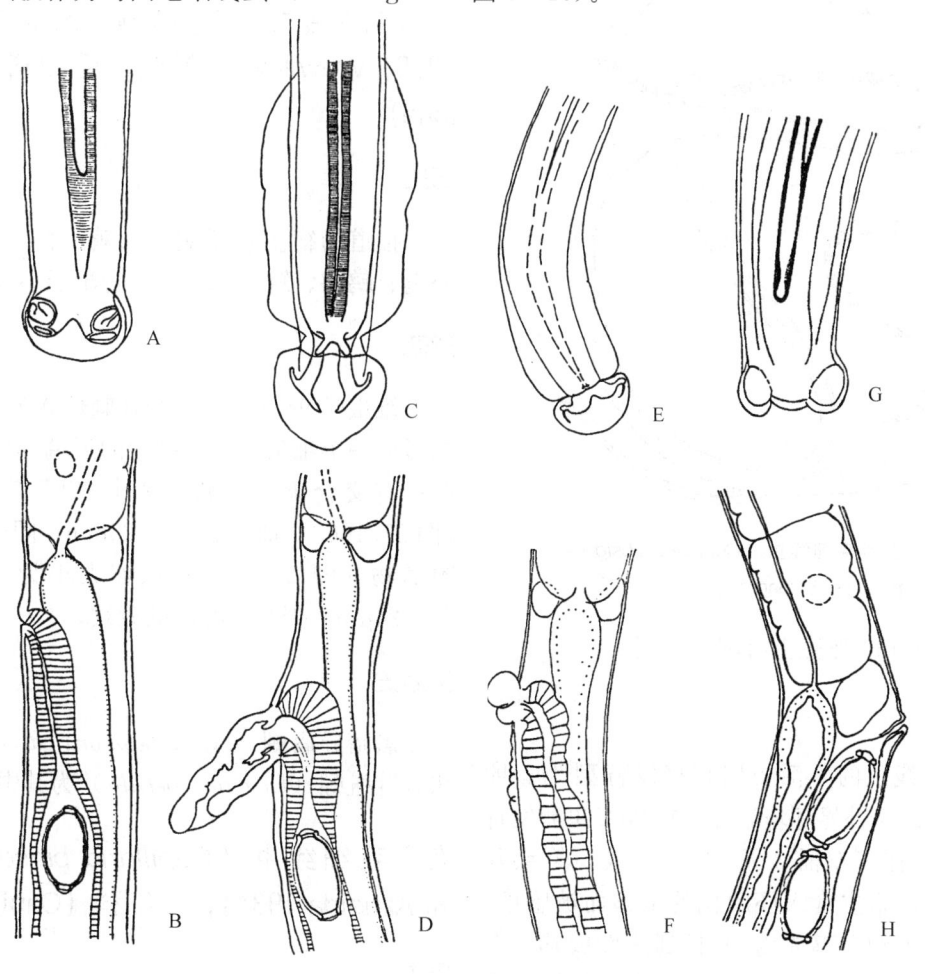

图 27.16 封固毛细线虫 [*Capillaria obsignata*（A，B）]、膨尾毛细线虫 [*Capillaria caudinflata*（C，D）]、有伞毛细线虫 [*Capillaria bursata*（E，F）] 和鸭毛细线虫 [*Capillaria anatis*（G，H）] 的交合伞（A，C，E，G）与阴门（B，D，F，H）。（引自 Wakelin）

表 27.4 美国鸡毛细属线虫的特征

特征	鸭毛细线虫（*C. anatis*）	有伞毛细线虫（*C. bursata*）	膨尾毛细线虫（*C. caudinflata*）	封固毛细线虫（*C. obsignata*）
雄虫				
侧尾翼	－	＋	＋	－
交合刺鞘	有小刺	无小刺	刺很小	无小刺
雌虫				
阴门附属物	无	半圆形	很显著	无

封固毛细线虫（*Capillaria obsignata*，Madsen 1945），毛细科（Capillariidae）

宿主

见于鸡、火鸡、鹅、珍珠鸡、鸽、鹑。封固毛细线虫常见于日龄较大的产蛋鸡或种鸡。后备母鸡群的感染量通常可达每只鸡 2 000 条虫体，这是幼雏封闭式生产体系常见的感染水平。封固毛细线虫寄生于小肠。

形态

毛发状纤细虫体（图 27.17）。雄虫长 7～13mm，宽 49～53μm；泄殖腔开口几乎在末端，每侧各有一个小的伞叶，这两个叶由一个细薄的伞膜在背侧相连（图 27.16A）；交合刺 1 根，长 1.1～1.5mm；交合刺鞘上带有横的皱襞，无刺。雌虫长 10～18mm，阴门部稍隆起，位于食道与肠连接处的稍后方（图 27.16B）；虫卵具塞，大小为 44～

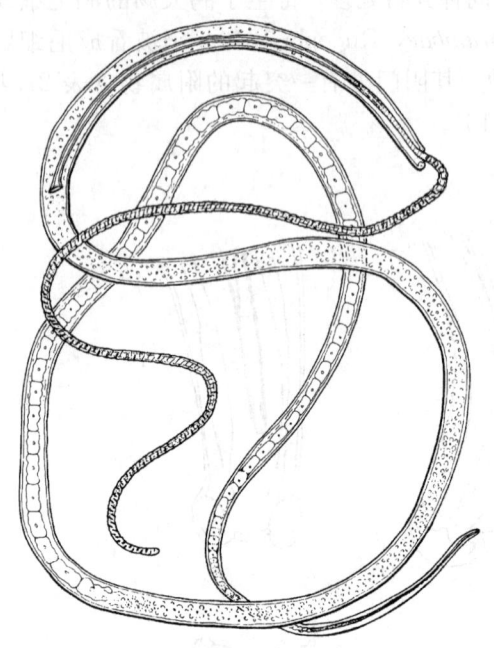

图 27. 17 封固毛细线虫 (*Capillaria obsigna-ta*)。(引自 Gagarin)

46μm×22～29μm，卵壳上有网状纹理。

生活史

封固毛细线虫的生活史属直接发育型[76]。卵的胚胎发育取决于外界环境温度，在 20℃ 虫卵发育完成需 13 天，在 35℃ 需 3 天。23.5℃ 或 50℃ 会降低虫体感染性。宿主食入胚胎化的虫卵而被感染。经口感染后，大约在鸡体内 18 日到达性成熟，但潜在期为 20～21 天。鸽人工感染本虫可保持感染大约 9 个月。

致病力

严重感染本虫的病禽倾向于蜷缩成一团。症状表现为消瘦、腹泻、出血性肠炎、贫血、饲料报酬降低、代谢物和体液丢失、甚至死亡。在严重感染时，肉眼可见肠上段有卡他性渗出物和肠壁增厚[76]。人工感染实验中，有些病禽只感染 14 条虫体，即见某种程度的体重下降[46]；而在某些情况下，感染 100～1 000 条虫也不引起体重的变化。感染可导致饲料转化率变低。封固毛细线虫呈"铁丝虫"外观很可能是其在黏膜内拥聚而呈现的，可引起严重的绒毛脱落。

人工感染鸡的白细胞总数或红细胞压积方面没有显著的区别[76]，尽管被感染鸡的球蛋白和蛋白

总量可能增加[7]。相反地，在严重感染的鸽，蛋白质总量和白蛋白含量显著地减少，血浆类胡萝卜素和肝维生素 A 含量也显著减少[9]。

膨尾毛细线虫 [*Capillaria caudinflata* (Molin 1858) Wawilowa 1926]，毛细科 (Capillariidae)

宿主

报道的宿主包括鸡、火鸡、鸭、鹅、珍珠鸡、松鸡、鹧鸪、雉、鸽、鹑。寄生于小肠黏膜。

形态

雄虫长 9～18mm，交合刺长 0.7～1.2mm，末端形成一个细尖；交合刺鞘的近端部生有细小的小刺；有交合伞，背侧有 2 个"T"字形的肋撑着（图 27.16C）。雌虫长 12～25mm，阴门具有特征性附属物（图 27.16D）；虫卵大小为 47～58μm×20～24μm，壳厚，有细的刻纹。

生活史

黑暗异唇蚓 (*Allolobophora caliginosa*) 及臭味爱胜蚯蚓 (*Eisenia foetida*) 为其中间宿主[2]。

有伞毛细线虫 (*Capillaria bursata*，Freitas 和 Almeida 1934)，毛细科 (Capillariidae)

宿主

报道的宿主包括鸡、火鸡、鹅、雉。

寄生部位

小肠黏膜。

形态

雄虫长 11～20mm，长 1.1～1.6mm。鞘上无刺；交合伞圆形，由 2 个背突起和 2 个腹突起支撑着（图 27.16E）。雌虫长 16～35mm，阴门有 2 个半圆形瓣（图 27.16F）；虫卵大小为 51～62×22～24μm，卵壳上有细的纵脊。

生活史

虫卵随粪便排出，幼虫发育在 8～15 天内完成。虫卵被蚯蚓吞食后孵化，释出幼虫；幼虫经

22～25 天变成对终宿主具有感染性。被终末宿主吞食后，经 20～26 天发育成熟。

鸭毛细线虫 ［*Capillaria anatis*，（Schrank 1790）Travassos 1915］，毛细科（Capillariidae）

宿主

报道的宿主包括鸡、火鸡、鸭、鹅、鹧鸪、雉。

寄生部位

通常为盲肠，有时小肠。

形态

虫体呈线状。雄虫长 8～15mm；交合刺 1 根，长 0.7～1.9mm，交合刺鞘上有小刺；尾部有 2 个侧叶，但不具侧尾翼（图 27.16G）。雌虫长 11～28mm；阴门不具附属物（图 27.16H）；虫卵 46～67µm×22～29µm，外壳厚，有皱纹。

生活史

不详。

四射鸟圆线虫 ［*Ornithostrongylus quadriradiatus*，（Stevenson 1904）Travassos 1914］，缠体科（Heligmosomidae）

宿主

见于鸽、小野鸽的。小肠腔。

形态

虫体纤细，新鲜时呈鲜红色，系在肠道时吞食血液之故；头部角皮膨大，形成头泡（图 27.18A）。雄虫长 9～12mm；交合伞 2 叶，没有明显的背叶；背肋比其他肋短得多，尚不到其基部至交合伞边缘的一半，靠近顶端部分两叉，又各自分为两个短叉；靠近背肋的基部每侧有一个短粗的突起；交合刺等长，150～160µm，有点弯曲，终止于 3 个尖的突起（图 27.18B）；副引器长 57～70µm，有 2 纵行突起向后和向前沿着泄殖腔的背侧壁延伸，2 个侧突起形成一个不完整的环，交合刺从中穿出。雌虫长 18～24mm，阴门靠近尾端，

阴道短，其后有 2 个发达的肌质的排卵器；尾部逐渐变细，末端窄而钝，带有一个短的刺；虫卵排出时卵细胞已在分裂。

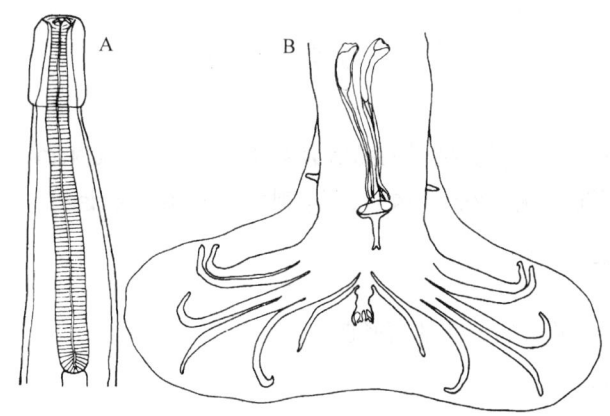

图 27.18 四射鸟圆线虫 ［*Ornithostrongylus quadriradiatus*］ A. 头部；B. 交合伞。（引自 Stevenson）

生活史

成虫可在小肠见到。卵呈圆形，卵壳薄，随粪便排出，在适宜的温度和湿度条件下，大约 19～25h 孵化。孵出以后，幼虫在以后的 3～4 天内蜕两次皮，到达感染期。感染性幼虫被鸽子或其他易感宿主吞食后，在小肠内发育成熟。感染后 5～6 天，雌虫发育成熟。

致病性

鸽子感染可造成卡它性肠炎和失血。严重感染的禽濒临死亡、食欲废绝。排绿色的稀便，病禽逐步消瘦，通常死前的症状为呼吸困难和急促。病死禽的肠道显著出血，含绿色黏液样内容物，有剥脱的坏死上皮碎片。

中分笼首线虫 （*Deletrocephalus dimidiatus*）

宿主

见于美洲鸵的小肠和大肠。

形态

虫体长 11～24mm。交合刺长约 1mm。虫卵大小 70µm×120µm。口囊明显，有槽齿。

生活史

很可能为直接发育型。

致病性

此种线虫嗜血，可造成贫血。

主要寄生于盲肠的线虫

不等异刺线虫 [*Heterakis dispar*, (Schrank 1790) Dujardin 1845]，异刺科 (Heterakidae)

宿主

见于鸭、鹅的盲肠腔。

形态

比鸡异刺线虫 (*H. gallinarum*) 略大，但形态上除交合刺外两者很相像。雄虫长 7～18mm；肛前吸盘直径 109～256μm；交合刺短，近等长，390～730μm（图 27.19A）。雌虫长 16～23mm；虫卵 59～62μm×39～41μm。

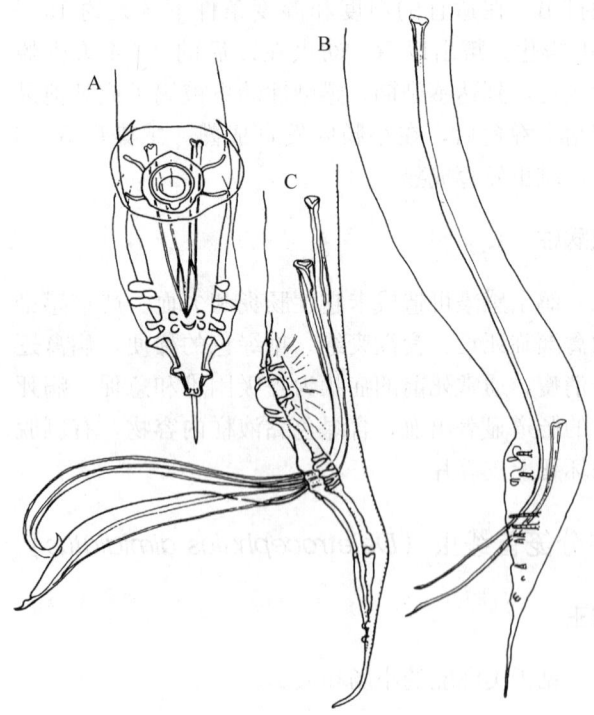

图 27.19 雄虫尾部。A. 不等异刺线虫（*Heterakis dispar*）（引自 Madsen）；B. 鸡异刺线虫（*Heterakis gallinarum*）（引自 Lane）；C. 雉异刺线虫（*Heterakis isolonche*）。（引自 Cram 等）

生活史

直接发育型，与鸡蛔虫的相似。

致病性

不等异刺线虫基本无致病性。

鸡异刺线虫 [*Heterakis gallinarum*, (Schrank 1788) Madsen 1950]，异刺科 (Heterakidae)

宿主

见于鸡、火鸡、鸭、鹅、松鸡、珍珠鸡、鹧鸪、雉、鹑的盲肠。与封闭毛细线虫和鸡蛔虫相比，幼虫及成虫寄生于盲肠。鸡异刺线虫在平养的商品化后备鸡群和产蛋鸡群中尤其常见，寄生数量也相当大。

形态

虫体小，呈白色；头端向背侧弯曲；口周围有 3 片同等大小的唇；2 个窄的侧翼几乎伸延虫体全长；食道末端有一发达的食道球，内有食道瓣（图 27.20A）。雄虫长 7～13mm；尾直，末端有一个锥状的尖；有 2 片大的侧尾翼；肛前吸盘发达，具有强角质化的环壁，在吸盘壁的后缘，有一个小的半圆形缺刻；尾乳突 12 对，最后 2 对粗壮，相互重叠；交合刺 2 根，形状各异，右侧的长 0.85～2.80mm，左侧的 0.37～1.1mm，端部弯曲（图

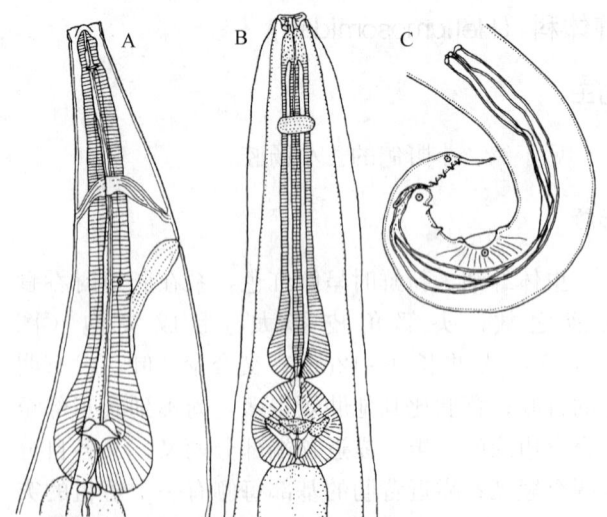

图 27.20 A. 鸡异刺线虫（*Heterakis gallinarum*），头部；B. 布氏锥尾线虫（*Subulura brumpti*），头部（引自 Skrjabin 和 Shikhobalova）；C. 圆形锥尾线虫（*Subulura strongylina*），雄虫尾部。（引自 Barreto）

27.20B）。雌虫长 10～15mm，尾部细长而尖；阴门部不隆起，位于虫体中部稍后方；卵壳厚、椭圆形，产出时卵细胞尚未分裂，外形与鸡蛔虫（*A. galli*）的难以区别。大小为 63～75×36～50μm。

生活史

生活史直接。成虫在盲肠产卵，后者随粪便排出，在环境中胚胎发育。虫卵在适宜的温度和湿度下，2 周左右到达感染期，当感染性虫卵被易感宿主吞食后，胚胎在肠道上部孵化；在 24 小时末，大部分幼虫致达盲肠。幼虫与盲肠组织密切接触，偶有埋入组织中的，一直持续到感染后 12 天，此时虫体都游离在盲肠腔内。尸体剖检时，大多数成虫寄生于盲肠顶部或盲端。鸡异刺线虫尽管在蚯蚓中不进行的正常的发育，虫卵被蚯蚓吞食后可在其体内孵化并生存数月。其后蚯蚓可被禽摄食，导致盲肠虫及火鸡组织滴虫感染。环颈雉的易感性最强，其次是珍珠鸡及鸡[47]。商业化养殖的火鸡很少出现显露症状，但幼虫寄生足以导致黑头病的发生。

致病性

可见肠壁显著发炎和增厚。严重感染时在黏膜和黏膜下层形成结节，这种结节的形成系已经致敏的盲肠对继续感染的反应[41]。曾报道在鸡的肝脏中见有含此虫的肉芽肿[61]。

盲肠虫之所以重要，是由于它可作为黑头病病原体火鸡组织滴虫（*Histomonas meleagridis*）的携带者。在易感禽类，饲食来源于黑头病患鸟的感染性异刺线虫卵可以使之发生黑头病，绝大部分异刺线虫虫卵都是火鸡组织滴虫阳性，这种寄生原虫是掺和在异刺线虫卵内的[74]。在这种盲肠虫的肠壁内，雌、雄虫的生殖器官中和发育中的虫卵内均鉴定出组织滴虫[31]。异刺线虫的幼虫[63]和雄虫[67]可直接传播火鸡组织滴虫。

火鸡对黑头病高度易感。商品化的火鸡不出现鸡异刺线虫显性感染，因此它们不会产出线虫虫卵；先前存在于环境中的虫卵会感染火鸡组织滴虫并存活，将组织滴虫传播至其他火鸡。由 McDonald 和其同事进行的一系列研究揭示了组织滴虫病在火鸡中的发生方式[36,49]。最初感染开始后，火鸡群中少数个体的偶然被感染（这样通过被污染的靴子、设备等，幼虫化的异刺线虫卵即被引入火鸡群），随即组织滴虫开始在火鸡盲肠中繁殖，随水样粪便排出的滴虫即刻通过"泄殖腔吸入（cloacal drinking）"方式传播给其配偶。即便是在商业化火鸡养殖中不出现异刺线虫的显露期或持续感染，上述实验证性流行病学过程为火鸡群中黑头病的快速传播提供了一种解释。由于目前市场上缺乏有效的抗组织滴虫药物，因此最有效的预防组织滴虫病的方法就是防止初始偶然性的感染。McDougald 建议在舍内、尤其是入口处使用围栏隔开火鸡的活动。一旦养殖场地中出现感染，这种做法可以最大限度地限制黑头病传播。

并不是所有从虫卵中分离到的火鸡组织滴虫都能诱发黑头病。在一系列实验中，从停止产蛋的种鸡盲肠中分离得到线虫，然后分离得到了 10 个线虫分离株的卵，接种于三周龄的火鸡，最后发现受试火鸡的死亡率在 0～50%[84]。

雉异刺线虫（*Heterakis isolonche*，Linstow 1906）异刺科（Heterakidae）

宿主

报道的宿主包括鸭、松鸡、雉、草原鸡、鹌。成虫寄生于盲肠腔或黏膜内，幼虫在黏膜内。

形态

与鸡异刺线虫相似，但易于借二者交合刺之不同加以区别。雄虫长 5.9～15mm；肛前吸盘直径为 70～150μm；交合刺 2 根，近等长，0.72～2.33 mm（平均 1.4～1.9mm）（图 27.19C）。雌虫长 9～12mm，虫卵 65～75μm×37～46μm。

生活史

与鸡异刺线虫的相似，但营"组织期"生活阶段要长些。第二期幼虫在盲肠黏膜内成熟，有时在盲肠黏膜内可见到成虫。

致病力

雉异刺线虫致病性甚强，死亡率在舍养的雉可达 50%。腹泻和生长抑制是常见的症状。虫体侵入黏膜招致淋巴组织浸润与肉芽形成，最后导致盲肠壁上形成结节。这些结节可能融合成片，致使盲肠壁增厚。然而，在鹌与松鸡，即使虫体大量寄生的情况下亦几乎无病理损害。

布氏锥尾线虫［*Subulura brumpti*，（LopeZ-Neyra 1922）Cram 1926］，锥尾线虫科（Subuluridae）

宿主

已报道的宿主有鸡、火鸡、小野鸽、鸭、松鸡、珍珠鸡、鹧鸪、雉、鹌。

寄生部位

盲肠腔。

形态

小型线虫，前端向背侧弯曲；口呈六角形，周围有6片不发达的唇，每片上有中位乳突；2对较大的乳突位于背侧和腹侧；头感器发达，位于两侧；食道壁前段角质化，形成3个齿样构造；食道后端膨大，形成食道球（图27.20B）；头翼延伸到肠的前部位置。雄虫长6.9～10mm，宽340～420μm；食道长0.98～1.1mm；侧翼伸延到食道中部位置；尾向腹侧弯曲，延伸很长一段；尾乳突10对，包括3对肛前乳突，2对肛侧乳突和5对肛后乳突；尾翼狭，不发达；肛前吸盘长170～220μm；交合刺等长，形状相似，长1.22～1.5mm；引器长150～210μm。雌虫长9～13.7mm，宽460～560μm；食道长1～1.3mm；尾直，呈锥形，末端尖；阴门在虫体中部偏前；虫卵近球形，壳薄，大小为82～86μm×66～76μm，卵胎生。

生活史

虫卵随终末宿主粪便排至外界，幼虫在4～5h后孵出，被甲虫或蟑螂吞食[4,18]。幼虫在昆虫体腔发育为第三期即感染性幼虫。终末宿主吞食受感染的中间宿主后，幼虫移行至盲肠，2周内发育为第四期幼虫。第四次脱皮发生在感染后第18天。童虫继续生长发育为成虫。感染后6周粪中出现虫卵。

致病性

在鹌鹑，本虫不引起盲肠的显著病变[16]。即使感染长达8个月，盲肠没有幼虫穿行后的痕迹，也不见严重的炎症反应[18]。

圆形锥尾线虫［*Subulura strongylina*，（Rudolphi 1819）Railliet和Henry 1912］，锥尾线虫科（Subuluridae）

宿主

已报道的宿主包括鸡、珍珠鸡、鹌。

寄生部位

盲肠肠腔。

形态

侧头翼发达，从头端延伸至食道球中部。雄虫长4.4～12mm；侧翼延伸至食道球中部位置；尾弯曲成"V"或"O"形；肛前吸盘细长，长169μm；有11对尾乳突；交合刺等长，0.89～1.2mm（图27.20C）。雌虫长5.6～18mm；阴门位于体中部略前方，虫卵84μm×67μm，卵胎生。

生活史

不详。

致病力

在鹌鹑不引起盲肠显著病变。

吸管锥尾线虫［*Subulura suctoria*，（Molin 1860）Railliet和Henry 1912］，锥尾线虫科（Subuluridae）

宿主

包括鸡、火鸡、珍珠鸡、鹧鸪、雉、鹌。寄生于盲肠或小肠的肠腔或黏膜内。

形态

较布氏锥尾线虫大。侧头翼小，延伸至食道中部位置。雄虫长11.8～13.8mm，交合刺等长，弯曲，长1～1.5mm。雌虫长20～33mm；虫卵51～70μm×45～64μm。

生活史

与布氏锥尾线虫的相似。甲虫作为中间宿主。

致病力

Barus和Blazek[6]报道说，本虫几乎无致病性。

鸟类圆线虫（*Strongyloides avium*，Cram 1929），类圆科（Strongyloididae）

宿主

鸟类圆线虫感染鸡、火鸡、鹅、松鸡、鹑。曾报道于波多黎各的鸡[13]、弗吉尼亚州的灯芯草雀［长尾雪鸟（*Junco hyemalis*）］和北卡罗来纲州的秧鸡［美洲瓣蹼鹬（*Fulica americana*）］都曾发现这种体型极小寄生虫的感染。寄生于宿主的盲肠，有时见于小肠。

形态

此虫的特点是寄生世代只有孤雌生殖的雌虫寄生于鸟的肠道；而在环境中自由生活的世代则同时有雌虫和雄虫（图 27.21A）。寄生性成虫长 2.2mm，仅仅宽 $40\sim45\mu m$；阴门部有突出的唇；距头端 1.4mm（图 27.21 B 及 C）；子宫从阴门处分为前后 2 支；卵巢呈发卡样回转，食道明显较长；卵壳很薄，排出时卵细胞已分裂，虫卵大小为 $52\sim56\mu m\times36\sim40\mu m$。

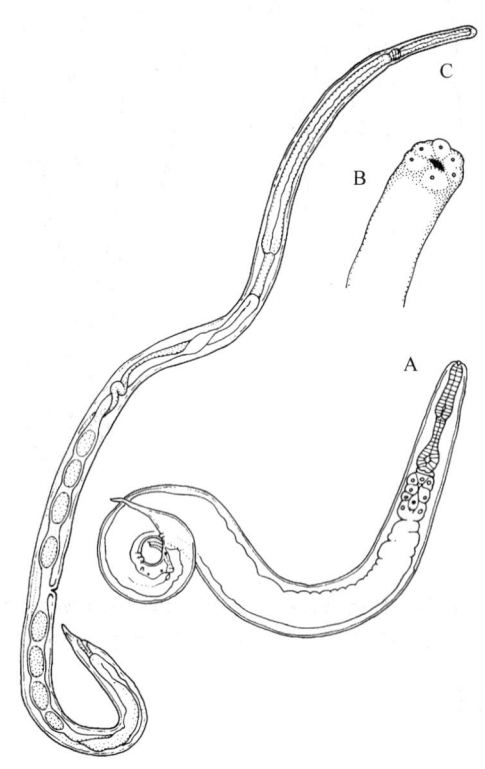

图 27.21　鸟类圆线虫（*Strongyloides avium*）。A. 自由生活的雄虫（引自 Cram）；B. 寄生生活的雌虫头部；C. 寄生生活的（孤雌生殖的）雌虫。　（B 和 C 引自 Sakamoto 和 Sarashina）

生活史

本虫与大多数线虫不同，寄生阶段只有雌虫。虫卵随粪便排出之后短时间内即孵化，最快只需 18 小时。幼虫在土壤内发育为自由生活的成年雌虫和雄虫（行异雌生活史）或是感染性幼虫（行同型生活史）。自由生活世代虫体的后代是丝状、具感染性的幼虫，其被易感宿主吞食后发育为孤雌生殖的雌虫。也可经皮肤感染宿主。本属寄生虫的感染性幼虫可侵入人类皮肤，造成皮肤丘疹（larva currens 幼虫流），这在医学上有一定影响。

致病性

感染时盲肠壁显著增厚；典型的灰色糊状的盲肠内容物几乎消失，盲肠排出物稀薄带血。假如鸡耐过了这个急性阶段，盲肠功能即逐步恢复，增厚的肠壁逐渐复原。幼禽遭受感染时受害最重。轻度感染几乎不引起临床症状。

微细毛圆线虫（*Trichostrongylus tenuis*，Mehlis 1846），毛圆线虫科（Trichostrongylidae）

宿主

宿主包括鸡、火鸡、鸭、鹅、珍珠鸡、鸽、鹑。寄生于盲肠，有时见于小肠。

形态

虫体细小；虫体在生殖孔之前逐渐变尖；口周围有 3 片小的、不显著的唇；虫体前端部的角皮上缺少显著的横纹，这一段由前端算起全长大约 $200\sim250\mu m$。雄虫长 $5.5\sim9mm$，靠近虫体中央处宽 $48\mu m$；恰在交合伞前方的腹侧面角皮膨大；交合伞有 1 个背叶和 2 个侧叶，背叶没有明显地与侧叶分开；每个侧叶有 6 个肋支撑着（图 27.22）；背肋在其远端 1/3 处分成两叉，每个分叉又分两叉，并且非常尖细；交合刺 2 根，呈暗棕色，长度稍有差别，长的为 $120\sim164\mu m$，短的 $104\sim150\mu m$，两根交合刺都很扭曲，特别在远端，近端部有一耳状构造。雌虫长 $6.5\sim11mm$，在阴门外宽 $77\sim100\mu m$；阴门位于身体后端部，有锯齿状边缘；子宫分前后两支；卵壳薄。

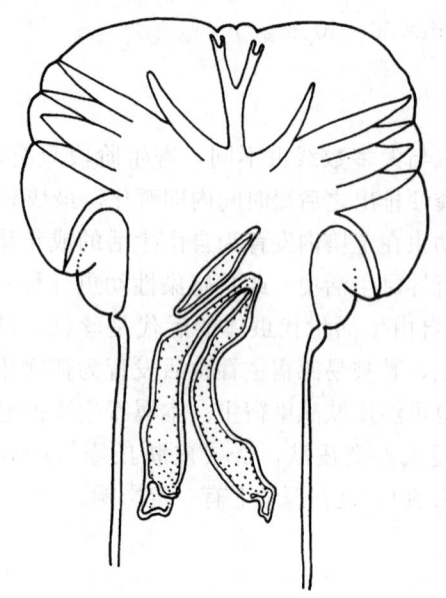

图 27.22　微细毛圆线虫（*Trichostrongylus tenuis*）。雄虫交合伞。（引自 Railliet）

生活史

直接发育型。来自雉的微细毛圆线虫曾成功地传递给家养的火鸡及珍珠鸡；鸡能实验感染[77]。虫卵随粪便排出后，在 36～48h 内孵化，在大约 2 周之内幼虫变为感染性幼虫。在此期间幼虫脱两次皮。当被易感宿主啄食后，感染性幼虫在禽的盲肠内再脱两次皮，发育为成虫。

致病性

在苏格兰，本虫和使红松鸡种群大批死亡的一种疾病有关。只要 500 条感染性幼虫就能构成致死量。盲肠膨大，血管充血。盲肠黏膜发炎，皱襞高度增厚。严重感染时，体重降低、贫血。微细毛圆线虫在一定条件下也能使幼鹅致死。高死亡率通常发生于秋天，主要是当年孵出的幼禽，并且次年春天继续发生。这两个季节的流行不是孤立的，而是一个疾病的两个高峰，它以慢性型延续全年。鸸鹋感染会出现广泛性带血的黏样腹泻。早期感染对再次感染无免疫保护。

林氏槽首线虫（*Aulonocephalus lindquisti*, Chandler 1934），锥尾线虫科（Subuluridae）

宿主

报道的宿主有北美鹑和蓝色或有鳞鹑，主要发现于得克萨斯州西部。

寄生部位

最常见于盲肠，有时在大肠。

形态

鲜粉红色虫体；角皮上有细纹；雌虫颈翼宽 45～65μm，而雄虫颈翼仅宽 20～25μm；头部有 6 条从口部向外周辐射的槽样沟，长 65～70μm（图 27.23A）；食道呈棒状，长 1.3～1.8mm，食道球的长度稍大于宽。雄虫长 8～10.6mm，宽 420～490μm；引器长 170～190μm；交合刺 2 根，近于等长，长 1.16～1.3mm（图 27.23B）。雌虫长 10～14.8mm，宽 530～590μm；阴门不显著，位于虫体中部稍前或稍后的地方；尾末端呈细钉状；虫卵呈宽卵圆形，大小为 58μm×42～45μm。

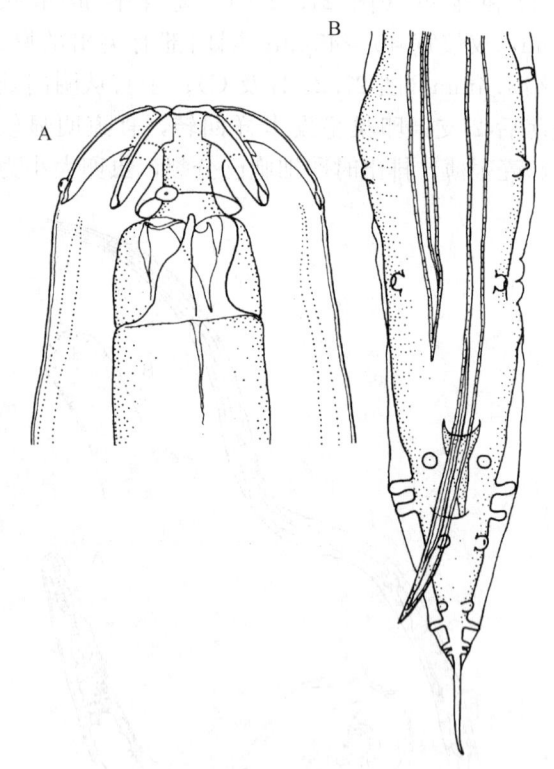

图 27.23　林氏槽首线虫（*Aulonocephalus lindquisti*）A. 头部；B. 雄虫尾部。（引自 Chandler）

生活史

尚不明了。

致病性

本虫致病作用尚不明了，曾从一个宿主体内发现多至 300 条虫体。

鸵鸟球口线虫（*Codiostomum struthionis*）

宿主

鸵鸟。

寄生部位

盲肠和结肠。

形态

口囊较大，且兼具内、外放射冠。

生活史

不详，但很可能为直接发育型。

致病性

未测定。

消化道的其他线虫

在世界其他地区，已发现许多种家禽线虫，其中的一些也见于北美，特别是在进口的鸟中。兹简述其中一些。

食道和嗉囊

克氏筒线虫（*Gongylonema crami*），见于爪哇的鸡；刚果筒线虫（*G. congolense*），见于非洲的鸡和鸭；苏门筒线虫（*G. sumani*），见于印度的鸡；毛细线虫（*Capillaria cairinae*），见于巴西鸡的食道；毛细线虫（*C. combologiodes*），见于欧洲的火鸡的嗉囊内；在美国南部，在鸡的嗉囊内曾见到狼旋尾线虫（*Spirocerca lupi*）的幼虫包囊。

腺胃

忽略帕哈尔线虫（*Parhadjelia neglecta*），属丽线虫科（Habronematide），见于巴西的家鸭；棘尾线虫（*Echinuria jugadornata*），见于前苏联；尖尾泡翼线虫（*Physaloptera acuticauda*），见于巴西的鸡和雉与美国的隼形目鸟类。多种鸟类中报道的四棱属线虫的有：错乱四棱线虫（*T. confu-sa*），见于南美和亚洲的鸡、火鸡和鸽；大四棱线虫（*T. gigas*），南美的家鸭；莫赫四棱线虫（*T. mohtedae*）见于印度的鸡；有刺四棱线虫（*T. spinosa*），见于印度的鸡和家鸭。

肌胃

寄生于家禽肌胃角质层下的其他线虫有：宽尾帕首线虫（*Histiocephalus laticaudatus*），见于欧洲的鸡和鸭；栉状束首线虫（*Streptocara pectinifera*），见于欧洲的鸡和珍珠鸡；口刺瓣口线虫（*Epomidiostomum orispinum*），见于欧洲和非洲的家鸭和鹅；斯氏瓣口线虫（*E. skrjabini*），见于亚洲的家鹅。

小肠

双生缩短引虫（*Abbreviata gemina*），一种与泡翼属线虫相似的虫体，见于埃及的鸡；小头对盲囊线虫（*Contracaecum microcephalum*），隶属于异尖线虫科，见于欧、亚、非三大洲的家鸭；肥大前盲囊线虫（*Porrocaecum crassum*），见于欧洲的家鸭和珍珠鸡；鹅毛细线虫（*Capillaria anseris*），见于欧洲的家鹅；鸡哈特线虫（*Hartertia gallinarum*），以白蚁为中间宿主，见于非洲的鸡，可导致腹泻、生长受阻和产蛋量下降。

盲肠

在鸡群，异刺属线虫（*Heterakis*）有许多其他虫种见于世界各地。这其中包括贝兰波尔异刺线虫（*H. beramporia*），见于亚洲；短刺异刺线虫（*H. bervispiculum*），见于南美洲和非洲；尾短异刺线虫（*H. caudabrevis*），见于前苏联；印度异刺线虫（*H. indica*），见于印度；岭南异刺线虫（*H. lingnanensis*），见于中国；中国的火鸡感染火鸡异刺线虫（*H. meleagris*）；异形锥尾线虫（*Subulura differens*），分布很广，见于南美、欧洲、非洲和亚洲的鸡、珍珠鸡和鹑，有时可在小肠中找到虫体。毛细属线虫亦有数种，包括蒙特维多毛细线虫（*C. monteividensis*）和乌拉圭毛细线虫（*C. uruguayensis*），见于乌拉圭的鸡；有刺毛细线虫（*C. spinulosa*），见于欧洲的鸭。

呼吸道的线虫

支气管杯口线虫 [*Cyathostoma bronchialis*，(Muehlig 1884) Chapin 1925]，比翼科 (Syngamiidae)

宿主

报道的宿主包括鸭、鹅、火鸡（鸡可实验感染）。美国的鸸鹋曾发生杂色杯口线虫（*C. variegatum*）感染，其在各方面都与支气管杯口线虫极为相似。

寄生部位

见于咽、气管、支气管，有时见于腹气囊。

形态

与比翼线虫非常相似，但虫体较大，雌雄虫的结合不甚牢固；口囊宽度略大于深度。口囊底部有 6 个（偶尔 7 个）三角形的小齿（图 27.24A）。雄虫长 8～12mm，宽 200～600μm；交合刺 2 根，细长，长 540～870μm，顶部稍弯（图 27.24B）。雌虫长 16～30mm，宽 750～1.5mm；阴门具有突出的唇，位于身体前 1/3 的后部；尾尖；虫卵 68～90μm×43～60μm，具有微小的卵盖。

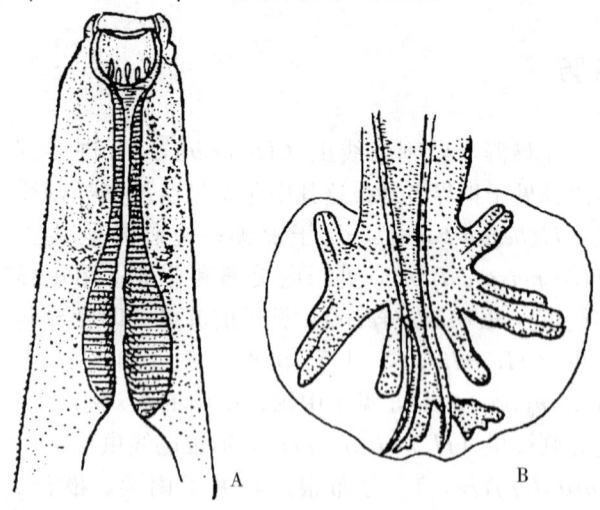

图 27.24　支气管杯口线虫（*Cyathostoma bronchialis*）。
　　A. 头部；B. 雄虫尾部

生活史

这种张口线虫的生活史是直接型或是间接型。

可以借第三期幼虫直接感染，或是吞食感染的旁栖宿主（蚯蚓）引起间接感染。进入宿主体内的第三期幼虫是经过腹腔和气囊而移行到达肺的[29]，而不是像气管比翼线虫（*S. trachea*）那样经血流到达肺的。在感染后的 1～4 天，幼虫在肺内脱二次皮。感染后第 6 天幼虫移行到气管，第 7 天时雌雄交媾，13 天时达到性成熟。感染后 13 天在气管黏液中最早发现虫卵。

致病性

根据报道，在靠近明尼苏达州的杜鲁司市一群家鹅有达 80% 的发病率，其死亡率为 20%[33]。病程延续 5 个月，在此期间病鹅显出呼吸困难的症状（张口吸气）。严重感染的病鹅在出现呼吸障碍之后不久便死亡。症状表现与喉气管炎相似。痊愈后的鹅其生长发育受阻。

人工感染的家鹅表现为初级、次级和三级支气管炎[30]。在潜在期时，初级支气管的上皮增生是最主要的病变。在发病期，因吸入线虫卵引起的最大反应是泛发性肺炎。给 6 周龄鸳鸯饲喂感染有此虫的蚯蚓，可引起呼吸困难和死亡[87]。从同一地方采集的同类蚯蚓，每条蚯蚓携带此线虫的幼虫约 4～5 条。

气管比翼线虫 [*Syngamus trachea*，(Montagu 1811) Chapin 1925]，比翼科（Syngamidae）

宿主

报道的宿主包括鸡、火鸡、鹅、珍珠鸡、雉、孔雀、鹑。寄生于气管、支气管、细支气管。

形态

气管比翼线虫因呈红色又叫"红虫"；其雌雄虫永呈交配状态，外观像"丫"形，因此又叫"杈子虫"，（图 27.25A）；而被叫为"张口虫"是因为严重感染的禽只总是张口喘气。口呈球形，具有一个半球形的几丁质的囊，其基部通常有 8 个尖齿；口周围有一个几丁质的板，其外缘由切迹分割成彼此相对的 6 块花缘。雄虫长 2～6mm，宽 200μm；交合伞呈斜截状，有肋，背肋有时显著地不对称；交合刺等长，短细，长 57～64μm。雌虫长 5～20mm（寄生于火鸡的虫体比较长），尾端呈圆锥形，有一个尖的突起；阴门显著地突出，大约位于距虫体前端 1/4 处，但位置因虫龄而有变化；虫卵 $90\mu m \times 49\mu m$，椭圆形，两端有卵塞（图 27.25B）。

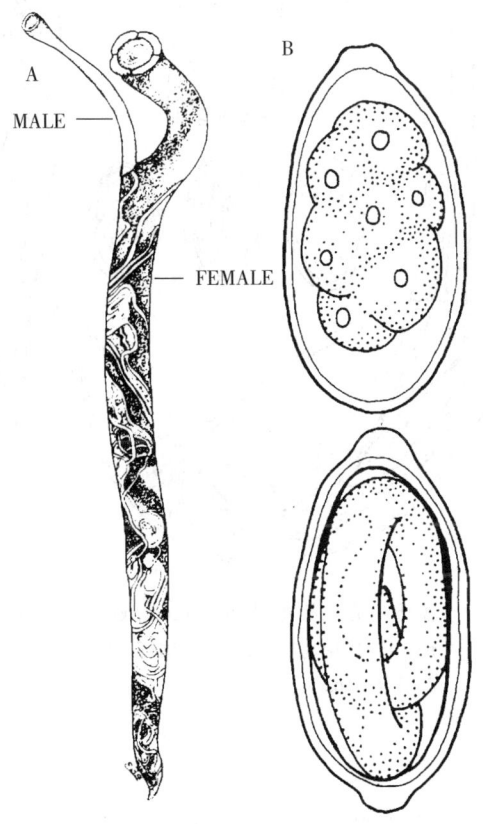

图 27.25　气管比翼线虫（*Syngamus trache-*
a）。A. 雄虫和雌虫；（引自 Wehr）
B. 虫卵

生活史

　　从鸟类的一个宿主传递给另一个宿主可通过直接的方式完成（吞食有胚胎的卵或感染性幼虫），也可通过间接的方式完成（吞食带有游离的或裹有包囊的幼虫的蚯蚓）。雌虫产的卵经阴门开口通过附着在阴门部的雄虫的交合伞下进入气管腔，卵到达口腔，被咽下，随粪便排出体外。在适宜的温度和湿度条件下，经过 8～14 天的孵育期，卵内即形成胚胎，孵化，幼虫自由地生活在土壤中。蚯蚓〔爱胜蚓（*Eisenia foetidus*）和黑暗异唇蚓（*Allolobophora caliginosus*）〕可以受幼虫的感染。幼虫进入蚯蚓体腔，侵入肌层，形成包囊。在蚯蚓体内的幼虫可以保持对幼鸡有感染性达 4 年之久。蛞蝓和螺蛳也可作为气管比翼线虫的传递宿主或旁栖宿主。在将张口线虫由一个宿主传递到另一个易

感的鸟类宿主上不是必须借助旁栖宿主，但当应用蚯蚓作为中间宿主，就更容易使实验感染获得成功。

　　感染幼虫既可穿过嗉囊和食道壁，移行到肺；也可穿过十二指肠，由门静脉的血流而到达肺[5,28]。在感染后 4～5 天发生蜕皮和发育到成虫阶段，从感染幼虫到发育为性成熟并在粪便中出现虫卵大约需要 2 周。野鸟在散播禽张口线虫病方面所引起的作用尚不清楚。

致病性

　　在美国气管比翼线虫是引起鸡、火鸡、孔雀和雉的张口线虫病（由于寄生虫引起的呼吸困难）的病因（图 27.26）。

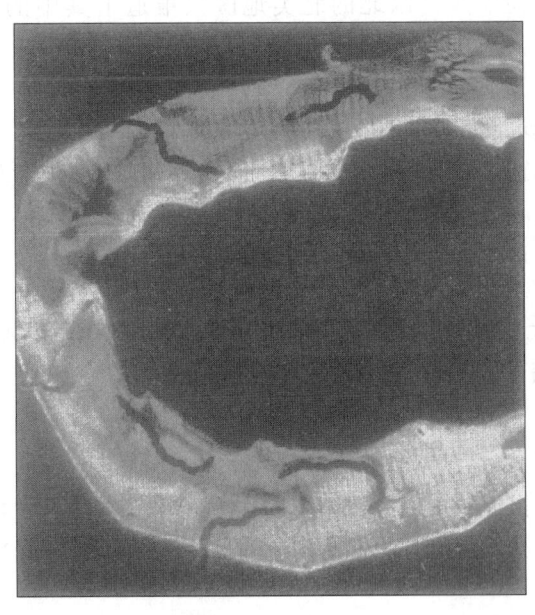

图 27.26　气管比翼线虫（*Syngamus trachea*）。示气管内附着的虫体。（引自 Wehr）

　　在美国，张口线虫病严重威胁养雉业的发展。对幼雏改为关闭饲养以后，鸡的张口线虫病比前几年减少了。然而，在放牧饲养的火鸡，这种寄生虫仍然是一个问题。

　　幼禽感染最为严重。生长迅速的虫体很快就阻塞了气管，引起窒息。小火鸡、雏鸡和小雉对张口线虫最易感。小火鸡感染后，通常比雏鸡更早产生症状，并于感染后不久就死亡。人工感染的珍珠鸡、鸽子和鸭没有张口线虫病的特征性症状。成禽极少出现重度感染。

　　检查病禽的气管时，可见黏膜广泛受刺激并

发炎；咳嗽是因为黏膜受刺激的结果。火鸡和雉的气管常发现病变，而小鸡和珍珠鸡则几乎不出现病变。产生这些病变或结节是由于雄虫始终在其吸着部位引起一种炎性反应的结果。雌虫则是时而附着时而脱离。因气管比翼线虫寄生所损失的血液的净值是最低的。曾报告受感染的小火鸡出现显著的异嗜白细胞增多、单核细胞增多、嗜酸性粒细胞增多和淋巴细胞减少及血细胞压积减少[37]。

眼及附属结构的寄生线虫

在已知的 70 种尖旋尾属线虫（*Oxyspirura*）中，在墨西哥以北的北美地区只报道了其中的 3 种：孟氏尖旋尾线虫（*Oxyspirura mansoni*），彼氏尖旋尾线虫（*O. petrowi*）及脆弱尖旋尾线虫（*O. pusillae*）。彼氏尖旋尾线虫地域分布广泛，几乎无宿主特异性，已在路易斯安那州的 14 种野鸟及密歇根州的 5 种野鸟中发现。尽管尚未在鸡体发现，这个种已在松鸡及北美松鸡中发现。

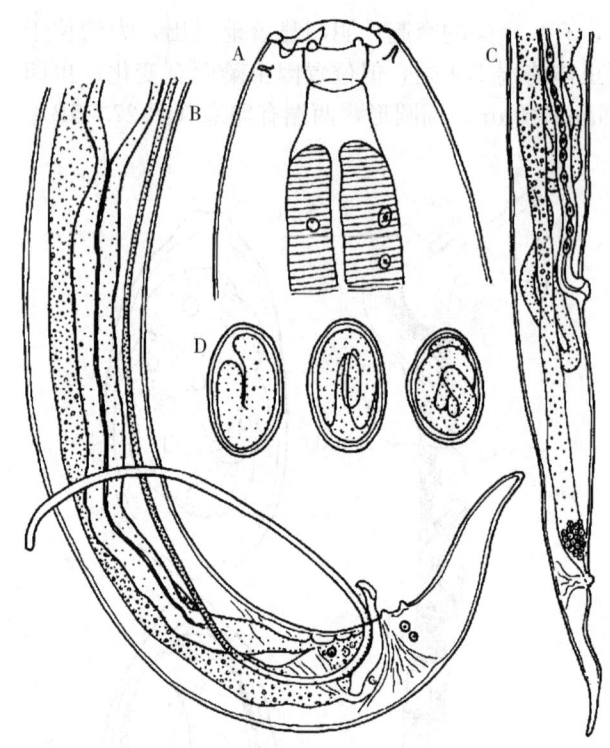

图 27.27 孟氏尖旋尾线虫（*Oxyspirura mansoni*）。A. 头部；B. 雄虫尾部；C. 雌虫尾部；D. 虫卵。（B-D 引自 Ransom）

孟氏尖旋尾线虫（Oxyspirura mansoni, Cobbold 1879），吸吮科（Thelaziidae）

宿主

报道的宿主包括鸡、火鸡、鸭、松鸡、珍珠鸡、孔雀、鸽、鹌。寄生于瞬膜下、结膜囊和鼻泪管中。

形态

虫体两端变细，前圆后尖；角皮光滑；无膜状附属物；口呈环形，由一个 6 叶的几丁质环围绕着，环上有 2 个侧乳突和 4 个亚中乳突，与环上的裂隙相对应；在口腔内有 2 对亚背齿和 1 对亚腹齿；口腔前部短而宽，后部狭长（图 27.27A）。雄虫长 8.2～16mm，宽 350μm；尾部向腹侧弯曲，没有尾翼；有 4 对肛前乳突和 2 对肛后乳突；交合刺不等长（图 27.27B），一个 3～4.55mm，另一个 180～240μm。雌虫长 12～20mm，宽 270～430μm；阴门距尾端 780～1 550μm，肛门距尾端 400～530μm（图 27.27C）；虫卵 50～65μm×45μm（图 27.27D），卵胎生。

生活史

雌虫产卵于鸟类宿主眼内，虫卵随泪被冲至泪管，被吞咽后随粪便排出体外。杂食性苏里南粗斑蟑螂［Pycnoscelus（Leucophaea）surinamensis］吞食粪中虫卵后大约 50 天，其体腔内即有成熟幼虫，可以感染易感宿主。这些幼虫通常包在囊内，在昆虫宿主的脂肪组织深部，或沿着消化道的通行部位分布。有时，成熟幼虫游离于蟑螂的体腔和腿内。当受感染的蟑螂被易感宿主吞食后，感染性幼虫即从嗉囊内游离出来，由食道逆行到口，经过鼻泪管到眼。

各种野鸟能够受家禽眼虫的感染，并可以作为家鸟的感染来源，如拟京鸟（*Agelaius phoeniceus*）、长爪鸟（*Dolichonyx oryzivorus*）、野鸽（*Columbia livia*）、百劳鸟（*Lanius ludovicianus*）和蓝丛鸦（*Aphelocoma cyanea*）都曾人工感染过孟氏尖旋尾线虫。在夏威夷，眼虫天然地寄生于英国麻雀、八哥、中国野鸟、日本鹌和雉（*Phasianus torquatus* torquatus 和 *P. versicolor versicolor*）。但在夏威夷，其当地野鸟在散播家禽眼虫中的重要性不大[65]。

致病性

有眼虫寄生的禽表现一种特殊的眼炎，不断搔抓眼部。瞬膜肿胀，在眼角处稍突出于眼睑之处，并常常连续不断地转动，好像试图从眼中移去某些异物。有时眼睑粘连，在眼睑下聚积有白色乳酪样的物质。如果不予治疗，可发展为严重的眼炎；结果导致眼球损坏。当严重症状出现时，眼内几乎找不到虫体。

彼氏尖旋尾线虫（*Oxyspirura petrowi*，Skrjabin 1929），吸吮科（Thelaziidae）

宿主

报道的宿主有松鸡、雉、北美松鸡。

寄生部位

眼睛瞬膜下。

形态

虫体细长，色黄或淡黄，前端钝圆，后端尖细；有颈翼；角皮上有横纹；口部具有 4 对亚中乳乳突和 3 对口周头乳突；角质化的口囊不分为前宽后狭两部分。雄虫长 6.3～8.6mm，宽 185～330μm；右侧交合刺长 121～320μm，细长形，尾端尖。雌虫长 7.7～12.3mm，宽 200～455μm；阴门距尾端 500～700μm；肛门距尾端 242～400μm；虫卵 35～44μm×15～31μm，卵胎生。

生活史

与孟氏尖旋尾线虫的相似。

致病性

感染彼氏尖旋尾线虫的结果与感染孟氏尖旋尾线虫的相似。

肠道外组织寄生虫

斯氏小无肛线虫（*Aproctella stoddardi*，Cram 1931），双板线虫科（Dipetalonematidae）

宿主

见于火鸡、小野鸽、鹌的体腔。曾发现于美国南部的北美鹌和新英格兰的松鸡。

形态

虫体细长；角皮分为 4 个区域，两个正中区有纵的条纹，两个侧区光滑；口简单，无明显的唇（图 27.28A）。雄虫长 6～7.6mm，宽 60～140μm；交合刺粗壮而弯曲，右侧的长 50～60μm，左侧的 73～90μm（图 27.28B）；无尾乳突。雌虫长 13～16.5mm，宽 71～260μm；阴门距前端 1.3～1.6mm，开口处不突出；肛门距尾端 140～180μm；无虫卵；子宫内含无鞘幼虫，胎生。

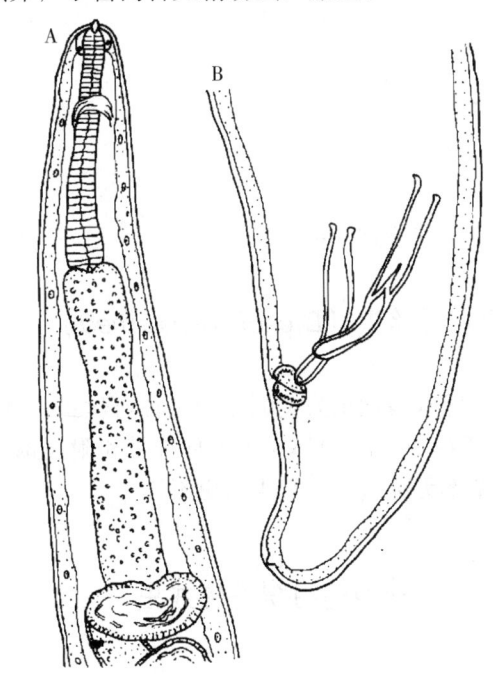

图 27.28 斯氏小无肛线虫（*Aproctella stoddardi*）。A. 头部；B. 雄虫尾部。（引自 Anderson）

生活史

尚不明了，推测可能以吸血节肢动物作为中间宿主。

致病性

少量虫体寄生时无致病性。严重感染时，对鸽可能造成死亡。也曾有过引起肉芽肿性心包炎的报道。

海氏辛格丝虫（*Singhfilaria hayesi*，Anderson 和 Prestwood 1969），盘尾科（Onchocercidae）

宿主

见于美国南部的火鸡和鹌鹑，寄生于食道、嗉囊和气管区的皮下组织。

形态

头部无构造（图 27.29A）；角皮上具有无数小的横向增厚。雄虫长 13.6mm，宽 250μm；交合刺显著不同，右侧的呈齿形，长 81μm，左侧的长 125μm，由一个宽的干和叶以及一个短的丝状物组成（图 27.29B）；肛门位于亚末端，距尾端 28μm；尾乳突包括 1 对大的肛后乳突和 1 个大的肛前正中乳突。雌虫长 35～40mm，宽 420～500μm；阴门距头端 390～400μm；子宫内含微丝蚴。

生活史

不详。

致病性

很少引起病理学损伤。

美洲鸵双唇丝虫（*Dicheilonema rhea*）

美洲鸵双唇丝虫为美洲鸵的一种血丝虫。其长 65cm，宽约 3mm。虫体见于腹部饰带和附属饰带。此线虫基本无致病性，其生活史不详。

其他的组织寄生线虫

台湾鸟龙线虫（*Avioserpens taiwana*）隶属龙线虫类，见于亚洲，在家鸭的颚下或大腿皮下结缔组织引起纤维瘤。

已知丝虫类线虫有 15 个属感染禽类[3]。许多种的宿主特异性不强。据记载巴氏心丝虫（*Cardiofilaria pavilovsky*）和斯氏小无肛线虫（*Aproctella stoddardi*）感染至少 7 个科的禽类。一般而言，丝虫类线虫对家禽很少构成威胁。列于表 27.1 的种类见于北美的猎鸟。其他数种感染印度的鸡，但尚未见于北美的线虫有：巴氏无肛线虫（*Aprocta babamii*），寄生于心脏；摩春心丝虫（*Cardiofilaria mhowensis*），见于体腔；鹌鹑钱德拉尔线虫（*Chandlerella* quiscali）可实验感染。

鹌鹑钱德拉尔线虫在鸲鹆，尤其是幼鸟相当重要。这种线虫常见于拟八哥、北美燕八哥和蓝鸟的脑静脉，但并不引起任何病损。鸲鹆由于脑部感染

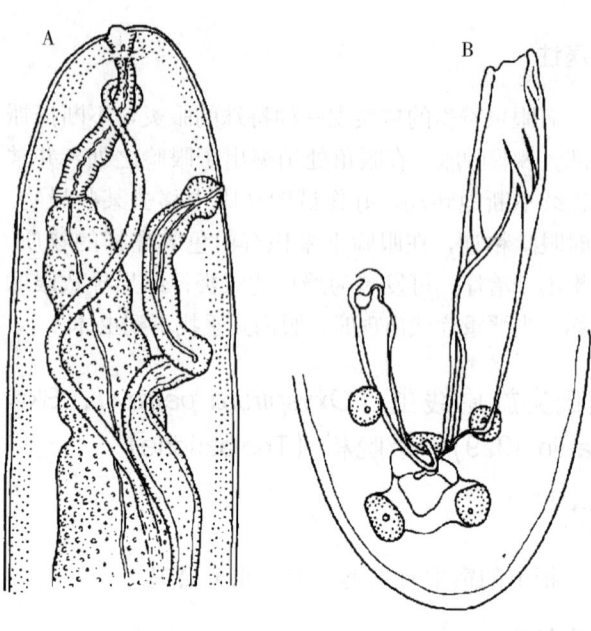

图 27.29　海氏辛格丝虫（*Singhfilaria hayesi*）。A. 头部；B. 雄虫尾部。（引自 Anderson 和 Prestwood）

出现斜颈、衰弱甚至死亡。鹌鹑钱德拉尔线虫主要的中间宿主是黄昏库蠓（*Culicoides crepuscularis*），但其他吸血节肢动物也可以作为中间宿主。鸲鹆不出现显性感染，因此不表现微丝蚴血症。

据报道，寄生于浣熊的浣熊贝利斯蛔虫（*Baylisascaris procynois*）与寄生于臭鼬的鼬贝利斯蛔虫（*B. columnaris*）可引起许多禽类如鸡、丛林火鸡、鸲鹆和鹌的脑脊髓线虫病。禽鸟因食入浣熊粪便感染，发病率和死亡率都很高。病损由移行的幼虫所致，但幼虫在禽类根本不能发育至成虫。本病可在鸡人工诱发[42]。

预防和控制

现代化养禽方式，特别是肉鸡和仔母鸡的关闭式饲养与蛋鸡的笼养方式，对于禽类线虫的感染数量和种类有着重要影响。许多在场院鸡群中引起广泛问题的线虫在商品鸡场却少之又少。其他如蛔虫、毛细线虫及异刺线虫，则仍可在商品鸡群发现。此外，舍养猎用鸟类的增加，也导致线虫问题增多。当今有一种喂养"有机"和/或"人道"家禽的趋势，即将禽群养在更接近自然条件的环境中，不给予预防性用药（如抗寄生虫药物和抗生素等）。当减少化药使用时，这种趋势导致寄生虫病发病增加。在欧洲这种趋势已经得到确认[25]。

对于大多数线虫，较好的控制措施在于环境卫生的改善和生活史的阻断，而不是诉诸化学治疗。在垫料上关闭饲养对于预防以室外的蚯蚓或蚱蜢等作为中间宿主的线虫感染起了很大作用。但直接发育型的或以室内的甲虫等为中间宿主的线虫，仍能猖獗起来。处理土壤和垫料以杀死中间宿主是有效的[50]。应当特别注意不要让饲料和饮水受到污染。移除禽舍中的旧垫料或是堆积发酵后，用饱和盐水或是适宜（环境相容的）杀虫剂喷洒暴露的地面，然后更换新的或是堆积过的垫料，这种做法可能有助于防治潜在的中间宿主群体，也能降低存活的线虫卵的数目。但还没有关于此类处理方法有效性的正式记录。

把不同种或不同年龄的禽饲养在一起或相距甚近可为寄生虫繁殖创造更多的机会。比如，由于火鸡对黑头病高度易感，因此火鸡不可与任何倾向于异刺线虫显性感染的鸟类养殖在一起。

化学治疗

为了获得联邦食品和药物管理局（FDA）批准新药，对化疗效果的调研由于费资甚剧，仅限于那些流行广、有潜在药物市场的寄生虫。这造成如今关于禽用药物的疗效信息局限于蛔虫、毛细线虫和异刺线虫这些商业化禽类养殖中最重要的寄生虫。

只有为数不多的化学药品已为FDA所批准在禽类使用。养禽者应当铭记心中的是，将未批准的药物用于商品蛋鸡或肉鸡是非法的。最近，美国就有关药物的标签外使用的法规作了一些变动，使得某些产品在兽医的指导下的使用变得容易。但这需要记录寄生物及缺乏有效可用药物的情况，还有用于防治的标签建议药物。在使用任何药物之前，都应了解有关方面的最新可靠信息，必须严格遵守标签的说明和剂量。必须遵循标记指示，剂量和休药期。

鸡蛔虫（*Ascaridia galli*）和异形禽蛔虫（*Ascaridia dissimilis*）

获准销售的药剂

多年来哌嗪化合物被广泛用于治疗火鸡和鸡的蛔虫病。在阿肯色大学进行的一系列中，对不同的哌嗪盐的疗效进行了测试，剂量从50～400mg/kg，

不过对实验的火鸡和鸡几乎都无效[35]。

芬苯哒唑（fenbendazole）近来被证实可用于火鸡异形禽蛔虫感染的治疗。可拌料给予，用量为16mg/kg使用6天。

在自然感染的商品化火鸡，芬苯哒唑驱除火鸡蛔虫成虫和幼虫的效率超过98%[86]。

实验数据

每千克饲料中添加30mg的芬苯哒唑连喂4天或60mg的芬苯哒唑连喂3天，对鸡蛔虫有100%的效果[58,85]。用10%的芬苯哒唑悬液给鸡灌服，剂量为5mg/kg体重时对驱除鸡蛔虫所有阶段虫体都有效。最近在一次研究中，以5mg/kg体重的剂量给鸡灌服，对鸡蛔虫的杀成虫率为100%，而杀幼虫率为88%（Yazwinske，Tucker和Cummins未发表数据）。商品化火鸡和鸡养殖也常常用奥芬哒唑防控蛔虫，剂量为3.5mg/kg体重或稍高。

用消旋四咪唑（dltetramisole）按每千克体重40mg剂量，能有效驱除鸡蛔虫[8,57]。给火鸡服用左旋四咪唑（L-tetramizole）（左咪唑，levamisole），剂量为30mg/kg体重，可有效驱除其自然感染的异形禽蛔虫[40]。在饮水中加入0.06%或0.03%的左咪唑，可以驱除99%的异形禽蛔虫成虫，94%～98%的异形禽蛔虫幼虫[57]。经证明，左咪唑在剂量为每千克体重25mg时对鸡蛔虫感染的鸡有效[10]。在处方指导下，盐酸左咪唑常用于鸡和火鸡的蛔虫病防治，但剂量极少超过12mg/kg体重。没有用此剂量的左咪唑进行防治研究的评估。

酒石酸噻嘧啶（pyrantel tartrate）对驱除鸡蛔虫效果不佳[75]。相反，以15～25mg/kg体重的剂量给予酒石酸噻嘧啶可有效驱除雏鸡中99.6%～100%的鸡蛔虫成虫，但对幼虫效果稍差[56]。

封闭毛细线虫（*Capillaria obsignata*）

获准销售的药剂

目前还没有有效驱除鸡封闭毛细线虫感染的药物。在有处方指导的情况下，其他药物可通过药品核准标示外使用。

实验数据

给人工感染封闭毛细线虫的火鸡连续6天饲喂

45毫克/千克芬苯哒唑，其驱虫效果达97％以上[52]，在鸡上驱除该虫的效果更好（＞99％）[58]。其他报告指出给轻体重型种鸡（lighter breed chicken）连续3天饲喂80毫克/千克或连续5天饲喂48毫克/千克的苯硫咪唑时，效果要差些[85]。

给自然感染的种母鸡灌服阿苯达唑，剂量分别为每千克体重5、10和20mg时，封闭毛细线虫荷虫量分布降低90％、91％和95％（未发表数据）。

甲氧啶5％水溶液在翅下经皮内注射，是驱除封闭毛细线虫的一种有效药剂[82]。对自然感染的禽，每只注射25～45mg，驱虫效果为99％～100％；但剂量为每只23mg时，仅为62％。这种药的驱虫作用甚快，据称给药后24h内大多数虫体即被排除。枸橼酸哌嗪、酚噻嗪、噻苯唑（thiabendazole）和酚乙胺（bephenium）对封闭毛细线虫无效。

消旋四咪唑给予的剂量为40mg/kg体重时能有效驱除封闭毛细线虫[8,57]。左旋四咪唑（左咪唑）以30mg/kg体重的剂量给予自然感染的火鸡时效果很好[40]。饮水添加0.06％或0.03％的左咪唑可驱除感染鸡体内99％～100％的封闭毛细线虫[57]。按体重25mg/kg剂量的左咪唑对封闭毛细线虫感染有效[10]。在饮水中加入0.06％或0.03％的左咪唑，对99％～100％的异形禽蛔虫成虫，94％～98％的异形禽蛔虫幼虫[57]。

鸡异刺线虫 [（*Heterakis gallinarum*）盲肠线虫]

获准销售的药剂

目前还没有有效驱除鸡异刺线虫感染的药物。在有处方指导的情况下，其他药物可通过药品核准标示外使用。

实验数据

芬苯哒唑以每千克体重120mg的剂量给予3天，或是每千克体重45mg的剂量给予6天，对人工感染的火鸡100％有效[52]。芬苯哒唑以每千克体重30mg的剂量给予6天，或是每千克体重60mg的剂量给予3天，对人工感染的鸡有同样效果[58]。另有研究也表明，人工感染的禽鸟连续5天给予每千克体重30mg的芬苯哒唑有100％的驱虫效果[85]。

根据近来的一次报道，给种母鸡灌服剂量为每千克体重5～20mg的苯硫咪唑，对鸡异刺线虫的驱虫率是90％以上［未发表数据］。

消旋四咪唑的剂量为每千克体重40mg时可有效驱除鸡异刺线虫[8,57]。每千克体重30mg剂量的左旋四咪唑（左咪唑）对自然感染的火鸡也有效[40]。在饮水中加入0.06％或0.03％的左咪唑，可有效驱除99％～100％的鸡异刺线虫[57]。

气管比翼线虫 [（*Syngamus trachea*）张口线虫]

用含0.5％噻苯唑（thiabendazole）的饲料饲喂4周龄的117只火鸡9～20天，可驱除98％的比翼线虫[79]。无论是在感染后30天或是感染的当天着手治疗，该药都是有效的。曾有人推荐对舍养的禽连续使用0.1％～4％的药物，但实际应用中不经济。

已证明几种其他化学药剂对驱除比翼线虫有效。用甲苯咪唑（mebendazole）拌料饲喂小火鸡，预防量0.006 4％，治疗量0.012 5％，得到了100％的防治效果[71]。用剂量为0.004％的甲苯咪唑连喂14天，亦有效。

康苯咪唑（cambendazole）比噻苯咪唑或二碘硝基酚（disophenol）效果更高一些[21]。用康苯咪唑进行控制，3次服用分别在感染后3～4天，6～7天和16～17天，对鸡的效果为94.9％（2×50mg/kg），对火鸡为99.1％（2×20mg/kg）。

每月2天混饲0.04％的或每月1天饮水2g/L的左咪唑，证明对猎鸟的比翼线虫有效。苯硫咪唑剂量按体重20mg/kg，连喂3～4天，亦有效[68]。

其他线虫

不论是鹅裂口线虫（*Amidostomun anseris*）成虫还是幼虫，康苯咪唑（60mg/kg）对鹅均有效[22]。噻嘧啶（100mg/kg）驱成虫有效。用盐酸四咪唑（citarin）（40mg/kg）驱虫也获得了成功。甲苯咪唑（10mg/kg）连用3天，可驱除全部虫体[26]。其他苯硫咪唑类药物对这些寄生虫亦有效。

饲料中含0.05％～0.5％哈乐松，连用5～7天，对鹑的捻转毛细线虫的驱虫效果为46％～100％[11]。药物剂量为0.075％～0.5％，效果最佳。但在最高浓度是有毒性的，有1/4的鹑死亡。

本药一次口服，效果不稳定，并产生副作用，主要是运动失调。

四咪唑驱长鼻分咽线虫无效，但甲苯咪唑有一定疗效。

用锡化合物或四咪唑可部分控制布氏锥尾线虫。

四咪唑驱鸟类圆线虫也有一定效果。

哌嗪已用于驱裂棘四棱线虫。

微细毛圆线虫感染可用康苯咪唑（30mg/kg）、酒石酸哌嗪（50mg/kg）、噻苯唑（75mg/kg）和盐酸四咪唑（40mg/kg）控制[23]。10mg/kg 剂量的甲苯咪唑连用 3 天，可驱除全部虫体[26]。

棘头虫（Acanthocephalans）

棘头虫的成虫寄生于脊椎动物的肠道。尽管它们看起来像线虫和绦虫，有许多不同还是很明显的。在前端，棘头虫有一个可伸缩的吻突，其上有相当数量的成行排列的、弯曲的小钩。钩的数目、形状和排列是重要的鉴别特征。主体部通常是平滑的，但可能在体表某些部分生有一定形状和一定排列的小刺。像绦虫一样，这一类寄生虫没有消化道，营养全靠体壁吸收。均为雌雄异体。雄虫比雌虫小而细，外形上区别常在于雄虫末端有一个钟形交合伞围绕着生殖孔。

就目前所知，棘头虫的所有种类都需要在一个或一个以上的中间宿主体内发育到对终末宿主具有感染性的阶段。各种节肢动物、蛇、蜥蜴和两栖类都是这些寄生虫幼虫阶段的宿主[66]。

在北美，曾报道仅有 4 种棘头虫寄生于家禽，其中 3 种是未成熟期虫体，可能为偶然感染。

犬钩吻棘头虫（Oncicola canis，Kanpp 1909）

犬钩吻棘头虫发现于得克萨斯州圣安哥罗市的幼年火鸡（图 27.30）。虫体在食道上皮细胞下形成包囊，囊内虫体由数个到 100 个以上不等。曾报道虫体寄生可能成为禽死亡的原因。

成虫寄生于狗和山狗。幼虫见于幼年火鸡体内提示系偶发现象，幼龄虫体进入不适宜的宿主体内时形成包囊。

有报道说，在哥斯达黎加的鸡体内曾发现南美林猫的一种寄生虫——钩吻钩吻棘头虫（Oncicola oncicola）的幼虫。

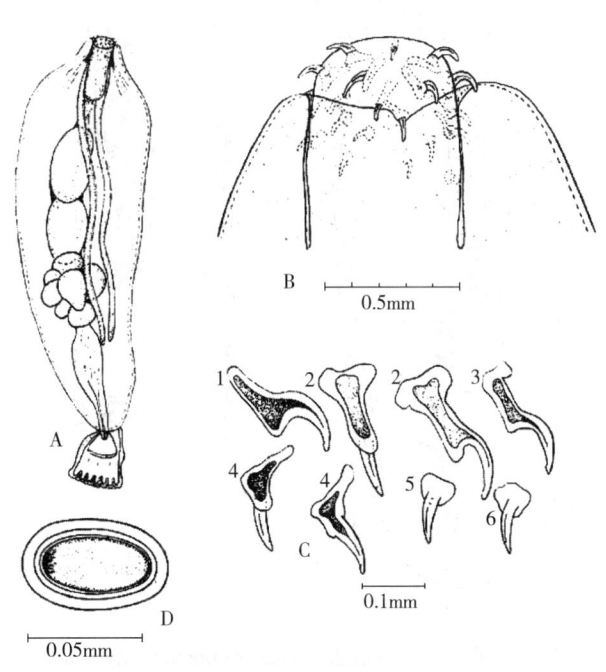

图 27.30 犬钩吻棘头虫（Oncicola canis）。A. 雄虫，示生殖器；B. 吻突；C. 吻突上的钩（数字表示行数）；D. 虫卵。（引自 Price）

美丽前吻棘头虫［Prosthorhynchus formosus，(Van Cleave 1918) Travassos 1926］

在新泽西州威兰市的一只鸡的小肠内收集到未成熟的美丽前吻棘头虫的 1 条雄虫和 2 条雌虫。本虫的其他鸟类宿主有金翼啄木鸟（马里兰州 Bowie）、乌鸦（哥伦比亚特区华盛顿）和欧鸲（新泽西州）（图 27.31）。有些作者认为本虫是家禽的潜在危害因素；然而人工感染对鸡和火鸡造成的危害不大[64]。

鸭多形棘头虫（Polymorphus boschadis，Schrank 1788）

据报道，在加拿大的鸭体内发现过多形棘头虫（图 27.32）。这种寄生虫在家养的水禽中引起严重的危害和死亡，特别是在幼年水禽。引起肠道发炎，继之发生贫血和恶病质。患禽看得出明显有病，步态蹒跚，头和翅下垂。

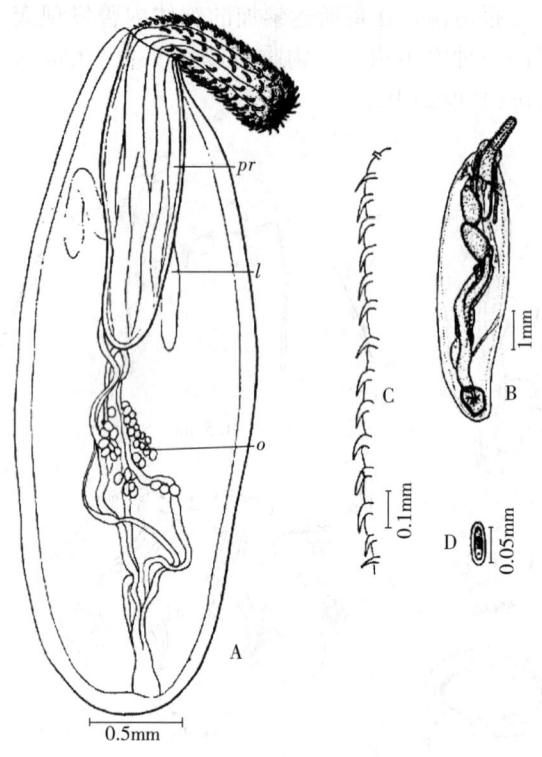

图 27.31　美丽前吻棘头虫（*Prosthorhynchus formosus*）。A. 幼年雌虫（l. 垂祥，o. 卵巢，pr. 吻鞘）；（引自 Jones）B. 雄虫；C. 从吻突上分离下来的小钩；D. 虫卵。（引自 VanCleave）

禽的其他棘头虫

　　感染鸡的，但未在北美发现的其他种有：寄生于亚洲鸡的新许棘头虫（*Leiperacanthus gallinarum*）、鸡间吻棘头虫（*Mediorhynchus gallinarum*）和鸡莱帕棘头虫（*Neoschongastia gallinarum*）；寄生于巴西鸡的蛭形巨吻棘头虫（*Macracanthorhynchus hirudinaceus*），以及寄生于欧洲的燕雀类鸟、鹀鹄和雉的鸟横断前吻棘头虫（*Prosthorhynchus transversus*）。横断前吻棘头虫可实验感染鸡。

公共卫生意义

　　本章讨论的蠕虫无一影响工作健康。人可能偶尔感染一些种的蠕虫，尤其是也是偶尔感染禽类的虫种，比如贝利斯蛔虫属虫种。但禽类不是人遭受感染的来源，因为它们也代表寄生虫无法发育的最

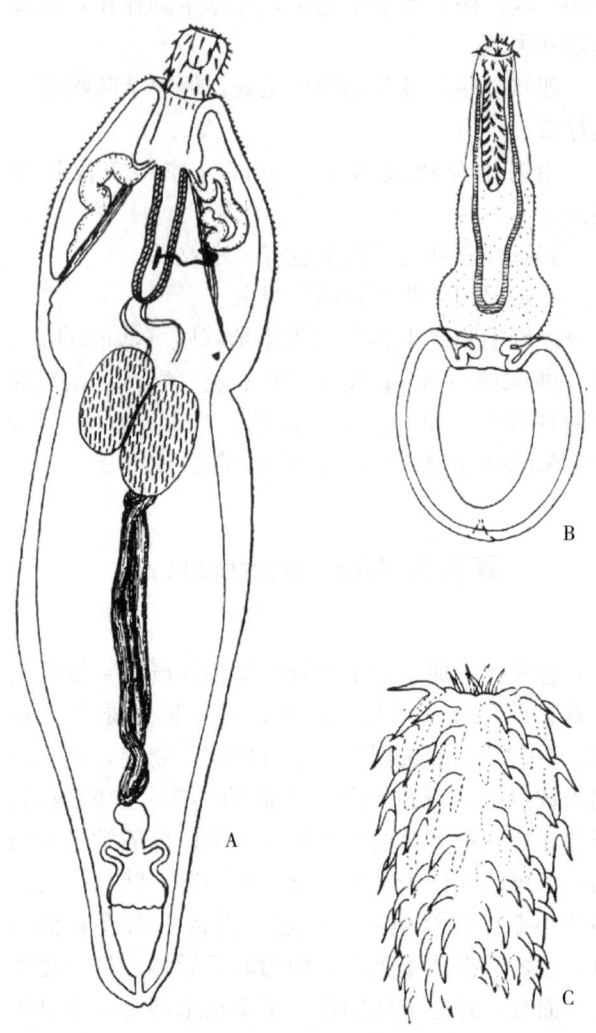

图 27.32　鸭多形棘头虫（*Polymorphus boschadis*）。A. 雄虫；B. 从蚤形钩虾（*Gamarus pulex*）体内分离出的幼虫；C. 幼虫的吻突。（引自 Luhe）

终宿主。禽类圆线虫幼虫偶然感染时，可能造成蠕动性的皮肤丘疹（幼虫流），但病变会很快消退且病损也消失。有报道说长期在实验室操作兰氏类圆线虫（*Strongyloides ransomi*）的人员出现皮肤过敏现象[51]。

刘贤勇　康　凯　译
索　勋　朱兴全　校

参考文献

[1]Addison,E. M. and R. C. Anderson. 1969. A review of the eye worms of the genus Oxyspirura（Nematode：Spiruroidea）. *J Wildl Dis* 55：1 - 58.

[2]Allen,R. W. and E. E. Wehr. 1942. Earthworm as possible intermediate host of Capillaria caudinflata of the chicken and turkey. *Proc Helminthol Soc Wash* 9：72 -73.

［3］Anderson，R. C. and O. Bain. 1976. CIH keys to the nematode parasites of vertebrates. No. 3. Keys to genera of the order Spirurida. Part 3. Diplotriaenoiden，Aprocloidea and Filarioidea. Commonwealth Agricultural Bureau，Farnham Royal，Bucks England.

［4］Barus，V. 1970. Studies on the nematode Subulura sactoria. *Folia Parasitol* (Prague) 17：191-199.

［5］Barus，V. and K. Blazek. 1965. Revision Der Exogenen und Endogenen Phase des Entwicklungszyklus und der Pathogenitat von Syngamus (Syngamus) trachea (Montagu，1811) Chapin，1925 IM Organismus des Endwirtes. *Cesk Parasitol* 12：47-70.

［6］Barus，V. and K. Blazek. 1970. Studies on the nematode Subulura sactoria Ⅲ. Development in the definitive host. *Folia Parasitol* (Prague) 17：141-151.

［7］Berghen，P. 1966 Serum protein changes in Capillaria obsignata infections. *Exp Parasitol* 19：34-41.

［8］Bruynooghe，D.，D. Thienpont，and O. F. J. van Parijs. 1968. Use of tetramisole as an anthelmintic in poultry. *Vet Rec* 82：701-706.

［9］Chubb，L. G.，B. M. Freeman，and D. Wakelin. 1964. The effect of Capillaria obsignata，Madsen，1945，on the vitamin A and ascorbic acid metabolism in the domestic fowl. *Res Vet Sci* 5：154-160.

［10］Clarkson，M. J. and M. K. Beg. 1970. The anthelmintic activity of Ltetramisole against Ascaridia galli and Capillaria obsignata in the fowl. *Vet Rec* 86：652-654.

［11］Colglazier，M. L.，E. E. Wehr，R. H. Burtner，and L. M. Wiest，Jr. 1967. Haloxon as an anthelmintic against the cropworm Capillaria contorta in quail. *Avian Dis* 11：257-260.

［12］Cram，E. B. 1927. Bird parasites of the nematode suborders Strongylata，Ascaridata and Spirurata. *US Nat Mus Bull* 140.

［13］Cram，E. B. 1929. A new roundworm parasite，Strongyloides avium of the chicken with observations of its life history and pathogenicity. *North Am Vet* 10：27-30.

［14］Cram，E. B. 1931. Developmental stages of some nematodes of the Spiruroidea parasite in poultry and game birds. *US Dept Agric Tech Bull* No. 227：1-27.

［15］Cram，E. B. 1933. Observations on the life history of Tetrameres patterson. *J Parasitol* 10：97-98.

［16］Cram，E. B.，M. F. Jones，and E. A. Allen. 1931. In H. L. Stoddard(ed.). The Bobwhite Quail：Its Habits，Preservation，and Increase. Charles Scribner's Sons：New York，240-296.

［17］Cuca，M.，A. C. Todd，and M. L. Sunde. 1968. Effect of levels of calcium and lysine upon the growth of Ascaridia galli in chicks. *J Nutr* 94：83-88.

［18］Cuckler，A. C. and J. E. Alicata. 1944. The life history of Subulura brumpti，a cecal nematode of poultry in Hawaii. *Trans Am Microbiol Soc* 63：345-357.

［19］Enigk，K. and A. Dey-Hazra. 1968. Die perkutane infektion bei Amidostomum anseris (Strongyloidea，Nematoda). *Z Parasitenk* 31：155-165.

［20］Enigk，K. and A. Dey-Hazra. 1968. Zur wirtsspezifitat von Amidostomum anseris(Strongyloidea，Nematoda). *Z Parasitenk* 31：266-275.

［21］Enigk，K. and A. Dey-Hazra. 1970. Zur Behandlung der Syngamose der Hühnervögel. *Dtsch Tieraerztl Wochenschr* 77：609-613.

［22］Enigk，K. and A. Dey-Hazra. 1971. Zur Behandlung der häufigsten nematodeninfektionen des hausgeflügels. *Dtsch Tieraerztl Wochenschr* 78：178-181.

［23］Enigk，K. and A. Dey-Hazra. 1971. Zur verbreitung und behandlung des Trichostrongylus tenuis Befalles. *Berl Munch Tierarztl Wchnschr* 84：11-14.

［24］Enigk，K.，A. Dey-Hazra，and J. Batke. 1973. Zur Wirksamkeit von Mebendazol bei Helminthosen von Huhn und Gans. *Avian Pathol* 2：67-74.

［25］Esquenet，C.，P. DeHerdt，H. De Bosschere，*et al*. 2003. An outbreak of Histomoniasis in free-range layer hens. *Avian Pathol* 32：305-308.

［26］Ewing，S. A.，J. L. West，and A. L. Malle. 1967. Tetrameres sp. (Nematoda：Spiruridae) found in pigeons (Columba livia) in Kansas and Oklahoma. *Avian Dis* 11：407-412.

［27］Farr，M. M. 1956. Survival of the protozoan parasite Histomonas meleagridis in feces of infected birds. *Cornell Vet* 46：178-187.

［28］Fernando，M. A.，P. H. G. Stockdale，and C. Remmler. 1971. The route of migration development and pathogenesis of Syngamus trachea(Montagu，1811) Chapin，1925，in pheasants. *J Parasitol* 57：107-116.

［29］Fernando，M. A.，I. J. Hoover，and S. G. Ogungbade. 1973. The migration and development of Cyatostoma bronchialis in geese. *J Parasitol* 59：759-764.

［30］Fernando，M. A.，P. H. G. Stockdale，and S. G. Ogungbade. 1973. Pathogenesis of the lesions caused by Cyathostoma bronchialis in the respiratory tract of geese. *J Parasitol* 59：980-986.

［31］Flatt，R. E. and L. R. Nelson. 1969. Tetrameres americana in laboratory pigeons(Columba livia). *Lab Anim Care* 19：853-856.

［32］Gibbs,B. J. 1962. The occurrence of the protozoan parasite Histomonas meleagridis in the adults and eggs of the cecal worm Heterakis gallinae. *J Protozool* 9:288-293.

［33］Griffiths, H. J. , R. M. Leary, and R. Fenstermacher. 1954. A new record for gapeworm(Cyathostoma bronchialis) infections of domestic geese in North America. *Am J Vet Res* 15:298-299.

［34］Hemsley,R. V. 1971. Fourth stage Ascaridia spp. larvae associated with high mortality in turkeys. *Can Vet J* 12: 147-149.

［35］Holtzen,H. and T. Yazwinski. 1988. Efficacies of peperazine salts and coumaphos in poultry artificially injected with *A. galli*. Proc Anim Dis Res Work Southern States.

［36］Hu,J. and L. R. McDougald. 2003. Direct lateral transmission of Histomonas meleagridis in turkeys. *Avian Dis* 47:48-492.

［37］Hwang,J. C. 1964. Hemogram of turkey poults experimentally infected with Syngamus trachea. *Avian Dis* 8: 380-390.

［38］Ikeme, M. M. 1971. Observations on the pathogenicity and pathology of Ascaridia galli. *Parasitology* 63:169-179.

［39］Ikeme,M. M. 1971. Weight changes in chickens placed on different levels of nutrition and varying degrees of repeated dosage with Ascaridia galli eggs. *Parasitology* 63:251-260.

［40］Kates, K. C. , M. L. Colglazier, and F. D. Enzie. 1969. Comparative efficacy of levo-tetramisole, parbendazole, and piperazine citrate against some common helminths of turkeys. *Trans Am Microsc Soc* 88:142-148.

［41］Kaushik,R. K. and V. P. S. Deorani. 1969. Studies on tissue responses in primary and subsequent infections with Heterakis gallinae in chickens and on the process of formation of caecal nodules. *J Helminthol* 43:69-78.

［42］Kazacos,K. R. and W. L. Wirtz. 1983. Experimental cerebrospinal nematodiasis due to Baylisascaris procyonis in chickens. *Avian Dis* 27:55-65.

［43］Kellogg,F. E. and J. P. Calpin. 1971. A checklist of parasites and diseases reported from the Bobwhite Quail. *Avian Dis* 15:704-715.

［44］Leiby, P. D. and O. W. Olsen. 1965. Life history studies on Nematodes of the genera Amidostomum (Strongloidea) and Epomidiostomum (Trichostrongyloidea) occurring in the gizzards of waterfowl. *Proc Helminthol Soc Wash* 32:32-49.

［45］Levine,P. P. 1938. Infection of the chicken with Capillaria columbae(RUD). *J Parasitol* 24:45-52.

［46］Levine,N. D. 1980. Nematode Parasites of Domestic Animals and of Man,2nd ed. Burgess Publishing Co. : Minneapolis,MN.

［47］Lund,E. E. and A. M. Chute. 1972. Reciprocal responses of eight species of galliform birds and three parasites: Heterakis gallinarum, Histomonas meleagridis, and Parahistomonas wenrichi. *J Parasitol* 58:940-945.

［48］McDonald,M. E. 1969. Catalogue of helminths of waterfowl (anatidae): Special *Sci Rep Wildl* (126). *Fish Wildl* Ser,692.

［49］McDougald, L. R. and L. Fuller. 2005. Blackhead disease in turkeys: direct transmission of Histomonas meleagridis from bird to bird in a laboratory model. *Avian Dis* 49:22-23.

［50］McGregor,J. K. , A. A. Kingscote, and F. W. Remmler. 1961. Field trials in the control of gapeworm infections in pheasants. *Avian Dis* 5:11-18.

［51］Moncol,D. 1976. Personal communication.

［52］Norton, R. A. , T. A. Yazwinski, and Z. Johnson. 1991. Research note:Use of fenbendazole for the treatment of turkeys with experimentally induced nematode infections. *Poult Sci* 70:1835-1837.

［53］Norton,R. A. ,B. A. Hopkins,J. K. Skeeles,J. N. Beasley,and J. M. Kreeger. 1992. High mortality of domestic turkeys associated with Ascaridia dissimilis. *Avian Dis* 36:469-473.

［54］Norton,R. A. ,B. A. Bayyari,J. K. Skeeles, W. E. Huff, and J. N. Beasley. 1994. A survey of two commercial turkey farms experiencing high levels of liver foci. *Avian Dis* 38:887-894.

［55］Norton,R. A. ,F. J. Hoerr, F. D. Clark, and S. C. Ricke. 1999. Ascarid associated hepatic foci in turkeys. *Avian Dis* 43:29-38.

［56］Okon, E. D. 1975. Anthelmintic activity of pyrantel tartrate against Ascaridia galli in fowls. *Res Vet Sci* 18: 331-332.

［57］Pankavich,J. A. ,G. P. Poeschel,A. L. Shor, and A. Gallo. 1973. Evaluation of Levamisole against experimental infections of Ascaridia, Heterakis and Capillaria spp. in chickens. *Am J Vet Res* 34:501-505.

［58］Pote, L. M. and T. A. Yazwinski. 1985. Efficacy of fenbendazole in chickens. *Arkansas Farm Res* 34:2.

［59］Reid,W. M. and J. L. Carmon. 1958. Effects of numbers of Ascarida galli in depressing weight gains in chicks. *J Parasitol* 44:183-186.

［60］Reid,W. M. ,J. L. Mabon, and W. C. Harshbarger. 1973.

Detection of worm parasites in chicken eggs by candling. *Poult Sci* 52:2316 - 2324.

[61] Riddell, C. and A. Gajadhar. 1988. Cecal and hepatic granulomas in chickens associated with Heterakis gallinarum infection. *Avian Dis* 32:836 - 838.

[62] Ruff, M. D. 1984. Nematodes and acanthocephalans. In M. S. Hofstad, H. J. Barnes, B. W. Calnek, W. M. Reid, and H. W. Yoder, Jr. (eds.). Diseases of Poultry, 8th ed. Iowa State University Press:Ames,IA,614 - 648.

[63] Ruff, M. D., L. R. McDougald, and M. F. Hansen. 1970. Isolation of Histomonas meleagridis from embryonated eggs of Heterakis gallinarum. *J Protozool* 17:10 - 11.

[64] Schmidt, G. D. and O. W. Olsen. 1964. Life cycle and development of Prosthynohus formosus(Van Cleave,1918) Travassos,1926,an acanthocephalan parasite of birds. *J Parasitol* 50:721 - 730.

[65] Schwabe, C. W. 1951. Studies on Oxyspirura manson: The tropical eyeworm of poultry Ⅱ life history. *Pac Sci* 5:18 - 35.

[66] Spakulova, M., V. Birova, and J. K. Macko. 1991. Seasonal changes in the species composition of nematodes and acanthocephalans of ducks in East Slovakia. *Biologia* 46:119 - 128.

[67] Springer, W. T., J. Johnson, and W. M. Reid. 1969. Transmission of histomoniasis with male Heterakis gallinarum(Nematoda). *Parasitology* 59:401 -405.

[68] Ssenyonga, G. S. Z. 1982. Efficacy of fenbendazole against helminth parasites of poultry in Uganda. *Trop Anim Health Prod* 14:163 - 166.

[69] Swales, W. E. 1933. Tetrameres crami Sp. Nov., a nematode parasitizing the proventriculus of a domestic duck in Canada. *Can J Res* 8:334 - 336.

[70] Thienpont, D. and J. Mortelmans. 1962. Methyridine in the control of intestinal capillariasis in birds. *Vet Rec* 74:850 - 852.

[71] Tongson, M. S. and B. M. McCraw. 1967. Experimental ascaridiasis:Influence of chicken age and infective egg dose on structure of Ascaridia galli populations. *Exp Parasitol* 21:160 - 172.

[72] Tsvetaeva, N. P. 1960. Pathomorphological changes in the proventriculus of the ducks by experimental tetrameriasis. *Helminthologia* 2:143 - 150.

[73] Tully, T. N. and S. M. Shane. 1996. Ratite Management, Medicine and Surgery. Krieger Publishing Comp., Malabar,FL. 115 - 126.

[74] Tyzzer, E. E. 1926. Heterakis vesicularis Froelich 1791: A vector of an infectious disease. *Proc Soc Exp Med* 23:708 - 709.

[75] Verma, N., P. K. Bhatnager, and D. P. Banerjee. 1991. Comparative efficacy of three broad spectrum anthelmintics against Ascaridia galli in poultry. *Indian J Anim Sci* 61:834 - 835.

[76] Wakelin, D. 1965. Experimental studies on the biology of Capillaria obsignata, Madson, 1945, a nematode parasite of the domestic fowl. *J Helminthol* 39:399 - 412.

[77] Watson, H., D. L. Lee, and P. J. Hudson. 1988. Primary and secondary infection of the domestic chicken with Trichostrongylus tenuis(Nematoda), a parasite of red grouse,with observations on the effect on the cecal mucosa. *Parasitol* 97:89 - 99.

[78] Wehr, E. E. 1936. Earthworms as transmitters of Capillaria annulata, the crop-worm of chickens. *North Am Vet* 17:18 - 20.

[79] Wehr, E. E. 1967. Anthelmintic activity of thiabendazole against the gapeworm(Syngamus trachea) in turkeys. *Avian Dis* 11:44 - 48.

[80] Wehr, E. E. 1972. In M. S. Hofstad, B. W. Calnek, C. F. Helmboldt, W. M. Reid, and H. W. Yoder, Jr. (eds.). Diseases of Poultry,6th ed. Iowa State University Press:Ames,IA,844 - 883.

[81] Wehr, E. E. and J. C. Hwang. 1964. The life cycle and morphology of Ascaridia columbae (Gmelin, 1790) Travassps. 1913. (Nematoda:Ascarididae) in the domestic pigeon (Columba livia domestica). *J Parasitol* 50:131 -137.

[82] Wehr, E. E., M. I. Colglazier, R. H. Burtner, and L. M. Wiest, Jr. 1967. Methyridine, an effective anthelmintic for intestinal threadworm, capillaria obsignata in pigeons. *Avian Dis* 11:322 - 326.

[83] Yamaguti, S. 1961. The nematodes of vertebrates. Parts Ⅰ and Ⅱ. Systema Helminthum. Vol. 3. Nematodes. Interscience:New York,1 - 1261.

[84] Yazwinski, T. A. 1999. Turkey worms(A. dissimilis) and fenbendazole. Turkey World. July-Aug. 22 -23.

[85] Yazwinski, T. A., P. Andrews, H. Holtzen, B. Presson, N. Wood, and Z. Johnson. 1986. Dose-titration of fenbendazole in the treatment of poultry nematodiasis. *Avian Dis* 30:716 - 718.

[86] Yazwinski, T. A., M. Rosenstein, R. D. Schwartz, K. Wilson, and Z. Johnson. 1993. The use of fenbendazole in the treatment of commercial turkeys infected with Ascaridia dissimilis. *Avian Pathol* 22:177 -181.

[87] Zieris, H. and P. Betke. 1991. Cyathostoma bronchialis (Muhling 1884),Ordnung Strongylida,Familie Syngami-

dae bei Mandarinenten(Aix galericulata) als Todesur-
sache. *Monatschefte fur Vet* 46;146-149.

绦虫和吸虫①

Cestodes and Trematodes

Larry R. McDougald

引 言

在剖检禽类的肠道和其他内脏器官时，可能会发现许多种寄生蠕虫。有些蠕虫体型很大，在严重感染时可导致肠道阻塞。有些则很小，需要在放大镜下观察，以区别于肠道内容物。如果所见虫体背腹扁虫，它们可能是属于扁形动物门的"扁虫"。绦虫隶属于绦虫纲，吸虫隶属于吸虫纲。虫种的准确鉴别是有效地控制感染的基础，借此可制定科学的控制措施，即消灭中间宿主以切断生活史；其他的还需用驱虫药进行治疗。

绦虫 Cestodes

绝大部分禽类是一些绦虫（扁形动物门/绦虫纲）的宿主。放牧或庭院内养殖的鸡或火鸡，肠道内寄生绦虫的比例很高。在较暖和的季节，中间宿主繁多，因而绦虫也更常见。集约化养禽地区的禽类却很少被感染，因为舍饲禽接触不到中间宿主。宿居禽舍的甲虫与家蝇仍是两种大型绦虫——有轮赖利绦虫（*Raillietina cesticillus*）和漏斗带绦虫（*Choantaenia infundibulum*）的中间宿主。

有些更大型的绦虫能完全阻塞禽的肠道，不过绦虫病或是长期感染造成的死亡却是很少见。不同种的绦虫致病性差异很大，因此有必要鉴别虫种。

遗憾的是，诊断人员常常满足于诊断出"绦虫病"或"带绦虫病"，而不再鉴别具体的虫种。对不同绦虫病的预防、预后和治疗，可能均有不同。只有在鉴别出虫种之后，才能进一步评估禽所受到的损伤和考虑将应采取的控制措施（表27.5）。在鉴别一些不常见的虫种时，可参阅几本专门教科书[8,11,15,16]，以弥补本书检索表与图示部分的不足

之处。

绦虫呈带状、扁平，体常分节。单个的分节常用节片（proglottid）这一术语来描述，因为分节是被经典动物学家用作描述其他动物特征的专有名词（图27.33）。每天，都有一至数个孕节从绦虫体后端脱落下来。每个成熟节片含有一至数套生殖器官，当成熟节片（简称为成节）变为孕卵节片（简称为孕节）时，节片内便充满了虫卵。

绦虫无消化系统，靠从宿主肠道内容物里吸收营养。多数绦虫寄生于十二指肠、空肠和回肠，但鸭的巨头膜壳绦头（*Hymenolepis megalops*）却寄生于泄殖腔或法氏囊。禽受感染是因吞食了中间宿主，后者将绦虫幼虫传入禽类的肠道。这些幼虫称为似囊尾蚴（图27.34C）。不同绦虫种类的中间宿主不尽相同，可能是昆虫、甲壳动物、蚯蚓、蛞蝓、蜗牛或水蛭。

大多数绦虫的宿主特异性很强，仅寄生于一种或亲缘关系甚近的数种禽类。鉴别到属或种可能为找寻可能的中间宿主提供线索，诊断人员因此能够提出实际的控制方案。完成两个宿主参与的生活史需要一套独特的生态条件，因此禽群管理的少许变化很可能招致寄生虫生活史的阻断，从而实现有效的控制措施。

历史、发生和分布

迄今已从动物体内发现4 000多种绦虫[14]，早期发现的许多种都被纳入带属（*Taenia*）。由于目前没有禽绦虫归于带属，因此"带绦虫病"（taeniasis）这个名词对禽绦虫感染来说，远不如用"绦虫病"（cestodiasis）合适。辨识纤细的线样绦虫［线样膜壳绦虫（*Hymenolepis carioca*）］的单个节片需要放大观察，放大后可以看出这些虫体属于绦虫类。某些短小的绦虫，如节片戴文绦虫（*Davainea proglottina*），要只有显微镜下才可以见到。

分类

从野禽和家禽中已记载有1 400多种绦虫，由于

① E. E. Wehr 撰写了本书早期版本中关于吸虫的部分，W. W. Price, E. E. Byrd 和 Newton Kingston 则撰写了关于绦虫的部分。在此特别感谢他们对本版内容的贡献。

绝大多数没有俗名，最好记认其学名，即属名加种名。

这里列出3个科 [戴文科（Davainidae）、双壳科（Dilepididae）和膜壳科（Hymenolepidae）] 和10个属 [变带属（Amoebotaenia）、漏斗带属（Choanotaenia）、戴文属（Davainea）、双睾属（Diorchis）、剑带属（Drepanidotaenia）、不等边属（Imparmargo）、显宫属（Metroliasthes）、赖利属（Raillietina）、膜壳属（Hymenolepis）和皱缘属（Fimbriaria）] 的绦虫，因为它们可见于送到美国的诊断室的禽类。

表 27.5 美国禽的绦虫及其宿主

绦虫名称	终末宿主（偶见宿主）	中间宿主	致病程度
楔形变带绦虫（Amoebotaenia cuneata）	鸡（火鸡）	蚯蚓	轻度
漏斗带绦虫（Choanotaenia infundibulum）	鸡（火鸡）	家蝇、甲虫	中等
节片戴文绦虫（Davainea proglottina）	鸡	蛞蝓、螺	严重
线样膜壳绦虫（Hymenolepis carioca）	鸡（火鸡、北美鹑）	厩蝇、粪甲虫	不明
分枝膜壳绦虫（Hymenolepis cantaniana）	鸡（火鸡、孔雀、北美鹑）	甲虫	轻度或无
有轮赖利绦虫（Raillietina cesticillus）	鸡（火鸡、珍珠鸡、北美鹑）	甲虫	轻度或无
四角赖利绦虫（Raillietina tetragona）	鸡（珍珠鸡、孔雀、北美鹑、火鸡）	蚂蚁	中度至严重
棘沟赖利绦虫（Raillietina echinobothrida）	鸡（火鸡）	蚂蚁	中度至严重
珍珠鸡赖利绦虫（Raillietina magninumida）	珍珠鸡（鸡、火鸡）	甲虫	不明
火鸡戴文绦虫（Davainea meleagridis）	火鸡	不明	不明
瓦氏剑带绦虫（Drepanidotaenia watsoni）	野火鸡	不明	不明
贝氏不等缘绦虫（Imparmargo baileyi）	野火鸡	不明	不明
乔治赖利绦虫（Raillietina georgiensis）	野火鸡（家火鸡）	蚂蚁	不明
兰氏赖利绦虫（Raillietina ransomi）	野火鸡	不明	不明
威廉赖利绦虫（Raillietina williamsi）	野火鸡	不明	不明
清明显宫绦虫（Metroliasthes lucida）	火鸡（珍珠鸡、鸡）	蚱蜢	不明
秋沙鸭双睾绦虫（Diorchis nyrocae）	家鸭、野鸭	桡足类	不明
片形绉缘绦虫（Fimbriaria fasciolaris）	鸭（鸡）	桡足类	不明
鸭膜壳绦虫（Hymenolepis anatina）	家鸭、野鸭	淡水甲壳类	严重
缩短膜壳绦虫（Hymenolepis compressa）	鸭、鹅	不明	不明
环状膜壳绦虫（Hymenolepis collaris）	野鸭、家鸭（鸡）	淡水甲壳类（螺为补充宿主）	不明
冠状膜壳绦虫（Hymenolepis coronula）	鸭	甲壳类、螺	不明
矛形膜壳绦虫（Hymenolepis lanceolata）	鹅、鸭	甲壳类	严重
巨头膜壳绦虫（Hymenolepis megalops）	鸭	不明	不明
小膜壳绦虫（Hymenolepis parvula）	野鸭、家鸭	水蛭	不明

形态学和生活史

成虫

用于鉴别禽绦虫的解剖学特征可用节片戴文绦虫的描述来图示（图 27.33）。这个种与大多数其他绦虫的区别在于它只有一个或两个未成熟节片、成熟节片和孕卵节片，而不像其他绦虫具有几十个或几百个节片。全部节片连接形成的链称为链体（strobila）。此外尚有头节和颈节。头节为附着器官，其附着功能借助于4对吸盘，吸盘上也可有一或数圈小钩。如吸盘上有钩就称之为"有钩"绦虫，无钩者则称为"无钩"绦虫。虫体前端常有一被称为顶突（rostellum）的栓塞状器官。顶突借助于其上的一或数圈小钩或其部分地缩回到头节时产生吸着力。颈节是一个未分化的部分，位于头节和链体之间，由此而产生出新的节片。

每个节片中具有一套雌、雄性生殖器官。生殖器官的大小、位置可作为虫种鉴别特征之一。虫体自宿主的肠内容物中吸收和储藏了养分之后，单个或数个（呈短链）含大量虫卵的孕节脱落排出体外。节片戴文绦虫通常每天只脱落一个孕节，而有

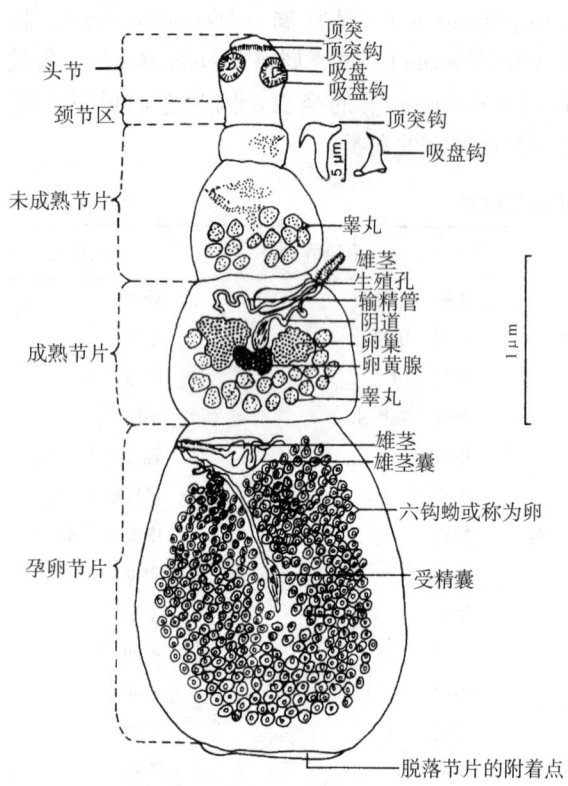

图 27.33 绦虫成虫（节片戴文绦虫）。节片戴文绦虫成虫虽然肉眼易见，但此虫却被称为"微型绦虫"，因为形小而常被漏检

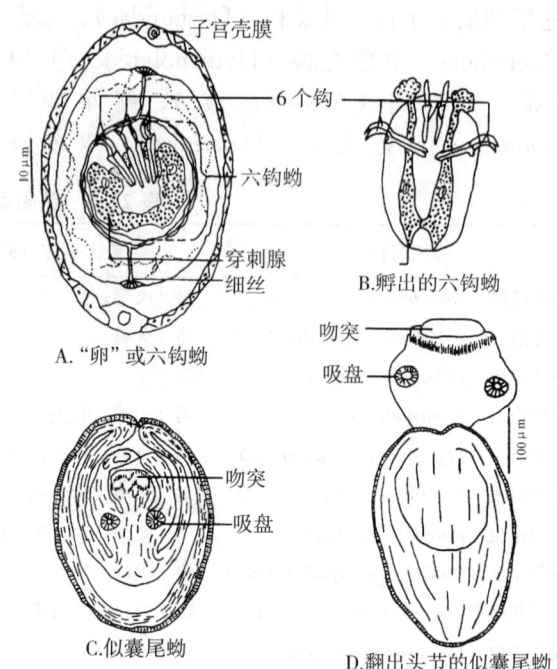

图 27.34 鸡绦虫的幼虫阶段［有轮赖利绦虫（*Raillietina cesticillus*）］。A. 具有壳膜的卵，壳膜系由子宫壁衍化而来，偶见虫卵散于粪中，但通常的情况是虫卵包囊在孕节中；B. 蜕去各层外膜的六钩蚴，活动性胚钩和从腺体分泌出的酶帮助其穿透中间宿主甲虫的肠壁；C. 似尾囊蚴，在甲虫的血腔内由六钩蚴发育而来；D. 翻出头节的似尾囊蚴，头节的外翻系借助于禽肠道内胆汁和酶的作用。

轮赖利绦虫则每大可脱落 10～12 个孕节。

六钩蚴

受精卵在子宫内发育为多细胞胚胎，称为六钩蚴或六钩胚。六钩蚴是一个多细胞的幼虫，具有穿刺腺和多个用于胚钩活动的肌质附属物。每个孕节中可含有数百个这样的多细胞胚或虫卵。虫卵外特殊的膜（图 27.34A）有助于鉴别不同种的绦虫。

似尾囊蚴

中间宿主如甲虫、家蝇、蛞蝓或螺，在被气味或孕节的活动吸引时，吞下粪中的散在虫卵或整个节片后遭受感染。在中间宿主的肠道内，六钩蚴孵化出来并穿透宿主肠壁。在这里，六钩蚴经组织的重组和极性的改变，发育为似尾囊蚴（图 27.34C，D）。这个过程大约需 2 周。此后，似尾囊蚴存留在中间宿主体腔之内直到被鸟类吞食。在禽类消化道内，似尾囊蚴受胆汁活化并附着于肠黏膜上，开始产生链体。从似尾囊蚴被终末宿主吞食至第一批孕节在粪中出现，历时 2～3 周。

诊断与鉴别

鸡绦虫不同种的鉴别特征可见于：（1）头节（图 27.33，27.35），（2）虫卵（图 27.34，27.37），（3）刚刚脱落的节片以及新鲜标本（图 27.33，27.36）[11]。尽管有时推荐应用鉴别染色来显示成节的内部构造，但对于大多数诊断实验室来说，此法实在太慢。染色前需用用酒精或福尔马林液保存虫体，但这样做常使快速鉴别需要的有用特征变得模糊不清。剖检禽只时，最好用剪刀在水中剖开肠道，这样有利于链体漂游起来，暴露出头节附着处。由于头节特征就足以鉴别出虫种，头节的分离是值得费力去做的。头节常易丢失，分离时要：（1）用两根解剖针剥离黏膜；（2）用锋利的外科刀深割下带头节的黏膜；（3）将浸在生理盐水中

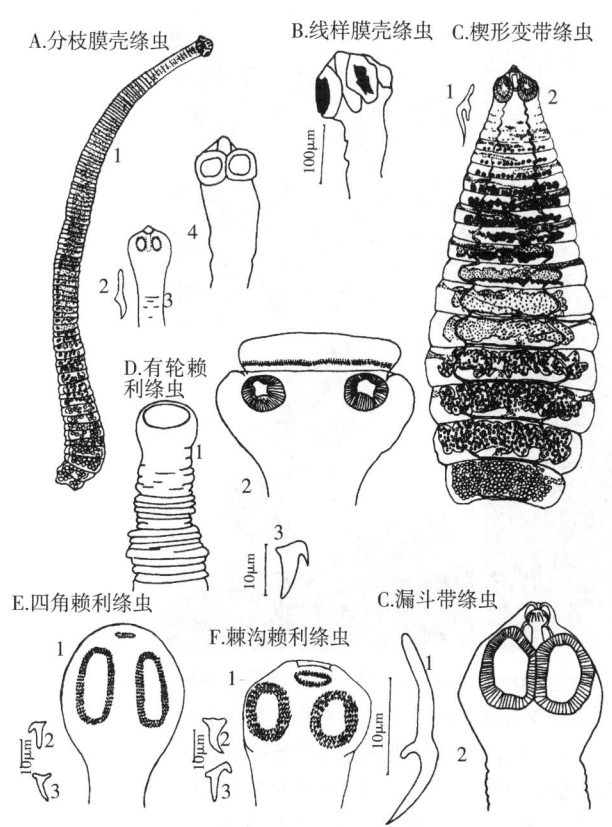

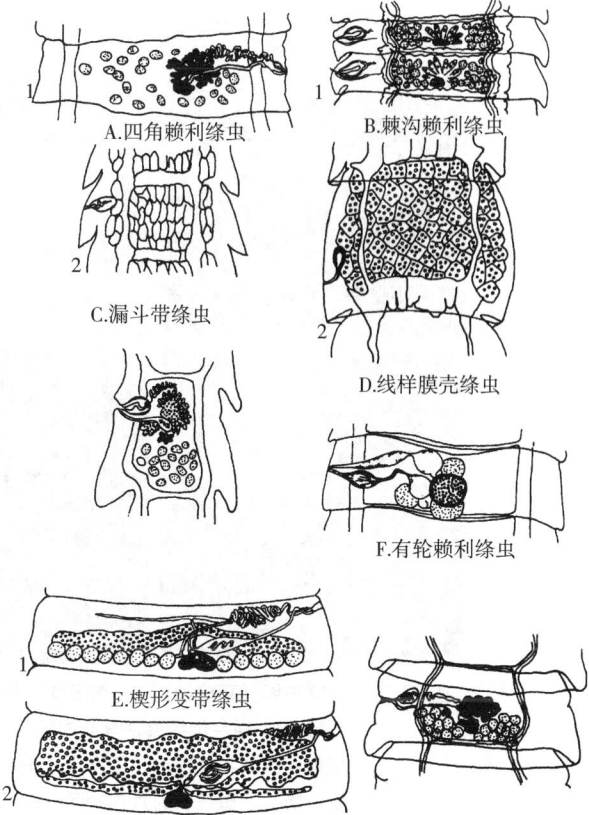

图 27.35　鸡绦虫头节的特征。A. 分枝膜壳绦虫：1. 头节和链体（引自 Ransom）；2. 小钩（引自 Yamaguti）；3. 头节（引自 Neveu－Lemaire）；4. 头节（引自 Wehr）。B. 线样膜壳绦虫头节（引自 Ransom）。C. 楔形变带绦虫（引自 Monnig）：1. 顶突钩；2. 整个虫体。D. 有轮赖利绦虫：1. 头节（引自 Ackert）；2. 头节（引自 Monnig）；3. 顶突钩（引自 Ransom）。E. 四角赖利线虫：1. 头节（引自 Monnig；2 和 3. 吸盘钩和顶突钩（引自 Ransom）。F. 棘沟赖利绦虫：1. 头节（引自 Monnig）；2 和 3. 吸盘钩和顶突钩（引自 Ransom）。G. 漏斗带绦虫：1. 钩（引自 Ransom）；2. 头节。（引自 Monnig）

图 27.36　鸡绦虫成节和孕节。A. 四角赖利线虫：1. 成熟节片（引自 Ransom）；2. 孕节卵袋中的卵（引自 Neveu - Lemaire）。B. 棘沟赖利绦虫：1. 成节（引自 Fuhrmann）；2. 孕节（引自 Lang）。C. 漏斗带绦虫（引自 Fuhrmann）；D. 线样膜壳绦虫（引自 Sawada）；E. 楔形变带绦虫：1. 成熟节片 2. 充满虫卵的孕节片（引自 Fuhrmann）。F. 有轮赖利绦虫：成节。（引自 Monnig）

的带虫肠段置冰箱内数小时。将盖有盖玻片的湿制头节标本置 100 倍或更高倍镜下观察，有时会看到足以鉴别到种的特征。有时需要测量钩的大小，这要在高倍镜下用目镜测微尺测出。有时需要制备半永久性头节透明标本，这时在载玻片上滴加 1 滴霍氏液（Hoyer's solution，在 50mL 蒸馏水中顺次加入 30g 阿拉伯胶、200g 水合氯醛和 20g 甘油调匀即为霍氏液）即可。撕开孕节覆以盖片即可观察其内虫卵的特征（图 27.37）。低倍观察成节或孕节的湿制标本可以发现某些鉴别特征，如雄茎囊的位置、大小和形状，生殖孔和生殖腺的位置。如果定种尚需要观察节片内部的细微构造，此时应杀死虫体，经固定、染色、脱色和脱水后制成永久封制标本[1]。

鸡绦虫

这里列出常见于美国大陆的 8 种鸡绦虫的二叉式检索表。其使用方法是连续在 1a 和 1b，2a 和 2b，……间连续选择，直至找到种名。镜下观察虫体某个部位时，可不时与本书列出的头节（图 27.35）、虫卵（图 27.37）和节片（图 27.36）线条图加以比较。对于罕见种，可能需要参阅其他资料的附加叙述[16]。

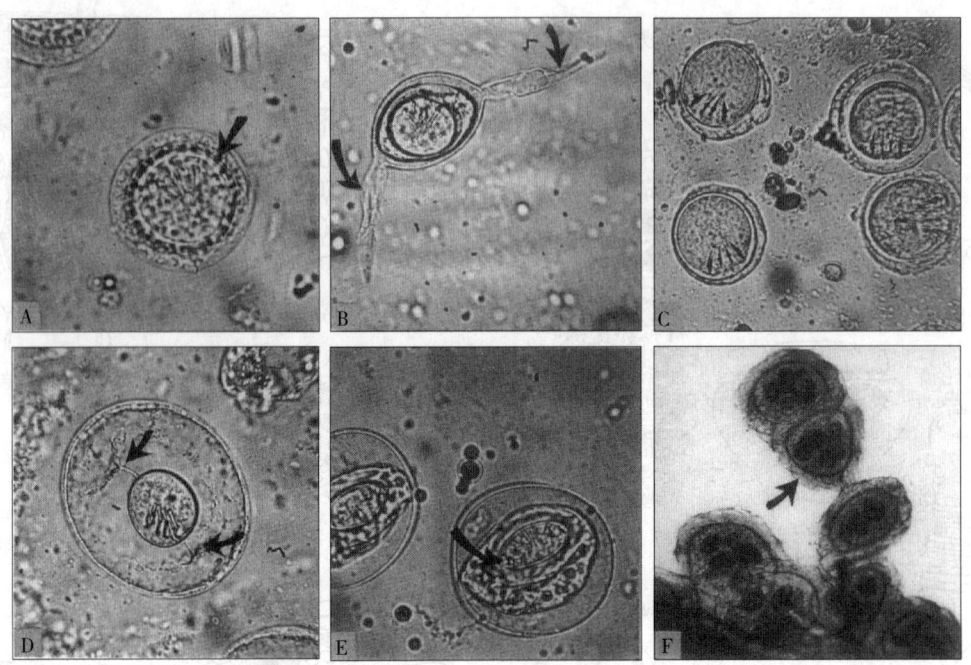

图 27.37　鸡绦虫卵（高倍镜）。A. 楔形变带绦虫（*Amoebotaenia sphenoides*），箭头示明显的颗粒层；B. 漏斗带绦虫带有长的细带；C. 节片戴文绦虫；D. 有轮赖利绦虫，箭头示两层膜间的漏斗状构造，仅发现于充分发育的孕节片；E. 线样膜壳绦虫或分枝膜壳绦虫，箭头示橄榄状的六钩蚴和一端的颗粒状的堆积物；F. 含 6～12 个卵的卵袋，发现于鸡（四角赖利绦虫和棘沟赖利绦虫）和火鸡的绦虫［乔治赖利绦虫（*R. georgiensis*）和威廉赖利绦虫（*R. williamsi*）］

种的检索表

1a. 微型虫体，长度小于 1cm（"微型"绦虫）；节片数很少，最末端一节为孕节 ……………………………… 2

1b. 长度超过 1cm ……………………………………… 3

2a. 楔形虫体，大约 20 个节片，后端的节片短而宽（图 27.35C，27.36E，27.37） ………………………
………… 楔形变带绦虫（*Amoebotaenia cuneata*）

2b. 仅 2～5 个节片，极少为 9 个，后边的节片长宽相等（图 27.33）… 节片戴文绦虫（*Davainea proglottina*）

3a. 呈线状，宽度不超过 1.5mm；头节脆弱，常脱落不见；在一只禽中超过 100 条，节片短而宽，膜壳属（Hymenolepis） ……………………………………… 4

3b. 虫体粗壮，孕节宽度超过 2mm ………………… 5

4a. 成熟虫体（包括孕节）的长度短于 12mm（图 27.35A）
………………………… 分枝膜壳绦虫（*H. cantaniana*）

4b. 成熟虫体（包括孕节）的长度长于 12mm（图 27.35B，27.36D） ……………… 线样膜壳绦虫（*H. carioca*）

5a. 一个卵袋中含有 5～12 个卵，将虫体末端的孕节盖玻片下压碎后观察即可证实（图 27.37F） ……………… 6

5b. 在卵袋中的胚胎围有多层膜，一个卵袋中包有一个虫卵（高倍下观察） ……………………………………… 7

6a. 雄茎囊小（长 75～100μm）；吸盘呈典型的卵圆形（图 27.35E，27.36A） ………… 四角赖利绦虫（*R. tetragona*）

6b. 雄茎囊大（长 130～180μm）；吸盘呈圆形（图 27.35F，27.36B） ………… 棘沟赖利绦虫（*R. echinobothrida*）

7a. 外膜延长出两条带（图 27.37B） ………………………
…………… 漏斗带绦虫（*Choanotaenia infundibulum*）

7b. 外膜光滑、圆形、有 2 条细带（图 27.34A，27.37D）
……………………… 有轮赖利绦虫（*R. cesticillus*）

此处列出鸡的 8 个绦虫种的描述，以帮助证实初步鉴定之准确性。

楔形变带绦虫（*Amoebotaenia cuneata*，Linstow 1872）

鉴别特征

虫体短小（小于 4mm，25～30 个节片），白色，突出于十二指肠绒毛外（图 27.35C）；前端呈三角形，具有一个尖形的头节，使整个虫体前部成楔形。吸盘上无钩，顶突上有一圈小钩，12～14 个，长 25～32μm；睾丸 12～15 个，在每个节片的后缘排成一行（图 27.36E）；生殖孔通常规则地左右交错开口于每个节片的最前方：六钩蚴单个散在，外围有明显的颗粒层（图 27.37A），钩长 6μm。

生活史

隶属于异唇属（*Allotophora*）、环毛属（*Pheritima*）、寒属（*Ocnerodrilus*）和飞蚓属（*Lumbricus*）的几种蚯蚓是此绦虫的中间宿主。文献关于楔形变带绦虫致病作用的记载，从"比较轻微"至"引起死亡"均有，尚无对比试验的报告。

漏斗带绦虫（*Choanotaenia infundibulum*，Bloch 1779）

鉴别特征

大型粗状虫体，色洁白，常附着于小肠的上半部。成熟虫体长达 23cm；大的顶突上有一圈大钩，16～22 个，长 25～30μm；吸盘上无钩（图 27.35G）；生殖孔不规则地交错开口；睾丸 25～60 个，聚集在节片的后部（图 27.36C）；虫卵上具有明显的细带（图 27.37B），胚钩长 18μm。

生活史与致病性

本虫的中间宿主是家蝇和某些甲虫。其他尚有 9 个科的甲虫、蚱蜢和白蚁均可作为实验性的中间宿主。鸡在吞食受感染的蝇以后，经 13 天排出孕节。尚无有关致病性的对比实验报告。

节片戴文绦虫（*Davainea proglottina*，Davaine 1860）

鉴别特征

当将剖开的肠管漂在水中时，孕卵节片突出于十二指肠的绒毛之上，据此可确定微型节片戴文绦虫的存在。虫卵没有明显的胚膜，但胚钩显著，长 10～11μm（图 27.37C）；成熟的虫体很小，长 4mm；节片不多于 9 个；吸盘上有 3～6 圈小钩（图 27.33）；顶突上有钩；生殖孔规则地交互开口于每个节片的前缘；雄茎特大。

生活史

本虫的中间宿主是某些蛞蝓和陆螺。沿着易感蛞蝓的消化道，曾生长有 1 500 个以上的似囊尾蚴，保持感染力 11 个月以上。绦虫可存活达 3 年之久；在一只鸡中曾发现 3 000 条以上的虫体。

致病性

本绦虫对于幼禽的致病力较强。试验证明，感染鸡生长率可下降 12%[5]。病鸡消瘦，羽毛污秽，运动迟钝，呼吸困难，肠道黏膜增厚、出血、含有臭味的黏液，四肢无力、麻痹，最终死亡。

分枝膜壳绦虫（*Hymenolepis cantaniana*，Polonio 1860）

鉴别特征

本虫是一种短的膜壳绦虫（最长 2cm），外形与线样膜壳绦虫相似，但后者更长。通常把本虫描述为无钩，但欧洲研究者描述有顶突钩（图 27.35A）；顶突脆弱，常丢失；生殖孔向一侧开口，位于节片中部之前；卵与线样膜壳绦虫的相似，其胚钩长为 13～14μm。

生活史

粪甲虫〔金龟子科（Scarabeidae）〕是本虫的中间宿主；每只甲虫可含有 100 或更多的似囊尾蚴。从一个六钩蚴通过出芽产生很多似囊尾蚴是本种特有的幼虫发育方式。尚无对比试验报告，但此绦虫被认为是相对无致病性的。

线样膜壳绦虫（*Hymenolepis carioca*，Magalhaes 1898）

鉴别特征

在一只鸡或火鸡的十二指肠中，曾发现数千条这种极细的虫体。此虫体很细，其直径约 1mm，以至由几百个不明显的节片组成的链体，外观上更像一根细线。吸盘上无钩；具有顶突囊，顶突退化（图 27.35B）；睾丸 3 个，通常成直线排列；生殖孔向一侧开口，位于节片边缘中部之前（图 27.36D）；带有内膜的六钩蚴呈橄榄状，两端有颗粒状的堆积物（图 27.37E），其钩长 10～12μm。

生活史

属于 9 个科的 26 种甲虫和一种白蚁是人工和天然感染的中间宿主。粪甲虫和地甲虫是常见的感染来源。曾报道家蝇是中间宿主，这可能是错误的。

致病性

每只实验鸡感染数百条虫体，其增重率与同龄对照鸡相比较并无下降。此结果表示该虫相对无致病性。

有轮赖利绦虫（*Raillietina cesticillus*，Molin 1858）

鉴别特征

这是一种大而粗壮的绦虫（长 15cm），其头节深埋在十二指肠和空肠的黏膜内；宽大扁平的顶突上有两圈棒槌状小钩，共计 300～500 个。扁平的顶突像一个能够伸缩的活塞嵌在头节的外袖套里，使虫体能紧紧地吸着于宿主黏膜上（图 27.35D1，D2）。顶突；具有 4 个不发达的吸盘，无钩；生殖孔不规则地交互开口（图 27.36F）；睾丸 20～30 个，位于节片的后部；每一个卵均有子宫膜包裹；在成熟卵的中层膜和内膜之间具有 2 条漏斗状的带（图 27.37D）。

生活史

分属于 10 个科的 100 种以上的甲虫是天然的和人工的中间宿主。在肉鸡舍内，一种小型的阎虫科甲虫［矮小阎虫（*Carcinops pumilio*）］是天然的中间宿主。对黑甲虫即暗黑菌虫（*Alphitobius diaperinus*）、家蝇、蚱蜢、蚂蚁和鳞翅目昆虫幼虫进行人工感染没有获得成功。曾在一个感染的地甲虫体内发现多达 930 个似囊尾蚴。

致病性

早期的报道说该虫使禽类消瘦、肠绒毛变性和发炎，血糖和血红素下降以及增重率下降；但这在蛋鸡和肉鸡（饲喂最佳日粮）的大量对比试验中未能证实[2]。人工感染 300 个似尾囊蚴的肉鸡和蛋鸡（每只鸡平均有 135 条成虫发育），与不感染的对照组相比肉鸡的增重率和蛋鸡的产蛋量都没有下降。

四角赖利绦虫（*Raillietina tetragona*，Molin 1858）

鉴别特征

虫体中等大小，长 25cm，宽 3mm；头节（图 27.35E1）附着在小肠后半部；顶突上有 90～100 个小钩，钩长 6～8μm，排成一圈或两圈（图 27.35E2）；吸盘呈卵圆形，上有 8～12 圈小钩。钩长 3～8μm（图 27.35E）。生殖孔通常为一侧开口（图 27.36A）。子宫破裂后变为许多卵袋，每个卵袋中含 6～12 个卵（图 27.36A2，27.37F），这与鸡的棘沟赖利绦虫（*R. echinobothrida*）和火鸡的威廉赖利绦虫（*R. williamsi*）及乔治赖利绦虫（*R. georgensis*）相似。雄茎囊小（长 75～100μm），与棘沟赖利绦虫相似，但更偏向节片的

前缘。

生活史

本虫的中间宿主是几种在鸡场的石缝、木板下做窝的蚂蚁。当宿主吞食似囊尾蚴后，最短的潜在期为 13 天。

致病性

用白来航鸡和杂种鸡做人工感染对比试验（每只鸡平均有 12～16 条虫）表明，病鸡体重下降[9]。在 4 个品种产蛋鸡中，每只感染 50 个似囊尾蚴后都出现了产蛋量下降，肝及肠黏膜糖含量均降低。

棘沟赖利绦虫（*Raillietina echinobothrida*，Megnin 1881）

鉴别特征

与四角赖利绦虫相似，但下面这些特征两者不同：本虫链体更长（长 34cm，宽 4mm）；顶突上具有 200～250 个小钩，钩长 10～13μm（图 27.35F）；头节上有圆形吸盘，吸盘上有 8～15 圈小钩，钩长 5～15μm（图 27.35F2，3）；生殖孔开口在节片的后半部（图 27.36B2）；雄茎囊大，长 130～180μm；孕节间在中央连接处不紧密，在两个节片中间像开了窗户似的，这在四角赖利绦虫未见。

生活史

如四角赖利绦虫一样，很多种蚂蚁自然地感染有本虫的似囊尾蚴。曾发现共感染棘沟赖利绦虫和四角赖利绦虫的蚂蚁。

致病性

棘沟赖利绦虫被认为是致病性最强的禽绦虫之一，因为它的存在与鸡的结节病有关。Nadakal 等[10]报道，人工感染 200 个似囊尾蚴后 6 个月，在绦虫附着处发现寄生虫性肉芽肿，直径约为 1～6mm。病鸡还伴发卡他性增生性肠炎，淋巴细胞、多形核白细胞和嗜酸性白细胞浸润。

火鸡绦虫

在美国已报道有 6 种绦虫寄生于家火鸡和/或野火鸡[12]。因为一些绦虫容易在野火鸡和家火鸡间传播，因此野火鸡是这些绦虫的贮藏宿主。尚未做过任何一种火鸡绦虫的致病性方面的对比试验。

这里仅介绍两种生活史已明了的绦虫。不同种的头节（图 27.38）和体节（图 27.39）分别绘制成图，以助于鉴别那些不完整的标本。

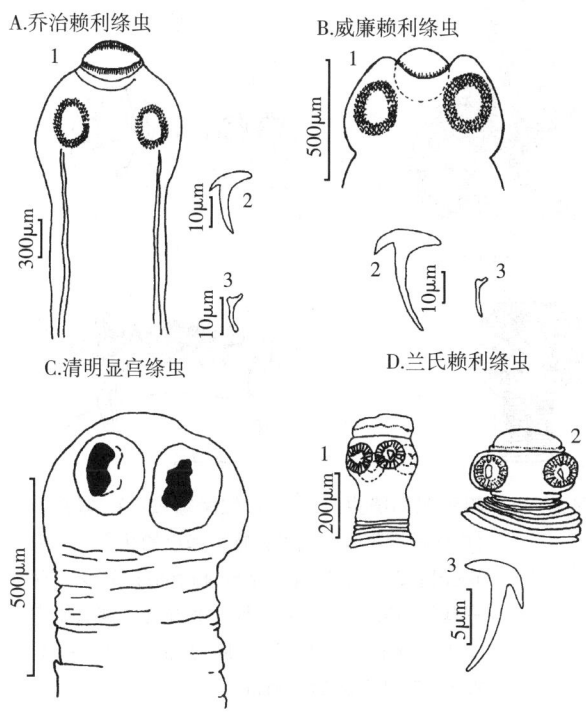

图 27.38　火鸡绦虫的头节。A. 乔治赖利绦虫：1. 头节；2. 顶突钩；3. 吸盘钩（引自 Reid 和 Nugara）。B. 威廉赖利绦虫：1. 头节；2. 顶突钩；3. 吸盘沟（引自 Williams）。C. 清明显宫绦虫头节（Ransom）；D. 兰氏赖利绦虫：1 和 2 头节；3 顶突沟（引自 Williams）。

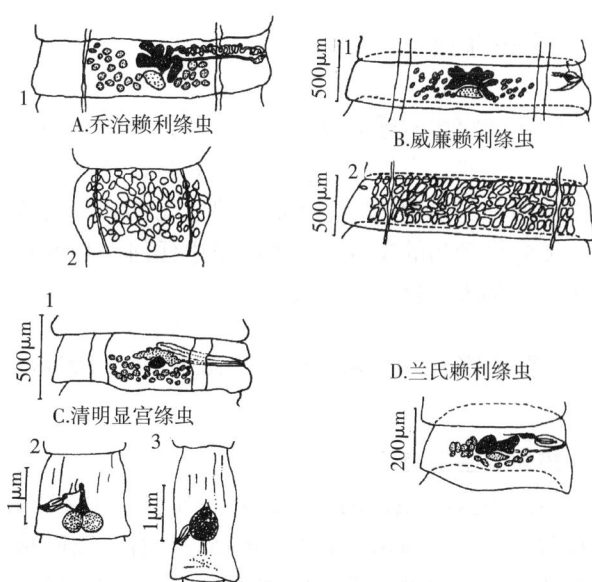

图 27.39　野火鸡和家火鸡绦虫的成节和孕节。A. 乔治赖利绦虫（引自 Reid 和 Nugara）。B. 威廉赖利绦虫：1. 成熟节；2. 孕卵节中有卵袋，袋卵中有若干卵（引自 Williams）。C. 清明显宫绦虫：1. 成熟节；2. 节片中有一个分为两部分的子宫和正在发育的子宫周器官；3. 孕卵节（引自 Ransom）。D. 兰氏赖利绦虫的成节。（引自 Williams）

致病性

寄生数量大时发生肠炎。本虫对宿主的损害，只是基于其与鸡的棘沟赖利绦虫相近似而推论得来的。

清明显宫绦虫（*Metroliasthes lucida*，Ransom 1900）

描述及鉴别特征

火鸡和珍珠鸡的大型绦虫（长 20cm），偶见于鸡；头节和吸盘均无钩；吸盘直径 200～250μm（图 27.38C）；生殖孔不规则地交替开口在成节的中部边缘，但在孕节则开口于后部；子宫由两个并列的囊组成，称子宫周器官，在孕节中肉眼可观察到（图 27.39C2，C3）；卵具有 3 层膜，大小为 75×50mm。

生活史

数种蚱蜢是本虫的中间宿主；随温度不同，似囊尾蚴在蚱蜢体内的发育需 15～42 天。

致病性

不详。

乔治赖利绦虫（*Raillietina georgiensis*，Reid 和 Nugara 1961）

描述及鉴别特征

是家火鸡和野火鸡的大而粗壮的绦虫，长 15～38cm，宽 3.5mm；顶突（图 27.38A）上有 230 个中等长度的小钩，排成两圈，长 12～23μm；吸盘呈圆形，有 8～10 圈小钩，钩长 8～13μm（图 27.38A2，A3）；生殖孔在节片中部同一侧开口（图 27.39A）；卵包在由子宫壁形成的卵袋中，与四角赖利绦虫和棘沟赖利绦虫的相似。

生活史

一种在火鸡场常见的小褐色蚂蚁（*Pheidole vinelandica*）是本虫的天然中间宿主。从火鸡吞进携带似囊尾蚴的蚂蚁至排出孕节只需 3 周。本虫曾被野火鸡带入家火鸡饲养场。

鸭和鹅的绦虫

家鸭和家鹅常感染很多种野鸭和野鹅带来的绦虫，其中有些种也偶见于鸡。下面介绍较常见的虫种中的两种。生活史的完成常需要甲壳类和其他的水生无脊椎动物的参与。本类绦虫中任何一种的致病作用，都未做过对比试验。

片形绉缘绦虫（*Fimbrairia fasciolaris*，Pallaas 1781）

描述及鉴别特征

本虫为大型扭曲的鸭绦虫，也寄生于鸡和 31 种野禽。长 5～43cm，宽 1～5mm；具有一喇叭形的颈部区，称为假头节；链体不分节，但有横纹，给人以分节的印象（图 27.40A1）；头节很小（图 27.40A3，A4），连接在假头节上，宽 100～130mm；吸盘上无钩；能够回缩的顶突有 10～12 个小钩，钩长 17～22mm（图 27.40A2）；生殖孔在同一侧开口，且拥挤在一起；六钩蚴直径 35～45mm，胚钩长 16mm。

生活史

似囊尾蚴在桡足类［镖水蚤（*Diaptomus* sp.）、剑水蚤（*Cyclops* sp.）］体内发育；终末宿主在饮水时，因吃时中间宿主而获得感染。致病性不详。

巨头膜壳绦虫（*Hymenolepis megalops*，Nitzsch, in Creplin 1829）

描述及鉴别特征

全球性分布的水禽绦虫（图 27.40B），长 3～6mm；因有一附着在泄殖腔或法氏囊上大的头节（宽 1～2mm）而极易辨认；吸盘和顶突上无钩，顶突含一发育不良的中心凹窝；卵不在卵袋中。

生活史

六钩蚴在介形类甲壳动物体内发育为似囊尾蚴需 18 天。终末宿主是因为摄食介形类甲壳动物而获得感染的。

致病性

据报道，致病程度从"严重损害"至"与其他绦虫［冠状膜壳绦虫（*H.coronula*）和有叉膜壳绦虫（*H.furcigera*）］混合感染造成禽的死亡"不等。

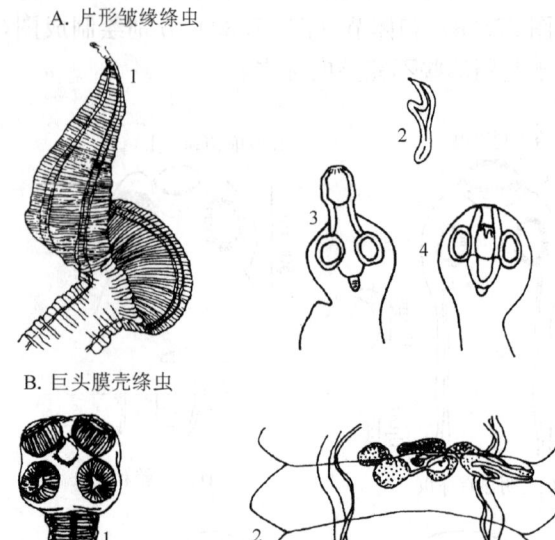

A. 片形皱缘绦虫

B. 巨头膜壳绦虫

200μm

图 27.40　鸭和鹅的绦虫。A. 片形皱缘绦虫：1. 假头节（虫体前端不规则的膨大物）和小的头节（引自 Todd）；2. 顶突钩（引自 Fuhrmann）；3. 头节带一延伸的顶突；4. 头节带一缩进的顶突（引自 Neveu-Lemaire）。B. 巨头膜壳绦虫：1. 头节；2. 成节。（引自 Yamaguti）

预防和控制

养殖方式从家庭场院养殖向集约化室内养殖的转变大大降低了鸡和火鸡的绦虫感染。许多禽群不再容易接触到昆虫或其他无脊椎动物类中间宿主了。节片戴文绦虫是致病性最强的绦虫种类之一，在 1932 年，送往纽约州诊断室的鸡有 23％感染节片戴文绦虫。近年来已见不到此等病例，原因可能是禽类不再容易接触到生活在庭院的蛞蝓了。

防止禽类与中间宿主接触是考虑如何控制绦虫所应采取的第一步。根除中间宿主有时尚能产生其他效益，而不单单是控制了绦虫病。如果漏斗带绦虫见于笼养蛋鸡，控制家蝇则使养禽者既控制了漏斗带绦虫的感染，又避免了公共卫生方面对蝇多成灾的抱怨（见第 32 章）。如果有轮赖利绦虫见于舍养肉鸡，针对暗黑菌虫的甲虫控制措施还可以根除真正的中间宿主矮小阎虫（一种小型的阎虫类甲虫）。虫种鉴别有助于提出具体控制措施，并能推荐制定相应的中间宿主控制方案。

治疗

在美国，仅批准一种药物用于禽类。早年，丁醇锡（Butynorate，Dibutyltin dilaurate）获准用于治疗 6 种绦虫（有轮赖利绦虫、四角赖利绦虫、漏斗带绦虫、节片戴文绦虫、分枝膜壳绦虫和楔形变带绦虫）感染[3]。因此，需采取措施直接控制中间宿主以减少其滋生群体。

吸虫 Trematodes

吸虫是扁平叶状的一类寄生蠕虫，隶属于扁形动物门，吸虫纲。与绦虫纲绦虫不同的是，它们有消化系统，但体不分节。所有禽类吸虫的生活史都需要软体动物类中间宿主参与，有许多种类还需第二个中间宿主。因为成虫和童虫几乎侵入禽类所有的体腔和组织，所以剖检任何部位时都可能意外地碰到吸虫。

送检于诊断室最常见的家禽或宠物鸟（隶属 4 个目）的寄生虫有 500 多种，属于 125 个属，27 个科[4]；其中 20 种对西半球的禽类有潜在危险。这些吸虫见于 4 个目的禽类，即雁形目（鸭和鹅）、鸡形目（鸡和火鸡）、鸽形目（鸽和其同类）与雀形目（栖木鸟类）。吸虫的宿主特异性不如绦虫强。因此野禽常将感染带至家禽饲养地区。因为许多螺蛳生活在池塘和小溪，所以鸭与鹅最常受到感染。输卵管吸虫［前殖属未定种（*Prosthogonimus* sp.）］常见于多种野禽，有时也在鸭与鸡群中引起问题[6]。后文将以此虫为代表叙述吸虫的形态与生活史。输卵管吸虫在美国被称为巨睾前殖吸虫（*P. macrorchis*），而在其他国家，则称为卵形前殖吸虫（*P. ovatus*）或其他。

形态与生活历史

吸虫成虫（图 27.41）呈扁平的卵圆形，有两个吸盘。消化系统包括口吸盘围绕着的口、一个咽、一个短的食道和两根肠管（盲肠）。吸虫无肛门。同一虫体有两个睾丸和一个卵巢。受精后的合子和一些来自卵黄腺的卵黄细胞一起被包围在卵壳内。许多虫卵贮存在发达盘曲的子宫内。排泄系统

源于一系列带有一撮纤毛的焰细胞，焰细胞连入集合管系统，集合管系统汇入排泄囊，排泄囊开口即排泄孔靠近虫体后端。排泄管的排列方式是吸虫的科级分类特征。

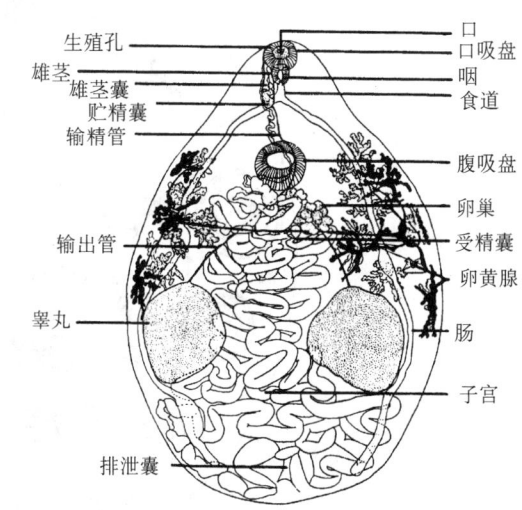

图 27.41 巨睾前殖吸虫（*Prosthogonimus macrorchis*）成虫的形态。（引自 Macy）

生活史

成虫持续排卵，虫卵随着宿主的粪便到达外界，其内的胚胎在外界发育为毛蚴。此类吸虫的毛蚴在易感宿主螺蛳的体内孵出。毛蚴在螺蛳体内继续发育为胞蚴、尾蚴。尾蚴从螺蛳体内逸出浮游在湖或池塘中。有些尾蚴被蜻蜓稚虫吸入到气管鳃篓内。在稚虫体内，尾蚴形成包囊（囊蚴），并一直呆到蜻蜓稚虫或成虫被禽类所食（图 27.42）。

鉴定

Kingston[4] 描述了偶见送检于诊断室的禽类的 24 种吸虫。更多虫种的名录见于 Yamaguti[17]，McDonald[7] 和 Schell[13] 的著作。最后一位作者还叙述了鉴别、采集、保存和染色吸虫的方法，重点是放在见于北美的吸虫的科与属级阶元。

致病性

前殖吸虫俗称输卵管吸虫。由于它给养禽者带来经济损失包括：（1）新近感染的禽群大大降低产

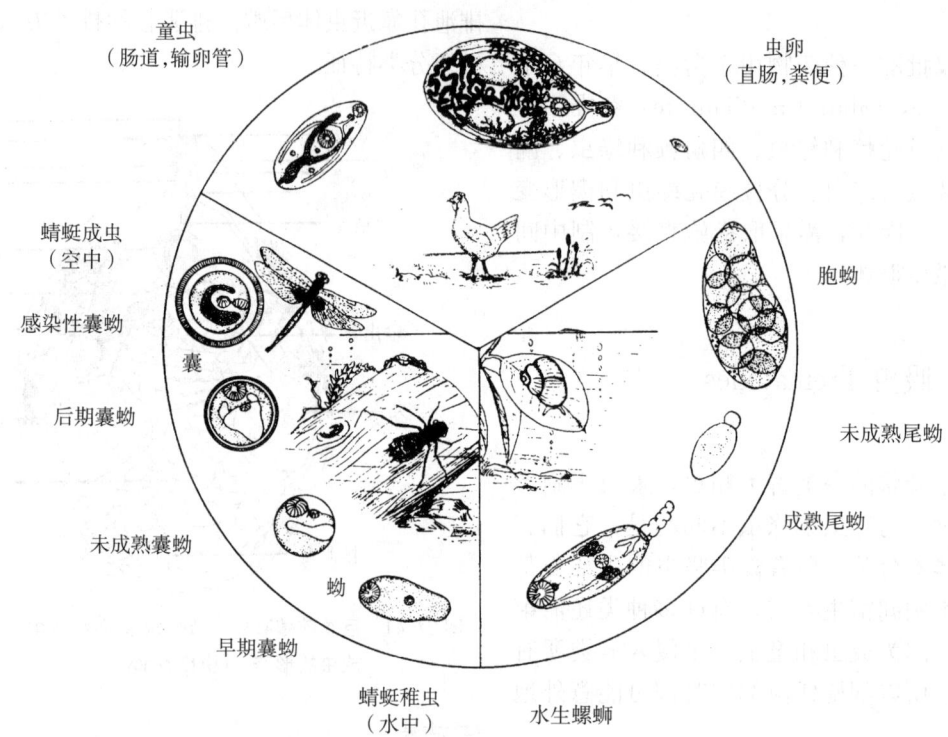

终末宿主体内的发育阶段
成虫（输卵管）

童虫
（肠道，输卵管）

虫卵
（直肠，粪便）

蜻蜓成虫
（空中）

感染性囊蚴

囊

后期囊蚴

胞蚴

未成熟尾蚴

成熟尾蚴

未成熟囊蚴

蚴

早期囊蚴

蜻蜓稚虫
（水中）

水生螺蛳

图 27.42　典型吸虫的生活史〔巨睾前殖吸虫（*Prosthogonimus macrorchis*）〕。（引自 Macy）

蛋量；（2）偶见侵入蛋内，引起消费者的诉讼。受到吸虫感染的禽类其他器官有：（1）豆形表孔吸虫（*Collyriclum faba*）囊蚴感染的鸡和火鸡的皮肤；（2）一种小型吸虫涉禽嗜眼吸虫（*Philophthalmus gralli*）成虫感染的眼结膜囊；（3）长形对体吸虫（*Amphimerus elongatus*）成虫感染的鸭和火鸡的肝、胰和胆管；（4）布氏顿水吸虫（*Tanaisia bragai*）成虫感染的鸡、火鸡和鸽的排泄系统的集合管；（5）3 种血吸虫成虫和卵感染的鸭的循环系统；（6）14 种吸虫感染的消化道各个部位。

控制

如果已了解吸虫的生活史和致病性或其带来的经济损失，改变禽群管理则可能避免此等问题。应采取措施直接将禽群用栅栏围起来，使其远离大量滋生蜻蜓稚虫、螺和其他水生中间宿主的湖泊或溪流[6]。

尚没有合适的药物用于控制或预防家禽的吸虫感染。

刘贤勇　康　凯　译
索　勋　朱兴全　校

参考文献

[1]Ash，L. R. and T. C. Orihel. 1987. Parasites：A Guide to Laboratory Procedures and Identification. American Society of Clinical Pathologists：Chicago，IL.

[2]Botero，H. and W. M. Reid. 1969. The effects of the tapeworm Raillietina cesticillus upon body weight gains of broilers，poults and on egg production. *Poult Sci* 48：536-542.

[3]Kerr，K. B. 1952. Butynorate，an effective and safe substance for the removal of R. cesticillus from chickens. *Poult Sci* 31：328-336.

[4]Kingston，N. 1984. Trematodes. In M. S. Hofstad，H. J. Barnes，B. W. Calnek，W. M. Reid，and H. W. Yoder，Jr. (eds.). Diseases of Poultry，8th ed. Iowa State University Press：Ames，IA，668-690.

[5]Levine，P. P. 1938. The effect of infection with Davainea proglottina on the weights of growing chickens. *J Parasitol* 24：550-551.

[6]Macy，R. W. 1934. Studies on the taxonomy，morphology and biology of Prosthogonimus macrorchis Macy，a common oviduct fluke of domestic fowls in North America. *Minn Agric Exp Tech Bull* 98：1-64.

〔7〕McDonald,M. E. 1981. Key to trematodes reported in waterfowl. US Dept Int Fish Wildl Serv Resource Pub 142. Washington,DC.

〔8〕Monnig,H. O. 1934. Veterinary Helminthology and Entomology. Baillerie,Tindall and Cox: London,England.

〔9〕Nadakal,A. M. and K. V. Nair. 1979. Studies on the metabolic disturbances caused by Raillietina tetragona (Cestoda) infection in domestic fowl. *Indian J Exp Biol* 17: 310 -311.

〔10〕Nadakal,A. M. ,K. Mohandas,K. O. John,and K. Muraleedharan. 1973. Contribution to the biology of the fowl cestode Raillietina echinobothrida with a note on its pathogenicity. *Trans Am Microsc Soc* 92:273 - 276.

〔11〕Reid,W. M. 1962. Chicken and turkey tapeworms. Handbook. University of Georgia Poultry Department: Athens,GA.

〔12〕Reid,W. M. 1984. Cestodes. In M. S. Hofstad, H. J. Barnes,B. W. Calnek,W. M. Reid,and H. W. Yoder,Jr. (eds.). Diseases of Poultry 8th ed. Iowa State University Press: Ames,IA,649 - 667.

〔13〕Schell,S. C. ,1985. Handbook of Trematodes of North America North of Mexico. University Press: Moscow,ID.

〔14〕Schmidt,G. D. 1986. Handbook of Tapeworm Identification. CRC Press: Boca Raton,FL.

〔15〕Wardle,R. A. and J. A. McLeod. 1952. The Zoology of Tapeworms. University of Minnesota Press: Minneapolis,MN.

〔16〕Yamaguti,S. 1959. Systema Helminthum, vol. 2: The Cestodes of Vertebrates. Interstate,New York.

〔17〕Yamaguti,S. 1971. Synopsis of Digenetic Trematodes of Vertebrates,vols. 1 and 2. Keigaku: Tokyo,Japan.

第 28 章

原 虫 病

Protozoal Infections

Larry R.McDougald

引 言

Larry R. McDougald

原虫病在家禽和其他鸟类中很常见，其中有些能引起中等程度至严重的疾病。寄生虫是一种真核生物，并且有复杂的生活史，这使得寄生虫病与病毒病和细菌病存在区别。许多寄生虫完成其生活史需要中间宿主。

封闭式和高密度饲养增加了那些生活史短和有直接发育史的寄生虫（如球虫病、隐孢子虫病）感染的机会；相反，那些依赖中间宿主传播的寄生虫病（如吸虫、多种绦虫和一些线虫），由于在鸡舍中不存在完成其生活史需要的中间宿主，在商品鸡实际生产中已基本消失。火鸡组织滴虫引起的黑头病，可以在火鸡间直接传播，也可通过中间宿主传播给邻近的敏感鸡群。

多年来，在对寄生虫病防治时，人们更多地选择化学治疗或化学预防。只有球虫病在疫苗预防上取得成功。往饲料中添加抗球虫药预防球虫病的方法可使鸡获得更均一的治疗，这种方法使得防治方案的选择成为鸡球虫病防治中的核心问题。已证实：这种方法的防治效果比现场防治更可靠，至今仍被商品化鸡场广泛采用。但球虫的抗药性、误用抗球虫药物引起的中毒和抗球虫药物的抗虫谱等因素会影响抗球虫药的效果。尽管这一措施被广泛认可，但养鸡业正面临着降低对抗球虫药物依赖性的压力。近年来，由于开发新药的成本增加迅速，制药企业对开发新的抗球虫药物不感兴趣，因此，要替换现

有的抗球虫药物是不太可能的。随着球虫疫苗虫株的开发和免疫接种技术的进步，用免疫接种防治球虫病变得越来越有效和可靠。粮食与药品管理委员会（FDA）采取的措施（禁止硝基咪唑类药物应用于动物）使我们陷入没有药物来防治鸡和火鸡的黑头病（组织滴虫病）的境地。具有讽刺意味的是：FDA的这一措施是在后备肉种鸡中组织滴虫广泛流行并引起严重的临床性疾病时所采取的。这使得我们在防治这种病时，除了采取管理措施来进行控制外，别无选择。当有高效的治疗组织滴虫病的药物时，对黑头病的研究是不被重视的。当缺乏有效的治疗药物时，考虑到新的研究已经开始，我们有望最终研制出防治黑头病的疫苗或找到其他防治方法。

所有寄生虫病的有效防治均取决于对引起这种寄生虫病的寄生虫的确切诊断和对感染严重程度的了解。血清学方法在寄生虫病诊断中并不常用，因为有很多寄生虫引起的临床症状和病理变化是难以区分的。在防治球虫病和其他寄生虫病时，消毒和卫生措施作用不大。

常常从群体中抽取家禽进行大体剖检和显微检查，或者对活禽粪便和气管拭子进行显微镜检查来对寄生虫病进行诊断。尽管血清学诊断方法是可行的，但是并不常用。ELISA、Western blot 以及其他血清学方法在研究中较为常用。PCR 方法在诊断球虫病和组织滴虫病中有应用，但局限于研究中。

过去原虫一直被列入一个门内，它包括所有的单细胞动物。目前，根据原虫组织的复杂程度和明显不同的结构把不同的类群分为 7 个不同的门[1]。其中两个门包含了家禽重要的寄生虫虫种，即复顶门和肉足鞭毛门。复顶门以子孢子具有一个顶复合器为特征，并且所有的原虫基本上都是细胞内寄生

虫。家禽复顶门包括以下属：艾美耳属（*Eimeria*）、等孢属（*Isospora*）、血变虫属（*Haemoproteus*）、住白细胞虫属（*Leucorytozoon*）、疟原虫属（*Plasmodium*）、弓形虫属（*Toxoplasma*）、肉孢子虫属（*Sarcocystis*）、温扬属（*Wenyonella*）、泰泽属（*Tyzzeria*）和隐孢子虫属（*Cryptosporidium*）。

第二个门为肉足鞭毛门，包括阿米巴亚纲和鞭毛亚纲。它们具有鞭毛、伪足或两者兼有的运动器官。这个门，对家禽有重要意义，主要属包括组织滴虫属（*Histomonas*）、锥虫属（*Trypanosoma*）、唇鞭毛属（*Chilomastix*）、内变形虫属（*Entamoeba*）、内蜓属（*Endolimax*）和六鞭虫属（*Hexamita*）。与火鸡、鸭损失有关的旋身鞭毛虫的发现表明可能存在另一种寄生虫[2,3]。

第三个门为微孢子门，最近发现这个门中的兔脑炎微孢子虫（*Encephalitozoon cuniculi*）也能感染鸡和其他鸟类。这种原虫是通过蛋进行传播的。感染时可引起鸡胚死亡，但常常呈隐性感染。被感染鸡可表现为少动、跛行、轻度腹泻和体重下降等症状。已从消化道、泌尿生殖器官和肌肉中分离出虫体。鸡胚、脑和心脏也发现有感染[4,5]。

潘保良　汪　明　译
索　勋　校

参考文献

[1] Levine, N. D. 1985. Veterinary Protozoology. Iowa State Univ Press：Ames, IA, 414.

[2] Bollinger, T. K. and Barker, I. K. 1996. Runting of ducklings associated with Cochlosoma anatis infection. *Avian Dis* 40：181‑185.

[3] Cooper, G. L. 1995. Enteritis in turkeys associated with an unusual flagellated protozoan (Cochlosoma anatis). *Avian Dis* 39：183‑190.

[4] Reetz, J. 1993. Naturlich Mikrosporidien (Encephalitozoon cuniculi) Infecktionen bei Hühnern. *Tierärztlich Praxix* 21：429‑435.

[5] Reetz, J. 1994. Naturlich Übertragung von Mikrosporidien (Encephalitozoon cuniculi) über das Nühnerei. *Tierärztlich Praxix* 22：147‑150.

球虫病

Coccidiosis

Larry R. McDougald, Steve H. Fitz‑Coy

引　言

球虫病是养禽生产中一种重要而常见的疾病。艾美耳属（*Eimeria*）的寄生性原虫在肠道内繁殖，引起组织损伤，导致摄食、消化和营养吸收紊乱，脱水，失血、皮肤色素沉积下降，以及对其他病原的易感性增加等症状。历史上，带有出血性下痢球虫病的暴发和高死亡率引起了部分养禽者的恐惧。像许多寄生虫病一样，由于机体在接触病原之后，免疫力能迅速产生，并能产生对再感染的抵抗力，因此球虫病主要是幼年动物的疾病。遗憾的是，禽艾美耳球虫各虫种之间没有交叉免疫力，再次暴发的球虫病可能是由不同的虫种引起的。总之，鸡球虫的直接生活史和高繁殖力加剧了现代养鸡场（可约有 15 000～30 000 只鸡在地面平养）球虫病暴发的严重性。

球虫可能侵袭任何一种饲养类型的任何一种禽类。如摄入少量卵囊，引起的疾病可能是轻微的，因而往往被人们所忽视；若摄入上百万个卵囊，后果则可能是严重的。大多数感染是相对温和的，但由于存在着灾难性暴发而导致严重的经济损失的危险性，因此饲养者通常给几乎所有的雏鸡连续投服低剂量的抗球虫药，以阻止球虫的感染，或将感染程度降低到一个低的水平，同时又使鸡可以产生免疫力。由于肉鸡一般只饲养 6～8 周就上市，因此免疫力对肉鸡来说不像对地面饲养的火鸡和种鸡那样重要。抗球虫疫苗很少应用于肉鸡，其原因是某些球虫即使是轻微感染也会影响肉鸡的增重、饲料报酬和皮肤色素沉积。然而，借助于在新接种技术取得的不错成果的新型球虫苗正瞄准肉鸡这一更大市场。

分类和分类学关系

Long[24]和 Pellerdy[37]曾写过关于球虫的生物学和分类学的综述。球虫属于复顶门，复顶门的原虫的特征是子孢子有一个顶复合器。所有复顶门的原虫都是细胞内寄生虫。艾美耳属（*Eimeria*）、等孢属（*Isospora*）、血变虫属（*Haemoproteus*）、住白细胞虫属（*Leucorytozoon*）、疟原虫属（*Plas-*

modium）、弓形虫属（*Toxoplasma*）、肉孢子虫属（*Sarcocystis*）、温扬属（*Wenyonella*）、泰泽属（*Tyzzeria*）和隐孢子虫属（*Cryptosporidium*）都可在禽类中寄生。

在家禽中常遇到的大多数球虫均属于在本节中介绍的艾美耳属和另外一节中介绍的隐孢子虫属。艾美耳属球虫一般依据随感染宿主粪便排出的卵囊（一个具有厚壁的合子）形态进行描述。卵囊被一个厚的外壳包裹，由一个单细胞构成，这个细胞通过孢子化，约在48~72h内达到感染性阶段。感染性的卵囊含有4个孢子囊，每个孢子囊含2个子孢子（图28.1）。

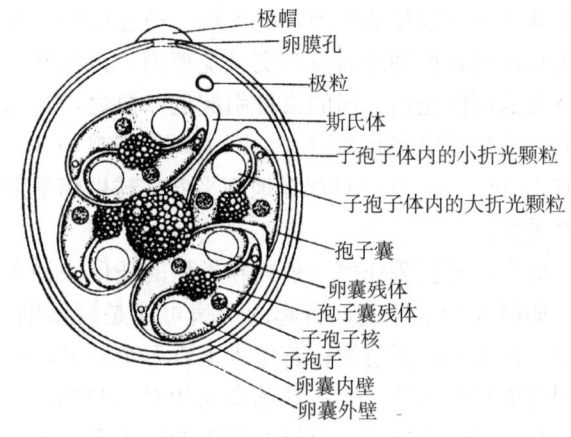

图28.1　艾美耳属球虫孢子化卵囊的模式图

与之相关的肉孢子虫、弓形虫、隐孢子虫及禽疟原虫将在"其他血液和组织原虫"和"隐孢子虫病"的章节中讨论。

当球虫卵囊被摄入后，卵囊壁在肌胃中被碾碎，释放出孢子囊。孢子囊进入小肠，在胰凝乳蛋白酶和胆酸盐的作用下，释放出子孢子。子孢子进入肠上皮细胞或上皮间的淋巴细胞，并在那里开始发育。球虫虫种鉴别的主要依据是：①卵囊形态；②宿主特异性；③免疫特异性；④在天然宿主体内的肉眼病变特征和寄生部位；⑤潜在期的长短。禽类和哺乳动物艾美耳球虫的宿主特异性是很严格的，因此可以认为，尽管从不同种的鸟类或哺乳动物获得的球虫具有形状相似的卵囊，但它们属于不同的虫种。

进行球虫种类鉴别的生物学特征包括：①肠道出现病变的部位；②病变特征；③卵囊的大小、形状和颜色；④内生性发育阶段虫体的大小（裂殖子、裂殖体、配子体、配子）；⑤虫体在组织中的寄生部位；⑥人工感染时的潜隐期；⑦与标准株相比的免疫原性。近年来，生物化学和分子生物方法

也在球虫的鉴别中使用。实用的技术包括代谢酶图谱法[40]和PCR方法[42]。单克隆抗体在研究中是有价值的技术，但不鉴定到种的特异性。图形数字化分析[6]在形态图像分析中是一种有用的工具。对诊断而言，传统的生物学特征一般就足够了。但是，由于多种球虫的形态相似，而且寄生部位也往往重叠，因此对球虫进行分类时往往会面临诸多困难。可以参考表28.2或表28.3中球虫的鉴别标准对球虫种类进行鉴别。

生活史

与细菌病和病毒病不同的是，球虫在其发育中有自身限制的特点。虽然某些球虫在无性繁殖的代数和每一发育阶段所需的时间方面有所变化，但仍可以柔嫩艾美耳球虫（*Eimeria tenella*）（图28.2）的生活史作为所有艾美耳属球虫生活史的代表。球虫的卵囊壁是在肌胃中被碾碎，释出子孢子，进入小肠黏膜，并开始繁殖。至少需经两代无性繁殖（称之为裂殖生殖，schizogony 或 merogony），随后进行有性繁殖。在此过程中，小的能运动的小配子寻找大配子，并与之结合，形成合子，合子发育成熟形成卵囊，卵囊从肠黏膜上释放，随粪便排出。对每一种球虫而言，被摄入的单个卵囊的繁殖潜力是相当恒定的。尽管在达到显现期时球虫卵囊仍可能要排放数日，但整个体内繁殖过程约为4~6天，具体时间取决于球虫虫种。在有些种（柔嫩艾美耳球虫、毒害艾美耳球虫）最严重的组织损伤可能发生在第二代裂殖体崩解并释放出裂殖子之时。其他球虫裂殖体小，所造成损伤轻微，但是在无性繁殖阶段，可能引起细胞浸润、增厚和组织炎症等强烈的病理反应。

球虫病与其他禽病的关系

组织损伤和肠道机能的变化可造成各种有害细菌的侵入和繁殖（克隆），如可导致坏死性肠炎的产气荚膜梭状芽孢杆菌（*Clostridium perfringens*）[17,26]或伤寒沙门氏菌（*Salmonella typhimunium*）[2,3]的继发感染。盲肠球虫病（柔嫩艾美耳球虫感染）可加剧鸡的黑头病（火鸡组织滴虫病）。与组织滴虫单独感染相比，人工同时接种柔嫩艾美耳球虫和组织滴虫肝脏发生病变的几率显著增高[28]。

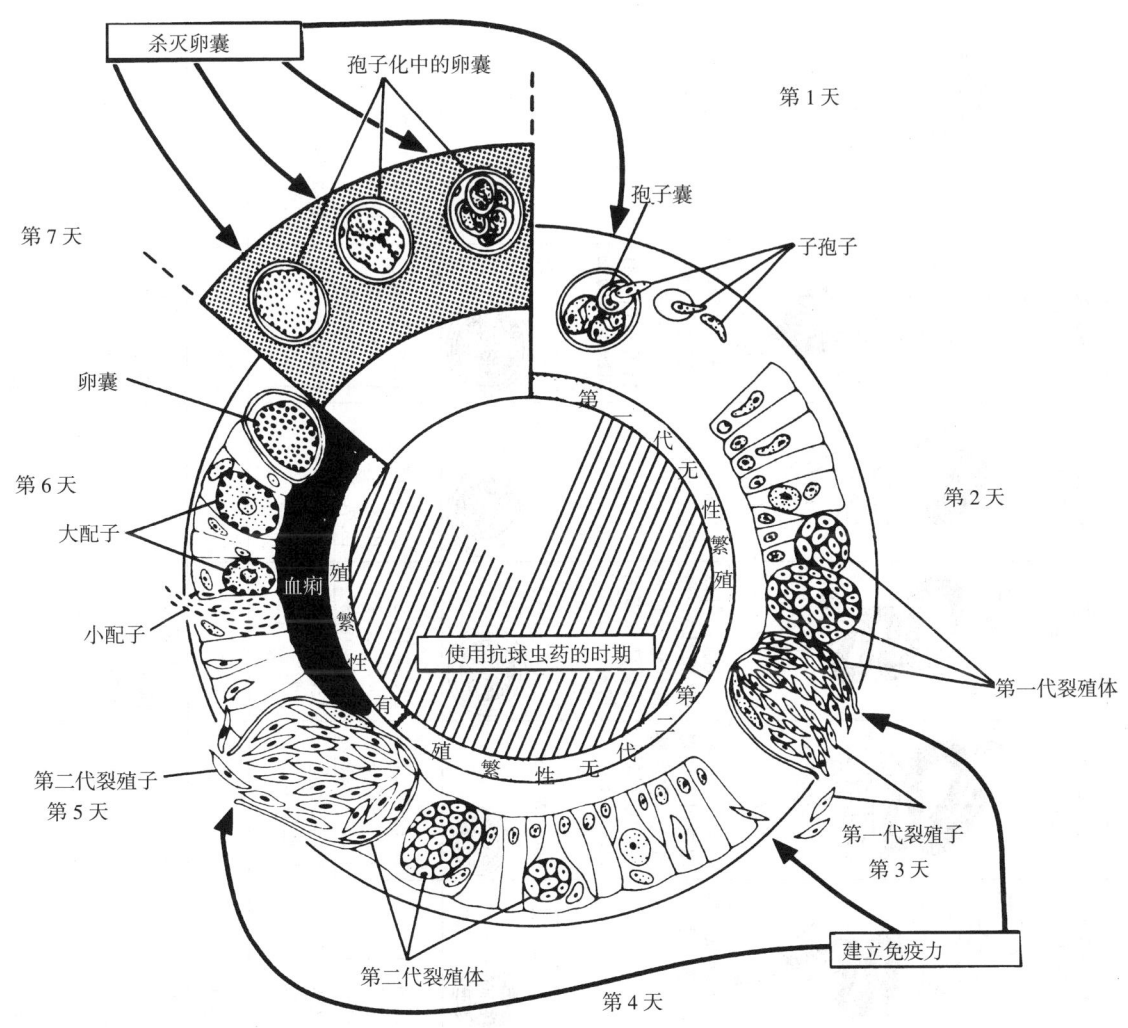

图 28.2　柔嫩艾美耳球虫的 7 天生活史，在宿主摄入卵囊后 6 天内，包括两代或两代以上的无性繁殖和一代有性繁殖。从宿主排出的卵囊在孢子化后（第 7 天）才具有感染性

免疫抑制疾病与球虫病并发会导致更严重的疾病。马立克氏病可能干扰机体对球虫病免疫力的产生[4]，而传染性法氏囊炎（IBD）则可加剧球虫病，从而加重使用抗球虫药的经济负担[29]。

鸡的球虫病

尽管在化学治疗、管理、营养和遗传学方面取得了很大的进展，但球虫病仍是养鸡生产中花费最多和最常见的疾病之一。该病通常是在鸡被送到诊断实验后才被确诊的[1]，但是大量死亡病例是在现场被诊断出来的，而且是由养鸡工作者自行处理的。目前用于药物预防的费用在美国已超过 9 000

万美元，全世界约超过 3 亿美元。

发生和分布

球虫几乎存在于任何养鸡的地方。由于球虫有严格的宿主特异性，因此可排除野禽作为传染源的可能性。球虫最常见的传播方法，是工作人员在鸡舍、鸡房和饲养场之间穿行而造成的机械传播。球虫感染是具有自身限制性的，主要取决于摄入卵囊的数量和鸡本身的免疫状态。在南美和北美的调查表明，几乎所有的肉鸡场均存在球虫感染[25,30,32]。欧洲鸡群的阳性感染率也很高[5,23,43]。当肉鸡达 3～5 周龄时，垫料或粪便中的卵囊数量往往最高，此后数量通常下降。由

表 28.1 球虫的鉴别表

特征	堆型艾美耳球虫	布氏艾美耳球虫	巨型艾美耳球虫	和缓艾美耳球虫 [a]	变位艾美耳球虫 [b]	毒害艾美耳球虫	早熟艾美耳球虫	柔嫩艾美耳球虫	哈氏艾美耳球虫（可疑种）
寄生部位									
肉眼病变	轻度感染时，在梯形条纹中有时存在白色圆形病变；严重感染时，肠壁增厚，斑块融合	凝固性坏死，小肠下段黏液性出血、肠炎	肠壁增厚，血色黏液性渗出物，淤斑	无病变，黏液性渗出物	轻度感染引起圆形斑块，重度感染，肠壁增厚，斑块融合	气胀、白点（裂殖体）斑、充满血液的黏液性渗出物	无病变，黏液性渗出物	开始发病时，肠腔内有出血；以后肠壁增厚，黏膜苍白；有血液凝固的肠芯	针头大的出血斑
显微镜下的特征						large schizonts no oocysts			无效
长度×宽度 平均	18.3×14.6	24.6×18.8	30.5×20.7	15.6×14.2	15.6×13.4	20.4×17.2	21.3×17.1	22.0×19.0	19.1×17.6
长度（μm）	17.7~20.2	20.7~30.3	21.5~42.5	11.7~18.7	11.1~19.9	13.2~22.7	19.8~24.7	19.5~26.0	15.8~20.9
宽度	13.7~16.3	18.1~24.2	16.5~29.8	110.~18.0	10.5~16.2	11.3~18.3	15.7~19.8	16.5~22.8	14.3~19.5
卵囊形状和形状指数（长度/宽度）	卵圆形 1.25	卵圆形 1.31	卵圆形 1.47	亚球形 1.09	椭圆形到宽卵圆形 1.16	长卵圆形 1.19	卵圆形 1.24	卵圆形 1.16	宽卵圆形 1.08
最大的裂殖体（μm）	10.3	30.0	9.4	15.1	17.3	65.9	20.0	54.0	
在组织中寄生的位置	上皮	第2代裂殖体生于上皮之下	配子体寄生于上皮之下	上皮	上皮	第2代裂殖体生于上皮之下	上皮	第2代裂殖体寄生于上皮之下	上皮
最短潜在期（h）	97	120	121	93	93	138	115	115	99
孢子化最短时间（h）	17	18	30	15	12	18	12	18	18

a. 引自 Norton 和 Joyner (1980)　b. 由 Edgar 和 Siebold 介绍 (1964)

本资料由 Athens 佐治亚洲大学科学系的 Peter L. Long 和 W. Malcolm Reid 提供其他是根据不同资料汇编

于鸡舍垫料或粪便中的环境不适合于球虫卵囊的存活，因而当鸡只从鸡场移出后，在鸡舍内几乎很少发现球虫卵囊。鸡球虫普遍存在的特性排除了通过检疫、消毒和卫生手段根除或预防球虫的可能性。

病原学

已报道的鸡艾美耳球虫中有 7 个种被认为是有效的（表 28.1）。两个种或多个种的混合感染是很常见的[31]。每个种均可以独立引起区别于其他种的明显的、可以辨认的球虫病。

球虫虫种鉴别的特征包括：①在肠道内的病变部位；②肉眼病变的特征；③卵囊的大小、形态和颜色；④裂殖体和裂殖子的大小；⑤在组织中的寄生部位（被寄生的细胞类型）；⑥在实验感染中的最短潜在期；⑦对标准虫株的免疫原性。近年来，虫种鉴定的研究重点已放在球虫的生物化学和生理特性的鉴别上。可用于虫种鉴定的新手段包括代谢酶的电泳分析[41]和 PCR 方法[42]。进行诊断时，进行传统的特征鉴定就足够了，参考表 28.1 可以得出满意的诊断结果。进行交叉免疫和生物化学研究时，需要用单卵囊增殖方法分离到纯种。单克隆抗体对血清学诊断是有用的，但不适合于对虫种的鉴别，这可能是由于它们有共同的抗原。感染程度的严重性按 Johnson 和 Reid 建立的 0～4 分制进行判定[22]，0 分表示正常，而 4 分表示病变最严重。在田间条件下，通过在显微条件下对病变组织或排泄物进行球虫卵囊计数可以判定球虫感染的严重程度。在使用本技术时，每个鸡舍至少应检测 5 个区域。诊断人员常用的一种典型的计分系统是基于寄生虫的种类、数量和类型而建立的。例如，巨型艾美耳球虫典型的计分系统是：0 为没有卵囊，1 为 1～10个卵囊/区域，2 为 11～20 个卵囊/区域，3 为 21～49 个卵囊/区域，4 为 50 个以上卵囊/区域。如果有其他球虫混合感染，则 1 为 1～25 个卵囊/区域，2 为 26～50 个卵囊/区域，3 为 51～75 个卵囊/区域，4 为 75 个以上卵囊/区域。

堆型艾美耳球虫（*Eimeria acervulina*，Tyzzer 1929）

该种在北美和南美的商品鸡场中是最常见的

球虫[30,31,32]。卵囊呈卵圆形，锐端的卵囊壁变薄，卵囊的平均大小为 $18.3\mu m \times 14.6\mu m$，变化范围为 $17.7\sim20.2\mu m \times 13.7\sim16.3\mu m$。

致病力

感染的严重性可能与不同虫株、摄入卵囊数量和鸡免疫状态等因素有关。摄入 10^3、3×10^4、10^5 或 10^6 卵囊可引起白洛克鸡轻微至严重的球虫病，病变记分从 $1+$（10^3 卵囊）到 $4+$（10^6 卵囊）[38]。增重的下降与球虫感染数量成正比例。大剂量感染常引起病变的融合，有时导致死亡。轻度和中度感染可能对增重和饲料转化率的影响较小，但可能因为小肠吸收能力的下降，会导致血液中和皮肤中类胡萝卜素和叶黄素的丢失。由于肠黏膜增厚，会导致饲料转化率下降。蛋鸡的产蛋量下降。

大体病变和病理组织学

病变（彩图 28.3B～E）可从小肠的浆膜面观察到，病初，肠黏膜变薄，覆有横向排列的白斑，外观呈梯状；肠道苍白，含水样液体。轻度感染的肉眼病变局限于十二指肠袢，每厘米只有几个斑块；但是在严重感染时，病变可能沿小肠扩展一段距离，并可能融合成片。在严重感染时，由于拥挤，病变通常是较小的。病变中含有裂殖体、配子体和发育中的卵囊。在显微镜下，在小肠病变部位的涂片中可观察到大量卵囊。

小肠的组织病理学观察显示，卵圆形的配子体沿着肠绒毛黏膜细胞排列。在中等至严重感染时，绒毛尖遭破坏，引起绒毛断裂和融合，黏膜增厚。有些细胞内含有一个以上的虫体。雪夫氏试剂能染出大配子和发育中的卵囊，呈亮红色，这是由于在球虫卵囊壁的形成过程中有多糖存在的缘故。

布氏艾美耳球虫（*Eimeria brunetti* Levine 1942）

最近在美国和南美洲的田间调查结果表明，约 $10\%\sim20\%$ 的鸡场存在布氏艾美耳球虫[25,30,31]。布氏艾美耳球虫卵囊的大小为 $24.6\mu m \times 18.8\mu m$，容易与柔嫩艾美耳球虫相混淆。该种发现在小肠下段，通常寄生于卵黄蒂到盲肠连接处。在严重

表 28.2　美国食品和药物管理局（FDA）批准用于饲料配方中预防性的抗球虫剂

（历史材料，并非所有的产品均可从市场购买到）

商品名或通用名、批准的浓度（制药厂）	商品名称	FDA 批准时间	屠宰前休药期（天）
磺胺喹噁啉（Suefaquinoxaline）0.015%～0.025%（Merck）	SQ，Sulquin	1948	10
呋喃西林（Nitrofurazone）0.005 5%（Hess & Clark；Smith-kline）	nfz，Amifur	1948	5
对氨苯肿酸（Arsanilic acid or sodium arsanilate）0.04%，给药8天（Abbott）	Pro-Gen	1949	5
丁烷锡（Butynorate）0.037 5%，用于火鸡（Solrey）	Tinostat	1954	28
尼卡巴嗪（Nicarbazin）0.012 5%（Merck）	Nicarb	1955	4
呋喃唑酮*（Furazolidone）0.005 5%～0.011%（Hess & Clark）	nf-180	1957	5
二硝苯酰胺（Nitromide）0.025%＋乙酰磺胺硝苯（Sulfanitran）0.03%＋硝苯肿酸（Roxarasone）0.005%（Solrey）	Unistat-3	1958	3
土霉素（Oxytetracycline）0.022%（Pfizer）	Terramycin	1959	3
氨丙啉（Amprolium）0.012 5%～0.025%（MSD—AGVET）	Amprol	1960	0
金霉素（Chlortetracycline）0.022%（American Cyanamid）	Aureomycin	1960	视饲养的规定
球痢灵（Zoalene）0.004%～0.012 5%（Solrey）	Zoamix	1960	高剂量5天
氨丙啉0.012 5%＋乙氧酰胺苯甲酯（Ethopabate）0.000 4/0.004%（Merck）	Amprol plus Ampril Hi-E	1963	0
丁喹酸酯（Buquinolate）0.008 25%（Noiwich-Eaton）	Bonaid	1967	0
克球粉（Clopidol）或氯羟吡啶（Meticloipindol）0.012 5%～0.025%（A.L. Loboratories）	Coyden	1968	0.012 5% 0 0.025% 5
癸喹酸酯（Decoquinate）0.003%（Rhene-Poulenc）	Deccox	1970	0
磺胺二甲氧嘧啶（Suifadimethoxine）0.012 5%＋二甲氧甲基苄氨嘧啶（Ormetoprin）0.007 5%（Hoffmann-La Roche）	Rofenaid	1970	5
莫能菌素（Monensin）0.01%～0.0121%（Elanco）	Coban	1971	0
氯苯胍（Robenidine）0.003 3%（American Cyanamid）	Robenz，Cycostat	1972	5
拉沙里菌素（Lasalocid）0.007 5%～0.012 5%（Hoffmann-La Roche）	Avatec	1976	3
盐霉素（Salinomycin）0.004%～0.006 6%（Agri-Bio）	Bio-Cox	1983	0
常山酮（Halofuginone）3mg/kg（Hoechst-Roussell Agri-Vet）	Stenorol	1987	5
那拉菌素（Narasin）54～72g/t（Elanco）	Monteban	1988	0
马杜拉毒素（Madurimycin）5～6mg/kg（American Cyanamid）	Cygro	1989	5
那拉菌素（Narasin）＋尼卡巴嗪（Nicarbazin）54～90g/t（Elanco）	Maxiban	1989	5
山杜霉素（Semduramycin）25mg/kg（Pfizer）	Aviax	1995	0
地克珠利（Diclazuril）1mg/kg（Schering-Plough）	Clinicox	1999	0

引自文献[9]。＊译者注：呋喃唑酮在中国境内禁用于食品动物。

FDA，粮食与药物管理委员会

感染病例，病变可从肌胃扩散到泄殖腔，并扩展到盲肠（彩图 28.4E～H）。大多数田间感染很难通过肉眼观察病变来诊断，只有借助显微镜找到特征性虫卵可以确诊。卵囊的平均大小为 $24.6\mu m \times 18.8\mu m$，范围为 $20.7～30.3\mu m \times 18.1～24.2\mu m$。卵囊为卵圆形，形状指数为 1.31。

致病力

虽然布氏艾美耳球虫的致病力比柔嫩艾美耳球虫、毒害艾美耳球虫弱，但也能造成中等程度的死亡率、影响增重、造成饲料转化率下降和其他并发症。接种 $1\times10^5～2\times10^5$ 个卵囊，常引起 10%～30% 的死亡率和使存活鸡的增重下降。除非对小肠下段进行仔细观察，否则轻度感染的布氏艾美耳球虫很容易被忽视。虽然其肉眼病变不明显，但这样的感染仍能引起增重下降和饲料转化率降低。

大体病变和病理组织学

在感染的早期阶段，小肠下段的黏膜可能被小的淤点所覆盖，黏膜略微增厚和褪色。在严重感染时，黏膜严重受损，感染后 5～7 天出现凝固性坏死，整个小肠黏膜呈现干酪样病变斑，在粪便中出现凝固的血液和黏膜碎片，重度感染的鸡只可出现黏膜增厚和水肿，尤其是在感染后第 6 天。

第一代和第二代裂殖生殖的无性繁殖期通常发生在小肠上段。在感染后第 4 天的组织病理学切片上可观察到裂殖体、细胞浸润和黏膜损伤。到第5天，许多绒毛尖受损伤。裂殖子侵入小肠下段和盲肠上皮细胞，并发育成为有性阶段虫体。在严重感染的病例，绒毛可能完全剥落，结果只剩下基底膜未受损。

哈氏艾美耳球虫（*Eimeria hagani*，Levine 1938）

由于原始的描述不完整，因此哈氏艾美耳球虫的分类地位还值得怀疑甚至引起争论。不过，Oluleye 对一株哈氏艾美耳球虫进行了深入研究[36]。卵囊的平均大小为 $18.0\mu m \times 14.7\mu m$（孢子化卵囊的大小为 $19.6\mu m \times 14.7\mu m$）。孢子囊的大小为 $11.34\mu m \times 6.9\mu m$，子孢子的大小为 $12.9\mu m \times 2.1\mu m$。潜隐期为 98h。在 23.5℃ 条件下，孢子化时间为 $17\sim44h$。所引起的大体病变为小肠上段出现淤点和白色浊斑。尽管肠黏膜可能会发红，但一般不会出血。肠内容物可能会呈奶油样或水样。在组织学病理变化上，哈氏艾美耳球虫主要寄生于肠绒毛的顶端以及肠绒毛的前 2/3 段。第一代裂殖体发育成熟的时间为 $36\sim48h$，第二代裂殖体发育成熟的时间为 60h，第三代裂殖体发育成熟的时间为 96h。第一代、第二代和第三代裂殖体的平均大小分别为 $14.4\mu m \times 13.2\mu m$、$6.2\mu m \times 5.8\mu m$ 和 $8.9\mu m \times 3.1\mu m$。免疫原性具有种属特异性，可以与堆型艾美耳球虫、和缓艾美耳球虫、变位艾美耳球虫和其他球虫进行区分。哈氏艾美耳球虫在感染后 $96\sim120h$ 可以引起出血点、卡他性炎症、毛细血管充血和肠内容物呈水样等病变，具有中等程度的致病力。

巨型艾美耳球虫（*Eimeria maxima*，Tyzzer 1929）

该虫种一般寄生在小肠中段，从十二指肠襻以下直到卵黄蒂以后，但在严重感染时，病变可能扩散到整个小肠。由于巨型艾美耳球虫的卵囊（彩图 28.3A、F）较大，故很容易鉴别，卵囊大小为 $30.5\mu m \times 20.7\mu m$，变化范围为 $21.5\sim42.5\mu m \times 16.5\sim29.8\mu m$，常具有独特的浅黄颜色。大量橙黄色黏膜和液体经常出现在小肠中段。该种可根据病变部位缺少大裂殖体而区别于毒害艾美耳球虫，可根据较大的卵囊和病变特征区别于布氏艾美耳球虫。

致病力

该虫种具有中等程度的致病性，感染 $5\times10^4\sim2\times10^5$ 个卵囊会引起增重不良、行动迟缓、腹泻，有时可引起死亡。常常出现严重的消瘦、苍白、羽毛蓬松和厌食。养殖者如想保持鸡只皮肤的好颜色，就必须重视亚临床型巨型艾美耳球虫感染，因为该虫种会影响小肠对叶黄素和类胡萝卜素的吸收。

大体病变和病理组织学

前两代的无性繁殖期在浅表层的黏膜上皮细胞内发育，只引起轻微的组织损伤。而在感染后的第 $5\sim8$ 天，有性繁殖期在深层肠壁组织发育，会引起充血、水肿、细胞浸润和黏膜增厚等病变。被感染的细胞逐渐肿大，突出于肠上皮细胞下的区域。在显微镜下可见绒毛顶端附近出血，感染病灶从浆膜面即可见到。小肠可能弛缓，充有液体，腔内常含有黄色或橙色的黏膜和血液。这种状态被描述为"胀气"（ballooning）。显微病理学特征是水肿和细胞浸润，第 4 天出现发育中的裂殖体和第 $5\sim8$ 天深层组织中出现有性阶段虫体（大配子和小配子）。在严重感染时，会出现黏膜大量崩解（彩图 28.3G~J）。

和缓艾美耳球虫（*Eimeria mitis*，Tyzzer 1929）

在正常情况下，该虫种寄生在小肠下段，从卵黄蒂到盲肠颈。病变一般不明显，但现已证明该种对增重和发病具有潜在的致病作用[13]。卵囊的平均大小为 $16.2\mu m \times 16.0\mu m$（形状指数为 1.01），形状为亚球形。

致病力

感染 $5\times10^5\sim1.5\times10^6$ 个卵囊，可降低增重、引起发病和色素沉积不良。在亚临床型感染时，由于缺乏特征性的肉眼病变，往往被忽视或误诊。

大体病变和病理组织学

在临床诊断方面，肉眼病变是很轻微的，容

易被忽视。小肠下段苍白、弛缓，对肠黏膜涂片进行显微镜检查时，发现有大量的小卵囊（15.6μm×14.2μm）。根据其较小的圆形的卵囊形态，很容易与布氏艾美耳球虫相区别。在轻度感染的情况下，肉眼病变的特征与布氏艾美耳球虫的相似。由于和缓艾美耳球虫发育阶段的虫体不像其他虫种局限在克隆（无性繁殖）部位，以及裂殖体与配子体位于黏膜浅表，因此该种的肉眼病变是不明显的。

变位艾美耳球虫（*Eimeria mivati*，Edgar 和 Siebold 1964）

该虫种最早于 1959 年被鉴定为堆型艾美耳球虫的一种小型虫株，后来被定为一独立种[11]。据报道，其寄生部位可从十二指肠祥延伸到盲肠和泄殖腔。早期病变出现在十二指肠，后期则出现在小肠中段和下段。卵囊呈宽的卵圆形，平均大小为 15.6μm×13.4μm，形状指数为 1.16。

自从 Shirley 用同功酶分析方法和用种属特异性引物建立的 PCR 方法变位艾美耳球虫进行鉴别以来，有关变位艾美耳球虫虫种的有效性的疑问一直存在。但最近通过对田间样品的评价已产生出分离株，该分离株的形态特征符合 Edgar 和 Seibold 描述的该虫种的形态特征，并且用其他种属特异性引物进行 PCR 时，不能扩增出特异性条带。用 ITS1 和 ITS2 区域的引物进行 PCR 扩增的结果表明：这些虫体与其他 7 个种的球虫存在差异。对该球虫的分类地位的确定需要进一步的研究。

致病力

感染 $5×10^5 \sim 1×10^6$ 个变位艾美耳球虫卵囊可引起增重下降和发病。在实验感染中死亡率可高达 40%（个人观察结果）。

大体病变和病理组织学

早期病变出现在十二指肠，后期病变出现在小肠中段和下段。在轻度感染时，孤立的病灶与堆型艾美耳球虫的相似，但外形更圆，这是由配子体的克隆和发育阶段卵囊引起的病变，从肠道的浆膜面即能观察到。大体病变包括感染后（PI）72～240h 出现红色淤斑和圆形白色点。组织病理

学观察证实，变位艾美耳球虫主要寄生于小肠绒毛的肠黏膜细胞内。与堆型艾美耳球虫不同，变位艾美耳球虫，变位艾美耳球虫可以寄生于肠绒毛基底的末端，有时会引起严重的肠黏膜脱落。

毒害艾美耳球虫（*Eimeria necatrix*，Johnson 1930）

由于该虫种引起小肠明显的病变，因此毒害艾美耳球虫是早期养鸡者最熟悉的球虫之一。小肠出现病变的部位与巨型艾美耳球虫的相近（彩图 28.4A～D）。可能是因为毒害艾美耳球虫的繁殖力低，难以与其他球虫竞争，故大多数毒害艾美耳球虫见于较大年龄的鸡，如 9～14 周龄的青年母鸡。小肠肿大，常比正常体积大 2 倍（胀气），肠腔充满血液和液体，液体中含大量的裂殖子和成团的成熟的大配子体。卵囊呈卵圆形，大小为 20.4μm×17.2μm，大小与柔嫩艾美耳球虫相近，卵囊只发现于盲肠中而不是出现病变的小肠中。有性阶段虫体不在出现病变的小肠内发育，而在盲肠内发育。发育中的配子体是分散存在的，未发现成群分布。毒害艾美耳球虫繁殖力不强。

致病力、大体病变和病理组织学

给鸡接种 $10^4 \sim 10^5$ 个卵囊足以引起严重的增重下降、精神不振和死亡。存活鸡可出现消瘦、继发感染和色素沉积不良。发病鸡的粪便中常含血液、黏液和黏膜。柔嫩艾美耳球虫和毒害艾美耳球虫是鸡球虫中致病力最强的球虫。在商品鸡中，自然发生的毒害艾美耳球虫感染引起的死亡率可以超过 25%，而在实验室感染条件下，死亡率可达 100%。7～20 周龄的后备蛋鸡发生毒害艾美耳球虫病时，可引起死亡、精神不振、均一性差和产蛋潜力下降等。最初的病变可出现在感染后 2～3 天，这是由第一代裂殖生殖引起的，但严重的病变多出现在感染后第 4 天，是由第二代裂殖生殖引起的。小肠气肿，黏膜增厚，肠腔充满液体、血液和组织碎片。从浆膜面观察，在感染的病灶区可见到小的白斑和红色淤点。从浆膜面看，在感染部位见到白色或红色病灶。死亡鸡只的病灶为白色和黑色相间的外观，呈"白盐和黑胡椒"状的外观。在感染后第 4～5 天，通过显微镜下的涂片检查可见许多成簇的大裂殖体

（66μm），每个裂殖体通常含有数百个裂殖子。在黏膜深层的裂殖体常常穿过黏膜下层，损伤到平滑肌层，破坏血管。在这种情况下，病灶大到足以从浆膜面见到。此后，在上皮再生不完全的部位可出现疤痕组织。当第三代裂殖生殖虫体和有性阶段虫体侵入盲肠黏膜时，由于虫体是分散的，不成群，因此致病作用甚微。与发生在小肠产生数百个裂殖子的第二代裂殖体相比，第三代裂殖体只产生 6～16 个裂殖子。

在严重感染时，病变可扩展到整个小肠，引起肠管肿胀（气胀）和黏膜增厚，肠腔内充满血液和黏膜组织的碎片。黏膜表面涂片的显微镜检查发现，存在大量成簇的大裂殖体，这种大的裂殖体是该虫种的特征，借以区别于寄生部位交叠的其他虫种。此外，卵囊与该虫种的病变无关。

感染鸡中部肠道进行的病理组织学变化表现为肠黏膜下层和基底膜充满裂殖体和配子体。黏膜经常发生大面积脱落，病变可扩展到肌层甚至浆膜层。

早熟艾美耳球虫（*Eimeria praecox*，Johnson 1930）

该虫种的种名是根据它有短的潜在期（约 83h）进行命名的，因而是一种"早熟型"的球虫。尽管由于它的病变不明显而常常被忽视，但可引起增重减少、色素沉积不良、严重脱水和饲料报酬下降。与其他寄生于十二指肠的球虫卵囊相比，早熟艾美耳球虫卵囊比较大，因此比较容易辨认。早熟艾美耳球虫卵囊的大小为 21.3μm×17.1μm，比堆型艾美耳球虫、和缓艾美耳球虫和变位艾美耳球虫卵囊大，但小于巨型艾美耳球虫卵囊。形状指数为 1.25。

致病力、大体病变和病理组织学

严重感染可以引起增重下降、色素沉积不良、严重脱水和饲料报酬下降。肉眼病变为肠道内有水样的内容物，有时为黏液和黏液样的管型。感染大多局限于十二指肠袢。在感染后的第 4～5 天，在黏膜表面可见有小的针尖大的出血点。最近研究表明，该虫种可引起发病和增重下降[15]。严重感染可引起脱水。绒毛两侧（而不是绒毛顶端）的上皮细胞最常遭感染。每一个感染细胞中

可能含有数个虫体。在正常情况下，须经历三到四代无性繁殖，之后进行配子生殖。这种球虫感染引起轻微的病理组织学变化。

柔嫩艾美耳球史 ［*Eimeria tenella*，（Railliet 和 Lucet 1891）Fantham 1909］

柔嫩艾美耳球虫引起的球虫病是禽类球虫病中最为人们所熟悉的，一是因为本病的病变明显，二是由于它可给商品肉鸡或后备蛋鸡造成重大损失。该虫种寄生在盲肠和邻近的肠道组织，引起出血、高发病率和死亡率、增重下降、消瘦和皮肤色素沉着不良等严重的球虫病症状。卵囊呈卵圆形，大小为 22.0μm×19.0μm（形状指数为 1.16）。诊断的主要依据是盲肠病变：盲肠出血、硬的带血肠芯及成簇的大裂殖体或卵囊（后期）（彩图 28.4I～L）。

致病力、发病机理和流行病学

实验感染 10^4 个或更多孢子化卵囊能引起发病、死亡和增重剧减，它是鸡球虫中致病力最强的一个种。接种 10^3～3×10^3 个卵囊足以引起血便和其他症状。致病力最强阶段是在第二代裂殖生殖时期，第二代裂殖体在感染后第 4 天成熟。和毒害艾美耳球虫一样，该球虫也产生大裂殖体克隆，每一个大裂殖体有数百个裂殖子。裂殖体在固有膜的深部发育，因此，当裂殖体成熟并释放出裂殖子时，导致黏膜严重崩解。死亡快，大多发生在感染后的第 5～6 天。在急性感染时，从出现症状到死亡仅几个小时。由于失血，红细胞数和红细胞压积可减少 50%。感染后第 7 天时柔嫩艾美耳球虫对鸡增重影响最大。由于脱水而引起的体重下降可得到迅速恢复，但生长将落后于未感染鸡。死亡的真正原因尚不清楚，但中毒因素是值得怀疑的，仅仅因为失血并不能解释死亡的原因。在少数病例，死亡可能因为盲肠坏疽或破裂。用感染鸡的盲肠提取物给其他鸡静脉注射，可产生急性血液凝固和死亡。用柔嫩艾美耳球虫感染无菌鸡不发生死亡的事实提示，细菌产物对于球虫病造成的死亡可能起一定的作用。

大体病变和病理组织学

即使在第一代裂殖体的成熟期间，也可见到

剥蚀上皮的小病灶。到感染后第 4 天，第二代裂殖体正在成熟，出血明显可见，盲肠高度肿大，肠腔中充满凝血和盲肠黏膜碎片。到感染后第 6 天和第 7 天，盲肠芯逐渐变硬和干燥，最终通过粪便排出。上皮的更新是迅速的，在感染后 10 天便可完成。感染常常从盲肠的浆膜面便能观察到，外观为暗色的淤点，在更严重的病例，病灶逐渐连成片。由于水肿和细胞浸润和后期出现疤痕组织，盲肠壁往往高度增厚。

在显微镜下，第一代裂殖体广泛散布，在感染后 2～3 天成熟。出血和坏死的小的病灶区可能出现在肌肉层内环肌的血管附近。当第二代大裂殖体在固有膜发育时，很快发生黏膜下层的异嗜细胞浸润。成簇出现的或克隆化的虫体通常是一单个第一代裂殖体的后代。第二代裂殖体的成熟伴随着广泛性的组织损伤、出血、盲肠腺崩解以及经常出现的黏膜肌层完全破坏。在感染后第 6 天和第 7 天，用显微镜检查，在组织中可发现大配子和小配子，也可见到大量释放到肠腔中的卵囊。在轻度感染时，上皮的更新到第 10 天即可完成；但在重度感染时，上皮则不能完全恢复。损伤的黏膜肌层不能修复，同时黏膜下层变为致密的纤维化组织。

流行病学

自然和实验宿主

鸡是这 7 种艾美耳球虫唯一的自然宿主。因此可以认为，有关上述虫种感染其他禽类的报道是不真实的。鸡艾美耳球虫感染其他种宿主都是不成功的，只在少数免疫抑制后的禽类例外。

所有日龄和品种的鸡对球虫都有易感性，不过其免疫力发展很快，并能限制再感染。刚孵出的小鸡由于小肠内没有足够的胰凝乳蛋白酶和胆汁使球虫脱去孢子囊，或者因为有很高的母源抗体，有时对球虫完全无易感性。球虫病一般暴发于 3～6 周龄的鸡，而很少见于 3 周龄以内的鸡群。美国数年来鸡只剖检结果显示：在美国鸡场流行的鸡球虫虫种为堆型艾美耳球虫（97%）、巨型艾美耳球虫（64%）和柔嫩艾美耳球虫（64%）（由 S. Fitz-Coy 提供，是大体剖检和显微镜检查所得结果）。不太常见的球虫包括：变位艾美耳虫、布氏艾美耳球虫、和缓艾美耳球虫和早熟艾

美耳球虫。对佐治亚州肉鸡场所作的球虫调查结果表明，球虫卵囊的数量在鸡的生长过程中逐渐达到高峰，然后随着鸡逐渐对再感染产生免疫力而下降[39]。球虫感染的这种"自身限制"的特性普遍存在于鸡和其他禽类中。由于球虫虫种之间无交叉免疫作用，因此，同一群鸡可因感染不同的球虫虫种而暴发数起球虫病。后备母鸡和种鸡患病的危险性最大，这是因为它们要在垫料上生活 20 周或更久。在一般情况下，堆型艾美耳球虫、柔嫩艾美耳球虫和巨型艾美耳球虫的感染发生于 3～6 周龄鸡，而毒害艾美耳球虫见于 8～18 周龄鸡，布氏艾美耳既可见于早期也可见于晚期。

球虫病很少发生在产蛋鸡和种鸡，这是因为它们在生长前期已接触球虫并产生了免疫力。如果某一群鸡在其早期生活中没有接触过某一种球虫，或因为其他疾病使免疫力受到抑制，那么蛋鸡进入产蛋鸡舍后，也可能会暴发球虫病。产蛋鸡群暴发任何一种球虫病均能使产蛋减少或停止数周。

传播方式和媒介

摄入有活力的孢子化卵囊是艾美耳球虫唯一的自然传播方式。感染鸡粪便中排出卵囊的时间可持续数日或数周。粪便中的卵囊经 2 天内的孢子化过程而逐渐发育为感染性卵囊。同群的易感鸡通过啄食含卵囊的垫料、饲料和水而被感染。

虽然艾美耳球虫无自然中间宿主，但其卵囊可通过不同的家畜、昆虫、污染的设备、野鸟和尘埃进行机械传播。虽然卵囊的存活时间随条件而变化，但通常认为它对恶劣的外界环境和消毒剂具有抵抗力。卵囊在土壤内可存活数周，但在鸡舍内由于粪便释放的氨气和真菌及细菌的作用，只能存活几天。已报道，肉鸡舍内、外的灰尘及垫料中的昆虫中均分离出活的卵囊[39]。在肉鸡垫料上经常出没的甲虫是卵囊的机械性携带者。球虫从一个鸡场到另一个鸡场之间的传播，是通过养鸡场工作人员的走动、设备的搬运及野鸟的迁徙造成的。新鸡场在球虫引入完全易感鸡群之前，可保持首批饲养鸡生长期的大部分时间无球虫。但如此时暴发球虫病，常比那些暴发过球虫病的老鸡场更为严重，常常被称作"新鸡舍球虫病综合征。"

卵囊在适宜的条件下能存活许多周，但却能

被高温、低温和干燥迅速杀死。55℃或冰冻能很快杀死卵囊，即使在37℃情况下连续保持2～3天也是致命的。运用适宜的冰冻保藏技术，子孢子和孢子囊能在液氮中冷冻保存，而卵囊则不能被足够的冷冻保护剂透过，故影响其活力。在热而干燥的气候条件下，球虫病的威胁较小；而在较冷和较潮湿的气候条件下，则威胁较大。

诊断

最好通过对迫宰鸡进行直接的尸体剖检来诊断球虫病。对于死后1h或更长时间的鸡，由于死后肠黏膜迅速发生变化而影响对特征性病变的辨认。诊断时，应当检查整个肠管。需要有一台显微镜，用于鉴定特异的、有诊断意义的球虫特征性形态，如毒害艾美耳球虫的大裂殖体与和缓艾美耳球虫的小而圆的卵囊。对小肠涂片进行显微镜检查时，发现几个卵囊仅说明感染的存在，但不能表明存在临床性球虫病。球虫和轻微的病变存在于大多数鸡群3～6周龄鸡的肠道中。如果眼观病变是严重的，或其他经济指标受到影响，就应诊断为球虫病。诊断应从鸡群中挑选症状典型的病鸡进行剖检，检查病变和在显微镜下鉴定球虫虫体，而不能随意挑选鸡只。在火鸡和鸡也可发现隐孢子虫，但根据较小的形态和寄生于黏膜细胞刷状缘的特点可以将其与艾美耳球虫区分开来[14,19]。

显微镜检查

在可疑病变组织的涂片中可以发现发育中的裂殖子、配子体和卵囊。刮取少量黏膜放在一张载玻片上，用生理盐水稀释，加盖片，在显微镜下最容易观察到卵囊和大配子，但在许多情况下，病变是由成熟的裂殖体引起的。在小肠中部存在成簇的大裂殖体是毒害艾美耳球虫的特殊病征，而在盲肠发现大量小的裂殖体则表明是柔嫩艾美耳球虫。在卵囊存在于十二指肠并且出现病变的是堆型艾美耳球虫和早熟艾美耳球虫，卵囊存在于肠道下部并且出现病变的是和缓艾美耳球虫和布氏艾美耳球虫。

由于各种鸡球虫卵囊的大小差别不大，因此根据其大小和形状作为诊断依据比人们想象的作用要小。然而，综合卵囊的大小、在肠道中的寄生部位和病变特点等特征可以为球虫病的诊断提供非常有价值的依据。测量20～30个主要类型球虫卵囊的大小，一般认为可以给待定种的大小作一个好的描述。这一资料结合其他观察对于在现场病例中球虫种的鉴定是有用的。

病变记分

病变的严重性通常是和鸡摄入卵囊的数量成正相关，并且是和其他指标如体重和粪便记分相关。最常用的记分方法是由相Johnson和Reid建立的[22]。按照这种方法，把鸡归入0到4＋的分值中，0表示正常，4＋表示最重的病例。这一技术在实验感染中最为有用，因为在这种试验中，卵囊和药物的剂量都是指定的，虫种也是已知的。在田间，病变记分对于判定感染的严重性也往往是有用的，但与显微计分并不一定相关。即使同时存在几种球虫感染，通常也只需将小肠分为4段来记分。这4段是：①十二指肠（上段），由堆型艾美耳球虫引起病变；②小肠中段：从十二指肠到卵黄蒂，病变由巨型、早熟、毒害和和缓艾美耳球虫引起；③小肠下段：从卵黄蒂到与盲肠连接处，由和缓、毒害和布氏艾美耳球虫引起病变；④盲肠，只存在柔嫩艾美耳球虫感染。

显微记分

和病变记分一样，球虫病的严重程度可以在对肠黏膜、肠内容物和粪便的显微镜检查过中程根据球虫的数量和形态特征来确定。显微记分对不引起大体病变的和缓艾美耳球虫、哈氏艾美耳球虫和早熟艾美耳球虫的归类和识别是非常有用的。

粪便记分

在实验室感染中，粪便记分和病变记分一样可用于对感染严重程度进行快速、可靠的分级[31]。非正常粪便的分值在0到4＋内，4＋表示最严重的腹泻，带有黏液、液体和/或血液。如果鸡存在一种以上的艾美耳球虫感染时，则用这种技术是很复杂的。

病理组织学

用病理组织学的常规方法对球虫感染组织作常规检查是令人满意的。H.E. 切片染色和其他常规的组织学染色均能显示出发育阶段的虫体。也有一些特殊的技术可用于鉴定特征性的虫体形态：雪夫氏试剂染色时，由于子孢子折光体和大配子体囊壁的形成有多糖参与，因而呈现亮红色。单克隆抗体和荧光标记（如荧光素）相结合在病理学研究中极为有用，因为它能很容易地识别部分细胞的特异性阶段。

虫种鉴定程序

通过观察已确定的球虫生物学特征（表28.1，表28.3），对球虫种进行鉴定是比较容易的[25,30,32,43]。最大的球虫为巨型艾美耳球虫，很容易和其他虫种进行区分。有些种根据球虫的寄生部位、病变特征以及卵囊或裂殖体的大小等资料即可鉴定（如堆型、巨型、毒害和柔嫩艾美耳球虫）。其他球虫引起的病变很难区分，卵囊大小也易与其他虫种相近。早熟艾美耳球虫最好的鉴定方法是潜在期的确定，只有早熟艾美耳球虫最早排出卵囊的时间短于90h。仅根据卵囊大小是很难将布氏艾美耳球虫与早熟、柔嫩和毒害艾美耳球虫区分开来，但它在肠道下部寄生和病变特征是可靠的鉴定依据。和缓艾美耳球虫的鉴别特征是寄生于肠道中部，卵囊呈小亚球形，潜在期为99h，这可以使它与布氏艾美耳球虫进行区分。

由于卵囊大小和寄生部位与其他球虫重叠，而且不引起明显的病变，因此，哈氏艾美耳球虫很难和寄生于十二指肠的小型球虫进行区分。在这种情况下，免疫试验是非常有用的[36]。鸡感染艾美耳球虫后可以产生对再感染的抵抗力，但种间没有交叉保护。在球虫分类时，常利用这种严格的免疫特异性来鉴定球虫虫种。这种试验技术需要培养纯的试验虫株，同时试验动物需要在无免疫和攻毒的条件下饲养。当用哈氏艾美耳球虫卵囊免疫鸡时，能够诱导鸡产生对同种球虫的免疫保护力，防止再感染，但不能产生对其他虫种的免疫保护力。与此相反，给鸡免疫接种其他虫种时，不能产生对哈氏艾美耳球虫的免疫保护力。总的来说，这种技术既费时间，又需要许多实验室的分离设备和已知虫种的纯培养物。然而，作为一种研究工具，已证明这种技术是极为有用的。

用于实验研究的球虫保存

从野外采集的粪便、垫料或诊断实验室中的肠内容物可保存在2%～4%的重铬酸钾溶液中，以便分离球虫。给卵囊悬浮液进行通气对于卵囊的孢子化是必需的。一个高质量的小水泵是有效的，可通过阀门来调节通气量，并可通过几个管道同时使用几个瓶子。卵囊悬液置冰箱内可短期保存。冷冻会很快将球虫卵囊杀灭，升温也是如此。将卵囊保存在37℃或更高温度也会很快将球虫卵囊杀灭。

预防和控制

通过化学治疗来控制球虫病

早期化学治疗的重点是在感染症状出现之后，用磺胺或其他化合物来进行治疗。由于人们认识到在鸡群中一旦广泛出现球虫病症状，就已经发生重要损伤，因此很快出现了药物预防的概念。现今，几乎所有的肉鸡群均接受药物预防，而治疗仅用作最后的手段（表28.2）。McDougald已作过关于球虫化学治疗的历史的全面综述[27]。通过查询当前饲料添加剂手册可了解批准使用的抗球虫药产品的情况[12]。

抗球虫药的特点

用于控制球虫病的各种药物在作用机理上都是独特的，这些机理包括：杀灭或抑制球虫的方式和对鸡生长和生产性能的影响。抗球虫药的最重要特点介绍如下：

抗球虫谱 鸡有几个重要的球虫种类，火鸡也有好几种球虫，其他宿主则有另外的许多球虫种类。一种药物针对这些球虫的一种或几个虫种是有效的，几乎没有一种药物对所有的虫种有相同的药效。

作用机理 每一类化合物对球虫的作用机理以及所针对的球虫的发育阶段都是特异性的。有些药物的化学作用机理已经被详细阐明，而另一些药物的作用机理则仍是个谜。磺胺及其相关药物竞争性抑制球虫与对氨苯甲酸（PABA）的结合和叶酸代谢，氨丙啉竞争性抑制球虫维生素 B_1 的吸收，喹啉类（quinoline）抗球虫药和克球多（clopidol）抑制球虫细胞色素系统的能量代谢。聚醚类离子载体（poiyether ionophores）通过影响细胞膜对碱性金属阳离子的通透性而干扰细胞的渗透平衡。

作用的内生性发育阶段　已证实球虫受药物攻击是在宿主体内不同的发育阶段。完全不同的药物也可能攻击球虫的相同发育阶段。喹啉类和离子载体类抗球虫药物可抑制或杀灭子孢子或早期的滋养体。尼卡巴嗪、氯苯胍、球痢灵（zoalene）杀灭第一代或第二代裂殖体，磺胺类既作用于发育中的裂殖体，也作用于有性阶段虫体。地克珠利（diclazuril）对柔嫩艾美耳球虫早期的裂殖生殖起作用，能延缓堆型艾美耳球虫后期的裂殖生殖和巨型艾美耳球虫大配子的成熟。从理论上讲，根据药物对球虫生活史的作用时间来设计一定类型的防治方案是有意义的，但在实际生产上尚无好的例子。

杀球虫药（coccidiocidal）与抑制球虫药（coccidiostatic）

有些药物能杀灭球虫，而另一些药物只能抑制球虫的发育，而当抑制球虫药停药后，被抑制的球虫可继续发育，并能产生卵囊、污染环境。在这种情况下，球虫病的复发是可能的。一般来说，杀球虫药比抑制球虫药更有效。

药物对鸡的影响

用于动物饲料中的大多数抗球虫药具有好的"选择毒性作用"，即对球虫有毒而对脊椎动物无害。不幸的是，因错误的配方会导致药物过量，从而可能使宿主发生中毒和出现副作用。有时，某些药物在推荐使用剂量也可能产生副作用。有一些中毒可能是因为管理、遗传、营养或其他反应造成的；而在另一些情况下，则是由于药物的安全范围过窄所致。环境反应也可能造成中毒，如尼卡巴嗪与高温反应曾引起过高死亡率。尼卡巴嗪对蛋鸡也有很强的毒性，可引起棕色蛋壳褪色，蛋黄成斑驳色，孵化率和产蛋量下降。高剂量的离子载体药物也有很强的毒性，稍微过量能引起短暂的麻痹，在更严重的病例可造成永久性的麻痹和死亡。一度曾认为，莫能菌素能与蛋氨酸相互作用，引起羽毛生长减少，但是这种相关性还不清楚。在某些情况下，拉沙里菌素能刺激水分的消耗和排泄，使垫料潮湿。在实验室条件下，大多数离子载体稍微过量就会降低增重。休药5～7天常常是为了让鸡"补偿性生长"，以弥补给药对增重的影响。离子载体对其他动物的毒

性也为人所知，如莫能菌素和盐霉素对马有很强的毒性，莫能菌素对马的半数致死量大约是2mg/kg。盐霉素在每吨饲料中超过15g时对火鸡有强的毒性，在超过鸡的推荐剂量（60g/t）时，会引起极高的死亡率；而莫能菌素、拉沙里菌素在按鸡的剂量使用时，火鸡却有好的耐受性。

肉鸡的抗球虫药使用方案

对肉鸡来说，使用抗球虫药的目的通常是通过减少疾病而产生最高的生长速度和饲料报酬；对蛋鸡和种鸡来说，使用药物的目的是产生免疫力。抗球虫药物或给药方案的选择取决于养鸡的季节和影响鸡只感染球虫的因素。有数种给药方案已在实际生产中使用。

单一药物的连续使用（连续用药）：从第1天用到屠宰为止连续使用单一一种药品，或休药3～7天。大多数被批准的药品可使用到屠宰前，但是生产者因经济或其他原因而进行休药。

穿梭或二元方案（shuttle or dual programs）（穿梭用药）：在开始时使用一种药物，至生长期时使用另一种药物，这在美国称作"穿梭"方案，在其他国家叫"二元"方案。有时可能会使用3种药物，第一种在开始时使用，第二种在生长期使用，第三种在育成期使用。常采用穿梭方案来改进对球虫病的控制。由于在生产上多年来大量使用聚醚类离子载体抗生素，因而产生了对这类药物敏感性降低的球虫虫株。若在开始或生长期的饲料中使用其他药物如尼卡巴嗪或常山酮，便能提高对球虫病的控制效果，并减轻离子载体类药物的压力。在有些情况下，药物的使用顺序可能是相反的。有人认为，使用穿梭方案能减少药物耐受性的产生。有时，有相当多的养殖者使用某种类型的穿梭方案。

药物的轮换（轮换用药）：即合理的变换使用抗球虫药。美国的大多数生产者认为，应在春季和秋季轮换药物。药物的轮换可改善生长性能，因为长期使用某些抗球虫药会产生敏感性降低的虫种或虫株。生产者常常发现：在变换一种抗球虫药后的数月中，生产力有一个提高。抗球虫药物的轮换取决于药物的本身性质。在美国，尼卡巴嗪多在球虫病流行严重的寒冷季节使用。而在球虫病流行比较温和的夏季，则使用抗球虫作用比较温和的抗球虫药物。

抗药性

球虫在接触药物后会产生抗药性，这是对药物有效性的最大限制。调查表明，在美国、南美和欧洲，球虫存在广泛的抗药性[16,20,23,25,31,32]。尽管球虫对某些药物比另一些药物的抗药性差，但是长期接触一种药物将导致球虫对药物的敏感性丧失，并最终发展为抗药性。抗药性是一种遗传学现象，一旦在某一球虫株建立，它将会保持许多年，或直到其群体的选择压力和遗传漂移力使其恢复敏感性为止。一些药物如喹啉类和克球粉有一个已十分明确的作用方式，当被选择的球虫带有不能稳定地与药物结合的细胞色素时，抗药性便迅速产生。相反，聚醚类离子载体则有着更复杂的作用机理，涉及碱性金属阳离子透过细胞膜的转运机制，球虫需要花费许多年才能产生耐药性，有时会产生完全的抗药性。在球虫抗药性的选择方面，许多其他药物似乎处于中间状况。针对抗药性的主要预防对策是使用不太强化的方案，如采用穿梭方案和经常变换药物。由于在变换之间药物使用的周期往往足以使抗药性发展，因此方案的变换或使用某种方案仍不能避免抗药性的产生。近年来，在轮换方案中，使用球虫活苗已成为一种常用的措施，因此，对药物敏感的疫苗株将替代野生型的抗药性虫株。这种方法已被证实对养殖场的球虫抗药性有明显影响。

美国肉鸡中使用的抗球虫药物

迄今在美国被批准用于鸡的药物产品列于表28.2。不是所有产品仍在商业上应用，但都属于注册产品。当今使用的药物包括莫能菌素、盐霉素、拉沙里菌素（聚醚类离子载体）、尼卡巴嗪、氨丙啉＋乙氧酸胺苯甲酯（ethopabate）、癸喹酸酯（decoquinate）、克球粉、磺胺二甲氧嘧啶＋二甲氧甲基苄氨嘧啶（ormetoprim）和磺胺喹噁啉。一种利用抗球虫药物协同作用的尼卡巴嗪和那拉霉素复方制剂也在使用。另一些药物虽列入注册范围，但无显著的抗球虫作用，如金霉素、土霉素和硝基呋喃类等。这些产品由于具有抗细菌作用，故在高剂量时能阻止因球虫病所引起的死亡，但作为常规使用则没有必要。聚醚类离子载体是在1972年被筛选为预防球虫病的药物，至今仍在广泛地应用。其他药物，如尼卡巴嗪和常山酮大

多用在穿梭方案中作为离子载体类药物的补充。

肉鸡球虫病药物防治中的免疫情况

即使在给抗球虫药物的情况下，鸡自然感染球虫后也能产生免疫力[7,18]。养殖者已学会利用这一现象将停药期延长（有时停药期长达2~3周）。

球虫病疫苗

近年来，通过对球虫病疫苗的研究，已研制出新鸡球虫病活疫苗。当给雏鸡免疫接种鸡球虫病活疫苗时，能够诱导鸡只产生针对鸡球虫病活疫苗中含有的虫株的免疫力。活疫苗中含有的虫株通过接种剂量和接种途径的改变被致弱。在国际市场上销售或还在美国处于研制阶段的某些鸡球虫病活疫苗含有通过早熟筛选所致弱的遗传稳定虫株。用于鸡球虫病活疫苗可能存在一些不良反应，尤其是影响采食量，因此鸡球虫病活疫苗在肉鸡上的应用受到了限制。最近免疫接种方法的改进已经克服了很多这样的缺点。鸡球虫病活疫苗的使用呈逐渐增长的趋势，多个国家已研制出鸡球虫病活疫苗（Coccivac®，Immucox®，Paracox®，Livacox®，Biovet®，Advent®，Nobilis®，In-OvoCox®以及其他疫苗）。有些新型的活疫苗是由致弱的虫株制成的（如Paracox®，Livacox®）。这些疫苗一般含有3种或3种以上被认为最为重要的艾美耳球虫虫株。给鸡免疫接种这些活疫苗后，能够诱导鸡只产生对这些虫株的免疫保护力，因此这些疫苗只能保护鸡只不再感染疫苗中含有的球虫虫种。有一点已被人们熟知，有些不包含在鸡球虫病活疫苗的球虫虫种能够引起鸡只增重下降、饲料转化率降低、皮肤色素沉积减少，甚至导致鸡球虫病活疫苗免疫失败。有些鸡球虫病活疫苗免疫接种的成功更取决于新的免疫接种技术而不是球虫虫株的致弱。将一研制的活疫苗包被在藻朊酸珠中，然后将其混在雏鸡饲料中进行涓滴免疫。目前使用的其他的免疫接种技术包括对运雏盒进行喷雾、对眼进行喷雾、蛋内接种或将疫苗直接喷雾在饲料或饮水中。有一种鸡球虫病活疫苗直接混在胶中，散在运雏盒内供鸡只采食[8]。其他的试验室免疫接种方法有将球虫或球虫抗原进行蛋内或卵黄蒂接种。

单克隆抗体技术可以应用于球虫蛋白的鉴别，

给雏鸡接种后有时也能诱导鸡只产生部分保护。如果将编码这些蛋白的基因转入细菌中进行表达，可以获得大量的这种蛋白。在广谱抗原的鉴别和免疫接种途径上研究已取得了一些进展。基于这种方法所研制出的一种产品是 CoxAbic®，这种产品包含有以巨型艾美耳球虫配子体产生的单克隆蛋白作为抗原的成分。这种疫苗给母鸡免疫接种 2 次，能够给雏鸡提供 3 周的母源保护。

用于种鸡和蛋鸡的药物和方案

后备母鸡开始是平养，以后作为笼养蛋鸡饲养，不需要像地面平养蛋鸡一样对球虫产生免疫力。它们通常是和肉鸡一样，通过使用预防性给药来加以保护，直至它们转入笼养为止。育种的青年母鸡在产蛋期间也饲养在平地上，故必须对球虫病有免疫力。轻微感染后的天然免疫力通常可用两种方法之一获得成功：①通过使用商品化的球虫苗（Coccivac7，Immucox7，Livacox7 或 Paracox7）以获得控制性的感染。这一方案要求一个轻度的、无害的初始感染，然后通过 2～3 次重复的自然生活史来加强。②假定重要虫种的卵囊均存在，通过一次性的自然感染。首先饲喂一种广谱抗球虫药给鸡提供保护 6～12 周，有的生产者在最后 4 周逐步降低药物剂量，这是因为正如前文所述即使在药物存在的情况下，鸡也可以产生对球虫的免疫力。有时球虫感染可能不足以使鸡产生针对所有虫种的免疫力。毒害艾美耳球虫病的暴发有时发生在所有药物停止使用后的第 8～16 周。气候和季节条件可能会加剧这一方法本身所固有的不确定性。

消毒和卫生

以往在球虫病控制上常常是建议搞好环境卫生和消毒，以预防球虫病的暴发。但现在已不再认为这样做是有效的，这是由于：①用这种方案已有太多的失败教训；②卵囊对普通消毒药有极强的抵抗力；③完全的室内消毒是不可能彻底的；④无卵囊环境对平养鸡不能较早地建立免疫力，造成后期球虫病的暴发。除了在鸡场常用的消毒剂外，有些杀灭球虫卵囊的特殊消毒剂也被使用。在有些国家使用了一种含有铵盐和氢氧化钠的消毒剂（OO-cide®）。

饲养在清洁笼子里的鸡，很少暴发球虫病。但如果笼养鸡成一排排列，则会出现例外情况，由于粪便意外污染饲料或饮水而造成球虫病的暴发。

火鸡球虫病

火鸡球虫病是普遍的，但常常由于其病变没有鸡球虫病明显而不被察觉。感染火鸡的球虫有好几个种，但是只有约 4 个种在经济上有重要意义。火鸡球虫病的典型症状是：水样的或黏液性的下痢、羽毛蓬松、厌食和其他症状。发病火鸡康复很快，以至在剖检时查不出病变。已发现有几种球虫普遍存在于美国的商业化火鸡场[8]。感染家火鸡的球虫也感染野火鸡。在商品火鸡中常见的艾美耳球虫包括腺艾美耳球虫（*E. adenoeides*）、小火鸡艾美耳球虫（*E. meleagrmitis*）、火鸡艾美耳球虫（*E. meleagridis*）和分散艾美耳球虫（*E. dispersa*）。散养能显著增加与野生动物的接触机会，从而也增加了球虫病和其他疾病的传播。

任何年龄的火鸡对初次感染都是易感的，但是 6～8 周龄以上的火鸡对球虫病有更强的免疫力，它们能经受体重减轻和发病，但不像幼龄火鸡容易死亡。在适当的控制球虫病的措施建立之前，增重率的下降往往不被察觉。

病原学

在美国，已描述有 7 种火鸡艾美耳球虫，每个虫种的鉴别特征列于表 28.3。由于无害艾美耳球虫（*E. innocua*）和微（亚）圆艾美耳球虫（*E. subrotunda*）很少被发现，因此人们对这两个种的有效性产生了怀疑。

已描述的虫种包括等孢属球虫（*Isospora* spp.）、隐孢子属球虫（*Cryptosporidium* spp.）和艾美耳属球虫（*Eimeria* spp.）。局限于肠道的艾美耳属球虫与隐孢子虫属球虫不同，后者可引起呼吸道和肠道感染[17]。致病的艾美耳属球虫包括腺艾美耳球虫（*E. adenoeides*）、小火鸡艾美耳球虫（*E. meleagrmitis*）、孔雀艾美耳球虫（*E. galloparonis*）和分散艾美耳球虫（*E. dispersa*）。从致病力弱的球虫卵囊中鉴别出致病虫种的卵囊

表 28.3 火鸡艾美耳球虫的诊断特征

种的特征	腺艾美耳球虫	分散艾美耳球虫	孔雀艾美耳球虫	无害艾美耳球虫	火鸡艾美耳球虫	小火鸡艾美耳球虫	微（亚）圆艾美耳球虫
肉眼的病变	液状粪便，带黏液和血斑	浆膜面奶酪色，小肠肿胀，淡黄色黏液性粪便	水肿，回肠黏膜黄色，溃疡，渗出物黄色，粪便中有血点	无	盲肠奶酪色，形成干酪样栓塞，少量淤血点	十二指肠到回肠有充血点和淤血点，空肠肿胀，黏液管芯	无
长度×宽度(μm)	平均=25.6×16.6	平均=26.1×21.0	平均=27.1×17.2	平均=22.4×20.9	平均=24.4×18.1	平均=19.2×16.3	平均=21.8×19.8
长度(μm)	18.9~31.3	21.8~31.1	22.7~32.7	18.57~25.86	20.3~30.8	15.8~26.9	16.48~26.42
宽度(μm)	12.6~20.9	17.7~23.9	15.2~19.4	17.34~24.54	15.4~20.6	13.1~21.9	14.21~24.44
卵囊形状和形状指数	椭圆形	宽卵圆形	椭圆形	亚球形	椭圆形	卵圆形	亚球形
长度/宽度	1.54	1.24	1.52	1.07	1.34	1.17	1.10
孢子发育的最短时间(h)	24	35	15	45以下	24	18	48
潜伏期最短时间(h)	103	120	105	114	110	103	95
折光体	有	无	有	无	有	有	无
致病力	++++	+	++++	无	无	++++	无

图例：
- ■ 病变
- ▨（点） 偶见病变
- ▤（灰） 有寄生虫但没有病变
- □ 种的特点

是困难的，因为有些虫种的描述很不详尽。例如鉴别腺艾美耳球虫和火鸡艾美耳球虫是比较困难的，因为它们均寄生于盲肠，卵囊的形态也很相似。

腺艾美耳球虫（*Eimeria adenoeides*，Moore 和 Broan 1951）

肉眼病变主要出现在盲肠，但可扩展到小肠下段和泄殖腔。盲肠内容物常常硬化形成由黏膜碎屑组成的肠芯。盲肠和/或小肠常常肿胀和水肿。卵囊呈椭圆形，有较高的形状指数（长宽比为 1.54），卵囊平均大小为 25.6μm×16.6μm。典型的腺艾美耳球虫卵囊为一端比另一端尖。

致病力

腺艾美耳球虫是对火鸡致病力最强的球虫之一。给青年火鸡实验感染 $2.5×10^4$～$10×10^4$ 个卵囊，在感染后第 5 天或第 6 无可造成高达 100% 的死亡率。几月龄火鸡感染后可引起相当大的体重损失。感染的外表症状出现在感染后第 4 天：粪便常呈液体，可能带有血色，也可能含黏液性的管型。盲肠内可能形成白色或灰色的干酪样的肠芯。由于病变康复很快，因此除非盲肠芯保留下来，否则在急性期之后不久就很难见到感染的痕迹。

大体病变和病理组织学

到感染后第 4 天，肠道可能出现充血、水肿、出血点和黏液分泌增多。感染后第 5 天盲肠含有白色的干酪样的物质，这种物质凝固即形成肠芯。肠道的浆膜面呈现苍白、水肿和肿胀。

异嗜细胞浸润黏膜下层遍布整个小肠，尤其是在小肠下段和盲肠。绒毛顶端的上皮细胞最常被侵入，但下层的腺细胞也被寄生。在感染过程中，水肿一般深入到肌层。5 天之后，损伤的黏膜很快再生。

分散艾美耳球虫（*Eimeria dispersa*，Tyzzer 1929）

该虫种一般寄生在小肠，主要在小肠中段，但有些感染可能发生在盲肠颈部。卵囊大（平均 26.1μm×21.0μm），呈宽卵圆形（形状指数为 1.24）。子孢子缺少折光体，卵囊壁呈现独特的外廓，不常见于其他球虫的双层卵囊壁。潜在期为 120h，比其他球虫时间长。

致病力

与其他一些球虫相比，该虫种的致病力较弱，但当感染 $1×10^6$～$2×10^6$ 个卵囊时，能引起青年火鸡增重率下降和下痢。

自然和实验宿主

该虫种的自然宿主是北美鹑，分散艾美耳球虫对北美鹑的致病力远比对火鸡强。这种球虫是在鸡和火鸡中已知的唯一能感染 1 种以上宿主的艾美耳球虫。以下禽类试验性接种均已产生明显的感染：家火鸡、野火鸡、匈牙利鹧鸪（*Perdix perdix*）、翎颌松鸡（*Bonasa umbellus*）、尖尾松鸡（*Pediocetes phasianellus campestris*）、日本鹌鹑和北美鹑及其他雉。感染鸡时常需要进行免疫抑制。

大体病变和病理组织学

感染后第 3 天，十二指肠浆膜面呈现奶油色，稍后整个肠道逐渐肿胀，肠壁增厚。肿胀持续到感染后的第 5 天和第 6 天，伴有奶油色黏液性分泌物，其中含有从十二指肠剥蚀的上皮。个别绒毛肿胀到足以用肉眼可以看见的程度。

十二指肠呈现水肿和毛细血管渐进性充血。肠上皮和基底膜分离，导致固有层面临于一层纤维网膜或一充满液体的腔隙。坏死常发生在绒毛尖的远端。该球虫不侵袭腺体。

孔雀艾美耳球虫（*Eimeria gallopavonis*，Hawkins 1952）

病变局限在卵黄蒂的后部，以小肠下段和大肠最为严重，有些感染病灶可见于盲肠。卵囊呈长形，平均 26.1μm×17.2μm（形状指数为 1.52）。

致病力 实验感染 $0.5×10^5$～$1×10^5$ 个卵囊可引起 6 周龄小火鸡 10%～100% 的死亡率。死亡发生在感染后 5～6 天。

大体病变和病理组织学 感染后 5～6 天出现明显的炎症和水肿变化；到第 7～8 天，有软的白色干酪样的坏死物质脱落，其中含有大量卵囊和出血斑。

火鸡艾美耳球虫（*Eimeria meleagridis*，Tyzzer 1929）

虽然在盲肠可见带黄白色干酪样肠芯的肉眼

病变，但仍认为该球虫实际上无致病性。卵囊与盲肠内其他致病虫种的相似，难以与其他种鉴别。

致病力 大多数的研究表明，该球虫几乎没有致病性。给鸡感染 $5×10^6$ 个以上卵囊只对 $4～8$ 周龄小火鸡的生长有很小影响。早先报道有较强的致病力可能是因为它与腺艾美耳球虫混合感染所致。

大体病变和病理组织学变化 非黏附性的奶油色干酪样的盲肠芯是该球虫在青年火鸡的感染特征。肠芯能完整地通过肠腔。黏膜稍有增厚，盲肠的肿胀部位含有出血斑。盲肠芯在感染后 $5.5～6$ 天消失，同时在盲肠内容物中可发现许多卵囊。

尽管在组织学检查中发现水肿和淋巴细胞浸润，但不及腺艾美耳球虫和 *E. gallopavonis* 引起的广泛。第一代裂殖体在小肠的表面上皮细胞中发育，但以后的发育阶段均发生在盲肠的上皮细胞。

小火鸡艾美耳球虫（*Eimeria meleagrimitis*，Tyzzer 1929）

该虫种主要感染小肠上段，但在严重感染时可扩展到整个小肠，是火鸡小肠上段中致病力最强的球虫。卵囊小（平均 $19.2\mu m × 16.3\mu m$），呈卵圆形。

致病力 实验感染青年火鸡能引起发病、增重停止、脱水、一般性的损害以及死亡。接种 $2×10^5$ 个卵囊可引起部分火鸡发病和死亡，但该球虫的致病力仍不及腺艾美耳球虫。

大体病变和病理组织学变化 感染火鸡出现脱水症状。在感染后第 5 天和第 6 天，十二指肠明显肿大和充血。肠腔内出现大量的黏液和液体。在感染后 $5～7$ 天时，粪便偶尔含有出血斑和黏液管型。

绒毛尖最常被寄生，尽管出血罕见，但上皮可能被完全剥落。嗜伊红细胞的浸润最早在感染后 2h 就可能开始，到感染的高峰期已很广泛。

未描述的虫种

有几个与现有虫种的描述不符的球虫虫种已从野生或家养火鸡中分离出来，但尚无完整的描述或命名。除非它们的病理学和卵囊形态是不同的，否则要对发现于野外的球虫进行定种，其困难是可想而知的。

火鸡球虫病预防和控制

对鸡有效的药物在火鸡通常也是有效的，但是使用的最佳剂量可能有所变化，有些药物对火鸡的毒性明显高于鸡。

治疗 如同鸡的情况一样，治疗暴发性的火鸡球虫病的效果不如使用药物预防或免疫预防理想。当必须进行治疗时，可应用氨丙啉（按 $0.012\%～0.025\%$ 混入饮水中），或磺胺类药物（根据具体药物确定剂量，通常给药 2 天，停 3 天，再给药 2 天，有时在第 3 周再重复一个疗程）。磺胺类药物的毒性限制了它们在火鸡的使用。

药物控制 大多数生产者至少连续 8 周在饲料中添加抗球虫药。一般情况下，在那段时间小母鸡被限制在育雏室中，然后再被迁至散养区或其他房舍中。已批准在饲料中使用的药物有氨丙啉（ $0.0125\%～0.025\%$ ）、丁烷锡（ 0.0275% ）、磺胺喹噁啉（ $0.006\%～0.025\%$ ）和二甲氧甲基苄氨嘧啶（ $0.0037\,5\%$ ）复方制剂，莫能菌素（ $54～90g/t$ ）、常山酮（ $1.5～3.0g/t$ ）和拉沙里菌素（ $75～125g/t$ ）。但并不是所有的产品均是有效的。

用计划免疫进行预防 火鸡通过接触艾美耳属重要的致病性虫种的少量卵囊可以进行免疫预防的原理是从鸡发展起来的，在美国有一种在火鸡使用的产品（Coccivac-T7，Schering-Plough，Millsboro，Delaware），在加拿大也有一种产品（Immucox，Vetech，Guelph，Ontario）。在火鸡 7 日龄时，喷洒在饲料中接种，引起轻微的感染。在使用强毒株时，存在着一定的危险性。如果某一虫种繁殖太快，有时需要在 $3～4$ 周龄时进行治疗。但在大多数情况下免疫预防是成功的。

鹅球虫病

在家鹅和野鹅中已发现了许多种球虫。在商品鹅群中，最流行和危害性最大的球虫虫种是引起肾球虫病的截形艾美耳球虫和引起肠道球虫病的鹅艾美耳球虫。肾球虫病可造成幼鹅肾功能障碍，并导致死亡。球虫可通过迁移的和定居的野鹅而传进家鹅群中。

截形艾美耳球虫（*Eimeria truncata*，Railliet and Lucet 1891）

据报道，在美国依阿华州因肾球虫病造成的鹅群损失高达87％。虽然在青年鹅疾病是最急性的，但是3～12周龄鹅也受影响。感染的症状包括精神萎靡、衰弱、下痢、粪便白色和无食欲，眼睛迟钝和下陷，翅膀下垂。幸存鹅可能表现眩晕和掠颈。但鹅群能很快产生对再感染的免疫力。

截形艾美耳球虫的卵囊和内生阶段虫体只发现于肾脏或输尿管连接处附近的泄殖腔。截形艾美耳球虫的诊断可通过在肾脏和输尿管发现特征性的卵囊来确定。卵囊平均大小为 $21.3\mu m \times 16.7\mu m$，具有截锥形的两端。

自然和实验宿主　虽然尚未进行交叉感染实验，但截形艾美耳球虫已在家鹅、野鹅、鸭和天鹅有报道。

大体病变和病理组织学　肾脏可能肿大，从荐骨床突出来。正常的红棕色变为浅灰黄色或灰红色。可见针头大小的灰白色病灶或出血斑，其中含有大量卵囊和尿酸盐。入侵并发育的虫体使肾小管膨胀达到正常体积的好几倍。病灶区域出现嗜伊红细胞浸润和坏死症状。

鹅艾美耳球虫（*Eimeria anseris*，Kotlan 1933）

卵囊大小平均为 $19.2\mu m \times 16.6\mu m$，要鉴别出 Pellerdy 列出的 14 种肠球虫是困难的[37]。

致病力　鹅艾美耳球虫可引起食欲缺乏、步态摇摆、衰弱、腹泻和发病，甚至死亡。小肠肿大，充满稀薄的红棕色液体。卡他性炎症病变出现在小肠中段和下段的大部分部位。可能出现大的白色结节或纤维素性类白喉坏死性肠炎。在干燥性的假膜下面见有大量的卵囊和内生阶段的虫体。寄生阶段的虫体侵入小肠后半段的上皮细胞，密集地拥挤成排。发育中的配子体深深地钻入绒毛的上皮下组织。

治疗　各种磺胺药物已用于肾球虫病和肠球虫病的治疗，一些研究表明具有好的疗效，但遗憾的是没有对照试验。

鸭球虫病

鸭球虫病是散发的，但颇频繁，应引起研究者更多的注意。在美国纽约州、新泽西州和匈牙利、日本的家鸭饲养场都报道过发生中等到严重死亡率的病例。在长岛和纽约采样的每一个饲养场都发现了球虫。临床型和亚临床型的球虫病似乎非常普遍，并能导致发病、死亡和生产性能降低。

球虫的种类和描述

虽然从家鸭和野鸭已报道了 13 种球虫，但是仅根据对它们的那些描述尚不足以对鸭球虫病作出诊断[37]。许多虫种仍然是可疑的，尚待进一步研究。鸭球虫病可以由艾美耳属（*Eimeria*）、温扬属（*Wenyonella*）和泰泽属（*Tyzzeria*）球虫引起。根据孢子化卵囊可准确地鉴定到属。艾美耳属球虫卵囊含有 4 个孢子囊，每个孢子囊含有 2 个子孢子；温扬属球虫含 4 个孢子囊，每个孢子囊含有 4 个子孢子；而泰泽属只含有 8 个裸露的子孢子，无孢子囊。

毁灭泰泽球虫（*Tyzzeria perniciosa* Allen 1936）来自美国家鸭，是薄壁型的卵囊，测出大小为 $10 \sim 12.3\mu m \times 9 \sim 10.8\mu m$，孢子化后产生 8 个游离的子孢子。

菲莱氏温扬球虫（*Wenyonella philiplevinei* Leibovitz 1968）是鸭球虫中人们了解最多的球虫，发现于从空肠环形带至泄殖腔的肠道后段。潜在期是 93h，卵囊有 3 层壁，测量的大小为 $15.5 \sim 21\mu m \times 12.5 \sim 16\mu m$（平均 $18.7\mu m \times 14.4\mu m$），在一端有卵膜孔，1～2 个极粒。无卵囊残体。卵囊的孢子化后形成 4 个孢子囊，每个孢子囊含有 4 个子孢子。

致病力　由毁灭泰泽球虫引起的症状通常包括食欲缺乏、体重减轻、虚弱、痛苦、发病以及 70％ 的死亡率。在肠道前部出血最为普遍，但整个肠道均可观察到出血。肠道中常有带血或干酪样的渗出

物。肠黏膜上皮层呈长片状脱落。球虫的侵袭可能
延伸到黏膜和黏膜下层，甚至深达肌层。早在感染
后第 4 天就出现急性出血性下痢，随后在第 5 天到
第 6 天发生死亡。

　　菲莱氏温扬球虫的影响局限在感染后 72～
96h。偶尔在后部回肠黏膜出现淤斑性出血。在肠
道后段黏膜发现弥漫性充血。在严重感染时，死亡
可能发生在第 4 天。

鸽 球 虫 病

　　鸽球虫病与毒害艾美耳球虫引起的鸡球虫病相
似，但较轻。幼鸽遭受的损失最大，但 3～4 月龄
鸽也可能发生死亡。

　　最常发生的鸽球虫是拉氏艾美耳球虫（*E. lab-
beana*）（Labbe 1896，Pinto 1929）。卵囊呈球形或
亚球形。平均大小为 19.1μm×17.4μm。

　　致病力　在世界不同地区已报道的雏鸽死亡
率为 15%～70%。亚临床感染可能长期持续存在
于成年鸽。免疫力并不表现为像在其他虫种所报
道那样的"自身限制性"。感染的一般症状是食欲
缺乏，绿色腹泻，明显的脱水和消瘦。粪便可能
带有血色，并且整个消化道可能发炎。通常的所
谓"变轻（going light）"状态往往是由球虫病引
起的。

　　治疗　已报道，用磺胺药进行饮水，剂量与鸡
的相同或减半，效果良好。法国和比利时在 1987
年曾推出一种专门用于鸽的产品，其有效成分为
Clazuril，该产品与正在研制中的使用于鸡的杀球
灵（Diclazuzil）是相近的一类药物。这一产品对于
治疗鸽球虫病有高效。

潘保良　汪　明　译
索　勋　校

参考文献

[1] AAAP Committee on Disease Reporting. 1987. Summary of commercial poultry disease reports. *Avian Dis* 31:926 -982.

[2] Arakawa, A. , E. Baba, and T. Fukata. 1981. Eimeria tenella infection enhances Salmonella typhimurium infections in chickens. *Poult Sci* 60:2203 - 2209.

[3] Baba, E. , T. Fukata, and A. Arakawa. 1982. Establishment and persistence of Salmonella typhimurium infection stimulated by Eimeria tenella in chickens. *Poult Sci* 61:1410.

[4] Biggs, P. M. , P. L. Long, S. G. Kenzy, and D. G. Rootes. 1969. Investigations into the association between Marek's disease and coccidiosis. *Acta Vet* 38:65 - 75.

[5] Braunius, W. W. 1986. Incidence of Eimeria species in broilers in relation to the use of anticoccidial drugs. Proc Georgia Coccidiosis Conference. University of Georgia: Athens, GA, 409 - 414.

[6] Castanon, C. A. B. , J. S. Fraga, S. Fernandez, L. F. Costa and A. Gruber. 2005. Digital image analysis in the diagnosis of chicken coccidiosis. Proc. Ixth International Coccidiosis Conf. Iguasau, Brazil. P. 162.

[7] Chapman, H. D. 1999. The development of immunity to Eimeria species in broilers given anticoccidial drugs. *Avian Path* 28: 155 - 162.

[8] Dasgupta, T. and E. H. Lee. 2000. A gel delivery system for coccidiosis vaccine: Uniformity of distribution of oocysts. *Can Vet J* 41:613 - 616.

[9] Davies, S. F. M. , L. P. Joyner and S. B. Kendall. 1963. Coccidiosis. Oliver and Boyd, Edinburgyh and London.

[10] Edgar, S. A. 1986. Coccidiosis in turkeys: Biology and incidence. Proc Georgia Coccidiosis Conference. University of Georgia: Athens, GA, 116 - 123.

[11] Edgar, S. A. and C. T. Siebold. 1964. A new coccidium of chickens, Eimeria mivati sp. n. (Protozoa: Eimeriidae), with details of its life history. *J Parasitol* 50:193 -204.

[12] Feed Additive Compendium. 2001. Miller Publishing Co. : Minneapolis, MN.

[13] Fitz-Coy, S. H. and S. A. Edgar. 1992. Pathogenicity and control of Eimeria mitis infections in broiler chickens. *Avian Dis* 36:44 - 48.

[14] Fletcher, O. J. , J. F. Munnell, and P. K. Page. 1975. Cryptosporidiosis of the bursa of Fabricius in chickens. *Avian Dis* 19:630 - 639.

[15] Gore, T. C. and P. L. Long. 1982. The biology and pathogenicity of a recent field isolate of Eimeria praecox, Johnson 1930. *J Protozool* 29:82 - 85.

[16] Hamet, N. 1986. Resistance to anticoccidial drugs in poultry farms in France from 1975 to 1984. Proc Georgia Coccidiosis Conference. University of Georgia: Athens, GA, 415 - 421.

[17] Helmbolt, C. F. and ES. Bryant. 1971. The pathology of necrotic enteritis in domestic fowl. *Avian Dis* 15: 775 -780.

[18] Hu, J. , L. Fuller, and L. R. McDougald. 2000. Do anticoccidials interfere with development of protective immunity against coccidiosis in broilers? *J Appl Poultry Res* 9:352 - 358.

[19]Hoerr,J. F. ,F. M. Ranck,and T. F. Hastings. 1978. Respiratory cryptosporidiosis in turkeys. *J Am Vet Med Assoc* 173:1591 - 1593.

[20]Jeffers,T. K. 1974. Eimeria tenella: Incidence, distribution and anticoccidial drug resistance of isolants in major broiler producing areas. *Avian Dis* 18:74 - 84.

[21]Jeffers,T. K. 1974. Eimeria acervulina and Eimeria maxima: Incidence and anticoccidial drug resistance of isolants in major broiler producing areas. *Avian Dis* 18:331 -342.

[22]Johnson,J. and W. M. Reid. 1970. Anticoccidial drugs: Lesion scoring techniques in battery and floor-pen experiments with chickens. *Exp Parasitol* 28:30 -36.

[23]Litjens,J. B. 1986. The relationship between coccidiosis and the use of anticoccidials in broilers in the southern part of the Netherlands. Proc Georgia Coccidiosis Conference. University of Georgia: Athens,GA,442 - 448.

[24]Long,P. L. 1982. The Biology of the Coccidia. University Park Press: Baltimore,MD.

[25]Mattiello,R. ,J. D. Boviez,and L. R. McDougald. 2000. Eimeria brunetti and E. necatrix in chickens of Argentina and confirmation of seven species of Eimeria. *Avian Dis* 44:711 - 714.

[26]Maxey,B. W. and R. K. Page. 1977. Efficacy of lincomycin feed medication for the control of necrotic enteritis in broiler-type chickens. *Poult Sci* 56:1909 -1913.

[27] McDougald, L. R. 1982. Chemotherapy of coccidiosis (Chapter 9). *In* P. L. Long(ed.). The Biology of the Coccidia. University Park Press: Baltimore, MD, 373 -427.

[28] Mcdougald, L. R. and J. Hu. 2001. Blackhead disease (Histomonas meleagridis) aggravated in broiler chickens by concurrent infection with cecal coccidiosis (Eimeria tenella). *Avian Dis* 45:307 - 312.

[29]McDougald,L. R. ,T. Karlsson,and W. M. Reid. 1979. Interaction of infectious bursal disease and coccidiosis in layer replacement chickens. *Avian Dis* 23:999 -1005.

[30]McDougald,L. R. ,L. Fuller,and R. Mattiello. 1997. A survey of coccidia on 43 poultry farms in Argentina. *Avian Dis* 41:923 - 929.

[31]McDougald,L. R. ,A. L. Fuller,and J. Solis. 1986. Drug sensitivity of 99 isolates of coccidia from broiler farms. *Avian Dis* 30:690 - 694.

[32]McDougald,L. R. ,J. M. L. Da Silva,J. Solis,and M. Braga. 1987. A survey of sensitivity to anticoccidial drugs in 60 isolates of coccidia from broiler chickens in Brazil and Argentina. *Avian Dis* 31:287 - 292.

[33]Morehouse,N. F. and R. R. Barron. 1970. Coccidiosis: Evaluation of coccidiostats by mortality,weight gains,and fecal scores. *Exp Parasitol* 28:25 - 29.

[34]Moore,E. N. and J. A. Brown. 1952. A new coccidian of turkeys,Eimeria innocua n. sp. (Protozoa: Eimeriidae). *Cornell Vet*. 42:395 - 402.

[35]Moore,E. N. ,J. A. Brown and R. D. Carter. 1954. A new coccidian of turkeys,Eimeria subrotunda n. sp. (Protozoa:Eimeriidae). *Poultry Sci*. 33:925 -929.

[36]Oluleye,O. B. 1982. The life history and pathogenicity of a chicken coccidium Eimeria hagani,Levine,1938. Ph. D. Dissertation,Auburn University,Alabama USA. 66.

[37]Pellerdy, L. P. 1974. Coccidia and Coccidiosis, 2nd ed. Akademine Kiado,Budapest.

[38]Reid,W. M. and J. Johnson. 1970. Pathogenicity of Eimeria acervulina in light and heavy coccidial infections. *Avian Dis* 14:166 - 177.

[39]Reyna,P. S. ,G. F. Mathis,and L. R. McDougald. 1982. Survival of coccidia in poultry litter and reservoirs of infection. *Avian Dis* 27:464 - 473.

[40]Shirley, M. W. 1986. Studies on the immunogenicity of the seven attenuated lines of Eimeria given as a mixture to chickens. *Avian Pathol* 15:629 - 638.

[41]Shirley,M. W. 1979. A reappraisal of the taxonomic status of Eimeria mivati,Edgar and Seibold 1964,by enzyme electrophoresis and cross-immunity tests. *Parasitol* 78:221 - 237.

[42]Tsuji,N. ,S. Kawazu,and M. Ohta. 1997. Discrimination of eight chicken Eimeria species using the two step polymerase chain reaction. *J Parasitol* 83:966 - 970.

[43]Williams, R. B. , A. C. Bushell, J. M. Reperant, T. G. Doy,J. H. Morgan,M. W. Shirley,P. Yvore,M. M. Carr, and Y. Fremont. 1996. A survey of Eimeria species in commercially-reared chickens in France during 1994. *Avian Pathol* 25:113 - 130.

隐孢子虫病

Cryptosporidiosis

Larry R. McDougald

引 言

隐孢子虫病是隐孢子虫属（*Cryptosporidium*）的小型球虫寄生于脊椎动物的呼吸道和胃肠道黏膜

上皮微绒毛区内所引起的寄生虫病。至少在 9 种家禽已报道自然感染。隐孢子虫是引起鸡、火鸡和鹌鹑呼吸系统与/或肠道疾病和死亡的重要病原。免疫缺陷宿主普遍增长，哺乳动物的隐孢子虫病引起了人们广泛重视[5]。有关情况可参阅关于隐孢子虫生物学的最新综述[11,12,30,42]。

对人健康的重要性

尽管隐孢子虫病在人和其他动物中很重要，但是没有证据表明禽类隐孢子虫——贝氏隐孢子虫（*C. baileyi*）会感染其他动物。同样，作为人隐孢子虫病的主要病原——小球隐孢子虫（*C. parvum*）在禽类中也不常见。有确切的证据表明：偶发于火鸡但致病力很强的火鸡隐孢子虫（*C. meleagridis*）可能就是小球隐孢子虫的同物异名体。已报道的家禽隐孢子虫见表 28.4。

表 28.4　感染家禽隐孢子虫种的鉴别特征

虫　种	宿　主	感染部位	卵囊大小（μm）
贝氏隐孢子虫	鸡、火鸡、鸭	法氏囊、泄殖腔、呼吸道上皮	6.2×4.6（平均） 6.3～5.6×4.8～4.5（范围）
火鸡隐孢子虫	火鸡、鸡	小肠	5.2×4.6（平均） 6.3～5.6×4.8～4.5（范围）
待定种	鹌鹑	小肠	大约 5

引自文献 4，22，25。

历史和分类

Tyzzer 在实验小鼠中发现了鼠隐孢子虫（*C. muris*）[39]，后来对其生活史的大部分阶段进行了描述，还发现了另一个种——小球隐孢子虫（*C. parvum*）[40,41]。研究人员在尚未证实隐孢子虫的宿主特异性程度的情况下，对目前很多其他隐孢子虫的命名是根据其寄生脊椎动物宿主命名的。但在这些虫种中只有少数种是有效的。有 2 种隐孢子虫［贝氏隐孢子虫（*C. baileyi*）和火鸡隐孢子虫（*C. meleagridis*）］可以感染鸡、火鸡和鹌鹑[29]。贝氏隐孢子虫能引起鸡和火鸡肠道（泄殖腔和法氏囊）和呼吸道的感染。火鸡隐孢子虫能引起与火鸡

腹泻疾病有关的肠道（小肠）感染。曾经发现一株可以引起鹌鹑高死亡率、曾认为与贝氏隐孢子虫和火鸡隐孢子虫存在明显差别的"隐孢子虫"，现在认为该虫株与火鸡艾美耳球虫相似[29]。不过正如上文所言，火鸡隐孢子虫（*C. meleagridis*）可能就是小球隐孢子虫的同种异名体。

生活史和形态学

球虫纲中诸属的分类主要依据是卵囊结构、18sRNA 基因和热休克基因（HSP-70）序列的相似性、宿主特异性和寄生部位[4,29,41]。与已发现的其他球虫不同，隐孢子虫属的球虫卵囊缺乏包裹子孢子的孢子囊，在卵囊壁内含有 4 个裸露的子孢子（图 28.5）。

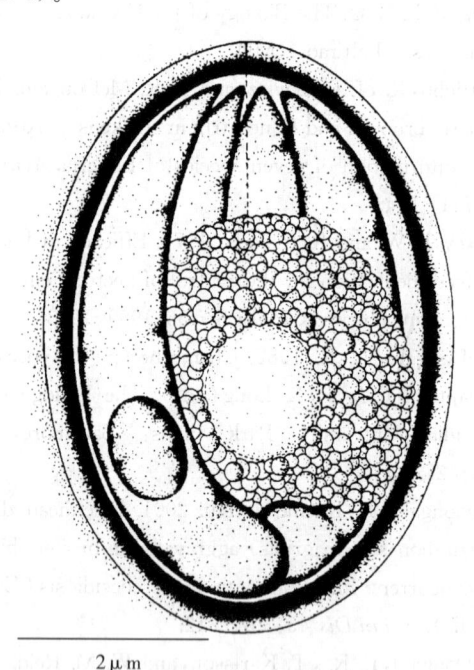

2μm

图 28.5　贝氏隐孢子虫（*Cryptosporidium baileyi*）卵囊的模式图注意环绕卵囊残体的 4 个子孢子和双层卵囊壁（8）

和艾美耳亚目的其他真球虫一样，隐孢子虫的生活史可分为 6 个主要的发育阶段（图 28.6）：脱囊（感染性子孢子的释放）、裂殖生殖（在上皮细胞内的无性繁殖）、配子生殖（雄配子和雌配子的形成）、受精（配子之间的结合）、卵囊壁形成（形成对外环境有抵抗力的虫体）和孢子生殖（在卵囊壁内形成感染性的子孢子）。

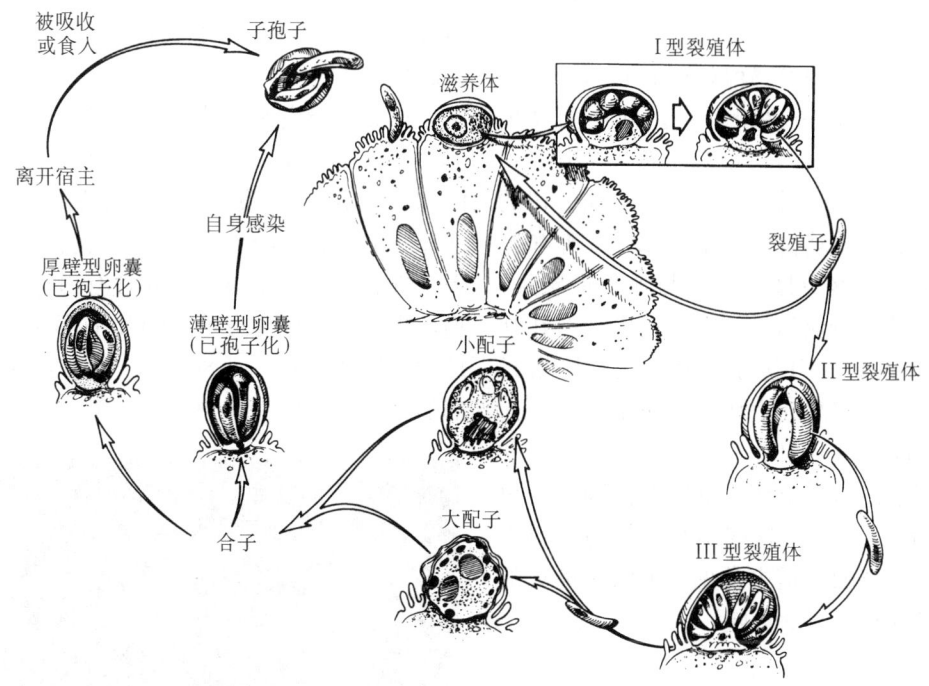

图 28.6　贝氏隐孢子虫（*Cryptospolidium baileyi*）的生活史发生在肉鸡的肠道
（法氏囊和泄殖腔）和呼吸道的黏膜上皮

隐孢子虫的生活史在以下几个方面不同于感染禽的艾美耳球虫（*Eimeria* spp)[8]：隐孢子虫的细胞内阶段仅局限于宿主细胞的微绒毛区；卵囊在细胞内孢子化，随粪便刚排出的卵囊就具有感染性；卵囊有 2 种类型：①薄壁型，或②厚壁型。薄壁型卵囊对外环境抵抗力不强，其子孢子由一层单位膜所包裹，当卵囊从宿主细胞释出时，感染性的子孢子钻入附近的宿主细胞，重新开始新的发育史。厚壁型卵囊是多层的，随粪便排出并感染其他宿主。大多数卵囊是厚壁型卵囊。和艾美耳球虫不同，这种薄壁型的、自身感染的卵囊和 I 型裂殖体（无性阶段）能重新繁殖，因此即使摄入少量的卵囊也能引起严重的感染。在缺乏重复感染的情况下，免疫缺陷宿主可能产生一种持续的、致命的疾病。与哺乳动物和禽类艾美耳球虫不同的另一个特点是，隐孢子虫容易在许多器官的黏膜上皮上建立感染。例如，贝氏隐孢子虫能感染泄殖腔、法氏囊、上下呼吸道和眼睑。

隐孢子虫病的诊断是比较困难的，因为隐孢子虫虫体很小，而且寄生部位是肠上皮细胞的刷状缘。由于隐孢子虫卵囊的大小只有其他球虫卵囊的几分之一，很小的卵囊用显微镜进行观察时难以发现，而且在光照条件下，很难与其背景区分。由于同样的原因，在进行组织学观察时，隐孢子虫也容易被忽略。相差显微镜和干涉相差显微镜在观察湿的隐孢子虫样品是很有用的。卵囊的形态对种的鉴别是有价值的（表 28.4）。只有贝氏隐孢子虫可依据单一形态学的特征来鉴定，其根据是该种的卵囊比火鸡隐孢子虫的或感染鹌鹑的另一虫种的卵囊更大和更接近卵圆形。从鹌鹑分离的隐孢子虫不感染鸡或火鸡，这样感染鹌鹑的隐孢子虫就能依据其宿主特异性而区别于火鸡隐孢子虫。所有 3 个种的卵囊壁约厚 $0.5\mu m$，无色，无卵膜孔（图 28.5）。

发生和分布

隐孢子虫存在家养、笼养的禽类和野鸟中，在30 种禽类中发现了隐孢子虫。已报道的禽类隐孢子虫在世界上的分布情况与当地禽病学家和生物学家使用适宜的诊断方法有关。随着对隐孢子虫作为重要病原重要性认识的加深，其分布将会继续扩大。

鸡隐孢子虫病

在佐治亚州，从 1 000 个组织学切片病例中诊断出 6.8% 为隐孢子虫感染（可能是贝氏隐孢子虫）[16]；在北卡罗来纳州，在 9/33（27.3%）的肉用仔鸡、3/30（10%）的肉鸡种鸡和 1/17（5.9%）蛋鸡的鸡粪中发现隐孢子虫卵囊[25]。使用酶联免疫吸附试验，查出 Delmarva 地区的 454 群肉鸡中有 22% 为隐孢子虫血清学阳性[6,35]。在不同公司的样本中，隐孢子虫阳性鸡群的数量从 2.8% 到 40% 不等。这些调查并未区分肠道感染与呼吸道感染。Goodwin 发现在北佐治亚州只有肉鸡场广泛存在呼吸型的隐孢子虫病[16]。引起呼吸道症状的因素目前不清楚，但可以引起高死亡率和发病率，随之而引起增重下降和提高料肉比[10]。实验感染引起的肉鸡呼吸道和肠道隐孢子虫病已证实贝氏隐孢子虫具有重要的致病潜力[2,28]。这些实验和其他资料表明隐孢子虫在肉仔鸡的肠道中常见，可以对肉鸡的繁殖力和生产性能产生显著影响。

致病力和流行病学

鸡可从被粪便严重污染的垫料或笼内摄入卵囊。贝氏隐孢子虫通常侵入泄殖腔和法氏囊的上皮细胞。呼吸道感染显然是由于吸入环境中存在的卵囊造成的。经口或经气管接种 100 个卵囊就足以引起肠道感染或呼吸道感染。贝氏隐孢子虫卵囊一经粪便排出就具有感染性，尚未发现有传播媒介。由于贝氏隐孢子虫能感染不同的禽类宿主，那么野禽作为携带者是可能的。虽然贝氏隐孢子虫不感染哺乳动物，但是啮齿动物（小鼠和大鼠）、可能还有昆虫均能作为机械传播者[18]。

中度或重度肠道和呼吸道感染早在接种卵囊后 3 天即可显示出来。一般肠道疾病是轻微的。通过嗉囊管饲卵囊的鸡不出现明显的胃肠道疾病症状。

对 7 日龄或 9 日龄肉雏气管接种贝氏隐孢子虫卵囊，可在 1 周内出现呼吸道症状，有时能导致严重发病和死亡[2,9,26]。给肉鸡经口接种 $4×10^5$ 个贝氏隐孢子虫卵囊只能引起亚临床的肠道感染。

大多数经气管感染的鸡在接种后的第 6 天出现打喷嚏和咳嗽等呼吸道症状。到感染后 12 天，呼吸道症状加剧，大多数鸡伸头呼吸，重者伏地，不愿活动。大多数经气管感染鸡的严重呼吸道症状出现在感染后约 3～4 周，之后可能逐渐恢复。呼吸

道感染能抑制鸡增重，而肠道感染不能[9]。与 7 日龄或 14 日龄鸡相比，28 日龄鸡对气管感染具有较强的抵抗力[28]。

虽然气囊炎和肺炎可早在感染后第 6 天发生，但更普遍的是发生在气管接种贝氏隐孢子虫卵囊后的 12～28 天。在发病早期，后胸气囊稍增厚并含泡沫状的、光亮的至白色或灰白色的液体。到第 12 天，气囊可能变得很厚，并含有白色干酪样的渗出物，带有严重气囊炎鸡的肺几乎都受影响，显示病灶性的实变（10%～80%），特别是在腹部区。腹部的气囊可能也受影响。

图 28.7　给肉鸡气管内接种贝氏隐孢子虫 4 天后的初级支气管电镜扫描图。在呼吸道黏膜的纤毛上可见到这种寄生虫的某些发育阶段的形态。在这一发育阶段，纤毛仍能正常摆动，因此鸡不表现呼吸困难。在气管接种 10～18 天后，处于这一发育阶段的寄生虫在黏膜上形成一薄层，几乎见不到纤毛。（White）

感染鸡的气管组织病理学检查结果显示，大量的寄生虫遍布气管和支气管上皮的微绒毛区[15]。在感染后第 4 天，由于虫体的发育会引起纤毛丧失（图 28.7）。到第 12 天，几乎所有的纤毛被发育的虫体所取代，在受影响的气管和支气管上，黏膜纤毛的摆动功能丧失。组织学病变包括上皮细胞增生，单核细胞及一些异嗜细胞浸润引起的黏膜增厚，纤毛消失和黏膜细胞渗出物排入呼吸道。黏

液、脱落的上皮细胞、淋巴细胞、巨噬细胞和虫体在三级支气管和肺泡聚集。感染的肺叶由于渗出物的积聚和单核细胞的浸润而扩张（图28.8）。感染的气囊也含有大量的寄生虫和相似的病变。

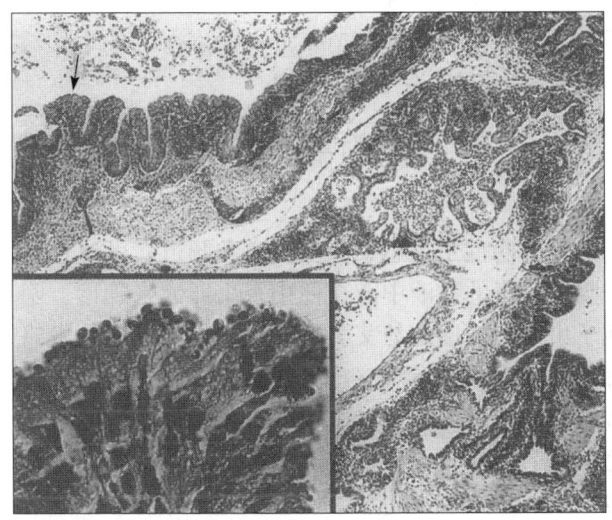

图28.8　给肉鸡气管内接种贝氏隐孢子虫6天后肺部周围支气管淋巴样细胞聚集的组织切片插图（H.E.染色）。绒毛的高倍放大（箭头），显示在上皮表面大量的发育阶段虫体

由贝氏隐孢子虫引起的鸡肠道（泄殖腔和法氏囊）隐孢子虫病可能导致组织学病变，但是并不引起肉眼病变或明显的症状。然而，几个报告提示，肉鸡会受到不利的影响。有一起不常见的高死亡率疾病的暴发就是与贝氏隐孢子虫感染法氏囊有关；同时，当感染鸡与不感染对照鸡作比较时，感染鸡的色素记分偏低[2,19]。

贝氏隐孢子虫和其他呼吸道病原的相互作用使鸡更易遭受大肠杆菌的继发感染，这是由于黏膜纤毛的摆动功能受到了破坏[9]。传染性支气管炎病毒和大肠杆菌也能加剧贝氏隐孢子虫引起鸡呼吸道疾病的严重性。

火鸡隐孢子虫病

感染火鸡的隐孢子虫有两个有效的虫种，即火鸡隐孢子虫（Cryptosporidium meleagridis）[35]和贝氏隐孢子虫（C. baileyi）。由贝氏隐孢子虫引起的肠道（法氏囊和泄殖腔）和呼吸道感染与上文介绍的鸡隐孢子虫病相似的[8,9,27]。

Slavin曾报道，一群10~14日龄火鸡的小肠隐孢子虫病是由火鸡隐孢子虫引起的[34]，其症状为腹泻、消瘦和中等程度的死亡率。30多年后，尽管报道的病例数不多，但还是有几起严重的类似的疾病曾被报道过[17,43]。

火鸡隐孢子虫感染火鸡后可发展为严重的腹泻。大量的虫体存在于小肠中段和后段黏膜的刷状缘上，受感染的小肠苍白、肿胀，带有云雾状的黏性液体和气泡。受感染的小肠区域绒毛萎缩，隐窝增生，大量淋巴细胞、异嗜细胞和一些巨噬细胞和浆细胞在固有膜内聚集[17]。

有几例商品火鸡发生了严重的呼吸道隐孢子虫病的报告（可能是贝氏隐孢子虫）[14,22,32,37]。该病可入侵上呼吸道或下呼吸道。上呼吸道感染可能会引起急性眶下窦两侧肿大，与鸡支原体（Mycoplasma spp.）感染及严重的结膜炎症状相似。下呼吸道感染的病例报告描述的症状为啰音、咳嗽、打喷嚏和气喘[32,37]。气管和支气管被隐孢子虫感染，伴随有气囊炎和肺炎。感染组织的显微病变为上皮细胞纤毛脱落和炎症。

使用从火鸡肠道分离的贝氏隐孢子虫卵囊，经气管接种（IT）火鸡所诱发的呼吸系统症状与自然暴发的症状相一致[27]。

虽然有许多临床疾病暴发的报道，但是隐孢子虫作为肠道和呼吸道疾病的病原，对商品化火鸡场的重要性尚不清楚，尚需作进一步的探讨。

鹌鹑隐孢子虫病

呼吸道和肠道隐孢子虫病均已报道于商品化饲养的鹌鹑，但是所涉及的虫种尚无完整的描述。田间病例报道表明，鹌鹑的隐孢子虫感染引起的呼吸道症状和低死亡率与鸡隐孢子虫感染相似[38]。组织学检查发现沿鼻腔、气管、支气管、口腔顶部的唾液腺、食道腺和法氏囊黏膜上皮细胞的微绒毛区内有虫体。呼吸道黏膜的病理变化与以上在实验感染贝氏隐孢子虫鸡描述的相似。在另一隐孢子虫病例中，连续5批孵化的25 000只小鹌鹑（Colinus virginianus）中，曾发生过严重的致死性的肠道隐孢子虫病[23]，在孵化后的4~6天出现腹泻，死亡率很快超过90％。尸体剖解发现，在小肠的微绒毛内存在大量的发育阶段虫体，尤其以小肠的上半段最多，但在盲肠、大肠、法氏囊、呼吸道或其他组织未发现虫体。从被感染的鹌鹑小肠获得的卵囊经口感染 1 日龄肉雏鸡未能成功。根据最近研究结果，这一虫株可能是火鸡艾美耳球虫[29]。

又一起类似的隐孢子虫病的暴发报道于青年鹌鹑，这是由隐孢子虫与一种分离于肠内容物的呼肠孤病毒混合感染而导致的[33]。进一步的实验研究表明，这种肠道疾病是由隐孢子虫引起的，而不是由呼肠孤病毒引起的。

预防和控制

目前还没有有效的抗隐孢子虫药和疫苗。其他控制方法仍处于试验阶段，卫生和消毒对控制该病可能有所帮助，但尚无可推荐的已验证的方案。

卫生

感染鸡的隐孢子虫卵囊对那些能杀灭大多数病毒、细菌、真菌等病原体的化学试剂有着明显的抵抗力。然而，在商品化养禽场要消灭卵囊是不切实的。在实验室中，悬浮在 2.5% 重铬酸钾溶液中的卵囊在 4℃ 条件下贮存数月可保持活力。卵囊在 25% 商用漂白剂（次氯酸钠）中孵育 10～15min 后仍有活力，常用这种处理方法除去其他污染的有机物质。在室温下分别用 9 种普遍使用的消毒剂按生产厂家推荐的高浓度（与水混合），孵育贝氏隐孢子卵囊 30min 后，发现对其活力的影响很小或无影响[36]。当卵囊在 50% 氨水中孵育时，可导致脱囊率的减少最大；而 50% 商用漂白剂则能杀死大多数卵囊。除非发现一种更有效的化学试剂，否则在商品化养禽场要大规模地进行消毒是不实际的。使用蒸气清洁可能是较有效和较安全的消毒方法，因为 65℃ 以上的温度能杀灭卵囊。

免疫力

贝氏隐孢子虫的一次肠道和/或呼吸道感染能刺激肉鸡的免疫应答，并足以使宿主从已感染的黏膜上清除虫体，而且对肠道或呼吸道同种卵囊的再次攻击能产生抵抗力[6,9]。给 8～14 日龄肉鸡经口或气管接种卵囊，可导致 14～16 日龄时黏膜的严重感染，然后迅速地清除寄生虫。当鸡体清除初次

感染时，能检测出高滴度的对贝氏隐孢子虫特异性的循环抗体，并显示针对贝氏隐孢子虫抗原的迟发性过敏反应。来自实验室研究和血清学调查的资料表明，获得性免疫能保护肉鸡在最后几周生长期中免除隐孢子虫病。尚需作进一步的研究来鉴定隐孢子虫的抗原能否用作疫苗。

诊断与培养

鸡的隐孢子虫感染（呼吸道和肠道）可通过从呼吸道收集的黏液中或粪便中查出卵囊来确诊。隐孢子虫卵囊的鉴定与艾美耳球虫卵囊的鉴定技术略有不同。为了进行观察，将卵囊离心浓缩后，进行常规的亮视野或相差显微镜的观察[7]，或快速酸染色[13,31]、负染[4,21]和金胺-O 染色后用荧光显微镜检查[25]。这些技术能区别隐孢子虫卵囊和样品中的酵母细胞。

收集的粪便或呼吸道样品，可放入 10% 福尔马林或 2.5% 重铬酸钾溶液中保持新鲜。在野外或实验室获得样品的一种非常有效的方法，是利用潮湿的棉签在气管或泄殖腔上皮上剧烈抹擦，这样便能从微绒毛线擦下卵囊。为将样品送回实验室，棉签应放在盛有 1ml 水或固定液的试管中。也可通过新鲜的黏膜涂片或染色的黏膜涂片发现微绒毛区隐孢子虫生活史的其他阶段来诊断[24]。Abbassi 介绍了一种半定量显微玻片漂浮方法，这种方法可以检测鸡粪便和器官中隐孢子虫[1]。在用 H.E. 染色的组织切片上，虫体为 2～6μm 大小的嗜碱性小体，位于上皮细胞的刷状缘内。由于隐孢子虫较小，因此通过透射电镜（TEM）来研究宿主细胞内的隐孢子虫各发育阶段和卵囊形态是有帮助的。在实验室条件下，给鸡胚（10 日龄）接种贝氏隐孢子虫卵囊是一种扩增贝氏隐孢子虫卵囊很好的方法，用这种方法获得的卵囊数大约是给鸡接种获得卵囊数的 50%[44]。

用 ELISA 方法或其他免疫学方法检测隐孢子虫特异性的血清抗体，能证明禽体是否存在隐孢子虫感染[6,35]。

DNA 序列扩增的 PCR 方法在鉴定某些隐孢子虫虫种时是一种有用的方法[29]，但是对 8 个 DNA 位点的研究揭示了火鸡隐孢子虫和寄生于人的小隐孢子虫存在同源性，因此 PCR 方法不能将这两种

隐孢子虫区分开来[3]。

潘保良 汪 明 译
索 勋 校

参考文献

[1]Abbassi, H. , M. Wyers, J. Cabaret, and M. Naciri. 2000. Rapid detection and quantification of Cryptosporidium baileyi oocysts in feces and organs of chickens using a microscopic slide flotation method. *Parasitol Res* 86:179 - 187.

[2]Blagburn, B. L. , D. S. Lindsay, J. J. Giambrone, C. A. Sundermann, and F. J. Hoerr. 1987. Experimental cryptosporidiosis in broiler chickens. *Poult Sci* 66:442 -149.

[3]Champliaud, D. , P. Gobet, M. Naciri, O. Vagner, J. Lopez, J. C. Buisson, I. Varga, G. Harly, R. Mancassola, and A. Bonnin. 1998. Failure to differentiate Cryptosporidium parvum from C. meleagridis based on PCR amplification of eight DNA sequences. *Appl Environ Microbiol* 64:1454 -1458.

[4]Current, W. L. 1983. Human cryptosporidiosis. *N Engl J Med* 309:1326 - 1327.

[5]Current, W. L. 1989. Cryptosporidium spp. In P. D. Walzer and R. M. Genta(eds.). Parasitic Infections in the Compromised Host. Marcel Dekker, Inc. : New York, 281 -341.

[6]Current, W. L. and D. B. Snyder. 1988. Development of and serologic evaluation of acquired immunity to Cryptosporidium baileyi by broiler chickens. *Poult Sci* 67:720 -729.

[7]Current, W. L. , N. C. Reese, J. V. Ernst, W. S. Bailey, M. B. Heyman, and W. M. Weinstein. 1983. Human cryptosporidiosis in immunocompetent and immunodeficient persons. Studies of an outbreak and experimental transmission. *N Engl J Med* 308:1252 -1257.

[8]Current, W. L. , S. J. Upton, and T. B. Haynes. 1986. The life cycle of Cryptosporidium baileyi n. sp. (Apicomplexa, Cryptosporidiidae) infecting chickens. *J Protozool* 33:289 -296.

[9]Current, W. L. , M. N. Novilla, and D. B. Snyder. 1987. Cryptosporidiosis in poultry:An update(Are Cryptosporidium spp. primary pathogens?). Proceedings of the 22nd National Meeting of the Poultry Health Condemn. Delmarva Poultry Industry, Inc. ,17 - 29.

[10]Dhillon, A. S. , H. L. Thacker, A. V. Dietzel, and R. W. Winterfield. 1981. Respiratory cryptosporidiosis in broiler chickens. *Avian Dis* 25:747 - 751.

[11]Dubey, J. P. , C. A. Speer, and R. Fayer. 1990. Cryptosporidiosis of Man and Animals. CRC Press: Boca Raton, FL.

[12]Fayer, R. and B. L. P. Ungar. 1986. Cryptosporidium spp. and cryptosporidiosis. *Microbiol Rev* 50:458 -483.

[13]Garcia, L. S. , D. A. Bruckner, T. C. Brewer, and R. Y. Shimizu. 1983. Techniques for the recovery and identification of Cryptosporidium oocysts from stool specimens. *J Clin Microbiol* 18:185 - 190.

[14]Glisson, J. R. , T. P. Brown, M. Brugh, R. K. Page, S. H. Kleven, and R. B. Davis. 1984. Sinusitis in turkeys associated with respiratory cryptosporidiosis. *Avian Dis* 28:783 - 790.

[15]Goodwin, M. A. and J. Brown. 1987. Histologic incidence and distribution of Cryptosporidium sp. infection in chickens. *J Am Vet Med Assoc* 190:1623.

[16]Goodwin, M. A. , J. Brown, R. S. Resurreccion, and J. A. Smith. 1996. Respiratory coccidiosis (Cryptosporidium baileyi) among northern Georgia broilers in one company. *Avian Dis* 40:572 - 575.

[17]Goodwin, M. A. , W. L. Steffens, I. D. Russell, and J. Brown. 1988. Diarrhea associated with intestinal cryptosporidiosis in turkeys. *Avian Dis* 32:63 - 67.

[18]Goodwin, M. A. and W. D. Waltman. 1996. Transmission of Eimeria, viruses, and bacteria to chicks: Darkling beetles(Alphitobius diaperius) as vectors of pathogens. *J Appl Poultry* Res 5:51 - 55.

[19]Gorham, S. L. , E. T. Mallinson, D. B. Snyder, and E. M. Odor. 1987. Cryptosporidiosis in the bursa of Fabricius: A correlation with mortality rates in broiler chickens. *Avian Pathol* 16:205 - 211.

[20]Guy, J. S. , M. G. Levy, D. H. Ley, H. J. Barnes, and T. M. Craig. 1987. Experimental reproduction of enteritis in bobwhite quail(Colinus virginianus) with Cryptosporidium and Reovirus. *Avian Dis* 31:713 - 722.

[21]Heine, J. 1982. Ein einfache Nachweismethode fur Kryptosporidien im Kot. *Zentralbl Veterinaermed Reihe* B 29:324 - 327.

[22]Hoerr, F. J. , F. M. Ranck, Jr. , and T. F. Hastings. 1978. Respiratory cryptosporidiosis in turkeys. *J Am Vet Med Assoc* 173: 1591 - 1593.

[23]Hoerr, F. J. , W. L. Current, and T. B. Haynes. 1986. Fatal cryptosporidiosis in quail. *Avian Dis* 30:421 - 425.

[24]Latimer, K. S. , M. A. Goodwin, and M. K. Davis. 1988. Rapid cytologic diagnosis of respiratory cryptosporidiosis in chickens. *Avian Dis* 32:826 -830.

[25]Ley, D. H. , M. G. Levy, L. Hunter, W. Corbett, and H. J. Barnes. 1988. Cryptosporidia-positive rates of avian necropsy accessions determined by examination of aura-

mine o-stained fecal smears. *Avian Dis* 32:108-113.

[26]Lindsay,D. S. and B. L. Blagburn. 1990. Cryptosporidiosis in birds. In J. P. Dubey, C. A. Speer, and R. Fayer (eds.). Cryptosporidiosis of Man and Animals. CRC Press: Boca Raton,FL,125-148.

[27]Lindsay,D. S. ,B. L. Blagburn,and F. J. Hoerr. 1987. Experimentally induced infection in turkeys with Cryptosporidium baileyi isolated from chickens. *Am J Vet Res* 48:104-108.

[28]Lindsay,D. S. ,B. L. Blagburn,C. A. Sundermann,and J. J. Giambrone. 1988. Effect of broiler chicken age on susceptibility to experimentally induced Cryptosporidium baileyi infection. *Am J Vet Res* 49:1412-1414.

[29]Morgan,U. M. ,P. T. Monis,L. Xiao,J. Limor,I. Sulaiman,S. Raidal,P. O'Donoghue,R. Gasser,A. Murray,R. Fayer,B. L. Blagburn,A. A. Lal,and R. C. A. Thompson. 2001. Molecular and phylogenetic characterisation of Cryptosporidium from birds. *Int J Parasitol* 31: 289-296.

[30]O'Donoghue,P. J. 1995. Cryptosporidium and cryptosporidiosis in man and animals. *Int J Parasit* 25:139-195.

[31]Payne,P. ,L. A. Lancaster,M. Heinzman,and J. A. McCutchan. 1983. Identification of Cryptosporidium in patients with the acquired immunologic syndrome. *N Engl J Med* 309:613-614.

[32]Ranck,F. M. ,Jr. and F. J. Hoerr. 1986. Cryptosporidia in the respiratory tract of turkeys. *Avian Dis* 31:389-391.

[33]Ritter, G. D. , D. H. Ley, M. Levy, J. Guy, and H. J. Barnes. 1986. Intestinal cryptosporidiosis and Reovirus isolated from Bobwhite quail(Colinus virginianus) with enteritis. *Avian Dis* 30:603-608.

[34]Slavin,D. 1955. Cryptosporidium meleagridis(sp. nov.) *J Comp Pathol* 65:262-266.

[35] Snyder, D. B. , W. L. Current, E. Russek-Cohen, S. Gorham, E. T. Mallison, W. W. Marquardt, and P. K. Savage. 1988. Serologic incidence of Cryptosporidium in Delmarva broiler flocks. *Poult Sci* 67:730-735.

[36]Sundermann, C. A. , D. S. Lindsay, and B. L. Blagburn. 1987. Evaluation of disinfectants for ability to kill avian Cryptosporidium oocysts. *Compan Anim Pract* 2: 36-39.

[37] Tarwid, J. N. , R. J. Cawthorn, and C. Riddell. 1985. Cryptosporidiosis in the respiratory tract of turkeys in Saskatchewan. *Avian Dis* 29:528-532.

[38]Tham,V L. , S. Kniesberg, and B. R. Dixon. 1982. Cryptosporidiosis in quails. *Avian Pathol* 11:619-626.

[39]Tyzzer, E. E. 1907. A sporozoan found in the peptic glands of the common mouse. *Proc Soc Exp Biol Med* 5:12-13.

[40]Tyzzer, E. E. 1910. An extracellular coccidium,Cryptosporidium muris(gen et sp. nov.) of the gastric glands of the common mouse. *J Med* Res 23:487-509.

[41]Tyzzer,E. E. 1912. Cryptosporidium parvum(sp. nov.),a coccidium found in the small intestine of the common mouse. *Arch Protistenkd* 26:394-412.

[42]Tzipori, S. and J. K. Griffiths. 1998. Natural history and biology of Cryptosporidium parvum. *Adv Parasitol* 40: 6-36.

[43]Wages, D. P. 1987. Cryptosporidiosis and turkey viral hepatitis in turkey poult. *J Am Vet Med Assoc* 190:1623.

[44]Wunderlin,E. ,P. Wild,and J. Eckert. 1997. Comparative reproduction of Cryptosporidium baileyi in embryonated eggs and in chickens. *Parasitol Res* 83:712-715.

鸭旋身鞭毛虫病

Cochlosoma anatis Infection

Alex J. Bermudez

引 言

旋身鞭毛虫属是 Kotlan 于 1923 年定的，旨在包含在欧洲家鸭肠道中发现的一种特殊的鞭毛虫-鸭旋身鞭毛虫[25]。这种鞭毛原虫最明显的特点是有明显的腹部吸盘。多年来，这种肠道原虫的重要性一直不为人所知。前几版《禽病学》认为该虫病例报道和重要性不明了[15]或者是没有致病性的[17]。以上结论是根据有限的且相互矛盾的研究报道得出的。而最近的研究表明鸭旋身鞭毛虫对火鸡和鸭是有明显的致病作用的[1,4,7,24]。其引起肠道病理变化是有限的，但引起的腹泻则导致雏火鸡和雏鸭生长迟缓。由于该虫不能进行人工培养[14]，必须从感染禽类的粪便和肠道中收集，因此对它的研究一直受到限制。以上实验结果并不能完全排除细菌、病毒和其他原虫对鸭旋身鞭毛虫的致病作用有促进作用。

病原学和分类

Kotlan 于 1923 年创建了旋身鞭毛虫属，用以描述在鸭中发现的一种原虫[25]。1930年，Tyzzer 在环羽鹅的肠道中发现了2个相似的属。为了将 Kotlan[22]创建的旋身鞭毛虫属（模式属）纳入同一个科，Tyzzer 创建了一个新的科-旋身鞭毛虫科，鸭旋身鞭毛虫是这个科中的一个模式种[22]。许多研究者指出旋身鞭毛虫和贾第虫和毛滴虫存在许多相似之处[7,9,19,21]。接下来的问题是：旋身鞭毛虫属究竟应归属于毛滴虫目还是曲滴虫目？腹部吸盘是旋身鞭毛虫与贾第虫主要的相似之处[12]。旋身鞭毛虫有副基器、管状轴杆和月牙形的小盾，这些结构与毛滴虫相似[12]。为了更准确地确定旋身鞭毛虫的分类地位，Pecka 等对旋身鞭毛虫的超微结构进行了广泛研究[22]。其研究结果表明旋身鞭毛虫与曲滴虫目之间的密切关系可以排除，而旋身鞭毛虫与毛滴虫的超微结构存在同源性，这就证实了将旋身鞭毛虫属归属于毛滴虫目（Kirby，1947）、旋身鞭毛虫科（Tyzzer，1930）是合适的[13,22]。旋身鞭毛虫的这种分类地位已被小亚单位 rRNA 基因的系统分析结果证实[10]。

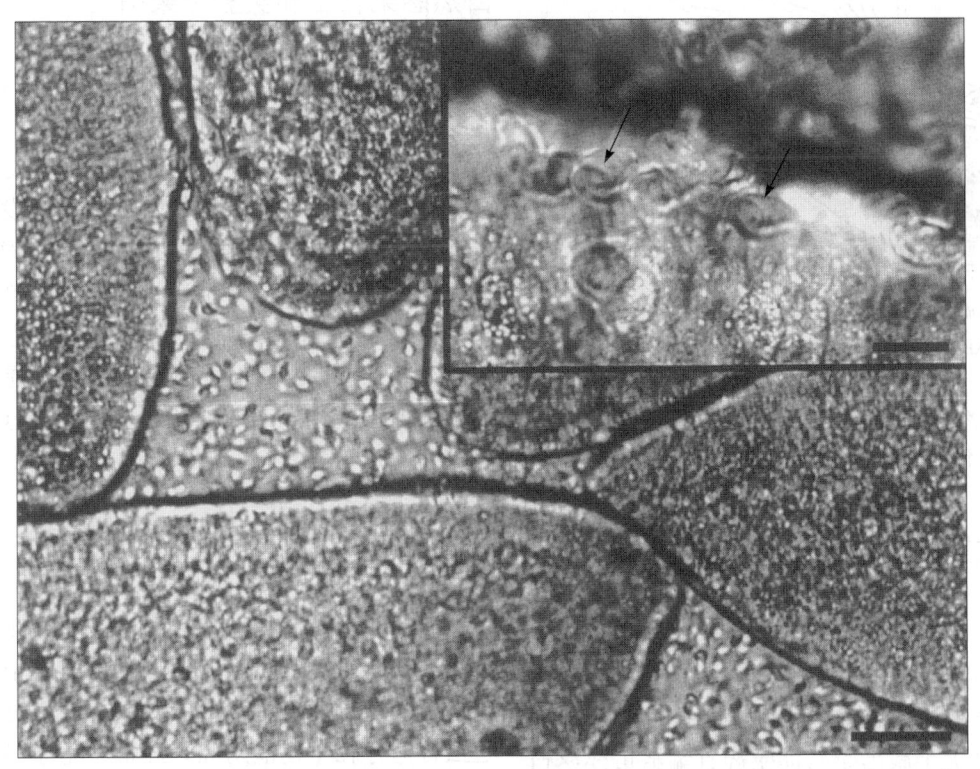

图28.9　在光学显微镜下观察到的感染旋身鞭毛虫后的火鸡空肠黏膜涂片。在肠绒毛之间存在大量原虫。标尺＝80μm。插图：箭头所指为鸭旋身鞭毛虫腹部吸盘的放大图片。标尺＝10μm

形态学

在光学显微镜下，鸭旋身鞭毛虫多呈梨形至卵圆形，一般长为6～12μm，宽4～7μm。前端较宽，向后逐渐变细，最后变为圆形末端。在前端的腹面有一特征性吸盘，吸盘开口于左侧，这是光学显微镜下的主要形态特点（见图28.9）。该寄生虫只有一个核，在姬母萨染色或三色染色压片中可以清楚辨认出细胞核[7]。在湿标本涂片中，根据其特征性运动可以很容易地将旋身鞭毛虫的滋养体与其他鞭毛原虫区分开来。旋身鞭毛虫的鞭毛呈鞭状摆动，这使得旋身鞭毛虫呈忽向前突进、忽向后倒退样运动，因此，当这种寄生虫向前运动时，呈沿长轴旋转状。这种运动与其他鞭毛虫借助于其明显的运动膜而呈现的倒退运动不同，也与六鞭虫的突进运动有明显的区别[19]。尽管在扫描电镜下可以观察到有明显的波动膜，但在湿涂片上用标准光学显微镜进行观察是观察不到鸭旋身鞭毛虫这一结构特点的。

许多研究者通过扫描电镜的观察结果描述了鸭旋身鞭毛虫的形态（见图28.10）[7,14,22,27]。在扫描电镜下，滋养体呈圆锥形。腹部吸盘构成圆锥的底部，身体向末端渐渐变细[7]。旋身鞭毛虫有一明显侧沟、一波动膜、6 根鞭毛和一轴杆[14]。在左侧，侧沟将吸盘切断，侧沟的长度与体等长[22]。位于腹部吸盘左侧壁和侧沟上部的 4 根前鞭毛呈 2 对[22,27]。这些鞭毛沿侧沟稍向后延伸，其顶端被包裹在侧沟内[22]。

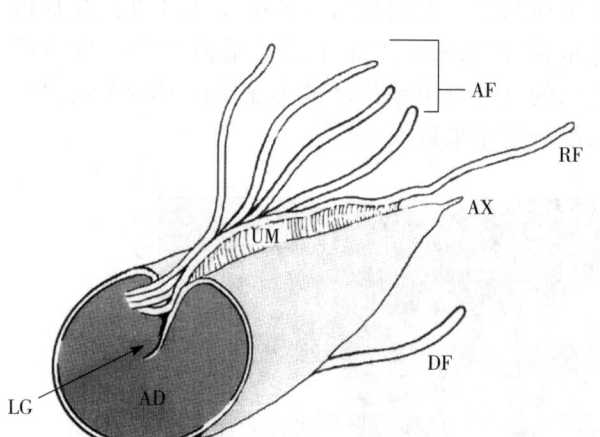

图 28.10　鸭旋身鞭毛虫腹面结构的模式图。腹部吸盘（AD），再生鞭毛（RF），波动膜（UM），后鞭毛（AF），轴杆（AX），侧沟后端开口（LG）。侧沟与滋养体等长，附着于波动膜上。从腹面见不到背鞭毛（DF，1 根）

传播、潜在期和生活史

Bollinger 和 Barker 研究发现给雏鸭经口或泄殖腔接种含鸭旋身鞭毛虫的粪便物质可以复制本病[1]。接种 7 天后，鸭排出旋身鞭毛虫滋养体[1]。在火鸡进行的人工感染实验证实旋身鞭毛虫能经口传播[14]。接种 4 天后，部分火鸡的肠黏膜上存在旋身鞭毛虫，接种 6 天后所有雏火鸡均被感染[14]。在这一研究中，感染火鸡能将本原虫传播给放置在一起的雏火鸡。家蝇可以作为传播媒介将旋身鞭毛虫传播给易感宿主[18]。

Kotlan 对这种原虫的繁殖方式进行了简要的描述。他观察到了纵分裂和带 4 个或更多核的包囊，但没有提供纵分裂阶段和包囊的草图，也未报道包囊的大小[22]。在以后的研究中也观察到了旋身鞭毛虫的纵分裂，但没有关于存在包囊的报道[11,25]。Evans 等的研究证实旋身鞭毛虫及其包囊均以纵分裂方式进行繁殖[8]。包囊也具有感染性，能感染火鸡[8]。

波形鞭毛与 4 根前鞭毛同起源，与波动膜相连，超出波动膜的部分能自由摆动[22]。第 6 根鞭毛起源于左侧背中部[27]。这根鞭毛距前端边缘的距离大约为腹部吸盘直径的一半[27]。轴杆延伸至滋养体后端，呈现为一凸起[22]。Pecka 等用透射电镜对旋身鞭毛虫的器官结构特点进行了专门研究[22]。

致病性和流行病学

自然感染宿主和实验感染宿主

已在火鸡、鸭、鹅和黑鸭中发现了自然感染的旋身鞭毛虫[1,7,21,25]。在山齿鹑和鸡中，人工感染旋身鞭毛虫成功[14]。在东方知更鸟、美洲鹊、丘鹬、梅花雀以及多种雀类等野生鸟类中发现了旋身鞭毛虫感染[21,23,25]。只报道有 2 种旋身鞭毛虫可以感染哺乳动物：感染 Phyllostomatidae 科蝙蝠的鸦旋身鞭毛虫[21]和感染地鼠的鼠旋身鞭毛虫[27]。以上研究结果表明野禽，尤其是水禽可能是鸭旋身鞭毛虫的保虫宿主，而哺乳动物可能不是这种原虫的保虫宿主。

寄生部位

Kotlan 首先在欧洲家鸭的盲肠中发现旋身鞭毛虫。Kimura 发现旋身鞭毛虫主要寄生于结肠，有时也可寄生于回肠下部[11]。Travis 发现鸭旋身鞭毛虫普遍存在于鸭泄殖腔，经常寄生于结肠，偶尔寄生于盲肠[25]。同样，Watkins 等发现鸭旋身鞭毛虫主要寄生于鸭结肠后 10cm 处和泄殖腔[27]。给 1 日龄的雏鸭人工感染鸭旋身鞭毛虫后 25 天，空肠和结肠均存在鸭旋身鞭毛虫[1]。在鹅中，鸭旋身鞭毛虫主要寄生于结肠和盲肠[21]。

在火鸡中进行的一项传染性卡它性肠炎实验中（六鞭虫病），数只雏火鸡的整个肠道同时发生了旋身鞭毛虫感染，而成年火鸡旋身鞭毛虫主要寄生于盲肠扁桃体[19]。Cooper 等报道了一起自然发生的火鸡肠炎病例，在发病的火鸡小肠中存在大量的鸭旋身鞭毛虫，从回肠中也分离出了鸭旋身鞭毛虫，但从盲肠和结肠中没有分离出[7]。在一火鸡人工感染实验中，从所有火鸡的十二指肠、空肠和回肠中均分离出鸭旋身鞭毛虫滋养体，从部分火鸡的盲肠和结肠也分离出了鸭旋身鞭毛虫滋养体[14]。鸭旋身鞭毛虫存在于山齿鹑的回肠中和一只人工感染鸡的盲肠中[14]。

临床症状和致病作用

Kotlan 在其首次对鸭的鸭旋身鞭毛虫感染报道中指出，在这种鞭毛虫大量寄生的肠道部位出现肿胀、呈卡它性炎症，肠内容物带血。Kimura 未能将鸭的发病归结于由这种寄生虫引起的，而指出肠道的炎症是由细菌引起的而不是由鸭旋身鞭毛虫引起的[11]。Travis 在其研究中没有发现鸭旋身鞭毛虫引起的禽类病变[25]。但在雏鸭中，有鸭旋身鞭毛虫引起严重生长迟缓的死亡的报道[1]。在病鸭中发现了大量的鸭旋身鞭毛虫和少数毛滴虫和六鞭虫，但没有观察到其他显微病变。鸭旋身鞭毛虫被怀疑为引起生长迟缓的可疑性非常大，因此在鸭中进行了人工感染鸭旋身鞭毛虫的致病性研究。尽管接种液中含有少数的六鞭虫和毛滴虫，而且从被接种的鸭中分离出了 *Campylobacter jejuni*，但至少可以认为鸭旋身鞭毛虫加剧了雏鸭严重的生长迟缓（增重下降、羽毛生长迟缓）。许多被感染的雏鸭死于革兰氏阴性菌继发感染引起的败血症[1]。同一研究者在另一实验中发现，鸭旋身鞭毛虫感染能增加雏鸭的肠黏膜的长度，改变肠黏膜酶的浓度[2]。

McNeil 和 Hinshaw 发现鸭旋身鞭毛虫常存在于感染六鞭虫的火鸡肠道中[19]。他们置疑了这种寄生虫对雏火鸡的重要性，因为在他们的实验中鸭旋身鞭毛虫总是与六鞭虫或六鞭虫和沙门氏菌同时存在。Campell 报道了一例由鸭旋身鞭毛虫引起2～10周龄火鸡严重的卡它性肠炎病例[6]。尽管在这一病例中，临床症状主要由鸭旋身鞭毛虫引起，因为鸭旋身鞭毛虫是主要的病原，但毛滴虫和六鞭虫也同时存在。Cooper 等认定鸭旋身鞭毛虫是火鸡一系列腹泻和肠炎病例的病原[7]。被感染的火鸡精神沉抑、羽毛松乱，许多火鸡排出黄色稀便。在这6个病例中，尽管个别病例中存在致病的细菌或病毒，但均存在鸭旋身鞭毛虫感染。被感染的火鸡为7～12周龄，在发病过程中，火鸡的体重平均下降16％。剖检发现，小肠扩张，内充满液体和食物。在十二指肠和空肠出现肿胀充血、局部性肿大和水泡。感染火鸡的肠道也出现了明显的显微病变：肠绒毛融合、变钝，基底膜出现多种炎性细胞浸润、

增厚以及隐窝增生。由于在这些病例中存在包括肠道病毒在内的其他肠道病原，因此这些病变可能不完全是由鸭旋身鞭毛虫引起的。最近在火鸡中进行的鸭旋身鞭毛虫人工感染实验表明这种原虫只引起轻微、甚至不引起显微病变[3]。

在火鸡中进行的鸭旋身鞭毛虫人工感染实验中，设立了感染组、不感染对照组和感染甲硝唑治疗组。与不感染对照组和感染甲硝唑治疗组相比，感染组雏火鸡的体重明显下降、饲料消耗量明显增加[5]。在雏火鸡中进行的另一项人工感染实验中，鸭旋身鞭毛虫和火鸡冠状病毒混合感染能明显增强2种病原单独感染的致病力[24]。然而，鸭旋身鞭毛虫和冠状病毒单独感染组的火鸡的增重均低于阴性对照组。在火鸡中，鸭旋身鞭毛虫感染经常与多种肠道病毒和其他肠道病原混合感染的现象是很有意思的现象。以上人工感染实验结果表明鸭旋身鞭毛虫感染可以引起禽类增重下降，下降值与 Cooper 等报道 16％的结果基本一致[7]。

据报道旋身鞭毛虫感染曾引起雀类饲养场 6～12 周龄的雀大批死亡[16,23]。临床症状包括：衰弱、脱水和食入的籽实从粪便中完整排出等。

鸭旋身鞭毛虫腹部吸盘在致病作用中的确切作用仍不清楚。在大量扫描电镜和透射电镜照片中，在宿主肠黏膜的刷状缘出现了明显的与腹部吸盘大小相等、形状相似的凹痕，这表明鸭旋身鞭毛虫是借助于腹部吸盘吸附在肠黏膜上的[7,22,27]。鸭旋身鞭毛虫对肠绒毛的吸附作用在降低感染火鸡和雏鸭的生产性能中起一定的作用。这种吸附作用是否会直接致病、或者会机械阻断营养吸收、或干扰营养的利用等疑问尚未完全解答。

预防和治疗

治疗

多篇报道表明，人工感染和自然感染的鸭旋身鞭毛虫可以用硝基咪唑类药物进行治疗。人工感染的雏鸭在感染后 12 天时，用 7.5mg/100g 体重的甲硝唑进行口服，用药 5 天，可以完全消除由鸭旋身鞭毛虫感染造成的体重下降[1]。在一例梅花雀暴发感染病例中，用 250mg/L 甲硝唑饮水 3 天，成功控制了鸭旋身鞭毛虫感染[23]。在对雀类鸭旋身鞭

毛虫感染实验中，进行了甲硝唑和罗硝唑的疗效试验，结果表明所有剂量和治疗时间的甲硝唑和罗硝唑均能消除旋身鞭毛虫感染[9]。15mg/L 剂量的甲硝唑和地美硝唑给火鸡饮水不能减少鸭旋身鞭毛虫的数量，但以 30mg/L 或 60mg/L 的甲硝唑、地美硝唑和硝苯沙砷则能成功将鸭旋身鞭毛虫清除[20]。同样，以 100mg/L 剂量的甲硝唑给火鸡饮水能完全消除因鸭旋身鞭毛虫感染给火鸡生产性能造成的不良影响[5]。

以 0.002% 的硝苯沙砷给感染禽类饮水不能减少鸭旋身鞭毛虫滋养体的数量[7]。与感染对照组相比，硝苯沙砷按推荐剂量（0.002%）进行饮水能改善生产性能，但不能消除鸭旋身鞭毛虫感染[20]。最后，硝苯沙砷以 2 倍推荐剂量（0.004%）饮水 2 天，之后剂量改用 0.002% 饮水 3 天，能明显防止因鸭旋身鞭毛虫感染造成的增重下降，并且能明显降低鸭旋身鞭毛虫的荷虫量[3]。以上结果表明，硝苯沙砷是治疗火鸡感染的一种有效药物，也是目前唯一一种被批准在美国肉用动物中使用的有效治疗鸭旋身鞭毛虫的药物。

预防

和其他大多数禽病一样，鸭旋身鞭毛虫病最好的预防办法是杜绝将病原引入养禽场。人员往来和野鸟，尤其是水禽是将鸭旋身鞭毛虫引入养禽场的最危险的因素。将被感染禽类排出的粪便在室温下干燥 24 小时即可将粪便中的鸭旋身鞭毛虫杀死[3]。石炭酸、季胺类消毒剂和 10% 的福尔马林可以在 10 分钟内杀灭鸭旋身鞭毛虫[5]。从以上资料表明，从一个空养禽场将这种寄生虫根除的可行性是比较高的。

在美国，有一种名叫尼塔松（Nitarsone）的饲料添加剂已应用于火鸡鸭旋身鞭毛虫的预防。这种防治方案的效果尚不确定。在火鸡接种鸭旋身鞭毛虫前饲喂尼塔松没能阻止鸭旋身鞭毛虫感染，而且给药组和不给药对照组鸭旋身鞭毛虫的滋养体数没有差别[26]。但另有人工感染实验表明：在为期 2 周的试验期内，尼塔松能明显减少感染雏火鸡的荷虫量[3]。在这一试验中，使用添加剂只能略微改善由鸭旋身鞭毛虫感染引起的增重损失。

潘保良　汪　明　译
索　勋　校

参考文献

[1] Bollinger, T. K. and I. K. Barker. 1996. Runting of ducklings associated with Cochlosoma anatis infection. *Avian Dis* 40:181 - 185.

[2] Bollinger, T. K., I. K. Barker, and M. A. Fernando. 1996. Effects of the intestinal flagellate, Cochlosoma anatis, on intestinal mucosal morphology and disaccharidase activity in Muscovy ducklings. *International J for Parasitol* 26: 533 - 542.

[3] Boucher, M. 2001. Cochlosoma anatis infection in turkeys. M. S. thesis, University of Missouri, Columbia.

[4] Boucher, M. and A. J. Bermudez. 1999. Effects of Cochlosoma anatis infection in turkeys. Proceedings of the 50th North Central Avian Disease Conference, Minneapolis, Minnesota, 98 - 99.

[5] Boucher, M. and A. J. Bermudez. 2000. Control of Cochlosoma anatis infection in turkeys. Convention Notes from the 137th American Veterinary Medical Association Annual Convention, Salt Lake City, Utah, 730.

[6] Campbell, J. G. 1945. An infectious enteritis in young turkeys associated with Cochlosoma sp. *The Veterinary J* 101:255 - 259.

[7] Cooper, G. L., H. L. Shivaprasad, A. A. Bickford, R. Nordhausen, R. J. Munn, and J. S. Jeffrey. 1995. Enteritis in turkeys associated with an unusual flagellated protozoan (Cochlosoma anatis). *Avian Dis* 39:183 -190.

[8] Evans, N. P, R. D. Evans, S. Fitz-Coy, F. W. Pearson, J. L. Robertson and D. S. Lindsay. 2006. Identification of new morphological and life-cycle stages of Cochlosoma anatis and experimental transmission using pseudocysts. *Avian Dis* 50:22 - 27.

[9] Filippich, L. J. and P. J. O'Donoghue. 1997. Cochlosoma infections in finches. *Aust Vet J* 75:561 - 563.

[10] Hampl, V., M. Vrlik, I. Cepicka, Z. Pecka, J. Kulda, and J. Tachezy. 2006. Affiliation of Cochlosoma to trichomonads by phylogenic analysis of the small-subunit rRNA gene and a new family concept of the order Trichomonadida. *International J. of Systematic and Evolutionary Microbiol* 56:305 - 312.

[11] Kimura, G. G. 1934. Cochlosoma rostratum sp. nov., an intestinal flagellate of domesticated ducks. *Transactions of the Am Microscopical Soc* 53:102 - 115.

[12] Kulda, J. and E. Nohynkova. 1978. Flagellates of the human intestine and intestines of other species. In J. P. Kreier(ed). Parasitic Protozoa, vol. 2, Academic Press: New York, New York, 1 - 138.

[13]Lee,J. J. ,G. F. Leedale,and P. Bradbury. 2000. An Illustrated Guide to the Protozoa,vol 1,2nd ed. Allen Press Inc,Lawrence,KS.

[14]Lindsay,D. S. ,C. T. Larsen,A. M. Zajac,and F. W. Pierson. 1999. Experimental Cochlosoma anatis infections in poultry. *Vet Parasitology* 81;21-27.

[15]Lund,E. E. and M. M. Farr. 1965. Protozoa. In H. E. Biester and L. H Schwarte(eds.). Diseases of Poultry,5th ed. Iowa State University Press;Ames,IA,1056-1148.

[16]Macwhirter,P. 1994. Passeriformes. In B. R. Ritchie,G. J. Harrison,and L. R. Harrison(eds.). Avian Medicine;Principles and Application. Wingers Publishing, Inc. ;Lake Worth,FL,1172-1199.

[17]McDougald,L. R. 1997. Other Protozoan Diseases of the Intestinal Tract. In B. W. Calnek, H. J. Barnes, C. W. Beard,L. R. McDouglas,and Y. M. Saif(eds.). Diseases of Poultry. 10th ed. Iowa State University Press;Ames,IA,890-899.

[18]McElroy,S. M. ,A. L. Szalanski,T. Mckay,A. J. Bermudez,C. B. Owens,and C. D. Steelman. 2005. Molecular assay for the detection of Cochlosoma anatis in house flies and turkey specimens by polymerase chain reaction. Vet Parasitol 127;165-168.

[19]McNeil,E. and W. R. Hinshaw. 1942. Cochlosoma rostratum from the turkey. *J Parasitol* 28;349-350.

[20]Meade, S. M. , C. T. Larsen, F. W. Pierson, and D. S. Lindsay. 2000. The effectiveness of fenbendazole, roxarsone, and nitroimidazole derivatives in the treatment of Cochlosoma anatis infection of turkeys. Proceedings of the 72nd Northeastern Conference on Avian Diseases,Newark,DE,22.

[21]Pecka, Z. 1991. Domestic geese(Anser anser L.) as a new host of Cochlosoma anatis Kotlan,1923. *Folia Parasitologica* 38;91-92.

[22]Pecka,Z. ,E. Nohynkova,and J. Kulda. 1996. Ultrastructure of Cochlosoma anatis Kotlan,1923 and taxonomic position of the family Cochlosomatidae (Parabasala;Trichomonadida). *Europ J Protistol* 32;190-201.

[23]Poelma,F. G. ,P. Zwart,G. M. Dorrestein,and C. M. Iordens. 1978. Cochlosomose, een probleem bij de opfok van prachtvinken in volieres. *Tijdschr. Diergeneesk.* 103;589-593.

[24]Straight,M. M. ,C. T. Larsen,R. B. Duncan,C. Tirawattanawanich,F. W. Pierson,and D. S. Lindsay. 1999. Cochlosoma anatis;Co-infection with turkey corona virus. Proceedings of the 71st Northeastern Conference on Avian Diseases,Blacksburg,VA,58.

[25]Travis,B. V. 1938. A synopsis of the flagellate genus Cochlosoma Kotlan,with the description of two new species. *J Parasitol* 24;343-351.

[26]Walsh,C P. ,C. T. Larsen, A. M. Zajac, and D. S. Lindsay. 1999. Attempted *in vitro* culture and *in vivo* treatment of Cochlosoma anatis. Proceedings of the 44th Annual Meeting of the American Association of Veterinary Parasitologists,New Orleans,LA,69.

[27]Watkins,R. A. ,W. D. O'Dell,and A. J. Pinter. 1989. Redescription of the flagellar arrangement in the duck intestinal flagellate,Cochlosoma anatis and description of a new species, Cochlosoma soricis N. sp. from shrews. *J Protozool* 36;527-531.

组织滴虫病（黑头病）及其他肠道原虫病

Histomoniasis（Blackhead）and Other Protozoan Diseases of the Intestinal Tract

Larry R. McDougald

引　言

尽管有时组织滴虫可以在法氏囊、肾脏、脾脏和其他组织中可以检出，但组织滴虫主要影响家禽的盲肠和肝脏[36]。家禽发病和出现死亡的原因主要是因为肝脏受到损害。由一种原生动物——火鸡组织滴虫（*Histomonas meleagridis*）引起的本病以盲肠壁溃疡和发炎、盲肠内充满气体、肠系膜发炎和严重的肝脏坏死为特征。本病也被称为传染性盲肠肝炎或黑头病。用黑头的症状特征给其命名既没有病原学意义，也没有鉴别意义，因为有多种其他疾病也可以引发相似的症状（彩图 28.11A）。鸡盲肠虫（*Heterakis gallinarum*）和作为补充宿主的蚯蚓在传播此病的作用是寄生虫学中一个最令人感兴趣的问题之一。20 世纪 60 年代对火鸡组织滴虫高效防治措施的建立使得火鸡组织滴虫的研究长期被忽略，使得关于火鸡组织滴虫的许多基本的生物学和生化学研究尚未完成。

经 济 意 义

每年因造成火鸡死亡的经济损失估计超过 200

万美元。因发病造成的减产和化学药物治疗的费用，增加了本病引起的损失。虽然组织滴虫病对鸡的危害并不太严重，但因频频发病和受感染的鸡只数目之多，所造成的经济损失估计要大于火鸡[1]。20 世纪 90 年代中后期，临床型黑头病在后备肉种鸡中流行，之后对母种鸡的产蛋量造成严重威胁。佐治亚州的小来航母鸡由于暴发组织滴虫病，死亡率高达 20%，发病率也很高。鸡舍可能因盲肠虫卵的严重污染，引起一群接一群地暴发此病。有很多由于养殖场存在难以消除的组织滴虫和鸡异刺线虫污染、养禽公司弃用这样的养禽场的事例。二十世纪九十年代后 FDA 禁止将甲硝唑类抗组织滴虫药物应用于家禽，使得没有药物能防治火鸡组织滴虫病。火鸡组织滴虫病仍是影响鸡、火鸡和其他家禽生产性能的重要因素。这种疾病不具有公共卫生意义，只影响家禽。

历　史

火鸡中的组织滴虫病首次描述是在 1895 年。对本病复杂性状已作了深刻的综述[23,28,34]。鸡发生一种较轻的病，常成为带虫者，这一发现已成为控制此病的最早的有用建议。每一个养禽者已懂得火鸡不应与鸡一同饲养，也不能把火鸡饲养在前几年曾养过鸡的场地上。盲肠虫即异刺线虫（Heterakis）及其虫卵和蚯蚓作为组织滴虫带虫者的作用，是未饲养火鸡的地区长期发生感染的原因。

Tyzzer 观察到这种寄生虫有鞭毛和伪足，并且发表了专门介绍其生物学特点的文章[38,39]。组织滴虫病的致病性在 1964—1974 年间得到进一步的阐明，在这期间的一些研究表明，此病的发生，除了组织滴虫外，某些细菌的参与也是必要的。这种有趣的组织滴虫-细菌联合作用是在佐治亚和 Notre Dame 两所大学用无菌技术分别发现的。最近的研究发现，柔嫩艾美耳球虫，这种盲肠球虫能明显促进组织滴虫向肝脏扩散[27]，火鸡组织滴虫能泄殖腔接触新鲜排泄物而在鸡与鸡之间直接传播。

病原学和分类

黑头病病原为火鸡组织滴虫（*Histomonas me-*

leagridis），它是一种阿米巴类鞭毛虫原虫。把盲肠内的一种大型（17μm）、无致病性、具有 4 根鞭毛的组织滴虫作为单独一种，称为温氏组织滴虫（*H. wenrichi*）。

本病经常被称为黑头病，使得本病容易与能引起黑头症状的其他疾病相混淆。另一个常用的名称是盲肠肝炎。

另外一些因子如毛滴虫和真菌［白色念珠菌（*Candida albicans*）］也已被列为黑头病病原[34]。不过，这些病原体可以引起单独的互不关联的疾病。假黑头病（pseudo blackhead）一词已被普遍用于抗组织滴虫药物治疗无效的病例。在这种情况下，需要进行包括病原显微镜观察和病原培养在内的鉴别诊断。

形态学

非阿米巴阶段的火鸡组织滴虫近似球形（直径为 3~16μm）。阿米巴阶段是高度多形性的。在保温条件下，对含有样品玻片镜检可观察到伪足（图 28.12）。有一根粗壮的鞭毛，长 6~11μm。有一个大的小楯（pelta）和一根完全包在体内的轴杆（axostyle）。副基体呈 V 形，位于核的前方。细胞核为球形、椭圆形或卵圆形，平均大小为 $2.2\mu m \times 1.7\mu m$。火鸡组织滴虫缺乏线粒体，其能量代谢依靠其他器官（Hydrogenosomes，氢化酶小体）。氢化酶小体只有在电镜下才能观察到。

组织型的组织滴虫没有鞭毛并以几种不同的阶段存在：（1）"侵袭"阶段的虫体存在于病变的边缘地区[2]，大小为 8~17μm，阿米巴形，可形成伪足；（2）"营养性"阶段的虫体存在于变性组织的空泡中，较大（12~21μm），数目更多；（3）第三阶段的虫体存在于陈旧病变中，有嗜伊红性，虫体较小，可能是一种退化形态。

生活史

鸡异刺线虫所起的作用

火鸡组织滴虫病与盲肠线虫-鸡异刺线虫密切相关[38]。是否有其他的病原或机制与火鸡组织滴虫由一群鸡传播到另一群鸡有关，这一直存在争议。Gibbs 用光学显微镜证实盲肠线虫虫卵中存在小体之前，早期从盲肠线虫卵中发现组织滴虫的尝试都没有结果[10]。Lee[19]用电镜观察到一小型的虫体（3μm），并从异刺线虫卵的试管培养物中分离出了组织滴虫[35]。

组织滴虫是从早期幼虫或新孵化出的幼虫的消化道上皮细胞中发现的。虫卵被组织滴虫感染的机制尚未确定。Springer等发现研碎的刚由鸡体内得来的雄虫虫体中就带有活的组织滴虫[36]。在异刺线虫卵成熟之前，雌虫似乎很少传播活的组织滴虫。雌虫大概是在与雄虫交配时感染组织滴虫，并且在卵壳形成之前将组织滴虫纳入卵内。

在宿主的盲肠内，火鸡组织滴虫离开鸡异刺线虫幼虫，在肠腔中和黏膜上进行增殖。在2～3天内，组织中的虫体进入血液系统，被肝门静脉循环系统带到肝脏。在盲肠和肝脏中，火鸡组织滴虫进行分裂和生长，形成坏死灶，在剖检时可见。有时

火鸡组织滴虫可以感染其他组织，如法氏囊、肾脏、脾脏、胰脏。火鸡组织滴虫的 DNA 在其他组织中被检测出，但未见病变。

蚯蚓所起的作用

蚯蚓充当了转运宿主，异刺线虫卵在蚯蚓体内孵化，新孵出的幼虫在组织内发育到侵袭阶段[2]。因此，蚯蚓起到从养鸡场周围环境中收集和集中异刺线虫卵的作用。

在衣阿华州中部一个鹧鸪-雉饲养场的一次组织滴虫病的暴发病例中，蚯蚓在火鸡组织滴虫对环颈雉（phasianus colchicus）的传播中起到了重要作用。在气候和土壤类型适合异刺线虫和蚯蚓生存的牧场上，要控制经常发生的组织滴虫病，必须把蚯蚓也考虑在防治范围内。

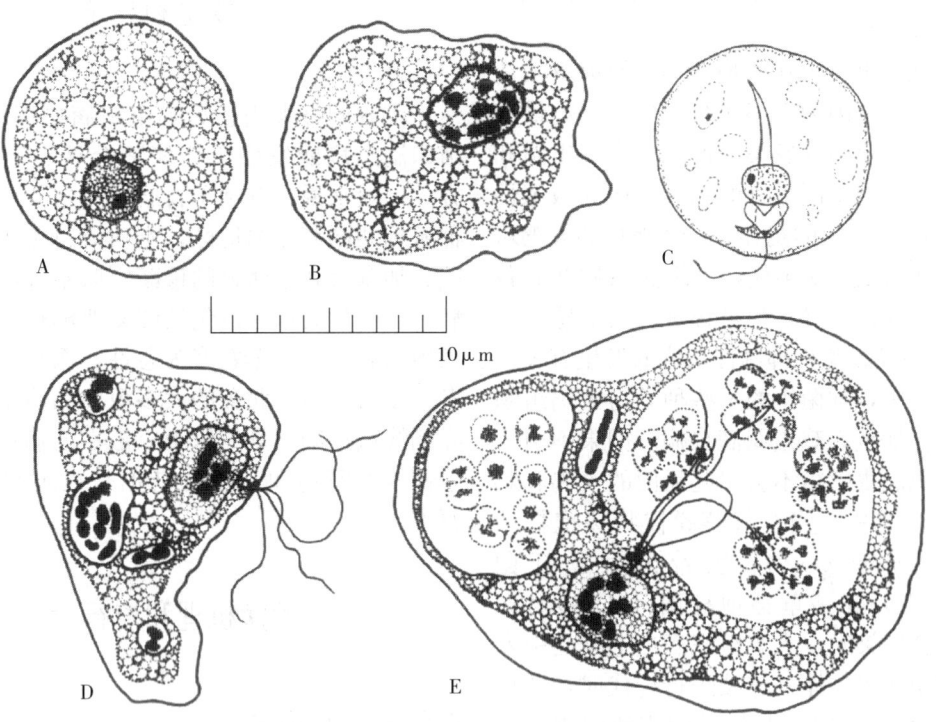

图 28.12　火鸡组织滴虫（H. meleagridis）（A、B、C）与温氏组织滴虫（H. wenrichi）（D、E）相比的例子显示每个种的变化：A. 取自肝病变新鲜标本中的火鸡组织滴虫的组织类型，用相差显微镜观察；B. 盲肠腔中火鸡组织滴虫的过渡阶段，伪足已形成，染色体的分布表明二分裂即将开始，但鞭毛尚未出现；C. 培养物中的虫体，具有腔寓型的典型游离鞭毛；D. 温氏组织滴虫结构上不同于火鸡组织滴虫，表现为形态大小不同，以及是否有鞭毛；E. 从盲肠染色涂片巾观察到的温氏组织滴虫，其中有丰富的八叠球菌属的小包。图 A. B. C. E 来自投影描绘器。

直接接触传播

在火鸡中，发生过敏感鸡与发病鸡直接接触或

与发病鸡排泄物接触传播火鸡组织滴虫的事例，而不需要借助中间宿主[12,13,15]。这些发现解释了火鸡组织滴虫如何在1～2周内在一群火鸡中暴发，并

使大多数火鸡死亡的现象。在鸡中，几乎没有证据表明火鸡组织滴虫以这种方式进行传播，更多的强调异刺线虫卵被火鸡组织滴虫污染这一因素[11]。

虽然存在着火鸡因吞食粪便中活的组织滴虫被直接感染的可能，但由于活的虫体非常脆弱，使这种直接感染方式难以发生。在没有异刺线虫卵和蚯蚓的保护时，组织滴虫在宿主体外经数分钟即可死亡。多项试验证实：给火鸡口服来源于粪便或培养物的火鸡组织滴虫，并不能发生感染，除非火鸡嗉囊的酸性被中和。

致病力

终末宿主的特性对火鸡组织滴虫病临床表现的影响超过了组织滴虫本身致病力的变化对临床表现的影响。宿主的这些特性包括：种和品种的差别，年龄及肠道细菌区系等。

虽然自然感染可发生在数种禽类，但火鸡被认为是最敏感的宿主，因为大多数被感染的火鸡最终以死亡告终。鸡很容易受感染，但常常表现出温和的疾病经过。已发现不同品种的鸡对本病的敏感性存在着差异。4～6周龄的鸡和3～12周龄的火鸡对本病最敏感。20世纪90年代，组织滴虫病在后备肉鸡种鸡的暴发原因不详，但被怀疑与其他感染引起T细胞抑制并导致免疫抑制性疾病的发生有关。

在疾病发展中，细菌中的某些种类与火鸡组织滴虫同时感染会加重火鸡组织滴虫病。如果不引入细菌，火鸡组织滴虫感染不会引起无菌的火鸡和鸡出现病变。在火鸡中，当产气荚膜梭状芽孢杆菌（*Clostridium perfringens*）、埃希氏大肠杆菌（*Escherichia coli*）和枯草芽孢杆菌（*B. subtilis*）单独存在或混合感染时，火鸡组织滴虫感染会引发疾病。火鸡组织滴虫在体外连续进行传代时，致病力往往会下降[6,7]。这打击早期试图用致弱火鸡组织滴虫培养物来研制疫苗研究者的信心，因为这使得研究者无法获得致弱程度稳定的虫株[39]。尽管致病力存在差异的田间虫株已被发现，但没有一株其特征被描述，但温氏滴虫（H. wenrichi）除外，它现在已被列为一独立的种。

病原体对物理和化学因素的敏感性

裸露的火鸡组织滴虫对鸡体以外的环境条件没有抵抗力。因此，即使是爆发火鸡组织滴虫病，进行广泛的消毒并不重要。需要注意的是控制中间宿主——盲肠线虫。与火鸡相比，这对鸡火鸡组织滴虫病的防治更为重要，因为鸡场经常被盲肠线虫污染。幸好火鸡场很少被含有火鸡组织滴虫的异刺线虫虫卵污染，否则每个火鸡场都将爆发黑头病。事实上，当含有火鸡组织滴虫的异刺线虫虫卵（通常是通过工人的鞋子）被带入火鸡场时常会引发火鸡组织滴虫病。

异刺线虫的防治依赖于经常用苯并咪唑类药物进行驱虫。为了提高防治水平，延长给药时间是必要的（2～3天）。为了去除虫卵的污染，有些兽医建议对鸡舍内的土壤或垫料进行处理，但没有试验证实这种方法是有效的。

发生和分布

没有调查来描述火鸡组织滴虫病的流行情况。组织滴虫病能发生于任何适合鸟类宿主生存的地方。一般来说，有利于盲肠线虫（异刺线虫）和各种蚯蚓共同存在的地区，本病流行更为普遍，在美国、加拿大和墨西哥的诊断实验室都经常地报道此病[1]。科学文献中也包括许多亚洲病例的报道。火鸡组织滴虫病的爆发多为急性，而鸡组织滴虫病的发生多为慢性。北美的大多数商品后备种鸡场均被异刺线虫污染，是组织滴虫潜在的病原库。在笼子中饲养的赛鸟和一些野鸟也是火鸡组织滴虫的病原库。

发病机理和流行病学

自然和实验宿主

据报道，许多鹑鸡禽类是火鸡组织滴虫的宿主。火鸡、鸡、鹧鸪和翎颌松鸡均可严重感染组织滴虫病；鸡、孔雀、珍珠鸡、北美鹑和雉也可被感染，但症状轻、不明显。可人工感染日本鹌鹑，但它不是重要的宿主。

媒介

常见的盲肠线虫——异刺线虫是火鸡组织滴虫

唯一的中间宿主[38]。即使是与之非常相近的线虫也不能作为火鸡组织滴虫的中间宿主。异刺线虫虫卵对环境条件有很强的抵抗力，感染力可以保持2～3年。多种鹑鸡类禽类均可感染异刺线虫，野鸟可以作为病原库。常见的蚯蚓可以摄食和浓聚异刺线虫感染性幼虫，因此也是一种传播媒介。除蚯蚓外，节肢动物中的蝇、蚱蜢、土鳖和蟋蟀也可作为机械性媒介。诊断人员有时会因为在发生火鸡组织滴虫病的鸡体内找不到异刺线虫而困惑不解。其中的原因之一是感染后2～3周内，异刺线虫还处于幼虫阶段，其虫体很小（2～3mm）。此外，火鸡组织滴虫病的发展会损坏异刺线虫寄生的环境，使异刺线虫被杀灭或被排出体外。

潜在期

本病是由于组织滴虫钻入盲肠壁繁殖，进入血液和寄生于肝脏引起的。组织滴虫病的临床症状出现在感染后7～12天，大多数在感染后的第11天。所有自然感染的方法，如含有组织滴虫的异刺线虫卵、节肢动物和蚯蚓的传递，其潜在期均相似。人工感染时，用培养的组织滴虫给火鸡作泄殖腔接种，病变产生的时间比用异刺虫卵感染大约要早3天。潜在期随感染剂量而变化。通过异刺线虫虫卵感染的潜在期要比通过泄殖腔感染的潜在期长。在工人感染试验中，通过泄殖腔感染鸡只出现盲肠和肝脏病变的时间比通过异刺线虫虫卵感染早3天。在火鸡场，一旦火鸡组织滴虫因异刺线虫虫卵的传入而在火鸡中建立感染，火鸡组织滴虫病会因直接接触而爆发。火鸡被感染后2～3天具有感染其他鸡只的感染性。

临床症状

火鸡组织滴虫病的早期症状可见硫磺色粪便（彩图28.11B），倦怠，翅下垂，步态僵硬，闭眼，头下垂贴胸或卷入翅下，厌食。头部可能发绀，由于观察到这一症状而称为"黑头病"。大约感染后第12天起，火鸡开始消瘦，体重下降。鸡受感染时症状可能很轻，或不明显，也可能较严重并且死亡率很高。火鸡患组织滴虫病时排硫黄色粪的现象，在鸡很少见，但曾见到带血的盲肠排泄物，盲肠肠芯很常见。有时鸡的大体病理学可能类似于盲肠球虫病。

临床病理学

感染10天后，白细胞总数增到最高值，达70 000/m³，感染21天后恢复到正常水平。增多的白细胞主要是异嗜性白细胞，而淋巴细胞、嗜碱性粒细胞和红细胞的数量不变。

潜在期的血清氮、尿酸以及血红蛋白含量降低，但在死前恢复正常。盲肠期的血糖水平上升，当肝病变发展时下降，死前则低于正常水平。血清白蛋白降到很低，但α和β球蛋白稍有增加。火鸡急性感染期间γ球蛋白显著增加[25]。

火鸡随肝脏病变发展，血浆中的谷氨酸草酸乙酸转氨酶（GOT）和乳酸脱氨酶（LDH）水平增加[26]，而谷氨酸丙酮酸转氨酶（GPT）基本不变。禽类肝脏或其他一些组织中的GPT活性很低，表明它不是重要酶系。鲜黄色尿色素的出现与肝功能下降和组织受损引起的酶升高相一致。在急性火鸡组织滴虫病中，血液中高铁血红蛋白所占的比例大大增加，可能是出现发绀和表现所谓黑头的原因。

发病率和死亡率

宿主对不同感染原的反应是不同的，与感染方式和感染量有关。自然感染时，大约在感染后第17天时死亡率达到高峰，在第4周平息。Farmer和Stephenson曾报道，火鸡饲养在受鸡组织滴虫污染的地区时，可高达89%的发病率和70%的死亡率[8]。火鸡人工感染的死亡率可达到100%。虽然鸡组织滴虫病的死亡率一般较低，但也有某些自然感染的死亡率超过了30%。偶尔能遇到一株对鸡有强毒的组织滴虫虫株。由于没有组织滴虫标准株，因此要对这种现象进行研究是不容易的。

大体病变

组织滴虫病的主要病变在盲肠和肝脏（彩图28.11）。近年来也有其他脏器（脾脏、法氏囊、肾脏和胰脏）出现病变的报道[36]。盲肠最先出现病变。组织滴虫侵害肠组织后，盲肠壁变厚和充血。从黏膜渗出的浆液性和出血性渗出物充满盲肠腔，使肠壁扩张，渗出物发生干酪化，形成干酪样的肠芯。盲肠壁的溃疡可导致盲肠穿孔，引起全身性腹膜炎。

火鸡的肝脏病变常在感染后数天出现，病变表现差异较大。多数呈现圆形下陷的坏死灶，直径可达 1cm，外周边缘隆起，成一环状。虽然上述病变常见（彩图 28.11C，F），但也可能表现其他一些形式。感染严重的病例，病变可能小而多发，多数在肝表面下方，波及肝的大部分。少数康复病例，病变在肝表面遗留下瘢痕，表面仍有脓汁。肝脏肿大，变为绿色或黄褐色。肺、肾、脾与肠系膜处出现白色圆形的坏死区。

病理组织学

感染初期，盲肠壁充血和异嗜细胞浸润，这种变化可能是对细菌、组织滴虫和异刺线虫幼虫的综合反应[2]。感染后第 5～6 天，在固有层和黏膜肌层之间，可见到数量众多的组织滴虫，呈灰白色淡染的卵圆形小体。同时，大量淋巴细胞和巨噬细胞浸润，异嗜细胞的数量也有所增加。盲肠内有一个由脱落上皮、纤维素、红细胞和白细胞以及盲肠内容物共同组成的肠芯。肠芯最初形状不定，略带红色，大约到 12 天时，由于一层层渗出物连续累积使肠芯表现为分层、干燥、淡黄色的外观。第 12～16 天时，盲肠组织中出现巨细胞。凝固性坏死和组织滴虫可侵害到肌层，并接近浆膜。大约到第 17～21 天，肌层中的组织滴虫减少，主要集中到浆膜层附近。大量巨细胞形成，并可能出现显著的肉芽肿，凸出于浆膜面。康复以后，陈旧的病变以分散于组织中的淋巴样中心为特征。进而可发生肠芯被排出和上皮再生，但盲肠壁异常薄，隐窝变浅。

肝脏早期的显微病变出现在感染后第 6～7 天，在靠近肝门静脉处有成小簇的异嗜细胞、淋巴细胞和单核细胞，很少见到组织滴虫。大约在 10～14 天，病变扩大，某些部位融合成片，淋巴细胞和巨噬细胞广泛浸润，异嗜细胞数量中等。病变中心的肝细胞坏死和崩解。在靠近病变外围区域的陷窝中可见到单独或成簇的组织滴虫。从感染后 14～21 天，坏死逐渐加重，结果形成由网状物质和细胞碎片组成的大面积坏死。在这个阶段，组织滴虫通常是小体状出现在巨噬细胞内。如果康复，在纤维变性区和肝细胞再生处，仍保留有淋巴细胞性病灶。

免疫力

对黑头病的免疫力研究很少，大多数报道是 50 年前的研究。早期的研究表明，感染后鸡体可以产生部分免疫力，可以或不足以抵抗再感染[3,39]。因为火鸡通常都死于此病，因此对火鸡免疫的大多数研究工作都需要借助于用药物进行限制感染。

试图用体外培养致弱的或非致病性组织滴虫免疫鸡和火鸡只取得了部分成功。曾证实对直肠接种致病虫株或致弱虫株有一定程度的抵抗力，但对含组织滴虫的异刺线虫卵作用甚微[18]。虽然报告的说法不一，但配合药物治疗，是可以获得一定的保护性免疫力的。利用致弱虫株来免疫鸡的研究已被废弃，因为在体外稳定虫株的致弱程度被认为是不可能的，而且用活的培养虫体给鸡接种被认为不具有可操作性。

已证明在感染后 10～12 天的鸡和火鸡的血清中存在一种沉淀抗体，可中和被感染肝和盲肠制备的抗原。火鸡和禽的抗体显然并未赋予机体对再次感染的抵抗力，但却同盲肠黏膜的感染相关，并能在火鸡和禽体内持续存在相当长的时间[3]。康复病禽的盲肠仍隐藏有虫体，但不再表现出症状和病变[5]。

最近的研究表明被感染鸡的血清中出现沉淀素和溶素，给鸡注射火鸡组织滴虫的抗原可以产生良好的抵抗再感染的保护力。

被动免疫

曾试图用免疫禽类的抗血清通过反复腹腔注射方法，将免疫力递给易感的鸡和火鸡，但没有成功。给注射免疫血清的禽用病禽肝脏的匀浆物作直肠攻毒时，火鸡死于组织滴虫病，所有的鸡也都发生了典型的盲肠病变[4,5]。

诊　断

大多数有经验的养禽者诊断此病是以肉眼观察到的病变为根据的，但应借助于禽病专家的实验室诊断结果作进一步确认，以排除侵害盲肠和肝的其他因素的并发感染，如球虫病、沙门氏杆菌病、曲霉菌病、上消化道毛滴虫病等。

特征性病变的出现，即足可作出推测性诊断。组织滴虫的鉴定需要借助于正确的显微镜检查技术。最好用相差显微镜，采用从实验室刚扑杀的禽取得的新鲜标本，而且制作时要保持适宜的温度。如果显微镜台有一个特制的保温镜台或以一个白热小灯泡加温，组织滴虫则仍能活动并很容易识别出来。存在于盲肠腔中的组织滴虫较容易观察和识别，但存在于病变组织中的组织滴虫没有鞭毛，很难与巨噬细胞和酵母细胞区别。

在进行常规的组织病理学检查时，几种染色剂中的任何一种，包括苏木精、伊红或过碘酸（periodic acid-Schiff）都可使用[18]。用霍氏苦味酸铜（Hollande's cupric picroformol）和蛋白银染技术对新鲜培养物进行染色制备出了很好的细胞切片。

在新近发生死禽的地区，为了诊断，用改良的Dwyer氏培养基体外培养组织滴虫的操作并不复杂，可以作为一种诊断手段。如果样品是由刚死尚未变冷的尸体上取来的，试验可达到75%以上的准确性。所用培养基是由下列成分组成的：85% 199培养基汉克氏（Hank's）平衡盐溶液；5%的鸡胚浸出物（CEE$_{50}$·Gibco）；pH7.2的10%马或羊血清。加入少量的（10～20mg）大米粉（Difco）后，将试管密封，于40℃温孵过夜，用倒置显微镜观察。用这种方法所得的培养物，可通过每2～3天进行一次的传代培养保留下来。但经过6～8周后就会变得无致病性。

尽管在诊断中通常不是必需的方法，但是PCR方法在鉴定火鸡组织滴虫中是很准确的方法。最近报道的PCR方法中所用的引物是基于小亚单位RNA片段[21]。

预防和控制

因为目前没有治疗火鸡组织滴虫病的药物，而且也没有商品化的疫苗，因此火鸡组织滴虫病的防控措施主要集中在预防。

因为组织滴虫病的主要传播方式是通过异刺线虫卵为媒介，所以，有效的防治措施主要是减少或消除这种虫卵。

在防治火鸡组织滴虫病时，防止与鸡接触是很重要的，因为鸡常常可能寄生有大量排出虫卵的异

刺线虫，火鸡场会因此成为长期存活异刺线虫卵严重污染的场所，从而造成火鸡群中组织滴虫病的多年复发。由于感染性虫卵长期存活，用轮牧方式不能解决防止感染问题。

室内饲养可减少火鸡黑头病的发病率，但往往会加剧发病的严重性。引发火鸡组织滴虫病的最可能原因是有少数异刺线虫虫卵被传入处于生长阶段的火鸡鸡舍内。火鸡组织滴虫被传入后，通过直接接触的方式在整个火鸡群中传播开。最近的研究表明，火鸡组织滴虫不能在无直接接触的火鸡群中进行传播，这也给防治火鸡组织滴虫病提供了一种新的思路。如果生长期的火鸡被分成亚单位，甚至用网或其他障碍物隔开，则火鸡组织滴虫病的爆发会局限在污染区。

小来航母鸡在有问题的鸡舍内经常被感染，虫卵在这种鸡舍中已存在数年之久。在有些地区，肉用仔鸡的组织滴虫病也很常见。在有些实例中，消毒对消灭虫卵有一定意义，但发表的资料很少。

鸡盲肠球虫（柔嫩艾美耳球虫）和组织滴虫病的可以相互影响，是一重要发现，因为盲肠球虫经常存在于生长鸡鸡场中。在实验感染条件下，当2种寄生虫同时存在时，即使球虫感染水平很低，但也会增加肝脏发生病变的鸡只数，同时加重病变[27]。以上结果表明，更好的防治后备种鸡和后备蛋鸡球虫病对防止黑头病的发生有重要意义。

治疗

单靠管理措施很难把商业火鸡群的发病率保持在较低水平，因而，在危险性大的饲养期，通常采用预防性化学治疗措施。目前能有效防治家禽组织滴虫病的唯一药物是硝苯砷酸（nitarsone，Histostat7，Alpharma，Clifton，NJ）。

美国[9]曾经有5种药物被注册使用，包括2种砷制剂、2种硝基咪唑类和1种硝基呋喃类药物（表28.5），但近期的调整从市场上取消了最有效的药物（硝基咪唑类）。国外也采用其他一些药物。硝苯砷酸有预防作用，但砷制剂对感染的治疗作用不强。硝基咪唑类（dimetridazole、ipronldazole或ronidazole）对鸡和火鸡均有很强的预防和治疗作用。这些药物仍在许多国家中使用。呋喃唑酮也用于黑头病的治疗，但在美国已被禁

用。未见关于组织滴虫抗药性的报道。关于这些药物旧文献的历史回顾可参阅 Joyner 等[17] 和 Joyner[16] 作的综述。

由于火鸡组织滴虫与细菌有密切的关系，因此在治疗火鸡组织滴虫病时常用辅以抗生素进行治疗。尽管用抗生素控制细菌引起的继发感染是有益的，但没有证据表明这对火鸡组织滴虫病有直接影响[14]。

盲肠线虫的防治是鸡黑头病防治方案的重点。经常用苯并咪唑类抗蠕虫药物进行驱虫能有效减少异刺线虫感染和组织滴虫感染。应根据各个鸡场火鸡组织滴虫病的发病史，在火鸡组织滴虫病可能爆发前的一周给鸡只投喂驱虫药。

表 28.5   美国使用过的预防或治疗火鸡黑头病的饲料添加剂（某些品种也可用于饮水治疗）

药　　物	商品名	供应者	美国使用情况		
			用量	休药期	批准用于鸡
卡巴肿①	Carb‑O‑Sep	N/A	0.025%～0.037%	5	未
二甲硝咪唑①	Emtrymix	N/A	0.017%～0.02%②	5	未
			或0.16%～0.08%③	5	批准
呋喃唑酮①	nf‑180	N/A	0.011%②	5	批准
	Furox	N/A	0.022%③		
异丙硝咪唑①	Ipropan	N/A	0.0062 5%b②	4	未
			0.062 5%③	4	未
硝苯胂酸	Histostat 50	Alpharma	0.0187 5%	5	批准

注：①只有硝苯胂酸在美国还能用；②预防量；③治疗量。

毛滴虫病

引　言

鸟类毛滴虫病是由鞭毛原虫-禽毛滴虫引起的，它是一种侵害消化道上段的原虫病（图28.13）。本病在家鸽引起通常所说的"溃疡"，而寄生于火鸡、鸡和许多野生鸟类时则致病性不同[20]。

描　述

肠道鞭毛虫是移动迅速、梨状的原虫，虫体长5～9μm，宽2～9μm（图28.14），具有4根典型的起源于虫体前端毛基体的游离鞭毛。一根细长的轴杆常延伸至虫体的后缘以外。波动膜起始于虫体的前端，终止于虫体后端的稍前方，使被包裹的鞭毛没有延伸至体后。虫体鞭毛和内部构造只有用相差显微镜或特殊染色方法才可观察到。

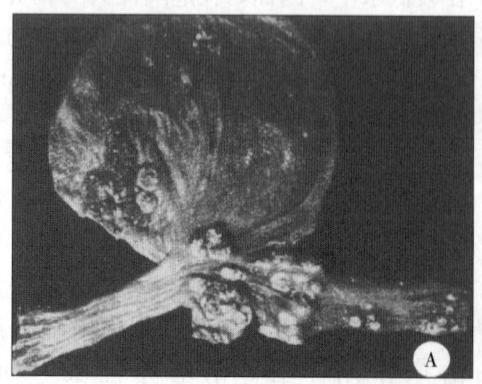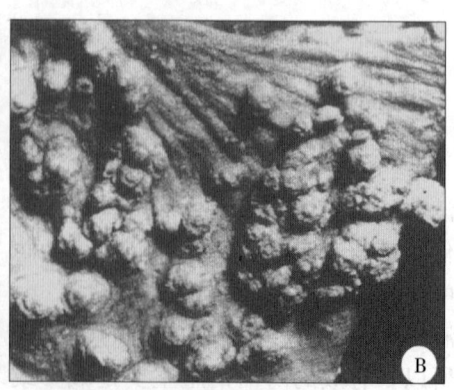

图 28.13　毛滴虫病（Hinshaw 和 Rosenwald）
A. 食道和嗉囊的坏死性溃疡；B. 毛滴虫病典型病变，消化道上段的锥状坏死性溃疡的近距离镜头

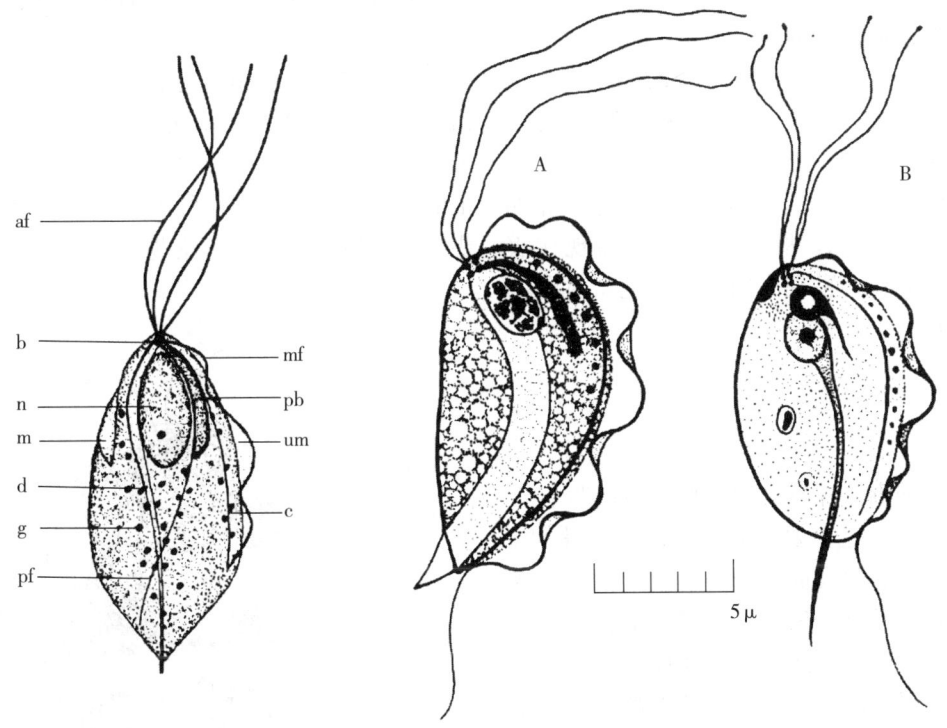

图 28.14 禽毛滴虫（Trichomonas gallinae）半模式图（Lund）
（左）：（a）轴杆；（af）前鞭毛；（b）毛基体；（c）肋；（g）细胞质颗粒；（m）口部；（mf）波动膜的
缘线；（n）核；（pb）副基体；（pf）副基纤维；（urn）波动膜（Stabler）。家禽消化道下段的两种常见
的毛滴虫模式图（右）：用肖氏（Schaudinn's）液固定，再用海氏（Heidenhain's）苏木精染色；A.
埃氏三鞭毛滴虫（Tritrichomonas eberthi）；B. 鸡毛滴虫（Trichomonas gallinarum）

发生和分布

幼鸽通常因首次吞食成年鸽嗉囊中的"鸽乳"而被感染，并保持终生带虫。在形成足够的免疫保护力之前，被强毒虫株感染时，死亡率可高达50%。火鸡和鸡的毛滴虫病常常是由鸽传染的。虽然火鸡和鸡感染本病只是偶然报道，但它们的经济损失是难以估计的。当猛禽捕食鸟类时，如猎鹰吃鸽，则猎鹰可能被感染，这种情况在养猎鹰的人中称之为"frounce"。

生 活 史

禽毛滴虫通过二分裂进行纵分裂繁殖。包囊、有性阶段或媒介的情况不清楚。雏鸽由于吞食成年鸽的"鸽乳"而被感染。鸡和火鸡群的感染是通过被污染的饮水，或许是通过饲料传播的。

发病机理和病理学

几乎所有的鸽子都是该原虫的携带者。禽毛滴虫的毒力差异很大，有的虫株能够引起死亡。在有一段时期，有些研究者认为，禽毛滴虫病是黑头病的同物异名词。不过这是因为这些研究者没有考虑到不同的寄生虫可以引起相似的病变。病鸽停止吃食，精神倦怠，羽毛粗乱和死前消瘦。在口腔里可见到浅绿色至浅黄色的黏液，并从口腔中流出。

大体病变

病原体侵害口腔、鼻窦、咽、食道和嗉囊的黏膜表层，偶尔侵害结膜及前胃的黏膜表层。肝常受侵害，偶尔也损害其他器官，但不损害前胃以下的

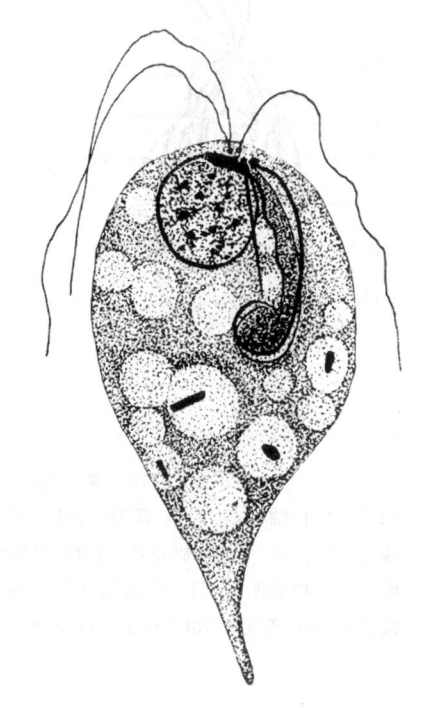

消化道。

病初在口腔黏膜的表面出现小的、界限分明的干酪样病灶，在病灶周围可能有一窄的充血带。这种病变可扩大并联成一片。由于干酪祥物质的堆积，可部分或全部堵塞食道腔。最后这些病变可穿透组织并扩展到头部和颈部的其他区域，包括鼻咽部、眼眶和颈部软组织。肝的病变开始出现在表面，后扩展到肝实质，呈现为硬的、白色至黄色的圆形或球形病灶。

病理组织学

用禽毛滴虫强毒虫株感染鸽子后，引起带有干酪样坏死的脓性炎症是主要的病理组织学变化[33]。毛滴虫局限在口咽黏膜表面的分泌物中繁殖。在感染后的第 4 天发生黏膜溃疡和以异嗜白细胞为主的剧烈炎性反应。在肝小叶区出现局灶性坏死性脓肿及以单核细胞和异嗜白细胞为特征的炎性反应。随着肝损害的加剧，在病灶中心没有完整的肝细胞存留，在病灶的周围有大量的毛滴虫。

免疫力

在其他方面表现正常的鸽子中可出现相当高的发病率，可以归因于虫株的变异、获得性免疫力或两种因素共同作用。患亚致死性毛滴虫病的鸽子康复后，对该虫的强毒虫株所引起的疾病有免疫力。从患有禽毛滴虫（三个虫株中的任何一个）的鸽子分离出的血浆，均能保护其他的鸽子不再发病，但不能保护强毒虫株的感染。

对禽毛滴虫的抗原（与分类有关的）已进行了研究，并得出毒力与抗原成分是相关的结论[7]。

诊　断

临床症状和大体病变有很大的参考价值，再取口腔或嗉囊黏液直接涂片，用显微镜检查，观察到虫体时即可确诊。在新鲜的涂片上找不到虫体时，进行病理组织学检查或人工培养基上接种培养有助于诊断。本病必须与念珠菌病和维生素 A 缺乏症相鉴别，因为后两种病能产生相类似的症状。查明病史、真菌培养和病理组织学的检查对解决诊断问题可能是有用的。

寄生在鸟类胃肠道内的另外几种鞭毛虫经常被错认为是禽毛滴虫（*T. gallinae*）。从未明确证明过其他这些鞭毛虫以及关系较远的鞭毛虫对鸟类宿主的致病性。认识到这种无害共生，可免去因不必要的治疗措施所付出的花费。

图 28.15　鸡唇鞭毛虫（*Chilomastix gallinarum*）半模式图表示形态细节，× 5 000。（*Boeck* 和 *Tanabe*）

有一种名叫鸡四鞭毛滴虫门（*Tetratrichomonas gallinarum*）的毛滴虫［鸡毛滴虫（*Trichomonas gallinarum*）］，常寄生在鸡和另外一些鹑鸡类鸟类的盲肠内。曾经偶然地从肝脏和血液中分离出来这种毛滴虫或者一个相当接近的种。虽然有人将病变曾归因于这种虫体，但从实验感染并未证实它有致病性。

另一些肠道下段的原虫如鸡唇鞭毛虫（*Chilomastix gallinarum*）（图 28.15），是一种能形成包囊的鞭毛虫，它有一个大的细胞口裂缝，但没有波动膜，另有一个覆盖体表一半的腹部吸盘的鸭旋身鞭毛虫（*Cochlosoma anatis*），这 2 种鞭毛虫显然都没有致病性。虽然对肠道下段鞭毛虫进一步的防治试验是需要的，但就目前看来不应把它们认为是重要的。

预防和控制

因为鸽毛滴虫是由成年鸽传递给雏鸽的,而家禽毛滴虫是通过被口腔分泌物污染的食物和饮水传播的,因此必须尽一切努力将病禽从群体中隔离出来。经试验,有几种药物对鸽和火鸡的毛滴虫病是有效的。McLoughlin 发现二甲硝咪唑(dimetridagole) 0.05%混入饮水对鸽毛滴虫病有效[25]。在美国该药不再使用。

六鞭原虫病

病原学和分布

六鞭原虫病或称传染性卡他性肠炎,是由火鸡六鞭原虫(Hexamita meleagridis) 引起的。美国农业部估计 1942—1951 年期间,每年因本病损失 667 000 美元[40]。在美国,诊断实验室中经常能遇到六鞭原虫病病例。本病在美国、加拿大、苏格兰、英格兰和德国的好几个地区已有过报道。六鞭原虫也发生于雉、鹌鹑、鹧鸪和孔雀,上述野禽可成为雏火鸡的感染源。有 8 根凸出的鞭毛包括 4 根前鞭毛,2 根前侧鞭毛和 2 根后鞭毛。4 根前鞭毛沿虫体向后弯曲(图 28.16)。本虫种的命名者为 McNeil 等,他们描述的六鞭原虫大小为 $6 \sim 12.4 \mu m \times 2 \sim 5 \mu m$,并具有双核的大核内体[32]。

病 理 学

受感染的幼禽除了水泻外不表现特殊的症状,在病程后期水泻变为黄色。病雏起初表现神经过敏和好动,后期则表现为精神委顿和扎堆。接近晚期时发生惊厥和昏迷。

病变包括卡他性炎症、肠弛缓和继发性肠膨胀,在小肠上段尤为明显。肠道内容物呈水样,在显微镜下可观察到在胸腺窝内有大量的六鞭原虫。在德国的一次暴发中记述了肝脏表面的浅黄色。

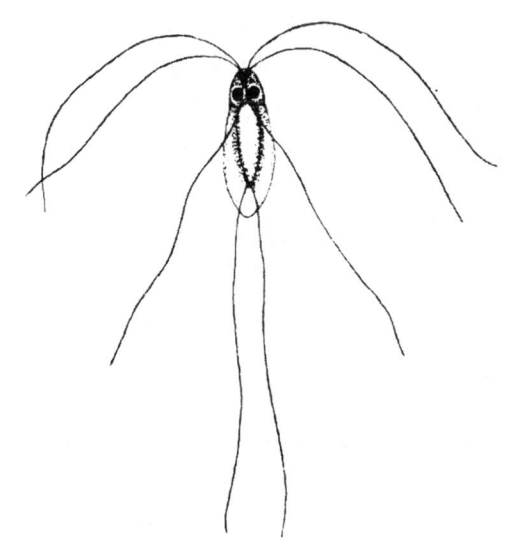

图 28.16 火鸡肠中的火鸡六鞭原虫
(Hexamita meleagridis)[25]

诊 断

根据水泻的症状和在十二指肠的新鲜涂片中发现虫体,便即可确诊。因为在幸存者中可发现带虫的鸟类,所以有火鸡六鞭原虫(H. meleagridis)存在也可能不显症状。这种鞭动的虫体活动很快,具有突进式运动;与在禽类消化道中遇到的其他鞭毛虫相比,它是一种相当小的虫体。

防 治

虽然丁醇锡[butynorate(0.037 5%)]、金霉素(0.005 5%) 曾一度被批准使用,但无治疗效果。没有疫苗可用。隔离带虫者,雏禽与成禽分开饲养,从雏禽群地区隔离其他禽类宿主,以及饲槽和饮水器的清洁卫生等措施,可减少传播。提高饲养管理水平是减少这种寄生虫病和其他寄生虫病引起的损失的重要措施。

消化道内的其他各种原虫

内变形虫属(Entamoeba) 和内蜒属(Endolimax)的一些种自然存在于各种家禽的盲肠和粪便中,也可实验性地感染给这些禽类。显然,它们之中没有一个是致病性的，只是以宿主的肠内容物为食。

阿米巴原虫具有不规则形状的滋养体，有一个核，核内有一个稍明显的核内体（endosome）。能产生包囊，成熟时内含1个、4个或8个核。对这些原虫进行观察时，建议用相差显微镜或进行染色。有好几种其他原虫被报道[20,30]。

潘保良　汪　明　译

索　勋　校

参考文献

[1] AAAP Committee on Disease Reporting. 1986. Summary of commercial poultry disease reports. *Avian Dis* 31:926 -987.

[2] Clarkson, M. J. 1962. Studies on the immunity to Histomonas meleagridis in the turkey and the fowl. *Res Vet Sci* 3:443 - 448.

[3] Clarkson, M. J. 1963. Immunity to histomoniasis (blackhead). *Immunology* 6:156 - 168.

[4] Clarkson, M. J. 1966. Progressive serum protein changes in turkeys infected with Histomonas meleagridis. *J Comp Pathol* 76:387 - 397.

[5] Cuckler, A. C. 1970. Coccidiosis and histomoniasis in avian hosts. In G. J. Jackson, R. Herman, and I. Singer (eds.). Immunity to Parasitic Animals. Appleton-Century-Crofts: New York, 371 - 397.

[6] Dwyer, D. M. 1970. An improved method for cultivating Histomonas meleagridis. *J Parasitol* 56:191 -192.

[7] Dwyer, D. M. 1974. Analysis of the antigenic relationships among Trichomonas, Histomonas, Dientamoeba, and Entamoeba. *J Protozool* 21:139 - 145.

[8] Farmer, R. K. and J. Stephenson. 1949. Infectious eneterohepatitis(blackhead) in turkeys: A comparative study of methods of infection. *J Comp Pathol* 59:119 - 126.

[9] Feed Additive Compendium. 2006. Miller Publishing Company: Minneapolis, MN.

[10] Gibbs, B. J. 1962. The occurrence of the protozoan parasite Histomonas meleagridis in the adult and eggs of the cecal worm Heterakis gallinae. *J Protozool* 59:877 -884.

[11] Hu, J., L. Fuller, P. L. Armstrong and L. R. McDougald. 2006. Histomoniasis in chickens: Attempted transmission in absence of vectors. *Avian Dis.* 50:277 - 279.

[12] Hu, J, L. Fuller and L. R. McDougald. 2004. Infection of turkeys with Histomonas meleagridis by the cloacal drop method. *Avian Dis.* 48: 746 - 750.

[13] Hu, J., L. Fuller, and L. R. McDougald. 2005. Blackhead disease in turkeys: Direct transmission of Histomonas meleagridis from bird to bird in a laboratory model. *Avian Dis.* 49:328 - 331.

[14] Hu, J. and L. R. McDougald. 2002. Effect of anticoccidials and antibiotics on the control of blackhead disease in broiler breeder pullets. *J. Appl. Poult. Res.* 11:351 -357.

[15] Hu, J. and L. R. McDougald. 2003. Direct lateral transmission of Histomonas meleagridis in turkeys. *Avian Dis.* 47:489 - 492.

[16] Joyner, L. P. 1966. In R. J. Schnitzer and F. Hawking (eds.). Experimental Chemotherapy, vol. 4. Academic Press: New York, 425 - 428.

[17] Joyner, L. P., S. F. M. Davies, and S. D. Kendall. 1963. Chemotherapy of Histomoniasis. In R. J. Schnitzer and F. Hawking(eds.). Experimental Chemotherapy, vol. 1. Academic Press: New York, 333 - 349.

[18] Kemp, R. L. and W. M. Reid. 1966. Staining techniques for differential diagnosis of Histomoniasis and mycosis in domestic poultry. *Avian Dis* 10:357 - 363.

[19] Lee, D. L. 1969. The structure and development of Histomonas meleagridis (Masticamoebidae: Protozoa) in the female reproductive tract of its host, Heterakis gallinae (Nematoda). *Parasitology* 59:877 - 884.

[20] Levine, N. D. 1973. Protozoan Parasites of Domestic Animals and of Man, 2nd ed. Burgess, Minneapolis.

[21] Hafez, H. M., R. Hauck, D. Luschow and L. McDougald. 2005. Comparison of the specificity and sensitivity of PCR, nested PCR and real-time PCR for the diagnosois of histomoniasis. *Avian Dis.* 49:366 -370.

[22] Lund, E. E., P. C. Augustine, and D. J. Ellis. 1966. Earthworm transmission of Heterakis and Histomonas to turkeys and chickens. *Exp Parasitol* 18:403 -407.

[23] McDougald, L. 2005. Blackhead disease(histomoniasis) in poultry: A critical review. *Avian Dis.* 49:462 - 476.

[24] McDougald, L. and R. B. Galloway. 1973. Blackhead disease *in vitro* isolation of Histomonas meleagridis as a potentially useful diagnostic aid. *Avian Dis* 17:847 -450.

[25] McDougald, L. R. and M. F. Hansen. 1969. Serum protein changes in chickens subsequent to infection with Histomonas meleagridis. *Avian Dis* 13:673 - 677.

[26] McDougald, L. R. and M. F. Hansen. 1970. Histomonas meleagridis: Effect on plasma enzymes in chickens and turkeys. *Exp Parasitol* 27:229 - 235.

[27] McDougald, L. R. and J. Hu. 2001. Blackhead disease (Histomonas meleagridis) aggravated in broiler chickens by concurrent infection with cecal coccidiosis (Eimeria tenella). *Avian Dis* 45.307 - 312.

[28] McDougald, L. R. and W. M. Reid. 1976. Protozoa of Medical and Veterinary Interest, vol. 1. Academic Press:

New York,140 - 161.

[29]McDougald, L. R. 2005. Blackhead disease(histomoniasis) in poultry: A critical review. *Avian Dis*. 49: 462 -476.

[30]McDowell, S. , Jr. 1953. A morphological and taxonomic study of the caecal protozoa of the common fowl,Gallus gallus L. *J Morphol* 92:337 - 399.

[31]McLoughlin, D. K. 1966. Observations on the treatment of Trichomonas gallinae in pigeons. *Avian Dis* 10:288 -290.

[32]McNeil, E. , W. R. Hinshaw, and C. A. Kofoid. 1941. Hexamita meleagridis sp. nov. from the turkey. *Am J Hyg* 34:71 - 82.

[33]Perez Mesa,C. ,R. M. Stabler,and M. Berthrong. 1961. Histopath ological changes in the domestic pigeon infected with Trichomonas gallinae(Jones' Barn Strain). *Avian Dis* 5:48 - 60.

[34] Reid W. M. 1967. Etiology and dissemination of the blackhead disease syndrome in turkeys and chickens. *Exp Parasitol* 21: 249 - 275.

[35]Ruff,M. D. ,L. R. McDougald,and M. F. Hansen. 1970. Isolation of Histomonas meleagridis from embryonated eggs of the Heterakis gallinarum. *J Protozool* 17:10 -11.

[36] Springer, W. T. , J. Johnson, and W. M. Reid. 1969. Transmission of Histomoniasis with male Heterakis gallinarum(Nematoda). *Parasitology* 59:401 -405.

[37]Shivaprasad,H. L. ,R. P. Senties-Cue,R. P. Chin,R. Crespo,B. Charlton, and G. Cooper. 2002. Blackhead in turkeys,a re-emerging disease? Proc. 4th International Symposium on Turkey Diseases,Berlin. H. M. Hafez(ed.), Berlin Free University. 143 -144.

[38]Tyzzer, E. E. 1920. The flagellate character of the parasite producing "blackhead" in turkeys Histomonas meleagridis. *J Parasitol* 6:124 - 130.

[39]Tyzzer, E. E. 1934. Studies on histomoniasis, or "blackhead" infection, in the chicken and turkey. *Proc Am Acad Arts Sci* 69: 189 - 264.

[40]USDA. 1954. Losses in Agriculture. United States Department Agriculture,ARS: Washington,DC.

各种偶发的原虫病

Miscellaneous and Sporadic Protozoal Infection

Alex J. Bermudez

住白细胞原虫病

(Leucocytozoonosis)

鸟类的这种寄生虫病侵害血液和内脏器官的组织细胞。Lund[78]、Levine[73]和Fallis 等[33]对住白细胞原虫病与另一些血液和组织的寄生原虫病进行了综述。

住白细胞原虫属于顶复合器门（Apicomplexa）、血孢子虫亚目（Haemospororina）[72,76]。属于同一科-疟原虫科（Plasmodiidae）的住白细胞原虫属（Leucocytozoon）、血变原虫属（Haematroteus）和疟原虫属（Plasmodium）的生活史和某些发育阶段的超微结构是相似的[72,73]。在文献中记载大约有67个有效种和34个同物异名。除了有一个种寄生在巴西的蜥蜴（teiid libard）外，其余住白细胞原虫属都寄生在鸟类[48]。

顶复合器门原虫生活史的完成需要2个宿主：孢子生殖在昆虫体内，裂殖生殖（裂殖体）和配子生殖（配子体）分别在脊椎动物宿主的组织中或血细胞中。本病流行在那些适合无脊椎动物宿主——双翅目昆虫（蚋和蠓）生活的地区。在北美，至少有3个种能引起家禽暴发本病，给鸭、鹅、火鸡和鸡造成经济损失。在北美，住白细胞原虫病是零星发生的[2]，但在东南亚[119]、菲律宾、印度尼西亚和东非[24]的开放式鸡场本病很常见。

西氏住白细胞原虫 （*Leucocytozoon simondi*, Mathis and Leger 1910)

Hus 等报道了在美国、加拿大、欧洲和越南有27种鸭和鹅感染西氏住白细胞原虫[48]。他们认为鸭住白细胞原虫（L. anatis）和鹅住白细胞原虫（L. anseris）是本种的同物异名。在北美东北海滨区，每年大约有14%～20%的鸭和鹅感染住白细胞原虫[8,10]。在 Seney 野生动物保护区，1963 年产蛋季节前有80%的鹅有虫血症，每年全部小鹅都发生感染[47]。

鸭和鹅是西氏住白细胞原虫的适宜宿主，而鸡、火鸡、雉、环羽松鸡则不是其适宜的宿主。

包括迷蚋（*Simulium venustum*）、*S. croxtoni*、*S. eurradminiculum* 和 *S. rugglesi* 在内的吸血昆虫是鸭住白细胞原虫的传播媒介。

病原学 孢子生殖发生在昆虫媒介体内，可在3～4 天内完成。大配子受精后发育为动合子（ookinetes），可在昆虫一次吸血后 12h 内的胃里发现。在无脊椎动物宿主的胃内，由动合子形成卵囊，并产生子孢子，子孢子从卵囊逸出后进入唾液腺。有活力的子孢子曾在吸血后 18 天的昆虫媒介体内发现。

裂殖生殖发生在脊椎动物的内脏器官（如肝、脑、脾和肺）。肝细胞内的"肝裂殖体"（"hepatic schizonts"）成熟后可达 $45\mu m$。裂殖子和多核体（syncytia）从肝裂殖体中释放出来（多核体的细胞质外围有一层细胞膜，内含两个或两个以上的核）。某些裂殖子可以进入肝的实质细胞共进行新的裂殖生殖，而另一些则进入红细胞或成红细胞，并发育为配子体。显然，多核体被巨噬细胞或遍布全身的网状内皮细胞所吞噬，并发育为巨型裂殖体（megaloschizonts），其大小可达 $400\mu m$。从巨型裂殖体内释放出的裂殖子进入淋巴细胞和白细胞，并形成配子体。

在血液中发现的西氏住白细胞原虫的配子体，其平均大小为 $14.5\mu m \times 5.5\mu m$，通常寄生在长纺锤形的宿主细胞内，这种细胞平均长约 $48\mu m$。配子体位于宿主细胞核的旁边，核长约 $30\mu m$。也曾报道过圆形的配子体。长的配子体可能只在白细胞内发育，主要是淋巴细胞和大单核细胞，而成熟的圆形配子体则存在于红细胞内。根据 Allan 和 Mahrt 的研究[4]，每一种住白细胞原虫只在一种宿主细胞里有配子体，因此在同一鸟体内存在两种形态的配子体表明一个宿主体内同时感染有两种。Desser 等[23]观察到在美国北密歇根州的一些地区感染的特征是既有肝裂殖体又有圆形配子体，他认为是西氏住白细胞原虫的不同虫株。

配子可用罗曼诺夫斯基染色法鉴别。大配子的细胞质染成深蓝色，细胞核呈红色。小配子的细胞质呈浅蓝色，核呈浅粉红色。小配子比较脆弱，容易变形[73]。

发病机理和流行病学 西氏住白细胞原虫对鸭和鹅的致病性得到了证实。在美国密歇根州一次暴发中，鸭的死亡率为 35%。在 Seney 野生动物保护区观察到，小鹅每年都因患西氏住白细胞原虫病而造成大量损失，每 4 年出现一次死亡率超过 70% 的情况[47]。然而，并不是所有的西氏住白细胞原虫感染均能引起如此严重的疾病。在一次给雏鸭人工感染西氏住白细胞原虫试验中没有引起死亡，对生长率也没有不良影响[97]。

临床症状随宿主的环境和年龄而改变。雏鸭明显地无食欲、虚弱、精神倦怠和呼吸困难，有时在 24h 内死亡。成年鸭发病很少呈急性，仅出现精神倦怠等症状，死亡率也低。60% 的死亡发生在感染后 11~19 日。本病的一些病理变化有贫血、白细胞增多、脾肿大、肝变性和肿大。在鸭的心和脾中带有巨型裂殖体时，可见有泛发性的心、脾组织损伤。

Kocan[70]报道了在急性感染的鸭血清中存在着一种抗红细胞因子，它既能溶解和凝集正常的、未经处理的鸭红细胞，也能溶解和凝集感染的红细胞。这种因子被认为是这种寄生虫的一种产物，它对血管起作用；它可能是西氏住白细胞原虫感染时红细胞渗透性脆性和贫血的原因[79]。

在密歇根州，大批感染大多发生在夏季最热的 7 月。血液中配子体的数目在隆冬前逐渐减少，隆冬时完全消失或罕见，春天又重复出现。

史氏住白细胞原虫（*Leucocytozoon smithi*，Laveran and Lucet 1905）

史氏住白细胞原虫是 Smith 首次在美国东部的火鸡中发现的，按照他的名字命名为 L. smithi，随后在北达科他州、明尼苏达州、内布拉斯加州、加利福尼亚州、得克萨斯州、密苏里州、法国、德国、克里米亚和加拿大也有报道。

本病在美国的成年火鸡中广泛传播[97]，在佐治亚州，357 只火鸡中有 289 只发现被感染，在佛罗里达州，67 只火鸡中有 60 只被感染，在阿拉巴马州的 12 只火鸡中有 4 只被感染，以及在南卡罗来纳州的 9 只火鸡中有 7 只被感染。在弗吉尼亚州 Cumberland 国家森林中圈养和散养的成年野火鸡的感染率达到 100%。在南卡罗莱纳州、密西西比州和中西部地区，野火鸡的感染率分别为 100%、33% 和 3%[19,36,106]。在北美，史氏住白细胞原虫感染火鸡引起的明显经济损失是不常见的[2]，其原因可能是商品火鸡进行封闭饲养，而且火鸡饲养区一般远离蚋和蚊子孳生的地区。

病原学 在血液中，史氏住白细胞原虫的配子体开始呈圆形，后变为长形，平均长 20~22μm。被它们寄生的长形细胞平均为 $45\mu m \times 14\mu m$，有浅色的细胞质的"角"从虫体寄生的部分向外伸出，沿着虫体的每一侧，由宿主细胞形成一条长而细的暗带；暗带还常裂开，围绕在虫体的两侧。配子仅发现于白细胞。用罗曼诺夫斯基法染色后的配子特征与西氏住白细胞原虫相似（图 28.17A）[73]。

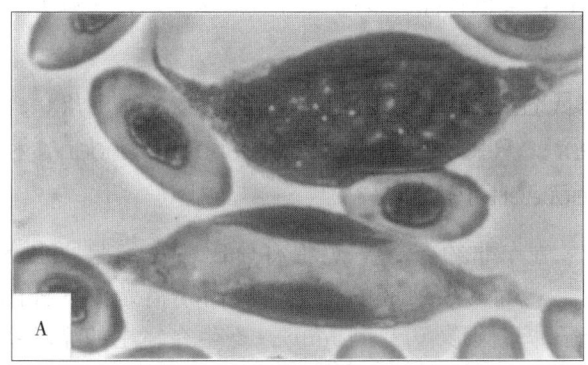
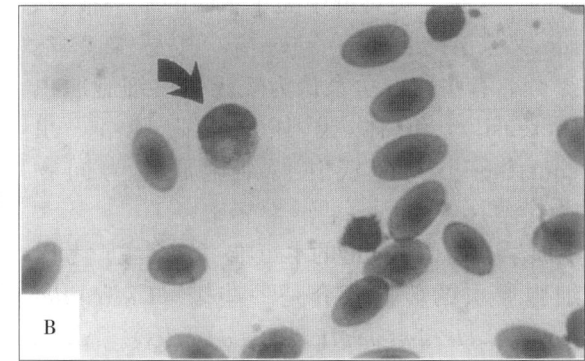
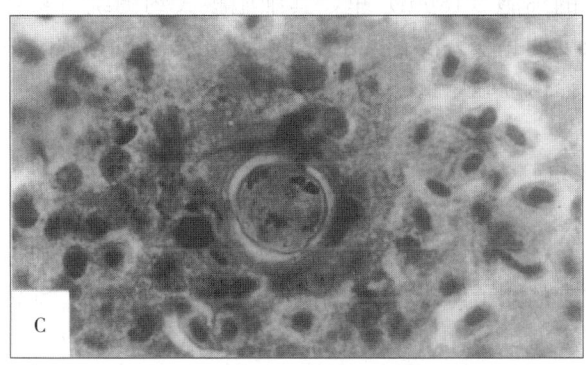
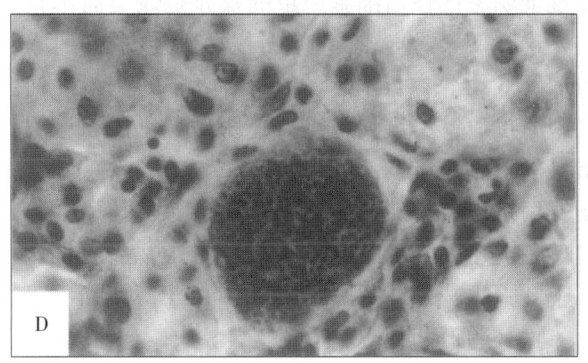

图 28.17　火鸡血液中的史氏住白细胞原虫各阶段的显微照相

A. 深染的大配子体（上方）和浅染的小配子体（下方），姬姆萨染色，×1 250；B. 常发现在感染早期（第 16 天）的圆形配子体，×140；C. 火鸡肝内的巨型裂殖体，第 9 天，H.E.，×1 000；D. 火鸡肾内的巨型裂殖体，第 10 天[21]

在肝中可见到细胞内的裂殖生殖的各种虫体。Siccardi 等曾对裂殖体和巨型裂殖体进行了观察和描述[98]。

Newberne 和 Wehr[78] 详细地阐述了史氏住白细胞原虫生活史的某些方面；Mibous 和 Solis 描述了配子体的超显微结构[84]。用电镜观察到了史氏住白细胞原虫的配子生殖、孢子生殖和裂殖生殖过程中的史氏住白细胞原虫的形态特征[107,108,109,110]。

发病机理和流行病学　史氏住白细胞原虫一般来说与雁形目的西氏住白细胞原虫相似，但火鸡对后者并不敏感。用史氏住白细胞原虫人工感染鸡或鸭未获得成功。

一些蚋，如西方蚋（*Simulium occidentale*）、*S. aureum*、火鸡蚋（*S. meridionale*）、黑小蚋（*S. nigropervum*）和斯络森蚋（*S. slossonae*）是本虫的媒介[33,69]。

住白细胞原虫病在敏感的雏火鸡中的病程可能是急性的和致命性的。其临床症状为厌食、渴欲增强、精神抑郁、嗜眠和有时肌肉运动失调。急性期可突然发生死亡。

成年野火鸡似乎不发生史氏住白细胞原虫的严重感染，很少能看到受感染的症状。这可能与局部的因素如适宜媒介大批出现的时间和禽类首次感染时的年龄等有关。

母鸡感染住白细胞原虫后，产蛋量、蛋重和孵化率均下降，且死亡率较未受感染的鸡群高[63]。

康复禽的血液中可保留虫体达 1 年以上[24]。并常常出现精神不振以及气管的湿性水泡音和咳嗽。有些患禽死于应激反应。公鸡表现交配力下降[73]。

Johnson 等报告由于大量虫体堵塞循环系统而造成了死亡的情况[61]。受感染的火鸡常见有肺、小肠、肝和脾充血以及肝、脾肿大。Lund 引述了描述本病发病学的一些报告[78]。

考氏住白细胞原虫（*Leucocytozoon caulleryi* Mathis and Leger 1909）

考氏住白细胞原虫常发现在亚洲的南部和东部的鸡中。在日本常有感染发生[86]。在南卡罗来纳州报告的住白细胞原虫病可能是由考氏住白细胞原虫引起的,这是北美鸡群中关于本病的唯一报告。在南卡罗来纳州的一个鸡场,其感染率达13.6％[92]。有些原虫学家认为安氏住白细胞原虫(L. andreusi)和休氏住白细胞原虫(L. schueffneri)与考氏住白细胞原虫为同物异名[73]。

病原学 鸡是已报道的本虫唯一的宿主。考氏住白细胞原虫的传播媒介是一些蠓(Culicoides arakawa,C. circumscriptus 和 C. odibilis)。Akiba的发现证明考氏住白细胞原虫的媒介是蠓类而不是蚋类,这就使某些学者将考氏住白细胞原虫列入Akiba新属[33]。在日本广泛流行于夏季的流行性住白细胞原虫病,严重到足以引起幼鸡的死亡和母鸡产蛋量下降[86]。

发病机理 早期的裂殖体存在于肺、肝和胸腺中[48]。在进行大体剖检时常可见到的巨型裂殖体,可见于肝脏、脾脏、肾脏、胰腺、心脏、肺脏、肌胃、嗉囊、肠道和脑中[42]。

成熟的配子呈圆形,存在于宿主的肥大细胞、红细胞和白细胞周围,直径约 20μm。据报道,宿主细胞核在感染本虫后消失,这是一个区别于其他具有圆形配子体虫种的特征。另据 Levine 研究,用罗曼诺夫斯基法染色时,大配子(12~15μm)比小配子(10~15μm)着色深[72]。

鸡考氏住白细胞原虫病的严重暴发,其特征为咯血和严重的肾损伤[42]。显然,肾脏和其他组织的广泛性出血是由于巨型裂殖体释放裂殖子时所引起的。对感染的产蛋母鸡进行大体剖检时,会发现由裂殖生殖引起的子宫水肿,对子宫进行组织学检查会发现肉芽肿和炎性细胞浸润[91]。

沙氏住白细胞原虫 (*Leucorytozoon sabrezi*, Mathis 和 leger 1910)

沙氏住白细胞原虫[舒氏住白细胞原虫(L. schueffneri)可能是同物异名]曾在东南亚的鸡中发现,引起鸡的贫血、浓的口水和两肢麻痹。没有关于本虫形成巨型裂殖体的报道。裂殖子进入成红细胞和白细胞形成长形的配子体,配子体位于纺锤形的宿主细胞内(6~7μm×4~6μm),其细胞核似一细带,位于虫体之旁[53]。用罗曼诺夫斯基法染色的大配子(22μm×6.5μm)与小配子

(20μm×6μm)[53]相比较,大配子具有一个较致密的核,染色较深。沙氏住白细胞原虫的昆虫媒介尚不清楚。

休氏住白细胞原虫 (*Leucocytozoon schoutedeni*, Rodham, Pons, Vandenbranden 和 Bequaert 1913)

在东非约有 50％鸡中有休氏住白细胞原虫寄生[24],而其余地区的寄生情况尚不清楚。本种的配子体呈圆形(11~13μm),寄生在宿主的循环系统的细胞(18μm)里,其细胞核大约围绕着虫体长度的一半。没有关于配子体染色特征的报道。休氏住白细胞原虫的无脊椎动物宿主是蚋。

诊断

本病的诊断是靠直接的显微镜检查和染色血涂片中的配子体或组织切片中的裂殖体的鉴别。Solis报道[102],在用亮羟基甲苯基蓝(brilliant cresyl blue)染色的外周血涂片中,住白细胞原虫有很强的染色反差。已建立了许多能检测休氏住白细胞原虫抗体的血清学检测方法,这些方法包括琼脂扩散实验、间接 IFA 实验和 ELISA 实验[54,57]。

治疗和控制

对本病的药物治疗只取得了有限的成功。而对西氏住白细胞原虫病则尚无有效的治疗方法。据报道,同时应用乙胺嘧啶(1mg/kg)和磺胺二甲氧嘧啶(SDM,10mg/kg)对考氏住白细胞原虫病有预防作用,但不能治愈。在亚洲,常山酮已用于治疗西氏住白细胞原虫病。Siccardi 等报道克球粉(Clopidol)拌入饲料喂给,能有效地控制史氏住白细胞原虫病[98]。

此病的控制,要求驱除脊椎动物宿主周围环境中的昆虫媒介。某研究者在一次研究中指出:一种用 2％Abate Celatom 小粒大规模的气雾治疗,能控制蚋的幼虫,从而减少蚋群的成虫和幼虫数量,并降低火鸡虫血症血液中的史氏住白细胞原虫的水平[68]。

在厩舍内用驱虫剂喷雾可阻止昆虫的进入,从而降低疾病的死亡率和发病率,但不能完全防止禽群的感染[33]。

考氏住白细胞原虫的油佐剂 rR7 疫苗在实验室和田间试验中均取得了良好的预防效果[55,56]。这种疫苗使用了考氏住白细胞原虫第二代裂殖子的重组 R7 蛋白（rR7）。

禽疟原虫病
（Avian Malaria）

禽疟原虫病传染是由禽疟原虫属的寄生虫引起的，以寄生的红细胞中具有天然色素为特征。裂殖生殖在血液内进行，配子体存在于成熟的红细胞内。所有的禽疟属的各种疟原虫均是由蚊传播。这些特性将它们与疟原虫科（Plasmodiidae）的另外两个属［血变原虫属（Haemoproteus）和住白细胞原虫属（Leucocytoxoon）］的虫种区别开。

曾描述在 1 000 多种鸟类体内大约为 65 种疟原虫，但只有 35 个种或更少的种的论述是有效的[9,72]。那些对家禽有致病力的疟原虫大部分分布在亚洲、非洲和南美洲。在北美鸟类中暴发疟疾有时发现于雁形目（Anseriformes）、雀形目（Passeriformes）和鸽形目（CoLumbiformes）。

病原学

虽然疟原虫的许多种能传染给各种家禽，但似乎只有少数种类是这些家禽的天然寄生虫。鸡疟原虫（P. gallinaceum）发生于林鸡和家鸡；近核疟原虫（P. juxtanucleare）寄生于家鸡和火鸡；硬疟原虫（P. durae）和格氏疟原虫（P. griffthsi）寄生在火鸡；火脊雉的小疟原虫（P. lophurae）也能寄生于火鸡，并能适应于鸭和另一些家禽。珍珠鸡的虚假疟原虫（P. fallax）已适应于各种家禽。赫尔曼疟原虫（P. hermani）能感染火鸡和野火鸡以及北美鹑[31,39]。

另外有些种如雀形同鸟疟原虫（P. relictum）、长鸟疟原虫（P. elongatum）、P. cathemericum 和弯曲禽疟原虫（P. circumflexum）主要寄生于燕雀类，但可以自然感染或人工感染家禽[66]。

生活史

这里只能叙述疟原虫生活史的概况。Garnham 广泛地描述了疟原虫的生活史，提供不同虫种生活史的参考资料[40]。Greiner 等提供了 24 个种的彩图[45]。

禽疟原虫在库蚊（Culex）和伊蚊（Aedes）体内有着典型的发育，很少在按蚊（Anopheles）体内发育。当蚊吸血时，吸入配子体，此后形成配子，并发育为卵囊，再进行孢子生殖。当蚊子叮咬禽类宿主时，感染性子孢子侵入网状内皮系统的细胞，经过典型的红细胞外的两代裂殖体发育：潜隐体（cryptozoites）和第二代潜隐体（metacryptozoites）。从第二代潜隐体产出裂殖子，并进入血流和红细胞。血液和网状内皮组织间的虫体可能发生互换，结果在许多组织，尤其是脾、肾和肝的内皮细胞内产生第二次的红细胞外的裂殖体（显体型 phanerozoites），这些虫体可以引起此后的严重的血虫症。

侵入红细胞后形成的滋养体（trophozoite），外形呈环状。罗曼诺大斯基法染色后证实，虫体中间为空泡，细胞质呈天蓝色带状，环绕在空泡的外围，内有一个周边红染的细胞核。当疟原虫消耗宿主细胞的血红蛋白后，就会形成一种特殊的疟疾色素，并能在染色涂片上见到。此后，裂殖体的核进行分裂，形成一个含有多核的成熟的裂殖体，裂殖体分化产生裂殖子。宿主细胞破裂，释放出裂殖子，并侵害其他的红细胞。数代无性发育后，一些裂殖子分化形成配子体并等待适宜的蚊子吸入。裂殖体在红细胞外和红细胞阶段所产生的裂殖子的数目，发育史中各时期所需的时间和不同发育阶段的虫体形态均随着禽疟原虫种的不同而有所改变。

病理学与发病机理

禽疟原虫的致病作用不一，可表现为无临床症状到出现严重的贫血和死亡。鸡疟原虫（P. gallinaceum）、近核疟原虫（P. juxtanucleare）和硬疟原虫（P. durae）对家禽的致病力最强，死亡率可达 90％。急性鸡疟原虫病能引起急剧而严重的贫血以及全身缺氧[66]。鸭感染小疟原虫（P. lophurae）后可发生相类似的症状。感染近核疟原虫时也可发生严重的贫血。

患禽疟原虫病时也能发生其他的病理变化。鸡疟原虫的红细胞外发育阶段可引起脑微血管堵塞，结果使中枢神经系统机能极度障碍，造成死亡。同样，硬疟原虫（*P. durae*）在脑血管中形成红细胞外的裂殖体，能引起高死亡率[49]。

人畜共患性 人疟原虫是一个非常重要的世界性健康问题，但没有发现禽疟原虫能感染人[22]。

免疫力

免疫因子如抗原—抗体复合体和血凝素等与鸡疟原虫感染引起的脾肿大、贫血和肾炎等的相关性已被广泛研究[82,103]。

治疗和控制

必须通过消灭蚊子，或用合适的禽舍使禽群与蚊子隔离，中断疟原虫的生活史。虽然用禽疟疾模型广泛地进行了化学疗法的研究，但有关可用于治疗和预防的资料很少。研究表明常山酮可能能预防硬疟原虫，磺胺二甲氧嘧啶和磺胺氯达嗪合剂可以用于治疗硬疟原虫[49]。Pengains 对疟原虫非常敏感，与氯喹和磷酸伯氨喹合用成功治愈了疟原虫[43]。

禽血变原虫感染
(Haemoproteus Infections)

禽血变原虫（Haemoproteus）感染的特征是：裂殖生殖（schizogony）发生在内脏器官的内皮细胞内；配子体发育于循环系统的红细胞内；在被寄生的红细胞内出现色素颗粒。本病是由双翅目、虱蝇科（Hippoboscidae）和蠓科（Ceratopogonidae）的各种昆虫传播的[58]。血变原虫与疟原虫、住白细胞原虫十分相似，因此常将此属归于疟原虫科（Plasmodiidae）。本病广泛分布在新大陆和旧大陆的温、热带地区，因这些地区存在有昆虫媒介与禽类宿主。

在鸟类中已报道 128 种的禽血变原虫，大多寄生在野水禽、燕雀类、猛禽和其他科的鸟类[72,75]。对野鸟进行的寄生虫调查结果表明：禽血变原虫是最常见的血液性原虫。在许多虫种的生活史确定之后以及进行了交叉感染试验之后，发现上述许多报道的种类为同物异名。Benett 及其合作者对禽类血变原虫的种类鉴定方面进行了许多工作[8,116]。

在家禽和观赏禽中有时也发现了血变原虫，其中包括火鸡和野火鸡的火鸡血变原虫（Haemoproteus meleagridis）[44]，家鸽和野鸽的鸽血变原虫（*H. columbae* 和 *H. saccharovi*），水禽的水禽血变原虫（*H. nettionis*）[78]。

病原学

家鸽和野鸽的鸽血变原虫（*H. columbae*）是本属寄生虫中研究得最多的一种。孢子生殖发生在两个科的蝇体内，在不同的蝇类，它们的发育时间是不同的。在蠓体内孢子生殖须经 6～7 天完成，在虱蝇体内须经 7～14 天完成。在鸽肺泡中隔的血管内皮细胞内有大小不同的裂殖体和很多裂殖子。这些裂殖子侵入红细胞，并发育为配子体[2]。当适宜的媒介在一次吸血时，将上述红细胞吸入，虫体就能进一步发育。

媒介包括传播鸽血变原虫的虱蝇（*Pseudolynchia canariensis*）和传播水禽血变原虫的蠓类（Cunicoides）（根据 Lund 的资料)[70]。火鸡血变原虫的媒介是各种蠓（*C. edeni*，*C. hinmani*，*C. arboricoli*，*C. knowltoni* 和 *C. haemoproteus*[5]）。

Atkinson[5]用火鸡血变原虫对火鸡进行了人工感染研究，作者确定了火鸡血变原虫的部分生活史，观察了动合子、卵囊、子孢子和大配子体的发育，初步阐明至少有两代裂殖生殖，第一代裂殖体出现在感染后 5 天和 8 天，由此而发育出长形的裂殖子；第二代裂殖体出现在感染后 8 天和 17 天的心肌和骨骼肌内，由此而发育为球形的裂殖子。由裂殖子再进一步发育为红细胞的配子体（图 28.18）。

发病机理和病理学

大多数血变原虫感染很少表现临床症状。用火鸡血变原虫人工感染火鸡表现的临床症状包括：严重的跛行、腹泻、精神严重抑郁、消瘦和食欲缺乏[5]。有时感染也会引起贫血和肝肿大。对火鸡血变原虫感染的野火鸡进行尸体剖检可见大裂殖体引起的肌病变，骨骼肌内含有大量的、与肌纤维平行的梭形包囊[6]。萨哈罗夫血变原虫（*H. saccharovi*）感染的鸽子出现肌胃肿大；由小鸭血变原虫（*H. nettionis*）引起野鸭（Carina

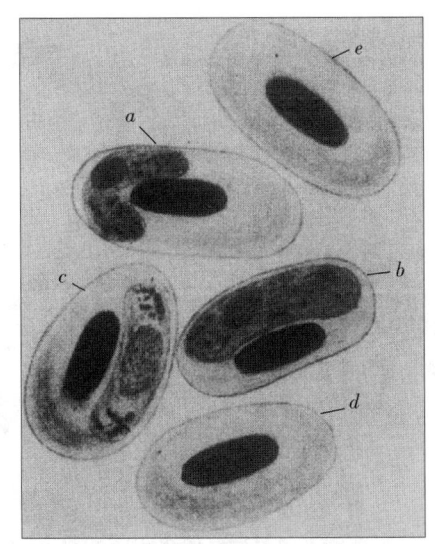

图 28.18　鸽血变原虫（*Haemoproteus columbae*）。鸽的血液：红细胞中的大配子体（*a*，*b*）；小配子体（*c*）；正常的红细胞（*d*，*e*）。(Drake 和 Jones)

moschata）的跛行、呼吸困难、心脏出血和突然死亡；同时可出现肺水肿及肝、脾、肾肿胀和硬化；但该种对其他种类的鸭没有致病性[64]。

诊断

鸽血变原虫感染的诊断需要对染色后的血涂片进行显微镜检查。也有限制性内切酶法和 PCR 方法鉴别血变原虫、疟原虫和住白细胞原虫的报道[7,46]。

治疗和控制

在局部的发病区，对传播媒介，如蠓和虱蝇进行预防是有用的[66]。然而，因为大多数种的生活史尚未完全阐明，因此难于提出特定的推荐防制措施。在试验条件下，阿的平（atebrin）和扑疟喹（plasmochin）对鸽血变原虫有一定的疗效，但这些药品尚未被批准作为商品出售。

禽锥虫病
(Trypanosomiasis)

虽然禽锥虫病报道于多种野禽和某些家禽，但致病力小，或没有致病力；连这类虫体的分类系统也是不清楚的。

已经命名了几种禽类锥虫，例如禽锥虫（Trypanosoma avium）、努氏鸟锥虫（T. numidae）、卡氏锥虫（T. calmetti）和鸡锥虫（T. gallinarum）。目前尚缺乏严格的分类学研究，不能排除后三种是禽锥虫（T. avium）的同物异名的可能性[32]。ATCC 列出了 2 中禽锥虫，禽锥虫（T. avium）和 T. bennetti[72]。

Molyneaux 对禽锥虫及其生活史进行了研究[87]。他报道了所有与禽锥虫病有关的昆虫媒介，已知的媒介为蚁类和纳。

肉孢子虫病
(Sarcocystis)

肉孢子虫病（Sarcocystis）［以前叫住肉孢子虫病（Sarcosporidiosis）］是由顶复合器门、肉孢子虫属（Sarcocystis，Lankester 1882）原虫引起的一种寄生虫病。本病的确诊是根据肌肉中的长形包囊的存在。人们发现肉中的肉孢子虫囊（sarcocysts）被一个适宜的终末宿主吞食后，在其体内排出卵囊。在此之前，人们对住肉孢子虫的性质是不清楚的。因此肉孢子虫与艾美耳属及其他顶复合器原虫密切相关。

肉孢子虫病对养禽业的意义不大。但本病普遍发生于野鸭和其他一些鸟类。每年都有许多被肉孢子虫感染的鹧鸪由于审美原因被其追随者所丢弃。禽类肉孢子虫病对公共卫生危害不大，因为煮沸和冰冻冷藏都能杀死住肉孢子虫。然而，有人曾报道，志愿感染者发生了轻度的临床症状[72]。

肉孢子虫的顶复合器分类地位是 20 世纪一直争论不休的一个问题，有关肉孢子虫的分类地位 Spindler[104]，Levine[73]，Long[77]，Melhorn 和 Heydorn[83]等曾写过综述，Odening[93]写过关于肉孢子虫分类的综述，Tenter[112]应用分子生物学方法澄清了这个属的分类地位。

发生和分布

禽肉孢子虫的分布遍及全球，但关于家养的鸡的肉孢子虫病比较少见。在埃塞俄比亚西北部地区进行的一项调查表明，有 6.6％的雏鸡骨骼肌中检出住肉孢子虫包囊[118]，但这不是从现代养鸡系统中检出的。在美国东南部的野火鸡中有2例肉孢子虫病病例报道[29,111]。鸭的感染率可高达40%，白头翁的发生率高达93%，禽类肉孢子虫的感染率的与禽的种类、年龄和宿主的地理分布有关。洼地鸭比潜水鸭发病多。

病原学

霍氏肉孢子虫（Sarcocystis horwathi）[同物异名：鸡住肉孢子虫（Sarcocystis gailiwarum）]是鸡肉孢子虫病的病原体[74]；李氏肉孢子虫（S. rileyi）（同物异名：Balbiani rileyi, S. anatina）是鸭肉孢子虫病的病原体。已在多种雀形目、鹦鹉目和鸽目的鸟类中发现过镰刀状肉孢子虫[74]。根据对肉孢子虫囊（microcysts）囊壁构造的显微镜鉴别，鸟类中至少有5种肉孢子虫[25]。这些肉孢子虫需要2个宿主，其中哺乳动物是其终末宿主。

肉孢子虫在分类上属于原生动物的顶复合器门（Apicomplexa）、艾美尔亚目（Eimeriorina）[74]、肉孢子虫科（Sarcocystidae）[72]。本科的特征为：以内二增殖方式繁殖。宿主的非肠道组织细胞内含有裂殖子（zoites）的包囊或假包囊。肉孢子虫似乎有很强的宿主特异性[73]。肉孢子虫的原虫分类是根据：它具有双孢子囊（4个子孢子的等孢子型卵囊）的球虫特征；有一专性（寄生）的二宿主生活史、以内二增殖方式进行繁殖和特征性的超微结构[80,100]。

形态 李氏住肉孢子虫的肉孢子囊（sarcocysts），即第三代裂殖体，也称为米氏小管（Miescher's tubules），呈长形，其长轴与肌肉纤维平行（图28.19）。它们具有光滑的囊壁；呈白色，自肌肉取出时呈圆柱形或纺锤形，长1.0～6.5μm，宽0.48～1.0μm[104]。它具有两层壁；内壁为海绵状的纤维层，外壁为致密的膜[73]。肉孢子囊内分为若干小室，每个小室内含有数目众多的香蕉状的囊殖子[缓殖子(bradyzoites)]，也称此为雷氏小体（Rainey's corpuscles）。缓殖子长8～15μm，宽2～3μrn。李氏肉孢子虫生活史的其余阶段尚未完全确定。Mehlhorn和Heydorn对肉孢子虫的超微结构曾作过描述[83]。

生活史 有86种肉孢子虫中的专性二宿主生活史已作过描述[93]。在这些种的生活史中需要两个脊椎动物宿主，一是肉食动物，另一是被肉食兽

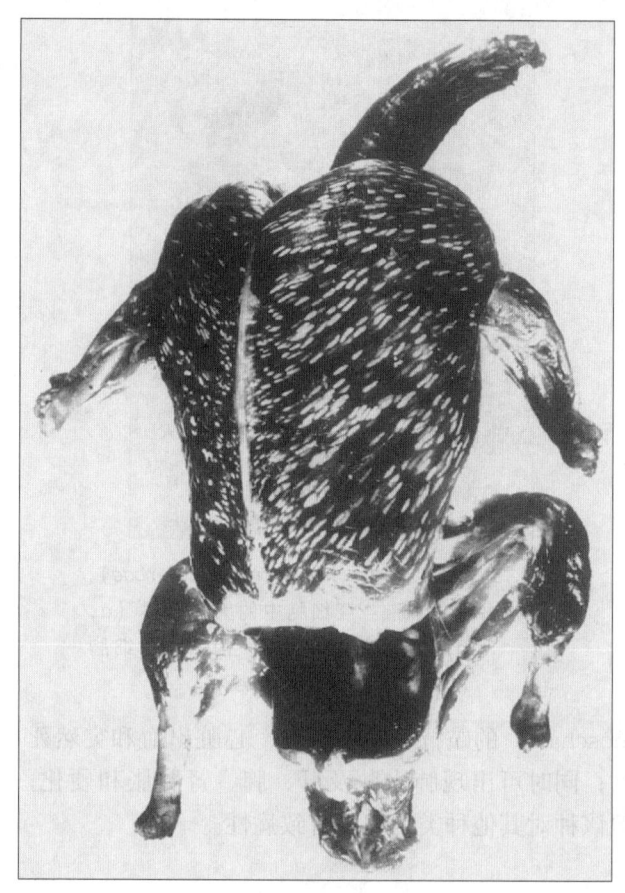

图28.19 肉孢子虫病，野鸭自然感染的严重病例。(U. S. Dept Interior)

捕食的动物或肉用动物。有性繁殖阶段在肉食兽体内进行（终末宿主），无性繁殖阶段在被捕食的动物体内进行（中间宿主）。中间宿主的感染是由终末宿主的粪便污染所致的。

对琵嘴鸭的（Anas dypeata）肉孢子虫可以传染给臭鼬（Mephitis mephitis[20,117]）。当含有肉孢子虫囊（sarcocysts）的肌肉被臭鼬吞食后，在感染后的19～63天内零星地排出了孢子囊（1.4μm×12.4μm）。用孢子囊经口感染琵嘴鸭后85天，在肌肉中可见到大小为80μm×16μm的小包囊，感染154天后可见到大小为1～3μm×<1mm的包囊[20]。负鼠易被源于鸭的组织包囊感染[101]。在另一个对镰刀状肉孢子虫的交互感染试验中证实[16]，鼬（Didelphis vinginiana）可作为终末宿主。用负鼠粪便中的孢子囊感染鸭（Anas plalyrhynchos），未能在鸭体内发现无性繁殖阶段的虫体，禽肉孢子虫一些种的中间宿主种类是很多的[14]。鹩哥和椋鸟的肉孢子囊也可感染负鼠。

Levine列举了肉孢子虫中间宿主禽类的名

单[74]，并提出霍氏肉孢子虫（S. horvathi）的终末宿主是犬，不过其生活史至今尚未完全阐明。

肉孢子虫的生活史总结如下：终末宿主吃进含有住肉孢子虫的心肌、平滑肌和骨骼肌时，释出缓殖子并进入肠壁，在肠上皮组织下发育为大配子体和小配子体。肉孢子虫的卵囊（内含 2 个孢子囊，每个孢子囊含有 4 个子孢子）发育成熟后随粪便排出，此时已为完全孢子化的卵囊。当孢子囊被中间宿主吃进后，释出子孢子，并侵入肠黏膜。然后在各个器官的内皮细胞进行裂殖生殖。经过数代无性裂殖生殖后，由裂殖子发育为幼龄包囊，内含母细胞（metrocytes），稍后即含囊殖子（cystozoite），最后发育为肉孢子囊（sarcocysts）或称第三代裂殖体（third - generation meronts）。分布于心肌、骨骼肌和平滑肌组织内[80,101]。

致病力　肉孢子虫对不同禽类的致病性存在差异。有时偶尔在水禽的骨骼肌和心脏中发现肉孢子虫囊，但无临床症状。与此相反，有时由于肉孢子虫能在被感染的中间宿主禽类的内皮进行裂殖生殖，可以引起某些禽类严重的、甚至是致死性的肉孢子虫病[94]。有肉孢子虫病引起野火鸡和散养鸡严重的衰弱和死亡的病例报道[29,90,111]。肉孢子虫病引起雀形目鸟类死亡的病例也很常见，在这些病例中，肺部出血和水肿是引起死亡的原因[94]。Box和 Duszynski[14]在进行住肉孢子虫感染试验中，12只麻雀中有 4 只死于住肉孢子虫；6 只金丝雀中有3 只死于住肉孢子虫。

发病机理和流行病学

曾观察到 11 个目中的 59 种鸟发生过肉孢子虫自然感染和人工感染成功，这些鸟类包括家鸭、鸡和野火鸡[13,29,104]。

传播、带虫者和媒介　试图用口服和肌肉内、静脉内接种李氏肉孢子虫孢子囊的方法直接给雏鸭感染肉孢子虫没有取得成功，与病鸭同居也未造成感染。这证明，肉孢子虫感染需要第二宿主[105]。

被孢子囊污染过的饲料是中间宿主（鸟类）感染的主要来源。终末宿主（肉食兽）是在摄入中间宿主的带有肉孢子囊的组织而获得感染的。在笼养的季候鸭体内的肉孢子囊的孢子囊可以存活 3 年。这样的中间宿主可在广大区域内作为长期的传染源。肉孢子虫病主要流行于那些常去浅的、静止的水塘饮水的畜禽（布丁鸭、牛、绵羊或猪）[104]。

潜在期　肉孢子虫感染很少发生在幼年的鹦哥[30]或幼鸭，这说明本病的潜在期长。小包囊（microcysts）和大包囊 macrocysts）分别可在感染鸭后 85 天和 154 天发现。麻雀和金丝雀在感染后70 天观察到大包囊[15]。

临床症状　肉孢子虫常发现于鸟类的骨骼肌中。Spindler 报道[104]，十分严重的感染可引起临床症状，病鸭飞得既低又慢，没有见到因人工感染肉孢子虫引起不良症状的报道[20]。Box 和 Duszynski 指出[14]，金丝雀感染肉孢子虫卵囊后出现呼吸困难和发病，麻雀急性肉孢子虫感染在死亡之前可出现明显的呼吸道症状[94]。鸡肉孢子虫病能引起脑炎，出现明显的神经症状[90]。

大体病变　禽肉孢子虫病的常见病变是在胸肌、大腿肌、颈肌和食道肌上有一些纵列的包囊。在感染的金丝雀体上可见到肺实变和脾肿大[14]，在感染的雀形目鸟类中可见肺水肿、出血，肝脏肿大，脾肿大等症状[90,94]。但在人工感染的终末宿主体内未见到病变。

病理组织学　有人报道禽肉孢子虫可引起肌肉脂肪变性，被寄生的肌肉纤维肿大和破裂，同时在肉孢子虫囊周围发生炎性反应[104]。在鸡、火鸡和其他野鸟中出现过由肉孢子虫引起的脑炎[29,90,111]。在一野火鸡全身性肉孢子虫病病例中，出现了由裂殖体、配子体引起的心脏、肺脏和肝脏的炎症[29]。

免疫力　尚未证实禽肉孢子虫有主动免疫和被动免疫性。用福尔马林处理的或未经处理的毒素给动物重复注射后，动物能获得对抗肉孢子虫毒素的免疫力。用免疫动物的抗血清给未免动物进行注射可使该动物产生对毒素的免疫力[104]。

人畜共患性　尽管人的住肉孢子虫病时有发生，但一般没有临床症状，而且只与摄食生的、未熟透的猪肉或牛排有关[1]。

诊断

禽肉孢子虫病的诊断是依靠鉴别组织中的包囊或囊殖子。大的包囊肉眼容易看清，小的包囊和子孢子的鉴别需用组织切片。用免疫组化方法可以将肉孢子虫的裂殖体和配子体与其他全身性感染的原虫（弓形虫和新孢子虫）区分开来[81,90]。PCR 等分子生物学技术和限制性内切酶技术也用于住肉孢子虫的鉴别[28]。可以通过检查粪便中的孢子囊对终末宿主的肉孢子虫感染进行诊断。

血清学 在 Sabin-Feldman 色素试验中，肉孢子虫与胞浆可变抗原产生反应，但与弓形虫有交互反应[104]。用子孢子作抗原进行间接荧光抗体试验获得成功[114]。Munday 和 Corbould[89] 利用包囊制成的抗原作补体结合反应，并发现 1：10 的效价是肉孢子虫感染的指标。在诊断禽类的肉孢子虫病时，血清学方法尚未被广泛使用。

预防和控制

目前，禽肉孢子虫的化学疗法尚无实际应用。由于尚缺乏对肉孢子虫病的化学疗法或生物防治法。因此，预防和控制的着重点在于切断其生活史。现代养禽系统能防止肉孢子虫病的发生是因为能防止作为中间宿主的禽类接触含卵囊的终末宿主粪便。

禽弓形虫病
（Toxoplasmosis）

弓形虫病是哺乳类、鸟类和爬虫类的一种寄生虫病，它主要侵害中枢神经系统，但有时也侵害生殖系统、骨骼肌和内脏器官。大多数感染是不明显的或隐性的，但在合适的生态条件下可造成明显的弓形虫病。

鸡和火鸡弓形虫病都是散发的[26,41,95,99]。用小鼠接种试验和组织学检查法对禽组织进行的研究表明，禽弓形虫的实际感染率似乎比临床发病率要高。然而，鸡的发病并不是常见的，因而对商品化养禽业的意义也不大。

弓形虫病是一种典型的人畜共患病，由于免疫缺陷病人人数的增长，它对人健康状况的影响越来越受到重视[104]。人主要通过摄食由猫科动物排出的卵囊、先天性感染和吃生的或未煮熟的肉而被感染[113]。人的血清学的调查表明，弓形虫的感染率一般为 10%～80%，环境条件和饮食习惯不同，感染率存在明显的差别[113]。美国平均感染率为 14%[37]。在一项多个国家孕妇弓形虫感染来源防

控试验结果表明：摄入未煮熟的肉、与土壤接触、对欧洲人和北美人而言户外旅游都是最危害的感染来源[21]。在这一试验中，家禽产品不是重要感染源。

弓形虫作为艾美耳球虫近邻的真正属性直到 1969 年才为人所知。最近的出版物对弓形虫病的历史和近代的研究作了广泛的阐述[26,37,58,62,73,113]。

病原学

各种宿主的弓形虫病都是由一个种即龚地弓形虫（Toxoplasma gondii）引起的。对于禽弓形虫曾使用过 T. avium 和 T. paddae 等名词（同物异名）。

与等孢球虫一样，弓形虫具有有性繁殖阶段[50]。但弓形虫有特有的内二增殖（endodyogeny）。弓形虫和肉孢子虫并列均属于肉孢子虫科，该科也包括球虫。弓形虫属和住肉孢子虫属（Sarcocystis）被并列为住肉孢子虫科（Sarcocystidae）[72]。

根据弓形虫在不同宿主的致病力不同，将分离出来的弓形虫区分为株，而不是基于它内在免疫学上的差异，但后者可能发生在某些虫株。

当龚地弓形虫单个存在时，呈月牙形，大小为 4～6μm×2～3μm，一端较钝，细胞核一个，偏于钝端。既无伪足，也无纤毛和鞭毛。龚地弓形央的各发育阶段的超微结构已由 Levine[73] 和 Ferguson 等[38] 作过详细的描述。

生活史 裂殖生殖和配子生殖阶段发生在某些猫科动物的肠壁上皮细胞中。已对弓形虫的肠壁上皮细胞内（enteroepithelial）发育阶段和肠道外（extraintestinal）发育循环作了描述。

只有当猫科动物摄入裂殖体［或称缓殖子（bradyzoites）］、游离的或细胞内的滋养体。［或称速殖子（tachyzoites）］或卵囊后，才能在它们的肠壁上皮细胞内发育[35]。吃入卵囊后的潜在期为 24 天以上，吃进滋养体后的潜在期为 5～10 天，而吃入缓殖子后仅需 3～5 天。在肠上皮中进行无性生殖（裂殖生殖）。

肠壁上皮细胞内发育的有性阶段也仅发生在猫科动物的肠壁上皮细胞。配子体的发育遍及小肠全段，但较常见于回肠段。小配子体（microgametocytes）的大小为 7～10μm×5～8μm，可产生 12～32 个小配子（2～5μm）。大配子（macrogamete）

长 13μm，受精后便发育为卵囊（oocyst）。未形成孢子囊的卵囊从肠壁上皮细胞上脱落下来。卵囊排出期为 7～20 天。随外界温度和氧氮条件的不同，孢子生殖（其分裂方式尚不清楚）约需 1～5 天，最终发育为两个孢子囊（6～8μm×5～7μm），每个孢子囊内含有 4 个子孢子。

粪地弓形虫在禽类和其他非猫科动物体内的整个生活史是在肠道外（或组织内）完成的。经口感染后，快速繁殖型的滋养体通过内分生殖在多种细胞的空泡内迅速繁殖。游离的滋养体从一个细胞扩散到另一个细胞，它们可出现在脑、眼、心、肝、肺和禽类的带核细胞中。在一个宿主细胞中可集聚 8 个或 8 个以上的虫体。最后一代速殖子发育为组织包囊，在包囊中的缓殖子通过内生殖方式进行增殖[113]。包囊中的缓殖子可以在脑、心、眼和骨骼肌的细胞中发育，但免疫力产生时会在外层形成包囊。包囊可生存于宿主的终身。或当免疫力衰退时，缓殖子可从包囊中释放出来，重新繁殖产生速殖子。这个组织内的发育过程还可逆转，从速殖子再次形成包囊[59,62,113]。

发病机理和流行病学

只有猫科中的某些种（家猫、豹猫、美洲狮、美洲虎、短尾猫和亚洲豹）才能产生感染性卵囊[62]。63 种以上的鸟类和 27 种哺乳动物因吞食卵囊而道感染，在组织中形成包囊，但其粪便无卵囊产生[99]。自然感染发生在鸡、火鸡、鸭和多种野鸟[17,41,78,95]。Ruiz 和 Frenkel 从哥斯达黎加 54% 的散养小鸡群分离出粪地弓形虫[96]。而 Kutici[71] 的研究表明：在克罗地亚的商品鸡分离培养物中只有 0.4% 存在弓形虫。其原因可能是：与自由生活的鸟类相比，商品鸡很难接触到粪地弓形虫。

传播、带由者和媒介 从人工感染的日本鹌、灰桠鸟、乌鸦、火鸡和鸡体内重新分离出了粪地弓形虫[27,85]。通过食肉和摄食由猫粪便散布的卵囊可以将缓殖子和速殖子传播给禽类。

雏鸡从自然感染的双亲获得的先天性感染问题仍未解决。Jacobs 和 Melton[60] 曾发现，鸡生殖道组织的 62 个混合样品中有 12 个感染了弓形虫，但从这些母鸡所产的 108 个蛋中没有分离出弓形虫。在另一试验中，自患慢性弓形虫的母鸡所产的 327 个蛋中，只有 1 个蛋是阳性。Iannuzzi 和 Re-nieri[52] 由此而得出结论：弓形虫不能在未形成胚胎的蛋中存活，因而蛋不是一个传播因素。而 Caballero-Servin[18] 报道，用人工感染的母鸡进行经蛋传播弓形虫获得成功，其结果是造成胚胎死亡和使耐过的雏鸡有 18% 的先天性畸形。

食粪节肢动物，如蝇和蟑螂，可作为粪地弓形虫的转运宿主[115]。蚯蚓在食入弓形虫卵囊后，也可成为鸡的感染来源[96]。

病程 鸡和火鸡自然发生弓形虫病的病例报道不常见。在 20 世纪 50 年代，报道了好几例鸡弓形虫感染，鸡群中弓形虫的发病率为 12% ～ 50%[12,26]。临床症状为厌食、消瘦、鸡冠苍白和皱缩、排白色粪便、拉稀、共济失调、运动失调、震颤、角弓反张、歪头和失明[41]。在最近一例报道中，鸡感染弓形虫后出现了外周神经炎，表现为消瘦和站立困难[41]。有一只发生全身性弓形虫病的野火鸡出现了消瘦、虚弱和容易捕捉[95]。

鸡对弓形虫的易感性与宿主年龄、虫株和感染方法而有所不同。给 4 周龄的鸡口服接种 1 000 或 100 000 个弓形虫卵囊没有引起临床症状[30,65]。给鸡口服或静脉接种弓形虫速殖子没有引起临床症状和不良影响[65]。火鸡口服接种的弓形虫有抵抗力[27]。

给鸡经非正常途径［如脑内（IC）[12] 或腹腔（IP）[67]］接种组织囊能引起临床症状。对成年鸡进行血管内、腹腔、肌肉和皮下接种时，则能造成虫血症和慢性弓形虫病。临床症状包括厌食、消瘦、苍白、翅震颤、产蛋量下降、排白色粪便、拉稀、共济失调、运动失调、角弓反张、歪头和失明和高死亡率等[11,12,67,78]。

大体病变 弓形虫病的肉眼病变是肝和脾的肿大、坏死性肝炎、心包炎、心肌炎、溃疡性肠炎、肺充血和脑炎[12,78]。

病理组织学 对由脑内和肌肉内接种所造成的鸡弓形虫病理组织学研究表明，弓形虫组织囊存在于大脑、脑干和视束交叉；并且更常出现在脑室周围和小脑的颗粒细胞层及浦氏细胞层。仅在脑中发现少量的游离的弓形虫。肌肉接种时，弓形虫包囊可出现在鸡的心肌、胰脏和睾丸中[12]。

在肝脏上可见到凝固性坏死和弥漫性静脉窦充血。心肌、胰脏和睾丸发生淋巴细胞、浆细胞和异嗜白细胞的弥漫性浸润。脑中的病变为血管周围充满淋巴细胞和浆细胞，脉络膜绒毛的淋巴细胞浸润，侧脑室的室管膜增生，软脑膜增厚，大脑、脑干和小脑血管周围及侧脑室神经胶质增生[12]。

给鸡口服接种弓形虫卵囊会导致脾脏、肝脏和肠道出现坏死灶和淋巴细胞浸润[30]。心肌、骨骼肌和肝脏可出现淋巴细胞病灶。有 12 只鸡接种，但只有一只鸡出现了脑部病变，表现为脑血管周围淋巴细胞浸润、神经胶质过多和大脑出现组织囊（只有一个）[30]。

人畜共患性 弓形虫可以感染多种哺乳动物，包括人；感染一般发生在宿主吞食猫科动物排出的卵囊或摄食未煮熟的含有缓殖子的肉[1]。预防感染的措施包括对猫的粪便及时进行清理和将肉彻底煮熟。大多数分娩后的感染无临床症状，但是先天性弓形虫病会引起严重的疾病和后遗症[1]。

诊断

可用感染组织的混悬液接种实验动物和鸡胚，或用细胞培养法分离和鉴定弓形虫。用脑、肝、肺或脾的混悬液给小鼠腹腔和脑内接种是较好的分离方法[26]。强毒虫株接种小鼠后，可在数日内发生死亡。毒力不太强虫株接种时，也许不引起死亡，仅能用血清学的方法被诊断，或在接种小鼠后 8～10 周，检查脑部，寻找包囊进行诊断。

可用姬姆萨染色腹腔或各组织的涂片，也可用脑、肝、脾、肺、淋巴结和眼的组织切片直接用显微镜观察虫体。

对 6～12 日龄的鸡胚进行绒毛尿囊腔接种，弓形虫可在上面生长，鸡胚经 7～10 日发生死亡，在皮肤和内脏上出现出血和结节性病变。在绒毛尿囊膜上呈现无数黄白色的、直径为 0.5～0.3mm 的斑块。在用瑞氏染液染成的绒毛尿囊膜和卵黄囊的涂片上，可出现无数游离的和细胞内的弓形虫。

弓形虫必须与其他原虫（如肉孢子虫和新孢子虫）区分开来。许多实验室可以用免疫组化方法对他们进行鉴别[29,81,90]。已建立了一种可以检测福尔马林固定、石蜡包被的组织中弓形虫的 PCR 检测方法[51]。Morgan 写过关于新鲜组织中弓形虫的 PCR 检测方法有效性的综述[88]。

血清学 以前，由于利用人的血清学染色方法对禽类的弓形虫感染进行诊断时，发现绝大多数禽不发生血清学转化，因此认为用血清学方法诊断禽弓形虫病是不可行的。用改良凝集实验和 ELISA 方法在接种后 2 周内和实验结束时（接种后 68 天）均可检测到弓形虫抗体[30]。与此相反，乳胶凝集实验被认为对检测弓形虫抗体是不敏感的，用染色实验和间接血凝实验，检测不到弓形虫抗体。而其他研究者用 ELISA 方法给鸡和鸽子接种龚地弓形虫卵囊后，分别可在 2 周和 3 周检测到血清学转化[11]。

治疗、预防和控制

对禽弓形虫病既无治疗药物，也无预防药物。禽弓形虫病的预防首先要改善饲养管理，以消除感染性的速殖子和卵囊的来源，包括对啮齿类、食粪节肢动物和猫的控制。散播在房舍各处的卵囊对一般实验室用的消毒剂、酸和碱具有很强的抵抗力，因此很难杀死它们。用氨水、干燥和 55℃高温可杀死卵囊[73]。

潘保良 汪 明 译
索 勋 校

参考文献

[1] Acha, P. N. and B. Szyfres. 2003. Zoonoses and Communicable Diseases Common to man and animals, vol 3, 3rd ed. Pan American Health Organization, Washington, D. C.

[2] Adams, W. W. , R. C. Hargreaves, E. Hughes, J. A. Newman, E. M. Odor, I. L. Peterson, and W. T. Springer. 1987. American Association of Avian Pathologists 1986 summary of commercial poultry disease reports and 1986 pet, zoo, and wild bird disease report. *Avian Dis* 31:926 - 982.

[3] Ahmed, F. E. and A. H. H. Mohammed. 1978. Studies of growth and development of gametocytes in Haemoproteus columbae Kruse. *J Protozool* 25:174 -177.

[4] Allan, R. A. and J. L. Mahrt. 1987. Populations of Leucocytozoon gametocytes in blue grouse (Dendragapus obscurus) from Hardwicke Island, British Columbia. *J Protozool* 34:363 - 366.

[5] Atkinson, C. T. 1985. Epidemiology and pathogenicity of Haemoproteus meleagridis Levine 1961 from Florida turkeys. PhD Dissertation, University of Florida.

[6] Atkinson, C. T. and D. J. Forrester. 1987. Myopathy associated with megaloschizonts of Haemoproteus meleagridis in a wild turkey from Florida. *J Wildl Dis* 23:495 - 498.

[7] Beadell, J. S. and R. C. Fleischer. 2005. A restriction enzyme-based assay to distinguish between avian hemosporidians. *J Parasitol* 91:683 - 685.

〔8〕Bennett,G. F. and M. Cameron. 1974. Seasonal prevalance of avian hematozoa in passerine birds of Atlantic Canada. *Can J Zool* 52:1259 - 1284.

〔9〕Bennett,G. F. and M. Laird. 1973. Collaborative investigation into avian malaria:An international research programme. *J Wildl Dis* 9:26 - 28.

〔10〕Bennett,G. F. ,A. D. Smith,W. Whitman,and M. Cameron. 1975. Hematozoa of the Anatidae of the Atlantic Flyway. Ⅱ. The maritime provinces of Canada. *J Wildlife Dis* 11:280 - 9.

〔11〕Biancifiori,F. ,C. Rondini, V. Grelloni,and T. Frescura. 1986. Avian toxoplasmosis:Experimental infection of chicken and pigeon. *Comp Immunol Microbiol Infect Dis* 9:337 - 346.

〔12〕Bickford, A. A. and J. R. Saunders. 1966. Experimental toxoplasmosis in chickens. *Am J Vet Res* 27:308 -318.

〔13〕Borst, G. H. and P. Zwort. 1973. Sarcosporidiosis in Psittaciformes. *Z Parasitenkd* 42:293 - 298.

〔14〕Box, E. D. and D. W. Duszynski. 1978. Experimental transmission of Sarcocystis from icterid birds to sparrows and canaries by sporocysts from the opossum. *J Parasitol* 64:682 - 688.

〔15〕Box,E. D. and D. W. Duszynski. 1980. Sarcocystis of passerine birds:Sexual stages in the opossum(Didelphis virginiana). *J Wildl Dis* 16:209 - 215.

〔16〕Box,E. D. and J. H. Smith. 1982. The intermediate host spectrum in a Sarcocystis species of birds. *J Parasitol* 68:668 - 673.

〔17〕Burridge, M. J. , W. J. Bigler, D. J. Forrester,and J. M. Henneman. 1979. Serologic survey for Toxoplasma gondii in wild animals in Florida. *J Am Vet Med Assoc* 175: 964 - 967.

〔18〕Caballero-Servin, A. 1974. Congenital malformations in Gallus gallus induced by Toxoplasma gondii. *Rev Invest Salud Publico* (Mexico)34:87 - 94.

〔19〕Castle, M. D. and B. M. Christensen. 1990. Hematozoa of wild turkeys from the Midwestern United States:translocation of wild turkeys and its potential role in the introduction of Plasmodium kempi. *J Wildlife Dis* 26: 180 -185.

〔20〕Cawthorn, R. J. , D. Rainnie,and G. Wobeser. 1981. Experimental transmission of Sarcocystis sp. (protozoa: Sarcocystidae)between the shoveler(Anas clypeata)duck and the striped skunk(Mephitis mephitis). *J Wildl Dis* 17:389 - 394.

〔21〕Cook, A. J. C. , R. E. Gilbert, W. Buffolano,J. Zufferey, E. Petersen,P. A. Jenum,W. Foulon, A. E. Semprini,and D. T. Dunn. 2000. Sources of Toxoplasma infection in pregnant women: European multicentre case-control study. *British Med J* 321:142 -147.

〔22〕Cox, F. E. G. 1998. Babesiosis and Malaria, In:Zoonoses. S. R. Palmer,E. J. L. Soulsby,and D. I. H. Simpson eds. , Oxford University Press,New York,599 - 607.

〔23〕Desser,S. S. ,J. Stuht,and A. M. Fallis. 1978. Leucocytozoonosis in Canada geese in upper Michigan. 1. Strain differences among geese from different localities. *J Wildl Dis* 14:124 - 131.

〔24〕Dick,J. 1978. Leucocytozoon smithi:Persistence of gametocytes in peripheral turkey blood. *Avian Dis* 22:82 -85.

〔25〕Drouin, T. E. and J. L. Mahrt. 1980. The morphology of cysts of Sarcocystis infecting birds in western Canada. *Can J Zool* 58:1477 - 1482.

〔26〕Dubey, J. P. and C. P. Beattie. 1988. Toxoplasmosis of Animals and Man. CRC Press,Inc. :Boca Raton,FL.

〔27〕Dubey,J. P. , M. E. Camargo,M. D. Ruff,G. C. Wilkins, S. K. Shen, O. C. H. Kwok,and P. Thulliez. 1993a. Experimental toxoplasmosis in turkeys. *J Parasitol* 79: 949 -952.

〔28〕Dubey, J. P. , D. S. Linsay, B. M. Rosenthal, C. E. Kerber,N. Kasai, H. F. J. Pena,O. C. H. Kwok, S. K. Shen and S. M. Gennari. 2001. Isolates of Sarcocystis falcatula-like organisms from South American opossums Didelphis marsupialis and Dedelphis albiventris from Sao Paulo,Brazil. *J Parasitol* 87:1449 - 1453.

〔29〕Dubey,J. P. ,C. F. Quist,and D. L. Fritz. 2000. Systemic sarcocystosis in a wild turkey from Georgia. *J Wildlife Dis* 36:755 - 760.

〔30〕Dubey,J. P. , M. D. Ruff, M. E. Camargo, S. K. Shen,G. L. Wilkins,O. C. H. Kwok,and P. Thulliez. 1993b. Serologic and parasitologic responses of domestic chickens after oral inoculation with Toxoplasma gondii oocysts. *Am J Vet Res* 54:1668 - 1672.

〔31〕Duszynski,D. W. and E. D. Box. 1978. The opossum(Didelphis virginiana)as a host for Sarcocystis debonei from cowbirds(Molothrus ater)and grackles(Cassidiz mexicanus,Quiscalus quiscula). *J Parasitol* 64:326 -329.

〔32〕Fallis, A. M. ,R. L. Jacobson,and J. N. Raybould. 1973. Haematozoa in domestic chickens and guinea fowl in Tanzania and transmission of Leucocytozoon neavet and Leucocytozoon schoutedent. *J Protozool* 20:438 -442.

〔33〕Fallis, A. M. , S. S. Desser, and R. A. Khan. 1974. On species of Leucocytozoon. *Adv Parasitol* 12:1 - 67.

〔34〕Fayer,R. and R. M. Kocan. 1971. Prevalence of Sarcocystis in grackles in Maryland. *J Protozool* 18:547 - 548.

[35]Fayer,R. ,A. J. Johnson,and P. K. Hildebrandt. 1976. Oral infection of mammals with Sarcocystis fusiformis bradyzoites from cattle and sporocysts from dogs and coyotes. *J Parasitol* 62:10 - 14.

[36]Fedynich,A. M. and O. E. Rhodes,Jr. 1995. Hemosporid (Apicomplexa, Hematozoea, Hemosporida) community structure and pattern in wintering wild turkeys. *J Wildlife Dis* 31:404 - 409.

[37]Feldman, H. A. 1974. Toxoplasmosis:An overview. *Bull N Y Acad Med* 50:110 - 127.

[38]Ferguson, D. S. , W. M. Hutchinson, J. F. Dunachie, and J. C. Siim. 1974. Ultrastructural study of early stages of asexual multiplication and microgametogony of Toxoplasma gondii in the small intestine of the cat. *Acta Pathol Microbiol Scand* 82:167 - 181.

[39]Forrester, D. J. , J. K. Nayar, and M. D. Young. 1987. Natural infection of Plasmodium hermani in the northern bobwhite,Colinus virginianus,in Florida. *J Parasitol* 73:865 - 866.

[40]Garnham, P. C. C. 1966. Malaria Parasites and Other Haemosporidia. Blackwell:Oxford,England.

[41]Goodwin,M. A. ,J. P. Dubey, and J. Hatkin. 1994. Toxoplasma gondii peripheral neuritis in chickens. *J Vet Diagn Invest* 6:382 - 385.

[42]Goto,M. , H. Fujihara,and M. Morita. 1966. Pathological studies of leucocytozoonosis in chickens. *Jap J Vet Sci* 28:183 - 190.

[43]Graczyk, T. K. ,M. L. Shaw,M. R. Cranfield, and F. B. Beall. 1994. Hematologic characteristics of avian malaria cases in African black-footed penguins(Spheniscus demersus)during the first outdoor exposure season. *J Parasitol* 80:302 - 308.

[44]Greiner, E. C. and D. J. Forrester. 1980. Haemoproteus meleagridis Levine 1961:Redescription and developmental morphology of the gametocytes in turkeys. *J Parasitol* 66:652 - 658.

[45]Greiner, E. D. ,G. F. Bennett,M. Laird, and C. M. Herman. 1975. Avian Hematozoa. I. A color pictorial guide to some species of Haemoproteus, Leucocytozoon, and Trypanosoma. *Wildl Dis* 68(WD75 - 3). [Color fiche].

[46]Hellgren, O. , J. Waldenstrom, and S. Bensch. 2004. A new PCR assay for simultaneous studies of Leucocytozoon,Plasmodium and Haemoproteus from avian blood. *J Parasitol* 90:797 - 802.

[47]Herman C. M. , J. H. Barrows,Jr. , and I. B. Tarshis. 1975. Leucocytozoonosis in Canada geese at the Seney National Wildlife Refuge. *J Wildl Dis* 11:404 - 411.

[48]Hsu, C. K. , G. R. Campbell, and N. D. Levine. 1973. A checklist of the species of the genus Leucocytozoon. *J Protozool* 20:195 - 203.

[49]Huchzermeyer, F. W. 1993. Pathogenicity and chemotherapy of Plasmodium durae in experimentally infected domestic turkeys. *Onderstepoort J of Vet Res* 60:103 -110.

[50]Hutchinson, W. M. , J. F. Dunachie, K. Work, and J. C. Siim. 1971. The life cycle of the coccidian parasite,Toxoplasma gondii, in the domestic cat. *Trans R Soc Trop Med Hyg* 65:380 - 399.

[51]Hyman,J. A. , L. K. Johnson, M. M. Tsai, and T. J. O' Leary. 1995. Specificity of polymerase chain reaction identification of Toxoplasma gondii infection in paraffin-embedded animal tissues. *J Vet Diagn* 7:275 -278.

[52]Iannuzzi,L. and G. Renieri. 1971. The egg in the epidemiology of Toxoplasmosis. Tests of experimental infections by injection through the shell. *Acta Med Vet* 17:311 -317.

[53]Isobe,T. and K. Akiba. 1990. Early schizonts of Leucocytozoon caulleryi. *J Parasitol* 76:587 - 589.

[54]Isobe, T. , S. Shimizu, S. Yoshihara, and Y. Yokomizo. 2000. Cyclosporin A, but not bursectomy, abolishes the protective immunity of chickens against Leucocytozoon caulleryi. *Developmental and Comparative Immunol* 24:433 - 441.

[55]Ito, A. and T Gotanda. 2002. The correlation of protective effects and antibody production in immunized chickens with recombinant R7 vaccine against Leucocytozoon caullweyi. *J Vet Med Sci* 64:405 -411.

[56]Ito, A. and T Gotanda. 2004. Field efficacy of recombinant R7 vaccine against chicken leucocytozoonosis. *J Vet Med Sci* 66:483 - 187.

[57]Ito,A. and T Gotanda. 2005. A rapid assay for detecting antibodies against leukocytozoonosis in chickens with a latex agglutination test using R7 antigen. *Avian Pathol* 34:15 -19.

[58]Jacobs,L. 1973. New knowledge of Toxoplasma and toxoplasmosis. *Adv Parasitol* 11:631 - 669.

[59]Jacobs, L. 1974. Toxoplasma gondii:Parasitology and transmission. *Bull N Y Acad Med* 50:128 - 145.

[60]Jacobs, L. and M. L. Melton. 1966. Toxoplasmosis in chickens. *J Parasitol* 52:1158 - 1162.

[61]Johnson, E. P. , G. W. Underhill, J. A. Cox, and W. L. Threlkeld. 1938. A blood protozoon of turkeys transmitted by Simulium nigroparvum(Twinn). *Am J Hyg* 27:649 - 665.

［62］Jones, S. R. 1973. Toxoplasmosis: A review. *J Am Vet Med Assoc* 163:1038 - 1042.

［63］Jones, J. E., B. D. Barnett, and J. Solis. 1972. The effect of Leucocytozoon smithi infection on production, fertility, and hatchability of broad breasted white turkey hens. *Poult Sci* 51:543 - 545.

［64］Julian, R. J. and D. E. Gait. 1980. Mortality in Muscovy ducks(Cairina moschata) caused by Haemoproteus infection. *J Wildl Dis* 16:39 - 44.

［65］Kaneto, C. N., A. J. Costa, A. C. Paulillo, F. R. Moraes, T. O. Murakami, and M. V. Meireles. 1997. Experimental toxoplasmosis in broiler chicks. *Vet Parasitol* 60:203 -210.

［66］Kemp, R. L. 1978. Haemoproteus. In M. S. Hofstad, B. W. Calnek, C. F. Helmbodt, W. M. Reid, and H. W. Yoder, Jr. (eds.). Diseases of Poultry, 7th ed. Iowa State University Press: Ames, IA, 824 -825.

［67］Kinjo, T. 1972. Experimental toxoplasmosis in fowls. Ⅲ. Reactions of chicks at 30 - 40 days old and one day old. Ⅳ. Susceptibility of chick embryos. *Sci Bull Coll Agric* (Okinawa)19:407 - 420.

［68］Kissam, J. B., R. Noblet, and G. I. Garris. 1975. Large scale aerial treatment of an endemic area with abate granular larvicide to control black flies (Diptera simuliidae) and suppress Leucocytozoon smithi of turkeys. *J Med Entomol* 12:359 - 362.

［69］Kiszewski, A. E. and E. W. Cupp. 1986. Transmission of Leucocytozoon smithi (Sporozoa: Leucocytozoidae) by black flies(Diptera simuliidae)in New York, USA. *J Med Entomol* 23:256 - 262.

［70］Kocan, R. M. 1968. Anemia and mechanism of erythrocyte destruction in ducks with acute Leucocytozoon infections. *J Protozool* 15:455 - 462.

［71］Kuticic, V. and T. Wikerhauser. 2000. A survey of chickens for viable toxoplasms in Croatia. *Acta Veterinaria Hungarica* 48:183 - 185.

［72］Lee, J. J., G. F. Leedale, and P. Bradbury. 2000. An Illustrated Guide to the Protozoa, vol 1, 2nd ed. Allen Press Inc., Lawrence, KS.

［73］Levine, N. D. 1973. Protozoan Parasites of Domestic Animals and of Man, 2nd ed. Burgess: Minneapolis, MN.

［74］Levine, N. D. 1986. The taxonomy of Sarcocystis(Protozoa: Apicomplexa) species. *J Parasitol* 72:372 - 382.

［75］Levine, N. D. and G. R. Campbell. 1971. A checklist of the species of the genus Haemoproteus (Apicomplexa, Plasmodiidae). *J Protozool* 18:475 - 484.

［76］Levine, N. D., J. O. Corliss, F. E. G. Cox, G. Deroux, J. Grain, B. M. Honigberg, G. F. Leedale, A. R. Loeblich Ⅲ, J. Lom, D. Lynn, E. G. Merinfeld, F. C. Page, G. Poljansky, V. Sprague, J. Vavra, and F. G. Wallace. 1980. A newly revised classification of the protozoa. *J Parasitol* 27:37 -58.

［77］Long, P. L. 1982. The Biology of the Coccidia. Univ Park Press: Baltimore, MD.

［78］Lund, E. E. 1972. Other protozoan diseases. In M. S. Hofstad, B. W. Calnek, C. F. Helmboldt, W. M. Reid, and H. W. Yoder, Jr. (eds.). Diseases of Poultry, 6th ed. Iowa State University Press: Ames, IA, 990 - 1046.

［79］Maley, G. J. M. and S. S. Desser. 1977. Anemia in Leucocytozoon simondi infections. I. Quantification of anemia, gametocytemia, and osmotic fragility of erythrocytes in naturally infected Pekin ducklings. *Can J Zool* 55:355 -358.

［80］Markus, M. B., R. Killick-Kendrick, and P. C. C. Garnham. 1974. The coccidial nature and life-cycle of Sarcocystis. *J Trop Med Hyg* 77:248 - 259.

［81］Marsh, A. E., B. C. Barr, L. Tell, M. Koski, E. Greiner, J. Dame, and P. A. Conrad. 1997. *In vitro* cultivation and experimental inoculation of Sarcocystis falcatula and Sarcocystis neurona merozoites into budgerigars(Melopsittacus undulates). *J Parasitol* 83:1189 - 1192.

［82］McGhee, R. B. 1970. Avian Malaria. In D. J. Jackson, R. Herman, and I. Singer(eds.). Immunity to Parasitic Animals, vol. 2. Appleton-Century-Crofts: New York, 295 -329.

［83］Melhorn, H. and A. O. Heydorn. 1978. The Sarcosporidia (Protozoa, Sporozoa): Life cycle and fine structure. *Adv Parasitol* 16:43 - 91.

［84］Milhous, W. and J. Solis. 1973. Turkey leucocytozoon infection. 3. Ultrastructure of Leucocytozoon smithi: Gametocytes. *Poult Sci* 52:2138 - 2146.

［85］Miller, N. L., J. K. Frenkel, and J. P. Dubey. 1972. Oral infections with Toxoplasma cysts and oocysts in felines, other mammals, and in birds. *J Parasitol* 58:928 -937.

［86］Miura, S., K. Ohshima, C. Itakura, and S. Yamogiwa. 1973. A histopathological study on Leucocytozoonosis in young hens. *Japan J Vet Sci* 35:175 -181.

［87］Molyneux, D. H. 1977. Vector relationships in the trypanosomatidae. *Adv Parasitol* 15:1 - 82.

［88］Morgan, U. M. 2000. Detection and characterization of parasites causing emerging zoonoses. *Int J for Parasitol* 30:1407 - 1421.

［89］Munday, B. L. and A. Corbould. 1974. The possible role of the dog in the epidemiology of ovine sarcosporidiosis.

Br Vet J 130:9 - 11.

[90]Mutalib, A. , R. Keirs, W. Maslin, M. Topper, and J. P. Dubey. 1995. Sarcocystis-associated encephalitis in chickens. Avian Dis 39:436 - 440.

[91]Nakamura, K, Y. Mitarai, N. Tanimura, H. Hara, A. Ikeda, J. Shimada, and T. Isobe. 1997. Pathogenesis of reduced egg production and soft-shelled eggs in laying hens associated with Leucocytozoon caulleryi infection. J Parasitol 83:325 - 327.

[91]Noblet, R. , H. S. Moore, IV , and G. P. Noblet. 1976. Survey of Leucocytozoon in South Carolina. Poult Sci 55: 447 - 449.

[93]Odening, K. 1998. The present state of species - systematics in Sarcocystis Lankester, 1882 (Protista, Sporozoa, Coccidia). Systematic Parasitol 41:209 -233.

[94]Page, C. D. , R. E. Schmidt, J. H. English, C. H. Gardiner, G. B. Hubbard, and G. C. Smith. 1992. Antemortem diagnosis and treatment of sarcocystosis in two species of psittacines. J of Zoo and Wildlife Med 23:77 - 85.

[95]Quist, C. F. , J. P Dubey, M. P. Luttrell, and W. R. Davidson. 1995. Toxoplasmosis in wild turkeys: A case report and serologic survey. J Wildlife Dis 31:255 -258.

[96]Ruiz, A. and J. K. Frenkel. 1980. Intermediate and transport hosts of Toxoplasma gondii in Costa Rica. Am J Trop Med Hyg 29:1161 - 1166.

[97]Shutler, D. , C. D. Ankney, and A. Mullie. 1999. Effects of the blood parasite Leucocytozoon simondi on growth rates of anatid ducklings. Can JZool 77:1573 - 1578.

[98]Siccardi, F. J. , H. O. Rutherford, and W. T. Derieux. 1974. Pathology and prevention of Leucocytozoon smithi infection in turkeys. Avian Dis 18:21 - 32.

[99]Siim, J. C. , U. Biering-Sorenson, and T. Moller. 1963. Toxoplasmosis in domestic animals. Adv Vet Sci 8: 335 -429.

[100]Simpson, C. R. and D. J. Forrester. 1973. Electron microscopy of Sarcosystis sp: Cyst wall, micropore, rhoptries, and an unidentified body. Int J Parasitol 3: 467 - 170.

[101]Smith, J. H. , J. L. Meier, P. J. G. Neill, and E. D. Box. 1987. Pathogenesis of Sarcocystis falcatula in the budgerigar. II. Pulmonary pathology. Lab Invest 56:72 - 84.

[102]Solis, J. 1973. Nonsusceptibility of some avian species to turkey Leucocytozoon infection. Poult Sci 52: 498 -500.

[103]Soni, J. L. and H. W. Cox. 1975. Pathogenesis of acute avian malaria. II. Anemia mediated by a cold-active autohemagglutinin from the blood of chickens with acute Plasmodium gallinaceum infection. Am J Trop Med Hyg 24:206 - 213.

[104]Spindler, L. A. 1972. Sarcosporidiosis. In M. S. Hofstad, B. W. Calnek, C. F. Helmboldt, W. M. Reid, and H. W. Yoder, Jr. (eds.). Diseases of Poultry, 6th ed. Iowa State University Press: Ames, IA, 1046 - 1054.

[105]Springer, W. T. 1984. Other blood and tissue protozoa. In M. S. Hofstad, H. John Barnes, B. W. Calnek, W. M. Reid, and H. W. Yoder, Jr. (eds.). Diseases of Poultry, 8th ed. Iowa State University Press: Ames, IA, 727 -740.

[106]Stacey, L. M. , C. E. Couvillion, C. Siefker, and G. A. Hurst. 1990. Occurrence and seasonal transmission of hematozoa in wild turkeys. J Wildlife Dis 26: 442 -446.

[107]Steele, E. J. and G. P. Noblet. 1992. Schizogonic development of Leucocytozoon smithi. J Protozool 39: 530 -536.

[108]Steele, E. J. and G. P. Noblet. 1993. Gametocytogenesis of Leucocytozoon smithi. J Eukaryotic Microbiol 40: 384 - 391.

[109]Steele, E. J. , and G. P. Noblet. 2001. Gametogenesis, fertilization and ookinete differentiation of Leucocytozoon smithi. J Eukaryotic Microbiol 48:118 -125.

[110]Steele, E. J. , G. P. Noblet, and R. Noblet. 1992. Sporogonic development of Leucocytozoon smithi. J Protozool 39:690 - 699.

[111]Teglas, M. B. , S. E. Little, K. S. Latimer, and J. P. Dubey. 1998. Sarcocystis-associated encephalitis and myocarditis in a wild turkey (Meleagridis gallopavo). J Parasitol 84:661 - 663.

[112]Tenter, A. M. 1995. Current research on Sarcocystis species of domestic animals. International J for Parasitol 25:1311 - 1330.

[113]Tenter, A. M. , A. R. Heckeroth, L. M. Weiss. 2000. Toxoplasma gondii: from animals to humans. International J for Parasitol 30:1217 - 1258.

[114]Wallace, G. D. 1973. Sarcocystis in mice inoculated with Toxoplasma-like oocysts from cat feces. Science 180: 1375 - 1377.

[115]Wallace G. D. 1973. Intermediate and transport hosts in the natural history of Toxoplasma gondii. Am J Trop Med Hyg 22:456 - 464.

[116]White, E. M. and G. F. Bennett. 1979. Avian Haemoproteidae, 12. The hemoproteids of the grouse family Tetraonidae. Can J Zool 57:1465 - 1472.

[117]Wicht, R. J. 1981. Transmission of Sarcocystis rileyi to

the striped skunk(Mephitis mephitis). *J Wildl Dis* 17：387 - 388.

[118]Woldemeskel, M. and F. Gebreab. 1996. Prevalance of sarcocysts in livestock in northwest Ethiopia. *Zentralbl Veterinarmed*[*B*]43：55 - 58.

[119]Yu,C. Y. ,J. S. Wang, and C. C. Yeh. 2000. Culicoides arakawae(diptera：Ceratopogonidae)population succession in relation to leucocytozoonosis prevalence on a chicken farm in Taiwan. *Veterinary Parasitol* 93：113 -120.

V 非传染性疾病
Noninfectious Diseases

第 29 章

营养性疾病
Nutritional Diseases

Kirk C.Klasing

　　家禽日粮至少需要36种营养素，且各养分含量要适宜平衡（表29.1）。一般饲料常缺乏许多营养素，需要添加相应的纯制剂营养素。饲料配方错误或粉碎不当时，有时会导致一种或多种营养素缺乏或达到中毒剂量，而严重缺乏或过量常引起组织器官特征性的病理变化。轻度营养缺乏可导致家禽生长缓慢，抵抗力下降，产蛋率及孵化率下降。临床兽医通常会遇到这种情况，就是要确定某种疾病的病因是否为营养性的；或营养是否为某种特定临床症状的促发因素。许多因素，包括传染病和毒素均可导致某种非特异性的症状，所以靠这些非特异性症状来确定某些营养素缺乏是很困难的。

　　育成鸡、雏火鸡及轻型产蛋鸡的营养需求量已得到非常完全的确定（表29.1）；然而，生长雏鸡、数周龄雏火鸡、种用雌雄肉鸡和种用火鸡的营养需求量还未通过实验得到确定。

　　家禽营养中重要的营养素包括：水、蛋白质和氨基酸、碳水化合物、脂肪、维生素及必需无机元素。

水

　　水的物理性质基本上决定了水在营养上具有特殊的位置。水的溶解性和极性决定了水是其他营养物质和代谢产物的转运媒介，且促进细胞反应。水的比热高，它可吸收碳水化合物和脂肪氧化时所产生的反应热，而体温仅稍有升高。水易于蒸发，可以蒸汽的潜热形式从体内带走热能。水的这些作用及其他许多功能可以解释为什么动物不摄食比不饮水更能存活更长的时间。

　　和其他大家畜不同，鸡和火鸡一次仅能饮少量水，所以必须予连续供水，如果饮水不足可导致生长减缓、产蛋量下降及热应激抵抗力下降。

　　鸡的饮水量直接与日粮中的盐含量相关[5,179]。同样，碳酸氢钠和碳酸氢钾可使肉鸡的饮水量增加。氯和磷也可使禽的饮水量增加，但其效果没有钠和钾那么明显，而钙对饮水量的影响不明显[12,179]。日粮蛋白过量和氨基酸缺乏可导致饮水量增加[12]。蛋白质对饮水量的影响可能与氮和蛋白矿物组分（如磷和硫）的分泌增加有关。

蛋白质和氨基酸

　　商品日粮经常由最经济的配方组成，蛋白质和氨基酸的添加量显著地影响日粮成本，因此，大部分日粮中限制性氨基酸的添加量明显低于安全剂量值。实际上，蛋白质的需求量体现了各种氨基酸的总需求，包括10种必需氨基酸（精氨酸、组氨酸、异亮氨酸、亮氨酸、赖氨酸、蛋氨酸、苯丙氨酸、苏氨酸、色氨酸、缬氨酸），2种可由必需氨基酸合成的氨基酸（胱氨酸、酪氨酸），2种雏鸡必需氨基酸（甘氨酸或丝氨酸、脯氨酸），以及其他氨基酸。这些氨基酸可满足合成必需氨基酸、嘌呤、嘧啶和其他含氮化合物时对氮的需求。

　　实际生产中，饲料中常缺乏一种或数种氨基酸。如玉米、高粱和小麦等谷物常缺乏赖氨酸，而豆饼缺乏蛋氨酸。以合成性氨基酸的形式，在日粮中添加限制性氨基酸（特别是赖氨酸和蛋氨酸）通常是经济有效的。使用非常规蛋白质饲料或日粮中蛋白质水平降低时，其他氨基酸如苏氨酸、色氨酸、精氨酸和异亮氨酸也可能成为限制性氨基酸。不含动物副产品的饲料通常需添加大量的饲料级氨基酸。

与维生素或矿物质缺乏引起的特征性病症不同，必需氨基酸缺乏引起的症状是非特异性的：生长迟缓、采食量下降、产蛋率和蛋重降低以及成年家禽体重减轻。采食氨基酸缺乏的日粮时，家禽血浆和组织氨基酸水平发生紊乱，故在采食数小时后禽采食量会下降。氨基酸的边缘缺乏常导致采食量增加，或采食量保持不变，而体增重和肌肉组织的增长率同时降低，从而会导致体脂增加。氨基酸严重缺乏还会导致体组织成分的改变。某些氨基酸的缺乏还有其他附加效应。蛋氨酸在甲基代谢中具有重要作用，所以蛋氨酸的缺乏会使胆碱或维生素 B_{12} 的缺乏症加剧。赖氨酸缺乏可使古铜色火鸡的色素沉积减少，而其具体生物化学机制尚不明了[75]。此外，赖氨酸缺乏会引起鸡生长发育迟缓（图 29.1）。精氨酸缺乏可使雏鸡翅膀羽毛向上卷曲，表现为羽毛蓬乱。报道表明数种其他氨基酸对羽毛的生长和结构有影响[75,159]。

当日粮蛋白质水平超过动物的需求量时，过量的蛋白质被机体降解，释放出的氮转化为尿酸。蛋白质大幅度过量时，会引起禽高尿酸血症（hyperuricemia）和关节型痛风（articular gout），且这种情况与遗传相关[15,178]。因配方错误饲料中某种氨基酸过量时，会引起中毒。蛋氨酸是家禽日粮中最常添加的氨基酸，但它最容易引起中毒。育成鸡饲喂玉米和豆饼时，引起氨基酸中毒的顺序为：蛋氨酸＞苯丙氨酸＞色氨酸＞组氨酸＞赖氨酸＞酪氨酸＞苏氨酸＞异亮氨酸＞精氨酸＞缬氨酸＞亮氨酸[59,80]。某种氨基酸急性中毒表现为食欲废绝，而诊断基于血液氨基酸水平升高。过量的蛋氨酸氧化导致硫的释放，产生两分子的酸。磷酰化氨基酸和二价氨基酸氧化容易导致代谢性酸中毒。因此，高蛋白日粮和高氨基酸日粮可导致代谢性酸中毒，引发禽不同的病症，包括骨骼矿化障碍、蛋壳变薄和生长不良。

表 29.1　禽的营养需求[1]

营养成分	单位	营养需求水平			
		0～6 周龄产蛋鸡	100%产蛋期的白壳蛋鸡	0～3 周龄肉鸡	0～4 周龄火鸡
粗蛋白	%	18.00	15.00	23.00	28.00
精氨酸	%	1.00	0.70	1.25	1.60
甘氨酸＋丝氨酸	%	0.70	—	1.25	1.00
组氨酸	%	0.26	0.17	0.35	0.58
异亮氨酸	%	0.60	0.65	0.80	1.10
亮氨酸	%	1.10	0.82	1.20	1.90
赖氨酸	%	0.85	0.69	1.10	1.60
蛋氨酸	%	0.30	0.30	0.50	0.55
蛋氨酸＋胱氨酸	%	0.62	0.58	0.90	1.05
苯丙氨酸	%	0.54	0.47	0.72	1.00
苯丙氨酸＋酪氨酸	%	1.00	0.83	1.35	1.80
苏氨酸	%	0.68	0.47	0.80	1.00
色氨酸	%	0.17	0.16	0.20	0.26
缬氨酸	%	0.62	0.70	0.90	1.20
亚油酸	%	1.00	1.00	1.00	1.00
钙	%	0.90	3.25	1.00	1.20
非植酸磷	%	0.4	0.25	0.45	0.60
钾	%	0.25	0.15	0.30	0.70
钠	%	0.15	0.15	0.20	0.17
氯	%	0.15	0.13	0.20	0.15
镁	mg/kg	600	500	600	500
锰	mg/kg	60.00	20.00	60	60.00
锌	mg/kg	40.00	35.00	40.00	70.00
铁	mg/kg	80.00	45.00	80.00	80.00
铜	mg/kg	5.00	?	8.00	8.00
碘	mg/kg	0.35	0.035	0.35	0.40
硒	mg/kg	0.15	0.06	0.15	0.20
维生素 A	IU/kg	1500	3 000	1500	5 000
维生素 D	IU/kg	200	300.0	200.0	1100
维生素 E	IU/kg	10.00	5.00	10.00	12.00
维生素 K	IU/kg	0.50	0.50	0.50	1.75
维生素 B_2	mg/kg	3.60	2.50	3.60	4.00
泛酸	mg/kg	10.00	2.00	10.00	10.00
维生素 PP	mg/kg	27.00	10.00	35.00	60.00
维生素 B_{12}	mg/kg	0.009	0.004	0.01	0.003
维生素 C	mg/kg	0	0	0	0
胆碱	mg/kg	1300	1 050	1 300	1 600
维生素 H	mg/kg	0.15	0.10	0.15	0.25
叶酸	mg/kg	0.55	0.25	0.55	1.00
维生素 B_1	mg/kg	1.00	0.70	1.80	2.00
维生素 B_6	mg/kg	3.00	2.5	3.50	4.50

1　数据来自国家研究中心（1994），且按照日粮中标准能量值和 90% 干物质重来计算

图 29.1 赖氨酸缺乏。当日粮中赖氨酸含量不足时，雏鸡发育明显迟缓（右），与正常对照组（左）形成明显对比。

碳水化合物

在生产实践中，碳水化合物是家禽日粮代谢能的基本来源。淀粉和蔗糖很容易被鸡利用。鸡小肠中乳酸酶的活性低，这就限制了对乳糖的耐受量。乳加工副产品，如乳清粉，是 B 族维生素的极好来源，而这些物质在日粮中低水平使用是有益的，过量时可导致生长抑制和严重腹泻。严重腹泻是许多家禽品种不能耐受乳糖的特征性症状，这是由水分流入消化道后段及未消化的乳糖被微生物发酵而引起的。

脂 肪

脂肪作为高能量来源和必需营养素亚油酸的来源，在家禽日粮中是很重要的。家禽不能合成亚油酸，但可以将亚油酸转化为花生四烯酸（arachidonic acid）。这两种脂肪酸都是细胞器、细胞膜及脂肪组织的重要组成部分，并具有其他生理功能，如作为前列腺素的前体物质等。雏鸡日粮中缺乏这些脂肪酸时，会导致生长不良和肥大性脂肪肝[90]。产蛋鸡缺乏必需脂肪酸时，可导致产蛋率、蛋重和孵化率降低[133]。

体组织和蛋脂质中花生四烯酸含量的减少和二十碳三烯酸（eicosatrienoic acid）含量的增加，是必需脂肪酸缺乏的特征性表现。

不饱和脂肪酸会发生氧化性酸败而产生多种不良影响：必需脂肪酸被破坏，所形成的醛会与蛋白质的游离氨基反应而降低氨基酸的利用率；酸败过程中产生的活性过氧化物会破坏维生素 A、D、E 和水溶性维生素（如生物素）的活性。维生素 A 添加剂的生产厂家已通过机械的方法来提高维生素 A 的稳定性，即用稳定的脂肪、明胶或蜡将维生素 A 小液滴进行包被，形成维生素 A 微粒胶囊，这样可以防止大部分维生素在小肠进行消化之前与氧接触。在家禽日粮中添加合成的抗氧化剂可进一步加强对维生素 A 和其他必需营养素的保护作用。

维 生 素

维生素这一术语是指在营养上必需的一组非同类的脂溶性和水溶性化合物，它们之间并没有结构上或功能性的必然联系。除维生素 C 以外，其他已知的维生素都是家禽日粮中所必需的。虽然家禽日粮中各种维生素的需求量在 mg/kg 和 μg/kg 范围内，但每一种维生素都是正常代谢和健康所必不可少的。

雏鸡或雏火鸡日粮中某种维生素明显缺乏时，将导致与这一特定维生素有关的代谢过程被破坏，从而引起维生素缺乏症。在某些病例中，这种缺乏症表现为肉眼可见的或显微的特征性变化。在许多情况下，一种疾病可因几种营养素中任何一种的缺乏而引起。例如，当雏鸡和雏火鸡的日粮中缺乏锰或下列任何一种维生素都会造成胫骨短粗症（"锰缺乏症"），这些维生素包括：胆碱、烟酸、吡哆醇、生物素和叶酸。胫骨短粗症是青年鸡、火鸡、雉鸡和其他禽类腿骨的一种解剖上的畸形，其特征是骨线性生长迟缓、胫跗关节肿大、胫骨远端和跗骨近端扭曲或弯曲、腿内翻或外翻，最终导致腓肠肌腱从所附着的骨踝脱落。腓肠肌腱脱落可使患肢完全跛行。如果两条腿都受到影响，雏鸡和雏火鸡通常会因不能够采食和饮水而死亡。要判明某种特定的营养素是否为这种病症的原因，对日粮成分进行分析可能是唯一的途径。

当配制饲料时，如果不特别注意添加维生素 A、D 和维生素 B₂，则易导致这些维生素缺乏。由于对常规营养素连续的浸提和纯化，以及对日粮中动物性蛋白质饲料和高纤维饲料（如苜蓿粉和面粉厂加工副产品）添加的忽视，使日粮中几种其他维

禽 病 学 *Diseases of Poultry*

生素的含量下降，有时会造成缺乏。这些维生素包
括：维生素 E、维生素 B$_{12}$、维生素 K、泛酸、烟
酸、生物素和胆碱。家禽日粮中通常添加高于需求
量的各种维生素，用以补偿饲料在加工、运输、贮
藏以及饲料成分与环境条件变化时可能造成的
损失。

维生素 A

维生素 A 在家禽日粮中是必不可少的，有利于
家禽的正常生长、最佳视力和保持黏膜的完整性。
消化系统、泌尿系统、生殖系统和呼吸系统的上皮
内衬层是由黏膜组成的，在此易观察到维生素 A 缺
乏引起的病变。维生素 A 醛或视黄醛是视网膜感光
细胞的一种视觉色素成分，而视网膜感光细胞内类
异戊二烯侧链的顺-反异构化在光感觉中具有重要
作用。维生素 A 作为视黄酸对胚胎形态发生、上皮
组织维持、黏液产生、骨骼生长、机体免疫以及其
他各种重要的生物过程具有重要的作用。在日粮中
维生素 A 多数以视黄酸和视黄醛的形式存在，并在
细胞内被氧化成视黄酸。视黄酸通过调节基因的表
达来调节维生素 A 的效应。

维生素 A 缺乏

临床症状　给成年鸡和成年火鸡饲喂维生素 A
严重缺乏的饲料时，常在 2～5 个月内出现症状和
病变，而缺乏症出现的早晚取决于肝脏和其他组织
中维生素 A 的储存量。随着病情的发展，鸡逐渐消
瘦，体质变弱且羽毛蓬乱；产蛋鸡产蛋率急剧下
降；连产期的间隔延长，孵化率下降；鼻孔和眼睛
可见有水样分泌物，眼睑常被粘连在一起。缺乏症
继续发展时，眼睛中则有乳白色干酪状物聚积。在
此病情阶段，这种白色渗出物充满于眼睛，如不去
除则鸡不能看到东西，在大多数病例中鸡出现失
明。成年火鸡的大多数症状与鸡相类似[16,88]。

维生素 A 边缘缺乏时，口咽和食道的上皮细胞
受损，但生长不受抑制[16]。严重缺乏时，禽的肠
道上皮细胞角质化，杯状细胞减少，碱性磷酸酶活
性下降，刷状缘的酶活性表达降低，肠绒毛萎缩。
对肉鸡来说，其生长率降低常继发于消化不良[200]。
维生素 A 缺乏时，蛋内血斑的发生率和严重程度增
加。要使蛋内血斑发生率最大限度地降低，对维生
素 A 的添加量要稍高于维持产蛋鸡的高产和健康的

需求量[87,154]。维生素 A 缺乏还会导致胚胎发育
异常[201]。

雏鸡和雏火鸡维生素 A 缺乏症的特征为：生长
停滞、倦怠、虚弱、运动失调、消瘦和羽毛蓬乱。
如果严重缺乏，雏禽则表现出与维生素 E 缺乏相类
似的共济失调[87]，但这两种缺乏症可以通过对大
脑组织学检查而加以区别[3]。维生素 A 缺乏时还可
能发生眼眶水肿（彩图 29.2A）。急性维生素 A 缺
乏时，通常出现流泪，且眼睑下可见干酪样物。急
性维生素 A 缺乏时，鸡经常在其眼睛受到侵害之前
便死于其他原因，所以这时很难观察到干眼病
（xerophthalmia）。维生素 A 边缘缺乏时，小公鸡
会出现睾丸重量增加，精子发生和鸡冠发育增
强[140]。成年公鸡维生素 A 缺乏时，则可引起精子
数量减少，精子活力降低和畸形率增加[148]。

病理变化　维生素 A 缺乏的病变首先发生于咽
部，并主要局限于黏液腺及其导管。原来的上皮被
角质化（如鳞状细胞化生）的上皮所取代，堵塞了
黏液腺导管，从而引起导管扩张并充满分泌物和坏
死物。鼻黏膜中可见鳞片状组织变形（彩图
29.2B）。在鼻道、口腔、食管和咽部可见白色小结
节，并会波及嗉囊。结节的直径大小不一，从微观
病变到直径 2mm（彩图 29.2C）。随着缺乏症的发
展，结节病灶增大，突出于黏膜表面，并在中心部
形成凹陷。在这些病变部位，可见到由炎性产物包
围着的小溃疡。这种病变类似于禽痘的某些发病阶
段，且只有通过镜检才能区别这两种疾病。由于黏
膜被破坏，经常会继发细菌和病毒感染。

维生素 A 缺乏时，呼吸道的临床症状和病变是
多种多样的，且很难与传染性鼻炎、禽痘和传染性
支气管炎区分开。维生素 A 缺乏时，薄膜和鼻腔阻
塞物通常局限于腭裂及其相邻的上皮，且可以轻易
地将薄膜剥离而不引起出血。呼吸道黏膜及其腺体
出现萎缩与变形。随后，原有的上皮被角质化复层
鳞状上皮所取代。鸡在维生素 A 缺乏的早期阶段，
鼻甲内充满浆液黏液性清水样物质，稍施加压力便
会把这种物质从结节和腭裂中排出来。浆液黏液性
物质逐渐堵塞鼻前庭，并逆流进入鼻旁窦—副鼻
窦。渗出液还会充满各处的窦和其他的鼻空腔，从
而引起单侧或双侧面部肿胀。在清除炎性产物后，
黏膜变得菲薄、粗糙和干燥。

相似的病变也常见于气管和支气管。在早期阶
段，这些病变也许难以观察到。随着病情的发展，

□ 1332

黏膜被一层干燥无光泽和不太平滑的薄膜覆盖，而正常的黏膜是平滑湿润的。在有些病例中，上段气管的黏膜内或黏膜下可见有结节状颗粒。

慢性维生素A缺乏可引起肾小管破坏，在严重病例中会导致氮血症和内脏尿酸盐沉积（即内脏型痛风）[178]。

组织学病变　维生素A缺乏症最早出现的组织学病变是呼吸道柱状纤毛上皮萎缩和脱落[174]。细胞核常出现明显的核破裂。萎缩变性的纤毛细胞形成一层假膜成簇悬吊于基底膜之上，随后脱落。在此过程中，新生的柱状或多角形细胞会单个或成对地形成，并在上皮下呈岛屿状出现。这些新生的细胞不断增生，细胞核变大，且随着发育，细胞核内染色质减少，细胞界限不清。最终，被覆于鼻腔及与其相同的窦、气管、支气管和黏膜下腺体的柱状纤毛上皮转变成复层鳞状角质化上皮。舌、腭和食管腺体的病变（彩图29.2D）与呼吸道病变相类似[175]。

自鼻腔取材作病理组织学检验，可作为维生素A边缘性缺乏的灵敏指标[101]。维生素A摄取量低于最适需求量时，雏鸡所表现出的病变与Sefried[174]所描述的维生素A完全缺乏时的基本病变特征相似，但严重程度不同。

据Wolbach和Hegsted[221,222]报道，雏鸡和雏鸭的维生素A缺乏会引起明显的生长迟缓及软骨内成骨抑制。骨增生区减少，增生的细胞积聚并被非钙化的基质所包围。骺端软骨内血管伸入减少，并表现出不规则的构型，如血管分支。骨内膜和骨膜内成骨细胞数量减少，从而导致骨的生长受阻和骨皮质变薄，骨的重建受到抑制。大脑和脊髓与中轴骨骼的生长不相称，从而使脑组织受到压迫。脑脊液压力升高是维生素A缺乏症的最早期症状之一[224]。

成年鸡维生素A缺乏超过5~8个月时，卵巢闭锁和卵泡出血的发生率增加，卵泡出血或贯穿于卵泡，或位于膜内和粒膜细胞层之间[25]。有报道表明，维生素A缺乏使鸡蛋和火鸡卵的孵化率降低，但使孵出雏鸡和雏火鸡的死亡率增加[10,87]。Thompson等[195]通过在种禽日粮中加入视黄酸，使发育中的胚胎产生了严重的维生素A缺乏症。视黄酸，作为维生素A的一种存在形式，不影响产蛋率，但不能促进胚胎发育，其造成的胚胎死亡总是发生在同一发育阶段。躯干和头已完全形成，而头稍向躯干一侧扭转。主要的血管尚未分化，且在血管窦的末端可见扩大的血管区，并形成"血环"。

缺乏症的治疗　家禽发生严重维生素A缺乏时，应在日粮中补充约10 000IU/kg的稳态维生素A制剂。维生素A吸收很快，因此如果不是缺乏症的后期，鸡和火鸡会很快恢复，但已造成的失明是不可逆转的。

维生素A过多症

Baker等[20]报道，给育成鸡每天按每千克体重饲喂200mg视黄醇乙酸盐时，会对骨骼的发育造成不良影响。病鸡的胫骨轻而短，骺生长板过宽，同时有不规则的血管网形成。骺生长板过宽是由于软骨细胞数量增加而引起的。骨中成骨细胞活性降低，而骨和血液中碱性磷酸酶活性升高。有时也可观察到心室扩张和脑肿胀。

Tang等[191]给商品肉仔鸡按每天每千克体重饲喂330或660IU维生素A。结果发现，过量的维生素A处理几天后，雏鸡即表现出步态不稳，不愿行走。9天后，雏鸡表现出厌食，并发生结膜炎，眼睑粘连，喙周围结痂。胫骨的骺生长板由于软骨细胞的增生而变宽。这些研究者还报道了胫骨的其他异常，包括骨肥厚（hyperosteoidosis）和干骺端硬化。头颅的额骨变薄且更具多孔性，骨缝变宽。

饲喂相似剂量的维生素A时，雏来航鸡所表现的维生素A过多症症状与肉仔鸡不同[191]。雏来航鸡胫骨生长板的宽度正常，但含有一个窄的增生或生长区及一个宽的肥大区。额骨骨缝正常。来航鸡的甲状旁腺形态正常，而肉鸡的甲状旁腺有增生。

必须指出的是，不同实验室报道的维生素A过多症的病理组织学变化并不完全一致。在上述研究报道[20,191]中，使骺生长板变宽的细胞群的性质是不同的。此外，Wolbach和Hegsted[220,223]报道，他们在对雏鸡和雏鸭进行的早期研究中发现，过量的维生素A可引起骺生长板变窄。

维生素D

家禽需要维生素D来维持钙磷正常的代谢，以便形成正常的骨骼、坚硬的喙和爪以及结实的蛋壳。维生素D调节钙代谢的机制为：通过促进小肠对钙的吸收，影响成骨细胞和破骨细胞的活性，增加肾小管对钙的重吸收过程来满足机体对钙的代谢需求。

在紫外线的作用下，7-脱氢胆固醇可在皮肤内转化为维生素 D。虽然这种合成可在某种程度上减少日粮中维生素 D 的需求量[62]，但这不能满足正常条件下家禽生长和产蛋的需求。家禽日粮中常添加胆钙化醇（维生素 D_3）；然而，有时也添加 25 - 羟胆钙化醇，且以低剂量饲喂时，具有较高的生物活性[11]。植物源性的维生素 D-麦角固醇（维生素 D_2）不能有效地被家禽利用[41]。因此，通常不用作添加剂。

具有代谢活性的维生素 D 是通过胆钙化醇（维生素 D_3）的两次酶促羟基化作用形成的。第一种代谢产物 25 -(OH) V_{D_3} 在肝脏中形成，第二种代谢产物 1, 25 -$(OH)_2V_{D_3}$ 在肾脏中形成[8,55]。第二种代谢产物的形成严格受钙水平的调节，并被低血钙、低血磷和甲状旁腺激素所激活。1, 25 -$(OH)_2V_{D_3}$ 在促进钙吸收和骨代谢方面较其前体物质，即 V_{D_3} 和 25 -(OH)V_{D_3} 具有更强的效力。已经发现 25 -(OH)V_{D_3} 还有其他许多羟基化合物，尤其是 24R，25 -$(OH)_2V_{D_3}$，它是家禽骨骼保持完整性和骨折愈合时所必需的维生素 D_3 代谢产物[176]。

维生素 D 缺乏

临床症状 如果不给予维生素 D，笼养产蛋母鸡 2 周后出现缺乏症的症状。最初的症状是薄壳蛋和软壳蛋的数量明显增加，随后产蛋量明显下降。维生素 D 缺乏的生化指标包括血液 25 - (OH) V_{D_3} 和 1,25 - $(OH)_2V_{D_3}$ 浓度迅速下降，随后血浆钙浓度也随之下降[176,197,199]。产蛋率和蛋壳强度可能因产蛋周期而变化。在产蛋率和蛋壳强度降低的数个周期中，每个周期后都随之有一个产蛋率和蛋壳强度相对正常的时期。

个别母鸡可能会出现暂时性不能站立的症状，但通常在产下一个无壳蛋后得以恢复。严重时，腿极度无力，母鸡表现为"企鹅蹲坐型"的特征性姿势。其后，喙、爪和龙骨变得很软且易弯曲。胸骨通常弯曲，肋骨失去其正常的硬度，并在与胸骨和脊椎骨相接处向内弯曲，从而使肋骨沿着胸廓面形成一个特征性内弧圈。

维生素 D 的代谢与蛋壳的质量有关。Soares 等[180]报道，根据蛋壳强度和厚度进行反向育种选择，建立了两种鸡品系，且这两种品系血液中的 1,

25 -$(OH)_2V_{D_3}$ 的浓度不同：蛋壳质量较高的品系，维生素 D 代谢产物的浓度也比较高。分别给商品系来航母鸡饲喂 30 μg 维生素 D_3 或者 5 μg 1_a-羟胆钙化醇（被认为是 1，25 -$(OH)_2V_{D_3}$ 的合成前体物质），后者可使胫骨中钙磷含量升高，胫骨抗骨折强度增加，蛋壳矿化作用增强。Bar 等[21]报道，在老龄母鸡的日粮中添加 2 μg/kg 或 5 μg/kg 的 1，25 -$(OH)_2V_{D_3}$，可使连产期所产的第一个蛋的蛋壳重量和密度增加，并可减缓连产期内随后所产蛋的蛋壳重量和密度的下降速度。其他的研究[197,198,199]证实来航母鸡日粮中添加 5 μg/kg 1，25 -$(OH)_2V_{D_3}$ 时，可维持正常的产蛋率，有效地促进蛋壳的矿化，并可最大限度地降低蛋的破壳率。

维生素 D 缺乏可引起孵化率明显下降。未出壳的雏鸡和雏火鸡具有很高的软骨营养不良的发病率，具体表现为上颌骨或下颌骨缩短，以致上下颌骨闭合不正常[183,186]。化学合成的维生素 D 类似物 25 -(OH) V_{D_3}、1_a -(OH)V_{D_3} 和 1,25 -均能维持适当的产蛋率和蛋壳强度,但只有 25 -(OH) V_{D_3} 能有效地维持孵化率[1,8]。有充足的证据表明，上述另外两种类似物很少被转运到蛋内[8,64,181]。Manley 及其合作者[127]报道，在含有 2 200IU 维生素 D_3 的母火鸡日粮中额外添加 1 100IU 的 25 -(OH) V_{D_3}，可使受精蛋的孵化率得到改善。有趣的是这一结果似乎与其他的报道结果不一致，即每千克日粮中只要有 900IU 的维生素 D_3 就足以维持火鸡蛋的孵化率[183]。

除生长停滞外，雏鸡和雏火鸡维生素 D 缺乏的最初症状还表现为佝偻病，因矿化不全，病鸡长骨脆性增加，且易弯曲。在 2～3 周龄时，病鸡的喙和爪变得柔软，易弯曲，行走明显吃力，不稳地走几步后便蹲伏在跗关节上，以此支撑着身体，同时身体轻微左右晃动，羽毛发育不良。血清磷酸酶明显升高，这时发生佝偻病的第一个标志。

病理变化 当种用产蛋母鸡和母火鸡摄取的维生素 D 不足时，尸体剖检可见的特征性变化局限于骨骼和甲状腺。甲状腺由于肥大与增生而体积变大。骨骼变软，易于折断。肋软骨连接处的肋骨内侧面出现十分明显的结节（佝偻病性串珠肋骨，彩图 29.2E）。许多肋骨在此部位显示有病理性骨折。慢性维生素 D 缺乏时，骨骼出现明显变形。脊柱可能在荐骨与尾椎区向下弯曲，胸骨通常表现为侧向弯曲并在近胸中部急剧内陷。这些病变使胸腔体积变小，从而导致重要器官受到挤压。喙可能变软，易折断（彩图 29.2F）。

雏鸡和雏火鸡维生素 D 缺乏时，最主要的内在特征为肋骨与脊柱的连接处呈串珠状，以及肋骨向下向后弯曲（彩图 29.2E）。胫骨和股骨的骨骺钙化不全（图 29.3）。维生素缺乏的雏鸡，其骨骼的钙含量减少而类骨质比例增加，骨骼中的矿物质大部分以低密度无定形的磷酸钙形式存在[57]。

维生素 D 缺乏可导致骺板增宽，骨骼增生与变软。骺板增宽起初是由增生区和肥大区的变宽引起，但随着缺乏症的发展，则主要由增生区的变宽引起[83,92,123]。Long 及其合作者[123]注意到，不同的或同一病禽的肥大区出现不规则的构型，即有些变宽而有些部位变窄。增生区的变宽似乎是由软骨细胞肥大的延迟引起，而不是由软骨细胞增生引起[109]。随着缺乏症的加重，在骺板变性的肥大区内，软骨细胞变得短粗，且由于干骺端血管的侵入而呈现出不规则构型。软骨和骨发育的不规则构型发生于初级和次级骨松质[92,123]。皮质骨由于哈佛氏管内的骨吸收而更具多孔性，有时可导致骨折（彩图 29.2G）。其他部位也可能发生骨折（彩图 29.2H）。破骨细胞骨吸收活性增强，骨小梁变细，使得长骨机械强度下降[103]。给雏鸡饲喂维生素 D 缺乏的日粮，而成倍地增加日粮钙水平时，可保持正常的骺软骨宽度和干骺端的组织形态与矿化[103]。

佝偻病的病理组织学变化因其病因不同而有明显的差异[109,121,122,123]。有关这方面的详细材料可参考有关钙磷的章节。

肉仔鸡胫骨软骨发育不良是另一种常观察到的骨骼疾病（有关此病的组织病理学的描述可参见第 31 章）。通过降低日粮钙磷比例[60,155]，或改变钙磷比例并增加日粮中氯化物的浓度，可在实验室条件下诱导出胫骨软骨发育不良[79]。甚至在实验日粮中含有大剂量的维生素 D_3 时，仍然会发生此病[212]。日粮中添加 $1,25-(OH)_2V_{D_3}$ 时，可降低或预防胫骨软骨发育不良的发病率和严重程度[61,63,155]，这表明，在某些条件下，维生素 D_3 转化为 $1,25-(OH)_2V_{D_3}$ 的量不足以维持正常骨发育的代谢需求。

现有商品化的可利用的 $25-(OH)_2V_{D_3}$，这种维生素 D 的代谢产物对胫骨软骨发育不良的预防有明显效应[209]。

缺乏症的治疗 Hooper 等[89]发现，一次性饲喂 15 000IU 的维生素 D_3，对治疗雏鸡的缺乏症比在饲料中经常足量添加更有效。这样一次性高剂量口服可保护雏公鸡 8 周时间内不发生佝偻病，而雏母鸡 5 周时间内不发生佝偻病。预防佝偻病而高剂量给药时，应注意大剂量的维生素 D 是有害的。因此，维生素 D 的添加量应根据缺乏的程度进行调节，不应向饲料中添加过量的维生素 D。

维生素 D 过多症

据生物活性，维生素 D 与其代谢物具有类似的毒性，依次为：$V_{D2} < V_{D_3} < 25-(OH)_2V_{D_3} < 1,25-(OH)_2V_{D_3}$。骨钙动员吸收增加可使体液钙水平提高，由此导致软组织钙化，细胞变性和组织发炎。日粮钙磷含量升高可加剧维生素 D 的毒性，特别是育成鸡对此更敏感。肉仔鸡在生长期间饲喂 30 000IU/kg 的维生素 D_3 时，可出现病理变化，包括甲状腺萎缩，伴发结缔组织增生，钙沉积于主动脉瓣膜基底部和肾小管腔内，血管内皮细胞钙化，在脑部引起空泡变性和坏死[42]。成年母鸡对维生素 D 中毒的耐受性比育成雏鸡强，但是毒物能传播到鸡蛋，导致蛋壳钙动员过度和胚胎的后期死亡。当日粮中维生素 D_3 水平高达 400 万 IU/kg 或更高水平时，可引起肾小管营养不良性钙化而使肾受到损伤。主动脉和其他动脉的钙化不常见。据报道，中等程度的维生素 D 过量可使粗壳蛋的发生率增加[74]。粗壳蛋似乎是因蛋壳表面或蛋壳内石灰质过量沉积形成，而刮掉粗糙颗粒后常暴露其下面的蛋壳膜。产蛋鸡对 $25-(OH)_2V_{D_3}$ 的中毒剂量为 $825\mu g/kg$ 饲料[192]。

维生素 E

维生素 E 缺乏时，雏鸡可发生脑软化症、渗出性素质和营养性肌病（肌肉萎缩）；火鸡可发生跗关节肿大和肌胃的肌肉萎缩；鸭发生营养性肌病。维生素 E 对鸡、火鸡或可能对鸭胚胎的正常发育都是必需的。

醇型维生素 E 是一种非常有效的抗氧化剂，它是饲料中必需脂肪酸和其他多不饱和脂肪酸、维生素 A、维生素 D_3、胡萝卜素和叶黄素等的一种重

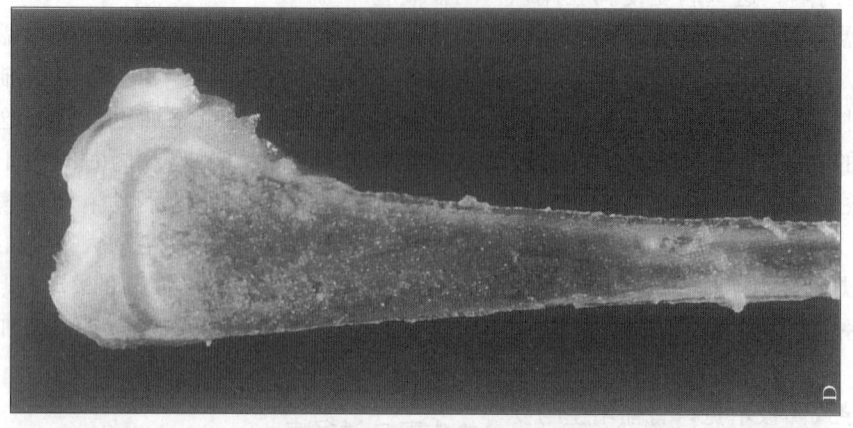

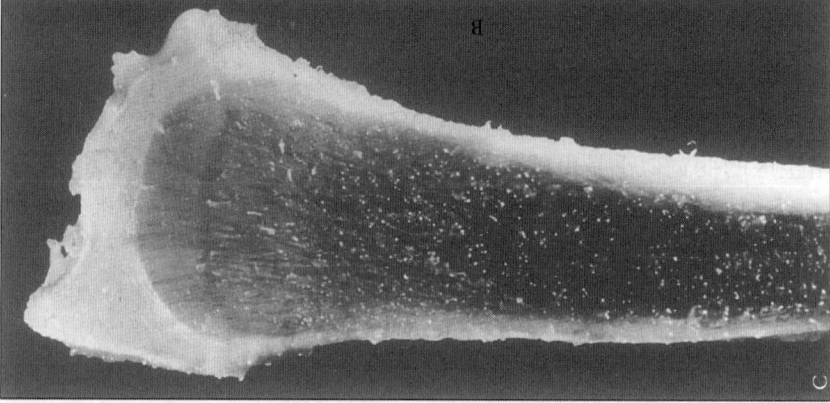

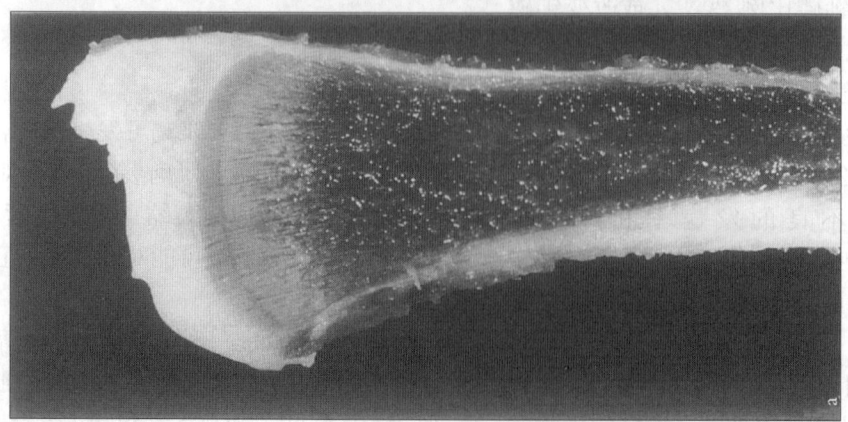

图 29.3 营养素缺乏对肉鸡胫骨跗骨的影响。(Swayne)
A.对照组，饲喂营养素充足的日粮；B.磷缺乏，肥大区明显增宽；
C.钙/磷缺乏，增生区变宽；D.赖氨酸缺乏，骨发育不良

要保护剂。饲料中多不饱和脂肪酸含量高时，维生素 E 被破坏，因而更易发生维生素 E 缺乏。实验表明，当日粮中硒的含量达到 0.04～0.1mg/kg 时，可预防和治疗雏鸡维生素 E 缺乏导致的渗出性素质[170,171,172]，而 0.1～0.2mg/kg 的硒可有效地预防青年火鸡肌胃和心脏肌病的发生[173]。

维生素 E 在家禽营养中具有多方面的作用。它不仅为家禽的正常繁殖所需要，而且作为自然界最有效的抗氧化剂，可防止脑软化，与硒协同作用可防止渗出性素质和火鸡的白肌病，与硒和胱氨酸协同作用可防止营养性肌肉萎缩的发生。维生素 E 对家禽有轻微的毒性，而维生素 E 过量是常因另一种脂溶性维生素的缺乏所致——如维生素 A 或维生素 K。

缺乏症的临床症状、特征和病理变化

成年鸡和火鸡在较长时期内摄取的维生素 E 水平很低时，并不表现出外在的缺乏症状。然而维生素 E 缺乏的鸡和火鸡所产蛋的孵化率明显降低[93]。维生素 E 缺乏的母鸡所产的种蛋，在孵化的第 4 天或更迟的时间内便发生死亡，但其死亡率取决于维生素 E 缺乏的严重程度。火鸡胚胎会发生双眼白内障，从而导致失明[66]。公禽较长时间不摄取维生素 E 时，睾丸会发生退化[4]。

雏鸡脑软化症　脑软化症是一种神经功能异常性疾病，表现为运动失调或全身麻痹（彩图 29.4A），病鸡头向后或向下收缩（有时还侧向扭转），强迫性运动，出现严重的共济失调，腿快速收缩和松弛，最后导致完全衰竭而死亡。即使在上述这种情况下，也未发现病禽翅膀和腿完全麻痹的症状。现已知发生缺乏症的最早时间为 7 日龄，最晚时间为 56 日龄，但其发生常出现于 15～30 日龄之间。日粮中添加多不饱和脂肪酸如 C18：2n6 时，可加剧脑软化症的严重程度[70]。

脑最易受损的部位依次为：小脑、纹状体大脑半球、延髓和中脑[147]。雏鸡刚表现出脑软化症症状时进行剖检，可见其小脑软而肿胀，脑膜水肿（彩图 29.4B）。小脑表面常可见到微小的出血点。脑回被挤平。4/5 的小脑受到损害，或者产生肉眼不能识别的微小病变。脑软化症症状出现后 1～2 天，坏死区即呈现黄绿色不透明外观。1～2 天后，小脑苍白、萎缩（彩图 29.4C）。

在纹状体，坏死组织常表现为苍白、肿胀和湿润，而在早期阶段，病变区与周围正常组织有十分明显的界限。两侧大脑半球的大部分区域会受到损伤。在其他一些病例中，病变只有通过显微方法才能观察到。延髓的病变是不容易用肉眼检查出来的。

组织学的病变包括循环障碍（局部缺血性坏死）、脱髓鞘和神经细胞变性（彩图 29.4D 和 E）。脑膜、小脑与大脑的血管明显充血，且通常发展为严重水肿。毛细血管的血栓形成常导致不同程度的坏死。正常情况下，雏鸡小脑的有髓神经纤维束具有 Luxol 快速蓝强阳性反应；然而，发病鸡的有髓神经纤维束对 Luxol 快速蓝的染色反应明显减弱，并有弥散性或局部性的深染。各处脑组织发生神经细胞变性，但变性最为显著的是浦金野氏细胞和大的运动神经核。局部缺血性细胞病变是常见的：细胞皱缩并高度深染，细胞核呈典型的三角形，还常见核外周染色质溶解且尼氏物质聚集于细胞核周围。

雏火鸡的脑软化症症状与雏鸡相似[97]。全身麻痹的雏火鸡通常不表现脑部症状，但出现脊髓灰质软化症（彩图 29.4F）。

雏鸡渗出性素质　渗出性素质是伴随毛细血管壁通透性异常而发生的一种皮下组织水肿（图 29.5）。严重病例中，因腹部皮下水肿液的聚积使雏鸡站立时两腿间距增大。整个胸肌、腿肌及小肠壁发生轻度出血，使水肿液中含有血液成分，所以通过皮肤很容易观察到绿蓝色黏性液体。有时也会遇到心包扩张和突然死亡的情况。发生渗出性素质时，雏鸡血液中白蛋白与球蛋白的比值下降[73]。

渗出性素质开始发生时，组织中伴有过氧化物的出现。血浆中硒依赖型谷胱甘肽过氧化物酶的活性迅速下降[141]。谷胱甘肽过氧化物酶可催化过氧化氢和脂质过氧化物发生中和反应，避免这些过氧化物对细胞结构成分特别是脂膜的氧化损伤。Noguchi 等[141]认为，毛细血管膜内的维生素 E 和血浆中含硒的谷胱甘肽过氧化物酶可保护毛细血管膜免遭过氧化物的损伤。这一观点可用以解释维生素 E 和硒在预防渗出性素质及其其他与维生素 E 和硒相关疾病方面的双重作用[172,189]。另一种硒依赖型酶，磷脂氢谷胱甘肽过氧化物酶可能也参与了保护膜结构免受过氧化物损伤的作用。

鸡、鸭和火鸡的营养性疾病（肌肉萎缩）　当

图 29.5　雏鸡的渗出性素质。(Scott)

维生素 E 缺乏并伴随有含硫氨基酸缺乏时，雏鸡大约在 4 周龄时表现出营养性肌病，特别是胸肌。其特征为受损伤的胸肌肌纤维束呈现极易辨认的淡色条纹（彩图 29.4G）。鸭患有维生素 E 缺乏症时，全身骨骼肌也可发生类似的营养不良性病变。

最初的组织学变化为透明样变，线粒体肿胀、融合并形成胞浆内的小球体。其后，肌纤维横向崩解。渗出液使肌纤维群与单体纤维分离。渗出的浆液中通常含有红细胞和异染性白细胞。在较慢性病例中，恢复过程占主导地位。细胞核出现明显增生并有明显的纤维组织形成，在变性的肌肉组织中形成疤痕。

鸡，特别是火鸡维生素 E 和硒缺乏时，可导致肌胃（彩图 29.4H）和心肌的严重肌病[173]。

火鸡跗关节肿大　火鸡日粮中添加的维生素 E 水平过低并且含有易于氧化的油脂时，可诱导火鸡大约 2～3 周龄时发生特征性的跗关节肿大和弓形腿[169]。如果雏火鸡继续摄取这种日粮，跗关节肿大通常在 6 周龄时消失，但在 14～16 周龄时会以更严重的形式重新出现，尤其是在网上或条板上饲养的雄火鸡表现更严重。肌酸排泄量增加，但肌肉中肌酸的水平下降。添加维生素 E 还可能与生物素活性的保护有关，否则存在酸败的油脂时生物素会遭到破坏。

缺乏症的治疗

如果雏鸡渗出性素质和肌肉营养不良病症不太严重，通过注射、口服和饲料添加的途径给予维生素 E 和硒可使病情迅速好转。维生素 E 能否治疗脑软化症，取决于小脑受损伤的程度。在营养素缺乏的日粮中添加维生素 E 和硒时，可预防火鸡的肌胃肌病，且其效果不受日粮中含硫氨基酸水平的影响。

维 生 素 K

维生素 K 是合成凝血酶原所必需的。它是凝血酶原、骨钙素及其他一些钙结合蛋白翻译后谷氨酸羧基化的辅助因子。其产物 α-羧基谷氨酸在生理 pH 条件下为阳离子，参与凝血过程中 Ca^{2+} 与蛋白质的结合。维生素 K 缺乏时，肝脏分泌一种异常的无 α-羧基谷氨酸的凝血酶原进入血液[71]。凝血酶原是凝血机制中的重要组成部分，故维生素 K 缺乏可导致凝血时间明显延长[95]；患病的雏鸡或雏火鸡会因轻微挫伤或其他损伤而出血致死。维生素 K 缺乏可使产蛋鸡和育成鸡骨中 α-羧基谷氨酸的含量降低[111]。

缺乏症的临床症状、特征和病理变化

雏鸡摄取维生素 K 缺乏的日粮时，通常在 2～3 周后出现维生素 K 缺乏的症状。饲料和饮水中含有磺胺喹噁啉时，缺乏症的发病率会升高，且其严重程度会加剧。胸部、腿部、翅膀和/或腹腔内大量出血。雏鸡一方面由于失血，另一方面由于骨髓发育不良而表现出贫血。尽管测定凝血时间是检测维生素 K 是否缺乏的一种相当好的方法，但测定凝血酶原时间更为准确。种禽日粮中维生素 K 含量不足时，可引起种蛋孵化时的死胚率增加。死亡胚胎有出血。

缺乏症的治疗

给病鸡投喂维生素 K 后，4～6h 内凝血时间便可转为正常，但贫血的治愈和出血症状的消失还需要一段时间。

硫胺素（维生素 B_1）

硫胺素在体内被转化成具有活性的焦磷酸硫胺素。焦磷酸硫胺素是碳水化合物氧化脱羧反应和醛代谢转换过程中的一个重要辅助因子。硫胺素缺乏会导致禽极度虚弱、多发性神经炎和

死亡。

缺乏症的临床症状、特征和病理变化

日粮中硫胺素含量不足时，成年鸡大约3周后出现多发性神经炎的症状，而雏鸡则可在2周龄前出现这种症状。雏鸡缺乏症的症状表现突发性，而成年鸡症状的发生则较为缓慢。出现厌食症状后，病鸡继而表现体重减轻、羽毛蓬乱、腿无力以及步态不稳。成年鸡的鸡冠常呈现蓝色。随着缺乏症的发展，病禽肌肉出现明显的麻痹，开始是趾的屈肌，随后向上发展，其腿、翅膀和颈部的伸肌也受

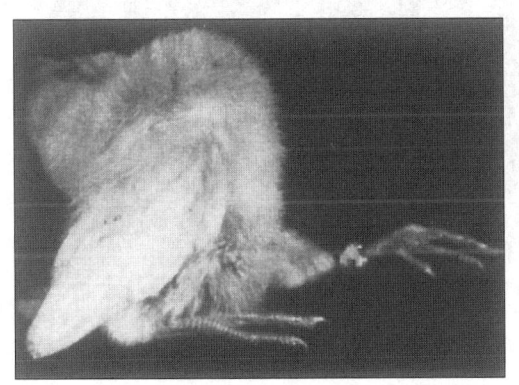

图29.6 硫胺素缺乏的雏鸡表现为典型的 (Scott) 观星姿势。

到损害。鸡蹲坐在其屈曲的腿上，头缩向后方呈特征性的"观星"姿势（图29.6）。头收缩是由颈前部肌肉的麻痹而引起。鸡很快失去站立或正常蹲坐的能力而倒于地上，然而，在倒地的同时，其头仍蜷缩着。

病禽体温可能会降至35.6℃，而其呼吸频率逐渐减少。母鸡的肾上腺肥大比公鸡更加明显。显然，肾上腺的肥大程度决定着机体的水肿程度（水肿主要发生于皮肤部位）。肾上腺中肾上腺素含量随着器官的肥大而增加。与雌禽相比，雄禽生殖器官的萎缩更为明显。心脏轻度萎缩，右心可能扩张，且经常心房较心室更易受损。胃肠壁严重萎缩，因而很容易肉眼观察。

发病鸡十二指肠的肠腺（里贝昆氏腺）扩张（图29.7）[78]。肠腺上皮细胞的有丝分裂明显降低。在缺乏症的后期，黏膜上皮消失，露出结缔组织框架结构。坏死细胞和细胞碎片聚集于扩张的肠腺内。胰脏的外分泌细胞出现胞浆空泡化，并有透明下体形成。

缺乏症的治疗

硫胺素缺乏时，如果给鸡口服这种维生素，便可在数小时内即有好转。硫胺素缺乏可引起极度的厌食，所以在急性缺乏症尚未痊愈之前，在饲料中添加这种维生素的治疗方法是可靠有效的。

核黄素（维生素 B₂）

核黄素是体内许多酶系的辅助因子。机体内含有核黄素的酶包括：NAD与NAD-细胞色素还原酶、琥珀酸脱氢酶、酰基脱氢酶、黄递酶、黄嘌呤氧化酶、L-与D-氨基酸氧化酶、L-羟酸氧化酶及组氨酶，其中有些酶与细胞呼吸作用的氧化还原反应有密切关系。

缺乏症的临床症状、特征和病理变化

日粮中核黄素缺乏时，雏鸡生长极为缓慢，逐渐变得虚弱消瘦，食欲相当好，但在第一周和第二周间出现腹泻。雏鸡不愿行走，强制驱赶时则经常借助于翅膀用跗关节走动。爪卷曲，但腿部麻痹比此症状更常见[46]。不论行走还是休息，脚趾均向内弯曲（图29.8）。雏鸡通常处于休息状态。翅膀经常下垂，但不能支撑雏鸡保持正常的姿势。腿部的肌肉萎缩并松弛，皮肤干而粗糙。缺乏症后期，幼雏不能运动，只是伸腿俯卧。

青年火鸡核黄素缺乏的特征性症状为：生长缓慢、羽毛发育不良、腿麻痹[165]、喙角和眼睑部结痂。有些发病火鸡的脚和颈部发生严重皮炎，表现为浮肿、脱皮并有深的皲裂[131]。

核黄素严重缺乏时，雏鸡的坐骨神经和臂神经出现明显的肿胀和松软[35]。通常坐骨神经的变化最为显著，有时其直径达到正常的4～5倍。组织学检查表明受损神经主要表现为主要神经干发生髓鞘变性（图29.9），并可能伴有轴索的肿胀与断裂。脊髓内出现雪旺氏细胞增生、髓磷脂病变、神经胶质增生和染色质溶解。坐骨神经细微结构检查表明大量神经髓磷脂发生折叠环化，使神经髓鞘发生对称性或非对称性膨大，从而导致节段性脱髓鞘[35]。爪卷曲且麻痹的病例中，常可见到神经肌肉运动终板和肌肉发生变性。核黄素也可能在主要外周神经干髓磷脂的代谢中起到重要作用。尽管在某种程度上，肌纤维有时发生完全变性，但并不出现肉眼可

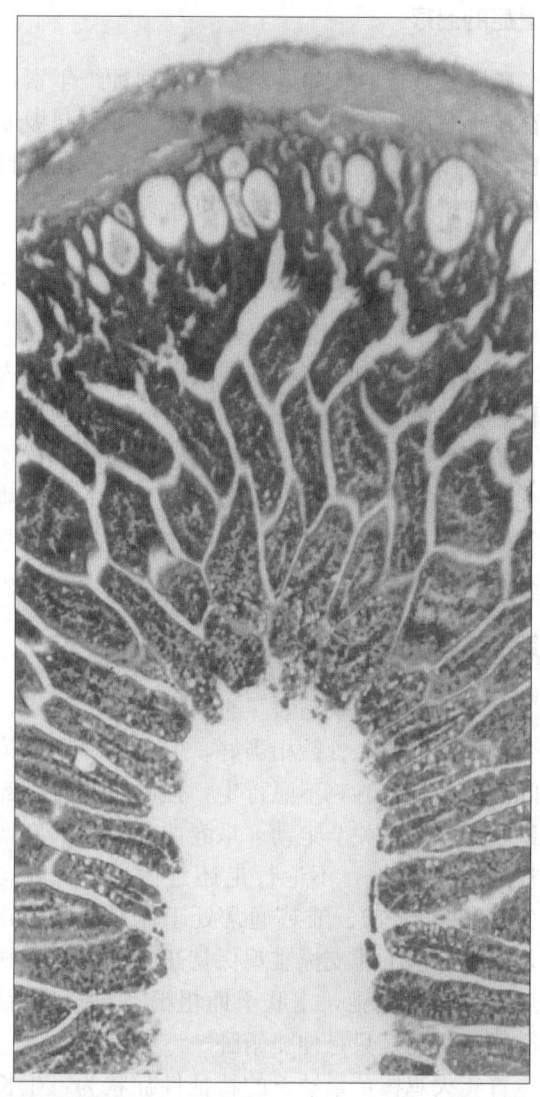

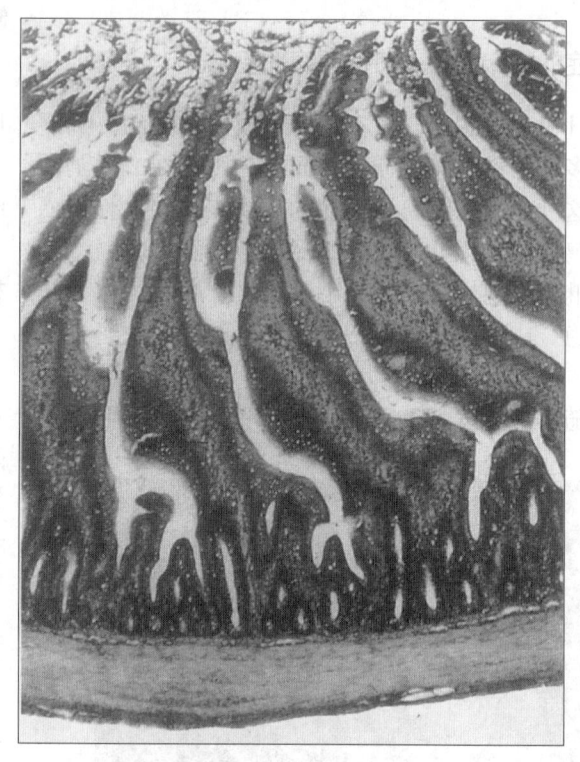

图 29.7　硫胺素缺乏的雏鸡十二指肠,左图肠腺严重扩张,
右图为对照。×30。(Scott)

粮中核黄素缺乏时,除典型的神经症状外,雏鸡还出现类似硫胺素缺乏的胰腺和十二指肠坏死的病变[78]。

母鸡日粮中核黄素缺乏会导致产蛋量下降,胚胎死亡率增加,肝体积增大且脂肪含量增加。给母鸡饲喂核黄素缺乏的饲料,2 周之内便出现蛋的孵化率下降,但如果在饲料中添加适量的核黄素,蛋的孵化率在 7 天之内即可恢复接近正常的水平。日粮中核黄素缺乏,母鸡所产蛋孵化时,未孵化出的胚胎体型矮小,水肿发生率高,中肾(Wolffian bodies)退化。绒羽发育不全,这种绒羽称为"棒状羽",这是因绒羽不能突破毛鞘而引起,从而使绒羽特征性地卷曲。

核黄素通过核黄素结合蛋白(RfBP)由体内转移到蛋内。鸡患有先天性核黄素蛋白生成不能时,所产的蛋在孵化 13 或 14 天时才开始胚胎发

图 29.8　卷趾麻痹(核黄素缺乏)。典型的症状包括生长缓慢,不愿站立和行走,坐于跗关节上,爪向内弯曲。(Swayne)

见的肌萎缩病变。坐骨神经的一个或多个分支发生髓磷脂变性。臂神经干也出现明显的类似病变。日

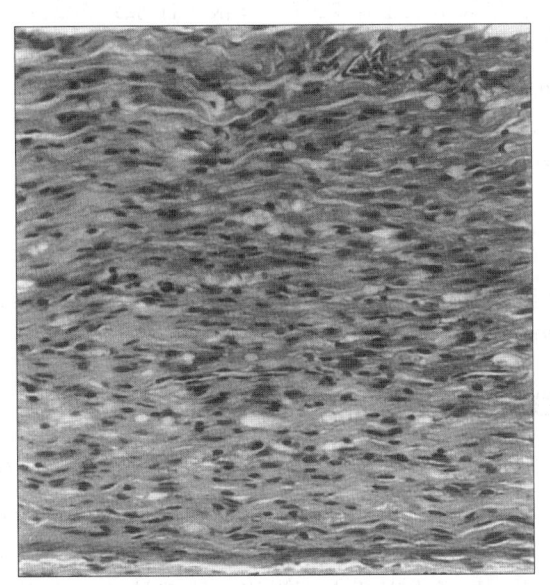

图29.9 卷趾麻痹。外周神经病变的特征是轴索发生肿胀和变性，雪旺氏细胞活化增值及髓磷脂变性。×70。（Swayne, Barnes）

育[208]。然而，因蛋中缺乏核黄素而不能进行完整的胚胎发育。孵化到第10天时，胚胎发生严重的低血糖，且开始蓄积脂肪酸氧化的中间产物。核黄素缺乏导致中链乙酰CoA脱氢酶活性下降80%，从而其代谢结果是脂肪酸氧化过程被严重阻断。给母鸡饲喂缺乏核黄素的日粮，并对其所产蛋进行孵化时，就未能孵化出壳的胚胎来说，其神经系统的变性特征与上述核黄素缺乏雏鸡的病变特征非常相似[65]。

缺乏症的治疗

连续应用100μg剂量的核黄素两次，随后在饲料中添加足够的核黄素，便足以治疗雏鸡或雏火鸡的核黄素缺乏症。然而，如果卷趾症状已久而产生不可逆转的损害时，投喂核黄素也不能将其治愈。

泛酸

泛酸是辅酶A的组成成分，而辅酶A参与三羧循环中柠檬酸的形成、脂肪酸的合成与氧化、氨基酸脱氨基作用形成的酮酸的氧化、胆碱的乙酰化及其他许多反应。

缺乏症的临床症状、特征和病理变化

雏鸡泛酸缺乏症的症状与生物素缺乏症难以区分，这两种缺乏症均可引起皮炎、断羽、胫骨短粗症、生长不良和死亡。雏鸡泛酸缺乏症的特征性表现为：羽毛生长停滞且粗糙。病鸡消瘦、喙角出现明显的硬痂样病变。眼睑边缘出现颗粒状病变，并在病变上形成小痂块。眼睑常常被黏性渗出物粘连在一起，使眼裂变得窄小，因而病鸡视力受到限制。皮肤的角质化上皮慢慢脱落。有时趾和脚底的皮肤外层脱落，并在此处形成小的龟裂和裂隙。这些皲裂和裂隙逐渐扩大并加深，从而使雏鸡不愿走动。有些病例中，病鸡的脚部皮肤角质化，并在趾球节上形成疣状赘生物。

尸体剖检可见口腔内有脓样物，前胃中有不透明的灰白色渗出物[157]。肝脏肿大，并呈淡黄至暗黄色，脾脏轻度萎缩，肾脏有些肿大。脊神经和有髓神经纤维发生髓磷脂变性[153]。腰段脊髓的各段脊神经纤维均有这种变性。

为维持正常的孵化率，种用母鸡日粮中必需添加泛酸[72]。Beer等[24]观察到，胚胎死亡的高峰期取决于泛酸缺乏的严重程度，轻度缺乏会使孵化出的雏鸡极度虚弱，除非马上注射泛酸（腹膜内注射200μg），否则不能存活。发育中的鸡胚缺乏泛酸时，其症状为皮下出血和严重水肿[24]。

雏鸡泛酸缺乏可引起与上述硫胺素缺乏症类似的十二指肠和胰腺病变（病变程度较轻）。还可引发皮炎、共济失调，因而可致病鸡不能站立。此外，法氏囊、胸腺和脾脏中淋巴细胞明显坏死，且发生淋巴结萎缩[78]。

缺乏症的治疗

如果病情不太严重，通过口服或注射泛酸，继而将日粮中的泛酸调到适宜水平，缺乏症是完全可以治愈的。

烟酸（尼亚新）

烟酸是合成两种重要辅酶烟酰胺腺嘌呤二核苷酸（NAD）和烟酰胺腺嘌呤二核苷酸磷酸（NADP）的维生素成分。这两种辅酶广泛参与碳水化合物、脂肪和蛋白质的代谢，尤其是在提供能量的代谢中是特别重要的。两种辅酶单独或共同通过三羧酸循环途径参与葡萄糖的有氧与无氧氧化、甘油的合成与降解、脂肪酸的合成与氧化以及乙酰辅酶A的氧化。

烟酸-色氨酸-吡哆醇间的相互关系

色氨酸吡咯酶催化色氨酸主要代谢途径中的初始反应。吡啶羧酸羧化酶则调节代谢途径中的一个重要分支点，且在此过程中，中间产物或者进入一系列反应，被降解为二氧化碳、水和氨；或者进入 NAD 的生物合成途径。吡啶羧酸羧化酶催化降解途径的第一个反应，而 NAD 途径的第一个反应则为非酶促反应。吡啶羧酸羧化酶的活性高时，可限制色氨酸合成 NAD。

色氨酸代谢途径中的关键酶需要维生素 B_6 作为辅助因子，因而维生素 B_6 缺乏时则可使整个代谢途径受到限制。Briggs 等[30,31]最早发现，雏鸡和母鸡对色氨酸的需求量取决于日粮中色氨酸水平。当鸡饲料中色氨酸基本充足时，机体能应用日粮中 45mg 的色氨酸合成大约 1mg 的烟酸[18,39,58]。与鸡相比，鸭的合成率非常低，日粮中 180mg 的色氨酸才能大约合成 1mg 的烟酸[40]。这种色氨酸转化在烟酸的效率上的差别，使得鸭对色氨酸的需求量明显高于雏鸡。现认为其原因是鸭的吡啶羧酸羧化酶的活性较高[40,58]。

缺乏症的临床症状、特征和病理变化

青年鸡、火鸡和鸭烟酸缺乏症的主要症状为：跗关节肿大和弓形腿，与胫骨短粗症的症状相似[39,58]。该病症状与锰和胆碱缺乏所致的胫骨短粗症的主要区别在于烟酸缺乏时跟腱极少从所附着的踝部滑脱。Scott[169]证实，预防火鸡缺乏症时，需要同时添加烟酸和维生素 E。Briggs[30]描述了烟酸缺乏症的进一步症状，即口腔发炎、腹泻及羽毛生长不良。跗关节病变和口腔炎症分别是鸭和鸡的特征性症状[39]。雏鸡烟酸或色氨酸缺乏引起的十二指肠与胰脏病变跟硫胺素缺乏症类似[78]。

给母鸡饲喂以酪蛋白和食用胶为蛋白质来源，且不添加烟酸的半纯化饲料时，Ringrose 等[158]观察到，母鸡采食量减少，体重减轻，产蛋量下降且蛋的孵化率降低，但未见到病理学变化。尽管尚无证据表明生产实践中成年家禽日粮需要添加烟酸[2]，但有报道认为，补加烟酸能增加育成火鸡蛋的大小[82]。

缺乏症的治疗

当成年发病公火鸡的跟腱已从所附着的踝部滑脱，或跗关节明显增大时，日粮中添加烟酸的疗效甚微或无疗效。应避免添加过量烟酸，因为 0.75% 的烟酸可引发骨骼厚度和强度的降低[96]。

吡哆醇（维生素 B_6）

吡哆醇是多种酶，特别是参与氨基酸转氨基作用和脱羧基作用的酶所必需的，而这些酶的辅酶为磷酸吡哆醛和磷酸吡哆胺。

缺乏症的临床症状、特征和病理变化

吡哆醇严重缺乏时，病鸡表现为食欲下降、生长不良、胫骨短粗症和特征性的神经症状。雏鸡表现痉挛，行走时腿神经性颤动，常产生激烈的痉挛性抽搐，且通常以死亡而告终。雏鸡抽搐时会无目的地乱跑，扑击翅膀并侧身倒地或完全仰翻在地，同时腿和头快速抽搐。该缺乏症与脑软化症（维生素 E 缺乏）的区别在于，患吡哆醇缺乏症的雏鸡在抽搐发作时，其动作强度更为激烈，且通常会导致完全衰竭而死亡。

Gries 和 Scott[77]观察到，日粮中吡哆醇含量极低（低至按饲料 2.2mg/kg）而蛋白质很高（31%）时，发病雏鸡会出现典型的神经症状。日粮中含有中等水平的吡哆醇（按饲料 2.5~2.8mg/kg）和 31% 的蛋白质时，可引起严重的胫骨短粗症，但不引发神经症状，结果导致骨弯曲。如果日粮中蛋白质含量为 22%，即便吡哆醇含量极低（按饲料 1.9mg/kg）也不会引起神经症状和胫骨短粗症，甚至生长速度也不会降低。饲料中蛋白质或蛋氨酸水平高时，吡哆醇的需求量也增加，这种情况反映了吡哆醇在氨基酸代谢中的作用[168]。吡哆醇缺乏可导致骨皮质和关节软骨基质中的胶原纤维缺失，并可使蛋白聚糖和胶原的溶解性增加[128]。这种骨结构的病变容易引发胫骨短粗症和骨关节炎。

据报道，小鸭吡哆醇缺乏的症状包括：生长不良、采食量下降、过度兴奋、虚弱、小细胞低色素性贫血、痉挛和死亡[227]。

成年家禽吡哆醇缺乏的症状包括：产蛋量和孵化率明显下降，采食量下降，体重减轻以及死亡。育成火鸡饲料中吡哆醇含量是国家研究委员会（NRC）推荐量的两倍，且在其所产蛋内注射吡哆醇时，可提高受精卵的孵化率。这表明在某些情况下，育成禽对吡哆醇的需求量可能要高于一般生产

实践中吡哆醇的添加量。

生物素

生物素是参与二氧化碳固定作用的羧化和脱羧反应的辅助因子之一，这些反应在合成代谢和氮代谢过程中有重要作用。

缺乏症的临床症状、特征和病理变化

生物素缺乏可引发趾部皮炎，而喙和眼周皮肤的病变与泛酸缺乏症类似。因而，鉴别诊断时通常需要测定日粮成分。

胫骨短粗症是育成鸡和火鸡生物素缺乏的典型症状。雏鸡生物素缺乏的症状还包括胫骨的各种其他异常。Bain 等[17]报道，饲喂不含生物素的纯化饲料时，发病雏鸡的胫骨缩短，骨密度和骨灰分含量增加，及骨构建结构异常；饲料中不含生物素时，发病雏鸡胫骨骨干中段内侧的骨皮质比外侧厚；然而，在同样的饲料中添加足量的生物素时，胫骨的构型则正好与之相反。这表明生物素在引发病禽肢体不同畸形的过程中具有一定的作用[17]。生物素缺乏时，雏鸡胫骨脂肪酸（前列腺素的前体）含量的变化与骨异常有关，这表明前列腺素合成的异常可能是发病鸡胫跗骨构型改变的一个促进因素[204]。

生物素是胚胎发育所必需的[47,48]。饲料中生物素缺乏时，由发病母鸡所产的蛋而孵化的鸡胚会发生并趾症（syndactylia），即第 3 趾与第 4 趾之间形成延长的蹼。未能出壳的鸡胚表现为软骨营养不良，其特征为：体型小、鹦鹉嘴、胫骨严重弯曲、跗跖骨短或扭曲、翅膀和头颅短以及肩胛骨短而弯曲。胚胎死亡可能有两个高峰期：一个是在第 1 周，另一个是在孵化的最后 3 天。

Robel 和 Christensen[160]报道，向商品大型白火鸡所产的蛋内注射 $87\mu g$ 的 D-生物素时，可使其孵化率大约提高 4%～5%。孵化率提高的原因尚不清楚；然而，作者认为原先蛋内生物素含量或生物素利用率可能较低。

脂肪肝肾综合征（FLKS）是与生物素缺乏有关的肉仔鸡的一种疾病，表现为生长抑制，肝、肾和心脏脂肪浸融，血糖降低，及其肝脏和脂肪组织中 C16：1 与 C18：0 脂肪酸的比值升高[150,210]。当饲料中蛋白质或脂肪含量增高时，可减少或消除死亡，然而却可加重生物素缺乏的症状。禁食可加剧脂肪肝肾综合征的病情，并相应地增加死亡率[210]。禁食可降低血糖浓度，但可增加血浆游离脂肪酸的含量。丙酮酸羧化酶是一种含生物素的酶，在生物素缺乏性的脂肪肝肾综合征中，其活性下降[150]。这说明在生物素缺乏时，由于这种酶的活性降低损害了糖异生过程，从而导致丙酮酸向脂肪酸转换增加。患有脂肪肝肾综合征的病鸡通常不表现出生物素缺乏的特征症状，但这可能是暂时性的。然而，饲料中生物素缺乏时，发病鸡组织代谢的异常可迅速导致脂肪肝肾综合征的发生；而生物素缺乏的典型症状需要较长的时间才能发生[32]。

近来怀疑生物素在肉鸡"急性死亡综合征"（acute death syndrome）（或"猝死综合征"，sudden death syndrome）中有一定的作用。生物素缺乏可破坏亚油酸向花生四烯酸的转化，从而改变了组织脂质中不饱和脂肪酸的性状[203]。花生四烯酸是前列腺素、前列腺环素 I_2（prostocyclin I_2）和凝血恶烷 A_2（thromboxane A_2）的前体物质，且这些生物活性物质对血管系统具有明显的作用。据报道，雏鸡发生脂肪肝肾综合征时，其肝脏中生物素含量下降[108]，但生物素在急性死亡综合症中的作用仍不明了。

在实际生产中，鸡和火鸡对日粮各种营养素中生物素的生物利用率存在极大的差异[69,134,211]。在一些谷类饲料中，生物素的利用率不超过 10%，而在另一些谷类饲料中，生物素几乎完全被利用。在配制家禽日粮的过程中，这是一个非常值得重视的问题。

缺乏症的治疗

Patrick 等[149]及 Jukes 和 Bird[98]报道，给雏鸡或雏火鸡注射或口服数微克的生物素时，足可预防生物素缺乏症。

叶酸

叶酸是与单碳基团代谢相关酶系统的组成部分，它参与嘌呤合成，以及一些重要代谢产物（如胆碱、蛋氨酸和胸腺嘧啶）甲基的合成，因此，在细胞增殖过程中，叶酸对正常核酸代谢和核蛋白的形成都是必需的。

缺乏症的临床症状、特征和病理变化

雏鸡缺乏叶酸的特征性症状为：生长不良、羽毛发育极差、贫血和胫骨短粗症。洛岛红和黑来航鸡羽毛色素沉着也必需叶酸。因此，要防止有色家禽羽毛色素缺乏，叶酸、赖氨酸、铜和铁都是必需的。

育种鸡和火鸡日粮中缺乏叶酸时，会引起胚胎死亡率明显升高。鸡胚用喙破气室后不久，便很快死亡。据 Sunde 等[186,187,188]报道，上颌骨畸形和胫跗骨弯曲是胚胎阶段叶酸缺乏症的病变。雏火鸡表现为特征性的颈麻痹，并且在症状出现后两天之内发生死亡，但及时补加叶酸可防止死亡。幼禽仅表现为轻度贫血。

雏鸡叶酸缺乏可引起骨髓红细胞形成过程中巨红成细胞发育的停止，从而导致严重的巨红细胞性贫血，这是雏鸡最早的症状之一。白细胞生成也减少，并引起明显的粒细胞缺乏症。

叶酸-胆碱间的相互关系

叶酸在甲基代谢中具有重要的作用。Young 等[229]观察到，当雏鸡日粮中缺乏叶酸时，提高日粮胆碱水平可以降低胫骨短粗症的发病率和严重程度，但并不能完全防止。生产日粮中叶酸含量低，且蛋氨酸和胆碱边缘缺乏时，雏鸡的生长会受到抑制。在这种情况下，饲料中补充叶酸或蛋氨酸和胆碱可刺激生长[152]。

缺乏症的治疗

雏鸡叶酸缺乏而引起严重贫血时，一次性肌注 $50\sim100\mu g$ 的纯制品蝶酰谷氨酸（叶酸），可在 4 天之内引起网织红细胞应答的高峰期[161]，血红蛋白含量和生长速度在一周内即可恢复正常。在每 $100g$ 饲料中添加 $500\mu g$ 叶酸时，其治疗效果与注射相当。

维生素 B_{12}（钴氨素）

维生素 B_{12} 参与核酸与甲基的合成以及碳水化合物与脂肪的代谢。其重要酶功能之一是参与甲基丙二酰单酰辅酶 A 形成琥珀酰辅酶 A 的异构化作用。

缺乏症的临床症状、特征和病理变化

维生素 B_{12} 缺乏症的症状为：生长迟缓、饲料利用率降低、大量死亡以及蛋重和孵化率下降。在育成禽和成年家禽，尚未见到有关维生素 B_{12} 缺乏症的特征性症状。研究报道表明维生素 B_{12} 缺乏可引发雏鸡髓鞘变性。有些研究者检测到，维生素 B_{12} 缺乏时，雏鸡髓鞘总磷脂水平增加而半乳糖脂含量降低，这表明维生素 B_{12} 缺乏可损害髓鞘的成熟[102]。日粮中维生素 B_{12} 缺乏，且作为甲基来源的胆碱、蛋氨酸或甜菜碱亦缺乏时，雏鸡和雏火鸡有可能会发生胫骨短粗症。因维生素 B_{12} 对甲基合成有影响，所以在这种情况下，日粮中补加维生素 B_{12} 可预防胫骨短粗症。

维生素 B_{12} 缺乏时，胚胎在孵化的第 17 天有一个死亡高峰，胚胎表现为体小、腿部肌肉萎缩、弥散性出血、胫骨短粗、水肿和脂肪肝[139,145]。

缺乏症的治疗

Peeler 等[151]研究表明，给维生素 B_{12} 缺乏的母鸡按 $2\mu g$/只的剂量肌注维生素 B_{12} 时，其所产蛋的孵化率可在 1 周内从 15% 提高到 80%。育种鸡日粮中添加 $4mg/t$ 的维生素 B_{12} 时，可足以维持种蛋最高的孵化率，且足以使雏鸡体内贮存足够的维生素，从而可预防雏鸡出生后数周内各种维生素营养的缺乏。先注射近似量的维生素 B_{12}，而后日粮中添加时，也可治疗青年鸡的维生素 B_{12} 缺乏症。

胆碱

胆碱以乙酰胆碱和体内磷脂的形式存在，在蛋氨酸、肌酸、肉碱和 N-甲基烟酰胺等含甲基化合物的合成中作为甲基来源。胆碱本身并不是甲基的直接供体，而是首先必须被氧化成甜菜碱，之后甜菜碱可以将其 3 个甲基中的一个提供给高半胱氨酸或胍基乙酸等甲基受体，以分别形成蛋氨酸和肌酸。

缺乏症的临床症状、特征和病理变化

除生长不良外，雏鸡和雏火鸡胆碱缺乏最明显的症状是胫骨短粗症（图 29.10 和 29.11）。雏火鸡对胆碱的需求量高，因此要十分注意在饲料中添加胆碱，否则，严重的胫骨短粗症的发病率会增高。

胫骨短粗症的特征最初表现为跗关节针尖状出血和轻度肿大，继而由于跖骨扭转致使胫跗关节明显变平。当跖骨进一步扭转时，跖骨会变弯或呈弓形，致使其与胫骨不在同一线上。当出现这种情况时，脚不能支撑体重，关节软骨变形，跟腱从踝部滑脱。

先用高胆碱含量的育成料，继而饲喂严重缺乏胆碱的日粮时，小母鸡肝脏脂肪的含量会增加。胆碱缺乏时，母鸡肝脏脂肪的含量要高于公鸡。但在一般实际生产中，成年鸡与火鸡极少发生胆碱缺乏症。Nesheim 等[138]研究表明，给 8～20 周龄育成期小母鸡开始饲喂含胆碱量高的日粮，再继之饲喂纯化的含胆碱量很低的饲料时，较之那些在同一育成期内一直饲喂含胆碱水平低的饲料的小母鸡，则更易发生脂肪肝。该结果表明，成熟期的小母鸡能够合成胆碱，但如果在饲料中经常添加充足的胆碱时，将有碍体内胆碱合成能力的充分发挥。

缺乏症的治疗

如果雏鸡和雏火鸡胆碱缺乏症引发严重的胫骨短粗症之前已发现该病症，则可通过在饲粮中添加满足需求的足量的胆碱来治愈缺乏症。发病雏鸡或雏火鸡发生跟腱滑脱时，其损害是不可恢复的。

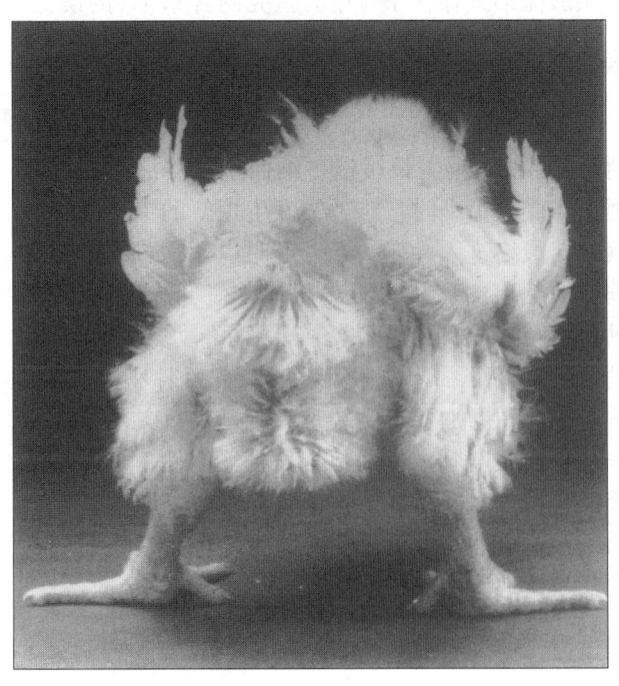

图 29.10 胆碱缺乏症。日粮中胆碱缺乏时，发病鸡表现为发育障碍，羽毛发育不良，腿短粗而弯曲，呈现出胫骨短粗症的典型特征。(Swayne)

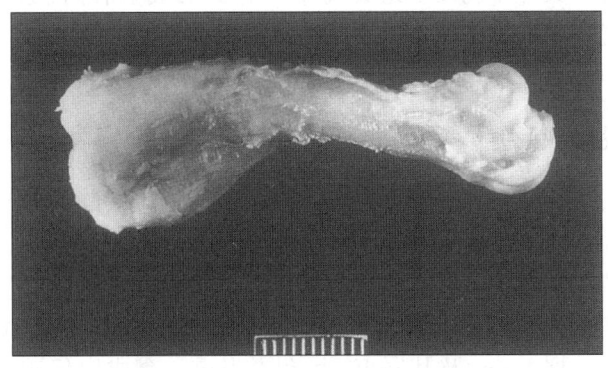

图 29.11 胆碱缺乏症。日粮中胆碱明显缺乏时，肉仔鸡胫跗骨短粗并出现畸形。(Swayne)

必需无机元素

必需无机元素在维持家禽生命、健康及生产力方面，与氨基酸和维生素是同等重要的。钙盐能增加骨骼和蛋壳的坚硬度。电解质参与调控渗透压和酸碱平衡，并在肌肉和神经对刺激的应答反应方面具有特殊作用。矿物元素也是一种必需的催化剂，有利于体内许多酶的活化，且有些矿物元素是体内大分子物质的组成成分。

维持健康所必需的无机元素有钙、磷、硫、镁、钾、钠和氯，微量元素有锰、铁、铜、锌、碘、钼、铬和硒[142]。砷、硼、氟、镍、铷、钒和其他一些稀有矿物质元素也可能具有重要功能，但其作用机制仍不清楚。鸡体内无机矿物质成分的分析表明，钙、磷、镁和锌主要存在于骨内，而其他无机元素则主要分布于肌肉、其他软组织和体液内。

钙与磷

钙和磷与体内代谢密切相关，特别是在骨的形成中起重要作用。对生长中的雏鸡和雏火鸡来说，日粮中大部分钙被用于骨形成，而对成年母鸡来说，则用于蛋壳的形成。钙也是凝血所必需的，此外，还跟钠和钾一起维持心肌正常的收缩。钙是细胞信号传导和调控通路中不可缺少的成分。

除了在骨形成中的作用外，磷还是嘌呤核苷酸的必需组成部分，也是生物化学反应中参与自由能转换和贮存的其他磷酰基化合物的必需成分。磷是许多大分子物质的组成成分，并参与细胞新陈代谢过程中的许多反应。在维持体内酸碱平衡方面，磷也起着重要作用。

钙磷缺乏症

钙磷的利用取决于日粮中大量维生素 D 的存在。当维生素 D 缺乏时，育成雏鸡和雏火鸡骨中钙磷沉积减少，骨矿物质不断消耗，且蛋壳中钙含量也减少。

据 Long 及其同事[121,122,123]报道，育成肉仔鸡日粮中钙磷缺乏时，会引起佝偻病，但在病理组织学上与维生素 D 缺乏所致的佝偻病不同。雏鸡在出壳后便饲喂钙含量为 0.3% 的日粮时，2 周即表现出骺软骨增生性前肥大区变宽，软骨增生区与肥大区间的边界呈不规则构型[123]，并表现有软骨细胞柱不规则和骺软骨管延长。饲喂 4 周后，骺生长板增宽，有时呈软骨塞延向干骺端。组织学检查可见增生区和肥大区不规则，并且常出现无活力的细胞区。有些雏鸡在饲喂 4 周后，肥大区显著地变宽。干骺端血管沿软骨塞侧面（而非从其顶端）侵入；干骺端的软骨细胞柱增厚且不规则。研究者指出，其病理学变化与胫骨软骨发育不良相似。

Long 等[121]报道，饲料中磷缺乏（0.2% 可利用磷）和钙过量（2.24% 钙和 0.45% 可利用磷）时，可引起类似的胫骨异常病变。已观察到数种组织学异常，但最明显的病变是：退化、肥大性骺软骨与干骺端松质骨明显延长。有些雏鸡在 4 周龄时不能站立，腿呈劈叉姿势。胫跗骨常发生弯曲性骨折、弓形弯曲或扭曲。

Julian[100]观察到，磷缺乏时，雏鸡呼吸频率增加，且红细胞增多。血液中二氧化碳和氧含量降低，这可能是由于肋骨强度降低并向内弯曲，从而干扰胸廓呼吸运动的原因。雏鸡死于右心室衰竭，并常伴有腹水。

产蛋母鸡缺乏钙时，可导致产蛋量下降，产薄壳蛋，并趋于耗尽骨钙含量，首先是骨髓质中的钙完全丢失，继而逐步将骨皮质中的钙动员出来，最后骨变得菲薄以致于可能发生自发性骨折，尤其是椎骨、胫骨和股骨。这种病症可能与通常所说的"笼养产蛋鸡疲劳综合征"有关联[156]。钙边缘缺乏通常是笼养产蛋鸡疲劳综合征的一种诱发因素，但这种综合征显然不是由单一的钙缺乏所致，还涉及尚未查明的其他一些病因学因素。

植物性饲料中的大部分磷以植酸的形式存在，且不能被消化酶降解释放，所以植物性饲料中的可利用磷很少，但如果添加植物或微生物源性的植酸酶时，可提高磷的生物利用率。

钙过量

Shane 等[177]给 8~20 周龄来航小母鸡饲喂含 3.0% 钙和 0.4% 磷的日粮，16 周龄时观察到高钙处理可引起肾病变（nephrosis）和内脏尿酸盐沉积（如，内脏型痛风）。Wideman 等[213]给 7~18 周龄小母鸡饲喂含过量（3.25%）或适量（1.0%）钙并配合含有中等水平（0.6%）或低水平（0.4%）可利用磷的日粮，而在产蛋期，所有母鸡均饲喂蛋鸡商品日粮，结果发现，饲喂含 3.25% 钙的日粮时，18 周龄小母鸡尿石症的发病率增高，且这种病症从产蛋期持续到 51 周龄，或期间发病率不断增加。饲养期间，日粮低磷可加剧钙过量的作用。

镁

镁在碳水化合物代谢和许多酶的激活（特别是参与磷酸化反应的酶）方面具有重要的作用。在骨形成过程中，镁也具有重要作用，且大约 2/3 的镁以碳酸盐形式存在于骨中。蛋壳约含 0.4% 的镁。

镁缺乏

Almquist[7]观察到，给雏鸡饲喂缺镁的日粮时，1 周左右鸡生长缓慢，继而生长停滞并变得嗜睡。当受到惊动时，雏鸡常发生短暂的惊厥并伴有气喘，最终进入昏迷状态，有时以死亡告终。雏火鸡镁缺乏症的症状与雏鸡相似[185]。低镁血症和低钙血症与雏鸡严重镁缺乏有关。胫骨镁含量降低，钙含量升高，并出现畸形[185,205,206]：骨小梁增粗、软骨核沉积增加及干骺端骨细胞延长且无活性。发病鸡骨皮质增厚，骨细胞延长且无活性，干骺端哈佛氏管增大，但骺板结构正常。甲状旁腺功能变得活跃，这可能与低钙血症的应答反应有关，而低钙血症是镁缺乏症的特征性症状[206]。

镁过量

实际生产中，在常规饲料中添加足量的镁便可满足营养需求。然而在某些情况下日粮镁含量过高时，会对动物机体产生有害作用：雏鸡生长速度减慢，骨灰分减少；对母鸡来说，镁过量会造成蛋重减轻、蛋壳变薄和腹泻[43,132,184]。育成鸡对日粮镁的最大耐受量为0.5%，产蛋鸡为0.75%[142]。日粮中磷含量低时，会增进鸡对镁中毒的敏感度[85]。

钠和氯（食盐）

钠以氯化物、碳酸盐和磷酸盐的形式主要存在于血液和体液中。钠与膜电位的维持、细胞转运过程及血液中氢离子浓度的调节密切相关。氯作为细胞外液中的主要无机阴离子而在体液、离子和酸碱平衡中起一定作用。

缺乏症的症状和特征

动物摄取钠缺乏的日粮时，不仅不能生长，还产生下列症状：骨松软、角膜角质化、性腺功能丧失、肾上腺肥大、细胞功能改变、饲料利用率降低、血浆和特殊体液量减少、心输出量减少、平均动脉压降低、血细胞压积增加、皮下组织弹性降低、肾上腺机能减退及导致休克状态，如得不到治疗便会发生死亡。

日粮中不添加食盐时，雏鸡表现为生长停滞，且饲料利用率降低。产蛋母鸡日粮中食盐缺乏时，则可导致产蛋量急剧下降，蛋重减小，体重减轻和啄癖。

火鸡食盐缺乏可导致产蛋量降低和孵化率下降[81]。Leach和Nesheim[115]研究得出，雏鸡日粮中含有0.24%钠和0.4%钾时，还需要0.12%的氯。通过饲喂含190mg/kg氯的纯化日粮，这些研究者复制出雏鸡氯缺乏症，其症状表现为：生长速度极低、死亡率高、血液浓稠、脱水及血液中氯离子浓度降低。此外，发病鸡还表现出氯缺乏症的典型神经症状。当受到惊吓时，雏鸡向前倒下，同时腿向后伸展，并在数分钟内处于麻痹状态，而后表现十分正常，直到再次受到惊吓又重复出现这种症状（图29.12）。

食盐过量

日粮中含有过量的食盐时，对鸡和火鸡具有毒性，致死量大约为4g/kg体重。幼龄鸡对食盐的毒性作用比老龄鸡更为敏感。禽对水中食盐的耐受度比饲料中食盐的耐受度更差。食盐中毒的症状包括不能站立、极度口渴、肌肉明显虚弱和死前抽搐。

图29.12 氯缺乏的典型症状。(Leach)

许多器官发生病变，特别是胃肠道、肌肉、肝脏和肺脏发生出血和严重充血。在肉鸡，钠过量可导致腹水、右心室肥大和衰竭（图29.13）[99,202,225]；而在火鸡，可导致自发性心肌病[68]。Matterson等[129]给1日龄雏鸡饲喂含系列梯度食盐的日粮至第23天，结果观察到4.0%的食盐可使25%的雏鸡发生水肿，25%的雏鸡发生死亡，但2.0%的食盐并不产生这种影响。然而，Swayne等[190]报道了一次偶然的食盐中毒病例，该病发生于5~11日龄的雏火鸡，其日粮中食盐的含量为1.85%。发病鸡的症状包括呼吸窘迫、腹水、心包积水、胸膜腔积水和突然死亡。钠过量还可导致水样稀便和垫料浸湿。

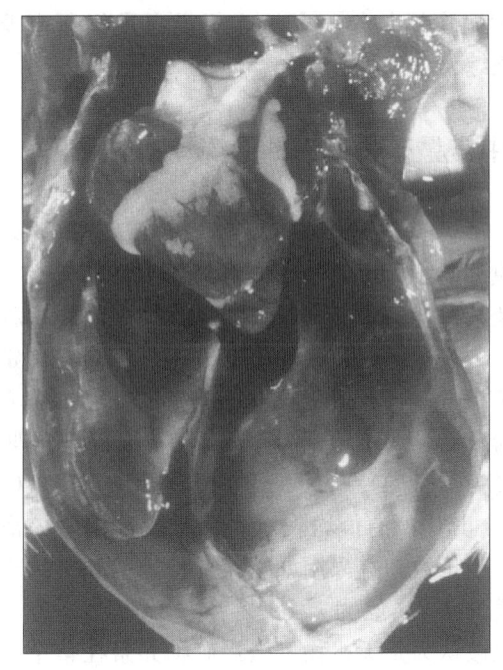

图29.13 食盐过量。食盐过量时，该鸡发生心脏扩大症（尤其是右心室肥大）、腹水且体腔和肝脏被膜出现纤维素渗出。(Swayne)

钾

钾主要存在于机体的细胞内，鸡软组织中钾的含量是钠的 3 倍。作为细胞内液的主要阳离子，钾具有维持膜电位和细胞内液平衡的基本作用，并直接参与许多生物化学反应。钾是心脏正常功能所必需的，它能降低心肌的收缩力，从而有利于心舒张。

缺乏症的临床症状和特征

钾缺乏的主要影响是全身肌肉无力，其特征表现为两腿无力、肌紧张度不足而扩张、心脏衰弱和呼吸肌衰弱，最终发生衰竭。重症病禽表现为惊厥性搐搦和随之死亡。产蛋禽日粮中钾缺乏时，可引起产蛋量下降和蛋壳变薄[113]。在严重的应激过程中，动物重要器官会出现低水平钾。血浆钾水平升高，引起肾脏（在肾上腺皮质激素的作用下）排钾进入尿液。在应激适应过程中，肌肉会恢复其丢失的钾。随着肝糖原的贮存，钾也重返肝脏。这种情况可能会导致整个机体钾缺乏症症状的暂时性延长。高温可引起钾经尿液丢失量的增加[54]。

严格控制饲喂量，且饲喂全价低钾草料时，肉用育成小母鸡的血钾浓度降低，而产蛋期猝死综合征的发病率增加[91]。然而，仍没有进行研究低钾引发该综合征的机制。

日粮中常量矿物元素的平衡

在过去的 20 年中，许多实验室已经确定，家禽日粮中矿物元素间的平衡对酸碱平衡、发育、代谢以及某些生理功能有着深远的影响[135]。这种平衡有几种表达方法，一种表达方法是日粮未确定的阴离子（dietary undetermined anion，dUA），有时称之为日粮阴阳离子平衡[13]。日粮未确定的阴离子定义为：dUA=（Na＋K＋Ca＋Mg）－（Cl＋P＋S），其中所有值均表示为每千克日粮中该离子的毫克当量数，并采用如下化合价：钠和钾为＋1，钙和镁为＋2，氯为－1，磷为－1.75，硫为－2。磷和硫被认为是无机物。微量矿物元素在整个矿物元素平衡中的作用甚微，所以在这里不进行详细介绍。另一种表达方法是日粮电解质平衡，这个概念强调的是强电解质（Na＋K－Cl）间的平衡。

dUA 的正值代表日粮中有机阴离子的净含量。如果是负值（这种情况是极少见的），则代表日粮中氢离子的净含量。各种元素的化学性质和代谢是不同的。因此，虽然 dUA 提供了一个表达日粮元素对酸碱平衡影响的质反应指标，但从量反应方面并不能作为这种影响的准确指标。

日粮中富含无机阴离子特别是氯离子时，可引发代谢性酸中毒，导致钙代谢紊乱，可使未成年鸡胫骨软骨营养不良的发病率和严重程度增加，并引起产蛋母鸡所产蛋的蛋壳的钙化作用减弱。日粮中钙含量有限时，无机阴离子对胫骨发育[60,79,116,167]和蛋壳[14]的影响会进一步加剧。

日粮组成中钙含量过高而磷含量低时，会引发碱性尿的排出[213]，但这点可通过 dUA 得到预测。Wideman 等[213]采用上述饲养条件，在后备小母鸡上观察到了尿石症，其部分原因可能是尿液 pH 值升高引起的。碱性环境有利于二价盐离子的沉淀。给育成鸡饲喂高浓度的碳酸氢钠时，可引发内脏尿酸盐沉积（如"内脏型痛风"），且沉积病变在肾脏尤为明显，主要表现为肾间质和肾小管坏死处发生痛风石（结节瘤）[137]。对家禽[213]和一些哺乳动物[29]来说，增加日粮中的酸度有利于尿石症的减少。增加日粮酸度之前，应当考虑到低 dUA 对骨骼发育和蛋壳质量的潜在的不良影响。

日粮中电解质含量高时，也可引起粪便中水分含量增加，从而使垫料浸湿。日粮中钠、钾或磷含量不断增加时，产蛋母鸡的饮水量会相应地线性增加，且其排泄物中水分含量也线性增加。日粮中钠、钾和磷含量按每千克饲料增加 1 克，则排泄物中水分含量分别增加 9.0、12.0 和 5.6g/kg[179]。各种钠盐可加剧雏鸡热应激的程度，且在一定程度上，至少可使鸡饮水量增加[6,29]。

锰

锰是多种酶的活化剂，是正常生长和繁殖以及预防胫骨短粗症所必需的。除预防胫骨短粗症外，锰也是骨骼正常发育所必需的元素。Wilgus 等[218]观察到，给雏鸡饲喂诱发胫骨短粗症的日粮时，腿骨常变得短粗。锰缺乏可损害软骨内骨生长，骺生长板细胞排列不规则，且胞外基质明显减少[112]。锰是糖基转移酶所必需的因子，锰缺乏可损害糖胺聚糖分子的合成，而糖胺聚糖是骺生长板软骨中蛋白聚糖的组成成分[114,120]。鸭锰缺乏时，骨骼已醋胺浓度降低[114]。还有报道表明，锰是保持最高蛋壳质量所必需的元素。

Lyons 和 Insko[126]发现，锰缺乏会导致受精蛋的孵化率明显降低，还可导致胚胎的软骨营养不良。这种胚胎的死亡高峰发生于孵化的第 20 天和第 21 天。软骨营养不良的胚胎特征是腿非常短粗、翅膀短、鹦鹉嘴、球形头、腹膨大以及绒羽和身体发育停滞。75％的发病胚胎有明显的水肿。发生软骨营养不良时，其胚胎的锰含量低于正常胚胎。

母鸡日粮锰缺乏时，其所产种蛋孵化出的雏鸡有时表现出共济失调，且在受到刺激时尤为明显[38]；雏鸡头可能向前伸或向身体下弯曲，或缩向背后。发病雏鸡生长正常并能活到成年，但不能完全恢复。缺锰母鸡所产蛋的孵化鸡胚及刚出壳的雏鸡出现特征性的短骨症，并终身伴发[37]。

一般来说，锰是毒性最小的矿物元素之一，禽对其的日粮耐受量可达 2 000mg/kg，且这时并不表现出中毒症状[142]。

碘

与其他动物一样，微量元素碘是保持家禽甲状腺正常功能所必需的元素。甲状腺素大约含有 65％的碘，并在机体代谢中是一个重要的调节剂。当摄入的碘低于最适需求量时，甲状腺组织肿大，并导致甲状腺肿。

Wilgus 等[217]报道，碘缺乏可导致育成雏鸡甲状腺肿大，有时还会引起体重减轻。他们观察到，给母鸡饲喂含碘量为 0.025mg/kg 的日粮时，其所产蛋孵化出的幼雏出现先天性甲状腺肿大。Rogler 等[162]观察到缺碘可使孵化后期的胚胎死亡率增加、孵化时间延长、胚胎体型变小和卵黄囊重吸收停滞。在鸡和火鸡日粮中添加 0.25％的碘化食盐可防止碘缺乏症发生，这样除了饲料中所含的碘外，还要添加 0.175mg/kg 的碘。Christensen 和 Ort[45]报道，日粮中添加碘可增加火鸡卵的蛋壳渗透性和孵化率。

通过广泛应用碘（以碘化食盐或加碘矿物预混料的形式），已基本上防止了家禽碘缺乏症的发生。有些蛋鸡养殖场饲喂高碘日粮，以此来丰富蛋营养组分，从而给蛋增加额外附加值。日粮中碘含量为 12mg/kg 或其以上时，可使蛋重、卵白指数和霍氏单位降低[226]。Lichovnikova 等[119]观察到，日粮中碘含量为 6.01mg/kg 时，可使产蛋率、蛋重和霍氏单位均下降。雏鸡日粮中碘含量为 900mg/kg 时，可使雏鸡生长率下降，但添加溴可减轻这种影响[19]。高碘日粮也可使公禽繁殖力下降。饲喂含标准量碘的日粮后，大约在 7 天内可使碘中毒症状恢复至正常。

铜

铜是形成血红蛋白所必需的元素。铜缺乏时，日粮中的铁被吸收并贮存于肝脏和其他部位，但不能合成血红蛋白。雏鸡铜缺乏可导致贫血，其特征为血液循环中红细胞数量减少，以及有色家禽品种的羽毛色素沉积不良[75]。

铜是许多参与氧化还原反应的酶的组成成分。赖氨酰氧化酶是一种含铜的酶，它在弹性蛋白交链结构链锁素的形成过程中催化赖氨酸残基的氧化[164]。铜缺乏可减弱这种交链作用，从而使弹性蛋白的结构变弱，导致家禽动脉破裂。肺脏第 3 级支气管外膜变薄可能也是由弹性蛋白交链作用的减弱所致[33]；然而，给家禽饲喂含高剂量镉的日粮时，病变结果与此情况不一致[117]。有报道表明，铜缺乏可使骨胶原的交链作用减弱，并使骨脆性增加[146,163]。铜是超氧化物歧化酶、细胞色素氧化酶和血浆铜蓝蛋白的组成成分，而铜缺乏可使雏鸡的上述酶活性降低[28,107]。铜缺乏还可导致高甘油三酯血症、高胆固醇血症和凝血酶原凝血时间延长[104]。产蛋母鸡铜缺乏时，可引起产蛋量下降、蛋体积增大以及蛋壳钙化异常。蛋壳异常包括无壳蛋、畸形蛋、皱壳蛋和薄壳蛋。蛋壳的海绵状基质层正常，但乳头基质层的乳头旋钮肿大，且旋钮间的间隙增大。这种情况可能与赖氨酸交链作用减弱而引起的壳膜结构异常有关[23]。

铜具有抗生素样作用，能促进生长和生产效益，所以通常在禽的日粮中添加相对过量的铜（100～200mg/kg），但促进生长量的铜可使小肠固有层内的淋巴细胞量降低，同时也可使上皮内的淋巴细胞量降低[9]。

铜过量

报道表明日粮中铜过量时，可引起肌胃异常。Fisher 等[67]报道，肉用仔鸡日粮铜含量为 205～605mg/kg 时，会导致肌胃衬里粗糙和增厚，且随着日粮铜水平的增加，病变的程度更加严重。最高铜水平可引起肌胃衬里明显增厚和折叠，呈现疣形外观。组织学检查发现肌胃类角质层增厚，类角质层下有脱落的上皮细胞，且类角质层内也包含成团的脱落上皮细胞。Wight 等[216]观察到，雏鸡摄取含 2 000mg/kg 和 4 000mg/kg 铜的饲料时，亦出现类似病变。另外，他们观察到肌胃衬里发生糜烂和皲裂、类角质层下出血、及腺胃黏膜附着有黏液样物。Chiou[44]给蛋鸡饲喂含 800mg/kg 铜的饲料后，观察到了肝脏的病理变化，包括：胆管增生并有淋巴细胞浸润，血清肌酸激酶、天门冬氨酸氨基转移酶和乳酸脱氢酶的活性升高。对于铜中毒，鸭比鸡更敏感[142]。

铁

铁是血红素、血红蛋白卟啉核以及细胞色素的必需组成成分，同时也是许多酶的组成成分，这些酶包括过氧化氢酶、过氧化物酶、苯丙氨酸羟化酶、酪氨酸酶和脯氨酸羟化酶。

铁缺乏可导致血红蛋白过少性小细胞性贫血，使血浆中非血红素铁的含量减少，并阻碍有色品种的羽毛发生正常色素沉着[52,86]。孵化缺铁产蛋鸡所产的蛋时，发育中的鸡胚也会发生贫血，且蛋的孵化率降低[136]。孵化存活下来的雏鸡表现为虚弱和不愿运动；但补充铁后，这种症状会恢复。

产蛋初期母鸡的血红蛋白水平会降低，但这与日粮中铁或铜的含量无明显关系。母鸡开始抱窝时，血红蛋白水平会迅速升高，所以产蛋时常发生的低血红蛋白更有可能是由激素活性的变化引起的，而不是由铁或铜的缺乏引起。据报道，雏鸡缺铁时，色氨酸合成的烟酸量减少[144]。

慢性铁中毒的典型症状包括生长率和增重率下降。Cao 等[36]观察到，给 1 日龄雏鸡饲喂添加400mg/kg 铁的日粮时，生长率有轻微下降，而添加 800mg/kg 铁时，生长率严重下降。然而，给雏鸡饲喂添加 800mg/kg 铁的日粮 5 天后，雏鸡生长率又处于正常情况。铁中毒时，对肝脏、心脏和胰腺 β 细胞的影响最严重[142]。

锌

锌是所有动物的生命所必需的微量元素。锌是碳酸酐酶的组成成分，也是 299 多种酶的活化剂或辅助因子。锌能稳定"锌指"结构基序，而这种结构基序参与蛋白-DNA 反应，从而调节基因表达。

缺乏症的症状和特征

锌缺乏引发的症状包括生长迟缓、羽毛生长不良、跗关节增大（图 29.14）、长骨短而粗、皮肤产生鳞屑并发生皮炎（特别是腿部皮肤）及笨拙的关节炎步态[143,228]。锌缺乏可使雏鸡红细胞压积增加，这是因体内水分重新分布引起的，而不是因饮水量改变引起的[26,27]。

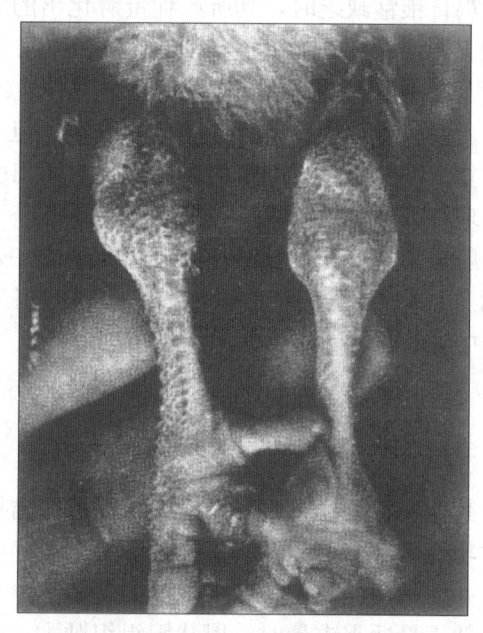

图 29.14 锌缺乏引起雏火鸡跗关节肿大。(Young)

组织学病变包括颈和脚部皮肤的过度角质化，以及食管的角化不全。嗉囊上皮细胞核仁增大并且RNA 含量增加。嗉囊和食管中的两种含锌酶（即碱性磷酸酶和醇脱氢酶）的活性降低[215]。骺生长板的严重病变表现为：在远离血管区的生长板区域内，细胞性能降低，且细胞形态发生异常。软骨细胞增殖性能下降，而细胞凋亡率增加，从而导致生长板细胞性能改变[108]。骺软骨碱性磷酸酶活性也降低。Starcher 等[182]发现，锌缺乏可使胫骨中锌依赖型胶原酶的活性下降。他们认为锌对骨的影响可能是骨胶原转化减少造成的。淋巴样器官中淋巴细胞缺失，胸腺中网状细胞发生坏死[51]。锌缺乏对法氏囊的影响最大，其次是胸腺，而后是脾脏。Bettger 等[26,27]报道了维生素 E 和锌有相互联系的证据。维生素 E 可减轻腿异常、关节炎步态和表皮病变，而多不饱和脂肪酸可加重上述症状。

鸭表现为生长不良和脚部（特别是趾间蹼）表皮的病变[214]。表皮炎的病理学变化在趾间蹼、舌黏膜和胃肠道其他部位是很明显的。角化过度和棘皮症是舌与趾间蹼病变的特征。棘细胞与基细胞间的细胞间隙增大，桥粒数量减少。棘细胞结构异常，细胞核与核仁增大，游离核糖体、张力丝及其他结构成分的含量减少。与鸡一样，鸭的淋巴样器官也受到同样的影响[50]。

雏火鸡对锌的需求量高于雏鸡。因此，除非在日粮中特意添加锌，否则雏火鸡更容易发生锌缺乏症，表现出跗关节增大和羽毛生长不良。当育种日粮中含有过量的钙磷、高水平植酸，且同时缺乏锌时，可引发非常明显的严重的胚胎异常。锌缺乏胚胎可能只有头和完整的内脏，但除数个椎骨外，胚胎无脊柱、翅膀、体壁和腿[106]。

锌过量

产蛋母鸡日粮锌的水平过高（如 20 000mg/kg 氧化锌）时，可引起换羽[49]。锌可导致产蛋量急剧下降和换羽，而当日粮锌恢复到正常水平时，其产蛋量变迅速恢复到正常。过量锌可导致虚弱，这可能是诱发换羽的原因[130]。高水平锌可使锌在组织中聚积，并引起肌胃、甲状腺和胰腺的病理学变化。雏鸡的肌胃衬里粗糙、颜色苍白，并可能出现皲裂和不常见的溃疡[56,216]。组织学检查可见上皮脱屑和炎性细胞浸润。胰脏出现腺泡腔扩张和腺细胞的退行性变化。腺细胞的退行性变化包括酶原颗粒丢失、

细胞质空泡化以及透明体和其他高电子密度残体的存在[216]。甲状腺滤泡细胞发生肥大和增生[105]。

日粮锌大幅度过量（比如用于诱发换羽的量）时，可导致硒依赖型的谷胱甘肽过氧化物酶的活性降低。添加硒可使谷胱甘肽过氧化物酶活性恢复，但不能防止肌胃和胰脏的病理变化[216]。锌轻度过量（如高至 2 000mg/kg）时，并不影响血浆或肝脏谷胱甘肽过氧化物酶的活性，但给雏鸡饲喂纯化日粮时，锌轻度过量可干扰胰脏的外分泌功能和组织中 α-生育酚的浓度，而给雏鸡饲喂实用饲料时，则无此影响[124,125]。

硒

已经证明，硒对雏鸡和雏火鸡都是必需的微量元素。硒是谷胱甘肽过氧化物酶和磷脂氢过氧化物谷胱甘肽过氧化物酶的组成成分，而这些酶可保护组织免遭氧化损伤。硒也是碘代甲状腺素 5'-脱碘酶的组分，且此酶参与甲状腺素转化为具有活性形式的反应过程[34]。

缺乏症的症状和特征

硒可预防雏鸡渗出性素质及雏火鸡肌胃与心肌病的发生[170,171,173]。小鸭硒缺乏时，血浆谷胱甘肽过氧化物酶的活性降低，日增重降低，死亡率升高。死于硒缺乏的小鸭发生数处组织坏死（包括肌胃、心肌、骨骼肌和小肠平滑肌）及心包积水和腹

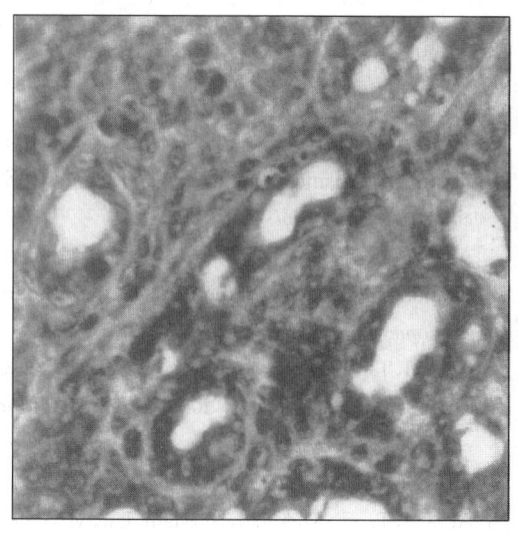
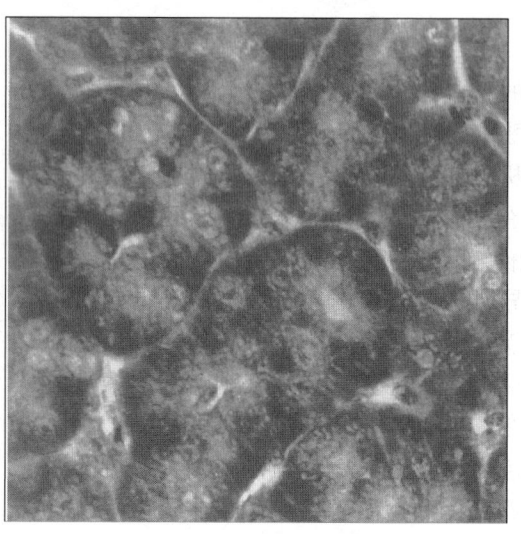

图 29.15　硒缺乏雏鸡的胰腺。腺由有变性的细胞构成，形成中央管腔，同时伴发广泛的间质纤维化（左图），右图为正常胰腺对照。×250。(Scott)

水[53]。维生素 E 和硒对这些疾病的预防有相互协调的作用（见维生素 E 部分）。雏鸡硒缺乏表现为心肌变性、肝细胞空泡变性和肝小叶坏死[110]。

严重缺硒的雏鸡表现为生长不良、羽毛发育不良、脂肪消化不良、胰腺萎缩以及纤维变性[193,194]，此外，胰腺中硒依赖型谷胱甘肽过氧化物酶的活性降低[207]。硒缺乏可抑制肝脏中 5′-脱碘酶的活性，导致血浆三碘甲腺原氨酸（T_3）的含量降低，因而使肉鸡生长受到抑制[94]。补充三碘甲腺原氨酸可促进生长和饲料转化率。Gries 和 Scott[76]对胰腺病变进行了连续取样性研究，表现为胰腺的外分泌腺空泡化和透明体形成。随着缺乏症的发展，细胞质发生变性，最后腺泡被细胞环所取代，腔中央被纤维化组织填塞（图 29.15）。

治疗

以 Na_2SeO_3 的形式在日粮中添加 0.1mg/kg 的硒，在 2 周之内即可使胰腺腺泡完全再生，临床症状明显恢复。雏鸡发生渗出性素质时，肌肉注射 15μg 硒，6 天之内便可明显改善硒缺乏的临床症状[22]。日粮中维生素 E 含量高（是预防其他维生素 E 缺乏症所需量的 15～20 倍）时，可预防因硒缺乏而引起的胰腺退化[207]。饲喂 100IU/kg 饲料的维生素 E，可使血浆生育酚保持高水平，而胆盐有促进维生素 E 吸收的作用。这样可大大减少渗出性素质的发生率，且雏鸡胰腺在严重病变之前不会发生渗出性素质。

硒过量

过量的无机硒能和硫形成复合物，并且硒可取代胱氨酸中的硫，因而过量硒可影响硫的代谢。过量的有机硒通常以硒蛋氨酸的形式存在，并能很快掺入蛋白质，因为 tRNA$_{met}$ 不能区别硒蛋氨酸和蛋氨酸。硒能稳定地掺入蛋白质而取代蛋氨酸，这种异常可导致蛋白质合成障碍，蛋白质功能受损和突变。5mg/kg 的硒可使肉鸡生长率下降[196]。Salyi 等[166]报道，肉用仔鸡急性硒中毒的症状主要有：水样腹泻、虚弱、嗜睡和小脑水肿。肝脏病变包括空泡变性、单核巨噬细胞系统固缩、出血性营养不良和实质萎缩。肾脏出现弥漫性肾小管肾病，随后肾小管上皮细胞发生坏死。心肌和骨骼肌变性，法氏囊受损。

发育的胚胎很易受高硒的影响[219]。孵化率明显下降，出壳雏鸡畸形，常见于腿、趾、翅膀、喙和眼睛发育不全或完全缺失。绒毛细长且稀疏[84]。雏鸡摄取过量硒时，表现为生长缓慢、胸肌萎缩、肝脏中毒、水肿以及爪和羽毛脱落。

公共卫生安全的重要性

禽肉生产是人类饮食生活的重要部分，提供了高生物利用率的营养成分。肉和蛋中维生素和矿物质元素的量主要来源于饲料。禽日粮中维生素或矿物质元素缺乏时，其产品不能满足人类营养素的需求量。动物营养素缺乏常使动物免疫受到抑制，导致传染性疾病的发病率增加，且有时，可使许多病原微生物发生变异进化。

一般来说，动物是植物饲料或其他饲料中高剂量矿物元质素或其他营养素的缓冲剂，因而减少了人类直接接触这些具有潜在毒性的营养素的机会。然而，肉或蛋可蓄积某些营养素（如，硒、碘、铜、氟和维生素 A），且其蓄积量可能对人类健康有副作用[142]。加强这些毒性营养素的检测和调整，对于保障人类食品安全具有重要意义。

参考文献

[1] Abdulrahim, S. M., M. B. Patel and J. McGinnis. 1979. Effects of vitamin D$_3$ and D$_3$ metabolites in production parameters and hatchability of eggs. *Poult. Sci.* 58: 858 -863.

[2] Adams, R. L. and C. W. Carrick. 1967. A study of the niacin requirement of the laying hen. *Poult. Sci.* 46: 712 -718.

[3] Adamstone, F. B. 1947. Histologic comparisons of the brains of vitamin A-deficient and vitamin E-deficient chicks. *Arch. Pathol.* 43:301 - 312.

[4] Adamstone, F. B., and L. E. Card. 1934. The effects of vitamin E deficiency on the testis of the male fowl (*gallus domesticus*). *J. Morphol.* 56:339 - 359.

[5] Ahmad, T., T. Mushtaq, N. Mahr Un, M. Sarwar, D. M. Hooge and M. A. Mirza. 2006. Effect of different non-chloride sodium sources on the performance of heat-stressed broiler chickens. *Br Poult Sci* 47:249 -256.

[6] Ahmad, T., T. Mushtaq, N. Mahr Un, M. Sarwar, D. M. Hooge and M. A. Mirza. 2006. Effect of different non-chloride sodium sources on the performance of heat-stressed broiler chickens. *Br Poult Sci* 47:249 -256.

［7］Almquist，H. J. 1942. Magnesium requirement of the chick. *Proc. Soc. Exp. Biol. Med.* 49：544 - 545.

［8］Ameenuddin，S. ，M. L. Sunde and M. E. Cook. 1985. Essentiality of vitamin D$_3$ and its metabolites in poultry nutrition：A review. *World Poult. Sci.* J 41：52 - 63.

［9］Arias，V. J. and E. A. Koutsos. 2006. Effects of copper source and level on intestinal physiology and growth of broiler chickens. *Poult Sci* 85：999 - 1007.

［10］Asmundson，V. S. and F. H. Kratzer. 1952. Observations of vitamin a deficiency in turkey breeding stock. *Poult. Sci.* 31：71 - 73.

［11］Atencio，A. ，G. M. Pesti and H. M. Edwards，Jr. 2005. Twenty-five hydroxycholecalciferol as a cholecalciferol substitute in broiler breeder hen diets and its effect on the performance and general health of the progeny. *Poult Sci* 84：1277 - 1285.

［12］Austic，R. E. 1979. Nutritional influences on water intake in poultry. *Proc. Cornell Nutr. Conf.* Syracuse，NY，：pp. 37 - 41.

［13］Austic，R. E. ，and J. F. Patience. 1988. Undetermined anion in poultry diets：Influence on acid-base balance，metabolism and physiological performance. *Crit. Rev. Poult. Biol.* 1：315 - 345.

［14］Austic，R. E. ，and K. Keshavarz. 1988. Interaction of dietary calcium and chloride and the influence of monovalent minerals on eggshell quality. *Poult. Sci.* 67：750 - 759.

［15］Austic，R. E. ，and R. K. Cole. 1972. Impaired renal clearance of uric acid in chickens having hyperuricemia and articular gout. *Am. J. Physiol.* 223：525 - 530.

［16］Aye，P. P. ，T. Y. Morishita，Y. M. Saif，J. D. Latshaw，B. S. Harr and F. B. Cihla. 2000. Induction of vitamin A deficiency in turkeys. *Avian Dis.* 44：809 -817.

［17］Bain，S. D. ，J. W. Newbrey and B. A. Watkins. 1988. Biotin deficiency may alter tibiotarsal bone growth and modeling in broiler chicks. *Poult. Sci.* 67：590 - 595.

［18］Baker，D. H. ，N. K. Allen and A. J. Kleiss. 1973. Efficiency of tryptophan as a niacin precursor in the young chick. *J. Anim. Sci.* 36：299 - 302.

［19］Baker，D. H. ，T. M. Parr and N. R. Augspurger. 2003. Oral iodine toxicity in chicks can be reversed by supplemental bromine. *J Nutr* 133：2309 - 2312.

［20］Baker，J. R. ，J. M. Howell and J. N. Thompson. 1967. Hypervitaminosis A in the chick. *Br. J. Exp. Pathol.* 48：507 - 512.

［21］Bar，A. ，S. Striem，J. Rosenberg and S. Hurwitz. 1988. Egg shell quality and cholecalciferol metabolism in aged laying hens. *J. Nutr.* 118：1018 - 1023.

［22］Bartholomew，A. ，D. Latshaw and D. E. Swayne. 1998. Changes in blood chemistry，hematology，and histology caused by a selenium/ vitamin E deficiency and recovery in chicks. *Biol. Trace Elem. Res.* 62：7 -16.

［23］Baumgartner，S. ，D. J. Brown，J. E. Salevsky and J. R. M. Leach. 1978. Copper deficiency in the laying hen. *J. Nutr.* 108：804 - 811.

［24］Beer，A. E. ，M. L. Scott and M. C. Nesheim. 1963. The effects of graded levels of pantothenic acid on the breeding performance of white leghorn pullets. *Br Poult. Sci.* 4：243 - 253.

［25］Bermudez，A. J. ，D. E. Swayne，M. W. Squires and M. J. Radin. 1993. Effects of vitamin A deficiency on the reproductive system of mature white leghorn hens. *Avian Dis.* 37 - 183.

［26］Bettger，W. J. ，P. G. Reeves，E. A. Moscatelli，J. E. Savage，and B. L. O'Dell. 1980. Interaction of zinc and polyunsaturated fatty acids in the chick. *J. Nutr.* 110：50 -58.

［27］Bettger，W. J. ，P. G. Reeves，J. E. Savage and B. L. O' Dell. 1980. Interaction of zinc and vitamin E in the chick. *Proc. Soc. Exp. Biol. Med.* 163：432 -436.

［28］Bettger，W. J. ，J. E. Savage and B. L. O'Dell. 1979. Effects of dietary copper and zinc on erythrocyte superoxide dismutase activity in the chick. *Nutr. Rep. Int.* 19：893 - 900.

［29］Borges，S. A. ，A. V. Fischer da Silva，A. Majorka，D. M. Hooge and K. R. Cummings. 2004. Physiological responses of broiler chickens to heat stress and dietary electrolyte balance（sodium plus potassium minus chloride，milliequivalents per kilogram）. *Poult Sci* 83：1551 -1558.

［30］Briggs，G. M. 1946. Nicotinic acid deficiency in turkey poults and the occurrence of perosis. *J. Nutr.* 31：79 -84.

［31］Briggs，G. M. ，A. C. Groschke，and R. J. Lillie. 1946. Effect of proteins low in tryptophane on growth of chickens and on laying hens receiving nicotinic acid-low rations. *J. Nutr.* 32：659 - 675.

［32］Bryden，W. L. 1991. Tissue depletion of biotin in chickens and the development of deficiency lesions and the fatty liver and kidney syndrome. *Avian. Pathol.* 20：259 -269.

［33］Buckingham，K. ，C. S. Heng-Khoo，M. Dubick，M. Lefevre，C. Cross，L. Julian，and R. Rucker. 1981. Copper deficiency and elastin metabolism in avian lung. *Proc.*

Soc. *Exp. Biol. Med.* 166:310 - 3.

[34]Burk,R. F. ,and K. E. Hill. 1993. Regulation of seleno-proteins. *Annu. Rev. Nutr.* 13:65 - 81.

[35]Cai,Z. ,J. W. Finnie and P. C. Blumbergs. 2006. Avian riboflavin deficiency: An acquired tomaculous neuropathy. *Vet Pathol* 43:780 - 781.

[36]Cao,J. , X. G. Luo, P. R. Henry, C. B. Ammerman, R. C. Littell and R. D. Miles. 1996. Effect of dietary iron concentration, age, and length of iron feeding on feed intake and tissue iron concentration of broiler chicks for use as a bioassay of supplemental iron sources. *Poult Sci* 75:495 - 504.

[37]Caskey,C. D. and L. C. Norris. 1940. Micromelia in adult fowl caused by manganese deficiency during embryonic development. *Proc. Soc. Exp. Biol. Med.* 44: 332 - 335.

[38]Caskey,C. D. , L. C. Norris and G. F. Heuser. 1944. A chronic congenital ataxia in chicks due to manganese deficiency in the maternal diet. *Poult. Sci.* 23: 516 -520.

[39]Chen,B. J. 1989. Studies on the conversion of tryptophan to niacin in chickens and ducks. Ph. D. Thesis. Cornell University, Ithaca, NY.

[40]Chen,B. J. , T. F. Shen and R. E. Austic. 1996. Efficiency of tryptophan-niacin conversion in chickens and ducks. *Nutr. Res.* 16:91 - 104.

[41]Chen,P. S. and H. B. Bosmann. 1964. Effect of vitamins D_2 and D_3 on serum calcium and phosphorus in rachitic chicks. *J. Nutr.* 83:133 - 138.

[42]Chiang,Y. H. , J. D. Kim, C. S. Lee and M. F. Holick. 1997. Biological, biochemical and histopathological observations of broiler chicks fed different levels of vitamin D_3. Iii: Histopathological observation. *Korean J. An. Nutr. Feedstuffs* 21:245 - 250.

[43]Chicco,C. F. ,C. B. Ammerman, P. A. v. Walleghem, P. W. Waldroup and R. H. Harms. 1967. Effects of varying dietary ratios of magnesium, calcium, and phosphorus in growing chicks. *Poult. Sci.* 46:368 - 373.

[44]Chiou,P. W. S. , K. L. Chen and B. Yu. 1997. Toxicity, tissue accumulation and residue in egg and excreta of copper in laying hens. *An. Feed Sci. Tech.* 67:49 - 60.

[45]Christensen,V. L. and J. F. Ort. 1988. Effect of dietary iodine on the permeability and hatchability of large white turkey eggs [abst]. *Poult. Sci.* 67(Suppl):67.

[46]Chung,T. K. and D. H. Baker. 1990. Riboflavin requirement of chicks fed purified amino acid and conventional corn-soybean meal diets. *Poult. Sci.* 69:1357 -1363.

[47]Couch,J. R. , W. W. Cravens, C. A. Elvehjem and J. G. Halpin. 1948. Relation of biotin to congenital deformities in the chick. *Anat. Rec.* 100:29 - 48.

[48]Cravens,W. W. , W. H. McGibbon and E. E. Sebesta. 1944. Effect of biotin deficiency on embryonic development in the domestic fowl. *Anat. Rec.* 90:55 -64.

[49]Creger,C. R. and J. T. Scott. 1980. Using zinc oxide to rest laying hens. *Poult. Dig.* 39:230 - 232.

[50]Cui,H. , F. Jing and P. Xi. 2003. Pathology of the thymus, spleen and bursa of Fabricius in zinc-deficient ducklings. *Avian Pathol* 32:259 - 264.

[51]Cui, H. , P. Xi, D. Junliang, L. Debing and Y. Guang. 2004. Pathology of lymphoid organs in chickens fed a diet deficient in zinc. *Avian Pathol* 33:519 -524.

[52]Davis,P. N. ,L. C. Norris and F. H. Kratzer. 1962. Iron deficiency studies in chicks using treated isolated soybean protein diets. *J. Nutr.* 78:445 - 453.

[53]Dean,W. F. ,and G. F. Combs,Jr. 1981. Influence of dietary selenium on performance, tissue selenium content, and plasma concentrations of selenium-dependent glutathione peroxidase, vitamin E, and ascorbic acid in ducklings. *Poult. Sci.* 60:2655 - 2663.

[54]Deetz, L. E. and R. C. Ringrose. 1976. Effect of heat stress on the potassium requirement of the hen. *Poult. Sci.* 55:1765 - 1770.

[55]DeLuca, H. F. 1971. Vitamin D: A new look at an old vitamin. *Nutr. Rev.* 29:179 - 181.

[56]Dewar,W. A. ,P. A. L. Wight, R. A. Pearson, and M. J. Gentle. 1983. Toxic effects of high concentrations of zinc oxide in the diet of the chick and laying hen. *Br Poult. Sci.* 24:397 - 404.

[57]Dickson,I. R. ,and E. Kodicek. 1979. Effect of vitamin D deficiency on bone formation in the chick. *Biochem. J.* 182: 429 - 435.

[58]DiLorenzo,R. N. 1972. Studies of the genetic variation in tryptophan-nicotinic acid conversion in chicks. Ph. D. Thesis. Cornell University, Ithaca, NY.

[59]Edmonds, M. S. and D. H. Baker. 1987. Comparative effects of individual amino acid excesses when added to a corn-soybean meal diet: Effects on growth and dietary choice in the chick. *J. Animal Sci.* 65:699 -705.

[60]Edwards, H. M. , Jr. 1984. Studies on the etiology of tibial dyschondroplasia in chickens. *J. Nutr.* 114: 1001 -1013.

[61]Edwards, H. M. , Jr. 1990. Efficacy of several vitamin D compounds in the prevention of tibial dyschondroplasia in broiler chickens. *J. Nutr.* 120:1054 -1061.

［62］Edwards, H. M., Jr., M. A. Elliot, S. Sooncharernying and W. M. Britton. 1994. Quantitative requirement for cholecalciferol in the absence of ultraviolet light. *Poult. Sci.* 73:288 - 294.

［63］Edwards, H. M., Jr., M. A. Elliot and S. Sooncharernying. 1992. Effect of dietary calcium on tibial dyschondroplasia. Interaction with light, cholecalciferol, 1, 25 - dihydroxycholecalciferol, protein, and synthetic zeolite. *Poult. Sci.* 71:2041 - 2055.

［64］Elaroussi, M. A., H. F. DeLuca, L. R. Forte and H. V. Biellier. 1993. Survival of vitamin D-deficient embryos: Time and choice of cholecalciferol or its metabolites for treatment in ovo. *Poult. Sci.* 72:1118 -1126.

［65］Engel, R. W., P. H. Phillips and J. G. Halpin. 1940. The effect of a riboflavin deficiency in the hen upon embryonic development of the chick. *Poult. Sci.* 19.

［66］Ferguson, T. M., R. H. Rigdon and J. R. Couch. 1956. Cataracts in vitamin E deficiency: an experimental study in the turkey embryo. *Am. Med. Assoc. Arch. Ophth.* 55:346 - 355.

［67］Fisher, C., A. P. Laursen-Jones, K. J. Hill and W. S. Hardy. 1973. The effect of copper sulphate on performance and the structure of the gizzard in broilers. Br. *Poult. Sci.* 14:55 - 68.

［68］Frame, D. D., D. M. Hooge and R. Cutler. 2001. Interactive effects of dietary sodium and chloride on the incidence of spontaneous cardiomyopathy(round heart)in turkeys. *Poult Sci* 80:1572 - 1577.

［69］Frigg, M. 1984. Available biotin content of various feed ingredients. *Poult. Sci.* 63:750 - 753.

［70］Fuhrmann, H. and H. P. Sallmann. 2000. Brain, liver and plasma unsaturated aldehydes in nutritional encephalomalacia of chicks. *J. Vet. Med.* 47:149 -155.

［71］Garvey, W. T. and R. E. Olson. 1978. *In vitro* vitamin K-dependent conversion of precursor to prothrombin in chick liver. *J. Nutr.* 108:1078 - 1086.

［72］Gillis, M. B., G. F. Heuser and L. C. Norris. 1948. Pantothenic acid in the nutrition of the hen. *J. Nutr.* 35:351 - 363.

［73］Goldstein, J. and M. L. Scott. 1956. An electrophoretic study of exudative diathesis in chicks. *J. Nutr.* 60:349 -359.

［74］Goodson-Williams, D. A. R. R., Sr. and J. A. McGuire. 1986. Effects of feeding graded levels of vitamin D₃ on egg shell pimpling in aged hens. *Poult. Sci.* 65:1556 -1560.

［75］Grau, C. R., T. E. Roudybush, P. Vohra, F. H. Kratzer, M. Yang and D. Nearenberg. 1989. Obscure relations of feather melanization and avian nutrition. *Worlds Poult. Sci. J.* 45:241 - 246.

［76］Gries, C. L. and M. L. Scott. 1972. Pathology of selenium deficiency in the chick. *J. Nutr.* 102:1287 -1296.

［77］Gries, C. L. and M. L. Scott. 1972. The pathology of pyridoxine deficiency in chicks. *J. Nutr.* 102:1259 -1267.

［78］Gries, C. L. and M. L. Scott. 1972. The pathology of thiamin, riboflavin, pantothenic acid and niacin deficiencies in the chick. *J. Nutr.* 102:1269 - 1285.

［79］Halley, J. T., T. S. Nelson, L. K. Kirby and Z. B. Johnson. 1987. Effect of altering dietary mineral balance on growth, leg abnormalities, and blood base excess in broiler chicks. *Poult. Sci.* 66:1684 - 1692.

［80］Han, Y. M. and D. H. Baker. 1993. Effects of excess methionine or lysine for broilers fed a corn-soybean meal diet. *Poul. Sci.* 72:1070 - 1074.

［81］Harms, R. H., R. E. Buresh and H. R. Wilson. 1985. Sodium requirement of the turkey hen. *Br Poult. Sci.* 26:217 - 220.

［82］Harms, R. H., N. Ruiz, R. E. Buresh and H. R. Wilson. 1988. Effect of niacin supplementation of a corn-soybean meal diet on performance of turkey breeder hens. *Poult. Sci.* 67:336 - 338.

［83］Hedstrom, O. R., N. F. Cheville and R. L. Horst. 1986. Pathology of vitamin D deficiency in growing turkeys. *Vet Pathol* 23:485 - 498.

［84］Heinz, G. H. and D. J. Hoffman. 1996. Comparison of the effects of seleno- l- methionine, seleno-dl-methionine, and selenized yeast on reproduction of mallards. *Environ. Pollution* 91:169 - 175.

［85］Hess, J. B. and W. M. Britton. 1997. Effects of dietary magnesium excess in white leghorn hens. *Poult Sci* 76:703 - 710.

［86］Hill, C. H., and G. Matrone. 1961. Studies on copper and iron deficiencies in growing chickens. *J. Nutr.* 73:425 - 431.

［87］Hill, F. W., M. L. Scott, L. C. Norris, and G. F. Heuser. 1961. Reinvestigation of the vitamin A requirements of laying and breeding hens and their progeny. *Poult. Sci.* 40:1245 - 1254.

［88］Hinshaw, W. R., and W. E. Lloyd. 1934. Vitamin A deficiency in turkeys. *Hilgardia* 8:281 - 304.

［89］Hooper, J. H., J. L. Halpin, and J. C. Fritz. 1942. The feeding of single massive doses of vitamin D to birds ［abst］. *Poult. Sci.* 21:472.

[90]Hopkins, D. T., and M. C. Nesheim. 1967. The linoleic acid requirement of chicks. *Poult. Sci.* 46:872 -881.

[91] Hopkinson, W. I. 1991. Reproduction of the sudden death syndrome of broiler breeders. A relative potassium imbalance. *Avian Pathol.* :10.

[92]Itakura, C., K. Yamasaki and M. Goto. 1978. Pathology of experimental vitamin D deficiency rickets in growing chickens. 1. Bone. *Avian. Pathol.* 7:491 -513.

[93]Jensen, L. S., M. L. Scott, G. F. Heuser, L. C. Norris and T. S. Nelson. 1956. Studies on the nutrition of breeding turkeys. I. Evidence indicating a need to supplement practical turkey rations with vitamin E. *Poult. Sci.* 35:810 - 816.

[94]Jianhua, H., A. Ohtsuka and K. Hayashi. 2000. Selenium influences growth via thyroid hormone status in broiler chickens. *British J. Nutr.* 84:727 - 732.

[95]Jin, S. and J. L. Sell. 2001. Dietary vitamin K requirement and comparison of biopotency of different vitamin k sources for young turkeys. *Poult Sci* 80:615 -620.

[96]Johnson, N. E., X. L. Qiu, L. D. Gautz and E. Ross. 1995. Changes in dimensions and mechanical properties of bone in chicks fed high levels of niacin. *Food Chem. Tox.* 33:265 - 271.

[97]Jortner, B. S., J. B. Meldrum, C. H. Domermuth and L. M. Potter. 1985. Encephalomalacia associated with hypovitaminosis E in turkey poults. *Avian Dis.* 29:488 -498.

[98]Jukes, T. H., and F. H. Bird. 1942. Prevention of perosis by biotin. *Proc. Soc. Exp. Biol. Med.* 49:231 -232.

[99]Julian, R. J. 1987. The effect of increased sodium in the drinking water on right ventricular hypertrophy, right ventricular failure and ascites in broiler chickens. *Avian Pathol.* 16:61 - 71.

[100]Julian, R. J., J. Summers and J. B. Wilson. 1986. Right ventricular failure and ascites in broiler chicks caused by phosphorus-deficient diets. *Avian Dis.* 30:453 -459.

[101]Jungherr, E. 1943. Nasal histopathology and liver storage in subtotal vitamin A deficiency of chickens. *Conn. Agric. Exp. Stn. Bull.* No. 250 pp. 1 - 36.

[102]Kalemegham, R. and K. Krishnaswamy. 1975. Myelin lipids in vitamin B_{12} deficiency in chicks. *Life Sci.* 16:1441 - 1445.

[103]Kannan, Y., H. Harayama and S. Kato. 1997. Effects of dietary calcium levels on the histomorphology of proximal tibia in vitamin D deficient chicks. *Jap. Poult. Sci.* 34:124 - 131.

[104]Kaya, A., A. Altiner and A. Ozpinar. 2006. Effect of copper deficiency on blood lipid profile and haematological parameters in broilers. *J Vet Med A Physiol Pathol Clin Med* 53:399 - 404.

[105]Kaya, S., M. Ortatatli and S. Haliloglu. 2002. Feeding diets supplemented with zinc and vitamin A in laying hens: Effects on histopathological findings and tissue mineral contents. *Res Vet Sci* 73:251 - 257.

[106]Kienholz, E. W., D. E. Turk, M. L. Sunde and W. G. Hoekstra. 1961. Effects of zinc deficiency in the diets of hens. *J. Nutr.* 75:211 - 221.

[107]Koh, T. S., R. K. Peng and K. C. Klasing. 1996. Dietary copper level affects copper metabolism during lipopolysaccharide-induced immunological stress in chicks. *Poult. Sci.* 75:867 - 872.

[108]Kratzer, F. H., J. L. Buenrostro and B. A. Watkins. 1985. Biotin related abnormal fat metabolism in chickens and its consequences. *Ann. N. Y. Acad. Sci.* 447:401 - 402.

[109]Lacy, D. L., and W. E. Huffer. 1982. Studies on the pathogenesis of avian rickets. I. Changes in epiphyseal and metaphyseal vessels in hypocalcemic and hypophosphatemic rickets. *Am. J. Pathol.* 109:288 -301.

[110]Latshaw, J. D., T. Y. Morishita, C. F. Sarver and J. Thilsted. 2004. Selenium toxicity in breeding ring-necked pheasants (*Phasianus colchicus*). *Avian Dis* 48:935 - 939.

[111]Lavelle, P. A., Q. P. Lloyd, C. V. Gay and J. R. M. Leach. 1994. Vitamin K deficiency does not functionally impair skeletal metabolism of laying hens and their progeny. *J. Nutr.* 124:371 - 377.

[112]Leach, R. M., Jr. 1968. Effect of manganese upon the epiphyseal growth plate in the young chick. *Poult. Sci.* 47:828 - 830.

[113]Leach, R. M., Jr. 1974. Studies on the potassium requirement of the laying hen. *J. Nutr.* 104:684 -686.

[114] Leach, R. M., Jr. 1986. Mn (II) and glycosyltransferases essential for skeletal development. In V. L. Schramm and F. C. Wedler(eds.). Manganese in Metabolism and Enzyme Function. Academic Press, Inc., 81 - 91.

[115]Leach, R. M., Jr. and M. C. Nesheim. 1963. Studies on chloride deficiency in chicks. *J. Nutr.* 81:193 -199.

[116]Leach, R. M., Jr., and M. C. Nesheim. 1972. Further studies on tibial dyschondroplasia(cartilage abnormality)in young chicks. *J. Nutr.* 102:1673 -1680.

[117]Lefevre, M., H. Heng and R. B. Rucker. 1982. Dietary

cadmium, zinc and copper: Effects on chick lung morphology and elastin cross-linking. *J. Nutr.* 112: 1344 -1352.

[118]Lewis, P. D. 2004. Responses of domestic fowl to excess iodine: A review. *Br J Nutr* 91:29 - 39.

[119] Lichovnikova, M. , L. Zeman and M. Cermakova. 2003. The long-term effects of using a higher amount of iodine supplement on the efficiency of laying hens. *Br Poult Sci* 44:732 - 734.

[120]Liu, A. C. H. , B. S. Heinrichs, and R. M. Leach, Jr. 1994. Influence of manganese deficiency on the characteristics of proteoglycans of avian epiphyseal growth plate cartilage. *Poult. Sci.* 73:663 - 669.

[121]Long, P. H. , S. R. Lee, G. N. Rowland, and W. M. Britton. 1984. Experimental rickets in broilers: Gross, microscopic, and radiographic lesions. I. Phosphorus deficiency and calcium excess. *Avian Dis.* 28: 460 -474.

[122]Long, P. H. , S. R. Lee, G. N. Rowland, and W. M. Britton. 1984. Experimental rickets in broilers: Gross, microscopic, and radiographic lesions. II. Calcium deficiency. *Avian Dis.* 28:921 - 932.

[123]Long, P. H. , S. R. Lee, G. N. Rowland, and W. M. Britton. 1984. Experimental rickets in broilers: Gross, microscopic, and radiographic lesions. III. Vitamin d deficiency. *Avian Dis.* 28:933 - 943.

[124]Lü, J. , and G. F. Combs, Jr. 1988. Effect of excess dietary zinc on pancreatic exocrine function in the chick. *J. Nutr.* 118:681 - 689.

[125]Lü, J. , and G. F. Combs, Jr. 1988. Excess dietary zinc decreases tissue α-tocopherol in chicks. *J. Nutr.* 118: 1349 - 1359.

[126]Lyons, M. , and W. M. Insko, Jr. 1937. Chondrodystrophy in the chick embryo produced by manganese deficiency in the diet of the hen. *Ky. Agric. Exp. Stn. Bull.* 371:61 - 75.

[127]Manley, J. M. , R. A. Voitle, and R. H. Harms. 1978. The influence of hatchability of turkey eggs from the addition of 25 - hydroxycholecalciferol to the diet. *Poult. Sci.* 57:290 - 292.

[128]Masse, P. G. , I. Ziv, D. E. C. Cole, J. D. Mahuren, S. Donovan, M. Yamauchi and D. S. Howell. 1998. A cartilage matrix deficiency experimentally induced by vitamin B6 deficiency. *Proc. Soc. Exp. Biol. Med.* 217: 97 -103.

[129]Matterson, L. D. , H. M. Scott, and E. Jungherr. 1946. Salt tolerance of turkeys. *Poult. Sci.* 25:539 -541.

[130]McCormick, C. C. , and D. L. Cunningham. 1984. High dietary zinc and fasting as methods of forced resting: A performance comparison. *Poult. Sci.* 63: 1201 - 1206.

[131]McGinnis, J. , and J. S. Carver. 1947. The effect of riboflavin and biotin in the prevention of dermatitis and perosis in turkey poults. *Poult. Sci.* 26:364 -371.

[132] McWard, G. W. 1967. Magnesium tolerance of the growing and laying chicken. *Br Poult. Sci.* 8:91 -99.

[133]Menge, H. C. , C. Calvert and C. A. Denton. 1965. Further studies of the effect of linoleic acid on reproduction in the hen. *J. Nutr.* 86:115 - 121.

[134]Misir, R. , and R. Blair. 1988. Biotin bioavailability of protein supplements and cereal grains for starting turkey poults. *Poult. Sci.* 67:1274 - 1280.

[135]Mongin, P. 1981. Recent advances in dietary anion-cation balance. Applications in poultry. *Proc. Nutr. Soc:*40.

[136]Morck, T. A. , and R. E. Austic. 1981. Iron requirements of white leghorn hens. *Poult. Sci.* 60: 1497 -1503.

[137]Mubarak, M. and A. A. Sharkawy. 1999. Toxopathology of gout induced in laying pullets by sodium bicarbonate toxicity. *Environ. Tox. Pharm.* 7:227 -236.

[138] Nesheim, M. C. , J. R. M. Leach and M. J. Norvell. 1967. The effect of rearing diet on choline deficiency in hens. Proc 1967 Cornell Nutr. Conf. Buffalo, NY, 57 -60.

[139]Noble, R. C. and J. H. Moore. 1966. Some aspects of the lipid metabolism of the chick embryo. In C. Horton-Smith and E. C. Amoroso(eds.). Physiology of the Domestic Fowl. Oliver and Boyd, London, 87 -102.

[140]Nockels, C. F. , and E. W. Kienholz. 1967. Influence of vitamin A deficiency on testes, bursa fabricius, adrenal and hematocrit in cockerels. *J. Nutr.* 92:384 -388.

[141]Noguchi, T. , A. H. Cantor, and M. L. Scott. 1973. Mode of action of selenium and vitamin E in prevention of exudative diathesis in chicks. *J. Nutr.* 103: 1502 - 1511.

[142]NRC. 2005. Mineral tolerances of animals. Washington, D. C. , The National Academies.

[143] O'Dell, B. L. , P. M. Newberne, and J. E. Savage. 1958. Significance of dietary zinc for the growing chicken. *J. Nutr.* 65:503 - 518.

[144]Oduho, G. W. , Y. Han, and D. H. Baker. 1994. Iron deficiency reduces the efficacy of tryptophan as a niacin precursor. *J. Nutr.* 124:444 - 450.

[145]Olcese, O. , J. R. Couch, J. H. Quisenberry, and P. B. Pearson. 1950. Congenital anomalies in the chick due to vitamin B₁₂ deficiency. *J. Nutr*. 41:423 -431.

[146]Opsahl, W. , H. Zeronian, M. Ellison, D. Lewis, R. B. Rucker, and R. S. Riggins. 1982. Role of copper in collagen cross-linking and its influence on selected mechanical properties of chick bone and tendon. *J. Nutr*. 112:708 - 716.

[147]Pappenheimer, A. M. , M. Goettsch, and E. Jungherr. 1939. Nutritional encephalomalacia in chicks and certain related disorders of domestic birds. Conn. Agric. Exp. Stn. Bull. 229.

[148]Paredes, J. R. , and T. P. Garcia. 1959. Vitamin A as a factor affecting fertility in cockerels. *Poult. Sci*. 38: 3 -7.

[149]Patrick, H. , R. V. Boucher, R. A. Dutcher, and H. C. Knandel. 1941. Biotin and prevention of dermatitis in turkey poults. *Proc. Soc. Exp. Med*. 48: 456 -458.

[150]Pearce, J. , and D. Balnave. 1978. A review of biotin deficiency and the fatty liver and kidney syndrome in poultry. *Br. Vet. J*. 134:598 - 609.

[151]Peeler, H. T. , R. F. Miller, C. W. Carlson, L. C. Norris, and G. F. Heuser. 1951. Studies of the effect of vitamin B₁₂ on hatchability. *Poult. Sci*. 30:11 -17.

[152]Pesti, G. M. , G. N. Rowland, and K. - S. Ryu. 1991. Folate deficiency in chicks fed diets containing practical ingredients. *Poult. Sci*. 70:600 - 604.

[153]Phillips, P. H. , and R. W. Engel. 1939. Some histopathological observations on chicks deficient in the chick antidermatitis factor in pantothenic acid. *J. Nutr*. 18:227 - 232.

[154]Reid, B. L. , B. W. Heywang, A. A. Kurnick, M. G. Vavich, and B. J. Hulett. 1965. Effect of vitamin A and ambient temperature on reproductive performance of white leghorn pullets. *Poult. Sci*. 44:446 - 452.

[155]Rennie, S. , C. C. Whitehead, and B. H. Thorp. 1993. The effect of dietary 1,25-dihydroxycholecalciferol in preventing tibial dyschondroplasia in broilers fed on diets imbalanced in calcium and phosphorus. *Br J. Nutr*. 69:809 - 816.

[156]Riddell, C. , C. F. Helmboldt, E. P. Singsen, and L. D. Matterson. 1968. Bone pathology of birds affected with cage layer fatigue. *Avian Dis*. 12:285 -297.

[157]Ringrose, A. T. , L. C. Norris, and G. F. Heuser. 1931. The occurrence of a pellagra-like syndrome in chicks. *Poult. Sci*. 10:166 - 177.

[158]Ringrose, R. C. , A. G. Manoukas, R. Hinkson, and A. E. Teeri. 1965. The niacin requirement of the hen. *Poult. Sci*. 44:1053 - 1065.

[159]Robel, E. J. 1977. A feather abnormality in chicks fed diets deficient in certain amino acids. *Poult. Sci*. 56: 1968 - 1971.

[160]Robel, E. J. , and V. L. Christensen. 1987. Increasing hatchability of turkey eggs with biotin egg injections. *Poult. Sci*. 66:1429 - 1430.

[161]Robertson, E. I. , G. F. Fiala, M. L. Scott, L. C. Norris, and G. F. Heuser. 1947. Response of anemic chicks to peteroylglutamic acid. *Proc. Soc. Exp. Biol. Med*. 64: 441 - 443.

[162]Rogler, J. C. , H. E. Parker, F. N. Andrews and C. W. Carrick. 1959. The effects of an iodine deficiency on embryo development and hatchability. *Poult. Sci*. 38: 398 - 405.

[163]Rucker, R. B. , R. S. Riggins, R. Laughlin, M. M. Chan, M. Chen, and K. Tom. 1975. Effects of nutritional copper deficiency on the biomechanical properties of bone and arterial elastin metabolism in the chick. *J. Nutr*. 105:1062 - 1070.

[164]Rucker, R. B. , B. R. Rucker, A. E. Mitchell, C. T. Cui, M. Clegg, T. Kosonen, J. Y. Uriu-Adams, E. H. Tchaparian, M. Fishman and C. L. Keen. 1999. Activation of chick tendon lysyl oxidase in response to dietary copper. *J Nutr* 129:2143 -2146.

[165]Ruiz, N. , and R. H. Harms. 1989. Riboflavin requirement of turkey poults fed a corn-soybean meal diet from 1 to 21 days of age. *Poult. Sci*. 68:715 -718.

[166]Salyi, G. , G. Banhidi, E. Szabo, G. Sandor and F. Ratz. 1993. Acute selenium poisoning in broilers. *Magyar Allatorvosok Lapja* 48:22 - 26.

[167]Sauveur, B. , and P. Mongin. 1978. Tibial dyschondroplasia, a cartilage abnormality in poultry. *Ann. Biol. Anim. Biochem. Biophys*. 18:87 - 98.

[168]Scherer, C. S. and D. H. Baker. 2000. Excess dietary methionine markedly increases the vitamin B₆ requirement of young chicks. *J. Nutr*. 130:3055 -3058.

[169]Scott, M. L. 1953. Prevention of the enlarged hock disorder in turkeys with niacin and vitamin E. *Poult. Sci*. 32:670 - 677.

[170]Scott, M. L. 1962. Anti-oxidants, selenium and sulfur amino acids in the vitamin E nutrition of chicks. *Nutr. Abstr. Rev*. 32:1 - 8.

[171]Scott, M. L. 1962. Vitamin E in health and disease of poultry. *Vitam. Horm*. 20:621 - 632.

[172]Scott, M. L. 1980. Advances in our understanding of vitamin E. *Fed. Proc.* 39:2736 - 2739.

[173]Scott, M. L. , G. Olson, L. Krook, and W. R. Brown. 1967. Selenium-responsive myopathies of myocardium and of smooth muscle in the young poult. *J. Nutr.* 91: 573 - 583.

[174]Seifried, O. 1930. Studies on A - avitaminosis in chickens. I. Lesions of the respiratory tract and their relation to some infectious diseases. *J. Exp. Med.* 52:5.

[175]Seifried, O. 1930. Studies on A-avitaminosis in chickens. Ii. Lesions of the upper alimentary tract and their relation to some infectious diseases. *J. Exp. Med.* 52: 533 - 538.

[176]Seo, E. -G. , T. A. Einhorn and A. W. Norman. 1997. 24r, 25-dihydroxyvitamin D$_3$: An essential vitamin D$_3$ metabolite for both normal bone integrity and healing of tibial fracture in chicks. *Endocrinology* 138:3 864 - 3 872.

[177]Shane, S. M. , R. J. Young, and L. Krook. 1969. Renal and parathyroid changes produced by high calcium intake in growing pullets. *Avian Dis.* 13:558 -567.

[178]Siller, W. G. 1981. Renal pathology of the fowl—a review. *Avian Pathol.* 10:187 - 262.

[179]Smith, A. , S. P. Rose, R. G. Wells and V. Pirgozliev. 2000. Effect of excess dietary sodium, potassium, calcium and phosphorus on excreta moisture of laying hens. *Br Poult Sci* 41:598 - 607.

[180]Soares, J. H. , Jr. , M. A. Ottinger, and E. G. Buss. 1988. Potential role of 1, 25 dihydroxycholecalciferol in egg shell calcification. *Poult. Sci.* 67:1322 - 1328.

[181]Soares, J. H. , Jr. , M. R. Swerdel, and M. A. Ottinger. 1979. The effectiveness of vitamin D analog 1α-OH-D$_3$ in promoting fertility and hatchability in the laying hen. *Poult. Sci.* 58:1004 - 1006.

[182]Starcher, B. C. , C. H. Hill, and J. G. Madaras. 1980. Effect of zinc deficiency on bone collagenase and collagen turnover. *J. Nutr.* 110:2095 - 2102.

[183]Stevens, V I. , R. Blair, R. E. Salmon, and J. P. Stevens. 1984. Effect of varying levels of dietary vitamin D$_3$ on turkey hen egg production, fertility and hatchability, embryo mortality and incidence of embryo beak malformations. *Poult. Sci.* 63: 760 - 764.

[184]Stillmak, S. J. , and M. L. Sunde. 1971. The use of high magnesium limestone in the diet of the laying hen. I. Egg production. *Poult. Sci.* 50:553 - 564.

[185]Sullivan, T. W. 1964. Studies on the dietary requirement and interaction of magnesium with antibiotics in turkeys to 4 weeks of age. *Poult. Sci.* 43:401 - 405.

[186]Sunde, M. L. , C. M. Turk, and H. F. DeLuca. 1978. The essentiality of vitamin D metabolites for embryonic chick development. *Science* 200:1067 -1069.

[187]Sunde, M. L. , W. W. Cravens, C. A. Elvehjem, and J. G. Halpin. 1950. The effect of folic acid on embryonic development of the domestic fowl. *Poult. Sci.* 29:696 - 702.

[188]Sunde, M. L. , W. W. Cravens, H. W. Bruins, C. A. Elvehjem, and J. G. Halpin. 1950. The pteroylglutamic acid requirement of laying and breeding hens. *Poult. Sci.* 29:220 - 226.

[189]Sunde, R. A. , and W. G. Hoekstra. 1980. Structure, synthesis and function of glutathione peroxidase. *Nutr. Rev.* 38:265 - 273.

[190]Swayne, D. E. , A. Shlosberg, and R. B. Davis. 1986. Salt poisoning in turkey poults. *Avian Dis.* 30: 847 -852.

[191]Tang, K. N. , G. N. Rowland, and J. R. Veltmann, Jr. 1985. Vitamin A toxicity: Comparative changes in bone of the broiler and leghorn chicks. *Avian Dis.* 29: 416 - 429.

[192]Terry, M. , M. Lanenga, J. L. McNaughton and L. E. Stark. 1999. Safety of 25-hydroxyvitamin D$_3$ as a source of vitamin D$_3$ in layer poultry feed. *Vet. Human Tox.* 41:312 - 316.

[193]Thompson, J. N. , and M. L. Scott. 1969. Role of selenium in the nutrition of the chick. *J. Nutr.* 97: 335 -342.

[194]Thompson, J. N. , and M. L. Scott. 1970. Impaired lipid and vitamin E absorption related to atrophy of the pancreas in selenium-deficient chicks. *J. Nutr.* 100: 797 - 809.

[195] Thompson, J. N. , J. McC. Howell, G. A. J. Pitt, and C. I. Houghton. 1965. Biological activity of retinoic acid ester in the domestic fowl, production of vitamin A deficiency in the early chick embryo. *Nature*: 205.

[196]Todorovic, M. , M. Mihailovic and S. Hristov. 1999. Effects of excessive levels of sodium selenite on daily weight gain, mortality and plasma selenium concentration in chickens. *Acta Veterinaria (Belgra de).* 49: 313 - 320.

[197]Tsang, C. P. W. 1992. Calcitriol reduces egg breakage. *Poult. Sci.* 71:215 - 217.

[198] Tsang, C. P. W. , A. A. Grunder, and R. Narbaitz. 1990. Optimal dietary level of lá, 25-dihydroxycholecalciferol for eggshell quality in laying hens. *Poult.*

Sci. 69:1702 - 1712.

[199]Tsang, C. P. W. , and A. A. Grunder. 1993. Effect of dietary contents of cholecalciferol, 1α, 25 - dihydroxy-cholecalciferol and 24, 25-dihydroxycholecalciferol on blood concentrations of 25 - hydroxycholecalciferol, 1α, 25 - dihydroxycholecalciferol, total calcium and egg-shell quality. *Br Poult. Sci.* 34:1021 - 1027.

[200]Uni, Z. , G. Zaiger, O. Gal-Garber, M. Pines, I. Rozen-boim and R. Reifen. 2000. Vitamin A deficiency inter-feres with proliferation and maturation of cells in the chicken small intestine. *British Poult. Sci.* 41: 410 -415.

[201]Vermot, J. and O. Pourquie. 2005. Retinoic acid coordi-nates somitogenesis and left-right patterning in verte-brate embryos. *Nature* 435:215 - 20.

[202]Wages, D. P. , M. D. Ficken, M. E. Cook and J. Mitch-ell. 1995. Salt toxicosis in commercial turkeys. *Avian Dis.* 39:158 - 161.

[203]Watkins, B. A. , and F. H. Kratzer. 1987. Dietary biotin effects on polyunsaturated fatty acids in chick tissue lipids and prostaglandin E2 levels in freeze-clamped hearts. *Poult. Sci.* 66:1818 - 1828.

[204]Watkins, B. A. , S. D. Bain, and J. W. Newhrey. 1989. Eicosanoic fatty acid reduction in the tibiotarsus of bi-otin-deficient chicks. *Calcif. Tissue Int.* 45:41 -16.

[205]Weaver, V. M. , and J. Welsh. 1993. 1, 25-dihydroxy-cholecalciferol supplementation prevents hypocalcemia in magnesium-deficient chicks. *J. Nutr.* 123:764 -771.

[206]Welsh, J. , R. Schwartz, and L. Krook. 1981. Bone pa-thology and parathyroid gland activity in hypocalcemic magnesium - deficient chicks. *J. Nutr.* 111:514 -524.

[207]Whitacre, M. E. , J. G. F. Combs, S. B. Combs and R. S. Parker. 1987. Influence of dietary vitamin E on nu-tritional pancreatic atrophy in selenium-deficient chicks. *J. Nutr.* 117:460 - 467.

[208]White, H. B. I. 1996. Sudden death of chicken embryos with hereditary riboflavin deficiency. *J. Nutr.* 126: 1303S - 1307S.

[209]Whitehead, C. C. 1998. A review of nutritional and metabolic factors involved in dyschondroplasia in poul-try. *J. App. An. Res.* 13:1 - 16.

[210]Whitehead, C. C. , D. W. Bannister, A. J. Evans, W. G. Siller, and P. A. L. Wight. 1976. Biotin deficiency and fatty liver and kidney syndrome in chicks given puri-fied diets containing different fat and protein levels. *Br J. Nutr.* 35:115 - 125.

[211]Whitehead, C. C. , J. A. Armstrong, and D. Wadding-

ton. 1982. The determination of the availability to chicks of biotin in feed ingredients by a bioassay based on the response of blood pyruvate carboxylase(EC 6. 4. 1. 1)activity. *Br J. Nutr.* 48:81 - 88.

[212]Whitehead, C. C. , H. A. McCormack, L. McTeir and R. H. Fleming. 2004. High vitamin D_3 requirements in broilers for bone quality and prevention of tibial dys-chondroplasia and interactions with dietary calcium, a-vailable phosphorus and vitamin A. *Br Poult Sci* 45: 425 - 436.

[213]Wideman, R. F. , Jr. , J. A. Closser, W. B. Roush, and B. S. Cowen. 1985. Urolithiasis in pullets and laying hens: Role of dietary calcium and phosphorus. *Poult. Sci.* 64:2300 - 2307.

[214]Wight, P. A. L. , and W. A. Dewar. 1976. The histopa-thology of zinc deficiency in ducks. *J. Pathol.* 120:183.

[215]Wight, P. A. L. , and W. A. Dewar. 1979. Some histo-chemical observations on zinc deficiency in chickens. *Avian Pathol.* 8:437 - 451.

[216]Wight, P. A. L. , W. A. Dewar, and C. L. Saunderson. 1986. Zinc toxicity in the fowl: Ultrastructural pathol-ogy and relationship to selenium, lead and copper. *A-vian Pathol.* 15:23 - 38.

[217]Wilgus, H. S. , Jr. , G. S. Harshfield, A. R. Patton, L. P. Ferris, and F. X. Gassner. 1941. The iodine require-ments of growing chickens [abst]. *Poult. Sci.* 20:477.

[218]Wilgus, H. S. , Jr. , L. C. Norris, and G. F. Heuser. 1937. The role of manganese and certain other trace elements in the prevention of perosis. *J. Nutr.* 14: 155 -167.

[219]Willhite, C. C. 1993. Selenium teratogenesis: Speci es - dependent response and influence on reproduction. In: Annals of the New York academy of sciences: Mater-nal Nutrition and Pregnancy Outcome. 2 East 63rd Street, New York, New York 10021 1993. , *N. Y. Acad. Sci.* : 169 - 177.

[220]Wolbach, S. B. , and D. M. Hegsted. 1952. Hypervita-minosis A and the skeleton of growing chicks. *Arch. Pathol.* 54:30 - 38.

[221]Wolbach, S. B. , and D. M. Hegsted. 1952. Vitamin A deficiency in the chick. Skeletal growth and the central nervous system. *Arch. Pathol.* 54:13 - 29.

[222]Wolbach, S. B. , and D. M. Hegsted. 1952. Vitamin A deficiency in the duck. Skeletal growth and the central nervous system. *Arch. Pathol.* 54:548 - 563.

[223]Wolbach, S. B. , and D. M. Hegsted. 1953. Hypervita-

minosis A in young ducks. The epiphyseal cartilages. *Arch. Pathol.* 55:47 - 54.

[224]Woolam, D. H. M. , and J. W. Millen. 1955. Effect of vitamin A deficiency on the cerebro - spinal fluid pressure of the chick. *Nature.* 175:41 - 42.

[225]Xiang, R. P. , W. D. Sun, K. C. Zhang, J. C. Li, J. Y. Wang and X. L. Wang. 2004. Sodium chloride - induced acute and chronic pulmonary hypertension syndrome in broiler chickens. *Poult Sci* 83:732 - 736.

[226]Yalcin, S. , Z. Kahraman, S. Yalcin, S. S. Yalcin and H. E. Dedeoglu. 2004. Effects of supplementary iodine on the performance and egg traits of laying hens. *Br*

Poult Sci 45:499 - 503.

[227]Yang, C. P. , and S. L. Jenq. 1989. Pyridoxine deficiency and requirement in mule ducklings. *J. Chin. Agric. Chem. Soc.* 27:450 - 459.

[228]Young, R. J. , H. M. Edwards, Jr. , and M. B. Gillis. 1958. Studies on zinc in poultry nutrition. Ⅱ. Zinc requirement and deficiency symptoms of chicks. *Poult. Sci.* 37:1100 - 1107.

[229]Young, R. J. , L. C. Norris, and G. F. Heuser. 1955. The chicks requirement for folic acid in the utilization of choline and its precursors betaine and methylaminoethanol. *J. Nutr.* 55:353 - 362.

进行性、代谢性和非感染性疾病

Developmental,Metabolic and

Other Noninfectious Diseases

Roaio Crespo 和 H.L.Shivaprasad

引　言

本章所讨论的疾病或障碍是指一个多项的疾病群。其中有一些疾病的病因非常明确，然而有些疾病的病因尚存疑问，甚至完全不了解。这些疾病的发病率在养禽业商品经济中的重要程度差异很大，所以我们的重点仅放在对现代家禽业具有重要经济意义的代谢性疾病中。虽然本章对疾病的分类主要依据机体受损伤的器官而定，但在本章节的开始所涉及的疾病，如啄癖、环境因素性疾病和淀粉样变等并不是按受损器官进行分类的。

啄羽和啄癖
(Feather Perking and Cannibalism)

啄羽是禽类在密集圈养和缺乏活动时表现出的一种恶癖。啄羽的行为可以从啄羽到拔羽而程度不同。禽类的羽毛受损后，由于保温能力下降，因而需要比正常禽类更多的能量供给[356]，患病的产蛋鸡常表现为产蛋量下降。如果羽毛损伤严重可导致出血，而出血可以引起群体中啄癖加剧。因为患禽皮肤的明显血迹可引起同群其他禽类的攻击，直至死亡。为了避免患禽受到更严重的损伤，应及时检出并隔离。

有人认为啄癖的发生存在着品系和个体间的差异，一般来讲，地中海轻型产蛋鸡比美洲和亚洲重型产蛋鸡更容易发生啄羽癖[471]。目前，啄癖在褐色杂交鸡中比白色蛋鸡中更为普遍。最新研究表明

啄羽可能与羽毛色素的遗传有关[237]。

啄肛癖是一种散发性恶癖。一般出现在初产母鸡的产蛋初期，可能和激素的改变有关[294,409]。该病常发生在拥挤和平养蛋鸡的群体中。排卵后立即发生，显露的黏膜可以刺激同群其他禽类啄肛。80%啄肛导致肛门脱垂[153]，产蛋后由于裸露出泄殖腔黏膜，可以立即引起其他禽类的啄癖。啄肛也被假设认为可以触发输卵管炎或腹膜炎的最初损伤[349]。

病因学

啄羽的原因尚无统一的认识，啄羽可能是间接的啄地反应，然而是否与觅食活动（食物的找寻，与消耗）或是尘土浴有关还不清楚[409]。其他的原因还有可能是由于恐惧[38,173]或是与性成熟的加快和产蛋量的增加有关[73]，也可能与性成熟早期、快速生长、骨骼无力有关[211]。限制性试验研究发现维生素生长越快，皮质酮水平越低。母鸡啄羽比公鸡更易发生啄羽。[211]据报道，在强光照射、颗粒饲料或强制进食、饲养密度过大及营养不良和矿物质缺乏，偶尔体外寄生虫感染等条件下均可诱发啄羽[200,339]。虽然啄羽及羽毛损伤在室内笼养的母鸡比平养更为严重，但室内笼养的母鸡啄癖的发生比室内地养的好像要轻微[29,411]。因为啄羽与啄癖往往倾向于发生在同一笼或邻近笼，也许这种行为由学习（模仿）而来[450]

预防

尽管有些方法可以减少啄羽和啄癖的危险，但禽类啄羽和啄癖的暴发缺少征兆。充足的饲喂量，

饲喂湿料而不是颗粒料，平养而不是笼养，降低光照强度，用横栏隔离被啄的鸡及避免过分拥挤等方法能很好地防治啄羽和啄癖的发生[15,215,409]。在周围环境中设置诱导啄行为的装置，能减少很多啄癖的有害影响，并能使禽类保留它们的自然习性[216]。选择诱导啄行为的装置应避免那些能引发群体争啄的塑料条带或鞋带等，也不要应用诸如珠子或自动旋转装置等那些易于被禽类忽视的装置。诸如悬挂着对鸡有特殊的吸引力的白色或黄色条带[217]。饲料中添加燕麦壳和不可溶性食用纤维可以降低啄羽的发生和损害[184]。断喙虽被推荐为控制啄羽和啄癖的方法[200]，但它却不能完全奏效。另外，断喙可能导致禽长期慢性痛苦与不适，也越来越受到公众的关注[74]。如果在5周龄以后断喙，在断喙处还可引发神经结节[197]。在观赏鸟的饲养中曾用塑料装置来预防啄羽[15,135]，但总体来讲这些装置用于家禽中的效果尚不理想[410]。

环境性疾病
(Environmental Disease)

热应激 (Heat Stress)

各种禽类在高温并伴有高湿状态，超出了其能适应的程度时就会出现热应激。与哺乳动物不同的是禽类缺乏汗腺。当环境温度在28～35℃之间时，鸟类采用非蒸发散热的方式（包括辐射、传导与对流）作为主要的散热方式。鸟类通过两种途径进行非蒸发散热：其一，松弛、舒展双翅于体侧以增大散热面积；其二，增加周围血液循环[492]。当环境温度到达其体温（41℃）时，禽类呼吸频率增大，并且表现张口呼吸以增加蒸发散热或是水分蒸发。如果张口呼吸还不能抑制体温的升高，鸟类则会变得嗜睡，随之昏迷，并很快死于呼吸、循环衰竭或电解质平衡失衡[448]。

呼吸频率的增加会导致机体酸碱平衡紊乱，这是由于血液中二氧化碳的浓度降低造成的[34]。血液pH升高会降低血液中钙离子的含量，而钙是形成蛋壳的必需成分。在热应激条件下鸟类张口呼吸会增加呼吸道感染的发生，这是由于吸入的气体绕过了鼻腔的天然过滤作用。热应激对禽类另一个显著影响是造成采食量的降低。在生长期的禽类采食量降低又会造成生长速度减慢。在产蛋期，还可导致蛋的尺寸变小、产蛋量下降、蛋品质量降低等现象。

热应激危害范围的大小取决于年龄、环境背景、禽类所处环境的最高温度、高温持续的时间、温度改变的速度及空气的相对湿度等因素[163]。

在饲养管理中，应尽最大可能防止和减少热应激的发生。通过通风装置增加室内空气流通。在天气酷热的时候，应用淋水器或在地面、墙壁、天花板洒水或者在舍外檐下施以冷水都能起到降低舍内温度的作用。

几种复合添加剂已经在热应激的禽类进行过试验，增加能量相关蛋白的摄入可以提高蛋鸡的产蛋量，但是能量需求可以促进[12]。饮水中添加维生素A、C、E和补充矿物质和纠正酸碱平衡紊乱对预防热应激有所帮助[439]。然而，这些营养物质存在着负面的影响，例如饲料中添加维生素E在产蛋鸡中显示出效果良好[31,463]；而某些研究发添加发现在饲料中添加维生素没有效果[447,451]。应用某些药物，如尼卡巴嗪和莫能菌素[404,451]，对热应激的禽类会产生有害作用，而另外一些药物如维及尼霉素[451]或许能减轻应激。

防治措施包括：安装风扇或水汽装置（要有良好的排气管，与建筑和水管要隔热），加盖防晒檐以防太阳直晒，或在室外安装白色铝板以反射热辐射。在南方热带气候条件下，如何降低酷热造成的生长损失与死亡率一直是个问题，安装水气装置和淋水器或是挥发散热器显得至关重要。另外，早期热环境适应，以增强禽类对热应激的适应性，或许可取[91]。

缺氧 (Asphyxiation)

缺氧通常由禽类的过分拥挤和扎堆于一隅造成。禽类转到新舍，受惊吓或是幼禽受凉，扎堆到一角则会造成缺氧。停电或无窗封闭的禽舍内通风设备故障也可造成缺氧。病例报道常显示出死亡仅发生在夜间且常为一般外观健康的群体，由于雏鸡箱堆放过高且雏鸡箱之间空间太小，通风口太小、太少，或堆放到卡车、汽车等密闭的车厢内造成。由缺氧死亡的禽类常缺乏特异的大体病变或组织学损伤，但彻底检查则可排除其他死亡的可能。缺氧而死的禽在气管和肺内有充血，在较大的禽会造成羽毛脱落。

保育舍的缺氧发生在雏鸡出生第一周内，可在巢周围放置一圈有皱褶纸板，这种板的直径能随着日龄的增长而逐渐增宽，以控制雏鸡缺氧造成的死亡。这样可以减少夜间扎堆的发生，鸡群转到新舍以后，在前几夜用较暗的灯泡和灯管照明也可减少缺氧发生的可能。转舍后晚间还要检查扎堆的情况。小鸡和中鸡合群后前几天经常查看至关重要。

脱水 （Dehydration）

脱水通常原因有：找不到水、够不着水、供水量不足或有些情况下水质本身有问题。小鸡在缺水的情况下能维持几天，4～5 天后开始死亡。5、6 天后死亡达到高峰，如果恢复供水死亡则不再发生。在此之前那些没有饮上水的小鸡已经死亡，活下来的是那些找到并能饮水的小鸡。产蛋鸡需要稳定的水源供应，否则，产蛋量会下降，严重时甚至停产。在脱水后期，小鸡"唧唧"叫声停止，采食量下降，体重偏轻，体形偏小，皮肤脱水皱缩，则提示鸡群发生脱水。脱水的其他变化还有：喙变得灰暗而无光泽，胸肌变干颜色变暗，肾脏颜色变暗，输尿管尿酸盐沉积，内脏痛风，血液颜色变得暗红。较大日龄鸡的临床表现和病变与小鸡相似，而体重减轻则更为明显。要防止小鸡脱水，饮水器须安置在鸡笼的边缘，而不要有任何垫脚台。把较小的饮水器和自动饮水器换成较大的时候，原有饮水器要保留几天再逐渐移走，以便小鸡有一个适应过程。当用来防水冻结的电力保温设备故障而漏电，使饮水带电时，禽类也不会去饮水。

孵育与孵化相关问题
（Incubation and Hatchery Related Problems）

在家禽养殖业中有一个相当普遍的错误认识：禽类在孵出之后才会涉及健康问题。其实孵化条件对小鸡的成活与质量具有深远的影响。孵化不良给养禽业造成了巨大损失，这不仅是因为孵化率低及早期死亡率升高[146]，还源于生长不良、鸡群生长不齐以及对传染性因素的敏感性升高，还有腿部疾患发生率的升高[370]。正确辨别这些问题对减少损失有重要意义。温度、湿度、通风和翻蛋对孵出高质量的小鸡或火鸡至关重要。鸡胚未或刚出壳的小鸡更容易着凉和受热。孵化温度过高或有时湿度过低会导致许多问题，卵黄囊异常是一个较宽泛的术语，包括卵黄囊出现黑斑、条索及卵黄囊与内脏异位。孵化最后一周温度高于正常温度 3℃ 以上时，后期死胚率升高，鸡群发育不整齐，皮肤坏死、腿病高发（包括肌腱滑脱）。在孵化第一周温度过低影响则更为严重，常包括孵化后期死亡率升高，存活率低，白蛋白滞留增加，步态不稳、叉腿畸形的发生率升高，温度过低还会造成出壳后卵黄吸收不全、血卵黄、尿膜与卵黄粘连等卵黄囊相关疾病。孵出后在孵化器中滞留时间过长，还可导致饿死和脱水等问题。

早期雏鸡死亡还常由于卵黄囊的破裂造成，在孵化后期卵黄破裂的危险较大。由于孵化器内湿度过低，卵黄囊常与腹壁粘连从而限制鸡胚的活动以及在孵化操作时更易受伤。同时，在受精时，母鸡受到大力挤压，也会加大卵黄囊破裂的危险[418]。如果孵化湿度过高，鸡雏往往发生卵黄囊过大；孵出后正常的抓鸡动作也难以承受，从而造成卵黄囊破裂发生的可能性增高[268]。

要避免这些问题的发生，可以通过建立标准的孵化设备与孵化条件并保持设备的正常运转（特别是通风设备）而实现。每间孵化房的环境的温度、湿度和气压要每天记录。同时还要使这些参数尽可能小的变动。孵化盘中未孵出的蛋要检查诊断，以便弄清楚特殊死亡或者鸡群生长状况差以及孵化本身问题的原因。适宜孵化条件和受精的仔细处理会降低卵黄囊破裂的发生率[17,268]。

采食障碍 （Starve-out）

1～10 日龄的雏鸡死亡，若不是由于传染性因素造成，则往往与得不到饮水和未能进食有关。管理与环境因素，诸如温度、光照、水及饲料的质量都会导致雏鸡的早期死亡。在商业孵化条件下，可能在孵出 24～48h 之后，禽雏才从孵化房移出，运送到养殖场还会花费更多时间。这样下来，多数雏鸡在出壳后 50h 或更长一点时间后方能运送、安置完毕，并供给充足的饮水与饲料，应该没什么问题。然而，有报道显示这个时间延长至 72h，死亡率将达 6.14%，延长至 120h 死亡率可达

35.14%[132]。雏鸡一转移到育雏器就要诱导它们开食和饮水。进食障碍的雏鸡没有特征性的大体解剖病变。常见变化有雏鸡个体偏小，脱水，颈部发暗；消化道前段和嗉囊、腺胃和肌胃存有垫料物质，但没有食物。在做出进食障碍诊断以前还应排除传染性疾病。

在饲养管理中，应尽量避免开食前耽搁时间过长以及排除阻碍开食与饮水的不利因素。雏鸡的安置和其后的第一周，室内适宜的温度对雏鸡开食进水至关重要。要有充足的光照以便雏鸡易于寻找饲料与饮水；饲料盘与饮水器要有充足的空间还要易于找到；饲料要适口性强。如果饲料颗粒过大，雏鸡也难以进食；如果饲料过细，则会粘住雏鸡的喙；如果饲料或饮水过热，雏鸡也不会采食或饮水。有些孵化场应用皮下注射葡萄糖溶液的方法防治进食障碍，然而不管是否采用注射葡萄糖治疗，雏鸡在2周龄内的总死亡率没有明显差异[304]。

疫苗注射相关问题
(Problems Related with Vaccination)

油佐剂常应用于灭活苗和菌苗去刺激局部炎性反应和增进免疫反应。油剂菌苗作颈部皮下注射时，佐剂渗入邻近组织引起皮肤炎、神经炎和肌肉炎症[2]。有文献表明颈部皮下注射灭活苗或注射部位离骨骼过近，而引发神经和/或肌肉骨骼的病症则可造成禽类进食障碍。灭活苗作胸肌或腿肌的肌肉（图30.1）注射时，则可引起注射部位附近局部组织的严重肉芽肿性肌炎[98]。由于肌肉损伤，患禽往往表现不愿活动，体重减轻，产量下降；另外肉品也因在加工过程中剔除病变部位而降低等级。有报道，活苗、稀释苗也有造成禽类的病理变化。在孵化场，皮下注射病毒活苗应用于小鸡可见相关的神经症状、化脓性肉芽肿性肌炎、神经炎和脊髓脊膜炎（图30.2）。因为这些疫苗并没有能引发病变的成分，所以组织反应可以认为是一种疫苗使用不当[168,424]。孵化场疫苗注射器械的细菌污染可导致幼禽的神经症状和死亡率升高[298]。为了减轻组织的炎症反应，要严格遵照使用说明应用疫苗，注射疫苗的人员要经过训练，以注射疫苗到准确部位。疫苗注射器械要保养好、保持洁净并消毒灭菌以免细菌污染。

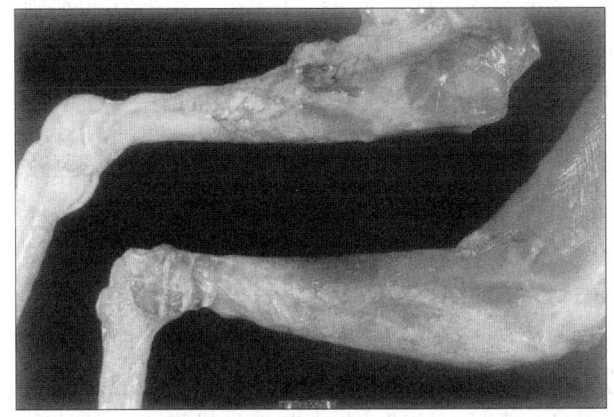

图30.1　产蛋鸡注射疫苗后，继发严重的肌肉炎症和坏死。标尺＝1cm

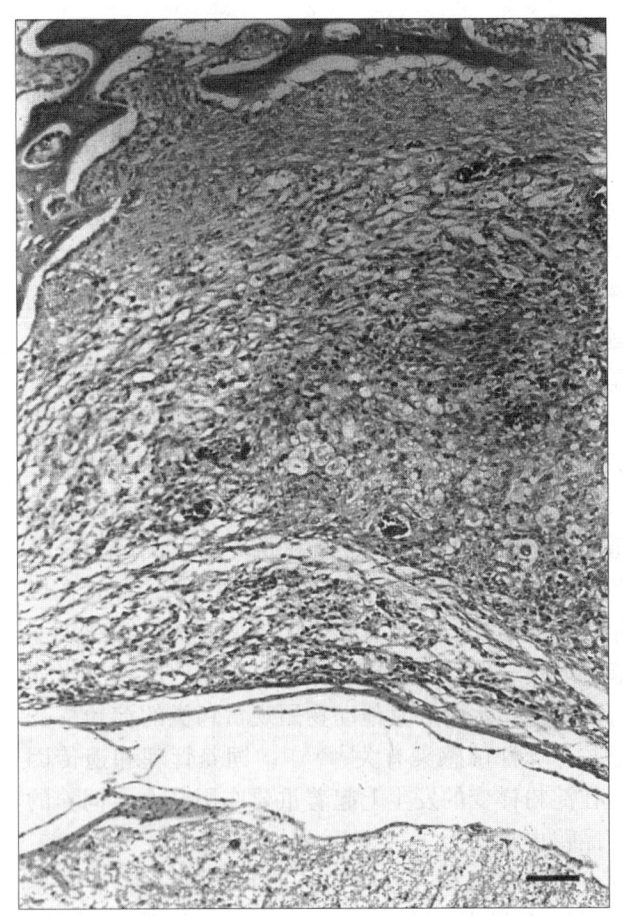

图30.2　2日龄肉仔鸡颈部注射疫苗后的脊髓周围（根部）脊膜组织学变化：可见非化脓性脊髓脊膜炎，大多由于疫苗的错误使用而引起。H.E染色标尺＝1μm

淀粉样变（Amyloidosis）

禽类的淀粉样变是一种研究很透彻的病理异

常，特征为蛋白样物质沉淀于多个组织器官的细胞间。当淀粉样物质开始沉积之后，因为这些蛋白的溶解度较低同时对蛋白的分解具有一定的抵抗能力，所以沉淀过程变得难以逆转[239]。在哺乳动物发现超过 15 种生化类型的淀粉样蛋白[69]。而在鸟类只发现了淀粉样物质 A（AA）[251,310]。由淀粉样物质 A 引发的淀粉样变是在感染和炎症的基础上继发而来[238]。Landman 等已经对禽类淀粉样变做了极好的综述[251]。在家禽中，水禽对淀粉样变最易感。各个年龄的禽类都会发生淀粉样变，但在成年禽中最为常见。综述的作者甚至见过仅 4 周龄的商品北京鸭发生淀粉样变的病例[420]。

临床症状和病理变化

多发性淀粉样变在临床症状和剖检中并没有特征性的变化。然而在鸭子中却有可能表现出临床症状，例如厌食、精神萎靡、体重减轻、产蛋量下降、腹部膨胀、死亡率上升。然而在产褐壳蛋的鸡还会遇到因关节肿胀而体重减轻等运动器官的问题。然而通常死于淀粉样变的鸡没有临床症状，只是死后剖检才被发现。

产褐壳蛋的鸡品种对由粪球菌[252,253]及滑液支原体（MS）[250]引发的淀粉样变关节病特别敏感。火鸡由滑液支原体引起的淀粉样变关节病也有报道[427]其他细菌如大肠杆菌和肠炎沙门氏菌和金黄色葡萄球菌都能引起鸡的淀粉样变[249]。有时在成年鸡，淀粉样变还常见于由于戊型肝炎病毒感染引起的肝炎-脾肿大综合征（见第 14 章"戊型肝炎病毒感染"）。水禽和其他动物园观赏鸟类的淀粉样变还与分支杆菌感染有关[164,303]。饲养管理和遗传因素在淀粉样变的发生上起着重要作用，人工饲养的商品鸭更是如此。

淀粉样沉积在任何组织都可见到，最常受累的器官有肝脏、脾脏（图 30.4）、肠道和肾脏。淀粉样沉淀量很小时，肉眼病变不可见或很轻微。当沉淀量很大时，病变包括：通常见于鸭的严重腹水（水肚）；肝脏弥漫性肿大，重量增加，平整的肝脏表面变硬呈橡皮样、颜色苍白和棕褐或灰色（图 30.3），肝脏切面可呈光滑的蜡样外观，被膜可能因纤维增生而增厚，偶尔患禽肝脏颜色正常，但有大小不等的多发性增生性结节；胰腺严重肿大，颜色苍白；肾脏和肾上腺肿胀、苍白。

产褐壳蛋品种的鸡发生淀粉样沉积所致的关节病变，表现为关节肿胀、关节腔内积有橘黄色物质（彩图 30.5）。

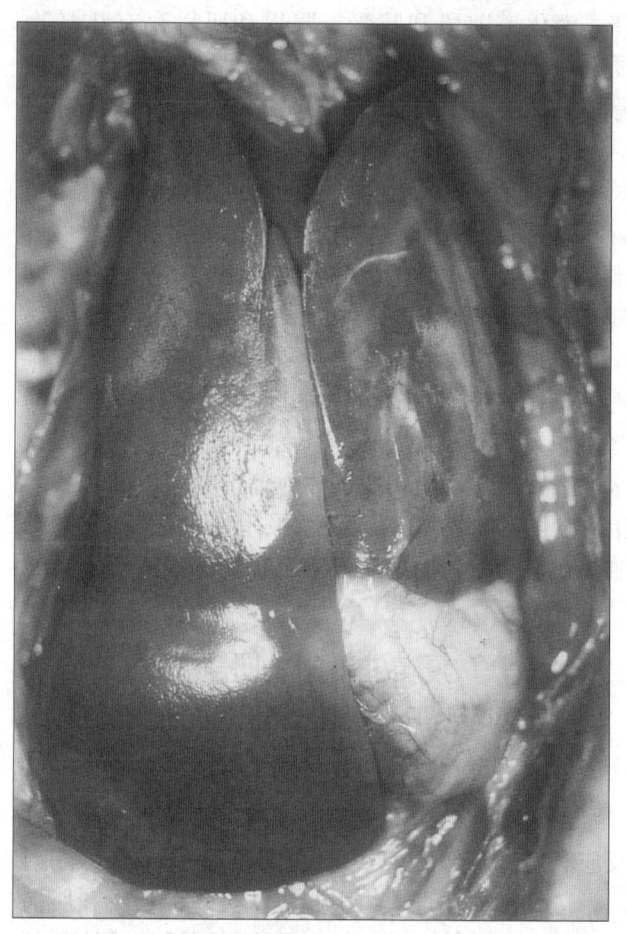

图 30.3　57 周龄鸭的肝脏淀粉样变。肝脏严重肿胀，颜色苍白。右叶可见明显肋骨压迹

图 30.4　淀粉样变所致鸭脾肿大。整个脾脏遍布多灶性白色病灶。标尺＝1cm

肉眼观察，应用鲁格氏碘（Lugol's Iodine）反应的方法可以对器官进行鉴别，鲁格氏碘将疑似的淀粉样物质染成深褐色，随即用稀硫酸处理，淀粉样物质则由褐色转为蓝色。显微变化为淀粉样物质呈均质红染的物质，可沉积于多脏器的细胞间（图30-6a）。用刚果红染色呈橘黄色，用偏光镜观察可发出苹果绿双折射光（图30-6B和C）。采用Shtasrburg方法，可从福尔马林固定的组织中提取和鉴定淀粉样物质A。

治疗与预防

淀粉样变尚无治疗方法。在饲养管理中，防止慢性感染或应激可以减少淀粉样变的发生。淀粉样物质的沉积会干扰病变组织的正常功能，甚至危及生命。所以，对于主要的引发炎症反应的疾病和应激因素应及早发现、及早治疗，以预防或阻断组织淀粉样物质沉积的产生与发展。最近研究表明，饲喂高维生素A的饲料可以促进淀粉样物质A在鸡关节中的沉积，而甲基强的松龙（抗炎药）和己酮可可碱有抑制作用[415]。

骨骼疾病
(Diseases of the Skeleton)

软骨骨化不良（Dyschondroplasia）

软骨骨化不良是生长板中前肥大软骨细胞和肥大软骨细胞的成熟发育受到抑制或不能成熟，以致使生长板软骨呈异常持续性增长，肉鸡、鸭及火鸡的一种生长板相关障碍。特征是在长骨干生长板出现缺乏血管的异常软骨块。在近端胫跗骨最为常见。故又称为胫骨短粗病。软骨骨化不良在股骨近端或远端、跗骨远端、跗跖骨近端及肱骨近端也较为常见，但不严重[363]。近期本病相关内容由Farquharson和Jefferies[134]，Orth和Cook[338]，Thorp[454]及Whitehead[474]已做综述。

临床症状和病理变化

在肉仔鸡群中，超过30%的个体有软骨骨化不良的病变，特征为生长板下方软骨异常，主要发生在胫骨近端（图30.7），也见于其他部位；在火鸡群中软骨骨化不良的发病率为79%[470]。大多数禽没有临床症状。如果软骨块较大，患禽则表现不愿走动，步态如踩高跷，双侧性股-胫关节肿大并常伴双腿弯曲。在胫骨近端的异常软骨形成锥形。在症状轻微的病例中，这些呈锥形的软骨往往在生长板的后部中段以下形成。在重剧病例中，软骨则从整个生长板部位形成，并填满整个干骺端。肉鸡胫骨软骨骨化不良损伤的严重性与胫跗骨的前弯程度和跛行程度有关[272]。这些突起的骨骼表面皮质肥大，被认为是一种适应性变化[122]。腿部畸形与胫骨软骨骨化之间的高度相关性在火鸡也有描述[470]。腓骨骨折与胫骨软骨骨化不良及胫骨弯曲也有关联[363]。这些骨折的发生在髂腓结节处，但与胫跗骨异常弯曲相关性不强[106]。软骨骨化不良发生在肉仔鸡的股骨头可造成股骨颈变宽或变短，在有些病例，还会造成股骨头骨折[99,100,101]。

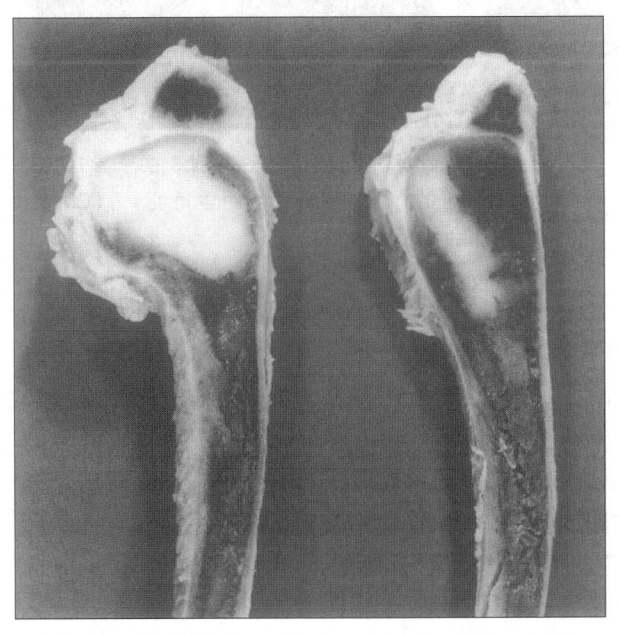

图30.7　2例肉仔鸡胫骨软骨骨化不良胫跗骨近端正中矢状面。右：异常软骨仅出现在干骺端后侧；左：异常软骨充满整个干骺端，骨近端增大。(Craig Riddell)

在7周龄或是早一点时间内，对肉仔鸡腿部无力的调查中，很少是因软骨骨化不良而被淘汰[399]。应用透视和手提式X光机，从2周龄开始就可观察到软骨骨化不良的病变[454]。有意思的是，胫跗骨近端软骨骨化不良表现为双侧性，两腿胫骨软骨骨化不良的发生率与严重程度都相同[134]。软骨骨化不良在屠宰过程中会造成胴体品质降级和变形的腿被剔除[48,399]。如果肉仔鸡还要符合烤制加工重量，软骨骨化不良病变造成的损失更大。在这些患禽中，胫骨异常软骨以下骨折会造成严重的跛行（图30.8）。这些异常软骨的溶解可能从早在48日龄已经开始，这些从生长板上脱落的异常软骨的坏死骨片和胫骨的弯曲可能会持续到30周龄，甚至胫跗骨近端生长板在16~17周龄的小鸡即可闭合。

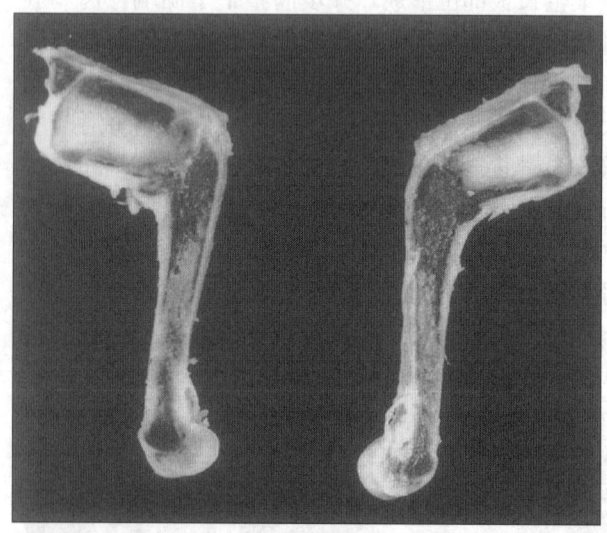

图30.8 肉鸡软骨骨化不良胫跗骨矢状面，由于异常软骨下方的骨折，形成骨的明显角度。（Craig Riddell）

火鸡从5周龄开始，软骨骨化不良的发生率和严重程度逐渐上升[363]。在12~14周龄达到高峰[192]。发病率从15周龄开始下降，直到22~24周龄胫骨近端停止骨化过程，但5%以上或更多的小火鸡会残留异常软骨[470]。然而在生长早期，火鸡的增重与软骨骨化不良并没有关系，14~15周龄之间软骨骨化不良的严重程度却与体重直接相关[375]。

显微病变，软骨骨化不良以持续的蓄积肥大的软骨为特征。肥大软骨与增生的软骨之间没有显著的区别，几乎没有血管从干骺端穿行到异常软骨内。在正常的或轻微软骨骨化不良的生长板中没有或几乎没有凋亡的软骨细胞，在严重的病变中有核皱缩，胞浆少的，大量凋亡的细胞出现[378]，提示细胞凋亡继发于软骨块异常形成之后。另有研究表明恰恰相反，软骨骨化不良的病变中缺少凋亡，这可能与软骨细胞的滞留有关。另外，软骨骨化不良的软骨基质缺乏血管，尚未骨化，具有异常丰富的肥大软骨。此外，鸡在异常软骨基质中，不可复性胶原交联增加[326]。

超微结构的研究证实，病变起始于前肥大区。异常软骨中的软骨细胞不能完全分化成肥大的软骨细胞[173,362,473]，血管网形成、骨化和软骨重吸收过程中需要完全分化的软骨细胞。与正常软骨细胞相比，异常软骨细胞线粒体中钙和磷的含量较低。现已报道异常软骨细胞成分中的硫、钾、钙调蛋白、碱性磷酸酶、X型胶原以及前列腺素前体、蛋白聚糖、黏多糖、转化生长因子（TGF-β）和c-myc蛋白的含量均低于正常肥大软骨[133,270,338,454,473]。令人惊奇的是从软骨发育异常的生长板中分离的软骨细胞，以上成分浓度正常。这提示软骨发育异常的软骨细胞与正常软骨细胞之间的区别是继发的而非原发因素。

发病机理和病因学

软骨发育异常的病因学尚不十分清楚。许多假说试图从骨骺的血管功能障碍的角度解释软骨发育异常的发生。其中包括骨骺血管不能进入异常软骨[363]，从骨骺浸入的血管闭塞[101]以及软骨的退行性变化[256]。现在认为软骨发育异常是前肥大软骨细胞不能完成最后分化的结果。认识软骨细胞的成熟机制对防止软骨发育异常的发生至关重要，而这些过程却没有完全搞清。

最近的研究表明，局部产生的肽生长因子对生长板的发育起着重要的自分泌和旁分泌作用[261]。这些因子中的任何一个发生功能障碍都可在胫骨软骨发育异常发生中造成严重后果[454]。TGF-β已经在生长板的前肥大软骨细胞和肥大软骨细胞中发现，它能调节软骨细胞的分化[454]。TGF-β在胫骨软骨发育异常的过渡期软骨细胞中表达降低，而在病变的修复期中表达升高[270]。成纤维细胞生长因子-β是一种强烈的血管源性因子，在胫骨软骨发育异常时减少[487]。另外，胰岛子样生长因子-Ⅰ（IGF-Ⅰ），碱性成纤维细胞生长因子，转移生长因子-β在较成熟的软骨生长板中含量正常，而在软骨发育异常时降低[457]。全身的生长因子水平与局部的一样，在胫骨软骨发育异常中可能有重要意义[456,457]。生长板"破骨细胞"旁分泌功能的改变，可能会延缓软骨的退化并导致胫骨软骨的发育异常[68]。碱性磷酸酶和X型胶原（软骨细胞分化的指标）和c-myc蛋白（细胞凋亡的诱导物），在软骨发育异常损害的组织中减少[134,473]。另一方面软骨细胞仍旧保留碱性磷酸酶和X型胶原表达的能力[393,473]。因此建议软骨发育异常是由于代谢功能失常而不是基因表达的改变。

维生素 D 和它的代谢物 1，25 -二羟胆钙化醇可以降低软骨发育异常的发生。最近的研究表明高浓度维生素 D_3（$250\mu g/mL$）可以防止胫骨软骨发育异常的发生。先前的报道饲料中仅添加 1，25 -二羟胆钙化醇可有效地减少胫骨软骨发育异常的发生率[134,382]。在一系列研究中发现 1，25 -二羟胆钙化醇的血浆水平和胫骨软骨发育异常之间并无相关性，这提示维生素 D 的代谢物在受体水平上的利用能力，可能会影响胫骨软骨发育异常的发生[129]。另一方面，Parkinson 等[348]发现在一些对胫骨软骨发育异常易感性高的肉鸡品系 1，25 -二羟胆钙化醇的血浆浓度也较低。然而高浓度维生素 D_3 也可使体重减轻。当小鸡受紫外线照射或获得高水平的维生素 D_3 时，胫骨软骨发育异常发病率减少[125]。

胫骨软骨发育异常的发生率及严重程度可能受营养和遗传选择的影响[134]。菜子粕、高粱、大豆均可提高胫骨软骨发育异常的发病率[469]。有些饲料与胫骨软骨发育异常的高发率有关，这些饲料中或是添加了半胱氨酸或高半胱氨酸[338]，或是低铜日粮[260]，或是日粮中污染了真菌如镰刀菌或其毒素[59,338]，或含有杀真菌剂二硫四甲秋兰姆及其类似体，即二硫化四乙基秋兰姆[338,377,379]。某些抗生素如杆菌肽锌和沙利霉素也可胫骨软骨发育异常的发病率[469]。

虽然在早期的报道中，日粮中钙和磷比率并无影响，但已有研究证明肉仔鸡的胫骨软骨发育异常的发生率和严重程度可随饲喂高磷低钙而增加[124,127,398,400]。给火鸡饲喂相同钙磷比率的饲料，并未引起小火鸡群中胫骨软骨发育异常的高发病率[405]。给肉仔鸡饲喂 1.5% 钙和 0.5% 可利用磷，并不能消除其胫骨软骨发育异常[398]。

由于限饲性日粮可减少其发生率，生长发育过快被认为是胫骨软骨发育异常的一个主要原因[400]。胫跗骨软骨发育异常的严重病例的出现可能由于该部位生长板生长过快。日间禁食也能减少胫骨软骨发育异常的发生，同时不会影响生长发育。有人猜测日夜节律对减少胫骨软骨发育异常有重要作用[129]。阻断或增大光照程序对临床及亚临床胫骨软骨发育异常的肉仔鸡无影响[394]。间隔照明对一条生产线上的肉仔鸡有作用，对另外两条生产线则无作用[506]。尽管实验性降低生长速度能减少胫骨

软骨发育异常的发生，但对个体而言生长发育速度却与胫骨软骨发育异常两者之间无直接相关性[246,388]。许多研究者[386,455]证明胫骨软骨发育异常对遗传选择敏感，经过几代选育，Yalcin 等人[507]已能在不影响增重率条件下降低了胫骨软骨发育异常的发生。

笼养产蛋鸡的骨质疏松症（Osteoporosis）

产蛋母鸡骨质疏松症是指结构骨正常矿化作用降低，骨脆性增加，易发生骨折的一种疾病。首先提出是在笼养蛋鸡骨骼变脆而不能正常站立，但仍可以正常采食[70]。也称作笼养蛋鸡疲劳综合征[70]。目前骨质疏松症是现代产蛋笼养鸡最重要的骨骼疾病。商品鸡群 30% 以上的骨折是由于骨脆性增加造成的，捕捉、运输、屠宰过程中骨折率可达 90%[162,476]。

临床症状和病理变化

骨质很差时机体多处骨骼易发生骨折。坐骨、肱骨、龙骨的发生率最高，耻骨、尺骨、喙骨和胫骨次之[160]。严重的骨质疏松可以导致由于脊椎塌陷引发的瘫痪[16]。最初易惊群，后来精神沉郁，脱水死亡。25～50 周龄鸡骨质疏松症最严重[138]。

在死后剖检中，骨折一般发生在腿骨和翅骨，而全身骨骼也易于折断。若鸡已瘫痪，脊椎骨骨折却很少见；但结构骨丢失可导致脊髓暴露，从而使暴露的神经受压迫[476]。胸骨常常畸形，胸骨和脊椎骨接合处肋骨内折是一种特征性变化。骨皮质变薄，但骨外观大小没有变化，这是由于骨皮质再吸收仅限于骨内表面的缘故[11]。甲状旁腺肿大。有些禽表现卵巢退化、脱水，急性死亡的鸡还可在输卵管中见到鸡蛋。

在组织学上，骨皮质变薄，吸收部位增大。髓状骨量减少，由骨样物质填充。肋骨畸形可由较小程度的骨折引起，脊髓损伤与神经受压迫相关，并可引起瘫痪。

发病机理，病因学和防制

伴随性成熟和雌激素水平的升高，结构骨形成过程转变为髓质骨的积累过程[476]。母鸡进入产蛋期后，结构骨重吸收可引起骨质疏松症。骨骼结构重吸收开始于产蛋前，延续到整个产蛋期，因此骨

质疏松在产蛋末期更为严重开产前，另外骨脆性的提高还与矿物质缺乏和胶原结构的改变有关[240,440]。

骨质疏松的发病率受鸡舍类型的影响，笼养产蛋鸡活动受限制，骨强度明显降低[241,323]。结构骨丢失（骨质）和骨强度与运动量直接相关。多数文献表明鸡舍类型与骨骼密度密切相关[139,265,472,475]。有实验表明，产蛋鸡由笼养转为地面饲养20天后骨骼则变得强壮[320]。研究发现自然放养禽的骨骼较笼养的、平养的或网上饲养的强壮。对产蛋周期末的鸡进行处理，研究骨折情况和对骨折的预防，结果表明，与其他饲养方式相比，笼养鸡在处理后有较大的新骨折率[162]。骨折发病率还受管理方法的影响[161]。

用营养调节的方法来防制骨质疏松症尚未取得成功，但营养不良会使该病更加恶化。产蛋前，形成强壮的骨皮质和足量的髓质骨可减少骨质疏松（产蛋鸡疲劳）。产蛋前必须增加钙质，但时间提前得太早又会抑制甲状旁腺的机能。饲喂钙制剂颗粒（贝壳粉或石灰粉颗粒）可延长钙夜间吸收，从而减少髓骨衰竭，提高蛋壳质量[137,138]，对结构骨（骨质）的丢失无太大作用。在产蛋期石灰粉配合氟或维生素 K_3 比单独使用石灰粉饲喂并没有更大的效用[137]。

在产蛋前进行骨骼重吸收抑制剂阿仑磷酸钠颗粒治疗可以减少松质骨的丢失[460]，但在产蛋期仅可以防止髓骨的丢失，并不能阻止结构骨的丢失[500]。

在蛋产量最大化的选择压力作用下，选育骨质差的蛋鸡品种造成了骨质疏松症发生。Bishop等[24]通过5代选育后，已经能够在一个商品系白羽来航鸡中使骨折的发生率减少并提高了骨骼的强度。他们发现松质骨体积和髓骨体积作为遗传参数代表意义不大，但膝盖骨的放射显影密度、肱骨强度和胫骨强度以及这3个值运算所得的参数对预测骨骼特征和防治骨质疏松症具有代表意义。

外翻足和内翻足畸形（Valgus and Varus Deformation）

肉仔鸡和火鸡因患长骨畸形而淘汰和死亡，给养殖业带来了很大的经济损失。这种畸形包括多种不同类型的骨弯曲和扭曲，并称为长骨变形、扭曲腿或钩形腿。Riddell[388,391] 和 Thorp[453,454]对家禽的长骨畸形作了综述。肉仔鸡最常见的长骨畸形是

跗关节的内翻足和外翻足畸形（VVD）[219,373,399]。火鸡也常发生类似的跗关节畸形，但这种畸形一般与胫股关节的内翻有关[387]。肉仔鸡VVD的发病率在1%～3%之间，而跗关节外翻的发病率为30%～40%[263]，而且公鸡比母鸡的发病率高[219]。

临床症状和病理变化

若跗趾骨向外倾斜，与胫跗骨在一条线上，病鸡则呈外翻或八字脚姿势[373]。若跗趾骨向内倾斜，与胫跗骨在一条线上，病鸡则呈内翻或弓形腿姿势[373]。胫跗骨远端是发生畸形的主要部位，但跗趾骨近端的弯曲没有那么严重（图30.9，图30.10）。家禽外翻足比较普遍，而内翻足常导致病鸡不能行走[67,263]。这种畸形两肢均可发生，经常为单侧，尤其是右侧普遍[121,399]。发病鸡中公鸡约占70%[399]。绝大多数病鸡只出现外翻足畸形或内翻足畸形；个别鸡一只脚外翻足畸形而另一脚内翻足畸形，我们将这些病鸡称"随风倒"[112]，股骨也可发生异常扭转[121]。

图30.9　肉仔鸡跗骨间关节的单侧外翻
(Avian Diseases)

Leterrier 和 Nys[263]发现，外翻足常发生于2～7周龄鸡，并呈渐进性发展，多呈双侧性；而内翻足常在5～15日龄鸡中突然发生，多为单侧性。其他研究者也发现了类似表现[219,389]，并认为这种缺陷随年龄而增长。随着外翻足严重程度增加，腓肠肌腱异位，远侧胫骨骨节变平。内翻足时，腓肠肌腱往往从中间移位[263]。某些病例，翻足过度导致跗骨从胫骨轴移位或脱离。严重时，鸡被迫用跗关

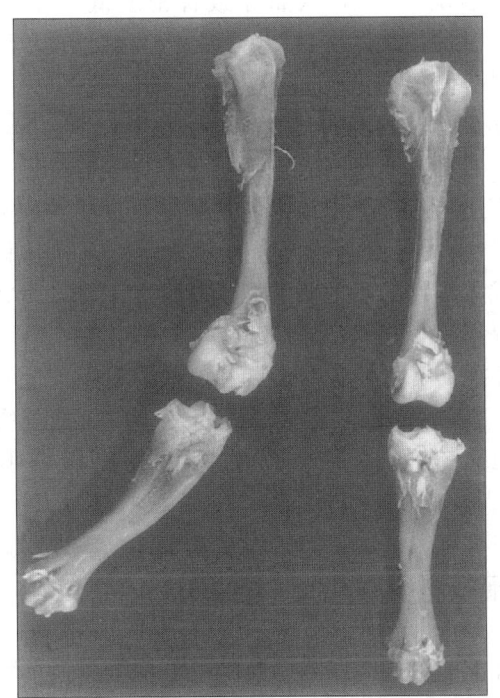

图 30.10　肉仔鸡单侧外翻足畸形的胫跗骨和跗跖骨（A-
vian Diseases）

节后表面行走，造成皮肤发青、水肿。有些病例
中，胫骨柄穿透皮肤，暴露于皮肤外。

发病机理和病因学

　　畸形的致病机理尚不清楚。近 40 年来，已经
表现出随着生长速度的增高，VVD 的发病率呈现
上升趋势。低生长速率可降低 VVD 发病
率[188,198,399]，但降低饲料能量并不会提高皮质骨的
质量，据推测减少体重对骨骼的压力可能可以减少
跛行翻足的发病率[264]。笼养肉仔鸡 VVD 发病率
高于平地饲养鸡[188,380,399]，这可能是由笼养鸡缺少
活动造成的[188]。加强运动锻炼有助于增强仔鸡的
骨质[402]。不同的光照周期会影响 VVD 的发病
率[63,394]。目前还不清楚，这是否与生长速率、运
动量或是激素水平的改变有关。有报道称火鸡肢体
畸形发病率的增高是火鸡早期营养吸收障碍综合征
的结果[358]。

　　正常的幼龄肉仔鸡均有轻度的外翻足畸形，在
快速生长的小鸡中，生长板的这种轻度倾斜可加速
骨骼异常生长[373,396]。在生长快的现代肉仔鸡中，
生长板的血管形态是不规则的，这可能会导致小鸡
发生 VVD[452]。一些工作者[88,205,206]注意到在翻足
形成之前有骨皮质分化延迟的现象。最近有人认为
外翻足和内翻足可能有各自不同的发病学和病因

学[263]，且这种畸形可能具有遗传性[258]。有人认为
品种选育可能影响腿骨畸形的发生率。Le Bihan -
Duval 等[259]认为外翻足的易发性与肌肉形态有关，
而内翻足与体重有关。

　　VVD 容易和某些由于营养缺乏（如锰缺乏）
引起的腿畸形相混淆，锰缺乏表现为全身性生长板
紊乱或长骨的软骨发育不良[388]。而没有证据显示
在 VVD 中生长板有类似的显微损伤[373,395]。但不
容忽视的是轻度营养缺乏导致的生长板亚显微损
伤，也可以引发 VVD。关于 VVD 和软骨骨化不良
的关系已有报道[363,373,389]。虽然软骨骨化不良可能
会使骨骼脆弱增加从而引发畸形，但软骨骨化不良
应是继发于畸形[502]。在一饲养实验中发现 VVD 与
软骨发育不良之间并无关联[386]。

退行性关节病（Degenerative Joint Disease）

　　关节的退行性疾病主要见于成年公火鸡[103,107]
和成年肉鸡[107,113]的髋股关节以及产蛋鸡的脊
柱[508]。这些病变在火鸡[104,118]和肉用种公鸡[113,117]
的股胫和趾骨间关节也有报道。Duff[103]综述了家
禽变性性髋关节病的早期报道。

临床症状和病理变化

　　关节软骨的变性导致软骨下骨暴露[65]和软骨
保护关节面光滑的功能丧失，引起疼痛和跛行[123]。
患退行性髋关节病的火鸡呈现后肢外展姿势，频频
将体重在两腿间转移，且不愿走动。早期的眼观病
变出现在髋骨的大转子的关节表面[103]。进一步波
及髋骨关节的股骨端和髋骨。变性损伤还见于股胫
关节和跗骨间关节（图 30.11）。关节软骨特征性病

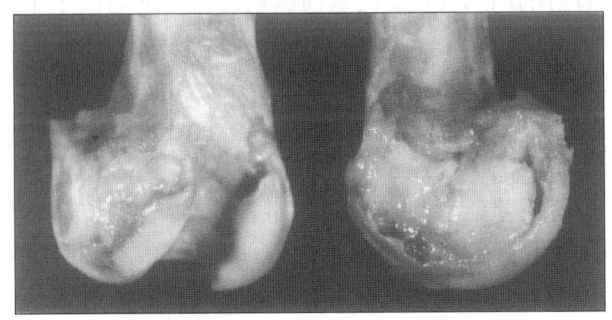

图 30.11　火鸡远端股关节变性的后面观和侧面观。可见
关节软骨的糜烂和变薄

变为关节软骨糜烂、龟裂、变薄。另外，在退行性
关节中软骨翼和/或骨赘很容易在关节内形成碎片。

病禽糖醛酸关节软骨中的水合浓度较正常关节高[6]，还可造成动脉周纤维化伴发严重损伤[103]。

显微镜下观察，关节软骨正常结构消失，形成坏死区、龟裂和大块软骨细胞团块[102]。关节软骨表面纤维化[6]。某些病例还留有软骨内骨化紊乱的迹象。有人提议将这类病例称为分离性骨软骨炎[104]，伴有滑膜增生和肥大[6]。

发病机理和病因学

上述许多关节病的发病机理尚不清楚，而关节软骨形态学和生化特征的变化同哺乳动物相近。有些病主要是由关节软骨原发性损伤引起，而其他主要是骨软骨病发展而来[107,113]。重型产蛋鸡、白色宽胸火鸡和肉仔鸡较易患此病，因此遗传因素在软骨生长中可能起重要作用[6]。

自发性骨折 (Spontaneous Bone Fractures)

骨折通常是引起胴体质量降级和病变剔除的原因之一，腿骨骨折对经济影响很大。骨折在养殖场可能自发性发生或是在捕捉、运输过程中发生，肉禽在生长后期自发性骨折发生几率较大。种用火鸡完全骨折与超前应激或雄火鸡部分骨折有关[77]。患骨质疏松症的产蛋鸡更易发生骨折（见本章"笼养蛋鸡骨质疏松症"）。

临床症状和病理变化

患骨折的禽表现跛行。这些禽类或饿死、或渴死或是被其他禽啄死。因股骨骨折而死亡的雄性火鸡每周死亡率达1%[77,360]。剖检可见病禽股骨份开放性完全斜骨折。种用火鸡骨折处常形成骨痂[77]。患骨折的肉鸡骨皮质的灰质、钙、磷含量均低于不骨折的肉鸡[458]。类似现象在种用火鸡中也有报道[76]。

致病机理和病因学

骨质差就潜伏着骨折的危险[78,376]。生长速率是决定骨强度的重要因素之一。有研究[264]表明生长率降低，皮质骨矿物质含量无增高；但该研究缺乏对骨有机组成和机械性能影响的研究。在选育中，为提高增重，一味增加胸肌量，而骨骼结构没有相应改善[67,267]，给骨皮质造成很大压力，从而造成骨折高发。重型禽比轻型禽胸肌大、体重大、

且更少运动[190,267]，从而导致骨密度低[322]。生长期中，雄性较雌性易骨折，这是因为雄性皮质骨多孔，对身体压力的调整能力较差的缘故[403]。处于生长期火鸡较同期的其他禽类易发生股骨骨折[267]。这表明股骨成熟速率（包括矿化率）较胫骨慢[267]。骨强度还与基质组织结构，尤其是骨皮质胶原交联有关[374]。另外营养也是重要因素之一。机体体内有机或无机物的不平衡可能使骨强度下降，骨折危险性提高[376]。

抓捕禽类可使骨骼伸展和弯曲，易引起完全骨折[77]。为了避免或减少骨折的发生率，捕捉禽类应谨慎。例如捕捉小鸡时抓两肢比抓一肢要安全[161]。

脊椎前移 (Spondylolisthesis)

脊椎前移指肉仔鸡后面的第五胸椎越过前面的第4胸椎关节结合处引起腹侧移位，造成脊索受压及后肢瘫痪。这种病通常又称"曲背病"（Kinky Back）。后肢瘫痪是第六胸椎的椎体以脊柱为轴作旋转，身体后部向背部和前部移动，造成第4和第5胸椎之间椎管底部向前凸起，压迫脊索而形成

图30.12 脊椎前移的肉仔鸡。(Avian Diseases)

（图30.12）。尸体剖检触摸脊柱的腹侧面较易辨认脊柱的变形。脊椎前移的另一种形式是胸椎台阶式变形，第五、第六和第七胸椎椎体分离，每个椎体前移到前面椎体的下腹面，导致脊索损伤[115]。诊断脊椎前移的最佳方法是取病变的脊柱段，脱钙后沿着中线纵面劈开，暴露出受压的脊索。大多数肉鸡群只有少数鸡发生脊椎前移，有时发生率可达2%，发病高峰期为3～6周龄。病鸡易惊群、蹲坐

于跗关节上，双脚稍稍从地面抬起（图30.13）。接近病鸡时，它们企图利用双翅逃避。重症病鸡常侧卧。不立即淘汰的病鸡最终会因脱水而死亡。Wise[501]和Riddell[338]均对本病作过综述。

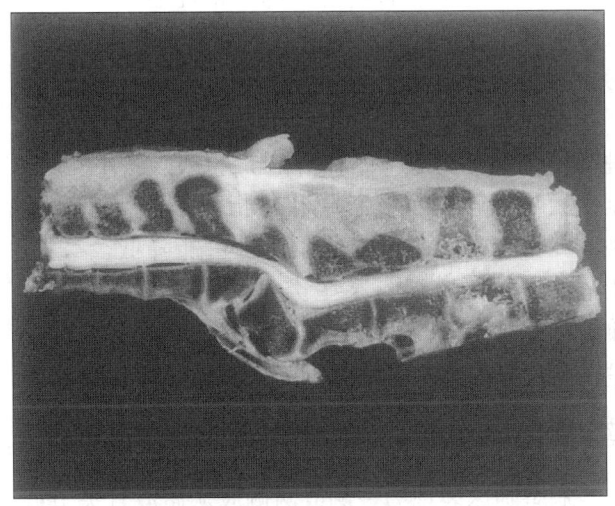

图30.13 肉仔鸡脊椎前移腰胸段脊粒的中线纵切，右侧为颈端，第4胸椎扭转，第5胸椎变形，脊索受压。（Avian Diseases）

肉仔鸡易发脊柱前弯症和亚临床脊椎前移，在孵化后易发展为脊椎前移，成长速度变慢可以减少本病的发生，遗传选择可以增加本病发生，由此可以推断出脊椎前移是受变形和生长速度影响的进行性紊乱。

韧带衰弱和撕脱（Ligament Failure and Avulsion）

Craig[72]首次报道了趾骨间关节韧带损伤是肉禽跛行的重要原因。此后，在刚成年肉仔鸡的股骨头韧带[108]、刚成年肉仔鸡[105,109,110,117]和火鸡[103,118]的后十字韧带和股胫关节的其他韧带，以及火鸡[118,228]和肉仔鸡[111,117]踝间韧带和趾骨间关节的外侧副韧带均有发生病变的报道[75]。

临床症状和病理变化

股骨头圆韧带的损伤可以引起跛行。这些损伤包括韧带牵张，部分或全部断裂，甚至从股骨头附着部撕脱，有时韧带上附有软骨和骨片。受牵张的韧带有时血肿或脂肪浸润。显微病理变化包括腱内胶原束的绽裂、胶原纤维透明变性和无细胞化，附着部邻近的软骨组织坏死、断裂和出血[108]。跛行

还与胫骨关节韧带的病变有关。后十字韧带最常受损，前十字韧带、侧副韧带和后半月板股韧带次之。十字韧带可以在胫骨附着部附近全部或部分断裂，或从该部撕脱。显微病理变化与股骨头韧带的病变相似。此外，还可见到腱内多细胞的团块和黏液变性，软骨下骨结构破坏，形成囊肿并在撕脱部位出现肉芽组织[105]。膝关节半月板的一些异常变化也和韧带的破坏有关[114]。跛行还与副韧带的部分或全部断裂或侧副韧带的断裂和撕脱有关。这些受损韧带的大多数镜下变化均和其他病变韧带相似[111,228]。与前面所述其他韧带撕脱的临床症状相反，鸡系韧带的撕脱不引起跛行；但由于血肿和肌肉褪色使得鸡腿难以出售[75]。

发病机理和病因学

韧带断裂的原因可能是由于外伤。与断裂韧带相似的病理组织学变化在肉仔鸡未损伤的韧带也可见到，说明这些病理变化发生在腱断裂之前[109]。少数肉用种公鸡韧带和肌腱的衰弱常发生于多个部位，提示这些鸡具有肌腱和韧带衰弱的素质[110]。韧带衰弱可能部分与年龄有关，因为其发病率似乎随年龄而增长[110]。与自由采食的火鸡比较，限饲火鸡韧带的病变较轻[118]。韧带断裂也有可能是继发于由应激所引起肢歪曲[111]。与此相反，有人则认为韧带断裂可以导致肢歪曲形成[228,238]。

骨骼的其他异常疾病（Other Abnormalities of the Skeleton）

骨质软化症（Osteochondrosis）

骨质软化症是集中在生长板、关节软骨或骨由于生长板、关节软骨或骨缺血和坏死引起的退行性损伤，禽类很少见，它的发生主要与细菌感染[459]或作用于快速生长软骨的机械性力量[120,129]有关。生长期肉鸡表现多种显微退行性损伤包括嗜酸性肉芽肿性条纹和瘢痕、椎管内血管栓塞、生长板和骨骺坏死[291,396]。骨软骨发育异常可能与这些损伤有关，某些病例骨质软化症可以导致骨软骨发育异常[101]。骨质软化症最初发生在肉用仔鸡颈椎和胸椎，肉用仔鸡和火鸡的股骨头[99,101,120,229,396]和对转子[107]，大多数禽类骨质软化症不表现临床症状[291,396]。

胫骨旋转（Rotated Tibia）

据报道火鸡、肉用仔鸡、珍珠鸡和走禽类均可发生胫骨旋转[388,399,446]。走禽类特别是鸵鸟和食火鸟更易发生。患鸡表现患肢（单肢或双肢）外展，导致胫骨转动受限，胫骨向外旋转 90 度或更大，骨骼不回转，飞节正常，腓肠肌不发生移位，在一些病例中，旋转可达 180 度。另外，如果双腿内收，两足垫相对朝上（图 30.14）。在生长早期，患鸡表现股骨旋转或捻转，胫跗骨和跗蹠骨正常。而当关节面远端与关节面近端相比时，跗蹠骨中度旋转[122]。随着疾病发展，胫骨旋转表现更为突出或异常旋转，引起胫骨旋转的确切病因并不十分明确，但遗传、营养和管理因素可能是导致本病发生的主要因素[446]。软骨病的早期被认为是珍珠鸡胫骨旋转的易感因素[18]。雏火鸡营养不良综合征可增加胫骨旋转的发病率[358]。胫骨旋转与 VVD 的不同之处在于骨骼没有成角，肉仔鸡发病高峰出现在 3 周龄，性别不是易感因素，左腿和右腿的发病率几乎相当[399]。

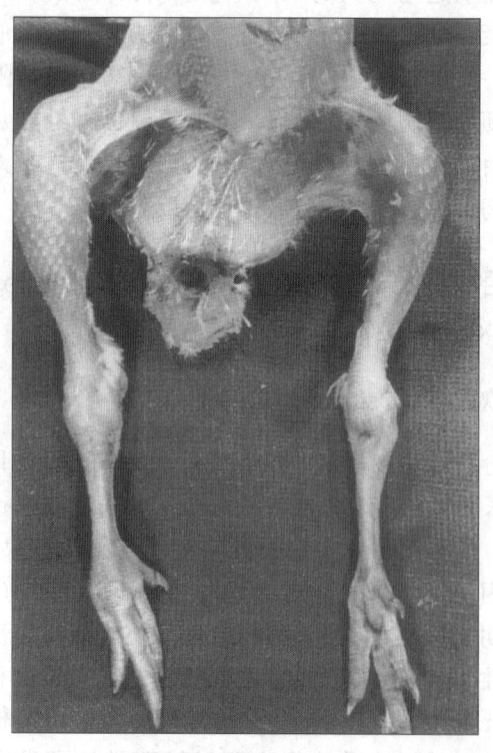

图 30.14　火鸡左腿胫骨旋转几乎达 180 度，双腿内收，两足垫相对朝上（Craig Riddel）

弯指病（Crooked Toes）

弯指病常见于肉鸡和火鸡。Norris 等[324] 和

Riddell[386] 对这种综合征先后做过论述。据报道，本病在欧洲肉仔鸡中的发病率为 4.8% ～ 7.7%[363]，而在澳大利亚肉仔鸡中发病率超过 50%[308]。除了严重的病例外，这种畸形其临床意义有限。该病可能影响公鸡的生殖性能[308]。临床表现为多个或单个脚趾向外侧或向内侧弯曲，趾节骨也常扭转。

曲肌腱过短可能会引发本病，但该病的发病机理尚不清楚。这种缺陷可能与遗传因素有关[58]。据报道，扭转腿、腱滑脱和弯指病之间呈负相关性。腿扭转时，曲肌腱的紧张性可能降低[365]。弯指病的发病率增高与某些类型的地板、红外线育雏、维生素 B_6 缺乏或一些毒素有关[25,384]。这种综合征应与维生素 B_2 缺乏引起的卷趾麻痹相区别。

劈叉腿（Spraddle Legs）

病鸡临床表现为一侧或两侧肢从髂股骨关节群以下向后向外伸展，不能站立（图 30.15）。发病原因主要是孵化湿度过大，或地板过于光滑，刚孵化小鸡站立不稳造成后肢损伤。一旦发现病鸡立即淘汰，但该病一般在禽类长至 2～3 周龄时才有临床表现。

图 30.15　患劈叉腿的 2 日龄火鸡

脊椎异常杂症（Miscellaneous Abnormalities of Spine）

其他的脊椎异常还见于脊柱侧凸和无臀症，这几种病发病率低，常为零星发生。Riddell[384] 对此作过综述。

歪颈病（Crooked Neck）

Riddell[393] 描述过一种火鸡的一种综合征，主要以歪颈或斜颈为特征。主要损伤为颈椎骨的营养不良和由火鸡支原体性引起气囊炎。种鸡发生火鸡支原体感染的斜颈后，采取控制措施，如浸泡蛋和实施国家家禽改良计划方案。目前该病较罕见，最近报道在庭院饲养的火鸡群发现该病[52]。

平胸鸟的胚胎软骨（Embryonic Cartilage in Ratites）

正常情况下，可在 1 日龄到 8 周龄鸟类的长骨包括脊椎骨（鸵鸟，鸸鹋，三趾鸵鸟）中看到胚胎软骨[381,421,428]。当鸟生长至 1 周龄时（图30-16），这种软骨以生长板为中心延伸或从长骨两端延伸至骨骺和骨干。随鸟逐渐发育成熟，这个中心也慢慢缩小最后转变为一个小岛状，残留于骨骺或骨干中。6～8 周龄时股骨骨腔充气，而胫跗骨和跗趾骨骨髓与骨小梁正常[421,428]。平胸鸟这种软骨中心经常和胫骨软骨发育不良（TD）混淆，但这并非胫骨发育不良。胫骨发育不良是病

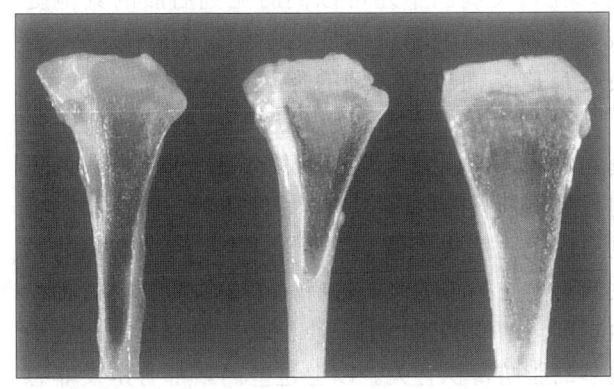

图 30.16　患胚胎软骨的幼龄鸵鸟胫跗骨矢状面

理损伤，而这个软骨中心只是正常胚胎时期软骨的遗迹，6～8 周龄时可以被再吸收。组织学上，TD 是软骨的薄片，没有被血管贯通，而平胸鸟软骨中有血管通过[421]。

肌肉和肌腱疾病（Diseases of Muscles and Tendons）

深胸肌病（Deep Pectoral Myopathy）

深胸肌病又称绿肌病。重型肉用火鸡和肉鸡运动后肌肉局部缺血引发本病。在种用火鸡，病变肌肉的废弃可造成经济损失。本病首次报道于俄勒冈州 10 月龄以上的种用母火鸡，一些鸡群的发病率

达 9%[97]。几个品系的古铜色火鸡以及大、中、小型白色火鸡均可发病。雌雄鸡均易感[179]。病变在北美其他地方[165]和英国[214]的火鸡群中均有发现，在肉用种鸡[181,213]和 7 周龄的肉用仔鸡[383]中也有这种病变的报道。

临床症状和病理变化

病变并不影响禽的一般健康状况，只是在屠宰加工过程中被发现，病变可为单侧或双侧。慢性病变可以导致胸肌的塌陷或变平。触诊即可探知病变[178]。Wight 和 Siller[436,497]提供了火鸡，Wight 和 Siller[497]和肉用种鸡的详细病理学变化描述。两种禽类产生的病变相似，在早期整个深胸肌肿胀、苍白、水肿，其中 1/3～3/5 的肌肉坏死，在深胸肌和浅胸肌间的表面筋膜水肿，无光泽。较陈旧的病变水肿消失，坏死肌肉明显、干燥并有绿色病变区域。慢性病变中坏死的肌肉皱缩，呈均质一致的绿色，干燥易碎并为纤维素性包囊所包裹，病变可收缩为一个纤维性疤痕。坏死肌肉后方的肌肉萎缩、发白，有时纤维化。坏死肌肉附近的胸骨变得粗糙和不整齐。

显微镜检查，绿色坏死肌肉的纤维肿胀，均质嗜伊红染色，伴有圆盘状坏死，肌细胞的胞核模糊或消失；坏死组织的血管中仅含红细胞溶解后残留的核；在坏死组织周围有异嗜性白细胞、巨噬细胞和巨细胞的炎症反应；慢性病例则有纤维素性包囊形成，其中常见活的、变性的和再生的肌细胞。包囊中还可见褐色素和含有黄色物质的囊肿样结构。坏死组织后方的肌肉，肌纤维萎缩和被脂肪替代，有的病例还可见纤维化。坏死组织内和周边的血管可见到血栓、内膜增生和动脉瘤形成等病变。也有人对受损肌肉的超微结构进行了研究[214,497]。

发病机理和病因学

在一组精心设计的系列实验中，Wight[498]、Siller[435,437]和 Martindale[274]证实了深部胸肌病是肌肉在剧烈活动时，紧张的筋膜肿胀引起局部缺血造成的。在以前的研究中，用外科手术的方法，对鸡和火鸡施行闭塞供应胸肌的动脉，引起的梗死和深部胸肌病的病变外观相似[337,438]。后来在实验中，应用暂时闭塞锁骨下动脉，并用电流诱导深部胸肌收缩，在轻型鸡和肉鸡中均引起了肌肉坏死，而仅

仅单纯用电流刺激只引起肉鸡的肌肉坏死，但在轻型鸡中未引起病变[498]。后来又证明，胸肌坏死可由翅膀的随意运动引起[437]。但是，若在运动前用外科手术切断深胸肌周围的筋膜可以防止病变的发生[435]。血管造影术证明，深部胸肌缺血与电流刺激下的筋膜压力升高有关。24h 后，缺血只见于肌肉中部[274]。

种用母火鸡深胸肌病的高发病率，可能是人工授精时用力抓鸡的结果，改进抓鸡方法可以降低发病率[495]。有证据表明本病与遗传有关[178]。这种素质可能与肉用型鸡肌肉中血管分布不足有关[498]。没有找到某些特定营养因素可影响本病的报道[165,180]，但限饲可以减少本病的发生[497]。

腓肠肌腱断裂（Rupture of the Gastrocnemius Tendon）

多年来，腓肠肌腱断裂引起的跛行常见于肉用型鸡，火鸡也偶有发生。在肉用种鸡和饲养到烤用仔鸡体重的肉用仔鸡中，本病能引起相当大的经济损失。Peckham[354]对本病的早期报道已经作过综述。

临床症状和病理变化

本病在鸡群中的发病率可达 20% 以上，12 周龄以上的肉用种鸡常常发病，但早在 7 周龄的肉用仔鸡中就有该病的报道。肌腱断裂可发生于单腿或双腿，跛行急性发作，双腿腱断裂的鸡表现出特征的姿势，患鸡脚趾屈曲坐于跗关节上（图 30.17）。病鸡跗关节后上方的表面可触摸到肿胀。急性病例，皮肤出血；陈旧性病变呈现绿色；慢性病变虽无颜色变化，但在皮下组织可触摸到十分坚实的团块。切开急性病变，腿后表皮下，可见肿块中充满血液。在血肿中可发现断腱的游离端。腱断裂一般发生在跗关节近上方，呈不规则的横向断裂。陈旧性或慢性病灶，出血被部分或全部吸收，纤维组织包围在断腱的末端和周围组织上。光镜下病变呈现多样性，在许多急性病变中仅见出血变化，在陈旧性病变中可见纤维组织包绕着溶解中的血肿和断裂的腱。滑膜增生、少量到多量的白细胞和巨噬细胞浸润。腱内、滑膜、滑膜腔中炎性细胞浸润，这可能与白细胞的残片和细菌菌落相关。

图 30.17　双侧腓肠肌腱断裂：烤用仔鸡脚趾向下坐于跗关节的特征性姿势。（Craig Riddell）

发病机理和病因学

Duff 和 Randall[119]对腓肠肌腱断裂的原因可能与呼肠孤病毒有关。而其他病例则是自发性的。在自发病例中还可以同时见到后肢的其他腱或韧带断裂。腱鞘炎引发的病例常常伴有明显的炎症反应，而自发病例的炎症反应轻微。

肉鸡的第三趾深屈肌和屈肌腱的张力低于蛋鸡，提示这可能是肉鸡易于发生腱鞘炎[464]和诱发自发性腱断裂的原因之一。另外肉鸡的腓肠肌肌腱的有序化程度也较蛋鸡差[465]。并且许多肉鸡的跗关节近上方的腓肠肌肌腱有一个少血管区，这种少血管区与增厚的软骨细胞块、软骨细胞死亡及腱中过多的脂肪蓄积有关。以上这些因素都有诱发非感染性断裂的可能[116]。很少有关于营养因素对腱张力变化影响的研究，据一项研究显示，给予甘氨酸、维生素 C 和维生素 E 或铜对肌腱张力没有影响[466]。而另一项研究则显示，限饲对肌腱张力没有影响，但自由采食的鸡的腱张力与体重比，低于限饲鸡[396]。最近研究表明肉仔鸡长时间久坐并不易使腱由于缺血进而形成坏死[82]。

循环系统疾病
(Diseases of the Circulatory System)

肉鸡肺动脉高压综合征（Pulmonary Hypertension Syndrome in Broiler Chickens）

肺动脉高压（PHS）又称为肉鸡腹水综合征，

遍布于全世界肉用仔鸡的育成群中，是许多鸡群中导致死亡的重要原因。在屠宰加工过程中发现本病在绝大多数肉用仔鸡群中呈低水平流行[390]，而在肉用仔鸡群中平均有 4.7% 的鸡出现腹水综合征[309]。环境和遗传因素的相互作用在疾病的发展过程中具有重要的作用[93]。本病最早报道于玻利维亚的高海拔肉用仔鸡群[171]，现在本病已经在世界范围的高海拔[51,79,195,269]和低海拔[136,234,390,449]的肉用仔鸡群中都有发现。

临床症状和病理变化

病鸡往往小于正常鸡，倦怠、羽毛蓬乱、鸡冠苍白而皱缩。病重的鸡腹部膨大（图 30.18），不愿活动，呼吸困难和发绀[287]。有部分鸡在腹水出现前就已经突然死亡[222,234]。淡黄色的腹水积聚在扩张的腹部中，有时可见纤维素性的凝块[171,287,499]。心电图显示病鸡的心室去极化复合波的波峰升高，这与右心室的扩张和肥大是一致的[325,483]。低海拔禽类心电图的这些变化先于左心室持续性扩张、进行性左心衰和右心室代偿性肥厚改变[328,333]。

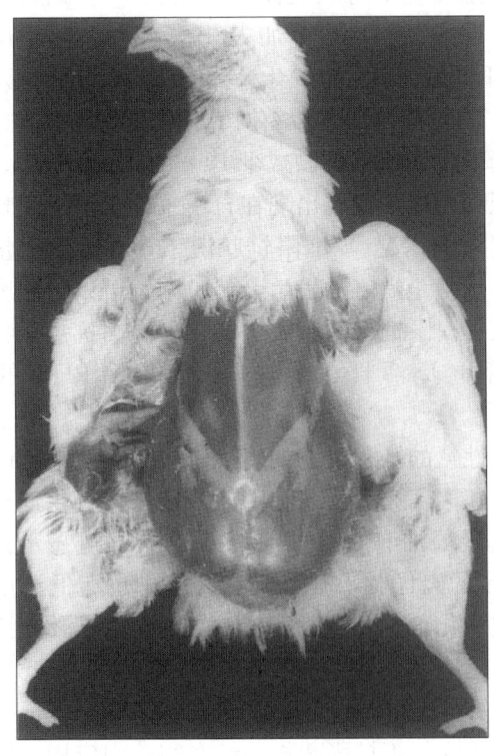

图 30.18　患病肉用仔鸡腹部膨大，充盈腹水，继发于右心室衰竭。(Craig Riddel)

眼观病变包括腹水，右心增大，常伴有左心扩张和轻重不一的肝脏病变。心脏增大包括右心房、静脉窦、腔静脉的扩张及右心室（图 30.19）与右房室瓣的肥大。病鸡的右心室重占全心重的比例显著增加[195]，房室瓣呈结节状增厚，这是肉鸡腹水综合征病鸡心脏的一种特征性病变[171,332]，而左心的心内膜炎较右心更为常见[332]，也可见心包积水。病鸡的肝脏表现为淤血、点状出血到形成灰色的被膜、皱缩和表面凹凸不平。肺淤血、水肿[171,287,499]。病鸡血液的红细胞压积、血红蛋白和红、白细胞计数均升高，淋巴细胞减少，而异嗜细胞和单核细胞增多[287]。雏鸭的心脏和肝脏也有类似的病理变化。

心、肝、肺、肾的镜下病变已有记载[171,287,309,499]。心肌纤维稍有紊乱，偶伴有心肌变性、钙化、水肿、心肌纤维间的部分疏松结缔组织增生；局灶性出血并有异嗜细胞浸润。肝脏的包膜纤维化、肝窦扩张、肝细胞坏死，通常还可观察到淋巴细胞和异嗜细胞灶。肺脏充血、明显出血和水肿，三级支气管周围的平滑肌肥大，肺泡和呼吸毛细管塌陷。在病鸡的肺中由于腹水而引起骨性和软骨性结节增多[130,279,309,340]。然而肺结节的数量与禽典型的 PHS 之间仅存在着细微的联系[340]。作者假定缺氧可能对肺结节的形成有单独的小的影响，通风不良、氨和灰尘含量增加可能继发肺结节。肾脏可见肾小球淤血、基底膜增厚及散在淋巴细胞增生灶[287]。

本病的超微结构变化包括：心肌纤维排列紊乱，心肌中的线粒体肿大、异常；肺饱和毛细血管壁增厚；肾小管变性，基底膜增厚[282,283,288]。患肺动脉高压的鸡心肌细胞的线粒体中有钙的异常沉着[285]；其血液中血清肌钙蛋白 T 增高，这从另一侧面说明本病与心肌损伤有关[286]。亦有其他报道显示，部分病鸡心肌纤维中[288]存在病毒颗粒。这些病毒颗粒被证明为逆转录病毒[350]。

发病机理和病因学

尽管腹水综合征已经进行了多年的深入研究，但是本病的原发性病因仍然不明确。虽然肺部的血压升高导致右心室肥大和衰竭被认为是腹水的主要病因[222]，但是近年来，越来越多的证据显示该综合征的发病机理可能并非如此，遗传和环境因素相互的作用可能是本病发病机理的最主要的原因[93,231]。这是因为机体的心血管系统、呼吸系统、循环系统和其他系统间有复杂的相互内在关系，而

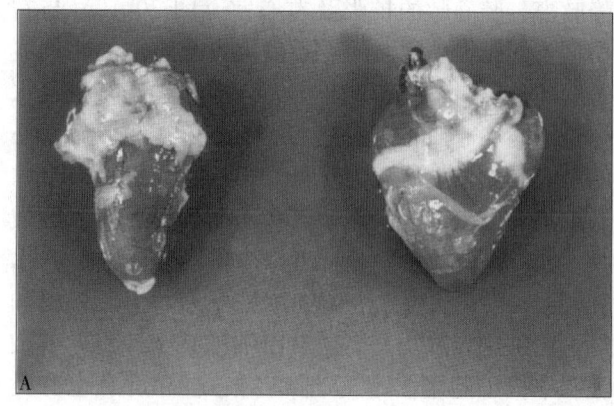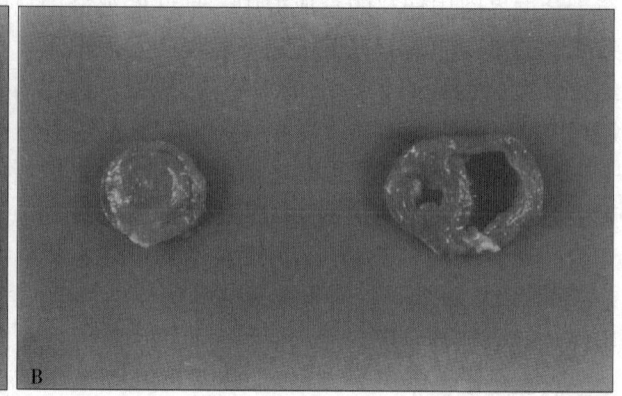

图 30.19　肉用仔鸡的右心室衰竭。A. 右为增大的心脏，左为正常的心脏；B. 右为增大心脏的横切面，
显示右心室扩张和肥大，左为正常心脏的横切面

且一些在病理学上的明显变化也揭示这种综合征是继发代偿性反应的表现。发展和调控这些系统的多遗传因素在这种复杂代谢疾病起着重要的作用[369]。

　　Wideman 和 French[480] 在 PHS 危险下存活的动物产生的后代可减少腹水的发生。在低温环境下体重对 PHS 有负面的遗传关系[92,346]，另一方面 PHS 较弱，但正常状态下测试体重对 PHS 有着正面的遗传联系。Lubritz 等[271] 表明临床腹水症与冠状动脉血压有关，饲喂更有效的饲料更易发生腹水综合征[345]，既然遗传因素禽类易感腹水过程中起起着重要的作用，可以提供抗腹水综合征育种选择的机会，改变育种选择体系被认为比体重等重要的降低 PHS 的参数。当 PHS 水平持续不变时，在正常或低位环境下测量右心室占整个心室的重量和血液学指标可以获得体重的高增益[344,512]。尽管理解 PHS 分子机制和基因相关基础可以帮助提高洞察心血管功能起作用的因素是非常至关重要的。Cisar 等[61] 发现肉鸡腹水综合征两种参与有氧代谢的线粒体基质蛋白含量在抵抗腹水生成的过程中升高。

　　研究表明低氧孵化环境可能与出生后 PHS 的发生有关，因为孵化时期的缺氧引起肺部的充血，并且充血可以在 5 周龄时[289] 仍然存在。让人惊奇的发现[50] 是 Buys 等在胚胎时期到孵化的第 3 周给予高二氧化碳环境下孵化的鸡，PHS 的发生率低于在正常二氧化碳环境中孵化的仔鸡。无独有偶，Haasanzadeh 等[186] 发现在高海拔（低氧）下孵化的肉仔鸡右心室肥厚和腹水死亡率比在低海拔低。在两项研究中，研究者均观察到暴露于低氧孵化环境的仔鸡孵化时间更短、胚胎经历缺氧的时期也更短，而且血浆三碘甲状腺氨酸甲状腺素增高[50,186]。

此外，在高海拔孵化环境下胚胎血浆皮质类固醇和乳酸水平增高，心肌 β-肾上腺素[185] 受体结合力降低，提示心脏缺氧适应证。

　　异常的代谢速率是导致 PHS 发生的一个直接原因。低气温也是引发本病的原因，鸡只的易感性被认为与产生甲状腺素 T4 能力不足和耗氧能力低有关[412]。易感鸡血清中的低甲状腺素水平无法满足在低温环境下对氧气需要的增长[212]，结果导致缺氧。在肉仔鸡日粮中加入 3，3，5-三碘甲腺原氨酸可增加 PHS 的发生率和由腹水引起的死亡率[94]，这可能继发于雏鸡对氧气需要增加。

　　降低生长速率可以减少 PHS 的发病率[430]。显然，限饲情况下没有出现在自由采食状况下发现的心动迟缓的情况[331]。限饲状况下，心脏输出量的增加可以阻止缺氧的发生，但是限饲可以抑制胸肌的生长[1]。限饲降低脂质过氧化，提高抗氧化物和肺血管重塑活性的饲料可以降低 PHS 的发病率[347]。

　　活性氧的堆积可以损害机体多个系统细胞的细胞膜。在肉仔鸡中发现肺中低浓度的抗氧化剂与右心的重量增加有直接联系[33]。已有报道显示：发生 PHS 的肉仔鸡，其肝脏和肺脏中也有低浓度水平的抗氧化剂[131]。这可能与控制氧化应激的抗氧化剂缺乏有关。饲喂辅酶 Q10 可能由于降低自由基[149] 的产生而导致肉鸡 PHS 发生减少。

　　几种支气管扩张药物已经在实验中应用，以减少腹水症的发病率。给实验鸡饲喂 L-精氨酸可以降低 PHS 的死亡率，这可以解释为 L-精氨酸是生成一氧化氮的底物，而一氧化氮是强效的内源性肺血管扩张剂[485]。但是肌肉氧化氮通过释放活性氧可以诱发肺动脉高压，其原因可能是活性氧损伤了肺部和血管（上皮）细胞的胞膜[7,69]。低温条件下内皮素-Ⅰ受体阻断剂（含 BQ123）[510]可以预防肺动脉高压，血管紧张素Ⅱ甚至在没有发生肺动脉高压的情况下就可能触发触发右心室肥厚[84]

在腹水症发展过程中，病鸡的全身性低血压，引发体液和电解质的潴留[140]。在实验中应用速尿（一种利尿剂），可以降低肉仔鸡的腹水和右心衰竭综合征的死亡率。这种现象可以部分解释为速尿起到血管舒张药的作用，可减轻体液和电解质的潴留，减小肺部血管的阻力[481]。

机体的酸碱平衡同样影响肺的通气量和血液灌流，静脉注射 1.2M（1.2mol/L）的 HCl 可以导致肺血管阻力上升、心跳迟缓，并可能触发肺动脉高压[484]。而在低压仓中的实验中，将碳酸氢钠按 1％的浓度添加入日粮中，引起的碱中毒可以减少实验鸡的 PHS 发病率[343]。

肺血流持续性增加可引起肺动脉高压，结果导致右心衰和腹水。实验上夹紧单一肺动脉可以导致肉仔鸡肺动脉高压[482]，夹紧肺动脉比左肺外支气管闭塞更容易诱发肺动脉高压[486]；可能与机体气体交换系统影响有关，但肺血流灌注降低。炎性反应可使病原体清除之后导致血气屏障变厚[130]，感染性因素，例如曲霉菌[223]大肠杆菌、传染性支气管炎病毒[461]等造成肺损伤而导致右心肥大进而形成腹水原发性心脏病变可能激发心脏的衰竭。然而，肺动脉高压性应答继发内毒素或微粒子显露与遗传因素而不是与来源和药量相关。血容量过多可产生肺持续血流，盐中毒导致腹水继发血流量增加和红细胞沉降率降低[299,301]，不应该被误认为是 PHS。

火鸡扩张性心肌病（Dialated Cardiomyopathy in Turkeys）

扩张性心肌病（DCM）常被称为圆心病，少数人称之为心肝综合征。但最好不再称之为圆心病，因为这个术语被用来称呼其他在鸡中发生的疾病（见本章后面有关该病的讨论）；而且这一称呼只是描述了一种眼观病变，未能准确的描述其病理变化。关于 DCM 的早期文献 Czarnecki[86]已经进行过综述，读者可以通过综述了解更多细节和引用文献的细节。

临床症状和病理变化

本病在幼禽中自发死亡率最高，通常死亡最高峰出现在 2 周龄，在 3 周龄后逐渐消失，最近发现病期可以持续到 10～12 周龄。火鸡群的平均死亡率为 0.5％～3.0％[141]，而死亡率最高可以达到 22％。患病幼龄火鸡表现为猝死或在死前出现羽毛蓬乱、双翅下垂、呼吸困难。病禽的心电图表明舒张期末心室容量增加，收缩压和射血量减小[148]。尸体剖检，病禽的心脏由于双侧心室扩张而极度扩大，通常右心室扩张更为明显。有时出现心包积液和腹水，肺脏常常淤血、水肿，肝脏轻微肿胀、边缘钝圆。病禽群中日龄较大的火鸡最明显的病变是心脏扩大和左心室肥大。

心脏的显微病变无特异性，病变包括：淤血、心肌细胞变性、淋巴细胞的灶状浸润，在大龄的病火鸡中还可见左心室内膜下弹性纤维组织增多。肿大的肝脏中，肝细胞空泡样变性、局灶性坏死，胆管增生，在肿胀肝细胞胞浆内含有过碘酸雪夫氏染色（PAS）阳性小体。

发病机理和病因学

家养火鸡在收缩期 Ca^{2+} 调控横纹肌的必要蛋白——心肌钙蛋白-T 结构异常可能是本病发生的易感因素[22,23]，在心电图上显示患禽的心脏交替收缩很明显[148]，这可能与心脏的不正常能量代谢有关。此外患病的火鸡体内一些与能量供应有关的酶减少，如肌酸激酶、乳酸脱氢酶、钙转运系统、β-受体激活的腺苷酸环化酶[148]。其心脏中 ATP 的浓度降低[266]，脂肪酸和心脏代谢的主要基质浓度下降[257]。扩张性心肌病的原因现在还不清楚，通过育种实验可知其受遗传影响。用心电图筛选出患有本病的火鸡，之后用选出的公母火鸡交配。其后代的 DCM 发病率增高。

饲料中含有 300ppm（300mg/kg）的呋喃唑酮就对雏火鸡有毒性作用，其中毒症状与扩张性心肌病相似。在呋喃唑酮引起的心脏扩张的情况下，心脏内不饱和脂肪酸的浓度明显增加；而在扩张性心肌病的病例中，这种脂肪酸的含量则明显减少[257]。

在引起肉仔鸡腹水和右心衰竭的环境和诱发因素作用下，可以复制出火鸡的扩张性心肌病。本病同样与孵化期间的缺氧环境有关[81]。临床观察表明，在高海拔和寒冷天气条件下，火鸡的扩张性心肌病的发病率也会增加[141]。在低压仓中气压为592mmHg条件下（相当于海拔2 054m），可以让育成中的火鸡出现DCM的高发病率[223]。用控制日粮的方法降低幼禽的生长速度，并在低气压环境[233]和商品生产环境下[41]饲养都是有效的。可以降低本病的发生率，而在高海拔、供给快速生长型日粮的环境下，火鸡的雏鸡也会发生红细胞增多（症）[224]，其症状与鸡发生该病时相同[79]。通过控制光照条件，在低日龄限制生长速度可以减少自发性心肌症的发生[64]。

肉仔鸡猝死综合征（Sudden Death Syndrome in Broiler Chickens）

猝死综合征（SDS）是指健康肉仔鸡没有可辨别的病因而突然死亡的一种情况。本病也被称为"心脏病突发"、"翻筋斗病"，使用后一种术语是因为，死于本病的鸡通常是背部着地的。本病在英国最早被描述为"肺水肿"[189]，其后在澳大利亚[208]被描述为"体况良好的死亡"，目前本病在全世界的肉仔鸡群中都有发现。发病率在0.5%～4.0%[42,53,194,399,444]之间。Riddell[392]已经作了关于SDS的简要综述。

临床症状和病理变化

据报道，多数鸡群的猝死综合征发生于1～8周龄，最大损失发生于2～3周龄[42,399,444]。雄性发病率高于雌性[330,355]。在行为学调查中缺乏关于本病的死前有一致行为症状的证据。在一些肉鸡群中整个生长期的发病率随周龄增加而增加，这可能与误诊或有其他疾病有关[399]，有的死于右心衰竭的鸡会被误诊为SDS[392]。

患鸡在死前都没有任何临床症状或异常行为。病鸡在死前可能突然尖叫，发作的特征是平衡失调、惊厥和剧烈扇动翅膀[316]。大多鸡死于背卧姿势，一腿或双腿向外伸展或竖起，但也有一些死于俯卧或侧卧姿势[397,44]。刚刚死于SDS的鸡，其血液与捕杀的健康鸡比较，血清中钠、钾、氯、钙、磷、镁和血糖水平都没有明显差异[397]；死于SDS鸡的乳酸脱氢酶、谷草转氨酶的活性升高[203]但是与健康鸡比较，肌酸磷酸激酶增高[335]。

尸体剖检时，死于SDS鸡的体况良好，胃肠道充满食物，肝脏肿大、苍白、易碎，胆囊一般空虚，肾脏可能苍白，肺部常见淤血和水肿[335,444]。肺脏的淤血、水肿很少见于新鲜尸体，故可能是死后变化[397]。心脏一般收缩，甲状腺、胸腺和脾脏有时淤血，肾脏有时出血[335]。

显微病变无特异之处。心肌变性、淋巴细胞和异嗜细胞浸润[335]，但是这些细胞的浸润被认为是正常的淋巴灶和髓外造血灶[335]。用变色染色和苏木素-碱性品红-苦味酸染色，不能证明死于SDS鸡的心脏有任何退行性变化[397]。与以往的研究不同，最近的研究表明，无临床症状突然死亡的SDS鸡在剖检中发现动脉硬化和左心心肌坏死[236]。该研究用34～64日龄的鸡，已经超出SDS的发病高峰，也比以前研究[397]鸡的日龄为大。主要病变有肺部充血、水肿、淋巴细胞浸润；肾脏出血；胆管轻度增生和肝外周淋巴细胞浸润。在一项对器官重量的研究中，死于SDS鸡的肝脏比对照组的肝脏要重，但两者在心脏、肺和消化道的重量没有明显差别[39]。

发病机理和病因学

本病的发病机理不明。SDS与急性心脏节律障碍和心室纤维性颤动[329]有关，死于SDS鸡的心率较其他鸡高[333]。死于SDS的鸡心率不齐的比例很高[330]。这些都提示本病是代谢病，受到遗传、营养和环境的影响[397]。SDS与乳酸和酸碱平衡有关的假说没有被证实[209]。本病虽然在现代肉用仔鸡中[42,399]中被报道，但是其遗传相关性并不高[55]，现代肉用商品仔鸡的6大品系（Arbor Acres，Avian Farms，Cobb - 500，Hubbard Peterson，ISA，Ross）对SDS的易感性都是相似的[156]。饲喂破碎颗粒料的鸡比喂全粉料的鸡[366]发病率要高，这一差异应该与颗粒料的加工中改变了某些因素有关，而不是因为生长速度的提高，在田间条件下SDS的发病率不受生长速度的影响也说明了这一点[399]。在一个小型实验中，严格限饲在鸡群中消除了SDS[40]，但在孵化后头7天的限饲没有明显降低SDS的发病率[401]。在雏鸡幼龄时用短期光照降低了早期生长率，也降低了SDS的发病率[63,394]。

有关与SDS发生相关的几种营养因子已经研究过。在调查中发现：以小麦为基础日粮的鸡群中

SDS 的发病率较以玉米为基础日粮的高；并在几个不同的实验中观察到[26]，但没有在其他营养因子的实验中发现不同[199,302]。日粮中的蛋白种类和含量对 SDS 的发病率有影响，饲喂肉类粗粉蛋白的鸡群的发病率低于饲喂豆类粗粉蛋白[26]的鸡群，而在育成料中含蛋白百分比较高时，可以降低 SDS 的发病率。日粮中添加维生素并不能降低 SDS 的发病率[199,302,367,445,478]。脂类代谢可能影响心肌细胞肌浆网的转运[60]。增加日粮中钙、磷、镁[220]或钾[199]的含量对本病的发病率没有影响。与过去的一些研究相矛盾的是：现在的研究显示提高日粮中的钙磷含量会使鸡对 SDS 的易感性增加，饲料中添加钙拮抗剂（verapanail）对本病发生率无影响[158]。这提示维生素 B₁ 可能对 SDS 的发病率有影响[62]。

鸡群的大小已被提出作为可能影响 SDS 发病率的一个因素[399]。高密度饲养可能增加 SDS 发生几率[204]。有实验表明光照强度对发病率没有影响[319]，但是实验显示，间断性的光照可降低 SDS 的发病率[336]。延长无光照时间（大于 8 小时）也可降低 SDS，体重对 SDS 没有负面的影响[414]。在无光照期低心率可以减少 SDS 的发生[27]。在鸡舍中从一端向另一端交替增加光照强度，当强光照在原来是弱光照的区域时，肉用仔鸡猝死综合征的发病率并没有受到影响[317,318]。

主动脉破裂（Aortic Rupture）

主动脉破裂或壁间动脉瘤的特征是育成火鸡因内出血而突然死亡。本病已经在北美、欧洲、以色列被诊断出来。过去曾报道其死亡率达到 50%，但现在对患病群造成的损失只有 1%～2%。主动脉破裂在鸵鸟和鸸鹋也已被报道[446]。

临床症状和病理变化

本病发生于 7～24 周龄的火鸡中，死亡高峰出现在 12～16 周龄。公火鸡的发病率较高，病禽突然死亡。McSherry 等[295]和 Pritchard 等[365]已经描述过本病的大体和显微病变：剖检可见头部、皮肤、肌肉贫血，偶见血液从口中流出或口腔被血污染；在体内检查时，腹腔、肾被膜下可见大凝血块，凝血块还可见于心包腔、肺脏、腿部肌肉；其他动脉血管的动脉瘤和动脉破裂（如冠状动脉）也被描述过[425]；在髂外动脉和坐骨动脉间的主动脉会出现一纵向裂口（图 30.20），这个区域的主动脉扩张、变薄、弹性消失，血管内膜和中膜陷成深深的皱褶，并部分与外膜分离。血管中膜的纤维呈轻度到重度变性，异嗜细胞和巨噬细胞浸润，血管中膜由于基质增多、成纤维细胞增生而变厚；破裂部位的血管中膜弹力层溶解或消失，外膜可能出现变性、糜烂和细胞浸润，破裂区常常可见内膜的明显增厚和一个巨大的纤维性内膜斑。苏丹Ⅱ染色显示受损血管内膜有脂类聚集。

发病机理和病因学

有几篇报道中强调血管纤维性内膜斑可能在火鸡主动脉破裂中起到一定作用。一般认为这些斑块和腹主动脉壁内营养血管的缺失共同导致血管中膜的营养障碍和变性[313]。年轻公火鸡的高血压可能是诱因之一，但矛盾的是给予可以降低血压的己烯雌酚可以降低血压，却引起动脉瘤发病率的升高[244,245]。高蛋白和高脂肪含量的日粮可以增加主动脉破裂的发生[365]。在发生的主动脉破裂[157]和壁间动脉瘤[425]病例中，其肝脏的铜含量很低。像火鸡一样，平胸鸡的主动脉破裂也与铜缺乏有关[467]。铜在胶原合成中起到重要作用，因此铜的缺乏可能在动脉破裂中起作用。β-氨基丙腈是香豌豆（Lathyrus odoratus）产生的一种毒素，能引起火鸡主动脉破裂，但是与自然病例没有关系[354]。在无对照的田间实验表明，利血平治疗主动脉破裂效果良好，但还未被实验所确认，且这种治疗可阻滞生长速度[354]。

火鸡肾周出血猝死症（Sudden Death in Turkeys Associated with Perirenal Hemorrhage）

火鸡肾周出血猝死症（SDPH）是北美许多地方 8～14 周龄公火鸡死亡的为一个重要原因[143,307,504]。该病最早于 1973 年在以色列发现[312]。文献记载的死亡率为 0.8%～1.8%[143,504]。据估计本病的死亡率可高达 6%[307]。本病同时被描述为一种高血压血管病[225,247]。

病死火鸡的体况良好，胃肠和嗉囊中充满食物。病鸡肺脏淤血、水肿，脾脏肿大，肝脏和消化道淤血，肾周部分或全部有凝血[142,254,307,504]。肾周围出血并非是常见的病变[504]，最为特征的眼观病变是左心室和室间隔肥大[142,254]。显微病变包括多

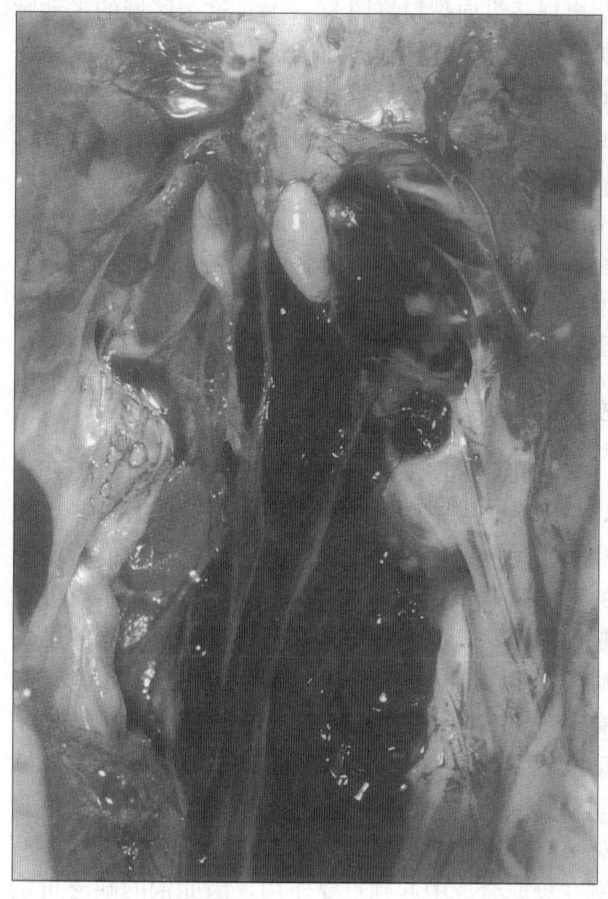 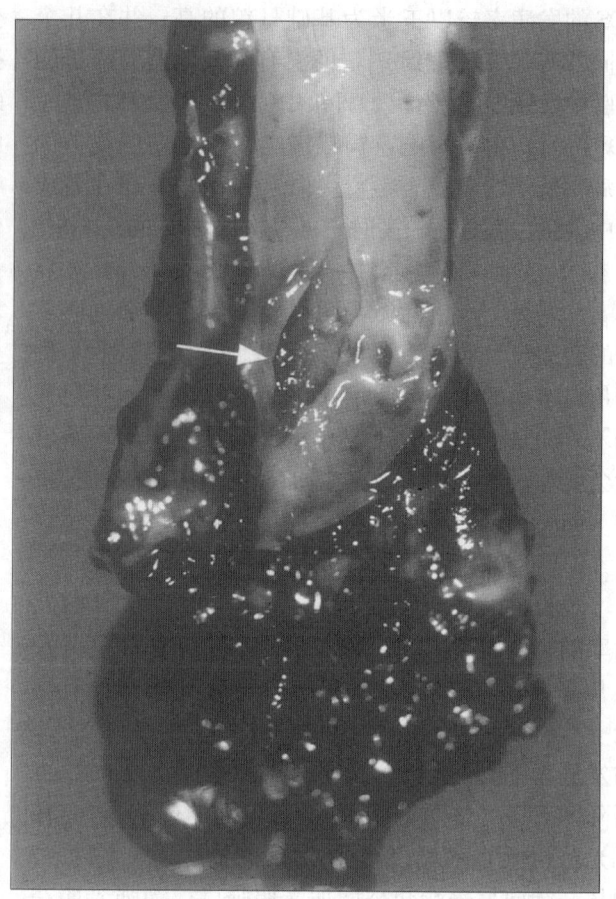

图 30.20　主动脉破裂。A. 16 周龄肉用火鸡的主动脉破裂，腹腔和肾周可见出血；B. 髂外动脉血管壁上的撕裂口（箭头所示）

器官充血、肺水肿和肺、肾出血[142,254]。动脉的病变包括内膜空泡化和中膜增生，但这种病变在正常的对照组火鸡中也有发现[307]。甲状腺上皮增生和胶质减少在一项研究腺体变化的研究中被注意到[254]。

SDPH 致死的原因可能与心脏肥大引起的急性充血性心功能衰竭相关。肾脏的出血可能是由严重的被动性充血造成的，伴有肾脏门循环中肾脏瓣膜的关闭[254]。甲状腺肿大与肥大性心肌病相关[254]。小公火鸡的高血压很常见，这可解释心脏肥大和血管损伤[244]。有人认为现代火鸡的运动耐受性很差，易引发心律不齐和 SDPH[38]。雄火鸡左心和全心的比重均比雌火鸡高，所以雄火鸡比雌火鸡易患发SDPH[37]。在作者看来，肾脏周围的充血与主动脉的破裂有关，因为观察到许多死于动脉破裂的禽也有肾脏周围出血。仔细解剖后腹部主动脉和其在肾脏周围的分支，可以揭示其显微病变。有时细小的撕裂和破裂可以用肉眼在后腹部主动脉及其肾动

脉、髂外动脉和坐骨动脉中观察到。

快速增重、持续光照、拥挤和过度运动，都可能是本病的诱因[307]。增高室温、修趾、升高/降低光照强度、喂利血平都可降低发病率[144]。但是添加阿司匹林对本病没有影响[36,144]。

心血管系统的杂症（Misellaneous Disease of the Cardiovascular System）

动脉粥样硬化（Atherosclerosis）

动脉粥样硬化是家禽中常见的一种动脉和主要动脉疾病[167,243]，偶见于鸽子[364]，雄禽患病比例高于雌性[248]，且可见于禽类的所有年龄段，高龄较低龄更为严重[242]。

病变区脂质含量不定。在最严重的病例，肉眼可见主动脉变厚；在较轻度的病例中，动脉粥样硬化可以在苏丹Ⅳ染色下用肉眼观察。显微镜下，可见在血管中膜内的平滑肌细胞内外都有脂肪小滴，

血管内膜由于脂肪的弥散性带状聚积而增厚。黏多糖在血管内膜大量存在，可以用特殊染色显示，如甲苯胺蓝。大量的纤维组织形成帽状覆盖于病变上。动脉硬化斑内有大量的巨噬细胞，偶尔也有矿物沉积于动脉硬化斑。

动脉硬化斑突出到血管腔内，增加了血管表面张力，迟滞了血流。此病变易使火鸡发生动脉破裂，但两者的关系还没有被确定。高血压与动脉粥样硬化有关[30]，但是药物（如利血平）可以降低血压并减少动脉破裂的发生[354]，却对动脉粥样硬化的发展没有影响。动脉粥样硬化在鸡已经被用马立克病毒复制出来，并且作为研究人类动脉粥样硬化的模型（见15章的"肿瘤性疾病"）。

心内膜炎 (Endocardiosis)

心内膜炎是在心脏房室瓣膜游离缘纤维化的结节性增厚。在左心较右心常见，有时心脏房室瓣膜下发生内膜炎。在尸检中常看到老龄禽类发生该病，但是最近的研究显示在7日龄的商品仔鸡发生此病[332]，在同一项研究中发现18%的正常禽和52%的腹水症禽中出现该病变。该病的病因不详，严重的可造成心脏瓣膜狭窄，使禽类易发心脏肥大[332]。患腹水综合征的禽常见右房室瓣的心内膜炎，也见到左心室的心内膜纤维化。

右心耳破裂

据报道，10～14天的肉用仔鸡由于右心耳的自然破裂而突然死亡，11 500只鸡中死亡率为3.4%。[35]大多数鸡尸检发现有心包积血，心耳破裂发生在下腔静脉和右心耳的连接处。发生这种状况的原因较难确定。

仔鸡圆心病 (Round Heart Disease in Chicken)

圆心病是一种在4～8月龄鸡中发生的，由心肌变性引起的急性心脏衰竭。本病曾经在世界范围内分布，但是在最近25年来已经没有在商品鸡中出现。该病的综述已经由Riddell做出[393]。肉眼病变为心脏增大，黄色样变，心尖钝圆、甚至可能凹陷。两心室肥大，有时禽的心包腔内出现胶冻样液体，偶尔出现腹腔积液。肺水肿，肝、肾、脾充血，组织病变有心肌的脂变。营养缺乏或营养边缘性缺乏可导致此病。

呼吸系统疾病
(Disease of the Respiratory System)

肉用仔鸡软骨性和骨性肺结节 (Cartilaginous and Osseous Lung Nodules in Broiler Chickens)

关于家禽本病的报道已经有超过50年的历史。最常发生在肉用仔鸡群中[227,279,407,494]，结节只有在显微镜下可见，并在肺实质中可见，且都在远离气道和血管的地方。透明软骨性结节周围无明显的组织反应，而其他类型的结节周围有薄层的纤维细胞、异嗜细胞和巨噬细胞。结节会随着日龄的增长由透明型到纤维型到钙化型软骨的顺序转变，最终变为骨化性结节（图30-21）。在左肺中比右肺严重[281]，且雄性比雌性易发[494]。

这些结节形成的原因和意义尚不明确。有人推测，结节可能来源于胚胎发育骨的软骨[494]的栓塞性软骨细胞。这种异常的软骨结节可能是通风不良，氨浓度高和/或粉尘的结果[340]。有报道在腹水症和右心衰时发病率增加[279,281,499]。这种结节的数量在自由采食的肉仔鸡远高于限饲的鸡群[407]。

气肿 (Emphysema)

Riddell[393]对皮下气肿或称为"风喷"的疾病作了综述。此病由呼吸道损伤或缺陷导致的皮下空气积蓄引起。皮下气肿在今天的商品禽类已经很少见，因为对禽类已经很少或根本不进行阉割。利器刺破皮肤可引起此病发生。水禽和飞禽的气性骨头，如肱骨、喙骨和胸骨骨折时，也会引起气体的皮下积蓄。

消化系统疾病
(Disease of Digestive System)

嗉囊下垂 (Pendulous Crop)

嗉囊下垂在很多鸡群和火鸡群发病率很低。症

状严重的患禽嗉囊极度扩张，充满食物、液体以 及垫料颗粒，嗉囊内容物常带有腐败的气味（图

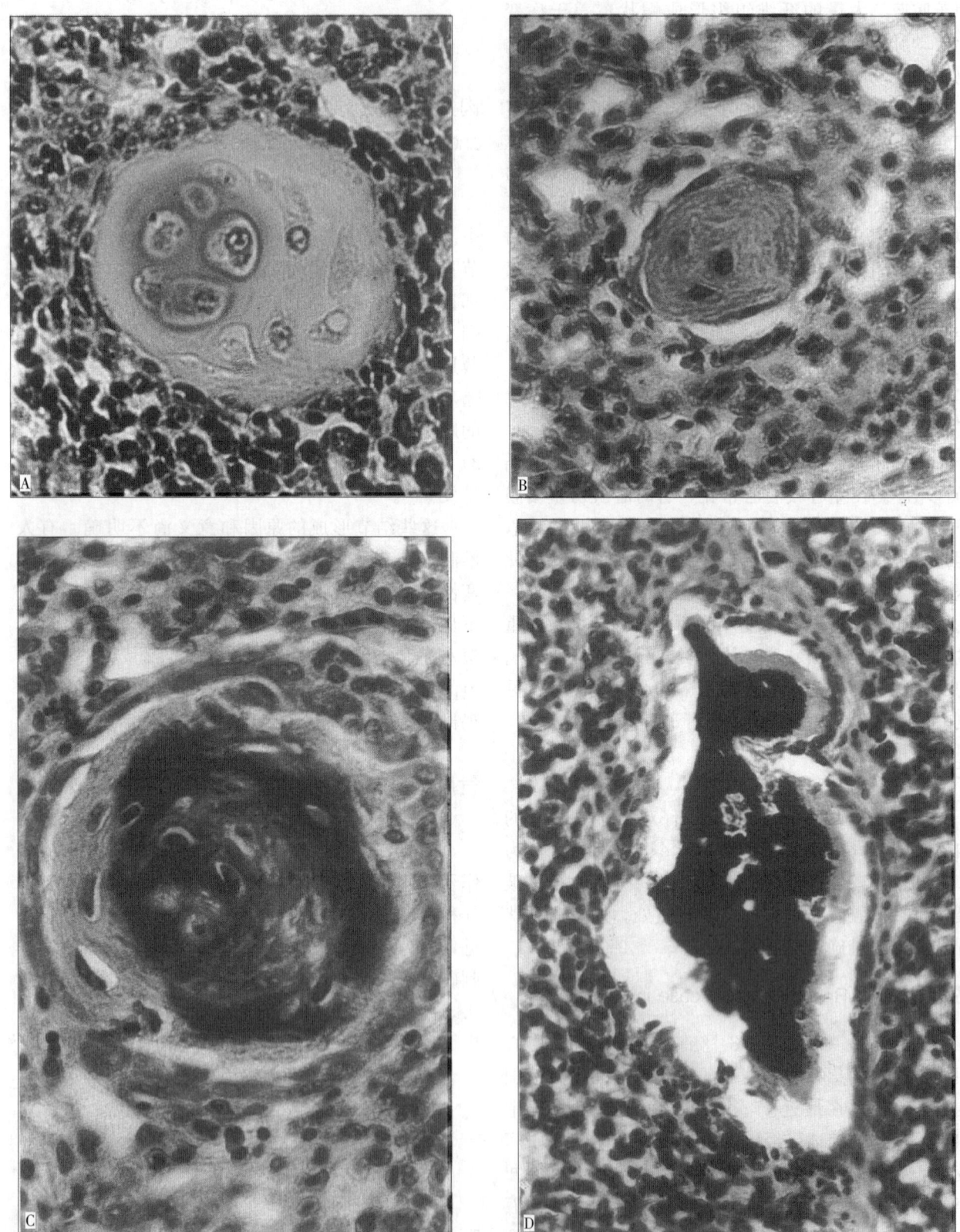

图 30.21　肉用仔鸡软骨性和骨性肺结节的显微切片。A. 透明软骨结节，H.E.，×528；B. 纤维软骨结节，H.E.，×528；C 钙化软骨结节，H.E.，×528；D. 骨性结节，Van Kossa 染色，×528。（Avian Diseases）

30.22）。嗉囊内表面可能发生溃疡。患禽仍可进食，但消化减弱，最后消瘦甚至死亡。在胴体加工时，患禽一般被废弃。用工业葡萄糖代替淀粉饲喂可以诱导嗉囊下垂发生，证明此病发病可能与日粮有关。炎热天气，增加饮水量也可能与此病有关。有人认为，火鸡发生此病是遗传的易感性引起的。然而，这些因素似乎都不是十分重要。关于嗉囊下垂病因学的进一步讨论，可以参考本书第八版的参考文献。

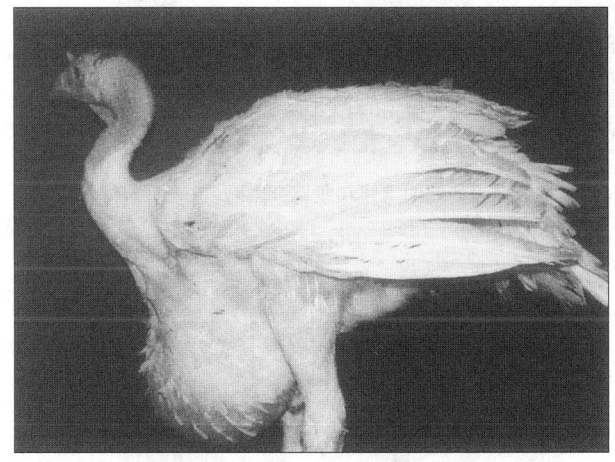

图 30.22　肉火鸡速囊下垂，胸部扩张，苍白

嵌塞（Impaction）

嗉囊、腺胃以及肌胃的嵌塞在家禽、水禽和平胸鸟中偶有报道。在鸡则很少发病。肌胃嵌塞在火鸡出生后头 3 周中可引起高死亡率。腺胃和肌胃的嵌塞在鸵鸟和其他平胸鸟比较常见。患禽消瘦，肠道空虚，但嗉囊、腺胃和/或肌胃充满缠绕的纤维状固体团块。纤维团块常常延伸到十二指肠前段，有些病例甚至可以在肠道的后段找到这些团块。发病的原因是因为禽类食入垫料或纤维物质，而嗉囊、腺胃和肌胃不能处理这些物质，因而引起嵌塞。平胸鸟经常因食入异物，如石头、金属、卵石等而发病。最近有报道食入羽毛而引起的嗉囊嵌塞是管理不善所致[305]。本病的预防主要在于阻止幼禽和平胸鸟食入垫料或纤维物质。

鸡腺胃扩张（Dilation of the Proventriculus in Chicken）

Newberne 等[314]首先报道了饲喂精细日粮的

4 周龄小鸡的腺胃肥大性扩张。在肉仔鸡中这种异常现象属于偶发。但是，在高发病率的鸡群屠宰过程中，扩张的腺胃破裂会引起显著的胴体污染。腺胃极度扩张，壁薄，充满食物。患禽肌胃发育不良，腺胃和肌胃之间分界不明显（图 30.23）。一般认为，肌胃发育不良主要是由于饲喂研磨过细而缺乏纤维素的饲料引起，而腺胃的扩张则是在此基础上继发所致[385]。

肠套叠和肠扭转（Intussusception and Volvulus）

肠套叠和肠扭转偶尔发生在平胸鸟，在家禽则为散发。套叠通常发生在小肠，但也有报道发生在腺胃[417]。肠扭转的发生则是由于肠道本身或肠系膜扭转。在幼禽，小肠扭转可能是由于卵黄囊扭转所致[446]。有报道线虫和球虫所致的肠炎和异常蠕动可以引发肠套叠和肠扭转[354]。作者曾观察到肠扭转与腹腔内有蒂的肿瘤有关。症状表现为厌食，进行性消瘦，数天后死亡。病变的肠道以及远端部分由于循环障碍而严重淤血，肠黏膜上皮迅速坏死。如能早期诊断，珍稀鸟类可以采用手术切除病变肠段。

脱肛（Cloacal Prolapse）

脱肛发生时，脱出的部分包括肠管，生殖道（输卵管或阴茎）和输尿管。脱出的组织表面光滑，有光泽，充血。引起脱肛的原因可能是下痢、产蛋嵌塞或营养不均衡。脱肛在小鸵鸟常见，且与隐孢子虫属感染有关[19]。产蛋母鸡脱肛与产蛋过程有关。在家禽，互相啄食脱出的组织会引起泄殖腔破裂和内脏的流出。

肝脏疾病（Disease of Liver）

脂肪肝－出血综合征（Fatty Liver-Hemorrhagic Syndrome）

脂肪肝-出血综合征（FLHS）散发于商品产蛋鸡[442]。许多国家都有报道此病的发生。本病主要发生在笼养鸡，在平养鸡中也有发现，但重要

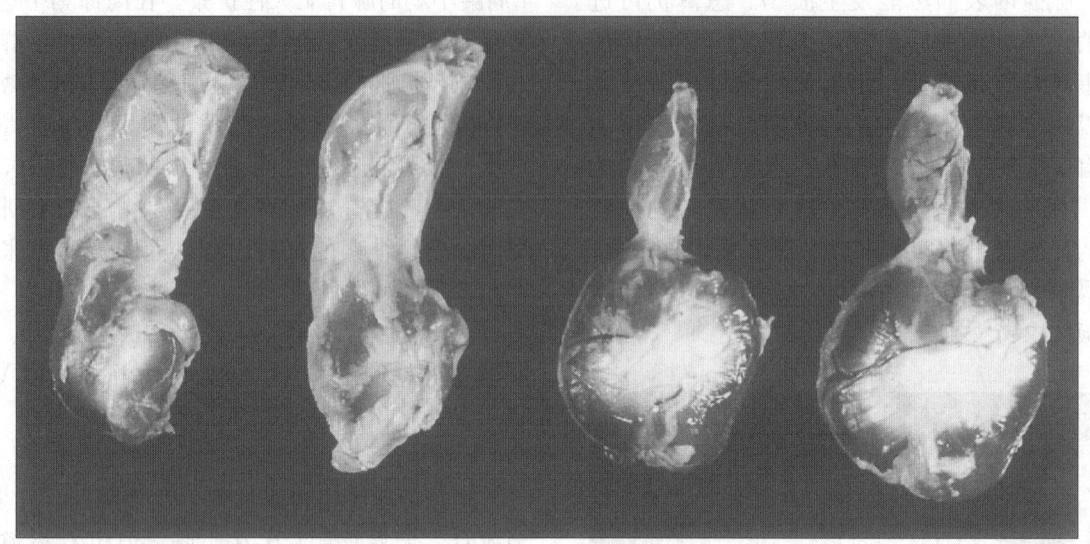

图 30.23 饲喂商品饲料的鸡的肌胃和扩张的腺胃（左），饲料中添加燕麦壳的鸡的腺胃和肌胃（右）。前者肌胃体积小，且腺胃扩张。(Avian Diseases)

性相对较小。本病与饲喂高能量饲料有关，夏季多见。

临床症状和病理变化

脂肪肝-出血综合征的第一个表现是死亡率增加[49]。可发现处于产蛋高峰的鸡死亡，头部苍白。死亡率通常不高于5%，且常常出现产蛋量突然下降的情况。母鸡也许会超重，冠和肉髯体积增大，苍白。出血源于肝脏，剖检可见腹腔有大的凝血块，凝固的血液常常部分地覆盖肝脏（图30.24）。肝脏一般肿大，苍白，质脆；在肝实质中可能有小的血肿。新鲜的血肿呈暗红色，陈旧的血肿则为绿色到棕色。在本病流行期间或过后，在健康鸡群中也可发现有类似的血肿。患禽腹腔和内脏周围有大量的脂肪沉着。多数死亡的鸡处于产蛋高峰，常常看到输卵管内有正在发育的蛋。

显微镜观察，见肝细胞因脂肪空泡而扩张，肝组织内有大小不等的出血灶和机化的血肿。经常看到肝组织内有由均一嗜伊红物质组成的不规则的小团块，这些团块可能来源于血浆蛋白[496]。脂类物质的含量通常超过肝脏干重的40%，甚至达到70%。肝磷脂含量降低，油酸和棕榈油酸含量增加[207]。由于以上物质在正常饲料中均不会添加，所以可以认为这些脂肪酸是自身合成的。

血浆生化指标的测定提示不同器官的细胞变化。通常FLHS易感品系鸡的血浆中天冬氨酸氨基转移酶和其他血浆酶高于正常商品鸡[96,511]。这

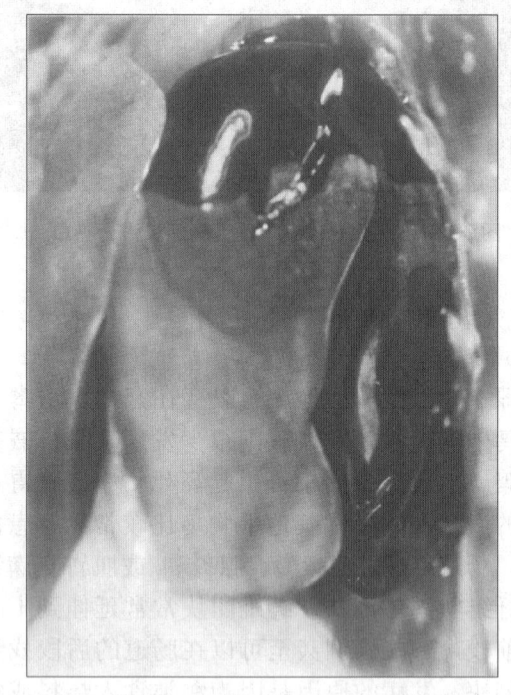

图 30.24 脂肪肝-出血综合征。一块大的凝血包裹肝左叶。显示腹腔中过多的脂肪

并不奇怪，因为这些酶通常是肝脏疾病的指征。产蛋期鸡的血浆中雌二醇钙和磷的水平高于非产蛋期的鸡。然而FHLS患鸡的雌二醇[169]和钙磷[169]水平又高于健康鸡。孕酮[169]、主要血浆蛋白和葡萄糖的浓度则未见变化。

发病机理和病因学

本病发病机理和出血的原因尚不明确。

Squires、Leeson[442] 和 Hansen、Walzem[172] 已经讨论过与 FLHS 相关的因素。饲料能量过高可以诱导本病发生，而能量来源于何种饲料成分并不重要。笼养鸡活动受限又摄入过多高能量日粮，可能导致能量正平衡和过量的脂肪沉积。过量的脂肪沉积可能破坏肝脏结构，导致网状组织和肝脏血管受损。有人认为脂变和出血之间存在病理联系[352]。已有人报道了 FLHS 中肝脏网硬蛋白结构组织的溶解。一个实验描述了网状组织溶解和严重的肝脏出血之间有强相关性，在同一个实验鸡群中，发现肝门静脉破裂和静脉变性也存在相关性[277]。出血的另一种机理被认为是局灶性坏死引起的血管损伤[202,509]。有人推测肝脏过度的不饱和脂肪酸脂质过氧化过程可能摧毁细胞的修复机制，从而导致组织损伤[442]。

因为能量平衡是 FLHS 的相关因素，很多研究试图评估日粮组成对这种综合征的影响。FLHS 发病率随日粮中总能量的增加而升高，与能量来源于何种成分无关。然而，通过等热量日粮的比较，发现饲喂以脂肪提供能量的日粮的鸡，发病率反而低于饲喂以碳水化合物提供能量的日粮的群体[170]，这可能是由于通过富含脂肪的日粮可以减少肝脏脂肪的重新合成来减少肝脏代谢[413]。一些副产品，例如干酒糟、干酒酵母、圆酵母、鱼粉及发酵产物可以减低该病的发生率和严重程度[443]。尽管在此研究中没有说明，但这些饲料成分减少 FLHS 发病的原因可能是由于它们的硒含量较高。高水平的硒、维生素 E 和其他抗氧化剂可以减少脂质过氧化从而减少 FLHS 的发生[442]。给鹌鹑饲喂诱导脂肪变性且限制抗生物氧化作用的日粮可引起与 FLHS 相似的症状，肝脏的出血可因添加维生素 E 而减轻，但添加谷胱甘肽无效[441]。为了在鸡中验证这种假设，给 FLHS 易感品系的鸡日粮中补充维生素 C、维生素 E 和 L-半胱氨酸，这些物质均有抗氧化作用，但都未能预防 FLHS[95]。

有报道指出，产蛋鸡由于肝出血造成的死亡与在日粮中添加油菜子饼有关[353]。由于没有发生脂肪肝，这可能是另一种独立的综合征[442]。另外，实验证明日粮中添加油菜子饼可以加大肝脏出血的范围，加深出血的程度，但在实验中没有添加油菜子饼的对照组也发现肝出血[277,353]。由于毒素原因引起 FLHS 的可能性不可忽视。黄曲霉毒素被认为是可疑，但是黄曲霉毒素中毒所产生的病变与本病不相同。

正常情况下，肝脏的脂肪含量通常在产蛋开始时升高，并受雌激素影响。给青年母鸡注射雌二醇可导致肝脏脂肪变性和出血[351]。而给产蛋鸡注射则引起肝脏体积增大，实验鸡最后死于肝脏出血和神经紊乱[443]。观察发现 FLHS 鸡群血浆雌激素、钙和胆固醇水平显著升高，提示此病可能与激素失衡有关[169,177,297]。有实验结果表明注射合成雌激素对鸡造成的损伤在 34℃ 时比 21℃ 大[3]，这与田间观察 FLHS 在炎热天气多发的现象吻合。此外，高温环境中禽类也更容易发生能量的正平衡。

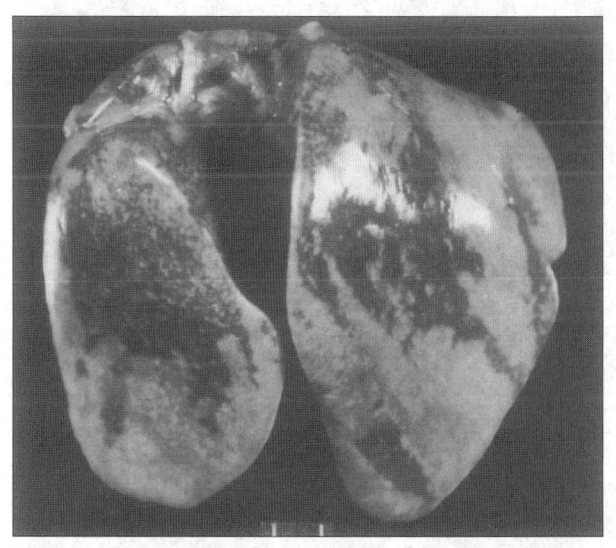

图 30.25 17 周龄母火鸡，肝脏脂肪沉积。肝脏肿胀，色彩斑驳。表面有大的、散在的、边缘清晰的、苍白色区域。标尺＝1cm（Richard P. Chin）

火鸡肝脂沉积症（Hepatic Lipidosis of Turkeys）

火鸡肝脂沉积症病因尚不明确，可能是营养因素引起的。此病仅报道于 12～14 周龄的种母火鸡，也被报道为急性肝坏死。过去几年里，美国和加拿大有零星的病例，但被文献详细的记载只有两例[147]。

临床症状和病理变化

这种疾病以死亡率突然上升为特征，在 1～2 周内可以达到 5％ 死亡率。濒死的母火鸡反应迟钝，呼吸困难，发绀；多数在死亡后才被发现。剖检见体况良好,脂肪显著积蓄,特别是在体腔。肝脏体积增大,有数量不等的浅黄色和暗红色的斑块相间(图30.25)。其他变化包括在脂肪和组织表面的出血点和出血斑,肺淤血和水肿,血凝不良。

显微病变肝脏表现为多灶性小叶中心凝固性坏死和门管区周围肝细胞脂肪空泡化。也可观察到与血管损伤有关的坏死和出血。脂肪变性的大融合区构成肉眼所见的白色区域,出血和坏死区域则是看到的暗红区域[147]。变性细胞的细胞核偶尔有明显的嗜伊红核仁而被误认为是病毒包涵体(图30.26)。

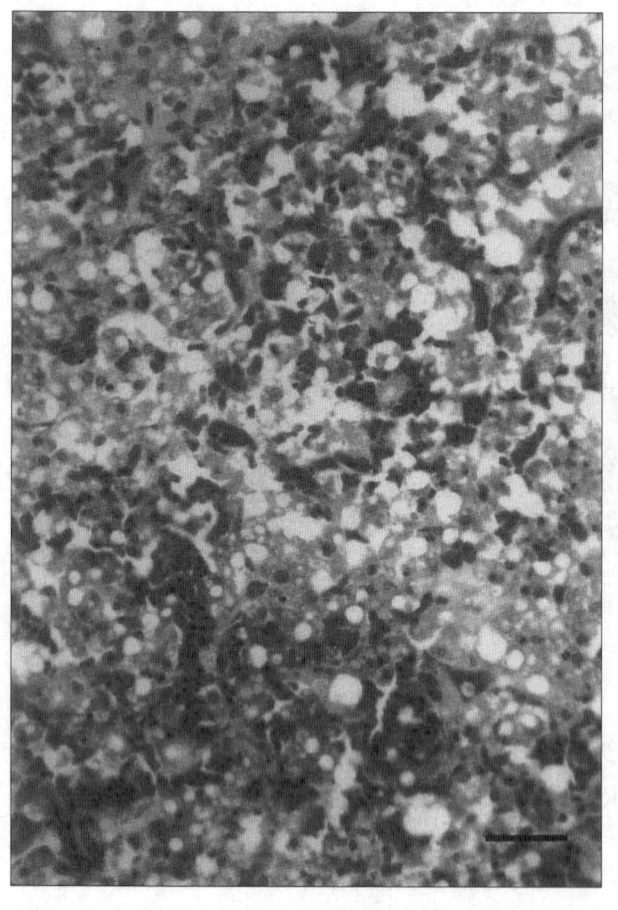

图30.26 17周龄肝脂沉积症母火鸡的肝脏显微图片。肝细胞脂肪变性,胞浆有空泡。严重的出血和胆管增生。H.E,标尺=20μm。(Richard P. Chin)

发病机理和病因学

尽管认为火鸡肝脂沉积症的发生与营养、环境和管理因素有关,其病因尚不清楚。患病火鸡群通常为饲喂低蛋白日粮以控制生长发育的群体。

这些日粮在高能量的同时也可能缺乏亲脂性因子,特别是蛋氨酸和半胱氨酸。这些氨基酸是合成载脂蛋白所必需的。高过氧化状态也可能与此病有关。高环境温度和光照程序转换使火鸡进食习惯改变,可引起肝脏脂肪沉积,最后导致肝脏功能衰竭。脂质过氧化被认为是造成血管损伤的因素,而血管的损伤导致肺水肿和肝脏的坏死和出血[147]。

患病火鸡肝脏中分离出类似传染性脑脊髓炎(AE)病毒的小RNA病毒粒子和少量大肠杆菌[57]。这被认为是意外情况,因为这种周龄的母种火鸡通常用AE的活毒疫苗免疫过,而在重病的火鸡或尸体中发现细菌亦属平常。

连续7天给患病火鸡饮水摄入维生素E(25IU/只),可以减少死亡[147]。0.2%的蛋氨酸和蛋氨酸加半胱氨酸(0.4%)可以预防本病。每吨饲料加入1kg60%的胆碱,1kg蛋氨酸和20g维生素B_{12}可作预防。有些地区将首次AE接种由翼下注射改为饮水免疫,代替原来两次免疫均采用翼下注射的程序,这种方法成功地预防了本病的发生。

泌尿系统疾病
(Disease of Urinary System)

Siller对禽肾脏病理作了很好的综述[434]。但他仅对商品禽常见的重要代谢病作了讨论,而没有涉及泌尿系统其他疾病,例如先天性畸形和小鸡肾病。痛风和尿石症给养禽业带来了巨大的损失。肾脏中底物的增加导致肾功能紊乱,不溶性产物在肾脏或其他器官析出,从而引起痛风或尿石症。

尿酸盐沉积 (痛风) (Urate Deposition "Gout")

尿酸在肝脏产生,是禽类氮代谢的终末产物。因此,禽类可因尿酸盐异常积蓄继发痛风。痛风不是一个疾病命名,而是因肾功能紊乱造成的高尿酸血症的一个临床症状。临床学家和诊断学家喜欢将尿酸盐沉积在内脏的痛风归为内脏型痛风,而把尿酸盐沉积在关节周围的痛风叫做关节型痛风,但这是不正确的。痛风在人类医学上以尿酸中由于酶的缺失而产生异常的含氮的代谢废物这样一个专业术语来使用的，而在禽病学上，"痛风"是过去的一种误称，现在称为尿酸盐沉积或高尿酸血症，但在本章仍将"内脏痛风"和"关节型痛风"这两个专业术语列入其中使用。

痛风表现为两种综合征，就是我们所说的内脏型尿酸盐沉积（内脏型痛风）和关节型尿酸盐（关节型痛风）。这两种综合征在病因学、形态学和发病机理上是不同的。下面的综述和表格（表30.1）可以帮助我们区分这两种疾病。

表 30.1　禽类内脏型痛风和关节型痛风的区别

（修改自 Shivaprasad，422）

	内脏型痛风	关节型痛风
发病	通常为急性，也可为慢性	通常为慢性
发病频率	常见	少见或散发
年龄	1 日龄或以上	4～5 月龄或以上，先天易感的小鸡可由高蛋白日粮诱导发生
性别	公鸡、母鸡均易感	多数为公鸡
大体病变	肾脏通常受累，剖检见因白垩物质沉积而异常	肾脏往往正常。若发生脱水，可出现白色的尿酸盐沉积而异常
软组织	内脏器官（如肝、心肌、脾）和浆膜表面（如胸膜、心外膜、气囊、肠系膜等）常常受累	软组织除滑膜外很少累及；冠、肉垂和气管则经常有病变
关节	关节周围软组织有或无病变，严重时，肌肉表面、腱鞘滑膜、关节面受累	关节周围软组织通常受累，特别是爪的关节。腿部、翼、脊骨、下颌等关节也常累及
显微病变	内脏表面和滑膜通常无炎症反应，肾脏和内脏在痛风时周围有炎症反应	滑膜表面和其他组织有肉芽肿性炎症
发病机理	尿酸盐排泄障碍（肾功能衰竭）	可能是代谢缺陷导致肾小管分泌尿酸盐障碍
病因	1. 脱水 2. 中毒性肾损伤：钙，霉菌毒素（赭曲霉素，卵孢霉素，黄曲霉毒素等），某些抗生素，重金属（铅），乙二醇，乙氧喹等 3. 感染因素：肾型 IBV，禽肾炎病毒（鸡），PMV - 1（鸽），鹅：艾美尔球虫，鹦鹉：沙门氏菌属、耶尔森氏菌属，鹦鹉热衣原体，小孢子虫，隐孢子虫，曲霉菌属，多瘤病毒等 4. 维生素 A 缺乏 5. 尿石症 6. 肿瘤（淋巴瘤，原发性的肾脏肿瘤） 7. 免疫介导的肾小球肾炎 8. 畸形 9. 其他？	a 遗传 b 高蛋白日粮 c 其他

内脏型痛风（Visceral Urate Deposition "Visceral Gout"）

内脏型痛风（内脏尿酸盐沉积）在禽类剖检时常见。特征是肾脏，心脏、肝脏的浆膜表面，肠系膜，气囊或腹膜的尿酸盐沉积（图30.27）。在严重的病例，肌肉表面、腱鞘滑膜和关节也可能受累，在肝脏、脾脏和其他器官可见沉淀物。大体剖检可见浆膜表面的沉积物为一层白垩的覆盖物，而内脏的沉积物则只能在显微镜下才能看

到。大部分尿酸盐在组织处理过程中丢失，但在镜下可看到蓝色或粉红色的无定形的物质存在。某些病例在显微镜下可见组织中有羽毛状结晶物或嗜碱性小球。用90％或纯酒精固定处理后可看到尿酸盐。

内脏尿酸盐沉积通常是由尿酸分泌不能引起。尿酸分泌不可能与输尿管阻塞、肾脏损伤或脱水有关。由于饮水供应不足导致脱水是家禽内脏型痛风的常见原因。内脏型痛风的暴发也与感染性因素如肾型传染性支气管炎病毒[80]；肾隐孢子虫病[462]；

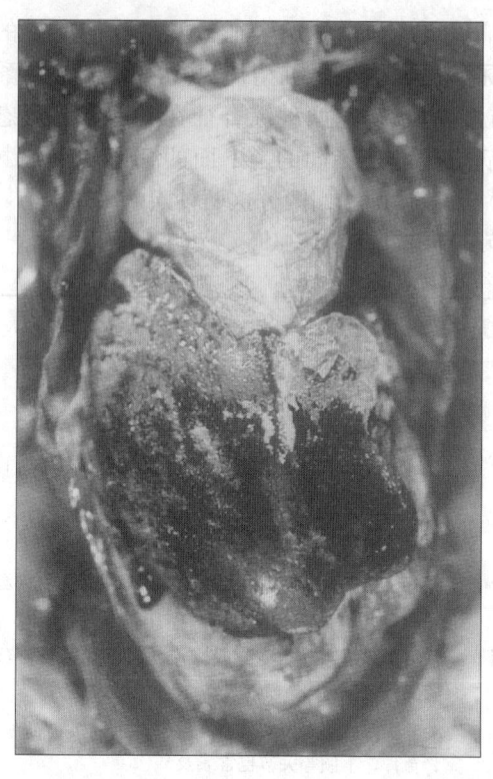

图 30.27　成年鸽心脏和肝脏表面的尿酸盐沉积

与非感染性因素维生素 A 缺乏，尿石症继发[434]，治疗用碳酸氢钠[90]，霉菌毒素如卵孢霉素[355]和饲喂含有高钙和高蛋白促进禽生长的日粮[166]有关。尚不清楚肾脏的坏死是原发还是继发于高尿酸血症和尿酸盐沉积。一个最近的研究发现，禽类给予高浓度碳酸氢钠的最初改变是代谢性碱中毒和高尿酸血症[306]。作者认为碱中毒诱导核蛋白的崩解和翻转，引起高尿酸血症，继而导致尿酸盐结晶和沉积。然而，在特定位置的尿酸盐晶体沉积的机理仍不清楚。

关节型痛风（Articular Urate Deposition "Articular Gout"）

与内脏型痛风不同，关节型痛风一般散发，不引起严重的经济损失。临床表现为频频换腿跛行，不能屈趾。关节痛风以痛风石和关节周围尿酸盐沉积为特征，特别是足部关节，因此易与大脚病混淆。关节肿大，足部变形（图 30.28）。打开关节可见关节周围组织因尿酸盐沉积而变白，关节腔内可见白色半流质的尿酸盐沉积。在慢性病例，沉积物还可见于冠、肉垂和气管等部位。治疗仅可减轻症状。移除沉积物的做法不可取，因为难度大，并且有大量出血。因本病可由饲喂高蛋白日粮引起，可

以推断其病源于过多的尿酸形成。有人试图对一条生产线的鸡研究关节型痛风的易感性，但证明这些鸡肾小管的尿酸分泌存在缺陷[9,66]。

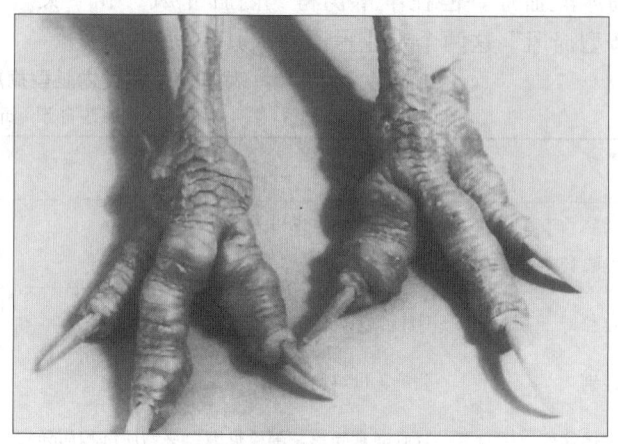

图 30.28　成年鸡的痛风，趾和足部肿大，变形

尿石症（Urolithiasis）

尿石症主要见于产蛋鸡，造成死亡率增加和产蛋减少[273,490]。尿石症特征是单侧或双侧肾严重萎缩，扩张的输尿管内有尿石以及不同程度的肾型痛风和内脏型痛风。

临床症状和病理变化

全群的死亡率在几个月的时间里可能超过 2%，其中超过 50% 的死亡是由尿石症造成的[28,273]。在发病鸡群的临床健康鸡也可见有肾脏病变，3.2%～6.3% 的母鸡在屠宰时发现肾脏病变[273]。产蛋高峰的鸡突然死亡，体况可能良好[28]，或消瘦，冠小且苍白，泄殖腔周围的羽毛有白色物质黏附[45]。肾脏萎缩和输尿管扩张常常伴有弥漫性的内脏尿酸盐沉积[28,45,273]（图 30.29）。肾脏萎缩通常前叶较重，为单侧性，但也可为双侧性。残存的同侧或对侧的小叶可能肿大。与萎缩的肾小叶相连的输尿管扩张，充满清亮的黏液，内有白色的不规则的凝固物或尿石[45]。这些结石由紧凑的单晶或多晶的尿酸钙和尿酸钠晶体构成，也可以分别被镁和钾随机置换[327]。显微病变包括输尿管分支和肾小管扩张，肾小管变性和缺失，细胞管型，尿酸盐结晶和不同程度的纤维化[28,45]。最初被认为尿石症是产蛋鸡的疾病，但有报道病变和死亡在育成期已经开始[45,71]。在对一次暴发的连续的研究中，发现

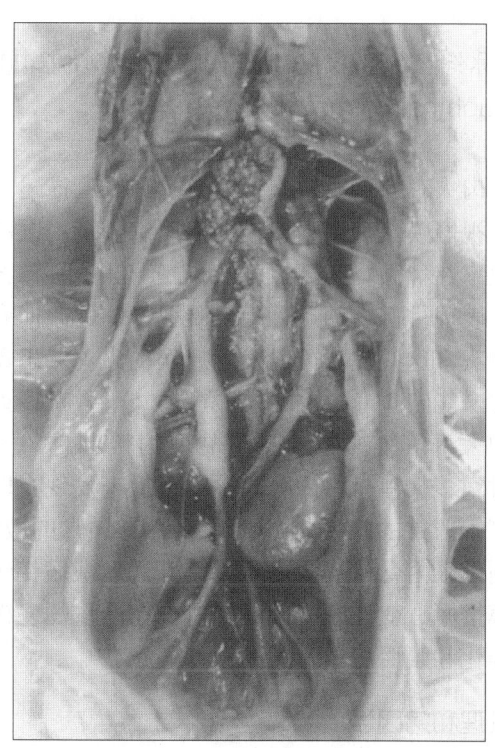

图30.29 鸡的尿石症。左肾前叶和右肾严重萎缩。
右边的输尿管扩张,内有白色物质。
(Craig Riddell)

眼观肾脏无病变的 4 周龄的小母鸡有局灶性皮质肾小管坏死。7 周龄的母鸡肾脏眼观肿大,镜下见肾小管坏死和管型,肾小球内有嗜酸性小体,间质有异嗜性白细胞和淋巴细胞浸润。典型的尿石症病变则出现在 14 周龄的鸡[45]。

发病机理和病因学

Wideman 等[491]对发病鸡的肾功能做了研究,认为肾脏损伤的生理性缺陷是肾物质的减少,而不是肾脏处理矿物质和电解质不适当的结果。也有报道在尿石症的鸡肾脏中肾单位数量显著减少[321]。尿石可能阻塞输尿管而引起猝死,但也很可能继发于肾脏损伤[273]。尿石症的病变与一个长期研究传染性支气管炎病毒感染发病机理中所描述的病变相似[4]。在产蛋鸡尿石症的暴发过程中,难以分离传染性支气管炎病毒[28,45,273]。这也并不意外,因为上面提到的长期研究传染性支气管炎病毒的分离结果本来就不稳定。传染性支气管炎病毒在实验鸡中已证明可以引起肾脏的损伤,而在一些尿石症的暴发中也分离到这种病毒[45,71]。在某些流行中,已证明传染性支气管炎病毒的免疫接种程序有潜在的问题[28,71,273]。

一系列实验证明,钙含量过高,特别是同时可利用磷含量低的日粮,可引发育成母鸡的尿石症[151,416,479]。小母鸡接触传染性支气管炎病毒,再饲喂高钙的产蛋料可以增加尿石症发病率,并加重肾脏的眼观病变[152]。两种不同品系的来航鸡对高钙日粮诱导尿石症的易感性有显著的差别[262]。易感品系鸡的尿液碱性较大,且髓旁肾单位的比例更大[491]。尿石的形成可能是因为尿液中钙水平过高和氢离子减少[152]。在高钙日粮诱导尿石症的实验中,证明用氯化铵、硫酸铵和蛋氨酸酸化饲料可以降低发病率和减轻肾脏眼观病变[150,262,487,488,489]。氯化铵在实际中并不是一种好的治疗药物,因为它增加水的消耗和尿量,因而增加了粪肥的湿气[150]。其他化合物没有这些缺点[262,488]。一组实验证明,硫酸铵比两种形式的蛋氨酸更有效[262]。

基于试验观察结果,饮水不足可能是尿石症的一个原因[218]。事实上,有些霉菌毒素是肾毒性的,因此也可能是尿石症的潜在原因[273]。

眼疾病 (Disease of the Eye)

Shivaprasad 曾经作了综述,阐述了多种疾病和因素均可引起眼疾[423]。

氨气灼伤 (Ammonia Burn)

氨气灼伤是指由于禽类接触不洁环境释放的氨气而引起角膜结膜炎。禽舍中的氨气主要是垫料和粪便分解过程中产生的。临床症状包括畏光、多泪和淤血。患禽眼睑闭合,不愿行动,或用头和眼睑摩擦翅膀。角膜灰色,浑浊,可有溃疡。结膜可能有水肿和充血,但通常不明显。病变通常是双侧的,患禽停止进食,逐渐消瘦。显微特征性病变为角膜上皮坏死,溃疡,上皮层和固有层中异嗜性白细胞浸润。角膜的浑浊是由于溃疡、细胞浸润、水肿引起的[423]。结膜的炎症可能很严重。接触氨气的量减少后,很多患禽可以康复。康复的时间与角膜的损伤程度有关,如果损伤严重,可能要 1 个月或更长的时间才能康复。本病的预防主要在于合理的通风和垫料的清洁,因为氨气是由潮湿的垫料释放的。

白内障 （Cataracts）

晶状体的浑浊被称为白内障，这在大多数的家禽是不常见的。此病发生在鸡、火鸡和鹌鹑。可由病毒性疾病（如禽脑脊髓炎病毒）、营养缺乏（如维生素 E 缺乏）、遗传和衰老引起。晶状体的浑浊通常是双侧性的，可以导致失明。显微病变特征为晶状体纤维变性，上皮增生，空泡细胞的形成，进一步发展为液化[423]。

发育异常 （Developmental Anomalies）

在小鸡和小火鸡中报道了几种发育异常，包括独眼畸形、三眼畸形、牛眼、无眼、小眼、视神经发育不全、白内障、视网膜发育不良、角膜水肿和角膜扩张[128,145,371,419,423]。这些缺陷可能是遗传性的，但大部分是由于孵化条件不当造成的，孵化温度是其中一个重要的因素。

视网膜发育不良 （Retinal Dysplasia）

视网膜的异常发育可能是由遗传因素造成，以常染色体退行的变化为特征，火鸡和商品肉鸡多发[5,423,426]小鸡出生后几天出现，5～7 日龄表现明显，患鸡比同群的鸡小，无目的地徘徊，不能找到食物和饮水检眼镜检查乳头反射不足，眼前段和眼底正常。失明的发生率一般较低，不超过 1%，患鸡剖解未发现任何眼观病变，显微镜检查早期表现光感受器（视杆细胞和视锥体）变形，进而红细胞玫瑰结形成、视网膜变形、视网膜粘连视网膜色素上皮细胞激活和增殖，后期表现脉络膜的炎症。如果禽能存活几周，可见连续的变化，如视网膜脱落、白内障形成、纤维变性、软骨转化等病变的出现[423]。

洛克鸡与罗得岛红鸡杂交的杂种鸡由于部分网膜发育不良和坏死而导致失明的发病率为 2%～5%[372]。鸡群中出现失明的临床症状的时间为 5～6 周龄，6 月龄的大多数鸡对光的刺激失去反应。网膜病病变以光感受器消失，结果导致失明，0.2%商品种蛋鸡发病[85]。本病在 3 周龄可被诊断出，但在 8 周龄才出现明显的临床症状。

火鸡脉络视网膜炎和牛眼 （Chorioretinitis and Buphthalmos in turkeys）

在肉火鸡[14]和种火鸡[408]中，有报道描述了因为脉络视网膜炎和牛眼造成的失明综合征。眼的病变发生率在种火鸡为 2%～30%，产蛋量下降4%～40%。表现徘徊运动，近距离凝视物体的倾向和偶尔的侧头，这些症状可以发现患病的火鸡。患禽生长正常，能定位食物和水的位置。5～7 周龄火鸡眼球增大，角膜变平，眼睑裂变为椭圆。16～20 周龄时很多火鸡患白内障。检眼镜检查发现视网膜有白斑。严重的病例切开眼球见内有异常的液体，有些则因眼内骨质形成而难以切开。显微病变包括脉络膜增厚、变性和视网膜脱落。在严重的病例可见纤维化和眼后房内骨化的软骨岛。

发病机理和病因学

持续的人为光照可以诱导火鸡产生以上所述的相似症状[8,14]。在连续光照的环境饲养的实验鸡眼球增大，角膜曲率变小，视网膜变薄，玻璃体内液体蓄积[255]。饲养在白昼低强度的光照环境中，火鸡眼球也会增大，但眼角膜是突出而不是变平[183]。眼球增大亦可由黑暗环境所诱导[210]。

睑结膜炎 （Blepharoconjunctivitis）

睑结膜炎是火鸡的一种疾病，以种火鸡眼睑发炎、多泪为特征，严重时眼球被破坏和结膜充血[20,21,334,406]。前眼角最初有白色泡沫，继而成为干酪样分泌物，眼睑肿胀，形成痂皮而黏合。角膜的溃疡导致全眼球炎和眼球的破坏。本病的病因尚不明确。通过饮水接触多杀巴氏杆菌感染引起[334]，眼睛早先的损伤可能易引起感染。

眼切迹综合征 （Eye-Notch Syndrome）

眼切迹综合征是指笼养产蛋鸡眼睑的广泛损伤[423]。发病初期下眼睑见有小痂或糜烂，进而发展为一裂缝，裂缝一端有一小肉块附着。组织学病变以睑结膜炎为特征。本病的意义和病因尚不清楚。

眼病（Ophthalmopathy）

Cummings 等[83]描述了 22 周龄肉种鸡的这种疾病。此病影响了 2%～3% 的鸡。临床上，患鸡部分失明，畏光。镜下见视网膜变性和脱落。鸡群还有早期的白内障形成。病因不明，但可能与每天 6h 的低强度光照有关。

眼内炎（Endophthalmitis）

有报道在肉仔鸡中病因不明的慢性眼内炎[493]。眼观见瞳孔不透明，白内障形成，视网膜增厚并脱落，玻璃体皱缩。镜下可见眼内遍布肉芽组织并伴有视神经萎缩。

生殖系统疾病
(Disease of Reproductive System)

右输卵管囊肿（Cystic Right Oviduct）

在雌鸡胚胎时期，两条苗勒氏管开始发育为输卵管。左侧发育为有功能的输卵管，而右侧则退化。如果退化不完全，苗勒氏管部分发育可引起右侧输卵管囊肿。右侧输卵管囊肿是鸡尸体解剖常见的意外发现。囊肿大小不等，小囊肿直径有 2cm，大的囊肿直径可达 10cm 或以上，大囊肿内充满液体（图 30.30）。小的囊肿对机体影响不大，大的囊肿则会压迫腹腔内脏。大囊肿可引起腹部下垂，要与腹水相鉴别。

假性产蛋鸡

"假性产蛋鸡"一词指有产蛋特征，经常就巢但不产蛋的鸡[178]。这种鸡卵巢和输卵管外观正常，但排卵后漏斗不能接住卵子。剖检见腹腔有过量橙色脂肪和液态或凝结的卵黄。这种缺陷可能是幼年感染传染性支气管炎的结果[35,36]。

内生蛋

在某些鸡腹腔内可找到软壳蛋和完全发育的

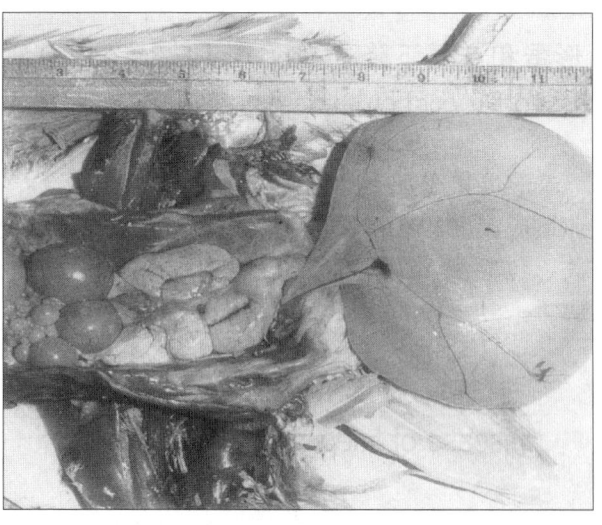

图 30.30　鸡右侧输卵管囊肿。(M. C. Peckham)

蛋。这表明蛋黄已正常通过输卵管到某一部位，然后由于输卵管的逆蠕动把蛋挤进腹腔。如果腹腔内积存了大量的蛋，鸡会表现出企鹅样姿势。

输卵管嵌塞（Impacted Oviduct）

输卵管偶尔会被卵黄团块、凝结的蛋白、壳膜甚至是成形的蛋所阻塞。在输卵管内也发现卵黄样的物质大团块，团块的横切面呈同心圆结构。

蛋阻留（Egg-Bound）

这一术语指鸡蛋在泄殖腔内但不能产出的情况。可能是由于输卵管的炎症、输卵管平滑肌的部分麻痹或蛋太大。青年母鸡生产特别大的蛋时更容易出现蛋阻留。输卵管常伴有泄殖腔的脱出可能是难产的后遗症。

阴茎脱出（Phallus Prolapse）

阴茎脱出偶尔发生在雁形目和平胸目，可能与感染和免疫抑制有关。确实的病因尚不清楚。平胸鸟一般在繁殖季节末或天气突变时发病[54,193]。在鹅，阴茎糜烂和阴茎脱出已证明与奈瑟菌属感染有关[13]。有一个报道认为鸵鸟泄殖腔和阴茎脱出与隐孢子属感染有关[357]。阴茎脱出可能继发冻伤和细菌感染。

畸形蛋和产蛋下降（Abnormal Eggs and Depressed Production）

畸形蛋和产蛋下降这些常见的问题已经给养禽业造成重大的经济损失。它们可能与很多因素有关，包括营养因素、管理因素、环境因素和疾病。

被皮系统疾病
(Disease of Integumentary System)

接触性皮炎（Contact Dermatitis）

在火鸡和肉仔鸡发现了脚底表面、跗关节后面、大腿或胸骨表面皮肤的糜烂性病变。胸部、大腿和跗关节的病变是火鸡和鸡胴体降级的重要原因[154,293]。正在成为一个重要的动物福利问题[278]。足部的病变发生率同样可以很高，但不影响胴体质量。然而，足部的变化可导致瘸腿和抑制增重[275,276]。根据皮肤病变位置的不同，病变有不同的名字。足部的病变称为蹄皮炎，在胸部则叫鸡的胸部灼伤[159]和火鸡的胸部纽扣状病变[154]。在大腿和臀部的溃疡和糜烂被叫做"臀部结痂综合征"[182,359]。这些皮肤病变的共同点是似乎都与接触性的刺激物和垫料状况有关。近年垫料管理的实施和乳头式饮水器的使用减少了这些情况的出现[296]。

临床症状和病理变化

足部和跗关节的皮炎表现为脚底、趾和跗关节的溃疡，上面有暗黑色的痂[159,275]。早期变化包括足部鳞片增大、皲裂、磨损和表面结痂。这些病变继而发展为深部的溃疡。组织学变化包括中间层特别是与溃疡相连的地方的角蛋白，在表皮附近的异嗜性白细胞浸润。病变的中央是坏死的细胞碎屑团块，里面可能有植物残片和细菌。团块的底部有异嗜性白细胞，还常见有巨噬细胞和一排巨细胞。除了足部病变，很多患禽在跗关节后部和胸部都有类似的带有黑色结痂的溃疡。

在火鸡，胸部病变以无巨细胞的肉芽反应为特征，结缔组织在溃疡下部增生[154]，这可能与慢性

经过有关。臀部结痂综合征特征是肉鸡股部溃疡和糜烂，有结痂覆盖。这可能与股骨头退行性变化有关[359]。在高密度的鸡群中发病[182]。

发病机理和病因学

自然发病已被证实与垫料状况低劣有关[159]。McIlroy等[293]的流行病学调查表明以下情况易发接触性皮炎：饲养密度增加，年龄增加，饲喂特殊的饲料，母禽多发，冬季多发。近期的研究表明，20世纪90年代由于垫料管理的改善和禽舍设计的改进，特别是乳头式饮水器的应用[296]，接触性皮炎的流行已经减轻，尽管禽类的饲养密度及屠宰的年龄与20世纪80年代相同。在全为雌性的禽群中本病的流行增多，可造成饲料转化率下降，死亡率增加。最近研究表明其他因素比商品化饲养密度对鸡蹄皮炎的流行影响更大[278]；彻底地降低饲养密度或改善地面排水系统可能是非常必要的。

实验证明，人为湿润垫料[174,275,276]以及用粗糙的垫料[191,315]可以增加本病的发病率。12周以上的低温可以增加纽扣状病变的发生，但与羽毛状况无关[315]。生物素的临界缺乏被认为可能引起实验禽的蹄皮炎[176]。实验研究表明饲料中增加10倍的生物素可减少19周龄火鸡的蹄皮炎发生[47]。由此建议饲料的生物素量应该增加[361]。这在现代的养殖情况看来是不可能的；一份后来的报道显示补充生物素只可以减少饲养于干燥垫料幼禽的蹄皮炎，而饲养在潮湿垫料的幼禽则不能减少发病[155]。

胸部水泡包括皮下与胸骨间的囊肿[292]，应与接触性皮炎的溃疡性病变相区分。两种病变可在同一禽群发现[276]，但胸部水泡更可能是由于长期蹲坐挤压形成的，而不是接触性刺激[292]。将胸部无毛的火鸡置于240mmHg（32kPa）气压环境中，每天6h，连续6天，并不能引起任何病变[155]。

黄瘤症（Xanthomatosis）

黄瘤症现在已经很少见，但在1960年前后却是养鸡的一个严重问题。黄瘤症以鸡皮下淡黄色半流体物质蓄积为特征。Peckham[354]综述了病例报告和对本病的研究。发病的主要是白色来航鸡，发病率可达60%。患鸡精神状态良好，活跃，产蛋。肉髯常见肿胀。胸部、腹部、腿部有毛处也常见肿

胀。肿胀往往呈结节状或下垂。最初，病变部位柔软，有波动感，内有蜂蜜色的液体。继而发展为皮下散在的白色的胆固醇区域，皮下组织增厚。病理组织学变化包括大量泡沫状的巨噬细胞浸润（图30.31），胆固醇裂隙（图30.32）和巨细胞。本病的病因尚不清楚，但由于黄瘤组织中含有高水平的碳氢化合物，故推测本病可能与饲料中的碳氢化合物有关。

孔小明　译

郭玉璞　吴培福　校

参考文献

[1] Acar, N. , F. G. Sizemore, G. R. Leach, R. F. Wideman, Jr. , R. L. Owen, and G. F. Barbato. 1995. Growth of broiler chickens in response to feed restriction regimens to reduce ascites. *Poult Sci* 74:833 -843.

[2] Ahmed, O. A. R. , L. D. Olson, and E. L. McCune. 1974. Tissue irritation induced in turkeys by fowl cholera bacterins. *Avian Dis* 18:590 - 601.

[3] Akiba, Y. , K. Takahasi, M. Kimura, S. I. Hirama, and T. Matsumoto. 1983. The influence of environmental temperature, thyroid status and a synthetic oestrogen on the induction of fatty livers in chicks. *Br Poult Sci* 24:71 -80.

[4] Alexander, D. J. , and R. E. Gough. 1978. A long - term study of the pathogenesis of infection of fowls with three strains of avian infectious bronchitis virus. *Res Vet Sci* 24:228 - 233.

[5] Ambrose, N. , S. Gomis, and B. Grahn. 2005. Case report: Blindness in 7 - 14 day old broiler chicks. Proceedings of the Western Poultry Disease Conference. Vancouver, Canada, 60.

[6] Anderson - Mackenzie, J. M. , D. J. S. Hulmes, and B. H. Thorp. 1997. Degenerative joint disease in poultry—differences in composition and morphology of articular cartilage are associated with strain susceptibility. *Res Vet Sci* 63:29 - 33.

[7] Arab, H. A. , R. Jamshidi, A. Rassouli, G. Shams, and M. H. Hassanzadeh. 2006. Generation of hydroxyl radicals during ascites experimentally induced in broilers. *Br Poult Sci* 47:216 - 222.

[8] Ashton, W. L. , M. Pattison, and K. C. Barnett. 1973. Light -induced eye abnormalities in turkeys and the turkey blindness syndrome. *Res Vet Sci* 14:42 -46.

[9] Austic, R. E. , and R. K. Cole. 1972. Impaired renal clearance of uric acid in chickens having hyperuricemia and articular gout. *American Journal of Physiology* 223:

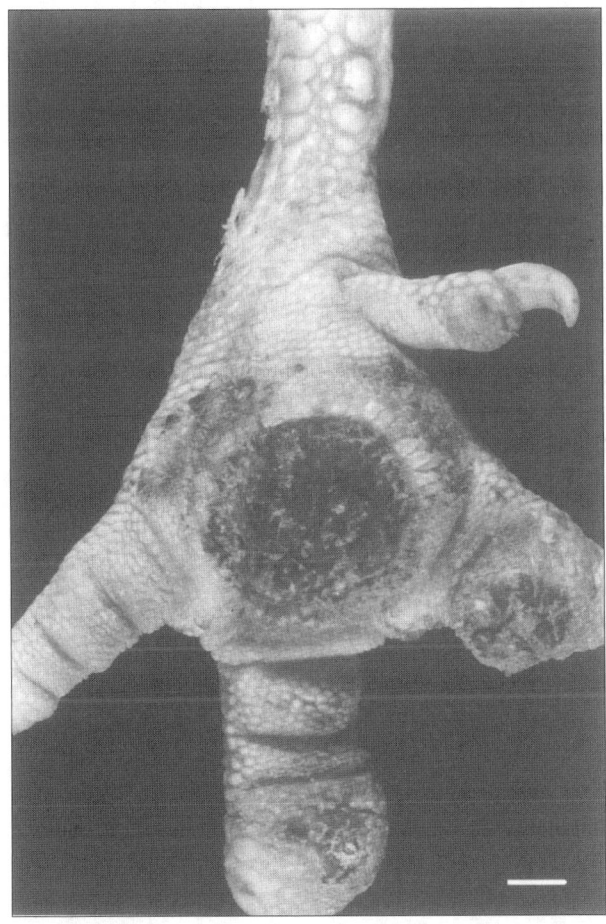

图 30.31 16周龄火鸡严重的蹄皮炎。标尺＝1cm

图 30.32 黄瘤组织切片，显示胆固醇裂隙。×470。（AFIP 54 - 5394）

525 -530.

[10] Baarendse, P. J. J. , B. Kemp, and H. Van den Brand. 2006. Earlyage housing temperature affects subsequent broiler chicken performance. *Br Poult Sci* 47:125 - 130.

[11] Bain, S. D. , and B. A. Watkins. 1993. Local modulation of skeletal growth and bone modeling in poultry. *J Nutr* 123(Suppl. 2):317 - 322.

[12] Balnave, D. , and J. Brake. 2005. Nutrition and management of heatstressed pullets and laying hens. *World's Poult Sci J* 61:399 - 406,516,520,525,530,536.

[13] Barnes, H. J. 1997. Other bacterial diseases—Introduction. In: B. W. Calnek, H. J. Barnes, C. W. Beard, L. R. McDougald and Y. M. Saif, (eds.). Diseases of Poultry, 10th ed. Iowa State Univeristy Press: Ames, Iowa, 289 -296.

[14] Barnett, K. C. , W. L. Ashton, G. Holford, I. Macpherson, and P. D. Simm. 1971. Chorioretinitis and buphthalmos in turkeys. *Vet Rec* 88:620 - 627.

[15] Bass, C. C. 1939. Control of"nose - picking" form of cannibalism in young closely confined quail fed raw meat. *Proc Soc Exp Biol Med* 40:488 - 489.

[16] Bell, D. J. , and W. Siller. 1962. Cage layer fatigue in brown leghorns. *Res Vet Sci* 3:219 - 230.

[17] Bell, I. G. 1989. Ruptured yolk sac in turkey poults. *Avian Pathol* 18:543 - 545.

[18] Bergmann, V. , and M. Pietsch. 1976. Bieträge zur Differntialdagnose der bewegungsstörungen beim junghuhn. 4. Mitt. ;Tibiotorsion beim perlhuhn-eine perosisähnliche erkrankung in einem perhuhnmastbetrieb. *Monatsh Veterinaermed* 31:581 - 585.

[19] Bezuidenhout, A. J. , M. L. Penrith, and W. P. Burger. 1993. Prolapse of the phallus and cloaca in the ostrich (Struthio camelus). *J S Afr Vet Assoc* 64:156 -158.

[20] Bierer, B. W. 1956. Keratoconjunctivitis in turkeys: A preliminary report. *Vet Med* 51:363 - 366.

[21] Bierer, B. W. 1958. Keratoconjunctivitis in turkeys. II. The relationship of vitamin A, infectious agents and environmental factors to the disease. *Vet Med* 53:477 -483.

[22] Biesiadecki, B. J. , and J. P. Jin. 2002. Exon skipping in cardiac troponin T of turkeys with inherited dilated cardiomyopathy. *J Biol Chem* 277:18459 - 18468.

[23] Biesiadecki, B. J. , K. L. Schneider, Z. B. Yu, S. M. Chong, and J. P. Jin. 2004. An R111C polymorphism in wild turkey cardiac troponin I accompanying the dilated cardiomyopathy-related abnormal splicing variant of cardiac troponin T with potentially compensatory effects. *J Biol Chem* 279:13825 - 13832.

[24] Bishop, S. C. , R. H. Fleming, H. A. McCormack, D. K. Flock, and C. C. Whitehead. 2000. Inheritance of bone characteristics affecting osteoporosis in laying hens. *Br Poult Sci* 41:33 - 40.

[25] Black, D. J. G. , J. Getty, and T. R. Morris. 1952. Infrared brooding and the crooked toe problem in chicks. *Nature* 170:167.

[26] Blair, R. , J. P. Jacob, and E. E. Gardiner. 1990. Effect of dietary protein source and cereal type on the incidence of sudden death syndrome in broiler chickens. *Poult Sci* 69:1331 - 1338.

[27] Blanchard, S. M. , L. A. Degernes, D. K. DeWolf, Jr. , and J. D. Garlich. 2002. Intermittent biotelemetric monitoring of electrocardiograms and temperature in male broilers at risk for sudden death syndrome. *Poult Sci* 81:887 - 891.

[28] Blaxland, J. D. , E. D. Borland, W. G. Siller, and L. Martindale. 1980. An investigation of urolithiasis in two flocks of laying fowls. *Avian Pathol* 9:5 - 19.

[29] Blokhuis, H. J. , and P. R. Wiepkema. 1998. Studies of feather pecking in poultry. *Vet Quart* 20:6 - 9.

[30] Bolden, S. L. , L. M. Krista, G. R. McDaniel, L. E. Miller, and E. C. Mora. 1983. Effect of exercise on aortic atherosclerosis and other cardiovascular variables among hyper-and hypotensive turkeys. *Poult Sci* 62:1287 - 1293.

[31] Bollenger - Lee, S. , M. A. Mitchell, D. B. Utomo, P. E. V. Williams, and C. C. Whitehead. 1998. Influence of high dietary vitamin E supplementation on egg production and plasma characteristics in hens subjected to heat stress. *Br Poult Sci* 39:106 - 112.

[32] Bölükbasi, S. C. , M. S. Aktas, and M. Güzel. 2005. The effect of feed regimen on ascites induced by cold temperatures and growth performance in male broilers. *Inter J Poult Sci* 4:326 - 329.

[33] Bottje, W. G. , G. F. Erf, T. K. Bersi, S. Wang, D. Barnes, and K. W. Beers. 1997. Effect of dietary DL - alpha - tocopherol on tissue alpha - and gamma - tocopherol and pulmonary hypertension syndrome(ascites) in broilers. *Poult Sci* 76:1506 - 1512.

[34] Bottje, W. G. , and P. C. Harrison. 1985. The effect of tap water, carbonated water, sodium bicarbonate and calcium chloride on blood acid - base balance in cockerels subjected to heat stress. *Poult Sci* 64:107 - 113.

[35] Bougiouklis, P. A. , G. Brellou, I. Georgepoulou, P. Iordanisidis, and I. Vlemmas. 2005. Rupture of the right auricle in broiler chickens. *Avian Pathol* 34:388 -391.

［36］Boulianne，M.，and D. B. Hunter. 1990. Aspirin：A treatment for sudden death syndrome in turkeys? Proceedings of the 39th Western Disease Conference. Sacramento，89 -90.

［37］Boulianne，M.，D. B. Hunter，R. J. Julian，M. R. O'Grady，and P. W. Physick-Sheard. 1992. Cardiac muscle mass distribution in the domestic turkey and relationship to electrocardiogram. *Avian Dis* 36：582 -589.

［38］Boulianne，M.，D. B. Hunter，L. Viel，P. W. Physick - Sheard，and R. J. Julian. 1993. Effect of exercise on the cardiovascular and respiratory systems of heavy turkeys and relevance to sudden death syndrome. *Avian Dis* 37：83 - 97.

［39］Bowes，V. A.，and R. Julian. 1988. Organ weights of normal broiler chickens and those dying of sudden death syndrome. *Can Vet J* 29：153 - 156.

［40］Bowes，V A.，R. J. Julian，S. Leeson，and T. Stirtzinger. 1988. Effect of feed restriction on feed efficiency and incidence of sudden death syndrome in broiler chickens. *Poult Sci* 67：1102 - 1104.

［41］Breeding，S. W.，W. A. McRee，M. D. Ficken，and P. R. Ferket. 1994. Effect of protein restriction during brooding on spontaneous turkey cardiomyopathy. *Avian Dis* 38：366 - 370.

［42］Brigden，J. L.，and C. Riddell. 1975. A survey of mortality in four broiler flocks in western Canada. *Can Vet J* 16：194 - 200.

［43］Broadfoot，D. I.，B. S. Pomeroy，and W. M. Smith Jr. 1954. Effects of infectious bronchitis on egg production. *J Am Vet Med Assoc* 124：128 - 130.

［44］Broadfoot，D. I.，B. S. Pomeroy，and W. M. Smith Jr. 1956. Effects of infectious bronchitis in baby chicks. *Poult Sci* 35：757 - 762.

［45］Brown，T. P.，J. R. Glisson，G. Rosales，P. Villegas，and R. B. Davis. 1987. Studies of avian urolithiasis associated with an infectious bronchitis virus. *Avian Dis* 31：629 -636.

［46］Bubier，N. E.，and R. H. Bradshaw. 1996. Fear as a mechanism underlying aggressive pecking in aviary - housed laying hens. *Br Poult Sci* 37：S12 - S13.

［47］Buda，S. 2000. Foot pad lesions and the influence of biotin in turkeys. 3rd International Symposium on Turkey Diseases. Berlin，Germany，88 - 93.

［48］Burton，R. W.，A. K. Sheridan，and C. R. Howlett. 1981. The incidence and importance of tibial dyschondroplasia to the commercial broiler industry in Australia. *Br Poult Sci* 22：153 - 160.

［49］Butler，E. J. 1976. Fatty liver diseases in the domestic fowl：A review. *Avian Pathol* 5：1 - 14.

［50］Buys，N.，E. Dewil，E. Gonzales，and E. Decuypere. 1998. Different CO_2 levels during incubation interact with hatching time and acites susceptibility in two broiler lines selected for different growth rate. *Avian Pathol* 27：605 - 612.

［51］Buys，S. B.，and P. Barnes. 1981. Ascites in broilers. *Vet Rec* 108：266.

［52］Cardona，C. J.，and A. A. Bickford. 1993. Wry necks associated with Mycoplasma meleagridis infection in a backyard flock of turkeys. *Avian Dis* 37：240 -243.

［53］Cassidy，D. M.，M. A. Gibson，and F. G. Proudfoot. 1975. The histology of cardiac blood clots in chicks exhibiting the "flip - over" syndrome. *Poult Sci* 54：1882 -1886.

［54］Castello Llobet，J. A. 1997. Patologia gastrointestinal. In：Real Escuela de Avicultura，(ed.) Cria de Avestruces，Emùes y Nandúes，2nd ed. Grinver—Arts Gràfiques，S. A.：Sant Joan Despì，Barcelona(Spain)，243 - 274.

［55］Chambers，J. R. 1986. Heritability of crippling and acute death syndrome in sire and dam strains of broiler chickens. *Poult Sci* 65(Suppl. 1)：23.

［56］Chapman，M. E.，W. Wang，G. F. Erf，and R. F. Wideman，Jr. 2005. Pulmonary hypertensive responses of broilers to bacterial lipopolysaccharide(LPS)：evaluation of LPS source and dose，and impact of pre-existing pulmonary hypertension and cellulose micro - particle selection. *Poult Sci* 84：432 - 441.

［57］Chin，R. P.，and P. R. Woolcock. 1994. Identification of picornavirus-like particles from the liver of 17 - week - old breeder replacement turkeys with necrotic hepatitis. 131st Annual Meeting of the American Veterinary Medical Association. 138.

［58］Chmielewski，N. T.，J. A. Render，L. D. Schwartz，W. F. Keller，and R. F. Perry. 1993. Cataracts and crooked toes in Brahma chickens. *Avian Dis* 37：1151 -1157.

［59］Chu，Q.，W. Wu，M. E. Cook，and E. B. Smalley. 1995. Induction of tibial dyschondroplasia and suppression of cell-mediated immunity in chickens by Fusarium oxysporum grown on sterile corn. *Avian Dis* 39：100 -107.

［60］Chung，H. C.，W. Guenter，R. G. Rotter，G. H. Crow，and N. E. Stanger. 1993. Effects of dietary fat source on sudden death syndrome and cardiac sarcoplasmic reticular calcium transport in broiler chickens. *Poult Sci* 72：310 - 316.

［61］Cisar，C. R.，J. M. Balog，N. B. Anthony，and A. M.

Donoghue. 2005. Differential expression of cardiac muscle mitochondrial matrix proteins in broilers from ascites - resistant and susceptible lines. *Poult Sci* 84: 704 -708.

[62] Classen, H. L. , M. R. Bedford, and A. A. Olkowski. 1992. Thiamine nutrition and sudden death syndrome in broiler chickens. Proceedings of the XIXth World's Poultry Congress. Amsterdam, 572 - 574.

[63] Classen, H. L. , and C. Riddell. 1989. Photoperiodic effects on performance and leg abnormalities in broiler chickens. *Poult Sci* 68: 873 - 879.

[64] Classen, H. L. , C. Riddell, F. E. Robinson, P. J. Shand, and A. R. McCurdy. 1994. Effect of lighting treatment on the productivity, health, behavior and sexual maturity of heavy male turkeys. *Br Poult Sci* 35: 215 -225.

[65] Clyne, M. J. 1987. Pathogenesis of degenerative joint disease. *Equine Vet J* 19: 15 - 18.

[66] Cole, R. K. , and R. E. Austic. 1980. Hereditary uricemia and articular gout in chickens. *Poult Sci* 59: 951 -975.

[67] Cook, M. E. 2000. Skeletal deformities and their causes: introduction. *Poult Sci* 78: 982 - 984.

[68] Cook, M. E. , Y. Bai, and M. W. Orth. 1994. Factors influencing growth plate cartilage turnover. *Poult Sci* 73: 889 - 896.

[69] Cotran, R. S. , V. Kumar, and T. Collins. 1999. Diseases of immunity. In: Pathologic Basics of Disease. 6th ed. W. B. Saunders Co. : Philadelphia, Pennsylvania, 189 -195.

[70] Couch, J. R. 1955. Cage layer fatigue. *Feed Age* 5: 55 -57.

[71] Cowen, B. S. , R. F. Wideman, H. Rothenbacher, and M. O. Braune. 1987. An outbreak of avian urolithiasis on a large commercial egg farm. *Avian Dis* 31: 392 -397.

[72] Craig, F. 1967. Traumatic hock disorder in poultry. Proceedings 16th Western Poultry Disease Conference. Sacramento, 11 - 12.

[73] Craig, J. V. , M. L. Jan, C. R. Polley, A. L. Bhagwat, and A. D. Dayton. 1975. Changes in relative aggressiveness and social dominance associated with selection for early egg production in chickens. *Poult Sci* 54: 1647 - 1658.

[74] Craig, J. V. , and W. M. Muir. 1993. Selection for reduction of beak - inflicted injuries among caged hens. *Poult Sci* 72: 411 - 420.

[75] Crespo, R. , C. Hall, and G. Y. Ghazikhanian. 2002. Avulsion of the common retinaculum in meat turkeys. *Avian Dis* 46: 245 - 248.

[76] Crespo, R. , S. M. Stover, R. Droual, R. P. Chin, and H.

L. Shivaprasad. 1998. Effect of body weight on the incidence of femoral fractures in young adult male turkeys. 135th Annual Convention of the American Veterinary Medical Association. Baltimore, Maryland, 194 -195.

[77] Crespo, R. , S. M. Stover, R. Droual, R. P. Chin, and H. L. Shivaprasad. 1999. Femoral fractures in a young male turkey breeder flock. *Avian Dis* 43: 150 - 154.

[78] Crespo, R. , S. M. Stover, H. L. Shivaprasad, and R. P. Chin. 2002. Microstructure and mineral content of femora in male turkeys with and without fractures. *Poult Sci* 81: 1184 - 1190.

[79] Cueva, S. , H. Sillau, A. Valenzuela, and H. Ploog. 1974. High altitude induced pulmonary hypertension and right heart failure in broiler chickens. *Res Vet Sci* 16: 370 -374.

[80] Cumming, R. B. 1963. Infectious avian nephrosis(uremia) in Australia. *Aust Vet J* 39: 145 - 147.

[81] Cummings, T. S. 1988. Hatchery - associated round heart disease in poultry. Proceedings of the 125th Annual AVMA Meeting. Portland, Oregon, 132.

[82] Cummings, T. S. , S. L. Branton, P. A. Stayer, and D. L. Magee. 2006. Wind Speed Effects on "Green Leg" Condemnations in Broiler. 143rd AVMA/AAAP Annual Convention. Honolulu, Hawaii,

[83] Cummings, T. S. , J. D. French, and O. J. Fletcher. 1986. Ophthalmopathy in broiler breeder flock reared in dark - out housing. *Avian Dis* 30: 609 - 611.

[84] Currie, R. J. W. 1999. Ascites in poultry: Recent investigations. *Avian Pathol* 28: 313 - 326.

[85] Curtis, R. , J. R. Baker, P. E. Curtis, and A. Johnston. 1988. An inherited retinopathy in commercial breeding chickens. *Avian Pathol* 17: 87 - 99.

[86] Czarnecki, C. M. 1984. Cardiomyopathy in turkeys. *Comp Biochem Physiol* 77: 591 - 598.

[87] Da Silva, J. M. L. , N. Dale, and J. B. Luchesi. 1988. Effect of pelleted feed on the incidence of ascites in broilers reared at low altitudes. *Avian Dis* 32: 376 - 378.

[88] Dämmrich, K. , and G. Rodenhoff. 1970. Skelettveränderungen bei Mastküken. *Zentralb Vet Riehe B* 17: 131 - 146 .

[89] Dangler, C. A. , and M. K. Njenga. 1994. Left ventricular endocardial fibrosis in chickens. *Vet Path* 31: 488 -491.

[90] Davison, S. , and R. F. Wideman. 1992. Excess sodium bicarbonate in the diet and its effect on Leghorn chickens. *Brithish Poultry Science* 33: 859 - 870.

[91] De Basilio, V. , M. Valariño, S. Yahav, and M. Picard. 2000. Early age thermal conditioning and a dual feeding

program for male broilers challenged by heat stress. *Poult Sci* 80:29 - 36.

[92]De Greef, K. H. , L. L. G. Janss, A. L. J. Vereijken, R. Pit, and C. L. M. Gerritsen. 2001. Disease-induced variability of genetic correlations: Ascites in broilers as a case study. *J Anim Sci* 79:1723 - 1733.

[93]Decuypere, E. , J. Buyse, M. Hassanzadeh, and N. Buys. 2005. Further insights into the susceptibility of broilers to ascites. *Vet J* 169:319 - 320.

[94]Decuypere, E. , C. Vega, T. Bartha, J. Buyse, J. Zoons, and G. A. Albers. 1994. Increased sensitivity to triiodothyronine(T3) of broiler lines with a high susceptibility for ascites. *Br Poult Sci* 35:287 - 297.

[95]Diaz, G. J. , E. J. Squires, and R. J. Julian. 1994. Effect of selected dietary antioxidants on fatty liver - haemorrhagic syndrome in laying hens. *Br Poult Sci* 35:621 - 629.

[96]Diaz, G. J. , E. J. Squires, and R. J. Julian. 1999. The use of selected plasma enzyme activities for the diagnosis of fatty liverhemorrhagic syndrome in laying hens. *Avian Dis* 43:768 - 773.

[97]Dickinson, E. M. , J. O. Stevens, and D. H. Helfer. 1968. A degenerative myopathy in turkeys. Proceedings 17th Western Poultry Disease Conference. 7.

[98]Droual, R. , A. A. Bickford, B. R. Charlton, and D. R. Kuney. 1990. Investigation of problems associated with intramuscular breast injection of oil - adjuvanted killed vaccines in chickens. *Avian Dis* 34:473 - 478.

[99]Duff, S. R. 1984. Capital femoral epiphyseal infarction in skeletally immature broilers. *Res Vet Sci* 37:303 -309.

[100]Duff, S. R. 1984. Consequences of capital femoral dyschondroplasia in young adult and skeletally mature broilers. *Res Vet Sci* 37:310 - 319.

[101]Duff, S. R. 1984. Dyschondroplasia of the caput femoris in skeletally immature broilers. *Res Vet Sci* 37:293 -302.

[102]Duff, S. R. 1984. The histopathology of degenerative hip disease in male breeding turkeys. *J Comp Path* 94:115 -125.

[103]Duff, S. R. 1984. The morphology of degenerative hip disease in male breeding turkeys. *J Comp Path* 94:127 -139.

[104]Duff, S. R. 1984. Osteochondrosis dissecans in turkeys. *J Comp Path* 94:467 - 476.

[105]Duff, S. R. 1985. Cruciate ligament rupture in young adultbroiler knee joints. *J Comp Path* 95:537 - 548.

[106]Duff, S. R. 1985. Fractured fibulae in broiler fowls. *J Comp Path* 95:525 - 536.

[107]Duff, S. R. 1985. Further studies of degenerative hip disease: antitrochanteric degeneration in turkeys and broiler type chickens. *J Comp Path* 95:113 - 122.

[108]Duff, S. R. 1985. Hip instability in young adult, broiler fowls. *J Comp Path* 95:373 - 382.

[109]Duff, S. R. 1986. Further studies on cruciate and collateral knee ligaments in adult broiler fowls. *Avian Pathol* 15:407 - 420.

[110]Duff, S. R. 1986. Further studies on knee ligament failure in broiler breeding fowls. *J Comp Path* 96:485 -495.

[111]Duff, S. R. 1986. Rupture of the intercondylar ligament in intertarsal joints of broiler fowls. *J Comp Path* 96:159 - 169.

[112]Duff, S. R. 1986. Windswept deformities in poultry. *J Comp Path* 96:147 - 158.

[113]Duff, S. R. 1987. Destructive cartilage loss in the joints of adult male broiler breeding fowls. *J Comp Path* 97:237 - 246.

[114]Duff, S. R. 1987. Meniscal lesions in knee joints of broiler fowls. *J Comp Path* 97:451 - 462.

[115]Duff, S. R. 1990. Do different forms of spondylolisthesis occur in broiler fowls? *Avian Pathol* 19:279 - 294.

[116]Duff, S. R. , and I. A. Anderson. 1986. The gastrocnemius tendon of domestic fowl: histological findings in different strains. *Res Vet Sci* 41:402 - 409.

[117]Duff, S. R. , and P. M. Hocking. 1986. Chronic orthopaedic disease in adult male broiler breeding fowls. *Res Vet Sci* 41:340 - 348.

[118]Duff, S. R. , P. M. Hocking, and R. K. Field. 1987. The gross morphology of skeletal disease in adult male breeding turkeys. *Avian Pathol* 16:635 -651.

[119]Duff, S. R. , and C. J. Randall. 1986. Tendon lesions in broiler fowls. *Res Vet Sci* 40:333 - 338.

[120]Duff, S. R. , and C. J. Randall. 1987. Observations on femoral head abnormalities in broilers. *Res Vet Sci* 42:17 - 23.

[121]Duff, S. R. , and B. H. Thorp. 1985. Abnormal angulation/torsion of the pelvic appendicular skeleton in broiler fowl: morphological and radiological findings. *Res Vet Sci* 39:313 - 319.

[122]Duff, S. R. , and B. H. Thorp. 1985. Patterns of physiological bone torsion in the pelvic appendicular skeletons of domestic fowl. *Res Vet Sci* 39:307 - 312.

[123]Duncan, I. J. , E. R. Beatty, P. M. Hocking, and S. R. Duff. 1991. Assessment of pain associated with degenerative hip disorders in adult male turkeys. *Res Vet Sci*

50:200 - 203.

[124]Edwards, H. M., Jr. 1984. Studies on the etiology of tibial dyschondroplasia in chickens. *J Nutr* 114: 1001 -1013.

[125]Edwards, H. M., Jr., M. A. Elliot, and S. Sooncharernying. 1992. Effect of dietary calcium on tibial dyschondroplasia. Interaction with light, cholecalciferol, 1, 25 - dihydroxycholecalciferol, protein, and synthetic zeolite. *Poult Sci* 71:2041 - 2055.

[126]Edwards, H. M., Jr., and P. Sorensen. 1987. Effect of short fasts on the development of tibial dyschondroplasia in chickens. *J Nutr* 117:194 - 200.

[127]Edwards, H. M., Jr., and J. R. Veltmann, Jr. 1983. The role of calcium and phosphorus in the etiology of tibial dyschondroplasia in young chicks. *J Nutr* 113: 1568 -1575.

[128]Ehrlich, D., J. Stuchbery, and J. Zappia. 1989. Morphology of congenital microphthalmia in chicks(Gallus gallus). *J Morphol* 199:1 - 13.

[129]Elliot, M. A., and H. M. Edwards, Jr. 1994. Effect of genetic strain, calcium, and feed withdrawal on growth, tibial dyschondroplasia, plasma 1, 25 - dihydroxycholecalciferol, and plasma 25 - hydroxy-cholecalciferol in sixteen-day-old chickens. *Poult Sci* 73:509 -519.

[130]Enkvetchakul, B., J. Beasley, and W Bottje. 1995. Pulmonary arteriole hypertrophy in broilers with pulmonary hypertension syndrome (Ascites). *Poult Sci* 74: 1677 -1682.

[131]Enkvetchakul, B., W. Bottje, N. Anthony, R. Moore, and W. Huff. 1993. Compromised antioxidant status associated with ascites in broilers. *Poult Sci* 72: 2272 -2280.

[132]Fanquey, R. C., L. K. Misra, R. J. Terry, and W. F. Kreger. 1977. Effect of sex and time of hatch relative to time of placement on early mortality. *Poult Sci* 56:1713.

[133]Farquharson, C., J. L. Berry, E. B. Mawer, E. Seawright, and C. C. Whitehead. 1995. Regulators of chondrocyte differentiation in tibial dyschondroplasia: an *in vivo* and *in vitro* study. *Bone* 17:279 - 286.

[134]Farquharson, C., and D. Jefferies. 2000. Chondrocytes and longitudinal bone growth: the development of tibial dyschondroplasia. *Poult Sci* 78:994 - 1004.

[135]Faure, J. M., J. M. Melin, and C. Mantovani. 1993. Welfare of guinea fowl and game birds. Proceedings of the 4th European Symposium on Poultry Welfare. C. J. Savory and B. O. Hughes, (eds.) Potters Bar. Universities

Federation for Animal Welfare, 148 - 157.

[136]Fitz - Coy, S. H., and J. M. Harter - Dennis. 1988. Incidence of ascites in broiler and roaster chickens. *Poult Sci* 67(Suppl. 1):87.

[137]Fleming, R. H., H. A. McCormack, L. McTeir, and C. C. Whitehead. 2003. Effects of dietary particulate limestone, vitamin K3 and fluoride and photostimulation on skeletal morphology and osteoporosis in laying hens. *Br Poult Sci* 44:683 - 689.

[138]Fleming, R. H., H. A. McCormack, and C. C. Whitehead. 1998. Bone structure and strength at different ages in laying hens and effects of dietary particulate limestone, vitamin K and ascorbic acid. *Br Poult Sci* 39:434 - 440.

[139]Fleming, R. H., C. C. Whitehead, D. Alvey, N. G. Gregory, and L. J. Wilkins. 1994. Bone structure and breaking strength in laying hens housed in different husbandry systems. *Br Poult Sci* 35:651 -662.

[140]Forman, M. F., and R. F. Wideman. 1999. Renal responses of normal and preascitic broilers to systemic hypotension induced by unilateral pulmonary artery occlusion. *Poult Sci* 78:1773 - 1785.

[141]Frame, D. D. 1991. Roundheart disease in Utah turkey flocks. Proceedings of the 40th Western Poultry Disease Conference. Sacramento, 95 - 96.

[142]Frank, R. K., J. Newman, and G. R. Ruth. 1991. Lesions of perirenal hemorrhage syndrome in growing turkeys. *Avian Dis* 35:523 - 534.

[143]Frank, R. K., J. A. Newman, S. L. Noll, and G. R. Ruth. 1990. The incidence of perirenal hemorrhage syndrome in six flocks of market turkey toms. *Avian Dis* 34:824 - 832.

[144]Frank, R. K., S. L. Noll, M. el Halawani, J. A. Newman, D. A. Halvorson, and G. R. Ruth. 1990. Perirenal hemorrhage syndrome in market turkey toms: effect of management factors. *Avian Dis* 34:833 -842.

[145]French, N. A. 1994. Effect of incubation temperature on the gross pathology of turkey embryos. *Br Poult Sci* 35:363 - 371.

[146]French, N. A. 2000. Effect of short periods of high incubation temperature on hatchability and incidence of embryo pathology of turkey eggs. *Br Poult Sci* 41: 377 -382.

[147]Gazdzinski, P., E. J. Squires, and R. J. Julian. 1994. Hepatic lipidosis in turkeys. *Avian Dis* 38:379 - 384.

[148]Genao, A., K. Seth, U. Schmidt, M. Carles, and J. K. Gwathmey. 1996. Dilated cardiomyopathy in turkeys:

An animal model for the study of human heart failure. *Laboratory Animal Science* 46:399 -404.

[149]Geng,A. L. ,and Y. M. Guo. 2005. Effects of dietary co-enzyme Q10 supplementation on hepatic mitochondrial function and the activities of respiratory chain - related enzymes in ascitic broiler chickens. *Br Poult Sci* 46: 626 -634.

[150]Glahn, R. P. , R. F. Wideman, Jr. , and B. S. Cowen. 1988. Effect of dietary acidification and alkalinization on urolith formation and renal function in Single Comb White Leghorn laying hens. *Poult Sci* 67:1694 - 1701.

[151]Glahn, R. P. , R. F. Wideman, Jr. , and B. S. Cowen. 1988. Effect of Gray strain infectious bronchitis virus and high dietary calcium on renal function of Single Comb White Leghorn pullets at 6,10,and 18 weeks of age. *Poult Sci* 67:1250 - 1263.

[152]Glahn, R. P. , R. F. Wideman, Jr. , and B. S. Cowen. 1989. Order of exposure to high dietary calcium and Gray strain infectious bronchitis virus alters renal function and the incidence of urolithiasis. *Poult Sci* 68: 1193 -1204.

[153]Glatz,P. C. 2005. What is beak - trimming and why are birds trimmed? In: P. C. Glatz,(ed.) Beak Trimming, Nottingham University Press: Nottingham, England, 1 -18.

[154]Gonder, E. , and H. J. Barnes. 1987. Focal ulcerative dermatitis("breast buttons") in marketed turkeys. *Avian Dis* 31:52 - 58.

[155]Gonder,E. ,and H. J. Barnes. 1989. The effect of pressure on turkey breast skin. *Avian Dis* 33:714 -718.

[156]Gonzalez,E. ,J. Buyse,T. S. Takita,J. R. Satori,and E. Decuypere. 1998. Metabolic disturbances in male broilers of different strains. 1. Performance, mortality, and right ventricular hypertrophy. *Poult Sci* 77: 1646 -1653.

[157]Graham,C. L. 1977. Copper levels in livers of turkeys with naturally occurring aortic rupture. *Avian Dis* 21: 113 - 116.

[158]Grashorn, M. A. , and H. G. Classen. 1993. Use of the calcium antagonist verapamil in experimental investigation of the sudden death syndrome in broilers. *Arch Gefluegelk* 57:228 - 232.

[159]Greene, J. A. , R. M. McCracken, and R. T. Evans. 1985. A contact dermatitis of broilers—clinical and pathological findings. *Avian Pathol* 14:23 - 38.

[160]Gregory, N. G. , and L. J. Wilkins. 1989. Broken bones in domestic fowl: Handling and processing damage in end - of - lay battery hens. *Br Poult Sci* 31:555 - 562.

[161]Gregory, N. G. , L. J. Wilkins, D. M. Alvey, and S. A. Tucker. 1993. Effect of catching method and lighting intensity on the prevalence of broken bones and on the ease of handling of end - of - lay hens. *Vet Rec* 132:127 - 129.

[162]Gregory, N. G. , L. J. Wilkins, S. D. Eleperuma, A. J. Ballantyne,and N. D. Overfield. 1990. Broken bones in domestic fowls: Effect of husbandry system and stunning method in end-of-lay hens. *Br Poult Sci* 31: 59 -69.

[163]Grieve, D. B. 2000. Environmental considerations for commercial egg - type layers and breeders. Influence of Environmental Factors on Poultry Health—ACPV Workshop. American College of Poultry Veterinarians, (ed.) Sacramento,California,103 - 109.

[164]Griner, L. A. 1983. Birds, order Anseriformes. In: Pathology of Zoo Animals. Zoological Society of San Diego: San Diego,California,158 - 168.

[165]Grunder, A. A. , K. G. Hollands, and J. S. Gavora. 1979. Incidence of degenerative myopathy among turkeys fed corn or wheat based rations. *Poult Sci* 58:1321 - 1324.

[166]Guo,X. ,K. Huang,and J. Tang. 2005. Clinicopathology of gout in growing layers induced by high calcium and high protein diets. *Br Poult Sci* 46:641 -646.

[167]Gupta, P. P. , and G. S. Grewal. 1980. Spontaneous aortic atherosclerosis in chicken. *Indian J Med Res* 71: 410 -415.

[168]Gustafson,C. R. ,G. L. Cooper, B. R. Charlton, and A. A. Bickford. 1996. Cervical vaccination reaction in young broilers—a case report. Proceedings of the 45th Western Poultry Disease Conference. Cancun, Mexico, 137 - 138.

[169]Haghighi - Rad,F. ,and D. Polin. 1981. The relationship of plasma estradiol and progesterone levels to the fatty liver hemorrhagic syndrome in laying hens. *Poult Sci* 60:2278 - 2283.

[170]Haghighi-Rad, F. , and D. Polin. 1982. Lipid alleviates fatty liver hemorrhagic syndrome. *Poult Sci* 61: 2465 -2472.

[171]Hall, S. A. , and N. Machicao. 1968. Myocarditis in broiler chickens reared at high altitude. *Avian Dis* 12: 75 - 84.

[172]Hansen,R. J. ,and R. L. Walzem. 1993. Avian fatty liver hemorrhagic syndrome: a comparative review. *Adv Vet Sci Comp Med* 37:451 - 468.

[173]Hargest,T. E. ,R. M. Leach,and C. V Gay. 1985. Avian

dyschondroplasia. I. Ultrastructure. *Am J Pathol* 119: 175‐190.

[174]Harms,R. H. ,B. L. Damron,and C. F. Simpson. 1977. Effect of wet litter and supplemental biotin and/or whey on the production of foot pad dermatitis in broilers. *Poult Sci* 56:291‐296.

[175]Harms,R. H. ,O. M. Junqueira,and R. D. Miles. 1985. Plasma calcium,phosphorus,25‐dihydroxyvitamin D3, and 1‐25‐dihydroxyvitamin D3 of hens with fatty liver syndrome. *Poult Sci* 64:768‐770.

[176]Harms,R. H. ,and C. F. Simpson. 1975. Biotin deficiency as a possible cause of swelling and ulceration of foot pads. *Poult Sci* 54:1711‐1713.

[177]Harms, R. H. , and C. F. Simpson. 1979. Serum and body characteristics of laying hens with fatty liver syndrome. *Poult Sci* 58:1644‐1646.

[178]Harper, J. A. , P. E. Bernier, D. H. Heifer, and J. A. Schmitz. 1975. Degenerative myopathy of the deep pectoral muscle in the turkey. *Journal of Heredity* 66: 362‐366.

[179]Harper, J. A. , P. E. Bernier, J. O. Stevens, and E. M. Dickinson. 1969. Degenerative myopathy in the domestic turkey. *Poult Sci* 48:1816.

[180]Harper,J. A. ,and D. H. Helfer. 1972. The effect of vitamin E,methionine and selenium on degenerative myopathy in turkeys. *Poult Sci* 51:1757‐1759.

[181]Harper,J. A. ,D. H. Helfer,and E. M. Dickinson. 1971. Hereditary myopathy in turkeys. Proceedings of the 20th Western Disease Conference. Sacramento,California,76.

[182]Harris,G. C. ,Jr. ,M. Musbah,J. N. Beasley,and G. S. Nelson. 1978. The development of dermatitis(scabby‐hip) on the hip and thigh of broiler chickens. *Avian Dis* 22:122‐130.

[183]Harrison,P. C. ,and J. McGinnis. 1967. Light induced exophthalmos in the domestic fowl. *Proc Soc Exp Biol Med* 126:308‐312.

[184]Hartini, S. , M. Choct, G. Hinch, A. Kocher, and J. V Nolan. 2002. Effects of light intensity during rearing and beak trimming and dietary fiber sources on mortality,egg production,and performance of ISA brown laying hens. *JAppl Poult Res* 11:104‐110.

[185]Hassanzadeh, M. , J. Buyse, and E. Decuypere. 2002. Further evidence for the involvement of cardiac beta‐adrenergic receptors in right ventricle hypertrophy and ascites in broiler chickens. *Avian Pathol* 31:177‐181.

[186]Hassanzadeh,M. ,M. H. B. Fard,J. Buyse,V. Brugge‐

man,and E. Decuypere. 2004. Effect of chronic hypoxia during embryonic development on physiological functioning and on hatching and post-hatching parameters related to ascites syndrome in broiler chickens. *Avian Pathol* 33:558‐564.

[187] Hassanzadeh, M. , H. Gilanpour, S. Charkhkar, J. Buyse,and E. Decuypere. 2005. Anatomical parameters of cardiopulmonary system in three different lines of chickens: further evidence for involvement in ascites syndrome. *Avian Pathol* 34:188‐193.

[188] Haye, U. , and P. C. Simons. 1978. Twisted legs in broilers. *Br Poult Sci* 19:549‐557.

[189]Hemsley, L. A. 1965. The causes of mortality in fourteen flocks of broiler chickens. *Vet Rec* 77:467‐472.

[190]Hester,P. Y. 1994. The role of environment and management on leg abnormalities in meat-type fowl. *Poult Sci* 73:904‐915.

[191]Hester, P. Y. , D. L. Cassens, and T. A. Bryan. 1997. The applicability of particle board residue as a litter material for male turkeys. *Poult Sci* 76:248‐255.

[192]Hester, P. Y. , and P. R. Ferket. 1994. Relationship between tibial dyschondroplasia and long bone distortion in male turkeys. *Poult Sci* 73(Suppl. 1):4.

[193]Hicks‐Alldredge, K. D. 1996. Reproduction. In: T. N. Tully Jr. and S. Shane, (eds.). Ratite Management, Medicine,and Surgery,Krieger Publishing Co. : Malabar,Florida,47‐57.

[194]Huchzermeyer,F. W. ,J. A. Cilliers,C. D. Diaz Lavigne, and R. A. Bartkowiak. 1987. Broiler pulmonary hypertension syndrome. I. Increased right ventricular mass in broilers experimentally infected with Aegyptianella pullorum. *Onder J Vet Res* 54:113‐114.

[195]Huchzermeyer,F. W. , and A. M. De Ruyck. 1986. Pulmonary hypertension syndrome associated with ascites in broilers. *Vet Rec* 119:94.

[196]Hughes,B. O. ,and I. J. H. Duncan. 1972. The influence of strain and environmental factors upon feather pecking and cannibalism in fowls. *Br Poult Sci* 13: 525‐547.

[197]Hughes, B. O. , and M. J. Gentle. 1995. Beak trimming of poultry: its implications for welfare. *World's Poultry Science Association* 51:51‐61.

[198]Hulan, H. W. , F. G. Proudfoot, D. Ramey, and K. B. McRae. 1980. Influence of genotype and diet on general performance and incidence of leg abnormalities of commercial broilers reared to roaster weight. *Poult Sci* 59: 748‐757.

[199]Hunt,J. R. ,and E. E. Gardiner. 1982. Effect of various diets on the incidence of acute death syndrome("flip - o - ver") of chickens. *Poult Sci* 61:1481.

[200]Huston,T. M. ,H. L. Fuller,and C. K. Laurent. 1956. A comparison of various methods of debeaking broilers. *Poult Sci* 35:806 - 810.

[201]Hutt,F. B. ,K. Goodwin,and W. D. Urban. 1956. Investigations of nonlaying hens. *Cornell Vet* 46:257 -273.

[202]Ibrahim, I. K. ,R. D. Hodges, and R. Hill. 1980. Haemorrhagic liver syndrome in laying fowl fed diets containing rapeseed meal. *Res Vet Sci* 29:68 - 76.

[203]Imaeda,N. 1999. Characterization of serum enzyme activities and electrolyte levels in broiler chickens after death from sudden death syndrome. *Poult Sci* 78:66 -69.

[204]Imaeda, N. 2000. Influence of the stocking density and rearing season on incidence of sudden death syndrome in broiler chickens. *Poult Sci* 79:201 - 204.

[205]Itakura,C. ,and S. Yamagiwa. 1970. Histopathological studies on bone dysplasia of chickens. I. Histopathology of the bone. *Nippon Juigaku Zasshi Japanese Journal of Veterinary Science* 32:105 - 117.

[206]Itakura,C. ,and S. Yamagiwa. 1971. Histopathological studies on bone dysplasia of chickens. III. A collective occurrence of bowleg (genu varum) among broiler chicks. *Jap J Vet Sci* 33:11 - 16.

[207]Ivy, C. A. ,and M. C. Nesheim. 1973. Factors influencing the liver fat content of laying hens. *Poult Sci* 52:281 - 291.

[208]Jackson, C. A. ,D. J. Kingston, and L. A. Hemsley. 1972. A total mortality survey of nine batches of broiler chickens. *Aust Vet J* 48:481 -487.

[209]Jacob,J. P. ,R. Blair,and E. E. Gardiner. 1990. Effect of dietary lactate and glucose on the incidence of sudden death syndrome in male broiler chickens. *Poult Sci* 69:1529 - 1532.

[210]Jenkins, R. L. ,W. D. Ivey, G. R. McDaniel, and R. A. Albert. 1979. A darkness induced eye abnormality in the domestic chicken. *Poult Sci* 58:55 - 59.

[211]Jensen, P. , L. Keeling, K. Schutz, L. Andersson, P. Mormede, H. Brandstrom, B. Forkman, S. Kerje, R. Fredriksson,C. Ohlsson, S. Larsson, H. Mallmin, and A. Kindmark. 2005. Feather pecking in chickens is genetically related to behavioural and developmental traits. *Physiol Behav* 86:52 - 60.

[212]Jones,G. P. 1994. Energy and nitrogen metabolism and oxygen use by broilers susceptible to ascites and grown at three environmental temperatures. *Br Poult Sci* 35:97 - 105.

[213]Jones, H. G. R. ,C. J. Randall,and C. P. J. Mills. 1978. A survey of mortality in three adult broiler breeder flocks. *Avian Pathol* 7:619 - 628.

[214]Jones,J. M. ,N. R. King,and M. M. Mulliner. 1974. Degenerative myopathy in turkey breeder hens: a comparative study of normal and affected muscle. *Br Poult Sci* 15:191 - 196.

[215]Jones,R. B. 2005. Environmental enrichment can reduce feather pecking. In:P. C. Glatz, (ed.) Beak Trimming, Nottingham University Press: Nottingham, England, 97 -100.

[216]Jones,R. B. , and N. L. Carmichael. 1999. Responses of domestic chicks to selected pecking devices presented for varying durations. *Appl Anim Behav Sci* 64:125 -140.

[217]Jones, R. B. , N. L. Carmichael, and E. Rayner. 2000. Pecking preferences and pre-dispositions in domestic chicks: Implications for the development of environmental enrichment devices. *Appl Anim Behav Sci* 69:291 - 312.

[218]Julian,J. R. 1982. Water deprivation as a cause of renal disease in chickens. *Avian Pathol* 11:615 -617.

[219]Julian, J. R. 1984. Valgus-varus deformity of the intertarsal joint in broiler chickens. *Can Vet J* 25:254 -258.

[220]Julian,J. R. 1986. The effect of increased mineral levels in the feed of leg weakness and sudden death syndrome in broiler chickens. *Can Vet J* 27:157 -160.

[221]Julian,J. R. 1988. Ascites in meat - type ducklings. *Avian Pathol* 17:11 - 21.

[222]Julian,J. R. 1993. Ascites in poultry. *Avian Pathol* 22:419 - 454.

[223]Julian,J. R. ,and M. Goryo. 1990. Pulmonary aspergillosis causing right ventricular failure and ascites in meat - type chickens. *Avian Pathol* 19:643 - 654.

[224]Julian, J. R. , S. M. Mirsalimi, and E. J. Squires. 1993. Effect of hypobaric hypoxia in diet on blood parameters and pulmonary hypertension-induced right ventricular hypertrophy in turkey poults and ducklings. *Avian Pathol* 22:683 - 692.

[225]Julian, J. R. , E. T. Moran, W. Revington, and D. B. Hunter. 1984. Acute hypertensive angiopathy as a cause of sudden death in turkeys. *J Am Vet Med Assoc* 185:342.

[226]Julian, J. R. , and E. J. Squires. 1994. Haematopoietic and right ventricular response to intermittent hypobaric

hypoxia in meat - type chickens. *Avian Pathol* 23:
539 -545.

[227]Julian, R. 1983. Foci of cartilage in the lung of broiler
chickens. *Avian Dis* 27:292 - 295.

[228]Julian, R. J. 1984. Tendon avulsion as a cause of lame-
ness in turkeys. *Avian Dis* 28:244 - 249.

[229]Julian, R. J. 1985. Osteochondrosis, dyschondroplasia,
and osteomyelitis causing femoral head necrosis in tur-
keys. *Avian Dis* 29:854 - 866.

[230]Julian, R. J. 1989. Lung volume of meat - type chickens.
Avian Dis 33:174 - 176.

[231]Julian, R. J. 2005. Production and growth related disor-
ders and other metabolic diseases of poultry—a review.
Vet J 169:350 - 369.

[232]Julian, R. J. , G. W. Friars, H. French, and M. Quinton.
1987. The relationship of right ventricular hypertrophy,
right ventricular failure, and ascites to weight gain in
broiler and roaster chickens. *Avian Dis* 31:130 - 135.

[233]Julian, R. J. , S. M. Mirsalimi, L. G. Bagley, and E. J.
Squires. 1992. Effect of hypoxia and diet on spontane-
ous turkey cardiomyopathy(round-heart disease). *Avi-
an Dis* 36:1043 - 1047.

[234]Julian, R. J. , J. Summers, and J. B. Wilson. 1986. Right
ventricular failure and ascites in broiler chickens caused
by phosphorusdeficient diets. *Avian Dis* 30:453 -459.

[235]Julian, R. J. , and B. Wilson. 1992. Pen oxygen concen-
tration and pulmonary hypertension - induced right ven-
tricular failure and ascites in meat - type chickens at low
altitude. *Avian Dis* 36:733 - 735.

[236]Kawada, M. , R. Hirosawa, T. Yanai, T. Masegi, and K.
Ueda. 1994. Cardiac lesions in broilers which died with-
out clinical signs. *Avian Pathol* 23:503 -511.

[237]Keeling, L. , L. Andersson, K. E. Schütz, S. Kerje, R.
Fredriksson, Ö. Carlborg, C. K. Cornwallis, T. Pizzari,
and P. Jensen. 2004. Chicken genomics: feather - pec-
king and victim pigmentation. *Nature* 431:645 - 646.

[238]Kisilevsky, R. 1983. Amyloidosis: a familiar problem in
the light of current pathogenetic developments. *Lab In-
vest* 49:381 - 389.

[239]Klunk, W. E. , J. W. Pettegrew, and D. J. Abraham.
1989. Quantitative evaluation of congo red binding to
amyloid-like proteins with a beta-pleated sheet confor-
mation. *J Histochem Cytochem* 37:1273 -1281.

[240]Knott, L. , C. C. Whitehead, R. H. Fleming, and A. J.
Bailey. 1995. Biochemical changes in the collagenous
matrix of osteoporotic avian bone. *Biochem J* 310:1045 -
1051.

[241]Knowles, T. G. , D. M. Broom, N. G. Gregory, and L. J.
Wilkins. 1993. Effect of bone strength on the frequency
of broken bones in hens. *Res Vet Sci* 54:15 - 19.

[242]Krista, L. M. , G. R. McDaniel, E. C. Mora, R. Patter-
son, and J. F. Whitesides. 1987. Histological evaluation
of the vascular system for the severity of atherosclero-
sis in hyper and hypotensive male and female turkeys:
comparison between young and aged turkeys. *Poult Sci*
66:1033 - 1044.

[243]Krista, L. M. , E. C. Mora, and G. R. McDaniel. 1979. A
comparison between aortic lumen surfaces of hyperten-
sive and hypotensive turkeys. *Poult Sci* 58:738 - 744.

[244]Krista, L. M. , P. E. Waibel, and R. E. Burger. 1965. The
influence of dietary alterations, hormones, and blood
pressure on the incidence of dissecting aneurysm in tur-
keys. *Poult Sci* 44:15 - 22.

[245]Krista, L. M. , P. E. Waibel, R. N. Shoffner, and J. H.
Sautter. 1965. Natural dissecting aneurysm(aortic rup-
ture) and blood pressure in the turkey. *Nature* 214:
1162 - 1163.

[246]Kuhlers, D. L. , and G. R. McDaniel. 1996. Estimates of
heritabilities and genetic correlations between tibial
dyschondroplasia expression and body weight at two
ages in broilers. *Poult Sci* 75:959 -961.

[247]Kumar, M. C. 1986. Hypertensive angiopathy in tur-
keys: A case report. Western Poultry Disease Confer-
ence. Sacramento, CA, 99.

[248]Kurtz, H. J. 1969. Histologic features of atherogenesis
and aortic rupture in turkeys. *Am J Vet Res* 30:
243 -249.

[249]Landman, W. J. M. , A. E. J. M. Bogaard, P. Doornen-
bal, P. C. J. Tooten, A. R. W. Elbers, and E. Gruys.
1998. The role of various agents in chicken amyloid ar-
thropathy. *In tJ Exp Clin Invest* 5:266 -278.

[250]Landman, W. J. M. , and A. Feberwee. 2001. Field stud-
ies on the association between amyloid arthropathy and
Mycoplasma synoviae infection, and experimental repro-
duction of the condition in brown layers. *Avian Pathol*
31:629 - 639.

[251]Landman, W. J. M. , E. Gruys, and A. L. J. Gielkens.
1998. Avian amyloidosis. *Avian Pathol* 27:437 -449.

[252]Landman, W. J. M. , D. R. Mekkes, R. Chamanza, P.
Doornenbal, and E. Gruys. 1999. Arthropathic and amy-
loidogenic Enterococcus faecalis infections in brown lay-
ers: A study on infection routes. *Avian Pathol* 28:545 -
557.

[253]Landman, W. J. M. , B. Zekarias, and E. Gruys. 2000.

Enterococcus faecalis – induced avian AA amyloid arthropathy: An animal model for studying amyloidogenesis. *Journal of Rheumatology* 27(Suppl. 59):30.

[254]Larochelle,D. ,M. Morin,and G. Bernier. 1992. Sudden death in turkeys with perirenal hemorrhage: pathological observations and possible pathogenesis of the disease. *Avian Dis* 36:114 - 124.

[255] Lauber, J. K. , J. V. Shutze, and J. McGinnis. 1961. Effects of exposure to continuous light on the eye of the growing chick. *Proc Soc Exp Biol Med* 106:871 -872.

[256]Lawler,E. M. ,J. L. Shivers, and M. M. Walser. 1988. Acid phosphatase activity of chondroclasts from Fusarium – induced tibial dyschondroplastic cartilage. *Avian Dis* 32:240 - 245.

[257]Lax,D. ,R. T. Holman, S. B. Johnson, S. L. Zhang, Y. Li,G. R. Noren, N. A. Staley,and S. Einzig. 1994. Myocardial lipid composition in turkeys with dilated cardiomyopathy. *Cardiovasc Res* 28:407 -413.

[258]Le Bihan - Duval, E. , C. Beaumont, and J. J. Colleau. 1996. Genetic parameters of the twisted legs syndrome in broiler chickens. *Genet Sel Evol* 28:177 -195.

[259]Le Bihan - Duval, E. , C. Beaumont, and J. J. Colleau. 1997. Estimation of the genetic correlations between twisted legs and growth or conformation traits in broiler chickens. *J Anim Breed Genet* 114:239 -259.

[260]Leach,R. M. , and M. S. Lilburn. 1992. Current knowledge on the etiology of tibial dyschondroplasia in the avian species. *Poult Sci Rev* 4:57 - 65.

[261]Leach,R. M. , and W. O. Twal. 1994. Autocrine, paracrine, and hormonal signals involved in growth plate chondrocyte differentiation. *Poult Sci* 73:883 -888.

[262]Lent,A. J. , and R. F. Wideman. 1993. Susceptibility of two commercial single comb White Leghorn strains to calcium – induced urolithiasis: efficacy of dietary supplementation with DL – methionine and ammonium sulphate. *Br Poult Sci* 34:577 - 587.

[263]Leterrier,C. ,and Y. Nys. 1992. Clinical and anatomical differences in varus and valgus deformities of chick limbs suggest different aetio-pathogenesis. *Avian Pathol* 21:429 - 442.

[264]Leterrier,C. ,N. Rose,P. Costantin, and Y. Nys. 1998. Reducing growth rate of broiler chickens with a low energy diet does not improve cortical bone quality. *Br Poult Sci* 39:24 - 30.

[265] Leyendecker, M. , H. Hamann, J. Hartung, J. Kamphues,U. Neumann,C. Surie, and O. Distl. 2005. Keeping laying hens in furnished cages and an aviary housing system enhances their bone stability. *Br Poult Sci* 46: 536 - 544.

[266]Liao,R. ,L. Nascimben, J. Friedrich, J. K. Gwathmey, and J. S. Ingwall. 1996. Decreased energy reserve in an animal model of dilated cardiomyopathy. Relationship to contractile performance. *Circ Res* 78:893 - 902.

[267] Lilburn, M. S. 1994. Skeletal growth of commercial poultry species. *Poult Sci* 73:897 - 903.

[268] Linares, J. A. 2000. Increased mortality in day - old poults associated with ruptured yolk sacs. 137th AVMA Annual Convention. Salt Lake City,UT,732.

[269]Lopez Coello,C. ,L. Paasch, R. Rosiles, and C. Casas. 1982. Ascites in broilers due to undetermined causes. Western Poultry Disease Conference. Sacramento,CA, 13 - 15.

[270]Loveridge,N. ,C. Farquharson, J. E. Hesketh, S. B. Jakowlew,C. C. Whitehead, and B. H. Thorp. 1993. The control of chondrocyte differentiation during endochondral bone growth *in vivo*: changes in TGF – beta and the proto - oncogene c - myc. *J Cell Sci* 105:949 - 956.

[271]Lubritz,D. L. ,J. L. Smith, and B. N. McPherson. 1995. Heritability of ascites and the ratio of right to total ventricle weight in broiler breeder male lines. *Poult Sci* 74: 1237 - 1241.

[272]Lynch, M. , B. H. Thorp, and C. C. Whitehead. 1992. Avian tibial dyschondroplasia as a cause of bone deformity. *Avian Pathol* 21:275 - 285.

[273]Mallinson, E. T. , H. Rothenbacher, R. F. Wideman, D. B. Snyder,E. Russek, A. I. Zuckerman, and J. P. Davidson. 1984. Epizootiology,pathology,and microbiology of an outbreak of urolithiasis in chickens. *Avian Dis* 28: 25 -43.

[274] Martindale, L. , W. G. Siller, and P. A. Wight. 1979. Effects of subfascial pressure in experimental deep pectoral myopathy of the fowl: An angiographic study. *Avian Pathol* 8:425 - 436.

[275] Martland, M. F. 1984. Wet litter as a cause of plantar pododermatitis leading to foot ulceration and lameness in fattening turkeys. *Avian Pathol* 13:241 -252.

[276] Martland, M. F. 1985. Ulterative dermatitis in broiler chickens: The effect of wet litter. *Avian Pathol* 14: 353 -364.

[277]Martland,M. F. ,E. J. Butler,and G. R. Fenwick. 1984. Rapeseed induced liver haemorrhage, reticulolysis and biochemical changes in laying hens: the effects of feeding high and low glucosinolate meals. *Res Vet Sci* 36: 298 - 309.

[278]Martrenchar, A., B. Broilletot, D. Huonnic, and F. Pol. 2002. Risk factors for foot - pad dermatitis in chickens and turkey broilers in France. *Preven Vet Med* 52:213 - 226.

[279]Maxwell, M. H. 1988. The histology and ultrastructure of ectopic cartilaginous and osseous nodules in the lungs of young broilers with ascitic syndrome. *Avian Pathol* 17:201 - 219.

[280]Maxwell, M. H. 1991. Red cell size and various lung arterial measurements in different strains of domestic fowl. *Res Vet Sci* 50:233 - 239.

[281]Maxwell, M. H., I. A. Anderson, and L. A. Dick. 1988. The incidence of ectopic cartilaginous and osseous lung nodules in young broiler fowls with ascites and various other diseases. *Avian Pathol* 17:487 - 493.

[282]Maxwell, M. H., T. T. Dolan, and C. W. Mbugua. 1989. An ultrastructural study of an ascitic syndrome in young broilers reared at high altitude. *Avian Pathol* 18:481 - 494.

[283]Maxwell, M. H., and C. W. Mbugua. 1990. Ultrastructural abnormalities in seven - day - old broilers reared at high altitude. *Res Vet Sci* 49:182 - 189.

[284] Maxwell, M. H., G. W. Robertson, and C. C. McCorquodale. 1992. Whole blood and plasma viscosity values in normal and ascitic broiler chickens. *Br Poult Sci* 33:871 - 877.

[285]Maxwell, M. H., G. W. Robertson, and M. A. Mitchell. 1993. Ultrastructural demonstration of mitochondrial calcium overload in myocardial cells from broiler chickens with ascites and induced hypoxia. *Res Vet Sci* 54:267 - 277.

[286] Maxwell, M. H., G. W. Robertson, and D. Moseley. 1994. Potential role of serum troponin T in cardiomyocyte injury in the broiler ascites syndrome. *Br Poult Sci* 35:663 - 667.

[287]Maxwell, M. H., G. W. Robertson, and S. Spence. 1986. Studies on an ascitic syndrome in young broilers. 1. Haematology and pathology. *Avian Pathol* 15:511 -524.

[288]Maxwell, M. H., G. W. Robertson, and S. Spence. 1986. Studies on an ascitic syndrome in young broilers. 2. Ultrastructure. *Avian Pathol* 15:525 - 538.

[289]Maxwell, M. H., S. G. Tullett, and F. G. Burton. 1987. Hematology and morphological changes in young broiler chicks with experimentally induced hypoxia. *Res Vet Sci* 43:331 - 338.

[290] Mayne, R. K., P. M. Hocking, and R. W. Else. 2006. Foot pad dermatitis develops at an early age in commercial turkeys. *Br Poult Sci* 47:36 - 42.

[291]McCaskey, P. C., G. N. Rowland, R. K. Page, and L. R. Minear. 1982. Focal failures of endochondral ossification in the broiler. *Avian Dis* 26:701 - 717.

[292]McCune, E. L., and H. D. Dellmann. 1968. Developmental origin and structural characters of "breast blisters" in chickens. *Poult Sci* 47:852 - 858.

[293]McIlroy, S. G., E. A. Goodall, and C. H. McMurray. 1987. A contact dermatitis of broilers: epidemiological findings. *Avian Pathol* 16:93 - 105.

[294]McKeegan, D. E. F., and C. J. Savory. 1999. Behavioural and hormonal changes associated with sexual maturity in layer pullets. *Poult Sci* 78 (Suppl. 1):142.

[295] McSherry, B. J., A. E. Ferguson, and J. Ballantyne. 1954. A dissecting aneurism in internal hemorrhage in turkeys. *J Am Vet Med Assoc* 124:279 - 283.

[296]Menzies, F. D., E. A. Goodall, D. A. McConaghy, and M. J. Alcorn. 1998. An update on the epidemiology of contact dermatitis in commercial broilers. *Avian Pathol* 27:174 - 180.

[297]Miles, R. D., and R. H. Harms. 1981. An observation of abnormally high calcium and phosphorus levels in laying hens with fatty liver syndrome. *Poult Sci* 60:485 -485.

[298]Mireles, V., and C. Alvarez. 1979. Pseudomonas aeruginosa infection due to contaminated vaccination equipment. Proceedings of the 28th Western Poultry Disease Conference. Davis, California, 55 - 57.

[299]Mirsalimi, S. M., and J. R. Julian. 1993. Effect of excess sodium bicarbonate on the blood volume and erythrocyte deformability of broiler chickens. *Avian Pathol* 22:495 - 507.

[300]Mirsalimi, S. M., and R. J. Julian. 1991. Reduced erythrocyte deformability as a possible contributing factor to pulmonary hypertension and ascites in broiler chickens. *Avian Dis* 35:374 - 379.

[301]Mirsalimi, S. M., P. J. O'Brien, and J. R. Julian. 1993. Blood volume increase in salt - induced pulmonary hypertension, heart failure and ascites in broiler and White Leghorn chickens. *Can J Vet Res* 57:110 - 113.

[302]Mollison, B., W. Guenter, and B. R. Boycott. 1984. Abdominal fat deposition and sudden death syndrome in broilers: the effects of restricted intake, early life caloric (fat) restriction, and calorie: protein ratio. *Poult Sci* 63:1190 - 1200.

[303]Montali, R. J., M. Bush, and E. E. Smith. 1978. Patholo-

第30章　进行性、代谢性和非感染性疾病

gy of tuberculosis in captive exotic birds. In：R. J. Montali，（ed.）Mycobacterial Infections of Zoo Animals，Smithsonian Institution Press：Washington D. C. ，209 - 215.

[304]Moran，E. T. ，Jr. 1990. Effects of egg weight，glucose administration at hatch，and delayed access to feed and water on the poult at 2 weeks of age. *Poult Sci* 69：1718 -1723.

[305]Morishita，T. Y. 1999. Crop impaction resulting from feather ball formation in cage layers. *Avian Dis* 43：160 -163.

[306]Mubarak，M. ，and A. A. Sharkawy. 1999. Toxopathology of gout induced in laying pullets by sodium bicarbonate toxicity. *Environ Tox Phar* 7：227 - 236.

[307]Mutalib，A. A. ，and J. A. Hanson. 1990. Sudden death in turkeys with perirenal hemorrhage：Field and laboratory findings. *Can Vet J* 31：637 - 642.

[308]Nairn，M. E. ，and A. R. Watson. 1972. Leg weakness of poultry：a clinical and pathological characterisation. *Aust Vet J* 48：645 - 656.

[309]Nakamura，K. ，Y. Ibaraki，Z. Mitarai，and T. Shibahara. 1999. Comparative pathology of heart and liver lesions of broiler chickens that died of ascites，heart failure，and others. *Avian Dis* 43：526 - 532.

[310]Nakamura，K. ，H. Tanaka，Y. Kodama，M. Kubo，and T. Shibahara. 1998. Systemic amyloidosis in laying Japanese quail. *Avian Dis* 42：209 - 214.

[311]National Research Council U. S. Subcommittee on Poultry Nutrition. 1994. Nutrient requirements of poultry. In：Nutrient Requirements of Domestic Animals. 9th rev. ed. Natonal Academy Press，Washington，D. C.

[312]Neumann，F. ，M. S. Dison，U. Klopfer，and T. A. Nobel. 1973. Sporadic renal haemorrhage in turkeys. *Refu Vet*.

[313]Neumann，F. ，and H. Ungar. 1973. Spontaneous aortic rupture in turkeys and the vascularization of the aortic wall. *Can Vet J* 14：136 - 138.

[314]Newberne，P. M. ，M. E. Muhrer，R. Craghead，and B. L. O'Dell. 1956. An abonormality of the proventriculus in the chick. *J Am Vet Med Assoc* 128：553 - 555.

[315]Newberry，R. C. 1993. The role of temperature and litter type in the development of breast buttons in turkeys. *Poult Sci* 72：467 - 474.

[316]Newberry，R. C. ，E. E. Gardiner，and J. R. Hunt. 1987. Behavior of chickens prior to death from sudden death syndrome. *Poult Sci* 66：1446 - 1450.

[317]Newberry，R. C. ，J. R. Hunt，and E. E. Gardiner. 1985. Effect of alternating lights and strain on behavior and leg disorders of roaster chickens. *Poult Sci* 64：1863 -1868.

[318]Newberry，R. C. ，J. R. Hunt，and E. E. Gardiner. 1985. Effect of alternating lights and strain on roaster chicken performance and mortality due to sudden death syndrome. *Can J Anim Sci* 65：993 - 996.

[319]Newberry，R. C. ，J. R. Hunt，and E. E. Gardiner. 1986. Light intensity effects on performance，activity，leg disorders，and sudden death syndrome of roaster chickens. *Poult Sci* 65：2232 - 2238.

[320]Newman，S. ，and S. Leeson. 1998. Effect of housing birds in cages or an aviary system on bone characteristics. *Poult Sci* 77：1492 - 1496.

[321]Niznik，R. A. ，R. F. Wideman，B. S. Cowen，and R. E. Kissell. 1985. Induction of urolithiasis in single comb white Leghorn pullets：effect on glomerular number. *Poult Sci* 64：1430 - 1437.

[322]Nordin，M. ，and V. H. Frankel. 1989. Biomechanics of bone. In：M. Nordin and V. H. Frankel，（eds.）. Basic Biomechanics of the Musculoskeletal system，2nd ed. Lea & Febiger：Malvern，Pennsylvania，3 - 29.

[323]Norgaard - Nielsen，G. 1990. Bone strength of laying hens kept in an alternative System，compared with hens in cages and on deep - litter. *Br Poult Sci* 31：81 -89.

[324]Norris，L. D. ，C. D. Caskey，and J. C. Bauernfeind. 1940. Malformation of the tarso - metatarsal and phalngeal bones in chicks. *Poult Sci* 19：219 -223.

[325]Odom，T. W. ，B. M. Hargis，C. C. Lopez，M. J. Arce，Y. Ono，and G. E. Avila. 1991. Use of electrocardiographic analysis for investigation of ascites syndrome in broiler chickens. *Avian Dis* 35：73 - 744.

[326]Ohyama，K. C. ，C. Farquharson，C. Whitehead，and I. M. Shapiro. 1997. Further observations on programmed cell death in the epiphyseal growth plate：Comparison of normal and dyschondroplastic epiphyses. *J Bone Miner Res* 12：1647 - 1656.

[327]Oldroyd，N. O. ，and R. F. Wideman，Jr. 1986. Characterization and composition of uroliths from domestic fowl. *Poult Sci* 65：1090 - 1094.

[328]Olkowski，A. A. ，J. A. Abbott，and H. L. Classen. 2005. Pathogenesis of ascites in broilers raised at low altitude：aetiological considerations based on echocardiographic findings. *J Vet Med A* 52：166 - 171.

[329]Olkowski，A. A. ，and H. L. Classen. 1997. Malignant ventricular dysrhythmia in broiler chickens dying of sudden death syndrome. *Vet Rec* 140：177 - 179.

［330］Olkowski, A. A., and H. L. Classen. 1998. High incidence of cardiac arrhythmias in broiler chickens. *J. Vet. Med. A* 45:83 - 91.

［331］Olkowski, A. A., and H. L. Classen. 1998. Progressive bradycardia, a possible factor in the pathogenesis of ascites in fast growing broiler chickens raised at low altitude. *Br Poult Sci* 39:139 - 146.

［332］Olkowski, A. A., H. L. Classen, and L. Kumor. 1998. Left atrioventricular valve degeneration, left ventricular dilation and right ventricular failure: A possible association with pulmonary hypertension and aetiology of ascites in broiler chickens. *Avian Pathol* 27:51 - 59.

［333］Olkowski, A. A., H. L. Classen, C. Riddell, and C. D. Bennett. 1997. A study of electrocardiographic patterns in a population of commercial broiler chickens. *Vet Res Commun* 21:51 - 62.

［334］Olson, L. D. 1981. Ophthalmia in turkeys infected with Pasteurella multocida. *Avian Dis* 25:423 - 430.

［335］Ononiwu, J. C., R. G. Thomson, H. C. Carlson, and R. J. Julian. 1979. Pathological studies of "sudden death syndrome" in broiler chickens. *Can Vet J* 20:70 -73.

［336］Ononiwu, J. C., R. G. Thomson, H. C. Carlson, and R. J. Julian. 1979. Studies on effect of lighting on "sudden death syndrome" in broiler chickens. *Can Vet J* 20:74 - 77.

［337］Orr, J. P., and C. Riddell. 1977. Investigation of the vascular supply of the pectoral muscles of the domestic turkey and comparison of experimentally produced infarcts with naturally occurring deep pectoral myopathy. *Am J Vet Res* 38:1237 - 1242.

［338］Orth, M. W., and M. E. Cook. 1994. Avian tibial dyschondroplasia: a morphological and biochemical review of the growth plate lesion and its causes. *Vet Path* 31:403 - 414.

［339］Ostrander, C. E. 1957. Control cannibalism in your poultry flock. *Cornell Ext Bull* 992.

［340］Owen, R. L., R. F. Wideman, G. F. Barbato, B. S. Cowen, B. C. Ford, and A. L. Hattel. 1995. Morphometric and histologic changes in the pulmonary system of broilers raised at simulated high altitude. *Avian Pathol* 24:293 - 302.

［341］Owen, R. L., R. F. Wideman, Jr., and B. S. Cowen. 1995. Changes in pulmonary arterial and femoral arterial blood pressure upon acute exposure to hypobaric hypoxia in broiler chickens. *Poult Sci* 74:708 -715.

［342］Owen, R. L., R. F. Wideman, Jr., A. L. Hattel, and B. S. Cowen. 1990. Use of a hypobaric chamber as a model system for investigating ascites in broilers. *Avian Dis* 34:754 - 758.

［343］Owen, R. L., R. F. Wideman, R. M. Leach, and B. S. Cowen. 1993. Effect of age at exposure to hypobaric hypoxia and dietary changes on mortality due to ascites. Proceedings of the 42nd Western Poultry Disease Conference. Sacramento, CA, 16 - 18.

［344］Pakdel, A., P. Bijma, B. J. Ducro, and H. Bovenhuis. 2005. Selection strategies for body weight and reduced ascites susceptibility in broilers. *Poult Sci* 84:528 -535.

［345］Pakdel, A., J. A. M. Van Arendonk, A. L. J. Vereijken, and H. Bovenhuis. 2005. Genetic parameters of ascites - related traits in broilers: correlations with feed efficiency and carcase traits. *Br Poult Sci* 46:43 -53.

［346］Pakdel, A., J. A. M. van Arendonk, A. L. J. Vereijken, and H. Bovenhuis. 2005. Genetic parameters of ascites - related traits in broilers: effect of cold and normal temperature conditions. *Br Poult Sci* 46:35 -42.

［347］Pan, J. Q., X. Tan, J. C. Li, W. D. Sun, and X. L. Wang. 2005. Effects of early feed restriction and cold temperature on lipid peroxidation, pulmonary vascular remodelling and ascites morbidity in broilers under normal and cold temperature. *Br Poult Sci* 46:374 - 381.

［348］Parkinson, G., B. H. Thorp, J. Azuolas, and S. Vaiano. 1996. Sequential studies of endochondral ossification and serum 1, 25 - dihydroxycholecalciferol in broiler chickens between one and 21 days of age. *Res Vet Sci* 60:173 - 178.

［349］Parkinson, G. B. 2005. Management of body weight. In: P. C. Glatz, (ed.) Poultry Welfare Issues, Nottingham Unversity Press: Nottingham, England, 123 -125.

［350］Payne, L. N., S. R. Brown, N. Bumstead, K. Howes, J. A. Frazier, and M. E. Thouless. 1991. A novel subgroup of exogenous avian leukosis virus in chickens. *J Gen Vir* 72:801 - 807.

［351］Pearson, A. W., and E. J. Butler. 1978. The oestrogenised chick as an experimental model for fatty liver - haemorrhagic syndrome in the fowl. *Res Vet Sci* 24:82 - 86.

［352］Pearson, A. W., and E. J. Butler. 1978. Pathological and biochemical observations on subclinical cases of fatty liver - haemorrhagic syndrome in the fowl. *Res Vet Sci* 24:65 - 71.

［353］Pearson, A. W., E. J. Butler, R. F. Curtis, G. R. Fenwick, A. Hobson - Frohock, D. G. Land, and S. A. Hall. 1978. Effects of rapeseed meal on laying hens (Gallus domesticus) in relation to fatty liver - haemorrhagic syndrome and egg taint. *Res Vet Sci* 25:307 -313.

[354]Peckham, M. C. 1984. Vices and miscellaneous diseases and conditions. In: M. S. Hofstad, H. J. Barnes, B. W Calnek, W. M. Reid and H. W. Yoder Jr. , (eds.). Diseases of Poultry, 8th ed. Iowa State University Press: Ames, IA, 741 - 782.

[355] Pegram, R. A. , and R. D. Wyatt. 1981. Avian gout caused by oosporein, a mycotoxin produced by Caetomium trilaterale. *Poult Sci* 60:2429 - 2440.

[356]Peguri, A. , and C. Coon. 1993. Effect of feather coverage and temperature on layer performance. *Poult Sci* 72:1318 - 1329.

[357]Penrith, M. - L. , A. J. Bezuidenhout, W. P. Burger, and J. F. Putterill. 1994. Evidence for cryptosporidial infection as a cause of prolapse of the phallus and cloaca in ostrich chicks (Struthio camelus). *Onder J Vet Res* 61: 283 - 289.

[358]Perry, R. W. , G. N. Rowland, T. L. Foutz, and J. R. Glisson. 1991. Poult malabsorption syndrome. Ⅲ. Skeletal lesions in market - age turkeys. *Avian Dis* 35:707 - 713.

[359]Peterson, E. H. 1974. Case report: a condition of bone degeneration in chickens and its possible relationship to so - called "scabby" hip. *Poult Sci* 53:822 -824.

[360]Philippe, C. , J. P. Vaillancourt, L. k. Ivy, J. Barnes, D. Wages, and L. Baucom. 1999. Causes of mortality in male turkeys during the last part of grow - out. Proceedings of the 48th Western Poultry Disease Conference. Vancouver, Canada, 87 - 88.

[361]Platt, S. , S. Buda, and K. D. Budras. 2001. The influence of biotin on foot pad lesions in turkey poults. Vitamine und Zusatzstoffe in der Ernahrung von Mensch und Tier 8 Symposium. R. Schubert, G. Flachowsky, G. Jahreis and R. Bitsch, (eds.) Friedrich Schiller Universitat, Jena/Thuringen, Germany, 143 -148.

[362]Poulos, P. W. , Jr. 1978. Tibial dyschondroplasia (osteochondrosis) in the turkey. A morphologic investigation. *Acta Radiol* 358 (Suppl.): 197 - 227.

[363]Poulos, P. W. , Jr. , S. Reiland, K. Elwinger, and S. E. Olsson. 1978. Skeletal lesions in the broiler, with special reference to dyschondroplasia (osteochond rosis). Pathology, frequency and clinical significance in two strains of birds on high and low energy feed. *Acta Radiol* 358 (Suppl.):229 - 275.

[364]Prichard, R. W. , T. B. Clarkson, H. O. Goodman, and H. B. Lofland. 1964. Aortic atherosclerosis in pigeons and its complications. *Arch Path* 77:244 -257.

[365]Pritchard, W. R. , W. Henderson, and C. W. Beall. 1958. Experimental production of dissecting aneurysms in turkeys. *Am J Vet Res* 19:696 - 705.

[366]Proudfoot, F. G. , and H. W. Hulan. 1982. Effect of reduced feeding time using all mash or crumble - pellet dietary regimens on chicken broiler performance, including the incidence of acute death syndrome. *Poult Sci* 61:750 - 754.

[367]Proudfoot, F. G. , and H. W. Hulan. 1983. Effects of dietary aspirin (acetylsalicylic acid) on the incidence of sudden death syndrome and the general performance of broiler chickens. *Can J Anim Sci* 63:469 - 471.

[368]Qujeq, D. , and H. R. Aliakbarpour. 2005. Serum activities of enzymes in broiler chickens that died from sudden death syndrome. *Pak J Biol Sci* 8:1078 -1080.

[369]Rabie, T. S. K. M. , R. P. M. A. Crooijmans, H. Bovenhuis, A. L. J. Vereijken, T. Veenendaal, J. J. van der Poel, J. A. M. Van Arendonk, A. Pakdel, and M. A. M. Groenen. 2005. Genetic mapping of quantitative trait loci affecting susceptibility in chicken to develop pulmonary hypertension syndrome. *Anim Gen* 36:468 - 476.

[370]Rajcic - Spasojevic, G. 1997. Turkey Incubation: Importance, Problems, Diagnosis. Hatchery Workshop. American College of Poultry Veterinarians, (ed.) Sacramento, California, 1 - 6.

[371]Rajcic - Spasojevic, G. M. , D. A. Emery, D. P. Boeschen, R. L. Lippert, and D. E. Straub. 1994. Congenital malformations in turkeys caused by inappropriate incubation temperature. Proceedings of the 131st American Veterinary Medical Association. San Francisco, CA,

[372]Randall, C. J. , and I. McLachlan. 1979. Retinopathy in commercial layers. *Vet Rec* 105:41 - 42.

[373]Randall, C. J. , and C. P. J. Mills. 1981. Observations on leg deformity in broilers with particular reference to the intertarsal joint. *Avian Pathol* 10:407 -431.

[374]Rath, N. C. , J. M. Balog, W. E. Huff, G. R. Huff, G. B. Kulkarni, and J. F. Tierce. 1999. Comparative differences in the composition and biomechanical properties of tibiae of seven - and seventy - two - week - old male and female broiler breeder chickens. *Poult Sci* 78: 1232 -1239.

[375]Rath, N. C. , G. R. Bayyari, J. N. Beasley, W. E. Huff, and J. M. Balog. 1994. Age - related changes in the incidence of tibial dyschondroplasia in turkeys. *Poult Sci* 73:1254 - 1259.

[376]Rath, N. C. , G. R. Huff, W. Huff, and J. M. Balog. 2000. Factors regulating bone maturity and strength in

poultry. *Poult Sci* 79:1024 - 1032.

[377]Rath, N. C. , W. E. Huff, J. M. Balog, and G. R. Huff. 2004. Comparative efficacy of different dithiocarbamates to induce tibial dyschondroplasia in poultry. *Poult Sci* 83:266 - 274.

[378]Rath, N. C. , W. E. Huff, G. R. Bayyari, and J. M. Balog. 1998. Cell death in avian tibial dyschondroplasia. *Avian Dis* 42:72 - 79.

[379]Rath, N. C. , M. P. Richards, W. E. Huff, G. R. Huff, and J. M. Balog. 2005. Changes in the tibial growth plates of chickens with thiram - induced dyschondroplasia. *J Comp Path* 133:41 - 52.

[380]Reece, F. N. , J. W. Deaton, J. D. May, and K. N. May. 1971. Cage versus floor rearing of broiler chickens. *Poult Sci* 50:1786 - 1790.

[381]Reece, R. L. , and R. Butler. 1984. Some observations on the development of the long bones of ratite birds. *Aust Vet J* 61:403 - 405.

[382]Rennie, J. S. , and C. C. Whitehead. 1996. Effectiveness of dietary 25 - and 1 - hydroxycholecalciferol in combating tibial dyschondroplasia in broiler chickens. *Br Poult Sci* 37:413 - 421.

[383]Richardson, J. A. , J. Burgener, R. W. Winterfield, and A. S. Dhillon. 1980. Deep pectoral myopathy in seven - week - old broiler chickens. *Avian Dis* 24:1054 -1059.

[384]Riddell, C. 1975. Pathology of developmental and metabolic disorders of the skeleton of domestic chickens and turkeys. I. Abnormalities of genetic or unknown aetiology. *Vet Bull* 45:629 - 640.

[385]Riddell, C. 1976. The influence of fiber in the diet on dilation (hypertrophy) of the proventriculus in chickens. *Avian Dis* 20:442 - 445.

[386]Riddell, C. 1976. Selection of broiler chickens for a high and low incidence of tibial dyschondroplasia with observation on spondylolisthesis and twisted legs (perosis). *Poult Sci* 55:145 - 151.

[387]Riddell, C. 1980. A survey of skeletal disorders in five turkey flocks in Saskatchewan. *Can J Comp Med* 44: 275 - 279.

[388]Riddell, C. 1981. Skeletal deformities in poultry. *Adv Vet Sci Comp Med* 25:277 - 310.

[389]Riddell, C. 1983. Pathology of the skeleton and tendons of broiler chickens reared to roaster weights. I. Crippled chickens. *Avian Dis* 27:950 - 962.

[390]Riddell, C. 1985. Cardiomyopathy and ascites in broiler chickens. Proceedings of the 34th Western Poultry Disease Conference. Sacramento, CA, 36.

[391]Riddell, C. 1992. Non - infectious skeletal disorders of poultry: An overview. In: C. C. Whitehead, (ed.) Bone Biology and Skeletal Disorders in Poultry, Carfax Publishing Company: Abingdon, England, 119 - 141.

[392]Riddell, C. 1993. Developmental and metabolic disease of meat - type poultry. Proceedings of the Xth World Veterinary Poultry Association Congress. Sydney, Australia, 79 - 89.

[393]Riddell, C. 1997. Developmental, metabolic, and other noninfectious disorders. In: B. W. Calnek, H. J. Barnes, C. W. Beard, L. R. McDougald and Y. M. Saif, (eds.). Diseases of Poultry, Iowa State University Press: Ames, Iowa, 913 - 950.

[394]Riddell, C, and H. L. Classen. 1992. Effects of increasing photoperiod length and anticoccidials on performance and health of roaster chickens. *Avian Dis* 36:491 - 498.

[395] Riddell, C. , and J. Howell. 1972. Spondylolisthesis ('kinky back') in broiler chickens in Western Canada. *Avian Dis* 16:444 - 452.

[396]Riddell, C. , M. W. King, and K. R. Gunasekera. 1983. Pathology of the skeleton and tendons of broiler chickens reared to roaster weights. II. Normal chickens. *Avian Dis* 27:980 - 991.

[397]Riddell, C. , and J. P. Orr. 1980. Chemical studies of the blood, and histological studies of the heart of broiler chickens dying from acute death syndrome. *Avian Dis* 24:751 - 757.

[398]Riddell, C. , and D. A. Pass. 1987. The influence of dietary calcium and phosphorus on tibial dyschondroplasia in broiler chickens. *Avian Dis* 31:771 - 775.

[399]Riddell, C. , and R. Springer. 1985. An epizootiological study of acute death syndrome and leg weakness in broiler chickens in western Canada. *Avian Dis* 29: 90 -102.

[400]Roberson, K. D. , C. H. Hill, and P. R. Ferket. 1993. Additive amelioration of tibial dyschondroplasia in broilers by supplemental calcium or feed deprivation. *Poult Sci* 72:798 - 805.

[401]Robinson, F. E. , H. L. Classen, J. A. Hanson, and D. K. Onderka. 1992. Growth performance, feed efficiency and the incidence of skeletal and metabolic disease in full - fed and feed restricted broiler and roaster chickens. *J Appl Poult Res* 1:33 - 44.

[402]Rodenhoff, G. , and K. Dämmrich. 1973. Untersuchungen zur Beeinflussung der Röhrenknochenstruktur durch verschiedene Haltungssysteme bei Masthä-

hnchen. *Berl Munch Tierarztl Wochenschr* 86:230 - 233,241 - 244.

[403] Rose, N., P. Constantin, and C. Leterrier. 1996. Sex differences in bone growth of broiler chickens. *Growth Develop Aging* 60:49 - 59.

[404] Sandercock, D. A., and M. A. Mitchell. 1996. Dose dependent myopathy in monensin supplemented broiler chickens: Effects of acute heat stress. *Br Poult Sci* 37: S92 - S94.

[405] Sanders, A. M., and H. M. Edwards, Jr. 1991. The effects of 1,25 - dihydroxycholecalciferol on performance and bone development in the turkey poult. *Poult Sci* 70:853 - 866.

[406] Sanger, V L., E. N. Moore, and N. A. Frank. 1960. Blepharoconjunctivitis in turkeys. *Poult Sci* 39: 482 -487.

[407] Sarango, J. A., and C. Riddell. 1985. A study of cartilaginous nodules in the lungs of domestic poultry. *Avian Dis* 29:116 - 127.

[408] Saunders, L. Z., and E. N. Moore. 1957. Blindness in turkeys due to granulomatous chorioretinitis. *Avian Dis* 1:27 - 36.

[409] Savory, C. J. 1995. Feather pecking and cannibalism. *World's Poult Sci J* 51:215 - 219.

[410] Savory, C. J., and J. D. Hetherington. 1997. Effects of plastic antipecking devices on food intake and behaviour of laying hens fed on pellets or mash. *Br Poult Sci* 38: 125 - 131.

[411] Savory, C. J., and J. S. Mann. 1997. Behavioural development in groups of pen - housed pullets in relation to genetic strain, age and food form. *Br Poult Sci* 38: 38 -47.

[412] Scheele, C. W., E. Decuypere, P. F. Vereijken, and F. J. Schreurs. 1992. Ascites in broilers. 2. Disturbances in the hormonal regulation of metabolic rate and fat metabolism. *Poult Sci* 71:1971 - 1984.

[413] Schumann, B. E., E. J. Squires, S. Leeson, and B. Hunter. 2003. Effect of hens fed dietary flaxseed with and without a fatty liver supplement on hepatic, plasma and production characteristics relevant to fatty liver haemorrhagic syndrome in laying hens. *Br Poult Sci* 44: 234 -244.

[414] Scott, T. A. 2002. Evaluation of lighting programmes, diet density, and short - term use of mash as compared to crumbled starter to reduce incidence of sudden death syndrome in broiler chicks to 35 days of age. *Can J Anim Sci* 82:375 - 383.

[415] Sevimli, A., D. Misirliolu, Ü. Polat, M. Yalcin, A. Akkoc, and C. Uuz. 2005. The effects of vitamin A, pentoxyfylline and methyl - prednisolone on experimentally induced amyloid arthropathy in brown layer chicks. *Avian Pathol* 34:143 - 149.

[416] Shane, S. M., R. J. Young, and L. Krook. 1969. Renal and parathyroid changes produced by high calcium intake in growing pullets. *Avian Dis* 13:558 -567.

[417] Sharma, U. K. 1972. Intussusception of the proventriculus of chickens. *Avian Dis* 16:453 - 457.

[418] Shaw, D. P., and D. A. Halvorson. 1993. Early chick mortality associated with rupture of the yolk sac. *Avian Dis* 37:720 - 723.

[419] Shibuya, K., H. Ymazaki, M. Mitzutani, T. Nunoya, M. Tajima, and T. Satou. 2002. Hereditary visual impairment in a new mutant strain of chicken, GSN/1. *Acta Neuropath* 103:137 - 144.

[420] Shivaprasad, H. L. 1992. Amyloidosis in commercial Pekin ducks. 35th Annual Meeting of the American Association of Veterinary Laboratory Diagnosticians. Louisville, Kentucky, 63.

[421] Shivaprasad, H. L. 1995. Observations on the cartilaginous cores in the long bones of ostrich chicks. Proceedings of the Annual Conference of the Association of Avian Veterinarians. Philadelphia, Pensylvania, 247 -248.

[422] Shivaprasad, H. L. 1998. An overview of anatomy, physiology, and pathology of the urinary system in birds. Proceedings of the Annual Conference of the Association of Avian Veterinarians. A. Romagnano, (ed.) St. Paul, Florida, 201 - 205.

[423] Shivaprasad, H. L. 1999. Poultry ophthalmology. In: K. N. Gelatt, (ed.) Veterinary Ophthalmology, 3rd ed. Lippincott Williams & Wilkins: Media, Pennsylvania, 1177 - 1207.

[424] Shivaprasad, H. L., R. P. Chin, and R. Droual. 1997. Neuritis associated with cervical vaccination in broiler chicks. Proceedings of the 46th Western Poultry Disease Conference. Sacramento, California, 16.

[425] Shivaprasad, H. L., R. Crespo, and B. Puschner. 2004. Coronary artery rupture in male commercial turkeys. *Avian Pathol* 33:226 - 232.

[426] Shivaprasad, H. L., and R. Korbel. 2003. Blindness due to retinal dysplasia in broiler chicks. *Avian Dis* 47: 769 -773.

[427] Shivaprasad, H. L., C. U. Meteyer, and J. S. Jeffrey. 1991. Amyloidosis in turkeys. 34th Annual Meeting of

the American Association of Veterinary Laboratory Diagnosticians. San Diego, California, 57.

[428] Shivaprasad, H. L., and M. Rezvani. 1994. Normal embryonic cartilage of ostriches resembling tibial dyschondroplasia of poultry. 131st Annual Convention of the American Veterinary Medical Association. San Francisco, California, 133.

[429] Shivaprasad, H. L., and G. Senties - Cue. 2001. Aortic rupture in male turkeys. Proceedings of the 44th AAVLD Conference. Hershey, PA, 80.

[430] Shlosberg, A., E. Berman, U. Bendheim, and I. Plavnik. 1991. Controlled early feed restriction as a potential means of reducing the incidence of ascites in broilers. *Avian Dis* 35:681 - 684.

[431] Shlosberg, A., G. Pano, V. Handji, and E. Berman. 1992. Prophylactic and therapeutic treatment of ascites in broiler chickens. *Br Poult Sci* 33:141 -148.

[432] Shlosberg, A., I. Zadikov, U. Bendheim, V. Handji, and E. Berman. 1992. The effects of poor ventilation, low temperatures, type of feed and sex of bird on the development of acites in broilers. Physiopathological factors. *Avian Pathol* 21:369 - 382.

[433] Shtrasburg, S., R. Gal, E. Gruys, S. Perl, B. M. Martin, B. Kaplan, R. Koren, A. Nyska, M. Pras, and A. Livneh. 2005. An Ancillary tool for the diagnosis of amyloid A amyloidosis in a variety of domestic and wild animals. *Vet Path* 42:132 - 139.

[434] Siller, W. G. 1981. Renal pathology of the fowl—a review. *Avian Pathol* 10:187 - 262.

[435] Siller, W. G., L. Martindale, and P. A. Wight. 1979. The prevention of experimental deep pectoral myopathy of the fowl by fasciotomy. *Avian Pathol* 8:301 - 307.

[436] Siller, W. G., and P. A. Wight. 1978. The pathology of deep pectoral myopathy of turkeys. *Avian Pathol* 7:583 -617.

[437] Siller, W. G., P. A. Wight, and L. Martindale. 1979. Exercise - induced deep pectoral myopathy in broiler fowls and turkeys. *Vet Sci Commun* 2:331 -336.

[438] Siller, W. G., P. A. Wight, L. Martindale, and D. W. Bannister. 1978. Deep pectoral myopathy: an experimental simulation in the fowl. *Res Vet Sci* 24:267 -268.

[439] Smith, A. 2005. Vitamin nutrition for optimal productivity. *Int Poult Prod* 13:7 - 9.

[440] Sparke, A. J., T. J. Sims, N. C. Avery, A. J. Bailey, R. H. Fleming, and C. C. Whitehead. 2002. Differences in composition of avian bone collagen following genetic selection for resistance to osteoporosis. *Br Poult Sci* 43:127 - 134.

[441] Spurlock, M. E., and J. E. Savage. 1993. Effect of dietary protein and selected antioxidants on fatty liver hemorrhagic syndrome induced in Japanese quail. *Poult Sci* 72:2095 - 2105.

[442] Squires, E. J., and S. Leeson. 1988. Aetiology of fatty liver syndrome in laying hens. *Br Vet J* 144:602 - 609.

[443] Stake, P. E., T. N. Fredrickson, and C. A. Bourdeau. 1981. Induction of fatty liver - hemorrhagic syndrome in laying hens by exogenous beta - estradiol. *Avian Dis* 25:410 - 422.

[444] Steele, P., and J. Edgar. 1982. Importance of acute death syndrome in mortalities in broiler chicken flocks. *Aust Vet J* 58:63 - 66.

[445] Steele, P., J. Edgar, and G. Doncon. 1982. Effect of biotin supplementation on incidence of acute death syndrome in broiler chickens. *Poult Sci* 61:909 -913.

[446] Stewart, J. 1994. Ratites. In: B. W. Ritchie, G. J. Harrison and L. R. Harrison, (eds.). Avian Medicine: Principles and Applications, Wingers Publishing: Lake Worth, Florida, 1285 - 1326.

[447] Stilborn, H. L., G. C. J. Harris, W. G. Bottje, and P. W. Waldroup. 1988. Ascorbic acid and acetylsalicylic acid (aspirin) in the diet of broilers maintained under heat stress conditions. *Poult Sci* 67:1183 -1187.

[448] Swain, S., and D. J. Farrell. 1975. Effects of different temperature regimens on body composition and carry - over effects on energy metabolism of growing chickens. *Poult Sci* 54:513 - 520.

[449] Swire, P. W. 1980. Ascites in broilers (letter). *Vet Rec* 107:541.

[450] Tablante, N. L., J. - P. Vaillancourt, S. W. Martin, M. Shoukri, and I. Estevez. 2000. Spatial distribution of cannibalism mortalities in commercial laying hens. *Poult Sci* 79:705 - 708.

[451] Teeter, R. G., and T. Belay. 1996. Broiler management during acute heat stress. *Anim Feed Sci Tech* 58:127 -142.

[452] Thorp, B. H. 1988. Pattern of vascular canals in the bone extremities of the pelvic appendicular skeleton in broiler type fowl. *Res Vet Sci* 44:112 - 124.

[453] Thorp, B. H. 1992. Abnormalities in the growth of leg bones. In: C. C. Whitehead, (ed.) Bone Biology and Skeletal Disorders in Poultry, Carfax Publishing Company: Abingdon, England, 147 - 166.

[454] Thorp, B. H. 1994. Skeletal disorders in the fowl: A review. *Avian Pathol* 23:203 - 236.

[455] Thorp，B. H.，B. Ducro，C. C. Whitehead，C. Farquharson，and P. Sorensen. 1993. Avian tibial dyschondroplasia：The interaction of genetic selection and dietary 1，25-dihydroxycholecalciferol. *Avian Pathol* 22：311 -324.

[456] Thorp，B. H.，and C. Goddard. 1994. Plasma concentrations of growth hormone and insulin - like growth factor -I in chickens developing tibial dyschondroplasia. *Res Vet Sci* 57：100 - 105.

[457] Thorp，B. H.，S. B. Jakowlew，and C. Goddard. 1995. Avian dyschondroplasia：Local deficiencies in growth factors are integral to the aetiopathogenesis. *Avian Pathol* 24：135 - 148.

[458] Thorp，B. H.，and D. Waddington. 1997. Relationships between the bone pathologies，ash and mineral content of long bones in 35 - day - old broiler chickens. *Res Vet Sci* 62：67 - 73.

[459] Thorp，B. H.，C. C. Whitehead，L. A. Dick，J. M. Bradbury，R. C. Jones，and A. Wood. 1993. Proximal femoral degeneration in growing broiler fowl. *Avian Pathol* 22：325 - 342.

[460] Thorp，B. H.，S. Wilson，S. Rennie，and S. E. Solomon. 1993. The effect of a biphosphonate on bone volume and eggshell structure in the hen. *Avian Pathol* 22：671 -682.

[461] Tottori，J.，R. Yamaguchi，Y. Murakawa，M. Sato，K. Uchida，and S. Tateyama. 1997. Experimental production of ascites in broiler chickens using infectious bronchitis virus and Escherichia coli. *Avian Dis* 41：214 -220.

[462] Trampel，D. W.，T. M. Pepper，and B. L. Blagburn. 2000. Urinary tract cryptosporidiosis in commercial laying hens. *Avian Dis* 44：479 - 484.

[463] Utomo，D. B.，M. A. Mitchell，and C. C. Whitehead. 1994. Effects of alpha - tocopherol supplementation on plasma egg yolk precursor concentrations in laying hens exposed to heat stress. *Br Poult Sci* 35：828 -829.

[464] van Walsum，J. 1975. Contribution to the aetiology of synovitis in chickens，with special reference to non - infective factors. Ⅱ. *Tijdschr Diergeneeskd* 100：76 -83.

[465] van Walsum，J. 1977. Contribution to the aetiology of synovitis in chickens，with special reference to non - infective factors. Ⅲ. *Tijdschr Diergeneeskd* 102：793 -800.

[466] van Walsum，J. 1979. Contribution to the aetiology of synovitis in chickens，with special reference to non - infective factors. Ⅳ. *Tijdschr Diergeneeskd* 104（Suppl.）：90 -96.

[467] Vanhooser，S. L.，E. Stair，W. C. Edwards，M. R. Labor，and D. Carter. 1994. Aortic rupture in ostrich associated with copper deficiency. *Vet Hum Toxicol* 36：226 -227.

[468] Vidyadaran，M. K.，A. S. King，and H. Kassim. 1990. Quantitative comparisons of lung structure of adult domestic fowl and red jungle fowl with reference to broiler ascites. *Avian Pathol* 19：51 - 58.

[469] Waldenstedt，L. 2006. Nutritional factors of importance for optimal leg health in broilers：a review. *Anim Feed Sci Tech* 126：291 - 307.

[470] Walser，M. M.，F. L. Cherms，and H. E. Dziuk. 1982. Osseous development and tibial dyschondroplasia in five lines of turkeys. *Avian Dis* 26：265 - 271.

[471] Weaver，C. H.，and S. Bird. 1934. The nature of cannibalism occurring among adult domestic fowls. *J Am Vet Med Assoc* 85：623 - 637.

[472] Webster，A. B. 2004. Welfare implications of avian osteoporosis. *Poult Sci* 83：184 - 192.

[473] Webster，S. V.，C. Farquharson，D. Jefferies，and A. P. Kwan. 2003. Expression of type X collagen，Indian hedgehog and parathyroid hormone - related protein in normal and tibial dyschondroplastic chick growth plates. *Avian Pathol* 32：69 - 80.

[474] Whitehead，C. C. 1997. Dyschondroplasia in poultry. *Proc Nut Soc* 56：957 - 966.

[475] Whitehead，C. C. 2004. Skeletal disorders in laying hens：the problem of osteoporosis and bone fractures. In：G. C. Perry，（ed.）Welfare of the Laying Hen Papers from the 27th Poultry Science Symposium of the World's Poultry Science Association UK Branch，July 2003，Wallingford，UK：CABI Publishing：Bristol，UK，259 - 278.

[476] Whitehead，C. C.，and R. H. Fleming. 2000. Osteoporosis in Cage Layers. *Poult Sci* 78：1033 - 1041.

[477] Whitehead，C. C.，H. A. McCormack，L. McTeir，and R. H. Fleming. 2004. High vitamin D3 requirements in broilers for bone quality and prevention of tibial dyschondroplasia and interactions with dietary calcium，available phosphorus and vitamin A. *Br Poult Sci* 45：425 - 436.

[478] Whitehead，C. C.，and C. J. Randall. 1982. Interrelationships between biotin，choline and other B- vitamins and the occurrence of fatty liver and kidney syndrome and sudden death syndrome in broiler chickens. *Br J Nutr* 48：177 - 184.

[479]Wideman Jr. ,R. F. ,J. A. Closser,W. B. Roush,and B. S. Cowen. 1985. Urolithiasis in pullets and laying hens: role of dietary calcium and phosphorus. *Poult Sci* 64: 2300 - 2307.

[480] Wideman Jr. , R. F. , and H. French. 1999. Broiler breeder survivors of chronic unilateral pulmonary artery occlusion produce progeny resistant to pulmonary hypertension syndrome (ascites) induced by cool temperatures. *Poult Sci* 78:404 - 411.

[481]Wideman Jr. ,R. F. ,M. Ismail, Y. K. Kirby, W. G. Bottje, R. W. Moore, and R. C. Vardeman. 1995. Furosemide reduces the incidence of pulmonary hypertension syndrome (ascites) in broilers exposed to cool environmental temperatures. *Poult Sci* 74:314 -322.

[482]Wideman Jr. ,R. F. ,and Y. K. Kirby. 1995. A pulmonary artery clamp model for inducing pulmonary hypertension syndrome (ascites) in broilers. *Poult Sci* 74: 805 - 812.

[483]Wideman Jr. ,R. F. ,and Y. K. Kirby. 1996. Electroradiographic evaluation of broilers during onset of pulmonary hypertension initiated by unilateral pulmonary artery occlusion. *Poult Sci* 75:407 - 416.

[484]Wideman Jr. , R. F. , Y. K. Kirby, M. F. Forman, N. Marson, R. W. McNew, and R. L. Owen. 1998. The infusion rate dependent influence of acute metabolic acidosis on pulmonary vascular resistance in broilers. *Poult Sci* 77:309 - 321.

[485]Wideman Jr. ,R. F. ,Y. K. Kirby, M. Ismail, W. G. Bottje, R. W. Moore, and R. C. Vardeman. 1995. Supplemental L - arginine attenuates pulmonary hypertension syndrome (ascites) in broilers. *Poult Sci* 74:323 - 330.

[486]Wideman Jr. ,R. F. ,Y. K. Kirby, R. L. Owen, and H. French. 1997. Chronic unilateral occlusion of an extrapulmonary primary bronchus induces pulmonary hypertension syndrome (ascites) in male and female broilers. *Poult Sci* 76:400 - 404.

[487]Wideman Jr. ,R. F. ,W. B. Roush, J. L. Satnick, R. P. Glahn, and N. O. Oldroyd. 1989. Methionine hydroxy analog (free acid) reduces avian kidney damage and urolithiasis induced by excess dietary calcium. *J Nutr* 119:818 - 228.

[488]Wideman,R. F. ,B. C. Ford, R. M. Leach, D. F. Wise, and W. W. Robey. 1993. Liquid methionine hydroxy analog (free acid) and DL - methionine attenuale calcium - induced kidney damage in domestic fowl. *Poult Sci* 72: 1245 - 1258.

[489]Wideman,R. F. ,Jr. ,and B. S. Cowen. 1987. Effect of dietary acidification on kidney damage induced in immature chickens by excess calcium and infectious bronchitis virus. *Poult Sci* 66:626 - 633.

[490]Wideman,R. F. ,E. T. Mallinson, and H. Rothenbacher. 1983. Kidney function of pullets and laying hens during outbreaks of urolithiasis. *Poult Sci* 62:1954 -1970.

[491]Wideman,R. F. ,and A. C. Nissley. 1992. Kidney structure and responses of two commercial single comb White Leghorn strains to saline in the drinking water. *Br Poult Sci* 33:489 - 504.

[492]Wiernusz,C. J. ,and R. G. Teeter. 1993. Feeding effects on broiler thermobalance during thermoneutral and high ambient temperature expossure. *Poult Sci* 72: 1917 -1924.

[493]Wight, P. A. L. 1965. Histopathology of a chronic endophthalmitis of the domestic fowl. *J Comp Path* 75: 353 - 361.

[494]Wight,P. A. L. ,and S. R. Duff. 1985. Ectopic pulmonary cartilage and bone in domestic fowl. *Res Vet Sci* 39: 188 - 195.

[495]Wight, P. A. L. , L. Martindale, and W. G. Siller. 1979. Oregon disease and husbandry. *Vet Rec* 105:470 -471.

[496]Wight, P. A. L. , and D. W. F. Shannon. 1977. Plasma protein derivative (amyloid - like substance) in livers of rapeseed - fed fowls. *Avian Pathol* 6:293 -305.

[497]Wight, P. A. L. , and W. G. Siller. 1980. Pathology of deep pectoral myopathy of broilers. *Vet Path* 17: 29 -39.

[498]Wight,P. A. L. , W. G. Siller, L. Martindale, and J. H. Filshie. 1979. The induction by muscle stimulation of a deep pectoral myopathy in the fowl. *Avian Pathol* 8: 115 - 121.

[499]Wilson, J. B. , R. J. Julian, and I. K. Barker. 1988. Lesions of right heart failure and ascites in broiler chickens. *Avian Dis* 32:246 - 261.

[500]Wilson, S. , and S. E. Solomon. 1998. Bisphosphonates: A potential role in the prevention of osteoporosis in laying hens. *Res Vet Sci* 64:37 - 40.

[501]Wise, D. R. 1975. Skeletal abnormalities in table poultry—a review. *Avian Pathol* 4:1 - 10.

[502]Wise, D. R. , and A. R. Jennings. 1972. Dyschondroplasia in domestic poultry. *Vet Rec* 91:285 - 286.

[503]Witzel,D. A. , W. E. Huff, L. F. Kubena, R. B. Harvey, and M. H. Elissalde. 1990. Ascites in growing broilers: a research model. *Poult Sci* 69:741 - 745.

[504]Wojcinski, H. S. F. 1989. A mortality study of heavy torn turkey flocks in Ontario.

［505］Wong‐Valle,J.,G. R. McDaniel,D. L. Kuhlers,and J. E. Bartels. 1993. Correlated responses to selection for high or low incidence of tibial dyschondroplasia in broilers. *Poult Sci* 72:1621‐1629.

［506］Wong‐Valle,J.,G. R. McDaniel,D. L. Kuhlers,and J. E. Barrels. 1993. Effect of lighting program and broiler line on the incidence of tibial dyschondroplasia at four and seven weeks of age. *Poult Sci* 72:1855‐1860.

［507］Yalcin,S.,Y. Akbas. P. Settar,and T. Gonul. 1996. Effect of tibial dyschondroplasia on carcass part weights and bone characteristics. *Br Poult Sci* 37:923‐927.

［508］Yamasaki,K.,and C. Itakura. 1983. Pathology of degenerative osteoarthritis in laying hens. *Nippon Juigaku Zasshi Japanese Journal of Veterinary Science* 45:1‐8.

［509］Yamashiro,S.,M. K. Bhatnagar,J. R. Scott,and S. J. Slinger. 1975. Fatty haemorrhagic liver syndrome in laying hens on diets supplemented with rapeseed products. *Res Vet Sci* 19:312‐321.

［510］Yang,Y.,J. Qiao,Z. Wu,Y. Chen,M. Gao,D. Ou,and H. Wang. 2005. Endothelin‐1 receptor antagonist BQ123 prevents pulmonary artery hypertension induced by low ambient temperature in broilers. *Biol Pharm Bull* 28:2201‐2205.

［511］Yousefi,M.,M. Shivazad,and I. Sohrabi‐Haghdoost. 2005. *Inter J Poult Sci* 4:568‐572.

［512］Zerehdaran,S.,E. M. v. Grevehof,E. H. v. d. Waaij,and H. Bovenhuis. 2006. A bivariate mixture model analysis of body weight and ascites traits in broilers. *Poult Sci* 85:32‐38.

第 31 章

霉菌毒素中毒
Mycotoxicoses

Frederic J.Hoerr

引　言

霉菌毒素中毒是由真菌有毒代谢产物（真菌毒素）所致的一种疾病。20 世纪 60 年代早期，人们已经注意到了真菌毒素，那时人们已经发现由曲霉菌属产生的真菌毒素（黄曲霉毒素）可导致禽类和鱼发病。后来发现黄曲霉毒素具有致癌性，所以它的重要性进一步得到重视。然而，在发现黄曲霉毒素以前很长的一段时间里，人们已经认识到食入发霉的食物可导致人和动物疾病。对动物和人类来说，麦角中毒、马的霉玉米中毒、穗霉菌中毒、有毒食物引起的白细胞缺乏症、各种出血性综合征、黄变米中毒和其他急性食物中毒是具有历史意义的一些霉菌毒素中毒病。

现在人们已经认识了许多自然界存在的霉菌毒素[38,541]，且这些毒素对禽的毒性、靶器官和饲料中发生率方面各有不同。霉菌毒素与禽的健康息息相关，因而得到了大量的研究，虽然在这里不能全部罗列出，但这些毒素主要包括麦角生物碱、黄曲霉毒素、单端孢霉烯族毒素、由镰刀霉产生的其他毒素、赭曲霉毒素、卵孢霉素、橘霉素和烟曲霉毒素。尽管对用作禽饲料的谷物进行调查分析时，常检测到低含量至中等含量的霉菌毒素，但相对来说，非常明显的中毒症状是少见的。然而，亚临床型霉菌毒素中毒是普遍的。霉菌毒素对禽生产性能的影响可间接通过禽健康指标的提高来反映出来，而这与霉菌毒素的防控措施有关。

麦角中毒（Ergotism）

病因学与毒理学

麦角中毒以血管、神经和内分泌紊乱为特征（见综述 349）。有关麦角中毒的描述可以追溯到罗马帝国和 5 000 年前的中国。在中世纪的欧洲，有许多人死于麦角中毒的大流行。

麦角中毒是由浸染谷类作物的麦角属（*Claviceps* spp. ）真菌引起的。黑麦特别易感麦角属真菌，但在世界范围内，随着地域差异，小麦和其他主要的谷类作物也可感染。在谷物中，麦角菌（*Claviceps purpurea*）具有广泛的宿主，因此它是麦角中毒的常见原因。霉菌毒素形成一种可见的、硬的、替代谷物组织的灰色菌丝体团块，即菌核。在其正常的繁殖周期中，菌核落到地面，发芽并产生感染新一代作物花粉的孢子，此这种繁殖周期不断循环。谷物收获期，菌核进入食物链。

存在于菌核内的麦角生物碱可引起麦角中毒。麦角酸是由麦角菌属所产生的 40 种或更多种生物碱的化学组成基团。每种生物碱各有不同，有的生物碱可引起痉挛和感觉神经紊乱；有的可引起血管收缩和肢体坏疽；有的影响垂体前叶神经内分泌的调控[372]。生物碱的某些生物学活性具有药理学用途。

小麦、大麦、燕麦、黑麦、水稻和世界上较冷但具有粮食种植气候的地区所种植的其他谷物中都发现麦角（见综述 580）。20 世纪 90 年代，由非洲麦角（*Claviceps africana*）产生的高粱麦角生物碱从非洲扩散到全球[126]。在国际贸易中，麦角的许可量是不一致的，但菌核浓度达到 0.1%～0.33%时，即判定谷物"麦角超标"。在天然情况下，麦角浓度可能会达到 0.33%，但与黑麦中的抗营养因子没有明显的相互作用[362,363]。谷物中污染的野草籽也是麦角的来源之一[427]。颗粒饲料能增加麦角的毒性，其原因或许是增加了毒素的释放。

自然病例

禽麦角中毒表现为采食减少，生长率下降；喙、鸡冠和趾坏死；腹泻。来航鸡麦角中毒表现为鸡冠、垂肉、面部和眼睑部形成融合性水疱和结痂（水疱性皮炎，草皮病）[427]。鸡冠和垂肉发生永久性萎缩和变形。腿的跖部和趾部出现水疱和溃疡。在有些病例中，麦角中毒很少波及幼鸡，但 6 周龄以上的鸡表现为生长迟缓，死亡率达 25%。产蛋鸡表现为采食量和产蛋量降低，但除皮肤病变外，没有一致的病变。产蛋鸡排稀便与非洲麦角菌产生的高粱麦角有关[126]。

给番鸭饲喂污染 1.17%麦角的小麦废料时，可发生倦怠、嗜睡、食欲废绝和腹泻症状[518]。幼龄鸭比大龄鸭的死亡率高，且伴有内脏充血。

实验研究

小麦麦角可使雏鸡食欲减退、生长迟缓甚至死亡，但对雏鸡的影响很不一致[466,465,467]。黑小麦麦角可使患禽生长缓慢、羽毛发育不良、神经过敏、共济失调、不能站立甚至死亡[53]。高粱麦角可使肉鸡日增重下降和饲料报酬率降低[31]。一般来说，肉鸡比来航鸡对麦角更敏感。尽管毒性主要来源于麦角提取物的生物碱成分，但总生物碱含量的预测值是不太精确的。酒石酸麦角胺是一种常见的生物碱，可引起雏鸡趾部坏死，也可导致心脏肥大，这可能是由于血管收缩，血压升高，从而使心脏负荷过重而引起[581]。

代谢和残留

肉鸡日粮中含有相当高浓度（800mg/kg 日粮）

的酒石酸麦角胺时，在肉鸡组织中仅有微量的酒石酸麦角胺聚积，而大约 5%的生物碱以原形排出，15%～20%的生物碱以代谢产物的混合物形式排出[581]。

镰刀菌毒素（Fusarium Mycotoxin）

镰刀菌属产生许多对禽类有害的霉菌毒素，可引起腐蚀性和类辐射性疾病，具有心脏毒性以及可使骨骼、消化和繁殖紊乱。在谷物和饲料生产过程中，可检测到的镰刀菌毒素包括单端孢霉烯族毒素、烟曲霉毒素、玉米赤霉烯酮和串珠镰刀菌素，这些毒素单独存在，或数种同时存在[481]，或与黄曲霉毒素或赭曲霉毒素联合存在[7,181]。

单端孢霉烯族毒素（Trichothecenes）

病因学与毒理学

普通土壤和全球各种植物真菌均能产生单端孢霉烯族毒素，这些真菌包括：镰刀菌属及其子囊壳（perithecial）阶段，蠕孢赤壳属（*Calonectria*）和赤霉属（*Gibberella*）；漆斑菌属（*Myrothecium*）、葡萄状穗霉属（*Stachybotrys*）、头孢霉属（*Cephalosporium*）、木霉属（*Trichoderma*）、单端孢霉属（*Trichothecium*）、柱孢属（*Cylindrocarpon*）、真单孢子菌属（*Veriticimonosporium*）和拟茎点霉属（*Phomopsis*）（见综述 327，359，538）。一项研究表明，约 20%的分离株产生单端孢霉烯族毒素。在 100 多种单端孢霉烯族毒素中，约有一半是由镰刀菌属产生[539]，且在高湿环境和 6～24℃时，产毒量最大。

单端孢霉烯族毒素有一个四环倍半萜烯核，具有特征性的环氧化物环。禽类通常感染的单端孢霉烯族毒素是非大环群类，包括 A 型单端孢霉毒素（T-2 毒素、新茄病镰刀菌烯醇、二乙酸蘸草镰刀菌烯醇和其他）和 B 型单端孢霉毒素（雪腐镰刀菌烯醇、脱氧雪腐镰刀菌烯醇、镰刀菌烯酮-X 和其他）（见综述 327）。毒性来源于高度稳定的环氧化物环中，不会因长期贮存或正常的烹饪温度而降解[33,359,538]。一般而言，单端孢霉烯族毒素破坏结构性脂质，抑制蛋白质和 DNA 的合成[96,349,538]。

许多毒素是具有腐蚀性的刺激物，可作为生物检测试验的一个特征。

在全世界许多饲料作物，包括玉米、小麦、大麦、燕麦、水稻、黑麦、高粱、红花籽、混合料及酿酒粮食中都发现了 T-2 毒素、二乙酸蔗草镰刀菌烯醇（DAS）、脱氧雪腐镰刀菌烯醇（DON，呕吐毒素）和雪腐镰刀菌烯醇[327,580]。脱氧雪腐镰刀菌烯醇是最常见的一种，在自然状态下，常与玉米赤霉烯酮、黄曲霉毒素和其他霉菌毒素同时存在[203,213,547]。脱氧雪腐镰刀菌烯醇对家禽低毒而对猪毒性强，可引起猪食欲废绝和呕吐，所以可以给家禽饲喂污染有脱氧雪腐镰刀菌烯醇的谷物。

自然病例

无论是过去还是现在，对单端孢霉毒素中毒的描述都反映在腐蚀性和类放射性作用方面，主要有食欲废绝、与霉菌毒素接触的口腔黏膜和皮肤出现广泛性坏死、急性消化道疾病以及骨髓和免疫系统功能改变。一般来讲，当提供未污染霉菌毒素的饲料时即可恢复。

禽镰刀菌毒素中毒发生在前苏联，时值 20 世纪上半叶，与此同时，人的消化系统中毒性白细胞缺乏症呈地方流行。从谷物和绿色植物性饲料中分离到的早熟禾镰刀菌（*Fusarium poae*）和拟分枝孢镰刀菌（*F. Sporotrichioides*）可能是毒素的来源。雏鸡镰刀菌毒素中毒（可能是单端孢霉毒素中毒）表现为生长缓慢、精神沉郁和血痢（见综述313）。剖检可见口腔黏膜坏死、胃肠道黏膜发红、肝脏有斑点、胆囊扩张、脾脏萎缩和内脏出血。20世纪40年代，人们发现了由葡萄状穗霉属引起的禽疑似单端孢霉毒素中毒，其表现为口腔和嗉囊黏膜坏死、消化和神经系统紊乱、血液恶病质和出血性疾病（见综述237）。

近年来，三线镰刀菌（*Fusarium tricinctum*）污染饲料和垫料并产生 T-2 毒素，使肉鸡生长迟缓，引起腿和趾部皮肤受损，使口腔黏膜发生溃疡并结痂[568]。其他研究报道发病禽出现消化和神经系统症状、生长迟缓、软骨病、羽毛发育异常、色素沉着缺失和出血。从饲料槽贮存的玉米中检测到 T-2 毒素、新茄病镰刀菌烯醇、疣孢菌烯醇（verrucarol）、镰刀菌烯醇-X 和巴豆醇（crotocol），且其含量为 1～4mg/kg[456]。

给蛋鸡饲喂 T-2 毒素和 HT-2 毒素污染的饲料时，一开始就会很快使其产蛋量下降[485]。此外，可见鸡群精神沉郁、俯卧、食欲废绝、鸡冠和垂肉发绀，剖检可见卵巢和输卵管萎缩。饲喂污染 T-2 毒素（3mg/kg）的饲料时，可使鸡采食量减少，产蛋量下降及产薄壳蛋[223]。口腔黏膜因溃疡形成厚的黄色痂，羽毛参差不齐且发育不良。同一鸡笼和不同鸡笼间，口腔和羽毛的损伤程度不一样。对口腔损伤的鸡进行剖检，可见肝脏呈黄褐色、易碎，肾脏肿胀，输尿管有尿酸盐沉积，嗉囊黏膜局灶性溃疡和发炎，鸡内金增厚且粗糙。

饲喂脱氧雪腐镰刀菌烯醇（0.3mg/kg）和玉米赤霉烯酮（1.1mg/kg）污染的高粱饲料时，可使产蛋量下降，口腔发生溃疡，唾液腺和黏液腺发生鳞状细胞化生[56]。商品蛋鸡发生疑似单端孢霉烯族毒素中毒时，可见口腔结痂和溃疡，还伴有蛋重和蛋壳中下降[207]。老龄鸡对该毒素更敏感，且流行病学受遗传品系的影响。

当病鸡产蛋下降、口腔溃疡且舌头颜色从灰色变成黑色时，脱氧雪腐镰刀菌烯醇（190mg/kg）是饲料中唯一可检测出的单端孢霉毒素[201]。饲料中添加有机硅酸铝吸附剂后，病禽产蛋量可恢复，口腔病变可减轻。脱氧雪腐镰刀菌烯醇不会引起口腔病变，但饲料中的脱氧雪腐镰刀菌烯醇可作为未检测出的具有腐蚀性的单端孢霉烯族毒素的指示剂。

梵天家禽的死亡率与口腔病变、出血及淋巴器官的坏死和衰竭相关[291]。T-2 毒素（0.70mg/kg）和二乙酸蔗草镰刀菌烯醇（0.50mg/kg）是污染饲料的毒素。

在鹅和鸭，饲喂 T-2 毒素（25mg/kg）污染的大麦时，鹅和鸭的活动减少、食欲废绝、饮水量增加和死亡[204,443]。剖检可见食管、腺胃和肌胃发生坏死，并有伪膜形成。组织学病变可见肠上皮变性和急性肾小管损伤。玉米料中污染脱氧雪腐镰刀菌烯醇（<5.0mg/kg）和玉米赤霉烯酮（<25mg/kg）时，对禽霍乱患病野鹅可能有应激和免疫抑制作用，从而致其死亡[236]。

污染脱氧雪腐镰刀菌烯醇（0.81mg/kg）和盐霉素（2.2mg/kg）的饲料可使小火鸡食欲废绝，死亡率增加[338]。在一次中毒试验中，饲料中添加了更高浓度的脱氧雪腐镰刀菌烯醇和盐霉素时，才使禽采食量受到影响，才使其死亡率增加，从而说明在报道的中毒病例中存在未能检测出的毒素。

从疑似镰刀菌毒素中毒的沙丘鹤（*Grus cana-densis*）所吃的花生（是野生沙丘鹤的食物来源）中分离到了可产生单端孢霉毒素的镰刀菌[464]。病禽颈、翅膀和腿的运动丧失，且每年发生，死亡率高。剖检可见头和颈周围水肿，但通常不出现消化道溃疡，这与单端孢霉烯族毒素的缺乏有关。主要病变有出血、肉芽肿性肌炎、血栓形成和血管变性。

实验研究

需要采用数种方法才能复制出完全与自然发病类似的家禽病症：将纯化的毒素投入水溶液中或混入饲料中，还可用产毒真菌培养物（见综述274）。总体来讲，这些毒素可致禽食欲废绝、生长受阻和繁殖力下降；而全身性病变包括：皮肤和消化道黏膜出现腐蚀性损伤，骨髓、淋巴组织、胃肠道和羽毛发生类辐射样损伤，肝机能障碍以及甲状腺机能改变。

T-2毒素和其他单端孢霉烯族毒素的神经毒性断断续续地被报道，主要表现为翅膀复位不正、惊厥和失去正常的应答反应[242,571]；脑神经传导递质亦受到影响[95,517]。

病理变化

饲喂含单端孢霉烯族毒素的饲料时，许多毒素可引起家禽口腔黏膜腐蚀性和渗出性损伤[91,112,568,569]。局灶性口腔病斑由黄色逐渐发展成灰黄色，并在腭、舌和口腔壁主要唾液腺导管开口附近大量聚积渗出物，且渗出物底部有溃疡。喙内缘聚积有渗出性厚痂（图31.1）。口腔组织病理学变化表现为黏膜坏死和溃疡；渗出物、细菌菌落和饲料成分混合形成表层痂皮；黏膜下层肉芽组织增生，并有炎性细胞浸润。

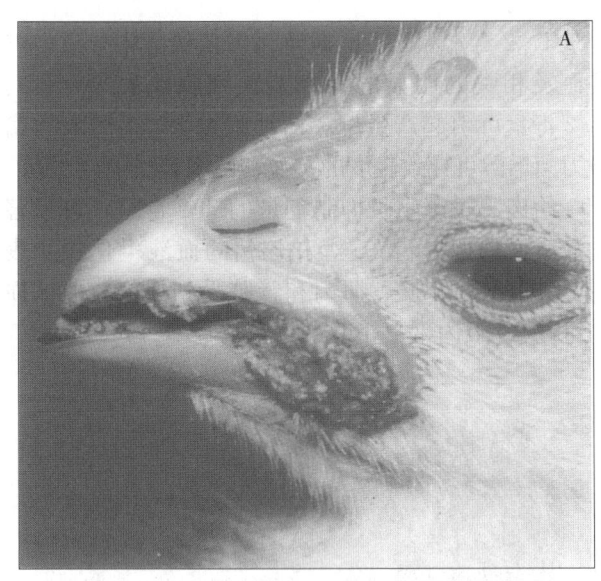
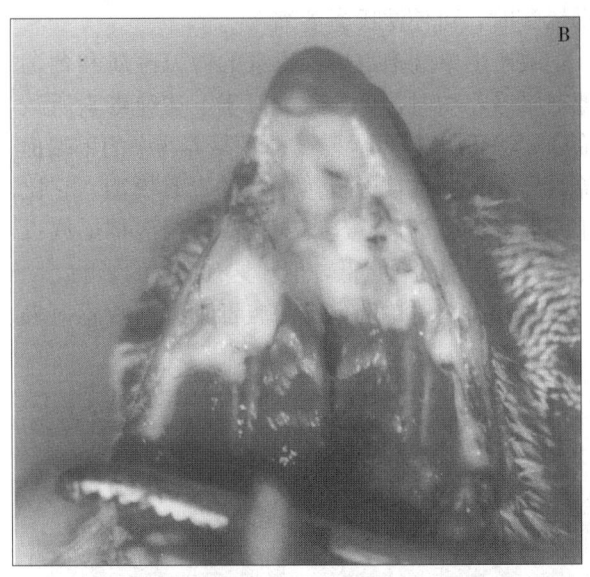

图 31.1　镰刀菌毒素中毒。单端孢霉烯族毒素对上消化道黏膜有化学刺激作用。A. 饲喂含二乙酸蔗草镰刀菌烯醇的饲料8天后，肉雏鸡喙裂处形成痂块。B. 饲喂含二乙酸蔗草镰刀菌烯醇（4mg/kg 饲料）的饲料14天后，肉鸡喙和腭部发生溃疡和结痂

通过口腔投服纯化的 T-2 毒素或二乙酸蔗草镰刀菌烯醇时，急性中毒禽的组织病理学变化表现为：淋巴和造血组织发生急性坏死与衰竭，而后又相当快地恢复[241]。肝脏有局灶性肝细胞坏死和出血，胆囊黏膜发生坏死和炎症，胆小管轻度增生。肠上皮坏死，随后肠绒毛暂时性缩短。腺胃和肌胃黏膜以及羽毛上皮也发生坏死。

鹌鹑对 T-2 毒素具有相对的耐受性（LD$_{50}$为14.7mg/kg），但致死量与淋巴组织的坏死和衰竭，以及肝脏的坏死和脂肪变性程度相关[209]。

长期接触 T-2 毒素和二乙酸蔗草镰刀菌烯醇或其他蔗草镰刀菌烯醇毒素（scirpenol toxins）时，可导致禽体重下降、皮肤色素减退、贫血和羽毛粗乱[244,243,416,572,575]（图31.2）。剖检可见淋巴器官萎缩，骨髓呈淡红色或黄色，肝脏呈黄色（图31.3）。组织病理学变化包括肝脏、淋巴和造血组织衰竭，肝细胞空泡化，胆管轻度增生。甲状腺滤泡变小，含有白色胶体物质。

图31.2　饲喂T-2毒素24天后,因T-2毒素对发育羽支具有类辐射性损伤作用,致使鸡的羽支变窄(右);左为对照

相对来说,脱氧雪腐镰刀菌烯醇对禽没有毒性。给肉鸡饲喂脱氧雪腐镰刀菌烯醇时,不产生临床症状。小肠黏膜发育延迟,小肠重降低,且肠绒毛变细[22,23]。给鸭饲喂脱氧雪腐镰刀菌烯醇和玉米赤霉烯酮时,可使法氏囊萎缩[124]。

饲喂产生单端孢霉烯族毒素的镰刀菌属和葡萄状穗霉属培养物时,可导致类似于上述纯毒素所致的临床症状和病变[242,273,480]。真菌培养物中的单端孢霉烯族毒素是一种接近自然中毒的毒素模型,它比纯化的毒素更有毒性。这说明某些单端孢霉烯族毒素尽管在饲料中的含量低,但却具有重要的影响。

野鸭和番鸭对单端孢霉烯族毒素特别敏感,表现为口腔和胃有广泛性病变,且淋巴组织萎缩[228,376,487]。

肉雏鸡的急性致死性脱氧雪腐镰刀菌烯醇中毒表现为自主性活动减少、呼吸困难、腹泻、内脏尿酸盐沉积(内脏型痛风)及皮下组织和内脏出血[225]。肉鸡、来航雏鸡、来航母鸡和雏火鸡能够耐受近似正常自然含量的脱氧雪腐镰刀菌烯醇[39,40,220,265,286,299]。但是,当脱氧雪腐镰刀菌烯醇的浓度比其他单端孢霉烯族毒素高得多,且其浓度大于能引发猪食欲废绝和呕吐的剂量时,才能引发口腔病斑和肌胃糜烂[334,365]。

来航鸡慢性雪腐镰刀菌烯醇中毒时,可使采食量降低,但对产蛋量无影响。55天后的剖检病变为:低剂量雪腐镰刀菌烯醇引起肝脏苍白且易碎;高剂量引起肌胃损伤、十二指肠出血及泄殖腔和输卵管肿胀[182]。

临床病理变化

T-2毒素和二乙酸蔗草镰刀菌烯醇常导致肉鸡贫血及相关的明显的骨髓造血细胞缺失[242,243,412]。T-2毒素可引起产蛋母鸡白细胞减少,而脱氧雪腐镰刀菌烯醇可导致轻度的贫血和白细胞减少[299,573]。

给肉鸡投服生长抑制剂量的T-2毒素,可损害血液凝血酶原[134,136]。鸡和鹌鹑的血液生化检测表明,其肝脏、小肠、肌肉和肾脏受到损伤,但该损伤可在10天内恢复正常[89,90,209,420,575]。

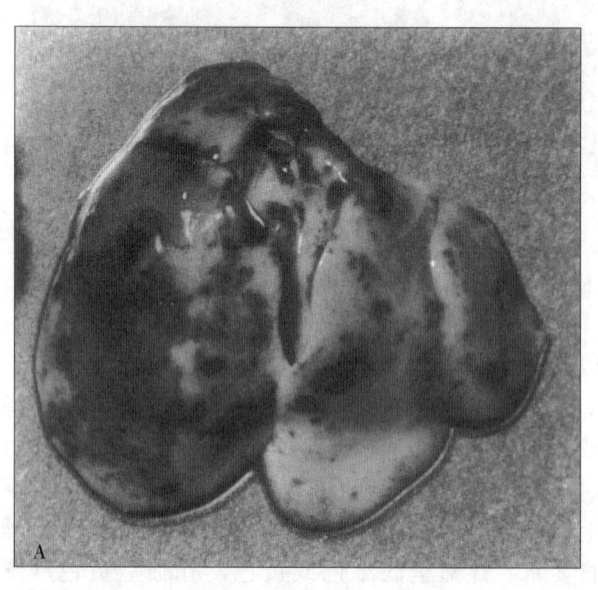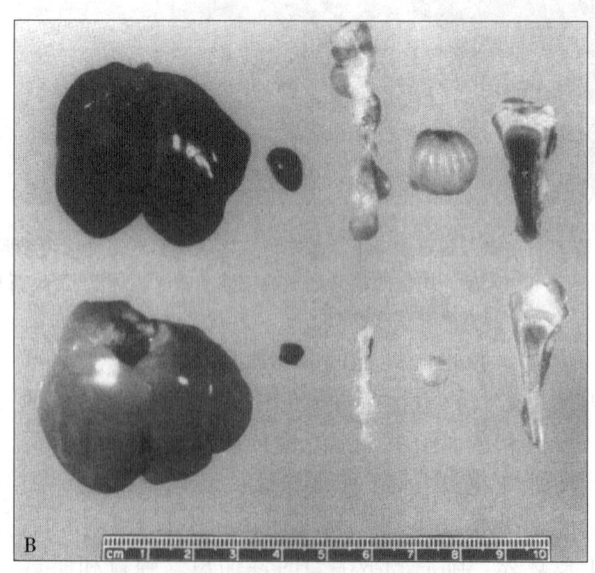

图31.3　肉雏鸡实验性单端孢霉烯族毒素中毒。A. 饲喂混有能产生T-2毒素的拟分枝孢镰刀菌和新茄病镰刀菌烯醇混合物的饲料后20h,鸡肝脏发生出血[242];B. 每天投服T-2毒素,引起肝脏变成黄色(下排图),上排图为对照。类辐射性损伤包括脾脏、胸腺和法氏囊萎缩及骨髓黄变[243]

T-2毒素可降低肉鸡血液维生素E的浓度[105]，其机理可能是由于肠道脂质代谢的破坏而引起的。

繁殖和产蛋

单端孢霉烯族毒素可影响产蛋和繁殖。T-2毒素、二乙酸藨草镰刀菌烯醇和单乙酰氧基藨草镰刀菌醇（monoacetoxyscirpenol）可引起来航鸡、肉用种鸡和母火鸡采食、体重和产蛋降低[10,11,54,90,460,575]。T-2毒素和二乙酸藨草镰刀菌烯醇对产蛋有协同副作用[129]。产蛋量突然下降，且孵化率降低。母鸡康复期间，其饲料消耗量会过度增加[575]。然而，二乙酸藨草镰刀菌烯醇短期中毒对肉用种鸡的产蛋量影响很小[55]。脱氧雪腐镰刀菌烯醇的含量接近正常自然浓度时，对母鸡基本上没有毒性[39,220,221,286,301,334,367]。因适口性和嗅觉反应的关系，禽的采食量有些变化，但蛋成分和胚胎死亡率的变化甚微。

免疫抑制

给肉鸡投服T-2毒素时，脾淋巴细胞的刺激应答指数降低，且对新城疫病毒的血凝抑制效价也下降[282]。尽管单端孢霉烯族毒素对淋巴器官和骨髓具有严重的影响，但鸡或火鸡的定量性免疫抑制检测试验仍不完善[50,457,494]，这是因为在实验研究中常使用添加纯化毒素的饲料，而不使用添加真菌培养混合物的饲料，或不直接口服，然而后两种方法更能使单端孢霉烯族毒素的毒性更强[242]。

给小鸭投服T-2毒素时，可使法氏囊、胸腺和脾脏淋巴细胞发生衰竭，淋巴细胞丝裂原应答反应降低[266,448]。T-2四醇对体外培养的鸡巨噬细胞具有毒性[288]。

药理学干扰

T-2毒素可降低抗球虫药物拉沙里霉素的作用[544]。

代谢与残留

肝脏是鸡T-2毒素的主要代谢和分泌器官[93]。单次接触毒素后，只有在肝脏中可检测到T-2毒素，而在粪便中可检测到T-2毒素、HT-2毒素、新茄病镰刀菌烯醇、T-2四醇和其他毒素[196,579]，且大部分毒素在48h内排出体外[463]。相对来说，仅有少量的T-2毒素进入蛋内[92]，且能在蛋黄和蛋清中检测到。

按正常自然量投服脱氧雪腐镰刀菌烯醇时，在肉鸡骨骼肌中检测不到毒素[159]。母鸡血液中的浓度只有口服量的1%，且大部分经粪便迅速排出[437]。脱氧雪腐镰刀菌烯醇进入蛋内的量很带，不能检测出[543,519]。给母鸡投服雪腐镰刀菌烯醇后，可在胆汁中检测到微量的无降解的毒素，但在粪便中以相应代谢产物的形式排出[182]。

串珠镰刀菌素（Moniliformins）

病因学和毒理学

串珠镰刀菌素是由轮枝样镰刀菌（即所谓的串珠镰刀菌）和其他镰刀菌属所产生的一种毒素[447]，对禽类具有心脏和肾脏毒性。轮枝样镰刀菌可使未收获玉米的麦穗、谷粒和茎枝发生腐烂，而在高湿贮存环境下，该菌可使脱壳玉米发生腐烂，也可使燕麦、大豆、高粱、大麦、小麦和带壳玉米发生腐烂，且肉眼明楚可见。尽管串珠镰刀菌素对禽类毒性很强，但将纯化的串珠镰刀菌素添加到饲料中时，其毒性较真菌培养物的毒性弱。轮枝样镰刀菌也产生烟曲霉毒素、玉米赤霉烯酮、珠镰孢菌素A及其他有毒成分[71]。

自然病例

尽管许多养殖场报道了霉菌毒素的中毒情况，但轮枝样镰刀菌（串珠镰刀菌）毒素中毒的确诊相对较少。玉米料中污染轮枝样镰刀菌时，可使肉用种鸡和来航鸡的产蛋率下降，产蛋高峰期推迟[113]。饲料消耗量时多时少，且伴有腹泻、排黑色并带有未消化饲料的粪便、蛋壳粪便污染及蛋壳带血。污染玉米湿度大、蛋白含量低且不易粉碎，这可导致玉米粉中有大颗粒玉米存在，从而引起消化不良。

实验研究

鸡、火鸡、鹌鹑和鸭的串珠镰刀菌素中毒症状是类似的，均可导致心脏毒性、腹水和肾炎。投服纯化的串珠镰刀菌素可引起禽采食量下降、日增重降低、心率减慢、呼吸困难和发绀。与烟曲霉毒素一起投服时，串珠镰刀菌素可引发禽猝死，类似于肉鸡的猝死综合征，且伴有血糖降低[270,271,453]。串珠镰刀菌素的毒性比烟曲霉毒素强，且它们之间的毒性具有叠加效应[324]。母鸡对串珠镰刀菌素的耐受量与青年鸡一样[311]。

尸体剖检可见心脏肿大、腹水、消化道和皮肤出血、水肿[41,106,166,226,374,548,583]。心肌发生不同程度的变性，继而出现坏死[44,45,226,369]，但硒可减轻部分病变程度。肾脏表现为肾炎，且出现矿物质管型。肝脏中肝细胞空泡化、肿胀，并发生局灶性坏死；慢性中毒时，胆管增生，并发生纤维化。

与烟曲霉毒素一起投服时，可使患禽对新城疫疫苗的抗体效价降低，还可使血液免疫球蛋白的量减少，使巨噬细胞的活性降低[329,330,446]。

烟曲霉毒素（Fumonisins）

病因学和毒理学

轮枝样镰刀菌（串珠镰刀菌）也可产生烟曲霉毒素，且烟曲霉毒素能引起马的脑白质软化（霉玉米中毒）[343]和猪的肺水肿综合征[109]。可产生数种烟曲霉毒素（B_1，B_2，B_3），但烟曲霉毒素 B_1 是最为常见的。其他镰刀菌属也可产生烟曲霉毒素[167,233]。烟曲霉毒素 B_1 中毒与神经鞘脂类合成的破坏有关[555]。

自然病例

产蛋鸡饲料污染烟曲霉毒素和黄曲霉毒素时，鸡只排黑色黏性稀便、采食量减少、产蛋量下降、体重减轻、跛行及死亡率增加[436]。使用怀疑被污染的饲料和富含烟曲霉毒素的饲料时，雏鸡和产蛋鸡会再次发生腹泻。

实验研究

烟曲霉毒素 B_1 可引起雏火鸡、肉雏鸡和小鸭腹泻、卡他性肠炎（图 31.4A 和 B）、日增重减少和饲料转化率降低[42,59,63,167,232,307,308,309,322,556]。雏火鸡比雏鸡更敏感，但与马和猪相比，家禽对烟曲霉毒素的抵抗力更强。尽管家禽的中毒量比实际生产中谷物内同种毒素的含量高[306]，但串珠镰刀菌产生的其他毒素能够影响禽类饲料的安全性[557]。

人工中毒试验中，禽的病变包括肝脏肿大，肾脏、胰腺、腺胃和肌胃发生不同程度地肿大，淋巴器官萎缩以及佝偻病。组织学检查可见肝脏中肝细胞发

生多灶性坏死，肝细胞和胆管增生，枯否氏细胞肥大[43,44,125]。小肠肠绒毛萎缩，杯状细胞增生。软骨增生区和肥大区均出现生长板增宽，从而导致佝偻病。烟曲霉毒素 B_1 和串珠镰刀菌素共同作用时，可引起两种毒素都有的病变，包括腹水及心脏、肝脏、肾脏和肺肿大[272]。免疫系统损伤包括胸腺淋巴细胞缺失、丝裂原应答反应降低、细菌清除能力下降以及对巨噬细胞和淋巴细胞的毒性作用[86,140,285,329,330,445]。止血功能和血浆蛋白也受到轻度损伤[168]。

烟曲霉毒素中毒时，雏鸡和鸭肝脏中二氢神经鞘氨醇和神经鞘氨醇的比值升高[42,232]。该参数是人烟曲霉毒素中毒的特殊指标，而鸭是研究烟曲霉毒素中毒的代表性模型[527]。烟曲霉毒素 B_1 在肝中代谢，并随粪便排出[125]。

母鸡对烟曲霉毒素 B_1 的耐受量相对较高，且烟曲霉毒素 B_1 对产蛋周期仅有一过性不利影响[311]。

鹌鹑饲料中以添加轮枝样镰刀菌培养物的形式来添加烟曲霉毒素 B_1 时，可引起鹌鹑不同严重程度的中毒（包括死亡）[21,74,127,387]。鹌鹑表现为生长率降低、产蛋量下降、对沙门氏菌的易感性增强、慢性肝中毒并伴有胆管增生。

镰刀菌氧萘满酮（Fusarochromanone）

病因学和毒理学

镰刀菌属也可产生镰刀菌氧萘满酮，该毒素可引起雏鸡胫骨软骨发育不良（TD）。串珠镰刀菌、粉红镰刀菌、木贼镰刀菌、黑曲霉和黄曲霉的培养物可致使肉仔鸡长骨发生畸形[100,342]。在阿拉斯加，从过冬大麦中分离到了粉红镰刀菌，且将该菌投服肉鸡时，可引起胫骨软骨发育不良[551]。缺损性软骨破裂可能是其发病机制之一。在已鉴定的 6 种成分中，具有荧光活性的物质 TDP-1（镰刀菌氧萘满酮）投服肉鸡时，可致使 100% 的鸡发生胫骨软骨发育不良[325,326]。

实验研究

以镰刀菌培养物的形式来添加镰刀菌氧萘满酮时，在 4 天内可使雏鸡胫骨生长板发生软骨发育不良[229]。尽管镰刀菌氧萘满酮在细胞和生化水平上的作用特点还不清楚，但增加饲料中的铜和锌含量

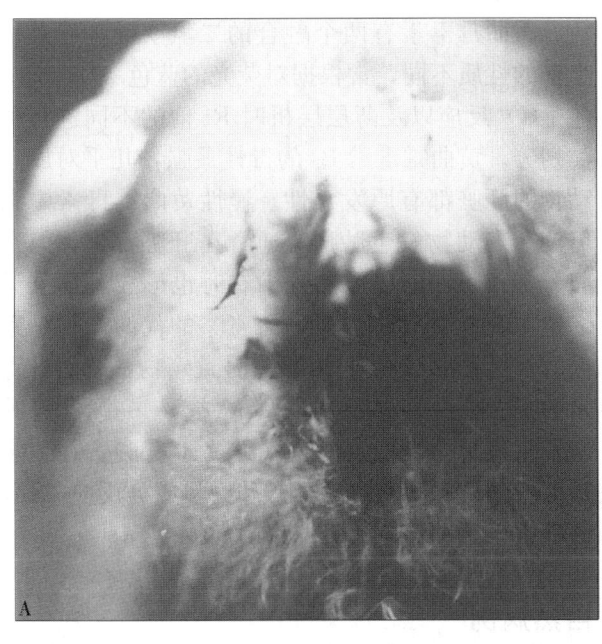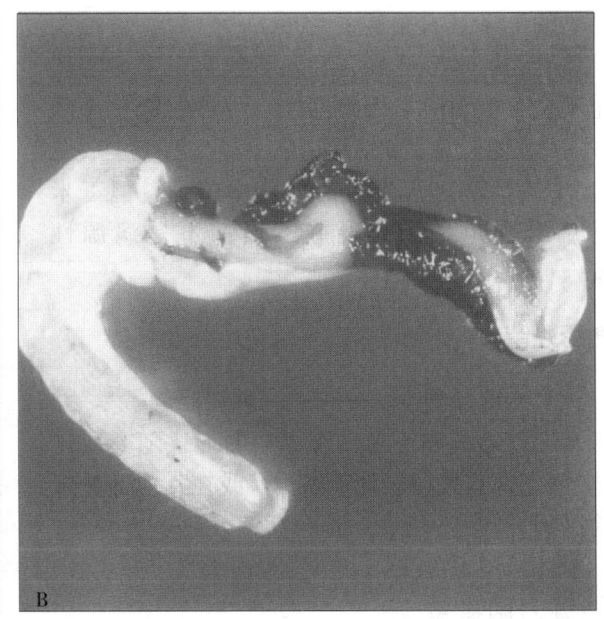

图 31.4　给肉雏鸡投服能产生烟曲霉毒素 B₁ 的串珠镰刀菌培养物时，可引起腹泻（A）和卡他性肠炎（B）

可部分减缓毒性作用[565]。软骨肥大区有低密度的破软骨细胞[319]，软骨核内的软骨细胞出现退行性变化，这可能是因软骨细胞与血管区间的距离增大而继发的[230]。体外研究表明，镰刀菌氧萘满酮对软骨细胞的毒性比 T-2 毒素小得多[564]。产生镰刀菌氧萘满酮的镰刀菌也具有免疫抑制作用[565,566]。

玉米赤霉烯酮（Zearalenone）

病因学和毒理学

感染玉米赤霉（禾谷镰刀菌、粉红镰刀菌）的谷物是玉米赤霉烯酮的来源，而玉米赤霉烯酮是一种具有雌激素活性的霉菌毒素。玉米赤霉烯酮有 7 种化学衍生物，但天然存在的只有玉米赤霉烯酮和玉米赤霉烯醇（zearalenol）。尽管玉米赤霉烯酮最常见，且在家禽中得到了广泛的研究，但玉米赤霉烯醇更具有雌激素活性[360]。玉米赤霉烯酮常见于玉米、黍子[114]、小麦、大麦、燕麦、高粱、黑麦和其他谷物（见综述 489 和 580）。中毒主要发生于猪，使猪的繁殖力下降。雏鸡对玉米赤霉烯酮的耐受性高于火鸡或猪，因而可将不适于养猪的饲料用来养鸡[6,170]。相对而言，玉米赤霉烯酮对鸡没有毒性，但具有潜在的副作用，

且可作为其他潜在毒素的指示剂。

自然病例

玉米赤霉烯酮（0.5～5.0mg/kg）对肉用种鸡有害，可使其产蛋量下降，但受精率、孵化率和肉鸡行为表现不受影响[49]。发病母鸡血清孕酮水平降低，出现腹水和输卵管囊肿性炎症。

实验研究

玉米赤霉烯酮中毒实验表明，肉鸡、来航鸡、火鸡、鹌鹑和鹅对玉米赤霉烯酮的耐受力比猪较强。火鸡对该毒素最敏感，主要危害生殖道和性激素敏感组织。日本鹌鹑对玉米赤霉烯酮具有抵抗力[28]。

发病来航鸡法氏囊重量增加[94,504]，这可能与激素诱导性泄殖腔肿胀相关。腹膜表面和输卵管内形成囊肿。肉鸡对玉米赤霉烯酮具有更高的耐受性，病变仅局限于鸡冠和睾丸减轻[9]、输卵管扩张[94]和白细胞减少。雄性小火鸡表现为早熟性走路行为、肉垂和肉冠发育成熟和肛门软组织肿胀[8]。

来航鸡发病时，可使蛋比重降低、蛋厚度变薄和蛋内质量下降[504]。血钙水平降低，而血磷增高[94]。饲料中污染玉米赤霉烯酮和脱氧雪腐镰刀菌烯醇时，可使禽的采食量和产蛋量下降[122]。其

他研究表明，来航鸡对玉米赤霉烯酮、粉红镰刀菌污染的玉米具有很高的耐受力[6,94,345]。粉红镰刀菌培养物的水溶性成分（既不包含玉米赤霉烯酮也不包含单端孢霉烯族毒素）可导致孵化率降低[325]。对鹅来说，可见受精率下降，精子生成受到抑制[409,410,411]。火鸡蛋的孵化率降低，但玉米赤霉烯酮和单端孢霉烯族毒素都不是病源性毒素[10]。

代谢和残留

玉米赤霉烯酮主要分布于肝脏和胆囊[361]，并以玉米赤霉烯酮和玉米赤霉烯醇的形式随粪便排出体外[394]。蛋残留仅见于卵黄，或在其他部分未被检测到[122,519]。

其他镰刀菌毒素

产生镰孢菌酸[101]和珠镰孢菌素 C[344]的串珠镰刀菌菌株（现称为轮枝样镰刀菌）对鸡具有免疫抑制作用。尽管镰孢菌酸是一种温和的毒素，但鸡胚中毒试验表明，它与烟曲霉素 B_1 具有协同毒性[29]。

给雏鸡投服含串珠镰刀菌的日粮时，可引起硫胺素缺乏样的症状，且硫胺素治疗对其有效[174]。日粮中的霉菌可能会破坏或利用硫胺素，所以日粮中硫胺素的含量低。饲料中污染烟曲霉毒素 B_1 时，可使鹌鹑发生偏瘫，但在日粮中添加烟曲霉素 B_1 的系列实验未能复制出此病[208]。由禾谷镰刀菌产生的黄色镰刀菌素可使蛋品质下降[350]。

黄曲霉毒素 （Aflatoxins）

病因学和毒理学

黄曲霉毒素是具有高毒性和致癌性的霉菌毒素，由黄曲霉（*Aspergillus flavus*）、寄生曲霉（*A. Parasiticus*）和软毛青霉（*Penicillium puberulum*）产生（见综述 157）。所有家禽饲料和添加剂都有助于真菌生长和黄曲霉毒素形成。黄曲霉毒素在正常的饲料和食物中是相当稳定的，但对氧化剂，如次氯酸盐（商业漂白粉）敏感。

黄曲霉毒素有两个融合的二氢呋喃环，且每个环的性质不同，常根据对荧光的蓝色（B）或绿色（G）反应以及薄层层析时 Rf 值的不同进行种类划分。黄曲霉毒素 B_1 的毒性最强，几乎对所有动物的肝脏都有原发毒性。慢性黄曲霉毒素中毒可使许多动物发生肿瘤，通常在肝脏发生，但在胆囊、胰腺、泌尿道和骨中有时也形成肿瘤（见综述 408）。尽管许多黄曲霉毒素的代谢产物是致癌的，但黄曲霉毒素 B_1 是头号致癌物。黄曲霉毒素 B_1 与细胞核和线粒体 DNA 结合，是研究肝肿瘤发生机制的模型致癌物（见综述 250）。在致癌基因的激活、激素水平异常和饲料成分反应方面，该毒素也具有促进活性的作用。

自然病例

以前的版本详细描述了第一次黄曲霉毒素中毒病例[247,422]。目前认为，早期文献报道的黄曲霉毒素中毒与环匹阿尼酸有重要关系，另外还可能与柄曲霉素和其他毒素有关[52]。

小鸭致死性黄曲霉毒素中毒表现为食欲不振、生长缓慢[20]、叫声异常、啄羽、腿和趾部呈现淡紫色、跛行。死前表现为共济失调、抽搐和角弓反张。剖检可见肝脏和肾脏肿大苍白。慢性病例中，可见心包积水和腹水，肝脏缩小、硬化、出现结节，胆囊充盈，出血。显微镜检查可见肝脏中肝细胞脂肪变性、胆小管增生和广泛性纤维变性，并伴有静脉炎以及胰腺和肾脏的变性性病变。

火鸡黄曲霉毒素中毒表现为食欲不振、自主性活动减少、步态不稳、俯卧、贫血和死亡[491,552]。尸体剖检时，膘情一般无变化，但全身出现充血和水肿。肝脏和肾脏充血、肿大、坚硬，胆囊充盈，十二指肠内有黏液样物质。致死性黄曲霉毒素中毒时，肝脏因充血或脂肪聚积而分别呈暗红色或黄色（图 31.5）。显微镜检查可见肝脏中肝细胞肿胀，胞浆匀质化或空泡化，胞核巨大，肝小叶中心的肝细胞出现局灶性坏死。慢性病例可见肝细胞再生，胆小管增生，网状内皮细胞增生，心脏、肾脏和肠发生变性性损伤。

雏鸡的黄曲霉毒素中毒症状与鸭和火鸡相似[19,20]。鸡的骨骼肌病[184]可能与硒和黄曲霉毒素的相互作用有关（见实验研究）。

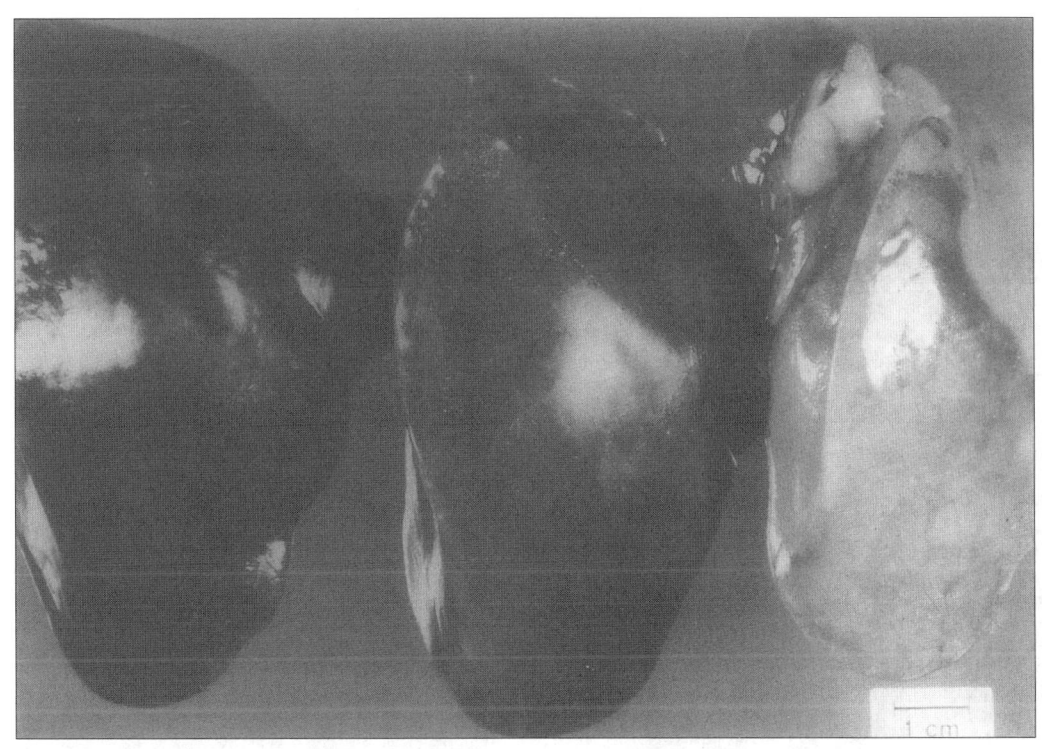

图 31.5 火鸡致死性黄曲霉毒素中毒导致肝脏变色。肝脏因充血、坏死而变成暗红色（左），因脂肪沉积而变成黄色（右）。在发病火鸡饲料中检测到了 200μg/kg 的黄曲霉毒素 B_1

世界上许多国家报道了家禽的黄曲霉毒素中毒[4,60,98,116,214,234,281,286,314,391,435,452,451,490,498]。黄曲霉毒素中毒对家禽直接和间接的影响包括：因热应激使死亡率增加（肉用种鸡）[116]；产蛋量减少（来航鸡）[66]；贫血、出血、肝脏损伤[314]、瘫痪、跛行[391] 及生产性能受到影响（肉鸡）[276,454]；神经症状[4]、死亡（鸭）[66]；不愿行走和麻痹（鹌鹑）[561]；免疫受损（火鸡）[231]；很多禽类品种对传染病的易感性增加[66,435]。曲霉菌毒素和黄曲霉毒素联合中毒的许多病例表明，在饲料、垫料和环境中的曲霉菌属对家禽生产是一种威胁[451,490]。

实 验 研 究

黄曲霉毒素中毒可使所有重要的生产参数受到影响，包括增重、采食、饲料转化率、色素沉着、加工产量、产蛋量以及公、母鸡的繁殖性能。有些影响是中毒的直接作用，而有的则是间接的，例如采食量减少。

家禽依种属、品种和遗传谱系而对黄曲霉毒素的易感性各异。一般而言，小鸭、火鸡和雏鸡易感，而雏鸡、北美鹑、日本鹌鹑、石鸡和珍珠鸡具有相对抵抗力[17,210,213,264,332,473]。品种不同，易感性存在很大的差异，另外，年龄和性别也具有很大的影响[65,110,559]。

病 理 变 化

实验性黄曲霉毒素中毒的病理变化与自然发病相似。鸭急性黄曲霉毒素中毒表现为肝脏发白、黄绿色和萎缩，尤以左叶肝病变更明显[380]。显微变化主要包括肝细胞胞浆空泡化（脂变）和弥漫性坏死，并常伴有出血。到第 2 天，胆小管增生，且病变发展迅速。鸭的亚急性致死性中毒时，特别是投服黄曲霉培养物的鸭子，可见肝细胞发生广泛性坏死和缺失，胆小管高度增生。在非致死性黄曲霉毒素中毒的病例中，肝脏的主要病变是肝细胞脂变、核增大、有丝分裂相细胞增多、胆小管增生[246]。鸭和小鹅的肾脏表现为膜性肾小球肾炎和肾间质纤维化[373]。肝脏和肾脏的组织学变化见图 31.6A～C 和 31.7A～C。

鸡黄曲霉毒素中毒时，肝脏呈黄色或土黄色、多灶性出血，肝被膜呈网格状外观。此时，随肝脂肪含量的增加，肝脏出现白色病灶。组织学变化可见肝细胞胞浆形成脂肪空泡、核增大且核仁明显、

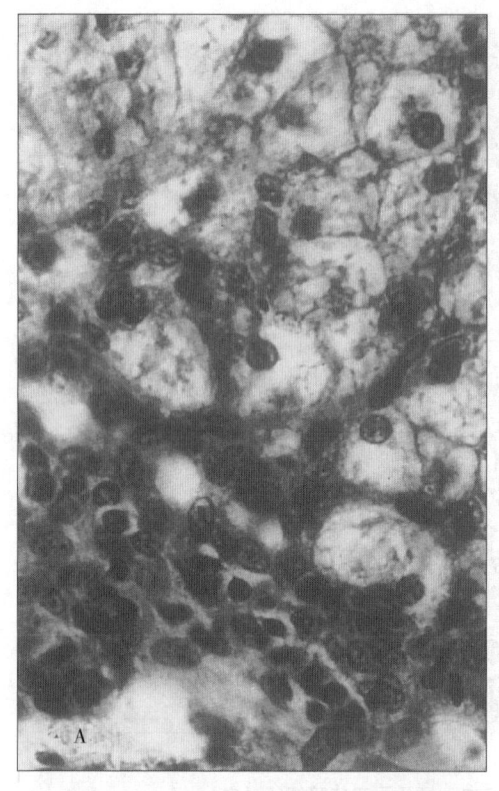

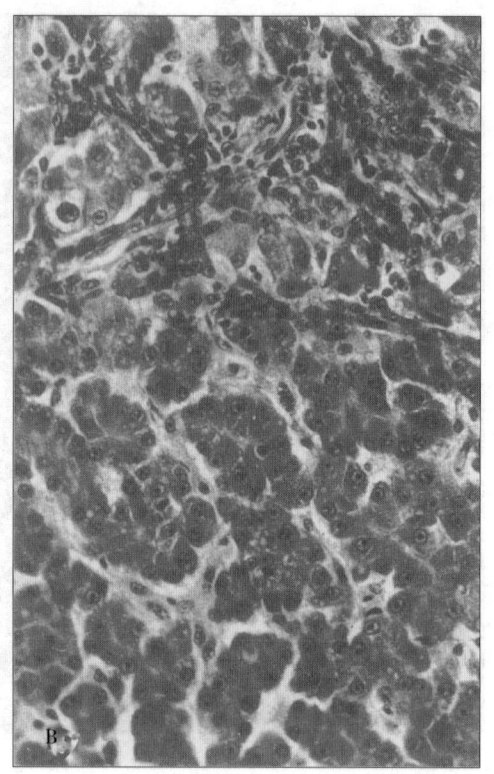

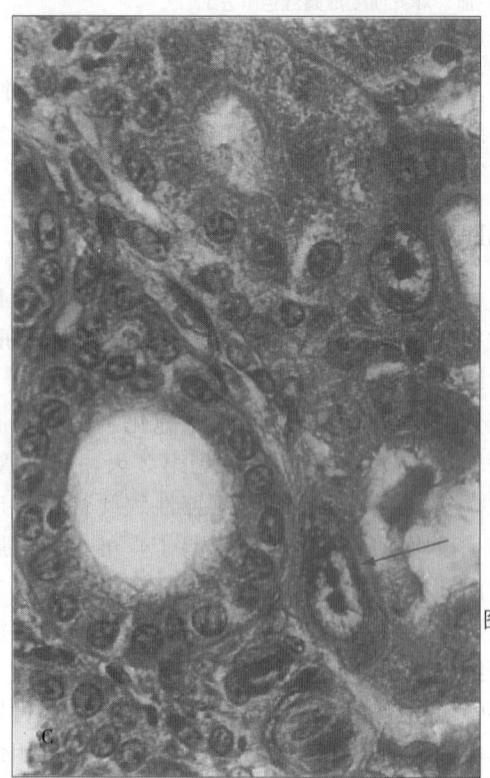

图 31.6　饲喂有毒花生粉的鸭发生黄曲霉毒素中毒。
　　　　　A.早期肝脏损伤,表现为肝实质变性和
　　　　　胆管增生。B.肝实质结节性增生和胆管增生。
　　　　　C.肾脏近曲小管扩张,上皮坏死,有些胞核增大
　　　　　且核仁明显,呈现怪异的形态(箭头所示)

胆管增生和肝组织纤维化。门管区可见嗜碱性空泡化的再生肝细胞,且有异嗜细胞和单核细胞的浸润,形成炎症[77,246]。在火鸡,可见胆管增生,肝脏出现再生性结节,并压迫邻近的肝实质,而结节内的肝细胞呈高度嗜酸性[246,381]。空泡变性和纤维变性较轻,即使长期中毒而死的火鸡也是如此。雏鸡的黄曲霉毒素中毒研究表明,在肾脏或主要淋巴组织中没有观察到相似的病变[373]。

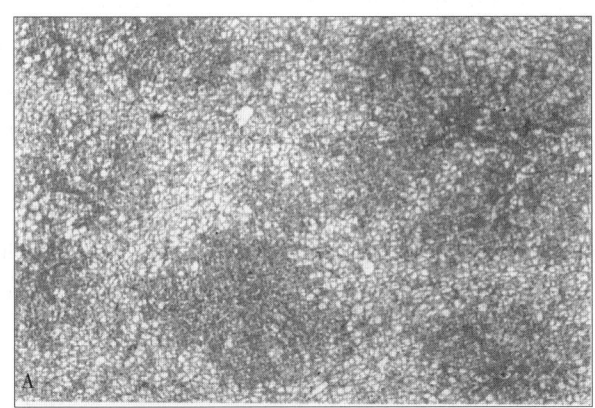

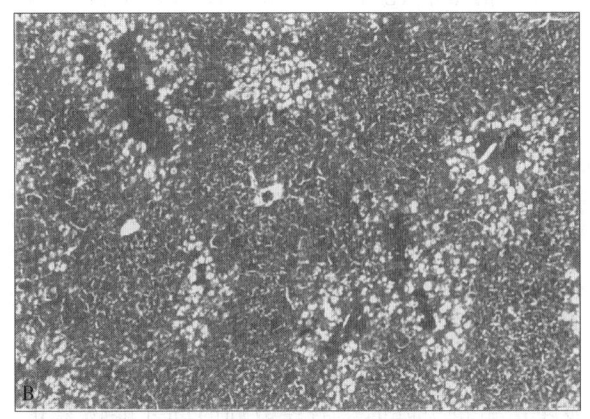

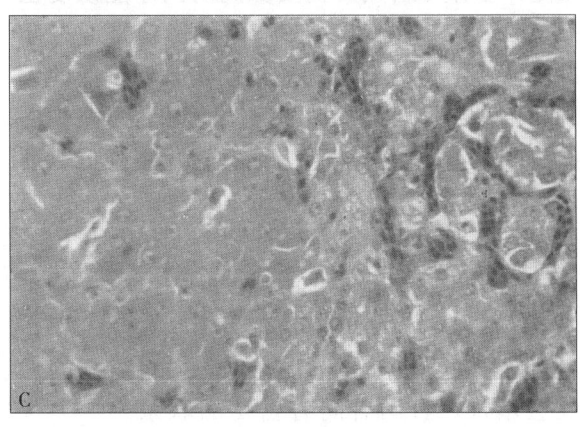

图 31.7　纯化的黄曲霉毒素 B₁ 引起的中毒。A.鸭肝脏。肝小叶中央的肝细胞病变最严重，表现为粗糙性空泡化病变（脂肪变性）。B.肉雏鸡肝脏。门管区周围的肝细胞病变最严重，表现为粗糙性空泡化病变，并且门管区周围有异嗜性白细胞浸润。C.火鸡肝脏。局灶性肥大、再生的肝细胞（左）压迫空泡变性的肝细胞（右）

临床病理变化

黄曲霉毒素可引起贫血，主要表现为红细胞压积、红细胞数、血红蛋白量和平均红细胞体积降低[261,317,364]。铁的吸收和贮存开始减少，但此后又恢复正常[316]。小鸡对贫血更敏感[317]。白细胞总数增加，但同时淋巴细胞减少[317,531]。

黄曲霉毒素可使血清总蛋白、脂蛋白、类胡萝卜素、胆固醇、甘油三酯、尿酸、钙、磷、铁、铜、锌和乳酸脱氢酶的浓度下降[139,171,261,532,540]。血清山梨醇脱氢酶、谷氨酸脱氢酶和钾的浓度升高[117,444]。小鸭也出现类似的血常规变化[379]。对选择的日本鹌鹑品系来说，血清总蛋白和白蛋白浓度的降低程度以及 β-葡萄苷酸酶的增加量是与其对黄曲霉毒素的抵抗力相一致的[426]。凝血时间以及天冬氨酸转氨酶与丙氨酸转氨酶的比值可以作为鸭对黄曲霉毒素耐受性的指标[402]。

在禽类运输和屠宰过程中，淤伤是一个常见问题。黄曲霉毒素可使毛细血管脆性增加、骨骼肌剪切力强度降低，从而可促进淤伤的发生[401]。黄曲霉毒素还干扰数种凝血因子（特别是凝血酶原）的活性，从而影响鸡和火鸡的血液凝固[138,135,530,562]。黄曲霉毒素影响凝血的强度比赭曲霉素 A 或 T-2 毒素强得多，但赭曲霉素 A 对凝血的影响时间比较持久[135,260]。

营养和消化

在某些市场上，人们喜欢有色皮肤品种的肉鸡。黄曲霉毒素可抑制小肠对类胡萝卜素的吸收，并使类胡萝卜素滞留于肝内，因而导致肉鸡皮肤色素沉着受损[476,477,534,533,535]。饲料中脂肪[216,459]、蛋白质[401,460]、核黄素或维生素 D₃[215,217]含量低，而鞣酸[121]含量高时，可加重黄曲霉毒素中毒的严重程度。黄曲霉毒素通过改变维生素 D 的代谢和甲状旁腺激素的作用而影响钙、磷的代谢[198]，然而，饲料中添加维生素 D₃ 能否改善毒素的影响还很难定论[47,58]。胰淀粉酶和胰脂肪酶的缺乏可使肉鸡发生脂肪痢[399,400]，但蛋鸡对此具有抵抗性。这些差异给确定家禽日粮中黄曲霉毒素的最低或无影响的标准浓度带来了困难。

繁殖与产蛋

黄曲霉毒素中毒时，由于采食量减少，可间接导致成熟的雄性来航鸡精液容量减少、睾丸重量减轻、精细胞比容（spermatocrits）下降以及睾酮浓度降低[482,483]。显微镜检查可见精子形态异常，而组织学变化表现为曲精管内精子发生停止[396]。对成熟期公来航鸡来说，其血液睾酮浓度和应答反应降低[103]。育成肉公鸡中毒时，可见体重减轻，轻度贫血，但精子不受影响[57,570]。

肉用种鸡和来航鸡黄曲霉毒素中毒时，因胚胎死亡而使孵化率下降，这是黄曲霉毒素中毒最敏感的指标[111,249]，且该指标比产蛋量更敏感[293]。除轻度肝中毒外，产蛋量很少下降，但一旦发生产蛋量下降时，需要数周时间才能恢复正常[169,185,267]。黄曲霉毒素对产蛋的影响是通过减少肝脏卵黄前体的合成和转运而实现的。蛋的大小和卵黄参数降低[254]。日本鹌鹑黄曲霉毒素中毒可导致肝中毒，具体表现为饲料转化率降低、性成熟推迟、产蛋量下降和蛋品质降低[137,405,474,393,404]。

免疫抑制

自然发生黄曲霉毒素中毒时，对传染病的易感性会增加，且两者间有密切的联系[156,430,452]。在实验条件下，难以定论免疫抑制情况，这说明了自然毒素致中毒机理的复杂性。实验中毒的途径包括：使用单一的纯化毒素或联合应用纯化毒素；使用粗培养物或应用克隆培养真菌的提取物；使用自然污染的饲料和谷物。霉菌毒素与饲料营养素间潜在的相互作用可能会影响实验结果，即在一定浓度下，毒素毒性效应的确定。

黄曲霉毒素中毒可使鸡对盲肠球虫病、马立克氏病[155]、沙门氏菌病[497,574]、包涵体肝炎[471,492]和传染性法氏囊病病毒[85,501]的易感性增加，还可使发病严重程度加剧。鸡黄曲霉毒素中毒可使免疫失败[14,36,442]，现已报道黄曲霉毒素中毒可使新城疫、传染性支气管炎、传染性法氏囊病和禽霍乱[25,26,67,178]的疫苗免疫应答反应受损。黄曲霉毒素中毒可使火鸡对禽霍乱的疫苗免疫失败，对球虫病的易感性增加[428,563]。

黄曲霉毒素介导的免疫抑制表现为法氏囊、胸腺和脾脏[85,429]萎缩，但与禽的免疫应答性遗传性状无关[536,537]。肉用种鸡发生黄曲霉毒素中毒时，对发育后期胚胎的 B 淋巴细胞具有毒性，使其子代发生免疫机能障碍[434,445]。鸭的淋巴系统损伤表现为外周淋巴细胞异常[495]、胸腺淋巴细胞缺

失、B 淋巴细胞和 T 淋巴细胞对丝裂原应答反应降低[266]。鸡血液巨噬细胞和网状内皮系统的异物清除功能受损[80,79,81,357,364]，且血液补体活性降低[508]。火鸡和鸡的细胞介导性免疫功能降低[192,191,190]。尽管前面介绍了黄曲霉毒素介导的免疫抑制作用，但其他研究报道表明：饲料中黄曲霉毒素含量高于生产实践中常见浓度时，黄曲霉毒素对免疫应答没有明显的影响[154,190,192,191,246]。

药理学干扰

黄曲霉毒素通过改变血液中药物的半衰期而影响药效。黄曲霉毒素可降低血液中头孢噻呋的浓度[12]。由于药物与血浆蛋白的结合减少，使得血浆中金霉素的浓度降低[358]。饲料中添加金霉素是加剧还是降低黄曲霉毒素中毒病症，结论仍不一致[318,499]。

代谢与残留

给家禽饲喂黄曲霉毒素污染的饲料时，构成了人食物链中一个细小的黄曲霉毒素来源。黄曲霉毒素以较低的浓度分布于可食用的组织中，但提供无毒性的饲料时，可很快从组织中清除。对肉鸡来讲，黄曲霉毒素 B_1 和 B_2 的代谢产物主要富集于肌胃、肝脏和肾脏[87]中，但在 4 天内可被清除体外。黄曲霉毒素在肝脏中被代谢成螯合性黄曲霉毒素 B2a 和 M_1[97]，并进一步还原成黄曲霉毒醇[418,419]。黄曲霉毒素以 6 种主要代谢产物的形式随胆汁、尿液和粪便排出体外[222]。对火鸡而言，黄曲霉毒素 B_1、M_1 和黄曲霉毒醇主要富集于肝脏、肾脏、肌胃和粪便中，并迅速被清除[205,458]。饲料中添加硒可增加螯合性黄曲霉毒素的百分比，从而在某种程度上对火鸡有保护作用[70,206]。

黄曲霉毒素 B_1 在产蛋鸡体内的半衰期大约是67h[473]，且在饲料和蛋中传递的比例大约是5 000∶1[392]。大部分黄曲霉毒素通过胆汁和肠道排出体外，但在 7 天或更长的时间内，可在卵细胞和蛋内检测到黄曲霉毒素 B_1 和黄曲霉毒醇[268,528]。黄曲霉毒素 B_1 可聚积于鸡、火鸡和鸭的生殖器官中，并转移到蛋（卵黄和蛋白中都存在）及孵化后的子代（卵黄囊和肝脏）中[503,582]。

赭曲霉毒素 (Ochratoxins)

病因学和毒理学

在霉菌毒素中，赭曲霉毒素是对家禽毒性最强的霉菌毒素。鲜绿青霉菌（*Penicillium viridicatum*）和赭曲霉（*Aspergillus ochraceous*）可产生肾毒性的赭曲霉毒素，且存在于整个北美、欧洲和亚洲的谷物和饲料中（见综述 152）。赭曲霉毒素是连接 L-b-苯丙氨酸的异香豆素类化合物，并按照其结构分为 A、B、C 和 D 类，及甲酯和乙酯类。赭曲霉毒素 A（OA）是最常见也是毒性最强的，且相当稳定。有些产赭曲霉毒素的真菌亦产生其他对禽有害的真菌毒素，其中包括橘霉素。在丹麦和爱尔兰，赭曲霉毒素是猪地方流行性肾病的主要决定因素，本病是一种慢性消耗性疾病，可使育肥猪发生死亡（见综述 296）。

赭曲霉毒素 A 发生于北美、欧洲和亚洲的玉米[489,488]、大多数小粒谷物和动物饲料[76,224,281,529,580]中。对猎鸟和鸡饲料来说，赭曲霉毒素 A 污染的发霉谷类包括高粱、花生、向日葵、米糠和小米[524]，且有些谷类中还有黄曲霉毒素污染。

在高温和高湿环境下，鸡饲料中容易产生赭曲霉毒素 A[27]。在自然发病病例中，赭曲霉毒素 A 是最主要的毒素，且赭曲霉毒素 A 的含量高时，才能检测到赭曲霉毒素 B 和 C[219]。

自然病例

肉鸡颗粒料中污染了赭曲霉和青霉菌时，产生的黄曲霉毒素可引起肉鸡死亡和日增重停止[5]。剖检可见肝、肾苍白以及肠炎。玉米或玉米麸质粉的污染可引发肉鸡赭曲霉毒素中毒[219]。肾性疾病表现为生长、饲料转化率和色素沉着受到影响，雏鸡发生气囊炎。赭曲霉毒素和黄曲霉毒素可使肠道变脆，在屠宰加工过程中，肠道易破裂，内容物溢出污染胴体[540]。

屠宰检疫可见家禽肾脏肿大、苍白[164]。肾脏中有赭曲霉毒素 A 残留，肾脏表现为萎缩、近曲小管和远曲小管变性、肾间质纤维化。同样，加工肉鸡肾脏的肿大和苍白与赭曲霉毒素 A 在肾脏中的残留有关，但除霉菌毒素外，其他因素有促发作用[509]。

赭曲霉毒素污染玉米时，火鸡表现为食欲废绝、肾中毒和气囊炎，从而可引起死亡[219]。组织病理学检查可见肾炎病变，具体表现为肾水肿和近曲小管上皮细胞坏死。

玉米污染引发了两次母鸡赭曲霉毒素中毒，发病鸡表现为肾病、产蛋量降低和蛋壳质量下降[407]。慢性肾病和腹泻使蛋壳黄染，使其市场售价降低。实验投服赭曲霉毒素时，可见发病禽出现腹泻、粪便尿酸盐含量高和蛋壳黄染。

作为面包房的副产品和饲料添加剂，发霉面包和面粉中含有赭曲霉毒素 A[398]。发霉面包内含有赭曲霉毒素 A 和 B，可引发鸡肠炎[549]。赭曲霉毒素污染的玉米可引起鹅和肉鸡的肝病。鹅表现为肝病、痛风和轻度肾病，而肉鸡则表现为严重的肝病。可能还存在其他未鉴定出的毒素，但赭曲霉毒素是主要的致病毒素[486]。

实验研究

实验性赭曲霉毒素中毒可引发原发性肾病，但也可影响肝脏、免疫器官和造血器官的功能，此外，与其他毒素和营养也有明显的相互作用。

病理变化

鸡的急性致死性赭曲霉毒素 A 中毒可致肝脏、胰腺和肾脏苍白，肾脏肿胀，输尿管白色尿酸盐沉积以及内脏尿酸盐沉积[145,179,251,253,421]。主要组织病理学变化是急性肾小管肾炎，具体表现为肾小管上皮局灶性坏死、蛋白管型、尿酸盐管型和异嗜细胞浸润性炎症。有些鸡的肝细胞胞浆发生空泡化和局灶性坏死，继而肝脏发生纤维化。骨髓造血功能被抑制，脾脏和法氏囊中淋巴细胞缺失。

火鸡、小鸭和雏鸡的亚急性赭曲霉毒素 A 中毒表现为肝脏和肾脏重量增加，而淋巴器官的重量降低。环颈雉鸡和日本鹌鹑是对赭曲霉毒素最敏感的猎鸟[468,469,470]。眼观病变包括肾脏苍白，肠内有卡他性炎症[149]。

这几种禽类肾脏的组织学变化为肾小管扩张和管型形成[73,149,253,341]。肾小管上皮增生和肾间质炎症导致了肾肿大。肾小球基底膜增厚与中毒剂量相关。雏鸡中毒后，其肝脏的病变为肝细胞空泡化，这与肝脏和骨骼肌内糖原含量的增加有关[149,257,554]。对鸭来说，其肝脏肝细胞的空泡化与脂肪沉积有关，而对于日本鹌鹑，可伴发胆管增生[143]。赭曲霉毒素对肾脏近曲小管细胞和肝细胞的线粒体具有毒性[61,73,150,523]。整个免疫系统发生严重的淋巴细胞缺失。赭曲霉毒素可使肠道变得脆裂，这与肠道内胶原含量的下降[553]，及肠道固有层和肌层异嗜细胞的炎性浸润有关[150]。

给肉鸡投服赭曲霉毒素 A 时，可使其骨骼软化，且随着体重的增加胫骨直径变粗，抗骨折强度下降[150,255]。骨组织病理学变化表现为骨质减少、软骨内成骨和膜内成骨紊乱[147]。骨样组织形成缺失，发生骨质疏松。骨干皮质骨的变化与骨骼的抗骨折强度下降有关。

母鸡的慢性赭曲霉毒素中毒可导致肾功能减退，这与肾小管上皮的进行性坏死和再生等轻微的组织病理学变化有关[295,428]。

临床病理学变化

赭曲霉毒素 A 可引起与铁代谢相关的小细胞性贫血[30,256]，也可导致白细胞缺乏症[24,82,84]。赭曲霉毒素 A 的含量低时不会影响生长发育，但可使凝血发生紊乱，使凝血因子量下降[145,438,134]。血液生化指标的变化可反映：肾脏和肝脏的损伤[84,262,297,475]，还有骨骼肌、胰腺和骨骼的损伤[163]，及肾功能减退[253,292,515]。

营养和消化

赭曲霉毒素中毒实验表明火鸡和来航鸡发生食欲废绝，但肉鸡不出现这种症状[68,69,441]。赭曲霉毒素 A 可影响日粮中类胡萝卜素（利于胴体的色素沉着）的利用[252,475]。钒和鞣酸可加剧赭曲霉毒素 A 的毒性[297,300,298]。赭曲霉毒素 A 和黄曲霉毒素具有协同毒性，联合中毒可使肉鸡生长迟缓、饲料转化率下降[546]。

繁殖和产蛋

赭曲霉毒素中毒可推迟或完全阻断来航小鸡的性成熟[99]。饲料中污染赭曲霉毒素时，母鸡不愿采食，从而使其体重减轻、产蛋量下降和蛋重减轻[438,441]。当饲料中赭曲霉毒素的量低且不影响产蛋量时，可使蛋重减轻、蛋内质量下降、蛋壳比重降低[525]。种用日本鹌鹑中毒可使胚胎发生早期死亡，从而导致受精率和孵化率降低[439]。鸡赭曲霉毒素中毒表现为鸡胚发生痛风、死亡率增加，从而导致孵化率降低；子代鸡生长速度降低[99,384]。赭曲霉毒素 A 对鸡胚具有致畸作用[193]。

免疫抑制

赭曲霉毒素 A 的主要靶器官是免疫系统，主要表现为全身所有淋巴器官发生萎缩和淋巴细胞缺失[72,149,292,433]。赭曲霉毒素 A 可损伤肉鸡和火鸡的细胞介导性免疫[151,493]，以及肉鸡的体液免疫[148,162]。赭曲霉毒素使免疫抑制的其他指标有：鸡异嗜细胞和巨噬细胞的吞噬活性受损[83,433]；疫苗免疫应答受损[160]；伴发的球虫病[259]、沙门氏菌病[221,211]和大肠杆菌病[312]的严重程度加剧。相反，这些疾病也可加剧赭曲霉毒素中毒的严重程度，例如，球虫病可加重肉鸡赭曲霉毒素中毒引起的肾损伤[511]。

代谢和残留

饲料中赭曲霉毒素 A 在体内主要分布于肾脏，而少量分布在肝脏和肌肉[180]。赭曲霉毒素 A 在鸡体内的半衰期为 4h，可很快被排出体外。肝脏和肾脏是检测家禽赭曲霉毒素 A 残留的选择性组织[48,356]，且肾脏缺乏病变时也可发生残留[295]。更换含毒饲料后，赭曲霉毒素 A 在体内的残留时间为 4 天或更短[200,440]。赭曲霉毒素 A 可转移到卵黄和蛋白中[175]，从而使蛋的孵化率下降。蛋中赭曲霉毒素 A 的含量与饲料中赭曲霉毒素 A 的浓度存在较低相关性，且数次研究并未从蛋中检测到赭曲霉毒素 A[295,438]。对日本鹌鹑来说，赭曲霉毒素 A 分布于肝脏、肾脏、腺胃和卵巢中，并随胆汁和尿液排出体外[176]。

橘霉素（Citrinin）

病因学和毒理学

橘霉素是玉米、水稻和其他谷物的自然污染物，它由青霉菌[102]和曲霉菌产生（见综述 455）。

橘青霉（*Penicillium citrinum*）主要见于加拿大和北欧（见综述580），这说明在凉爽的气候条件下，毒性橘青霉具有较好的竞争存活优势。1931年首次从橘青霉中提纯到一种黄色晶体状化合物，并认识到该化合物具有抗菌和抗生素特性，但此后才认识到它具有肾脏毒性作用。在日本，橘霉素是黄米霉菌毒素中毒的主要病因之一，同时与赭曲霉毒素一起引发猪地方流行性肾病。橘霉素对热敏感。

自然病例

羊毛状青霉菌（*Penicillium lanosum*）的培养物可产生橘霉素，且该菌是从肉仔鸡的饲料中分离到的，分离环境为：鸡舍垫料潮湿；肉鸡普遍小，达不到屠宰标准[37,377]。将羊毛状青霉菌的培养物投服肉仔鸡后，可引起水样腹泻和日增重降低。尸体剖检可见肾脏肿胀，肌胃角质膜发生变色和皲裂。肾脏的组织病理学变化表现为肾小管上皮细胞肿胀和固缩。从肌胃角质膜病变处也分离到了羊毛状青霉菌。

实验研究

橘霉素对家禽具有肾脏毒性，可导致多尿[199,212,341]。除去橘霉素后，肾脏的功能可恢复到正常。橘霉素可直接作用于肾脏，使尿流速增加，自由水清除增多，并伴有钠、钾和无机磷酸盐分泌排泄增多[197,239]。

病理变化

单剂量橘霉素对雏鸡、雏火鸡和小北京鸭具有肾脏毒性，且火鸡对橘霉素最敏感。病禽表现为水样腹泻、饮水量增加和肾脏肿胀。肾脏组织病理学变化为近曲小管和远曲小管上皮发生变性和坏死[352,353]（图31.8）。肝脏发生多灶性肝细胞坏死、出血和胆小管增生。主要淋巴组织发生淋巴细胞坏死和缺失，且在小鸭上表现最明显[354,351]。小鸭的亚急性和慢性橘霉素中毒表现为日增重降低和剂量依赖性肾病，而肾脏的病变有：肾皮质和髓质区的肾小管上皮细胞发生变性、坏死、矿化和再生；肾间质发生炎症；纤维化。在来航鸡，橘霉素引起的肾脏超微结构病变主要限于近曲小管上皮[61]。

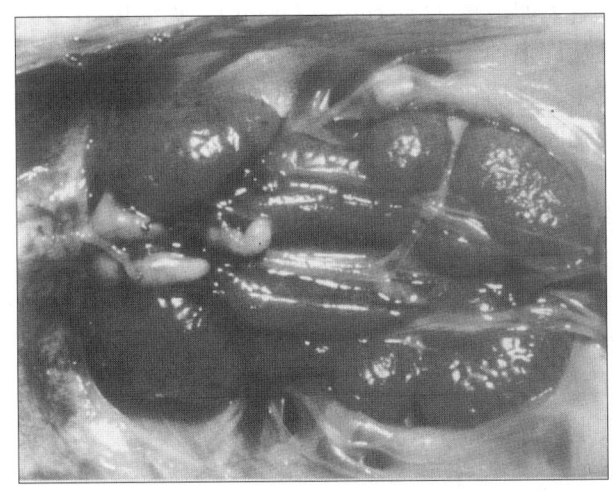

图31.8 雏鸡的实验性急性致死性橘霉素中毒。肾脏肿大[352]

饲料中添加橘霉素后，产蛋鸡表现为水样腹泻，但对其产蛋量和体重无影响[13]。

组织学检查可见淋巴细胞缺失，这说明橘霉素具有潜在的免疫抑制作用；然而，给肉鸡投服肾脏毒性剂量的橘霉素时，体液免疫和细胞免疫不受影响[75]。

临床病理学变化

橘青霉污染玉米（含橘霉素）可使来航鸡发生贫血和白细胞减少[462]。在中毒期间还可见高血钾、代谢性酸中毒、血压pH值下降和碱过多[351]。

代谢和残留

给肉鸡饲喂含橘霉素的饲料后，仅能在血液和肝脏中检测到残留[378]。给产蛋鸡投服橘霉素，6周后橘霉素分布于骨骼肌、蛋黄和蛋清中[1]。

卵孢霉素（Oosporein）

病因学和毒理学

卵孢霉素呈红色，具有毒性，是毛壳菌属（*Chaetomiun spp.*）的联苯醌类代谢产物，能引起家禽痛风和高度死亡[107,424]。卵孢霉素首次分离于着色卵孢霉（*Oospora colorans*）（见综述578）。已从许多种饲料和谷物中分离到了毛壳菌，包括花生、水稻和玉米。在植物和动物的生物实验中，毛壳菌均具有高度毒性。

自然病例

卵孢霉素中毒发生于北美和南美，以肾脏毒性、痛风和死亡为特征[578]。

实验研究

病理变化

青年鸡和火鸡的实验性卵孢霉素中毒表现为内脏和关节周尿酸盐沉积（痛风），这与肾功能损伤和血液尿酸浓度增加有关[339,340,423,424]。给雏鸡投服卵孢霉素3天后，可见肾皮质近曲小管发生坏死[62]（图31.9）。与火鸡相比，鸡对卵孢霉素更敏感。发病禽饮水量增加，粪便呈水样。与纯化的卵孢霉素有机酸相比，产卵孢霉素的毛壳菌玉米培养物对雏鸡更有毒性。卵孢霉素的钠盐和钾盐比其有机酸毒性更强。在培养物和自然污染的谷物中均存在卵孢霉素钠盐和钾盐，这使其毒性进一步增强[340]。

急性致死性剂量的卵孢霉素中毒可引起鸡和火鸡脱水、肾脏肿胀苍白和广泛性内脏痛风[424,425,576]。肝脏出现病斑、局灶性坏死，胆囊因充满胆汁而膨胀。腺胃轮廓增大，黏膜被覆渗出物，峡部发生坏死。肌胃角质层和肠内容物变绿。

在亚急性中毒病例中，内脏型痛风不明显或缺失，但关节痛风（在关节处有白色尿酸盐沉积）明显。肾脏组织病理学变化表现为近曲小管性肾病，且在致密斑出现过碘酸雪夫氏阳性颗粒[60]。肾脏尿酸盐沉积周围常见间质性肉芽肿。存活鸡的肾脏病变表现为肾间质纤维化、近曲小管上皮细胞增生、小叶中心的远曲小管扩张。肾小球在肾脏纤维化病变区萎缩，但在正常区增大。

当卵孢霉素的投服剂量能够引发肾脏毒性和痛风时，还可使禽的采食量下降及产蛋量降低[576]。

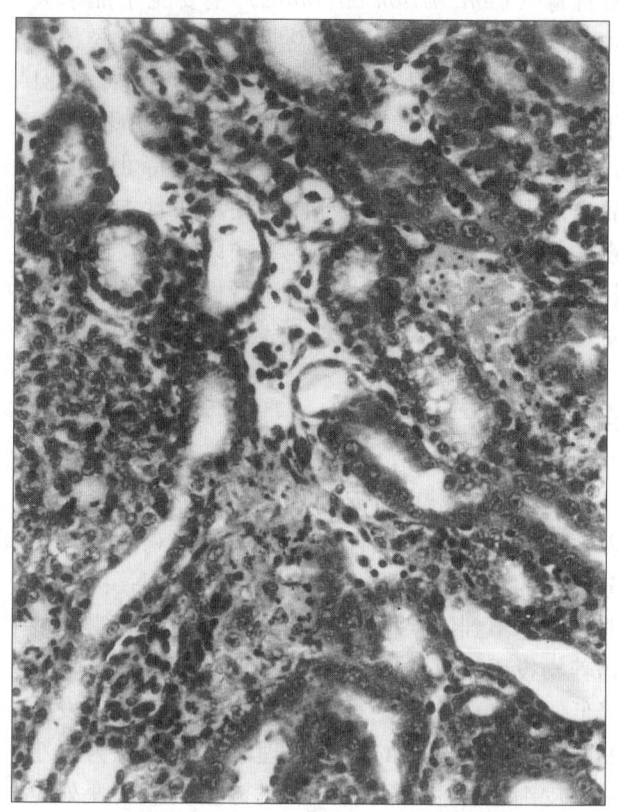

图31.9　给雏鸡投服卵孢霉素3天后，可见肾皮质近曲小管发生坏死[62]

临床病理学变化

肉鸡卵孢霉素中毒对血液无影响。鸡和火鸡卵孢霉素中毒可使血液尿酸浓度升高，而血液生化指标的变化通常反映肾脏毒性[424,425,576]。

其他霉菌毒素（Other Mycotoxins）

环匹阿尼酸（*Cyclopiazonic Acid*）

环匹阿尼酸（CPA）是黄曲霉的一种代谢产物，即黄曲霉毒素在饲料和谷物中的主要产物。1959年英国火鸡发生的"X"病（主要表现为肠炎和角弓反张）的某些病症不完全是由黄曲霉毒素所致，还与环匹阿尼酸的存在有关，且该病首次爆发时，从贮存的饲料样本中检测到了环匹阿尼酸[52,108]。从饲料中分离到了45株黄曲霉菌株，其中10株的培养物能产生环匹阿尼酸和黄曲霉毒素[347]。环匹阿尼酸也可由青霉菌产生，它是肉类、奶酪外层、花生、玉米和小米的一种污染物[315,320]。

环匹阿尼酸可影响鸡的日增重和饲料转化率，导致鸡发生死亡[141]。环匹阿尼酸与黄曲霉毒素和 T-2 毒素具有协同毒性[305,496]。病变见于腺胃、肌胃、肝脏和脾脏。腺胃腔扩张，黏膜因增生和溃疡而增厚[188]。肌胃黏膜发生坏死。肝脏和脾脏中可见由坏死和炎症引起的许多黄色病灶。胸腺和脾脏中淋巴细胞发生凋亡性缺失[282,545]。雄性种用肉鸡的生殖道受损[514]。

投药 48h 后，可在鸡肌肉中检测出环匹阿尼酸的残留，残留量占一次投服量的 14%[385]，且在鸡蛋中也有残留，但蛋清中环匹阿尼酸的含量较高[142]。

柄曲霉素 (Sterigmatocystin)

柄曲霉素是黄曲霉毒素 B₁ 的一种生物前体，具有肝毒性和肝致癌性。与黄曲霉毒素相比，柄曲霉素较少发生，但常伴有明显可见的霉菌产物[432]。柄曲霉素发生于小粒谷物、咖啡豆和奶酪，由杂色曲霉 (Aspergillus versicolor)、其他霉菌、毛壳菌和其他谷物真菌产生，见于北美、欧洲和日本 (见综述 580)。柄曲霉素的毒性比黄曲霉毒素小，但产生的量较高[479]。

商品粉碎料中滋生灰绿曲霉 (A. glaucus) 并含有柄曲霉素时，产蛋鸡会发生柄曲霉素中毒[5]。病鸡采食量下降，产蛋量降低，褐壳蛋褪色。尸体剖检可见肝脏苍白、脂肪变性，并伴有出血。

来航鸡的实验性柄曲霉素中毒可影响肝脏、胰腺、淋巴器官和肾脏[505,506]。组织学检查可见肝脏充血和出血，腺泡周肝细胞坏死，并伴有异嗜细胞浸润。胰腺外分泌细胞中有酶原颗粒贮存，从而使胞浆空泡化。淋巴器官中淋巴细胞发生坏死和缺失。肾脏的肾小管上皮发生轻度变性和坏死。血液生化指标的变化反映了靶器官的损伤，且血液学检查白细胞减少。

柄曲霉素可引起鸡胚重减轻、畸形以及死亡[479]。与低剂量的黄曲霉毒素联合中毒时，可使肌肉和血液学参数发生损害的变化[2]。

红色青霉毒素 (Rubratoxins)

红色青霉毒素 A 和 B 是由红色青霉菌 (P. Rubrum) 和产紫青霉菌 (P. Purpurogenum) 产生的一种肝毒性霉菌毒素 (见综述 560)。1958 年对家禽的出血性综合征进行了研究，并从发病鸡的饲料和垫料中分离到了红色青霉菌和产紫青霉菌[172]。众所周知，此时也对黄曲霉和橘青霉 (分别产生黄曲霉毒素和橘霉素) 进行了研究[173]。红色青霉菌和产紫青霉菌的培养物可引发鸡血痢。尸体剖检可见肌肉和内脏出血，腺胃和肌胃糜烂并积血。

然而，纯化的红色青霉毒素 (20% 红色青霉毒素 A，80% 红色青霉毒素 B) 对雏鸡的毒性相对较低[567]。急性致死性中毒可引发充血和出血。饲料中的红色青霉毒素可导致生长不良、肝脏肿大和法氏囊萎缩，使血红蛋白、血清蛋白和血液胆固醇水平降低，毛细血管脆性增加。

青霉酸 (Penicillic Acid)

青霉酸发现于 1913 年，是许多种青霉菌和曲霉菌的代谢产物 (见综述 258)，由于它在玉米和家禽饲料中的含量高，所以对家禽具有非常重要的影响。青霉酸对肉鸡毒性低。将纯化的青霉酸单独添加到饲料中，且添加剂量与生产实践中的自然含量接近时，对禽的影响不大，但与低剂量的黄曲霉毒素联合添加时，禽的生长和饲料转化率会受到影响[2]。

细交链孢菌酮酸 (Tenuazonic Acid) 和 交链孢霉毒素 (Alternaria Toxins)

细交链孢菌酮酸是交链孢霉属 (Alternaria spp.) 的一种代谢产物，具有生物学作用谱 (见综述 189)。家禽出血综合征的研究发现交链孢霉的分离株具有明显的毒性[173]。交链孢霉属常见于玉米和农产品，可产生交链孢霉酚、交链孢霉甲基醚和交链孢霉毒素 (altertoxin) (见综述 580)。细交链孢菌酮酸对肉鸡和来航鸡具有中等的毒性。急性致死性中毒可导致骨骼肌、心脏和皮下组织出血。亚急性中毒也可引起出血，此外，肌胃角质层发生糜烂。

烟草赤星病菌（*Alternaria longipes*）的培养物可产生细交链孢菌酮酸，且该培养物对鸡有很高的毒性，可引发腺胃出血和肌胃角质层糜烂[144,500]。

展青霉素 (*Patulin*)

展青霉素是由多种曲霉菌、青霉菌和丝衣霉（*Byssochlamys*）产生的一种霉菌毒素。从雏鸡的开口料（starter feed）中分离到了产展青霉素的青霉菌[102,333]。展青霉素对鸡的毒性比较低，但可引发相应的病变：嗉囊内容物呈水样；急性腹水；腺胃、肌胃和肠道出血。与低剂量的黄曲霉毒素联合投服时，可使生长受到抑制[2]。给母鸡投服展青霉素后，可导致畸形蛋和蛋壳钙含量降低[1]。

其他霉菌毒素和产毒真菌 (*Other Mycotoxins and Toxigenic Fungi*)

只有饲料中曲酸的含量比生产实践中实际含量高，且与黄曲霉毒素没有明显反应时，曲酸才能对肉鸡的肝脏和肾脏具有轻微的毒性，才能引发贫血[194,195]。震颤原（tremorigens）、根霉菌胺（slaframine）、其他对家禽有毒性的产毒真菌以及未鉴定的橘青霉代谢产物见前面章节的描述[247]，其中其他产毒真菌包括马伊德壳色单隔孢（*Diplodia maydis*）、半壳孢样拟茎点霉（*Phomopsis leptostromiformis*）和玉米小斑病菌 T 小种（*Helminthosporium maydis* Race T）。

诊断 (Diagnosis)

霉菌毒素中毒的诊断要从临床病史和症状评价着手。中毒的发作可能与新饲料的添加相一致，然而运输系统、粉碎系统和饲喂装备的污染也可能是间歇性或慢性中毒的发病原因。由霉菌毒素中毒引起的临床症状和病变没有特殊病征。例如，单端孢霉毒素（T-2 毒素）可导致口腔病变，但是饲料中的高浓度细粒料（小颗粒）[118,370]、硫酸铜、季胺消毒药、念珠菌病和维生素 A 缺乏时也可引发类似的病变。

霉菌毒素中毒的确诊需要特定毒素的鉴定和定量分析。在实际生产中，饲料和添加剂的运转快，且使用量大，所以在现代养禽业中通常难以做到这点。此外，诊断实验室的分析能力有一定的局限性[403]，成品料的生化成分较复杂是额外的限制因素。一般的实验室可对黄曲霉毒素和玉米赤霉烯酮进行稳定分析，而赭曲霉毒素、玉米赤霉烯醇、脱氧雪腐镰刀菌烯醇、T-2 毒素、二乙酸薦草镰刀菌烯醇、麦角生物碱和橘霉素则不易分析。其他单端孢霉烯族毒素、环匹阿尼酸、柄曲霉素、红色青霉素或不常见的霉菌毒素（特别是饲料中的毒素）的鉴定工作也只能在少数几个实验室进行。

霉菌毒素的分析技术包括色谱法（薄层色谱、气相色谱、液相色谱）、质谱法以及单克隆抗体技术（采用酶联免疫吸附试验技术）。饲料和添加剂中的干扰物质使分析结果不准确时，可使用 ELISA 检测试剂盒，以便校正结果。有些分析技术已被标准化，并得到了验证，但这些分析技术只能适用于谷类和某些添加剂，而不能用于成品料的分析。成品料中含有不同的作用底物，需提取分析。紫外光检测方法可用于谷物中黄曲霉增殖的检测，且在可接受范围内对黄曲霉毒素的量进行估测，但不能确定实际毒素量[51]。多种生物检测方法可用于霉菌毒素的筛选试验，但阳性结果具有武断性。

每个实验室对霉菌毒素的筛选和鉴定能力是不同的，所以在送样检测前，应和实验室工作人员进行商谈。可对血液或组织中的残留霉菌毒素进行鉴定，但这不代表能对所有的样品进行检测[238]。ELISA 试验可用于肝脏中黄曲霉毒素的鉴定，且具有较高的敏感性和特异性，所以该方法完全可用于诊断性检测[186]。

如果怀疑霉菌毒素中毒，除了饲料分析外，应进行完整的诊断评价。家禽群很少发生单因素性疾病，所以其他疾病可与霉菌毒素中毒同时发生，从而对生产产生不利影响。饲料分析不能确诊某种霉菌毒素中毒病；但完整的实验室检测可排除其他重要的疾病[248]。应送检刚死的或有明显病征的家禽。

发霉饲料呈现不卫生样外观时，可说明饲料中已有霉菌毒素形成。发霉饲料适口性差、营养价值低，且维生素、氨基酸和脂肪能量水平遭到了破坏[68,34,35,366,461]。曲霉菌、青霉菌和镰刀菌是产霉菌毒素的真菌，且存在于大多数禽饲料中，所以容易发生霉菌毒素中毒的原因是显而易见的[368]。

应正确地收集饲料和添加剂的样本，并迅速送到饲料化验室进行分析。在同一批饲料或谷物中，霉菌毒素的形成不可能是均一的，所以应从不同位点（包括饲料发霉的区域和黏结的区域）收集多种样品，以增加找出霉菌毒素形成区域（危险区域）的可能性。按照霉菌毒素的检测程序，采样通常是检测结果多样性的最大决定因素[558]。应在各个环节进行采样，包括原料贮藏库、饲料配制车间、运输车辆、供应仓库和鸡舍内的饲料槽。当饲料从饲料厂转移到仓库时，真菌的活性会增加[277]，这与饲料中细颗粒料和锌含量的增加相关。

应采集500g（11磅）样本，用准确贴好标签的干净纸袋分别包装送检。密封的塑料袋和玻璃容器仅适用于短期贮存和运输，否则密闭的容器会使谷物迅速遭到破坏。为确保样品的准确性，应做好样品采集的书面记录，并且要将标签直接贴到样品容器上（而不是容器盖上）。

以单克隆抗体为基础的检测试剂盒可对数种霉菌毒素（黄曲霉毒素、T-2毒素、脱氧雪腐镰刀菌烯醇、烟曲霉毒素、赭曲霉毒素和玉米赤霉烯酮）进行快速的现场筛选检测。通过紫外光检查绿色荧光的情况来估计黄曲霉毒素的污染程度。然而，要确诊黄曲霉毒素的存在，必须利用色谱技术（微柱筛选法）或其他合适的检测方法。

治疗（Treatment）

除去有毒饲料，更换无掺杂的饲料。提供无污染的饲料后，大多数霉菌毒素中毒的家禽会很快康复。治疗并发的寄生虫病或细菌性疾病会降低毒素中毒的叠加效应或协同效应。非标准化的生产管理能明显加剧家禽霉菌毒素中毒的严重程度，应予以纠正。某些霉菌毒素可使禽对维生素、微量矿物质元素（特别是硒）、蛋白质和脂肪的需求量增加，这时可通过饲料配方和饮水治疗的途径进行补偿。增加粗蛋白、饲料能量物质和维生素的供给，可拮抗黄曲霉毒素的毒性作用[3,46,277]。

纠正日粮中葵花籽或大豆油的含量，可减轻黄曲霉毒素的某些毒性作用[450]。维生素E和维生素C可部分拮抗T-2毒素和赭曲霉毒素A对鸡的毒性作用[3,240,269]。

因饲料污染而引发霉菌毒素中毒时，治疗中毒的另一种策略是使用特殊的营养素，且该营养素在体内可被代谢成解毒剂[375,431]。添加蛋氨酸和N-乙酰半胱氨酸可拮抗黄曲霉毒素的毒性，这可能与谷胱甘肽形成的增加有关[128,294,542]。

预防（Prevention）

尽管明显的霉菌毒素中毒一般不常见，但饲料中产霉菌毒素的真菌的污染是很常见的。本章所描述的许多霉菌毒素即使以很低的浓度存在，且在临床上没有诊断意义时，也会对孵化率、蛋壳质量、免疫抑制和屠宰指标造成亚临床性影响。采取综合措施，防止霉菌毒素形成，抑制已形成毒素的毒性效应，这对于预防霉菌毒素的潜在毒性作用，保障禽的健康和生产具有重要意义。

饲料生产和管理

预防霉菌毒素中毒的关键在于使用无霉菌毒素的饲料，并在饲料生产和管理过程中避免霉菌生长和霉菌毒素的形成。要使预防措施做到理想化，必须要有一定的实验分析能力，以确保购入的添加料不含霉菌毒素，或至少要知道霉菌污染的类型和严重程度，以便使风险得到评估和处理。为减少霉菌毒素的形成，必须合理贮存添加料，正确加工配制、运输和处理添加料。质量监控程序能检验这些预防措施的成效[521]。

预防霉菌生长的关键点在于：在低湿环境下（11%～12%）加工和保存饲料；保持饲料新鲜；维持饲料加工设备的清洁[382]。饲料槽、加工厂和供应仓库中的饲料发生腐败、陈旧或黏结时，易形成霉菌毒素[218]。要定期检查仓库中饲料的流通问题，如饲料的分装、饲料的主要去向和饲料运输渠道[526]，这些环节可促进真菌的活性及霉菌毒素的形成。仓库内的极温易导致潮气冷凝和水分移动，从而使贮存环境更加危险，利于霉菌毒素的形成[577]。不同的饲料批次间，要对仓库进行检查和清理，确保仓库中无饲料残渣的残留，这对实际生产非常重要。采用串联式饲料槽有利于养殖场在系列填料过程中保持清洁。即使是在凉爽、干燥的环境下，也要尽量缩短饲料的贮存时间[202]。为了降低相对湿度，禽舍应有充足的通风，这样可降低饲料槽中真菌生长和毒素形成所需要的湿度[276]。选择与饲料接触面小的饲料槽，可降低霉菌毒素的形成[278]。

颗粒料可破坏某些真菌孢子[520]，一般能降低饲料中真菌的负荷量。添加抗真菌药可进一步促进颗粒料的有效性。

抗真菌药

添加到饲料中的抗真菌药可防止真菌生长，但对已形成的毒素没有作用，但有利于其他的饲养管理。不同国家对饲料中添加各种抗真菌药的规定也不同。有机酸对镰刀菌、曲霉菌和青霉菌有效，可降低禽对这些菌的易感性[132,235,280]。有机酸的有效性可能受添加料的颗粒大小及某些添加营养素缓冲作用的影响[133,131]。一般来说，有机酸对皮肤具有腐蚀和刺激作用，但已对某些有机酸进行了改造，并避免了这些缺点[417]。能抑制真菌生长，且能减缓毒素形成的其他药物包括：磷酸盐类（焦磷酸四钠和碱性聚磷酸钠）[321]、香料油及其提取物[146,227,502]、氢氧化铵[187]。龙胆紫[88,289]和噻苯咪唑[177]也有效，但美国法律不再允许将其添加于动物饲料中。硫酸铜对禽饲料中的霉菌具有微弱的抑制作用[120]。其他抗菌措施包括气调储藏、辐射和熏蒸[328]。

吸附脱毒剂

利用霉菌毒素吸附剂对污染饲料进行脱毒，可预防霉菌毒素中毒（见综述431）。无机矿物质吸附剂和黏合剂（包括各种黏土、泥土和沸石）可作为综合脱毒措施的一部分[302,335,336,388,389,390,395]。沸石是一种含硅化合物，可作为经济有效的饲料添加剂，它可降低黄曲霉毒素和环匹阿尼酸的毒性作用[32,153,225,323]，但不能降低T-2毒素、二乙酸藨草镰菌烯醇或赭曲霉毒素A的毒性作用[263,303,310,472,183]。大量的沸石

矿[225,346,395,397]和膨润土[284,355,550]具有吸附活性。对硅酸盐型吸附剂的进一步加工可以增强它们的脱毒作用[304]。尽管吸附剂具有脱毒作用，但不同吸附剂的作用效果具有差异性，且在体内和体外实验中也有差异[64]。

聚乙烯吡咯烷酮是一种合成的黏合剂，可降低黄曲霉毒素对鸡的毒性作用[78,290]。

有机脱毒化合物的应用和发展在不断地进行。酿酒酵母（*Saccharomyces cerevisiae*）（用来酿造啤酒）的细胞壁衍生物—酯化葡甘聚糖可预防肉鸡的黄曲霉毒素和赭曲霉毒素中毒[449,507,283]，并对烟曲霉毒素、玉米赤霉烯酮和T-2毒素具有中等的黏附活性[128]。在实际生产中，酯化葡甘聚糖一般对多种霉菌毒素具有黏附预防作用[18,449,516]。有些脱毒剂是酶型解毒剂、吸附剂和营养素添加剂的混合物[123,130]。人们正在研究自然界中的其他有机化合物，且结果表明某些化合物具有脱毒效果[449,510,512]。

其他的脱毒方法包括：用臭氧处理谷物，这样可降低黄曲霉毒素的污染[348]；氨化作用可有效地预防饲料和谷物中黄曲霉毒素的污染[413]；将污染玉米和禽的垫料进行堆肥发酵，也有助于黄曲霉毒素的脱毒[279]。某些乳酸杆菌的培养物可阻止黄曲霉毒素与小肠道吸附[161]。高度活性的木炭（微细颗粒）对黄曲霉毒素或T-2毒素具有微弱的或没有吸附作用[158]。预防霉菌毒素中毒的长效措施有：培育抗真菌感染的谷类作物；降低霉菌毒素的毒性作用；阻断霉菌毒素的生物合成[104]。

公共卫生安全的重要性

霉菌毒素中毒的历史主要涉及大量的食物中毒，包括麦角中毒、饮食中毒性白细胞缺乏症、单端孢霉烯族毒素引起的相关综合征、黄变米中毒（见综述38）。用作禽和家畜饲料的许多谷类作物也是人类食物的一部分，同样存在霉菌繁殖和霉菌毒素污染的危险性。此外，咖啡、茶叶、香料和干果等食物也有利于霉菌生长和毒素形成。全球对各种食品进行检测，发现食品毒素污染具有较高的流行性，但食品中毒素的含量一般比较低。咖啡[331]、小麦、谷类饲料、面粉[165,478]、香料[406]和水稻[415]是赭曲霉毒素、单端孢霉烯族毒

素和其他镰刀菌毒素常检测出的食品。花生中常可检测出黄曲霉毒素和环匹阿尼酸[371,513]。

禽产品作为人类食品，其骨骼肌占主要部分，但禽骨骼肌内含有低剂量的霉菌毒素，所以禽产品对人类触及毒素具有较低的危险性。霉菌毒素主要分布于肝脏、肾脏和蛋内，应引起高度的重视。霉菌毒素在体内很快被代谢，并通过尿液和粪便排出体外。霉菌毒素在肝脏和肾脏中的残留一般都是暂时性的，且根据接触剂量以低浓度残留。慢性霉菌毒素中毒可改变肝脏和肾脏的颜色和大小，这是屠宰废弃的眼观指标。禽的霉菌毒素中毒对经济具有负面影响，所以预防霉菌毒素中毒具有重要意义，且在现代化养殖业中，对霉菌毒素中毒做了某种程度的自我防治。

美国粮油组织（FDA）规定食物（包括禽肉和蛋）中黄曲霉毒素的含量不能高于 20mg/kg，牛奶中黄曲霉毒素 B_1 的含量不能高于 0.5mg/kg[15]。美国粮油组织规定食用玉米作物中烟曲霉毒素的含量不能超过 $2\sim4\mu g/kg$[16]。由于全球作物生产的特点不同，且谷类作物和商品食物需要进行国际的贸易运输，所以制定和推广检测标准是非常重要的。拓展预防食物链霉菌毒素残留的安全网，需要在安全、风险评估、措施水平和法律咨询方面进行国际合作[414]。

参考文献

[1] Abdelhamid, A. M. and T. M. Dorra. 1990/Study on effects of feeding laying hens on separate mycotoxins (aflatoxins, patulin, or citrinin) - contaminated diets on the egg quality and tissue constituents. *Arch Tierernahr* 40:305 - 316.

[2] Abdelhamid, A. M. and T. M. Dorra. 1993. Effect of feed-borne pollution with some mycotoxin combinations on broiler chickens. *Arch Anim Nutr Berlin* 44:29 -40.

[3] Abdelhamid, A. M. , T. M. Dorra, S. E. Mansy and A. E. Sallam. 1994. Effect of raising dietary protein, amino acids and/or energy levels as an attempt to alleviate severity of the chronic aflatoxicosis by broiler chicks. 1. Performance and toxicity symptoms. *Arch Tierernahr* 46:339 - 345.

[4] Abdullah, A. S. and O. B. Lee. 1981. Aflatoxicosis in ducks. *Kajian Vet* 13:33 - 36.

[5] Abramson, D. , J. T. Mills and B. R. Boycott. 1983. Mycotoxins and mycoflora in animal feedstuffs in western Canada. *Can J Comp Med* 47:23 - 26.

[6] Adams, R. L. and J. Tuite. 1976. Feeding *Gibberella zeae* damaged corn to laying hens. *Poult Sci* 55:1991 -1993.

[7] Ali, N. S. , A. Yamashita and T. Yoshizawa. 1998. Natural cooccurrence of aflatoxins and *Fusarium* mycotoxins (fumonisins, deoxynivalenol, nivalenol, and zearalenone) in corn from Indonesia. *Food Additives and Contaminants: Analysis, Surveillance, Evaluation and Control* 15:337 - 384.

[8] Allen, N. K. , C. J. Mirocha, S. A. Allen, J. J. Bitgood, G. Weaver and F. Bates. 1981. Effect of dietary zearalenone on reproduction of chickens. *Poult Sci* 60:1165 - 1174.

[9] Allen, N. K. , C. J. Mirocha, G. Weaver, S. Aakhus-Allen and F. Bates. 1981. Effects of dietary zearalenone on finishing broiler chickens and young turkey poults. *Poult Sci* 60:124 -131.

[10] Allen, N. K. , R. L. Jevne, C. J. Mirocha and Y. W. Lee. 1982. The effect of a *Fusarium roseum* culture and diacetoxyscirpenol on reproduction of White Leghorn females. *Poult Sci* 61:2172 - 2175.

[11] Allen, N. K. , A. Peguri, C. J. Mirocha and J. A. Newman. 1983. Effects of *Fusarium* cultures, T-2 toxin and zearalenone on reproduction of turkey females. *Poult Sci* 62:282 - 289.

[12] Amer, H. A. , E. T. Awad and A. M. el-Batrawi. 1988. Effect of aflatoxin B_1 on alkaline phosphatase and lactic dehydrogenase levels in liver and serum of broiler chicks. *Arch Exp Veterinarmed* 42:595 - 602.

[13] Ames, D. D. , R. D. Wyatt, H. L. Marks and K. W. Washburn. 1976. Effect of citrinin, a mycotoxin produced by *Penicillium citrinum*, on laying hens and young broiler chicks. *Poult Sci* 55:1294 - 1301.

[14] Anjum, A. D. 1994. Outbreak of infectious bursal disease in vaccinated chickens due to aflatoxicosis. *Indian Vet J* 71:322 - 324.

[15] Anonymous. 2000. Action levels for poisonous or deleterious substances in human food and animal feed. CFSAN/FDA. http://www. cfsan. fda. gov/~1rd/fdaact. html♯ afla.

[16] Anonymous. 2001. Fumonisin levels in human foods and animal feeds. CVM/CFSAN/FDA. http://www. cfsan. fda. gov/~dms/ fumongu2. html.

[17] Arafa, A. S. , R. J. Bloomer, H. R. Wilson, C. F. Simpson and R. H. Harms. 1981. Susceptibility of various poultry species to dietary aflatoxin. *Br Poult Sci* 22:431 - 436.

[18] Aravind, K. L. , V. S. Patil, G. Devegowda, B. Umakantha and S. P. Ganpule. 2003. Efficacy of esterified gluco-

mannan to counteract mycotoxicosis in naturally contaminated feed on performance and serum biochemical and hematological parameters in broilers. *Poult Sci* 82: 571 – 576.

[19]Archibald, R. M., H. J. Smith and J. D. Smith. 1962. Brazilian groundnut toxicosis in Canadian broiler chickens. *Can Vet J* 3:322 – 325.

[20]Asplin, F. D. and R. B. A. Carnaghan. 1961. The toxicity of certain groundnut meals for poultry with special reference to their effect on ducklings and chickens. *Vet Rec* 73:1215 – 1219.

[21]Asrani, R. K., R. C. Katoch, V. K. Gupta, S. Deshmukh, N. Jindal, D. R. Ledoux, G. E. Rottinghaus and S. P. Singh. 2006. Effects of feeding *Fusarium verticillioides* (formerly *Fusarium moniliforme*)culture material containing known levels of fumonisin B1 in Japanese quail (*Coturnix coturnix japonica*). *Poult Sci* 85:1129 – 1135.

[22]Awad, W. A., J. Bohm, E. Razzazi-Fazeli, K. Ghareeb and J. Zentek. 2006. Effect of addition of a probiotic microorganism to broiler diets contaminated with deoxynivalenol on performance and histological alterations of intestinal villi of broiler chickens. *Poult Sci* 85: 974 –979.

[23]Awad, W. A., J. Bohm, E. Razzazi-Fazeli and J. Zentek. 2006. Effects of feeding deoxynivalenol contaminated wheat on growth performance, organ weights and histological parameters of the intestine of broiler chickens. *J Anim Physiol Anim Nutr* (Berl)90:32 –37.

[24]Ayed, I. A. M., R. Dafalla, A. I. Yagi and S. E. I. Adam. 1991. Effect of ochratoxin A on Lohmann-type chicks. *Vet Hum Toxicol* 33:557 – 560.

[25]Azzam, A. H. and M. A. Gabal. 1997. Interaction of aflatoxin in the feed and immunization against selected infectious diseases. *Avian Pathol* 26:317 – 325.

[26]Azzam, A. H. and M. A. Gabal. 1998. Aflatoxin and immunity in layer hens. *Avian Pathol* 27:570 – 577.

[27]Bacon, C. W., J. G. Sweeney, J. D. Robbins and D. Burdick. 1973. Production of penicillic acid and ochratoxin A on poultry feed by *Aspergillus ochraceus*: Temperature and moisture requirements. *Appl Environ Microbiol* 26:155 – 160.

[28]Bacon, C. W. and H. L. Marks. 1976. Growth of broilers and quail fed *Fusarium*(*Gibberella zeae*)-infected corn and zearalenone(F-2). *Poult Sci* 55:1531 – 1535.

[29]Bacon, C. W., J. K. Porter and W. P. Norred. 1995. Toxic interaction of fumonisin B1 and fusaric acid meas-

ured by injection into fertile chicken egg. *Mycopathologia* 129:29 – 35.

[30]Bailey, C. A., R. M. Gibson, L. F. Kubena, W. E. Huff and R. B. Harvey. 1989. Ochratoxin A and dietary protein. 2. Effects on hematology and various clinical chemistry measurements. *Poult Sci* 68:1664 –1671.

[31]Bailey, C. A., J. J. J. Fazzino, M. S. Ziehr, M. Sattar, A. U. Haq, G. Odvody and J. K. Porter. 1999. Evaluation of sorghum ergot toxicity in broilers. *Poult Sci* 78: 1391 –1397.

[32]Bailey, R. H., L. F. Kubena, R. B. Harvey, S. A. Buckley and G. E. Rottinghaus. 1998. Efficacy of various inorganic sorbents to reduce the toxicity of aflatoxin and T – 2 toxin in broiler chickens. *Poult Sci* 77: 1623 –1630.

[33]Bamburg, J. R. and F. M. Strong. 1971. In: S. Kadis, S. A. Ciegler and S. J. Ajl(eds.). Microbial Toxins. Academic Press: New York, 207 – 289.

[34]Bartov, I., N. Paster and N. Lisker. 1982. The nutritional value of moldy grains for broiler chicks. *Poult Sci* 61:2247 – 2254.

[35]Bartov, I. and N. Paster. 1986. Effect of early stages of fungal development on the nutritional value of diets for broiler chicks. *Br Poult Sci* 27:415 – 420.

[36]Batra, P., A. K. Pruthi and J. R. Sandana. 1991. Effect of aflatoxin B1 on the efficacy of turkey herpesvirus vaccine against Marek's disease. *Res Vet Sci* 51: 115 –119.

[37]Beasley, J. N., L. D. Blalock, T. S. Nelson and G. E. Templeton. 1980. The effect of feeding corn molded with *Penicillium lanosum* to broiler chicks. *Poult Sci* 59:708 –713.

[38]Bennett, J. W. and M. Klich. 2003. Mycotoxins. *Clin Microbiol Rev* 16:497 – 516.

[39]Bergsjo, B., O. Herstad and I. Nafstad. 1993. Effects of feeding deoxynivalenol-contaminated oats on reproduction performance in White Leghorn hens. *Br Poult Sci* 34:147 – 159.

[40]Bergsjo, B. and M. Kaldhusdal. 1994. No association found between the ascites syndrome in broilers and feeding of oats contaminated with deoxynivalenol up to thirty-five days of age. *Poult Sci* 73:1758 – 1762.

[41]Bermudez, A. J., G. E. Rottinghaus and D. R. Ledoux. 1994. Determination of the no effect level of moniliformin containing *Fusarium fujikuroi* culture material fed to chickens and turkeys [abst]. *Proc Ann Meet Am Vet Med Assoc*. 127.

[42]Bermudez, A. J. , D. R. Ledoux and G. E. Rottinghaus. 1995. Effects of *Fusarium moniliforme* culture material containing known levels of fumonisin B$_1$ in ducklings. *Avian Dis* 39:879 - 886.

[43]Bermudez, A. J. , D. R. Ledoux, J. R. Turk and G. E. Rottinghaus. 1996. The chronic effects of *Fusarium moniliforme* culture material, containing known levels of fumonisin B$_1$ in turkeys. *Avian Dis* 40:231 -235.

[44]Bermudez, A. J. , D. R. Ledoux, G. E. Rottinghaus and G. A. Bennett. 1997. The individual and combined effects of the *Fusarium* mycotoxins moniliformin and fumonisin B$_1$ in turkeys. *Avian Dis* 41:304 -311.

[45]Bermudez, A. J. , D. R. Ledoux, G. E. Rottinghaus, P. L. Stogsdill and G. A. Bennett. 1997. Effects of feeding *Fusarium fujikuroi* culture material containing known levels of moniliformin in turkey poults. *Avian Pathol* 26:565 - 577.

[46]Beura, C. K. , T. S. Johri, V. R. Sadagopan and B. K. Panda. 1993. Interaction of dietary protein level on dose response relationship during aflatoxicosis in commercial broilers. I. Physical responses, livability and nutrient retention. *Indian J Poult Sci* 28:170 -178.

[47]Bird, F. H. 1978. The effect of aflatoxin B$_1$ on the utilization of cholecalciferol by chicks. *Poult Sci* 57:1293 -1296.

[48]Biro, K. , L. Solti, I. Barna-Vetro, G. Bago, R. Glavits, E. Szabo and J. Fink-Gremmels. 2002. Tissue distribution of ochratoxin A as determined by HPLC and ELISA and histopathological effects in chickens. *Avian Pathol* 31:141 - 148.

[49]Bock, R. R. , L. S. Shore, Y. Samberg and S. Perl. 1986. Death in broiler breeders due to salpingitis: Possible role of zearalenone. *Avian Pathol* 15:495 - 502.

[50]Boonchuvit, B. , P. B. Hamilton and H. R. Burmeister. 1975. Interaction of T-2 toxin with *Salmonella* infections of chickens. *Poult Sci* 54:1693 - 1696.

[51]Bothast, R. J. and C. W. Hesseltine. 1975. Bright greenish-yellow fluorescence and aflatoxin in agricultural commodities. *Appl Microbiol* 30:337 - 338.

[52]Bradburn, N. , R. D. Coker and G. Blunden. 1994. The aetiology of turkey "x" disease. *Phytochem* 35:817.

[53]Bragg, D. B. , H. A. Salem and T. J. Devlin. 1970. Effect of dietary triticale ergot on the performance and survival of broiler chicks. *Can J Anim Sci* 50:259 -264.

[54]Brake, J. , P. B. Hamilton and R. S. Kittrell. 2000. Effects of the trichothecene mycotoxin diacetoxyscirpenol on feed consumption, body weight, and oral lesions of broiler breeders. *Poult Sci* 79:856 - 863.

[55]Brake, J. , P. B. Hamilton and R. S. Kittrell. 2002. Effects of the tricothecene mycotoxin diacetoxyscirpenol on egg production of broiler breeders. *Poult Sci* 81:1807 - 1810.

[56]Branton, S. L. , J. W. Deaton, J. W. J. Hagler, W. R. Maslin and J. M. Hardin. 1989. Decreased egg production in commercial laying hens fed zearalenone- and deoxynivalenol-contaminated grain sorghum. *Avian Dis* 33:804 - 808.

[57]Briggs, D. M. , R. D. Wyatt and P. B. Hamilton. 1974. The effect of dietary aflatoxin on semen characteristics of mature broiler breeder males. *Poult Sci* 53:2115 -2119.

[58]Britton, W. M. and R. D. Wyatt. 1978. Effect of dietary aflatoxin of vitamin D3 metabolism in chicks. *Poult Sci* 57:163 - 165.

[59]Broomhead, J. N. , D. R. Ledoux, A. J. Bermudez and G. E. Rottinghaus. 2002. Chronic effects of fumonisin B$_1$ in broilers and turkeys fed dietary treatments to market age. *Poult Sci* 81:56 - 61.

[60]Brown, T. P. 1986. Comparison of renal changes in chickens due to postmortem interval, estrogen, oosporein, citrinin, or ochratoxin A. *Diss Abstr B Sci Eng* 47:1445 - 1446.

[61]Brown, T. P. , R. O. Manning, O. J. Fletcher and R. D. Wyatt. 1986. The individual and combined effects of citrinin and ochratoxin A on renal ultrastructure in layer chicks. *Avian Dis* 30:191 - 198.

[62]Brown, T. P. , O. J. Fletcher, O. Osuna and R. D. Wyatt. 1987. Microscopic and ultrastructural renal pathology of oosporein-induced toxicosis in broiler chicks. *Avian Dis* 31:868 - 877.

[63]Brown, T. P. , G. E. Rottinghaus and M. E. Williams. 1992. Fumonisin mycotoxicosis in broilers: performance and pathology. *Avian Dis* 36:450 - 454.

[64]Bruerton, K. 2001. Finding practical solutions to mycotoxins in commercial production: A nutritionist's perspective. *Proc Alltech Ann Symp*. 17:161 - 168.

[65]Bryden, W. L. , R. B. Cumming and A. B. Lloyd. 1980. Sex and strain responses to aflatoxin B$_1$ in the chicken. *Avian Pathol* 9:539 - 550.

[66]Bryden, W. L. , A. B. Lloyd and R. B. Cumming. 1980. Aflatoxin contamination of Australian animal feeds and suspected cases of mycotoxicosis. *Aust Vet J* 56:176 -180.

[67]Bunaciu, P. R. , D. S. Tudor, I. Cureu and P. Bunaciu.

1998. The effect of ascorbic acid in the decreasing of negative effects of aflatoxins in broilers. *Proc European Poult Conf*. 10:384 - 388.

[68]Burditt, S. J. , W. M. Hagler, Jr. and P. B. Hamilton. 1983. Survey of molds and mycotoxins for their ability to cause feed refusal in chickens. *Poult Sci* 62: 2187 -2191.

[69]Burditt, S. J. , W. M. Hagler, Jr. and P. B. Hamilton. 1984. Feed refusal during ochratoxicosis in turkeys. *Poult Sci* 63:2172 - 2174.

[70]Burguera,J. A. , G. T. Edds and O. Osuna. 1983. Influence of selenium on aflatoxin B₁ or crotalaria toxicity in turkey poults. *Am J Vet Res* 44:1714 - 1717.

[71] Burmeister, H. R. , A. Ciegler and R. F. Vesonder. 1979. Monili formin, a metabolite of *Fusarium moniliforme* NRRL 6322: purification and toxicity. *Appl Environ Microbiol* 37:11 - 13.

[72]Burns, R. B. and P. Dwivedi. 1986. The natural occurrence of ochratoxin A and its effects in poultry: A review. II. Pathology and immunology. *World Poult Sci J* 42:48 - 55.

[73]Burns, R. B. and M. H. Maxwell. 1987. Ochratoxicosis A in young Khaki Campbell ducklings. *Res Vet Sci* 42: 395 - 403.

[74]Butkeraitis, P. , C. A. Oliveira, D. R. Ledoux, R. Ogido, R. Albuquerque, J. F. Rosmaninho and G. E. Rottinghaus. 2004. Effect of dietary fumonisin B₁ on laying Japanese quail. *Br Poult Sci* 45:798 - 801.

[75]Campbell, M. L. J. , J. A. Doerr and R. D. Wyatt. 1981. Immune status in broiler chickens during citrinin toxicosis [abst]. *Poult Sci* 60:1634.

[76]Carlton, W. W. and P. Krogh. 1979. Ochratoxins. Conference on Mycotoxins in Animal Feeds and Grains Related to Animal Health. No. FDA/BVM - 79/139: 165 -287.

[77]Carnaghan, R. B. A. , G. Lewis, D. S. P. Patterson and R. Allcroft. 1966. Biochemical and pathological aspects of groundnut poisoning in chickens. *Pathol Vet* 3: 601 -615.

[78]Celik, I. , H. Oguz, O. Demet, H. H. Donmez, M. Boydak and E. Sur. 2000. Efficacy of polyvinylpolypyrrolidone in reducing the immunotoxicity of aflatoxin in growing broilers. *Br Poult Sci* 41:430 - 439.

[79]Chang, C. F. and P. B. Hamilton. 1979. Impairment of phagocytosis in chicken monocytes during aflatoxicosis. *Poult Sci* 58:562 - 566.

[80] Chang, C. F. and P. B. Hamilton. 1979. Refractory phagocytosis by chicken thrombocytes during aflatoxicosis. *Poult Sci* 58:559 - 561.

[81]Chang, C. F. and P. B. Hamilton. 1979. Impaired phagocytosis by heterophils from chickens during aflatoxicosis. *Toxicol Appl Pharmacol* 48:459 - 466.

[82]Chang, C. F. , W. E. Huff and P. B. Hamilton. 1979. A leukocytopenia induced in chickens by dietary ochratoxin A. *Poult Sci* 58:555 - 558.

[83]Chang, C. F. and P. B. Hamilton. 1980. Impairment of phagocytosis by heterophils from chickens during ochratoxicosis. *Appl Environ Microbiol* 39:572 - 575.

[84]Chang, C. F. , J. A. Doerr and P. B. Hamilton. 1981. Experimental ochratoxicosis in turkey poults. *Poult Sci* 60:114 - 119.

[85]Chang, C. F. and P. B. Hamilton. 1982. Increased severity and new symptoms of infectious bursal disease during aflatoxicosis in broiler chickens. *Poult Sci* 61: 1061 -1068.

[86]Chatterjee, D. , S. K. Mukherjee and A. Dey. 1995. Nuclear disintegration in chicken peritoneal macrophages exposed to fumonisin B₁ from Indian maize. *Lett Appl Microbiol* 20:184 - 185.

[87]Chen, C. , A. M. Pearson, T. H. Coleman, J. I. Gray, J. J. Peska and S. K. Aust. 1984. Metabolite deposition and clearance of aflatoxins from broiler chickens fed a contaminated diet. *Food Chem Toxicol* 22:

[88]Chen, T. C. and E. J. Day. 1974. Gentian violet as a possible fungal inhibitor in poultry feed: Plate assays on its antifungal activity. *Poult Sci* 53:1791 - 1795.

[89]Chi, M. S. , C. J. Mirocha, H. J. Kurtz, G. Weaver, F. Bates and W. Shimoda. 1977. Subacute toxicity of T-2 toxin in broiler chicks. *Poult Sci* 56:306 -313.

[90]Chi, M. S. , C. J. Mirocha, H. J. Kurtz, G. Weaver, F. Bates and W. Shimoda. 1977. Effects of T-2 toxin on reproductive performance and health of laying hens. *Poult Sci* 56:628 - 637.

[91]Chi, M. S. and C. J. Mirocha. 1978. Necrotic oral lesions in chickens fed diacetoxyscirpenol, T-2 toxin, and crotocin. *Poult Sci* 57:807 - 808.

[92]Chi, M. S. , T. S. Robison, C. J. Mirocha, J. C. Behrens and W. Shimoda. 1978. Transmission of radioactivity into eggs from laying hens (*Gallus domesticus*) administered tritium labeled T - 2 toxin. *Poult Sci* 57: 1234 -1238.

[93]Chi, M. S. , T. S. Robison, C. J. Mirocha, S. P. Swanson and W. Shimoda. 1978. Excretion and tissue distribution of radioactivity from tritium - labeled T - 2 toxin in

chicks. *Toxicol Appl Pharmacol* 45:391 -402.

[94]Chi, M. S., C. J. Mirocha, G. A. Weaver and H. J. Kurtz. 1980. Effect of zearalenone on female White Leghorn chickens. *Appl Environ Microbiol* 39: 1026 -1030.

[95]Chi, M. S., M. E. El-Halawani, P. E. Waibel and C. J. Mirocha. 1981. Effects of T - 2 toxin on brain catecholamines and selected blood components in growing chickens. *Poult Sci* 60:137 - 141.

[96]Chiba,J., N. Nakano, N. Morooka, S. Nakazawa and Y. Wanatabe. 1972. Inhibitory effects of fusarenon X, a sesquiterpene mycotoxin, on lipid synthesis and phosphate uptake in *Tetrahymena pyriformis*. *Jpn J Med Sci Biol* 25:291 - 296.

[97]Chipley,J. R., M. S. Mabee, K. L. Applegate and M. S. Dreyfuss. 1974. Further characterization of tissue distribution and metabolism of [14C] aflatoxin B₁ in chickens. *Appl Microbiol* 28:1027 - 1029.

[98]Choudary,C. and M. R. Rao. 1982. An outbreak of aflatoxicosis in commercial poultry farms. *Poult Advis* 16: 75 - 76.

[99]Choudhury, H., C. W. Carlson and G. Semeniuk. 1971. A study of ochratoxin toxicity in hens. *Poult Sci* 50: 1855 - 1859.

[100]Chu, Q. L., M. E. Cook, W. Wu and E. B. Smalley. 1988. Immune and bone properties of chicks consuming corn contaminated with a *Fusarium* that induces dyschondroplasia. *Avian Dis* 32:132 - 136.

[101]Chu, Q. L., W. D. Wu and E. B. Smalley. 1993. Decreased cell-mediated immunity and lack of skeletal problems in broiler chickens consuming diets amended with fusaric acid. *Avian Dis* 37:863 - 867.

[102]Ciegler, A., R. F. Vesonder and L. K. Jackson. 1977. Production and biological activity of patulin and citrinin from *Penicillium expansum*. *Appl Environ Microbiol* 33:1004 - 1006.

[103]Clarke, R. N., J. A. Doerr and M. A. Ottinger. 1986. Relative importance of dietary aflatoxin and feed restriction on reproductive changes associated with aflatoxicosis in the maturing White Leghorn male. *Poult Sci* 65:2239 - 2245.

[104]Cleveland, T. E., P. F. Dowd, A. E. Desjardins, D. Bhatnagar and P. J. Cotty. 2003. United States Department of Agriculture-Agricultural Research Service research on pre-harvest prevention of mycotoxins and mycotoxigenic fungi in US crops. *Pest Manag Sci* 59: 629 - 642.

[105]Coffin, J. L. and J. G. F. Combs. 1981. Impaired vitamin E status of chicks fed T - 2 toxin. *Poult Sci* 60: 385 - 392.

[106]Cole, R. J., H. G. Cutler, B. L. Doupnik and J. C. Peckham. 1973. Toxin from *Fusarium moniliforme*: Effects on plants and animal. *Science* 179:1324 -1326.

[107]Cole, R. J., J. W. Kirksey, H. G. Cutler and E. E. Davis. 1974. Toxic effects of oosporein from *Chaetomium trilaterale*. *J Agric Food Chem* 22:517 -520.

[108]Cole, R. J. 1986. Etiology of turkey "X" disease in retrospect: A case for the involvement of cyclopiazonic acid. *Mycotoxin Res* 2:3 - 7.

[109]Colvin, B. M., A. J. Cooley and R. W. Beaver. 1993. Fumonisin toxicosis in swine: Clinical and pathological findings. *J Vet Diagn Invest* 5:232 - 241.

[110]Colwell, W. M., R. C. Ashley, D. G. Simmons and P. B. Hamilton. 1973. The relative *in vitro* sensitivity to aflatoxin B₁ of tracheal organ cultures prepared from day-old chickens, ducks, Japanese quail, and turkeys. *Avian Dis* 17:166 - 172.

[111]Cottier, G. J., C. H. Moore, U. L. Diener and N. D. Davis. 1969. The effect of feeding four levels of aflatoxin on hatchability and subsequent performance of broilers [abst]. *Poult Sci* 48:1797.

[112]Cristensen, C. M., R. A. Meronuck, G. H. Nelson and J. Behrens. 1972. Effects on turkey poults of rations containing corn invaded by *Fusarium trincinctum* (cda.) Syn. & Hans. *Appl Environ Microbiol* 23: 177 -179.

[113]Cunningham, P. 1987. Mycotoxin problems appear to be growing worse. *Poult Times* 34:19.

[114]D'Andrea, G. H., D. M. Dent, L. Nunley-Bearden and S. M. Ho. 1987. Zearalenone incidence and toxicosis in Alabama. *Auburn Vet* 42:4 - 8.

[115]D'Andrea, G. H., L. Nunley-Bearden, D. M. Dent and S. M. Ho. 1987. Aflatoxin incidence and toxicosis in Alabama. *Auburn Vet* 42:17 - 23.

[116]Dafalla, R., Y. M. Hassan and S. E. I. Adam. 1987. Fatty and hemorrhagic liver and kidney syndrome in breeding hens caused by aflatoxin B₁ and heat stress in the Sudan. *Vet Human Toxicol* 29:252 -254.

[117]Dafalla,R., A. Yagi and S. E. Adam. 1987. Experimental aflatoxicosis in Hybro - type chicks: sequential changes in growth and serum constituents and histopathological changes. *Vet Hum Toxicol* 29: 222 -226.

[118]Daft, B., D. Read. M. Manzer, A. Bickford and H.

Kinde. 2001. The influence of crumble vs. mash feed on oral lesions of White Leghorn laying hens. *Avian Dis* 45:349 - 354.

[119]Dailey, R. E., R. E. Reese and E. A. Brouwer. 1980. Metabolism of [14C] zearalenone in laying hens. *J Agric Food Chem* 28:286 - 291.

[120]Dale, N. 1987. Copper sulfate as mold inhibitor. *Poult Dig* 46:311.

[121]Dale, N. M., R. D. Wyatt and H. L. Fuller. 1980. Additive toxicity of aflatoxin and dietary tannins in broiler chicks. *Poult Sci* 59:2417 - 2420.

[122]Danicke, S., K. H. Ueberschar, I. Halle, S. Matthes, H. Valenta and G. Flachowsky. 2002. Effect of addition of a detoxifying agent to laying hen diets containing uncontaminated or *Fusarium* toxin-contaminated maize on performance of hens and on carryover of zearalenone. *Poult Sci* 81:1671 - 1680.

[123]Danicke, S., S. Matthes, I. Halle, K. H. Ueberschar, S. Doll and H. Valenta. 2003. Effects of graded levels of *Fusarium* toxin-contaminated wheat and of a detoxifying agent in broiler diets on performance, nutrient digestibility and blood chemical parameters. *Br Poult Sci* 44:113-126.

[124]Danicke, S., K. H. Ueberschar, H. Valenta, S. Matthes, K. Matthaus and I. Halle. 2004. Effects of graded levels of *Fusarium*-toxin-contaminated wheat in Pekin duck diets on performance, health and metabolism of deoxynivalenol and zearalenone. *Br Poult Sci* 45:264 - 272.

[125]Del Bianchi, M., C. A. Oliveira, R. Albuquerque, J. L. Guerra and B. Correa. 2005. Effects of prolonged oral administration of aflatoxin B_1 and fumonisin B_1 in broiler chickens. *Poult Sci* 84:1835 - 1840.

[126]Deo, P. 1999. Control for a newly discovered mycotoxin. *World Poult Sci J* 15:6.

[127]Deshmukh, S., R. K. Asrani, D. R. Ledoux, N. Jindal, A. J. Bermudez, G. E. Rottinghaus, M. Sharma and S. P. Singh. 2005. Individual and combined effects of *Fusarium moniliforme* culture material, containing known levels of fumonisin B_1, and *Salmonella gallinarum* infection on liver of Japanese quail. *Avian Dis* 49:592 - 600.

[128]Devegowda, G., M. V. L. N. Raju, N. Afzali and H. V. L. N. Swamy. 1998. Mycotoxin picture worldwide: novel solutions for their counteraction. *Proc Alltech Ann Symp* 14:241 - 255.

[129]Diaz, G. J., E. J. Squires, R. J. Julian and H. J. Boer-mans. 1994. Individual and combined effects of T-2 toxin and DAS in laying hens. *Br Poult Sci* 35:393 -405.

[130]Diaz, G. J. 2002. Evaluation of the efficacy of a feed additive to ameliorate the toxic effects of 4,15 - diacetoxiscirpenol in growing chicks. *Poult Sci* 81:1492 -1495.

[131]Dixon, R. C. and P. B. Hamilton. 1981. Effect of particle sizes of corn meal and a mold inhibitor on mold inhibition. *Poult Sci* 60:2412 - 2415.

[132]Dixon, P. C. and P. B. Hamilton. 1981. Evaluation of some organic acids as mold inhibitors by measuring CO_2 production from feed and ingredients. *Poult Sci* 60:2182 - 2188.

[133]Dixon, R. C. and P. B. Hamilton. 1981. Effect of feed ingredients on the antifungal activity of propionic acid. *Poult Sci* 60:2407 - 2411.

[134]Doerr, J. A., W. E. Huff, H. T. Tung, R. D. Wyatt and P. B. Hamilton. 1974. A survey of T-2 toxin, ochratoxin, and aflatoxin for their effects on the coagulation of blood in young broiler chickens. *Poult Sci* 53:1728 -1734.

[135]Doerr, J. A., R. D. Wyatt and P. B. Hamilton. 1976. Impairment of coagulation function during aflatoxicosis in young chickens. *Toxicol Appl Pharmacol* 35:437 - 446.

[136]Doerr, J. A. 1979. Mycotoxicosis and avian hemostasis. *Diss Abstr B Sci Eng* 4127.

[137]Doerr, J. A. and M. A. Ottinger. 1980. Delayed reproductive development resulting from aflatoxicosis in juvenile Japanese quail. *Poult Sci* 59:1995 - 2001.

[138]Doerr, J. A. and P. B. Hamilton. 1981. Aflatoxicosis and intrinsic coagulation function in broiler chickens. *Poult Sci* 60:1406 - 1411.

[139]Doerr, J. A., W. E. Huff, C. J. Wabeck, G. W. Chaloupka, J. D. May and J. W. Merkley. 1983. Effects of low level chronic aflatoxicosis in broiler chickens. *Poult Sci* 62:1971 - 1977.

[140]Dombrink-Kurtzman, M. A., T. Javed, G. A. Bennett, J. L. Richard, L. M. Cote and W. B. Buck. 1993. Lymphocyte cytotoxicity and erythrocytic abnormalities induced in broiler chicks by fumonisins B_1 and B_2 and moniliformin from *Fusarium proliferatum*. *Mycopathologia* 124:47 - 54.

[141]Dorner, J. W., R. J. Cole, L. G. Lomax, H. S. Gosser and U. L. Diener. 1983. Cyclopiazonic acid production by *Aspergillus flavus* and its effects on broiler chick-

ens. *Appl Environ Microbiol* 46:698-703.

[142]Dorner, J. W. , R. J. Cole, D. J. Erlington, S. Suksupath, G. H. McDowell and W. L. Bryden. 1994. Cyclopiazonic acid residues in milk and eggs. *J Agric Food Chem* 42:1516-1518.

[143]Doster, R. C. , G. H. Arscott and R. O. Sinnhuber. 1973. Comparative toxicity of ochratoxin A and crude *Aspergillus ochraceus* culture extract in Japanese quail (*Coturnix coturnix japonica*). *Poult Sci* 52: 2351-2353.

[144]Doupnik, B. , Jr. and E. K. Sobers. 1968. Mycotoxicosis: toxicity to chicks of *Alternaria longipes* isolated from tobacco. *Appl Microbiol* 16:1596-1597.

[145]Doupnik, B. J. and J. C. Peckman. 1970. Mycotoxicity of *Aspergillus ochraceus* to chicks. *Appl Microbiol* 19:594-597.

[146]Dube, S. , P. D. Upadhyay and S. C. Tripathi. 1989. Antifungal, physicochemical, and insect-repelling activity of the essential oil of *Ocimum basilicum*. *Can J Bot* 67:2085-2087.

[147]Duff, S. R. I. , R. B. Burns and P. Dwivedi. 1987. Skeletal changes in broiler chicks and turkey poults fed diets containing ochratoxin A. *Res Vet Sci* 43:301-307.

[148]Dwivedi, P. and R. B. Burns. 1984. Effect of ochratoxin A on immunoglobulins in broiler chicks. *Res Vet Sci* 36:117-121.

[149]Dwivedi, P. and R. B. Burns. 1984. Pathology of ochratoxicosis A in young broiler chicks. *Res Vet Sci* 36: 92-103.

[150]Dwivedi, P. , R. B. Burns and M. H. Maxwell. 1984. Ultrastructural study of the liver and kidney in ochratoxicosis A in young broiler chicks. *Res Vet Sci* 36: 104-116.

[151]Dwivedi, P. and R. B. Burns. 1985. Immunosuppressive effects of ochratoxin A in young turkeys. *Avian Pathol* 14:213-225.

[152]Dwivedi, P. and R. B. Burns. 1986. The natural occurrence of ochratoxin A and its effects in poultry. A review. Part I. Epidemiology and toxicity. *World Poult Sci J* 42:32-47.

[153]Dwyer, M. R. , L. F. Kubena, R. B. Harvey, K. Mayura, A. B. Sarr, S. Buckley, R. H. Bailey and T. D. Phillips. 1997. Effects of inorganic adsorbents and cyclopiazonic acid in broiler chickens. *Poult Sci* 76: 1141-1149.

[154]Dzuik, H. E. , G. H. Nelson, G. E. Duke, S. K. Maheswaran and M. S. Chi. 1978. Acquired resistance in turkey poults to *Pasteurella multocida* (P-1059 strain) during aflatoxin consumption. *Poult Sci* 57: 1251-1254.

[155]Edds, G. T. 1973. Acute aflatoxicosis: a review. *J Am Vet Med Assoc* 162:304-309.

[156]Edds, G. T. and O. Osuna. 1976. Aflatoxin B₁ increases infectious disease losses in food animals. *Proc US Anim Health Assoc* 80:434-441.

[157]Edds, G. T. 1979. Aflatoxins. Conference on Mycotoxins in Animal Feeds and Grains Related to Animal Health. No. FDA/ BVM-79/139:80-164.

[158]Edrington, T. S. , L. F. Kubena, R. B. Harvey and G. E. Rottinghaus. 1997. Influence of a superactivated charcoal on the toxic effects of aflatoxin or T-2 toxin in growing broilers. *Poult Sci* 76:1205-1211.

[159]El-Banna, A. A. , R. M. G. Hamilton, P. M. Scott and H. L. Trenholm. 1983. Nontransmission of deoxynivalenol(vomitoxin) to eggs and meat in chickens fed deoxynivalenol-contaminated diets. *J Agric Food Chem* 31:1381-1384.

[160]El-Karim, S. A. , M. S. Arbid, A. H. Soufy, M. Bastamy and M. M. Effat. 1991. Influence of metabolite ochratoxin A on chicken immune response. *Egypt J Comp Pathol Clin Pathol* 4:159-172.

[161]El-Nezami, H. , H. Mykkanen, P. Kankaanpaa, S. Salminen and J. Ahokas. 2000. Ability of *Lactobacillus* and *Propionibacterium* strains to remove aflatoxin B₁ from the chicken duodenum. *J Food Prot* 63: 549-552.

[162]Elaroussi, M. A. , F. R. Mohamed, E. M. El Barkouky, A. M. Atta, A. M. Abdou and M. H. Hatab. 2006. Experimental ochratoxicosis in broiler chickens. *Avian Pathol* 35:263-269.

[163]Elissalde, M. H. , R. L. Ziprin, W. E. Huff, L. F. Kubena and R. B. Harvey. 1994. Effect of ochratoxin A on *Salmonella*-challenged broiler chicks. *Poult Sci* 73: 1241-1248.

[164]Elling, F. , B. Hald, C. Jacobsen and P. Krogh. 1975. Spontaneous toxic nephropathy in poultry associated with ochratoxin A. *Acta Path Microbiol Scand* (A) 83:739-741.

[165]Engelhardt, G. , J. Barthel and D. Sparrer. 2006. *Fusarium* mycotoxins and ochratoxin A in cereals and cereal products: results from the Bavarian Health and Food Safety Authority in 2004. *Mol Nutr Food Res* 50:401-405.

[166]Engelhardt, J. A. , W. W. Carlton and J. F. Tuite.

1989. Toxicity of *Fusarium moniliforme* var. *subglutinans* for chicks, ducklings, and turkey poults. *Avian Dis* 33:357 - 360.

[167]Espada, Y. , R. Ruiz de Gopegui, C. Cuadradas and F. J. Cabanes. 1994. Fumonisin mycotoxicosis in broilers. Weights and serum chemistry modifications. *Avian Dis* 38:454 - 460.

[168]Espada, Y. , R. Ruiz de Gopegui, C. Cuadradas and F. J. Cabanes. 1997. Fumonisin mycotoxicosis in broilers: plasma proteins and coagulation modifications. *Avian Dis* 41:73 - 79.

[169]Exarchos, C. C. and R. F. Gentry. 1982. Effect of aflatoxin B₁ on egg production. *Avian Dis* 26:191 -195.

[170]Featherston, W. R. 1973. Utilization of *Gibberella*-infected corn by chicks and rats. *Poult Sci* 52: 2334 -2335.

[171]Fernandez, A. , M. T. Verde, M. Gascon, J. Ramos, J. Gomez, D. F. Luco and G. Chavez. 1994. Variations of clinical biochemical parameters of laying hens and broiler chickens fed aflatoxin-containing feed. *Avian Pathol* 23:37 - 47.

[172]Forgacs, J. , H. Koch, W. T. Carll and R. H. White-Stevens. 1958. Additional studies on the relationship of mycotoxicoses to the poultry hemorrhagic syndrome. *Am J Vet Res* 19:744 - 753.

[173]Forgacs, J. , H. Koch, W. T. Carll and R. H. White-Stevens. 1962. Mycotoxicoses I. Relationship of toxic fungi to moldy-feed toxicosis in poultry. *Avian Dis* 6: 363 - 381.

[174]Fritz, J. C. , P. B. Mislivec, G. W. Pla, B. N. Harrison, C. E. Weeks and J. G. Dantzman. 1973. Toxicogenicity of moldy feed for young chicks. *Poult Sci* 52: 1523 -1530.

[175]Frye, C. E. and F. S. Chu. 1977. Distribution of ochratoxin A in chicken tissues and eggs. *J Food Saf* 1: 147 - 159.

[176]Fuchs, R. , L. E. Appelgren, S. Hagelberg and K. Hult. 1988. Carbon - 14 - ochratoxin A distribution in the Japanese quail(*Coturnix coturnix japonica*)monitored by whole body autoradiography. *Poult Sci* 67: 707 - 714.

[177]Gabal, M. A. 1987. Preliminary study on the use of thiabendazole in the control of common toxigenic fungi in grain feed. *Vet Human Toxicol* 217 - 221.

[178]Gabal, M. A. and A. H. Azzam. 1998. Interaction of aflatoxin in the feed and immunization against selected infectious diseases in poultry. II. Effect on one-day-old layer chicks simultaneously vaccinated against Newcastle disease, infectious bronchitis and infectious bursal diseases. *Avian Pathol* 27:290 -295.

[179]Galtier, P. , J. More and M. Alvinerie. 1976. Acute and short-term toxicity of ochratoxin A in 10 - day - old chicks. *Food Cosmet Toxicol* 14:129 - 131.

[180]Galtier, P. , M. Alvinerie and J. L. Charpenteau. 1981. The pharmacokinetic profiles of ochratoxin A in pigs, rabbits and chickens. *Food Cosmet Toxicol* 19: 735 -738.

[181]Garaleviciene, D. , H. Pettersson, G. Augonyte, K. Elwinger and J. E. Lindberg. 2001. Effects of mould and toxin contaminated barley on laying hens performance and health. *Arch Tierernahr* 55:25 - 42.

[182]Garaleviciene, D. , H. Pettersson and K. Elwinger. 2002. Effects on health and blood plasma parameters of laying hens by pure nivalenol in the diet. *J Anim Physiol Anim Nutr* (Berl)86:389 - 398.

[183]Garcia, A. R. , E. Avila, R. Rosiles and V. M. Petrone. 2003. Evaluation of two mycotoxin binders to reduce toxicity of broiler diets containing ochratoxin A and T - 2 toxin contaminated grain. *Avian Dis* 47:691 - 699.

[184]Gardiner, M. R. and B. Oldroyd. 1965. Avian aflatoxicosis. *Aust Vet J* 41:272 - 276.

[185]Garlich, J. D. , H. T. Tung and R. B. Hamilton. 1973. The effects of short term feeding of aflatoxin on egg production and some plasma constituents of the laying hen. *Poult Sci* 52:2206 - 2211.

[186]Gathumbi, J. K. , E. Usleber, T. A. Ngatia, E. K. Kangethe and E. Martlbauer. 2003. Application of immunoaffinity chromatography and enzyme immunoassay in rapid detection of aflatoxin B₁ in chicken liver tissues. *Poult Sci* 82:585 - 590.

[187]Gazia, N. , A. M. Abd-Ellah and A. N. Dayed. 1991. Chemical treatments of mycotoxin contaminated rations and possibility of its safety use for chicks. *Assiut Vet Med J* 25:61 - 68.

[188]Gentles, A. , E. E. Smith, L. F. Kubena, E. Duffus, P. Johnson, J. Thompson, R. B. Harvey and T. S. Edrington. 1999. Toxicological evaluations of cyclopiazonic acid and ochratoxin A in broilers. *Poult Sci* 78: 1380 -1384.

[189]Giambrone, J. J. , N. D. Davis and U. L. Diener. 1978. Effect of tenuazonic acid on young chickens. *Poult Sci* 57:1554 - 1558.

[190]Giambrone, J. J. , U. L. Diener, N. D. Davis, V. S. Panangala and F. J. Hoerr. 1985. Effects of aflatoxin on

young turkeys and broiler chickens. *Poult Sci* 64：1678 -1684.

［191］Giambrone,J. J. , U. L. Diener, N. D. Davis, V. S. Pan-angala and F. J. Hoerr. 1985. Effect of purified afla-toxin on turkeys. *Poult Sci* 64：859 - 865.

［192］Giambrone,J. J. , U. L. Diener, N. D. Davis, V. S. Pan-angala and F. J. Hoerr. 1985. Effects of purified afla-toxin on broiler chickens. *Poult Sci* 64：852 - 858.

［193］Gilani,S. H. ,J. Bancroft and M. O'Rahily. 1975. The teratogenic effects of ochratoxin A in the chick em-bryo. *Teratology* 11：18A.

［194］Giroir,L. E. ,W. E. Huff,L. E. Kubena,R. B. Harvey, M. H. Elissalde,D. A. Witzel,A. G. Yersin and G. W. Ivie. 1991. Toxic effects of kojic acid in the diet of male broilers. *Poult Sci* 70：499 -503.

［195］Giroir,L. E. ,W. E. Huff,L. F. Kubena,R. B. Harvey, M. H. Elissalde,D. A. Witzel,A. G. Yersin and G. W. Ivie. 1991. The individual and combined toxicity of ko-jic acid and aflatoxin in broiler chickens. *Poult Sci* 70：1351 - 1356.

［196］Giroir,L. E. , G. W. Ivie and W. E. Huff. 1991. Com-parative fate of the tritiated trichothecene mycotoxin, T - 2 toxin, in chickens and ducks. *Poult Sci* 70：1138 -1143.

［197］Glahn,R. P. and R. F. Wideman, Jr. 1987. Avian diu-retic response to renal portal infusions of the myco-toxin citrinin. *Poult Sci* 66：1316 - 1325.

［198］Glahn,R. P. ,K. W. Beers,W. G. Bottje,R. F. Wide-man,Jr. ,W. E. Huff and W. Thomas. 1991. Aflatoxi-cosis alters avian renal function,calcium, and vitamin D metabolism. *J Toxicol Environ Health* 34：309 -321.

［199］Glahn,R. P. 1993. Mycotoxins and the avian kidney：Assessment of physiological function. *World Poult Sci J* 49：242 - 250.

［200］Golinski,P. ,J. Chelkowski, A. Konarkowski and K. Szebiotko. 1983. Mycotoxins in cereal grain. Part VI. The effect of ochratoxin A on growth and tissue resi-dues of the mycotoxin in broiler chickens. *Nahrung* 27：251 - 256.

［201］Gonzalez,E. ,J. Munox,J. C. Medina, A. Romero and J. Lara. 2001. A case report of oral lesions in laying hens. *Proc West Poult Dis Conf*.50：144 -146.

［202］Good,R. E. and P. B. Hamilton. 1981. Beneficial effect of reducing the feed residence time in a field problem of suspected moldy feed. *Poult Sci* 60：1403 -1405.

［203］Greenhalgh,R. , G. A. Neish and J. D. Miller. 1983.

Deoxy - nivalenol, acetyl deoxynivalenol, and zearalenone formation by Canadian isolates of *Fusari-um graminearum* on solid substrates. *Appl Environ Microbiol* 46：625 - 629.

［204］Greenway, J. A. and R. Puls. 1976. Fusariotoxicosis from barley in British Columbia. I. Natural occurrence and diagnosis. *Can J Comp Med* 40：12 - 15.

［205］Gregory, J. F. , III, S. L. Goldstein and G. T. Edds. 1983. Metabolite distribution and rate of residue clear-ance in turkeys fed a diet containing aflatoxin B₁. *Food Chem Toxicol* 21：463 - 467.

［206］Gregory,J. F. ,III and G. T. Edds. 1984. Effect of diet-ary selenium on the metabolism of aflatoxin B₁ in tur-keys. *Food Chem Toxicol* 22：637 - 642.

［207］Grimes, J. L. and J. W. C. Bridges. 1992. Relationship of mouth lesions to eggshell quality of commercial lay-ing hens. *J Appl Poult Res* 1：251 - 257.

［208］Grimes, J. L. , T. H. Eleazer and J. E. Hill. 1993. Pa-ralysis of undetermined origin in bobwhite quail. *Avi-an Dis* 37：582 - 584.

［209］Grizzle,J. M. ,D. B. Kersten,M. D. McCracken,A. E. Houston and A. M. Saxton. 2004. Determination of the acute 50％ lethal dose T - 2 toxin in adult bobwhite quail：additional studies on the effect of T-2 mycotox-in on blood chemistry and the morphology of internal organs. *Avian Dis* 48：392 - 399.

［210］Gumbmann, M. R. , S. N. Williams, A. N. Booth, P. Vohra, R. A. Ernst and M. Bethard. 1970. Aflatoxin susceptibility in various breeds of poultry. *Proc Soc Exp Biol Med* 134：683 - 688.

［211］Gupta, S. , N. Jindal, R. S. Khokhar, A. K. Gupta, D. R. Ledoux and G. E. Rottinghaus. 2005. Effect of och-ratoxin A on broiler chicks challenged with *Salmonel-la gallinarum*. *Br Poult Sci* 46：443 -450.

［212］Gustavson,S. A. ,J. M. Cockrill,J. N. Beasley and T. S. Nelson. 1981. Effect of dietary citrinin on urine ex-cretion in broiler chickens. *Avian Dis* 25：827 - 830.

［213］Hagler,W. M. ,Jr. ,K. Tyczkowska and P. B. Hamil-ton. 1984. Simultaneous occurrence of deoxynivalenol, zearalenone,and aflatoxin in 1982 scabby wheat from the Midwestern United States. *Appl Environ Micro-biol* 47：151 - 154.

［214］Hamilton, P. B. 1971. A natural and extremely severe occurrence of aflatoxicosis in laying hens. *Poult Sci* 50：1880 - 1882.

［215］Hamilton,P. B. and J. D. Garlich. 1972. Failure of vita-min supplementation to alter the fatty liver syndrome caused by aflatoxin. *Poult Sci* 51:688 - 692.

[216]Hamilton,P. B. ,H. T. Tung,J. R. Harris,J. H. Gainer and W. E. Donaldson. 1972. The effect of dietary fat on aflatoxicosis in turkeys. *Poult Sci* 51:165 - 170.

[217]Hamilton,P. B. ,H. T. Tung,R. D. Wyatt and W. E. Donaldson. 1974. Interaction of dietary aflatoxin with some vitamin deficiencies. *Poult Sci* 53:871 - 877.

[218]Hamilton,P. B. 1975. Proof of mycotoxicoses being a field problem and a simple method for their control. *Poult Sci* 54:1706 - 1708.

[219]Hamilton,P. B. ,W. E. Huff,J. R. Harris and R. D. Wyatt. 1982. Natural occurrences of ochratoxicosis in poultry. *Poult Sci* 61:1832 - 1841.

[220]Hamilton,R. M. G. ,B. K. Thompson,H. L. Trenholm,P. S. Fiser and R. Greenhalgh. 1985. Effects of feeding White Leghorn hens diets that contain deoxynivalenol(vomitoxin) - contaminated wheat. *Poult Sci* 64:1840 - 1851.

[221]Hamilton,R. M. G. ,B. K. Thompson and H. L. Trenholm. 1986. The effects of deoxynivalenol(vomitoxin) on dietary preference of White Leghorn hens. *Poult Sci* 65:288 - 293.

[222]Harland,E. C. and P. T. Cardeilhac. 1975. Excretion of carbon-14-labeled aflatoxin B_1 via bile, urine, and intestinal contents of the chicken. *Am J Vet Res* 36:909 -912.

[223]Harris,J. R. 1984. Case report on T-2 mycotoxicosis in chickens. Keeping Current(CEVA Laboratories,Inc.) Jan-Feb:2 - 3.

[224]Harvey,R. B. ,L. F. Kubena,B. Lawhorn,O. J. Fletcher and T. D. Phillips. 1987. Feed refusal in swine fed ochratoxin- contaminated grain sorghum: Evaluation of toxicity in chicks. *J Am Vet Med Assoc* 190:673 -675.

[225]Harvey,R. B. ,L. F. Kubena and T. D. Phillips. 1993. Evaluation of aluminosilicate compounds to reduce aflatoxin residues and toxicity to poultry and livestock: A review report. *Sci Total Environ* SUP - 93:1453 -1457.

[226]Harvey,R. B. ,L. F. Kubena,G. E. Rottinghaus,J. R. Turk,H. H. Casper and S. A. Buckley. 1997. Moniliformin from *Fusarium fujikuroi* culture material and deoxynivalenol from naturally contaminated wheat incorporated into diets of broiler chicks. *Avian Dis* 41:957 - 963.

[227]Hasan,H. A. H. and A. L. E. Mahmoud. 1993. Inhibitory effect of spice oils on lipase and mycotoxin pro-

duction. *Zentralbl Mikrobiol* 148:543 - 548.

[228]Hayes,M. A. and G. A. Wobeser. 1983. Subacute toxic effects of dietary T - 2 toxin in young mallard ducks. *Can J Comp Med* 47:180 - 187.

[229]Haynes,J. S. ,M. M. Walser and E. M. Lawler. 1985. Morphogenesis of *Fusarium* sp. - induced tibial dyschondroplasia in chickens. *Vet Pathol* 22:629 -636.

[230]Haynes,J. S. and M. M. Walser. 1986. Ultrastructure of *Fusarium*-induced tibial dyschondroplasia in chickens: a sequential study. *Vet Pathol* 23:499 -505.

[231]Hegazy,S. M. ,A. Azzam and M. A. Gabal. 1991. Interaction of naturally occurring aflatoxins in poultry feed and immunization against fowl cholera. *Poult Sci* 70:2425 - 2428.

[232]Henry,M. H. ,R. D. Wyatt and O. J. Fletchert. 2000. The toxicity of purified fumonisin B_1 in broiler chicks. *Poult Sci* 79:1378 - 1384.

[233]Henry,M. H. and R. D. Wyatt. 2001. The toxicity of fumonisin B_1 ,B_2 ,and B_3 ,individually and in combination,in chicken embryos. *Poult Sci* 80:401 -407.

[234]Hetzel,D. J. S. ,D. Hoffman,J. v. d. Ven and S. Soeripto. 1984. Mortality rate and liver histopathology in four breeds of ducks following long term exposure to low levels of aflatoxins. *Singapore Vet J* 8:6 -14.

[235]Higgins,C. and F. Brinkhaus. 1999. Efficacy of several organic acids against molds. *J Appl Poult Res* 8:480 - 487.

[236]Higgins,K. F. ,R. M. Barta,R. D. Neiger,G. E. Rottinghaus and R. I. Sterry. 1992. Mycotoxin occurrence in waste field corn and ingesta of wild geese in the northern great plains. *Prairie Nat* 24:31 - 37.

[237]Hintikka,E. L. 1978. In: T. A. Wyllie and L. G. Morehouse(eds.). Mycotoxic Fungi,Mycotoxins,and Mycotoxicoses: An Encyclopaedic Handbook II. Marcel Dekker: New York,203 - 208.

[238]Hirano,K. ,Y. Adachi,S. Ishibashi,M. Sueyoshi,A. Bintvihok and N. H. Kumazawa. 1991. Detection of aflatoxin B_1 in plasma of fowls receiving feed naturally contaminated with aflatoxin B_1. *J Vet Med Sci* 53:1083 - 1085.

[239]Hnatow,L. L. and R. F. Wideman,Jr. 1985. Kidney function of single comb White Leghorn pullets following acute renal portal infusion of the mycotoxin citrinin. *Poult Sci* 64:1553 - 1561.

[240]Hoehler,D. and R. R. Marquardt. 1996. Influence of vitamins E and C on the toxic effects of ochratoxin A and T - 2 toxin in chicks. *Poult Sci* 75:1508 -1515.

[241]Hoerr,F. J. ,W. W. Carlton and B. Yagen. 1981. My-cotoxicosis caused by a single dose of T-2 toxin or di-acetoxyscirpenol in broiler chickens. *Vet Pathol* 18: 652-664.

[242]Hoerr,F. J. ,W. W. Carlton,J. Tuite,R. F. Vesonder, W. K. Rohwedder and G. Szigeti. 1982. Experimental trichothecene mycotoxicosis produced in broiler chick-ens by *Fusarium sporo trichiella* var. *sporotrichioide-s. Avian Pathol* 11:385-405.

[243]Hoerr,F. J. ,W. W. Carlton,B. Yagen and A. Z. Joffe. 1982. Mycotoxicosis produced in broiler chickens by multiple doses of either T-2 toxin or diacetoxyscirpe-nol. *Avian Pathol* 11:369-383.

[244]Hoerr,F. J. ,W. W. Carlton,B. Yagen and A. Z. Joffe. 1982. Mycotoxicosis caused by either T-2 toxin or di-acetoxyscirpenol in the diet of broiler chickens. *Fun-dam Appl Toxicol* 2:121-124.

[245] Hoerr,F. J. and G. H. D' Andrea. 1983. Biological effects of aflatoxin in swine. In U. L. Diener,R. L. Asquith and J. W. Dickens(eds.). Aflatoxin and *As-pergillus flavus* in Corn. USDA Southern Coopera-tive Series Bulletin 279:51-55.

[246]Hoerr,F. J. ,G. H. D' Andrea,J. J. Giambrone and V. S. Panangala. 1986. In: J. L. Richard and J. R. Thrus-ton(eds.). Diagnosis of Mycotoxicoses. Martinus Ni-jhoff: Dordrecht,The Netherlands,179-189.

[247]Hoerr,F. J. 1991. In: B. W. Calnek, H. J. Barnes,C. W. Beard,W. M. Reid and H. W. Yoder(eds.). Disea-ses of Poultry 9th ed. Iowa State University Press: A-mes,IA,884-915.

[248]Hofacre,C. L. ,R. K. Page and O. J. Fletcher. 1985. Suspected my-cotoxicosis in laying hens. *Avian Dis* 29:846-849.

[249]Howarth,B. J. and R. D. Wyatt. 1976. Effect of dietary aflatoxin on fertility, hatchability, and progeny per-formance of broiler breeder hens. *Appl Environ Mi-crobiol* 31:680-684.

[250]Hsieh,D. P. H. 1987. In: P. Krogh(eds.). Mycotoxins in Food. Academic Press: San Diego,CA,149-176.

[251] Huff, W. E. ,R. D. Wyatt, T. L. Tucker and P. B. Hamilton. 1974. Ochratoxicosis in the broiler chicken. *Poult Sci* 53:1585-1591.

[252]Huff,W. E. and P. B. Hamilton. 1975. Decreased plas-ma carotenoids during ochratoxicosis. *Poult Sci* 54: 1308-1310.

[253]Huff,W. E. ,R. D. Wyatt and P. B. Hamilton. 1975. Nephrotoxicity of dietary ochratoxin A in broiler

chickens. *Appl Microbiol* 30:48-51.

[254]Huff,W. E. ,R. D. Wyatt and P. B. Hamilton. 1975. Effects of dietary aflatoxin on certain egg yolk param-eters. *Poult Sci* 54:2014-2018.

[255]Huff,W. E. ,J. A. Doerr and P. B. Hamilton. 1977. De-creased bone strength during ochratoxicosis and afla-toxicosis. *Poult Sci* 56:1724.

[256] Huff, W. E. ,C. F. Chang, M. F. Warren and P. B. Hamilton. 1979. Ochratoxin A-induced iron deficiency anemia. *Appl Environ Microbiol* 37:601-604.

[257]Huff,W. E. ,J. A. Doerr and P. B. Hamilton. 1979. De-creased glycogen mobilization during ochratoxicosis in broiler chickens. *Appl Environ Microbiol* 37: 122-126.

[258]Huff,W. E. ,P. B. Hamilton and A. Ciegler. 1980. E-valuation of penicillic acid for toxicity in broiler chick-ens. *Poult Sci* 59:1203-1207.

[259]Huff,W. E. and M. D. Ruff. 1982. *Eimeria acervulina* and *Eimeria tenella* infections in ochratoxin A-com-promised broiler chickens. *Poult Sci* 61:685-692.

[260] Huff, W. E. , J. A. Doerr,C. J. Wabeck, G. W. Cha-loupka,J. D. May and J. W. Merkley. 1983. Individual and combined effects of aflatoxin and ochratoxin A on bruising in broiler chickens. *Poult Sci* 62:1764-1771.

[261]Huff,W. E. ,L. F. Kubena,R. B. Harvey,D. E. Corrier and H. H. Mollenhauer. 1986. Progression of aflatoxi-cosis in broiler chickens. *Poult Sci* 65:1891-1899.

[262]Huff, W. E. ,L. F. Kubena and R. B. Harvey. 1988. Progression of ochratoxicosis in broiler chickens. *Poult Sci* 67:1139-1146.

[263]Huff, W. E. ,L. F. Kubena, R. B. Harvey and T. D. Phillips. 1992. Efficacy of hydrated sodium calcium aluminosilicate to reduce the individual and combined toxicity of aflatoxin and ochratoxin A. *Poult Sci* 71: 64-69.

[264]Huff,W. E. ,M. D. Ruff and M. B. Chute. 1992. Char-acterization of the toxicity of the mycotoxins aflatox-in,ochratoxin,and T-2 toxin in game birds. II. Ring-neck pheasant. *Avian Dis* 36:30-33.

[265] Hulan, H. W. and F. G. Proudfoot. 1982. Effects of feeding vomitoxin contaminated wheat on the per-formance of broiler chickens. *Poult Sci* 61: 1653-1659.

[266]Hurley,D. J. ,R. D. Neiger, K. F. Higgins, G. E. Rot-tinghaus and H. Stahr. 1999. Short-term exposure to subacute doses of aflatoxin-induced depressed mitogen responses in young mallard ducks. *Avian Dis* 43:649-

655.

[267]Iqbal,Q. K. ,P. V. Rao and S. J. Reddy. 1983. Dose-response relationship of experimentally induced aflatoxicosis in commercial layers. *Indian J Anim Sci* 53: 1277-1280.

[268]Jacobson,W. C. and H. G. Wiseman. 1974. The transmission of aflatoxin B₁ into eggs. *Poult Sci* 53: 1743-1745.

[269]Jaradat,Z. W. ,B. Viia and R. R. Marquardt. 2006. Adverse effects of T-2 toxin on chicken lymphocytes blastogenesis and its protection with vitamin E. *Toxicology* 225:90-96.

[270]Javed,T. , G. A. Bennett, J. L. Richard, M. A. Dombrink-Kurtzman, L. M. Cote and W. B. Buck. 1993. Mortality in broiler chicks on feed amended with *Fusarium proliferatum* culture material or with purified fumonisin B₁ and moniliformin. *Mycopathologia* 123: 171-184.

[271]Javed,T. , M. A. Dombrink-Kurtzman, J. L. Richard, G. A. Bennett, L. M. Cote and W. B. Buck. 1995. Serohematologic alterations in broiler chicks on feed amended with *Fusarium proliferatum* culture material on fumonisin Bl and moniliformin. *J Vet Diagn Invest* 7: 520-526.

[272]Javed,T. , R. M. Bunte, M. A. Dombrink-Kurtzman, J. L. Richard,G. A. Bennett, L. M. Cote and W. B. Buck. 2005. Comparative pathologic changes in broiler chicks on feed amended with *Fusarium proliferatum* culture material or purified fumonisin B₁ and moniliformin. *Mycopathologia* 159:553-564.

[273]Joffe,A. Z. and B. Yagen. 1978. Intoxication produced by toxic fungi *Fusarium poae* and *F. sporotrichioides* on chicks. *Toxicon* 16:263-273.

[274]Joffe, A. Z. 1986. *Fusarium* Species: Their Biology and Toxicology. New York John Wiley and Sons, 345-384.

[275]Johri,T. S. , R. Agarwal and V. R. Sadagopan. 1986. Surveillance of aflatoxin Bl content of poultry feed stuffs in and around Bareilly district of Uttar Pradesh. *Indian J Poult Sci* 21:227-230.

[276]Jones,F. T. , W. H. Hagler and P. B. Hamilton. 1982. Association of low levels of aflatoxin in feed with productivity losses in commercial broiler operations. *Poult Sci* 61.

[277]Jones,F. T. and P. B. Hamilton. 1986. Factors influencing fungal activity in low moisture poultry feeds. *Poult Sci* 65:1522-1525.

[278]Jones,F. T. and P. B. Hamilton. 1987. Research note: Relationship of feed surface area to fungal activity in poultry feeds. *Poult Sci* 66:1545-1547.

[279]Jones,F. T. ,M. J. Wineland,J. T. Parsons and W. M. Hagler,Jr. 1996. Degradation of aflatoxin by poultry litter. *Poult Sci* 75:52-58.

[280]Jones,G. M. ,D. N. Mowat,J. I. Elliot and J. E. T. Moran. 1974. Organic acid preservation of high moisture corn and other grains and the nutritional value: A review. *Can J Anim Sci* 54:499-517.

[281]Juszkiewicz, T. and J. Piskorska-Pliszczynska. 1992. Occurrence of mycotoxins in animal feeds. *J Environ Pathol Toxicol Oncol* 11:211-215.

[282]Kamalavenkatesh, P. , S. Vairamuthu, C. Balachandran, B. M. Manohar and G. D. Raj. 2005. Immunopathological effect of the mycotoxins cyclopiazonic acid and T-2 toxin on broiler chicken. *Mycopathologia* 159:273-279.

[283]Karaman, M. , H. Basmacioglu, M. Ortatatli and H. Oguz. 2005. Evaluation of the detoxifying effect of yeast glucomannan on aflatoxicosis in broilers as assessed by gross examination and histopathology. *Br Poult Sci* 46:394-400.

[284]Kececi, T. , V. K. H. Oguz and O. Demet. 1998. Effects of polyvinylpolypyrrolidone, synthetic zeolite and bentonite on serum biochemical and haematological characters of broilers chickens during aflatoxicosis. *Br Poult Sci* 39:452-458.

[285]Keck, B. B. and A. B. Bodine. 2006. The effects of fumonisin B₁ on viability and mitogenic response of avian immune cells. *Poult Sci* 85:1020-1024.

[286]Keshavarz, K. 1993. Corn contaminated with deoxynivalenol: Effects on performance of poultry. *J Appl Poult Res* 2:43-50.

[287]Kichou, F. and M. M. Walser. 1993. The natural occurrence of aflatoxin B₁ in Moroccan poultry feeds. *Vet Hum Toxicol* 35:105-108.

[288]Kidd, M. T. , M. A. Qureshi, W. M. Hagler, Jr. and R. Ali. 1997. T-2 tetraol is cytotoxic to a chicken macrophage cell line. *Poult Sci* 76:311-313.

[289]Kingsland,G. C. and J. Anderson. 1976. A study of the feasibility of the use of gentian violet as a fungistat for poultry feed. *Poult Sci* 55:852-857.

[290]Kiran, M. M. , O. Demet, M. Ortatath and H. Oguz. 1998. The preventive effect of polyvinylpolypyrrolidone on aflatoxicosis in broilers. *Avian Pathol* 27: 250-255.

［291］Konjevic,D. ,E. Srebocan, A. Gudan, I. Lojkic, K. Severin and M. Sokolovic. 2004. A pathological condition possibly caused by spontaneous trichotecene poisoning in Brahma poultry: first report. *Avian Pathol* 33: 377 -380.

［292］Kozaczynski, W. 1994. Experimental ochratoxicosis A in chickens. Histopathological and histochemical study. *Arch Vet Pol* 34:205 - 219.

［293］Kratzer, F. H. , D. Bandy, M. Wiley and A. N. Booth. 1969. Aflatoxin effects in poultry. *Proc Soc Exp Biol Med* 131:1281 - 1284.

［294］Kriukov, V. S. and V. V. Krupin. 1993. Aflatoxin in the meat of broiler chickens fed toxic mixed feed. *Vopr Pitan* 2:51 - 55.

［295］Krogh, P. , F. Elling, B. Hald, B. Jylling, V. E. Petersen, E. Skadhauge and C. K. Svensen. 1976. Changes of renal function and structure induced by ochratoxin A-contaminated feed. *Acta Pathol Microbiol Scand* 84: 215 - 221.

［296］Krogh, P. and F. Elling. 1977. Mycotoxic nephropathy. *Vet Sci Commun* 1:51 - 63.

［297］Kubena, L. F. , T. D. Phillips, C. R. Creger, D. A. Witzel and N. D. Heidelbaugh. 1983. Toxicity of ochratoxin A and tannic acid to growing chicks. *Poult Sci* 62: 1786 - 1792.

［298］Kubena, L. F. , R. B. Harvey, O. J. Fletcher, T. D. Phillips, H. H. Mollenhauer, D. A. Witzel and N. D. Heidelbaugh. 1985. Toxicity of ochratoxin A and vanadium to growing chicks. *Poult Sci* 64:620 -628.

［299］Kubena, L. F. , S. P. Swanson, R. B. Harvey, O. J. Fletcher, L. D. Rowe and T. D. Phillips. 1985. Effects of feeding deoxynivalenol (vomitoxin) - contaminated wheat to growing chicks. *Poult Sci* 64:1649 - 1655.

［300］Kubena, L. F. , R. B. Harvey, T. D. Phillips and O. J. Fletcher. 1986. Influence of ochratoxin A and vanadium on various parameters in growing chicks. *Poult Sci* 65:1671 - 1678.

［301］Kubena, L. F. , R. B. Harvey, T. D. Phillips, G. M. Holman and C. R. Creger. 1987. Effects of feeding mature White Leghorn hens diets that contain deoxynivalenol(vomitoxin). *Poult Sci* 66:55 - 58.

［302］Kubena, L. F. , R. B. Harvey, T. D. Phillips and B. A. Clement. 1992. The use of sorbent compounds to modify the toxic expression of mycotoxins in poultry. *Proc World Poult Congr* 19:357 - 361.

［303］Kubena, L. F. , R. B. Harvey, W. E. Huff, M. H. Elissalde, A. G. Yersin, T. D. Phillips and G. E. Rotting-

haus. 1993. Efficacy of a hydrated sodium calcium aluminosilicate to reduce the toxicity of aflatoxin and diacetoxyscirpenol. *Poult Sci* 72:51 - 59.

［304］Kubena, L. F. , R. B. Harvey, T. D. Phillips and B. A. Clement. 1993. Effect of hydrated sodium calcium aluminosilicates on aflatoxicosis in broiler chicks. *Poult Sci* 72:651 - 657.

［305］Kubena, L. F. , E. E. Smith, A. Gentles, R. B. Harvey, T. S. Edrington, T. D. Phillips and G. E. Rottinghaus. 1994. Individual and combined toxicity of T - 2 toxin and cyclopiazonic acid in broiler chicks. *Poult Sci* 73: 1390 - 1397.

［306］Kubena, L. F. , T. S. Edrington, C. Kamps-Holtzapple, R. B. Harvey, M. H. Elissalde and G. E. Rottinghaus. 1995. Effects of feeding fumonisin B_1 in *Fusarium moniliforme* culture material and aflatoxin singly and in combination to turkey poults. *Poult Sci* 74: 1295 -1303.

［307］Kubena, L. F. , T. S. Edrington, C. Kamps-Hotzapple, R. B. Harvey, M. H. Ellissalde and G. E. Rottinghaus. 1995. Influence of fumonisin B_1, present in *Fusarium moniliforme* culture material, and T - 2 toxin on turkey poults. *Poult Sci* 74:306 -313.

［308］Kubena, L. F. , T. S. Edrington, R. B. Harvey, S. A. Buckley, T. D. Phillips, G. E. Rottinghaus and H. H. Caspers. 1997. Individual and combined effects of fumonisin B_1 present in *Fusarium moniliforme* culture material and T - 2 toxin or deoxynivalenol in broiler chicks. *Poult Sci* 76:1239 - 1247.

［309］Kubena, L. F. , T. S. Edrington, R. B. Harvey, T. D. Phillips, A. B. Sarr and G. E. Rottinghaus. 1997. Individual and combined effects of fumonisin B_1 present in *Fusarium moniliforme* culture material and diacetoxyscirpenol or ochratoxin A in turkey poults. *Poult Sci* 76:256 - 264.

［310］Kubena, L. F. , R. B. Harvey, R. H. Bailey, S. A. Buckley and G. E. Rottinghaus. 1998. Effects of a hydrated sodium calcium aluminosilicate(T-Bind(r)) on mycotoxicosis in young broiler chickens. *Poult Sci* 77: 1502 -1509.

［311］Kubena, L. F. , R. B. Harvey, S. A. Buckley, R. H. Bailey and G. E. Rottinghaus. 1999. Effects of long-term feeding of diets containing moniliformin, supplied by *Fusarium fujikuroi* culture material, and fumonisin, supplied by *Fusarium moniliforme* culture material, to laying hens. *Poult Sci* 78:1499 - 1505.

［312］Kumar, A. , N. Jindal, C. L. Shukla, Y. Pal, D. R. Le-

doux and G. E. Rottinghaus. 2003. Effect of ochratoxin A on *Escherichia coli*-challenged broiler chicks. *Avian Dis* 47:415-424.

[313]Kurmanov, I. A. and A. Novacky. 1978. In: T. A. Wyllie and L. G. Morehouse(eds.). Mycotoxic Fungi, Mycotoxins, and Mycotoxicoses: An Encyclopaedic Handbook. II. Marcel Dekker: New York, 322-326.

[314]Lamont, M. H. 1979. Cases of suspected mycotoxicoses as reported by veterinary investigation centres. *Proc Mycotoxins Anim Dis* 3:38-39.

[315]Lansden, J. A. and J. I. Davidson. 1983. Occurrence of cyclopiazonic acid in peanuts. *Appl Environ Microbiol* 45

[316]Lanza, G. M., K. W. Washburn, R. D. Wyatt and J. H. M. Edwards. 1979. Depressed 59Fe absorption due to dietary aflatoxin. *Poult Sci* 58:1439-1444.

[317] Lanza, G. M., K. W. Washburn and R. D. Wyatt. 1980. Strain variation in hematological response of broilers to dietary aflatoxin. *Poult Sci* 59:2686-2691.

[318]Larsen, C., M. Acha and M. Ehrich. 1988. Research note: Chlortetracycline and aflatoxin interaction in two lines of chicks. *Poult Sci* 67:1229-1232.

[319] Lawler, E. M., T. F. Fletcher and M. M. Walser. 1985. Chondroclasts in *Fusarium*-induced tibial dyschondroplasia. *Am J Pathol* 120:276-281.

[320] Le Bars, J. 1979. Cyclopiazonic acid production by *Penicillium camemberti* Thorn and natural occurrence of this mycotoxin in cheese. *Appl Environ Microbiol* 38:1052-1055.

[321]Lebron, C. I., R. A. Molins, H. W. Walker, A. A. Draft and H. M. Stahr. 1989. Inhibition of mold growth and mycotoxin production in high-moisture corn treated with phosphates. *J Food Prot* 52:329-336.

[322]Ledoux, D. R., T. P. Brown, T. S. Weibking and G. E. Rottinghaus. 1992. Fumonisin toxicity in broiler chicks. *J Vet Diagn Invest* 4:330-333.

[323]Ledoux, D. R. and G. E. Rottinghaus. 1999. *In vitro* and *in vivo* testing of adsorbents for detoxifying mycotoxins in contaminated feedstuffs. *Proc Alltech Ann Symp* 15:369-379.

[324]Ledoux, D. R., J. N. Broomhead, A. J. Bermudez and G. E. Rottinghaus. 2003. Individual and combined effects of the *Fusarium* mycotoxins fumonisin B₁ and moniliformin in broiler chicks. Avian Dis 47: 1368-1375.

[325]Lee, Y. W., C. J. Mirocha, D. J. Schroeder and M. L. Hamre. 1985. The effect of a purified water-soluble fraction of a *Fusarium roseum* 'Graminearum' culture on reproduction of White Leghorn females. *Poult Sci* 64:1077-1082.

[326]Lee, Y. W., C. J. Mirocha, D. J. Shroeder and M. M. Walser. 1985. TDP-1, a toxic component causing tibial dyschondroplasia in broiler chickens, and trichothecenes from *Fusarium roseum* 'Graminearum'. *Appl Environ Microbiol* 50:102-107.

[327]Leeson, S., G. Diaz and J. D. Summers. 1995. Poultry Metabolic Disorders and Mycotoxins. Guelph, Canada University Books, 190-326.

[328]Leitao, J., G. d. S. Blanquat, J. R. Bailly and R. Derache. 1990. Preventative measures for microflora and mycotoxin production in foodstuffs. *Arch Environ Contam Toxicol* 19:437-446.

[329]Li, Y. C., D. R. Ledoux, A. J. Bermudez, K. L. Fritsche and G. E. Rottinghaus. 2000. The individual and combined effects of fumonisin B1 and moniliformin on performance and selected immune parameters in turkey poults. *Poult Sci* 78:871-878.

[330]Li, Y. C., D. R. Ledoux, A. J. Bermudez, K. L. Fritsche and G. E. Rottinghaus. 2000. Effects of moniliformin on performance and immune function of broiler chicks. *Poult Sci* 79:26-32.

[331]Lombaert, G. A., P. Pellaers, M. Chettiar, D. Lavalee, P. M. Scott and B. P. Lau. 2002. Survey of Canadian retail coffees for ochratoxin A. *Food Addit Contam* 19:869-877.

[332]Lorenz, K. 1979. Ergot on cereal grains. *Crit Rev Food Sci Nutr* 11:311-354.

[333]Lovett, J. 1972. Patulin toxicosis in poultry. *Poult Sci* 51:2097-2098.

[334] Lun, A. K., L. G. Young, E. T. Moran, Jr., D. B. Hunter and J. P. Rodriguez. 1986. Effects of feeding hens a high level of vomitoxin-contaminated corn on performance and tissue residues. *Poult Sci* 65: 1095-1099.

[335]Madden, U. A. and H. M. Stahr. 1995. Retention and distribution of aflatoxin in tissues of chicks fed aflatoxin-contaminated poultry rations amended with soil. *Vet Hum Toxicol* 37:24-29.

[336]Madden, U. A., H. M. Stahr and F. K. Stino. 1999. The effect on performance and biochemical parameters when soil was added to aflatoxin-contaminated poultry rations. *Vet Hum Toxicol* 41:213-221.

[337]Mahipal, S. K. and R. K. Kaushik. 1983. A note on the prevalence of aflatoxicosis in poultry birds in Hary-

ana. *Haryana Vet* 22:51 - 52.

[338]Manley,R. W. ,R. M. Hulet,J. B. Meldrum and C. T. Larsen. 1988. Research note: Turkey poult tolerance to diets containing deoxyni - valenol (vomitoxin) and salinomycin. *Poult Sci* 67:149 - 152.

[339]Manning,R. O. and R. D. Wyatt. 1984. Toxicity *of Aspergillus ochraceus* contaminated wheat and different chemical forms of ochratoxin A in broiler chicks. *Poult Sci* 63:458 - 465.

[340]Manning, R. O. and R. D. Wyatt. 1984. Comparative toxicity of *Chaetomium* contaminated corn and various chemical forms of oosporein in broiler chicks. *Poult Sci* 63:251 - 259.

[341]Manning, R. O. , T. P. Brown, R. D. Wyatt and O. J. Fletcher. 1985. The individual and combined effects of citrinin and ochratoxin A in broiler chicks. *Avian Dis* 29:986 - 997.

[342]Marasas, W. F. and S. J. Van Rensburg. 1986. Mycotoxicological investigations on maize and groundnuts from the endemic area of Mseleni joint disease in Kwazulu. *S Afr Med J* 69:369 - 374.

[343] Marasas, W. F. O. , T. S. Kellerman and W. C. A. Gelderblom. 1988. Leukoencephalomalacia in a horse induced by fumonisin B₁ isolated from *Fusarium moniliforme. Onderstespoort J Vet Res* 35:197 -203.

[344]Marijanovic, D. R. , P. Holt, W. P. Norred, C. W. Bacon, K. A. Voss and P. C. Stancel. 1991. Immunosuppressive effects of *Fusarium moniliforme* corn cultures in chickens. *Poult Sci* 70:1895 - 1901.

[345]Marks, H. L. and C. W. Bacon. 1976. Influence of *Fusarium*-infected corn and F - 2 on laying hens. *Poult Sci* 55:1864 - 1870.

[346]Marquez Marquez,R. N. and I. T. d. Hernandez. 1995. Aflatoxin adsorbent capacity of two Mexican aluminosilicates in experimentally contaminated chicken diets. *Food Addit Contam* 2:431 - 433.

[347]Martins,M. L. and H. M. Martins. 1999. Natural and *in vitro* coproduction of cyclopiazonic acid and aflatoxins. *J Food Protect* 62:292 - 294.

[348]McKenzie, K. S. , L. F. Kubena, A. J. Denvir, T. D. Rogers,G. D. Hitchens,R. H. Bailey,R. B. Harvey,S. A. Buckley and T. D. Phillips. 1998. Aflatoxicosis in turkey poults is prevented by treatment of naturally contaminated corn with ozone generated by electrolysis. *Poult Sci* 77:1094 - 1102.

[349]McLaughlin, C. S. , M. H. Vaughan, I. M. Campbell, C. M. Wei,M. E. Stafford and B. S. Hansen. 1977. In:

J. V. Rodericks,C. W. Hesseltine and M. A. Mehleman (eds.). Mycotoxins in Human and Animal Health. Pathotox Publishers: Park Forest South, IL, 263 -274.

[350]Medentsev, A. G. , A. N. Kotik, V. A. Trufanova and V. K. Akimenko. 1993. Identification of aurofusarin in *Fusarium graminearum* isolates, causing a syndrome of worsening of egg quality in chickens. *Prikl Biokhim Mikrobiol* 29:542 - 546.

[351]Mehdi,N. A. ,W. W. Carlton,G. D. Boon and J. Tuite. 1984. Studies on the sequential development and pathogenesis of citrinin mycotoxicosis in turkeys and ducklings. *Vet Pathol* 21:216 - 223.

[352]Mehdi, N. A. Q. , W. W. Carlton and J. Tuite. 1981. Citrinin mycotoxicosis in broiler chickens. *Food Cosmet Toxicol* 19:723 - 733.

[353]Mehdi,N. A. Q. ,W. W. Carlton and J. Tuite. 1983. Acute toxicity of citrinin in turkeys and ducklings. *Avian Pathol* 12:221 - 233.

[354]Mehdi, N. A. Q. , W. W. Carlton and J. Tuite. 1984. Mycotoxicoses produced in ducklings and turkeys by dietary and multiple doses of citrinin. *Avian Pathol* 13:37 - 50.

[355]Miazzo, R. , M. F. Peralta, C. Magnoli, M. Salvano, S. Ferrero,S. M. Chiacchiera, E. C. Carvalho, C. A. Rosa and A. Dalcero. 2005. Efficacy of sodium bentonite as a detoxifier of broiler feed contaminated with aflatoxin and fumonisin. *Poult Sci* 84:1 - 8.

[356]Micco, C. , M. Miraglia, R. Onori, A. Ioppolo and A. Mantovani. 1987. Long-term administration of low doses of mycotoxins in poultry. 1. Residues of ochratoxin A in broilers and laying hens. *Poult Sci* 66:47 - 50.

[357]Michael,G. Y. , P. Thaxton and P. B. Hamilton. 1973. Impairment of the reticuloendothelial system of chickens during aflatoxicosis. *Poult Sci* 52:1206 -1207.

[358]Miller, B. L. and R. D. Wyatt. 1985. Effect of dietary aflatoxin on the uptake and elimination of chlortetracycline in broiler chicks. *Poult Sci* 64:1637 - 1643.

[359]Mirocha,C. J. 1979. Trichothecene toxins produced by *Fusarium.* Conference on Mycotoxins in Animal Feeds and Grains Related to Animal Health. No. FDA/ BVM -79/139:289 - 373.

[360]Mirocha, C. J. , B. Schauerhamer, C. M. Christensen, M. L. Niku-Paavola and M. Nummi. 1979. Incidence of zearalenol(*Fusarium* mycotoxin)in animal feed. *Appl Environ Microbiol* 38:749 - 750.

[361]Mirocha, C. J. , T. S. Robison, R. J. Pawloski and N.

K. Allen. 1982. Distribution and residue determination of [3H]zearalenone in broilers. *Toxicol Appl Pharmacol* 66:77 - 87.

[362]Misir,R. and R. R. Marquardt. 1978. Factors affecting rye(*Secale cereala* L.)utilization in growing chicks I. The influence of rye level,ergot and penicillin supplementation. *Can J Anim Sci* 58:691 - 701.

[363]Misir,R. and R. R. Marquardt. 1978. Factors affecting rye(*Secale cereale* L.) utilization in growing chicks. Ⅲ. The influence of milling fractions. *Can J Anim Sci* 58:717 - 730.

[364]Mohiuddin,S. M. ,M. V. Reddy,M. M. Reddy and K. Ramakrishna. 1986. Studies on phagocytic activity and hematological changes in aflatoxicosis in poultry. *Indian Vet J* 63:442 - 445.

[365]Moran,E. T. ,Jr. ,B. Hunter,P. Ferket,L. G. Young and L. G. McGirr. 1982. High tolerance of broilers to vomitoxin from corn infected with *Fusarium graminearum*. *Poult Sci* 61:1828 - 1831.

[366]Moran,E. T. J. ,H. C. Carlson and J. R. Pettit. 1974. Vitamin Eselenium deficiency in the duck aggravated by the use of high-moisture corn and molding prior to preservation. *Avian Dis* 18:536 - 543.

[367]Moran,E. T. J. ,P. R. Ferket and A. K. Lun. 1987. Impact of high dietary vomitoxin on yolk yield and embryonic mortality. *Poult Sci* 66:977 - 982.

[368]Moreno-Romo,M. A. and G. Suarez-Fernandez. 1986. Aflatoxin-producing potential of *Aspergillus flavus* strains isolated from Spanish poultry feeds. *Mycopathologia* 95:129 - 132.

[369]Morris,C. M. , Y. C. Li,D. R. Ledoux, A. J. Bermudez and G. E. Rottinghaus. 1999. The individual and combined effects of feeding moniliformin,supplied by *Fusarium fujikuroi* culture material,and deoxynivalenol in young turkey poults. *Poult Sci* 78:1110 - 1115.

[370]Morrow,C. 2001. Oral lesions in broiler breeders associated with feeding fine mashes. *Proc West Poult Dis Conf*. 50:57 - 58.

[371]Mphande,F. A. ,B. A. Siame and J. E. Taylor. 2004. Fungi, aflatoxins, and cyclopiazonic acid associated with peanut retailing in Botswana. *J Food Prot* 67: 96 -102.

[372]Muller,E. E. ,A. E. Panerai,D. Cocchi and P. Mantegazza. 1977. Endocrine profile of ergot alkaloids. *Life Sci* 21:1545 - 1558.

[373]Muller,R. D. ,C. W. Carlson,G. Semeniuk and G. S. Harshfield. 1970. The response of chicks, ducklings,

goslings,pheasants and poults to graded levels of aflatoxins. *Poult Sci* 49:1346 - 1350.

[374]Nagaraj,R. Y. ,W. Wu,J. A. Will and R. F. Vesonder. 1996. Acute cardiotoxicity of moniliformin in broiler chickens as measured by electrocardiography. *Avian Dis* 40:223 - 227.

[375]Nahm, K. H. 1995. Possibilities for preventing mycotoxicosis in domestic fowl. *World Poult Sci J* 51: 177 -185.

[376]Neiger,R. D. , T. J. Johnson, D. J. Hurley,K. F. Higgins,G. E. Rottinghaus and H. Stahr. 1994. The shortterm effect of low concentrations of dietary aflatoxin and T - 2 toxin on mallard ducklings. *Avian Dis* 38: 738 - 743.

[377]Nelson,T. S. ,J. N. Beasley,L. K. Kirby,Z. B. Johnson and G. C. Ballam. 1980. Isolation and identification of citrinin produced by *Penicillium lanosum*. *Poult Sci* 59:2055 - 2059.

[378]Nelson,T. S. , J. N. Beasley, L. K. Kriby,Z. B. Johnson,G. C. Ballam and M. M. Campbell. 1981. Citrinin toxicity in growing chicks. *Poult Sci* 60:2165 - 2166.

[379]Nemeth,I. and S. Juhasz. 1968. Effect of aflatoxin on serum protein fractions of day-old ducklings. *Acta Vet Acad Sci Hung* 18:95 - 105.

[380]Newberne, P. M. , G. N. Wogan, W. W. Carlton and M. M. A. Kader. 1964. Histopathologic lesions in ducklings caused by *Aspergillus flavus* cultures,culture extracts,and crystalline aflatoxins. *Toxicol Appl Pharmacol* 6:542 - 556.

[381]Newberne, P. M. 1973. Chronic aflatoxicosis. *J Am Vet Med Assoc* 163:1262 - 1267.

[382]Newman,K. 2000. The biochemistry behind esterified glucomannans titrating mycotoxins out of the diet. *Proc Alltech Ann Symp*. 16:369 - 382.

[383]Nichols, T. E. 1983. Economic effects of aflatoxin in corn. In U. L. Diener,R. L. Asquith and J. W. Dickens (eds.). Aflatoxin and *Aspergillus flavus* in Corn. USDA Southern Cooperative Series Bulletin 279: 67 -71.

[384]Niemiec,J. , W. Borzemska,J. Roszkowski,E. Karpinska,G. Kosowska and P. Szelcszczuk. 1995. Pathological changes in chick embryos from layers given feed contaminated with ochratoxin A. *Med Weter* 51: 538 -540.

[385]Norred,W. P. ,R. J. Cole,J. W. Dorner and J. A. Lansden. 1987. Liquid chromatographic determination of cyclopiazonic acid in poultry meat. *J Assoc Off Anal*

Chem 70:121 - 123.

[386]Oberheu, D. G. and C. B. Dabbert. 2001. Aflatoxin production in supplemental feeders provided for northern bobwhite in Texas and Oklahoma. *J Wildl Dis* 37: 475 - 480.

[387]Ogido, R. , C. A. Oliveira, D. R. Ledoux, G. E. Rottinghaus, B. Correa, P. Butkeraitis, T. A. Reis, E. Goncales and R. Albuquerque. 2004. Effects of prolonged administration of aflatoxin B$_1$ and fumonisin B$_1$ in laying Japanese quail. *Poult Sci* 83:1953 -1958.

[388]Oguz, H. , T. Kececi, Y. O. Birdane, F. Onder and V. Kurtoglu. 2000. Effect of clinoptilolite on serum biochemical and haematological characters of broiler chickens during aflatoxicosis. *Res Vet Sci* 69:89 -93.

[389]Oguz, H. and V. Kurtoglu. 2000. Effect of clinoptilolite on performance of broiler chickens during experimental aflatoxicosis. *Br Poult Sci* 41:512 - 517.

[390]Oguz, H. , V. Kurtoglu and B. Coskun. 2000. Preventive efficacy of clinoptilolite in broilers during chronic aflatoxin(50 and 100 ppb) exposure. *Res Vet Sci* 69: 197 - 201.

[391]Okoye, J. O. A. , I. U. Asuzu and J. C. Gugnani. 1988. Paralysis and lameness associated with aflatoxicosis in broilers. *Avian Pathol* 17:731 - 734.

[392]Oliveira, C. A. , E. Kobashigawa, T. A. Reis, L. Mestieri, R. Albuquerque and B. Correa. 2000. Aflatoxin B$_1$ residues in eggs of laying hens fed a diet containing different levels of the mycotoxin. *Food Addit Contam* 17:459 - 462.

[393]Oliveira, C. A. , J. F. Rosmaninho, P. Butkeraitis, B. Correa, T. A. Reis, J. L. Guerra, R. Albuquerque and M. E. Moro. 2002. Effect of low levels of dietary aflatoxin B$_1$ on laying Japanese quail. *Poult Sci* 81: 976 -980.

[394]Olsen, M. , C. J. Mirocha, H. K. Abbas and B. Johansson. 1986. Metabolism of high concentrations of dietary zearalenone by young male turkey poults. *Poult Sci* 65:1905 - 1910.

[395]Ortatatli, M. and H. Oguz. 2001. Ameliorative effects of dietary clinoptilolite on pathological changes in broiler chickens during aflatoxicosis. *Res Vet Sci* 71: 59 - 66.

[396]Ortatatli, M. , M. K. Ciftci, M. Tuzcu and A. Kaya. 2002. The effects of aflatoxin on the reproductive system of roosters. *Res Vet Sci* 72:29 - 36.

[397]Ortatatli, M. , H. Oguz, F. Hatipoglu and M. Karaman. 2005. Evaluation of pathological changes in broil-ers during chronic aflatoxin(50 and 100 ppb)and clinoptilolite exposure. *Res Vet Sci* 78:61 - 68.

[398]Osborne, B. G. 1980. The occurrence of ochratoxin A in mouldy bread and flour. *Food Cosmet Toxicol* 18: 615 - 617.

[399]Osborne, D. J. and P. B. Hamilton. 1981. Decreased pancreatic digestive enzymes during aflatoxicosis. *Poult Sci* 60:1818 - 1821.

[400]Osborne, D. J. and P. B. Hamilton. 1981. Steatorrhea during aflatoxicosis in chickens. *Poult Sci* 60: 1398 -1404.

[401]Ostrowski-Meissner, H. T. 1983. Effect of contamination of diets with aflatoxin on growing ducks and chickens. *Trop Anim Health Prod* 15:161 - 168.

[402]Ostrowski-Meissner, H. T. , D. F. Sinclair, I. Komang and W. Supratman. 1984. Blood analysis in clinical diagnosis of aflatoxicosis in ducks and chickens. *Proc World Poult Congr* 17:563 - 565.

[403]Osweiler, G. D. 1986. Mycotoxin diagnosis: A perspective. *Proc Am Assoc Vet Lab Diagn* 29:221 -229.

[404]Ottinger, M. A. and J. A. Doerr. 1980. The early influence of aflatoxin upon sexual maturation in the male Japanese quail. *Poult Sci* 59:1750 - 1754.

[405]Ottinger, M. A. and J. A. Doerr. 1980. The early influence of aflatoxin upon sexual maturation in the Japanese quail. *Poult Sci* 59:1750 - 1754.

[406]Overy, D. P. and J. C. Frisvad. 2005. Mycotoxin production and postharvest storage rot of ginger(*Zingiber officinale*) by *Penicillium brevicompactum*. *J Food Prot* 68:607 - 609.

[407]Page, R. K. , G. Stewart, R. Wyatt, R. Bush, O. J. Fletcher and J. Brown. 1980. Influence of low levels of ochratoxin A on egg production, egg-shell stains, and serum uric-acid levels in leghorn-type hens. *Avian Dis* 24:777 - 780.

[408]Palmgren, M. S. and A. W. Hayes. 1987. In: P. Krogh (eds.). Mycotoxins in Food. Academic Press: San Diego, CA, 56 - 96.

[409]Palyusik, M. , K. E. Kovacs and E. Guzsal. 1971. Effect of *Fusarium graminearum* on the semen production in geese and turkeys. *Magy Allatorv Lapja* 26: 300 - 303.

[410]Palyusik, M. , G. Nagy and L. Zoldag. 1974. The effect of different *Fusarium* species on the spermatogenesis in ganders. *Magy Allatorv Lapja* 8:551 -553.

[411]Palyusik, M. and E. K. Kovacs. 1975. Effect on laying geese of feeds containing the fusariotoxins T - 2 and

F2. *Acta Vet Acad Sci Hung* 25:363 - 368.

[412]Pande, V. V. , N. V. Kurkure and A. G. Bhandarkar. 2006. Effect of T - 2 toxin on growth, performance and haematobiochemical alterations in broilers. *Indian J Exp Biol* 44:86 - 88.

[413]Park, D. 1993. Perspectives on mycotoxin decontamination procedures. *Food Addit Contam* 10:49 - 60.

[414]Park, D. L. and T. C. Troxell. 2002. U. S. perspective on mycotoxin regulatory issues. *Adv Exp Med Biol* 504:277 - 285.

[415]Park, J. W. , S. H. Chung and Y. B. Kim. 2005. Ochratoxin A in Korean food commodities: occurrence and safety evaluation. *J Agric Food Chem* 53:4637 -4642.

[416]Parkhurst, C. R. , P. B. Hamilton and A. A. Ademoyero. 1992. Abnormal feathering of chicks caused by scirpenol mycotoxins differing in degree of acetylation. *Poult Sci* 71:833 - 837.

[417]Paster, N. , E. Pinthus and D. Reichman. 1987. A comparative study of the efficacy of calcium propionate, agrosil and adofeed as mold inhibitors in poultry feed. *Poult Sci* 66:858 - 860.

[418]Patterson, D. S. P. and B. A. Roberts. 1971. The *in vitro* reduction of aflatoxins B$_1$ and B$_2$ by soluble avian liver enzymes. *Food Cosmet Toxicol* 9:829 - 837.

[419]Patterson, D. S. P. and B. A. Roberts. 1972. Aflatoxin metabolism in duck liver homogenates: The relative importance of reversible cyclopentenone reduction and hemiacetal formation. *Food Cosmet Toxicol* 10:501 -512.

[420]Pearson, A. W. 1978. Biochemical changes produced by *Fusarium* T - 2 toxin in the chicken. *Res Vet Sci* 24:92 - 97.

[421]Peckham, J. C. , B. Doupnik, Jr. and O. H. Jones, Jr. 1971. Acute toxicity of ochratoxins A and B in chicks. *Appl Microbiol* 21:492 - 494.

[422]Peckham, M. C. 1984. In: M. S. Hofstad, H. J. Barnes, B. W. Calnek, W. M. Reid and J. H. W. Yoder(eds.). Diseases of Poultry, 8th ed. Iowa State University Press: Ames, IA, 799 - 804.

[423]Pegram, R. A. and R. D. Wyatt. 1979. Effect of dietary oosporein on broiler chickens. *Poult Sci* 58:1092.

[424]Pegram, R. A. and R. D. Wyatt. 1981. Avian gout caused by oosporein, a mycotoxin produced by *Chaetomium trilaterale*. *Poult Sci* 60:2429 - 2440.

[425]Pegram, R. A. , R. D. Wyatt and T. L. Smith. 1982. Oosporein toxicosis in the turkey poult. *Avian Dis* 26:47 - 59.

[426]Pegram, R. A. , R. D. Wyatt and H. L. Marks. 1986. The relationship of certain blood parameters to aflatoxin resistance in Japanese quail. *Poult Sci* 65:1652 - 1658.

[427]Perek, M. 1958. Ergot and ergot-like fungi as the cause of vesicular dermatitis(sod disease) in chickens. *J Am Vet Med Assoc* 132:529 - 533.

[428]Pier, A. C. and K. L. Heddleston. 1970. The effect of aflatoxin on immunity in turkeys. I. Impairment of actively acquired resistance to bacterial challenge. *Avian Dis* 14:797 - 809.

[429]Pier, A. C. , K. L. Heddleston, S. J. Cysewski and J. M. Patterson. 1972. Effect of aflatoxin on immunity in turkeys. II. Reversal of impaired resistance to bacterial infection by passive transfer of plasma. *Avian Dis* 16:381 - 387.

[430]Pier, A. C. 1973. Effects of aflatoxin on immunity. *J Am Vet Med Assoc* 163:1268 - 1269.

[431]Piva, A. and F. Galvano. 1999. Nutritional approaches to reduce the impact of mycotoxins. *Proc Alltech Ann Symp* 15:381 - 399.

[432]Pohland, A. E. and G. E. Wood. 1987. In: P. Krogh (eds.). Mycotoxins in Food. Academic Press: San Diego, CA, 35 - 64.

[433]Politis, I. , K. Fegeros, S. Nitsch, G. Schatzmayr and D. Kantas. 2005. Use of *Trichosporon mycotoxinivorans* to suppress the effects of ochratoxicosis on the immune system of broiler chicks. *Br Poult Sci* 46:58 - 65.

[434]Potchinsky, M. B. and S. E. Bloom. 1993. Selective aflatoxin B$_1$-induced sister chromatid exchanges and cytotoxicity in differentiating B and T lymphocytes *in vivo*. *Environ Mol Mutagen* 21.

[435]Pramanik, A. K. and H. M. Bhattacharya. 1987. Diseases of poultry in three districts of West Bengal affecting the rural economy. *Indian J Vet Med* 7:63 -65.

[436]Prathapkumar, S. H. , V. S. Rao, U. R. J. Paramkishan and R. V. Bhat. 1997. Disease outbreak in laying hens arising from the consumption of fumonisin-contaminated food. *Br Poult Sci* 38:475 - 479.

[437]Prelusky, D. B. , H. L. Trenholm, R. M. G. Hamilton and J. D. Miller. 1987. Transmission of [14C] deoxynivalenol to eggs following oral administration to laying hens. *J Agric Food Chem* 35:182 -186.

[438]Prior, M. G. and C. S. Sisodia. 1978. Ochratoxicosis in White Leghorn hens. *Poult Sci* 57:619 - 623.

[439]Prior, M. G. , C. S. Sisodia, J. B. O'Neil and F. Hrud-

ka. 1979. Effect of ochratoxin A on fertility and embryo viability of Japanese quail (*Coturinx coturnix japonica*). *Can J Comp Med* 59:605 - 609.

[440]Prior, M. G. , J. B. O' Neil and C. S. Sisodia. 1980. Effects of ochratoxin A on growth response and residues in broilers. *Poult Sci* 59:1254 - 1257.

[441]Prior, M. G. , C. S. Sisodia and J. B. O' Neil. 1981. Effects of ochratoxin A on egg production, body weight, and feed intake in White Leghorn hens. *Poult Sci* 60:1145 - 1148.

[442]Pruthi, A. K. , P. Batra and J. R. Sandana. 1992. Comparative studies on cell-mediated immune responses in herpesvirus of turkey vaccinated aflatoxin B1 fed and normally fed chickens. *Proc World Poult Congr.* 19: 15 - 20.

[443]Puls, R. and J. A. Greenway. 1976. Fusariotoxicosis from barley in British Columbia Ⅱ. Analysis and toxicity of suspected barley. *Can J Comp Med* 40:16 -19.

[444]Quezada, T. , H. Cuellar, F. Jaramillo - Juarz, A. G. Valdivia and J. L. Reyes. 2000. Effects of aflatoxin B₁ on the liver and kidney of broiler chickens during development. *Com Biochem Physiol C Toxicol Pharmacol* 125:265 - 272.

[445]Qureshi, M. A. and J. W. M. Hagler. 1992. Effect of fumonisin-B₁ exposure on chicken macrophage functions *in vitro*. *Poult Sci* 71:104 - 112.

[446]Qureshi, M. A. , J. D. Garlich, J. W. M. Hagler and D. Weinstock. 1995. *Fusarium proliferatum* culture material alters several production and immune performance parameters in White Leghorn chickens. *Immunopharmacol Immunotoxicol* 17:791 - 804.

[447]Rabie, C. J. , W. F. Marasas, P. G. Thiel, A. Lubben and R. Vleggaar. 1982. Moniliformin production and toxicity of different *Fusarium* species from Southern Africa. *Appl Environ Microbiol* 43:517 -521.

[448]Rafai, P. , A. Bata, Z. Papp and R. Glavits. 1998. Effects of T - 2 toxin contaminated feeds on the health and production of duck. *Proc European Poult Conf.* 10:342 - 346.

[449]Raju, M. V. and G. Devegowda. 2000. Influence of esterified-glucomannan on performance and organ morphology, serum biochemistry and haematology in broilers exposed to individual and combined mycotoxicosis(aflatoxin, ochratoxin and T - 2 toxin). *Br Poult Sci* 41:640 - 650.

[450]Raju, M. V. , S. V. Rama Rao, K. Radhika and A. K. Panda. 2005. Effect of amount and source of supplemental dietary vegetable oil on broiler chickens exposed to aflatoxicosis. *Br Poult Sci* 46:587 - 594.

[451]Rao, A. G. , P. K. Dehuri, S. K. Chand, S. C. Mishra, P. K. Mishra and B. C. Das. 1985. Aflatoxicosis in broiler chickens. *Indian J Poult Sci* 20:240 - 244.

[452]Rao, V. S. 1987. Persistent Ranikhet disease in a commercial broiler farm—a report. *Poult Advis* 20: 61 -65.

[453]Reams, R. Y. , H. L. Thacker, D. D. Harrington, M. N. Novilla, G. E. Rottinghaus, G. A. Bennett and J. Horn. 1997. A sudden death syndrome induced in poults and chicks fed diets containing *Fusarium fujikuroi* with known concentrations of moniliformin. *Avian Dis* 41: 20 - 35.

[454]Reddy, D. N. , P. V. Rao, V. R. Reddy and B. Yadgiri. 1984. Effect of selected levels of dietary aflatoxin on the performance of broiler chickens. *Indian J Anim Sci* 54:68 - 73.

[455]Reiss, J. 1977. Mycotoxins in foodstuffs. X. Production of citrinin by *Penicillium chtysogenum* in bread. *Food Cosmet Toxicol* 15:303 - 307.

[456]Renault, L. , M. Goujet, A. Monin, G. Boutin, M. Palisse and A. Alamagny. 1979. Suspected mycotoxicosis due to trichothecenes in broiler fowl. *Bull Acad Vet Fr* 52:181 - 188.

[457]Richard, J. L. , S. J. Cysewski, A. C. Pier and G. D. Booth. 1978. Comparison of effects of dietary T - 2 toxin on growth, immunogenic organs, antibody formation, and pathologic changes in turkeys and chickens. *Am J Vet Res* 39:1674 - 1679.

[458]Richard, J. L. , R. D. Stubblefield, R. D. Lyon, W. L. Peden, J. R. Thurston and R. B. Rimler. 1986. Distribution and clearance of aflatoxins B₁ amd M₁ in turkeys fed diets containing 50 or 150 ppb aflatoxin from naturally contaminated corn. *Avian Dis* 30:788 - 793.

[459]Richardson, K. E. , L. A. Nelson and P. B. Hamilton. 1987. Effect of dietary fat level on dose response relationships during aflatoxicosis in young chickens. *Poult Sci* 66:1470 - 1478.

[460]Richardson, K. E. , L. A. Nelson and P. B. Hamilton. 1987. Interaction of dietary protein level on dose response relationships during aflatoxicosis in young chickens. *Poult Sci* 66:969 - 976.

[461]Richardson, L. R. , S. Wilkes, J. Godwin and K. R. Pierce. 1962. Effect of moldy diet and moldy soybean meal on the growth of chicks and poults. *J Nutr* 78: 301 - 306.

[462] Roberts, W. T. and E. C. Mora. 1979. Hemorrhagic syndrome of chicks produced by *Penicillium citrinum* AUA - 532 contaminated corn. *Poult Sci* 58:

[463] Robison, T. S. , K. R. Reddy, S. B. Swanson and M. S. Chis. 1977. Metabolism of T - 2 toxin in poultry. University of Minnesota Annual Report to NC 129 (USDA)

[464] Roffe, T. J. , R. K. Stroud and R. M. Windingstad. 1989. Suspected fusariomycotoxicosis in sandhill cranes (*Grus canadensis*): Clinical and pathological findings. *Avian Dis* 33:451 - 457.

[465] Rotter, R. G. , R. R. Marquardt and G. H. Crow. 1985. A comparison of the effect of increasing dietary concentrations of wheat ergot on the performance of Leghorn and broiler chicks. *Can J Anim Sci* 65:963 - 974.

[466] Rotter, R. G. , R. R. Marquardt and J. C. Young. 1985. Effect of ergot from different sources and of fractionated ergot on the performance of growing chicks. *Can J Anim Sci* 65:953 - 961.

[467] Rotter, R. G. , R. R. Marquardt and J. C. Young. 1985. The ability of growing chicks to recover from short-term exposure to dietary wheat ergot and the effect of chemical and physical treatment on ergot toxicity. *Can J Anim Sci* 65:975 - 983.

[468] Ruff, M. D. , W. E. Huff and G. C. Wilkins. 1990. Characterization of the toxicity of the mycotoxins aflatoxin, ochratoxin, and T - 2 toxin in game birds. I. Chukar partridge. *Avian Dis* 34:717 - 720.

[469] Ruff, M. D. , W. E. Huff and M. B. Chute. 1992. Characterization of the toxicity of the mycotoxins aflatoxin, ochratoxin and T - 2 toxin in game birds. II. Ringneck pheasant. *Avian Dis* 36:30 - 33.

[470] Ruff, M. D. , W. E. Huff and G. C. Wilkins. 1992. Characterization of the toxicity of the mycotoxins aflatoxin, ochratoxin, and T - 2 toxin in game birds. III. Bobwhite and Japanese quail. *Avian Dis* 36:34 - 39.

[471] Sandhu, B. S. , H. Singh and B. Singh. 1995. Pathological studies in broiler chicks fed aflatoxin or ochratoxin and inoculated with inclusion body hepatitis virus singly and in concurrence. *Vet Res Commun* 19:27 -37.

[472] Santin, E. , A. C. Paulillo, P. C. Maiorka, A. C. Alessi, E. L. Krabbe and A. Maiorka. 2002. The effects of ochratoxin/aluminosilicate interaction on the tissues and humoral immune response of broilers. *Avian Pathol* 31:73 - 79.

[473] Sawhney, D. S. , D. V. Vadehra and R. C. Baker. 1973. The metabolism of [14C] aflatoxins in laying hens. *Poult Sci* 52:1302 - 1309.

[474] Sawhney, D. S. , D. V Vadehra and R. C. Baker. 1973. Aflatoxicosis in the laying Japanese quail (*Coturnix coturnix japonica*). *Poult Sci* 52:465 -473.

[475] Schaeffer, J. L. , J. K. Tyczkowski and P. B. Hamilton. 1987. Alterations in carotenoid metabolism during ochratoxicosis in young broiler chickens. *Poult Sci* 66:318 - 324.

[476] Schaeffer, J. L. , J. K. Tyczkowski and P. B. Hamilton. 1988. Depletion of oxycarotenoid pigments in chickens and the failure of aflatoxin to alter it. *Poult Sci* 67:1080 - 1088.

[477] Schaeffer, J. L. , J. K. Tyczkowski, J. E. Riviere and P. B. Hamilton. 1988. Aflatoxin-impaired ability to accumulate oxycarotenoid pigments during restoration in young chickens. *Poult Sci* 67:619 - 625.

[478] Schollenberger, M. , H. M. Muller, M. Rufle, S. Suchy, S. Planck and W. Drochner. 2005. Survey of *Fusarium* toxins in foodstuffs of plant origin marketed in Germany. *Int J Food Microbiol* 97:317 - 326.

[479] Schroeder, H. W. and W. H. Kelton. 1975. Production of sterigma-tocystin by some species of the genus *Aspergillus* and its toxicity to chicken embryos. *Appl Microbiol* 30:589 - 591.

[480] Schumaier, G. , H. M. DeVolt, N. C. Laffer and R. D. Creek. 1963. Stachybotryotoxicosis of chicks. *Poult Sci* 42:70 - 74.

[481] Scudamore, D. A. , S. Nawaz and M. T. Hetmanski. 1998. Mycotoxins in ingredients of animal feeding stuffs. II. Determination of mycotoxins in maize and maize products. *Food Additives and Contaminants: Analysis, Surveillance, Evaluation and Control* 15:30 -55.

[482] Sharlin, J. S. , B. Howarth, Jr. and R. D. Wyatt. 1980. Effect of dietary aflatoxin on reproductive performance of mature White Leghorn males. *Poult Sci* 59:1311 - 1315.

[483] Sharlin, J. S. , B. Howarth, Jr. , F. N. Thompson and R. D. Wyatt. 1981. Decreased reproductive potential and reduced feed consumption in mature White Leghorn males fed aflatoxin. *Poult Sci* 60:2701 -2708.

[484] Sheridan, J. J. 1980. Some observations on selected mycoses and mycotoxicoses affecting animals in Ireland. *Irish Vet J* 34:148 - 154.

[485] Shlosberg, A. , Y. Weisman, V. Handji, B. Yagen and L. Shore. 1984. A severe reduction in egg laying in a flock of hens associated with trichothecene mycotox-

ins in the feed. *Vet Hum Toxicol* 26:384 -386.

[486]Shlosberg, A. , N. Elkin, M. Malkinson, U. Orgad, V. Hanji, E. Bogin, Y. Weisman, M. Meroz and R. Bock. 1997. Severe hepatopathy in geese and broilers associated with ochratoxin in their feed. *Mycopathologia* 138:71 - 76.

[487]Shlosberg, A. S. , Y. Klinger and M. H. Malkinson. 1986. Muscovy ducklings, a particularly sensitive avian bioassay for T - 2 toxin and diacetoxyscirpenol. *Avian Dis* 30:820 - 824.

[488]Shotwell, O. L. , C. W. Hesseltine and M. L. Goulden. 1969. Ochratoxin A: Occurrence as natural contaminant of a corn sample. *Appl Microbiol* 17:765 -766.

[489]Shotwell, O. L. 1991. In: J. E. Smith and R. Henderson (eds.). Mycotoxins and Animal Foods. CRC Press: Boca Raton, FL, 325 - 340.

[490]Shoyinka, S. V. O. and E. O. Onyekweodiri. 1987. Clinico- pathology of interaction between aflatoxin and aspergillosis in chickens. *Bull Anim Health Prod Afr* 35:47 - 51.

[491]Siller, W. G. and D. C. Ostler. 1961. The histopathology of an entero-hepatic syndrome of turkey poults. *Vet Rec* 73:134 -138.

[492] Singh, A. , M. S. Oberoi, S. K. Jand and B. Singh. 1996. Epidemiology of inclusion body hepatitis in poultry in northern India from 1990 to 1994. *Rev Sci Tech* 15:1053 - 1060.

[493]Singh, G. S. , H. V. Chauhan, G. J. Jha and K. K. Singh. 1990. Immunosuppression due to chronic ochratoxicosis in broiler chicks. *J Comp Pathol* 103:399 - 410.

[494]Sklan, D. , E. Klipper, A. Friedman, M. Shelly and B. Makovsky. 2001. The effect of chronic feeding of diacetoxyscirpenol, T - 2 toxin, and aflatoxin on performance, health, and antibody production in chicks. *J Appl Poult Res* 10:79 - 85.

[495] Slowik, J. , S. Graczyk and J. A. Madej. 1985. The effect of a single dose of aflatoxin B_1 on the value of nucleolar index of blood lymphocytes and on histological changes in the liver, bursa of Fabricius, suprarenal glands and spleen in ducklings. *Folia Histochem Cytobiol* 23:71 - 79.

[496]Smith, E. E. , L. F. Kubena, C. E. Braithwaite, R. B. Harvey, T. D. Phillips and A. H. Reine. 1992. Toxicological evaluation of aflatoxin and cyclopiazonic acid in broiler chickens. *Poult Sci* 71:1136 - 1144.

[497]Smith, J. W. W. R. Prince and P. B. Hamilton. 1969.

Relationship of aflatoxicosis to *Salmonella gallinarum* infections of chickens. *Appl Microbiol* 18: 946 -947.

[498]Smith, J. W. and P. B. Hamilton. 1970. Aflatoxicosis in the broiler chicken. *Poult Sci* 49:207 -215.

[499]Smith, J. W. , C. H. Hill and P. B. Hamilton. 1971. The effect of dietary modifications on aflatoxicosis in the broiler chicken. *Poult Sci* 50:768 - 774.

[500]Sobers, E. K. and J. B. Doupnik. 1972. Relationship of pathogenicity to tobacco leaves and toxicity to chicks of isolates of *Alternaria longipes*. *Appl Microbiol* 23:313 - 315.

[501]Somvanshi, R. and G. C. Mohanty. 1991. Pathological studies on aflatoxicosis, infectious bursal disease and their interactions in chickens. *Indian J Vet Pathol* 15:10 - 16.

[502]Soni, K. B. , A. Rajan and R. Kuttan. 1992. Reversal of aflatoxin induced liver damage by turmeric and curcumin. *Cancer Lett* 66:115 - 121.

[503]Sova, Z. , L. Fukal, D. Trefny, J. Prosek and A. Slamova. 1986. B_1 aflatoxin (AFB1) transfer from reproductive organs of farm birds into their eggs and hatched young. *Conf Europeenne d 'Aviculture*. 7:602 - 603.

[504]Speers, G. M. , R. A. Meronuck, D. M. Barnes and C. J. Mirocha. 1971. Effect of feeding *Fusarium roseum* f. sp. graminearum contaminated corn and the mycotoxin F - 2 on the growing chick and laying hen. *Poult Sci* 50:627 - 633.

[505]Sreemannarayana, O. , R. R. Marquardt, A. A. Frohlich and F. A. Juck. 1986. Some acute biochemical and pathological changes in chicks after oral administration of sterigmatocystin. *J Am Coll Toxicol* 5: 275 -287.

[506]Sreemannarayana, O. , A. A. Frohlich and R. R. Marquardt. 1988. Effects of repeated intra-abdominal injections of sterigmatocystin on relative organ weights, concentration of serum and liver constituents, and histopathology of certain organs of the chick. *Poult Sci* 67:502 - 509.

[507] Stanley, V. G. , R. Ojo, S. Woldesenbet, D. H. Hutchinson and L. F. Kubena. 1993. The use of *Saccharomyces cerevisiae* to suppress the effects of aflatoxicosis in broiler chicks. *Poult Sci* 72:1867 - 1872.

[508]Stewart, R. G. , J. K. Skeeles, R. D. Wyatt, J. Brown, R. K. Page, I. D. Russell and P. D. Lukert. 1985. The effect of aflatoxin on complement activity in broiler chickens. *Poult Sci* 64:616 - 619

[509] Stoev, S. D. , H. Daskalov, B. Radic, A. M. Domijan and M. Peraica. 2002. Spontaneous mycotoxic nephropathy in Bulgarian chickens with unclarified mycotoxin aetiology. *Vet Res* 33:83 - 93.

[510] Stoev, S. D. , D. Djuvinov, T. Mirtcheva, D. Pavlov and P. Mantle. 2002. Studies on some feed additives giving partial protection against ochratoxin A toxicity in chicks. *Toxicol Lett* 135:33 - 50.

[511] Stoev, S. D. , V. Koynarsky and P. G. Mantle. 2002. Clinicomorphological studies in chicks fed ochratoxin A while simultaneously developing coccidiosis. *Vet Res Commun* 26:189 - 204.

[512] Stoev, S. D. , M. Stefanov, S. Denev, B. Radic, A. M. Domijan and M. Peraica. 2004. Experimental mycotoxicosis in chickens induced by ochratoxin A and penicillic acid and intervention with natural plant extracts. *Vet Res Commun* 28:727 - 746.

[513] Sugita-Konishi, Y. , M. Nakajima, S. Tabata, E. Ishikuro, T. Tanaka, H. Norizuki, Y. Itoh, K. Aoyama, K. Fujita, S. Kai and S. Kumagai. 2006. Occurrence of aflatoxins, ochratoxin A, and fumonisins in retail foods in Japan. *J Food Prot* 69:1365 - 1370.

[514] Sukspath, S. , R. C. Mulley and W. L. Bryan. 1990. Toxicity of cyclopiazonic acid in mature male chickens. *Proc Aust Poult Sci Symp*. 120.

[515] Svendsen, C. and E. Skadhauge. 1976. Renal functions in hens fed graded dietary levels of ochratoxin A. *Acta Pharmacol Toxicol* (Copenh) 38:186 - 194.

[516] Swamy, H. V. , T. K. Smith, P. F. Cotter, H. J. Boermans and A. E. Sefton. 2002. Effects of feeding blends of grains naturally contaminated with *Fusarium* mycotoxins on production and metabolism in broilers. *Poult Sci* 81:966 - 975.

[517] Swamy, H. V. , T. K. Smith and E. J. MacDonald. 2004. Effects of feeding blends of grains naturally contaminated with *Fusarium* mycotoxins on brain regional neurochemistry of starter pigs and broiler chickens. *J Anim Sci* 82:2131 - 2139.

[518] Swarbrick, O. and J. T. Swarbrick. 1968. Suspected ergotism in ducks. *Vet Rec* 82:76 - 77.

[519] Sypecka, Z. , M. Kelly and P. Brereton. 2004. Deoxynivalenol and zearalenone residues in eggs of laying hens fed with a naturally contaminated diet: effects on egg production and estimation of transmission rates from feed to eggs. *J Agric Food Chem* 52:5463 -5471.

[520] Tabib, T. , F. T. Jones and P. B. Hamilton. 1984. Effect of pelleting of poultry feed on the activity of molds and mold inhibitors. *Poult Sci* 63:70 - 75.

[521] Tabib, Z. , F. T. Jones and P. B. Hamilton. 1981. Microbiological quality of poultry feed and ingredients. *Poult Sci* 60:1392 - 1397.

[522] Terao, K. , K. Kera and T. Yazina. 1978. The effects of trichothecene toxins on the bursa of Fabricius in day-old chicks. *Virchows Arch B Cell Pathol* 27: 359 -370.

[523] Theron, J. J. , K. J. v. d. Merwe, N. Liebenberg, H. J. B. Joubert and W. Nel. 1966. Acute liver injury in ducklings and rats as a result of ochratoxin poisoning. *J Pathol Bacteriol* 91:521 - 529.

[524] Thirumala-Devi, K. , M. A. Mayo, G. Reddy and D. V Reddy. 2002. Occurrence of aflatoxins and ochratoxin A in Indian poultry feeds. *J Food Prot* 65: 1338 - 1340.

[525] Tohala, S. H. 1983. A study of ochratoxin toxicity in laying hens. *Diss Abstr B Sci Eng* 44:655.

[526] Toleman, W. J. 1981. Overcoming problems with bulk feed bins. *Poult Dig* 40:406 - 408.

[527] Tran, S. T. , D. Tardieu, A. Auvergne, J. D. Bailly, R. Babile, S. Durand, G. Benard and P. Guerre. 2006. Serum sphinganine and the sphinganine to sphingosine ratio as a biomarker of dietary fumonisins during chronic exposure in ducks. *Chem Biol Interact* 160: 41 -50.

[528] Trucksess, M. W. , L. Stoloff, K. Young, R. D. Wyatt and B. L. Miller. 1983. Aflatoxicol and aflatoxins Bl and M_1 in eggs and tissues of laying hens consuming aflatoxin-contaminated feed. *Poult Sci* 62:2176 -2182.

[529] Trucksess, M. W. , J. Giler, K. Young, K. D. White and S. W. Page. 1999. Determination and survey of ochratoxin A in wheat, barley, and coffee—1997. *J AOAC Intern* 82:85 - 89.

[530] Tung, H. T. , J. W. Smith and P. B. Hamilton. 1971. Aflatoxicosis and bruising in the chicken. *Poult Sci* 50:795 - 800.

[531] Tung, H. T. , F. W. Cook, R. K. Wyatt and P. B. Hamilton. 1975. The anemia caused by aflatoxin. *Poult Sci* 54:1962 - 1969.

[532] Tung, H. T. , R. D. Wyatt, P. Thaxton and P. B. Hamilton. 1975. Concentrations of serum proteins during aflatoxicosis. *Toxicol Appl Pharmacol* 34:320 - 326.

[533] Tyczkowski, J. K. and P. B. Hamilton. 1987. Altered metabolism of carotenoids during aflatoxicosis in young chickens. *Poult Sci* 66:1184 - 1188.

[534] Tyczkowski, J. K. and P. B. Hamilton. 1987. Metabo-

lism of lutein diester during aflatoxicosis in young chickens. *Poult Sci* 66:2011-2016.

[535]Tyczkowski,J. K. ,J. L. Schaeffer and P. B. Hamilton. 1991. Measurement of malabsorption of carotenoids in chickens with pale-bird syndrome. *Poult Sci* 70:2275-2279.

[536]Ubosi,C. O. ,W. B. Gross, P. B. Hamilton, M. Ehrich and P. B. Siegel. 1985. Aflatoxin effects in White Leghorn chickens selected for response to sheep erythrocyte antigen. 2. Serological and organ characteristics. *Poult Sci* 64:1071-1076.

[537]Ubosi,C. O. , P. B. Hamilton, E. A. Dunnington and P. B. Siegel. 1985. Aflatoxin effects in White Leghorn chickens selected for response to sheep erythrocyte antigen. 1. Body weight,feed conversion,and temperature responses. *Poult Sci* 64:1065-1070.

[538]Ueno,Y. 1977. Mode of action of trichothecenes. *Pure Appl Chem* 49:1737-1745.

[539]Ueno,Y. ,K. Ishii,M. Sawano,K. Ohtsubo, Y. Matsuda,T. Tanaka, H. Kurata and M. Ichinoe. 1977. Toxicological approaches to the metabolites of Fusaria. XI. Trichothecenes and zearalenone from river sediments. *Jpn J Exp Med* 47:177-184.

[540]Umesh,D. , V. N. Rao and H. C. Joshi. 1993. Effect of acute aflatoxin B_l feeding on serum mineral profile in chickens. *Indian J Vet Med* 13:64-65.

[541]Uraguchi,K. and M. Yamazaki. 1978. Toxicology, Biochemistry and Pathology of Mycotoxins. New York Halsted Press,John Wiley and Sons,1-106.

[542]Valdivia,A. G. , A. Martinez, F. J. Damian, T. Queza, R. Ortiz, C. Martinez, J. Llamas, M. L. Rodriquez, L. Yamamota,F. Jaramillo, J. G. Loarca-Pina and J. L. Reyes. 2001. Efficacy of Nacetylcysteine to reduce the effects of aflatoxin B_l intoxication in broiler chickens. *Poult Sci* 80:727-734.

[543]Valenta,H. and S. Danicke. 2005. Study on the transmission of deoxynivalenol and de-epoxy-deoxynivalenol into eggs of laying hens using a high-performance liquid chromatography-ultraviolet method with clean-up by immunoaffinity columns. *Mol Nutr Food Res* 49:779-785.

[544]Varga,I. and A. Vanyi. 1992. Interaction of T-2 fusariotoxin with anticoccidial efficacy of lasalocid in chickens. *Int J Parasitol* 22:523-525.

[545]Venkatesh,P. K. ,S. Vairamuthu,C. Balachandran,B. M. Manohar and G. D. Raj. 2005. Induction of apoptosis by fungal culture materials containing cyclopiazonic

acid and T-2 toxin in primary lymphoid organs of broiler chickens. *Mycopathologia* 159:393-400.

[546]Verma, J. , T. S. Johri, B. K. Swain and S. Ameena. 2004. Effect of graded levels of aflatoxin,ochratoxin and their combinations on the performance and immune response of broilers. *Br Poult Sci* 45:512-518.

[547]Vesonder,R. F. , A. Ciegler, A. H. Jensen, W. K. Rohwedder and D. Weisleder. 1976. Co-identity of the refusal and emetic principle from *Fusarium*-infected corn. *Appl Environ Microbiol* 31:280-285.

[548]Vesonder,R. F. and W. Wu. 1998. Correlation of moniliformin,but not fumonisin B_l levels,in culture materials of *Fusarium* isolates to acute death in ducklings. *Poult Sci* 77:67-72.

[549]Visconti,A. and A. Bottalico. 1983. High levels of ochratoxins A and B in moldy bread responsible for mycotoxicosis in farm animals. *J Agric Food Chem* 31:1122-1123.

[550]Voss,K. A. ,J. W. Dorner and R. J. Cole. 1993. Amelioration of aflatoxicosis in rats by Volclay NF-BC,microfine bentonite. *J Food Protect* 56:595-598.

[551]Walser,M. M. ,N. K. Allen,C. J. Mirocha,G. F. Hanlon and J. A. Newman. 1982. *Fusarium*-induced osteochondrosis(tibial dyschondroplasia)in chickens. *Vet Pathol* 19:544-550.

[552]Wannop,C. C. 1961. The histopathology of turkey "x" disease in Great Britain. *Avian Dis* 5:371-381.

[553]Warren,M. F. and P. B. Hamilton. 1980. Intestinal fragility during ochratoxicosis and aflatoxicosis in broiler chickens. *Appl Environ Microbiol* 40:641-645.

[554]Warren, M. F. and P. B. Hamilton. 1981. Glycogen storage disease type X caused by ochratoxin A in broiler chickens. *Poult Sci* 60:120-123.

[555]Weibking, T. , D. R. Ledoux, A. J. Bermudez, J. R. Turk and G. E. Rottinghaus. 1993. Effects of feeding *Fusarium moniliforme* culture material containing known levels of fumonisin B_l on the young broiler chick. *Poult Sci* 72:456-466.

[556]Weibking, T. , D. R. Ledoux, T. P. Brown and G. E. Rottinghaus. 1993. Fumonisin toxicity in turkey poults. *J Vet Diagn Invest* 5:75-83.

[557]Weibking, T. , D. R. Ledoux, A. J. Bermudez, J. R. Turk and G. E. Rottinghaus. 1995. Effects on turkey poults of feeding *Fusarium* moniliforme M-1325 culture material grown under different environmental conditions. *Avian Dis* 39:32-38.

[558]Whitaker, T. B. 2003. Detecting mycotoxins in agricul-

tural commodities. *Mol Biotechnol* 23:61 - 71.

[559]Williams,C. M. ,W. M. Colwell and L. P. Rose. 1980. Genetic resistance of chickens to aflatoxin assessed with organ - culture techniques. *Avian Dis* 24: 415 -422.

[560]Wilson,B. J. and R. D. Harbison. 1973. Rubratoxins. *J Am Vet Med Assoc* 163:1274 - 1275.

[561]Wilson,H. R. ,C. R. Douglas,R. H. Harms and G. T. Edds. 1975. Reduction of aflatoxin effects of quail. *Poult Sci* 54:923 - 925.

[562]Witlock,D. R. and R. D. Wyatt. 1981. Effect of dietary aflatoxin on hemostasis of young turkey poults. *Poult Sci* 60:528 - 531.

[563] Witlock, D. R. , R. D. Wyatt and W. I. Anderson. 1982. Relationship between *Eimeria adenoeides* infection and aflatoxicosis in turkey poults. *Poult Sci* 61: 1293 - 1297.

[564]Wright, G. C. J. , W. F. O. Marasas and L. Sokoloff. 1987. Effect of fusarochromanone and T - 2 toxin on articular chondrocytes in monolayer culture. *Fundam Appl Toxicol* 9:595 - 597.

[565]Wu,Q. C. ,M. E. Cook and E. B. Smalley. 1993. Tibial dyschondroplasia of chickens induced by fusarochromanone,a mycotoxin. *Avian Dis* 302 - 309.

[566]Wu,Q. C. ,M. E. Cook and E. B. Smalley. 1995. Induction of tibial dyschondroplasia and suppression of cell-mediated immunity in chicken by *Fusarium oxysporum* grown on sterile corn. *Avian Dis* 39:100 -107.

[567]Wyatt,R. D. and P. B. Hamilton. 1972. The effect of rubratoxin in broiler chickens. *Poult Sci* 51: 1383 -1387.

[568]Wyatt,R. D. ,J. R. Harris,P. B. Hamilton and H. R. Burmeister. 1972. Possible outbreaks of fusariotoxicosis in avians. *Avian Dis* 16:1123 - 1130.

[569]Wyatt,R. D. ,B. A. Weeks,P. B. Hamilton and H. R. Burmeister. 1972. Severe oral lesions in chickens caused by ingestion of dietary fusariotoxin T - 2. *Appl Microbiol* 24:251 - 257.

[570]Wyatt,R. D. ,D. M. Briggs and P. B. Hamilton. 1973. The effect of dietary aflatoxin on mature broiler breeder males. *Poult Sci* 52:1119 - 1123.

[571]Wyatt,R. D. , W. M. Colwell,P. B. Hamilton and H. R. Burmeister. 1973. Neural disturbances in chickens caused by dietary T - 2 toxin. *Appl Microbiol* 26: 757 -761.

[572]Wyatt,R. D. ,P. B. Hamilton and H. R. Burmeister. 1973. The effects of T - 2 toxin in broiler chickens. *Poult Sci* 52:1853 - 1859.

[573]Wyatt,R. D. ,J. A. Doerr,P. B. Hamilton and H. R. Burmeister. 1975. Egg production,shell thickness,and other physiological parameters of laying hens affected by T - 2 toxin. *Appl Microbiol* 29:641 - 645.

[574]Wyatt,R. D. and P. B. Hamilton. 1975. Interaction between aflatoxicosis and a natural infection of chickens with *Salmonella*. *Appl Microbiol* 30:870 - 872.

[575]Wyatt,R. D. , H. L. Marks and R. O. Manning. 1978. Recovery of laying hens from T - 2 toxicosis [Abstr]. *Poult Sci* 57:1172.

[576]Wyatt,R. D. ,R. O. Manning,R. A. Pegram and H. L. Marks. 1984. Characterization of oosporein toxicosis in mature laying hens [Abstr]. *Poult Sci* 63:210.

[577]Wyatt,R. D. 1986. Mycotoxicosis of poultry—successful prevention and control. Proceedings,Coban Technical Seminar. 1 - 10.

[578]Wyatt,R. D. 1991. In: J. E. Smith and R. Henderson (eds.). Mycotoxins and Animal Foods. CRC Press: Boca Raton,FL,553 - 605.

[579] Yoshizawa, T. , S. P. Swanson and C. J. Mirocha. 1980. T - 2 metabolites in the excreta of broiler chickens administered 3H-labeled T - 2 toxin. *Appl Environ Microbiol* 39:1172 - 1177.

[580]Yoshizawa,T. 1991. In: J. E. Smith and R. Henderson (eds.). Mycotoxins and Animal Foods. CRC Press: Boca Raton,FL,301 - 324.

[581]Young,J. C. and R. R. Marquardt. 1982. Effects of ergotamine tartrate on growing chickens. *Can J Anim Sci* 62:1181 - 1191.

[582]Zdenek,Z. ,Z. Fukal,J. Prosek,A. Slamova and J. Vopalka. 1986. B$_1$ aflatoxin(AFB1) transfer from reproductive organs of farm birds into their eggs and hatched young [Abstr]. *Conf Europeene d' Aviculture*. 7:618.

[583]Zhang,H. and J. L. Li. 1990. Study on toxicological mechanism of moniliformin [Abstr]. *J Toxicol Toxin Rev* 9:103.

第 32 章

其他毒素与毒物
Other Toxins and Poisons

Richard M.Fulton

引言（Introduction）

早在 400 年前，Paracelsus 就认识到"引起中毒有一定的剂量界限"。这点对已知的毒性物质是很明显的，但某些比较温和的物质通常被认为是安全的产品，诸如促生长剂和化疗药物。粗心或故意导致过量时，可引发疾病。在饮水或者饲料中投放药物时，常因弄错小数点而导致中毒。复杂的家禽日粮配比，加工饲料的装备，饲料运送到养殖场，在这些环节中，日粮任何一种成分的添加都可能会出错，使添加量比需求量高，这点可由人为因素和机械故障而引起。此外，发生中毒时还要考虑中毒前有无并发感染，有无接种疫苗和环境接触史。这些通常导致多因素的与感染、环境和疾病管理相关的综合性临床症状，而不是单纯的中毒症状。另外，家禽的一些高致病性病原和环境疾病可使死亡率快速升高，所以只怀疑急性中毒是不正确的。

例如，对于肉鸡，即使按推荐剂量使用磺胺喹噁啉，也因鸡舍高温大量饮水（尤其在炎热季节），或因饲料混拌不均匀而发生中毒。某些营养物质达到中毒剂量时也可致病，例如日粮中过量的钠对全世界的鸡和火鸡造成了巨大的损失。高剂量的维生素 A 和 D 是有毒的。某些化合物中毒具有畜禽种属或年龄差异性，而有些化合物对无直接接触史的畜禽具有高敏致毒性。禽类对离子载体类抗球虫药通常存在种属和年龄敏感性差异。有些药物的剂量对鸡和火鸡是安全的，但对水禽是有毒的。许多毒物能影响禽体的免疫系统。毒物除了引起疾病外，

还可引发蛋和肉的残留问题。有关美国批准上市药、停药时间、药物和化学物质残留方面的信息可参阅 Booth 的资料[31]，www. fda. gov/cvm/greenbook. html，www. compasnac. com，或参阅《现代常用饲料添加剂手册》。在停药时间方面，务必记住的是毒物在产蛋前 10 天已开始在卵黄中蓄积。

毒物广泛分布于自然界，前面章节所述及的真菌毒素对养禽业有很大危害性，但毒物也可由细菌产生（如肉毒杆菌毒素、甲基汞、有毒胺类）或自然存在（如硒、植物毒素）。杀虫剂、除草剂和其他化学合成药、金属（如铅）以及工业污染物均可列入有毒物质这一栏内。为了研究很多化学制品和医用药物的毒性，往往将它们加入饲料和饮水中饲喂家禽。除自然中毒和医源性中毒外，家禽的实验性中毒不包括在本章内。

虽然有些毒物和毒素（如铅、杀虫剂和肉毒毒素）对野禽影响很大，但在大多数国家，毒物和毒素不是引发禽病和造成生产损失的主要原因。然而，1985 年 Terzic 和 Curic[318] 报道，在贝尔格莱德兽医院 17 年所记录的 2 065 例中毒病例中，40％是家禽中毒。2005 年 Sharpe 和 Livesey[288] 报道，在英国和威尔士兽医实验所诊断的 876 例食物中毒病例中，1.4％是禽中毒，且大部分病例是水禽铅中毒。散养和庭养的家禽，或乡村养的家禽，由于在临近的花园或田间采食，或采食家用废弃物，或采食从路边和野外割的杂草，因而更易发生中毒。平养和笼养鸡垫料的污染是非网上饲养鸡的另一毒素来源。与其他疾病相比，中毒疑似病例更易送到诊断实验室进行检查，所以实验室统计数据不能精确地反映中毒的相对发病率。

本章根据主要用途对毒物进行了分类。毒物能使肉鸡和火鸡的生长迟缓，产蛋鸡的产蛋量下降，而这类毒物的中毒剂量见表 32.1.

抗菌药、抗球虫药和促生长剂
(Antimicrobials, Anticoccidials, and Growth Promotants)

许多有关化学治疗药中毒的报道都涉及离子载体类抗球虫药或促生长剂的使用不当或使用过量。家禽和鸽的各种化学治疗药中毒也有报道[266,267]。

磺胺类药 (*Sulfonamides*)

20 世纪 40 年代初到 50 年代末，磺胺类药是防治家禽球虫病的主要药物。其中以磺胺喹噁啉和磺胺二甲嘧啶应用最广。家禽磺胺类药的中毒量与治疗量很接近，甚至治疗量对造血和免疫系统也有毒性作用。早期低剂量或连续性预防给药，对后期的高剂量给药有保护性预防作用[96]。

磺胺类药在饲料中很难混合均匀，在酸性水中的溶解度低。基于磺胺类药的这些特性，所以即使按正确的治疗剂量将其添加到饲料和水中时，也可能引起某些鸡中毒。预防剂量中毒的可能性小。通过饲料和饮水给药时，要精确计算饲料和水的消耗量，以便使每只鸡得到正确的日剂量。在现代养殖业中，人们常按照肉鸡的体能而不是根据其代谢需求来添加饲料，所以在不控制饮食的情况下，就会发生磺胺中毒，特别是在高温环境和闷热鸡舍中水消耗增加时更常见。对于肉鸡，前面章节的作者建议使用治疗量的 1/2，当温度超过 27℃（81℉）时，饮水中给予治疗量的 1/3。在未进行剖检确定鸡是否发生磺胺中毒的情况下，反复用药是很危险的，因此不建议这么做。即使是较新的所谓安全的磺胺药，也应慎用[61,267]。无论如何磺胺药不能在水和饲料中同时应用。酸性水中的溶解度低下会延缓磺胺药在饮水系统中的清除速度，从而导致在规定的休药期后还能在肉制品和蛋中检测出一定浓度的药物残留。

广泛使用磺胺类药常导致出血性综合征，这是磺胺中毒的一个表征，甚至在使用治疗剂量（或高

表 32.1 能使肉鸡和火鸡生长迟缓、产蛋鸡产蛋量下降的毒物在饲料中的中毒剂量

毒 物	肉鸡	火鸡	产蛋鸡
抗菌药与促生长剂			
磺胺二甲氧嘧啶（%水中）	NA[a]	NA	0.05
磺胺喹噁啉（%）	NA	NA	1.10
硝卡巴嗪（mg/kg）	NA	NA	70
对氨苯基胂酸（mg/kg）	1 000	400	NA
硝苯胂酸（mg/kg）	300	600	NA
罗沙胂（mg/kg）	90	550	NA
营养素，与饲料和水相关的其他毒物			
铝（%）	0.30	0.30	0.15
砷（无机五氧化物）（mg/kg）	40	40	40
硼（mg/kg）	435	435	870
硼酸（mg/kg）	2 500	2 500	5 000
镉（mg/kg）	400	400	8~60
铜（mg/kg）	500~1 000	500~1 000	1 000
氟化物（mg/kg）	1 300	1 300	1 300
碘（mg/kg）	500	500	300
铁（mg/kg）	200~2 000	200~2 000	NA
铅（醋酸盐）（mg/kg）	630	630	630
汞（mg/kg）	50	50	5
钼（mg/kg）	200	200	200
钾（%）	0.90	0.90	NA
硒（mg/kg）	5	5	80
钠（%）	0.80	0.80	0.80
氯化钠（%）	2.0	2.0	2.0
钨（mg/kg）	1 000	1 000	1 000
钒（mg/kg）	6	6	20~30
锌（mg/kg）	NA	NA	20 000
其他			
氨（ppm）（μl/L）	50	25	75

[a] NA—无资料。资料来源：文献 77, 235, 236

于治疗剂量）时也会发生这种情况。除了引发恶病质、骨髓抑制和血小板减少外，磺胺类药还抑制禽类淋巴系统和免疫系统的功能。将添加磺胺药的家禽日粮投喂家畜，或通过饮水给药治疗时，会引发更严重的出血和出血性素质。磺胺中毒死亡后，鸡组织器官中常发生局灶性细菌性肉芽肿。药物直接

影响或药物性贫血继发缺氧时，常引起肝、肾和其他器官中上皮样组织的坏死。鸡蛋上市前确定蛋鸡的休药期时，应考虑产蛋前 10 天蛋黄中药物的残留[29]。

症状

鸡和火鸡发生磺胺类药中毒时，表现为精神沉郁、苍白和体重减轻。成年鸡的产蛋量和蛋壳质量明显下降，褐壳蛋褪色[68,242]。磺胺中毒常继发的细菌性感染有败血病和坏疽性皮炎[61]。

病理变化

眼观和组织学病变的描述见文献 61，68 和 97。

磺胺中毒最一致和广泛的眼观病变是皮肤、肌肉和内脏器官出血。鸡冠、眼睑、面部、肉垂、眼前房以及胸和腿部肌肉可能出血。在生长期，骨髓由正常的深红色变成粉红色（轻症）和黄色（重症）。整个肠道出现出血性淤点和淤斑，盲肠腔含有血液。腺胃和肌胃角质层下也可能出血。腺胃和肌胃连接处发生溃疡。肝脏肿大，淡红色或黄疸，有散在的淤点和局灶性坏死。脾脏常肿大，发生出血性梗死，并有灰色结节病变区。心肌发生"漆刷"样出血。胸腺和法氏囊萎缩。

组织学变化有肝、脾、肺和肾脏出现由巨细胞包围的干酪样坏死区。坏死灶外周出现淋巴细胞和异嗜细胞浸润。脾鞘周围淋巴细胞稀少，被膜发生水肿并有纤维组织形成。巨噬细胞内含有含铁血黄素。肝脏早期的病变为胆管增生，门脉周有单核细胞浸融。坏死区有含铁血黄素沉积，门静脉血管内有血栓形成。肾脏的早期病变为间质发生淋巴细胞浸融，但这可能与并发感染有关。肾小管上皮发生变性和坏死，并出现透明管型。肾小球肿大，肾小球囊扩张并充满透明管型。肺充血，肺小叶间组织和肺间质发生水肿。间质组织含有单核细胞浸润灶。法氏囊滤泡中的淋巴细胞发生变性和坏死，滤泡缺失。

在股骨骨髓，发生窦内红细胞生成减少、血小板减少和粒细胞缺乏，窦外淋巴细胞局灶性增加。在有些病例，出现骨髓细胞形成增加。有些病灶区也出现透明化、坏死和纤维组织形成。此外，还发生含铁血黄色沉积和窦外水肿。

硝基呋喃类（Nitrofurans）

有些国家禁止使用硝基呋喃类药。雏鸡呋喃西林（NFZ）中毒的主要症状包括精神沉郁、运动失调、羽毛粗乱和生长抑制[242]。生长不良可能与厌食有一定的关系，因为随着呋喃西林剂量的增加，饲料消耗下降。雏鸭呋喃西林中毒时，不表现临床症状而突然死亡。曾报道，雏鸡和小火鸡发生急性中毒时出现神经症状和过度兴奋，表现为尖叫、角弓反张、无目的飞窜、惊厥。饲喂未添加药的饲料和饮水后数小时内，呋喃西林急性中毒的神经症状会消失。慢性中毒时，雄性肉用种鸡表现为性成熟推迟，但这具有可复性[10,299]。

呋喃唑酮（FZ）中毒主要影响火鸡、鸡和鸭的心脏[58,213]。呋喃唑酮中毒具有明显的个体和年龄差异。饲喂含 400～700mg/kg 呋喃唑酮的饲料时，对某些幼火鸡、雏鸡和雏鸭的心脏并无损害，生长良好。相反，有些家禽出现生长不良，发生腹水以及与心衰有关的症状。临床症状的严重程度和发病率与中毒剂量相关。中毒雏鸭可康复[334]。临床资料表明，呋喃唑酮可引发雏鸡和幼火鸡的神经症状，还可使雄性种禽发生不育[266]。

呋喃唑酮可引起剂量依赖性的双侧性心室性心肌病，表现为心室显著扩张，右心室或左心室壁变薄。继发性心衰可导致肺被动性充血和水肿，引发肝脏和其他器官明显充血，还可导致腹水（与心衰主要发生于左侧还是右侧有关）。3 周龄以内的幼禽，常发生明显肥大性右心衰竭[167]。

由呋喃唑酮诱发的火鸡心肌病很难与火鸡自发性心肌病（STC）相区别。火鸡自发性心肌病的病因不明，临床上，可能与快速生长、低血清蛋白和应激因素（如孵化器缺氧、通风不良、育雏室的烟雾）有关，且这些因素可诱发局部缺血性心肌病。高剂量呋喃唑酮引发扩张性心肌病的机理尚不清楚[127]。

大多数组织学病变都是由心衰所致。心脏病变包括水肿、心肌纤维变细、多灶性心肌细胞溶解和结缔组织增生。心外膜发生纤维变性，心内膜发生纤维弹性组织增生。超微结构变化包括肌原纤维溶解、Z 带物质凝聚成块及心肌纤维糖原增加。心肌酶水平随组织病变而发生变化。

氨基糖苷类抗生素（*Aminoglycoside Antibiotics*）

皮下注射庆大霉素（一种氨基糖苷类药物）可引起幼火鸡精神沉郁，注射部位水肿和出血，肾脏肿大、苍白和发炎[25,276]。氨基糖苷类和其他抗生素接种鸡胚时，可引起鸡胚死亡。肌注硫酸链霉素和硫酸双氢链霉素治疗幼火鸡鼻窦炎时，可引起呼吸可能、轻瘫以及轻度惊厥[266,267]。

离子载体类抗生素（*Ionophore Antibiotics*）

离子载体可促进一些单价阳离子（如钠和钾）和二价阳离子（如钙和镁）通过细胞膜的运动。离子载体类抗生素具有抗球虫和抗菌活性，并被广泛应用于鸡和反刍动物的饲料中。离子载体类抗生素能够优先将离子（一般是钠离子）转运进入不同发育阶段寄生虫的体内，所以它具有抗球虫作用。

中毒剂量的离子载体类抗生素可引起钾离子离开细胞，钙离子进入细胞，特别是肌细胞，从而导致细胞死亡。中毒症状与胞外高钾和胞内（线粒体内）高钙有关。有关莫能菌素代谢和毒性的详细信息可参考文献 31、38 和 234。离子载体类抗生素中毒具有种属和年龄差异性。马属动物非常敏感，成年家禽（尤其是火鸡）比肉鸡更敏感[130,151,288]。同族抗生素具有协同作用[323]。一些非同族抗生素、其他药物[33,39,80,185,246,252,266]以及低蛋白日粮[267]可能会加剧离子载体类抗生素的毒性。因腹泻、水和/或饲料中水分丢失所引发的脱水可促进毒性作用[46,124]。莫能菌素、拉沙里菌素、盐霉素和甲基盐霉素能引起家禽、珍珠鸡、鹌鹑和其他品种禽中毒[64,124,132,204,255,283,288,336]。已报道，马属动物和其他哺乳动物误食含有离子载体类抗生素的禽料时，可发生致死性中毒。禽类对饲料中离子载体类抗生素具有适应性抵抗力，其敏感性与年龄呈负相关，但未接触过药的成年禽比接触过药的幼禽更敏感。

症状

临床症状不一，表现为厌食、精神沉郁、无力、不愿活动，甚至完全麻痹，此时病禽胸部着地俯卧，颈腿伸展。症状较轻的病禽出现后肢麻

痹，两腿后伸。成年火鸡发病时表现呼吸困难（图 32.1）。症状与肌肉损伤有关。病禽一般死于呼吸衰竭和继发性脱水，死亡率不定，但超过70%[102]。某些疑似病例中，火鸡发病率低，仅有少数幼火鸡发生麻痹症状。这种病征常常称作"倒瘫综合征（*knockdown syndrome*）"[46]。小火鸡肉毒中毒也表现出类似的症状。此外，还可表现为产蛋下降[336]、孵化率下降和弱雏[247]。

图 32.1　急性离子载体类抗生素中毒。病禽表现为呼吸困难和翅膀下垂，类似于热应激的症状。(Barnes)

病理变化

亚慢性莫能菌素中毒[329]可导致心外膜上出现不透明的纤维素斑，冠状沟脂肪出血以及肝脏重量减轻。急性中毒的火鸡主要表现为腿和背部Ⅰ型纤维苍白和萎缩，这与莫能菌素的使用有关[24,250,328]。然而，摄取高剂量莫能菌素的种禽，常缺乏临床症状和眼观病变[102]。

心肌和骨骼肌的组织学病变包括肌肉发生弥散性透明样变和坏死，肌纤维变性、坏死。气管平滑肌病变时，病禽常表现出呼吸道症状。Ⅰ型纤维可能选择性地受到影响[132]。病变区出现异嗜细胞、巨噬细胞，偶见淋巴细胞。中毒剂量低，或毒物与其他药物相互作用时，病变区常出现大量的含卫星核（satellite nuclei）或肌膜核（sarcolemmmal nuclei）的细胞，说明组织发生再生（图 32.2）。已有人报道了超微结构的变化[323]。拉沙里菌素中毒时，外周神经病变以水肿、脱髓鞘、轴突变性及神经膜细胞明显的肥大和增生为特征[124]。

鉴别诊断

由于存在明显的个体、年龄和种属易感性差异，且其他药物可加剧离子载体类抗生素的毒性作

率降低[18,164,191]。硝卡巴嗪在饲料中的浓度达到150mg/kg时可抑制生长，甚至按推荐剂量使用时，还可增加体内代谢率和产热量[20,266,342]，从而使成年肉鸡对热应激和肺动脉高压综合征更加敏感。一般情况下，没有眼观病变，但可引发肝和肾上皮细胞变性[242,267]。硝苯尼特（双二硫）可引起神经症状，但可很快康复[242]。卤夫酮（速丹）可使鸭、鹅和石鸡生长迟缓、存活率下降[21,96]，并可降低鸡皮肤强度[122,208]。叔丁氨基乙醇可引起胆碱缺乏，从而使生长率降低。

抗原虫药（*Antiprotozoals*）

有机砷类和咪唑类药物，如二甲硝咪唑（迪美唑、达美素）用于治疗组织滴虫病，可引起鹅、鸭、鸽和火鸡生长受阻、产蛋量下降、神经症状（共济失调、运动障碍和震颤）、抽搐和死亡[266,267,270]。对其他禽类安全的剂量可能会引起水禽中毒。盐酸奎钠克林（阿的平）常用于治疗鸽变形血原虫感染，其致死剂量约为50mg/kg。

有机砷和咪唑类饲料添加剂（*Organic Arsenical and Imidazole Feed Additives*）

苯胂酸类化合物，如阿散酸（对氨苯基胂酸）、胂酸钠、罗沙胂（3-硝基-4-羟基苯胂酸）和硝苯胂酸（4-硝基苯胂酸，Histostat-50）可用于提高家畜饲料利用率。对脲基苯胂酸（碳酸苯胂，卡巴胂）和二甲硝咪唑（1，2-二甲基-5-硝基咪唑，迪美唑，达美素）可用于预防和控制组织滴虫病。因粗心或故意导致用药过量，或用药过程中畜禽发生脱水时，可引起中毒[234]。使用2倍推荐剂量的罗沙胂可引发火鸡外周神经病，从而导致跛行[349]。当肉鸡摄取10倍于推荐剂量的罗沙胂（促生长剂）时，可发生由无机三价亚砷酸盐中毒导致的肝损伤。肝脏病变发生的原因可能是：有机砷化合物被降解并还原为三价砷而引起；或更有可能的是无机砷经胆汁分泌成为污染物而引起[287]。半胱氨酸可加剧中毒，可能是将砷还原为更毒的三价砷所致。

症状

一般表现为共济失调和运动障碍，但生长受阻

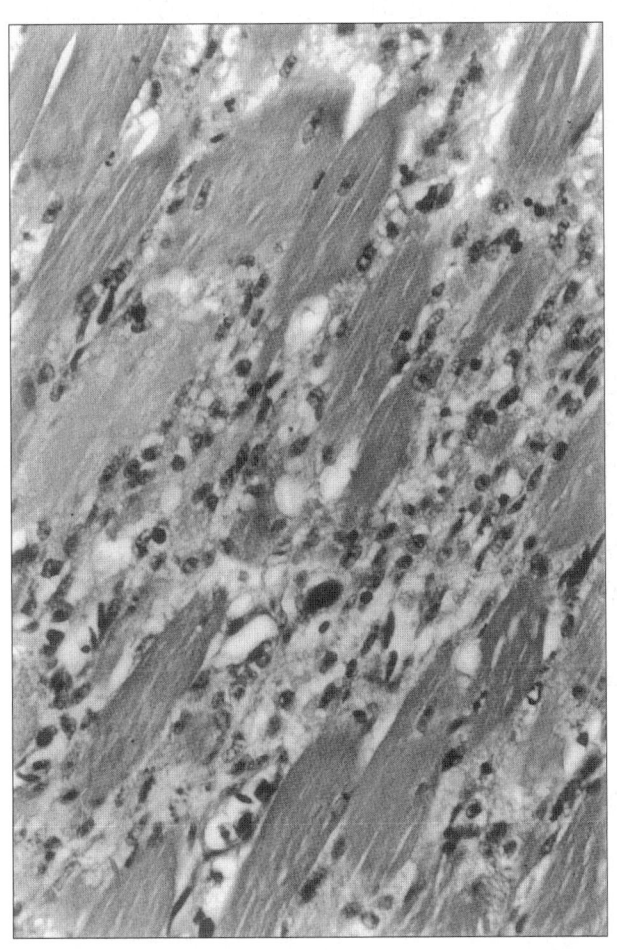

图32.2 患"倒瘫综合征"小火鸡的肌肉。肌肉发生局灶性坏死和炎症，且卫星核和肌膜核增加，说明组织出现再生

用，所以，如果临床症状和组织学变化显示了离子载体类抗生素中毒，即使离子载体类抗生素的剂量正常也不容忽视。血清或血浆中肌酶含量的升高可用于鉴别离子载体类抗生素中毒和肉毒中毒[223]。离子载体类抗生素中毒必须与维生素E/硒缺乏，以及山扁豆（番泻叶）中毒相区别，因为它们也能引起类似的症状和病变。

其他抗球虫药（*Other Anticoccidials*）

3，5-二硝基邻甲苯酰胺（二硝基甲苯胺、二硝托胺、DNOT、柔林、二硝甲苯酰胺）可引起共济失调、斜颈、运动不协调及生长迟缓[165,242,266]。双硝苯脲二甲嘧啶醇（硝卡巴嗪）可使肉鸡精神倦怠、迟钝和共济失调；成年鸡则出现产蛋量下降、蛋壳变色、蛋黄斑纹现象（yolk mottling）及孵化

和精神沉郁也可成为明显的症状。雏火鸡会发生明显的跛行。

病理变化

发病禽一般体型小，且消化道空虚，但缺乏眼观病变。组织学变化包括外周神经髓鞘脱失、轴突断裂和神经鞘膜细胞增生[267,271]。雏火鸡发生溃疡性胆囊炎[38]。

驱蠕虫药 (Anthelmintics)

给药过量时，所有的驱蠕虫药可能都有毒性，但家禽对驱蠕虫药的耐受性一般比哺乳动物强。

苯丙咪唑 (Benzimidazoles)

禽类对坎苯达唑、甲苯达唑和芬苯达唑有很强的耐受性[273]。

咪唑丙噻唑 (Imidazothiazoles)

左咪唑和四咪唑不如苯丙咪唑安全。四咪唑对鸡的半数致死量 (LD_{50}) 为 2.75g/kg。鹅和笼养鸟对四咪唑更敏感[273]，如笼养几维鸟的致死量为 25~43mg/kg[116]；300mg/kg 的左咪唑对鹅有毒性，而对某些野生鸟来说，66mg/kg 的左咪唑即有毒性。消旋四咪唑的驱虫活性存在于其左旋异构体（左咪唑）中，所以左咪唑的有效剂量是四咪唑的 1/2。这样使四咪唑的安全范围扩大了 1倍。大多数国家已不再使用四咪唑。在治疗鹅裂口线虫感染时曾发生过左咪唑中毒[355]。按 40~80mg/kg 剂量非肠道给药时，左咪唑对鸭有毒性[129]。对于因左咪唑中毒而致死的几维鸟来说，其组织学病变与哺乳动物类似，包括肺充血、水肿、支气管肺炎、腺泡周肝细胞的胞浆发生严重的空泡变性[116]。

有机磷酸酯类 (Organophosphates)

家禽采食加工的马饲料时，会发生有机磷化合物中毒[155,201]。因敌敌畏树脂丸（DDVP）能滞留在肌胃中，所以敌敌畏对禽具有毒性。彩色鸡种对蝇毒磷比白色鸡更敏感。萘肽磷对鸡的安全范围较小，50mg/kg 即可致死[273]。

伊维菌素 (Ivermectin)

伊维菌素对禽的安全范围较大，建议口服和注射剂量为 0.1mg/kg[273]。伊维菌素对许多寄生虫有效。Zeman[356] 曾按 1.8mg/kg 的剂量来治疗鸡皮刺螨（*Dermanyssus gallinae*）。此剂量对重 450g 以上的鸡更有效。鸡的中毒剂量为 5.4mg/kg，可使鸡在 4h 内出现嗜睡症状；16.2mg/kg 的剂量可使鸡在 24h 内出现精神沉郁和共济失调的症状；按48.6mg/kg 的剂量注射时，可使鸡在注射后 5h 内发生死亡。金丝雀按 20~60mg/只肌注时，会出现短暂的不愿活动。

其他驱蠕虫药

吩噻嗪对禽类相对无毒，潮霉素 B 的安全拌料剂量是 8g/900kg 饲料[273]。

营养素，与饲料和水相关的其他毒物

氨基酸

某些氨基酸的相互作用与生长有关，但只有蛋氨酸对家禽有毒。蛋氨酸中毒可发生于鸡和鹌鹑[174,286]，并能抑制幼火鸡生长和引起颈麻痹[128]。饲料中蛋氨酸浓度达 1.8% 时可引起死亡。蛋氨酸可减缓钙介导的肾损伤[341]，也可缓解炔孕酮（一种蛋氨酸拮抗剂）对雏鸡的毒性作用。

抗营养因子 (Antinutrients)

许多饲料原料或潜在性饲料原料不易消化，且含有许多抗营养因子，而这些因子可抑制消化（蛋白抑制剂），减缓生长，使粪便粘滞，并能增加骨骼疾病的发病率。某些饲料原料（如大豆和其他豆类）中的抗营养因子可被热破坏。酶可以提高某些饲料原料（如小麦、大麦和黑麦）的营养价值[34,114,153,163]。植物中的抗营养因子包括蛋白酶、鞣酸、皂甙、抗维生素、植物血凝素、β-葡聚糖、戊聚糖、多糖、伴刀豆球蛋白 A、血凝素、巢菜碱、伴蚕豆嘧啶核甙、生物碱和芥子碱。已知含抗营养因子的原料有紫苜蓿[166,322]、苋菜[4]、刀豆[77,194,231]、蚕豆[233,277]、利马豆[230]、那尔旁豆（narbon bean）[87]、大豆[166,196]、荷荷芭[13]、羽扇豆[35,248,275]、豌豆[36]、薇菜[276]、大麦、黑麦、小麦[19,34,209]和高粱[316]。

蛋白添加剂（Protein Supplements）

鱼粉和肉粉

肌胃糜烂素、组胺、组氨酸和其他生物胺类可引起消化紊乱、生长缓慢和骨质疏松[152,313]。生物胺来源于受热或细菌性腐败的鱼和毒物副产品，这样有毒物质可通过鱼粉和肉粉混入家禽饲料中。肌胃糜烂素能刺激腺胃分泌过量的酸，引起肌胃糜烂和出血[148,216,273]。肉鸡可能会死于低血容量性休克。鸡口中流出黑色食物残渣和血液（黑色呕吐物），且消化道内容物呈黑色，其他生物胺可降低肉鸡饲料转化率[177]。

矿物质（Minerals）

有关微量元素缺乏和中毒（组织水平、症状等）方面的内容可参阅文献 259 和 260。有关家禽的矿物质元素包括：铝、砷、镉、钙、氯化物、铬、钴、铜、氟、碘、铁、铅、镁、汞、锰、钼、镍、磷、钾、硒、钠、钨、钒和锌。有关常量元素和微量元素缺乏和中毒的详细资料见第 29 章"营养性疾病"。

铝

铝通过减少饲料的摄取量来抑制雏鸡生长；成年鸡饲料中的铝添加到 0.3% 时可降低产蛋量[30,351]。铝还影响磷储留[85,92,157]和铁的吸收，从而引起贫血[131]。铝的吸收可能受饲料酸度的影响[45]。

钙

过多吸收的钙通过肾排出体外。高浓度钙可导致输尿管和肾阻塞，从而引发肾病。幼雏最为敏感。饲料供给错误（即将产蛋日粮错投于雏火鸡）时，可使雏火鸡发生肾病。高钙饲料可引发肾损伤，导致高尿酸血症和内脏尿酸盐沉积，因而导致很高的死亡率。钙也可沉积于肺实质内，使雏鸡的肺发生病变。雏鸡和死胚发生的肾病和内脏尿酸盐沉积可能是因肾脏被钙阻塞而引起。用高钙饲料饲喂小鸡和母鸡时，肠道中过量的未被吸收的钙可使粪便中水分增加。如果钙的来源是磷酸氢钙，那么上消化道形成的碱性溶液可使肠上皮发生坏死[239,242,332]，特别是在饲料上浇泼矿物盐或禽类采食未经稀释的矿物盐时，更易发生这种情况。

高钙低磷的小母鸡料可使小母鸡和蛋鸡发生尿石症。尿石症的发病率也可因传染性支气管炎病毒的感染而增加[120]。

钴

中等浓度（125mg/kg）可引发红细胞增多症和肺动脉高压。高浓度（500mg/kg）可引起明显的胫骨软骨发育不良，此外还可使胰腺、肝脏、骨骼肌、平滑肌和心肌发生坏死和纤维化。各种浓度均可降低饲料的采食量和生长率[73]。

铜

为了治疗肠炎和酵母感染，或者清除排水系统和饮水器上的水藻或污垢，可将硫酸铜加入饮水中。治疗肠炎和念珠菌病的另一种方法是在饲料中添加硫酸铜。也可将硫酸铜喷洒在垫料上来控制曲霉菌，或可用作木材的抗真菌剂。禽类偶尔因采食硫酸铜晶体而中毒。低钙饲料可增加禽对铜中毒的敏感性[189]。火鸡往往因拒绝饮用含硫酸铜的饮水出现脱水而导致死亡，并不是因铜中毒而发生死亡。中毒症状包括精神沉郁、虚弱、抽搐，最终导致昏迷[242]或贫血[140,234,271]。眼观病变包括腺胃和肌胃上皮坏死及肌胃角质层糜烂[117,144]。

氟化物

饲料中氟化钠含量达 700～1 000mg/kg 时，生长率、产蛋量和蛋质量均可降低[125]。氟化钠也可使腿发生畸形。每天摄取 4.453mg 的氟化物时，产蛋鸡可耐受至 74 周[53]。

碘

种用母火鸡饲料中添加 350mg/kg 的碘时，可引起产蛋量下降、消瘦及 1 周龄胚胎和出壳胚胎的死亡率增加[51]。雏鸡实验性碘中毒时，其症状表现为生长不良和一种奇怪的综合征症状（病鸡倒地，一动不动，站立，而后又倒地，并重复以前症状）[16]。

镁

过量的镁可置换钙，并影响磷的利用，从而引起骨骼发育异常[190]。

磷

过量的磷可影响骨生长板的发育，增加胫骨软骨发育不良和腿畸形的发病率。磷对湿润的口腔和上皮表面会有腐蚀性。口服白磷可引起死亡和血常规异常[306,307]。

钾

化肥中的钾或高锰酸钾是有毒的。高锰酸钾可引起消化道上皮坏死[242]。

钠（氯化钠、碳酸氢钠）

过量的钠离子（一般来源于饲料和饮水中的氯化钠）给许多国家的养禽业造成了巨大的经济损失。多数病例起因于饮用盐水，而非缺水。无论是否出现缺水，饲料中的钠对幼雏鸡和小火鸡都有毒性。在某些情况下，盐浓度明显低时，可对氯离子进行分析，并根据氯离子浓度推算出盐离子浓度。怀疑钠离子（Na+）中毒时，应分析饲料和饮水中的Na+，而不能通过氯离子浓度来推算。除氯化钠外，饲料和饮水中的Na+还可能有其他来源。饲料和饮水中的Na+浓度有叠加效应。土壤和自然水也是Na+的来源[210]。

幼禽对Na+中毒比成年禽敏感得多，这可能是由于幼禽的肾脏尚未发育完全的缘故[211]。饮水中Na+浓度超过0.4%（4 000ppm）时具有很强的毒性，几天内可引起很高的死亡率。饮水中低浓度的Na+也可引起中毒，这与饲料中Na+的量有关。Na+浓度高于0.12%（1 200ppm）时，对某些雏鸡和小火鸡有毒性，可引起心力衰竭、水肿和腹水。饲料中Na+浓度高于0.85%时，对某些雏鸡和小火鸡有毒性作用。Na+浓度很低时，即使在自由饮水的条件下也可引起心力衰竭和腹水。类固醇能增加Na+和水的潴留[285]，导致高血容量血症、高血压、右心衰竭和腹水症，且应激也可增加禽对Na+的敏感性。禽类肾脏的浓缩能力差，不能排出水中过量的盐离子以降低血浆渗透压。某些水禽有鼻盐腺，过量摄入的Na+可通过这些腺体排出体外。

幼禽Na+中毒有3种形式。高浓度Na+中毒时表现为急性严重腹泻、脱水、消瘦和死亡。这时常出现急性肾损伤，尤其是碳酸氢钠中毒[212]，这种损伤可能因红细胞刚性增加导致局部缺血而引起。钾具有保护作用[301]。低浓度Na+中毒时也出现拉稀症状，但由于体内水滞留，使家禽体重增加，且至少要持续1～2天。根据Na+浓度不同，家禽可能出现采食量减少和生长不良，或者可能继续采食且生长良好。体内水滞留、高血容量血症和红细胞膜弹性降低[214]可引起功能性心脏负荷过重，从而导致雏鸡右心室明显肥大和扩张、瓣膜闭锁不全、水肿和腹水症[168,169,215]。中等程度性Na+过量时，根据发生心衰前高血压的持续时间以及心衰发生后存活的时间，临床症状和病理变化表现为多样化。Na+中毒的许多病变是由心力衰竭所引起。饲料中的其他成分、环境因素和水的成分可影响腹水症的严重程度[279,297]。

临床症状 低浓度Na+中毒时，发生腹水症之前，仅有水样腹泻。在此阶段，雏鸡和小火鸡表现为呼吸困难、精神沉郁和腹部膨大。高浓度Na+中毒时，几小时内便出现明显的病态症状，表现为精神沉郁、口渴和腹泻。病禽羽毛或绒羽表现为粗乱、不洁和潮湿。可能出现神经症状，有些病禽发生衰竭。中等浓度Na+中毒时，某些家禽表现为生长明显受阻。Na+过量可引起成年鸡产蛋量下降和死亡率增加[65]。

病理变化 发生腹水症和水肿的雏鸡，其肺脏内常有过量的液体，且发生心包积水。小公鸡的曲精小管发生囊性扩张[271]。心脏肥大，雏鸡主要是右心肥大。小火鸡表现为双侧心室肥大，并发生扩张性心肌病。引起脱水的Na+浓度也可引起发绀、心肌出血、肾病和肠炎。

组织学病变常继发于心力衰竭和脱水。详细的组织学变化请参阅文献217。肾小球硬化可能是由局部缺血所致[285,301]。心肌的超微结构变化包括糖原聚积、肌原纤维紊乱、Z带移动和闰盘断裂[232]。

硫酸盐

硫酸盐的中毒剂量受家禽年龄、来源（水或饲料）及其他盐类等的影响，且其中毒剂量仍非常不明确。硫酸镁的毒性比硫酸钠强[325]。中毒时可发生腹泻、生长迟缓和产蛋量下降。

硒

某些植物可富集硒[347]。在含高浓度硒的日粮中添加准许治疗量的硒时，会引起中毒。发病种禽的胚胎表现为眼、头和喙出现畸形[228]。饮水中硒浓度为4～8mg/L时可引起生长缓慢和采食量减少[44]，但不同的硒化合物具有不同的毒性[149]。硒能在水禽的食物链中富集，引起消瘦、肝炎和腹水症[123]。

锌

中毒剂量（＞0.5mg/kg）的锌可引起呼吸困难、生长受阻、产蛋量下降、肌胃和胰脏病变及血常规异常[66,70,175,198,202,300,343]。个别禽可能因食入金属锌而发生中毒，如硬币、其他金属物体、宠物鸟笼的镀锌线[268]等，但野生水禽主要是通过污染的矿区而发生中毒[300]。

金属和类金属（*Metals and Metalloids*）

砷

无机砷、脂肪族和三价有机砷被用作杀虫剂、除草剂、除灌木剂及脱叶剂。砷中毒的症状包括：腹泻、神经症状和发绀；消化道（包括嗉囊、腺胃和肌胃）发生炎症；出现肝病和肾病[234,287]。除了与蚱蜢诱饵有关的中毒外[242]，有关禽类砷中毒的报道大多是实验性的。有关有机砷的资料可参阅"抗菌药、抗球虫药和促生长剂"部分。

镉

镉主要来源于工业废料和污泥，镉中毒可引起采食量下降、生长减缓、肾脏病变及性腺重量和功能降低[154,257,259,260,340]。已报道过雏鸡、小火鸡和雏鸭的实验性镉中毒，以及由镉、银和其他矿物质自由基所引起的病变[25,60,324]。

铬和重铬酸钾

工业废料及电镀金属物体中的铬可引起精神沉郁、厌食和麻痹[154,259,260]。

铅

各种禽类都对铅中毒易感。铅是引起禽类严重中毒性疾病的唯一的金属毒物，大多数铅中毒发生于野生禽，特别是水禽。鸡对铅的耐受性比水禽强[259,260]。鸟类也是受金属铅威胁的一个群体，因为含铅物质能在肌胃中滞留、磨蚀，且被缓慢地吸收。鸡实验性铅中毒表明：铅能与某些营养物质相互作用[82,167]；铅中毒可产生与性别敏感性相关的免疫毒性[40]；铅中毒能抑制家禽的骨愈合[177]；铅中毒可导致免疫抑制[354]。

铅广泛存在于环境中，能通过多种途径进入体内而发生中毒。在北美[282]及其他地方[139]，野生水禽最大的危险是食入铅弹或铅污染沉积物，而在英国，铅中毒最重要的来源是钓鱼线上的铅坠儿。鸽也有可能食入铅弹[69]。采食腐肉的鸟也可能因食入组织中的铅弹而发生中毒。庭养和散养的禽类可能会食入涂料碎屑、铅电池或其他含铅物质。雏鸡采食被铅污染的砂粒时也会发生中毒[242]。笼养鸟铅中毒的环境来源与儿童和犬相同，主要是涂料碎屑、涂铅门窗、玩具及铅制品[353]。

临床症状 禽类的铅中毒大多数是慢性中毒。临床上表现为消瘦、共济失调、跛行或瘫痪、贫血。急性铅中毒的主要临床症状为厌食、虚弱、衰竭和贫血。病禽会排绿色稀便，这可能是由厌食，或因铅对消化和神经系统的直接作用引起的。

血液学变化 发生铅中毒时，禽的红细胞表现为嗜碱性点彩红细胞和异常红细胞，但并非所有的禽类都是如此（图32.3）[242]。血常规最主要的变化是贫血，出现有丝分裂相红细胞和大量的未成熟红细胞。

病理变化 大多数病变可能是由厌食和虚弱引起。病禽可能出现明显的消瘦，但许多死于铅中毒的鸭和鹅的体况良好。胴体苍白，血液稀薄。肌胃角质层出现弥散性糜烂和溃疡（图32.4）。腺胃常发生嵌塞，这可能继发于迷走神经损伤（图32.5）。

组织病理学变化中最有诊断意义的病变是：外周神经发生脱髓鞘；小脑中出现局灶性血管损伤[156]；肾脏（图32.6）、肝脏和脾脏中出现抗酸性核内包涵体[199,242,271]。包涵体由蛋白质包裹的铅构成，通过特殊染色和电镜检查可以观察到这些特性（图32.7）[227]。已报道铅中毒引发肾病时，可见肾小管上皮细胞发生变性和坏死，并含有棕色色素。脾脏和其他器官中有明显的含铁血黄素沉积。

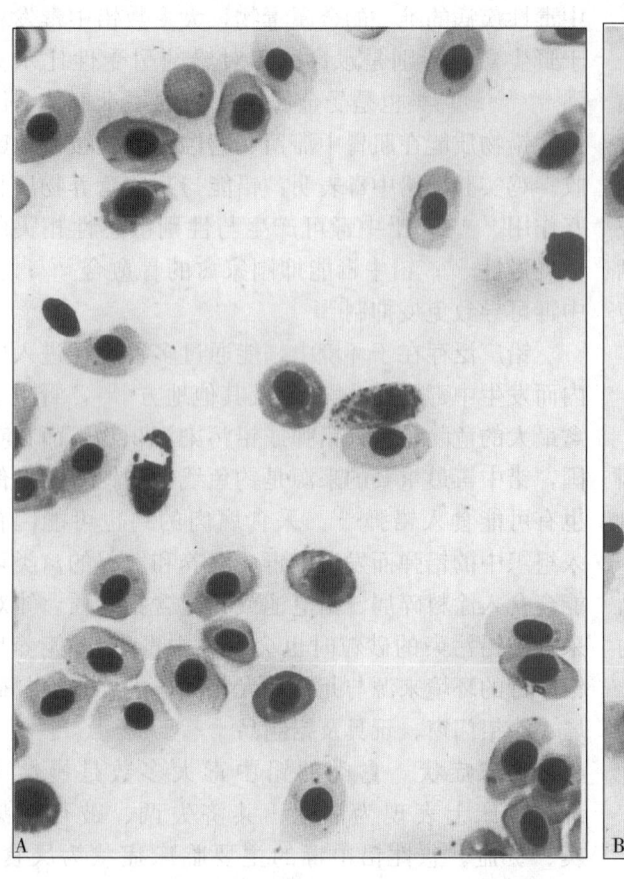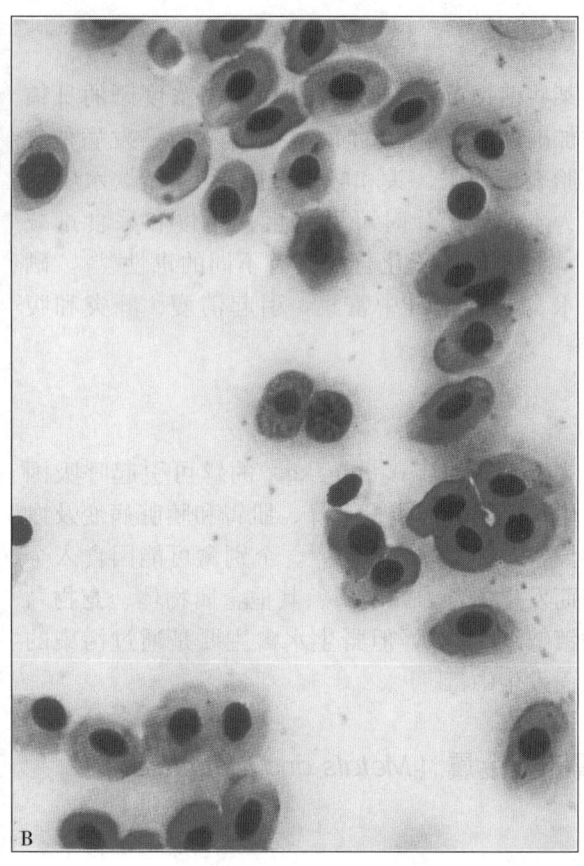

图 32.3　鸭铅中毒。A. 未成熟红细胞及 2 个嗜碱性点彩红细胞；(Barnes) B. 嗜碱性点彩红细胞附近有处于有丝分裂相
　　　　的未成熟红细胞。(Barnes)

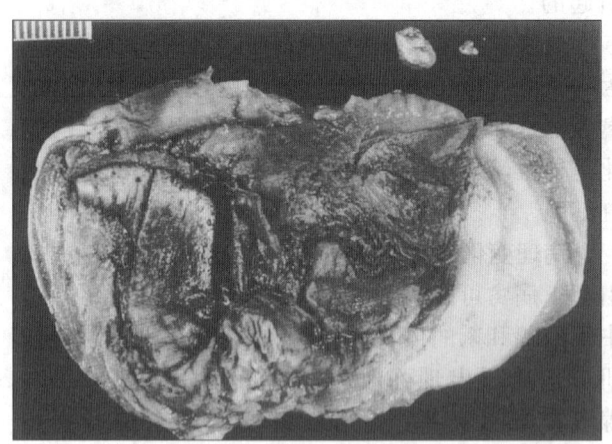

图 32.4　铅中毒鸭的肌胃。出现严重的糜烂和溃疡，肌胃
　　　　角质层发生胆汁染色。留意从肌胃中取出的 2 颗
　　　　铅弹。(Barnes)

也可能出现散发性心肌坏死，并伴有血管玻璃样变
或纤维素样坏死[172]。腺胃上皮细胞有丝分裂活动
受阻，睾丸发生退行性病变[206]。

　　诊断　根据血液和组织中铅浓度进行最后确
诊。对于鸡，血铅浓度超过 4mg/L，肝铅浓度超
过 18mg/kg（净重），肾脏铅浓度超过 20mg/kg

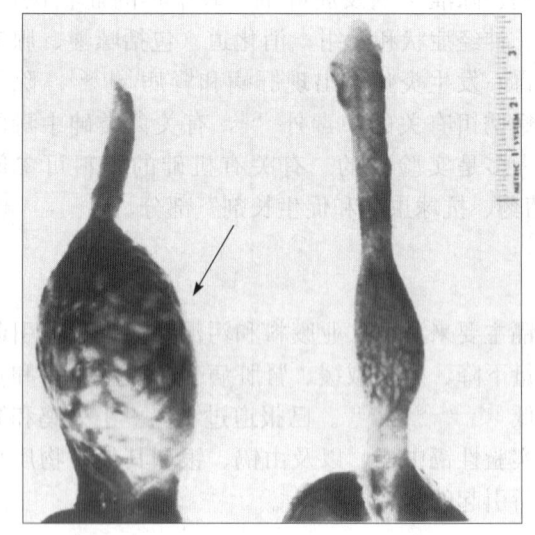

图 32.5　铅中毒。示腺胃膨大（箭头所示）；肌
　　　　胃内有 15 颗铅弹

（净重）时即具有诊断意义[255,256]。也可测定骨铅
含量。肾上皮细胞内出现抗酸性包涵体时可提示
铅中毒，但摄食了铅而死于其他原因时，其肾上
皮细胞内也会出现抗酸性包涵体。外周神经病变，

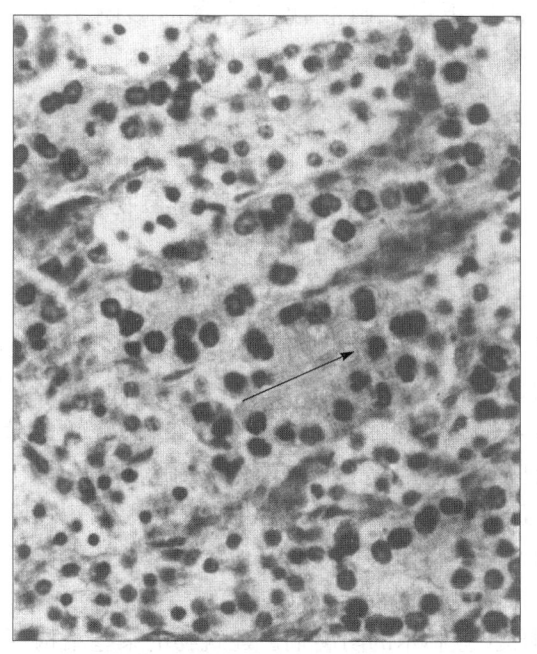

图 32.6 铅中毒。野鸭肾脏内有抗酸性核内包涵体（箭头所示）。×480（Locke）

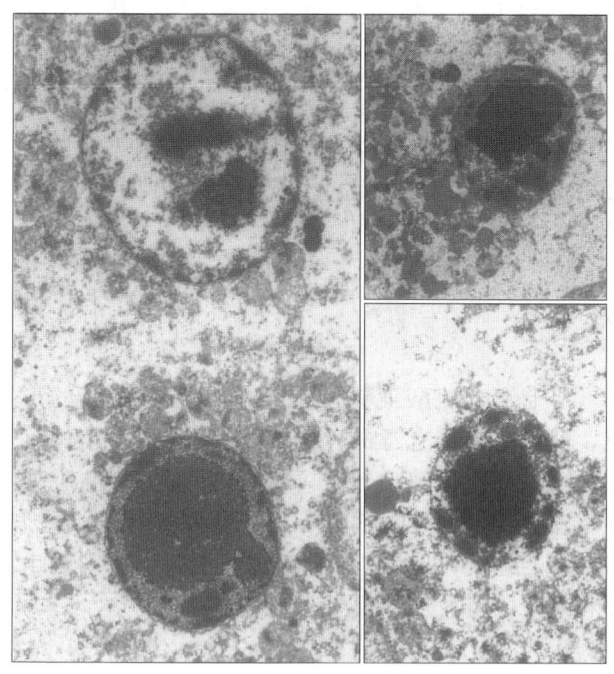

图 32.7 铅中毒禽的近曲肾小管上皮。细胞核内含有形态不规则的、电子密度不同的包涵体，具有典型的铅沉积特征。肝中也会出现类似的包涵体。（Shivaprasad）

结合血管纤维素样坏死（不仅限于脑和心脏，可见于全身）也有助于诊断，但甲基汞中毒时也有类似病变[271]。铅中毒时中枢神经系统的病变仅与血管损伤有关。

汞

以前有机汞被用作种子保护剂。有关有机汞的信息见本章后面杀菌剂部分。当今环境中大部分有机汞是自然界（腐烂的树）或工业元素汞经水生生物甲基化，或经细菌甲基化酶的作用而产生的。全世界有成吨的汞（如二价无机汞、元素汞和苯汞）被排入水道中。

生物转化的直接产物—甲基汞可进入小型水生生物体内，当鱼采食被污染的植物、昆虫或动物（生物富集作用）时，汞便进入食物链。食鱼禽类，特别是鸭采食含汞食物时会发生中毒[234]。雉鸡也曾发生过汞中毒。实验性饲喂含低浓度汞的饲料时，可引起产蛋量下降、无壳蛋增加和孵化率降低[234]。

给鸡饲喂亚临床剂量的甲基汞后，肝脏中的残留量最高，肌肉中的残留量最少，而肾脏中的残留量居中。蛋清中汞的残留量是蛋黄的 4 倍[234]。

源于医药或工业废料中的无机汞可引起精神沉郁、肠炎和肾病[234,259,260]。

锡

源于医药的锡可引起精神沉郁、弓背和黄痢[295]。

铀（硝酸双氧铀）

工业铀可引起精神沉郁、厌食和肾病。肾集合小管发生严重病变。存活禽表现为高尿酸血症和内脏尿酸盐沉积[184]。

钒

钒可干扰磷的吸收代谢，引起蛋品质下降、生长减缓和孵化率下降[183,259,260]。实验性钒中毒的报道比较多。

维 生 素

维生素A

维生素 A 过多可引起产蛋量下降[180]和生长率降低，此外，还可引发骨营养不良和骨质疏松[315,326]。

维生素 D₃（胆钙化醇）

饲料表面泼洒维生素 D₃ 后，有 4% 的雏鸡因肾衰竭而发生死亡。整个肾脏发生局灶性矿化。动脉血管壁，尤其是腺胃的动脉血管壁也发生矿化。维生素 D₃ 过量可使肉鸡腿畸形的发病率增加[57]。实验性中毒研究表明，25-羟胆钙化醇的毒性是胆钙化醇的 100 倍[265]。中毒可引起许多病变，但以肾损伤最明显[219]。灭鼠药（其毒性成分是 25-羟胆钙化醇）也可引起家禽、鸽和野生鸟的中毒。

维生素 B₆（吡哆醇）

吡哆醇对家禽的安全注射剂量是 90~100mg/只（即 200mg/kg 体重），但该剂量对鸽子具有毒性[244]。

其 他 毒 物

乙氧喹（Ethoxyquin）

乙氧喹（1，2-二氢-6-乙氧基-2，2，4-三甲基喹啉）是一种常用的抗氧化剂，但高浓度（6 500~12 5000mg/kg 饲料）的乙氧喹具有毒性。中毒症状表现为：死亡率增加；肾苍白、肿大；肝肿大，呈深棕色；关节有尿酸盐沉积。组织病理学变化表现为：肾近曲小管坏死；肝细胞、胆管和肺毛细血管中有深棕色色素沉积（即乙氧喹）[195]。

木素磺酸盐（Lignosol）

木素磺酸钙（一种颗粒黏合剂）可使盲肠内容物发黑并变得粘滞。在肉鸡屠宰加工的过程中，盲肠内容物常黏附在皮肤上，因而使胴体的污染淘汰率增加。木素磺酸钙对体重和饲料转化率无影响[258]。

硝酸盐和亚硝酸盐

硝酸盐在消化道可被细菌转化为亚硝酸盐，其毒性远低于亚硝酸盐。高浓度的硝酸盐可引起腹泻、呼吸困难和死亡。低浓度的硝酸盐可影响生长和产蛋量。中毒使血液中的血红蛋白变成高铁血红蛋白。同幼龄哺乳动物的情况一样，因为胎儿血红蛋白，硝酸盐对幼禽的影响更大[74]。尽管报道植物叶子和茎秆中的硝酸盐达到了中毒浓度，但大部分硝酸盐中毒是实验性的[345]。

与禽舍和垫料相关的毒物

与禽舍和垫料相关的毒物是指意外或人为混入垫料，或应用于禽舍而引起疾病的毒物，其中有些毒物是消毒剂和熏蒸剂（将在本章后面说明）。除硼酸外，混入垫料中的杀虫剂（如灭火蚁的药品）以及应用于墙壁、地面或天花板的杀虫剂，将在本章后面进行说明。硫酸铜常用作垫料杀菌剂，已在上面"与饲料和水相关的其他毒物"章节中作了说明。毒性物质的混合物（如，铜—铬—砷混合物）被用作工业林木的防腐剂。建筑物的某些结构部件有时具有毒性。鹅从墙上啄食脲素（甲醛泡沫性绝缘物）时会发生中毒。

硼酸和原硼酸

硼酸用于防止垫料中的拟步甲，被肉鸡采食后会引起中毒，表现为生长迟缓和羽毛发育异常[82,274]。

铁

将七水合硫酸亚铁加入垫料中可减少氨的形成，但对肉鸡是有毒的[331]。病雏鸡表现为精神沉郁和嗜睡，死亡鸡出现严重的肌胃溃疡和肝脏变性。硫酸亚铁的单剂量 LD₅₀ 为每千克体重 7 010mg。饲料中加入 3% 的硫酸亚铁时，可影响生长和采食，但加入 1.5% 时则没有影响[249]。

五氯酚（Pentachlorophenol）

五氯酚是工业与农业中应用的杀虫剂，但它的主要用途是用作木材防腐剂。木材运出森林之前或被锯开之后，都可能用五氯酚处理过。处理后的锯末和刨花常被用作家禽垫料，鸡与这种垫料接触后而受污染。由于五氯酚有很多其他用途，因此，可通过其他途径污染肌肉和食用蛋。

与五氯酚有关的疾病常由其所含的杂质（如

二噁英）所引起（见后面内容）。纯五氯酚能减缓生长，引起肾肥大，降低体液免疫应答[256,309]。五氯酚也与肌肉和蛋的霉味有关。垫料中的氯酚通过细菌和真菌代谢生成氯苯甲醚。即使在低浓度下，苯甲醚也有一股霉味或土味。母鸡接触苯甲醚污染的垫料时，其蛋和肉的味道就有这些味道[112]。孵化率降低也与五氯酚污染有关[115]。

硫

在鸡舍铺垫料之前，常将硫元素撒在脏的地面上，如果在地面上洒水或鸡舍温度升高，硫会蒸发。将雏鸡饲养于经过硫处理的鸡舍时，会引起高死亡率和溃疡性皮炎（主要发生于身体潮湿的部位），刺激呼吸道黏膜，引发结膜炎[251]。二氧化硫（来源于未蒸发的残留硫）在雏鸡身体潮湿部位溶解，并形成亚硫酸，从而导致病变。

消毒剂和熏蒸剂
(Disinfectants and Fumigants)

熏蒸剂能产生有毒的气体，用来防控啮齿动物、昆虫、真菌和细菌。食入或吸入熏蒸剂后可引起中毒。吸入或通过皮肤吸收酚类消毒剂后具有毒性。

酚类消毒剂和煤焦油衍生物

酚、甲酚、赛林、蒽油和杂酚油可引起血管内皮、呼吸道和消化道上皮以及实质器官（如肝、肾）的损伤[242]。胸腺与法氏囊缩小，但这种病变可能因生长受阻所致，并非由毒物对免疫系统的直接作用所引起。发生明显的心包积水。如果污染严重，也可出现腹水和皮下水肿。死亡率高。根据接触史，并排出引起腹水和水肿的其他原因后即可作出诊断。气味也可提供有益的诊断线索。赛林中毒病例不断地被报道[193]。饲喂陶土飞靶可使鸭发生煤焦油中毒[48]。

季铵（阳离子去污剂）

用于禽类饮水用具清洗和饮水处理的清洁剂，能引起小鸡生长迟缓和生产性能下降，有时能引发幼雏的严重病变和死亡[158]。高浓度的季铵可刺激口、咽和上呼吸道黏膜，使口、眼和鼻腔的分泌物增加。上皮坏死可导致口腔伪膜形成，食管、嗉囊和腺胃上皮增厚，以及肌胃和腺胃连接处溃疡[72,242]。已报道小火鸡也有类似的病变[205]。

氯

低浓度（37.5～150mg/kg）的氯对机体有益处，但高浓度（300～1 200mg/kg）的氯则可导致生长减缓和死亡率增加[63]。

甲醛

甲醛气体和福尔马林（37％甲醛气体水溶液，即为100％福尔马林）作为养禽业的抗菌剂和抗病毒剂已广泛使用多年。新孵化或刚运到的幼鸡和幼火鸡接触高浓度的甲醛时，有时会发生羞明和呼吸道症状。长时间暴露于出雏器中高浓度的甲醛时，甲醛气体会溶解于黏膜上的黏液中并形成福尔马林，因而会损害纤毛功能，引起气管上皮变性和脱落[281]。但育成期空气质量对生产性能的影响要比早期接触甲醛的影响大[280]。眼、口和气管的上皮发生坏死，口腔和气管内可见坏死性伪膜斑。小火鸡急性中毒时，出现喙下水肿[118]、皮下水肿[27]，随后发生腹水或水肿。

其他熏蒸剂

大多数或所有用作熏蒸剂的化学物质对家禽都是有毒的[234]。有数篇其他熏蒸剂人为性或意外性中毒的报道[294,339]。

杀菌剂 (Fungicides)

杀菌剂可用于拌种（保护剂）、木材防腐、油漆和塑料、谷物庄稼、水果、蔬菜和花卉。以前，家禽中毒是由于饲料中掺有经药物处理过的种子。

有机汞制剂

常用的汞类杀菌剂有氯化乙基汞和氯化甲基汞。家禽、野生鸟、动物和人误食用它们处理过的种子后，可引起伴有中枢和外周神经病变的中毒[142,143,271,305]。这些制剂现已不再使用。有机汞中毒症状没有特异性，病禽出现渐进性麻痹或其他神经症状。没有特异性的眼观病变，但组织学变化包括外周神经和脊髓的瓦伦变性及脑部神经元的损伤。有些血管，尤其是脑血管，发生明显的血管炎。

塞仑 (*Thiram*)

福双美（活性成分为塞仑，一种二硫代氨基甲酸盐）能引起家禽中毒。雏鸡和小火鸡出现跛行和腿畸形，蛋鸡产软壳蛋[126,242]。塞仑也有致畸作用[236]。福双美能增加胫骨软骨发育不良的发病率和严重程度[89]。雏鸡的 LD_{50} 为每千克体重 $485 \sim 932mg$，野鸭的 LD_{50} 为每千克体重 $2\,800mg$[62]。

克菌丹 (*Captan*)

克菌丹是一种有机的种子保护剂。其毒性比福双美小。克菌丹可使采食量下降，生长减慢，产蛋量减少[242]。

其他有关有机合成的杀菌剂的材料可参阅文献234；在本章前面以对五氯酚（一种广泛使用的木材防腐剂）和硫酸铜（一种垫料处理剂）作了描述。

除草剂 (Herbicides)

氯 酸 盐 类

用作除草剂和脱叶剂的氯酸钠和氯酸钾对家禽具有中等毒性。它们是通过把血红蛋白转化为高铁血红蛋白而起作用。鸡的致死量为 $5g/kg$[234]。

有机合成除草剂

杀草强（3-氨基-1，2，4-三唑）可引起鸡甲状腺功能低下和日增重降低[350]。苯氧基类除草剂（如2，4-二氯苯氧乙酸）可引起肾脏肿大。有些除草剂对胚胎具有毒性[84]。详细资料可参阅文献234。

联吡啶类除草剂（杀草快和百草枯）

百草枯（paraquat）中毒的机理是：百草枯可抑制谷胱甘肽过氧化物酶系统的活性，导致自由基诱导膜发生损伤。硒具有保护作用。给火鸡实验性口服百草枯引发中毒时，表现为腹泻、倦怠、厌食和惊厥。尸体剖检可见胃肠炎[274]。火鸡对百草枯的抵抗力比哺乳动物高[140,234]，但污染百草枯的野鸭蛋在孵化时出现头盖骨和骨盆变性[278]。

杀虫剂 (Insecticides)

杀虫剂有其俗名和商品名。俗名的英文名不用大写（如 carbaryl），但商品名需大写（如 Sevin)[234]。有机杀虫剂（有机磷酸盐、有机氯化物和氨基甲酸酯）已被广泛使用；有的用作畜禽的全身性杀蚴剂和驱虫剂，有的用于建筑物和圈舍。野鸟在驱虫处理的动物上采食时，会发生中毒[32,134]。许多杀虫剂对动物，也对昆虫、节肢动物以及蠕虫具有很强的毒性。有些毒性更强的产品被用于作物、木材、树木，还可用作土壤杀虫剂及用于拌种。有关杀虫剂基本信息的大量表格见相关文献[234]。

有机氯杀虫剂

有机氯杀虫剂（氯代碳氢化合物）的毒性作用机理还不清除。一般来讲，有机氯化物可广泛性刺激或抑制神经系统。本类杀虫剂在环境中滞留的时间要比其他类长。有些滞留时间更长的产品在市场上已被取缔或禁用。由于它们具有脂溶性，所以有机氯化物往往进入食物链，并存在于蛋黄中。有大量的野禽杀虫剂中毒的文献，特别是有机氯杀虫剂中毒的文献更多[218]。

临床症状 神经症状不同，表现为兴奋和尖叫，甚至发生明显的震颤、共济失调和惊厥。也可不出现其他症状，直接发生衰竭和死亡。其他症状有流涎、呕吐、腹泻和精神沉郁。也可能发生跛行和腿畸形。此外，还表现为：产蛋量下降，孵化率下降，胚胎死亡，有色蛋褪色，壳质发生变化（白恶化），蛋壳变薄。急性中毒时，阿托品不能缓解或改变中毒症状。

病理变化 有机氯化物中毒无特异性病变，可出现充血和出血等非特异性变化，检查病禽脑部，可发现脑脊液增多。

氯丹（Chlordane）

中毒雏鸡表现为共济失调和过度兴奋；母鸡表现为体重减轻，产蛋量下降，鸡冠和肉垂萎缩、发绀，心包积水[242]。

滴滴涕和滴滴伊（DDT and DDE）

母鸡表现为震颤、生产性能下降、体重减轻和产薄壳蛋[242]。

狄氏剂（Dieldrin）

鸽、海鸥和其他禽类出现神经症状[9,242]。

七氯（Heptachlor）

引起共济失调、流涎、衰竭和死亡[241,330]。

林丹（Lindane）

林丹中毒表现为腹泻、呕吐、厌食、精神沉郁、惊厥和突然死亡[28,242]。

灭蚁灵（Mirex）

可引起胚胎死亡[3]。

毒杀芬（Toxaphene）

表现为跛行、薄壳蛋和骨质软化[238,242]。

有机磷和氨基甲酸酯类杀虫剂

这类产品可抑制乙酰胆碱酯酶，引起乙酰胆碱积聚，从而导致副交感神经和肌肉过度兴奋[98]。有效量的阿托品可以迅速缓解临床症状，但其效果

与有机磷混合物的种类及中毒持续时间有关。可能需要反复治疗。有些有机磷酸盐和氨基甲酸酯有迟发性神经毒效应（见下文）。鸡和其他禽类对该类产品的敏感性比哺乳动物高。

临床症状 雏鸡和小火鸡除呼吸困难和麻痹外，多无其他症状而迅速死亡，或表现为流泪、流涎、腹泻、震颤、精神沉郁、迟钝、昏睡、发绀、共济失调、运动失调、惊厥和死亡。由于早期出现呼吸道症状和流涎，所以开始时可能会怀疑呼吸道感染。

病理变化 眼观病变少见。充血，血色深。心肌、浆膜面和肠黏膜出血。无特异性组织学病变。

二嗪农（Diazinon）

二嗪农主要用于防止火蚁、拟步甲，但可引起家禽发生运动失调、麻痹、呼吸道症状和死亡[147]。二嗪农也可用于控制土壤和草地的害虫，但可引起加拿大雁（Canada geese）死亡[113,308]。

敌敌畏（二甲基二氯乙烯基磷酸酯）（Dichlorvos）

敌敌畏可引起行走蹒跚、口吐泡沫、麻痹和惊厥[91]。

乐果（Dimethoate）

可导致生长迟缓和产蛋量下降[290,291]。

伐灭磷（Famphur）

伐灭磷可导致猛禽死亡[145]。

倍硫磷（Fenthion）

蛋鸡实验性中毒表现为神经缺陷，产蛋量和体重下降[321]。

马拉硫磷（Malathion）

马拉硫磷可引起精神迟钝、流涎、拉稀、发绀、麻痹和死亡；中毒病变包括皮下血管充血和心脏淤血[37,242]。鹅出现松弛性瘫痪。

久效磷（Monocrotophos）

鹌鹑中毒表现为流涎、死亡；鸡发生体重减轻和胚胎异常[296]。

对硫磷（Parathion）

对硫磷引起流泪、流涎、呼吸困难、震颤和

惊厥[242]。

氨基甲酸酯类（*Carbamates*）

各种氨基甲酸酯类（如西维因、虫螨威及其他）对雏鸡、鸽、小火鸡、鸡和鸭具有毒性作用[14,91,263]。中毒症状包括生长减慢、跛行、无力、共济失调和死亡。病理学变化有胫骨软骨发育不良、睾丸发育受阻（由曲精小管上皮变性引起）、神经纤维变性、器官和组织充血。

有机磷中毒诱发的迟发性神经中毒

迟发性神经中毒（delayed neurotoxicity）发生于接触毒物之后的几天或几周内，引起外周神经和脊髓进行性变性，从而导致虚弱和瘫痪。乙酰胆碱酯酶并没有受到影响。迟发性神经中毒可能是由于误食或吸收了各种三芳基磷酸盐、苯基硫代磷酸酯类化学物质（如对溴磷、苯腈磷及其衍生物），以及其他工业试剂（包括阻燃剂和润滑剂）所致。马拉硫磷和乐果也可引发迟发性神经中毒。成年鸡、雏鸡和野鸭高度敏感[234]。在孵化过程中接触毒物时，孵出的雏鸡也表现出临床症状[99]。已有很多有关这些制剂引起鸡迟发性神经中毒的报道。大多数报道描述实验性中毒的病理变化[1,2,86,186,200,335]。在加拿大安大略省，本章前任作者曾在有机磷中毒的火鸡上见到了典型的临床症状（共济失调、麻痹）和迟发性神经中毒的组织学病变（发生于脊髓和外周神经）。在欧洲，报道了这样的临床病例：鸡食入含有磷酸三甲酚酯（TOCP）的合成皮革碎片后发生了中毒[242]。

临床症状 表现为共济失调、单侧俯卧、不愿站立、腿反射消失和衰竭。如果病鸡能接触到水和饲料，几天内病鸡会变得有精神，并能饮食。

病理变化 无眼观病变。外周神经和脊髓的轴突变性和髓鞘变性具有诊断意义。轴突可能肿胀，轴突间隙出现球形体。在亚急性病例中，肠道乳糜池出现巨噬细胞和细胞碎片。

其他杀虫剂

除虫菊和合成除虫菊酯类（*Pyrethrum and Synthetic Pyrethoids*）

本类产品对禽类和哺乳动物的毒性不强，无发

病病例的报道[52]。

鱼藤酮（*Rotenone*）

鱼藤酮（鱼藤粉）是用鱼藤属植物的根制成的。成年鸡具有抵抗力（致死量为1 000～3 000mg/kg）；但幼龄鸡比较敏感[234]。鱼对鱼藤酮非常敏感。

烟碱（*Nicotine*）

硫酸烟碱（黑叶40）用以涂刷鸡的栖木，以防止昆虫和节肢动物（特别是北方禽螨）。磷酸烟碱也曾用于治疗肠道寄生虫病。低剂量时，硫酸烟碱具有乙酰胆碱样的活性，能刺激神经系统。中毒剂量的硫酸烟碱可阻断神经元传递，引起呼吸麻痹而死亡[234]。

临床症状 病禽突然死亡，死前有时可见精神沉郁和昏迷症状。

病理变化 由于病禽是死于呼吸衰竭，因此可见到明显的发绀和充血。心脏和其他组织有时会发生出血。

灭鼠剂、杀鸟剂和灭螺剂

灭鼠剂（*Rodenticides*）

有关胆钙化醇和砷的信息已在"营养素，与饲料和水相关的其他毒物"一节中作过描述。

α-萘硫脲（安妥）

安妥可引起精神沉郁、厌食、无力、衰竭和死亡。病理变化包括肺水肿、心包积水、肝脂肪变性以及心肌变性。

氟乙酸钠（*Sodium Monofluoroacetate*）（化合物1080）

中毒症状表现为不愿活动、肉垂水肿、呼吸困难、发绀和神经症状。组织学病变主要表现为：血液凝固不良，呈黑色；肺出血、水肿；气管和气囊内有血凝块；淤血；肠炎以及心包积液[140,234]。

士的宁（*Strychnine*）

中毒症状表现为强直性痉挛、呼吸衰竭、繁殖

性能下降、孵化鸡死亡率增加[234,242,243,352]。

灭鼠灵（Warfarin）、溴鼠灵（Brodifacoum）和敌鼠（Diphacinone）

这类抗凝血灭鼠剂以多种商品名出售，并可与磺胺喹噁啉合用来干扰维生素 K 的合成。这类药物可抑制环氧化物还原酶（将维生素 K 转化为其活性形式）的活性。中毒可引起贫血，震颤，喘息，眼、口及其他组织出血[15,140,234,292]。发病迅速并且在摄食后 72h 内死亡[221]。对于某些长效抗凝血剂，如果小剂量反复使用则有累积效应，但在消化道内很少或不能检测到这些产品。

磷

自然的黄、红和白磷能引起精神沉郁、厌食、腹泻、共济失调、胃肠炎和死亡[234,242,306,307]。

磷化锌

磷化锌可引起虚弱、腹泻、角弓反张、惊厥、肠炎、腹水和心包积水[135,292]。肉用种鸡采食磷化锌处理的燕麦（用作灭鼠饵料）时，可引发意外中毒死亡。病鸡没有任何临床症状。眼观病变有心包积水和腹水。嗉囊内容物有石油样气味，这是磷化锌中毒的常见特征。组织学病变有内脏器官充血和肺严重水肿、充血[320]。野禽采食磷化锌处理的谷物后也会发生中毒死亡[254]。

很多灭鼠剂（α-氯醛酶、鼠立死、灭鼠优、磷、α-氯醇）对禽的中毒剂量见《兽医临床诊断毒理学》[234]。

杀鸟剂（Avicides）

氨基吡啶（Avitrol）（4-氨基吡啶，或 4-AP）

氨基吡啶可引起定向障碍、鸣叫不安（应激性鸣叫）。病鸽常受到健康鸽的欺辱。剖检可见全身性充血，胃内常可见到特征性的小药丸[111,222]。

2-氯-4-乙甲苯胺（CAT）和 3-氯-对甲苯胺（CPT）

无任何临床症状，但 CAT 可引起肾脏坏死，CPT 可引起肝脏和肾脏坏死[119]。

灭螺剂（Molluscacides）

聚乙醛（Metaldehyde）

雏鸭摄入聚乙醛后神经症状很明显[11]。

有毒气体

氨

氨的浓度应低于 25ppm（25μl/L），但通风不良的铺垫料鸡舍中，氨浓度可超过 100ppm（100μl/L）[171]。高浓度的氨[50～75ppm（50～75μl/L）]可降低采食量和生长率[67]。产蛋量也会下降。氨能溶解于黏膜和眼睛的体液中，形成氢氧化铵（一种引起角膜结膜炎的刺激性碱）。如果浓度持续高于 100ppm（100μl/L），则可发生角膜溃疡和失明。此时，病禽表现为疼痛、羞明和生长抑制。在 75～100ppm（75～100μl/L）浓度时，呼吸道上皮的病变有纤毛丢失[235]和黏液分泌细胞增生[8]。心率和呼吸会受到影响，气管和支气管出血。可参阅综述文献 47。

一氧化碳

鸡舍缺乏通风或通风不良的情况下，使用气体催化火焰或明火的育雏器，或使用炉子，或与内燃机废弃接触时均可发生一氧化碳中毒。雏鸡和小火鸡一氧化碳中毒表现为嗜睡、用力呼吸和运动失调。病禽死前出现痉挛和惊厥症状。尸体剖检可见血液呈鲜红色。亚致死量的一氧化碳可引起生长迟缓[242,310]。怀疑中毒时，可关闭鸡舍通风系统，检测鸡舍内不同区域的一氧化碳浓度。可测定病禽血中的碳氧血红蛋白。本章前任作者发现某鸡场鸡舍的一氧化碳浓度为 70ppm（70μl/L），且该鸡场的鸡反复发生腹水症（由肺动脉高压和右心衰竭引起）。鸡的一氧化碳中毒剂量如下：600ppm（600μl/L）30min 可引起不适；2 000～3 600ppm（2 000～3 600μl/L）1.5～2h 可引起死亡[234]。

气载内毒素

肉鸡舍气载内毒素来源于垫料和环境中细菌的崩解。在鸡舍工作人员的血液中可以检测到气载内毒素[79]。气载内毒素对家禽的影响还不清楚。

聚四氟乙烯（*Polytetrafluoroethylene*）

灯泡、炊具和烤炉的不粘层材料（特氟隆）加热过度时可产生氟化氢气体。笼养鸟吸入这种气体后可因肺水肿和出血而死亡。组织病理学检查可见三级支气管上皮坏死以及毛细血管损伤[311,337]。

其他有毒气体

在芬兰，鸡舍和其他家畜的圈舍内甲烷、二氧化碳、硫化氢、甲基硫醇、二甲基硫醚和二甲基二硫醚的浓度是比较低的[171]，但在北美，猪圈内液体粪坑的有毒气体已引起了人和猪的死亡。在加拿大和美国，青贮窖内形成的二氧化氮也引起了人和动物的死亡。与家畜生产（包括家禽生产）有关的有毒气体已有综述[234]。二氧化硫对鸡的影响也已报道[100]。

家庭用品和商业产品

乙醇

常用乙醇来溶解化学试剂，或溶解家禽饲料和饮水中添加的药物。中毒的临床症状包括共济失调和采食量下降。可见肝脏脂肪变性和心脏病变[7,59]。野禽常因摄食发酵的水果而发生中毒[103]。笼养鸟可能误食乙醇或主人饲喂乙醇而中毒。

防冻剂（乙二醇）

乙二醇被误食后，分解成草酸，并与钙结合形成草酸钙，因而可导致中毒。草酸钙结晶能阻塞肾小管，引起肾小管上皮坏死，从而导致高尿酸血症和尿酸盐性肾病，同时还伴发内脏尿酸盐沉积。一般通过肾脏的显微镜检查即可作出诊断，即观察到典型的结晶和肾小管病变[261,271,272,312]。鸽中毒时会发生肝坏死。其他禽类可发生不同类型的中毒[234]。用环氧乙烷处理过的球虫卵囊对雏鸡具有毒性，能引起与乙二醇中毒相似的肾脏病变[338]。

四氯化碳

四氯化碳以前被用作家用溶剂和清洁剂，也可用于治疗鸡绦虫[273]。四氯化碳对动物和家禽都有毒性，可干扰脂肪代谢，损害肝脏和肾脏。鸡对四氯化碳的抵抗力比大鼠强，但低剂量的四氯化碳能引起生长迟缓。

化肥

在草坪、花园和农场施加的化肥中含有氮、磷和钾，其含量一般按占总含量的百分比标出（按上面的顺序标出）。这些元素已在上面作过说明。由于废料常以硬的小颗粒存在，所以对禽具有吸引力。有些磷肥含有很低浓度的放射性物质。

萘

卫生球常用于防止宠物和其他动物进入花园和阁楼，也可用于鸡窝中外寄生虫的控制。卫生球具有毒性，可引起家禽和笼养鸟中毒[181]。

尿素

尿素对禽类是相对无毒的。由于本品用于反刍动物的饲料配制，所以有时可见于禽饲料。

与工业相关的毒物

毒脂征、鸡水肿病及二噁英中毒

30多年前，毒性最强的二噁英［即2，3，7，8-四氯二苯并二噁英（TCDD）］和其他类二噁英（同属于多氯代二苯并二噁英类）是饲料中添加的工业脂肪（牛皮脂）的污染物。此物质可以从脂肪中蒸馏提取，在被鉴定之前，称之为"鸡水肿因子"。数年来，该物质导致肉鸡和其他家禽广泛发病。直到 1970 年左右，二噁英中毒（鸡水肿病）呈零星发病。近年来，意大利环境发生二噁英污染，导致成年鸡发生二噁英中毒死亡（具有鸡水肿病的病变）[253]。含氯化烃的涂料中毒时，引起病变的物质可能是二噁英[207]。

鸡对 TCDD 的毒性作用比某些哺乳动物敏感[234]。二噁英可损伤鸡的血管内皮，引起血管渗漏，导致体液广泛进入体腔和皮下组织。有些实质器官的上皮受损，心肌和骨骼肌变性。

由于二噁英中毒能引起右心室肥大和扩张[6]，且其许多病变与其他原因导致的右心衰竭病变很相似，所以应当考虑二噁英引起右心衰竭的可能性。

根据饲料中 TCDD 的浓度，肉集群中的很多鸡可出现严重的症状：生长受阻、呼吸困难、无力、共济失调和水肿。有时死亡率很高。对该综合征的详细描述和综述可参阅文献 242。

TCDD 可能是除草剂中的污染物。本品和其他类二噁英可通过焚烧[234]和工业[93]途径产生。污染的禽胴体是引起人暴露的潜在途径，因为二噁英可在体脂内滞留。

多溴联苯（PBB）和多氯联苯（PCB）

多溴联苯（polybrominated biphenyl）或多氯联苯（polychlorinated biphenyl）可被误加入饲料而成为饲料的污染物（如机械设备上的油或润滑油），或源于工业污染和排出的废物。PBB 和 PCB 对禽类都具有毒性。低浓度时，可使生产性能、繁殖性能、孵化率、子代存活力和甲状腺激素水平下降[109]。低浓度的 PBB 中毒可使肝细胞损伤和法氏囊退缩[65]。PBB 对幼胚也具有这种毒性[107]，可残留于蛋和肉中，但不表现出任何临床症状。PBB 在蛋中的残留浓度是饲料中的 1.5 倍[93]。高浓度时，PCB 中毒引起的损伤与二噁英中毒相似。某些情况下，PCB 可能被 TCDD 污染。

原油和油类

大多数对水禽有毒性的油类来自于环境污染和石油漏出。发病禽表现为厌食、体重减轻、运动失调、震颤和海因茨氏小体贫血（Heinz body anemi-

a）。病理学变化包括类脂性肺炎、肠炎、脂肪浸润性肝病、肾病以及胰、脾和法氏囊变性[226]。免疫应答受到损害。银鸥和角嘴海雀中毒时，病变主要表现为中毒性溶血[191]以及与继发和应激相关的淋巴萎缩。油类与鸡蛋接触后，可引起鸡胚死亡和器官病变[55]。羽毛和皮肤上的油和油制品可用洗涤剂清除。

生物毒素（Biotoxins）

生物毒素是由活的生物产生的有毒物质，包括细菌毒素〔如，肉毒杆菌毒素中毒（禽的肉毒杆菌毒素中毒常与毒素污染的蛆有关）和细菌性食物中毒（如坏死性和溃疡性肠炎、坏疽性皮炎）〕和霉菌毒素。由细菌产生的甲基汞也可以归入生物毒素。昆虫毒素和蛇毒[188]也是生物毒素。大多数生物毒素无至关重要性，并在其他章节已作了描述。对于圈养的火鸡和肉鸡来说，肉毒杆菌毒素中毒的发病率不断增高。禽对肉毒杆菌毒素十分敏感，摄入很少量的毒素即可表现出临床症状。很显然，肉毒杆菌毒素是由离巢的死禽产生的。禽类通过采食腐败组织、被污染的蝇蛆、拟步甲或垫料而感染肉毒杆菌毒素。已建立了检测肉毒杆菌毒素的酶联免疫吸附试验技术，其敏感度与小鼠接种试验相当（参见第 22 章）。在这里只介绍藻类中毒和蔷薇腮角金龟中毒。

藻类

数种蓝-绿藻类能产生毒素。当藻类在温暖的淡水中快速增殖（增殖期）时，产生的毒素会聚集在一起，并在微风的不断吹动下运送到湖边，动物和禽类采食后就会发生中毒。毒性与毒素的浓度呈正相关[159]。病鸡出现神经症状和死前麻痹。鸭和火鸡也可发生中毒[154]。尸体剖检可见发绀、充血、心脏扩张和膨大[242]。肝脏肿大，肝细胞坏死。通过鉴定水中的毒素便可作出诊断[234]。

蔷薇腮角金龟（Rose Chafers）

蔷薇腮角金龟（Macrodactylus subspinosus）

是春天和初夏出现在北美东部和中部的一种昆虫。15～30只昆虫即可引起幼鸡中毒[242]。临床症状包括倦怠、无力、衰竭和惊厥[242]。

植物毒素（Phytotoxins）

某些植物的部分或全部是有毒的，低浓度饲喂时可能仅仅影响生长。在"营养素，与饲料和水相关的其他毒物"中对抗营养因子已作过描述。有关对家禽和笼养鸟有毒性的植物方面的详细信息可参阅文献12，76，78，83，108，176，298和347。

鳄梨（Persea americana）

有毒部分　果实。
临床症状和病理变化　肌肉变性，心包积水和皮下水肿[41,136]。

洋槐（Robinia pseudoacacia）

有毒部分　叶子。
临床症状和病理变化　精神沉郁和麻痹；出血性肠炎。

肿胀田菁（Sesbania［Glottidium］vesicaria）

有毒部分　种子。
临床症状和病理变化　腹泻，发绀，衰竭，坏死性肠炎，肌胃溃疡[95]。

可可树（Theobroma cacao，可可碱中毒）

有毒部分　豆制品废料。
临床症状和病理变化　急性病例：神经症状，惊厥和死亡；发绀，泄殖腔脱出，肾脏有出血斑。慢性病例：厌食和腹泻[242]。

木薯属（Manihot spp.，氰化物，多酚）

有毒部分　根（块茎）。
临床症状和病理变化　突然死亡，生长迟缓[94,240]。

卡罗莱纳茉莉（Gelsemium sempervirens）

有毒部分　全部。
临床症状和病理变化　渐进性肌无力，痉挛和死亡。无病理变化[319]。

蓖麻（Ricinus communis）

有毒部分　蓖麻籽。
临床症状和病理变化　渐进性麻痹和衰竭（类似于肉毒杆菌毒素中毒）；腹泻，消瘦，肝脏肿胀、苍白、有出血斑，出血性卡他性肠炎，淤血，肝脏和肾脏实质细胞及淋巴组织变性，胆管增生[162,229,242]。

咖啡，决明（Cassia occidentalis，C. Obtusifolia，Senna occidentalis）

有毒部分　种子。
临床症状和病理变化　无力，共济失调，麻痹，产蛋量下降，腹泻；中毒性肌病；胸肌和半腱肌苍白；水肿，肌肉变性，坏死[105,237,242,302,327]。初级神经元损伤引发神经病变，从而导致轻瘫[42,137]。脾脏和法氏囊中的淋巴细胞群减少[303]。

麦仙翁（Agrostemma githago，皂角甙元中毒）

中毒部分　种子。
临床症状和病理变化　精神沉郁，羽毛粗乱，呼吸频率和心率减慢，腹泻，生长迟缓；心包积液；嗉囊、咽黏膜和口腔有干酪样坏死[146,242]。

棉籽饼（棉酚中毒）

临床症状和病理变化　发绀，食欲不振，消瘦，产蛋量下降，蛋品质下降；肠炎，肝脏和肾脏出现变性，生长缓慢[242]。

洪堡鼠李（Karwinskia humboldtiana）

有毒部分　果实和种子。
临床症状和病理变化　生长减慢，发绀，麻痹。

猪屎豆属（*Crotalaria spp.*）（吡咯联啶生物碱中毒，野百合碱中毒）

有毒部分 种子、叶、茎。

临床症状和病理变化 迟钝，不愿活动，采食量减少，生长受阻，鲜黄绿色尿酸盐；皮下水肿，腹水，心包积液，肺水肿，肝炎，胆管增生[5,49,75,242,346]。

田菁（*Daubentonia longifolia*，*Sesbania drummondii*，*S. Macrocarpa*）

有毒部分 种子。

临床症状和病理变化 无力，精神沉郁，生长受阻，腹泻，消瘦；溃疡性腺胃炎；肝脏和肾脏变性[104,106,203,289]。

棋盘花属（*Zygadenus spp.*）

中毒部分 叶、茎和根。

临床症状和病理变化 无力、流涎、腹泻和衰竭[202]。

糖桉树（*Eucalyptus cladocalyx*）（氰化物或氢氰酸）

中毒部分 叶。

临床症状和病理变化 急性死亡，无前驱症状。

毒芹（*Conium maculatum*，毒芹碱中毒）

中毒部分 种子。

临床症状和病理变化 流涎，无力，神经症状，瘫痪，腹泻，生长减缓；肝脏充血，肠炎[110]。

曼陀罗（*Datura stramonium*，*D. ferox*，东莨菪碱，莨菪碱）

有毒部分 种子。

临床症状和病理变化 生长减缓[182]。

银合欢（*Leucaena leucocephala*）（含羞草碱中毒）

中毒部分 含有含羞草碱的叶子。

临床症状和病理变化 生长减缓，骨病[141,170]。

铃兰（*Convallaria majalis*）乳草属（*Asclepias spp.*，马利筋苷中毒）

临床症状和病理变化 无力，运动失调，惊厥，衰竭，死亡或康复[242]。

茄属植物（*Solanum nigrum*，颠茄中毒）

中毒部分 未成熟果实。

临床症状和病理变化 瞳孔放大，运动失调，衰竭[133]。

硝酸盐（多种植物）

参见前面"硝酸盐和亚硝酸盐"部分。

橡树［栎属（*Quercus spp.*），鞣酸中毒］

中毒部分 叶。

临床症状和病理变化 出现严重的腹泻、厌食和饮水增多；肠炎、肾肿大和内脏通风；肾近曲小管发生弥散性坏死[179]。

夹竹桃（*Nerium oleander*，糖苷）

中毒部分 所有部分。

临床症状和病理变化 精神沉郁、虚弱、腹泻、胃肠炎、肝脏变性、死亡[242,314]。

未成熟的洋葱（*Allium ascalonicum*）

有毒部分 所有部分。

临床症状和病理变化 突然死亡。心外膜出血、苍白，心包积水，肝脾肿大。组织学病变表现为肝细胞、枯否氏细胞和肾小管内出现含铁血黄素。众所周知，洋葱能导致动物发生海因茨小体贫血，但在鹅上未发现这种病征[56]。

草酸盐（多种植物，草酸）

中毒部分 叶和茎。

临床症状和病理变化 草酸盐性肾病[345]。见前面的"乙二醇"部分。

西芹，大阿米芹，其他（光敏作用）

中毒部分 所有部分。

临床症状和病理变化 皮炎（无羽毛区）；肝炎[245,293]。

美洲商陆（*Phytolacca americana*）

中毒部分 果实。

临床症状和病理变化 共济失调，腿畸形，腹水[17]。

马铃薯（*Solanum tuberosum*，茄碱中毒）

中毒部分 绿色或腐烂块茎，土豆皮，嫩芽。

临床症状和病理变化 运动失调，衰竭（致畸作用）[133,317]。

刘寄奴属植物（*Senecio jacobea*，吡咯联啶生物碱）

中毒部分 所有部分。

临床症状和病理变化 肝局灶性坏死和门管区纤维化[49]。

油菜子饼（芥酸/芥子甙中毒；抗营养因子：芥子酸胆碱、鞣酸、植酸）；芥子甙含量低的菜子油

中毒部分 菜籽。

临床症状和病理变化 蛋有异常的味道和气味，甲状腺功能低下，生长迟缓，贫血，突然死亡，肝破裂，肝炎，腹水，心包积水；肝腺管周发生坏死，骨骼肌和心肌脂肪发生变性[22,26,43,54,101,121,173,264,344]。

香豌豆［山黧豆属（*Lathyrus spp.*），山黧豆中毒］

中毒部分 种子（豌豆）。

临床症状和病理变化 骨骼畸形，骨山黧豆中毒［香豌豆（*L. odoratus*）］；或神经疾病，羽扇豆［草香豌豆（*L. sativus*）］中毒[50,220,262]。

鞣酸（多种植物）

鞣酸是存在于多种植物中的抗营养因子。测定某些饲料（如高粱）中的鞣酸含量具有重要的意义[161,316,333]。

烟草（*Nicotiana tabacum*，硫酸烟碱中毒）

中毒部分 叶和茎。

临床症状和病理变化 生长迟缓，生产性能下降（致畸作用）[242]。

苘麻［锦葵科，环戊烯型脂肪酸（Cyclopenoid Fatty Acids）］

中毒部分 种子。

临床症状和病理变化 蛋黄苍白，橡胶状[178]。

薇菜［蚕豆属（*Vicia spp.*，氰苷］

中毒部分 种子（豌豆）。

临床症状和病理变化 兴奋，呼吸窘迫，惊厥[138,269]。

常绿钩吻（*Gelsemium sempervirens*）

中毒部分 所有部分。

临床症状和病理变化 生长抑制[242,348]。

紫杉［紫杉属（*Taxus spp.*），紫杉碱中毒］

中毒部分 所有部分。

临床症状和病理变化 呼吸困难，运动失调，衰弱；发绀。

参考文献

[1] Abou-Donia, M. B. and A. A. Komeil. 1979. Delayed neurotoxicity of o-ethyl o-4-cyanophenyl phenylphosphonothioate(cyanofen phos) in hens. *Toxicol Lett* 4:455-459.

[2] Abou-Donia, M. B. , D. G. Graham, M. A. Ashry, and P. R. Timmons. 1980. Delayed neurotoxicity of leptophos and related compounds: Differential effects of subchronic oral administration of pure technical grade and degradation products on the hen. *Toxicol App Pharmacol* 53:

150 -163.

［3］Abuelgasim, A. , R. Ringer, and V. Sanger. 1982. Toxicosis of mirex for chick embryos and chickens hatched from eggs inoculated with mirex. *Avian Dis* 26:34 - 39.

［4］Acar, N. , P. Vohra, R. Becker, G. D. Hanners, and R. M. Saunders. 1988. Nutritional evaluation of grain amaranth for growing chickens. *Poult Sci* 67:1166 - 1173.

［5］Alfonso, H. A. , L. M. Sanchez, M. de los Angeles-Figeurdo, and B. C. Gomez. 1993. Intoxication due to Crotalaria retusa and C. spectabilis in chickens and geese. *Vet Human Toxicol* 35:539.

［6］Allen, J. R. 1964. The role of"toxic fat"in the production of hydropericardium and ascites in chickens. *Am J Vet Res* 25:1210 - 1219.

［7］Allen, N. K. , S. R. Aakhus-Allen, and M. M. Walser. 1981. Toxic effects of repeated ethanol intubations to chicks. *Poult Sci* 60:941 - 943.

［8］Al-Mashhadani, E. H. and M. M. Beck. 1985. Effect of atmospheric ammonia on the surface ultrastructure of the lung and trachea of broiler chicks. *Poult Sci* 64:2056 -2061.

［9］Amure, J. and J. C. Stuart. 1978. Dieldrin toxicity in poultry associated with wood shavings. *Vet Rec* 102:387.

［10］Andrabi, S. M. , M. M. Ahmad, and M. Shahab. 1998. Furazolidone treatment suppresses pubertal testosterone secretion in male broiler breeder birds (Gallus domesticus). *Vet Hum Toxicol* Dec;40(6):321 -325.

［11］Andreasen, J. R. , Jr. 1993. Metaldehyde toxicosis in ducklings. *J Vet Diagn Invest* 5:500 - 501.

［12］Arai, M. , E. Stauber, and C. M. Shropshire. 1992. Evaluation of selected plants for their toxic effects in canaries. *J Am Vet Med Assoc* 200:1329 -1331.

［13］Arnouts, S. , J. Buyse, M. M. Cokelaere, and E. Decuypere. 1993. Jojoba meal(Simmondsia chinensis)in the diet of broiler breeder pullets: Physiological and endocrinological effects. *Poult Sci* 72:1714 -1721.

［14］Bahl, A. K. and B. S. Pomeroy. 1978. Acute toxicity in poults associated with carbaryl insecticide. *Avian Dis* 22:526 - 528.

［15］Bai, K. M. and M. K. Krishnakumari. 1986. Acute oral toxicity of warfarin to poultry, Gallus domesticus: A non-target species. *Bull Environ Contam Toxicol* 37:544 -549.

［16］Baker, D. H. , T. M. Parr and N. R. Augspurger. 2003. J Nutr 133:2309 - 2312.

［17］Barnett, B. D. 1975. Toxicity of pokeberries(fruit of Phytolacca americana Large)for turkey poults. *Poult Sci* 54:

1215 - 1217.

［18］Bartov, L. 1989. Lack of effect of dietary factors on nicarbazin toxicity in broiler chicks. *Poult Sci* 68:145 -152.

［19］Bedford, M. R. and H. L. Classen. 1993. An *in vitro* assay for prediction of broiler intestinal viscosity and growth when fed ryebased diets in the presence of exogenous enzymes. *Poult Sci* 72:137 - 143.

［20］Beers, K. W. , T. J. Raup, W. G. Bottje, and T. W. Odom. 1989. Physiological responses of heat-stressed broilers fed nicarbazin. *Poult Sci* 68:428 -434.

［21］Behr, K. P. , H. Lüders, and C. Plate. 1986. Safety of halofuginone(Stenorol7)in geese(Anser anser f. dom.), Muscovy ducks (Cairina moschata f. dom.) and Pekin ducks(Anas platyrhynchos f. dom.). *Dtsch Tieraerztl Wochenschr* 93:4 - 8.

［22］Bell, J. M. 1993. Factors affecting the nutritional value of canola meal: A review. *Can J Anim Sci* 73:679 -697.

［23］Bennett, W. M. 1989. Mechanism of aminoglycoside nephrotoxicity. *Clin Exp Pharm Physiol* 16:1 - 6.

［24］Bergmann, V. , G. Baumann, and B. Kahle. 1989. Zur Pathologie der akuten Monensin-Vergiftung bei Broilern und Lämmern. *Monatsh Vet* 44:460 - 463.

［25］Bennett, D. C. , M. R. Hughes, J. E. Elliott, A. M. Scheuhammer, and J. E. Smits. 2000. Effect of cadmium on Pekin duck total body water, water flux, renal filtration, and salt gland function. *J Toxicol Environ Health A* Jan 14;59(1):43 - 56.

［26］Bhatnagar, M. K. , S. Yamashiro, and L. L. David. 1980. Ultrastructural study of liver fibrosis in turkeys fed diets containing rapeseed meal. *Res Vet Sci* 29:260 -265.

［27］Bierer, B. W. 1958. The ill effects of excessive formaldehyde fumigation on turkey poults. *J Am Vet Med Assoc* 132:174 - 176.

［28］Blakley, B. R. 1982. Lindane toxicity in pigeons. *Can Vet J* 23:267 - 268.

［29］Blom, L. 1975. Residues of drugs in eggs after medication of laying hens for eight days. *Acta Vet Scand* 16:396 -404.

［30］Bokori, J. , S. Fekete, I. Kádar, F. Vetési, and M. Albert. 1993. Complex study of the physiological role of aluminum. Ⅱ. Aluminum tolerance test in broiler chickens. *Acta Vet Hung* 41:235 - 264.

［31］Booth, N. H. 1988. Drugs and Chemical Residues in the Edible Tissue of Animals. Chap. 66. In N. H. Booth and L. E. McDonald (eds.). Veterinary Pharmacology and Therapeutics, 6th ed. Iowa State University Press: Ames,IA,1149 - 1205.

[32]Bowes, V and R. Puis. 1992. Fenthion toxicity in bald eagles. *Can Vet J* 33:678.

[33]Braunius, W. W. 1986. Monensin/sulfachloropyrazine intoxicatie bij kalkoenen. *Tijdschr Diergeneeskd* 111:676 - 678.

[34]Brenes, A. ,M. Smith, W. Guenter, and R. R. Marquardt. 1993. Effect of enzyme supplementation on the performance and digestive tract size of broiler chickens fed wheat- and barley-based diets. *Poult Sci* 72:1731 - 1739.

[35]Brenes, A. ,R. R. Marquardt, W. Guenter, and B. A. Rotter. 1993. Effect of enzyme supplementation on the nutritional value of raw, autoclaved, and dehulled lupins(Lupinus albus)in chicken diets. *Poult Sci* 72:2281 - 2293.

[36]Brenes, A. , B. A. Rotter, R. R. Marquardt, and W. Guenter. 1993. The nutritional value of raw, autoclaved, and dehulled peas(Pisum satirum L.)in chicken diets as affected by enzyme supplementation. *Can J Anim Sci* 73:605 - 614.

[37]Brown, C. , W. B. Gross, and M. Ehrich. 1986. Effects of social stress on the toxicity of malathion in young chickens. *Avian Dis* 30:679 - 682.

[38]Brown, T. P. ,C. T. Larsen, D. L. Boyd, and B. M. Allen. 1991. Ulcerative cholecystitis produced by 3-nitro-4-hydroxy-phenylarsonic acid toxicosis in turkey poults. *Avian Dis* 35:241 - 243.

[39]Broz, J. and M. Frigg. 1987. Incompatibility between lasalocid and chloramphenicol in broiler chicks after a long-term simultaneous administration. *Vet Res Commun* 11:159 - 172.

[40]Bunn, T. L. , J. A. Marsh, R. R. Dietert. 2000. Gender differences in developmental immunotoxicity to lead in the chicken: Analysis following a single early low-level exposure in ovo. *J Toxicol Environ Health A* Dec 29;61 (8):677 - 693.

[41]Burger, W. P. , T. W. Naude, I. B. J. Van Rensburg, C. J. Botha, and A. C. E. Pienaar. 1994. Cardiomyopathy in ostriches(Struthio camelus)due to avocado(Persea americana var. guatemalensis)intoxication. *J SAfr Vet Assoc* 65:113 - 118.

[42]Calore, E. E. , M. J. Cavaliere, M. Haraguchi, S. L. Gorniak, M. L. Dagli, P. C. Raspantini, N. M. Calore, R. Weg. 1998. Toxic peripheral neuropathy of chicks fed Senna occidentalis seeds. *Ecotoxicol Environ Saf*/Jan; 39(1):27 - 30.

[43]Campbell, L. D. 1987. Effects of different intact glucosinolates on liver hemorrhage in laying hens and the influ-
ence of vitamin K. *Nutr Rep Int* 35:1221 - 1227.

[44]Cantor, A. H. , D. M. Nash, and T. H. Johnson. 1984. Toxicity of selenium in drinking water of poultry. *Nutr Rep Int* 29:683 - 688.

[45]Capdevielle, M. C. , L. E. Hart, J. Goff, C. G. Scanes. 1998. Aluminum and acid effects on calcium and phosphorus metabolism in young growing chickens (Gallus gallus domesticus) and mallard ducks (Anas platyrhynchos). *Arch Environ Contam Toxicol* Jul;35(1):82 - 88.

[46]Cardona, C. J. , F. D. Galey, A. A. Bickford, B. R. Charlton, and G. L. Cooper. 1993. Skeletal myopathy produced with experimental dosing of turkeys with monensin. *Avian Dis* 37:107 - 117.

[47]Carlile, F. S. 1984. Ammonia in poultry houses: A literature review. *World's Poult Sci J* 40:99 - 113.

[48]Carlton, W. W. 1966. Experimental coal tar poisoning in the White Pekin duck. *Avian Dis* 10:484 - 502.

[49]Cheeke, P. R. 1988. Toxicity and metabolism of pyrrolizidine alkaloids. *J Anim Sci* 66:2343 - 2350.

[50]Chowdhury, S. D. 1988. Lathyrism in poultry: A review. *World's Poult Sci J* 44:7 - 16.

[51]Christensen, V. L. and J. F. Ort. 1991. Iodine toxicity in large white turkey breeder hens. *Poult Sci* 70: 2402 -2410.

[52]Coats, J. R. 1990. Mechanisms of toxic action and structureactivity relationships for organochlorine and synthetic pyrethroid insecticides. *Environ Health Perspect* 87: 255 - 262.

[53]Coetzee, C. B. , N. H. Casey, J. A. Meyer. 1997. Fluoride tolerance of laying hens. *Br Poult Sci* Dec; 38 (5): 597 -602.

[54]Corner, A. H. , H. W. Hulan, D. M. Nash, and F. G. Proudfoot. 1985. Pathological changes associated with the feeding of soybean oil or oil extracted from different rapeseed cultivars to single comb white leghorn cockerels. *Poult Sci* 64:1438 - 1450.

[55]Couillard, C. M. , and F. A. Leighton. 1990. The toxicopathology of Prudhoe Bay crude oil in chicken embryos. *Fund Appl Toxicol* 14:30 - 39.

[56]Crespo, R. and R. P. Chin. 2004. Effect of feeding green onions (Allium ascalonicum) to White Chinese geese (Threskiornis spinicollis). *J Vet Diagn Invest* 16: 321 -325.

[57]Cruickshank, J. J. and J. S. Sim. 1987. Effects of excess vitamin D_3 and cage density on the incidence of leg abnormalities in broiler chickens. *Avian Dis* 31:332 - 338.

[58]Czarnecki, C. M. 1986. Quantitative morphological altera-

tions during the development of furazolidone-induced cardiomyopathy in turkeys. *J Comp Pathol* 96:63 - 75.

[59]Czarnecki,C. M. and H. A. Badreldin. 1987. Graded ethanol consumption in young turkey poults: effect on body weight,feed intake and development of cardiomegaly. *Res Commun Subst Abuse* 8:93 - 96.

[60]Czarnecki,G. L. and D. H. Baker. 1982. Tolerance of the chick to excess dietary cadmium as influenced by dietary cysteine and by experimental infection with Eimeria acervulina. *J Anim Sci* 54:983 - 988.

[61]Daft, B. M. , A. A. Bickford, and M. A. Hammarlund. 1989. Experimental and field sulfaquinoxaline toxicosis in leghorn chickens. *Avian Dis* 33:30 - 34.

[62]Dalvi, R. R. 1988. Toxicology of thiram: A review. *Vet Hum Toxicol* 30:480 - 484.

[63]Damron,B. L. and L. K. Flunker. 1993. Broiler chick and laying hen tolerance to sodium hypochlorite in drinking water. *Poult Sci* 72:1650 - 1655.

[64] Davis, C. 1983. Narasin toxicity in turkeys. *Vet Rec* 113:627.

[65]Davison,S. and R. F. Wideman. 1992. Excess sodium bicarbonate in the diet and its effect on leghorn chickens. *Br Poult Sci* 33:859-870.

[66]Dean,C. E. , B. M. Hargis,and P. S. Hargis. 1991. Effects of zinc toxicity on thyroid function and histology in broiler chicks. *Toxicol Lett* 57:309 -318.

[67]Deaton,J. W. , F. N. Reece, and F. D. Thornberry. 1986. Atmospheric ammonia and incidence of blood spots in eggs. *Poult Sci* 65:1427 - 1428.

[68]Delaplane,J. P. and J. H. Milliff. 1948. The gross and micropathology of sulfaquinoxaline poisoning in chickens. *Am J Vet Res* 9:92 - 96.

[69]De Ment,S. H. ,J. J. Chisolm,M. A. Eckhaus, and J. D. Strandberg. 1987. Toxic lead exposure in the urban rock dove. *J Wildl Dis* 3:273 - 278.

[70]Dewar,W. A. ,P. A. L. Wight, R. A. Pearson, and M. J. Gentle. 1983. Toxic effects of high concentrations of zinc oxide in the diet of the chick and laying hen. *Br Poult Sci* 24:397 - 404.

[71]Dharma, D. N. , S. D. Sleight, R. K. Ringer, and S. D. Aust. 1982. Pathologic effects of 2,2,4,4,5,5- and 2,3, 4,4,5,5-hexabromo-biphenyl in white leghorn cockerels. *Avian Dis* 26:542 - 552.

[72]Dhillon, A. S. , R. W. Winterfield, and H. L. Thacker. 1982. Quaternary ammonium compound toxicity in chickens. *Avian Dis* 26:928 - 931.

[73]Diaz, G. J. , R. J. Julian, and E. J. Squires. 1994. Lesions in broiler chickens following experimental intoxication with cobalt. *Avian Dis* 38:308 - 316.

[74]Diaz,G. J. ,R. J. Julian,and E. J. Squires. 1995. Effect of graded levels of dietary nitrite on pulmonary hypertension in broiler chickens and dilatory cardiomyopathy in turkey poults. *Avian Pathol* 24:109 - 120.

[75]Dickinson, J. O. and R. C. Braun. 1987. Effect of 2(3)-tertbutyl-4-hydroxyanisole(BHA) and 2-chloroethanol against pyrole production and chronic toxicity of monocrotaline in chickens. *Vet Hum Toxicol* 29:11 - 15.

[76]DiTomaso,J. M. 1994. Plants reported to be poisonous to animals in the United States. *Vet Hum Toxicol* 36: 49 -52.

[77]D' Mello, J. P. F. and A. G. Walker. 1991. Detoxification of jackbeans(Canavalia ensiformis): Studies with young chicks. *Anim Fed Sci Tech* 33:117 - 127.

[78]D'Mello,J. P. F. ,C. M. Duffus,and J. H. Duffus(eds.). 1991. Toxic Substances in Crop Plants. Royal Society of Chemists,Cambridge,United Kingdom.

[79]Donham,K. J. 1991. Air quality relationships to occupational health in the poultry industry. Proc 42nd North Central Avian Disease Conference: Des Moines, IA, 43 -47.

[80]Dora,P. ,R. Weber,J. Weikel,and E. Wessling. 1983. Intoxikation durch gleichzeitige verabreichung von chloramphenicol und monensin bei puten. *Prakt Tierarzt* 64: 240 - 243.

[81]Dowling,L. 1992. Ionophore toxicity in chickens: A review of pathology and diagnosis. *Avian Pathol* 21: 355 -268.

[82]Dufour, L. , J. E. Sander, R. D. Wyatt, G. N. Rowland, and R. K. Page. 1992. Experimental exposure of broiler chickens to boric acid to assess clinical signs and lesions of toxicosis. *Avian Dis* 36:1007 -1011.

[83]Dumonceaux,G. and G. J. Harrison. 1994. Toxins. In B. W. Ritchie,G. J. Harrison,and L. R. Harrison(eds.). Avian Medicine: Principles and Application. Wingers Publ. ,Inc. : Lakeworth,FL,1030 -1049.

[84]Dunachie,J. F. and W. W. Fletcher. 1970. The toxicity of certain herbicides to hens' eggs assessed by the egg injection technique. *Ann Appl Biol* 66:515 - 520.

[85]Dunn,M. A. ,N. E. Johnson,M. Y. B. Liew,and E. Ross. 1993. Dietary aluminum chloride reduces the amount of intestinal calbindin D-28K in chicks fed low calcium or low phosphorus diets. *J Nutr* 123:1786 - 1793.

[86]Durham, H. D. and D. J. Ecobichon. 1986. An assessment of the neurotoxic potential of fenitrothion in the

hen. *Toxicology* 41:319 - 332.

[87] Eason, P. J., R. J. Johnson, and G. H. Castleman. 1990. The effects of dietary inclusion of narbon beans (Vicia narbonensis) on the growth of broiler chickens. *Aust J Agric Res* 41:565 - 571.

[88] Edelstein, S., C. S. Fullmer, and R. H. Wasserman. 1984. Gastrointestinal absorption of lead in chicks: involvement of the cholecalciferol endocrine system. *J Nutr* 114:692 - 700.

[89] Edwards, H. M., Jr. 1987. Effects of thiuram disulfiram and a trace element mixture on the incidence of tibial dyschondroplasia in chickens. *J Nutr* 117:964 -969.

[90] Egyed, M. N. and U. Bendheim. 1977. Mass poisoning in chickens caused by consumption of organo-phosphorus (dichlorvos) contaminated drinking water. *Refu Vet* 34:107 - 110.

[91] Ehrich, M., L. Correll, J. Strait, W. McCain, and J. Wilcke. 1992. Toxicity and toxicokinetics of carbaryl in chickens and rats: A comparative study. *J Toxicol Environ Health* 36:411 - 423.

[92] Elliot, M. A. and H. M. Edwards, Jr. 1991. Some effects of dietary aluminum and silicon on broiler chickens. *Poult Sci* 70:1390 - 1402.

[93] Elliott, J. E., R. W. Butler, R. J. Norstrom, and P. E. Whitehead. 1988. Levels of Polychlorinated Dibenzodioxins and Polychlorinated Dibenzofurans in Eggs of Great Blue Herons (Ardea herodias) in British Columbia, 1983—1987: Possible Impact on Reproductive Success. Progress Notes No. 176. Canadian Wildlife Service, Ottawa.

[94] Elzubeir, E. A. and R. H. Davis. 1988. Sodium nitroprusside, a convenient source of dietary cyanide for the study of chronic cyanide toxicity. *Br Poult Sci* 29:779 - 783.

[95] Emmel, M. W. 1935. The toxicity of Glottidium vesicarium (Jacq) Harper seeds for the fowl. *J Am Vet Med Assoc* 87:13 - 21.

[96] Ernst, R. A., P. Vohra, F. H. Kratzer, H. J. Kuhl. 1996. Effect of halofuginone (Stenorol) on Chukar partridge (Alectoris chukar). *Poult Sci* Dec;75(12): 1493 - 1495.

[97] Faddoul, G. P., S. V. Amato, M. Sevoian, and G. W. Fellows. 1967. Studies on intolerance to sulfaquinoxaline in chickens. *Avian Dis* 11:226 - 240.

[98] Farage-Elawar, M. 1989. Enzyme and behavioral changes in young chickens as a result of carbaryl treatment. *J Toxicol Environ Health* 26:119 - 131.

[99] Farage-Elawar, M., and M. Francis. 1988. Effects of fenthion, fenitrothion and desbromoleptophos on gait, acetylcholine and neurotoxic esterase in young chicks after in ovo exposure. *Toxicology* 49:253 - 261.

[100] Fedde, M. R., and W. D. Kuhlmann. 1979. Cardiopulmonary responses to inhaled sulfur dioxide in the chicken. *Poult Sci* 58:1584 - 1591.

[101] Fenwick, G. R., C. L. Curl, E. J. Butler, N. M. Greenwood, and A. W. Pearson. 1984. Rapeseed meal and egg taint: Effects of low glucosinolate Brassica napus meal, dehulled meal and hulls, and of neomycin. *J Sci Food Agric* 35:749 - 756.

[102] Ficken, M. D., D. P. Wages, and E. Gonder. 1989. Monensin toxicity in turkey breeder hens. *Avian Dis* 33:186 -190.

[103] Fitzgerald, S. D., J. M. Sullivan, and R. J. Everson. 1990. Suspected ethanol toxicosis in two wild cedar waxwings. *Avian Dis* 34:488 - 490.

[104] Flory, W. and C. D. Hebert. 1984. Determination of the oral toxicity of Sesbania drummondii seeds in chickens. *Am J Vet Res* 45:955 - 958.

[105] Flunker, L. K., B. L. Damron, and S. F. Sundlof. 1989. Response of White Leghorn hens to various dietary levels of Cassia obtusifolia and nutrient fortification as a means of alleviating depressed performance. *Poult Sci* 68:909 - 913.

[106] Flunker, L. K., B. L. Damron, and S. F. Sundlof. 1990. Tolerance to ground Sesbania macrocarpa seed by broiler chicks and White Leghorn hens. *Poult Sci* 69:669 -672.

[107] Fox, L. L., K. A. Grasman. 1999. Effects of PCB 126 on primary immune organ development in chicken embryos. *J Toxicol Environ Health A* Oct 29; 58 (4): 233 -244.

[108] Fowler, M. E. 1986. Plant poisoning in pet birds and reptiles. In R. W. Kirk (ed.). Current Veterinary Therapy. IX. W. B. Saunders Co.: Philadelphia, PA, 737 -743.

[109] Fowles, J. R., A. Fairbrother, K. A. Trust, N. I. Kerkvliet. 1997. Effects of Aroclor 1254 on the thyroid gland, immune function, and hepatic cytochrome P450 activity in mallards. *Environ Res* Nov;75(2): 119 - 129.

[110] Frank, A. A. and W. M. Reed. 1990. Comparative toxicity of coniine, an alkaloid of Conium maculatum (poison hemlock), in chickens, quails, and turkeys. *Avian Dis* 34:433 - 437.

[111] Frank, R., G. J. Sirons, and D. Wilson. 1981. Residues of 4-aminopyridine in poisoned birds. *Bull Environ Contam Toxicol* 26:389 - 392.

[112]Frank,R.，N. Fish,G. J. Sirons,J. Walker,H. L. Orr, and S. Leeson. 1983. Residues of polychlorinated phenols and anisoles in broilers raised on contaminated wood shaving litter. *Poult Sci* 62:1559 -1565.

[113]Frank,R.，P. Mineau,H. E. Braun,I. K. Barker,S. W. Kennedy,and S. Trudeau. 1991. Deaths of Canada geese following spraying of turf with diazinon. *Bull Environ Contam Tox* 46:852 - 858.

[114]Friesen,O. D.，W Guenter,R. R. Marquardt,and B. A. Rotter. 1992. The effect of enzyme supplementation on the apparent metabolizable energy and nutrient digestibilities of wheat,barley,oats,and rye for the young broiler chick. *Poult* 5ci 71:1710 - 1721.

[115]Gait,D. E. 1988. Reduced hatchability of eggs associated with pentachlorophenol contaminated shavings. *Can Vet J* 29:65 - 67.

[116]Gartell,B. D.，M. R. Alley and A. H. Mitchell. 2004. Fatal levamisole toxicosis of captive kiwi（Apteryx mantelli). 53:84 - 86.

[117]Gilbert,R. W.，J. E. Sander,T. P. Brown TP. 1996. Copper sulfate toxicosis in commercial laying hens. *Avian Dis* Jan-Mar;40(1):236 - 239.

[118]Gilead,M. and U. Bendheim. 1986. Formalin poisoning in turkeys. *Israel J Vet Med* 42:193 - 194.

[119]Giri,S. N.，A. A. Bickford,and A. E. Barger. 1979. Effects of 2-chloro-4-acetotoluidine（CAT）toxicity on biochemical and morphological alterations in quail. *Avian Dis* 23:794 - 811.

[120]Glahn,R. P.，R. F. Wideman,Jr.，and B. S. Cowen. 1989. Order of exposure to high dietary calcium and Gray strain infections bronchitis virus alters renal function and the incidence of urolithiasis. *Poult Sci* 68: 1193 -1204.

[121]Gough,A. W. and L. J. Weber. 1978. Massive liver hemorrhage in Ontario broiler chickens. *Avian Dis* 22:205 - 210.

[122]Granot,I.，I. Bartov,I. Plavnik,E. Wax,S. Hurwitz,and M. Pines. 1991. Increased skin tearing in broilers and reduced collagen synthesis in skin *in vivo* and *in vitro* in response to the coccidiostat halofuginone. *Poult Sci* 70:1559 - 1563.

[123]Green,D. E. and P. H. Albers. 1997. Diagnostic criteria for selenium toxicosis in aquatic birds: histologic lesions. *J Wildl Dis* Jul;33(3):385 - 404.

[124]Gregory,D. G.，S. L. Vanhooser,and E. L. Stair. 1995. Light and electron microscopic lesions in peripheral nerves of broiler chickens due to roxarsone and lasalo-

cid toxicoses. *Avian Dis* 39:408 - 416.

[125]Guenter,W. and P. H. B. Hahn. 1986. Fluorine toxicity and laying hen performance. *Poult Sci* 65:769 - 778.

[126]Guitart,R.，R. Mateo,J. M. Gutierrez,J. To-Figueras. 1996. An outbreak of thiram poisoning on Spanish poultry farms. *Vet Hum Toxicol* Aug;38(4):287 -288.

[127]Gwathmey,J. K. 1991. Morphological changes associated with furazolidone-induced cardiomyopathy: Effects of digoxin and propranolol. *J Comp Pathol* 104:33 -45.

[128]Hafez,Y. S. M.，E. Chavez,P. Vohra,and F. H. Kratzer. 1978. Methionine toxicity in chicks and poults. *Poult Sci* 57:699 - 703.

[129]Haigh,J. C. 1979. Levamisole in waterfowl: Trials on effect and toxicity. *J Zoo Anim Med* 10:103 -105.

[130]Halvorson,D. A.，C. Van Dijk,and P. Brown. 1982. Ionophore toxicity in turkey breeders. *Avian Dis* 26: 634 - 639.

[131]Han,J.，J. Han,M. A. Dunn. 2000. Effect of dietary aluminum on tissue nonheme iron and ferritin levels in the chick. *Toxicology* Jan 3;142(2):97 -109.

[132]Hanrahan,L. A.，D. E. Corrier,and S. A. Naqi. 1981. Monensin toxicosis in broiler chickens. *Vet Pathol* 18: 665 - 671.

[133]Hansen,A. A. 1927. Stock poisoning by plants in the nightshade family. *J Am Vet Med Assoc* 71:221 - 227.

[134]Hanson,J. and J. Howell. 1981. Possible fenthion toxicity in magpies(Pica pica). *Can Vet J* 22:18 - 19.

[135]Hare,T. and A. B. Orr. 1945. Poultry poisoned by zinc phosphide. *Vet Rec* 57:17.

[136]Hargis,A. M.，E. Stauber,S. Casteel,and D. Eitner. 1989. Avocado(Persea americana)intoxication in caged birds. *J Am Vet Med Assoc* 194:64 -66.

[137]Haraguchi,M.，E. E. Calore,M. L. Dagli,M. J. Cavaliere,N. M. Calore,R. Weg,P. C. Raspantini,and S. L. Gorniak SL. 1998. Muscle atrophy induced in broiler chicks by parts of Senna occidentalis seeds. *Vet Res Commun* Jun;22(4):265 -271.

[138]Harper,J. A. and G. H. Arscott. 1962. Toxicity of common and hairy vetch seed for poults and chicks. *Poult Sci* 41:1968 - 1974.

[139]Harper,M. J. and M. Hindmarsh. 1990. Lead poisoning in magpie geese Anseranas semipalmata from ingested lead pellet at Bool Lagoon Game Reserve(South Australia). *Aust Wildl Res* 17:141 - 145.

[140]Hatch,R. C. 1988. Veterinary Toxicology. Section 17. In N. H. Booth and L. E. McDonald（eds.）. Veterinary Pharmacology and Therapeutics,6th ed. Iowa State U-

niversity Press: Ames, IA, 1001 -1148.

[141]Hathcock, J. N. , M. M. Labadan, and J. P. Mateo. 1975. Effects of dietary protein level on toxicity of Leucaena leucocephala to chicks. *Nutr Rep Int* 11:55 - 62.

[142] Heinz, G. H. 1979. Methylmercury: reproductive and behavioral effects on three generations of mallard ducks. *J Wildl Manage* 43:394 - 401.

[143] Heinz, G. H. and L. N. Locke. 1976. Brain lesions in mallard ducklings from parents fed methylmercury. *Avian Dis* 20:9 - 17.

[144]Henderson, B. M. and R. W. Winterfield. 1975. Acute copper toxicosis in the Canada goose. *Avian Dis* 19: 385 -387.

[145] Henny, C. J. , E. J. Kolbe, E. F. Hill, and L. J. Blus. 1987. Case histories of bald eagles and other raptors killed by organophosphorus insecticides topically applied to livestock. *J Wildl Dis* 23:292 - 295.

[146]Heuser, G. F. and A. E. Schumacher. 1942. The feeding of corn cockle to chickens. *Poult Sci* 2:86 -93.

[147]Hill, D. L. , C. I. Hall, J. E. Sander, O. J. Fletcher, R. K. Page, and S. W. Davis. 1994. Diazinon toxicity in broilers. *Avian Dis* 38:393 - 396.

[148] Hino, T. , T. Noguchi, and H. Naito. 1987. Effect of gizzerosine on acid secretion by isolated mucosal cells of chicken proventriculus. *Poult Sci* 66:548 - 551.

[149]Hoffman, D. J. , G. H. Heinz, L. J. LeCaptain, J. D. Eisemann, G. W. Pendleton. 1996. Toxicity and oxidative stress of different forms of organic selenium and dietary protein in mallard ducklings. *Arch Environ Contam Toxicol* Jul;31(1): 120 - 127.

[150]Hoffman, D. J. , G. H. Heinz, L. Sileo, D. J. Audet, J. K. Campbell, L. J. LeCaptain. 2000. Developmental toxicity of leadcontaminated sediment to mallard ducklings. *Arch Environ Contam Toxicol* Aug; 39 (2): 221 -232.

[151]Hoop, R. K. 1998. Salinomycin toxicity in layer breeders. *Vet Rec* May 16;142(20):550.

[152]Horikawa, H. , T. Masumura, S. Hirano, E. Watanabe, and T. Ishibashi. 1992. Optimum dietary level of gizzerosine for maximum calcium content in the femur of chicks. *J pn Poult Sci* 29:361 - 367.

[153] Huisman, J. 1991. Antinutritional factors in poultry feeds and their management. Proc 8th Eur Symp Poult Nutr, Venezia-Mestre, Italy, World Poult Sci Assoc, 42 -61.

[154] Humphreys, D. J. 1979. Poisoning in poultry. *World's Poult Sci J* 35:161 - 176.

[155]Humphreys, D. J. , J. B. J. Stodulski, R. R. Fysh, and N. M. Howie. 1980. Haloxon poisoning in geese. *Vet Rec* 107:541.

[156]Hunter, B. and G. Wobeser. 1980. Encephalopathy and peripheral neuropathy in lead-poisoned mallard ducks. *Avian Dis* 24:169 - 178.

[157]Hussein, A. S. , A. H. Cantor, A. J. Pescatore, and T. H. Johnson. 1993. Effect of dietary aluminum and vitamin D interaction on growth and calcium and phosphorus metabolism of broiler chicks. *Poult Sci* 72:306 -309.

[158]Hutchison, T. W and W. F. De Witt. 1996. Quaternary ammonium compound toxicity in broiler chickens. *Can Vet J Aug*;37(8):482.

[159]Jackson, A. R. B. , M. T. C. Runnegar, R. B. Cumming, and J. F. Brunner. 1986. Experimental acute intoxication of young layer and broiler chickens with the cyanobacterium (blue-green alga) Microcystis aeruginosa. *Avian Pathol* 15:741 - 748.

[160]Jan Baars, A. 2000. The dioxin in chicken incident in Belgium in 1999: trouble or trifle? *Arh Hig Rada Toksikol* Sep;51(3):311 - 320.

[161]Jansman, A. J. M. 1993. Tannins in feedstuffs for simple-stomached animals. *Nutr Res Reviews* 6:209 - 236.

[162]Jensen, W. I. and J. P. Allen. 1981. Naturally occurring and experimentally induced castor bean (Ricinus communis) poisoning in ducks. *Avian Dis* 25:184 - 194.

[163]Jeroch, H. , E. Helander, H. J. Schloffel, K. H. Engerer, H. Pingel, and G. Gebhardt. 1991. Investigation of effectiveness of beta-glucanase containing enzyme preparation "Avizyme" supplemented to broiler fattening diet based on barley. *Arch Geflugelk* 55:22 - 25.

[164]Jones, J. E. , J. Solis, B. L. Hughes, D. J. Castaldo, and J. E. Toler. 1990. Reproduction responses of broilerbreeders to anticoccidial agents. *Poult Sci* 69:27 - 36.

[165]Jordan, F. T. W. , J. M. Howell, J. Howorth, and J. K. Rayton. 1976. Clinical and pathological observations on field and experimental zoalene poisoning in broiler chicks and the effect of the drug on laying hens. *Avian Pathol* 5:175 - 185.

[166]Julian, R. J. 1991. Poisons and toxins. In B. W. Calnek, H. J. Barnes, C. W. Beard, W. M. Reed, and H. W. Yoder (eds.). Diseases of Poultry, 9th ed. Iowa State University Press: Ames, IA, 863 - 884.

[167]Julian, R. J. 1993. Ascites in poultry. *Avian Pathol* 22: 419 - 454.

[168]Julian, R. J. , G. W. Friars, H. French, and M. Quinton. 1987. The relationship of right ventricular hypertro-

phy, right ventricular failure, and ascites to weight gain in broiler and roaster chickens. *Avian Dis* 31:130 -135.

[169]Julian, R. J. , L. J. Caston, and S. Leeson. 1992. The effect of dietary sodium on right ventricular failure-induced ascites, gain and fat deposition in meat-type chickens. *Can J Vet Res* 56:214 - 219.

[170]Kamada, Y. , N. Oshiro, M. Miyagi, H. Oku, F. Hongo, I. Chinen. 1998. Osteopathy in broiler chicks fed toxic mimosine in Leucaena leucocephala. *Biosci Biotechnol Biochem* Jan;62(1):34 - 38.

[171]Kangas, J. , K. Louhelainen, and K. Husman. 1987. Gaseous health hazards in livestock confinement building. *J Agric Sci* (Finl)59:57 - 62.

[172]Karstad, L. 1971. Angiopathy and cardiopathy in wild waterfowl from ingestion of lead shot. *Connecticut Med* 35:355 - 360.

[173]Karunajeewa, H. , E. G. Ijagbuji, and R. L. Reece. 1990. Effect of dietary levels of rapeseed meal and polyethylene glycol on the performance of male broiler chickens. *Br Poult Sci* 31:545 - 555.

[174]Katz, R. S. and D. H. Baker. 1975. Methionine toxicity in the chick: Nutritional and metabolic implications. *J Nutr* 105:1168 - 1175.

[175]Kazacos, E. A. and J. F. Van Vleet. 1989. Sequential ultrastructural changes of the pancreas in zinc toxicosis in ducklings. *Am J Pathol* 134:581 - 595.

[176]Keeler, R. F. 1991. Toxicology of Plant and Fungal Compounds. Handbook of Natural Toxins, vol. 6. Marcel Dekker: New York.

[177]Keirs, R. W. and L. Bennett. 1993. Broiler performance loss associated with biogenic amines. Proc Md Nutr Conf for Feed Manufacturers: Baltimore, MD, 31 - 34.

[178]Keshavarz, K. 1993. Effect of corn contaminated with velvetweed seeds on eggs. *J Appl Poult Res* 2: 232 -238.

[179]Kinde, H. 1988. A fatal case of oak poisoning in double-wattled cassowary (Casuarius casuarius) . *Avian Dis* 32:849 -851.

[180]Kinde, H. , H. L. Shivaprasad, F. D. Galey, G. Cutler, and D. Hamar. 1992. Sudden drop in egg production associated with vitamin A toxicity in chickens. Proc Western Poultry Disease Conference: Sacramento, CA, 5.

[181]Klein, P. N. 1989. The effects of naphthalene and p-dichlorobenzene(mothball chemicals) in canaries and finches fed cumulative amounts in contaminated feed. Proc West Poult Dis Conf, Tempe, AR, 164.

[182]Kovatsis, A. , V. P. Kotsaki-Kovatsi, E. Nikolaidis, J. Flaskos, S. Tzika, and G. Tzotzas. 1994. The influence of Datura ferox alkaloids on egg-laying hens. *Vet Hum Toxicol* 36:89 - 91.

[183]Kubena, L. F. and T. D. Phillips. 1983. Toxicity of vanadium in female leghorn chickens. *Poult Sci* 62:47 - 50.

[184]Kupsh, C. C. , R. J. Julian, V E. O. Valli, and G. A. Robinson. 1991. Renal damage induced by uranyl nitrate and oestradiol-17b in Japanese quail and Wistar rats. *Avian Pathol* 20:25 - 34.

[185]Laczay, P. , F. Simon, Z. Mora, and J. Lehel. 1990. Comparative studies on the toxic interactions of the ionophore anticoccidials with tiamulin in broiler chicks. *Arch Gefluegelkd* 54:129 - 132.

[186]Larsen, C. , B. S. Jortner, and M. Ehrich. 1986. Effect of neurotoxic organophosphorus compounds in turkeys. *J Toxicol Environ Health* 17:365 - 374.

[187]Latta, D. M. and W. E. Donaldson. 1986. Lead toxicity in chicks: Interactions with dietary methionine and choline. *J Nutr* 116:1561 - 1568.

[188]Lawal, S. , P. A. Abdu, G. B. D. Jonathan, and O. J. Hambolu. 1992. Snakebites in poultry. *Vet Hum Toxicol* 34:528 - 530.

[189]Leach, R. M. , Jr. , C. I. Rosenblum, M. J. Amman, and J. Burdette. 1990. Broiler chicks fed low-calcium diets. 2. Increased sensitivity to copper toxicity. *Poult Sci* 69: 1905 - 1910.

[190]Lee, S. R. , W. M. Britton, and G. N. Rowland. 1980. Magnesium toxicity: Bone lesions. *Poult Sci* 59: 2403 -2411.

[191]Leeson, S. , L. J. Caston, and J. D. Summers. 1989. The effect of graded levels of nicarbazin on reproductive performance of laying hens. *Can J Anim Sci* 69: 757 -764.

[192]Leighton, F. A. 1986. Clinical, gross and histological findings in herring gulls and Atlantic puffins that ingested Prudhoe Bay crude oil. *Vet Pathol* 23:254 -263.

[193]Lekkas, S. , P. Iordanidis, and E. Artopios. 1986. Intoxication by creolin in broilers. *Israel J Vet Med* 42:114 - 119.

[194]Leon, A. M. , J. P. Caffin, M. Plassart, and M. L. Picard. 1991. Effect of concanavalin A from jackbean seeds on short-term food intake regulation in chicks and laying hens. *Anim Feed Sci Tech* 32:297 -311.

[195]Leong, V. Y. M. and T. Brown. 1992. Toxicosis in broiler chicks due to excess dietary ethoxyquin. *Avian Dis* 36:1102 - 1106.

[196]Leske, K. L. , C. J. Jevne, and C. N. Coon. 1993. Extraction methods for removing soybean alpha-galactosides and improving true metabolizable energy for poultry. *Anim Feed Sci Tech* 41:73-78.

[197]Lessler, M. A. and D. A. Ray. 1986. Dietary lead inhibits avian bone fracture healing. *J Physiol* 371:223P.

[198]Levengood, J. M. , G. C. Sanderson, W. L. Anderson, G. L. Foley, P. W. Brown, and J. W. Seets. 2000. Influence of diet on the hematology and serum biochemistry of zinc-intoxicated mallards. *J Wildl Dis* Jan; 36 (1): 111-123.

[199]Locke, L. N. , G. E. Bagley, and H. D. Irby. 1966. Acid-fast intranuclear inclusion bodies in the kidneys of mallards fed lead shot. *Bull Wildl Dis Assoc* 2:127-131.

[200]Lotti, M. 1992. The pathogenesis of organophosphate polyneuropathy. *Crit Rev Toxicol* 21:465-487.

[201]Ludke, J. L. and L. N. Locke. 1976. Duck deaths from accidental ingestion of anthelmintic. *Avian Dis* 20:607-608.

[202]Lu, J. , G. F. Coombs, Jr. , and J. C. Fleet. 1990. Time-course studies of pancreatic exocrine damage induced by excess dietary zinc in the chick. *J Nutr* 120:389-397.

[203]Marceau-Day, M. L. 1989. A study on the toxicity of Sesbania drummondii in chickens and rats. *Diss Abstr Int B* 49:3045.

[204]Mathis, G. F. 1993. Toxicity and acquisition of immunity to coccidia in turkeys medicated with anticoccidials. *J Appl Poult Res* 2:239-244.

[205]Mayeda, B. 1968. The toxic effects in turkey poults of a quaternary ammonium compound in drinking water at 150 and 200 ppm. *Avian Dis* 12:67-71.

[206]Mazliah, J. , S. Barron, E. Bental, and I. Reznik. 1989. The effect of chronic lead intoxication in mature chickens. *Avian Dis* 33:566-570.

[207]McCune, E. L. , J. E. Savage, and B. L. O'Dell. 1962. Hydropericardium and ascites in chicks fed a chlorinated hydrocarbon. *Poult Sci* 41:295-299.

[208]McDougald, L. R. 1990. Coccidiostat toxicities. Proc 25th Natl Meet Poult Health Condemn: Ocean City, MD, 88-93.

[209]McNab, J. M. and R. R. Smithard. 1992. Barley b-glucan: An antinutritional factor in poultry feeding. *Nutr Res Rev* 5:45-60.

[210] Meteyer, C. U. , R. R. Dubielzig, F. J. Dein, L. A. Baeten, M. K. Moore, J. R. Jehl, K. Wesenberg. 1997. Sodium toxicity and pathology associated with exposure of waterfowl to hypersaline playa lakes of southeast New Mexico. *J Vet Diagn Invest* Jul;9(3):269-280.

[211]Mirsalimi, S. M. and R. J. Julian. 1993. Saline drinking water in broiler and Leghorn chicks and the effect in broilers of increasing levels and age at time of exposure. *Can Vet J* 34:413-417.

[212]Mirsalimi, S. M. and R. J. Julian. 1993. Effect of excess sodium bicarbonate on the blood volume and erythrocyte deformability of broiler chickens. *Avian Pathol* 22:495-507.

[213]Mirsalimi, S. M. , F. S. Qureshi, R. J. Julian, and P. J. O'Brien. 1990. Myocardial biochemical changes in furazolidone-induced cardiomyopathy of turkeys. *J Comp Pathol* 102:139-147.

[214]Mirsalimi, S. M. , P. J. O'Brien, and R. J. Julian. 1992. Changes in erythrocyte deformability in NaCl-induced right-sided cardiac failure in broiler chickens. *Am J Vet Res* 53:2359-2363.

[215]Mirsalimi, S. M. , P. J. O'Brien, and R. J. Julian. 1993. Blood volume increase in salt-induced pulmonary hypertension, heart failure and ascites in broiler and White Leghorn chickens. *Can J Vet Res* 57:110-113.

[216]Miyazaki, S. and Y. Umemura. 1987. Effects of histamine antagonists, an anticholinergic agent and antacid, on gizzard erosions in broiler chicks. *Br Poult Sci* 28:39-45.

[217]Mohanty, G. C. and J. L. West. 1969. Pathologic features of experimental sodium chloride poisoning in chicks. *Avian Dis* 13:762-773.

[218]Mora, M. A. , D. W. Anderson, and M. E. Mount. 1987. Seasonal variation of body condition and organochlorines in wild ducks from California and Mexico. *J Wildl Manage* 51:132-141.

[219]Morrissey, R. L. , R. M. Cohn, R. N. Empson, H. L. Greene, O. D. Taunton, and Z. Z. Ziporin. 1977. Relative toxicity and metabolic effects of cholecalciferol and 25-hydroxycholecalciferol in chicks. *J Nutr* 107:1027-1034.

[220] Moslehuddin, A. B. M. , Y. D. Hang, and G. S. Stoewsand. 1987. Evaluation of the toxicity of processed Lathyrus sativus seeds in chicks. *Nutr Rep Int* 36:851-855.

[221]Munger, L. L. , J. J. Su, and H. J. Barnes. 1993. Coumafuryl (Fumarin) toxicity in chicks. *Avian Dis* 37:622-624.

[222]Nelson, H. A. , R. A. Decker, and D. L. Osheim. 1976. Poisoning in zoo animals with 4-aminopyridine. *Vet*

Toxicol 18:125 - 126.

[223]Neufeld,J. 1992. Salinomycin toxicosis of turkeys: Serum chemistry as an aid to early diagnosis. *Can Vet J* 33:677.

[224]Niemann,K. W. 1928. Report of an outbreak of poisoning in the domesticated fowl,due to death camas. *J Am Vet Med Assoc* 73:627 - 630.

[225] Norton, J. , M. Evans, and J. Connor. 1987. Timber treatment and poultry litter. *Queensl Agric J* 113:105 - 107.

[226]Nwokolo,E. and L. O. C. Ohale. 1986. Growth and anatomical characteristics of pullet chicks fed diets contaminated with crude petroleum. *Bull Environ Contam Toxicol* 37:441 - 447.

[227]Ochiai,K. ,K. Jin,C. Itakura, M. Goryo, K. Yamashita, N. Mizuno, T. Fujinaga, and T. Tsuzuki. 1992. Pathological study of lead poisoning in whooper swans(Cygnus cygnus)in Japan. *Avian Dis* 36:313 - 323.

[228]Ohlendorf, H. M. , A. W. Kilness, J. L. Simmons, R. K. Stroud,D. J. Hoffman,and J. F. Moore. 1988. Selenium toxicosis in wild aquatic birds. *J Toxicol Environ Health* 24:67 - 92.

[229]Okoye, J. O. A. , C. A. Enunwaonye, A. U. Okorie, and F. O. I. Anugwa. 1987. Pathological effects of feeding roasted castor bean meal(Ricinus communis) to chicks. *Avian Pathol* 16:283 - 290.

[230]Ologhobo,A. D. ,D. F. Apata, A. Oyejide,and O. Akinpelu. 1993. Toxicity of raw lima beans(Phaseolus lunatus L.)and lima bean fractions for growing chicks. *Br Poult Sci* 34:505 - 522.

[231]Ologhobo,A. D. ,D. F. Apata,and A. Oyejide. 1993. Utilization of raw jackbean (Canavalia ensiformis) and jackbean fractions in diets for broiler chicks. *Br Poult Sci* 34:323 - 337.

[232]Onderka, D. K. and R. Bhatnagar. 1982. Ultrastructural changes of sodium chloride-induced cardiomyopathy in turkey poults. *Avian Dis* 26:835 - 841.

[233]Ortiz,L. T. ,C. Centeno, and J. Trevino. 1993. Tannins in fababean seeds: Effects on the digestion of protein and amino acids in growing chicks. *Anim Feed Sci Tech* 41:271 - 278.

[234]Osweiler, G. D. , T. L. Carson, W. B. Buck, and G. A. Van Gelder(eds.). 1985. Clinical and Diagnostic Veterinary Toxicology. Kendall/Hunt Publishing Co. : Dubuque,I A.

[235]Oyetunde,O. O. F. ,R. G. Thomson,and H. C. Carlson. 1978. Aerosol exposure of ammonia, dust and Escherichia coli in broiler chickens. *Can Vet J* 19:187 - 193.

[236]Page, R. K. 1975. Teratogenic activity of arasan fed to broiler breeder hens. *Avian Dis* 19:463 - 72.

[237]Page,R. K. , S. Vezey,O. W. Charles,and T. Hollifield. 1977. Effects on feed consumption and egg production of coffee bean seed(Cassia obtusifolia)fed to White Leghorn hens. *Avian Dis* 21:90 - 96.

[238]Page,R. K. , O. J. Fletcher, S. Vezey, P. Bush, and N. Booth. 1978. Effects of continuous feeding of toxaphene to white leghorn layers. *Avian Pathol* 7:289 - 294.

[239]Page,R. K. , O. J. Fletcher, and P. Bush. 1979. Calcium toxicosis in broiler chicks. *Avian Dis* 23:1055 - 1059.

[240]Panigrahi, S. , J. Rickard, G. M. O' Brien, and C. Gay. 1992. Effects of different rates of drying cassava root on its toxicity to broiler chicks. *Br Poult Sci* 33:1025 - 1042.

[241]Panigrahy,B. ,L. C. Grumbles,and C. F. Hall. 1979. Insecticide poisoning in peafowls and lead poisoning in a cockatoo. *Avian Dis* 23:760 - 762.

[242]Peckham,M. C. 1982. Poisons and Toxins. Chapt. 34. In M. S. Hofstad,H. J. Barnes, B. W. Calnek, W. M. Reid, and H. W. Yoder,Jr. (eds.). Diseases of Poultry,8th ed. Iowa State University Press: Ames,I A,738 - 818.

[243] Pedersen, C. A. , R. T. Sterner, M. J. Goodall. 2000. Strychnine alkaloid and avian reproduction: effects occur at lower dietary concentrations with mallard ducks than with bobwhite quail. *Arch Environ Contam Toxicol* May;38(4):530 - 539.

[244]Peeters,N. ,N. Viaene,and L. Devriese. 1977. Poisoning in pigeons after administration of vitamin B6(pyridoxine)[abst no. 700]. *Poult Abstr* 4:108.

[245]Perelman, B. and E. S. Kuttin. 1988. Parsley-induced photosensitivity in ostriches and ducks. *Avian Pathol* 17:183 - 192.

[246]Perelman, B. , J. M. Abarbanel, A. Gur-Lavie, Y. Meller,and T. Elad. 1986. Clinical and pathological changes caused by the interaction of lasalocid and chloramphenicol in broiler chickens. *Avian Pathol* 15:279 - 288.

[247]Perelman, B. , M. Pirak, and B. Smith. 1993. Effects of the accidental feeding of lasalocid sodium to broiler-breeder chickens. *Vet Rec* 132:271 - 273.

[248]Perez,L. ,I. Fernandez-Figares,R. Nieto,J. F. Aguilera, and C. Prieto. 1993. Amino acid ileal digestibility of some grain legume seeds in growing chickens. *Anim Prod* 56:261 - 267.

[249]Pescatore, A. J. and J. M. Harter-Dennis. 1989. Effects of ferrous sulfate consumption on the performance of

broiler chicks. *Poult Sci* 68:1063 - 1067.

[250] Philbey, A. W. 1991. Skeletal myopathy induced by monensin in adult turkeys. *Aust Vet J* 68:250 - 251.

[251] Phillips, R. A. , F. S. Van Sambeek, and R. K. Page. 1995. Acute sulfur toxicity in broiler chicks. Proc 44th West Poult Dis Conf: Sacramento, CA, 1.

[252] Pietsch, W. and E. Ruffle. 1986. Zur toxizität des monensins und zu problemen seines einsatzes im broilerfutter. *Monatsh Vet* 41:851 - 854.

[253] Poli, A. and G. Renzoni. 1983. Chick oedema disease in fowls naturally contaminated with 2, 3, 7, 8-tetrachlorodibenzyl-p-dioxin(TCDD) [abst no. 2234]. *Poult Abstr* 10:273.

[254] Poppenga, R. H. , A. F. Zeigler, P. L. Habecker, D. L. Singletary, M. K. Walter and P. G. Miller. Zinc phosphide intoxication of wild turkeys(*Meleagris gallopavo*). *J Wildl Dis* 41:218 - 223.

[255] Potter, L. M. , J. P. Blake, M. E. Blair, B. A. Bliss, and D. M. Denbow. 1986. Salinomycin toxicity in turkeys. *Poult Sci* 65:1955 - 1959.

[256] Prescott, C. A. , B. N. Wilkie, B. Hunter, and R. J. Julian. 1982. Influence of a purified grade of pentachlorophenol on the immune response of chickens. *Am J Vet Res* 43:481 - 487.

[257] Pritzl, M. C. , Y. H. Lie, E. W. Kienholz, and C. E. Whiteman. 1974. The effect of dietary cadmium on development of young chickens. *Poult Sci* 53:2026 -2029.

[258] Proudfoot, F. G. and W. F. DeWitt. 1976. The effect of the pellet binder "Lignosol FG" on the chickens digestive system and general performance. *Poult Sci* 55:629 -631.

[259] Puis, R. 1994. Mineral Levels in Animal Health: Diagnostic Data, 2nd ed. Sherpa International: Clearbrook, British Columbia, Canada.

[260] Puis, R. 1994. Mineral Levels in Animal Health: Bibliographies, 2nd ed. Sherpa International: Clearbrook, British Columbia, Canada.

[261] Radi, Z. A, D. L. Miller and L. J. Thompson. 2003. Ethylene glycol toxicosis in chickens. *Vet Hum Toxicol* 45:36 - 37.

[262] Raharjo, Y. C. , P. R. Checke, and G. H. Arscott. 1988. Effects of dietary butylated hydroxyanisole and cysteine on toxicity of Lathyrus odoratus to broiler and Japanese quail chicks. *Poult Sci* 67:153 - 155.

[263] Rasul, A. R. and J. McM. Howell. 1974. The toxicity of some dithiocarbamate compounds in young and adult domestic fowl. *Toxicol Appl Pharmicol* 30:63 -78.

[264] Ratanasethkul, C. , C. Riddell, R. E. Salmon, and J. B. O' Niel. 1976. Pathological changes in chickens, ducks and turkeys fed high levels of rapeseed oil. *Can J Comp Med* 40:360 - 369.

[265] Ratzkowski, C. , N. Fine, and S. Edelstein. 1982. Metabolism of cholecalciferol in vitamin D intoxicated chicks. *Isr J Med Sci* 18:695 - 700.

[266] Reece, R. L. 1988. Review of adverse effects of chemotherapeutic agents in poultry. *World Poult Sci J* 44:193 - 216.

[267] Reece, R. L. , D. A. Barr, W. M. Forsyth, and P. C. Scott. 1985. Investigations of toxicity episodes involving chemotherapeutic agents in Victorian poultry and pigeons. *Avian Dis* 29:1239 - 1251.

[268] Reece, R. L. , D. B. Dickson, and P. J. Burrowes. 1986. Zinc toxicity(new wire disease)in aviary birds. *Aust Vet J* 63:199.

[269] Ressler, C. 1962. Isolation and identification from common vetch of the neurotoxin B-cyanolalanine, a possible factor in neurolathyrism. *J Biol Chem* 237:733 -735.

[270] Riddell, C. 1984. Toxicity of dimetridazole in waterfowl. *Avian Dis* 28:974 - 977.

[271] Riddell, C. 1987. Avian Histopathology. American Association of Avian Pathologists: Kennett Square, PA.

[272] Riddell, C. , S. W. Nielsen, and E. J. Kersting. 1967. Ethylene glycol poisoning in poultry. *J Am Vet Med Assoc* 150:1531 - 1535.

[273] Roberson, E. L. 1988. Antinematodal Drugs, Chapt. 55. Anticestodal and Antitrematodal Drugs, Chapt. 56. In Booth, N. H. and L. E. McDonald (eds.). Veterinary Pharmacology and Therapeutics, 6th ed. Iowa State University Press: Ames, IA, 882 -999.

[274] Rossi, A. F. , R. D. Miles, B. L. Damron, and L. K. Flunker. 1993. Effects of dietary boron supplementation on broilers. *Poult Sci* 72:2124 - 2130.

[275] Rothmaier, D. A. and M. Kirchgessner. 1994. White lupins(Lupinus albus, L.) as a replacement for soybean meal in diets for fattening chickens. *Arch Gefluegelkd* 58:111 - 114.

[276] Rotter, R. G. , R. R. Marquardt, and C. G. Campbell. 1991. The nutritional value of low lathyrogenic lathyrus (Lathyrus sativus) for growing chicks. *Br Poult Sci* 32:1055 - 1067.

[277] Rubio, L. A. , A. Brenes, and M. Castano. 1990. The utilization of raw and autoclaved fababeans(Vicia faba L. , var. minor)and fababean fractions in diets for growing broiler chickens. *Br J Nutr* 63:419 - 430.

[278] Sewalk, C. J. , G. L. Brewer, D. J. Hoffman. 2001. Effects of diquat, an aquatic herbicide, on the development of mallard embryos. *J Toxicol Environ Health A* Jan 12;62(1):33 - 45.

[279] Sander, J. E. , S. I. Savage, G. N. Rowland. 1998. Sodium sesquicar-bonate toxicity in broiler chickens. *Avian Dis* Jan-Mar;42(1):215 - 218.

[280] Sander, J. E. , J. L. Wilson, and G. L. Van Wicklen. 1995. Effect of formaldehyde exposure in the hatcher and of ventilation in confinement facilities on broiler performance. *Avian Dis* 39:420 - 424.

[281] Sander, J. E. , J. L. Wilson, G. N. Rowland, and P. J. Middendorf. 1995. Formaldehyde vaporization in the hatcher and the effect on tracheal epithelium of the chick. *Avian Dis* 39:152 - 157.

[282] Sanderson, G. C. and F. C. Bellrose. 1986. A Review of the Problem of Lead Poisoning in Waterfowl. Illinois Natural History Survey, 2nd ed. , Champaign, IL.

[283] Sawant, S. G. , P. S. Terse, and R. R. Dalvi. 1990. Toxicity of dietary monensin in quail. *Avian Dis* 34: 571 -574.

[284] Scott, M. L. 1985. Gizzard erosion. *Anim Health Nutr Large Anim Vet* (Sept):22 - 29.

[285] Selye, H. and H. Stone. 1943. Role of sodium chloride in production of nephrosclerosis by steroids. *Proc Soc Exp Biol Med* 52:190 - 193.

[286] Serafin, J. A. 1981. Factors influencing methionine toxicity in young bobwhite quail. *Poult Sci* 60:204 -214.

[287] Shapiro, J. L. , R. J. Julian, R. J. Hampson, R. G. Trenton, and I. H. Yo. 1988. An unusual necrotizing cholangiohepatitis in broiler chickens. *Can Vet J* 29:636 -639.

[288] Sharpe, R. T. and C. T. Livesey. 2005. Surveillance of suspect animal toxicoses with potential for food safety implications in England and Wales between 1990 and 2002. *Vet Rec* 157:465 - 469.

[289] Shealy, A. L. and E. F. Thomas. 1928. Daubentonia seed poisoning of poultry. *Univ Fla Agr Exp Stn Bull* 196.

[290] Sherman, M. , E. Ross, F. F. Sanchez, and M. T. Y. Chang. 1963. Chronic toxicity of dimethoate to hens. *J Econ Entomol* 56:10 - 15.

[291] Sherman, M. , E. Ross, and M. T. Y. Chang. 1964. Acute and subacute toxicity of several organophosphorus insecticides to chicks. *Toxicol Appl Pharmacol* 6: 147 -153.

[292] Shivaprasad, H. L. and F. Galey. 1995. Diphacinone and zinc phosphide toxicity in a flock of peafowl. Proc 44th West Poult Dis Conf, Sacramento, CA, 116 - 117.

[293] Shlosberg, A. , M. N. Egyed, and A. Eilat. 1974. The comparative photosensitizing properties of Ammi majus and Ammi visnaga in goslings. *Avian Dis* 18:544 - 550.

[294] Shlosberg, A. , D. Hadash, S. Tromperl, and M. Meroz. 1976. Poisoning in a flock of chickens after exposure to vapours of methyl bromide and chloropicrin. *Refu Vet* 33:135 - 137.

[295] Shlosberg, A. , S. Held, and R. Bircz. 1978. Poisoning of palm doves with dibutyltin dilaurate. *J Am Vet Med Assoc* 173:1183 - 1184.

[296] Shlosberg, A. , M. N. Egyed, and V. Hanji. 1980. Monocrotophos poisoning in geese caused by drift from crop spraying. *Refu Vet* 37:42 - 44.

[297] Shlosberg, A. , M. Bellaiche, E. Berman, A. Ben David, N. Deeb, A. Cahaner. 1998. Comparative effects of added sodium chloride, ammonium chloride, or potassium bicarbonate in the drinking water of broilers, and feed restriction, on the development of the ascites syndrome. *Poult Sci* Sep;77(9): 1287 - 1296.

[298] Shropshire, C. M. , E. Stauber, and M. Arai. 1992. Evaluation of selected plants for acute toxicosis in budgerigars. *J Am Vet Med Assoc* 200:936 - 939.

[299] Siddique, M. , M. Z. Khan, G. Muhammad, N. Islam. 1996. Reversibility of furazolidone - induced changes in testes and secondary sex characters of White Leghorn cockerels. *Vet Hum Toxicol* Dec;38(6):413 - 417.

[300] Sileo, L. , W. N. Beyer and R. Mateo. 2004. Pancreatitis in wild zinc - poisoned waterfowl. Av Pathol 32: 655 -660.

[301] Siller, W. G. 1981. Renal pathology of the fowl: A review. *Avian Pathol* 10:187 - 262.

[302] Simpson, C. F. , B. L. Damron, and R. H. Harms. 1971. Toxic myopathy of chicks fed Cassia occidentalis seeds. *Avian Dis* 15:284 - 290.

[303] Silva, T. C. , S. L. Gorniak, S. C. S. Oloris, P. C. Raspantini, M. Haraguchi and M. L. Z. Dagli. 2003. Effects of Senna occidentalis on chick bursa of Fabricius. 32:633 - 637.

[304] Smalley, H. E. 1973. Toxicity and hazard of the herbicide, paraquat, in turkeys. *Poult Sci* 52:1625 - 1628.

[305] Snelgrove - Hobson, S. M. , P. V. V. P. Rao, and M. K. Bhatnagar. 1988. Ultrastructural alterations in the kidneys of Pekin ducks fed methylmercury. *Can J Vet Res* 52:89 - 98.

[306] Sparling, D. W. , D. Day, P. Klein. 1999. Acute toxicity and sublethal effects of white phosphorus in mute swans, Cygnus olor. *Arch Environ Contam Toxicol*

Apr;36(3);316 - 322.

[307]Sparling, D. W. , M. Gustafson, P. Klein, N. Karouna - Renier. 1997. Toxicity of white phosphorus to waterfowl; acute exposure in mallards. *J Wildl Dis* Apr;33 (2); 187 - 197.

[308]Spinato, M. T. 1991. Diazinon toxicity in Canada geese. *Can Vet J* 32;627.

[309]Stedman, T. M. , N. H. Booth, P. B. Bush, R. K. Page, and D. D. Goetsch. 1980. Toxicity and bioaccumulation of pentachlorophenol in broiler chickens. *Poult Sci* 59; 1018 - 1026.

[310]Stiles, G. W. 1940. Carbon monoxide poisoning of chicks and poults in poorly ventilated brooders. *Poult Sci* 19; 111 - 115.

[311]Stoltz, J. H. , F. Galey, and B. Johnson. 1992. Sudden death in ten psittacine birds associated with the operation of a self - cleaning oven. *Vet Hum Toxicol* 34; 420 -421.

[312]Stowe, C. M. , D. M. Barnes, and T. D. Arendt. 1981. Ethylene glycol intoxication in ducks. *Avian Dis* 25; 538 - 541.

[313]Sugahara, M. , T. Hattori, and T. Nakajima. 1992. Effect of dietary gizzerosine from fish meal on mortality and growth of broiler chicks. *Anim Sci Tech* (Jpn) 63; 1234 -1239.

[314]Tacal, J. V. , Jr. . B. Daft, and J. McClaine. 1989. Case report; Oleander (Nerium oleander) poisoning in two geese. Proc West Poult Dis Conf, Tempe, AR, 167 -168.

[315]Tang, K. N. , G. N. Rowland, and J. R. Veltmann. 1985. Vitamin A toxicity; Comparative changes in bone of the broiler and Leghorn chicks. *Avian Dis* 29; 416 -429.

[316]Teeter, R. G. , S. Sarani, M. O. Smith, and C. A. Hibberd. 1986. Detoxification of high tannin sorghum grains. *Poult Sci* 65;67 - 71.

[317]Temperton, H. 1944. Effect of green and sprouted potatoes on laying pullets. *Vet Med* 39;13 - 14.

[318]Terzic, L. and M. Curcic. 1985. Toxic chemicals and poisoning of farm animals; Survey of cases examined toxicologically and chemically. *Vet Glasnik* 39;965 - 973.

[319]Thompson, L. J. , K. Frazier, S. Stiver and E. Styler. 2002. Multiple animal intoxications associated with Carolina Jessamine (Gelsemium sempervirens) ingestions. Vet Hum Toxicol 44;272 - 273

[320]Tiwary, A. K. , B. Puschner, B. R. Charlton and M. S. Filigenzi. 2005. Diagnosis of zinc phosphide poisoning in chickens using a new analytical approach. 49;288 - 291.

[321]Tuler, S. M. , J. M. Bowen. 1999. Chronic fenthion toxicity in laying hens. *Vet Hum Toxicol* Oct;41(5);302 - 307.

[322]Ueda, H. and M. Ohshima. 1987. Effects of alfalfa saponin on chick performance and plasma cholesterol level. *J pn J Zool Sci* 58;583 - 590.

[323]Umemura, T. , H. Nakamura, M. Goryo, and C. Itakura. 1984. Ultrastructural changes of monensin - oleandomycin myopathy in broiler chicks. *Avian Pathol* 13;743 - 751.

[324]Van Vleet, J. F. , G. D. Boon, and V. J. Ferrans. 1981. Induction of lesions of selenium - vitamin E deficiency in ducklings fed silver, copper, cobalt, tellurium, cadmium or zinc; Protection by selenium or vitamin E supplements. *Am J Vet Res* 42;1206 -1217.

[325]Veenhuizen, M. F. and G. C. Shurson. 1992. Effects of sulfate in drinking water for livestock. *J Am Vet Med Assoc* 201;487 - 492.

[326]Veltmann, J. R. , Jr. , and L. S. Jensen. 1986. Vitamin A toxicosis in the chick and turkey poults. *Poult Sci* 65; 538 - 545.

[327]Venugopalan, C. S. , W. Flory, C. D. Hebert, and T. Tucker. 1984. Assessment of smooth muscle toxicity in Cassia occidentalis toxicosis. *Vet Hum Toxicol* 26; 300 -302.

[328]Wages, D. P. and M. D. Ficken. 1988. Skeletal muscle lesions in turkeys associated with the feeding of monensin. *Avian Dis* 32;583 - 586.

[329]Wagner, D. D. , R. D. Furrow, and B. D. Bradley. 1983. Subchronic toxicity of monensin in broiler chickens. *Vet Pathol* 20;353 - 359.

[330]Wagstaff, D. J. , J. R. McDowell, and H. J. Paulin. 1980. Heptachlor residue accumulation and depletion in broiler chickens. *Am J Vet Res* 41;765 - 768.

[331] Wallner-Pendleton, E. , D. P. Froman, and O. Hedstrom. 1986. Identification of ferrous sulfate toxicity in a commercial broiler flock. *Avian Dis* 30;430 -432.

[332]Wallner - Pendleton, E. A. , O. Hedstrom, T. Savage, and H. Nakaue. 1989. Toxicity of dicalcium phosphate in the diet of turkey poults. *Avian Dis* 33;375 - 376.

[333]Waniska, R. D. , L. F. Hugo, and L. W. Rooney. 1992. Practical methods to determine the presence of tannins in sorghum. *J Appl Poult Res* 1;122 - 128.

[334]Webb, D. M. and J. F. Van Vleet. 1991. Early clinical and morphologic alterations in the pathogenesis of furazolidone - induced toxicosis in ducklings. *Am J Vet Res*

52:1531 - 1536.

[335] Weiner, M. L. and B. S. Jortner. 1999. Organophosphate induced delayed neurotoxicity of triarylphosphates. *Neurotoxicology* Aug;20(4):653 -673.

[336] Weisman, Y. , E. Wax, and I. Bartov. 1994. Monensin toxicity in two breeds of laying hens. *Avian Pathol* 23: 575 -578.

[337] Wells, R. E. and R. F. Slocombe. 1982. Acute toxicosis of budgerigars(Melopsittacus undulatus)caused by pyrolysis products from heated polytetrafluoroethylene: Microscopic study. *Am J Vet Res* 43:1243 - 1248.

[338] Wescott, R. B. and H. C. McDougle. 1967. Ethylene oxide toxicosis in chickens. *J Am Vet Med Assoc* 151: 935 -938.

[339] Westlake, G. E. , P. J. Bunyan, P. I. Stanley, and C. H. Walker. 1981. A study on the toxicity and the biochemical effects of ethylene dibromide in the Japanese quail. *Br Poult Sci* 22:355 - 364.

[340] Whitehead, C. J. , D. N. Prashad, and R. O. Blackburn. 1988. Cadmium - induced changes in avian renal morphology. *Experientia* 44:193 - 198.

[341] Wideman, R. F. , B. C. Ford, R. M. Leach, D. F. Wise, and W. Robey. 1993. Liquid methionine hydroxy analog (free acid) and DL methionine attenuate calcium induced kidney damage in domestic fowl. *Poult Sci* 72: 1245 - 1258.

[342] Wiernusz, C. J. and R. G. Teeter. 1991. Research note: Maxiban effects on heat - distressed broiler growth rate and feed efficiency. *Poult Sci* 70:2207 -2209.

[343] Wight, P. A. L. , W. A. Dewar, and C. L. Saunderson. 1986. Zinc toxicity in the fowl: Ultrastructural pathology and relationship to selenium, lead and copper. *Avian Pathol* 15:23 - 38.

[344] Wight, P. A. L. , R. K. Scougall, D. W. F. Shannon, and J. W. Wells. 1987. Role of glucosinolates in the causation of liver haemorrhages in laying hens fed water extracted or heat-treated rapeseed cakes. *Res Vet Sci* 43: 313 - 319.

[345] Williams, M. C. 1979. Toxicological investigations on Galenia pubescens. *Weed Sci* 27:506 - 508.

[346] Williams, M. C. and R. J. Molyneux. 1987. Occurrence, concentration and toxicity of pyrrolizidine alkaloids in Crotalaria seeds. *Weed Sci* 35:476 - 481.

[347] Williams, M. C. and J. D. Olsen. 1992. Toxicity to chicks of combinations of miserotoxin, nitrate, selenium, and soluble oxalate. In L. F. James, R. F. Keeler, E. M. Bailey, P. R. Cheeke, and M. P. J. Hegarty(eds.). Poisonous Plants: Proceedings of the Third International Symposium. Iowa State University Press: Ames, IA, 143 - 147.

[348] Williamson, J. H. , F. R. Craig, C. W. Barber, and F. W. Cook. 1964. Some effects of feeding Gelsemium sempervirens(yellow jessamine) to young chickens and turkeys. *Avian Dis* 8:183 - 190.

[349] Wise, D. R. , W. J. Hartley, and N. G. Fowler. 1974. The pathology of 3 - nitro - 4 - hydroxy - phenylarsonic acid toxicity in turkeys. *Res Vet Sci* 16:336 - 340.

[350] Wishe, H. I. 1976. The effect of aminotriazole on the thyroid gland and development of the white leghorn chick. *Dis Abstr Int* 37B: 1066 - 1067.

[351] Wisser, L. A. , B. S. Heinrichs, and R. M. Leach. 1990. Effect of aluminum on performance and mineral metabolism in young chicks and laying hens. *J Nutr* 120: 493 -498.

[352] Wobeser, G. and B. R. Blakley. 1987. Strychnine poisoning of aquatic birds. *J Wildl Dis* 23:341 - 343.

[353] Woerpel, R. W. and W. J. Rosskopf. 1982. Heavy - metal intoxication in caged birds. Compend Cont Ed 4: part 1,729 - 740;part 2,801 - 808.

[354] Youssef, S. A. , A. A. El - Sanousi, N. A. Afifi, A. M. El Brawy. 1996. Effect of subclinical lead toxicity on the immune response of chickens to Newcastle disease virus vaccine. *Res Vet Sci* Jan;60(1): 13 -16.

[355] Zajicek, J. , O. Kypetova, and P. Matejka. 1985. Levamisole toxicity in breeding geese[abst no. 298]. *Poult Abstr* 1986 12:35.

[356] Zeman, P. 1987. Systemic efficacy of ivermectin against Dermanyssus gallinae (De Geer, 1778) in fowls. *Vet Parasitol* 23:141 - 146.

图书在版编目（CIP）数据

禽病学/（美）塞夫（Y. M. Saif）主编；苏敬良，高福，索勋主译 . —12 版 . —北京：中国农业出版社，2012.1（2018.3 重印）

ISBN 978 - 7 - 109 - 15653 - 1

Ⅰ . ①禽… Ⅱ . ①塞…②苏…③高…④索… Ⅲ . ①禽病 Ⅳ . ①S858.3

中国版本图书馆 CIP 数据核字（2011）第 084229 号

中国农业出版社出版

（北京市朝阳区麦子店街 18 号楼）

（邮政编码 100125）

责任编辑 黄向阳

北京通州皇家印刷厂印刷 新华书店北京发行所发行

2012 年 1 月第 12 版 2018 年 3 月第 12 版北京第 3 次印刷

开本：889mm×1194mm 1/16 印张：95.25 插页：30

字数：2830 千字

定价：290.00 元

（凡本版图书出现印刷、装订错误，请向出版社发行部调换）

禽病学

Diseases of Poultry

[彩图]

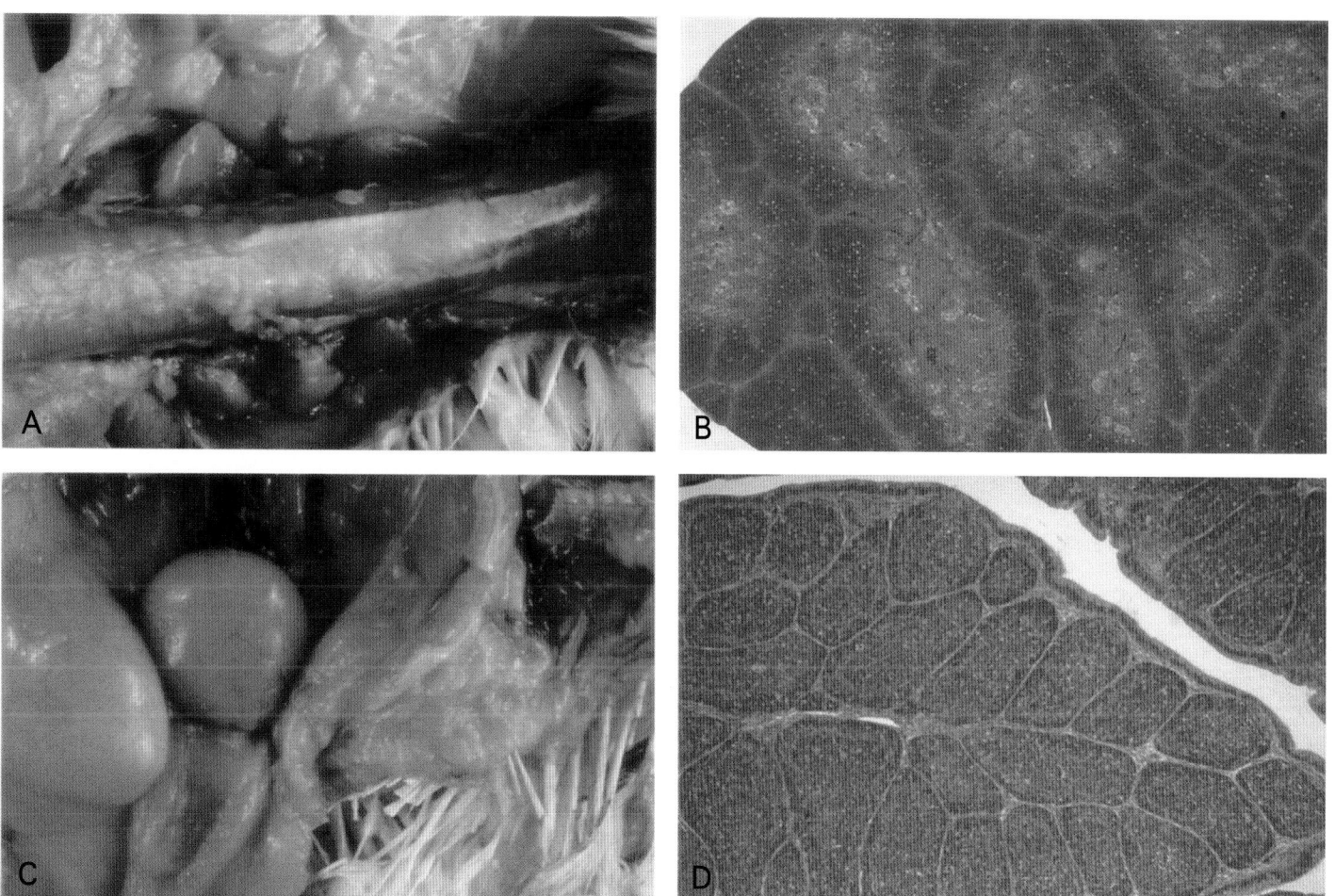

彩图 2.1

A. 气管两侧的多个胸腺腺叶。

B. 胸腺的多叶状组织结构，每个叶由深染的髓质和苍白的皮质组成。

C. 肠道末端的法氏囊呈囊状结构。

D. 法氏囊淋巴滤泡被结缔组织间隔分隔开。

（经许可引自 Fleteher，O.J.，and H.J.Barnes，1998．Lymphoid organs and their anatomical distribution．In J.M．Sharma（ed）．Avian Immunology．In P.P.Partonet，P.Griebel，H.Bazin，and A．Govaerts（eds．）．Handbook of eveterinary Immunology．Academic Press．）

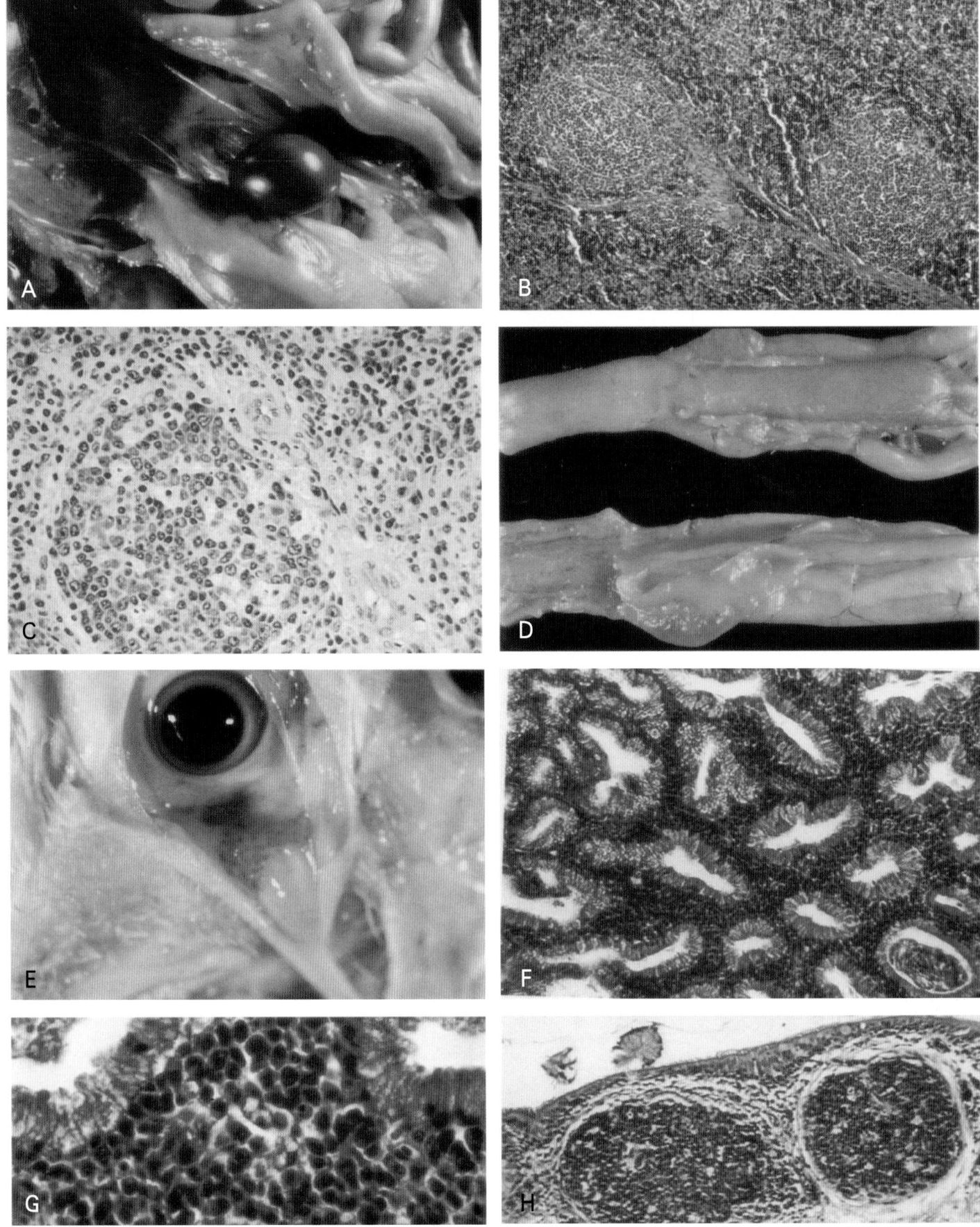

彩图 2.2

A. 图中心部位的卵圆形器官为脾脏。

B. 脾脏白髓区动脉周围淋巴鞘。

C. 位于小动脉附近的法氏囊依赖性淋巴滤泡，周边为胸腺依赖性淋巴细胞。

D. 盲肠扁桃体（上图，未切开；下图，切开）。

E. 结膜上的小结节和结膜相关的淋巴组织（CALT）。

F. 哈德氏腺的腺体之间的结缔组织中含有淋巴细胞。

G. 浆细胞是哈德氏腺中的主要细胞群。

H. 气管膜中的淋巴组织结节状沉积。

（经许可引自 Fleteher，O J ang H J Barnes Lymphoid organs and their anatomical distribution In J M Sharma (ed) Avian Immunology In P P Partonet，P Griebel，H Bazin，and A Govaerts (eds) 1998 Handbook of veterinary Immunology Academic Press)

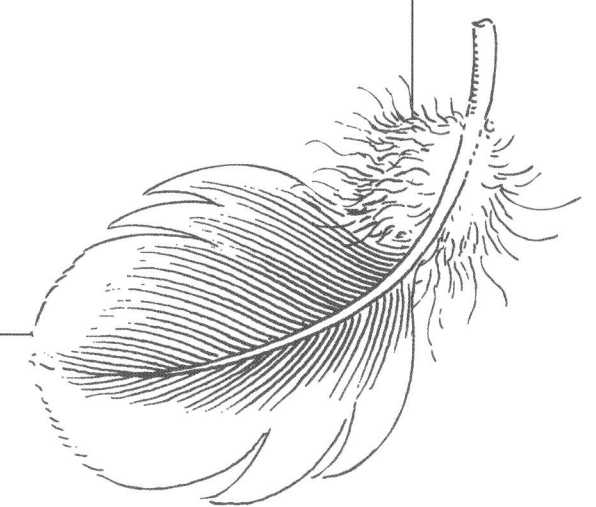

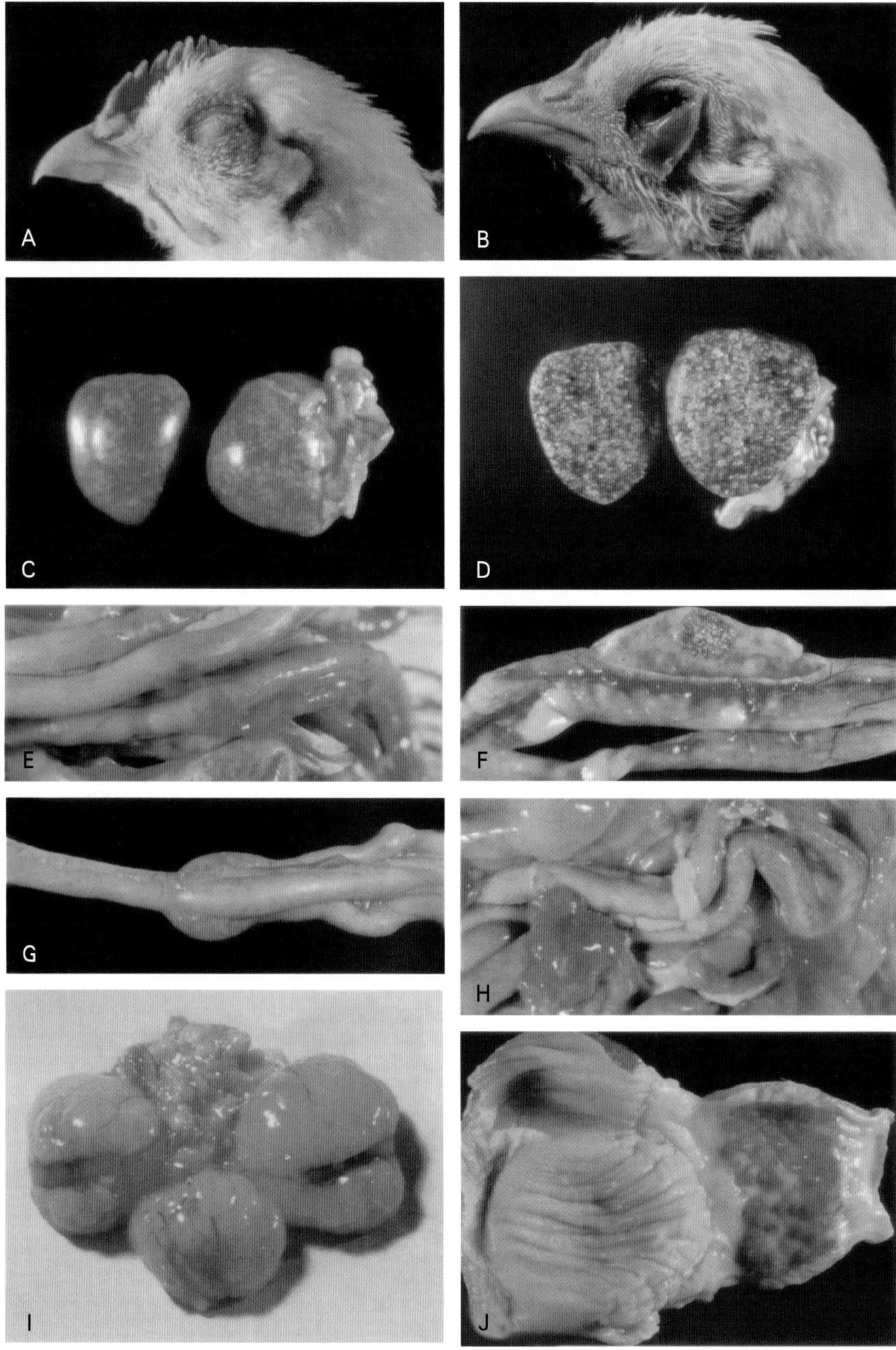

彩图 3.2　新城疫

易感鸡通过点眼途径感染速发嗜内脏型新城疫病毒后的大体病变。

A．脸部水肿。

B．眼睑出血、充血和结膜炎。

C～D．脾脏表面（C）、切面（D）坏死点。

E～F．肠道浆膜面（E）和黏膜面（F）可见明显的淋巴集结坏死
　　　和出血。

G．盲肠扁桃体肿大和坏死。

H．腹膜炎并有纤维素沉积。

I．卵泡出血斑。

J．腺胃乳头出血。

(图 A～I 引自 King 和 Swayne，图 J 引自 Beard)

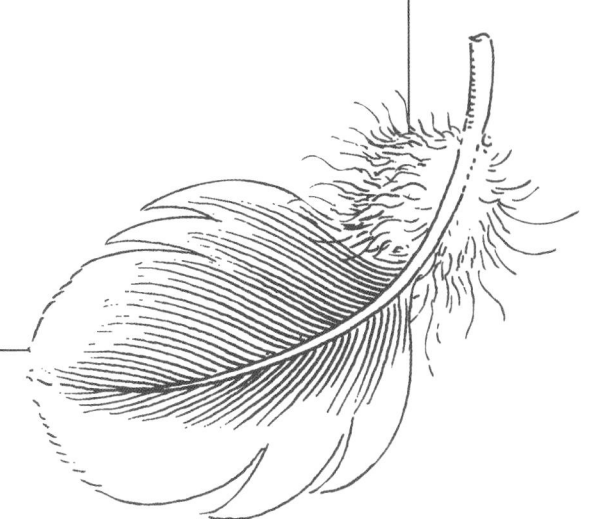

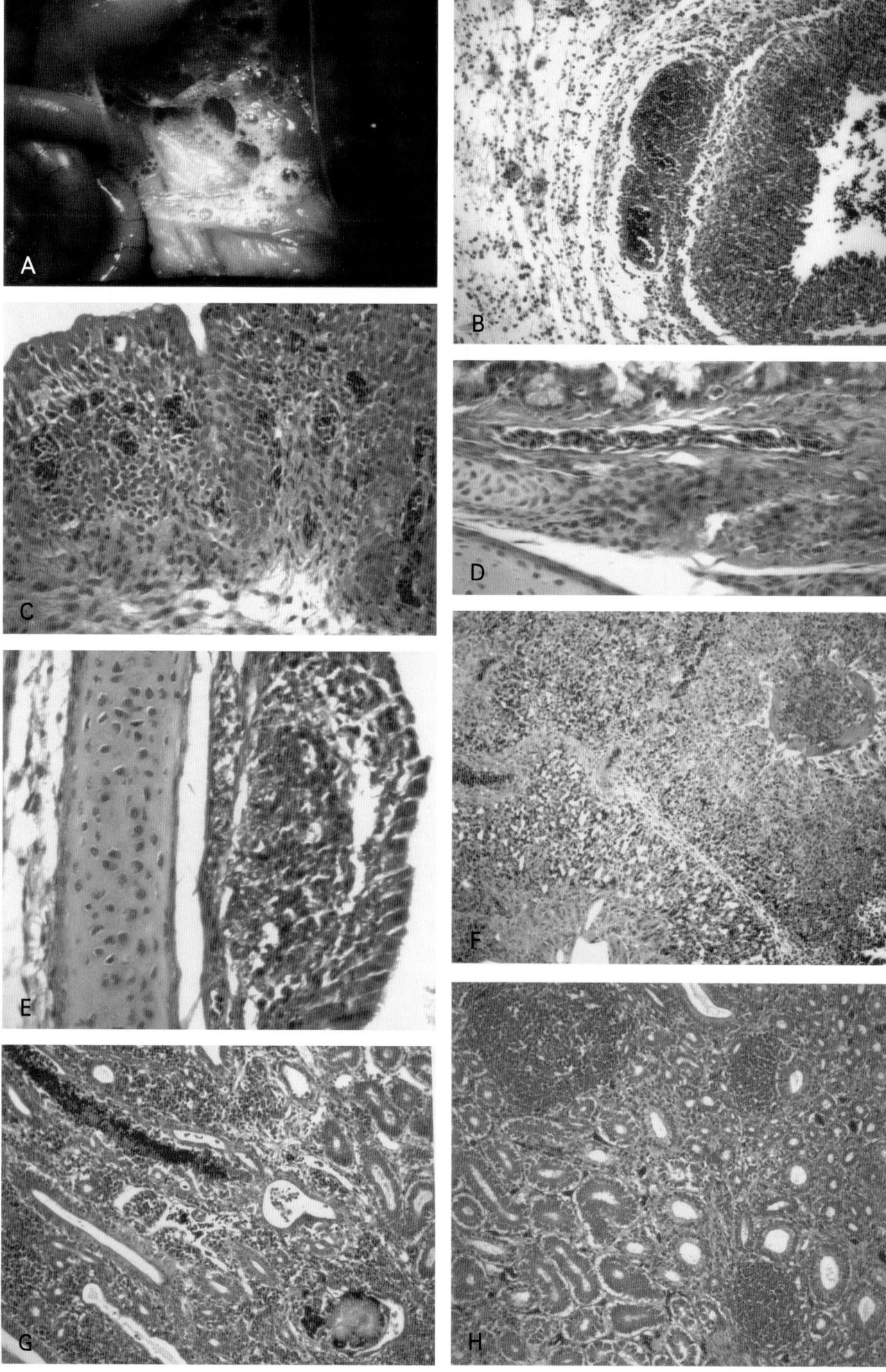

彩图 4.6　传染性支气管炎

A．IBV Delaware 072 株所引起的泡沫状气囊炎（特拉华大学，Ed Odor）。

B．4 日龄肉鸡对 IBV 疫苗株引起的气囊炎。气囊壁增厚，气囊腔中出现异嗜细胞和巨噬细胞。气囊壁周围软组织发生炎性水肿，表现为血管充血，血管周有淋巴细胞浸润。

C．实验感染 IBV Arkansas 株 3 天后所引起的病毒性支气管炎。可见纤毛脱落，部分黏膜腺消失，黏膜上皮发生变性；少量异嗜细胞浸润，黏膜上皮细胞增生、充血，血管周有淋巴细胞浸润，黏膜下层水肿。

D．阴性对照：与 C 对照，接种空白液 3 天后的正常气管。纤毛和黏膜腺明显，黏膜层没有出现炎症反应，黏膜壁不增厚。

E．实验感染 IBV 14 天后的气管。没有出现急性炎症反应。纤毛明显，黏膜层有一个生发中心，黏膜下层淋巴细胞浸润。

F．实验感染 IBV Arkansas 株 6 天后所引起的支气管肺炎，异嗜性支气管肺炎累及副支气管，导致副支气管管腔中充满异嗜细胞，相关组织中也有异嗜细胞浸润。在病变的副支气管旁边有部分正常的副支气管。

G．肾型 IBV PA/Wolgemuth/98 株感染 10 天后，肾髓质区发生肾小管间质性肾炎。肾小管发生变性、坏死和变形，肾小管腔中出现尿酸盐、异嗜细胞及变性的上皮细胞管型。肾间质扩张，内含大量的浆细胞、淋巴细胞和少量的异嗜细胞。

H．肾型 IBV PA/Wolgemuth/98 株感染 10 天后，肾髓质内或肾髓质边缘出现生发中心，表明疾病快要康复。

（特拉华大学；Conard R．Pope，Brain S．Ladman 和 Jack Gelb，Jr．）

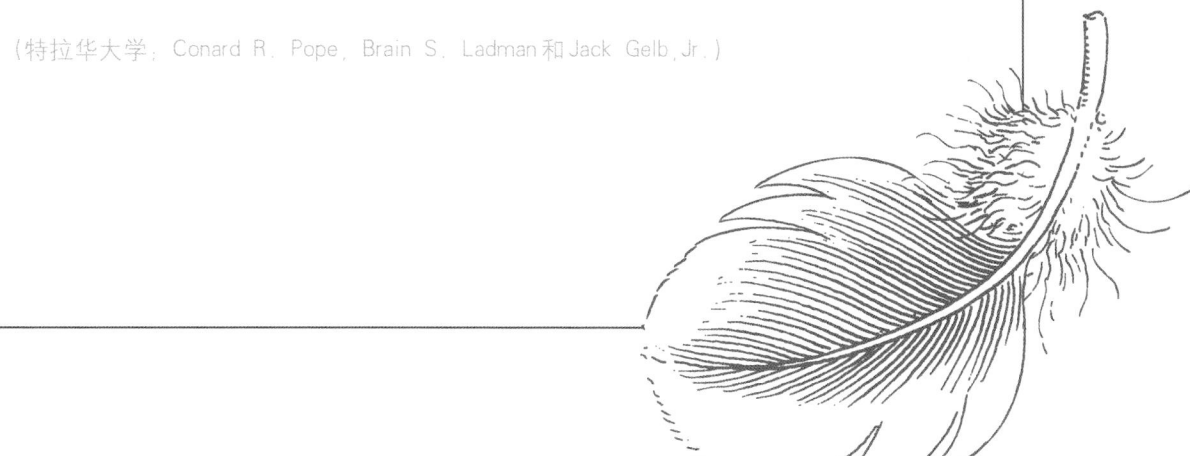

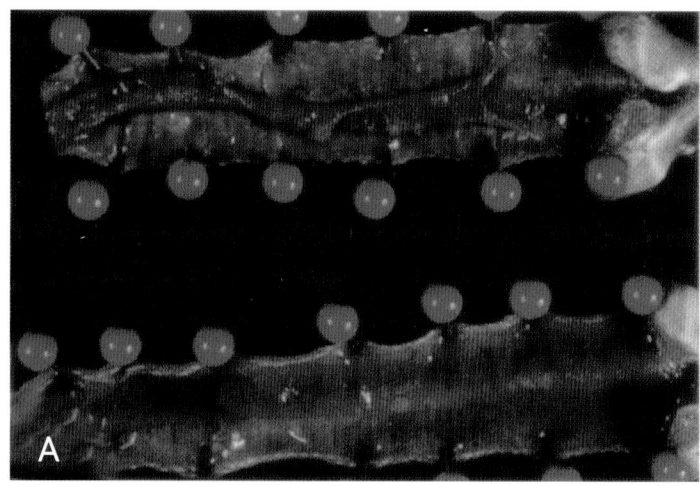

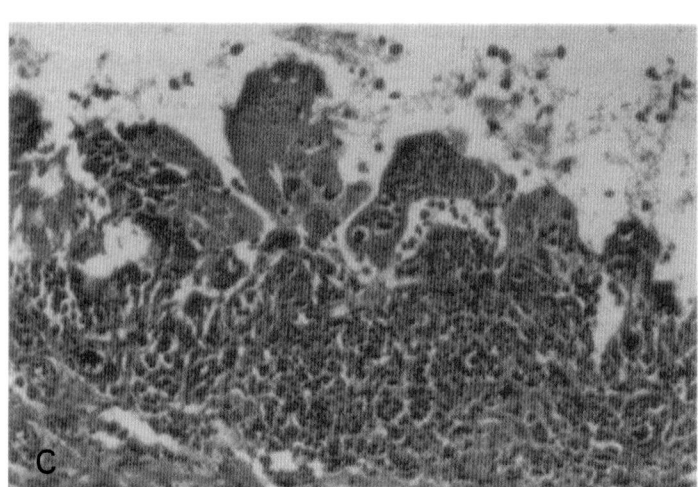

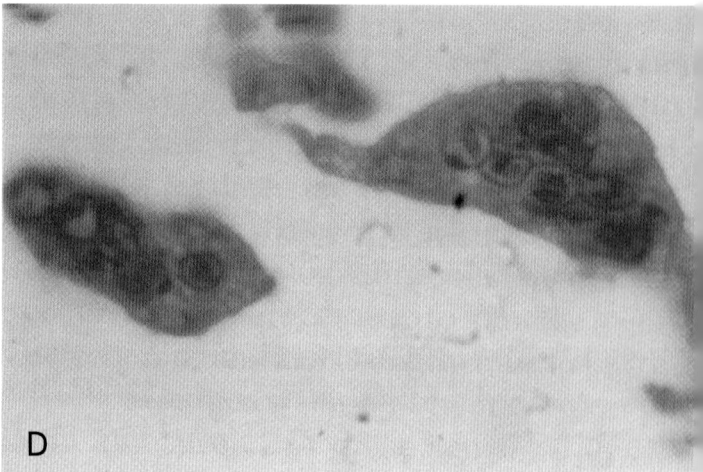

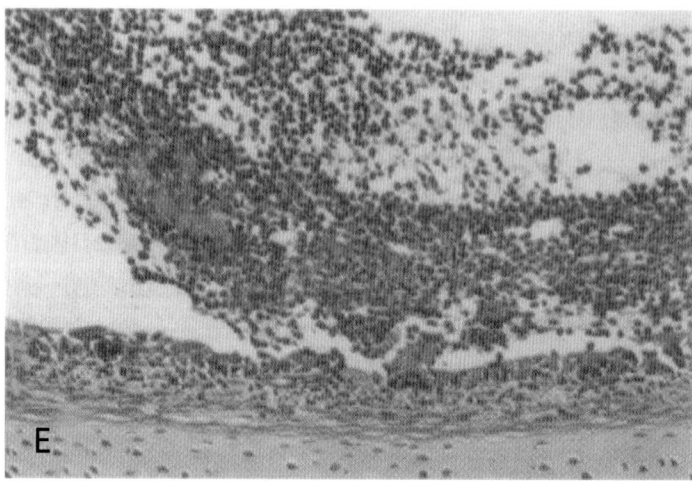

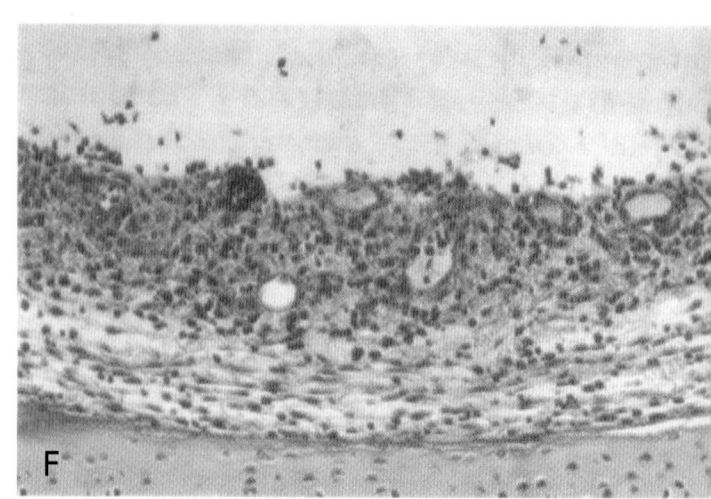

彩图 5.5　喉气管炎

A．病鸡的纤维素性出血性气管炎（Munger）。

B　F．喉气管炎发病鸡气管的显微病变。

B．发病早期的气管病变：黏膜轻微增厚，在黏膜和黏膜下层特别是血管周围有轻度的淋巴细胞浸润，黏膜内形成多核细胞。

C．大量的核胞体细胞从黏膜脱落，黏膜被大量的淋巴细胞浸润。气管腔中出现核胞体细胞是喉气管炎的特征。

D．高倍放大的脱落的核胞体细胞内的核内包涵体。

E．感染后期，上皮、血液和炎性分泌物形成膜并脱落到管腔中，可引起气管堵塞，导致窒息死亡或者作为细菌繁殖场所。咳出分泌物是喉气管炎的一个典型临诊症状。

F．存活的上皮数量取决于毒株的毒力，此鸡感染的是高毒力的Illinois株，上皮完全脱落，露出固有层。

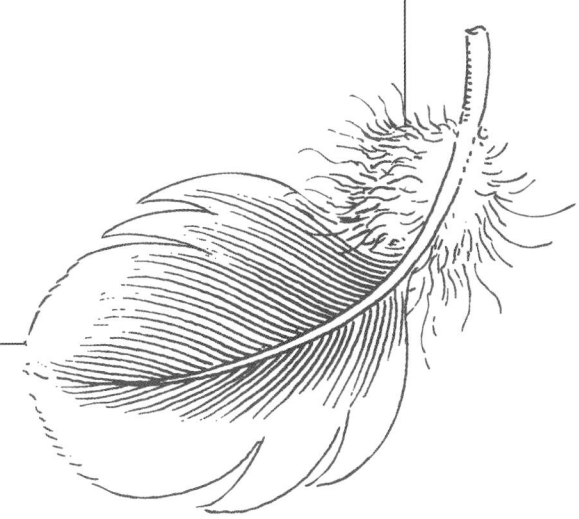

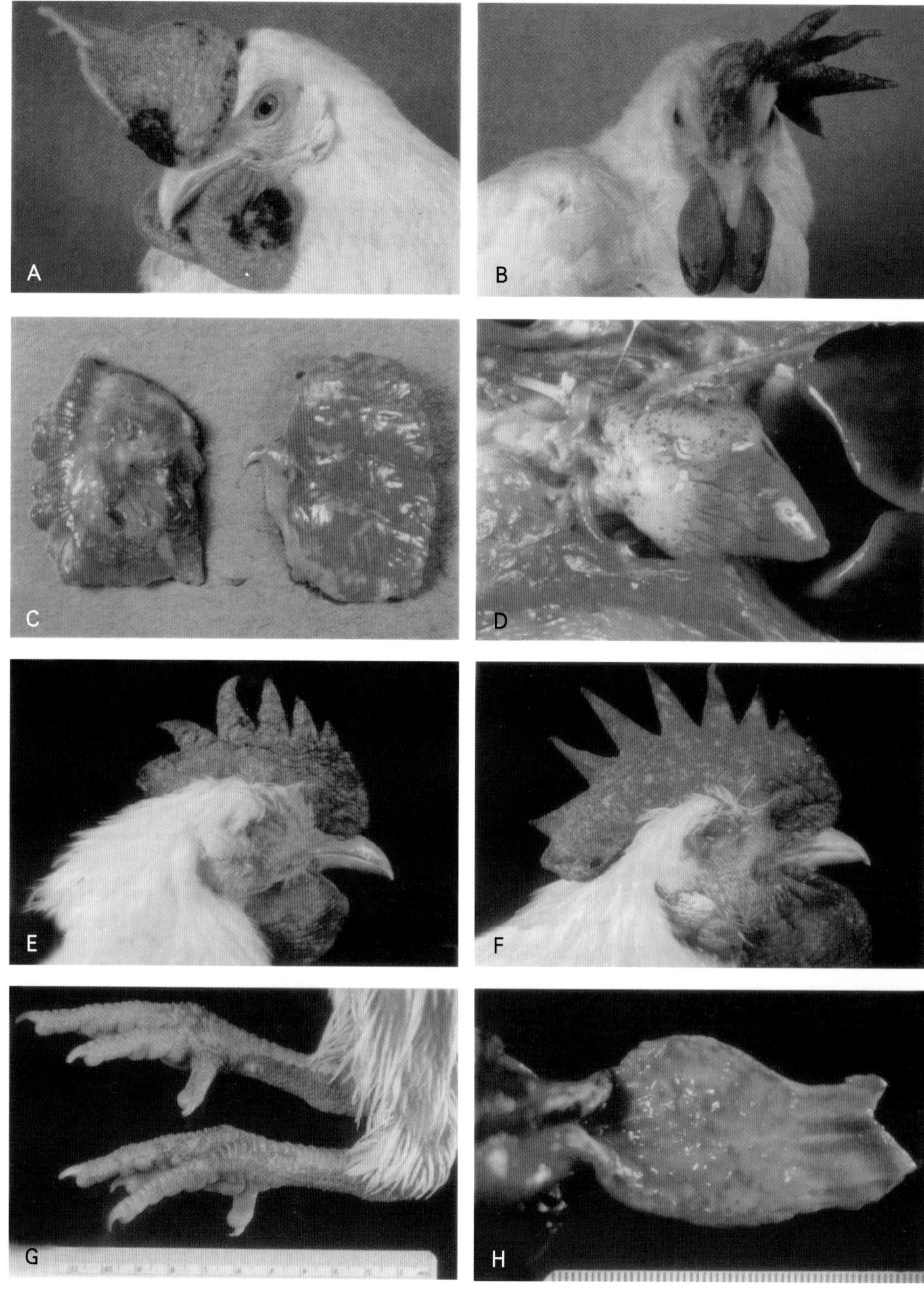

彩图 6.2　禽流感

白来航鸡和白洛克鸡试验性感染高致病性禽流感病毒后的大体病变。

A　D．47　59周龄的白来航鸡经鼻内或气管内接种高致病性禽流感
病毒A/Chicken/NJ/12508/86（H5N2）后的病变。

A．感染后7天，冠和肉髯表现为多点坏死和出血（USDA-Brough）。

B．感染后7天，冠和肉髯表现为严重的水肿、坏死和出血（USDA-Brough）。

C．感染后3天，两侧腹膜之间的肺出现水肿（USDA-Brough）。

D．感染后4天，心包膜脂肪上有斑点样出血（USDA-Brough）。

E　H．幼鸡经鼻内或静脉接种高致病性禽流感病毒A/Chicken/
Queretaro/ 14588-660/95（H5N2）后的病变。

E．12周龄白来航鸡鼻内接种感染后4天，冠和肉髯出现严重的坏死
（USDA-Swayne）。

F．12周龄白来航鸡鼻内接种感染后4天，冠和肉髯出现严重的水肿和
坏死（USDA-Swayne）。

G．4周龄白洛克鸡静脉接种感染后4天，腿部出现严重的皮下出血
（USDA-Swayne）。

H．16周龄白来航鸡鼻内接种感染后4天，腺胃管区出现斑点样出血
（USDA-Swayne）。

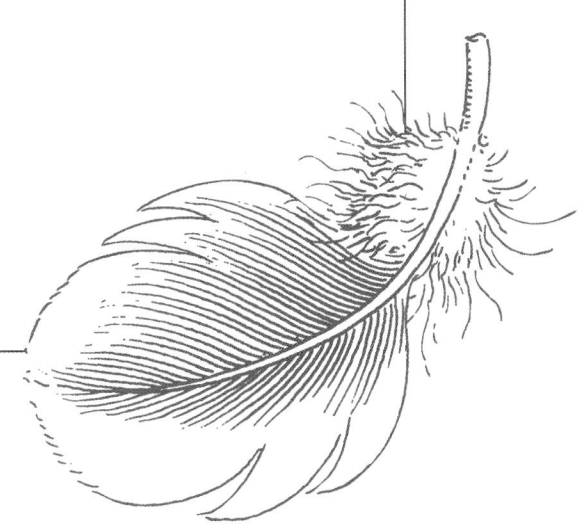

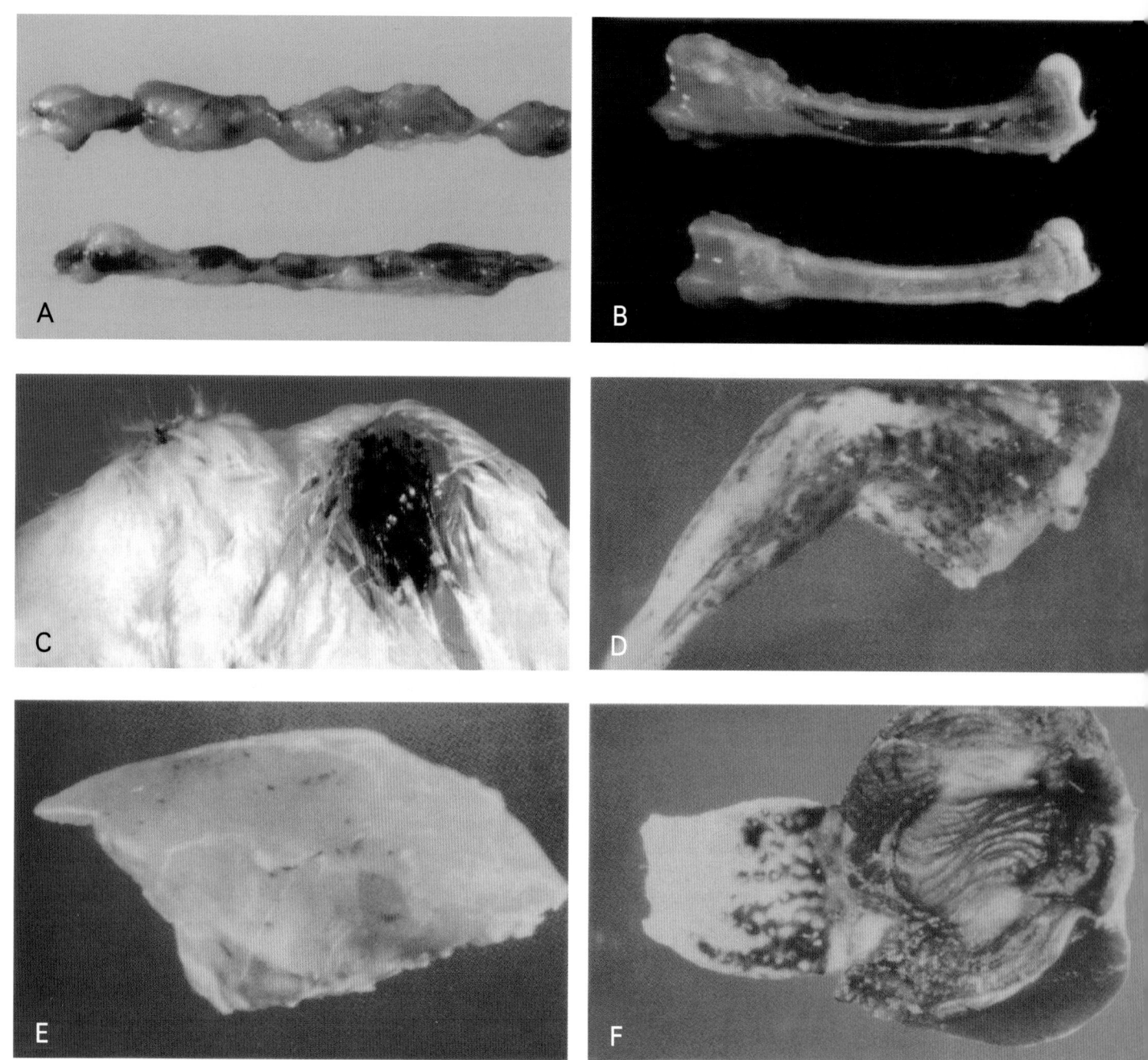

彩图 8.2　鸡传染性贫血和出血性贫血

A．上：正常鸡胸腺；下：用 CIAVCIA-1 株接种后 14 天，胸腺发生萎缩（Lucio 和 Shivaprasad）。

B．上：正常股骨，骨髓暗红色；下：用 CIAVCIA-1 株接种后 14 天的股骨，骨髓色淡，呈再生障碍。

C．坏疽性皮炎（蓝翅病）（Shivaprasad）。

D．腿部肌肉出血（Peckham）。

E．胸肌出血（Peckham）。

F．腺胃出血（Peckham）。

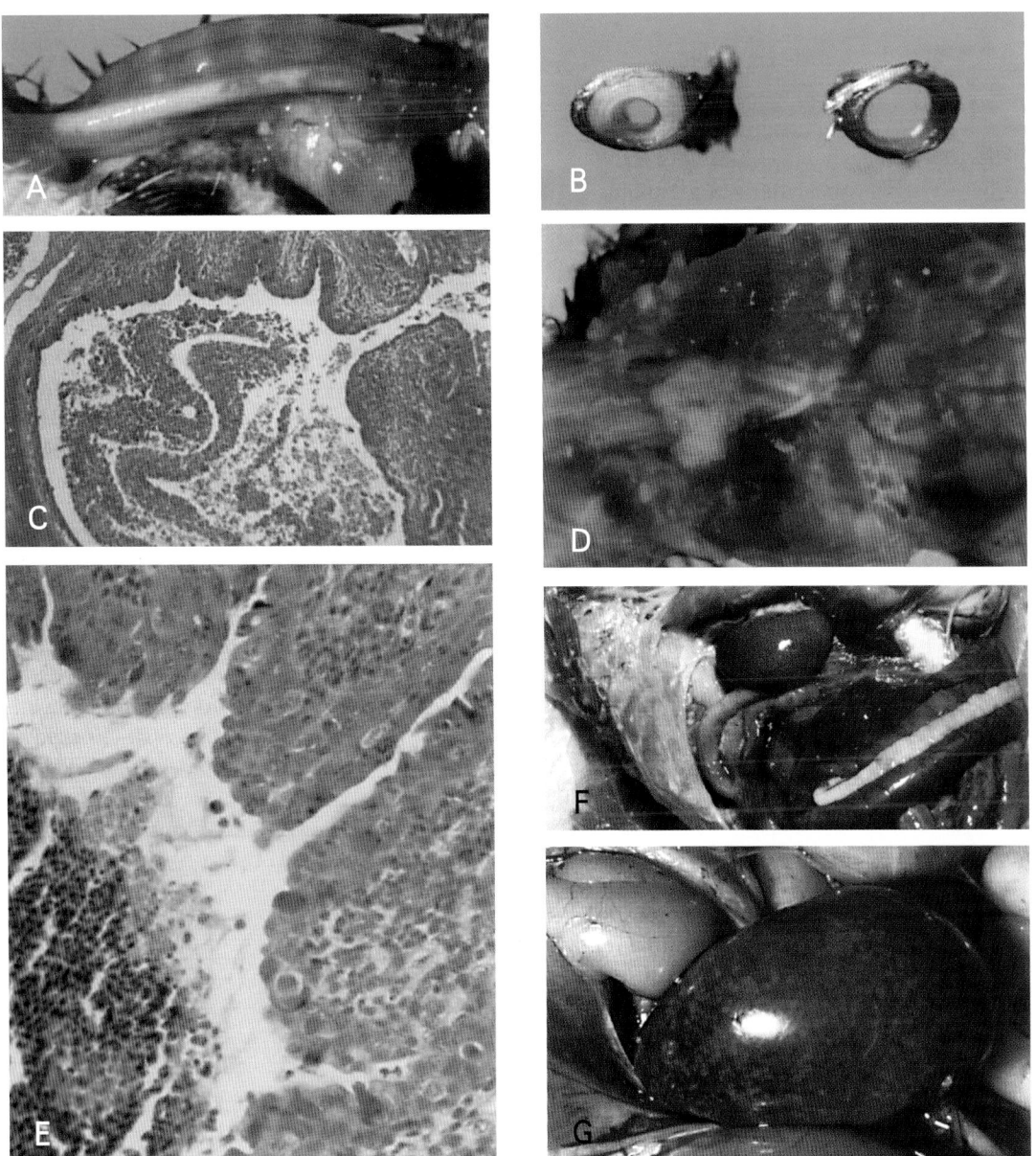

彩图 9.11

鹑支气管炎

A. 感染雏鹑的气管因存在坏死性渗出物而不透明。

B. 感染幼鹑的气管横切片：左侧切片黏膜极度增厚，引起部分气管阻塞，而右侧切片影响较轻。

C. 感染鹑气管的显微镜切片：可见上皮细胞纤毛脱落，细胞肿胀坏死脱离，白细胞浸润。

D. 感染幼鹑肺充血，在支气管门周围有红色的实变区。

E. 感染鹑肺支气管显微切片：可见上皮细胞增生、白细胞浸润和发亮的渗出物，在上皮细胞中有嗜碱性核内包涵体。

出血性肠炎

F. 7周龄火鸡十二指肠弯曲处因含有血性内容物而呈黑紫色（部分已打开以显示其内容物），脾肿大并呈斑驳样，也可见一侧胸气囊炎症（左侧）。这常是伴随出血性肠炎病毒（HEV）感染而出现的急性大肠杆菌败血症的典型变化（Barnes）。

G. 感染火鸡的脾脏明显肿大，并呈斑驳样（Barnes）。

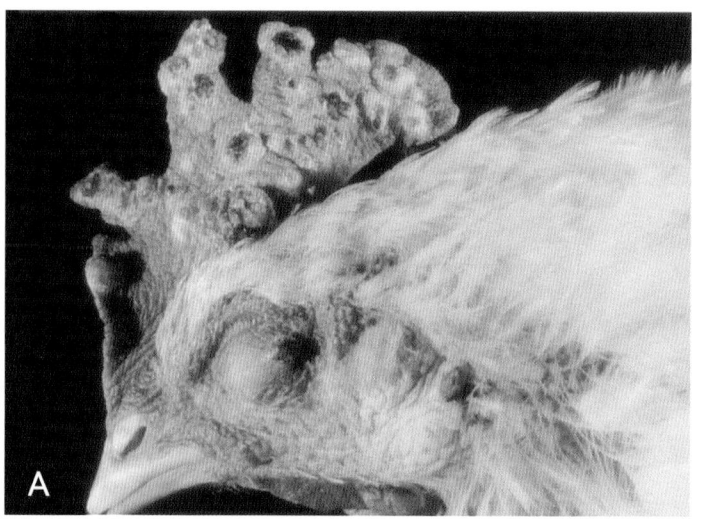

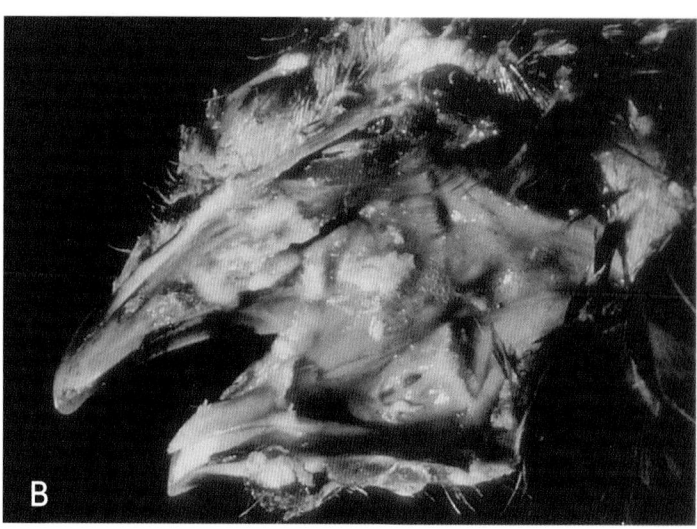

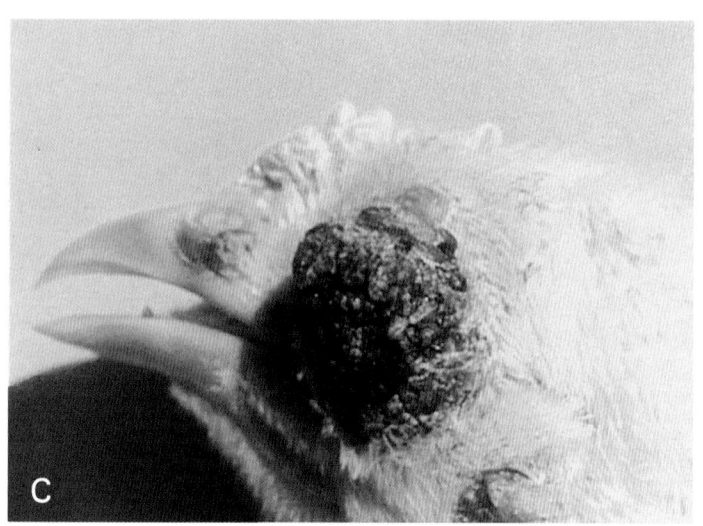

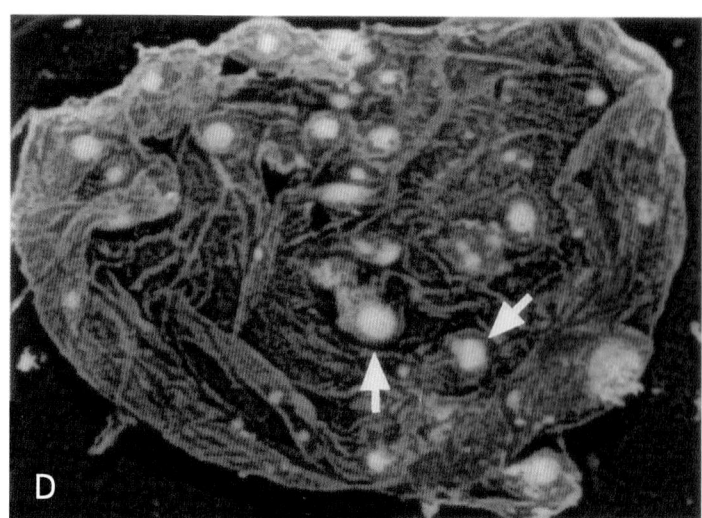

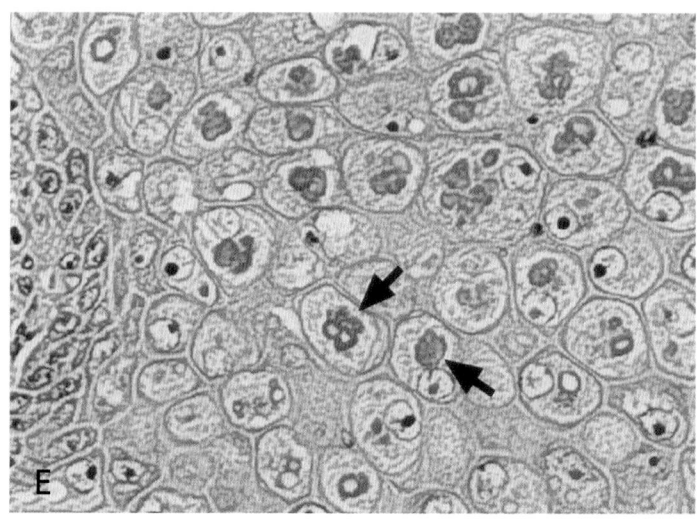

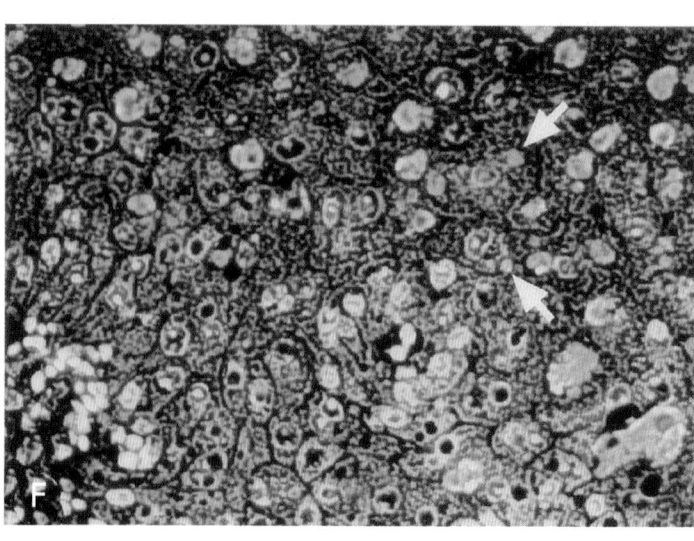

彩图 10.2　禽痘

A. 鸡冠上的皮肤型 FPV 病灶（Shivaprasad）。

B. 鸡口腔的白喉型 FPV 病灶（Shivaprasad）。

C. 人工感染鸡的眼睛和鼻孔的皮肤型鸡痘病灶。

D. 鸡胚绒毛尿囊膜上 FPV 产生的痘斑（箭头所指）。

E. 金丝雀痘病毒产生的皮肤病灶的显微镜检查。大部分感染细胞中存在嗜酸性胞浆包涵体（箭头所指）。感染细胞肿胀，一些感染细胞的细胞核丢失。

F. 吖啶橙（AO）染色的"痘斑"（D 所示）切片的显微镜检查。胞浆包涵体内含有 AO 染成绿色（箭头所示）的 DNA。

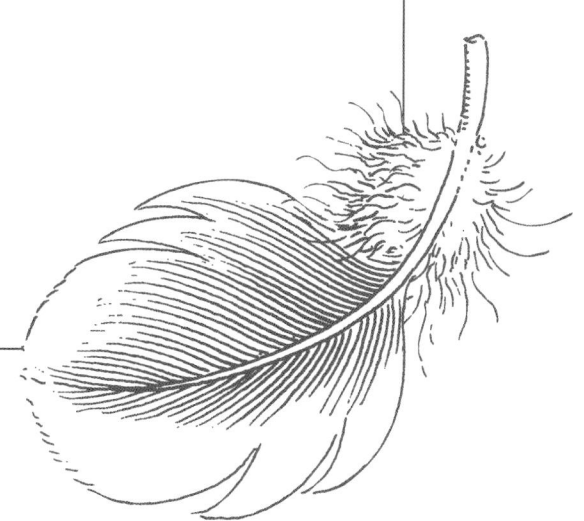

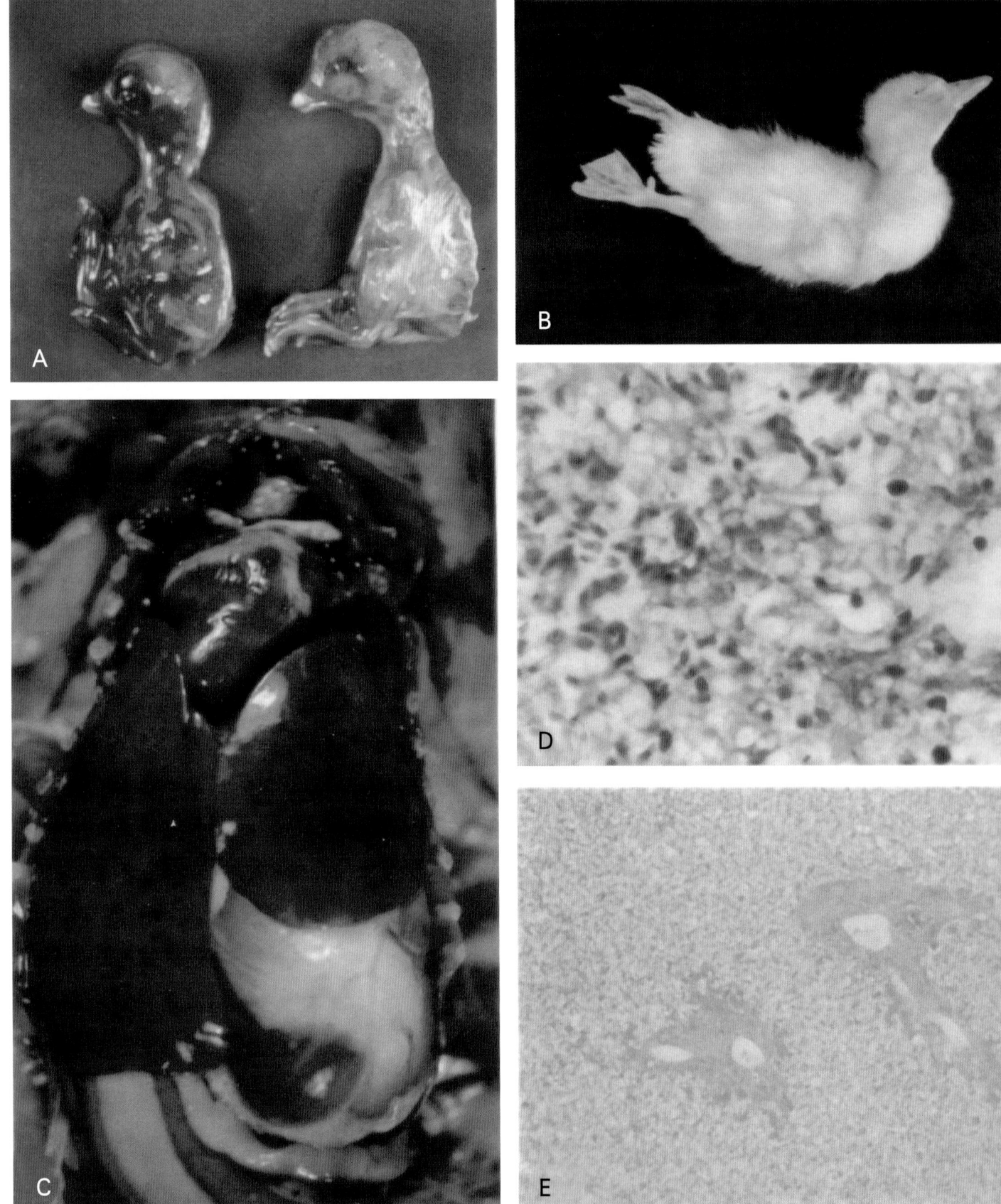

彩图 13.1　Ⅰ型鸭肝炎

A. 右：正常的15日龄鸡胚；左：6天前接种1型鸭肝炎病毒的15日龄鸡胚，注意胚体变小、出血和水肿。

B. 雏鸭典型的角弓反张。

C. 肝脏出血病变。

D. 雏鸭感染24h后的肝脏显微病变，示肝细胞大量坏死、出血。H.E.，×1 000。

E. 雏鸭感染7天后的肝脏显微病变，示大面积胆管增生。H.E.，×250。

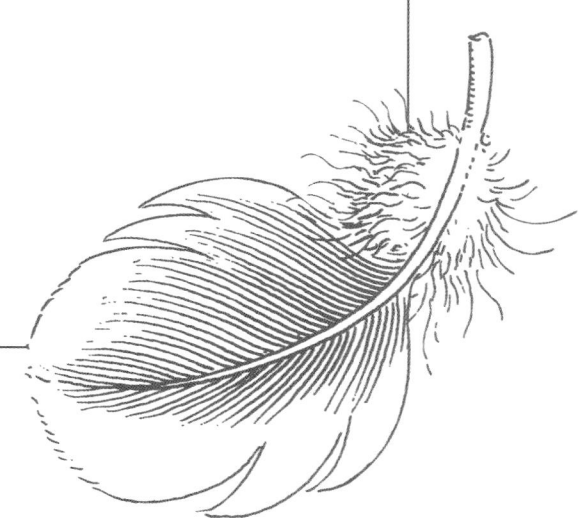

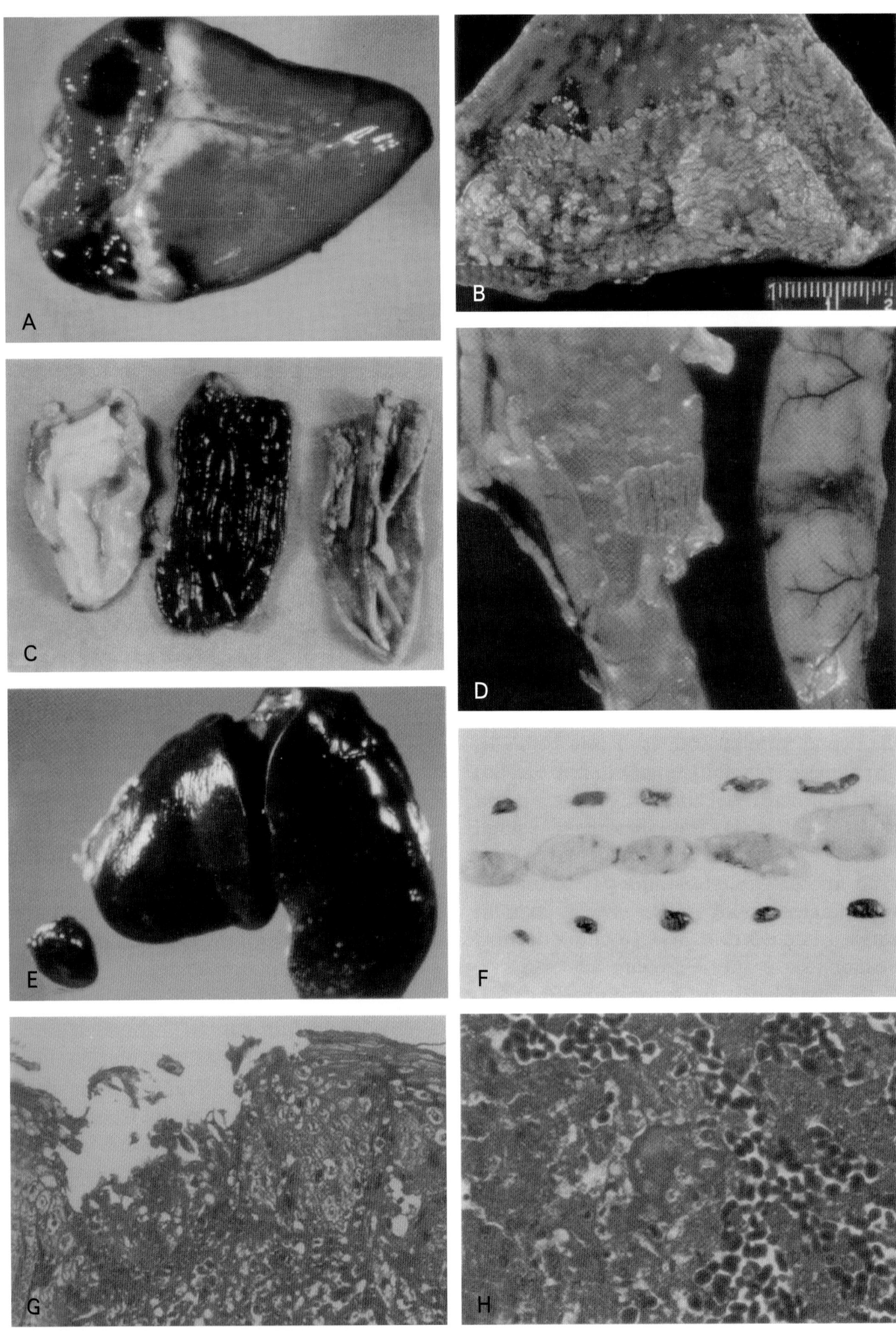

彩图 13.4　鸭病毒性肠炎

A. 心外膜点状出血（Munger）。

B. 食道黏膜弥散性溃疡（Munger）。

C. 法氏囊病变：出血（中心）和奶油样分泌物（左侧和右侧）（Shawky，Sandhu，Shivaprasad）。

D. 肠道相关淋巴组织发生多灶坏死，引起溃疡，表面覆盖一层纤维样伪膜。肠道外表面还可见充血环（Munger）。

E. 肝脏出现多灶性白色坏死灶，脾脏颜色略深，轻微萎缩。

F. 正常胸腺（中间）及出血和萎缩（DVE）的胸腺（上部和下部），4dpi（Shawky，Sandhu，Shivaprasad）。

G. 食管溃疡的组织学病变，存在炎症反应和核内包涵体。×225（Munger 和 Barnes）。

H. 镜检，肝坏死灶部位充满纤维蛋白。坏死区附近的肝细胞内可见核内包涵体。×360（Munger，Barnes）。

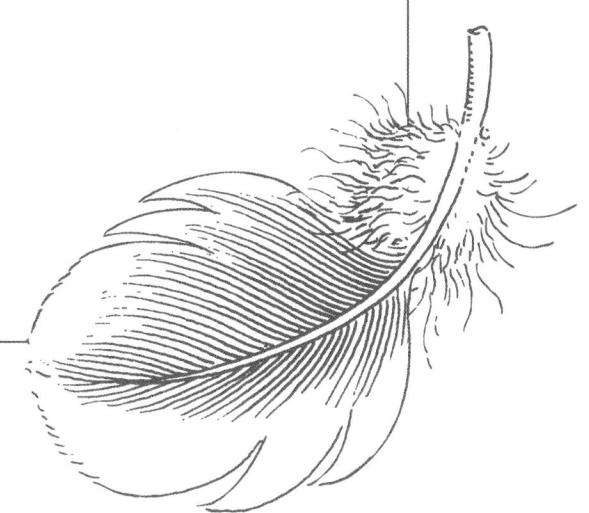

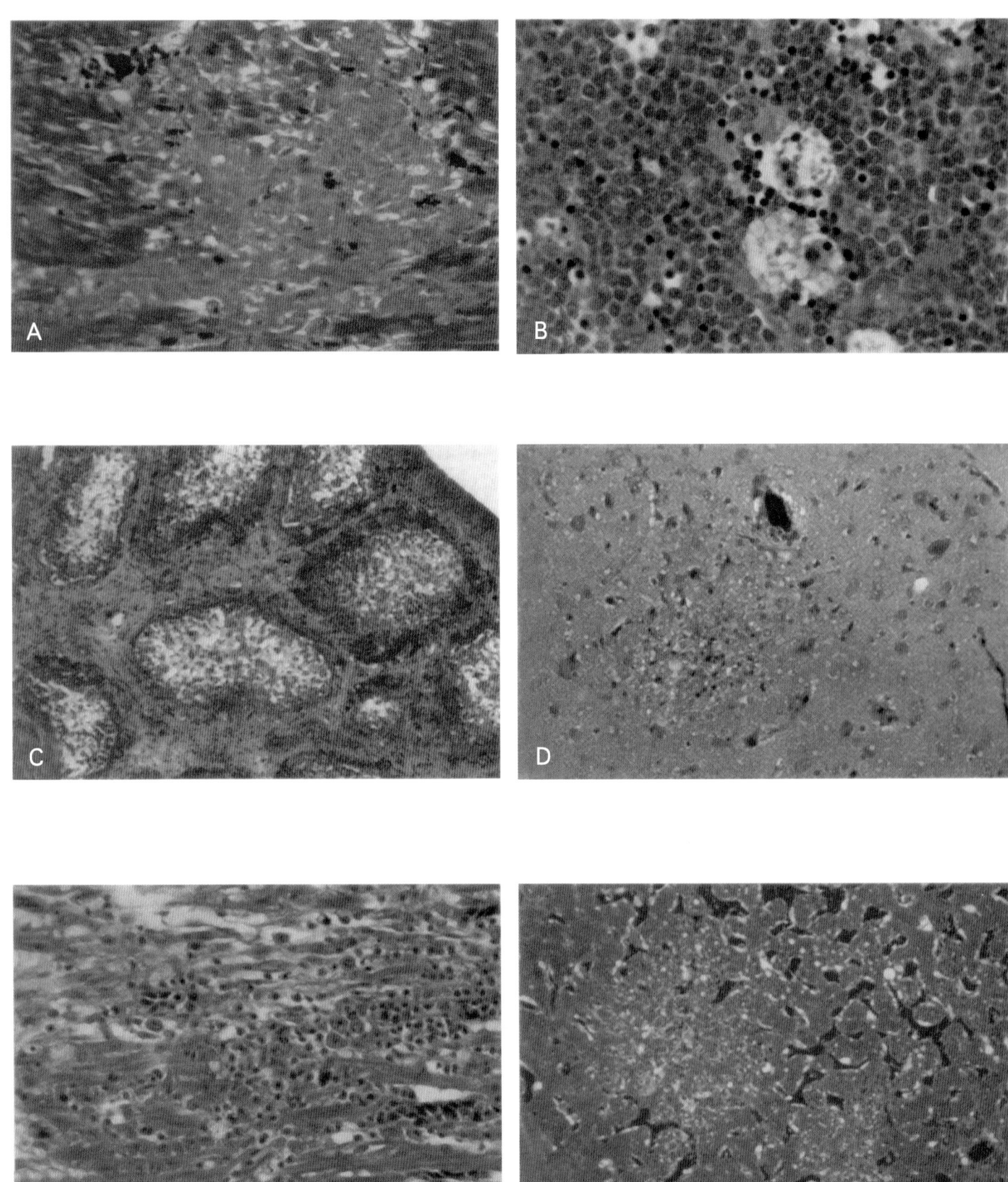

彩图14.6　东部马脑炎病毒实验室感染火鸡和鸡的组织病变。

A．感染后3天火鸡的心脏，心肌出现大面积坏死灶，无炎性反应。

B．感染后3天火鸡胸腺，细胞质固缩出现明显的空隙，表明为急性淋巴细胞坏死。

C．感染后3天火鸡法氏囊，法氏囊萎缩并伴有明显的淋巴缺失。

D．感染后2天鸡脑，出现坏死灶并伴有轻微的血管周围白细胞聚集，注意单核细胞伴随红细胞从邻近的扩张的静脉迁出。

E．感染后5天鸡的心脏，心肌变性、坏死并伴有单核细胞浸润。

F．感染后5天鸡的肝脏，出现坏死灶并伴有很轻度炎性细胞反应。

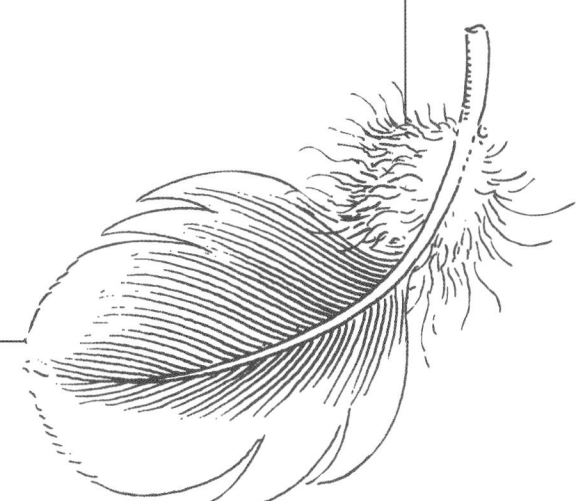

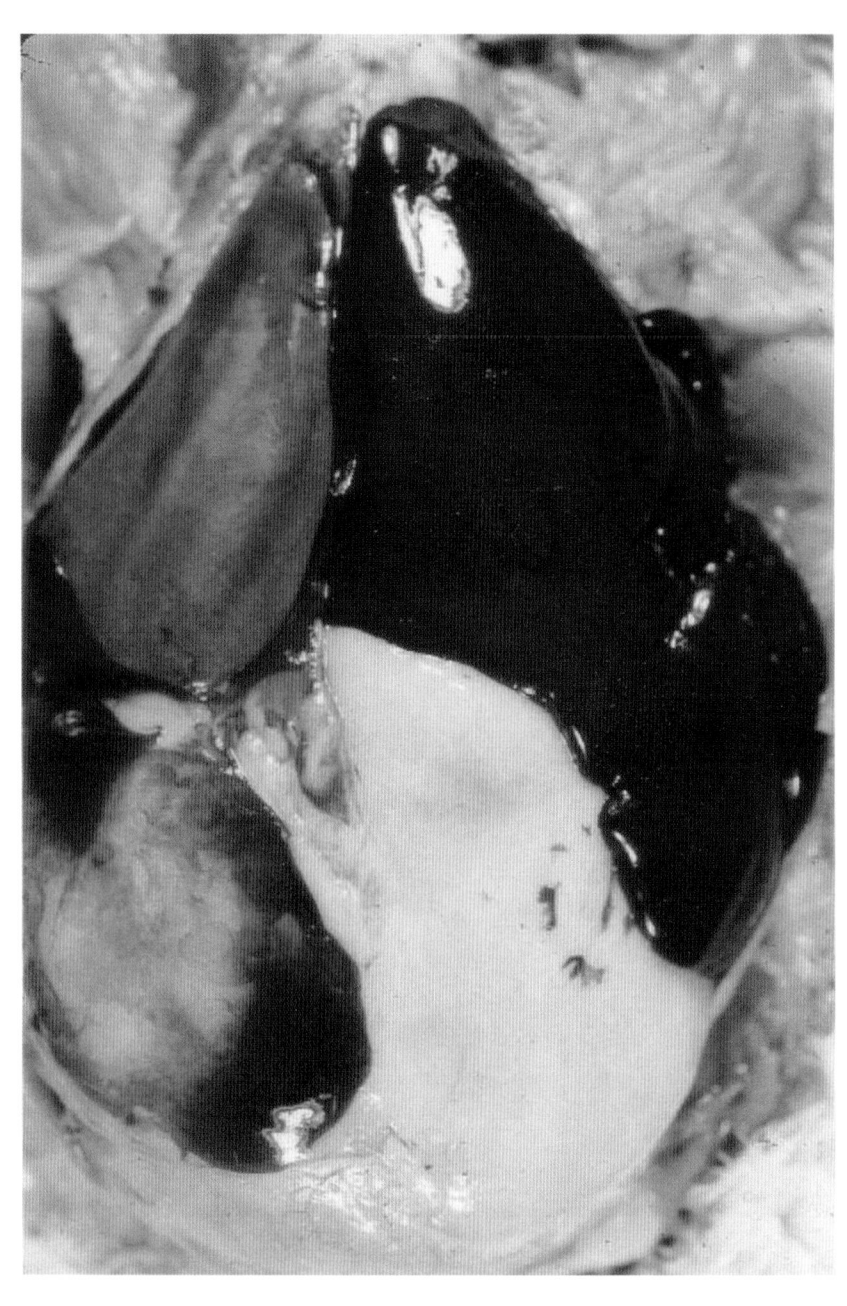

彩图 14.23　肝炎-脾脏肿大综合征

63周龄患鸡肝脏肿大和出血。注意没有脂肪肝。

彩图 14.24　肝炎-脾脏肿大综合征

56周龄患鸡脾脏肿大、斑驳。左侧是正常大小的脾脏。

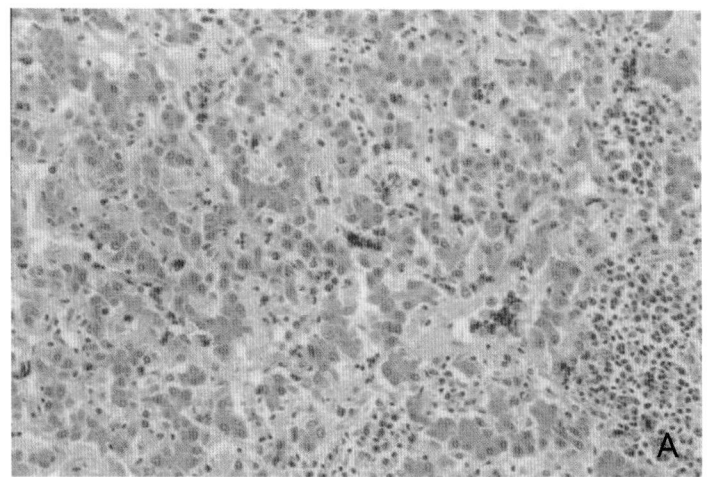
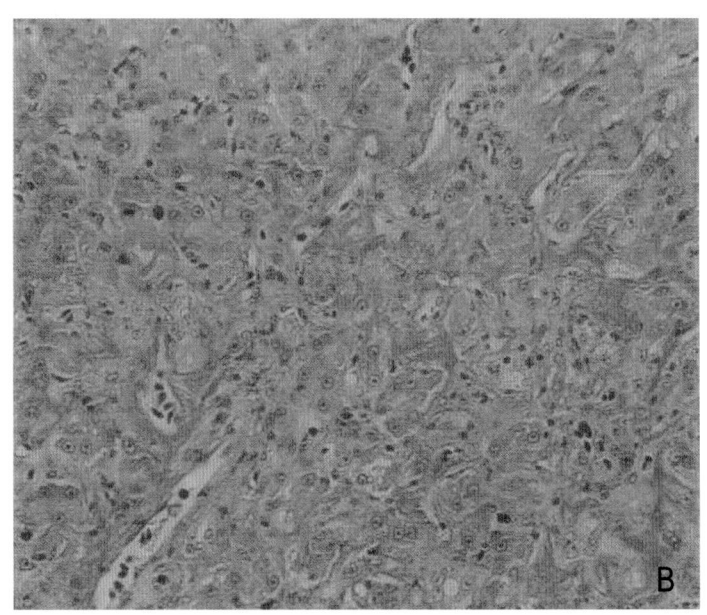
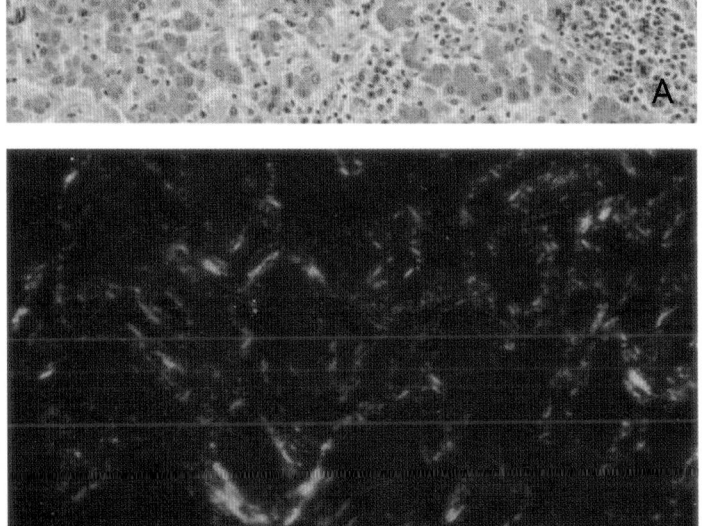

彩图 14.25　肝炎-脾脏肿大综合征

自然病例肝脏组织照片，H.E.染色显示间质中嗜酸性物质、淀粉样蛋白均匀堆积(A)；刚果红染色阳性淀粉样蛋白显示橙色(B)；在偏振滤光片下淀粉样蛋白显示苹果绿双折射特性(C)。

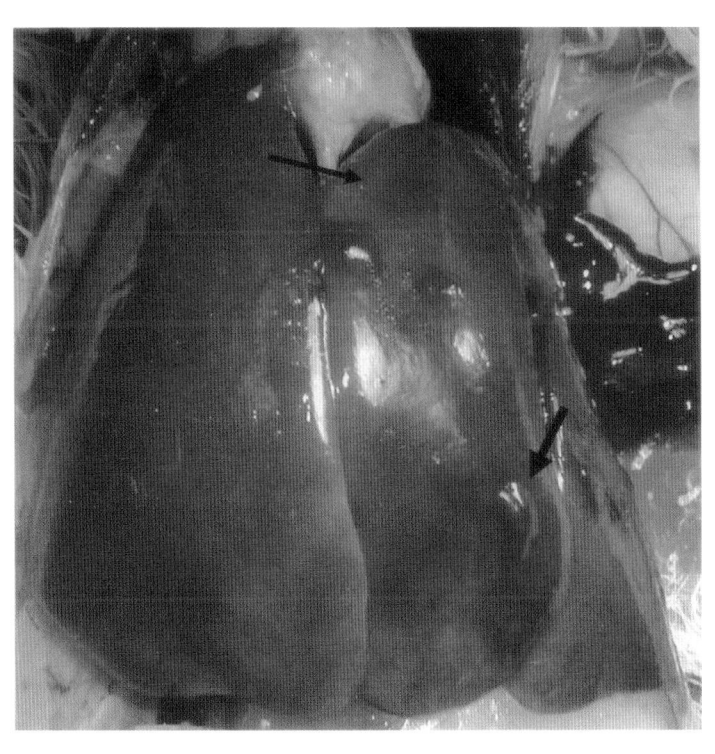

彩图 14.26　禽 HEV 人工感染 SPF 鸡的大体病变

被膜下出血(箭头)。

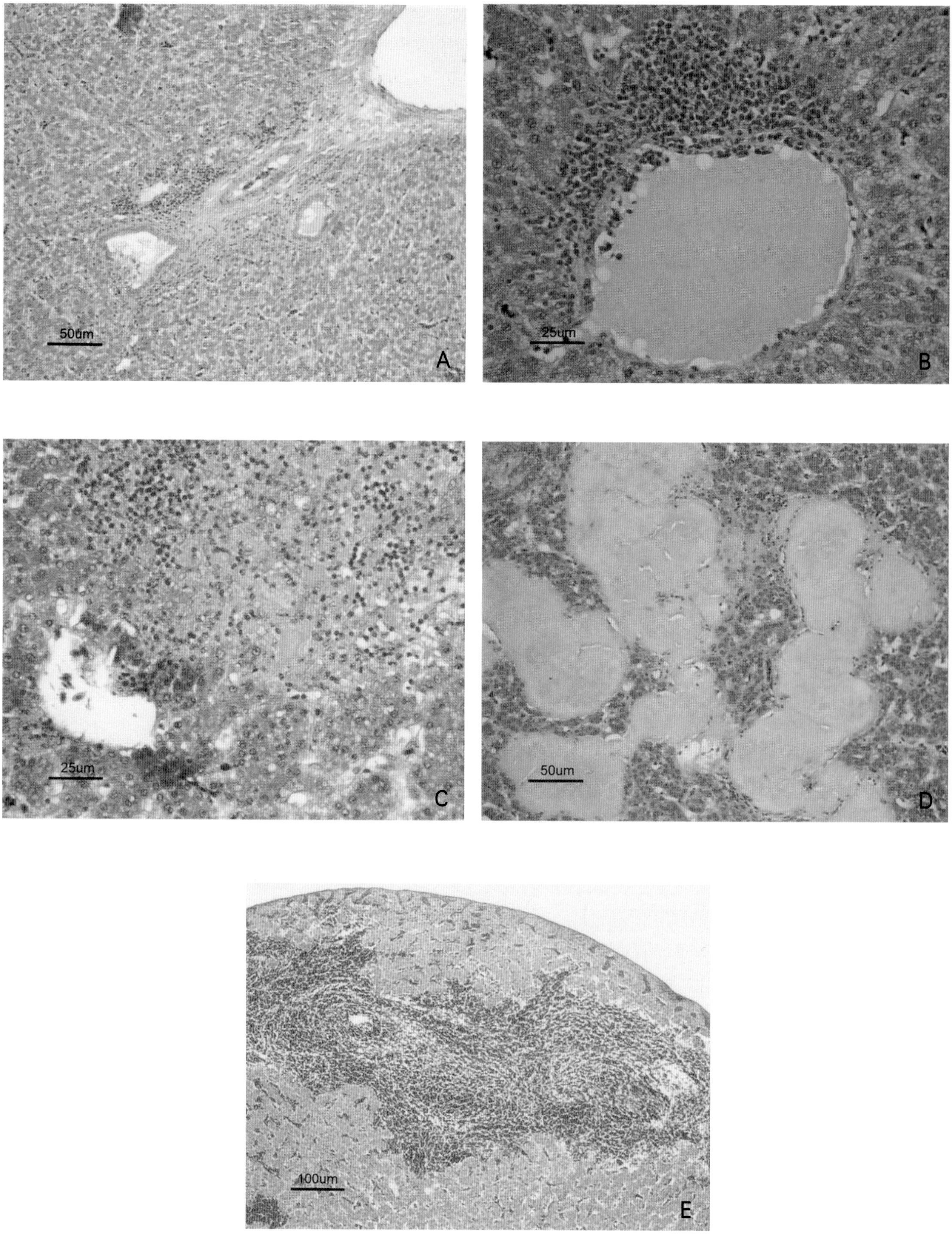

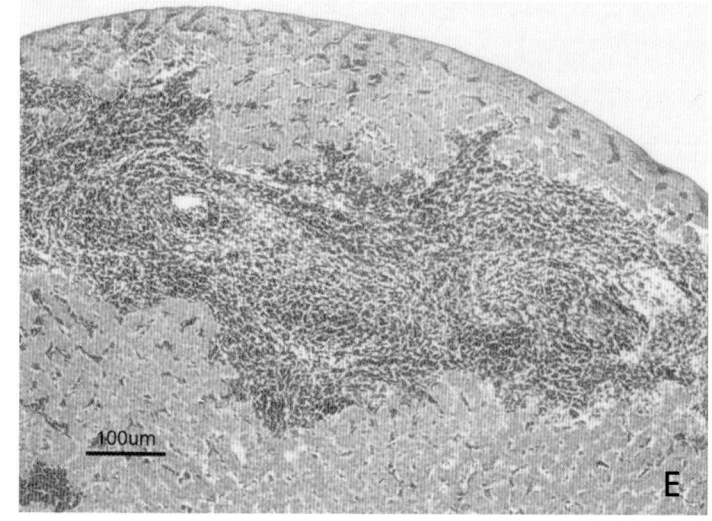

彩图 14.27　禽 HEV 人工感染鸡肝脏组织病变

　A．口、鼻接种鸡肝脏切片，显示淋巴细胞性和弥漫性异嗜性细胞性
　　　门静脉炎。

　B．静脉接种鸡肝脏切片，显示明显的局灶性淋巴细胞静脉炎和静脉
　　　周炎。

　C．静脉接种鸡肝脏切片，可见局部肝细胞广泛坏死，并伴有淋巴细
　　　胞性炎性细胞浸润。

　D．静脉接种鸡肝脏切片，显示肝脏结构被破坏，均质嗜酸性基质融
　　　合性沉积和肝细胞索移位。

　E．口、鼻接种鸡肝脏切片，H.E.染色显示大面积急性出血并伴有肝
　　　细胞索及肝窦结构破坏。

（转载自 The Society for General Micrology[4]）

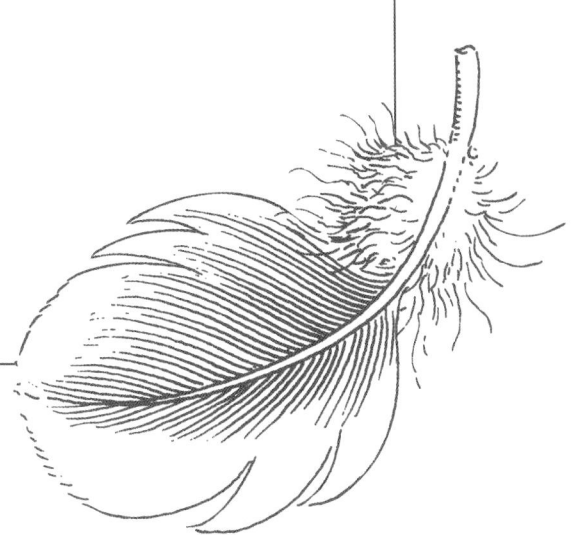

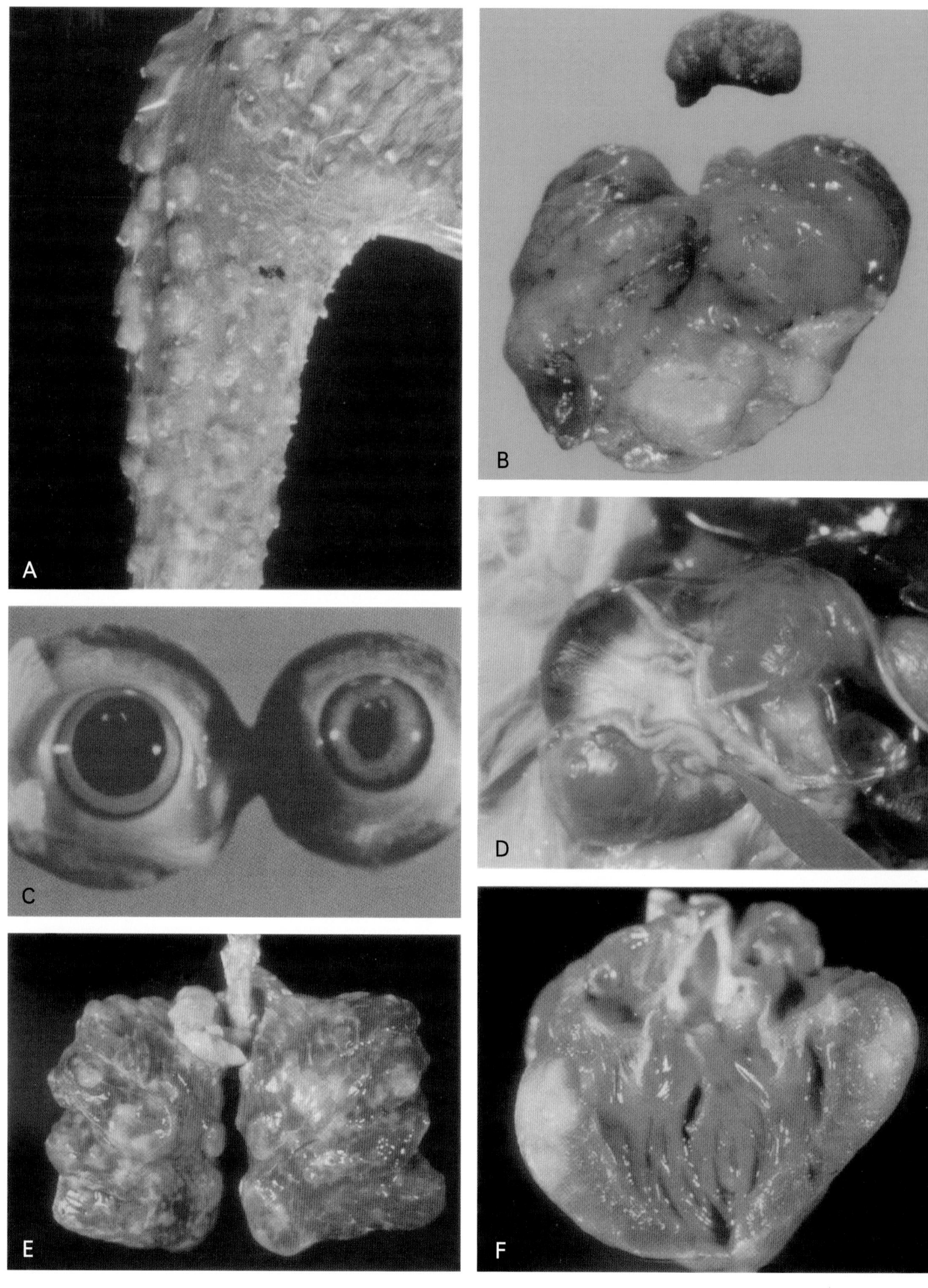

彩图 15.9　马立克氏病

  A．侵害羽毛囊的淋巴细胞性肿瘤（皮肤白血病）（Peckham）。

  B．正常卵巢（上）与实验诱发马立克氏病淋巴瘤的未成熟卵巢（下）的比较。

  C．马立克氏病的眼病变：正常眼（左）的轮廓清晰，虹膜色素沉着良好；病变眼（右）由于单核细胞浸润而虹膜褪色，瞳孔非常不规则（Peckham）。

  D．感染马立克氏病病毒CU2毒株鸡的肌胃，注意肉眼可见的明显的动脉粥样硬化病变（C.Fabricant）。

  E．肺脏的多发性淋巴瘤。

  F．心脏的多发性淋巴瘤（Shivaprasad）。

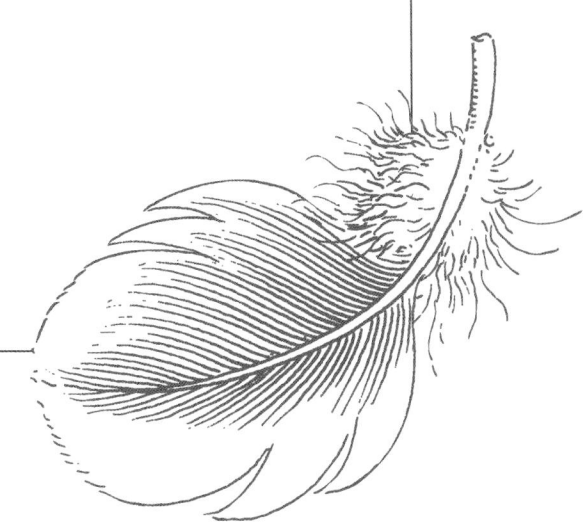

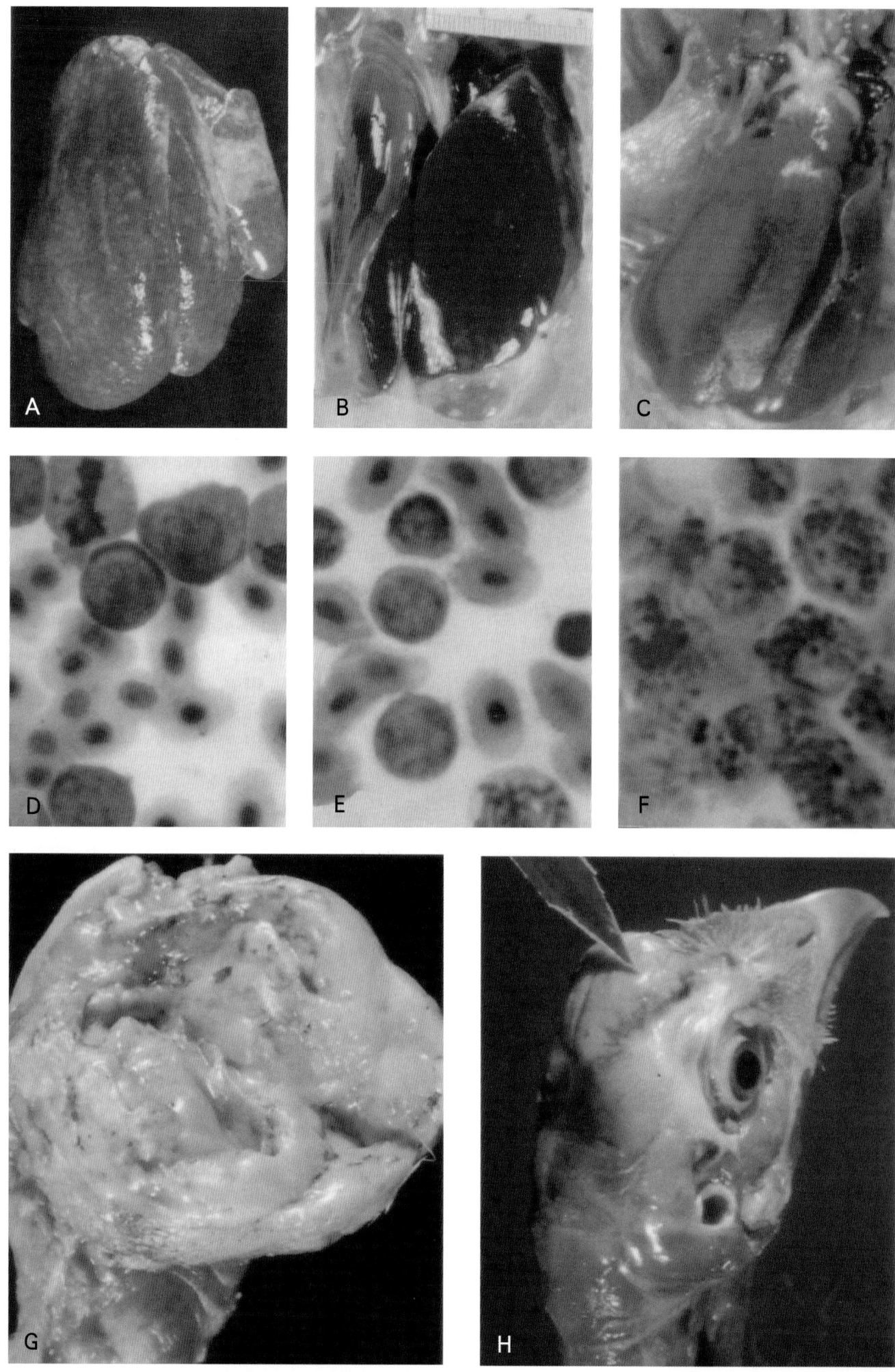

彩图 15.33　白血病比较

　A．淋巴细胞性白血病（LL）。肝脏表明弥散型病灶。与马立克氏病极难区分。

　B．成红血细胞增多症。肺脏和脾脏肿大，呈樱桃红色，有纤维性渗出。

　C．成髓细胞性白血病。肝脏肿大，呈灰红色。

　D．骨髓成红细胞增多症。嗜碱性细胞质和核周晕。血涂片，吉姆萨染色，×975。

　E．成髓细胞血症。成髓细胞比成红细胞稍小；细胞质不是嗜碱性的，细胞核泡状，核仁不清楚。血涂片，吉姆萨染色，×975。

　F．髓细胞组织增生。髓细胞内含嗜酸性颗粒。肿瘤切片，吉姆萨染色，×975（Beard）。

　G．法氏囊（与图 A 中同一只鸡）上的 LL 肿瘤。

　H．颅骨表面的骨髓细胞性白血病肿瘤（Peckham）。

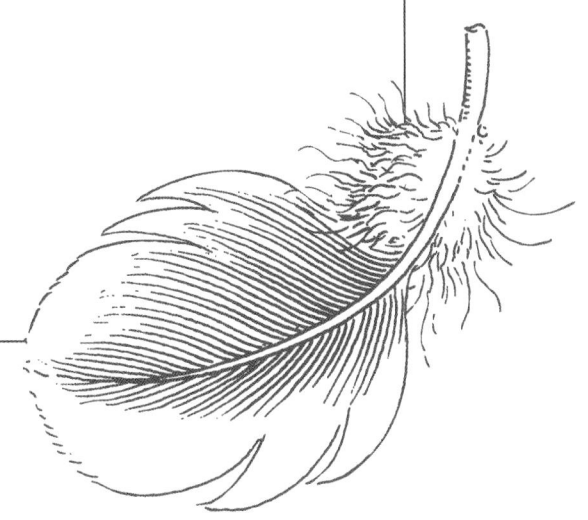

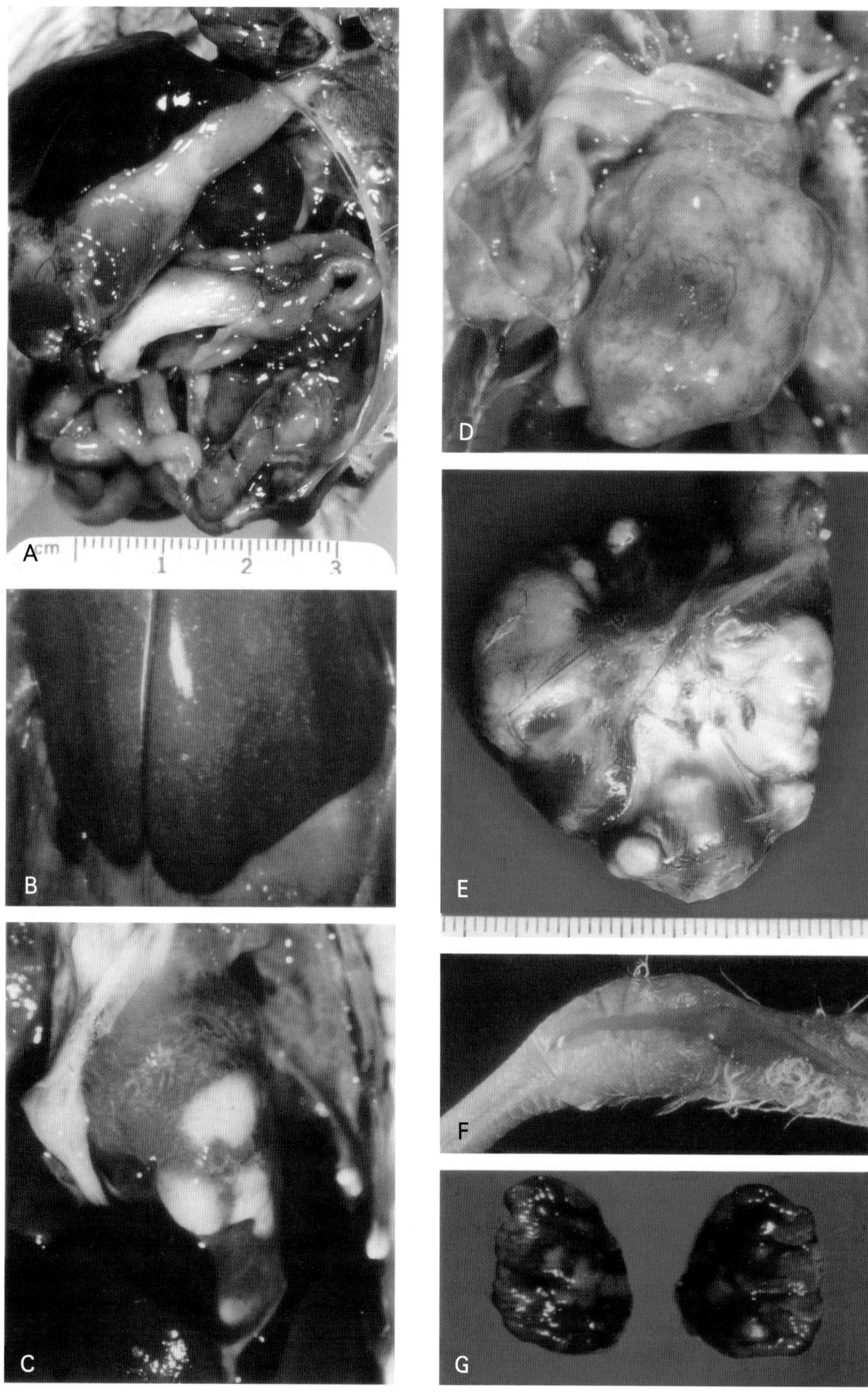

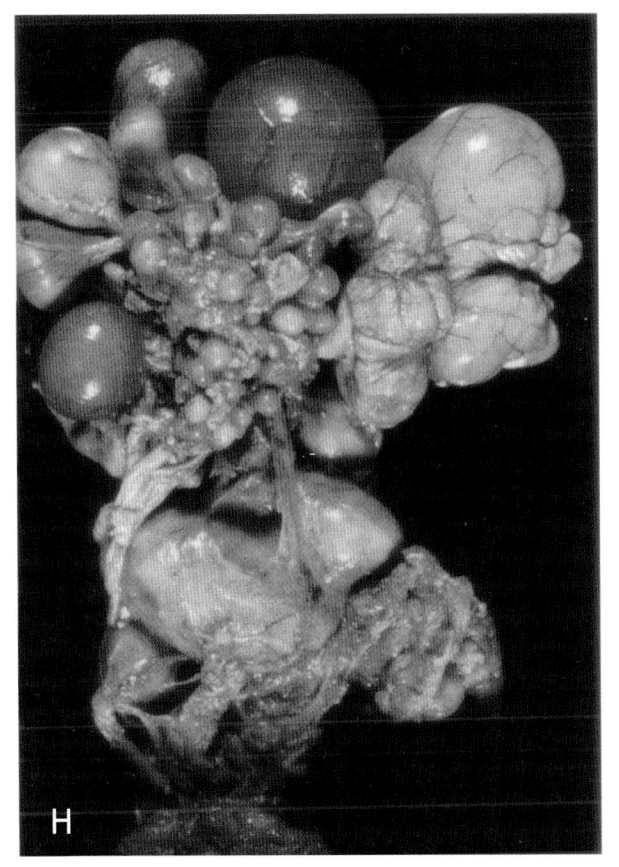

彩图 16.1　鸡白痢沙门氏菌感染引起的眼观病变

A. 10 日龄雏鸡的肝脏和脾脏肿大、充血，盲肠腔内有黄白色的坏死性纤维素栓塞。

B. 肝肿大，有苍白色坏死灶（Glass）。

C. 雏鸡的心脏发生心肌炎，有白色结节。这种结节容易与肿瘤混淆，如马立克氏病引发的肿瘤（Chin）。

D. 慢性感染引起的心脏结节性病变，示黄色的增厚的心包（反光部分）。

E. 6 周龄雏鸡的肌胃浆膜上有不同大小的黄色结节。

F. 跗关节肿大，内含黄色黏液（Peckham）。

G. 雏鸡发生鸡白痢，肺脏有苍白色结节（Peckham）。

H. 卵巢病变，输卵管炎和腹膜炎。

I. 卵巢多处变形，有灰色结节。

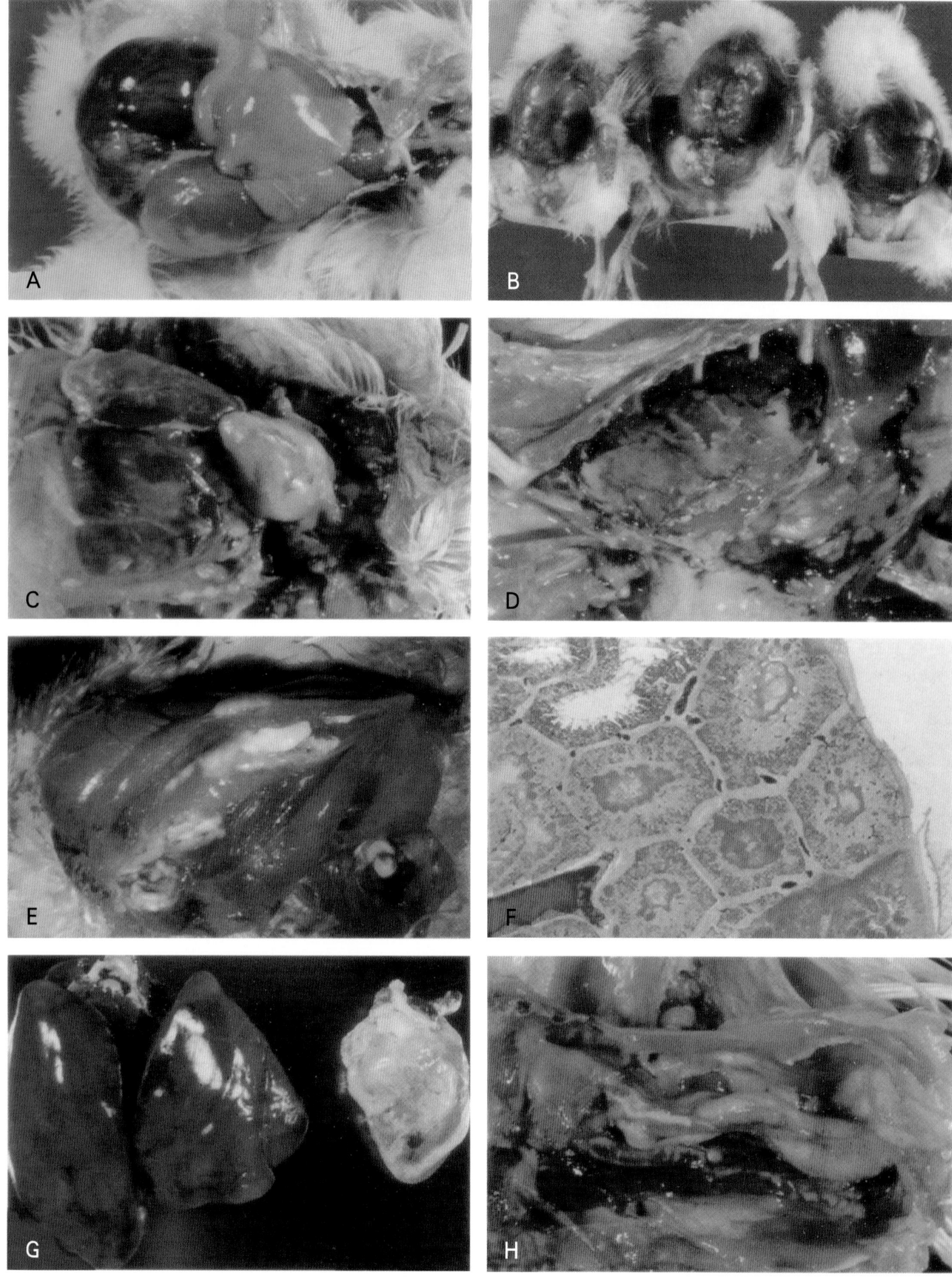

彩图 18.1　大肠杆菌病

A．4日龄来航雏鸡卵黄囊感染：卵黄囊膨胀、充血（血管显著突出），充满褐色、异常的水样内容物。

B．3日龄来航鸡脐炎和卵黄囊感染：脐部发炎，卵黄囊肿胀，充满异常物质。

C．20日龄肉用雏鸡气囊病：由于大肠杆菌全身性扩散导致多发性浆膜炎（心包炎、肝周炎、腹膜炎和气囊炎）。

D．肉雏鸡大肠杆菌性胸膜肺炎和气囊炎。

E．人工复制的火鸡大肠杆菌病：由气囊炎引起的胸肌表层和深层间广泛的炎症反应，肉制品加工中检查该类病变极为重要。

F．肉鸡大肠杆菌性肺炎的组织学病变：感染的副支气管腔内充满渗出物(该图上部为未感染的副支气管)。渗出物已扩散至一些动脉，由于血管破裂，致使炎性渗出物通过毛细血管丛扩散至间质组织，炎性过程几乎覆盖整个小叶，甚至蔓延到毗邻的胸膜表面。×10。

G．大肠杆菌病急性败血症期间存活火鸡的心包炎和肝脏变绿：心包膜增厚，心包腔有渗出物并开始纤维化。肝脏变绿，表示家禽特别是火鸡其他部位存在炎症。

H．大肠杆菌引起青年鸡输卵管炎：该病变不常见到，常与左侧腹气囊的气囊炎有关。

(图 A ～ C 由 LaddieMunger 博士提供)

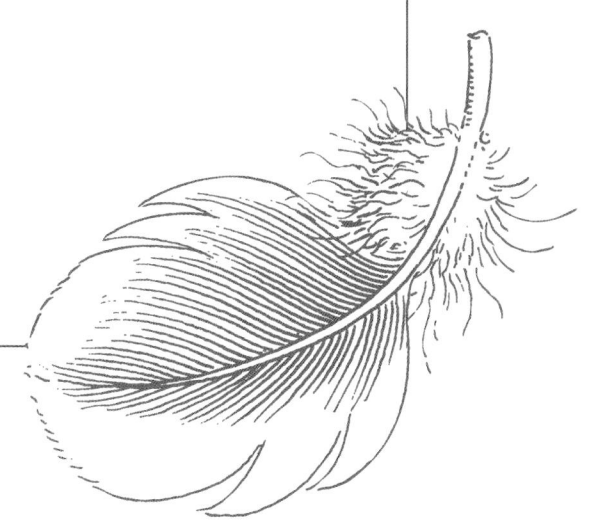

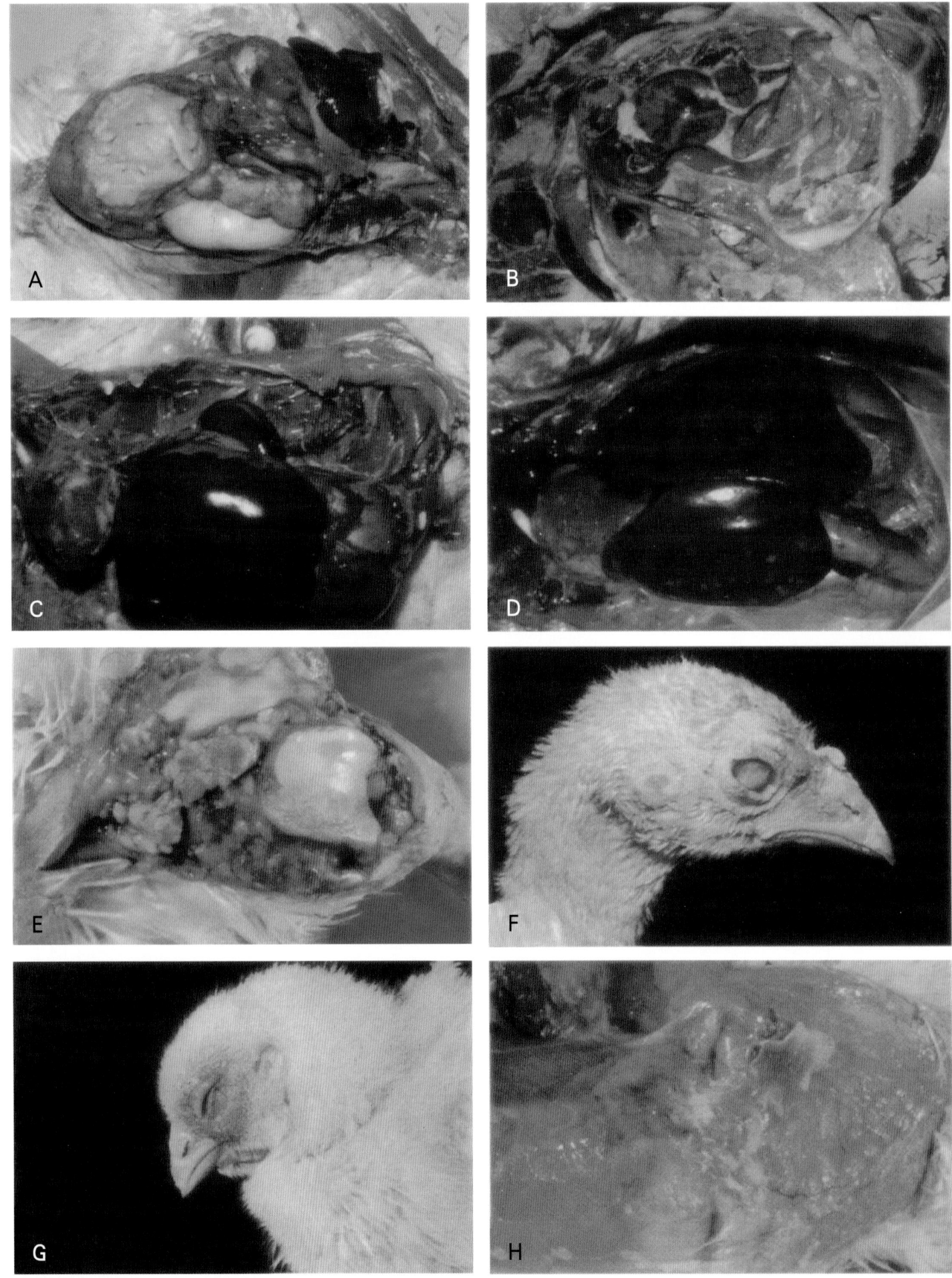

彩图 18.2　大肠杆菌病

A．大肠杆菌性输卵管炎：成年蛋鸡输卵管膨胀，充满大量干酪样物质。成年母鸡的输卵管炎一般经泄殖腔上行感染引发。

B．种鸽急性腹膜炎：腹膜内有卵黄，可分离到大肠杆菌。

C．火鸡急性大肠杆菌败血症：脾脏显著肿大、出血，体积如同腺胃；肝脏肿大、充血，并有早期心包炎和腹膜炎病变。

D．实验性火鸡大肠杆菌病：急性败血症感染期存活火鸡的肝脏中有大量灰白色病灶，显微镜下可见异嗜性、肉芽肿性病灶。

E．商品肉鸡大肠杆菌性滑膜炎/关节炎（包括跗关节和腱屈肌）：病鸡跛行，从病变部位可分离到大肠杆菌和葡萄球菌。

F．早期发生过大肠杆菌败血症存活火鸡的全眼球炎：该病变不常见，仅感染一只眼。在其他组织大肠杆菌消失后的相当长的时期内，仍可从眼部分离到该菌。

G．肉鸡肿头综合征、蜂窝织炎导致结膜炎及眶周肿胀。证据表明，该鸡群暴露于高氨环境并感染传染性支气管炎病毒和大肠杆菌。

H．禽蜂窝织炎（炎性过程）：腹部皮下形成黄色干酪样渗出物。

（图 E 和 G 由 LaddieMunger 博士提供）

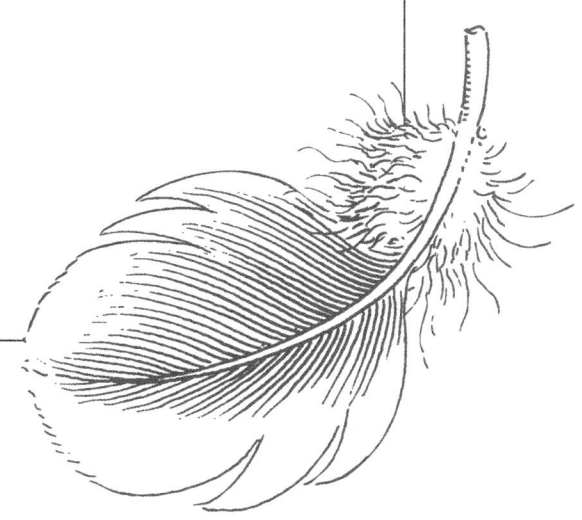

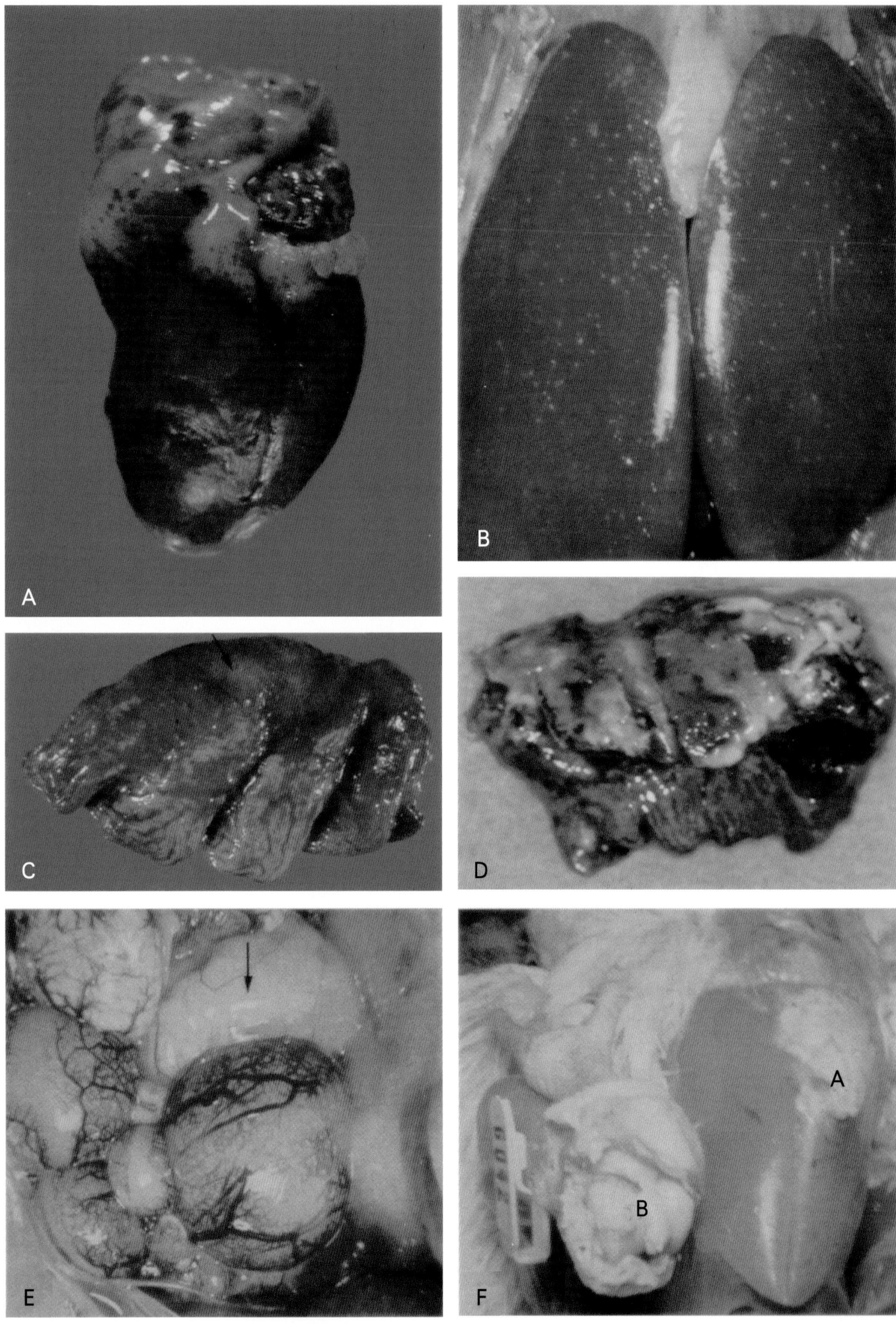

彩图 19.10

急性禽霍乱

A. 火鸡心外膜下出血。

B. 火鸡肝脏上的多发性坏死灶。

C. 火鸡肺脏的广泛性出血和斑块性坏死区（箭头）以及肺气肿。

D. 胸膜表面的大面积坏死，伴有纤维素性渗出物。

E. 松软的卵泡（箭头）上血管萎缩。

慢性禽霍乱

F. 火鸡胸囊（A）和跗关节（B）的干酪样渗出物。

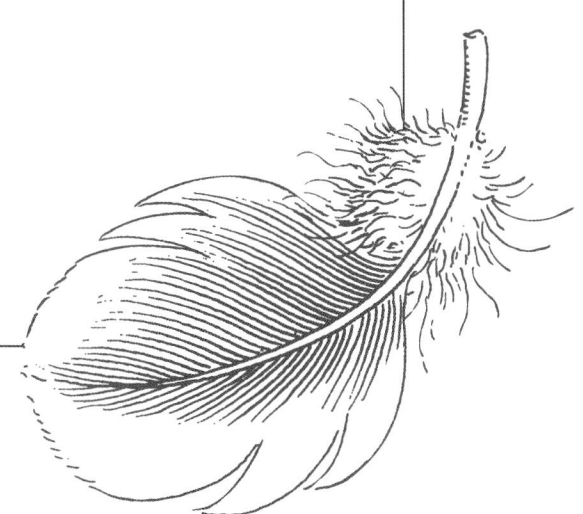

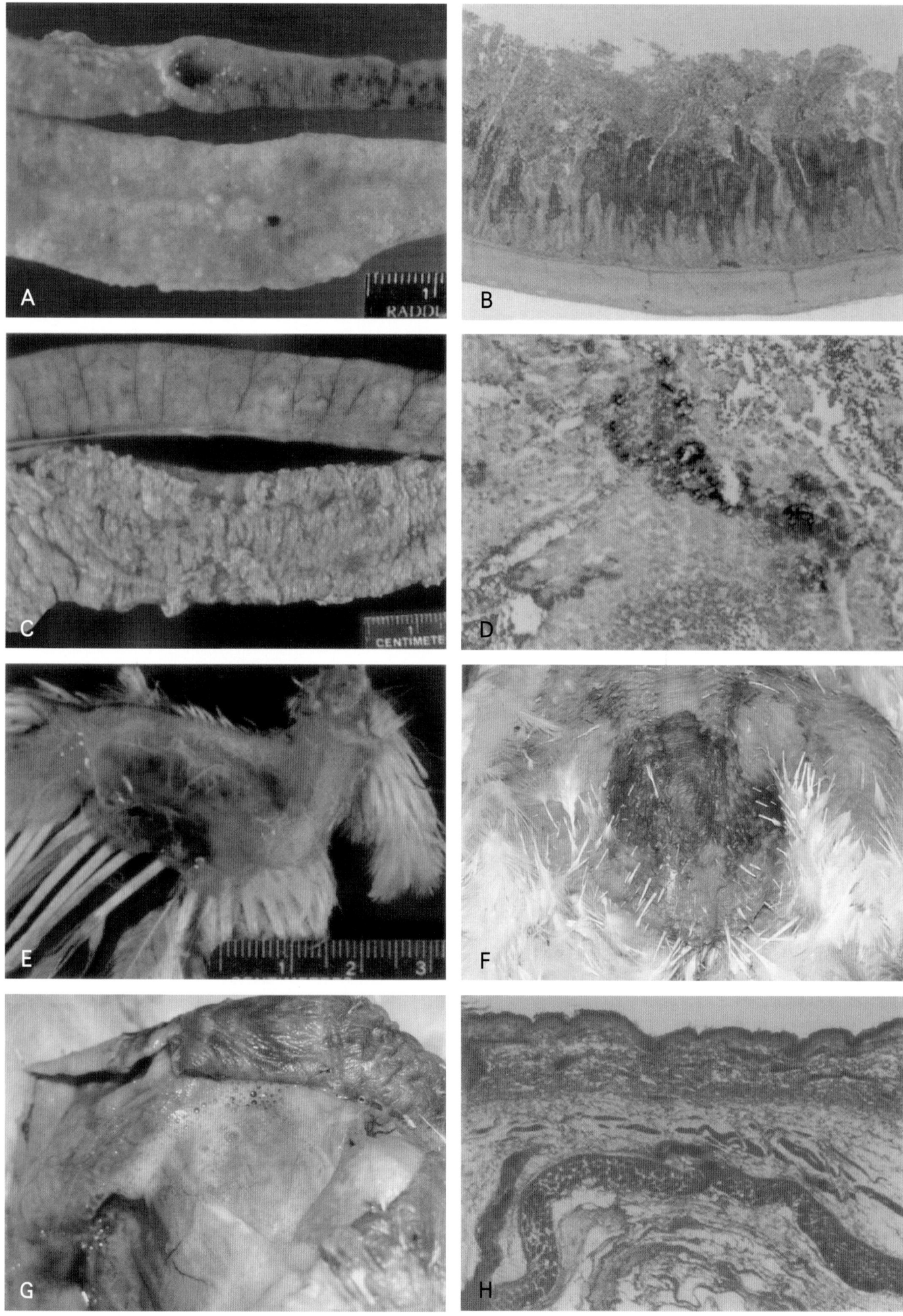

彩图 22.4

坏死性肠炎

A．7周龄肉种鸡坏死性肠炎，并发球虫病。注意肠黏膜充血，弥漫性坏死，多处溃疡（LaddieMunger）。

B．火鸡肠道黏膜均一的凝固性坏死，一层明显的充血、出血和炎性反应带将其与深层活组织分离开。×20（H.JohnBarnes）。

C．6周龄鸵鸟坏死性肠炎，并分离到艰难梭菌（LaddieMunger）。

D．图C病例的组织学病变。黏膜层严重的弥漫性凝固性坏死，并有一层密集的炎性带与下层活组织分开。注意在肠壁坏死组织和活组织分界处有大量革兰氏阳性大杆菌。×30（LaddieMunger，H.JohnBarnes）。

坏疽性皮炎

E．12日龄肉鸡翅膀坏疽性皮炎。表皮因真皮出现急性炎症、充血和水肿而脱落（LaddieMunger）。

F．6周龄肉鸡坏疽性皮炎。腹部皮肤多处严重变色、坏死（H.JohnBarnes）。

G．与图F中的病例相同。皮下有大量浆液性渗出液，肌肉色淡（H.JohnBarnes）。

H．火鸡坏疽性皮炎。正常表皮下的真皮可见明显的液体渗出和气肿。皮下肌肉正发生横纹肌溶解，细胞病变轻微或没有。×13（H.JohnBarnes）。

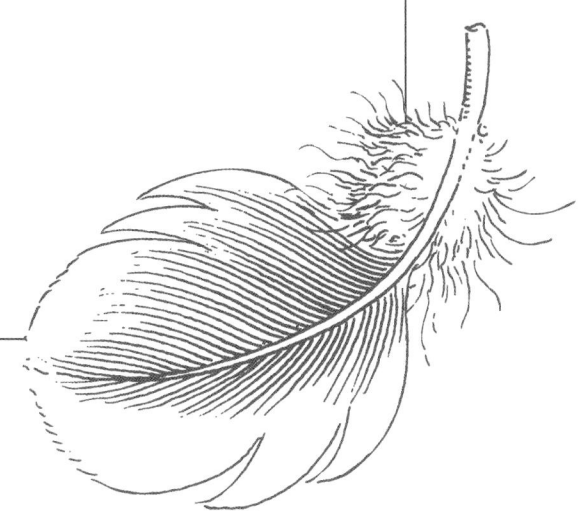

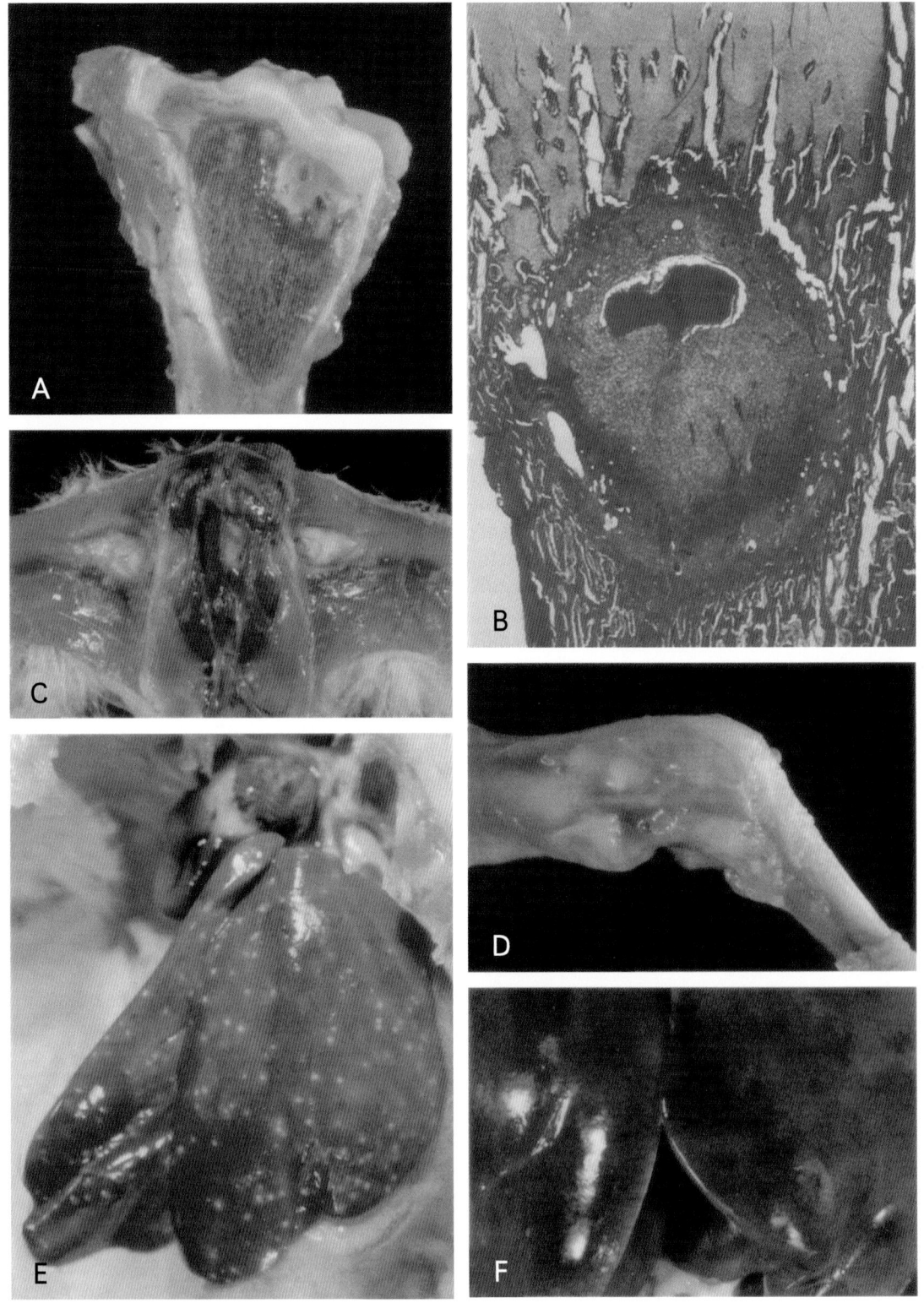

彩图 23.1 葡萄球菌病

A. 13周龄火鸡胫跗骨近端的骨髓炎（H.JohnBarnes）。

B. 在胫跗骨近端的长骨体生长部下边的骨髓炎病灶。5×（H.JohnBarnes）。

C. 2周龄火鸡由于金黄色葡萄球菌感染造成股骨头双侧骨髓炎。注意感染已从关节扩散到体腔。

D. 3周龄火鸡肘关节肿胀，并具有炎性渗出物沿腱鞘扩散（LaddieMunger）。

E. 20周龄来航鸡败血性葡萄球菌感染引起的肝脏多点坏死病灶（LaddieMunger）。

F. 火鸡患骨髓炎后所见到的肝脏变绿（H．JohnBarnes）。

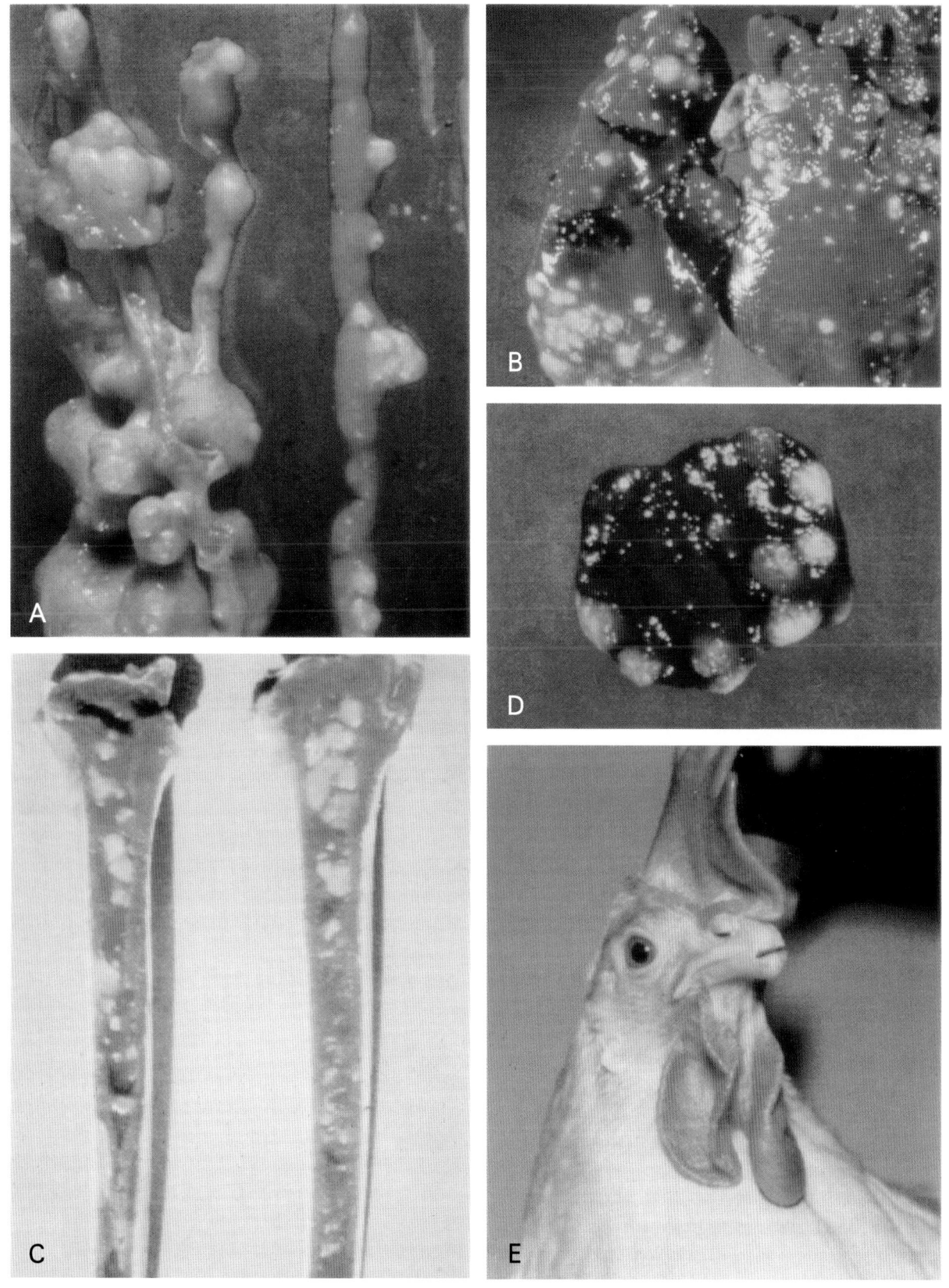

彩图 23.18　结核病

A～D. 自然感染病鸡的结核病变。肠道（A）、肝脏（B）、骨髓（C）（Peckham）和脾脏
　　（D）。注意肝脏和脾脏中肉芽肿的大小变化。
E. 鸡真皮注射禽结核菌素48h后，左侧肉垂出现阳性反应。

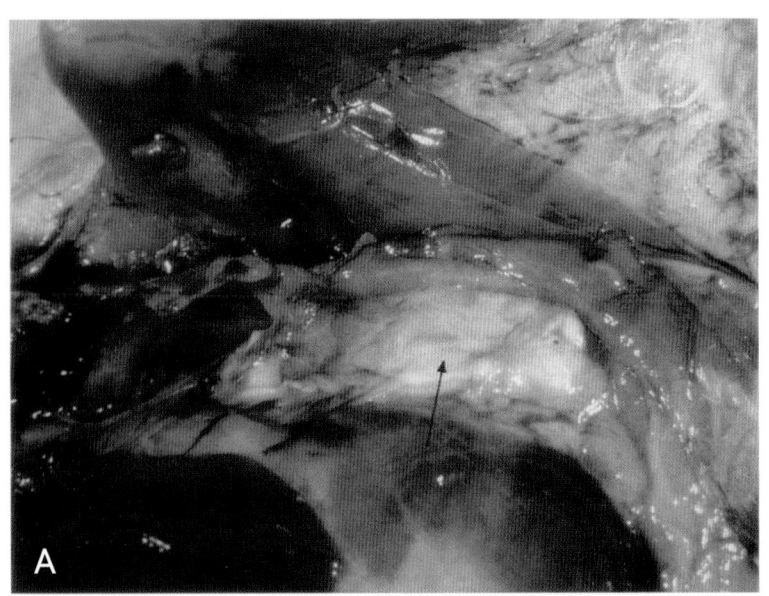

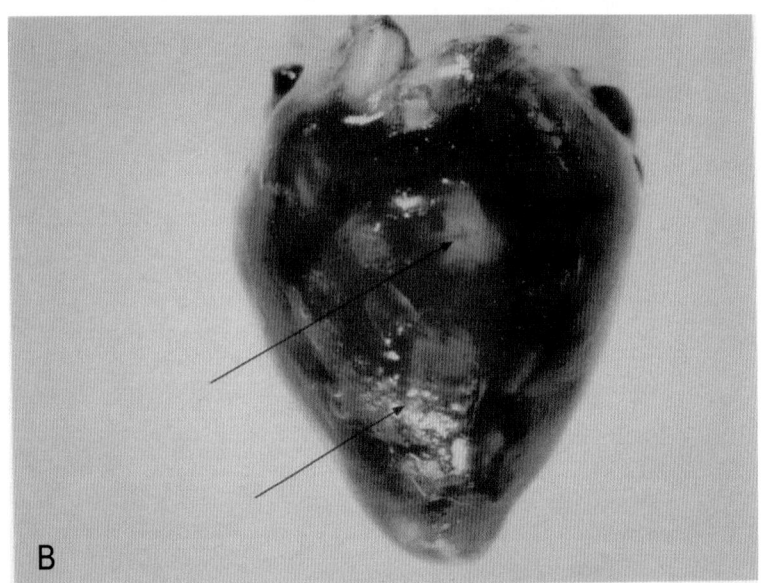

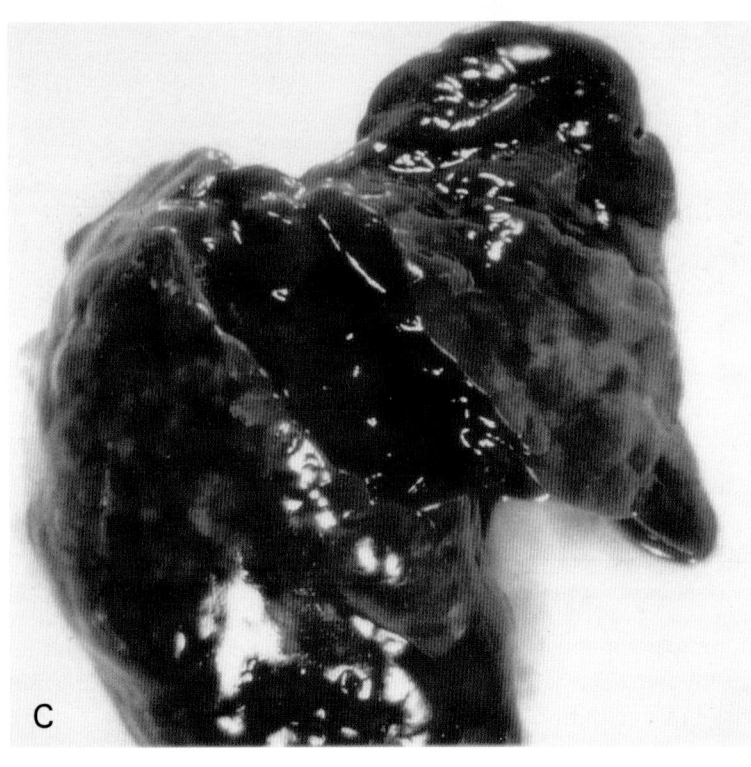

彩图 24.9　用从八哥肺脏分离的鹦鹉热亲衣
　　　　　原体血清 A 型菌株试验感染火鸡

A. 注意腹气囊增厚，被纤维蛋白斑全部
　覆盖(箭头)。
B. 注意心外膜出现浆液和纤维蛋白（箭
　头）。
C. 肝脏严重肿大。

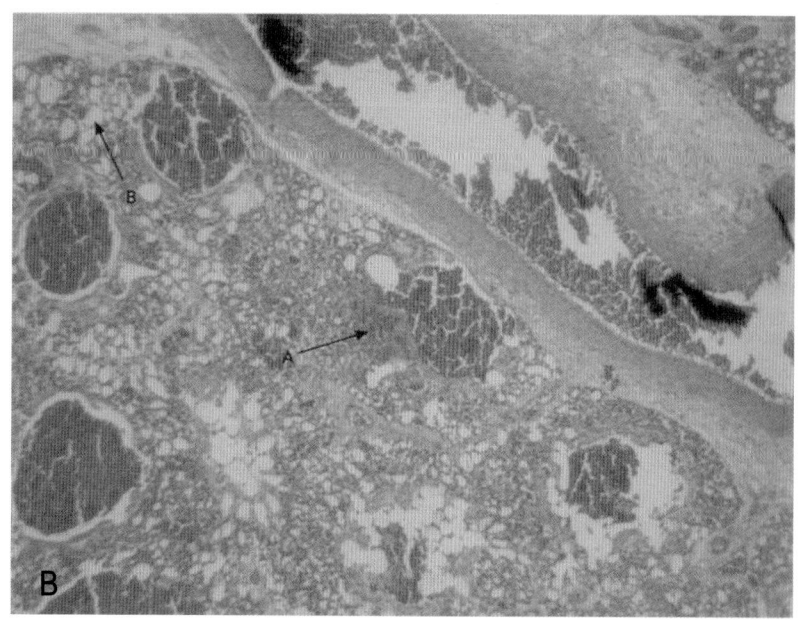

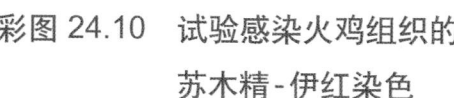

**彩图 24.10　试验感染火鸡组织的
　　　　　苏木精-伊红染色**

A. 结膜淋巴细胞和异嗜白细胞浸润，
伴有上皮形成空泡和增生（×172）。

B. 肺脏充血，淋巴细胞浸润（箭头A）
和扩张的支气管和细支气管（箭头
B）（×69）。

C. 纤维蛋白性坏死性气囊炎（×172）。

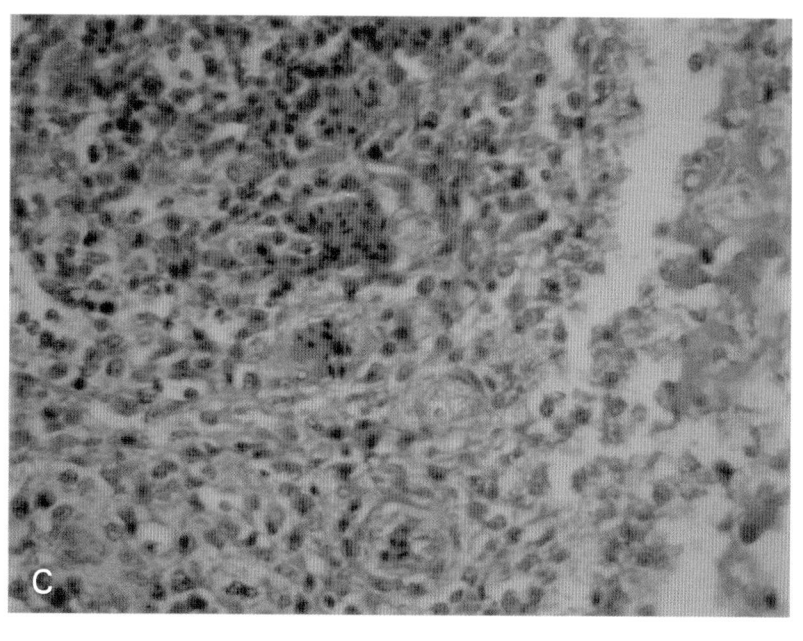

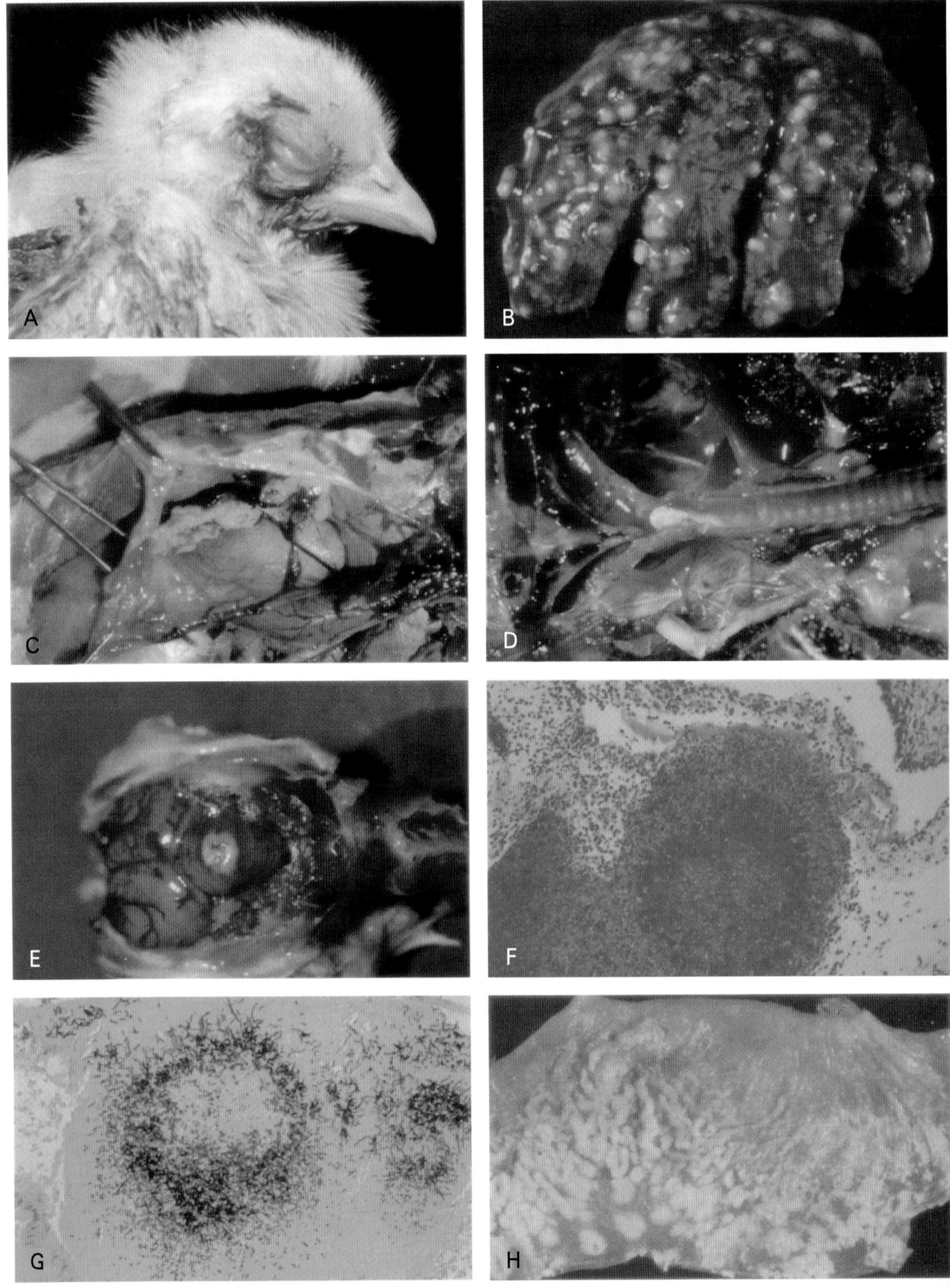

彩图 25.3

曲霉菌病

A. 眼曲霉菌病：该型以大面积的角膜结膜炎为特征。另一型眼曲霉菌病表现为全眼球炎，包括眼球内部结构，尤其是在眼后房受感染时。后者被认为是血源性感染。

B. 呼吸系统曲霉菌病：肺上可见弥散性大块干酪样结节（M.C.Peckman）。

C. 气囊霉菌性干酪样结节。

D. 烟曲霉菌病鸡鸣管处有干酪样渗出物（M.C.Peckman）。

E. 霉菌性脑炎：脑组织弥散大量灶性病变。

F. 实验感染烟曲霉菌引起的肉芽肿：中央为干酪样渗出物，周围为分布均匀的巨噬细胞和小巨细胞组成的浅色壁层，最外围主要由巨噬细胞和散在的异噬细胞构成。×90（H.JohnBarnes）。

G. 是图F中的标本高莫利乌洛托品银染制作的切片，彩图中黑色丝状物为真菌。×90（H.JohnBarnes）。

鹅口疮

H. 白色念珠菌病（霉菌性嗉囊炎）：嗉囊明显增厚，呈豆腐样外观，实为松软、黄白色至灰色不规则伪膜。

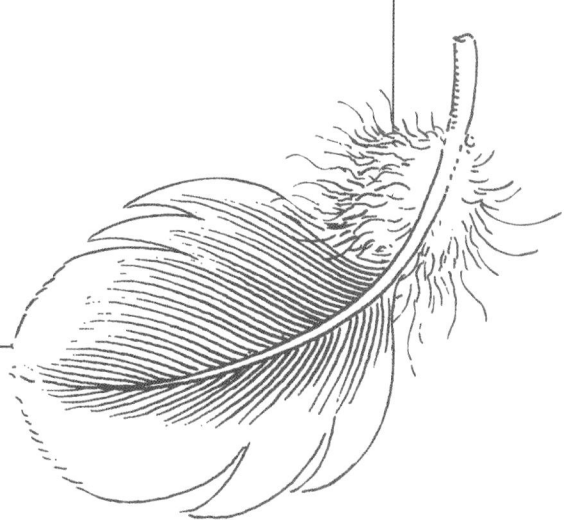

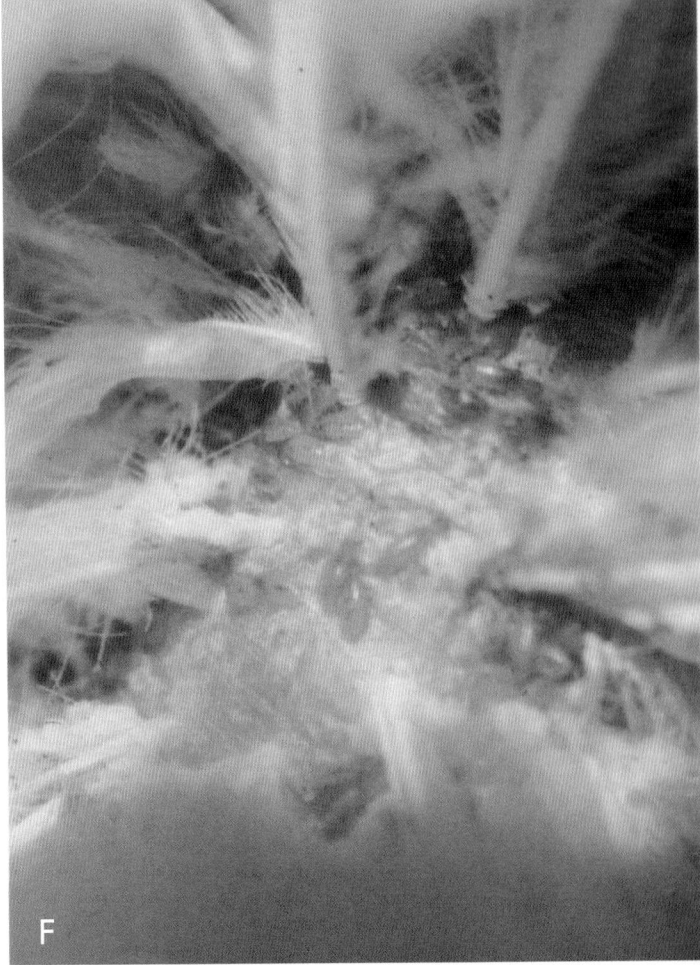

彩图 26.1 常见家禽害虫

A．交配的家蝇（Musca domestica）。

B．家蝇（Musca domestica）蛹壳和幼虫。

C．拟步科甲虫（Alphitobius diapeninus）。

D．小粉虫（Alphitobius diapenrinus）

E．鸡体虱［雏鸡羽虱（草黄鸡体羽虱）Menacanthus stramineus］。

F．鸡体虱［雏鸡羽虱（草黄鸡体羽虱）Menacanthus stramineus］。

（A、B、E、F由Nancy Hinke拍摄，C、D由Aubree Roche拍摄）

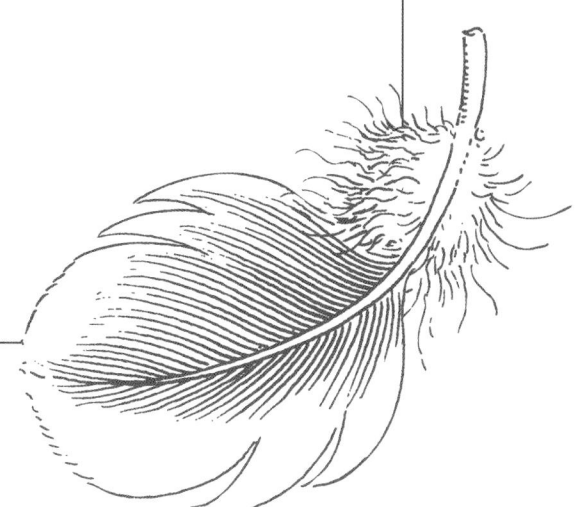

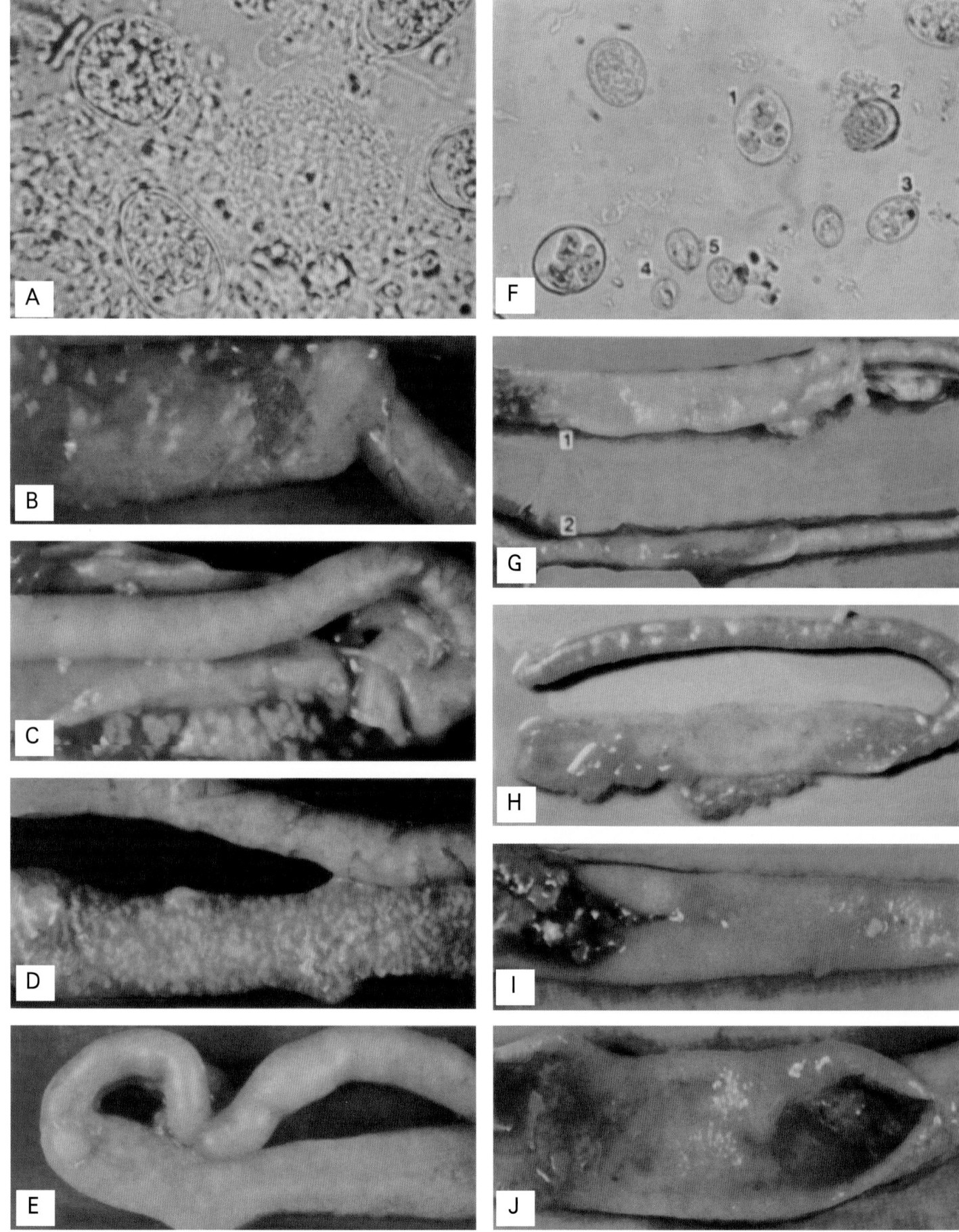

彩图 28.3 球虫病

A. 巨型艾美耳球虫的卵囊和一个小配子体（中央）[Long 等，（英国）Crown 版权，1976]。

B. 堆型艾美耳球虫所致病变（2+）。

C. 堆型艾美耳球虫所致病变（2+）。

D. 堆型艾美耳球虫所致病变（3+）。

E. 堆型艾美耳球虫所致病变（4+）。

F. ①孢子化巨型艾美耳球虫卵囊，带有独特的浅棕色囊壁；②未孢子化的巨型艾美耳球虫卵囊，显示其粗糙的外壁；③可能是柔嫩艾美耳球虫卵囊；④可能是和缓艾美耳球虫卵囊的顶面观；⑤可能是两个和缓艾美耳球虫卵囊的侧面观。

G. ①正常的小肠中段；②巨型艾美耳球虫感染的小肠中段（1+）。

H. 巨型艾美耳球虫感染的肠管（2+或3+）[Long 等，（英国）Crown 版权，1976]。

I. 巨型艾美耳球虫所致病变（3+）。

J. 巨型艾美耳球虫所致病变（接近4+）。

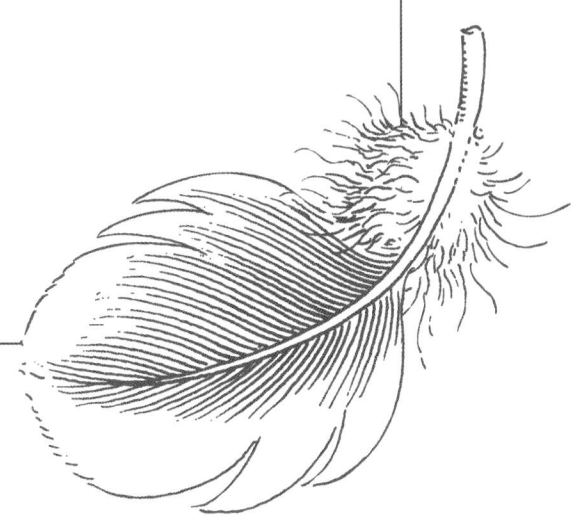

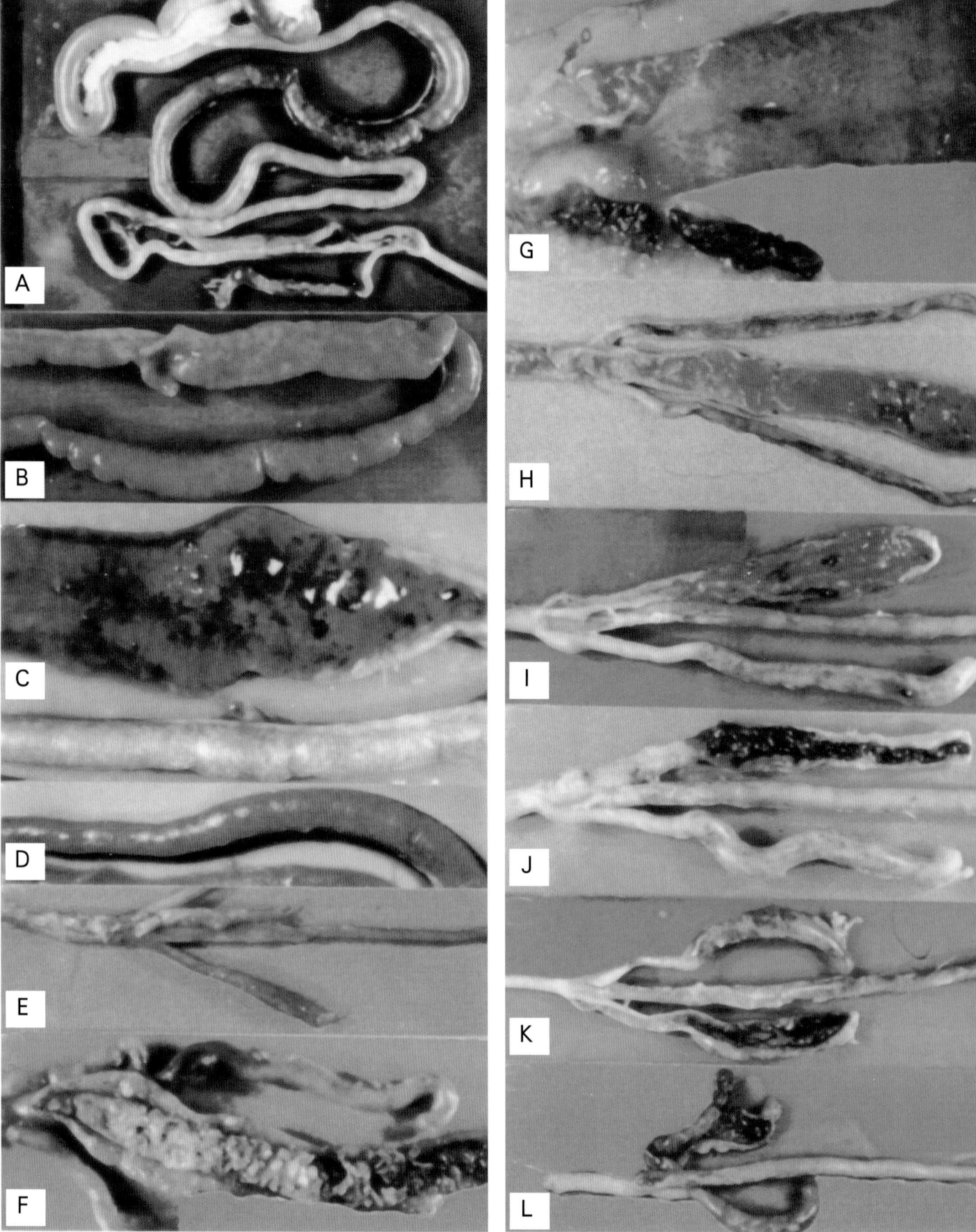

彩图 28.4　艾美耳球虫致病情况

A．毒害艾美耳球虫引起的小肠中段气胀。

B．毒害艾美耳球虫所致病变（2+）。

C．毒害艾美耳球虫所致病变（3+）。

D．毒害艾美耳球虫所致病变（4+）[Long 等，（英国）Crown 版权，1976]。

E．布氏艾美耳球虫感染无菌鸡后的肠道病变。

F．布氏艾美耳球虫所致病变（4+）。

G．布氏艾美耳球虫所致病变（3+）。

H．布氏艾美耳球虫所致病变（4+）[Long 等，（英国）Crown 版权，1976]。

I．柔嫩艾美耳球虫所致病变（2+）。

J．柔嫩艾美耳球虫所致病变（3+）。

K．柔嫩艾美耳球虫所致病变（4+）。

L．柔嫩艾美耳球虫所致病变（4+），带有盲肠芯。

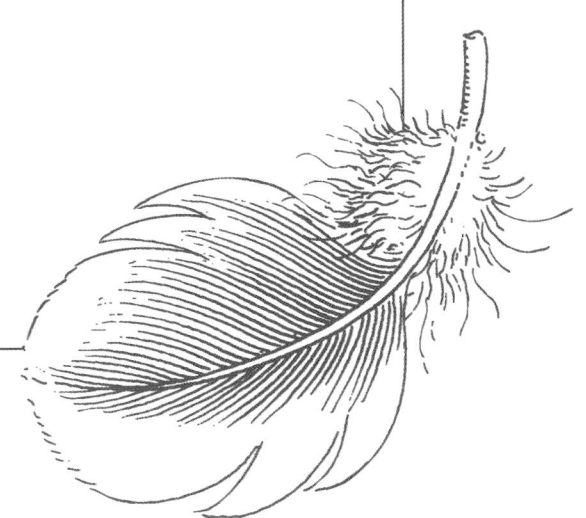

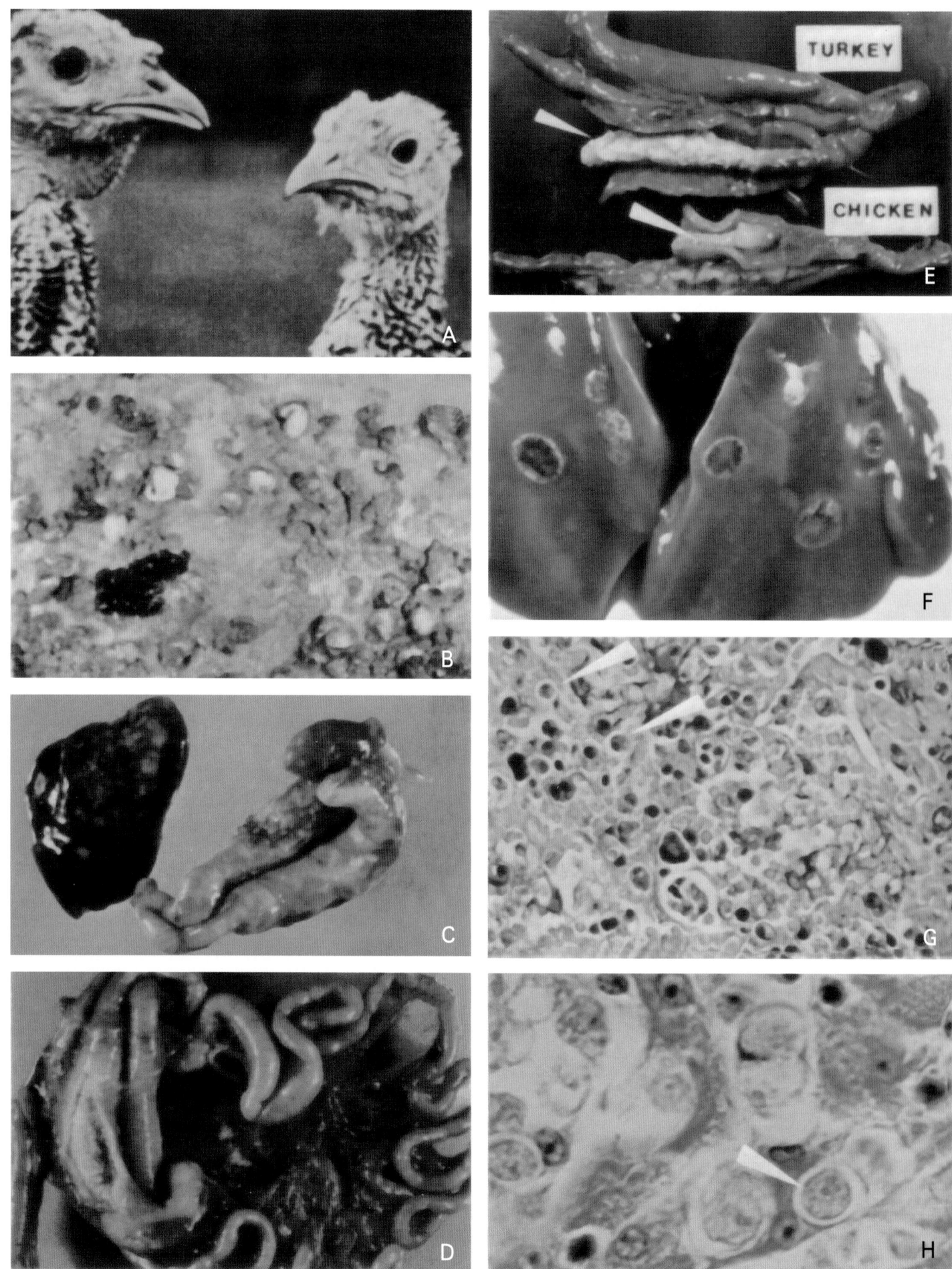

彩图 28.11　组织滴虫病

A．左为正常未感染家禽；右为感染后期家禽，此症状不是本病特征症状（Hilbrich）。

B．火鸡所拉的硫黄色粪便，此为火鸡暴发本病的第一个症状。

C．饲喂鸡异刺线虫卵14天后的禽的肝脏和盲肠，注意两侧盲肠肿胀和肝脏病变扩散的特征。

D．实验感染火鸡的肠道，图示肿胀的盲肠、肠芯和发炎的肠系膜。

E．感染后10天的鸡和火鸡盲肠，注意盲肠肠芯（箭头所示）。

F．肝脏上散在的高出表面的特征病变。

G．组织滴虫PAS染色的肝脏切片（箭头所示）。

H．肝脏切片，箭头所指为组织滴虫。H.E., × 1000（Page）。

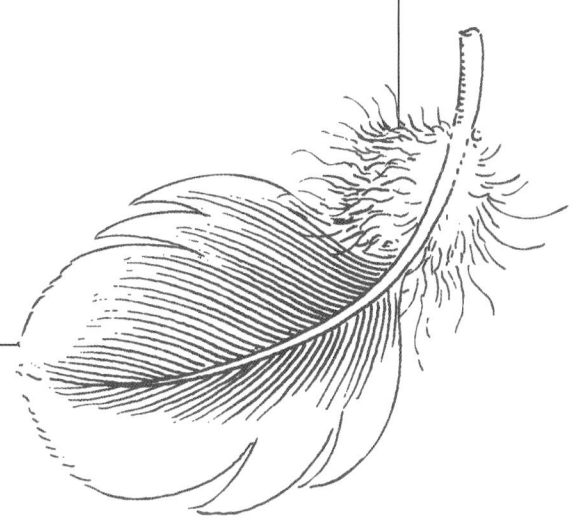

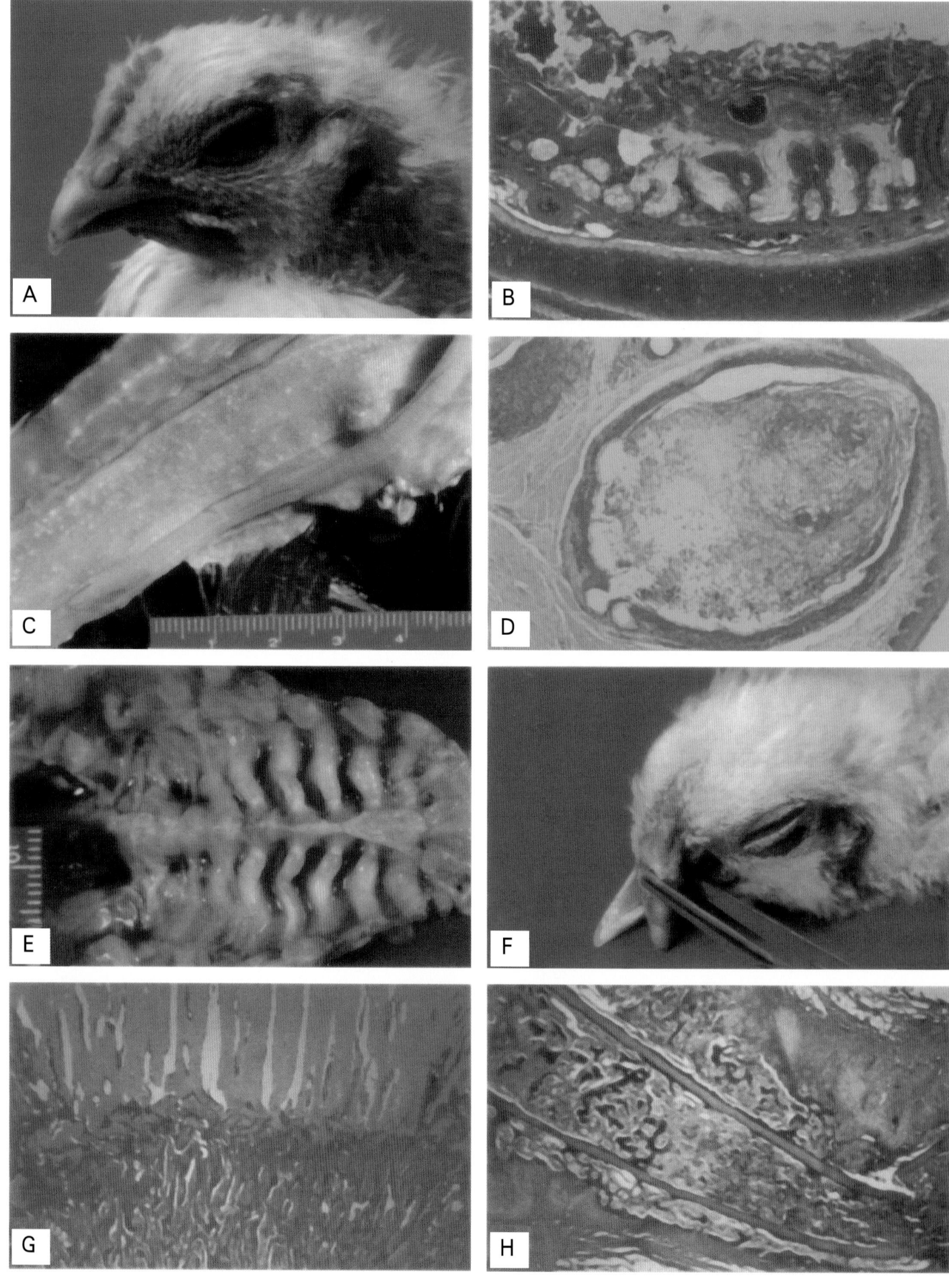

彩图29.2

维生素A缺乏

A. 眼眶水肿和缺乏色素沉积（Swayne）。

B. 鼻黏膜的鳞片状组织变性（Swayne,Barnes）。

C. 黏液腺肿胀，受损伤，食管中有相似的小脓疱（Barnes）。

D. 食管腺体大部分正常的黏膜已被鳞片状角质化上皮所取代，只有少量的正常黏膜存在。肿胀导致腺体开口闭塞，腺体腔内有角蛋白和细胞碎片积聚。如果腺内容物与周围的组织接触发炎，将导致脓包的形成（Barnes）。

佝偻病

E. 严重受影响的8日龄肉仔鸡，疏松、变厚的肋骨形成扁平胸。椎骨同样也变短、增厚。在影响程度较轻的家禽，肋骨和脊椎、胸骨的连接处增大，胸部的尾肋骨向内弯曲形成扁平、变宽的胸部，偶尔可见肋骨的病理性骨折（Munger）。

F. 患病的雏鸡喙部疏松易弯曲（Swayne）。

G. 实际生产中或传染性的火鸡佝偻病常出现继发性的肠道疾病。在这只患病的雏火鸡，软骨过度肥大，由于压迫致使长骨的生长部和干骺部连接处骨折，因此软骨血管化很差（Barnes）。

骨质疏松

H. 肋骨病理性骨折形成不完善的骨痂。骨折部位很少有矿物质沉积（Barnes）。

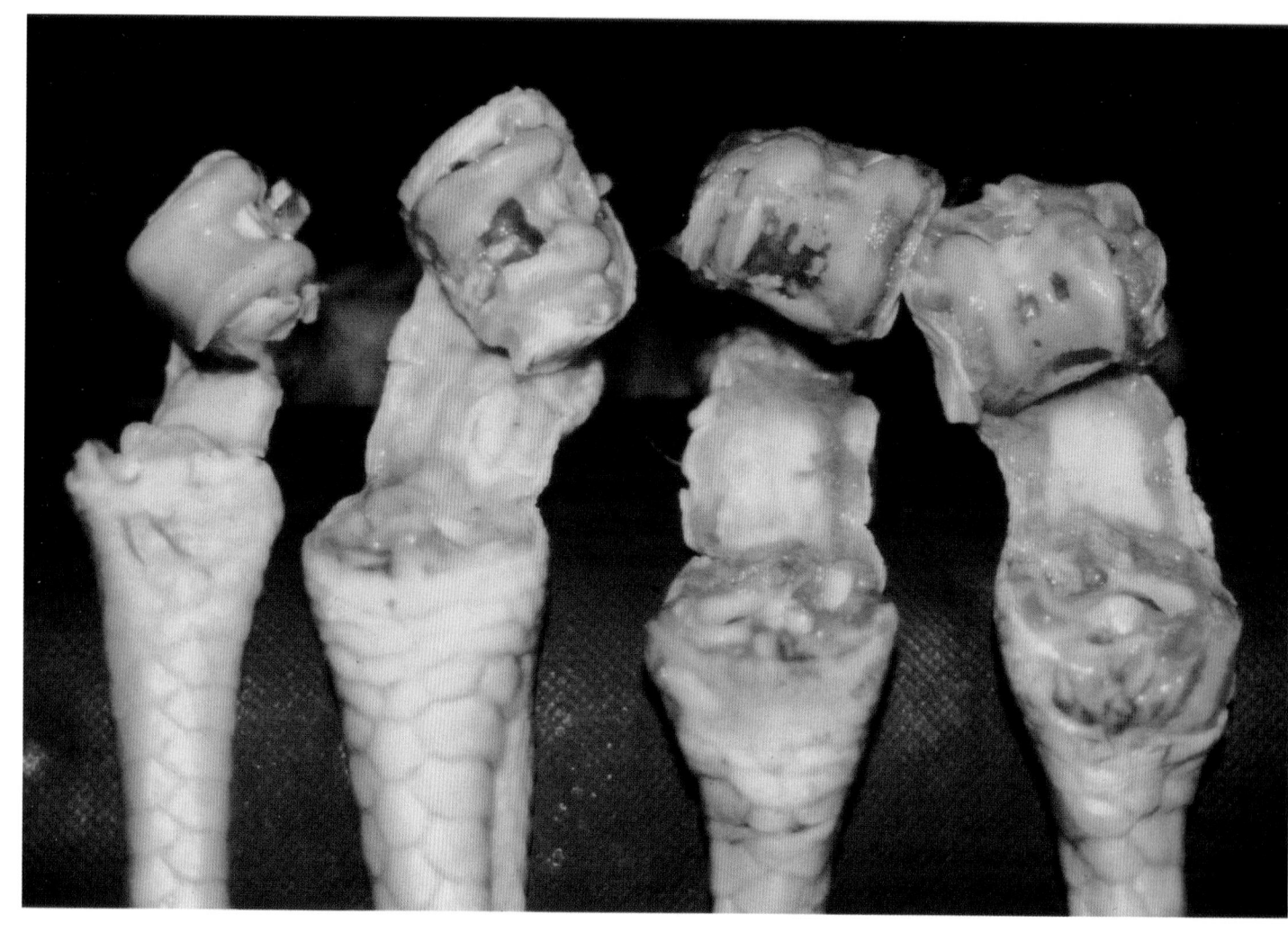

彩图30.5　2周龄褐壳蛋鸡粪肠球菌所致的淀粉样变关节病

　　由左至右，从正常对照到最严重病变。胫跗关节腔中可见橘黄色物质（淀粉样变）。关节软骨部分被破坏。（Barbara Daft）

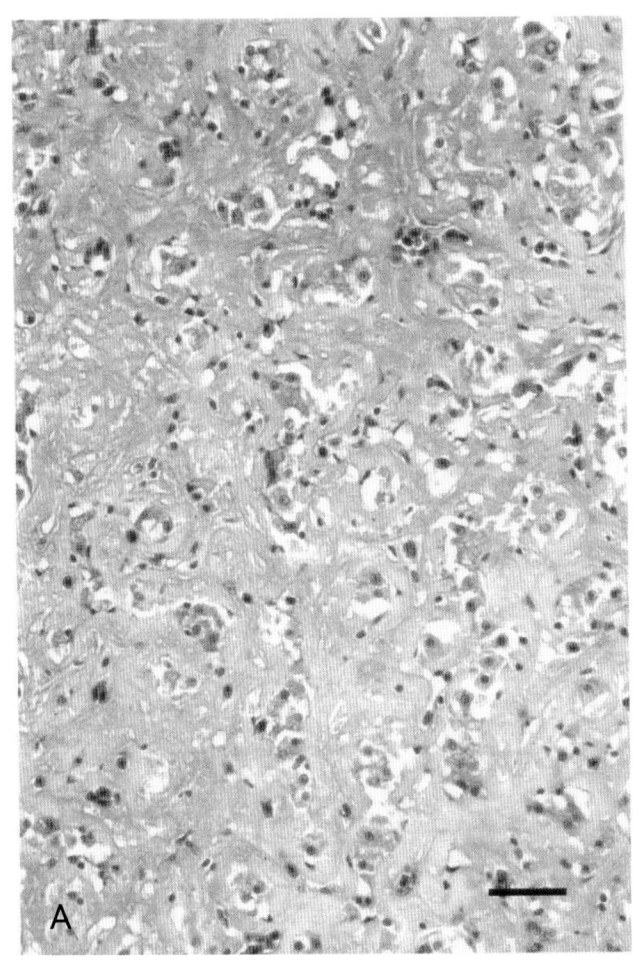

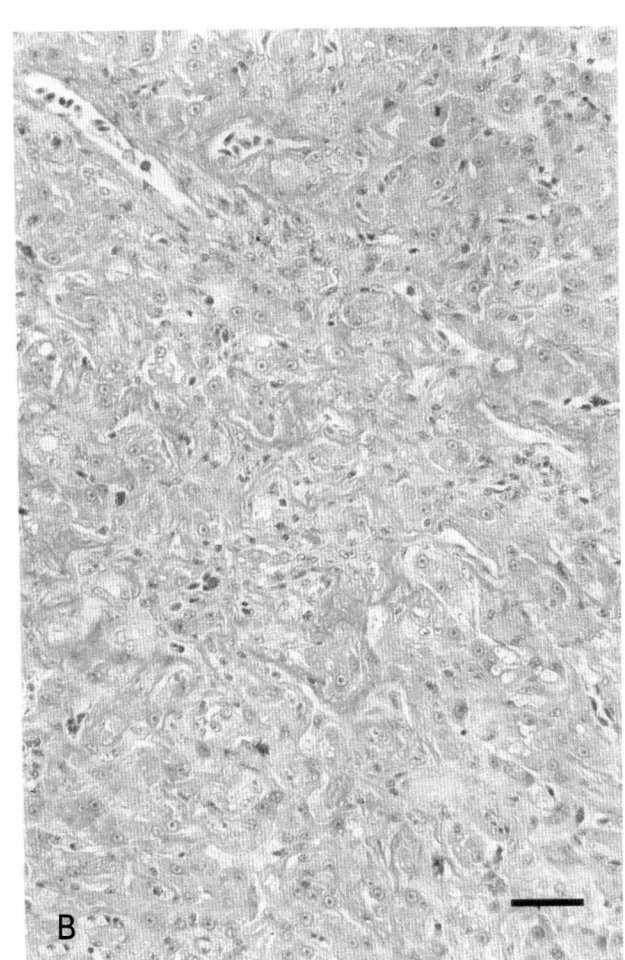

彩图 30.6　肝脏淀粉样变

A. 淀粉样物质呈均质红染的物质沉积细胞外，
   肝细胞大量消失。H.E.染色，标尺 = 65 μ m。
B. 刚果红染色，淀粉样物质在日光下呈橘黄色。
   标尺 = 65 μ m。
C. 刚果红染色，淀粉样物质在偏振光下可发出
   苹果绿色双折射光。标尺 = 30 μ m。

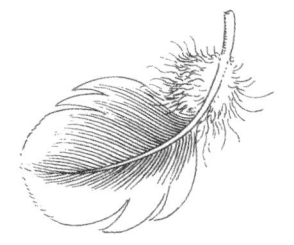

Diseases of Poultry